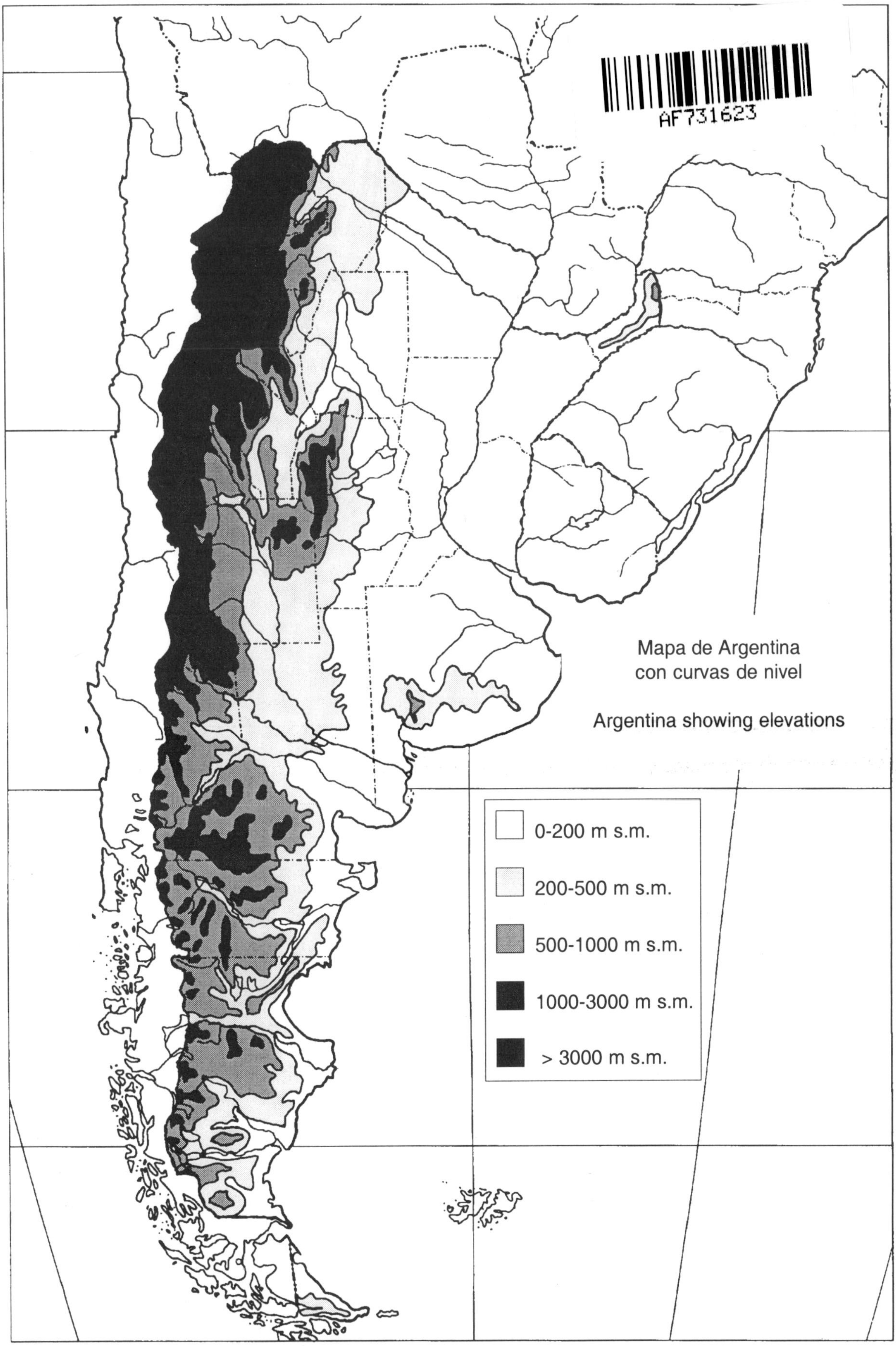

Mapa de Argentina
con curvas de nivel

Argentina showing elevations

0-200 m s.m.
200-500 m s.m.
500-1000 m s.m.
1000-3000 m s.m.
> 3000 m s.m.

Catálogo de las Plantas Vasculares de la República Argentina II

Acanthaceae – Euphorbiaceae
(Dicotyledoneae)

Catálogo de las Plantas Vasculares de la República Argentina II

Acanthaceae – Euphorbiaceae
(Dicotyledoneae)

Fernando O. Zuloaga
Osvaldo Morrone (editores)

Missouri
Botanical
Garden
Press

MONOGRAPHS IN SYSTEMATIC BOTANY
FROM THE MISSOURI BOTANICAL GARDEN

Volume 74

ISBN 0-915279-65-7
ISSN 0161-1542

AUTHORS' ADDRESS
Instituto de Botánica Darwinion
Labardén 200, Casilla de Correo 22
San Isidro 1642, Argentina

Cover illustraton: *Passiflora mooreana* Hook. f. by V. Dudas.

P.O. Box 299
St. Louis, Missouri 63166-0299, U.S.A.

Printed in U.S.A.

SUMARIO

INTRODUCCIÓN

La República Argentina es el segundo país en superficie de América del Sur, con un área de 2,778,853 km^2. Se extiende desde los 21°50'S en el norte a los 55°30'S en el sur, y desde el océano Atlántico al este hasta la cordillera de los Andes al oeste; limita con Bolivia, Brasil, Chile, Paraguay y Uruguay. Abarca una gran diversidad de diferentes tipos de suelos y posee una topografía variada, desde planicies al nivel del mar hasta las altas cumbres de los Andes. El clima es también marcadamente diverso, desde húmedo y subtropical en los límites con Paraguay, Bolivia y Brasil, a templado-frío en el extremo sur de la Patagonia.

La mayor parte de la Argentina se encuentra dentro de la región fitogeográfica Neotropical (Cabrera, 1976d), hallándose 4 dominios representados en esta región. La mayor riqueza florística de la Argentina se halla en selvas subtropicales del dominio Amazónico situado en el norte del país. El dominio Chaqueño es a su vez la formación más extensa, con bosques subtropicales deciduos, estepas y sabanas desde el océano Atlántico a la región andina, y desde los límites con Bolivia y Paraguay hasta el norte de la provincia de Chubut. Al sur y oeste de Argentina se encuentra el dominio Andino-patagónico, que comprende los desiertos de altura de los Andes, la Puna y las estepas patagónicas, y el dominio Subantártico que comprende una angosta franja de bosques templados caducifolios y perennifolios a lo largo de los Andes patagónicos.

La presente publicación provee una lista crítica de Dicotyledoneae, incluyendo especies, géneros y familias (Tabla 1, 2). Los taxones fueron revisados críticamente, sobre la base de la bibliografía disponible y el análisis de especímenes de herbario, particularmente aquellos depositados en herbarios argentinos. A raíz de estos estudios, este catálogo incluye nueva información. Las combinaciones y nuevos nombres para la flora argentina se publican válidamente en el Apéndice 1.

Las familias botánicas se han agrupado en orden alfabético, siguiendo, en líneas generales, la clasificación establecida por Hunziker (1984b). Los géneros se ordenaron alfabéticamente en cada familia. Para cada taxón se da el nombre que se considera válido, se cita su autor o autores, los sinónimos relevantes para la Argentina, citas de fuentes bibliográficas, hábito, status, elevación, la distribución por provincias, presencia en países limítrofes, si se trata de una especie nativa, introducida o endémica para Argentina. Se citan asimismo especímenes representativos, y en algunos casos se añaden notas para aclarar la nomenclatura o dar otra información necesaria.

En este catálogo se consideran los géneros, especies, subespecies, variedades y formas previamente citadas para la República Argentina. Los géneros se ordenan alfabéticamente dentro de cada familia; en cada género se sigue el mismo criterio para especies, subespecies, variedades, etc. Se consideran las especies nativas y las exóticas naturalizadas, y se excluyen las especies cultivadas e híbridos. Los taxones considerados excluidos, las citas dudosas y los taxones dudosos se incluyeron, en orden alfabético, dentro de la familia respectiva. Como resultado de este trabajo, se confirma la presencia de 175 familias, 1395 géneros y 6896 especies de Dicotyledoneae para la Argentina.

A continuación se incluye un ejemplo del formato modelo para un taxón válido en el catálogo (para más detalle ver descripción del formato a continuación):

1) Nombre aceptado y autores	**Aphelandra hieronymi** Griseb.
2) Sinónimos	Sin.: *Odontophyllum hieronymi* (Griseb.) Sreem.
3) Referencias bibliográficas	Ref.: Wasshausen, 1975; Ezcurra, 1993b.
4) Hábito	Hábito: Arbusto.
5) Status	Status: Nativa.
6) Elevación	Elevación: 1000-2000 m.
7) Provincias en Argentina	Prov.: JU, SA.
8) Presencia en paises limítrofes	Paises limítrofes: BO.
9) Ejemplar de referencia	Ejemplar examinado: *Cabrera 32261* (SI).
10) Notas	

11) Sinónimo con referencia cruzada al nombre aceptado

Odontophyllum hieronymi (Griseb.) Sreem. = **Aphelandra hieronymi** Griseb.
Ref.: Ezcurra, 1993b.

INTRODUCCIÓN

Descripción del formato

Los nombres de familias y géneros y sus fundadores se citaron de acuerdo a Brummitt (1992).

Géneros aceptados. Se incluye nombre del género, en negrita, autor y número de especies.

Especies y taxones infraespecíficos aceptados. Los nombres aceptados se indican en negrita. Estos nombres han sido confirmados en la bibliografía citada en la línea 3 o mediante ejemplares de herbario citados en la línea 9. Se consultó toda la literatura pertinente y los herbarios estudiados son citados conforme a las siglas que figuran en Holmgren et al. (1990). Los autores de los taxones aceptados y sinónimos se abrevian de acuerdo a Brummitt & Powell (1992).

Sinonimia (Sin.). Luego del taxón válido se indican los sinónimos correspondientes en letra itálica, ordenados alfabéticamente. Aparte también aparecen los sinónimos individualmente, indicando su nombre aceptado (línea 11). Por lo general, sólo se citan los sinónimos importantes en Argentina. Se incluyen en algunos casos otros sinónimos, fundamentalmente para explicar usos taxonómicos o de nomenclatura.

Referencia (Ref.). La misma incluye el o los autores y año de publicación donde se hace referencia a una cita del taxón considerado y donde se pueden consultar datos adicionales, como la diagnosis original, una descripción completa, una figura y/u otras observaciones. Cabe destacar que la referencia no necesariamente incluye toda o parte de la sinonimia considerada en el presente trabajo. La cita completa de la bibliografía se halla en una sección bibliográfica aparte.

En las referencias de la sinonimia (línea 11) no se indican, en la mayoría de los casos, los sinónimos nomenclaturales y sí se colocan en todos los casos las referencias correspondientes de los sinónimos taxonómicos. En aquellos casos en que dicha referencia está ausente, esto implica que la sinonimia corresponde al criterio de los autores del presente catálogo.

Hábito. En este item se señala el hábito de las diferentes especies, como por ejemplo árbol, arbusto, hierba, subarbusto, o arbusto o árbol, etc.

Status. Se indica si la especie es nativa o introducida, naturalizada o subespontánea, y si es endémica para la Argentina.

Elevación. Se incluyen los rangos altitudinales aproximados para cada especie, en aquellos casos en que se pudo obtener la información correspondiente, ya sea de ejemplares de herbario o de la bibliografía.

Provincias (Prov.). Se indica la presencia del taxón en las 23 provincias y un Distrito Federal de la Argentina, las que han sido abreviadas de acuerdo con el siguiente esquema: BA: Buenos Aires; CA: Catamarca; CH: Chaco; CHU: Chubut; CO: Córdoba; COR: Corrientes; DF: Distrito Federal; ER: Entre Ríos; FO: Formosa; JU: Jujuy; LP: La Pampa; LR: La Rioja; ME: Mendoza; MI: Misiones; NE: Neuquén; RN: Río Negro; SA: Salta; SC: Santa Cruz; SE: Santiago del Estero; SF: Santa Fe; SJ: San Juan; SL: San Luis; TF: Tierra del Fuego e islas del Atlántico Sur; TU: Tucumán.

Paises limítrofes. Se señala si la especie se encuentra en los siguientes paises: BO: Bolivia; BR: Brasil; CH: Chile; PA: Paraguay; UR: Uruguay.

Ejemplar examinado. Finalmente se cita, como referencia de material de herbario, un especimen seleccionado y revisado en el presente catálogo, con el correspondiente acrónimo del herbario en que se encuentra. En aquellos casos en los que no fue posible examinar un ejemplar, el mismo se indica con un asterisco (*), correspondiendo a un especimen citado por el autor indicado en la referencia.

INTRODUCCIÓN

Bibliografía

En esta sección se incluyen las citas completas de los trabajos mencionados en el catálogo, ordenados alfabéticamente pòr autores y dentro de cada autor por fecha. En el caso de varios trabajos en el mismo año, se usan letras para distinguirlos. Los títulos de las revistas y series se abrevian de acuerdo al "B-P-H" (Lawrence et al., 1968) y al "B-P-H/S" (Bridson & Smith, 1991) y la mayoría de los títulos de los libros se citan completos, con el lugar de publicación y número de páginas o número de volúmenes.

Otras abreviaturas

Las siguientes abreviaturas, en la mayoría de los casos del latín botánico, son usadas luego de los nombres de los taxones para clarificar su situación taxonómica o nomenclatural:

auct. non = usado para indicar un nombre erróneamente aplicado.
com. pers. = comunicación personal.
comb. illeg. = publicado como combinación ilegítima.
comb. inval. = publicado como combinación inválida.
comb. superfl. = publicado como combinación superflua.
emend. = indica una modificación en los caracteres diagnósticos de un taxón; abreviatura seguida por el nombre del autor responsable de dicha modificación.
et al. = y otros.
ex = usado en la cita del autor de un nombre para hacer referencia al autor que ha publicado inválidamente un nombre y el autor que publicó el mismo válidamente.
f. = forma.
hom. illeg. = homónimo ilegítimo, un nombre ilegítimo.
nom. cons. = nombre conservado en el código internacional de nomenclatura botánica.
nom. illeg. = nombre ilegítimo.
nom. inval. = publicado como nombre inválido.
nom. nud. = nombre no acompañado por una descripción válida.
nom. superfl. = publicado como nombre superfluo.
p.p. = en parte.
pro syn. = publicado como sinónimo.
subsp. = subespecie.
var. = variedad.

Finalmente en el Apéndice 2 se incluye una lista de los géneros válidos (en redonda) y no válidos (en itálica), seguidos de la familia, o familias, donde los mismos han sido tratados. Se indican en negrita las familias en las que los géneros son tratados como válidos.

Agradecimientos

Deseamos expresar nuestro agradecimiento a las siguientes personas o instituciones: al Missouri Botanical Garden y a su director, Dr. Peter H. Raven por su estímulo y ayuda para hacer posible esta publicación; al Dr. Juan H. Hunziker y al personal del Instituto de Botánica Darwinion por el apoyo prestado a la realización del proyecto, y al Consejo Nacional de Investigaciones Científicas y Técnicas de la República Argentina (CONICET). Al Dr. Clodomiro Marticorena, por sus valiosas observaciones que permitieron enriquecer el trabajo final; de la misma forma deseamos agradecer al Dr. Luis Ariza Espinar por su detallada revisión final de la familia Asteraceae. Finalmente, deseamos expresar nuestro agradecimiento a Alejandra Garbini por su valiosa colaboración en la preparación del manuscrito y al Ing. Daniel Rodríguez por el desarrollo de la base de datos IRIS, elaborada en el Instituto Darwinion.

INTRODUCCIÓN

Introduction

Argentina is the second-largest country in South America, with a surface area of 2,778,853 km^2. It stretches from 21°50´S to 55°30´S, and west from the Atlantic Ocean to the summit of the Andes; its neighboring countries are Bolivia, Brazil, Chile, Paraguay and Uruguay. It encompasses a great diversity in soil types and topography, the latter varying from extensive seacoasts in the East across wide plains to the Andean Cordillera at its highest point, with peaks reaching to nearly 7000 m. Climates in Argentina range from humid and subtropical on the Paraguay-Bolivia border, to cold temperate in the southern extremities of Patagonia.

Most of Argentina is classified in the Neotropical phytogeographic region (Cabrera, 1976d), with four separate domains represented. The greatest floristic richness is found in the subtropical forests of the Amazonian domain, in the Yungas and Paranaense phytogeographic provinces in the north. The Chacoan domain is the most extensive formation in the country, with its deciduous subtropical forests, steppes, and savannas ranging from the Atlantic Ocean to the Andean foothills, and from the Paraguayan border to northern Chubut province. To the south, much of the western and southern portions of the country are included in the Andean-Patagonian domain; the Subantarctic domain is represented by a narrow area of temperate deciduous and evergreeen forests along the Andean Cordillera.

This treatment includes a checklist of Dicotyledoneae, including species in genera and families, known up to the present in Argentina (Table 1, 2). Each taxon was critically evaluated based on the literature and the authors own data. Herbarium specimens were also studied, particularly those found at Argentinean herbaria. As a consequence of these studies new data are presented in the checklist; all new combinations and new names are listed in Appendix 1.

Families are arranged alphabetically following, in general terms, Hunziker (1984b). Genera were alphabetically arranged within each family. Authors, relevant synonymy, references, distribution, vouchers and endemicity are given for each species. A note is included for additional information when necessary.

All genera, species, subspecies, varieties, and forms previously cited for Argentina are accounted for. Genera are arranged alphabetically, as well as species, subspecies, varieties and forms; native and naturalized exotic species were treated, while cultivated plants and hybrids were not included in the treatment. Taxa that were excluded from the flora of Argentina, or considered doubtful citations or dubious taxa, are listed within each family. As a result of this study, 175 families, 1395 genera, and 6896 species of Dicotyledoneae are validly considered for the flora of Argentina.

Following is an example of a valid taxon in the checklist:

1) Accepted name and authors

Aphelandra hieronymi Griseb.

2) Synonyms

Sin.: *Odontophyllum hieronymi* (Griseb.) Sreem.

3) References

Ref.: Wasshausen, 1975; Ezcurra, 1993b.

4) Habit

Hábito: Arbusto.

5) Status

Status: Nativa.

6) Elevation

Elevación: 1000-2000 m.

7) Provinces in Argentina

Prov.: JU, SA.

8) Presence in neighboring countries

Paises limítrofes: BO.

9) Voucher

Ejemplar examinado: *Cabrera 32261* (SI).

10) Notes

11) Synonyms cross-referenced to accepted name

Odontophyllum hieronymi (Griseb.) Sreem. = **Aphelandra hieronymi** Griseb.
Ref.: Ezcurra, 1993b.

INTRODUCCIÓN

Details of the format

Names of families and genera, and their authors, were cited following Brummitt (1992).

Accepted genera. Accepted genera appear in boldface type, together with their author(s) and number of species in Argentina.

Accepted species and infraspecific taxa. Accepted names appear in boldface type. They have been confirmed in the literature references in item 3 or by herbarium specimens cited on the voucher line (item 9). An attempt was made to locate all relevant literature, and many specimens were consulted for specimen records; herbaria are cited following Holmgren et al. (1990). Author names follow Brummitt & Powell (1992).

Synonyms (Sin.). Synonyms appear in italics following the accepted name and also as individual entries cross-referenced to the accepted names (item 11). All basionyms and relevant synonyms to the flora of Argentina are accounted for; the basionym is cited first, followed by other synonyms alphabetically arranged.

Literature references (Ref.). This makes reference to a citation of the valid taxon, where the users can find additional information about the species, such as a description. This reference does not necessarily include the synonymy listed under each taxon.

Habit. The habit is detailed under each valid species, i.e., tree, shrub, herb, subshrub, shrub or tree.

Status. The species are considered native, introduced, naturalized or endemic to Argentina.

Elevation. Latitudinal ranges are given for each valid species, whenever that information was available.

Provinces (Prov.). Presence of each taxon is indicated for the 23 provinces and 1 Federal District in Argentina. The names of the provinces have been abbreviated as: BA: Buenos Aires; CA: Catamarca; CH: Chaco; CHU: Chubut; CO: Córdoba; COR: Corrientes; DF: Distrito Federal; ER: Entre Ríos; FO: Formosa; JU: Jujuy; LP: La Pampa; LR: La Rioja; ME: Mendoza; MI: Misiones; NE: Neuquén; RN: Río Negro; SA: Salta; SC: Santa Cruz; SE: Santiago del Estero; SF: Santa Fe; SJ: San Juan; SL: San Luis; TF: Tierra del Fuego e islas del Atlántico Sur; TU: Tucumán.

Neighboring countries (Paises limítrofes). Presence of the taxon in neighboring countries is cited as: BO: Bolivia; BR: Brazil; CH: Chile; PA: Paraguay; UR: Uruguay.

Voucher (Ejemplar examinado). One selected specimen is included, together with the herbarium where this voucher is located. In cases where no specimen was available for study, this was indicated by an asterisk (*), corresponding to a specimen cited by the author indicated in the reference.

Literature cited (Bibliografía)

All references are listed alphabetically and ordered by date for each author. Journal abbreviations follow "B-P-H" (Lawrence et al., 1968) and "B-P-H/S" (Bridson & Smith, 1991).

Other abbreviations

The following botanical abbreviations, most of them from botanical Latin, are used after species names for clarification of taxonomic or nomenclatural status:

auct. non = to indicate a name commonly misapplied.
com. pers. = personal communication.
comb. illeg. = published as an illegitimate combination.
comb. inval. = published as an invalid combination.
comb. superfl. = published as a superfluous combination.
emend. = denotes an alteration of the diagnostic characters of a taxon, followed by the name of the author responsible for the change.

et al. = and others.
ex = used in the author citations of names to link the name of an author who has not validly published a name with that of the author who validated the same name.
f. = form.
hom. illeg. = an illegitimate homonym.
nom. cons. = a conserved name.
nom. illeg. = an illegitimate name.
nom. inval. = published as an invalid name.
nom. nud. = a name unaccompanied by a description or reference to a published description.
nom. superfl. = published as a superfluous name.
p.p. = in part.
pro syn. = published as a synonym.
subsp. = subspecies.
var. = variety.

Appendix 2 includes all valid and nonvalid genera (in Roman and italics, respectively), followed by the family, or families, where they are treated; families in which the genus is considered valid are in boldface.

Acknowledgments

We express our gratitude to the director, Dr. Peter H. Raven, and staff of the Missouri Botanical Garden, to Dr. Juan H. Hunziker, and staff of the Instituto de Botánica Darwinion for their support in making this publication possible, and to the Consejo Nacional de Investigaciones Científicas y Técnicas de la República Argentina (CONICET). We also thank Dr. Clodomiro Marticorena and Dr. Luis Ariza Espinar for very helpful comments. Finally, we express our gratitude to Alejandra Garbini for her help in the final stages of preparation of this manuscript, and to Ing. Daniel Rodríguez for the development of the database IRIS, prepared at the Darwinion Institute.

Autores y coautores de tratamientos de los taxones e institución a la que pertenecen

Ahumada, L. Z. (CTESN): Aristolochiaceae, Euphorbiaceae (*Croton* y *Julocroton*).
Anderson, W. R. (MICH): Malpighiaceae.
Arambarri, A. M. (LPAG): Fabaceae (*Lotus*).
Arbo, M. M. (CTES): Bignoniaceae, Lentibulariaceae, Turneraceae.
Ariza Espinar, L. (CORD): Asteraceae.
Arroyo-Leuenberger, S. C. (B): Epacridaceae, Solanaceae (*Benthamiella*).
Bacigalupo, N. M. (SI): Callitrichicaceae, Caprifoliaceae.
Bacigalupo, N. M. & E. Cabral (SI, CTES): Rubiaceae.
Bacigalupo, N. M. & M. E. Múlgura (SI): Euphorbiaceae.
Barboza, G. (CORD): Geraniaceae, Solanaceae.
Brizuela, M. (BAFC): Fabaceae.
Cabrera, A. L. (SI): Asteraceae.
Cialdella, A. M. (SI): Fabaceae, Polygonaceae.
Chiapella, J. (CRUB): Calyceraceae, Campanulaceae, Stylidaceae.
Cocucci, A. A. (CORD): Solanaceae (*Nicotiana*).
Crespo, S. & R. L. Pérez-Moreau (SI): Loasaceae.
Cristóbal, C. L. (CTES): Sterculiaceae.
Deginani, N. B. (SI): Hydrophyllaceae, Passifloraceae.
Delucchi, G. (LP): Asteraceae.
Delucchi, G. & F. Achinelli (LP): Oleaceae.
Drewes, S. (BAFC): Fabaceae.
Ezcurra, C. E. (CRUB): Acanthaceae, Apocynaceae, Asclepiadaceae.
Ferrucci, S. (CTES): Sapindaceae, Tiliaceae.
Figueroa Romero, M. R. (LIL): Solanaceae (*Petunia*).
Fortunato, R. H. (BAB): Fabaceae.

Freire, S. E. (LP): Asteraceae.
Gamerro, J. C. (SI): Araliaceae.
Giberti, G. (BACP): Aquifoliaceae.
Giuliano, D. (LP): Asteraceae.
Gómez Sosa, E. V. (SI): Fabaceae.
Guaglianone, R. E. (SI): Combretaceae, Phytolaccaceae.
Hoc, P. (BAFC): Fabaceae.
Hunziker, J. H. (SI): Zygophyllaceae.
Iharlegui, L. (LP): Asteraceae.
Katinas, L. (LP): Asteraceae.
Kiesling, R. (SI): Cactaceae.
Krapovickas, A. (CTES): Convolvulaceae, Fabaceae (*Arachis*), Malvaceae.
Palacios, R. A. (BAFC): Fabaceae.
Pedersen, T. M. (CTES): Amaranthaceae.
Pérez-Moreau, R. L. & S. Crespo (BAB): Boraginaceae.
Peralta, I. (MERL): Portulacaceae.
Planchuelo, A. M. (ACOR): Fabaceae.
Pozner, R. (SI): Cucurbitaceae.
Romanutti, A. (CORD): Solanaceae.
Rotman, A. D. (JUA): Myrtaceae.
Rossow, R. A. †: Fabaceae.
Ruggiero, C. (LP): Asteraceae.
Sáenz, A. A. (LP): Asteraceae.
Sancho, G. (LP): Asteraceae.
Sanso, A.M. (SI) **& C.C. Xifreda** (LP): Buddlejaceae, Desfontainiaceae, Loganiaceae.
Subils, R. (CORD): *Euphorbia*.
Tortosa, R. (BAA): Rhamnaceae.
Tressens, S. (CTES): Lauraceae, Sapotaceae.
Tur, N. M. (LP): Podostemaceae.
Ulibarri, E. A. (SI): Fabaceae.
Urtubey, E. (LP): Asteraceae.
Vanni, R. (CTES): Fabaceae.
Volponi, C. (Comisión de Investigaciones Científicas, CIC, Provincia de Buenos Aires, LP): Caryophyllaceae.
Xifreda, C. C. (Comisión de Investigaciones Científicas, CIC, Provincia de Buenos Aires, LP): Aizoaceae, Basellaceae, Balanophoraceae, Caricaceae, Dipsacaceae, Gesneriaceae, Lamiaceae, Menispermaceae, Molluginaceae, Rutaceae, Scrophulariaceae, Simaroubaceae, Valerianaceae.
Xifreda, C. C. (LP) **& A. M. Sanso** (SI): Proteaceae, Violaceae.

Nota: La autoría en las familias Asteraceae y Fabaceae se indica al comienzo del tratamiento de las mismas. En aquellas familias en que no se indica autor, las mismas fueron realizadas por los editores de este catálogo.

Tabla 1. Lista de las familias de Dicotyledoneae citadas para la Argentina, de Acanthaceae a Euphorbiaceae, incluyendo número de géneros y especies, especies por género y número de especies endémicas (entre paréntesis).

Acanthaceae (17)

Anisacanthus	1
Aphelandra	2 (1)
Carlowrightia	1
Dicliptera	6 (3)
Dyschoriste	4 (1)
Elytraria	1
Geissomeria	1
Hygrophila	2
Justicia	27 (7)
Lophostachys	1
Oplonia	1 (1)
Poikilacanthus	1
Ruellia	19
Schaueria	1
Stenandrium	3
Streblacanthus	1
Thunbergia	1

Aceraceae (1)

Acer	1

Achatocarpaceae (1)

Achatocarpus	2

Aextoxicaceae (1)

Aextoxicon	1

Aizoaceae (7)

Aptenia	1
Carpobrotus	2
Cypselea	1
Mesembryanthemum	2
Sesuvium	1
Tetragonia	1
Trianthema	2 (1)

Amaranthaceae (13)

Alternanthera	27 (4)
Amaranthus	22 (2)
Blutaparon	1
Celosia	1
Chamissoa	3
Froelichia	3
Gomphrena	20 (4)
Guilleminea	2
Hebanthe	2
Herbstia	1
Iresine	1
Pfaffia	6
Pseudoplantago	1

Anacardiaceae (6)

Astronium	3
Lithrea	2
Loxopterygium	1
Mauria	1
Schinopsis	3
Schinus	22 (6)

Annonaceae (3)

Annona	1
Rollinia	3
Xylopia	1

Apiaceae (38)

Ammi	2
Ammoselinum	1
Anthriscus	1
Apium	7
Asteriscium	4 (4)
Austropeucedanum	1 (1)
Azorella	15 (1)
Bolax	2
Bowlesia	8 (3)
Bupleurum	1
Caucalis	1
Centella	1
Conium	1
Coriandrum	1
Cyclospermum	1
Daucus	3
Diposis	1 (1)
Eryngium	29 (4)
Foeniculum	1
Gymnophyton	1 (1)
Huanaca	4 (1)
Hydrocotyle	13
Laretia	1
Lilaeopsis	4 (1)
Mulinum	13 (4)
Notiosciadium	1 (1)
Oenanthe	1
Oligocladus	1 (1)

Oreomyrrhis	2
Osmorhiza	4
Pastinaca	1
Pimpinella	1
Pozoa	2
Sanicula	2
Schizeilema	1
Spermolepis	1 (1)
Tordylium	1
Torilis	1

Apocynaceae (17)

Aspidosperma	4
Catharanthus	1
Condylocarpon	1
Elytropus	1
Forsteronia	5 (1)
Macropharynx	1 (1)
Macrosiphonia	4
Mandevilla	8 (1)
Mesechites	1
Peltastes	1
Prestonia	6
Rauvolfia	3
Rhabdadenia	2
Tabernaemontana	1
Thevetia	1
Vallesia	1
Vinca	1

Aquifoliaceae (1)

Ilex	6

Araliaceae (6)

Dendropanax	2
Hedera	1
Oreopanax	1
Pentapanax	2
Pseudopanax	1
Schefflera	1

Aristolochiaceae (2)

Aristolochia	25 (5)
Euglypha	1

Asclepiadaceae (32)

Amblyopetalum	1 (1)
Amblystigma	2 (2)
Araujia	5
Asclepias	8 (1)
Astephanus	1 (1)
Blepharodon	1
Cynanchum	10 (8)
Ditassa	4
Fischeria	1
Funastrum	3
Gonolobus	6
Grisebachiella	1
Gyrostelma	1
Hickenia	1 (1)
Jobinia	1
Macroscepis	1
Marsdenia	5 (1)
Matelea	5 (4)
Melinia	6 (5)
Metastelma	4 (3)
Mitostigma	13 (11)
Morrenia	9 (5)
Nautonia	1
Oxypetalum	31 (7)
Philibertia	6 (2)
Rojasia	1
Schistogyne	7 (3)
Schubertia	2
Tassadia	1
Telminostelma	2
Tweedia	4 (3)
Widgrenia	1

Asteraceae (222)

Abrotanella	4 (1)
Acanthospermum	2
Achillea	1
Achyrocline	8
Acmella	11 (2)
Acroptilon	1
Actinoseris	1
Adenocaulon	1
Adenostemma	2
Ageratum	1
Agoseris	1
Ambrosia	3
Ameghinoa	1 (1)
Angelphytum	8
Antennaria	2 (1)
Anthemis	1
Aphyllocladus	4 (3)
Apopyros	1
Arctium	1
Arctotheca	1
Arctotis	1
Arnica	1

Artemisia	9 (2)
Aspilia	6
Aster	7 (2)
Baccharidastrum	2
Baccharis	100 (24)
Barnadesia	1
Bellis	1
Belloa	6
Berroa	1
Bidens	12
Brachyclados	3 (2)
Brickellia	1
Burkartia	1 (1)
Calea	8
Calendula	2
Calyptocarpus	1
Carduus	4
Carthamus	1
Centaurea	9
Centipeda	1
Centratherum	2
Chaetanthera	20 (2)
Chamaemelum	1
Chaptalia	11 (1)
Chersodoma	4 (2)
Chevreulia	5 (1)
Chiliophyllum	3 (2)
Chiliotrichiopsis	3 (2)
Chiliotrichum	2
Chondrilla	1
Chrysanthellum	1
Chuquiraga	15 (9)
Cichorium	1
Cirsium	2
Clibadium	1
Cnicothamnus	2
Cnicus	1
Coleostephus	1
Conyza	23 (9)
Coreopsis	1
Cosmos	3
Cotula	3
Crepis	4
Criscia	1
Cuatrecasasiella	1
Cyclolepis	1 (1)
Cynara	1
Dahlia	1
Dasyphyllum	5
Delilia	1
Dinoseris	1
Dolichlasium	1 (1)
Doniophyton	2
Duseniella	1 (1)
Dyssodia	1
Eclipta	3
Egletes	1
Elephantopus	1
Emilia	1
Enhydra	1
Erechtites	3
Eriachaenium	1
Erigeron	18 (6)
Eupatorium	82 (10)
Facelis	3
Flaveria	2 (1)
Flourensia	12 (11)
Gaillardia	4 (2)
Galinsoga	6 (1)
Gamochaeta	25 (4)
Gamochaetopsis	1
Gnaphalium	20 (2)
Gochnatia	7 (2)
Grindelia	19 (12)
Gutierrezia	8 (6)
Gymnocoronis	1
Gynoxys	1 (1)
Gynura	1
Haplopappus	13 (1)
Hedypnois	1
Helenium	3 (2)
Helianthus	4
Heterosperma	4
Heterothalamus	1
Heterotheca	1
Hieracium	48 (26)
Holocheilus	5 (2)
Huarpea	1 (1)
Hyalis	2 (1)
Hyaloseris	4 (3)
Hymenostephium	1
Hymenoxys	4 (1)
Hypochaeris	33 (7)
Hysterionica	10 (5)
Isostigma	5 (2)
Jaegeria	1
Jaumea	1
Jungia	5
Lactuca	3
Laennecia	3 (1)
Lagascea	1
Lagenophora	3

Lapsana	1
Lasthenia	1
Leontodon	2
Lepidophyllum	1
Leptinella	1
Leucanthemum	1
Leucheria	27 (1)
Liabum	5 (2)
Lophopappus	2
Lucilia	5
Luciliocline	5 (2)
Macrachaenium	1
Madia	1
Malacothrix	1
Matricaria	2
Melanthera	1
Microgynella	1
Microliabum	1 (1)
Micropsis	4 (1)
Mikania	33 (6)
Montanoa	1
Mutisia	22 (4)
Nardophyllum	8 (3)
Nassauvia	35 (15)
Noticastrum	11 (1)
Novenia	1
Onopordum	2
Onoseris	2
Ophryosporus	6 (5)
Orthopappus	1
Pachylaena	1
Pacourina	1
Pamphalea	3
Parastrephia	4
Parthenium	1
Pectis	2
Perezia	27 (2)
Picris	1
Picrosia	2 (1)
Piptocarpha	1
Plagiocheilus	1
Plazia	1
Pluchea	2
Podocoma	7 (1)
Porophyllum	5
Proustia	1
Pseudelephantopus	1
Pseudogynoxys	1
Psilocarphus	1
Pterocaulon	11
Ratibida	1
Salmea	1
Sanvitalia	1
Schistocarpha	1
Schkuhria	3
Schlechtendalia	1
Scolymus	1
Scorzonera	1
Senecio	270 (114)
Siegesbeckia	1
Silybum	1
Simsia	1
Smallanthus	2
Solidago	2 (1)
Soliva	5 (1)
Sommerfeltia	1
Sonchus	4
Sphagneticola	1
Stachycephalum	1 (1)
Stenachaenium	2
Stevia	34 (16)
Stuckertiella	2 (1)
Synedrellopsis	1
Tagetes	12 (5)
Tanacetum	3
Taraxacum	3
Tessaria	4
Thelesperma	1
Thymophylla	1
Tilesia	1
Tithonia	2
Tragopogon	3
Trichocline	12 (6)
Tridax	1
Tripleurospermum	1
Triptilion	1
Trixis	7
Urmenetea	1
Urospermun	1
Verbesina	8 (2)
Vernonia	54 (11)
Viguiera	12 (2)
Wedelia	6
Werneria	9 (1)
Xanthium	5
Xenophyllum	4
Zexmenia	2 (1)
Zinnia	1

Atherospermataceae (1)

Laureliopsis	1

Balanophoraceae (2)

Lophophytum	2
Ombrophytum	1

Basellaceae (2)

Anredera	3
Ullucus	1

Begoniaceae (1)

Begonia	16 (5)

Berberidaceae (1)

Berberis	26 (10)

Betulaceae (1)

Alnus	1

Bignoniaceae (24)

Adenocalymma	2
Amphilophium	4
Anemopaegna	1
Argylia	3 (1)
Arrabidaea	9
Campsidium	1
Campsis	1
Clytostoma	3
Cuspidaria	1
Cybistax	1
Dolichandra	1
Eccremocarpus	1
Jacaranda	4
Macfadyena	4
Mansoa	1
Melloa	1
Parabignonia	1
Pithecoctenium	2
Pyrostegia	1
Tabebuia	8
Tanaecium	1
Tecoma	4
Tourrettia	1
Tynanthus	1

Bixaceae (1)

Bixa	1

Bombacaceae (3)

Ceiba	1
Pseudobombax	1
Tartagalia	1

Boraginaceae (24)

Amsinckia	2
Anchusa	1
Asperugo	1
Borago	1
Coldenia	1
Cordia	7
Cortesia	1
Cryptantha	13 (4)
Cynoglossum	2
Echium	2
Hackelia	1
Heliotropium	27 (7)
Ixorhea	1 (1)
Lappula	1
Lithospermum	1
Lycopsis	1
Myosotis	7
Patagonula	1
Pectocarya	2
Plagiobothrys	4
Saccellium	1
Symphytum	1
Thaumatocaryon	1
Tournefortia	4

Brassicaceae (61)

Aethionema	1
Alyssum	1
Arabidopsis	1
Arabis	1
Aschersoniodoxa	1
Barbarea	2
Brassica	3
Brayopsis	2
Cakile	1
Camelina	3
Capsella	1
Cardamine	15
Cardaria	3
Chorispora	1
Cochlearia	1
Coronopus	3
Cremolobus	2
Delpinophytum	1 (1)
Descurainia	19 (6)
Dictyophragmus	1 (1)
Diplotaxis	2
Draba	13 (3)
Erophila	1

Eruca	1
Erysimum	2
Eudema	3
Grammosperma	1
Halimolobos	3 (1)
Hesperis	1
Hirschfeldia	1
Hymenolobus	1
Iberis	1
Lepidium	23 (9)
Lesquerella	1
Lithodraba	1 (1)
Lobularia	1
Malcolmia	2
Mancoa	2 (1)
Menonvillea	13 (7)
Neslia	1
Onuris	5 (1)
Parodiodoxa	1 (1)
Pennellia	1
Petroravenia	1 (1)
Phlebolobium	1 (1)
Polypsecadium	3 (2)
Pterygiosperma	1 (1)
Raphanus	2
Rapistrum	1
Rorippa	12 (1)
Sarcodraba	3 (3)
Schizopetalon	1
Sinapis	2
Sisymbrium	33 (15)
Skottsbergianthus	2 (2)
Stenodraba	1
Thlaspi	2
Trichotolinum	1 (1)
Weberbauera	7 (1)
Werdermannia	1 (1)
Xerodraba	6 (4)

Buddlejaceae (1)

Buddleja	15 (1)

Cactaceae (36)

Acanthocalycium	5 (5)
Austrocactus	2 (2)
Austrocylindropuntia	3
Blossfeldia	1
Cereus	6 (1)
Cleistocactus	4
Cylindropuntia	1
Denmoza	1 (1)
Echinopsis	9 (5)
Epiphyllum	1
Frailea	5
Gymnocalycium	41 (36)
Harrisia	4
Lobivia	23 (20)
Maihuenia	2 (1)
Maihueniopsis	7 (3)
Monvillea	3
Neowerdermannia	1
Opuntia	20 (4)
Oreocereus	2
Parodia	12 (6)
Pereskia	3
Pfeiffera	1
Pterocactus	9 (9)
Puna	3 (2)
Pyrrhocactus	6 (6)
Quiabentia	1
Rebutia	5 (4)
Rhipsalis	10
Selenicereus	1
Setiechinopsis	1 (1)
Stetsonia	1
Tephrocactus	7 (7)
Trichocereus	19 (15)
Weingartia	1 (1)
Wigginsia	4 (1)

Callitrichaceae (1)

Callitriche	8

Calyceraceae (6)

Acicarpha	2
Boopis	9 (1)
Calycera	10 (2)
Gamocarpha	4
Moschopsis	7 (1)
Nastanthus	8 (3)

Campanulaceae (8)

Campanula	1
Downingia	1
Legenere	1
Lobelia	6
Pratia	2
Siphocampylus	9 (1)
Triodanis	1
Wahlenbergia	3

Cannabaceae (1)
Humulus 1

Capparaceae (4)
Capparis 7
Cleome 12 (1)
Crateva 1
Dactylaena 1 (1)

Caprifoliaceae (3)
Lonicera 1
Sambucus 2
Viburnum 1

Caricaceae (2)
Carica 3
Jacaratia 2

Caryophyllaceae (23)
Agrostemma 1
Arenaria 8 (3)
Cardionema 4
Cerastium 14 (3)
Colobanthus 3
Dianthus 1
Drymaria 5
Herniaria 3
Holosteum 1
Paronychia 7
Petrorhagia 1
Philippiella 1
Polycarpaea 1
Polycarpon 3
Pycnophyllopsis 1 (1)
Pycnophyllum 7 (2)
Sagina 4
Saponaria 1
Scleranthus 1
Silene 25 (9)
Spergula 12 (1)
Stellaria 14 (2)
Vaccaria 1

Cecropiaceae (1)
Cecropia 1

Celastraceae (3)
Maytenus 11 (3)
Plenckia 1
Schaefferia 1

Celtidaceae (2)
Celtis 5
Trema 1

Ceratophyllaceae (1)
Ceratophyllum 2

Chenopodiaceae (13)
Allenrolfea 2 (2)
Atriplex 34 (16)
Bassia 2
Beta 1
Chenopodium 37 (8)
Cycloloma 1
Heterostachys 2 (1)
Holmbergia 1
Monolepis 1
Nitrophila 1 (1)
Salsola 2
Sarcocornia 2
Suaeda 6 (1)

Cistaceae (1)
Halimium 1

Clethraceae (1)
Clethra 1

Clusiaceae (2)
Hypericum 14
Rheedia 1

Cochlospermaceae (1)
Cochlospermum 1

Combretaceae (2)
Combretum 4
Terminalia 2

Convolvulaceae (11)
Aniseia 2
Bonamia 1 (1)
Calystegia 2
Convolvulus 9 (1)
Cressa 2 (1)
Dichondra 4
Evolvulus 7
Ipomoea 52 (11)
Iseia 1
Jacquemontia 9 (1)
Merremia 6

Coriariaceae (1)

Coriaria	1

Cornaceae (1)

Griselinia	1

Crassulaceae (4)

Crassula	8 (1)
Echeveria	1
Kalanchoe	1
Sedum	3 (1)

Cucurbitaceae (21)

Abobra	1
Apodanthera	4 (1)
Cayaponia	7
Ceratosanthes	2
Citrullus	2
Cucumis	2
Cucurbita	3
Cucurbitella	1
Cyclanthera	5
Echinopepon	1
Fevillea	1
Halosicyos	1 (1)
Lagenaria	1
Luffa	1
Melancium	1
Melothria	5 (1)
Momordica	1
Pteropepon	2 (2)
Sicyos	6 (2)
Siolmatra	1
Wilbrandia	1

Cunoniaceae (3)

Caldcluvia	1
Lamanonia	2
Weinmannia	2

Cuscutaceae (1)

Cuscuta	24 (7)

Desfontainiaceae (1)

Desfontainia	1

Dilleniaceae (1)

Tetracera	1

Dipsacaceae (3)

Dipsacus	2
Knautia	1
Scabiosa	1

Donatiaceae (1)

Donatia	1

Droseraceae (1)

Drosera	3

Ebenaceae (1)

Diospyros	2

Elaeagnaceae (1)

Elaeagnus	1

Elaeocarpaceae (4)

Aristotelia	1
Crinodendron	1
Muntingia	1
Vallea	1

Elatinaceae (1)

Elatine	2 (1)

Empetraceae (1)

Empetrum	1

Epacridaceae (1)

Lebetanthus	1

Eremolepidaceae (1)

Eubrachion	1

Ericaceae (5)

Agarista	2
Gaultheria	10
Gaylussacia	1
Pernettya	1
Vaccinium	1

Erythroxylaceae (1)

Erythroxylum	5

Eucryphiaceae (1)

Eucryphia	1

Euphorbiaceae (29)

Acalypha	20 (2)
Actinostemon	2
Adelia	1
Alchornea	3

Aonikena	1 (1)
Aporosella	1
Argythamnia	12 (5)
Bernardia	7 (4)
Caperonia	5
Cnidoscolus	5 (1)
Colliguaja	1
Croton	34 (12)
Dalechampia	6
Dysopsis	1
Euphorbia	53 (11)
Jatropha	11 (5)
Julocroton	6 (2)
Manihot	5 (1)
Margaritaria	1
Mercurialis	1
Parodiodendron	1 (1)
Philyra	1
Phyllanthus	8
Ricinus	1
Sapium	2
Sebastiania	9
Stillingia	4 (2)
Tetrorchidium	1
Tragia	13 (1)

Angiospermae
Dicotyledoneae

ACANTHACEAE

17 géneros, 73 especies; 13 especies endémicas.

por C. Ezcurra

Adhatoda flexuosa Nees = **Poikilacanthus glandulosus** (Nees) Ariza

Adhatoda gilliesii Nees = **Justicia gilliesii** (Nees) Benth.
Ref.: Ariza Espinar, 1983a.

Adhatoda tweediana Nees = **Justicia tweediana** (Nees) Griseb.
Ref.: Ariza Espinar, 1983a.

Adhatoda tweediana var. *angustifolia* Nees = **Justicia tweediana** (Nees) Griseb.
Ref.: Ariza Espinar, 1983a.

Adhatoda umbrosa Nees = **Poikilacanthus glandulosus** (Nees) Ariza
Ref.: Ariza Espinar, 1984b.

Anisacanthus Nees
Número de especies: 1

Anisacanthus boliviensis (Nees) Wassh.
Sin.: *Anisacanthus caduciflorus* (Griseb.) Ariza, *Anisacanthus caducifolius* (Griseb.) Lindau, *Drejera boliviensis* Nees, *Jacobinia caducifolia* Griseb., *Schaueria caduciflora* Griseb.
Ref.: Wasshausen, 1992; Ezcurra, 1993a.
Hábito: Arbusto.
Status: Nativa.
Elevación: 500–1500 m.
Prov.: JU, SA.
Paises limítrofes: BO.
Ejemplar examinado: *Venturi 5026* (LIL, SI).

Anisacanthus caduciflorus (Griseb.) Ariza = **Anisacanthus boliviensis** (Nees) Wassh.
Ref.: Wasshausen, 1992.

Anisacanthus caducifolius (Griseb.) Lindau = **Anisacanthus boliviensis** (Nees) Wassh.
Ref.: Wasshausen, 1992.

Aphelandra R. Br.
Número de especies: 2, 1 especie endémica.

Aphelandra hieronymi Griseb.
Sin.: *Odontophyllum hieronymi* (Griseb.) Sreem.
Ref.: Wasshausen, 1975; Ezcurra, 1993a.
Hábito: Arbusto.
Status: Nativa.
Elevación: 1000–2000 m.
Prov.: JU, SA.
Paises limítrofes: BO.
Ejemplar examinado: *Cabrera 32261* (SI).

Aphelandra lilacina C. Ezcurra
Ref.: Ezcurra, 1986, 1993a.
Hábito: Hierba.
Status: Endémica.
Elevación: 1500–2000 m.
Prov.: SA.
Ejemplar examinado: *Chalukian 1977* (holotipo, SI).

Arrhostoxylum ciliatiflorum (Hook.) Nees = **Ruellia ciliatiflora** Hook.
Ref.: Ezcurra, 1993c.

Arrhostoxylum kuntzei (Lindau) Brem. = **Ruellia sanguinea** Griseb.
Ref.: Ezcurra, 1993c.

Arrhostoxylum microphyllum Nees = **Ruellia coerulea** Morong
Ref.: Ezcurra, 1993c.

Beloperone albomarginata Lindau = **Justicia dumetorum** Morong
Ref.: Ezcurra, 1988.

Beloperone amherstiae Nees = **Justicia brasiliana** Roth.
Ref.: Wasshausen & Smith, 1969.

Beloperone baenitzii H. Winkl. = **Justicia baenitzii** (H. Winkl.) C. Ezcurra
Ref.: Ezcurra, 1988.

Beloperone brasiliana (Roth.) Bremek. = **Justicia brasiliana** Roth.
Ref.: Graham, 1988.

Beloperone ciliata (Nees) Hook. f. = **Justicia squarrosa** Griseb.
Ref.: Graham, 1988.

Beloperone corumbensis Lindau = **Justicia corumbensis** (Lindau) Wassh. & C. Ezcurra
Ref.: Wasshausen & Ezcurra, 1997.

Beloperone kerri N.E. Br. = **Justicia dumetorum** Morong
Ref.: Ezcurra, 1988.

Beloperone mandonii Lindau = **Justicia mandonii** (Lindau) Wassh. & C. Ezcurra
Ref.: Wasshausen & Ezcurra, 1997

Beloperone matthewsii Lindau = [Justicia rusbyi (Lindau) V.A.W. Graham]
Ref.: Ezcurra, 1993c.

Beloperone pseudociliata Mildbr. = **Justicia ramulosa** (Morong) C. Ezcurra
Ref.: Ezcurra, 1988.

Beloperone ramulosa Morong = **Justicia ramulosa** (Morong) C. Ezcurra
Ref.: Ezcurra, 1988.

Beloperone scorpioides Nees = **Justicia xylosteoides** Griseb.
Ref.: Ariza Espinar, 1971a.

Beloperone squarrosa (Griseb.) Lindau = **Justicia squarrosa** Griseb.
Ref.: Graham, 1988.

Blechum mexicanum Oerst. = **Ruellia erythropus** (Nees) Lindau
Ref.: Ezcurra, 1993c.

Blechum tweedii Nees = **Ruellia erythropus** (Nees) Lindau
Ref.: Ezcurra, 1993c.

Calophanes ciliatus Nees = [Dyschoriste ciliata (Nees) Kuntze]
Ref.: Kobuski, 1928.

Calophanes hygrophiloides Nees = **Dyschoriste hygrophiloides** (Nees) Kuntze
Ref.: Kobuski, 1928.

Calophanes tweedianus Nees = [Dyschoriste tweediana (Nees) Kuntze]
Ref.: Kobuski, 1928.

Carlowrightia A. Gray

Número de especies: 1

Carlowrightia sulcata (Nees) C. Ezcurra
Sin.: *Dianthera sulcata* Griseb., *Jacobinia sulcata* Nees, *Siphonoglossa sulcata* (Nees) Lindau
Ref.: Ezcurra, 1993a; 1994.
Hábito: Hierba.
Status: Nativa.
Elevación: 0–1500 m.
Prov.: CA, CH, CO, COR, ER, FO, JU, SA, SE, SF, SL, TU.
Paises limítrofes: PA.
Ejemplar examinado: *Cabrera 29949* (SI).

Chaetochlamys lilloi J.L. Lotti = **Justicia lilloi** (J.L. Lotti) C. Ezcurra
Ref.: Ezcurra, 1993a, b.

Chaetochlamys tucumanensis Lillo, nom. nud. = **Justicia lilloi** (J.L. Lotti) C. Ezcurra
Ref.: Ezcurra, 1993a, b.

[Chaetothylax boliviensis Lindau]
Ref.: Ezcurra, inéd.b.
Nota: Especie excluida de la flora argentina.

Chaetothylax lythroides (Nees) Benth. ex Jackson = **Justicia lythroides** (Nees) V.A.W. Graham
Ref.: Graham, 1988.

Chaetothylax tocantinus Nees = [Justicia tocantina (Nees) V.A.W. Graham]
Ref.: Graham, 1988.

Chaetothylax umbrosus Nees = **Justicia goudotii** V.A.W. Graham
Ref.: Graham, 1988.

Copioglossa pilosa Miers = **Ruellia geminiflora** Kunth
Ref.: Ezcurra, 1993c.

Cryphiacanthus acaulis Nees = **Ruellia morongii** Britton
Ref.: Ezcurra, 1993c.

Cryphiacanthus angustifolius Nees = **Ruellia coerulea** Morong
Ref.: Ezcurra, 1993c.

Cryphiacanthus udus Nees = **Ruellia hygrophila** Mart.
Ref.: Ezcurra, 1993c.

Cyrtacanthus corymbosus Nees, nom. nud. = **Ruellia brevifolia** (Pohl) C. Ezcurra
Ref.: Ezcurra, 1989b, 1993c.

Cyrtanthera magnifica Nees = **Justicia carnea** Lindl.
Ref.: Graham, 1988.

Cyrtanthera pohliana Nees = **Justicia carnea** Lindl.

Dianthera ciliata Benth. & Hook. f., hom. illeg. = **Justicia squarrosa** Griseb.
Ref.: Graham, 1988.

Dianthera comata L. = **Justicia comata** (L.) Lam.

Dianthera nodosa (Hook.) Benth. = **Justicia brasiliana** Roth.
Ref.: Graham, 1988.

Dianthera obtusifolia (Nees) Griseb. = **Justicia laevilinguis** (Nees) Lindau

Dianthera polygaloides S. Moore = [Justicia polygaloides (S. Moore) Lindau]

Dianthera sulcata (Nees) Griseb. = **Carlowrightia sulcata** (Nees) C. Ezcurra
Ref.: Ezcurra, 1993a.

Diapedium niederleinianum (Lindau) Kuntze = **Dicliptera niederleiniana** Lindau

Diapedium scutellatum (Griseb.) Kuntze = **Dicliptera scutellata** Griseb.
Ref.: Ezcurra, 1993a.

Diapedium tweedianum (Nees) Kuntze = **Dicliptera tweediana** Nees

Dicliptera Juss.

Número de especies: 6, 3 especies endémicas.

Dicliptera cabrerae C. Ezcurra
Ref.: Ezcurra, 1989a; 1993a.
Hábito: Hierba.
Status: Endémica.
Elevación: 2000–2500 m.
Prov.: JU.
Ejemplar examinado: *Cabrera 30441* (holotipo, SI).

Dicliptera deltica Bridar. = **Dicliptera tweediana** Nees
Ref.: Ezcurra, 1993a.

Dicliptera jujuyensis Lindau
Ref.: De Marco & Ruiz, 1976a; Ezcurra, 1993a.
Hábito: Subarbusto.
Status: Endémica.
Elevación: 500–1500 m.
Prov.: JU, SA, TU.
Ejemplar examinado: *Cabrera 33937* (SI).

Dicliptera lutea Bridar. = **Dicliptera tweediana** Nees
Ref.: Ezcurra, 1993a.

Dicliptera niederleiniana Lindau
Sin.: *Diapedium niederleinianum* (Lindau) Kuntze, *Dicliptera tomentosa* Griseb., nom. nud.
Ref.: Lindau, 1894; De Marco & Ruiz, 1976a.
Hábito: Subarbusto.
Status: Endémica.
Elevación: 0-500 m.
Prov.: CH, CO, COR, ER, FO, MI.
Ejemplar examinado: *Lanfranchi 1473* (SI).
Nota: Podría tratarse de un híbrido *entre Dicliptera tweediana* Nees y *D. scutellata* Griseb.

[Dicliptera pohliana Nees]
Ref.: Ezcurra, inéd.b.
Nota: Especie excluida de la flora argentina.

Dicliptera scutellata Griseb.
Sin.: *Diapedium scutellatum* (Griseb.) Kuntze
Ref.: De Marco & Ruiz, 1976a; Ezcurra, 1993a.
Hábito: Subarbusto.
Status: Nativa.
Elevación: 500–2000 m.
Prov.: CA, CO, JU, LR, SA, TU.
Paises limítrofes: BO.
Ejemplar examinado: *Venturi 5261* (LIL, SI).

Dicliptera sericea Nees
Sin.: *Dicliptera suberecta* (André) Bremek., *Jacobinia suberecta* André.
Ref.: Arrillaga de Maffei & Olano, 1978; Ezcurra, inéd.b.
Hábito: Hierba.
Status: Nativa.
Elevación: 0–1000 m.
Paises limítrofes: PA, UR.
Ejemplar examinado: *Burkart 8697* (SI).

Dicliptera suberecta (André) Bremek. = **Dicliptera sericea** Nees

[Dicliptera tomentosa (Vahl) Nees]
Sin.: *Justicia tomentosa* Vahl
Ref.: Ezcurra, inéd.b.
Nota: Especie excluida de la flora argentina.

Dicliptera tomentosa Griseb., nom. nud. = **Dicliptera niederleiniana** Lindau
Ref.: De Marco & Ruíz, 1976a.

Dicliptera tweediana Nees
Sin.: *Diapedium tweedianum* (Nees) Kuntze, *Dicliptera deltica* Bridar., *Dicliptera lutea* Bridar., *Dicliptera tweediana* var. *flaviflora* Stuck.
Ref.: Dawson, 1979a; Ezcurra, 1993a.
Hábito: Subarbusto.
Status: Nativa.
Elevación: 0–1500 m.
Prov.: BA, CA, CH, CO, COR, ER, FO, JU, MI, SA, SE, SF, TU.
Paises limítrofes: BR, PA, UR.
Ejemplar examinado: *Cabrera 30322* (SI).

Dicliptera tweediana var. *flaviflora* Stuck. = **Dicliptera tweediana** Nees
Ref.: Dawson, 1979a.

Dipteracanthus bahiensis Nees = [Ruellia bahiensis (Nees) Morong]
Ref.: Lillo, 1937.

Dipteracanthus brachysiphon Nees = **Ruellia brachysiphon** (Nees) Lindau
Ref.: Ezcurra, 1993c.

Dipteracanthus brevicaulis Nees = **Ruellia brevicaulis** (Nees) Lindau
Ref.: Ezcurra, 1993c.

Dipteracanthus dissitifolium Nees = [Ruellia dissitifolia (Nees) Lindau]

Dipteracanthus dissitifolius var. *humilior* Nees = **Ruellia brevicaulis** (Nees) Lindau
Ref.: Ezcurra, 1993c.

Dipteracanthus geminiflorus var. *angustifolius* Nees = **Ruellia geminiflora** Kunth
Ref.: Ezcurra, 1993c.

Dipteracanthus geminiflorus var. *erectus* Nees = **Ruellia geminiflora** Kunth
Ref.: Ezcurra, 1993c.

Dipteracanthus geminiflorus var. *hirsutior* Nees = **Ruellia geminiflora** Kunth
Ref.: Ezcurra, 1993c.

Dipteracanthus geminiflorus var. *procumbens* Nees = **Ruellia geminiflora** Kunth
Ref.: Ezcurra, 1993c.

Dipteracanthus geminiflorus var. *subacaulis* Nees = **Ruellia geminiflora** Kunth
Ref.: Ezcurra, 1993c.

Dipteracanthus glanduloso-punctatus Nees = **Ruellia multifolia** var. **viscosissima** (Nees) C. Ezcurra
Ref.: Ezcurra, 1993c.

Dipteracanthus humilis Nees = **Ruellia geminiflora** Kunth
Ref.: Ezcurra, 1993c.

Dipteracanthus hypericoides Nees = **Ruellia hypericoides** (Nees) Lindau
Ref.: Ezcurra, 1993c.

Dipteracanthus multifolius Nees = **Ruellia multifolia** (Nees) Lindau var. **multifolia**
Ref.: Ezcurra, 1993c.

Dipteracanthus tuberosus Nees = **Ruellia bulbifera** Lindau
Ref.: Ezcurra, 1993c.

Dipteracanthus vindex Nees = **Ruellia geminiflora** Kunth
Ref.: Ezcurra, 1993c.

Dipteracanthus viscosissimus Nees = **Ruellia multifolia** var. **viscosissima** (Nees) C. Ezcurra
Ref.: Ezcurra, 1993c.

Drejera boliviensis Nees = **Anisacanthus boliviensis** (Nees) Wassh.
Ref.: Wasshausen, 1992.

Dyschoriste Nees
Número de especies: 4, 1 especie endémica.

[Dyschoriste ciliata (Nees) Kuntze]
Sin.: *Calophanes ciliatus* Nees
Ref.: Ezcurra, inéd.b.
Nota: Especie excluida de la flora argentina.

Dyschoriste humilis Lindau
Sin.: *Dyschoriste humilis* f. *variegata* Stuck., *Ruellia geminiflora* var. *humilis* Griseb., nom. nud.
Ref.: Kobuski, 1928; Dawson, 1979a.
Hábito: Hierba.
Status: Endémica.
Elevación: 0–500 m.
Prov.: CO, COR, ER, SJ, SF, SE.
Ejemplar examinado: *Burkart 22747* (SI).

Dyschoriste humilis f. *variegata* Stuck. = **Dyschoriste humilis** Lindau

Dyschoriste hygrophiloides (Nees) Kuntze
Sin.: *Calophanes hygrophiloides* Nees
Ref.: Kobuski, 1928; Ezcurra, 1993a.
Hábito: Hierba.
Status: Nativa.
Elevación: 0–1000 m.
Prov.: COR, ER, JU, SA.
Paises limítrofes: BR, PA.
Ejemplar examinado: *Burkart 31103* (SI).

Dyschoriste niederleinii Lindau
Ref.: Kobuski, 1928.
Hábito: Hierba.
Status: Nativa.
Elevación: 500–1000 m.
Prov.: MI.
Paises limítrofes: PA.
Ejemplar examinado: *Niederlein 42* (holotipo, B, destruido, foto, MO).

[Dyschoriste tweediana (Nees) Kuntze]
Sin.: *Calophanes tweedianus* Nees
Nota: Especie excluida de la flora argentina.

Dyschoriste venturii Leonard
Ref.: Ezcurra, 1993a.
Hábito: Subarbusto.
Status: Nativa.
Elevación: 0–1500 m.
Prov.: SA, SE, TU.
Paises limítrofes: BO.
Ejemplar examinado: *Saravia Toledo 1180* (SI).

Ecbolium comatum (L.) Kuntze = **Justicia comata** (L.) Lam.
Ref.: Graham, 1988.

Ecbolium gilliesii (Nees) Kuntze = **Justicia gilliesii** (Nees) Benth.
Ref.: Ariza Espinar, 1983a.

Ecbolium lorentzianum (Lindau) Kuntze = **Justicia tweediana** (Nees) Griseb.
Ref.: Ariza Espinar, 1983a.

[Ecbolium sellinii Kuntze = **Justicia sp.**]
Nota: Especie excluida de la flora argentina.

Ecbolium tweedianum (Nees) Kuntze = **Justicia tweediana** (Nees) Griseb.
Ref.: Ariza Espinar, 1983a.

Ecbolium umbrosum (Nees) Kuntze = **Poikilacanthus glandulosus** (Nees) Ariza
Ref.: Ariza Espinar, 1984b.

Ecbolium xylosteoides (Griseb.) Kuntze = **Justicia xylosteoides** Griseb.
Ref.: Ariza Espinar, 1971a.

Echinacanthus dichotomus Kuntze = **Ruellia brevifolia** (Pohl) C. Ezcurra
Ref.: Ezcurra, 1993c.

Elytraria Michx.
Número de especies: 1

Elytraria apargiifolia Nees = **Elytraria imbricata** (Vahl) Pers.
Ref.: Ezcurra, 1993a.

Elytraria fasciculata Kunth = **Elytraria imbricata** (Vahl) Pers.
Ref.: Ezcurra, 1993a.

Elytraria frondosa Kunth = **Elytraria imbricata** (Vahl) Pers.
Ref.: Ezcurra, 1993a.

Elytraria imbricata (Vahl) Pers.
Sin.: *Elytraria apargiifolia* Nees, *Elytraria fasciculata* Kunth, *Elytraria frondosa* Kunth, *Elytraria ramosa* Kunth, *Elytraria scorpioides* Roem. & Schult., *Elytraria squamosa* (Jacq.) Lindau, *Elytraria tridentata* Vahl, *Justicia imbricata* Vahl, *Verbena squamosa* Jacq.
Ref.: Leonard, 1934; Ezcurra, 1993a.
Hábito: Hierba.
Status: Nativa.
Elevación: 500–1500 m.
Prov.: JU, SA.
Paises limítrofes: BO.
Ejemplar examinado: *Cabrera 33881* (SI).

Elytraria ramosa Kunth = **Elytraria imbricata** (Vahl) Pers.
Ref.: Ezcurra, 1993a.

Elytraria scorpioides Roem. & Schult. = **Elytraria imbricata** (Vahl) Pers.
Ref.: Ezcurra, 1993a.

Elytraria squamosa (Jacq.) Lindau = **Elytraria imbricata** (Vahl) Pers.
Ref.: Ezcurra, 1993a.

Elytraria tridentata Vahl = **Elytraria imbricata** (Vahl) Pers.
Ref.: Ezcurra, 1993a.

Eranthemum cordatum Nees = [Pseuderanthemum cordatum (Nees) Radlk.]

Geissomeria Lindl.
Número de especies: 1

Geissomeria cincinnata Nees
Ref.: Ariza Espinar, 1984a; Ezcurra, inéd.b.
Hábito: Arbusto.
Status: Nativa.
Elevación: 0–1000 m.
Prov.: MI.
Paises limítrofes: BR.
Ejemplar examinado: *Morrone et al. 1952* (SI).

Gerardia dulcis (Cav.) S.F. Blake = **Stenandrium dulce** (Cav.) Nees
Ref.: Ezcurra, 1993a.

Heinzelia lythroides Nees = **Justicia lythroides** (Nees) V.A.W. Graham
Ref.: Graham, 1988.

Heinzelia ovalis Nees = **Justicia lythroides** (Nees) V.A.W. Graham
Ref.: Ezcurra & Acosta-Castellanos, 1997.

Hygrophila R. Br.
Número de especies: 2

Hygrophila atricheta Bridar. = **Hygrophila costata** Nees
Ref.: Ezcurra, inéd.b.

Hygrophila brasiliensis (Spreng.) Lindau = **Hygrophila costata** Nees
Ref.: Daniel, 1995.

Hygrophila conferta Nees = **Hygrophila guianensis** Nees
Ref.: Ezcurra, 1993a.

Hygrophila costata Nees
Sin.: *Hygrophila atricheta* Bridar., *Hygrophila brasiliensis* (Spreng.) Lindau, *Hygrophila lacustris* Morong & Britton, hom. illeg., *Hygrophila longifolia* Nees, *Hygrophila pubescens* Nees, *Hygrophila verticillata* (Spreng.) Cabrera & G. Dawson, comb. superfl., *Hygrophila verticillata* (Spreng.) Herter, *Ruellia brasiliensis* Spreng., *Ruellia verticillata* Spreng.
Ref.: Wasshausen & Smith, 1969; Dawson, 1979a; Ezcurra, inéd.b.
Hábito: Hierba acuática.
Status: Nativa.
Elevación: 0–500 m.
Prov.: COR, ER, MI.
Paises limítrofes: BR, UR.
Ejemplar examinado: *Morrone et al. 965* (SI).

Hygrophila guianensis Nees
Sin.: *Hygrophila conferta* Nees.
Ref.: Dawson, 1979a; Ezcurra, 1993a.
Hábito: Hierba acuática.
Status: Nativa.
Elevación: 0–1000 m.
Prov.: COR, ER, MI, SA, TU.
Paises limítrofes: BO, BR, PA.
Ejemplar examinado: *Venturi 5520* (SI).

Hygrophila lacustris Morong & Britton, hom. illeg. = **Hygrophila costata** Nees
Ref.: Ezcurra, inéd.b.

Hygrophila longifolia Nees = **Hygrophila costata** Nees
Ref.: Ezcurra, inéd.b.

Hygrophila pubescens Nees = **Hygrophila costata** Nees
Ref.: Ezcurra, inéd.b.

Hygrophila verticillata (Spreng.) Cabrera & G. Dawson, comb. superfl. = **Hygrophila costata** Nees
Ref.: Ezcurra, inéd.b.

Hygrophila verticillata (Spreng.) Herter = **Hygrophila costata** Nees
Ref.: Ezcurra, inéd.b.

Jacobinia caducifolia Griseb. = **Anisacanthus boliviensis** (Nees) Wassh.
Ref.: Wasshausen, 1992.

Jacobinia carnea (Lindl.) G. Nicholson = **Justicia carnea** Lindl.
Ref.: Graham, 1988.

Jacobinia ciliata Nees = **Justicia squarrosa** Griseb.
Ref.: Graham, 1988.

Jacobinia magnifica (Nees) Lindau = **Justicia carnea** Lindl.
Ref.: Graham, 1988.

Jacobinia pauciflora (Nees) Lindau = **Justicia floribunda** (C. Koch) Wassh.
Ref.: Peichoto et al., 1998.

Jacobinia pohliana (Nees) Lindau = **Justicia carnea** Lindl.
Ref.: Graham, 1988.

Jacobinia pohliana var. *velutina* Nees = **Justicia carnea** Lindl.
Ref.: Ezcurra, inéd.b.

Jacobinia suberecta André = **Dicliptera sericea** Nees
Ref.: Ezcurra, inéd.b.

Jacobinia sulcata Nees = **Carlowrightia sulcata** (Nees) C. Ezcurra
Ref.: Ezcurra, 1993a.

Justicia L.
Número de especies: 27, 7 especies endémicas.

Justicia albomarginata (Lindau) V.A.W. Graham = **Justicia dumetorum** Morong

Justicia ascendens Bridar. = **Justicia laevilinguis** (Nees) Lindau
Ref.: Dawson, 1979a.

Justicia axillaris (Nees) Lindau
Sin.: *Justicia campestris* Lindau, *Justicia reitzii* Leonard, *Rhytiglossa axillaris* Nees, *Rhytiglossa campestris* Nees
Ref.: Dawson, 1979a; Ezcurra, inéd.b.
Hábito: Hierba.
Status: Nativa.
Elevación: 0–1000 m.
Prov.: COR, ER, MI.
Paises limítrofes: BR, PA.
Ejemplar examinado: *Troncoso 1138* (SI).

Justicia baenitzii (H. Winkl.) C. Ezcurra
Sin.: *Beloperone baenitzii* H. Winkl.
Ref.: Ezcurra, 1988, 1993a.
Hábito: Subarbusto.
Status: Nativa.
Elevación: 500–1500 m.
Prov.: JU, SA.
Paises limítrofes: BO.
Ejemplar examinado: *Iudica y Ramadori 354* (SI).

Justicia brasiliana Roth.
Sin.: *Beloperone amherstiae* Nees, *Beloperone brasiliana* (Roth.) Bremek., *Dianthera nodosa* (Hook.) Benth., *Justicia nodosa* Hook.
Ref.: Wasshausen & Smith, 1969; Graham, 1988.
Hábito: Arbusto.
Status: Nativa.
Elevación: 0–1000 m.
Prov.: COR, MI.
Paises limítrofes: BR.
Ejemplar examinado: *Cabrera 29211* (SI).

Justicia campestris Lindau = **Justicia axillaris** (Nees) Lindau
Ref.: Ezcurra, inéd.b.

Justicia campestris Griseb., hom. illeg. = **Justicia tweediana** (Nees) Griseb.
Ref.: Ariza Espinar, 1983a.

Justicia carnea Lindl.
Sin.: *Cyrtanthera magnifica* Nees, *Cyrtanthera pohliana* Nees, *Jacobinia carnea* (Lindl.) G. Nicholson, *Jacobinia magnifica* (Nees) Lindau, *Jacobinia pohliana* (Nees) Lindau, *Jacobinia pohliana* var. *velutina* Nees
Ref.: Wasshausen & Smith, 1969; Graham, 1988.
Hábito: Arbusto.
Status: Nativa.
Elevación: 0–1000 m.
Prov.: MI.
Paises limítrofes: BR, PA.
Ejemplar examinado: *Morrone et al. 691* (SI).

Justicia comata (L.) Lam.
Sin.: *Dianthera comata* L., *Ecbolium comatum* (L.) Kuntze, *Justicia humifusa* Sw., *Leptostachya comata* (L.) Nees, *Psacadocalymma comatum* (L.) Bremek., *Stethoma comata* (L.) Britton, *Thalestris graminiformis* Rizz.
Ref.: Graham, 1988; Ezcurra, 1993a.
Hábito: Hierba.
Status: Nativa.
Elevación: 500–1500 m.
Prov.: CH, COR, FO, MI, JU, SA.
Paises limítrofes: BO, BR, PA.
Ejemplar examinado: *Kiesling 5618* (SI).

Justicia corumbensis (Lindau) Wassh. & C. Ezcurra
Sin.: *Beloperone corumbensis* Lindau
Ref.: Wasshausen & Ezcurra, 1997.
Hábito: Subarbusto.
Status: Nativa
Elevación: 0-500 m.
Prov.: CH, FO
Paises limítrofes: BO, BR, PA.
Ejemplar examinado: *Guaglianone 680* (SI).

[Justicia dasyclados (Nees) Lindau]
Sin.: *Rhytiglossa dasyclados* Nees.
Ref.: Ezcurra, inéd.b.
Nota: Especie excluida de la flora argentina.

Justicia diamantina Lindau = **Justicia tweediana** (Nees) Griseb.
Ref.: Ariza Espinar, 1983a.

Justicia dumetorum Morong
Sin.: *Beloperone albomarginata* Lindau, *Beloperone kerri* N.E. Br., *Justicia albomarginata* (Lindau) V.A.W. Graham
Ref.: Ezcurra, 1988, 1993a.
Hábito: Subarbusto.
Status: Nativa.
Elevación: 0–1000 m.
Prov.: CH, CO, COR, FO, SA.
Paises limítrofes: BO, PA.
Ejemplar examinado: *Schreiter 10866* (LIL, SI).

Justicia echegarayi Hieron. = **Justicia gilliesii** (Nees) Benth.
Ref.: Ariza Espinar, 1983a.

Justicia floribunda (C. Koch) Wassh.
Sin.: *Libonia floribunda* C. Koch, *Jacobinia pauciflora* (Nees) Lindau, *Justicia pauciflora* (Nees) Griseb., comb. illeg, *Justicia rizzini* Wassh., *Sericographis pauciflora* Nees
Ref.: Wasshausen & Smith, 1969; Wasshausen, 1973; Peichoto et al., 1998.
Hábito: Arbusto.
Status: Nativa.
Elevación: 0–500 m.
Prov.: MI.
Paises limítrofes: BR.
Ejemplar examinado: *Morrone et al. 2065* (SI).

Justicia gilliesii (Nees) Benth.
Sin.: *Adhatoda gilliesii* Nees, *Ecbolium gilliesii* (Nees) Kuntze, *Justicia echegarayi* Hieron., *Poikilacanthus gilliesii* (Nees) Lindau
Ref.: Ariza Espinar, 1971a, 1983a.
Hábito: Subarbusto.
Status: Endémica.
Elevación: 500–1500 m.
Prov.: CA, CO, LR, ME, SE, SJ, SL, TU.
Ejemplar examinado: *Burkart 12531* (SI).

Justicia goudotii V.A.W. Graham
Sin.: *Chaetothylax umbrosus* Nees
Ref.: Graham, 1988; Ezcurra, 1993a.
Hábito: Hierba.
Status: Nativa.
Elevación: 0–1500 m.
Prov.: CA, CH, COR, FO, JU, SA, SE, TU.
Paises limítrofes: BO, BR, PA.
Ejemplar examinado: *Cabrera 30182* (SI).

Justicia humifusa Sw. = **Justicia comata** (L.) Lam.
Ref.: Graham, 1988.

Justicia hunzikeri Ariza
Ref.: Ariza Espinar, 1971a, 1983c.
Hábito: Hierba.
Status: Endémica.
Elevación: 500–1500 m.
Prov.: LR, SJ, SL.
Ejemplar examinado: *Kiesling 3013* (SI).

Justicia hylobates Leonard = **Justicia yhuensis** Lindau
Ref.: Ezcurra, inéd.b.

Justicia imbricata Vahl = **Elytraria imbricata** (Vahl) Pers.
Ref.: Ezcurra, 1993a.

Justicia jujuyensis C. Ezcurra
Sin.: *Justicia leonardii* De Marco & T. Ruiz, nom. illeg., *Justicia nemoralis* Lillo, nom. nud., *Justicia nemoralis* var. *tomentosa* Lillo, nom. nud.
Ref.: Ezcurra, 1988; 1993a.
Hábito: Subarbusto.
Status: Nativa.
Elevación: 500–1000 m.
Prov.: JU, SA, SE, TU.
Paises limítrofes: BO.
Ejemplar examinado: *Legname y Cuezzo* 5970C (holotipo, LIL).

Justicia kuntzei Lindau
Sin.: *Lophothecium boliviense* Bremek.
Ref.: Graham, 1988; Ezcurra, 1993a.
Hábito: Arbusto.
Status: Nativa.
Elevación: 500–1500 m.
Prov.: JU, SA.
Paises limítrofes: BO.
Ejemplar examinado: *Venturi 5217* (LIL, SI).

Justicia laevilinguis (Nees) Lindau
Sin.: *Dianthera obtusifolia* (Nees) Griseb., *Justicia ascendens* Bridar., *Justicia laevilinguis* var. *longifolia* Nees, *Justicia obtusifolia* (Nees) Lindau, *Rhytiglossa laevilinguis* Nees, *Rhytiglossa obtusifolia* Nees
Ref.: Wasshausen & Smith, 1969; Dawson, 1979a.
Hábito: Hierba.
Status: Nativa.
Elevación: 0–500 m.
Prov.: BA, CH, ER, FO, TU.
Paises limítrofes: BR, PA, UR.
Ejemplar examinado: *Guaglianone 454* (SI).

Justicia laevilinguis var. *longifolia* Nees = **Justicia laevilinguis** (Nees) Lindau

Justicia leonardii De Marco & T. Ruiz, nom. illeg. = **Justicia jujuyensis** C. Ezcurra
Ref.: Ezcurra, 1988.

Justicia lilloana Ariza
Sin.: *Justicia platicarpa* Lillo, nom. nud.
Ref.: Ariza Espinar, 1971a, 1983c.
Hábito: Hierba.
Status: Endémica.
Elevación: 500–1500 m.
Prov.: CA, LR, ME, SA, SJ, TU.
Ejemplar examinado: *Diers 225* (SI).

Justicia lilloi (J.L. Lotti) C. Ezcurra
Sin.: *Chaetochlamys lilloi* J.L. Lotti, *Chaetochlamys tucumanensis* Lillo, nom. nud.
Ref.: Ezcurra, 1993a, b.
Hábito: Subarbusto.
Status: Nativa.
Elevación: 500–1000 m.
Prov.: CA, JU, SA, SE, TU.
Paises limítrofes: BO, PA.
Ejemplar examinado: *Lillo 8087* (holotipo, LIL).

Justicia lorentziana Lindau = **Justicia tweediana** (Nees) Griseb.
Ref.: Ariza Espinar, 1983a.

[Justicia lucida (Nees) Lindau]
Sin.: *Leptostachya lucida* Nees.
Ref.: Ezcurra, inéd.b.
Nota: Especie excluida de la flora argentina.

[Justicia luschnathii Lindau]
Ref.: Ezcurra, inéd.b.
Nota: Especie excluida de la flora argentina.

Justicia lythroides (Nees) V.A.W. Graham
Sin.: *Chaetothylax lythroides* (Nees) Benth. ex Jackson, *Heinzelia lythroides* Nees, *Heinzelia ovalis* Nees
Ref.: Wasshausen & Smith, 1969; Graham, 1988; Ezcurra & Acosta-Castellanos, 1997.
Hábito: Hierba.
Status: Nativa.
Elevación: 0–500 m.
Prov.: MI.
Paises limítrofes: BR.
Ejemplar examinado: *Zuloaga et al. 2188* (SI).

Justicia mandonii (Lindau) Wassh. & C. Ezcurra
Sin.: *Beloperone mandonii* Lindau, *Justicia odonelli* De Marco & T. Ruiz, *Justicia tucumanensis* Lillo, nom. nud.
Ref.: De Marco & Ruiz, 1976b; Ezcurra, 1993a; Wasshausen & Ezcurra, 1997.
Hábito: Arbusto.
Status: Endémica.
Elevación: 1000–1500 m.
Prov.: JU, SA, TU.
Ejemplar examinado: *Meyer 15125* (LIL).

Justicia nemoralis Lillo, nom. nud. = **Justicia jujuyensis** C. Ezcurra
Ref.: Ezcurra, 1988.

Justicia nemoralis var. *tomentosa* Lillo, nom. nud. = **Justicia jujuyensis** C. Ezcurra
Ref.: Ezcurra, 1993a.

Justicia nodosa Hook. = **Justicia brasiliana** Roth.
Ref.: Graham, 1988.

Justicia oblonga (Nees) Lindau
Sin.: *Rhytiglossa oblonga* Nees
Ref.: Ezcurra & Acosta-Castellanos, 1997.
Hábito: Hierba.
Status: Nativa.
Elevación: 0–500 m.
Prov.: COR, MI.
Paises limítrofes: BR, PA.
Ejemplar examinado: *Burkart 14443* (SI).

Justicia obtusifolia (Nees) Lindau = **Justicia laevilinguis** (Nees) Lindau
Ref.: Dawson, 1979a.

Justicia odonelli De Marco & T. Ruiz = **Justicia mandonii** (Lindau) Wassh. & C. Ezcurra
Ref.: Wasshausen & Ezcurra, 1997.

Justicia oranensis De Marco & T. Ruiz
Sin.: *Justicia schreiteri* Lillo, nom. nud.
Ref.: De Marco & Ruiz, 1976b; Ezcurra, 1993a.
Status: Endémica.
Elevación: 500–1000 m.
Prov.: JU, SA, TU.
Ejemplar examinado: *Legname y Cuezzo 8564* (holotipo, LIL).

Justicia pauciflora (Nees) Griseb., comb. illeg. = **Justicia floribunda** (C. Koch) Wassh.
Ref.: Peichoto et al., 1998.

Justicia platicarpa Lillo, nom. nud. = **Justicia lilloana** Ariza
Ref.: Ariza Espinar, 1971a.

[Justicia poeppigiana (Nees) Lindau]
Sin.: *Rhytiglossa poeppigiana* Nees
Ref.: Ezcurra, inéd.b.
Nota: Especie excluida de la flora argentina.

[Justicia polygaloides (S. Moore) Lindau]
Sin.: *Dianthera polygaloides* S. Moore
Ref.: Ezcurra, inéd.b.
Nota: Especie excluida de la flora argentina.

Justicia pseudociliata (Mildbr.) V.A.W. Graham = **Justicia ramulosa** (Morong) C. Ezcurra
Ref.: Ezcurra, 1993a.

[Justicia racemosa Ruiz & Pav.]
Ref.: Ezcurra, inéd.b.
Nota: Especie excluida de la flora argentina.

Justicia ramulosa (Morong) V.A.W. Graham, comb. illeg. = **Justicia ramulosa** (Morong) C. Ezcurra
Ref.: Ezcurra, 1993a.

Justicia ramulosa (Morong) C. Ezcurra
Sin.: *Beloperone pseudociliata* Mildbr., *Justicia ramulosa* (Morong) V.A.W. Graham, comb. illeg.
Ref.: Ezcurra, 1988, 1993a.
Hábito: Subarbusto.
Status: Nativa.
Elevación: 500–1000 m.
Prov.: FO, JU, SA.
Paises limítrofes: BO, PA.
Ejemplar examinado: *Joergensen 2336* (SI).

Justicia reitzii Leonard = **Justicia axillaris** (Nees) Lindau
Ref.: Ezcurra, inéd.b.

Justicia riojana Lindau
Ref.: Ariza Espinar, 1971a.
Hábito: Hierba.
Status: Endémica.
Elevación: 1000–3500 m.
Prov.: LR.
Ejemplar examinado: *Cabrera 27228* (SI).

Justicia rizzinii Wassh. = **Justicia floribunda** (C. Koch) Wassh.
Ref.: Peichoto et al., 1998.

Justicia saltensis T. Ruiz & De Marco
Ref.: Ruiz & De Marco, 1980; Ezcurra, 1993a.
Hábito: Hierba.
Status: Nativa.
Elevación: 500–1000 m.
Prov.: JU, SA, SE, TU.
Paises limítrofes: BO.
Ejemplar examinado: *Venturi 5866* (LIL, SI).

Justicia schreiteri Lillo, nom. nud. = **Justicia oranensis** De Marco & T. Ruiz
Ref.: De Marco & Ruiz, 1976b.

Justicia scorpioides (Nees) Griseb., hom. illeg. = **Justicia xylosteoides** Griseb.
Ref.: Ariza Espinar, 1971a.

Justicia squarrosa Griseb.
Sin.: *Beloperone ciliata* (Nees) Hook. f., *Beloperone squarrosa* (Griseb.) Lindau, *Dianthera ciliata* Benth. & Hook. f., nom. nud., *Jacobinia ciliata* Nees
Ref.: Ariza Espinar, 1971a; Graham, 1988; Ezcurra, 1993a.
Hábito: Hierba.
Status: Nativa.
Elevación: 500–1500 m.
Prov.: CA, CH, CO, LR, SA, SE, SL, TU.
Paises limítrofes: BO, PA.
Ejemplar examinado: *Ahumada 4481* (SI).

[Justicia tocantina (Nees) V.A.W. Graham]
Sin.: *Chaetothylax tocantinus* Nees
Ref.: Ezcurra, inéd.b.
Nota: Especie excluida de la flora argentina.

Justicia tomentosa Vahl = [Dicliptera tomentosa (Vahl) Nees]

Justicia tucumanensis Lillo, nom. nud. = **Justicia mandonii** (Lindau) Wassh. & C. Ezcurra
Ref.: Wasshausen & Ezcurra, 1997.

Justicia tweediana (Nees) Griseb.
Sin.: *Adhatoda tweediana* Nees, *Adhatoda tweediana* var. *angustifolia* Nees, *Ecbolium lorentzianum* (Lindau) Kuntze, *Ecbolium tweedianum* (Nees) Kuntze, *Justicia campestris* Griseb., hom. illeg., *Justicia diamantina* Lindau, *Justicia lorentziana* Lindau, *Justicia tweediana* (Nees) Benth., comb. inval., *Poikilacanthus tweedianus* (Nees) Lindau, *Poikilacanthus tweedianus* var. *angustifolius* (Nees) Lindau
Ref.: Ariza Espinar, 1971a, 1983a; Ezcurra, 1993a.
Hábito: Subarbusto.
Status: Endémica.
Elevación: 0–2500 m.
Prov.: BA, CA, CO, ER, JU, SA, SJ, SL, TU.
Ejemplar examinado: *Cabrera 31575* (SI).

Justicia tweediana (Nees) Benth., comb. inval. = **Justicia tweediana** (Nees) Griseb.
Ref.: Ariza Espinar, 1983a.

Justicia umbrosa (Nees) Lindau, hom. illeg. = **Poikilacanthus glandulosus** (Nees) Ariza
Ref.: Ariza Espinar, 1984b.

Justicia xylosteoides Griseb.
Sin.: *Beloperone scorpioides* Nees, *Ecbolium xylosteoides* (Griseb.) Kuntze, *Justicia scorpioides* (Nees) Griseb., hom. illeg.
Ref.: Ariza Espinar, 1971a; Ezcurra, 1993a.
Hábito: Arbusto.
Status: Nativa.
Elevación: 0–1500 m.
Prov.: CA, CO, LR, SA, SE, TU.
Paises limítrofes: BO, PA.
Ejemplar examinado: *Kiesling 5924* (SI).

Justicia yhuensis Lindau
Sin.: *Justicia hylobates* Leonard
Ref.: Wasshausen & Smith, 1969, Ezcurra, inéd.b.
Hábito: Hierba.
Status: Nativa.
Elevación: 0–500 m.
Prov.: MI.
Paises limítrofes: BR, PA.
Ejemplar examinado: *Morrone et al. 695* (SI).

Leptostachya comata (L.) Nees = **Justicia comata** (L.) Lam.
Ref.: Graham, 1988.

Leptostachya lucida Nees = [Justicia lucida (Nees) Lindau]
Ref.: Lillo, 1937.

Libonia floribunda C. Koch = **Justicia floribunda** (C. Koch) Wassh.
Ref.: Peichoto et al., 1998.

Lophostachys Pohl

Número de especies: 1

Lophostachys alvarezia Nees
Sin.: *Lophostachys conferta* Rusby
Ref.: Ezcurra, 1993a.
Hábito: Hierba.
Status: Nativa.
Elevación: 0–1000 m.
Prov.: JU, SA.
Paises limítrofes: BO, PA.
Ejemplar examinado: *Kiesling 5610* (SI).

Lophostachys conferta Rusby = **Lophostachys alvarezia** Nees
Ref.: Ezcurra, 1993a.

Lophothecium boliviense Bremek. = **Justicia kuntzei** Lindau
Ref.: Graham, 1988.

Lychniothyrsus hygrophilus (Mart.) Bremek. = **Ruellia hygrophila** Mart.
Ref.: Ezcurra, 1993c.

Odontonema dubiosum Lindau = **Streblacanthus dubiosus** (Lindau) V.M. Baum
Ref.: Ezcurra, 1993a.

Odontophyllum hieronymi (Griseb.) Sreem. = **Aphelandra hieronymi** Griseb.
Ref.: Ezcurra, 1993a.

Oplonia Raf.

Número de especies: 1 especie endémica.

Oplonia jujuyensis Wassh. & C. Ezcurra
Ref.: Wasshausen & Ezcurra, 1993; Ezcurra, 1993a.
Hábito: Arbusto.
Status: Endémica.
Elevación: 500–1000 m.
Prov.: JU, SA.
Ejemplar examinado: *Iudica y Ramadori 91* (holotipo, SI).

Orthotactus glandulosus Nees = **Poikilacanthus glandulosus** (Nees) Ariza
Ref.: Ariza Espinar, 1984b.

Pentstemonacanthus modestus Nees = **Ruellia erythropus** (Nees) Lindau
Ref.: Ezcurra, 1993c.

Poikilacanthus Lindau

Número de especies: 1

Poikilacanthus glandulosus (Nees) Ariza
Sin.: *Adhatoda flexuosa* Nees, *Adhatoda umbrosa* Nees, *Ecbolium umbrosum* (Nees) Kuntze, *Justicia umbrosa* (Nees) Lindau, *Orthotactus glandulosus* Nees, *Poikilacanthus flexuosus* (Nees) Lindau
Ref.: Wasshausen & Smith, 1969; Dawson, 1979a; Ariza Espinar, 1984b.
Hábito: Subarbusto.
Status: Nativa.
Elevación: 0–500 m.
Prov.: BA, COR, ER, MI.
Paises limítrofes: BR, PA, UR.
Ejemplar examinado: *Cabrera 28277* (SI).

Poikilacanthus flexuosus (Nees) Lindau = **Poikilacanthus glandulosus** (Nees) Ariza
Ref.: Ezcurra, inéd.b.

Poikilacanthus gilliesii (Nees) Lindau = **Justicia gilliesii** (Nees) Benth.
Ref.: Ariza Espinar, 1983a.

Poikilacanthus tweedianus (Nees) Lindau = **Justicia tweediana** (Nees) Griseb.
Ref.: Ariza Espinar, 1983a.

Poikilacanthus tweedianus var. *angustifolius* (Nees) Lindau = **Justicia tweediana** (Nees) Griseb.
Ref.: Ariza Espinar, 1983a.

Psacadocalymma comatum (L.) Bremek. = **Justicia comata** (L.) Lam.
Ref.: Graham, 1988.

[Pseuderanthemum cordatum (Nees) Radlk.]
Sin.: *Eranthemum cordatum* Nees
Ref.: Ezcurra, inéd.b.
Nota: Especie excluida de la flora argentina.

Rhytiglossa axillaris Nees = **Justicia axillaris** (Nees) Lindau
Ref.: Dawson, 1979a.

Rhytiglossa campestris Nees = **Justicia axillaris** (Nees) Lindau
Ref.: Ezcurra, inéd.b.

Rhytiglossa dasyclados Nees = [Justicia dasyclados (Nees) Lindau]

Rhytiglossa laevilinguis Nees = **Justicia laevilinguis** (Nees) Lindau
Ref.: Dawson, 1979a.

Rhytiglossa oblonga Nees = **Justicia oblonga** (Nees) Lindau
Ref.: Ezcurra & Acosta-Castellanos, 1997.

Rhytiglossa obtusifolia Nees = **Justicia laevilinguis** (Nees) Lindau
Ref.: Dawson, 1979a.

Rhytiglossa poeppigiana Nees = [Justicia poeppigiana (Nees) Lindau]
Ref.: Ezcurra, inéd.b.

Ruellia L.

Número de especies: 19

Ruellia amoena Nees, nom. nud. = **Ruellia brevifolia** (Pohl) C. Ezcurra
Ref.: Ezcurra, 1993c.

Ruellia angustiflora (Nees) Lindau ex Rambo
Sin.: *Stephanophysum angustiflorum* Nees
Ref.: Ezcurra, 1989b, 1993c.
Hábito: Arbusto.
Status: Nativa.
Elevación: 0–500 m.
Prov.: COR, ER, FO, MI.
Paises limítrofes: BR, PA, UR.
Ejemplar examinado: *Cabrera 29260* (SI).

Ruellia angustifolia (Nees) Griseb. ex Lillo, hom. illeg. = **Ruellia coerulea** Morong
Ref.: Lillo, 1937; Daniel, 1995.

[Ruellia bahiensis (Nees) Morong]
Sin.: *Dipteracanthus bahiensis* Nees
Ref.: Ariza Espinar, 1983c.
Nota: Especie excluida de la flora argentina.

Ruellia brachysiphon (Nees) Lindau
Sin.: *Dipteracanthus brachysiphon* Nees
Ref.: Ezcurra, 1993c.
Hábito: Hierba.
Status: Nativa.
Elevación: 0–500 m.
Prov.: COR, MI.
Paises limítrofes: BR, PA.
Ejemplar examinado: *Montes 840* (BAB, LP).

Ruellia brasiliensis Spreng. = **Hygrophila costata** Nees
Ref.: Daniel, 1995.

Ruellia brevicaulis (Nees) Lindau
Sin.: *Dipteracanthus brevicaulis* Nees, *Dipteracanthus dissitifolius* var. *humilior* Nees, *Ruellia dissitifolia* var. *humilior* Nees
Ref.: Ezcurra, 1993a, c.
Hábito: Hierba.
Status: Nativa.
Elevación: 0–1000 m.
Prov.: COR, MI.
Paises limítrofes: BR, PA.
Ejemplar examinado: *Cabrera 28593* (SI).

Ruellia brevifolia (Pohl) C. Ezcurra
Sin.: *Cyrtacanthus corymbosus* Nees, nom. nud., *Echinacanthus dichotomus* Kuntze, *Ruellia amoena* Nees, nom. nud., *Ruellia graecizans* Backer, *Ruellia longifolia* (Pohl) Griseb., *Ruellia serratitheca* Rusby, *Ruellia ventricosa* Kunth, *Stephanophysum brevifolium* Pohl, *Stephanophysum longifolium* Pohl, *Stephanophysum macrandrum* Bremek., *Stephanophysum ventricosum* (Kunth) Nees
Ref.: Ariza Espinar, 1983c; Ezcurra 1989b, 1993a, c.
Hábito: Subarbusto.
Status: Nativa.
Elevación: 0–500 m.
Prov.: ER, JU, MI, SA, TU.
Paises limítrofes: BO, BR, PA.
Ejemplar examinado: *Zuloaga et al. 2685* (SI).

Ruellia brittoniana Leonard ex Fernald = **Ruellia coerulea** Morong
Ref.: Daniel, 1995.

Ruellia bulbifera Lindau
Sin.: *Dipteracanthus tuberosus* Nees, *Ruellia loefgrenii* Lindau
Ref.: Ezcurra, 1993c.
Hábito: Hierba.
Status: Nativa.
Elevación: 0–500 m.
Prov.: COR, MI.
Paises limítrofes: BO, BR, PA.
Ejemplar examinado: *Zuloaga et al. 3133* (SI).

Ruellia ciliatiflora Hook.
Sin.: *Arrhostoxylum ciliatiflorum* (Hook.) Nees, *Ruellia lorentziana* Griseb.
Ref.: Ezcurra, 1993a, c.
Hábito: Hierba.
Status: Nativa.
Elevación: 0–1500 m.
Prov.: CA, CH, COR, FO, JU, LR, SE, TU.
Paises limítrofes: BO, BR, PA.
Ejemplar examinado: *Cabrera 30998* (SI).

Ruellia coerulea Morong
Sin.: *Arrhostoxylum microphyllum* Nees, *Cryphiacanthus angustifolius* Nees, *Ruellia angustifolia* (Nees) Griseb. ex Lillo, hom. illeg., *Ruellia angustifolia* (Nees) Lindau, *Ruellia brittoniana* Leonard ex Fernald, *Ruellia ignorantiae* Herter, *Ruellia microphylla* (Nees) Lindau, *Ruellia spectabilis* Britton, nom. illeg., *Ruellia tweediana* Griseb. ex Fernald
Ref.: Ezcurra, 1993a, c; Daniel, 1995.
Hábito: Hierba.
Status: Nativa.
Elevación: 0–500 m.
Prov.: CH, CO, COR, ER, FO, JU, MI, SA, SE, SF, TU.
Paises limítrofes: BO, BR, PA, UR.
Ejemplar examinado: *Venturi 5675* (LIL, SI, US).

[Ruellia dissitifolia (Nees) Hieron.]
Ref.: Ezcurra, 1993c.
Nota: Especie excluida de la flora argentina.

Ruellia dissitifolia var. *humilior* Nees = **Ruellia brevicaulis** (Nees) Lindau
Ref.: Ezcurra, 1993c.

Ruellia dulcis Cav. = **Stenandrium dulce** (Cav.) Nees
Ref.: Ezcurra, 1993a.

Ruellia epallocaulos Leonard ex C. Ezcurra & Wassh.
Ref.: Ezcurra & Wasshausen, 1992; Ezcurra, 1993c.
Hábito: Subarbusto.
Status: Nativa.
Elevación: 0–500 m.
Prov.: MI.
Paises limítrofes: BR, PA.
Ejemplar examinado: *Fiebrig 5372* (holotipo, SI).

Ruellia erythropus (Nees) Lindau
Sin.: *Blechum mexicanum* Oerst., *Blechum tweedii* Nees, *Pentstemonacanthus modestus* Nees, *Ruellia mattogrossensis* Lindau, *Ruellia pubiflora* Griseb., *Ruellia tweedii* (Nees) T. Anderson ex Morong & Britton, *Ruellia velascana* Lindau, *Siphonacanthus erythropus* Nees
Ref.: Ezcurra, 1993a, c.
Hábito: Hierba.
Status: Nativa.
Elevación: 0–1500 m.
Prov.: CA, CH, COR, ER, FO, MI, SA, SF, TU.
Paises limítrofes: BO, BR, PA.
Ejemplar examinado: *Cabrera 34102* (SI).

Ruellia filicalyx Lindau
Ref.: Ezcurra, 1997.
Hábito: Subarbusto.
Status: Nativa.
Elevación: 0-1000 m.
Prov.: FO, JU, SA.
Paises limítrofes: BO, PA.
Ejemplar examinado: *Maranta 795* (BACP).

Ruellia geminiflora Kunth
Sin.: *Copioglossa pilosa* Miers, *Dipteracanthus geminiflorus* var. *angustifolius* Nees, *Dipteracanthus geminiflorus* var. *erectus* Nees, *Dipteracanthus geminiflorus* var. *hirsutior* Nees, *Dipteracanthus geminiflorus* var. *procumbens* Nees, *Dipteracanthus geminiflorus* var. *subacaulis* Nees, *Dipteracanthus humilis* Nees, *Dipteracanthus vindex* Nees, *Ruellia geminiflora* var. *hirsutior* Nees, *Ruellia hirsuta* Vell.
Ref.: Ezcurra, 1993c.
Hábito: Hierba.
Status: Nativa.
Elevación: 0–500 m.
Prov.: CH, COR, FO, MI, SF.
Paises limítrofes: BO, BR, PA.
Ejemplar examinado: *Joergensen 2328* (BA, LIL, SI, US).

Ruellia geminiflora var. *hirsutior* Nees = **Ruellia geminiflora** Kunth

Ruellia geminiflora var. *humilis* Griseb., nom. nud. = **Dyschoriste humilis** Lindau
Ref.: Dawson, 1979a.

Ruellia glanduloso-punctata (Nees) Lindau = **Ruellia multifolia** var. **viscosissima** (Nees) C. Ezcurra
Ref.: Ezcurra, 1993c.

Ruellia graecizans Backer = **Ruellia brevifolia** (Pohl) C. Ezcurra
Ref.: Ezcurra, 1993c.

Ruellia hirsuta Vell. = **Ruellia geminiflora** Kunth
Ref.: Ezcurra, 1993c.

Ruellia hygrophila Mart.
Sin.: *Cryphiacanthus udus* Nees, *Lychniothyrsus hygrophilus* (Mart.) Bremek.
Ref.: Ezcurra, 1993c.
Hábito: Hierba.
Status: Nativa.
Elevación: 0–500 m.
Prov.: CH, COR, FO, MI, SA, SE, SF.
Paises limítrofes: BO, BR, PA, UR.
Ejemplar examinado: *Joergensen 2843* (BA, LIL, SI, US).

Ruellia hypericoides (Nees) Lindau
Sin.: *Dipteracanthus hypericoides* Nees
Ref.: Ezcurra, 1993c.
Hábito: Hierba.
Status: Nativa.
Elevación: 0–500 m.
Prov.: COR, MI.
Paises limítrofes: BR, PA, UR.
Ejemplar examinado: *Zuloaga et al. 3248* (SI).

Ruellia ignorantiae Herter = **Ruellia coerulea** Morong
Ref.: Ezcurra, 1993c.

Ruellia kuntzei Lindau = **Ruellia sanguinea** Griseb.
Ref.: Ezcurra, 1993c.

Ruellia loefgrenii Lindau = **Ruellia bulbifera** Lindau
Ref.: Ezcurra, 1993c.

Ruellia longifolia (Pohl) Griseb. = **Ruellia brevifolia** (Pohl) C. Ezcurra
Ref.: Ezcurra, 1993c.

Ruellia longipedunculata Lindau
Sin.: *Stephanophysum brookeae* Bremek.
Ref.: Ezcurra 1993a, c.
Hábito: Subarbusto.
Status: Nativa.
Elevación: 500–1000 m.
Prov.: JU, SA.
Paises limítrofes: BO.
Ejemplar examinado: *Zuloaga et al. 2728* (SI).

Ruellia lorentziana Griseb. = **Ruellia ciliatiflora** Hook.
Ref.: Ezcurra, 1993c.

Ruellia macrosolen Lillo ex C. Ezcurra
Ref.: Ezcurra & de Azkue, 1989; Ezcurra, 1993a, c.
Hábito: Hierba.
Status: Nativa.
Elevación: 0–1000 m.
Prov.: CH, FO, SA, SE, TU.
Paises limítrofes: BO, PA.
Ejemplar examinado: *Venturi 5174* (SI, US).

Ruellia magniflora C. Ezcurra
Ref.: Ezcurra, 1993c.
Hábito: Hierba.
Status: Nativa.
Elevación: 0–500 m.
Prov.: COR.
Paises limítrofes: BR, PA.
Ejemplar examinado: *Zuloaga et al. 3220* (SI).

Ruellia mattogrossensis Lindau = **Ruellia erythropus** (Nees) Lindau
Ref.: Ezcurra, 1993c.

Ruellia microphylla (Nees) Lindau = **Ruellia coerulea** Morong
Ref.: Ezcurra, 1993c.

Ruellia morongii Britton
Sin.: *Cryphiacanthus acaulis* Nees
Ref.: Dawson, 1979a; Ezcurra, 1993c.
Hábito: Hierba.
Status: Nativa.
Elevación: 0–500 m.
Prov.: COR, ER, MI.
Paises limítrofes: BR, PA, UR.
Ejemplar examinado: *Zuloaga et al. 3254* (SI).

Ruellia multifolia (Nees) Lindau var. **multifolia**
Sin.: *Dipteracanthus multifolius* Nees
Ref.: Ezcurra, 1993c.
Hábito: Hierba.
Status: Nativa.
Elevación: 0–500 m.
Prov.: MI.
Paises limítrofes: BR, PA.
Ejemplar examinado: *Zuloaga et al. 3299* (SI).

Ruellia multifolia var. **viscosissima** (Nees) C. Ezcurra
Sin.: *Dipteracanthus glanduloso-punctatus* Nees, *Dipteracanthus viscosissimus* Nees, *Ruellia glanduloso-punctata* (Nees) Lindau, *Ruellia viscossisima* (Nees) Lindau
Ref.: Ezcurra, 1993c.
Hábito: Hierba.
Status: Nativa.
Elevación: 0–500 m.
Prov.: COR, MI.
Paises limítrofes: BR, PA.
Ejemplar examinado: *Burkart 19512* (SI).

Ruellia pubiflora Griseb. = **Ruellia erythropus** (Nees) Lindau
Ref.: Ezcurra, 1993c.

Ruellia sanguinea Griseb.
Sin.: *Arrhostoxylum kuntzei* (Lindau) Brem., *Ruellia kuntzei* Lindau
Ref.: Ezcurra, 1989b, 1993a, c.
Hábito: Arbusto o subarbusto.
Status: Nativa.
Elevación: 0–1000 m.
Prov.: JU, SA.
Paises limítrofes: BO.
Ejemplar examinado: *Iudica y Ramadori 355* (SI).

Ruellia serratitheca Rusby = **Ruellia brevifolia** (Pohl) C. Ezcurra
Ref.: Ezcurra, 1993c.

Ruellia spectabilis Britton, nom. illeg. = **Ruellia coerulea** Morong
Ref.: Ezcurra, 1993c.

[Ruellia tuberosa L.]
Ref.: Ezcurra, inéd.b.
Nota: Especie excluida de la flora argentina.

Ruellia tweediana Griseb. ex Fernald = **Ruellia coerulea** Morong
Ref.: Ezcurra, 1993c.

Ruellia tweedii (Nees) T. Anderson ex Morong & Britton = **Ruellia erythropus** (Nees) Lindau
Ref.: Ezcurra, 1993c.

Ruellia velascana Lindau = **Ruellia erythropus** (Nees) Lindau
Ref.: Ezcurra, 1993c.

Ruellia ventricosa Kunth = **Ruellia brevifolia** (Pohl) C. Ezcurra
Ref.: Ezcurra, 1993c.

Ruellia verticillata Spreng. = **Hygrophila costata** Nees
Ref.: Ezcurra, inéd.b.

Ruellia viscossisima (Nees) Lindau = **Ruellia multifolia** var. **viscosissima** (Nees) C. Ezcurra
Ref.: Ezcurra, 1993c.

Schaueria Nees
Número de especies: 1

Schaueria azaleiflora Rusby
Ref.: Ezcurra & Wasshausen, 1990; Ezcurra, 1993a.
Hábito: Arbusto.
Status: Nativa.
Elevación: 500–1000 m.
Prov.: JU, SA.
Paises limítrofes: BO.
Ejemplar examinado: *White 990* (holotipo, NY).

Schaueria caduciflora Griseb. = **Anisacanthus boliviensis** (Nees) Wassh.
Ref.: Wasshausen, 1992.

Sericographis pauciflora Nees = **Justicia floribunda** (C. Koch) Wassh.
Ref.: Peichoto et al., 1998.

Siphonacanthus erythropus Nees = **Ruellia erythropus** (Nees) Lindau
Ref.: Ezcurra, 1993c.

Siphonoglossa sulcata (Nees) Lindau = **Carlowrightia sulcata** (Nees) C. Ezcurra
Ref.: Ezcurra, 1993a.

Stenandrium Nees
Número de especies: 3

Stenandrium breviflorum Bridar. = **Stenandrium diphyllum** Nees
Ref.: Ezcurra, 1993a.

Stenandrium diphyllum Nees
Sin.: *Stenandrium breviflorum* Bridar., *Stenandrium neesianum* Lindau
Ref.: Ariza Espinar & Ferrucci, 1982, Ezcurra, 1993a.
Hábito: Hierba.
Status: Nativa.
Elevación: 0–1500 m.
Prov.: CA, CO, COR, ER, FO, JU, LR, SA, SE, SL, TU.
Paises limítrofes: BR, PA, UR.
Ejemplar examinado: *Cabrera 29646* (SI).

Stenandrium diphyllum var. *exscapum* Nees = **Stenandrium dulce** (Cav.) Nees
Ref.: Ezcurra, 1993a.

Stenandrium dulce (Cav.) Nees
Sin.: *Gerardia dulcis* (Cav.) S.F. Blake, *Nierembergia prunellifolia* Dunal, *Ruellia dulcis* Cav., *Stenandrium diphyllum* var. *exscapum* Nees, *Stenandrium parodii* Bridar., *Stenandrium trinerve* Nees
Ref.: Ariza Espinar & Ferrucci, 1982; Ezcurra, 1993a.
Hábito: Hierba.
Status: Nativa.
Elevación: 0–3000 m.
Prov.: BA, CA, CH, CO, COR, ER, FO, JU, LP, LR, ME, MI, SA, SE, SF, SJ, SL, TU.
Paises limítrofes: BO, BR, CH, PA, UR.
Ejemplar examinado: *Cabrera 29923* (SI).

Stenandrium mandioccanum Nees
Ref.: Wasshausen & Smith, 1969; Ezcurra, 1993a.
Hábito: Hierba.
Status: Nativa.
Elevación: 0–1000 m.
Prov.: CH, JU, MI, SA.
Paises limítrofes: BO, BR, PA.
Ejemplar examinado: *Burkart 30652* (SI).

Stenandrium neesianum Lindau = **Stenandrium diphyllum** Nees
Ref.: Ezcurra, 1993a.

Stenandrium parodii Bridar. = **Stenandrium dulce** (Cav.) Nees
Ref.: Ezcurra, inéd.b.

Stenandrium trinerve Nees = **Stenandrium dulce** (Cav.) Nees
Ref.: Ezcurra, 1993a.

Stephanophysum angustiflorum Nees = **Ruellia angustiflora** (Nees) Lindau ex Rambo
Ref.: Ezcurra, 1989b, 1993c.

Stephanophysum brevifolium Pohl = **Ruellia brevifolia** (Pohl) C. Ezcurra
Ref.: Ezcurra, 1989b, 1993c.

Stephanophysum brookeae Bremek. = **Ruellia longipedunculata** Lindau
Ref.: Ezcurra, 1993c.

Stephanophysum longifolium Pohl = **Ruellia brevifolia** (Pohl) C. Ezcurra
Ref.: Ezcurra, 1993c.

Stephanophysum macrandrum Bremek. = **Ruellia brevifolia** (Pohl) C. Ezcurra
Ref.: Ezcurra, 1993c.

Stephanophysum ventricosum (Kunth) Nees = **Ruellia brevifolia** (Pohl) C. Ezcurra
Ref.: Ezcurra, 1993c.

Stethoma comata (L.) Britton = **Justicia comata** (L.) Lam.
Ref.: Graham, 1988.

Streblacanthus Kuntze
Número de especies: 1

Streblacanthus boliviensis Lindau = **Streblacanthus dubiosus** (Lindau) V.M. Baum
Ref.: Ezcurra, 1993a.

Streblacanthus dubiosus (Lindau) V.M. Baum
Sin.: *Odontonema dubiosum* Lindau, *Streblacanthus boliviensis* Lindau
Ref.: Ezcurra, 1993a.
Hábito: Subarbusto.
Status: Nativa.
Elevación: 0–1000 m.
Prov.: MI, SA.
Paises limítrofes: BO, PA.
Ejemplar examinado: *Eyerdam y Beetle 22848* (K).

Thalestris graminiformis Rizz. = **Justicia comata** (L.) Lam.
Ref.: Graham, 1988.

Thunbergia Retz.
Número de especies: 1

Thunbergia alata Bojer ex Sims
Ref.: Wasshausen & Smith, 1969; Ezcurra, 1993a.
Hábito: Enredadera.
Status: Introducida.
Elevación: 0–1000 m.
Prov.: JU.
Paises limítrofes: BR.
Ejemplar examinado: *Cabrera 23838* (LP).

Verbena squamosa Jacq. = **Elytraria imbricata** (Vahl) Pers.
Ref.: Ezcurra, 1993a.

ACERACEAE

1 género, 1 especie.

Acer L.

Acer negundo L.
Ref.: Burkart, 1957c; Williamson, 1967.
Status: Introducida.
Elevación: 0–500 m.
Prov.: BA, LP.
Ejemplar examinado: *Burkart 18457* (SI).

ACHATOCARPACEAE

1 género, 2 especies.

Achatocarpus Triana
Número de especies: 2

Achatocarpus balansae Schinz & Autran
Ref.: Skvarla & Nowicke, 1982.
Hábito: Árbol.
Status: Nativa.
Elevación: 0–500 m.
Prov.: MI.
Paises limítrofes: PA.
Ejemplar examinado: *Rodríguez 674* (SI, US).

Achatocarpus bicornutus Schinz & Autran = **Achatocarpus praecox** var. **bicornutus** (Schinz & Autran) Botta
Ref.: Botta, 1987.

[Achatocarpus nigricans Triana]
Ref.: Skvarla & Nowicke, 1982; Valenzuela Celis, 1993.
Nota: Especie excluida de la flora argentina.

Achatocarpus obovatus Schinz & Autran = **Achatocarpus praecox** f. **obovatus** (Schinz & Autran) Hauman
Ref.: Hauman, 1913a.

Achatocarpus praecox Griseb. var. **praecox**
Ref.: Hauman, 1913a; Digilio, 1974; Novara, 1993a.
Hábito: Nativa.
Status: Arbusto o árbol.
Elevación: 0–500 m.
Prov.: CH, FO, JU, SA, SF, TU.
Paises limítrofes: BO, PA.
Ejemplar examinado: *Kermes 38* (BAB).

Achatocarpus praecox f. **obovatus** (Schinz & Autran) Hauman
Sin.: *Achatocarpus obovatus* Schinz & Autran
Ref.: Hauman, 1913a; Digilio, 1974.
Hábito: Arbusto o árbol.
Status: Nativa.
Elevación: 0–500 m.
Prov.: CH, FO, MI, SA, SF, TU.
Paises limítrofes: PA.
Ejemplar examinado: *Hauman s.n.* (SI).

Achatocarpus praecox f. **spinulosus** (Griseb.) Hauman
Sin.: *Achatocarpus spinulosus* Griseb.
Ref.: Hauman, 1913a; Digilio, 1974.
Hábito: Arbusto o árbol.
Status: Endémica.
Prov.: JU, MI, TU.
Ejemplar examinado: *Venturi 472* (US).

Achatocarpus praecox var. **bicornutus** (Schinz & Autran) Botta
Sin.: *Achatocarpus bicornutus* Schinz & Autran.
Ref.: Flaster & Santos, 1967; Botta, 1987.
Hábito: Arbusto o árbol.
Status: Nativa.
Elevación: 0–500 m.
Prov.: COR, ER, FO, MI, SA.
Paises limítrofes: BR, PA.
Ejemplar examinado: *Burkart et al. 28618* (SI).

Achatocarpus spinulosus Griseb. = **Achatocarpus praecox** f. **spinulosus** (Griseb.) Hauman
Ref.: Digilio, 1974.

AEXTOXICACEAE

1 género, 1 especie.

Aextoxicon Ruiz & Pav.
Número de especies: 1

Aextoxicon punctatum Ruiz & Pav.
Ref.: Dimitri, 1974b; Fortunato, 1988a, 1997.
Hábito: Arbusto o árbol.
Status: Nativa.
Elevación: 0–500 m.
Prov.: CHU, RN.
Paises limítrofes: CH.
Ejemplar examinado: *Hollermayer 310* (SI).

AIZOACEAE

7 géneros, 10 especies; 1 especie endémica.

por C. C. Xifreda

Aptenia N.E. Br.

Número de especies: 1

Aptenia cordifolia (L.f.) Schwantes
Sin.: *Mesembryanthemum cordifolium* L.f.
Ref.: Ruiz Leal & Roig, [1964] 1966.
Hábito: Hierba.
Status: Nativa.
Elevación: 0-500 y 3500-4000 m.
Prov.: ME.
Paises limítrofes: BO.
Ejemplar examinado: *Cabrera 7193* (LP).

Carpobrotus N.E. Br.

Número de especies: 2

Carpobrotus chilensis (Molina) N.E. Br.
Sin.: *Mesembryanthemum chilense* Molina
Ref.: Daciuk, 1979; Boelcke, 1992.
Hábito: Hierba.
Status: Nativa.
Elevación: 0-500 m.
Prov.: CHU.
Paises limítrofes: CH.
Ejemplar citado: *Daciuk 822** (herb. J. Daciuk).

Carpobrotus edulis (L.) N.E. Br.
Sin.: *Mesembryanthemum edulis* L.
Ref.: Boelcke, 1992.
Hábito: Hierba.
Status: Introducida.
Elevación: 0-500 m.
Prov.: BA.
Paises limítrofes: CH.
Ejemplar examinado: *Boelcke et al. 8727* (BAA).

Cryophytum cristallinum (L.) N.E. Br. = **Mesembryanthemum crystallinum** L.

Cryophytum nodiflorum (L.) L. Bolus = **Mesembryanthemum nodiflorum** L.
Ref.: Taylor, 1992.

Cypselea Turpin

Número de especies: 1

Cypselea humifusa Turpin
Ref.: Eskuche, 1989.
Hábito: Hierba.
Status: Nativa.
Elevación: 0-500 m.
Prov.: COR.
Ejemplar examinado: *Eskuche 675* (CTESN, SI).

Demidovia tetragonoides Pall. = **Tetragonia tetragonoides** (Pall.) Kuntze
Ref.: Fabris, 1967b; Troncoso, 1987a.

Mesembryanthemum L.

Número de especies: 2

Mesembryanthemum chilense Molina = **Carpobrotus chilensis** (Molina) N.E. Br.

Mesembryanthemum cordifolium L.f. = **Aptenia cordifolia** (L.f.) Schwantes
Ref.: Fabris, 1967b.

Mesembryanthemum crystallinum L.
Sin.: *Cryophytum cristallinum* (L.) N.E. Br.
Ref.: Pérez-Moreau, 1984a.
Hábito: Hierba.
Status: Nativa.
Elevación: 0-500 m.
Prov.: CHU, RN.
Paises limítrofes: CH.
Ejemplar examinado: *Soriano 2714* (SI).

Mesembryanthemum edulis L. = **Carpobrotus edulis** (L.) N.E. Br.
Ref.: Boelcke, 1992.

Mesembryanthemum nodiflorum L.
Sin.: *Cryophytum nodiflorum* (L.) L. Bolus
Ref.: Hunziker, 1984b; Pérez-Moreau, 1984a; Boelcke, 1992; Taylor, 1992.
Hábito: Hierba.
Status: Introducida.
Elevación: 0-500 m.
Prov.: CHU, NE, RN, SC.
Paises limítrofes: CH.
Ejemplar examinado: *Correa y Nicora 3252* (BAA, SI).

Portulaca portulacastrum L. = **Sesuvium portulacastrum** (L.) L.
Ref.: Fabris, 1967b; Taylor, 1992.

Sesuvium L.

Número de especies: 1

Sesuvium portulacastrum (L.) L.
Sin.: *Portulaca portulacastrum* L., *Sesuvium sessile* Pers., *Trianthema americana* Gillies ex Arn.
Ref.: Fabris, 1967b; Taylor, 1992; Kiesling, 1994a.
Hábito: Hierba.
Status: Nativa.
Elevación: 0-500 m.
Prov.: BA, CH, CO, COR, ER, FO, JU, LP, LR, ME, RN, SA, SC, SF, SJ, SL, TU.
Paises limítrofes: BR, CH, PA, UR.
Ejemplar examinado: *Guaglianone 1357* (SI).

[Sesuvium sessile Larrañaga, hom. illeg.]
Nota: Taxón dudoso.

Sesuvium sessile Pers. = **Sesuvium portulacastrum** (L.) L.
Ref.: Troncoso, 1987a.

Tetragonia L.

Número de especies: 1

Tetragonia expansa Murray, nom. superfl. = **Tetragonia tetragonoides** (Pall.) Kuntze
Ref.: Fabris, 1967b; Troncoso, 1987a.

Tetragonia tetragonoides (Pall.) Kuntze
Sin.: *Demidovia tetragonoides* Pall., *Tetragonia expansa* Murray, nom. superfl.
Ref.: Fabris, 1967b; Troncoso, 1987a; Boelcke, 1992; Taylor, 1994.
Hábito: Hierba.
Status: Introducida.
Elevación: 0-500 m.
Prov.: BA, CO, ER, FO, TU.
Paises limítrofes: BR, CH.
Ejemplar examinado: *Lanfranchi 924* (SI).

Trianthema L.

Número de especies: 2, 1 especie endémica

Trianthema americana Gillies ex Arn. = **Sesuvium portulacastrum** (L.) L.

Trianthema argentina Hunz. & Coccuci
Ref.: Hunziker & Cocucci, [1959] 1960.
Hábito: Hierba.
Status: Endémica.
Elevación: 500-1000 m.
Prov.: CO, LR, SJ.
Ejemplar examinado: *Hunziker et al. 13865* (holotipo, CORD).

Trianthema portulacastrum L.
Ref.: Hunziker, 1971b.
Hábito: Hierba.
Status: Nativa.
Elevación: 0-500 m.
Prov.: CA, CO, FO, JU, SA, SE, TU.
Paises limítrofes: BO, PA.
Ejemplar examinado: *Ulibarri 1017* (SI).

AMARANTHACEAE

13 géneros, 90 especies; 10 especies, 2 subespecies, 10 variedades y 2 formas endémicas.

por T. M. Pedersen

Achyranthes altissima Jacq. = **Chamissoa altissima** (Jacq.) Kunth var. **altissima**
Ref.: Sohmer, 1977.

Achyranthes bangii Standl. = [Alternanthera paniculata Kunth]

Achyranthes ficoidea (L.) Lam. = **Alternanthera paronichyoides** A. St.-Hil. subsp. **paronichyoides**
Ref.: Mears, 1977; Veldkamp, 1978.

Achyranthes hassleriana (Chodat) Standl. = **Alternanthera aquatica** (D. Parodi) Chodat
Ref.: Chodat & Rehfous, 1926.

Achyranthes jacquinii (Schrad.) Standl. = **Alternanthera ramosissima** (Mart.) Chodat var. **ramosissima**

Achyranthes lehmannii (Hieron.) Standl. = **Alternanthera lanceolata** (Benth.) Schinz

Achyranthes leiantha (Seub.) Standl. = **Alternanthera pungens** Kunth
Ref.: Mears, 1977.

Achyranthes lorentzii (Uline) Standl. = **Alternanthera pungens** Kunth
Ref.: Mears, 1977.

Achyranthes mexicana (Schltdl.) Standl. = **Alternanthera lanceolata** (Benth.) Schinz

Achyranthes mucronata Lam., nom. illeg. = **Alternanthera pungens** Kunth
Ref.: Mears, 1977.

Achyranthes paludosa Bunbury = **Alternanthera philoxeroides** (Mart.) Griseb. f. **philoxeroides**
Ref.: Covas, 1939.

Achyranthes paraguayensis Standl. = **Alternanthera hirtula** (Mart.) Lopr.

Achyranthes peploides (Willd. ex Roem. & Schult.) Britton = **Alternanthera caracasana** Kunth

Achyranthes philoxeroides (Mart.) Standl. = **Alternanthera philoxeroides** (Mart.) Griseb. f. **philoxeroides**
Ref.: Mears, 1977.

Achyranthes pilosa (Moq.) Standl. = **Alternanthera paronichyoides** A. St.-Hil. subsp. **pilosa** (Moq.) Pedersen
Ref.: Pedersen, 1967, 1984.

Achyranthes puberula (Mart.) Standl. = **Alternanthera puberula** (Mart.) D. Dietr.

Achyranthes radicans Cav., nom. illeg. = **Alternanthera pungens** Kunth
Ref.: Mears, 1977.

Achyranthes ramosissima (Mart.) Standl. = **Alternanthera ramosissima** (Mart.) Chodat var. **ramosissima**

Achyranthes reineckii (Briq.) Standl. = **Alternanthera reineckii** Briq.

Achyranthes repens L. = **Alternanthera pungens** Kunth
Ref.: Fabris, 1967c; Pedersen, 1984.

Achyranthes rufa (Mart.) Standl. = **Alternanthera rufa** (Mart.) D. Dietr.

Achyranthes seubertii Standl. = **Alternanthera albida** (Moq.) Griseb.

Aerva velutina Moq. = [Pupalia lappacea (L.) Juss. var. velutina (Walp.) Hook. f.]

Alternanthera Forssk.

Número de especies: 27 especies, 4 especies y 1 variedad endémicas.

Alternanthera achyrantha (L.) R. Br. ex Sweet, nom. illeg. = **Alternanthera pungens** Kunth
Ref.: Fabris, 1967c; Mears, 1977.

Alternanthera achyrantha (L.) R. Br. ex Sweet var. *dasyantha* Seub. = **Alternanthera caracasana** Kunth
Ref.: Mears, 1977.

Alternanthera achyrantha (L.) R. Br. ex Sweet var. *leiantha* Seub. = **Alternanthera pungens** Kunth
Ref.: Mears, 1977.

Alternanthera achyrantha (L.) R. Br. ex Sweet var. *parvifolia* Moq. = **Alternanthera caracasana** Kunth
Ref.: Fabris, 1967c.

Alternanthera adscendens Suess.
Ref.: Suessenguth, 1937.
Hábito: Hierba.
Status: Nativa.
Elevación: 0-500 m.
Prov.: MI.
Paises limítrofes: BR, PA.
Ejemplar examinado: *Vanni 2734* (CTES).

Alternanthera albida (Moq.) Griseb.
Sin.: *Achyranthes seubertii* Standl., *Alternanthera albida* (Moq.) Griseb. f. *amentacea* Suess., *Alternanthera albida* (Moq.) Griseb. f. *globifera* Suess., *Alternanthera tomentella* Seub., *Telanthera albida* Moq.
Ref.: Moquin-Tandon, 1849; Grisebach, 1874.
Hábito: Subarbusto.
Status: Nativa.
Elevación: 0-500 m.
Prov.: CA, CH, CO, JU, SA, SE, SL, TU.
Paises limítrofes: BO, PA.
Ejemplar examinado: *Krapovickas 15697* (CTES).

Alternanthera albida (Moq.) Griseb. f. *amentacea* Suess. = **Alternanthera albida** (Moq.) Griseb.

Alternanthera albida (Moq.) Griseb. f. *globifera* Suess. = **Alternanthera albida** (Moq.) Griseb.

Alternanthera altacruzensis Suess.
Ref.: Suessenguth, 1950.
Hábito: Subarbusto.
Status: Nativa.
Elevación: 500-1000 m.
Prov.: JU.
Paises limítrofes: BO.
Ejemplar examinado: *Fabris 7010* (LP).

Alternanthera aquatica (D. Parodi) Chodat
Sin.: *Achyranthes hassleriana* (Chodat) Standl., *Alternanthera hassleriana* Chodat, *Mogiphanes aquatica* D. Parodi
Ref.: Chodat & Rehfous, 1926.
Hábito: Hierba.
Status: Nativa.
Elevación: 0-500 m.
Prov.: CH.
Paises limítrofes: BR, PA.
Ejemplar examinado: *Schulz 598* (CTES).

Alternanthera australis Covas = **Alternanthera suessenguthii** Covas
Ref.: Pedersen, 1967.

Alternanthera boliviana Rusby subsp. *amentacea* Suess. = **Alternanthera paronichyoides** A. St.-Hil. subsp. **pilosa** (Moq.) Pedersen
Ref.: Pedersen, 1967.

[Alternanthera brasiliana (L.) Kuntze]
Sin.: *Mogiphanes brasiliensis* L.
Nota: Especie excluida de la flora argentina; crece en América Tropical, aparentemente no existe en el país, salvo posiblemente como cultivada. El ejemplar *Ekman 126*, citado por Suessenguth (1939) bajo este nombre, probablemente debe referirse a *A. ramosissima*, especie que existe en la región.

Alternanthera brasiliana (L.) Kuntze var. *moquinii* (Webb ex Moq.) Uline & W.L. Bray = **Alternanthera ramosissima** (Mart.) Chodat var. **ramosissima**
Ref.: Pedersen, 1997.

Alternanthera brasiliana (L.) Kuntze var. *strigosa* (Hassk.) Kuntze = **Alternanthera ramosissima** (Mart.) Chodat var. **ramosissima**

Alternanthera brasiliana (L.) Kuntze var. *villosa* (Moq.) Kuntze = **Alternanthera ramosissima** (Mart.) Chodat var. **ramosissima**
Ref.: Pedersen, 1997.

Alternanthera cana Suess.
Ref.: Suessenguth, 1935.
Hábito: Hierba o subarbusto.
Status: Endémica.
Elevación: 1000-2500 m.
Prov.: SJ.
Ejemplar examinado: *Hosseus 2544* (isotipo, CORD).

Alternanthera caracasana Kunth
Sin.: *Achyranthes peploides* (Willd. ex Roem. & Schult.) Britton, *Alternanthera achyrantha* (L.) R. Br. ex Sweet var. *dasyantha* Seub., *Alternanthera achyrantha* (L.) R. Br. ex Sweet var. *parvifolia* Moq., *Alternanthera parvifolia* (Moq.) Fawc. & Rendle, *Alternanthera peploides* (Willd. ex Roem. & Schult.) Urb., *Celosia humifusa* Humb. & Bonpl. ex Schult., *Illecebrum peploides* Willd. ex Roem. & Schult., *Telanthera caracasana* (Kunth) Moq.
Ref.: Fabris, 1967c; Pedersen, 1967.
Hábito: Hierba.
Status: Nativa.
Elevación: 0-2000 m.
Prov.: BA, JU, SA.
Paises limítrofes: BO, BR.
Ejemplar examinado: *Covas 17* (LP).
Nota: Probablemente introducida en Buenos Aires y en Brasil.

Alternanthera chacoënsis Morong ex Morong & Britton = **Alternanthera paronichyoides** A. St.-Hil. subsp. **chacoënsis** (Morong ex Morong & Britton) Pedersen
Ref.: Pedersen, 1967, 1987a.

Alternanthera cinerella Suess.
Ref.: Suessenguth, 1935.
Hábito: Subarbusto.
Status: Endémica.
Elevación: 1500-2500 m.
Prov.: CA, SA, TU.
Ejemplar examinado: *Krapovickas 20582* (CTES).

Alternanthera collina Pedersen
Ref.: Pedersen, 1997.
Hábito: Hierba.
Status: Endémica.
Elevación: 0-500 m.
Prov.: SE.
Ejemplar examinado: *Molina et al. 1833* (holotipo, BAB).

Alternanthera echinata Sm. = **Alternanthera pungens** Kunth
Ref.: Hauman & Irigoyen, 1923; Melville, 1958.

Alternanthera felipponei Beauverd = **Alternanthera paronichyoides** A. St.-Hil. subsp. **pilosa** (Moq.) Pedersen
Ref.: Pedersen, 1967.

Alternanthera ficoidea (L.) Sm.
Sin.: *Alternanthera polygonoides* (L.) R. Br. ex Griseb. var. *diffusa* (Mart.) Hicken, *Alternanthera tenella* Colla, *Bucholzia ficoidea* (L.) Mart., *Gomphrena ficoidea* L.
Ref.: Veldkamp, 1978; Brummitt, 1982.
Hábito: Hierba.
Status: Nativa.
Elevación: 0-500 m.
Prov.: MI.
Paises limítrofes: BO, BR, PA.
Ejemplar examinado: *Vanni 3603* (CTES).
Nota: La delimitación de esta especie ha sido recientemente aclarada con la designación del lectotipo *LINN-290.23*, por lo que citas previas para la Argentina, corresponden a taxones diferentes.

Alternanthera ficoidea (L.) Sm. subsp. *pilosa* (Moq.) Pedersen f. *aberrans* Pedersen, nom. inval. = **Alternanthera paronichyoides** A. St.-Hil. subsp. **pilosa** (Moq.) Pedersen f. **aberrans** (Pedersen) Pedersen

Alternanthera ficoidea (L.) Sm. subsp. *chacoënsis* (Morong ex Morong & Britton) Pedersen = **Alternanthera paronichyoides** A. St.-Hil. subsp. **chacoënsis** (Morong ex Morong & Britton) Pedersen

Alternanthera ficoidea (L.) Sm. subsp. *pilosa* (Moq.) Pedersen = **Alternanthera paronichyoides** A. St.-Hil. subsp. **pilosa** (Moq.) Pedersen

Alternanthera friesii Schinz = **Alternanthera micrantha** R.E. Fr.
Ref.: Suessenguth, 1952.

[Alternanthera frutescens (L'Hér.) Steud.]
Nota: Cita dudosa para la flora argentina. Mencionada por Seckt (1929) para la provincia de Córdoba, sin indicar material de herbario ni localidad de recolección; es una especie de la costa pacífica del Perú.

Alternanthera glauca (Mart.) Hosseus = **Pfaffia glomerata** (Spreng.) Pedersen
Ref.: Pedersen, 1967.

Alternanthera hassleriana Chodat = **Alternanthera aquatica** (D. Parodi) Chodat
Ref.: Chodat & Rehfous, 1926.

Alternanthera hirtula (Mart.) Lopr.
Sin.: *Achyranthes paraguayensis* Standl., *Alternanthera hirtula* (Mart.) R.E. Fr., comb. superfl., *Alternanthera hirtula* (Mart.) Lopr. var. *robusta* Chodat, *Alternanthera hirtula* (Mart.) Lopr. var. *rosea* (Morong) Chodat, *Alternanthera rosea* (Morong) Uline & W.L. Bray, *Mogiphanes hirtula* Mart., *Mogiphanes rosea* Morong, *Telanthera hirtula* (Mart.) Moq., *Telanthera rosea* (Morong) Chodat var. *cinnabarina* Chodat, *Telanthera rosea* (Morong) Chodat var. *typica* Chodat, nom. inval.
Ref.: Fries, 1920; Hauman, 1924.
Hábito: Hierba.
Status: Nativa.
Elevación: 0-500 m.
Prov.: COR, MI.
Paises limítrofes: BR, PA.
Ejemplar examinado: *Arbo 860* (CTES).

Alternanthera hirtula (Mart.) R.E. Fr., comb. superfl. = **Alternanthera hirtula** (Mart.) Lopr.

Alternanthera hirtula (Mart.) Lopr. var. *robusta* Chodat = **Alternanthera hirtula** (Mart.) Lopr.

Alternanthera hirtula (Mart.) Lopr. var. *rosea* (Morong) Chodat = **Alternanthera hirtula** (Mart.) Lopr.
Ref.: Pedersen, 1997.

Alternanthera iresinoides Kunth = [Pfaffia iresinoides (Kunth) Spreng.]

Alternanthera kurtzii Schinz ex Pedersen
Ref.: Pedersen, 1967.
Hábito: Hierba.
Status: Nativa.
Elevación: 0-1000 m.
Prov.: BA, CA, CH, COR, ER, FO, JU, SA, SF, TU.
Paises limítrofes: BO, BR, PA, UR.
Ejemplar examinado: *Kurtz 1941* (holotipo, Z; isotipo, CORD).

Alternanthera lanceolata (Benth.) Schinz
Sin.: *Achyranthes lehmannii* (Hieron.) Standl., *Achyranthes mexicana* (Schltdl.) Standl., *Alternanthera lehmannii* Hieron., *Alternanthera mexicana* (Schltdl.) Hieron. var. *lehmannii* (Hieron.) Suess., *Alternanthera mexicana* (Schltdl.) Hieron., nom. illeg., *Alternanthera meyeriana* (Regel & Körn.) Suess., *Alternanthera microcephala* (Moq.) Schinz, *Brandesia lanceolata* Benth., *Brandesia mexicana* Schltdl., *Telanthera lanceolata* (Benth.) Moq., *Telanthera microcephala* Moq.
Ref.: Eliasson, 1987.
Hábito: Hierba.
Status: Nativa.

Elevación: 500-2000 m.
Prov.: JU, SA, TU.
Paises limítrofes: BO.
Ejemplar examinado: *Ragonese 154* (BA).

Alternanthera lehmannii Hieron. = **Alternanthera lanceolata** (Benth.) Schinz

Alternanthera lorentzii Suess., hom. illeg. = **Alternanthera suessenguthii** Covas
Ref.: Covas, 1939.

Alternanthera lorentzii Uline, nom. illeg. = **Alternanthera pungens** Kunth
Ref.: Covas, 1941.

[Alternanthera macbridei Standl.]
Nota: Especie excluida de la flora argentina. El ejemplar citado bajo esta especie por Suessenguth (1953) corresponde a *A. microphylla* var. *maior* Suess.

Alternanthera malmeana R.E. Fr.
Ref.: Fries, 1920.
Hábito: Hierba.
Status: Nativa.
Elevación: 0-500 m.
Prov.: MI.
Paises limítrofes: BR, PA.
Ejemplar examinado: *Schwindt 2031* (LIL).

Alternanthera mexicana (Schltdl.) Hieron., nom. illeg. = **Alternanthera lanceolata** (Benth.) Schinz

Alternanthera mexicana (Schltdl.) Hieron. var. *lehmannii* (Hieron.) Suess. = **Alternanthera lanceolata** (Benth.) Schinz

Alternanthera meyeriana (Regel & Körn.) Suess. = **Alternanthera lanceolata** (Benth.) Schinz

Alternanthera micrantha R.E. Fr.
Sin.: *Alternanthera friesii* Schinz, *Alternanthera rufescens* Suess.
Ref.: Fries, 1920.
Hábito: Hierba.
Status: Nativa.
Elevación: 0-1000 m.
Prov.: MI.
Paises limítrofes: BR, PA.
Ejemplar examinado: *Guaglianone 1177* (SI).

Alternanthera microcephala (Moq.) Schinz = **Alternanthera lanceolata** (Benth.) Schinz

Alternanthera microphylla R.E. Fr. var. **maior** Suess.
Ref.: Suessengurth, 1939.
Hábito: Hierba.
Status: Endémica.
Elevación: 2000-3500 m.
Prov.: JU.
Ejemplar examinado: *Cabrera 15123* (LP).

Alternanthera microphylla R.E. Fr. var. **microphylla**
Ref.: Fries, 1905.
Hábito: Hierba.
Status: Nativa.
Elevación: 3000-4000 m.
Prov.: JU.
Paises limítrofes: BO.
Ejemplar examinado: *Cabrera 27385* (SI).

Alternanthera moquinii (Webb ex Moq.) Dusén = **Alternanthera ramosissima** (Mart.) Chodat var. **ramosissima**
Ref.: Pedersen, 1997.

Alternanthera morongii Uline = **Alternanthera paronichyoides** A. St.-Hil. subsp. **chacoënsis** (Morong ex Morong & Britton) Pedersen
Ref.: Pedersen, 1967.

[Alternanthera multicaulis (Mart.) Kuntze]
Sin.: *Telanthera multicaulis* (Mart.) Moq.
Nota: Especie excluida de la flora argentina. Crece en el noreste de Brasil y fue erróneamente citada para la provincia de Misiones por Suessenguth (1939); el material citado por este autor corresponde a *A. malmeana* R.E. Fr. var. *straminea* (Chodat) Pedersen.

Alternanthera negrensis Suess. = **Alternanthera suessenguthii** Covas
Ref.: Pedersen, 1967.

Alternanthera nodifera (Moq.) Griseb.
Sin.: *Telanthera nodifera* Moq.
Ref.: Pedersen, 1994.
Hábito: Subarbusto.
Status: Nativa.
Elevación: 0-500 m.
Prov.: CA, CO, LR, ME, SA, SE, SJ, TU.
Paises limítrofes: PA.
Ejemplar examinado: *Guaglianone 833* (SI).

[Alternanthera paniculata Kunth]
Sin.: *Achyranthes bangii* Standl., *Illecebrum paniculatum* (Kunth) Spreng., *Mogiphanes paniculata* (Kunth) Rusby, *Telanthera paniculata* (Kunth) Moq.
Nota: Especie excluida de la flora argentina. El material citado bajo esta especie corresponde a *A. lanceolata* (Benth.) Schinz o una forma de ésta.

Alternanthera paronichyoides A. St.-Hil. var. *amentacea* (Suess.) Suess. = **Alternanthera paronichyoides** A. St.-Hil. subsp. **pilosa** (Moq.) Pedersen

Alternanthera paronichyoides A. St.-Hil. var. *chacoënsis* (Morong ex Morong & Britton) Pedersen = **Alternanthera paronichyoides** A. St.-Hil. subsp. **chacoënsis** (Morong ex Morong & Britton) Pedersen

Alternanthera paronichyoides A. St.-Hil. var. *pilosa* (Moq.) Suess. = **Alternanthera paronichyoides** A. St.-Hil. subsp. **pilosa** (Moq.) Pedersen

Alternanthera paronichyoides A. St.-Hil. var. *pilosa* (Moq.) Pedersen f. *aberrans* Pedersen = **Alternanthera paronichyoides** A. St.-Hil. subsp. **pilosa** (Moq.) Pedersen f. **aberrans** (Pedersen) Pedersen

Alternanthera paronichyoides A. St.-Hil. var. *robusta* Chodat = **Alternanthera paronichyoides** A. St.-Hil. subsp. **chacoënsis** (Morong ex Morong & Britton) Pedersen

Alternanthera paronichyoides A. St.-Hil. subsp. **chacoënsis** (Morong ex Morong & Britton) Pedersen
Sin.: *Alternanthera chacoënsis* Morong ex Morong & Britton, *Alternanthera ficoidea* (L.) Sm. subsp. *chacoënsis* (Morong ex Morong & Britton) Pedersen, *Alternanthera morongii* Uline, *Alternanthera paronichyoides* A. St.-Hil. var. *chacoënsis* (Morong ex Morong & Britton) Pedersen, *Alternanthera paronichyoides* A. St.-Hil. var. *robusta* Chodat
Ref.: Pedersen, 1967, 1987a.
Hábito: Hierba.
Status: Nativa.
Elevación: 0-500 m.
Prov.: BA, CA, CH, COR, ER, FO, JU, MI, SA, SE, SF, TU.
Paises limítrofes: BO, BR, PA.
Ejemplar examinado: *Burkart 21180* (SI).

Alternanthera paronichyoides A. St.-Hil. subsp. **paronichyoides**
Sin.: *Achyranthes ficoidea* (L.) Lam., *Alternanthera polygonoides* (L.) R. Br. ex Griseb.
Ref.: Pedersen, 1967.
Hábito: Hierba.
Status: Nativa.
Elevación: 0-500 m.
Prov.: BA, CH, COR, ER, SF.
Paises limítrofes: BO, BR.
Ejemplar examinado: *Burkart 8294* (SI).

Alternanthera paronichyoides A. St.-Hil. subsp. **pilosa** (Moq.) Pedersen
Sin.: *Achyranthes pilosa* (Moq.) Standl., *Alternanthera boliviana* Rusby subsp. *amentacea* Suess., *Alternanthera felipponei* Beauverd, *Alternanthera fioidea* (L.) Sm. subsp. *pilosa* (Moq.) Pedersen, *Alternanthera paronichyoides* A. St.-Hil. var. *amentacea* (Suess.) Suess., *Alternanthera paronichyoides* A. St.-Hil. var. *pilosa* (Moq.) Suess., *Alternanthera pilosa* Moq.
Ref.: Covas, 1941; Pedersen, 1967, 1987a.
Hábito: Hierba.
Status: Nativa.
Elevación: 0-500 m.
Prov.: BA, COR, ER, MI.
Paises limítrofes: BR, PA, UR.
Ejemplar examinado: *Cabrera 5229* (LP).

Alternanthera paronichyoides A. St.-Hil. subsp. **pilosa** (Moq.) Pedersen f. **aberrans** (Pedersen) Pedersen
Sin.: *Alternanthera ficoidea* (L.) Sm. subsp. *pilosa* (Moq.) Pedersen f. *aberrans* Pedersen, nom. inval., *Alternanthera paronichyoides* A. St.-Hil. var. *pilosa* (Moq.) Pedersen f. *aberrans* Pedersen
Ref.: Pedersen, 1967, 1987a.
Hábito: Hierba.
Status: Nativa.
Elevación: 0-500 m.
Prov.: BA, COR, ER, MI.
Paises limítrofes: UR.
Ejemplar examinado: *Abiatti 4287* (LP).
Nota: Véase nueva combinación en Apéndice 1.

Alternanthera parvifolia (Moq.) Fawc. & Rendle = **Alternanthera caracasana** Kunth
Ref.: Fabris, 1967c.

Alternanthera peploides (Willd. ex Roem. & Schult.) Urb. = **Alternanthera caracasana** Kunth

Alternanthera philoxeroides (Mart.) Griseb. f. **angustifolia** Suess.
Sin.: *Alternanthera philoxeroides* (Mart.) Griseb. var. *lancifolia* Chodat, *Alternanthera philoxeroides* (Mart.) Griseb. var. *luxurians* Chodat, *Telanthera philoxeroides* (Mart.) Moq. var. *linearifolia* Chodat
Ref.: Suessenguth, 1934; Pedersen, 1997.
Hábito: Hierba.
Status: Nativa.
Elevación: 0-500 m.
Prov.: CH, COR, ER, FO, MI, SF.
Paises limítrofes: PA.
Ejemplar examinado: *Arbo 6857* (CTES).

Alternanthera philoxeroides (Mart.) Griseb. f. **philoxeroides**
Sin.: *Achyranthes paludosa* Bunbury, *Achyranthes philoxeroides* (Mart.) Standl., *Alternanthera philoxeroides* (Mart.) Griseb. var. *obtusifolia* (Moq.) Hicken, *Bucholzia philoxeroides* Mart., *Mogiphanes philorexoides* D. Parodi, *Telanthera philoxeroides* (Mart.) Moq., *Telanthera philoxeroides* (Mart.) Moq. var. *denticulata* Seub., *Telanthera philoxeroides* (Mart.) Moq. var. *obtusifolia* Moq.
Ref.: Covas, 1941; Pedersen, 1967, 1987a.
Hábito: Hierba.
Status: Nativa.
Elevación: 0-500 m.
Prov.: BA, CH, COR, ER, FO, JU, SA, SE, SF, SJ, TU.
Paises limítrofes: BR, PA, UR.
Ejemplar examinado: *Martínez Crovetto 30* (CTES).

Alternanthera philoxeroides (Mart.) Griseb. var. *lancifolia* Chodat = **Alternanthera philoxeroides** (Mart.) Griseb. f. **angustifolia** Suess.
Ref.: Pedersen, 1997.

Alternanthera philoxeroides (Mart.) Griseb. var. *luxurians* Chodat = **Alternanthera philoxeroides** (Mart.) Griseb. f. **angustifolia** Suess.

Alternanthera philoxeroides (Mart.) Griseb. var. *obtusifolia* (Moq.) Hicken = **Alternanthera philoxeroides** (Mart.) Griseb. f. **philoxeroides**
Ref.: Pedersen, 1967; Mears, 1977.

Alternanthera pilosa Moq. = **Alternanthera paronichyoides** A. St.-Hil. subsp. **pilosa** (Moq.) Pedersen

Alternanthera pilosa Moq. f. *petiolata* Chodat = **Alternanthera reineckii** Briq.
Ref.: Pedersen, 1967.

Alternanthera pilosa Moq. var. *microphylla* Chodat = **Alternanthera reineckii** Briq.
Ref.: Pedersen, 1967.

Alternanthera polygonoides (L.) R. Br. ex Griseb. = **Alternanthera paronichyoides** A. St.-Hil. subsp. **paronichyoides**
Ref.: Pedersen, 1967; Mears, 1977.

Alternanthera polygonoides (L.) R. Br. ex Griseb. var. *diffusa* (Mart.) Hicken = **Alternanthera ficoidea** (L.) Sm.
Ref.: Mears 1977.

[Alternanthera polygonoides (L.) R. Br. ex Griseb. var. elongata Suess.]
Nota: Taxón dudoso. Los dos sintipos de la variedad están perdidos; el ejemplar de origen argentino posiblemente corresponda a *A. kurtzii* Schinz ex Pedersen.

[Alternanthera polygonoides (L.) R. Br. ex Griseb. var. radicans (Mart.) Griseb.]
Nota: Taxón dudoso.Citada por diferentes autores sobre la base de un ejemplar coleccionado por Bonpland, el que probablemente proviene de Corrientes o Brasil; este material, no visto, puede tratarse de *A. kurtzii* Schinz ex Pedersen.

[Alternanthera procumbens Rojas Acosta]
Nota: Taxón dudoso; posible sinónimo *de A. pungens.*

Alternanthera puberula (Mart.) D. Dietr.
Sin.: *Achyranthes puberula* (Mart.) Standl., *Alternanthera subumbellata* Suess., *Brandesia puberula* Mart., *Pfaffia puberula* (Mart.) Spreng., *Telanthera puberula* (Mart.) Moq.
Ref.: Martius, 1826.
Hábito: Hierba.
Status: Nativa.
Elevación: 0-1000 m.
Prov.: COR, MI.
Paises limítrofes: BR, PA.
Ejemplar examinado: *Krapovickas 23879* (CTES).

[Alternanthera pulchella Kunth]
Nota: Especie excluida de la flora argentina.

[Alternanthera pulchella Kunth var. ciliata Griseb.]
Nota: Taxón dudoso. El material no pertenece a la familia Amaranthaceae; por el contrario, el material tipo corresponde al género *Paronychia.*

Alternanthera pumila O. Stützer
Sin.: *Alternanthera pumila* O. Stützer var. *coarctata* O. Stützer
Ref.: Stützer, 1935.
Hábito: Hierba.
Status: Endémica.
Elevación: 1000-2000 m.
Prov.: CO.
Ejemplar examinado: *Burkart 10258* (SI).

Alternanthera pumila O. Stützer var. *coarctata* O. Stützer = **Alternanthera pumila** O. Stützer

Alternanthera pungens Kunth
Sin.: *Achyranthes leiantha* (Seub.) Standl., *Achyranthes lorentzii* (Uline) Standl., *Achyranthes mucronata* Lam., nom. illeg., *Achyranthes radicans* Cav., nom. illeg., *Achyranthes repens* L., *Alternanthera achyrantha* (L.) R. Br. ex Sweet, nom. illeg., *Alternanthera achyrantha* (L.) R. Br. ex Sweet var. *leiantha* Seub., *Alternanthera echinata* Sm., *Alternanthera lorentzii* Uline, nom. illeg. *Alternanthera pungens* Kunth f. *pauciflora* Suess., *Alternanthera pungens* Kunth var. *leiantha* (Seub.) Suess., *Alternanthera repens* (L.) Link, nom. illeg., *Celosia echinata* Willd. ex Schult., *Desmochaeta sordida* Bunbury, *Guilleminea procumbens* Rojas Acosta, *Illecebrum achyrantha* L., nom. illeg., *Illecebrum pungens* (Kunth) Spreng., *Paronychia achyrantha* (L.) Desf., *Pityranthus crassifolius* Mart., nom. illeg., *Pupalia sordida* (Bunbury) Moq., *Telanthera pungens* (Kunth) Moq.
Ref.: Melville, 1958; Fabris, 1967c; Pedersen, 1987a.
Hábito: Hierba.
Status: Nativa.
Elevación: 0-2000 m.
Prov.: BA, CA, CH, CO, COR, ER, FO, JU, LR, SA, SE, SF, SJ, SL, TU.
Paises limítrofes: BO, BR, PA, UR.
Ejemplar examinado: *Cabrera 15038* (LP).

Alternanthera pungens Kunth f. *pauciflora* Suess. = **Alternanthera pungens** Kunth
Ref.: Pedersen, 1967.

Alternanthera pungens Kunth var. *leiantha* (Seub.) Suess. = **Alternanthera pungens** Kunth
Ref.: Melville, 1958.

Alternanthera ramosissima (Mart.) Chodat var. **missionum** Pedersen
Ref.: Pedersen, 1997.
Hábito: Hierba.
Status: Nativa.
Elevación: 0-500 m.
Prov.: MI.
Paises limítrofes: BR.
Ejemplar examinado: *Vanni 2784* (holotipo, CTES).

Alternanthera ramosissima (Mart.) Chodat var. **ramosissima**
Sin.: *Achyranthes jacquinii* (schrad.) Standl., *Achyranthes ramosissima* (Mart.) Standl., *Alternanthera brasiliana* (L.) Kuntze var. *moquinii* (Webb ex Moq.) Uline & W.L. Bray, *Alternanthera brasiliana* (L.) Kuntze var. *strigosa* (Hassk.) Kuntze, *Alternanthera brasiliana* (L.) Kuntze var. *villosa* (Moq.) Kuntze, *Alternanthera moquinii* (Webb ex Moq.) Dusén, *Alternanthera strigosa* Hassk., *Mogiphanes ramosissima* Mart., *Mogiphanes villosa* Mart., *Mogiphanes virgata* Schrad., *Telanthera brasiliana* (L.) Moq. f. *grisea* Chodat, *Telanthera brasiliana* (L.) Moq. var. *villosa* Moq., *Telanthera moquinii* Webb ex Moq., *Telanthera ramosissima* (Mart.) Moq., *Telanthera strigosa* (Hassk.) Moq., *Telanthera virgata* (Schrad.) Moq.
Ref.: Martius, 1826; Pedersen, 1997.

Hábito: Hierba.
Status: Nativa.
Elevación: 0-500 m.
Prov.: MI.
Paises limítrofes: BO, BR, PA.
Ejemplar examinado: *Cabrera et al. 77* (LP).

Alternanthera reineckii Briq.
Sin.: *Achyranthes reineckii* (Briq.) Standl., *Alternanthera pilosa* Moq. f. *petiolata* Chodat, *Alternanthera pilosa* Moq. var. *microphylla* Chodat
Ref.: Covas, 1941.
Hábito: Hierba.
Status: Nativa.
Elevación: 0-500 m.
Prov.: BA, CH, COR, ER, FO, MI, SA, SF.
Paises limítrofes: BO, BR, PA, UR.
Ejemplar examinado: *Burkart 5097* (SI).

Alternanthera repens (L.) Link, nom. illeg. = **Alternanthera pungens** Kunth
Ref.: Melville, 1958; Fabris, 1967c.

Alternanthera rosea (Morong) Uline & W.L. Bray = **Alternanthera hirtula** (Mart.) Lopr.

Alternanthera rufa (Mart.) D. Dietr.
Sin.: *Achyranthes rufa* (Mart.) Standl., *Brandesia rufa* Mart., *Pfaffia rufa* (Mart.) Spreng., *Telanthera rufa* (Mart.) Moq.
Ref.: Martius, 1826; Smith & Downs, 1972.
Hábito: Hierba.
Status: Nativa.
Elevación: 0-1000 m.
Prov.: MI.
Paises limítrofes: BR.
Ejemplar examinado: *Correa 8022* (CTES).

Alternanthera rufescens Suess. = **Alternanthera micrantha** R.E. Fr.
Ref.: Pedersen, 1997.

Alternanthera scandens Herzog
Ref.: Herzog et al., 1922.
Hábito: Subarbusto.
Status: Nativa.
Elevación: 0-1000 m.
Prov.: JU, SA.
Paises limítrofes: BO, BR, PA.
Ejemplar examinado: *Fabris 7279* (LP).

Alternanthera strigosa Hassk. = **Alternanthera ramosissima** (Mart.) Chodat var. **ramosissima**
Ref.: Pedersen, 1997.

Alternanthera subumbellata Suess. = **Alternanthera puberula** (Mart.) D. Dietr.
Ref.: Pedersen, 1997.

Alternanthera suessenguthii Covas
Sin.: *Alternanthera australis* Covas, *Alternanthera lorentzii* Suess., hom. illeg., *Alternanthera negrensis* Suess.
Ref.: Covas, 1939; Pedersen, 1967.
Hábito: Hierba.
Status: Nativa.
Elevación: 0-500 m.
Prov.: CO, RN, SL.
Ejemplar examinado: *Scala 43* (holotipo *de A. australis*, LP).
Nota: Posiblemente un sinónimo de *A. cana* Suess. Es probable su presencia en el Paraguay.

Alternanthera tenella Colla = **Alternanthera ficoidea** (L.) Sm.

Alternanthera tomentella Seub. = **Alternanthera albida** (Moq.) Griseb.
Ref.: Suessenguth, 1934.

Alternanthera tucumana Lillo
Ref.: Descole et al., 1939a.
Hábito: Hierba.
Status: Nativa.
Elevación: 1000-2000 m.
Prov.: JU, SA, TU.
Paises limítrofes: BO.
Ejemplar examinado: *Krapovickas 17437* (CTES).
Nota: Muy similar a *A. lanceolata*, representando probablemente una forma de esta última.

Amarantellus argentinus Speg. = **Amaranthus deflexus** L.
Ref.: Hauman & Irigoyen, 1923.

Amaranthus L.

Número de especies: 22, 2 especies y 1 variedad endémicas.

Amaranthus affinis Thell. = **Amaranthus asplundii** Thell. var. **asplundii**
Ref.: Hunziker, 1966a.

Amaranthus albo-marginatus Uline & W.L. Bray = [Amaranthus californicus (Moq.) S. Watson]
Ref.: Hunziker, 1965.

Amaranthus albus L.
Ref.: Hunziker, 1965; Fabris, 1967c; Covas, 1984b; Pedersen, 1984.
Hábito: Hierba.
Status: Introducida.
Elevación: 0-500 m.
Prov.: BA, LP, RN.
Paises limítrofes: CH.
Ejemplar examinado: *Burkart s.n.* (SI).

Amaranthus ascendens Loisel. = **Amaranthus blitum** L.

Amaranthus asplundii Thell. var. **asplundii**
Sin.: *Amaranthus affinis* Thell., *Amaranthus buchtienianus* Thell.
Ref.: Hunziker, 1966a; Pedersen, 1994.
Hábito: Hierba.
Status: Nativa.
Prov.: JU, SJ.
Paises limítrofes: BO, CH.
Ejemplar examinado: *Fabris 6843* (LP).

Amaranthus asplundii Thell. var. **australis** Hunz.
Ref.: Hunziker, 1966a.
Hábito: Hierba.
Status: Endémica.
Elevación: 1000-2000 m.
Prov.: SA, TU.
Ejemplar examinado: *Hunziker 1759* (CORD).
Nota: Es probable su presencia en Bolivia.

Amaranthus ataco Thell. = **Amaranthus vulgatissimus** Speg.

Amaranthus blitoides S. Watson
Ref.: Hunziker, 1965; Pedersen, 1984.
Hábito: Hierba.
Status: Introducida.
Prov.: LP, RN.
Ejemplar examinado: *Clos 3518* (BAB).

Amaranthus blitum L.
Sin.: *Amaranthus ascendens* Loisel., *Amaranthus blitum* L. var. *polygonoides* Moq., *Amaranthus lividus* L. var. *ascendens* (Loisel.) Thell., *Amaranthus lividus* L. var. *polygonoides* (Moq.) Thell., *Amaranthus lividus* L. subsp. *polygonoides* (Moq.) Probst *Euxolus viridis* (L.) Moq. var. *ascendens* (Loisel.) Moq.
Ref.: Filias et al., 1980; Pedersen, 1984.
Hábito: Hierba.
Status: Nativa.
Elevación: 0-500 m.
Prov.: BA, CH, COR, FO, SA, SF, TU.
Paises limítrofes: BR, PA, UR.
Ejemplar examinado: *Boelcke 1472* (SI).

Amaranthus blitum L. var. *graecizans* (L.) Moq. = [Amaranthus graecizans L.]

Amaranthus blitum L. var. *nanus* Moq. = [Amaranthus graecizans L.]
Ref.: Thellung, 1914.

Amaranthus blitum L. var *polygonoides* Moq. = **Amaranthus blitum** L.

Amaranthus bouchonii Thell.
Sin.: *Amaranthus hybridus* L. subsp. *bouchonii* (Thell.) Bolós & Vigo
Ref.: Brenan, 1961.
Hábito: Hierba.
Status: Introducida.
Prov.: NE.
Ejemplar examinado: *Boelcke 4224* (BAA).
Nota: Esta especie puede ser un taxón infraespecífico de *A. hybridus* L.; hallada sólo una vez en la Argentina.

Amaranthus buchtienianus Thell. = **Amaranthus asplundii** Thell. var. **asplundii**
Ref.: Hunziker, 1965.

[Amaranthus californicus (Moq.) S. Watson]
Sin.: *Amaranthus albo-marginatus* Uline & W.L. Bray
Nota: Especie excluida de la flora argentina. El material citado por Suessenguth (1939), bajo *A. albo-marginatus* corresponde a *A. peruvianus* (Schauer) Standl.

Amaranthus cardenasianus Hunz.
Ref.: Hunziker, 1951.
Hábito: Hierba.
Status: Nativa.
Elevación: 1500-2000 m.
Prov.: SA.
Paises limítrofes: BO.
Ejemplar examinado: *Hunziker 1807* (holotipo, CORD).

Amaranthus celosioides Kunth
Sin.: *Amaranthus hybridus* L. var. *pergaminensis* Covas
Ref.: Parodi, 1930; Covas, 1941.
Hábito: Hierba.
Status: Adventicia.
Elevación: 0-1000 m.
Prov.: BA, SA.
Ejemplar examinado: *Novara 2615* (Herb. Pedersen).

Amaranthus chlorostachys Willd. = [Amaranthus hybridus L.]
Ref.: Hauman & Irigoyen, 1923.

[Amaranthus crassipes Schltdl.]
Sin.: *Euxolus crassipes* (Schltdl.) Hieron., *Scleropus amarantoides* Schrad., *Scleropus crassipes* (Schltdl.) Moq.
Nota: Especie excluida de la flora argentina; el material citado bajo este nombre probablemente deba referirse a *A. vulgatissimus* Speg.

Amaranthus crispus (Lesp. & Thévenau) Terracc.
Sin.: *Amaranthus cristulatus* Speg., *Euxolus crispus* Lesp. & Thévenau
Ref.: Covas, 1941.
Hábito: Hierba.
Status: Nativa.
Prov.: BA, LP, ME, RN, SL.
Paises limítrofes: CH.
Ejemplar examinado: *Holmberg 206* (SI).

Amaranthus cristulatus Speg. = **Amaranthus crispus** (Lesp. & Thévenau) Terracc.
Ref.: Thellung, 1914.

Amaranthus deflexus L.
Sin.: *Amarantellus argentinus* Speg., *Euxolus deflexus* (L.) Raf.
Ref.: Covas, 1941, 1984.
Hábito: Hierba.
Status: Nativa.
Elevación: 0-1000 m.
Prov.: BA, CHU, CO, ER, LP, ME, NE, RN, SJ.
Paises limítrofes: CH.
Ejemplar examinado: *Venturi 42* (SI).

Amaranthus dubius Mart. ex Thell.
Ref.: Covas, 1984b.
Hábito: Hierba.
Status: Adventicia.
Elevación: 0-500 m.
Prov.: DF.
Ejemplar examinado: *Valovirta s.n.* (H).

Amaranthus gracilis Desf. = **Amaranthus viridis** L.
Ref.: Fabris, 1967c; Pedersen, 1987a.

[Amaranthus graecizans L.]
Sin.: *Amaranthus blitum* L. var. *graecizans* (L.) Moq., *Amaranthus blitum* L. var. *nanus* Moq.
Nota: Especie excluida de la flora argentina, originaria del Viejo Mundo, el material citado por Chodat & Wilczek (1902), Parodi (1941) y Martínez Crovetto (1946b) corresponde probablemente a *A. albus* L.; a su vez, las citas de Moquin-Tandon (1849), Spegazzini (1896) y Hicken (1910) posiblemente se refieran a ejemplares enanos de *A. muricatus* (Moq.) Hieron.

[Amaranthus hybridus L.]
Sin.: *Amaranthus chlorostachys* Willd.
Nota: Especie excluida de la flora argentina.

Amaranthus hybridus L. subsp. *bouchonii* (Thell.) Bolós & Vigo = **Amaranthus bouchonii** Thell.

Amaranthus hybridus L. var. *pergaminensis* Covas = **Amaranthus celosioides** Kunth

Amaranthus hybridus L. var. *quitensis* (Kunth) Covas = **Amaranthus quitensis** Kunth

Amaranthus hypochondriacus L. var. **powellii** (S. Watson) Pedersen
Sin.: *Amaranthus powellii* S. Watson
Hábito: Hierba.
Status: Nativa.
Prov.: SA, SJ.
Ejemplar examinado: *Kiesling 6998* (SI).
Nota: Véase combinación en Apéndice 1.

Amaranthus kloosianus Hunz.
Ref.: Hunziker, 1951.
Hábito: Hierba.
Status: Endémica.
Elevación: 1000-2500 m.
Prov.: JU, LR, SA.
Ejemplar examinado: *Covas 1115* (LP).

Amaranthus lividus L. subsp. *polygonoides* (Moq.) Probst = **Amaranthus blitum** L.

Amaranthus lividus L. var. *ascendens* (Loisel.) Thell. = **Amaranthus blitum** L.
Ref.: Filias et al., 1980.

Amaranthus lividus L. var. *polygonoides* (Moq.) Thell. = **Amaranthus blitum** L.
Ref.: Filias et al. 1980.

Amaranthus muricatus (Moq.) Hieron.
Sin.: *Euxolus muricatus* Moq.
Ref.: Covas, 1941.
Hábito: Hierba.
Status: Nativa.
Elevación: 0-1000 m.
Prov.: BA, CH, COR, ER, FO, JU, LR, ME, SA, SJ, SL, TU.
Paises limítrofes: BO, PA, UR.
Ejemplar examinado: *Schulz 18421* (CTES, G).

Amaranthus parodii Standl., nom. illeg. = **Amaranthus standleyanus** Parodi ex Covas
Ref.: Covas, 1941.

Amaranthus persimilis Hunz.
Ref.: Hunziker, 1951; Pedersen, 1994.
Hábito: Hierba.
Status: Endémica.
Elevación: 1500-2000 m.
Prov.: CA, ME, SJ, TU.
Ejemplar examinado: *Nicora 8354* (SI).

Amaranthus peruvianus (Schauer) Standl.
Sin.: *Mengea peruviana* Schauer
Ref.: Hunziker, 1965.
Hábito: Hierba.
Status: Nativa.
Elevación: 3500-4000 m.
Prov.: CA, JU.
Paises limítrofes: BO.
Ejemplar examinado: *Pastor Arenas s.n.* (BACF 1901).

Amaranthus powellii S. Watson = **Amaranthus hypochondriacus** L. var. **powellii** (S. Watson) Pedersen

Amaranthus quitensis Kunth
Sin.: *Amaranthus hybridus* L. var. *quitensis* (Kunth) Covas, *Amaranthus quitensis* Kunth var. *stuckertianus* Thell.
Ref.: Pedersen, 1987a.
Hábito: Hierba.
Status: Nativa.
Elevación: 0-1000 m.
Prov.: BA, CA, COR, ER, FO, JU, LR, ME, MI, NE, SA, SE, SF, SJ, TU.
Paises limítrofes: BO, PA, UR.
Ejemplar examinado: *Burkart 24774* (C, SI).
Nota: Diversos autores (Coons, 1982; Covas, 1984b; Eliasson, 1987), sinonimizan esta especie con *A. hybridus* L.

Amaranthus quitensis Kunth var. *stuckertianus* Thell. = **Amaranthus quitensis** Kunth

Amaranthus retroflexus L.
Ref.: Hunziker, 1966a.
Hábito: Hierba.
Status: Adventicia.
Elevación: 1000-1500 m.
Prov.: CHU, CO, LP.
Paises limítrofes: CH, UR.
Ejemplar citado: *Hunziker 12021** (CORD).

Amaranthus rosengurtii Hunz.
Ref.: Hunziker, 1966a; Pedersen, 1987a.
Hábito: Hierba.
Status: Nativa.
Elevación: 0-500 m.
Prov.: ER.
Paises limítrofes: BR, UR.
Ejemplar examinado: *Burkart 25925* (SI).

Amaranthus spicatus (Thell.) Seckt, comb. illeg. = **Amaranthus vulgatissimus** Speg.

Amaranthus spinosus L.
Ref.: Parodi, 1941.
Hábito: Hierba.
Status: Nativa.
Elevación: 0-500 m.
Prov.: CH, COR, JU, LP, MI, SA.
Paises limítrofes: BO, BR, PA.
Ejemplar examinado: *Fabris 7325* (LP).

Amaranthus standleyanus Parodi ex Covas
Sin.: *Amaranthus parodii* Standl., nom. illeg., *Amaranthus vulgatissimus* Speg. f. *chacoënsis* Thell.
Ref.: Covas, 1941.
Hábito: Hierba.
Status: Nativa.
Elevación: 0-500 m.
Prov.: BA, CH, CO, COR, ER, FO, JU, LP, LR, ME, RN, SA, SE, SF, SJ, SL, TU.
Paises limítrofes: PA.
Ejemplar examinado: *Cabrera 14246* (LP).
Nota: Probablemente adventicio en la Pampa húmeda y en la Mesopotamia.

[Amaranthus undulatus R. Br.]
Nota: Especie excluida de la flora argentina.

Amaranthus viridis L.
Sin.: *Amaranthus gracilis* Desf., *Chenopodium caudatum* Jacq., *Euxolus caudatus*(Jacq.) Moq., *Euxolus viridis* (L.) Moq.,
Ref.: Pedersen, 1987a, 1994.
Hábito: Hierba.
Status: Nativa.
Elevación: 0-500 m.
Prov.: BA, CH, COR, ER, FO, JU, LR, MI, SA, SE, SJ.
Paises limítrofes: BO, BR, CH, PA, UR.
Ejemplar examinado: *Burkart et al. 25728* (SI).

Amaranthus vulgatissimus Speg.
Sin.: *Amaranthus ataco* Thell., *Amaranthus spicatus* (Thell.) Seckt, comb. illeg.
Ref.: Covas, 1941; Pedersen, 1994.
Hábito: Hierba.
Status: Endémica.
Elevación: 0-500 m.
Prov.: BA, CA, CO, JU, ME, SA, SJ.
Ejemplar examinado: *Cabrera 8913* (LP).
Nota: Nombre mal aplicado por varios autores (Thellung, 1914; Kloos, 1953; Aellen, 1959).

Amaranthus vulgatissimus Speg. f. *chacoënsis* Thell. = **Amaranthus standleyanus** Parodi ex Covas

Banalia brasiliana Moq. = **Herbstia brasiliana** (Moq.) Sohmer
Ref.: Sohmer, 1976.

Blutaparon Raf.
Número de especies: 1

Blutaparon portulacoides (A. St.-Hil.) Mears var. **commersonii** (A. St.-Hil.) Mears
Sin.: *Iresine portulacoides* (A. St.-Hil.) Moq. var. *commersonii* (A. St.-Hil.) Moq., *Philoxerus portulacoides* A. St.-Hil. var. *commersonii* A. St.-Hil., *Telanthera philoxeroides* (Mart.) Moq. var. *carnosa* Moq.
Ref.: Fabris, 1967; Mears, 1982.
Hábito: Hierba.
Status: Nativa.
Elevación: 0-500 m.
Prov.: BA.
Paises limítrofes: BR, UR.
Ejemplar examinado: *Tweedie s.n.* (holotipo y foto de *Telanthera philoxeroides* var. *carnosa*, K).

Brandesia lanceolata Benth. = **Alternanthera lanceolata** (Benth.) Schinz

Brandesia mexicana Schltdl. = **Alternanthera lanceolata** (Benth.) Schinz

Brandesia puberula Mart. = **Alternanthera puberula** (Mart.) D. Dietr.

Brandesia rufa Mart. = **Alternanthera rufa** (Mart.) D. Dietr.

Brayulinea australis (Griseb.) Schinz = **Guilleminea densa** (Willd. ex Roem. & Schult.) Moq.
Ref.: Pedersen, 1976.

Brayulinea densa (Willd.) Small = **Guilleminea densa** (Willd. ex Roem. & Schult.) Moq.
Ref.: Mears, 1967; Pedersen, 1976.

Brayulinea gracilis (R.E. Fr.) Schinz = **Guilleminea gracilis** R.E. Fr.
Ref.: Fries, 1905; Pedersen, 1976.

Bucholzia ficoidea (L.) Mart. = **Alternanthera ficoidea** (L.) Sm.

Bucholzia philoxeroides Mart. = **Alternanthera philoxeroides** (Mart.) Griseb. f. **philoxeroides**

Celosia L.
Número de especies: 1

Celosia argentea L.
Ref.: Covas, 1941.
Hábito: Hierba.
Status: Adventicia.
Elevación: 0-500 m.
Prov.: BA.
Ejemplar examinado: *Niilo Söyrinki s.n.* (H).

Celosia echinata Willd. ex Schult. = **Alternanthera pungens** Kunth
Ref.: Melville, 1958.

Celosia gnaphaloides L.f. = **Pfaffia gnaphaloides** (L.f.) Mart.
Ref.: Pedersen, 1967.

Celosia humifusa Humb. & Bonpl. ex Schult. = **Alternanthera caracasana** Kunth
Ref.: Melville, 1958.

Celosia major Griseb. = **Chamissoa altissima** (Jacq.) Kunth var. **altissima**
Ref.: Covas, 1939.

Celosia paniculata L. = **Iresine diffusa** Humb. & Bonpl. ex Willd. var. **diffusa**
Ref.: Fabris, 1967.

Chamissoa Kunth

Número de especies: 3

Chamissoa acuminata Mart.
Ref.: Hauman, 1924; Sohmer, 1977.
Hábito: Subarbusto.
Status: Nativa.
Elevación: 0-500 m.
Prov.: COR, MI.
Paises limítrofes: BR, PA.
Ejemplar examinado: *Tressens 1245* (CTES).

Chamissoa acuminata Mart. var. *maximiliani* (Mart.) Sohmer = **Chamissoa maximiliani** Moq.

Chamissoa altissima (Jacq.) Kunth var. **altissima**
Sin.: *Achyranthes altissima* Jacq., *Celosia major* Griseb., *Chamissoa altissima* (Jacq.) Kunth var. *laxiflora* Moq., *Chamissoa macrocarpa* Kunth
Ref.: Sohmer, 1977.
Hábito: Arbusto.
Status: Nativa.
Elevación: 0-1000 m.
Prov.: CH, COR, FO, JU, MI, SA, TU.
Paises limítrofes: BO, BR, PA.
Ejemplar examinado: *Krapovickas 25166* (CTES).

Chamissoa altissima (Jacq.) Kunth var. *densi-paniculata* Suess. = [Chamissoa altissima (Jacq.) Kunth var. rubella Suess.]
Ref.: Sohmer, 1977.

Chamissoa altissima (Jacq.) Kunth var. *laxiflora* Moq. = **Chamissoa altissima** (Jacq.) Kunth var. **altissima**
Ref.: Sohmer, 1977.

[Chamissoa altissima (Jacq.) Kunth var. rubella Suess.]
Sin.: *Chamissoa altissima* (Jacq.) Kunth var. *densi-paniculata* Suess., *Chamissoa altissima* (Jacq.) Kunth subsp. *albo-grisea* Suess.
Ref.: Sohmer, 1977.
Nota: Taxón dudoso, como así también su presencia, en sentido estricto, en la Argentina.

Chamissoa altissima (Jacq.) Kunth subsp. *albo-grisea* Suess. = [Chamissoa altissima (Jacq.) Kunth var. rubella Suess.]
Ref.: Sohmer, 1977.

Chamissoa brasiliana (Moq.) R.E. Fr. = **Herbstia brasiliana** (Moq.) Sohmer
Ref.: Sohmer, 1976.

Chamissoa celosioides Griseb. = **Chamissoa maximiliani** Moq.

Chamissoa macrocarpa Kunth = **Chamissoa altissima** (Jacq.) Kunth var. **altissima**
Ref.: Sohmer, 1977.

Chamissoa maximiliani Mart., nom. nud. = **Chamissoa maximiliani** Moq.

Chamissoa maximiliani Moq.
Sin.: *Chamissoa acuminata* Mart. var. *maximiliani* (Mart.) Sohmer, *Chamissoa celosioides* Griseb., *Chamissoa maximiliani* Mart., nom. nud., *Chamissoa maximiliani* Moq. f. *celosioides* (Griseb.) Suess.
Hábito: Subarbusto.
Status: Nativa.
Elevación: 0-500 m.
Prov.: COR, JU, MI, SA.
Paises limítrofes: BO, BR, PA.
Ejemplar examinado: *Fabris 7268* (SI).

Chamissoa maximiliani Moq. f. *celosioides* (Griseb.) Suess. = **Chamissoa maximiliani** Moq.

Chenopodium caudatum Jacq. = **Amaranthus viridis** L.

Chnoanthus mendocinus Phil. = **Gomphrena mendocina** (Phil.) R.E. Fr. subsp. **mendocina**
Ref.: Fries, 1920; Hunziker & Subils, 1977.

Chnoanthus ovatus Phil. = **Gomphrena mendocina** (Phil.) R.E. Fr. subsp. **mendocina**
Ref.: Hunziker & Subils, 1977.

[Cyathula achyranthoides (Kunth) Moq.]
Sin.: *Desmochaeta achyranthoides* Kunth
Nota: Especie excluida de la flora argentina.

Desmochaeta achyranthoides Kunth = [Cyathula achyranthoides (Kunth) Moq.]

Desmochaeta sordida Bunbury = **Alternanthera pungens** Kunth

[Euxolus arvensis Rojas Acosta]
Nota: Taxón dudoso; posible sinónimo de *Amaranthus quitensis*.

Euxolus caudatus (Jacq.) Moq. = **Amaranthus viridis** L.

Euxolus crassipes (Schltdl.) Hieron. = [Amaranthus crassipes Schltdl.]

Euxolus crispus Lesp. & Thévenau = **Amaranthus crispus** (Lesp. & Thévenau) Terracc.

Euxolus deflexus (L.) Raf. = **Amaranthus deflexus** L.
Ref.: Covas, 1941.

Euxolus muricatus Moq. = **Amaranthus muricatus** (Moq.) Hieron.
Ref.: Brenan, 1961.

Euxolus viridis (L.) Moq. = **Amaranthus viridis** L.

Euxolus viridis (L.) Moq. var. *ascendens* (Loisel.) Moq. = **Amaranthus blitum** L.

Froelichia Moench
Número de especies: 3

Froelichia chacoënsis Chodat
Ref.: Chodat & Rehfous, 1926.
Hábito: Hierba.
Status: Nativa.
Elevación: 0-500 m.
Prov.: SA.
Paises limítrofes: BO, PA.
Ejemplar examinado: *Krapovickas 30838* (CTES).

[Froelichia humboldtiana (Roem. & Schult.) Seub.]
Sin.: *Froelichia lanata* (Kunth) Moq., p.p.
Nota: Especie excluida de la flora argentina.

Froelichia lanata (Kunth) Moq., p.p. = [Froelichia humboldtiana (Roem. & Schult.) Seub.

Froelichia lanata (Kunth) Moq. var. *paraguariensis* Chodat = **Froelichia procera** (Seub.) Pedersen
Ref.: Pedersen, 1967.

Froelichia lanata (Kunth) Moq. var. *paraguariensis* Chodat f. *albiflora* Chodat = **Froelichia procera** (Seub.) Pedersen
Ref.: Pedersen, 1967.

Froelichia lanata (Kunth) Moq. var. *paraguariensis* Chodat f. *roseiflora* Chodat = **Froelichia procera** (Seub.) Pedersen
Ref.: Pedersen, 1967.

Froelichia lanata (Kunth) Moq. var. *procera* Seub. = **Froelichia procera** (Seub.) Pedersen

Froelichia procera (Seub.) Pedersen
Sin.: *Froelichia lanata* (Kunth) Moq. var. *paraguariensis* Chodat f. *albiflora* Chodat, *Froelichia lanata* (Kunth) Moq. var. *paraguariensis* Chodat f. *roseiflora* Chodat, *Froelichia lanata* (Kunth) Moq. var. *paraguariensis* Chodat, *Froelichia lanata* (Kunth) Moq. var. *procera* Seub.
Ref.: Pedersen, 1967.
Hábito: Hierba.
Status: Nativa.
Elevación: 0-500 m.
Prov.: COR, MI.
Paises limítrofes: BR, PA.
Ejemplar examinado: *Martínez Crovetto 9831* (CTES).

Froelichia tomentosa (Mart.) Moq.
Sin.: *Froelichia tomentosa* (Mart.) Moq. var. *angustialata* Suess., *Oplotheca tomentosa* Mart.
Ref.: Pedersen, 1987a.
Hábito: Hierba.
Status: Nativa.
Elevación: 0-500 m.
Prov.: COR, ER.
Paises limítrofes: BR, UR.
Ejemplar examinado: *Schinini 17347* (CTES).

Froelichia tomentosa (Mart.) Moq. var. *angustialata* Suess. = **Froelichia tomentosa** (Mart.) Moq.
Ref.: Pedersen, 1987a.

Gomphrena L.
Número de especies: 20, 4 especies, 2 subespecies, 8 variedades y 2 formas endémicas.

Gomphrena acaulis J. Rémy = **Gomphrena meyeniana** Walp. var. **genuina** Stuchlik
Ref.: Pedersen, 1990.

Gomphrena acrotepala Suess. = **Gomphrena boliviana** Moq. var. **boliviana** f. **boliviana**
Ref.: Pedersen, 1990.

Gomphrena albiflora Rojas Acosta, nom. nud.
Nota: Posible sinónimo de *G. celosioides* Mart. o de *G. globosa* var. *albiflora* Moq.

Gomphrena argentina Seub. = **Gomphrena martiana** Gillies ex Moq. var. **martiana**
Ref.: Suessengunth, 1934.

[Gomphrena bicolor Mart.]
Sin.: *Gomphrena oligocephala* J. Rémy, *Xeraea oligocephala* (J. Rémy) Kuntze
Nota: Especie excluida de la flora argentina; el material citado por Holzhammer (1955-56) corresponde a *G. phaeotricha* Pedersen.

Gomphrena boliviana Moq. var. **boliviana** f. **boliviana**
Sin.: *Gomphrena acrotepala* Suess., *Gomphrena globosa* L. var. *albiflora* Moq., *Xeraea boliviana* (Moq.) Kuntze
Ref.: Hunziker, 1971a; Pedersen, 1990.
Hábito: Hierba.
Status: Nativa.
Prov.: CA, CO, JU, LR, ME, SA, SJ, TU.
Paises limítrofes: BO, PA.
Ejemplar examinado: *Hunziker 19032* (CORD).

Gomphrena boliviana Moq.var. **boliviana** f. **leiantha** Pedersen
Ref.: Pedersen, 1990.
Hábito: Hierba.
Status: Nativa.
Prov.: CA, CO, LR, ME, SA, SJ.
Paises limítrofes: BO.
Ejemplar examinado: *Hunziker 12335* (CORD).

Gomphrena boliviana Moq. var. **boliviana** f. **robusta** (Hicken) Pedersen
Sin.: *Gomphrena lanceolata* R.E. Fr., *Iresine heliotropifolia* (Griseb.) Hicken var. *robusta* Hicken
Ref.: Hicken, 1912b; Pedersen, 1990.
Hábito: Hierba.
Status: Endémica.
Prov.: CA, CO, LR, ME, SJ, SL, TU.
Ejemplar examinado: *Hunziker 21018* (CORD).

[Gomphrena boliviana Moq. var. tarijensis (R.E. Fr.) Pedersen]
Sin.: *Gomphrena tarijensis* R.E. Fr.
Nota: Cita dudosa para la flora argentina. El ejemplar citado por Holzhammer (1955-56) para Santiago del Estero es de dudosa identificación; es posible la presencia de esta especie en las provincias de Jujuy y Salta

Gomphrena celosioides Mart. f. *grandifolia* Stuchlik = **Gomphrena celosioides** Mart. var. **celosioides** f. **aureiflora** (Chodat & Hassl.) Pedersen

Gomphrena celosioides Mart. f. *parvifolia* Stuchlik = **Gomphrena celosioides** Mart. var. **celosioides** f. **aureiflora** (Chodat & Hassl.) Pedersen

Gomphrena celosioides Mart. var. *aureiflora* Stuchlik = **Gomphrena celosioides** Mart. var. **celosioides** f. **aureiflora** (Chodat & Hassl.) Pedersen

Gomphrena celosioides Mart. var. **celosioides** f. **aureiflora** (Chodat & Hassl.) Pedersen
Sin.: *Gomphrena celosioides* Mart. f. *grandifolia* Stuchlik, *Gomphrena celosioides* Mart. f. *parvifolia* Stuchlik, *Gomphrena celosioides* Mart. var. *aureiflora* Stuchlik, *Gomphrena decumbens* Jacq. f. *aureiflora* Chodat & Hassl., *Gomphrena decumbens* Jacq. var. *aureiflora* (Chodat & Hassl.) Stuchlik
Ref.: Chodat & Hassler, 1903; Holzhammer, 1955-56; Pedersen, 1976.
Hábito: Hierba.
Status: Nativa.
Elevación: 0-500 m.
Prov.: CH, COR, ER, MI.
Paises limítrofes: BO, PA, UR.
Ejemplar examinado: *Schinini 4537* (CTES).

Gomphrena celosioides Mart. var. **celosioides** f. **roseiflora** (Chodat & Hassl.) Pedersen
Sin.: *Gomphrena decumbens* Jacq. f. *roseiflora* Chodat & Hassl., *Gomphrena decumbens* Jacq. var. *roseiflora* (Chodat & Hassl.) Stuchlik, *Gomphrena hygrophila* Mart. var. *subecristata* Herzog
Ref.: Chodat & Hassler, 1903; Pedersen, 1976.
Hábito: Hierba.
Status: Nativa.
Elevación: 0-500 m.
Prov.: CH, COR, ER, FO, MI, SF.
Paises limítrofes: BO, BR, PA, UR.
Ejemplar examinado: *Nicora 5369* (SI).

Gomphrena celosioides Mart. var. **celosioides**
Sin.: *Gomphrena decumbens* Jacq. f. *albiflora* Chodat, *Gomphrena decumbens* Jacq. var. *albiflora* (Chodat & Hassl.) Stuchlik, *Gomphrena decumbens* Jacq. var. *genuina* Stuchlik, nom. inval., p.p., *Gomphrena perennis* L. f. *parvifolia* Stuchlik, *Gomphrena perennis* L. subsp. *pseudodecumbens* Stuchlik f. *ramosissima* Stuchlik, *Xeraea celosioides* (Mart.) Kuntze
Ref.: Holzhammer, 1955-56; Pedersen, 1976, 1997.
Hábito: Hierba.
Status: Nativa.
Elevación: 0-500 m.
Prov.: BA, CH, COR, ER, FO, JU, MI, SA, SF, TU.
Paises limítrofes: BO, BR, PA, UR.
Ejemplar examinado: *Arbo 1056* (CTES).

Gomphrena cladotrichoides Suess.
Ref.: Suessenguth, 1935; Hunziker & Subils, 1977; Pedersen, 1994.
Hábito: Hierba.
Status: Endémica.
Elevación: 500-2000 m.
Prov.: ME, SJ.
Ejemplar examinado: *Cabrera 29541* (SI).

Gomphrena colosacana Hunz. & Subils var. **andersonii** Hunz. & Subils
Ref.: Hunziker & Subils, 1977.
Hábito: Subarbusto.
Status: Endémica.
Elevación: 500-1000 m.
Prov.: SL.
Ejemplar citado: *Hunziker y Maldonado 16237** (holotipo, CORD).

Gomphrena colosacana Hunz. & Subils var. **colosacana**
Ref.: Hunziker & Subils, 1977.
Hábito: Subarbusto.
Status: Endémica.
Elevación: 0-1000 m.
Prov.: LR.
Ejemplar examinado: *Biurrún 4849* (CTES).

Gomphrena conwayi Rusby = **Gomphrena meyeniana** Walp. var. **conwayi** (Rusby) Suess.
Ref.: Suessenguth, 1934; Pedersen, 1990.

[Gomphrena correntina D. Parodi]
Nota: Taxón dudoso.

Gomphrena decumbens Jacq. = [Gomphrena serrata L.]
Ref.: Mears, 1980.

Gomphrena decumbens Lag., nom. nud. = [Gomphrena serrata L.]

Gomphrena decumbens Jacq. f. *albiflora* Chodat = **Gomphrena celosioides** Mart. var. **celosioides**
Ref.: Pedersen, 1976.

Gomphrena decumbens Jacq. f. *aureiflora* Chodat & Hassl. = **Gomphrena celosioides** Mart. var. **celosioides** f. **aureiflora** (Chodat & Hassl.) Pedersen
Ref.: Pedersen, 1976.

Gomphrena decumbens Jacq. f. *roseiflora* Chodat & Hassl. = **Gomphrena celosioides** Mart. var. **celosioides** f. **roseiflora** (Chodat & Hassl.) Pedersen
Ref.: Pedersen, 1976.

Gomphrena decumbens Jacq. var. *albiflora* (Chodat & Hassl.) Stuchlik = **Gomphrena celosioides** Mart. var. **celosioides**
Ref.: Pedersen, 1976.

Gomphrena decumbens Jacq. var. *aureiflora* (Chodat & Hassl.) Stuchlik = **Gomphrena celosioides** Mart. var. **celosioides** f. **aureiflora** (Chodat & Hassl.) Pedersen
Ref.: Pedersen, 1976.

Gomphrena decumbens Jacq. var. *boliviana* Stuchlik = **Gomphrena pallida** (Suess.) Pedersen subsp. **pallida**
Ref.: Pedersen, 1976.

Gomphrena decumbens Jacq. var. *genuina* Stuchlik, nom. inval., p.p. = **Gomphrena celosioides** Mart. var. **celosioides**

Gomphrena decumbens Jacq. var. *grandifolia* Stuchlik f. *ovata* Stuchlik = **Gomphrena ferruginea** Pedersen var. **rustica** Pedersen

Gomphrena decumbens Jacq. var. *roseiflora* (Chodat & Hassl.) Stuchlik = **Gomphrena celosioides** Mart. var. **celosioides** f. **roseiflora** (Chodat & Hassl.) Pedersen
Ref.: Pedersen, 1976.

[Gomphrena demissa Mart.]
Nota: Especie excluida de la flora argentina; el material argentino citado bajo esta especie corresponde a *G. tomentosa* (Griseb.) R.E. Fr.

Gomphrena demissa Mart. var. *incana* Moq. = **Gomphrena tomentosa** (Griseb.) R.E. Fr. var. **tomentosa**
Ref.: Fries, 1920.

Gomphrena dunaliana Moq. = **Pfaffia glomerata** (Spreng.) Pedersen
Ref.: Pedersen, 1967.

[Gomphrena elegans Mart. f. ferruginea Stuchlik]
Nota: Taxón dudoso.

Gomphrena elegans Mart. f. *microcephala* Suess. = **Gomphrena paraguayensis** Chodat

Gomphrena elegans Mart. f. *nigro-virida* Stuchlik = **Gomphrena elegans** Mart. var. **elegans**
Ref.: Holzhammer, 1955-56.

Gomphrena elegans Mart. var. *claussenioides* Suess., p.p. = **Gomphrena elegans** Mart. var. **elegans**
Nota: De los dos sintipos citados bajo esta variedad, *Hieronymus 705* corresponde a *G. elegans* Mart., mientras que *Fiebrig 796* corresponde a *G. paraguayensis* Chodat.

Gomphrena elegans Mart. var. **elegans**
Sin.: *Gomphrena elegans* Mart. f. *nigro-virida* Stuchlik, *Gomphrena elegans* Mart. var. *claussenioides* Suess., p.p.maj., *Gomphrena elegans* Mart. var. *genuina* Stuchlik, nom. inval., *Gomphrena viridifolia* Suess., p.p., *Xeraea elegans* (Mart.) Kuntze
Ref.: Covas, 1941; Pedersen, 1987a.
Hábito: Subarbusto.
Status: Nativa.
Elevación: 0-1000 m.
Prov.: BA, CA, CH, COR, ER, FO, MI, SE, SF, TU.
Paises limítrofes: BR, PA, UR.
Ejemplar examinado: *Schinini 12853* (CTES).

Gomphrena elegans Mart. var. *genuina* Stuchlik, nom. inval. = **Gomphrena elegans** Mart. var. **elegans**

Gomphrena elegans Mart. var. *gracilior* Chodat & Hassl. = **Gomphrena paraguayensis** Chodat

Gomphrena elegans Mart. var. **mesopotamica** Pedersen
Sin.: *Gomphrena viridifolia* Suess., p.p.min.
Ref.: Pedersen, 1987a.
Hábito: Hierba.
Status: Endémica.
Elevación: 0-500 m.
Prov.: COR, ER.
Ejemplar examinado: *Nicora 6219* (SI).

Gomphrena elegans Mart. var. *microcephala* (Suess.) E. Holzh. = **Gomphrena paraguayensis** Chodat

Gomphrena elegans Mart. var. *paraguayensis* (Chodat) E. Holzh. = **Gomphrena paraguayensis** Chodat

Gomphrena eriantha (Poir.) Moq. = **Hebanthe paniculata** Mart.

Gomphrena ferruginea Pedersen var. **adusta** Pedersen
Ref.: Pedersen, 1976.
Hábito: Hierba.
Status: Endémica.
Elevación: 2000-3500 m.
Prov.: JU.
Ejemplar examinado: *Fabris 3930* (LP).

Gomphrena ferruginea Pedersen var. **ferruginea**
Ref.: Pedersen, 1976.
Hábito: Hierba.
Status: Nativa.
Elevación: 1000-3000 m.
Prov.: CA, JU, SA, TU.
Paises limítrofes: BO.
Ejemplar examinado: *Cabrera 13913* (BAB).

Gomphrena ferruginea Pedersen var. **rustica** Pedersen
Sin.: *Gomphrena decumbens* Jacq. var. *grandifolia* Stuchlik f. *ovata* Stuchlik
Ref.: Pedersen, 1976.
Hábito: Hierba.
Status: Nativa.
Elevación: 1000-2000 m.
Prov.: CA, JU, SA, TU.
Paises limítrofes: BO.
Ejemplar examinado: *Burkart 11405* (SI).

Gomphrena ficoidea L. = **Alternanthera ficoidea** (L.) Sm.

Gomphrena glabrata (Mart.) Moq.= **Pfaffia glabrata** Mart.

Gomphrena glabrata (Mart.) Moq. var. *angustifolia* Seub. = **Pfaffia glabrata** Mart.

Gomphrena glabrata (Mart.) Moq. var. *latifolia* Seub. = **Pfaffia glabrata** Mart.

Gomphrena glauca (Mart.) Moq. = **Pfaffia glomerata** (Spreng.) Pedersen
Ref.: Pedersen, 1967.

Gomphrena globosa L. var. *albiflora* Moq. = **Gomphrena boliviana** Moq. var. **boliviana** f. **boliviana**
Ref.: Pedersen, 1990.

Gomphrena glutinosa R.E. Fr. = **Gomphrena martiana** Gillies ex Moq. var. **glutinosa** (R.E. Fr.) Pedersen
Ref.: Pedersen, 1997.

Gomphrena gnaphaloides (L.f.) Vahl ex Roem. & Schult. = **Pfaffia gnaphaloides** (L.f.) Mart.
Ref.: Pedersen, 1967.

Gomphrena gnaphaloides (L.f.) Vahl ex Roem. & Schult. var. *floccosa* Seub. = **Pfaffia helichrysoides** (Moq.) Kuntze
Ref.: Pedersen, 1967.

Gomphrena gnaphaloides (L.f.) Vahl ex Roem. & Schult. var. *planifolia* Seub. = **Pfaffia helichrysoides** (Moq.) Kuntze
Ref.: Pedersen, 1967.

Gomphrena gnaphiotricha Griseb. = **Pfaffia vaga** Mart.
Ref.: Pedersen, 1967.

Gomphrena graminea Moq.
Sin.: *Xeraea graminea* (Moq.) Kuntze
Ref.: Pedersen, 1987a.
Hábito: Hierba.
Status: Nativa.
Elevación: 0-500 m.
Prov.: COR, ER, MI.
Paises limítrofes: BR, PA, UR.
Ejemplar examinado: *Quarín 2741* (CTES).

Gomphrena haenkeana Mart.
Sin.: *Gomphrena ligulata* Griseb., *Gomphrena pulchella* Mart. var. *ligulata* (Griseb.) Suess. f. *nana* Suess., *Gomphrena pulchella* Mart. f. *simplex* Stuchlik, *Gomphrena pulchella* Mart. var. *haenkeana* (Mart.) Suess., *Gomphrena pulchella* Mart. var. *ligulata* (Griseb.) Suess., *Gomphrena pulchella* Mart. var. *rosea* Stuchlik, p.p., *Xeraea haenkeana* (Mart.) Kuntze
Ref.: Pedersen, 1976.
Hábito: Hierba.
Status: Nativa.
Elevación: 0-1500 m.
Prov.: CA, CH, CO, FO, JU, LP, LR, ME, SA, SE, SL, TU.
Paises limítrofes: BO.
Ejemplar examinado: *Krapovickas 1260* (SI).

Gomphrena helichrysoides Moq. = **Pfaffia helichrysoides** (Moq.) Kuntze
Ref.: Pedersen, 1967.

Gomphrena holosericea (Mart.) Moq. = **Gomphrena vaga** Mart.
Ref.: Siqueira, 1992.

Gomphrena hygrophila Mart. var. *subecristata* Herzog = **Gomphrena celosioides** Mart. var. **celosioides** f. **roseiflora** (Chodat & Hassl.) Pedersen

Gomphrena lanata Poir. = **Pfaffia gnaphaloides** (L.f.) Mart.
Ref.: Pedersen, 1967.

Gomphrena lanata Poir. var. *latifolia* Seub. = **Pfaffia gnaphaloides** (L.f.) Mart.
Ref.: Pedersen, 1967.

Gomphrena lanata Poir. var. *oblongifolia* Moq. = **Pfaffia gnaphaloides** (L.f.) Mart.
Ref.: Pedersen, 1967.

Gomphrena lanata Poir. var. *parvifolia* Moq. = **Pfaffia gnaphaloides** (L.f.) Mart.
Ref.: Pedersen, 1967.

Gomphrena lanceolata R.E. Fr. = **Gomphrena boliviana** Moq. var. **boliviana** f. **robusta** (Hicken) Pedersen
Ref.: Pedersen, 1990.

Gomphrena ligulata Griseb. = **Gomphrena haenkeana** Mart.
Ref.: Pedersen, 1976.

Gomphrena luzulaeflora (Mart.) Moq. = **Pfaffia glomerata** (Spreng.) Pedersen
Ref.: Pedersen, 1967.

[Gomphrena mandonii R.E. Fr.]
Nota: Especie excluida de la flora argentina; erróneamente citada por Hozhammer (1955-56) para Argentina; los ejemplares mencionados por este autor corresponden a *G. ferruginea* var. *rustica* Pedersen y *G. boliviana* Moq.

Gomphrena martiana Gillies ex Moq. var. **glutinosa** (R.E. Fr.) Pedersen
Sin.: *Gomphrena glutinosa* R.E. Fr.
Ref.: Pedersen, 1997.
Hábito: Hierba.
Status: Nativa.
Paises limítrofes: BO, PA.
Ejemplar examinado: *Fries 1669* (holotipo, G).
Nota: Probablemente habite en la región Chaqueña de Jujuy y Salta en la Argentina.

Gomphrena martiana Gillies ex Moq. var. **martiana**
Sin.: *Gomphrena argentina* Seub., *Gomphrena martiana* Gillies ex Moq. var. *microcephala* Suess., *Guilleminea martiana* (Gillies ex Moq.) Hook. f., *Iresine heliotropifolia* (Griseb.) Hicken, *Philoxerus heliotropifolius* Griseb., *Xeraea argentina* (Seub.) Kuntze, *Xeraea martiana* (Gillies ex Moq.) Kuntze
Ref.: Holzhammer, 1955-56; Pedersen, 1990.
Hábito: Hierba.
Status: Nativa.
Elevación: 0-1000 m.
Prov.: CA, CH, CO, FO, JU, LP, LR, ME, SA, SE, SJ, TU.
Paises limítrofes: BO, PA.
Ejemplar examinado: *Cabrera 15764* (LP).

Gomphrena martiana Gillies ex Moq. var. **martiana** f. **austrina** Pedersen
Ref.: Pedersen, 1990.
Hábito: Hierba.
Status: Nativa.
Elevación: 0-500 m.
Prov.: CA, CO, LP, ME, SE, SL, TU.
Paises limítrofes: PA.
Ejemplar examinado: *Burkart 7172* (SI).

Gomphrena martiana Gillies ex Moq. var. *microcephala* Suess. = **Gomphrena martiana** Gillies ex Moq. var. **martiana**

Gomphrena mendocina (Phil.) R.E. Fr. subsp. **australis** Pedersen
Ref.: Pedersen, 1984.
Hábito: Hierba.
Status: Endémica.
Prov.: NE.
Ejemplar examinado: *Pérez-Moreau 3338* (holotipo, BAB).

Gomphrena mendocina (Phil.) R.E. Fr. subsp. **mendocina**
Sin.: *Chnoanthus mendocinus* Phil., *Chnoanthus ovatus* Phil., *Gomphrena ovata* (Phil.) R.E. Fr., *Gomphrena tomentosa* (Griseb.) R.E. Fr. var. *cana* Suess., *Iresine tomentosa* Chodat & Wilczek
Ref.: Fries, 1920; Hunziker & Subils, 1977.
Hábito: Hierba.
Status: Endémica.
Elevación: 0-2000 m.
Prov.: CHU, LR, ME, RN, SJ, SL.
Ejemplar examinado: *Boelcke 4197* (BAB).

Gomphrena meyeniana Walp. var. *acaulis* (J. Rémy) Suess. = **Gomphrena meyeniana** Walp. var. **genuina** Stuchlik
Ref.: Pedersen, 1990.

Gomphrena meyeniana Walp. var. *albiflora* Stuchlik, nom. nud. = **Gomphrena meyeniana** Walp. var. **genuina** Stuchlik
Ref.: Pedersen, 1990.

Gomphrena meyeniana Walp. var. *aureiflora* Stuchlik, nom. nud. = **Gomphrena meyeniana** Walp. var. **meyeniana**
Ref.: Pedersen, 1990.

Gomphrena meyeniana Walp. var. **caulescens** E. Holzh.
Ref.: Holzhammer, 1955-56; Pedersen, 1990.
Hábito: Hierba.
Status: Endémica.
Elevación: 2000-3000 m.
Prov.: JU.
Ejemplar examinado: *Cabrera 12946* (LP).

Gomphrena meyeniana Walp. var. *citrina* Suess. = **Gomphrena meyeniana** Walp. var. **meyeniana**

Gomphrena meyeniana Walp. var. **conwayi** (Rusby) Suess.
Sin.: *Gomphrena conwayi* Rusby
Ref.: Suessenguth, 1934.
Hábito: Hierba.
Status: Nativa.
Elevación: 2000-4000 m.
Prov.: CA, JU, SA, TU.
Paises limítrofes: BO.
Ejemplar examinado: *Hunziker 2526* (SI).

Gomphrena meyeniana Walp. var. **flaccida** Pedersen
Ref.: Pedersen, 1990.
Hábito: Hierba.
Status: Nativa.
Elevación: 2000-4500 m.
Prov.: JU, SA.
Paises limítrofes: BO.
Ejemplar examinado: *Cabrera 31577* (holotipo, SI).

Gomphrena meyeniana Walp. var. **flaccida** Pedersen f. **levitepala** Pedersen
Ref.: Pedersen, 1990.
Hábito: Hierba.
Status: Endémica.
Elevación: 3000-4500 m.
Prov.: JU, SA, TU.
Ejemplar examinado: *Cabrera 25614* (holotipo, LP).

Gomphrena meyeniana Walp. var. **genuina** Stuchlik
Sin.: *Gomphrena acaulis* J. Rémy, *Gomphrena meyeniana* Walp. var. *acaulis* (J. Rémy) Suess., *Gomphrena meyeniana* Walp. var. *albiflora* Stuchlik, nom. nud., *Xeraea acaulis* (J. Rémy) Kuntze
Ref.: Pedersen, 1990.
Hábito: Hierba.
Status: Nativa.
Elevación: 3000-4000 m.
Prov.: JU, TU.
Paises limítrofes: BO.
Ejemplar examinado: *Fabris 1753* (LP).

Gomphrena meyeniana Walp. var. **meyeniana**
Sin.: *Gomphrena meyeniana* Walp. var. *aureiflora* Stuchlik, nom. nud., *Gomphrena meyeniana* Walp. var. *citrina* Suess.
Ref.: Pedersen, 1990.
Hábito: Hierba.
Status: Nativa.
Elevación: 2000-4500 m.
Prov.: CA, JU, SA, TU.
Paises limítrofes: BO, CH.
Ejemplar examinado: *Cabrera 14115* (LP).

Gomphrena meyeniana Walp. var. **tucumanensis** Pedersen
Ref.: Pedersen, 1990.
Hábito: Hierba.
Status: Endémica.
Elevación: 2500-3500 m.
Prov.: CA, JU, TU.
Ejemplar examinado: *Meyer 14953* (LIL).

Gomphrena oligocephala J. Rémy = [Gomphrena bicolor Mart.]
Ref.: Pedersen, 1976.

Gomphrena oligocephala J. Rémy var. *pallida* Suess. = **Gomphrena pallida** (Suess.) Pedersen subsp. **pallida**
Ref.: Pedersen, 1976.

Gomphrena ovata (Phil.) R.E. Fr. = **Gomphrena mendocina** (Phil.) R.E. Fr. subsp. **mendocina**
Ref.: Hunziker & Subils, 1977.

Gomphrena pallida (Suess.) Pedersen subsp. **munda** Pedersen
Ref.: Pedersen, 1976.
Hábito: Hierba.
Status: Endémica.
Elevación: 3000-4000 m.
Prov.: JU.
Ejemplar examinado: *Cabrera 17628* (LP).

Gomphrena pallida (Suess.) Pedersen subsp. **pallida**
Sin.: *Gomphrena decumbens* Jacq. var. *boliviana* Stuchlik, *Gomphrena oligocephala* J. Rémy var. *pallida* Suess.
Ref.: Suessenguth, 1940; Pedersen, 1976.
Hábito: Hierba.
Status: Nativa.
Elevación: 2000-3500 m.
Prov.: CA, SA, TU.
Paises limítrofes: BO.
Ejemplar examinado: *Schreiter 5490* (LIL).

Gomphrena pallida (Suess.) Pedersen subsp. **pallida** f. **calva** Pedersen
Ref.: Pedersen, 1976.
Hábito: Hierba.
Status: Endémica.
Elevación: 2500-3000 m.
Prov.: SA.
Ejemplar examinado: *Rodríguez 1420 p.p.* (holotipo, M).

Gomphrena pallida (Suess.) Pedersen subsp. **pallida** var. **diffusa** Pedersen
Ref.: Pedersen, 1990.
Hábito: Hierba.
Status: Endémica.
Elevación: 1000 m.
Prov.: JU.
Ejemplar examinado: *Schinini et al. 10114* (holotipo, CTES).

Gomphrena paniculata (Mart.) Moq. = **Hebanthe paniculata** Mart.
Ref.: Borsch & Pedersen, 1997.

Gomphrena paraguayensis Chodat
Sin.: *Gomphrena elegans* Mart. f. *microcephala* Suess., *Gomphrena elegans* Mart. var. *gracilior* Chodat & Hassl., *Gomphrena elegans* Mart. var. *microcephala* (Suess.) E. Holzh., *Gomphrena elegans* Mart. var. *paraguayensis* (Chodat) E. Holzh.
Ref.: Chodat, 1901; Pedersen, 1997.
Hábito: Hierba.
Status: Nativa.
Elevación: 0-500 m.
Prov.: COR, MI.
Paises limítrofes: PA.
Ejemplar examinado: *Cabrera 28517* (SI).

Gomphrena paramillensis Suess. = **Gomphrena pumila** Gillies ex Moq.
Ref.: Holzhammer, 1955-56.

Gomphrena pearcei Oliv. = **Gomphrena umbellata** J. Rémy
Ref.: Fries, 1920; Holzhammer, 1955-56.

Gomphrena perennis L. f. *grandifolia* Stuchlik subf. *ramosa* Stuchlik = **Gomphrena perennis** L. var. **suffruticosa** (Griseb.) R.E. Fr.

Gomphrena perennis L. f. *grandifolia* Stuchlik subf. *simplex* Stuchlik = **Gomphrena perennis** L. var. **suffruticosa** (Griseb.) R.E. Fr.

Gomphrena perennis L. f. *parvifolia* Stuchlik = **Gomphrena perennis** L. var. **perennis**

Gomphrena perennis L. f. *villosa* (Mart.) Stuchlik = **Gomphrena perennis** L. var. **perennis**

Gomphrena perennis L. var. *brunnea* Stuchlik = **Pfaffia gnaphaloides** (L.f.) Mart.

[Gomphrena perennis L. var. nitida Stuchlik]
Sin.: *Gomphrena perennis* L. subsp. *nitida* (Stuchlik) Stuchlik
Nota: Taxón dudoso.

Gomphrena perennis L. var. **perennis**
Sin.: *Gomphrena perennis* L. f. *villosa* (Mart.) Stuchlik, *Gomphrena perennis* L. subsp. *genuina* Stuchlik var. *brunnea* Stuchlik f. *parvifolia* Stuchlik, *Gomphrena perennis* L. subsp. *genuina* Stuchlik, nom. inval., *Gomphrena villosa* Mart., *Xeraea perennis* (L.) Kuntze, *Xeraea villosa* (Mart.) Kuntze
Ref.: Fries, 1920; Covas, 1941; Holzhammer, 1955-56; Pedersen, 1987a.
Hábito: Hierba.
Status: Nativa.
Elevación: 0-1000 m.
Prov.: BA, CA, CH, CO, COR, ER, FO, JU, LR, SA, SE, SF, TU.
Paises limítrofes: BO, BR, PA, UR.
Ejemplar examinado: *Burkart 22168* (SI).
Nota: Especie con un marcado polimorfismo.

[Gomphrena perennis L. var. silenoides (Chodat) E. Holzh.]
Sin.: *Gomphrena silenoides* Chodat
Nota: Especie excluida de la flora argentina; Holzhammer (1955-56) erróneamente cita como tipo un ejemplar de Córdoba (el tipo es de Paraguay).

Gomphrena perennis L. var. **suffruticosa** (Griseb.) R.E. Fr.
Sin.: *Gomphrena perennis* L. f. *grandifolia* Stuchlik subf. *ramosa* Stuchlik, *Gomphrena perennis* L. f. *grandifolia* Stuchlik subf. *simplex* Stuchlik, *Gomphrena perennis* L. var. *valdecristata* Suess., *Gomphrena suffruticosa* Griseb.
Ref.: Fries, 1920.
Hábito: Subarbusto.
Status: Nativa.
Elevación: 0-1000 m.
Prov.: CA, CH, SA.
Paises limítrofes: BO.
Ejemplar examinado: *Saravia Toledo 2475* (CTES).

Gomphrena perennis L. var. *valdecristata* Suess. = **Gomphrena perennis** L. var. **suffruticosa** (Griseb.) R.E. Fr.

Gomphrena perennis L. subsp. *genuina* Stuchlik, nom. inval. = **Gomphrena perennis** L. var. **perennis**

[Gomphrena perennis L. subsp. genuina Stuchlik var. brunnea Stuchlik f. grandifolia Stuchlik]
Nota: Taxón dudoso.

Gomphrena perennis L. subsp *genuina* Stuchlik var. *brunnea* Stuchlik f. *parvifolia* Stuchlik = **Gomphrena celosioides** Mart. var. **celosioides**

Gomphrena perennis L. subsp. *nitida* (Stuchlik) Stuchlik = [Gomphrena perennis L. var. nitida Stuchlik]

Gomphrena perennis L. subsp. *genuina* Stuchlik var. *rosea* (Griseb.) Stuchlik = **Gomphrena pulchella** Mart. subsp. **rosea** (Griseb.) Pedersen

[Gomphrena perennis L. subsp. pseudodecumbens Stuchlik]
Nota: Taxón dudoso.

Gomphrena perennis L. subsp. *pseudodecumbens* Stuchlik f. ramosissima Stuchlik = **Gomphrena celosioides** Mart. var. **celosioides**
Ref.: Holzhammer, 1955-56.

Gomphrena phaeotricha Pedersen
Ref.: Pedersen, 1976.
Hábito: Hierba.
Status: Nativa.
Elevación: 2500-4000 m.
Prov.: CA, JU, SA, TU.
Paises limítrofes: BO.
Ejemplar examinado: *Pierotti 1027* (LIL, S).

Gomphrena phagnaloides Griseb. = **Pfaffia gnaphaloides** (L.f.) Mart.
Ref.: Suessenguth, 1934.

Gomphrena platycephala R.E. Fr.
Ref.: Fries, 1920; Pedersen, 1994.
Hábito: Hierba.
Status: Nativa.
Elevación: 0-1000 m.
Prov.: CA, CH, FO, JU, SA, SE, TU.
Paises limítrofes: BO.
Ejemplar examinado: *Cabrera 13082* (LP).

Gomphrena poiretiana Roem. & Schult. = **Pfaffia gnaphaloides** (L.f.) Mart.
Ref.: Pedersen, 1967.

[Gomphrena pulchella Mart. f. ramosissima Stuchlik]
Nota: Taxón dudoso; descripta sin citar material de herbario.

Gomphrena pulchella Mart. f. *simplex* Stuchlik = **Gomphrena haenkeana** Mart.
Ref.: Pedersen, 1976.

Gomphrena pulchella Mart. var. *albisericea* E. Holzh. = **Gomphrena pulchella** Mart. subsp. **albisericea** (E. Holzh.) Pedersen

Gomphrena pulchella Mart. var. *bonariensis* Moq. = **Gomphrena pulchella** Mart. subsp. **rosea** (Griseb.) Pedersen var. **bonariensis** (Moq.) Pedersen

Gomphrena pulchella Mart. var. *haenkeana* (Mart.) Suess. = **Gomphrena haenkeana** Mart.
Ref.: Pedersen, 1976.

Gomphrena pulchella Mart. var. *ligulata* (Griseb.) Suess. = **Gomphrena haenkeana** Mart.
Ref.: Pedersen, 1976.

Gomphrena pulchella Mart. var. *ligulata* (Griseb.) Suess. f. *nana* Suess. = **Gomphrena haenkeana** Mart.
Ref.: Pedersen, 1976.

Gomphrena pulchella Mart. var. *rosea* Stuchlik, p.p. = **Gomphrena haenkeana** Mart.
Nota: De los dos sintipos citados por Stuchlik, *Fiebrig 283* (que probablemente corresponde a *Fiebrig 2830* o *2831*) es *G. haenkeana* Mart.; el restante sintipo corresponde a *G. pulchella* Mart. subsp. *pulchella*.

Gomphrena pulchella Mart. var. *rosea* Stuchlik, p.p. = **Gomphrena pulchella** Mart. subsp. **pulchella**.

Gomphrena pulchella Mart. var. *rosea* Stuchlik f. *linearifolia* Stuchlik = **Gomphrena pulchella** Mart. subsp. **pulchella**
Ref.: Pedersen, 1976.

Gomphrena pulchella Mart. subsp. **albisericea** (E. Holzh.) Pedersen
Sin.: *Gomphrena pulchella* Mart. var. *albisericea* E. Holzh.
Ref.: Holzhammer, 1955-56; Pedersen, 1976.
Hábito: Hierba o subarbusto.
Status: Nativa.
Elevación: 900-2500 m.
Prov.: CA, CH, CO, FO, LR, ME, SE, SJ, SL.
Paises limítrofes: PA.
Ejemplar examinado: *Covas 1328* (LP).

Gomphrena pulchella Mart. subsp. **pulchella**
Sin.: ,*Gomphrena pulchella* Mart. var. *rosea* Stuchlik, p.p., *Gomphrena pulchella* Mart. var. *rosea* Stuchlik f. *linearifolia* Stuchlik, *Xeraea pulchella* (Mart.) Kuntze
Ref.: Pedersen, 1976, 1987a.
Hábito: Hierba.
Status: Nativa.
Elevación: 0-500 m.
Prov.: BA, CH, CO, COR, ER, FO, LP, SA, SE, SF, SL.
Paises limítrofes: BR, PA, UR.
Ejemplar examinado: *Carnevali 1822* (CTES).

Gomphrena pulchella Mart. subsp. **rosea** (Griseb.) Pedersen
Sin.: *Gomphrena perennis* L. subsp. *genuina* Stuchlik var. *rosea* (Griseb.) Stuchlik, *Gomphrena rosea* Griseb.
Ref.: Pedersen, 1976.
Hábito: Hierba.
Status: Endémica.
Elevación: 500-1000 m.
Prov.: CO, SL.
Ejemplar examinado: *Fabris 6815* (LP).

Gomphrena pulchella Mart. subsp. **rosea** (Griseb.) Pedersen var. **bonariensis** (Moq.) Pedersen
Sin.: *Gomphrena pulchella* Mart. var. *bonariensis* Moq.
Ref.: Pedersen, 1976.
Hábito: Hierba.
Status: Endémica.
Prov.: CO, SL.
Ejemplar examinado: *Clos 6443* (BAB).

Gomphrena pumila Gillies ex Moq.
Sin.: *Gomphrena paramillensis* Suess., *Gomphrena pygmaea* Suess., *Xeraea pumila* (Gillies ex Moq.) Kuntze
Ref.: Holzhammer, 1955-56; Pedersen, 1994.
Hábito: Hierba.
Status: Nativa.
Prov.: ME, RN, SJ.
Paises limítrofes: CH.
Ejemplar examinado: *Kiesling 4542* (SI).

Gomphrena pygmaea Suess. = **Gomphrena pumila** Gillies ex Moq.
Ref.: Pedersen, 1994.

Gomphrena radiata Pedersen
Ref.: Pedersen, 1976.
Hábito: Hierba.
Status: Endémica.
Elevación: 2600-3500 m.
Prov.: CA, JU, SA, TU.
Ejemplar examinado: *Cabrera 8705* (holotipo, LP).

Gomphrena rosea Griseb. = **Gomphrena pulchella** Mart. subsp. **rosea** (Griseb.) Pedersen
Ref.: Pedersen, 1976.

Gomphrena rosiflora Rojas Acosta, nom. nud.
Nota: Probablemente sinónimo de *G. globosa* L.

Gomphrena sericea Spreng. = **Pfaffia tuberosa** (Spreng.) Hicken
Ref.: Pedersen, 1967.

[Gomphrena serrata L.]
Sin.: *Gomphrena decumbens* Jacq., *Gomphrena decumbens* Lag., nom. nud., *Xeraea decumbens* (Jacq.) Kuntze
Nota: Especie de Norteamérica austral y América central, a menudo confundida con *G. celosioides* Mart., ha sido citada erróneamente para Argentina bajo uno de sus sinónimos, *G. decumbens* Jacq.

Gomphrena silenoides Chodat = [Gomphrena perennis L. var. silenoides (Chodat) E. Holzh.]

Gomphrena stenophylla Spreng. = **Pfaffia glomerata** (Spreng.) Pedersen
Ref.: Pedersen, 1967.

Gomphrena suffruticosa Griseb. = **Gomphrena perennis** L. var. **suffruticosa** (Griseb.) R.E. Fr.
Ref.: Fries, 1920.

Gomphrena tarijensis R.E. Fr. = [Gomphrena boliviana Moq. var. tarijensis (R.E. Fr.) Pedersen]
Ref.: Fries, 1920; Pedersen, 1997.

Gomphrena tomentosa (Griseb.) R.E. Fr. var. *cana* Suess. = **Gomphrena mendocina** (Phil.) R.E. Fr. subsp. **mendocina**
Ref.: Hunziker, 1977.

Gomphrena tomentosa (Griseb.) R.E. Fr. var. **monticola** Pedersen
Ref.: Pedersen, 1997.
Hábito: Hierba.
Status: Endémica.
Elevación: 3000-3500 m.
Prov.: CA, SA, TU.
Ejemplar examinado: *Pedersen 15343* (holotipo, C).

Gomphrena tomentosa (Griseb.) R.E. Fr. var. **ruiz-lealii** Hunz. & Subils
Ref.: Hunziker & Subils, 1977.
Hábito: Hierba.
Status: Endémica.
Elevación: 500-2000 m.
Prov.: CO, LP, LR, ME, SJ, SL.
Ejemplar examinado: *Bruch y Carette 135* (SI).

Gomphrena tomentosa (Griseb.) R.E. Fr. var. **tomentosa**
Sin.: *Gomphrena demissa* Mart. var. *incana* Moq., *Gossypianthus tomentosus* Griseb., *Guilleminea tomentosa* (Griseb.) Hosseus
Ref.: Fries, 1920; Hunziker, 1977.
Hábito: Hierba.
Status: Nativa.
Elevación: 400-1500 m.
Prov.: CA, CO, JU, LR, ME, SA, SE, SJ, SL, TU.
Paises limítrofes: PA.
Ejemplar examinado: *Cabrera 13091* (LP).

Gomphrena tuberosa Spreng. = **Pfaffia tuberosa** (Spreng.) Hicken
Ref.: Pedersen, 1967.

Gomphrena tuberosa Spreng. var. *glabrescens* Moq. = **Pfaffia tuberosa** (Spreng.) Hicken
Ref.: Pedersen, 1967.

Gomphrena tuberosa Spreng. var. *sericea* (Spreng.) Seub. = **Pfaffia tuberosa** (Spreng.) Hicken
Ref.: Pedersen, 1967.

Gomphrena tuberosa Spreng. var. *vestita* Moq. = **Pfaffia tuberosa** (Spreng.) Hicken
Ref.: Pedersen, 1967.

Gomphrena umbellata J. Rémy
Sin.: *Gomphrena pearcei* Oliv., *Xeraea pearcei* (Oliv.) Kuntze, *Xeraea umbellata* (J. Rémy) Kuntze
Ref.: Fries, 1905, 1920.
Hábito: Hierba.
Status: Nativa.
Elevación: 3000-4000 m.
Prov.: CA, JU, SA, TU.
Paises limítrofes: BO, CH.
Ejemplar examinado: *Kiesling 3673* (SI).

Gomphrena vaga Mart.
Sin.: *Gomphrena gnaphiotricha* Griseb., *Gomphrena holosericea* (Mart.) Moq., *Hebanthe holosericea* Mart., *Xeraea holosericea* (Mart.) Kuntze, *Xeraea vaga* (Mart.) Kuntze
Ref.: Siqueira, 1992.
Hábito: Subarbusto.
Status: Nativa.
Prov.: CA, JU, SA, SE.
Paises limítrofes: BO, BR, PA.
Ejemplar examinado: *Cabrera 34639* (SI).

Gomphrena villosa Mart. = **Gomphrena perennis** L. var. **perennis**
Ref.: Seubert, 1875.

Gomphrena viridifolia Suess., p.p.maj. = **Gomphrena elegans** Mart. var. **elegans**
Ref.: Pedersen, 1987a.

Gomphrena viridifolia Suess., p.p.min. = **Gomphrena elegans** Mart. var. **mesopotamica** Pedersen
Ref.: Pedersen, 1987a.

Gossypianthus australis Griseb. = **Guilleminea densa** (Willd. ex Roem. & Schult.) Moq.
Ref.: Henrickson, 1987.

[Gossypianthus lanuginosus (Poir.) Moq.]
Sin.: *Guilleminea lanuginosa* (Poir.) Hook. f.; *Paronychia lanuginosa* Poir.
Nota: Cita dudosa para la flora argentina. Especie mesoamericana citada por Moquin-Tandon (1849) para Buenos Aires, sobre la base de un ejemplar de *Tweedie*, cuya identidad es desconocida; el material citado por Hicken (1910), *Scala 123*, corresponde a *Alternanthera suessenguthii* Covas.

Gossypianthus tomentosus Griseb. = **Gomphrena tomentosa** (Griseb.) R.E. Fr. var. **tomentosa**
Ref.: Fries, 1920.

Guilleminea Kunth
Número de especies: 2

Guilleminea australis (Griseb.) Hook. f. = **Guilleminea densa** (Willd. ex Roem. & Schult.) Moq.
Ref.: Henrickson, 1987.

Guilleminea densa (Willd. ex Roem. & Schult.) Moq.
Sin.: *Brayulinea australis* (Griseb.) Schinz, *Brayulinea densa* (Willd.) Small, *Gossypianthus australis* Griseb., *Guilleminea australis* (Griseb.) Hook. f., *Guilleminea illecebroides* Kunth, *Guilleminea illecebrum* Spreng., *Illecebrum densum* Willd. ex Roem. & Schult.
Ref.: Mears, 1967; Henrickson, 1987.
Hábito: Hierba.
Status: Nativa.
Elevación: 0-2500 m.
Prov.: CA, CO, COR, DF, FO, JU, SA, SF, TU.
Paises limítrofes: BO, PA.
Ejemplar examinado: *Fabris 7638* (LP).

Guilleminea densa (Willd. ex Roem. & Schult.) Moq. var. *alsinaefolia* Moq. = **Guilleminea gracilis** R.E. Fr.
Ref.: Pedersen, 1976.

Guilleminea densa (Willd. ex Roem. & Schult.) Moq. var. *gracilis* (R.E. Fr.) Mears = **Guilleminea gracilis** R.E. Fr.
Ref.: Pedersen, 1976.

Guilleminea gracilis R.E. Fr.
Sin.: *Brayulinea gracilis* (R.E. Fr.) Schinz, *Guilleminea densa* (Willd. ex Roem. & Schult.) Moq. var. *alsinaefolia* Moq., *Guilleminea densa* (Willd. ex Roem. & Schult.) Moq. var. *gracilis* (R.E. Fr.) Mears
Ref.: Fries, 1905; Pedersen, 1976.
Hábito: Hierba.
Status: Nativa.
Elevación: 1000-4000 m.
Prov.: CA, JU, SA, TU.
Paises limítrofes: BO.
Ejemplar examinado: *Cabrera 15170* (LP).

Guilleminea illecebroides Kunth = **Guilleminea densa** (Willd. ex Roem. & Schult.) Moq.
Ref.: Mears, 1967.

Guilleminea illecebrum Spreng. = **Guilleminea densa** (Willd. ex Roem. & Schult.) Moq.
Ref.: Mears, 1967.

Guilleminea lanuginosa (Poir.) Hook. f. = [Gossypianthus lanuginosus (Poir.) Moq.]

Guilleminea martiana (Gillies ex Moq.) Hook. f. = **Gomphrena martiana** Gillies ex Moq. var. **martiana**

Guilleminea procumbens Rojas Acosta = **Alternanthera pungens** Kunth

Guilleminea tomentosa (Griseb.) Hosseus = **Gomphrena tomentosa** (Griseb.) R.E. Fr. var. **tomentosa**
Ref.: Hauman & Irigoyen, 1923; Hunziker, 1977.

Hebanthe Mart.
Número de especies: 2

[Hebanthe grandiflora (Hook. f.) Borsch & Pedersen]
Sin.: *Iresine grandiflora* Hook., *Pfaffia grandiflora* (Hook. f.) R.E. Fr.
Ref.: Borsch & Pedersen, 1997.
Nota: Especie excluida de la flora argentina.

Hebanthe occidentalis (R.E. Fr.) Borsch & Pedersen
Sin.: *Pfaffia brachiata* Chodat, *Pfaffia brachiata* Chodat var. *grandiflora* O. Stützer, *Pfaffia occidentalis* R.E. Fr., *Pfaffia occidentalis* R.E. Fr. var. *densiflora* R.E. Fr.
Ref.: Fries, 1920; Borsch & Pedersen, 1997.
Hábito: Liana.
Status: Nativa.
Elevación: 0-2000 m.
Prov.: JU, SA, TU.
Paises limítrofes: BO, BR, PA.
Ejemplar examinado: *Cabrera 4120* (LP).

Hebanthe holosericea Mart. = **Gomphrena vaga** Mart.

Hebanthe paniculata Mart.
Sin.: *Gomphrena eriantha* (Poir.) Moq., *Gomphrena paniculata* (Mart.) Moq., *Iresine paniculata* (Mart.) Spreng., nom. illeg., *Pfaffia laurifolia* Chodat, *Pfaffia paniculata* (Mart.) Kuntze, *Pfaffia paraguayensis* Chodat, *Pfaffia reticulata* (Seub.) Kuntze var. *strigulosa* Suess.
Ref.: Borsch & Pedersen, 1997.
Hábito: Liana.
Status: Nativa.
Elevación: 0-1000 m.
Prov.: MI.
Paises limítrofes: BR, PA.
Ejemplar examinado: *Hunziker 809* (CTES, SI).

Herbstia Sohmer
Número de especies: 1

Herbstia brasiliana (Moq.) Sohmer
Sin.: *Banalia brasiliana* Moq., *Chamissoa brasiliana* (Moq.) R.E. Fr.
Ref.: Sohmer, 1976.
Hábito: Hierba o subarbusto.
Status: Nativa.
Elevación: 0-500 m.
Prov.: COR.
Paises limítrofes: BR.
Ejemplar examinado: *Krapovickas 24245* (CTES).

Illecebrum achyrantha L., nom. illeg. = **Alternanthera pungens** Kunth
Ref.: Melville, 1958; Fabris, 1967; Pedersen, 1984.

Illecebrum densum Willd. ex Roem. & Schult. = **Guilleminea densa** (Willd. ex Roem. & Schult.) Moq.
Ref.: Mears, 1967.

Illecebrum paniculatum (Kunth) Spreng. = [Alternanthera paniculata Kunth]
Ref.: Standley, 1937.

Illecebrum peploides Willd. ex Roem. & Schult. = **Alternanthera caracasana** Kunth
Ref.: Fabris, 1967.

Illecebrum pungens (Kunth) Spreng. = **Alternanthera pungens** Kunth
Ref.: Melville, 1958.

Iresine P. Browne
Número de especies: 1

Iresine acutifolia Sw. ex Moq. = [Iresine angustifolia Euphrasén]
Ref.: Standley, 1917.

[Iresine angustifolia Euphrasén]
Sin.: *Iresine acutifolia* Sw. ex Moq.
Nota: Especie excluida de la flora argentina; especie de América central y ecuatorial, erróneamente citada por Seckt (1929-1930), bajo el sinónimo *I. acutifolia.*

Iresine celosia L., nom. illeg. = **Iresine diffusa** Humb. & Bonpl. ex Willd. var. **diffusa**
Ref.: Shinners, 1962.

Iresine celosia L. var. *diffusa* (Humb. & Bonpl.) Suess. = **Iresine diffusa** Humb. & Bonpl. ex Willd. var. **diffusa**

Iresine celosia L. var. *nicotianoides* Suess. = **Iresine diffusa** Humb. & Bonpl. ex Willd. var. **macrophylla** (Griseb.) Pedersen
Ref.: Pedersen, 1990.

Iresine celosioides L., nom. illeg. = **Iresine diffusa** Humb. & Bonpl. ex Willd. var. **diffusa**
Ref.: Shinners, 1962.

Iresine celosioides L. var. *macrophylla* Griseb. = **Iresine diffusa** Humb. & Bonpl. ex Willd. var. **macrophylla** (Griseb.) Pedersen
Ref.: Pedersen, 1990.

Iresine celosioides L. var. *polymorpha* (Mart.) Griseb. = **Iresine diffusa** Humb. & Bonpl. ex Willd. var. **diffusa**
Ref.: Covas, 1941.

Iresine diffusa Humb. & Bonpl. ex Willd. var. **diffusa**
Sin.: *Celosia paniculata* L., *Iresine celosia* L., nom. illeg., *Iresine celosia* L. var. *diffusa* (Humb. & Bonpl.) Suess., *Iresine celosioides* L., nom. illeg., *Iresine celosioides* L. var. *polymorpha* (Mart.) Griseb., *Iresine paniculata* (L.) Kuntze, hom. illeg., *Iresine polymorpha* Mart.
Ref.: Shinners, 1962.
Hábito: Hierba o subarbusto.
Status: Nativa.
Elevación: 0-1000 m.
Prov.: BA, CA, CH, CO, COR, DF, ER, FO, JU, LR, MI, SA, SE, SF, SJ, SL, TU.
Paises limítrofes: BO, BR, PA, UR.
Ejemplar examinado: *Schinini 8741* (CTES).

Iresine diffusa Humb. & Bonpl. ex Willd. var. **macrophylla** (Griseb.) Pedersen
Sin.: *Iresine celosia* L. var. *nicotianoides* Suess., *Iresine celosioides* L. var. *macrophylla* Griseb.
Ref.: Pedersen, 1990.
Hábito: Subarbusto.
Status: Nativa.
Elevación: 500-2000 m.
Prov.: JU, SA, TU.
Paises limítrofes: BO.
Ejemplar examinado: *Cabrera 15871* (LP).

[Iresine diffusa Humb. & Bonpl. ex Willd. var. spiculigera (Seub.) Eliasson]
Sin.: *Iresine spiculigera* Seub.
Nota: Especie excluida de la flora argentina.

Iresine glomerata Spreng. = **Pfaffia glomerata** (Spreng.) Pedersen
Ref.: Pedersen, 1967.

Iresine grandiflora Hook. = [Hebanthe grandiflora (Hook. f.) Borsch & Pedersen]

Iresine heliotropifolia (Griseb.) Hicken = **Gomphrena martiana** Gillies ex Moq. var. **martiana**
Ref.: Hauman & Irigoyen, 1923.

Iresine heliotropifolia (Griseb.) Hicken var. *robusta* Hicken = **Gomphrena boliviana** Moq. var. **boliviana** f. **robusta** (Hicken) Pedersen
Ref.: Pedersen, 1990.

Iresine luzuliflora (Mart.) Griseb. = **Pfaffia glomerata** (Spreng.) Pedersen

Iresine paniculata (L.) Kuntze, hom. illeg. = **Iresine diffusa** Humb. & Bonpl. ex Willd. var. **diffusa**
Ref.: Shinners, 1962.

Iresine paniculata (Mart.) Spreng., nom. illeg. = **Hebanthe paniculata** Mart.
Ref.: Borsch & Pedersen, 1997.

Iresine polymorpha Mart. = **Iresine diffusa** Humb. & Bonpl. ex Willd. var. **diffusa**
Ref.: Covas, 1941.

Iresine portulacoides (A. St.-Hil.) Moq. var. *commersonii* (A. St.-Hil.) Moq. = **Blutaparon portulacoides** (A. St.-Hil.) Mears var. **commersonii** (A. St.-Hil.) Mears
Ref.: Mears, 1982.

Iresine spiculigera Seub. = [Iresine diffusa Humb. & Bonpl. ex Willd. var. spiculigera (Seub.) Eliasson]

Iresine tomentosa Chodat & Wilczek = **Gomphrena mendocina** (Phil.) R.E. Fr. subsp. **mendocina**
Ref.: Hunziker & Subils, 1977.

Mengea peruviana Schauer = **Amaranthus peruvianus** (Schauer) Standl.
Ref.: Standley, 1937.

Mogiphanes aquatica D. Parodi = **Alternanthera aquatica** (D. Parodi) Chodat
Ref.: Chodat & Rehfous, 1926.

Mogiphanes brasiliensis L. = [Alternanthera brasiliana (L.) Kuntze]

Mogiphanes dunaliana (Moq.) Griseb. = **Pfaffia glomerata** (Spreng.) Pedersen
Ref.: Pedersen, 1967.

Mogiphanes glauca (Mart.) Griseb. = **Pfaffia glomerata** (Spreng.) Pedersen
Ref.: Pedersen, 1967.

Mogiphanes hirtula Mart. = **Alternanthera hirtula** (Mart.) Lopr.

Mogiphanes paniculata (Kunth) Rusby = [Alternanthera paniculata Kunth]

Mogiphanes philorexoides D. Parodi = **Alternanthera philoxeroides** (Mart.) Griseb. f. **philoxeroides**
Ref.: Mears, 1977.

Mogiphanes ramosissima Mart. = **Alternanthera ramosissima** (Mart.) Chodat var. **ramosissima**

Mogiphanes rosea Morong = **Alternanthera hirtula** (Mart.) Lopr.
Ref.: Chodat & Rehfous, 1926.

Mogiphanes villosa Mart. = **Alternanthera ramosissima** (Mart.) Chodat var. **ramosissima**
Ref.: Pedersen, 1997.

Mogiphanes virgata Schrad. = **Alternanthera ramosissima** (Mart.) Chodat var. **ramosissima**
Ref.: Pedersen, 1997.

Oplotheca poiretiana (Schult.) Mart. = **Pfaffia gnaphaloides** (L.f.) Mart.
Ref.: Pedersen, 1967.

Oplotheca tomentosa Mart. = **Froelichia tomentosa** (Mart.) Moq.
Ref.: Pedersen, 1987a.

Paronychia achyrantha (L.) Desf. = **Alternanthera pungens** Kunth

Paronychia lanuginosa Poir. = [Gossypianthus lanuginosus (Poir.) Moq.]

Pfaffia Mart.

Número de especies: 6

Pfaffia brachiata Chodat = **Hebanthe occidentalis** (R.E. Fr.) Borsch & Pedersen
Ref.: Borsch & Pedersen, 1997.

Pfaffia brachiata Chodat var. *grandiflora* O. Stützer = **Hebanthe occidentalis** (R.E. Fr.) Borsch & Pedersen
Ref.: Borsch & Pedersen, 1997.

Pfaffia divergens O. Stützer = **Pfaffia glomerata** (Spreng.) Pedersen

Pfaffia dunaliana (Moq.) Schinz = **Pfaffia glomerata** (Spreng.) Pedersen
Ref.: Pedersen, 1967.

Pfaffia glabrata Mart.
Sin.: *Gomphrena glabrata* (Mart.) Moq., *Gomphrena glabrata* (Mart.) Moq. var. *angustifolia* Seub., *Gomphrena glabrata* (Mart.) Moq. var. *latifolia* Seub., *Pfaffia glabrata* Mart. var. *angustifolia* (Seub.) O. Stützer, *Pfaffia glabrata* Mart. var. *latifolia* (Seub.) O. Stützer
Ref.: Martius, 1826.
Hábito: Subarbusto.
Status: Nativa.
Elevación: 0-500 m.
Prov.: MI.
Paises limítrofes: BR, PA.
Ejemplar examinado: *Rodríguez 781* (BA, P).

Pfaffia glabrata Mart. var. *angustifolia* (Seub.) O. Stützer = **Pfaffia glabrata** Mart.

Pfaffia glabrata Mart. var. *latifolia* (Seub.) O. Stützer = **Pfaffia glabrata** Mart.

Pfaffia glabrescens Suess. = **Pfaffia glomerata** (Spreng.) Pedersen

Pfaffia glauca (Mart.) Spreng. = **Pfaffia glomerata** (Spreng.) Pedersen
Ref.: Pedersen, 1967.

Pfaffia gleasonii Suess.
Ref.: Suessenguth, 1938.
Hábito: Hierba.
Status: Nativa.
Elevación: 0-500 m.
Prov.: MI.
Paises limítrofes: BO, BR, PA.
Ejemplar examinado: *Spegazzini s.n.* (Z).

Pfaffia glomerata (Spreng.) Pedersen
Sin.: *Alternanthera glauca* (Mart.) Hosseus, *Gomphrena dunaliana* Moq., *Gomphrena glauca* (Mart.) Moq., *Gomphrena luzulaeflora* (Mart.) Moq., *Gomphrena stenophylla* Spreng., *Iresine glomerata* Spreng., *Iresine luzuliflora* (Mart.) Griseb., *Mogiphanes dunaliana* (Moq.) Griseb., *Mogiphanes glauca* (Mart.) Griseb., *Pfaffia divergens* O. Stützer, *Pfaffia dunaliana* (Moq.) Schinz, *Pfaffia glabrescens* Suess., *Pfaffia glauca* (Mart.) Spreng., *Pfaffia iresinoides* (Kunth) Spreng. var. *angustifolia* O. Stützer, *Pfaffia luzulaeflora* (Mart.) D. Dietr., *Pfaffia luzulaeflora* (Mart.) D. Dietr. f. *gracilis* O. Stützer, *Pfaffia luzulaeflora* (Mart.) D. Dietr. f. *virgata* O. Stützer, *Pfaffia luzulaeflora* (Mart.) D. Dietr. var. *microcephala* O. Stützer ex Suess., *Pfaffia luzulaeflora* (Mart.) D. Dietr. var. *paniculata* O. Stützer, *Pfaffia stenophylla* (Spreng.) Stuchlik, *Sertuernera glauca* Mart., *Sertuernera luzulaeflora* Mart.
Ref.: Pedersen, 1967.
Hábito: Hierba o subarbusto.
Status: Nativa.
Elevación: 0-1000 m.
Prov.: BA, CH, COR, ER, FO, JU, MI, SA, SE, SF, TU.
Paises limítrofes: BO, BR, PA, UR.
Ejemplar examinado: *Niederlein 308* (holotipo de *P. glabrescens*, B).
Nota: Especie con un marcado poliformismo; se la ha tratado en sentido amplio, incluyendo los sinónimos antes enumerados.

Pfaffia gnaphaloides (L.f.) Mart.
Sin.: *Celosia gnaphaloides* L.f., *Gomphrena gnaphaloides* (L.f.) Vahl ex Roem. & Schult., *Gomphrena lanata* Poir., *Gomphrena lanata* Poir. var. *latifolia* Seub., *Gomphrena lanata* Poir. var. *oblongifolia* Moq., *Gomphrena lanata* Poir. var. *parvifolia* Moq., *Gomphrena perennis* L. var. *brunnea* Stuchlik, *Gomphrena phagnaloides* Griseb., *Gomphrena poiretiana* Roem. & Schult., *Oplotheca poiretiana* (Schult.) Mart., *Pfaffia lanata* (Poir.) Gibert, *Pfaffia lanata* (Poir.) Gibert f. *parvifolia* (Moq.) O. Stützer, *Pfaffia lanata* (Poir.) Gibert var. *discolor* Suess., *Pfaffia lanata* (Poir.) Gibert var. *latifolia* (Seub.) O. Stützer, *Pfaffia lanata* (Poir.) Gibert var. *oblongifolia* (Moq.) O. Stützer, *Pfaffia lanata* (Poir.) Gibert var. *peteriana* Kuntze, *Pfaffia poiretiana* (Schult.) Stuchlik, *Pfaffia tenuis* N.E. Br., *Pfaffia tomentosa* Mart., *Xeraea phagnaloides* (Griseb.) Kuntze
Ref.: Pedersen, 1967.
Hábito: Hierba.
Status: Nativa.
Elevación: 0-1000 m.
Prov.: BA, CA, CH, CO, ER, JU, LP, MI, SA, SE, SF, SL, TU.
Paises limítrofes: BO, BR, PA, UR.
Ejemplar examinado: *Krapovickas 14731* (CTES).
Nota: Especie mal interpretada por la mayoría de los autores, por lo general confundida con *P. helichrysoides* (Moq.) Kuntze

Pfaffia gnaphaloides (L.f.) Mart. f. *subferruginea* O. Stützer = **Pfaffia helichrysoides** (Moq.) Kuntze
Ref.: Pedersen, 1967.

Pfaffia gnaphaloides (L.f.) Mart. var. *floccosa* (Seub.) O. Stützer = **Pfaffia helichrysoides** (Moq.) Kuntze
Ref.: Pedersen, 1967.

Pfaffia gnaphaloides (L.f.) Mart. var. *planifolia* (Seub.) O. Stützer = **Pfaffia helichrysoides** (Moq.) Kuntze
Ref.: Pedersen, 1967.

Pfaffia grandiflora (Hook. f.) R.E. Fr. = [Hebanthe grandiflora (Hook. f.) Borsch & Pedersen]
Ref.: Borsch & Pedersen, 1997.

Pfaffia helichrysoides (Moq.) Kuntze
Sin.: *Gomphrena gnaphaloides* (L.f.) Vahl ex Roem. & Schult. var. *floccosa* Seub., *Gomphrena gnaphaloides* (L.f.) Vahl ex Roem. & Schult. var. *planifolia* Seub., *Gomphrena helichrysoides* Moq., *Pfaffia gnaphaloides* (L.f.) Mart. f. *subferruginea* O. Stützer, *Pfaffia gnaphaloides* (L.f.) Mart. var. *floccosa* (Seub.) O. Stützer, *Pfaffia gnaphaloides* (L.f.) Mart. var. *planifolia* (Seub.) O. Stützer
Ref.: Pedersen, 1967.
Hábito: Hierba.
Status: Nativa.
Elevación: 0-500 m.
Prov.: MI.
Paises limítrofes: BO, BR, PA.
Ejemplar examinado: *Krapovickas 44613* (CTES).

[Pfaffia iresinoides (Kunth) Spreng.]
Sin.: *Alternanthera iresinoides* Kunth
Nota: Especie excluida de la flora argentina. Especie de Sudamérica tropical, el material citado para Argentina corresponde a *P. glomerata* (Spreng.) Pedersen.

Pfaffia iresinoides (Kunth) Spreng. var. *angustifolia* O. Stützer = **Pfaffia glomerata** (Spreng.) Pedersen
Ref.: Pedersen, 1967.

Pfaffia lanata (Poir.) Gibert = **Pfaffia gnaphaloides** (L.f.) Mart.
Ref.: Pedersen, 1967.

Pfaffia lanata (Poir.) Gibert f. *parvifolia* (Moq.) O. Stützer = **Pfaffia gnaphaloides** (L.f.) Mart.
Ref.: Pedersen, 1967.

Pfaffia lanata (Poir.) Gibert var. *discolor* Suess. = **Pfaffia gnaphaloides** (L.f.) Mart.
Ref.: Pedersen, 1967.

Pfaffia lanata (Poir.) Gibert var. *latifolia* (Seub.) O. Stützer = **Pfaffia gnaphaloides** (L.f.) Mart.
Ref.: Pedersen, 1967.

Pfaffia lanata (Poir.) Gibert var. *oblongifolia* (Moq.) O. Stützer = **Pfaffia gnaphaloides** (L.f.) Mart.
Ref.: Pedersen, 1967.

Pfaffia lanata (Poir.) Gibert var. *peteriana* Kuntze = **Pfaffia gnaphaloides** (L.f.) Mart.
Ref.: Pedersen, 1967.

Pfaffia laurifolia Chodat = **Hebanthe paniculata** Mart.
Ref.: Borsch & Pedersen, 1997.

Pfaffia luzulaeflora (Mart.) D. Dietr. = **Pfaffia glomerata** (Spreng.) Pedersen
Ref.: Pedersen, 1967.

Pfaffia luzulaeflora (Mart.) D. Dietr. f. *gracilis* O. Stützer = **Pfaffia glomerata** (Spreng.) Pedersen
Ref.: Pedersen, 1967.

Pfaffia luzulaeflora (Mart.) D. Dietr. f. *virgata* O. Stützer = **Pfaffia glomerata** (Spreng.) Pedersen
Ref.: Pedersen, 1967.

Pfaffia luzulaeflora (Mart.) D. Dietr. var. *microcephala* O. Stützer ex Suess. = **Pfaffia glomerata** (Spreng.) Pedersen
Ref.: Pedersen, 1967.

Pfaffia luzulaeflora (Mart.) D. Dietr. var. *paniculata* O. Stützer = **Pfaffia glomerata** (Spreng.) Pedersen
Ref.: Pedersen, 1967.

Pfaffia occidentalis R.E. Fr. = **Hebanthe occidentalis** (R.E. Fr.) Borsch & Pedersen
Ref.: Borsch & Pedersen, 1997.

Pfaffia occidentalis R.E. Fr. var. *densiflora* R.E. Fr. = **Hebanthe occidentalis** (R.E. Fr.) Borsch & Pedersen
Ref.: Borsch & Pedersen, 1997.

Pfaffia paniculata (Mart.) Kuntze = **Hebanthe paniculata** Mart.
Ref.: Borsch & Pedersen, 1997.

Pfaffia paraguayensis Chodat = **Hebanthe paniculata** Mart.
Ref.: Borsch & Pedersen, 1997.

Pfaffia poiretiana (Schult.) Stuchlik = **Pfaffia gnaphaloides** (L.f.) Mart.
Ref.: Pedersen, 1967.

Pfaffia puberula (Mart.) Spreng. = **Alternanthera puberula** (Mart.) D. Dietr.

Pfaffia reticulata (Seub.) Kuntze var. *strigulosa* Suess. = **Hebanthe paniculata** Mart.

Pfaffia rufa (Mart.) Spreng. = **Alternanthera rufa** (Mart.) D. Dietr.

Pfaffia sericea (Spreng.) Mart. = **Pfaffia tuberosa** (Spreng.) Hicken
Ref.: Pedersen, 1967.

Pfaffia sericea (Spreng.) Mart. f. *glabrescens* (Moq.) O. Stützer = **Pfaffia tuberosa** (Spreng.) Hicken
Ref.: Pedersen, 1967.

Pfaffia sericea (Spreng.) Mart. f. *vestita* (Moq.) O. Stützer = **Pfaffia tuberosa** (Spreng.) Hicken
Ref.: Pedersen, 1967.

Pfaffia stenophylla (Spreng.) Stuchlik = **Pfaffia glomerata** (Spreng.) Pedersen
Ref.: Pedersen, 1967.

Pfaffia tenuis N.E. Br. = **Pfaffia gnaphaloides** (L.f.) Mart.
Ref.: Pedersen, 1976.

Pfaffia tomentosa Mart. = **Pfaffia gnaphaloides** (L.f.) Mart.

Pfaffia tuberosa (Spreng.) Hicken
Sin.: *Gomphrena sericea* Spreng., *Gomphrena tuberosa* Spreng., *Gomphrena tuberosa* Spreng. var. *glabrescens* Moq., *Gomphrena tuberosa* Spreng. var. *sericea* (Spreng.) Seub., *Gomphrena tuberosa* Spreng. var. *vestita* Moq., *Pfaffia sericea* (Spreng.) Mart., *Pfaffia sericea* (Spreng.) Mart. f. *glabrescens* (Moq.) O. Stützer, *Pfaffia sericea* (Spreng.) Mart. f. *vestita* (Moq.) O. Stützer
Ref.: Pedersen, 1967.
Hábito: Hierba.
Status: Nativa.
Elevación: 0-500 m.
Prov.: BA, CH, COR, ER, FO, MI, SF.
Paises limítrofes: BR, PA, UR.
Ejemplar examinado: *Carnevali 496* (CTES).

Philoxerus heliotropifolius Griseb. = **Gomphrena martiana** Gillies ex Moq. var. **martiana**
Ref.: Hieronymus, 1882.

Philoxerus portulacoides A. St.-Hil. var. *commersonii* A. St.-Hil. = **Blutaparon portulacoides** (A. St.-Hil.) Mears var. **commersonii** (A. St.-Hil.) Mears
Ref.: Mears, 1982.

Pityranthus crassifolius Mart. = **Alternanthera pungens** Kunth
Ref.: Melville, 1958.

Pseudoplantago Suess.

Número de especies: 1

Pseudoplantago friesii Suess.
Ref.: Suessenguth, 1934; Covas, 1939.
Hábito: Subarbusto.
Status: Nativa.
Elevación: 0-500 m.
Prov.: MI.
Paises limítrofes: BR.
Ejemplar examinado: *Pedersen 15792* (C, CTES, SI).

[Pupalia lappacea (L.) Juss. var. velutina (Walp.) Hook. f.]
Sin.: *Aerva velutina* Moq.
Nota: Especie excluida de la flora argentina.

Pupalia sordida (Bunbury) Moq. = **Alternanthera pungens** Kunth

Scleropus amarantoides Schrad. = [Amaranthus crassipes Schltdl.]
Ref.: Fawcett & Rendle, 1914.

Scleropus crassipes (Schltdl.) Moq. = [Amaranthus crassipes Schltdl.]
Ref.: Fawcett & Rendle, 1914.

Sertuernera glauca Mart. = **Pfaffia glomerata** (Spreng.) Pedersen
Ref.: Pedersen, 1967.

Sertuernera luzulaeflora Mart. = **Pfaffia glomerata** (Spreng.) Pedersen
Ref.: Pedersen, 1967.

Telanthera albida Moq. = **Alternanthera albida** (Moq.) Griseb.

Telanthera brasiliana (L.) Moq. f. *grisea* Chodat = **Alternanthera ramosissima** (Mart.) Chodat var. **ramosissima**

Telanthera brasiliana (L.) Moq. var. *villosa* Moq. = **Alternanthera ramosissima** (Mart.) Chodat var. **ramosissima**

Telanthera caracasana (Kunth) Moq. = **Alternanthera caracasana** Kunth
Ref.: Melville, 1958; Mears, 1977.

Telanthera hirtula (Mart.) Moq. = **Alternanthera hirtula** (Mart.) Lopr.
Ref.: Hauman, 1924.

Telanthera lanceolata (Benth.) Moq. = **Alternanthera lanceolata** (Benth.) Schinz

Telanthera microcephala Moq. = **Alternanthera lanceolata** (Benth.) Schinz

Telanthera moquinii Webb ex Moq. = **Alternanthera ramosissima** (Mart.) Chodat var. **ramosissima**
Ref.: Pedersen, 1997.

Telanthera multicaulis (Mart.) Moq. = [Alternanthera multicaulis (Mart.) Kuntze]

Telanthera nodifera Moq. = **Alternanthera nodifera** (Moq.) Griseb.

Telanthera paniculata (Kunth) Moq. = [Alternanthera paniculata Kunth]

Telanthera philoxeroides (Mart.) Moq. = **Alternanthera philoxeroides** (Mart.) Griseb. f. **philoxeroides**
Ref.: Pedersen, 1997.

Telanthera philoxeroides (Mart.) Moq. var. *carnosa* Moq. = **Blutaparon portulacoides** (A. St.-Hil.) Mears var. **commersonii** (A. St.-Hil.) Mears

Telanthera philoxeroides (Mart.) Moq. var. *denticulata* Seub. = **Alternanthera philoxeroides** (Mart.) Griseb. f. **philoxeroides**
Ref.: Mears, 1977.

Telanthera philoxeroides (Mart.) Moq. var. *linearifolia* Chodat = **Alternanthera philoxeroides** (Mart.) Griseb. f. **angustifolia** Suess.
Ref.: Pedersen, 1997.

Telanthera philoxeroides (Mart.) Moq. var. *obtusifolia* Moq. = **Alternanthera philoxeroides** (Mart.) Griseb. f. **philoxeroides**
Ref.: Mears, 1977; Pedersen, 1997.

Telanthera puberula (Mart.) Moq. = **Alternanthera puberula** (Mart.) D. Dietr.

Telanthera pungens (Kunth) Moq. = **Alternanthera pungens** Kunth

Telanthera ramosissima (Mart.) Moq. = **Alternanthera ramosissima** (Mart.) Chodat var. **ramosissima**

Telanthera rosea (Morong) Chodat var. *cinnabarina* Chodat = **Alternanthera hirtula** (Mart.) Lopr.

Telanthera rosea (Morong) Chodat var. *typica* Chodat, nom. inval. = **Alternanthera hirtula** (Mart.) Lopr.

Telanthera rufa (Mart.) Moq. = **Alternanthera rufa** (Mart.) D. Dietr.

Telanthera strigosa (Hassk.) Moq. = **Alternanthera ramosissima** (Mart.) Chodat var. **ramosissima**

Telanthera virgata (Schrad.) Moq. = **Alternanthera ramosissima** (Mart.) Chodat var. **ramosissima**
Ref.: Pedersen, 1997.

Xeraea acaulis (J. Rémy) Kuntze = **Gomphrena meyeniana** Walp. var. **genuina** Stuchlik
Ref.: Pedersen, 1997.

Xeraea argentina (Seub.) Kuntze = **Gomphrena martiana** Gillies ex Moq. var. **martiana**

Xeraea boliviana (Moq.) Kuntze = **Gomphrena boliviana** Moq. var. **boliviana** f. **boliviana**

Xeraea celosioides (Mart.) Kuntze = **Gomphrena celosioides** Mart. var. **celosioides**

Xeraea decumbens (Jacq.) Kuntze = [Gomphrena serrata L.]

Xeraea elegans (Mart.) Kuntze = **Gomphrena elegans** Mart. var. **elegans**

Xeraea graminea (Moq.) Kuntze = **Gomphrena graminea** Moq.

Xeraea haenkeana (Mart.) Kuntze = **Gomphrena haenkeana** Mart.

Xeraea holosericea (Mart.) Kuntze = **Gomphrena vaga** Mart.

Xeraea martiana (Gillies ex Moq.) Kuntze = **Gomphrena martiana** Gillies ex Moq. var. **martiana**

Xeraea oligocephala (J. Rémy) Kuntze = [Gomphrena bicolor Mart.]
Ref.: Pedersen, 1976.

Xeraea pearcei (Oliv.) Kuntze = **Gomphrena umbellata** J. Rémy
Ref.: Holzhammer, 1955-56.

Xeraea perennis (L.) Kuntze = **Gomphrena perennis** L. var. **perennis**

Xeraea phagnaloides (Griseb.) Kuntze = **Pfaffia gnaphaloides** (L.f.) Mart.
Ref.: Suessenguth, 1934.

Xeraea pulchella (Mart.) Kuntze = **Gomphrena pulchella** Mart. subsp. **pulchella**

Xeraea pumila (Gillies ex Moq.) Kuntze = **Gomphrena pumila** Gillies ex Moq.

Xeraea umbellata (J. Rémy) Kuntze = **Gomphrena umbellata** J. Rémy

Xeraea vaga (Mart.) Kuntze = **Gomphrena vaga** Mart.

Xeraea villosa (Mart.) Kuntze = **Gomphrena perennis** L. var. **perennis**

ANACARDIACEAE

6 géneros, 32 especies; 6 especies endémicas.

por J. de D. Muñoz

Amyris polygama Cav. = **Schinus polygama** (Cav.) Cabrera
Ref.: Muñoz, inéd.

Aspidosperma quebracho-colorado Schltdl. = [Schinopsis quebracho-colorado (Schltdl.) F.A. Barkley & T. Mey.]

Astronium Jacq.

Número de especies: 3

Astronium balansae Engl.
Ref.: Cabrera, 1938b; Barkley, 1968; Muñoz, 1990, inéd.
Hábito: Árbol.
Status: Nativa.
Elevación: 0-500 m.
Prov.: CH, COR, FO, MI, SF.
Paises limítrofes: PA.
Ejemplar examinado: *Krapovickas 1063* (LIL, SI).

Astronium candollei Engl. = **Astronium urundeuva** (Allemão) Engl. var. **candollei** (Engl.) Mattick
Ref.: Muñoz, inéd.

Astronium fraxinifolium Schott f. *glaberrimum* Mattick = **Astronium fraxinifolium** Schott var. **glabrum** Engl.
Ref.: Muñoz, inéd.

Astronium fraxinifolium Schott var. **glabrum** Engl.
Sin.: *Astronium fraxinifolium* Schott f. *glaberrimum* Mattick
Ref.: Barkley, 1968; Muñoz, 1990, inéd.
Hábito: Árbol.
Status: Nativa.
Elevación: 0-500 m.
Prov.: MI.
Paises limítrofes: BO, BR, PA.
Ejemplar examinado: *Rodríguez s.n.* (BAF).

Astronium juglandifolium Griseb. = **Astronium urundeuva** (Allemão) Engl. var. **urundeuva**
Ref.: Barkley, 1968.

Astronium urundeuva (Allemão) Engl. var. **candollei** (Engl.) Mattick
Sin.: *Astronium candollei* Engl.
Ref.: Barkley, 1968; Muñoz, inéd.
Hábito: Árbol.
Status: Nativa.
Elevación: 200-1000 m.
Prov.: JU, SA.
Paises limítrofes: BO, BR, PA.
Ejemplar examinado: *Schreiter 3390* (LIL, US).

Astronium urundeuva (Allemão) Engl. var. **urundeuva**
Sin.: *Astronium juglandifolium* Griseb., *Myracrodruon urundeuva* Allemão
Ref.: Cabrera, 1938b; Barkley, 1968; Muñoz, inéd.
Hábito: Árbol.
Status: Nativa.
Elevación: 200-1000 m.
Prov.: JU, SA.
Paises limítrofes: BO, BR, PA.
Ejemplar examinado: *Venturi 9698* (GH, LP, NY, S, US).

Cybianthus myrtifolius Griseb. = **Schinus myrtifolia** (Griseb.) Cabrera
Ref.: Muñoz, inéd.

Duvaua dependens (Ortega) DC. var. *patagonica* Phil. = **Schinus o'donellii** F.A. Barkley
Ref.: Muñoz, inéd.

Duvaua fasciculata Griseb. = **Schinus fasciculata** (Griseb.) I.M. Johnst. var. **fasciculata**

Duvauà longifolia Lindl. = **Schinus longifolia** (Lindl.) Speg. var. **longifolia**
Ref.: Muñoz, inéd.

Duvaua patagonica Phil. = **Schinus patagonica** (Phil.) I.M. Johnst.
Ref.: Barkley, 1957a.

Duvaua praecox Griseb. = **Schinus praecox** (Griseb.) Speg.
Ref.: Muñoz, inéd.

Duvaua praecox Griseb. var. *glomerata* Griseb. = **Schinus fasciculata** (Griseb.) I.M. Johnst. var. **fasciculata**
Ref.: Barkley, 1957a.

Duvaua praecox Griseb. var. *hyemalis* Griseb. = **Schinus praecox** (Griseb.) Speg.
Ref.: Barkley, 1957a.

Duvaua praecox Griseb. var. *montana* Griseb. = **Schinus praecox** (Griseb.) Speg.
Ref.: Barkley, 1957a.

Duvaua sinuata Griseb. = **Schinus fasciculata** (Griseb.) I.M. Johnst. var. **fasciculata**
Ref.: Barkley, 1957a.

Lithrea Hook. & Arn.
Número de especies: 2

Lithrea brasiliensis Marchand
Ref.: Cabrera, 1938b; Barkley, 1962a; Muñoz, inéd.
Hábito: Árbol.
Status: Nativa.
Elevación: 0-500 m.
Prov.: MI.
Paises limítrofes: BR, UR.
Ejemplar examinado: *Niederlein 713* (BA).

Lithrea chichita (Speg.) Rojas Acosta = **Schinus terebinthifolia** Raddi var. **pohliana** Engl.

Lithrea gilliesii Griseb. = **Lithrea molleoides** (Vell.) Engl.

Lithrea molleoides (Vell.) Engl.
Sin.: *Lithrea gilliesii* Griseb., *Lithrea molleoides* (Vell.) Engl. var. *lorentziana* Lillo, *Lithrea ternifolia* (Hook.) F.A. Barkley, *Schinus molleoides* Vell., *Schinus ternifolia* Hook.
Ref.: Cabrera, 1938b; Barkley, 1962a; Digilio & Legname, 1966; Muñoz, inéd.
Hábito: Árbol.
Status: Nativa
Elevación: 0-2500 m.
Prov.: CA, CH, CO, COR, ER, FO, JU, LR, MI, SA, SF, SL, TU.
Paises limítrofes: BO, BR, PA, UR.
Ejemplar examinado: *Parodi 14009* (LP).

Lithrea molleoides (Vell.) Engl. var. *lorentziana* Lillo = **Lithrea molleoides** (Vell.) Engl.
Ref.: Muñoz, inéd.

Litrea montana Phil. var. *patagonica* Phil. = **Schinus patagonica** (Phil.) I.M. Johnst.

Litrea patagonica Phil. = **Schinus patagonica** (Phil.) I.M. Johnst.

Lithrea ternifolia (Hook.) F.A. Barkley = **Lithrea molleoides** (Vell.) Engl.
Ref.: Muñoz, inéd.

Loxopterygium Hook. f.
Número de especies: 1

Loxopterygium grisebachii Griseb.
Ref.: Cabrera, 1938b; Barkley, 1962b; Legname, 1982; Muñoz, inéd.
Hábito: Árbol.
Status: Nativa.
Elevación: 200-1000 m.
Prov.: JU, SA, TU.
Paises limítrofes: BO.
Ejemplar examinado: *Burkart y Troncoso 11414* (SI).

Loxopterygium lorentzii Griseb. = **Schinopsis lorentzii** (Griseb.) Engl.

Mauria Kunth
Número de especies: 1

Mauria thaumatophylla Loes.
Ref.: Ayarde, 1994; Muñoz, inéd.
Hábito: Árbol.
Status: Nativa.
Elevación: 1000-2000 m.
Prov.: JU.
Paises limítrofes: BO.
Ejemplar examinado: *Ayarde 157* (LIL).

Myracrodruon urundeuva Allemão = **Astronium urundeuva** (Allemão) Engl. var. **urundeuva**
Ref.: Muñoz, inéd.

Quebrachia lorentzii Griseb. = **Schinopsis lorentzii** (Griseb.) Engl.
Ref.: Muñoz, inéd.

Quebrachia morongii Britton = **Schinopsis balansae** Engl.
Ref.: Muñoz, inéd.

Schinopsis Engl.
Número de especies: 3

Schinopsis balansae Engl.
Sin.: *Quebrachia morongii* Britton
Ref.: Cabrera, 1938b; Meyer & Barkley, 1973; Muñoz, inéd.
Hábito: Árbol.
Status: Nativa.
Elevación: 0-200 m.
Prov.: CH, COR, FO, SE, SF.
Paises limítrofes: BO, BR, PA.
Ejemplar examinado: *Pedersen 3041* (LP, US).

[Schinopsis haenkeana Engl.]
Ref.: Hunziker, 1998b.
Nota: Taxón dudoso.

Schinopsis lorentzii (Griseb.) Engl.
Sin.: *Loxopterygium lorentzii* Griseb., *Quebrachia lorentzii* Griseb.
Ref.: Cabrera, 1938b; Barkley & Meyer, 1950; Digilio & Legname, 1966; Hunziker, 1998b.
Hábito: Árbol.
Status: Nativa.
Elevación: 0-1500 m.
Prov.: CH, CO, FO, JU, SA, SE, SF, TU.
Paises limítrofes: BO, PA.
Ejemplar examinado: *Cabrera 3173* (G, GH, LP, S).

Schinopsis lorentzii (Griseb.) Engl. var. *marginata* (Engl.) Cabrera = **Schinopsis marginata** Engl.
Ref.: Muñoz, inéd.

Schinopsis marginata Engl.
Sin.: *Schinopsis lorentzii* (Griseb.) Engl. var. *marginata* (Engl.) Cabrera
Ref.: Hunziker, 1998b.
Hábito: Árbol.
Status: Nativa.
Elevación: 500-1500 m.
Prov.: CA, CO, JU, LR, SA, SE, TU.
Paises limítrofes: BO.
Ejemplar examinado: *Krapovickas 1787* (BA, LIL, SI).

[Schinopsis quebracho-colorado (Schltdl.) F.A. Barkley & T. Mey.]
Sin.: *Aspidosperma quebracho-colorado* Schltdl.
Ref.: Hunziker, 1998b.
Nota: Taxón dudoso.

Schinus L.

Número de especies: 22, 6 especies endémicas.

Schinus areira L.
Sin.: *Schinus molle* L. var. *areira* (L.) DC.
Ref.: Legname, 1982; Muñoz, inéd.
Hábito: Árbol.
Status: Nativa.
Elevación: 0-3000 m.
Prov.: CA, CO, JU, LR, SA, SL, TU.
Paises limítrofes: BO, CH, PA.
Ejemplar examinado: *Cabrera 3479* (LP, NY).

Schinus bumelioides I.M. Johnst.
Ref.: Barkley, 1957a; Digilio & Legname, 1966; Muñoz, inéd.
Hábito: Arbusto o árbol.
Status: Endémica.
Elevación: 0-1500 m.
Prov.: CA, CO, ER, JU, LR, ME, SA, SE, SF, SJ, SL, TU.
Ejemplar examinado: *Venturi 9422* (isotipos, K, LIL, NY, S, SI).

Schinus cabrerae F.A. Barkley = **Schinus pilifera** I.M. Johnst. var. **cabrerae** (F.A. Barkley) F.A. Barkley
Ref.: Muñoz, inéd.

Schinus chichita Speg. = **Schinus terebinthifolia** Raddi var. **pohliana** Engl.
Ref.: Cabrera, 1938b.

Schinus crenata Engl. = **Schinus patagonica** (Phil.) I.M. Johnst.
Ref.: Muñoz, inéd.

Schinus dependens Ortega f. *arenicola* Hauman = **Schinus fasciculata** (Griseb.) I.M. Johnst. var. **arenicola** (Hauman) F.A. Barkley
Ref.: Muñoz, inéd.

Schinus dependens Ortega var. *paraguariensis* Hassl. = **Schinus longifolia** (Lindl.) Speg. var. **paraguariensis** (Hassl.) F.A. Barkley
Ref.: Muñoz, inéd.

Schinus engleri F.A. Barkley var. **uruguayensis** F.A. Barkley
Ref.: Barkley, 1957a; Muñoz, inéd.
Hábito: Arbusto o arbolito.
Status: Nativa.
Elevación: 0-200 m.
Prov.: BA, COR, ER, SF.
Paises limítrofes: BR, UR.
Ejemplar examinado: *Spegazzini 177* (BAB).

Schinus fasciculata (Griseb.) I.M. Johnst. var. **arenicola** (Hauman) F.A. Barkley
Sin.: *Schinus dependens* Ortega f. *arenicola* Hauman, *Schinus polygama* (Cav.) Cabrera f. *arenicola* (Hauman) Cabrera
Ref.: Barkley, 1957a; Muñoz, 1990, inéd.
Hábito: Arbusto.
Status: Nativa.
Elevación: 0-3000 m.
Prov.: BA, CA, CH, CO, COR, DF, ER, FO, JU, LP, LR, ME, RN, SA, SE, SF, SJ, SL, TU.
Paises limítrofes: UR.
Ejemplar examinado: *Hunziker 4091* (CORD, NY).

Schinus fasciculata (Griseb.) I.M. Johnst. var. *boliviensis* F.A. Barkley = **Schinus pilifera** I.M. Johnst. var. **boliviensis** (F.A. Barkley) F.A. Barkley
Ref.: Muñoz, inéd.

Schinus fasciculata (Griseb.) I.M. Johnst. var. **fasciculata**
Sin.: *Duvaua fasciculata* Griseb., *Duvaua praecox* Griseb. var. *glomerata* Griseb., *Duvaua sinuata* Griseb., *Schinus huyngan* Molina var. *heterophylla* Kuntze, *Schinus polygama* (Cav.) Cabrera f. *fasciculata* (Griseb.) Cabrera, *Schinus polygama* (Cav.) Cabrera f. *heterophylla* (Kuntze) Cabrera
Ref.: Barkley, 1957a; Muñoz, 1990, inéd.
Hábito: Arbusto o árbol.
Status: Nativa.
Elevación: 0-1500 m.
Prov.: CA, CH, CO, COR, ER, FO, JU, LP, ME, SA, SE, SF, SJ, TU.
Paises limítrofes: BO, PA.
Ejemplar examinado: *Schulz 848* (LP, NY).

Schinus ferox Hassl.
Ref.: Cabrera, 1938b; Barkley, 1957a; Muñoz, 1990, inéd.
Hábito: Arbusto o arbolito.
Status: Nativa.
Elevación: 0-500 m.
Prov.: MI.
Paises limítrofes: BR, PA, UR.
Ejemplar examinado: *Niederlein 1578b* (SI).

Schinus gracilipes I.M. Johnst.
Sin.: *Schinus gracilipes* I.M. Johnst. var. *pilosa* F.A. Barkley
Ref.: Cabrera, 1938b; Barkley, 1957a; Muñoz, inéd.
Hábito: Arbusto o árbol.
Status: Endémica.
Elevación: 500-2500 m.
Prov.: CA, JU, SA, TU.
Ejemplar examinado: *Rodríguez 29* (LIL, NY, SI).

Schinus gracilipes I.M. Johnst. var. *pilosa* F.A. Barkley = **Schinus gracilipes** I.M. Johnst.
Ref.: Muñoz, inéd.

Schinus huyngan Molina var. *heterophylla* Kuntze = **Schinus fasciculata** (Griseb.) I.M. Johnst. var. **fasciculata**
Ref.: Barkley, 1957a.

Schinus johnstonii F.A. Barkley
Sin.: *Schinus polygama* (Cav.) Cabrera f. *australis* Cabrera, p.p.
Ref.: Barkley, 1944, 1957a; Múlgura, 1988; Muñoz, inéd.
Hábito: Arbusto.
Status: Endémica.
Elevación: 0-3000 m.
Prov.: CHU, ME, NE, RN, SJ, SL.
Ejemplar examinado: *Fischer 113* (holotipo, F; isotipos, GH, MO, NY, SI, US).

Schinus lentiscifolia Marchand
Ref.: Cabrera, 1938b; Barkley, 1957a; Muñoz, 1990, inéd.
Hábito: Árbol.
Status: Nativa.
Elevación: 0-500 m.
Prov.: MI.
Paises limítrofes: BR, PA, UR.
Ejemplar examinado: *Schwarz 5020* (LIL, MO).

Schinus longifolia (Lindl.) Speg. var. **longifolia**
Sin.: *Duvaua longifolia* Lindl.
Ref.: Barkley, 1957a; Muñoz, 1990, inéd.
Hábito: Arbusto o árbol.
Status: Nativa.
Elevación: 0-500 m.
Prov.: BA, CH, CO, COR, ER, FO, MI, SF, SL.
Paises limítrofes: BR, PA, UR.
Ejemplar examinado: *Montes 2336* (LIL, MO).

Schinus longifolia (Lindl.) Speg. var. **paraguariensis** (Hassl.) F.A. Barkley
Sin.: *Schinus dependens* Ortega var. *paraguariensis* Hassl., *Schinus paraguariensis* (Hassl.) F.A. Barkley
Ref.: Muñoz, 1990, inéd.
Hábito: Árbol.
Status: Nativa.
Elevación: 0-500 m.
Prov.: ER.
Paises limítrofes: PA, UR.
Ejemplar examinado: *Muñoz 2217* (ERA).

Schinus marchandii F.A. Barkley
Sin.: *Schinus polygama* (Cav.) Cabrera f. *australis* Cabrera, p.p., *Schinus polygama* (Cav.) Cabrera f. *chubutensis* Cabrera
Ref.: Barkley, 1944, 1957a; Múlgura, 1988; Muñoz, inéd.
Hábito: Arbusto.
Status: Endémica.
Elevación: 0-1000 m.
Prov.: CHU, NE, RN, SC.
Ejemplar examinado: *O'Donell 3361* (F, LIL, S).

Schinus meyeri F.A. Barkley
Ref.: Barkley, 1973; Legname, 1982; Muñoz, inéd.
Hábito: Arbusto o arbolito.
Status: Nativa.
Elevación: 1500-2000 m.
Prov.: SA.
Paises limítrofes: BO.
Ejemplar examinado: *Vervoorst y Legname 4494* (holotipo, LIL).

Schinus molle L.
Ref.: Cabrera, 1938b; Barkley, 1957a; Muñoz, 1990, inéd.
Hábito: Árbol.
Status: Nativa.
Elevación: 0-500 m.
Prov.: COR, ER, MI, SF.
Paises limítrofes: BR, PA, UR.
Ejemplar examinado: *Montes 248* (LIL, NY).

Schinus molle L. var. *areira* (L.) DC. = **Schinus areira** L.
Ref.: Muñoz, inéd.

Schinus molleoides Vell. = **Lithrea molleoides** (Vell.) Engl.
Ref.: Muñoz, inéd.

Schinus montana (Phil.) Engl. var. *patagonica* Reiche = **Schinus patagonica** (Phil.) I.M. Johnst.

Schinus myrtifolia (Griseb.) Cabrera
Sin.: *Cybianthus myrtifolius* Griseb.
Ref.: Cabrera, 1938b; Barkley, 1957a; Muñoz, inéd.
Hábito: Arbusto o arbolito.
Status: Nativa.
Elevación: 500-3000 m.
Prov.: JU, SA.
Paises limítrofes: BO.
Ejemplar examinado: *Burkart y Troncoso 11198* (SI).

Schinus o'donellii F.A. Barkley
Sin.: *Duvaua dependens* (Ortega) DC. var. *patagonica* Phil., *Schinus polygama* (Cav.) Cabrera f. *patagonica* (Phil.) Cabrera
Ref.: Barkley, 1957a; Muñoz, inéd.
Hábito: Arbusto.
Status: Nativa.
Elevación: 500-3000 m.
Prov.: ME, NE, RN.
Paises limítrofes: CH.
Ejemplar examinado: *Cabrera 4804* (LP).

Schinus paraguariensis (Hassl.) F.A. Barkley = **Schinus longifolia** (Lindl.) Speg. var. **paraguariensis** (Hassl.) F.A. Barkley
Ref.: Muñoz, inéd.

Schinus patagonica (Phil.) I.M. Johnst.
Sin.: *Duvaua patagonica* Phil, *Litrea montana* Phil. var. *patagonica* Phil., *Litrea patagonica* Phil., *Schinus crenata* Engl., *Schinus montana* (Phil.) Engl. var. *patagonica* Reiche
Ref.: Múlgura, 1988; Muñoz, inéd.
Hábito: Arbusto o arbolito.
Status: Nativa.
Elevación: 500-2000 m.
Prov.: CHU, ME, NE, RN.
Paises limítrofes: CH.
Ejemplar examinado: *de Barba 148* (LIL, NY).

Schinus pilifera I.M. Johnst. var. **boliviensis** (F.A. Barkley) F.A. Barkley
Sin.: *Schinus fasciculata* (Griseb.) I.M. Johnst. var. *boliviensis* F.A. Barkley

Ref.: Barkley, 1944, 1957a; Muñoz, inéd.
Hábito: Arbusto.
Status: Nativa.
Elevación: 0-2500 m.
Prov.: CA, CO, JU, LR, SA, SE, TU.
Paises limítrofes: BO.
Ejemplar examinado: *Lillo 4502* (LIL, NY).

Schinus pilifera I.M. Johnst. var. **cabrerae** (F.A. Barkley) F.A. Barkley
Sin.: *Schinus cabrerae* F.A. Barkley
Ref.: Barkley, 1957a; Muñoz, inéd.
Hábito: Arbolito.
Status: Nativa.
Elevación: 200-1000 m.
Prov.: CA, SA, TU.
Paises limítrofes: BO.
Ejemplar examinado: *Rodríguez 1167* (isotipos, BA, BAB, LIL).

Schinus pilifera I.M. Johnst. var. **pilifera**
Ref.: Barkley, 1957a; Digilio & Legname, 1966; Muñoz, inéd.
Hábito: Arbusto o árbol.
Status: Nativa.
Elevación: 0-2000 m.
Prov.: CA, CO, JU, LR, SA, SE, SL, TU.
Paises limítrofes: BO.
Ejemplar examinado: *Venturi 376* (BAF, LIL, NY).

Schinus polygama (Cav.) Cabrera
Sin.: *Amyris polygama* Cav.
Ref.: Barkley, 1957a; Muñoz, inéd.
Hábito: Arbusto o arbolito.
Status: Nativa.
Elevación: 500-1000 m.
Prov.: ME.
Paises limítrofes: CH.
Ejemplar examinado: *Ruiz Leal 2111* (LIL, LP).

Schinus polygama (Cav.) Cabrera f. *arenicola* (Hauman) Cabrera = **Schinus fasciculata** (Griseb.) I.M. Johnst. var. **arenicola** (Hauman) F.A. Barkley
Ref.: Muñoz, inéd.

Schinus polygama (Cav.) Cabrera f. *australis* Cabrera, p.p. = **Schinus johnstonii** F.A. Barkley
Ref.: Muñoz, inéd.

Schinus polygama (Cav.) Cabrera f. *australis* Cabrera, p.p. = **Schinus marchandii** F.A. Barkley
Ref.: Muñoz, inéd.

Schinus polygama (Cav.) Cabrera f. *chubutensis* Cabrera = **Schinus marchandii** F.A. Barkley
Ref.: Muñoz, inéd.

Schinus polygama (Cav.) Cabrera f. *fasciculata* (Griseb.) Cabrera = **Schinus fasciculata** (Griseb.) I.M. Johnst. var. **fasciculata**
Ref.: Muñoz, inéd.

Schinus polygama (Cav.) Cabrera f. *heterophylla* (Kuntze) Cabrera = **Schinus fasciculata** (Griseb.) I.M. Johnst. var. **fasciculata**
Ref.: Muñoz, inéd.

Schinus polygama (Cav.) Cabrera f. *patagonica* (Phil.) Cabrera = **Schinus o'donellii** F.A. Barkley
Ref.: Muñoz, inéd.

Schinus praecox (Griseb.) Speg.
Sin.: *Duvaua praecox* Griseb., *Duvaua praecox* Griseb. var. *hyemalis* Griseb., *Duvaua praecox* Griseb. var. *montana* Griseb.
Ref.: Barkley, 1957a; Muñoz, inéd.
Hábito: Arbusto.
Status: Endémica.
Elevación: 0-2000 m.
Prov.: CO, LP, SL.
Ejemplar examinado: *Hunziker 6987* (CORD, MO).

Schinus resinosus Rojas Acosta, nom. nud.
Ref.: Krapovickas, 1970c.

Schinus roigii Ruiz Leal & Cabrera
Ref.: Muñoz, inéd.
Hábito: Arbusto.
Status: Endémica.
Elevación: 500-1500 m.
Prov.: CHU, ME, NE, RN.
Ejemplar examinado: *Ruiz Leal 15866* (MERL).

Schinus terebinthifolia Raddi var. **acutifolia** Engl.
Ref.: Barkley, 1957a; Muñoz, 1990, inéd.
Hábito: Arbusto o árbol.
Status: Nativa.
Elevación: 0-500 m.
Prov.: MI.
Paises limítrofes: BR, PA.
Ejemplar examinado: *Schwarz 533* (LIL).

Schinus terebinthifolia Raddi var. **pohliana** Engl.
Sin.: *Lithrea chichita* (Speg.) Rojas Acosta, *Schinus chichita* Speg.
Ref.: Cabrera, 1938b; Barkley, 1957a; Muñoz, 1990, inéd.
Hábito: Árbol.
Status: Nativa.
Elevación: 0-500 m.
Prov.: COR, MI.
Paises limítrofes: BR, PA.
Ejemplar examinado: *Montes 338* (LIL, NY).

Schinus ternifolia Hook. = **Lithrea molleoides** (Vell.) Engl.
Ref.: Muñoz, inéd.

Schinus venturii F.A. Barkley
Ref.: Barkley, 1944, 1957a; Muñoz, inéd.
Hábito: Arbolito.
Status: Nativa.
Elevación: 500-1500 m.
Prov.: SA.
Paises limítrofes: BO.
Ejemplar examinado: *Tortorelli 1880* (BAB).

Schinus weinmanniifolia Engl. var. **dubia** F.A. Barkley
Ref.: Barkley, 1957a; Muñoz, 1990, inéd.
Hábito: Arbusto.
Status: Nativa.
Elevación: 0-500 m.
Prov.: COR, MI.
Paises limítrofes: BR, PA, UR.
Ejemplar examinado: *Montes 87* (BAB).

Schinus weinmanniifolia Engl. var. **riedeliana** Engl.
Ref.: Barkley, 1957a; Muñoz, 1990, inéd.
Hábito: Arbusto.
Status: Nativa.
Elevación: 0-500 m.
Prov.: COR, ER, MI.
Paises limítrofes: BR, PA, UR.
Ejemplar examinado: *Schwindt 3980* (LIL, US).

Schinus weinmanniifolia Engl. var. **weinmanniifolia**
Ref.: Cabrera, 1938b; Barkley, 1957a; Muñoz, 1990, inéd.
Hábito: Arbusto.
Status: Nativa.
Elevación: 0-500 m.
Prov.: COR, MI.
Paises limítrofes: BR, PA, UR.
Ejemplar examinado: *Quiroga 7680* (LIL, S).

ANNONACEAE

3 géneros, 5 especies.

Annona L.

Número de especies: 1

[Annona cherimolia Mill.]
Nota: Especie excluida de la flora argentina.

Annona nutans (R.E. Fr.) R.E. Fr.
Sin.: *Annona spinescens* var. *nutans* R.E. Fr.
Ref.: Safford, 1914; Fries, 1931.
Hábito: Árbol.
Status: Nativa.
Elevación: 0–1000 m.
Prov.: CH, FO, SA.
Paises limítrofes: BO, BR, PA.
Ejemplar examinado: *Burkart 18281* (SI).

[Annona obtusifolia A. Juss.]
Nota: Especie excluida de la flora argentina.

Annona spinescens var. *nutans* R.E. Fr. = **Annona nutans** (R.E. Fr.) R.E. Fr.

Rollinia A. St.-Hil.

Número de especies: 3

Rollinia emarginata Schltdl.
Sin.: *Rollinia glaucescens* Sonder, *Rollinia odoriflora* Rojas Acosta, *Rollinia sonderiana* Walp.
Ref.: Hunziker, 1946; Troncoso, 1987b; Maas et al. 1992.
Hábito: Arbusto o árbol.
Status: Nativa.
Elevación: 0–1500 m.
Prov.: CH, CO, COR, ER, FO, MI, SA, SF.
Paises limítrofes: BO, BR, PA, UR.
Ejemplar examinado: *Krapovickas et al. 19992* (LP).

Rollinia glaucescens Sonder = **Rollinia emarginata** Schltdl.
Ref.: Maas et al., 1992.

Rollinia intermedia R.E. Fr. = **Rollinia salicifolia** Schltdl.
Ref.: Záchia & Irgang, 1996.

Rollinia occidentalis R.E. Fr. = **Rollinia rugulosa** Schltdl.
Ref.: Záchia & Irgang, 1996.

Rollinia odoriflora Rojas Acosta = **Rollinia emarginata** Schltdl.
Ref.: Maas et al., 1992.

[Rollinia parviflora A. St.-Hil.]
Nota: Especie excluida de la flora argentina.

Rollinia rugulosa Schltdl.
Sin.: *Rollinia occidentalis* R.E. Fr.
Ref.: Záchia & Irgang, 1996
Hábito: Arbusto o árbol.
Status: Nativa.
Elevación: 0-500 m.
Prov.: MI, SA.
Paises limítrofes: BO, BR.
Ejemplar examinado: *Vanni et al. 2974* (CTES).

Rollinia salicifolia Schltdl.
Sin.: *Rollinia intermedia* R.E. Fr.
Ref.: Záchia & Irgang, 1996.
Hábito: Arbusto o árbol.
Status: Nativa.
Elevación: 0-500 m.
Prov.: COR, FO, MI.
Paises limítrofes: BR, PA.
Ejemplar examinado: *Tressens 1091* (CTES).

Rollinia sonderiana Walp. = **Rollinia emarginata** Schltdl.
Ref.: Maas et al., 1992.

Xylopia L.

Número de especies: 1

Xylopia brasiliensis Spreng.
Ref.: Latzina, 1937; Ragonese & Martínez Crovetto, 1947.
Hábito: Árbol.
Status: Nativa.
Elevación: 0–500 m.
Prov.: MI.
Paises limítrofes: BR, PA.
Ejemplar examinado: *Hatschbach 33666* (LP).

APIACEAE

38 géneros, 136 especies; 24 especies endémicas.

por S. Martínez

[Aethusa cynapium L.]
Nota: Cita dudosa para la flora argentina.

Ammi L.

Número de especies: 2

Ammi majus L.
Ref.: Parodi, 1927; Pontiroli, 1966; Constance, 1988.
Hábito: Hierba.
Status: Adventicia.
Elevación: 0-500 m.

Prov.: BA, CH, CHU, ER, FO, LP, SA, SE, SF.
Paises limítrofes: BR, CH, UR.
Ejemplar examinado: *Schulz 9056* (BAB).

Ammi visnaga (L.) Lam.
Sin.: *Daucus visnaga* L.
Ref.: Parodi, 1927; Pontiroli, 1966; Constance, 1988.
Hábito: Hierba.
Status: Adventicia.
Elevación: 0-500 m.
Prov.: BA, CO, ER, LP, ME, SE, SF, SJ.
Paises limítrofes: BR, CH, UR.
Ejemplar examinado: *Pérez-Moreau 4832* (BAB).

Ammoselinum Torr. & A. Gray
Número de especies: 1

Ammoselinum rosengurtii Mathias & Constance
Ref.: Pedersen, inéd.
Hábito: Hierba.
Status: Nativa.
Elevación: 0-500 m.
Prov.: COR, ER.
Paises limítrofes: UR.
Ejemplar examinado: *Burkart 20591* (SI).

Anethum foeniculum L. = **Foeniculum vulgare** Mill.

Anethum pastinaca Wibel = **Pastinaca sativa** L.

Anthriscus Pers.
Número de especies: 1

Anthriscus caucalis M. Bieb.
Ref.: Rossow, 1993b.
Hábito: Hierba.
Status: Adventicia.
Elevación: 1000-1500 m.
Prov.: RN.
Paises limítrofes: CH.
Ejemplar examinado: *Anchorena 213* (BAF).

Apium L.
Número de especies: 7

Apium ammi Urb. = **Cyclospermum leptophyllum** (Pers.) Sprague
Ref.: Constance, 1990.

Apium andinum Phil. = **Apium panul** (Bertero ex DC.) Reiche
Ref.: Constance, 1988.

Apium apioides Reiche = **Apium panul** (Bertero ex DC.) Reiche
Ref.: Constance, 1988.

Apium australe Thouars
Sin.: *Apium maclovianum* Gand.
Ref.: Constance, 1988.
Hábito: Hierba.
Status: Nativa.
Elevación: 0-500 m.
Prov.: CHU, ME, SC, TF.
Paises limítrofes: CH.
Ejemplar examinado: *Nicora 7289* (BAB, SI).

Apium commersonii DC.
Ref.: Pontiroli, 1966; Constance, 1988.
Hábito: Hierba.
Status: Nativa.
Elevación: 0-500 m.
Prov.: BA, CHU, SC.
Paises limítrofes: UR.
Ejemplar examinado: *Constance 3850* (SI, UC).

Apium dunicola Pontiroli = **Apium prostratum** Labill.
Ref.: Cabrera & Zardini, 1978.

Apium graveolens L.
Ref.: Wolff, 1927; Pontiroli, 1966; Constance, 1988.
Hábito: Hierba.
Status: Introducida.
Elevación: 0-500 m.
Prov.: ME, NE, TF, TU.
Paises limítrofes: BR.
Ejemplar examinado: *Venturi 600* (SI).
Nota: subespontánea.

Apium leptophyllum (Pers.) F. Muell. = **Cyclospermum leptophyllum** (Pers.) Sprague

Apium maclovianum Gand. = **Apium australe** Thouars
Ref.: Constance, 1988.

Apium nodiflorum (L.) Lag.
Sin.: *Sium nodiflorum* L.
Ref.: Wolff, 1927; Constance, 1988.
Hábito: Hierba.
Status: Adventicia.
Elevación: 0-500 m.
Prov.: BA, NE.
Paises limítrofes: CH.
Ejemplar examinado: *Hauman 311* (BA).

Apium panul (Bertero ex DC.) Reiche
Sin.: *Apium andinum* Phil., *Apium apioides* Reiche, *Apium philippii* H. Wolff, *Carum pansil* (DC.) Griseb., *Ligusticum apioides* Phil., *Ligusticum landbeckii* Phil., *Ligusticum nemorosum* Phil., *Ligusticum panul* Bertero ex DC.
Ref.: Wolff, 1927; Constance, 1988; Martínez, inéd.
Hábito: Hierba.
Status: Nativa.
Elevación: 1500-2600 m.
Prov.: ME, NE, SJ, TU.
Paises limítrofes: CH.
Ejemplar examinado: *Boelcke 13689* (BAB, SI).

Apium philippii H. Wolff = **Apium panul** (Bertero ex DC.) Reiche
Ref.: Constance, 1988.

Apium prostratum Labill.
Sin.: *Apium dunicola* Pontiroli
Ref.: Wolff, 1927; Pontiroli, 1966.
Hábito: Hierba.
Status: Nativa.
Elevación: 0-500 m.
Prov.: BA.
Paises limítrofes: UR.
Ejemplar examinado: *Lanfranchi 1646* (SI).

Apium ranunculifolium Kunth = [Niphogeton ternata (Schltdl.) Mathias & Constance]

Apium sellowianum H. Wolff
Ref.: Wolff, 1927; Pontiroli, 1966.
Hábito: Hierba.
Status: Nativa.
Elevación: 0-500 m.
Prov.: BA, CA, CH, COR, FO, LP, LR, SF, SJ, ME.
Paises limítrofes: BR, PA, UR.
Ejemplar examinado: *Schulz 11825* (BAB).

Apleura nucamentacea Phil. = **Azorella monantha** Clos
Ref.: Martínez, 1989.

Asteriscium Cham. & Schltdl.

Número de especies: 4 especies endémicas.

Asteriscium anethoides Turcz. = **Gymnophyton polycephalum** (Gillies & Hook.) Clos
Ref.: Mathias & Constance, 1962.

Asteriscium argentinum Chodat & Wilczek
Sin.: *Asteriscium cramble* H. Wolff
Ref.: Mathias & Constance, 1962; Constance, 1988.
Hábito: Hierba.
Status: Endémica.
Elevación: 1000-2500 m.
Prov.: CHU, ME, NE.
Ejemplar examinado: *Gerling 192* (SI).

Asteriscium cramble H. Wolff = **Asteriscium argentinum** Chodat & Wilczek
Ref.: Mathias & Constance, 1962.

Asteriscium famatinense Hieron. & H. Wolff
Ref.: Mathias & Constance, 1962; Martínez, inéd.
Hábito: Hierba.
Status: Endémica.
Elevación: 0-500 m.
Prov.: LR, ME, SJ.
Ejemplar examinado: *Pujalte 280* (SI).

Asteriscium fimbriatum Speg.
Ref.: Mathias & Constance, 1962; Constance, 1988.
Hábito: Hierba.
Status: Endémica.
Elevación: 0-1000 m.
Prov.: NE, RN, SC.
Ejemplar examinado: *Fischer 171* (SI).

Asteriscium glaucum Hieron. & H. Wolff
Ref.: Mathias & Constance, 1962; Martínez, inéd.
Hábito: Hierba.
Status: Endémica.
Elevación: 500-2000 m.
Prov.: LR, ME, SA, SJ.
Ejemplar examinado: *Kiesling 3340* (SI).

Asteriscium polycephalum Gillies & Hook. = **Gymnophyton polycephalum** (Gillies & Hook.) Clos

Asteriscium polycephalum Hieron. ex H. Wolff, hom. illeg. = **Gymnophyton polycephalum** (Gillies & Hook.) Clos
Ref.: Mathias & Constance, 1962.

Austropeucedanum Mathias & Constance

Número de especies: 1 especie endémica

Austropeucedanum oreopansil (Griseb.) Mathias & Constance
Sin.: *Peucedanum oreopansil* Griseb.
Ref.: Mathias & Constance, 1952.
Hábito: Hierba.
Status: Endémica.
Elevación: 1000-3000 m.
Prov.: JU, TU.
Ejemplar examinado: *Burkart 5331* (SI).

Azorella Lam.

Número de especies: 15, 1 especie endémica.

Azorella acaulis (Cav.) Drude = **Huanaca acaulis** Cav.

Azorella albida Phil. = **Azorella trifurcata** (Gaertn.) Pers.
Ref.: Martínez, 1989.

Azorella ameghinoi Speg.
Sin.: *Azorella transverse-striata* Hauman
Ref.: Hauman, 1919a; Constance, 1988; Martínez, 1989.
Hábito: Hierba.
Status: Nativa.
Elevación: 0-2500 m.
Prov.: NE, RN, SC.
Paises limítrofes: CH.
Ejemplar examinado: *Soriano 3069* (BAB).

Azorella andina (Phil.) Drude = **Huanaca andina** (Phil.) Phil.
Ref.: Mathias & Constance, 1971a.

Azorella antipoda Gand. = **Azorella selago** Hook. f.
Ref.: Martínez, 1989.

Azorella apoda A. Gray = **Azorella monantha** Clos
Ref.: Martínez, 1989.

Azorella biloba (Schltdl.) Wedd.
Sin.: *Fragosa biloba* Schltdl.
Ref.: Hauman, 1919a; Martínez, 1989.
Hábito: Hierba.
Status: Nativa.
Elevación: 2000>4500 m.
Prov.: CO, JU, SA, TU.
Paises limítrofes: BO.
Ejemplar examinado: *Schreiter 587* (LIL).

Azorella bolacina Clos = **Azorella madreporica** Clos
Ref.: Martínez, 1989.

Azorella bovei Speg. = **Bolax cespitosa** Hombr. ex Decne.
Ref.: Hauman, 1919a; Constance, 1988.

Azorella brioides Phil. = **Azorella monantha** Clos
Ref.: Martínez, 1989.

Azorella cespitosa auct. non Cav. = **Azorella monantha** Clos
Ref.: Martínez, 1989.

Azorella cespitosa Cav. = **Azorella trifurcata** (Gaertn.) Pers.
Ref.: Martínez, 1989.

Azorella chamitis Pers. = **Azorella filamentosa** Lam.
Ref.: Martínez, 1989.

Azorella clandestina Phil. = **Azorella lycopodioides** Gaudich.
Ref.: Martínez, 1989.

Azorella columnaris H. Wolff = **Azorella compacta** Phil.
Ref.: Martínez, 1989.

Azorella compacta Phil.
Sin.: *Azorella columnaris* H. Wolff, *Azorella prismatoclada* Domin, *Azorella yareta* Hauman
Ref.: Martínez, 1989.
Hábito: Hierba en cojín.
Status: Nativa.
Elevación: 3500>4500 m.
Prov.: CA, JU, SA.
Paises limítrofes: BO, CH.
Ejemplar examinado: *Venturi 3161* (BAB, SI).

Azorella concolor auct. non Rendle = **Azorella lycopodioides** Gaudich.
Ref.: Martínez, 1989.

Azorella concolor Rendle = **Mulinum valentinii** Speg.
Ref.: Constance, 1988.

Azorella coriacea (Lag.) Kuntze = **Pozoa coriacea** Lag.
Ref.: Mathias & Constance, 1962.

Azorella crassipes Phil.
Ref.: Hauman, 1919a; Constance, 1988; Martínez, 1989.
Hábito: Hierba en cojín.
Status: Nativa.
Elevación: 1500-2000 m.
Prov.: NE, RN.
Paises limítrofes: CH.
Ejemplar examinado: *Rossow 883* (BAB).

Azorella cryptantha (Clos) Reiche
Sin.: *Mulinum cryptanthum* Gay, *Mulinum integrifolium* Hieron.
Ref.: Martínez, 1989.
Hábito: Hierba en cojín cespitoso.
Status: Nativa.
Elevación: 2500-4000 m.
Prov.: CA, LR, ME, SJ.
Paises limítrofes: CH.
Ejemplar examinado: *Ulibarri 1476* (SI).

Azorella daucoides d'Urv. = **Oreomyrrhis hookeri** Mathias & Constance
Ref.: Mathias & Constance, 1955.

Azorella depauperata Phil. = **Azorella trifoliolata** Clos
Ref.: Martínez, 1989.

Azorella diversifolia Clos
Sin.: *Azorella incisa* (Griseb.) Wedd., *Pozoa incisa* Griseb.
Ref.: Martínez, 1989.
Hábito: Hierba.
Status: Nativa.
Elevación: 1000-3500 m.
Prov.: NE, SC.
Paises limítrofes: CH.
Ejemplar examinado: *Pérez-Moreau s.n.* (BA 48697).

Azorella dusenii H. Wolff = **Azorella fueguiana** Speg.
Ref.: Martínez, 1989.

Azorella filamentosa Lam.
Sin.: *Azorella chamitis* Pers., *Chamitis integrifolia* Gaertn.
Ref.: Hauman, 1919a; Constance, 1988; Martínez, 1989.
Hábito: Hierba.
Status: Nativa.
Elevación: 0-500 m.
Prov.: TF.
Paises limítrofes: CH.
Ejemplar examinado: *Boelcke 15166* (BAB).

Azorella fueguiana Speg.
Sin.: *Azorella dusenii* H. Wolff, *Azorella mesetae* Skottsb.
Ref.: Hauman, 1919a; Constance, 1988; Martínez, 1989.
Hábito: Hierba.
Status: Nativa.
Elevación: 0-1500 m.
Prov.: NE, SC, TF.
Paises limítrofes: CH.
Ejemplar examinado: *Collantes 539* (SI).

Azorella gayana Phil. = **Azorella trifoliolata** Clos
Ref.: Martínez, 1989.

Azorella gilliesii (Hook.) Hook. & Arn. = **Azorella trifurcata** (Gaertn.) Pers.
Ref.: Martínez, 1989.

Azorella glebaria (Comm. ex Gaudich.) A. Gray = **Bolax gummifera** (Lam.) Spreng.
Ref.: Hauman, 1919a; Constance, 1988.

Azorella gummifera Poir. = **Bolax cespitosa** Hombr. ex Decne.
Ref.: Hauman, 1919a; Constance, 1988.

Azorella hookeriana Clos = **Azorella monantha** Clos
Ref.: Martínez, 1989.

Azorella hydrocotylifolia (Bridges) Macloskie = **Pozoa coriacea** Lag.
Ref.: Mathias & Constance, 1962.

Azorella incisa (Griseb.) Wedd. = **Azorella diversifolia** Clos
Ref.: Martínez, 1989.

Azorella laevigata Phil. = **Azorella lycopodioides** Gaudich.
Ref.: Martínez, 1989.

Azorella lycopodioides Gaudich.
Sin.: *Azorella clandestina* Phil., *Azorella concolor* auct. non Rendle, *Azorella laevigata* Phil., *Azorella lycopodioides* Gaudich. var. *compacta* Phil., *Azorella nervosa* Phil., *Azorella philippi* Gand., *Azorella vaginata* Phil.
Ref.: Hauman, 1919a; Constance, 1988; Martínez, 1989.
Hábito: Hierba en cojín.
Status: Nativa.
Elevación: 0-2500 m.
Prov.: CHU, ME, NE, RN, SC, TF.
Paises limítrofes: CH.
Ejemplar examinado: *Ulibarri 1161* (SI).

Azorella lycopodioides Gaudich. var. *compacta* Phil. = **Azorella lycopodioides** Gaudich.
Ref.: Martínez, 1989.

Azorella madreporica Clos
Sin.: *Azorella bolacina* Clos, *Azorella muscoides* Phil., *Azorella obtusiloba* Phil., *Azorella piligera* Phil.
Ref.: Constance, 1988; Martínez, 1989.
Hábito: Hierba.
Status: Nativa.
Elevación: 2000-2500 m.
Prov.: CHU, ME, NE, RN, SC, SJ.
Paises limítrofes: CH.
Ejemplar examinado: *Rossow 1062* (BAB).

Azorella mesetae Skottsb. = **Azorella fueguiana** Speg.
Ref.: Martínez, 1989.

Azorella monantha Clos
Sin.: *Apleura nucamentacea* Phil., *Azorella apoda* A. Gray, *Azorella brioides* Phil., *Azorella cespitosa* auct. non Cav., *Azorella hookeriana* Clos, *Azorella nucamentacea* (Phil.) Hauman, *Azorella sessiliflora* Phil.
Ref.: Hauman, 1919a; Constance, 1988; Martínez, 1989.
Hábito: Hierba en cojín.
Status: Nativa.
Elevación: 0-3000 m.
Prov.: CHU, ME, NE, RN, SC, TF.
Paises limítrofes: CH.
Ejemplar examinado: *Martínez 67* (SI).

Azorella morenonis (Kuntze) Macloskie = **Mulinum microphyllum** (Cav.) Pers.
Ref.: Constance, 1988.

Azorella muscoides Phil. = **Azorella madreporica** Clos
Ref.: Martínez, 1989.

Azorella nervosa Phil. = **Azorella lycopodioides** Gaudich.
Ref.: Martínez, 1989.

Azorella nivalis Phil. = **Mulinum leptacanthum** Phil.
Ref.: Constance, 1988.

Azorella nucamentacea (Phil.) Hauman = **Azorella monantha** Clos
Ref.: Martínez, 1989.

Azorella obtusiloba Phil. = **Azorella madreporica** Clos
Ref.: Martínez, 1989.

Azorella patagonica Speg.
Sin.: *Azorella patagonica* Speg. var. *compacta* Speg., *Azorella plantaginea* Speg.
Ref.: Hauman, 1919a; Constance, 1988; Martínez, 1989.
Hábito: Hierba.
Status: Endémica.
Elevación: 0-1000 m.
Prov.: CHU, SC.
Ejemplar examinado: *Boelcke 16053* (BAB).

Azorella patagonica Speg. var. *compacta* Speg. = **Azorella patagonica** Speg.
Ref.: Martínez, 1989.

Azorella philippi Gand. = **Azorella lycopodioides** Gaudich.
Ref.: Martínez, 1989.

Azorella piligera Phil. = **Azorella madreporica** Clos
Ref.: Martínez, 1989.

Azorella pinnatiloba Gand. = **Azorella trifoliolata** Clos
Ref.: Martínez, 1989.

Azorella plantaginea Speg. = **Azorella patagonica** Speg.
Ref.: Martínez, 1989.

Azorella prismatoclada Domin = **Azorella compacta** Phil.
Ref.: Martínez, 1989.

Azorella rahmeri Phil. = **Azorella trifurcata** (Gaertn.) Pers.
Ref.: Martínez, 1989.

Azorella ranunculus d'Urv. var. *trilobata* Dusén ex Macloskie = **Huanaca andina** (Phil.) Phil.
Ref.: Mathias & Constance, 1971a.

Azorella ranunculus d'Urv. = **Schizeilema ranunculus** (d'Urv.) Domin

Azorella selago Hook. f.
Sin.: *Azorella antipoda* Gand., *Azorella selago* Hook. f. var. *compacta* Albov, *Azorella selago* Hook. f. var. *pulvinaris* Albov
Ref.: Hauman, 1919a; Constance, 1988; Martínez, 1989.
Hábito: Hierba en cojín.
Status: Nativa.
Elevación: 0-1000 m.
Prov.: SC, TF.
Paises limítrofes: CH.
Ejemplar examinado: *Spegazzini 20611* (LPS).

Azorella selago Hook. f. var. *compacta* Albov = **Azorella selago** Hook. f.
Ref.: Martínez, 1989.

Azorella selago Hook. f. var. *pulvinaris* Albov = **Azorella selago** Hook. f.
Ref.: Martínez, 1989.

Azorella sessiliflora Phil. = **Azorella monantha** Clos
Ref.: Martínez, 1989.

Azorella transverse-striata Hauman = **Azorella ameghinoi** Speg.
Ref.: Martínez, 1989.

Azorella trifoliolata Clos
Sin.: *Azorella depauperata* Phil., *Azorella gayana* Phil., *Azorella pinnatiloba* Gand.
Ref.: Hauman, 1919a; Constance, 1988, Martínez, 1989.
Hábito: Hierba.
Status: Nativa.
Elevación: 500-3500 m.
Prov.: CHU, ME, NE, RN, SC, SJ.
Paises limítrofes: CH.
Ejemplar examinado: *Rossow 1389* (BAB).

Azorella trifurcata (Gaertn.) Pers.
Sin.: *Azorella albida* Phil., *Azorella cespitosa* Cav., *Azorella gilliesii* (Hook.) Hook. & Arn., *Azorella rahmeri* Phil., *Azorella utriculata* Griseb., *Bolax gilliesii* Hook., *Chamitis trifurcata* Gaertn.
Ref.: Hauman, 1919a; Constance, 1988; Martínez, 1989.
Hábito: Hierba en cojín.
Status: Nativa.
Elevación: 0-3500 m.
Prov.: CHU, ME, NE, RN, SC, SJ, TF.
Paises limítrofes: CH.
Ejemplar examinado: *Martínez 40* (SI).

Azorella trilobata Dusén = **Huanaca andina** (Phil.) Phil.
Ref.: Mathias & Constance, 1971a.

Azorella utriculata Griseb. = **Azorella trifurcata** (Gaertn.) Pers.
Ref.: Martínez, 1989.

Azorella vaginata Phil. = **Azorella lycopodioides** Gaudich.
Ref.: Martínez, 1989.

Azorella yareta Hauman = **Azorella compacta** Phil.
Ref.: Martínez, 1989.

Bolax Comm. ex A. Juss.
Número de especies: 2

Bolax cespitosa Hombr. ex Decne.
Sin.: *Azorella bovei* Speg., *Azorella gummifera* Poir.
Ref.: Hauman, 1919a; Constance, 1988.
Hábito: Hierba en cojín.
Status: Nativa.
Elevación: 0-1500 m.
Prov.: SC, TF.
Paises limítrofes: CH.
Ejemplar examinado: *Boelcke 15064* (BAA, BAB).

Bolax columnifer Gand. = **Bolax gummifera** (Lam.) Spreng.
Ref.: Hauman, 1919a; Constance, 1988.

Bolax complicatus Spreng. = **Bolax gummifera** (Lam.) Spreng.
Ref.: Hauman, 1919a; Constance, 1988.

Bolax gilliesii Hook. = **Azorella trifurcata** (Gaertn.) Pers.
Ref.: Martínez, 1989.

Bolax glebaria Comm. ex Gaudich. = **Bolax gummifera** (Lam.) Spreng.
Ref.: Hauman, 1919a; Constance, 1988.

Bolax gummifera (Lam.) Spreng.
Sin.: *Azorella glebaria* (Comm. ex Gaudich.) A. Gray, *Bolax columnifer* Gand., *Bolax complicatus* Spreng., *Bolax glebaria* Comm. ex Gaudich., *Hydrocotyle gummifera* Lam.
Ref.: Hauman, 1919a; Constance, 1988.
Hábito: Hierba en cojín.
Status: Nativa.
Elevación: 0-3000 m.
Prov.: SC, TF.
Paises limítrofes: CH.
Ejemplar examinado: *Correa et al. 1919* (BAB).

Bowlesia Ruiz & Pav.
Número de especies: 8, 3 especies endémicas.

Bowlesia acutangula Benth. = [Drusa acutangula (Benth.) Drude]

Bowlesia acutiloba H. Wolff = **Bowlesia lobata** Ruiz & Pav.
Ref.: Mathias & Constance, 1965.

Bowlesia cirrosa Phil. = **Bowlesia tropaeolifolia** Gillies & Hook.
Ref.: Mathias & Constance, 1965.

Bowlesia flabilis J.F. Macbr.
Ref.: Mathias & Constance, 1965.
Hábito: Hierba.
Status: Nativa.
Elevación: 2000-4000 m.
Prov.: JU, LR, SA, TU.
Paises limítrofes: BO.
Ejemplar examinado: *Budin 7549* (LIL, SI).

Bowlesia geraniifolia Cham. & Schltdl. = **Bowlesia incana** Ruiz & Pav.
Ref.: Mathias & Constance, 1965.

Bowlesia hieronymusii H. Wolff
Ref.: Mathias & Constance, 1965.
Hábito: Hierba.
Status: Endémica.
Elevación: 2500-4000 m.
Prov.: JU, SA, TU.
Ejemplar citado: *Castillón 6874** (LIL).

Bowlesia incana Ruiz & Pav.
Sin.: *Bowlesia geraniifolia* Cham. & Schltdl., *Bowlesia nodiflora* DC., *Bowlesia rotundifolia* Phil., *Bowlesia tenera* Spreng.
Ref.: Mathias & Constance, 1965; Constance, 1988; Martínez, inéd.
Hábito: Hierba.
Status: Nativa.
Elevación: 0-1000 m.
Prov.: BA, CA, CHU, CO, COR, LP, ME, MI, NE, RN, SA, SC, SE, SJ, TU.
Paises limítrofes: BO, CH, UR.
Ejemplar examinado: *Molina 1498* (BAB).

Bowlesia lobata Ruiz & Pav.
Sin.: *Bowlesia acutiloba* H. Wolff
Ref.: Mathias & Constance, 1965.
Hábito: Hierba.
Status: Nativa.
Elevación: 1500>4500 m.
Prov.: CA, CO, LR, SL, TU.
Paises limítrofes: BO.
Ejemplar examinado: *Venturi 4592* (BA, BAB, LIL).

Bowlesia nodiflora DC. = **Bowlesia incana** Ruiz & Pav.
Ref.: Mathias & Constance, 1965.

Bowlesia platanifolia H. Wolff
Ref.: Mathias & Constance, 1965.
Hábito: Hierba.
Status: Nativa.
Elevación: 500-2500 m.
Prov.: CA, JU, TU.
Paises limítrofes: BO.
Ejemplar examinado: *Soriano 870* (BAB, SI).

Bowlesia rotundifolia Phil. = **Bowlesia incana** Ruiz & Pav.
Ref.: Mathias & Constance, 1965.

Bowlesia ruiz-lealii Mathias & Constance
Ref.: Mathias & Constance, 1965; Constance, 1988.
Hábito: Hierba.
Status: Endémica.
Elevación: 1500-2500 m.
Prov.: ME, NE.
Ejemplar examinado: *Boelcke 11607* (BAB, SI).

Bowlesia tenera Spreng. = **Bowlesia incana** Ruiz & Pav.
Ref.: Mathias & Constance, 1965.

Bowlesia tropaeolifolia Gillies & Hook.
Sin.: *Bowlesia cirrosa* Phil., *Bowlesia tropaeolifolia* Gillies & Hook. var. *gayana* Domin, *Bowlesia tropaeolifolia* Gillies & Hook. var. *heterophylla* Speg., *Bowlesia tropaeolifolia* Gillies & Hook. var. *patagonica* Speg.
Ref.: Mathias & Constance, 1965; Constance, 1988; Martínez, inéd.
Hábito: Hierba.
Status: Nativa.
Elevación: 2000>4500 m.
Prov.: CA, CHU, JU, LR, ME, NE, RN, SA, SC, TU.
Paises limítrofes: BO, CH.
Ejemplar examinado: *Boelcke 10849* (BAB, SI).

Bowlesia tropaeolifolia Gillies & Hook. var. *gayana* Domin = **Bowlesia tropaeolifolia** Gillies & Hook.
Ref.: Mathias & Constance, 1965.

Bowlesia tropaeolifolia Gillies & Hook. var. *heterophylla* Speg. = **Bowlesia tropaeolifolia** Gillies & Hook.
Ref.: Mathias & Constance, 1965.

Bowlesia tropaeolifolia Gillies & Hook. var. *patagonica* Speg. = **Bowlesia tropaeolifolia** Gillies & Hook.
Ref.: Mathias & Constance, 1965.

Bowlesia venturii Mathias & Constance
Ref.: Mathias & Constance, 1965.
Hábito: Hierba.
Status: Endémica.
Elevación: 3000-4000 m.
Prov.: TU.
Ejemplar examinado: *Venturi 4665* (isotipos, BAB, SI).

Bupleurum L.
Número de especies: 1

Bupleurum tenuissimum L.
Ref.: Pontiroli, 1966.
Hábito: Hierba.
Status: Introducida.
Elevación: 0-500 m.
Prov.: BA.
Ejemplar examinado: *Okada 1419* (LP).

Carum pansil (DC.) Griseb. = **Apium panul** (Bertero ex DC.) Reiche
Ref.: Constance, 1988.

Caucalis L.
Número de especies: 1

Caucalis daucoides L. = **Caucalis platycarpos** L.
Ref.: Tutin, 1968.

Caucalis platycarpos L.
Sin.: *Caucalis daucoides* L.
Ref.: Covas, 1966b; Tutin, 1968.
Hábito: Hierba.
Status: Introducida.
Elevación: 0-500 m.
Prov.: LP.
Ejemplar citado: *Ballari 2122** (ANGU).
Nota: subespontánea.

Centella L.
Número de especies: 1

Centella asiatica (L.) Urb.
Sin.: *Centella hirtella* Nannf., *Centella triflora* (Ruiz & Pav.) Nannf., *Hydrocotyle asiatica* L., *Hydrocotyle triflora* Ruiz & Pav.
Ref.: Pérez-Moreau, 1949; Martínez, inéd.
Hábito: Hierba.
Status: Nativa.
Elevación: 0-500 m.
Prov.: BA, CA, COR, ER, MI, SF, TU.
Paises limítrofes: BO, BR, CH, PA, UR.
Ejemplar examinado: *Schulz 236* (SI).

Centella hirtella Nannf. = **Centella asiatica** (L.) Urb.
Ref.: Martínez, inéd.

Centella triflora (Ruiz & Pav.) Nannf. = **Centella asiatica** (L.) Urb.
Ref.: Martínez, 1989.

Chamitis integrifolia Gaertn. = **Azorella filamentosa** Lam.
Ref.: Martínez, 1989.

Chamitis trifurcata Gaertn. = **Azorella trifurcata** (Gaertn.) Pers.

Conium L.
Número de especies: 1

Conium maculatum L.
Ref.: Pontiroli, 1966; Constance, 1988.
Hábito: Hierba.
Status: Adventicia.

Elevación: 0-500 m.
Prov.: CHU, CO, ME, NE, SA, SC, SE, TF.
Paises limítrofes: BO, BR, CH, UR.
Ejemplar examinado: *Pérez-Moreau 4327* (BAB).

Coriandrum L.
Número de especies: 1

Coriandrum sativum L.
Ref.: Pontiroli, 1966; Constance, 1988.
Hábito: Hierba.
Status: Introducida.
Elevación: 0-500 m.
Prov.: CH, CHU, SC.
Paises limítrofes: BR.
Ejemplar examinado: *Boelcke 12624* (BAA, BAB).
Nota: subespontánea.

Crantzia attenuata Hook. & Arn. = **Lilaeopsis attenuata** (Hook. & Arn.) Fernald

Crantzia brasiliensis Glaz. = **Lilaeopsis brasiliensis** (Glaz.) Affolter
Ref.: Affolter, 1985.

Crantzia macloviana Gand. = **Lilaeopsis macloviana** (Gand.) A. W. Hill

Cyclospermum Lag.
Número de especies: 1

Cyclospermum leptophyllum (Pers.) Sprague
Sin.: *Apium ammi* Urb., *Apium leptophyllum* (Pers.) F. Muell., *Helosciadium leptophyllum* (Pers.) DC., *Pimpinella leptophylla* Pers.
Ref.: Constance, 1988, 1990.
Hábito: Hierba.
Status: Nativa.
Elevación: 0-4000 m.
Prov.: BA, CA, CH, CHU, CO, COR, ER, FO, RN, SE, SJ, SL, TU.
Paises limítrofes: BO, BR, CH, PA, UR.
Ejemplar examinado: *Petetin 1784* (BAB).

Daucus L.
Número de especies: 3

Daucus australis Poepp. = **Daucus montanus** Kunth in Spreng.
Ref.: Constance, 1988.

Daucus carota L.
Ref.: Pontiroli, 1966; Constance, 1988.
Hábito: Hierba.
Status: Introducida.
Elevación: 0-500 m.
Prov.: BA, COR, SL.
Paises limítrofes: BR, CH.
Ejemplar examinado: *Mendoza s.n.* (SI).
Nota: subespontánea.

Daucus hispidifolius Clos = **Daucus pusillus** Michx.
Ref.: Constance, 1988.

Daucus montanus Kunth in Spreng.
Sin.: *Daucus australis* Poepp., *Daucus toriloides* DC.
Ref.: Constance, 1988.
Hábito: Hierba.
Status: Nativa.
Elevación: 0-3000 m.
Prov.: CHU, NE, RN, TF.
Paises limítrofes: BO, CH.
Ejemplar examinado: *Boelcke 6233* (BAA, BAB).

Daucus montevidensis Link = **Daucus pusillus** Michx.
Ref.: Constance, 1988.

Daucus pusillus Michx.
Sin.: *Daucus hispidifolius* Clos, *Daucus montevidensis* Link, *Daucus scaber* Larrañaga
Ref.: Constance, 1988; Martínez, inéd.
Hábito: Hierba.
Status: Nativa.
Elevación: 0-500 m.
Prov.: BA, CHU, CO, COR, ER, LP, NE, RN, SE, SL.
Paises limítrofes: CH, UR.
Ejemplar examinado: *Correa 7843* (BAB).

Daucus scaber Larrañaga = **Daucus pusillus** Michx.
Ref.: Constance, 1988.

Daucus toriloides DC. = **Daucus montanus** Kunth in Spreng.
Ref.: Constance, 1988.

Daucus visnaga L. = **Ammi visnaga** (L.) Lam.
Ref.: Constance, 1988.

Diplaspis morenonis (Kuntze) K. Schum. = **Mulinum microphyllum** (Cav.) Pers.
Ref.: Constance, 1988.

Diposis DC.
Número de especies: 1 especie endémica.

Diposis patagonica Skottsb.
Ref.: Constance, 1988.
Hábito: Hierba.
Status: Endémica.
Elevación: 0-500 m.
Prov.: CHU, NE, RN.
Ejemplar examinado: *Correa 3818* (BAB).

[Drusa acutangula (Benth.) Drude]
Sin.: *Bowlesia acutangula* Benth.
Nota: Especie excluida de la flora argentina.

Eryngium L.
Número de especies: 29, 4 especies endémicas.

Eryngium agavifolium Griseb.
Ref.: Wolff, 1913.
Hábito: Hierba.
Status: Endémica.
Elevación: 500-1000 m.
Prov.: CO, SE, SL.
Ejemplar examinado: *Burkart 10370* (SI).

[Eryngium andicolum H. Wolff]
Nota: Cita dudosa para la flora argentina.

Eryngium bellidifolium Decne. = **Eryngium nudicaule** Lam.
Ref.: Mathias et al., 1972.

Eryngium bracteosum Griseb. = **Eryngium eburneum** Decne.
Ref.: Wolff, 1913.

Eryngium cabrerae Pontiroli
Ref.: Pontiroli, 1966.
Hábito: Hierba.
Status: Endémica.
Elevación: 0-500 m.
Prov.: BA.
Ejemplar examinado: *Cabrera 2085* (holotipo, LP).

Eryngium chamissonis Urb.
Sin.: *Eryngium pandanifolium* Cham. & Schltdl. var. *chamissonis* (Urb.) Mathias & Constance
Ref.: Pedersen, 1997.
Hábito: Hierba.
Status: Nativa.
Elevación: 0-500 m.
Prov.: COR, MI.
Paises limítrofes: BR, UR.
Ejemplar examinado: *Hicken 871* (SI).

Eryngium chubutense Neger ex Dusén
Sin.: *Eryngium kurtzii* Hicken
Ref.: Constance, 1988; Martínez, inéd.
Hábito: Hierba.
Status: Endémica.
Elevación: 0-500 m.
Prov.: BA, CH, CHU, ER, LP, SC.
Ejemplar examinado: *Schulz 17703* (BAB).

Eryngium ciliatum Cham. & Schltdl.
Ref.: Wolff, 1913; Pérez-Moreau, 1936.
Hábito: Hierba.
Status: Nativa.
Elevación: 0-500 m.
Prov.: COR, ER.
Paises limítrofes: BR, PA, UR.
Ejemplar examinado: *Castellanos s.n.* (BA 31/1225).

Eryngium coronatum Hook. & Arn.
Ref.: Wolff, 1913; Pontiroli, 1966; Martínez, inéd.
Hábito: Hierba.
Status: Nativa.
Elevación: 0-500 m.
Prov.: CH, CO, COR, ER, FO, LP, SE, SF, TU.
Paises limítrofes: PA, UR.
Ejemplar examinado: *Pérez-Moreau 4280* (BAB).

Eryngium crantzioides Griseb. = **Eryngium pseudojunceum** Clos
Ref.: Constance, 1988.

Eryngium decaisneanum Urb. = **Eryngium pandanifolium** Cham. & Schltdl.
Ref.: Mathias & Constance, 1971b.

Eryngium divaricatum Hook. & Arn.
Sin.: *Eryngium flaccidum* Hook. & Arn.
Ref.: Pontiroli, 1966; Martínez, inéd.
Hábito: Hierba.
Status: Nativa.
Elevación: 0-500 m.
Prov.: BA, CH, COR, ER, FO, MI, SF.
Paises limítrofes: BR, PA, UR.
Ejemplar examinado: *Schulz 11353* (BAB, LP).

Eryngium dorae C. Norman
Ref.: Norman, 1931; Pedersen, inéd.
Hábito: Hierba.
Status: Nativa.
Elevación: 0-500 m.
Prov.: ER, SF.
Paises limítrofes: UR.
Ejemplar examinado: *Ragonese s.n.* (BA 2839).

Eryngium ebracteatum Lam. var. **ebracteatum**
Ref.: Wolff, 1913; Pontiroli, 1966; Martínez, inéd.
Hábito: Hierba.
Status: Nativa.
Elevación: 0-3000 m.
Prov.: BA, CA, CO, ER, FO, JU, LP, LR, MI, RN, SA, SE, SF, SJ, TU.
Paises limítrofes: BO, BR, PA, UR.
Ejemplar examinado: *Ragonese 8391* (BAB).

Eryngium ebracteatum Lam. var. **poterioides** (Griseb.) Urb.
Sin.: *Eryngium poterioides* Griseb.
Ref.: Wolff, 1913.
Hábito: Hierba.
Status: Nativa.
Elevación: 0-3000 m.
Prov.: CA, CO, LR, TU.
Paises limítrofes: BO, BR, PA, UR.
Ejemplar examinado: *Venturi 3049* (SI).

Eryngium eburneum Decne.
Sin.: *Eryngium bracteosum* Griseb.
Ref.: Wolff, 1913; Pontiroli, 1966; Martínez, inéd.
Hábito: Hierba.
Status: Nativa.
Elevación: 0-500 m.
Prov.: BA, CH, COR, ER, MI, SE, SF.
Paises limítrofes: BR, PA, UR.
Ejemplar examinado: *Meyer 695* (BA).

Eryngium echinatum Urb.
Ref.: Wolff, 1913; Pontiroli, 1966; Martínez, inéd.
Hábito: Hierba.
Status: Nativa.
Elevación: 0-500 m.
Prov.: BA, CH, COR, ER, SF.
Paises limítrofes: BR, PA, UR.
Ejemplar examinado: *Schulz 9449* (BAB, LP).

Eryngium ekmanii H. Wolff
Ref.: Wolff, 1913; Pontiroli, 1966; Martínez, inéd.
Hábito: Hierba.
Status: Nativa.
Elevación: 0-500 m.
Prov.: CH, COR, ER, MI.
Paises limítrofes: BR, PA, UR.
Ejemplar examinado: *Burkart 31012* (SI).

Eryngium elegans Cham. & Schltdl.
Sin.: *Eryngium elegans* Cham. & Schltdl. var. *genuinum* Urb., nom. inval., *Eryngium elegans* Cham. & Schltdl. var. *macrocephalum* Urb., *Eryngium elegans* Cham. & Schltdl. var. *microcephalum* Urb., *Eryngium elegans* Cham. & Schltdl. var. *uncinatum* (Cham. & Schltdl.) Urb., *Eryngium uncinatum* Cham. & Schltdl.
Ref.: Wolff, 1913; Pontiroli, 1966; Mathias et al., 1972; Martínez, inéd.
Hábito: Hierba.
Status: Nativa.
Elevación: 500-2000 m.
Prov.: BA, CA, CH, CO, COR, ER, FO, JU, MI, SA, SE, SF, TU.
Paises limítrofes: BO, BR, PA, UR.
Ejemplar examinado: *Joergensen 2548* (BA, SI).

Eryngium elegans Cham. & Schltdl. var. *genuinum* Urb., nom. inval. = **Eryngium elegans** Cham. & Schltdl.
Ref.: Mathias et al., 1972.

Eryngium elegans Cham. & Schltdl. var. *macrocephalum* Urb. = **Eryngium elegans** Cham. & Schltdl.
Ref.: Mathias et al., 1972.

Eryngium elegans Cham. & Schltdl. var. *microcephalum* Urb. = **Eryngium elegans** Cham. & Schltdl.
Ref.: Mathias et al., 1972.

Eryngium elegans Cham. & Schltdl. var. *uncinatum* (Cham. & Schltdl.) Urb. = **Eryngium elegans** Cham. & Schltdl.
Ref.: Mathias et al., 1972.

Eryngium eriophorum Cham. & Schltdl.
Sin.: *Eryngium eriophorum* Cham. & Schltdl. var. *setosum* H. Wolff, *Eryngium eriophorum* Cham. & Schltdl. var. *typicum* H. Wolff, nom. inval., *Eryngium eriophorum* Cham. & Schltdl. var. *vegetius* Cham. & Schltdl.
Ref.: Wolff, 1913; Molfino, 1923b; Mathias et al., 1972.
Hábito: Hierba.
Status: Nativa.
Elevación: 0-500 m.
Prov.: COR, MI.
Paises limítrofes: BR, UR.
Ejemplar examinado: *Cabrera et al. 29184* (SI).

Eryngium eriophorum Cham. & Schltdl. var. *setosum* H. Wolff = **Eryngium eriophorum** Cham. & Schltdl.
Ref.: Mathias et al., 1972.

Eryngium eriophorum Cham. & Schltdl. var. *typicum* H. Wolff, nom. inval. = **Eryngium eriophorum** Cham. & Schltdl.
Ref.: Mathias et al., 1972.

Eryngium eriophorum Cham. & Schltdl. var. *vegetius* Cham. & Schltdl. = **Eryngium eriophorum** Cham. & Schltdl.
Ref.: Mathias et al., 1972.

Eryngium fistulosum Phil. = **Eryngium pseudojunceum** Clos
Ref.: Constance, 1988.

Eryngium flaccidum Hook. & Arn. = **Eryngium divaricatum** Hook. & Arn.
Ref.: Pontiroli, 1966.

Eryngium floribundum Cham. & Schltdl.
Sin.: *Eryngium floribundum* Cham. & Schltdl. var. *angustifolium* Urb., *Eryngium floribundum* Cham. & Schltdl. var. *pycnocephalum* Urb., *Eryngium floribundum* Cham. & Schltdl. var. *serroides* Urb.
Ref.: Pontiroli, 1966; Mathias et al., 1972; Martínez, inéd.
Hábito: Hierba.
Status: Nativa.
Elevación: 0-500 m.
Prov.: BA, CH, COR, FO, MI.
Paises limítrofes: BR, PA.
Ejemplar examinado: *Schulz 1389* (BAB).

Eryngium floribundum Cham. & Schltdl. var. *angustifolium* Urb. = **Eryngium floribundum** Cham. & Schltdl.
Ref.: Mathias et al., 1972.

Eryngium floribundum Cham. & Schltdl. var. *pycnocephalum* Urb. = **Eryngium floribundum** Cham. & Schltdl.
Ref.: Mathias et al., 1972.

Eryngium floribundum Cham. & Schltdl. var. *serroides* Urb. = **Eryngium floribundum** Cham. & Schltdl.
Ref.: Mathias et al., 1972.

Eryngium glossophyllum H. Wolff
Ref.: Pontiroli, 1972.
Hábito: Hierba.
Status: Nativa.
Elevación: 2500-4000 m.
Prov.: JU, SA.
Paises limítrofes: BO.
Ejemplar examinado: *Burkart 11651* (SI).

Eryngium horridum Malme
Sin.: *Eryngium paniculatum* auct. non Cav. & Dombey ex F. Delaroche
Ref.: Wolff, 1913; Martínez, inéd.
Hábito: Hierba.
Status: Nativa.
Elevación: 0-500 m.
Prov.: BA, CH, CO, COR, ER, MI, SE, SF.
Paises limítrofes: BR, UR.
Ejemplar examinado: *Ulibarri 1323* (SI).

[Eryngium junceum Cham. & Schltdl.]
Nota: Cita dudosa para la flora argentina.

Eryngium junceum Cham. & Schltdl. subsp. juncifolium Urb. = **Eryngium juncifolium** (Urb.) Mathias & Constance
Ref.: Mathias & Constance, 1971b.

Eryngium junceum Cham. & Schltdl. subsp. *lineare* Urb. = **Eryngium juncifolium** (Urb.) Mathias & Constance
Nota: Cita dudosa para la flora argentina.

Eryngium juncifolium (Urb.) Mathias & Constance
Sin.: *Eryngium junceum* Cham. & Schltdl. subsp. juncifolium Urb., *Eryngium junceum* Cham. & Schltdl. subsp. *lineare* Urb.
Ref.: Mathias & Constance, 1971b; Mathias et al., 1972.
Hábito: Hierba.
Status: Nativa.
Elevación: 0-500 m.
Prov.: MI.
Paises limítrofes: BR, PA.
Ejemplar examinado: *Toursarkissian 118* (BA).

Eryngium kurtzii Hicken = **Eryngium chubutense** Neger ex Dusén
Ref.: Constance, 1988.

Eryngium lorentzii H. Wolff
Ref.: Wolff, 1913.
Hábito: Hierba.
Status: Endémica.
Elevación: 3000>4000 m.
Prov.: TU.
Ejemplar examinado: *Venturi 4784* (SI).

Eryngium luzulifolium Cham. & Schltdl.
Sin.: *Eryngium nudum* Gillies & Hook.
Ref.: Wolff, 1913; Pontiroli, 1966.
Hábito: Hierba.
Status: Nativa.
Elevación: 0-500 m.
Prov.: BA, COR, MI, SF.
Paises limítrofes: BR
Ejemplar examinado: *Pedersen 7674* (SI).

Eryngium mesopotamicum Pedersen
Ref.: Pedersen, 1997.
Hábito: Hierba.
Status: Nativa.
Elevación: 0-500 m.
Prov.: BA, CH, COR, ER, SF.
Paises limítrofes: BR, UR.
Ejemplar examinado: *Job 741* (SI).

Eryngium nudicaule Lam.
Sin.: *Eryngium bellidifolium* Decne., *Eryngium nudicaule* Lam. var. *bellidifolium* (Decne.) Urb., *Eryngium nudicaule* Lam. var. *ctenodes* Griseb., *Eryngium nudicaule* Lam. var. *pinnatifidum* Urb.
Ref.: Wolff, 1913; Pontiroli, 1966; Mathias et al., 1972; Martínez, inéd.
Hábito: Hierba.
Status: Nativa.
Elevación: 0-500 m.
Prov.: CH, CO, COR, ER, MI, SL.
Paises limítrofes: BO, BR, UR.
Ejemplar examinado: *Schulz 15255* (BAB).

Eryngium nudicaule Lam. var. *bellidifolium* (Decne.) Urb. = **Eryngium nudicaule** Lam.
Ref.: Mathias et al., 1972.

Eryngium nudicaule Lam. var. *ctenodes* Griseb. = **Eryngium nudicaule** Lam.
Ref.: Mathias et al., 1972.

Eryngium nudicaule Lam. var. *pinnatifidum* Urb. = **Eryngium nudicaule** Lam.
Ref.: Mathias et al., 1972.

Eryngium nudum Gillies & Hook. = **Eryngium luzulifolium** Cham. & Schltdl.
Ref.: Pontiroli, 1966.

Eryngium oligodon Griseb. = **Eryngium pandanifolium** Cham. & Schltdl.
Ref.: Mathias & Constance, 1971b.

Eryngium pandanifolium Cham. & Schltdl.
Sin.: *Eryngium decaisneanum* Urb., *Eryngium oligodon* Griseb.
Ref.: Wolff, 1913; Mathias & Constance, 1971b; Mathias et al., 1972.
Hábito: Hierba.
Status: Nativa.
Elevación: 0-500 m.
Prov.: BA, CH, ER, MI, SF.
Paises limítrofes: BR, PA, UR.
Ejemplar examinado: *Schulz 124* (BA).

Eryngium pandanifolium Cham. & Schltdl. var. *chamissonis* (Urb.) Mathias & Constance = **Eryngium chamissonis** Urb.
Ref.: Pedersen, 1997.

Eryngium paniculatum auct. non Cav. & Dombey ex F. Delaroche = **Eryngium horridum** Malme

Eryngium paniculatum Cav. & Dombey ex F. Delaroche
Sin.: *Eryngium paniculatum* Cav. & Dombey ex F. Delaroche var. *chilensis* DC.
Ref.: Constance, 1988.
Hábito: Hierba.
Status: Nativa.
Elevación: 0-1000 m.
Prov.: BA, CHU, NE, RN.
Paises limítrofes: CH.
Ejemplar examinado: *Boelcke 13602* (BAB, SI).

Eryngium paniculatum Cav. & Dombey ex F. Delaroche var. *chilensis* DC. = **Eryngium paniculatum** Cav. & Dombey ex F. Delaroche
Ref.: Constance, 1988.

[Eryngium plantagiinifolium H. Wolff]
Nota: Cita dudosa para la flora argentina.

Eryngium poterioides Griseb. = **Eryngium ebracteatum** Lam. var. **poterioides** (Griseb.) Urb.

Eryngium pristis Cham. & Schltdl.
Sin.: *Eryngium pristis* Cham. & Schltdl. var. *abbreviatum* H. Wolff, *Eryngium pristis* Cham. & Schltdl. var. *mitigatum* Malme
Ref.: Wolff, 1913; Mathias et al., 1972; Martínez, inéd.
Hábito: Hierba.
Status: Nativa.
Elevación: 0-500 m.
Prov.: CH, COR, MI.
Paises limítrofes: BO, BR, PA, UR.
Ejemplar examinado: *Schulz 18754* (BAB).

Eryngium pristis Cham. & Schltdl. var. *abbreviatum* H. Wolff = **Eryngium pristis** Cham. & Schltdl.
Ref.: Mathias et al., 1972.

Eryngium pristis Cham. & Schltdl. var. *mitigatum* Malme = **Eryngium pristis** Cham. & Schltdl.
Ref.: Mathias et al., 1972.

Eryngium pseudojunceum Clos
Sin.: *Eryngium crantzioides* Griseb., *Eryngium fistulosum* Phil.
Ref.: Constance, 1988.
Hábito: Hierba.
Status: Nativa.
Elevación: 0-1500 m.
Prov.: NE.
Paises limítrofes: CH.
Ejemplar examinado: *Rossow 524* (BAB).

[Eryngium rojasii H. Wolff]
Nota: Cita dudosa para la flora argentina.

Eryngium sanguisorba Cham. & Schltdl.
Sin.: *Eryngium sanguisorba* Cham. & Schltdl. var. *rosulatum* Urb.
Ref.: Wolff, 1913; Mathias et al., 1972.
Hábito: Hierba.
Status: Nativa.
Elevación: 0-500 m.
Prov.: COR, ER, MI.
Paises limítrofes: BR, PA, UR.
Ejemplar examinado: *Cabrera 28419* (SI).

Eryngium sanguisorba Cham. & Schltdl. var. *rosulatum* Urb. = **Eryngium sanguisorba** Cham. & Schltdl.
Ref.: Mathias et al., 1972.

[Eryngium scirpinum Cham. & Schltdl.]
Nota: Cita dudosa para la flora argentina.

Eryngium serra Cham. & Schltdl.
Ref.: Wolff, 1913; Pontiroli, 1966; Mathias et al., 1972.
Hábito: Hierba.
Status: Nativa.
Elevación: 0-500 m.
Prov.: BA.
Paises limítrofes: BR, PA, UR.
Ejemplar examinado: *Boelcke 5120* (SI).

Eryngium stenophyllum Urb.
Ref.: Wolff, 1913; Pontiroli, 1966.
Hábito: Hierba.
Status: Nativa.
Elevación: 0-500 m.
Prov.: BA, SF.
Paises limítrofes: BR, PA, UR.
Ejemplar examinado: *Ragonese 2597* (BA).

Eryngium uncinatum Cham. & Schltdl. = **Eryngium elegans** Cham. & Schltdl.
Ref.: Mathias et al., 1972.

Falcaria rivini Host = [Falcaria vulgaris Bernh.]

[Falcaria vulgaris Bernh.]
Sin.: *Falcaria rivini* Host
Ref.: Parodi, 1927.
Nota: Especie excluida de la flora argentina.

Foeniculum Mill.
Número de especies: 1

Foeniculum vulgare Mill.
Sin.: *Anethum foeniculum* L.
Ref.: Pontiroli, 1966; Constance, 1988.
Hábito: Hierba.
Status: Adventicia.
Elevación: 0-500 m.
Prov.: BA, CA, CH, CO, COR, ER, JU, LP, ME, MI, RN, SA, SE.
Paises limítrofes: BR, CH, UR.
Ejemplar examinado: *Arenas y Giberti 1009* (SI).

Fragosa biloba Schltdl. = **Azorella biloba** (Schltdl.) Wedd.
Ref.: Martínez, 1989.

Gymnophyton Clos
Número de especies: 1 especie endémica.

Gymnophyton polycephalum (Gillies & Hook.) Clos
Sin.: *Asteriscium anethoides* Turcz., *Asteriscium polycephalum* Gillies & Hook., *Asteriscium polycephalum* Hieron. ex H. Wolff, hom. illeg.
Ref.: Mathias & Constance, 1962; Martínez, inéd.
Hábito: Hierba.
Status: Endémica.
Elevación: 1000-3000 m.
Prov.: CA, LR, ME, SA, SJ.
Paises limítrofes: CH.
Ejemplar examinado: *Guaglianone 1515* (SI).

Helosciadium leptophyllum (Pers.) DC. = **Cyclospermum leptophyllum** (Pers.) Sprague
Ref.: Constance, 1990.

Huanaca Cav.
Número de especies: 4, 1 especie endémica.

Huanaca acaulis Cav.
Sin.: *Azorella acaulis* (Cav.) Drude, *Huanaca bergii* Hieron., *Huanaca cavanillesii* DC., *Huanaca geraniifolia* DC., *Lechleria palmata* Phil., *Oenanthe huanaca* Spreng., *Spananthe huanaca* (Spreng.) Lag.
Ref.: Mathias & Constance, 1971a; Constance, 1988.
Hábito: Hierba.
Status: Nativa.
Elevación: 0-1000 m.
Prov.: CHU, SC, TF.
Paises limítrofes: CH.
Ejemplar examinado: *Donat 123* (SI).

Huanaca andina (Phil.) Phil.
Sin.: *Azorella andina* (Phil.) Drude, *Azorella ranunculus* d'Urv. var. *trilobata* Dusén ex Macloskie, *Azorella trilobata* Dusén, *Schizeilema trilobata* (Dusén) Domin, *Trisciadium andinum* Phil.
Ref.: Mathias & Constance, 1971a; Constance, 1988.
Hábito: Hierba.
Status: Nativa.
Elevación: 1500-3000 m.
Prov.: CHU, NE, RN.
Paises limítrofes: CH.
Ejemplar examinado: *Boelcke 1925* (SI).

Huanaca bergii Hieron. = **Huanaca acaulis** Cav.
Ref.: Mathias & Constance, 1971a.

Huanaca boelckei Mathias & Constance
Ref.: Mathias & Constance, 1971a; Constance, 1988.
Hábito: Hierba.
Status: Endémica.
Elevación: 1000-2000 m.
Prov.: NE, RN.
Ejemplar examinado: *Boelcke 5692* (holotipo, UC, isotipo SI).

Huanaca burkartii Mathias & Constance
Ref.: Mathias & Constance, 1971a; Constance, 1988.
Hábito: Hierba.
Status: Nativa
Elevación: 2000-2500 m.
Prov.: NE, RN.
Paises limítrofes: CH.
Ejemplar examinado: *Burkart 9644* (holotipo, SI).

Huanaca cavanillesii DC. = **Huanaca acaulis** Cav.
Ref.: Mathias & Constance, 1971a.

Huanaca geraniifolia DC. = **Huanaca acaulis** Cav.
Ref.: Mathias & Constance, 1971a.

Huanaca morenonis Kuntze = **Mulinum microphyllum** (Cav.) Pers.
Ref.: Constance, 1988.

Hydrocotyle L.

Número de especies: 13

Hydrocotyle araucana Phil. = **Hydrocotyle chamaemorus** Cham. & Schltdl.
Ref.: Constance, 1988.

Hydrocotyle araucana Phil. var. *patagonica* Speg. = **Hydrocotyle chamaemorus** Cham. & Schltdl.
Ref.: Constance, 1988.

Hydrocotyle asiatica L. = **Centella asiatica** (L.) Urb.

Hydrocotyle batrachoides DC. = **Hydrocotyle ranunculoides** L.f.
Ref.: Pérez-Moreau, 1938.

Hydrocotyle bonariensis Lam.
Sin.: *Hydrocotyle multiflora* Ruiz & Pav., *Hydrocotyle umbellata* L. var. *bonariensis* (Lam.) Roem. & Schult.
Ref.: Pérez-Moreau, 1938; Pontiroli, 1966; Constance, 1988.
Hábito: Hierba.
Status: Nativa.
Elevación: 0-2500 m.
Prov.: BA, CA, CH, CO, COR, ER, FO, LP, ME, RN, SA, SE, SF, SJ, SL, TU.
Paises limítrofes: BO, BR, CH, PA, UR.
Ejemplar examinado: *Pérez-Moreau 4425* (BAB).

Hydrocotyle bonplandii A. Rich. var. *chilensis* DC. = **Hydrocotyle indecora** DC.
Ref.: Constance, 1988.

Hydrocotyle bonplandii A. Rich. var. *filipes* (Griseb.) Pérez-Mor. = **Hydrocotyle filipes** Mathias
Ref.: Mathias & Constance, 1975.

Hydrocotyle bonplandii auct. non A. Rich. = **Hydrocotyle filipes** Mathias
Ref.: Mathias & Constance, 1975.

Hydrocotyle bowlesioides Mathias & Constance
Ref.: Martínez, inéd.
Hábito: Hierba.
Status: Nativa.
Elevación: 0-500 m.
Prov.: CH.
Paises limítrofes: PA.
Ejemplar examinado: *Schulz 18461* (BAB).

Hydrocotyle callicephala auct. non Cham. & Schltdl. = **Hydrocotyle leucocephala** Cham. & Schltdl.
Ref.: Pérez-Moreau, 1938.

Hydrocotyle callicephala Cham.
Ref.: Pérez-Moreau, 1938.
Hábito: Hierba.
Status: Nativa.
Elevación: 0-500 m.
Prov.: MI.
Paises limítrofes: BR, PA.
Ejemplar examinado: *Pérez-Moreau s.n.* (BA 31/2221).

Hydrocotyle carrerae Phil. = **Hydrocotyle chamaemorus** Cham. & Schltdl.
Ref.: Constance, 1988.

Hydrocotyle chamaemorus Cham. & Schltdl.
Sin.: *Hydrocotyle araucana* Phil., *Hydrocotyle araucana* Phil. var. *patagonica* Speg., *Hydrocotyle carrerae* Phil., *Hydrocotyle chamaemorus* Cham. & Schltdl. var. *valdiviana* Reiche, *Hydrocotyle rhameri* Phil., *Hydrocotyle skottsbergii* Gand., *Hydrocotyle valdiviana* Phil.
Ref.: Pérez-Moreau, 1938; Constance, 1988.
Hábito: Hierba.
Status: Nativa.
Elevación: 0-2500 m.
Prov.: CHU, NE, RN, SC, TF.
Paises limítrofes: CH.
Ejemplar examinado: *Rossow 2048* (BAB).

Hydrocotyle chamaemorus Cham. & Schltdl. var. *valdiviana* Reiche = **Hydrocotyle chamaemorus** Cham. & Schltdl.
Ref.: Constance, 1988.

Hydrocotyle cryptocarpa Speg.
Ref.: Pérez-Moreau, 1938; Pontiroli, 1966.
Hábito: Hierba.
Status: Nativa.
Elevación: 0-500 m.
Prov.: BA, ER.
Paises limítrofes: UR.
Ejemplar examinado: *Pérez-Moreau s.n.* (BA 36452).

Hydrocotyle exigua (Urb.) Malme
Sin.: *Hydrocotyle hirsuta* Sw. var. *exigua* Urb.
Ref.: Pérez-Moreau, 1938; Martínez, inéd.
Hábito: Hierba.
Status: Nativa.
Elevación: 0-500 m.
Prov.: CH, COR, MI, SF.
Paises limítrofes: BR, PA.
Ejemplar examinado: *Schulz 9280* (BAB).

Hydrocotyle filipes Mathias
Sin.: *Hydrocotyle bonplandii* A. Rich. var. *filipes* (Griseb.) Pérez-Mor., *Hydrocotyle bonplandii* auct. non A. Rich., *Hydrocotyle poeppigii* DC. var. *filipes* Griseb.
Ref.: Pérez-Moreau, 1938; Mathias & Constance, 1975.
Hábito: Hierba.
Status: Nativa.
Elevación: 500-3000 m.
Prov.: SA, TU.
Paises limítrofes: BO.
Ejemplar examinado: *Venturi 239* (BA).

Hydrocotyle gummifera Lam. = **Bolax gummifera** (Lam.) Spreng.
Ref.: Hauman, 1919; Constance, 1988.

Hydrocotyle hirsuta Sw. var. *exigua* Urb. = **Hydrocotyle exigua** (Urb.) Malme

Hydrocotyle indecora DC.
Sin.: *Hydrocotyle bonplandii* A. Rich. var. *chilensis* DC., *Hydrocotyle marchantioides* Clos
Ref.: Constance, 1988.
Hábito: Hierba.
Status: Nativa.
Elevación: 500-1000 m.
Prov.: NE, RN, SC.
Paises limítrofes: CH.
Ejemplar examinado: *Boelcke 13646* (BAB, SI).

Hydrocotyle leucocephala Cham. & Schltdl.
Sin.: *Hydrocotyle callicephala* auct. non Cham. & Schltdl.
Ref.: Pérez-Moreau, 1938; Pontiroli, 1966; Martínez, inéd.
Hábito: Hierba.
Status: Nativa.
Elevación: 0-500 m.
Prov.: BA, COR, ER, FO, MI.
Paises limítrofes: BO, BR, PA, UR.
Ejemplar examinado: *Schulz 12335* (BAB).

Hydrocotyle marchantioides Clos = **Hydrocotyle indecora** DC.
Ref.: Constance, 1988.

Hydrocotyle modesta Cham. & Schltdl.
Ref.: Pérez-Moreau, 1938; Martínez, inéd.
Hábito: Hierba.
Status: Nativa.
Elevación: 0-500 m.
Prov.: BA, CA, CO, COR, JU, ME, MI, SE, SJ, SL.
Paises limítrofes: BR, CH, UR.
Ejemplar examinado: *Pérez-Moreau 4162* (BAB).

Hydrocotyle multiflora Ruiz & Pav. = **Hydrocotyle bonariensis** Lam.
Ref.: Constance, 1988.

Hydrocotyle natans Cirillo = **Hydrocotyle ranunculoides** L.f.
Ref.: Pérez-Moreau, 1938.

Hydrocotyle poeppigii DC. var. *filipes* Griseb. = **Hydrocotyle filipes** Mathias
Ref.: Mathias & Constance, 1975.

Hydrocotyle pusilla A. Rich.
Ref.: Pérez-Moreau, 1938; Pontiroli, 1966.
Hábito: Hierba.
Status: Nativa.
Elevación: 0-500 m.
Prov.: BA, COR, ER, MI.
Paises limítrofes: BR, UR.
Ejemplar examinado: *Parodi 5396* (BA).

Hydrocotyle ranunculoides L.f.
Sin.: *Hydrocotyle batrachoides* DC., *Hydrocotyle natans* Cirillo
Ref.: Pérez-Moreau, 1938; Pontiroli, 1966; Constance, 1988; Martínez, inéd.
Hábito: Hierba.
Status: Nativa.
Elevación: 0-3500 m.
Prov.: BA, CH, CHU, CO, COR, ER, FO, JU, LP, NE, RN, SA, SC, SE, SF, SJ, TU.
Paises limítrofes: BO, BR, CH, PA, UR.
Ejemplar examinado: *Cabral 588* (BAB).

Hydrocotyle rhameri Phil. = **Hydrocotyle chamaemorus** Cham. & Schltdl.
Ref.: Constance, 1988.

Hydrocotyle skottsbergii Gand. = **Hydrocotyle chamaemorus** Cham. & Schltdl.
Ref.: Constance, 1988.

Hydrocotyle triflora Ruiz & Pav. = **Centella asiatica** (L.) Urb.
Ref.: Martínez, inéd.

Hydrocotyle umbellata L. var. *bonariensis* (Lam.) Roem. & Schult. = **Hydrocotyle bonariensis** Lam.
Ref.: Pérez-Moreau, 1938.

Hydrocotyle valdiviana Phil. = **Hydrocotyle chamaemorus** Cham. & Schltdl.
Ref.: Constance, 1988.

Hydrocotyle verticillata Thunb.
Ref.: Pérez-Moreau, 1938; Pontiroli, 1966; Martínez, inéd.
Hábito: Hierba.
Status: Nativa.
Elevación: 0-500 m.
Prov.: BA, CA, CH, MI.
Paises limítrofes: BR, CH, PA, UR.
Ejemplar examinado: *Meyer 534* (SI).

Laretia Gillies & Hook.

Número de especies: 1

Laretia acaulis (Cav.) Gillies & Hook.
Sin.: *Selinum acaule* Cav.
Ref.: Ruiz Leal, 1975; Martínez, inéd.
Hábito: Hierba en cojín.
Status: Nativa.
Elevación: 2000-3500 m.
Prov.: ME, SJ.
Paises limítrofes: CH.
Ejemplar examinado: *Pérez-Moreau s.n.* (BA 55082).

Lechleria palmata Phil. = **Huanaca acaulis** Cav.
Ref.: Mathias & Constance, 1971a.

Ligusticum apioides Phil. = **Apium panul** (Bertero ex DC.) Reiche
Ref.: Constance, 1988.

Ligusticum landbeckii Phil. = **Apium panul** (Bertero ex DC.) Reiche
Ref.: Constance, 1988.

Ligusticum nemorosum Phil. = **Apium panul** (Bertero ex DC.) Reiche
Ref.: Constance, 1988.

Ligusticum panul Bertero ex DC. = **Apium panul** (Bertero ex DC.) Reiche

Lilaeopsis Greene

Número de especies: 4, 1 especie endémica.

Lilaeopsis andina A.W. Hill = **Lilaeopsis macloviana** (Gand.) A. W. Hill
Ref.: Affolter, 1985.

Lilaeopsis andina A.W. Hill f. *subulata* (Wedd.) Pérez-Mor. = **Lilaeopsis macloviana** (Gand.) A. W. Hill
Ref.: Affolter, 1985.

Lilaeopsis andina A.W. Hill var. *microcarpa* Pérez-Mor. = **Lilaeopsis macloviana** (Gand.) A. W. Hill
Ref.: Affolter, 1985.

Lilaeopsis andina A.W. Hill var. *multivittata* A.W. Hill = **Lilaeopsis macloviana** (Gand.) A. W. Hill
Ref.: Affolter, 1985.

Lilaeopsis attenuata (Hook. & Arn.) Fernald
Sin.: *Crantzia atttenuata* Hook. & Arn.
Ref.: Affolter, 1985; Martínez, inéd.
Hábito: Hierba.
Status: Endémica.
Elevación: 0-500 m.
Prov.: BA, CH, COR.
Ejemplar examinado: *Schulz 11824* (BA, BAB).

Lilaeopsis brasiliensis (Glaz.) Affolter
Sin.: *Crantzia brasiliensis* Glaz., *Lilaeopsis carolinensis* J.M. Coult. & Rose var. *minor* A.W. Hill, *Lilaeopsis minor* (A. W. Hill) Pérez-Mor.
Ref.: Pérez-Moreau, 1937; Affolter, 1985.
Hábito: Hierba.
Status: Nativa.
Elevación: 0-500 m.
Prov.: BA, COR, MI.
Paises limítrofes: BR, PA, UR.
Ejemplar examinado: *Weber-Bachman s.n.* (BA 62007).

Lilaeopsis carolinensis J.M. Coult. & Rose
Ref.: Pérez-Moreau, 1937; Affolter, 1985; Martínez, inéd.
Hábito: Hierba.
Status: Nativa.
Elevación: 0-1000 m.
Prov.: BA, CH, COR, ER, JU, ME, MI.
Paises limítrofes: BR, PA, UR.
Ejemplar examinado: *Schulz 2966* (BA, BAB).

Lilaeopsis carolinensis J.M. Coult. & Rose var. *minor* A.W. Hill = **Lilaeopsis brasiliensis** (Glaz.) Affolter
Ref.: Affolter, 1985.

Lilaeopsis exigua Pérez-Mor. = **Lilaeopsis macloviana** (Gand.) A. W. Hill
Ref.: Affolter, 1985.

Lilaeopsis hilli Pérez-Mor. = **Lilaeopsis macloviana** (Gand.) A. W. Hill
Ref.: Affolter, 1985.

Lilaeopsis macloviana (Gand.) A. W. Hill
Sin.: *Crantzia macloviana* Gand., *Lilaeopsis andina* A.W. Hill, *Lilaeopsis andina* A.W. Hill f. *subulata* (Wedd.) Pérez-Mor., *Lilaeopsis andina* A.W. Hill var. *microcarpa* Pérez-Mor., *Lilaeopsis andina* A.W. Hill var. *multivittata* A.W. Hill, *Lilaeopsis exigua* Pérez-Mor., *Lilaeopsis hilli* Pérez-Mor., *Lilaeopsis patagonica* Pérez-Mor., *Lilaeopsis sinuata* A.W. Hill
Ref.: Pérez-Moreau, 1937; Affolter, 1985; Constance, 1988; Martínez, inéd.
Hábito: Hierba.
Status: Nativa.
Elevación: 0>4500 m.
Prov.: CA, CHU, JU, LR, ME, RN, SA, SC, SJ, TF, TU.
Paises limítrofes: BO, CH.
Ejemplar examinado: *Guaglianone 1681* (SI).

Lilaeopsis minor (A. W. Hill) Pérez-Mor. = **Lilaeopsis brasiliensis** (Glaz.) Affolter
Ref.: Affolter, 1985.

Lilaeopsis patagonica Pérez-Mor. = **Lilaeopsis macloviana** (Gand.) A. W. Hill
Ref.: Affolter, 1985.

Lilaeopsis sinuata A.W. Hill = **Lilaeopsis macloviana** (Gand.) A. W. Hill
Ref.: Affolter, 1985.

Mulinum Pers.

Número de especies: 13, 4 especies endémicas.

Mulinum albovaginatum Gillies & Hook.
Sin.: *Mulinum cryptanthum* Clos var. *pulvinaris* Wedd.
Ref.: Constance, 1988.
Hábito: Hierba en cojín.
Status: Nativa.
Elevación: 1500-4000 m.
Prov.: ME, NE.
Paises limítrofes: CH.
Ejemplar examinado: *Boelcke 11228* (SI).

Mulinum axilliflorum Griseb.
Ref.: Grisebach, 1879.
Hábito: Hierba en cojín.
Status: Endémica.
Elevación: 4000-4500 m.
Prov.: CA, JU.
Ejemplar examinado: *Sleumer 3311* (SI).

Mulinum chillanense Phil. = **Mulinum spinosum** (Cav.) Pers.
Ref.: Constance, 1988.

Mulinum crassifolium Phil.
Ref.: Cabrera, 1957b.
Hábito: Hierba en cojín.
Status: Nativa.
Elevación: 3500-4500 m.
Prov.: SA.
Paises limítrofes: CH.
Ejemplar examinado: *Anz 6* (SI).

Mulinum cryptanthum Clos var. *pulvinaris* Wedd. = **Mulinum albovaginatum** Gillies & Hook.
Ref.: Constance, 1988.

Mulinum cryptanthum Gay = **Azorella cryptantha** (Clos) Reiche

Mulinum echegarayii Hieron.
Ref.: Hieronymus, 1881; Martínez, inéd.
Hábito: Hierba en cojín.
Status: Endémica.
Elevación: 2500-3000 m.
Prov.: ME, SJ.
Ejemplar examinado: *Kiesling 4532* (SI).

Mulinum echinus DC.
Sin.: *Mulinum ulicinum* auct. non Gillies & Hook.
Ref.: Constance, 1988.
Hábito: Subarbusto.
Status: Nativa.
Elevación: 2000-2500 m.
Prov.: CHU, ME, NE, RN, SJ.
Paises limítrofes: CH.
Ejemplar examinado: *Constance 3822* (BAB).

Mulinum famatinense H. Wolff
Ref.: Cabrera, 1957b.
Hábito: Hierba en cojín.
Status: Endémica.
Elevación: 0-500 m.
Prov.: JU, LR, SA.
Ejemplar examinado: *Cabrera 8374* (LP).

Mulinum hallei Skottsb.
Ref.: Constance, 1988.
Hábito: Hierba en cojín.
Status: Endémica.
Elevación: 0-500 m.
Prov.: CHU, SC.
Ejemplar examinado: *Boelcke 15368* (BAB).

Mulinum integrifolium Hieron. = **Azorella cryptantha** (Clos) Reiche
Ref.: Martínez, 1989.

Mulinum laxum Phil. = **Mulinum spinosum** (Cav.) Pers.
Ref.: Constance, 1988.

Mulinum leoninum Lorentz = **Mulinum spinosum** (Cav.) Pers.
Ref.: Constance, 1988.

Mulinum leptacanthum Phil.
Sin.: *Azorella nivalis* Phil., *Mulinum patagonicum* Speg.
Ref.: Constance, 1988.
Hábito: Subarbusto.
Status: Nativa.
Elevación: 1000-3000 m.
Prov.: NE, RN.
Paises limítrofes: CH.
Ejemplar examinado: *Hunziker 6993* (BAB).

Mulinum lycopodioides Speg. = **Mulinum valentinii** Speg.
Ref.: Constance, 1988.

Mulinum microphyllum (Cav.) Pers.
Sin.: *Azorella morenonis* (Kuntze) Macloskie, *Diplaspis morenonis* (Kuntze) K. Schum., *Huanaca morenonis* Kuntze, *Mulinum morenonis* (Kuntze) Speg., *Selinum microphyllum* Cav.
Ref.: Constance, 1988.
Hábito: Hierba.
Status: Nativa.
Elevación: 500-1500 m.
Prov.: CHU, NE, RN.
Paises limítrofes: CH.
Ejemplar examinado: *Soriano 3788* (BAB).

Mulinum morenonis (Kuntze) Speg. = **Mulinum microphyllum** (Cav.) Pers.
Ref.: Constance, 1988.

Mulinum ovalleanum Phil. = **Mulinum spinosum** (Cav.) Pers.
Ref.: Constance, 1988.

Mulinum patagonicum auct. non Speg. = **Mulinum spinosum** (Cav.) Pers.
Ref.: Constance, 1988.

Mulinum patagonicum Speg. = **Mulinum leptacanthum** Phil.
Ref.: Constance, 1988.

Mulinum proliferum (Cav.) Pers. = **Mulinum spinosum** (Cav.) Pers.
Ref.: Constance, 1988.

Mulinum spinosum (Cav.) Pers.
Sin.: *Mulinum chillanense* Phil., *Mulinum laxum* Phil., *Mulinum leoninum* Lorentz, *Mulinum ovalleanum* Phil., *Mulinum patagonicum* auct. non Speg., *Mulinum proliferum* (Cav.) Pers., *Mulinum spinosum* (Cav.) Pers. var. *quinquepartitum* Kuntze, *Mulinum spinosum* (Cav.) Pers. var. *trispinescens* Kuntze, *Selinum proliferum* Cav., *Selinum spinosum* Cav.
Ref.: Pontiroli, 1966; Constance, 1988; Martínez, inéd.
Hábito: Arbusto.
Status: Nativa.

Elevación: 0-1500 m.
Prov.: BA, CHU, ME, NE, RN, SC, SJ.
Paises limítrofes: CH.
Ejemplar examinado: *Boelcke 10648* (BAB, SI).

Mulinum spinosum (Cav.) Pers. var. *quinquepartitum* Kuntze = **Mulinum spinosum** (Cav.) Pers.
Ref.: Constance, 1988.

Mulinum spinosum (Cav.) Pers. var. *trispinescens* Kuntze = **Mulinum spinosum** (Cav.) Pers.
Ref.: Constance, 1988.

Mulinum triacanthum Griseb.
Ref.: Cabrera, 1957b.
Hábito: Hierba en cojín.
Status: Nativa.
Elevación: 1500-4500 m.
Prov.: CA, JU, LR, TU.
Paises limítrofes: BO.
Ejemplar examinado: *Burkart 11811* (SI).

Mulinum ulicinum auct. non Gillies & Hook. = **Mulinum echinus** DC.
Ref.: Constance, 1988.

Mulinum ulicinum Gillies & Hook.
Ref.: Martínez, inéd.
Hábito: Hierba en cojín.
Status: Nativa.
Elevación: 2500>4500 m.
Prov.: JU, ME, SJ.
Paises limítrofes: CH.
Ejemplar examinado: *Kiesling 3228* (SI).

Mulinum valentinii Speg.
Sin.: *Azorella concolor* Rendle, *Mulinum lycopodioides* Speg.
Ref.: Constance, 1988.
Hábito: Hierba en cojín.
Status: Nativa.
Elevación: 0-1500 m.
Prov.: CHU, SC.
Paises limítrofes: CH.
Ejemplar examinado: *Correa 3599* (BAB).

Myrrhis andicola Kunth = **Oreomyrrhis andicola** (Kunth) Hook. f.

Myrrhis renjifoana Phil. = **Osmorhiza glabrata** Phil.
Ref.: Lowry & Jones, 1985.

[Niphogeton ternata (Schltdl.) Mathias & Constance]
Sin.: *Apium ranunculifolium* Kunth,
Nota: Cita dudosa para la flora argentina.

Notiosciadium Speg.

Número de especies: 1 especie endémica.

Notiosciadium pampicola Speg.
Ref.: Spegazzini, 1924; Pontiroli, 1966.
Hábito: Hierba.
Status: Endémica.
Elevación: 0-500 m.
Prov.: BA.
Ejemplar examinado: *Lanfranchi 726* (SI).

Oenanthe L.

Número de especies: 1

[Oenanthe fistulosa L.]
Nota: Cita dudosa para la flora argentina.

Oenanthe globulosa L.
Ref.: Pontiroli, 1966; Tutin, 1968.
Hábito: Hierba.
Status: Adventicia.
Elevación: 0-500 m.
Prov.: BA.
Paises limítrofes: UR.
Ejemplar examinado: *Venturi s.n.* (SI).

Oenanthe huanaca Spreng. = **Huanaca acaulis** Cav.
Ref.: Mathias & Constance, 1971a.

Oligocladus Chodat & Wilczek

Número de especies: 1 especie endémica.

Oligocladus patagonicus (Speg.) Pérez-Mor.
Sin.: *Sanicula patagonica* Speg.
Ref.: Pérez-Moreau, 1936; Constance, 1988.
Hábito: Hierba.
Status: Endémica.
Elevación: 500-1000 m.
Prov.: ME, NE, RN.
Ejemplar examinado: *Fischer 29* (SI).

Oreomyrrhis Endl.

Número de especies: 2

Oreomyrrhis andicola (Kunth) Hook. f.
Sin.: *Myrrhis andicola* Kunth, *Oreomyrrhis andicola* (Kunth) Hook. f. var. *tomentosa* Wedd., *Oreomyrrhis daucoides* Urb.
Ref.: Mathias & Constance, 1955.
Hábito: Hierba.
Status: Nativa.
Elevación: 2000>4500 m.
Prov.: CA, CO, JU, SA, TU.
Paises limítrofes: BO.
Ejemplar examinado: *Castellanos s.n.* (BA 10752).

Oreomyrrhis andicola (Kunth) Hook. f. var. *tomentosa* Wedd. = **Oreomyrrhis andicola** (Kunth) Hook. f.
Ref.: Mathias & Constance, 1955.

Oreomyrrhis daucoides auct. non Urb. = **Oreomyrrhis hookeri** Mathias & Constance
Ref.: Mathias & Constance, 1955.

Oreomyrrhis daucoides Urb. = **Oreomyrrhis andicola** (Kunth) Hook. f.
Ref.: Mathias & Constance, 1955.

Oreomyrrhis hookeri Mathias & Constance
Sin.: *Azorella daucoides* d'Urv., *Oreomyrrhis daucoides* auct. non Urb.
Ref.: Mathias & Constance, 1955; Constance, 1988.
Hábito: Hierba.
Status: Nativa.
Elevación: 0-500 m.

Prov.: SC, TF.
Paises limítrofes: CH.
Ejemplar examinado: *Hunziker 6809* (BAB).

Osmorhiza Raf.
Número de especies: 4

Osmorhiza berterii DC. = **Osmorhiza chilensis** Hook. & Arn.
Ref.: Lowry & Jones, 1985.

Osmorhiza berterii DC. var. *gracilior* Phil. = **Osmorhiza chilensis** Hook. & Arn.
Ref.: Lowry & Jones, 1985.

Osmorhiza chilensis Hook. & Arn.
Sin.: *Osmorhiza berterii* DC., *Osmorhiza berterii* DC. var. *gracilior* Phil.
Ref.: Lowry & Jones, 1985; Constance, 1988.
Hábito: Hierba.
Status: Nativa.
Elevación: 0-2500 m.
Prov.: CHU, ME, NE, RN, SC, TF.
Paises limítrofes: CH.
Ejemplar examinado: *Soriano 2488* (BAB).

Osmorhiza depauperata Phil.
Sin.: *Osmorhiza obtusa* (J.M. Coult. & Rose) Fernald
Ref.: Lowry & Jones, 1985; Constance, 1988.
Hábito: Hierba.
Status: Nativa.
Elevación: 0-2500 m.
Prov.: CHU, NE, RN, SC, TF.
Paises limítrofes: CH.
Ejemplar examinado: *Constance 3845* (BAB).

Osmorhiza glabrata Phil.
Sin.: *Myrrhis renjifoana* Phil.
Ref.: Lowry & Jones, 1985; Constance, 1988.
Hábito: Hierba.
Status: Nativa.
Elevación: 1500-2000 m.
Prov.: NE.
Paises limítrofes: CH.
Ejemplar examinado: *Boelcke 10978* (SI).

Osmorhiza mexicana Griseb.
Ref.: Lowry & Jones, 1985.
Hábito: Hierba.
Status: Nativa.
Elevación: 1000-3500 m.
Prov.: CA, CO, JU, TU.
Paises limítrofes: BO.
Ejemplar examinado: *Cabrera et al. 17299* (LP).

Osmorhiza obtusa (J.M. Coult. & Rose) Fernald = **Osmorhiza depauperata** Phil.
Ref.: Lowry & Jones, 1985.

Pastinaca L.
Número de especies: 1

Pastinaca sativa L.
Sin.: *Anethum pastinaca* Wibel
Ref.: Constance, 1988.
Hábito: Hierba.
Status: Adventicia.
Elevación: 500-1500 m.
Prov.: BA, CHU, CO, ME, NE, SA, SE.
Paises limítrofes: CH, UR.
Ejemplar examinado: *Soriano 1562* (BAB).

Peucedanum oreopansil Griseb. = **Austropeucedanum oreopansil** (Griseb.) Mathias & Constance
Ref.: Mathias & Constance, 1952.

Pimpinella L.
Número de especies: 1

Pimpinella anisum L.
Sin.: *Seseli gilliesii* Hook. & Arn.
Ref.: Constance, 1965.
Hábito: Hierba.
Status: Adventicia.
Elevación: 500-1500 m.
Prov.: CO, ME.
Ejemplar examinado: *Burkart 13882* (SI).

Pimpinella leptophylla Pers. = **Apium leptophyllum** (Pers.) F. Muell.

Pozoa Lag.
Número de especies: 2

Pozoa coriacea Lag.
Sin.: *Azorella coriacea* (Lag.) Kuntze, *Azorella hydrocotylifolia* (Bridges) Macloskie, *Pozoa hydrocotylifolia* Bridges
Ref.: Mathias & Constance, 1962; Constance, 1988; Martínez, inéd.
Hábito: Hierba.
Status: Nativa.
Elevación: 1000-3000 m.
Prov.: ME, NE, RN, SJ.
Paises limítrofes: CH.
Ejemplar examinado: *Boelcke 11299* (BAA, BAB, SI).

Pozoa hydrocotylifolia Bridges = **Pozoa coriacea** Lag.
Ref.: Mathias & Constance, 1962.

Pozoa incisa Griseb. = **Azorella diversifolia** Clos
Ref.: Martínez, 1989.

Pozoa volcanica Mathias & Constance
Ref.: Mathias & Constance, 1962; Constance, 1988.
Hábito: Hierba.
Status: Nativa.
Elevación: 1500-2500 m.
Prov.: NE.
Paises limítrofes: CH.
Ejemplar examinado: *Burkart 9632* (SI).

Sanicula L.
Número de especies: 2

Sanicula crassicaulis Poepp. ex DC.
Ref.: Constance, 1988.
Hábito: Hierba.
Status: Nativa.
Elevación: 500-1000 m.
Prov.: CHU, ME, NE.
Paises limítrofes: CH.
Ejemplar examinado: *Burkart 26507* (SI).

Sanicula graveolens Poepp. ex DC.
Sin.: *Sanicula macrorhiza* Bertero ex Colla, *Sanicula macrorhiza* Bertero ex Colla var. *andina* Meigen
Ref.: Constance, 1988.
Hábito: Hierba.
Status: Nativa.
Elevación: 1500-2000 m.
Prov.: CHU, ME, NE, RN.
Paises limítrofes: CH.
Ejemplar examinado: *Boelcke 11233* (BAA, BAB, SI).

Sanicula macrorhiza Bertero ex Colla = **Sanicula graveolens** Poepp. ex DC.
Ref.: Constance, 1988.

Sanicula macrorhiza Bertero ex Colla var. *andina* Meigen = **Sanicula graveolens** Poepp. ex DC.
Ref.: Constance, 1988.

Sanicula patagonica Speg. = **Oligocladus patagonicus** (Speg.) Pérez-Mor.

Schizeilema (Hook. f.) Domin
Número de especies: 1

Schizeilema ranunculus (d'Urv.) Domin
Sin.: *Azorella ranunculus* d'Urv.
Ref.: Constance, 1988.
Hábito: Hierba.
Status: Nativa.
Elevación: 0-500 m.
Prov.: SC, TF.
Paises limítrofes: CH.
Ejemplar examinado: *Boelcke 15232* (BAA, BAB).

Schizeilema trilobata (Dusén) Domin = **Huanaca andina** (Phil.) Phil.
Ref.: Mathias & Constance, 1971a.

Selinum acaule Cav. = **Laretia acaulis** (Cav.) Gillies & Hook.

Selinum microphyllum Cav. = **Mulinum microphyllum** (Cav.) Pers.

Selinum proliferum Cav. = **Mulinum spinosum** (Cav.) Pers.
Ref.: Constance, 1988.

Selinum spinosum Cav. = **Mulinum spinosum** (Cav.) Pers.

Seseli gilliesii Hook. & Arn. = **Pimpinella anisum** L.
Ref.: Constance, 1965.

Sium nodiflorum L. = **Apium nodiflorum** (L.) Lag.

Spananthe huanaca Lag. = **Huanaca acaulis** Cav.
Ref.: Mathias & Constance, 1971a.

Spermolepis Raf.
Número de especies: 1 especie endémica.

Spermolepis castellanosi Pérez-Mor.
Ref.: Pérez-Moreau, 1939; Constance, 1988.
Hábito: Hierba.
Status: Endémica.
Elevación: 1500-2500 m.
Prov.: BA, CHU, CO, LP, ME, NE, RN.
Ejemplar examinado: *Correa 8721* (BAB).

Tordylium L.
Número de especies: 1

Tordylium maximum L.
Ref.: Troiani & Prina, 1995.
Hábito: Hierba.
Status: Introducida.
Elevación: 0-500 m.
Prov.: BA, CO, LP.
Ejemplar examinado: *Guirin s.n.* (SI).

Tordylium nodosum L. = **Torilis nodosa** (L.) Gaertn.

Torilis Adans.
Número de especies: 1

Torilis anthriscus (L.) C.C. Gmel.= [Torilis japonica (Houtt.) DC.]

[Torilis japonica (Houtt.) DC.]
Sin.: *Torilis anthriscus* (L.) C.C. Gmel.
Nota: Cita dudosa para la flora argentina.

Torilis nodosa (L.) Gaertn.
Sin.: *Tordylium nodosum* L.
Ref.: Pontiroli, 1966.
Hábito: Hierba.
Status: Adventicia.
Elevación: 0-500 m.
Prov.: BA.
Paises limítrofes: BR, CH, UR.
Ejemplar examinado: *Hunziker 1479* (BA).

Trisciadium andinum Phil. = **Huanaca andina** (Phil.) Phil.
Ref.: Mathias & Constance, 1971a.

APOCYNACEAE

17 géneros, 42 especies; 3 especies endémicas.

por C. Ezcurra

Amblyanthera brachyloba Müll. Arg. = **Mandevilla brachyloba** (Müll. Arg.) K. Schum.
Ref.: Woodson, 1933.

Amblyanthera bridgesii Müll. Arg. = **Mandevilla laxa** (Ruiz & Pav.) Woodson
Ref.: Ezcurra, 1981.

Ammocallis rosea (L.) Small = Catharanthus roseus (L.) G. Don
Ref.: Xifreda, 1984a.

Aspidosperma Mart. & Zucc.

Número de especies: 4

Aspidosperma australe Müll. Arg.
Sin.: *Aspidosperma australe* var. *estrellense* Hassl., *Aspidosperma australe* var. *longepetiolatum* Hassl., *Aspidosperma missionum* Speg., *Aspidosperma occidentale* Malme
Ref.: Woodson, 1951; Ezcurra, 1981; Ezcurra et al., 1992.
Hábito: Árbol.
Status: Nativa.
Elevación: 0–500 m.
Prov.: COR, MI.
Paises limítrofes: BO, BR, PA.
Ejemplar examinado: *Krapovickas 25788* (BAB, LP).

Aspidosperma australe var. *estrellense* Hassl. = **Aspidosperma australe** Müll. Arg.
Ref.: Ezcurra et al., 1992.

Aspidosperma australe var. *longepetiolatum* Hassl. = **Aspidosperma australe** Müll. Arg.
Ref.: Ezcurra et al., 1992.

Aspidosperma chakensis Speg. = **Aspidosperma triternatum** Rojas Acosta
Ref.: Ezcurra, 1981.

Aspidosperma crotalorum Speg. = **Aspidosperma quebracho-blanco** Schltdl.
Ref.: Woodson, 1951; Ezcurra, 1981.

Aspidosperma dugandii Standl. = **Aspidosperma polyneuron** Müll. Arg.
Ref.: Woodson, 1951.

Aspidosperma horko-kebracho Speg. = **Aspidosperma triternatum** Rojas Acosta
Ref.: Ezcurra, 1981.

Aspidosperma missionum Speg. = **Aspidosperma australe** Müll. Arg.
Ref.: Woodson, 1951; Ezcurra, 1981.

Aspidosperma occidentale Malme = **Aspidosperma australe** Müll. Arg.
Ref.: Ezcurra et al. 1992.

Aspidosperma olivaceum Müll. Arg. = [Aspidosperma pyricollum Müll. Arg.]
Ref.: Woodson, 1951.

Aspidosperma peroba Allemao ex Sald. = **Aspidosperma polyneuron** Müll. Arg.
Ref.: Woodson, 1951; Ezcurra, 1981.

Aspidosperma polyneuron Müll. Arg.
Sin.: *Aspidosperma dugandii* Standl., *Aspidosperma peroba* Allemao ex Sald., *Aspidosperma polyneuron* var. *longifolium* Hassl., *Aspidosperma venosum* Müll. Arg., *Thyroma polyneura* (Müll. Arg.) Miers
Ref.: Woodson, 1951; Ezcurra, 1981; Ezcurra et al., 1992.
Hábito: Árbol.
Status: Nativa.
Elevación: 0–500 m.
Prov.: MI.
Paises limítrofes: BR, PA.
Ejemplar examinado: *Rojas 4397* (BAB, LP).

Aspidosperma polyneuron var. *longifolium* Hassl. = **Aspidosperma polyneuron** Müll. Arg.
Ref.: Ezcurra et al., 1992.

Aspidosperma pseudoquina Hassl. = **Rauvolfia sellowii** Müll. Arg.
Ref.: Xifreda, 1981.

[Aspidosperma pyricollum Müll. Arg.]
Sin.: *Aspidosperma olivaceum* Müll. Arg.
Ref.: Ezcurra, 1981.
Nota: Especie excluida de la flora argentina.

Aspidosperma quebracho-blanco Schltdl.
Sin.: *Aspidosperma crotalorum* Speg., *Aspidosperma quebracho-blanco* fo. *malmeana* Markgr., *Aspidosperma quebracho-blanco* fo. *schlechtendaliana* Markgr., *Aspidosperma quebracho-blanco* fo. *spegazziniana* Markgr., *Aspidosperma quebracho-blanco* var. *pendula* Speg., *Aspidosperma quebrachoideum* Rojas Acosta, *Macaglia quebracho* (Schl.) Kuntze.
Ref.: Woodson, 1951; Ezcurra, 1981; Ezcurra et al., 1992.
Hábito: Árbol.
Status: Nativa.
Elevación: 0–500 m.
Prov.: CA, CH, CO, COR, ER, FO, JU, LR, SA, SE, SF, SJ, SL, TU.
Paises limítrofes: BO, PA, UR.
Ejemplar examinado: *Venturi 1373* (SI).

Aspidosperma quebracho-blanco f. *malmeana* Markgr. = **Aspidosperma quebracho-blanco** Schltdl.
Ref.: Ezcurra et al., 1992.

Aspidosperma quebracho-blanco f. *schlechtendaliana* Markgr. = **Aspidosperma quebracho-blanco** Schltdl.
Ref.: Ezcurra, 1981.

Aspidosperma quebracho-blanco f. *spegazziniana* Markgr. = **Aspidosperma quebracho-blanco** Schltdl.
Ref.: Ezcurra, 1981.

Aspidosperma quebracho-blanco subsp. *brevifolium* Hassl. = **Aspidosperma triternatum** Rojas Acosta
Ref.: Ezcurra, 1981.

Aspidosperma quebracho-blanco var. *ellipticum* Markgr. = **Aspidosperma triternatum** Rojas Acosta
Ref.: Ezcurra, 1981.

Aspidosperma quebracho-blanco var. *pendula* Speg. = **Aspidosperma quebracho-blanco** Schltdl.
Ref.: Ezcurra, 1981.

Aspidosperma quebrachoideum Rojas Acosta = **Aspidosperma quebracho-blanco** Schltdl.
Ref.: Ezcurra, 1981.

[Aspidosperma quirandy Hassl.]
Ref.: Bernardi, 1984.
Nota: Especie excluida de la flora argentina.

Aspidosperma spegazzinii Molfino ex T. Mey. = **Rauvolfia sellowii** Müll. Arg.
Ref.: Xifreda, 1981.

Aspidosperma triternatum Rojas Acosta
Sin.: *Aspidosperma chakensis* Speg., *Aspidosperma horkokebracho* Speg., *Aspidosperma quebracho-blanco* subsp. *brevifolium* Hassl., *Aspidosperma quebracho-blanco* var. *ellipticum* Markgr.
Ref.: Woodson, 1951; Ezcurra, 1981; Ezcurra et al., 1992.
Hábito: Árbol.
Status: Nativa.
Elevación: 0–500 m.
Prov.: CH, COR, FO, JU, SA, SF.
Paises limítrofes: PA.
Ejemplar examinado: *Burkart 20329* (SI).

Aspidosperma venosum Müll. Arg. = **Aspidosperma polyneuron** Müll. Arg.
Ref.: Woodson, 1951.

Cascabela bicornuta (Müll. Arg.) Lippold, comb. inval. = **Thevetia bicornuta** Mull. Arg.

Catharanthus G. Don
Número de especies: 1

Catharanthus roseus (L.) G. Don
Sin.: *Ammocallis rosea* (L.) Small, *Lochnera rosea* (L.) Rchb. ex Endl., *Vinca rosea* L.
Ref.: Xifreda, 1984a.
Hábito: Hierba.
Status: Introducida.
Elevación: 0–500 m.
Prov.: COR, ER.
Ejemplar examinado: *Luchini s.n.* (SI).
Nota: Asilvestrada en varias regiones tropicales del mundo.

Condylocarpon Desf.
Número de especies: 1

Condylocarpon isthmicum (Vell.) A. DC.
Sin.: *Condylocarpon rauwolfiae* (A. DC.) Müll. Arg., *Condylocarpon rauwolfiae* var. *acuminata* Müll. Arg., *Condylocarpon rauwolfiae* var. *tomentosa* Müll. Arg., *Echites isthmica* Vell.
Ref.: Ezcurra, 1981; Fallen, 1983; Ezcurra et al., 1992.
Hábito: Liana.
Status: Nativa.
Elevación: 0–500 m.
Prov.: COR, ER, MI.
Paises limítrofes: BR, PA.
Ejemplar examinado: *Cabrera 28912* (SI).

Condylocarpon rauwolfiae (A. DC.) Müll. Arg. = **Condylocarpon isthmicum** (Vell.) A. DC.
Ref.: Fallen, 1983.

Condylocarpon rauwolfiae var. *acuminata* Müll. Arg. = **Condylocarpon isthmicum** (Vell.) A. DC.
Ref.: Fallen, 1983.

Condylocarpon rauwolfiae var. *tomentosa* Müll. Arg. = **Condylocarpon isthmicum** (Vell.) A. DC.
Ref.: Fallen, 1983.

Dipladenia angustifolia Malme = **Mandevilla angustifolia** (Malme) Woodson
Ref.: Woodson, 1933.

Dipladenia gentianoides A. DC. = **Mandevilla pohliana** (Stadelm.) A.H. Gentry
Ref.: Gentry, 1985; Ezcurra et al., 1992.

Dipladenia gentianoides var. *velutina* (Mart. ex Stadelm.) Müll. Arg. = **Mandevilla pohliana** (Stadelm.) A.H. Gentry
Ref.: Ezcurra et al., 1992.

Dipladenia saponariae A. DC. = **Mandevilla coccinea** (Hook. & Arn.) Woodson
Ref.: Woodson, 1933.

Dipladenia velutina (Mart. ex Stadelm.) A. DC. = **Mandevilla pohliana** (Stadelm.) A.H. Gentry
Ref.: Ezcurra et al., 1992.

Dipladenia xanthostoma (Stadelm.) Müll. Arg. = **Mandevilla coccinea** (Hook. & Arn.) Woodson
Ref.: Woodson, 1933.

Echites brachyloba (Müll. Arg.) Miers = **Mandevilla brachyloba** (Müll. Arg.) K. Schum.
Ref.: Woodson, 1933.

Echites bracteata (Hook. & Arn.) Griseb. = **Mandevilla pentlandiana** (A. DC.) Woodson
Ref.: Ezcurra, 1981.

Echites chilensis A. DC. = **Elytropus chilensis** (A. DC.) Müll. Arg.
Ref.: Woodson, 1936.

Echites coalita Vell. = **Prestonia coalita** (Vell.) Woodson
Ref.: Woodson, 1936.

Echites coccinea Hook. & Arn. = **Mandevilla coccinea** (Hook. & Arn.) Woodson
Ref.: Woodson, 1933.

Echites emarginata Vell. = **Mandevilla emarginata** (Vell.) C. Ezcurra
Ref.: Ezcurra et al., 1992.

Echites erecta Vell., hom. illeg. = **Mandevilla emarginata** (Vell.) C. Ezcurra
Ref.: Ezcurra et al., 1992.

Echites funiformis Vell. = [Mandevilla funiformis (Vell.) K. Schum.]
Ref.: Ezcurra, 1981.

Echites grandiflora var. *minor* Hook. & Arn. = **Macrosiphonia petraea** (A. St.-Hil.) K. Schum.
Ref.: Ezcurra et al., 1992.

Echites guaranitica A. St.-Hil. = **Macrosiphonia longiflora** (Desf.) Müll. Arg.
Ref.: Woodson, 1933.

Echites isthmica Vell. = **Condylocarpon isthmicum** (Vell.) A. DC.
Ref.: Fallen, 1983.

Echites laxa Ruiz & Pav. = **Mandevilla laxa** (Ruiz & Pav.) Woodson
Ref.: Woodson, 1933.

Echites longiflora Desf. = **Macrosiphonia longiflora** (Desf.) Müll. Arg.
Ref.: Woodson, 1933.

Echites macrocalyx Müll. Arg. = **Peltastes peltatus** (Vell.) Woodson
Ref.: Woodson, 1936.

Echites peltata Vell. = **Peltastes peltatus** (Vell.) Woodson
Ref.: Woodson, 1936.

Echites petraea A. St.-Hil. = **Macrosiphonia petraea** (A. St.-Hil.) K. Schum.
Ref.: Woodson, 1933.

Echites pinifolia A. St.-Hil. = [Macrosiphonia petraea var. pinifolia (A. St.-Hil.) Woodson]
Ref.: Ezcurra et al., 1992.

Echites pohliana Stadelm. = **Mandevilla pohliana** (Stadelm.) A.H. Gentry
Ref.: Gentry, 1985.

Echites pubescens Hook. & Arn. = **Elytropus chilensis** (A. DC.) Müll. Arg.
Ref.: Woodson, 1936.

Echites sanctae-crucis S. Moore = **Mesechites sanctae-crucis** (S. Moore) Woodson
Ref.: Woodson, 1933.

Echites thyrsoidea Vell. = **Forsteronia thyrsoidea** (Vell.) Müll. Arg.
Ref.: Woodson, 1935.

Echites trifida var. *sanctae-crucis* (S. Moore) Malme = **Mesechites sanctae-crucis** (S. Moore) Woodson
Ref.: Woodson, 1933.

Echites tweediana Hieron. = **Mandevilla pentlandiana** (A. DC.) Woodson
Ref.: Ezcurra, 1981.

Echites vauthieri A. DC. = **Prestonia coalita** (Vell.) Woodson
Ref.: Woodson, 1936.

Echites velutina Mart. ex Stadelm., hom. illeg. = **Mandevilla pohliana** (Stadelm.) A.H. Gentry
Ref.: Gentry, 1985.

Echites virescens A. St.-Hil. = **Macrosiphonia virescens** (A. St.-Hil.) Müll. Arg.
Ref.: Woodson, 1933.

Echites xanthostoma Stadelm. = **Mandevilla coccinea** (Hook. & Arn.) Woodson
Ref.: Woodson, 1933.

Elytropus Müll. Arg.
Número de especies: 1

Elytropus chilensis (A. DC.) Müll. Arg.
Sin.: *Echites chilensis* A. DC., *Echites pubescens* Hook. & Arn.
Ref.: Woodson, 1936; Ezcurra, 1981, inéd.c.
Hábito: Enredadera.
Status: Nativa.
Elevación: 0–1000 m.
Prov.: RN.
Paises limítrofes: CH.
Ejemplar examinado: *Biloni 442* (LIL).

Forsteronia G. Mey.
Número de especies: 5 especies, 1 especie endémica.

Forsteronia correntina C. Ezcurra & Tressens
Ref.: Ezcurra, 1981; Hansen, 1985.
Hábito: Liana.
Status: Endémica.
Elevación: 0–500 m.
Prov.: COR.
Ejemplar examinado: *Krapovickas 16831* (holotipo, CTES; isotipos, BAA, BAB, LP).
Nota: Probablemente sea un híbrido entre *Forsteronia glabrescens* y *F. thyrsoidea*.

Forsteronia floribunda Müll. Arg., hom. illeg. = **Forsteronia refracta** Müll. Arg.
Ref.: Woodson, 1935.

Forsteronia glabrescens Müll. Arg.
Sin.: *Thyrsanthus glabrescens* (Müll. Arg.) Miers
Ref.: Woodson, 1935; Ezcurra, 1981; Hansen, 1985.
Hábito: Enredadera.
Status: Nativa.
Elevación: 0–500 m.
Prov.: CH, COR, ER, FO, MI, SA, SF.
Paises limítrofes: BO, BR, PA, UR.
Ejemplar examinado: *Schinini 13707* (SI).

Forsteronia lagoensis Müll. Arg. = **Forsteronia refracta** Müll. Arg.
Ref.: Woodson, 1935.

[Forsteronia leptocarpa (Hook. & Arn.) A. DC.]
Sin.: *Parsonsia leptocarpa* Hook. & Arn., *Thyrsanthus leptocarpus* (Hook. & Arn.) Griseb.
Ref.: Woodson, 1935; Ezcurra, 1981.
Nota: Especie excluida de la flora argentina.

Forsteronia multinervia A. DC. = **Forsteronia thyrsoidea** (Vell.) Müll. Arg.
Ref.: Woodson, 1935.

Forsteronia pubescens A. DC.
Sin.: *Thyrsanthus leptocarpus* var. *pubescens* (A. DC.) Griseb., *Thyrsanthus placidus* Miers, *Thyrsanthus pubescens* (A. DC.) Miers.
Ref.: Woodson, 1935; Ezcurra, 1981; Hansen, 1985.
Hábito: Liana.
Status: Nativa.
Elevación: 0–500 m.
Prov.: COR, JU, MI, SA.
Paises limítrofes: BO, BR, PA.
Ejemplar examinado: *Cabrera 32264* (SI).

Forsteronia refracta Müll. Arg.
Sin.: *Forsteronia floribunda* Müll. Arg., hom. illeg., *Forsteronia lagoensis* Müll. Arg., *Thyrsanthus myrianthus* Miers.
Ref.: Woodson, 1935; Ezcurra, 1981; Hansen, 1985.
Hábito: Liana.
Status: Nativa.
Elevación: 0–500 m.
Prov.: MI.
Paises limítrofes: BR, PA.
Ejemplar examinado: *Rojas 4554* (BAB).

Forsteronia thyrsoidea (Vell.) Müll. Arg.
Sin.: *Echites thyrsoidea* Vell., *Forsteronia multinervia* A. DC., *Thyrsanthus multinervius* (A. DC.) Miers.
Ref.: Woodson, 1935; Ezcurra, 1981; Hansen, 1985.
Hábito: Liana.
Status: Nativa.
Elevación: 0–500 m.
Prov.: COR, MI.
Paises limítrofes: BO, BR, PA.
Ejemplar examinado: *Rodríguez 605* (SI).

Haemadictyon acutifolium Müll. Arg. = **Prestonia acutifolia** (Müll. Arg.) K. Schum.
Ref.: Woodson, 1936.

Haemadictyon riedelii Müll. Arg. = **Prestonia riedelii** (Müll. Arg.) Markgr.
Ref.: Woodson, 1936.

Laseguea bracteata (Hook. & Arn.) K. Schum. = **Mandevilla pentlandiana** (A. DC.) Woodson
Ref.: Woodson, 1933.

Laseguea erecta (Vell.) Müll. Arg. = **Mandevilla emarginata** (Vell.) C. Ezcurra
Ref.: Ezcurra et al., 1992.

Laseguea erecta var. *glabra* Müll. Arg. = **Mandevilla emarginata** (Vell.) C. Ezcurra
Ref.: Ezcurra et al., 1992.

Laseguea hookeri Müll. Arg. = **Mandevilla pentlandiana** (A. DC.) Woodson
Ref.: Woodson, 1933.

Laseguea pentlandiana A. DC. = **Mandevilla pentlandiana** (A. DC.) Woodson
Ref.: Woodson, 1933.

Lochnera rosea (L.) Rchb. ex Endl. = **Catharanthus roseus** (L.) G. Don
Ref.: Xifreda, 1984a.

Macaglia quebracho Kuntze = **Aspidosperma quebracho-blanco** Schltdl.
Ref.: Woodson, 1951; Ezcurra, 1981.

Macropharynx Rusby
Número de especies: 1 especie endémica.

Macropharynx meyeri (C. Ezcurra) Xifreda
Sin.: *Temnadenia meyeri* C. Ezcurra.
Ref.: Ezcurra, 1981; Xifreda, 1984b.
Hábito: Liana.
Status: Endémica.
Elevación: 1000–1500 m.
Prov.: JU, SA.
Ejemplar examinado: *de la Sota 2967* (holotipo, LP).

Macrosiphonia Müll. Arg.
Número de especies: 4

Macrosiphonia balansae Chodat = **Macrosiphonia petraea** (A. St.-Hil.) K. Schum.
Ref.: Ezcurra et al., 1992.

Macrosiphonia longiflora (Desf.) Müll. Arg.
Sin.: *Echites guaranitica* A. St.-Hil., *Echites longiflora* Desf., *Macrosiphonia longiflora* var. *guaranitica* (A. St.-Hil.) Malme, *Mandevilla longiflora* (Desf.) Pichon
Ref.: Woodson, 1933; Ezcurra, 1981; Ezcurra et al., 1992.
Hábito: Hierba.
Status: Nativa.
Elevación: 0–500 m.
Prov.: COR, MI, SA.
Paises limítrofes: BR, PA, UR.
Ejemplar examinado: *Cabrera 28422* (SI).

Macrosiphonia longiflora var. *guaranitica* (A. St.-Hil.) Malme = **Macrosiphonia longiflora** (Desf.) Müll. Arg.
Ref.: Woodson, 1933.

Macrosiphonia petraea (A. St.-Hil.) K. Schum.
Sin.: *Echites grandiflora* var. *minor* Hook. & Arn., *Echites petraea* A. St.-Hil., *Macrosiphonia balansae* Chodat, *Macrosiphonia petraea* var. *minor* (Hook. & Arn.) Woodson, *Macrosiphonia verticillata* Müll. Arg., *Mandevilla petraea* (A. St.-Hil.) Pichon
Ref.: Woodson, 1933; Ezcurra, 1981; Ezcurra et al., 1992.
Hábito: Hierba.
Status: Nativa.
Elevación: 0–500 m.
Prov.: BA, CH, CO, COR, ER, FO, LP, MI, SA, SE, SF, SL.
Paises limítrofes: BO, BR, PA, UR.
Ejemplar examinado: *Burkart 10385* (SI).

Macrosiphonia petraea var. *minor* (Hook. & Arn.) Woodson = **Macrosiphonia petraea** (A. St.-Hil.) K. Schum.
Ref.: Ezcurra et al., 1992.

[Macrosiphonia petraea var. pinifolia (A. St.-Hil.) Woodson]
Sin.: *Echites pinifolia* A. St.-Hil., *Macrosiphonia pinifolia* (A. St.-Hil.) Malme
Ref.: Woodson, 1933; Ezcurra et al., 1992.
Nota: Especie excluida de la flora argentina.

Macrosiphonia pinifolia (A. St.-Hil.) Malme = [Macrosiphonia petraea var. pinifolia (A. St.-Hil.) Woodson]
Ref.: Woodson, 1933; Ezcurra et al., 1992.

Macrosiphonia undulata C. Ezcurra
Ref.: Ezcurra, 1981; Ezcurra et al., 1992.
Hábito: Hierba.
Status: Nativa.
Elevación: 0–500 m.
Prov.: MI.
Paises limítrofes: PA.
Ejemplar examinado: *Martínez Crovetto 8603* (holotipo, BAB; isotipo, SI).

Macrosiphonia verticillata Müll. Arg. = **Macrosiphonia petraea** (A. St.-Hil.) K. Schum.
Ref.: Woodson, 1933.

Macrosiphonia virescens (A. St.-Hil.) Müll. Arg.
Sin.: *Echites virescens* A. St.-Hil., *Macrosiphonia virescens* var. *missionum* Chodat, *Mandevilla virescens* (A. St.-Hil.) Pichon
Ref.: Woodson, 1933; Ezcurra, 1981; Ezcurra et al., 1992.
Hábito: Hierba.
Status: Nativa.
Elevación: 0–500 m.
Prov.: MI.
Paises limítrofes: BR, PA.
Ejemplar examinado: *Burkart 15388* (SI).

Macrosiphonia virescens var. *missionum* Chodat = **Macrosiphonia virescens** (A. St.-Hil.) Müll. Arg.
Ref.: Woodson, 1933.

Mandevilla Lindl.

Número de especies: 8 especies, 1 especie endémica.

Mandevilla angustifolia (Malme) Woodson
Sin.: *Dipladenia angustifolia* Malme, *Mandevilla minor* Woodson
Ref.: Woodson, 1933; Ezcurra, 1981; Ezcurra et al., 1992.
Hábito: Enredadera.
Status: Nativa.
Elevación: 0–500 m.
Prov.: CH, COR, FO, JU, SA, TU.
Paises limítrofes: BO, PA.
Ejemplar examinado: *Venturi 1526* (SI).

Mandevilla brachyloba (Müll. Arg.) K. Schum.
Sin.: *Amblyanthera brachyloba* Müll. Arg., *Echites brachyloba* (Müll. Arg.) Miers
Ref.: Woodson, 1933; Ezcurra, 1981, 1984a.
Hábito: Enredadera.
Status: Nativa.
Elevación: 500–1500 m.
Prov.: JU, SA.
Paises limítrofes: BO.
Ejemplar examinado: *Cabrera 31379* (SI).

Mandevilla bridgesii (Müll. Arg.) Woodson = **Mandevilla laxa** (Ruiz & Pav.) Woodson
Ref.: Ezcurra, 1981.

Mandevilla coccinea (Hook. & Arn.) Woodson
Sin.: *Dipladenia saponariae* A. DC., *Dipladenia xanthostoma* (Stadelm.) Müll. Arg., *Echites coccinea* Hook. & Arn., *Echites xanthostoma* Stadelm.
Ref.: Woodson, 1933; Ezcurra, 1981.
Hábito: Hierba.
Status: Nativa.
Elevación: 0–500 m.
Prov.: MI.
Paises limítrofes: BR, PA, UR.
Ejemplar examinado: *Schulz 7051* (LIL).

Mandevilla emarginata (Vell.) C. Ezcurra
Sin.: *Echites emarginata* Vell., *Echites erecta* Vell., hom. illeg., *Laseguea erecta* (Vell.) Müll. Arg., *Laseguea erecta* var. *glabra* Müll. Arg., *Mandevilla erecta* (Vell.) Woodson, hom. illeg.
Ref.: Woodson, 1933; Ezcurra, 1981; Ezcurra et al., 1992.
Hábito: Hierba o subarbusto.
Status: Nativa.
Elevación: 0–500 m.
Prov.: COR, MI.
Paises limítrofes: BO, BR, PA, UR.
Ejemplar examinado: *Krapovickas 21575* (SI).

Mandevilla erecta (Vell.) Woodson, hom. illeg. = **Mandevilla emarginata** (Vell.) C. Ezcurra
Ref.: Ezcurra et al., 1992.

[Mandevilla funiformis (Vell.) K. Schum.]
Sin.: *Echites funiformis* Vell.
Ref.: Ezcurra, 1981.
Nota: Especie excluida de la flora argentina.

Mandevilla grata Woodson
Ref.: Woodson, 1933; Ezcurra, 1981.
Hábito: Enredadera.
Status: Endémica.
Elevación: 0–500 m.
Prov.: TU.
Ejemplar examinado: *Venturi 1769* (BA, LIL, SI).
Nota: Posible híbrido entre *Mandevilla laxa* y *Mandevilla pentlandiana*.

Mandevilla laxa (Ruiz & Pav.) Woodson
Sin.: *Amblyanthera bridgesii* Müll. Arg., *Echites laxa* Ruiz & Pav., *Mandevilla bridgesii* (Müll. Arg.) Woodson, *Mandevilla suaveolens* Lindl.
Ref.: Woodson, 1933; Ezcurra, 1981, 1984a.
Hábito: Enredadera.
Status: Nativa.
Elevación: 500–1500 m.
Prov.: CA, CO, JU, SA, TU.
Paises limítrofes: BO.
Ejemplar examinado: *Cabrera 32151* (SI).

Mandevilla longiflora (Desf.) Pichon = **Macrosiphonia longiflora** (Desf.) Müll. Arg.
Ref.: Ezcurra et al., 1992.

Mandevilla minor Woodson = **Mandevilla angustifolia** (Malme) Woodson
Ref.: Ezcurra, 1981.

Mandevilla pentlandiana (A. DC.) Woodson
Sin.: *Echites bracteata* (Hook. & Arn.) Griseb., *Echites tweediana* Hieron., *Laseguea bracteata* (Hook. & Arn.) K. Schum., *Laseguea hookeri* Müll. Arg., *Laseguea pentlandiana* A. DC., *Parsonsia bracteata* Hook. & Arn.
Ref.: Woodson, 1933; Ezcurra, 1981, 1984a.
Hábito: Enredadera.
Status: Nativa.
Elevación: 500–1500 m.
Prov.: CA, CO, COR, JU, LR, SA, SF, SL, TU.
Paises limítrofes: BO, BR.
Ejemplar examinado: *Cabrera 31508* (SI).

Mandevilla petraea (A. St.-Hil.) Pichon = **Macrosiphonia petraea** (A. St.-Hil.) K. Schum.
Ref.: Ezcurra et al., 1992.

Mandevilla pohliana (Stadelm.) A.H. Gentry
Sin.: *Dipladenia gentianoides* A. DC., *Dipladenia gentianoides* var. *velutina* (Mart. ex Stadelm.) Müll. Arg., *Dipladenia velutina* (Mart. ex Stadelm.) A. DC., *Echites pohliana* Stadelm., *Echites velutina* Mart. ex Stadelm., hom. illeg., *Mandevilla pohliana* var. *velutina* (Mart. ex Stadelm.) A.H. Gentry, *Mandevilla velutina* (Mart. ex Stadelm.) Woodson, hom. illeg., *Mandevilla velutina* var. *glabra* (Müll. Arg.) Woodson
Ref.: Ezcurra, 1981; Gentry, 1985; Ezcurra et al., 1992.
Hábito: Hierba.
Status: Nativa.
Elevación: 0–1000 m.
Prov.: JU.
Paises limítrofes: BO, BR, PA.
Ejemplar examinado: *Cabrera 31972* (SI).

Mandevilla pohliana var. *velutina* (Mart. ex Stadelm.) A.H. Gentry = **Mandevilla pohliana** (Stadelm.) A.H. Gentry
Ref.: Ezcurra et al., 1992.

Mandevilla suaveolens Lindl. = **Mandevilla laxa** (Ruiz & Pav.) Woodson
Ref.: Woodson, 1933.

Mandevilla velutina (Mart. ex Stadelm.) Woodson, hom. illeg. = **Mandevilla pohliana** (Stadelm.) A.H. Gentry
Ref.: Ezcurra et al., 1992.

Mandevilla velutina var. *glabra* (Müll. Arg.) Woodson = **Mandevilla pohliana** (Stadelm.) A.H. Gentry
Ref.: Ezcurra et al., 1992.

Mandevilla virescens (A. St.-Hil.) Pichon = **Macrosiphonia virescens** (A. St.-Hil.) Müll. Arg.
Ref.: Ezcurra et al., 1992.

Mesechites Müll. Arg.

Número de especies: 1

Mesechites sanctae-crucis (S. Moore) Woodson
Sin.: *Echites sanctae-crucis* S. Moore, *Echites trifida* var. *sanctae-crucis* (S. Moore) Malme
Ref.: Woodson, 1933; Ezcurra, 1981; Ezcurra et al., 1992.
Hábito: Liana.
Status: Nativa.
Elevación: 0–1000 m.
Prov.: CH, COR, FO, JU, SA, SF.
Paises limítrofes: BR, PA.
Ejemplar examinado: *Guaglianone 330* (SI).

Parsonsia bracteata Hook. & Arn. = **Mandevilla pentlandiana** (A. DC.) Woodson
Ref.: Woodson, 1933.

Parsonsia leptocarpa Hook. & Arn. = [Forsteronia leptocarpa (Hook. & Arn.) A. DC.]

Peltastes Woodson

Número de especies: 1

Peltastes macrocalyx (Müll. Arg.) Woodson = **Peltastes peltatus** (Vell.) Woodson
Ref.: Ezcurra, 1981.

Peltastes malvaeflorus Woodson = **Peltastes peltatus** (Vell.) Woodson
Ref.: Ezcurra, 1981.

Peltastes peltatus (Vell.) Woodson
Sin.: *Echites macrocalyx* Müll. Arg., *Echites peltata* Vell., *Peltastes macrocalyx* (Müll. Arg.) Woodson, *Peltastes malvaeflorus* Woodson.
Ref.: Woodson, 1936; Ezcurra, 1981; Ezcurra et al., 1992.
Hábito: Liana.
Status: Nativa.
Elevación: 0–1000 m.
Prov.: MI, SA.
Paises limítrofes: BR, PA.
Ejemplar examinado: *Burkart 14792* (SI).

Peschiera australis (Müll. Arg.) Miers = **Tabernaemontana catharinensis** A. DC.
Ref.: Leeuwenberg, 1994.

Peschiera australis var. *hilariana* (Müll. Arg.) L. Allorge = **Tabernaemontana catharinensis** A. DC.
Ref.: Leeuwenberg, 1994.

Peschiera fuchsiaefolia (A. DC.) Miers = [Tabernaemontana fuchsiaefolia A. DC.]
Ref.: Ezcurra, 1981.

Peschiera hilariana (Müll. Arg.) Miers = **Tabernaemontana catharinensis** A. DC.
Ref.: Leeuwenberg, 1994.

Prestonia R. Br.

Número de especies: 6

Prestonia acutifolia (Müll. Arg.) K. Schum.
Sin.: *Haemadictyon acutifolium* Müll. Arg.
Ref.: Woodson, 1936; Ezcurra, 1981; Ezcurra et al., 1992.
Hábito: Enredadera.
Status: Nativa.
Elevación: 0–500 m.
Prov.: FO, MI, SA.
Paises limítrofes: BO, BR, PA.
Ejemplar examinado: *Guaglianone 537* (SI).

Prestonia calycina Müll. Arg.
Sin.: *Prestonia hirsuta* Müll. Arg.
Ref.: Woodson, 1936; Ezcurra, 1981; Ezcurra et al., 1992.
Hábito: Liana.
Status: Nativa.
Elevación: 0–500 m.
Prov.: COR, MI.
Paises limítrofes: BR, PA.
Ejemplar examinado: *Rodríguez 300* (SI).

Prestonia coalita (Vell.) Woodson
Sin.: *Echites coalita* Vell., *Echites vauthieri* A. DC.
Ref.: Woodson, 1936; Ezcurra, 1981; Ezcurra et al., 1992.
Hábito: Liana.
Status: Nativa.
Elevación: 0–500 m.
Prov.: MI.
Paises limítrofes: BR, PA.
Ejemplar examinado: *Capurro 734* (SI).

Prestonia hassleri Woodson
Ref.: Woodson, 1936; Ezcurra, 1981; Ezcurra et al., 1992.
Hábito: Liana.
Status: Nativa.
Elevación: 0–1000 m.
Prov.: JU, MI, SA.
Paises limítrofes: PA.
Ejemplar examinado: *Romanczuk 528* (SI).

Prestonia hirsuta Müll. Arg. = **Prestonia calycina** Müll. Arg.
Ref.: Woodson, 1936.

Prestonia riedelii (Müll. Arg.) Markgr.
Sin.: *Haemadictyon riedelii* Müll. Arg., *Temnadenia riedelii* (Müll. Arg.) Miers.
Ref.: Woodson, 1936; Ezcurra, 1981; Ezcurra et al., 1992.
Hábito: Liana.
Status: Nativa.
Elevación: 0–1000 m.
Prov.: MI, SA.
Paises limítrofes: BO, BR, PA.
Ejemplar examinado: *Montes 3471* (SI).

Prestonia sericocalyx Malme = **Prestonia tomentosa** R. Br.
Ref.: Woodson, 1936.

Prestonia tomentosa R. Br.
Sin.: *Prestonia sericocalyx* Malme.
Ref.: Woodson, 1936; Ezcurra, 1981; Ezcurra et al., 1992.
Hábito: Liana.
Status: Nativa.
Elevación: 0–500 m.
Prov.: MI.
Paises limítrofes: BO, BR, PA.
Ejemplar citado: *Jörgensen s.n.* *
Nota: Citada para Misiones, no se ha podido localizar el material de herbario.

Rauvolfia L.

Número de especies: 3

Rauvolfia boliviana Markgr. = **Rauvolfia schuelii** Speg.
Ref.: Rao, 1956.

Rauvolfia divergens Markgr. = **Rauvolfia mollis** S. Moore
Ref.: Rao, 1956.

Rauvolfia elliptica Malme = [Rauvolfia weddelliana Müll. Arg.]
Ref.: Rao, 1956.

Rauvolfia glabra Cav. = **Vallesia glabra** (Cav.) Link
Ref.: Ezcurra, 1981.

Rauvolfia mollis S. Moore
Sin.: *Rauvolfia divergens* Markgr.
Ref.: Rao, 1956; Xifreda, 1981; Ezcurra et al., 1992.
Hábito: Arbusto.
Status: Nativa.
Elevación: 0–500 m.
Prov.: FO.
Paises limítrofes: BR, PA.
Ejemplar examinado: *Rojas s.n.* (SI).

Rauvolfia schuelii Speg.
Sin.: *Rauvolfia boliviana* Markgr.
Ref.: Rao, 1956; Ezcurra, 1981, 1984a; Xifreda, 1981.
Hábito: Arbusto o árbol.
Status: Nativa.
Elevación: 500–1500 m.
Prov.: CA, JU, SA, TU.
Paises limítrofes: BO.
Ejemplar examinado: *Venturi 9634* (SI).

Rauvolfia sellowii Müll. Arg.
Sin.: *Aspidosperma pseudoquina* Hassl., *Aspidosperma spegazzinii* Molfino ex T. Mey.
Ref.: Rao, 1956; Xifreda, 1981; Ezcurra et al., 1992.
Hábito: Árbol.
Status: Nativa.
Elevación: 0–500 m.
Prov.: MI.
Paises limítrofes: BR, PA.
Ejemplar examinado: *Eskuche y Klein 9119* (SI).

[Rauvolfia weddelliana Müll. Arg.]
Sin.: *Rauvolfia elliptica* Malme.
Ref.: Rao, 1956; Xifreda, 1981, 1984a.
Nota: Especie excluida de la flora argentina.

Rhabdadenia Müll. Arg.

Número de especies: 2

Rhabdadenia pohlii Müll. Arg.
Sin.: *Rhabdadenia pohlii* var. *suberecta* Müll. Arg.
Ref.: Woodson, 1936; Ezcurra, 1981; Ezcurra et al., 1992.
Hábito: Hierba o enredadera.
Status: Nativa.
Elevación: 0–500 m.
Prov.: COR, MI.
Paises limítrofes: BR, PA.
Ejemplar examinado: *Rodríguez s.n.* (SI).

Rhabdadenia pohlii var. *suberecta* Müll. Arg. = **Rhabdadenia pohlii** Müll. Arg.
Ref.: Ezcurra, 1981.

Rhabdadenia ragonesei Woodson
Ref.: Ezcurra, 1981; Ezcurra et al., 1992.
Hábito: Enredadera.
Status: Nativa.
Elevación: 0–500 m.
Prov.: CH, COR, FO, SA, SF.
Paises limítrofes: BR, PA.
Ejemplar examinado: *Guaglianone 408* (SI).

Tabernaemontana L.

Número de especies: 1

Tabernaemontana australis Müll. Arg. = **Tabernaemontana catharinensis** A. DC.
Ref.: Leeuwenberg, 1994.

Tabernaemontana catharinensis A. DC.
Sin.: *Peschiera australis* (Müll. Arg.) Miers, *Peschiera australis* var. *hilariana* (Müll. Arg.) L. Allorge, *Peschiera hilariana* (Müll. Arg.) Miers, *Tabernaemontana australis* Müll. Arg., *Tabernaemontana hilariana* Müll. Arg.
Ref.: Ezcurra, 1981; Ezcurra et al., 1992; Leeuwenberg, 1994.
Hábito: Arbusto o árbol.
Status: Nativa.
Elevación: 0–500 m.
Prov.: CH, COR, ER, FO, MI, SF.
Paises limítrofes: BR, PA, UR.
Ejemplar examinado: *Cabrera 28861* (SI).

[Tabernaemontana fuchsiaefolia A. DC.]
Sin.: *Peschiera fuchsiaefolia* (A. DC.) Miers.
Ref.: Ezcurra, 1981; Leeuwenberg, 1994.
Nota: Especie excluida de la flora argentina.

Tabernaemontana hilariana Müll. Arg. = **Tabernaemontana catharinensis** A. DC.
Ref.: Leeuwenberg, 1994.

Temnadenia meyeri C. Ezcurra = **Macropharynx meyeri** (C. Ezcurra) Xifreda
Ref.: Xifreda, 1984b.

Temnadenia riedelii (Müll. Arg.) Miers = **Prestonia riedelii** (Müll. Arg.) Markgr.
Ref.: Woodson, 1936.

Thevetia L.

Número de especies: 1

Thevetia bicornuta Müll. Arg.
Sin.: *Cascabela bicornuta* (Müll. Arg.) Lippold, comb. inval., *Thevetia paraguayensis* Britton
Ref.: Ezcurra, 1981; Ezcurra et al., 1992.
Hábito: Hierba.
Status: Nativa.
Elevación: 0–500 m.
Prov.: CH, FO.
Paises limítrofes: BR, PA.
Ejemplar examinado: *Guaglianone 468* (SI).

Thevetia paraguayensis Britton = **Thevetia bicornuta** Müll. Arg.
Ref.: Ezcurra, 1981.

Thyroma polyneura (Müll. Arg.) Miers = **Aspidosperma polyneuron** Müll. Arg.
Ref.: Woodson, 1951.

Thyrsanthus glabrescens (Müll. Arg.) Miers = **Forsteronia glabrescens** Müll. Arg.
Ref.: Woodson, 1935.

Thyrsanthus leptocarpus (Hook. & Arn.) Griseb. = [Forsteronia leptocarpa (Hook. & Arn.) A. DC.]
Ref.: Woodson, 1935.

Thyrsanthus leptocarpus var. *pubescens* (A. DC.) Griseb. = **Forsteronia pubescens** A. DC.
Ref.: Ezcurra, 1981.

Thyrsanthus multinervius (A. DC.) Miers = **Forsteronia thyrsoidea** (Vell.) Müll. Arg.
Ref.: Woodson, 1935.

Thyrsanthus myrianthus Miers = **Forsteronia refracta** Müll. Arg.
Ref.: Woodson, 1935.

Thyrsanthus placidus Miers = **Forsteronia pubescens** A. DC.
Ref.: Woodson, 1935.

Thyrsanthus pubescens (A. DC.) Miers = **Forsteronia pubescens** A. DC.
Ref.: Woodson, 1935.

Vallesia Ruiz & Pav.

Número de especies: 1

Vallesia cymbaefolia Ortega = **Vallesia glabra** (Cav.) Link
Ref.: Ezcurra, 1981.

Vallesia dichotoma Ruiz & Pav. = **Vallesia glabra** (Cav.) Link
Ref.: Ezcurra, 1981.

Vallesia glabra (Cav.) Link
Sin.: *Rauvolfia glabra* Cav., *Vallesia cymbaefolia* Ortega, *Vallesia dichotoma* Ruiz & Pav.
Ref.: Ezcurra, 1981, 1984a; Ezcurra et al., 1992.
Status: Nativa.
Elevación: 0-1000 m.
Prov.: CA, CH, CO, FO, JU, LR, SA, SE, SJ, TU.
Paises limítrofes: BO, PA.
Ejemplar examinado: *Arenas 1954* (SI).

Vinca L.

Número de especies: 1

Vinca major L.
Ref.: Ezcurra, 1981.
Hábito: Hierba.
Status: Introducida.
Elevación: 0-1500 m.
Prov.: BA, CHU, JU, RN.
Paises limítrofes: CH.
Ejemplar examinado: *Rotman 70* (SI).
Nota: Especie introducida como ornamental y asilvestrada.

Vinca rosea L. = **Catharanthus roseus** (L.) G. Don
Ref.: Xifreda, 1984a.

AQUIFOLIACEAE

1 género, 6 especies.

por G. Giberti

Ilex L.

Número de especies: 6

[Ilex amara (Vell.) Loes. var. latifolia Reissek f. microphylla Reissek]
Ref.: Giberti, 1986.
Nota: Especie excluida de la flora argentina.

Ilex argentina Lillo
Sin.: *Ilex tucumanensis* Speg., nom. nud.
Ref.: Giberti, 1979, 1994.
Hábito: Árbol.
Status: Nativa.
Elevación: 500-2000 m.
Prov.: CA, JU, SA, TU.
Paises limítrofes: BO.
Ejemplar examinado: *Venturi 4623* (BA, BAB, LP, SI).

Ilex brasiliensis (Spreng.) Loes.
Sin.: *Rhamnus brasiliensis* Spreng.
Ref.: Giberti, 1998.
Hábito: Árbol.
Status: Nativa.
Elevación: 0-500 m.
Prov.: MI.
Paises limítrofes: BR, PA.
Ejemplar examinado: *Kricun y Belingheri 402* (BACP).

Ilex brevicuspis Reissek
Sin.: *Ilex caaguazuensis* Loes., *Ilex theezans* Mart. ex Reissek var. *acrodonta* auct. non (Reissek) Loes.
Ref.: Giberti, 1979, 1994.
Hábito: Árbol.
Status: Nativa.
Elevación: 0-1000 m.
Prov.: COR, MI.
Paises limítrofes: BR, PA.
Ejemplar examinado: *Schinini y Carnevali 10632* (CTES, SI).

Ilex caaguazuensis Loes. = **Ilex brevicuspis** Reissek
Ref.: Giberti, 1979, 1994.

Ilex curitibensis Miers = **Ilex paraguariensis** A. St.-Hil.
Ref.: Giberti, 1994.

Ilex domestica Reissek var. *glabra* Reissek = **Ilex paraguariensis** A. St.-Hil.
Ref.: Giberti, 1994.

Ilex dumosa Reissek f. *angustifolia* Chodat & Hassl. = **Ilex dumosa** Reissek var. **guaranina** Loes.
Ref.: Giberti, 1994.

[Ilex dumosa Reissek var. dumosa]
Ref.: Giberti, 1979.
Nota: Especie excluida de la flora argentina.

Ilex dumosa Reissek var. **guaranina** Loes.
Sin.: *Ilex dumosa* Reissek f. *angustifolia* Chodat & Hassl.
Ref.: Giberti, 1979, 1994.
Hábito: Arbusto o arbolito.
Status: Nativa.
Elevación: 0-500 m.
Prov.: COR, MI.
Paises limítrofes: BR, PA.
Ejemplar examinado: *Schinini et al. 11165* (CTES, SI).

Ilex gigantea Bonpl. = [Ilex theezans Mart. var. fertilis (Reissek) Loes.]
Ref.: Giberti, 1979.

Ilex mate A. St.-Hil. = **Ilex paraguariensis** A. St.-Hil.
Ref.: Giberti, 1994.

Ilex microdonta Reissek
Ref.: Giberti, 1994.
Paises limítrofes: BR.
Nota: Probablemente se encuentre en el NE de Argentina.

Ilex paraguariensis A. St.-Hil.
Sin.: *Ilex curitibensis* Miers, *Ilex domestica* Reissek var. *glabra* Reissek, *Ilex mate* A. St.-Hil., *Ilex sorbilis* Reissek, *Ilex theaezans* Bonpl. ex Miers
Ref.: Giberti, 1979, 1994.
Hábito: Arbusto o árbol.
Status: Nativa.
Elevación: 0-1000 m.
Prov.: COR, MI.
Paises limítrofes: BR, PA, UR.
Ejemplar examinado: *Schinini y Carnevali 10621* (CTES, SI).

[Ilex pseudothea Reissek]
Ref.: Giberti, 1979.
Nota: Especie excluida de la flora argentina.

Ilex sorbilis Reissek = **Ilex paraguariensis** A. St.-Hil.
Ref.: Giberti, 1994.

Ilex theaezans Bonpl. ex Miers = **Ilex paraguariensis** A. St.-Hil.
Ref.: Giberti, 1994.

Ilex theezans Mart. ex Reissek
Ref.: Giberti, 1994.
Hábito: Arbusto o árbol.
Status: Nativa.
Elevación: 0-1000 m.
Prov.: MI.
Paises limítrofes: BR, PA.
Ejemplar examinado: *Prat Kricum et al. 54* (SI).

Ilex theezans Mart. ex Reissek var. *acrodonta* auct. non (Reissek) Loes. = **Ilex brevicuspis** Reissek
Ref.: Giberti, 1979.

[Ilex theezans Mart. subvar. hieronymiana Loes.]
Ref.: Giberti, 1986.
Nota: Especie excluida de la flora argentina.

[Ilex theezans Mart. var. fertilis (Reissek) Loes.]
Sin.: *Ilex gigantea* Bonpl.
Ref.: Giberti, 1979.
Nota: Especie excluida de la flora argentina.

Ilex tucumanensis Speg., nom. nud. = **Ilex argentina** Lillo
Ref.: Giberti, 1978, 1994.

Rhamnus brasiliensis Spreng. = **Ilex brasiliensis** (Spreng.) Loes.
Ref.: Giberti, 1998.

ARALIACEAE

6 géneros, 8 especies.

por J. C. Gamerro y F. O. Zuloaga

Aralia laetevirens Gay = **Pseudopanax laetevirens** (Gay) Franch.

Aralia paniculata Phil. = **Pseudopanax laetevirens** (Gay) Franch.

Cheirodendron laetevirens (Gay) Seem. = **Pseudopanax laetevirens** (Gay) Franch.
Ref.: Rossow, 1988a.

Coemansia warmingiana Marchal = **Pentapanax warmingianus** (Marchal) Harms
Ref.: Ragonese, 1961.

Coudenbergia warmingiana Marchal = **Pentapanax warmingianus** (Marchal) Harms
Ref.: Ragonese, 1961.

Didimopanax morototoni (Aubl.) Decne. & Planch. = **Schefflera morototoni** (Aubl.) Maguire, Steyerm. & Frodin
Ref.: Frodin, 1975, 1989.

Dendropanax Decne. & Planch.
Número de especies: 2

Dendropanax affinis (Marchal) Gamerro & Zuloaga
Sin.: *Gilibertia affinis* Marchal
Ref.: Gamerro & Zuloaga, 1998.
Status: Nativa.
Elevación: 0–500 m.
Prov.: COR, MI.
Paises limítrofes: BR, PA.
Ejemplar examinado: *Krapovickas et al. 26437* (CTES).

Dendropanax cuneatus (DC.) Decne. & Planch.
Sin.: *Gilibertia cuneata* (DC.) Marchal, *Hedera cuneata* DC.
Ref.: Ragonese, 1961; Dimitri, 1974a; Tressens, 1981; Gamerro & Zuloaga, 1998.
Hábito: Árbol.
Status: Nativa.
Elevación: 0–500 m.
Prov.: COR, MI.
Paises limítrofes: BO, BR, PA.
Ejemplar examinado: *Krapovickas et al. 16905* (LP, SI).

Gilibertia affinis Marchal = **Dendropanax affinis** (Marchal) Gamerro & Zuloaga
Ref.: Gamerro & Zuloaga, 1998.

Gilibertia cuneata (DC.) Marchal = **Dendropanax cuneatus** (DC.) Decne. & Planch.

Hedera L.
Número de especies: 1

Hedera cuneata DC. = **Gilibertia cuneata** Marchal
Ref.: Tressens, 1981.

Hedera helix L.
Ref.: Fabris, 1966a; Novara, 1993b.
Hábito: Hierba, subarbusto o enredadera.
Status: Introducida.
Prov.: BA, SA.
Ejemplar examinado: *Novara 337* (MCNS)'.
Nota: Subespontánea.

Oreopanax Decne. & Planch.
Número de especies: 1

Oreopanax kuntzei Harms
Ref.: Pire, 1989; Legname, 1978; Gamerro & Zuloaga, 1998.
Hábito: Arbusto o árbol.
Status: Nativa.
Elevación: 1000–1500 m.
Prov.: JU, SA.
Paises limítrofes: BO.
Ejemplar examinado: *Cabrera et al. 22388* (SI).

Panax morototoni Aubl. = **Schefflera morototoni** (Aubl.) Maguire, Steyerm. & Frodin
Ref.: Frodin, 1975.

Pentapanax Seem.
Número de especies: 2

Pentapanax angelicifolius Griseb.
Ref.: Ragonese, 1961; Digilio & Legname, 1966; Pire, 1989; Novara, 1993b.
Hábito: Árbol.
Status: Nativa.
Elevación: 0–1500 m.
Prov.: CH, COR, FO, JU, MI, SA, TU.
Paises limítrofes: BO.
Ejemplar examinado: *Venturi 1081b* (LP).

Pentapanax warmingianus (Marchal) Harms
Sin.: *Coemansia warmingiana* Marchal, *Coudenbergia warmingiana* Marchal
Ref.: Tortorelli, 1956; Ragonese, 1961; Pire, 1989.
Hábito: Árbol.
Status: Nativa.
Elevación: 0–500 m.
Prov.: CH, COR, FO, MI, SA, SF.
Paises limítrofes: BR, PA.
Ejemplar examinado: *Joergensen 3254* (SI).

Pseudopanax C. Koch
Número de especies: 1

Pseudopanax laetevirens (Gay) Franch.
Sin.: *Aralia laetevirens* Gay, *Aralia paniculata* Phil., *Cheirodendron laetevirens* (Gay) Seem., *Pseudopanax laetevirens* (Gay) Dusén, comb. superfl., *Pseudopanax racemiflorum* (Miq.) Ball, *Sciadophyllum racemiflorum* Miq.
Ref.: Moore, 1974; Dimitri, 1974b; Rossow, 1988a.
Hábito: Arbusto o árbol.
Status: Nativa.

Elevación: 0–1500 m.
Prov.: CHU, NE, RN, SC.
Paises limítrofes: CH.
Ejemplar examinado: *Burkart y Troncoso 26508* (SI).

Pseudopanax laetevirens (Gay) Dusén, comb. superfl. = **Pseudopanax laetevirens** (Gay) Franch.
Ref.: Rossow, 1988a.

Pseudopanax racemiflorum (Miq.) Ball = **Pseudopanax laetevirens** (Gay) Franch.
Ref.: Rossow, 1988a.

Schefflera J.R. Forst. & G. Forst.

Número de especies: 1

Schefflera morototoni (Aubl.) Maguire, Steyerm. & Frodin
Sin.: *Panax morototoni* Aubl., *Didimopanax morototoni* (Aubl.) Decne. & Planch.
Ref.: Devoto & Rothkugel, 1942; Tortorelli, 1956; Dimitri, 1974a; Pire, 1989; Gamerro & Zuloaga, 1998.
Hábito: Árbol.
Status: Nativa.
Elevación: 0–1000 m.
Prov.: CH, COR, FO, MI.
Paises limítrofes: BO, BR, PA, UR.
Ejemplar examinado: *Maruñak 648* (CTES).

Sciadophyllum racemiflorum Miq. = **Pseudopanax laetevirens** (Gay) Franch.

ARISTOLOCHIACEAE

2 géneros, 26 especies; 5 especies endémicas.

por L. Z. Ahumada

Aristolochia Tourn. ex L.

Número de especies: 25, 5 especies endémicas.

Aristolochia albertiana Ahumada
Ref.: Ahumada, 1972.
Hábito: Enredadera.
Status: Endémica.
Elevación: 0-500 m.
Prov.: MI.
Ejemplar examinado: *Ahumada y Eskuche 5533* (CTESN).

Aristolochia angustifolia Cham.
Sin.: *Aristolochia angustifolia* Cham. var. *guaranitica* Ahumada, *Aristolochia angustifolia* Cham. var. *longifolia* Cham., *Aristolochia longifolia* (Cham.) Hauman, *Howardia longifolia* (Cham.) Klotzsch.
Ref.: Ahumada, 1970; Bacigalupo, 1978.
Hábito: Hierba.
Status: Nativa.
Elevación: 0-500 m.
Prov.: COR, MI.
Paises limítrofes: PA, UR.
Ejemplar examinado: *Ahumada 3029* (CTESN).

Aristolochia angustifolia Cham. var. *australis* Ahumada = **Aristolochia viperina** (Chodat & Hassl.) Chodat & Hassl.
Ref.: Ahumada, 1970.

Aristolochia angustifolia Cham. var. *brevifolia* Cham. = **Aristolochia brevifolia** (Cham.) Hauman
Ref.: Ahumada, 1967.

Aristolochia angustifolia Cham. var. *guaranitica* Ahumada = **Aristolochia angustifolia** Cham.
Ref.: Ahumada, 1970.

Aristolochia angustifolia Cham. var. *longifolia* Cham. = **Aristolochia angustifolia** Cham.
Ref.: Ahumada, 1970.

Aristolochia angustifolia Cham. var. *sessilifollia* Griseb. = **Aristolochia lingua** Malme var. **lingua**
Ref.: Ahumada, 1967.

Aristolochia angustifolia Cham. var. *viperina* Chodat & Hassl. = **Aristolochia viperina** (Chodat & Hassl.) Chodat & Hassl.
Ref.: Ahumada, 1970.

Aristolochia antihysterica Mart. ex Duch. = **Aristolochia triangularis** Cham.
Ref.: Ahumada, 1967.

Aristolochia appendiculata Vell. = **Aristolochia macroura** Ortega
Ref.: Ahumada, 1967.

Aristolochia argentina Griseb.
Sin.: *Aristolochia parviflora* Griseb.
Ref.: Hauman, 1923; Ahumada, 1967; Toursarkissian, 1973a.
Hábito: Enredadera.
Status: Nativa.
Elevación: 0-1000 m.
Prov.: CA, CH, CO, LR, SA, SE, SL, TU.
Paises limítrofes: BO.
Ejemplar examinado: *Ahumada 4999* (CTESN).

Aristolochia brevifolia (Cham.) Hauman
Sin.: *Aristolochia angustifolia* Cham. var. *brevifolia* Cham.
Ref.: Hauman, 1923; Ahumada, 1967; Bacigalupo, 1978.
Hábito: Hierba.
Status: Nativa.
Elevación: 0-500 m.
Prov.: ER, MI.
Paises limítrofes: BR, UR.
Ejemplar examinado: *Castellanos s.n.* (BA 31/119).

Aristolochia brevifolia (Cham.) Hauman var. *subcordata* Hauman = **Aristolochia sessilifolia** (Klotzsch) Malme

Aristolochia burelae Herzog
Sin.: *Aristolochia peltibractea* Hoehne
Ref.: Ahumada, 1967.
Hábito: Enredadera.
Status: Nativa.
Elevación: 0-500 m.
Prov.: SA.
Paises limítrofes: BO.
Ejemplar examinado: *Ahumada et al. 28* (CTESN).

Aristolochia burkartii Ahumada
Ref.: Ahumada, 1979.
Hábito: Hierba.
Status: Endémica.
Elevación: 0-500 m.
Prov.: MI.
Ejemplar examinado: *Ahumada y Eskuche 4931* (isotipo, CTESN).

Aristolochia cardenasii Standl. = **Aristolochia prostrata** Duch.
Ref.: Ahumada, 1967.

Aristolochia castellanosii Ahumada
Ref.: Ahumada, 1967.
Hábito: Hierba.
Status: Nativa.
Elevación: 0-500 m.
Prov.: COR, MI.
Paises limítrofes: PA.
Ejemplar examinado: *Ahumada y Eskuche 5518* (CTESN).

Aristolochia caudata Booth ex Lindl. = **Aristolochia macroura** Ortega

Aristolochia caudata D. Parodi, hom. illeg. = **Aristolochia macroura** Ortega

Aristolochia ceresensis Kuntze
Sin.: *Aristolochia ceresensis* Kuntze var. *joergensenii* (Hauman) Hoehne, *Aristolochia joergensenii* Hauman
Ref.: Ahumada, 1967; Toursarkissian, 1973a.
Hábito: Hierba.
Status: Nativa.
Elevación: 0-500 m.
Prov.: CH, FO, SE, SF.
Paises limítrofes: PA.
Ejemplar examinado: *Ahumada y Eskuche 5299* (CTESN).

Aristolochia ceresensis Kuntze var. *acuminata* Hoehne = **Aristolochia lingua** Malme var. **acuminata** (Hoehne) Ahumada

Aristolochia ceresensis Kuntze var. *joergensenii* (Hauman) Hoehne = **Aristolochia ceresensis** Kuntze
Ref.: Ahumada, 1967.

Aristolochia ceresensis Kuntze var. *lingua* (Malme) Hoehne = **Aristolochia lingua** Malme var. **lingua**
Ref.: Ahumada, 1967.

Aristolochia ciliata Hook. = **Aristolochia fimbriata** Cham.
Ref.: Ahumada, 1967.

Aristolochia ciliosa Benth. = **Aristolochia fimbriata** Cham.
Ref.: Ahumada, 1967.

Aristolochia cobra Chodat = **Aristolochia gibertii** Hook.
Ref.: Ahumada, 1967.

Aristolochia curviflora Malme
Ref.: Ahumada, 1967.
Hábito: Hierba.
Status: Nativa.
Elevación: 0-500 m.
Prov.: COR.
Paises limítrofes: BR.
Ejemplar examinado: *Ibarrola 2070* (LIL).

Aristolochia elegans Mast.
Sin.: *Aristolochia elegans* Mast. var. *hassleriana* (Chodat) Hassl., *Aristolochia hassleriana* Chodat
Ref.: Ahumada, 1967; Bacigalupo, 1978.
Hábito: Enredadera.
Status: Nativa.
Elevación: 0-500 m.
Prov.: COR, ER, MI.
Paises limítrofes: BR, PA.
Ejemplar examinado: *Ahumada 4998* (CTESN).

Aristolochia elegans Mast. var. *hassleriana* (Chodat) Hassl. = **Aristolochia elegans** Mast.
Ref.: Ahumada, 1967.

Aristolochia emarginata (Klotzsch) Duch. = **Aristolochia sessilifolia** (Klotzsch) Malme
Ref.: Ahumada, 1967.

Aristolochia esperanzae Kuntze f. *minor* Hoehne, hom. illeg. = **Aristolochia esperanzae** Kuntze var. **esperanzae**
Ref.: Ahumada, 1967.

Aristolochia esperanzae Kuntze var. **esperanzae**
Sin.: *Aristolochia esperanzae* Kuntze f. *minor* Hoehne, hom. illeg.
Ref.: Ahumada, 1967.
Hábito: Enredadera.
Status: Nativa.
Elevación: 0-500 m.
Prov.: CH, FO.
Paises limítrofes: BO, PA.
Ejemplar examinado: *Ahumada 4997* (CTESN).

Aristolochia esperanzae Kuntze var. **longilabra** Ahumada
Ref.: Ahumada, 1967.
Hábito: Enredadera.
Status: Nativa.
Elevación: 0-1000 m.
Prov.: JU, SA.
Paises limítrofes: BO.
Ejemplar examinado: *Ahumada 5233* (CTESN).

Aristolochia fimbriata Cham.
Sin.: *Aristolochia ciliata* Hook., *Aristolochia ciliosa* Benth., *Howardia fimbriata* (Cham.) Klotzsch
Ref.: Hauman, 1923; Ahumada, 1967; Toursarkissian, 1973a; Bacigalupo, 1978.
Hábito: Hierba.
Status: Nativa.
Elevación: 0-500 m.
Prov.: BA, CH, COR, ER, FO, MI, SF.
Paises limítrofes: BR, PA, UR.
Ejemplar examinado: *Ahumada y Eskuche 5497* (CTESN).

Aristolochia gibertii Hook.
Sin.: *Aristolochia cobra* Chodat, *Aristolochia gibertii* Hook. var. *cobra* (Chodat) Chodat, *Aristolochia ipemi* D. Parodi
Ref.: Hauman, 1923; Ahumada, 1967; Toursarkissian, 1973a.
Hábito: Enredadera.
Status: Nativa.
Elevación: 0-500 m.
Prov.: CH, COR, FO.
Paises limítrofes: PA.
Ejemplar examinado: *Ahumada 4980* (CTESN).

Aristolochia gibertii Hook. var. *cobra* (Chodat) Chodat = **Aristolochia gibertii** Hook.
Ref.: Ahumada, 1967.

Aristolochia hassleriana Chodat = **Aristolochia elegans** Mast.
Ref.: Ahumada, 1967.

Aristolochia ipemi D. Parodi = **Aristolochia gibertii** Hook.
Ref.: Ahumada, 1967.

Aristolochia joergensenii Hauman = **Aristolochia ceresensis** Kuntze
Ref.: Ahumada, 1967.

Aristolochia lingua Malme var. **acuminata** (Hoehne) Ahumada
Sin.: *Aristolochia ceresensis* Kuntze var. *acuminata* Hoehne
Ref.: Hoehne, 1942; Ahumada, inéd.
Hábito: Hierba.
Status: Nativa.
Elevación: 0-500 m.
Prov.: CH.
Paises limítrofes: PA.
Ejemplar examinado: *Ahumada y Eskuche 4852* (CTESN).

Aristolochia lingua Malme var. **lingua**
Sin.: *Aristolochia angustifolia* Cham. var. *sessilifollia* Griseb., *Aristolochia ceresensis* Kuntze var. *lingua* (Malme) Hoehne
Ref.: Ahumada, 1967; Toursarkissian, 1973a.
Hábito: Hierba.
Status: Nativa.
Elevación: 0-1500 m.
Prov.: CA, CH, CO, JU, SA, TU.
Paises limítrofes: PA.
Ejemplar examinado: *Ahumada 5232* (CTESN).

Aristolochia longifolia (Cham.) Hauman = **Aristolochia angustifolia** Cham.
Ref.: Ahumada, 1970.

Aristolochia macroura Ortega
Sin.: *Aristolochia appendiculata* Vell., *Aristolochia caudata* Booth ex Lindl., *Aristolochia caudata* D. Parodi, hom. illeg., *Aristolochia trilobata* Lindl., hom. illeg., *Howardia macroura* (Ortega) Klotzsch
Ref.: Hauman, 1923; Ahumada, 1967; Toursarkissian, 1973a; Bacigalupo, 1978.
Hábito: Enredadera.
Status: Nativa.
Elevación: 0-500 m.
Prov.: BA, CH, COR, ER, MI, SF.
Paises limítrofes: BR, PA.
Ejemplar examinado: *Klein y Eskuche 9026* (CTESN).

Aristolochia melanoglossa Speg.
Ref.: Hauman, 1923; Ahumada, 1967.
Hábito: Enredadera.
Status: Endémica.
Elevación: 1500-2000 m.
Prov.: SA.
Ejemplar examinado: *Ahumada y Eskuche 4983* (CTESN).

Aristolochia melastoma Silva Manso ex Duch.
Ref.: Schinini & López, 1997.
Hábito: Enredadera.
Status: Nativa.
Elevación: 0-500 m.
Prov.: MI
Paises limítrofes: BR
Ejemplar examinado: *Vanni et al. 3959* (CTES, MBM, SI).

[Aristolochia metriosa Rojas Acosta]
Ref.: Ahumada, 1970.
Nota: Taxón dudoso.

Aristolochia oranensis Ahumada
Ref.: Ahumada, 1967.
Hábito: Enredadera.
Status: Endémica.
Elevación: 0-500 m.
Prov.: SA.
Ejemplar examinado: *Pierotti 1174* (holotipo, LIL).

Aristolochia paraguariensis D. Parodi = **Aristolochia triangularis** Cham.
Ref.: Ahumada, 1967.

Aristolochia parviflora Griseb. = **Aristolochia argentina** Griseb.
Ref.: Ahumada, 1967.

Aristolochia peltibractea Hoehne = **Aristolochia burelae** Herzog
Ref.: Ahumada, 1967.

Aristolochia prostrata Duch.
Sin.: *Aristolochia cardenasii* Standl., *Aristolochia trollii* O.C. Schmidt
Ref.: Ahumada, 1967.
Hábito: Hierba.
Status: Nativa.
Elevación: 1500-2000 m.
Prov.: SA.
Paises limítrofes: BO.
Ejemplar examinado: *Meyer 4909* (LIL).

Aristolochia schreiteri Ahumada
Ref.: Ahumada, 1967.
Hábito: Enredadera.
Status: Nativa.
Elevación: 0-500 m.
Prov.: SA.
Paises limítrofes: BO.
Ejemplar examinado: *Schreiter 3569* (holotipo, LIL).

Aristolochia schulzii Ahumada
Ref.: Ahumada, 1967; Toursarkissian, 1973a.
Hábito: Hierba.
Status: Endémica.
Elevación: 0-500 m.
Prov.: CH.
Ejemplar examinado: *Schulz 9158* (holotipo, CTESN).

Aristolochia sellowiana (Klotzsch) Duch. = **Aristolochia triangularis** Cham.
Ref.: Ahumada, 1967.

Aristolochia sessilifolia (Klotzsch) Malme
Sin.: *Aristolochia brevifolia* (Cham.) Hauman var. *subcordata* Hauman, *Aristolochia emarginata* (Klotzsch) Duch., *Howardia emarginata* Klotzsch, *Howardia sessilifolia* Klotzsch
Ref.: Hauman, 1923; Ahumada, 1967.
Hábito: Hierba.
Status: Nativa.
Elevación: 0-500 m.
Prov.: COR, MI.
Paises limítrofes: BR, PA, UR.
Ejemplar examinado: *Ahumada 110* (CTESN).

Aristolochia stuckertii Speg.
Ref.: Hauman, 1923; Ahumada, 1967; Bacigalupo, 1978.
Hábito: Hierba.
Status: Nativa.
Elevación: 0-500 m.
Prov.: BA, CO, COR, ER.
Paises limítrofes: UR.
Ejemplar examinado: *Ahumada y Eskuche 6198* (CTESN).

Aristolochia triangularis Cham.
Sin.: *Aristolochia antihysterica* Mart. ex Duch., *Aristolochia paraguariensis* D. Parodi, *Aristolochia sellowiana* (Klotzsch) Duch., *Howardia sellowiana* Klotzsch, *Howardia triangularis* (Cham.) Klotzsch
Ref.: Ahumada, 1967; Bacigalupo, 1978.
Hábito: Enredadera.
Status: Nativa.
Elevación: 0-500 m.
Prov.: BA, ER, MI.
Paises limítrofes: BR, PA, UR.
Ejemplar examinado: *Eskuche y Fontana 6071* (CTESN).

[Aristolochia trilobata L.]
Nota: Cita dudosa para la flora argentina.

Aristolochia trilobata Lindl., hom. illeg. = **Aristolochia macroura** Ortega

Aristolochia trollii O.C. Schmidt = **Aristolochia prostrata** Duch.
Ref.: Ahumada, 1967.

Aristolochia viperina (Chodat & Hassl.) Chodat & Hassl.
Sin.: *Aristolochia angustifolia* Cham. var. *australis* Ahumada, *Aristolochia angustifolia* Cham. var. *viperina* Chodat & Hassl.
Ref.: Ahumada, 1970; Toursarkissian, 1973a; Bacigalupo, 1978.
Hábito: Hierba.
Status: Nativa.
Elevación: 0-500 m.
Prov.: CH, COR, ER, FO.
Paises limítrofes: PA.
Ejemplar examinado: *Ahumada y Eskuche 3044* (CTESN).

Euglypha Chodat & Hassl.
Número de especies: 1

Euglypha rojasiana Chodat & Hassl.
Ref.: Hauman, 1923; Ahumada, 1967; Toursarkissian, 1973a.
Hábito: Enredadera.
Status: Nativa.
Elevación: 0-500 m.
Prov.: CH, FO.
Paises limítrofes: PA.
Ejemplar examinado: *Iriart 165* (CTESN).

Howardia emarginata Klotzsch = **Aristolochia sessilifolia** (Klotzsch) Malme
Ref.: Ahumada, 1967.

Howardia fimbriata (Cham.) Klotzsch = **Aristolochia fimbriata** Cham.
Ref.: Ahumada, 1967.

Howardia longifolia (Cham.) Klotzsch = **Aristolochia angustifolia** Cham.
Ref.: Ahumada, 1970.

Howardia macroura (Ortega) Klotzsch = **Aristolochia macroura** Ortega

Howardia sellowiana Klotzsch = **Aristolochia triangularis** Cham.
Ref.: Ahumada, 1967.

Howardia sessilifolia Klotzsch = **Aristolochia sessilifolia** (Klotzsch) Malme

Howardia triangularis (Cham.) Klotzsch = **Aristolochia triangularis** Cham.
Ref.: Ahumada, 1967.

ASCLEPIADACEAE

32 géneros, 145 especies; 58 especies endémicas.

por C. Ezcurra

Amblyopetalum (Griseb.) Malme
Número de especies: 1 especie endémica.

Amblyopetalum coccineum (Griseb.) Malme
Sin.: *Oxypetalum coccineum* Griseb.
Ref.: Meyer, 1944; Meyer & Bacigalupo, 1979; Pontiroli, 1983a.
Hábito: Hierba.
Status: Endémica.
Elevación: 0-1500 m.
Prov.: BA, CA, CO, ER, JU, LR, SA, SL, TU.
Ejemplar examinado: *Meyer 15333* (LIL).

Amblyopetalum coeruleum (D. Don) Malme = [Oxypetalum coeruleum (D. Don) Decne.]

Amblystigma Benth.

Número de especies: 2 especies endémicas.

Amblystigma castillonii Lillo ex T. Mey. = **Mitostigma castillonii** (Lillo ex T. Mey.) T. Mey.
Ref.: Meyer, 1944.

Amblystigma cionophorum (Griseb.) E. Fourn.
Sin.: *Mitostigma cionophorum* Griseb.
Ref.: Meyer, 1944; Pontiroli, 1983a.
Hábito: Enredadera.
Status: Endémica.
Elevación: 500-2000 m.
Prov.: JU, TU.
Ejemplar examinado: *Venturi 1613* (LIL).

Amblystigma pedunculare Benth. = **Philibertia gilliesii** Hook. & Arn.
Ref.: Holm, 1950a.

Amblystigma pilosum Malme var. **catamarcense** T. Mey.
Ref.: Meyer, 1944.
Hábito: Enredadera.
Status: Endémica.
Elevación: 1000-2000 m.
Prov.: CA.
Ejemplar examinado: *Castillón 2049* (holotipo, LIL).

Amblystigma pilosum Malme var. **laticaudiculatum** T. Mey.
Ref.: Meyer, 1944; Pontiroli, 1983a.
Hábito: Enredadera.
Status: Endémica.
Elevación: 2000-2500 m.
Prov.: SA.
Ejemplar examinado: *Meyer 5013* (holotipo, LIL).

Amblystigma pilosum Malme var. **pilosum**
Ref.: Meyer, 1944.
Hábito: Enredadera.
Status: Endémica.
Elevación: 1000-1500 m.
Prov.: SA, TU.
Ejemplar examinado: *Lillo 975* (LIL).

Amphistelma aphyllum (Vell.) E. Fourn. = **Tassadia subulata** (Vell.) Fontella & E.A. Schwarz

Amphistelma exsertum Griseb. = **Funastrum gracile** (Decne.) Schltdl.
Ref.: Pontiroli, 1973.

Amphistelma melanthum (Decne.) E. Fourn. = **Tassadia subulata** (Vell.) Fontella & E.A. Schwarz
Ref.: Fontella Pereira et al., 1985.

Aphanostelma bicornutum (Griseb.) Malme = **Melinia bicornuta** Griseb. var. **bicornuta**
Ref.: Krapovickas & Cáceres, 1990.

Aphanostelma bicornutum (Griseb.) Malme var. *castillonii* T. Mey. = **Melinia bicornuta** Griseb. var. **castillonii** T. Mey.
Ref.: Krapovickas & Cáceres, 1990.

Aphanostelma candolleanum (Hook. & Arn.) Malme = **Melinia candolleana** (Hook. & Arn.) Decne.
Ref.: Krapovickas & Cáceres, 1990.

Aphanostelma micranthum (Malme) T. Mey. = **Melinia micrantha** (Malme) Krapov. & S.A. Cáceres
Ref.: Krapovickas & Cáceres, 1990.

Aphanostelma parviflorum (Malme) Malme = **Melinia parviflora** (Malme) Krapov. & S.A. Cáceres
Ref.: Krapovickas & Cáceres, 1990.

Aphanostelma tubatum (Malme) Malme = **Melinia tubata** (Malme) Krapov. & S.A. Cáceres
Ref.: Krapovickas & Cáceres, 1990.

Aphanostelma volcanense T. Mey. = **Melinia volcanense** (T. Mey.) Krapov. & S.A. Cáceres
Ref.: Krapovickas & Cáceres, 1990.

Araujia Brot.

Número de especies: 5

Araujia albens Decne. = **Araujia hortorum** E. Fourn.
Ref.: Meyer & Bacigalupo, 1979.

Araujia angustifolia (Hook. & Arn.) Decne.
Sin.: *Lagenia angustifolia* (Hook. & Arn.) E. Fourn., *Physianthus angustifolius* Hook. & Arn.
Ref.: Meyer, 1944; Fabris, 1965a; Meyer & Bacigalupo, 1979.
Hábito: Enredadera.
Status: Nativa.
Elevación: 0-500 m.
Prov.: BA, CH, COR, ER, FO, SE, SF.
Paises limítrofes: BR, PA, UR.
Ejemplar examinado: *Burkart 7978* (SI).

Araujia fusca Griseb. = **Araujia megapotamica** (Spreng.) G. Don
Ref.: Meyer & Bacigalupo, 1979.

Araujia fusca Griseb. var. *pallidiflora* Griseb. = **Araujia megapotamica** (Spreng.) G. Don
Ref.: Meyer & Bacigalupo, 1979.

Araujia grandiflora (Mart. ex Zucc.) Morong = **Schubertia grandiflora** Mart. ex Zucc.
Ref.: Meyer, 1944.

Araujia hortorum E. Fourn.
Sin.: *Araujia albens* Decne., *Araujia sericifera* Brot. f. *hortorum* Malme, *Physianthus albens* Hook., hom. illeg.
Ref.: Meyer, 1944; Fabris, 1965a; Meyer & Bacigalupo, 1979.
Hábito: Enredadera.
Status: Nativa.
Elevación: 0-500 m.
Prov.: BA, ER.
Paises limítrofes: BR, PA, UR.
Ejemplar examinado: *Jozami 262* (SI).

Araujia megapotamica (Spreng.) G. Don
Sin.: *Araujia fusca* Griseb., *Araujia fusca* Griseb. var. *pallidiflora* Griseb., *Physianthus megapotamicus* Spreng.
Ref.: Meyer, 1944; Meyer & Bacigalupo, 1979.
Hábito: Enredadera.
Status: Nativa.
Elevación: 0-500 m.
Prov.: COR, ER.
Paises limítrofes: BR, PA, UR.
Ejemplar examinado: *Burkart 30049* (SI).

Araujia plumosa Schltdl.
Ref.: Meyer, 1944; Pontiroli, 1983a.
Hábito: Enredadera.
Status: Nativa.
Elevación: 0-1500 m.
Prov.: CH, COR, FO, JU, SA, TU.
Paises limítrofes: BO, BR, PA.
Ejemplar examinado: *Cabrera 32297* (SI).

Araujia sericifera Brot.
Sin.: *Physianthus albens* Mart. & Zucc.
Ref.: Meyer, 1944; Fontella Pereira et al., 1985.
Hábito: Enredadera.
Status: Nativa.
Elevación: 0-500 m.
Prov.: MI.
Paises limítrofes: BR, PA, UR.
Ejemplar examinado: *Meyer 6640* (LIL).

Araujia sericifera Brot. f. *hortorum* Malme = **Araujia hortorum** E. Fourn.
Ref.: Meyer & Bacigalupo, 1979.

Araujia stormiana Morong = **Morrenia stormiana** (Morong) Malme
Ref.: Meyer, 1944.

Asclepias L.

Número de especies: 8, 1 especie endémica.

Asclepias barjoniifolia E. Fourn.
Sin.: *Asclepias kuntzei* Schltdl.
Ref.: Bollwinkel, 1969; Pontiroli, 1983a.
Hábito: Hierba.
Status: Nativa.
Prov.: JU, SA, TU.
Paises limítrofes: BO.
Ejemplar examinado: *Venturi 3494* (SI).

Asclepias boliviensis E. Fourn.
Sin.: *Asclepias weddellii* E. Fourn.
Ref.: Bollwinkel, 1969; Pontiroli, 1983a.
Hábito: Hierba.
Status: Nativa.
Elevación: 0-2000 m.
Prov.: CA, CH, FO, JU, SA, SE, TU.
Paises limítrofes: BO.
Ejemplar examinado: *Cabrera 32272* (SI).

Asclepias campestris Decne. = **Asclepias mellodora** A. St.-Hil.
Ref.: Bollwinkel, 1969.

Asclepias campestris Decne. var. *angustifolia* Kuntze = **Asclepias mellodora** A. St.-Hil.
Ref.: Bollwinkel, 1969.

Asclepias campestris Decne. var. *schlechteri* Kuntze = **Asclepias mellodora** A. St.-Hil.
Ref.: Bollwinkel, 1969.

Asclepias candida Vell.
Sin.: *Asclepias marginata* Decne.
Ref.: Bollwinkel, 1969.
Hábito: Hierba.
Status: Nativa.
Elevación: 0-500 m.
Prov.: MI.
Paises limítrofes: BR, PA, UR.
Ejemplar examinado: *Rodríguez 143* (LIL).

Asclepias curassavica L.
Ref.: Meyer, 1944; Bollwinkel, 1969; Meyer & Bacigalupo, 1979.
Hábito: Hierba.
Status: Introducida.
Elevación: 0-2000 m.
Prov.: BA, CA, CH, COR, ER, FO, JU, MI, SA, SJ, TU.
Paises limítrofes: BO, BR, PA.
Ejemplar examinado: *Burkart et al. 29584* (SI).

Asclepias flava Lillo
Ref.: Meyer, 1944; Bollwinkel, 1969; Pontiroli, 1983a.
Hábito: Hierba.
Status: Endémica.
Elevación: 1000-2000 m.
Prov.: CA, JU, LR, SA, TU.
Ejemplar examinado: *Schreiter 272* (lectotipo, LIL).

Asclepias foetida Cav. = **Telminostelma foetidum** (Cav.) Fontella & E.A. Schwarz
Ref.: Fontella Pereira & Araujo Schwarz, 1981.

Asclepias fruticosa L.
Ref.: Jozami & Muñoz, 1982.
Hábito: Subarbusto.
Status: Introducida.
Elevación: 0-500 m.
Prov.: ER.
Ejemplar examinado: *Muñoz 1766* (SI).

Asclepias hispida Vell. = **Ditassa hispida** (Vell.) Fontella
Ref.: Fontella Pereira et al., 1985.

Asclepias kuntzei Schltdl. = **Asclepias barjoniifolia** E. Fourn.
Ref.: Pontiroli, 1983a.

Asclepias macrophylla Humb. & Bonpl. ex Roem. & Schult. = **Marsdenia macrophylla** (Humb. & Bonpl. ex Roem. & Schult.) E. Fourn.
Ref.: Meyer, 1947a.

Asclepias marginata Decne. = **Asclepias candida** Vell.
Ref.: Bollwinkel, 1969.

Asclepias marginata Decne. var. *bodenbenderi* Kuntze = **Asclepias mellodora** A. St.-Hil.
Ref.: Bollwinkel, 1969.

Asclepias mellodora A. St.-Hil.
Sin.: *Asclepias campestris* Decne., *Asclepias campestris* Decne. var. *angustifolia* Kuntze, *Asclepias campestris* Decne. var. *schlechteri* Kuntze, *Asclepias marginata* Decne. var. *bodenbenderi* Kuntze, *Asclepias mellodora* A. St.-Hil. var. *bodenbenderi* (Kuntze) Bollwinkel, *Asclepias mellodora* A. St.-Hil. var. *minor* A. St.-Hil., *Asclepias mellodora* A. St.-Hil. var. *multinervis* (E. Fourn.) Bollwinkel, *Asclepias multinervis* E. Fourn., *Asclepias nervosa* Decne., *Asclepias umbellata* Vell.
Ref.: Bollwinkel, 1969; Meyer & Bacigalupo, 1979.
Hábito: Hierba.
Status: Nativa.
Elevación: 0-1000 m.
Prov.: BA, CH, CO, COR, ER, FO, JU, LP, MI, RN, SA, SE, SF, SL, TU.
Paises limítrofes: BO, BR, PA, UR.
Ejemplar examinado: *Venturi 5572* (LIL).

Asclepias mellodora A. St.-Hil. var. *bodenbenderi* (Kuntze) Bollwinkel = **Asclepias mellodora** A. St.-Hil.

Asclepias mellodora A. St.-Hil. var. *minor* A. St.-Hil. = **Asclepias mellodora** A. St.-Hil.
Ref.: Meyer & Bacigalupo, 1979.

Asclepias mellodora A. St.-Hil. var. *multinervis* (E. Fourn.) Bollwinkel = **Asclepias mellodora** A. St.-Hil.

Asclepias multinervis E. Fourn. = **Asclepias mellodora** A. St.-Hil.

Asclepias nervosa Decne. = **Asclepias mellodora** A. St.-Hil.
Ref.: Bollwinkel, 1969.

Asclepias pilgeriana Schltr.
Ref.: Bollwinkel, 1969.
Hábito: Hierba.
Status: Nativa.
Elevación: 0-1000 m.
Prov.: SA.
Paises limítrofes: BO.
Ejemplar citado: *Fiebrig 5542** (isotipos, GH, US).
Nota: Posible sinónimo de *Asclepias flava* Lillo.

Asclepias umbellata Vell. = **Asclepias mellodora** A. St.-Hil.
Ref.: Bollwinkel, 1969.

Asclepias weddellii E. Fourn. = **Asclepias boliviensis** E. Fourn.
Ref.: Pontiroli, 1983a.

Astephanus R. Br.
Número de especies: 1 especie endémica.

Astephanus cordifolius Phil. = **Melinia candolleana** (Hook. & Arn.) Decne.
Ref.: Krapovickas & Cáceres, 1990.

Astephanus fallax (Hicken) T. Mey. = **Grisebachiella hieronymi** Lorentz
Ref.: Ezcurra, 1979; Liede, 1997b.

Astephanus fruticulosus Speg. = **Melinia candolleana** (Hook. & Arn.) Decne.
Ref.: Krapovickas & Cáceres, 1990.

Astephanus hieronymi (Lorentz) Malme = **Grisebachiella hieronymi** Lorentz
Ref.: Liede, 1997b.

Astephanus mitophorus Griseb. = **Mitostigma mitophorum** (Griseb.) T. Mey.
Ref.: Meyer, 1977a.

Astephanus multiflorus T. Mey.
Ref.: Meyer, 1944; Pontiroli, 1983a.
Hábito: Enredadera.
Status: Endémica.
Elevación: 2000-2500 m.
Prov.: SA.
Ejemplar examinado: *Meyer 5005* (holotipo, LIL).

Blepharodon Decne.
Número de especies: 1

Blepharodon lineare (Decne.) Decne.
Sin.: *Matelea linearis* Decne.
Ref.: Lillo, 1919a; Malme, 1933a; Meyer, 1944; Fontella Pereira et al., 1985.
Hábito: Hierba.
Status: Nativa.
Elevación: 0-500 m.
Prov.: COR, MI.
Paises limítrofes: BR, PA.
Ejemplar examinado: *Schulz 7035* (LIL).

Brachylepis candolleana Hook. & Arn. = **Melinia candolleana** (Hook. & Arn.) Decne.
Ref.: Krapovickas & Cáceres, 1990.

Calostigma guaraniticum Malme = [Oxypetalum guaraniticum (Malme) Malme]

Calostigma mosenii Malme = **Schistogyne mosenii** (Malme) T. Mey.
Ref.: Meyer, 1950a.

Ceremanthus gracilis (Decne.) Malme = **Funastrum gracile** (Decne.) Schltdl.
Ref.: Meyer, 1944.

Choristigma stuckertiana Kurtz ex Stuck. = **Morrenia stuckertiana** (Kurtz ex Stuck.) Malme
Ref.: Meyer, 1944.

Cyathostelma furcata E. Fourn. = **Jobinia lindbergii** E. Fourn.
Ref.: Bacigalupo, 1996.

Cynanchum L.
Número de especies: 10, 8 especies endémicas.

Cynanchum aphyllum Vell. = **Tassadia subulata** (Vell.) Fontella & E.A. Schwarz
Ref.: Fontella Pereira et al., 1985.

Cynanchum bonariense (Decne.) T. Mey.
Sin.: *Ditassa bonariensis* Decne.
Ref.: Meyer, 1944; Fabris, 1965a; Pontiroli, 1983a.
Hábito: Enredadera.
Status: Endémica.
Elevación: 0-1000 m.
Prov.: BA, CA, CO, JU, LR, SA, SE, TU.
Ejemplar examinado: *Meyer 12274* (LIL).

[Cynanchum bulligerum (Speg.) Lillo]
Sin.: *Vincetoxicum bulligerum* Speg.
Ref.: Ezcurra, inéd.a.
Nota: Taxón dudoso.

Cynanchum chilense (Phil.) Malme
Sin.: *Cynanchum mucronatum* (Decne.) Reiche, comb. illeg., *Cynoctonum mucronatum* Decne., *Holostemma chilense* Phil.
Ref.: Reiche, 1910; Malme, 1936a; Ezcurra, inéd.a.
Hábito: Enredadera.
Status: Nativa.
Elevación: 500-2000 m.
Prov.: CHU, NE, RN.
Paises limítrofes: CH.
Ejemplar examinado: *Boelcke y Hunziker 3365* (BAB).

Cynanchum clausum Jacq. = **Funastrum clausum** (Jacq.) Schltr.
Ref.: Meyer & Bacigalupo, 1979.

Cynanchum denticulatum Vahl = [Matelea denticulata (Vahl) Fontella & E.A. Schwarz]
Ref.: Fontella Pereira et al., 1985.

Cynanchum descolei T. Mey.
Ref.: Meyer, 1944; Ezcurra, inéd.a.
Hábito: Enredadera.
Status: Endémica.
Elevación: 0-1000 m.
Prov.: CHU, NE, RN.
Ejemplar examinado: *Hicken s.n.* (holotipo, LIL; isotipo, SI).

Cynanchum diemii T. Mey.
Ref.: Meyer, 1950b; Ezcurra, inéd.a.
Hábito: Enredadera.
Status: Endémica.
Elevación: 500-1000 m.
Prov.: CHU, NE, RN.
Ejemplar examinado: *Diem 1191* (holotipo, LIL).

Cynanchum diffusum (Gillies ex Hook.) Hook. & Arn. = **Metastelma diffusum** (Gillies ex Hook.) Decne.
Ref.: Meyer & Bacigalupo, 1979.

Cynanchum ekmanii (Malme) Sundell = **Telminostelma ekmanii** (Malme) Fontella & E.A. Schwarz
Ref.: Fontella Pereira & Araujo Schwarz, 1981.

Cynanchum fallax Hicken = **Grisebachiella hieronymi** Lorentz
Ref.: Ezcurra, 1979; Liede, 1997b.

Cynanchum glossostemma Lillo ex T. Mey.
Sin.: *Cynanchum glossostemma* Lillo, nom. nud.
Ref.: Lillo, 1919a; Meyer, 1944, 1977a.
Hábito: Enredadera.
Status: Endémica.
Elevación: 1500-2000 m.
Prov.: CA, TU.
Ejemplar examinado: *Castillón 1622* (LIL).

Cynanchum glossostemma Lillo, nom. nud. = **Cynanchum glossostemma** Lillo ex T. Mey.
Ref.: Meyer, 1944.

Cynanchum hieronymi (Lorentz) Hicken = **Grisebachiella hieronymi** Lorentz
Ref.: Liede, 1997b.

[Cynanchum lancifolium Hook. & Arn.]
Ref.: Ezcurra, inéd.a.
Nota: Especie excluida de la flora argentina.

Cynanchum melanthum (Decne.) T. Mey. = **Tassadia subulata** (Vell.) Fontella & E.A. Schwarz
Ref.: Fontella Pereira et al., 1985.

Cynanchum montevidense Spreng. = **Telminostelma foetidum** (Cav.) Fontella & E.A. Schwarz
Ref.: Fontella Pereira & Araujo Schwarz, 1981.

Cynanchum mucronatum (Decne.) Reiche, comb. illeg. = **Cynanchum chilense** (Phil.) Malme
Ref.: Malme, 1936a.

Cynanchum nanum Skottsb. = **Cynanchum nummulariifolium** Hook. & Arn. var. **nummulariifolium**
Ref.: Liede, 1997a.

Cynanchum nummulariifolium Hook. & Arn. var. **biflorum** (Phil.) Reiche
Sin.: *Cynoctonum biflorum* Phil.
Ref.: Reiche, 1910; Ezcurra, inéd.a.
Hábito: Hierba.
Status: Nativa.
Elevación: 1000-2500 m.
Prov.: NE, RN.
Paises limítrofes: CH.
Ejemplar examinado: *Cabrera 5855* (LP).

Cynanchum nummulariifolium Hook. & Arn. var. **nummulariifolium**
Sin.: *Cynanchum nanum* Skottsb., *Cynanchum patagonicum* (Phil.) Malme, *Cynoctonum nummulariifolium* (Hook. & Arn.) Decne., *Cynoctonum patagonicum* Phil., *Cynoctonum undulatum* Decne., *Vincetoxicum patagonicum* (Phil.) Kuntze
Ref.: Malme, 1933a; Meyer, 1944; Ezcurra, inéd.a.
Hábito: Subarbusto.
Status: Nativa.
Elevación: 500-3000 m.
Prov.: ME, NE, RN.
Paises limítrofes: CH.
Ejemplar examinado: *Meyer 7594* (LIL).

Cynanchum odoratum Hook. & Arn. = **Morrenia odorata** (Hook. & Arn.) Lindl.
Ref.: Meyer & Bacigalupo, 1979.

Cynanchum patagonicum (Phil.) Malme = **Cynanchum nummulariifolium** Hook. & Arn. var. **nummulariifolium**
Ref.: Ezcurra, inéd.a.

Cynanchum rostratum Vahl = **Gonolobus rostratus** (Vahl) Roem. & Schult.
Ref.: Fontella Pereira & Araujo Schwarz, 1981.

Cynanchum samuelssonii Malme
Ref.: Malme, 1933a; Meyer, 1944, 1977a.
Hábito: Enredadera.
Status: Endémica.
Elevación: 1500-2000 m.
Prov.: TU.
Ejemplar examinado: *Venturi 4439* (isotipo, LIL).

Cynanchum sarcostemma Lillo
Ref.: Malme, 1933a; Meyer, 1944, 1977a.
Hábito: Enredadera.
Status: Endémica.
Elevación: 0-1500 m.
Prov.: SA, TU.
Ejemplar examinado: *Lillo 3844* (lectotipo, LIL).

Cynanchum stellatum Vell. = **Fischeria stellata** (Vell.) E. Fourn.
Ref.: Murphy, 1986.

Cynanchum tamifolium Hook. & Arn. = **Telminostelma foetidum** (Cav.) Fontella & E.A. Schwarz
Ref.: Fontella Pereira & Araujo Schwarz, 1981.

Cynanchum trifurcatum (Griseb.) Lillo
Sin.: *Metastelma trifurcatum* Griseb.
Ref.: Lillo, 1919a; Meyer, 1944; Pontiroli, 1983a.
Hábito: Enredadera.
Status: Endémica.
Elevación: 1500-2000 m.
Prov.: CA, CO, LR, TU.
Ejemplar examinado: *Schreiter 1073* (LIL).

Cynanchum trilobatum Lillo
Ref.: Lillo, 1919a; Meyer, 1944; Pontiroli, 1983a.
Hábito: Enredadera.
Status: Endémica.
Elevación: 500-1500 m.
Prov.: JU, TU.
Ejemplar examinado: *Lillo 395* (lectotipo, LIL).

Cynoctonum biflorum Phil. = **Cynanchum nummulariifolium** Hook. & Arn. var. **biflorum** (Phil.) Reiche
Ref.: Reiche, 1910.

Cynoctonum mucronatum Decne. = **Cynanchum chilense** (Phil.) Malme
Ref.: Malme, 1936a.

Cynoctonum nummulariifolium (Hook. & Arn.) Decne. = **Cynanchum nummulariifolium** Hook. & Arn. var. **nummulariifolium**
Ref.: Meyer, 1944.

Cynoctonum patagonicum Phil. = **Cynanchum nummulariifolium** Hook. & Arn. var. **nummulariifolium**
Ref.: Ezcurra, inéd.a.

Cynoctonum undulatum Decne. = **Cynanchum nummulariifolium** Hook. & Arn. var. **nummulariifolium**
Ref.: Ezcurra, inéd.a.

Ditassa R. Br.

Número de especies: 4

[Ditassa acerosa Mart.]
Ref.: Fontella Pereira et al., 1985.
Nota: Cita dudosa para la flora argentina.

Ditassa anomala Mart.
Ref.: Malme, 1933a; Schulz, 1937; Meyer, 1944.
Hábito: Enredadera.
Status: Nativa.
Elevación: 0-500 m.
Prov.: CH, COR, FO, MI.
Paises limítrofes: BR, PA.
Ejemplar examinado: *Joergensen 3118* (LIL).

Ditassa bonariensis Decne. = **Cynanchum bonariense** (Decne.) T. Mey.
Ref.: Meyer, 1944.

Ditassa campestris Griseb. = **Oxypetalum argentinum** Malme
Ref.: Meyer, 1944.

Ditassa hispida (Vell.) Fontella
Sin.: *Asclepias hispida* Vell., *Ditassa rufescens* Decne.
Ref.: Meyer, 1944; Fontella Pereira et al., 1985.
Hábito: Enredadera.
Status: Nativa.
Elevación: 0-500 m.
Prov.: MI.
Paises limítrofes: BR.
Ejemplar citado: *Molfino s.n.** (BAF).

Ditassa humilis Morong = **Oxypetalum humile** (Morong) Hassl.
Ref.: Meyer, 1943b.

Ditassa megapotamica (Spreng.) Malme
Sin.: *Ditassa oxypetala* Decne., *Oxypetalum megapotamicum* Spreng.
Ref.: Malme, 1933a; Meyer, 1944; Fontella Pereira et al., 1985.
Hábito: Enredadera.
Status: Nativa.
Elevación: 0-500 m.
Prov.: MI.
Paises limítrofes: BR, UR.
Ejemplar examinado: *Rosengurtt B3189* (LIL).

Ditassa oxypetala Decne. = **Ditassa megapotamica** (Spreng.) Malme
Ref.: Meyer, 1944.

Ditassa racemosa Britton
Ref.: Meyer, 1970.
Hábito: Enredadera.
Status: Nativa.
Elevación: 1500-2000 m.
Prov.: SA.
Paises limítrofes: BO.
Ejemplar examinado: *Meyer 20396* (LIL).

Ditassa rufescens Decne. = **Ditassa hispida** (Vell.) Fontella
Ref.: Fontella Pereira et al., 1985.

Exolobus patens (Decne.) E. Fourn. = **Gonolobus rostratus** (Vahl) Roem. & Schult.
Ref.: Fontella Pereira & Araujo Schwarz, 1981.

Exolobus patens (Decne.) E. Fourn. var. *paraguayensis* Malme = **Gonolobus rostratus** (Vahl) Roem. & Schult.

Exolobus selloanus E. Fourn. = **Gonolobus selloanus** (E. Fourn.) Bacigalupo
Ref.: Meyer & Bacigalupo, 1979.

Fischeria DC.

Número de especies: 1

Fischeria martiana Decne. = **Fischeria stellata** (Vell.) E. Fourn.
Ref.: Murphy, 1986.

Fischeria stellata (Vell.) E. Fourn.
Sin.: *Cynanchum stellatum* Vell., *Fischeria martiana* Decne.
Ref.: Meyer, 1944; Fontella Pereira et al., 1985; Murphy, 1986.
Hábito: Enredadera.
Status: Nativa.
Elevación: 0-500 m.
Prov.: MI.
Paises limítrofes: BO, BR, PA.
Ejemplar examinado: *Meyer 5344* (LIL).

Funastrum E. Fourn.

Número de especies: 3

Funastrum bonariense (Hook. & Arn.) Schltdl. = **Funastrum clausum** (Jacq.) Schltr.
Ref.: Meyer & Bacigalupo, 1979.

Funastrum clausum (Jacq.) Schltr.
Sin.: *Cynanchum clausum* Jacq., *Funastrum bonariense* (Hook. & Arn.) Schltdl., *Funastrum riparium* (Decne.) Schltr., *Philibertia bonariensis* (Hook. & Arn.) Malme, *Sarcostemma bonariense* Hook. & Arn., *Sarcostemma clausum* (Jacq.) Roem. & Schult., *Sarcostemma riparium* Decne.
Ref.: Holm, 1950; Meyer & Bacigalupo, 1979; Pontiroli, 1983a.
Hábito: Enredadera.
Status: Nativa.
Elevación: 0-1000 m.
Prov.: CH, COR, FO, JU, SA, SE, SF.
Paises limítrofes: BO, BR, PA.
Ejemplar examinado: *Burkart 27044* (SI).

Funastrum flavum (Decne.) Malme
Sin.: *Funastrum longifolium* (Arechav.) Schltr., *Philibertia longifolia* Arechav., *Philibertia stellaris* Griseb., *Sarcostemma flavum* Decne.
Ref.: Holm, 1950; Fabris, 1965a; Meyer & Bacigalupo, 1979.
Hábito: Enredadera.
Status: Nativa.
Elevación: 0-500 m.
Prov.: BA, COR, ER.
Paises limítrofes: BR, UR.
Ejemplar examinado: *Burkart 8962* (SI).

Funastrum gracile (Decne.) Schltdl.
Sin.: *Amphistelma exsertum* Griseb., *Ceremanthus gracilis* (Decne.) Malme, *Philibertia exserta* (Griseb.) Schltr., *Sarcostemma carpophylloides* Morong, *Sarcostemma gracile* Decne.
Ref.: Meyer, 1944; Holm, 1950; Pontiroli, 1973.
Hábito: Enredadera.
Status: Nativa.
Elevación: 0-1000 m.
Prov.: CA, CH, CO, FO, JU, LR, SA, SE, SF, TU.
Paises limítrofes: BO, PA.
Ejemplar examinado: *Cabrera 31363* (SI).

Funastrum longifolium (Arechav.) Schltr. = **Funastrum flavum** (Decne.) Malme
Ref.: Holm, 1950.

Funastrum riparium (Decne.) Schltr. = **Funastrum clausum** (Jacq.) Schltr.
Ref.: Holm, 1950.

Gonolobus Michx.

Número de especies: 6, 1 variedad endémica.

Gonolobus argentinensis T. Mey. = **Matelea argentinensis** (T. Mey.) Pontiroli
Ref.: Pontiroli, 1983a.

Gonolobus argentinensis T. Mey. var. *macrophyllus* T. Mey. = **Matelea argentinensis** (T. Mey.) Pontiroli
Ref.: Pontiroli, 1983a.

Gonolobus australis (Malme) Malme = **Matelea australis** (Malme) Pontiroli
Ref.: Pontiroli, 1983a.

Gonolobus boliviensis (Schltr.) T. Mey.
Sin.: *Pseudibatia boliviensis* Schltr.
Ref.: Meyer, 1950a.
Hábito: Enredadera.
Status: Nativa.
Elevación: 2500-3000 m.
Prov.: SA.
Paises limítrofes: BO.
Ejemplar examinado: *Meyer 4618* (LIL).
Nota: Probablemente debiera transferirse a *Matelea*.

Gonolobus foetidus Griseb.
Sin.: *Pseudibatia foetida* (Griseb.) Malme
Ref.: Malme, 1933a; Meyer, 1944.
Hábito: Subarbusto.
Status: Nativa.
Prov.: CA, CO, LR.
Paises limítrofes: BO.
Ejemplar examinado: *Stuckert 1653* (LIL).
Nota: Probablemente debiera transferirse a *Matelea*.

Gonolobus friesii (Malme) T. Mey.
Sin.: *Pseudibatia friesii* Malme
Ref.: Meyer, 1944, 1977a.
Hábito: Enredadera.
Status: Nativa.
Elevación: 0-500 m.
Prov.: SA, TU.
Paises limítrofes: BO, PA.
Ejemplar examinado: *Meyer 4475* (LIL).
Nota: Probablemente debiera transferirse a *Matelea*.

Gonolobus hirtus Griseb. var. **hirtus**
Sin.: *Pseudibatia hirta* (Griseb.) Malme
Ref.: Meyer, 1944, 1977a.
Hábito: Enredadera.
Status: Nativa.
Elevación: 0-1000 m.
Prov.: SA, SE, TU.
Paises limítrofes: PA.
Ejemplar examinado: *Venturi 724* (LIL).
Nota: Probablemente debiera transferirse a *Matelea*.

Gonolobus hirtus Griseb. var. **longipedunculatus** T. Mey.
Ref.: Meyer, 1944.
Hábito: Enredadera.
Status: Endémica.
Elevación: 500-1500 m.
Prov.: SA.
Ejemplar examinado: *Schreiter 3577* (holotipo, LIL).
Nota: Probablemente debiera transferirse a *Matelea*.

Gonolobus hispidus Hook. & Arn. = **Matelea hispida** (Hook. & Arn.) Bacigalupo
Ref.: Bacigalupo, 1996.

Gonolobus lanatus Griseb. = **Matelea hispida** (Hook. & Arn.) Bacigalupo
Ref.: Bacigalupo, 1996.

Gonolobus lilloanus T. Mey. = **Matelea lilloana** (T. Mey.) Pontiroli
Ref.: Pontiroli, 1983a.

Gonolobus patens Decne. = **Gonolobus rostratus** (Vahl) Roem. & Schult.
Ref.: Fontella Pereira & Araujo Schwarz, 1981.

Gonolobus rostratus (Vahl) Roem. & Schult.
Sin.: *Cynanchum rostratum* Vahl, *Exolobus patens* (Decne.) E. Fourn., *Exolobus patens* (Decne.) E. Fourn. var. *paraguayensis* Malme, *Gonolobus patens* Decne.
Ref.: Meyer, 1944; Pontiroli, 1983a; Fontella Pereira & Araujo Schwarz, 1981.
Hábito: Enredadera.
Status: Nativa.
Elevación: 0-1000 m.
Prov.: CH, COR, FO, JU, MI, SA, TU.
Paises limítrofes: BO, BR, PA.
Ejemplar examinado: *Venturi 5358* (LIL).

Gonolobus schreiteri T. Mey. = **Matelea schreiteri** (T. Mey.) Pontiroli
Ref.: Pontiroli, 1983a.

Gonolobus selloanus (E. Fourn.) Bacigalupo
Sin.: *Exolobus selloanus* E. Fourn.
Ref.: Schulz, 1937; Meyer, 1944; Meyer & Bacigalupo, 1979.
Hábito: Enredadera.
Status: Nativa.
Elevación: 0-500 m.
Prov.: CH, COR, ER, FO, MI.
Paises limítrofes: BR, PA.
Ejemplar examinado: *Burkart 24889* (LIL, SI).

[Gonolobus venturii Malme]
Nota: Taxón dudoso.

Gothofreda brunonis (Hook. & Arn.) Kuntze = **Tweedia brunonis** Hook. & Arn.
Ref.: Rua, 1989.

Gothofreda crispa (Wight ex Hook. & Arn.) Kuntze = **Oxypetalum crispum** Wight ex Hook. & Arn.
Ref.: Fontella Pereira & Araujo Schwarz, 1983b.

Gothofreda gracilis Morong = **Rojasia gracilis** (Morong) Malme
Ref.: Meyer, 1944.

Gothofreda integriloba (E. Fourn.) Kuntze = **Oxypetalum crispum** Wight ex Hook. & Arn.
Ref.: Fontella Pereira & Araujo Schwarz, 1983b.

Gothofreda oblongifolia Morong = **Oxypetalum crispum** Wight ex Hook. & Arn.
Ref.: Fontella Pereira & Araujo Schwarz, 1983b.

Gothofreda paraguayensis (Schltr.) Kuntze = **Oxypetalum humile** (Morong) Hassl.
Ref.: Fontella Pereira & Araujo Schwarz, 1983a.

Grisebachiella Lorentz

Número de especies: 1
Nota: Se siguió el criterio de Liede (1997b) considerando a *Grisebachiella* como género diferente de *Astephanus*.

Grisebachiella hieronymi Lorentz
Sin.: *Astephanus fallax* (Hicken) T. Mey., *Astephanus hieronymi* (Lorentz) Malme, *Cynanchum fallax* Hicken, *Cynanchum hieronymi* (Lorentz) Hicken
Ref.: Malme, 1936b; Ezcurra, 1979; Liede, 1997b.
Hábito: Subarbusto.
Status: Nativa.
Elevación: 500-1500 m.
Prov.: ME, NE, RN.
Paises limítrofes: CH.
Ejemplar examinado: *Boelcke 13618* (SI).

Gyrostelma E. Fourn.

Número de especies: 1

Gyrostelma bornmülleri Schltr. ex Malme
Ref.: Malme, 1933a; Meyer, 1970a; Fontella Pereira et al., 1985.
Hábito: Hierba.
Status: Nativa.
Elevación: 0-500 m.
Prov.: COR, MI.
Paises limítrofes: BR.
Ejemplar citado: *Pedersen 973** (C).

Hickenia Lillo

Número de especies: 1 especie endémica.

Hickenia scalae (Hicken) Lillo
Sin.: *Oxypetalum scalae* Hicken
Ref.: Meyer, 1944; Fabris, 1965a; Ezcurra, inéd.a.
Hábito: Enredadera.
Status: Endémica.
Elevación: 0-500 m.
Prov.: BA, CO, LP, RN.
Ejemplar examinado: *Scala 10* (holotipo, LIL; isotipo, SI).

Holostemma chilense Phil. = **Cynanchum chilense** (Phil.) Malme
Ref.: Malme, 1936a.

Ionidium diffusum Gillies ex Hook. = **Metastelma diffusum** (Gillies ex Hook.) Decne.
Ref.: Meyer & Bacigalupo, 1979.

Jobinia E. Fourn.

Número de especies: 1

Jobinia furcata (E. Fourn.) Fontella = **Jobinia lindbergii** E. Fourn.
Ref.: Bacigalupo, 1996.

Jobinia lindbergii E. Fourn.
Sin.: *Cyathostelma furcata* E. Fourn., *Jobinia furcata* (E. Fourn.) Fontella
Ref.: Bacigalupo, 1996; Fontella Pereira et al., 1985.
Hábito: Liana.
Status: Nativa.
Elevación: 500-1000 m.
Prov.: MI.
Paises limítrofes: BR.
Ejemplar examinado: *Guaglianone 2963* (SI).

Lagenia angustifolia (Hook. & Arn.) E. Fourn. = **Araujia angustifolia** (Hook. & Arn.) Decne.
Ref.: Meyer, 1944.

Lugonia lysimachoides Wedd. = **Philibertia lysimachoides** (Wedd.) T. Mey.
Ref.: Meyer, 1944.

Lugonia micrantha Malme = **Melinia micrantha** (Malme) Krapov. & S.A. Cáceres
Ref.: Krapovickas & Cáceres, 1990.

Macroscepis Kunth

Número de especies: 1

Macroscepis aurea E. Fourn.
Ref.: Meyer, 1944, 1977a; Pontiroli, 1983a.
Hábito: Liana.
Status: Nativa.
Elevación: 500-1000 m.
Prov.: JU, MI, SA, TU.
Paises limítrofes: BR, PA.
Ejemplar examinado: *Schreiter 10836* (LIL).

Marsdenia R. Br.

Número de especies: 5, 1 especie endémica.

Marsdenia castillonii Lillo ex T. Mey.
Ref.: Meyer, 1944; Arenas & Giberti, 1987.
Hábito: Enredadera.
Status: Nativa.
Elevación: 500-1000 m.
Prov.: CA, FO, LR, SA, TU.
Paises limítrofes: BO, PA.
Ejemplar examinado: *Schreiter s.n.* (holotipo, LIL).

Marsdenia imthurnii Hemsl. = **Marsdenia mollisima** E. Fourn.
Ref.: Meyer, 1944.

Marsdenia macrophylla (Humb. & Bonpl. ex Roem. & Schult.) E. Fourn.
Sin.: *Asclepias macrophylla* Humb. & Bonpl. ex Roem. & Schult.
Ref.: Meyer, 1947a; Fontella Pereira et al., 1985.
Hábito: Enredadera.
Status: Nativa.
Elevación: 0-500 m.
Prov.: MI.
Paises limítrofes: BR, PA.
Ejemplar examinado: *Vanni 3408* (LIL).

Marsdenia mollisima E. Fourn.
Sin.: *Marsdenia imthurnii* Hemsl.
Ref.: Meyer, 1944; Pontiroli, 1983a.
Hábito: Liana.
Status: Nativa.
Elevación: 0-1000 m.
Prov.: JU, SA.
Paises limítrofes: BO, BR, PA.
Ejemplar examinado: *Venturi 5367* (LIL).

Marsdenia tressensiae S.A. Cáceres & Morillo
Ref.: Cáceres & Morillo, 1993.
Hábito: Enredadera.
Status: Endémica.
Elevación: 0-500 m.
Prov.: COR.
Ejemplar examinado: *Cáceres 426* (isotipos, LIL, SI).

Marsdenia ulei Schltr. & Rothe
Ref.: Meyer, 1944.
Hábito: Liana.
Status: Nativa.
Elevación: 0-1000 m.
Prov.: SA.
Paises limítrofes: BR.
Ejemplar examinado: *Schreiter 11386* (LIL).

Matelea Aubl.

Número de especies: 5, 4 especies endémicas.

Matelea argentinensis (T. Mey.) Pontiroli
Sin.: *Gonolobus argentinensis* T. Mey., *Gonolobus argentinensis* T. Mey. var. *macrophyllus* T. Mey.
Ref.: Meyer, 1944, 1977a; Pontiroli, 1983a.
Hábito: Enredadera.
Status: Endémica.
Elevación: 500-2000 m.
Prov.: CA, JU, SA, TU.
Ejemplar examinado: *Castillón 6417* (LIL).

Matelea australis (Malme) Pontiroli
Sin.: *Gonolobus australis* (Malme) Malme, *Pseudibatia australis* Malme
Ref.: Schulz, 1937; Meyer, 1944; Pontiroli, 1983a.
Hábito: Hierba.
Status: Nativa.
Elevación: 0-3000 m.
Prov.: CA, CH, CO, FO, JU, SA, TU.
Paises limítrofes: UR.
Ejemplar examinado: *Venturi 2374* (LIL).

[Matelea denticulata (Vahl) Fontella & E.A. Schwarz]
Sin.: *Cynanchum denticulatum* Vahl
Ref.: Fontella Pereira et al., 1985.
Nota: Cita dudosa para la flora argentina.

Matelea hispida (Hook. & Arn.) Bacigalupo
Sin.: *Gonolobus hispidus* Hook. & Arn., *Gonolobus lanatus* Griseb., *Pseudibatia lanata* (Griseb.) Malme, *Pseudibatia stuckertii* Malme
Ref.: Meyer, 1944; Meyer & Bacigalupo, 1979; Bacigalupo, 1996.
Hábito: Subarbusto.
Status: Endémica.
Elevación: 0-1000 m.
Prov.: CA, CO, ER, SL, TU.
Ejemplar examinado: *Stuckert 7737* (LIL).

Matelea lilloana (T. Mey.) Pontiroli
Sin.: *Gonolobus lilloanus* T. Mey.
Ref.: Meyer, 1944; Pontiroli, 1983a.
Hábito: Subarbusto.
Status: Endémica.
Elevación: 2000-2500 m.
Prov.: SA.
Ejemplar examinado: *Meyer 5010* (holotipo, LIL).

Matelea linearis Decne. = **Blepharodon lineare** (Decne.) Decne.

Matelea schreiteri (T. Mey.) Pontiroli
Sin.: *Gonolobus schreiteri* T. Mey.
Ref.: Meyer, 1944, 1977a; Pontiroli, 1983a.
Hábito: Subarbusto.
Status: Endémica.
Elevación: 500-1000 m.
Prov.: JU, SA, TU.
Ejemplar examinado: *Schreiter 5121* (holotipo, LIL).

Melinia Decne.

Número de especies: 6, 5 especies endémicas.

Melinia atropurpurea Malme = **Oxypetalum commersonianum** (Decne.) Fontella & E.A. Schwartz
Ref.: Krapovickas & Cáceres, 1990.

Melinia bicornuta Griseb. var. **bicornuta**
Sin.: *Aphanostelma bicornutum* (Griseb.) Malme
Ref.: Meyer, 1944; Pontiroli, 1983a; Krapovickas & Cáceres, 1990.
Hábito: Hierba.
Status: Endémica.
Elevación: 2000-3500 m.
Prov.: JU, SA, TU.
Ejemplar examinado: *Lillo 5889* (LIL).

Melinia bicornuta Griseb. var. **castillonii** T. Mey.
Sin.: *Aphanostelma bicornutum* (Griseb.) Malme var. *castillonii* T. Mey.
Ref.: Meyer, 1944; Pontiroli, 1983a; Krapovickas & Céceres, 1990.
Hábito: Hierba.
Status: Endémica.
Elevación: 2000-3500 m.
Prov.: JU, TU.
Ejemplar examinado: *Castillón 146* (holotipo, LIL).

Melinia campanulata Schltr. = **Melinia parviflora** (Malme) Krapov. & S.A. Cáceres
Ref.: Krapovickas & Cáceres, 1990.

Melinia candolleana (Hook. & Arn.) Decne.
Sin.: *Aphanostelma candolleanum* (Hook. & Arn.) Malme, *Astephanus cordifolius* Phil., *Astephanus fruticulosus* Speg., *Brachylepis candolleana* Hook. & Arn., *Mitostigma cordifolium* (Phil.) E. Fourn.
Ref.: Meyer, 1944; Fabris, 1965a; Krapovickas & Cáceres, 1990.
Hábito: Subarbusto.
Status: Nativa.
Elevación: 0-2000 m.
Prov.: BA, CA, CHU, LP, LR, ME, NE, RN, SC, SJ, SL, TU.
Paises limítrofes: CH.
Ejemplar examinado: *Boelcke 15589* (SI).

Melinia commersoniana Decne. = **Oxypetalum commersonianum** (Decne.) Fontella & E.A. Schwartz
Ref.: Krapovickas & Cáceres, 1990.

Melinia corymbosa (Malme) Fontella & Farinaccio = **Widgrenia corymbosa** Malme

Melinia iberae J.L. Fontana = **Widgrenia corymbosa** Malme
Ref.: Krapovickas & Cáceres, 1990.

Melinia micrantha (Malme) Krapov. & S.A. Cáceres
Sin.: *Aphanostelma micranthum* (Malme) T. Mey., *Lugonia micrantha* Malme
Ref.: Meyer, 1944; Pontiroli, 1983a; Krapovickas & Cáceres, 1990.
Hábito: Subarbusto.
Status: Endémica.
Elevación: 3500-4000 m.
Prov.: JU.
Ejemplar examinado: *Cabrera 18930* (SI).

Melinia parviflora (Malme) Krapov. & S.A. Cáceres
Sin.: *Aphanostelma parviflorum* (Malme) Malme, *Melinia campanulata* Schltr., *Mitostigma parviflorum* Malme
Ref.: Meyer, 1944; Pontiroli, 1983a; Krapovickas & Cáceres, 1990.
Hábito: Subarbusto.
Status: Endémica.
Elevación: 3000-4000 m.
Prov.: CA, JU, SA.
Ejemplar examinado: *Cabrera 27404* (SI).

Melinia tubata (Malme) Krapov. & S.A. Cáceres
Sin.: *Aphanostelma tubatum* (Malme) Malme, *Mitostigma tubatum* Malme
Ref.: Meyer, 1944, 1977a; Krapovickas & Cáceres, 1990.
Hábito: Subarbusto.
Status: Endémica.
Elevación: 2500-3000 m.
Prov.: CA, TU.
Ejemplar examinado: *Lillo 7550* (LIL).

Melinia volcanense (T. Mey.) Krapov. & S.A. Cáceres
Sin.: *Aphanostelma volcanense* T. Mey.
Ref.: Meyer, 1944; Pontiroli, 1983a; Krapovickas & Cáceres, 1990.
Hábito: Subarbusto.
Status: Endémica.
Prov.: JU.
Ejemplar examinado: *Schreiter 2591* (holotipo, LIL).

Metastelma R. Br.

Número de especies: 4, 3 especies endémicas.

Metastelma aphyllum (Vell.) Decne. = **Tassadia subulata** (Vell.) Fontella & E.A. Schwarz
Ref.: Fontella Pereira et al., 1985.

Metastelma australe Malme = **Tweedia australis** (Malme) C. Ezcurra
Ref.: Ezcurra, 1995.

Metastelma diffusum (Gillies ex Hook.) Decne.
Sin.: *Cynanchum diffusum* (Gillies ex Hook.) Hook. & Arn., *Ionidium diffusum* Gillies ex Hook.
Ref.: Meyer, 1944; Meyer & Bacigalupo, 1979; Fontella Pereira et al., 1985.
Hábito: Enredadera.
Status: Nativa.
Elevación: 0-500 m.
Prov.: BA, CH, CO, COR, ER, FO, MI, SF.
Paises limítrofes: BR, PA, UR.
Ejemplar examinado: *Burkart 2623* (SI).

Metastelma microgynostegia Pontiroli
Ref.: Pontiroli, 1983a.
Hábito: Enredadera.
Status: Endémica.
Elevación: 1000-1500 m.
Prov.: JU.
Ejemplar examinado: *Cabrera 23378* (SI).

Metastelma oranensis Lillo ex T. Mey.
Ref.: Meyer, 1944; Pontiroli, 1983a.
Hábito: Enredadera.
Status: Endémica.
Elevación: 0-500 m.
Prov.: JU, SA.
Ejemplar examinado: *Cabrera 31348* (SI).

Metastelma trifurcatum Griseb. = **Cynanchum trifurcatum** (Griseb.) Lillo
Ref.: Pontiroli, 1983a.

Metastelma tubatum Griseb.
Ref.: Malme, 1933a; Meyer, 1944, 1977a.
Hábito: Subarbusto.
Status: Endémica.
Elevación: 1000-1500 m.
Prov.: CA, LR, SA, SE, SL, TU.
Ejemplar examinado: *Hunziker 1147* (LIL).

[Metastelma virgatum (Poir.) Decne.]
Sin.: *Periploca virgata* Poir.
Nota: Taxón dudoso.

Mitostigma Decne.

Número de especies: 13, 11 especies endémicas.

Mitostigma affine Griseb.
Ref.: Malme, 1904; Meyer, 1944.
Hábito: Enredadera.
Status: Endémica.
Elevación: 500-1000 m.
Prov.: SA.
Ejemplar examinado: *Lorentz & Hieronymus s.n.* (isotipo, LIL).

Mitostigma barbatum Malme
Ref.: Malme, 1904; Meyer, 1944; Pontiroli, 1983a.
Hábito: Enredadera.
Status: Endémica.
Elevación: 1500-3500 m.
Prov.: JU, TU.
Ejemplar examinado: *Venturi 3384* (SI).

[Mitostigma boliviense Schltr.]
Ref.: Meyer, 1970.
Nota: Cita dudosa para la flora argentina.

Mitostigma castillonii (Lillo ex T. Mey.) T. Mey.
Sin.: *Amblystigma castillonii* Lillo ex T. Mey.
Ref.: Meyer, 1944; Pontiroli, 1983a.
Hábito: Enredadera.
Status: Endémica.
Elevación: 2000-2500 m.
Prov.: JU.
Ejemplar examinado: *Castillón 6653* (holotipo, LIL).

Mitostigma caudatum Malme
Sin.: *Mitostigma coalitum* Lillo, nom. nud.
Ref.: Malme, 1933a; Meyer, 1944.
Hábito: Enredadera.
Status: Endémica.
Elevación: 1500-2500 m.
Prov.: TU.
Ejemplar examinado: *Venturi 4603* (isotipos, LIL, SI).

Mitostigma cionophorum Griseb. = **Amblystigma cionophorum** (Griseb.) E. Fourn.
Ref.: Meyer, 1944.

Mitostigma coalitum Lillo, nom. nud. = **Mitostigma caudatum** Malme
Ref.: Meyer, 1944.

Mitostigma cordifolium (Phil.) E. Fourn. = **Melinia candolleana** (Hook. & Arn.) Decne.
Ref.: Krapovickas & Cáceres, 1990.

Mitostigma fiebrigii Schltr.
Ref.: Meyer, 1944; Pontiroli, 1983a.
Hábito: Subarbusto.
Status: Nativa.
Elevación: 2000-2500 m.
Prov.: JU.
Paises limítrofes: BO.
Ejemplar examinado: *Castillón 6655* (LIL).

[Mitostigma grandiflorum Schltr.]
Ref.: Meyer, 1970.
Nota: Cita dudosa para la flora argentina.

Mitostigma latiflorum Griseb.
Ref.: Meyer, 1944; Pontiroli, 1983a.
Hábito: Enredadera.
Status: Endémica.
Elevación: 500-2000 m.
Prov.: CA, JU, SA, TU.
Ejemplar examinado: *Cabrera 30340* (SI).

Mitostigma lilloi T. Mey.
Ref.: Meyer, 1944.
Hábito: Enredadera.
Status: Endémica.
Prov.: CA.
Ejemplar examinado: *Joergensen 1647* (holotipo, LIL; isotipo, LIL).

Mitostigma mitophorum (Griseb.) T. Mey.
Sin.: *Astephanus mitophorus* Griseb., *Mitostigma rhynchophorum* (Griseb.) Griseb.
Ref.: Meyer, 1947a, 1977a.
Hábito: Enredadera.
Status: Endémica.
Elevación: 2000-2500 m.
Prov.: TU.
Ejemplar examinado: *Lillo 5496* (LIL).

Mitostigma niveum (Griseb.) Griseb.
Sin.: *Oxypetalum niveum* Griseb.
Ref.: Malme, 1904; Meyer, 1944, 1977a.
Hábito: Subarbusto.
Status: Endémica.
Elevación: 1000-2000 m.
Prov.: CA, SA, TU.
Ejemplar examinado: *Schreiter 9371* (LIL).

Mitostigma parviflorum Malme = **Melinia parviflora** (Malme) Krapov. & S.A. Cáceres
Ref.: Krapovickas & Cáceres, 1990.

Mitostigma rhynchophorum (Griseb.) Griseb. = **Mitostigma mitophorum** (Griseb.) T. Mey.
Ref.: Meyer, 1947a.

Mitostigma speciosum Malme
Ref.: Meyer, 1944; Pontiroli, 1983a.
Hábito: Enredadera.
Status: Nativa.
Elevación: 1000-2000 m.
Prov.: JU.
Paises limítrofes: BO.
Ejemplar examinado: *Cabrera 30512* (SI).

Mitostigma subniveum Malme
Ref.: Meyer, 1944.
Hábito: Enredadera.
Status: Endémica.
Prov.: SA.
Ejemplar examinado: *Spegazzini s.n.* (isotipo, LIL).

Mitostigma tomentosum Decne.
Ref.: Meyer, 1944, 1977a; Pontiroli, 1983a.
Hábito: Enredadera.
Status: Endémica.
Elevación: 500-1000 m.
Prov.: CA, CO, JU, SA, SL, TU.
Ejemplar examinado: *Cabrera 30283* (SI).

Mitostigma tubatum Malme = **Melinia tubata** (Malme) Krapov. & S.A. Cáceres
Ref.: Krapovickas & Cáceres, 1990.

Mitostigma tucumanense T. Mey.
Ref.: Meyer, 1944, 1977a.
Hábito: Enredadera.
Status: Endémica.
Elevación: 1500-2000 m.
Prov.: TU.
Ejemplar examinado: *Castillón 2033* (holotipo, LIL).

Morrenia Lindl.

Número de especies: 9, 5 especies endémicas.

Morrenia brachystephana Griseb.
Ref.: Meyer, 1944; Meyer & Bacigalupo, 1979; Pontiroli, 1983a.
Hábito: Enredadera.
Status: Nativa.
Elevación: 0-1000 m.
Prov.: BA, CA, CO, COR, ER, JU, SA, SE, SF, SL, TU.
Paises limítrofes: UR.
Ejemplar examinado: *Burkart 30048* (SI).

Morrenia connectens Malme = **Morrenia variegata** (Griseb.) T. Mey. var. **variegata**
Ref.: Pontiroli, 1983a.

Morrenia connectens Malme var. *hunzikeri* T. Mey. = **Morrenia variegata** (Griseb.) T. Mey. var. **hunzikeri** (T. Mey.) T. Mey.
Ref.: Meyer, 1970.

Morrenia grandiflora Malme
Ref.: Meyer, 1944, 1977a.
Hábito: Enredadera.
Status: Nativa.
Elevación: 0-500 m.
Prov.: CA, CO, FO, LR, SA, SE, TU.
Paises limítrofes: BO.
Ejemplar examinado: *Venturi 7684* (SI).

Morrenia herzogii Schltr.
Ref.: Meyer, 1944; Pontiroli, 1983a.
Hábito: Enredadera.
Status: Endémica.
Elevación: 0-1000 m.
Prov.: SA.
Ejemplar examinado: *Schreiter 3579* (LIL).

Morrenia incana S. Moore = **Morrenia stormiana** (Morong) Malme
Ref.: Meyer, 1944.

Morrenia intermedia T. Mey.
Ref.: Meyer, 1950a.
Hábito: Enredadera.
Status: Endémica.
Elevación: 500-1000 m.
Prov.: SL.
Ejemplar examinado: *Meyer 13845* (holotipo, LIL).

Morrenia odorata (Hook. & Arn.) Lindl.
Sin.: *Cynanchum odoratum* Hook. & Arn.
Ref.: Fabris, 1965a; Meyer & Bacigalupo, 1979; Pontiroli, 1983a.
Hábito: Enredadera.
Status: Nativa.
Elevación: 0-1000 m.
Prov.: BA, CA, CH, CO, COR, ER, FO, JU, LP, LR, ME, SA, SE, SF, SJ, TU.
Paises limítrofes: BO, BR, PA, UR.
Ejemplar examinado: *Cabrera 30278* (SI).

Morrenia schulziana T. Mey.
Ref.: Meyer, 1944.
Hábito: Enredadera.
Status: Endémica.
Elevación: 0-500 m.
Prov.: CH, FO, SF.
Ejemplar examinado: *Meyer 589* (holotipo, LIL).

Morrenia stormiana (Morong) Malme
Sin.: *Araujia stormiana* Morong, *Morrenia incana* S. Moore
Ref.: Schulz, 1937; Meyer, 1944.
Hábito: Enredadera.
Status: Nativa.
Elevación: 0-500 m.
Prov.: CH, FO.
Paises limítrofes: BR, PA.
Ejemplar examinado: *Meyer 2899* (LIL).

Morrenia stuckertiana (Kurtz ex Stuck.) Malme
Sin.: *Choristigma stuckertiana* Kurtz ex Stuck.
Ref.: Schulz, 1937; Meyer, 1944.
Hábito: Enredadera.
Status: Endémica.
Elevación: 500-1000 m.
Prov.: CO.
Ejemplar examinado: *Stuckert 30486* (LIL).

Morrenia variegata (Griseb.) T. Mey. var. **hunzikeri** (T. Mey.) T. Mey.
Sin.: *Morrenia connectens* Malme var. *hunzikeri* T. Mey.
Ref.: Meyer, 1950a, 1970.
Hábito: Enredadera.
Status: Endémica.
Elevación: 0-500 m.
Prov.: COR.
Ejemplar examinado: *Meyer 6436* (holotipo, LIL).

Morrenia variegata (Griseb.) T. Mey. var. **variegata**
Sin.: *Morrenia connectens* Malme, *Oxypetalum variegatum* Griseb.
Ref.: Meyer, 1977a; Pontiroli, 1983a.
Hábito: Enredadera.
Status: Nativa.
Elevación: 500-1000 m.
Prov.: CA, FO, JU, SA, TU.
Paises limítrofes: PA.
Ejemplar examinado: *Venturi 1651* (LIL).

Nautonia Decne.
Número de especies: 1

Nautonia nummularia Decne.
Ref.: Malme, 1933a; Meyer, 1942, 1944.
Hábito: Hierba.
Status: Nativa.
Elevación: 0-500 m.
Prov.: COR, MI.
Paises limítrofes: BR, PA.
Ejemplar examinado: *Scala 115* (LIL).

Orthosia aphylla (Vell.) Malme = **Tassadia subulata** (Vell.) Fontella & E.A. Schwarz
Ref.: Fontella Pereira et al., 1985.

[Orthosia congesta Decne.]
Nota: Cita dudosa para la flora argentina.

Orthosia melantha (Decne.) Malme = **Tassadia subulata** (Vell.) Fontella & E.A. Schwarz
Ref.: Fontella Pereira et al., 1985.

Oxypetalum R. Br.
Número de especies: 31, 7 especies endémicas.

Oxypetalum appendiculatum Mart. ex Zucc.
Ref.: Meyer, 1944; Fontella Pereira et al., 1985.
Hábito: Enredadera.
Status: Nativa.
Elevación: 0-500 m.
Prov.: COR, MI.
Paises limítrofes: BR, PA, UR.
Ejemplar examinado: *Cabrera 28705* (SI).

Oxypetalum arenicola Hauman ex Lillo
Ref.: Meyer, 1944; Fabris, 1965a.
Hábito: Hierba.
Status: Endémica.
Elevación: 0-500 m.
Prov.: BA.
Ejemplar examinado: *Hauman s.n.* (isotipo, LIL).

Oxypetalum argentinum Malme
Sin.: *Ditassa campestris* Griseb.
Ref.: Malme, 1933; Meyer, 1944; Meyer & Bacigalupo, 1979.
Hábito: Hierba.
Status: Nativa.
Elevación: 0-500 m.
Prov.: CO, COR, ER, SF.
Paises limítrofes: UR.
Ejemplar examinado: *Nicora 6289* (SI).

Oxypetalum arnottianum H. Buek
Sin.: *Oxypetalum capitatum* Hook. & Arn., nom. illeg.
Ref.: Malme, 1933a; Meyer, 1944; Meyer & Bacigalupo, 1979.
Hábito: Hierba.
Status: Nativa.
Elevación: 0-1000 m.
Prov.: CA, CH, CO, COR, ER, FO, MI, SE, SF, SL, TU.
Paises limítrofes: BR, PA, UR.
Ejemplar examinado: *Burkart 7412* (SI).

Oxypetalum atropurpureum (Malme) T. Mey. = **Oxypetalum commersonianum** (Decne.) Fontella & E.A. Schwartz
Ref.: Krapovickas & Cáceres, 1990.

Oxypetalum balansae Malme
Ref.: Meyer, 1944; Meyer & Bacigalupo, 1979; Pontiroli, 1983a.
Hábito: Enredadera.
Status: Nativa.
Elevación: 0-500 m.
Prov.: BA, CH, COR, ER, FO, JU, SA, SF.
Paises limítrofes: BO, BR, PA.
Ejemplar examinado: *Kiesling 5340* (SI).

Oxypetalum barberoanum T. Mey.
Ref.: Meyer, 1944.
Hábito: Enredadera.
Status: Nativa.
Prov.: SA.
Paises limítrofes: PA.
Ejemplar examinado: *Schreiter 10843* (LIL).

Oxypetalum brachystemma Malme
Ref.: Meyer, 1944, 1977a; Pontiroli, 1983a.
Hábito: Enredadera.
Status: Nativa.
Elevación: 500-2000 m.
Prov.: JU, SA, TU.
Paises limítrofes: BO.
Ejemplar examinado: *Venturi 166* (LIL).

Oxypetalum brunonis (Hook. & Arn.) Decne. = **Tweedia brunonis** Hook. & Arn.
Ref.: Rua, 1989.

Oxypetalum capitatum Hook. & Arn., nom. illeg. = **Oxypetalum arnottianum** H. Buek
Ref.: Meyer & Bacigalupo, 1979.

Oxypetalum capitatum Mart.
Sin.: *Oxypetalum hasslerianum* Chodat, *Oxypetalum proboscideum* E. Fourn.
Ref.: Meyer & Bacigalupo, 1979; Pontiroli, 1983a; Fontella Pereira et al., 1985.
Hábito: Hierba.
Status: Nativa.
Elevación: 0-1500 m.
Prov.: CA, CH, COR, FO, JU, MI, SA, SE, TU.
Paises limítrofes: BO, BR, PA.
Ejemplar examinado: *Schreiter 2377* (LIL).

Oxypetalum charrua T. Mey.
Ref.: Meyer, 1943b, 1944.
Hábito: Hierba.
Status: Endémica.
Elevación: 0-500 m.
Prov.: MI.
Ejemplar citado: *Spegazzini s.n.* * (LPS 13297).

Oxypetalum coccineum Griseb. = **Amblyopetalum coccineum** (Griseb.) Malme
Ref.: Meyer, 1944.

[Oxypetalum coeruleum (D. Don) Decne.]
Sin.: *Amblyopetalum coeruleum* (D. Don) Malme, *Tweedia coerulea* D. Don, *Tweedia versicolor* Hook.
Nota: Especie excluida de la flora argentina.

Oxypetalum commersonianum (Decne.) Fontella & E.A. Schwartz
Sin.: *Melinia atropurpurea* Malme, *Melinia commersoniana* Decne., *Oxypetalum atropurpureum* (Malme) T. Mey.
Ref.: Meyer, 1944; Meyer & Bacigalupo, 1979; Krapovickas & Cáceres, 1990.
Hábito: Hierba.
Status: Nativa.
Elevación: 0-500 m.
Prov.: BA, ER.
Paises limítrofes: BR, UR.
Ejemplar examinado: *Burkart 22683* (SI).

Oxypetalum confusum Malme
Ref.: Malme, 1933a; Meyer, 1943b, 1944; Fontella Pereira et al., 1985.
Hábito: Hierba.
Status: Nativa.
Elevación: 0-500 m.
Prov.: MI.
Paises limítrofes: BR.
Ejemplar examinado: *Huidobro 4680* (LIL).

Oxypetalum crispum Wight ex Hook. & Arn.
Sin.: *Gothofreda crispa* (Wight ex Hook. & Arn.) Kuntze, *Gothofreda integriloba* (E. Fourn.) Kuntze, *Gothofreda oblongifolia* Morong, *Oxypetalum integrilobum* E. Fourn., *Oxypetalum kuntzei* Schltr., *Oxypetalum oblongifolium* (Morong) Lillo, *Oxypetalum pratense* Griseb., *Oxypetalum spegazzinii* Hauman ex Lillo, *Oxypetalum suaveolens* Speg., hom. illeg.
Ref.: Meyer, 1944; Meyer & Bacigalupo, 1979; Fontella Pereira & Araujo Schwarz, 1983b.
Hábito: Hierba.
Status: Nativa.
Elevación: 0-500 m.
Prov.: BA, CH, CO, COR, ER, FO, LP, MI.
Paises limítrofes: BR, PA, UR.
Ejemplar examinado: *Gamerro 1318* (LIL).

Oxypetalum echegarayi Hieron. = **Tweedia echegarayi** (Hieron.) Malme
Ref.: Rua, 1989.

Oxypetalum erianthum Decne.
Ref.: Meyer, 1943b, 1944; Fontella Pereira et al., 1985.
Hábito: Liana.
Status: Nativa.
Elevación: 0-500 m.
Prov.: CH, COR, FO, MI, SF.
Paises limítrofes: BR, PA.
Ejemplar examinado: *Meyer 8983* (LIL).

Oxypetalum fontellae S.A. Cáceres
Ref.: Cáceres & Morillo, 1993.
Hábito: Hierba.
Status: Endémica.
Elevación: 0-500 m.
Prov.: COR.
Ejemplar citado: *Tressens 937** (holotipo, CTES).

Oxypetalum gracile T. Mey.
Ref.: Meyer, 1943b, 1944.
Hábito: Hierba.
Status: Endémica.
Elevación: 0-500 m.
Prov.: COR.
Ejemplar examinado: *Meyer 2153* (LIL).

[Oxypetalum guaraniticum (Malme) Malme]
Sin.: *Calostigma guaraniticum* Malme
Nota: Taxón dudoso.

Oxypetalum hasslerianum Chodat = **Oxypetalum capitatum** Mart.
Ref.: Fontella Pereira et al., 1985.

Oxypetalum hilarianum E. Fourn.
Ref.: Schulz, 1937; Meyer, 1943b, 1944.
Hábito: Hierba.
Status: Nativa.
Elevación: 0-500 m.
Prov.: CH, FO.
Paises limítrofes: BR.
Ejemplar examinado: *Joergensen 3197* (BA, LIL, SI).

Oxypetalum humile (Morong) Hassl.
Sin.: *Ditassa humilis* Morong, *Gothofreda paraguayensis* (Schltr.) Kuntze, *Oxypetalum paraguayense* Schltr.
Ref.: Schulz, 1937; Meyer, 1943b, 1944; Fontella Pereira & Araujo Schwarz, 1983a.
Hábito: Hierba.
Status: Nativa.
Elevación: 0-500 m.
Prov.: CH, COR, FO, MI, SF.
Paises limítrofes: PA.
Ejemplar examinado: *Joergensen 2608* (LIL).

Oxypetalum incanum E. Fourn.
Ref.: Cáceres, 1989.
Hábito: Hierba.
Status: Nativa.
Elevación: 0-500 m.
Prov.: COR, MI.
Paises limítrofes: BR.
Ejemplar examinado: *Tressens 2818* (LIL).

Oxypetalum integrilobum E. Fourn. = **Oxypetalum crispum** Wight ex Hook. & Arn.
Ref.: Fontella Pereira & Araujo Schwarz, 1983b.

Oxypetalum joergensenii T. Mey.
Ref.: Meyer, 1943b, 1944.
Hábito: Hierba.
Status: Endémica.
Elevación: 0-500 m.
Prov.: COR, MI.
Ejemplar examinado: *Joergensen s.n.* (holotipo, BAB 31026).

Oxypetalum kingii S. Moore = **Tweedia echegarayi** (Hieron.) Malme
Ref.: Rua, 1989.

Oxypetalum kuntzei Schltr. = **Oxypetalum crispum** Wight ex Hook. & Arn.
Ref.: Fontella Pereira & Araujo Schwarz, 1983b.

Oxypetalum lynchianum T. Mey.
Ref.: Meyer, 1943b, 1944.
Hábito: Hierba.
Status: Endémica.
Elevación: 0-500 m.
Prov.: CH, COR.
Ejemplar examinado: *Schulz 1080* (LIL).

Oxypetalum macrolepis (Hook. & Arn.) Decne.
Sin.: *Tweedia macrolepis* Hook. & Arn.
Ref.: Malme, 1933a; Meyer, 1943b, 1944.
Hábito: Enredadera.
Status: Nativa.
Elevación: 0-500 m.
Prov.: CH, COR, MI, SF.
Paises limítrofes: BR, PA.
Ejemplar examinado: *Krapovickas 21725* (LIL).

Oxypetalum megapotamicum Spreng. = **Ditassa megapotamica** (Spreng.) Malme
Ref.: Meyer, 1944.

Oxypetalum microphyllum Hook. & Arn.
Sin.: *Oxypetalum multicaule* E. Fourn.
Ref.: Meyer, 1943b, 1944; Meyer & Bacigalupo, 1979.
Hábito: Hierba.
Status: Nativa.
Elevación: 0-500 m.
Prov.: COR, ER, MI.
Paises limítrofes: BR, PA.
Ejemplar examinado: *Cordini 31* (LIL).

Oxypetalum molle Hook. & Arn.
Sin.: *Oxypetalum nigrescens* E. Fourn., *Oxypetalum oliganthum* Malme, *Oxypetalum suaveolens* E. Fourn.
Ref.: Cáceres, 1989; Fontella Pereira et al., 1985.
Hábito: Enredadera.
Status: Nativa.
Elevación: 0-500 m.
Prov.: MI.
Paises limítrofes: BR.
Ejemplar citado: *Vanni y Cáceres 644** (CTES).

Oxypetalum mosenii (Malme) Malme = **Schistogyne mosenii** (Malme) T. Mey.
Ref.: Meyer, 1950a.

Oxypetalum multicaule E. Fourn. = **Oxypetalum microphyllum** Hook. & Arn.
Ref.: Meyer, 1943b.

Oxypetalum nigrescens E. Fourn. = **Oxypetalum molle** Hook. & Arn.
Ref.: Cáceres, 1989.

Oxypetalum niveum Griseb. = **Mitostigma niveum** (Griseb.) Griseb.
Ref.: Meyer, 1944.

Oxypetalum oblongifolium (Morong) Lillo = **Oxypetalum crispum** Wight ex Hook. & Arn.
Ref.: Fontella Pereira & Araujo Schwarz, 1983b.

Oxypetalum oliganthum Malme = **Oxypetalum molle** Hook. & Arn.
Ref.: Cáceres, 1989.

Oxypetalum ostenii Malme
Ref.: Malme, 1933a; Meyer, 1943b, 1944.
Hábito: Enredadera.
Status: Endémica.
Elevación: 0-500 m.
Prov.: MI.
Ejemplar citado: *Osten 8083** (MVM).

Oxypetalum pannosum Decne.
Ref.: Malme, 1933a; Meyer, 1943b, 1944; Fontella Pereira et al., 1985.
Hábito: Enredadera.
Status: Nativa.
Elevación: 0-500 m.
Prov.: COR, MI.
Paises limítrofes: BR, PA, UR.
Ejemplar examinado: *Meyer 11682* (LIL).

Oxypetalum paraguayense Schltr. = **Oxypetalum humile** (Morong) Hassl.
Ref.: Meyer, 1943b.

Oxypetalum parviflorum (Decne.) Decne. var. **kulmannii** Hoehne
Ref.: Meyer, 1943b, 1944.
Hábito: Hierba.
Status: Nativa.
Elevación: 0-500 m.
Prov.: COR.
Paises limítrofes: BR.
Ejemplar examinado: *Burkart 8066* (SI).

Oxypetalum parviflorum (Decne.) Decne. var. **parviflorum**
Sin.: *Schizostemma parviflorum* Decne.
Ref.: Schulz, 1937; Meyer, 1943b, 1944; Fontella Pereira et al., 1985.
Hábito: Hierba.
Status: Nativa.
Elevación: 0-500 m.
Prov.: CH.
Paises limítrofes: BR, PA.
Ejemplar examinado: *Ibarrola 2600* (LIL).

Oxypetalum pratense Griseb. = **Oxypetalum crispum** Wight ex Hook. & Arn.
Ref.: Fontella Pereira & Araujo Schwarz, 1983b.

Oxypetalum proboscideum E. Fourn. = **Oxypetalum capitatum** Mart.
Ref.: Fontella Pereira et al., 1985.

Oxypetalum scalae Hicken = **Hickenia scalae** (Hicken) Lillo
Ref.: Lillo, 1919a.

Oxypetalum schulzii Malme
Ref.: Meyer, 1943b, 1944; Fabris, 1965a; Meyer & Bacigalupo, 1979.
Hábito: Hierba.
Status: Nativa.
Elevación: 0-500 m.
Prov.: BA, CH, CO, COR, ER, FO.
Paises limítrofes: UR.
Ejemplar examinado: *Schulz 49* (LIL).

Oxypetalum solanoides Hook. & Arn.
Sin.: *Oxypetalum tenuiflorum* Griseb.
Ref.: Meyer, 1943b, 1944; Fabris, 1965a; Meyer & Bacigalupo, 1979.
Hábito: Hierba.
Status: Nativa.
Elevación: 0-500 m.
Prov.: BA, CH, CO, COR, ER, FO, SF.
Paises limítrofes: BR, PA, UR.
Ejemplar examinado: *Burkart et al. 24892* (LIL, SI).

Oxypetalum spegazzinii Hauman ex Lillo = **Oxypetalum crispum** Wight ex Hook. & Arn.
Ref.: Fontella Pereira & Araujo Schwarz, 1983b.

Oxypetalum stipatum Malme
Ref.: Meyer, 1943b, 1944.
Hábito: Enredadera.
Status: Nativa.
Elevación: 0-500 m.
Prov.: COR, MI.
Paises limítrofes: BR, PA.
Ejemplar examinado: *Montes 15488* (LIL).

Oxypetalum suaveolens E. Fourn. = **Oxypetalum molle** Hook. & Arn.
Ref.: Cáceres, 1989.

Oxypetalum suaveolens Speg., hom. illeg. = **Oxypetalum crispum** Wight ex Hook. & Arn.
Ref.: Fontella Pereira & Araujo Schwarz, 1983b.

Oxypetalum subcapitatum Malme
Ref.: Meyer, 1943b, 1944.
Hábito: Hierba.
Status: Nativa.
Elevación: 0-500 m.
Prov.: CH.
Paises limítrofes: BO, PA.
Ejemplar examinado: *Joergensen 2611* (LIL).

Oxypetalum sublanatum Malme
Ref.: Meyer, 1943b, 1944; Fontella Pereira et al., 1985.
Hábito: Enredadera.
Status: Nativa.
Elevación: 0-500 m.
Prov.: MI.
Paises limítrofes: BR.
Ejemplar examinado: *Molfino s.n.* (LIL).

Oxypetalum tenuiflorum Griseb. = **Oxypetalum solanoides** Hook. & Arn.
Ref.: Meyer & Bacigalupo, 1979.

Oxypetalum variegatum Griseb. = **Morrenia variegata** (Griseb.) T. Mey. var. **variegata**
Ref.: Meyer, 1977a.

Oxystelma gilliesii (Hook. & Arn.) K. Schum. = **Philibertia gilliesii** Hook. & Arn.
Ref.: Holm, 1950.

Oxystelma vaileae Rusby = **Philibertia vaileae** (Rusby) Liede
Ref.: Liede, 1996.

Oxystelma violacea (Phil.) K. Schum. = **Philibertia gilliesii** Hook. & Arn.
Ref.: Holm, 1950.

Periploca virgata Poir. = [Metastelma virgatum (Poir.) Decne.]

Philibertia Kunth

Número de especies: 6, 2 especies endémicas.
Nota: Se siguió el criterio de Liede (1996) manteniendo a *Philibertia*, género del Nuevo Mundo, separado de *Sarcostemma*.

Philibertia albiflora Lillo ex T. Mey. = **Philibertia vaileae** (Rusby) Liede
Ref.: Liede, 1996.

Philibertia bonariensis (Hook. & Arn.) Malme = **Funastrum clausum** (Jacq.) Schltr.
Ref.: Meyer & Bacigalupo, 1979.

Philibertia campanulata (Lindl.) Nichols
Sin.: *Philibertia hypoleuca* Schltr., *Philibertia speciosa* Malme, *Philibertia splendens* Lillo, *Sarcostemma campanulatum* Lindl.
Ref.: Meyer, 1944; Pontiroli, 1983a; Holm, 1950.
Hábito: Enredadera.
Status: Nativa.
Elevación: 1500-2500 m.
Prov.: JU, TU.
Paises limítrofes: BO.
Ejemplar examinado: *Schreiter 8813* (LIL).

Philibertia canescens Decne. = **Philibertia gilliesii** Hook. & Arn.
Ref.: Ezcurra, inéd.a.

Philibertia exserta (Griseb.) Schltr. = **Funastrum gracile** (Decne.) Schltdl.
Ref.: Pontiroli, 1973.

Philibertia gilliesii Hook. & Arn.
Sin.: *Amblystigma pedunculare* Benth., *Oxystelma gilliesii* (Hook. & Arn.) K. Schum., *Oxystelma violacea* (Phil.) K. Schum., *Philibertia canescens* Decne., *Philibertia gilliesii* Hook. & Arn. var. *gracilis* (Don) T. Mey., *Philibertia gilliesii* Hook. & Arn. var. *grandiflora* (Hook.) T. Mey., *Philibertia gilliesii* Hook. & Arn. var. *mirabilis* T. Mey., *Philibertia gilliesii* Hook. & Arn. var. *parvicoronata* T. Mey., *Philibertia gilliesii* Hook. & Arn. var. *pubescens* Speg., *Philibertia gilliesii* Hook. & Arn. var. *vestita* Malme, *Philibertia gracilis* Don, *Philibertia grandiflora* Hook., *Philibertia grandiflora* Hook. f. *albida* Malme, *Philibertia incana* (Decne.) Malme, *Philibertia violacea* (Phil.) Schltr., *Sarcostemma donianum* Decne., *Sarcostemma gilliesii* (Hook. & Arn.) Decne., *Sarcostemma grandiflorum* (Hook.) Decne., *Sarcostemma incanum* Decne., *Zosima violacea* Phil.
Ref.: Meyer, 1943a; Holm, 1950; Pontiroli, 1983a.
Hábito: Enredadera.
Status: Nativa.
Elevación: 0-1000 m.
Prov.: BA, CA, CH, CHU, CO, COR, ER, FO, JU, LR, ME, RN, SA, SE, SJ, SL, TU.
Paises limítrofes: BO.
Ejemplar examinado: *Venturi 4939* (SI).

Philibertia gilliesii Hook. & Arn. var. *gracilis* (Don) T. Mey. = **Philibertia gilliesii** Hook. & Arn.
Ref.: Holm, 1950.

Philibertia gilliesii Hook. & Arn. var. *grandiflora* (Hook.) T. Mey. = **Philibertia gilliesii** Hook. & Arn.
Ref.: Holm, 1950.

Philibertia gilliesii Hook. & Arn. var. *mirabilis* T. Mey. = **Philibertia gilliesii** Hook. & Arn.
Ref.: Holm, 1950.

Philibertia gilliesii Hook. & Arn. var. *parvicoronata* T. Mey. = **Philibertia gilliesii** Hook. & Arn.
Ref.: Holm, 1950.

Philibertia gilliesii Hook. & Arn. var. *pubescens* Speg. = **Philibertia gilliesii** Hook. & Arn.
Ref.: Holm, 1950.

Philibertia gilliesii Hook. & Arn. var. *vestita* Malme = **Philibertia gilliesii** Hook. & Arn.
Ref.: Holm, 1950.

Philibertia gracilis Don = **Philibertia gilliesii** Hook. & Arn.
Ref.: Holm, 1950.

Philibertia grandiflora Hook. = **Philibertia gilliesii** Hook. & Arn.
Ref.: Holm, 1950.

Philibertia grandiflora Hook. f. *albida* Malme = **Philibertia gilliesii** Hook. & Arn.

Philibertia hypoleuca Schltr. = **Philibertia campanulata** (Lindl.) Nichols
Ref.: Pontiroli, 1983a.

Philibertia incana (Decne.) Malme = **Philibertia gilliesii** Hook. & Arn.
Ref.: Ezcurra, inéd.a.

Philibertia longifolia Arechav. = **Funastrum flavum** (Decne.) Malme
Ref.: Holm, 1950.

Philibertia lysimachoides (Wedd.) T. Mey.
Sin.: *Lugonia lysimachoides* Wedd., *Sarcostemma lysimachoides* (Wedd.) R.W. Holm
Ref.: Meyer, 1944; Holm, 1950; Pontiroli, 1983a.
Hábito: Hierba.
Status: Nativa.
Elevación: 2000-4000 m.
Prov.: JU, SA.
Paises limítrofes: BO.
Ejemplar examinado: *Castillon 6891* (LIL).

[Philibertia picta Schltr.]
Ref.: Holm, 1950.
Nota: Taxón dudoso.

[Philibertia rotata Griseb.]
Nota: Taxón dudoso.

Philibertia schreiteri T. Mey.
Ref.: Meyer, 1943a, 1944; Pontiroli, 1983a.
Hábito: Enredadera.
Status: Endémica.
Elevación: 500-2500 m.
Prov.: JU, SA, TU.
Ejemplar examinado: *Schreiter 4540* (holotipo, LIL).

[Philibertia solanoides Kunth]
Ref.: Meyer & Bacigalupo, 1979.
Nota: Especie excluida de la flora argentina.

Philibertia speciosa Malme = **Philibertia campanulata** (Lindl.) Nichols
Ref.: Holm, 1950.

Philibertia splendens Lillo = **Philibertia campanulata** (Lindl.) Nichols
Ref.: Holm, 1950.

Philibertia stellaris Griseb. = **Funastrum flavum** (Decne.) Malme
Ref.: Meyer & Bacigalupo, 1979.

Philibertia stipitata Lillo
Sin.: *Sarcostemma stipitatum* (Lillo) R.W. Holm
Ref.: Meyer, 1943a, 1944; Pontiroli, 1983a.
Hábito: Enredadera.
Status: Endémica.
Elevación: 1500-2500 m.
Prov.: CA, JU, SA, TU.
Ejemplar examinado: *Lillo 2621* (holotipo, LIL).

Philibertia vaileae (Rusby) Liede
Sin.: *Oxystelma vaileae* Rusby, *Philibertia albiflora* Lillo ex T. Mey., *Sarcostemma vaileae* (Rusby) R.W. Holm
Ref.: Meyer, 1944; Pontiroli, 1983a; Liede, 1996.
Hábito: Enredadera.
Status: Nativa.
Elevación: 500-2500 m.
Prov.: CA, JU, LR, SA, TU.
Paises limítrofes: BO.
Ejemplar examinado: *Castillón 9463* (holotipo de *P. albiflora*, LIL).

Philibertia violacea (Phil.) Schltr. = **Philibertia gilliesii** Hook. & Arn.
Ref.: Holm, 1950.

Physianthus albens Hook., hom. illeg. = **Araujia hortorum** E. Fourn.
Ref.: Meyer & Bacigalupo, 1979.

Physianthus albens Mart. & Zucc. = **Araujia sericifera** Brot.
Ref.: Meyer, 1944.

Physianthus angustifolius Hook. & Arn. = **Araujia angustifolia** (Hook. & Arn.) Decne.
Ref.: Meyer & Bacigalupo, 1979.

Physianthus megapotamicus Spreng. = **Araujia megapotamica** (Spreng.) G. Don
Ref.: Meyer & Bacigalupo, 1979.

Pseudibatia australis Malme = **Matelea australis** (Malme) Pontiroli
Ref.: Pontiroli, 1983a.

Pseudibatia boliviensis Schltr. = **Gonolobus boliviensis** (Schltr.) T. Mey.
Ref.: Meyer, 1950a.

Pseudibatia foetida (Griseb.) Malme = **Gonolobus foetidus** Griseb.
Ref.: Meyer, 1944.

Pseudibatia friesii Malme = **Gonolobus friesii** (Malme) T. Mey.
Ref.: Meyer, 1944.

Pseudibatia hirta (Griseb.) Malme = **Gonolobus hirtus** Griseb. var. **hirtus**

Pseudibatia lanata (Griseb.) Malme = **Matelea hispida** (Hook. & Arn.) Bacigalupo
Ref.: Bacigalupo, 1996.

Pseudibatia stuckertii Malme = **Matelea hispida** (Hook. & Arn.) Bacigalupo
Ref.: Bacigalupo, 1996.

[Rhyssostelma nigricans Decne.]
Nota: Taxón dudoso.

Rojasia Malme

Número de especies: 1

Rojasia gracilis (Morong) Malme
Sin.: *Gothofreda gracilis* Morong
Ref.: Meyer, 1944.
Hábito: Enredadera.
Status: Nativa.
Elevación: 0-500 m.
Prov.: CH, FO.
Paises limítrofes: PA.
Ejemplar examinado: *Joergensen 3190* (LIL).

Roulinia convolvulacea Decne. = **Telminostelma foetidum** (Cav.) Fontella & E.A. Schwarz
Ref.: Fontella Pereira & Araujo Schwarz, 1981.

Roulinia ekmanii Malme = **Telminostelma ekmanii** (Malme) Fontella & E.A. Schwarz
Ref.: Fontella Pereira & Araujo Schwarz, 1981.

Roulinia fluminensis Decne. = **Telminostelma foetidum** (Cav.) Fontella & E.A. Schwarz
Ref.: Fontella Pereira & Araujo Schwarz, 1981.

Roulinia montevidensis (Spreng.) Malme = **Telminostelma foetidum** (Cav.) Fontella & E.A. Schwarz
Ref.: Fontella Pereira & Araujo Schwarz, 1981.

Roulinia tamifolia (Hook. & Arn.) Decne. = **Telminostelma foetidum** (Cav.) Fontella & E.A. Schwarz
Ref.: Fontella Pereira et al., 1985.

Sarcostemma bonariense Hook. & Arn. = **Funastrum clausum** (Jacq.) Schltr.
Ref.: Meyer & Bacigalupo, 1979.

Sarcostemma campanulatum Lindl. = **Philibertia campanulata** (Lindl.) Nichols
Ref.: Pontiroli, 1983a.

Sarcostemma carpophylloides Morong = **Funastrum gracile** (Decne.) Schltdl.
Ref.: Meyer, 1944.

Sarcostemma clausum (Jacq.) Roem. & Schult. = **Funastrum clausum** (Jacq.) Schltr.
Ref.: Meyer & Bacigalupo, 1979.

Sarcostemma donianum Decne. = **Philibertia gilliesii** Hook. & Arn.
Ref.: Holm, 1950.

Sarcostemma flavum Decne. = **Funastrum flavum** (Decne.) Malme
Ref.: Meyer & Bacigalupo, 1979.

Sarcostemma gilliesii (Hook. & Arn.) Decne. = **Philibertia gilliesii** Hook. & Arn.
Ref.: Pontiroli, 1983a.

Sarcostemma gracile Decne. = **Funastrum gracile** (Decne.) Schltdl.
Ref.: Pontiroli, 1973.

Sarcostemma grandiflorum (Hook.) Decne. = **Philibertia gilliesii** Hook. & Arn.
Ref.: Holm, 1950.

Sarcostemma incanum Decne. = **Philibertia gilliesii** Hook. & Arn.
Ref.: Holm, 1950.

Sarcostemma lysimachoides (Wedd.) R.W. Holm = **Philibertia lysimachoides** (Wedd.) T. Mey.
Ref.: Liede, 1996.

Sarcostemma riparium Decne. = **Funastrum clausum** (Jacq.) Schltr.

Sarcostemma stipitatum (Lillo) R.W. Holm = **Philibertia stipitata** Lillo
Ref.: Liede, 1996.

Sarcostemma vaileae (Rusby) R.W. Holm = **Philibertia vaileae** (Rusby) Liede
Ref.: Liede, 1996.

Schistogyne Hook. & Arn.

Número de especies: 7, 3 especies endémicas.

[Schistogyne boliviensis Schltr.]
Ref.: Malme, 1933.
Nota: Especie excluida de la flora argentina.

Schistogyne decaisneana H. Karst.
Ref.: Malme, 1933a; Schulz, 1937; Meyer, 1944.
Hábito: Enredadera.
Status: Nativa.
Elevación: 0-500 m.
Prov.: CH, COR, FO, MI, SF.
Paises limítrofes: BR.
Ejemplar examinado: *Meyer 2572* (LIL).

Schistogyne fiebrigii Malme
Ref.: Meyer, 1970; Pontiroli, 1983a.
Hábito: Enredadera.
Status: Nativa.
Prov.: JU, SA.
Paises limítrofes: BO.
Ejemplar examinado: *Guaglianome 1831* (SI).

Schistogyne longipedunculata Malme
Ref.: Malme, 1933a; Meyer, 1944, 1977a.
Hábito: Enredadera.
Status: Endémica.
Elevación: 1500-2000 m.
Prov.: SA, TU.
Ejemplar examinado: *Venturi 1125* (LIL).

Schistogyne mosenii (Malme) T. Mey.
Sin.: *Calostigma mosenii* Malme, *Oxypetalum mosenii* (Malme) Malme
Ref.: Meyer, 1950a; Fontella Pereira et al., 1985.
Hábito: Enredadera.
Status: Nativa.
Elevación: 0-500 m.
Prov.: MI.
Paises limítrofes: BR.
Ejemplar examinado: *Schwarz 3888* (LIL).

Schistogyne pubescens Malme
Ref.: Malme, 1933a; Meyer, 1970; Pontiroli, 1983a.
Hábito: Enredadera.
Status: Endémica.
Elevación: 1000-1500 m.
Prov.: CA, JU, SA, SE, TU.
Ejemplar examinado: *Cabrera 30339* (SI).

Schistogyne sylvestris Hook. & Arn.
Sin.: *Schistogyne sylvestris* Hook. & Arn. var. *chacoensis* Malme
Ref.: Meyer, 1944; Fabris, 1965a; Meyer & Bacigalupo, 1979.
Hábito: Enredadera.
Status: Nativa.
Elevación: 0-500 m.
Prov.: BA, COR, ER, SF.
Paises limítrofes: UR.
Ejemplar examinado: *Burkart 8229* (SI).

Schistogyne sylvestris Hook. & Arn. var. *chacoensis* Malme = **Schistogyne sylvestris** Hook. & Arn.
Ref.: Meyer & Bacigalupo, 1979.

Schistogyne tucumanensis T. Mey.
Ref.: Meyer, 1944; Pontiroli, 1983a.
Hábito: Enredadera.
Status: Endémica.
Elevación: 1000-2000 m.
Prov.: JU, TU.
Ejemplar examinado: *Venturi 1576* (holotipo, LIL).

Schizostemma parviflorum Decne. = **Oxypetalum parviflorum** (Decne.) Decne. var. **parviflorum**

Schubertia Mart.

Número de especies: 2

Schubertia grandiflora Mart. ex Zucc.
Sin.: *Araujia grandiflora* (Mart. ex Zucc.) Morong
Ref.: Malme, 1933a; Schulz, 1937; Meyer, 1944.
Hábito: Enredadera.
Status: Nativa.
Elevación: 0-500 m.
Prov.: CH, COR, FO, SF.
Paises limítrofes: BR, PA.
Ejemplar examinado: *Meyer 22152* (LIL).

Schubertia schreiteri Descole & T. Mey.
Ref.: Meyer, 1944; Pontiroli, 1983a.
Hábito: Enredadera.
Status: Nativa.
Elevación: 0-1000 m.
Prov.: JU, SA.
Paises limítrofes: BO.
Ejemplar examinado: *Schreiter 10835* (holotipo, LIL).

Tassadia Decne.

Número de especies: 1

Tassadia subulata (Vell.) Fontella & E.A. Schwarz
Sin.: *Amphistelma aphyllum* (Vell.) E. Fourn., *Amphistelma melanthum* (Decne.) E. Fourn., *Cynanchum aphyllum* Vell., *Cynanchum melanthum* (Decne.) T. Mey., *Metastelma aphyllum* (Vell.) Decne., *Orthosia aphylla* (Vell.) Malme, *Orthosia melantha* (Decne.) Malme, *Vincetoxicum melanthum* Decne.
Ref.: Meyer, 1944; Fontella Pereira et al., 1985.
Hábito: Enredadera.
Status: Nativa.
Elevación: 0-500 m.
Prov.: CH, FO, MI.
Paises limítrofes: BR, PA.
Ejemplar examinado: *Meyer 218* (LIL).

Telminostelma E. Fourn.

Número de especies: 2

Telminostelma ekmanii (Malme) Fontella & E.A. Schwarz
Sin.: *Cynanchum ekmanii* (Malme) Sundell, *Roulinia ekmanii* Malme
Ref.: Malme, 1933a; Meyer, 1950a; Fontella Pereira & Araujo Schwarz, 1981.
Hábito: Enredadera.
Status: Nativa.
Elevación: 0-500 m.
Prov.: MI.
Paises limítrofes: BR, PA.
Ejemplar examinado: *Bertoni 3368* (LIL).

Telminostelma foetidum (Cav.) Fontella & E.A. Schwarz
Sin.: *Asclepias foetida* Cav., *Cynanchum montevidense* Spreng., *Cynanchum tamifolium* Hook. & Arn., *Roulinia convolvulacea* Decne., *Roulinia fluminensis* Decne., *Roulinia montevidensis* (Spreng.) Malme, *Roulinia tamifolia* (Hook. & Arn.) Decne.
Ref.: Meyer, 1944; Meyer & Bacigalupo, 1979; Fontella Pereira & Araujo Schwarz, 1981.
Hábito: Enredadera.
Status: Nativa.
Elevación: 0-500 m.
Prov.: BA, CA, CH, CO, COR, ER, FO, JU, LR, SA, SE, SF, TU.
Paises limítrofes: BR, PA, UR.
Ejemplar examinado: *Burkart 7008* (SI).

Turrigera halophila Griseb. = **Tweedia brunonis** Hook. & Arn.
Ref.: Rua, 1989.

Turrigera inconspicua Decne. = **Tweedia brunonis** Hook. & Arn.
Ref.: Rua, 1989.

Tweedia Hook. & Arn.

Número de especies: 4, 3 especies endémicas.

Tweedia aucaensis G.H. Rua
Ref.: Rua, 1989; Ezcurra, inéd.a.
Hábito: Hierba.
Status: Endémica.
Elevación: 1000-3000 m.
Prov.: ME, NE.
Ejemplar examinado: *Mallo s.n.* (holotipo, BAA 18511).

Tweedia australis (Malme) C. Ezcurra
Sin.: *Metastelma australe* Malme, *Tweedia odonellii* T. Mey.
Ref.: Meyer, 1950a; Rua, 1989; Ezcurra, 1995, inéd.a.
Hábito: Hierba o subarbusto.
Status: Endémica.
Prov.: CHU, ME, NE, RN, SC.
Ejemplar examinado: *O'Donell 3496* (holotipo de T. odonellii, LIL).

Tweedia brunonis Hook. & Arn.
Sin.: *Gothofreda brunonis* (Hook. & Arn.) Kuntze, *Oxypetalum brunonis* (Hook. & Arn.) Decne., *Turrigera halophila* Griseb., *Turrigera inconspicua* Decne.

Ref.: Meyer, 1944; Rua, 1989; Ezcurra, inéd.a.
Hábito: Enredadera.
Status: Nativa.
Elevación: 0-1000 m.
Prov.: BA, CA, CO, ER, LP, LR, ME, NE, RN, SA, SE, SF, SJ, SL, TU.
Paises limítrofes: BO, UR.
Ejemplar examinado: *Venturi 733* (LIL).

Tweedia coerulea D. Don = [Oxypetalum coeruleum (D. Don) Decne.]
Ref.: Rua, 1989.

Tweedia echegarayi (Hieron.) Malme
Sin.: *Oxypetalum echegarayi* Hieron., *Oxypetalum kingii* S. Moore
Ref.: Meyer, 1944; Rua, 1989.
Hábito: Hierba o subarbusto.
Status: Endémica.
Elevación: 2000-2500 m.
Prov.: ME, SJ.
Ejemplar examinado: *Kurtz 9582* (LIL).

Tweedia macrolepis Hook. & Arn. = **Oxypetalum macrolepis** (Hook. & Arn.) Decne.
Ref.: Meyer, 1943b.

Tweedia odonellii T. Mey. = **Tweedia australis** (Malme) C. Ezcurra
Ref.: Ezcurra, 1995.

Tweedia versicolor Hook. = [Oxypetalum coeruleum (D. Don) Decne.]
Ref.: Rua, 1989.

Vincetoxicum bulligerum Speg. = **Cynanchum bulligerum** (Speg.) Lillo
Ref.: Ezcurra, inéd.a.

Vincetoxicum melanthum Decne. = **Tassadia subulata** (Vell.) Fontella & E.A. Schwarz
Ref.: Fontella Pereira et al., 1985.

Vincetoxicum patagonicum (Phil.) Kuntze = **Cynanchum nummulariifolium** Hook. & Arn. var. **nummulariifolium**
Ref.: Ezcurra, inéd.a.

Widgrenia Malme

Número de especies: 1

Widgrenia corymbosa Malme
Sin.: *Melinia corymbosa* (Malme) Fontella & Farinaccio, *Melinia iberae* J.L. Fontana
Ref.: Meyer, 1947a; Fontana, 1990; Krapovickas & Cáceres, 1990.
Status: Nativa.
Elevación: 0-500 m.
Prov.: COR.
Paises limítrofes: BR, PA.
Ejemplar examinado: *Meyer 6214* (LIL).

Zosima violacea Phil. = **Philibertia gilliesii** Hook. & Arn.
Ref.: Holm, 1950; Liede, 1996.

ASTERACEAE

222 géneros, 1490 especies; 387 especies, 1 subespecie, 32 variedades y 1 forma endémicas.

Tribu Anthemideae: S. E. Freire y L. Ariza Espinar.
Tribu Arctoteae: G. Delucchi y L. Ariza Espinar.
Tribu Astereae: G. Sancho y L. Ariza Espinar. Subtribu Baccharinae: D. A. Giuliano y L. Ariza Espinar.
Tribu Calenduleae: G. Delucchi y L. Ariza Espinar.
Tribu Cardueae: G. Delucchi y L. Ariza Espinar.
Tribu Eupatorieae: A. L. Cabrera y S. E. Freire.
Tribu Helenieae: L. Katinas y L. Ariza Espinar.
Tribu Heliantheae: A. A. Sáenz.
Tribu Inuleae: S. E. Freire.
Tribu Lactuceae: E. Urtubey y L. Ariza Espinar; género *Hieracium*: C. Ruggiero y L. Ariza Espinar.
Tribu Liabeae. A.L. Cabrera y L. Iharlegui.
Tribu Mutisieae. Subtribu Barnadesiinae: E. Urtubey. Subtribu Gochnatiinae: S. E. Freire, género *Gochnatia*: G. Sancho. Subtribu Mutisiinae: L. Katinas. Subtribu Nassauviinae: L. Katinas.
Tribu Senecioneae: A. L. Cabrera y L. Iharlegui.
Tribu Vernonieae: A. L. Cabrera y S. E. Freire.

Abrotanella (Gaudich.) Cass. Anthemideae.

Número de especies: 4, 1 especie endémica.

Abrotanella diemii Cabrera
Ref.: Cabrera, 1971a; Swenson, 1995; Ariza Espinar, 1997b.
Hábito: Hierba.
Status: Endémica.
Elevación: ca. 1600 m.
Prov.: NE.
Ejemplar examinado: *Diem 956* (holotipo, LP).

Abrotanella emarginata (Cass. ex Gaudich.) Cass.
Sin.: *Oligosporus emarginatus* Cass. ex Gaudich.
Ref.: Cabrera, 1971a; Swenson, 1995; Ariza Espinar, 1997b.
Hábito: Hierba.
Status: Nativa.
Elevación: 0-500 m.
Prov.: SC, TF.
Paises limítrofes: CH.
Ejemplar examinado: *Moore 1921* (LP)

[Abrotanella linearifolia A. Gray]
Ref.: Swenson, 1995.
Nota: Especie excluida de la flora argentina.

[Abrotanella submarginata A. Gray]
Ref.: Cabrera, 1971a; Swenson, 1995.
Nota: Especie excluida de la flora argentina.

Abrotanella trichoachenia Cabrera
Ref.: Cabrera, 1971a; Swenson, 1995; Ariza Espinar, 1997b.
Hábito: Hierba.
Status: Nativa.
Elevación: 1500-2000 m.
Prov.: NE, RN.
Paises limítrofes: CH.
Ejemplar examinado: *Diem 123* (LP)

Abrotanella trilobata Swenson
Ref.: Cabrera, 1971a; Swenson, 1995; Ariza Espinar, 1997b.
Hábito: Hierba.
Status: Nativa.
Elevación: 500-1000 m.
Prov.: TF.
Paises limítrofes: CH.
Ejemplar examinado: *Moore 1976* (LP).

Acanthophyllum axillare (Lag. ex Lindl.) Hook. & Arn. = **Nassauvia axillaris** (Lag. ex Lindl.) D. Don
Ref.: Cabrera, 1982.

Acanthophyllum rosulatum Hook. & Arn. = **Nassauvia glomerulosa** (Lag. ex Lindl.) D. Don
Ref.: Cabrera, 1982.

Acanthospermum Schrank. Heliantheae.
Número de especies: 2

Acanthospermum australe (Loefl.) Kuntze
Sin.: *Acanthospermum brasilianum* Schrank, *Acanthospermum hirsutum* DC., *Acanthospermum xanthioides* (Kunth) DC., *Centrospermum xanthioides* Kunth, *Melampodium australe* Loefl., *Orcya adhaerens* Vell.
Ref.: Cabrera, 1963a, 1974a.
Hábito: Hierba.
Status: Nativa.
Elevación: 0-500 m.
Prov.: BA, ER, COR, MI, SF.
Paises limítrofes: BO, BR, PA, UR.
Ejemplar examinado: *Cabrera 12427* (LP).

Acanthospermum brasilianum Schrank = **Acanthospermum australe** (Loefl.) Kuntze
Ref.: Cabrera, 1963a, 1974a.

Acanthospermum hirsutum DC. = **Acanthospermum australe** (Loefl.) Kuntze
Ref.: Cabrera, 1963a, 1974a.

Acanthospermum hispidum DC.
Ref.: Cabrera, 1963a, 1974a, 1978.
Hábito: Hierba.
Status: Nativa.
Elevación: 0-2500 m.
Prov.: BA, CA, CH, CO, COR, ER, FO, JU, LP, LR, ME, MI, SA, SE, SF, SJ, SL, TU.
Paises limítrofes: BO, BR, PA, UR.
Ejemplar examinado: *Cabrera et al. 15511* (LP).

Acanthospermum xanthioides (Kunth) DC. = **Acanthospermum australe** (Loefl.) Kuntze
Ref.: Cabrera, 1963a, 1974a.

Acanthostyles buniifolius (Hook. & Arn.) R.M. King & H. Rob. = **Eupatorium buniifolium** Hook. & Arn. var. **buniifolium**

Acanthostyles saucechicoënse (Hieron.) R.M. King & H. Rob. = **Eupatorium buniifolium** Hook. & Arn. var. **buniifolium**

Acanthoxanthium spinosum (L.) E. Fourn. = **Xanthium spinosum** L. var. **spinosum**
Ref.: Cabrera, 1963a, 1971c, 1974a, 1978.

Achillea L. Anthemideae.
Número de especies: 1

Achillea lanulosa Nutt. = **Achillea millefolium** L.
Ref.: Bremer & Humphries, 1993.

Achillea millefolium L.
Sin.: *Achillea lanulosa* Nutt., *Achillea sudetica* Opiz.
Ref.: Cabrera, 1971a; Moore, 1983; Bremer & Humphries, 1993; Ariza Espinar, 1997.
Hábito: Hierba.
Status: Adventicia.
Elevación: 0-1000 m.
Prov.: BA, CHU, CO, LR, NE, RN, SA, SC, SF, TF, TU.
Paises limítrofes: BR, CH, UR.
Ejemplar examinado: *Cabrera 851* (LP).

Achillea sudetica Opiz. = **Achillea millefolium** L.
Ref.: Bremer & Humphries, 1993.

[Achillea tomentosa L.]
Ref.: Cabrera, 1971a.
Nota: Cita dudosa para la flora argentina.

Achyrocline DC. Inuleae.
Número de especies: 8

Achyrocline alata (Kunth) DC.
Sin.: *Achyrocline alata* (Kunth) DC. var. *vautheriana* (DC.) Baker, *Achyrocline argentina* O. Hoffm., *Achyrocline flavescens* Griseb., *Achyrocline pterocaula* DC., *Achyrocline vautheriana* DC., *Gnaphalium alatum* Kunth
Ref.: Cabrera, 1963a, 1974a, 1978; Giangualani, 1976; Freire, 1995.
Hábito: Subarbusto.
Status: Nativa.
Elevación: 0-500 y 1500-2800 m.
Prov.: BA, CA, CO, COR, ER, JU, LR, SA, SL, TU.
Paises limítrofes: BR, PA, UR.
Ejemplar examinado: *Krapovickas et al. 24739* (LP).

Achyrocline alata (Kunth) DC. var. *vautheriana* (DC.) Baker = **Achyrocline alata** (Kunth) DC.
Ref.: Freire, 1995.

Achyrocline argentina O. Hoffm. = **Achyrocline alata** (Kunth) DC.
Ref.: Giangualani, 1976.

Achyrocline citrina Griseb. = **Achyrocline flaccida** (Weinm.) DC.
Ref.: Cabrera, 1978.

Achyrocline flaccida (Weinm.) DC.
Sin.: *Achyrocline citrina* Griseb., *Gnaphalium flaccidum* Weinm.
Ref.: Giangualani, 1976; Cabrera, 1978; Freire, 1995.
Hábito: Subarbusto.
Status: Nativa.
Elevación: 500-3500 m.

Prov.: COR, ER, JU, LR, MI, SA.
Paises limítrofes: BO, BR.
Ejemplar examinado: *Cabrera et al. 16903* (LP).

Achyrocline flavescens Griseb. = **Achyrocline alata** (Kunth) DC.
Ref.: Giangualani, 1976.

Achyrocline hyperchlora Blake
Ref.: Giangualani, 1976; Cabrera, 1978; Freire, 1995.
Hábito: Subarbusto.
Status: Nativa.
Elevación: 1500 m.
Prov.: CA, JU, SA, TU.
Paises limítrofes: BO.
Ejemplar examinado: *Cabrera 2946* (LP).

[Achyrocline mathiolaeifolia DC.]
Ref.: Giangualani, 1976.
Nota: Cita dudosa para la flora argentina.

Achyrocline polycephala Rusby = **Achyrocline tomentosa** Rusby
Ref.: Giangualani, 1976.

Achyrocline pterocaula DC. = **Achyrocline alata** (Kunth) DC.
Ref.: Giangualani, 1976.

Achyrocline ramosissima (Sch. Bip.) Rusby
Sin: *Gnaphalium ramosissimum* Sch. Bip.
Ref.: Giangualani, 1976; Cabrera, 1978; Freire, 1995.
Hábito: Subarbusto.
Status: Nativa.
Elevación: 2000-4000 m.
Prov.: COR, JU, SA, TU.
Paises limítrofes: BO.
Ejemplar examinado: *Cabrera et al. 19869* (LP).

Achyrocline rupestris Cabrera
Ref.: Cabrera, 1978; Freire, 1995.
Hábito: Subarbusto.
Status: Nativa.
Elevación: 3000-4500 m.
Prov.: CA, CO, JU, SA, TU.
Ejemplar examinado: *Cabrera 12134* (LP).

Achyrocline satureioides (Lam.) DC.
Sin.: *Achyrocline vargasiana* DC., *Gnaphalium satureioides* Lam.
Ref.: Cabrera, 1963a, 1974a; Giangualani, 1976; Freire, 1995.
Hábito: Subarbusto.
Status: Nativa.
Elevación: 0-1500 m.
Prov.: BA, CA, CH, CO, COR, ER, JU, LP, MI, SA, SE, SL, TU.
Paises limítrofes: BO, BR, PA, UR.
Ejemplar examinado: *Cabrera 10982* (LP).

Achyrocline tomentosa Rusby
Sin.: *Achyrocline polycephala* Rusby
Ref.: Giangualani, 1976; Cabrera, 1978; Freire, 1995.
Hábito: Subarbusto.
Status: Nativa.
Elevación: 500-3500 m.
Prov.: CA, CO, COR, JU, LR, MI, ME, SA, TU.
Paises limítrofes: BO, BR, CH.
Ejemplar examinado: *Cabrera y Fabris 20036* (LP).

Achyrocline vargasiana DC. = **Achyrocline satureioides** (Lam.) DC.
Ref.: Freire, 1995.

Achyrocline vautheriana DC. = **Achyrocline alata** (Kunth) DC.
Ref.: Freire, 1995.

Achyrocline venosa Rusby
Ref.: Giangualani, 1976; Cabrera, 1978; Freire, 1995.
Hábito: Subarbusto.
Status: Nativa.
Elevación: 1500-3000 m.
Prov.: CO, JU, TU.
Paises limítrofes: BO.
Ejemplar examinado: *Cabrera et al. 16601* (LP).

Achyropappus neo-mexicanus (A. Gray) Rydb. = **Schkuhria multiflora** Hook. & Arn.
Ref.: Heiser, 1945; Cabrera, 1978; Petenatti & Ariza Espinar, 1997.

Achyropappus schkuhrioides D. Don ex Hook. & Arn., hom. illeg. = **Schkuhria multiflora** Hook. & Arn.
Ref.: Heiser, 1945; Cabrera, 1978; Petenatti & Ariza Espinar, 1997.

Achyrophorus acaulis J. Rémy = **Hypochaeris acaulis** (J. Rémy) Britton
Ref.: Cabrera 1971a.

Achyrophorus albiflorus Sch. Bip. = **Hypochaeris sessiliflora** Kunth
Ref.: Bortiri, 1997.

Achyrophorus andinus DC. = **Hypochaeris arenaria** Gaudich. var. **andina** (DC.) Cabrera
Ref.: Cabrera, 1971a.

Achyrophorus araucanus Phil. = **Hypochaeris tenuifolia** (Hook. & Arn.) Griseb. var. **eurylepis** (Phil.) Cabrera
Ref.: Cabrera, 1971a.

Achyrophorus arenarius (Gaudich.) DC. = **Hypochaeris arenaria** Gaudich. var. **arenaria**
Ref.: Cabrera, 1971a.

Achyrophorus brasiliensis (Less.) Sch. Bip. = **Hypochaeris chillensis** (Kunth) Hieron.
Ref.: Cabrera, 1978.

Achyrophorus brasiliensis (Less.) Sch. Bip. = **Hypochaeris brasiliensis** (Less.) Benth. & Hook. f. ex Griseb.
Ref.: Cabrera, 1963a.

Achyrophorus chilensis Sch. Bip. = **Hypochaeris chillensis** (Kunth) Hieron.
Ref.: Cabrera, 1978.

Achyrophorus chillensis (Kunth) Sch. Bip. = **Hypochaeris chillensis** (Kunth) Hieron.
Ref.: Cabrera, 1978.

Achyrophorus chondrilloides A. Gray = **Hypochaeris chondrilloides** (A. Gray) Cabrera
Ref.: Cabrera, 1963a.

Achyrophorus clarionoides J. Rémy = **Hypochaeris tenuifolia** (Hook. & Arn.) Griseb. **clarionoides** (J. Rémy) Bortiri
Ref.: Bortiri, 1997.

Achyrophorus coronopifolius Sch. Bip. = **Hypochaeris incana** (Hook. & Arn.) Macloskie var. **integrifolia** (Sch. Bip. ex Walp.) Cabrera
Ref.: Cabrera, 1963a.

Achyrophorus coronopifolius Sch. Bip. var. *integrifolius* Sch. Bip. ex Walp. = **Hypochaeris incana** (Hook. & Arn.) Macloskie var. **integrifolia** (Sch. Bip. ex Walp.) Cabrera
Ref.: Cabrera, 1963a.

Achyrophorus deserticola Phil. = **Hypochaeris chondrilloides** (A. Gray) Cabrera
Ref.: Cabrera, 1963a.

Achyrophorus elatus Wedd. = **Hypochaeris elata** (Wedd.) Griseb.
Ref.: Cabrera, 1978.

Achyrophorus glaucus Phil. = **Hypochaeris chondrilloides** (A. Gray) Cabrera
Ref.: Cabrera, 1963a.

Achyrophorus graminifolius Sch. Bip. ex Walp. = **Hypochaeris tenuifolia** (Hook. & Arn.) Griseb. var. **linearifolia** (DC) Bortiri
Ref.: Bortiri, 1997.

Achyrophorus humboldtii Sch. Bip. = **Hypochaeris sessiliflora** Kunth
Ref.: Bortiri, 1997.

Achyrophorus humilis Phil. = **Hypochaeris arenaria** Gaudich. var. **arenaria**
Ref.: Cabrera, 1971a.

Achyrophorus incana (Hook. & Arn.) Sch. Bip. = **Hypochaeris incana** (Hook. & Arn.) Macloskie var. **incana**
Ref.: Cabrera, 1971a.

Achyrophorus leucanthus Speg. = **Hypochaeris incana** (Hook. & Arn.) Macloskie var. **leucantha** (Speg.) Cabrera
Ref.: Cabrera, 1971a.

Achyrophorus meyenianus (Walp.) Walp. = **Hypochaeris meyeniana** (Walp.) Griseb. var. **meyeniana**
Ref.: Cabrera, 1978.

Achyrophorus meyenianus (Walp) Walp. var. *ciliatus* Wedd. = **Hypochaeris sessiliflora** Kunth
Ref.: Bortiri, 1997.

Achyrophorus microcephalus Sch. Bip. = **Hypochaeris microcephala** (Sch. Bip.) Cabrera var. **microcephala**
Ref.: Cabrera, 1963a.

Achyrophorus microphyllus J. Rémy = **Hypochaeris tenuifolia** (Hook. & Arn.) Griseb. var. **clarionoides** (J. Rémy) Bortiri
Ref.: Bortiri, 1997.

Achyrophorus montanus Phil. = **Hypochaeris montana** (Phil.) Reiche
Ref.: Cabrera, 1971a.

Achyrophorus odoratus (Poepp.) Walp. = **Hypochaeris tenuifolia** (Hook. & Arn.) Griseb. var. **eurylepis** (Phil.) Cabrera
Ref.: Cabrera, 1971a.

Achyrophorus palustris Phil. = **Hypochaeris palustris** (Phil.) De Wild.
Ref.: Cabrera, 1971a.

Achyrophorus petiolaris (Hook. & Arn.) DC. = **Hypochaeris petiolaris** (Hook. & Arn.) Griseb.
Ref.: Cabrera, 1963a.

Achyrophorus quitensis Sch. Bip. = **Hypochaeris sessiliflora** Kunth
Ref.: Bortiri, 1997.

Achyrophorus quitensis Sch. Bip. var. *sonchoides* (Kunth) Wedd. = **Hypochaeris sessiliflora** Kunth
Ref.: Bortiri, 1997.

Achyrophorus sagittatus Phil. = **Hypochaeris chillensis** (Kunth) Hieron.
Ref.: Cabrera, 1976b, 1978.

Achyrophorus setosus Wedd. = **Hypochaeris echegarayi** Hieron.
Ref.: Cabrera, 1978.

Achyrophorus sessiliflorus (Kunth) DC. = **Hypochaeris sessiliflora** Kunth
Ref.: Bortiri, 1997.

Achyrophorus stenocephalus A. Gray ex Wedd. = **Hypochaeris taraxacoides** (Walp.) Benth. & Hook. f.
Ref.: Cabrera, 1978.

Achyrophorus taraxacoides Walp. = **Hypochaeris taraxacoides** (Walp.) Benth. & Hook. f.
Ref.: Cabrera, 1978.

Achyrophorus tenerifolius J. Rémy = **Hypochaeris tenerifolia** (J. Rémy) Dusén
Ref.: Cabrera, 1971a.

Achyrophorus tenuifolius (Hook. & Arn.) DC. = **Hypochaeris tenuifolia** (Hook. & Arn.) Griseb. var. **tenuifolia**
Ref.: Cabrera, 1971a.

Achyrophorus tenuifolius (Hook. & Arn.) DC. var. *linearifolius* DC. = **Hypochaeris tenuifolia** (Hook. & Arn.) Griseb. var. **linearifolia** (DC) Bortiri
Ref.: Bortiri, 1997.

Achyrophorus tenuifolius (Hook. & Arn.) DC. var. *gayanus* DC. = **Hypochaeris gayana** (DC.) Cabrera
Ref.: Cabrera, 1963a, 1971a.

Achyrophorus variegatus (Lam.) Sch. Bip. = **Hypochaeris variegata** (Lam.) Baker
Ref.: Cabrera, 1974a.

Achyrophorus webbii Sch. Bip. = **Hypochaeris arenaria** (Sch. Bip.) Gaudich. var. **arenaria**
Ref.: Cabrera, 1971a.

Acmella Rich. ex Pers. Heliantheae.

Número de especies: 11, 2 especies endémicas.

Acmella alpestris (Griseb.) R.K. Jansen
Sin.: *Spilanthes alpestris* Griseb.
Ref.: Jansen, 1985.
Hábito: Hierba.
Status: Endémica.
Elevación: 1000-3500 m.
Prov.: CA, CH, JU, SA, SE, TU.
Ejemplar examinado: *Venturi 7354* (LIL, LP).

Acmella bellidioides (Sm.) R.K. Jansen
Sin.: *Ceratocephalus arnicoides* (DC.) Kuntze, *Rudbeckia bellidioides* Sm., *Spilanthes arnicoides* DC., *Spilanthes arnicoides* DC. f. *setosa* Chodat, *Spilanthes arnicoides* DC. var. *intermedia* Chodat, *Spilanthes bellidioides* (Sm.) Cabrera, *Spilanthes blepharicarpa* DC., *Spilanthes doronicoides* DC., *Spilanthes grandis* DC., *Spilanthes grisea* (Chodat) A.H. Moore var. *intermedia* (Chodat) A.H. Moore, *Spilanthes grisea* (Chodat) A.H. Moore var. *micra* A.H. Moore, *Spilanthes grisea* (Chodat) A.H. Moore var. *setosa* (Chodat) A.H. Moore, *Spilanthes longifolia* DC., *Spilanthes sphaerocephala* DC.
Ref.: Jansen, 1985.
Hábito: Hierba.
Status: Nativa.
Elevación: 1000-1500 m.
Prov.: BA, CH, COR, ER, MI, SF.
Paises limítrofes: BR, PA.
Ejemplar examinado: *Burkart y Troncoso 28086* (CTES, LP, SI).

Acmella ciliata (Kunth) Cass.
Sin.: *Ceratocephalus ciliatus* (Kunth) Kuntze, *Ceratocephalus fimbriatus* (Kunth) Kuntze, *Ceratocephalus poeppigii* (DC.) Kuntze, *Spilanthes ciliata* Kunth, *Spilanthes fimbriata* Kunth, *Spilanthes melampodioides* Gardner, *Spilanthes poeppigii* DC., *Spilanthes popayanensis* Hieron.
Ref.: Jansen, 1985.
Hábito: Hierba.
Status: Nativa.
Elevación: 2500-3000 m.
Prov.: JU.
Paises limítrofes: BO, BR.
Ejemplar examinado: *Cabrera 15831* (LP).

Acmella decumbens (Sm.) R.K. Jansen var. **affinis** (Hook. & Arn.) R.K. Jansen
Sin.: *Spilanthes affinis* Hook. & Arn., *Spilanthes americana* (L.f.) Hieron. var. *stolonifera* (DC.) A.H. Moore f. *ciliatifolia* A.H. Moore, *Spilanthes eurycarena* A.H. Moore, *Spilanthes micralloeophylla* A.H. Moore
Ref.: Jansen, 1985.
Hábito: Hierba.
Status: Nativa.
Elevación: 0-500 m.
Prov.: BA, CA, CO, JU, LP, LR, SL, TU.
Ejemplar examinado: *Zardini et al. 168* (LP).

Acmella decumbens (Sm.) R.K. Jansen var. **decumbens**
Sin.: *Ceratocephalus decumbens* (Sm.) Kuntze, *Ceratocephalus decumbens* (Sm.) Kuntze var. *macropoda* (DC.) Kuntze, *Rudbeckia decumbens* Sm., *Spilanthes americana* (L.f.) Hieron. var. *stolonifera* (DC.) A.H. Moore, *Spilanthes arnicoides* DC. var. *macropoda* (DC.) Baker, *Spilanthes decumbens* (Sm.) A.H. Moore, *Spilanthes decumbens* (Sm.) A.H. Moore var. *macropoda* (DC.) A.H. Moore, *Spilanthes helenioides* Hook. & Arn., *Spilanthes macropoda* DC., *Spilanthes stolonifera* DC.
Ref.: Jansen, 1985.
Hábito: Hierba.
Status: Nativa.
Elevación: 0-500 m.
Prov.: BA, ER.
Paises limítrofes: BR, UR.
Ejemplar examinado: *Hurrel et al. 2879* (LP).

Acmella glaberrima (Hassl.) R.K. Jansen
Sin.: *Spilanthes glaberrima* (Hassl.) R.K. Jansen
Ref.: Jansen, 1985; Matthei & Marticorena, 1990.
Hábito: Hierba.
Status: Nativa.
Elevación: 0-500 m.
Prov.: CH, COR, FO, SF.
Paises limítrofes: CH, PA.
Ejemplar examinado: *Burkart 5718* (SI).

Acmella grisea (Chodat) R.K. Jansen
Sin.: *Spilanthes arnicoides* DC. f. *grisea* Chodat, *Spilanthes arnicoides* DC. var. *grisea* (Chodat) Chodat, *Spilanthes grisea* (Chodat) A.H. Moore
Ref.: Jansen, 1985.
Hábito: Hierba.
Status: Nativa.
Elevación: 0-500 m.
Prov.: COR, MI.
Paises limítrofes: BR, PA, UR.
Ejemplar examinado: *Montes 12331* (LP).

Acmella hirta Lag. = **Jaegeria hirta** (Lag.) Less.
Ref.: Torres, 1968; Cabrera, 1978.

Acmella leptophylla (DC.) R.K. Jansen
Sin.: *Spilanthes arnicoides* DC. f. *minor* Chodat, *Spilanthes arnicoides* DC. f. *nervosa* Chodat, *Spilanthes arnicoides* DC. var. *leptophylla* (DC.) Baker, *Spilanthes decumbens* (Sm.) A.H. Moore var. *leptophylla* (DC.) A.H. Moore, *Spilanthes grisea* (Chodat) A.H. Moore var. *chodatana* A.H. Moore, *Spilanthes leptophylla* DC.
Ref.: Jansen, 1985.
Hábito: Hierba.
Status: Nativa.
Elevación: 0-500 m.
Prov.: MI.
Paises limítrofes: BR, PA.
Ejemplar examinado: *Montes 27615* (LP).

Acmella mutisii (Kunth) Cass. = **Acmella oppositifolia** (Lam.) R.K. Jansen
Ref.: Jansen, 1985.

Acmella occidentalis (Willd.) Rich. = **Acmella oppositifolia** (Lam.) R.K. Jansen
Ref.: Jansen, 1985.

Acmella oppositifolia (Lam.) R.K. Jansen
Sin.: *Acmella mutisii* (Kunth) Cass., *Acmella occidentalis* (Willd.) Rich., *Anthemis occidentalis* Willd., nom. superfl., *Anthemis oppositifolia* Lam., *Ceratocephalus americanus* (L.f.) Kuntze, *Spilanthes americana* (L.f.) Hieron., *Spilanthes mutisii* Kunth, *Spilanthes oppositifolia* (Lam.) D'Arcy
Ref.: Cabrera, 1978; Jansen, 1985.
Hábito: Hierba.
Status: Nativa.
Elevación: 0-3000 m.
Prov.: JU, SA.
Paises limítrofes: BO, PA.
Ejemplar examinado: *Cabrera 4570* (LP).

Acmella psilocarpa R.K. Jansen
Ref.: Jansen, 1985.
Hábito: Hierba.
Status: Endémica.
Elevación: 0-500 m.
Prov.: ER.
Ejemplar examinado: *Cabrera 3977* (holotipo, LP).

Acmella pusilla (Hook. & Arn.) R.K. Jansen
Sin.: *Spilanthes americana* (L.f.) Hieron. var. *stolonifera* (DC.) A.H. Moore f. *longiinternodiata* A.H. Moore, *Spilanthes pusilla* Hook. & Arn., *Spilanthes stolonifera* DC. var. *pusilla* (Hook. & Arn.) Baker
Ref.: Jansen, 1985.
Hábito: Hierba.
Status: Nativa.
Elevación: 500-1000 m.
Prov.: BA, CH, COR, ER, FO, MI, SF.
Paises limítrofes: PA, UR.
Ejemplar examinado: *Burkart 3159* (SI).

Acmella serratifolia R.K. Jansen
Ref.: Jansen, 1985.
Hábito: Hierba.
Status: Nativa.
Elevación: 500-1000 m.
Prov.: COR, MI.
Paises limítrofes: BR, UR.
Ejemplar examinado: *Zuloaga et al. 714* (SI).

Acrisione denticulata (Hook. & Arn.) B. Nord. = **Senecio yegua** (Colla) Cabrera.
Ref.: Nordenstam, 1985

Acroptilon Cass. Cardueae.

Número de especies: 1

Acroptilon picris (Pallas ex Willd.) DC. = **Acroptilon repens** (L.) DC.

Acroptilon repens (L.) DC.
Sin.: *Acroptilon picris* (Pallas ex Willd.) DC., *Centaurea repens* L., *Centaurea picris* Pallas ex Willd.
Ref.: Ibarra & La Porte, 1944; Parodi, 1956; Cabrera, 1963a, 1971a; Covas 1965a; Dostál, 1976a.
Hábito: Hierba.
Status: Adventicia.
Elevación: 0-500 m.
Prov.: BA, CH, LP, RN, SC.
Ejemplar examinado: *Cabrera y Fabris 14872* (LP).

Actinea alternifolia Spreng., nom. superfl. = **Helenium radiatum** (Less.) Seckt
Ref.: Bierner, 1987; Ariza Espinar, 1993a; Petenatti & Ariza Espinar, 1997.

Actinea anthemoides (Juss.) Kuntze = **Hymenoxys anthemoides** (Juss.) Cass.
Ref.: Parker, 1962; Petenatti & Ariza Espinar, 1997.

Actinea conmutata Spreng. = **Calea pinnatifida** (R. Br.) Less.
Ref.: Cabrera, 1937a.

Actinea doniana (Hook. & Arn.) Kuntze = **Helenium donianum** (Hook. & Arn.) Seckt
Ref.: Bierner, 1987; Ariza Espinar, 1993a; Petenatti & Ariza Espinar, 1997.

Actinea haenkeana (DC.) Kuntze = **Hymenoxys anthemoides** (Juss.) Cass.
Ref.: Parker, 1962; Bierner, 1987; Petenatti & Ariza Espinar, 1997.

Actinea heterophylla Juss. = **Helenium radiatum** (Less.) Seckt
Ref.: Bierner, 1987; Ariza Espinar, 1993a; Petenatti & Ariza Espinar, 1997.

Actinea heterophylla Juss. f. *bicolor* Kuntze, nom. superfl. = **Helenium radiatum** (Less.) Seckt
Ref.: Bierner, 1987; Ariza Espinar, 1993a.

Actinea heterophylla Juss. f. *concolor* Kuntze = **Helenium argentinum** Ariza
Ref.: Ariza Espinar, 1993a; Petenatti & Ariza Espinar, 1997.

Actinea heterophylla Juss. var. *dentata* Kuntze, nom. superfl. = **Helenium radiatum** (Less.) Seckt
Ref.: Bierner, 1987; Ariza Espinar, 1993a; Petenatti & Ariza Espinar, 1997.

Actinea heterophylla Juss. var. *latifolia* Kuntze = **Gaillardia megapotamica** (Spreng.) Baker var. **megapotamica**
Ref.: Bierner, 1987.

Actinea heterophylla Juss. var. *linearifolia* Kuntze = **Helenium argentinum** Ariza
Ref.: Bierner, 1987; Ariza Espinar, 1993a; Petenatti & Ariza Espinar, 1997.

Actinea radiata (Less.) Kuntze = **Helenium radiatum** (Less.) Seckt
Ref.: Bierner, 1987; Ariza Espinar, 1993a; Petenatti & Ariza Espinar, 1997.

Actinea tweediei (Hook. & Arn.) Kuntze = **Hymenoxys tweediei** Hook. & Arn.
Ref.: Parker, 1962; Bierner, 1987; Petenatti & Ariza Espinar, 1997.

Actinella anthemoides (Juss.) A. Gray = **Hymenoxys anthemoides** (Juss.) Cass.
Ref.: Parker, 1962; Petenatti & Ariza Espinar, 1997.

Actinella anthemoides (Juss.) Herter, comb. illeg. = **Hymenoxys anthemoides** (Juss.) Cass.
Ref.: Parker, 1962; Bierner, 1987; Petenatti & Ariza Espinar, 1997.

Actinella anthemoides (Juss.) Malme, comb. superfl. = **Hymenoxys anthemoides** (Juss.) Cass.
Ref.: Bierner, 1987; Petenatti & Ariza Espinar, 1997.

Actinella heterophylla (Juss.) Pers., comb. superfl. = **Helenium radiatum** (Less.) Seckt
Ref.: Bierner, 1987; Ariza Espinar, 1993a; Petenatti & Ariza Espinar, 1997.

Actinella tweediei (Hook. & Arn.) Malme, comb. superfl. = **Hymenoxys tweediei** Hook. & Arn.
Ref.: Parker, 1962; Bierner, 1987; Petenatti & Ariza Espinar, 1997.

Actinoseris (Endl.). Cabrera. Mutisieae.

Número de especies: 1

Actinoseris corymbosa (Less.) Cabrera
Sin.: *Gochnatia corymbosa* Less., *Onoseris corymbosa* (Less.) Benth.
Ref.: Cabrera, 1970; Freire, 1996.
Hábito: Hierba.
Status: Nativa.
Elevación: 0-500 m.
Prov.: COR.
Paises limítrofes: BR, UR.
Ejemplar examinado: *Schinini et al. 16737* (LP).

Adenocaulon Hook. Mutisieae.

Número de especies: 1

Adenocaulon chilense Less.
Sin.: *Adenocaulon lechleri* Sch. Bip.
Ref.: Cabrera, 1971a; Bremer, 1994.
Hábito: Hierba.
Status: Nativa.
Elevación: 0-1000 m.
Prov.: CHU, NE, RN, SC, TF.
Paises limítrofes: CH.
Ejemplar examinado: *Cabrera 11234* (LP).

Adenocaulon lechleri Sch. Bip. = **Adenocaulon chilense** Less.
Ref.: Cabrera, 1971a.

Adenospermum tuberculatum Hook. & Arn. = **Chrysanthellum indicum** DC. subsp. **afroamericanum** B.L. Turner
Ref.: Turner, 1988.

Adenostemma J.R. Forst. & G. Forst. Eupatorieae.

Número de especies: 2

Adenostemma brasilianum (Pers.) Cass.
Sin.: *Adenostemma triangularis* DC., *Adenostemma viscosum* auct. non J.R. Forst. & G. Forst., *Adesnotemma viscosum* J.R. Forst. & G. Forst. var. *brasilianum* (Pers.) Benth., *Adenostemma viscosum* J.R. Forst. & G. Forst. var. *triangulare* (DC.) Benth., *Verbesina brasiliana* Pers.
Ref.: Cabrera & Vittet, 1954; Cabrera, 1978, 1989; Cabrera & Freire, 1997.
Hábito: Hierba.
Status: Nativa.
Elevación: 0-1500 m.
Prov.: BA, ER, JU, MI, SA, TU.
Paises limítrofes: BR, PA, UR.
Ejemplar examinado: *Cabrera 4141* (LP).

Adenostemma swartzii Cass. = **Adenostemma verbesina** (L.) Sch. Bip.
Ref.: Cabrera & Vittet, 1954.

Adenostemma triangularis DC. = **Adenostemma brasilianum** (Pers.) Cass.
Ref.: Cabrera & Vittet, 1954.

Adenostemma verbesina (L.) Sch. Bip.
Sin.: *Adenostemma swartzii* Cass., *Cotula verbesina* L., *Lavenia decumbens* Sw.
Ref.: Cabrera & Vittet, 1954; Cabrera, 1989; Cabrera & Freire, 1997.
Hábito: Hierba.
Status: Nativa.
Elevación: 0-1000 m.
Prov.: MI.
Paises limítrofes: BR, PA.
Ejemplar examinado: *Grüner 1383* (LP).

Adenostemma viscosum auct. non J.R. Forst. & G. Forst. = **Adenostemma brasilianum** (Pers.) Cass.
Ref.: Cabrera & Vittet, 1954.

Adenostemma viscosum J.R. Forst. & G. Forst. var. *brasilianum* (Pers.) Benth. = **Adenostemma brasilianum** (Pers.) Cass.
Ref.: Cabrera & Vittet, 1954; Cabrera, 1978.

Adenostemma viscosum J.R. Forst. & G. Forst. var. *triangulare* (DC.) Benth. = **Adenostemma brasilianum** (Pers.) Cass.
Ref.: Cabrera & Vittet, 1954; Cabrera 1978.

Adventina ciliata Raf. = **Galinsoga ciliata** (Raf.) Blake
Ref.: Cabrera, 1978.

Adventina parviflora Raf. = **Galinsoga parviflora** Cav.
Ref.: Cabrera, 1978.

Ageratina azangaroënse (Sch. Bip. ex Wedd.) R.M. King & H. Rob. = **Eupatorium azangaroënse** Sch. Bip. ex Wedd.
Ref.: Cabrera, 1978.

Ageratina lorentzii (Hieron.) R.M. King & H. Rob. = **Eupatorium lorentzii** Hieron.
Ref.: Cabrera, 1978.

Ageratina tenuis (R.E. Fr.) R.M. King & H. Rob. = **Eupatorium tenue** R.E. Fr.
Ref.: Cabrera, 1978.

Ageratum L. Eupatorieae.
Número de especies: 1

Ageratum conyzoides L.
Sin.: *Ageratum hirtum* Lam., *Ageratum hirsutum* Poir., *Carelia conyzoides* (L.) Kuntze
Ref.: Cabrera & Vittet, 1954; Cabrera, 1978; Cabrera & Freire, 1997.
Hábito: Hierba.
Status: Nativa.
Elevación: 0-2000 m.
Prov.: BA, CH, COR, ER, JU, MI, SA, TU.
Paises limítrofes: BR, CH.
Ejemplar examinado: *Cabrera 3055* (LP).

Ageratum hirtum Lam. = **Ageratum conyzoides** L.
Ref.: Cabrera, 1978.

Ageratum hirsutum Poir. = **Ageratum conyzoides** L.
Ref.: Cabrera, 1978.

Agoseris Rafin. Lactuceae.
Número de especies: 1

Agoseris australis (Phil.) Macloskie = **Agoseris coronopifolia** (d'Urv.) K.L. Chambers ex D.M. Moore
Ref.: Cabrera, 1971a.

Agoseris coronopifolia (d´Urv.) K.L. Chambers ex D.M. Moore
Sin.: *Agoseris australis* (Phil.) Macloskie , *Agoseris pumila* (Gaudich.) Macloskie, *Ixeris monocephala* Cass., *Macrorhynchus australis* Phil., *Macrorhynchus elatus* Phil., *Macrorhynchus poeppigii* DC., *Macrorhynchus pumilus* (Gaudich.) DC., *Taraxacum coronopifolium* d'Urv., *Taraxacum pumilum* Gaudich., *Trichoseris alpina* Poepp. & Endl., *Troximon coronopifolius* (d'Urv.) Cabrera, *Troximon poeppigii* (DC.) De Wild., *Troximon pumilum* (Gaudich.) De Wild.
Ref.: Cabrera, 1971a; Ariza Espinar & Urtubey, 1998.
Hábito: Hierba.
Status: Nativa.
Elevación: 0-2000 m.
Prov.: CHU, NE, RN, SC, TF.
Paises limítrofes: CH.
Ejemplar examinado: *Castellanos 6280* (LP).

Agoseris pumila (Gaudich.) Macloskie = **Agoseris coronopifolia** (d'Urv.) K.L. Chambers ex D.M. Moore
Ref.: Cabrera, 1971a.

Aldunantea chilensis J. Rémy = **Chaetanthera pusilla** (D. Don) Hook. & Arn.
Ref.: Cabrera, 1937b.

Aldunantea gnaphalioides J. Rémy = **Chaetanthera gnaphalioides** (J. Rémy) I.M. Johnst.
Ref.: Cabrera, 1937b.

Aldunantea lycopodioides J. Rémy = **Chaetanthera lycopodioides** (J. Rémy) Cabrera
Ref.: Cabrera, 1937b.

Alomia spilanthoides Don = **Gymnocoronis spilanthoides** (Don) DC. var. **spilanthoides**
Ref.: Cabrera, 1974.

Amblyopappus mendocinus Phil. = **Schkuhria pinnata** (Lam.) Kuntze ex Thell.
Ref.: Heiser, 1945; Cabrera, 1978.

Amblyopappus neo-mexicanus (A. Gray) A. Gray = **Schkuhria multiflora** Hook. & Arn.
Ref.: Heiser, 1945; Cabrera, 1978; Petenatti & Ariza Espinar, 1997.

Ambrosia L., Heliantheae.
Número de especies: 3

Ambrosia artemisiaefolia L. = **Ambrosia elatior** L.
Ref.: Giscafré & Ragonese, 1942.

Ambrosia chilensis Hook. & Arn. = **Ambrosia elatior** L.
Ref.: Payne, 1964; Cabrera, 1978.

Ambrosia elatior L.
Sin.: *Ambrosia artemisiaefolia* L., *Ambrosia chilensis* Hook. & Arn., *Ambrosia peruviana* Cabrera, hom. illeg.
Ref.: Cabrera, 1978.
Hábito: Hierba.
Status: Nativa.
Elevación: 0-500 m.
Prov.: BA, CA, CO, ER, FO, JU, MI, SA, SE, SF.
Paises limítrofes: BO, BR, CH, PA.
Ejemplar examinado: *Burkart 7729* (LP).

Ambrosia peruviana Cabrera, hom. illeg. = **Ambrosia elatior** L.
Ref.: Giscafré & Ragonese, 1942.

Ambrosia scabra Hook. & Arn.
Ref.: Cabrera, 1963a.
Hábito: Hierba.
Status: Nativa.
Elevación: 0-500 m.
Prov.: BA, ER.
Paises limítrofes: BR, UR.
Ejemplar examinado: *Scala 455* (LP).

Ambrosia tenuifolia Spreng.
Ref.: Cabrera, 1963a; Sáenz & Novara, inéd.
Hábito: Hierba.
Status: Nativa.
Elevación: 0-1000 m.
Prov.: BA, CH, CHU, CO, ER, FO, JU, ME, MI, NE, RN, SA, SE, SF, TU.

Paises limítrofes: BR, PA, UR.
Ejemplar examinado: *Cabrera 151* (LP).

Ameghinoa Speg. Mutisieae.

Número de especies: 1 especie endémica.

Ameghinoa patagonica Speg.
Ref.: Spegazzini, 1897a; Cabrera, 1971a; Katinas, 1995.
Hábito: Arbusto.
Status: Endémica.
Elevación: 0-500 m.
Prov.: CHU, ME, NE, RN, SC.
Ejemplar examinado: *Maldonado 681* (LP).

Amellus diffusus G. Forst. = **Chiliotrichum diffusum** (G. Forst.) Kuntze
Ref.: Cabrera, 1971.

Amellus pedunculatus Ortega ex Willd. = **Tridax procumbens** L.
Ref.: Powell, 1965.

Ampherephis aristata Kunth = **Centratherum punctatum** Cass.
Ref.: Kirkman, 1981.

Ampherephis intermedia Link = **Centratherum punctatum** Cass.
Ref.: Kirkman, 1981.

Ampherephis mutica Kunth = **Centratherum punctatum** Cass.
Ref.: Kirkman, 1981.

Ampherephis pilosa Cass. = **Centratherum punctatum** Cass.
Ref.: Kirkman, 1981.

Ampherephis pulchella Cass. = **Centratherum punctatum** Cass.
Ref.: Kirkman, 1981.

Amphibecis violacea Schrank = **Centratherum punctatum** Cass.
Ref.: Kirkman, 1981.

Anactinia hookeri J. Rémy = **Nardophyllum bryoides** (Lam.) Cabrera
Ref.: Cabrera, 1971a.

Anacyclus australis Sieber ex Spreng. = **Cotula australis** (Sieber ex Spreng.) Hook. f.
Ref.: Cabrera, 1963a, 1974a, 1978; Ariza Espinar, 1997b.

Angelianthus humilis (Cabrera) H. Rob. & Brettell = **Microliabum humile** (Cabrera) Cabrera
Ref.: Cabrera 1955a, 1978.

Angelphytum G.M. Barroso. Heliantheae.

Número de especies: 8

Angelphytum apensis (Chodat) A.A. Sáenz
Sin.: *Aspilia apensis* Chodat, *Wedelia apensis* (Chodat) B.L. Turner, *Zexmenia apensis* (Chodat) Hassl.
Ref.: Sáenz, inéd.d.
Hábito: Subarbusto.
Status: Nativa.
Elevación: 1500-2500 m.
Prov.: JU, SA.
Paises limítrofes: PA.
Ejemplar examinado: *Fabris 5064* (LP).
Nota: Véase nueva combinación en Apéndice 1.

Angelphytum arnottii (Baker) H. Rob.
Sin.: *Verbesina arnottii* Baker, *Zexmenia arnottii* (Baker) Hassl.
Ref.: Robinson, 1984.
Hábito: Subarbusto.
Status: Nativa.
Elevación: 0-500 m.
Prov.: CH, COR, ER, FO, MI.
Paises limítrofes: BR, PA, UR.
Ejemplar examinado: *Hunziker et al. 11065* (SI).

Angelphytum aspilioides (Griseb.) H. Rob.
Sin.: *Verbesina aspilioides* Griseb., *Zexmenia aspilioides* (Griseb.) Hassl.
Ref.: Robinson, 1984.
Hábito: Subarbusto.
Status: Nativa.
Elevación: 500-1500 m.
Prov.: CA, CO, JU, SA, TU.
Paises limítrofes: PA.
Ejemplar examinado: *de la Sota 2936* (LP).

Angelphytum grisebachii (Baker) H. Rob.
Sin.: *Verbesina grisebachii* Baker, *Zexmenia grisebachii* (Baker) Hassl.
Ref.: Robinson, 1984.
Hábito: Subarbusto.
Status: Nativa.
Elevación: 0-500 m.
Prov.: COR, ER, FO.
Paises limítrofes: PA, UR.
Ejemplar examinado: *Zuloaga et al. 963* (SI).

Angelphytum hatschbachii H. Rob.
Ref.: Sáenz, inéd.d.
Hábito: Hierba.
Status: Nativa.
Elevación: 0-1000 m.
Prov.: MI.
Paises limítrofes: BR.
Ejemplar examinado: *Martínez Crovetto 8245* (BAB).

Angelphytum hieronymi (Hassl.) H. Rob.
Sin.: *Zexmenia hieronymi* Hassl.
Ref.: Robinson, 1984.
Hábito: Subarbusto.
Status: Nativa.
Elevación: 0-500 m.
Prov.: ER.
Paises limítrofes: PA.
Ejemplar citado: *Lorentz 1384** (B).

Angelphytum oppositifolium (A.A. Sáenz) H. Rob.
Sin.: *Zexmenia oppositifolia* A.A. Sáenz
Ref.: Robinson, 1984.
Hábito: Subarbusto.
Status: Nativa.
Elevación: 0-500 m.
Prov.: MI.
Paises limítrofes: BR, PA.
Ejemplar examinado: *Cabrera y Sáenz 29129* (holotipo, SI).

Angelphytum tenuifolium (Hassl.) H. Rob.
Sin.: *Zexmenia tenuifolia* Hassl.
Ref.: Robinson, 1984.
Hábito: Subarbusto.
Status: Nativa.
Prov.: JU, SA.
Paises limítrofes: PA.
Ejemplar examinado: *Cabrera et al. 22197* (LP).

Antennaria Gaertn. Inuleae.
Número de especies: 2, 1 especie endémica.

Antennaria chilensis J. Rémy var. **chilensis**
Ref.: Cabrera, 1971a; Freire, 1995.
Hábito: Hierba.
Status: Nativa.
Elevación: 1500-3000 m.
Prov.: CHU, ME, NE.
Paises limítrofes: CH.
Ejemplar examinado: *Cabrera et al. 23128* (LP).

Antennaria chilensis J. Rémy var. **magellanica** (Sch. Bip.) Reiche
Sin.: *Antennaria magellanica* Sch. Bip., *Gnaphalium affine* d'Urv. var. *parvulum* Speg.
Ref.: Cabrera, 1971a; Bayer & Stebbins, 1982; Freire, 1995.
Hábito: Hierba.
Status: Nativa.
Elevación: 0-1000 m.
Prov.: CHU, NE, SC, TF.
Paises limítrofes: CH.
Ejemplar examinado: *Goodall 291* (LP).

Antennaria magellanica Sch. Bip. = **Antennaria chilensis** J. Rémy var. **magellanica** (Sch. Bip.) Reiche
Ref.: Cabrera, 1971a; Bayer & Stebbins, 1982.

Antennaria sleumeri Cabrera
Ref.: Cabrera, 1957c, 1978; Freire, 1995.
Hábito: Hierba.
Status: Endémica.
Elevación: 2000-2100 m.
Prov.: SA.
Ejemplar examinado: *Sleumer 3891* (LP).

Anthemis L. Anthemideae.
Número de especies: 1

Anthemis cotula L.
Ref.: Cabrera, 1963a, 1971a, 1974a, 1978; Moore, 1983; Bremer & Humphries, 1993; Ariza Espinar, 1997b.
Hábito: Hierba.
Status: Adventicia.
Elevación: 0-1500 m.
Prov.: BA, CH, CHU, CO, COR, ER, JU, LP, ME, MI, NE, RN, SA, SJ, SF, SL, TU, TF.
Paises limítrofes: BO, BR, CH, PA, UR.
Ejemplar examinado: *Cabrera 590* (LP).

Anthemis mixta L. = **Chamaemelum mixtum** (L.) All.
Ref.: Bremer & Humphries, 1993; Ariza Espinar, 1997b

Anthemis occidentalis Willd., nom. superfl. = **Acmella oppositifolia** (Lam.) R.K. Jansen
Ref.: Jansen, 1985.

Anthemis oppositofolia Lam. = **Acmella oppositifolia** (Lam.) R.K. Jansen

Apargia chillensis Kunth = **Hypochaeris chillensis** (Kunth) Hieron.
Ref.: Cabrera, 1978.

Apargia variegata (Lam.) Willd. = **Hypochaeris variegata** (Lam.) Baker
Ref.: Cabrera, 1974a.

Aphyllocladus Wedd. Mutisieae.
Número de especies: 4, 3 especies endémicas.

Aphyllocladus decussatus Hieron.
Ref. Cabrera, 1951b; Freire, 1996.
Hábito: Arbusto.
Status: Endémica.
Prov.: LR
Elevación: 3500-4000 m.
Ejemplar examinado: *Hieronymus y Niederlein 831* (B).

Aphyllocladus ephedroides Cabrera
Ref.: Cabrera, 1951b; Freire, 1996.
Hábito: Arbusto.
Status: Endémica.
Elevación: 1000-1500 m.
Prov.: CA, LR, SJ.
Ejemplar examinado: *Castellanos s.n.* (LP).

Aphyllocladus san-martinianus Molfino
Ref.: Cabrera, 1951b; Freire, 1996.
Hábito: Arbusto.
Status: Endémica.
Elevación: 2000-2500 m.
Prov.: ME, SJ.
Ejemplar examinado: *Cabrera et al. 24336* (LP).

Aphyllocladus spartioides Wedd.
Ref.: Cabrera, 1951b, 1978; Freire, 1996.
Hábito: Arbusto.
Status: Nativa.
Elevación: 3000 m.
Prov.: JU, SA.
Paises limítrofes: BO.
Ejemplar examinado: *Ruiz Leal 14386* (LP).

Aplophyllum decurrens (Cav.) Cass. = **Mutisia decurrens** Cav. var. **decurrens**
Ref.: Cabrera, 1965a.

Aplophyllum linearifolium (Cav.) Cass. = **Mutisia linearifolia** Cav.
Ref.: Cabrera, 1965a.

Apopyros G.L. Nesom. Astereae.
Número de especies: 1

Apopyros corymbosus (Hook. & Arn.) G.L. Nesom
Sin.: *Aster setosus* Baker, *Aster tuberosus* Less. ex Baker, *Conyza blanchetii* Baker, *Conyza setosa* (Baker) Malme, *Diplopappus corymbosus* Hook. & Arn., *Erigeron blanchetii* Sch. Bip. ex Baker
Ref.: Malme, 1933; Cabrera, 1959a; Nesom, 1994a.
Hábito: Hierba.
Status: Nativa.

Elevación: 0-1000 m.
Prov.: COR, MI.
Paises limítrofes: BR, PA.
Ejemplar examinado: *Pedersen 3901* (LP).

Arctium L. Cardueae.

Número de especies: 1

Arctium minus (Hill) Bernh.
Sin.: *Lappa glabra* Lam., *Lappa minor* Hill.
Ref.: Ruiz Leal & Roig, 1961; Cabrera, 1963a, 1971a, 1974a; Webb et al., 1988; Ariza Espinar & Delucchi, 1998b.
Hábito: Hierba.
Status: Adventicia.
Elevación: 0-1000 m.
Prov.: BA, CHU, CO, DF, ER, LR, ME, SL.
Paises limítrofes: BR, CH, UR.
Ejemplar examinado: *Cabrera 149* (LP).

Arctotheca J.C. Wendl. Arctoteae.

Número de especies: 1

Arctotheca calendula (L.) Levyns
Sin.: *Arctotis calendula* L., *Arctotis calendulacea* L., *Cryptostemma calendula* (L.) Druce, *Cryptostemma calendulaceum* (L.) R. Br.
Ref.: Cabrera, 1963; Webb, 1976a; Webb et al., 1988; Ariza Espinar & Delucchi, 1998b.
Hábito: Hierba.
Status: Adventicia.
Elevación: 0-500 m.
Prov.: BA.
Paises limítrofes: CH.
Ejemplar examinado: *Cabrera 952* (LP).

Arctotis L. Arctoteae.

Número de especies: 1

Arctotis calendula L. = **Arctotheca calendula** (L.) Levyns

Arctotis calendulacea L. = **Arctotheca calendula** (L.) Levyns
Ref.: Cabrera, 1963a.

Arctotis decumbens Thunb. = **Arctotis stoechadifolia** P. J. Bergius
Ref.: Ariza Espinar & Delucchi, 1998a.

Arctotis grandis Thunb. = **Arctotis stoechadifolia** P. J. Bergius
Ref.: Ariza Espinar & Delucchi, 1998a.

Arctotis stoechadifolia P. J. Bergius
Sin.: *Arctotis decumbens* Thunb., *Arctotis grandis* Thunb.
Ref.: Cabrera, 1974a; Webb, 1976a; Webb et al., 1988; Ariza Espinar & Delucchi, 1998a.
Hábito: Hierba.
Status: Adventicia.
Elevación: 0-1000 m.
Prov.: COR, ER.
Paises limítrofes: BR.
Ejemplar examinado: *Rodrigo 993* (LP).

Argyrochaeta bipinnatifida Cav. = **Parthenium hysterophorus** L.
Ref.: Cabrera, 1963.

Arnica L. Senecioneae.

Número de especies: 1

Arnica alpina (L.) Olin, hom.illeg. = **Arnica angustifolia** J. Vahl
Ref.: Cabrera, 1980b.

Arnica angustifolia J. Vahl
Sin.: *Arnica montana* L. var. *alpina* L., *A. alpina* (L.) Olin, hom. illeg.
Ref.: Cabrera, 1980b.
Hábito: Hierba.
Status: Adventicia.
Elevación: ca. 1700 m.
Prov.: NE.
Ejemplar examinado: *Gentili 693* (SI).

Arnica montana L. var. *alpina* L. = **Arnica angustifolia** J. Vahl
Ref.: Cabrera, 1980b.

Arrhenachne juncea Cass. = **Baccharis juncea** (Lehm.) Desf.
Ref.: Cabrera, 1963a.

Artemisia L. Anthemideae.

Número de especies: 9, 2 especies endémicas.

Artemisia abrotanum L.
Ref.: Cabrera, 1971a; Moore, 1983; Bremer & Humphries, 1993; Ariza Espinar, 1997b.
Hábito: Arbustito.
Status: Adventicia.
Elevación: 500-1000 m.
Prov.: NE, RN, SF, TF.
Ejemplar examinado: *Cabrera 5113* (LP).

Artemisia absinthium L.
Ref.: Cabrera, 1963a, 1971a; Moore, 1983; Bremer & Humphries, 1993; Ariza Espinar, 1997b.
Hábito: Subarbusto.
Status: Adventicia.
Elevación: 0-1000 m.
Prov.: BA, CHU, DF, NE, SC, TF.
Paises limítrofes: BR, CH, PA.
Ejemplar examinado: *Maldonado 656* (LP).

Artemisia annua L.
Ref.: Cabrera, 1963a, 1974a; Bremer & Humphries, 1993; Ariza Espinar, 1997b.
Hábito: Hierba.
Status: Adventicia.
Elevación: 0-1000 m.
Prov.: BA, CO, DF, ER, NE, SA, TU.
Ejemplar examinado: *Burkart 24274* (LP).

Artemisia copa Phil.
Ref.: Cabrera, 1978; Bremer & Humphries, 1993; Ariza Espinar, 1997b.
Hábito: Arbustito.
Status: Nativa.
Elevación: 3000-4500 m.
Prov.: CA, JU, SA, SJ.
Paises limítrofes: CH.
Ejemplar examinado: *Cabrera 8894* (LP).

Artemisia douglasiana Bess.
Ref.: Ariza Espinar, 1967a, 1997b; Bremer & Humphries, 1993.
Hábito: Hierba.
Status: Adventicia.
Elevación: 500-2500 m.
Prov.: LR, ME, SJ, SL.
Ejemplar examinado: *Molfino s.n.* (LP).

Artemisia echegarayi Hieron.
Ref.: Hieronymus, 1881; Roig, 1982; Ariza Espinar, 1997b.
Hábito: Subarbusto.
Status: Endémica.
Elevación: 2250-2400 m.
Prov.: LR, ME, SJ.
Ejemplar examinado: *Echegaray s.n.* (holotipo, CORD).

Artemisia magellanica Sch. Bip.
Ref.: Cabrera, 1971a; Moore, 1983; Bremer & Humphries, 1993; Ariza Espinar, 1997b.
Hábito: Hierba.
Status: Nativa.
Elevación: 0-1500 m.
Prov.: CHU, ME, NE, SC, TF.
Paises limítrofes: CH.
Ejemplar examinado: *Soriano 2410* (LP).

Artemisia matricarioides Less. = **Matricaria matricarioides** (Less.) Porter ex Britton
Ref.: Cabrera, 1971a; Amat, 1985.

Artemisia mendozana DC. var. **mendozana**
Sin.: *Seriphidium mendozanum* (DC.) Bremer & Humphries
Ref.: Roig & Ambrosetti, 1989; Bremer & Humphries, 1993; Ariza Espinar, 1997b.
Hábito: Subarbusto.
Status: Endémica.
Elevación: 1000-2500 m.
Prov.: CA, LR, ME, SJ.
Ejemplar examinado: *Cabrera et al. 24439* (LP).

Artemisia mendozana DC. var. **paramilloënsis** F.A. Roig & Ambrosetti
Ref.: Roig & Ambrosetti, 1989; Ariza Espinar, 1997b.
Hábito: Subarbusto.
Status: Endémica.
Elevación: 2500-3000 m.
Prov.: ME.
Ejemplar examinado: *Ambrosetti et al. 1443* (holotipo, MERL).

Artemisia verlotiorum Lamotte
Ref.: Cabrera, 1963a, 1971a; Botta & Cabrera, 1986; Muñoz, 1995; Ariza Espinar, 1997b.
Hábito: Hierba.
Status: Adventicia.
Prov.: BA, CHU, CO, DF, ER, JU, LP, ME, RN, SA, SC, SF, SJ, TU.
Elevación: 0-1500 m.
Paises limítrofes: BR, UR.
Ejemplar examinado: *Cabrera 866* (LP).

Aspilia Thouars. Heliantheae.

Número de especies: 6, 1 variedad endémica.

Aspilia apensis Chodat = **Angelphytum apensis** (Chodat) A.A. Sáenz
Ref.: Sáenz, inéd. d.

Aspilia aurantiaca Griseb. var. **aurantiaca**
Sin.: *Wedelia aurantiaca* (Griseb.) B.L. Turner
Ref.: Cabrera, 1978; Sáenz, inéd.c.
Hábito: Hierba.
Status: Nativa.
Elevación: 500-2000 m.
Prov.: JU, SA, TU.
Paises limítrofes: BO.
Ejemplar examinado: *Burkart et al. 11210* (LP, SI).

Aspilia aurantiaca Griseb. var. **vulcanica** Cabrera
Ref.: Cabrera, 1978.
Hábito: Hierba.
Status: Endémica.
Elevación: 2000-2500 m.
Prov.: JU.
Ejemplar examinado: *Solbrig 16895* (holotipo, LP).

Aspilia callosa Chodat = **Sphagneticola brachycarpa** (Baker) Pruski
Ref.: Sáenz, inéd.f.

Aspilia clausseniana Baker
Ref.: Sáenz & Bender, inéd.
Hábito: Hierba.
Status: Nativa.
Elevación: 0-500 m.
Prov.: COR.
Paises limítrofes: BR, PA.
Ejemplar examinado: *Schinini et al. 17032* (CTES, LP).

Aspilia montevidensis (Spreng.) Kuntze var. **montevidensis**
Sin.: *Verbesina montevidensis* Spreng., *Wedelia montevidensis* (Spreng.) B.L. Turner
Ref.: Cabrera, 1974a; Sáenz, inéd.c.
Hábito: Hierba.
Status: Nativa.
Elevación: 0-500 m.
Prov.: CH, COR, ER, FO, MI.
Paises limítrofes: BR, PA, UR.
Ejemplar examinado: *Burkart 28099* (LP, SI).

Aspilia montevidensis (Spreng.) Kuntze var. **setosa** (Griseb.) Cabrera
Sin.: *Aspilia setosa* Griseb.
Ref.: Cabrera, 1974a.
Hábito: Hierba.
Status: Nativa.
Elevación: 0-500 m.
Prov.: CH, COR, ER, FO, MI.
Paises limítrofes: BR, PA, UR.
Ejemplar examinado: *Quarín 3041* (SI).

Aspilia pascalioides Griseb.
Sin.: *Wedelia pascalioides* (Griseb.) B.L. Turner
Ref.: Cabrera, 1974a; Sáenz, inéd.c.
Hábito: Hierba.
Status: Nativa.
Elevación: 0-500 m.
Prov.: BA, COR, ER.
Paises limítrofes: BR.
Ejemplar examinado: *Burkart 4168* (SI).

Aspilia linearis Blake
Ref.: Sáenz & Bender, inéd.
Hábito: Hierba.
Status: Nativa.
Elevación: 0-500 m
Prov.: MI.
Paises limítrofes: BR.
Ejemplar examinado: *Zardini et al. 1007* (LP, SI).

Aspilia setosa Griseb. = **Aspilia montevidensis** (Spreng.) Kuntze var. **setosa** (Griseb.) Cabrera
Ref.: Cabrera, 1974a.

Aspilia silphioides (Hook. & Arn.) Benth.
Sin.: *Gymnopsis helianthoides* DC., *Leighia silphioides* Hook. & Arn., *Wedelia silphioides* (Hook. & Arn.) B.L. Turner
Ref.: Cabrera, 1974a; Sáenz, inéd.c.
Hábito: Hierba.
Status: Nativa.
Elevación: 0-500 m.
Prov.: BA, CH, COR, ER, FO, MI, SE, SF.
Paises limítrofes: BR, PA, UR.
Ejemplar examinado: *Cabrera 7147* (LP, SI).

Aspilia silphioides Chodat f. *parvifolia* Chodat = **Sphagneticola brachycarpa** (Baker) Pruski
Ref.: Sáenz, inéd.f.

Aster L. Astereae.

Número de especies: 7, 2 especies endémicas.

Aster acaulis Wedd. = **Noticastrum marginatum** (Kunth) Cuatrec.
Ref.: Zardini, 1985.

Aster albertii Phil. = **Erigeron gilliesii** (Hook. & Arn.) Cabrera
Ref.: Cabrera, 1971a.

Aster albus (Phil.) Reiche = **Noticastrum sericeum** (Less.) Less. ex Phil.
Ref.: Zardini, 1985.

Aster albus (Phil.) Kuntze = **Noticastrum sericeum** (Less.) Less. ex Phil.
Ref.: Zardini, 1985.

Aster andicola Hauman
Sin.: *Aster bellidiastrum* Nees, hom. illeg.
Ref.: Hauman, 1918.
Hábito: Hierba.
Status: Endémica.
Elevación: 3000-4000 m.
Prov.: ME.
Ejemplar examinado: *Boelcke 9739* (LP).

Aster anethifolius (Phil.) Kuntze = **Grindelia anethifolia** (Phil.) Bartoli & Tortosa
Ref.: Cabrera, 1971a; Bartoli & Tortosa, 1998a.

Aster argentinensis Cabrera = **Noticastrum argentinense** (Cabrera) Cuatrec.
Ref.: Zardini, 1985.

Aster bellidiastrum Nees, hom illeg. = **Aster andicola** Hauman
Ref.: Hauman, 1918.

Aster calendulaceus (Griseb.) Kuntze = **Noticastrum acuminatum** (DC.) Cuatrec.
Ref.: Zardini, 1985.

Aster calvatus (Baker) Herter = **Noticastrum calvatum** (Baker) Cuatrec.
Ref.: Zardini, 1985.

Aster chebataroffii Herter = **Noticastrum chebataroffii** (Herter) Zardini
Ref.: Zardini, 1985.

Aster chryseus Kuntze = **Haplopappus chryseus** (Kuntze) Cabrera
Ref.: Cabrera, 1971a.

Aster cuneifolius (Nutt.) Kuntze = **Haplopappus scrobiculatus** (Nees) DC.
Ref.: Marticorena & Crisci, 1972.

Aster densifolius (J. Rémy) Kuntze = **Haplopappus scrobiculatus** (Nees) DC.
Ref.: Marticorena & Crisci, 1972.

Aster decumbens auct. non Baker = **Noticastrum chebataroffii** (Herter) Zardini
Ref.: Zardini, 1985.

Aster divaricatus Baker, hom. illeg. = **Aster squamatus** (Spreng.) Hieron. var. **squamatus**
Ref.: Cabrera, 1978.

Aster divaricatus Baker var. *graminifolius* (Spreng.) Baker = **Aster squamatus** (Spreng.) Hieron. var. **graminifolius** (Spreng.) Hieron.
Ref.: Cabrera, 1974a.

Aster exilis Elliot var. *australis* A. Gray = **Aster squamatus** (Spreng.) Hieron. var. **squamatus**
Ref.: Cabrera, 1978.

Aster gayanus DC. = **Erigeron gilliesii** (Hook. & Arn.) Cabrera
Ref.: Cabrera, 1971a.

Aster gilliesii Hook. & Arn. = **Erigeron gilliesii** (Hook. & Arn.) Cabrera
Ref.: Cabrera, 1971a.

Aster glabrifolius (DC.) Reiche
Sin.: *Aster vahlii* (Gaudich.) Hook. & Arn. var. *australis* (Phil.) Reiche, *Erigeron glabrifolius* DC., *Erigeron australis* Phil., *Erigeron scorzoneraefolium* J. Rémy, *Symphyotrichum glabrifolium* (DC.) NESOM
Ref.: Cabrera, 1971a; Nesom, 1994c.
Hábito: Hierba.
Status: Nativa.
Elevación: 1500-2500 m.
Prov.: ME, NE, RN.
Paises limítrofes: CH.
Ejemplar examinado: *Cabrera y Job 330* (LP).

Aster glutinosus (Less.) Kuntze = **Haplopappus paucidentatus** Phil.
Ref.: Cabrera, 1971a.

Aster gnaphalioides (Baker) Hassl. = **Noticastrum gnaphalioides** (Baker) Cuatrec.
Ref.: Zardini, 1985.

Aster haplopappus (J. Rémy) Kuntze = **Noticastrum sericeum** (Less.) Less. ex Phil.
Ref.: Zardini, 1985.

Aster haplopappus (J. Rémy) Reiche = **Noticastrum sericeum** (Less.) Less. ex Phil.
Ref.: Zardini, 1985.

Aster linifolius Griseb., hom illeg. = **Aster squamatus** (Spreng.) Hieron. var. **squamatus**
Ref.: Cabrera, 1978.

Aster macrocephalus (Baker) Hassl. = **Noticastrum macrocephalum** (Baker) Cuatrec.
Ref.: Zardini, 1985.

Aster macrocephalus (Baker) Hassl. var. *pseudognaphalioides* Hassl. = **Noticastrum macrocephalum** (Baker) Cuatrec.
Ref.: Zardini, 1985.

Aster magellanicus Lam. = **Perezia lactucoides** (Vahl) Less. subsp. **lactucoides**
Ref.: Simpson Vuilleumier, 1969.

Aster magellanicus Spreng. = **Chiliotrichum diffusum** (G. Forst.) Kuntze
Ref.: Cabrera, 1971a.

Aster marginalis (Phil.) Kuntze = **Haplopappus marginalis** Phil.
Ref.: Cabrera, 1971a.

Aster marginatus Kunth = **Noticastrum marginatum** (Kunth) Cuatrec.
Ref.: Zardini, 1985.

Aster marginatus Kunth var. *argenteus* Wedd. = **Noticastrum argenteum** Cabrera
Ref.: Zardini, 1985.

Aster marginatus Kunth var. *tomentosus* Wedd. = **Noticastrum sericeum** (Less.) Less. ex Phil.
Ref.: Zardini, 1985.

Aster maximum Less. = **Erigeron maximus** (D. Don) DC.
Ref.: Solbrig, 1962.

Aster moelleri (Phil.) Reiche = **Aster squamatus** (Spreng.) Hieron. var. **squamatus**
Ref.: Cabrera, 1978.

Aster montevidensis (Spreng.) Griseb. = **Noticastrum diffusum** (Pers.) Cabrera
Ref.: Zardini, 1985.

Aster nardophyllum Kuntze = **Nardophyllum obtusifolium** Hook. & Arn.
Ref.: Cabrera, 1971a.

Aster nitens Kuntze = **Noticastrum sericeum** (Less.) Less. ex Phil.
Ref.: Zardini, 1985.

Aster notosericeus Griseb. = **Noticastrum sericeum** (Less.) Less. ex Phil.
Ref.: Zardini, 1985.

Aster nudicaulis Comm. ex Lam. = **Lagenophora nudicaulis** (Comm. ex Lam.) Dusén
Ref: Cabrera, 1971a.

Aster oligodontus Kuntze = **Haplopappus paucidentatus** Phil.
Ref.: Cabrera, 1971a.

Aster patagonicus Cabrera
Sin.: *Symphyotrichum patagonicum* (Cabrera) G.L. Nesom
Ref.: Cabrera, 1971a; Nesom, 1994c.
Hábito: Hierba.
Status: Endémica.
Elevación: 500-3000 m.
Prov.: CHU, ME, NE, SC.
Ejemplar examinado: *Boelcke et al. 11649* (LP).

Aster pectinatus (Phil.) Kuntze = **Grindelia anethifolia** (Phil.) Bartoli & Tortosa
Ref.: Cabrera, 1971a; Bartoli & Tortosa, 1998a.

Aster perezii Cuatrec. = **Noticastrum marginatum** (Kunth) Cuatrec.
Ref.: Zardini, 1985.

Aster peteroanus Phil.
Sin.: *Aster vahlii* (Gaudich.) Hook. & Arn. var. *latifolius* Cabrera; *Symphyotrichum peteroanus* (Phil.) G.L. Nesom
Ref.: Cabrera, 1971a; Nesom, 1994c.
Hábito: Hierba.
Status: Nativa.
Prov.: NE.
Paises limítrofes: CH.
Ejemplar examinado: *Cabrera 5135* (LP).

Aster prunelloides (Poepp. ex Less.) Kuntze = **Haplopappus prunelloides** (Poepp. ex Less.) DC. var. **prunelloides**
Ref.: Cabrera, 1971a.

Aster regnellii Baker
Sin.: *Erigeron regnellii* Sch. Bip., nom. nud., *Symphyotrichum regnellii* (Baker) G.L. Nesom
Ref.: Baker, 1882; Malme 1933b; Nesom, 1994c.
Hábito: Hierba.
Status: Nativa.
Elevación: 0-500 m.
Prov.: COR, MI.
Paises limítrofes: BR, PA.
Ejemplar examinado: *Krapovickas et al. 25356* (LP).

Aster scrobiculatus (Nees) Kuntze = **Haplopappus scrobiculatus** (Nees) DC.
Ref.: Marticorena & Crisci, 1972.

Aster senebierifolius Kuntze = **Haplopappus glutinosus** Cass. f. **glutinosus**
Ref.: Cabrera, 1971a.

Aster sericeus (Less.) Nees = **Noticastrum sericeum** (Less.) Less. ex Phil
Ref.: Zardini, 1985.

Aster setosus Baker = **Apopyros corymbosus** (Hook. & Arn.) G.L. Nesom
Ref.: Cabrera, 1959a; Nesom, 1994a.

Aster squamatus (Spreng.) Hieron. var. **graminifolius** (Spreng.) Hieron.
Sin.: *Aster divaricatus* Baker var. *graminifolius* (Spreng.) Baker, *Conyza graminifolia* Spreng., *SYMPHYOTRICHUM GRAMINIFOLIUM* (SPRENG.) G.L. NESOM
Ref.: Cabrera, 1963a, 1974a; Nesom, 1994c.
Hábito: Hierba.
Status: Nativa.
Elevación: 0-500 m.
Prov.: BA, CH, CO, COR, ER.
Paises limítrofes: PA, UR.
Ejemplar examinado: *Cabrera 206* (LP).

Aster squamatus (Spreng.) Hieron. var. **squamatus**
Sin.: *Aster divaricatus* Baker, hom. illeg., *Aster exilis* Elliot var. *australis* A. Gray, *Aster linifolius* Griseb., hom. illeg., *Aster moelleri* (Phil.) Reiche, *Aster subtropicus* Morong, *Baccharis asteroides* Colla, *Conyza squamata* Spreng., *Conyza berteroana* Phil., *Conyzanthus squamatus* (Spreng.) Tamamsch., *Erigeron depilis* Phil., *Erigeron semiamplexicaule* Meyen, *Symphyotrichum squamatus* (Spreng.) G.L. Nesom, *Tripolium conspicuum* J. Rémy, *Tripolium moelleri* Phil., *Tripolium oliganthum* Phil., *Tripolium subulatum* Nees var. *brasilianum* DC.
Ref.: Cabrera, 1963a, 1974a, 1978; Nesom, 1994c.
Hábito: Hierba.
Status: Nativa.
Elevación: 0-2500 m.
Prov.: BA, CA, CH, CHU, CO, COR, ER, JU, LR, ME, MI, RN, SA, SC, SE, SF, SJ, SL, TU.
Paises limítrofes: BO, BR, CH, PA, UR.
Ejemplar examinado: *Cabrera et al. 16886* (LP).

Aster subtropicus Morong = **Aster squamatus** (Spreng.) Hieron. var. **squamatus**
Ref.: Cabrera, 1978.

Aster tuberosus Less. ex Baker = **Apopyros corymbosus** (Hook. & Arn.) G.L. Nesom
Ref.: Nesom, 1994a.

Aster vahlii (Gaudich.) Hook. & Arn. var. *australis* (Phil.) Reiche = **Aster glabrifolius** (DC.) Reiche
Ref.: Cabrera, 1971a.

Aster vahlii (Gaudich.) Hook. & Arn. var. *latifolius* Cabrera = **Aster peteroanus** Phil.
Ref.: Cabrera, 1971a.

Aster vahlii (Gaudich.) Hook. & Arn. var. *robusta* De Wild. = **Aster vahlii** (Gaudich.) Hook. & Arn. var. **vahlii**
Ref.: Cabrera, 1971a.

Aster vahlii (Gaudich.) Hook. & Arn. var. **tenuifolius** (Phil.) Cabrera
Sin.: *Aster zosterifolius* Reiche, *Erigeron pugae* Phil., *Symphyotrichum vahlii* (Gaudich.) G.L. Nesom var. *tenuifolius* (Phil.) G.L. Nesom, *Tripolium tenuifolium* Phil., *Tripolium humile* Phil.
Ref.: Cabrera, 1971a; Nesom, 1994c.
Hábito: Hierba.
Status: Nativa.
Elevación: 1000-1500 m.
Prov.: RN.
Paises limítrofes: CH.
Ejemplar examinado: *Burkart 6070* (LP).

Aster vahlii (Gaudich.) Hook. & Arn. var. **vahlii**
Sin.: *Aster vahlii* (Gaudich.) Hook. & Arn. var. *robusta* De Wild., *Erigeron vahlii* Gaudich., *Erigeron graminifolius* Phil., *Erigeron vahlii* Gaudich. var. *robusta* Albov, *Oritrophium vahlii* (Gaudich.) Cuatrec., *Tripolium uniflorum* Phil.
Ref.: Cuatrecasas, 1969b; Cabrera, 1971a; Nesom, 1994c.
Hábito: Hierba.
Status: Nativa.
Elevación: 0-1500 m.
Prov.: CHU, NE, RN, SC, TF.
Paises limítrofes: CH.
Ejemplar examinado: *Cabrera 6085* (LP).

Aster zosterifolius Reiche = **Aster vahlii** (Gaudich.) Hook. & Arn. var. **tenuifolius** Phil.
Ref.: Cabrera, 1971a.

Astradelphus chilensis J. Rémy = **Erigeron gilliesii** (Hook. & Arn.) Cabrera
Ref.: Cabrera, 1971a.

Austrobrickellia arnottii (Baker) R.M. King & H. Rob. = **Eupatorium arnottii** Baker
Ref.: Cabrera, 1978.

Austrobrickellia patens (D. Don ex Hook. & Arn.) R.M. King & H. Rob. = **Eupatorium patens** D. Don ex Hook. & Arn. var. **patens**
Ref.: Cabrera, 1978.

Austroeupatorium entreriense (Hieron.) R.M. King & H. Rob. = **Eupatorium inulifolium** Kunth
Ref.: Cabrera, 1978.

Austroeupatorium inulifolium (Kunth) R.M. King & H. Rob. = **Eupatorium inulifolium** Kunth
Ref.: Cabrera, 1978.

Austroeupatorium laetevirens (Hook. & Arn.) R.M. King & H. Rob. = **Eupatorium laetevirens** Hook. & Arn.
Ref.: Cabrera & Freire, 1997.

Austroeupatorium picturatum (Malme) R.M. King & H. Rob. = **Eupatorium picturatum** Malme
Ref.: Cabrera & Freire, 1997.

Austroeupatorium tweedianum (Hook. & Arn.) R.M. King & H. Rob. = **Eupatorium tweedianum** Hook. & Arn.
Ref.: Cabrera, 1974a.

Austroliabum candidum (Griseb.) H. Rob. & Brettell = **Liabum candidum** Griseb. var. **candidum**
Ref.: Robinson & Brettell, 1974.

Austroliabum eremophilum (Cabrera) H. Rob. & Brettell = **Liabum eremophilum** Cabrera
Ref.: Robinson & Brettell, 1974.

Austroliabum polymnioides (R.E. Fr.) H. Rob. & Brettell = **Liabum polymnioides** R.E. Fr.
Ref.: Cabrera, 1978.

Ayapanopsis tucumanensis (Lillo & B.L. Rob.) R.M. King & H. Rob. = **Eupatorium tucumanense** Lillo & B.L. Rob.
Ref.: Cabrera, 1978.

Aylacophora deserticola Cabrera = **Nardophyllum deserticola** (Cabrera) G.L. Nesom

Baccarodes brachylepis (Sch. Bip. ex Baker) Kuntze = **Centratherum punctatum** Cass.
Ref.: Kirman, 1981.

Baccarodes holtonii (Baker) Kuntze = **Centratherum punctatum** Cass.
Ref.: Kirkman, 1981.

Baccarodes muticum (Kunth) Kuntze = **Centratherum punctatum** Cass.
Ref.: Kirkman, 1981.

Baccarodes punctatum (Cass.) Kuntze = **Centratherum punctatum** Cass.
Ref.: Kirkman, 1981.

Baccarodes violaceum (Schrank) Kuntze = **Centratherum punctatum** Cass.
Ref.: Kirkman, 1981.

Baccharidastrum Cabrera. Astereae.

Número de especies: 2

Baccharidastrum argutum (Less.) Cabrera
Sin.: *Baccharis breviseta* DC., *Conyza arguta* Less.
Ref.: Cabrera, 1963a, 1974a.
Hábito: Subarbusto.
Status: Nativa.
Elevación: 0-500 m.
Prov.: BA, CH, COR, ER, MI.
Paises limítrofes: BR, PA, UR.
Ejemplar examinado: *Cabrera 858* (LP).

Baccharidastrum notobellidastrum (Griseb.) Herter = **Podocoma notobellidastrum** (Griseb.) G.L. Nesom
Ref.: Nesom, 1994b.

Baccharidastrum rivulare (Gardner) Herter = **Podocoma rivularis** (Gardner) G.L. Nesom
Ref.: Nesom, 1994b.

Baccharidastrum triplinervium (Less.) Cabrera
Sin.: *Baccharis pseudoserrulata* I.L. Teodoro, *Baccharis serrulata* DC., hom. illeg., *Baccharis vulneraria* Baker, *Conyza triplinervia* Less.
Ref.: Cabrera, 1963a, 1974a.
Hábito: Subarbusto.
Status: Nativa.
Elevación: 0-500 m.
Prov.: BA, CH, COR, ER, MI.
Paises limítrofes: BR, PA, UR.
Ejemplar examinado: *Cabrera 2049* (LP).

Baccharis L. Astereae.

Número de especies: 100, 24 especies y 2 variedades endémicas.

Baccharis abietina Kuntze = **Baccharis grisebachii** Hieron.
Ref.: Cabrera, 1978.

Baccharis absinthioides Hook. & Arn. = **Tessaria absinthioides** (Hook. & Arn.) DC.
Ref.: Cabrera, 1939.

Baccharis acaulis (Wedd. ex R.E. Fr.) Cabrera
Sin.: *Heterothalamus acaulis* Wedd. ex R.E. Fr., *Pseudobaccharis acaulis* (Wedd. ex R.E. Fr.) Cabrera, *Psila caespitosa* Phil.
Ref.: Cabrera, 1978.
Hábito: Hierba.
Status: Nativa.
Elevación: 3000-4000 m.
Prov.: JU, SA.
Paises limítrofes: BO, CH.
Ejemplar examinado: *Cabrera 10612* (LP).

Baccharis affinis DC. = **Baccharis tridentata** Vahl var. **tridentata**
Ref.: Cabrera, 1963a.

Baccharis alamanii DC. = **Baccharis salicifolia** (Ruiz & Pav.) Pers.
Ref.: Cuatrecasas, 1969a.

Baccharis albida Hook. & Arn.
Ref.: Cabrera, 1974a.
Hábito: Hierba.
Status: Endémica.
Elevación: 0-500 m.
Prov.: BA, CH, ER.
Ejemplar examinado: *Schulz 248* (LP).

Baccharis alpina Kunth
Sin.: *Baccharis alpina* Kunth f. *macrocephala* Hieron., *Baccharis caespitosa* (Ruiz & Pav.) Pers. var. *alpina* (Kunth) Cuatrec., *Baccharis humifusa* Kunth
Ref.: Cuatrecasas, 1969a; Cabrera, 1978.
Hábito: Subarbusto.
Status: Nativa.
Elevación: 2500-4500 m.
Prov.: CA, JU, SA, TU.
Paises limítrofes: BO.
Ejemplar examinado: *Fabris et al. 5824* (LP).

Baccharis alpina Kunth var. *nivalis* Wedd. = **Baccharis caespitosa** (Ruiz & Pav.) Pers. var. **caespitosa**
Ref.: Cuatrecasas, 1969a.

Baccharis alpina Kunth var. *nummuloides* Heering = **Baccharis caespitosa** (Ruiz & Pav.) Pers. var. **nummuloides** (Heering) Cuatrec.
Ref.: Cuatrecasas, 1969a.

Baccharis alpina Kunth var. *serpyllifolia* Wedd. = **Baccharis caespitosa** (Ruiz & Pav.) Pers. var. **caespitosa**
Ref.: Cuatrecasas, 1969a.

Baccharis alpina Kunth f. *macrocephala* Hieron. = **Baccharis alpina** Kunth
Ref.: Cuatrecasas, 1969a.

Baccharis amygdalina Griseb. = **Baccharis punctulata** DC.
Ref.: Cabrera, 1963a.

Baccharis angulata Griseb. = **Baccharis darwinii** Hook. & Arn.
Ref.: Cabrera, 1963a.

Baccharis angulata Griseb. var. *andina* Hieron. = **Baccharis darwinii** Hook. & Arn.
Ref.: Ariza Espinar, 1973a.

Baccharis angustifolia Desf., hom. illeg. = **Baccharis pingraea** DC. f. **pingraea**
Ref.: Cabrera, 1963a.

Baccharis anomala DC.
Sin.: *Pingraea anomala* (DC.) F.H. Hellwig
Ref.: Cabrera, 1974a.
Hábito: Arbusto.
Status: Nativa.
Elevación: 0-500 m.
Prov.: ER, MI.
Paises limítrofes: BR, PA, UR.
Ejemplar examinado: *Schwindt 3997* (LP).

Baccharis arenaria Baker
Ref.: Cabrera, 1974a.
Hábito: Arbusto.
Status: Nativa.
Elevación: 0-500 m.
Prov.: COR, ER.
Paises limítrofes: BR, UR.
Ejemplar examinado: *Cabrera y Sagástegui 19347* (LP).

Baccharis argentina Heering = **Baccharis flabellata** Hook. & Arn. var. **argentina** (Heering) Ariza
Ref.: Ariza Espinar, 1973a.

Baccharis artemisioides Hook. & Arn.
Ref.: Cabrera, 1963a, 1971a, 1974a; Ariza Espinar, 1973a.
Hábito: Arbusto.
Status: Nativa.
Elevación: 0-3000 m.
Prov.: BA, CA, CO, COR, ER, LP, RN, SF, SL, TU.
Paises limítrofes: UR.
Ejemplar examinado: *Bridarolli 1521* (LP).

Baccharis articulata (Lam.) Pers.
Sin.: *Conyza articulata* Lam., *Molina articulata* (Lam.) Less.; *Pingraea articulata* (Lam.) F.H. Hellwig
Ref.: Cabrera, 1963a, 1974a, 1978; Ariza Espinar, 1973a.
Hábito: Arbusto.
Status: Nativa.
Elevación: 0-1500 m.
Prov.: BA, CA, CH, CO, COR, ER, JU, LP, MI, SE, SF, SL, TU.
Paises limítrofes: BR, PA, UR.
Ejemplar examinado: *Cabrera 427* (LP).

Baccharis articulata (Lam.) Pers. var. *gaudichaudiana* (DC.) Baker = **Baccharis gaudichaudiana** DC.
Ref.: Barroso, 1976.

Baccharis asteroides Colla = **Aster squamatus** (Spreng.) Hieron. var. **squamatus**
Ref.: Cabrera, 1978.

Baccharis attenuata D. Don ex Hook. & Arn. = **Baccharis spicata** (Lam.) Baill.
Ref.: Cabrera, 1963a.

Baccharis baldwinii Hook. & Arn. = **Baccharis rufescens** Spreng. var. **rufescens**
Ref.: Cabrera, 1963a.

Baccharis bezanilleana J. Rémy
Sin.: *Baccharis bezanilleana* J. Rémy var. *solisii* (Phil.) Reiche, *Baccharis solisii* Phil.
Ref.: Cabrera, 1971a.
Hábito: Arbusto.
Status: Nativa.
Elevación: 200-3000 m.
Prov.: ME, NE.
Paises limítrofes: CH.
Ejemplar examinado: *Castagnet 25* (LP).

Baccharis bezanilleana J. Rémy var. *solisii* (Phil.) Reiche = **Baccharis bezanilleana** J. Rémy
Ref.: Cabrera, 1971a.

Baccharis boliviensis (Wedd.) Cuatrec., comb. superfl. = **Baccharis boliviensis** (Wedd.) Cabrera var. **boliviensis**

Baccharis boliviensis (Wedd.) Malag., comb. superfl. = **Baccharis boliviensis** (Wedd.) Cabrera var. **boliviensis**

Baccharis boliviensis (Wedd.) Cabrera var. **boliviensis**
Sin.: *Baccharis boliviensis* (Wedd.) Cuatrec., comb. superfl., *Baccharis boliviensis* (Wedd.) Malag., comb. superfl., *Heterothalamus boliviensis* Wedd., *Pseudobaccharis boliviensis* (Wedd.) Cabrera, *Psila boliviensis* (Wedd.) Cabrera
Ref.: Cabrera, 1978.
Hábito: Arbusto.
Status: Nativa.
Elevación: 1500-4700 m.
Prov.: CA, JU, SA, TU.
Paises limítrofes: BO, CH.
Ejemplar examinado: *Cabrera et al. 19877* (LP).

Baccharis boliviensis (Wedd.) Cabrera var. **latifolia** (R.E. Fr.) Cabrera
Sin.: *Baccharis boliviensis* (Wedd.) Cabrera var. *latifolia* (R.E. Fr.) Malag., comb. superfl., *Heterothalamus boliviensis* Wedd. var. *latifolia* R.E. Fr., *Pseudobaccharis boliviensis* (Wedd.) Cabrera var. *latifolia* (R.E. Fr.) Cabrera, *Psila boliviensis* (Wedd.) Cabrera var. *latifolia* (R.E. Fr.) Cabrera
Ref.: Cabrera, 1978.
Hábito: Arbusto.
Status: Nativa.
Elevación: 3000-4000 m.
Prov.: JU, SA.
Paises limítrofes: BO, CH.
Ejemplar examinado: *Cabrera 8312* (LP).

Baccharis boliviensis (Wedd.) Cabrera var. *latifolia* (R.E. Fr.) Malag., comb. superfl. = **Baccharis boliviensis** (Wedd.) Cabrera var. **latifolia** (R.E. Fr.) Cabrera

Baccharis brachylaenoides DC.
Sin.: *Baccharis meridensis* Steyerm., *Baccharis oblanceolata* Rusby, *Baccharis venulosa* DC., *Psila brachylaenoides* (DC.) Aristeg.
Ref.: Barroso, 1976.
Hábito: Arbusto.
Status: Nativa.
Elevación: 0-500 m.
Prov.: MI.
Paises limítrofes: BR.
Ejemplar examinado: *Cabrera et al. 28900* (LP).

Baccharis bracteata Hook. & Arn. = **Baccharis dracunculifolia** DC.
Ref.: Cabrera, 1974a.

Baccharis brasiliana L. = **Vernonia brasiliana** (L.) Druce
Ref.: Cabrera, 1974c.

[Baccharis brevifolia DC.]
Ref.: Heering, 1914.
Nota: Cita dudosa para la flora argentina.

Baccharis breviseta DC. = **Baccharidastrum argutum** (Less.) Cabrera.
Ref.: Cabrera, 1974a.

Baccharis bryoides (Lam.) Pers. = **Nardophyllum bryoides** (Lam.) Cabrera.
Ref.: Cabrera, 1971a.

Baccharis cabrerae Ariza
Ref.: Ariza Espinar, 1973b.
Hábito: Arbusto.
Status: Endémica.
Elevación: ca. 2600 m.
Prov.: SA.
Ejemplar examinado: *Rodríguez 1276* (isotipo, LP).

Baccharis caerulescens DC. = **Baccharis salicifolia** (Ruiz & Pav.) Pers.
Ref.: Cuatrecasas, 1969a.

Baccharis caespitosa (Ruiz & Pav.) Pers. var. *alpina* (Kunth) Cuatrec. = **Baccharis alpina** Kunth
Ref.: Cabrera, 1978.

Baccharis caespitosa (Ruiz & Pav.) Pers. var. **caespitosa**
Sin.: *Baccharis alpina* Kunth var. *nivalis* Wedd., *Baccharis alpina* Kunth var. *serpyllifolia* Wedd., *Molina caespitosa* Ruiz & Pav.
Ref.: Cuatrecasas, 1969a.
Hábito: Subarbusto.
Status: Nativa.
Elevación: 3500-4000 m.
Prov.: JU, SA, TU.
Paises limítrofes: BO, CH.
Ejemplar examinado: *Venturi 8630* (US).

Baccharis caespitosa (Ruiz & Pav.) Pers. var. **nummuloides** (Heering) Cuatrec.
Sin.: *Baccharis alpina* Kunth var. *nummuloides* Heering
Ref.: Cuatrecasas, 1969a.
Hábito: Subarbusto.
Status: Nativa.
Elevación: ca. 4200 m.
Prov.: JU, TU.
Paises limítrofes: BO.
Ejemplar citado: *Balls 6020* (US).

Baccharis calliprinos Griseb.
Sin.: *Baccharis mirabilis* Heering
Ref.: Ariza Espinar, 1973a.
Hábito: Arbusto.
Status: Endémica.
Elevación: 2000-3000 m.
Prov.: CA, LR, ME, SJ, TU.
Ejemplar examinado: *Hunziker 1835* (LP).

Baccharis callistemoides Walp. = **Baccharis linearis** (Ruiz & Pav.) Pers.
Ref.: Cabrera, 1971a.

[Baccharis calvescens DC.]
Ref.: Heering, 1914.
Nota: Cita dudosa para la flora argentina.

Baccharis camporum DC.
Sin.: *Baccharis cephalotis* DC.
Ref.: Heering, 1914; Barroso, 1976.
Hábito: Subarbusto.
Status: Nativa.
Elevación: 0-500 m.
Prov.: COR, MI.
Paises limítrofes: BR, PA.
Ejemplar examinado: *Grüner 1294* (LP).

Baccharis capitalensis Heering
Ref.: Cabrera, 1978.
Hábito: Arbusto.
Status: Nativa.
Elevación: 500-3000 m.
Prov.: JU, SA, TU.
Paises limítrofes: BO.
Ejemplar examinado: *Cabrera y Fabris 21118* (LP).

Baccharis caprariifolia DC.
Sin.: *Baccharis grisea* Baker; *Baccharis recurvata* Gardner
Ref.: Cabrera, 1963a, 1974a; Barroso, 1976.
Hábito: Arbusto.
Status: Nativa.
Elevación: 0-500 m.
Prov.: BA, COR, ER, MI.
Paises limítrofes: BR, PA, UR.
Ejemplar examinado: *Burkart 1955* (LP).

Baccharis cephalotis DC. = **Baccharis camporum** DC.
Ref.: Barroso, 1976.

Baccharis chubutensis Speg. = **Baccharis sagittalis** (Less.) DC.
Ref.: Cabrera, 1971a.

Baccharis cinerea DC. = **Baccharis rhexioides** Kunth
Ref.: Cuatrecasas, 1967.

Baccharis cognata DC.
Sin.: *Baccharis tridentata* Baker, p.p., hom. illeg.
Ref.: Barroso, 1976.
Hábito: Arbusto.
Status: Nativa.
Elevación: 0-500 m.
Prov.: MI.
Paises limítrofes: BR, PA, UR.
Ejemplar examinado: *Montes 1919* (LP).

Baccharis cordobensis Heering
Sin.: *Baccharis rotundifolia* Spreng. var. *stuckertii* Heering, *Baccharis sessiliflora* Vahl. var. *stuckertii* (Heering) Cabrera
Ref.: Cabrera, 1963a, 1974a; Ariza Espinar, 1973a; Soria & Zardini, 1995.
Hábito: Arbusto.
Status: Nativa.
Elevación: 0-2000 m.
Prov.: BA, CH, CO, COR, ER, LP, SF.
Paises limítrofes: PA.
Ejemplar examinado: *Pierotti 5029* (LP).

Baccharis coridifolia DC.
Sin.: *Eupatorium montevidense* Spreng.
Ref.: Cabrera, 1963a, 1974a, 1978; Ariza Espinar, 1973a.
Hábito: Arbusto.
Status: Nativa.
Elevación: 0-2000 m.
Prov.: BA, CA, CH, CO, COR, ER, FO, JU, LP, LR, ME, MI, SA, SE, SF, SJ, SL,TU.
Paises limítrofes: BO, BR, PA, UR.
Ejemplar examinado: *Cabrera et al. 19032* (LP).

Baccharis crenulata Spreng. = **Eupatorium polystachyum** DC.
Ref.: Cabrera & Vittet, 1963; Cabrera, 1989, 1996.

Baccharis crispa Spreng.
Sin.: *Baccharis cylindrica* (Less.) DC., *Baccharis genistelloides* Pers. var. *crispa* (Spreng.) Baker; *Baccharis genistelloides* Pers. var. *cylindrica* (Less.) Baker, *Baccharis perplexa* I.L. Teodoro & J.E. Vidal, *Molina crispa* (Spreng.) Less., *Molina cylindrica* Less., *Pingraea crispa* (Spreng.) F.H. Hellwig
Ref.: Cabrera, 1963a, 1971a; Ariza Espinar, 1973a; Barroso, 1976.
Hábito: Arbusto.
Status: Nativa.
Elevación: 0-2500 m.
Prov.: BA, CA, CHU, CO, LP, LR, ME, RN, SA, SF, SJ, SL, TU.
Paises limítrofes: BR, PA, UR.
Ejemplar examinado: *Birabén y Birabén 799* (LP).

Baccharis cuneifolia (Lam.) DC., hom. illeg. = **Baccharis patagonica** Hook. & Arn.
Ref.: Cabrera, 1971a.

Baccharis cupressiformis (Lam.) Pers. = **Lepidophyllum cupressiforme** (Lam.) Cass.
Ref.: Cabrera, 1971a.

Baccharis curtifolia S. Moore = **Baccharis notosergila** Griseb.
Ref.: Ariza Espinar, 1973a.

Baccharis curvifolia Gardner = **Baccharis leptocephala** DC.
Ref.: Barroso, 1976.

Baccharis cylindrica (Less.) DC. = **Baccharis crispa** Spreng.
Ref.: Ariza Espinar, 1973a.

Baccharis darwinii Hook. & Arn.
Sin.: *Baccharis angulata* Griseb., *Baccharis angulata* Griseb. var. *andina* Hieron., *Baccharis grossedentata* Heering, *Baccharis ulicina* Hook. & Arn. var. *subintegrifolia* Kuntze, *Neomolina darwinii* (Hook. & Arn.) F.H. Hellwig
Ref.: Cabrera, 1963a, 1971a, 1974a; Ariza Espinar, 1973a.
Hábito: Subarbusto.
Status: Endémica.
Elevación: 0-3500 m.
Prov.: BA, CA, CH, CHU, CO, COR, ER, FO, LP, LR, ME, NE, RN, SC, SE, SF, SJ, SL, TU.
Ejemplar examinado: *González 214* (LP).

Baccharis dentata (Vell.) G.M. Barroso
Sin.: *Baccharis fuchsiefolia* Gardner, *Baccharis macrodonta* DC., *Baccharis orgyalis* DC., *Chrysocoma dentata* Vell., *Chrysocoma maritima* Vell.
Ref.: Heering, 1914; Barroso, 1976.
Hábito: Arbusto.
Status: Nativa.
Elevación: 0-500 m.
Prov.: MI.
Paises limítrofes: BR, PA.
Ejemplar examinado: *Castiglioni y Tinto 2755* (LP).

Baccharis denticulata D. Don ex DC. = **Baccharis rufescens** Spreng. var. **rufescens**
Ref.: Ariza Espinar, 1973a.

Baccharis divaricata Hauman
Ref.: Cabrera, 1963a, 1971a.
Hábito: Arbusto.
Status: Endémica.
Elevación: 0-500 m.
Prov.: BA, CHU, RN.
Ejemplar examinado: *Cabrera y Fabris 14908* (LP).

Baccharis dracunculifolia DC.
Sin.: *Baccharis bracteata* Hook. & Arn., *Baccharis dracunculifolia* DC. var. *integerrima* Kuntze f. *subviscosa* Kuntze, *Baccharis dracunculifolia* DC. f. *spectabilis* Heering, *Baccharis leptospermoides* DC.
Ref.: Ariza Espinar, 1973a; Cabrera, 1974a, 1978; Barroso, 1976.
Hábito: Arbusto o arbolito.
Status: Nativa.
Elevación: 0-3000 m.
Prov.: CA, CH, COR, ER, FO, JU, MI, SA, SF, TU.
Paises limítrofes: BO, BR, PA, UR.
Ejemplar examinado: *Pedersen 1016* (LP).

Baccharis dracunculifolia DC. var. *integerrima* Kuntze f. *subviscosa* Kuntze = **Baccharis dracunculifolia** DC.
Ref.: Ariza Espinar, 1973a.

Baccharis dracunculifolia DC. f. *spectabilis* Heering = **Baccharis dracunculifolia** DC.
Ref.: Ariza Espinar, 1973a.

Baccharis dusenii O. Hoffm. = **Baccharis melanopotamica** Speg.
Ref.: Cabrera, 1963a.

Baccharis effusa Griseb.
Ref.: Cabrera, 1978.
Hábito: Arbusto.
Status: Nativa.
Elevación: 500-3000 m.
Prov.: CA, JU, SA, TU.
Paises limítrofes: BO.
Ejemplar examinado: *Krapovickas y Cristóbal 20689* (LP).

Baccharis elaeagnoides Steud. ex Baker
Sin.: *Baccharis semiserrata* DC. var. *elaeagnoides* (Steud. ex Baker) G.M. Barroso
Ref.: Baker, 1884b; Barroso, 1976; Soria & Zardini, 1995.
Hábito: Arbusto.
Status: Nativa.
Elevación: 0-500 m.
Prov.: MI.
Paises limítrofes: BR, PA.
Ejemplar examinado: *Zardini et al. 812* (LP).

Baccharis elaeoides J. Rémy
Ref.: Cabrera, 1971a.
Hábito: Arbusto.
Status: Nativa.
Elevación: 1000-3000 m.
Prov.: CHU.
Paises limítrofes: CH.
Ejemplar examinado: *Seibert 271* (LP).

Baccharis erioptera Benth. = **Pterocaulon alopecuroides** (Lam.) DC.
Ref.: Cabrera & Ragonese, 1978.

Baccharis eupatorioides Hook. & Arn. = **Baccharis racemosa** (Ruiz & Pav.) DC.
Ref.: Cabrera, 1971a.

[Baccharis exyngioides Larrañaga]
Nota: Taxón dudoso.

Baccharis famatinensis Ariza
Ref.: Ariza Espinar, 1973c.
Hábito: Arbusto.
Status: Endémica.
Elevación: ca. 2100 m.
Prov.: LR.
Ejemplar examinado: *Kurtz 13434* (foto del holotipo, LP).

Baccharis farinosa Spreng. = **Baccharis salicifolia** (Ruiz & Pav.) Pers.
Ref.: Cuatrecasas, 1969a.

Baccharis fevillei DC.
Ref.: Ariza Espinar, 1973a.
Hábito: Arbusto.
Status: Nativa.
Elevación: 500-3000 m.
Prov.: CA, LR, TU.
Ejemplar examinado: *Falcone y Castellanos 270* (BAB).

Baccharis flabellata Hook. & Arn. var. **argentina** (Heering) Ariza
Sin.: *Baccharis argentina* Heering, *Baccharis pseudotridentata* Heering
Ref.: Ariza Espinar, 1973a.
Hábito: Arbusto.
Status: Endémica.
Elevación: 500-2500 m.
Prov.: CA, JU, LR, MI, SA, TU.
Ejemplar examinado: *Soriano 863* (LP).

Baccharis flabellata Hook. & Arn. var. **flabellata**
Ref.: Ariza Espinar, 1973a.
Hábito: Arbusto.
Status: Endémica.
Elevación: 200-2500 m.
Prov.: CO, LP, SE, SJ, SL.
Ejemplar examinado: *Cabrera et al. 16635* (LP).

Baccharis flexuosa Baker
Sin.: *Baccharis mattogrossensis* Heering ex Malme, *Baccharis pendula* Heering, *Pingraea flexuosa* (Baker) F.H. Hellwig
Ref.: Barroso, 1976; Cabrera, 1978.
Hábito: Arbusto.
Status: Nativa.
Elevación: 500-3000 m.
Prov.: JU, TU.
Paises limítrofes: BR.
Ejemplar examinado: *Cabrera 13597* (LP).

Baccharis floribunda Kunth = **Baccharis latifolia** (Ruiz & Pav.) Pers.
Ref.: Cabrera, 1978.

Baccharis fluminensis Glaz. ex I.L. Teodoro = **Baccharis rufescens** Spreng. var. **rufescens**
Ref.: Barroso, 1976.

Baccharis foliosa Gillies ex Hook. & Arn. = **Baccharis obovata** Hook. & Arn. var. **obovata**
Ref.: Cabrera, 1971a.

Baccharis frenguellii Cabrera
Sin.: *Baccharis hassleriana* I.L. Teodoro
Ref.: Cabrera, 1974a; Soria & Zardini, 1995.
Hábito: Arbusto.
Status: Nativa.
Elevación: 0-500 m.
Prov.: CH, COR, ER.
Paises limítrofes: PA.
Ejemplar examinado: *Burkart y Troncoso 24290* (LP).

Baccharis fuchsiefolia Gardner = **Baccharis dentata** (Vell.) G.M. Barroso
Ref.: Barroso, 1976.

Baccharis gaudichaudiana DC.
Sin.: *Baccharis articulata* (Lam.) Pers. var. *gaudichaudiana* (DC.) Baker
Ref.: Barroso, 1976.
Hábito: Arbusto.
Status: Nativa.
Elevación: 0-500 m.
Prov.: CH, COR, MI.
Paises limítrofes: BR, PA, UR.
Ejemplar examinado: *Grüner 76* (LP).

Baccharis genistelloides Pers. var. *crispa* (Spreng.) Baker = **Baccharis crispa** Spreng.
Ref.: Cabrera, 1963a.

Baccharis genistelloides Pers. var. *cylindrica* (Less.) Baker = **Baccharis crispa** Spreng.
Ref.: Ariza Espinar, 1973a.

Baccharis genistelloides Pers. var. *trimera* (Less.) Baker = **Baccharis trimera** (Less.) DC.
Ref.: Cabrera, 1963a.

Baccharis genistifolia DC.
Ref.: Cabrera, 1963a; Ariza Espinar, 1973a.
Hábito: Subarbusto.
Status: Nativa.
Elevación: 0-500 m.
Prov.: BA, CHU, CO, LP, SF.
Paises limítrofes: BR, UR.
Ejemplar examinado: *Cabrera 8535* (LP).

Baccharis genistifolia DC. var. β Hook. & Arn. = **Baccharis notosergila** Griseb.
Ref.: Ariza Espinar, 1973a.

Baccharis gilliesii A. Gray
Sin.: *Baccharis icma* Stuck. ex Heering, *Baccharis involucrata* (Phil.) O. Hoffm., *Baccharis nana* D. Don ex Baker, *Baccharis paucidentata* DC. var. β Hook. & Arn., *Icma involucrata* Phil.
Ref.: Cabrera, 1963a, 1971a, 1974a; Ariza Espinar 1973a.
Hábito: Subarbusto.
Status: Endémica.
Elevación: 0-2000 m.
Prov.: BA, CA, CH, CHU, CO, ER, JU, LP, ME, RN, SE, SL, TU.
Ejemplar examinado: *Cabrera y Fabris 14805* (LP).

Baccharis glutinosa Pers. = **Baccharis salicifolia** (Ruiz & Pav.) Pers.
Ref.: Cabrera, 1978.

Baccharis gnaphalioides Spreng.
Ref.: Cabrera, 1963a.
Hábito: Subarbusto.
Status: Nativa.
Elevación: 0-500 m.
Prov.: BA.
Paises limítrofes: UR.
Ejemplar examinado: *Krapovickas 3435* (LP).

Baccharis grisea Baker = **Baccharis caprariifolia** DC.
Ref.: Barroso, 1976.

Baccharis grisebachii Hieron.
Sin.: *Baccharis abietina* Kuntze, *Baccharis rosmarinifolia* Hook. & Arn. var. *andicola* Hauman
Ref.: Ariza Espinar, 1973a; Cabrera, 1978.
Hábito: Arbusto.
Status: Nativa.
Elevación: 2500-4000 m.
Prov.: JU, LR, ME, SA, SJ, TU.
Paises limítrofes: BO.
Ejemplar examinado: *Cabrera et al. 15499* (LP).

Baccharis grossedentata Heering = **Baccharis darwinii** Hook. & Arn.
Ref.: Ariza Espinar, 1973a.

Baccharis guianensis M.R. Schomb. = **Baccharis leptocephala** DC.
Ref.: Barroso, 1976.

Baccharis hassleriana I.L. Teodoro = **Baccharis frenguellii** Cabrera
Ref.: Soria & Zardini, 1995.

Baccharis helichrysoides DC.
Sin.: *Baccharis leucolepis* Sch. Bip., *Baccharis polyantha* Spreng., hom. illeg.
Ref.: Heering, 1914; Barroso, 1976.
Hábito: Subarbusto.
Status: Nativa.

Elevación: 0-500 m.
Prov.: MI.
Paises limítrofes: BR, PA.
Ejemplar examinado: *Rodríguez 770* (LP).

Baccharis holmbergii Hicken = **Baccharis linearis** (Ruiz & Pav.) Pers.
Ref.: Cabrera, 1971a.

Baccharis humifusa Kunth = **Baccharis alpina** Kunth
Ref.: Cabrera, 1978.

Baccharis icma Stuck. ex Heering = **Baccharis gilliesii** A. Gray
Ref.: Cabrera, 1963a.

Baccharis incarum Wedd.
Sin.: *Baccharis incarum* Wedd. var. *lejia* (Phil.) Cabrera, *Baccharis lejia* Phil., *Baccharis magellanica* (Lam.) Pers. var. *subviscosa* Kuntze, *Baccharis magellanica* (Lam.) Pers. var. *viscosissima* Kuntze, *Baccharis microphylla* Kunth var. *incarum* Wedd., *Baccharis santelicis* auct. non Phil., *Baccharis tafiensis* Heering, *Baccharis tola* Phil., *Baccharis tola* Phil. var. *lejia* (Phil.) Reiche
Ref.: Ariza Espinar, 1973a; Cabrera, 1978.
Hábito: Arbusto.
Status: Nativa.
Elevación: 1000-4500 m.
Prov.: CA, JU, LR, ME, SA, SJ, TU.
Paises limítrofes: BO, CH.
Ejemplar examinado: *Cabrera et al. 18971* (LP).

Baccharis incarum Wedd. var. *lejia* (Phil.) Cabrera = **Baccharis incarum** Wedd.
Ref.: Cabrera, 1978.

Baccharis involucrata (Phil.) O. Hoffm. = **Baccharis gilliesii** A. Gray
Ref.: Cabrera, 1963a.

Baccharis involucrata Phil., hom. illeg. = **Baccharis rhomboidalis** J. Rémy
Ref.: Cabrera, 1971a.

Baccharis iresinoides Kunth = **Baccharis salicifolia** (Ruiz & Pav.) Pers.
Ref.: Ariza Espinar, 1973a.

Baccharis juncea (Lehm.) Desf.
Sin.: *Arrhenachne juncea* Cass., *Baccharis subulata* D. Don ex Hook. & Arn., *Stephananthus junceus* Lehm.
Ref.: Cabrera, 1963a, 1971a, 1974a, 1978; Ariza Espinar, 1973a.
Hábito: Hierba.
Status: Nativa.
Elevación: 0-3500 m.
Prov.: BA, CA, CHU, CO, ER, JU, LP, LR, ME, NE, RN, SA, SC, SE, SF, SJ, SL, TU.
Paises limítrofes: BO, CH, UR.
Ejemplar examinado: *Cabrera 8560* (LP).

Baccharis kurtziana Ariza
Ref.: Ariza Espinar, 1971b, 1973a.
Hábito: Arbusto.
Status: Endémica.
Elevación: ca. 2.100 m.
Prov.: LR.
Ejemplar examinado: *Cabrera et al. 18083* (LP).

Baccharis lanceolata Kunth = **Baccharis salicifolia** (Ruiz & Pav.) Pers.
Ref.: Cabrera, 1963a.

Baccharis lanceolata Kunth emend. Heering = **Baccharis salicifolia** (Ruiz & Pav.) Pers.
Ref.: Cabrera, 1963a.

Baccharis latifolia (Ruiz & Pav.) Pers.
Sin.: *Baccharis floribunda* Kunth, *Baccharis polyantha* Kunth, *Baccharis polyantha* Kunth var. *macrophylla* Hieron., *Baccharis polyantha* Kunth f. *genuina* Hieron., *Baccharis riparia* Kunth, *Molina latifolia* Ruiz & Pav., *Pingraea latifolia* (Ruiz & Pav.) F.H. Hellwig, *Pluchea glabra* Griseb.
Ref.: Cuatrecasas, 1969a; Cabrera, 1978.
Hábito: Arbusto o arbolito.
Status: Nativa.
Elevación: 500-2500 m.
Prov.: CA, JU, LR, SA, TU.
Paises limítrofes: BO.
Ejemplar examinado: *Cabrera y Fabris 16092* (LP).

Baccharis laxa Gardner = **Baccharis trinervis** (Lam.) Pers.
Ref.: Barroso, 1976.

Baccharis lejia Phil. = **Baccharis incarum** Wedd.
Ref.: Cabrera, 1978.

Baccharis leptocephala DC.
Sin.: *Baccharis curvifolia* Gardner, *Baccharis guianensis* M.R. Schomb., *Baccharis rufescens* Spreng. var. *leptocephala* (DC.) Baker, *Baccharis rufescens* Spreng. var. *varians* (Gardner) Baker, *Baccharis varians* Gardner, p.p.
Ref.: Barroso, 1976.
Hábito: Subarbusto.
Status: Nativa.
Elevación: 0-500 m.
Prov.: COR, MI.
Paises limítrofes: BR, PA, UR.
Ejemplar examinado: *Cabrera y Sáenz 29156* (LP).

Baccharis leptophylla DC. = **Baccharis pseudotenuifolia** I.L. Teodoro var. **leptophylla** (DC.) Giuliano

Baccharis leptospermoides DC. = **Baccharis dracunculifolia** DC.
Ref.: Ariza Espinar, 1973a.

Baccharis leucolepis Sch. Bip. = **Baccharis helichrysoides** DC.
Ref.: Barroso, 1976.

[Baccharis ligustrina DC.]
Ref.: Cabrera, 1955c.
Nota: Cita dudosa para la flora argentina.

Baccharis lilloi Heering
Ref.: Ariza Espinar, 1973a; Cabrera, 1978.
Hábito: Arbusto.
Status: Endémica.
Elevación: 2000-3500 m.
Prov.: CA, JU, SA, TU.
Ejemplar examinado: *Cabrera y Solbrig 16942* (LP).

Baccharis linearis (Ruiz & Pav.) Pers.
Sin.: *Baccharis callistemoides* Walp., *Baccharis holmbergii* Hicken, *Baccharis lingulata* Kunze ex Less., *Baccharis linifolia* Meyen, *Baccharis rosmarinifolia* Hook. & Arn., *Baccharis rosmarinifolia* Hook. & Arn. var. *callistemoides* (Walp.) Heering ex Reiche, *Baccharis rosmarinifolia* Hook. & Arn. var. *subandina* (Phil.) Heering ex Reiche, *Baccharis rosmarinifolia* Hook. & Arn. var. *subsinuata* DC., *Baccharis subandina* Phil., *Molina linearis* Ruiz & Pav.
Ref.: Cabrera, 1971a.
Hábito: Arbusto.
Status: Nativa.
Elevación: 500-3000 m.
Prov.: CHU, ME, NE, RN.
Paises limítrofes: CH.
Ejemplar examinado: *Cabrera 5828* (LP).

Baccharis lingulata Kunze ex Less. = **Baccharis linearis** (Ruiz & Pav.) Pers.
Ref.: Cabrera, 1971a.

Baccharis linifolia DC., hom. illeg. = **Baccharis salicifolia** (Ruiz & Pav.) Pers.
Ref.: Cuatrecasas, 1969a.

Baccharis linifolia Meyen = **Baccharis linearis** (Ruiz & Pav.) Pers.
Ref.: Cabrera, 1971a.

Baccharis longipes Kunze ex DC. = **Baccharis salicifolia** (Ruiz & Pav.) Pers.
Ref.: Cuatrecasas, 1969a.

Baccharis lucida Meyen = **Parastrephia lucida** (Meyen) Cabrera
Ref.: Cabrera, 1978.

Baccharis macrodonta DC. = **Baccharis dentata** (Vell.) G.M. Barroso
Ref.: Barroso, 1976.

Baccharis magellanica (Lam.) Pers.
Sin.: *Baccharis tricuneata* (L. f.) Pers. var. *magellanica* (Lam.) Cuatrec., *Conyza magellanica* Lam.
Ref.: Cuatrecasas, 1969a; Cabrera, 1971a.
Hábito: Arbusto.
Status: Nativa.
Elevación: 0-1000 m.
Prov.: CHU, ME, NE, RN, SC, TF.
Paises limítrofes: CH.
Ejemplar examinado: *Cabrera et al. 32962* (LP).

Baccharis magellanica (Lam.) Pers. var. *subviscosa* Kuntze = **Baccharis incarum** Wedd.
Ref.: Ariza Espinar, 1973a.

Baccharis magellanica (Lam.) Pers. var. *viscosissima* Kuntze = **Baccharis incarum** Wedd.
Ref.: Ariza Espinar, 1973a.

Baccharis marginalis DC. = **Baccharis salicifolia** (Ruiz & Pav.) Pers.
Ref.: Cuatrecasas, 1969a.

Baccharis marginalis DC. var. *longipes* (DC.) Heering ex Reiche = **Baccharis salicifolia** (Ruiz & Pav.) Pers.
Ref.: Cuatrecasas, 1969a.

Baccharis mattogrossensis Heering ex Malme = **Baccharis flexuosa** Baker
Ref.: Barroso, 1976.

Baccharis medullosa DC.
Sin.: *Baccharis medullosa* DC. var. *latifolia* Hieron. ex Heering, *Baccharis prenanthoides* Baker, p.p., *Baccharis serrulata* Baker, p.p.
Ref.: Cabrera, 1963a, 1974a, 1978; Ariza Espinar, 1973a; Barroso, 1976.
Hábito: Hierba.
Status: Nativa.
Elevación: 0-3000 m.
Prov.: BA, CA, CH, CO, COR, DF, ER, FO, JU, LP, LR, ME, MI, RN, SA, SF, SL, TU.
Paises limítrofes: BO, BR, PA, UR.
Ejemplar examinado: *Bridarolli 1172* (LP).

Baccharis medullosa DC. var. *latifolia* Hieron. ex Heering = **Baccharis medullosa** DC.
Ref.: Ariza Espinar, 1973a.

Baccharis megapotamica Spreng.
Sin.: *Baccharis pyramidalis* Gardner
Ref.: Barroso, 1976; Soria & Zardini, 1995.
Hábito: Arbusto.
Status: Nativa.
Elevación: 0-500 m.
Prov.: MI.
Paises limítrofes: BR, PA, UR.
Ejemplar examinado: *Schwarz 7663* (LP).

Baccharis melanopotamica Speg.
Sin.: *Baccharis dusenii* O. Hoffm.
Ref.: Cabrera, 1963a, 1971a; Ariza Espinar, 1973a.
Hábito: Subarbusto.
Status: Endémica.
Elevación: 0-1000 m.
Prov.: BA, CHU, CO, LP, RN, SL.
Ejemplar examinado: *Cabrera 18607* (LP).

Baccharis melastomifolia Hook. & Arn. = **Baccharis punctulata** DC.
Ref.: Cabrera, 1963.

Baccharis meridensis Steyerm. = **Baccharis brachylaenoides** DC.
Ref.: Barroso, 1976.

Baccharis meridionalis Heering & Dusén = **Baccharis microdonta** DC.
Ref.: Cabrera, 1978.

Baccharis microcephala (Less.) DC.
Sin.: *Baccharis microptera* Baker, *Molina microcephala* Less.
Ref.: Cabrera, 1963a, 1974a; Barroso, 1976.
Hábito: Arbusto.
Status: Nativa.
Elevación: 0-500 m.
Prov.: BA, CH, COR, DF, ER, FO, MI, SF.
Paises limítrofes: BR, PA, UR.
Ejemplar examinado: *Schinini y Cristóbal 9976* (LP).

Baccharis microdonta DC.
Sin.: *Baccharis meridionalis* Heering & Dusén, *Baccharis refracta* Burch. ex Baker, *Baccharis sebastianopolitana* Baker
Ref.: Cabrera, 1978.
Hábito: Arbusto.
Status: Nativa.
Elevación: 0-3000 m.
Prov.: CA, COR, JU, MI, SA, TU.
Paises limítrofes: BR, PA, UR.
Ejemplar examinado: *Fabris et al. 5352* (LP).

Baccharis microphylla Kunth var. *incarum* Wedd. = **Baccharis incarum** Wedd.
Ref.: Ariza Espinar, 1973a.

Baccharis microptera Baker = **Baccharis microcephala** (Less.) DC.
Ref.: Barroso, 1976.

Baccharis mirabilis Heering = **Baccharis calliprinos** Griseb.
Ref.: Ariza Espinar, 1973a.

Baccharis montevidensis Spreng. = **Vernonia nitidula** Less.
Ref.: Cabrera, 1944b.

Baccharis multiflosculosa Heering
Ref.: Heering, 1914.
Hábito: Arbusto.
Status: Endémica.
Elevación: 2000-3000 m.
Prov.: TU.
Ejemplar examinado: *Venturi 4614* (LP).

Baccharis myrtilloides Griseb. = **Baccharis tucumanensis** Hook. & Arn. var. **myrtilloides** (Griseb.) Cabrera
Ref.: Cabrera, 1978.

Baccharis myrtilloides Griseb. f. *angustifolia* Heering = **Baccharis tucumanensis** Hook. & Arn. var. **angustifolia** (Heering) Cabrera
Ref.: Cabrera, 1978.

Baccharis nana D. Don ex Baker = **Baccharis gilliesii** A. Gray
Ref.: Cabrera, 1963a.

Baccharis neaei auct. non DC. = **Baccharis rufescens** Spreng.

Baccharis nemorosa Phil. = **Baccharis rhomboidalis** J. Rémy
Ref.: Cabrera, 1971a.

Baccharis niederleinii Heering var. **niederleinii**
Ref.: Ariza Espinar, 1971b, 1973a.
Hábito: Arbusto.
Status: Endémica.
Elevación: 1000-1500 m.
Prov.: LR.
Ejemplar examinado: *Hieronymus y Niederlein 130* (foto del isotipo, LP).

Baccharis niederleinii Heering var. **potrerillana** Ariza
Ref.: Ariza Espinar, 1973a.
Hábito: Arbusto.
Status: Endémica.
Elevación: 2000-2500 m.
Prov.: LR.
Ejemplar examinado: *Krapovickas y Hunziker 5443* (foto del holotipo, LP).

Baccharis nivalis (Wedd.) Sch. Bip. ex Phil.
Sin.: *Heterothalamus nivalis* Wedd., *Lucilia dioica* Phil., *Palenia delfinii* Phil.
Ref.: Cabrera, 1971a.
Hábito: Hierba.
Status: Nativa.
Elevación: 500-3000 m.
Prov.: CHU, NE, RN, SC, TF.
Paises limítrofes: CH.
Ejemplar examinado: *Boelcke et al. 10458* (LP).

Baccharis notosergila Griseb.
Sin.: *Baccharis curtifolia* S. Moore, *Baccharis genistifolia* DC. var. *β* Hook. & Arn.
Ref.: Cabrera, 1963a, 1974a; Ariza Espinar, 1973a.
Hábito: Arbusto.
Status: Nativa.
Elevación: 0-500 m.
Prov.: BA, CH, CO, COR, ER, FO, SE, SF.
Paises limítrofes: BR, PA, UR.
Ejemplar examinado: *Cabrera 7479* (LP).

Baccharis oblanceolata Rusby = **Baccharis brachylaenoides** DC.
Ref.: Barroso, 1976.

Baccharis obovata Hook. & Arn. var. **obovata**
Sin.: *Baccharis foliosa* Gillies ex Hook. & Arn., *Baccharis umbelliformis* DC.
Ref.: Cabrera, 1971a.
Hábito: Arbusto.
Status: Nativa.
Elevación: 500-3000 m.
Prov.: CHU, NE, RN, SC.
Paises limítrofes: CH.
Ejemplar examinado: *Cabrera y Job 50* (LP).

Baccharis obovata Hook. & Arn. var. **poeppigiana** (DC.) Cabrera
Sin.: *Baccharis poeppigiana* DC., *Baccharis ocellata* Phil., *Baccharis umbelliformis* DC. var. *ocellata* (Phil.) Heering ex Reiche, *Baccharis umbelliformis* DC. var. *poeppigiana* (DC.) Heering ex Reiche

Ref.: Cabrera, 1971a.
Hábito: Arbusto.
Status: Nativa.
Elevación: 500-3000 m.
Prov.: NE.
Paises limítrofes: CH.
Ejemplar examinado: *Cabrera 6206* (LP).

Baccharis ocellata Phil. = **Baccharis obovata** Hook. & Arn. var. **poeppigiana** (DC.) Cabrera
Ref.: Cabrera, 1971a.

Baccharis ochracea Spreng.
Sin.: *Baccharis velutina* DC.
Ref.: Cabrera, 1974a.
Hábito: Subarbusto.
Status: Nativa.
Elevación: 0-500 m.
Prov.: ER.
Paises limítrofes: BR, UR.
Ejemplar examinado: *sin colector* (LPS 16417 en LP).

Baccharis orgyalis DC. = **Baccharis dentata** (Vell.) G.M. Barroso
Ref.: Barroso, 1976.

Baccharis oxyodonta DC.
Sin.: *Baccharis triplinervia* DC., *Pingraea oxyodonta* (DC.) F.H. Hellwig
Ref.: Heering, 1914; Barroso, 1976.
Hábito: Arbusto.
Status: Nativa.
Elevación: 0-500 m.
Prov.: MI.
Paises limítrofes: BR, PA.
Ejemplar examinado: *Montes 2564* (LP).

Baccharis oxyodonta DC. var. *punctulata* (DC.) Baker = **Baccharis punctulata** DC.
Ref.: Cabrera, 1963a.

Baccharis palenae Phil. = **Baccharis patagonica** Hook. & Arn.
Ref.: Cabrera, 1971a.

Baccharis parviflora (Ruiz & Pav.) Pers. = **Baccharis salicifolia** (Ruiz & Pav.) Pers.
Ref.: Ariza Espinar, 1973a.

Baccharis patagonica Hook. & Arn.
Sin.: *Baccharis cuneifolia* (Lam.) DC., hom. illeg., *Baccharis palenae* Phil., *Baccharis patagonica* Hook. & Arn. var. *palenae* (Phil.) Reiche, *Conyza cuneifolia* Lam.
Ref.: Cabrera, 1971a.
Hábito: Arbusto.
Status: Nativa.
Elevación: 500-3000 m.
Prov.: CHU, NE, RN, SC, TF.
Paises limítrofes: CH.
Ejemplar examinado: *Boelcke y Hunziker 3618* (LP).

Baccharis patagonica Hook. & Arn. var. *palenae* (Phil.) Reiche = **Baccharis patagonica** Hook. & Arn.
Ref.: Cabrera, 1971a.

Baccharis paucidentata DC. = **Baccharis rufescens** Spreng. var. **rufescens**
Ref.: Cabrera, 1963a.

Baccharis paucidentata DC. var. *β* Hook. & Arn. = **Baccharis gilliesii** A. Gray
Ref.: Ariza Espinar, 1973a.

Baccharis pauciflosculosa DC.
Sin.: *Baccharis subincisa* Heering & Dusén
Ref.: Barroso, 1976.
Hábito: Arbusto.
Status: Nativa.
Elevación: 0-500 m.
Prov.: MI.
Paises limítrofes: BR, PA.
Ejemplar examinado: *Cabrera et al. 380* (LP).

Baccharis pauciflosculosa DC. var. *puncticulata* DC. = **Baccharis tridentata** Vahl var. **tridentata**
Ref.: Barroso, 1976.

Baccharis pedersenii Cabrera
Ref.: Cabrera, 1974a; Soria & Zardini, 1995.
Hábito: Subarbusto.
Status: Nativa.
Elevación: 0-500 m.
Prov.: COR, ER.
Paises limítrofes: PA.
Ejemplar examinado: *Schinini et al. 8303* (LP).

Baccharis pendula Heering = **Baccharis flexuosa** Baker
Ref.: Cabrera, 1978.

Baccharis penningtonii Heering
Ref.: Cabrera, 1963a, 1974a.
Hábito: Arbusto.
Status: Nativa.
Elevación: 0-500 m.
Prov.: BA, COR, DF, ER, SF.
Paises limítrofes: UR.
Ejemplar examinado: *Cabrera 1503* (LP).

[Baccharis pentodonta Malme]
Ref.: Malme, 1933.
Nota: Cita dudosa para la flora argentina.

Baccharis perplexa I.L. Teodoro & J.E. Vidal = **Baccharis crispa** Spreng.
Ref.: Barroso, 1976.

Baccharis perulata Kuntze
Ref.: Cabrera, 1978.
Hábito: Arbusto.
Status: Nativa.
Elevación: 1000-1500 m.
Prov.: CA, JU, SA, TU.
Paises limítrofes: BO.
Ejemplar examinado: *Cabrera 16345* (LP).

Baccharis petraea Heering
Ref.: Heering, 1904.
Hábito: Arbusto.
Status: Nativa.

Elevación: 0-500 m.
Prov.: MI.
Paises limítrofes: BR, PA.
Ejemplar examinado: *Roig 4134* (LP).

Baccharis petrophila R.E. Fr.
Ref.: Cabrera, 1978.
Hábito: Subarbusto.
Status: Endémica .
Elevación: ca. 3500 m.
Prov.: JU, SA.
Ejemplar examinado: *Cabrera et al. 22452* (LP).

Baccharis phyliciformis Meyen = **Parastephia phyliciformis** (Meyen) Cabrera
Ref.: Cabrera, 1978.

Baccharis phyteuma Heering
Ref.: Cabrera, 1963a, 1974a.
Hábito: Subarbusto.
Status: Endémica.
Elevación: 0-500 m.
Prov.: BA, ER.
Ejemplar examinado: *Cabrera 4888* (LP).

Baccharis phyteumoides (Less.) DC.
Sin.: *Molina phyteumoides* Less.
Ref.: Cabrera, 1963a, 1974a.
Hábito: Subarbusto.
Status: Nativa.
Elevación: 0-500 m.
Prov.: BA, CH, COR, ER, MI, SF.
Paises limítrofes: BR, PA, UR.
Ejemplar examinado: *Cabrera 10515* (LP).

Baccharis pingraea DC. f. **angustissima** DC.
Sin.: *Baccharis subpingraea* Heering f. *crassifolia* Heering
Ref.: Cabrera, 1963a, 1974a; Ariza Espinar, 1973a.
Hábito: Hierba.
Status: Nativa.
Elevación: 0-2500 m.
Prov.: BA, CO, ER, LP, LR, ME, RN, SF.
Paises limítrofes: CH, UR.
Ejemplar examinado: *Burkart y Troncoso 24281* (LP).

Baccharis pingraea DC. f. *latifolia* DC. = **Baccharis pingraea** DC. f. **pingraea**
Ref.: Ariza Espinar, 1973a.

Baccharis pingraea DC. f. **pingraea**
Sin.: *Baccharis angustifolia* Desf., hom. illeg., *Baccharis pingraea* DC. f. *latifolia* DC., *Baccharis serrulata* Pers. var. *pingraea* (DC.) Baker, *Baccharis subpingraea* Heering, *Conyza montevidensis* Spreng.; *Pingraea angustifolia* Cass.
Ref.: Cabrera, 1963a, 1971a, 1974a, 1978; Ariza Espinar, 1973a.
Hábito: Hierba.
Status: Nativa.
Elevación: 0-2500 m.
Prov.: BA, CH, CHU, CO, COR, DF, ER, FO, JU, LP, LR, ME, MI, NE, RN, SA, SE, SF, SJ, SL.
Paises limítrofes: BR, CH, PA, UR.
Ejemplar examinado: *Bartlett 19891* (LP).

Baccharis pinnatifida Klatt = **Baccharis ulicina** Hook. & Arn.
Ref.: Cabrera, 1971a.

Baccharis platensis Spreng. = **Baccharis spicata** (Lam.) Baill.
Ref.: Cabrera, 1963a.

Baccharis plucheiformis Kuntze = **Baccharis pulchella** Sch. Bip. ex Griseb.
Ref.: Ariza Espinar, 1973a.

Baccharis poeppigiana DC. = **Baccharis obovata** Hook. & Arn. var. **poeppigiana** (DC.) Cabrera
Ref.: Cabrera, 1971a.

Baccharis polifolia Griseb.
Ref.: Ariza Espinar, 1973a; Cabrera, 1978.
Hábito: Arbusto.
Status: Endémica.
Elevación: 1000-4000 m.
Prov.: CA, JU, LR, ME, SA, SJ, TU.
Ejemplar examinado: *Fabris et al. 6504* (LP).

Baccharis polyantha Kunth = **Baccharis latifolia** (Ruiz & Pav.) Pers.
Ref.: Cabrera, 1973a.

Baccharis polyantha Spreng., hom. illeg. = **Baccharis helichrysoides** DC.
Ref.: Barroso, 1976.

Baccharis polyantha Kunth var. *macrophylla* Hieron. = **Baccharis latifolia** (Ruiz & Pav.) Pers.
Ref.: Cuatrecasas, 1969a.

Baccharis polyantha Kunth f. *genuina* Hieron. = **Baccharis latifolia** (Ruiz & Pav.) Pers.
Ref.: Cuatrecasas, 1969a.

Baccharis polycephala auct. non Wedd. = **Baccharis rufescens** Spreng.

Baccharis polygama Ariza
Ref.: Ariza Espinar, 1976.
Hábito: Arbusto.
Status: Endémica.
Elevación: ca. 2600 m.
Prov.: TU.
Ejemplar examinado: *Rodríguez 1232* (foto del holotipo, LP).

Baccharis polyptera DC. = **Pterocaulon polypterum** (DC.) Cabrera
Ref.: Cabrera & Ragonese, 1978.

Baccharis prenanthoides Baker, p.p. = **Baccharis medullosa** DC.
Ref.: Barroso, 1976.

Baccharis pseudoserrulata I.L. Teodoro = **Baccharidastrum triplinervium** (Less.) Cabrera
Ref.: Cabrera, 1974a.

Baccharis pseudotenuifolia I.L. Teodoro var. **leptophylla** (DC.) Giuliano
Sin.: *Baccharis leptophylla* DC.; *Baccharis tenuifolia* DC. var. *leptophylla* (DC.) Malme, nom. inval.
Ref.: Candolle, 1836; Malme, 1933.
Hábito: Arbusto.
Status: Nativa.
Elevación: 0-500 m.
Prov.: MI.
Paises limítrofes: BR, PA.
Ejemplar examinado: *Rodríguez 78* (LP).

Baccharis pseudotenuifolia I.L. Teodoro var. **pseudotenuifolia**
Sin.: *Baccharis rufescens* Spreng. var. *tenuifolia* (DC.) Baker, nom. inval., *Baccharis spathulata* Gardner, p.p., *Baccharis tenuifolia* DC., hom. illeg.
Ref.: Barroso, 1976.
Hábito: Arbusto.
Status: Nativa.
Elevación: 0-500 m.
Prov.: COR, MI.
Paises limítrofes: BO, BR, PA.
Ejemplar examinado: *Huidobro 4790* (LP).

Baccharis pseudotridentata Heering = **Baccharis flabellata** Hook. & Arn. var. **argentina** (Heering) Ariza

Baccharis pulchella Sch. Bip. ex Griseb.
Sin.: *Baccharis plucheiformis* Kuntze; *B. pulchella* Sch. Bip. ex Griseb. var. *grisea* Heering, *Neomolina pulchella* (Sch. Bip. ex Griseb.) F.H. Hellwig
Ref.: Ariza Espinar, 1973a; Cabrera, 1978.
Hábito: Arbusto.
Status: Nativa.
Elevación: 200-3500 m.
Prov.: CA, CO, JU, LR, ME, SA, SJ, SL, TU.
Paises limítrofes: BO.
Ejemplar examinado: *Kiesling y Sáenz 4127* (LP).

Baccharis pulchella Sch. Bip. ex Griseb. var. *grisea* Heering = **Baccharis pulchella** Sch. Bip. ex Griseb.
Ref.: Ariza Espinar, 1973a.

Baccharis punctulata DC.
Sin.: *Baccharis amygdalina* Griseb., *Baccharis melastomifolia* Hook. & Arn., *Baccharis oxyodonta* DC. var. *punctulata* (DC.) Baker, *Pingraea punctulata* (DC.) F.H. Hellwig
Ref.: Cabrera, 1963a, 1974a, 1978; Ariza Espinar 1973a.
Hábito: Arbusto.
Status: Nativa.
Elevación: 0-1000 m.
Prov.: BA, CA, CH, COR, ER, FO, JU, MI, SF, TU.
Paises limítrofes: BR, PA, UR.
Ejemplar examinado: *Cabrera et al. 14294* (LP).

Baccharis purpurascens Heering = **Baccharis salicifolia** (Ruiz & Pav.) Pers.

Baccharis pyramidalis Gardner = **Baccharis megapotamica** Spreng.
Ref.: Barroso, 1976.

Baccharis quadrangularis Meyen = **Parastrephia quadrangularis** (Meyen) Cabrera
Ref.: Cabrera, 1978.

Baccharis racemosa (Ruiz & Pav.) DC.
Sin.: *Baccharis eupatorioides* Hook. & Arn., *Baccharis racemosa* (Ruiz & Pav.) DC. var. *eupatorioides* (Hook. & Arn.) Heering ex Reiche, *Molina racemosa* Ruiz & Pav., *Neomolina racemosa* (Ruiz & Pav.) F.H. Hellwig
Ref.: Cabrera, 1971a.
Hábito: Arbusto.
Status: Nativa.
Elevación: 500-3000 m.
Prov.: CHU, NE, RN.
Paises limítrofes: CH.
Ejemplar examinado: *Cabrera 5002* (LP).

Baccharis racemosa (Ruiz & Pav.) DC. var. *eupatorioides* (Hook. & Arn.) Heering ex Reiche = **Baccharis racemosa** (Ruiz & Pav.) DC.
Ref.: Cabrera, 1971a.

Baccharis recurvata Gardner = **Baccharis caprariifolia** DC.
Ref.: Cabrera, 1963a.

Baccharis refracta Burch. ex Baker = **Baccharis microdonta** DC.
Ref.: Cabrera, 1978.

Baccharis retamoides Phil.
Sin.: *Pseudobaccharis retamoides* (Phil.) Cabrera, *Psila retamoides* (Phil.) Cabrera
Ref.: Cabrera, 1944a, 1955c.
Hábito: Subarbusto.
Status: Endémica.
Elevación: 500-3500 m.
Prov.: CA, LR, ME, SA, SJ, TU.
Ejemplar examinado: *Cabrera et al. 24518* (LP).

Baccharis rhetinodes Meyen & Walp.
Sin.: *Baccharis solieri* J. Rémy, *Baccharis talcareguensis* Heering ex Reiche
Ref.: Cabrera, 1971a.
Hábito: Arbusto.
Status: Nativa.
Prov.: CHU, ME, NE.
Paises limítrofes: CH.
Ejemplar examinado: *Schajovskoy 163* (LP).

Baccharis rhexioides Kunth
Sin.: *Baccharis cinerea* DC., *Baccharis rhexioides* Kunth var. *parvifolia* Hieron., *Baccharis trichoclada* DC., *Baccharis trinervis* (Lam.) Pers. var. *rhexioides* (Kunth) Baker, *Baccharis venusta* Kunth, *Conyza trinervia* Mill., *Pingraea rhexioides* (Kunth) F.H. Hellwig, *Pseudobaccharis rhexioides* (Kunth) Badillo
Ref.: Cuatrecasas, 1967; Barroso, 1976; Cabrera, 1978.
Hábito: Arbusto.
Status: Nativa.
Elevación: 500-3000 m.
Prov.: JU, SA.
Paises limítrofes: BO, BR, PA.
Ejemplar examinado: *Cabrera et al. 13831* (LP).

Baccharis rhexioides Kunth var. *parvifolia* Hieron. = **Baccharis rhexioides** Kunth
Ref.: Cuatrecasas, 1967.

Baccharis rhomboidalis J. Rémy
Sin.: *Baccharis involucrata* Phil., hom. illeg., *Baccharis nemorosa* Phil., *Baccharis rhomboidalis* J. Rémy var. *nemorosa* (Phil.) Heering ex Reiche, *Baccharis truncata* Phil.
Ref.: Cabrera, 1971a.
Hábito: Arbusto.
Status: Nativa.
Elevación: 500-3000 m.
Prov.: NE, RN.
Paises limítrofes: CH.
Ejemplar examinado: *Gentili 1* (LP).

Baccharis rhomboidalis J. Rémy var. *nemorosa* (Phil.) Heering ex Reiche = **Baccharis rhomboidalis** J. Rémy
Ref.: Cabrera, 1971a.

Baccharis riparia Kunth = **Baccharis latifolia** (Ruiz & Pav.) Pers.
Ref.: Cabrera, 1978.

Baccharis rodriguezii Ariza
Ref.: Ariza Espinar, 1973b.
Hábito: Arbusto.
Status: Endémica.
Elevación: ca. 3100 m.
Prov.: SA, TU.
Ejemplar examinado: *Venturi 4143* (LP).

Baccharis rosmarinifolia Hook. & Arn. = **Baccharis linearis** (Ruiz & Pav.) Pers.
Ref.: Cabrera, 1971a.

Baccharis rosmarinifolia Hook. & Arn. var. *andicola* Hauman = **Baccharis grisebachii** Hieron.
Ref.: Ariza Espinar, 1973a.

Baccharis rosmarinifolia Hook. & Arn. var. *callistemoides* (Walp.) Heering ex Reiche = **Baccharis linearis** (Ruiz & Pav.) Pers.
Ref.: Cabrera, 1971a.

Baccharis rosmarinifolia Hook. & Arn. var. *subandina* (Phil.) Heering ex Reiche = **Baccharis linearis** (Ruiz & Pav.) Pers.
Ref.: Cabrera, 1971a.

Baccharis rosmarinifolia Hook. & Arn. var. *subsinuata* DC. = **Baccharis linearis** (Ruiz & Pav.) Pers.
Ref.: Cabrera, 1971a.

Baccharis rotundifolia Spreng. = **Baccharis sessiliflora** Vahl
Ref.: Barroso, 1976.

Baccharis rotundifolia Spreng. var. *stuckertii* Heering = **Baccharis cordobensis** Heering
Ref.: Cabrera, 1963a.

Baccharis rufescens Spreng.
Sin.: *Baccharis baldwinii* Hook. & Arn., *Baccharis denticulata* D. Don ex DC., *Baccharis fluminensis* Glaz. ex I.L. Teodoro, *Baccharis neaei* auct. non DC., *Baccharis paucidentata* DC., *Baccharis polycephala* auct. non Wedd., *Baccharis rufescens* Spreng. var. *subrufescens* (Heering) Ariza, *Baccharis subrufescens* Heering
Ref.: Cabrera, 1963a, 1971a, 1974a, Ariza Espinar, 1973a.
Hábito: Arbusto.
Status: Nativa.
Elevación: 0-2000 m.
Prov.: BA, CA, CH, CO, COR, ER, JU, LP, LR, ME, RN, SA, SF, SL.
Paises limítrofes: BR, PA, UR.
Ejemplar examinado: *Schinini et al. 17208* (LP).

Baccharis rufescens Spreng. var. *leptocephala* (DC.) Baker = **Baccharis leptocephala** DC.
Ref.: Barroso, 1976.

Baccharis rufescens Spreng. var. *subrufescens* (Heering) Ariza = **Baccharis rufescens** Spreng.

Baccharis rufescens Spreng. var. *tenuifolia* (DC.) Baker, nom. inval. = **Baccharis pseudotenuifolia** I.L. Teodoro var. **pseudotenuifolia**
Ref.: Barroso, 1976.

Baccharis rufescens Spreng. var. *varians* (Gardner) Baker = **Baccharis leptocephala** DC.
Ref.: Barroso, 1976.

Baccharis rufescens Spreng. var. *ventanicola* Cabrera = **Baccharis ventanicola** (Cabrera) Soria & Zardini
Ref.: Soria & Zardini, 1991, 1995.

Baccharis rupestris Heering
Ref.: Ariza Espinar, 1973a; Cabrera, 1978.
Hábito: Arbusto.
Status: Endémica.
Elevación: 3000-3500 m.
Prov.: CA, JU, SA, TU.
Ejemplar examinado: *Fabris et al. 5904* (LP).

Baccharis sagittalis (Less.) DC.
Sin.: *Baccharis chubutensis* Speg., *Baccharis trimeroides* Malme, *Molina sagittalis* Less., *Pingraea sagittalis* (Less.) F.H. Hellwig
Ref.: Cabrera, 1971a; Barroso, 1976; Soria & Zardini, 1995.
Hábito: Subarbusto.
Status: Nativa.
Elevación: 500-3000 m.
Prov.: CHU, ME, NE, RN, SJ.
Paises limítrofes: BR, CH, PA, UR.
Ejemplar examinado: *Castellanos s.n.* (LP).

Baccharis salicifolia (Ruiz & Pav.) Pers.
Sin.: *Baccharis alamanii* DC., *Baccharis caerulescens* DC., *Baccharis farinosa* Spreng., *Baccharis glutinosa* Pers., *Baccharis iresinoides* Kunth, *Baccharis lanceolata* Kunth, *Baccharis lanceolata* Kunth emend. Heering, *Baccharis linifolia* DC., hom. illeg., *Baccharis longipes* Kunze ex DC., *Baccharis marginalis* DC., *Baccharis marginalis* DC. var. *longipes* (DC.) Heering ex Reiche, *Baccharis parviflora* (Ruiz & Pav.) Pers., *Baccharis purpurascens* Heering, *Baccharis viscosa* (Ruiz & Pav.) Kuntze, *Baccharis viscosa* (Ruiz & Pav.) Kuntze var. *nigricans* Kuntze, *Molina parviflora* Ruiz & Pav., *Molina salicifolia* Ruiz & Pav., *Molina striata* Ruiz & Pav., *Molina viscosa* Ruiz & Pav., *Pingraea salicifolia* (Ruiz & Pav.) F.H. Hellwig, *Pingraea viscosa* (Ruiz & Pav.) F.H. Hellwig
Ref.: Cabrera, 1963a, 1971a, 1974a, 1978; Cuatrecasas, 1969a; Ariza Espinar, 1973a.
Hábito: Arbusto.
Status: Nativa.
Elevación: 0-3500 m.
Prov.: BA, CA, CH, CHU, CO, COR, DF, ER, FO, JU, LP, LR, ME, NE, RN, SA, SC, SE, SF, SJ, SL, TU.
Paises limítrofes: BO, BR, CH, PA, UR.
Ejemplar examinado: *Cabrera 224* (LP).

Baccharis santelicis auct. non Phil. = **Baccharis incarum** Wedd.

Baccharis sarophora Phil. = **Baccharis spartioides** (Hook. & Arn. ex DC.) J. Rémy
Ref.: Cabrera, 1971a.

Baccharis sculpta Griseb.
Sin.: *Pluchea montana* Griseb.
Ref.: Ariza Espinar, 1973a; Cabrera, 1978.
Hábito: Arbusto.
Status: Nativa.
Elevación: 1500-3000 m.
Prov.: CA, JU, LR, SA, TU.
Paises limítrofes: BO.
Ejemplar examinado: *Cabrera 13190* (LP).

Baccharis sebastianopolitana Baker = **Baccharis microdonta** DC.
Ref.: Cabrera, 1978.

Baccharis semiserrata DC.
Ref.: Barroso, 1976.
Hábito: Arbusto.
Status: Nativa.
Elevación: 0-500 m.
Prov.: MI.
Paises limítrofes: BR, PA.
Ejemplar examinado: *Montes 10157* (LP).

Baccharis semiserrata DC. var. *elaeagnoides* (Steud. ex Baker) G.M. Barroso = **Baccharis elaeagnoides** Steud. ex Baker
Ref.: Barroso, 1976.

Baccharis serrulata Baker, p.p. = **Baccharis medullosa** DC.
Ref.: Barroso, 1976.

Baccharis serrulata DC., hom. illeg. = **Baccharidastrum triplinervium** (Less.) Cabrera
Ref.: Cabrera, 1974a.

Baccharis serrulata Pers. var. *pingraea* (DC.) Baker = **Baccharis pingraea** DC. f. **pingraea**
Ref.: Cabrera, 1963a.

Baccharis sessiliflora Vahl
Sin.: *Baccharis rotundifolia* Spreng.
Ref.: Barroso, 1976.
Hábito: Subarbusto.
Status: Nativa.
Elevación: 0-500 m.
Prov.: CH, COR, MI.
Paises limítrofes: BR, PA, UR.
Ejemplar examinado: *Schulz 64* (LP).

Baccharis sessiliflora Vahl var. *stuckertii* (Heering) Cabrera = **Baccharis cordobensis** Heering
Ref.: Cabrera, 1963a.

Baccharis solieri J. Rémy = **Baccharis rhetinodes** Meyen & Walp.
Ref.: Cabrera, 1971a.

Baccharis solisii Phil. = **Baccharis bezanilleana** J. Rémy
Ref.: Cabrera, 1971a.

Baccharis spartioides (Hook. & Arn. ex DC.) J. Rémy
Sin.: *Baccharis sarophora* Phil., *Heterothalamus spartioides* Hook. & Arn. ex DC., *Pseudobaccharis spartioides* (Hook. & Arn. ex DC.) Cabrera, *Psila spartioides* (Hook. & Arn. ex DC.) Cabrera
Ref.: Cabrera, 1955c, 1963a, 1971a.
Hábito: Arbusto.
Status: Nativa.
Elevación: 0-3000 m.
Prov.: BA, CA, CHU, CO, LP, LR, ME, NE, RN, SA, SC, SJ, SL, TU.
Paises limítrofes: CH, UR.
Ejemplar examinado: *Chicchi 35* (LP).

Baccharis spathulata Gardner, p.p. = **Baccharis pseudotenuifolia** I.L. Teodoro var. **pseudotenuifolia**
Ref.: Barroso, 1976.

Baccharis spicata (Lam.) Baill.
Sin.: *Baccharis attenuata* D. Don ex Hook. & Arn., *Baccharis platensis* Spreng., *Eupatorium spicatum* Lam.
Ref.: Cabrera, 1963a, 1974a; Ariza Espinar, 1973a.
Hábito: Subarbusto.
Status: Nativa.
Elevación: 0-1000 m.
Prov.: BA, CH, CO, COR, DF, ER, FO, LP, SE, SF.
Paises limítrofes: BR, PA, UR.
Ejemplar examinado: *Cabrera 2128* (LP).

Baccharis stenophylla Ariza
Sin.: *Baccharis subpingraea* Heering f. *nana* Heering, *Baccharis subpingraea* Heering f. *pseudoulicina* Heering
Ref.: Ariza Espinar, 1973a; Cabrera & Zardini, 1978; Troiani, 1985.

Hábito: Hierba.
Status: Nativa.
Elevación: 0-2500 m.
Prov.: BA, CO, LP, SF, SL.
Paises limítrofes: UR.
Ejemplar examinado: *Rodrigo 2282* (LP).

Baccharis strobeliana Ces. = **Baccharis ulicina** Hook. & Arn.
Ref.: Cabrera, 1971a.

Baccharis subandina Phil. = **Baccharis linearis** (Ruiz & Pav.) Pers.
Ref.: Cabrera, 1971a.

Baccharis subincisa Heering & Dusén = **Baccharis paucifloscuIosa** DC.
Ref.: Barroso, 1976.

Baccharis subopposita DC. = **Baccharis tridentata** Vahl var. **subopposita** (DC.) Cabrera
Ref.: Cabrera, 1963a.

Baccharis subopposita DC. var. *affinis* (DC.) Baker = **Baccharis tridentata** Vahl var. **tridentata**
Ref.: Cabrera, 1963a.

Baccharis subpingraea Heering = **Baccharis pingraea** DC. f. **pingraea**
Ref.: Cabrera, 1963a.

Baccharis subpingraea Heering f. *crassifolia* Heering = **Baccharis pingraea** DC. f. **angustissima** DC.
Ref.: Ariza Espinar, 1973a.

Baccharis subpingraea Heering f. *nana* Heering = **Baccharis stenophylla** Ariza
Ref.: Ariza Espinar, 1973a.

Baccharis subpingraea Heering f. *pseudoulicina* Heering = **Baccharis stenophylla** Ariza
Ref.: Ariza Espinar, 1973a.

Baccharis subrufescens Heering = **Baccharis rufescens** Spreng.
Ref.: Ariza Espinar, 1973a.

Baccharis subulata D. Don ex Hook. & Arn. = **Baccharis juncea** (Lehm.) Desf.
Ref.: Cabrera, 1963a.

Baccharis tafiensis Heering = **Baccharis incarum** Wedd.
Ref.: Ariza Espinar, 1973a.

Baccharis talcareguensis Heering ex Reiche = **Baccharis rhetinodes** Meyen & Walp.
Ref.: Cabrera, 1971a.

Baccharis tandilensis Speg.
Ref.: Cabrera, 1963a.
Hábito: Arbusto.
Status: Endémica.
Elevación: 0-500 m.
Prov.: BA.
Ejemplar examinado: *Boffa 341* (LP).

Baccharis tenella Hook. & Arn.
Sin.: *Heterothalamus tenellus* (Hook. & Arn.) Kuntze, *Pseudobaccharis tenella* (Hook. & Arn.) Cabrera, *Psila tenella* (Hook. & Arn.) Cabrera
Ref.: Cabrera, 1955c, 1963a, 1971a.
Hábito: Hierba.
Status: Endémica.
Elevación: 0-1500 m.
Prov.: BA, CA, CHU, CO, LP, ME, NE, RN, SC, SL.
Ejemplar examinado: *Ruiz Leal 24054* (LP).

Baccharis tenuifolia DC., hom. illeg. = **Baccharis pseudotenuifolia** I.L. Teodoro var. **pseudotenuifolia**
Ref.: Barroso, 1976.

Baccharis tenuifolia DC. var. *leptophylla* (DC.) Malme, nom. inval. = **Baccharis pseudotenuifolia** I.L. Teodoro var. **leptophylla** (DC.) Giuliano

Baccharis thymifolia Hook. & Arn.
Ref.: Heering, 1914; Ruiz Leal & Roig, 1965.
Hábito: Arbusto.
Status: Endémica.
Elevación: 2000-3000 m.
Prov.: ME.
Ejemplar examinado: *Cuezzo y Balegno 1956* (LP).

Baccharis tola Phil. = **Baccharis incarum** Wedd.
Ref.: Ariza Espinar, 1973a.

Baccharis tola Phil. var. *lejia* (Phil.) Reiche = **Baccharis incarum** Wedd.
Ref.: Cabrera, 1978.

[Baccharis toxicarius Rojas Acosta]
Nota: Taxón dudoso.

Baccharis triangularis Hauman
Sin.: *Baccharis trimera* (Less.) DC. var. *viscosissima* Speg.
Ref.: Cabrera, 1963a, 1971a; Ariza Espinar, 1973a.
Hábito: Subarbusto.
Status: Endémica.
Elevación: 0-1500 m.
Prov.: BA, CHU, LP, RN, SL.
Ejemplar examinado: *Molfino y Clos 46244* (LP).

Baccharis trichoclada DC. = **Baccharis rhexioides** Kunth
Ref.: Cuatrecasas, 1967.

Baccharis tricuneata (L. f.) Pers. var. *magellanica* (Lam.) Cuatrec. = **Baccharis magellanica** (Lam.) Pers.
Ref.: Cuatrecasas, 1969a.

Baccharis tridentata Baker p.p., hom. illeg. = **Baccharis cognata** DC.
Ref.: Barroso, 1976.

Baccharis tridentata Vahl var. **subopposita** (DC.) Cabrera
Sin.: *Baccharis subopposita* DC., *Baccharis tweediei* Hook. & Arn.
Ref.: Cabrera, 1963a, 1974a, 1978.
Hábito: Arbusto.
Status: Nativa.
Elevación: 0-3000 m.

Prov.: BA, CH, COR, ER, JU, MI, SA.
Paises limítrofes: BR, PA, UR.
Ejemplar examinado: *Cabrera y Kiesling 24944* (LP).

Baccharis tridentata Vahl var. **tridentata**
Sin.: *Baccharis affinis* DC., *Baccharis pauciflosculosa* DC. var. *puncticulata* DC., *Baccharis subopposita* DC. var. *affinis* (DC.) Baker
Ref.: Cabrera, 1963a; Ariza Espinar, 1973a; Barroso, 1976.
Hábito: Arbusto.
Status: Nativa.
Elevación: 0-500 m.
Prov.: BA, CO, COR, LP, SF.
Paises limítrofes: BR, PA, UR.
Ejemplar examinado: *Cabrera 6568* (LP).

Baccharis trimera (Less.) DC.
Sin.: *Baccharis genistelloides* Pers. var. *trimera* (Less.) Baker, *Molina trimera* Less.
Ref.: Cabrera, 1963a, 1974a, 1978.
Hábito: Subarbusto.
Status: Nativa.
Elevación: 0-3000 m.
Prov.: BA, COR, ER, JU, LP, MI, SA.
Paises limítrofes: BO, BR, PA, UR.
Ejemplar examinado: *Cabrera 778* (LP).

Baccharis trimera (Less.) DC. var. *viscosissima* Speg. = **Baccharis triangularis** Hauman
Ref.: Cabrera, 1963a.

Baccharis trimeroides Malme = **Baccharis sagittalis** (Less.) DC.
Ref.: Barroso, 1976.

Baccharis trinervis (Lam.) Pers.
Sin.: *Baccharis laxa* Gardner, *Conyza trinervis* Lam., *Pseudobaccharis trinervis* (Lam.) Badillo, *Pseudobaccharis trinervis* (Lam.) I.L. Teodoro, comb. superfl., *Psila trinervis* (Lam.) Cabrera
Ref.: Cabrera, 1955c, 1978; Cuatrecasas, 1967; Barroso, 1976.
Hábito: Arbusto.
Status: Nativa.
Elevación: 0-3000 m.
Prov.: CH, COR, FO, JU, MI, SA, SE.
Paises limítrofes: BO, BR, PA.
Ejemplar examinado: *Schulz 61* (LP).

Baccharis trinervis (Lam.) Pers. var. *rhexioides* (Kunth) Baker = **Baccharis rhexioides** Kunth
Ref.: Cabrera, 1978.

Baccharis triplinervia DC. = **Baccharis oxyodonta** DC.
Ref.: Barroso, 1976.

Baccharis truncata Phil. = **Baccharis rhomboidalis** J. Rémy
Ref.: Cabrera, 1971a.

Baccharis tucumanensis Hook. & Arn. var. **angustifolia** (Heering) Cabrera
Sin.: *Baccharis myrtilloides* Griseb. f. *angustifolia* Heering
Ref.: Ariza Espinar, 1973a; Cabrera, 1978.
Hábito: Arbusto.
Status: Endémica.
Elevación: 1000-4000 m.
Prov.: CO, JU, SA, SL, TU.
Ejemplar examinado: *Fabris y Crisci 6910* (LP).

Baccharis tucumanensis Hook. & Arn. var. **myrtilloides** (Griseb.) Cabrera
Sin.: *Baccharis myrtilloides* Griseb.
Ref.: Ariza Espinar, 1973a; Cabrera, 1978.
Hábito: Arbusto.
Status: Endémica.
Elevación: 500-3500 m.
Prov.: CA, CO, JU, LR, SA, SL, TU.
Ejemplar examinado: *Fabris et al. 5859* (LP).

Baccharis tucumanensis Hook. & Arn. var. **tucumanensis**
Ref.: Ariza Espinar, 1973a; Cabrera, 1978.
Hábito: Arbusto.
Status: Nativa .
Elevación: 500-1500 m.
Prov.: CA, JU, SA, TU.
Paises limítrofes: BO.
Ejemplar examinado: *Cabrera 3128* (LP).

Baccharis tweediei Hook. & Arn. = **Baccharis tridentata** Vahl var. **subopposita** (DC.) Cabrera
Ref.: Cabrera, 1978.

Baccharis ulicina Hook. & Arn.
Sin.: *Baccharis pinnatifida* Klatt, *Baccharis strobeliana* Ces., *Baccharis ulicina* Hook. & Arn. var. *multifida* (Griseb.) Kuntze, *Neomolina ulicina* (Hook. & Arn.) F.H. Hellwig, *Vittadinia multifida* Griseb.
Ref.: Cabrera, 1963a, 1971a, 1974a, 1978; Ariza Espinar, 1973a.
Hábito: Subarbusto.
Status: Nativa.
Elevació: 0-3000 m.
Prov.: BA, CA, CH, CO, COR, ER, JU, LP, LR, RN, SA, SC, SE, SF, SL, TU.
Paises limítrofes: BO.
Ejemplar examinado: *Cabrera 4319* (LP).

Baccharis ulicina Hook. & Arn. var. *multifida* (Griseb.) Kuntze = **Baccharis ulicina** Hook. & Arn.
Ref.: Cabrera, 1963a.

Baccharis ulicina Hook. & Arn. var. *subintegrifolia* Kuntze = **Baccharis darwinii** Hook. & Arn.
Ref.: Ariza Espinar, 1973a.

Baccharis umbelliformis DC. = **Baccharis obovata** Hook. & Arn. var. **obovata**
Ref.: Cabrera, 1971a.

Baccharis umbelliformis DC. var. *ocellata* (Phil.) Heering ex Reiche = **Baccharis obovata** Hook. & Arn. var. **poeppigiana** (DC.) Cabrera
Ref.: Cabrera, 1971a.

Baccharis umbelliformis DC. var. *poeppigiana* (DC.) Heering ex Reiche = **Baccharis obovata** Hook. & Arn. var. **poeppigiana** (DC.) Cabrera
Ref.: Cabrera, 1971a.

Baccharis varians Gardner, p.p. = **Baccharis leptocephala** DC.
Ref.: Barroso, 1976.

Baccharis velutina DC. = **Baccharis ochracea** Spreng.
Ref.: Cabrera, 1974a.

Baccharis ventanicola (Cabrera) Soria & Zardini
Sin.: *Baccharis rufescens* Spreng. var. *ventanicola* Cabrera
Ref.: Cabrera, 1963a; Soria & Zardini, 1991, 1995.
Hábito: Arbusto.
Status: Nativa.
Elevación: 500-1000 m.
Prov.: BA.
Paises limítrofes: PA.
Ejemplar examinado: *Pertusi 316* (LP).

Baccharis venulosa DC. = **Baccharis brachylaenoides** DC.
Ref.: Barroso, 1976.

Baccharis venusta Kunth = **Baccharis rhexioides** Kunth
Ref.: Barroso, 1976.

Baccharis viscosa (Ruiz & Pav.) Kuntze = **Baccharis salicifolia** (Ruiz & Pav.) Pers.
Ref.: Cuatrecasas, 1969a.

Baccharis viscosa (Ruiz & Pav.) Kuntze var. *nigricans* Kuntze = **Baccharis salicifolia** (Ruiz & Pav.) Pers.
Ref.: Cuatrecasas, 1969a.

Baccharis vulneraria Baker = **Baccharidastrum triplinervium** (Less.) Cabrera
Ref.: Cabrera, 1974a.

Baccharis zoellneri F.H. Hellwig
Ref.: Hellwig, 1990.
Hábito: Arbusto.
Status: Nativa.
Elevación: 0-500 m.
Prov.: TF.
Paises limítrofes: CH.
Ejemplar citado: *Darwin 322** (K).

Bahia gilliesii A. Gray = **Schkuhria multiflora** Hook. & Arn.
Ref.: Heiser, 1945; Cabrera, 1978; Petenatti & Ariza Espinar, 1997.

Bahia neo-mexicana (A. Gray) A. Gray = **Schkuhria multiflora** Hook. & Arn.
Ref.: Heiser, 1945; Cabrera, 1978; Petenatti & Ariza Espinar, 1997.

Balbisia canescens Pers. = **Tridax procumbens** L.
Ref.: Powell, 1965.

Balbisia divaricata Cass. = **Tridax procumbens** L.
Ref.: Powell, 1965.

Balbisia elongata Willd. = **Tridax procumbens** L.
Ref.: Powell, 1965.

Balbisia pedunculata Ortega ex Hoffmanns. = **Tridax procumbens** L.
Ref.: Powell, 1965.

Balsamita major Desf. = **Tanacetum balsamita** L.
Ref.: Bremer & Humphries, 1993; Ariza Espinar, 1997b.

Barkhausia setosa DC. = **Crepis setosa** Hall.
Ref.: Cabrera, 1963a.

Barnadesia Mutis. Mutisieae.

Número de especies: 1

Barnadesia divaricata Griseb. = **Dasyphyllum brasiliense** (Spreng.) Cabrera var. **divaricatum** (Griseb.) Cabrera
Ref.: Cabrera, 1959d.

Barnadesia flavescens Meyen = **Chuquiraga oppositifolia** D. Don
Ref.: Ezcurra, 1985.

Barnadesia inermis Rusby = **Dasyphyllum inerme** (Rusby) Cabrera
Ref.: Cabrera, 1959d.

Barnadesia lanata Meyen = **Nardophyllum lanatum** (Meyen) Cabrera
Ref.: Cabrera, 1971a.

Barnadesia odorata Griseb.
Ref.: Cabrera, 1978; Urtubey, 1996.
Prov.: JU, SA, TU.
Hábito: Arbusto.
Status: Nativa.
Elevación: 0-2500 m.
Paises limítrofes: BO.
Ejemplar examinado: *Urtubey 23* (LP).

Barrosoa betonicaeformis (DC.) R.M. King & H. Rob. = **Eupatorium betonicaeforme** (DC.) Baker
Ref.: Cabrera & Freire, 1997.

Barrosoa cabrerae (B.L. Rob.) R.M. King & H. Rob. = **Eupatorium cabrerae** B.L. Rob.
Ref.: Cabrera, 1974a.

Barrosoa candolleana (Hook. & Arn.) R.M. King & H. Rob. = **Eupatorium candolleanum** Hook. & Arn. p.min.p.
Ref.: Cabrera, 1974a.

Baucis lavandulifolia Phil. = **Brachyclados lycioides** D. Don
Ref.: Cabrera, 1971a.

Bejaranoa balansae (Hieron.) R.M. King & H. Rob. = **Eupatorium balansae** Hieron.
Ref.: Cabrera & Freire, 1997.

Bellis L. Astereae.

Número de especies: 1

Bellis magellanica DC. = **Lagenophora nudicaulis** (Comm. ex Lam.) Dusén
Ref.: Cabrera, 1971a.

Bellis perennis L.
Ref.: Cabrera, 1971a.
Hábito: Hierba.

Status: Adventicia.
Elevación: 0-1000 m.
Prov.: CHU, TF.
Paises limítrofes: CH, UR.
Ejemplar examinado: *Maldonado Bruzzone 180* (LP).

Belloa J. Rémy emend. Anderb. & S.E. Freire. Inuleae.

Número de especies: 6

Belloa argentea (Wedd.) Cabrera = **Belloa schultzii** (Wedd.) Cabrera
Ref.: Freire, 1995.

Belloa burkartii (Cabrera) Cabrera = **Luciliocline burkartii** (Cabrera) Anderb. & S.E. Freire
Ref.: Anderberg & Freire, 1991.

Belloa catamarcensis Cabrera = **Luciliocline catamarcensis** (Cabrera) Anderb. & S.E. Freire
Ref.: Anderberg & Freire, 1991.

Belloa cerrateae (Ferreyra) Sagást. & Dillon = **Belloa schultzii** (Wedd.) Cabrera
Ref.: Freire, 1995.

Belloa chilensis (Hook. & Arn.) J. Rémy
Sin.: *Chevreulia nivea* Phil., *Gnaphalium andicola* Kuntze, hom. illeg., *Lucilia chilensis* Hook. & Arn., *Lucilia araucana* Phil., *Lucilia chilensis* Poepp. & Endl., hom. illeg., *Lucilia frigida* Reiche, *Lucilia nivea* (Phil.) Cabrera
Ref.: Cabrera, 1958; Freire, 1995.
Hábito: Hierba.
Status: Nativa.
Elevación: 1000-2000 m.
Prov.: NE, RN.
Paises limítrofes: CH
Ejemplar examinado: *Cabrera 6248* (LP).

Belloa erythractis (Wedd.) Cabrera
Sin.: *Gamochaeta erythractis* (Wedd.) Cabrera, *Gnaphalium erythractis* (Wedd.) Griseb., *Merope erythractis* Wedd.
Ref.: Cabrera, 1957b, 1978; Freire & Iharlegui, 1997.
Hábito: Hierba.
Status: Nativa.
Elevación: 2500-4000 m.
Prov.: JU, SA.
Paises limítrofes: BO.
Ejemplar examinado: *Burkart y Troncoso 11864* (LP).

Belloa kunthiana (DC.) Anderb. & S.E. Freire
Sin.: *Conyza kunthiana* DC., *Conyza pusilla* Kunth, hom. illeg., *Gnaphalium kunthianum* Kuntze, *Lucilia affinis* Wedd., *Lucilia conoidea* Wedd., *Lucilia kunthiana* (DC.) Zardini, *Lucilia pusilla* (Kunth) Hieron., *Lucilia venezuelensis* Steyerm., *Lucilia violacea* Wedd., *Merope kunthiana* (DC.) Wedd.
Ref.: Zardini, 1987; Anderberg & Freire, 1991; Freire, 1995.
Hábito: Hierba.
Status: Nativa:
Elevación: 3000-5000 m.
Prov.: JU.
Paises limítrofes: BO.
Ejemplar examinado: *Cabrera 9294* (BAB).

Belloa lopezmirandae Cabrera = **Luciliocline lopezmirandae** (Cabrera) Anderb. & S.E. Freire
Ref.: Cabrera, 1958, 1978.

Belloa pickeringii (A. Gray) Sagást. & Dillon
Sin.: *Lucilia pickeringii* A. Gray, *Lucilia pickeringii* A. Gray var. *minor* A. Gray
Ref.: Sagástegui-Alva & Dillon, 1985; Freire, 1995.
Hábito: Hierba.
Status: Nativa.
Elevación: 3500-5000 m.
Prov.: SA.
Paises limítrofes: BO.
Ejemplar examinado: *Pierotti 1335 p.p.* (GH).

Belloa piptolepis (Wedd.) Cabrera
Sin.: *Merope piptolepis* Wedd., *Lucilia piptolepis* Wedd., *Gnaphalium evacoides* Klatt, *Gnaphalium piptolepis* (Wedd.) Griseb.
Ref.: Cabrera 1958, 1978; Freire, 1995.
Hábito: Hierba.
Status: Nativa.
Elevación: 3000-4500 m.
Prov.: JU, SA.
Paises limítrofes: BO, CH.
Ejemplar examinado: *Fabris et al. 4133* (LP).

Belloa punae (Cabrera) Cabrera = **Luciliocline subspicata** (Cabrera) Anderb. & S.E. Freire
Ref.: Anderberg & Freire, 1991.

Belloa santanica (Cabrera) Cabrera = **Luciliocline santanica** (Cabrera) Anderb. & S.E. Freire
Ref.: Anderberg & Freire, 1991.

Belloa schultzii (Wedd.) Cabrera
Sin.: *Belloa argentea* (Wedd.) Cabrera, *Belloa cerrateae* (Ferreyra) Sagást. & Dillon, *Belloa virescens* (Wedd.) Cabrera, *Gnaphalium schultzii* (Wedd.) Cabrera, *Gnaphalium viridescens* Cabrera, *Lucilia schultzii* (Wedd.) A. Gray, *Merope argentea* Wedd., *Merope caespitita* Wedd., *Merope schultzii* Wedd., *Merope virescens* Wedd., *Mniodes cerratei* Ferreyra
Ref.: Cabrera, 1957b, 1978; Ariza Espinar, 1989a; Freire, 1995.
Hábito: Hierba.
Status: Nativa.
Elevación: 4000-5000 m.
Prov.: CA, JU, LR, SA.
Paises limítrofes: BO, CH.
Ejemplar examinado: *Cabrera et al. 19793* (LP).

Belloa subspicata (Cabrera) Cabrera = **Luciliocline subspicata** (Cabrera) Anderb. & S.E. Freire
Ref.: Anderberg & Freire, 1991.

Belloa turneri Sagást. & Dillon = **Belloa lopezmirandae** Cabrera
Ref.: Freire, 1995.

Belloa virescens (Wedd.) Cabrera = **Belloa schultzii** (Wedd.) Cabrera
Ref.: Freire, 1995.

Bezanilla chilensis J. Rémy = **Psilocarphus tenellus** Nutt. var. **globiferus** (Bertero ex DC.) Morefield
Ref.: Morefield, 1992.

Berroa Beauverd. Inuleae.

Número de especies: 1

Berroa gnaphalioides (Less.) Beauverd
Sin.: *Gnaphalium gnaphalioides* (Less.) Kuntze, *Lucilia argentea* Hook. & Arn., *Lucilia gnaphalioides* Less.
Ref.: Cabrera, 1963a; Freire, 1995.
Hábito: Hierba.
Status: Nativa.
Elevación: 0-500 m.
Prov.: BA, ER, CH, CO, COR.
Paises limítrofes: BR, UR.
Ejemplar examinado: *Abbiati 4123* (LP).

Bichenia auriculata Wedd. = **Trichocline auriculata** (Wedd.) Hieron.
Ref.: Zardini, 1975.

Bichenia cineraria D. Don = **Trichocline cineraria** (D. Don) Hook. & Arn.
Ref.: Zardini, 1975.

Bichenia crenata (J. Rémy) Wedd. = **Trichocline cineraria** (D. Don) Hook. & Arn.
Ref.: Zardini, 1975.

Bichenia reptans Wedd. = **Trichocline reptans** (Wedd.) Rob.
Ref.: Zardini, 1975.

Bichenia sinuata D. Don = **Trichocline sinuata** (D. Don) Cabrera
Ref.: Zardini, 1975.

Bidens L. Heliantheae.

Número de especies: 12

Bidens affinis Klotzsch & Otto = **Bidens triplinervia** Kunth
Ref.: Sherff, 1937; Cabrera, 1978.

Bidens andicola Kunth var. **andicola**
Sin.: *Bidens andicola* Kunth var. *heterophylla* Kuntze, *Bidens andicola* Kunth var. *normalis* Kuntze, *Bidens cosmantha* Griseb. var. *diversifolia* Griseb., *Bidens fruticulosa* Meyen & Walp.
Ref.: Sherff, 1937; Cabrera, 1978.
Hábito: Hierba.
Status: Nativa.
Elevación: 2000-3000 m.
Prov.: CA, JU, SA.
Paises limítrofes: BO.
Ejemplar examinado: *Cabrera 16955* (LP).

Bidens andicola Kunth var. **cosmantha** (Griseb.) Sherff
Sin.: *Bidens cosmantha* Griseb.
Ref.: Sherff, 1937, Cabrera, 1978.
Hábito: Hierba.
Status: Nativa.
Elevación: 2000-3000 m.
Prov.: CA, JU, SA.
Paises limítrofes: BO.
Ejemplar examinado: *Fabris et al. 5542* (LP).

Bidens andicola Kunth var. **decomposita** Kuntze
Sin.: *Bidens grandiflora* Balb. var. *breviloba* Kuntze, *Bidens macrantha* Griseb.
Ref.: Sherff, 1937; Cabrera, 1978.
Hábito: Hierba.
Status: Nativa.
Elevación: 2000-3000 m.
Prov.: CA, CO, JU, ME, SA, SL, TU.
Paises limítrofes: BO, CH.
Ejemplar examinado: *Fabris et al. 3990* (LP).

Bidens andicola Kunth var. *heterophylla* Kuntze = **Bidens andicola** Kunth var. **andicola**
Ref.: Sherff, 1937; Cabrera, 1978.

Bidens andicola Kunth var. *mandonii* Sherff = **Bidens mandonii** (Sherff) Cabrera
Ref.: Sherff, 1937; Cabrera, 1978.

Bidens andicola Kunth var. *normalis* Kuntze = **Bidens andicola** Kunth var. **andicola**
Ref.: Sherff, 1937; Cabrera, 1978.

Bidens antiguensis Coult. = **Bidens squarrosa** Kunth
Ref.: Sherff, 1937; Cabrera, 1971b, 1978.

Bidens aurea (Aiton) Sherff
Sin.: *Coreopsis aurea* Aiton
Ref.: Sherff, 1937; Matthei & Marticorena, 1990; Montes et al., 1993.
Hábito: Hierba.
Status: Naturalizada.
Elevación: 0-500 m.
Prov.: BA.
Paises limítrofes: CH, UR.
Ejemplar examinado: *Montes y Cerano 983* (SI).

Bidens californica DC. = **Bidens pilosa** L. var. **pilosa**
Ref.: Sherff, 1937; Cabrera, 1963a.

Bidens chrysanthemoides Michx. = **Bidens laevis** (L.) Britton, Sterns & Poggenb.
Ref.: Sherff, 1937; Cabrera, 1963a, 1971a, 1974a, 1978.

Bidens cosmantha Griseb. = **Bidens andicola** Kunth var. **cosmantha** (Griseb.) Sherff
Ref.: Sherff, 1937; Cabrera, 1978.

Bidens cosmantha Griseb. var. *diversifolia* Griseb. = **Bidens andicola** Kunth var. **andicola**
Ref.: Sherff, 1937; Cabrera, 1978.

Bidens exigua Sherff
Ref.: Sherff, 1937; Cabrera, 1978.
Hábito: Hierba.
Status: Nativa.
Elevación: 1500-3000 m.
Prov.: CA, JU, SA, TU.
Paises limítrofes: BO.
Ejemplar examinado: *Cabrera 13237* (LP).

Bidens fruticulosa Meyen & Walp. = **Bidens andicola** Kunth var. **andicola**
Ref.: Sherff, 1937; Cabrera, 1978.

Bidens grandiflora Balb. var. *breviloba* Kuntze = **Bidens andicola** Kunth var. **decomposita** Kuntze
Ref.: Sherff, 1937; Cabrera, 1978.

Bidens hassleriana (Chodat) A.A. Sáenz
Sin.: *Bidens riedelii* Baker var. *hassleriana* Chodat
Ref.: Sáenz, inéd.f.
Hábito: Hierba.
Status: Nativa.
Elevación: 0-500 m.
Prov.: MI.
Paises limítrofes: PA.
Ejemplar examinado: *Zuloaga et al. 4924* (SI).
Nota: Véase nueva combinación en Apéndice 1.

Bidens helianthoides Kunth = **Bidens laevis** (L.) Britton, Sterns & Poggenb.
Ref.: Sherff, 1937; Cabrera, 1963a, 1971a, 1974a, 1978.

Bidens hirsuta Nutt. = **Bidens pilosa** L. var. **pilosa**
Ref.: Sherff, 1937; Cabrera, 1963a.

Bidens hispida Kunth = **Bidens pilosa** L. var. **minor** (Blume) Sherff
Ref.: Sherff, 1937; Cabrera, 1963a, 1974a, 1978.

Bidens involucrata Phil. = **Heterosperma nanum** (Nutt.) Sherff
Ref.: Cabrera, 1978.

Bidens laevis (L.) Britton, Sterns & Poggenb.
Sin.: *Bidens chrysanthemoides* Michx., *Bidens helianthoides* Kunth, *Helianthus laevis* L.
Ref.: Sherff, 1937; Cabrera, 1963a, 1971a, 1974a, 1978; Matthei & Marticorena, 1990.
Hábito: Hierba.
Status: Nativa.
Elevación: 0-500 m.
Prov.: BA, CH, CO, COR, ER, FO, JU, MI, SA, SF.
Paises limítrofes: BO, BR, CH, PA, UR.
Ejemplar examinado: *Hurrell et al. 2880* (LP).

Bidens leucantha Willd. f. *discoidea* Sch. Bip. = **Bidens pilosa** L. var. **pilosa**
Ref.: Sherff, 1937; Cabrera, 1963a.

Bidens leucantha Willd. var. *pilosa* (L.) Griseb. = **Bidens pilosa** L. var. **pilosa**
Ref.: Sherff, 1937; Cabrera, 1963a.

Bidens leucantha Willd. var. *sundaica* (Blume) Hassk. = **Bidens pilosa** L. var. **minor** (Blume) Sherff
Ref.: Sherff, 1937; Cabrera, 1963a, 1974a, 1978.

Bidens leyboldii Phil. = **Thelesperma megapotamicum** (Spreng.) Kuntze
Ref.: Cabrera, 1971a, 1974a.

Bidens macrantha Griseb. = **Bidens andicola** Kunth var. **decomposita** Kuntze
Ref.: Sherff, 1937; Cabrera, 1978.

Bidens mandonii (Sherff) Cabrera
Sin.: *Bidens andicola* Kunth var. *mandonii* Sherff
Ref.: Sherff, 1937; Cabrera, 1978.
Hábito: Hierba.
Status: Nativa.
Elevación: 1500-3000 m.
Prov.: JU, SA.
Paises limítrofes: BO.
Ejemplar examinado: *Cabrera et al. 16880* (LP).

Bidens megapotamica Spreng. = **Thelesperma megapotamicum** (Spreng.) Kuntze
Ref.: Cabrera, 1971a, 1974a.

Bidens montaubanii Phil. = **Bidens pilosa** L. var. **pilosa**
Ref.: Sherff, 1937; Cabrera, 1963a.

Bidens paradoxa D. Don ex Hook. & Arn. = **Thelesperma megapotamicum** (Spreng.) Kuntze
Ref.: Cabrera, 1971a, 1974a.

Bidens pedunculata Phil. = **Bidens triplinervia** Kunth
Ref.: Sherff, 1937; Cabrera, 1978.

Bidens peucedanifolius (Wedd.) Kuntze = **Cosmos peucedanifolius** Wedd. var. **peucedanifolius**
Ref.: Cabrera, 1978; Sáenz & Delucchi, inéd.

Bidens peucedanifolius (Wedd.) Kuntze var. *tiraquensis* Kuntze = **Cosmos peucedanifolius** Wedd. var. **tiraquensis** (Kuntze) Sherff
Ref.: Cabrera, 1978; Sáenz & Delucchi, inéd.

Bidens pilosa L. var. *brevifoliata* Hieron. = **Bidens pilosa** L. var. **minor** (Blume) Sherff
Ref.: Sherff, 1937; Cabrera, 1963a, 1974a, 1978.

Bidens pilosa L. var. *discoidea* Sch. Bip. = **Bidens pilosa** L. var. **pilosa**
Ref.: Sherff, 1937; Cabrera, 1963a.

Bidens pilosa L. var. *dubia* (Cass.) O.E. Schulz = **Bidens pilosa** L. var. **minor** (Blume) Sherff
Ref.: Sherff, 1937; Cabrera, 1963a, 1974a, 1978.

Bidens pilosa L. var. **minor** (Blume) Sherff
Sin.: *Bidens hispida* Kunth, *Bidens leucantha* Willd. var. *sundaica* (Blume) Hassk., *Bidens pilosa* L. var. *brevifoliata* Hieron., *Bidens pilosa* L. var. *dubia* (Cass.) O.E. Schulz, *Bidens sundaica* Blume, *Bidens sundaica* Blume var. *minor* Blume
Ref.: Sherff, 1937; Cabrera, 1963a, 1974a, 1978.
Hábito: Hierba.
Status: Nativa.
Elevación: 2000-2500 m.
Prov.: BA, CA, ER, ME, TU.
Paises limítrofes: BO, BR,CH.
Ejemplar examinado: *Cabrera 14282* (LP).

Bidens pilosa L. var. **pilosa**
Sin.: *Bidens californica* DC., *Bidens hirsuta* Nutt., *Bidens leucantha* Willd. f. *discoidea* Sch. Bip., *Bidens leucantha* Willd. var. *pilosa* (L.) Griseb., *Bidens montaubanii* Phil., *Bidens pilosa* L. var. *discoidea* Sch. Bip., *Bidens reflexa* Link
Ref.: Sherff, 1937; Cabrera, 1963a; Lombardo, 1983; Matthei & Marticorena, 1990.
Hábito: Hierba.
Status: Nativa.
Elevación: 0-500 m.
Prov.: BA, CH, CO, COR, ER, FO, JU, MI, SA, SE, TU.

Paises limítrofes: BO, CH, UR.
Ejemplar examinado: *Cabrera et al. 2848* (LP).

Bidens platensis Manganaro = **Bidens subalternans** DC. var. **subalternans**
Ref.: Sherff, 1937; Cabrera, 1963a, 1974a, 1978.

Bidens pseudocosmos Sherff
Ref.: Sherff, 1937; Cabrera, 1978, Matthei & Marticorena, 1990.
Hábito: Hierba.
Status: Nativa.
Elevación: 2500-3500 m.
Prov.: JU, LR.
Paises limítrofes: BO, CH.
Ejemplar examinado: *Burkart et al. 11659* (SI).

Bidens quadrangularis DC. = **Bidens subalternans** DC. var. **subalternans**
Ref.: Sherff, 1937; Cabrera, 1963a, 1974a, 1978.

Bidens reflexa Link = **Bidens pilosa** L. var. **pilosa**
Ref.: Sherff, 1937; Cabrera, 1963a.

Bidens rhombifolia Sch. Bip. = **Heterosperma ovatifolium** Cav.
Ref.: Cabrera, 1978.

Bidens riedelii Baker var. *hassleriana* Chodat = **Bidens hassleriana** (Chodat) A.A. Sáenz
Ref.: Sáenz, inéd.f.

Bidens scandens L. = **Salmea scandens** (L.) DC.
Ref.: Bolick, 1991.

Bidens squarrosa Kunth
Sin.: *Bidens antiguensis* Coult., *Bidens tereticaulis* DC., *Bidens trifoliata* Bertol., *Coreopsis trifoliata* Bertol.
Ref.: Sherff, 1937; Cabrera, 1971b, 1978.
Hábito: Subarbusto.
Status: Nativa.
Elevación: 1500-2000 m.
Prov.: JU.
Paises limítrofes: BO, BR.
Ejemplar examinado: *Cabrera et al. 23654* (LP).

Bidens subalternans DC. var. **simulans** Sherff
Ref.: Sherff, 1937; Cabrera, 1963a, 1974a.
Hábito: Hierba.
Status: Nativa.
Elevación: 0-1500 m.
Prov.: BA, CA, CO, COR, ER, JU, SE, TU.
Paises limítrofes: BO, BR, PA, UR.
Ejemplar examinado: *Pedersen 8262* (SI).

Bidens subalternans DC. var. **subalternans**
Sin.: *Bidens platensis* Manganaro, *Bidens quadrangularis* DC.
Ref.: Sherff, 1937; Cabrera, 1963a, 1974a, 1978; Lombardo, 1983; Matthei & Marticorena, 1990.
Hábito: Hierba.
Status: Nativa.
Elevación: 0-1500 m.
Prov.: BA, COR, ER, JU, TU.
Paises limítrofes: BO, BR, CH, PA, UR.
Ejemplar examinado: *Cabrera 20092* (LP).

Bidens sundaica Blume = **Bidens pilosa** L. var. **minor** (Blume) Sherff
Ref.: Sherff, 1937; Cabrera, 1963a, 1974a, 1978.

Bidens sundaica Blume var. *minor* Blume = **Bidens pilosa** L. var. **minor** (Blume) Sherff
Ref.: Sherff, 1937; Cabrera, 1963a, 1974a, 1978.

Bidens tenera O.E. Schulz
Ref.: Sherff, 1937; Cabrera, 1978.
Hábito: Hierba.
Status: Nativa.
Elevación: 1500-2000 m.
Prov.: JU.
Paises limítrofes: BO, BR.
Ejemplar examinado: *Fabris 8024* (LP).

Bidens tereticaulis DC. = **Bidens squarrosa** Kunth
Ref.: Sherff, 1937; Cabrera, 1971a, 1978.

Bidens trifoliata Bertol. = **Bidens squarrosa** Kunth
Ref.: Sherff, 1937; Cabrera, 1978.

Bidens triplinervia Kunth
Sin.: *Bidens affinis* Klotzsch & Otto, *Bidens pedunculata* Phil.
Ref.: Sherff, 1937; Cabrera, 1978.
Hábito: Hierba.
Status: Nativa.
Elevación: 2000-2500 m.
Prov.: JU.
Paises limítrofes: BO, CH.
Ejemplar examinado: *Cabrera 16884* (LP).

Bishovia mikaniifolia (B.L. Rob.) R.M. King & H. Rob. = **Eupatorium mikaniifolium** B.L. Rob.
Ref.: Cabrera & Freire, 1997.

Blainvillea biaristata DC. = **Calyptocarpus biaristatus** (DC.) H. Rob.
Ref.: Robinson, 1978b; Sáenz, 1996, inéd.c.

Boebera chrysanthemoides Willd., nom. superfl. = **Dyssodia papposa** (Vent.) Hitchc.
Ref.: Strother, 1969.

Boebera ciliosa Rydb. = **Dyssodia papposa** (Vent.) Hitchc.
Ref.: Strother, 1969.

Boebera glandulosa (Cav.) Pers., nom. illeg. = **Dyssodia papposa** (Vent.) Hitchc.
Ref.: Strother, 1969.

Boebera papposa (Vent.) Rydb. = **Dyssodia papposa** (Vent.) Hitchc.
Ref.: Strother, 1969.

Boebera roseata Rydb. = **Dyssodia papposa** (Vent.) Hitchc.
Ref.: Strother, 1969.

Brachyclados Gillies ex D. Don. Mutisieae.

Número de especies: 3, 2 especies endémicas.

Brachyclados caespitosus (Phil.) Speg.
Sin.: *Brachyclados obtusifolius* Kuntze, *Brachyclados pygmaeus* Kuntze, *Lavidia caespitosa* Phil.

Ref.: Cabrera, 1971a; Katinas, 1996a.
Hábito: Arbusto.
Status: Endémica.
Elevación: 0-500 m.
Prov.: CHU, SC.
Ejemplar examinado: *Cabrera et al. 23227* (LP).

Brachyclados involutus Kuntze = **Brachyclados lycioides** D. Don
Ref.: Cabrera, 1971a.

Brachyclados lycioides D. Don
Sin.: *Baucis lavandulifolia* Phil., *Brachyclados involutus* Kuntze, *Brachyclados lycioides* D. Don var. *microcephala* Hieron., *Brachyclados macrocephalus* Kuntze
Ref.: Cabrera, 1971a, Katinas 1996a.
Hábito: Arbusto.
Status: Nativa.
Elevación: 0-500 m.
Prov.: BA, CHU, LP, ME, NE, RN, SL.
Paises limítrofes: CH.
Ejemplar examinado: *Ragonese 63* (LP).

Brachyclados lycioides D. Don var. *macrocephala* Hieron. = **Brachyclados megalanthus** Speg.
Ref.: Cabrera, 1971a.

Brachyclados lycioides D. Don var. *microcephala* Hieron. = **Brachyclados lycioides** D. Don
Ref.: Cabrera, 1971a.

Brachyclados macrocephalus Kuntze = **Brachyclados lycioides** D. Don
Ref.: Cabrera, 1971a.

Brachyclados megalanthus Speg.
Sin.: *Brachyclados lycioides* D. Don var. *macrocephala* Hieron.
Ref.: Cabrera, 1971a; Katinas, 1996a.
Hábito: Arbusto.
Status: Endémica.
Elevación: 0-500 m.
Prov.: BA, CHU, RN.
Ejemplar examinado: *Cabrera y Fabris 14881* (LP).

Brachyclados obtusifolius Kuntze = **Brachyclados caespitosus** (Phil.) Speg.
Ref.: Cabrera, 1971a.

Brachyclados pygmaeus Kuntze = **Brachyclados caespitosus** (Phil.) Speg.
Ref.: Cabrera, 1971a.

Brachycladus stuckertii Speg. = **Trichocline plicata** D. Don ex Hook. & Arn.
Ref.: Zardini, 1975.

Brachypappus candicans (Vahl) Sch. Bip. = **Senecio candidans** DC
Ref.: Cabrera & Zardini, 1980.

Brachypappus smithii (DC.) Sch. Bip. = **Senecio smithii** DC
Ref.: Cabrera & Zardini, 1980.

Brachyris isernii Phil. = **Gutierrezia isernii** (Phil.) Phil.
Ref.: Solbrig, 1966.

Brachyris mandonii Sch. Bip. = **Gutierrezia mandonii** (Sch. Bip.) Solbrig
Ref.: Cabrera, 1978.

Brachyris spathulata Phil. = **Gutierrezia spathulata** (Phil.) Kurtz
Ref.: Cabrera, 1971.

Brickellia Elliott. Eupatorieae.
Número de especies: 1

Brickellia diffusa (Vahl) Gray
Sin.: *Eupatorium diffusum* Vahl
Ref.: Cabrera & Vittet, 1954; Cabrera, 1978; Cabrera & Freire, 1997.
Hábito: Hierba.
Status: Nativa.
Elevación: 500-1000 m.
Prov.: JU, SA.
Paises limítrofes: BR.
Ejemplar examinado: *Cabrera 4185* (LP).

Burkartia Crisci. Mutisieae.
Número de especies: 1 especie endémica.

Burkartia lanigera (Hook. & Arn.) Crisci
Sin.: *Perezia lanigera* Hook. & Arn., *Perezia sessiliflora* Speg.
Ref.: Crisci, 1976a; Katinas, 1995.
Hábito: Hierba.
Status: Endémica.
Elevación: 0-500 m.
Prov.: CHU, RN, SC.
Ejemplar examinado: *Ruiz Leal 14690* (LP).

Cacalia aurantiaca Blume = **Gynura aurantiaca** (Blume) DC.
Ref.: Cabrera, 1951b.

Cacalia auriculata (Griseb.) Kuntze = **Vernonia auriculata** Griseb.
Ref.: Cabrera, 1944a.

Cacalia baccharidifolia Poepp. ex DC., nom. nud. = **Senecio baccharidifolius** DC.
Ref.: Cabrera, 1971a.

Cacalia brevifolia (Less.) Kuntze = **Vernonia brevifolia** Less.
Ref.: Cabrera, 1944a.

Cacalia candicans Vahl, hom. illeg. = **Senecio candidans** DC.
Ref.: Cabrera & Zardini, 1980.

Cacalia candicans Poepp. ex DC. = **Senecio gilliesii** Hook. & Arn. var. **gilliesii**
Ref.: Cabrera, 1971a; Cabrera & Zardini 1980.

Cacalia chamaedrys (Less.) Kuntze = **Vernonia chamaedrys** Less.
Ref.: Cabrera, 1944a.

Cacalia cincta (Griseb.) Kuntze = **Vernonia cincta** Griseb.
Ref.: Cabrera, 1944a.

Cacalia cognata (Less.) Kuntze = **Vernonia cognata** Less.
Ref.: Cabrera, 1944a.

Cacalia cordifolia L. f. = **Mikania cordifolia** (L. f.) Willd.
Ref.: Holmes & McDaniel, 1996.

Cacalia denticulata Hook. & Arn. = **Senecio yegua** (Colla) Cabrera
Ref.: Cabrera & Zardini, 1980.

Cacalia flexuosa Kuntze = **Vernonia flexuosa** Sims. var. **flexuosa**
Ref.: Cabrera, 1944a.

Cacalia flexuosa Willd. ex Less., nom. nud.
Ref.: Katinas, 1996b.

Cacalia fulta (Griseb.) Kuntze = **Vernonia fulta** Griseb.
Ref.: Cabrera, 1944a.

Cacalia glandulosa Salisb. = **Porophyllum ruderale** (Jacq.) Cass.
Ref.: Keil, 1975.

Cacalia heterophylla Poepp. ex DC. = **Senecio pilquensis** H. Buek
Ref. Cabrera, 1971a.

Cacalia incana (Less.) Kuntze = **Vernonia incana** Less.
Ref.: Cabrera, 1944a.

Cacalia intermedia (DC.) Kuntze = **Vernonia rubricaulis** Humb. & Bonpl.
Ref.: Cabrera, 1944a.

Cacalia linaria Cav. var. *pumila* (Hook. & Arn.) Poir. = **Porophyllum linifolium** (Ard.) DC.
Ref.: Johnson, 1969; Cabrera, 1974a.

Cacalia linifolia Ard. = **Porophyllum linifolium** (Ard.) DC.
Ref.: Cabrera, 1974a; Petenatti & Ariza Espinar, 1997.

Cacalia linifolia L., hom. illeg. = **Porophyllum linifolium** (Ard.) DC.

Cacalia mollissima (D. Don ex Hook. & Arn.) Kuntze = **Vernonia mollissima** D. Don ex Hook. & Arn.
Ref.: Cabrera, 1944a.

Cacalia ? nivea Kuntze ex DC. = **Senecio gilliesii** Hook. & Arn. var. **gilliesii**
Ref: Cabrera, 1971a.

Cacalia nudiflora (Less.) Kuntze = **Vernonia nudiflora** Less.
Ref.: Cabrera, 1944a.

Cacalia platensis (Spreng.) Kuntze = **Vernonia platensis** (Spreng.) Less.
Ref.: Cabrera, 1944a.

Cacalia porophyllum L. = **Porophyllum ruderale** (Jacq.) Cass.
Ref.: Keil, 1975; Petenatti & Ariza Espinar, 1997.

Cacalia praecox Kuntze = **Vernonia squamulosa** Hook. & Arn.
Ref.: Cabrera, 1944a.

Cacalia praestans Baker, nom. illeg. = **Trixis praestans** (Vell.) Cabrera
Ref.: Katinas, 1996b.

Cacalia regia Baker, nom. nud.
Ref.: Katinas, 1996b.

Cacalia rubricaulis (Humb. & Bonpl.) Kuntze = **Vernonia rubricaulis** Humb. & Bonpl.
Ref.: Cabrera, 1944a.

Cacalia rubricaulis (Humb. & Bonpl.) Kuntz var. *pseudoincana* (Hieron.) Kuntze = **Vernonia pseudoincana** (Hieron.) Cabrera
Ref.: Cabrera, 1974a.

Cacalia ruderalis (Jacq.) Sw. = **Porophyllum ruderale** (Jacq.) Cass.
Ref.: Keil, 1975.

Cacalia scabra Vahl = **Holocheilus brasiliensis** (L.) Cabrera
Ref.: Cabrera, 1968.

Cacalia scorpioides (Lam.) Kuntze var. *sororia* (DC.) Kuntze = **Vernonia scorpioides** (Lam.) Pers. var. **sororia** (DC.) Baker
Ref.: Cabrera, 1944a.

Cacalia sellowii (Less.) Kuntze = **Vernonia sellowii** Less.
Ref.: Cabrera, 1944a.

Cacalia septemnata Vell. = **Mikania dentata** Spreng.
Ref.: Holmes & McDaniel, 1989, 1996.

Cacalia squamulosa (Hook. & Arn.) Kuntze = **Vernonia squamulosa** Hook. & Arn.
Ref.: Cabrera, 1944a.

Cacalia suffruticosa L. = **Porophyllum linifolium** (Ard.) DC.
Ref.: Cabrera, 1974a; Petenatti & Ariza Espinar, 1997.

Cacalia tarijensis (Griseb.) Kuntze = **Vernonia tarijensis** (Griseb.) Hieron.
Ref.: Cabrera, 1944a.

Cacalia ternata Vell. = **Mikania dentata** Spreng.
Ref.: Holmes & McDaniel, 1996.

Cacalia trilobata Vell. = **Mikania glomerata** Spreng.
Ref.: Barroso, 1959.

Calea L. Heliantheae.

Número de especies: 8

Calea amellus L. = **Salmea scandens** (L.) DC.
Ref.: Bolick, 1991.

Calea asclepiaefolia Hassl.
Ref.: Sáenz, inéd.g.
Hábito: Hierba.
Status: Nativa.
Elevación: 0-500 m.
Prov.: MI.
Paises limítrofes: PA.
Ejemplar examinado: *Eskuche 2778* (CTESN, SI).

Calea clausseniana Baker var. **balansae** Baker
Ref.: Cabrera, 1937a.
Hábito: Hierba.
Status: Nativa.
Elevación: 0-500 m.
Prov.: MI.
Paises limítrofes: BR, PA.
Ejemplar examinado: *Grüner 1257* (LP).

Calea clematidea Baker
Ref.: Cabrera, 1937a.
Hábito: Arbusto.
Status: Nativa.
Elevación: 0-500 m.
Prov.: COR, MI.
Paises limítrofes: PA.
Ejemplar examinado: *Kaprovickas et al. 25512* (CTES, LP).

Calea cymosa Less.
Ref.: Cabrera, 1937a, 1974a.
Hábito: Hierba.
Status: Nativa.
Elevación: 0-500 m.
Prov.: CH, COR, ER, FO, MI, SF.
Paises limítrofes: BR, PA, UR.
Ejemplar examinado: *Pedersen 5178* (LIL, LP).

Calea hassleriana Chodat
Ref.: Cabrera, 1937a.
Hábito: Hierba.
Status: Nativa.
Elevación: 0-500 m.
Prov.: COR, MI.
Paises limítrofes: PA.
Ejemplar examinado: *Meyer 2114* (LP).

Calea pedunculosa DC. = **Calea uniflora** Less. var. **discoidea** Baker
Ref.: Cabrera, 1937a.

Calea pinnatifida (R. Br.) Less.
Sin.: *Actinea conmutata* Spreng., *Caleacte pinnatifida* R. Br., *Mocinna brasiliensis* Spreng.
Ref.: Cabrera, 1937a.
Hábito: Liana.
Status: Nativa.
Elevación: 0-500 m.
Prov.: COR, MI.
Paises limítrofes: PA.
Ejemplar examinado: *Montes 2562* (LP).

Calea platylepis Sch. Bip. ex Baker
Ref.: Cabrera, 1937a.
Hábito: Hierba.
Status: Nativa.
Elevación: 0-500 m.
Prov.: MI.
Paises limítrofes: BR, PA, UR.
Ejemplar examinado: *Montes 4115* (LP, SI).

Calea uniflora Less. var. **discoidea** Baker
Sin.: *Calea pedunculosa* DC.
Ref.: Cabrera, 1937a, 1974a.
Hábito: Hierba.
Status: Nativa.
Elevación: 0-500 m.
Prov.: ER.
Paises limítrofes: BR.
Ejemplar examinado: *Schinini et al. 17542* (CTES, LP).

Calea uniflora Less. var. **uniflora**
Ref.: Cabrera, 1937a, 1974a.
Hábito: Hierba.
Status: Nativa.
Elevación: 0-500 m.
Prov.: COR, ER, MI.
Paises limítrofes: BR, PA, UR.
Ejemplar examinado: *Burkart 23187* (LP).

Caleacte pinnatifida R. Br. = **Calea pinnatifida** (R. Br.) Less.
Ref.: Cabrera, 1937a.

Calendula L. Calenduleae.
Número de especies: 2

Calendula arvensis L.
Ref.: Hicken, 1910; Hauman, 1925a; Cabrera, 1963a, 1971a; Meikle, 1976; Delucchi & Ariza Espinar, 1997.
Hábito: Hierba.
Status: Adventicia.
Elevación: 0-500 m.
Prov.: BA, CHU, RN.
Paises limítrofes: CH, UR.
Ejemplar examinado: *Cabrera 4534* (LP).

Calendula magellanica Willd. = **Lagenophora nudicaulis** (Comm. ex Lam.) Dusén
Ref.: Cabrera, 1971a.

Calendula officinalis L.
Ref.: Hicken, 1910; Cabrera, 1971a; Meikle, 1976; Delucchi & Ariza Espinar, 1997.
Hábito: Hierba.
Status: Adventicia.
Elevación: 0-500 m.
Prov.: BA, NE.
Paises limítrofes: CH.
Ejemplar examinado: *Hicken 582* (SI).

Calendula pusilla Thouars = **Lagenophora nudicaulis** (Comm. ex Lam.) Dusén
Ref.: Cabrera, 1971a.

Caloptilion lagascae (D. Don) Hook. & Arn. = **Nassauvia lagascae** (D. Don) F. Meigen. var. **lagascae**
Ref.: Cabrera, 1982.

Caloptilion lagascae (D. Don) Hook. & Arn. var. *lanata* Phil. = **Nassauvia lagascae** (D. Don) F. Meigen var. **lanata** (Phil.) Skottsb.
Ref.: Cabrera, 1982.

Calyptocarpus Less. Heliantheae.

Número de especies: 1

Calyptocarpus biaristatus (DC.) H. Rob.
Sin.: *Blainvillea biaristata* DC., *Oligogyne megapotamica* DC., *Oligogyne synedrelloides* Hook. & Arn.
Ref.: Cabrera, 1963a, 1974a; Robinson, 1978b; Muruaga, et al., 1995; Sáenz, 1996, inéd.c.
Hábito: Hierba.
Status: Nativa.
Elevación: 0-500 m.
Prov.: BA, CH, COR, ER, FO, MI, TU.
Paises limítrofes: BR, PA, UR.
Ejemplar examinado: *Pastore 299* (LP).

Campovassouria bupleurifolia (DC.) R.M. King & H. Rob. = **Eupatorium bupleurifolium** DC.
Ref.: Cabrera, 1974a, 1978.

Campovassouria cruciata (Vell.) R.M. King & H. Rob. = **Eupatorium bupleurifolium** DC.
Ref.: Cabrera & Freire, 1997.

Campuloclinium burchellii (Baker) R.M. King & H. Rob. = **Eupatorium burchellii** Baker
Ref.: Cabrera & Freire, 1997.

Campuloclinium hickenii (Cabrera & Vittet) R.M. King & H. Rob. = **Eupatorium hickenii** Cabrera & Vittet
Ref.: Cabrera & Freire, 1997.

Campuloclinium kleinioides (Kunth) DC. = **Eupatorium kleinioides** Kunth
Ref.: Cabrera & Freire, 1997.

Campuloclinium macrocephalum (Less.) DC. = **Eupatorium macrocephalum** Less.
Ref.: Cabrera & Freire, 1997.

Campuloclinium macrocephalum (Less.) DC. var. *strigosum* DC. = **Eupatorium macrocephalum** Less.
Ref.: Cabrera & Freire, 1997a.

Campuloclinium palustre DC. = [Eupatorium palustre (DC.) Baker]

Campuloclinium purpurascens (Sch. Bip. ex Baker) R.M. King & H. Rob. = **Eupatorium purpurascens** Sch. Bip. ex Baker
Ref.: Cabrera & Freire, 1997.

Carduus L. Cardueae.

Número de especies: 4

Carduus acanthoides L.
Ref.: Parodi, 1926b; Cabrera, 1963a, 1974a; Del Aguila, 1964; Novara, 1993c; Ariza Espinar & Delucchi, 1998b.
Hábito: Hierba.
Status: Naturalizada.
Elevación: 0-1500 m.
Prov.: BA, CO, DF, ER, JU, LP, SA, SF.
Paises limítrofes: CH, UR.
Ejemplar examinado: *Cabrera 174* (LP).

Carduus lanceolatus L. = **Cirsium vulgare** (Savi) Ten.
Ref.: Cabrera, 1963a.

Carduus leiophyllus Petrovic = **Carduus thoermeri** Weinm.
Ref.: Amaral Franco, 1976a.

Carduus marianus L. = **Silybum marianum** (L.) Gaertn.
Ref.: Cabrera, 1963a.

Carduus nutans L. var. *macrocephalus* auct. non (Desf.) Fiori & Bég. = **Carduus thoermeri** Weinm.
Ref.: Kazmi, 1964; Amaral Franco, 1976a.

Carduus nutans L. subsp. *macrolepis* auct. non (Peterm.) Kazmi = **Carduus thoermeri** Weinm.
Ref.: Kazmi, 1964.

Carduus pycnocephalus L.
Sin.: *Carduus tenuiflorus* Curtis var. *pycnocephalus* (L.) DC.
Ref.: Parodi, 1926b; Cabrera, 1963a, 1974a; Webb et al., 1988; Ariza Espinar & Delucchi, 1998b.
Hábito: Hierba.
Status: Adventicia.
Elevación: 0-500 m.
Prov.: BA, DF, ER.
Paises limítrofes: CH, UR.
Ejemplar examinado: *Burkart 23859* (LP).

Carduus pycnocephalus L. var. *tenuiflorus* (Curtis) Ball = **Carduus tenuiflorus** Curtis

Carduus pycnocephalus L. var. *tenuiflorus* (Curtis) Fiori & Bég., comb. superfl. = **Carduus tenuiflorus** Curtis
Ref.: Cabrera, 1971a; Cabrera & Zardini, 1978.

Carduus tenuiflorus Curtis
Sin.: *Carduus pycnocephalus* L. var. *tenuiflorus* (Curtis) Ball, *Carduus pycnocephalus* L. var. *tenuiflorus* (Curtis) Fiori & Bég., comb. superfl.
Ref.: Cabrera, 1963a, 1971a, 1974a; Cabrera & Zardini, 1978; Webb et al., 1988; Novara, 1993c.
Hábito: Hierba.
Status: Adventicia.
Elevación: 0-1500 m.
Prov.: BA, CO, DF, ER, LP, ME, SA, SC.
Paises limítrofes: UR.
Ejemplar examinado: *Cabrera 105* (LP).

Carduus tenuiflorus Curtis var. *pycnocephalus* (L.) DC. = **Carduus pycnocephalus** L.

Carduus thoermeri Weinm.
Sin.: *Carduus leiophyllus* Petrovic., *Carduus nutans* L. var. *macrocephalus* auct. non (Desf.) Fiori & Bég., *Carduus nutans* L. subsp. *macrolepis* auct. non (Peterm.) Kazmi
Ref.: Cabrera, 1963a, 1971a, 1974a, 1978; Del Aguila, 1964; Kazmi, 1964; Amaral Franco, 1976a; Moore, 1983; Novara, 1993c; Ariza Espinar & Delucchi, 1998b.
Hábito: Hierba.
Status: Adventicia
Elevación: 0-1500 m.
Prov.: BA, CHU, CO, DF, ER, JU, LP, ME, NE, RN, SA, SC, SE, SF, TF, TU.
Paises limítrofes: BR, CH, UR.
Ejemplar examinado: *Cabrera 128* (LP).

Carduus vulgaris Savi = **Cirsium vulgare** (Savi) Ten.
Ref.: Cabrera, 1963a.

Carelia conyzoides (L.) Kuntze = **Ageratum conyzoides** L.
Ref.: Cabrera, 1974a, 1978.

Carmelita formosa Gay = **Chaetanthera villosa** D. Don
Ref.: Cabrera, 1937b.

Carmelita spathulata Phil. = **Chaetanthera spathulifolia** Cabrera
Ref.: Cabrera, 1937b.

Carthamus L. Cardueae.

Número de especies: 1

Carthamus lanatus L.
Sin.: *Kentrophyllum lanatum* (L.) DC. ex Duby.
Ref.: Ruíz Leal & Roig, 1961; Cabrera, 1963a, 1971a, 1974a; Del Aguila, 1964; Ariza Espinar & Delucchi, 1998b.
Hábito: Hierba.
Status: Naturalizada.
Elevación: 0-500 m.
Prov.: BA, CO, COR, DF, ER, LP, ME, RN, SE, SF, SL.
Paises limítrofes: BR, CH, UR.
Ejemplar examinado: *Cabrera 102* (LP).

Carthamus fluminensis Vell. = **Dasyphyllum brasiliense** (Spreng.) Cabrera var. **brasiliense**
Ref.: Cabrera, 1959d.

Castra illustris Vell. = **Holocheilus illustris** (Vell.) Cabrera
Ref.: Cabrera, 1968.

Castra nobilis Vell. = **Trixis nobilis** (Vell.) Katinas
Ref.: Katinas, 1996b.

Castra praestans Vell. = **Trixis praestans** (Vell.) Cabrera
Ref.: Katinas, 1996b.

Castra regia Vell. = **Trixis divaricata** Spreng. subsp. **divaricata**
Ref.: Katinas, 1998.

Centaurea L. Cardueae.

Número de especies: 9

Centaurea benedicta (L.) L. = **Cnicus benedictus** L.
Ref.: Moore & Frankton, 1974.

Centaurea calcitrapa L.
Ref.: Parodi, 1956; Cabrera, 1963a, 1971a, 1974a; Del Aguila, 1964; Ariza Espinar & Delucchi, 1998b.
Hábito: Hierba.
Status: Adventicia.
Elevacion: 0-1000 m.
Prov.: BA, CH, CO, COR, DF, ER, LP, LR, ME, MI, NE, RN, SA, SF, SL.
Paises limítrofes: CH, UR.
Ejemplar examinado: *Cabrera 124* (LP).

Centaurea cyanus L.
Ref.: Parodi, 1956; Cabrera, 1963a, 1971a; Covas, 1964; Ariza Espinar & Delucchi, 1998b.
Hábito: Hierba.
Status: Adventicia.
Elevación: 0-500 m.
Prov.: BA, CO, DF, LP, NE, RN.
Paises limítrofes: CH.
Ejemplar examinado: *Burkart 6528* (LP).

Centaurea diffusa Lam.
Ref.: Cabrera & Fabris, 1958; Cabrera, 1963a; Dostál, 1976b; Ariza Espinar & Delucchi, 1998b.
Hábito: Hierba.
Status: Adventicia.
Elevación: 0-500 m.
Prov.: BA, CO, LP.
Ejemplar examinado: *Abbiatti 4073* (LP).

Centaurea dubia Suter subsp. *vochinensis* (Bernh. ex Rchb.) Hayek ex Hegi = **Centaurea nigrescens** Willd.
Ref.: Cabrera & Zardini, 1978.

Centaurea iberica Trevir. ex Spreng.
Ref.: Parodi, 1956, Cabrera, 1963a; Dostál, 1976b; Ariza Espinar & Delucchi, 1998b.
Hábito: Hierba.
Status: Adventicia.
Elevación: 0-500 m.
Prov.: BA, DF, NE, RN.
Ejemplar examinado: *Parodi 15411* (BAA).

Centaurea jacea L.
Ref.: Cabrera, 1963a, 1971a; Ariza Espinar & Delucchi, 1998b.
Hábito: Hierba.
Status: Adventicia.
Elevación: 0-500 m.
Prov.: BA, NE, RN.
Paises limítrofes: CH.
Ejemplar examinado: *Cabrera 7404* (LP).

Centaurea melitensis L.
Ref.: Hicken, 1910; Parodi, 1956; Cabrera, 1963a, 1971a, 1974a; Del Aguila, 1964; Novara, 1993c; Ariza Espinar & Delucchi, 1998b.
Hábito: Hierba.
Status: Adventicia.
Elevación: 0-2000 m.
Prov.: BA, CA, CH, CHU, CO, COR, DF, ER, JU, LP, LR, ME, MI, NE, RN, SA, SE, SF, SJ, SL, TU.
Paises limítrofes: BR, CH, UR.
Ejemplar examinado: *Cabrera 534* (LP).

Centaurea nigrescens Willd.
Sin.: *Centaurea dubia* Suter subsp. *vochinensis* (Bernh. ex Rchb.) Hayek ex Hegi, *Centaurea vochinensis* Bernh. ex Rchb.
Ref.: Moore & Frankton, 1974; Dostál. 1976b; Cabrera & Zardini, 1978; Ariza Espinar & Delucchi, 1998b.
Hábito: Hierba.
Status: Adventicia.
Elevación: 0-500 m.
Prov.: BA, RN.
Ejemplar examinado: *Parodi 8833* (BAA).

Centaurea picris Pallas ex Willd. = **Acroptilon repens** (L.) DC.
Ref.: Dostál, 1976b.

Centaurea repens L. = **Acroptilon repens** (L.) DC.
Ref.: Dostál, 1976b.

Centaurea solstitialis L.
Ref.: Hicken, 1910; Parodi, 1956; Cabrera, 1963a, 1971a, 1974a; Del Aguila, 1964; Novara, 1993c; Ariza Espinar & Delucchi, 1998b.
Hábito: Hierba.
Status: Adventicia.
Elevación: 0-1500 m.
Prov.: BA, CH, CO, DF, ER, LP, NE, RN, SA, SF, SL.
Paises limítrofes: CH.
Ejemplar examinado: *Cabrera 653* (LP).

Centaurea tweediei Hook. & Arn.
Ref.: Cabrera, 1963a, 1974a; Ariza Espinar & Delucchi, 1998b.
Hábito: Hierba.
Status: Nativa.
Elevación: 0-500 m.
Prov.: BA, CH, COR, ER, FO, MI, SF.
Paises limítrofes: BR, PA, UR.
Ejemplar examinado: *Burkart 4147* (LP).

Centaurea vochinensis Bernh. ex Rchb. = **Centaurea nigrescens** Willd.
Ref.: Moore & Frankton, 1974a.

Centipeda Lour. Anthemideae.
Número de especies: 1

Centipeda elatinoides (Less.) Benth. & Hook. f. ex O. Hoffm.
Sin.: *Myriogyne elatinoides* Less.
Ref.: Cabrera, 1971a; Ariza Espinar, 1997b.
Hábito: Hierba.
Status: Nativa.
Elevación: 500-1000 m.
Prov.: NE.
Paises limítrofes: CH.
Ejemplar examinado: *Dawson y Schwabe 2498* (LP)

Centratherum Cass. Vernonieae.
Número de especies: 2

Centratherum aristatum auct. non Cass. = **Centratherum punctatum** Cass.
Ref.: Kirkman, 1981.

Centratherum brachylepis Sch. Bip. ex Baker = **Centratherum punctatum** Cass.
Ref.: Kirkman, 1981.

Centratherum brevispinum Cass. = **Centratherum punctatum** Cass.
Ref.: Kirkman, 1981.

Centratherum camporum (Hassl.) Malme = **Centratherum punctatum** Cass.
Ref.: Kirkman, 1981.

Centratherum camporum (Hassl.) Malme var. *albicans* (Hassl.) Malme = **Centratherum confertum** K. Kirkman
Ref.: Cabrera, 1974a; Kirkman, 1981.

Centratheurm camporum (Hassl.) Malme var. *longipes* (Hass.) Malme = **Centratherum punctatum** Cass.
Ref.: Kirkman, 1981.

Centratherum confertum K. Kirkman
Sin.: *Centratherum camporum* (Hassl.) Malme var. *albicans* (Hassl.) Malme, *Centratherum punctatum* Cass. subsp. *camporum* Hassl. var. *albicans* Hassl.
Ref.: Cabrera, 1974a; Kirkman, 1981.
Hábito: Subarbusto.
Status: Nativa.
Elevación: 0-500 m.
Prov.: COR, ER, SF.
Paises limítrofes: BR, PA.
Ejemplar examinado: *Hassler 5881* (G)

Centratherum holtoni Baker = **Centratherum punctatum** Cass.
Ref.: Kirkman, 1981.

Centratherum intermedium (Link) Less. = **Centratherum punctatum** Cass.
Ref.: Kirkman, 1981.

Centratherum longispinum Cass. = **Centratherum punctatum** Cass.
Ref.: Kirkman, 1981.

Centratherum muticum (Kunth) Less. = **Centratherum punctatum** Cass.
Ref.: Kirkman, 1981.

Centratherum pulchellum (Cass.) Steud. = **Centratherum punctatum** Cass.
Ref.: Kirkman, 1981.

Centratherum punctatum Cass.
Sin.: *Ampherephis aristata* Kunth, *Ampherephis intermedia* Link, *Ampherephis mutica* Kunth, *Ampherephis pilosa* Cass., *Ampherephis pulchella* Cass., *Amphibecis violacea* Schrank, *Baccarodes brachylepis* (Sch. Bip. ex Baker) Kuntze, *Baccarodes holtonii* (Baker) Kuntze, *Baccarodes muticum* (Kunth) Kuntze, *Baccarodes punctatum* (Cass.) Kuntze, *Baccarodes violaceum* (Schrank) Kuntze, *Centratherum aristatum* auct. non Cass., *Centratherum brachylepis* Sch. Bip. ex Baker, *Centratherum brevispinum* Cass., *Centratherum camporum* (Hassl.) Malme, *Centratherum camporum* (Hassl.) Malme var. *longipes* (Hassl.) Malme, *Centratherum holtoni* Baker, *Centratherum intermedium* (Link) Less., *Centratherum longispinum* Cass., *Centratherum muticum* (Kunth) Less., *Centratherum pulchellum* (Cass.) Steud., *Centratherum punctatum* Cass. var. *parviflorum* Baker, *Centratherum punctatum* Cass. var. *foliosa* Chodat, *Centratherum punctatum* Cass. subsp. *camporum* Hassl. var. *viscosissimum* Hassl. f. *brachyphyllum* Hassl., *Centratherum punctatum* Cass. subsp. *camporum* Hassl. var. *longipes* Hassl., *Centratherum punctatum* Cass. subsp. *camporum* Hassl. var. *viscosissimum* Hassl. f. *foliosum* (Chodat) Hassl., *Centratherum violaceum* (Schrank) Gleason, *Crantzia ovata* Vell., *Spixia violacea* Schrank

Ref.: Kirkman, 1981.
Hábito: Subarbusto.
Status: Nativa.
Elevación: 0-500 m.
Prov.: COR, MI, SF.
Paises limítrofes: BO, BR, PA, UR.
Ejemplar examinado: *Pedersen 12275* (LP).

Centratherum punctatum Cass. subsp. *camporum* Hassl. var. *albicans* (Hassl.) Malme = **Centratherum confertum** K. Kirkman
Ref.: Kirkman, 1981.

Centratherum punctatum Cass. subsp. *camporum* Hassl. var. *viscosissimum* Hassl. f. *brachyphyllum* Hassl. = **Centratherum punctatum** Cass.
Ref.: Kirkman, 1981.

Centratherum punctatum Cass. subsp. *camporum* Hassl. var. *viscosissimum* Hassl. f. *foliosum* (Chodat) Hassl. = **Centratherum punctatum** Cass.
Ref.: Kirkman, 1981.

Centratherum punctatum Cass. subsp. *camporum* Hassl. var. *longipes* Hassl. = **Centratherum punctatum** Cass.
Ref.: Kirkman, 1981.

Centratherum punctatum Cass. var. *foliosa* Chodat = **Centratherum punctatum** Cass.
Ref.: Kirkman, 1981.

Centratherum punctatum Cass. var. *parviflorum* Baker = **Centratherum punctatum** Cass.
Ref.: Kirkman, 1981.

Centratherum violaceum (Schrank) Gleason = **Centratherum punctatum** Cass.
Ref.: Kirkman, 1981.

Centrospermum xanthioides Kunth = **Acanthospermum australe** (Loefl.) Kuntze
Ref.: Cabrera, 1963a, 1974a.

Cephalobembix neo-mexicana (A. Gray) Rydb. = **Schkuhria multiflora** Hook. & Arn.
Ref.: Heiser, 1945; Cabrera, 1978; Petenatti & Ariza Espinar, 1997.

Cephalophora doniana Hook. & Arn. = **Helenium donianum** (Hook. & Arn.) Seckt
Ref.: Bierner, 1987; Ariza Espinar, 1993a; Petenatti & Ariza Espinar, 1997.

Cephalophora heterophylla (Juss.) Less. = **Helenium radiatum** (Less.) Seckt
Ref.: Bierner, 1987; Ariza Espinar, 1993a; Petenatti & Ariza Espinar, 1997.

Cephalophora radiata Less. = **Helenium radiatum** (Less.) Seckt
Ref.: Bierner, 1987; Ariza Espinar, 1993a; Petenatti & Ariza Espinar, 1997.

Cephalophora robusta Rusby = **Hymenoxys robusta** (Rusby) K.L. Parker
Ref.: Parker, 1962; Petenatti & Ariza Espinar, 1997.

Ceratocephalus americanus (L.f.) Kuntze = **Acmella oppositifolia** (Lam.) R.K. Jansen
Ref.: Jansen, 1985.

Ceratocephalus arnicoides (DC.) Kuntze = **Acmella bellidioides** (Sm.) R.K. Jansen
Ref.: Jansen, 1985.

Ceratocephalus ciliatus (Kunth) Kuntze = **Acmella ciliata** (Kunth) Cass.
Ref.: Jansen, 1985.

Ceratocephalus decumbens (Sm.) Kuntze = **Acmella decumbens** (Sm.) R.K. Jansen var. **decumbens**
Ref.: Jansen, 1985.

Ceratocephalus decumbens (Sm.) Kuntze var. *macropoda* (DC.) Kuntze = **Acmella decumbens** (Sm.) R.K. Jansen var. **decumbens**
Ref.: Jansen, 1985.

Ceratocephalus falcatus (L.) Pers. = **Ranunculus falcatus** L.
Ref.: Lourteig, 1959.

Ceratocephalus fimbriatus (Kunth) Kuntze = **Acmella ciliata** (Kunth) Cass.
Ref.: Jansen, 1985.

Ceratocephalus poeppigii (DC.) Kuntze = **Acmella ciliata** (Kunth) Cass.
Ref.: Jansen, 1985.

Cercostylos brasiliensis (Less.) Less. = **Gaillardia megapotamica** (Spreng.) Baker var. **megapotamica**
Ref.: Biddulph, 1944; Cabrera, 1974a; Petenatti & Ariza Espinar, 1997.

Cercostylos scabiosoides Arn. ex DC. = **Gaillardia megapotamica** (Spreng.) Baker var. **scabiosoides** (Arn. ex DC.) Baker
Ref.: Biddulph, 1944; Cabrera, 1974a; Petenatti & Ariza Espinar, 1997.

Chabraea barrasiana J. Rémy = **Leucheria runcinata** D. Don
Ref.: Crisci, 1976b.

Chabraea candidissima (D. Don) DC. = **Leucheria candidissima** D. Don
Ref.: Crisci, 1976b.

Chabraea canescens Phil. = **Leucheria congesta** D. Don
Ref.: Crisci, 1976b.

Chabraea concinna Phil. = **Leucheria landbeckii** (Phil.) Reiche
Ref.: Crisci, 1976b.

Chabraea coquimbana Phil. = **Leucheria runcinata** D. Don
Ref.: Crisci, 1976b.

Chabraea fragrans Phil. = **Leucheria achillaeifolia** Hook. & Arn.
Ref.: Crisci, 1976b.

Chabraea gayana J. Rémy = **Leucheria gayana** (J. Rémy) Reiche
Ref.: Crisci, 1976b.

Chabraea glabra DC. = **Leucheria scrobiculata** D. Don
Ref.: Crisci, 1976b.

Chabraea glacialis (Poepp. ex Less.) DC. = **Leucheria glacialis** (Poepp. ex Less.) Reiche
Ref.: Crisci, 1976b.

Chabraea integrifolia Phil., hom.illeg. = **Leucheria hahnii** Franch.
Ref.: Crisci, 1976b.

Chabraea landbeckii Phil. = **Leucheria landbeckii** (Phil.) Reiche
Ref.: Crisci, 1976b.

Chabraea lithospermifolia (Less.) DC. = **Leucheria lithospermifolia** (Less.) Reiche
Ref.: Crisci, 1976b.

Chabraea multifida DC. = **Leucheria achillaeifolia** Hook. & Arn.
Ref.: Crisci, 1976b.

Chabraea nutans J. Rémy = **Leucheria nutans** (J. Rémy) Reiche
Ref.: Crisci, 1976b.

Chabraea oligocephala Phil. = **Leucheria landbeckii** (Phil.) Reiche
Ref.: Crisci, 1976b.

Chabraea poeppigii Phil. = **Leucheria nutans** (J. Rémy) Reiche
Ref.: Crisci, 1976b.

Chabraea purpurea (Vahl) DC. = **Leucheria purpurea** (Vahl) Hook. & Arn.
Ref.: Crisci, 1976b.

Chabraea runcinata (D. Don) Hook. = **Leucheria runcinata** D. Don
Ref.: Crisci, 1976b.

Chabraea salina J. Rémy = **Leucheria salinae** (J. Rémy) Hieron. subsp. **salinae**
Ref.: Crisci, 1976b.

Chabraea salinasi Phil. var. *bipinnatifida* Phil. = **Leucheria salinae** (J. Rémy) Hieron. var. **salinae**
Ref.: Crisci, 1976b.

Chabraea scrobiculata (D. Don) DC. = **Leucheria scrobiculata** D. Don
Ref.: Crisci, 1976b.

Chabraea scrobiculata (D. Don) DC. var. *pentacephala* Phil. = **Leucheria scrobiculata** D. Don
Ref.: Crisci, 1976b.

Chabraea suaveolens (d'Urv.) DC. = **Leucheria suaveolens** (d'Urv.) Speg.
Ref.: Crisci, 1976b.

Chabraea tenerifolia Phil. = **Leucheria runcinata** D. Don
Ref.: Crisci, 1976b.

Chabraea tenuisecta Sch. Bip., nom. nud.
Ref.: Crisci, 1976b.

Chabraea thermarum Phil. = **Leucheria thermarum** (Phil.) Phil.
Ref.: Crisci, 1976b.

Chacoa pseudoprasiifolia (Hassl.) R.M. King & H. Rob. = **Eupatorium pseudoprasiifolium** Hassl.
Ref.: Cabrera & Freire, 1997.

Chaenocephalus alatus Lillo = **Verbesina lilloi** S.F. Blake
Ref.: Cabrera, 1978.

Chaenocephalus heterophyllus Griseb. = **Verbesina suncho** (Griseb.) S.F. Blake
Ref.: Ariza Espinar, 1980.

Chaenocephalus macrophyllus Griseb. = **Verbesina suncho** (Griseb.) S.F. Blake
Ref.: Ariza Espinar, 1980.

Chaenocephalus suncho Griseb. = **Verbesina suncho** (Griseb.) S.F. Blake
Ref.: Ariza Espinar, 1980.

Chaetanthera Ruiz & Pav. Mutisieae.

Número de especies: 20, 2 especies endémicas.

Chaetanthera acerosa auct. non (J. Rémy) Benth. & Hook. f. ex Griseb. = **Chaetanthera pulvinata** (Phil.) Hauman var. **polymalla** (Phil.) Hicken
Ref.: Cabrera, 1937b.

Chaetanthera acerosa (J. Rémy) Benth. & Hook. f. ex Griseb. var. **acerosa**
Sin.: *Chaetanthera pallida* (Phil.) Hauman, *Egania acerosa* J. Rémy, *Egania pallida* Phil., *Egania racemosa* Pritz., *Oriastrum incanum* Phil., *Oriastrum parviflorum* Phil., *Oriastrum uncinatum* Phil.
Ref.: Cabrera, 1937b; Katinas, 1996a.
Hábito: Hierba.
Status: Nativa.
Elevación: 2500-4000 m.
Prov.: SJ.
Paises limítrofes: CH.
Ejemplar examinado: *Pérez Moreau 147* (LP).

Chaetanthera acerosa (J. Rémy) Benth. & Hook. f. ex Griseb. var. **dasycarpa** Cabrera
Ref.: Cabrera, 1937b; Katinas, 1996a.
Hábito: Hierba.
Status: Nativa.
Elevación: 3000-4000 m.
Prov.: SJ.
Paises limítrofes: CH.
Ejemplar examinado: *Pérez Moreau 160* (LP).

Chaetanthera andina Phil. = **Chaetanthera elegans** Phil. var. **pratensis** (Phil.) Cabrera
Ref.: Cabrera, 1937b.

Chaetanthera andina Phil. var. *pratensis* (Phil.) Reiche = **Chaetanthera elegans** Phil. var. **pratensis** (Phil.) Cabrera
Ref.: Cabrera, 1937b.

Chaetanthera araucana Phil. = **Chaetanthera elegans** Phil. var. **pratensis** (Phil.) Cabrera
Ref.: Cabrera, 1937b.

Chaetanthera argentea D. Don = **Chaetanthera chilensis** (Willd.) DC. var. **tenuifolia** (Gillies) Cabrera
Ref.: Cabrera, 1937b.

Chaetanthera australis Cabrera
Ref.: Cabrera, 1937b.
Hábito: Hierba.
Status: Endémica.
Elevación: 1500-2000 m.
Prov.: NE, RN.
Ejemplar examinado: *Burkart 6050* (LP).

Chaetanthera chilensis (Willd.) DC. var. **tenuifolia** (Gillies) Cabrera
Sin.: *Chaetanthera tenuifolia* Gillies, *Chaetanthera argentea* D. Don
Ref.: Cabrera, 1937b; Katinas, 1996a.
Hábito: Hierba.
Status: Nativa.
Elevación: 0-3000 m.
Prov.: ME.
Paises limítrofes: CH.
Ejemplar examinado: *Spegazzini 1596* (LP).

Chaetanthera comata Phil. = **Chaetanthera elegans** Phil. var. **pratensis** (Phil.) Cabrera
Ref.: Cabrera, 1937b.

Chaetanthera crenata J. Rémy = **Trichocline cineraria** (D. Don) Hook. & Arn.
Ref.: Zardini, 1975.

Chaetanthera dealbata Hook. & Arn. = **Trichocline dealbata** (Hook. & Arn.) Benth. & Hook. f. ex Griseb.
Ref.: Zardini, 1975.

Chaetanthera debilis Meyen & Walp. = **Chaetanthera euphrasioides** (DC.) F. Meigen
Ref. : Cabrera, 1937b.

Chaetanthera dioica (J. Rémy) B.L. Rob.
Sin.: *Chaetanthera niederleinii* Hieron., nom. nud., *Egania dioica* J. Rémy, *Oriastrum dioicum* (J. Rémy) Phil.
Ref.: Cabrera, 1937b; Katinas, 1996a.
Hábito: Hierba.
Status: Nativa.
Elevación: 3000-5000 m.
Prov.: CA, JU, LR, SA, SJ, TU.
Paises limítrofes: CH.
Ejemplar examinado: *Castellanos s.n.* (LP 066614).

Chaetanthera elata Phil. = **Chaetanthera elegans** Phil. var. **elegans**
Ref.: Cabrera, 1937b.

Chaetanthera elegans Phil. var. *andina* (Phil.) Cabrera = **Chaetanthera elegans** Phil. var. **pratensis** (Phil.) Cabrera
Ref.: Cabrera, 1937b.

Chaetanthera elegans Phil. var. **elegans**
Sin.: *Chaetanthera elata* Phil., *Chaetanthera elegans* Phil. var. *typica* Cabrera, nom. inval.
Ref.: Cabrera, 1937b.
Hábito: Hierba.
Status: Nativa.
Elevación: 1500-2000 m.
Prov.: NE.
Paises limítrofes: CH.
Ejemplar examinado: *Spegazzini 1592* (LP).

Chaetanthera elegans Phil. var. **pratensis** (Phil.) Cabrera
Sin.: *Chaetanthera andina* Phil., *Chaetanthera andina* Phil. var. *pratensis* (Phil.) Reiche, *Chaetanthera araucana* Phil., *Chaetanthera comata* Phil., *Chaetanthera elegans* Phil. var. *andina* (Phil.) Cabrera, *Chaetanthera foliosa* Phil., *Chaetanthera montana* Phil.; *Chaetanthera pratensis* Phil.
Ref.: Cabrera, 1937b, 1971a; Katinas, 1996a.
Hábito: Hierba.
Status: Nativa.
Elevación: 1500-2000 m.
Prov.: CHU, NE.
Paises limítrofes: CH.
Ejemplar examinado: *Hicken 83* (LP).

Chaetanthera elegans Phil. var. **pulchra** Cabrera
Ref.: Cabrera, 1937b; Katinas, 1996a.
Hábito: Hierba.
Status: Nativa.
Elevación: 1500-2000 m.
Prov.: CHU, NE.
Paises limítrofes: CH.
Ejemplar examinado: *Spegazzini 1449* (LP).

Chaetanthera elegans Phil. var. *typica* Cabrera, nom. inval. = **Chaetanthera elegans** Phil. var. **elegans**
Ref.: Cabrera, 1937b.

Chaetanthera euphrasioides (DC.) F. Meigen
Sin.: *Chaetanthera debilis* Meyen & Walp., *Elachia euphrasioides* DC., *Tylloma euphrasioides* (DC.) Wedd.
Ref.: Cabrera, 1937b; Katinas, 1996a.
Hábito: Hierba.
Status: Nativa.
Elevación: 2000-3000 m.
Prov.: ME, NE, SJ.
Paises limítrofes: CH.
Ejemplar examinado: *Spegazzini 2542* (LP).

Chaetanthera foliosa Phil. = **Chaetanthera elegans** Phil. var. **pratensis** (Phil.) Cabrera
Ref.: Cabrera, 1937b.

Chaetanthera gnaphalioides (J. Rémy) I.M. Johnst.
Sin.: *Aldunantea gnaphalioides* J. Rémy, *Chondrochilus parvifolius* Phil., *Oriastrum albiflorum* (Phil.) Reiche, *Oriastrum leucocephalum* Phil., *Tylloma albiflorum* Phil.

Ref.: Cabrera, 1937b; Katinas, 1996a.
Hábito: Hierba.
Status: Nativa.
Elevación: 3000-4000 m.
Prov.: CA, LR, SJ.
Paises limítrofes: CH.
Ejemplar examinado: *Bodenbender s.n.* (LP 066601).

Chaetanthera lanata (Phil.) I.M. Johnst.
Sin.: *Chaetanthera philippii* Rob., *Chondrochilus grandiflorus* Phil., *Chondrochilus involucratus* Phil., *Chondrochilus lanatus* Phil., *Tylloma involucratum* Phil., *Tylloma lanatum* Phil.
Ref.: Cabrera, 1937b; Katinas, 1996a.
Hábito: Hierba.
Status: Nativa.
Elevación: 2500-3000 m.
Prov.: LR, SJ.
Paises limítrofes: CH.
Ejemplar examinado: *Spegazzini 1588* (LP).

Chaetanthera linifolia (Bertero) Less. = **Chaetanthera microphylla** (Cass.) Hook. & Arn.
Ref.: Cabrera, 1937b.

Chaetanthera linifolia (Bertero) Less. var. *depauperata* DC. = **Chaetanthera microphylla** (Cass.) Hook. & Arn.
Ref.: Cabrera, 1937b.

Chaetanthera lycopodioides (J. Rémy) Cabrera
Sin.: *Aldunantea lycopodioides* J. Rémy, *Oriastrum gayi* Phil., *Oriastrum glabriusculum* Phil., *Oriastrum lycopodioides* (J. Rémy) Wedd., *Oriastrum lycopodioides* (J. Rémy) Wedd. var. *glabriusculum* (Phil.) Reiche
Ref.: Cabrera, 1937b; Katinas, 1996a.
Hábito: Hierba.
Status: Nativa.
Elevación: 3000-3500.
Prov.: ME.
Paises limítrofes: CH.
Ejemplar examinado: *Ruiz Leal 2067* (LP).

Chaetanthera magellanica (Lam.) Spreng. = **Perezia lactucoides** (Vahl) Less. subsp. **lactucoides**
Ref.: Simpson Vuilleumier, 1969.

Chaetanthera microphylla (Cass.) Hook. & Arn.
Sin.: *Chaetanthera linifolia* (Bertero) Less., *Chaetanthera linifolia* (Bertero) Less. var. *depauperata* DC., *Chaetanthera salsoloides* (D. Don) Kuntze, *Cherina microphylla* Cass., *Euthrixia salsoloides* D. Don
Ref.: Cabrera, 1937b; Katinas, 1996a.
Hábito: Hierba.
Status: Nativa.
Elevación: 0-1000 m.
Prov.: NE.
Paises limítrofes: CH.
Ejemplar examinado: *Cabrera 11120* (LP).

Chaetanthera minuta (Phil.) Cabrera
Sin.: *Oriastrum gossypinum* Phil., *Tylloma gnaphalioides* Phil., *Tylloma minutum* Phil.
Ref.: Cabrera, 1937b; Katinas, 1996a.
Hábito: Hierba.
Status: Nativa.
Elevación: 3000-3500 m.
Prov.: ME, SA, SJ.
Paises limítrofes: CH.
Ejemplar examinado: *Ruiz Leal 7186* (LP).

Chaetanthera montana Phil. = **Chaetanthera elegans** Phil. var. **pratensis** (Phil.) Cabrera
Ref.: Cabrera, 1937b.

Chaetanthera multiflora Humb. & Bonpl. = **Perezia multiflora** (Humb. & Bonpl.) Less. subsp. **multiflora**
Ref.: Simpson Vuilleumier, 1969.

Chaetanthera niederleinii Hieron., nom. nud. = **Chaetanthera dioica** (J. Rémy) B.L. Rob.
Ref.: Cabrera, 1937b.

Chaetanthera pallida (Phil.) Hauman = **Chaetanthera acerosa** (J. Rémy) Benth. & Hook. f. ex Griseb. var. **acerosa**
Ref.: Cabrera, 1937b.

Chaetanthera parviflora Phil. = **Trichocline dealbata** (Hook. & Arn.) Benth. & Hook. f. ex Griseb.
Ref.: Zardini, 1975.

Chaetanthera pentacaenoides (Phil.) Hauman
Sin.: *Oriastrum pentacaenoides* Phil.
Ref.: Cabrera, 1937b; Katinas, 1996a.
Hábito: Hierba.
Status: Nativa.
Elevación: 2500-3500 m.
Prov.: ME, SJ.
Paises limítrofes: CH.
Ejemplar examinado: *Spegazzini 2532* (LP).

Chaetanthera philippii Rob. = **Chaetanthera lanata** (Phil.) I.M. Johnst.
Ref.: Cabrera, 1937b.

Chaetanthera pratensis Phil. = **Chaetanthera elegans** Phil. var. **pratensis** (Phil.) Cabrera
Ref.: Cabrera, 1937b.

Chaetanthera pulvinata (Phil.) Hauman var. *acuminatibracteata* Hauman = **Chaetanthera sphaeroidalis** (Reiche) Hicken
Ref.: Cabrera, 1937b.

Chaetanthera pulvinata (Phil.) Hauman var. **polymalla** (Phil.) Hicken
Sin.: *Chaetanthera acerosa* auct. non (J. Rémy) Benth. & Hook. f. ex Griseb., *Oriastrum polymallum* Phil.
Ref.: Cabrera, 1937b; Katinas, 1996a.
Hábito: Hierba.
Status: Nativa.
Elevación: 3000-4000 m.
Prov.: LR, ME, SA, SJ.
Paises limítrofes: CH.
Ejemplar examinado: *Bodenbender s.n.* (LP 066406).

Chaetanthera pulvinata (Phil.) Hauman var. **pulvinata**
Sin.: *Oriastrum pulvinatum* Phil.
Ref.: Cabrera, 1937b; Katinas, 1996a.
Hábito: Hierba.
Status: Nativa.
Elevación: 3000-4500 m.
Prov.: CA, ME, SJ, TU.
Paises limítrofes: CH.
Ejemplar examinado: *Pérez Moreau 158* (LP).

Chaetanthera pusilla (D. Don) Hook. & Arn.
Sin.: *Aldunantea chilensis* J. Rémy, *Oriastrum chilense* Wedd., *Oriastrum pusillum* Reiche, *Oriastrum pusillum* Reiche var. *uncinatum* Reiche, *Tylloma pusillum* D. Don
Ref.: Cabrera, 1937b; Katinas, 1996a.
Hábito: Hierba.
Status: Nativa.
Elevación: 0-3000 m.
Prov.: ME.
Paises limítrofes: CH.
Ejemplar examinado: *Ruiz Leal 2102* (LP).

Chaetanthera recurvata (Vahl) Spreng. = **Perezia recurvata** (Vahl) Less.
Ref.: Simpson Vuilleumier, 1969.

Chaetanthera revoluta (Phil.) Cabrera
Sin.: *Egania appressa* Phil., *Egania revoluta* Phil., *Oriastrum dioicum* (J. Rémy) Phil. var. *revolutum* (Phil.) Reiche
Ref.: Cabrera, 1937b; Katinas, 1996a.
Hábito: Hierba.
Status: Nativa.
Elevación: 3500-4500 m.
Prov.: CA, JU.
Paises limítrofes: CH.
Ejemplar examinado: *Jörgensen 1325* (LP).

Chaetanthera salsoloides (D. Don) Kuntze = **Chaetanthera microphylla** (Cass.) Hook. & Arn.
Ref.: Cabrera, 1937b.

Chaetanthera spathulata (Phil.) Hauman, hom. illeg. = **Chaetanthera spathulifolia** Cabrera
Ref.: Cabrera, 1937b.

Chaetanthera spathulifolia Cabrera
Sin.: *Carmelita spathulata* Phil., *Chaetanthera spathulata* (Phil.) Hauman, hom. illeg.
Ref.: Cabrera, 1937b; Katinas, 1996a.
Hábito: Hierba.
Status: Nativa.
Elevación: 3000-4000 m.
Prov.: ME, SJ.
Paises limítrofes: CH.
Ejemplar examinado: *Pérez Moreau s.n.* (LP 066809).

Chaetanthera sphaeroidalis (Reiche) Hicken
Sin.: *Chaetanthera pulvinata* (Phil.) Hauman var. *acuminatibracteata* Hauman, *Oriastrum sphaeroidale* Reiche
Ref.: Cabrera, 1937b; Katinas, 1996a.
Hábito: Hierba.
Status: Nativa.
Elevación: 3500-5000 m.
Prov.: LR, SJ.
Paises limítrofes: CH.
Ejemplar examinado: *Flossdorf 86* (LP).

Chaetanthera splendens (J. Rémy) Rob.
Sin.: *Elachia splendens* J. Rémy, *Tylloma splendens* (J. Rémy) Wedd.
Ref.: Cabrera, 1937b; Katinas, 1996a.
Hábito: Hierba.
Status: Nativa.
Elevación: 0-3000 m.
Prov.: SJ.
Paises limítrofes: CH.
Ejemplar examinado: *Jiles 1567* (LP).

Chaetanthera stuebelii Hieron. var. **abbreviata** Cabrera
Ref.: Cabrera, 1937b; Katinas, 1996a.
Hábito: Hierba.
Status: Endémica.
Elevación: 3000-4500 m.
Prov.: CA, JU, SA, TU.
Ejemplar examinado: *Castellanos s.n.* (LP 066684).

Chaetanthera stuebelii Hieron. var. **argentina** Cabrera
Ref.: Cabrera, 1937b; Katinas, 1996a.
Hábito: Hierba.
Status: Endémica.
Elevación: 3500-5000 m.
Prov.: CA, JU, LR, SA, TU.
Ejemplar examinado: *Castillón s.n.* (LP 066682).

Chaetanthera tenuifolia Gillies = **Chaetanthera chilensis** (Willd.) DC. var. **tenuifolia** (Gillies) Cabrera
Ref.: Cabrera, 1937b.

Chaetanthera villosa D. Don
Sin.: *Carmelita formosa* Gay
Ref.: Cabrera, 1937b; Katinas, 1996a.
Hábito: Hierba.
Status: Nativa.
Elevación: 2500-3500 m.
Prov.: ME, NE, RN.
Paises limítrofes: CH.
Ejemplar examinado: *Spegazzini 1595* (LP).

Chaetospira funckii (Turcz.) Blake = **Pseudelephantopus spiralis** (Less.) Cronquist

Chaetospira spiralis (Less.) Aspl. & Blake = **Pseudelephantopus spiralis** (Less.) Cronquist

Chamaemelum Mill. Anthemideae.
Número de especies: 1

Chamaemelum mixtum (L.) All.
Sin.: *Anthemis mixta* L., *Ormenis mixta* (L.) Dumort.
Ref.: Bremer & Humphries, 1993; Ariza Espinar, 1997b.
Hábito: Hierba
Status: Adventicia.
Elevación: 0-500 m.
Prov.: BA, ER.
Paises limítrofes: BR, CH, UR.
Ejemplar examinado: *Cabrera 942* (LP)

Chamomilla recutita (L.) Rausch = **Matricaria recutita** L.
Ref.: Xifreda, 1985.

Chamomilla suaveolens (Pursh) Rydb. = **Matricaria matricarioides** (Less.) Porter ex Britton
Ref.: Amat, 1985; Bremer & Humphries, 1993.

Chaptalia Vent. Mutisieae.

Número de especies: 11, 1 especie endémica.

Chaptalia arechavaletae Arechav.
Ref.: Burkart, 1944a; Katinas, 1996a.
Hábito: Hierba.
Status: Nativa.
Elevación: 0-500 m.
Prov.: BA, COR, DF, ER.
Paises limítrofes: UR.
Ejemplar examinado: *Cabrera 1785* (LP).

Chaptalia ebracteata (Kuntze) K. Schum. = **Chaptalia nutans** (L.) Pol.
Ref.: Burkart, 1944a.

Chaptalia exscapa (Pers.) Baker
Sin.: *Chaptalia exscapa* (Pers.) Baker var. *typica* Burkart, nom. inval., *Gerbera brevipes* Sch. Bip., *Leria exscapa* DC., *Loxodon brevipes* Cass., *Tussilago exscapa* Pers.
Ref.: Burkart, 1944a; Katinas, 1996a.
Hábito: Hierba.
Status: Nativa.
Elevación: 0-1000 m.
Prov.: BA, CO, DF, ER, SL.
Paises limítrofes: BR, UR.
Ejemplar examinado: *Spegazzini 11049* (LP).

Chaptalia exscapa (Pers.) Baker var. *typica* Burkart, nom. inval. = **Chaptalia exscapa** (Pers.) Baker
Ref.: Burkart, 1944a.

Chaptalia ignota Burkart
Ref.: Burkart, 1944a; Katinas, 1996a.
Hábito: Hierba.
Status: Nativa.
Elevación: 0-500 m.
Prov.: BA, COR, ER.
Paises limítrofes: UR.
Ejemplar examinado: *Burkart et al. 25518* (LP).

Chaptalia integerrima (Vell.) Burkart
Sin.: *Chaptalia integrifolia* (Cass.) Baker, hom. illeg., *Chaptalia microdonta* Greene, *Leria integrifolia* Cass., *Leria lutescens* Sch. Bip., nom. illeg., *Leria nutans* (L.) DC. var. *integrifolia* (Cass.) Less., *Tussilago integerrima* Vell.
Ref.: Burkart, 1944a; Katinas, 1996a.
Hábito: Hierba.
Status: Nativa.
Elevación: 0-1700 m.
Prov.: BA, CA, CH, CO, COR, ER, JU, MI, SA, SF, SL, TU.
Paises limítrofes: BO, BR, PA, UR.
Ejemplar examinado: *Cabrera 7339* (LP).

Chaptalia integrifolia (Cass.) Baker, hom. illeg. = **Chaptalia integerrima** (Vell.) Burkart
Ref.: Burkart, 1944a.

Chaptalia majuscula Greene = **Chaptalia nutans** (L.) Pol.
Ref.: Burkart, 1944a.

Chaptalia mandonii Sch. Bip.ex Burkart
Sin.: *Leria mandonii* Sch. Bip., nom. nud.
Ref.: Burkart, 1944a; Katinas, 1996a.
Hábito: Hierba.
Status: Nativa.
Elevación: 1500-3000 m.
Prov.: JU, SA.
Paises limítrofes: BO, BR.
Ejemplar examinado: *Cabrera y Kiesling 24945* (LP).

Chaptalia microdonta Greene = **Chaptalia integerrima** (Vell.) Burkart
Ref.: Burkart, 1944a.

Chaptalia modesta Burkart
Ref.: Burkart, 1944a; Katinas, 1996a.
Hábito: Hierba.
Status: Endémica.
Elevación: 1000-2500 m.
Prov.: CA, JU, SA, TU.
Ejemplar examinado: *Venturi 4670* (LP).

Chaptalia nutans (L.) Pol.
Sin.: *Chaptalia ebracteata* (Kuntze) K. Schum., *Chaptalia majuscula* Greene, *Chaptalia nutans* (L.) Hemsl., comb. superfl., *Chaptalia subcordata* Greene, *Gerbera nutans* (L.) Sch. Bip., *Leria lyrata* Cass., *Leria nutans* (L.) DC., *Thyrsanthema ebracteata* Kuntze, *Thyrsanthema nutans* (L.) Kuntze, *Tussilago lyrata* Pers., *Tussilago nutans* L., *Tussilago vaccina* Vell.
Ref.: Burkart, 1944a; Katinas, 1996a.
Hábito: Hierba.
Status: Nativa.
Elevación: 0-3000 m.
Prov.: BA, CA, CH, CO, COR, ER, FO, JU, LR, MI, SA, SF, SL, TU.
Paises limítrofes: BO, BR, PA, UR.
Ejemplar examinado: *Ragonese 29* (LP).

Chaptalia nutans (L.) Hemsl., comb. superfl. = **Chaptalia nutans** (L.) Pol.
Ref.: Burkart, 1944a.

Chaptalia piloselloides (Vahl) Baker
Sin.: *Chaptalia piloselloides* (Vahl) Baker subsp. *bracteata* (Cass.) Burkart, *Gerbera bracteata* (Cass.) Sch. Bip., *Lieberkhuna bracteata* Cass., *Perdicium piloselloides* Vahl, *Tussilago sinuata* Pers.
Ref.: Burkart, 1944a; Katinas, 1996a.
Hábito: Hierba.
Status: Nativa.
Elevación: 0-400 m.
Prov.: BA, COR, ER, LP, SF.
Paises limítrofes: BR, UR.
Ejemplar examinado: *Meyer 2287* (LP).

Chaptalia piloselloides (Vahl) Baker subsp. *bracteata* (Cass.) Burkart = **Chaptalia piloselloides** (Vahl) Baker
Ref.: Burkart, 1944a.

Chaptalia runcinata Kunth
Sin.: *Loxodon longipes* Cass., *Oxydon bicolor* Less.
Ref.: Burkart, 1944a; Katinas, 1996a.
Hábito: Hierba.
Status: Nativa.
Elevación: 0-2500 m.
Prov.: BA, CH, CO, ER, FO, MI, SF.
Paises limítrofes: BO, BR, PA, UR.
Ejemplar examinado: *Schulz 193* (LP).

Chaptalia similis R.E. Fr.
Ref.: Burkart, 1944a; Katinas, 1996a.
Hábito: Hierba.
Status: Nativa.
Elevación: 0-4000 m.
Prov.: CA, CO, JU, LR, ME, SA, SJ, SL, TU.
Paises limítrofes: BO.
Ejemplar examinado: *Burkart y Troncoso s.n.* (LP 067461).

Chaptalia sinuata (Less.) Baker
Sin.: *Leria nutans* (L.) DC. var. *sinuata* Less., *Leria sinuata* (Less.) DC.
Ref.: Burkart, 1944a; Katinas, 1996a.
Hábito: Hierba.
Status: Nativa.
Elevación: 0-500 m.
Prov.: BA, CH, CO, COR, ER, FO, JU, LP, MI, SA, SF, SL, TU.
Paises limítrofes: BR, PA, UR.
Ejemplar examinado: *Alboff s.n.* (LP 006286).

Chaptalia subcordata Greene = **Chaptalia nutans** (L.) Pol.
Ref.: Burkart, 1944a.

Cherina microphylla Cass. = **Chaetanthera microphylla** (Cass.) Hook. & Arn.
Ref.: Cabrera, 1937b.

Chersodoma Phil. Senecioneae.
Número de especies: 4, 2 especies endémicas.

[Chersodoma antennaria (Wedd.) Cabrera]
Ref.: Cabrera, 1978.
Nota: Especie excluida de la flora argentina.

Chersodoma argentina Cabrera
Ref.: Cabrera, 1978; Dillon & Sagástegui-Alva, 1996.
Hábito: Arbusto.
Status: Endémica.
Elevación: 2000-4500 m.
Prov.: CA, JU, LR, SA, TU.
Ejemplar examinado: *Cabrera 17685* (LP).

Chersodoma candida Phil.
Sin.: *Senecio oxyodon* Phil., *Senecio chersodomus* Reiche
Ref.: Cabrera, 1978; Dillon & Sagástegui-Alva, 1996.
Hábito: Arbusto.
Status: Nativa.
Elevación: 3600-4200 m.
Prov.: JU, SA.
Paises limítrofes: BO, CH.
Ejemplar examinado: *Cabrera 9337* (LP).

Chersodoma diclina (Wedd.) Cabrera var. *glabriuscula* (Cabrera) Cabrera = **Chersodoma glabriuscula** (Cabrera) M.O. Dillon & Sagást.
Ref.: Cabrera, 1978; Dillon & Sagástegui-Alva, 1996.

Chersodoma glabriuscula (Cabrera) M.O. Dillon & Sagást.
Sin.: *Chersodoma diclina* (Wedd.) Cabrera var. *glabriuscula* (Cabrera) Cabrera, *Senecio diclinus* Wedd. var. *glabriusculus* Cabrera
Ref.: Cabrera, 1978; Dillon & Sagástegui-Alva, 1996.
Hábito: Hierba.
Status: Endémica.
Elevación: 3200-5000 m.
Prov.: CA, JU, LR, SA, TU.
Ejemplar examinado: *Kiesling et al. 478* (LP).

Chersodoma jodopappa (Sch. Bip. ex Wedd.) Cabrera
Sin.: *Senecio jodopappus* Sch. Bip. ex Wedd.
Ref.: Cabrera, 1978.
Hábito: Arbusto.
Status: Nativa.
Elevación: ca. 3000 m.
Prov.: CA, JU, LR, SA, TU.
Paises limítrofes: BO, CH.
Ejemplar examinado: *Cabrera 7833* (LP).

Chevreulia Cass. Inuleae.
Número de especies: 5, 1 especie endémica.

Chevreulia acuminata Less.
Sin.: *Chevreulia filiformis* Hook. & Arn., *Chevreulia longipes* Wedd.
Ref.: Cabrera, 1963a, 1974a, 1978; Freire, 1995.
Hábito: Hierba.
Status: Nativa.
Elevación: 0-3500 m.
Prov.: BA, CA, CH, CO, COR, ER, JU, MI, SA, TU.
Paises limítrofes: BO, BR, PA, UR.
Ejemplar examinado: *Cabrera 11954* (LP)

Chevreulia diemii Cabrera
Ref.: Cabrera, 1971a; Freire, 1995.
Hábito: Hierba.
Status: Nativa.
Elevación: ca. 1550 m.
Prov.: CHU, NE.
Paises limítrofes: CH.
Ejemplar examinado: *Diem 59* (LP).

Chevreulia filiformis Hook. & Arn. = **Chevreulia acuminata** Less.
Ref.: Cabrera, 1963a, 1974a, 1978.

Chevreulia lanceolata J. Rémy = **Chevreulia pusilla** DC.
Ref.: Cabrera, 1971a.

Chevreulia longipes Wedd. = **Chevreulia acuminata** Less.
Ref.: Cabrera, 1974a, 1978.

Chevreulia lycopodioides (d'Urv.) DC.
Sin.: *Gnaphalium lycopodioides* d'Urv.
Ref.: Cabrera, 1971a; Freire, 1995.
Hábito: Hierba.
Status: Endémica.
Elevación: 0-500 m.
Prov.: TF.
Ejemplar examinado: *Skottsberg 112* (LP).

Chevreulia nivea Phil. = **Belloa chilensis** (Hook. & Arn.) J. Rémy
Ref.: Cabrera, 1971a.

Chevreulia pusilla DC.
Sin.: *Chevreulia lanceolata* J. Rémy
Ref.: Cabrera, 1971a; Freire, 1995.
Hábito: Hierba.
Status: Nativa.
Elevación: 0-500 m.
Prov.: CHU.
Paises limítrofes: CH.
Ejemplar examinado: *Burkart 19928* (LP).

Chevreulia sarmentosa (Pers.) Blake
Sin.: *Chevreulia stolonifera* Cass., *Chevreulia thouarsii* J. Rémy, *Gnaphalium calycinum* Poir., *Leria cespitosa* Spreng., *Tussilago sarmentosa* Pers., *Xeranthemum cespitosum* Du Petit- Thouars
Ref.: Cabrera, 1963a, 1971a, 1974a, 1978; Freire, 1995.
Hábito: Hierba.
Status: Nativa.
Elevación: 0-2000 m.
Prov.: BA, CO, COR, ER, JU, LR, MI, RN, SL, TU.
Paises limítrofes: BO, BR, CH, PA, UR.
Ejemplar examinado: *Añon 1* (LP).

Chevreulia stolonifera Cass. = **Chevreulia sarmentosa** (Pers.) Blake
Ref.: Cabrera, 1963a, 1971a, 1974a, 1978.

Chevreulia thouarsii J. Rémy = **Chevreulia sarmentosa** (Pers.) Blake
Ref.: Cabrera, 1971a, 1978.

Chiliophyllum Phil., nom. cons. Astereae.
Número de especies: 3, 2 especies endémicas.

Chiliophyllum andinum Cabrera
Ref.: Cabrera, 1959c.
Hábito: Arbusto.
Status: Endémica.
Elevación: 1000-3000 m.
Prov.: SJ.
Ejemplar examinado: *Ruiz Leal y Roig 18960* (holotipo, LP).

Chiliophyllum densifolium Phil.
Sin.: *Phyllochilium densifolium* (Phil.) Cabrera
Ref.: Cabrera, 1937a; Böcher et al., 1963.
Hábito: Arbusto.
Status: Endémica.
Elevación: 2000-2500 m.
Prov.: ME.
Ejemplar examinado: *Ruiz Leal 1281* (LP).

Chiliophyllum fueguianum O. Hoffm.
Ref.: Cabrera, 1971a; Moore, 1983a.
Hábito: Arbusto.
Status: Nativa.
Elevación: 0-500 m.
Prov.: TF.
Paises limítrofes: CH.
Ejemplar examinado: *Hunziker 6827* (LP).

Chiliotrichiopsis Cabrera. Astereae.
Número de especies: 3, 2 especies endémicas.

Chiliotrichiopsis keidelii Cabrera
Ref.: Cabrera, 1937a, 1978.
Hábito: Arbusto.
Status: Nativa.
Elevación: 2000-4500 m.
Prov.: CA, JU, LR, SA. SJ, TU.
Paises limítrofes: BO.
Ejemplar examinado: *Keidel s.n.* (holotipo, LP).

Chiliotrichiopsis ledifolia (Griseb.) Cabrera
Sin.: *Gutierrezia ledifolia* Griseb.
Ref.: Cabrera, 1944a.
Hábito: Arbusto.
Status: Endémica.
Elevación: 2000-4000 m.
Prov.: CA, LR.
Ejemplar examinado: *Dawson y Guarrera 3132* (LP).

Chiliotrichiopsis mendocina Cabrera
Ref.: Cabrera, 1954a.
Hábito: Arbusto.
Status: Endémica.
Elevación: 2000-2500 m.
Prov.: ME.
Ejemplar examinado: *King 333* (holotipo, LP).

Chiliotrichum Cass. Astereae.
Número de especies: 2

Chiliotrichum amelloideum Cass. = **Chiliotrichum diffusum** (G. Forst.) Kuntze
Ref.: Cabrera, 1971a.

Chiliotrichum amelloideum Cass. var. *lanceolatum* Nees = **Chiliotrichum diffusum** (G. Forst.) Kuntze
Ref.: Cabrera, 1971a.

Chiliotrichum amelloideum Cass. var. *rosmarinifolium* (Less.) Nees = **Chiliotrichum rosmarinifolium** Less.
Ref.: Cabrera, 1971a.

Chiliotrichum darwinii Hook. f. = **Nardophyllum obtusifolium** Hook. & Arn.
Ref.: Cabrera, 1971a.

Chiliotrichum diffusum (G. Forst.) Kuntze
Sin.: *Amellus diffusus* G. Forst., *Aster magellanicus* Spreng. *Chiliotrichum amelloideum* Cass., *Chiliotrichum amelloideum* Cass. var. *lanceolatum* Nees, *Chilliotrichum diffusum* (G. Forst.) Kuntze var. *media* Speg., *Chiliotrichum virgatum* Phil.

Ref.: Cabrera, 1971a; Pichi Sermolli, 1978.
Hábito: Arbusto.
Status: Nativa.
Elevación: 0-1000 m.
Prov.: SC, TF.
Paises limítrofes: CH.
Ejemplar examinado: *Correa y Pérez Moreau 1837* (LP).

Chiliotrichum diffusum (G. Forst.) Kuntze var. *angustifolia* Speg. = **Chiliotrichum rosmarinifolium** Less.
Ref.: Cabrera, 1971a.

Chiliotrichum diffusum (G. Forst.) Kuntze var. *media* Speg. = **Chiliotrichum diffusum** (G. Forst.) Kuntze
Ref.: Cabrera, 1971a.

Chiliotrichum humile Hook. f. = **Nardophyllum bryoides** (Lam.) Cabrera
Ref.: Cabrera, 1971a.

Chiliotrichum kingii Hook. f. = **Nardophyllum obtusifolium** Hook. & Arn.
Ref.: Cabrera, 1971a.

Chiliotrichum longifolium Phil. = **Chiliotrichum rosmarinifolium** Less.
Ref.: Cabrera, 1971a.

Chiliotrichum rosmarinifolium Less.
Sin.: *Chiliotrichum amelloideum* Cass. var. *rosmarinifolium* (Less.) Nees, *Chiliotrichum diffusum* (G. Forst.) Kuntze var. *angustifolia* Speg., *Chiliotrichum longifolium* Phil.
Ref.: Cabrera, 1971a.
Hábito: Arbusto.
Status: Nativa.
Elevación: 500-1500 m.
Prov.: CHU, ME, NE, RN, SC, TF.
Paises limítrofes: CH.
Ejemplar examinado: *Ferruglio 43* (LP).

Chiliotrichum virgatum Phil. = **Chiliotrichum diffusum** (G. Forst.) Kuntze
Ref.: Cabrera, 1971a.

Chionoptera gayophyta D. Don ex DC. = **Pachylaena atriplicifolia** D. Don ex Hook. & Arn.
Ref.: Cabrera, 1971a.

Chlaenobolus alopecuroides (Lam.) Cass. = **Pterocaulon alopecuroides** (Lam.) DC.
Ref.: Cabrera & Ragonese, 1978.

Chlaenobolus rugosus (Vahl) Cass. = **Pterocaulon rugosum** (Vahl) Malme
Ref.: Cabrera & Ragonese, 1978.

Chlaenobolus virgatus (L.) Cass. = **Pterocaulon virgatum** (L.) DC.
Ref.: Cabrera & Ragonese, 1978.

Chondrilla L. Lactuceae.

Número de especies: 1

Chondrilla juncea L.
Ref. : Tortosa & Medán, 1977; Ariza Espinar & Urtubey, 1998.
Hábito: Hierba.
Status: Adventicia.
Elevación: 0-500 m.
Prov.: BA.
Ejemplar examinado: *Niven s.n.* (BAA 15212).

[Chondrilla uniflora Larrañaga]
Nota: Cita dudosa para la flora argentina.

Chondrochilus grandiflorus Phil. = **Chaetanthera lanata** (Phil.) I.M. Johnst.
Ref.: Cabrera, 1937b.

Chondrochilus involucratus Phil. = **Chaetanthera lanata** (Phil.) I.M. Johnst.
Ref.: Cabrera, 1937b.

Chondrochilus lanatus Phil. = **Chaetanthera lanata** (Phil.) I.M. Johnst.
Ref.: Cabrera, 1937b.

Chondrochilus parvifolius Phil. = **Chaetanthera gnaphalioides** (J. Rémy) I.M. Johnst.
Ref.: Cabrera, 1937b.

Chromolaena arnottiana (Griseb.) R.M. King & H. Rob. = **Eupatorium arnottianum** Griseb.
Ref.: Cabrera, 1974a.

Chromolaena ascendens (Sch. Bip. ex Baker) R.M. King & H. Rob. = **Eupatorium squarrulosum** Hook. & Arn.
Ref.: Cabrera & Freire, 1997.

Chromolaena caaguazuensis (Hieron.) R.M. King & H. Rob. = **Eupatorium caaguazuense** Hieron.
Ref.: Cabrera & Freire, 1997.

Chromolaena congesta (Hook. & Arn.) R.M. King & H. Rob. = **Eupatorium squarrulosum** Hook. & Arn.
Ref.: Cabrera & Freire, 1997.

Chromolaena connivens (Rusby) R.M. King & H. Rob. = **Eupatorium connivens** Rusby
Ref.: Cabrera, 1978.

Chromolaena christieana (Baker) R.M. King & H. Rob. = **Eupatorium christieanum** Baker
Ref.: Cabrera, 1978.

Chromolaena densiflora (Morong) R.M. King & H. Rob. = **Eupatorium orbignyanum** Klatt
Ref.: Cabrera & Freire, 1997.

Chromolaena elliptica (Hook. & Arn.) R.M. King & H. Rob. = **Eupatorium ellipticum** Hook. & Arn.
Ref.: Cabrera & Freire, 1997.

Chromolaena foliata (Sch. Bip. ex Baker) R.M. King & H. Rob. = **Eupatorium pedunculosum** Hook. & Arn.
Ref.: Cabrera & Freire, 1997.

Chromolaena hirsuta (Hook. & Arn.) R.M. King & H. Rob. = **Eupatorium hirsutum** Hook. & Arn.
Ref.: Cabrera & Freire, 1997.

Chromolaena hookeriana (Griseb.) R.M. King & H. Rob. = **Eupatorium hookerianum** Griseb.
Ref.: Cabrera & Freire, 1997.

Chromolaena ivifolia (L.) R.M. King & H. Rob. = **Eupatorium ivifolium** L.
Ref.: Cabrera, 1974a.

Chromolaena jujuiense (Hieron.) R.M. King & H. Rob. = **Eupatorium hookerianum** Griseb.
Ref.: Cabrera, 1978.

Chromolaena laevigata (Lam.) R.M. King & H. Rob. = **Eupatorium laevigatum** Lam. var. **laevigatum**
Ref.: Cabrera, 1974a.

Chromolaena odorata (L.) R.M. King & H. Rob. = **Eupatorium odortatum** L.
Ref.: Cabrera, 1978.

Chromolaena orbignyana (Klatt) R.M. King & H. Rob. = **Eupatorium orbignyanum** Klatt
Ref.: Cabrera & Freire, 1997.

Chromolaena paraguariensis (Hieron.) R.M. King & H. Rob. = **Eupatorium pedunculosum** Hook. & Arn.
Ref.: Cabrera, 1974a.

Chromolaena pedunculosa (Hook. & Arn.) R.M. King & H. Rob. = **Eupatorium pedunculosum** Hieron.
Ref.: Cabrera & Freire, 1997.

Chromolaena polyantha (Sch. Bip. ex Baker) R.M. King & H. Rob. = **Eupatorium polyanthum** Sch. Bip. x Baker
Ref.: Cabrera, 1974a.

Chromolaena pratensis Gardner = **Eupatorium macrocephalum** Less.
Ref.: Cabrera, 1974a.

Chromolaena squarroso-ramosa (Hieron.) R.M. King & H. Rob. = **Eupatorium squarroso-ramosum** Hieron.
Ref.: Cabrera, 1974a.

Chromolaena squarrulosa (Hook. & Arn.) R.M. King & H. Rob. = **Eupatorium squarrulosum** Hook. & Arn.
Ref.: Cabrera, 1974a.

Chromolaena toldensis (Hieron.) R.M. King & H. Rob. = **Eupatorium toldense** Hieron.
Ref.: Cabrera, 1978.

Chromolaena tunariensis (Hieron.) R.M. King & H. Rob. = **Eupatorium tunariense** (Hieron.) B.L. Rob.
Ref.: Cabrera, 1978.

Chromolaena verbenacea (DC.) R.M. King & H. Rob. = **Eupatorium verbenaceum** DC.
Ref.: Cabrera & Freire, 1997.

Chrysanthellum Rich. Heliantheae.

Número de especies: 1

Chrysanthellum argentinum Ariza & Cerana = **Chrysanthellum indicum** DC. subsp. **afroamericanum** B.L. Turner
Ref.: Turner, 1988.

Chrysanthellum boliviense Sch. Bip. = **Chrysanthellum indicum** DC. subsp. **afroamericanum** B.L. Turner
Ref.: Turner, 1988.

Chrysanthellum indicum DC. subsp. **afroamericanum** B.L. Turner
Sin.: *Adenospermum tuberculatum* Hook. & Arn., *Chrysanthellum argentinum* Ariza & Cerana, *Chrysanthellum boliviense* Sch. Bip., *Chrysanthellum tuberculatum* (Hook. & Arn.) Cabrera, *Plagiocheilus erectus* Rusby
Ref.: Turner, 1988.
Hábito: Hierba.
Status: Nativa.
Elevación: 0-2500 m.
Prov.: CA, COR, JU, LR, SA, SE, SL, TU.
Paises limítrofes: BO.
Ejemplar examinado: *Kiesling et al. 759* (LP).

Chrysanthellum tuberculatum (Hook. & Arn.) Cabrera = **Chrysanthellum indicum** DC. subsp. **afroamericanum** B.L. Turner
Ref.: Turner, 1988.

Chrysanthemum balsamita (L.) Baill. = **Tanacetum balsamita** L.
Ref.: Cabrera & Zardini, 1978; Bremer & Humphries, 1993.

Chrysanthemum balsamitoides Náb. = **Tanacetum balsamita** L.

Chrysanthemum foliosum Brouss., nom. nud.
Ref.: Humphries, 1976.

Chrysanthemum fruticosum Buch, nom. nud.
Ref.: Humphries, 1976.

Chrysanthemum grandiflorum Brouss., nom. nud.
Ref.: Humphries, 1976.

Chrysanthemum inodorum (L.) L. = **Tripleurospermum perforatum** (Mérat) Laínz
Ref.: Cabrera, 1971a; Moore, 1983; Bremer & Humphries, 1993.

Chrysanthemum leucanthemum L. = **Leucanthemum vulgare** Lam.
Ref.: Cabrera & Zardini, 1978; Bremer & Humphries, 1993.

Chrysanthemum myconis L. = **Coleostephus myconis** (L.) Cass.
Ref.: Cabrera & Zardini, 1978; Bremer & Humphries, 1993.

Chrysanthemum parthenium (L.) Bernh. = **Tanacetum parthenium** (L.) Sch. Bip.
Ref.: Cabrera & Zardini, 1978; Bremer & Humphries, 1993.

Chrysanthemum vulgare (L.) Bernh. = **Tanacetum vulgare** L.
Ref.: Cabrera, 1963a, 1971a.

Chrysocoma cruciata Vell. = **Eupatorium bupleurifolium** DC.
Ref.: Cabrera & Freire, 1997.

Chrysocoma dentata Vell. = **Baccharis dentata** (Vell.) G.M. Barroso
Ref.: Barroso, 1976.

Chrysocoma maritima Vell. = **Baccharis dentata** (Vell.) G.M. Barroso
Ref.: Barroso, 1976.

Chrysogonum peruvianum L. = **Zinnia peruviana** (L.) L.
Ref.: Torres, 1963; Cabrera, 1978.

Chrysolaena flexuosa (Sims.) H. Rob. = **Vernonia flexuosa** Sims. var. **flexuosa**

Chrysolaena lithospermifolia (Hieron.) H. Rob. = **Vernonia lithospermifolia** Hieron.

Chrysolaena platensis (Spreng.) H. Rob. = **Vernonia platensis** (Spreng.) Less.

Chrysolaena propinqua (Hieron.) H. Rob. = **Vernonia propinqua** Hieron.

Chrysolaena verbascifolia (Less.) H. Rob. = **Vernonia verbascifolia** Less.

Chrysopsis ? andicola Phil. = **Hysterionica jasionoides** Willd.
Ref.: Cabrera, 1946.

Chuquiraga Juss. Mutisieae.

Número de especies: 15, 9 especies endémicas.

Chuquiraga acanthophylla Wedd.
Sin.: *Chuquiraga punensis* Gaspar
Ref.: Ezcurra, 1985; Urtubey, 1996.
Hábito: Arbusto.
Status: Nativa.
Elevación: 3500-4000 m.
Prov.: JU.
Paises limítrofes: BO.
Ejemplar examinado: *Cabrera 7721* (LP).

Chuquiraga alpina Less. = **Chuquiraga oppositifolia** D. Don
Ref.: Urtubey, 1996.

Chuquiraga anomala D. Don = **Doniophyton anomalum** (D. Don) Kurtz
Ref.: Katinas & Stuessy, 1997.

Chuquiraga argentea (Speg.) Speg. = **Chuquiraga morenonis** (Kuntze) C. Ezcurra
Ref.: Ezcurra, 1985.

Chuquiraga armata J. Kost. = **Dasyphyllum armatum** (J. Kost.) Cabrera
Ref.: Cabrera, 1959d.

Chuquiraga atacamensis Kuntze
Sin.: *Chuquiraga glabra* Phil., hom. illeg.
Ref.: Ezcurra, 1985; Urtubey, 1996.
Hábito: Arbusto.
Status: Nativa.
Elevación: 3000-4500 m.
Prov.: CA, JU, SA.
Paises limítrofes: BO, CH.
Ejemplar examinado: *Cabrera 22439* (LP).

Chuquiraga aurea Skottsb.
Sin.: *Chuquiraga erinacea* D. Don f. *pulvinata* Cabrera
Ref.: Ezcurra, 1985; Urtubey, 1996.
Hábito: Arbusto.
Status: Endémica.
Elevación: 0-1000 m.
Prov.: CHU, RN, SC.
Ejemplar examinado: *Cabrera 2* (LP).

Chuquiraga avellanedae Lorentz
Sin.: *Chuquiraga kingii* Ball, *Chuquiraga dusenii* O. Hoffm., *Chuquiraga avellanedae* Lorentz var. *dusenii* (O. Hoffm.) Hosseus
Ref.: Ezcurra, 1985; Urtubey, 1996.
Hábito: Arbusto.
Status: Endémica.
Elevación: 0-1500 m.
Prov.: CHU, ME, NE, RN, SC.
Ejemplar examinado: *Boelcke 10421* (LP).

Chuquiraga avellanedae Lorentz var. *dusenii* (O. Hoffm.) Hosseus = **Chuquiraga avellanedae** Lorentz
Ref.: Ezcurra, 1985.

Chuquiraga brasiliensis (Spreng.) Kuntze = **Dasyphyllum brasiliense** (Spreng.) Cabrera var. **brasiliense**
Ref.: Cabrera, 1959d.

Chuquiraga brasiliensis (Spreng.) Kuntze var. *divaricata* (Griseb.) Kuntze = **Dasyphyllum brasiliense** (Spreng.) Cabrera var. **divaricata** (Griseb.) Cabrera
Ref.: Cabrera, 1959d.

Chuquiraga calchaquina Cabrera
Ref.: Ezcurra, 1985; Urtubey, 1996.
Hábito: Arbusto.
Status: Endémica.
Elevación: 2500-3500 m.
Prov.: CA, JU, SA, TU.
Ejemplar examinado: *Spegazzini s.n.* (LP).

Chuquiraga chrysantha Field & Gardner = **Chuquiraga oppositifolia** D. Don
Ref.: Ezcurra, 1985.

Chuquiraga chrysantha Field & Gardner var. *longiflora* Griseb. = **Chuquiraga longiflora** (Griseb.) Hieron.
Ref.: Ezcurra, 1985.

Chuquiraga dusenii O. Hoffm. = **Chuquiraga avellanedae** Lorentz
Ref.: Ezcurra, 1985.

Chuquiraga echegarayi Hieron.
Ref.: Ezcurra, 1985; Urtubey, 1996.
Hábito: Arbusto.
Status: Endémica.
Elevación: 2500-3500 m.
Prov.: SJ.
Ejemplar examinado: *Roig 13026* (LP).

Chuquiraga erinacea D. Don subsp. **erinacea**
Sin.: *Chuquiraga erinacea* D. Don subsp. *mollior* Lorentz, *Chuquiraga erinacea* D. Don var. *unguis-cati* (Ces.) Hauman, *Chuquiraga juniperina* Phil., hom. illeg., *Chuquiraga juniperina* Decne., *Chuquiraga unguis-cati* Ces.
Ref.: Ezcurra, 1985; Urtubey, 1996.
Hábito: Arbusto.
Status: Endémica.
Elevación: 0-4000 m.
Prov.: BA, CA, CHU, JU, LP, LR, ME, NE, RN, SA, SJ, SL, TU.
Ejemplar examinado: *Morello 1243* (LP).

Chuquiraga erinacea D. Don subsp. **hystrix** (Don) C. Ezcurra
Sin.: *Chuquiraga hystrix* D. Don
Ref.: Ezcurra, 1985; Urtubey, 1996.
Hábito: Arbusto.
Status: Endémica.
Elevación: 500-3000 m.
Prov.: CA, CHU, LR, NE, SJ, SL.
Ejemplar examinado: *Cabrera 11035* (LP).

Chuquiraga erinacea D. Don var. *mollior* Lorentz = **Chuquiraga erinacea** D. Don subsp. **erinacea**
Ref.: Ezcurra, 1985.

Chuquiraga erinacea D. Don f. *pulvinata* Cabrera = **Chuquiraga aurea** Skottsb.
Ref.: Ezcurra, 1985.

Chuquiraga erinacea D. Don var. *unguis-cati* (Ces.) Hauman = **Chuquiraga erinacea** D. Don subsp. **erinacea**
Ref.: Ezcurra, 1985.

Chuquiraga glabra Phil., hom. illeg. = **Chuquiraga atacamensis** Kuntze
Ref.: Ezcurra, 1985.

Chuquiraga glabra (Spreng.) Baker = **Dasyphyllum brasiliense** (Spreng.) Cabrera var. **brasiliense**
Ref.: Cabrera, 1959d.

Chuquiraga hystrix D. Don = **Chuquiraga erinacea** D. Don subsp. **hystrix** (D. Don) C. Ezcurra
Ref.: Ezcurra, 1985.

Chuquiraga juniperina Phil., hom. illeg. = **Chuquiraga erinacea** D. Don subsp. **erinacea**
Ref.: Ezcurra, 1985.

Chuquiraga juniperina Decne. = **Chuquiraga erinacea** D. Don subsp. **erinacea**
Ref.: Ezcurra, 1985.

Chuquiraga kingii Ball = **Chuquiraga avellanedae** Lorentz
Ref.: Ezcurra, 1985.

Chuquiraga kingii auct. non Ball = **Chuquiraga morenonis** (Kuntze) C. Ezcurra
Ref.: Ezcurra, 1985.

Chuquiraga leucoxylon Poepp. ex Less. = **Dasyphyllum diacanthoides** (Less.) Cabrera
Ref.: Cabrera, 1959d.

Chuquiraga longiflora (Griseb.) Hieron.
Sin.: *Chuquiraga chrysantha* Field. & Gardner var. *longiflora* Griseb., *Chuquiraga oppositifolia* D. Don var. *macrocephala* Wedd.
Ref.: Ezcurra, 1985; Urtubey, 1996.
Hábito: Arbusto.
Status: Nativa.
Elevación: 2500-4000 m.
Prov.: CA, JU, LR, SA, TU.
Paises limítrofes: BO.
Ejemplar examinado: *Krapovickas et al. 22045* (LP).

Chuquiraga morenonis (Kuntze) C. Ezcurra
Sin.: *Chuquiraga spinosa* (Ruiz & Pav.) D. Don var. *morenonis* Kuntze, *Chuquiraga argentea* (Speg.) Speg., *Chuquiraga kingii* auct. non Ball, *Doniophyton argenteum* Speg.
Ref.: Ezcurra, 1985; Urtubey, 1996.
Hábito: Arbusto.
Status: Endémica.
Elevación: 0-500 m.
Prov.: CHU, SC.
Ejemplar examinado: *Ruiz Leal 26876* (LP).

Chuquiraga oppositifolia D. Don
Sin.: *Barnadesia flavescens* Meyen, *Chuquiraga alpina* Poeppig ex Less, *Chuquiraga chrysantha* Field. & Gardner var. *chrysantha*, *Chuquiraga oppositifolia* D. Don var. *macrantha* Gay, *Chuquiraga oppositifolia* D. Don var. *angustifolia* Ces.
Ref.: Ezcurra, 1985; Urtubey, 1996.
Hábito: Arbusto.
Status: Nativa.
Elevación: 1500-2500 m.
Prov.: ME, NE.
Paises limítrofes: CH.
Ejemplar examinado: *Boelcke 4195* (LP).

Chuquiraga oppositifolia D. Don var. *angustifolia* Ces. = **Chuquiraga oppositifolia** D. Don
Ref.: Ezcurra, 1985.

Chuquiraga oppositifolia D. Don var. *macrantha* Gay = **Chuquiraga oppositifolia** D. Don
Ref.: Ezcurra, 1985.

Chuquiraga oppositifolia D. Don var. *macrocephala* Wedd. = **Chuquiraga longifolia** (Griseb.) Hieron.
Ref.: Ezcurra, 1985.

Chuquiraga oppositifolia D. Don var. *microcephala* Wedd. = **Chuquiraga parviflora** (Griseb.) Hieron.
Ref.: Ezcurra, 1985.

Chuquiraga paniculata (D. Don) DC. = **Dasyphyllum tomentosum** (Spreng.) Cabrera
Ref.: Cabrera, 1959d.

Chuquiraga parviflora (Griseb.) Hieron.
Sin.: *Chuquiraga oppositifolia* D. Don var. *microcephala* Wedd., *Chuquiraga spinosa* (Ruiz & Pav.) D. Don var. *parviflora* Griseb.
Ref.: Ezcurra, 1985; Urtubey, 1996.
Hábito: Arbusto.
Status: Nativa.
Elevación: 2500-3500 m.
Prov.: CA, JU, LR, SA, SJ, TU.
Paises limítrofes: BO.
Ejemplar examinado: *Spegazzini s.n.* (LP).

Chuquiraga patagonica Phil. = **Doniophyton anomalum** (D. Don) Kurtz
Ref.: Katinas & Stuessy, 1997.

Chuquiraga punensis Gaspar = **Chuquiraga acanthophylla** Wedd.
Ref.: Ezcurra, 1985.

Chuquiraga racemosa Baker = **Dasyphyllum brasiliense** (Spreng.) Cabrera var. **brasiliense**
Ref.: Cabrera, 1959d.

Chuquiraga rosulata Gaspar
Ref.: Ezcurra, 1985; Urtubey, 1996.
Hábito: Arbusto.
Status: Endémica.
Elevación: 0-2000 m.
Prov.: LP, ME, NE, RN, SJ.
Ejemplar examinado: *Fabris 818* (LP).

Chuquiraga ruscifolia D. Don
Ref.: Ezcurra, 1985; Urtubey, 1996.
Hábito: Arbusto.
Status: Endémica.
Elevación: 1500-3500 m.
Prov.: LR, ME, SJ.
Ejemplar examinado: *Cabrera 30131* (LP).

Chuquiraga spinosa Less. subsp. **australis** C. Ezcurra
Ref.: Ezcurra, 1985; Urtubey, 1996.
Hábito: Arbusto.
Status: Nativa.
Elevación: 3500-4500 m.
Prov.: JU.
Paises limítrofes: BO, CH.
Ejemplar examinado: *Navas 2082* (LP).

Chuquiraga spinosa (Ruiz & Pav.) D. Don var. *morenonis* Kuntze = **Chuquiraga morenonis** (Kuntze) C. Ezcurra
Ref.: Ezcurra, 1985.

Chuquiraga spinosa (Ruiz & Pav.) D. Don var. *parviflora* Griseb. = **Chuquiraga parviflora** (Griseb.) Hieron.
Ref.: Ezcurra, 1985.

Chuquiraga straminea Sandwith
Ref.: Ezcurra, 1985; Urtubey, 1996.
Hábito: Arbusto.
Status: Endémica.
Elevación: 0-1000 m.
Prov.: CHU, NE, RN.
Ejemplar examinado: *Bridarolli 2234* (LP).

Chuquiraga tomentosa (Spreng.) Baker = **Dasyphyllum tomentosum** (Spreng.) Cabrera
Ref.: Cabrera, 1959d.

Chuquiraga unguis-cati Ces. = **Chuquiraga erinacea** D. Don subsp. **erinacea**
Ref.: Ezcurra, 1985.

Cichorium L. Lactuceae.
Número de especies: 1

Cichorium intybus L.
Ref.: Cabrera, 1963a; Ariza Espinar & Urtubey, 1998.
Hábito: Hierba.
Status: Adventicia.
Elevación: 0-1500 m.
Prov.: BA, CO, ER, JU, ME, NE, RN, SF, TU.
Paises limítrofes: CH, UR.
Ejemplar examinado: *Cabrera 154* (LP).

Cineraria brasiliensis Spreng. = **Senecio brasiliensis** (Spreng.) Less. var. **brasiliensis**
Ref.: Cabrera & Zardini, 1980.

Cineraria crassiflora Poir. = **Senecio crassiflorus** (Poir.) DC.
Ref.: Cabrera & Zardini, 1980.

Cineraria gigantea Sm. = **Senecio smithii** DC.
Ref.: Cabrera & Zardini, 1980.

Cineraria megapotamica Spreng. = **Senecio pinnatus** Poir.
Ref.: Cabrera, 1971a; Cabrera & Zardini, 1980.

Cineraria montevidensis Spreng. = **Senecio montevidensis** (Spreng.) Less.
Ref.: Cabrera & Zardini, 1980.

Cineraria selloi Spreng. = **Senecio selloi** (Spreng.) DC.
Ref.: Cabrera & Zardini, 1980.

Cineraria tillandsiifolia Poepp. ex DC. = **Senecio chilensis** Less. var. **chilensis**
Ref.: Cabrera, 1971a; Cabrera & Zardini, 1980.

Cineraria trifurcata Spreng. = **Senecio trifurcatus** (G. Forst.) Less.
Ref.: Cabrera & Zardini, 1980.

Cineraria vestita Spreng. = **Senecio crassiflorus** (Poir.) DC.
Ref.: Cabrera & Zardini, 1980.

Cirsium Mill. emend. Scop. Cardueae.
Número de especies: 2

Cirsium arvense (L.) Scop.
Sin.: *Serratula arvensis* L.
Ref.: Moore & Frankton, 1974; Moore, 1983; Ariza Espinar & Delucchi, 1998b.
Hábito: Hierba.
Status: Naturalizada.
Elevación: 0-500 m.
Prov.: SC, TF.
Paises limítrofes: CH.
Ejemplar examinado: *Goodall 3654* (SI).

Cirsium lanceolatum (L.) Scop. = **Cirsium vulgare** (Savi) Ten.
Ref.: Cabrera, 1963a.

Cirsium vulgare (Savi) Ten.
Sin.: *Carduus lanceolatus* L., *Carduus vulgaris* Savi, *Cirsium lanceolatum* (L.) Scop., *Cirsium vulgare* (Savi) Airy-Shaw, comb. superfl.
Ref.: Cabrera, 1963a, 1971a, 1974a, 1978; Covas, 1965b; Moore & Frankton, 1974; Moore, 1983; Webb. et al., 1988; Novara, 1993c; Ariza Espinar & Delucchi, 1998b.
Hábito: Hierba.
Status: Naturalizada.
Elevación: 0-1500 m.
Prov.: BA, CA, CHU, CO, COR, DF, ER, FO, JU, LP, LR, ME, NE, RN, SA, SC, SE, SF, SJ, TF, TU.
Paises limítrofes: BO, BR, CH, UR.
Ejemplar examinado: *Cabrera 140* (LP).

Cirsium vulgare (Savi) Airy-Shaw, comb. superfl. = **Cirsium vulgare** (Savi) Ten.
Ref.: Moore & Frankton, 1974.

Clarionea affinis Phil. = **Perezia fonkii** (Phil.) Reiche
Ref.: Simpson Vuilleumier, 1969.

Clarionea atacamensis Phil. = **Perezia purpurata** Wedd.
Ref.: Simpson Vuilleumier, 1969.

Clarionea carthamoides D. Don = **Perezia carthamoides** (D. Don) Hook. & Arn.
Ref.: Simpson Vuilleumier, 1969.

Clarionea carthamoides D. Don var. *crispa* (Meyen) Phil. = **Perezia carthamoides** (D. Don) Hook. & Arn.
Ref.: Simpson Vuilleumier, 1969.

Clarionea ciliaris (D. Don ex Hook. & Arn.) DC. = **Perezia ciliaris** D. Don ex Hook. & Arn.
Ref.: Simpson Vuilleumier, 1969.

Clarionea ciliosa Phil. = **Perezia ciliosa** (Phil.) Reiche
Ref.: Simpson Vuilleumier, 1969.

Clarionea comosa Phil. = **Perezia pedicularidifolia** Less.
Ref.: Simpson Vuilleumier, 1969.

Clarionea elegans Phil. = **Perezia magellanica** (L. f.) Lag.
Ref.: Simpson Vuilleumier, 1969.

Clarionea fonkii Phil. = **Perezia fonkii** (Phil.) Reiche
Ref.: Simpson Vuilleumier, 1969.

Clarionea glaberrima Cass., nom. illeg. = **Perezia lactucoides** (Vahl) Less. subsp. **lactucoides**
Ref.: Simpson Vuilleumier, 1969.

Clarionea laciniata Phil. = **Perezia pedicularidifolia** Less.
Ref.: Simpson Vuilleumier, 1969.

Clarionea lactucoides (Vahl) D. Don = **Perezia lactucoides** (Vahl) Less. subsp. **lactucoides**
Ref.: Simpson Vuilleumier, 1969.

Clarionea lechleri Sch. Bip. = **Perezia pilifera** (D. Don) Hook. & Arn.
Ref.: Simpson Vuilleumier, 1969.

Clarionea magellanica (L. f.) DC. = **Perezia magellanica** (L. f.) Lag.
Ref.: Simpson Vuilleumier, 1969.

Clarionea multicapitata J. Rémy = **Perezia carthamoides** (D. Don) Hook. & Arn.
Ref.: Simpson Vuilleumier, 1969.

Clarionea parvifolia Phil. = **Perezia pedicularidifolia** Less.
Ref.: Simpson Vuilleumier, 1969.

Clarionea pilifera D. Don = **Perezia pilifera** (D. Don) Hook. & Arn.
Ref.: Simpson Vuilleumier, 1969.

Clarionea pinnata Phil. = **Perezia lyrata** (J. Rémy) Wedd.
Ref.: Simpson Vuilleumier, 1969.

Clarionea polycephala Cass., nom. illeg. = **Perezia multiflora** (Humb. & Bonpl.) Less. subsp. **multiflora**
Ref.: Simpson Vuilleumier, 1969.

Clarionea recurvata (Vahl) D. Don = **Perezia recurvata** (Vahl) Less.
Ref.: Simpson Vuilleumier, 1969.

Clarionea spathulata Lag. ex D. Don = **Perezia spathulata** (Lag. ex D. Don) Hook. & Arn.
Ref.: Simpson Vuilleumier, 1969.

Clarionea spectabilis Phil. = **Perezia carthamoides** (D. Don) Hook. & Arn.
Ref.: Simpson Vuilleumier, 1969.

Clarionea variabilis Phil. = **Perezia pedicularidifolia** Less.
Ref.: Simpson Vuilleumier, 1969.

Clarionea volkmanii Phil. = **Perezia pedicularidifolia** Less.
Ref.: Simpson Vuilleumier, 1969.

Clarionema humilis Phil. = **Perezia pedicularidifolia** Less.
Ref.: Simpson Vuilleumier, 1969.

Cleanthes brasiliensis (L.) D. Don = **Holocheilus brasiliensis** (L.) Cabrera
Ref.: Cabrera, 1968.

Cleanthes hieracioides D. Don = **Holocheilus hieracioides** (D. Don) Cabrera
Ref.: Cabrera, 1968.

Cleanthes hieracioides D. Don var. *thrincioides* Griseb. = **Holocheilus hieracioides** (D. Don) Cabrera
Ref.: Cabrera, 1968.

Cleanthes ochroleuca (Cass.) Parodi = **Holocheilus brasiliensis** (L.) Cabrera
Ref.: Cabrera, 1968.

Cleanthes othonoides (Less.) Griseb. = **Holocheilus brasiliensis** (L.) Cabrera
Ref.: Cabrera, 1968.

Clibadium L. Heliantheae.
Número de especies: 1

Clibadium heterotrichum S.F. Blake = **Clibadium peruvianum** Poepp. ex DC.
Ref.: Arriagada, 1995.

Clibadium peruvianum Poepp. ex DC.
Sin.: *Clibadium heterotrichum* S.F. Blake, *Clibadium psilogynum* S.F. Blake, *Clibadium remotiflorum* O.E. Schulz, *Clibadium vargasianum* H. Rob.
Ref.: Cabrera, 1978; Arriagada, 1995.
Hábito: Subarbusto.
Status: Nativa.
Elevación: 500-1500 m.
Prov.: JU, SA, TU.
Paises limítrofes: BO.
Ejemplar examinado: *Zuloaga 2787* (LP, SI).

Clibadium psilogynum S.F. Blake = **Clibadium peruvianum** Poepp. ex DC.
Ref.: Arriagada, 1995.

Clibadium remotiflorum O.E. Schulz = **Clibadium peruvianum** Poepp. ex DC.
Ref.: Arriagada, 1995.

Clibadium vargasianum H. Rob. = **Clibadium peruvianum** Poepp. ex DC.
Ref.: Arriagada, 1995.

Clybatis volkmanii Phil. = **Leucheria nutans** (J. Rémy) Reiche
Ref.: Crisci, 1976b.

Cnicothamnus Griseb. Mutisieae.
Número de especies: 2

Cnicothamnus azafran (Cabrera) Cabrera
Sin.: *Cnicothamnus lorentzii* Griseb. var. *azafran* Cabrera
Ref.: Cabrera, 1978; Freire, 1996.
Hábito: Arbusto o arbolito.
Status: Nativa.
Elevación: 1300-2200 m.
Prov.: JU, SA.
Paises limítrofes: BO.
Ejemplar examinado: *Cabrera et al. 26287* (LP).

Cnicothamnus lorentzii Griseb.
Sin.: *Lefrovia rhaponticoides* Franch.
Ref.: Cabrera, 1978; Freire, 1996.
Hábito: Arbusto o arbolito.
Status: Nativa.
Elevación: 500-1500 m.
Prov.: JU, SA, TU.
Paises limítrofes: BO
Ejemplar examinado: *Cabrera et al. 26522* (LP).

Cnicothamnus lorentzii Griseb. var. *azafran* Cabrera = **Cnicothamnus azafran** (Cabrera) Cabrera

Cnicus L. Cardueae.
Número de especies: 1

Cnicus benedictus L.
Sin.: *Centaurea benedicta* (L.) L.
Ref.: Ruiz Leal & Roig, 1966[1964]; Covas, 1966a; Ariza Espinar, 1967a; Cabrera, 1971a.
Hábito: Hierba.
Status: Adventicia.
Elevación: 0-1000 m.
Prov.: CHU, CO, COR, LP, ME, NE.
Paises limítrofes: BR, CH, UR.
Ejemplar examinado: *Parodi 12413* (LP).

Coleostephus Cass. Anthemideae.
Número de especies: 1

Coleostephus myconis (L.) Cass.
Sin.: *Chrysanthemum myconis* L., *Coleostephus myconis* (L.) Rchb. f., comb. superfl., *Kremeria myconis* (L.) Maire, *Leucanthemum myconis* (L.) Giraud, *Matricaria myconis* (L.) Desr., *Myconella myconis* (L.) Sprague, *Myconia myconis* (L.) Briquet & Cavill., *Pyrethrum myconis* (L.) Moench
Ref.: Cabrera & Zardini, 1978; Bremer & Humphries, 1993; Ariza Espinar, 1997b.
Hábito: Hierba
Status: Adventicia.
Elevación: 0-500 m.
Prov.: BA.
Paises limítrofes: BR, CH, UR.
Ejemplar examinado: *Hunziker 7537* (LP).

Coleostephus myconis (L.) Rchb. f., comb. superfl. = **Coleostephus myconis** (L.) Cass.

Conoclinium betonicaeforme DC. = **Eupatorium betonicaeforme** (DC.) Baker
Ref.: Cabrera & Vittet, 1954; Cabrera, 1989.

Conyza Less. Astereae.
Número de especies: 23, 9 especies endémicas.

Conyza albida Willd. ex Spreng.
Sin.: *Conyza bonariensis* (L.) Cronquist f. *subleiotheca* Cuatrec., *Conyza bonariensis* (L.) Cronquist var. *microcephala* (Cabrera) Cabrera, *Conyza erigeroides* DC., *Conyza floribunda* Kunth var. *subleiotheca* (Cuatrec.) Marshall, *Erigeron albidum* (Willd. ex Spreng.) A. Gray, *Erigeron albidus* (Willd. ex Spreng.) Herter, comb. superfl., *Erigeron bonariensis* L. var. *microcephalus* Cabrera
Ref.: Cabrera, 1978; Ariza Espinar, 1982a.
Hábito: Hierba.
Status: Nativa.
Elevación: 0-3500 m.
Prov.: BA, CA, CH, CO, COR, ER, JU, LP, LR, MI, SA, SL, TU.
Paises limítrofes: BO, BR, PA, UR.
Ejemplar examinado: *Dawson 709* (LP).

Conyza alopecuroides Lam. = **Pterocaulon alopecuroides** (Lam.) DC.
Ref.: Cabrera & Ragonese, 1978.

Conyza altoandina Cabrera = **Laennecia altoandina** (Cabrera) G.L. Nesom
Ref.: Nesom, 1990b.

Conyza andicola Phil. = **Laennecia artemisiifolia** (Meyen & Walp.) G.L. Nesom
Ref.: Nesom, 1990b.

Conyza apurensis Kunth = **Conyza laevigata** (Rich.) Pruski

Conyza arguta Less. = **Baccharidastrum argutum** (Less.) Cabrera
Ref.: Cabrera, 1963a.

Conyza artemisiifolia Meyen & Walp. = **Laennecia artemisiifolia** (Meyen & Walp.) G.L. Nesom
Ref.: Nesom, 1990b.

Conyza articulata Lam. = **Baccharis articulata** (Lam.) Pers.
Ref.: Cabrera, 1963a.

Conyza berteroana Phil. = **Aster squamatus** (Spreng.) Hieron. var. **squamatus**
Ref.: Cabrera, 1978

Conyza bilbaoana J. Rémy = **Conyza floribunda** Kunth
Ref.: Cabrera, 1978.

Conyza blakei (Cabrera) Cabrera
Sin.: *Erigeron blakei* Cabrera
Ref.: Cabrera, 1953a.
Hábito: Hierba.
Status: Nativa.
Elevación: 0-2000 m.
Prov.: BA, CO, COR, ER, LR, MI, SF, SL.
Paises limítrofes: BR, UR.
Ejemplar examinado: *Cabrera 2703* (LP).

Conyza blanchetii Baker = **Apopyros corymbosus** (Hook. & Arn.) G.L. Nesom
Ref.: Nesom, 1994a.

Conyza boelckei Cabrera
Ref.: Cabrera, 1971a.
Hábito: Subarbusto.
Status: Endémica.
Elevación: 500-1000 m.
Prov.: NE
Ejemplar examinado: *Boelcke 13696* (isotipo, LP).

Conyza bonariensis (L.) Cronquist var. **angustifolia** (Cabrera) Cabrera
Sin.: *Erigeron bonariensis* L. var. *angustifolius* Cabrera
Ref.: Cabrera, 1953a, 1971a, 1978.
Hábito: Hierba.
Status: Nativa.
Elevación: 0-3000 m.
Prov.: BA, CH, CHU, CO, COR, ER, JU, LP, NE, RN, SC, SE, SF, SJ, SL.
Paises limítrofes: CH.
Ejemplar examinado: *Clos 3516* (LP).

Conyza bonariensis (L.) Cronquist var. **bonariensis**
Sin.: *Conyza hispida* Kunth, *Conyza linearis* DC., *Conyza plebeja* Phil., *Erigeron bonariensis* L.
Ref.: Cabrera, 1953a, 1974a, 1978.
Hábito: Hierba.
Status: Nativa.
Elevación: 0-2000 m.
Prov.: BA, CH, CO, COR, CA, ER, FO, JU, LP, ME, MI, NE, RN, SA, SE, SF, SJ, TU.
Paises limítrofes: BO, BR, CH, PA, UR.
Ejemplar examinado: *Cabrera 145* (LP).

Conyza bonariensis (L.) Cronquist var. *leiotheca* (Blake) Cuatrec. = **Conyza floribunda** Kunth
Ref.: Cabrera, 1978.

Conyza bonariensis (L.) Cronquist var. *leiotheca* (Blake) Cuatrec. f. *subleiotheca* Cuatrec. = **Conyza albida** Willd. ex Spreng.
Ref.: Ariza Espinar, 1982a.

Conyza bonariensis (L.) Cronquist var. *microcephala* (Cabrera) Cabrera = **Conyza albida** Willd. ex Spreng.
Ref.: Ariza Espinar, 1982a.

Conyza bryoides Lam. = **Nardophyllum bryoides** (Lam.) Cabrera
Ref.: Cabrera, 1971a.

Conyza burkartii Zardini
Ref.: Zardini, 1976.
Hábito: Hierba.
Status: Endémica.
Elevación: 2000-3500 m.
Prov.: CA, CO, ME, LR, SJ, SL.
Ejemplar examinado: *Dawson 506* (LP).

Conyza chilensis Spreng. = **Conyza primulifolia** (Lam.) Cuatrec. & Lourteig
Ref.: Lourteig & Cuatrecasas, 1985.

Conyza chilensis Spreng. var. *auriculata* Griseb. = **Conyza cordata** Kuntze
Ref.: Ariza Espinar, 1993b.

Conyza conglomerata Phil. = **Conyza larrainiana** J. Rémy
Ref.: Cabrera, 1971a.

Conyza cordata Kuntze
Sin.: *Conyza chilensis* Spreng. var. *auriculata* Griseb.
Ref.: Cabrera, 1978; Ariza Espinar, 1993b.
Hábito: Hierba.
Status: Endémica.
Elevación: 1000-2000 m.
Prov.: CA, JU, LR, SA, TU.
Ejemplar examinado: *Meyer 17699* (LP).

Conyza coultery A. Gray = **Laennecia sophiifolia** (Kunth) G.L. Nesom
Ref.: Nesom, 1990b.

Conyza cuneifolia Lam. = **Baccharis patagonica** Hook. & Arn.
Ref.: Cabrera, 1971a.

Conyza cupressiformis Lam. = **Lepidophyllum cupressiforme** (Lam.) Cass.
Ref.: Cabrera, 1971a.

Conyza deserticola Phil.
Sin.: *Conyza punensis* Cabrera, *Erigeron cinarescens* Sch. Bip. ex Wedd.
Ref.: Cabrera, 1978.
Hábito: Hierba.
Status: Nativa.
Elevación: 2000-3000 m.
Prov.: CA, JU, LR, SA, SJ, TU.
Paises limítrofes: BO, CH.
Ejemplar examinado: *Cabrera 7829* (LP).

Conyza elata Kunth & Bouché = **Conyza floribunda** Kunth
Ref.: Cabrera, 1978.

Conyza erigeroides DC. = **Conyza albida** Willd. ex Spreng.
Ref.: Ariza Espinar, 1982a.

Conyza floribunda Kunth
Sin.: *Conyza bilbaoana* J. Rémy, *Conyza bonariensis* (L.) Cronquist var. *leiotheca* (Blake) Cuatrec., *Conyza elata* Kunth & Bouché, *Conyza myriocephala* J. Rémy, *Erigeron bilbaoanus* (J. Rémy) Cabrera, *Erigeron bonariensis* L. var. *floribundum* (Kunth) Cuatrec., *Erigeron bonariensis* L. f. *glabrata* Speg., *Erigeron bonariensis* L. var. *leiothecus* Blake, *Erigeron floribundus* (Kunth) Sch. Bip., *Marsea bonariensis* (L.) Badillo var. *leiotheca* (Blake) Badillo
Ref.: Cabrera, 1971a, 1978.
Hábito: Hierba.
Status: Nativa.
Elevación: 0-2500 m.
Prov.: BA, CHU, CA, CO, COR, ER, JU, LP, ME, MI, NE, RN, SA, SC, SF, TU.
Paises limítrofes: BO, BR, CH, PA, UR.
Ejemplar examinado: *de la Sota 4415* (LP).

Conyza floribunda Kunth var. *subleiotheca* (Cuatrec.) Marshall = **Conyza albida** Willd. ex Spreng.
Ref.: Ariza Espinar, 1982a.

Conyza glandulitecta Cabrera
Ref.: Cabrera, 1972, 1978.
Hábito: Hierba.
Status: Nativa.
Elevación: 0-2000 m.
Prov.: COR, JU, MI.
Paises limítrofes: BR, PA.
Ejemplar examinado: *Cabrera y Fabris 19966* (LP).

Conyza graminifolia Spreng. = **Aster squamatus** (Spreng.) Hieron. var. **graminifolius** (Spreng.) Hieron.
Ref.: Cabrera, 1974a.

Conyza hispida Kunth = **Conyza bonariensis** (L.) Cronquist var. **bonariensis**
Ref.: Cabrera, 1978.

Conyza kunthiana DC. = **Belloa kunthiana** (DC.) Anderb. & S.E. Freire
Ref.: Freire, 1986a; Anderberg & Freire, 1991.

Conyza laevigata (Rich.) Pruski
Sin.: *Conyza subspathulata* Cronquist, *Erigeron apurensis* (Kunth) Griseb., *Erigeron laevigatus* Rich., *Erigeron spathulatus* Vahl, hom. illeg.
Ref.: Cabrera, 1971a; Roig, 1971; Pruski, 1998.
Hábito: Hierba.
Status: Adventicia.
Elevación: 0-1000 m.
Prov.: BA, LP, ME, RN.
Ejemplar examinado: *Cabrera 6698* (LP).

Conyza larrainiana J. Rémy
Sin.: *Conyza conglomerata* Phil., *Conyza pratensis* Phil, *Erigeron larrainianus* (J. Rémy) Cabrera
Ref.: Cabrera, 1971a.
Hábito: Hierba.
Status: Nativa.
Elevación: 500-1000 m.
Prov.: CHU, NE, RN, SC.
Paises limítrofes: CH.
Ejemplar examinado: *Cabrera 4996* (LP).

Conyza lechleri (Sch. Bip.) Cabrera
Sin.: *Erigeron lechleri* Sch. Bip.
Ref.: Cabrera, 1971a.
Hábito: Hierba.
Status: Nativa.
Elevación: 500-1000 m.
Prov.: CHU, NE, RN, SC, TF.
Paises limítrofes: CH.
Ejemplar examinado: *Cabrera 5060* (LP).

Conyza linearis DC. = **Conyza bonariensis** (L.) Cronquist var. **bonariensis**
Ref.: Cabrera, 1978.

Conyza lorentzii Griseb.
Sin.: *Erigeron lorentzii* (Griseb.) Cabrera
Ref.: Roig, 1971; Cabrera, 1974a.
Hábito: Hierba.
Status: Endémica.
Elevación: 0-1000 m.
Prov.: BA, CH, CO, COR, ER, LP, LR, ME, MI, SE, SL, TU.
Ejemplar examinado: *Cabrera 6448* (LP).

Conyza magellanica Lam. = **Baccharis magellanica** (Lam.) Pers.
Ref.: Cabrera, 1971a.

Conyza magnimontana Cabrera
Ref.: Cabrera, 1971a.
Hábito: Hierba.
Status: Endémica.
Elevación: 0-500 m.
Prov.: RN.
Ejemplar examinado: *Piccinini y Leguizamón 1451* (holotipo, LP).

Conyza monorchis (Griseb.) Cabrera
Sin.: *Erigeron monorchis* Griseb.
Ref.: Cabrera, 1953a, 1974a.
Hábito: Hierba.
Status: Nativa.
Elevación: 0-500 m.
Prov.: BA, CH, COR, ER, LP.
Paises limítrofes: BR, UR.
Ejemplar examinado: *Cabrera 2800* (LP).

Conyza montevidensis Spreng. = **Baccharis pingraea** DC. f. **pingraea**
Ref.: Cabrera, 1963a.

Conyza myosotifolia Kunth = **Conyza primulifolia** (Lam.) Cuatrec. & Lourteig
Ref.: Lourteig & Cuatrecasas, 1985.

Conyza myriocephala J. Rémy = **Conyza floribunda** Kunth
Ref.: Cabrera, 1978.

Conyza notobellidastrum Griseb. = **Podocoma notobellidastrum** (Griseb.) G.L. Nesom
Ref.: Nesom, 1994b.

Conyza notobellidastrum Griseb. var. *oblongifolia* Griseb. = **Podocoma notobellidastrum** (Griseb.) G.L. Nesom
Ref.: Nesom, 1994b.

Conyza oblongifolia Spreng. = **Eupatorium oblongifolium** (Spreng.) Baker
Ref.: Cabrera & Vittet, 1954.

Conyza obtusa Kunth
Ref.: Cabrera, 1978.
Hábito: Hierba.
Status: Nativa.
Elevación: 3000-3500 m.
Prov.: JU.
Paises limítrofes: BO.
Ejemplar examinado: *Burkart y Troncoso 11657* (SI).

Conyza oligantha Cabrera
Ref.: Cabrera, 1971a.
Hábito: Hierba.
Status: Endémica.
Elevación: 500-1000 m.
Prov.: NE.
Ejemplar examinado: *Boelcke 14407* (LP).

Conyza pampeana (Parodi) Cabrera
Sin.: *Erigeron pampeanus* Parodi
Ref.: Cabrera, 1953a, 1974a; Ariza Espinar, 1993b.
Hábito: Hierba.
Status: Nativa.
Elevación: 0-1000 m.
Prov.: BA, CH, CO, COR, ER, LP, MI, SF.
Paises limítrofes: UR.
Ejemplar examinado: *Friedmann 148* (LP).

Conyza platensis Spreng. = **Vernonia platensis** (Spreng.) Less.
Ref.: Cabrera, 1944a.

Conyza plebeja Phil. = **Conyza bonariensis** (L.) Cronquist var. **bonariensis**
Ref.: Cabrera, 1978.

Conyza pratensis Phil. = **Conyza larrainiana** J. Rémy
Ref.: Cabrera, 1971a.

Conyza primulifolia (Lam.) Cuatrec. & Lourteig
Sin.: *Conyza chilensis* Spreng., *Conyza myosotifolia* Kunth, *Conyza scabiosaefolia* J. Rémy, *Conyza yungasensis* Rusby, *Erigeron chilensis* (Spreng.) Don ex Loudon, *Inula primulifolia* Lam.
Ref.: Cabrera, 1971a,1978; Lourteig & Cuatrecasas, 1985.
Hábito: Hierba.
Status: Nativa.
Elevación: 0-2000 m.
Prov.: BA, CH, CO, COR, ER, FO, JU, LR, ME, MI, RN, SA, SE, SF, SL, TU.
Paises limítrofes: BO, BR, CH, PA, UR.
Ejemplar examinado: *Cabrera et al. 22156* (LP).

Conyza pulchella Kunth = **Laennecia sophiifolia** (Kunth) G.L. Nesom
Ref.: Nesom, 1990b.

Conyza pusilla Kunth = **Belloa kunthiana** (DC.) Anderb. & S.E. Freire
Ref.: Freire, 1986a; Anderberg & Freire, 1991.

Conyza rivularis Gardner = **Podocoma rivularis** (Gardner) G.L. Nesom
Ref.: Nesom, 1994b.

Conyza rugosa Vahl = **Pterocaulon rugosum** (Vahl) Malme
Ref.: Cabrera & Ragonese, 1978.

Conyza sagittalis Lam. = **Pluchea sagittalis** (Lam.) Cabrera
Ref.: Cabrera, 1949, 1963a, 1978.

Conyza saltensis Cabrera
Ref.: Cabrera, 1972, 1978.
Hábito: Hierba.
Status: Endémica.
Elevación: 2000-2500 m.
Prov.: SA.
Ejemplar examinado: *Cabrera 22067* (LP).

Conyza scabiosaefolia J. Rémy = **Conyza primulifolia** (Lam.) Cuatrec. & Lourteig
Ref.: Lourteig & Cuatrecasas, 1985.

Conyza senecioides (Wedd.) Cabrera = **Laennecia artemisiifolia** (Meyen & Walp.) G.L. Nesom
Ref.: Nesom, 1990b.

Conyza serpentaria Griseb. = **Laennecia sophiifolia** (Kunth) G.L. Nesom
Ref.: Nesom, 1990b.

Conyza serrana Cabrera
Sin.: *Erigeron platensis* Speg.
Ref.: Cabrera, 1963a, 1978.
Hábito: Hierba.
Status: Endémica.

Elevación: 500-1600 m.
Prov.: BA, JU.
Ejemplar examinado: *Alboff 66* (LP).

Conyza setosa (Baker) Malme = **Apopyros corymbosus** (Hook. & Arn.) G.L. Nesom
Ref.: Nesom, 1994a.

Conyza sophiifolia Kunth = **Laennecia sophiifolia** (Kunth) G.L. Nesom
Ref.: Nesom, 1990b.

Conyza spiciformis (Griseb.) Zardini
Sin.: *Erigeron spiciformis* Griseb.
Ref.: Zardini, 1976; Cabrera, 1978.
Hábito: Hierba.
Status: Endémica.
Elevación: 2000-3500 m.
Prov.: CA, JU, SA, TU.
Ejemplar examinado: *Cabrera y Hernández 14031* (LP).

Conyza spinulosa Spreng. = **Sommerfeltia spinulosa** (Spreng.) Less.
Ref.: Cabrera, 1963a.

Conyza squamata Spreng. = **Aster squamatus** (Spreng.) Hieron. var. **squamatus**
Ref.: Cabrera, 1978.

Conyza straminea Chodat = **Tessaria dodoneifolia** (Hook. & Arn.) Cabrera
Ref.: Cabrera, 1939, 1974a, 1978.

Conyza subspathulata Cronquist = **Conyza laevigata** (Rich.) Pruski

Conyza trinervia Mill. = **Baccharis rhexioides** Kunth
Ref.: Cabrera, 1978.

Conyza trinervis Lam. = **Baccharis trinervis** (Lam.) Pers.
Ref.: Cabrera, 1978.

Conyza triplinervia Less. = **Baccharidastrum triplinervium** (Less.) Cabrera
Ref.: Cabrera, 1963a.

Conyza tunariensis (Kuntze) Zardini
Sin.: *Erigeron tunariensis* Kuntze
Ref.: Zardini, 1976; Cabrera, 1978.
Hábito: Hierba.
Status: Nativa.
Elevación: 1000-3500 m.
Prov.: CA, JU, SA, TU.
Paises limítrofes: BO.
Ejemplar examinado: *Fabris et al. 3972* (LP).

Conyza virgata (L.) L. = **Pterocaulon virgatum** (L.) DC.
Ref.: Cabrera & Ragonese, 1978.

Conyza yungasensis Rusby = **Conyza primulifolia** (Lam.) Cuatrec. & Lourteig
Ref.: Lourteig & Cuatrecasas, 1985.

Conyzanthus squamatus (Spreng.) Tamamsch. = **Aster squamatus** (Spreng.) Hieron. var. **squamatus**
Ref.: Cabrera, 1978.

Coreopsis L. Heliantheae.

Número de especies: 1

Coreopsis aurea Aiton = **Bidens aurea** (Aiton) Sherff
Ref.: Sherff, 1937.

Coreopsis baccata L.f. = **Tilesia baccata** (L.f.) Pruski
Ref.: Pruski, 1996; Sáenz, inéd.a.

Coreopsis lanceolata L.
Ref.: Sáenz, 1981; Muñoz, 1995.
Hábito: Hierba.
Status: Naturalizada.
Elevación: 0-500 m.
Prov.: CO, COR, ER, MI.
Ejemplar examinado: *Cabrera y Sáenz 29198* (SI).

Coreopsis trifoliata Bertol. = **Bidens squarrosa** Kunth
Ref.: Sherff, 1937; Cabrera, 1971, 1978.

Cosmos Cav. Heliantheae.

Número de especies: 3

Cosmos bipinnatus Cav. var. **exaristatus** DC.
Ref.: Cabrera, 1978; Sáenz & Delucchi, inéd.
Hábito: Hierba.
Status: Naturalizada.
Elevación: 1000-2500 m.
Prov.: JU, ME, SA.
Paises limítrofes: BO, PA.
Ejemplar examinado: *Cabrera y Kiesling 25232* (LP, SI).

Cosmos peucedanifolius Wedd. var. **peucedanifolius**
Sin.: *Bidens peucedanifolius* (Wedd.) Kuntze
Ref.: Cabrera, 1978; Sáenz & Delucchi, inéd.
Hábito: Hierba.
Status: Nativa.
Elevación: 1000-3000 m.
Prov.: JU, SA.
Paises limítrofes: BO.
Ejemplar examinado: *Cabrera 21309* (LP).

Cosmos peucedanifolius Wedd. var. **tiraquensis** (Kuntze) Sherff
Sin.: *Bidens peucedanifolius* (Wedd.) Kuntze var. *tiraquensis* Kuntze, *Cosmos subpubescens* Wedd.
Ref.: Cabrera, 1978; Sáenz & Delucchi, inéd.
Hábito: Hierba.
Status: Nativa.
Elevación: 1500-3000 m.
Prov.: JU, SA.
Paises limítrofes: BO.
Ejemplar examinado: *Fabris et al. 6152* (LP).

Cosmos subpubescens Wedd. = **Cosmos peucedanifolius** Wedd. var. **tiraquensis** (Kuntze) Sherff
Ref.: Cabrera, 1978; Sáenz & Delucchi, inéd.

Cosmos sulphureus Cav.
Ref.: Sáenz & Delucchi, inéd.
Hábito: Hierba.
Status: Adventicia.
Elevación: 0-500 m.
Prov.: BA, CO, COR, MI, SA, SE.
Paises limítrofes: BO, PA.
Ejemplar examinado: *Delucchi 701* (LP).

Cotula L. Anthemideae.

Número de especies: 3

Cotula acaenoides (Hook. & Arn.) Alb. = **Leptinella scariosa** Cass.
Ref.: Cabrera, 1971a.

Cotula australis (Sieber ex Spreng.) Hook. f.
Sin.: *Anacyclus australis* Sieber ex Spreng., *Lancisia australis* (Sieber ex Spreng.) Rydb., *Soliva tenella* A. Cunn., *Strongylosperma australe* (Sieber ex Spreng.) Less.
Ref.: Cabrera, 1963a, 1974a, 1978; Bremer & Humphries, 1993; Ariza Espinar, 1997b.
Hábito: Hierba.
Status: Adventicia.
Elevación: 0-1500 m.
Prov.: BA, CH, CO, ER, JU, ME, MI, SA, SE, SF.
Paises limítrofes: BO, CH, UR.
Ejemplar examinado: *Ruiz Leal 11199* (LP).

Cotula cabrerae Caro = **Cotula mexicana** (DC.) Cabrera
Ref.: Cabrera, 1978.

Cotula coronopifolia L.
Sin.: *Cotula montevidensis* Spreng., *Lancisia coronopifolia* (L.) Rydb.
Ref.: Caro, 1961; Cabrera, 1963a, 1971a, 1974a; Bremer & Humphries, 1993; Ariza Espinar, 1997b.
Hábito: Hierba.
Status: Adventicia.
Elevación: 0-500 m.
Prov.: BA, CO, ER, ME, RN, SJ.
Paises limítrofes: BO, CH, UR.
Ejemplar examinado: *Dawson 296* (LP).

Cotula hombronii Franch. = **Leptinella scariosa** Cass.
Ref.: Cabrera, 1971a; Ariza Espinar, 1997b.

Cotula mexicana (DC.) Cabrera
Sin.: *Cotula cabrerae* Caro, *Cotula minuta* (L. f.) Schinz, hom. illeg., *Cotula pedicellata* (Ruiz & Pav.) Cabrera, hom. illeg., *Cotula pygmaea* (Kunth) Benth. & Hook. f. ex Hemsl., hom. illeg., *Gymnostyles minuta* (L. f.) Spreng., *Gymnostyles peruviana* Spreng., nom. superf., *Hippia minuta* L. f., *Lancisia minuta* (L. f.) Rydb., *Soliva mexicana* DC., *Soliva minuta* (L. f.) Sweet, *Soliva pedicellata* Ruiz & Pav., *Soliva pedunculata* Ruiz & Pav. ex Steud., *Soliva pygmaea* Kunth
Ref.: Cabrera, 1960, 1978; Ariza Espinar, 1997b.
Hábito: Hierba.
Status: Nativa.
Elevación: 3500-4000 m.
Prov.: CA, CO, JU, LR, SA, TU.
Paises limítrofes: CH.
Ejemplar examinado: *Burkart y Troncoso 11691* (LP).

Cotula minuta (L. f.) Schinz = **Cotula mexicana** (DC.) Cabrera
Ref.: Cabrera, 1960, 1978.

Cotula montevidensis Spreng. = **Cotula coronopifolia** L.
Ref.: Cabrera, 1941a, 1963a; Caro, 1961.

Cotula pedicellata (Ruiz & Pav.) Cabrera = **Cotula mexicana** (DC.) Cabrera
Ref.: Cabrera, 1949c, 1960, 1978; Bremer & Humphries, 1993.

Cotula pygmaea (Kunth) Benth. & Hook. f. ex Hemsl. = **Cotula mexicana** (DC.) Cabrera
Ref.: Cabrera, 1960, 1978; Bremer & Humphries, 1993.

Cotula scariosa (Cass.) Franch. = **Leptinella scariosa** Cass.
Ref.: Cabrera, 1971a; Ariza Espinar, 1997b.

Cotula verbesina L. = **Adenostemma verbesina** (L.) Sch. Bip.
Ref.: Cabrera & Vittet, 1954.

Cotula viscosa L. = **Egletes viscosa** (L.) Less.
Ref.: Grisebach, 1879.

Crantzia ovata Vell. = **Centratherum punctatum** Cass. subsp. **punctatum**
Ref.: Kirkman, 1981.

Crepis L., Lactuceae.

Número de especies: 4

Crepis capillaris (L.) Wallr.
Sin.: *Crepis virens* L., *Lapsana capillaris* L.
Ref.: Cabrera, 1963a; Ariza Espinar & Urtubey, 1998.
Hábito: Hierba.
Status: Adventicia.
Elevación: 0-1500 m.
Prov.: BA, CHU, CO, ME, NE, RN, SC, SL, TF.
Paises limítrofes: CH.
Ejemplar examinado: *Cabrera 543* (LP).

Crepis foetida L.
Ref.: Covas, 1967; Ariza Espinar & Urtubey, 1998.
Hábito: Hierba.
Status: Adventicia.
Elevación: 0-1000 m.
Prov.: BA, LP.
Ejemplar examinado: *Covas 2899* (CORD).

Crepis pulchra L.
Ref.: Ariza Espinar, 1967a; Ariza Espinar & Urtubey, inéd.
Hábito: Hierba.
Status: Adventicia.
Elevación: 0-1000 m.
Prov.: CO.
Paises limítrofes: CH.
Ejemplar examinado: *Hunziker 11648* (CORD).

Crepis nudicaulis auct. non L. = **Leontodon taraxacoides** (Vill.) Mérat.
Ref.: Cabrera, 1963a; Ariza Espinar & Urtubey, 1998.

Crepis setosa Haller f.
Sin.: *Barkhausia setosa* (Haller f.) DC.
Ref.: Cabrera, 1963a; Ariza Espinar & Urtubey, 1998.
Hábito: Hierba.
Status: Adventicia.
Elevación: 0-500 m.
Prov.: BA, CO, ER, RN.
Paises limítrofes: CH.
Ejemplar examinado: *Cabrera 1251* (LP).

Crepis virens L. = **Crepis capillaris** (L.) Wallr.
Ref.: Cabrera, 1963a.

Criscia Katinas. Mutisieae.
Número de especies: 1

Criscia stricta (Spreng.) Katinas
Sin.: *Onoseris stricta* Spreng., *Perezia pampeana* Speg., *Trichocline heterophylla* Griseb., hom. illeg., *Trixis stricta* (Spreng.) Less.
Ref.: Katinas, 1994, 1995.
Hábito: Hierba.
Status: Nativa.
Elevación: 0-500 m.
Prov.: BA, COR, ER, MI.
Paises limítrofes: BR, UR.
Ejemplar examinado: *Crisci 545* (LP).

Critonia arachnoidea (Legname) R.M. King & H. Rob. = **Eupatorium arachnoideum** Legname
Ref.: Cabrera & Freire, 1997.

Critonia megaphylla (Baker) R.M. King & H. Rob. = **Eupatorium megaphyllum** Baker
Ref.: Cabrera & Freire, 1997.

Cryptopetalum ciliare Cass. = **Pectis sessiliflora** (Less.) Sch. Bip.
Ref.: Cabrera, 1978; Petenatti & Ariza Espinar, 1997.

Cryptostemma calendula (L.) Druce = **Arctotheca calendula** (L.) Levyns
Ref.: Ariza Espinar & Delucchi, 1998a.

Cryptostemma calendulaceum (L.) R. Br. = **Arctotheca calendula** (L.) Levyns
Ref.: Webb et al., 1988; Ariza Espinar & Delucchi, 1998a.

Cuatrecasasiella H. Rob. Inuleae.
Número de especies: 1

Cuatrecasasiella argentina (Cabrera) H. Rob.
Sin.: *Luciliopsis argentina* Cabrera
Ref.: Cabrera, 1978; Robinson, 1985; Freire, 1995.
Hábito: Hierba.
Status: Nativa.
Elevación: 2500-4500 m.
Prov.: JU, LR.
Paises limítrofes: CH.
Ejemplar examinado: *Kurtz 15206* (LP).

Culcitium candidum D. Don ex Hook. & Arn. = **Senecio poeppigii** Hook. & Arn. var. **poeppigii**
Ref.: Cabrera, 1971a.

Culcitium dasyphyllum Gand. = **Senecio vaginifolius** Sch. Bip.
Ref.: Cabrera, 1971a; Cabrera & Zardini, 1980.

Culcitim dentatum D. Don ex Hook. & Arn. = **Senecio gilliesii** Hook. & Arn. var. **gilliesii**
Ref.: Cabrera 1971a.

Culcitium depressum D. Don ex Hook. & Arn., nom. nud. = **Senecio depressus** Hook. & Arn.
Ref.: Cabrera, 1971a.

Culcitium gayanum J. Rémy = **Senecio candidans** DC.
Ref.: Cabrera, 1971a; Cabrera & Zardini, 1980.

Culcitium gilliesii (Hook. & Arn.) Speg. = **Senecio gilliesii** Hook. & Arn. var. **gilliesii**
Ref.: Cabrera, 1971a; Cabrera & Zardini, 1980.

Culcitium glaciale Meyen & Walp. = **Senecio candollii** Wedd.
Ref.: Cabrera & Zardini, 1980.

Culcitium humile DC. = **Senecio candollii** Wedd.
Ref.: Cabrera & Zardini, 1980.

Culcitium magellanicum Hombr. & Jacquinot = **Senecio magellanicus** Hook. & Arn.
Ref.: Cabrera, 1971a; Cabrera & Zardini, 1980.

Culcitium magellanicum Hombr. & Jacquinot f. *angustifolia* Skottsb. = **Senecio magellanicus** Hook. & Arn.
Ref.: Cabrera, 1971a; Cabrera & Zardini, 1980.

Culcitium magellanicum Hombr. & Jacquinot f. *latifolia* Skottsb. = **Senecio vaginifolius** Sch. Bip.
Ref.: Cabrera, 1971a; Cabrera & Zardini, 1980.

Culcitium magellanicum Hombr. & Jacquinot f. *typica* Skottsb., nom. inval. = **Senecio magellanicus** Hook. & Arn.
Ref.: Cabrera, 1971a; Cabrera & Zardini, 1980.

Culcitium oligocephalum Cabrera = **Senecio keshua** Cabrera
Ref.: Cabrera, 1978; Cabrera & Zardini, 1980.

Culcitium poeppigii DC. = **Senecio gilliesii** Hook. & Arn. var. **gilliesii**
Ref.: Cabrera, 1971a; Cabrera & Zardini, 1980.

Culcitium serratifolium Meyen & Walp. = **Senecio serratifolius** (Meyen & Walp.) Cuatrec.
Ref.: Cabrera, 1978; Cabrera & Zardini, 1980.

Culcitium sessile Speg. = **Senecio culcitenellus** Cuatrec.
Ref.: Cabrera & Zardini, 1980.

Culcitium tenellum Dusén = **Senecio culcitenellus** Cuatrec.
Ref.: Cabrera & Zardini, 1980.

Cyclolepis Gillies ex D. Don. Mutisieae.
Número de especies: 1 especie endémica.

Cyclolepis genistoides D. Don
Sin.: *Gochnatia genistoides* (D. Don) Hook. & Arn.
Ref.: Cabrera, 1941a, 1963a, 1971a, 1978; Freire, 1996.
Hábito: Arbusto.
Status: Endémica.
Elevación: 1000-2000 m.
Prov.: BA, CA, CO, LP, LR, ME, NE, RN, SA, SF, SJ, SL, TU.
Ejemplar examinado: *Cabrera y Fabris 16512* (LP).

Cynara L. Cardueae.
Número de especies: 1

Cynara cardunculus L.
Ref.: Cabrera, 1963a, 1971a, 1974a; Del Aguila, 1964; Ariza Espinar & Delucchi, 1998b.
Hábito: Hierba.
Status: Naturalizada.
Elevación: 0-500 m.
Prov.: BA, CO, DF, ER, LP, ME.
Paises limítrofes: CH.
Ejemplar examinado: *Cabrera 139* (LP).

Cyrtocymura cincta (Griseb.) H. Rob. = **Vernonia cincta** Griseb.

Dahlia Cav. Heliantheae.
Número de especies: 1

Dahlia pinnata Cav.
Ref.: Sáenz & Novara, inéd.
Hábito: Hierba.
Status: Naturalizada.
Elevación: 1000-1500 m.
Prov.: SA.
Ejemplar examinado: *Novara 7870* (MCNS, SI).

Danaa yegua Colla = **Senecio yegua** (Colla) Cabrera
Ref.: Cabrera & Zardini, 1980.

Dasyphyllum Kunth. Mutisieae.
Número de especies: 5

Dasyphyllum armatum (J. Kost.) Cabrera
Sin.: *Chuquiraga armata* J. Kost., *Flotovia armata* (J. Kost.) Tovar
Ref.: Cabrera, 1959d; Urtubey, 1996.
Hábito: Arbusto.
Status: Nativa.
Elevación: 2000-3000 m.
Prov.: JU.
Paises limítrofes: BO.
Ejemplar examinado: *Spegazzini s.n.* (LP).

Dasyphyllum brasiliense (Spreng.) Cabrera var. **brasiliense**
Sin.: *Carthamus fluminensis* Vell., *Chuquiraga glabra* (Spreng.) Baker, *Chuquiraga racemosa* Baker; *Chuquiraga brasiliensis* (Spreng.) Kuntze, *Flotovia brasiliensis* (Spreng.) Cabrera ex Tovar, *Flotovia glabra* Spreng., *Ioannea brasiliensis* Spreng.
Ref.: Cabrera, 1959d; Urtubey, 1996.
Hábito: Arbusto.
Status: Nativa.
Elevación: 0-1000 m.
Prov.: MI.
Paises limítrofes: BR, PA.
Ejemplar examinado: *Rau 92* (LP).

Dasyphyllum brasiliense (Spreng.) Cabrera var. **divaricatum** (Griseb.) Cabrera
Sin.: *Barnadesia divaricata* Griseb., *Chuquiraga brasiliensis* (Spreng.) Kuntze var. *divaricata* (Griseb.) Kuntze, *Flotovia divaricata* (Griseb.) Hieron.
Ref.: Cabrera, 1959d; Urtubey, 1996.
Hábito: Arbusto.
Status: Nativa.
Elevación: 500-1500 m.
Prov.: JU, SA.
Paises limítrofes: BO.
Ejemplar examinado: *Rojas 11416* (LP).

Dasyphyllum diacanthoides (Less.) Cabrera
Sin.: *Chuquiraga leucoxylon* Poepp. ex Less., *Flotovia diacanthoides* Less., *Flotovia stifftioides* Speg., *Piptocarpha diacanthoides* Hook. & Arn.
Ref.: Cabrera, 1959d; Urtubey, 1996.
Hábito: Árbol.
Status: Nativa.
Elevación: 500-1500 m.
Prov.: CHU, NE, RN.
Paises limítrofes: CH.
Ejemplar examinado: *Cabrera 11495* (LP).

Dasyphyllum inerme (Rusby) Cabrera
Sin.: *Barnadesia inermis* Rusby
Ref.: Cabrera, 1959d; Urtubey, 1996.
Hábito: Arbusto apoyante.
Status: Nativa.
Elevación: 1000-1500 m.
Prov.: SA.
Paises limítrofes: BO.
Ejemplar examinado: *Cabrera 3100* (LP).

Dasyphyllum tomentosum (Spreng.) Cabrera
Sin.: *Chuquiraga paniculata* D. Don, *Chuquiraga tomentosa* (Spreng.) Baker, *Flotovia paniculata* (D. Don) DC., *Flotovia tomentosa* Spreng.
Ref.: Cabrera, 1959d; Urtubey, 1996.
Hábito: Árbol.
Status: Nativa.
Elevación: 0-1000 m.
Prov.: MI.
Paises limítrofes: BR.
Ejemplar examinado: *Hunziker 926* (LP).

Delilia Spreng. Heliantheae.
Número de especies: 1

Delilia berterii Spreng. = **Delilia biflora** (L.) Kuntze
Ref.: Delprete, 1995.

Delilia biflora (L.) Kuntze
Sin.: *Delilia berterii* Spreng., *Elvira biflora* (L.) DC., *Elvira martyni* Cass., *Meratia sprengelii* Cass., nom. superfl., *Milleria biflora* L.
Ref.: Cabrera, 1978; Delprete, 1995.
Hábito: Hierba.
Status: Nativa.
Elevación: 500-2000 m.
Prov.: JU, SA.
Paises limítrofes: BO, BR.
Ejemplar examinado: *Cabrera 14090* (LP).

Dendrophorbium bomanii (R.E. Fr.) C. Jeffrey = **Senecio bomanii** R.E. Fr.

Dendrophorbium pluricephalum (Cabrera) C. Jeffrey = **Senecio pluricephalus** Cabrera

Diglossus variabilis Cass. = **Tagetes filifolia** Lag.
Ref.: Keil, 1975.

Dimorpholepis serrata (Spreng.) R.M. King & H. Rob. = **Eupatorium serratum** Spreng.
Ref.: Cabrera & Freire, 1997.

Dinoseris Griseb. Mutisieae.

Número de especies: 1

Dinoseris salicifolia Griseb.
Sin.: *Dinoseris salicifolia* Griseb. var. *normalis* Kuntze, *Hyaloseris salicifolia* (Griseb.) Hieron.
Ref.: Ariza Espinar, 1973d; Cabrera, 1978; Katinas, 1996a.
Hábito: Arbusto.
Status: Nativa.
Elevación: 1500-3000 m.
Prov.: CA, CH, JU, SA, TU.
Paises limítrofes: BO.
Ejemplar examinado: *Cabrera 3739* (LP).

Dinoseris salicifolia Griseb. var. *normalis* Kuntze = **Dinoseris salicifolia** Griseb.
Ref.: Cabrera, 1978.

Diplopappus bellidifolius Hook. & Arn. = **Haplopappus scrobiculatus** (Nees) DC.
Ref.: Marticorena & Crisci, 1972.

Diplopappus coronopifolius Less. = **Haplopappus glutinosus** Cass. f. **glutinosus**
Ref.: Cabrera, 1971a.

Diplopappus corymbosus Hook. & Arn. = **Apopyros corymbosus** (Hook. & Arn.) G.L. Nesom
Ref.: Nesom, 1994a.

Diplopappus cuneatus Hook. & Arn. = **Haplopappus scrobiculatus** (Nees) DC.
Ref.: Marticorena & Crisci, 1972.

Diplopappus diffusus (Pers.) Hook. & Arn. = **Noticastrum diffusum** (Pers.) Cabrera
Ref.: Zardini, 1985.

Diplopappus foliosus Hook. & Arn. = **Haplopappus rotundifolius** Hall
Ref.: Cabrera, 1934.

Diplopappus glutinosus Less. = **Haplopappus paucidentatus** Phil.
Ref.: Cabrera, 1971a.

Diplopappus hispidus Gillies ex Hook. & Arn. = **Hysterionica jasionoides** Willd.
Ref.: Cabrera, 1946.

Diplopappus ilicifolius Hook. & Arn. = **Haplopappus rotundifolius** Hall
Ref.: Cabrera, 1934.

Diplopappus pinifolius Hook. & Arn. = **Hysterionica pinifolia** (Poir.) Baker
Ref.: Cabrera, 1946.

Diplopappus pinnatifidus Hook. & Arn. = **Grindelia anethifolia** (Phil.) Bartoli & Tortosa
Ref.: Cabrera, 1971a; Bartoli & Tortosa, 1998a.

Diplopappus prunelloides Poepp. ex Less. = **Haplopappus prunelloides** (Poepp. ex Less.) DC. var. **prunelloides**
Ref.: Cabrera, 1971a.

Diplopappus scrobiculatus Nees = **Haplopappus scrobiculatus** (Nees) DC.
Ref.: Marticorena & Crisci, 1972.

Diplopappus sericeus Less. = **Noticastrum sericeum** (Less.) Less. ex Phil.
Ref.: Zardini, 1985.

Diplopappus spinulosus Hook. & Arn. = **Haplopappus diplopappus** J. Rémy var. **diplopappus**
Ref.: Cabrera, 1934.

Diplopappus stenophyllus Hook. & Arn. = **Hysterionica filiforme** (Spreng.) Cabrera
Ref.: Cabrera, 1974a.

Diplopappus villosus Hook. & Arn. = **Hysterionica villosa** (Hook. & Arn.) Cabrera
Ref.: Cabrera, 1946.

Dissothryx hassleriana Chodat = **Stevia entreriensis** Hieron.
Ref.: Cabrera, 1996.

Distoecha taraxacoides Phil. = **Hypochaeris eremophila** Cabrera
Ref.: Cabrera, 1978.

Distrephus spiralis Less. = **Pseudelephantopus spiralis** (Less.) Cronquist

Disynaphia achillea (Chodat) R.M. King & H. Rob. = **Eupatorium multicrenulatum** Sch. Bip. ex Baker
Ref.: Cabrera & Freire, 1997.

Disynaphia calyculata (Hook. & Arn.) R.M. King & H. Rob. = **Eupatorium calyculatum** Hook. & Arn.
Ref.: Cabrera, 1974a.

Disynaphia filifolia (Hassl.) R.M. King & H. Rob. = **Eupatorium filifolium** Hassl.
Ref.: Cabrera & Freire, 1997.

Disynaphia montevidensis DC. = **Eupatorium calyculatum** Hook. & Arn.
Ref.: Cabrera, 1974a, 1989.

Disynaphia multicrenulata (Sch. Bip. ex Baker) R.M. King & H. Rob. = **Eupatorium multicrenultum** Baker
Ref.: Cabrera & Freire, 1997.

Disynaphia radula (Chodat) R.M. King & H. Rob. = **Eupatorium radula** Chodat
Ref.: Cabrera & Freire, 1997.

Dolichlasium Lag. Mutisieae.

Número de especies: 1 especie endémica.

Dolichlasium glanduliferum Lag. nom. illeg. = **Dolichlasium lagascae** D. Don
Ref.: Cabrera, 1936a, 1971a.

Dolichlasium lagascae D. Don
Sin.: *Dolichlasium glanduliferum* Lag., nom. illeg., *Trixis glandulifera* (Lag.) Benth. & Hook. f. ex Hieron., comb. illeg.
Ref.: Cabrera, 1971a; Katinas, 1995.
Hábito: Arbusto.
Status: Endémica.
Elevación: 500-1000 m.
Prov.: LR, ME, NE, SJ.
Ejemplar examinado: *Spegazzini s.n.* (LPS 1484).

Dolichogyne acaulis Wedd. ex Benth. = **Novenia acaulis** (Wedd. ex Benth.) S.E. Freire & F.H. Hellwig
Ref.: Freire & Hellwig 1990.

Dolichogyne armata Wedd. = **Nardophyllum armatum** (Wedd.) Reiche
Ref.: Cabrera, 1978.

Dolichogyne candollei J. Rémy = **Nardophyllum lanatum** (Meyen) Cabrera
Ref.: Cabrera, 1971a.

Dolichogyne chiliotrichoides J. Rémy = **Nardophyllum chiliotrichoides** (J. Rémy) A. Gray
Ref.: Cabrera, 1971a.

Dolichogyne glabra Phil. = **Parastrephia lucida** (Meyen) Cabrera
Ref.: Cabrera, 1978.

Dolichogyne gnaphalioides DC. = **Nardophyllum lanatum** (Meyen) Cabrera
Ref.: Cabrera, 1971a.

Dolichogyne lepidophylla Wedd. = **Parastrephia lepidophylla** (Wedd.) Cabrera
Ref.: Cabrera, 1978.

Dolichogyne rigida Wedd. = **Parastrephia lucida** (Meyen) Cabrera
Ref.: Cabrera, 1978.

Dolichogyne rupestris Wedd. = **Parastrephia phyliciformis** (Meyen) Cabrera
Ref.: Cabrera, 1978.

Dolichogyne staehelinoides DC. = **Nardophyllum lanatum** (Meyen) Cabrera
Ref.: Cabrera, 1971a.

Doniophyton Wedd. Mutisieae.

Número de especies: 2

Doniophyton andicolum Wedd. = **Doniophyton anomalum** (D. Don) Kurtz
Ref.: Katinas & Stuessy, 1997.

Doniophyton anomalum (D. Don) Kurtz
Sin.: *Chuquiraga anomala* D. Don, *Chuquiraga patagonica* Phil., *Doniophyton andicolum* Wedd., *Doniophyton flavescens* Suess., *Doniophyton patagonicum* (Phil.) Hieron.
Ref.: Katinas & Stuessy, 1997; Urtubey, 1996.
Hábito: Subarbusto.
Status: Nativa.
Elevación: 0-2000 m.
Prov.: CA, CHU, LP, JU, ME, NE, RN, SA, SC, SJ.
Paises limítrofes: CH.
Ejemplar examinado: *Boelcke 11401* (LP).

Doniophyton argenteum Speg. = **Chuquiraga morenonis** (Kuntze) C. Ezcurra
Ref.: Ezcurra, 1985.

Doniophyton flavescens Suess. = **Doniophyton anomalum** (D. Don) Kurtz
Ref.: Katinas & Stuessy, 1997.

Doniophyton patagonicum (Phil.) Hieron. = **Doniophyton anomalum** (D. Don) Kurtz
Ref.: Katinas & Stuessy, 1997.

Doniophyton weddellii Katinas & Stuessy
Ref.: Katinas & Stuessy, 1997.
Hábito: Subarbusto.
Status: Nativa.
Elevación: 1500-4000 m.
Prov.: CA, JU, LR, ME, SA, SJ.
Paises limítrofes: CH.
Ejemplar examinado: *Cabrera y Schwabe 68* (LP).

Dusenia patagonica O. Hoffm. = **Duseniella patagonica** (O. Hoffm.) K. Schum.
Ref.: Cabrera, 1971a.

Duseniella K. Schum. Mutisieae.

Número de especies: 1 especie endémica.

Duseniella bicolor Suess. = **Duseniella patagonica** (O. Hoffm.) K. Schum.
Ref.: Cabrera, 1971a.

Duseniella patagonica (O. Hoffm.) K. Schum.
Sin.: *Dusenia patagonica* O. Hoffm., *Duseniella bicolor* Suess.
Ref.: Cabrera, 1971a; Urtubey, 1996.
Hábito: Hierba.
Status: Endémica.
Elevación: 0-1000 m.
Prov.: CHU, ME, NE, SC.
Ejemplar examinado: *Ruiz Leal 24349* (LP).

Dyssodia Cav. Helenieae.

Número de especies: 1

Dyssodia belenidium (DC.) Macloskie = **Thymophylla pentachaeta** (DC.) Small var. **belenidium** (DC.) Strother
Ref.: Strother, 1969, 1986; Petenatti & Ariza Espinar, 1997.

Dyssodia ciliosa (Rydb.) Standl. = **Dyssodia papposa** (Vent.) Hitchc.
Ref.: Strother, 1969.

Dyssodia chrysanthemifolia Steud., nom superfl. = **Dyssodia papposa** (Vent.) Hitchc.
Ref.: Strother, 1969.

Dyssodia chrysanthemoides (Willd.) Lag. = **Dyssodia papposa** (Vent.) Hitchc.
Ref.: Strother, 1969.

Dyssodia cupulata A. Nelson = **Thymophylla pentachaeta** (DC.) Small var. **belenidium** (DC.) Strother
Ref.: Strother, 1969, 1986.

Dyssodia fastigiata DC. = **Dyssodia papposa** (Vent.) Hitchc.
Ref.: Strother, 1969.

Dyssodia gracilis (Rydb.) Cory = **Thymophylla pentachaeta** (DC.) Small var. **belenidium** (DC.) Strother
Ref.: Strother, 1969, 1986.

Dyssodia papposa (Vent.) Hitchc.
Sin.: *Boebera ciliosa* Rydb., *Boebera chrysanthemoides* Willd., nom. superfl., *Boebera glandulosa* (Cav.) Pers., nom. illeg., *Boebera papposa* (Vent.) Rydb., *Boebera roseata* Rydb., *Dyssodia chrysanthemifolia* Steud., nom. superfl., *Dyssodia chrysanthemoides* (Willd.) Lag., *Dyssodia ciliosa* (Rydb.) Standl., *Dyssodia fastigiata* DC., *Dyssodia roseata* (Rydb.) Gentry, *Tagetes papposa* Vent., *Tagetes pumila* Willd., nom. illeg.
Ref.: Strother, 1969; Cabrera, 1978; Petenatti & Ariza Espinar, 1997.
Hábito: Hierba.
Status: Nativa.
Elevación: 1000-3000 m.
Prov.: JU.
Paises limítrofes: BO.
Ejemplar examinado: *Cabrera 14341* (LP).

Dyssodia pentachaeta (DC.) Rob. var. *belenidium* (DC.) Strother = **Thymophylla pentachaeta** (DC.) Small var. **belenidium** (DC.) Strother
Ref.: Strother 1969, 1986; Petenatti & Ariza Espinar, 1997.

Dyssodia roseata (Rydb.) Gentry = **Dyssodia papposa** (Vent.) Hitchc.
Ref.: Strother, 1969.

Dyssodia thurberi (A. Gray) Rob. = **Thymophylla pentachaeta** (DC.) Small var. **belenidium** (DC.) Strother
Ref.: Strother, 1969, 1986.

Echetrosis pentaspermum Phil. = **Parthenium hysterophorus** L.
Ref.: Cabrera, 1971a, 1974a, 1978.

Echinocephalum latifolium Gardner = **Melanthera latifolia** (Gardner) Cabrera
Ref.: Cabrera, 1974a.

Eclipta L. Heliantheae.

Número de especies: 3

Eclipta alba (L.) Hassk. = **Eclipta prostrata** (L.) L.
Ref.: Cabrera, 1978.

Eclipta bellidioides (Spreng.) Sch. Bip. ex Blake = **Jaegeria hirta** (Lag.) Less.
Ref.: Torres, 1968; Cabrera, 1978.

Eclipta elliptica DC.
Sin.: *Spilanthes wedelioides* Hook. & Arn., *Wollastonia prostrata* DC.
Ref.: Cabrera, 1963a, 1974a; Lombardo, 1983; Sáenz, inéd.c.
Hábito: Hierba.
Status: Nativa.
Elevación: 0-500 m.
Prov.: BA, COR, ER, MI.
Paises limítrofes: BR, UR.
Ejemplar examinado: *Cabrera 2466* (LP).

Eclipta erecta L. = **Eclipta prostrata** (L.) L.
Ref.: Cabrera, 1978.

Eclipta lanceolata DC. = **Eclipta megapotamica** (Spreng.) Sch. Bip. ex Blake
Ref.: Cabrera, 1974a.

Eclipta megapotamica (Spreng.) Sch. Bip. ex Blake
Sin.: *Eclipta lanceolata* DC., *Verbesina megapotamica* Spreng.
Ref.: Cabrera, 1963a, 1974a; Lombardo, 1983.
Hábito: Hierba.
Status: Nativa.
Elevación: 0-500 m.
Prov.: BA, COR, ER, MI.
Paises limítrofes: BR, UR.
Ejemplar examinado: *Cabrera 1609* (LP).

Eclipta prostrata (L.) L.
Sin.: *Eclipta alba* (L.) Hassk., *Eclipta erecta* L., *Galinsoga oblonga* DC., *Polygine inconspicua* Phil., *Verbesina alba* L., *Verbesina conyzoides* Trew, *Verbesina prostrata* L., *Wiborgia oblongifolia* Hook.
Ref.: Cabrera, 1974a, 1978; Matthei & Marticorena, 1990.
Hábito: Hierba.
Status: Nativa.
Elevación: 0-2000 m.
Prov.: BA, CH, CO, COR, ER, FO, LR, MI, JU, SA, SF, TU.
Paises limítrofes: BR, CH, PA.
Ejemplar examinado: *Schulz 136* (LP).

Egania acerosa J. Rémy = **Chaetanthera acerosa** (J. Rémy) Benth. & Hook. f. ex Griseb. var. **acerosa**
Ref.: Cabrera, 1937b.

Egania appressa Phil. = **Chaetanthera revoluta** (Phil.) Cabrera
Ref.: Cabrera, 1937b.

Egania dioica J. Rémy = **Chaetanthera dioica** (J. Rémy) B.L. Rob.
Ref.: Cabrera, 1937b.

Egania pallida Phil. = **Chaetanthera acerosa** (J. Rémy) Benth. & Hook. f. ex Griseb. var. **acerosa**
Ref.: Cabrera, 1937b.

Egania racemosa Pritz. = **Chaetanthera acerosa** (J. Rémy) Benth. & Hook. f. ex Griseb. var. **acerosa**
Ref.: Cabrera, 1937b.

Egania revoluta Phil. = **Chaetanthera revoluta** (Phil.) Cabrera
Ref.: Cabrera, 1937b.

Egletes Cass. Astereae.
Número de especies: 1

Egletes viscosa (L.) Less.
Sin.: *Cotula viscosa* L.
Ref.: Grisebach, 1879.
Hábito: Hierba.
Status: Nativa.
Elevación: 0-500 m.
Prov.: CH, COR, FO, SA.
Paises limítrofes: BR, PA.
Ejemplar examinado: *Rodríguez 1095* (LP).

Eizaguirrea candollei J. Rémy = **Leucheria floribunda** DC.
Ref.: Crisci, 1976b.

Eizaguirrea cirsioides Phil. = **Leucheria floribunda** DC.
Ref.: Crisci, 1976b.

Eizaguirrea sonchifolia Turcz. = **Leucheria floribunda** DC.
Ref.: Crisci, 1976b.

Elachia euphrasioides DC. = **Chaetanthera euphrasioides** (DC.) F. Meigen
Ref.: Cabrera, 1937b.

Elachia splendens J. Rémy = **Chaetanthera splendens** (J. Rémy) H. Rob.
Ref.: Cabrera, 1937b.

Elephantopus L. Vernonieae.
Número de especies: 1

Elephantopus angustifolius Sw. = **Orthopappus angustifolius** (Sw.) Gleason
Ref.: Cabrera, 1944b.

Elephantopus martii Grah. = **Elephantopus mollis** Kunth
Ref.: Cabrera, 1944b.

Elephantopus mollis Kunth
Sin.: *Elephantopus martii* Grah., *Elephantopus scaber* L., *Elephantopus tomentosus* L.
Ref.: Cabrera, 1944b, 1978; Ariza Espinar, 1994.
Hábito: Hierba.
Status: Nativa.
Elevación: 0-1500 m.
Prov.: CA, CH, COR, ER, JU, MI, SA, SF, TU.
Paises limítrofes: BO, BR, PA, UR.
Ejemplar examinado: *Venturi 3584* (SI).

Elephantopus scaber L. = **Elephantopus mollis** Kunth
Ref.: Cabrera, 1944b.

Elephantopus spicatus Juss. = **Pseudelephantopus spiralis** (Less.) Cronquist

Elephantopus tomentosus L. = **Elephantopus mollis** Kunth
Ref.: Cabrera, 1944b.

Elvira biflora (L.) DC. = **Delilia biflora** (L.) Kuntze
Ref.: Delprete, 1995.

Elvira martyni Cass. = **Delilia biflora** (L.) Kuntze
Ref.: Delprete, 1995.

Emilia Cass. Senecioneae.
Número de especies: 1

Emilia fosbergii Nicolson
Ref.: Nicolson, 1975; Xifreda, 1987.
Hábito: Hierba.
Status: Adventicia.
Elevación: 0-1000 m.
Prov.: MI.
Paises limítrofes: BO, BR, PA.
Ejemplar examinado: *Xifreda y Maldonado 435* (LP)

Encelia hirsuta Kuntze = **Simsia dombeyana** DC.
Ref.: Cabrera, 1974, 1978; Spooner, 1990; Sáenz, inéd.e.

Encelia suffrutescens R.E. Fr. = **Flourensia suffrutescens** (R.E. Fr.) S.F. Blake
Ref.: Dillon, 1984.

Enhydra Lour. Heliantheae.
Número de especies: 1

Enhydra anagallis Gardner
Ref.: Cabrera, 1963a, 1974a; Sáenz, 1996; Sáenz & Novara, inéd.
Hábito: Hierba.
Status: Nativa.
Elevación: 0-1500 m.
Prov.: BA, CH, COR, ER, FO, SA, SF, TU.
Paises limítrofes: BR, PA.
Ejemplar examinado: *Zardini 1165* (LP).

Epaltes brasiliensis DC. = **Pluchea sagittalis** (Lam.) Cabrera
Ref.: Cabrera, 1974a.

Erechthites Raf. Senecioneae.
Número de especies: 3

Erechthites agrestis (Sw.) Standl. & Steyerm. = **Erechthites hieracifolia** (L.) Raf. ex DC. var. **cacalioides** (Fisch. ex Spreng.) Griseb.
Ref.: Belcher, 1956.

Erechthites cacalioides (Fisch. ex Spreng.) Less. = **Erechthites hieracifolia** (L.) Raf. ex DC. var. **cacalioides** (Fisch. ex Spreng.) Griseb.
Ref.: Belcher, 1956.

Erechthites carduifolia (Cass.) DC. = **Erechthites hieracifolia** (L.) Raf. ex DC. var. **cacalioides** (Fisch. ex Spreng.) Griseb.
Ref.: Belcher, 1956.

Erechthites carduifolia DC. var. *latifolia* Klatt = **Erechthites hieracifolia** (L.) Raf. ex DC. var. **cacalioides** (Fisch. ex Spreng.) Griseb.
Ref.: Belcher, 1956.

Erechthites hieracifolia Walp. = **Erechthites hieracifolia** (L.) Raf. ex DC. var. **cacalioides** (Fisch. ex Spreng.) Griseb.
Ref.: Belcher, 1956.

Erechthites hieracifolia (L.) Raf. ex DC. var. **cacalioides** (Fisch. ex Spreng.) Griseb.
Sin.: *Erechthites agrestis* (Sw.) Standl. & Steyerm., *Erechthites cacalioides* (Fisch. ex Spreng.) Less., *Erechthites carduifolia* (Cass.) DC., *Erechthites carduifolia* DC. var. *latifolia* Klatt, *Erechthites hieracifolia* Walp., *Erechthites hieracifolia* (L.) DC. var. *carduifolia* (Cass.) Griseb., *Erechthites hieracifolia* (L.) DC. var. *cacalioides* Less. f. *pubescens* Kuntze, *Erechthites sulcata* Gardner, *Gynura aspera* Ridl., *Gynura malasica* (Ridl.) Ridl., *Gynura zeylanica* Trim. var. *malasica* Ridl., *Neoceis carduifolia* Cass., *Senecio cacalioides* Fisch. ex Spreng., *Senecio carduifolius* (Cass.) Desf., *Senecio fischeri* Sch. Bip., *Senecio hieracifolius* L., *Sonchus agrestis* Sw., *Sonchus brasiliensis* Meyen & Walp., *Sonchus occidentalis* Spreng.
Ref.: Belcher, 1956; Cabrera, 1963a, 1974a, 1978.
Hábito: Hierba.
Status: Nativa.
Elevación: 0-1000 m.
Prov.: BA, CH, CO, COR, ER, FO, JU, MI, SA, SF, TU.
Paises limítrofes: BR, UR.
Ejemplar examinado: *Cabrera 1606* (LP).

Erechthites hieracifolia (L.) DC. var. *cacalioides* Less. f. *pubescens* Kuntze = **Erechthites hieracifolia** (L.) Raf. ex DC. var. **cacalioides** (Fisch. ex Spreng.) Griseb.
Ref.: Belcher, 1956.

Erechthites hieracifolia (L.) DC. var. *carduifolia* (Cass.) Griseb. = **Erechthites hieracifolia** (L.) Raf. ex DC. var. **cacalioides** (Fisch. ex Spreng.) Griseb.
Ref.: Belcher, 1956.

[Erechthites hieracifolia (L.) Raf. ex DC. var. hieracifolia]
Ref.: Cabrera, 1941a.
Nota: Variedad excluida de la flora argentina.

Erechthites sulcata Gardner = **Erechthites hieracifolia** (L.) Raf. ex DC. var. **cacalioides** (Fisch. ex Spreng.) Griseb.
Ref.: Belcher, 1956.

Erechthites misionum Malme
Ref.: Malme, 1933; Belcher, 1956.
Hábito: Hierba.
Status: Nativa.
Elevación: 0-1000 m.
Prov.: MI.
Paises limítrofes: BR, PA.
Ejemplar examinado: *Ekman s.n.* (LP).

Erechthites valerianifolia (Wolf) DC.
Sin.: *Senecio valerianaefolius* Wolf
Ref.: Cabrera, 1974a.
Hábito: Hierba.
Status: Nativa.
Elevación: 0-500 m.
Prov.: CH, COR, ER, MI.
Paises limítrofes: BR, UR.
Ejemplar examinado: *Burkart 21950* (LP).

Eriachaenium Sch. Bip. Mutisieae.
Número de especies: 1

Eriachaenium magellanicum Sch. Bip.
Ref.: Cabrera, 1971a; Bremer, 1994.
Hábito: Hierba.
Status: Nativa.
Elevación: 0-1000 m.
Prov.: CHU, SC, TF.
Paises limítrofes: CH.
Ejemplar examinado: *Sleumer 908* (LP).

Erigeron L. Astereae.
Número de especies: 18, 6 especies endémicas.

Erigeron albidum (Willd. ex Spreng.) A. Gray = **Conyza albida** Willd. ex Spreng.
Ref.: Cabrera, 1978.

Erigeron albidus (Willd. ex Spreng.) Herter, comb. superfl. = **Conyza albida** Willd. ex Spreng.

Erigeron alpestre Gardner = **Erigeron maximus** (D. Don) DC.
Ref.: Solbrig, 1962.

Erigeron andicola DC.
Sin.: *Erigeron andicola* DC. f. *humilior* Vierh., *Erigeron araucanus* Phil., *Erigeron cabrerae* Solbrig, *Erigeron ciliaris* Phil.
Ref.: Solbrig, 1962; Cabrera, 1971a.
Hábito: Hierba.
Status: Nativa.
Elevación: 500-4000 m.
Prov.: CHU, ME, NE, SC, SJ.
Paises limítrofes: CH.
Ejemplar examinado: *Cabrera 6271* (holotipo de *E. cabrerae*, LP).

Erigeron andicola DC. f. *humilior* Vierh. = **Erigeron andicola** DC.
Ref.: Cabrera, 1971a.

Erigeron andicola DC. f. *pleiocephalus* Vierh. = **Erigeron cinereus** Hook. & Arn.
Ref.: Cabrera, 1971a.

Erigeron apurensis (Kunth) Griseb. = **Conyza laevigata** (Rich.) Pruski

Erigeron artemisiifolius (Meyen & Walp.) Sch. Bip. = **Laennecia artemisiifolia** (Meyen & Walp.) G.L. Nesom
Ref.: Nesom, 1990b.

Erigeron araucanus Phil. = **Erigeron andicola** DC.
Ref.: Cabrera, 1971a.

Erigeron australis Phil. = **Aster glabrifolius** (DC.) Reiche
Ref.: Cabrera, 1971a.

Erigeron bilbaoanus (J. Rémy) Cabrera = **Conyza floribunda** Kunth
Ref.: Cabrera, 1978.

Erigeron blakei Cabrera = **Conyza blakei** (Cabrera) Cabrera
Ref.: Cabrera, 1974a.

Erigeron blanchetii Sch. Bip. ex Baker = **Apopyros corymbosus** (Hook. & Arn.) G.L. Nesom
Ref.: Nesom, 1994a.

Erigeron bonariensis L. = **Conyza bonariensis** (L.) Cronquist var. **bonariensis**
Ref.: Cabrera, 1978.

Erigeron bonariensis L. var. *angustifolius* Cabrera = **Conyza bonariensis** (L.) Cronquist var. **angustifolia** (Cabrera) Cabrera
Ref.: Cabrera, 1978.

Erigeron bonariensis L. var. *floribundum* (Kunth) Cuatrec. = **Conyza floribunda** Kunth
Ref.: Cabrera, 1978.

Erigeron bonariensis L. f. *glabrata* Speg. = **Conyza floribunda** Kunth
Ref.: Cabrera, 1978.

Erigeron bonariensis L. var. *leiothecus* Blake = **Conyza floribunda** Kunth
Ref.: Cabrera, 1978.

Erigeron bonariensis L. var. *microcephalus* Cabrera = **Conyza albida** Willd. ex Spreng.
Ref.: Ariza Espinar, 1982a.

Erigeron brittonianum Rusby = **Erigeron rosulatus** Wedd.
Ref.: Cabrera, 1978.

Erigeron cabrerae Solbrig = **Erigeron andicola** DC.
Ref.: Cabrera, 1971a.

Erigeron catarinensis Cabrera = **Erigeron maximus** (D. Don) DC.
Ref.: Solbrig, 1962.

Erigeron chilensis (Spreng.) Don ex Loudon = **Conyza primulifolia** (Lam.) Cuatrec. & Lourteig
Ref.: Lourteig & Cuatrecasas, 1985.

Erigeron ciliaris Phil. = **Erigeron andicola** DC.
Ref.: Cabrera, 1971a.

Erigeron cinereus Hook. & Arn.
Sin.: *Erigeron andicola* DC. f. *pleiocephalus* Vierh., *Erigeron dusenii* Vierh., *Erigeron dusenii* Vierh. f. *purpurascens* Vierh., *Erigeron dusenii* Vierh. f. *viridis* Vierh., *Erigeron poeppigii* DC.
Ref.: Cabrera, 1971a.
Hábito: Hierba.
Status: Nativa.
Elevación: 500-3000 m.
Prov.: CHU, ME, NE, RN, SC.
Paises limítrofes: CH.
Ejemplar examinado: *Cabrera 5869* (LP).

Erigeron diffusus Pers. = **Noticastrum diffusum** (Pers.) Cabrera
Ref.: Zardini, 1985.

Erigeron depilis Phil. = **Aster squamatus** (Spreng.) Hieron. var. **squamatus**
Ref.: Cabrera, 1978.

Erigeron dianthifolius Griseb. = **Hysterionica dianthifolia** (Griseb.) Cabrera var. **dianthifolia**
Ref.: Cabrera, 1946.

Erigeron dusenii Vierh. = **Erigeron cinereus** Hook. & Arn.
Ref.: Cabrera, 1971a.

Erigeron dusenii Vierh. f. *purpurascens* Vierh. = **Erigeron cinereus** Hook. & Arn.
Ref.: Cabrera, 1971a.

Erigeron dusenii Vierh. f. *viridis* Vierh. = **Erigeron cinereus** Hook. & Arn.
Ref.: Cabrera, 1971a.

Erigeron erianthus Speg. = **Erigeron leptopetalus** Phil.
Ref.: Cabrera, 1971a.

Erigeron fernandezii Phil. = **Erigeron myosotis** Pers.
Ref.: Cabrera, 1971a.

Erigeron filiformis Spreng. = **Hysterionica filiforme** (Spreng.) Cabrera
Ref.: Cabrera, 1946.

Erigeron floribundus (Kunth) Sch. Bip. = **Conyza floribunda** Kunth
Ref.: Cabrera, 1978.

Erigeron gardneri Cabrera = **Podocoma rivularis** (Gardner) G.L. Nesom
Ref.: Nesom, 1994b.

Erigeron gayanus J. Rémy var. *leptophyllus* Speg. = **Erigeron myosotis** Pers.
Ref.: Cabrera, 1971a.

Erigeron gilliesii (Hook. & Arn.) Cabrera
Sin.: *Aster albertii* Phil., *Aster gilliesii* Hook. & Arn., *Aster gayanus* DC., *Astradelphus chilensis* J. Rémy, *Erigeron pratensis* Phil., *Erigeron remyanus* Wedd., *Gusmania chilensis* J. Rémy
Ref.: Cabrera, 1971a.
Hábito: Hierba.
Status: Nativa.
Elevación: 500-2000 m.
Prov.: ME, NE, RN.
Paises limítrofes: CH.
Ejemplar examinado: *Cabrera 5961* (LP).

Erigeron glabrifolius DC. = **Aster glabrifolius** (DC.) Reiche
Ref.: Cabrera, 1971a.

Erigeron glaucifolius Kuntze = **Hysterionica glaucifolia** (Kuntze) Solbrig
Ref.: Solbrig, 1955.

Erigeron graminifolius Phil. = **Aster vahlii** (Gaudich.) Hook. & Arn. var. **vahlii**
Ref.: Cabrera, 1971a.

Erigeron hieracifolium Poir. = **Podocoma hieracifolia** (Poir.) Cass.
Ref.: Cabrera, 1963a.

Erigeron ibari Phil. = **Erigeron myosotis** Pers.
Ref.: Cabrera, 1971a.

Erigeron illapelinus Phil.
Ref.: Solbrig, 1955.
Hábito: Hierba.
Status: Nativa.
Elevación: ca. 3000 m.
Prov.: ME, SJ.
Paises limítrofes: CH.
Ejemplar examinado: *Kiesling y Sáenz 1363* (SI).

Erigeron imbricatus Vierh.
Ref.: Cabrera, 1971a.
Hábito: Hierba.
Status: Endémica.
Elevación: 500-1000 m.
Prov.: CHU, RN, SC
Ejemplar examinado: *Boelcke 4482* (LP).

Erigeron incertus (d'Urv.) Skottsb.
Sin.: *Erigeron sullivanii* Hook., *Hieracium incertum* d'Urv.
Ref.: Cabrera, 1971a.
Hábito: Hierba.
Status: Endémica.
Elevación: 0-600 m.
Prov.: TF.
Ejemplar citado: *Vallentin 3** (BM).

Erigeron lacarensis Phil. = **Erigeron myosotis** Pers.
Ref.: Cabrera, 1971a.

Erigeron laevigatus Rich. = **Conyza laevigata** (Rich.) Pruski
Ref.: Pruski, 1998.

Erigeron lanceolatus Wedd.
Sin.: *Erigeron lanceolatus* Wedd. var. *subacaulis* Wedd.
Ref.: Solbrig 1962; Cabrera, 1978.
Hábito: Hierba.
Status: Nativa.
Elevación: 0-3500 m.
Prov.: JU, SA, TU.
Paises limítrofes: BO.
Ejemplar examinado: *Fabris et al. 5903* (LP).

Erigeron lanceolatus Wedd. var. *lorentzianus* Griseb. = **Hysterionica pulchella** Cabrera
Ref.: Ariza Espinar, 1980a.

Erigeron lanceolatus Wedd. var. *subacaulis* Wedd. = **Erigeron lanceolatus** Wedd.
Ref.: Cabrera, 1978.

Erigeron larrainianus (J. Rémy) Cabrera = **Conyza larrainiana** (J. Rémy) Cabrera
Ref.: Cabrera, 1971a.

Erigeron lechleri Sch. Bip. = **Conyza lechleri** (Sch. Bip.) Cabrera
Ref.: Cabrera, 1971a.

Erigeron leiolepis Solbrig
Ref.: Solbrig, 1955.
Hábito: Hierba.
Status: Endémica.
Elevación: ca. 3000 m.
Prov.: ME.
Ejemplar examinado: *Boelcke 4118* (isotipo, LP).

Erigeron leptopetalus Phil.
Sin.: *Erigeron erianthus* Speg., *Erigeron myosotis* Pers. subsp. *skottsbergii* Vierh.
Ref.: Solbrig 1955, 1962; Cabrera, 1971a.
Hábito: Subarbusto.
Status: Nativa.
Elevación: 0-4000 m.
Prov.: CHU, ME, NE, RN, SC, SJ, TF.
Paises limítrofes: CH.
Ejemplar examinado: *Cabrera 6285* (LP).

Erigeron lorentzii (Griseb.) Cabrera = **Conyza lorentzii** Griseb.
Ref.: Cabrera, 1974a.

Erigeron maximus (D. Don) DC.
Sin.: *Aster maximum* Less., *Erigeron alpestre* Gardner, *Erigeron catarinensis* Cabrera, *Erigeron maximus* (D. Don) DC. var. *palustris* (Gardner) Baker, *Erigeron palustre* Gardner, *Erigeron scaberrimum* Gardner, *Erigeron schuechtii* Sch. Bip. var. *minor* Baker, *Erigeron sulcatum* DC., *Leptostelma maximum* D. Don
Ref.: Solbrig, 1962.
Hábito: Hierba.
Status: Nativa.
Elevación: 0-500 m.
Prov.: MI.
Paises limítrofes: BR.
Ejemplar examinado: *Guaglianone et al. 1155* (SI).

Erigeron maximus (D. Don) DC. var. *palustris* (Gardner) Baker = **Erigeron maximus** (D. Don) DC.
Ref.: Solbrig, 1962.

Erigeron mendocinum Greene = **Hysterionica jasionoides** Willd.
Ref.: Cabrera, 1946.

Erigeron meyeri Cabrera
Ref.: Cabrera, 1959c, 1974a; Solbrig, 1962.
Hábito: Hierba.
Status: Endémica.
Elevación: 0-500 m.
Prov.: CH, ER.
Ejemplar examinado: *Báez 48* (LP).

Erigeron monorchis Griseb. = **Conyza monorchis** (Griseb.) Cabrera
Ref.: Cabrera, 1974a.

Erigeron myosotis Pers.
Sin.: *Erigeron fernandezii* Phil., *Erigeron gayanus* J. Rémy var. *leptophyllus* Speg., *Erigeron ibari* Phil., *Erigeron lacarensis* Phil., *Erigeron myosotis* Pers. var. *elongatum* Sch. Bip., *Erigeron myosotis* Pers. subsp. *fuegiae* Vierh., *Erigeron myosotis* Pers. subsp. *magellanicus* (Sch. Bip.) Vierh., *Erigeron myosotis* Pers. subsp. *polymorphoides* Vierh., *Erigeron myosotis* Pers. subsp. *pseudomagellanicus* Vierh., *Erigeron myosotis* Pers. subsp. *pseudomagellanicus* f. *pluriceps* Vierh., *Erigeron myosotis* Pers. subsp. *pseudomagellanicus* f. *spithameus* Vierh., *Erigeron philippii* Sch. Bip. ex Wedd., *Erigeron philippii* Sch. Bip. ex Wedd. f. *densehirsutus* Vierh., *Erigeron philippii* Sch. Bip. ex Wedd. f. *sparsehirsutus* Vierh., *Erigeron philippii* Sch. Bip. ex Wedd. f. *tragopogonoides* Skottsb. ex Vierh., *Erigeron platylepis* Vierh., *Erigeron sullivanii* Hook. f. var. *magellanicum* Sch. Bip.
Ref.: Cabrera, 1971a.
Hábito: Hierba.
Status: Nativa.
Elevación: 0-1000 m.
Prov.: CHU, ME, NE, RN, SC, SJ, TF.
Paises limítrofes: CH.
Ejemplar examinado: *Ragonese 215* (LP).

Erigeron myosotis Pers. subsp. *fuegiae* Vierh. = **Erigeron myosotis** Pers.
Ref.: Cabrera, 1971a.

Erigeron myosotis Pers. var. *elongatum* Sch. Bip. = **Erigeron myosotis** Pers.
Ref.: Cabrera, 1971a.

Erigeron myosotis Pers. subsp. *magellanicus* (Sch. Bip.) Vierh. = **Erigeron myosotis** Pers.
Ref.: Cabrera, 1971a.

Erigeron myosotis Pers. subsp. *polymorphoides* Vierh. = **Erigeron myosotis** Pers.
Ref.: Cabrera, 1971a.

Erigeron myosotis Pers. subsp. *pseudomagellanicus* Vierh. = **Erigeron myosotis** Pers.
Ref.: Cabrera, 1971a.

Erigeron myosotis Pers. subsp. *pseudomagellanicus* Vierh. f. *pluriceps* Vierh. = **Erigeron myosotis** Pers.
Ref.: Cabrera, 1971a.

Erigeron myosotis Pers. subsp. *pseudomagellanicus* Vierh. f. *spithameus* Vierh. = **Erigeron myosotis** Pers.
Ref.: Cabrera, 1971a.

Erigeron myosotis Pers. subsp. *skottsbergii* Vierh. = **Erigeron leptopetalus** Phil.
Ref.: Cabrera, 1971a.

Erigeron notobellidastrum (Griseb.) Blake = **Podocoma notobellidastrum** (Griseb.) G.L. Nesom
Ref.: Nesom, 1994b.

Erigeron palustre Gardner = **Erigeron maximus** (D. Don) DC.
Ref.: Solbrig, 1962.

Erigeron pampeanus Parodi = **Conyza pampeana** (Parodi) Cabrera
Ref.: Cabrera, 1963a, 1974a.

Erigeron patagonicus Phil.
Ref.: Cabrera, 1971a.
Hábito: Hierba.
Status: Nativa.
Elevación: 0-500.
Prov.: CHU, NE, SC, TF.
Paises limítrofes: CH.
Ejemplar examinado: *Boelcke 11406* (LP).

Erigeron philippii Sch. Bip. ex Wedd. = **Erigeron myosotis** Pers.
Ref.: Cabrera, 1971a.

Erigeron philippii Sch. Bip. ex Wedd. f. *densehirsutus* Vierh. = **Erigeron myosotis** Pers.
Ref.: Cabrera, 1971a.

Erigeron philippii Sch. Bip. ex Wedd. f. *sparsehirsutus* Vierh. = **Erigeron myosotis** Pers.
Ref.: Cabrera, 1971a.

Erigeron philippii Sch. Bip. ex Wedd. f. *tragopogonoides* Skottsb. ex Vierh. = **Erigeron myosotis** Pers.
Ref.: Cabrera, 1971a.

Erigeron pinifolium Poir. = **Hysterionica pinifolia** (Poir.) Baker
Ref.: Cabrera, 1946.

Erigeron platensis Speg. = **Conyza serrana** Cabrera
Ref.: Cabrera, 1978.

Erigeron platylepis Vierh. = **Erigeron myosotis** Pers.
Ref.: Cabrera, 1971a.

Erigeron poeppigii DC. = **Erigeron cinereus** Hook. & Arn.
Ref.: Cabrera, 1971a.

Erigeron pratensis Phil. = **Erigeron gilliesii** (Hook. & Arn.) Cabrera
Ref.: Cabrera, 1971a.

Erigeron pugae Phil. = **Aster vahli** (Gaudich.) Hook. & Arn. var. **tenuifolius** (Phil) Cabrera
Ref.: Cabrera, 1971a.

Erigeron pulcher Phil.
Ref.: Hauman, 1918.
Hábito: Hierba.
Status: Nativa.
Elevación: 2000-3500 m.
Prov.: ME.
Paises limítrofes: CH.
Ejemplar examinado: *Boelcke 9813* (LP).

Erigeron pulvinatus Wedd. = **Erigeron rosulatus** Wedd.
Ref.: Cabrera, 1978.

Erigeron regnelli Sch. Bip., nom. nud. = **Aster regnelli** Baker
Ref.: Baker, 1882.

Erigeron remyanus Wedd. = **Erigeron gilliesii** (Hook. & Arn.) Cabrera
Ref.: Cabrera, 1971a.

Erigeron rosulatus Wedd.
Sin.: *Erigeron pulvinatus* Wedd., *Erigeron brittonianum* Rusby
Ref.: Cabrera, 1978.
Hábito: Hierba.
Status: Nativa.
Elevación: 4000-4500 m.
Prov.: JU.
Paises limítrofes: BO, CH.
Ejemplar examinado: *Cabrera 17558* (LP).

Erigeron scaberrimum Gardner = **Erigeron maximus** (D. Don) DC.
Ref.: Solbrig, 1962.

Erigeron schnackii Solbrig
Ref.: Cabrera, 1971a.
Hábito: Hierba.
Status: Endémica.
Elevación: 500-2000 m.
Prov.: CHU, NE, RN.
Ejemplar examinado: *Fabris 2221* (LP).

Erigeron schuechtii Sch. Bip. var. *minor* Baker = **Erigeron maximus** (D. Don) DC.
Ref.: Solbrig, 1962.

Erigeron scorzoneraefolium J. Rémy = **Aster glabrifolius** (DC.) Reiche
Ref.: Cabrera, 1971a.

Erigeron semiamplexicaule Meyen = **Aster squamatus** (Spreng.) Hieron. var. **squamatus**
Ref.: Cabrera, 1978.

Erigeron seneciiformis Blake = **Erigeron tweediei** Hook. & Arn.
Ref.: Cabrera, 1974a.

Erigeron senecioides Wedd. = **Laennecia artemisiifolia** (Meyen & Walp.) G.L. Nesom
Ref.: Nesom, 1990b.

Erigeron spathulatus Vahl = **Conyza laevigata** (Rich.) Pruski

Erigeron spiciformis Griseb. = **Conyza spiciformis** (Griseb.) Zardini
Ref.: Cabrera, 1978.

Erigeron sulcatum DC. = **Erigeron maximus** (D. Don) DC.
Ref.: Solbrig, 1962.

Erigeron sullivanii Hook. f. = **Erigeron incertus** (d'Urv.) Skottsb.
Ref.: Cabrera, 1971a.

Erigeron sullivanii Hook. f. var. *magellanicum* Sch. Bip. = **Erigeron myosotis** Pers.
Ref.: Cabrera, 1971a.

Erigeron tridactylum DC. = **Microgynella trifurcata** (Less.) Grau
Ref.: Grau, 1975.

Erigeron tucumanensis Cabrera
Ref.: Cabrera, 1959c; Solbrig, 1962.
Hábito: Hierba.
Status: Endémica.
Elevación: ca. 2500 m.
Prov.: TU.
Ejemplar examinado: *Venturi 4745* (holotipo, LP).

Erigeron tunariensis Kuntze = **Conyza tunariensis** (Kuntze) Zardini
Ref.: Cabrera, 1978.

Erigeron tweediei Hook. & Arn.
Sin.: *Erigeron seneciiformis* Blake, *Haplopappus tweediei* (Hook. & Arn.) Malme, *Leucopsis tweediei* (Hook. & Arn.) Baker
Ref.: Solbrig, 1962; Cabrera, 1974a.
Hábito: Hierba.
Status: Nativa.
Elevación: 0-500 m.
Prov.: CH, COR, ER, MI.
Paises limítrofes: BO, BR, PA, UR.
Ejemplar examinado: *Burkart 1065* (SI).

Erigeron vahlii Gaudich. = **Aster vahlii** (Gaudich.) Hook. & Arn. var. **vahlii**
Ref.: Cabrera, 1971a.

Erigeron vahlii Gaudich. var. *robusta* Albov = **Aster vahlii** (Gaudich.) Hook. & Arn. var. **vahlii**
Ref.: Cabrera, 1971a.

Ethulia bidentis L. = **Flaveria bidentis** (L.) Kuntze
Ref.: Powell, 1978; Petenatti & Ariza Espinar, 1997.

Eupatorium L. Eupatorieae.

Número de especies: 82, 10 especies endémicas y 4 variedades endémicas.

Eupatorium achillea Chodat = **Eupatorium multicrenulatum** Sch. Bip. ex Baker
Ref.: Cabrera, 1996.

Eupatorium affine Hook. & Arn., p.p. = **Eupatorium ivifolium** L.
Ref.: Cabrera & Vittet, 1954; Cabrera, 1974a.

Eupatorium affine Hook. & Arn., p.p. = **Eupatorium squarroso-ramosum** Hieron.
Ref.: Cabrera & Vittet, 1954; Cabrera, 1974a.

Eupatorium alternifolium Sch. Bip. ex Baker = **Eupatorium lanigerum** Hook. & Arn. var. **longicuneatum** B.L. Rob.
Ref.: Robinson, 1933; Cabrera & Vittet, 1954; Cabrera, 1996.

Eupatorium alternifolium Sch. Bip. ex Baker var. *asperum* Hassl. = **Eupatorium lanigerum** Hook. & Arn. var. **lanigerum**
Ref.: Cabrera, 1996.

Eupatorium alternifolium Sch. Bip. ex Baker var. *hispidulum* Hassl. = **Eupatorium lanigerum** Hook. & Arn. var. **lanigerum**
Ref.: Cabrera, 1996.

Eupatorium alternifolium Sch. Bip. ex Baker var. *vernoniopsis* Hassl. = **Eupatorium lanigerum** Hook. & Arn. var. **lanigerum**
Ref.: Robinson, 1933; Cabrera & Vittet, 1954,1963; Ariza Espinar, 1994; Cabrera, 1996.

Eupatorium arachnoideum Legname
Sin.: *Critonia arachnoidea* (Legname) R.M. King & H. Rob.
Ref.: King & Robinson, 1971a; Cabrera, 1978; Cabrera & Freire, 1997.
Hábito: Árbol.
Status: Endémica.
Elevación: 1000-1500 m.
Prov.: JU.
Ejemplar examinado: *Legname y Cuezzo 8584* (isotipo, LP).

Eupatorium arechavaletae Baker = **Vernonia echioides** Less.
Ref.: Cabrera, 1944.

Eupatorium argentinum Ariza
Sin.: *Eupatorium prasiifolium* Griseb., *Fleischmannia prasiifolia* (Griseb.) R.M. King & H. Rob.
Ref.: King & Robinson, 1970b; Ariza Espinar, 1994; Cabrera, 1996; Cabrera & Freire, 1997.
Hábito: Subarbusto.
Status: Nativa.
Elevación: 500-2000 m.
Prov.: CA, CH, CO, MI, JU, SA, SL, TU.
Paises limítrofes: BO, PA.
Ejemplar examinado: *Venturi 4132* (LP).

Eupatorium arnottianum Griseb.
Sin.: *Chromolaena arnottiana* (Griseb.) R.M. King & H. Rob.
Ref.: Cabrera & Vittet, 1954; King & Robinson, 1970c; Cabrera, 1974a, 1978; Ariza Espinar, 1994; Cabrera & Freire, 1997.
Hábito: Subarbusto.
Status: Nativa.
Elevación: 1000-3000 m.
Prov.: CA, CH, CO, COR, ER, JU, LR, SA, SE, SF, SL, TU.
Paises limítrofes: BO.
Ejemplar examinado: *Cabrera 13876* (LP).

Eupatorium arnottii Baker
Sin.: *Austrobrickellia arnottii* (Baker) R.M. King & H. Rob., *Eupatorium tenuiflorum* (Griseb.) Hieron., *Mikania scandens* (L.) Willd. var. β Hook. & Arn., *Mikania tenuiflora* Griseb.
Ref.: Cabrera & Vittet, 1954; King & Robinson, 1972i; Cabrera, 1978, 1996; Ariza Espinar, 1994; Cabrera & Freire, 1997.
Hábito: Arbusto.
Status: Nativa.
Elevación: 0-500 m.
Prov.: CA, CH, CO, ER, JU, LR, SA, SL, TU.
Paises limítrofes: PA.
Ejemplar examinado: *Cabrera 3008* (LP).

Eupatorium artemisiifolium Griseb.
Sin.: *Gyptis artemisiifolia* (Griseb.) R.M. King & H. Rob.
Ref.: Cabrera & Vittet, 1954; King & Robinson, 1971i; Cabrera, 1974a; Ariza Espinar, 1994; Cabrera & Freire, 1997.
Hábito: Subarbusto.
Status: Endémica.
Elevación: 0-1000 m.
Prov.: BA, CO, ER.
Ejemplar examinado: *Escalante 4* (LP).

Eupatorium ascendens Sch. Bip. ex Baker = **Eupatorium squarrulosum** Hook. & Arn.
Ref.: Cabrera & Vittet, 1954; Cabrera, 1989, 1996.

Eupatorium ascendens Sch. Bip. ex Baker var. *paucisetosum* B.L. Rob. = **Eupatorium squarrulosum** Hook. & Arn.
Ref.: Cabrera & Vittet, 1954; Cabrera, 1974a.

Eupatorium asclepiadeum DC. = **Eupatorium bupleurifolium** DC.
Ref.: Cabrera & Vittet, 1954.

Eupatorium axilliflorum Griseb. = **Ophryosporus axilliflorum** (Griseb.) Hieron.
Ref.: Cabrera & Vittet, 1954; Ariza Espinar, 1994.

Eupatorium azangaroënse Sch. Bip. ex Wedd.
Sin.: *Ageratina azangaroënse* (Sch. Bip. ex Wedd.) R.M. King & H. Rob., *Eupatorium prasiifolium* Griseb. var. *glanduliferum* R.E. Fr.
Ref.: Cabrera & Vittet, 1954; King & Robinson, 1970a; Cabrera, 1978; Cabrera & Freire, 1997.
Hábito: Subarbusto.
Status: Nativa.
Elevación: 3500-4500 m.
Prov.: JU, SA.
Paises limítrofes: BO.
Ejemplar examinado: *Cabrera 9409* (LP).

Eupatorium bacleanum DC. = **Eupatorium commersonii** (Cass.) Hieron.
Ref.: Cabrera & Vittet, 1954; Ariza Espinar, 1994.

Eupatorium balansae Hieron.
Sin.: *Bejaranoa balansae* (Hieron.) R.M. King & H. Rob., *Eupatorium balansae* Hieron. var. *menthoides* Chodat, *Eupatorium balansae* Hieron. var. *reticulatum* (Chodat) Chodat, *Eupatorium balansae* Hieron. f. *foliosum* Chodat, *Eupatorium bracteanum* Gardner var. *reticulatum* Chodat
Ref.: Cabrera & Vittet, 1954; King & Robinson, 1978a; Cabrera, 1996; Cabrera & Freire, 1997.
Hábito: Arbusto.
Status: Nativa.
Elevación: 0-500 m.
Prov.: FO.
Paises limítrofes: PA.
Ejemplar examinado: *Krapovickas y Cristóbal 46408* (CTES).

Eupatorium balansae Hieron. var. *menthoides* Chodat = **Eupatorium balansae** Hieron.
Ref.: Cabrera, 1996.

Eupatorium balansae Hieron. var. *reticulatum* (Chodat) Chodat = **Eupatorium balansae** Hieron.
Ref.: Cabrera, 1996.

Eupatorium balansae Hieron. f. *foliosum* Chodat = **Eupatorium balansae** Hieron.
Ref.: Cabrera, 1996.

Eupatorium bartsiifolium DC. = **Eupatorium subhastatum** Hook. & Arn.
Ref.: Cabrera & Vittet, 1954; Cabrera, 1989.

Eupatorium betonicaeforme (DC.) Baker
Sin.: *Conoclinium betonicaeforme* DC., *Barrosoa betononicaeformis* (DC.) R.M. King & H. Rob., *Eupatorium candolleanum* Hook. & Arn. p.max.p.
Ref.: Cabrera & Vittet, 1954; King & Robinson, 1971j; Cabrera, 1989; Cabrera & Freire, 1997.
Hábito: Hierba.
Status: Nativa.
Elevación: 0-1000 m.
Prov.: BA, ER, FO, SA, TU.
Paises limítrofes: BR, UR.
Ejemplar examinado: *Reitz y Klein 10724* (LP).

Eupatorium betonicaeforme (DC.) Baker f. *alternifolium* Hicken = **Eupatorium hickenii** Cabrera & Vittet
Ref.: Cabrera & Vittet, 1954.

Eupatorium blumenavii Hieron.
Sin.: *Macropodina blumenavii* (Hieron.) R.M. King & H. Rob.
Ref.: Cabrera & Vittet, 1954, 1963; King & Robinson, 1972a; Cabrera, 1996; Cabrera & Freire, 1997.
Hábito: Subarbusto.
Status: Nativa.
Prov.: MI.
Elevación: 0-500 m.
Paises limítrofes: BR, PA.
Ejemplar examinado: *Ekman 1127* (LP).

Eupatorium bracteanum Gardner var. *reticulatum* Chodat = **Eupatorium balansae** Hieron.
Ref.: Cabrera, 1996.

Eupatorium buniifolium Hook. & Arn. var. **buniifolium**
Sin.: *Acanthostyles buniifolius* (Hook. & Arn.) R.M. King & H. Rob., *Eupatorium buniifolium* Hook. & Arn. var. *bakerii* Kuntze, *Eupatorium buniifolium* Hook. & Arn. var. *hieronymi* Kuntze, *Eupatorium crithmifolium* Griseb., *Eupatorium pinnatifidum* DC., *Eupatorium pinnatifidum* DC. var. *virgata* (Hook. & Arn.) Baker, *Eupatorium virgatum* D. Don. ex Hook. & Arn.
Ref.: Cabrera, 1963a, 1974a, 1978; King & Robinson, 1971c; Ariza Espinar, 1994; Cabrera & Freire, 1997.
Hábito: Arbusto.
Status: Nativa.
Elevación: 0-2000 m.
Prov.: BA, CA, CO, ER, JU, LR, ME, SA, SL, TU.
Paises limítrofes: BO, BR, UR.
Ejemplar examinado: *Cabrera 174* (LP).

Eupatorium buniifolium Hook. & Arn. var. *bakerii* Kuntze = **Eupatorium buniifolium** Hook. & Arn. var. **buniifolium**
Ref.: Ariza Espinar, 1994.

Eupatorium buniifolium Hook. & Arn. var. *hieronymi* Kuntze = **Eupatorium buniifolium** Hook. & Arn. var. **bunifolium**
Ref.: Cabrera & Vittet, 1954; Ariza Espinar, 1994.

Eupatorium buniifolium Hook. & Arn. var. **saucechicoënse** (Hieron.) Ariza
Sin.: *Acanthostyles saucechicoënse* (Hieron.) R.M. King & H. Rob., *Eupatorium saucechicoënse* Hieron.
Ref.: King & Robinson, 1971c; Ariza Espinar, 1994; Cabrera & Freire, 1997.
Hábito: Arbusto.
Status: Endémica.
Elevación: 0-500 m.
Prov.: BA, RN.
Ejemplar examinado: *Anderson 2043* (CORD).

Eupatorium bupleurifolium DC.
Sin.: *Campovassouria bupleurifolia* (DC.) R.M. King & H. Rob., *Campovassouria cruciata* (Vell.) R.M. King & H. Rob., *Chrysocoma cruciata* Vell., *Eupatorium asclepiadeum* DC., *Eupatorium bupleurifolium* DC. var. *asclepiadeum* (DC.) Baker, *Eupatorium bupleurifolium* DC. var. *ensifolium* (Griseb.) Hieron., *Eupatorium bupleurifolium* DC. var. *linifolium* (DC.) Baker, *Eupatorium cruciatum* (Vell.) Ariza, *Eupatorium ensifolium* Griseb., *Eupatorium graminifolium* Chodat, *Eupatorium linifolium* DC.
Ref.: Cabrera & Vittet, 1954; King & Robinson, 1971e; Cabrera 1974a, 1978, 1989, 1996; Ariza Espinar, 1994; Cabrera & Freire, 1997.
Hábito: Arbusto.
Status: Nativa.
Elevación: 0-2000 m.
Prov.: BA, CA, CH, COR, ER, JU, MI, SA, TU.
Paises limítrofes: BO, BR, PA, UR.
Ejemplar examinado: *Cabrera 4709* (LP).

Eupatorium bupleurifolium DC. var. *asclepiadeum* (DC.) Baker = **Eupatorium bupleurifolium** DC.
Ref.: Cabrera & Vittet, 1954; Cabrera 1989.

Eupatorium bupleurifolium DC. var. *ensifolium* (Griseb.) Hieron. = **Eupatorium bupleurifolium** DC.
Ref.: Cabrera & Vittet, 1954; Ariza Espinar, 1994.

Eupatorium bupleurifolium DC. var. *linifolium* (DC.) Baker = **Eupatorium bupleurifolium** DC.
Ref.: Cabrera & Vittet, 1954; Ariza Espinar, 1994.

Eupatorium burchellii Baker
Sin.: *Campuloclinium burchellii* (Baker) R.M. King & H. Rob.
Ref.: Cabrera & Vittet, 1954; King & Robinson, 1972e; Cabrera, 1996; Cabrera & Freire, 1997.
Hábito: Hierba.
Status: Nativa.

Elevación: 0-500 m.
Prov.: COR, MI.
Paises limítrofes: BR, PA.
Ejemplar examinado: *Rodríguez 179* (LP).

Eupatorium caaguazuense Hieron.
Sin.: *Chromolaena caaguazuensis* (Hieron.) R.M. King & H. Rob., *Eupatorium caaguazuense* Hieron. var. *crassifolium* Chodat, *Eupatorium caaguazuense* Hieron. var. *hirsutum* Hassl.
Ref.: Cabrera & Vittet, 1954; King & Robinson, 1970c; Cabrera, 1996; Cabrera & Freire, 1997.
Hábito: Subarbusto.
Status: Nativa.
Prov.: MI.
Elevación: 0-500 m.
Paises limítrofes: BR, PA.
Ejemplar examinado: *Rodríguez 56* (LP).

Eupatorium caaguazuense Hieron. var. *crassifolium* Chodat = **Eupatorium caaguazuense** Hieron.
Ref.: Cabrera, 1996.

Eupatorium caaguazuense Hieron. var. *hirsutum* Hassl. = **Eupatorium caaguazuense** Hieron.
Ref.: Cabrera, 1996.

Eupatorium caaguazuense Hieron. var. *nervosum* Chodat = **Eupatorium squarrulosum** Hook. & Arn.
Ref.: Cabrera, 1996.

Eupatorium cabrerae B.L. Rob.
Sin.: *Barrosoa cabrerae* (B.L. Rob.) R.M. King & H. Rob.
Ref.: Robinson, 1930b; King & Robinson, 1971j; Cabrera & Freire, 1997.
Hábito: Hierba.
Status: Endémica.
Elevación: 0-500 m.
Prov.: BA, ER.
Ejemplar examinado: *Cabrera 757* (holotipo, LP).

Eupatorium callilepis Baker var. *oligocephalum* Griseb. = **Eupatorium paucicapitulatum** Hieron.
Ref.: Cabrera & Vittet, 1954.

Eupatorium calycinum Sch. Bip. ex Baker = **Eupatorium calyculatum** Hook. & Arn.
Ref.: Cabrera, 1989.

Eupatorium calyculatum Hook. & Arn.
Sin.: *Disynaphia calyculata* (Hook. & Arn.) R.M. King & H. Rob., *Disynaphia montevidensis* DC., *Eupatorium calycinum* Sch. Bip. ex Baker, *Stevia calycina* DC.
Ref.: King & Robinson, 1971f; Cabrera, 1974a, 1989; Cabrera & Freire, 1997.
Hábito: Subarbusto.
Status: Nativa.
Elevación: 0-500 m.
Prov.: ER.
Paises limítrofes: BR, UR.
Ejemplar examinado: *Schulz 540* (LIL).

Eupatorium candolleanum Hook. & Arn., p.min.p.
Sin.: *Barrosoa candolleana* (Hook. & Arn.) R.M. King & H. Rob., *Eupatorium candolleanum* Hook. & Arn. var. *lancifolium* Baker, *Eupatorium candolleanum* Hook. & Arn. var. *paranensis* Baker, *Eupatorium palustre* (DC.) Baker var. *guaraniticum* Chodat, *Eupatorium palustre* (DC.) Baker var. *verbenaceum* Chodat
Ref.: Cabrera & Vittet, 1954; King & Robinson, 1971j; Ariza Espinar, 1994; Cabrera, 1974a, 1996; Cabrera & Freire, 1997.
Hábito: Hierba.
Status: Nativa.
Elevación: 0-1000 m.
Prov.: BA, CH, CO, COR, ER, FO, MI, SF.
Paises limítrofes: BO, BR, PA, UR.
Ejemplar examinado: *Burkart 7733* (LP).

Eupatorium candolleanum Hook. & Arn., p.max.p. = **Eupatorium betonicaeforme** (DC.) Baker
Ref.: Cabrera & Vittet, 1954; Cabrera, 1989.

Eupatorium candolleanum Hook. & Arn. var. *lancifolium* Baker = **Eupatorium candolleanum** Hook. & Arn. p.min.p.
Ref.: Cabrera & Vittet, 1954.

Eupatorium candolleanum Hook. & Arn. var. *paranensis* Baker = **Eupatorium candolleanum** Hook. & Arn. p.min.p.
Ref.: Cabrera & Vittet, 1954.

Eupatorium ceratophyllum Hook. & Arn.
Ref.: Cabrera & Vittet, 1954; Cabrera, 1974a; Ariza Espinar, 1994; Cabrera & Freire, 1997.
Hábito: Arbusto.
Status: Nativa.
Elevación: 0-1000 m.
Prov.: CH, CO, ER, SF.
Paises limítrofes: UR.
Ejemplar examinado: *Schulz 94* (LP).

Eupatorium chilense Molina = **Flaveria bidentis** (L.) Kuntze
Ref.: Powell, 1978.

Eupatorium christieanum Baker
Sin.: *Chromolaena christieana* (Baker) R.M. King & H. Rob., *Eupatorium laevigatulum* B.L. Rob.
Ref.: Cabrera & Vittet, 1954; King & Robinson, 1970c; Cabrera, 1974a, 1978, 1996; Cabrera & Freire, 1997.
Hábito: Subarbusto.
Status: Nativa.
Elevación: 0-1000 m.
Prov.: CH, COR, ER, FO, JU, MI, SA, SF.
Paises limítrofes: BR, PA.
Ejemplar examinado: *Krapovickas 1213* (CTES).

Eupatorium ciliatum Hook. & Arn., hom. illeg. = **Eupatorium hookerianum** Griseb.
Ref.: Cabrera & Vittet, 1954; Cabrera, 1978; Ariza Espinar, 1994.

Eupatorium clavulatum Griseb. = **Ophryosporus piquerioides** (DC.) Benth. ex Baker
Ref.: Cabrera & Vittet, 1954.

Eupatorium clematideum Griseb.
Sin.: *Eupatorium urticifolium* auct. non L., *Eupatorium urticifolium* L. f. var. *clematideum* (Griseb.) Hieron. ex Kuntze, *Eupatorium urticifolium* L. f. var. *nanum* Hieron. ex Kuntze, *Praxelis clematidea* (Griseb.) R.M. King & H. Rob.
Ref.: Cabrera & Vittet, 1954; King & Robinson, 1970e; Ariza Espinar, 1994; Cabrera, 1974a, 1978, 1996; Cabrera & Freire, 1997.
Hábito: Hierba.
Status: Nativa.
Elevación: 0-1500 m.
Prov.: CA, CH, CO, COR, ER, FO, JU, MI, SA, SE, SF, SL, TU.
Paises limítrofes: BO, BR, PA.
Ejemplar examinado: *Maldonado 862* (LP).

Eupatorium cochabambense Hieron. = **Eupatorium connivens** Rusby
Ref.: Cabrera, 1978.

Eupatorium commersonii (Cass.) Hieron.
Sin.: *Gyptis commersonii* Cass., *Eupatorium bacleanum* DC., *Eupatorium commersonii* (Cass.) Hieron. var. *dentata* Speg., *Eupatorium commersonii* (Cass.) Hieron. var. *pinnata* Speg.
Ref.: Cabrera & Vittet, 1954; King & Robinson, 1971i; Cabrera, 1974a; Ariza Espinar, 1994; Cabrera & Freire, 1997.
Hábito: Hierba.
Status: Nativa.
Elevación: 0-500 m.
Prov.: BA, COR, ER, MI, SE, SF.
Paises limítrofes: UR.
Ejemplar examinado: *Cabrera 5446* (LP).

Eupatorium commersonii (Cass.) Hieron. var. *dentata* Speg. = **Eupatorium commersonii** (Cass.) Hieron.
Ref.: Cabrera & Vittet, 1954.

Eupatorium commersonii (Cass.) Hieron. var. *pinnata* Speg. = **Eupatorium commersonii** (Cass.) Hieron.
Ref.: Cabrera & Vittet, 1954.

Eupatorium comptoniifolium DC. = **Eupatorium serratum** Spreng.
Ref.: Cabrera 1989.

Eupatorium confertum Gardner = **Eupatorium serratum** Spreng.
Ref.: Cabrera & Vittet, 1954.

Eupatorium congestum Hook. & Arn. = **Eupatorium squarrulosum** Hook. & Arn.
Ref.: Cabrera & Vittet, 1954; Cabrera, 1989, 1996.

Eupatorium congestum Hook. & Arn. var. *hirsutum* (Hook. & Arn.) Cabrera = **Eupatorium hirsutum** Hook. & Arn.
Ref.: Cabrera, 1963a.

Eupatorium congestum Hook. & Arn. var. *truncatum* Hassl. = **Eupatorium hirsutum** Hook. & Arn.
Ref.: Cabrera, 1996.

Eupatorium connivens Rusby
Sin.: *Chromolaena connivens* (Rusby) R.M. King & H. Rob., *Eupatorium cochabambense* Hieron.
Ref.: King & Robinson, 1970c; Cabrera, 1978; Cabrera & Freire, 1997.
Hábito: Arbusto.
Status: Nativa.
Elevación: ca. 1500 m.
Prov.: JU.
Paises limítrofes: BO.
Ejemplar examinado: *Cabrera 21590* (LP).

Eupatorium conoclinanthium Hieron.
Ref.: Hieronymus, 1908; Cabrera & Freire, 1997.
Hábito: Subarbusto.
Status: Nativa.
Elevación: ca. 2000 m.
Prov.: Probablemente JU.
Paises limítrofes: BO.
Ejemplar examinado: *Fiebrig 3152* (foto del sintipo, LP).

Eupatorium conyzoides Mill. = **Eupatorium odoratum** L.
Ref.: Cabrera, 1978.

Eupatorium conyzoides Griseb., p.p. = **Eupatorium laevigatum** Lam. var. **submembranaceum** Hieron.
Ref.: Cabrera & Vittet, 1954.

Eupatorium conyzoides Griseb., p.p. = **Eupatorium hookerianum** Griseb.
Ref.: Cabrera & Vittet, 1954.

Eupatorium conyzoides Vahl = **Eupatorium odoratum** L.
Ref.: Cabrera & Vittet, 1954.

Eupatorium conyzoides Vahl var. *affine* (Hook. & Arn.) Baker = **Eupatorium ivifolium** L.
Ref.: Cabrera & Vittet, 1954; Cabrera, 1974a.

Eupatorium conyzoides Vahl var. *ciliatum* (Hook. & Arn.) Hieron. = **Eupatorium hookerianum** Griseb.
Ref.: Cabrera & Vittet, 1954; Cabrera, 1978.

[Eupatorium conyzoides Vahl var. extensum Gardner ex Griseb.]
Ref.: Cabrera & Vittet, 1954.
Nota: Variedad excluida de la flora argentina.

Eupatorium conyzoides Vahl var. *foliatum* Sch. Bip. ex Baker = **Eupatorium pedunculosum** Hook. & Arn.
Ref.: Cabrera, 1989.

[Eupatorium conyzoides Vahl var. maximiliani Baker]
Ref. Cabrera & Vittet, 1954.
Nota: Taxón dudoso. Probablemente una forma de *Eupatorium odoratum* L.

Eupatorium conyzoides Vahl var. *paucidentatum* Baker = **Eupatorium odoratum** L.
Ref.: Cabrera & Freire, 1997.

[Eupatorium conyzoides Vahl var. pauciflora Baker]
Ref. Cabrera & Vittet, 1954.
Nota: Taxón dudoso. Probablemente una forma de *Eupatorium odoratum* L.

Eupatorium conyzoides Vahl var. *scaberulum* Hassl. = **Eupatorium odoratum** L.
Ref.: Cabrera, 1996.

Eupatorium conyzoides Vahl var. *tunariense* Hieron. = **Eupatorium tunariense** (Hieron.) B.L. Rob.
Ref.: Cabrera, 1978.

Eupatorium crassipes Hieron. = **Eupatorium lanigerum** Hook. & Arn. var. **crassipes** (Hieron.) B.L. Rob.
Ref.: Robinson, 1933; Cabrera & Vittet, 1954; Ariza Espinar, 1994.

Eupatorium crenulatum (Spreng.) Hieron., hom. illeg. = **Eupatorium polystachyum** DC.
Ref.: Cabrera & Vittet, 1954; Cabrera, 1989, 1996.

Eupatorium crenulatum (Spreng.) Hieron. var. *tucumanense* Hieron. = **Eupatorium polystachyum** DC.
Ref.: Cabrera & Vittet, 1954; Cabrera, 1989.

Eupatorium crenulatum (Spreng.) Hieron. var. *xylophylloides* (DC.) Hicken = **Eupatorium tremulum** Hook. & Arn.
Ref.: Cabrera & Vittet, 1954; Cabrera, 1989.

Eupatorium crithmifolium Griseb. = **Eupatorium buniifolium** Hook. & Arn. var. **buniifolium**
Ref.: Cabrera, 1954; Ariza Espinar, 1994.

Eupatorium cruciatum (Vell.) Ariza = **Eupatorium bupleurifolium** DC.
Ref.: Cabrera & Freire, 1997.

Eupatorium dejectum B.L. Rob. = **Eupatorium tacaquirense** (Hieron.) B.L. Rob.
Ref.: Cabrera & Vittet, 1954.

Eupatorium dendroides Spreng. = **Eupatorium polystachyum** DC.
Ref.: Cabrera, 1989.

Eupatorium dendroides Baker var. *xylophylloides* (DC.) Baker = **Eupatorium tremulum** Hook. & Arn.
Ref.: Cabrera & Vittet, 1954; Cabrera, 1989.

Eupatorium densiflorum Morong = **Eupatorium orbignyanum** Klatt
Ref.: Cabrera, 1996.

Eupatorium denudatum Chodat = **Eupatorium macrocephalum** Less.
Ref.: Cabrera, 1996.

Eupatorium didymum Klatt var. **glandulitectum** B.L. Rob.
Ref.: Cabrera & Vittet, 1954; Cabrera, 1978; Cabrera & Freire, 1997.
Hábito: Arbusto.
Status: Endémica.
Elevación: 1500-2000 m.
Prov.: JU, TU.
Ejemplar examinado: *Cabrera et al. 24080* (LP).

Eupatorium diffusum Vahl = **Brickellia diffusa** (Vahl) Gray
Ref.: Cabrera, 1978.

Eupatorium dissolvens Baker
Sin.: *Fleischmannia dissolvens* (Baker) R.M. King & H. Rob.
Ref.: Cabrera & Vittet, 1954; King & Robinson, 1970b; Cabrera, 1974; Cabrera & Freire, 1997.
Hábito: Subarbusto.
Status: Endémica.
Elevación: 0-500 m.
Prov.: CH, ER.
Ejemplar examinado: *Cabrera 6487* (LP).

Eupatorium donianum Hook. & Arn. = **Eupatorium macrocephalum** Less.
Ref.: Cabrera & Vittet, 1954; Ariza Espinar, 1994;

Eupatorium dodoneifolium Hook. & Arn. = **Tessaria dodoneifolia** (Hook. & Arn.) Cabrera
Ref.: Cabrera, 1939, 1974a, 1978.

Eupatorium ellipticum Hook. & Arn.
Sin.: *Chromolaena elliptica* (Hook. & Arn.) R.M. King & H. Rob., *Eupatorium rhinantaceum* DC. var. *latisquamulosum* Hieron.
Ref.: Cabrera & Vittet, 1954; King & Robinson, 1970c; Cabrera, 1996; Cabrera & Freire, 1997.
Hábito: Subarbusto.
Status: Nativa.
Elevación: 0-1000 m.
Prov.: COR, ER, MI.
Paises limítrofes: BR, PA.
Ejemplar examinado: *Spegazzini 13707* (LP).

Eupatorium elongatum Hook. & Arn. = **Eupatorium oblongifolium** (Spreng.) Baker
Ref.: Cabrera & Vittet, 1954; Cabrera, 1996.

Eupatorium ensifolium Griseb. = **Eupatorium bupleurifolium** DC.
Ref.: Cabrera & Vittet, 1954; Ariza Espinar, 1994.

Eupatorium entreriense Hieron. = **Eupatorium inulifolium** Kunth
Ref.: Cabrera & Vittet, 1954; Cabrera, 1989; Ariza Espinar, 1994.

Eupatorium erigeroides DC. = **Eupatorium tweedianum** Hook. & Arn.
Ref.: Cabrera & Vittet, 1963.

Eupatorium erodiifolium DC. = **Eupatorium tanacetifolium** Gillies ex Hook. & Arn.
Ref.: Cabrera & Vittet, 1954; Cabrera, 1989; Ariza Espinar, 1994.

Eupatorium erodiifolium DC. var. *obtusilobum* Hieron. = **Eupatorium tanacetifolium** Gillies ex Hook. & Arn.
Ref.: Cabrera & Vittet, 1954.

Eupatorium esperanzae Hassl. var. *schininii* (Cabrera) Cabrera = **Eupatorium schininii** Cabrera
Ref.: Cabrera & Freire, 1997.

Eupatorium fiebrigii Hassl. = **Eupatorium pseudoprasiifolium** Hassl.
Ref.: Cabrera, 1996.

Eupatorium fiebrigii Hassl. var. *acuminata* Hassl. = **Eupatorium pseudoprasiifolium** Hassl.
Ref.: Cabrera, 1996.

Eupatorium filicaule Sch. Bip. ex A. Gray = **Eupatorium solidaginoides** Kunth
Ref.: Cabrera, 1978.

Eupatorium filifolium Hassl.
Sin.: *Disynaphia filifolia* (Hassl.) R.M. King & H. Rob., *Eupatorium filifolium* Hassl. var. *longifolium* Hassl.
Ref.: Cabrera & Vittet, 1954; King & Robinson, 1971f; Cabrera, 1996; Cabrera & Freire, 1997.
Hábito: Subarbusto.
Status: Nativa.
Elevación: 0-500 m.
Prov.: MI.
Paises limítrofes: PA.
Ejemplar examinado: *Ekman 1128* (LP).

Eupatorium filifolium Hassl. var. *longifolium* Hassl. = **Eupatorium filifolium** Hassl.
Ref.: Cabrera, 1996.

Eupatorium foliatum (Sch. Bip. ex Baker) Hieron. = **Eupatorium pedunculosum** Hook. & Arn.
Ref.: Cabrera, 1989.

Eupatorium foliatum (Sch. Bip. ex Baker) Hieron. var. *incanum* Hieron. = **Eupatorium pedunculosum** Hook. & Arn.
Ref.: Cabrera & Vittet, 1954.

Eupatorium glaziouii Baker = **Eupatorium purpurascens** Sch. Bip. ex Baker
Ref.: Cabrera, 1996.

Eupatorium glaziouii Baker var. *molle* Hassl. = **Eupatorium purpurascens** Sch. Bip. ex Baker
Ref.: Cabrera & Freire, 1997.

[Eupatorium glechnophyllum Less.]
Ref.: Cabrera & Vittet, 1954.
Nota: Cita dudosa para la flora argentina.

Eupatorium graminifolium Chodat = **Eupatorium bupleurifolium** DC.
Ref.: Cabrera, 1996.

Eupatorium grande Sch. Bip. ex Baker
Sin.: *Heterocondylus grandis* (Sch. Bip. ex Baker) R.M. King & H. Rob.
Ref.: Cabrera & Vittet, 1954; King & Robinson, 1972b; Cabrera, 1996; Cabrera & Freire, 1997.
Hábito: Hierba.
Status: Nativa.
Elevación: 0-500 m.
Prov.: MI.
Paises limítrofes BR, PA.
Ejemplar examinado: *Grüner 1305* (LP).

[Eupatorium guadalupense Spreng.]
Ref.: Cabrera & Vittet, 1954.
Nota: Cita dudosa para la flora argentina.

Eupatorium hecatanthum (DC.) Baker
Sin.: *Eupatorium populifolium* Hook. & Arn., hom. illeg., *Hebeclinium hecathantum* DC., *Hebeclinium urolepis* DC., *Urolepis hecatantha* (DC.) R.M. King & H. Rob.
Ref.: Cabrera & Vittet, 1954; King & Robinson, 1971h; Cabrera, 1996; Cabrera & Freire, 1997.
Hábito: Hierba.
Status: Nativa.
Elevación: 0-1500 m.
Prov.: BA, CA, CO, COR, ER, FO, JU, MI, SA, SE, SF, TU.
Paises limítrofes: BO, BR, PA, UR.
Ejemplar examinado: *Cabrera 1351* (LP).

Eupatorium hexanthum DC. = **Eupatorium subhastatum** Hook. & Arn.
Ref.: Cabrera & Vittet, 1963.

Eupatorium hickenii Cabrera & Vittet
Sin.: *Campuloclinium hickenii* (Cabrera & Vittet) R.M. King & H. Rob., *Eupatorium betonicaeforme* (DC.) Baker f. *alternifolium* Hicken
Ref.: Cabrera & Vittet, 1954, King & Robinson, 1972c; Cabrera & Freire, 1997.
Hábito: Hierba.
Status: Endémica.
Elevación: 1000-3500 m.
Prov.: JU, SA.
Ejemplar examinado: *Vattuone 79* (holotipo, SI).

Eupatorium hiemale Lillo = **Eupatorium lasiophthalmum** Griseb.
Ref.: Cabrera & Vittet, 1954; Ariza Espinar, 1994.

Eupatorium hirsutum Hook. & Arn.
Sin.: *Chromolaena hirsuta* (Hook. & Arn.) R.M. King & H. Rob., *Eupatorium congestum* Hook. & Arn. var. *hirsutum* (Hook. & Arn.) Cabrera, *Eupatorium congestum* Hook. & Arn. var. *truncatum* Hassl., *Eupatorium hirsutum* Hook. & Arn. var. α Hook. & Arn., *Eupatorium hirsutum* Hook. & Arn. var. *triseriale* Hassl., hom. illeg., *Eupatorium tozziifolium* DC. var. *subpetiolatum* Chodat
Ref.: Cabrera & Vittet, 1954; King & Robinson, 1970c; Cabrera, 1996; Cabrera & Freire, 1997.
Hábito: Subarbusto.
Status: Nativa.
Elevación: 0-500 m.
Prov.: CH.
Paises limítrofes: BR, PA, UR.
Ejemplar examinado: *Tweedie s.n.* (holotipo, K).

Eupatorium hirsutum Hook. & Arn. var. α Hook. & Arn. = **Eupatorium hirsutum** Hook. & Arn.
Ref.: Cabrera & Freire, 1997.

Eupatorium hirsutum Hook. & Arn. var. β Hook. & Arn. = **Eupatorium subhastatum** Hook. & Arn.
Ref.: Cabrera & Freire, 1997.

Eupatorium hirsutum Hook. & Arn. var. *triseriale* (Griseb.) Hieron. = **Eupatorium subhastatum** Hook. & Arn.
Ref.: Cabrera & Vittet, 1954.

Eupatorium hirsutum Hook. & Arn. var. *triseriale* Hassl., hom. illeg. = **Eupatorium hirsutum** Hook. & Arn.
Ref.: Cabrera & Vittet, 1954.

Eupatorium hookerianum Griseb.
Sin.: *Chromolaena hookeriana* (Griseb.) R.M. King & H. Rob., *Chromolaena jujuiensis* (Hieron.) R.M. King & H. Rob., *Eupatorium ciliatum* Hook. & Arn., hom.illeg., *Eupatorium conyzoides* Griseb., p.p., *Eupatorium conyzoides* Vahl var. *ciliatum* (Hook. & Arn.) Hieron., *Eupatorium hookerianum* Griseb. var. *jujuiense* (Hieron.) Cabrera & Vittet, *Eupatorium jujuiense* Hieron.
Ref.: Cabrera & Vittet, 1954; King & Robinson, 1970c; Cabrera, 1978; Cabrera & Freire, 1997.
Hábito: Arbusto.
Status: Nativa.
Elevación: 400-2000 m.
Prov.: CA, CO, JU, SA, TU.
Paises limítrofes: BO.
Ejemplar examinado: *Fabris et al. 5126* (LP).

Eupatorium hookerianum Griseb. var. *jujuiense* (Hieron.) Cabrera & Vittet = **Eupatorium hookerianum** Griseb.
Ref.: Cabrera & Vittet, 1954; Cabrera, 1978.

Eupatorium hunzigeri Hieron. = **Eupatorium lanigerum** Hook. & Arn. var. **crassipes** (Hieron.) B.L. Rob.
Ref.: Robinson, 1933; Cabrera & Vittet, 1954.

Eupatorium intermedium DC. var. *angustifolium* Hieron. = **Eupatorium serratum** Spreng.
Ref.: Cabrera & Vittet, 1954; Cabrera, 1989.

Eupatorium inulifolium Kunth
Sin.: *Austroeupatorium entreriense* (Hieron.) R.M. King & H. Rob., *Austroeupatorium inulifolium* (Kunth) R.M. King & H. Rob., *Eupatorium entreriense* Hieron., *Eupatorium inulifolium* Kunth var. *suaveolens* (Kunth) Hieron., *Eupatorium molle* Kunth, *Eupatorium pallescens* DC., *Eupatorium pallescens* DC. var. *bonariense* DC., *Eupatorium pallescens* DC. var. *hirsuta* DC., *Eupatorium pallidum* Hook. & Arn., *Eupatorium paranense* Hook. & Arn., *Eupatorium suaveolens* Kunth
Ref.: Cabrera & Vittet, 1954; King & Robinson, 1970d; Cabrera, 1974a, 1978, 1989, 1996; Ariza Espinar, 1994; Cabrera & Freire, 1997.
Hábito: Arbusto.
Status: Nativa.
Elevación: 0-2000 m.
Prov.: BA, CA, CH, CO, COR, ER, FO, JU, MI, SA, SF, TU.
Paises limítrofes: BR, PA, UR.
Ejemplar examinado: *Cabrera 1369* (LP).

Eupatorium inulifolium Kunth var. *suaveolens* (Kunth) Hieron. = **Eupatorium inulifolium** Kunth
Ref.: Cabrera & Vittet, 1954; Ariza Espinar, 1994.

Eupatorium ivifolium L.
Sin.: *Chromolaena ivifolia* (L.) R.M. King & H. Rob., *Eupatorium affine* Hook. & Arn., p.p., *Eupatorium conyzoides* Vahl var. *affine* (Hook. & Arn.) Baker, *Eupatorium ivifolium* L. var. *genuinum* Hassl., nom. inval., *Eupatorium ivifolium* L. var. *hirsutum* Hassl., *Eupatorium ivifolium* L. var. *perturbinatum* B.L. Rob., *Eupatorium ivifolium* L. var. *pilcomayense* Hassl., *Eupatorium luquense* Chodat
Ref.: Cabrera & Vittet, 1954; King & Robinson, 1970c; Cabrera, 1974a, 1996; Cabrera & Freire, 1997.
Hábito: Subarbusto.
Status: Nativa.
Elevación: 0-1000 m.
Prov.: BA, CH, COR, ER, FO, JU, MI, SA, TU.
Paises limítrofes: BR, PA, UR.
Ejemplar examinado: *Burkart 8358* (SI).

Eupatorium ivifolium L. var. *foliosum* Chodat = **Eupatorium squarroso-ramosum** Hieron.
Ref.: Cabrera, 1996.

Eupatorium ivifolium L. var. *genuinum* Hassl., nom. inval. = **Eupatorium ivifolium** L.
Ref.: Cabrera, 1996.

Eupatorium ivifolium L. var. *hirsutum* Hassl. = **Eupatorium ivifolium** L.
Ref.: Cabrera & Vittet, 1954; Cabrera, 1974.

Eupatorium ivifolium L. var. *perturbinatum* B.L. Rob. = **Eupatorium ivifolium** L.
Ref.: Cabrera & Vittet, 1954; Cabrera, 1974a, 1996.

Eupatorium ivifolium L. var. *pilcomayense* Hassl. = **Eupatorium ivifolium** L.
Ref.: Cabrera & Vittet, 1954; Cabrera, 1974, 1996.

Eupatorium jujuiense Hieron. = **Eupatorium hookerianum** Griseb.
Ref.: Cabrera & Vittet, 1954; Cabrera, 1978.

Eupatorium kleinioides Kunth
Sin.: *Campuloclinium kleinioides* (Kunth) DC., *Eupatorium kleinioides* Kunth var. *microcephalum* Chodat, *Eupatorium kleinioides* Kunth var. *subglabratum* Hieron., *Eupatorium sanctopaulense* B.L. Rob. var. *subglabratum* (Hieron.) Malme, *Eupatorium subglabratum* (Hieron.) Cabrera & Vittet, *Praxelis kleinioides* (Kunth) Sch. Bip.
Ref.: Cabrera & Vittet, 1954; King & Robinson, 1970e, 1972e; Cabrera, 1989, 1996; Cabrera & Freire, 1997.
Hábito: Hierba.
Status: Nativa.
Elevación: 0-500 m.
Prov.: MI.
Paises limítrofes: BR, PA.
Ejemplar examinado: *Swartz 4395* (LP).

Eupatorium kleinioides Kunth var. *hecatantha* Baker = **Eupatorium missionum** Malme
Ref.: Cabrera & Freire, 1997.

Eupatorium kleinioides Kunth var. *microcephalum* Chodat = **Eupatorium kleinioides** Kunth
Ref.: Cabrera, 1996.

Eupatorium kleinioides Kunth var. *subglabratum* Hieron. = **Eupatorium kleinioides** Kunth
Ref.: Cabrera & Vittet, 1954; Cabrera, 1989.

Eupatorium laetevirens Hook. & Arn.
Sin.: *Austroeupatorium laetevirens* (Hook. & Arn.) R.M. King & H. Rob., *Eupatorium steviifolium* DC. var. *laetevirens* (Hook. & Arn.) Baker, *Eupatorium steviifolium* DC. var. *salicinum* Chodat
Ref.: Cabrera & Vittet, 1954; King & Robinson, 1970d; Cabrera, 1996; Cabrera & Freire, 1997.
Hábito: Subarbusto.
Status: Nativa.
Elevación: 0-500 m.
Prov.: CH, MI.
Paises limítrofes: BR, PA.
Ejemplar examinado: *Schulz 259* (LP).

Eupatorium laeve Griseb., hom. illeg. = **Ophryosporus lorentzii** Hieron.
Ref.: Cabrera & Vittet, 1954.

Eupatorium laeve DC. = **Eupatorium simillimum** B.L. Rob.
Ref.: Cabrera, & Vittet, 1954; Cabrera, 1996.

Eupatorium laeve DC. var. *latifolia* Sch. Bip. ex Hieron. = **Eupatorium simillimum** B.L. Rob.
Ref.: Cabrera, & Vittet, 1954; Cabrera, 1996.

Eupatorium laeve DC. var. *macrophyllum* Chodat = **Eupatorium simillimum** B.L. Rob.
Ref.: Cabrera, & Vittet, 1954; Cabrera, 1996.

Eupatorium laeve DC. var. *pubens* B.L. Rob. = **Eupatorium simillimum** B.L. Rob.
Ref.: Cabrera, 1996.

Eupatorium laevigatulum B.L. Rob. = **Eupatorium christieanum** Baker
Ref.: Cabrera & Vittet, 1954.

Eupatorium laevigatum Griseb. = **Eupatorium polystachyum** DC.
Ref.: Cabrera & Vittet, 1954.

Eupatorium laevigatum Lam. var. **arenarium** Baker
Ref.: Cabrera & Vittet, 1954; Cabrera & Freire, 1997.
Hábito: Arbusto.
Status: Nativa.
Elevación: 0-500 m.
Prov.: COR, MI.
Paises limítrofes: UR.
Ejemplar examinado: *Grüner 735* (LP).

Eupatorium laevigatum Lam. var. **laevigatum**
Sin.: *Chromolaena laevigata* (Lam.) R.M. King & H. Rob., *Eupatorium laevigatum* Lam. var. *longepetiolatum* Hassl., *Eupatorium laevigatum* Lam. var. *psidiifolia* (DC.) Hassl., *Eupatorium psidiifolium* DC.
Ref.: Cabrera & Vittet, 1954; King & Robinson, 1970c; Cabrera, 1996; Cabrera & Freire, 1997.
Hábito: Arbusto.
Status: Nativa.
Elevación: 0-1500 m.
Prov.: BA, CH, COR, ER, FO, JU, MI, TU.
Paises limítrofes: BR, PA.
Ejemplar examinado: *Schulz 157* (LP).

Eupatorium laevigatum Lam. var. *longepetiolatum* Hassl. = **Eupatorium laevigatum** Lam. var. **laevigatum**
Ref.: Cabrera, 1996.

Eupatorium laevigatum Lam. var. *psidifolia* (DC.) Hassl. = **Eupatorium laevigatum** Lam. var. **laevigatum**
Ref.: Cabrera, 1996.

Eupatorium laevigatum Lam. var. **submembranaceum** Hieron.
Sin.: *Eupatorium conyzoides* Griseb., p.p.
Ref.: Cabrera & Vittet, 1954; Cabrera & Freire, 1997.
Hábito: Arbusto.
Status: Endémica.
Prov.: SA.
Ejemplar examinado: *Lorentz 325* (holotipo, probablemente B).

Eupatorium lanigerum Hook. & Arn. var. **crassipes** (Hieron.) B.L. Rob.
Sin.: *Eupatorium crassipes* Hieron., *Eupatorium hunzigeri* Hieron., *Eupatorium lanigerum* Hook. & Arn. var. *minor* Hook. & Arn., p.p.
Ref.: Robinson, 1933; Cabrera & Vittet, 1954; Ariza Espinar, 1994; Cabrera & Freire, 1997.
Hábito: Hierba.
Status: Nativa.
Elevación: 0-500 m.
Prov.: BA, CH, CO, COR, ER, SF.
Paises limítrofes: UR.
Ejemplar examinado: *Spegazzini s.n.* (LP).

Eupatorium lanigerum Hook. & Arn. var. **lanigerum**
Sin.: *Eupatorium alternifolium* Sch. Bip. ex Baker var. *asperum* Hassl., *Eupatorium alternifolium* Sch. Bip. ex Baker var. *hispidulum* Hassl., *Eupatorium alternifolium* Sch. Bip. ex Baker var. *vernoniopsis* Hassl., *Eupatorium lanigerum* Hook. & Arn. var. *typicum* B.L. Rob., nom. inval., *Eupatorium oblongifolium* (Spreng.) Baker subvar. *hirsutum* Chodat, *Eupatorium vernoniopsis* Sch. Bip. ex Baker, *Gyptis lanigera* (Hook. & Arn.) R.M. King & H. Rob.
Ref.: Robinson, 1933; Cabrera & Vittet, 1954; King & Robinson, 1971i; Cabrera, 1974l, 1978, 1996; Ariza Espinar, 1994; Cabrera & Freire, 1997.
Hábito: Hierba.
Status: Nativa.
Elevación: 0-1000 m.
Prov.: CH, CO, COR, ER, FO, JU, MI.
Paises limítrofes: BO, BR, PA, UR.
Ejemplar examinado: *Schulz 72* (LP).

Eupatorium lanigerum Hook. & Arn. var. **lasiolepis** (B.L. Rob.) B.L. Rob.
Sin.: *Eupatorium lasiolepis* B.L. Rob.
Ref.: Robinson, 1933; Cabrera & Vittet, 1954.
Hábito: Hierba.
Status: Nativa.
Elevación: 0-500 m.
Prov.: MI.
Paises limítrofes: BR.
Ejemplar examinado: *Grüner 1170* (LP).

Eupatorium lanigerum Hook. & Arn. var. **longicuneatum** B.L. Rob.
Sin.: *Eupatorium alternifolium* Sch. Bip. ex Baker
Ref.: Robinson, 1933; Cabrera & Vittet, 1954; Cabrera, 1996; Cabrera & Freire, 1997.
Hábito: Hierba.
Status: Endémica.
Elevación: 0-500 m.
Prov.: MI.
Ejemplar examinado: *Grüner 1337* (LP).

Eupatorium lanigerum Hook. & Arn. var. *minor* Hook. & Arn., p.p. = **Eupatorium lanigerum** Hook. & Arn. var. **crassipes** (Hieron.) B.L. Rob.
Ref.: Cabrera & Vittet, 1954.

Eupatorium lanigerum Hook. & Arn. var. **minus** Hook. & Arn.
Ref.: Cabrera & Vittet, 1954; Cabrera & Freire, 1997.
Hábito: Hierba.
Status: Endémica.
Elevación: 0-500 m.
Prov.: CH.
Ejemplar examinado: *Schulz 2651* (LP).

Eupatorium lanigerum Hook. & Arn. var. *typicum* B.L. Rob., nom. inval. = **Eupatorium lanigerum** Hook. & Arn. var. **lanigerum**
Ref.: Cabrera & Vittet, 1954.

Eupatorium lasiolepis B.L. Rob. = **Eupatorium lanigerum** Hook. & Arn. var. **lasiolepis** (B.L. Rob.) B.L. Rob.
Ref.: Robinson, 1933; Cabrera & Vittet, 1954.

Eupatorium lasiophthalmum Griseb.
Sin.: *Eupatorium hiemale* Lillo, *Kaunia lasiophthalma* (Griseb.) R.M. King & H. Rob.
Ref.: Cabrera & Vittet, 1954; Cabrera, 1978; King & Robinson, 1980a; Ariza Espinar, 1994; Cabrera & Freire, 1997.
Hábito: Arbusto o arbolito.
Status: Nativa.
Elevación: 500-2000 m.
Prov.: CA, JU, SA, TU.
Paises limítrofes: BO.
Ejemplar examinado: *Cabrera 3798* (LP).

Eupatorium liatridium DC. = **Eupatorium squarrulosum** Hook. & Arn.
Ref.: Cabrera, 1989.

Eupatorium lilloi B.L. Rob.
Sin.: *Idiothamnus lilloi* (B.L. Rob.) R.M. King & H. Rob.
Ref.: King & Robinson, 1975c; Cabrera, 1978; Ariza Espinar, 1994; Cabrera & Freire, 1997.
Hábito: Arbusto.
Status: Nativa.
Elevación: ca. 1600 m.
Prov.: JU, SA, SE, TU.
Paises limítrofes: PA.
Ejemplar examinado: *Burkart 12028* (SI).

Eupatorium linifolium DC. = **Eupatorium bupleurifolium** DC.
Ref.: Cabrera & Vittet, 1954.

Eupatorium lorentzii Hieron.
Sin.: *Ageratina lorentzii* (Hieron.) R.M. King & H. Rob.
Ref.: Cabrera & Vittet, 1954; King & Robinson, 1970a; Ariza Espinar, 1994; Cabrera & Freire, 1997.
Hábito: Hierba.
Status: Nativa.
Elevación: 2000-3500 m.
Prov.: CA, JU, LR, SA, TU.
Paises limítrofes: BO.
Ejemplar examinado: *Fabris et al. 8241* (LP).

Eupatorium luquense Chodat = **Eupatorium ivifolium** L.
Ref.: Cabrera, 1996.

Eupatorium macrocephalum Less.
Sin.: *Campuloclinium macrocephalum* (Less.) DC., *Campuloclinium macrocephalum* (Less.) DC. var. *strigosum* DC., *Chromolaena pratensis* Gardner, *Eupatorium denudatum* Chodat, *Eupatorium donianum* Hook. & Arn., *Eupatorium macrocephalum* Less. var. *angustifolium* Baker, *Eupatorium macrocephalum* Less. var. *stigmatosum* (Chodat) Hassl., *Eupatorium macrocephalum* Less. var. *strigosum* Baker, *Eupatorium stigmatosum* Chodat, *Eupatorium stigmatosum* Chodat var. *subcalvatum* Chodat, *Eupatorium stigmatosum* Chodat var. *violaceum* Chodat
Ref.: Cabrera & Vittet, 1954, 1963; King & Robinson, 1970c, 1972e; Cabrera, 1974a, 1978, 1989, 1996; Ariza Espinar, 1994; Cabrera & Freire, 1997.
Hábito: Hierba.
Status: Nativa.
Elevación: 0-1500 m.
Prov.: BA, CH, CO, COR, ER, FO, JU, MI, SA, SE, SF, TU.
Paises limítrofes: BO, BR, PA, UR.
Ejemplar examinado: *Cabrera 12966* (LP).

Eupatorium macrocephalum Less. var. *angustifolium* Baker = **Eupatorium macrocephalum** Less.
Ref.: Cabrera, 1996.

Eupatorium macrocephalum Less. var. *stigmatosum* (Chodat) Hassl. = **Eupatorium macrocephalum** Less.
Ref.: Cabrera, 1996.

Eupatorium macrocephalum Less. var. *strigosum* Baker = **Eupatorium macrocephalum** Less.
Ref.: Cabrera & Vittet, 1954.

Eupatorium macrophyllum L.
Sin.: *Hebeclinium macrophyllum* (L.) DC.
Ref.: Cabrera & Vittet, 1954; Cabrera, 1996; Cabrera & Freire, 1997.
Hábito: Arbusto.
Status: Nativa.
Elevación: 0-500 m.
Prov.: CH, FO.
Paises limítrofes: BR, PA.
Ejemplar examinado: *Jörgensen 3228* (SI).

Eupatorium malachophyllum Klatt
Sin.: *Eupatorium niederleinii* Hieron., *Eupatorium niederleinii* Hieron. var. *latifolia* Hieron., *Neocabreria malachophylla* (Klatt) R.M. King & H. Rob.
Ref.: Cabrera & Vittet, 1954; King & Robinson, 1972g; Cabrera & Freire, 1997.
Hábito: Arbusto.
Status: Nativa.
Elevación: 0-500 m.
Prov.: MI.
Paises limítrofes: BR, PA.
Ejemplar examinado: *Grüner 468* (LP).

Eupatorium megaphyllum Baker
Sin.: *Critonia megaphylla* (Baker) R.M. King & H. Rob.
Ref.: Cabrera & Vittet, 1954; King & Robinson, 1971a; Cabrera, 1978, 1989, 1996; Cabrera & Freire, 1997.
Hábito: Hierba o subarbusto.
Status: Nativa.
Elevación: 0-1000 m.
Prov.: CH, FO, JU, MI, SA, TU.
Paises limítrofes: BR, PA.
Ejemplar examinado: *Frenguelli 60* (LP).

Eupatorium mikaniifolium B.L. Rob.
Sin.: *Bishovia mikaniifolia* (B.L. Rob.) R.M. King & H. Rob.
Ref.: Cabrera & Vittet, 1954; King & Robinson, 1978b; Cabrera & Freire, 1997.
Hábito: Hierba.
Status: Endémica.
Elevación: 0-500 m.
Prov.: CH.
Ejemplar examinado: *Schulz 237* (isotipo, LP).

Eupatorium militare B.L. Rob.
Sin.: *Gyptidium militare* (B.L. Rob.) R.M. King & H. Rob.
Ref.: Cabrera & Vittet, 1954; King & Robinson, 1972f; Cabrera & Freire, 1997.
Hábito: Hierba.
Status: Endémica.
Elevación: 0-500 m.
Prov.: CH, FO.
Ejemplar examinado: *Schulz 66* (LP).

Eupatorium missionum Malme
Sin.: *Eupatorium kleinioides* Kunth var. *hecatantha* Baker, *Praxelis missionum* (Malme) R.M. King & H. Rob.
Ref.: Cabrera & Vittet, 1954, 1963; King & Robinson, 1970e; Cabrera, 1996; Cabrera & Freire, 1997.
Hábito: Hierba.
Status: Nativa.
Elevación: 0-500 m.
Prov.: COR, MI.
Paises limítrofes: BR, PA.
Ejemplar examinado: *Grüner 1191* (LP).

Eupatorium molle Kunth = **Eupatorium inulifolium** Kunth
Ref.: Ariza Espinar, 1994.

[Eupatorium monardifolium Kunth]
Ref.: Cabrera & Vittet, 1954.
Nota: Cita dudosa para la flora argentina.

Eupatorium montevidense Spreng. = **Baccharis coridifolia** DC.
Ref.: Cabrera, 1963a.

[Eupatorium morifolium Mill.]
Ref.: Cabrera, 1978.
Nota: Especie excluida de la flora argentina.

Eupatorium multicrenulatum Sch. Bip. ex Baker
Sin.: *Disynaphia multicrenulata* (Sch. Bip. ex Baker) R.M. King & H. Rob., *Disynaphia achillea* (Chodat) R.M. King & H. Rob., *Eupatorium achillea* Chodat
Ref.: Cabrera & Vittet, 1954; King & Robinson, 1971f; Cabrera & Freire, 1997.
Hábito: Subarbusto o arbusto.
Status: Nativa.
Elevación: 0-500 m.
Prov.: MI.
Paises limítrofes: BR, PA, UR.
Ejemplar examinado: *Montes 1904* (LP).

Eupatorium niederleinii Hieron. = **Eupatorium malachophyllum** Klatt
Ref.: Cabrera & Vittet, 1954; Cabrera, 1989.

Eupatorium niederleinii Hieron. var. *latifolia* Hieron. = **Eupatorium malachophyllum** Klatt
Ref.: Cabrera, 1989.

Eupatorium oblongifolium (Spreng.) Baker
Sin.: *Conyza oblongifolia* Spreng., *Eupatorium elongatum* Hook. & Arn., *Eupatorium oblongifolium* (Spreng.) Baker var. *elongatum* (Hook. & Arn.) Baker, *Eupatorium oblongifolium* (Spreng.) Baker var. *oxyodontum* B.L. Rob., *Eupatorium oblongifolium* (Spreng.) Baker var. *tucumanense* Baker, *Stomatanthes oblongifolius* (Spreng.) R.M. King & H. Rob.
Ref.: Cabrera & Vittet, 1954; Robinson, 1970; Cabrera, 1996; Cabrera & Freire, 1997.
Hábito: Subarbusto.
Status: Nativa.
Elevación: 0-1000 m.
Prov.: MI, TU.
Paises limítrofes: BR, PA, UR.
Ejemplar examinado: *Grüner 1359* (LP).

Eupatorium oblongifolium (Spreng.) Baker var. *elongatum* (Hook. & Arn.) Baker = **Eupatorium oblongifolium** (Spreng.) Baker
Ref.: Cabrera, 1989, 1996.

Eupatorium oblongifolium (Spreng.) Baker var. *oxyodontum* B.L. Rob. = **Eupatorium oblongifolium** (Spreng.) Baker
Ref.: Cabrera & Vittet, 1954.

Eupatorium oblongifolium (Spreng.) Baker var. *tucumanense* Baker = **Eupatorium oblongifolium** (Spreng.) Baker
Ref.: Cabrera & Vittet, 1954

Eupatorium oblongifolium (Spreng.) Baker subvar. *hirsutum* Chodat = **Eupatorium lanigerum** Hook. & Arn. var. **lanigerum**
Ref.: Cabrera, 1996.

Eupatorium odoratum L.
Sin.: *Chromolaena odorata* (L.) R.M. King & H. Rob., *Eupatorium conyzoides* Mill., *Eupatorium conyzoides* Vahl, *Eupatorium conyzoides* Vahl var. *paucidentatum* Baker, *Eupatorium conyzoides* Vahl var. *scaberulum* Hassl.
Ref.: King & Robinson, 1970c; Cabrera, 1978, 1996; Cabrera & Freire, 1997.
Hábito: Arbusto.
Status: Nativa.
Elevación: 0-2000 m.
Prov.: COR, FO, JU, MI, SA, TU.
Paises limítrofes: BR, PA
Ejemplar examinado: *Cabrera et al. 14522* (LP).

Eupatorium orbignyanum Klatt
Sin.: *Chromolaena densiflora* (Morong) R.M. King & H. Rob., *Chromolaena orbignyana* (Klatt) R.M. King & H. Rob., *Eupatorium densiflorum* Morong, *Eupatorium oxylepis* DC. var. *densiflorum* (Morong) Hassl.
Ref.: Cabrera & Vittet, 1954; King & Robinson, 1970c; Cabrera, 1996; Cabrera & Freire, 1997.
Hábito: Arbusto.
Status: Nativa.
Elevación: 0-500 m.
Prov.: CH, COR.
Paises limítrofes: PA.
Ejemplar examinado: *Huidobro 1954* (LP).

Eupatorium ostenii B.L. Rob.
Sin.: *Praxelis ostenii* (B.L. Rob.) R.M. King & H. Rob.
Ref.: King & Robinson, 1970e; Cabrera, 1996; Cabrera & Freire, 1997.
Hábito: Hierba.
Status: Nativa.
Elevación: 0-500 m.
Prov.: COR.
Paises limítrofes: PA.
Ejemplar examinado: *Arbo et al. 1119* (CTES, SI).

Eupatorium oxylepis DC. var. *densiflorum* (Morong) Hassl. = **Eupatorium orbignyanum** Klatt
Ref.: Cabrera, 1996.

Eupatorium oxylepis DC. var. *paraguariense* (Hieron.) Hassl. = **Eupatorium pedunculosum** Hook. & Arn.
Ref.: Cabrera, 1996.

Eupatorium oyadense Hieron. = **Eupatorium squarroso-ramosum** Hieron.
Ref.: Cabrera & Vittet, 1954; Ariza Espinar, 1994.

Eupatorium oyadense Hieron. var. *paraguayense* Hieron. = **Eupatorium squarroso-ramosum** Hieron.
Ref.: Cabrera, 1996.

Eupatorium pallescens DC. = **Eupatorium inulifolium** Kunth
Ref.: Cabrera & Vittet, 1954; Cabrera, 1989; Ariza Espinar, 1994.

Eupatorium pallescens DC. var. *bonariense* DC. = **Eupatorium inulifolium** Kunth
Ref.: Cabrera & Vittet, 1954; Ariza Espinar, 1994.

Eupatorium pallescens DC. var. *hirsuta* DC. = **Eupatorium inulifolium** Kunth
Ref.: Cabrera & Vittet, 1954; Ariza Espinar, 1994.

Eupatorium pallidum Hook. & Arn. = **Eupatorium inulifolium** Kunth
Ref.: Cabrera & Vittet, 1954; Cabrera, 1989; Ariza Espinar, 1994.

[Eupatorium palustre (DC.) Baker]
Sin.: *Campuloclinium palustre* DC.
Ref.: Cabrera & Vittet, 1954.
Nota: Cita dudosa para la flora argentina.

Eupatorium palustre (DC.) Baker var. *guaraniticum* Chodat = **Eupatorium candolleanum** Hook. & Arn., p.min.p.
Ref.: Cabrera, 1996.

Eupatorium palustre (DC.) Baker var. *verbenaceum* Chodat = **Eupatorium candolleanum** Hook. & Arn., p.min.p.
Ref.: Cabrera, 1996.

Eupatorium paraguariense Hieron. = **Eupatorium pedunculosum** Hook. & Arn.
Ref.: Cabrera & Vittet, 1954; Cabrera, 1974a, 1996.

Eupatorium paranense Hook. & Arn. = **Eupatorium inulifolium** Kunth
Ref.: Cabrera & Vittet, 1954; Cabrera, 1989; Ariza Espinar, 1994.

Eupatorium patagonicum Klatt = **Eupatorium patens** D. Don ex Hook. & Arn. var. **patens**
Ref.: Cabrera & Vittet, 1954; Cabrera, 1978; Ariza Espinar, 1994.

Eupatorium patens D. Don ex Hook. & Arn. var. *gracilior* Lorentz = **Eupatorium patens** D. Don ex Hook. & Arn. var. **patens**
Ref.: Cabrera & Vittet, 1954; Cabrera, 1978; Ariza Espinar, 1994.

Eupatorium patens D. Don ex Hook. & Arn. var. **patens**
Sin.: *Austrobrickellia patens* (D. Don ex Hook. & Arn.) R.M. King & H. Rob., *Eupatorium patagonicum* Klatt, *Eupatorium patens* Phil., *Eupatorium patens* D. Don ex Hook. & Arn. var. *gracilior* Lorentz, *Eupatorium vattuonei* Hicken, *Eupatorium xerolepis* Sch. Bip. ex Baker
Ref.: Cabrera & Vittet, 1954; Cabrera, 1971a, 1974a, 1978, 1996; King & Robinson, 1972i; Ariza Espinar, 1994; Cabrera & Freire, 1997.
Hábito: Arbusto.
Status: Nativa.
Elevación: 0-3500 m.
Prov.: BA, CA, CHU, ER, JU, LR, ME, NE, RN, SA, SJ, SL, TU.
Paises limítrofes: BO, PA.
Ejemplar examinado: *Hunziker 4600* (LP).

Eupatorium patens D. Don ex Hook. & Arn. var. **rhodolaenum** Griseb.
Ref.: Cabrera & Vittet, 1954; Cabrera, 1978; Ariza Espinar, 1994; Cabrera & Freire, 1997.

Hábito: Arbusto.
Status: Nativa.
Elevación: 2500-3000 m.
Prov.: CA, JU, LR.
Paises limítrofes: BO.
Ejemplar examinado: *Cabrera 7640* (LP).

Eupatorium patens D. Don ex Hook. & Arn. var. **tomentosum** Hieron.
Ref.: Cabrera & Vittet, 1954; Cabrera, 1978, 1996; Ariza Espinar, 1994; Cabrera & Freire, 1997.
Hábito: Arbusto.
Status: Nativa.
Elevación: 0-500 m.
Prov.: CH, CO, JU, LR, SA, TU.
Paises limítrofes: BO, PA.
Ejemplar examinado: *Cabrera 20810* (LP).

Eupatorium patens Phil. = **Eupatorium patens** D. Don ex Hook. & Arn. var. **patens**
Ref.: Cabrera & Vittet, 1954; Cabrera, 1978, 1996; Ariza Espinar, 1994.

Eupatorium paucicapitulatum Hieron.
Sin.: *Eupatorium callilepis* Baker var. *oligocephalum* Griseb.
Ref.: Cabrera & Vittet, 1954; Cabrera, 1974a; Cabrera & Freire, 1997.
Hábito: Subarbusto.
Status: Nativa.
Elevación: 0-500 m.
Prov.: ER.
Paises limítrofes: UR.
Ejemplar examinado: *Burkart et al. 29542* (LP).

Eupatorium pedunculosum Hook. & Arn.
Sin.: *Chromolaena pedunculosa* (Hook. & Arn.) R.M. King & H. Rob., *Chromolaena foliata* (Sch. Bip. ex Baker) R.M. King & H. Rob., *Chromolaena paraguariensis* (Hieron.) R.M. King & H. Rob., *Eupatorium conyzoides* Vahl var. *foliatum* Sch. Bip. ex Baker, *Eupatorium foliatum* (Sch. Bip. ex Baker) Hieron., *Eupatorium foliatum* (Sch. Bip. ex Baker) Hieron. var. *incanum* Hieron., *Eupatorium oxylepis* DC. var. *paraguariense* (Hieron.) Hassl., *Eupatorium paraguariense* Hieron.
Ref.: King & Robinson, 1970c; Cabrera, 1989, 1996; Cabrera & Freire, 1997.
Hábito: Subarbusto.
Status: Nativa.
Elevación: 0-500 m.
Prov.: CH, COR, ER, MI.
Paises limítrofes: BR, PA.
Ejemplar examinado: *Schinini 4270* (CTES).

Eupatorium pentanthum Sch. Bip. = **Eupatorium polystachyum** DC.
Ref.: Cabrera & Vittet, 1963.

Eupatorium piauhiense Gardner = **Eupatorium polystachyum** DC.
Ref.: Cabrera, 1989.

Eupatorium picturatum Malme
Sin.: *Austroeupatorium picturatum* (Malme) R.M. King & H. Rob.
Ref.: Cabrera & Vittet, 1954; King & Robinson, 1970d; Cabrera, 1989; Cabrera & Freire, 1997.
Hábito: Hierba.
Status: Nativa.
Elevación: 0-500 m.
Prov.: MI.
Paises limítrofes: BR.
Ejemplar examinado: *Burkart 14670* (SI).

Eupatorium pinnatifidum DC. = **Eupatorium buniifolium** Hook. & Arn. var. **buniifolium**
Ref.: Cabrera & Vittet, 1954; Ariza Espinar, 1994.

Eupatorium pinnatifidum DC. var. *virgata* (Hook. & Arn.) Baker = **Eupatorium buniifolium** Hook. & Arn. var. **buniifolium**
Ref.: Cabrera & Vittet, 1954; Ariza Espinar, 1994.

Eupatorium piquerioides DC. = **Ophryosporus piquerioides** (DC.) Benth. ex Baker
Ref.: Robinson, 1906.

Eupatorium polyanthum Sch. Bip. ex Baker
Sin.: *Chromolaena polyantha* (Sch. Bip. ex Baker) R.M. King & H. Rob.
Ref.: Cabrera & Vittet, 1954; King & Robinson, 1970c; Cabrera, 1974a, 1996; Cabrera & Freire, 1997
Hábito: Subarbusto.
Status: Nativa.
Elevación: 0-500 m.
Prov.: COR, ER, MI.
Paises limítrofes: BR, PA.
Ejemplar examinado: *Burkart 23566* (LP).

Eupatorium polystachyum DC.
Sin.: *Baccharis crenulata* Spreng., *Eupatorium crenulatum* (Spreng.) Hieron., hom. illeg., *Eupatorium crenulatum* (Spreng.) Hieron. var. *tucumanense* Hieron., *Eupatorium dendroides* Spreng., *Eupatorium laevigatum* Griseb., hom. illeg., *Eupatorium pentanthum* Sch. Bip., *Eupatorium piauhiense* Gardner, *Eupatorium tremulum* Hook. & Arn. var. β Hook. & Arn., *Raulinoreitzia crenulata* (Spreng.) R.M. King & H. Rob.
Ref.: Cabrera & Vittet, 1963; King & Robinson, 1971b; Cabrera, 1989, 1996; Cabrera & Freire, 1997.
Hábito: Arbusto.
Status: Nativa.
Elevación: 0-1000 m.
Prov.: CH, COR, ER, JU, ME, MI, TU.
Paises limítrofes: BO, BR, PA.
Ejemplar examinado: *Grüner 143* (LP).

Eupatorium populifolium Hook. & Arn., hom. illeg. = **Eupatorium hecatanthum** (DC.) Baker
Ref.: Cabrera & Vittet, 1954; Cabrera, 1989; Ariza Espinar, 1994.

Eupatorium prasiifolium Griseb. = **Eupatorium argentinum** Ariza
Ref.: Ariza Espinar, 1994; Cabrera, 1996.

Eupatorium prasiifolium Grisb. var. *glanduliferum* R.E. Fr. = **Eupatorium azangaroënse** Sch. Bip. ex Wedd.
Ref.: Cabrera & Vittet, 1954; Cabrera, 1978.

Eupatorium pseudoprasiifolium Hassl.
Sin.: *Chacoa pseudoprasiifolia* (Hassl.) R.M. King & H. Rob., *Eupatorium fiebrigii* Hassl., *Eupatorium fiebrigii* Hassl. var. *acuminata* Hassl.
Ref.: Cabrera & Vittet, 1954; King & Robinson, 1975b; Cabrera, 1989, 1996; Cabrera & Freire, 1997.
Hábito: Arbusto.
Status: Nativa.
Elevación: 0-500 m.
Prov.: CH, COR, FO, MI, SF.
Paises limítrofes: BR, PA.
Ejemplar examinado: *Cabrera 2995* (LP).

Eupatorium psidifolium DC. = **Eupatorium laevigatum** Lam. var. **laevigatum**
Ref.: Cabrera, 1996.

Eupatorium purpurascens Sch. Bip. ex Baker
Sin.: *Campuloclinium purpurascens* (Sch. Bip. ex Baker) R.M. King & H. Rob., *Eupatorium glazioui* Baker, *Eupatorium glazioui* Baker var. *molle* Hassl.
Ref.: King & Robinson, 1972e; Cabrera, 1978, 1989, 1996; Cabrera & Freire, 1997.
Hábito: Hierba.
Status: Nativa.
Elevación: 0-1500 m.
Prov.: COR, JU, MI.
Paises limítrofes: BR, PA.
Ejemplar examinado: *Cabrera 27761* (SI).

Eupatorium radula Chodat
Sin.: *Disynaphia radula* (Chodat) R.M. King & H. Rob., *Eupatorium radula* Chodat var. *obtusifolium* Chodat, *Eupatorium radula* Chodat var. *serratum* Chodat
Ref.: King & Robinson, 1971f; Cabrera, 1996; Cabrera & Freire, 1997.
Hábito: Hierba.
Status: Nativa.
Elevación: 0-500 m.
Prov.: COR, MI.
Paises limítrofes: BR, PA.
Ejemplar examinado: *Krapovickas 21290* (LP).

Eupatorium radula Chodat var. *obtusifolium* Chodat = **Eupatorium radula** Chodat
Ref.: Cabrera, 1996.

Eupatorium radula Chodat var. *serratum* Chodat = **Eupatorium radula** Chodat
Ref.: Cabrera, 1996.

Eupatorium rhinantaceum DC. var. *latisquamulosum* Hieron. = **Eupatorium ellipticum** Hook. & Arn.
Ref.: Cabrera & Vittet, 1954.

Eupotorium rhodolepis Chodat = **Eupatorium verbenaceum** DC.
Ref.: Cabrera, 1996.

Eupatorium saltense Hieron.
Sin.: *Kaunia saltensis* (Hieron.) R.M. King & H. Rob.
Ref.: Cabrera & Vittet, 1954; King & Robinson, 1980a; Cabrera, 1978; Cabrera & Freire, 1997.
Hábito: Arbusto o arbolito.
Status: Endémica.
Elevación: 1500-2000 m.
Prov.: JU, SA.
Ejemplar examinado: *Cabrera 8143* (LP).

Eupatorium sanctopaulense B.L. Rob. var. *subglabratum* (Hieron.) Malme = **Eupatorium kleinioides** Kunth
Ref.: Cabrera & Vittet, 1954; Cabrera, 1989.

Eupatorium satureiifolium Lam. = **Stevia satureiifolia** (Lam.) Sch. Bip. var. **satureiifolia**
Ref.: Cabrera & Vittet, 1954.

Eupatorium saucechicoënse Hieron. = **Eupatorium buniifolium** Hook. & Arn. var. **saucechicoënse** (Hieron.) Ariza
Ref.: Cabrera & Vittet, 1954; Ariza Espinar, 1994.

Eupatorium schickendantzii Hieron.
Sin.: *Fleischmannia schickendantzii* (Hieron.) R.M. King & H. Rob.
Ref.: Cabrera & Vittet, 1954; King & Robinson, 1970b; Cabrera, 1978; Cabrera & Freire, 1997.
Hábito: Arbusto.
Status: Nativa.
Elevación: 1000-1500 m.
Prov.: CA, JU, LR, SA.
Paises limítrofes: BO.
Ejemplar examinado: *Cabrera 3041* (LP).

Eupatorium schininii Cabrera
Sin.: *Eupatorium esperanzae* Hassl. var. *schininii* (Cabrera) Cabrera
Ref.: Cabrera, 1996; Cabrera & Freire, 1997.
Hábito: Arbusto.
Status: Nativa.
Elevación: 0-500 m.
Prov.: MI.
Paises limítrofes: PA.
Ejemplar examinado: *Schinini 5604* (isotipo, LP).

Eupatorium serratum Spreng.
Sin.: *Dimorpholepis serrata* (Spreng.) R.M. King & H. Rob., *Eupatorium comptoniifolium* DC., *Eupatorium confertum* Gardner, *Eupatorium intermedium* DC. var. *angustifolium* Hieron., *Eupatorium serratum* Spreng. var. *confertum* (Gardner) Baker, *Grazielia serrata* (Spreng.) R.M. King & H. Rob.
Ref.: Cabrera & Vittet, 1954; King & Robinson, 1971d, 1972h; Cabrera, 1989; Cabrera & Freire, 1997.
Hábito: Arbusto.
Status: Nativa.
Elevación: 0-500 m.
Prov.: MI.
Paises limítrofes: BR, PA, UR.
Ejemplar examinado: *Birabén 5294* (LP).

Eupatorium serratum Spreng. var. *confertum* (Gardner) Baker = **Eupatorium serratum** Spreng.
Ref.: Cabrera & Vittet, 1954.

Eupatorium simillimum B.L. Rob.
Sin.: *Eupatorium laeve* DC., *Eupatorium laeve* DC. var. *latifolia* Sch. Bip. ex Hieron, *Eupatorium laeve* DC. var. *macrophyllum* Chodat, *Eupatorium laeve* DC. var. *pubens* B.L. Rob., *Koanophyllon simillimum* (B.L. Rob.) R.M. King & H. Rob.

Ref.: King & Robinson, 1971g; Cabrera, 1996; Cabrera & Freire, 1997.
Hábito: Arbusto o árbol.
Status: Nativa.
Elevación: 0-500 m.
Prov.: MI.
Paises limítrofes: PA.
Ejemplar examinado: *Pedersen 9306* (CTES).

Eupatorium solidaginoides Kunth
Sin.: *Eupatorium filicaule* Sch. Bip. ex A. Gray , *Eupatorium stipuliferum* Rusby, *Koanophyllon solidaginoides* (Kunth) R.M. King & H. Rob., *Koanophyllon stipuliferum* (Rusby) R.M. King & H. Rob., *Ophryosporus solidaginoides* (Kunth) Hieron.
Ref.: Cabrera & Vittet, 1954; King & Robinson, 1971g; Cabrera, 1978, 1996; Ariza Espinar, 1994; Cabrera & Freire, 1997.
Hábito: Subarbusto.
Status: Nativa.
Elevación: 500-1500 m.
Prov.: CA, JU, SA, SE.
Paises limítrofes: PA.
Ejemplar examinado: *Cabrera 3014* (LP).

Eupatorium spicatum Lam. = **Baccharis spicata** (Lam.) Pers.
Ref.: Cabrera, 1963a.

Eupatorium squarroso-ramosum Hieron.
Sin.: *Chromolaena squarroso-ramosa* (Hieron.) R.M. King & H. Rob., *Eupatorium affine* Hook. & Arn., p.p., *Eupatorium ivifolium* L. var. *foliosum* Chodat, *Eupatorium oyadense* Hieron., *Eupatorium oyadense* Hieron. var. *paraguayense* Hieron., *Eupatorium squarrulosum* Griseb.
Ref.: Cabrera & Vittet, 1954; King & Robinson, 1970c; Cabrera, 1974a, 1978, 1996; Ariza Espinar, 1994; Cabrera & Freire, 1997.
Hábito: Hierba.
Status: Nativa.
Elevación: 0-1500 m.
Prov.: CA, CH, CO, ER, FO, JU, LR, MI, SA, SE, SF, TU.
Paises limítrofes: BO, PA.
Ejemplar examinado: *Cabrera 3003* (LP).

Eupatorium squarrulosum Griseb. = **Eupatorium squarroso-ramosum** Hieron.
Ref.: Cabrera & Vittet, 1954.

Eupatorium squarrulosum Hook. & Arn.
Sin.: *Chromolaena ascendens* (Sch. Bip. ex Baker) R.M. King & H. Rob., *Chromolaena congesta* (Hook. & Arn.) R.M. King & H. Rob., *Chromolaena squarrulosa* (Hook. & Arn.) R.M. King & H. Rob., *Eupatorium ascendens* Sch. Bip. ex Baker, *Eupatorium ascendens* Sch. Bip. ex Baker var. *paucisetosum* B.L. Rob., *Eupatorium caaguazuense* Hieron. var. *nervosum* Chodat, *Eupatorium congestum* Hook. & Arn., *Eupatorium liatridium* DC., *Eupatorium tozziifolium* DC.
Ref.: Cabrera & Vittet, 1954; King & Robinson, 1970c; Cabrera, 1974a, 1989, 1996; Cabrera & Freire, 1997.
Hábito: Subarbusto.
Status: Nativa.
Elevación: 0-500 m.
Prov.: BA, ER.
Paises limítrofes: BR, PA.
Ejemplar examinado: *Barros 973* (LP).

Eupatorium steviifolium DC. var. *erigeroides* (DC.) Baker = **Eupatorium tweedianum** Hook. & Arn.
Ref.: Cabrera & Vittet, 1954; Cabrera, 1989.

Eupatorium steviifolium DC. var. *laetevirens* (Hook. & Arn.) Baker = **Eupatorium laetevirens** Hook. & Arn.
Ref.: Cabrera & Vittet, 1954.

Eupatorium steviifolium DC. var. *salicinum* Chodat = **Eupatorium laetevirens** Hook. & Arn.
Ref.: Cabrera & Vittet, 1954; Cabrera, 1996.

Eupatorium steviifolium DC. var. *viscosum* Chodat = **Eupatorium tweedianum** Hook. & Arn.
Ref.: Cabrera, 1996.

Eupatorium stigmatosum Chodat = **Eupatorium macrocephalum** Less.
Ref.: Ariza Espinar, 1994; Cabrera, 1996.

Eupatorium stigmatosum Chodat var. *subcalvatum* Chodat = **Eupatorium macrocephalum** Less.
Ref.: Cabrera, 1996.

Eupatorium stigmatosum Chodat var. *violaceum* Chodat = **Eupatorium macrocephalum** Less.
Ref.: Cabrera, 1996.

Eupatorium stipuliferum Rusby = **Eupatorium solidaginoides** Kunth
Ref.: Ariza Espinar, 1994.

Eupatorium suaveolens Kunth = **Eupatorium inulifolium** Kunth
Ref.: Cabrera, 1989; Ariza Espinar, 1994.

Eupatorium subglabratum (Hieron.) Cabrera & Vittet = **Eupatorium kleinioides** Kunth
Ref.: Cabrera & Vittet, 1954; Cabrera, 1989.

Eupatorium subhastatum Hook. & Arn.
Sin.: *Eupatorium bartsiifolium* DC., *Eupatorium hexanthum* DC., *Eupatorium hirsutum* Hook. & Arn. var. β Hook. & Arn., *Eupatorium hirsutum* Hook. & Arn. var. *triseriale* (Griseb.) Hieron., *Eupatorium subhastatum* Hook. & Arn. var. *hexanthum* (DC.) Malme, *Eupatorium subhastatum* Hook. & Arn. var. *hirsutum* (Hook. & Arn.) Griseb., *Eupatorium subhastatum* Hook. & Arn. var. *triseriale* Griseb., *Eupatorium trichophorus* DC.
Ref.: Cabrera & Vittet, 1954, 1963; Cabrera, 1989, 1996; Ariza Espinar, 1994; Cabrera & Freire, 1997.
Hábito: Subarbusto.
Status: Nativa.
Elevación: 0-1000 m.
Prov.: BA, CO, COR, ER, MI, SF.
Paises limítrofes: BR, PA, UR.
Ejemplar examinado: *Schulz 73* (LP).

Eupatorium subhastatum Hook. & Arn. var. *hexanthum* (DC.) Malme = **Eupatorium subhastatum** Hook. & Arn.
Ref.: Cabrera & Vittet, 1954; Ariza Espinar, 1994.

Eupatorium subhastatum Hook. & Arn. var. *hirsutum* (Hook. & Arn.) Griseb. = **Eupatorium subhastatum** Hook. & Arn.
Ref.: Cabrera & Vittet, 1954.

Eupatorium subhastatum Hook. & Arn. var. *triseriale* Griseb. = **Eupatorium subhastatum** Hook. & Arn.
Ref.: Cabrera & Vittet, 1954; Ariza Espinar, 1994.

Eupatorium subintegerrimum Malme
Sin.: *Malmeanthus subintegerrimus* (Malme) R.M. King & H. Rob.
Ref.: Cabrera & Vittet, 1954; King & Robinson, 1980b; Cabrera, 1989, 1996; Cabrera & Freire, 1997.
Hábito: Arbusto.
Status: Nativa.
Elevación: 0-500 m.
Prov.: MI.
Paises limítrofes: BR, PA, UR.
Ejemplar examinado: *Ekman 1133* (S); *Grüner 1249* (LP).

Eupatorium tacaquirense (Hieron.) B.L. Rob.
Sin.: *Eupatorium dejectum* B.L. Rob., *Helogyne tacaquirensis* Hieron.
Ref.: Cabrera & Vittet, 1954; Cabrera, 1978.
Hábito: Arbusto.
Status: Nativa.
Elevación: 3000-3500 m.
Prov.: JU.
Paises limítrofes: BO.
Ejemplar examinado: *Meyer 33093* (SI).

Eupatorium tanacetifolium Gillies ex Hook. & Arn.
Sin.: *Eupatorium erodiifolium* DC., *Eupatorium erodiifolium* var. *obtusilobum* Hieron., *Gyptis pinnatifida* Cass.
Ref.: Cabrera & Vittet, 1954, 1963; King & Robinson, 1971i; Cabrera, 1974a, 1989, 1996; Ariza Espinar, 1994; Cabrera & Freire, 1997.
Hábito: Subarbusto.
Status: Nativa.
Elevación: 0-1000 m.
Prov.: BA, CO, COR, ER, MI, SE.
Paises limítrofes: BR, PA, UR.
Ejemplar examinado: *Cabrera 4816* (LP).

Eupatorium tenue R.E. Fr.
Sin.: *Ageratina tenuis* (R.E. Fr.) R.M. King & H. Rob.
Ref.: Cabrera & Vittet, 1954; King & Robinson, 1970a; Cabrera, 1978; Cabrera & Freire, 1997.
Hábito: Subarbusto.
Status: Endémica.
Elevación: 1500-2000 m.
Prov.: JU, SA.
Ejemplar examinado: *Cabrera y Fabris 22625* (LP).

Eupatorium tenuiflorum (Griseb.) Hieron. = **Eupatorium arnotti** Baker
Ref.: Cabrera & Vittet, 1954; Ariza Espinar, 1994.

Eupatorium thapsoides DC. ex Niederl. = **Mikania thapsoides** DC.
Ref.: Cabrera & Vittet, 1954.

Eupatorium toldense Hieron.
Sin.: *Chromolaena toldensis* (Hieron.) R.M. King & H. Rob.
Ref.: Cabrera & Vittet, 1954; King & Robinson, 1970c; Cabrera, 1978; Cabrera & Freire, 1997.
Hábito: Hierba.
Status: Nativa.
Elevación: 1000-2000 m.
Prov.: JU, SA.
Paises limítrofes: BO.
Ejemplar examinado: *Cabrera 5184* (LP).

Eupatorium tozziifolium DC. = **Eupatorium squarrulosum** Hook. & Arn.
Ref.: Cabrera & Vittet, 1954.

Eupatorium tozziifolium DC. var. *subpetiolatum* Chodat = **Eupatorium hirsutum** Hook. & Arn.
Ref.: Cabrera & Vittet, 1954; Cabrera, 1996.

Eupatorium tremulum Hook. & Arn.
Sin.: *Eupatorium crenulatum* (Spreng.) Hieron. var. *xylophylloides* (DC.) Hicken, *Eupatorium dendroides* Baker var. *xylophylloides* (DC.) Baker, *Eupatorium xylophylloides* DC., *Raulinoreitzia tremula* (Hook. & Arn.) R.M. King & H. Rob.
Ref.: Cabrera & Vittet, 1954; King & Robinson, 1971b; Cabrera, 1974a, 1989; Cabrera & Freire, 1997.
Hábito: Arbusto.
Status: Nativa.
Elevación: 0-500 m.
Prov.: BA, ER.
Paises limítrofes: BR, UR.
Ejemplar examinado: *Burkart 1242* (SI).

Eupatorium tremulum Hook. & Arn. var. β Hook. & Arn. = **Eupatorium polystachyum** DC.
Ref.: Cabrera & Vittet, 1954; Cabrera, 1989.

Eupatorium trichophorus DC. = **Eupatorium subhastatum** Hook. & Arn.
Ref.: Cabrera, 1989.

Eupatorium tucumanense Lillo & B.L. Rob.
Sin.: *Ayapanopsis tucumanensis* (Lillo & B.L. Rob.) R.M. King & H. Rob.
Ref.: Cabrera & Vittet, 1954; King & Robinson, 1972d; Cabrera, 1978; Cabrera & Freire, 1997.
Hábito: Arbusto.
Status: Endémica.
Elevación: ca. 1000 m.
Prov.: JU, TU.
Ejemplar examinado: *Cabrera y Fabris 16076* (LP).

Eupatorium tunariense (Hieron.) B.L. Rob.
Sin.: *Chromolaena tunariensis* (Hieron.) R.M. King & H. Rob., *Eupatorium conyzoides* Vahl var. *tunariense* Hieron.
Ref.: King & Robinson, 1970c; Cabrera, 1978.
Hábito: Subarbusto.
Status: Nativa.
Elevación: ca. 2500 m.
Prov.: JU, SA.
Paises limítrofes: BO.
Ejemplar examinado: *Fabris et al. 5191* (LP).

Eupatorium tweedianum Hook. & Arn.
Sin.: *Austroeupatorium tweedianum* (Hook. & Arn.) R.M. King & H. Rob., *Eupatorium erigeroides* DC., *Eupatorium steviifolium* DC. var. *erigeroides* (DC.) Baker, *Eupatorium steviifolium* DC. var. *viscosum* Chodat, *Hatschbachiella tweediana* (Hook. & Arn.) R.M. King & H. Rob.
Ref.: Cabrera & Vittet, 1954, 1963; King & Robinson, 1970d, 1972c; Cabrera, 1974a, 1978, 1996; Cabrera & Freire, 1997.
Hábito: Subarbusto.
Status: Nativa.
Elevación: 0-1000 m.
Prov.: BA, COR, ER, MI, SA, TU.
Paises limítrofes: BR, PA, UR.
Ejemplar examinado: *Báez 41* (LP).

Eupatorium urticifolium auct. non L. = **Eupatorium clematideum** Griseb.
Ref.: Cabrera & Vittet, 1954; Ariza Espinar, 1994.

Eupatorium urticifolium L. f. var. *clematideum* (Griseb.) Hieron. = **Eupatorium clematideum** Griseb.
Ref.: Cabrera & Vittet, 1954; Ariza Espinar, 1994; Cabrera, 1996.

Eupatorium urticifolium L. f. var. *nanum* Hieron. = **Eupatorium clematideum** Griseb.
Ref.: Cabrera & Vittet, 1954.

Eupatorium vattuonei Hicken = **Eupatorium patens** D. Don ex Hook. & Arn. var. **patens**
Ref.: Cabrera, 1954.

Eupatorium verbenaceum DC.
Sin.: *Chromolaena verbenacea* (DC.) R.M. King & H. Rob., *Eupatorium rhodolepis* Chodat
Ref.: Cabrera & Vittet, 1954; King & Robinson, 1970c; Cabrera, 1989, 1996; Cabrera & Freire, 1997.
Hábito: Subarbusto.
Status: Nativa.
Elevación: 0-500 m.
Prov.: CH, COR, FO, MI.
Paises limítrofes: BR, PA.
Ejemplar examinado: *Schulz 211* (LP).

Eupatorium vernoniopsis Sch. Bip. ex Baker = **Eupatorium lanigerum** Hook. & Arn. var. **lanigerum**
Ref.: Cabrera & Vittet, 1954.

Eupatorium virgata D. Don ex Hook. & Arn. = **Eupatorium buniifolium** Hook. & Arn. var. **buniifolium**
Ref.: Cabrera & Vittet, 1954; Ariza Espinar, 1994.

Eupatorium viscidum Hook. & Arn.
Sin.: *Eupatorium viscidum* Hook. & Arn. var. *protractum* Griseb., *Lorentzianthus viscidus* (Hook. & Arn.) R.M. King & H. Rob.
Ref.: Cabrera & Vittet, 1954; King & Robinson, 1975a; Cabrera, 1978; Ariza Espinar, 1994; Cabrera & Freire, 1997.
Hábito: Arbusto.
Status: Nativa.
Elevación: 1500-2000 m.
Prov.: CA, CO, JU, LR, SA, SL, TU.
Ejemplar examinado: *Cabrera 12191* (LP).

Eupatorium viscidum Hook. & Arn. var. *protractum* Griseb. = **Eupatorium viscidum** Hook. & Arn.
Ref.: Cabrera & Vittet, 1954; Ariza Espinar, 1994.

Eupatorium vitalbae DC.
Sin.: *Eupatorium vitalbae* DC. var. *serratifolium* Chodat, *Heterocondylus vitalbae* (DC.) R.M. King & H. Rob.
Ref.: Cabrera & Vittet, 1954; King & Robinson, 1972b; Cabrera, 1996; Cabrera & Freire, 1997.
Hábito: Arbusto.
Status: Nativa.
Elevación: 0-500 m.
Prov.: MI.
Paises limítrofes: BR, PA.
Ejemplar examinado: *Diem 1421* (SI).

Eupatorium vitalbae DC. var. *serratifolium* Chodat = **Eupatorium vitalbae** DC.
Ref.: Cabrera & Vittet, 1954; Cabrera, 1996.

Eupatorium xerolepis Sch. Bip. ex Baker = **Eupatorium patens** D. Don ex Hook. & Arn. var. **patens**
Ref.: Cabrera, 1974a.

Eupatorium xylophylloides DC. = **Eupatorium tremulum** Hook. & Arn.
Ref.: Cabrera, 1989.

Euthrixia salsoloides D. Don = **Chaetanthera microphylla** (Cass.) Hook. & Arn.
Ref.: Cabrera, 1937b.

Evax spathulata Pers. = **Micropsis spathulata** (Pers.) Cabrera
Ref.: Cabrera, 1963a, 1974a.

Facelis Cass. Inuleae.

Número de especies: 3, 1 subespecie endémica.

Facelis apiculata Cass. = **Facelis retusa** (Lam.) Sch. Bip. subsp. **retusa**
Ref.: Cabrera, 1963a, 1974a.

Facelis capillaris Rusby = **Facelis lasiocarpa** (Griseb.) Cabrera
Ref.: Anderberg & Freire, 1991.

Facelis lasiocarpa (Griseb.) Cabrera
Sin.: *Filago lasiocarpa* Griseb., *Facelis capillaris* Rusby, *Facelis schultziana* Beauverd, *Lucilia erecta* Benoist
Ref.: Cabrera, 1978; Freire, 1995.
Hábito: Hierba.
Status: Nativa.
Elevación: 1500-4000 m.
Prov.: JU, LR, TU.
Paises limítrofes: BO.
Ejemplar examinado: *Rodríguez 497* (LP).

Facelis plumosa (Wedd.) Sch. Bip.
Sin.: *Facelis weddelliana* Beauverd, *Lucilia plumosa* Wedd.
Ref.: Cabrera, 1978; Freire, 1995.
Hábito: Hierba.
Status: Nativa.
Elevación: 2500-4500 m.
Prov.: JU.
Paises limítrofes: BO, CH.
Ejemplar examinado: *Fabris 4155* (LP).

Facelis retusa (Lam.) Sch. Bip. subsp. **patula** Beauverd
Ref.: Cabrera, 1963a, 1971a; Freire, 1995.
Hábito: Hierba.
Status: Endémica.
Elevación: 0-1000 m.
Prov.: BA, CHU, CO, LP, RN, SC, SL.
Ejemplar examinado: *Scala s.n.* (LP).

Facelis retusa (Lam.) Sch. Bip. subsp. **retusa**
Sin.: *Facelis apiculata* Cass., *Gnaphalium retusum* Lam., *Helichrysum retusum* Spreng., *Leptalea apiculata* Hook. & Arn.
Ref.: Cabrera, 1963a, 1974a; Freire, 1995.
Hábito: Hierba.
Status: Nativa.
Elevación: 0-1000 m.
Prov.: BA, CH, CO, COR, ER, MI, SF.
Paises limítrofes: BR, CH, PA, UR.
Ejemplar examinado: *Cabrera 8567* (LP).

Facelis schultziana Beauverd = **Facelis lasiocarpa** (Griseb.) Cabrera
Ref.: Cabrera, 1978.

Facelis weddelliana Beauverd = **Facelis plumosa** (Wedd.) Sch. Bip.
Ref.: Cabrera, 1978.

Filago dasycarpa Griseb. = **Micropsis dasycarpa** (Griseb.) Beauverd
Ref.: Cabrera, 1963a, 1974a.

Filago lasiocarpa Griseb. = **Facelis lasiocarpa** (Griseb.) Cabrera
Ref.: Cabrera, 1978.

Flaveria Juss. Helenieae.

Número de especies: 2, 1 especie endémica.

Flaveria bidentis (L.) Kuntze
Sin.: *Ethulia bidentis* L., *Eupatorium chilense* Molina, *Flaveria bonariensis* DC., *Flaveria capitata* Juss., *Flaveria chilensis* Juss., *Flaveria contrayerba* (Cav.) Pers., *Milleria chiloensis* Juss., *Milleria contrayerba* Cav., *Vermifuga corymbosa* Ruiz & Pav.
Ref.: Powell, 1978; Petenatti & Ariza Espinar, 1997.
Hábito: Hierba.
Status: Nativa.
Elevación: 0-3000 m.
Prov.: BA, CA, CH, CO, COR, ER, FO, JU, LP, LR, ME, MI, NE, RN, SA, SE, SF, SJ, SL, TU.
Paises limítrofes: BO, BR, CH, PA, UR.
Ejemplar examinado: *Clos 3406* (LP).

Flaveria bidentis (L.) Kuntze var. *angustifolia* Kuntze = **Flaveria haumanii** Dimitri & Orfila
Ref.: Dimitri & Orfila, 1986; Petenatti & Ariza Espinar, 1997.

Flaveria bonariensis DC. = **Flaveria bidentis** (L.) Kuntze
Ref.: Powell, 1978.

Flaveria capitata Juss. = **Flaveria bidentis** (L.) Kuntze
Ref.: Powell, 1978.

Flaveria chilensis Juss. = **Flaveria bidentis** (L.) Kuntze
Ref.: Powell, 1978; Petenatti & Ariza Espinar, 1997.

Flaveria contrayerba (Cav.) Pers. = **Flaveria bidentis** (L.) Kuntze
Ref.: Powell, 1978; Petenatti & Ariza Espinar, 1997.

Flaveria haumanii Dimitri & Orfila
Sin.: *Flaveria bidentis* (L.) Kuntze var. *angustifolia* Kuntze
Ref.: Dimitri & Orfila, 1986; Petenatti & Ariza Espinar, 1997.
Hábito: Hierba.
Status: Endémica.
Elevación: 0-1500 m.
Prov.: BA, CA, CO, ER, JU, LP, ME, RN, SA, SE, SF, SJ, SL.
Ejemplar examinado: *Hunziker 12337* (CORD).

Fleischmannia dissolvens (Baker) R.M. King & H. Rob. = **Eupatorium dissolvens** Baker
Ref.: Cabrera & Freire, 1997.

Fleischmannia prasiifolia (Griseb.) R.M. King & H. Rob. = **Eupatorium argentinum** Ariza
Ref.: Cabrera & Freire, 1997.

Fleischmannia schickendantzii (Hieron.) R.M. King & H. Rob. = = **Eupatorium schickendantzii** Hieron.
Ref.: Cabrera & Freire, 1997.

Flotovia armata (J. Kost.) Tovar = **Dasyphyllum armatum** (J. Kost.) Cabrera.
Ref.: Cabrera, 1959d.

Flotovia brasiliensis (Spreng.) Cabrera ex Tovar. = **Dasyphyllum brasiliense** (Spreng.) Cabrera var. **brasiliense**
Ref.: Cabrera, 1959d.

Flotovia diacanthoides Less. = **Dasyphyllum diacanthoides** (Less.) Cabrera
Ref.: Cabrera, 1959d.

Flotovia divaricata (Griseb.) Hieron. = **Dasyphyllum brasiliense** (Spreng.) Cabrera var. **divaricatum** (Griseb.) Cabrera
Ref.: Cabrera, 1959d.

Flotovia glabra Spreng. = **Dasyphyllum brasiliense** (Spreng.) Cabrera var. **brasiliense**
Ref.: Cabrera, 1959d.

Flotovia paniculata (D. Don) DC. = **Dasyphyllum tomentosum** (Spreng.) Cabrera
Ref.: Cabrera, 1959d.

Flotovia stiffioides Speg. = **Dasyphyllum diacanthoides** (Less.) Cabrera
Ref.: Cabrera, 1959d.

Flotovia tomentosa Spreng. = **Dasyphyllum tomentosum** (Spreng.) Cabrera
Ref.: Cabrera, 1959d.

Flourensia DC. Heliantheae.
Número de especies: 12, 11 especies endémicas.

Flourensia atacamensis (Phil.) Reiche = **Viguiera pazensis** Rusby
Ref.: Blake, 1918; Cabrera, 1978; Sáenz, 1979.

Flourensia blakeana Dillon
Ref.: Dillon, 1984.
Hábito: Arbusto.
Status: Endémica.
Elevación: 1500-3000 m.
Prov.: CA, LR, TU.
Ejemplar examinado: *Cabrera y Frangi 20763* (LP).

Flourensia campestris Griseb.
Sin.: *Helianthus campestris* (Griseb.) Kuntze
Ref.: Dillon, 1984.
Hábito: Arbusto.
Status: Endémica.
Elevación: 500-1000 m.
Prov.: CA, CO, LR, SE, SJ, SL.
Ejemplar examinado: *Hunziker 2747* (LP, SI).

Flourensia corymbosa DC. = **Viguiera revoluta** (Meyen) S.F. Blake
Ref.: Blake, 1918; Cabrera, 1971a; Sáenz, 1979.

Flourensia corymbosa DC. var. *araucana* (Phil.) Reiche = **Viguiera revoluta** (Meyen) S.F. Blake
Ref.: Blake, 1918; Cabrera, 1971a; Sáenz, 1979.

Flourensia corymbosa DC. var. *lanceolata* (Meyen) Reiche = **Viguiera revoluta** (Meyen) S.F. Blake
Ref.: Blake, 1918; Cabrera, 1971a; Sáenz, 1979.

Flourensia fiebrigii S.F. Blake
Ref.: Cabrera, 1978; Dillon, 1984.
Hábito: Arbusto.
Status: Nativa.
Elevación: 2500-4000 m.
Prov.: CA, JU, LR, SA.
Paises limítrofes: BO.
Ejemplar examinado: *Cabrera 7672* (LP, US).

Flourensia grindelioides S. Moore = **Flourensia oolepis** S.F. Blake
Ref.: Dillon, 1984.

Flourensia hirta S.F. Blake
Ref.: Dillon, 1984.
Hábito: Arbusto.
Status: Endémica.
Elevación: 1500-2000 m.
Prov.: CA, LR.
Ejemplar examinado: *Krapovickas y Hunziker 5179* (LP).

Flourensia hirtissima S.F. Blake
Ref.: Cabrera, 1971a; Dillon, 1984.
Hábito: Subarbusto.
Status: Endémica.
Prov.: LP, NE, RN.
Ejemplar examinado: *Cano 5003* (LP, SI).

Flourensia hispida Phil. = **Viguiera gilliesii** (Hook. & Arn.) Hieron.
Ref.: Blake, 1918; Sáenz, 1979.

Flourensia leptopoda S.F. Blake
Ref.: Dillon, 1984.
Hábito: Arbusto.
Status: Endémica.
Elevación: 1500-1700 m.
Prov.: LR, SJ.
Ejemplar examinado: *Roig 18965* (LP).

Flourensia macroligulata Seeligm.
Ref.: Seeligmann, 1960; Cabrera, 1978; Dillon, 1984.
Hábito: Arbusto.
Status: Endémica.
Elevación: 0-3000 m.
Prov.: JU, TU.
Ejemplar examinado: *Schreiter 2663* (LIL).

Flourensia niederleinii S.F. Blake
Ref.: Dillon, 1984.
Hábito: Arbusto.
Status: Endémica.
Elevación: 1500-2500 m.
Prov.: LR.
Ejemplar examinado: *Cabrera 18071* (LP).

Flourensia oolepis S.F. Blake
Sin.: *Flourensia grindelioides* S. Moore
Ref.: Dillon, 1984.
Hábito: Arbusto.
Status: Endémica.
Elevación: 1000-2000 m.
Prov.: CO, SL.
Ejemplar examinado: *Burkart 13935* (SI).

Flourensia riparia Griseb.
Sin.: *Helianthus riparia* (Griseb.) Kuntze
Ref.: Cabrera, 1978; Dillon, 1984.
Hábito: Arbusto.
Status: Endémica.
Elevación: 500-2000 m.
Prov.: CA, JU, SA, TU.
Ejemplar examinado: *Cabrera et al. 21994* (LP).

Flourensia suffrutescens (R.E. Fr.) S.F. Blake
Sin.: *Encelia suffrutescens* R.E. Fr.
Ref.: Cabrera, 1978; Dillon, 1984.
Hábito: Subarbusto.
Status: Endémica.
Elevación: 2500-4000 m.
Prov.: JU, SA.
Ejemplar examinado: *Cabrera 22040* (LP).

Flourensia tortuosa Griseb.
Ref.: Dillon, 1984.
Hábito: Arbusto.
Status: Endémica.
Elevación: 1000-3500 m.
Prov.: CA, SA, TU.
Ejemplar examinado: *Cabrera 21807* (LP).

Fornicaria scandens (L.) Raf. = **Salmea scandens** (L.) DC.
Ref.: Bolick, 1991.

Gaillardia Foug. Helenieae.

Número de especies: 4, 2 especies y 1 variedad endémicas.

Gaillardia aristata Pursh
Ref.: Cabrera, 1963a; Petenatti & Ariza Espinar, 1997.
Hábito: Hierba.
Status: Introducida.
Elevación: 0-500 m.
Prov.: BA.
Ejemplar examinado: *Cabrera 1341* (LP).

Gaillardia cabrerae Covas
Ref.: Covas, 1969b; Petenatti & Ariza Espinar, 1997.
Hábito: Hierba.
Status: Endémica.
Elevación: 0-500 m.
Prov.: LP.
Ejemplar examinado: *Cabrera y Sagástegui 19438* (LP).

Gaillardia doniana (Hook. & Arn.) Griseb. = **Helenium donianum** (Hook. & Arn.) Seckt
Ref.: Bierner, 1987; Ariza Espinar, 1993a; Petenatti & Ariza Espinar, 1997.

Gaillardia doniana (Hook. & Arn.) Griseb. var. *discoidea* Griseb. = **Gaillardia megapotamica** (Spreng.) Baker var. **megapotamica**
Ref.: Biddulph, 1944.

Gaillardia megapotamica (Spreng.) Baker var. **megapotamica**
Sin.: *Actinea heterophylla* Juss. var. *latifolia* Kuntze, *Cercostylos brasiliensis* (Less.) Less., *Gaillardia doniana* (Hook. & Arn.) Griseb. var. *discoidea* Griseb., *Guntheria megapotamica* Spreng., *Polypteris brasiliensis* Less.
Ref.: Biddulph, 1944; Cabrera, 1974a; Bierner, 1987; Petenatti & Ariza Espinar, 1997.
Hábito: Hierba.
Status: Nativa.
Elevación: 0-500 m.
Prov.: BA, CO, COR, ER, LP, ME, NE, RN, SL.
Paises limítrofes: BR, UR.
Ejemplar examinado: *Alboff 98* (LP).

Gaillardia megapotamica (Spreng.) Baker var. **radiata** (Griseb.) Baker
Sin.: *Gaillardia scabiosoides* (Arn.) Benth. & Hook. f. var. *radiata* Griseb.
Ref.: Biddulph, 1944; Cabrera, 1974a; Petenatti & Ariza Espinar, 1997.
Hábito: Hierba.
Status: Endémica.
Elevación: 0-1000 m.
Prov. BA, CA, CH, CO, ER, LP, LR, SE, SJ, SL, TU.
Ejemplar examinado: *Cabrera 657* (LP).

Gaillardia megapotamica (Spreng.) Baker var. **scabiosoides** (Arn. ex DC.) Baker
Sin.: *Cercostylos scabiosoides* Arn. ex DC., *Gaillardia scabiosoides* (Arn.) Benth. & Hook. f.
Ref.: Biddulph, 1944; Cabrera, 1974a; Petenatti & Ariza Espinar, 1997.
Hábito: Hierba.
Status: Nativa.
Elevación: 0-1000 m.
Prov.: BA, CA, CO, COR, ER, LP, LR, ME, NE, RN, SA, SE, SF, SJ, SL,TU.
Paises limítrofes: BR, UR.
Ejemplar examinado: *Friedmann 463* (LP).

Gaillardia scabiosoides (Arn.) Benth. & Hook. f. = **Gaillardia megapotamica** (Spreng.) Baker var. **scabiosoides** (Arn. ex DC.) Baker
Ref.: Biddulph, 1944; Cabrera, 1974a; Petenatti & Ariza Espinar, 1997.

Gaillardia scabiosoides (Arn.) Benth. & Hook. f. var. *radiata* Griseb. = **Gaillardia megapotamica** (Spreng.) Baker var. **radiata** (Griseb.) Baker
Ref.: Biddulph, 1944; Cabrera, 1974a; Petenatti & Ariza Espinar, 1997.

Gaillardia tontalensis Hieron.
Ref.: Cabrera, 1938a; Petenatti & Ariza Espinar, 1993, 1997.
Hábito: Hierba.
Status: Endémica.
Elevación: 1000-3000 m.
Prov.: ME, SJ.
Ejemplar examinado: *Boelcke et al. 9930* (LP).

Galinsoga Ruiz & Pav. Heliantheae.

Número de especies: 6, 1 especie endémica.

Galinsoga aristulata Bricknell = **Galinsoga ciliata** (Raf.) Blake
Ref.: Cabrera, 1978.

Galinsoga calva Rusby
Ref.: Cabrera, 1978.
Hábito: Hierba.
Status: Nativa.
Elevación: 3000-4000 m.
Prov.: JU, SA.
Paises limítrofes: BO.
Ejemplar examinado: *Cabrera et al. 19871* (LP).

Galinsoga caracasana (DC.) Sch. Bip.
Sin.: *Vargasia caracasana* DC.
Ref.: Cabrera, 1978.
Hábito: Hierba.
Status: Nativa.
Elevación: 1500-2500 m.
Prov.: JU, SA.
Paises limítrofes: BO.
Ejemplar examinado: *Burkart 2991* (LP, SI).

Galinsoga ciliata (Raf.) Blake
Sin.: *Adventina ciliata* Raf., *Galinsoga aristulata* Bricknell, *Galinsoga parviflora* Cav. var. *hispida* DC.
Ref.: Cabrera, 1978; Ariza Espinar, 1993b.
Hábito: Hierba.
Status: Nativa.
Elevación: 1000-3500 m.
Prov.: CA, JU.
Paises limítrofes: BO.
Ejemplar examinado: *Cabrera et al. 23683* (LP).

Galinsoga oblonga DC. = **Eclipta prostrata** (L.) L.
Ref.: Cabrera, 1978.

Galinsoga parviflora Cav.
Sin.: *Adventina parviflora* Raf., *Galinsoga quinqueradiata* Ruiz & Pav., *Wiborgia acmella* Roth, *Wiborgia parviflora* (Cav.) Kunth
Ref.: Cabrera, 1963a, 1971a, 1974a, 1978.
Hábito: Hierba.
Status: Nativa.
Elevación: 0-2500 m.
Prov.: BA, CA, CH, CHU, CO, COR, ER, FO, JU, LP, LR, ME, MI, NE, RN, SA, SE, SF, SJ, SL, TU.
Paises limítrofes: BO, BR, CH, PA, UR.
Ejemplar examinado: *Cabrera et al. 14960* (LP).

Galinsoga parviflora Cav. var. *hispida* DC. = **Galinsoga ciliata** (Raf.) Blake
Ref.: Cabrera, 1978.

Galinsoga quinqueradiata Ruiz & Pav. = **Galinsoga parviflora** Cav.
Ref.: Cabrera, 1963a, 1971a, 1974a, 1978.

Galinsoga unxioides Griseb.
Ref.: Cabrera, 1978.
Hábito: Hierba.
Status: Nativa.
Elevación: 2000-4000 m.
Prov.: JU, SA, TU.
Paises limítrofes: BO.
Ejemplar examinado: *Burkart et al. 11625* (LP, SI).

Galinsoga urticifolia (Kunth) Benth.
Sin.: *Stemmatella urticifolia* (Kunth) O. Hoffm., *Wiborgia urticifolia* Kunth
Ref.: Cabrera, 1978.
Hábito: Hierba.
Status: Endémica.
Elevación: 1000-1500 m.
Prov.: JU, SA.
Paises limítrofes: BO.
Ejemplar examinado: *Burkart 2984* (LP, SI).

Gamochaeta Wedd., Inuleae.

Número de especies: 25, 4 especies endémicas.

Gamochaeta affinis (d'Urv.) Cabrera = **Gamochaeta malvinensis** (H. Koyama) T. R. Dudley
Ref.: Freire & Iharlegui, 1997.

Gamochaeta ambatensis Ariza
Ref.: Ariza Espinar, 1989b; Freire, 1995.
Hábito: Hierba.
Status: Endémica.
Elevación: 2500-3000 m.
Prov.: CA.
Ejemplar examinado: *Hunziker 19113* (CORD).

Gamochaeta americana (Mill.) Wedd.
Sin.: *Gamochaeta americana* (Mill.) Wedd. var. *alpina* Wedd., *Gamochaeta guatemalensis* (Gand.) Cabrera, *Gnaphalium americanum* Mill., *Gnaphalium consanguineum* Gaudich., *Gnaphalium guatemalense* Gand., *Gnaphalium purpureum* L. var. *americanum* (Mill.) Klatt
Ref.: Cabrera, 1963a, 1971a, 1974a, 1978; Nesom, 1990; Freire, 1995.
Hábito: Hierba.
Status: Nativa.
Elevación: 0-3000 m.
Prov.: BA, CO, COR, ER, JU, LR, NE, RN, SC, SF, SL, TF.
Paises limítrofes: BO, BR, CH, PA, UR.
Ejemplar examinado: *Boffa 3111* (LP).

Gamochaeta americana (Mill.) Wedd. var. *alpina* Wedd. = **Gamochaeta americana** (Mill.) Wedd.
Ref.: Cabrera, 1961.

Gamochaeta americana (Mill.) Wedd. var. *linearifolia* Wedd. = **Gamochaeta sphacelata** (Kunth) Cabrera
Ref.: Cabrera, 1961, 1978.

Gamochaeta antarctica (Hook. f.) Cabrera
Sin.: *Gnaphalium antarcticum* Hook. f.
Ref.: Cabrera, 1971a; Freire, 1995.
Hábito: Hierba.
Status: Endémica.
Elevación: 0-500 m.
Prov.: TF.
Ejemplar examinado: *Hooker s.n.* (K).

Gamochaeta argentina Cabrera
Ref.: Cabrera, 1961, 1963a; Freire, 1995.
Hábito: Hierba.
Status: Nativa.
Elevación: 0-1000 m.
Prov.: BA, CO, COR, ME, SL.
Paises limítrofes: UR.
Ejemplar examinado: *Cabrera 469* (LP).

Gamochaeta calviceps (Fernald) Cabrera
Sin.: *Gnaphalium calviceps* Fernald
Ref.: Cabrera, 1961, 1963a, 1974a, 1978; Freire, 1995.
Hábito: Hierba.
Status: Nativa.
Elevación: 0-2000 m.
Prov.: BA, CA, CH, CO, COR, ER, JU, LR, MI, SF, SL.
Paises limítrofes: BR, UR.
Ejemplar examinado: *Cabrera 3990* (LP).

Gamochaeta capitata Wedd. = **Stuckertiella capitata** (Wedd.) Beauverd
Ref.: Cabrera, 1978.

Gamochaeta chamissonis (DC.) Cabrera
Sin.: *Gamochaeta fernandeziana* (Phil.) Anderb., *Gamochaeta julietii* (Phil.) Anderb., *Gamochaeta serranoi* (Phil.) Cabrera, *Gnaphalium agreste* Phil., *Gnaphalium chamissonis* DC., *Gnaphalium fernandezianum* Phil., *Gnaphalium julietii* Phil., *Gnaphalium purpureum* L. var. *chamissonis* (DC.) Klatt, *Gnaphalium purpureum* L. var. *julietii* (Phil.) Reiche, *Gnaphalium serranoi* Phil.
Ref.: Cabrera, 1961, 1971a; Anderberg, 1991; Freire, 1995.
Hábito: Hierba.
Status: Nativa.
Elevación: 1000-2000 m.
Prov.: CHU, NE, RN, SC.
Paises limítrofes: CH.
Ejemplar examinado: *Dawson 1314* (LP).

Gamochaeta coarctata (Willd.) Kerguélen
Sin.: *Gamochaeta spicata* (Lam.) Cabrera, *Gnaphalium coarctatum* Willd., *Gnaphalium spicatum* Lam., hom. illeg., *Gnaphalium purpureum* var. *spicatum* (Lam.) Baker
Ref.: Cabrera, 1961, 1963a, 1974a, 1978; Freire & Iharlegui, 1997.
Hábito: Hierba.
Status: Nativa.
Elevación: 0-3000 m.
Prov.: BA, CA, CH, CHU, CO, COR, ER, JU, LR, ME, MI, NE, SA, SJ, TU.
Paises limítrofes: BR, PA.
Ejemplar examinado: *Cabrera 81* (LP).

Gamochaeta depilata (Phil.) Cabrera
Sin.: *Gnaphalium depilatum* Phil., *Gnaphalium obscurum* Phil.
Ref.: Cabrera, 1961, 1971a; Freire, 1995.
Hábito: Hierba.
Status: Nativa.
Elevación: 500-1000 m.
Prov.: NE.
Paises limítrofes: CH.
Ejemplar examinado: *Cabrera 6202* (LP).

Gamochaeta deserticola Cabrera
Ref.: Cabrera, 1957b, 1978; Freire, 1995.
Hábito: Hierba.
Status: Nativa.
Elevación: 3500-4000 m.
Prov.: JU, SA.
Paises limítrofes: CH.
Ejemplar examinado: *Ruthsatz 290/11* (LP).

Gamochaeta erythractis (Wedd.) Cabrera = **Belloa erythractis** (Wedd.) Cabrera
Ref.: Freire, 1995.

Gamochaeta falcata (Lam.) Cabrera
Sin.: *Gamochaeta stagnalis* (I.M. Johnst.) Anderb., *Gnaphalium falcatum* Lam., *Gnaphalium heteroides* Klatt, *Gnaphalium purpureum* L. var. *falcatum* (Lam.) Torr. & A. Gray, *Gnaphalium stachydifolium* Lam. var. *falcatum* (Lam.) Klatt, *Gnaphalium stagnale* I.M. Johnst.
Ref.: Cabrera, 1961, 1963a, 1974a; Nesom, 1990; Anderberg, 1991; Freire, 1995.
Hábito: Hierba.
Status: Nativa.
Elevación: 0-3500 m.
Prov.: BA, CA, CO, COR, ER, SA.
Paises limítrofes: BR, PA, UR.
Ejemplar examinado: *Cabrera 6625* (LP).

Gamochaeta fernandeziana (Phil.) Anderb. = **Gamochaeta chamissonis** (DC.) Cabrera
Ref.: Freire & Iharlegui, 1997.

Gamochaeta filaginea (DC.) Cabrera
Sin.: *Gnaphalium filagineum* DC.
Ref.: Cabrera, 1961, 1963a, 1974a; Freire, 1995.
Hábito: Hierba.
Status: Nativa.
Elevación: 0-1500 m.
Prov.: BA, CA, CO, COR, ER, LP, LR, ME, RN, SF, SL.
Paises limítrofes: BR, UR.
Ejemplar examinado: *Krapovickas 6516* (LP).

Gamochaeta guatemalensis (Gand.) Cabrera = **Gamochaeta americana** (Mill.) Wedd.
Ref.: Nesom, 1990.

Gamochaeta julietii (Phil.) Anderb. = **Gamochaeta chamissonis** (DC.) Cabrera
Ref.: Freire & Iharlegui, 1997.

Gamochaeta longipedicellata Cabrera
Ref.: Cabrera, 1978; Freire, 1995.
Hábito: Hierba.
Status: Endémica.
Elevación: 3500-4500 m.
Prov.: JU.
Ejemplar examinado: *Cabrera et al. 19798* (LP).

Gamochaeta malvinensis (H. Koyama) T.R. Dudley
Sin.: *Gamochaeta affinis* (d'Urv.) Cabrera, *Gnaphalium affine* d'Urv., hom. illeg., *Gnaphalium malvinense* H. Koyama
Ref.: Cabrera, 1961, 1971a; Dudley, 1981; Freire & Iharlegui, 1997.
Hábito: Hierba.
Status: Nativa.
Elevación: 0-500 m.
Prov.: TF.
Ejemplar examinado: *Moore 547* (LP).

Gamochaeta monticola (Phil. ex Reiche) Cabrera
Sin.: *Gnaphalium monticola* Phil. ex Reiche
Ref.: Cabrera, 1961, 1971a; Freire, 1995.
Hábito: Hierba.
Status: Nativa.
Elevación: 500-2000 m.
Prov.: NE.
Paises limítrofes: CH.
Ejemplar examinado: *Boelcke 11059* (LP).

Gamochaeta munnozii Cabrera
Sin.: *Gamochaeta serpyllifolia* (J. Rémy) Wedd., *Gnaphalium serpyllifolium* J. Rémy, hom. illeg.
Ref.: Cabrera, 1961, 1971a; Freire, 1995.
Hábito: Hierba.
Status: Nativa.
Elevación: 1000-1500 m.
Prov.: ME, NE.
Paises limítrofes: CH.
Ejemplar examinado: *Sayago 3287* (LP).

Gamochaeta neuquensis Cabrera
Ref.: Cabrera, 1961, 1971a; Freire, 1995.
Hábito: Hierba.
Status: Nativa.
Elevación: 500-1500 m.
Prov.: NE.
Paises limítrofes: CH.
Ejemplar examinado: *Cabrera 5875* (LP).

Gamochaeta nivalis Cabrera
Sin.: *Gamochaeta spiciformis* (Sch. Bip.) Cabrera var. *subaffinis* Cabrera, *Gnaphalium affine* d'Urv. f. *pusillum* Speg., *Gnaphalium nivale* Phil., hom. illeg.
Ref.: Cabrera, 1961, 1971a; Freire, 1995.
Hábito: Hierba.
Status: Nativa.
Elevación: 500-3000 m.
Prov.: CHU, ME, NE, RN, TF.
Paises limítrofes: CH.
Ejemplar examinado: *Cabrera y Crisci 19167* (LP).

Gamochaeta pensylvanica (Willd.) Cabrera
Sin.: *Gnaphalium pensylvanicum* Willd., *Gnaphalium peregrinum* Fernald, *Gnaphalium purpureum* L. var. *spathulatum* (Lam.) Baker, *Gnaphalium spathulatum* Lam., hom. illeg.
Ref.: Cabrera, 1961, 1963a, 1974a, 1978; Freire, 1995.
Hábito: Hierba.
Status: Nativa.
Elevación: 0-3500 m.
Prov.: BA, CA, CH, CO, COR, ER, JU, MI, SF, SJ, TU.
Paises limítrofes: BR, PA, UR.
Ejemplar examinado: *Cabrera 2218* (LP).

Gamochaeta peteroana (Phil.) Anderb. = **Gamochaeta spiciformis** (Sch. Bip.) Cabrera
Ref.: Freire & Iharlegui, 1997.

Gamochaeta platensis (Cabrera) Cabrera
Sin.: *Gnaphalium platense* Cabrera
Ref.: Cabrera, 1961, 1963a; Freire, 1995.
Hábito: Hierba.
Status: Endémica.
Elevación: 0-500 m.
Prov.: BA, CH, ER.
Ejemplar examinado: *sin colector* (LPS 11542).

Gamochaeta polybotrya (Phil.) Cabrera
Sin.: *Gnaphalium polybotryum* Phil.
Ref.: Cabrera, 1971a; Freire, 1995.
Hábito: Hierba.
Status: Nativa.
Elevación: 0-1500 m.
Prov.: CHU, NE, RN, SC, TF.
Paises limítrofes: CH.
Ejemplar examinado: *sin colector* (LPS 16476).

Gamochaeta serpyllifolia (J. Rémy) Wedd. = **Gamochaeta munnozii** Cabrera
Ref.: Cabrera, 1961.

Gamochaeta serranoi (Phil.) Cabrera = **Gamochaeta chamissonis** (DC.) Cabrera
Ref.: Cabrera, 1961, 1971a.

Gamochaeta simplicicauiis (Willd. ex Spreng.) Cabrera
Sin.: *Gnaphalium simplicicaule* Willd. ex Spreng., *Gnaphalium purpureum* L. var. *simplicicaule* (Willd. ex Spreng.) Klatt
Ref.: Cabrera, 1961, 1963a, 1974a, 1978; Freire, 1995.
Hábito: Hierba.
Status: Nativa.
Elevación: 0-3500 m.
Prov.: BA, CO, JU, SA.
Paises limítrofes: BR, CH, PA, UR.
Ejemplar examinado: *Cabrera 4949* (LP).

Gamochaeta sphacelata (Kunth) Cabrera
Sin.: *Gamochaeta americana* (Mill.) Wedd. var. *linearifolia* Wedd., *Gnaphalium pedunculosum* I.M. Johnst., *Gnaphalium purpureum* L. var. *sphacelatum* (Kunth) Speg., *Gnaphalium sphacelatum* Kunth, *Gnaphalium sphacelatum* Kunth var. *legitimum* DC., nom inval., *Gnaphalium stachydifolium* Lam. var. *sphacelatum* (Kunth) Reiche
Ref.: Cabrera, 1961, 1978; Nesom, 1990; Freire, 1995.
Hábito: Hierba.
Status: Nativa.
Elevación: ca. 2200 m.
Prov.: JU.
Ejemplar examinado: *Cabrera et al. 16943* (LP).

Gamochaeta spicata (Lam.) Cabrera = **Gamochaeta coarctata** (Willd.) Kerguélen
Ref.: Cabrera, 1961, 1963a, 1974a, 1978.

Gamochaeta spiciformis (Sch. Bip.) Cabrera
Sin.: *Gamochaeta peteroana* (Phil.) Anderb., *Gnaphalium affine* d' Urv. f. *medium* Speg., *Gnaphalium mucronatum* Phil., *Gnaphalium purpureum* L. var. *mucronatum* (Phil.) Skottsb., *Gnaphalium peteroanum* Phil., *Gnaphalium spicifome* Sch. Bip.
Ref.: Cabrera, 1961, 1971a; Anderberg, 1991; Freire, 1995.
Hábito: Hierba.
Status: Nativa.
Elevación: 0-1500 m.
Prov.: CHU, NE, RN, SC, TF.
Paises limítrofes: CH.
Ejemplar examinado: *Goodall 587* (LP).

Gamochaeta spiciformis (Sch. Bip.) Cabrera var. *subaffinis* Cabrera = **Gamochaeta nivalis** (Phil.) Cabrera
Ref.: Cabrera, 1961, 1971a.

Gamochaeta stachydifolia (Lam.) Cabrera
Sin.: *Gnaphalium stachydifolium* Lam., *Gnaphalium purpureum* L. var. *stachydifolium* (Lam.) Baker
Ref.: Cabrera, 1961, 1963a, 1971a; Freire, 1995.
Hábito: Hierba.
Status: Nativa.
Elevación: 500-2000 m.
Prov.: BA, CHU, CO, LR, SC, TF.
Paises limítrofes: BR, CH, UR.
Ejemplar examinado: *Fabris y Schwabe 4706* (LP).

Gamochaeta stagnalis (I.M. Jonhst.) Anderb. = **Gamochaeta falcata** (Lam.) Cabrera
Ref.: Freire & Iharlegui, 1997.

Gamochaeta subfalcata (Cabrera) Cabrera
Sin.: *Gnaphalium subfalcatum* Cabrera
Ref.: Cabrera, 1961, 1963a, 1974a, 1978; Freire, 1995.
Hábito: Hierba.
Status: Nativa.
Elevación: 0-4000 m.
Prov.: BA, CA, CO, COR, ER, JU, LR, MI, SA, SF, SL.
Paises limítrofes: UR.
Ejemplar examinado: *Cabrera 6525* (LP).

Gamochaeta weddelliana (Rusby) Anderb. = **Stuckertiella capitata** (Wedd.) Beauverd
Ref.: Freire & Iharlegui, 1997.

Gamochaetopsis Anderb. & S.E. Freire. Inuleae.

Número de especies: 1

Gamochaetopsis alpina (Poepp.) Anderb. & S.E. Freire
Sin.: *Laennecia alpina* Poepp., *Lucilia alpina* (Poepp.) Cabrera
Ref.: Cabrera, 1971a; Anderberg & Freire, 1991; Freire, 1995.
Hábito: Hierba.
Status: Nativa.
Elevación: 1500-2000 m.
Prov.: NE, RN.
Paises limítrofes: CH.
Ejemplar examinado: *Boelcke y Correa 6952* (LP).

Gerbera bracteata (Cass.) Sch. Bip. = **Chaptalia piloselloides** (Vahl) Baker
Ref.: Burkart, 1944a.

Gerbera brevipes Sch. Bip. = **Chaptalia exscapa** (Pers.) Baker
Ref.: Burkart, 1944a.

Gerbera cineraria (D. Don) Kuntze = **Trichocline cineraria** (D. Don) Hook. & Arn.
Ref.: Zardini, 1975.

Gerbera incana (Lam.) Kuntze var. *intermedia* Kuntze = **Trichocline reptans** (Wedd.) Rob.
Ref.: Zardini, 1975.

Gerbera incana (Lam.) Kuntze var. *reptans* (Wedd.) Kuntze = **Trichocline reptans** (Wedd.) Rob.
Ref.: Zardini, 1975.

Gerbera incana (Lam.) Kuntze var. *reptans* (Wedd.) Kuntze f. *aurantiaca* Kuntze = **Trichocline reptans** (Wedd.) Rob.
Ref.: Zardini, 1975.

Gerbera incana (Lam.) Kuntze var. *reptans* (Wedd.) Kuntze f. *pallida* Kuntze = **Trichocline reptans** (Wedd.) Rob.
Ref.: Zardini, 1975.

Gerbera nutans (L.) Sch. Bip. = **Chaptalia nutans** (L.) Pol.
Ref.: Burkart, 1944a.

Gerbera plicata (D. Don ex Hook. & Arn.) Kuntze = **Trichocline plicata** D. Don ex Hook. & Arn.
Ref.: Zardini, 1975.

Gerbera pulvinata Kuntze = **Trichocline dealbata** (Hook. & Arn.) Benth. & Hook. f. ex Griseb.
Ref.: Zardini, 1975.

Gnaphalium L. Inuleae.

Número de especies: 20, 2 especies endémicas.

Gnaphalium acutifolium Phil. = **Gnaphalium cheiranthifolium** Lam.
Ref.: Cabrera, 1941a.

Gnaphalium affine d'Urv., hom. illeg. = **Gamochaeta malvinensis** (H. Koyama) T. R. Dudley
Ref.: Freire & Iharlegui, 1997.

Gnaphalium affine d'Urv. var. *parvulum* Speg. = **Antennaria chilensis** J. Rémy var. **magellanica** (Sch. Bip.) Reiche
Ref.: Cabrera, 1978; Bayer & Stebbins, 1982.

Gnaphalium affine d'Urv. f. *medium* Speg. = **Gamochaeta spiciformis** (Sch. Bip.) Cabrera
Ref.: Cabrera, 1971a.

Gnaphalium affine d'Urv. f. *pusillum* Speg. = **Gamochaeta nivalis** Cabrera
Ref.: Cabrera, 1971a.

Gnaphalium agreste Phil. = **Gamochaeta chamissonis** (DC.) Cabrera
Ref.: Cabrera, 1961, 1971a.

Gnaphalium alatum Kunth = **Achyrocline alata** (Kunth) DC.
Ref.: Giangualani, 1976.

Gnaphalium aldunateoides J. Rémy
Sin.: *Gnaphalium insulare* Klatt
Ref.: Cabrera, 1971a; Freire, 1995.
Hábito: Hierba.
Status: Nativa.
Elevación: 500-1500 m.
Prov.: CHU, ME, NE, RN.
Paises limítrofes: CH.
Ejemplar examinado: *Boelcke et al. 11410* (LP).

Gnaphalium americanum Mill. = **Gamochaeta americana** (Mill.) Wedd.
Ref.: Cabrera, 1963a, 1971a, 1978.

Gnaphalium americanum Mill. var. *discolor* Griseb. = **Luciliocline lopezmirandae** (Cabrera) Anderb. & S.E. Freire
Ref.: Anderberg & Freire, 1991.

Gnaphalium andicola Phil.
Ref.: Cabrera, 1971a; Freire, 1995.
Hábito: Hierba.
Status: Nativa.
Elevación: ca. 2400 m.
Prov.: CHU, ME, NE, RN.
Paises limítrofes: CH.
Ejemplar examinado: *Lagiglia 694* (LP).

Gnaphalium andicola Kuntze, hom. illeg. = **Belloa chilensis** (Hook. & Arn.) J. Rémy
Ref.: Freire, 1995.

Gnaphalium antarcticum Hook. f. = **Gamochaeta antarctica** (Hook. f.) Cabrera
Ref.: Cabrera, 1971a.

Gnaphalium araucanum Phil. = **Gnaphalium cheiranthifolium** Lam.
Ref.: Cabrera, 1941a, 1963a, 1978.

Gnaphalium argyrolepis Phil. = **Gnaphalium lacteum** Meyen & Walp.
Ref.: Cabrera, 1978.

Gnaphalium badium Wedd.
Sin.: *Pseudognaphalium badium* (Wedd.) Anderb.
Ref.: Cabrera, 1978; Anderberg, 1991; Freire, 1995.
Hábito: Hierba.
Status: Nativa.
Elevación: ca. 4100 m.
Prov.: JU, SA.
Paises limítrofes: BO.
Ejemplar examinado: *Cabrera y Hernández 13975* (LP).

Gnaphalium bracteatum Willd. = **Micropsis spathulata** (Pers.) Cabrera
Ref.: Cabrera, 1963a, 1974a.

Gnaphalium burkartii Cabrera = **Luciliocline burkartii** (Cabrera) Anderb. & S.E. Freire
Ref.: Anderberg & Freire, 1991.

Gnaphalium cabrerae S.E. Freire
Sin.: *Gnaphalium fastigiatum* Phil., hom. illeg., *Gnaphalium philippii* Cabrera, hom. illeg.
Hábito: Hierba.
Status: Nativa.
Elevación: 350-1800 m.
Prov.: BA, CO, ME, RN, SL.
Paises limítrofes: CH.
Ejemplar examinado: *Philippi s.n., III-1878* (holotipo, SGO).
Nota: Véase nuevo nombre en Apéndice 1.

Gnaphalium calviceps Fernald = **Gamochaeta calviceps** (Fernald) Cabrera
Ref.: Cabrera, 1961.

Gnaphalium calycinum Poir. = **Chevreulia sarmentosa** (Pers.) Blake
Ref.: Cabrera, 1971a, 1978.

Gnaphalium canum Phil. = **Gnaphalium moelleri** Phil.
Ref.: Cabrera, 1971a.

Gnaphalium capitatum (Wedd.) Griseb. = **Stuckertiella capitata** (Wedd.) Beauverd
Ref.: Cabrera, 1978.

Gnaphalium chamissonis DC. = **Gamochaeta chamissonis** (DC.) Cabrera
Ref.: Cabrera, 1961.

Gnaphalium cheiranthifolium Lam.
Sin.: *Gnaphalium acutifolium* Phil., *Gnaphalium araucanum* Phil., *Gnaphalium citrinum* Hook. & Arn., *Gnaphalium paniculatum* Colla, *Gnaphalium valdivianum* Phil., *Pseudognaphalium cheiranthifolium* (Lam.) Hilliart & Burtt
Ref.: Cabrera, 1941a, 1963a, 1974a, 1978; Anderberg, 1991; Freire, 1995.
Hábito: Hierba.
Status: Nativa.
Elevación: 0-2500 m.
Prov.: BA, CO, ER, JU, LR, SL.
Paises limítrofes: BO, BR, CH, UR.
Ejemplar examinado: *Cabrera y Fabris 43* (LP).

Gnaphalium citrinum Hook. & Arn. = **Gnaphalium cheiranthifolium** Lam.
Ref.: Cabrera, 1941a, 1963a, 1978.

Gnaphalium coarctatum Willd. = **Gamochaeta coarctata** (Willd.) Kerguélen
Ref.: Freire & Iharlegui, 1997.

Gnaphalium commersonii Spreng. = **Lucilia acutifolia** (Poir.) Cass.
Ref.: Freire, 1986b.

Gnaphalium consanguineum Gaudich. = **Gamochaeta americana** (Mill.) Wedd.
Ref.: Cabrera, 1961.

Gnaphalium depilatum Phil. = **Gamochaeta depilata** (Phil.) Cabrera
Ref.: Cabrera, 1961.

Gnaphalium erythractis (Wedd.) Griseb. = **Belloa erythractis** (Wedd.) Cabrera
Ref.: Freire, 1995.

Gnaphalium evacoides Klatt = **Belloa piptolepis** (Wedd.) Cabrera
Ref.: Freire, 1995.

Gnaphalium falcatum Lam. = **Gamochaeta falcata** (Lam.) Cabrera
Ref.: Cabrera, 1961.

Gnaphalium fastigiatum Phil., hom. illeg. = **Gnaphalium cabrerae** S.E. Freire

Gnaphalium fernandezianum Phil. = **Gamochaeta chamissonis** (DC.) Cabrera
Ref.: Cabrera, 1961, 1971a.

Gnaphalium filagineum DC. = **Gamochaeta filaginea** (DC.) Cabrera
Ref.: Cabrera, 1961, 1963a, 1974a.

Gnaphalium flaccidum Weinm. = **Achyrocline flaccida** (Weinm.) DC.
Ref.: Giangualani, 1976; Cabrera, 1978.

Gnaphalium frigidum Wedd.
Sin.: *Pseudognaphalium frigidum* (Wedd.) Anderb.
Ref.: Cabrera, 1978; Anderberg, 1991; Freire, 1995.
Hábito: Hierba.
Status: Nativa.
Elevación: 3500-4500 m.
Prov.: JU.
Paises limítrofes: BO, CH.
Ejemplar examinado: *Schwabe 947* (LP).

Gnaphalium frigidum Poepp., nom. nud.
Ref.: Freire, 1986b.

Gnaphalium gaudichaudianum DC.
Sin.: *Gnaphalium mendocinum* Phil.; *Pseudognaphalium gaudichaudianum* (DC.) Anderb.
Ref.: Cabrera, 1963a, 1974a, 1978; Anderberg, 1991; Freire, 1995.
Hábito: Hierba.
Status: Nativa.

Elevación: 0-2000 m.
Prov.: BA, CA, CH, CO, COR, ER, FO, JU, LR, ME, MI, NE, RN, SA, SF, SL, TU.
Paises limítrofes: BO, BR, CH, UR.
Ejemplar examinado: *Fabris 8031* (LP).

Gnaphalium glandulosum Klatt
Sin.: *Pseudognaphalium glandulosum* (Klatt) Anderb.
Ref.: Cabrera, 1978; Anderberg, 1991; Freire, 1995.
Hábito: Hierba.
Status: Nativa.
Elevación: 1500-4500 m.
Prov.: CO, JU, SA, TU.
Paises limítrofes: BO, CH.
Ejemplar examinado: *Cabrera 18332* (LP).

Gnaphalium gnaphalioides (Less.) Kuntze = **Berroa gnaphalioides** (Less.) Beauverd
Ref.: Cabrera, 1963a.

Gnaphalium graveolens Kunth
Sin.: *Pseudognaphalium graveolens* (Kunth) Anderb.
Ref.: Cabrera, 1978; Anderberg, 1991; Freire, 1995.
Hábito: Hierba.
Status: Nativa.
Elevación: 3500-4500 m.
Prov.: CA, JU, LR, TU.
Paises limítrofes: BO.
Ejemplar examinado: *Cabrera et al. 24171* (LP).

Gnaphalium guatemalense Gand. = **Gamochaeta americana** (Mill.) Wedd.
Ref.: Nesom, 1990.

Gnaphalium heteroides Klatt = **Gamochaeta falcata** (Lam.) Cabrera
Ref.: Nesom, 1990.

Gnaphalium insulare Klatt = **Gnaphalium aldunateoides** J. Rémy
Ref.: Cabrera, 1971a.

Gnaphalium involucratum Lam. = **Micropsis spathulata** (Pers.) Cabrera
Ref.: Cabrera, 1963a, 1974a.

Gnaphalium jamesonii (Baker) Kuntze = **Lucilia acutifolia** (Poir.) Cass.
Ref.: Freire, 1986b.

Gnaphalium jujuyense Cabrera
Sin.: *Pseudognaphalium jujuyense* (Cabrera) Anderb.
Ref.: Cabrera, 1978; Anderberg, 1991; Freire, 1995.
Hábito: Hierba.
Status: Endémica.
Elevación: 2000-4000 m.
Prov.: JU, SA, TU.
Ejemplar examinado: *Cabrera et al. 15145* (LP).

Gnaphalium julietii Phil. = **Gamochaeta chamissonis** (DC.) Cabrera
Ref.: Cabrera, 1961, 1971a.

Gnaphalium kunthianum Kuntze = **Belloa kunthiana** (DC.) Anderb. & S.E. Freire
Ref.: Anderberg & Freire, 1991.

Gnaphalium lacteum Meyen & Walp.
Sin.: *Gnaphalium argyrolepis* Phil., *Pseudognaphalium lacteum* (Meyen & Walp.) Anderb.
Ref.: Cabrera, 1978; Anderberg, 1991; Freire, 1995.
Hábito: Hierba.
Status: Nativa.
Elevación: 3000-4000 m.
Prov.: JU, SA.
Paises limítrofes: BO, CH.
Ejemplar examinado: *Cabrera 8862* (LP).

Gnaphalium leucopeplum Cabrera
Sin.: *Pseudognaphalium leucopeplum* (Cabrera) Anderb.
Ref.: Cabrera, 1961, 1971a, 1978; Anderberg, 1991; Freire, 1995.
Hábito: Hierba.
Status: Nativa.
Elevación: 0-2000 m.
Prov.: BA, CHU, CO, LR, NE, RN, SJ, SL, TU.
Paises limítrofes: BR, UR.
Ejemplar examinado: *Cabrera 1285* (LP).

Gnaphalium longifolium Phil. = **Gnaphalium pratense** Phil.
Ref.: Cabrera, 1971a.

Gnaphalium lycopodioides d'Urv. = **Chevreulia lycopodioides** (d'Urv.) DC.
Ref.: Cabrera, 1971a.

Gnaphalium malvinense H. Koyama = **Gamochaeta malvinensis** (H. Koyama) T.R. Dudley
Ref.: Koyama, 1974.

Gnaphalium melanosphaeroides Wedd.
Sin.: *Pseudognaphalium melanosphaeroides* (Wedd.) Anderb.
Ref.: Cabrera, 1978; Anderberg, 1991; Freire, 1995.
Hábito: Hierba.
Status: Nativa.
Elevación: 2500-4000 m.
Prov.: JU, SA, SJ.
Paises limítrofes: BO.
Ejemplar examinado: *Cabrera et al. 18007* (LP).

Gnapahlium mendocinum Phil. = **Gnaphalium gaudichaudianum** DC.
Ref.: Cabrera, 1963a, 1974a, 1978.

Gnaphalium moelleri Phil.
Sin.: *Gnaphalium canum* Phil., *Pseudognaphalium moelleri* (Phil.) Anderb.
Ref.: Cabrera, 1971a; Anderberg, 1991; Freire, 1995.
Hábito: Hierba.
Status: Nativa.
Elevación: 500-1500 m.
Prov.: CHU, NE, RN.
Paises limítrofes: CH.
Ejemplar examinado: *Cabrera 4986* (LP).

Gnaphalium montevidense Spreng.
Sin.: *Gnaphalium subnudum* Phil.; *Pseudognaphalium montevidense* (Spreng.) Anderb.
Ref.: Cabrera, 1963a, 1971a; Anderberg, 1991; Freire, 1995.
Hábito: Hierba.

Status: Nativa.
Elevación: 0-1000 m.
Prov.: BA, CHU, ME, NE, RN, SC, SJ, TF.
Paises limítrofes: CH.
Ejemplar examinado: *Maldonado 647* (LP).

Gnaphalium monticola Phil. ex Reiche = **Gamochaeta monticola** (Phil.) Cabrera
Ref.: Cabrera, 1961.

Gnaphalium mucronatum Phil. = **Gamochaeta spiciformis** (Sch. Bip.) Cabrera
Ref.: Cabrera, 1961, 1971a.

Gnaphalium nivale Phil. = **Gamochaeta nivalis** (Phil.) Cabrera
Ref.: Cabrera, 1961.

Gnaphalium obscurum Phil. = **Gamochaeta depilata** (Phil.) Cabrera
Ref.: Cabrera, 1961.

Gnaphalium paniculatum Colla = **Gnaphalium cheiranthifolium** Lam.
Ref.: Cabrera, 1941a, 1963a, 1978.

Gnaphalium pedunculosum I.M. Johnst. = **Gamochaeta sphacelata** (Kunth) Cabrera
Ref.: Nesom, 1990.

Gnaphalium pensylvanicum Willd. = **Gamochaeta pensylvanica** (Willd.) Cabrera
Ref.: Cabrera, 1961; Nesom, 1990.

Gnaphalium peregrinum Fernald = **Gamochaeta pensylvanica** (Willd.) Cabrera
Ref.: Cabrera, 1961; Nesom, 1990.

Gnaphalium peteroanum Phil. = **Gamochaeta spiciformis** (Sch. Bip.) Cabrera
Ref.: Cabrera, 1961.

Gnaphalium philippii Cabrera, hom. illeg. = **Gnaphalium cabrerae** S.E. Freire

Gnaphalium piptolepis (Wedd.) Griseb. = **Belloa piptolepis** (Wedd.) Cabrera
Ref.: Freire, 1995.

Gnaphalium platense Cabrera = **Gamochaeta platensis** (Cabrera) Cabrera
Ref.: Cabrera, 1961.

Gnaphalium polybotryum Phil. = **Gamochaeta polybotrya** (Phil.) Cabrera
Ref.: Cabrera, 1971a.

Gnaphalium pratense Phil.
Sin.: *Gnaphalium longifolium* Phil., *Pseudognaphalium pratense* (Phil.) Anderb.
Ref.: Cabrera, 1971a; Anderberg, 1991; Freire, 1995.
Hábito: Hierba.
Status: Nativa.
Elevación: ca. 2000 m.
Prov.: ME, NE, RN.
Paises limítrofes: CH.
Ejemplar examinado: *Cabrera 6004* (LP).

Gnaphalium psilophyllum Meyen & Walp.
Sin.: *Pseudognaphalium psilophyllum* (Meyen & Walp.) Anderb.
Ref.: Cabrera, 1971a; Anderberg, 1991; Freire, 1995.
Hábito: Hierba.
Status: Nativa.
Elevación: ca. 800 m.
Prov.: NE, RN.
Paises limítrofes: CH.
Ejemplar examinado: *Cabrera 5091* (LP).

Gnaphalium punae Cabrera = **Luciliocline subspicata** (Wedd.) Anderb. & S.E. Freire
Ref.: Anderberg & Freire, 1991.

Gnaphalium purpureum L. var. *americanum* (Mill.) Klatt = **Gamochaeta americana** (Mill.) Wedd.
Ref.: Nesom, 1990.

Gnaphalium purpureum L. var. *chamissonis* (DC.) Klatt = **Gamochaeta chamissonis** (DC.) Cabrera
Ref.: Cabrera, 1961.

Gnaphalium purpureum L. var. *falcatum* (Lam.) Torr. & A. Gray = **Gamochaeta falcata** (Lam.) Cabrera
Ref.: Nesom, 1990.

Gnaphalium purpureum L. var. *julietii* (Phil.) Reiche = **Gamochaeta chamissonis** (DC.) Cabrera
Ref.: Cabrera, 1961, 1971a.

Gnaphalium purpureum L. var. *mucronatum* (Phil.) Skottsb. = **Gamochaeta spiciformis** (Sch. Bip.) Cabrera
Ref.: Cabrera, 1961, 1971a.

Gnaphalium purpureum L. var. *simplicicaule* (Willd. ex Spreng.) Klatt = **Gamochaeta simplicicaulis** (Willd. ex Spreng.) Cabrera
Ref.: Cabrera, 1961.

Gnaphalium purpureum L. var. *spathulatum* (Lam.) Baker = **Gamochaeta pensylvanica** (Willd.) Cabrera
Ref.: Cabrera, 1961.

Gnaphalium purpureum L. var. *sphacelatum* (Kunth) Speg. = **Gamochaeta sphacelata** (Kunth) Cabrera
Ref.: Nesom, 1990.

Gnaphalium purpureum L. var. *spicatum* (Lam.) Baker = **Gamochaeta coarctata** (Willd.) Kerguélen
Ref.: Cabrera, 1961, 1963a, 1974a, 1978; Freire & Iharlegui, 1997.

Gnaphalium purpureum L. var. *stachydifolium* (Lam.) Baker = **Gamochaeta stachydifolia** (Lam.) Cabrera
Ref.: Cabrera, 1961.

Gnaphalium ramosissimum Sch. Bip. = **Achyrocline ramosissima** (Sch. Bip.) Rusby
Ref.: Giangualani, 1976.

Gnaphalium retusum Lam. = **Facelis retusa** (Lam.) Sch. Bip. subsp. **retusa**
Ref.: Cabrera, 1963a, 1974a.

Gnaphalium santanicum Cabrera = **Luciliocline santanica** (Cabrera) Anderb. & S.E. Freire
Ref.: Anderberg & Freire, 1991.

Gnaphalium sarmentosum Klatt = **Luciliocline santanica** (Cabrera) Anderb. & S.E. Freire
Ref.: Anderberg & Freire, 1991.

Gnaphalium satureioides Lam. = **Achyrocline satureioides** (Lam.) DC.
Ref.: Giangualani, 1976.

Gnaphalium schultzii (Wedd.) Cabrera = **Belloa schultzii** (Wedd.) Cabrera
Ref.: Cabrera, 1948a.

Gnaphalium serpyllifolium J. Rémy = **Gamochaeta munnozii** Cabrera
Ref.: Cabrera, 1961.

Gnaphalium serranoi Phil. = **Gamochaeta chamissonis** (DC.) Cabrera
Ref.: Cabrera, 1961, 1971a.

Gnaphalium simplicicaule Willd. ex Spreng. = **Gamochaeta simplicicaulis** (Willd. ex Spreng.) Cabrera
Ref.: Cabrera, 1961.

Gnaphalium spathulatum Lam. = **Gamochaeta pensylvanica** (Willd.) Cabrera
Ref.: Cabrera, 1961; Nesom, 1990.

Gnaphalium sphacelatum Kunth = **Gamochaeta sphacelata** (Kunth) Cabrera
Ref.: Cabrera, 1961.

Gnaphalium sphacelatum Kunth var. *legitimum* DC., nom. inval. = **Gamochaeta sphacelata** (Kunth) Cabrera
Ref.: Cabrera, 1961.

Gnaphalium spicatum Lam. = **Gamochaeta coarctata** (Willd.) Kerguélen
Ref.: Freire & Iharlegui, 1997.

Gnaphalium spiciforme Sch. Bip. = **Gamochaeta spiciformis** (Sch. Bip.) Cabrera
Ref.: Cabrera, 1961.

Gnaphalium stachydifolium Lam. = **Gamochaeta stachydifolia** (Lam.) Cabrera
Ref.: Cabrera, 1961.

Gnaphalium stachydifolium Lam. var. *falcatum* (Lam.) Klatt = **Gamochaeta falcata** (Lam.) Cabrera
Ref.: Cabrera, 1961.

Gnaphalium stachydifolium Lam. var. *sphacelatum* (Kunth) Reiche = **Gamochaeta sphacelata** (Kunth) Cabrera
Ref.: Nesom, 1990.

Gnaphalium stagnale I.M. Johnst. = **Gamochaeta falcata** (Lam.) Cabrera
Ref.: Nesom, 1990.

Gnaphalium suaveolens Vell. = **Pluchea sagittalis** (Lam.) Cabrera
Ref.: Cabrera, 1949c.

Gnaphalium subfalcatum Cabrera = **Gamochaeta falcata** (Cabrera) Cabrera
Ref.: Cabrera, 1961.

Gnaphalium subnudum Phil. = **Gnaphalium montevidense** Spreng.
Ref.: Cabrera, 1963a, 1971a.

Gnaphalium tarapacanum Phil.
Sin.: *Pseudognaphalium tarapacanum* (Phil.) Anderb.
Ref.: Cabrera, 1978; Anderberg, 1991; Freire, 1995.
Hábito: Hierba.
Status: Nativa.
Elevación: 3000-4000 m.
Prov.: JU, SA, TU.
Paises limítrofes: CH.
Ejemplar examinado: *Cabrera et al. 18329* (LP).

Gnaphalium tunariense Kuntze = **Novenia acaulis** (Wedd. ex Benth.) S.E. Freire & F.H. Hellwig
Ref.: Freire & Hellwig, 1990.

Gnaphalium valdivianum Phil. = **Gnaphalium cheiranthifolium** Lam.
Ref.: Cabrera, 1941a.

Gnaphalium versatile Rusby
Sin.: *Pseudognaphalium versatile* (Rusby) Anderb.
Ref.: Cabrera, 1978; Anderberg, 1991; Freire, 1995.
Hábito: Hierba.
Status: Nativa.
Elevación: 3000-4000 m.
Prov.: JU.
Paises limítrofes: BO.
Ejemplar examinado: *Cabrera et al. 18309* (LP).

Gnaphalium virescens (Less.) Kuntze = **Lucilia acutifolia** (Poir.) Cass.
Ref.: Freire, 1986b.

Gnaphalium virgatum L. = **Pterocaulon virgatum** (L.) DC.
Ref.: Cabrera & Ragonese, 1978.

Gnaphalium viridescens Cabrera = **Belloa schultzii** (Wedd.) Cabrera
Ref.: Freire, 1995.

Gnaphalium weddellianum Rusby = **Stuckertiella capitata** (Wedd.) Beauverd
Ref.: Cabrera, 1978.

Gnaphalium yalaense Cabrera
Sin.: *Pseudognaphalium yalaense* (Cabrera) Anderb.
Ref.: Cabrera, 1978; Anderberg, 1991; Freire, 1995.
Hábito: Hierba.
Status: Endémica.
Elevación: 2000-2500 m.
Prov.: JU, TU.
Ejemplar examinado: *Cabrera y Frangi 20606* (LP).

Gochnatia Kunth. Mutisieae.

Número de especies: 7, 2 especies endémicas.

Gochnatia argentina (Cabrera) Cabrera
Sin: *Moquinia argentina* Cabrera
Ref.: Cabrera, 1971c; Sancho, 1996.
Hábito: Arbusto.
Status: Endémica.
Elevación: 0-1000 m.
Prov.: CA, CH, CO, COR, ER, SE, SF, TU.
Ejemplar examinado: *Venturi 703* (LP).

Gochnatia cardenasii S.F. Blake
Ref.: Cabrera, 1971c; Cabrera & Botta, 1992.
Hábito: Arbusto.
Status: Nativa.
Elevación: ca. 4000 m.
Prov.: JU.
Paises limítrofes: BO.
Ejemplar examinado: *Cordo y Ferrer 88-B-17* (SI).

Gochnatia cinerea Griseb. = **Hyaloseris cinerea** (Griseb.) Griseb. var. **cinerea**
Ref.: Ariza Espinar, 1973.

Gochnatia cordata Less.
Ref.: Cabrera, 1971c; Sancho, 1996.
Hábito: Arbusto.
Status: Nativa.
Elevación: 0-500 m.
Prov.: COR, ER.
Paises limítrofes: BR.
Ejemplar examinado: *Rambo 545* (LP).

Gochnatia corymbosa Less. = **Actinoseris corymbosa** (Less.) Cabrera
Ref.: Cabrera, 1970.

Gochnatia curviflora (Griseb.) O. Hoffm.
Sin: *Moquinia curviflora* Griseb.
Ref: Cabrera, 1971c; Sancho, 1996.
Hábito: Arbusto.
Status: Nativa.
Elevación: 1000-2000 m.
Prov.: SA, TU.
Paises limítrofes: BO.
Ejemplar examinado: *Venturi 3495* (LP).

Gochnatia genistoides (D. Don) Hook. & Arn. = **Cyclolepis genistoides** D. Don
Ref.: Cabrera, 1941.

Gochnatia glutinosa (D. Don) Hook. & Arn.
Sin.: *Gochnatia glutinosa* (D. Don) Hook. & Arn. var. *viscosissima* Kuntze, *Gochnatia glutinosa* (D. Don) Hook. & Arn. var. *media* Kuntze, *Gochnatia glutinosa* (D. Don) Hook. & Arn. var. *puberula* Kuntze, *Gochnatia viscosissima* (Kuntze) S.F. Blake, *Pentaphorus glutinosus* D. Don
Ref.: Cabrera, 1971c; Sancho, 1996.
Hábito: Arbusto.
Status: Endémica.
Elevación: 500-4000 m.
Prov.: CA, JU, LR, ME, NE, SA, SJ, SL, TU.
Ejemlar examinado: *King 183* (LP).

Gochnatia glutinosa (D. Don) Hook. & Arn. var. *media* Kuntze = **Gochnatia glutinosa** (D. Don) Hook. & Arn.
Ref.: Cabrera, 1971c; Sancho, 1996.

Gochnatia glutinosa (D. Don) Hook. & Arn. var. *puberula* Kuntze = **Gochnatia glutinosa** (D. Don) Hook. & Arn.
Ref.: Cabrera, 1971c; Sancho, 1996.

Gochnatia glutinosa (D. Don) Hook. & Arn. var. *viscosissima* Kuntze = **Gochnatia glutinosa** (D. Don) Hook. & Arn.
Ref.: Cabrera, 1971c; Sancho, 1996.

Gochnatia malmei Cabrera = **Gochnatia polymorpha** (Less.) Cabrera subsp. **ceanothifolia** (Less.) Cabrera
Ref.: Cabrera, 1971c; Sancho, 1996.

Gochnatia palosanto Cabrera
Ref.: Cabrera, 1971c; Sancho, 1996.
Hábito: Arbusto.
Status: Nativa.
Elevación: 500-2000 m.
Prov.: JU, SA, TU.
Paises limítrofes: BO.
Ejemplar examinado: *Cabrera y Fabris 21157* (LP).

Gochnatia polymorpha (Less.) Cabrera subsp. **ceanothifolia** (Less.) Cabrera
Sin: *Gochnatia malmei* Cabrera, *Moquinia polymorpha* (Less.) DC. var. *ceanothifolia* (Less.) DC., *Moquinia polymorpha* (Less) DC. var. *elaeagnifolia* (Less.) DC., *Moquinia polymorpha* (Less.) DC. var. *obtusifolia* (Less.) DC., *Spadonia polymorpha* Less. var. *ceanothifolia* Less., *Spadonia polymorpha* Less. var. *elaeagnifolia* Less., *Spadonia polymorpha* Less. var. *obtusifolia* Less.
Ref.: Cabrera, 1971c; Sancho, 1996.
Hábito: Árbol.
Status: Nativa.
Elevación: 0-500 m.
Prov.: COR, MI.
Paises limítrofes: BR, PA, UR.
Ejemplar examinado: *Ekman 1041* (LP).

Gochnatia revoluta D. Don ex Hook. & Arn. = **Nardophyllum lanatum** (Meyen) Cabrera
Ref.: Cabrera, 1971a.

Gochnatia viscosissima (Kuntze) S.F. Blake = **Gochnatia glutinosa** (D. Don) Hook. & Arn.
Ref.: Cabrera, 1971c; Sancho, 1996.

Grazielia serrata (Spreng.) R.M. King & H. Rob. = **Eupatorium serratum** Spreng.
Ref.: Cabrera & Freire, 1997.

Grindelia Willd. Astereae.

Número de especies: 19, 12 especies y 1 variedad endémicas.

Grindelia aegialitis Cabrera
Ref.: Cabrera, 1931, 1963a.
Hábito: Subarbusto.
Status: Endémica.

Elevación: 0-500 m.
Prov.: BA.
Ejemplar examinado: *Cabrera 24894* (LP).

Grindelia anethifolia (Phil.) Bartoli & Tortosa
Sin.: *Aster anethifolius* (Phil.) Kuntze, *Aster pectinatus* (Phil.) Kuntze, *Diplopappus pinnatifidus* Hook. & Arn., *Haplopappus anethifolius* Phil., *Haplopappus moyanoi* Speg., *Haplopappus pectinatus* Phil., hom. illeg., *Haplopappus pectinatus* Phil. var. *anethifolius* (Phil.) Reiche
Ref.: Cabrera, 1971a; Bartoli & Tortosa, 1998a.
Hábito: Arbusto.
Status: Nativa.
Elevación: 500-1000 m.
Prov.: CHU, NE, RN.
Paises limítrofes: CH.
Ejemplar examinado: *Cabrera 4838* (LP).

Grindelia anomala DC. = **Grindelia discoidea** Hook. & Arn.
Ref.: Cabrera, 1974a.

Grindelia bergii (Hieron.) Cabrera = **Grindelia tehuelches** (Speg.) Cabrera
Ref.: Cabrera, 1974a.

Grindelia boliviana Rusby
Ref.: Cabrera, 1978.
Hábito: Subarbusto.
Status: Nativa.
Elevación: 3000-4000 m.
Prov.: CA, JU, SA.
Paises limítrofes: BO.
Ejemplar examinado: *Cabrera 17643* (LP).

Grindelia brachystephana Griseb.
Ref.: Cabrera, 1931.
Hábito: Subarbusto.
Status: Endémica.
Elevación: 0-1000 m.
Prov.: CO, SL.
Ejemplar examinado: *Ariza 1633* (CORD).

Grindelia brachystephana Griseb. var. *bergii* Hieron. = **Grindelia tehuelches** (Speg.) Cabrera
Ref.: Cabrera, 1974a.

Grindelia buphthalmoides DC.
Ref.: Cabrera, 1963a.
Hábito: Arbusto.
Status: Nativa.
Elevación: 0-1000 m.
Prov.: BA.
Paises limítrofes: BR, UR.
Ejemplar examinado: *Cabrera 4658* (LP).

Grindelia cabrerae Ariza var. **alatocarpa** Ariza
Ref.: Ariza Espinar, 1989b.
Hábito: Subarbusto.
Status: Endémica.
Elevación: 0-500 m.
Prov.: CO.
Ejemplar examinado: *Hunziker et al. 16897* (CORD).

Grindelia cabrerae Ariza var. **cabrerae**
Ref.: Ariza Espinar, 1976.
Hábito: Subarbusto.
Status: Endémica.
Elevación: 0-1000 m.
Prov.: CO, FO, SE, SF.
Ejemplar examinado: *Birabén 8* (LP).

Grindelia chiloensis (Cornel.) Cabrera
Sin.: *Grindelia foliosa* D. Don. ex Hook. & Arn., *Grindelia resinosa* Gillies ex Hook. & Arn., *Grindelia speciosa* Gillies ex Hook. & Arn., *Grindelia speciosa* Gillies ex Hook. & Arn. var. *integrifolia* Speg., *Grindelia volkensii* Kuntze var. *angustifolia* Kuntze, *Grindelia volkensii* Kuntze var. *latifolia* Kuntze, *Haplopappus hoorebekia* DC., nom. illeg., *Helianthus australis* Phil., *Hoorebekia chiloensis* Cornel.
Ref.: Cabrera, 1963a, 1971a.
Hábito: Subarbusto.
Status: Endémica.
Elevación: 0-3000 m.
Prov.: BA, CHU, FO, LP, ME, NE, RN, SC.
Ejemplar examinado: *Cabrera y Fabris 11076* (LP).

Grindelia chiloensis (Cornel.) Cabrera var. *pampeana* Covas = **Grindelia covasii** Bartoli & Tortosa
Ref.: Bartoli & Tortosa, 1994; Covas, 1978.

Grindelia covasii Bartoli & Tortosa
Sin.: *Grindelia chiloensis* (Cornel.) Cabrera var. *pampeana* Covas
Ref.: Bartoli & Tortosa, 1994.
Hábito: Subarbusto.
Status: Endémica.
Elevación: 0-500 m.
Prov.: LP.
Ejemplar examinado: *Bartoli y Tortosa 16* (holotipo, BAA).

Grindelia diffusa Gillies ex Hook. & Arn. = **Grindelia pulchella** Dunal
Ref.: Cabrera, 1978.

Grindelia diffusa D. Don ex DC. = **Grindelia tehuelches** (Speg.) Cabrera
Ref.: Cabrera, 1974a.

Grindelia discoidea Hook. & Arn.
Sin.: *Grindelia anomala* DC.
Ref.: Cabrera, 1963a, 1974a.
Hábito: Subarbusto.
Status: Nativa.
Elevación: 0-1500 m.
Prov.: BA, CO, LR, SL.
Paises limítrofes: BR, UR.
Ejemplar examinado: *Castellanos 402* (LP).

Grindelia foliosa D. Don ex Hook. & Arn. = **Grindelia chiloensis** (Cornel.) Cabrera
Ref.: Cabrera, 1971a.

Grindelia globularifolia Griseb.
Ref.: Cabrera, 1931.
Hábito: Subarbusto.
Status: Endémica.

Elevación: 0-1500 m.
Prov.: CO.
Ejemplar examinado: *Hunziker 8647* (LP).

Grindelia mendocina Bartoli & Tortosa
Ref.: Bartoli & Tortosa, 1998b.
Hábito: Subarbusto enano.
Status: Endémica.
Elevación: 2000-3000 m.
Prov.: ME
Ejemplar examinado: *Bartoli & Tortosa s.n.* (holotipo, BAA 23772).

Grindelia patagonica Bartoli & Tortosa
Ref.: Bartoli & Tortosa, 1994.
Hábito: Subarbusto.
Status: Endémica.
Elevación: 0-500 m.
Prov.: CHU, NE, RN
Ejemplar examinado: *Cabrera et al. 33305* (LP).

Grindelia pectinata Baker = **Grindelia scorzonerifolia** Hook. & Arn.
Ref.: Cabrera, 1963a.

Grindelia puberula Hook. & Arn. f. *angustifolia* Malme = **Grindelia puberula** Hook. & Arn. var. **puberula**
Ref.: Cabrera, 1931.

Grindelia puberula Hook. & Arn. var. **microcephala** Cabrera
Ref.: Cabrera, 1931.
Hábito: Subarbusto.
Status: Endémica.
Elevación: 0-500 m.
Prov.: CH, COR.
Paises limítrofes: PA.
Ejemplar examinado: *Joergensen 2927* (holotipo, LP).

Grindelia puberula Hook. & Arn. var. **puberula**
Sin.: *Grindelia puberula* Hook. & Arn. f. *angustifolia* Malme
Ref.: Cabrera, 1931.
Hábito: Subarbusto.
Status: Nativa.
Elevación: 450-1500 m.
Prov.: SA, TU.
Paises limítrofes: BR.
Ejemplar examinado: *Schreiter 120* (LP).

Grindelia pulchella Dunal
Sin.: *Grindelia diffusa* Gillies ex Hook. & Arn., *Grindelia pulchella* Dunal var. *normalis* Kuntze, *Grindelia pulchella* Dunal var. *serratifolia* Kuntze, *Grindelia pulchella* Dunal var. *sublinearis* Kuntze
Ref.: Cabrera, 1963a, 1978.
Hábito: Subarbusto.
Status: Nativa.
Elevación: 0-3500 m.
Prov.: BA, CA, CO, COR, ER, LP, LR, ME, SA, SE, SF, SJ, SL, TU.
Paises limítrofes: UR.
Ejemplar examinado: *Cabrera y Fabris 21192* (LP).

Grindelia pulchella Dunal var. *normalis* Kuntze = **Grindelia pulchella** Dunal
Ref.: Cabrera, 1963a.

Grindelia pulchella Dunal var. *serratifolia* Kuntze = **Grindelia pulchella** Dunal
Ref.: Cabrera, 1963a.

Grindelia pulchella Dunal var. *sublinearis* Kuntze = **Grindelia pulchella** Dunal
Ref.: Cabrera, 1963a.

Grindelia pygmaea Cabrera
Ref.: Cabrera, 1971a.
Hábito: Subarbusto.
Status: Endémica.
Elevación: ca. 1500 m.
Prov.: RN.
Ejemplar examinado: *Ruiz Leal 25609* (holotipo, LP).

Grindelia ragonesei Cabrera
Sin.: *Grindelia scorzonerifolia* Hook. & Arn. var. *spathulata* Cabrera
Ref.: Cabrera, 1954a.
Hábito: Subarbusto.
Status: Endémica.
Elevación: 0-500 m.
Prov.: CH, SF.
Ejemplar examinado: *Cabrera 10504* (LP).

Grindelia resinosa Gillies ex Hook. & Arn. = **Grindelia chiloensis** (Cornel.) Cabrera
Ref.: Cabrera, 1971a.

Grindelia scorzonerifolia Hook. & Arn.
Sin.: *Grindelia pectinata* Baker, *Grindelia scorzonerifolia* Hook. & Arn. var. *pectinata* (Baker) Hassl., *Grindelia scorzonerifolia* Hook. & Arn. var. *subintegra* Hassl.
Ref.: Cabrera, 1963a, 1974a.
Hábito: Subarbusto.
Status: Nativa.
Elevación: 0-1000 m.
Prov.: BA, CH, CO, COR, DF, ER, MI, SF.
Paises limítrofes: BR, PA, UR.
Ejemplar examinado: *Cabrera 6446* (LP).

Grindelia scorzonerifolia Hook. & Arn. var. *pectinata* (Baker) Hassl. = **Grindelia scorzonerifolia** Hook. & Arn.
Ref.: Cabrera, 1963a.

Grindelia scorzonerifolia Hook. & Arn. var. *spathulata* Cabrera = **Grindelia ragonesei** Cabrera
Ref.: Cabrera, 1954a.

Grindelia scorzonerifolia Hook. & Arn. var. *subintegra* Hassl. = **Grindelia scorzonerifolia** Hook. & Arn.
Ref.: Cabrera, 1974a.

Grindelia speciosa Gillies ex Hook. & Arn. = **Grindelia chiloensis** (Cornel.) Cabrera
Ref.: Cabrera, 1971a.

Grindelia speciosa Gillies ex Hook. & Arn. var. *integrifolia* Speg. = **Grindelia chiloensis** (Cornel.) Cabrera
Ref.: Cabrera, 1971a.

Grindelia tehuelches (Speg.) Cabrera
Sin.: *Grindelia bergii* (Hieron.) Cabrera, *Grindelia brachystephana* Griseb. var. *bergii* Hieron., *Grindelia diffusa* D. Don ex DC., *Haplopappus patagonicus* Speg., hom. illeg., *Haplopappus tehuelches* Speg.
Ref.: Cabrera, 1944a, 1971a, 1974a.
Hábito: Subarbusto.
Status: Endémica.
Elevación: 0-1000 m.
Prov.: BA, COR, CHU, ER, LP, NE, RN, SC, SF.
Ejemplar examinado: *Birabén 5113* (LP).

Grindelia ventanensis Bartoli & Tortosa
Ref.: Bartoli & Tortosa, 1994.
Hábito: Subarbusto.
Status: Endémica.
Elevación: 500-1100 m.
Prov.: BA.
Ejemplar examinado: *Ponce 71* (LP).

Grindelia volkensii Kuntze var. *angustifolia* Kuntze = **Grindelia chiloensis** (Cornel.) Cabrera
Ref.: Cabrera, 1971a.

Grindelia volkensii Kuntze var. *latifolia* Kuntze = **Grindelia chiloensis** (Cornel.) Cabrera
Ref.: Cabrera, 1971a.

Guntheria megapotamica Spreng. = **Gaillardia megapotamica** (Spreng.) Baker var. **megapotamica**
Ref.: Biddulph, 1944; Cabrera, 1974a; Petenatti & Ariza Espinar, 1997.

Guariruma inflexum (Cav.) Cass. = **Mutisia subulata** Ruiz & Pav.
Ref.: Cabrera, 1965a.

Guariruma retrorsum (Cav.) Cass. = **Mutisia retrorsa** Cav. var. **retrorsa**
Ref.: Cabrera, 1965a.

Guariruma sinuatum (Cav.) Cass. = **Mutisia sinuata** Cav.
Ref.: Cabrera, 1965a.

Guariruma subspinosum (Cav.) Cass. = **Mutisia subspinosa** Cav.
Ref.: Cabrera, 1965a.

Gusmania chilensis J. Rémy = **Erigeron gilliesii** (Hook. & Arn.) Cabrera
Ref.: Cabrera, 1971a.

Gutierrezia Lag. Astereae.

Número de especies: 8, 6 especies endémicas.

Gutierrezia ameghinoi Speg. = **Gutierrezia spathulata** (Phil.) Kurtz
Ref.: Cabrera, 1971a.

Gutierrezia baccharoides Sch. Bip.
Sin.: *Gutierrezia baccharoides* Sch. Bip. var. *hoffmannii* (Kuntze) Hauman, *Gutierrezia hoffmannii* Kuntze
Ref.: Solbrig, 1966; Cabrera, 1971a.
Hábito: Subarbusto.
Status: Nativa.
Elevación: 0-4000 m.
Prov.: CHU, ME, NE, RN, SC, TF.
Paises limítrofes: CH.
Ejemplar examinado: *Soriano 3075* (LP).

Gutierrezia baccharoides Sch. Bip. var. *hoffmannii* (Kuntze) Hauman = **Gutierrezia baccharoides** Sch. Bip.
Ref.: Cabrera, 1971a.

Gutierrezia brachyris Macloskie var. *patagonica* (Speg.) Macloskie = **Gutierrezia spathulata** (Phil.) Kurtz
Ref.: Cabrera, 1971a.

Gutierrezia cupressiformis (Lam.) Sch. Bip. = **Lepidophyllum cupressiforme** (Lam.) Cass.
Ref.: Cabrera, 1971a.

Gutierrezia gilliesii Griseb.
Sin.: *Gutierrezia leucantha* Cabrera, *Gutierrezia mandonii* (Sch. Bip.) Solbrig subsp. *gilliesii* (Griseb.) Solbrig, *Gutierrezia spathulata* (Phil.) Kurtz var. *gilliesii* (Griseb.) Kuntze
Ref.: Solbrig, 1966; Cabrera, 1971a.
Hábito: Arbusto.
Status: Endémica.
Elevación: 0-2500 m.
Prov.: BA, CA, CHU, CO, LP, LR, ME, NE, RN, SJ, SL, TU.
Ejemplar examinado: *Lorentz 183* (isotipo, LP).

Gutierrezia gilliesii Griseb. var. *scabriuscula* Griseb. = **Gutierrezia mandonii** (Sch. Bip.) Solbrig
Ref.: Cabrera, 1978.

Gutierrezia hoffmannii Kuntze = **Gutierrezia baccharoides** Sch. Bip.
Ref.: Cabrera, 1971a.

Gutierrezia isernii (Phil.) Phil.
Sin.: *Brachyris isernii* Phil., *Gutierrezia mandonii* (Sch. Bip.) Solbrig subsp. *isernii* (Phil.) Solbrig
Ref.: Solbrig, 1966.
Hábito: Arbusto.
Status: Endémica.
Elevación: 2000-3000 m.
Prov.: ME.
Ejemplar examinado: *Ruiz Leal 1125* (LP).

Gutierrezia ledifolia Griseb. = **Chiliotrichiopsis ledifolia** (Griseb.) Cabrera
Ref.: Cabrera, 1944a.

Gutierrezia leucantha Cabrera = **Gutierrezia gilliesii** Griseb.
Ref.: Solbrig, 1966.

Gutierrezia mandonii (Sch. Bip.) Solbrig subsp. *gilliesii* (Griseb.) Solbrig = **Gutierrezia gilliesii** Griseb.
Ref.: Cabrera, 1978.

Gutierrezia mandonii (Sch. Bip.) Solbrig subsp. *isernii* (Phil.) Solbrig = **Gutierrezia isernii** (Phil.) Phil.
Ref.: Solbrig, 1966.

Gutierrezia mandonii (Sch. Bip.) Solbrig
Sin.: *Brachyris mandonii* Sch. Bip., *Gutierrezia gilliesii* Griseb. var. *scabriuscula* Griseb.
Ref.: Solbrig, 1966; Cabrera, 1978.
Hábito: Arbusto.
Status: Nativa.
Elevación: 1000-4000 m.
Prov.: CA, JU, LR, SA, TU.
Paises limítrofes: BO.
Ejemplar examinado: *Fabris y Crisci 7432* (LP).

Gutierrezia paniculata (DC.) Phil. var. *patagonica* Speg. = **Gutierrezia spathulata** (Phil.) Kurtz
Ref.: Cabrera, 1971a.

Gutierrezia pulviniformis Cabrera
Ref.: Cabrera, 1940.
Hábito: Subarbusto.
Status: Endémica.
Elevación: ca. 2500 m.
Prov.: ME.
Ejemplar examinado: *Carette s.n.* (isotipo, LP).

Gutierrezia repens Griseb.
Sin.: *Gutierrezia ruiz-lealii* Solbrig
Ref.: Solbrig, 1966; Cabrera, 1978.
Hábito: Arbusto.
Status: Endémica.
Elevación: 2500-4000 m.
Prov.: CA, JU, SA, TU.
Ejemplar examinado: *Zardini 307* (LP).

Gutierrezia ruizlealii Solbrig = **Gutierrezia repens** Griseb.
Ref.: Cabrera, 1978.

Gutierrezia solbrigii Cabrera
Ref.: Cabrera, 1971a.
Hábito: Arbusto.
Status: Endémica.
Elevación: 0-2000 m.
Prov.: CHU, ME, NE, RN.
Ejemplar examinado: *Cabrera 11005* (holotipo, LP).

Gutierrezia spathulata (Phil.) Kurtz
Sin.: *Brachyris spathulata* Phil., *Gutierrezia ameghinoi* Speg., *Gutierrezia brachyris* Macloskie var. *patagonica* (Speg.) Macloskie, *Gutierrezia paniculata* (DC.) Phil. var. *patagonica* Speg., *Gutierrezia spathulata* (Phil.) Kurtz var. *ochroleuca* Kurtz
Ref.: Solbrig, 1966; Cabrera, 1971a.
Hábito: Arbusto.
Status: Endémica.
Elevación: 1000-3500 m.
Prov.: CHU, ME, NE, RN, SC, SL.
Ejemplar examinado: *Ruiz Leal y Roig 22416* (LP).

Gutierrezia spathulata (Phil.) Kurtz var. *gilliesii* (Griseb.) Kuntze = **Gutierrezia gilliesii** Griseb.
Ref.: Solbrig, 1966; Cabrera, 1971a.

Gutierrezia spathulata (Phil.) Kurtz var. *ochroleuca* Kurtz = **Gutierrezia spathulata** (Phil.) Kurtz
Ref.: Cabrera, 1971a.

Gymnocoronis DC. Eupatorieae.

Número de especies: 1

Gymnocoronis attenuata DC. = **Gymnocoronis spilanthoides** (Hook. & Arn.) DC. var. **spilanthoides**
Ref.: Cabrera, 1974a.

Gymnocoronis spilanthoides (Hook. & Arn.) DC. var. *attenuata* (DC.) Baker = **Gymnocoronis spilanthoides** (Hook. & Arn.) DC.
Ref.: Cabrera & Vittet, 1954.

Gymnocoronis spilanthoides (Hook. & Arn.) DC. var. **spilanthoides**
Sin.: *Alomia spilanthoides* Hook. & Arn., *Gymnocoronis spilanthoides* (Hook. & Arn.) DC. var. *attenuata* (DC.) Baker, *Gymnocoronis attenuata* DC.
Ref.: Cabrera & Vittet, 1954; Cabrera, 1974a; Cabrera & Freire, 1997.
Hábito: Hierba.
Status: Nativa.
Elevación: 0-500 m.
Prov.: BA, COR, ER, ME, SF.
Paises limítrofes: BR, PA, UR.
Ejemplar examinado: *Cabrera 1709* (LP).

Gymnocoronis spilanthoides (Hook. & Arn.) DC. var. **subcordata** (DC.) Baker
Sin.: *Gymnocoronis subcordata* DC.
Ref.: Cabrera, 1974a; Cabrera & Freire, 1997.
Hábito: Hierba.
Status: Nativa.
Elevación: 0-500 m.
Prov.: BA, COR, ER, ME, SF.
Paises limítrofes: PA, UR.
Ejemplar examinado: *Cabrera 3970* (LP).

Gymnocoronis subcordata DC. = **Gymnocoronis spilanthoides** (Don) DC. var. **subcordata** (DC.) Baker
Ref.: Cabrera, 1974a.

Gymnolomia connata Spreng. = **Smallanthus connatus** (Spreng.) H. Rob.
Ref.: Robinson, 1978.

Gymnopsis helianthoides DC. = **Aspilia silphioides** (Hook. & Arn.) Benth.
Ref.: Cabrera, 1974; Sáenz, inéd.c.

Gymnostyles anthemifolia Juss. = **Soliva anthemifolia** (Juss.) R. Br. ex Less.
Ref.: Cabrera, 1949d, 1963a, 1974a.

Gymnostyles alata Spreng. = **Soliva sessilis** Ruiz & Pav.
Ref.: Ariza Espinar, 1997b.

Gymnostyles barclayana (DC.) Steudel = **Soliva sessilis** Ruiz & Pav.
Ref.: Ariza Espinar, 1997b.

Gymnostyles lusitanica Spreng. = **Soliva stolonifera** (Brot.) R. Br. ex G. Don
Ref.: Cabrera, 1949d, 1963a; Bremer & Humphries, 1993; Ariza Espinar, 1997b.

Gymnostyles minuta (L. f.) Spreng. = **Cotula mexicana** (DC.) Cabrera
Ref.: Cabrera, 1960.

Gymnostyles nasturtiifolia Juss. = **Soliva stolonifera** (Brot.) R. Br. ex G. Don
Ref.: Cabrera, 1949d, 1963a; Bremer & Humphries, 1993; Ariza Espinar, 1997b.

Gymnostyles peruviana Spreng., nom. superfl. = **Cotula mexicana** (DC.) Cabrera
Ref.: Cabrera, 1960.

Gymnostyles pterosperma Juss. = **Soliva sessilis** Ruiz & Pav.
Ref.: Ariza Espinar, 1997b.

Gymnostyles stolonifera (Brot.) Tutin = **Soliva stolonifera** (Brot.) R.Br. ex G. Don
Ref.: Cabrera, 1949d, 1963a; Bremer & Humphries, 1993.

Gynheteria incana Spreng., p.p. = **Tessaria absinthioides** (Hook. & Arn.) DC.
Ref.: Cabrera, 1939b.

Gynheteria incana Spreng., p.p. = **Tessaria integrifolia** Ruiz & Pav. var. **integrifolia**
Ref.: Cabrera, 1939b.

Gynoxys Cass. Senecioneae.

Número de especies: 1 especie endémica.

Gynoxys fabrisii Cabrera
Ref.: Cabrera, 1974b, 1978.
Hábito: Arbusto.
Status: Endémica.
Elevación: 1600-2500 m.
Prov.: JU, SA.
Ejemplar examinado: *Fabris et al. 5717* (LP).

Gynura Cass. Senecioneae.

Número de especies: 1

Gynura aspera Ridl. = **Erechthites hieracifolia** (L.) Raf. ex DC. var. **cacalioides** (Fisch. ex Spreng.) Griseb.
Ref.: Belcher, 1956.

Gynura aurantiaca (Blume) DC.
Sin.: *Cacalia aurantiaca* Blume
Ref.: Cabrera, 1951b.
Hábito: Hierba.
Status: Adventicia.
Elevación: 350-2400 m.
Prov.: SA.
Ejemplar examinado: *Rial Alberti s.n.* (BAB 72347).

Gynura malasica (Ridl.) Ridl. = **Erechthites hieracifolia** (L.) Raf. ex DC. var. **cacalioides** (Fisch. ex Spreng.) Griseb.
Ref.: Belcher, 1956.

Gynura zeylanica Trim. var. *malasica* Ridl. = **Erechthites hieracifolia** (L.) Raf. ex DC. var. **cacalioides** (Fisch. ex Spreng.) Griseb.
Ref.: Belcher, 1956.

Gyptidium militare (B.L. Rob.) R.M. King & H. Rob. = **Eupatorium militare** B.L. Rob.
Ref.: Cabrera & Freire, 1997.

Gyptis artemisiifolia (Griseb.) R.M. King & H. Rob. = **Eupatorium artemisiifolium** Griseb.
Ref.: Cabrera, 1974a.

Gyptis commersonii Cass. = **Eupatorium commersonii** (Cass.) Hieron.
Ref.: Cabrera, 1974a; Ariza Espinar, 1994.

Gyptis lanigera (Hook. & Arn.) R.M. King & H. Rob. = **Eupatorium lanigerum** Hook. & Arn. var. **lanigerum**
Ref.: Cabrera, 1974a; Cabrera & Freire, 1997.

Gyptis pinnatifida Cass. = **Eupatorium tanacetifolium** Gillies ex Hook. & Arn.
Ref.: Cabrera, 1974a, 1989, 1996.

Haplopappus Cass. emend. Endl. Astereae.

Número de especies: 13, 1 especie, 3 variedades y 1 forma endémicas.

Haplopappus ? acuminatus DC. = **Noticastrum acuminatum** (DC.) Cuatrec.
Ref.: Zardini, 1985.

Haplopappus ameghinoi Speg.
Ref.: Cabrera, 1934, 1971a.
Hábito: Subarbusto.
Status: Endémica.
Elevación: 0-500 m.
Prov.: SC.
Ejemplar examinado: *Ameghino s.n.* (holotipo, LP).

Haplopappus anethifolius Phil. = **Grindelia anethifolia** (Phil.) Bartoli & Tortosa
Ref.: Cabrera, 1971a; Bartoli & Tortosa, 1998a.

Haplopappus anthylloides Meyen & Walp.
Ref.: Böcher et al., 1963.
Hábito: Subarbusto.
Status: Nativa.
Elevación: 2000-3000 m.
Prov.: ME.
Paises limítrofes: CH.
Ejemplar examinado: *Ruiz Leal 16848* (LP).

Haplopappus arbutoides J. Rémy
Sin.: *Haplopappus arbutoides* J. Rémy var. *glabratus* (Phil.) Reiche, *Haplopappus glabratus* Phil.
Ref.: Cabrera, 1934.
Hábito: Subarbusto.
Status: Nativa.

Elevación: 2000-2500 m.
Prov.: ME.
Paises limítrofes: CH.
Ejemplar examinado: *Rosii 473* (LP).

Haplopappus arbutoides J. Rémy var. *glabratus* (Phil.) Reiche = **Haplopappus arbutoides** J. Rémy
Ref.: Cabrera, 1934

Haplopappus arbutoides J. Rémy var. *glandulosa* Hicken = **Haplopappus diplopappus** J. Rémy var. **diplopappus**
Ref.: Cabrera, 1934.

Haplopappus baylahuen J. Rémy
Ref.: Cabrera, 1934.
Hábito: Subarbusto.
Status: Nativa.
Elevación: 3000-3500 m.
Prov.: SJ.
Paises limítrofes: CH.
Ejemplar examinado: *Johnston 6124* (GH).

Haplopappus calendulaceus Griseb. = **Noticastrum acuminatum** (DC.) Cuatrec.
Ref.: Zardini, 1985.

Haplopappus chryseus (Kuntze) Cabrera
Sin.: *Aster chryseus* Kuntze, *Haplopappus chrysocephalus* Reiche, *Pyrrocoma aurea* Phil.
Ref.: Cabrera, 1971a.
Hábito: Subarbusto.
Status: Nativa.
Elevación: 2000-3000 m.
Prov.: ME, NE.
Paises limítrofes: CH.
Ejemplar examinado: *Boelcke et al. 11547* (LP).

Haplopappus chrysocephalus Reiche = **Haplopappus chryseus** (Kuntze) Cabrera
Ref.: Cabrera, 1971a.

Haplopappus corniculatus Phil. = **Haplopappus marginalis** Phil.
Ref.: Cabrera, 1971a.

Haplopappus coronopifolius (Less.) DC. = **Haplopappus glutinosus** Cass. f. **glutinosus**
Ref.: Cabrera, 1971a.

Haplopappus coronopifolius (Less.) DC. var. *laxus* Phil. = **Haplopappus glutinosus** Cass. f. **glutinosus**
Ref.: Cabrera, 1971a.

Haplopappus cuneifolius Nutt. = **Haplopappus scrobiculatus** (Nees) DC.
Ref.: Marticorena & Crisci, 1972.

Haplopappus densifolius J. Rémy = **Haplopappus scrobiculatus** (Nees) DC.
Ref.: Marticorena & Crisci, 1972.

Haplopappus diffusus (Pers.) DC. = **Noticastrum diffusum** (Pers.) Cabrera
Ref.: Zardini, 1985.

Haplopappus diplopappus J. Rémy var. **diplopappus**
Sin.: *Diplopappus spinulosus* Hook. & Arn., *Haplopappus arbutioides* J. Rémy var. *glandulosa* Hicken
Ref.: Cabrera, 1934, 1971a.
Hábito: Subarbusto.
Status: Nativa.
Elevación: 1000-3000 m.
Prov.: ME.
Paises limítrofes: CH.
Ejemplar examinado: *Boelcke 10321* (LP).

Haplopappus diplopappus J. Rémy var. **struthionum** (Speg.) Cabrera
Sin.: *Haplopappus struthionum* Speg.
Ref.: Cabrera, 1971a.
Hábito: Subarbusto.
Status: Endémica.
Elevación: 0-2600 m.
Prov.: CHU, ME, SC.
Ejemplar examinado: *Birabén y Birabén 564* (LP).

Haplopappus glabratus Phil. = **Haplopappus arbutoides** J. Rémy
Ref.: Cabrera, 1934.

Haplopappus glutinosus (Less.) DC., hom. illeg. = **Haplopappus paucidentatus** Phil.
Ref.: Cabrera, 1971a.

Haplopappus glutinosus Cass. f. **glutinosus**
Sin.: *Aster senebierifolius* Kuntze, *Diplopappus coronopifolius* Less., *Haplopappus coronopifolius* (Less.) DC., *Haplopappus coronopifolius* (Less.) DC. var. *laxus* Phil.
Ref.: Cabrera, 1971a.
Hábito: Subarbusto.
Status: Nativa.
Elevación: 500-3000 m.
Prov.: CHU, NE, RN.
Paises limítrofes: CH.
Ejemplar examinado: *Cabrera y Job 349* (LP).

Haplopappus glutinosus Cass. f. **patagonicus** (Phil.) Cabrera
Sin: *Haplopappus patagonicus* Phil.
Ref.: Cabrera, 1971a.
Hábito: Subarbusto.
Status: Nativa.
Elevación: 500-1500 m.
Prov.: CHU, NE, RN.
Paises limítrofes: CH.
Ejemplar examinado: *Burkart 6123* (LP).

Haplopappus glutinosus Cass. f. **spathulatus** Cabrera
Ref.: Cabrera, 1971a.
Hábito: Subarbusto.
Status: Endémica.
Elevación: 500-1500 m.
Prov.: CHU, NE, RN.
Ejemplar examinado: *Cabrera 5843* (holotipo, LP).

Haplopappus heterocomus Phil. = **Haplopappus marginalis** Phil.
Ref.: Cabrera, 1971a.

Haplopappus heterophysus Phil. = **Haplopappus marginalis** Phil.
Ref.: Cabrera, 1971a.

Haplopappus hoorebekia DC., nom. illeg. = **Grindelia chiloensis** (Cornel.) Cabrera
Ref.: Cabrera, 1971a.

Haplopappus illinii Speg. = **Haplopappus prunelloides** (Poepp. ex Less.) DC. var. **prunelloides**
Ref.: Cabrera, 1971a.

Haplopappus marginalis Phil.
Sin.: *Aster marginalis* (Phil.) Kuntze, *Haplopappus corniculatus* Phil., *Haplopappus heterocomus* Phil., *Haplopappus heterophysus* Phil., *Haplopappus marginalis* Phil. var. *heterophysus* (Phil.) Reiche
Ref.: Cabrera, 1971a.
Hábito: Subarbusto.
Status: Nativa.
Elevación: 1000-2000 m.
Prov.: ME, NE.
Paises limítrofes: CH.
Ejemplar examinado: *Boelcke 11008* (LP).

Haplopappus marginalis Phil. var. *heterophysus* (Phil.) Reiche = **Haplopappus marginalis** Phil.
Ref.: Cabrera, 1971a.

Haplopappus moyanoi Speg. = **Grindelia anethifolia** (Phil.) Bartoli & Tortosa
Ref.: Cabrera, 1971a; Bartoli & Tortosa, 1998a.

Haplopappus mustersii Speg. = **Haplopappus prunelloides** (Poepp. ex Less.) DC. var. **mustersii** (Speg.) Cabrera
Ref.: Cabrera, 1971a.

Haplopappus patagonicus Phil. = **Haplopappus glutinosus** Cass. f. **patagonicus** (Phil.) Cabrera
Ref.: Cabrera, 1971a.

Haplopappus patagonicus Speg. = **Grindelia tehuelches** (Speg.) Cabrera
Ref.: Cabrera, 1971a, 1974a.

Haplopappus paucidentatus Phil.
Sin.: *Aster glutinosus* (Less.) Kuntze, *Aster oligodontus* Kuntze, *Diplopappus glutinosus* Less., *Haplopappus glutinosus* (Less.) DC., hom. illeg.
Ref.: Cabrera, 1971a.
Hábito: Subarbusto.
Status: Nativa.
Elevación: 1500-2000 m.
Prov.: NE.
Paises limítrofes: CH.
Ejemplar examinado: *Cabrera 6263* (LP).

Haplopappus pectinatus Phil., hom. illeg. = **Grindelia anethifolia** (Phil.) Bartoli & Tortosa
Ref.: Bartoli & Tortosa, 1998a.

Haplopappus pectinatus Phil. var. *anethifolius* (Phil.) Reiche = **Grindelia anethifolia** (Phil.) Bartoli & Tortosa
Ref.: Cabrera, 1971a; Bartoli & Tortosa, 1998a.

Haplopappus prunelloides (Poepp. ex Less.) DC. var. **lanatus** Cabrera
Ref.: Cabrera, 1971a.
Hábito: Hierba.
Status: Endémica.
Elevación: 500-1000 m.
Prov.: NE.
Ejemplar examinado: *Schajovskoy 302* (LP).

Haplopappus prunelloides (Poepp. ex Less.) DC. var. **mustersii** (Speg.) Cabrera
Sin.: *Haplopappus mustersii* Speg.
Ref.: Cabrera, 1971a.
Hábito: Hierba.
Status: Endémica.
Elevación: 0-1500 m.
Prov.: CHU.
Ejemplar examinado: *Illin s.n.* (holotipo, LP 675).

Haplopappus prunelloides (Poepp. ex Less.) DC. var. **prunelloides**
Sin.: *Aster prunelloides* (Poepp. ex Less.) Kuntze, *Diplopappus prunelloides* Poepp. ex Less., *Haplopappus illinii* Speg.
Ref.: Cabrera, 1971a.
Hábito: Hierba.
Status: Nativa.
Elevación: 1500-2000 m.
Prov.: CHU, NE, RN.
Paises limítrofes: CH.
Ejemplar examinado: *Boelcke 4468* (LP).

Haplopappus rigidus Phil.
Ref.: Cabrera, 1978.
Hábito: Arbusto.
Status: Nativa.
Elevación: 3500-4000 m.
Prov.: CA, SA.
Paises limítrofes: CH.
Ejemplar examinado: *Cabrera 8803* (LP).

Haplopappus rotundifolius Hall
Sin.: *Diplopappus foliosus* Hook. & Arn., *Diplopappus ilicifolius* Hook. & Arn.
Ref.: Cabrera, 1934.
Hábito: Arbusto.
Status: Nativa.
Elevación: 1000-3000 m.
Prov.: ME.
Paises limítrofes: CH.
Ejemplar citado: *Gilles 56** (K).

Haplopapus scrobiculatus (Nees) DC.
Sin.: *Aster cuneifolius* (Nutt.) Kuntze, *Aster densifolius* (J. Rémy) Kuntze, *Aster scrobiculatus* (Nees) Kuntze, *Diplopappus bellidifolius* Hook. & Arn., *Diplopappus cuneatus* Hook. & Arn., *Diplopappus scrobiculatus* Nees, *Haplopappus cuneifolius* Nutt., *Haplopappus densifolius* J. Rémy, *Perezia spathulata* Phil., hom. illeg.
Ref.: Marticorena & Crisci, 1972.
Hábito: Hierba.
Status: Nativa.
Elevación: 1500-3500 m.
Prov.: ME, SJ.

Paises limítrofes: CH.
Ejemplar examinado: *Boelcke et al. 9688* (LP).

Haplopappus ? sericeus (Less.) DC. = **Noticastrum sericeum** (Less.) Less. ex Phil.
Ref.: Zardini, 1985.

Haplopappus struthionum Speg. = **Haplopappus diplopappus** J. Rémy var. **struthionum** (Speg.) Cabrera
Ref.: Cabrera, 1971a.

Haplopappus tehuelches Speg. = **Grindelia tehuelches** (Speg.) Cabrera
Ref.: Cabrera, 1974a.

Haplopappus tweediei (Hook. & Arn.) Malme = **Erigeron tweediei** Hook. & Arn.
Ref.: Cabrera, 1974a.

Haplostichia stolonifera Phil. = **Senecio zosterifolius** Hook. & Arn.
Ref.: Cabrera & Zardini, 1980.

Hatschbachiella tweediana (Hook. & Arn.) R.M. King & H. Rob. = **Eupatorium tweedianum** Hook. & Arn.
Ref.: Cabrera & Freire, 1997.

Hebeclinum hecatanthum DC. = **Eupatorium hecatanthum** (DC.) Baker
Ref.: Cabrera & Vittet, 1954; Cabrera, 1996.

Hebeclinum macrophyllum (L.) DC. = **Eupatorium macrophyllum** L.
Ref.: Cabrera & Vittet, 1954.

Hebeclinum urolepis DC. = **Eupatorium hecatanthum** (DC.) Baker
Ref.: Cabrera & Vittet, 1954; Cabrera, 1996.

Hedypnois Schreb. Lactuceae.
Número de especies: 1

Hedypnois cretica (L.) Dum. Cours.
Sin.: *Hedypnois cretica* (L.) Willd., comb. superfl., *Hedypnois polymorpha* DC., *Hyoseris cretica* L.
Ref.: Cabrera, 1963a; Ariza Espinar & Urtubey, 1998.
Hábito: Hierba.
Status: Adventicia.
Elevación: 0-500 m.
Prov.: BA, ER.
Paises limítrofes: BR, CH, UR.
Ejemplar examinado: *Burkart 1684* (LP).

Hedypnois cretica (L.) Willd., comb. superfl. = **Hedypnois cretica** (L.) Dum. Cours.

Hedypnois polymorpha DC. = **Hedypnois cretica** (L.) Willd.
Ref.: Cabrera, 1963a.

Helenium L. Helenieae.
Número de especies: 3, 2 especies endémicas.

Helenium alternifolium (Spreng.) Cabrera = **Helenium radiatum** (Less.) Seckt
Ref.: Seckt, 1930; Ariza Espinar, 1993a; Petenatti & Ariza Espinar, 1997.

Helenium argentinum Ariza
Sin.: *Actinea heterophylla* Juss. var. *linearifolia* Kuntze, *Actinea heterophylla* Juss. f. *concolor* Kuntze, *Helenium donianum* (Hook. & Arn.) Cabrera var. *linearifolium* (Kuntze) Bierner
Ref.: Ariza Espinar, 1993a; Petenatti & Ariza Espinar, 1997.
Hábito: Hierba.
Status: Endémica.
Elevación: 500-1000 m.
Prov.: CO, SL.
Ejemplar examinado: *Hunziker 16868* (LP).

Helenium donianum (Hook. & Arn.) Seckt
Sin.: *Actinea doniana* (Hook. & Arn.) Kuntze, *Cephalophora doniana* Hook. & Arn., *Gaillardia doniana* (Hook. & Arn.) Griseb., *Helenium donianum* (Hook. & Arn.) Cabrera, comb. superfl.
Ref.: Seckt, 1930; Bierner, 1987; Ariza Espinar, 1993a; Petenatti & Ariza Espinar, 1997.
Hábito: Hierba.
Status: Endémica.
Elevación: 500-2000 m.
Prov.: CA, CO, LR, ME, SA, SE, SJ, SL, TU.
Ejemplar examinado: *Cabrera et al. 24596* (LP).

Helenium donianum (Hook. & Arn.) Cabrera var. *linearifolium* (Kuntze) Bierner = **Helenium argentinum** Ariza
Ref.: Bierner, 1987; Petenatti & Ariza Espinar, 1997.

Helenium heterophyllum (Juss.) Malme, hom. illeg. = **Helenium radiatum** (Less.) Seckt
Ref.: Bierner, 1987; Ariza Espinar, 1993a; Petenatti & Ariza Espinar, 1997.

Helenium mattfeldianum Herter, nom. superfl. = **Helenium radiatum** (Less.) Seckt
Ref.: Bierner, 1987; Ariza Espinar, 1993a; Petenatti & Ariza Espinar, 1997.

Helenium radiatum (Less.) Seckt
Sin.: *Actinea alternifolia* Spreng., nom. superfl., *Actinea heterophylla* Juss., *Actinea heterophylla* Juss. f. *bicolor* Kuntze, nom. superfl., *Actinea heterophylla* Juss. var. *dentata* Kuntze, nom. superfl., *Actinea radiata* (Less.) Kuntze, *Actinella heterophylla* (Juss.) Pers., comb. superfl., *Cephalophora heterophylla* (Juss.) Less., *Cephalophora radiata* Less., *Helenium alternifolium* (Spreng.) Cabrera, *Helenium heterophyllum* (Juss.) Malme, hom. illeg., *Helenium mattfeldianum* Herter, nom. superfl., *Helenium radiatum* (Less.) Bierner, comb. superfl.
Ref.: Bierner, 1987; Ariza Espinar, 1993a; Petenatti & Ariza Espinar, 1997.
Hábito: Hierba.
Status: Nativa.
Elevación: 0-500 m.
Prov.: BA, COR, ER.
Paises limítrofes: BR, UR.
Ejemplar examinado: *Hunziker 4432* (LP).

Helianthopsis mollis (Griseb.) Sala & Echarte = **Viguiera mollis** Griseb.
Ref.: Sáenz, inéd.c.

Helianthus australis Phil. = **Grindelia chiloensis** (Cornel.) Cabrera
Ref.: Cabrera, 1971a.

Helianthus L. Heliantheae.

Número de especies: 4

Helianthus annuus L.
Sin.: *Helianthus aridus* Rydb., *Helianthus erythrocarpus* Barth, *Helianthus indicus* L., *Helianthus lenticularis* Douglas, *Helianthus macrocarpus* DC., *Helianthus multiflorus* Hook., *Helianthus ovatus* Lehm., *Helianthus platycephalus* Cass., *Helianthus tubaeformis* Nutt.
Ref.: Watson, 1929; Cabrera, 1963a, 1974a; Cabrera & Zardini, 1978.
Hábito: Hierba.
Status: Naturalizada.
Elevación: 0-500 m.
Prov.: BA, ER, LP.
Ejemplar examinado: *Delucchi 630* (BAA).

Helianthus araucanus Phil. = **Viguiera revoluta** (Meyen) S.F. Blake
Ref.: Blake, 1918; Cabrera, 1971a; Sáenz, 1979.

Helianthus argentinus A.A. Sáenz = **Viguiera mollis** Griseb.
Ref.: Panero, 1992; Sáenz, inéd.c.

Helianthus aridus Rydb. = **Helianthus annuus** L.
Ref.: Watson, 1929.

Helianthus atacamensis Phil. = **Viguiera pazensis** Rusby
Ref.: Blake, 1918; Cabrera, 1978; Sáenz, 1979.

Helianthus australis Phil. = **Grindelia chiloensis** (Cornel.) Cabrera
Ref.: Cabrera, 1971a.

Helianthus campestris (Griseb.) Kuntze = **Flourensia campestris** Griseb.
Ref.: Dillon, 1984.

Helianthus copiapinus Phil. = **Wedelia glauca** (Ortega) O. Hoffm. ex Hicken
Ref.: Cabrera, 1963a, 1971a, 1974a, 1978.

Helianthus erythrocarpus Barth = **Helianthus annuus** L.
Ref.: Watson, 1929.

Helianthus esculentus Warsz. = **Helianthus tuberosus** L.
Ref.: Watson, 1929.

Helianthus heteropappus Gillies ex Hook. & Arn. = **Viguiera gilliesii** (Hook. & Arn.) Hieron.
Ref.: Blake, 1918; Sáenz, 1979.

Helianthus indicus L. = **Helianthus annuus** L.
Ref.: Watson, 1929.

Helianthus integrifolius Nutt. = **Helianthus petiolaris** Nutt.
Ref.: Watson, 1929.

Helianthus integrifolius Nutt. var. *gracilis* Nutt. = **Helianthus petiolaris** Nutt.
Ref.: Watson, 1929.

Helianthus laetiflorus Pers.
Sin.: *Helianthus laetiflorus* Pers. var. *tricuspis* Torr. & A. Gray, *Helianthus scaberrimus* Elliott, *Helianthus tricuspis* Elliott
Ref.: Cabrera & Zardini, 1978; Sala et al., 1990.
Hábito: Hierba.
Status: Naturalizada.
Elevación: 0-500 m.
Prov.: BA, LP.
Ejemplar examinado: *Echarte y Sala 135* (BAL).

Helianthus laetiflorus Pers. var. *tricuspis* Torr. & A. Gray = **Helianthus laetiflorus** Pers.
Ref.: Sala et al., 1990.

Helianthus laevis L. = **Bidens laevis** (L.) Britton, Sterns & Poggenb.
Ref.: Cabrera, 1963a, 1971a, 1974a, 1978; Sherff, 1937.

Helianthus lanceolatus Meyen = **Viguiera revoluta** (Meyen) S.F. Blake
Ref.: Blake, 1918; Cabrera, 1971a; Sáenz, 1979.

Helianthus lenticularis Douglas = **Helianthus annuus** L.
Ref.: Watson, 1929.

Helianthus macrocarpus DC. = **Helianthus annuus** L.
Ref.: Watson, 1929.

Helianthus multiflorus Hook. = **Helianthus annuus** L.
Ref.: Watson, 1929.

Helianthus ovatus Lehm. = **Helianthus annuus** L.
Ref.: Watson, 1929.

Helianthus patens Lehm. = **Helianthus petiolaris** Nutt.
Ref.: Watson, 1929.

Helianthus petiolaris Nutt.
Sin.: *Helianthus integrifolius* Nutt., *Helianthus integrifolius* Nutt. var. *gracilis* Nutt., *Helianthus patens* Lehm., *Helianthus petiolaris* Nutt. var. *patens* Rydb., *Helianthus praecox* Engelm. & A. Gray
Ref.: Watson, 1929; Covas, 1966a, 1970; Cabrera, 1974a; Cabrera & Zardini, 1978; Troiani, 1984.
Hábito: Hierba.
Status: Naturalizada.
Elevación: 0-500 m.
Prov.: BA, ER, LP.
Ejemplar examinado: *Burkart et al. 26401* (LP).

Helianthus petiolaris Nutt. var. *patens* Rydb. = **Helianthus petiolaris** Nutt.
Ref.: Watson. 1929.

Helianthus platycephalus Cass. = **Helianthus annuus** L.
Ref.: Watson, 1929.

Helianthus praecox Engelm. & A. Gray = **Helianthus petiolaris** Nutt.
Ref.: Watson, 1929.

Helianthus procumbens Pers. = **Viguiera procumbens** (Pers.) S.F. Blake
Ref.: Cabrera, 1978; Sáenz, 1979.

Helianthus revolutus Meyen = **Viguiera revoluta** (Meyen) S.F. Blake
Ref.: Blake, 1918; Cabrera, 1971a; Sáenz, 1979.

Helianthus riparia (Griseb.) Kuntze = **Flourensia riparia** Griseb.
Ref.: Dillon, 1984.

Helianthus scaberrimus Elliott = **Helianthus laetiflorus** Pers.
Ref.: Sala et al., 1990.

Helianthus serotinus Tausch = **Helianthus tuberosus** L.
Ref.: Watson, 1929.

Helianthus tricuspis Elliott = **Helianthus laetiflorus** Pers.
Ref.: Sala et al., 1990.

Helianthus tubaeformis Jacq. = **Tithonia tubaeformis** (Jacq.) Cass.
Ref.: Zardini, 1974; Cabrera, 1978; La Duke, 1982.

Helianthus tubaeformis Nutt. = **Helianthus annuus** L.
Ref.: Watson, 1929.

Helianthus tuberosus L.
Sin.: *Helianthus esculentus* Warsz., *Helianthus serotinus* Tausch
Ref.: Watson, 1929; Cabrera, 1974a.
Hábito: Hierba.
Status: Naturalizada.
Elevación: 0-500 m.
Prov.: BA, ER, LP.
Paises limítrofes: CH.
Ejemplar examinado: *Sáenz 1539* (LP).

Helichrysum montevidense Spreng. = **Lucilia acutifolia** (Poir.) Cass.
Ref.: Freire, 1986b.

Helichrysum retusum Spreng. = **Facelis retusa** (Lam.) Sch. Bip. subsp. **retusa**
Ref.: Cabrera, 1963a, 1974a.

Helminthia echioides (L) Gaertn. = **Picris echioides** L.
Ref.: Cabrera, 1963.

Helminthotheca echioides (L.) Holub = **Picris echioides** L.
Ref.: Ariza Espinar & Urtubey, 1998.

Helogyne tacaquirensis Hieron. = **Eupatorium tacaquirense** (Hieron.) B.L. Rob.
Ref.: Cabrera & Vittet, 1954; Cabrera, 1978.

Heterochaeta hispida DC. = **Hysterionica jasionoides** Willd.
Ref.: Cabrera, 1946.

Heterocondylus grandis (Baker) R.M. King & H. Rob. = **Eupatorium grande** Sch. Bip. ex Baker
Ref.: Cabrera & Freire, 1997.

Heterocondylus vitalbae (DC.) R.M. King & H. Rob. = **Eupatorium vitalbae** DC.
Ref.: Cabrera & Freire, 1997.

Heterosperma Cav. Heliantheae.

Número de especies: 4

Heterosperma diversifolium Kunth
Sin.: *Heterosperma pinnatum* Kunth var. *depressum* (Griseb.) Kuntze, *Heterosperma pinnatum* Kunth var. *diversifolium* (Kunth) Kuntze, *Heterospermum depressum* Griseb.
Ref.: Cabrera, 1978.
Hábito: Hierba.
Status: Nativa.
Elevación: 1000-2500 m.
Prov.: JU.
Paises limítrofes: BO.
Ejemplar examinado: *Cabrera 17039* (LP).

Heterosperma diversifolium Kunth var. *tenuisectum* Griseb. = **Heterosperma tenuisectum** (Griseb.) Cabrera
Ref.: Cabrera, 1978.

Heterosperma involucratum (Phil.) Reiche = **Heterosperma nanum** (Nutt.) Sherff
Ref.: Cabrera, 1978.

Heterosperma nanum (Nutt.) Sherff
Sin.: *Bidens involucrata* Phil., *Heterosperma involucratum* (Phil.) Reiche, *Heterosperma pinnatum* Kunth var. *involucratum* Kuntze, *Microdonta nana* Nutt.
Ref.: Cabrera, 1978.
Hábito: Hierba.
Status: Nativa.
Elevación: 1000-4000 m.
Prov.: JU, SA.
Paises limítrofes: BO, CH.
Ejemplar examinado: *Novara 9791* (MCNS, SI).

Heterosperma ovatifolium Cav.
Sin.: *Bidens rhombifolia* Sch. Bip., *Heterosperma pinnatum* Kunth var. *maritimum* (Kunth) Kuntze, *Heterosperma pinnatum* Kunth var. *ovatifolium* (Cav.) Kuntze, *Heterospermum maritimum* Kunth, *Heterospermum ovatum* Willd., *Heterospermum rhombifolium* Griseb.
Ref.: Cabrera, 1978; Covas, 1984a.
Hábito: Hierba.
Status: Nativa.
Elevación: 500-3000 m.
Prov.: CA, CO, JU, LP, SA, SJ, TU.
Paises limítrofes: BO, CH.
Ejemplar examinado: *Fabris et al. 7830* (LP).

Heterosperma pinnatum Kunth var. *biternatum* Kuntze = **Heterosperma tenuisectum** (Griseb.) Cabrera
Ref.: Cabrera, 1978.

Heterosperma pinnatum Kunth var. *depressum* (Griseb.) Kuntze = **Heterosperma diversifolium** Kunth
Ref.: Cabrera, 1978.

Heterosperma pinnatum Kunth var. *diversifolium* (Kunth) Kuntze = **Heterosperma diversifolium** Kunth
Ref.: Cabrera, 1978.

Heterosperma pinnatum Kunth var. *involucratum* Kuntze = **Heterosperma nanum** (Nutt.) Sherff
Ref.: Cabrera, 1978.

Heterosperma pinnatum Kunth var. *maritimum* (Kunth) Kuntze = **Heterosperma ovatifolium** Cav.
Ref.: Cabrera, 1978.

Heterosperma pinnatum Kunth var. *ovatifolium* (Cav.) Kuntze = **Heterosperma ovatifolium** Cav.
Ref.: Cabrera, 1978.

Heterosperma tenuisectum (Griseb.) Cabrera
Sin.: *Heterosperma diversifolium* Kunth var. *tenuisectum* Griseb., *Heterosperma pinnatum* Kunth var. *biternatum* Kuntze
Ref.: Cabrera, 1978.
Hábito: Hierba.
Status: Nativa.
Elevación: 500-3000 m.
Prov.: CO, JU, SA, SL, TU.
Paises limítrofes: BO.
Ejemplar examinado: *Venturi 4929* (LP, SI).

Heterospermum depressum Griseb. = **Heterosperma diversifolium** Kunth
Ref.: Cabrera, 1978.

Heterospermum maritimum Kunth = **Heterosperma ovatifolium** Cav.
Ref.: Cabrera, 1978.

Heterospermum ovatum Willd. = **Heterosperma ovatifolium** Cav.
Ref.: Cabrera, 1978.

Heterospermum rhombifolium Griseb. = **Heterosperma ovatifolium** Cav.
Ref.: Cabrera, 1978.

Heterothalamus Less. Astereae.

Número de especies: 1

Heterothalamus acaulis Wedd. ex R.E. Fr. = **Baccharis acaulis** (Wedd. ex R.E. Fr.) Cabrera
Ref.: Cabrera, 1978.

Heterothalamus alienus (Spreng.) Kuntze
Sin.: *Heterothalamus brunioides* Less., *Marshallia aliena* Spreng.
Ref.: Baker, 1882b; Malme, 1933; Barroso, 1976.
Hábito: Arbusto.
Status: Nativa.
Elevación: 500-2500 m.
Prov.: CO, LR, SL.
Paises limítrofes: BR, UR.
Ejemplar examinado: *Job 488* (LP).

Heterothalamus boliviensis Wedd. = **Baccharis boliviensis** (Wedd.) Cabrera var. **boliviensis**
Ref.: Cabrera, 1978.

Heterothalamus boliviensis Wedd. var. *latifolia* R.E. Fr. = **Baccharis boliviensis** (Wedd.) Cabrera var. **latifolia** (R.E. Fr.) Cabrera
Ref.: Cabrera, 1978.

Heterothalamus brunioides Less. = **Heterothalamus alienus** (Spreng.) Kuntze
Ref.: Barroso, 1976.

Heterothalamus nivalis Wedd. = **Baccharis nivalis** (Wedd.) Sch. Bip. ex Phil.
Ref.: Cabrera, 1971a.

Heterothalamus spartioides Hook. & Arn. ex DC. = **Baccharis spartioides** (Hook. & Arn. ex DC.) J. Rémy
Ref.: Cabrera, 1963a.

Heterothalamus tenellus (Hook. & Arn.) Kuntze = **Baccharis tenella** Hook. & Arn.
Ref.: Cabrera, 1963a.

Heterotheca Cass. Astereae.

Número de especies: 1

Heterotheca latifolia Buckley
Ref.: Ariza Espinar, 1977; Cantero & Bianco, 1986; Bartoli & Roitman, 1990.
Hábito: Hierba.
Status: Adventicia.
Elevación: 0-1000 m.
Prov.: CO, LP, SL.
Ejemplar examinado: *Cabrera 30168* (LP).

Hieracium L. Lactuceae.

Número de especies: 48, 26 especies y 4 variedades endémicas.

Hieracium achalense Sleumer
Ref.: Sleumer, 1956.
Hábito: Hierba.
Status: Endémica.
Elevación: ca. 2200 m.
Prov.: CO.
Ejemplar examinado: *Kurtz 8407* (LP).

Hieracium adenocephalum (Sch. Bip.) Arv.-Touv.
Sin.: *Hieracium chilense* Less. var. *adenocephalum* (Sch. Bip.) Griseb., *Hieracium mandonii* Britton, hom. illeg., *Pilosella adenocephala* Sch. Bip.
Ref.: Cabrera, 1978.
Hábito: Hierba .
Status: Nativa.
Elevación: 2000-3500 m.
Prov.: CA, JU, LR, SA, TU.
Paises limítrofes: BO.
Ejemplar examinado: *Cabrera et al. 18233* (LP).

Hieracium adenocephalum (Sch. Bip.) Arv.-Touv. var. *subsetulosum* Zahn = **Hieracium streptochaetum** Zahn
Ref.: Cabrera, 1978.

Hieracium andinum Phil. = **Hieracium antarcticum** var. **myosotidifolium** (Sch. Bip.) Sleumer
Ref.: Cabrera, 1971a.

Hieracium antarcticum d'Urv. var. **antarcticum**
Sin.: *Hieracium antarcticum* d'Urv. var. *fueguiensis* Speg., *Hieracium gracile* Hook. subsp. *antarcticum* (d'Urv.) Zahn, *Hieracium magellanicum* Sch. Bip., *Hieracium philippii* Alb., *Hieracium triste* Macloskie, hom. illeg., *Pilosella magellanica* (Sch. Bip.) F.W. Schultz & Sch. Bip.
Ref.: Cabrera, 1971a.
Hábito: Hierba.
Status: Nativa.
Elevación: 0-500 m.
Prov.: SC, TF.
Paises limítrofes: CH.
Ejemplar examinado: *Moore 1368* (LP).

Hieracium antarcticum d' Urv. var. **myosotidifolium** (Sch. Bip.) Sleumer
Sin.: *Hieracium andinum* Phil., *Hieracium gracile* Hook. subsp. *andinum* (Phil.) Zahn, *Hieracium gracile* Hook. subsp. *myosotidifolium* (Sch. Bip.) Zahn, *Hieracium myosotidifolium* Sch. Bip., *Pilosella myosotidifolia* (Sch. Bip.) F.W. Schultz & Sch. Bip.
Ref.: Sleumer, 1956; Cabrera, 1971a.
Hábito: Hierba.
Status: Nativa.
Elevación: 500-2000 m.
Prov.: SC, TF.
Paises limítrofes: CH.
Ejemplar examinado: *Sleumer 1419* (LP).

Hieracium antarcticum d'Urv. var. *fueguiensis* Speg. = **Hieracium antarcticum** d'Urv. var. **antarcticum**
Ref.: Cabrera, 1971a.

Hieracium andinum Phil. = **Hieracium antarcticum** d' Urv. var. **myosotidifolium** (Sch. Bip.) Sleumer
Ref.: Cabrera, 1971a.

Hieracium argentinense Zahn var. **argentinense**
Sin.: *Hieracium frigidum* Wedd.
Ref.: Zahn, 1921-1923; Sleumer, 1956.
Hábito: Hierba.
Status: Endémica.
Elevación: 2000-4400 m.
Prov.: CA, JU, SA, TU.
Ejemplar examinado: *Sleumer 3721* (LIL).

Hieracium argentinense Zahn var. **sublorentzianum** Sleumer
Ref.: Sleumer, 1956.
Hábito: Hierba.
Status: Endémica.
Elevación: 2500-3500 m.
Prov.: CA, TU.
Ejemplar examinado: *Sparre 9255* (LIL).

Hieracium astroadenium Sleumer
Ref.: Sleumer, 1956.
Hábito: Hierba.
Status: Endémica.
Elevación: 2500-4000 m.
Prov.: CA, LR, TU.
Ejemplar examinado: *Hunziker 5227* (LP).

Hieracium aurantiacum L.
Ref.: Cabrera, 1971a.
Hábito: Hierba.
Status: Adventicia.
Elevación: 0-500 m.
Prov.: TF.
Paises limítrofes: CH.
Ejemplar examinado: *Ulibarri et al. 1231* (SI).

Hieracium austroamericanum Dahlst. = **Hieracium patagonicum** Hook. f.
Ref.: Cabrera, 1971a.

Hieracium bangii Rusby = **Hieracium microcephalum** Sch. Bip.
Ref.: Sleumer, 1956; Cabrera, 1978.

Hieracium bangii Rusby subsp. *austroboliviense* Zahn = **Hieracium microcephalum** Sch. Bip. var. **subglandulosum** Sleumer
Ref.: Sleumer, 1956.

Hieracium bangii Rusby subsp. *bangii* var. *siambonicum* Zahn = **Hieracium microcephalum** Sch. Bip.
Ref.: Cabrera, 1978.

Hieracium bangii Rusby subsp. *niederleinii* Zahn = **Hieracium niederleinii** (Zahn) Sleumer
Ref.: Cabrera, 1978.

Hieracium boliviense (Wedd.) Sch. Bip. subsp. *tucumanicum* Zahn = **Hieracium tucumanicum** (Zahn) Sleumer
Ref.: Cabrera, 1978.

Hieracium boliviense (Wedd.) Sch. Bip. var. *setosopilosum* Kuntze = **Hieracium tucumanicum** (Zahn) Sleumer
Ref.: Cabrera, 1978.

Hieracium burkartii Sleumer
Ref.: Sleumer, 1956; Cabrera, 1963a.
Hábito: Hierba.
Status: Endémica.
Elevación: 0-500 m.
Prov.: BA.
Ejemplar examinado: *Hicken 9191* (SI).

Hieracium catamarcense Sleumer
Ref.: Sleumer, 1956.
Hábito: Hierba.
Status: Endémica.
Elevación: 2500-3000 m.
Prov.: CA.
Ejemplar examinado: *Vervoorst 3489* (LIL).

Hieracium chacoënse (Zahn) Sleumer
Sin.: *Hieracium paraguayense* Arv.-Touv. subsp. *ventanicum* Zahn var. *chacoënse* Zahn
Ref.: Cabrera, 1963a.
Hábito: Hierba.
Status: Endémica.
Elevación: 0-500 m.
Prov.: BA.
Ejemplar examinado: *Rossi y Bachmann 622* (LIL).

Hieracium champaquiense Sleumer
Ref.: Sleumer, 1956.
Hábito: Hierba.
Status: Endémica.
Elevación: 1000-2000 m.
Prov.: CO.
Ejemplar examinado: *Hieronymus 793* (CORD).

Hieracium chiclense Ball = **Hieracium mandonii** (Sch. Bip.) Arv.-Touv. var. **mandonii**
Ref.: Cabrera, 1978.

Hieracium chilense Less.
Sin.: *Hieracium gayanum* Arv.-Touv., *Hieracium orthotrichum* E. Fries., *Pilosella chilensis* (Less.) F.W. Schultz & Sch. Bip., *Pilosella orthotricha* (E. Fries) F.W. Schultz & Sch. Bip.
Ref.: Cabrera, 1971a.
Hábito: Hierba.
Status: Nativa.
Elevación: 500-1500 m.
Prov.: CHU, NE, RN, SC.
Paises limítrofes: CH.
Ejemplar examinado: *Maldonado 593* (LP).

Hieracium chilense Skottsbg., hom. illeg. = **Hieracium glaucifolium** Poepp. ex Froel.
Ref.: Cabrera, 1971a.

Hieracium chilense Less. var. *adenocephalum* (Sch. Bip.) Griseb. = **Hieracium adenocephalum** (Sch. Bip.) Arv.-Touv.
Ref.: Cabrera, 1978.

Hieracium chilense Less. var. *navarinum* Zahn = **Hieracium patagonicum** Hook. f.
Ref.: Cabrera, 1971a.

Hieracium chubutense Speg. = **Hieracium glaucifolium** Poepp. ex Froel.
Ref.: Cabrera, 1971a.

Hieracium cienegae Zahn
Ref.: Zahn 1921-23; Sleumer 1956.
Hábito: Hierba.
Status: Endémica.
Elevación: 2000-3500 m.
Prov.: CA, TU.
Ejemplar examinado: *Sleumer 2061* (LIL).

Hieracium commersonii Monnier
Sin.: *Hieracium polygonatum* Zahn, *Hieracium semiglabratum* Vahl ex Froel., *Hieracium semiglabratum* Comm., *Hieracium uruguayense* Arv.-Touv., *Pilosella semiglabrata* (Comm.) F.W. Schultz & Sch. Bip.
Ref.: Cabrera, 1974a.
Hábito: Hierba.
Status: Nativa.
Elevación: 0-1000 m.
Prov.: COR, ER, MI.
Paises limítrofes: BR, UR.
Ejemplar examinado: *Mroginski 20756* (LP).

Hieracium cordobense Sleumer var. **cordobense**
Ref.: Sleumer, 1956.
Hábito: Hierba.
Status: Endémica.
Elevación: 1000-1500 m.
Prov.: CO, SL.
Ejemplar examinado: *Castellanos s.n.* (SI).

Hieracium cordobense Sleumer var. **mollisetulum** Sleumer
Ref.: Sleumer, 1956.
Hábito: Hierba.
Status: Endémica.
Elevación: 1000-2000 m.
Prov.: CO.
Ejemplar examinado: *Meyer y Sleumer 15751* (LIL).

Hieracium criniceps Sleumer
Ref.: Sleumer, 1956.
Hábito: Hierba.
Status: Endémica.
Elevación: 1500-3000 m.
Prov.: CO.
Ejemplar examinado: *Hunziker 9634* (CORD).

Hieracium dasychaetocomum Zahn
Ref.: Cabrera, 1978.
Hábito: Hierba.
Status: Nativa.
Elevación: 2000-3000 m.
Prov.: CA, JU, SA, TU.
Paises limítrofes: BO.
Ejemplar examinado: *Fabris et al. 6456* (LP).

Hieracium eriadenium Sleumer = **Hieracium subargentinense** Zahn
Ref.: Cabrera, 1978.

Hieracium eriadenium Sleumer var. **subadenocephalum** Sleumer
Ref.: Sleumer, 1956.
Hábito: Hierba.
Status: Endémica.
Elevación: 3000-3500 m.
Prov.: SA.
Ejemplar examinado: *Sleumer y Vervoost 3024a* (LIL).

Hieracium eriosphaerophorum Zahn
Sin.: *Hieracium sanctae-victoriae* Sleumer
Ref.: Cabrera, 1978.
Hábito: Hierba.
Status: Nativa.
Elevación: 3500-4000 m.
Prov.: JU, SA.
Paises limítrofes: CH.
Ejemplar examinado: *Cabrera 15430* (LP).

Hieracium fiebrigianum Zahn = **Hieracium fulvipes** Wedd.
Ref.: Cabrera, 1978.

Hieracium frigidum Wedd. = **Hieracium argentinense** Zahn
Ref.: Zahn 1921-1923; Sleumer, 1956.

Hieracium frigidum Wedd. var. *elatius* Griseb. = **Hieracium niederleinii** (Zahn) Sleumer
Ref.: Cabrera, 1978.

Hieracium fulvipes Wedd. var. **fulvipes**
Sin.: *Hieracium fiebrigianum* Zahn, *Pilosella fulvipes* (Wedd.) F.W. Schultz & Sch. Bip.
Ref.: Sleumer 1956; Cabrera, 1978.
Hábito: Hierba.
Status: Nativa.
Elevación: 1500-3200 m.
Prov.: JU, SA.
Paises limítrofes: BO.
Ejemplar examinado: *Schinini et al. 10214* (LP).

Hieracium fulvipes Wedd. var. **nigerrimum** Sleumer
Ref.: Sleumer 1956.
Hábito: Hierba.
Status: Endémica.
Elevación: 2500-3500 m.
Prov.: SA.
Ejemplar examinado: *Sleumer 3843* (LIL).

Hieracium gayanum Arv.-Touv. = **Hieracium chilense** Less.
Ref.: Cabrera, 1971a.

Hieracium giganteum Sleumer var. **canofloccosum** Sleumer
Ref.: Sleumer, 1956.
Hábito: Hierba.
Status: Endémica.
Elevación: ca. 2200 m.
Prov.: CO.
Ejemplar examinado: *Rodrigo 480* (LP).

Hieracium giganteum Sleumer var. **giganteum**
Ref.: Sleumer, 1956.
Hábito: Hierba.
Status: Endémica.
Elevación: 1000-3000 m.
Prov.: CO.
Ejemplar examinado: *Meyer y Sleumer 15741* (LIL).

Hieracium giganteum Sleumer var. **setulosum** Sleumer
Ref.: Sleumer, 1956.
Hábito: Hierba.
Status: Nativa.
Elevación: ca. 2200 m.
Prov.: CO.
Ejemplar examinado: *Bridarolli 1509* (LP).

Hieracium gilliesianum Sleumer
Sin.: *Hieracium sordidum* Gillies ex Hook. & Arn., nom. nud.
Ref.: Sleumer, 1956.
Hábito: Hierba.
Status: Endémica.
Elevación: 2000-4000 m.
Prov.: CO, ME, SL.
Ejemplar examinado: *Sleumer 2082* (LIL).

Hieracium glaucifolium Poepp. ex Froel.
Sin.: *Hieracium chilense* Skottsb., hom. illeg., *Hieracium chubutense* Speg., *Pilosella glaucifolia* (Poepp. ex Froel.) F.W. Schultz & Sch. Bip.
Ref.: Cabrera, 1971a.
Hábito: Hierba.
Status: Nativa.
Elevación: 500-2000 m.
Prov.: CHU, NE, RN, SC.
Paises limítrofes: CH.
Ejemplar examinado: *Cabrera y Job 348* (LP).

Hieracium gracile Hook. subsp. *andinum* (Phil.) Zahn = **Hieracium antarcticum** var. **myosotidifolium** (Sch. Bip.) Sleumer
Ref.: Cabrera, 1971a.

Hieracium gracile Hook. subsp. *antarcticum* (d'Urv.) Zahn = **Hieracium antarcticum** d'Urv. var. **antarcticum**
Ref.: Cabrera, 1971a.

Hieracium gracile Hook. subsp. *myosotidifolium* (Sch. Bip.) Zahn = **Hieracium antarcticum** var. **myosotidifolium** (Sch. Bip.) Sleumer
Ref.: Cabrera, 1971a.

Hieracium ignatianum Baker var. *paraguense* (Baker) Zahn = **Hieracium paraguayense** Arv.-Touv.
Ref.: Zahn, 1921-1923; Sleumer, 1956.

Hieracium incertum d'Urv. = **Erigeron incertus** (d'Urv.) Skottsb.
Ref.: Cabrera, 1971a.

Hieracium jaretanum (Zahn) Sleumer
Sin.: *Hieracium streptochaetum* Zahn subsp. *jaretanum* Zahn
Ref.: Sleumer, 1956.
Hábito: Hierba.
Status: Endémica.
Elevación: 2000-3000 m.
Prov.: LR.
Ejemplar examinado: *Hieronymus y Niederlein 801* (CORD).

Hieracium kieslingii Cabrera
Ref.: Cabrera, 1978.
Hábito: Hierba.
Status: Endémica.
Elevación: 500-1500 m.
Prov.: JU.
Ejemplar examinado: *Kiesling et al. 1486* (SI).

Hieracium lorentzianum Zahn var. **lorentzianum**
Ref.: Zahn, 1921-1923; Sleumer, 1956.
Hábito: Hierba.
Status: Endémica.
Elevación: 2500-4000 m.
Prov.: CA, TU.
Ejemplar examinado: *Sleumer 2021* (LIL).

Hieracium lorentzianum Zahn var. **pilosissimum** Sleumer
Ref.: Sleumer, 1956.
Hábito: Hierba.
Status: Endémica.
Elevación: 2500-3000 m.
Prov.: CA, TU.
Ejemplar examinado: *Sparre 6029* (LIL).

Hieracium lorentzianum Zahn var. *subtucumanicum* Zahn = **Hieracium niederleinii** (Zahn) Sleumer
Ref.: Sleumer, 1956.

Hieracium luteomontanum Cabrera
Ref.: Cabrera, 1978.
Hábito: Hierba.
Status: Endémica.
Elevación: 500-1500 m.
Prov.: JU.
Ejemplar examinado: *Kiesling et al. 1485* (SI).

Hieracium magellanicum Sch. Bip. = **Hieracium antarcticum** d'Urv. var. **antarcticum**
Ref.: Cabrera, 1971a.

Hieracium mandonii Britton, hom. illeg. = **Hieracium adenocephalum** (Sch. Bip.) Arv.-Touv.
Ref.: Cabrera, 1978.

Hieracium mandonii (Sch. Bip.) Arv.-Touv. var. **mandonii**
Sin.: *Hieracium chiclense* Ball, *Pilosella mandonii* Sch. Bip.
Ref.: Cabrera 1978.
Hábito: Hierba.
Status: Nativa.
Elevación: 2000-4000 m.
Prov.: CA, JU, SA, TU.
Paises limítrofes: BO.
Ejemplar examinado: *Cabrera et al. 18360* (LP).

Hieracium mandonii (Sch. Bip.) Arv.-Touv. var. **pseudargentinense** (Sleumer) Cabrera
Sin.: *Hieracium pseudargentinense* Sleumer
Ref.: Cabrera, 1978.
Hábito: Hierba.
Status: Endémica.
Elevación: 2000-2500 m.
Prov.: JU, SA.
Ejemplar examinado: *Sleumer 3569* (LP).

Hieracium megalochaetum Zahn
Ref.: Sleumer, 1956.
Hábito: Hierba.
Status: Nativa.
Elevación: 2500-3000 m.
Prov.: CA, LR, TU.
Paises limítrofes: BO.
Ejemplar examinado: *Sleumer 1859* (LIL).

Hieracium mendocinum Sleumer
Ref.: Sleumer, 1956.
Hábito: Hierba.
Status: Endémica.
Elevación: 2000-3000 m.
Prov.: ME.
Ejemplar examinado: *Hunziker et al. 11294* (SI).

Hieracium microcephalum Sch. Bip. var. **microcephalum**
Sin.: *Hieracium bangii* Rusby, *Hieracium bangii* Rusby subsp. *bangii* var. *siambonicum* Zahn
Ref.: Cabrera, 1978.
Hábito: Hierba.
Status: Nativa.
Elevación: 1000-2500 m.
Prov.: CA, JU, SA, TU.
Paises limítrofes: BO.
Ejemplar examinado: *Fabris 8164* (LP).

Hieracium microcephalum Sch. Bip. var. **subglandulosum** Sleumer
Sin.: *Hieracium bangii* Rusby subsp. *austroboliviense* Zahn
Ref.: Sleumer, 1956.
Hábito: Hierba.
Status: Nativa.
Elevación: 1500-3000 m.
Prov.: SA, TU.
Paises limítrofes: BO.
Ejemplar examinado: *Sleumer 3936* (LIL).

Hieracium mosenii Malme
Sin.: *Hieracium warmingii* Baker var. *lechleri* Zahn
Ref.: Sleumer, 1956.
Hábito: Hierba.
Status: Nativa.
Elevación: 0-1000 m.
Prov.: MI.
Paises limítrofes: BR.
Ejemplar examinado: *Schwindt 4615* (LIL).

Hieracium murorum L.
Ref.: Cabrera, 1971a.
Hábito: Hierba.
Status: Adventicia.
Elevación: 0-500 m.
Prov.: TF.
Paises limítrofes: CH.
Ejemplar examinado: *Goodall 454* (LP).

Hieracium myosotidifolium Sch. Bip. = **Hieracium antarcticum** var. **myosotidifolium** (Sch. Bip.) Sleumer
Ref.: Cabrera, 1971a.

Hieracium neofurcatum Sleumer
Ref.: Cabrera, 1978.
Hábito: Hierba.
Status: Endémica.
Elevación: 2500-4000 m.
Prov.: JU, SA.
Ejemplar examinado: *Kiesling 269* (SI).

Hieracium niederleinii (Zahn) Sleumer var. **niederleinii**
Sin.: *Hieracium bangii* Rusby subsp. *niederleinii* Zahn, *Hieracium frigidum* Wedd. var. *elatius* Griseb., *Hieracium lorentzianum* Zahn var. *subtucumanicum* Zahn
Ref.: Cabrera, 1978.
Hábito: Hierba.
Status: Endémica.
Elevación: 2500-3000 m.
Prov.: CA, JU, SA, TU.
Ejemplar examinado: *Sleumer 3973* (LIL).

Hieracium niederleinii (Zahn) Sleumer var. **subcatamarcense** Sleumer
Ref.: Sleumer, 1956.
Hábito: Hierba.
Status: Endémica.
Elevación: 2000-2900 m.
Prov.: CA.
Ejemplar examinado: *Vervoorst 3487* (LIL).

Hieracium orthotrichum E. Fries = **Hieracium chilense** Less.
Ref.: Cabrera, 1971a.

Hieracium padcayense Sleumer
Ref.: Cabrera, 1978.
Hábito: Hierba.
Status: Nativa.
Elevación: 500-1500 m.
Prov.: JU, SA.
Paises limítrofes: BO.
Ejemplar examinado: *Kiesling 535* (LP):

Hieracium palezieuxii Zahn
Ref.: Sleumer, 1956; Cabrera, 1963a.
Hábito: Hierba.
Status: Nativa.
Elevación: 0-500 m.
Prov.: BA, CA, COR, SF.
Paises limítrofes: BR, UR.
Ejemplar examinado: *Castellanos 38* (SI).

Hieracium paraguayense Arv.-Touv.
Sin.: *Hieracium ignatianum* Baker var. *paraguense* (Baker) Zahn, *Hieracium paraguense* Baker
Ref.: Sleumer, 1956.
Hábito: Hierba.
Status: Nativa.
Elevación: 0-500 m.
Prov.: COR, ER.
Paises limítrofes: BR, PA.
Ejemplar examinado: *Krapovickas et al. 17134* (LP).

Hieracium paraguayense Arv.-Touv. subsp. *ventanicum* Zahn var. *chacoënse* Zahn. = **Hieracium chacoënse** (Zahn) Sleumer
Ref.: Cabrera, 1963a.

Hieracium patagonicum Hook. f.
Sin.: *Hieracium austroamericanum* Dahlst., *Hieracium chilense* Less. var. *navarinum* Zahn, *Hieracium poeppigianum* Zahn, *Pilosella patagonica* (Hook. f.) F.W. Schultz & Sch. Bip.
Ref.: Cabrera, 1971a.
Hábito: Hierba.
Status: Nativa.
Elevación: 0-1000 m.
Prov.: CHU, SC, TF.
Paises limítrofes: CH.
Ejemplar examinado: *Hicken y Hauman 937* (SI).

Hieracium petrophyes Sleumer
Ref.: Sleumer, 1956.
Hábito: Hierba.
Status: Endémica.
Elevación: ca. 2200 m.
Prov.: CO.
Ejemplar examinado: *Hunziker 9691* (CORD).

Hieracium philippii Alb. = **Hieracium antarcticum** d'Urv. var. **antarcticum**
Ref.: Cabrera, 1971a.

Hieracium poeppigianum Zahn = **Hieracium patagonicum** Hook. f.
Ref.: Cabrera, 1971a.

Hieracium polygonatum Zahn = **Hieracium commersonii** Monnier
Ref.: Cabrera, 1974a .

Hieracium praealtum Villars ex Gochnat
Ref.: Cabrera, 1971a.
Hábito: Hierba.
Status: Adventicia.
Prov.: NE, RN.
Elevación: 0-1000 m.
Paises limítrofes: CH.
Ejemplar examinado: *Diem 2952* (LP).

Hieracium pseudargentinense Sleumer = **Hieracium mandonii** (Sch. Bip.) Arv.-Touv. var. **pseudoargentinense** (Sleumer) Cabrera
Ref.: Cabrera, 1978.

Hieracium sanctae-victoriae Sleumer = **Hieracium eriosphaerophorum** Zahn
Ref.: Cabrera, 1978.

Hieracium schreiteri Sleumer
Ref.: Sleumer, 1956.
Hábito: Hierba.
Status: Nativa.
Elevación: 3000-5000 m.
Prov.: CA.
Paises limítrofes: BO.
Ejemplar examinado: *Schreiter 5684* (LIL).

Hieracium semiglabratum Vahl ex Froel = **Hieracium commersonii** Monnier
Ref.: Cabrera, 1974a.

Hieracium semiglabratum Comm. = **Hieracium commersonii** Monnier
Ref.: Cabrera, 1974a.

Hieracium sordidum Gillies ex Hook. & Arn., nom. nud. = **Hieracium gilliesianum** Sleumer
Ref.: Sleumer, 1956.

Hieracium sordidum Griseb. var. **sordidum**
Ref.: Sleumer, 1956.
Hábito: Hierba.
Status: Endémica.
Elevación: 2000-3500 m.
Prov.: CA.
Ejemplar examinado: *Vervoost 3497* (LIL).

Hieracium sordidum Griseb. var. **subglandulosum** Sleumer
Ref.: Sleumer, 1956.
Hábito: Hierba.
Status: Endémica.
Elevación: 2500-3000 m.
Prov.: CA.
Ejemplar examinado: *Sleumer y Vervoost 2496* (LIL).

Hieracium stachyoideum Arv.-Touv.
Sin.: *Mandonia pilosella* Sch. Bip.
Ref.: Sleumer, 1956.
Hábito: Hierba.
Status: Nativa.
Elevación: 3000-4000 m.

Prov.: SA.
Paises limítrofes: BO.
Ejemplar examinado: *Sleumer 4045* (LIL).

Hieracium streptochaetum Zahn var. **epilosum** Sleumer
Ref.: Sleumer, 1956.
Hábito: Hierba.
Status: Endémica.
Elevación: 2500-3000 m.
Prov.: TU.
Ejemplar examinado: *Sleumer 2067* (LIL).

Hieracium streptochaetum Zahn subsp. *jaretanum* Zahn = **Hieracium jaretanum** (Zahn) Sleumer
Ref.: Sleumer, 1956.

Hieracium streptochaetum Zahn var. **streptochaetum**
Sin.: *Hieracium adenocephalum* (Sch. Bip.) Arv.-Touv. var. *subsetulosum* Zahn
Ref.: Cabrera, 1978.
Hábito: Hierba.
Status: Endémica.
Elevación: 2500-4000 m.
Prov.: CA, JU, SA, TU.
Ejemplar examinado: *Cabrera y Kiesling 25160* (SI).

Hieracium streptochaetum Zahn f. **floccosius** Sleumer
Ref.: Sleumer, 1956.
Hábito: Hierba.
Status: Endémica.
Elevación: 2000-3000 m.
Prov.: CA, TU.
Ejemplar examinado: *Sleumer 2266* (LIL).

Hieracium subargentinense Zahn var. **rufocomatulum** Sleumer
Ref.: Sleumer, 1956.
Hábito: Hierba.
Status: Endémica.
Elevación: 2500-3000 m.
Prov.: TU.
Ejemplar examinado: *Sleumer 2075* (LIL).

Hieracium subargentinense Zahn var. **subargentinense**
Sin.: *Hieracium eriadenium* Sleumer
Ref.: Cabrera, 1978.
Hábito: Hierba.
Status: Endémica.
Elevación: 2500-4000 m.
Prov.: CA, JU, SA, TU.
Ejemplar examinado: *Fabris et al. 3903* (LP).

Hieracium tandilense Sleumer
Ref.: Cabrera, 1963a.
Hábito: Hierba.
Status: Endémica.
Elevación: 0-500 m.
Prov.: BA.
Ejemplar examinado: *Job 1286* (LP).

Hieracium triste Macloskie, hom. illeg. = **Hieracium antarcticum** d'Urv. var. **antarcticum**
Ref.: Cabrera, 1971a.

Hieracium tucumanicum (Zahn) Sleumer var. **esetosum** Sleumer
Ref.: Sleumer, 1956.
Hábito: Hierba.
Status: Endémica.
Elevación: 2000-3000 m.
Prov.: TU.
Ejemplar examinado: *Sleumer 2050* (LIL).

Hieracium tucumanicum (Zahn) Sleumer var. **tucumanicum**
Sin.: *Hieracium boliviense* (Wedd.) Sch. Bip. subsp. *tucumanicum* Zahn, *Hieracium boliviense* (Wedd.) Sch. Bip. var. *setosopilosum* Kuntze
Ref.: Cabrera, 1978.
Hábito: Hierba.
Status: Endémica.
Elevación: 2000-4000 m.
Prov.: CA, JU, SA, TU.
Ejemplar examinado: *Fabris et al. 6164* (LP).

Hieracium uruguayense Arv.-Touv. = **Hieracium commersonii** Monnier
Ref.: Cabrera, 1974a.

Hieracium variegatum Lam. = **Hypochaeris variegata** (Lam.) Baker
Ref.: Cabrera, 1974a.

Hieracium vervoorstii Sleumer
Ref.: Sleumer, 1956.
Hábito: Hierba.
Status: Endémica.
Elevación: 2200-2500 m.
Prov.: CA.
Ejemplar examinado: *Vervoorst 3492* (LIL).

Hieracium warmingii Baker var. *lechleri* Zahn = **Hieracium mosenii** Malme
Ref.: Sleumer, 1956.

Hippia minuta L. f. = **Cotula mexicana** (DC.) Cabrera
Ref.: Cabrera, 1960, 1978.

Hippia stolonifera Brot. = **Soliva stolonifera** (Brot.) R. Br. ex G. Don
Ref.: Cabrera, 1949d, 1963a; Bremer & Humphries, 1993.

Holocheilus Cass. Mutisieae.

Número de especies: 5, 2 especies endémicas.

Holocheilus brasiliensis (L.) Cabrera
Sin.: *Cacalia scabra* Vahl, *Cleanthes brasiliensis* (L.) D. Don, *Cleanthes ochroleuca* (Cass.) Parodi, *Cleanthes othonoides* (Less.) Griseb., *Holocheilus ochroleucus* Cass., *Leuceria echioides* D. Don, *Perdicium brasiliense* L., *Perezia ochroleuca* (Cass.) Less., *Platycheilus ochroleucus* Cass., *Trixis brasiliensis* (L.) DC., *Trixis brasiliensis* (L.) DC. var. *genuina* Hassl., nom. inval., *Trixis brasiliensis* (L.) DC. var. *sellowii* (Less.) Hassl., *Trixis ochroleuca* (Cass.) Hook. & Arn., *Trixis othonoides* (Less.) Griseb., *Trixis sellowii* Less. ex DC.

Ref.: Cabrera, 1968; Katinas, 1995.
Hábito: Hierba.
Status: Nativa.
Elevación: 0-500 m.
Prov.: BA, COR, ER, MI, SF.
Paises limítrofes: BR, UR.
Ejemplar examinado: *Boffa 335* (LP).

Holocheilus fabrisii Cabrera
Ref.: Cabrera, 1968; Katinas, 1995.
Hábito: Hierba.
Status: Endémica.
Elevación: 2000-3000 m.
Prov.: JU, SA, TU.
Ejemplar examinado: *de la Sota 2960* (LP).

Holocheilus hieracioides (D. Don) Cabrera
Sin.: *Cleanthes hieracioides* D. Don, *Cleanthes hieracioides* D. Don var. *thrincioides* Griseb., *Leuceria conyzoides* D. Don, *Leuceria thrincioides* Griseb., *Trixis hieracioides* (D. Don) DC., *Trixis ochroleuca* Baker, hom. illeg., *Trixis ochroleuca* (Cass.) Hook. & Arn. var. *hieracioides* (D. Don) Kuntze, *Trixis ochroleuca* (Cass.) Hook. & Arn. f. *pusilla* Hassl., *Trixis ochroleuca* (Cass.) Hook. & Arn. f. *robusta* Hassl., *Trixis ochroleuca* (Cass.) Hook. & Arn. f. *subintegra* Hassl., *Trixis ochroleuca* (Cass.) Hook. & Arn. var. *thrincioides* (Griseb.) Kuntze, *Trixis sonchoides* Chodat, *Trixis thrincioides* (Griseb.) Hassl.
Ref.: Cabrera, 1968; Katinas, 1995.
Hábito: Hierba.
Status: Nativa.
Elevación: 0-500 m.
Prov.: BA, CO, COR, CH, ER, FO, JU, SA, SE, SF, TU.
Paises limítrofes: BR, PA, UR.
Ejemplar examinado: *Cabrera 3191* (LP).

Holocheilus illustris (Vell.) Cabrera
Sin.: *Castra illustris* Vell., *Trixis denticulata* Dusén ex Malme, *Trixis hieronymi* Arechav.
Ref.: Cabrera, 1968; Katinas, 1995.
Hábito: Hierba.
Status: Nativa.
Elevación: 0-500 m.
Prov.: MI.
Paises limítrofes: BR, UR.
Ejemplar examinado: *Torres 94* (LP).

Holocheilus ochroleucus Cass. = **Holocheilus brasiliensis** (L.) Cabrera
Ref.: Cabrera, 1968.

Holocheilus schulzii (Cabrera) Cabrera
Sin.: *Trixis schulzii* Cabrera
Ref.: Cabrera, 1968; Katinas, 1995.
Hábito: Hierba.
Status: Endémica.
Elevación: 0-500 m.
Prov.: COR, CH, FO, MI.
Ejemplar examinado: *Grüner 1353* (LP).

Homanthis multiflorus (Humb. & Bonpl.) Kunth = **Perezia multiflora** (Humb. & Bonpl.) Less. subsp. **multiflora**
Ref.: Simpson Vuilleumier, 1969.

Homoeanthus bellidifolius Phil. = **Perezia bellidifolia** (Phil.) Reiche
Ref.: Simpson Vuilleumier, 1969.

Homoeanthus calophyllus Phil. = **Perezia calophylla** (Phil.) Reiche
Ref.: Simpson Vuilleumier, 1969.

Homoeanthus capito Phil. = **Perezia lyrata** (J. Rémy) Wedd.
Ref.: Simpson Vuilleumier, 1969.

Homoeanthus humilis Phil. = **Perezia pilifera** (D. Don) Hook. & Arn.
Ref.: Simpson Vuilleumier, 1969.

Homoeanthus nivalis Phil. = **Perezia ciliaris** D. Don ex Hook. & Arn.
Ref.: Simpson Vuilleumier, 1969.

Homoeanthus rigidus Phil. = **Perezia linearis** Less.
Ref.: Simpson Vuilleumier, 1969.

Homoeanthus triceps Phil. = **Perezia recurvata** (Vahl) Less.
Ref.: Simpson Vuilleumier, 1969.

Homoeanthus variabilis Phil. = **Perezia pedicularidifolia** Less.
Ref.: Simpson Vuilleumier, 1969.

Homoianthus donianus (Less.) J. Rémy = **Perezia recurvata** (Vahl) Less.
Ref.: Simpson Vuilleumier, 1969.

Homoianthus echinulatus Cass. = **Perezia recurvata** (Vahl) Less.
Ref.: Simpson Vuilleumier, 1969.

Homoianthus gayanus J. Rémy = **Perezia lyrata** (J. Rémy) Wedd.
Ref.: Simpson Vuilleumier, 1969.

Homoianthus inermis Meyen & Walp., nom. illeg. = **Perezia recurvata** (Vahl) Less.
Ref.: Simpson Vuilleumier, 1969.

Homoianthus linearis (Less.) DC. = **Perezia linearis** Less.
Ref.: Simpson Vuilleumier, 1969.

Homoianthus lyratus J. Rémy = **Perezia lyrata** (J. Rémy) Wedd.
Ref.: Simpson Vuilleumier, 1969.

Homoianthus magellanicus (Lam.) DC. = **Perezia lactucoides** (Vahl) Less. subsp. **lactucoides**
Ref.: Simpson Vuilleumier, 1969.

Homoianthus multiflorus (Humb. & Bonpl.) DC. = **Perezia multiflora** (Humb. & Bonpl) Less. subsp. **multiflora**
Ref.: Simpson Vuilleumier, 1969.

Homoianthus palustris Phil. = **Perezia lactucoides** (Vahl) Less. subsp. **palustris** (Phil.) Vuilleum.
Ref.: Simpson Vuilleumier, 1969.

Homoianthus patagonicus Gand. = **Perezia recurvata** (Vahl) Less.
Ref.: Simpson Vuilleumier, 1969.

Homoianthus pectinellus Gand. = **Perezia linearis** Less.
Ref.: Simpson Vuilleumier, 1969.

Homoianthus pectinatus Phil. = **Perezia recurvata** (Vahl) Less
Ref.: Simpson Vuilleumier, 1969.

Hoorebekia chiloensis Cornel. = **Grindelia chiloensis** (Cornel.) Cabrera
Ref.: Cabrera, 1971.

Huarpea Cabrera. Mutisieae.
Número de especies: 1 especie endémica.

Huarpea andina Cabrera
Ref.: Cabrera, 1951a; Urtubey, 1996.
Hábito: Subarbusto.
Status: Endémica.
Elevación: ca. 3500 m.
Prov.: SJ.
Ejemplar examinado: *Nicora et al. 8573* (LP).

Hyalis D. Don ex Hook. & Arn. Mutisieae.
Número de especies: 2, 1 especie endémica.

Hyalis argentea Hook. & Arn. var. **argentea**
Sin.: *Plazia argentea* (D. Don) Kuntze
Ref.: Cabrera, 1951b; Freire, 1996.
Hábito: Subarbuto.
Status: Endémica.
Elevación: 1500-3000 m.
Prov.: CA, CO, LR, ME, SA, SJ.
Ejemplar examinado: *Ruiz Leal 3701* (LP).

Hyalis argentea Hook. & Arn. var. **latisquama** Cabrera
Ref.: Cabrera, 1951b, 1963a, 1971a; Freire, 1996.
Hábito: Subarbusto.
Status: Endémica.
Elevación: 0-1500 m.
Prov.: BA, CHU, CO, LP, ME, NE, RN, SL.
Ejemplar examinado: *Clos 3579* (LP).

Hyalis argentea var. **macrosperma** F.A. Roig
Ref.: Roig, 1971; Freire, 1996.
Hábito: Subarbusto.
Status: Endémica.
Elevación: 500-1000 m.
Prov.: ME.
Ejemplar examinado: *Roig 6371* (MERL).

Hyalis lancifolia Baker
Sin.: *Hyalis lorentzii* Hieron., *Plazia acaciifolia* J. Kost.
Ref.: Cabrera, 1978; Freire, 1996.
Hábito: Subarbusto.
Status: Nativa.
Elevación: 0-1000 m.
Prov.: CA, CH, FO, JU, SA, TU.
Paises limítrofes: BO, PA.
Ejemplar examinado: *Cabrera y Fabris 16233* (LP).

Hyalis lorentzii Hieron. = **Hyalis lancifolia** Baker
Ref.: Cabrera, 1978

Hyaloseris Griseb. Mutisieae.
Número de especies: 4, 3 especies endémicas.

Hyaloseris andrade-limae Cristóbal & Cabrera
Ref.: Cristóbal & Cabrera, 1982; Katinas, 1996a.
Hábito: Arbusto.
Status: Endémica.
Elevación: 0-500 m.
Prov.: SE
Ejemplar examinado: *Krapovickas et al. 37415* (LP).

Hyaloseris camataquiensis Hieron. ex J. Kost.
Ref.: Ariza Espinar, 1973d; Katinas, 1996a.
Hábito: Arbusto.
Status: Nativa.
Elevación: 3000-4000 m.
Prov.: JU.
Paises limítrofes: BO.
Ejemplar examinado: *Werner 852* (LP).

Hyaloseris cinerea (Griseb.) Griseb. var. **cinerea**
Sin.: *Gochnatia cinerea* Griseb.
Ref.: Ariza Espinar, 1973d; Katinas, 1996a.
Hábito: Arbusto.
Status: Endémica.
Elevación: 500-1500 m.
Prov.: CA, LR, SJ, SL
Ejemplar examinado: *Hunziker 1771* (LP).

Hyaloseris cinerea (Griseb.) Griseb. var. **tomentella** Griseb.
Sin.: *Hyaloseris tomentella* (Griseb.) Hieron.
Ref.: Ariza Espinar, 1973d; Katinas, 1996a.
Hábito: Arbusto.
Status: Endémica.
Elevación: 0-3000 m.
Prov.: CO, LR, SJ, SL.
Ejemplar examinado: *Ragonese 9335* (LP).

Hyaloseris rubicunda Griseb.
Ref.: Ariza Espinar, 1973d; Katinas, 1996a.
Hábito: Arbusto.
Status: Endémica.
Elevación: 1500-3000 m.
Prov.: CA, LR, SA, SJ, TU.
Ejemplar examinado: *Spegazzini 1597* (LP).

Hyaloseris salicifolia (Griseb.) Hieron. = **Dinoseris salicifolia** Griseb.
Ref.: Ariza Espinar, 1973d; Cabrera, 1978.

Hyaloseris tomentella (Griseb.) Hieron. = **Hyaloseris cinerea** (Griseb.) Griseb. var. **tomentella** Griseb.
Ref.: Ariza Espinar, 1973d.

Hymenatherum belenidium DC. = **Thymophylla pentachaeta** (DC.) Small var. **belenidium** (DC.) Strother
Ref.: Strother 1969, 1986; Petenatti & Ariza Espinar, 1997.

Hymenatherum candolleanum Hook. & Arn., nom. illeg. = **Thymophylla pentachaeta** (DC.) Small var. **belenidium** (DC.) Strother
Ref.: Strother 1969, 1986; Petenatti & Ariza Espinar, 1997.

Hymenatherum kunthii Less. = **Lasthenia kunthii** (Less.) Hook. & Arn.
Ref.: Ornduff, 1966; Cabrera, 1995a; Petenatti & Ariza Espinar, 1997.

Hymenatherum thurberi A. Gray = **Thymophylla pentachaeta** (DC.) Small var. **belenidium** (DC.) Strother
Ref.: Strother 1969, 1986.

Hymenopappus anthemoides Juss. = **Hymenoxys anthemoides** (Juss.) Cass.
Ref.: Parker, 1962; Petenatti & Ariza Espinar, 1997.

Hymenopholis imbricata Gardner = **Lucilia lycopodioides** Less.
Ref.: Freire 1989.

Hymenostephium Benth. Heliantheae.

Número de especies: 1

Hymenostephium debile (Cabrera) Cabrera
Sin.: *Viguiera cabrerae* H. Rob., *Viguiera debile* (Cabrera) Ariza, *Wulffia debile* Cabrera
Ref.: Cabrera, 1978; Sáenz, inéd.c.
Hábito: Hierba.
Status: Nativa.
Elevación: 500-2000 m.
Prov.: CA, JU, SA, TU.
Paises limítrofes: BO.
Ejemplar examinado: *Fabris et al. 5703* (LP).

Hymenoxys Cass. Helenieae.

Número de especies: 4, 1 especie endémica.

Hymenoxys anthemoides (Juss.) Cass.
Sin.: *Actinea anthemoides* (Juss.) Kuntze, *Actinea haenkeana* (DC.) Kuntze, *Actinella anthemoides* (Juss.) A. Gray, *Actinella anthemoides* (Juss.) Malme, comb. superfl., *Actinella anthemoides* (Juss.) Herter, comb. illeg., *Hymenopappus anthemoides* Juss., *Hymenoxys haenkeana* DC., *Hymenoxys parodii* Johnst.
Ref.: Parker, 1962; Bierner, 1987; Petenatti & Ariza Espinar, 1997.
Hábito: Hierba.
Status: Nativa.
Elevación: 0-1000 m.
Prov.: BA, CA, CH, CO, COR, ER, FO, LP, ME, SA, SE, SF, SL, TU.
Paises limítrofes: BR, UR.
Ejemplar examinado: *Cabrera 1542* (LP).

Hymenoxys cabrerae K.L. Parker
Ref.: Parker, 1962; Petenatti & Ariza Espinar, 1997.
Hábito: Hierba.
Status: Endémica.
Elevación: 0-500 m.
Prov.: BA, CHU, LP, RN, SF.
Ejemplar examinado: *Covas y Ragonese 3799* (LP).

Hymenoxys haenkeana DC. = **Hymenoxys anthemoides** (Juss.) Cass.
Ref.: Parker, 1962; Petenatti & Ariza Espinar, 1997.

Hymenoxys parodii Johnst. = **Hymenoxys anthemoides** (Juss.) Cass.
Ref.: Parker, 1962; Petenatti & Ariza Espinar, 1997.

Hymenoxys robusta (Rusby) K.L. Parker
Sin.: *Cephalophora robusta* Rusby
Ref.: Parker, 1962; Petenatti & Ariza Espinar, 1997.
Hábito: Hierba.
Status: Nativa.
Prov.: JU.
Paises limítrofes: BO.
Ejemplar examinado: *Soriano 676* (LP).

Hymenoxys tweediei Hook. & Arn.
Sin.: *Actinea tweediei* (Hook. & Arn.) Kuntze, *Actinella tweediei* (Hook. & Arn.) Malme, comb. superfl.
Ref.: Parker, 1962; Bierner, 1987; Petenatti & Ariza Espinar, 1997.
Hábito: Hierba.
Status: Nativa.
Elevación: 0-500 m.
Prov.: BA, ER.
Paises limítrofes: BR, UR.
Ejemplar examinado: *Cabrera 12444* (LP).

Hyoseris cretica L = **Hedypnois cretica** (L.) Willd.
Ref.: Cabrera, 1963a.

Hyoseris taraxacoides vill. = **Leontodon taraxacoides** (Vill.) Mérat
Ref.: Ariza Espinar & Urtubey, 1998.

Hypochaeris L. Lactuceae.

Número de especies: 33, 7 especies endémicas y 1 variedad endémica.

Hypochaeris acaulis (J. Rémy) Britton
Sin.: *Achyrophorus acaulis* J. Rémy
Ref.: Cabrera, 1971a.
Hábito: Hierba.
Status: Nativa.
Elevación: 2000-2500 m.
Prov.: ME, NE.
Paises limítrofes: CH.
Ejemplar examinado: *Cabrera 6154* (LP).

Hypochaeris alba Cabrera
Ref.: Cabrera, 1937a.
Hábito: Hierba.
Status: Nativa.
Elevación: 0-500 m.
Prov.: COR.
Ejemplar examinado: *Meyer 2116* (BA).

Hypochaeris andina (DC.) Benth. & Hook. f. ex Griseb. = **Hypochaeris arenaria** Gaudich. var. **andina** (DC.) Cabrera
Ref.: Cabrera, 1971a.

Hypochaeris apargioides Hook. & Arn, hom. illeg. = **Hypochaeris picroides** Griseb.
Ref.: Cabrera, 1963a.

Hypochaeris arenaria Gaudich. var. **andina** (DC.) Cabrera
Sin.: *Achyrophorus andinus* DC., *Hypochaeris andina* (DC.) Benth. & Hook. f. ex Griseb.
Ref.: Cabrera, 1971a.
Hábito: Hierba.
Status: Nativa.
Elevación: ca. 1200 m.
Prov.: NE, RN.
Paises limítrofes: CH.
Ejemplar examinado: *Cabrera 6053* (LP).

Hypochaeris arenaria Gaudich. var. **arenaria**
Sin.: *Achyrophorus arenarius* (Gaudich.) DC., *Achyrophorus humilis* Phil., *Achyrophorus webbii* Sch. Bip., *Hypochaeris pygmaea* Phil., *Hypochaeris humilis* (Phil.) Reiche, *Hypochaeris ushuaiae* Skottsb., *Leontodon arenarius* (Gaudich.) Albov
Ref.: Cabrera, 1971a.
Hábito: Hierba.
Status: Nativa.
Elevación: 0-2500 m.
Prov.: CHU, ME, NE, RN , SC, TF.
Paises limítrofes: CH.
Ejemplar examinado: *Cabrera 6229* (LP).

Hypochaeris arenaria Gaudich. var. *coronopifolia* (Sch. Bip.) Speg. = **Hypochaeris incana** (Hook. & Arn.) Macloskie var. **integrifolia** (Sch. Bip. ex Walp.) Cabrera
Ref.: Cabrera, 1971a.

Hypochaeris arenaria Gaudich. var. *integrifolia* (Sch. Bip. ex Walp.) Speg. = **Hypochaeris incana** (Hook. & Arn.) Macloskie var. **integrifolia** (Sch. Bip. ex Walp.) Cabrera
Ref.: Cabrera, 1971a.

Hypochaeris argentina Cabrera
Ref.: Cabrera, 1974b, 1978.
Hábito: Hierba.
Status: Endémica.
Elevación: 2000-3000 m.
Prov.: JU, CO.
Ejemplar examinado: *Cabrera y Kiesling 20208* (LP).

Hypochaeris brasiliensis (Less.) Benth. & Hook. f. ex Griseb. var. *albiflora* Kuntze = **Hypochaeris microcephala** (Sch. Bip.) Cabrera var. **albiflora** (Kuntze) Cabrera
Ref.: Cabrera, 1963a.

Hypochaeris brasiliensis (Less.) Benth. & Hook. f. ex Griseb. = **Hypochaeris chillensis** (Kunth) Hieron.
Ref.: Cabrera, 1978.

Hypochaeris brasiliensis (Less.) Benth. & Hook. f. ex Griseb. var. *microcephala* (Sch. Bip.) Baker = **Hypochaeris microcephala** (Sch. Bip.) Cabrera var. **microcephala**
Ref.: Cabrera, 1963a.

Hypochaeris brasiliensis (Less.) Benth. & Hook. f. ex Griseb. var. *tweediei* (Hook. & Arn.) Baker = **Hypochaeris chillensis** (Kunth) Cabrera
Ref.: Cabrera, 1978.

Hypochaeris caespitosa Cabrera
Ref.: Cabrera, 1951b.
Hábito: Hierba.
Status: Endémica.
Elevación: 1000-2500 m.
Prov.: CO, SL.
Ejemplar examinado: *Cabrera y Kiesling 20407* (LP).

Hypochaeris chillensis (Kunth) Hieron.
Sin.: *Apargia chillensis* Kunth, *Achyrophorus brasiliensis* (Less.) Sch. Bip., *Achyrophorus chillensis* (Kunth) Sch. Bip., *Achyrophorus chilensis* Sch. Bip., *Achyrophorus sagittatus* Phil., *Hypochaeris brasiliensis* (Less.) Benth. & Hook. f. ex Griseb., *Hypochaeris brasiliensis* (Less.) Benth. & Hook. f. ex Griseb. var. *tweediei* (Hook. & Arn.) Baker, *Hypochaeris tweediei* (Hook. & Arn.) Cabrera, *Leontodon chilense* DC., *Porcellites brasilienses* Less, *Seriola brasiliensis* Less., *Seriola tweediei* Hook. & Arn.
Ref.: Cabrera, 1976a, 1978.
Hábito: Hierba.
Status: Nativa.
Elevación: 0-3000 m.
Prov.: BA, CA, CH, CO, COR, ER, JU, ME, MI, RN, SA, SE, SF, SJ, SL, TU.
Paises limítrofes: BO, BR, UR, PA.
Ejemplar examinado: *Cabrera 1532* (LP).

Hypochaeris chondrilloides (A. Gray) Cabrera
Sin.: *Achyrophorus chondrilloides* A. Gray, *Achyrophorus deserticola* Phil., *Achyrophorus glaucus* Phil., *Hypochaeris glauca* (Phil.) Reiche, *Hypochaeris glauca* (Phil.) Reiche f. *halofila* Hauman, *Hypochaeris halophila* (Hauman) Cabrera, *Oreophila chondrilloides* D. Don ex A. Gray
Ref.: Cabrera, 1963a.
Hábito: Hierba.
Status: Nativa.
Elevación: 0-3000 m.
Prov.: BA, CA, CHU, CO, JU, LR, ME, NE, RN, SA, SC, SJ.
Paises limítrofes: CH.
Ejemplar examinado: *Cabrera et al. 16769* (LP).

Hypochaeris chubutensis Bortiri
Ref.: Bortiri, 1997.
Hábito: Hierba.
Status: Endémica.
Elevación: 0-1000 m.
Prov.: CHU, TF.
Ejemplar examinado: *Soriano 1447* (LP).

Hypochaeris clarionoides (J. Rémy) Reiche = **Hypochaeris tenuifolia** (Hook. & Arn.) Griseb. var. **clarionoides** (J. Rémy)
Ref.: Bortiri, 1997.

Hypochaeris echegarayi Hieron.
Sin.: *Achyrophorus setosus* Wedd., *Hypochaeris meyeniana* (Walp.) Griseb. var. *leucantha* Cabrera, *Hypochaeris ornata* J. Kost., *Hypochaeris setosa* (Wedd.) Rusby
Ref.: Hieronymus, 1881; Cabrera, 1978.
Hábito: Hierba.
Status: Nativa.

Elevación: 3500-4500 m.
Prov.: JU, SJ.
Paises limítrofes: BO.
Ejemplar examinado: *Cabrera et al. 15393* (LP).

Hypochaeris elata (Wedd.) Griseb.
Sin.: *Achyrophorus elatus* Wedd.
Ref.: Cabrera, 1978.
Hábito: Hierba.
Status: Nativa.
Elevación: 2000-4000 m.
Prov.: CA, CO, JU, LR, SA, SJ, SL, TU.
Paises limítrofes: BO, CH.
Ejemplar examinado: *Cabrera 8278* (LP).

Hypochaeris eremophila Cabrera
Sin.: *Distoecha taraxacoides* Phil.
Ref.: Cabrera, 1978.
Hábito: Hierba.
Status: Nativa.
Elevación: 4000-4500 m.
Prov.: CA, JU, LR, SA, TU.
Paises limítrofes: CH.
Ejemplar examinado: *Cabrera 8399* (LP).

Hypochaeris eriolaena (Sch. Bip.) Reiche
Sin.: *Achyrophorus eriolaenus* Sch. Bip., *Hypochaeris meyeniana* (Walp.) Griseb. var. *eriolaenoides* Cabrera.
Ref.: Bortiri, 1997.
Hábito: Hierba.
Status: Nativa.
Elevación: 2500-4000 m.
Prov.: JU.
Paises limítrofes: BO.
Ejemplar examinado: *Werner 806* (LP).

Hypochaeris eurylepis Phil. = **Hypochaeris tenuifolia** (Hook. & Arn.) Griseb. var. **eurylepis** (Phil.) Cabrera
Ref.: Cabrera, 1971a.

Hypochaeris gayana (DC.) Cabrera
Sin.: *Achyrophorus tenuifolius* (Hook. & Arn.) DC. var. *gayanus* DC., *Hypochaeris philippii* Kuntze var. *glabrescens* Kuntze, *Hypochaeris tenerifolia* (J. Rémy) Dusén var. *glabrescens* (Kuntze) Cabrera
Ref.: Cabrera, 1971a.
Hábito: Hierba.
Status: Endémica.
Elevación: 0-2500 m.
Prov.: NE, RN.
Paises limítrofes: CH.
Ejemplar examinado: *Cabrera 11292* (LP).

Hypochaeris glabra L.
Ref.: Cabrera, 1963a.
Hábito: Hierba.
Status: Adventicia.
Elevación: 0-500 m.
Prov.: BA, ER, COR, LP.
Paises limítrofes: BR, CH, UR.
Ejemplar examinado: *Cabrera 1881* (LP).

Hypochaeris glauca (Phil.) Reiche = **Hypochaeris chondrilloides** (A. Gray) Cabrera
Ref.: Cabrera, 1963a.

Hypochaeris glauca (Phil.) Reiche f. *halofila* Hauman = **Hypochaeris chondrilloides** (A. Gray) Cabrera
Ref.: Cabrera, 1963a.

Hypochaeris graminifolia Phil. = **Hypochaeris tenuifolia** (Hook. & Arn.) Griseb. var. **linearifolia** (DC.) Bortiri
Ref.: Bortiri, 1997.

Hypochaeris grisebachii Cabrera
Ref.: Cabrera, 1963a.
Hábito: Hierba.
Status: Nativa.
Elevación: 0-500 m.
Prov.: BA, ER, COR.
Paises limítrofes: UR.
Ejemplar examinado: *Cabrera 499* (LP).

Hypochaeris halofila (Hauman) Cabrera = **Hypochaeris chondrilloides** (A. Gray) Cabrera
Ref.: Cabrera, 1963a.

Hypochaeris hookeri Phil. = **Hypochaeris montana** (Phil.) Reiche var. **hookeri** (Phil.) Bortiri
Ref.: Bortiri, 1997.

Hypochaeris humilis (Phil.) Reiche = **Hypochaeris arenaria** Gaudich. var. **arenaria**
Ref.: Cabrera, 1971a.

Hypochaeris ibari Phil. = **Hypochaeris incana** (Hook. & Arn.) Macloskie var. **integrifolia** (Sch. Bip. ex Walp.) Cabrera
Ref.: Cabrera, 1971a.

Hypochaeris incana (Hook. & Arn.) Macloskie var. **incana**
Sin.: *Achyrophorus incanus* (Hook. & Arn) Sch. Bip., *Hypochaeris lanata* Dusén, *Seriola ? incana* Hook. & Arn.
Ref.: Cabrera, 1971a.
Hábito: Hierba.
Status: Nativa.
Elevación: 0-1500 m.
Prov.: CHU, NE, RN, SC, TF.
Paises limítrofes: CH.
Ejemplar examinado: *Jones 43* (LP).

Hypochaeris incana (Hook. & Arn.) Macloskie var. **integrifolia** (Sch. Bip. ex Walp.) Cabrera
Sin.: *Achyrophorus coronopifolius* Sch. Bip., *Achyrophorus coronopifolius* Sch. Bip. var. *integrifolius* Sch. Bip. ex Walp., *Hypochaeris arenaria* Gaudich. var. *coronopifolia* (Sch. Bip.) Speg., *Hypochaeris arenaria* Gaudich. var. *integrifolia* (Sch. Bip. ex Walp.) Speg. *Hypochaeris ibari* Phil., *Leontodon coronopifolium* (Sch. Bip.) Comm. ex Albov
Ref.: Cabrera, 1971a.
Hábito: Hierba.
Status: Nativa.
Elevación: 0-1000 m.
Prov.: RN, SC, TF.
Paises limítrofes: CH.
Ejemplar examinado: *Gentili 367* (LP).

Hypochaeris incana (Hook. & Arn.) Macloskie var. **leucantha** (Speg.) Cabrera
Sin.: *Achyrophorus leucanthus* Speg., *Hypochaeris leucantha* (Speg.) Speg.
Ref.: Cabrera, 1971a.
Hábito: Hierba.
Status: Nativa.
Elevación: 0-1000 m.
Prov.: CHU, SC.
Paises limítrofes: CH.
Ejemplar examinado: *Hauthal s.n.* (LP).

Hypochaeris lanata Dusén = **Hypochaeris incana** (Hook. & Arn.) Macloskie var. **incana**
Ref.: Cabrera, 1971a.

Hypochaeris leucantha (Speg.) Speg. = **Hypochaeris incana** (Hook. & Arn.) Macloskie var. **leucantha** (Speg.) Cabrera
Ref.: Cabrera, 1971a.

Hypochaeris megapotamica Cabrera
Ref.: Cabrera, 1963a.
Hábito: Hierba.
Status: Nativa.
Elevación: 0-500 m.
Prov.: BA, ER, COR.
Paises limítrofes: BR, UR.
Ejemplar examinado: *Cabrera 492* (LP).

Hypochaeris meyeniana (Walp.) Griseb. var. **brachylepis** Cabrera
Ref.: Cabrera, 1978.
Hábito: Hierba.
Status: Nativa.
Elevación: 2500-4000 m.
Prov.: JU.
Ejemplar examinado: *Cabrera et al. 15204* (LP).

Hypochaeris meyeniana (Walp.) Griseb. var. *ciliata* (Wedd.) Perkins = **Hypochaeris sessiliflora** Kunth
Ref.: Bortiri, 1997.

Hypochaeris meyeniana (Walp.) Griseb. var. *eriolaenoides* Cabrera = **Hypochaeris eriolaena** (Sch. Bip.) Reiche
Ref.: Bortiri, 1997.

Hypochaeris meyeniana (Walp.) Griseb. var. *leucantha* Cabrera = **Hypochaeris echegarayi** Hieron.
Ref.: Cabrera, 1978.

Hypochaeris meyeniana (Walp.) Griseb. var. **meyeniana**
Sin.: *Achyrophorus meyenianus* (Walp.) Walp., *Oreophila meyeniana* Walp.
Ref.: Cabrera, 1978.
Hábito: Hierba.
Status: Nativa.
Elevación: 2500-4000 m.
Prov.: JU, LR, SA, TU.
Paises límitrofes: BO.
Ejemplar examinado: *Cabrera et al. 17699* (LP).

Hypochaeris microcephala (Sch. Bip.) Cabrera var. **albiflora** (Kuntze) Cabrera
Sin.: *Hypochaeris brasiliensis* (Less.) Benth. & Hook. f. ex Griseb. var. *albiflora* Kuntze
Ref.: Cabrera, 1963a, 1978.
Hábito: Hierba.
Status: Nativa.
Elevación: 0-2000 m.
Prov.: BA, CH, CO, COR, ER, JU, SF.
Paises limítrofes: BR, PA, UR.
Ejemplar examinado: *Dawson 1011* (LP).

Hypochaeris microcephala (Sch. Bip.) Cabrera var. **microcephala**
Sin.: *Achyrophorus microcephalus* Sch. Bip., *Hypochaeris brasiliensis* (Less.) Benth. & Hook. f. ex Griseb. var. *microcephala* (Sch. Bip.) Baker, *Seriola brasilienses* Less. var. *parviflora* Hook. & Arn.
Ref.: Cabrera, 1963a.
Hábito: Hierba.
Status: Nativa.
Prov.: BA, CO, ER, FO, COR, MI, SF.
Paises limítrofes: BR, UR.
Ejemplar examinado: *Cabrera 1534* (LP).

Hypochaeris montana (Phil.) Reiche var. **hookeri** (Phil.) Bortiri
Sin.: *Hypochaeris hookeri* Phil., *Hypochaeris stenophylla* Dusén
Ref.: Bortiri, 1997.
Hábito: Hierba.
Status: Endémica.
Elevación: 0-2500 m.
Prov.: CHU, ME, NE, RN, SC.
Ejemplar examinado: *Barros s.n.* (LP).

Hypochaeris montana (Phil.) Reiche var. **montana**
Sin.: *Achyrophorus montanus* Phil., *Hypochaeris stenophylla* Dusén var. *lacinata* Hicken
Ref.: Cabrera, 1971a.
Hábito: Hierba.
Status: Nativa.
Elevación: 0-2200 m.
Prov.: LR, ME, NE, SJ.
Paises limítrofes: CH.
Ejemplar examinado: *Ruiz Leal 22001* (LP).

Hypochaeris nana Phil. = **Hypochaeris tenuifolia** (Hook. & Arn.) Griseb. var. **clarionoides** (J. Rémy) Bortiri
Ref.: Bortiri, 1997.

Hypochaeris odorata (Poepp.) Benth. & Hook. f. = **Hypochaeris tenuifolia** (Hook. & Arn) Griseb. var. **eurylepis** (Phil.) Cabrera
Ref.: Cabrera, 1971a.

Hypochaeris odorata (Poepp.) Benth. & Hook. f. var. *eurylepis* (Phil.) Reiche = **Hypochaeris tenuifolia** (Hook. & Arn) Griseb. var. **eurylepis** (Phil.) Cabrera
Ref.: Cabrera, 1971a.

Hypochaeris ornata J. Kost. = **Hypochaeris echegarayi** Hieron.
Ref.: Cabrera, 1978.

Hypochaeris palustris (Phil.) De Wild.
Sin.: *Achyrophorus palustris* Phil.
Ref.: Cabrera, 1971a.
Hábito: Hierba.
Status: Nativa.
Elevación: ca. 1200 m.
Prov.: RN.
Paises limítrofes: CH.
Ejemplar examinado: *Cabrera y Job 260* (LP).

Hypochaeris pampasica Cabrera
Ref.: Cabrera, 1963a.
Hábito: Hierba.
Status: Endémica.
Elevación: 0-2500 m.
Prov.: BA, CO, COR, ER, LP, LR, ME, RN, SA, SL.
Ejemplar examinado: *Cabrera 401* (LP).

Hypochaeris parodii Cabrera
Ref.: Cabrera, 1978.
Hábito: Hierba.
Status: Endémica.
Elevación: 1000-2500 m.
Prov.: CA, JU, SA, TU.
Ejemplar examinado: *Cabrera et al. 17019* (LP).

Hypochaeris patagonica Cabrera
Ref.: Cabrera, 1971a.
Hábito: Hierba.
Status: Endémica.
Elevación: 0-1000 m.
Prov.: CHU, SC, TF.
Ejemplar examinado: *Castellanos 7944* (LP).

Hypochaeris petiolaris (Hook. & Arn.) Griseb.
Sin.: *Achyrophorus petiolaris* (Hook. & Arn.) DC., *Seriola petiolaris* Hook. & Arn.
Ref.: Cabrera, 1963a.
Hábito: Hierba.
Status: Nativa.
Elevación: 0-500 m.
Prov.: BA, COR, ER, LP.
Paises limítrofes: BR, UR.
Ejemplar examinado: *Burkart 1781* (LP).

Hypochaeris philippii Kuntze var. *glabrescens* Kuntze = **Hypochaeris gayana** (DC.) Cabrera
Ref.: Cabrera, 1971a.

Hypochaeris pygmaea Phil. = **Hypochaeris arenaria** Gaudich. var**. arenaria**
Ref.: Cabrera, 1971a.

Hypochaeris radicata L.
Ref.: Cabrera, 1963a.
Hábito: Hierba.
Status: Adventicia.
Elevación: 0-1500 m.
Prov.: BA, CHU, CO, ER, JU, NE, RN, SC, TF.
Paises limítrofes: BR, CH, UR.
Ejemplar examinado: *Cabrera 112* (LP).

Hypochaeris rosengurttii Cabrera var. **pinnatifida** (Speg.) Cabrera
Sin.: *Hypochaeris variegata* (Lam.) Baker var. *acutibracteata* Speg., *Hypochaeris variegata* (Lam.) Baker var. *pinnatifida* Speg.
Ref.: Cabrera, 1963a.
Hábito: Hierba.
Status: Nativa.
Elevación: 0-500 m.
Prov.: BA.
Paises limítrofes: BR.
Ejemplar examinado: *Cabrera 4735* (LP).

Hypochaeris sessiliflora Kunth
Sin.: *Achyrophorus humboldtii* Sch. Bip., *Achyrophorus meyenianus* Walp. var. *ciliatus* Wedd., *Achyrophorus quitensis* Sch. Bip., *Achyrophorus quitensis* Sch. Bip. var. *sonchoides* (Kunth) Wedd., *Achyrophorus sessiliflorus* (Kunth) DC., *Hypochaeris meyeniana* (Walp.) Griseb. var. *ciliata* (Wedd.) Perkins., *Hypochaeris sonchoides* Kunth, *Oreophila sessiflora* (Kunth) D. Don
Ref.: Bortiri, 1997.
Hábito: Hierba.
Status: Nativa.
Elevación: 4000-5000 m.
Prov.: JU, SA.
Paises limítrofes: BO, CH.
Ejemplar examinado: *Deginani et. al. 784* (LP).

Hypochaeris setosa (Wedd.) Rusby = **Hypochaeris echegarayi** Hieron.
Ref.: Cabrera, 1978.

Hypochaeris sonchoides Kunth = **Hypochaeris sessiliflora** Kunth
Ref.: Bortiri, 1997.

Hypochaeris stenocephala (A. Gray) Kuntze = **Hypochaeris taraxacoides** (Walp.) Benth. & Hook. f.
Ref.: Cabrera, 1978.

Hypochaeris stenophylla Dusén = **Hypochaeris montana** (Phil.) Reiche var. **hookeri** (Phil.) Bortiri
Ref.: Bortiri, 1997.

Hypochaeris stenophylla Dusén var. *integrifolia* Kuntze = **Hypochaeris taraxacoides** (Walp.) Benth. & Hook. f.
Ref.: Cabrera, 1978.

Hypochaeris stenophylla Dusén var. *lacinata* Hicken = **Hypochaeris montana** (Phil.) Reiche
Ref.: Cabrera, 1971a.

Hypochaeris stenocephala Dusén var. *taraxacoides* Kuntze = **Hypochaeris taraxacoides** (Walp.) Benth. & Hook. f.
Ref.: Cabrera, 1978.

Hypochaeris taraxacoides (Walp.) Benth. & Hook. f.
Sin.: *Achyrophorus taraxacoides* Walp. *Achyrophorus stenocephalus* A. Gray ex Wedd., *Hypochaeris stenocephala* (A. Gray) Kuntze, *Hypochaeris stenocephala* (A. Gray) Kuntze var. *integrifolia* Kuntze, *Hypochaeris stenocephala* (A. Gray) Kuntze var. *taraxacoides* Kuntze., *Oreophila taraxacifolia* Meyen & Walp.

Ref.: Cabrera, 1978.
Hábito: Hierba.
Status: Nativa.
Elevación: 3000-4500 m.
Prov.: JU, LR, SA, TU.
Paises limítrofes: BO, CH.
Ejemplar examinado: *Cabrera et al. 17656* (LP).

Hypochaeris tenerifolia (J. Rémy) Dusén
Sin.: *Achyrophorus tenerifolius* J. Rémy
Ref.: Cabrera, 1971a.
Hábito: Hierba.
Status: Nativa.
Elevación: 0-1500 m.
Prov.: CHU, NE, TF.
Paises limítrofes: CH.
Ejemplar examinado: *Cabrera 11124* (LP).

Hypochaeris tenerifolia (J. Rémy) Dusén var. *glabrescens* (Kuntze) Cabrera = **Hypochaeris gayana** (DC.) Cabrera
Ref.: Cabrera, 1971a.

Hypochaeris tenuifolia (Hook. & Arn.) Griseb. var. **clarionoides** (J. Rémy) Bortiri
Sin.: *Achyrophorus clarionoides* J. Rémy, *Achyrophorus microphyllus* J. Rémy, *Achyrophorus microphyllus* J. Rémy, *Hypochaeris clarionoides* (J. Rémy) Reiche, *Hypochaeris nana* Phil.
Ref.: Bortiri, 1997.
Hábito: Hierba.
Status: Nativa.
Elevación: 2000-3500 m.
Prov.: ME, SJ.
Paises limítrofes: CH.
Ejemplar examinado: *King 700* (LP).

Hypochaeris tenuifolia (Hook. & Arn.) Griseb. var. **eurylepis** (Phil.) Cabrera
Sin.: *Achyrophorus araucanus* Phil., *Achyrophorus odoratus* (Poepp.) Walp., *Hypochaeris eurylepis* Phil., *Hypochaeris odorata* (Poepp.) Benth. & Hook. f. var. *eurylepis* (Phil.) Reiche, *Hypochaeris odorata* (Poepp.) Benth. & Hook. f., *Oreophila odorata* Poepp.
Ref.: Cabrera, 1971a.
Hábito: Hierba.
Status: Nativa.
Elevación: 2000-3000 m.
Prov.: CHU, ME, NE, RN.
Paises limítrofes: CH.
Ejemplar examinado: *Boelke 11620* (LP).

Hypochaeris tenuifolia (Hook. & Arn.) Griseb. var. **linearifolia** (DC.) Bortiri
Sin.: *Achyrophorus graminifolius* Sch. Bip. ex Walp., *Achyrophorus tenuifolius* (Hook. & Arn.) DC. var. *linearifolius* DC., *Hypochaeris graminifolia* Phil.
Ref.: Bortiri, 1997.
Hábito: Hierba.
Status: Nativa.
Elevación: 1500-2000 m.
Prov.: NE.
Paises limítrofes: CH.
Ejemplar examinado: *Barros 7477* (LP).

Hypochaeris tenuifolia (Hook. & Arn) Griseb. var. **tenuifolia**
Sin.: *Achyrophorus tenuifolius* (Hook. & Arn.) DC., *Seriola tenuifolia* Hook. & Arn.
Ref.: Cabrera, 1971a.
Hábito: Hierba.
Status: Nativa.
Elevación: 2000-3000 m.
Prov.: ME, NE, RN.
Paises limítrofes: CH.
Ejemplar examinado: *Ragonese 258* (LP).

Hypochaeris tropicalis Cabrera var. **australis** Cabrera
Ref.: Cabrera, 1974a.
Hábito: Hierba.
Status: Nativa.
Elevación: 0-1000 m.
Prov.: COR, ER, MI.
Paises limítrofes: PA, UR.
Ejemplar examinado: *Birabén 5149* (LP)

Hypochaeris tropicalis Cabrera var. **tropicalis**
Ref.: Cabrera, 1963a.
Hábito: Hierba.
Status: Nativa.
Elevación: 0-1000 m.
Prov.: MI.
Paises limítrofes: PA.
Ejemplar examinado: *Montes 10273* (LP).

Hypochaeris tweediei (Hook. & Arn.) Cabrera = **Hypochaeris chillensis** (Kunth) Hieron.
Ref.: Cabrera, 1978.

Hypochaeris ushuaiae Skottsb. = **Hypochaeris arenaria** Gaudich. var. **arenaria**
Ref.: Cabrera, 1971a.

Hypochaeris variegata (Lam.) Baker
Sin.: *Achyrophorus variegatus* (Lam.) Sch. Bip., *Apargia variegata* (Lam.) Willd., *Hieracium variegatum* Lam., *Hypochaeris variegata* (Lam.) Baker var. *glaucescens* Speg., *Hypochaeris variegata* (Lam.) Baker var. *nana* Speg., *Leontodon variegatum* Willd. ex Poiret
Ref.: Cabrera, 1963a.
Hábito: Hierba.
Status: Nativa.
Elevación: 0-1000 m.
Prov.: BA, ER, COR, MI.
Paises limítrofes: BR, PA, UR.
Ejemplar examinado: *Cabrera 4676* (LP).

Hypochaeris variegata (Lam.) Baker var. *acutibracteata* Speg. = **Hypochaeris rosengurttii** Cabrera var. **pinnatifida** (Speg.) Cabrera
Ref.: Cabrera, 1963a.

Hypochaeris variegata (Lam.) Baker var. *glaucescens* Speg. = **Hypochaeris variegata** (Lam.) Baker
Ref.: Cabrera, 1963a.

Hypochaeris variegata (Lam.) Baker var. *nana* Speg. = **Hypochaeris variegata** (Lam.) Baker
Ref.: Cabrera, 1963a.

Hypochaeris variegata (Lam.) Baker var. *pinnatifida* Speg. = **Hypochaeris rosengurttii** Cabrera var. **pinnatifida** (Speg.) Cabrera
Ref.: Cabrera, 1963a.

Hysterionica Willd. Astereae.

Número de especies: 10, 5 especies endémicas.

Hysterionica aberrans (Cabrera) Cabrera var. **aberrans**
Sin.: *Hysterionica bakeri* Hicken var. *aberrans* Cabrera
Ref.: Cabrera, 1946.
Hábito: Hierba.
Status: Endémica.
Elevación: 3000-3500 m.
Prov.: TU.
Ejemplar examinado: *Venturi 3126* (holotipo, LP).

Hysterionica aberrans (Cabrera) Cabrera var. **hunzikeri** Ariza
Ref.: Ariza Espinar, 1980a.
Hábito: Hierba.
Status: Endémica.
Elevación: 2000-3000 m.
Prov.: CA, JU, TU.
Ejemplar examinado: *Fabris 3999* (paratipo, LP).

Hysterionica bakeri Hicken
Sin.: *Hysterionica caurina* I.M. Johnst., *Hysterionica grisebachi* Hieron., nom. nud.
Ref.: Cabrera, 1946, 1978; Ariza Espinar, 1980a.
Hábito: Hierba.
Status: Nativa.
Elevación: 500-2500 m.
Prov.: CA, CH, JU, SA, SE.
Ejemplar examinado: *Parodi 9052* (isotipo de *Hysterionica caurina*, LP).

Hysterionica bakeri Hicken var. *aberrans* Cabrera = **Hysterionica aberrans** (Cabrera) Cabrera
Ref.: Cabrera, 1946.

Hysterionica bakeri Hicken f. *decumbens* Hicken = **Hysterionica pulchella** Cabrera
Ref.: Cabrera, 1946.

Hysterionica cabrerae Ariza
Ref.: Ariza Espinar, 1980a.
Hábito: Subarbusto.
Status: Endémica.
Elevación: 2000-3500 m.
Prov.: ME, LR, SJ.
Ejemplar examinado: *Roig y Ambrosetti 7692* (holotipo, LP).

Hysterionica caurina I.M. Johnst. = **Hysterionica bakeri** Hicken
Ref.: Cabrera, 1946.

Hysterionica dianthifolia (Griseb.) Cabrera var. **dianthifolia**
Sin.: *Erigeron dianthifolius* Griseb., *Neja dianthifolia* (Griseb.) G.L. Nesom
Ref.: Cabrera, 1946; Ariza Espinar, 1980a; Nesom, 1994d.
Hábito: Subarbusto.
Status: Endémica.
Elevación: 2000-3000 m.
Prov.: CO.
Ejemplar examinado: *Hunziker 9649* (LP).

Hysterionica dianthifolia (Griseb.) Cabrera var. **pulvinata** (Cabrera) Ariza
Sin.: *Hysterionica pulvinata* Cabrera, *Neja pulvinata* (Cabrera) G.L. Nesom
Ref.: Ariza Espinar, 1980a; Nesom, 1994d.
Hábito: Subarbusto.
Status: Endémica.
Elevación: 2000-2500 m.
Prov.: CO.
Ejemplar examinado: *A.T. Hunziker 6427* (holotipo, LP).

Hysterionica famatinense Hieron. nom. nud. = **Hysterionica pulchella** Cabrera
Ref.: Ariza Espinar, 1980a.

Hysterionica filiforme (Spreng.) Cabrera
Sin.: *Diplopappus stenophyllus* Hook. & Arn., *Erigeron filiformis* Spreng., *Hysterionica gracilis* (D. Don ex Sweet) Benth. & Hook. f., *Hysterionica setuligera* Gand., *Neja filiformis* (Spreng.) G.L. Nesom, *Neja gracilis* D. Don ex Sweet
Ref.: Cabrera, 1946, 1974a; Nesom, 1994d.
Hábito: Subarbusto.
Status: Nativa.
Elevación: 0-500 m.
Prov.: ER.
Paises limítrofes: BR, UR.
Ejemplar examinado: *Burkart et al. 25511* (SI).

Hysterionica glaucifolia (Kuntze) Solbrig
Sin.: *Erigeron glaucifolius* Kuntze
Ref.: Solbrig, 1955.
Hábito: Subarbusto.
Status: Endémica.
Elevación: 500-1000 m.
Prov.: ME.
Ejemplar examinado: *Boelcke et al. 15789* (LP).

Hysterionica gracilis (D. Don ex Sweet) Benth. & Hook. f. = **Hysterionica filiforme** (Spreng.) Cabrera
Ref.: Cabrera, 1974a.

Hysterionica grisebachi Hieron., nom. nud. = **Hysterionica bakeri** Hicken
Ref.: Ariza Espinar, 1980a.

Hysterionica intermedia Hieron., nom. nud. = **Hysterionica jasionoides** Willd.
Ref.: Ariza Espinar, 1980a.

Hysterionica jasionoides Willd.
Sin.: *Chrysopsis ? andicola* Phil., *Diplopappus hispidus* Gillies ex Hook. & Arn., *Erigeron mendocinus* Greene, *Heterochaeta hispida* DC., *Hysterionica intermedia* Hieron., nom. nud.
Ref.: Cabrera, 1946, 1963a, 1971a, 1978.
Hábito: Hierba.
Status: Nativa.
Elevación: 0-2500 m.
Prov.: BA, CA, CH, CO, FO, JU, LR, LP, ME, NE, RN, SA, SC, SE, SF, SJ, SL, TU.
Paises limítrofes: BO, UR.
Ejemplar examinado: *Cabrera 16284* (LP).

Hysterionica montevidensis Baker = **Hysterionica villosa** (Hook. & Arn.) Cabrera
Ref.: Cabrera, 1946.

Hysterionica pinifolia (Poir.) Baker
Sin.: *Diplopappus pinifolius* Hook. & Arn., *Erigeron pinifolius* Poir., *Neja pinifolia* (Poir.) G.L. Nesom
Ref.: Cabrera, 1946, 1963a; Nesom, 1994d.
Hábito: Subarbusto.
Status: Nativa.
Elevación: 300-800 m.
Prov.: BA.
Paises limítrofes: BR, UR.
Ejemplar examinado: *Job 1298* (LP).

Hysterionica pulchella Cabrera
Sin.: *Erigeron lanceolatus* Wedd. var. *lorentzianus* Griseb., *Hysterionica bakeri* Hicken f. *decumbens* Hicken, *Hysterionica famatinense* Hieron., nom. nud.
Ref.: Cabrera, 1946; Ariza Espinar, 1980a.
Hábito: Hierba.
Status: Endémica.
Elevación: 2500-4000 m.
Prov.: CA, LR, SA, TU.
Ejemplar examinado: *Rodríguez 1347* (LP).

Hysterionica pulvinata Cabrera = **Hysterionica dianthifolia** (Griseb.) Cabrera var. **pulvinata** (Cabrera) Ariza
Ref.: Ariza Espinar, 1980a.

Hysterionica setuligera Gand. = **Hysterionica filiforme** (Spreng.) Cabrera
Ref.: Cabrera, 1974a.

Hysterionica villosa (Hook. & Arn.) Cabrera
Sin.: *Diplopappus villosus* Hook. & Arn., *Hysterionica montevidensis* Baker
Ref.: Cabrera, 1946, 1974a; Nesom, 1994d.
Hábito: Hierba.
Status: Nativa.
Elevación: 0-1000 m.
Prov.: COR, ER, MI.
Paises limítrofes: BR, PA UR
Ejemplar examinado: *Cabrera 12364* (LP).

Icma involucrata Phil. = **Baccharis gilliesii** A. Gray
Ref.: Cabrera, 1963a.

Idiothamnus lilloi (B.L. Rob.) R.M. King & H. Rob. = **Eupatorium lilloi** B.L. Rob.
Ref.: Cabrera & Freire, 1997.

Inula primulifolia Lam. = **Conyza primulifolia** (Lam.) Cuatrec. & Lourteig

Ioannea brasiliensis Spreng. = **Dasyphyllum brasiliense** (Spreng.) Cabrera var. **brasiliense**
Ref.: Cabrera, 1959

Iocenes acanthifolius (Hombr. & Jacquinot) Nord. = **Senecio acanthifolius** Hombr.& Jacquinot subsp. **acanthifolius**
Ref.: Cabrera & Zardini, 1980.

Iocenes acanthifolius (Hombr. & Jacquinot) Nord. subsp. *virens* (Phil.) Nord. = **Senecio acanthifolius** Hombr.& Jacquinot subsp. **virens** (Phil.) Cabrera
Ref.: Cabrera & Zardini, 1980.

Isostigma Less. Heliantheae.

Número de especies: 5, 2 especies endémicas.

Isostigma cordobense Cabrera
Ref.: Cabrera, 1959; Ariza Espinar, 1969.
Hábito: Subarbusto.
Status: Endémica.
Elevación: 0-1000 m.
Prov.: CO.
Ejemplar examinado: *Sayago 701* (holotipo, LP).

Isostigma crithmifolium Less.
Ref.: Cabrera, 1974a.
Hábito: Hierba.
Status: Nativa.
Elevación: 0-500 m.
Prov.: COR, ER, MI.
Paises limítrofes: BR, PA, UR.
Ejemplar examinado: *Burkart 24964* (SI).

Isostigma hoffmannii Kuntze
Ref.: Ariza Espinar, 1969; Cabrera, 1974a.
Hábito: Hierba.
Status: Nativa.
Elevación: 0-500 m.
Prov.: COR, ER, SE, SJ.
Paises limítrofes: BO.
Ejemplar examinado: *Cabrera 5821* (LP).

Isostigma molfinianum Sherff
Ref.: Ariza Espinar, 1969.
Hábito: Hierba.
Status: Endémica.
Elevación: 0-1000 m.
Prov.: LR.
Ejemplar examinado: *Kurtz 9025* (isotipo, CORD).

Isostigma peucedanifolium (Spreng.) Less.
Sin.: *Tragoceras peucedanifolium* Spreng.
Ref.: Cabrera, 1974a.
Hábito: Hierba.
Status: Nativa.
Elevación: 0-500 m.
Prov.: COR, ER, MI.
Paises limítrofes: BR, PA, UR.
Ejemplar examinado: *Fabris 6510* (LP).

Ixeris monocephala Cass. = **Agoseris coronopifolia** (d'Urv.) K.L. Chambers ex D.M. Moore
Ref.: Cabrera, 1971a.

Jaegeria Kunth. Heliantheae.

Número de especies: 1

Jaegeria bellidioides Spreng. = **Jaegeria hirta** (Lag.) Less.
Ref.: Torres, 1968; Cabrera, 1978.

Jaegeria discoidea Klatt = **Jaegeria hirta** (Lag.) Less.
Ref.: Torres, 1968; Cabrera, 1978.

Jaegeria hirta (Lag.) Less.
Sin.: *Acmella hirta* Lag., *Eclipta bellidioides* (Spreng.) Sch. Bip. ex Blake, *Jaegeria bellidioides* Spreng., *Jaegeria discoidea* Klatt, *Jaegeria hirta* (Lag.) Less. var. *glabra* Baker, *Jaegeria mnioides* Kunth, *Jaegeria parviflora* DC., *Jaegeria repens* DC., *Spilanthes ecliptoides* Gardner, *Spilanthes karvinskiana* DC., *Spilanthes mariannae* DC., *Spilanthes sessilifolia* Hemsl.
Ref.: Torres, 1968; Cabrera, 1974a, 1978.
Hábito: Hierba.
Status: Nativa.
Elevación: 1500-2000 m.
Prov.: BA, COR, ER, FO, JU, MI, SA, SF.
Paises limítrofes: BO, BR, PA.
Ejemplar examinado: *Burkart 30060* (SI).

Jaegeria hirta (Lag.) Less. var. *glabra* Baker = **Jaegeria hirta** (Lag.) Less.
Ref.: Torres, 1968; Cabrera, 1978.

Jaegeria mnioides Kunth = **Jaegeria hirta** (Lag.) Less.
Ref.: Torres, 1968; Cabrera, 1978.

Jaegeria parviflora DC. = **Jaegeria hirta** (Lag.) Less.
Ref.: Torres, 1968; Cabrera, 1978.

Jaegeria repens DC. = **Jaegeria hirta** (Lag.) Less.
Ref.: Torres, 1968; Cabrera, 1978.

Jaumea Pers. Helenieae.
Número de especies: 1

Jaumea linearifolia (Juss.) DC.
Sin.: *Kleinia linearifolia* Juss., *Jaumea linearis* Pers.
Ref.: Cabrera 1963a, 1971a; Petenatti & Ariza Espinar, 1997.
Hábito: Hierba.
Status: Nativa.
Elevación: 0-500 m.
Prov.: BA.
Paises limítrofes: UR.
Ejemplar examinado: *Cabrera 654* (LP).

Jaumea linearis Pers. = **Jaumea linearifolia** (Juss.) DC.
Ref.: Cabrera 1963a, 1971a; Petenatti & Ariza Espinar, 1997.

Jungia L. f. Mutisieae.
Número de especies: 5

Jungia affinis Gardner = **Jungia floribunda** Less.
Ref.: Harling, 1995.

Jungia divaricata Rusby = **Jungia polita** Griseb.
Ref.: Harling, 1995.

Jungia floribunda Less.
Sin.: *Jungia affinis* Gardner, *Jungia floribunda* Less. var. *affinis* (Gardner) Baker, *Jungia pubescens* (Lag.) Kuntze var. *floribunda* (Less.) Kuntze, *Jungia pubescens* (Lag.) Kuntze var. *tomentosa* Kuntze, *Jungia pyramidalis* D. Don, *Jungia tomentosa* Sch. Bip. ex Baker, nom. illeg.
Ref.: Cerrate Valenzuela, 1951; Harling, 1995; Katinas, 1995.
Hábito: Hierba.
Status: Nativa.
Elevación: 0-500 m.
Prov.: COR, MI.
Paises limítrofes: BO, BR, UR.
Ejemplar examinado: *Pedersen 1669* (LP).

Jungia floribunda Less. var. *affinis* (Gardner) Baker = **Jungia floribunda** Less.
Ref.: Harling, 1995.

Jungia herzogiana P. Beauv. ex J. Kost. = **Jungia pauciflora** Rusby
Ref.: Harling, 1995.

Jungia mandonii Sch. Bip. = **Jungia pauciflora** Rusby
Ref.: Harling, 1995.

Jungia orbicularis Rusby = **Jungia pauciflora** Rusby
Ref.: Harling, 1995.

Jungia pauciflora Rusby
Sin.: *Jungia herzogiana* P. Beauv. ex J. Kost., *Jungia mandonii* Sch. Bip., *Jungia orbicularis* Rusby, *Jungia pubescens* (Lag.) Kuntze var. *boliviensis* Kuntze
Ref.: Harling, 1995; Katinas, 1995.
Hábito: Hierba.
Status: Nativa.
Elevación: 1000-3500 m.
Prov.: CA, JU, SA, TU.
Paises limítrofes: BO.
Ejemplar examinado: *Novara et al. 2538* (LP).

Jungia polita Griseb.
Sin.: *Jungia divaricata* Rusby, *Jungia polita* Griseb. var. *divaricata* (Rusby) Kuntze, *Jungia polita* Griseb. var. *glabra* Kuntze, *Jungia polita* Griseb. var. *tomentosa* Kuntze
Ref.: Harling, 1995; Katinas, 1995.
Hábito: Hierba.
Status: Nativa.
Elevación: 500-3000 m.
Prov.: CA, CO, JU, LR, SA, SL, TU.
Paises limítrofes: BO.
Ejemplar examinado: *Venturi 9674* (LP).

Jungia polita Griseb. var. *divaricta* (Rusby) Kuntze = **Jungia polita** Griseb.
Ref.: Harling, 1995.

Jungia polita Griseb. var. *glabra* Kuntze = **Jungia polita** Griseb.
Ref.: Harling, 1995.

Jungia polita Griseb. var. *tomentosa* Kuntze = **Jungia polita** Griseb.
Ref.: Harling, 1995.

Jungia pubescens (Lag.) Kuntze var. *boliviensis* Kuntze = **Jungia pauciflora** Rusby
Ref.: Harling, 1995.

Jungia pubescens (Lag.) Kuntze var. *floribunda* (Less.) Kuntze = **Jungia floribunda** Less.
Ref.: Harling, 1995.

Jungia pubescens (Lag.) Kuntze var. *grandistipulata* Kuntze = **Jungia sordida** J. Kost.
Ref.: Harling, 1995.

Jungia pubescens (Lag.) Kuntze var. *tomentosa* Kuntze = **Jungia floribunda** Less.
Ref.: Harling, 1995.

Jungia pyramidalis D. Don = **Jungia floribunda** Less.
Ref.: Harling, 1995.

Jungia sellowii Less.
Ref.: Harling, 1995; Katinas, 1995.
Hábito: Hierba.
Status: Nativa.
Elevación: 0-1000 m.
Prov.: MI.
Paises limítrofes: BR.
Ejemplar examinado: *Hauman s.n.* (BA).

Jungia sordida J. Kost.
Sin.: *Jungia pubescens* (Lag.) Kuntze var. *grandistipulata* Kuntze
Ref.: Harling, 1995.
Hábito: Subarbusto.
Status: Nativa.
Elevación: 500-3500 m.
Prov.: CA, JU, SA, TU.
Paises limítrofes: BO.
Ejemplar examinado: *Cabrera y Marchioni 12968* (LP).

Jungia tomentosa Sch. Bip. ex Baker, nom. illeg. = **Jungia floribunda** Less.
Ref.: Harling, 1995.

Kanimia oblongifolia (DC.) Baker = **Mikania oblongifolia** DC.
Ref.: Cerana, 1997.

Kanimia thapsoides (DC.) Hieron. = **Mikania thapsoides** DC.
Ref.: Cerana, 1997.

Kaunia lasiophthalma (Griseb.) R.M. King & H. Rob. = **Eupatorium lasiophthalmum** Griseb.
Ref.: Cabrera & Freire, 1997.

Kaunia saltensis (Hieron.) R.M. King & H. Rob. = **Eupatorium saltense** Hieron.
Ref.: Cabrera & Freire, 1997.

Kentrophyllum lanatum (L.) DC. ex Duby. = **Carthamus lanatus** L.
Ref.: Cabrera, 1963a.

Kleinia filifolia Spreng. = **Porophyllum linifolium** (Ard.) DC.
Ref.: Johnson, 1969; Cabrera, 1974a; Petenatti & Ariza Espinar, 1997.

Kleinia filifolia Hook. & Arn., p.p. = **Porophyllum angustissimum** Gardner
Ref.: Petenatti & Ariza Espinar, 1997.

Kleinia linearifolia Juss. = **Jaumea linearifolia** (Juss.) DC.
Ref.: Cabrera, 1963a, 1971a; Petenatti & Ariza Espinar, 1997.

Kleinia linifolia Hook. & Arn. = **Porophyllum obscurum** (Spreng.) DC.
Ref.: Cabrera, 1974a; Petenatti & Ariza Espinar, 1997.

Kleinia obscura Spreng. = **Porophyllum obscurum** (Spreng.) DC.
Ref.: Cabrera, 1974a; Petenatti & Ariza Espinar, 1997.

Kleinia porophyllum (L.) Willd. = **Porophyllum ruderale** (Jacq.) Cass.
Ref.: Keil, 1975.

Kleinia pumila Hook. & Arn. = **Porophyllum linifolium** (Ard.) DC.
Ref.: Johnson, 1969; Cabrera 1974a; Petenatti & Ariza Espinar, 1997.

Kleinia ruderalis Jacq. = **Porophyllum ruderale** (Jacq.) Cass.
Ref.: Keil, 1975; Petenatti & Ariza Espinar, 1997.

Kleinia selloi Spreng. = **Stevia selloi** (Spreng.) Sch. Bip. ex Baker
Ref.: Cabrera & Vittet, 1954.

Kleinia suffruticosa (L.) Willd. = **Porophyllum linifolium** (Ard.) DC.
Ref.: Cabrera, 1974a.

Koanophyllon simillimum (B.L. Rob.) R.M. King & H. Rob. = **Eupatorium simillimum** B.L. Rob.
Ref.: Cabrera & Freire, 1997.

Koanophyllon solidaginoides (Kunth) R.M. King & H. Rob. = **Eupatorium solidaginoides** Kunth
Ref.: Cabrera, 1978; Ariza Espinar, 1994.

Koanophyllon stipuliferum (Rusby) R.M. King & H. Rob. = **Eupatorium solidaginoides** Kunth
Ref.: Ariza Espinar, 1994.

Kremeria myconis (L.) Maire = **Coleostephus myconis** (L.) Cass.
Ref.: Bremer & Humphries, 1993; Ariza Espinar, 1997b.

Lactuca L. Lactuceae.

Número de especies: 3

[Lactuca muralis (L.) Fresnel]
Nota: Cita dudosa para la flora argentina.

Lactuca saligna L.
Ref.: Cabrera, 1963a.; Ariza Espinar & Urtubey, 1998.
Hábito: Hierba.
Status: Adventicia.
Elevación: 0-1000 m.
Prov.: BA, CA, LP, NE, SL.
Paises limítrofes: UR.
Ejemplar examinado: *Nicora y Giardelli 95* (LP).

Lactuca sativa L.
Ref.: Cabrera, 1963a; Ariza Espinar & Urtubey, 1998.
Hábito: Hierba.
Status: Adventicia.
Elevación: 0-500 m.
Prov.: BA, CO.
Paises limítrofes: CH.
Ejemplar examinado: *Cabrera 9904* (LP).

Lactuca scariola L. = **Lactuca serriola** L.
Ref.: Cabrera, 1963a.

Lactuca serriola L.
Sin.: *Lactuca scariola* L.
Ref.: Cabrera, 1963a; Ariza Espinar & Urtubey, 1998.
Hábito: Hierba.
Status: Adventicia.
Elevación: 0-1500 m.
Prov.: BA, CA, CH, CHU, CO, COR, ER, JU, LP, LR, ME, NE, RN, SJ, SL.
Paises limítrofes: BR, CH, PA, UR.
Ejemplar examinado: *Giardelli 301* (LP).

Laennecia Cass. Astereae.
Número de especies: 3, 1 especie endémica.

Laennecia altoandina (Cabrera) G.L. Nesom
Sin.: *Conyza altoandina* Cabrera
Ref.: Cabrera, 1978; Nesom, 1990b.
Hábito: Hierba.
Status: Endémica.
Elevación: ca. 4000 m.
Prov.: JU.
Ejemplar examinado: *Fabris 4132* (LP).

Laennecia alpina Poepp. = **Gamochaetopsis alpina** (Poepp.) Anderb. & S.E. Freire
Ref.: Anderberg & Freire, 1991.

Laennecia artemisiifolia (Meyen & Walp.) G.L. Nesom
Sin.: *Conyza andicola* Phil., *Conyza artemisiifolia* Meyen & Walp., *Conyza senecioides* (Wedd.) Cabrera, *Erigeron artemisiifolius* (Meyen & Walp.) Sch. Bip., *Erigeron senecioides* Wedd.
Ref.: Cabrera, 1978; Nesom, 1990b.
Hábito: Hierba.
Status: Nativa.
Elevación: 3500-4500 m.
Ref.: Cabrera, 1978.
Prov.: JU, SA.
Paises limítrofes: BO, CH.
Ejemplar examinado: *Burkart y Troncoso 11666* (LP).

Laennecia sophiifolia (Kunth) G.L. Nesom
Sin.: *Conyza coultery* A. Gray, *Conyza pulchella* Kunth, *Conyza serpentaria* Griseb., *Conyza sophiifolia* Kunth, *Marsea sophiifolia* (Kunth) Badillo
Ref.: Cabrera, 1978; Nesom, 1990b.
Hábito: Hierba.
Status: Nativa.
Elevación: 1000-3000 m.
Prov.: CA, CH, CO, JU, LP, LR, ME, SA, SE, SJ, SL, TU.
Paises limítrofes: BO.
Ejemplar examinado: *Burkart y Troncoso 11159* (LP).

Lagascea Cav. Heliantheae.
Número de especies: 1

Lagascea campestris Gardner = **Lagascea mollis** Cav.
Ref.: Cabrera, 1978.

Lagascea kunthiana Gardner = **Lagascea mollis** Cav.
Ref.: Cabrera, 1978.

Lagascea mollis Cav.
Sin.: *Lagascea campestris* Gardner, *Lagascea kunthiana* Gardner, *Lagascea parvifolia* Klatt, *Noccaea mollis* (Cav.) Jacq.
Ref.: Stuessy, 1978; Cabrera, 1978.
Hábito: Hierba.
Status: Nativa.
Elevación: 0-1000 m.
Prov.: CH, CO, COR, FO, JU, SA, SE, TU.
Paises limítrofes: BO, PA.
Ejemplar examinado: *Cabrera et al. 23683* (LP).

Lagascea parvifolia Klatt = **Lagascea mollis** Cav.
Ref.: Cabrera, 1978.

Lagenifera hariotii (Franch.) T.R. Dudley = **Lagenophora hariotii** Franch.
Ref.: Dudley, 1981.

Lagenifera nudicaulis (Comm. ex Lam.) T.R. Dudley = **Lagenophora nudicaulis** (Comm. ex Lam.) Dusén
Ref.: Dudley, 1981.

Lagenophora Cass. Astereae.
Número de especies: 3

Lagenophora commersonii Cass. = **Lagenophora nudicaulis** (Comm. ex Lam.) Dusén
Ref.: Cabrera, 1971a.

Lagenophora commersonii Cass. var. *hirsuta* (Poepp. ex Less.) Hook. f. = **Lagenophora hirsuta** Poepp. ex Less.
Ref.: Cabrera, 1971a.

Lagenophora hariotii Franch.
Sin.: *Lagenifera hariotii* (Franch.) T.R. Dudley, *Lagenophora hirsuta* Skottsb., hom. illeg., *Lagenophora hirsuta* Poepp. ex Less. var. *gracilis* Albov
Ref.: Cabrera, 1966a, 1971a; Dudley, 1981; Moore, 1983a.
Hábito: Hierba.
Status: Nativa.
Elevación: 0-1500 m.
Prov.: CHU, NE, RN, SC, TF.
Paises limítrofes: CH.
Ejemplar examinado: *Corte 213* (LP).

Lagenophora hirsuta Poepp. ex Less.
Sin.: *Lagenophora commersonii* Cass. var. *hirsuta* (Poepp. ex Less.) Hook. f.
Ref.: Cabrera, 1966a, 1971a.
Hábito: Hierba.
Status: Nativa.
Elevación: 500-1500 m.
Prov.: CHU, NE, RN.
Paises limítrofes: CH.
Ejemplar examinado: *Cabrera y Job 195* (LP).

Lagenophora hirsuta Poepp. ex Less. var. *gracilis* Albov = **Lagenophora hariotii** Franch.
Ref.: Cabrera, 1966a, 1971a.

Lagenophora hirsuta Skottsb. = **Lagenophora hariotii** Franch.
Ref.: Moore, 1974a, 1983a.

Lagenophora nudicaulis (Comm. ex Lam.) Dusén
Sin.: *Aster nudicaulis* Comm. ex Lam., *Bellis magellanica* DC., *Calendula magellanica* Willd., *Calendula pusilla* Thouars, *Lagenifera nudicaulis* (Comm. ex Lam.) T.R. Dudley, *Lagenophora commersonii* Cass., *Lagenophora purpurascens* Phil.
Ref.: Cabrera, 1971a; Dudley, 1981; Moore, 1983a.
Hábito: Hierba.
Status: Nativa.
Elevación: 0-2500 m.
Prov.: NE, RN, TF.
Paises limítrofes: CH.
Ejemplar examinado: *Moore 503* (LP).

Lagenophora purpurascens Phil. = **Lagenophora nudicaulis** (Comm. ex Lam.) Dusén
Ref.: Cabrera, 1971a.

Lancisia australis (Sieber ex Spreng.) Rydb. = **Cotula australis** (Sieber ex Spreng.) Hook. f.
Ref.: Cabrera, 1963a, 1971a, 1974a.

Lancisia coronopifolia (L.) Rydb. = **Cotula coronopifolia** L.
Ref.: Caro, 1961b.

Lancisia minuta (L. f.) Rydb. = **Cotula mexicana** (DC.) Cabrera
Ref.: Cabrera, 1960.

Lappa glabra Lam. = **Arctium minus** (Hill.) Bernh.
Ref.: Moore & Frankton, 1974.

Lappa minor Hill. = **Arctium minus** (Hill.) Bernh.
Ref.: Cabrera, 1963a.

Lapsana L. Lactuceae.

Número de especies: 1

Lapsana capillaris L. = **Crepis capillaris** (L.) Wallr.
Ref.: Cabrera, 1963a.

Lapsana communis L.
Ref.: Cabrera, 1963a; Ariza Espinar & Urtubey, 1998.
Hábito: Hierba.
Status: Adventicia.
Elevación: 0-1000 m.
Prov.: BA, CO, NE.
Paises limítrofes: BR, CH.
Ejemplar examinado: *Cabrera y Job 168* (LP).

Lasiorhiza anthemidifolia (Phil.) Kuntze = **Leucheria achillaeifolia** Hook. & Arn.
Ref.: Crisci, 1976b.

Lasiorhiza floribunda (DC.) Kuntze = **Leucheria floribunda** DC.
Ref.: Crisci, 1976b.

Lasiorhiza fragrans (Phil.) Kuntze = **Leucheria achillaeifolia** Hook. & Arn.
Ref.: Crisci, 1976b.

Lasiorhiza glabra (DC.) Kuntze = **Leucheria scrobiculata** D. Don
Ref.: Crisci, 1976b.

Lasiorhiza glomerulata Kuntze = **Leucheria congesta** D. Don
Ref.: Crisci, 1976b.

Lasiorhiza leontopodioides Kuntze = **Leucheria leontopodioides** (Kuntze) K. Schum.
Ref.: Crisci, 1976b.

Lasiorhiza multifida (DC.) Kuntze = **Leucheria achillaeifolia** Hook. & Arn.
Ref.: Crisci, 1976b.

Lasiorhiza nutans (J. Rémy) Kuntze = **Leucheria nutans** (J. Rémy) Reiche
Ref.: Crisci, 1976b.

Lasiorhiza rosea DC. var. *albiflora* Kuntze = **Leucheria rosea** Poepp. ex Less.
Ref.: Crisci, 1976b.

Lasiorhiza rosea DC. var. *andryaloides* (DC.) Kuntze = **Leucheria rosea** Poepp. ex Less.
Ref.: Crisci, 1976b.

Lasiorhiza salina (J. Rémy) Kuntze = **Leucheria salinae** (J. Rémy) Hieron. subsp. **salinae**
Ref.: Crisci, 1976b.

Lasiorhiza scrobiculata (D. Don) Kuntze = **Leucheria scrobiculata** D. Don
Ref.: Crisci, 1976b.

Lasiorrhiza achillaeifolia (Hook. & Arn.) Macloskie = **Leucheria achillaeifolia** Hook. & Arn.
Ref.: Crisci, 1976b.

Lasiorrhiza candidissima (D. Don) Macloskie = **Leucheria candidissima** D. Don
Ref.: Crisci, 1976b.

Lasiorrhiza ceterachifolia Cass. = **Leucheria suaveolens** (d'Urv.) Speg.
Ref.: Crisci, 1976b.

Lasiorrhiza fueguiana (Phil.) Kuntze = **Leucheria hahnii** Franch.
Ref.: Crisci, 1976b.

Lasiorrhiza glacialis Poepp. ex Less. = **Leucheria glacialis** (Poepp. ex Less.) Reiche
Ref.: Crisci, 1976b.

Lasiorrhiza gossypina (Hook. & Arn.) Macloskie = **Leucheria suaveolens** (d'Urv.) Speg.
Ref.: Crisci, 1976b.

Lasiorrhiza gracilis (Albov) Macloskie = **Leucheria hahnii** Franch.
Ref.: Crisci, 1976b.

Lasiorrhiza hahnii (Franch.) Macloskie = **Leucheria hahnii** Franch.
Ref.: Crisci, 1976b.

Lasiorrhiza hoffmannii (Dusén) Macloskie = **Leucheria leontopodioides** (Kuntze) K. Schum.
Ref.: Crisci, 1976b.

Lasiorhiza ibari (Phil.) Macloskie = **Leucheria achillaeifolia** Hook. & Arn.
Ref.: Crisci, 1976b.

Lasiorrhiza lanata (Albov) Macloskie = **Leucheria hahnii** Franch.
Ref.: Crisci, 1976b.

Lasiorrhiza lanigera (O. Hoffm) Macloskie = **Leucheria leontopodioides** (Kuntze) K. Schum.
Ref.: Crisci, 1976b.

Lasiorrhiza lithospermifolia Less. = **Leucheria lithospermifolia** (Less.) Reiche
Ref.: Crisci, 1976b.

Lasiorrhiza patagonica (Speg.) Macloskie = **Leucheria hahnii** Franch.
Ref.: Crisci, 1976b.

Lasiorrhiza purpurea (Vahl) Less. = **Leucheria purpurea** (Vahl) Hook. & Arn.
Ref.: Crisci, 1976b.

Lasiorrhiza stricta (Phil.) Macloskie = **Leucheria magna** Phil.
Ref.: Crisci, 1976b.

Lasiorrhiza suaveolens (d'Urv.) Macloskie = **Leucheria suaveolens** (d'Urv.) Speg.
Ref.: Crisci, 1976b.

Lasiorrhiza viscosa Cass. = **Leucheria suaveolens** (d'Urv.) Speg.
Ref.: Crisci, 1976b.

Lasthenia Cass. Helenieae.

Número de especies: 1

Lasthenia bridgesii (Poepp. & Endl.) Steud. = **Lasthenia kunthii** (Less.) Hook. & Arn.
Ref.: Ornduff 1966; Cabrera, 1995a.

Lasthenia chilensis Steud. = **Lasthenia kunthii** (Less.) Hook. & Arn.
Ref.: Ornduff, 1966.

Lasthenia kunthii (Less.) Hook. & Arn.
Sin.: *Hymenatherum kunthii* Less., *Lasthenia bridgesii* (Poepp. & Endl.) Steud., *Lasthenia chilensis* Steud., *Lasthenia obtusifolia* Cass., *Lasthenia obtusifolia* Cass. var. *bridgesii* (Poepp. & Endl.) DC., *Rancagua bridgesii* Poepp. & Endl., *Rancagua feuillei* (Bertero ex Colla) Poepp. & Endl., *Tagetes feuillei* Bertero ex Colla
Ref.: Ornduff, 1966; Cabrera, 1995a; Ariza Espinar, 1997b.
Hábito: Hierba.
Status: Nativa.
Elevación: 0-1000 m.
Prov.: CHU.
Paises limítrofes: CH.
Ejemplar examinado: *Nicora 10043* (LP).

Lasthenia obtusifolia Cass. = **Lasthenia kunthii** (Less.) Hook. & Arn.
Ref.: Ornduff, 1966; Cabrera, 1995a; Petenatti & Ariza Espinar, 1997.

Lasthenia obtusifolia Cass. var. *bridgesii* (Poepp. & Endl.) DC. = **Lasthenia kunthii** (Less.) Hook. & Arn.
Ref.: Ornduff, 1966; Cabrera, 1995a.

Lavenia decumbens Sw. = **Adenostemma verbesina** (L.) Sch. Bip.
Ref.: Cabrera, 1978, 1989.

Lavidia caespitosa Phil. = **Brachyclados caespitosus** (Phil.) Speg.
Ref.: Cabrera, 1971a.

Lefrovia rhaponticoides Franch. = **Cnicothamnus lorentzii** Griseb.
Ref.: Cabrera, 1978.

Leighia anchusaefolia DC. = **Viguiera anchusaefolia** (DC.) Baker var. **anchusaefolia**
Ref.: Blake, 1918; Cabrera, 1974a; Sáenz, 1979.

Leighia baldwiniana Nutt. = **Viguiera anchusaefolia** (DC.) Baker var. **anchusaefolia**
Ref.: Blake, 1918; Cabrera, 1974a; Sáenz, 1979.

Leighia dissitifolia DC. = **Viguiera anchusaefolia** (DC.) Baker var. **anchusaefolia**
Ref.: Blake, 1918; Cabrera, 1974a; Sáenz, 1979.

Leighia ecliptifolia DC. = **Wedelia glauca** (Ortega) O. Hoffm. ex Hicken
Ref.: Cabrera, 1963a, 1971a, 1974a, 1978.

Leighia gilliesii Hook. & Arn. = **Viguiera gilliesii** (Hook. & Arn.) Hieron.
Ref.: Blake, 1918; Sáenz, 1979.

Leighia inmarginata DC. = **Viguiera anchusaefolia** (DC.) Baker var. **inmarginata** (DC.) Blake
Ref.: Blake, 1918; Cabrera, 1974a; Sáenz, 1979.

Leighia lomatoneura DC. = **Viguiera anchusaefolia** (DC.) Baker var. **anchusaefolia**
Ref.: Blake, 1918; Cabrera, 1974a; Sáenz, 1979.

Leighia silphioides Hook. & Arn. = **Aspilia silphioides** (Hook. & Arn.) Benth.
Ref.: Cabrera, 1974a; Sáenz, inéd.c.

Leighia stenophylla Hook. & Arn. = **Viguiera anchusaefolia** (DC.) Baker var. **inmarginata** (DC.) Baker
Ref.: Blake, 1918; Cabrera, 1974a; Sáenz, 1979.

Leighia tucumanensis Hook. & Arn. = **Viguiera tucumanensis** (Hook. & Arn.) Griseb. var. **tucumanensis**
Ref.: Cabrera, 1978; Sáenz, 1979.

Leontodon L. Lactuceae.

Número de especies: 2

Leontodon arenarius (Gaudich.) Albov = **Hypochaeris arenaria** Gaudich. var. **arenaria**
Ref.: Cabrera, 1971a.

Leontodon autumnalis L.
Ref.: Cabrera, 1980a; Ariza Espinar & Urtubey, 1998.
Hábito: Hierba.
Status: Adventicia.
Elevación: 0-500 m.
Prov.: SC.
Paises límitrofes: CH.
Ejemplar examinado: *Méndez 894* (SI).

Leontodon chilense DC. = **Hypochaeris chillensis** (Kunth) Hieron.
Ref.: Cabrera, 1978.

Leontodon coronopifolium (Sch. Bip.) Comm. ex Albov = **Hypochaeris incana** (Hook. & Arn.) Macloskie var. **integrifolia** (Sch. Bip. ex Walp.) Cabrera
Ref.: Cabrera, 1971a.

Leontodon laevigatus Willd. = **Taraxacum laevigatum** (Willd.) DC.
Ref.: Ariza Espinar & Urtubey, 1998.

Leontodon nudicaulis auct. non (L.) Banks ex Lowe = **Leontodon taraxacoides** (Vill.) Mérat
Ref.: Cabrera & Zardini, 1978.

Leontodon taraxacoides (Vill.) Mérat
Sin.: *Crepis nudicaulis* auct. non L., *Hyoseris taraxacoides* Vill., *Leontodon nudicaulis* auct. non (L.) Banks ex Lowe
Ref.: Cabrera & Zardini, 1978; Ariza Espinar & Urtubey, 1998.
Hábito: Hierba.
Status: Adventicia.
Elevación: 0-500 m.
Prov.: BA, CO.
Paises limítrofes: CH.
Ejemplar examinado: *Cabrera 315* (LP).

Leontodon taraxacum L. = **Taraxacum officinale** Weber ex F.H. Wigg.
Ref.: Ariza Espinar & Urtubey, 1998.

Leontodon variegatum Willd. ex Poir. = **Hypochaeris variegata** (Lam.) Baker
Ref.: Cabrera, 1963a.

Leontodon vulgare Lam. = **Taraxacum officinale** Weber ex F.H. Wigg.
Ref.: Ariza Espinar & Urtubey, 1998.

Lepidaploa balansae (Hieron.) H. Rob. = **Vernonia balansae** Hieron.

Lepidaploa remotiflora (Rich.) H. Rob. = **Vernonia remotiflora** Rich. var. **remotiflora**

Lepidaploa tarijensis (Griseb.) H. Rob. = **Vernonia tarijensis** (Griseb.) Hieron.

Lepidophyllum Cass. Astereae.

Número de especies: 1

Lepidophyllum abietinum (Phil.) Reiche = **Parastrephia lucida** (Meyen) Cabrera
Ref.: Cabrera, 1978

Lepidophyllum acaule (Wedd. ex Benth.) Jackson = **Novenia acaulis** (Wedd. ex Benth.) S.E. Freire & F.H. Hellwig
Ref.: Freire & Hellwig, 1990.

Lepidophyllum cupressiforme (Lam.) Cass.
Sin.: *Baccharis cupressiformis* (Lam.) Pers., *Conyza cupressiformis* Lam., *Gutierrezia cupressiformis* (Lam.) Sch. Bip.
Ref.: Cabrera, 1945, 1971a; Moore, 1983a.
Hábito: Arbusto.
Status: Nativa.
Elevación: 0-1000 m.
Prov.: SC, TF.
Paises limítrofes: CH.
Ejemplar examinado: *Correa y Pérez Moreau 1789* (LP).

Lepidophyllum cupressinum (Phil.) Kuntze = **Parastrephia quadrangularis** (Meyen) Cabrera
Ref.: Cabrera, 1978.

Lepidophyllum lucidum (Meyen) Cabrera = **Parastrephia lucida** (Meyen) Cabrera
Ref.: Cabrera, 1978.

Lepidophyllum meyenii A. Gray = **Parastrephia quadrangularis** (Meyen) Cabrera
Ref.: Cabrera, 1978.

Lepidophyllum phyliciforme (Meyen) Hieron. ex R.E. Fr. = **Parastrephia phyliciformis** (Meyen) Cabrera
Ref.: Cabrera, 1978.

Lepidophyllum phyliciforme (Meyen) Hieron. ex R.E. Fr. var. *resinosum* (Walp.) Blake = **Parastrephia lucida** (Meyen) Cabrera
Ref.: Cabrera, 1978.

Lepidophyllum quadrangulare (Meyen) Benth. & Hook. f. = **Parastrephia quadrangularis** (Meyen) Cabrera
Ref.: Cabrera, 1978.

Lepidophyllum rigidum (Wedd.) Benth. & Hook. f. = **Parastrephia lucida** (Meyen) Cabrera
Ref.: Cabrera, 1978.

Lepidopyllum tola Cabrera = **Parastrephia lepidophylla** (Wedd.) Cabrera
Ref.: Cabrera, 1978.

Leptalea apiculata Hook. & Arn. = **Facelis retusa** (Lam.) Sch. Bip. subsp. **retusa**
Ref.: Cabrera, 1963a, 1974a.

Leptinella Cass. Anthemideae.

Número de especies: 1

Leptinella acaenoides Hook. & Arn. = **Leptinella scariosa** Cass.
Ref.: Cabrera, 1971.

Leptinella scariosa Cass.
Sin.: *Cotula acaenoides* (Hook. & Arn.) Albov, *Cotula hombronii* Franch., *Cotula scariosa* (Cass.) Franch., *Leptinella acaenoides* Hook. & Arn.
Ref.: Cabrera, 1971; Bremer & Humphries, 1993; Ariza Espinar, 1997b.
Hábito: Hierba.
Status: Nativa.
Elevación: 0-1000 m.
Prov.: RN, SC, TF.
Paises limítrofes: CH.
Ejemplar examinado: *Cabrera y Job 278* (LP).

Leptostelma maximum D. Don = **Erigeron maximus** (D. Don) DC.
Ref.: Solbrig, 1962.

Leria cespitosa Spreng. = **Chevreulia sarmentosa** (Pers.) Blake
Ref.: Cabrera, 1963, 1974, 1978.

Leria exscapa DC. = **Chaptalia exscapa** (Pers.) Baker
Ref.: Burkart, 1944a.

Leria integrifolia Cass. = **Chaptalia integerrima** (Vell.) Burkart
Ref.: Burkart, 1944a.

Leria lutescens Sch. Bip., nom. illeg. = **Chaptalia integerrima** (Vell.) Burkart
Ref.: Burkart, 1944a.

Leria lyrata Cass. = **Chaptalia nutans** (L.) Pol.
Ref.: Burkart, 1944a.

Leria mandonii Sch. Bip., nom. nud. = **Chaptalia mandonii** Sch. Bip. ex Burkart
Ref.: Burkart, 1944a.

Leria nutans (L.) DC. = **Chaptalia nutans** (L.) Pol.
Ref.: Burkart, 1944a.

Leria nutans (L.) DC. var. *integrifolia* (Cass.) Less. = **Chaptalia integerrima** (Vell.) Burkart
Ref.: Burkart, 1944a.

Leria nutans (L.) DC. var. *sinuata* Less. = **Chaptalia sinuata** (Less.) Baker
Ref.: Burkart, 1944a.

Leria sinuata (Less.) DC. = **Chaptalia sinuata** (Less.) Baker
Ref.: Burkart, 1944a.

Lessingianthus brevifolius (Less.) H. Rob. = **Vernonia brevifolia** Less.

Lessingianthus cataractum (Hieron.) H. Rob. = **Vernonia cataractum** Hieron.

Lessingianthus dorsiventralis (Chodat) H. Rob. = **Vernonia balansae** Hieron.

Lessingianthus glabratus (Less.) H. Rob. = **Vernonia glabrata** Less.

Lessingianthus lorentzii (Hieron.) H. Rob. = **Vernonia lorentzii** Hieron.

Lessingianthus mollissimus (D. Don ex Hook. & Arn.) H. Rob. = **Vernonia mollissima** D. Don ex Hook. & Arn.

Lessingianthus niederleinii (Hieron.) H. Rob. = **Vernonia niederleinii** Hieron.

Lessingianthus polyphyllus (Sch. Bip. ex Baker) H. Rob. = **Vernonia polyphylla** Sch. Bip. ex Baker

Lessingianthus rubricaulis (Humb. & Bonpl.) H. Rob. = **Vernonia rubricaulis** Humb. & Bompl.

Lessingianthus saltensis (Hieron.) H. Rob. = **Vernonia saltensis** Hieron.

Lessingianthus sellowii (Less.) H. Rob. = **Vernonia sellowii** Less.

Leucanthemum Mill. Anthemideae.
Número de especies: 1

Leucanthemum balsamita (L.) Over. = **Tanacetum balsamita** L.

Leucanthemum myconis (L.) Giraud = **Coleostephus myconis** (L.) Cass.
Ref.: Cabrera & Zardini, 1978.

Leucanthemum parthenium (L.) Gren. & Godr. = **Tanacetum parthenium** (L.) Sch. Bip.
Ref.: Tzvelev et al., 1961; Ariza Espinar, 1997b.

Leucanthemum vulgare Lam.
Sin.: *Chrysanthemum leucanthemum* L., *Tanacetum leucanthemum* (L.) Sch. Bip.
Ref.: Cabrera & Zardini, 1978; Moore, 1983a; Bremer & Humphries, 1993; Ariza Espinar, 1997b.
Hábito: Hierba.
Status: Adventicia.
Elevación: 0-1000 m.
Prov.: BA, CO, ER, NE, RN, SC, SF, TF.
Paises limítrofes: BR, CH, UR.
Ejemplar examinado: *Burkart 1841* (LP).

Leuceria andryaloides DC. = **Leucheria rosea** Poepp. ex Less.
Ref.: Crisci, 1976b.

Leuceria anthemidifolia Phil. = **Leucheria achillaeifolia** Hook. & Arn.
Ref.: Crisci, 1976b.

Leuceria araucana Phil. = **Leucheria glacialis** (Poepp. ex Less.) Reiche
Ref.: Crisci, 1976b.

Leuceria barrasiana (J. Rémy) Reiche = **Leucheria runcinata** D. Don
Ref.: Crisci, 1976b.

Leuceria barrasiana (J. Rémy) Reiche var. *tenerifolia* (Phil.) Reiche = **Leucheria runcinata** D. Don
Ref.: Crisci, 1976b.

Leuceria candidissima D. Don f. *subintegra* Skottsb. = **Leucheria candidissima** D. Don
Ref.: Crisci, 1976b.

Leuceria canescens (Phil.) Reiche = **Leucheria congesta** D. Don
Ref.: Crisci, 1976b.

Leuceria concinna (Phil.) Reiche = **Leucheria landbeckii** (Phil.) Reiche
Ref.: Crisci, 1976b.

Leuceria contrayerba Kurtz = **Trichocline cineraria** (D. Don) Hook. & Arn.
Ref.: Zardini, 1975.

Leuceria conyzoides D. Don = **Holocheilus hieracioides** (D. Don) Cabrera
Ref.: Cabrera, 1968.

Leuceria coquimbana (Phil.) Reiche = **Leucheria runcinata** D. Don
Ref.: Crisci, 1976b.

Leuceria discolor Phil. = **Leucheria glacialis** (Poepp. ex Less.) Reiche
Ref.: Crisci, 1976b.

Leuceria echioides D. Don = **Holocheilus brasiliensis** (L.) Cabrera
Ref.: Cabrera, 1968.

Leuceria fueguiana Phil. = **Leucheria hahnii** Franch.
Ref.: Crisci, 1976b.

Leuceria glacialis (Poepp. ex Less.) Reiche var. *longifolia* (Phil.) Cabrera = **Leucheria glacialis** (Poepp. ex Less.) Reiche
Ref.: Crisci, 1976b.

Leuceria glomerulata (Kuntze) K. Schum. = **Leucheria congesta** D. Don
Ref.: Crisci, 1976b.

Leuceria gossypina Hook. & Arn. = **Leucheria suaveolens** (d'Urv.) Speg.
Ref.: Crisci, 1976b.

Leuceria gossypina Hook. & Arn. var. *integrifolia* Sch. Bip. = **Leucheria hahnii** Franch.
Ref.: Crisci, 1976b.

Leuceria gossypina Hook. & Arn. var. *pinnatifida* Sch. Bip. = **Leucheria hahnii** Franch.
Ref.: Crisci, 1976b.

Leuceria gracilis Albov = **Leucheria hahnii** Franch.
Ref.: Crisci, 1976b.

Leuceria hahnii Franch. var. *lanata* (Albov) Cabrera = **Leucheria hahnii** Franch.
Ref.: Crisci, 1976b.

Leuceria ibari Phil. = **Leucheria achillaeifolia** Hook. & Arn.
Ref.: Crisci, 1976b.

Leuceria ibari Phil. var. *glabrata* Speg. = **Leucheria achillaeifolia** Hook. & Arn.
Ref.: Crisci, 1976b.

Leuceria hieracioides D. Don, hom. illeg. = **Leucheria gilliesii** Hook. & Arn.
Ref.: Crisci, 1976b.

Leuceria hoffmanii Dusén = **Leucheria leontopodioides** (Kuntze) K. Schum.
Ref.: Crisci, 1976b.

Leuceria ibari Phil. var. *glandulosa* Speg. = **Leucheria achillaeifolia** Hook. & Arn.
Ref.: Crisci, 1976b.

Leuceria integrifolia (Phil.) Reiche ex Rob. = **Leucheria hahnii** Franch.
Ref.: Crisci, 1976b.

Leuceria laciniata Hook. & Arn., hom. illeg. = **Leucheria candidissima** D. Don
Ref.: Crisci, 1976b.

Leuceria lanata Albov = **Leucheria hahnii** Franch.
Ref.: Crisci, 1976b.

Leuceria lanata Albov f. *virescens* Albov = **Leucheria hahnii** Franch.
Ref.: Crisci, 1976b.

Leuceria lanigera O. Hoffm. = **Leucheria leontopodioides** (Kuntze) K. Schum.
Ref.: Crisci, 1976b.

Leuceria lepida Phil. = **Leucheria rosea** Poepp. ex Less.
Ref.: Crisci, 1976b.

Leuceria longifolia Phil. = **Leucheria glacialis** (Poepp. ex Less.) Reiche
Ref.: Crisci, 1976b.

Leuceria meyeniana Walp. = **Leucheria runcinata** D. Don
Ref.: Crisci, 1976b.

Leuceria multifida (DC.) S. Moore = **Leucheria achillaeifolia** Hook. & Arn.
Ref.: Crisci, 1976b.

Leuceria nivea Phil. = **Leucheria gilliesii** Hook. & Arn.
Ref.: Crisci, 1976b.

Leuceria nudicaulis Phil. = **Leucheria gayana** (J. Rémy) Reiche
Ref.: Crisci, 1976b.

Leuceria patagonica Speg. = **Leucheria hahnii** Franch.
Ref.: Crisci, 1976b.

Leuceria paucicapitata Reiche = **Leucheria landbeckii** (Phil.) Reiche
Ref.: Crisci, 1976b.

Leuceria pauciflora Phil. = **Leucheria glacialis** (Poepp. ex Less.) Reiche
Ref.: Crisci, 1976b.

Leuceria popetana Phil. = **Leucheria gayana** (J. Rémy) Reiche
Ref.: Crisci, 1976b.

Leuceria purpurea (Vahl) S. Moore ex Rendle = **Leucheria purpurea** (Vahl) Hook. & Arn.
Ref.: Crisci, 1976b.

Leuceria racemosa Phil. = **Leucheria floribunda** DC.
Ref.: Crisci, 1976b.

Leuceria salina (J. Rémy) Dusén, comb. superfl. = **Leucheria salinae** (J. Rémy) Hieron. subsp. **salinae**
Ref.: Crisci, 1976b.

Leuceria salina (J. Rémy) Reiche = **Leucheria salinae** (J. Rémy) Hieron. subsp. **salinae**
Ref.: Crisci, 1976b.

Leuceria scrobiculata D. Don var. *glabra* (DC.) Hauman = **Leucheria scrobiculata** D. Don
Ref.: Crisci, 1976b.

Leuceria sonchifolia (Turcz.) Reiche = **Leucheria floribunda** DC.
Ref.: Crisci, 1976b.

Leuceria sonchoides Phil. = **Leucheria congesta** D. Don
Ref.: Crisci, 1976b.

Leuceria stricta Phil. = **Leucheria magna** Phil.
Ref.: Crisci, 1976b.

Leuceria suaveolens (d'Urv.) Skottsb. = **Leucheria suaveolens** (d'Urv.) Speg.
Ref.: Crisci, 1976b.

Leuceria suaveolens (d'Urv.) Druce, comb. superfl. = **Leucheria suaveolens** (d'Urv.) Speg.
Ref.: Crisci, 1976b.

Leuceria tenerifolia Phil. = **Leucheria runcinata** D. Don
Ref.: Crisci, 1976b.

Leuceria thermarum (Phil.) Reiche = **Leucheria thermarum** (Phil.) Phil.
Ref.: Crisci, 1976b.

Leuceria thermarum (Phil.) Reiche var. *araucana* (Phil.) Reiche = **Leucheria glacialis** (Poepp. ex Less.) Reiche
Ref.: Crisci, 1976b.

Leuceria thrincioides Griseb. = **Holocheilus hieracioides** (D. Don) Cabrera
Ref.: Cabrera, 1968b.

Leuchaeria volcanica Hook. & Arn. = **Leucheria lithospermifolia** (Less.) Reiche
Ref.: Crisci, 1976b.

Leucheria Lag. Mutisieae.

Número de especies: 27, 1 especie endémica.

Leucheria achillaeifolia Hook. & Arn.
Sin.: *Chabraea fragrans* Phil., *Chabraea multifida* DC., *Lasiorrhiza achillaeifolia* (Hook. & Arn.) Macloskie, *Lasiorhiza anthemidifolia* (Phil.) Kuntze, *Lasiorhiza fragrans* (Phil.) Kuntze, *Lasiorrhiza ibari* (Phil.) Macloskie, *Lasiorhiza multifida* (DC.) Kuntze, *Leuceria anthemidifolia* Phil., *Leuceria ibari* Phil., *Leuceria ibari* Phil. var. *glabrata* Speg., *Leuceria ibari* Phil. var. *glandulosa* Speg., *Leuceria multifida* (DC.) S. Moore
Ref.: Cabrera, 1971a; Crisci, 1976b; Katinas, 1995.
Hábito: Hierba.
Status: Nativa.
Elevación: 1000-1500 m.
Prov.: CHU, ME, NE, RN, SC.
Paises limítrofes: CH.
Ejemplar examinado: *Ruiz Leal 26536* (LP).

Leucheria amoena Phil.
Ref.: Cabrera, 1971a; Crisci, 1976b; Katinas, 1995.
Hábito: Hierba.
Status: Nativa.
Elevación: 1000-2000 m.
Prov.: NE.
Paises limítrofes: CH.
Ejemplar examinado: *Zöllner 4573* (LP).

Leucheria aurita Phil. = **Leucheria coerulescens** J. Rémy
Ref.: Cabrera, 1971a; Crisci, 1976b.

Leucheria candidissima D. Don
Sin.: *Chabraea candidissima* (D. Don) DC., *Lasiorrhiza candidissima* (D. Don) Macloskie, *Leuceria candidissima* D. Don f. *subintegra* Skottsb., *Leuceria laciniata* Hook. & Arn.
Ref.: Cabrera, 1971a; Crisci, 1976b; Katinas, 1995.
Hábito: Hierba.
Status: Nativa.
Elevación: 0-3000 m.
Prov.: CHU, ME, NE, RN, SC.
Paises limítrofes: CH.
Ejemplar examinado: *Ruiz Leal 7166* (LP).

Leucheria coerulescens J. Rémy
Sin.: *Leucheria aurita* Phil.
Ref.: Crisci, 1976b; Katinas, 1995.
Hábito: Hierba.
Status: Nativa.
Elevación: 500-1000 m.
Prov.: CHU, NE, RN.
Paises limítrofes: CH.
Ejemplar examinado: *Ruiz Leal 26614* (LP).

Leucheria congesta D. Don
Sin.: *Chabraea canescens* Phil., *Lasiorhiza glomerulata* Kuntze, *Leuceria canescens* (Phil.) Reiche, *Leuceria glomerulata* (Kuntze) K. Schum., *Leuceria sonchoides* Phil.
Ref.: Crisci, 1976b; Katinas, 1995.
Hábito: Hierba.
Status: Nativa.
Elevación: 2500-3000 m.

Prov.: ME, SJ.
Paises limítrofes: CH.
Ejemplar examinado: *Fabris y Zuloaga 8452* (LP).

Leucheria diemii Cabrera
Ref.: Cabrera, 1971a; Crisci, 1976b.
Hábito: Hierba.
Status: Nativa.
Elevación: 1500-1800 m.
Prov.: NE.
Paises Limítrofes: CH.
Ejemplar examinado: *Diem 3602* (LP).

Leucheria eriocephala Speg.
Ref.: Cabrera, 1971; Crisci, 1976b; Katinas, 1995.
Hábito: Hierba.
Status: Nativa.
Elevación: 500-1000 m.
Prov.: SC.
Paises limítrofes: CH.
Ejemplar examinado: *Ameghino s.n.* (LP).

Leucheria floribunda DC.
Sin.: *Eizaguirrea candollei* J. Rémy, *Eizaguirrea cirsioides* Phil., *Eizaguirrea sonchifolia* Turcz., *Lasiorhiza floribunda* (DC.) Kuntze, *Leuceria racemosa* Phil., *Leuceria sonchifolia* (Turcz.) Reiche
Ref.: Crisci, 1976b; Katinas, 1995.
Hábito: Hierba.
Status: Nativa.
Elevación: 2000-2500 m.
Prov.: ME.
Paises limítrofes: CH.
Ejemplar examinado: *Ruiz Leal y Roig 15615* (LP).

Leucheria gayana (J. Rémy) Reiche
Sin.: *Chabraea gayana* J. Rémy, *Leucheria nudicaulis* Phil., *Leuceria popetana* Phil.
Ref.: Crisci, 1976b; Katinas, 1995.
Hábito: Hierba.
Status: Nativa.
Elevación: 1500-3000 m.
Prov.: ME.
Paises limítrofes: CH.
Ejemplar examinado: *Fabris y Zuloaga 8508* (LP).

Leucheria gilliesii Hook. & Arn.
Sin.: *Leuceria hieracioides* D. Don, hom. illeg., *Leuceria nivea* Phil.
Ref.: Cabrera, 1971a; Crisci, 1976b; Katinas, 1995.
Hábito: Hierba.
Status: Nativa.
Elevación: 2000-2500 m.
Prov.: ME, NE.
Paises limítrofes: CH.
Ejemplar examinado: *Boelcke et al. 11637* (LP).

Leucheria glacialis (Poepp. ex Less.) Reiche
Sin.: *Chabraea glacialis* (Poepp. ex Less.) DC., *Lasiorrhiza glacialis* Poepp. ex Less., *Leuceria araucana* Phil., *Leuceria discolor* Phil., *Leuceria glacialis* (Poepp. ex Less.) Reiche var. *longifolia* (Phil.) Cabrera, *Leuceria longifolia* Phil., *Leuceria pauciflora* Phil., *Leuceria thermarum* (Phil.) Reiche var. *araucana* (Phil.) Reiche
Ref.: Crisci, 1976b; Katinas, 1995.
Hábito: Hierba.
Status: Nativa.
Elevación: 1000-2000 m.
Prov.: CHU, ME, NE, RN.
Paises limítrofes: CH.
Ejemplar examinado: *Boelcke et al. 10368* (LP).

Leucheria hahnii Franch.
Sin.: *Chabraea integrifolia* Phil., hom. illeg., *Lasiorrhiza fueguiana* (Phil.) Kuntze, *Lasiorrhiza gracilis* (Albov) Macloskie, *Lasiorrhiza hahnii* (Franch.) Macloskie, *Lasiorrhiza lanata* (Albov) Macloskie, *Lasiorrhiza patagonica* (Speg.) Macloskie, *Leuceria fueguiana* Phil., *Leuceria gossypina* Hook. & Arn. var. *integrifolia* Sch. Bip., *Leuceria gossypina* Hook. & Arn. var. *pinnatifida* Sch. Bip., *Leuceria gracilis* Albov, *Leuceria hahnii* Franch. var. *lanata* (Albov) Cabrera, *Leuceria integrifolia* (Phil.) Reiche ex Rob., *Leuceria lanata* Albov, *Leuceria lanata* Albov f. *virescens* Albov, *Leuceria patagonica* Speg.
Ref.: Cabrera, 1971a; Crisci, 1976b; Katinas, 1995.
Hábito: Hierba.
Status: Nativa.
Elevación: 0-1000 m.
Prov.: CHU, SC, TF.
Paises limítrofes: CH.
Ejemplar examinado: *Tweedie 200* (LP).

Leucheria landbeckii (Phil.) Reiche
Sin.: *Chabraea concinna* Phil., *Chabraea landbeckii* Phil., *Chabraea oligocephala* Phil., *Leuceria concinna* (Phil.) Reiche, *Leuceria paucicapitata* Reiche
Ref.: Crisci, 1976b; Katinas, 1995.
Hábito: Hierba.
Status: Nativa.
Elevación: 2500-3000 m.
Prov.: ME, SJ.
Paises limítrofes: CH.
Ejemplar examinado: *Ruiz Leal 7154* (LP).

Leucheria leontopodioides (Kuntze) K. Schum.
Sin.: *Lasiorrhiza hoffmannii* (Dusén) Macloskie, *Lasiorrhiza lanigera* (O. Hoffm.) Macloskie, *Lasiorhiza leontopodioides* Kuntze, *Leuceria hoffmannii* Dusén, *Leuceria lanigera* O. Hoffm.
Ref.: Cabrera, 1971a; Crisci, 1976b; Katinas, 1995.
Hábito: Hierba.
Status: Nativa.
Elevación: 0-1500 m.
Prov.: SC.
Paises limítrofes: CH.
Ejemplar examinado: *Zöllner 529* (LP).

Leucheria lithospermifolia (Less.) Reiche
Sin.: *Chabraea lithospermifolia* (Less.) DC., *Lasiorrhiza lithospermifolia* Less., *Leuchaeria volcanica* Hook. & Arn.
Ref.: Cabrera, 1971a; Crisci, 1976b; Katinas, 1995.
Hábito: Hierba.
Status: Nativa.
Elevación: 1500-2000 m.
Prov.: NE.
Paises limítrofes: CH.
Ejemplar examinado: *Frenguelli 509* (LP).

Leucheria magna Phil.
Sin.: *Lasiorrhiza stricta* (Phil.) Macloskie, *Leuceria stricta* Phil.
Ref.: Cabrera, 1971a; Crisci, 1976b; Katinas, 1995.
Hábito: Hierba.
Status: Nativa.
Elevación: 0-2000 m.
Prov.: CHU, RN.
Paises limítrofes: CH.
Ejemplar examinado: *Cabrera et al. 23204* (LP).

Leucheria millefolium Dusén & Skottsb.
Ref.: Cabrera, 1971a; Crisci, 1976b; Katinas, 1995.
Hábito: Hierba.
Status: Nativa.
Elevación: 0-2500 m.
Prov.: CHU, NE, RN, SC.
Paises limítrofes: CH.
Ejemplar examinado: *Pfister 8133* (LP).

Leucheria nutans (J. Rémy) Reiche
Sin.: *Chabraea nutans* J. Rémy, *Chabraea poeppigii* Phil., *Clybatis volkmanii* Phil., *Lasiorhiza nutans* (J. Rémy) Kuntze
Ref.: Cabrera, 1971a; Crisci, 1976b; Katinas, 1995.
Hábito: Hierba.
Status: Nativa.
Elevación: 1000-2000 m.
Prov.: CHU, NE, RN.
Paises limítrofes: CH.
Ejemplar examinado: *Eskuche 02-9* (LP).

[Leucheria paniculata Less.]
Ref.: Cabrera, 1971a; Katinas, 1995.
Nota: Especie excluida de la flora argentina.

Leucheria papillosa Cabrera
Ref.: Cabrera, 1971a; Crisci, 1976b; Katinas, 1995.
Hábito: Hierba.
Status: Nativa.
Elevación: 1000-2000 m.
Prov.: CHU, NE, RN, SC.
Paises limítrofes: CH.
Ejemplar examinado: *Cabrera y Crisci 19219* (LP).

Leucheria pteropogon (Griseb.) Cabrera
Sin.: *Senecio pteropogon* Griseb.
Ref.: Crisci, 1976b; Katinas, 1995.
Hábito: Hierba.
Status: Nativa.
Elevación: 3500-5000 m.
Prov.: CA, JU, SA, TU.
Paises limítrofes: CH.
Ejemplar examinado: *Lorentz e Hieronymus 101* (LP).

Leucheria purpurea (Vahl) Hook. & Arn.
Sin.: *Chabraea purpurea* (Vahl) DC., *Lasiorrhiza purpurea* (Vahl) Less., *Leuceria purpurea* (Vahl) S. Moore ex Rendle, *Perdicium purpureum* Vahl
Ref.: Cabrera, 1971a; Crisci, 1976b; Katinas, 1995.
Hábito: Hierba.
Status: Nativa.
Elevación: 500-1000 m.
Prov.: SC, TF.
Paises limítrofes: CH.
Ejemplar examinado: *Ruiz Leal 27024* (LP).

Leucheria rosea Poepp. ex Less.
Sin.: *Lasiorhiza rosea* DC. var. *albiflora* Kuntze, *Lasiorhiza rosea* DC. var. *andryaloides* (DC.) Kuntze, *Leuceria andryaloides* DC., *Leuceria lepida* Phil.
Ref.: Crisci, 1976b; Katinas, 1995.
Hábito: Hierba.
Status: Nativa.
Elevación: 1000-2000 m.
Prov.: ME.
Paises limítrofes: CH.
Ejemplar examinado: *Kurtz 1118* (LP).

Leucheria runcinata D. Don
Sin.: *Chabraea barrasiana* J. Rémy, *Chabraea coquimbana* Phil., *Chabraea runcinata* (D. Don) Hook., *Chabraea tenerifolia* Phil., *Leuceria barrasiana* (J. Rémy) Reiche, *Leuceria barrasiana* (J. Rémy) Reiche var. *tenerifolia* (Phil.) Reiche, *Leuceria coquimbana* (Phil.) Reiche, *Leuceria meyeniana* Walp., *Leuceria tenerifolia* Phil.
Ref.: Crisci, 1976b; Katinas, 1995.
Hábito: Hierba.
Status: Nativa.
Elevación: 2500-3000 m.
Prov.: ME, SJ.
Paises limítrofes: CH.
Ejemplar examinado: *Fabris 1254* (LP).

Leucheria salinae (J. Rémy) Hieron. subsp. **salinae**
Sin.: *Chabraea salina* J. Rémy, *Chabraea salinasi* Phil. var. *bipinnatifida* Phil., *Lasiorhiza salina* (J. Rémy) Kuntze, *Leuceria salina* (J. Rémy) Reiche, *Leuceria salina* (J. Rémy) Dusén, comb. superfl.
Ref.: Crisci, 1976b; Katinas, 1995.
Hábito: Hierba.
Status: Nativa.
Elevación: 2000-3000 m.
Prov.: LR, ME, SJ.
Paises limítrofes: CH.
Ejemplar examinado: *Pérez Moreau 12760* (LP).

Leucheria salinae (J. Rémy) Hieron. subsp. **zöllneri** Crisci
Ref.: Crisci, 1976b; Katinas, 1995.
Hábito: Hierba.
Status: Nativa.
Elevación: 2500-3000 m.
Prov.: ME.
Paises limítrofes: CH.
Ejemplar examinado: *Ruiz Leal 1914* (LP).

Leucheria scrobiculata D. Don
Sin.: *Chabraea glabra* DC., *Chabraea scrobiculata* (D. Don) DC., *Chabraea scrobiculata* (D. Don) DC. var. *pentacephala* Phil., *Lasiorhiza glabra* (DC.) Kuntze, *Lasiorhiza scrobiculata* (D. Don) Kuntze, *Leuceria scrobiculata* D. Don var. *glabra* (DC.) Hauman, *Mimela pedicularifolia* Phil.
Ref.: Crisci, 1976b; Katinas, 1995.
Hábito: Hierba.
Status: Nativa.
Elevación: 3000-4000 m.
Prov.: ME, SJ.
Paises limítrofes: CH.
Ejemplar examinado: *King 49* (LP).

Leucheria suaveolens (d'Urv.) Speg.
Sin.: *Chabraea suaveolens* (d'Urv.) DC., *Lasiorrhiza ceterachifolia* Cass., *Lasiorrhiza gossypina* (Hook. & Arn.) Macloskie, *Lasiorrhiza suaveolens* (d'Urv.) Macloskie, *Lasiorrhiza viscosa* Cass., *Leuceria gossypina* Hook. & Arn., *Leuceria suaveolens* (d'Urv.) Skottsb., *Leuceria suaveolens* (d'Urv.) Druce, comb. superfl., *Leucheria suaveolens* (d'Urv.) Rob., comb. superfl., *Perdicium suaveolens* d'Urv., *Picris macloviana* d'Urv. ex DC.
Ref.: Cabrera, 1971a; Crisci, 1976b; Katinas, 1995.
Hábito: Hierba.
Status: Endémica.
Elevación: 0-500 m.
Prov.: TF.
Ejemplar examinado: *Moore 519* (LP).

Leucheria suaveolens (d'Urv.) Rob., comb. superfl. = **Leucheria suaveolens** (d'Urv.) Speg.
Ref.: Crisci, 1976b.

Leucheria thermarum (Phil.) Phil.
Sin.: *Chabraea thermarum* Phil., *Leuceria thermarum* (Phil.) Reiche
Ref.: Cabrera, 1971a; Crisci, 1976b; Katinas, 1995.
Hábito: Hierba.
Status: Nativa.
Elevación: 0-2000 m.
Prov.: NE, RN.
Paises limítrofes: CH.
Ejemplar examinado: *Cabrera 19737* (LP).

Leucopsis acuminata (DC.) Malme = **Noticastrum acuminatum** (DC.) Cuatrec.
Ref.: Zardini, 1985.

Leucopsis calendulacea (Griseb.) Baker = **Noticastrum acuminatum** (DC.) Cuatrec.
Ref.: Zardini, 1985.

Leucopsis calvata Baker = **Noticastrum calvatum** (Baker) Cuatrec.
Ref.: Zardini, 1985.

Leucopsis diffusa (Pers.) Baker = **Noticastrum diffusum** (Pers.) Cabrera
Ref.: Zardini, 1985.

Leucopsis gnaphalioides Baker = **Noticastrum gnaphalioides** (Baker) Cuatrec.
Ref.: Zardini, 1985.

Leucopsis macrocephala Baker = **Noticastrum macrocephalum** (Baker) Cuatrec.
Ref.: Zardini, 1985.

Leucopsis sericea (Less.) Baker = **Noticastrum sericeum** (Less.) Less. ex Phil.
Ref.: Zardini, 1985.

Leucopsis tweediei (Hook. & Arn.) Baker = **Erigeron tweediei** Hook. & Arn.
Ref.: Cabrera, 1974a.

Liabellum humile Cabrera = **Microliabum humile** (Cabrera) Cabrera
Ref.: Cabrera, 1955a, 1978.

Liabum Adans. Liabeae.
Número de especies: 5, 2 especies endémicas.

Liabum asperifolium Muschl.
Sin.: *Paranephelius asperifolius* (Muschl.) H. Rob. & Brettell
Ref.: Cabrera, 1978.
Hábito: Hierba.
Status: Nativa.
Elevación: ca. 3700 m.
Prov.: JU, SA.
Paises limítrofes: BO.
Ejemplar examinado: *Fabris y Crisci 7394* (LP).

Liabum auriculatum Griseb. = **Liabum candidum** Griseb.
Ref.: Cabrera, 1947.

Liabum candidum Griseb. var. **candidum**
Sin.: *Austroliabum candidum* (Griseb.) H. Rob. & Brettell, *Liabum auriculatum* Griseb.
Ref.: Cabrera, 1947; Robinson & Brettell, 1974.
Hábito: Subarbusto.
Status: Endémica.
Elevación: 500-2000 m.
Prov.: CA, CO, LR, SL, TU.
Ejemplar examinado: *Burkart 10496* (LP).

Liabum candidum Griseb. var. **glanduliferum** Cabrera
Ref.: Cabrera, 1947.
Hábito: Subarbusto.
Status: Endémica.
Elevación: 500-2000 m.
Prov.: CO, SL.
Ejemplar examinado: *Castellanos s.n.* (LP).

Liabum candidum Griseb. var. **subcirrhosum** (Blake) Cabrera
Sin.: *Liabum subcirrhosum* Blake
Ref.: Cabrera, 1947; Robinson & Brettell, 1974.
Hábito: Subarbusto.
Status: Endémica.
Elevación: 500-1500 m.
Prov.: CA, CO, SL.
Ejemplar examinado: *Schickendantz 287* (LP).

Liabum eremophilum Cabrera
Sin.: *Austroliabum eremophilum* (Cabrera) H. Rob. & Brettell
Ref.: Cabrera, 1947; Robinson & Brettell, 1974.
Hábito: Subarbusto.
Status: Endémica.
Elevación: 2500-3000 m.
Prov.: SA, TU.
Ejemplar examinado: *Rodríguez 1294* (holotipo, LP).

Liabum hastifolium Poepp. & Endl.
Sin.: *Munnozia hastifolia* (Poepp. & Endl.) H. Rob. & Brettell
Ref.: Cabrera, 1947,1978.
Hábito: Hierba.
Status: Nativa.
Elevación: 500-1500 m.
Prov.: JU, SA.
Paises limítrofes: BO.
Ejemplar examinado: *Fabris 16119* (LP).

Liabum polymnioides R.E. Fr.
Sin.: *Austroliabum polymnioides* (R.E. Fr.) H. Rob. & Brettell
Ref.: Cabrera, 1947, 1978.
Hábito: Hierba.
Status: Nativa.
Elevación: ca. 1200 m.
Prov.: CA, JU, SA, TU.
Paises limítrofes: BO.
Ejemplar examinado: *Cabrera 4050* (LP).

Liabum subcirrhosum Blake = **Liabum candidum** Griseb. var. **subcirrhosum** (Blake) Cabrera
Ref.: Cabrera, 1947.

Lieberkuhna bracteata Cass. = **Chaptalia piloselloides** (Vahl) Baker
Ref.: Burkart, 1944a.

Lophopappus Rusby emend. Cabrera. Mutisieae.
Número de especies: 2

Lophopappus cuneatus R.E. Fr.
Ref.: Cabrera, 1953b, 1978; Katinas, 1995.
Hábito: Arbusto.
Status: Nativa.
Elevación: 3400-4000 m.
Prov.: JU.
Paises limítrofes: BO.
Ejemplar examinado: *Cabrera et al. 15425* (LP).

Lophopappus foliosus Rusby
Ref.: Cabrera, 1953b, 1978; Katinas, 1995.
Hábito: Arbusto.
Status: Nativa.
Elevación: 3000-4000 m.
Prov.: JU.
Paises limítrofes: BO.
Ejemplar examinado: *Cabrera et al. 17638* (LP).

Lorentea cryptopetala DC. = **Pectis sessiliflora** (Less.) Sch. Bip.
Ref.: Cabrera, 1978; Petenatti & Ariza Espinar, 1997.

Lorentea sessiliflora Less. = **Pectis sessiliflora** (Less.) Sch. Bip.
Ref.: Cabrera, 1978; Petenatti & Ariza Espinar, 1997.

Lorentzia pascaloides Griseb. = **Wedelia glauca** (Ortega) O. Hoffm. ex Hicken
Ref.: Cabrera, 1963a, 1971a, 1974a, 1978; Sáenz, inéd.c.

Lorentzianthus viscidus (Hook. & Arn.) R.M. King & H. Rob. = **Eupatorium viscidum** Hook. & Arn.
Ref.: Cabrera, 1978.

Loxodon brevipes Cass. = **Chaptalia exscapa** (Pers.) Baker
Ref.: Burkart, 1944a.

Loxodon longipes Cass. = **Chaptalia runcinata** Kunth
Ref.: Burkart, 1944a.

Lucilia Cass. sensu stricto Anderb. & S.E. Freire. Inuleae.
Número de especies: 5

Lucilia acutifolia (Poir.) Cass.
Sin.: *Gnaphalium commersonii* Spreng., *Gnaphalium jamesonii* (Baker) Kuntze, *Gnaphalium virescens* (Less.) Kuntze, *Helichrysum montevidense* Spreng., *Lucilia acutifolia* (Poir.) Cass. f. *virescens* Less., *Lucilia jamesonii* Baker, *Lucilia lundii* Baker, *Lucilia microphylla* Cass., *Pachyrhynchus xeranthemoides* DC., *Serratula acutifolia* Poir.
Ref.: Cabrera 1963a, 1974a; Freire, 1986b, 1995.
Hábito: Hierba.
Status: Nativa.
Elevación: 0-3000 m.
Prov.: BA, CO, COR, ER, JU, LR, MI, SA, SL, TU.
Paises limítrofes: BO, BR, PA, UR.
Ejemplar examinado: *Hunziker 2167* (LP).

Lucilia acutifolia (Poir.) Cass. f. *virescens* Less. = **Lucilia acutifolia** (Poir.) Cass.
Ref.: Freire, 1986b.

Lucilia affinis Wedd. = **Belloa kunthiana** (DC.) Anderb. & S.E. Freire
Ref.: Anderberg & Freire, 1991.

Lucilia alpina (Poepp.) Cabrera = **Gamochaetopsis alpina** (Poepp.) Anderb. & S.E. Freire
Ref.: Anderberg & Freire, 1991.

Lucilia araucana Phil. = **Belloa chilensis** (Hook. & Arn.) J. Rémy
Ref.: Freire, 1995.

Lucilia argentea Hook. & Arn. = **Berroa gnaphalioides** (Less.) Beauverd
Ref.: Cabrera, 1963a.

Lucilia burkartii (Cabrera) S.E. Freire = **Luciliocline burkartii** (Cabrera) Anderb. & S.E. Freire
Ref.: Anderberg & Freire, 1991.

Lucilia catamarcensis (Cabrera) S.E. Freire = **Luciliocline catamarcensis** (Cabrera) Anderb. & S.E. Freire
Ref.: Anderberg & Freire, 1991.

Lucilia chilensis Hook. & Arn. = **Belloa chilensis** (Hook. & Arn.) J. Rémy
Ref.: Anderberg & Freire, 1991.

Lucilia chilensis Poepp. & Endl., hom. illeg. = **Belloa chilensis** (Hook. & Arn.) J. Rémy
Ref.: Freire, 1995.

Lucilia conoidea Wedd. = **Belloa kunthiana** (DC.) Anderb. & S.E. Freire
Ref.: Freire, 1995.

Lucilia conoidea Phil. = **Baccharis nivalis** (Wedd.) Sch. Bip. ex Phil.
Ref.: Cabrera, 1971a.

Lucilia dioica Phil. = **Baccharis nivalis** (Wedd.) Sch. Bip. ex Phil.
Ref.: Cabrera, 1971a.

Lucilia erecta Benoist = **Facelis lasiocarpa** (Griseb.) Cabrera
Ref.: Anderberg & Freire, 1991.

Lucilia erythractis Wedd. ex Sch. Bip., nom. nud.
Ref.: Freire, 1986b.

Lucilia flagelliformis Wedd. = **Lucilia lycopodioides** (Less.) S.E. Freire
Ref.: Freire, 1989.

Lucilia frigida Reiche = **Belloa chilensis** (Hook. & Arn.) J. Rémy
Ref.: Freire, 1995.

Lucilia glomerata Baker = **Lucilia lycopodioides** (Less.) S.E. Freire
Ref.: Freire, 1989.

Lucilia gnaphalioides Less. = **Berroa gnaphalioides** (Less.) Beauverd
Ref.: Cabrera, 1963a.

Lucilia jamesonii Baker = **Lucilia acutifolia** (Poir.) Cass.
Ref.: Freire, 1986b.

Lucilia kunthiana (DC.) Zardini = **Belloa kunthiana** (DC.) Anderb. & S.E. Freire
Ref.: Freire, 1995.

Lucilia linearifolia Baker
Ref.: Freire, 1986b, 1995.
Hábito: Hierba.
Status: Nativa.
Elevación: 0-2000 m.
Prov.: JU, SA.
Paises limítrofes: BR.
Ejemplar examinado: *Cabrera y Kiesling 24925* (LP).

Lucilia lopezmirandae (Cabrera) S.E. Freire = **Luciliocline lopezmirandae** (Cabrera) Anderb. & S.E. Freire
Ref.: Anderberg & Freire, 1991.

Lucilia lundii Baker = **Lucilia acutifolia** (Poir.) Cass.
Ref.: Freire, 1986b.

Lucilia lycopodioides (Less.) S.E. Freire
Sin.: *Hymenopholis imbricata* Gardner, *Lucilia flagelliformis* Wedd., *Lucilia glomerata* Baker, *Oligandra lucilioides* Less., *Oligandra lycopodioides* Less.
Ref.: Freire, 1986b, 1989, 1995.
Hábito: Hierba.
Status: Nativa.
Elevación: 1000-2000 m.
Prov.: JU, SA.
Paises limítrofes: BO, BR.
Ejemplar examinado: *Cabrera y Kiesling 24951* (LP).

Lucilia microphylla Cass. = **Lucilia acutifolia** (Poir.) Cass.
Ref.: Freire, 1986b.

Lucilia nitens Baker = **Berroa gnaphalioides** (Less.) Beauverd
Ref.: Cabrera, 1963a.

Lucilia nitens Less.
Ref.: Freire, 1986b, 1995.
Hábito: Hierba.
Status: Nativa.
Elevación: 0-1000 m.
Prov.: COR, MI.
Paises limítrofes: BR, UR.
Ejemplar examinado: *Burkart 14439* (LP).

Lucilia nivea (Phil.) Cabrera = **Belloa chilensis** (Hook. & Arn.) J. Rémy
Ref.: Freire, 1995.

Lucilia pickeringii A. Gray = **Belloa pickeringii** (A. Gray) Sagást. & Dillon
Ref.: Freire, 1995.

Lucilia pickeringii A. Gray var. *minor* A. Gray = **Belloa pickeringii** (A. Gray) Sagást. & Dillon
Ref.: Freire, 1995.

Lucilia piptolepis Wedd. = **Belloa piptolepis** (Wedd.) Cabrera
Ref.: Freire, 1995.

Lucilia plumosa Wedd. = **Facelis plumosa** (Wedd.) Sch. Bip.
Ref.: Cabrera, 1978.

Lucilia pusilla (Kunth) Hieron. = **Belloa kunthiana** (DC.) Anderb. & S.E. Freire
Ref.: Freire, 1995.

Lucilia recurva Wedd.
Ref.: Cabrera, 1978; Freire, 1986b, 1995.
Hábito: Hierba.
Status: Nativa.
Elevación: 2500-3000 m.
Prov.: SA.
Paises limítrofes: BO.
Ejemplar examinado: *Legname y Cuezo 4009* (LP).

Lucilia santanica (Cabrera) S.E. Freire = **Luciliocline santanica** (Cabrera) Anderb. & S.E. Freire
Ref.: Anderberg & Freire, 1991.

Lucilia schultzii (Wedd.) A. Gray = **Belloa schultzii** (Wedd.) Cabrera
Ref.: Anderberg & Freire, 1991.

Lucilia subspicata (Wedd.) Hieron. = **Luciliocline subspicata** (Wedd.) Anderb. & S.E. Freire
ojkkRef.: Anderberg & Freire, 1991.

Lucilia tunariensis (Kuntze) K. Schum. = **Novenia acaulis** (Wedd. ex Benth.) S.E. Freire & F.H. Hellwig
Ref.: Freire & Hellwig, 1990.

Lucilia venezuelensis Steyerm. = **Belloa kunthiana** (DC.) Anderb. & S.E. Freire
Ref.: Freire, 1995.

Lucilia violacea Wedd. = **Belloa kunthiana** (DC.) Anderb. & S.E. Freire
Ref.: Freire, 1995.

Luciliocline Anderb. & S.E. Freire. Inuleae.

Número de especies: 5, 2 especies endémicas.

Luciliocline burkartii (Cabrera) Anderb. & S.E. Freire
Sin.: *Belloa burkartii* (Cabrera) Cabrera, *Gnaphalium burkartii* Cabrera, *Lucilia burkartii* (Cabrera) S.E. Freire
Ref.: Anderberg & Freire, 1991; Freire, 1995.
Hábito: Hierba.
Status: Nativa.
Elevación: 3000-4000 m.
Prov.: JU.
Paises limítrofes: BO.
Ejemplar examinado: *Cabrera y Hernández 14015* (LP).

Luciliocline catamarcensis (Cabrera) Anderb. & S.E. Freire
Sin.: *Belloa catamarcensis* Cabrera, *Lucilia catamarcensis* (Cabrera) S.E. Freire
Ref.: Anderberg & Freire, 1991; Freire, 1995.
Hábito: Hierba.
Status: Endémica.
Elevación: ca. 3000 m.
Prov.: CA.
Ejemplar examinado: *Jörgensen 1878* (LP).

Luciliocline lopezmirandae (Cabrera) Anderb. & S.E. Freire
Sin.: *Belloa lopezmirandae* Cabrera, *Belloa turneri* Sagást. & Dillon, *Gnaphalium americanum* Mill. var. *discolor* Griseb., *Lucilia lopezmirandae* (Cabrera) S.E. Freire
Ref.: Anderberg & Freire, 1991; Freire, 1995.
Hábito: Hierba.
Status: Nativa.
Elevación: 2000-4500 m.
Prov.: JU.
Paises limítrofes: BO.
Ejemplar examinado: *Cabrera et al. 16909* (LP).

Luciliocline santanica (Cabrera) Anderb. & S.E. Freire
Sin: *Belloa santanica* (Cabrera) Cabrera, *Gnaphalium santanicum* Cabrera, *Gnaphalium sarmentosum* Klatt, *Lucilia santanica* (Cabrera) S.E. Freire
Ref.: Anderberg & Freire, 1991; Freire, 1995.
Hábito: Hierba.
Status: Endémica.
Elevación: 3000-3500 m.
Prov.: CA, CO, JU, SA, TU.
Ejemplar examinado: *Cabrera et al. 18317* (LP).

Luciliocline subspicata (Wedd.) Anderb. & S.E. Freire
Sin.: *Belloa punae* (Cabrera) Cabrera, *Belloa subspicata* Wedd., *Gnaphalium punae* Cabrera, *Lucilia subspicata* (Wedd.) Hieron.
Ref.: Anderberg & Freire, 1991; Freire, 1995.
Hábito: Hierba.
Status: Nativa.
Elevación: 3000-5000 m.
Prov.: CA, JU, LR, SA.
Paises limítrofes: BO.
Ejemplar examinado: *Cabrera et al. 15472* (LP).

Luciliopsis argentina Cabrera = **Cuatrecasasiella argentina** (Cabrera) H. Rob.
Ref.: Robinson, 1985.

Macrachaenium Hook. f. Mutisieae.

Número de especies: 1

Macrachaenium foliosum Albov = **Macrachaenium gracile** Hook. f. var. **gracile**
Ref.: Cabrera, 1971a.

Macrachaenium gracile Hook. f. var. **gracile**
Sin.: *Macrachaenium foliosum* Albov
Ref.: Cabrera, 1971a; Katinas, 1995.
Hábito: Hierba.
Status: Nativa.
Elevación: 0-1000 m.
Prov.: CHU, NE, RN, SC, TF.
Paises limítrofes: CH.
Ejemplar examinado: *Correa y Pérez Moreau 1978* (LP).

Macrachaenium gracile Hook. f. var. **radiatum** Cabrera
Ref.: Cabrera, 1971a; Katinas, 1995.
Hábito: Hierba.
Status: Nativa.
Elevación: 0-1000 m.
Prov.: CHU, NE, RN.
Paises limítrofes: CH.
Ejemplar examinado: *Neumeyer 10* (LP).

Macropodinia blumenavii (Hieron.) R. King & H. Rob. = **Eupatorium blumenavii** Hieron.
Ref.: Cabrera & Freire, 1997.

Macrorhynchus australis Phil. = **Agoseris coronopifolia** (d'Urv.) K.L. Chambers ex D.M. Moore
Ref.: Cabrera, 1971a.

Macrorhynchus elatus Phil. = **Agoseris coronopifolia** (d'Urv.) K.L. Chambers ex D.M. Moore
Ref.: Cabrera, 1971a.

Macrorhynchus poeppigii DC. = **Agoseris coronopifolia** (d'Urv.) K.L. Chambers ex D.M. Moore
Ref.: Cabrera, 1971a.

Macrorhynchus pumilus (Gaudich.) DC. = **Agoseris coronopifolia** (d'Urv.) K.L. Chambers ex D.M. Moore
Ref.: Cabrera, 1971a.

Madia Molina. Heliantheae.

Número de especies: 1

Madia sativa Molina
Sin.: *Madia viscosa* Cav.
Ref.: Cabrera, 1971a.
Hábito: Hierba.
Status: Nativa.
Elevación: 0-500 m.
Prov.: CHU, ME, NE, RN, TF.
Paises limítrofes: CH.
Ejemplar examinado: *Burkart 19776* (LP, SI).

Madia viscosa Cav. = **Madia sativa** Molina
Ref.: Cabrera, 1971a.

Mandonia pilosella Sch. Bip. = **Hieracium stachyoideum** Arv.-Touv.
Ref.: Sleumer, 1956.

Malacothrix DC. Lactuceae.
Número de especies: 1

Malacothrix coulteri A. Gray
Sin.: *Zollikoferia elquiensis* Phil.
Ref.: Cabrera, 1971a; Ariza Espinar & Urtubey, 1998.
Hábito: Hierba.
Status: Nativa.
Elevación: 500-1500 m.
Prov.: CHU, NE, RN.
Paises limítrofes: CH.
Ejemplar examinado: *sin colector* (LP 11619).

Malmeanthus subintegerrimus (Malme) R.M. King & H. Rob. = **Eupatorium subintegerrimum** Malme
Ref.: Cabrera & Freire, 1997.

Marsea bonariensis (L.) Badillo var. *leiotheca* (Blake) Badillo = **Conyza floribunda** Kunth
Ref.: Cabrera, 1978.

Marsea sophiifolia (Kunth) Badillo = **Laennecia sophiifolia** (Kunth) G.L. Nesom
Ref.: Nesom, 1990b.

Marshallia aliena Spreng. = **Heterothalamus alienus** (Spreng.) Kuntze
Ref.: Barroso, 1976.

Mastigophorus gaudichaudi Cass. = **Nassauvia gaudichaudii** (Cass.) Cass. ex Gaudich.
Ref.: Cabrera, 1982.

Matricaria L. Anthemideae.
Número de especies: 2

Matricaria balsamita (L.) Desr. = **Tanacetum balsamita** L.

Matricaria chamomilla L., hom. illeg. = **Matricaria recutita** L.
Ref.: Xifreda, 1985.

Matricaria chamomilla L. var. *recutita* (L.) Grierson = **Matricaria recutita** L.
Ref.: Ariza Espinar, 1997b.

Matricaria discoidea DC. = **Matricaria matricarioides** (Less.) Porter ex Britton
Ref.: Cabrera, 1971a; Amat, 1985; Bremer & Humphries, 1993.

Matricaria inodora L. = **Tripleurospermum perforatum** (Mérat) Laínz
Ref.: Moore, 1983a; Bremer & Humphries, 1993.

Matricaria matricarioides (Less.) Porter ex Britton
Sin.: *Artemisia matricarioides* Less., *Chamomilla suaveolens* (Pursh) Rydb., *Matricaria discoidea* DC., *Santolina suaveolens* Pursh, hom. illeg.
Ref.: Cabrera, 1971a; Amat, 1985; Bremer & Humphries, 1993; Ariza Espinar, 1997b.
Hábito: Hierba.
Status: Adventicia.
Elevación: 0-1000 m.
Prov.: BA, CHU, ME, NE, RN, SC, TF.
Paises limítrofes: CH.
Ejemplar examinado: *Cabrera y Job 352* (LP).

Matricaria myconis (L.) Giraud = **Coleostephus myconis** (L.) Cass.
Ref.: Ariza Espinar, 1997b.

Matricaria parthenium L. = **Tanacetum parthenium** (L.) Sch. Bip.
Ref.: Cabrera & Zardini, 1978.

Matricaria perforata Mérat = **Tripleurospermum perforatum** (Mérat) Laínz
Ref.: Moore, 1983; Bremer & Humphries, 1993.

Matricaria recutita L.
Sin.: *Chamomilla recutita* (L.) Rausch, *Matricaria chamomilla* L., hom. illeg., *Matricaria chamomilla* L. var. *recutita* (L.) Grierson
Ref.: Cabrera, 1963a, 1971a; Xifreda, 1985; Bremer & Humphries, 1993; Ariza Espinar, 1997b.
Hábito: Hierba.
Status: Adventicia.
Elevación: 0-1000 m.
Prov.: BA, CHU, CO, COR, ER, MI, NE, RN, SC, TU.
Paises limítrofes: BO, BR, CH, PA, UR.
Ejemplar examinado: *Cabrera 161* (LP).

Melalema humifusa Hook. f. = **Senecio humifusus** (Hook. f.) Cabrera
Ref.: Cabrera & Zardini, 1980.

Melampodium australe Loefl. = **Acanthospermum australe** (Loefl.) Kuntze
Ref.: Cabrera, 1963a, 1974a.

Melanthera Rohr. Heliantheae.
Número de especies: 1

Melanthera latifolia (Gardner) Cabrera
Sin.: *Echinocephalum latifolium* Gardner
Ref.: Cabrera, 1974a.
Hábito: Hierba.
Status: Nativa.
Elevación: 0-500 m.
Prov.: CH, COR, ER, FO, MI, SA, SF.
Paises limítrofes: BR, PA, UR.
Ejemplar examinado: *Zuloaga et al. 848* (SI).

Meratia sprengelii Cass., nom. superfl. = **Delilia biflora** (L.) Kuntze
Ref.: Delprete, 1995.

Merope argentea Wedd. = **Belloa schultzii** (Wedd.) Cabrera
Ref.: Freire, 1995.

Merope caespititia Wedd. = **Belloa schultzii** (Wedd.) Cabrera
Ref.: Freire, 1995.

Merope erythractis Wedd. = **Belloa erythractis** (Wedd.) Cabrera
Ref.: Freire & Iharlegui, 1997.

Merope kunthiana (DC.) Wedd. = **Belloa kunthiana** (DC.) Anderb. & S.E. Freire
Ref.: Freire, 1995.

Merope piptolepis Wedd. = **Belloa piptolepis** (Wedd.) Cabrera
Ref.: Cabrera, 1958.

Merope schultzii Wedd. = **Belloa schultzii** (Wedd.) Cabrera
Ref.: Cabrera, 1957b.

Merope virescens Wedd. = **Belloa schultzii** (Wedd.) Cabrera
Ref.: Freire, 1995.

Metazanthus cacalioides Meyen, hom. illeg. = **Senecio coronopodiphyllus** J. Rémy
Ref.: Cabrera & Zardini, 1980.

Metazanthus grandiflorus Meyen, hom. illeg. = **Senecio subdiscoideus** Sch. Bip. ex Wedd.
Ref.: Cabrera & Zardini, 1980.

Microchaete humilis (Hook. f.) Sch. Bip. = **Nardophyllum bryoides** (Lam.) Cabrera
Ref.: Cabrera, 1971a.

Microdonta nana Nutt. = **Heterosperma nanum** (Nutt.) Sherff
Ref.: Cabrera, 1978.

Microgyne trifurcata Less. = **Microgynella trifurcata** (Less.) Grau
Ref.: Cabrera, 1974a; Grau, 1975.

Microgynella Grau. Astereae.
Número de especies: 1

Microgynella trifurcata (Less.) Grau
Sin.: *Erigeron ? tridactylum* DC., *Microgyne trifurcata* Less., *Vittadinia trifurcata* (Less.) Benth. & Hook. f. ex Griseb.
Ref.: Cabrera, 1963a, 1974a; Grau, 1975; Cabrera & Zardini, 1978.
Hábito: Hierba.
Status: Nativa.
Elevación: 0-1500 m.
Prov.: BA, CA, CO, COR, ER, SE, SF, SL.
Paises limítrofes: BR, UR.
Ejemplar examinado: *Cabrera 6441* (LP).

Microliabum Cabrera. Liabeae.
Número de especies: 1 especie endémica.

Microliabum humile (Cabrera) Cabrera
Sin.: *Angelianthus humilis* (Cabrera) H. Rob. & Brettell, *Liabellum humile* Cabrera
Ref.: Cabrera, 1955a, 1978.
Hábito: Hierba.
Status: Endémica.
Elevación: ca. 3500 m.
Prov.: JU, SA.
Ejemplar examinado: *Fabris et al. 4169* (LP).

Micropsis DC. Inuleae.
Número de especies: 4, 1 especie endémica.

Micropsis australis Cabrera
Ref.: Cabrera 1932a, 1963a, 1971a.
Hábito: Hierba.
Status: Endémica.
Elevación: 0-500 m.
Prov.: BA, LP, RN.
Ejemplar examinado: *Cabrera 6693* (LP).

Micropsis bonaerensis Manganaro = **Micropsis ostenii** Beauverd
Ref.: Cabrera, 1963a, 1974a.

Micropsis dasycarpa (Griseb.) Beauverd
Sin.: *Filago dasycarpa* Griseb.
Ref.: Cabrera, 1932a, 1963a, 1974a.
Hábito: Hierba.
Status: Nativa.
Elevación: 0-1000 m.
Prov.: BA, COR, ER, FO, MI.
Paises limítrofes: BR, PA, UR.
Ejemplar examinado: *Cabrera 10809* (LP).

Micropsis herterii Beauverd = **Micropsis spathulata** (Pers.) Cabrera
Ref.: Cabrera, 1963a.

Micropsis involucrata (Lam.) Cabrera = **Micropsis spathulata** (Pers.) Cabrera
Ref.: Cabrera, 1932a, 1963a, 1974a.

Micropsis ostenii Beauverd
Sin.: *Micropsis bonaerensis* Manganaro
Ref.: Cabrera, 1932a, 1963a, 1974a.
Hábito: Hierba.
Status: Nativa.
Elevación: 0-500 m.
Prov.: BA, ER.
Paises limítrofes: UR.
Ejemplar examinado: *Cabrera 1521* (LP)

Micropsis spathulata (Pers.) Cabrera
Sin.: *Evax spathulata* Pers., *Gnaphalium bracteatum* Willd., hom. illeg., *Gnaphalium involucratum* Lam., hom. illeg., *Micropsis herterii* Beauverd, *Micropsis involucrata* (Lam.) Cabrera
Ref.: Cabrera, 1932a, 1963a, 1974a.
Hábito: Hierba.
Status: Nativa.
Elevación: 0-500 m.
Prov.: BA, COR, ER.
Paises limítrofes: UR.
Ejemplar examinado: *Dawson 814* (LP).

Micropus globiferus Bertero ex DC. = **Psilocarphus tenellus** Nutt. var. **globiferus** (Bertero ex DC.) Morefield

Mikania Willd. Eupatorieae.

Número de especies: 33, 6 especies endémicas.

Mikania acrensis B.L. Rob. = **Mikania lindleyana** DC.
Ref.: Cerana, 1997.

Mikania apiifolia DC. = **Mikania dentata** Spreng.
Ref.: Cabrera & Vittet, 1954.

Mikania araucana Phil. = **Mikania periplocifolia** Hook. & Arn.
Ref.: Robinson, 1934b.

Mikania auricularis Griseb. = **Mikania periplocifolia** Hook. & Arn.
Ref.: Cabrera & Vittet, 1954.

Mikania burchellii Baker
Ref.: Cerana, 1997.
Hábito: Enredadera.
Status: Nativa.
Elevación: 0-500 m.
Prov.: MI.
Paises limítrofes: PA.
Ejemplar examinado: *Cabral 62* (CTES, SI).

Mikania capricorni B.L. Rob.
Ref.: Cerana, 1997.
Hábito: Enredadera.
Status: Nativa.
Elevación: 0-500 m.
Prov.: MI.
Paises limítrofes: BR.
Ejemplar examinado: *Schulz 7166* (CTES).

Mikania charua Griseb. = **Ophryosporus charua** (Griseb.) Hieron.
Ref.: Cabrera & Vittet, 1954.

Mikania chlorolepis Baker
Ref.: Cerana, 1997.
Hábito: Enredadera.
Status: Nativa.
Elevación: 0-500 m.
Prov.: MI.
Paises limítrofes: BR, PA.
Ejemplar examinado: *Tressens et al. 5665* (CTES).

[Mikania congesta DC.]
Ref.: Cabrera & Vittet, 1954.
Nota: Cita dudosa para la flora argentina.

Mikania cordifolia (L. f.) Willd.
Sin.: *Cacalia cordifolia* L. f., *Mikania cordifolia* (L. f.) Willd. var. *tomentosa* Hieron., *Willoughbya cordifolia* (L. f.) Kuntze
Ref.: Cabrera & Vittet, 1954; Cabrera, 1974a, 1978; Holmes, 1993; Ariza Espinar, 1994; Holmes & McDaniel, 1996; Cerana, 1997.
Hábito: Enredadera.
Status: Nativa.
Elevación: 0-2000 m.
Prov.: BA, CA, CH, CO, COR, ER, FO, JU, MI, SA, SE, SF, TU.
Paises limítrofes: BO, BR, PA, UR.
Ejemplar examinado: *Cabrera 10415* (LP).

Mikania cordifolia (L. f.) Willd. var. *tomentosa* Hieron. = **Mikania cordifolia** (L. f.) Willd.
Ref.: Cabrera & Vittet, 1954.

Mikania cynanchifolia (Baker) Malme
Sin.: *Mikania scandens* (L.) Willd. subsp. *cynanchifolia* (Baker) Malme, *Mikania scandens* (L.) Willd. var. *cynanchifolia* Baker, *Mikania scandens* (L.) Willd. var. *intermedia* Malme, *Mikania scandens* (L.) Willd. f. *intermedia* (Malme) Malme, *Mikania scandens* (L.) Willd. subvar. *mollis* Chodat
Ref.: Cabrera & Vittet, 1954; Holmes & McDaniel, 1996; Cerana, 1997.
Hábito: Enredadera.
Status: Nativa.
Elevación: 0-500 m.
Prov.: BA, CH, COR, ER, FO, SF.
Paises limítrofes: BR, PA.
Ejemplar examinado: *Rojas 13486* (CTES).

Mikania daspitti W.C. Holmes & McDaniel
Ref.: Holmes & McDaniel, 1989, 1996; Cerana, 1997.
Hábito: Enredadera.
Status: Nativa.
Prov.: MI.
Elevación: 0-500 m.
Paises limítrofes: PA.
Ejemplar examinado: *de Llamas 15* (paratipo, G).

Mikania dentata Spreng.
Sin.: *Cacalia septemnata* Vell., *Cacalia ternata* Vell., *Mikania apiifolia* DC., *Mikania ternata* (Vell.) B.L. Rob.
Ref.: Holmes & McDaniel, 1989; Cerana, 1997.
Hábito: Enredadera.
Status: Nativa.
Elevación: 0-500 m.
Prov.: MI.
Paises limítrofes: BR, PA.
Ejemplar examinado: *Cabrera et al. 119* (LP).

Mikania dusenii B.L. Rob.
Ref.: Robinson, 1934a; Cabrera & Vittet, 1954; Cabrera, 1974a; Holmes & McDaniel, 1996; Cerana, 1997.
Hábito: Enredadera.
Status: Nativa.
Elevación: 0-500 m.
Prov.: BA, CH, COR, ER, SF.
Paises limítrofes: BR, PA.
Ejemplar examinado: *Schulz 185* (LP).

Mikania euryanthela (Malme) W.C. Holmes
Sin.: *Mikania laxa* DC. subsp. *euryanthela* Malme
Ref.: Cerana, 1997.
Hábito: Enredadera.
Status: Nativa.
Elevación: 0-500 m.
Prov.: CH, COR, FO, MI.
Paises limítrofes: BR, PA.
Ejemplar examinado: *Rojas 12036* (LP, LIL).

Mikania glechomaefolia Sch. Bip. ex Baker = **Mikania micrantha** Kunth
Ref.: Robinson, 1934b.

Mikania glomerata Spreng.
Sin.: *Cacalia trilobata* Vell., *Mikania glomerata* Spreng. var. *montana* Hassl., *Mikania hederifolia* DC., *Mikania scansoria* DC.
Ref.: Cabrera & Vittet, 1954; Barroso, 1959; Cabrera, 1989; Holmes & McDaniel, 1995, 1996; Cerana, 1997.
Hábito: Enredadera.
Status: Nativa.
Prov.: MI.
Elevación: 0-500 m.
Paises limítrofes: BR, PA.
Ejemplar examinado: *Klein 5697* (LP).

Mikania glomerata Spreng. var. *montana* Hassl. = **Mikania glomerata** Spreng.
Ref.: Holmes & McDaniel, 1996.

Mikania guaranitica Hassl.
Ref.: Cabrera & Vittet, 1954; Holmes & McDaniel, 1996; Cerana, 1997.
Hábito: Enredadera.
Status: Nativa.
Elevación: 0-500 m.
Prov.: CH, FO, SA, SE.
Paises limítrofes: PA.
Ejemplar examinado: *Meyer 2504* (LP).

Mikania haenkeana DC.
Ref.: Cabrera & Vittet, 1954; Cabrera, 1978; Cerana, 1997.
Hábito: Enredadera.
Status: Nativa.
Elevación: ca. 700 m.
Prov.: JU, SA.
Paises limítrofes: BO.
Ejemplar examinado: *Cabrera 27952* (SI).

Mikania hederifolia DC. = **Mikania glomerata** Spreng.
Ref.: Cabrera & Vittet, 1954; Barroso, 1959.

Mikania hemisphaerica Baker
Ref.: Cabrera, 1989; Holmes & McDaniel, 1996; Cerana, 1997.
Hábito: Enredadera.
Status: Nativa.
Elevación: 0-500 m.
Prov.: MI.
Paises limítrofes: BR, PA.
Ejemplar examinado: *Pabst 4844* (LP).

Mikania hirsutissima DC.
Sin.: *Mikania hirsutissima* DC. var. *ursina* Baker, *Mikania martiana* Gardner, *Mikania sepiaria* Gardner
Ref.: Cabrera & Vittet, 1954; Barroso, 1959; Cabrera, 1989; Holmes & McDaniel, 1995, 1996; Cerana, 1997.
Hábito: Enredadera.
Status: Nativa.
Elevación: 0-500 m.
Prov.: COR, MI.
Paises limítrofes: BR, PA.
Ejemplar examinado: *Frenguelli 76* (LP).

Mikania hirsutissima DC. var. *ursina* Baker = **Mikania hirsutissima** DC.
Ref.: Holmes, 1995.

Mikania humilis Kuntze ex Hieron. = **Mikania periplocifolia** Hook. & Arn.
Ref.: Robinson, 1934b.

Mikania joergensenii B.L. Rob. = **Mikania urticifolia** Hook. & Arn.
Ref.: Cabrera & Vittet, 1954; Cabrera, 1978.

Mikania jujuyensis Cabrera
Ref.: Cabrera, 1978; Cerana, 1997.
Hábito: Enredadera.
Status: Endémica.
Elevación: ca. 2000 m.
Prov.: JU.
Ejemplar examinado: *Cabrera et al. 21287* (holotipo, LP).

Mikania laxa DC. subsp. *euryanthela* Malme = **Mikania euryanthela** (Malme) W.C. Holmes
Ref.: Cerana, 1997.

Mikania lindleyana DC.
Sin.: *Mikania acrensis* B.L. Rob.
Ref.: Cerana, 1997.
Hábito: Enredadera.
Status: Nativa.
Elevación: 0-500 m.
Prov.: MI.
Paises limítrofes: BR, PA.
Ejemplar examinado: *Eskuche 2102* (SI).

Mikania martiana Gardner = **Mikania hirsutissima** DC.
Ref.: Cabrera & Vittet, 1954; Barroso, 1959.

Mikania mendocina Phil.
Ref.: Robinson, 1934b; Cabrera & Vittet, 1954; Cabrera, 1971a; Cerana, 1997.
Hábito: Enredadera.
Status: Endémica.
Elevación: 500-1000 m.
Prov.: ME, NE, RN.
Ejemplar examinado: *Jorgensen s.n.* (BA 36895).

Mikania micrantha Kunth
Sin.: *Mikania glechomaefolia* Sch. Bip. ex Baker, *Mikania orinocensis* Kunth, *Mikania scandens* (L.) Willd. var. *umbellifera* (Gardner) Baker, *Mikania scandens* (L.) Willd. var. *subcymosa* (Gardner) Baker, *Mikania subcrenata* Hook. & Arn., *Mikania subcymosa* Gardner, *Mikania umbellifera* Gardner
Ref.: Robinson, 1934b; Cabrera & Vittet, 1954; Cabrera, 1974a, 1978; Holmes, 1993; Cerana, 1997.
Hábito: Enredadera.
Status: Nativa.
Elevación: 0-2000 m.
Prov.: BA, CH, COR, ER, JU, MI, SA, SF, TU.
Paises limítrofes: BR, PA.
Ejemplar examinado: *Schulz 247* (LP).

Mikania minima (Baker) B.L. Rob.
Sin.: *Mikania scandens* (L.) Willd. var. *minima* Baker
Ref.: Robinson, 1934b; Cabrera & Vittet, 1954; Cerana, 1997.

Hábito: Enredadera.
Status: Endémica.
Elevación: ca. 1400 m.
Prov.: TU.
Ejemplar examinado: *Tweedie 1188* (holotipo, K).

Mikania niederleinii Hieron. = **Mikania periplocifolia** Hook. & Arn.
Ref.: Robinson, 1934b; Cabrera & Vittet, 1954.

Mikania oblongifolia DC.
Sin.: *Kanimia oblongifolia* (DC.) Baker
Ref.: Cabrera & Vittet, 1954; Cerana, 1997.
Hábito: Subarbusto.
Status: Nativa.
Elevación: 0-500 m.
Prov.: MI.
Paises limítrofes: BR.
Ejemplar examinado: *Spegazzini s.n.* (BAB 16936).

Mikania orinocensis Kunth. = **Mikania micrantha** Kunth
Ref.: Holmes, 1993.

Mikania paniculata DC.
Ref.: Cabrera, 1989; Holmes & McDaniel, 1996; Cerana, 1997.
Hábito: Enredadera.
Status: Nativa.
Elevación: 0-500 m.
Prov.: MI.
Paises limítrofes: BR, PA.
Ejemplar examinado: *Osten y Rojas 7895* (G).

Mikania parodii Cabrera
Ref.: Cabrera, 1941a, 1989; Cabrera & Vittet, 1954; Cerana, 1997.
Hábito: Enredadera.
Status: Nativa.
Elevación: 0-500 m.
Prov.: BA, CH, COR, ER, JU, SF.
Paises limítrofes: BR.
Ejemplar examinado: *Cabrera 4941* (holotipo, LP).

Mikania periplocifolia Hook. & Arn.
Sin.: *Mikania araucana* Phil., *Mikania auricularis* Griseb., *Mikania humilis* Kuntze ex Hieron., *Mikania niederleinii* Hieron., *Mikania scandens* (L.) Willd. subsp. *paraguayensis* Malme, *Mikania scandens* (L.) Willd. var. *periplocifolia* (Hook. & Arn.) Baker, *Mikania scandens* (L.) Willd. var. *sagittifolia* Hassl.
Ref.: Robinson, 1934b; Cabrera & Vittet, 1954; Cabrera, 1971a, 1974a, 1978; Cerana, 1997.
Hábito: Enredadera.
Status: Nativa.
Elevación: 0-1500 m.
Prov.: BA, CA, CH, CO, COR, ER, FO, JU, LR, ME, SA, SE, SF, SJ, SL, TU.
Paises limítrofes: BO, BR, CH, PA, UR.
Ejemplar examinado: *Cabrera 1129* (LP).

Mikania phyllopoda Griseb. = **Mikania urticifolia** Hook. & Arn.
Ref.: Cabrera & Vittet, 1954; Cabrera, 1978.

Mikania pinnatiloba DC.
Ref.: Cabrera & Vittet, 1954; Cabrera, 1974a, 1989; Cerana, 1997.
Hábito: Hierba.
Status: Nativa.
Elevación: 0-500 m.
Prov.: CH, COR, ER, FO.
Paises limítrofes: BR, PA, UR.
Ejemplar examinado: *Burkart 4167* (SI).

[Mikania pubescens Nutt.]
Ref.: Cabrera & Vittet, 1954.
Nota: Cita dudosa para la flora argentina.

Mikania saltensis Hieron.
Sin.: *Willoughbya saltensis* (Hieron.) Kuntze
Ref.: Cabrera & Vittet, 1954; Cabrera, 1978; Cerana, 1997.
Hábito: Enredadera.
Status: Endémica.
Elevación: ca. 1700 m.
Prov.: JU, SA, TU.
Ejemplar examinado: *Venturi 2985* (LP).

Mikania sapucayensis Hassl. = **Mikania variifolia** Hieron.
Ref.: Cabrera, 1989; Holmes & McDaniel, 1996.

Mikania satureiifolia (Lam.) Willd. = **Stevia satureiifolia** (Lam.) Sch. Bip. var. **satureifolia**
Ref.: Cabrera & Vittet, 1954.

Mikania scandens (L.) Willd. var. β Hook. & Arn. = **Eupatorium arnotti** Baker
Ref.: Ariza Espinar, 1994.

Mikania scandens (L.) Willd. var. *cynanchifolia* Baker = **Mikania cynanchifolia** (Baker) Malme
Ref.: Cabrera & Vittet, 1954.

Mikania scandens (L.) Willd. subsp. *cynanchifolia* (Baker) Malme = **Mikania cynanchifolia** (Baker) Malme
Ref.: Cabrera & Vittet, 1954.

Mikania scandens (L.) Willd. var. *intermedia* Malme = **Mikania cynanchifolia** (Baker) Malme
Ref.: Cabrera & Vittet, 1954.

Mikania scandens (L.) Willd. f. *intermedia* (Malme) Malme = **Mikania cynanchifolia** (Baker) Malme
Ref.: Cabrera & Vittet, 1954.

Mikania scandens (L.) Willd. var. *minima* Baker = **Mikania minima** (Baker) B.L. Rob.
Ref.: Cabrera & Vittet, 1954.

Mikania scandens (L.) Willd. subvar. *mollis* Chodat = **Mikania cynanchifolia** (Baker) Malme
Ref.: Cabrera, 1996.

Mikania scandens (L.) Willd. subsp. *paraguayensis* Malme = **Mikania periplocifolia** Hook. & Arn.
Ref.: Cabrera, 1996.

Mikania scandens (L.) Willd. var. *periplocifolia* (Hook. & Arn.) Baker = **Mikania periplocifolia** Hook. & Arn.
Ref.: Robinson, 1934b.

Mikania scandens (L.) Willd. var. *sagittifolia* Hassl. = **Mikania periplocifolia** Hook. & Arn.
Ref.: Cabrera, 1996.

Mikania scandens (L.) Willd. var. *subcymosa* (Gardner) Baker = **Mikania micrantha** Kunth
Ref.: Robinson, 1934b.

Mikania scandens (L.) Willd. var. *umbellifera* (Gardner) Baker = **Mikania micrantha** Kunth
Ref.: Robinson, 1934b.

Mikania scansoria DC. = **Mikania glomerata** Spreng.
Ref.: Cabrera & Vittet, 1954; Barroso, 1959.

Mikania sepiaria Gardner = **Mikania hirsutissima** DC.
Ref.: Barroso, 1959.

Mikania siambonensis Hieron.
Ref.: Cabrera & Vittet, 1954; Cerana, 1997.
Hábito: Enredadera.
Status: Endémica.
Elevación: 1000-1500 m.
Prov.: TU.
Ejemplar examinado: *Lorentz s.n.* (fototipo, SI).

Mikania subcrenata Hook. & Arn. = **Mikania micrantha** Kunth
Ref.: Holmes, 1993; Robinson, 1934b.

Mikania subcymosa Gardner = **Mikania micrantha** Kunth
Ref.: Holmes, 1993; Robinson, 1934.

Mikania summinima W.C. Holmes
Ref.: Holmes, 1988; Cerana, 1997.
Hábito: Subarbusto.
Status: Endémica.
Elevación: 0-500 m.
Prov.: MI.
Ejemplar examinado: *Schwarz 2208* (holotipo, S).

Mikania tenuiflora Griseb. = **Eupatorium arnottii** Baker
Ref.: Ariza Espinar, 1994.

Mikania ternata (Vell.) B.L. Rob. = **Mikania dentata** Spreng.
Ref.: Holmes & McDaniel, 1989.

Mikania ternifolia DC.
Ref.: Cerana, 1997.
Hábito: Hierba.
Status: Nativa.
Elevación: 0-500 m.
Prov.: COR, MI.
Paises limítrofes: BR, UR.
Ejemplar examinado: *Krapovickas 24917* (LP).

Mikania thapsoides DC.
Sin.: *Eupatorium thapsoides* DC. ex Niederl., *Kanimia thapsoides* (DC.) Hieron.
Ref.: Cabrera & Vittet, 1954; Cabrera, 1974a; Cerana, 1997.
Hábito: Subarbusto.
Status: Nativa.
Elevación: 0-500 m.
Prov.: CH, COR, ER, FO, MI, SF.
Paises limítrofes: BR, PA, UR.
Ejemplar examinado: *Schulz 2689* (LP).

Mikania trachypleura B.L. Rob.
Sin.: *Mikania ypacarayensis* W.C. Holmes & McDaniel
Ref.: Robinson, 1934a; Cabrera & Vittet, 1954; Holmes & McDaniel, 1996; Cabrera, 1989; Cerana, 1997.
Hábito: Enredadera.
Status: Nativa.
Elevación: 0-500 m.
Prov.: CH, COR, MI.
Paises limítrofes: BR, PA.
Ejemplar examinado: *Schulz 205* (isoparatipo, LP).

Mikania umbellifera Gardner = **Mikania micrantha** Kunth
Ref.: Robinson, 1934b.

Mikania urticifolia Hook. & Arn.
Sin.: *Mikania joergensenii* B.L. Rob., *Mikania phyllopoda* Griseb., *Willoughbya phyllopoda* (Griseb.) Kuntze
Ref.: Cabrera & Vittet, 1954; Cabrera, 1978; Ariza Espinar, 1994; Cerana, 1997.
Hábito: Enredadera.
Status: Nativa.
Elevación: 0-1000 m.
Prov.: CA, CH, CO, ER, JU, LR, SA, SE, SL.
Paises limítrofes: BO, PA.
Ejemplar examinado: *Cabrera 1129* (LP).

Mikania variifolia Hieron.
Sin.: *Mikania sapucayensis* Hassl.
Ref.: Cabrera, 1974a, 1989; Holmes & McDaniel, 1996; Cerana, 1997.
Hábito: Enredadera.
Status: Nativa.
Elevación: 0-500 m.
Prov.: CH, COR, ER, FO, MI.
Paises limítrofes: BR, PA, UR.
Ejemplar examinado: *Schulz 1240* (LP).

Mikania vitifolia DC.
Ref.: Cerana, 1997.
Hábito: Enredadera.
Status: Nativa.
Elevación: 0-500 m.
Prov.: MI.
Paises limítrofes: BO, BR.
Ejemplar examinado: *Tressens et al. 5390* (CTES).

Mikania ypacarayensis W.C. Holmes & McDaniel = **Mikania trachypleura** B.L. Rob.
Ref.: Cabrera, 1989; Holmes & McDaniel, 1996.

Milleria biflora L. = **Delilia biflora** (L.) Kuntze
Ref.: Delprete, 1995.

Milleria chiloensis Juss. = **Flaveria bidentis** (L.) Kuntze
Ref.: Powell, 1978.

Milleria contrayerba Cav. = **Flaveria bidentis** (L.) Kuntze
Ref.: Powell, 1978.

Mimela pedicularifolia Phil. = **Leucheria scrobiculata** D. Don
Ref.: Crisci, 1976b.

Mniodes cerratei Ferreyra = **Belloa schultzii** (Wedd.) Cabrera
Ref.: Freire, 1995.

Mniodes tunariensis (Kuntze) K. Schum. = **Novenia acaulis** (Wedd. ex Benth.) S.E. Freire & F.H. Hellwig
Ref.: Freire & Hellwig, 1990.

Mocinna brasiliensis Spreng. = **Calea pinnatifida** (R. Br.) Less.
Ref.: Cabrera, 1937.

Molina articulata (Lam.) Less. = **Baccharis articulata** (Lam.) Pers.
Ref.: Cabrera, 1963a.

Molina caespitosa Ruiz & Pav. = **Baccharis caespitosa** (Ruiz & Pav.) Pers. var. **caespitosa**
Ref.: Cuatrecasas, 1969a.

Molina crispa (Spreng.) Less. = **Baccharis crispa** Spreng.
Ref.: Cabrera, 1963a.

Molina cylindrica Less. = **Baccharis crispa** Spreng.
Ref.: Ariza Espinar, 1973a.

Molina latifolia Ruiz & Pav. = **Baccharis latifolia** (Ruiz & Pav.) Pers.
Ref.: Cabrera, 1978.

Molina linearis Ruiz & Pav. = **Baccharis linearis** (Ruiz & Pav.) Pers.
Ref.: Cabrera, 1971a.

Molina microcephala Less. = **Baccharis microcephala** (Less.) DC.
Ref.: Cabrera, 1963a.

Molina parviflora Ruiz & Pav. = **Baccharis salicifolia** (Ruiz & Pav.) Pers.
Ref.: Ariza Espinar, 1973a.

Molina phyteumoides Less. = **Baccharis phyteumoides** (Less.) DC.
Ref.: Cabrera, 1963a.

Molina racemosa Ruiz & Pav. = **Baccharis racemosa** (Ruiz & Pav.) DC.
Ref.: Cabrera, 1971a.

Molina sagittalis Less. = **Baccharis sagittalis** (Less.) DC.
Ref.: Cabrera, 1971a.

Molina salicifolia Ruiz & Pav. = **Baccharis salicifolia** (Ruiz & Pav.) Pers.
Ref.: Cabrera, 1963a.

Molina striata Ruiz & Pav. = **Baccharis salicifolia** (Ruiz & Pav.) Pers.
Ref.: Cabrera, 1978.

Molina trimera Less. = **Baccharis trimera** (Less.) DC.
Ref.: Cabrera, 1963a.

Molina viscosa Ruiz & Pav. = **Baccharis salicifolia** (Ruiz & Pav.) Pers.
Ref.: Cabrera, 1978.

Montanoa La Llave & Lex. Heliantheae.

Número de especies: 1

Montanoa bipinnatifida (Kunth) K. Koch
Sin.: *Montanoa elegans* K. Koch, *Montanoa heracleifolia* Brongn. ex Groenl., *Montanoa pyramidata* Sch. Bip., *Polymnia grandis* Kunth, *Uhdea bipinnatifida* Kunth
Ref.: Funk, 1982; Sáenz, inéd.b.
Status: Naturalizada.
Elevación: 0-500 m.
Prov.: MI.
Ejemplar examinado: *Klein y Eskuche 9003* (CTESN).

Montanoa elegans K. Koch = **Montanoa bipinnatifida** (Kunth) K. Koch
Ref.: Funk, 1982; Sáenz, inéd.b.

Montanoa heracleifolia Brongn. ex Groenl. = **Montanoa bipinnatifida** (Kunth) K. Koch
Ref.: Funk, 1982; Sáenz, inéd.b.

Montanoa pyramidata Sch. Bip. = **Montanoa bipinnatifida** (Kunth) K. Koch
Ref.: Funk, 1982; Sáenz, inéd.b.

Moquinia argentina Cabrera = **Gochnatia argentina** (Cabrera) Cabrera
Ref.: Cabrera, 1971c; Sancho, 1996.

Moquinia curviflora Griseb. = **Gochnatia curviflora** (Griseb.) O. Hoffm.
Ref: Cabrera, 1971c; Sancho, 1996.

Moquinia polymorpha (Less.) DC. var. *ceanothifolia* (Less.) DC. = **Gochnatia polymorpha** (Less.) Cabrera subsp. **ceanothifolia** (Less.) Cabrera
Ref.: Cabrera, 1971c; Sancho, 1996.

Moquinia polymorpha (Less.) DC. var. *elaeagnifolia* (Less.) DC. = **Gochnatia polymorpha** (Less.) Cabrera subsp. **ceanothifolia** (Less.) Cabrera
Ref.: Cabrera, 1971c; Sancho, 1996.

Moquinia polymorpha (Less.) DC. var. *obtusifolia* (Less.) DC. = **Gochnatia polymorpha** (Less.) Cabrera subsp. **ceanothifolia** (Less.) Cabrera
Ref.: Cabrera, 1971c; Sancho, 1996.

Munnozia hastifolia (Poepp. & Endl.) H. Rob. & Brettell = **Liabum hastifolium** Poepp. & Endl.
Ref.: Cabrera, 1978.

Mutisia L. f. Mutisieae.

Número de especies: 22, 4 especies y 2 variedades endémicas.

Mutisia acerosa Poepp. ex Less.
Sin.: *Mutisia parviflora* J. Rémy, *Mutisia ulicina* D. Don
Ref.: Cabrera, 1965a; Katinas, 1996a.
Hábito: Arbusto.

Status: Nativa.
Elevación: 1000-3000 m.
Prov.: ME.
Paises limítrofes: CH.
Ejemplar examinado: *King s.n.* (LP 907058).

Mutisia acuminata Ruiz & Pav. var. **paucijuga** (Griseb.) Cabrera
Sin.: *Mutisia viciaefolia* Cav. var. *paucijuga* Griseb.
Ref.: Cabrera, 1965a; Katinas, 1996a.
Hábito: Arbusto.
Status: Nativa.
Elevación: 1500-3500 m.
Prov.: JU, SA, TU.
Paises limítrofes: BO.
Ejemplar examinado: *Cabrera et al. 13894* (LP).

Mutisia anomala Lillo = **Mutisia kurtzii** R.E. Fr. var. **anomala** (Lillo) Cabrera
Ref.: Cabrera, 1965a.

Mutisia arachnoidea Mart. ex D. Don, nom. superfl. = **Mutisia speciosa** Aiton ex Hook.
Ref.: Cabrera, 1965a.

Mutisia auriculata Poepp. ex Less. = **Mutisia spinosa** Ruiz & Pav. var. **spinosa**
Ref.: Cabrera, 1965a.

Mutisia bridgesii Endl. ex Poepp. & Endl. = **Mutisia spinosa** Ruiz & Pav. var. **pulchella** (Speg.) Cabrera
Ref.: Cabrera, 1965a.

Mutisia burkartii Cabrera
Ref.: Cabrera, 1976c.
Hábito: Arbusto.
Status: Endémica.
Elevación: 500-1000 m.
Prov.: NE.
Ejemplar examinado: *Gentili 215* (LP).

Mutisia campanulata Less.
Ref.: Cabrera, 1965a.
Hábito: Arbusto.
Status: Nativa.
Elevación: 0-500 m.
Prov.: MI.
Paises limítrofes: BR, PA.
Ejemplar examinado: *Torres 67* (LP).

Mutisia caryophyllata Vell. = **Mutisia speciosa** Aiton ex Hook.
Ref.: Cabrera, 1965a.

Mutisia castellanosii Cabrera = **Mutisia retrorsa** Cav. var. **castellanosii** (Cabrera) Cabrera
Ref.: Cabrera, 1965a.

Mutisia chubutensis Speg. = **Mutisia spinosa** Ruiz & Pav. var. **spinosa**
Ref.: Cabrera, 1965a.

Mutisia cneorifolia Decne. ex Wedd., nom. illeg. = **Mutisia orbignyana** Wedd.
Ref.: Cabrera, 1965a.

Mutisia coccinea A. St.-Hil. var. **dealbata** (Less.) Cabrera
Sin.: *Mutisia dealbata* (Less.) DC., *Mutisia dealbata* (Less.) DC. var. *guaranitica* Chodat, *Mutisia hayenbeckii* Arechav., *Mutisia speciosa* Aiton var. *dealbata* Less., *Mutisia speciosa* Aiton var. *elliptica* Chodat
Ref.: Cabrera, 1965a; Katinas, 1996a.
Hábito: Subarbusto.
Status: Nativa.
Elevación: 0-500 m.
Prov.: BA, CH, COR, ER, MI.
Paises limítrofes: BR, PA, UR.
Ejemplar examinado: *Grüner 516* (LP).

Mutisia dealbata (Less.) DC. = **Mutisia coccinea** A. St.-Hil. var. **dealbata** (Less.) Cabrera
Ref.: Cabrera, 1965a.

Mutisia dealbata (Less.) DC. var. *guaranitica* Chodat = **Mutisia coccinea** A. St.-Hil. var. **dealbata** (Less.) Cabrera
Ref.: Cabrera, 1965a.

Mutisia decurrens Cav. var. *andina* Phil. = **Mutisia decurrens** Cav. var. **decurrens**
Ref.: Cabrera, 1965a.

Mutisia decurrens Cav. var. **decurrens**
Sin.: *Aplophyllum decurrens* (Cav.) Cass., *Mutisia decurrens* Cav. var. *andina* Phil., *Mutisia heliantha* Poepp. ex DC., nom. illeg.
Ref.: Cabrera, 1965a; Katinas, 1996a.
Hábito: Subarbusto.
Status: Nativa.
Elevación: 0-1000 m.
Prov.: CHU, NE, RN.
Paises limítrofes: CH.
Ejemplar examinado: *Dawson 3287* (LP).

Mutisia decurrens Cav. var. **patagonica** (Phil.) Blake
Sin.: *Mutisia patagonica* Phil.
Ref.: Cabrera, 1965a; Katinas, 1996a.
Hábito: Subarbusto.
Status: Nativa.
Elevación: 0-1000 m.
Prov.: CHU, NE, RN.
Paises limítrofes: CH.
Ejemplar examinado: *Corte 209* (LP).

Mutisia dentata Phil. = **Mutisia sinuata** Cav.
Ref.: Cabrera, 1965a.

Mutisia friesiana Cabrera
Ref.: Cabrera, 1965a; Katinas, 1996a.
Hábito: Subarbusto.
Status: Nativa.
Elevación: 3500-5000 m.
Prov.: JU, SA.
Paises limítrofes: BO.
Ejemplar examinado: *Catalano 25* (LP).

Mutisia gayana J. Rémy = **Mutisia oligodon** Poepp. & Endl.
Ref.: Cabrera, 1965a.

Mutisia hamata Reiche
Sin.: *Mutisia microphylla* Phil., hom. illeg., *Mutisia philipii* R.E. Fr.
Ref.: Cabrera, 1965a; Katinas, 1996a.
Hábito: Subarbusto.
Status: Nativa.
Elevación: 2500-4500 m.
Prov.: JU, SA.
Paises limítrofes: BO, CH.
Ejemplar examinado: *Cabrera 8756* (LP).

Mutisia hastata Bertero ex DC., nom. illeg. = **Mutisia spinosa** Ruiz & Pav. var. **spinosa**
Ref.: Cabrera, 1965a.

Mutisia hayenbeckii Arechav. = **Mutisia coccinea** A. St.-Hil. var. **dealbata** (Less.) Cabrera
Ref.: Cabrera, 1965a.

Mutisia heliantha Poepp. ex DC., nom. illeg. = **Mutisia decurrens** Cav. var. **decurrens**
Ref.: Cabrera, 1965a.

Mutisia heterochroa Gand. = **Mutisia spinosa** Ruiz & Pav. var. **pulchella** (Speg.) Cabrera
Ref.: Cabrera, 1965a.

Mutisia homoeantha Wedd.
Ref.: Cabrera, 1965a; Katinas, 1996a.
Hábito: Arbusto.
Status: Nativa.
Elevación: 3000-3500 m.
Prov.: SA.
Paises limítrofes: BO.
Ejemplar examinado: *Meyer 33143* (LP).

Mutisia hookeri Meyen var. *scandens* Poepp. & Endl. = **Mutisia subulata** Ruiz & Pav.
Ref.: Cabrera, 1965a.

Mutisia ilicifolia Cav. f. *alata* Hauman = **Mutisia spinosa** Ruiz & Pav. var. **spinosa**
Ref.: Cabrera, 1965a.

Mutisia ilicifolia Cav. f. *paucidentata* Hauman = **Mutisia spinosa** Ruiz & Pav. var. **spinosa**
Ref.: Cabrera, 1965a.

Mutisia ilicifolia Cav. var. *truncata* (D. Don) DC. = **Mutisia spinosa** Ruiz & Pav. var. **spinosa**
Ref.: Cabrera, 1965a.

Mutisia inflexa Cav. = **Mutisia subulata** Ruiz & Pav.
Ref.: Cabrera, 1965a.

Mutisia inflexa Cav. var. *imberbis* Poepp. & Endl. = **Mutisia subulata** Ruiz & Pav.
Ref.: Cabrera, 1965a.

Mutisia inflexa Cav. var. *melanopoga* Poepp. & Endl. = **Mutisia subulata** Ruiz & Pav.
Ref.: Cabrera, 1965a.

Mutisia kurtzii R.E. Fr. var. **anomala** (Lillo) Cabrera
Sin.: *Mutisia anomala* Lillo
Ref.: Cabrera, 1965a; Katinas, 1996a.
Hábito: Arbusto.
Status: Endémica.
Elevación: 2500-4000 m.
Prov.: CA, JU, LR, SA, TU.
Ejemplar examinado: *Venturi 4133* (LP).

Mutisia kurtzii R.E. Fr. var. **kurtzii**
Ref.: Cabrera, 1965a; Katinas, 1996a.
Hábito: Arbusto.
Status: Nativa.
Elevación: 2000-4000 m.
Prov.: CA, JU, LR, SA.
Paises limítrofes: BO.
Ejemplar examinado: *Budin s.n.* (LP 063661).

Mutisia kurtzii R.E. Fr. var. **pinnata** Cabrera
Ref.: Cabrera, 1965a; Katinas, 1996a.
Hábito: Arbusto.
Status: Endémica.
Elevación: 2500-3000 m.
Prov.: JU.
Ejemplar examinado: *Fabris 4088* (LP).

Mutisia lechleri Sch. Bip., nom. illeg. = **Mutisia spinosa** Ruiz & Pav. var. **pulchella** (Speg.) Cabrera
Ref.: Cabrera, 1965a.

Mutisia ledifolia Wedd.
Sin.: *Mutisia ledifolia* Wedd. f. *dentata* Cabrera, *Mutisia ledifolia* Wedd. f. *glabrata* Cuatrec., *Mutisia ledifolia* Wedd. f. *longiflora* J. Kost.
Ref.: Cabrera, 1965a; Katinas, 1996a.
Hábito: Arbusto.
Status: Nativa.
Elevación: 3000-4500 m.
Prov.: JU.
Paises limítrofes: BO, CH.
Ejemplar examinado: *Cabrera 9438* (LP).

Mutisia ledifolia Wedd. f. *dentata* Cabrera = **Mutisia ledifolia** Wedd.
Ref.: Cabrera, 1965a; Katinas, 1996a.

Mutisia ledifolia Wedd. f. *glabrata* Cuatrec. = **Mutisia ledifolia** Wedd.
Ref.: Cabrera, 1965a.

Mutisia ledifolia Wedd. f. *longiflora* J. Kost. = **Mutisia ledifolia** Wedd.
Ref.: Cabrera, 1965a.

Mutisia linearifolia Cav.
Sin.: *Aplophyllum linearifolium* (Cav.) Cass.
Ref.: Cabrera, 1965a; Katinas, 1996a.
Hábito: Arbusto.
Status: Nativa.
Elevación: 0-1000 m.
Prov.: ME, NE.
Paises limítrofes: CH.
Ejemplar examinado: *Frenguelli 521* (LP).

Mutisia linifolia Hook.
Ref.: Cabrera, 1965a; Katinas, 1996a.
Hábito: Arbusto.
Status: Endémica.
Elevación: 2500-3000 m.
Prov.: ME.
Ejemplar examinado: *Pérez Moreau s.n.* (LP 063432).

Mutisia meyeniana J. Rémy ex Phil. = **Mutisia oligodon** Poepp. & Endl.
Ref.: Cabrera, 1965a.

Mutisia microphylla Phil., hom. illeg. = **Mutisia hamata** Reiche
Ref.: Cabrera, 1965a.

Mutisia moyanoi Speg. = **Mutisia spinosa** Ruiz & Pav. var. **spinosa**
Ref.: Cabrera, 1965a.

Mutisia neriifolia Decne. ex Wedd., nom. illeg. = **Mutisia orbignyana** Wedd.
Ref.: Cabrera, 1965a.

Mutisia oligodon Poepp. & Endl.
Sin.: *Mutisia gayana* J. Rémy, *Mutisia meyeniana* J. Rémy ex Phil.
Ref.: Cabrera, 1965a; Katinas, 1996a.
Hábito: Subarbusto.
Status: Nativa.
Elevación: 0-1000 m.
Prov.: CHU, NE, RN.
Paises limítrofes: CH.
Ejemplar examinado: *Parodi 11564* (LP).

Mutisia orbignyana Wedd.
Sin.: *Mutisia cneorifolia* Decne. ex Wedd., nom. illeg., *Mutisia neriifolia* Decne. ex Wedd., nom. illeg.
Ref.: Cabrera, 1965a; Katinas, 1996a.
Hábito: Arbusto.
Status: Nativa.
Elevación: 3000-4000 m.
Prov.: JU.
Paises limítrofes: BO.
Ejemplar examinado: *Burkart y Troncoso 11700* (LP).

Mutisia parviflora J. Rémy = **Mutisia acerosa** Poepp. ex Less.
Ref.: Cabrera, 1965a.

Mutisia patagonica Phil. = **Mutisia decurrens** Cav. var. **patagonica** (Phil.) Blake
Ref.: Cabrera, 1965a.

Mutisia philipii R.E. Fr. = **Mutisia hamata** Reiche
Ref.: Cabrera, 1965a.

Mutisia popetana Phil. = **Mutisia sinuata** Cav.
Ref.: Cabrera, 1965a.

Mutisia pulchella Speg. = **Mutisia spinosa** Ruiz & Pav. var. **pulchella** (Speg.) Cabrera
Ref.: Cabrera, 1965a.

Mutisia retrorsa Cav. var. **castellanosii** (Cabrera) Cabrera
Sin.: *Mutisia castellanosii* Cabrera
Ref.: Cabrera, 1965a; Katinas, 1996a.
Hábito: Subarbusto.
Status: Endémica.
Elevación: 0-500 m.
Prov.: SL.
Ejemplar examinado: *Vignati 420* (LP).

Mutisia retrorsa Cav. var. **hieronymi** Kuntze
Ref.: Cabrera, 1965a; Katinas, 1996a.
Hábito: Subarbusto.
Status: Endémica.
Elevación: 1500-3000 m.
Prov.: CA, LR, ME.
Ejemplar examinado: *Covas 2610* (LP).

Mutisia retrorsa Cav. var. *latifolia* Kuntze = **Mutisia retrorsa** Cav. var. **retrorsa**
Ref.: Cabrera, 1965a.

Mutisia retrorsa Cav. var. *normalis* Kuntze = **Mutisia retrorsa** Cav. var. **retrorsa**
Ref.: Cabrera, 1965a.

Mutisia retrorsa Cav. var. **retrorsa**
Sin.: *Guariruma retrorsum* (Cav.) Cass., *Mutisia retrorsa* Cav. var. *latifolia* Kuntze, *Mutisia retrorsa* Cav. var. *normalis* Kuntze, *Mutisia retrorsa* Cav. f. *tomentosa* Hauman, *Mutisia runcinata* Willd., nom. superfl.
Ref.: Cabrera, 1965a; Katinas, 1996a.
Hábito: Subarbusto.
Status: Endémica.
Elevación: 0-500 m.
Prov.: CHU, ME, NE, SC.
Ejemplar examinado: *Hauthal s.n.* (LP).

Mutisia retrorsa Cav. f. *tomentosa* Hauman = **Mutisia retrorsa** Cav. var. **retrorsa**
Ref.: Cabrera, 1965a.

Mutisia retusa J. Rémy = **Mutisia spinosa** Ruiz & Pav. var. **pulchella** (Speg.) Cabrera
Ref.: Cabrera, 1965a.

Mutisia retusa J. Rémy var. *glaberrima* Phil. = **Mutisia spinosa** Ruiz & Pav. var. **spinosa**
Ref.: Cabrera, 1965a.

Mutisia retusa J. Rémy var. *moyanoi* (Speg.) Skottsb. = **Mutisia spinosa** Ruiz & Pav. var. **spinosa**
Ref.: Cabrera, 1965a.

Mutisia retusa J. Rémy var. *pulchella* (Speg.) Skottsb. = **Mutisia spinosa** Ruiz & Pav. var. **pulchella** (Speg.) Cabrera
Ref.: Cabrera, 1965a.

Mutisia runcinata Willd., nom. superfl. = **Mutisia retrorsa** Cav. var. **retrorsa**
Ref.: Cabrera, 1965a.

Mutisia saltensis Cabrera
Ref.: Cabrera, 1965a; Katinas, 1996a.
Hábito: Subarbusto.
Status: Endémica.
Elevación: 0-2000 m.
Prov.: JU, SA.
Ejemplar examinado: *Carmelich et al. 190* (LP).

Mutisia sanguinea Meyen = **Mutisia sinuata** Cav.
Ref.: Cabrera, 1965a.

Mutisia sinuata Cav.
Sin.: *Guariruma sinuatum* (Cav.) Cass., *Mutisia dentata* Phil., *Mutisia popetana* Phil., *Mutisia sanguinea* Meyen, *Mutisia sinuata* Cav. var. *brachycephala* Phil., *Mutisia sinuata* Cav. var. *taraxacifolia* (Less.) Kuntze, *Mutisia taraxacifolia* Less., *Mutisia taraxacifolia* Less. f. *cirrhifera* Hauman, *Mutisia taraxacifolia* Less. var. *integerrima* Phil.
Ref.: Cabrera, 1965a; Katinas, 1996a.
Hábito: Arbusto.
Status: Nativa.
Elevación: 1500-3500 m.
Prov.: ME, SJ.
Paises limítrofes: CH.
Ejemplar examinado: *Ruiz Leal 2146* (LP).

Mutisia sinuata Cav. var. *brachycephala* Phil. = **Mutisia sinuata** Cav.
Ref.: Cabrera, 1965a.

Mutisia sinuata Cav. var. *taraxacifolia* (Less.) Kuntze = **Mutisia sinuata** Cav.
Ref.: Cabrera, 1965a.

Mutisia speciosa Aiton ex Hook.
Sin.: *Mutisia arachnoidea* Mart. ex D. Don, nom. superfl., *Mutisia caryophyllata* Vell.
Ref.: Cabrera, 1965a; Katinas, 1996a.
Hábito: Subarbusto.
Status: Nativa.
Elevación: 0-500 m.
Prov.: MI.
Paises limítrofes: BR, PA.
Ejemplar examinado: *Grüner 1077* (LP).

Mutisia speciosa Aiton var. *dealbata* Less. = **Mutisia coccinea** A. St.-Hil. var. **dealbata** (Less.) Cabrera
Ref.: Cabrera, 1965a.

Mutisia speciosa Aiton var. *elliptica* Chodat = **Mutisia coccinea** A. St.-Hil. var. **dealbata** (Less.) Cabrera
Ref.: Cabrera, 1965a.

Mutisia spinosa Ruiz & Pav. var. **pulchella** (Speg.) Cabrera
Sin.: *Mutisia bridgesii* Endl. ex Poepp. & Endl., *Mutisia heterochroa* Gand., *Mutisia lechleri* Sch. Bip., nom. illeg., *Mutisia pulchella* Speg., *Mutisia retusa* J. Rémy, *Mutisia retusa* J. Rémy var. *pulchella* (Speg.) Skottsb.
Ref.: Cabrera, 1965a; Katinas, 1996a.
Hábito: Subarbusto.
Status: Nativa.
Elevación: 0-1000 m.
Prov.: CHU, NE, RN, SC.
Paises limítrofes: CH.
Ejemplar examinado: *Boelcke 4278* (LP).

Mutisia spinosa Ruiz & Pav. var. **spinosa**
Sin.: *Mutisia auriculata* Poepp. ex Less., *Mutisia chubutensis* Speg., *Mutisia hastata* Bertero ex DC., nom. illeg., *Mutisia ilicifolia* Cav. f. *alata* Hauman, *Mutisia ilicifolia* Cav. f. *paucidentata* Hauman, *Mutisia ilicifolia* Cav. var. *truncata* (D. Don) DC., *Mutisia moyanoi* Speg., *Mutisia retusa* J. Rémy var. *glaberrima* Phil., *Mutisia retusa* J. Rémy var. *moyanoi* (Speg.) Skottsb., *Mutisia truncata* D. Don
Ref.: Cabrera, 1965a; Katinas, 1996a.
Hábito: Subarbusto.
Status: Nativa.
Elevación: 0-1000 m.
Prov.: CHU, NE, RN, SC.
Paises limítrofes: CH.
Ejemplar examinado: *Cabrera y Job 51* (LP).

Mutisia subspinosa Cav.
Sin.: *Guariruma subspinosum* (Cav.) Cass.
Ref.: Cabrera, 1965a; Katinas, 1996a.
Hábito: Subarbusto.
Status: Nativa.
Elevación: 1500-2500 m.
Prov.: LR, ME, SJ.
Paises limítrofes: CH.
Ejemplar examinado: *Ruiz Leal 22532* (LP).

Mutisia subulata Ruiz & Pav.
Sin.: *Guariruma inflexum* (Cav.) Cass., *Mutisia hookeri* Meyen var. *scandens* Poepp. & Endl., *Mutisia inflexa* Cav., *Mutisia inflexa* Cav. var. *imberbis* Poepp. & Endl., *Mutisia inflexa* Cav. var. *melanopoga* Poepp. & Endl., *Mutisia subulata* Ruiz & Pav. var. *cavanillessii* Hook. & Arn., *Mutisia versicolor* Phil.
Ref.: Cabrera, 1965a; Katinas, 1996a.
Hábito: Subarbusto.
Status: Nativa.
Elevación: 0-500 m.
Prov.: NE.
Paises limítrofes: CH.
Ejemplar examinado: *Frenguelli 516* (LP).

Mutisia subulata Ruiz & Pav. var. *cavanillessii* Hook. & Arn. = **Mutisia subulata** Ruiz & Pav.
Ref.: Cabrera, 1965a.

Mutisia taraxacifolia Less. = **Mutisia sinuata** Cav.
Ref.: Cabrera, 1965a.

Mutisia taraxacifolia Less. f. *cirrhifera* Hauman = **Mutisia sinuata** Cav.
Ref.: Cabrera, 1965a.

Mutisia taraxacifolia Less. var. *integerrima* Phil. = **Mutisia sinuata** Cav.
Ref.: Cabrera, 1965a.

Mutisia truncata D. Don = **Mutisia spinosa** Ruiz & Pav. var. **spinosa**
Ref.: Cabrera, 1965a.

Mutisia ulicina D. Don = **Mutisia acerosa** Poepp. ex Less.
Ref.: Cabrera, 1965a.

Mutisia versicolor Phil. = **Mutisia subulata** Ruiz & Pav.
Ref.: Cabrera, 1965a.

Mutisia viciaefolia Cav. var. *paucijuga* Griseb. = **Mutisia acuminata** Ruiz & Pav. var. **paucijuga** (Griseb.) Cabrera
Ref.: Cabrera, 1965a.

Myconella myconis (L.) Sprague = **Coleostephus myconis** (L.) Cass.
Ref.: Ariza Espinar, 1997b.

Myconia myconis (L.) Brique & Cavill. = **Coleostephus myconis** (L.) Cass.
Ref.: Ariza Espinar, 1997b.

Myriogyne elatinoides Less. = **Centipeda elatinoides** (Less.) Benth. & Hook. f. ex O. Hoffm.
Ref.: Cabrera, 1971.

Nardophyllum (Hook. & Arn.) Hook. & Arn.

Astereae.
Número de especies: 8, 3 especies endémicas.

Nardophyllum armatum (Wedd.) Reiche
Sin.: *Dolichogyne armata* Wedd., *Ocyroe spinosa* Phil.
Ref.: Cabrera, 1954b; 1978.
Hábito: Arbusto.
Status: Nativa.
Elevación: 3000-4000 m.
Prov.: CA, JU, LR, SA, SJ.
Paises limítrofes: BO.
Ejemplar examinado: *Cabrera 17726* (LP).

Nardophyllum bracteolatum Hauman
Ref.: Cabrera, 1954b.
Hábito: Arbusto.
Status: Endémica.
Elevación: 3000-3600 m.
Prov.: ME.
Ejemplar examinado: *Sanzin 1810* (LP).

Nardophyllum bryoides (Lam.) Cabrera
Sin.: *Anactinia hookeri* J. Rémy, *Baccharis bryoides* (Lam.) Pers., *Conyza bryoides* Lam., *Chiliotrichum humile* Hook. f., *Microchaete humilis* (Hook. f.) Sch. Bip., *Nardophyllum humile* (Hook. f.) A. Gray
Ref.: Cabrera, 1954b, 1971a; Moore, 1974, 1983a.
Hábito: Arbusto.
Status: Nativa.
Elevación: 0-1000 m.
Prov.: SC, TF.
Paises limítrofes: CH.
Ejemplar examinado: *Tweedie 252* (LP).

Nardophyllum chiliotrichoides (J. Rémy) A. Gray
Sin.: *Dolichogyne chiliotrichoides* J. Rémy
Ref.: Cabrera, 1954b, 1971a.
Hábito: Arbusto.
Status: Nativa.
Elevación: 500-2000 m.
Prov.: CHU, SJ.
Paises limítrofes: CH.
Ejemplar examinado: *Ameghino s.n.* (LP).

Nardophyllum candollei (J. Rémy) F. Meigen = **Nardophyllum lanatum** (Meyen) Cabrera
Ref.: Cabrera, 1971a.

Nardophyllum darwinii (Hook. f.) A. Gray = **Nardophyllum obtusifolium** Hook. & Arn.
Ref.: Cabrera, 1971a.

Nardophyllum deserticola (Cabrera) G.L. Nesom
Sin.: *Aylacophora deserticola* Cabrera
Ref.: Cabrera, 1953a; 1971a; Nesom, 1993b.
Hábito: Arbusto.
Status: Endémica.
Prov.: NE.
Elevación: 500-1000 m.
Ejemplar examinado: *Cabrera 11053* (holotipo, LP).

Nardophyllum humile (Hook. f.) A. Gray = **Nardophyllum bryoides** (Lam.) Cabrera
Ref.: Cabrera, 1971a.

Nardophyllum kingii (Hook. f.) A. Gray = **Nardophyllum obtusifolium** Hook. & Arn.
Ref.: Cabrera, 1971a.

Nardophyllum lanatum (Meyen) Cabrera
Sin.: *Barnadesia lanata* Meyen, *Dolichogyne candollei* J. Rémy, *Dolichogyne gnaphalioides* DC., *Dolichogyne staehelinoides* DC., *Gochnatia revoluta* D. Don ex Hook. & Arn., *Nardophyllum candollei* (J. Rémy) F. Meigen, *Nardophyllum revolutum* (D. Don) Hook. & Arn., *Nardophyllum staehelinoides* (DC.) Macloskie
Ref.: Cabrera, 1954b, 1971a.
Hábito: Arbusto.
Status: Nativa.
Elevación: 500-1600 m.
Prov.: ME, NE.
Paises limítrofes: CH.
Ejemplar examinado: *Ruiz Leal 7430* (LP).

Nardophyllum nardophyllum (Kuntze) Macloskie, nom. illeg. = **Nardophyllum obtusifolium** Hook. & Arn.
Ref.: Cabrera, 1971a.

Nardophyllum obtusifolium Hook. & Arn.
Sin.: *Aster nardophyllum* Kuntze, *Chiliotrichum darwinii* Hook. f., *Chiliotrichum kingii* Hook. f., *Nardophyllum darwinii* (Hook. f.) A. Gray, *Nardophyllum kingii* (Hook. f.) A. Gray, *Nardophyllum nardophyllum* (Kuntze) Macloskie, nom. illeg., *Nardophyllum parvifolium* Phil.
Ref.: Cabrera, 1954b, 1971a; Moore, 1983a.
Hábito: Arbusto.
Status: Nativa.
Elevación: 0-1500 m.
Prov.: CHU, NE, RN, SC.
Paises limítrofes: CH.
Ejemplar examinado: *Cabrera 4848* (LP).

Nardophyllum patagonicum (Cabrera) G.L. Nesom
Sin.: *Paleaepappus patagonicus* Cabrera
Ref.: Cabrera, 1971a; Nesom, 1993b.
Hábito: Arbusto.
Status: Endémica.
Elevación: 500-1000 m.
Prov.: CHU.
Ejemplar examinado: *Ameghino s.n.* (holotipo, LP).

Nardophyllum parvifolium Phil. = **Nardophyllum obtusifolium** Hook. & Arn.
Ref.: Cabrera, 1971a.

Nardophyllum revolutum (D. Don ex Hook. & Arn.) Hook. & Arn. = **Nardophyllum lanatum** (Meyen) Cabrera
Ref.: Cabrera, 1971a.

Nardophylum staehelinoides (DC.) Macloskie = **Nardophyllum lanatum** (Meyen) Cabrera
Ref.: Cabrera, 1971a.

Nassauvia Comm. ex Juss. Mutisieae.
Número de especies: 35, 15 especies endémicas.

Nassauvia abbreviata (Hook. & Arn.) Dusén = **Nassauvia aculeata** (Less.) Poepp. & Endl. var. **azorelloides** (Speg.) Cabrera
Ref.: Cabrera, 1982.

Nassauvia abbreviata (Hook. & Arn.) Dusén var. *azorelloides* Speg. = **Nassauvia aculeata** (Less.) Poepp. & Endl. var. **azorelloides** (Speg.) Cabrera
Ref.: Cabrera, 1982.

Nassauvia abbreviata (Hook. & Arn.) Dusén var. *robusta* Cabrera = **Nassauvia aculeata** (Less.) Poepp. & Endl. var. **robusta** (Cabrera) Cabrera
Ref.: Cabrera, 1982.

Nassauvia abbreviata (Hook. & Arn.) Dusén var. *subspinosa* (Phil.) Macloskie = **Nassauvia aculeata** (Less.) Poepp. & Endl. var. **azorelloides** (Speg.) Cabrera
Ref.: Cabrera, 1982.

Nassauvia aculeata (Less.) Poepp. & Endl. var. **aculeata**
Sin.: *Nassauvia aculeata* (Less.) Poepp. & Endl. var. *spinosa* (D. Don) Cabrera, *Nassauvia diazii* (Phil.) Reiche, *Nassauvia latifolia* (Phil.) F. Meigen, *Nassauvia spinosa* (D. Don) Reiche, comb. illeg., *Panargyrum diazii* Phil., *Panargyrum latifolium* Phil., *Panargyrum pectinatum* Phil., *Panargyrum spinosum* D. Don, *Penthantus aculeatus* Less.
Ref.: Cabrera, 1982; Katinas, 1995.
Hábito: Arbusto.
Status: Nativa.
Elevación: 1500-2500 m.
Prov.: ME, NE.
Paises limítrofes: CH.
Ejemplar examinado: *Fabris y Zuloaga 8485* (LP).

Nassauvia aculeata (Less.) Poepp. & Endl. var. **azorelloides** (Speg.) Cabrera
Sin.: *Nassauvia abbreviata* (Hook. & Arn.) Dusén, *Nassauvia abbreviata* (Hook. & Arn.) Dusén var. *azorelloides* Speg., *Nassauvia abbreviata* (Hook. & Arn.) Dusén var. *subspinosa* (Phil.) Macloskie, *Nassauvia subspinosa* (Phil.) Albov, *Panargyrum abbreviatum* Hook. & Arn., *Panargyrum subspinosum* Phil.
Ref.: Cabrera, 1982; Katinas, 1995.
Hábito: Arbusto.
Status: Nativa.
Elevación: 0-1000 m.
Prov.: CHU, SC, TF.
Paises limítrofes: CH.
Ejemplar examinado: *Burmeister s.n.* (LP).

Nassauvia aculeata (Less.) Poepp. & Endl. var. **robusta** (Cabrera) Cabrera
Sin.: *Nassauvia abbreviata* (Hook. & Arn.) Dusén var. *robusta* Cabrera
Ref.: Cabrera, 1982; Katinas, 1995.
Hábito: Arbusto.
Status: Nativa.
Elevación: 0-1000 m.
Prov.: CHU, NE, RN, SC.
Paises limítrofes: CH.
Ejemplar examinado: *Cabrera 5858* (LP).

Nassauvia aculeata (Less.) Poepp. & Endl. var. *spinosa* (D. Don) Cabrera = **Nassauvia aculeata** (Less.) Poepp. & Endl. var. **aculeata**
Ref.: Cabrera, 1982.

Nassauvia ameghinoi Speg.
Sin.: *Nassauvia morenonis* Kuntze
Ref.: Cabrera, 1982; Katinas, 1995.
Hábito: Subarbusto.
Status: Endémica.
Elevación: 0-1000 m.
Prov.: CHU, SC.
Ejemplar examinado: *Correa et al. 4021* (LP).

Nassauvia argentea Phil.
Sin.: *Nassauvia revoluta* D. Don var. *argentea* (Phil.) Hosseus
Ref.: Cabrera, 1982; Katinas, 1995.
Hábito: Hierba.
Status: Nativa.
Elevación: 1500-2000 m.
Prov.: CHU, ME, NE, RN, SC.
Paises limítrofes: CH.
Ejemplar examinado: *Cabrera 19722* (LP).

Nassauvia araucana Phil. = **Nassauvia sprengelioides** DC.
Ref.: Cabrera, 1982.

Nassauvia argyrophylla Speg. ex Cabrera
Ref.: Cabrera, 1982.
Hábito: Subarbusto.
Status: Endémica.
Elevación: 1500-2000 m.
Prov.: CHU, RN, SC.
Ejemplar examinado: *Cabrera et al. 23151* (LP).

Nassauvia axillaris (Lag. ex Lindl.) D. Don
Sin.: *Acanthophyllum axillare* (Lag. ex Lindl.) Hook. & Arn., *Strongyloma axillare* (Lag. ex Lindl.) DC., *Triptilion axillare* Lag. ex Lindl.
Ref.: Cabrera, 1982; Katinas, 1995.
Hábito: Arbusto.
Status: Nativa.
Elevación: 1000-5000 m.
Prov.: CA, CHU, JU, LR, ME, SL, NE, RN, SA, SJ, TU.
Paises limítrofes: BO, CH.
Ejemplar examinado: *Cabrera et al. 15487* (LP).

Nassauvia axillaris (Lag. ex Lindl.) D. Don var. *contracta* Speg. = **Nassauvia glomerulosa** (Lag. ex Lindl.) D. Don
Ref.: Cabrera, 1982.

Nassauvia brevifolia Phil. = **Nassauvia revoluta** D. Don
Ref.: Cabrera, 1982.

Nassauvia bryoides O. Hoffm. = **Nassauvia glomerulosa** (Lag. ex Lindl.) D. Don
Ref.: Cabrera, 1982.

Nassauvia candollei Macloskie = **Nassauvia darwinii** (Hook. & Arn.) O. Hoffm. & Dusén
Ref.: Cabrera, 1982.

Nassauvia cespitosa Wedd. = **Nassauvia dentata** Griseb.
Ref.: Cabrera, 1982.

Nassauvia chubutensis Speg.
Ref.: Cabrera, 1982; Katinas, 1995.
Hábito: Hierba.
Status: Endémica.
Elevación: 0-500 m.
Prov.: CHU.
Ejemplar examinado: *Katinas et al. 12* (LP).

Nassauvia cumingii Hook. & Arn.
Sin.: *Nassauvia glabrata* Phil., *Nassauvia macracantha* DC., *Nassauvia macracantha* DC. var. *glabrata* (Phil.) Reiche, *Nassauvia macracantha* DC. var. *spicata* (J. Rémy) Hauman, *Nassauvia spicata* J. Rémy, *Nassauvia spinosa* Phil., *Nassauvia suaveolens* D. Don, hom. illeg.
Ref.: Cabrera, 1982; Katinas, 1995.
Hábito: Hierba.
Status: Nativa.
Elevación: 2500-4000 m.
Prov.: ME, SJ.
Paises limítrofes: CH.
Ejemplar examinado: *Boelcke et al. 9718* (LP).

Nassauvia darwinii (Hook. & Arn.) O. Hoffm. & Dusén
Sin.: *Nassauvia candollei* Macloskie, *Nassauvia darwinii* (Hook. & Arn.) O. Hoffm. & Dusén var. *laxa* (Phil.) Skottsb., *Nassauvia lagascae* (DC.) Benth. & Hook. f. ex Reiche, hom. illeg., *Nassauvia laxa* (Phil.) Speg., *Panargyrum darwinii* Hook. & Arn., *Panargyrum lagascae* DC., *Panargyrum laxum* Phil.
Ref.: Cabrera, 1982; Katinas, 1995.
Hábito: Subarbusto.
Status: Nativa.
Elevación: 0-1000 m.
Prov.: CHU, NE, RN, SC, TF.
Paises limítrofes: CH.
Ejemplar examinado: *Moore 1496* (LP).

Nassauvia darwinii (Hook. & Arn.) O. Hoffm. & Dusén var. *laxa* (Phil.) Skottsb. = **Nassauvia darwinii** (Hook. & Arn.) O. Hoffm. & Dusén
Ref.: Cabrera, 1982.

Nassauvia dentata Griseb.
Sin.: *Nassauvia cespitosa* Wedd., *Nassauvia patula* Phil.
Ref.: Cabrera, 1982; Katinas, 1995.
Hábito: Hierba.
Status: Nativa.
Elevación: 1000-1500 m.
Prov.: CHU, NE, RN.
Paises limítrofes: CH.
Ejemplar examinado: *Hunziker 6996* (LP).

Nassauvia diazii (Phil.) Reiche = **Nassauvia aculeata** (Less.) Poepp. & Endl. var. **aculeata**
Ref.: Cabrera, 1982.

Nassauvia digitata Wedd.
Sin.: *Nassauvia lycopodioides* Phil.
Ref.: Cabrera, 1982; Katinas, 1995.
Hábito: Hierba.
Status: Nativa.
Elevación: 2000-2500 m.
Prov.: NE.
Paises limítrofes: CH.
Ejemplar examinado: *Cabrera 6195* (LP).

Nassauvia durvillei Cass. = **Nassauvia serpens** d'Urv.
Ref.: Cabrera, 1982.

Nassauvia dusenii O. Hoffm.
Ref.: Cabrera, 1982; Katinas, 1995.
Hábito: Hierba.
Status: Nativa.
Elevación: 0-1000 m.
Prov.: CHU, RN, SC.
Paises limítrofes: CH.
Ejemplar examinado: *Cabrera et al. 23114* (LP).

Nassauvia fuegiana (Speg.) Cabrera
Sin.: *Nassauvia scleranthoides* O. Hoffm., *Strongylomopsis fuegiana* Speg.
Ref.: Cabrera, 1982; Katinas, 1995.
Hábito: Arbusto.
Status: Endémica.
Elevación: 0-1500 m.
Prov.: CHU, ME, NE, RN, SC, TF.
Ejemplar examinado: *Soriano 2690* (LP).

Nassauvia gaudichaudii (Cass.) Cass. ex Gaudich.
Sin.: *Mastigophorus gaudichaudii* Cass.
Ref.: Cabrera, 1982; Katinas, 1995.
Hábito: Subarbusto.
Status: Endémica.
Elevación: 0-500 m.
Prov.: TF.
Ejemplar examinado: *Moore 559* (LP).

Nassauvia glabrata Phil. = **Nassauvia cumingii** Hook. & Arn.
Ref.: Cabrera, 1982.

Nassauvia glomerata (D. Don) Wedd.
Sin.: *Panargyrum glomeratum* D. Don, *Panargyrum densifolium* Phil.
Ref.: Cabrera, 1982; Katinas, 1995.
Hábito: Subarbusto.
Status: Nativa.
Elevación: 2500-3500 m.
Prov.: ME, NE.
Paises limítrofes: CH.
Ejemplar examinado: *Lagiglia 2235* (LP).

Nassauvia glomerulosa (Lag. ex Lindl.) D. Don
Sin.: *Acanthophyllum rosulatum* Hook. & Arn., *Nassauvia axillaris* (Lag. ex Lindl.) D. Don var. *contracta* Speg., *Nassauvia bryoides* O. Hoffm., *Nassauvia glomerulosa* (Lag. ex Lindl.) D. Don var. *columnaris* Hauman, *Nassauvia glomerulosa* (Lag. ex Lindl.) D. Don f. *paradoxa* Skottsb., *Nassauvia glomerulosa* (Lag. ex Lindl.) D. Don f. *struthionum* (Phil.) Skottsb., *Nassauvia modesta* O. Hoffm., *Nassauvia rosulata* (Hook. & Arn.) Balls, *Nassauvia struthionum* (Phil.) Speg., *Nassauvia struthionum* (Phil.) Speg. var. *robusta* Speg., *Strongyloma glomerulosum* (Lag. ex Lindl.) DC., *Strongyloma struthionum* Phil., *Triptilion glomerulosum* Lag. ex Lindl.
Ref.: Cabrera, 1982; Katinas, 1995.
Hábito: Arbusto.
Status: Endémica.
Elevación: 0-1500 m.
Prov.: CHU, ME, NE, RN, SC, TF.
Ejemplar examinado: *Ruiz Leal 25542* (LP).

Nassauvia glomerulosa (Lag. ex Lindl.) D. Don var. *columnaris* Hauman = **Nassauvia glomerulosa** (Lag. ex Lindl.) D. Don
Ref.: Cabrera, 1982.

Nassauvia glomerulosa (Lag. ex Lindl.) D. Don f. *paradoxa* Skottsb. = **Nassauvia glomerulosa** (Lag. ex Lindl.) D. Don
Ref.: Cabrera, 1982.

Nassauvia glomerulosa (Lag. ex Lindl.) D. Don f. *struthionum* (Phil.) Skottsb. = **Nassauvia glomerulosa** (Lag. ex Lindl.) D. Don
Ref.: Cabrera, 1982.

Nassauvia heterophylla Albov = **Nassauvia magellanica** J.F. Gmel.
Ref.: Cabrera, 1982.

Nassauvia hillii Cabrera
Ref.: Cabrera, 1982; Katinas, 1995.
Hábito: Hierba.
Status: Endémica.
Elevación: 500-1000 m.
Prov.: NE.
Ejemplar examinado: *Cabrera et al. 32943* (LP).

Nassauvia humilis Phil. = **Nassauvia lagascae** (D. Don) F. Meigen var. **lanata** (Phil.) Skottsb.
Ref.: Cabrera, 1982.

Nassauvia intermedia Phil. = **Nassauvia pygmaea** (Cass.) Hook. f. var. **intermedia** (Phil.) Cabrera
Ref.: Cabrera, 1982.

Nassauvia juniperina Skottsb.
Ref.: Cabrera, 1982; Katinas, 1995.
Hábito: Subarbusto.
Status: Endémica.
Elevación: 0-500 m.
Prov.: CHU, SC.
Ejemplar examinado: *Ruiz Leal 26489* (LP).

Nassauvia lagascae (DC.) Benth. & Hook. f. ex Reiche, hom. illeg. = **Nassauvia darwinii** (Hook. & Arn.) O. Hoffm.
Ref.: Cabrera, 1982.

Nassauvia lagascae (D. Don) F. Meigen f. *glabrescens* Hauman = **Nassauvia lagascae** (D. Don) F. Meigen var. **lagascae**
Ref.: Cabrera, 1982.

Nassauvia lagascae (D. Don) F. Meigen var. **globosa** Skottsb.
Ref.: Cabrera, 1982; Katinas, 1995.
Hábito: Hierba.
Status: Nativa.
Elevación: 500-1000 m.
Prov.: CHU, SC.
Paises limítrofes: CH.
Ejemplar examinado: *Witte 58* (LP).

Nassauvia lagascae (D. Don) F. Meigen var. **lagascae**
Sin.: *Caloptilion lagascae* (D. Don) Hook. & Arn., *Nassauvia lagascae* (D. Don) F. Meigen f. *glabrescens* Hauman, *Nassauvia lanata* Reiche, *Portalesia procumbens* Meyen, *Sphaerocephalus lagascae* D. Don
Ref.: Cabrera, 1982; Katinas, 1995.
Hábito: Hierba.
Status: Nativa.
Elevación: 3000-4000 m.
Prov.: ME, NE, SJ.
Paises limítrofes: CH.
Ejemplar examinado: *Serra 34* (LP).

Nassauvia lagascae (D. Don) F. Meigen var. **lanata** (Phil.) Skottsb.
Sin.: *Caloptilion lagascae* (D. Don) Hook. & Arn. var. *lanata* Phil., *Nassauvia humilis* Phil., *Nassauvia lanata* Reiche var. *lanigera* (Phil.) Reiche, *Nassauvia lanigera* Phil.
Ref.: Cabrera, 1982; Katinas, 1995.
Hábito: Hierba.
Status: Nativa.
Elevación: 1000-3000 m.
Prov.: CHU, ME, NE, RN, SC.
Paises limítrofes: CH.
Ejemplar examinado: *Asp s.n.* (LP).

Nassauvia lanata Reiche = **Nassauvia lagascae** (D. Don) F. Meigen var. **lagascae**
Ref.: Cabrera, 1982.

Nassauvia lanata Reiche var. *lanigera* (Phil.) Reiche = **Nassauvia lagascae** (D. Don) F. Meigen var. **lanata** (Phil.) Skottsb.
Ref.: Cabrera, 1982.

Nassauvia lanigera Phil. = **Nassauvia lagascae** (D. Don) F. Meigen var. **lanata** (Phil.) Skottsb.
Ref.: Cabrera, 1982.

Nassauvia latifolia (Phil.) F. Meigen = **Nassauvia aculeata** (Less.) Poepp. & Endl. var. **aculeata**
Ref.: Cabrera, 1982.

Nassauvia latissima Skottsb.
Ref.: Cabrera, 1982; Katinas, 1995.
Hábito: Hierba.
Status: Nativa.
Elevación: 0-500 m.
Prov.: TF.
Paises limítrofes: CH.
Ejemplar examinado: *Moore 1649* (LP).

Nassauvia laxa (Phil.) Speg. = **Nassauvia darwinii** (Hook. & Arn.) O. Hoffm. & Dusén
Ref.: Cabrera, 1982.

Nassauvia lycopodioides Phil. = **Nassauvia digitata** Wedd.
Ref.: Cabrera, 1982.

Nassauvia macracantha DC. = **Nassauvia cumingii** Hook. & Arn.
Ref.: Cabrera, 1982.

Nassauvia macracantha DC. var. *glabrata* (Phil.) Reiche = **Nassauvia cumingii** Hook. & Arn.
Ref.: Cabrera, 1982.

Nassauvia macracantha DC. var. *pungens* (Phil.) Hauman = **Nassauvia pyramidalis** Meyen
Ref.: Cabrera, 1982.

Nassauvia macracantha DC. var. *spicata* (J. Rémy) Hauman = **Nassauvia cumingii** Hook. & Arn.
Ref.: Cabrera, 1982.

Nassauvia maeviae Cabrera
Ref.: Cabrera, 1982; Katinas, 1995.
Hábito: Subarbusto.
Status: Nativa.
Elevación: 0-500 m.
Prov.: SC.
Paises limítrofes: CH.
Ejemplar examinado: *Katinas et al. 23* (LP).

Nassauvia magellanica J.F. Gmel.
Sin.: *Nassauvia heterophylla* Albov, *Nassauvia magellanica* J.F. Gmel. var. *purpurascens* (S. Moore) Cabrera, *Nassauvia purpurascens* S. Moore, *Nassauvia suaveolens* Willd.
Ref.: Cabrera, 1982; Katinas, 1995.
Hábito: Hierba.
Status: Nativa.
Elevación: 0-1000 m.
Prov.: SC, TF.
Paises limítrofes: CH.
Ejemplar examinado: *Goodall 597* (LP).

Nassauvia magellanica J.F. Gmel. var. *purpurascens* (S. Moore) Cabrera = **Nassauvia magellanica** J.F. Gmel.
Ref.: Cabrera, 1982.

Nassauvia modesta O. Hoffm. = **Nassauvia glomerulosa** (Lag. ex Lindl.) D. Don
Ref.: Cabrera, 1982.

Nassauvia morenonis Kuntze = **Nassauvia ameghinoi** Speg.
Ref.: Cabrera, 1982.

Nassauvia multiflora Meyen = **Nassauvia pinnigera** D. Don
Ref.: Cabrera, 1982.

Nassauvia nivalis Poepp. ex Less. = **Nassauvia revoluta** D. Don
Ref.: Cabrera, 1982.

Nassauvia nivalis Poepp. ex Less. var. *brevifolia* (Phil.) Reiche = **Nassauvia revoluta** D. Don
Ref.: Cabrera, 1982.

Nassauvia nivalis Poepp. ex Less. var. *sericea* Phil. = **Nassauvia revoluta** Phil.
Ref.: Cabrera, 1982.

Nassauvia nordenskjoldii (O. Hoffm.) Reiche = **Nassauvia pygmaea** (Cass.) Hook. f. var. **pygmaea**
Ref.: Cabrera, 1982.

Nassauvia oligocephala (DC.) Wedd. = **Nassauvia uniflora** (D. Don) Hauman
Ref.: Cabrera, 1982.

Nassauvia patagonica Speg. = **Nassauvia ulicina** (Hook. f.) Macloskie
Ref.: Cabrera, 1982.

Nassauvia patagonica Speg. var. *elatior* Speg. = **Nassauvia ulicina** (Hook. f.) Macloskie
Ref.: Cabrera, 1982.

Nassauvia patula Phil. = **Nassauvia dentata** Griseb.
Ref.: Cabrera, 1982.

Nassauvia pentacaenoides Speg.
Ref.: Cabrera, 1982; Katinas, 1995.
Hábito: Hierba.
Status: Endémica.
Elevación: 0-500 m.
Prov.: SC.
Ejemplar examinado: *Birabén y Birabén 159* (LP).

Nassauvia pinnigera D. Don
Sin.: *Nassauvia multiflora* Meyen
Ref.: Cabrera, 1982; Katinas, 1995.
Hábito: Hierba.
Status: Nativa.
Elevación: 3000-4000 m.

Prov.: ME, NE.
Paises limítrofes: CH.
Ejemplar examinado: *Pastore 83* (LP).

Nassauvia planifolia Wedd.
Ref.: Cabrera, 1982; Katinas, 1995.
Hábito: Hierba.
Status: Endémica.
Elevación: 3000-4000 m.
Prov.: ME, NE.
Ejemplar examinado: *Cabrera et al. 33433* (LP).

Nassauvia pulcherrima Cabrera
Ref.: Cabrera, 1982; Katinas, 1995.
Hábito: Hierba.
Status: Nativa.
Elevación: 1500-2000 m.
Prov.: NE, RN.
Paises limítrofes: CH.
Ejemplar examinado: *Correa et al. 5935* (LP).

Nassauvia pumila Poepp. ex Less. = **Nassauvia pygmaea** (Cass.) Hook. f. var. **intermedia** (Phil.) Cabrera
Ref.: Cabrera, 1982.

Nassauvia pumila Poepp. ex Less. var. *intermedia* (Phil.) Reiche = **Nassauvia pygmaea** (Cass.) Hook. f. var. **intermedia** (Phil.) Cabrera
Ref.: Cabrera, 1982.

Nassauvia pumila Poepp. ex Less. var. *nordenskjoldii* (O. Hoffm.) Reiche = **Nassauvia pygmaea** (Cass.) Hook. f. var. **pygmaea**
Ref.: Cabrera, 1982.

Nassauvia pungens Phil. = **Nassauvia pyramidalis** Meyen
Ref.: Cabrera, 1982.

Nassauvia purpurascens S. Moore = **Nassauvia magellanica** J.F. Gmel.
Ref.: Cabrera, 1982.

Nassauvia pygmaea (Cass.) Hook. f. var. **intermedia** (Phil.) Cabrera
Sin.: *Nassauvia intermedia* Phil., *Nassauvia pumila* Poepp. ex Less., *Nassauvia pumila* Poepp. ex Less. var. *intermedia* (Phil.) Reiche
Ref.: Cabrera, 1982; Katinas, 1995.
Hábito: Hierba.
Status: Nativa.
Elevación: 1500-2000 m.
Prov.: CHU, NE, RN.
Paises limítrofes: CH.
Ejemplar examinado: *Hosseus 240* (LP).

Nassauvia pygmaea (Cass.) Hook. f. var. **pygmaea**
Sin.: *Nassauvia nordenskjoldii* (O. Hoffm.) Reiche, *Nassauvia pumila* Poepp. ex Less. var. *nordenskjoldii* (O. Hoffm.) Reiche, *Triachne pygmaea* Cass.
Ref.: Cabrera, 1982; Katinas, 1995.
Hábito: Hierba.
Status: Nativa.
Elevación: 0-1000 m.
Prov.: SC, TF.
Paises limítrofes: CH.
Ejemplar examinado: *Spegazzini s.n.* (LP 13753).

Nassauvia pyramidalis Meyen
Sin.: *Nassauvia macracantha* DC. var. *pungens* (Phil.) Hauman, *Nassauvia pungens* Phil.
Ref.: Cabrera, 1982; Katinas, 1995.
Hábito: Hierba.
Status: Nativa.
Elevación: 2000-3000 m.
Prov.: ME, NE.
Paises limítrofes: CH.
Ejemplar examinado: *Boelcke et al. 11598* (LP).

[Nassauvia pyramidalis var. arachnoidea Kuntze]
Ref.: Cabrera, 1982.
Nota: Taxón dudoso.

Nassauvia revoluta D. Don
Sin.: *Nassauvia brevifolia* Phil., *Nassauvia nivalis* Poepp. ex Less., *Nassauvia nivalis* Poepp. ex Less. var. *brevifolia* (Phil.) Reiche, *Nassauvia nivalis* Poepp. ex Less. var. *sericea* Phil., *Nassauvia revoluta* D. Don var. *nivalis* (Poepp. ex Less.) Hosseus, *Nassauvia sericea* Phil.
Ref.: Cabrera, 1982; Katinas, 1995.
Hábito: Subarbusto.
Status: Nativa.
Elevación; 1000-4000 m.
Prov.: CHU, ME, NE, RN, SC.
Paises limítrofes: CH.
Ejemplar examinado: *Cabrera 6282* (LP).

Nassauvia revoluta D. Don var. *argentea* (Phil.) Hosseus = **Nassauvia argentea** Phil.
Ref.: Cabrera, 1982.

Nassauvia revoluta D. Don var. *nivalis* (Poepp. ex Less.) Hosseus = **Nassauvia revoluta** D. Don
Ref.: Cabrera, 1982.

Nassauvia rosulata (Hook. & Arn.) Balls = **Nassauvia glomerulosa** (Lag. ex Lindl.) D. Don
Ref.: Cabrera, 1982.

Nassauvia ruizii Cabrera
Ref.: Cabrera, 1982; Katinas, 1995.
Hábito: Hierba.
Status: Endémica.
Elevación: 3000-4000 m.
Prov.: ME.
Ejemplar examinado: *Ruiz Leal 3147* (LP).

Nassauvia sceptrum Dusén
Ref.: Cabrera, 1982; Katinas, 1995.
Hábito: Hierba.
Status: Endémica.
Elevación: 0-500 m.
Prov.: SC.
Ejemplar examinado: *Ruiz Leal 24178* (SI).

Nassauvia scleranthoides O. Hoffm. = **Nassauvia fuegiana** (Speg.) Cabrera
Ref.: Cabrera, 1982.

Nassauvia sericea Phil. = **Nassauvia revoluta** D. Don
Ref.: Cabrera, 1982.

Nassauvia serpens d'Urv.
Sin.: *Nassauvia durvillei* Cass.
Ref.: Cabrera, 1982; Katinas, 1995.
Hábito: Subarbusto.
Status: Endémica.
Elevación: 0-500 m.
Prov.: TF.
Ejemplar examinado: *Moore 583* (LP).

Nassauvia spicata J. Rémy = **Nassauvia cumingii** Hook. & Arn.
Ref.: Cabrera, 1982.

Nassauvia spinosa (D. Don) Reiche, comb. illeg. = **Nassauvia aculeata** (Less.) Poepp. & Endl. var. **aculeata**
Ref.: Cabrera, 1982.

Nassauvia spinosa Phil. = **Nassauvia cumingii** Hook. & Arn.
Ref.: Cabrera, 1982.

Nassauvia sprengelioides DC.
Sin.: *Nassauvia araucana* Phil.
Ref.: Cabrera, 1982; Katinas, 1995.
Hábito: Hierba.
Status: Nativa.
Elevación: 2000-3000 m.
Prov.: NE.
Paises limítrofes: CH.
Ejemplar examinado: *Rahmer s.n.* (LP).

Nassauvia struthionum (Phil.) Speg. = **Nassauvia glomerulosa** (Lag. ex Lindl.) D. Don
Ref.: Cabrera, 1982.

Nassauvia struthionum (Phil.) Speg. var. *robusta* Speg. = **Nassauvia glomerulosa** (Lag. ex Lindl.) D. Don
Ref.: Cabrera, 1982.

Nassauvia suaveolens Willd. = **Nassauvia magellanica** J.F. Gmel.
Ref.: Cabrera, 1982.

Nassauvia suaveolens D. Don, hom. illeg. = **Nassauvia cumingii** Hook. & Arn.
Ref.: Cabrera, 1982.

Nassauvia sublobata Cabrera
Ref.: Cabrera, 1982; Katinas, 1995.
Hábito: Hierba.
Status: Endémica.
Elevación: 2000-2500 m.
Prov.: ME, NE.
Ejemplar examinado: *Burkart et al. 14401* (LP).

Nassauvia subspinosa (Phil.) Albov = **Nassauvia aculeata** (Less.) Poepp. & Endl. var. **azorelloides** (Speg.) Cabrera
Ref.: Cabrera, 1982.

Nassauvia ulicina (Hook. f.) Macloskie
Sin.: *Nassauvia patagonica* Speg., *Nassauvia patagonica* Speg. var. *elatior* Speg., *Trianthus ulicinus* Hook. f.
Ref.: Cabrera, 1982; Katinas, 1995.
Hábito: Arbusto.
Status: Endémica.
Elevación: 0-500 m.
Prov.: CHU, RN, SC.
Ejemplar examinado: *Job 3009* (LP).

Nassauvia uniflora (D. Don) Hauman
Sin.: *Nassauvia oligocephala* Wedd., *Panargyrum oligocephalum* DC., *Panargyrum uniflorum* D. Don
Ref.: Cabrera, 1982; Katinas, 1995.
Hábito: Hierba.
Status: Nativa.
Elevación: 2500-4000 m.
Prov.: ME, SJ.
Paises limítrofes: CH.
Ejemplar examinado: *Hunziker et al. 11183* (LP).

Neilreichia eupatorioides Fenzl = **Schistocarpha eupatorioides** (Fenzl) Kuntze
Ref.: Robinson, 1979.

Neja dianthifolia (Griseb.) G.L. Nesom = **Hysterionica dianthifolia** (Griseb.) Cabrera var. **dianthifolia**

Neja filiformis (Spreng.) Nees = **Hysterionica filiforme** (Spreng.) Cabrera

Neja gracilis D. Don ex Sweet = **Hysterionica filiforme** (Spreng.) Cabrera
Ref.: Cabrera, 1974.

Neja pinifolia (Poir.) G.L. Nesom = **Hysterionica pinifolia** (Poir.) Baker

Neja pulvinata (Cabrera) G.L. Nesom = **Hysterionica dianthifolia** (Griseb.) Cabrera var. **pulvinata** (Cabrera) Ariza

Neocabreria malacophylla (Klatt) R.M. King & H. Rob. = **Eupatorium malachophyllum** Klatt
Ref.: Cabrera & Freire, 1997.

Neomolina darwinii (Hook. & Arn.) F.H. Hellwig = **Baccharis darwinii** Hook. & Arn.

Neomolina pulchella (Sch. Bip. ex Griseb.) F.H. Hellwig = **Baccharis pulchella** Sch. Bip. ex Griseb.

Neomolina racemosa (Ruiz & Pav.) F.H. Hellwig = **Baccharis racemosa** (Ruiz & Pav.) DC.

Neomolina ulicina (Hook. & Arn.) F.H. Hellwig = **Baccharis ulicina** Hook. & Arn.

Neoceis carduifolia Cass. = **Erechthites hieracifolia** (L.) Raf. ex DC. var. **cacalioides** (Fisch. ex Spreng.) Griseb.
Ref.: Belcher, 1956.

Noccaea mollis (Cav.) Jacq. = **Lagascea mollis** Cav.
Ref.: Cabrera, 1978.

Nothites satureiifolia (Lam.) DC. = **Stevia satureiifolia** (Lam.) Sch. Bip. var. **satureiifolia**
Ref.: Cabrera, 1971.

Noticastrum DC. Astereae.

Número de especies: 11, 1 especie endémica.

Noticastrum album Phil. = **Noticastrum sericeum** (Less.) Less ex Phil.
Ref.: Zardini, 1985.

Noticastrum acuminatum (DC.) Cuatrec.
Sin.: *Aster calendulaceus* (Griseb.) Kuntze, *Haplopappus ? acuminatus* DC., *Haplopappus calendulaceus* Griseb., *Leucopsis acuminata* (DC.) Malme, *Leucopsis calendulacea* (Griseb.) Baker, *Noticastrum calendulaceum* (Griseb.) Malme
Ref.: Cabrera, 1974a; Zardini, 1985.
Hábito: Hierba.
Status: Nativa.
Elevación: 0-500 m.
Prov.: BA, CH, COR, ER, FO, SF.
Paises limítrofes: BR, PA, UR.
Ejemplar examinado: *Molfino y Clos 431* (LP).

Noticastrum argenteum Cabrera
Sin.: *Aster marginatus* Kunth var. *argenteus* Wedd.
Ref.: Cabrera, 1978; Zardini, 1985.
Hábito: Hierba.
Status: Nativa.
Elevación: 1500-4500 m.
Prov.: CA, CO, JU, SA, SJ, TU.
Paises limítrofes: BO.
Ejemplar examinado: *Cabrera et al. 21492* (LP).

Noticastrum argentinense (Cabrera) Cuatrec.
Sin.: *Aster argentinensis* Cabrera
Ref.: Zardini, 1985.
Hábito: Hierba.
Status: Endémica.
Elevación: 0-1500 m.
Prov.: BA, CO, COR, ER.
Ejemplar examinado: *Pedersen 3870* (LP).

Noticastrum calendulaceum (Griseb.) Malme = **Noticastrum acuminatum** (DC.) Cuatrec.
Ref.: Zardini, 1985.

Noticastrum calvatum (Baker) Cuatrec.
Sin.: *Aster calvatus* (Baker) Herter, *Leucopis calvata* Baker
Ref.: Zardini, 1985.
Hábito: Hierba.
Status: Nativa.
Elevación: 0-500 m.
Prov.: ER.
Paises limítrofes: BR, UR.
Ejemplar examinado: *Cabrera 28260* (SI).

Noticastrum chebataroffii (Herter) Zardini
Sin.: *Aster chebataroffii* Herter, *Aster decumbens* auct. non Baker
Ref.: Zardini, 1985.
Hábito: Hierba.
Status: Nativa.
Elevación: 0-500 m.
Prov.: BA, ER.
Paises limítrofes: BR, UR.
Ejemplar examinado: *Cabrera 628* (LP).

Noticastrum diffusum (Pers.) Cabrera
Sin.: *Aster montevidensis* (Spreng.) Griseb., *Diplopappus diffusus* (Pers.) Hook. & Arn., *Erigeron diffusus* Pers., *Haplopappus ? diffusus* (Pers.) DC., *Leucopsis diffusa* (Pers.) Baker, *Noticastrum montevidense* (Spreng.) Cuatrec., *Onoseris montevidensis* Spreng.
Ref.: Cabrera, 1974a; Zardini, 1985.
Hábito: Hierba.
Status: Nativa.
Elevación: 0-1500 m.
Prov.: BA, CO, COR, DF, ER, ME, SA, SL.
Paises limítrofes: BR, UR.
Ejemplar examinado: *Friedman 104* (LP).

Noticastrum gnaphalioides (Baker) Cuatrec.
Sin.: *Aster gnaphalioides* (Baker) Hassl., *Leucopsis gnaphalioides* Baker
Ref.: Zardini, 1985.
Hábito: Hierba.
Status: Nativa.
Elevación: 0-1000 m.
Prov.: BA, CH, CO, COR, ER, FO, MI.
Paises limítrofes: BO, BR, PA, UR.
Ejemplar examinado: *Schulz 182* (LP).

Noticastrum haplopappus J. Rémy = **Noticastrum sericeum** (Less.) Less. ex Phil.
Ref.: Zardini, 1985.

Noticastrum jujuyense Cabrera
Ref.: Cabrera, 1974b, 1978; Zardini, 1985.
Hábito: Hierba.
Status: Nativa.
Elevación: 1500-3500 m.
Prov.: JU.
Paises limítrofes: BO.
Ejemplar examinado: *Kiesling et al. 449* (LP).

Noticastrum macrocephalum (Baker) Cuatrec.
Sin.: *Aster macrocephalus* (Baker) Hassl., *Aster macrocephalus* (Baker) Hassl. var. *pseudognaphalioides* Hassl., *Leucopsis macrocephala* Baker
Ref.: Zardini, 1985.
Hábito: Hierba.
Status: Nativa.
Elevación: 0-500 m.
Prov.: COR, MI.
Paises limítrofes: PA.
Ejemplar examinado: *Cabrera y Sáenz 29243* (LP).

Noticastrum marginatum (Kunth) Cuatrec.
Sin.: *Aster acaulis* Wedd., *Aster marginatus* Kunth, *Aster perezii* Cuatrec., *Noticastrum marginatum* (Kunth) Cuatrec. f. *acaulis* (Wedd.) Cuatrec.
Ref.: Zardini, 1985.
Hábito: Hierba.
Status: Nativa.
Elevación: 0-4500 m.
Prov.: BA, CA, CO, COR, ER, JU, LR, SA, SL, TU.
Paises limítrofes: BO.
Ejemplar examinado: *Cabrera et al. 21307* (LP).

Noticastrum marginatum f. *acaulis* (Wedd.) Cuatrec. = **Noticastrum marginatum** (Kunth) Cuatrec.
Ref.: Zardini, 1985.

Noticastrum montevidense (Spreng.) Cuatrec. = **Noticastrum diffusum** (Pers.) Cabrera
Ref.: Zardini, 1985.

Noticastrum philippii Sch. Bip., nom. nud. = **Noticastrum sericeum** (Less.) Less. ex Phil.
Ref.: Zardini, 1985.

Noticastrum sericeum (Less.) Less. ex Phil.
Sin.: *Aster albus* (Phil.) Kuntze, *Aster albus* (Phil.) Reiche, *Aster haplopappus* (J. Rémy) Kuntze, *Aster haplopappus* (J. Rémy) Reiche, *Aster marginatus* Kunth var. *tomentosus* Wedd., *Aster nitens* Kuntze, *Aster notosericeus* Griseb., *Aster sericeus* (Less.) Nees, *Diplopappus sericeus* Less., *Haplopappus ? sericeus* (Less.) DC., *Leucopsis sericea* (Less.) Baker, *Noticastrum album* Phil., *Noticastum haplopappus* J. Rémy, *Noticastum philippii* Sch. Bip., nom. nud.
Ref.: Zardini, 1985.
Hábito: Hierba.
Status: Nativa.
Elevación: 0-1500 m.
Prov.: BA, CHU, LP, CO, RN, SL.
Paises limítrofes: CH, UR.
Ejemplar examinado: *Hunziker 7247* (LP).

Novenia S.E. Freire. Inuleae.

Número de especies: 1

Novenia acaulis (Wedd. ex Benth.) S.E. Freire & F.H. Hellwig
Sin.: *Dolichogyne acaulis* Wedd. ex Benth., *Gnaphalium tunariense* Kuntze, *Lepidophyllum acaule* (Wedd. ex Benth.) Jackson, *Lucilia tunariensis* (Kuntze) K. Schum., *Mniodes tunariensis* (Kuntze) Weberb., *Novenia tunariensis* (Kuntze) S.E. Freire
Ref.: Freire, 1986a, 1995; Freire & Hellwig, 1990.
Hábito: Subarbusto.
Status: Nativa.
Elevación: 3100-5000 m.
Prov.: SA.
Paises limítrofes: BO.
Ejemplar examinado: *Cabrera et al. 25085* (LP).

Novenia tunariensis (Kuntze) S.E. Freire = **Novenia acaulis** (Wedd. ex Benth.) S.E. Freire & F.H. Hellwig
Ref.: Freire & Hellwig, 1990.

Obeliscaria pulcherrima DC. = **Ratibida columnifera** (Nutt.) Wooton & Standl. f. **pulcherrima** (DC.) Fernald
Ref.: Ariza Espinar, 1977.

Ocyroe spinosa Phil. = **Nardophyllum armatum** (Wedd.) Reiche
Ref.: Cabrera, 1978.

Oligandra lucilioides Less. = **Lucilia lycopodioides** (Less.) S.E. Freire
Ref.: Freire, 1989.

Oligandra lycopodioides Less. = **Lucilia lycopodioides** (Less.) S.E. Freire
Ref.: Freire, 1989.

Oligogyne megapotamica DC. = **Calyptocarpus biaristatus** (DC.) H. Rob.
Ref.: Robinson, 1978; Sáenz, inéd.c.

Oligogyne synedrelloides Hook. & Arn. = **Calyptocarpus biaristatus** (DC.) H. Rob.
Ref.: Robinson, 1978; Sáenz, inéd.c.

Oligosporus emarginatus Cass. ex Gaudich. = **Abrotanella emarginata** (Cass. ex Gaudich.) Cass.
Ref.: Cabrera, 1971a; Swenson, 1995.

Onopordum L. Cardueae.

Número de especies: 2

Onopordum acanthium L.
Ref.: Cabrera, 1963a, 1971a; Del Aguila, 1964; Amaral Franco, 1976b; Webb et al., 1988; Ariza Espinar & Delucchi, 1998b.
Hábito: Hierba.
Status: Naturalizada.
Elevación: 0-1000 m.
Prov.: BA, CH, CO, DF, LP, LR, ME, NE, SC, SL.
Paises limítrofes: CH.
Ejemplar examinado: *Cabrera 622* (LP).

Onopordum arabicum Hook., hom. illeg. = **Onopordum nervosum** Boiss.
Ref.: Hunziker & Ariza Espinar, 1966.

Onopordum nervosum Boiss.
Sin.: *Onopordum arabicum* Hook., hom. illeg.
Ref.: Hunziker & Ariza Espinar, 1966; Amaral Franco, 1976b; Webb et al., 1988; Ariza Espinar & Delucchi, 1998b.
Hábito: Hierba.
Status: Adventicia.
Elevación: 0-1000 m.
Prov.: CO.
Ejemplar examinado: *Hunziker 15792* (CORD).

Onoseris Willd. Mutisieae.

Número de especies: 2

Onoseris alata Rusby
Ref.: Ferreyra, 1944; Cabrera, 1978; Freire, 1996.
Prov.: JU, SA, TU.
Hábito: Hierba.
Status: Nativa.
Elevación: 500-1500 m.
Paises limítrofes: BO.
Ejemplar examinado: *Cabrera et al. 15862* (LP).

Onoseris atacamensis (Phil.) O. Hoffm. = **Urmenetea atacamensis** Phil.
Ref.: Cabrera, 1978.

Onoseris corymbosa (Less.) Benth. = **Actinoseris corymbosa** (Less.) Cabrera
Ref.: Cabrera, 1970.

Onoseris hastata Wedd.
Ref.: Ferreyra, 1944; Cabrera, 1978; Freire, 1996.
Prov.: JU, SA.
Hábito: Hierba.
Status: Nativa.
Elevación: 2100-2200 m.
Paises limítrofes: BO.
Ejemplar examinado: *Kiesling et al. 587* (LP).

Onoseris linifolia Bertol., nom. nud.
Ref.: Cabrera, 1937.

Onoseris montevidensis Spreng. = **Noticastrum diffusum** (Pers.) Cabrera
Ref.: Zardini, 1985.

Onoseris stricta Spreng. = **Criscia stricta** (Spreng.) Katinas
Ref.: Katinas, 1994.

Ophryosporus Meyen. Eupatorieae.

Número de especies: 6, 5 especies endémicas.

Ophryosporus axilliflorus (Griseb.) Hieron.
Sin.: *Eupatorium axilliflorum* Griseb.
Ref.: Cabrera & Vittet, 1954; Cabrera, 1978; Ariza Espinar, 1994; Cabrera & Freire, 1997.
Hábito: Arbusto.
Status: Endémica.
Elevación: 1000-2000 m.
Prov.: CA, CO, JU, LR, SA, SL, TU.
Ejemplar examinado: *Fabris 4473* (LP).

Ophryosporus burkartii Cabrera
Ref.: Cabrera, 1978; Cabrera & Freire, 1997.
Hábito: Arbusto.
Status: Endémica.
Elevación: 3000-3200 m.
Prov.: JU.
Ejemplar examinado: *Burkart y Troncoso 11736* (holotipo, LP).

Ophryosporus charua (Griseb.) Hieron.
Sin.: *Mikania charua* Griseb.
Ref.: Cabrera & Vittet, 1954; Cabrera & Freire, 1997.
Hábito: Arbusto.
Status: Endémica.
Elevación: 500-2500 m.
Prov.: CA, CO, JU, LR, SA, SJ, SL, TU.
Ejemplar examinado: *Burkart 7520* (SI).

Ophryosporus clavulatus (Griseb.) Griseb. = **Ophryosporus piquerioides** (DC.) Benth. ex Baker
Ref.: Cabrera, 1978.

Ophryosporus lorentzii Hieron.
Sin.: *Eupatorium laeve* Griseb., hom. illeg.
Ref.: Cabrera & Vittet, 1954; Cabrera, 1978; Cabrera & Freire, 1997.
Hábito: Arbusto.
Status: Endémica.
Elevación: 1500-2500 m.
Prov.: JU, SA, TU.
Ejemplar examinado: *Cabrera 27841* (SI).

Ophryosporus macrodon Griseb.
Ref.: Cabrera & Vittet, 1954; Cabrera, 1978; Cabrera & Freire, 1997.
Hábito: Arbusto.
Status: Endémica.
Elevación: 2000-2500 m.
Prov.: JU, SA, TU.
Ejemplar examinado: *Cabrera 16818* (LP).

Ophryosporus piquerioides (DC.) Benth. ex Baker
Sin.: *Eupatorium piquerioides* DC., *Eupatorium clavulatum* Griseb., *Ophryosporus clavulatus* (Griseb.) Griseb., *Ophryosporus saltensis* Hieron.
Ref.: Cabrera & Vittet, 1954; Cabrera, 1978; Cabrera & Freire, 1997.
Hábito: Arbusto.
Status: Nativa.
Elevación: 1000-2000 m.
Prov.: JU, SA, TU.
Paises limítrofes: BO.
Ejemplar examinado: *Venturi 4184* (LP).

Ophryosporus saltensis Hieron. = **Ophryosporus piquerioides** (DC.) Benth. ex Baker
Ref.: Cabrera, 1978.

Ophryosporus solidaginoides (Kunth) Hieron. = **Eupatorium solidaginoides** Kunth
Ref.: Cabrera & Vittet, 1954; Cabrera, 1978, 1996; Ariza Espinar, 1994.

Orcya adhaerens Vell. = **Acanthospermum australe** (Loefl.) Kuntze
Ref.: Cabrera, 1963a, 1974.

Oreophila chondrilloides D. Don ex A. Gray = **Hypochaeris chondrilloides** (A. Gray) Cabrera
Ref.: Cabrera, 1963a.

Oreophila odorata Poepp. = **Hypochaeris tenuifolia** (Hook. & Arn.) Griseb. var. **eurylepis** (Phil.) Cabrera
Ref.: Cabrera, 1971a.

Oreophila meyeniana Walp. = **Hypochaeris meyeniana** (Walp.) Griseb. var. **meyeniana**
Ref.: Cabrera, 1978

Oreophila sessiliflora (Kunth) D. Don = **Hypochaeris sessiliflora** Kunth
Ref.: Bortiri, 1997.

Oreophila taraxacifolia Meyen & Walp. = **Hypochaeris taraxacoides** (Walp.) Benth. & Hook. f.
Ref.: Cabrera, 1978.

Oriastrum albiflorum (Phil.) Reiche = **Chaetanthera gnaphalioides** (J. Rémy) I.M. Johnst.
Ref.: Cabrera, 1937b.

Oriastrum chilense Wedd. = **Chaetanthera pusilla** (D. Don) Hook. & Arn.
Ref.: Cabrera, 1937b.

Oriastrum dioicum (J. Rémy) Phil. = **Chaetanthera dioica** (J. Rémy) B.L. Rob.
Ref.: Cabrera, 1937b.

Oriastrum dioicum (J. Rémy) Phil. var. *revolutum* (Phil.) Reiche = **Chaetanthera revoluta** (Phil.) Cabrera
Ref.: Cabrera, 1937b.

Oriastrum gayi Phil. = **Chaetanthera lycopodioides** (J. Rémy) Cabrera
Ref.: Cabrera, 1937b.

Oriastrum glabriusculum Phil. = **Chaetanthera lycopodioides** (J. Rémy) Cabrera
Ref.: Cabrera, 1937b.

Oriastrum gossypinum Phil. = **Chaetanthera minuta** (Phil.) Cabrera
Ref.: Cabrera, 1937b.

Oriastrum incanum Phil. = **Chaetanthera acerosa** (J. Rémy) Benth. & Hook. f. ex Griseb. var. **acerosa**
Ref.: Cabrera, 1937b.

Oriastrum leucocephalum Phil. = **Chaetanthera gnaphalioides** (J. Rémy) I.M. Johnst.
Ref.: Cabrera, 1937b.

Oriastrum lycopodioides (J. Rémy) Wedd. = **Chaetanthera lycopodioides** (J. Rémy) Cabrera
Ref.: Cabrera, 1937b.

Oriastrum lycopodioides (J. Rémy) Wedd. var. *glabriusculum* (Phil.) Reiche = **Chaetanthera lycopodioides** (J. Rémy) Cabrera
Ref.: Cabrera, 1937b.

Oriastrum parviflorum Phil. = **Chaetanthera acerosa** (J. Rémy) Benth. & Hook. f. ex Griseb. var. **acerosa**
Ref.: Cabrera, 1937b.

Oriastrum pentacaenoides Phil. = **Chaetanthera pentacaenoides** (Phil.) Hauman
Ref.: Cabrera, 1937b.

Oriastrum polymallum Phil. = **Chaetanthera pulvinata** (Phil.) Hauman var. **polymalla** (Phil.) Hicken
Ref.: Cabrera, 1937b.

Oriastrum pulvinatum Phil. = **Chaetanthera pulvinata** (Phil.) Hauman var. **pulvinata**
Ref.: Cabrera, 1937b.

Oriastrum pusillum Reiche = **Chaetanthera pusilla** (D. Don) Hook. & Arn.
Ref.: Cabrera, 1937b.

Oriastrum pusillum Reiche var. *uncinatum* Reiche = **Chaetanthera pusilla** (D. Don) Hook. & Arn.
Ref.: Cabrera, 1937b.

Oriastrum sphaeroidale Reiche = **Chaetanthera spheroidalis** (Reiche) Hicken
Ref.: Cabrera, 1937b.

Oriastrum uncinatum Phil. = **Chaetanthera acerosa** (J. Rémy) Benth. & Hook. f. ex Griseb. var. **acerosa**
Ref.: Cabrera, 1937b.

Oritrophium vahlii (Gaudich.) Cuatrec. = **Aster vahlii** (Gaudich.) Hook. & Arn. var. **vahlii**
Ref.: Cuatrecasas, 1969b.

Ormenis mixta (L.) Dumort. = **Chamaemelum mixtum** (L.) All.
Ref.: Bremer & Humphries, 1993.

Orthopappus Gleason. Vernonieae.

Número de especies: 1

Orthopappus angustifolius (Sw.) Gleason
Sin.: *Elephantopus angustifolius* Sw.
Ref.: Cabrera, 1944b, 1978.
Hábito: Hierba.
Status: Nativa.
Elevación: 0-1500 m.
Prov.: CH, COR, ER, FO, JU, MI, SA, SF, TU.
Paises limítrofes: BO, BR, PA, UR.
Ejemplar examinado: *Job 792* (LP).

Oxydon bicolor Less. = **Chaptalia runcinata** Kunth
Ref.: Burkart, 1944a.

Pachylaena D. Don ex Hook. & Arn. Mutisieae.

Número de especies: 1

Pachylaena atriplicifolia D. Don. ex Hook. & Arn.
Sin.: *Chionoptera gayophyta* D. Don ex DC., *Pachylaena gayophyta* (DC.) Hieron.
Ref.: Cabrera, 1971a; Katinas, 1996a.
Hábito: Hierba.
Status: Nativa.
Elevación: 1000-4000 m.
Prov.: CA, LR, ME, NE, SA, SJ.
Paises limítrofes: CH.
Ejemplar examinado: *Chicchi 116* (LP).

Pachylaena gayophyta (DC.) Hieron. = **Pachylaena atriplicifolia** D. Don ex Hook. & Arn.
Ref.: Cabrera, 1971a.

Pachyrhynchus xeranthemoides DC. = **Lucilia acutifolia** (Poir.) Cass.
Ref.: Freire, 1986b.

Pacourina Aubl. Vernonieae.

Número de especies: 1

Pacourina edulis Aubl.
Ref.: Cabrera, 1944b.
Hábito: Hierba.
Status: Nativa.
Elevación: 0-500 m.
Prov.: CH, FO, SF.
Paises limítrofes: PA.
Ejemplar examinado: *Venturi 280* (BA, LIL, SI).

Paleaepappus patagonicus Cabrera = **Nardophyllum patagonicum** (Cabrera) G.L. Nesom
Ref.: Nesom, 1993b.

Palenia delfinii Phil. = **Baccharis nivalis** (Wedd.) Sch. Bip. ex Phil.
Ref.: Cabrera, 1971a.

Pamphalea Lag. Mutisieae.
Número de especies: 3

Pamphalea bupleurifolia Less.
Ref.: Cabrera, 1953c; Katinas, 1995.
Hábito: Hierba.
Status: Nativa.
Elevación: 0-500 m.
Prov.: BA, COR, ER.
Paises limítrofes: BR, UR.
Ejemplar examinado: *Cabrera 2382* (LP).

Pamphalea heterophylla Less.
Sin.: *Pamphalea tweedii* Gardner
Ref.: Cabrera, 1953c; Katinas, 1995.
Hábito: Hierba.
Status: Nativa.
Elevación: 0-500 m.
Prov.: BA, COR, ER, MI.
Paises limítrofes: BR, UR.
Ejemplar examinado: *Rodrigo 728* (LP).

Pamphalea missionum Cabrera
Ref.: Cabrera, 1953c; Katinas, 1995.
Hábito: Hierba.
Status: Nativa.
Elevación: 0-500 m.
Prov.: COR, MI.
Paises limítrofes: PA.
Ejemplar examinado: *Montes 2515* (LP).

Pamphalea tweedii Gardner = **Pamphalea heterophylla** Less.
Ref.: Cabrera, 1953c.

Panargyrum abbreviatum Hook. & Arn. = **Nassauvia aculeata** (Less.) Poepp. & Endl. var. **azorelloides** (Speg.) Cabrera
Ref.: Cabrera, 1982.

Panargyrum darwinii Hook. & Arn. = **Nassauvia darwinii** (Hook. & Arn.) O. Hoffm. & Dusén
Ref.: Cabrera, 1982.

Panargyrum densifolium Phil. = **Nassauvia glomerata** (D. Don) Wedd.
Ref.: Cabrera, 1982.

Panargyrum diazii Phil. = **Nassauvia aculeata** (Less.) Poepp. & Endl. var. **aculeata**
Ref.: Cabrera, 1982.

Panargyrum glomeratum D. Don = **Nassauvia glomerata** (D. Don) Wedd.
Ref.: Cabrera, 1982.

Panargyrum lagascae DC. = **Nassauvia darwinii** (Hook. & Arn.) O. Hoffm. & Dusén
Ref.: Cabrera, 1982.

Panargyrum latifolium Phil. = **Nassauvia aculeata** (Less.) Poepp. & Endl. var. **aculeata**
Ref.: Cabrera, 1982.

Panargyrum laxum Phil. = **Nassauvia darwinii** (Hook. & Arn.) O. Hoffm. & Dusén
Ref.: Cabrera, 1982.

Panargyrum oligocephalum DC. = **Nassauvia uniflora** (D. Don) Hauman
Ref.: Cabrera, 1982.

Panargyrum pectinatum Phil. = **Nassauvia aculeata** (Less.) Poepp. & Endl. var. **aculeata**
Ref.: Cabrera, 1982.

Panargyrum spinosum D. Don = **Nassauvia aculeata** (Less.) Poepp. & Endl. var. **aculeata**
Ref.: Cabrera, 1982.

Panargyrum subspinosum Phil. = **Nassauvia aculeata** (Less.) Poepp. & Endl. var. **azorelloides** (Speg.) Cabrera
Ref.: Cabrera, 1982.

Panargyrum uniflorum D. Don = **Nassauvia uniflora** (D. Don) Hauman
Ref.: Cabrera, 1982.

Paranephelius asperifolius (Muschl.) H. Rob. & Brettell = **Liabum asperifolium** Muschl.
Ref.: Cabrera, 1978.

Parastrephia Nutt. emend. Cabrera. Astereae.
Número de especies: 4

Parastrephia ericoides Nutt. = **Parastrephia phyliciformis** (Meyen) Cabrera
Ref.: Cabrera, 1978.

Parastrephia lepidophylla (Wedd.) Cabrera
Sin.: *Dolichogyne lepidophylla* Wedd., *Lepidophyllum tola* Cabrera
Ref.: Cabrera, 1945, 1978.
Hábito: Arbusto.
Status: Nativa.
Elevación: 3500-4000 m.
Prov.: CA, JU, LR, SA, SJ, TU.
Paises limítrofes: BO, CH.
Ejemplar examinado: *Cabrera 7771* (LP).

Parastrephia lucida (Meyen) Cabrera
Sin.: *Baccharis lucida* Meyen, *Dolichogyne glabra* Phil., *Dolichogyne rigida* Wedd., *Lepidophyllum abietinum* (Phil.) Reiche, *Lepidophyllum lucidum* (Meyen) Cabrera, *Lepidophyllum phyliciforme* (Meyen) Hieron. ex R.E. Fr. var. *resinosum* (Walp.) Blake, *Lepidophyllum rigidum* (Wedd.) Benth. & Hook. f., *Polycladus abietinus* Phil., *Vernonia phyliciformis* (Meyen) Walp. var. *resinosa* Walp.
Ref.: Cabrera, 1978; Nesom, 1993a.
Hábito: Arbusto.
Status: Nativa.
Elevación: 3500-5000 m.
Prov.: CA, JU, LR, SA, TU.
Paises limítrofes: BO, CH.
Ejemplar examinado: *Cabrera 8409* (LP).

Parastrephia phyliciformis (Meyen) Cabrera
Sin.: *Baccharis phyliciformis* Meyen, *Dolichogyne rupestris* Wedd., *Lepidophyllum phyliciforme* (Meyen) Hieron. ex R.E. Fr., *Parastrephia ericoides* Nutt., *Vernonia phyliciformis* (Meyen) Walp.
Ref.: Cabrera, 1978.
Hábito: Arbusto.
Status: Nativa.
Elevación: 3000-5000 m.
Prov.: CA, JU, SA, TU.
Paises limítrofes: BO, CH.
Ejemplar examinado: *Fabris y Crisci 6850* (LP).

Parastrephia quadrangularis (Meyen) Cabrera
Sin.: *Baccharis quadrangularis* Meyen, *Lepidophyllum cupressinum* (Phil.) Kuntze, *Lepidophyllum meyenii* A. Gray, *Lepidophyllum quadrangulare* (Meyen) Benth & Hook., *Polycladus cupressinus* Phil.
Ref.: Cabrera, 1945, 1978.
Hábito: Arbusto.
Status: Nativa.
Elevación: 2500-5000 m.
Prov.: CA, JU, LR, SA.
Paises limítrofes: BO, CH.
Ejemplar examinado: *Cabrera 8362* (LP).

Parthenium L. Heliantheae.
Número de especies: 1

Parthenium glomeratum Rollins = **Parthenium hysterophorus** L.
Ref.: Piazzano et al., 1998.

Parthenium hysterophorus L.
Sin.: *Argyrochaeta bipinnatifida* Cav., *Echetrosis pentaspermum* Phil., *Parthenium glomeratum* Rollins, *Parthenium lobatum* Buckley, *Parthenium pinnatifidum* Stokes
Ref.: Cabrera, 1971a, 1974a, 1978; Piazzano et al., 1998.
Hábito: Hierba
Status: Nativa.
Elevación: 0-3500 m.
Prov.: BA, CA, CH, CO, COR, ER, FO, JU, LP, LR, ME, MI, NE, SA, SE, SF, SJ, SL, TU.
Paises limítrofes: BO, BR, CH, PA, UR.
Ejemplar examinado: *Cabrera 4505* (LP).

Parthenium lobatum Buckley = **Parthenium hysterophorus** L.
Ref.: Cabrera, 1971a, 1974a, 1978.

Parthenium pinnatifidum Stokes = **Parthenium hysterophorus** L.
Ref.: Cabrera, 1971a, 1974a, 1978.

Pascalia glauca Ortega = **Wedelia glauca** (Ortega) O. Hoffm. ex Hicken
Ref.: Cabrera, 1963a, 1971a, 1974a, 1978.

Pascalia subvaginata (N.E. Br.) Strother = **Wedelia subvaginata** N.E. Br.
Ref.: Sáenz, inéd.c.

Pectis L. Helenieae.
Número de especies: 2

Pectis odorata Griseb.
Ref.: Cabrera, 1978; Petenatti & Ariza Espinar, 1997.
Hábito: Hierba.
Status: Nativa.
Elevación: 0-1000 m.
Prov.: CA, CH, CO, COR, FO, JU, LR, SA, SE, SL, TU.
Paises limítrofes: BR, PA.
Ejemplar examinado: *Ferrucci 98* (LP).

Pectis pinnata Lam. = **Schkuhria pinnata** (Lam.) Kuntze ex Thell.
Ref.: Heiser, 1945; Cabrera, 1978.

Pectis sessiliflora (Less.) Sch. Bip.
Sin.: *Cryptopetalum ciliare* Cass., *Lorentea cryptopetala* DC., *Lorentea sessiliflora* Less.
Ref.: Cabrera, 1978; Petenatti & Ariza Espinar, 1997.
Hábito: Hierba.
Status: Nativa.
Elevación; 1000-3500 m.
Prov.: CA, CO, JU, LR, SA, SE, TU.
Paises limítrofes: BO.
Ejemplar examinado: *Cabrera y Marchionni 12916* (LP).

Pectis violacea Griseb. = **Stevia multiaristata** Spreng.
Ref.: Cabrera & Vittet, 1954.

Pentacalia epiphytica (Kuntze) Cuatrec. = **Senecio epiphytica** (Kuntze) Cuatrec.
Ref.: Cabrera & Zardini, 1980.

Pentanthus aculeatus Less. = **Nassauvia aculeata** (Less.) Poepp. & Endl. var. **aculeata**
Ref.: Cabrera, 1982.

Pentaphorus glutinosus D. Don = **Gochnatia glutinosa** (D. Don) Hook. & Arn.
Ref.: Cabrera, 1971; Sancho, 1996.

Perdicium auriculatum D. Don, nom. nud.
Ref.: Katinas, 1996b.

Perdicium brasiliense L. = **Holocheilus brasiliensis** (L.) Cabrera
Ref.: Cabrera, 1968.

Perdicium cacalioides Kunth = **Trixis cacalioides** (Kunth) D. Don
Ref.: Katinas, 1996b.

Perdicium divaricatum Kunth = **Trixis divaricata** (Kunth) Spreng. subsp. **divaricata**
Ref.: Katinas, 1996b, 1998.

Perdicium flexuosum Kunth = **Trixis divaricata** (Kunth) Spreng. subsp. **divaricata**
Ref.: Katinas, 1996b, 1998.

Perdicium lactucoides Vahl = **Perezia lactucoides** (Vahl) Less. subsp. **lactucoides**
Ref.: Simpson Vuilleumier, 1969.

Perdicium magellanicum L. f. = **Perezia magellanica** (L. f.) Lag.
Ref.: Simpson Vuilleumier, 1969.

Perdicium piloselloides Vahl = **Chaptalia piloselloides** (Vahl) Baker
Ref.: Burkart, 1944a.

Perdicium purpureum Vahl = **Leucheria purpurea** (Vahl) Hook. & Arn.
Ref.: Crisci, 1976b.

Perdicium recurvatum Vahl = **Perezia recurvata** (Vahl) Less.
Ref.: Simpson Vuilleumier, 1969.

Perdicium suaveolens d'Urv. = **Leucheria suaveolens** (d'Urv.) Speg.
Ref.: Crisci, 1976b.

Perezia Lag. Mutisieae.

Número de especies: 27, 2 especies endémicas.

Perezia abbiatti Cabrera = **Perezia ciliosa** (Phil.) Reiche
Ref.: Simpson Vuilleumier, 1969.

Perezia acanthoides Hook. & Arn. = **Perezia multiflora** (Humb. & Bonpl.) Less. subsp. **multiflora**
Ref.: Simpson Vuilleumier, 1969.

Perezia aletes J.F. Macbr. = **Perezia multiflora** (Humb. & Bonpl.) Less. subsp. **sonchifolia** (Baker) Vuilleum.
Ref.: Simpson Vuilleumier, 1969.

Perezia atacamensis (Phil.) Reiche = **Perezia purpurata** Wedd.
Ref.: Simpson Vuilleumier, 1969.

Perezia beckii Hook. & Arn. = **Perezia recurvata** (Vahl) Less.
Ref.: Simpson Vuilleumier, 1969.

Perezia bellidifolia (Phil.) Reiche
Sin.: *Homoeanthus bellidifolius* Phil.
Ref.: Simpson Vuilleumier, 1969; Cabrera, 1971a; Katinas, 1995.
Hábito: Hierba.
Status: Nativa.
Elevación: 1500-2000 m.
Prov.: NE, RN.
Paises limítrofes: CH.
Ejemplar examinado: *Eskuche 599-20* (LP).

Perezia bidentata Meyen = **Perezia multiflora** (Humb. & Bonpl.) Less. subsp. **multiflora**
Ref.: Simpson Vuilleumier, 1969.

Perezia brachylepis Phil. = **Perezia prenanthoides** Less.
Ref.: Simpson Vuilleumier, 1969.

Perezia burkartii Cabrera = **Perezia coerulescens** Wedd.
Ref.: Cabrera, 1949a; Simpson Vuilleumier, 1969.

Perezia calophylla (Phil.) Reiche
Sin.: *Homoeanthus calophyllus* Phil.
Ref.: Simpson Vuilleumier, 1969; Cabrera, 1971a; Katinas, 1995.
Hábito: Hierba.
Status: Nativa.
Elevación: 1500-2000 m.
Prov.: NE, RN.
Paises limítrofes: CH.
Ejemplar examinado: *Bridarolli 2229* (LP).

Perezia capito (Phil.) Reiche = **Perezia lyrata** (J. Rémy) Wedd.
Ref.: Simpson Vuilleumier, 1969; Cabrera, 1971a.

Perezia carduncelloides Griseb.
Ref.: Simpson Vuilleumier, 1969; Cabrera, 1978; Katinas, 1995.
Hábito: Hierba.
Status: Nativa.
Elevación: 2500-3500 m.
Prov.: CA, JU, SA, TU.
Paises limítrofes: BO.
Ejemplar examinado: *Cabrera et al. 16994* (LP).

Perezia carthamoides (D. Don) Hook. & Arn.
Sin.: *Clarionea carthamoides* D. Don, *Clarionea carthamoides* D. Don var. *crispa* (Meyen) Phil., *Clarionea multicapitata* J. Rémy, *Clarionea spectabilis* Phil., *Perezia diversifolia* Meyen, *Perezia diversifolia* Meyen var. *crispa* Meyen, *Perezia multicapitata* J. Rémy
Ref.: Simpson Vuilleumier, 1969; Katinas, 1995.
Hábito: Hierba.
Status: Nativa.
Elevación: 1500-4000 m.
Prov.: ME, SJ.
Paises limítrofes: CH.
Ejemplar examinado: *King 330* (LP).

Perezia ciliaris D. Don ex Hook. & Arn.
Sin.: *Clarionea ciliaris* (D. Don ex Hook. & Arn.) DC., *Homoeanthus nivalis* Phil., *Perezia coriacea* Tovar, *Perezia foliosa* Rusby, *Perezia nivalis* Wedd., p.p., *Perezia scapellifolia* J. Kost., *Perezia scapellifolia* J. Kost. var. *parvifolia* J. Kost.
Ref.: Simpson Vuilleumier, 1969; Katinas, 1995.
Hábito: Hierba.
Status: Nativa.
Elevación: 2000-3500 m.
Prov.: CA, JU, LR, ME, SA, TU.
Paises limítrofes: BO, CH.
Ejemplar examinado: *Fabris 1382* (LP).

Perezia ciliosa (Phil.) Reiche
Sin.: *Clarionea ciliosa* Phil., *Perezia abbiatti* Cabrera, *Perezia ciliosa* (Phil.) Reiche var. *dentata* Cabrera
Ref.: Simpson Vuilleumier, 1969; Katinas, 1995.
Hábito: Hierba.
Status: Nativa.
Elevación: 2500-3000 m.
Prov.: CA, JU, SA, TU.
Paises limítrofes: BO, CH.
Ejemplar examinado: *Cabrera y Schwabe 124* (LP).

Perezia ciliosa (Phil.) Reiche var. *dentata* Cabrera = **Perezia ciliosa** (Phil.) Reiche
Ref.: Simpson Vuilleumier, 1969.

Perezia cirsiifolia Wedd. = **Perezia coerulescens** Wedd.
Ref.: Simpson Vuilleumier, 1969.

Perezia coerulescens Wedd.
Sin.: *Perezia burkartii* Cabrera, *Perezia cirsiifolia* Wedd., *Perezia coerulescens* Wedd. var. *amplibracteata* Tovar, *Perezia integrifolia* Wedd., *Perezia nitidifolia* J. Kost., *Perezia nivalis* Wedd., p.p., *Perezia violacea* Wedd.
Ref.: Simpson Vuilleumier, 1969; Katinas, 1995.
Hábito: Hierba.
Status: Nativa.
Elevación: 3000-5500 m.
Prov.: CA, JU, SA, TU.
Paises limítrofes: BO.
Ejemplar examinado: *Spegazzini s.n.* (LP).

Perezia coerulescens Wedd. var. *amplibracteata* Tovar = **Perezia coerulescens** Wedd.
Ref.: Simpson Vuilleumier, 1969.

Perezia coriacea Tovar = **Perezia ciliaris** D. Don ex Hook. & Arn.
Ref.: Tovar Serpa, 1955.

Perezia delicata Vuilleumier
Ref.: Simpson Vuilleumier, 1969; Cabrera, 1971a; Katinas, 1995.
Hábito: Hierba.
Status: Endémica.
Elevación: 500-2500 m.
Prov.: NE, RN.
Ejemplar examinado: *Fabris 2161* (LP).

Perezia diversifolia Meyen = **Perezia carthamoides** (D. Don) Hook. & Arn.
Ref.: Simpson Vuilleumier, 1969.

Perezia diversifolia Meyen var. *crispa* Meyen = **Perezia carthamoides** (D. Don) Hook. & Arn.
Ref.: Simpson Vuilleumier, 1969.

Perezia doniana Less. = **Perezia recurvata** (Vahl) Less.
Ref.: Simpson Vuilleumier, 1969.

Perezia flavescens Dusén = **Perezia recurvata** (Vahl) Less.
Ref.: Simpson Vuilleumier, 1969.

Perezia foliosa Rusby = **Perezia ciliaris** D. Don ex Hook. & Arn.
Ref.: Simpson Vuilleumier, 1969.

Perezia fonkii (Phil.) Reiche
Sin.: *Clarionea affinis* Phil., *Clarionea fonkii* Phil.
Ref.: Simpson Vuilleumier, 1969; Cabrera, 1971a; Katinas, 1995.
Hábito: Hierba.
Status: Nativa.
Elevación: 1000-2000 m.
Prov.: NE, RN.
Paises limítrofes: CH.
Ejemplar examinado: *Boelcke 1963* (LP).

Perezia gayana DC. = **Perezia nutans** Less.
Ref.: Simpson Vuilleumier, 1969.

Perezia glomerata Rusby = **Perezia multiflora** (Humb. & Bonpl.) Less. subsp. **multiflora**
Ref.: Simpson Vuilleumier, 1969.

Perezia hunzikeri Cabrera = **Perezia purpurata** Wedd.
Ref.: Cabrera, 1950.

Perezia integrifolia Wedd. = **Perezia coerulescens** Wedd.
Ref.: Simpson Vuilleumier, 1969.

Perezia keshua Cabrera = **Perezia purpurata** Wedd.
Ref.: Cabrera, 1949a; Simpson Vuilleumier, 1969.

Perezia kingii Baker
Ref.: Simpson Vuilleumier, 1969; Cabrera, 1974a; Katinas, 1995.
Hábito: Hierba.
Status: Nativa.
Elevación: 0-500 m.
Prov.: COR, ER.
Paises limítrofes: UR.
Ejemplar examinado: *Báez 20* (LP).

Perezia laciniata (Phil.) Reiche = **Perezia pedicularidifolia** Less.
Ref.: Simpson Vuilleumier, 1969.

Perezia laciniata (Phil.) Reiche var. *comosa* (Phil.) Reiche = **Perezia pedicularidifolia** Less.
Ref.: Simpson Vuilleumier, 1969.

Perezia lactucoides (Vahl) Less. subsp. **lactucoides**
Sin.: *Aster magellanicus* Lam., *Chaetanthera magellanica* (Lam.) Spreng., *Clarionea glaberrima* Cass., nom. illeg., *Clarionea lactucoides* (Vahl) D. Don, *Homoianthus magellanicus* (Lam.) DC., *Homoianthus magellanicus* (Lam.) DC. var. *lactucoides* (Vahl) Hook., *Perdicium lactucoides* Vahl
Ref.: Simpson Vuilleumier, 1969; Cabrera, 1971a; Katinas, 1995.
Hábito: Hierba.
Status: Nativa.
Elevación: 0-1000 m.
Prov.: SC, TF.
Paises limítrofes: CH.
Ejemplar examinado: *Correa y Pérez Moreau 1853* (LP).

Perezia lactucoides (Vahl) Less. subsp. **palustris** (Phil.) Vuilleum.
Sin.: *Homoianthus palustris* Phil., *Perezia palustris* (Phil.) Reiche
Ref.: Simpson Vuilleumier, 1969; Cabrera, 1971a; Katinas, 1995.
Hábito: Hierba.
Status: Nativa.
Elevación: 0-2000 m.
Prov.: CHU, NE, RN.
Paises limítrofes: CH.
Ejemplar examinado: *Cabrera y Job 261* (LP).

Perezia lagascae Cass., nom. illeg. = **Perezia magellanica** (L. f.) Lag.
Ref.: Simpson Vuilleumier, 1969.

Perezia lanigera Hook. & Arn. = **Burkartia lanigera** (Hook. & Arn.) Crisci
Ref.: Crisci, 1976a.

Perezia laurifolia Kuntze = **Perezia mandonii** Rusby
Ref.: Simpson Vuilleumier, 1969.

Perezia linearis Less.
Sin.: *Homoeanthus rigidus* Phil., *Homoianthus linearis* (Less.) DC., *Homoianthus pectinellus* Gand.
Ref.: Simpson Vuilleumier, 1969; Cabrera, 1971a; Katinas, 1995.
Hábito: Hierba.
Status: Nativa.
Elevación: 500-2000 m.
Prov.: CHU, NE, RN, SC.
Paises limítrofes: CH.
Ejemplar examinado: *Fabris 2179* (LP).

Perezia linearis Less. var. *humilis* (Phil.) Reiche = **Perezia pilifera** (D. Don) Hook. & Arn.
Ref.: Simpson Vuilleumier, 1969.

Perezia lyrata (J. Rémy) Wedd.
Sin.: *Clarionea pinnata* Phil., *Homoeanthus capito* Phil., *Homoianthus gayanus* J. Rémy, *Homoianthus lyratus* J. Rémy, *Perezia capito* (Phil.) Reiche, *Perezia pinnata* (Phil.) Reiche
Ref.: Simpson Vuilleumier, 1969; Katinas, 1995.
Hábito: Hierba.
Status: Nativa.
Elevación: 1500-2000 m.
Prov.: NE, RN.
Paises limítrofes: CH.
Ejemplar examinado: *Boelcke et al. 10340* (LP).

Perezia magellanica (L. f.) Lag.
Sin.: *Clarionea elegans* Phil., *Clarionea magellanica* (L. f.) DC., *Perdicium magellanicum* L. f., *Perezia lagascae* Cass., nom. illeg., *Perezia magellanica* (L. f.) Less., comb. superfl.
Ref.: Simpson Vuilleumier, 1969; Katinas, 1995.
Hábito: Hierba.
Status: Nativa.
Elevación: 0-1500 m.
Prov.: SC, TF.
Paises limítrofes: CH.
Ejemplar examinado: *Agostini B-30* (LP).

Perezia magellanica (L. f.) Less., comb. superfl. = **Perezia magellanica** (L. f.) Lag.
Ref.: Katinas, 1995.

Perezia mandonii Rusby
Sin.: *Perezia laurifolia* Kuntze
Ref.: Simpson Vuilleumier, 1969; Katinas, 1995.
Hábito: Hierba.
Status: Nativa.
Elevación: 2500-4500 m.
Prov.: JU.
Paises limítrofes: BO.
Ejemplar examinado: *Cabrera et al. 16966* (LP).

Perezia megalantha Speg.
Sin.: *Perezia oleracea* Kuntze
Ref.: Simpson Vuilleumier, 1969; Katinas, 1995.
Hábito: Hierba.
Status: Nativa.
Elevación: 500-1000 m.
Prov.: SC.
Paises limítrofes: CH.
Ejemplar examinado: *James 3442* (LP).

Perezia multicapitata J. Rémy = **Perezia carthamoides** (D. Don) Hook. & Arn.
Ref.: Simpson Vuilleumier, 1969.

Perezia multiflora (Humb. & Bonpl.) Less. var. *achalensis* Kuntze = **Perezia multiflora** (Humb. & Bonpl.) Less. subsp. **multiflora**
Ref.: Simpson Vuilleumier, 1969.

Perezia multiflora (Humb. & Bonpl.) Less. subsp. **multiflora**
Sin.: *Chaetanthera multiflora* Humb. & Bonpl., *Clarionea polycephala* Cass., nom. illeg., *Homanthis multiflorus* (Humb. & Bonpl.) Kunth, *Homoianthus multiflorus* (Humb. & Bonpl.) DC., *Perezia acanthoides* Hook. & Arn., *Perezia bidentata* Meyen, *Perezia glomerata* Rusby, *Perezia multiflora* (Humb. & Bonpl.) Less. var. *achalensis* Kuntze
Ref.: Simpson Vuilleumier, 1969; Katinas, 1995.
Hábito: Hierba.
Status: Nativa.
Elevación: 1000-4500 m.
Prov.: CA, CO, JU, SA, SL, TU.
Paises limítrofes: BO, CH.
Ejemplar examinado: *Cabrera et al. 16997* (LP).

Perezia multiflora (Humb. & Bonpl.) Less. subsp. **sonchifolia** (Baker) Vuilleum.
Sin.: *Perezia aletes* J.F. Macbr., *Perezia sonchifolia* Baker, *Perezia sonchifolia* Baker var. *tandilensis* Kuntze
Ref.: Simpson Vuilleumier, 1969; Katinas, 1995.
Hábito: Hierba.
Status: Nativa.
Elevación: 0-1000 m.
Prov.: BA, RN.
Paises limítrofes: BR, UR.
Ejemplar examinado: *Kuntze s.n.* (LP).

Perezia nitidifolia J. Kost. = **Perezia coerulescens** Wedd.
Ref.: Simpson Vuilleumier, 1969.

Perezia nivalis Wedd., p.p. = **Perezia coerulescens** Wedd.
Ref.: Simpson Vuilleumier, 1969.

Perezia nivalis Wedd., p.p. = **Perezia ciliaris** D. Don ex Hook. & Arn.
Ref.: Simpson Vuilleumier, 1969.

Perezia nutans Less.
Sin.: *Perezia gayana* DC., *Perezia perfoliata* J. Rémy
Ref.: Simpson Vuilleumier, 1969; Cabrera, 1971a; Katinas, 1995.
Hábito: Hierba.
Status: Nativa.
Elevación: 1000-2500 m.
Prov.: NE.
Paises limítrofes: CH.
Ejemplar examinado: *Boelcke et al. 11460* (LP).

Perezia ochroleuca (Cass.) Less. = **Holocheilus brasiliensis** (L.) Cabrera
Ref.: Cabrera, 1968.

Perezia oleracea Kuntze = **Perezia megalantha** Speg.
Ref.: Simpson Vuilleumier, 1969.

Perezia palustris (Phil.) Reiche = **Perezia lactucoides** (Vahl) Less. subsp. **palustris** (Phil.) Vuilleum.
Ref.: Simpson Vuilleumier, 1969.

Perezia pampeana Speg. = **Criscia stricta** (Spreng.) Katinas
Ref.: Katinas, 1994.

Perezia patagonica Speg. = **Perezia recurvata** (Vahl) Less.
Ref.: Simpson Vuilleumier, 1969.

Perezia patagonica Speg. var. *intermedia* Speg. = **Perezia recurvata** (Vahl) Less.
Ref.: Simpson Vuilleumier, 1969.

Perezia pectinata (Phil.) Reiche = **Perezia recurvata** (Vahl) Less.
Ref.: Simpson Vuilleumier, 1969.

Perezia pedicularidifolia Less.
Sin.: *Clarionea comosa* Phil., *Clarionea laciniata* Phil., *Clarionea parvifolia* Phil., *Clarionea variabilis* Phil., *Clarionea volkmanii* Phil., *Clarionema humilis* Phil., *Homoeanthus variabilis* Phil., *Perezia laciniata* (Phil.) Reiche, *Perezia laciniata* (Phil.) Reiche var. *comosa* (Phil.) Reiche, *Perezia pedicularidifolia* Less. var. *humilis* (Phil.) Reiche, *Perezia pedicularidifolia* Less. var. *parvifolia* (Phil.) Reiche, *Perezia variabilis* (Phil.) Reiche
Ref.: Simpson Vuilleumier, 1969; Katinas, 1995.
Hábito: Hierba.
Status: Nativa.
Elevación: 1000-2000 m.
Prov.: NE, RN.
Paises limítrofes: CH.
Ejemplar examinado: *Cabrera 6052* (LP).

Perezia pedicularidifolia Less. var. *humilis* (Phil.) Reiche = **Perezia pedicularidifolia** Less.
Ref.: Simpson Vuilleumier, 1969.

Perezia pedicularidifolia Less. var. *parvifolia* (Phil.) Reiche = **Perezia pedicularidifolia** Less.
Ref.: Simpson Vuilleumier, 1969.

Perezia perfoliata J. Rémy = **Perezia nutans** Less.
Ref.: Simpson Vuilleumier, 1969.

Perezia pilifera (D. Don) Hook. & Arn.
Sin.: *Clarionea lechleri* Sch. Bip., *Clarionea pilifera* D. Don, *Homoeanthus humilis* Phil., *Perezia linearis* Less. var. *humilis* (Phil.) Reiche, *Perezia pilifera* (D. Don) Hook. & Arn. var. *nirihuaoensis* Hosseus
Ref.: Simpson Vuilleumier, 1969; Cabrera, 1971a; Katinas, 1995
Hábito: Hierba.
Status: Nativa.
Elevación: 1500-4500 m.
Prov.: ME, NE, RN, SJ, SC, TF.
Paises limítrofes: CH.
Ejemplar examinado: *Cabrera y Crisci 19140* (LP).

Perezia pilifera (D. Don) Hook. & Arn. var. *nirihuaoensis* Hosseus = **Perezia pilifera** (D. Don) Hook. & Arn.
Ref.: Simpson Vuilleumier, 1969.

Perezia pinnata (Phil.) Reiche = **Perezia lyrata** (J. Rémy) Wedd.
Ref.: Simpson Vuilleumier, 1969.

Perezia prenanthoides Less.
Sin.: *Perezia brachylepis* Phil.
Ref.: Simpson Vuilleumier, 1969; Cabrera, 1971a; Katinas, 1995.
Hábito: Hierba.
Status: Nativa.
Elevación: 1000-2000 m.
Prov.: NE, RN.
Paises limítrofes: CH.
Ejemplar examinado: *Cabrera y Crisci 19197* (LP).

Perezia purpurata Wedd.
Sin.: *Clarionea atacamensis* Phil., *Perezia atacamensis* (Phil.) Reiche, *Perezia hunzikeri* Cabrera, *Perezia keshua* Cabrera
Ref.: Simpson Vuilleumier, 1969; Katinas, 1995.
Hábito: Hierba.
Status: Nativa.
Elevación: 3000-5000 m.
Prov.: CA, JU, LR, SA, SJ, TU.
Paises limítrofes: BO, CH.
Ejemplar examinado: *Rodríguez 1376* (LP).

Perezia pygmaea Wedd.
Ref.: Simpson Vuilleumier, 1969; Cabrera, 1978; Katinas, 1995.
Hábito: Hierba.
Status: Nativa.
Elevación: 4000-5000 m.
Prov.: JU.
Paises limítrofes: BO, CH.
Ejemplar examinado: *Cabrera et al. 19789* (LP).

Perezia recurvata (Vahl) Less.
Sin.: *Chaetanthera recurvata* (Vahl) Spreng., *Clarionea recurvata* (Vahl) D. Don, *Homoeanthus triceps* Phil., *Homoianthus donianus* (Less.) J. Rémy, *Homoianthus echinulatus* Cass., *Homoianthus inermis* Meyen & Walp., nom. illeg., *Homoianthus patagonicus* Gand., *Homoianthus pectinatus* Phil., *Perdicium recurvatum* Vahl, *Perezia beckii* Hook. & Arn., *Perezia doniana* Less., *Perezia flavescens* Dusén, *Perezia patagonica* Speg., *Perezia patagonica* Speg. var. *intermedia* Speg., *Perezia pectinata* (Phil.) Reiche, *Perezia recurvata* (Vahl) Less. subsp. *beckii* (Hook. & Arn.) Cabrera, *Perezia recurvata* (Vahl) Less. subsp. *patagonica* (Speg.) Cabrera, *Perezia recurvata* (Vahl) Less. subsp. *triceps* (Phil.) Cabrera, *Perezia reflexa* Meyen, *Perezia triceps* (Phil.) Reiche
Ref.: Simpson Vuilleumier, 1969; Katinas, 1995.
Hábito: Hierba.
Status: Nativa.
Elevación: 0-3000 m.
Prov.: CHU, ME, NE, RN, SC, SJ, TF.
Paises limítrofes: CH.
Ejemplar examinado: *Barros 7464* (LP).

Perezia recurvata (Vahl) Less. subsp. *beckii* (Hook. & Arn.) Cabrera = **Perezia recurvata** (Vahl) Less.
Ref.: Simpson Vuilleumier, 1969; Cabrera, 1971a.

Perezia recurvata (Vahl) Less. subsp. *patagonica* (Speg.) Cabrera = **Perezia recurvata** (Vahl) Less.
Ref.: Simpson Vuilleumier, 1969; Cabrera, 1971a.

Perezia recurvata (Vahl) Less. subsp. *triceps* (Phil.) Cabrera = **Perezia recurvata** (Vahl) Less.
Ref.: Simpson Vuilleumier, 1969; Cabrera, 1971a.

Perezia reflexa Meyen = **Perezia recurvata** (Vahl) Less.
Ref.: Simpson Vuilleumier, 1969.

Perezia scapellifolia J. Kost. = **Perezia ciliaris** D. Don ex Hook. & Arn.
Ref.: Simpson Vuilleumier, 1969.

Perezia scapellifolia J. Kost. var. *parvifolia* J. Kost. = **Perezia ciliaris** D. Don ex Hook. & Arn.
Ref.: Simpson Vuilleumier, 1969.

Perezia sessiliflora Speg. = **Burkartia lanigera** (Hook. & Arn.) Crisci
Ref.: Crisci, 1976a.

Perezia sonchifolia Baker = **Perezia multiflora** (Humb. & Bonpl.) Less. subsp. **sonchifolia** (Baker) Vuilleumier
Ref.: Simpson Vuilleumier, 1969.

Perezia sonchifolia Baker var. *tandilensis* Kuntze = **Perezia multiflora** (Humb. & Bonpl.) Less. subsp. **sonchifolia** (Baker) Vuilleum.
Ref.: Simpson Vuilleumier, 1969.

Perezia spathulata (Lag. ex D. Don) Hook. & Arn.
Sin.: *Clarionea spathulata* Lag. ex D. Don, *Perezia viscosa* Less.
Ref.: Simpson Vuilleumier, 1969; Cabrera, 1971a; Katinas, 1995.
Hábito: Hierba.
Status: Nativa.
Elevación: 0-1500 m.
Prov.: NE.
Paises limítrofes: CH.
Ejemplar examinado: *Diem 3252* (LP).

Perezia spathulata Phil., hom. illeg. = **Haplopappus scrobiculatus** (Nees) DC.
Ref.: Marticorena & Crisci, 1972.

Perezia sublyrata Domke
Sin.: *Perezia sublyrata* Domke var. *glabrescens* Tovar
Ref.: Simpson Vuilleumier, 1969; Cabrera, 1978; Katinas, 1995.
Hábito: Hierba.
Status: Nativa.
Elevación: 3000-5000 m.
Prov.: JU.
Paises limítrofes: BO.
Ejemplar examinado: *Sleumer 4075* (LIL).

Perezia sublyrata Domke var. *glabrescens* Tovar = **Perezia sublyrata** Domke
Ref.: Simpson Vuilleumier, 1969.

Perezia triceps (Phil.) Reiche = **Perezia recurvata** (Vahl) Less.
Ref.: Simpson Vuilleumier, 1969.

Perezia variabilis (Phil.) Reiche = **Perezia pedicularidifolia** Less.
Ref.: Simpson Vuilleumier, 1969; Cabrera, 1971a.

Perezia violacea Wedd. = **Perezia coerulescens** Wedd.
Ref.: Simpson Vuilleumier, 1969.

Perezia viscosa Less. = **Perezia spathulata** (Lag. ex D. Don) Hook. & Arn.
Ref.: Simpson Vuilleumier, 1969.

Perezia volcanensis Cabrera
Ref.: Simpson Vuilleumier, 1969; Katinas, 1995.
Hábito: Hierba.
Status: Endémica.
Elevación: 1000-3000 m.
Prov.: JU.
Ejemplar examinado: *Castillón 8155* (LIL).

Phyllochilium densifolium (Phil.) Cabrera = **Chiliophyllum densifolium** Phil.
Ref.: Cabrera, 1937a.

Picris L. Lactuceae.
Número de especies: 1

Picris echioides L.
Sin: *Helminthia echioides* (L.) Gaertn., *Helminthotheca echioides* (L.) Holub
Ref.: Cabrera, 1963a; Ariza Espinar & Urtubey, 1998.
Hábito: Hierba .
Status: Adventicia.
Elevación: 0-1500 m.
Prov.: BA, ER, ME, RN, SL.
Paises limítrofes: CH, UR.
Ejemplar examinado: *Cabrera 106* (LP).

Picris macloviana d'Urv. ex DC. = **Leucheria suaveolens** (d'Urv.) Speg.
Ref.: Crisci, 1976b.

Picrosia D. Don. Lactuceae.

Número de especies: 2, 1 especie endémica.

Picrosia australis Decne. = **Picrosia longifolia** D. Don
Ref.: Cabrera,1963a.

Picrosia cabreriana A.G. Schulz
Ref.: Schulz, 1944; Ariza Espinar & Urtubey, 1998.
Hábito: Hierba.
Status: Endémica.
Elevación: 0-500 m.
Prov.: CH, COR.
Ejemplar examinado: *Cabrera 11809* (LP).

Picrosia longifolia D. Don
Sin.: *Picrosia australis* Decne., *Picrosia longifolia* D. Don var. *angustissima* Kuntze, *Prenanthes subdentata* Hook., *Psilopogon albiflorus* Phil., *Tragopogon fritillarioides* Less.
Ref.: Cabrera, 1963a; Ariza Espinar & Urtubey, 1998.
Hábito: Hierba.
Status: Nativa.
Prov.: BA, CA, CH, CO, COR, ER, FO, JU, LP, LR, ME, MI, NE, RN, SA, SC, SE, SF, SJ, SL, TU.
Paises limítrofes: BO, BR, CH, PA, UR.
Ejemplar examinado: *Cabrera 1543* (LP).

Picrosia longifolia D. Don var. *angustissima* Kuntze = **Picrosia longifolia** D. Don
Ref.: Ariza Espinar & Urtubey, 1998.

Pilosella adenocephala Sch. Bip. = **Hieracium adenocephalum** (Sch. Bip.) Arv.-Touv.
Ref.: Cabrera, 1978.

Pilosella chilensis (Less.) F.W. Schultz & Sch. Bip. = **Hieracium chilense** Less.
Ref.: Cabrera, 1971a.

Pilosella fulvipes (Wedd.) F.W. Schultz & Sch. Bip. = **Hieracium fulvipes** Wedd.
Ref.: Cabrera, 1978.

Pilosella glaucifolia (Poepp. ex Froel.) F.W. Schultz & Sch. Bip. = **Hieracium glaucifolium** Poepp. ex Froel.
Ref.: Cabrera, 1971a.

Pilosella magellanica (Sch. Bip.) F.W. Schultz & Sch. Bip. = **Hieracium antarcticum** d'Urv. var. **antarcticum**
Ref.: Cabrera, 1971a.

Pilosella mandonii Sch. Bip. = **Hieracium mandonii** (Sch. Bip.) Arv.-Touv. var. **mandonii**
Ref.: Cabrera, 1978.

Pilosella myosotidifolia (Sch. Bip.) F.W. Schultz & Sch. Bip. = **Hieracium antarcticum** d'Urv. var. **myosotidifolium** (Sch. Bip.) Sleumer
Ref.: Cabrera, 1971a.

Pilosella orthotricha (R.E. Fr.) F.W. Schultz & Sch. Bip. = **Hieracium chilense** Less. var. **chilense**
Ref.: Cabrera, 1971a.

Pilosella patagonica (Hook. f.) F.W. Schultz & Sch. Bip. = **Hieracium patagonicum** Hook. f.
Ref.: Cabrera, 1971a.

Pilosella semiglabrata (Comm.) F.W. Schultz & Sch. Bip. = **Hieracium commersonii** Monnier
Ref.: Cabrera, 1974a.

Pingraea angustifolia Cass. = **Baccharis pingraea** DC. f. **pingraea**
Ref.: Cabrera, 1963a.

Pingraea anomala (DC.) F.H. Hellwig = **Baccharis anomala** DC.

Pingraea articulata (Lam.) F.H. Hellwig = **Baccharis articulata** (Lam.) Pers.

Pingraea crispa (Spreng.) F.H. Hellwig = **Baccharis crispa** Spreng.

Pingraea flexuosa (Baker) F.H. Hellwig = **Baccharis flexuosa** Baker

Pingraea latifolia (Ruiz & Pav.) F.H. Hellwig = **Baccharis latifolia** (Ruiz & Pav.) Pers.

Pingraea oxyodonta (DC.) F.H. Hellwig = **Baccharis oxyodonta** DC.

Pingraea punctulata (DC.) F.H. Hellwig = **Baccharis punctulata** DC.

Pingraea rhexioides (Kunth) F.H. Hellwig = **Baccharis rhexioides** Kunth

Pingraea sagittalis (Less.) F.H. Hellwig = **Baccharis sagittalis** (Less.) DC.

Pingraea salicifolia (Ruiz & Pav.) F.H. Hellwig = **Baccharis salicifolia** (Ruiz & Pav.) Pers.

Pingraea viscosa (Ruiz & Pav.) F.H. Hellwig = **Baccharis salicifolia** (Ruiz & Pav.) Pers.

Piptocarpha R. Br. Vernonieae.

Número de especies: 1

Piptocarpha diacanthoides Hook. & Arn. = **Dasyphyllum diacanthoides** (Less.) Cabrera
Ref.: Cabrera, 1959.

Piptocarpha macropoda Baker = **Piptocarpha sellowii** (Sch. Bip.) Baker var. **balansiana** Hieron.
Ref.: Cabrera, 1944b.

Piptocarpha nitidula (Less.) Griseb. = **Vernonia nitidula** Less.
Ref.: Cabrera, 1944b.

Piptocarpha sellowii (Sch. Bip.) Baker var. **balansiana** Hieron.
Sin.: *Piptocarpha macropoda* Baker
Ref.: Cabrera, 1944b.
Hábito: Enredadera.
Status: Nativa.
Elevación: 0-500 m.
Prov.: MI.
Paises limítrofes: PA.
Ejemplar examinado: *Grüner 880* (LP).

[Piptocarpha sellowii Baker]
Ref.: Cabrera, 1944b.
Nota: Especie excluida de la flora argentina.

Plagiocheilus Arn. ex DC. Anthemideae.
Número de especies: 1

Plagiocheilus tanacetoides Haenke ex DC.
Ref.: Cabrera, 1963a; Ariza Espinar, 1997b.
Hábito: Hierba.
Status: Nativa.
Elevación: 0-500 m.
Prov.: BA, CH, CO, COR, ER, SF.
Ejemplar examinado: *Burkart 553* (LP).

Plagiocheilus erectus Rusby = **Chrysanthellum indicum** DC. subsp. **afroamericanum** B.L. Turner
Ref.: Turner, 1988b.

Platycheilus ochroleucus Cass. = **Holocheilus brasiliensis** (L.) Cabrera
Ref.: Cabrera, 1968.

Plazia Ruiz & Pav. Mutisieae.
Número de especies: 1

Plazia acaciifolia J. Kost. = **Hyalis lancifolia** Baker
Ref.: Cabrera, 1978.

Plazia argentea (D. Don) Kuntze = **Hyalis argentea** Hook. & Arn. var. **argentea**
Ref.: Cabrera, 1951b.

Plazia daphnoides Wedd.
Ref.: Cabrera, 1951b, 1978; Freire, 1996.
Hábito: Arbusto.
Status: Nativa.
Elevación: 2500-4500 m.
Prov.: JU, ME, SA.
Paises limítrofes: BO, CH.
Ejemplar examinado: *Hunziker y Caso 6154* (LP).

Pluchea Cass. Inuleae.
Número de especies: 2

Pluchea absinthioides (Hook. & Arn.) H. Rob. & Cuatrec. = **Tessaria absinthioides** (Hook. & Arn.) DC.
Ref.: Freire, 1995.

Pluchea dodoneifolia (Hook. & Arn.) H. Rob. & Cuatrec. = **Tessaria dodoneifolia** (Hook. & Arn.) Cabrera
Ref.: Freire, 1995.

Pluchea fastigiata Griseb. = **Tessaria fastigiata** (Griseb.) Cabrera
Ref.: Cabrera, 1978.

Pluchea glabra Griseb. = **Baccharis latifolia** (Ruiz & Pav.) Pers.
Ref.: Cabrera, 1978.

Pluchea microcephala R.K. Godfrey
Ref.: Godfrey, 1952; Ariza Espinar, 1969; Cabrera, 1978; Freire, 1995.
Hábito: Hierba.
Status: Nativa.
Elevación: 0-500 m.
Prov.: CA, CO, FO, JU, SA, SE, TU.
Paises limítrofes: BO.
Ejemplar examinado: *Burkart 20373* (LP).

Pluchea montana Griseb. = **Baccharis sculpta** Griseb.
Ref.: Ariza Espinar, 1973a.

Pluchea quitoc DC. = **Pluchea sagittalis** (Lam.) Cabrera
Ref.: Cabrera, 1949c.

Pluchea sagittalis (Lam.) Cabrera
Sin.: *Conyza sagittalis* Lam., *Epaltes brasiliensis* DC., *Gnaphalium suaveolens* Vell., *Pluchea quitoc* DC., *Pluchea suaveolens* (Vell.) Kuntze
Ref.: Cabrera, 1949c, 1963a, 1974a, 1978; Freire, 1995.
Hábito: Hierba.
Status: Nativa.
Elevación: 0-500 m.
Prov.: BA, CH, CO, COR, ER, FO, JU, LR, MI, SA, SE, SF, SL, TU.
Paises limítrofes: BR, PA, UR.
Ejemplar examinado: *Cabrera 4248* (LP).

Pluchea suaveolens (Vell.) Kuntze = **Pluchea sagittalis** (Lam.) Cabrera
Ref.: Cabrera, 1949c.

Podocoma Cass. Astereae.
Número de especies: 7, 1 especie endémica.

Podocoma bellidifolia Baker
Ref.: Cabrera, 1978.
Hábito: Hierba.
Status: Nativa.
Elevación: 0-1500 m.
Prov.: CH, COR, JU, MI, SA.
Paises limítrofes: BR, PA.
Ejemplar examinado: *Cabrera y Frangi 20729* (LP).

Podocoma blanchetiana Baker
Ref.: Cabrera, 1932c.
Hábito: Hierba.
Status: Nativa.
Elevación: 0-500 m.
Prov.: MI.
Paises limítrofes: BR.
Ejemplar examinado: *Spegazzini s.n.* (LP).

Podocoma hieracifolia (Poir.) Cass.
Sin.: *Erigeron hieracifolium* Poir., *Podocoma primulifolia* Cass., *Podopappus pubescens* Hook. & Arn.
Ref.: Cabrera, 1963a, 1974a.
Hábito: Hierba.
Status: Nativa.
Elevación: 0-1500 m.
Prov.: BA, CH, CO, COR, ER.
Paises limítrofes: BR, UR.
Ejemplar examinado: *Friedman 361* (LP).

Podocoma hirsuta (Hook. & Arn.) Baker
Sin.: *Podopappus hirsutus* Hook. & Arn.
Ref.: Cabrera, 1963a, 1974a.
Hábito: Hierba.
Status: Nativa.
Elevación: 0-1000 m.
Prov.: BA, CO, COR, CH, ER, MI.
Paises limítrofes: BR, UR, PA.
Ejemplar examinado: *Cabrera 1370* (LP).

Podocoma notobellidastrum (Griseb.) G.L. Nesom
Sin.: *Baccharidastrum notobellidastrum* (Griseb.) Herter, *Conyza notobellidastrum* Griseb., *Conyza notobellidastrum* Griseb. var. *oblongifolia* Griseb., *Erigeron notobellidastrum* (Griseb.) Blake
Ref.: Cabrera, 1978; Ariza Espinar, 1993b; Nesom, 1994b.
Hábito: Hierba.
Status: Nativa.
Prov.: CA, CH, COR, FO, JU, MI, SA, SF, TU.
Paises limítrofes: BO, BR, PA, UR.
Ejemplar examinado: *Fabris 8202* (LP).

Podocoma primulifolia Cass. = **Podocoma hieracifolia** (Poir.) Cass.
Ref.: Cabrera, 1963.

Podocoma rivularis (Gardner) G.L. Nesom
Sin.: *Baccharidastrum rivulare* (Gardner) Herter, *Conyza rivularis* Gardner, *Erigeron gardneri* Cabrera
Ref.: Cabrera, 1974a; Nesom, 1994b.
Hábito: Hierba.
Status: Nativa.
Elevación: 0-500 m.
Prov.: BA, COR, MI.
Paises limítrofes: BR, UR.
Ejemplar examinado: *Cabrera 309* (LP).

Podocoma spegazzinii Cabrera
Ref.: Cabrera, 1932c.
Hábito: Hierba.
Status: Endémica.
Elevación: ca. 1500 m.
Prov.: SA.
Ejemplar examinado: *Spegazzini s.n.* (holotipo, LP).

Podopappus hirsutus Hook. & Arn. = **Podocoma hirsuta** (Hook. & Arn.) Baker
Ref.: Cabrera, 1963a.

Podopappus pubescens Hook. & Arn. = **Podocoma hieracifolia** (Poir.) Cass.
Ref.: Cabrera, 1963a.

Podospermun laciniatum (L.) DC. = **Scorzonera laciniata** L.
Ref.: Cabrera, 1971a.

Polycladus abietinus Phil. = **Parastrephia lucida** (Meyen) Cabrera
Ref.: Cabrera, 1978.

Polycladus cupressinus Phil. = **Parastrephia quadrangularis** (Meyen) Cabrera
Ref.: Cabrera, 1978.

Polygine inconspicua Phil. = **Eclipta prostrata** (L.) L.
Ref.: Cabrera, 1978.

Polymnia andrei Arechav. = **Smallanthus connatus** (Spreng.) H. Rob.
Ref.: Robinson, 1978.

Polymnia connata (Spreng.) Blake = **Smallanthus connatus** (Spreng.) H. Rob.
Ref.: Robinson, 1978.

Polymnia grandis Kunth = **Montanoa bipinnatifida** (Kunth) K. Koch
Ref.: Funk, 1982; Sáenz, inéd.b.

Polymnia macroscypha Baker = **Smallanthus macroscyphus** (Baker) A. Grau
Ref.: Grau, inéd; Sáenz, inéd.c.

Polymnia silphioides DC. = **Smallanthus connatus** (Spreng.) H. Rob.
Ref.: Robinson, 1978.

Polymnia silphioides DC. var. *perennis* Bettfr. = **Smallanthus connatus** (Spreng.) H. Rob.
Ref.: Robinson, 1978.

Polypteris brasiliensis Less. = **Gaillardia megapotamica** (Spreng.) Baker var. **megapotamica**
Ref.: Biddulph, 1944; Cabrera, 1974a.

Porcellites brasiliensis Less. = **Hypochaeris chillensis** (Kunth) Hieron.
Ref.: Cabrera, 1978.

Porophyllum Adans. Helenieae.

Número de especies: 5.

Porophyllum angustissimum Gardner
Sin.: *Kleinia filifolia* Hook. & Arn., p.p., *Porophyllum arenosum* Sch. Bip. ex Baker, *Porophyllum riedelii* Baker
Ref.: Petenatti & Ariza Espinar, 1997.
Hábito: Hierba.
Status: Nativa.
Elevación: 0-500 m.
Prov.: ER?, MI.
Paises limítrofes: BR.
Ejemplar examinado: *Krapovickas y Cristóbal 28745* (CTES, SI).

Porophyllum arenosum Sch. Bip. ex Baker = **Porophyllum angustissimum** Gardner
Ref.: Petenatti & Ariza Espinar, 1997.

Porophyllum curticeps Malme = **Porophyllum lanceolatum** DC.

Porophyllum ellipticum Cass. = **Porophyllum ruderale** (Jacq.) Cass.
Ref.: Keil, 1975; Petenatti & Ariza Espinar, 1997.

Porophyllum ellipticum Cass. var. *genuinum* Urb., nom. inval. = **Porophyllum ruderale** (Jacq.) Cass.
Ref.: Keil, 1975.

Porophyllum ellipticum Cass. var. *intermedium* DC. = **Porophyllum ruderale** (Jacq.) Cass.
Ref.: Keil, 1975.

Porophyllum ellipticum Cass. var. *ruderale* (Jacq.) Urb. = **Porophyllum ruderale** (Jacq.) Cass.
Ref.: Keil, 1975.

Porophyllum eremophilum Cabrera = **Porophyllum obscurum** (Spreng.) DC.
Ref.: Petenatti & Ariza Espinar, 1997.

Porophyllum filifolium (Spreng.) DC. = **Porophyllum linifolium** (Ard.) DC.
Ref.: Cabrera, 1974a.

Porophyllum lanceolatum DC.
Sin.: *Porophyllum curticeps* Malme
Ref.: Cabrera, 1974a, 1978; Petenatti & Ariza Espinar, 1997.
Hábito: Hierba.
Status: Nativa.
Elevación: 0-1000 m.
Prov.: CH, COR, ER, FO, JU, SA, SE, SF, TU.
Paises limítrofes: BO, BR, PA, UR.
Ejemplar examinado: *Lorentz e Hieronymus 1116* (CORD).

Porophyllum latifolium Benth. = **Porophyllum ruderale** (Jacq.) Cass.
Ref.: Keil, 1975.

Porophyllum lineare DC. = **Porophyllum obscurum** (Spreng.) DC.
Ref.: Cabrera, 1978; Petenatti & Ariza Espinar, 1997.

Porophyllum linifolium (Ard.) DC.
Sin.: *Cacalia linifolia* Ard., *Cacalia linifolia* L., hom. illeg., *Cacalia linaria* Cav. var. *pumila* (Hook. & Arn.) Poir., *Cacalia suffruticosa* L., *Kleinia filifolia* Spreng., *Kleinia pumila* Hook. & Arn., *Kleinia suffruticosa* (L.) Willd., *Porophyllum filifolium* (Spreng.) DC., *Porophyllum linifolium* (L.) DC., comb. illeg., *Porophyllum suffruticosum* (L.) Cass.
Ref.: Johnson, 1969; Cabrera, 1974a; Petenatti & Ariza Espinar, 1997.
Hábito: Hierba.
Status: Nativa.
Elevación: 0-500 m.
Prov.: COR, ER.
Paises limítrofes: BR, UR.
Ejemplar examinado: *Cabrera 10783* (LP).

Porophyllum linifolium (L.) DC., comb. illeg. = **Porophyllum linifolium** (Ard.) DC.
Ref.: Cabrera, 1974a.

Porophyllum macrolepidium Malme = **Porophyllum ruderale** (Jacq.) Cass.
Ref.: Johnson, 1969; Keil, 1975.

Porophyllum obscurum (Spreng.) DC.
Sin.: *Kleinia obscura* Spreng., *Kleinia linifolia* Hook. & Arn., *Porophyllum eremophilum* Cabrera, *Porophyllum lineare* DC.
Ref.: Cabrera, 1974a, 1978; Petenatti & Ariza Espinar, 1997.
Hábito: Hierba.
Status: Nativa.
Elevación: 0-2000 m.
Prov.: BA, CA, CH, CO, COR, ER, JU, LR, ME, MI, SA, SE, SF, SJ, SL, TU.
Paises limítrofes: BO, BR, PA, UR.
Ejemplar examinado: *Pedersen 8049* (LP).

Porophyllum porophyllum (L.) Kuntze, nom. illeg. = **Porophyllum ruderale** (Jacq.) Cass.
Ref.: Keil, 1975.

Porophyllum riedelii Baker = **Porophyllum angustissimum** Gardner
Ref.: Petenatti & Ariza Espinar, 1997.

Porophyllum ruderale (Jacq.) Cass.
Sin.: *Cacalia glandulosa* Salisb., *Cacalia porophyllum* L., *Cacalia ruderalis* (Jacq.) Sw., *Kleinia porophyllum* (L.) Willd., *Kleinia ruderalis* Jacq., *Porophyllum ellipticum* Cass., *Porophyllum ellipticum* Cass. var. *genuinum* Urb., nom. inval., *Porophyllum ellipticum* Cass. var. *intermedium* DC., *Porophyllum ellipticum* Cass. var. *ruderale* (Jacq.) Urb., *Porophyllum latifolium* Benth., *Porophyllum macrolepidium* Malme, *Porophyllum porophyllum* (L.) Kuntze, nom. illeg., *Porophyllum ruderale* (Jacq.) Cass. var. *angustifolia* Hassl., *Porophyllum ruderale* (Jacq.) Cass. var. *ellipticum* (Cass.) A. Gray ex B.L. Rob., *Porophyllum ruderale* (Jacq.) Cass. var. *glandulosum* (Salisb.) Chodat, *Porophyllum ruderale* (Jacq.) Cass. var. *macrolepidium* (Malme) Chodat, *Porophyllum ruderale* (Jacq.) Cass. f. *suffruticosa* Chodat, *Tagetes integrifolia* Musch.
Ref.: Keil, 1975; Cabrera, 1978; Petenatti & Ariza Espinar, 1997.
Hábito. Hierba.
Status: Nativa.
Elevación: 0-2000 m.
Prov.: CH, CO, COR, ER, JU, FO, LR, MI, SA, SE, SF, TU.
Paises limítrofes: BO, BR, PA, UR.
Ejemplar examinado: *Cabrera 12397* (LP).

Porophyllum ruderale (Jacq.) Cass. var. *angustifolia* Hassl. = **Porophyllum ruderale** (Jacq.) Cass.
Ref.: Keil, 1975.

Porophyllum ruderale (Jacq.) Cass. var. *ellipticum* (Cass.) A. Gray ex B.L. Rob. = **Porophyllum ruderale** (Jacq.) Cass.
Ref.: Keil, 1975.

Porophyllum ruderale (Jacq.) Cass. var. *glandulosum* (Salisb.) Chodat = **Porophyllum ruderale** (Jacq.) Cass.
Ref.: Keil, 1975.

Porophyllum ruderale (Jacq.) Cass. var. *macrolepidium* (Malme) Chodat = **Porophyllum ruderale** (Jacq.) Cass.
Ref.: Keil, 1975.

Porophyllum ruderale (Jacq.) Cass. f. *suffruticosa* Chodat = **Porophyllum ruderale** (Jacq.) Cass.
Ref.: Keil, 1975.

Porophyllum suffruticosum (L.) Cass. = **Porophyllum linifolium** (Ard.) DC.
Ref.: Johnson, 1969; Cabrera, 1974a; Petenatti & Ariza Espinar, 1997.

Portalesia procumbens Meyen = **Nassauvia lagascae** (D. Don) F. Meigen var. **lagascae**
Ref.: Cabrera, 1982.

Praxelis clematidea (Griseb.) R.M. King & H. Rob. = **Eupatorium clematideum** Griseb.
Ref.: Cabrera, 1978.

Praxelis kleinioides (Kunth) R.M. King & H. Rob. = **Eupatorium kleinioides** Kunth
Ref.: Cabrera & Freire, 1997.

Praxelis missionum (Malme) R.M. King & H. Rob. = **Eupatorium missionum** Malme
Ref.: Cabrera & Freire, 1997.

Praxelis ostenii (B.L. Rob.) R.M. King & H. Rob. = **Eupatorium ostenii** B.L. Rob.
Ref.: Cabrera & Freire, 1997.

Prenanthes subdentata Hook. = **Picrosia longifolia** D. Don
Ref.: Cabrera, 1963a.

Prionanthes antimenorrhoea Schrank = **Trixis divaricata** (Kunth) Spreng. subsp. **divaricata**
Ref.: Katinas, 1998.

Proustia Lag. Mutisieae.

Número de especies: 1, 1 variedad endémica.

Proustia angustifolia Wedd. = **Proustia cuneifolia** D. Don var. **mollis** (Kuntze) Cabrera
Ref.: Cabrera, 1978.

Proustia angustifolia Wedd. var. *mollis* Kuntze = **Proustia cuneifolia** D. Don var. **mollis** (Kuntze) Cabrera
Ref.: Fabris, 1968; Cabrera, 1978.

Proustia cuneifolia D. Don f. *angustifolia* (Wedd.) Fabris = **Proustia cuneifolia** D. Don var. **mollis** (Kuntze) Cabrera
Ref.: Fabris, 1968; Cabrera, 1978.

Proustia cuneifolia D. Don var. **cuneifolia**
Sin.: *Proustia pungens* Poepp. ex Less., *Proustia pungens* Poepp. ex Less. var. *cuneifolia* (D. Don) Wedd., *Proustia pungens* Poepp. ex Less. var. *heterophylla* Kuntze, *Proustia pungens* Poepp. ex Less. var. *integrifolia* Hook. & Arn., *Proustia pungens* Poepp. ex Less. var. *spinulosa* Hook. & Arn.
Ref.: Fabris, 1968; Katinas, 1995.
Hábito: Arbusto.
Status: Nativa.
Elevación: 2000-3500 m.
Prov.: CA, JU, SA, TU.
Paises limítrofes: BO, CH.
Ejemplar examinado: *Fabris et al. 6024* (LP).

Proustia cuneifolia D. Don var. **mendocina** (Phil.) Ariza
Sin.: *Proustia cuneifolia* D. Don f. *mendocina* (Phil.) Fabris, *Proustia mendocina* Phil.
Ref.: Fabris, 1968; Ariza Espinar, 1995c; Katinas, 1995.
Hábito: Arbusto.
Status: Endémica.
Elevación: 1500-3000 m.
Prov.: CO, CA, LR, ME, SJ, SL.
Ejemplar examinado: *Bridarolli 1067* (LP).

Proustia cuneifolia D. Don f. *mendocina* (Phil.) Fabris = **Proustia cuneifolia** D. Don var. **mendocina** (Phil.) Ariza
Ref.: Fabris, 1968; Ariza Espinar, 1995c.

Proustia cuneifolia D. Don var. **mollis** (Kuntze) Cabrera
Sin.: *Proustia angustifolia* Wedd. var. *mollis* Kuntze, *Proustia angustifolia* Wedd., *Proustia cuneifolia* D. Don f. *angustifolia* (Wedd.) Fabris
Ref.: Fabris, 1968, Cabrera, 1978; Katinas, 1995.
Hábito: Arbusto.
Status: Nativa.
Elevación: 1500-2500 m.
Prov.: JU, SA.
Paises limítrofes: BO.
Ejemplar examinado: *Cabrera y Fabris 21042* (LP).

Proustia mendocina Phil. = **Proustia cuneifolia** D. Don var. **mendocina** (Phil.) Ariza
Ref.: Fabris, 1968; Ariza Espinar, 1995c.

Proustia pungens Poepp. ex Less. = **Proustia cuneifolia** D. Don var. **cuneifolia**
Ref.: Fabris, 1968.

Proustia pungens Poepp. ex Less. var. *cuneifolia* (D. Don) Wedd. = **Proustia cuneifolia** D. Don var. **cuneifolia**
Ref.: Fabris, 1968.

Proustia pungens Poepp. ex Less. var. *heterophylla* Kuntze = **Proustia cuneifolia** D. Don var. **cuneifolia**
Ref.: Fabris, 1968.

Proustia pungens Poepp. ex Less. var. *integrifolia* Hook. & Arn. = **Proustia cuneifolia** D. Don var. **cuneifolia**
Ref.: Fabris, 1968.

Proustia pungens Poepp. ex Less. var. *spinulosa* Hook. & Arn. = **Proustia cuneifolia** D. Don var. **cuneifolia**
Ref.: Fabris, 1968.

Pseudelephantopus Rohr. Vernonieae.

Número de especies: 1

Pseudelephantopus funckii (Turcz.) Cabrera, comb. superfl. = **Pseudelephantopus spiralis** (Less.) Cronquist

Pseudelephantopus spiralis (Less.) Cronquist
Sin.: *Chaetospira funckii* (Turcz.) Blake, *Chaetospira spiralis* (Less.) Aspl. & Blake, *Distrephus spiralis* Less., *Elephantopus spicatus* Juss., *Pseudelephantopus funckii* (Turcz.) Philipson, *Pseudelephantopus funckii* (Turcz.) Cabrera, comb. superfl., *Pseudelephantopus spiralis* (Less.) Cronquist , *Spirochaeta funckii* Turcz.
Ref.: Cabrera, 1944b, 1978.
Hábito: Hierba.
Status: Nativa.
Elevación: ca. 1500 m.
Prov.: JU, SA.
Paises limítrofes: BO.
Ejemplar examinado: *Cabrera 4127* (LP).

Pseudelephantopus spiralis (Less.) Cronquist = **Pseudelephantopus spiralis** (Less.) Cronquist
Ref.: Cabrera, 1978.

Pseudobaccharis acaulis (Wedd. ex R.E. Fr.) Cabrera = **Baccharis acaulis** (Wedd. ex R.E. Fr.) Cabrera
Ref.: Cabrera, 1978.

Pseudobaccharis boliviensis (Wedd.) Cabrera = **Baccharis boliviensis** (Wedd.) Cabrera var. **boliviensis**
Ref.: Cabrera, 1978.

Pseudobaccharis boliviensis (Wedd.) Cabrera var. *latifolia* (R.E. Fr.) Cabrera = **Baccharis boliviensis** (Wedd.) Cabrera var. **latifolia** (R.E. Fr.) Cabrera
Ref.: Cabrera, 1978.

Pseudobaccharis retamoides (Phil.) Cabrera = **Baccharis retamoides** Phil.

Pseudobaccharis rhexioides (Kunth) Badillo = **Baccharis rhexioides** Kunth
Ref.: Cuatrecasas, 1967.

Pseudobaccharis spartioides (Hook. & Arn. ex DC.) Cabrera = **Baccharis spartioides** (Hook. & Arn. ex DC.) J. Rémy

Pseudobaccharis tenella (Hook. & Arn.) Cabrera = **Baccharis tenella** Hook. & Arn.

Pseudobaccharis trinervis (Lam.) Badillo = **Baccharis trinervis** (Lam.) Pers.
Ref.: Cabrera, 1978.

Pseudobaccharis trinervis (Lam.) I.L. Teodoro, comb. superfl. = **Baccharis trinervis** (Lam.) Pers.
Ref.: Cabrera, 1978.

Pseudognaphalium badium (Wedd.) Anderb. = **Gnaphalium badium** Wedd.

Pseudognaphalium cheiranthifolium (Lam.) Hilliard & Burtt = **Gnaphalium cheiranthifolium** Lam.

Pseudognaphalium frigidum (Wedd.) Anderb. = **Gnaphalium frigidum** Wedd.

Pseudognaphalium gaudichaudianum (DC.) Anderb. = **Gnaphalium gaudichaudianum** DC.

Pseudognaphalium glandulosum (Klatt) Anderb. = **Gnaphalium glandulosum** Klatt

Pseudognaphalium graveolens (Kunth) Anderb. = **Gnaphalium graveolens** Kunth

Pseudognaphalium jujuyense (Cabrera) Anderb. = **Gnaphalium jujuyense** Cabrera

Pseudognaphalium lacteum (Meyen & Walp.) Anderb. = **Gnaphalium lacteum** Meyen & Walp.

Pseudognaphalium leucopeplum (Cabrera) Anderb. = **Gnaphalium leucopeplum** Cabrera

Pseudognaphalium melanosphaeroides (Wedd.) Anderb. = **Gnaphalium melanosphaeroides** Wedd.

Pseudognaphalium moelleri (Phil.) Anderb. = **Gnaphalium moelleri** Phil.

Pseudognaphalium montevidense (Spreng.) Anderb. = **Gnaphalium montevidense** Spreng.

Pseudognaphalium pratense (Phil.) Anderb. = **Gnaphalium pratense** Phil.

Pseudognaphalium psilophyllum (Meyen & Walp.) Anderb. = **Gnaphalium psilophyllum** Meyen & Walp.

Pseudognaphalium tarapacanum (Phil.) Anderb. = **Gnaphalium tarapacanum** Phil.

Pseudognaphalium versatile (Rusby) Anderb. = **Gnaphalium versatile** Rusby

Pseudognaphalium yalaense (Cabrera) Anderb. = **Gnaphalium yalaense** Cabrera

Pseudogynoxys (Greenm.) Cabrera.

Senecioneae.

Número de especies: 1

Pseudogynoxys benthamii Cabrera = **Pseudogynoxys cabrerae** H. Rob. & Cuatrec.
Ref.: Robinson & Cuatrecasas, 1977.

Pseudogynoxys cabrerae H. Rob. & Cuatrec.
Sin.: *Pseudogynoxys benthamii* Cabrera, *Senecio benthamii* Baker, hom. illeg.
Ref.: Cabrera, 1978; Robinson & Cuatrecasas, 1977.
Hábito: Arbusto.
Status: Nativa.
Elevación: 0-2000 m.
Prov.: COR, CH, FO, JU, MI, SA, SF.
Paises limítrofes: BO, BR, PA.
Ejemplar examinado: *Cabrera 4049* (LP).

Psila boliviensis (Wedd.) Cabrera = **Baccharis boliviensis** (Wedd.) Cabrera var. **boliviensis**
Ref.: Cabrera, 1978.

Psila boliviensis (Wedd.) Cabrera var. *latifolia* (R.E. Fr.) Cabrera = **Baccharis boliviensis** (Wedd.) Cabrera var. **latifolia** (R.E. Fr.) Cabrera
Ref.: Cabrera, 1978.

Psila brachylaenoides (DC.) Aristeg. = **Baccharis brachylaenoides** DC.
Ref.: Barroso, 1976.

Psila caespitosa Phil. = **Baccharis acaulis** (Wedd. ex R.E. Fr.) Cabrera
Ref.: Cabrera, 1978.

Psila retamoides (Phil.) Cabrera = **Baccharis retamoides** Phil.

Psila spartioides (Hook. & Arn. ex DC.) Cabrera = **Baccharis spartioides** (Hook. & Arn. ex DC.) J. Rémy

Psila tenella (Hook. & Arn.) Cabrera = **Baccharis tenella** Hook. & Arn.

Psila trinervis (Lam.) Cabrera = **Baccharis trinervis** (Lam.) Pers.
Ref.: Cabrera, 1978.

Psilocarphus Nutt. Inuleae.

Número de especies: 1

Psilocarphus brevissimus Nutt. = **Psilocarphus tenellus** Nutt. var. **globiferus** (Bertero ex DC.) Morefield
Ref.: Morefield, 1992.

Psilocarphus tenellus Nutt. var. **globiferus** (Bertero ex DC.) Morefield
Sin.: *Bezanilla chilensis* J. Rémy, *Micropus globiferus* Bertero ex DC., *Psilocarpus brevissimus* Nutt., *Psilocarphus chilensis* (J. Rémy) A. Gray, *Psilocarphus globiferus* (Bertero ex DC.) Speg., comb. inval.
Ref.: Morefield, 1992.
Hábito: Hierba .
Status: Nativa.
Prov.: CHU, SC.
Paises limítrofes: CH.
Ejemplar examinado: *Ameghino s.n.* (LP).

Psilocarphus chilensis (J. Rémy) A. Gray = **Psilocarphus tenellus** Nutt. var. **globiferus** (Bertero ex DC.) Morefield
Ref.: Morefield, 1992.

Psilocarphus globiferus (Bertero ex DC.) Speg., comb. inval. = **Psilocarphus tenellus** Nutt. var. **globiferus** (Bertero ex DC.) Morefield
Ref.: Morefield, 1992.

Psilopogon albiflorus Phil. = **Picrosia longifolia** D. Don
Ref.: Ariza Espinar & Urtubey, inéd.

Pterocaulon Elliott. Inuleae.

Número de especies: 11

Pterocaulon alopecuroides (Lam.) DC.
Sin.: *Baccharis erioptera* Benth., *Conyza alopecuroides* Lam., *Chlaenobolus alopecuroides* (Lam.) Cass., *Pterocaulon alopecuroides* (Lam.) DC. var. *glabrescens* Chodat, *Pterocaulon alopecuroides* (Lam.) DC. var. *polystachyum* DC., *Pterocaulon interruptum* DC., *Pterocaulon interruptum* DC. var. *polystachyum* DC., *Pterocaulon interruptum* DC. var. *monostachyum* DC., *Pterocaulon latifolium* Kuntze, *Pterocaulon virgatum* (L.) DC. f. *alopecuroides* (Lam.) Arechav., *Pterocaulon virgatum* (L.) DC. f. *subcorymbosa* Arechav.
Ref.: Cabrera & Ragonese, 1978; Cabrera, 1974a, 1978; Freire, 1995.
Hábito: Hierba.
Status: Nativa.
Elevación: 0-2000 m.
Prov.: CH, CO, COR, FO, JU, MI, SA, SF, SL, TU.
Paises limítrofes: BO, BR, PA, UR.
Ejemplar examinado: *Pedersen 2648* (LP).

Pterocaulon alopecuroides (Lam.) DC. var. *glabrescens* Chodat = **Pterocaulon alopecuroides** (Lam.) DC.
Ref.: Cabrera & Ragonese, 1978.

Pterocaulon alopecuroides (Lam.) DC. var. *mollis* Chodat = **Pterocaulon rugosum** (Vahl) Malme
Ref.: Cabrera & Ragonese, 1978.

Pterocaulon alopecuroides (Lam.) DC. var. *polystachyum* DC. = **Pterocaulon alopecuroides** (Lam.) DC.
Ref.: Cabrera & Ragonese, 1978.

Pterocaulon angustifolium DC.
Ref.: Cabrera & Ragonese, 1978; Freire, 1995.
Hábito: Hierba.
Status: Nativa.
Elevación: 0-500 m.
Prov.: COR, ER, MI.
Paises limítrofes: BR, PA, UR.
Ejemplar examinado: *Krapovickas et al. 18255* (LP).

Pterocaulon bakeri Malme = **Pterocaulon polypterum** (DC.) Cabrera
Ref.: Cabrera & Ragonese, 1978.

Pterocaulon balansae Chodat
Sin.: *Pterocaulon interruptum* auct. non DC., *Pterocaulon paniculatum* Arechav., *Pterocaulon polystachyum* DC. var. *tomentosa* Arechav., *Pterocaulon virgatum* (L.) DC. f. *subpaniculata* Arechav.
Ref.: Cabrera & Ragonese, 1978; Freire, 1995.
Hábito: Hierba.
Status: Nativa.
Elevación: 0-1000 m.
Prov.: BA, CO, COR, ER, MI, TU.
Paises limítrofes: BR, PA, UR.
Ejemplar examinado: *Bridarolli 2239* (LP).

Pterocaulon cordobense Kuntze
Ref.: Cabrera, 1963a, 1974a; Cabrera & Ragonese, 1978; Freire, 1995.

Hábito: Hierba.
Status: Nativa.
Elevación: 0-1000 m.
Prov.: BA, CH, CO, COR, ER, SF, SL.
Paises limítrofes: BR, PA, UR.
Ejemplar examinado: *Cabrera 749* (LP).

Pterocaulon hassleri Chodat = **Pterocaulon lanatum** Kuntze
Ref.: Cabrera & Ragonese, 1978.

Pterocaulon interruptum auct. non DC. = **Pterocaulon balansae** Chodat
Ref.: Cabrera & Ragonese, 1978.

Pterocaulon interruptum DC. = **Pterocaulon alopecuroides** (Lam.) DC.
Ref.: Cabrera & Ragonese, 1978.

Pterocaulon interruptum DC. var. *monostachyum* DC. = **Pterocaulon alopecuroides** (Lam.) DC.
Ref.: Cabrera & Ragonese, 1978.

Pterocaulon interruptum DC. var. *polystachyum* DC. = **Pterocaulon alopecuroides** (Lam.) DC.
Ref.: Cabrera & Ragonese, 1978.

Pterocaulon lanatum Kuntze
Sin.: *Pterocaulon hassleri* Chodat
Ref.: Cabrera & Ragonese, 1978; Freire, 1995.
Hábito: Subarbusto.
Status: Nativa.
Elevación: 0-500 m.
Prov.: SA.
Paises limítrofes: BO, PA.
Ejemplar examinado: *sin colector* (LIL).

Pterocaulon latifolium Kuntze = **Pterocaulon alopecuroides** (Lam.) DC.
Ref.: Cabrera & Ragonese, 1978.

Pterocaulon lorentzii Malme
Sin.: *Pterocaulon malmeanum* Chodat, *Pterocaulon virgatum* (L.) DC. f. *angustifolia* Arechav., *Pterocaulon virgatum* (L.) DC. f. *spicata* Arechav.
Ref.: Cabrera, 1963a, 1974a; Cabrera & Ragonese, 1978.
Hábito: Hierba.
Status: Nativa.
Elevación: 0-500 m.
Prov.: BA, CH, COR, ER, FO, MI, SF, TU.
Paises limítrofes: BO, BR, PA, UR.
Ejemplar examinado: *Schinini et al. 8300* (LP).

Pterocaulon malmeanum Chodat = **Pterocaulon lorentzii** Malme
Ref.: Cabrera & Ragonese, 1978.

Pterocaulon paniculatum Arechav. = **Pterocaulon balansae** Chodat
Ref.: Cabrera & Ragonese, 1978.

Pterocaulon pilcomayense Malme = **Pterocaulon virgatum** (L.) DC.
Ref.: Cabrera & Ragonese, 1978.

Pterocaulon polypterum (DC.) Cabrera
Sin.: *Baccharis polyptera* DC., *Pterocaulon bakeri* Malme, *Vernonia pterocaulon* Baker
Ref.: Cabrera & Ragonese, 1978.
Hábito: Hierba.
Status: Nativa.
Elevación: 500-1000 m.
Prov.: COR, MI.
Paises limítrofes: BR, UR.
Ejemplar examinado: *Schulz 6904* (LP).

Pterocaulon polystachyum DC.
Ref.: Cabrera, 1974a; Cabrera & Ragonese, 1978.
Hábito: Hierba.
Status: Nativa.
Elevación: 0-500 m.
Prov.: CH, COR, ER, FO, MI, SF.
Paises limítrofes: BR, PA, UR.
Ejemplar examinado: *Montes 573* (LP, SI).

Pterocaulon polystachyum DC. var. *tomentosa* Arechav. = **Pterocaulon balansae** Chodat
Ref.: Cabrera & Ragonese, 1978.

Pterocaulon pompilianum Standl. & Williams = **Pterocaulon virgatum** (L.) DC.
Ref.: Cabrera & Ragonese, 1978.

Pterocaulon purpurascens Malme
Ref.: Cabrera & Ragonese, 1978.
Hábito: Hierba.
Status: Nativa.
Elevación: 0-1000 m.
Prov.: CH, CO, COR, ER, FO, JU, SA, SE, SF, TU.
Paises limítrofes: BO, BR, PA.
Ejemplar examinado: *Rodrigo 2527* (LP).

Pterocaulon rugosum (Vahl) Malme
Sin.: *Conyza rugosa* Vahl, *Chlaenobolus rugosus* (Vahl) Cass., *Pterocaulon alopecuroides* (Lam.) DC. var. *mollis* Chodat, *Pterocaulon spicatum* DC. var. *brachystachyum* DC.
Ref.: Cabrera, 1974a; Cabrera & Ragonese, 1978.
Hábito: Hierba.
Status: Nativa.
Elevación: 0-500 m.
Prov.: CH, CO, COR, ER, MI.
Paises limítrofes: BR, PA.
Ejemplar examinado: *Hunziker 12274* (LP).

Pterocaulon spicatum DC. var. *brachystachyum* DC. = **Pterocaulon rugosum** (Vahl) Malme
Ref.: Cabrera & Ragonese, 1978.

Pterocaulon subspicatum Chodat = **Pterocaulon virgatum** (L.) DC.
Ref.: Cabrera & Ragonese, 1978.

Pterocaulon subvirgatum Malme = **Pterocaulon virgatum** (L.) DC.
Ref.: Cabrera, 1963a, 1974a; Cabrera & Ragonese, 1978.

Pterocaulon virgatum (L.) DC.
Sin.: *Chlaenobolus virgatus* (L.) Cass., *Conyza virgata* (L.) L., *Gnaphalium virgatum* L., *Pterocaulon pilcomayense* Malme, *Pterocaulon pompilianum* Standl. & Williams, *Pterocaulon subspicatum* Chodat, *Pterocaulon subvirgatum* Malme, *Pterocaulon virgatum* (L.) DC. f. *subvirgata* (Malme) Arechav.
Ref.: Cabrera, 1978; Cabrera & Ragonese, 1978.
Hábito: Hierba.
Status: Nativa.
Elevación: 0-1500 m.
Prov.: BA, CA, CO, COR, ER, FO, JU, SA, SE, SF, TU.
Paises limítrofes: BO, BR, PA, UR.
Ejemplar examinado: *Cabrera et al. 13751* (LP).

Pterocaulon virgatum (L.) DC. f. *alopecuroides* (Lam.) Arechav. = **Pterocaulon alopecuroides** (Lam.) DC.
Ref.: Cabrera & Ragonese, 1978.

Pterocaulon virgatum (L.) DC. f. *angustifolia* Arechav. = **Pterocaulon lorentzii** Malme
Ref.: Cabrera & Ragonese, 1978.

Pterocaulon virgatum (L.) DC. f. *spicata* Arechav. = **Pterocaulon lorentzii** Malme
Ref.: Cabrera & Ragonese, 1978.

Pterocaulon virgatum (L.) DC. f. *subcorymbosa* Arechav. = **Pterocaulon alopecuroides** (Lam.) DC.
Ref.: Cabrera & Ragonese, 1978.

Pterocaulon virgatum (L.) DC. f. *subpaniculata* Arechav. = **Pterocaulon balansae** Chodat
Ref.: Cabrera & Ragonese, 1978.

Pterocaulon virgatum (L.) DC. f. *subvirgata* (Malme) Arechav. = **Pterocaulon virgatum** (L.) DC.
Ref.: Cabrera & Ragonese, 1978.

Pyrethrum balsamita (L.) Willd. = **Tanacetum balsamita** L.
Ref.: Bremer & Humphries, 1993.

Pyrethrum balsamitoides (Náb.) Tzvelev = **Tanacetum balsamita** L.
Ref.: Bremer & Humphries, 1993.

Pyrethrum majus (Desf.) Tzvelev = **Tanacetum balsamita** L.
Ref.: Bremer & Humphries, 1993.

Pyrethrum myconis (L.) Moench = **Coleostephus myconis** (L.) Cass.

Pyrethrum parthenium (L.) Smith = **Tanacetum parthenium** (L.) Sch. Bip.
Ref.: Bremer & Humphries, 1993.

Pyrethrum tanacetum DC. = **Tanacetum balsamita** L.

Pyrethrum vulgare (L.) Boiss. = **Tanacetum vulgare** L.
Ref.: Ariza Espinar, 1997b.

Pyrrocoma aurea Phil. = **Haplopappus chryseus** (Kuntze) Cabrera
Ref.: Cabrera, 1971a.

Quechualia fulta (Griseb.) H. Rob. = **Vernonia fulta** Griseb.

Quechualia trixioides (Rusby) H. Rob. = **Vernonia fulta** Griseb.

Rancagua bridgesii Poepp. & Endl. = **Lasthenia kunthii** (Less.) Hook. & Arn.
Ref.: Ornduff, 1966; Cabrera, 1995a; Petenatti & Ariza Espinar, 1997.

Rancagua feuillei (Bertero ex Colla) Poepp. & Endl. = **Lasthenia kunthii** (Less.) Hook. & Arn.
Ref.: Ornduff, 1966; Cabrera, 1995a; Petenatti & Ariza Espinar, 1997.

Ranunculus alatus Poir. = **Soliva sessilis** Ruiz & Pav.
Ref.: Ariza Espinar, 1997b.

Ratibida Raf. Heliantheae.

Número de especies: 1

Ratibida columnifera (Nutt.) Wooton & Standl. f. **pulcherrima** (DC.) Fernald
Sin.: *Obeliscaria pulcherrima* DC.
Ref.: Ariza Espinar, 1977.
Hábito: Hierba.
Status: Naturalizada.
Prov.: SL.
Ejemplar examinado: *Anderson et al. 2938* (CORD).

Raulinoreitzia crenulata (Spreng.) R.M. King & H. Rob. = **Eupatorium polystachyum** DC.
Ref.: Cabrera & Freire, 1997.

Raulinoreitzia tremula (Hook. & Arn.) R.M. King & H. Rob. = **Eupatorium tremulum** Hook. & Arn.
Ref.: Cabrera, 1974a.

Rothia degenerica Kuntze = **Schkuhria degenerica** (Kuntze) R.E. Fr.
Ref.: Heiser, 1945; Cabrera, 1978; Petenatti & Ariza Espinar, 1997.

Rothia intermedia Kuntze = **Schkuhria multiflora** Hook. & Arn.
Ref.: Cabrera, 1978; Petenatti & Ariza Espinar, 1997.

Rothia pinnata (Lam.) Kuntze = **Schkuhria pinnata** (Lam.) Kuntze ex Thell.
Ref.: Heiser, 1945; Cabrera, 1978; Petenatti & Ariza Espinar, 1997.

Rothia pinnata (Lam.) Kuntze var. *pallida* Kuntze = **Schkuhria pinnata** (Lam.) Kuntze ex Thell.
Ref.: Heiser, 1945; Cabrera, 1978; Petenatti & Ariza Espinar, 1997.

Rothia pinnata (Lam.) Kuntze var. *purpurascens* Kuntze = **Schkuhria pinnata** (Lam.) Kuntze ex Thell.
Ref.: Heiser, 1945; Cabrera, 1978; Petenatti & Ariza Espinar, 1997.

Rothia pusilla (Wedd.) Kuntze = **Schkuhria multiflora** Hook. & Arn.
Ref.: Heiser, 1945; Cabrera, 1978; Petenatti & Ariza Espinar, 1997.

Rudbeckia bellidioides Sm. = **Acmella bellidioides** (Sm.) R.K. Jansen
Ref.: Jansen, 1985.

Rudbeckia decumbens Sm. = **Acmella decumbens** (Sm.) R.K. Jansen var. **decumbens**
Ref.: Jansen, 1985.

Salmea DC. Heliantheae.

Número de especies: 1

Salmea eupatoria DC. var. *intermedia* DC. = **Salmea scandens** (L.) DC.
Ref.: Bolick, 1991.

Salmea grandiceps Cass. = **Salmea scandens** (L.) DC.
Ref.: Bolick, 1991.

Salmea nitida (La Llave & Lex.) Sch. Bip. ex Klatt = **Salmea scandens** (L.) DC.
Ref.: Bolick, 1991.

Salmea oppositiceps Cass. = **Salmea scandens** (L.) DC.
Ref.: Bolick, 1991.

Salmea parviceps Cass. = **Salmea scandens** (L.) DC.
Ref.: Bolick, 1991.

Salmea pubescens (S.F. Blake) Standl. & Steyerm. = **Salmea scandens** (L.) DC.
Ref.: Bolick, 1991.

Salmea salicifolia Brongn. ex Neumann = **Salmea scandens** (L.) DC.
Ref.: Bolick, 1991.

Salmea scandens (L.) DC.
Sin.: *Bidens scandens* L., *Calea amellus* L., *Fornicaria scandens* (L.) Raf., *Salmea eupatoria* DC. var. *intermedia* DC., *Salmea grandiceps* Cass., *Salmea nitida* (La Llave & Lex.) Sch. Bip. ex Klatt, *Salmea oppositiceps* Cass., *Salmea parviceps* Cass., *Salmea pubescens* (S.F. Blake) Standl. & Steyerm., *Salmea salicifolia* Brongn. ex Neumann, *Salmea scandens* (L.) DC. var. *amellus* (L.) Kuntze, *Salmea scandens* (L.) DC. var. *genuina* S.F. Blake, nom. inval., *Salmea scandens* (L.) DC. var. *obtusata* S.F. Blake, *Salmea scandens* (L.) DC. var. *pubescens* S.F. Blake, *Salmea scandens* (L.) DC. subsp. *paraguariensis* Hassl., *Salmea sessilifolia* Griseb., *Salmea tomentosa* Nash, *Salmeopsis clausseni* Benth., *Santolina amellus* L., *Spilanthes nitida* La Llave & Lex., *Verbesina scandens* Klatt
Ref.: Cabrera, 1978; Bolick, 1991.
Hábito: Arbusto.
Status: Nativa.
Elevación: 1000-2000 m.
Prov.: JU, SA, TU.
Paises limítrofes: BO, BR, PA.
Ejemplar examinado: *Cabrera 22223* (K, LP).

Salmea scandens (L.) DC. var. *amellus* (L.) Kuntze = **Salmea scandens** (L.) DC.
Ref.: Bolick, 1991.

Salmea scandens (L.) DC. var. *genuina* S.F. Blake, nom. inval. = **Salmea scandens** (L.) DC.
Ref.: Bolick, 1991.

Salmea scandens (L.) DC. var. *obtusata* S.F. Blake = **Salmea scandens** (L.) DC.
Ref.: Bolick, 1991.

Salmea scandens (L.) DC. var. *pubescens* S.F. Blake = **Salmea scandens** (L.) DC.
Ref.: Bolick, 1991.

Salmea scandens (L.) DC. subsp. *paraguariensis* Hassl. = **Salmea scandens** (L.) DC.
Ref.: Bolick, 1991.

Salmea sessilifolia Griseb. = **Salmea scandens** (L.) DC.
Ref.: Bolick, 1991.

Salmea tomentosa Nash = **Salmea scandens** (L.) DC.
Ref.: Bolick, 1991.

Salmeopsis clausseni Benth. = **Salmea scandens** (L.) DC.
Ref.: Bolick, 1991.

Santolina amellus L. = **Salmea scandens** (L.) DC.
Ref.: Bolick, 1991.

Santolina suaveolens Pursh, hom. illeg. = **Matricaria matricarioides** (Less.) Porter ex Britton
Ref.: Cabrera, 1971a; Amat, 1985.

Sanvitalia Lam. Heliantheae.

Número de especies: 1

Sanvitalia versicolor Griseb.
Ref.: Torres, 1964; Cabrera, 1978.
Hábito: Hierba.
Status: Nativa.
Elevación: 500-1500 m.
Prov.: CA, JU, SA, SE, TU.
Paises limítrofes: BO, PA.
Ejemplar examinado: *Cabrera 20582* (LP).

Schistocarpha Less. Heliantheae.

Número de especies: 1

Schistocarpha eupatorioides (Fenzl) Kuntze
Sin.: *Neireichia eupatorioides* Fenzl, *Schistocarpha hoffmanii* Kuntze, *Schistocarpha oppositifolia* (Kuntze) Rydb., *Zycona oppositifolia* Kuntze
Ref.: Cabrera, 1978; Robinson, 1979.
Hábito: Hierba.
Status: Nativa.
Elevación: 600-3500 m.
Prov.: JU, SA.
Paises limítrofes: BO.
Ejemplar examinado: *de la Sota 4522* (LP).

Schistocarpha hoffmanii Kuntze = **Schistocarpha eupatorioides** (Fenzl) Kuntze
Ref.: Robinson, 1979.

Schistocarpha oppositifolia (Kuntze) Rydb. = **Schistocarpha eupatorioides** (Fenzl) Kuntze
Ref.: Robinson, 1979.

Schkuhria Roth. Helenieae.
Número de especies: 3

Schkuhria abrotanoides Roth = **Schkuhria pinnata** (Lam.) Kuntze ex Thell.
Ref.: Heiser, 1945; Cabrera, 1978; Petenatti & Ariza Espinar, 1997.

Schkuhria abrotanoides Roth var. *isopappa* (Benth.) Hieron. = **Schkuhria pinnata** (Lam.) Kuntze ex Thell.
Ref.: Heiser, 1945; Cabrera, 1978; Petenatti & Ariza Espinar, 1997.

Schkuhria abrotanoides Roth var. *pomasquiensis* Hieron. = **Schkuhria pinnata** (Lam.) Kuntze ex Thell.
Ref.: Heiser, 1945; Cabrera, 1978; Petenatti & Ariza Espinar, 1997.

Schkuhria advena Thell. = **Schkuhria pinnata** (Lam.) Kuntze ex Thell.
Ref.: Heiser, 1945; Cabrera, 1978; Petenatti & Ariza Espinar, 1997.

Schkuhria bonariensis Hook. & Arn. = **Schkuhria pinnata** (Lam.) Kuntze ex Thell.
Ref.: Heiser, 1945; Cabrera, 1978; Petenatti & Ariza Espinar, 1997.

Schkuhria coquimbana Phil. = **Schkuhria pinnata** (Lam.) Kuntze ex Thell.
Ref.: Heiser, 1945; Cabrera, 1978; Petenatti & Ariza Espinar, 1997.

Schkuhria degenerica (Kuntze) R.E. Fr.
Sin.: *Rothia degenerica* Kuntze
Ref.: Heiser, 1945; Cabrera, 1978; Petenatti & Ariza Espinar, 1997.
Hábito: Hierba.
Status: Nativa.
Elevación: 2000-3000 m.
Prov.: JU.
Paises limítrofes: BO.
Ejemplar examinado: *Fabris y Marchionni 1864* (LP).

Schkuhria isopappa Benth. = **Schkuhria pinnata** (Lam.) Kuntze ex Thell.
Ref.: Heiser, 1945; Cabrera, 1978; Petenatti & Ariza Espinar, 1997.

Schkuhria multiflora Hook. & Arn. var. *aristata* (R.E. Fr.) Cabrera = **Schkuhria multiflora** Hook. & Arn.
Ref.: Petenatti & Ariza Espinar, 1997.

Schkuhria multiflora Hook. & Arn.
Sin.: *Achyropappus neo-mexicanus* (A. Gray) Rydb., *Achyropappus schkuhrioides* D. Don ex Hook. & Arn., hom. illeg., *Amblyopappus neo-mexicanus* (A. Gray) A. Gray, *Bahia gilliesii* A. Gray, *Bahia neo-mexicana* (A. Gray) A. Gray, *Cephalobembix neo-mexicana* (A. Gray) Rydb., *Schkuhria multiflora* Hook. & Arn. var. *aristata* (R.E. Fr.) Cabrera, *Schkuhria multiflora* Hook. & Arn. var. *pusilla* (Wedd.) Cabrera, *Schkuhria neo-mexicana* A. Gray, *Schkuhria pusilla* Wedd., *Schkuhria pusilla* Wedd. var. *longipedicellata* Hauman, *Rothia intermedia* Kuntze, *Rothia pusilla* (Wedd.) Kuntze
Ref.: Heiser, 1945; Cabrera, 1978; Petenatti & Ariza Espinar, 1997.
Hábito: Hierba.
Status: Nativa.
Elevación: 1000-4000 m.
Prov.: CA, JU, LR, ME, SA, SJ, SL, TU.
Paises limítrofes: BO, CH.
Ejemplar examinado: *Cabrera y Marchioni 12917* (LP).

Schkuhria multiflora Hook. & Arn. var. *pusilla* (Wedd.) Cabrera = **Schkuhria multiflora** Hook. & Arn.
Ref.: Petenatti & Ariza Espinar, 1997.

Schkuhria neo-mexicana A. Gray = **Schkuhria multiflora** Hook. & Arn.
Ref.: Heiser, 1945; Cabrera, 1978; Petenatti & Ariza Espinar, 1997

Schkuhria octoaristata DC. = **Schkuhria pinnata** (Lam.) Kuntze ex Thell.
Ref.: Heiser, 1945; Cabrera, 1978; Petenatti & Ariza Espinar, 1997.

Schkuhria oolepis Sch. Bip., nom. nud.
Ref.: Heiser, 1945.

Schkuhria pinnata (Lam.) Kuntze ex Thell. var. *abrotanoides* (Roth) Cabrera = **Schkuhria pinnata** (Lam.) Kuntze ex Thell.
Ref.: Petenatti & Ariza Espinar, 1997.

Schkuhria pinnata (Lam.) Kuntze ex Thell. var. *octoaristata* (DC.) Cabrera = **Schkuhria pinnata** (Lam.) Kuntze ex Thell.
Ref.: Petenatti & Ariza Espinar, 1997.

Schkuhria pinnata (Lam.) Kuntze ex Thell.
Sin.: *Amblyopappus mendocinus* Phil., *Pectis pinnata* Lam., *Rothia pinnata* (Lam.) Kuntze, *Rothia pinnata* (Lam.) Kuntze var. *pallida* Kuntze, *Rothia pinnata* (Lam.) Kuntze var. *purpurascens* Kuntze, *Schkuhria abrotanoides* Roth, *Schkuhria abrotanoides* Roth var. *isopappa* (Benth.) Hieron., *Schkuhria abrotanoides* Roth var. *pomasquiensis* Hieron., *Schkuhria advena* Thel., *Schkuhria bonariensis* Hook. & Arn., *Schkuhria coquimbana* Phil., *Schkuhria isopappa* Benth., *Schkuhria octoaristata* DC., *Schkuhria pinnata* (Lam.) Kuntze ex Thell. var. *abrotanoides* (Roth) Cabrera, *Schkuhria pinnata* (Lam.) Kuntze ex Thell. var. *octoaristata* (DC.) Cabrera
Ref.: Heiser, 1945; Cabrera, 1978; Petenatti & Ariza Espinar, 1997.
Hábito: Hierba.
Status: Nativa.
Elevación: 0-3000 m.
Prov.: BA, CA, CH, CO, ER, JU, LP, LR, ME, RN, SA, SE, SF, SJ, SL, TU.
Paises limítrofes: BO, BR, CH, PA, UR.
Ejemplar examinado: *Rodrigo 3048* (LP).

Schkuhria pusilla Wedd. = **Schkuhria multiflora** Hook. & Arn.
Ref.: Heiser, 1945; Cabrera, 1978; Petenatti & Ariza Espinar, 1997.

Schkuhria pusilla Wedd. var. *aristata* R.E. Fr. = **Schkuhria multiflora** Hook. & Arn.
Ref.: Heiser, 1945; Cabrera, 1978; Petenatti & Ariza Espinar, 1997.

Schkuhria pusilla Wedd. var. *longipedicellata* Hauman = **Schkuhria multiflora** Hook. & Arn.
Ref.: Heiser, 1945; Cabrera, 1978; Petenatti & Ariza Espinar, 1997.

Schkuhria pusilla Wedd. var. *major* Sch. Bip., nom. nud.
Ref.: Heiser, 1945.

Schlechtendalia Less. Mutisieae.

Número de especies: 1

Schlechtendalia luzulifolia Less.
Ref.: Cabrera, 1963; Urtubey, 1996.
Hábito: Hierba.
Status: Nativa.
Elevación: 0-500 m.
Prov.: BA, ER.
Paises limítrofes: BR, UR.
Ejemplar examinado: *Gamerro 1364* (LP).

Scolymus L. Lactuceae.

Número de especies: 1

Scolymus hispanicus L.
Ref.: Cabrera, 1963a; Ariza Espinar & Urtubey, 1998.
Hábito: Hierba.
Status: Adventicia.
Elevación: 0-500 m.
Prov.: BA, ER.
Paises limítrofes: CH.
Ejemplar examinado: *Cabrera 24279* (LP).

Scorzonera L. Lactuceae.

Número de especies: 1

Scorzonera laciniata L.
Sin.: *Podospermun laciniatum* (L.) DC.
Ref.: Cabrera, 1971a; Bartoli & Rotman, 1990; Ariza Espinar & Urtubey, 1998.
Hábito: Hierba.
Status: Adventicia.
Elevación: 0-500 m.
Prov.: BA, SC.
Ejemplar examinado: *Ruiz Leal 26891* (LP).

Senecio L. Senecioneae.

Número de especies: 270, 114 especies y 11 variedades endémicas.

Senecio acanthifolius Hombr. & Jacquinot subsp. **acanthifolius**
Sin.: *Iocenes acanthifolius* (Hombr. & Jacquinot) Nord., *Senecio auriculatus* Albov, *Senecio ombrophyllus* Skottsb.
Ref.: Cabrera, 1949b; Cabrera & Zardini, 1980; Moore 1983.
Hábito: Hierba.
Status: Nativa.
Elevación: 0-2500 m.
Prov.: SC, TF.
Paises limítrofes: CH.
Ejemplar examinado: *Goo[illegible] 554* (LP).

Senecio acanthifolius Hombr. & Jacquinot subsp. **virens** (Phil.) Cabrera
Sin.: *Iocenes acanthifolius* (Hombr. & Jacquinot) Nord. subsp. *virens* (Phil.) Nord., *Senecio virens* Phil.
Ref.: Cabrera, 1949b; Cabrera & Zardini, 1980.
Hábito: Hierba.
Status: Nativa.
Elevación: 0-2500 m.
Prov.: CHU, NE, RN.
Paises limítrofes: CH.
Ejemplar examinado: *Cabrera 6050* (LP).

Senecio acaulis Phil. = **Senecio breviscapus** DC.
Ref.: Cabrera & Zardini, 1980.

Senecio achalensis Cabrera.
Ref.: Cabrera & Zardini, 1980.
Hábito: Subarbusto.
Status: Endémica.
Elevación: 1500-2500 m.
Prov.: CO.
Ejemplar examinado: *Hunziker 8558* (LP).

Senecio adenophylloides Sch. Bip. ex Wedd. = **Senecio rufescens** DC.
Ref.: Cabrera, 1978, 1985; Cabrera & Zardini, 1980.

Senecio adenophyllus Meyen & Walp.
Sin.: *Senecio adenophyllus* Meyen & Walp. var. *oblongifolius* Wedd.
Ref.: Cabrera, 1949b, 1978, 1985; Cabrera & Zardini, 1980.
Hábito: Arbusto.
Status: Nativa.
Elevación: ca. 4000 m.
Prov.: JU, SA.
Paises limítrofes: BO, CH.
Ejemplar examinado: *Schwabe et al. 978* (LP).

Senecio adenophyllus Meyen & Walp. var. *oblongifolius* Wedd. = **Senecio adenophyllus** Meyen & Walp.
Ref.: Cabrera & Zardini, 1980.

Senecio adrianicus Cabrera
Ref.: Cabrera & Zardini, 1980.
Hábito: Arbusto.
Status: Endémica.
Elevación: ca. 2300 m.
Prov.: ME.
Ejemplar examinado: *Ruiz Leal 22029* (holotipo, LP).

Senecio ahrendsi Phil. = **Senecio glaber** Less. var. **pratensis** (Phil.) Cabrera
Ref.: Cabrera & Zardini, 1980.

Senecio albicaulis Hook. & Arn. = **Senecio filaginoides** DC. var. **filaginoides**
Ref.: Cabrera & Zardini, 1980.

Senecio albicaulis Hook. & Arn. var. *gilliesii* Hook. & Arn. = **Senecio filaginoides** DC. var. **filaginoides**
Ref.: Cabrera & Zardini, 1980.

Senecio albicaulis Hook. & Arn. var. *glabriusculus* Griseb. = **Senecio vira-vira** Hieron.
Ref.: Cabrera & Zardini, 1980.

Senecio albicaulis Hook. & Arn. var. *lobulatus* Hook. & Arn. = **Senecio filaginoides** DC. var. **lobulatus** (Hook. & Arn.) Cabrera
Ref.: Cabrera & Zardini, 1980.

Senecio albicaulis Hook. & Arn. var. *pinnatifidus* Hook. & Arn. = **Senecio leucostachys** Baker
Ref.: Cabrera & Zardini, 1980.

Senecio albiflorus Phil. = **Senecio filaginoides** DC. var. **lobulatus** (Hook. & Arn.) Cabrera
Ref.: Cabrera & Zardini, 1980.

[Senecio alboffianus Macloskie]
Ref.: Cabrera & Zardini, 1980.
Nota: Taxón dudoso.

Senecio albolanatus Phil. = **Senecio filaginoides** DC. var. **filaginoides**
Ref.: Cabrera & Zardini, 1980.

Senecio alfalfilis Phil. = **Senecio microphyllus** Phil.
Ref.: Cabrera 1949b.

Senecio algens Wedd.
Ref.: Cabrera 1939a, 1949b, 1978, 1985; Cabrera & Zardini, 1980.
Hábito: Hierba.
Status: Nativa.
Elevación: 4500-5000 m.
Prov.: CA, JU, SA, TU.
Paises limítrofes: BO, CH.
Ejemplar examinado: *Cabrera et al. 19816* (LP).

Senecio alloeophyllus O. Hoffm. var. **alloeophyllus**
Ref.: Cabrera, 1949b, 1971a; Cabrera & Zardini, 1980; Moore 1983.
Hábito: Subarbusto.
Status: Nativa.
Elevación: 0-1500 m.
Prov.: SC, TF.
Paises limítrofes: CH.
Ejemplar examinado: *Sleumer 1361* (LP).

Senecio alloeophyllus O. Hoffm. var. **glaberrimus** Cabrera
Ref.: Cabrera, 1971a; Cabrera & Zardini, 1980.
Hábito: Subarbusto.
Status: Endémica.
Elevación: 0-1500 m.
Prov.: SC.
Ejemplar examinado: *Witte 48* (LP).

Senecio altoandinus Cabrera
Ref.: Cabrera, 1978; Cabrera & Zardini, 1980.
Hábito: Subarbusto.
Status: Endémica.
Elevación: 4500-5000 m.
Prov.: JU.
Ejemplar examinado: *Cabrera 19802* (LP).

Senecio amabilis Vell. = **Senecio brasiliensis** (Spreng.) Less. var. **tripartitus** (DC.) Baker
Ref.: Cabrera & Zardini, 1980.

Senecio ambatensis Cabrera
Ref.: Cabrera & Zardini, 1980.
Hábito: Arbusto.
Status: Endémica.
Elevación: ca. 3500 m.
Prov.: CA.
Ejemplar examinado: *Golbach 463* (holotipo, LP).

Senecio ameghinoi Speg.
Ref.: Cabrera, 1971a; Cabrera & Zardini, 1980.
Hábito: Arbusto.
Status: Endémica.
Elevación: 0-1500 m.
Prov.: CHU.
Ejemplar examinado: *Ameghino s.n.* (holotipo, LP).

Senecio ammophilus Phil. = **Senecio philippii** Sch. Bip. ex Wedd.
Ref.: Cabrera & Zardini, 1980.

Senecio amphibolus Wedd. = **Senecio dryophyllus** Meyen & Walp.
Ref.: Cabrera, 1978, 1985; Cabrera & Zardini, 1980.

Senecio amphibolus Wedd. var. *socialis* (Wedd.) Cabrera = **Senecio dryophyllus** Meyen & Walp.
Ref.: Cabrera, 1978, 1985; Cabrera & Zardini, 1980.

Senecio anacephalus Griseb. = **Senecio candollii** Wedd.
Ref.: Cabrera & Zardini, 1980.

Senecio anconquijae Cabrera f. **anconquijae**
Ref.: Cabrera & Zardini, 1980.
Hábito: Subarbusto.
Status: Endémica.
Elevación: 3800-4200 m.
Prov.: TU.
Ejemplar examinado: *Venturi 3167* (holotipo, LP).

Senecio anconquijae Cabrera f. **discoideus** Cabrera
Ref.: Cabreram 1939c.
Hábito: Subarbusto.
Status: Endémica.
Elevación: ca. 4300 m.
Prov.: TU.
Ejemplar examinado: *Schreiter 4258* (holotipo, LP).

Senecio andersonii Hook. f. = **Senecio patagonicus** Hook. & Arn. var. **andersonii** (Hook. f.) Cabrera
Ref.: Cabrera & Zardini, 1980.

Senecio andersonii Hook. f. var. *β* Hook. f. = **Senecio patagonicus** Hook. & Arn. var. **patagonicus**
Ref.: Cabrera & Zardini, 1980.

Senecio andicola Phil., hom. illeg. = **Senecio oreinus** Cabrera
Ref.: Cabrera & Zardini, 1980.

Senecio andryaloides DC. = **Senecio crassiflorus** (Poir.) DC.
Ref.: Cabrera & Zardini, 1980.

Senecio angustissimus Phil.
Sin.: *Senecio linariifolius* Poepp. ex DC. var. *angustissimus* (Phil.) Speg., *Senecio nahuelbutanus* Phil.
Ref.: Cabrera, 1949b, 1971a; Cabrera & Zardini, 1980.
Hábito: Subarbusto.
Status: Nativa.
Prov.: CHU, NE.
Elevación: 0-1500 m.
Paises limítrofes: CH.
Ejemplar examinado: *Soriano 3156* (LP).

Senecio anthemidiphyllus J. Rémy
Ref.: Cabrera, 1949b; Cabrera & Zardini, 1980.
Hábito: Arbusto.
Status: Nativa.
Elevación: 1000-3000 m.
Prov.: LR, ME, SJ.
Paises limítrofes: CH.
Ejemplar examinado: *Ruiz Leal 8693* (LP).

Senecio antirhinifolius Phil. = **Senecio subumbellatus** Phil.
Ref.: Cabrera & Zardini, 1980.

Senecio antucensis Phil. = **Senecio portalesianus** J. Rémy
Ref.: Cabrera & Zardini, 1980.

Senecio aquaniger Cabrera & Zardini = **Senecio pogonias** Cabrera.
Ref.: Cabrera & Zardini, 1980.

Senecio aquilaris Cabrera
Ref.: Cabrera, 1978, 1985; Cabrera & Zardini, 1980.
Hábito: Subarbusto.
Status: Nativa.
Elevación: 4850-5000 m.
Prov.: JU.
Paises limítrofes: BO.
Ejemplar examinado: *Cabrera 19841* (LP).

Senecio arachnoideus Phil. = **Senecio donianus** Hook. & Arn.
Ref.: Cabrera & Zardini, 1980.

Senecio arachnoideus Phil. var. *viridis* Hauman = **Senecio donianus** Hook. & Arn.
Ref.: Cabrera & Zardini, 1980.

Senecio arechavaletae Baker
Ref.: Cabrera, 1963a; Cabrera & Zardini, 1980.
Hábito: Hierba.
Status: Nativa.
Elevación: 0-500 m.
Prov.: BA.
Paises limítrofes: UR.
Ejemplar examinado: *Hicken 32* (LP).

Senecio arenicola Reiche = **Senecio cuneatus** Hook. f.
Ref.: Cabrera & Zardini, 1980.

Senecio argentatus S. Moore = **Senecio sericeo-nitens** Speg.
Ref.: Cabrera & Zardini, 1980.

Senecio argenteus Kuntze ex DC. = **Senecio chilensis** Less. var. **chilensis**
Ref.: Cabrera, 1971a; Cabrera & Zardini, 1980.

Senecio argentinensis Speg. = **Senecio tweediei** Hook. & Arn.
Ref.: Cabrera, 1963a; Cabrera & Zardini, 1980.

Senecio argentinus Baker = **Senecio vira-vira** Hieron.
Ref.: Carbera, 1963a; Cabrera & Zardini, 1980.

Senecio argophylloides Griseb. var. **argophylloides**
Ref.: Cabrera, 1939c, 1978; Cabrera & Zardini, 1980.
Hábito: Arbusto.
Status: Endémica.
Elevación: 2800-3600 m.
Prov.: CA, SA, TU.
Ejemplar examinado: *Sleumer y Vervoorst 2964* (LP).

Senecio argophylloides Griseb. var. **rupestris** Cabrera
Ref.: Cabrera & Zardini, 1980.
Hábito: Arbusto.
Status: Endémica.
Elevación: ca. 4500 m.
Prov.: CA, LR.
Ejemplar examinado: *Krapovickas y Hunziker 5865* (LP).

Senecio argophyllus Phil. = **Senecio chilensis** Less. var. **argophyllus** (Phil.) Cabrera
Ref.: Cabrera & Zardini, 1980.

Senecio argyreus Phil.
Ref.: Cabrera, 1949b, 1971a; Cabrera & Zardini, 1980; Moore, 1983.
Hábito: Arbusto.
Status: Nativa.
Elevación: 500-3000 m.
Prov.: CHU, NE, RN, SC, TF.
Paises limítrofes: CH.
Ejemplar examinado: *Cabrera 11534* (LP).

Senecio armeriifolius Phil. = **Senecio scorzonerifolius** Meyen & Walp.
Ref.: Cabrera & Zardini, 1980.

Senecio arnottii Hook. f.
Sin.: *Senecio arnottii* Hook. f. var. *major* Macloskie, *Senecio limbardioides* Hook. & Arn., *Senecio limbardioides* Hook. & Arn. var. *β* Hook. & Arn.
Ref.:Cabrera, 1949b, 1971a; Cabrera & Zardini, 1980; Moore, 1983.
Hábito: Subarbusto.
Status: Nativa.
Prov.: NE, SC, TF.
Elevación: ca. 2500 m.
Paises limítrofes: CH.
Ejemplar examinado: *Ruiz Leal y Roig 15100* (LP).

[Senecio arnottii Hook. f. var. dentatus Macloskie]
Ref.: Cabrera & Zardini, 1980.
Nota: Taxón dudoso.

Senecio arnottii Hook. f. var. *major* Macloskie = **Senecio arnottii** Hook. f.
Ref.: Cabrera & Zardini, 1980.

Senecio ascotanensis Phil. = **Senecio rosmarinus** Phil. var. **ascotanensis** (Phil.) Cabrera
Ref.: Cabrera & Zardini, 1980.

Senecio aspericaulis J. Rémy
Sin.: *Senecio hypsophilus* Phil.
Ref.: Cabrera 1949b, 1971a; Cabrera & Zardini, 1980.
Hábito: Subarbusto.
Status: Nativa.
Elevación: 1200-3000 m.
Prov.: ME, NE.
Paises limítrofes: CH.
Ejemplar examinado: *Fabris y Zuloaga 8520* (LP).

Senecio asplenifolius Griseb.
Ref.: Cabrera, 1939c; Cabrera & Zardini, 1980.
Hábito: Hierba.
Status: Endémica.
Elevación: ca. 4000 m.
Prov.: CA, TU.
Ejemplar examinado: *Jörgensen 1322* (LP).

Senecio atacamensis Phil.
Ref.: Cabrera, 1949b; Cabrera & Zardini, 1980.
Hábito: Arbusto.
Status: Nativa.
Elevación: 3000-5000 m.
Prov.: CA, SA.
Paises limítrofes: CH.
Ejemplar examinado: *Hunziker y Caso 4093* (LP).

Senecio attenuatus Sch. Bip. ex Rusby var. *microphyllus* Britton = **Senecio potosianus** Klatt.
Ref.: Cabrera, 1985.

Senecio auriculatus Albov = **Senecio acanthifolius** Hombr. & Jacquinot subsp. **acanthifolius**
Ref.: Cabrera & Zardini, 1980.

Senecio australandinus Cabrera.
Ref.: Cabrera, 1971a; Cabrera & Zardini, 1980.
Hábito: Subarbusto.
Status: Endémica.
Elevación: ca. 1500 m.
Prov.: SC.
Ejemplar examinado: *Ruiz Leal 26433* (LP).

Senecio austrorufescens Cuatrec. = **Senecio rufescens** DC.
Ref.: Cabrera, 1985.

Senecio baccharidifolius DC.
Sin.: *Cacalia baccharidifolia* Poepp. ex DC., nom. nud.
Ref.: Cabrera 1949b, 1971a; Cabrera & Zardini, 1980.
Hábito: Subarbusto.
Status: Nativa.
Elevación: ca. 1500 m.
Prov.: NE.
Paises limítrofes: CH.
Ejemplar examinado: *Cabrera et al. 22928* (LP).

Senecio baccharidifolius DC. var. *subradiatus* DC. = **Senecio triodon** Phil. var. **triodon**
Ref.: Cabrera, 1971a; Cabrera & Zardini, 1980.

Senecio balansae Baker = **Senecio grisebacchi** Baker var. **balansae** (Baker) Cabrera
Ref.: Cabrera & Zardini, 1980.

Senecio bangii Rusby
Ref.: Cabrera, 1985; Cabrera & Zardini, 1980.
Hábito: Subarbusto.
Status: Nativa.
Elevación: 3000-4000 m.
Prov.: JU, SA.
Paises limítrofes: BO.
Ejemplar examinado: *Cabrera 12086* (LP).

Senecio barbarae Cabrera
Ref.: Cabrera, 1978; Cabrera & Zardini, 1980.
Hábito: Hierba.
Status: Endémica.
Elevación: 4500-5000 m.
Prov.: JU.
Ejemplar examinado: *Cabrera 19803* (LP).

Senecio barbatus D. Don ex Hook. & Arn., hom.illeg. = **Senecio pogonias** Cabrera
Ref.: Cabrera & Zardini, 1980.

Senecio beaufilsii Kuntze
Sin.: *Senecio beaufilsii* Kuntze var. *toninii* Kuntze
Ref.: Cabrera, 1971; Cabrera & Zardini, 1980; Marticorena & Quezada, 1985.
Hábito: Subarbusto.
Status: Nativa.
Elevación: 0-1200 m.
Prov.: CHU, NE, SC.
Paises limítrofes: CH.
Ejemplar examinado: *Soriano 2471* (LP).

Senecio beaufilsii Kuntze var. *toninii* Kuntze = **Senecio beaufilsii** Kuntze
Ref.: Cabrera, 1971a; Cabrera & Zardini, 1980.

Senecio belenensis Griseb.
Ref.: Cabrera & Zardini, 1980.
Hábito: Subarbusto.
Status: Endémica.
Elevación: ca. 3200 m.
Prov.: CA.
Ejemplar examinado: *Sleumer y Vervoorst 2576* (LP).

Senecio benthamii Baker, hom. illeg. = **Pseudogynoxys cabrerae** H. Rob. & Cuatrec.
Ref.: Robinson & Cuatrecasas, 1977.

Senecio bergii Hieron.
Ref.: Cabrera, 1963a, 1971a; Cabrera & Zardini, 1980.
Hábito: Subarbusto.
Status: Endémica.
Elevación: 0-600 m.
Prov.: BA, CHU, RN.
Ejemplar examinado: *Nicora 3254* (LP).

[Senecio bettfreundii Speg.]
Ref.: Hosseus, 1915.
Nota: Taxón dudoso.

Senecio bipontinii Wedd.
Sin.: *Senecio carnifolius* Cabrera, *Senecio iberidifolius* Phil., p.p., *Senecio julietti* Phil., *Senecio polyphyllus* Sch. Bip. ex Wedd., hom. illeg., *Senecio sarcophyllus* Phil, hom. illeg., *Senecio schultzii* Wedd., hom. illeg.
Ref.: Cabrera & Zardini, 1980.
Hábito: Subarbusto.
Status: Nativa.
Elevación: 500-3500 m.
Prov.: CHU, NE, RN.
Paises limítrofes: CH.
Ejemplar examinado: *Cabrera 6170* (LP).

Senecio boelckei Cabrera
Ref.: Cabrera, 1971a; Cabrera & Zardini, 1980.
Hábito: Subarbusto.
Status: Endémica.
Elevación: 0-2000 m.
Prov.: CHU, NE, RN, SC.
Ejemplar examinado: *Cabrera 21951* (LP).

Senecio bomanii R.E. Fr.
Sin.: *Dendrophorbium bomanii* (R.E. Fr.) C. Jeffrey
Ref.: Cabrera, 1939c, 1978, 1985; Cabrera & Zardini, 1980; Jeffrey, 1992.
Hábito: Arbusto.
Status: Nativa.
Elevación: 700-1500 m.
Prov.: JU, SA, TU.
Paises limítrofes: BO.
Ejemplar examinado: *Cabrera 15783* (LP).

Senecio bonariensis Hook. & Arn.
Sin.: *Senecio ochroleucus* Hook. & Arn. var. *β* Hook. & Arn., *Senecio rhodaster* Baker, *Senecio sagittarioides* Speg., *Senecio sagittifolius* Baker, p.p.
Ref.: Cabrera, 1963a, 1974a; Cabrera & Zardini, 1980.
Hábito: Hierba.
Status: Nativa.
Elevación: 0-500 m.
Prov.: BA, CH, CO, COR, DF, ER.
Paises limítrofes: BR, UR.
Ejemplar examinado: *Cabrera 1502* (LP).

Senecio bowenkampi Phil. = **Senecio microphyllus** Phil.
Ref.: Cabrera, 1949b.

Senecio bracteolatus Hook. & Arn. var. **bracteolatus**
Sin.: *Senecio coxi* Phil., *Senecio diabolicus* Speg.
Ref.: Cabrera, 1949b, 1971a; Cabrera & Zardini, 1980.
Hábito: Arbusto.
Status: Nativa.
Elevación: 0 -1500 m.
Prov.: CHU, NE, RN, SC.
Paises limítrofes: CH.
Ejemplar examinado: *Cabrera y Job 419* (LP).

Senecio bracteolatus Hook. & Arn. var. **valderramae** (Phil.) Cabrera
Sin.: *Senecio inutilis* Speg., *Senecio valderramae* Phil.
Ref.: Cabrera 1949b, 1971a; Cabrera & Zardini, 1980.
Hábito: Arbusto.
Status: Nativa.
Elevación: 500-3500 m.
Prov.: CHU, NE, RN.
Paises limítrofes: CH.
Ejemplar examinado: *Cabrera 5966* (LP).

Senecio brasiliensis (Spreng.) Less. var. **brasiliensis**
Sin.: *Cineraria brasilensis* Spreng.
Ref.: Cabrera & Zardini, 1980.
Hábito: Hierba.
Status: Nativa.
Elevación: 0-1000 m.
Prov.: CH, COR, MI, SF.
Paises limítrofes: BR, PA, UR.
Ejemplar examinado: *Carnevalli 2677* (LP).

Senecio brasiliensis (Spreng.) Less. var. **incanus** Baker
Ref.: Cabrera, 1957a.
Hábito: Hierba.
Status: Nativa.
Elevación: 0-500 m.
Prov.: CH.
Paises limítrofes: UR.
Ejemplar examinado: *Schulz 119* (LP).

Senecio brasiliensis (Spreng.) Less. var. **tripartitus** (DC.) Baker
Sin.: *Senecio amabilis* Vell., *Senecio cannabinifolius* Hook. & Arn., *Senecio megapotamicus* H. Buek; *Senecio tripartitus* DC.
Ref.: Cabrera, 1963a, 1957a, 1974a, 1985; Cabrera & Zardini, 1980.
Hábito: Hierba
Status: Nativa.
Elevación: 0-1000 m.
Prov.: BA, COR, ER, MI, SF.
Paises limítrofes: BO, BR, PA, UR.
Ejemplar examinado: *Cabrera 1557* (LP).

Senecio bravensis Cabrera
Ref.: Cabrera, 1963a; Cabrera & Zardini, 1980.
Hábito: Subarbusto.
Status: Endémica.
Elevación: 0-500 m.
Prov.: BA.
Ejemplar examinado: *Cabrera 9936* (LP).

Senecio breviculus Phil. = **Senecio subdiscoideus** Sch. Bip. ex Wedd.
Ref.: Cabrera & Zardini, 1980.

Senecio breviscapus DC.
Sin.: *Senecio acaulis* Phil., *Senecio chamaecephalus* Wedd., *Senecio wernerioides* Wedd., *Werneria cortusifolia* Griseb., *Werneria wernerioides* (Wedd.) Kuntze
Ref.: Cabrera, 1939c, 1949b, 1978, 1985; Cabrera & Zardini, 1980.
Hábito: Hierba
Status: Nativa.
Elevación: 2500-4000 m.
Prov.: CA, JU, ME, SA, SJ, TU.
Paises limítrofes: BO, CH.
Ejemplar examinado: *Cabrera 12085* (LP).

[Senecio bridgesii var. leptolobus Baker]
Ref.: Baker, 1884; Cabrera 1957a.
Nota: Cita dudosa para la flora argentina.

Senecio burchellii auct. non (DC.) Cabrera = **Senecio madagascariensis** Poir.
Ref.: Cabrera, 1963a, 1976a; Cabrera & Re, 1965; Cabrera & Zardini, 1980.

Senecio burkartii Cabrera
Sin.: *Senecio hygrophilus* Cuatrec.
Ref.: Cabrera, 1939c, 1985; Cabrera & Zardini, 1980.
Hábito: Hierba.
Status: Nativa.
Elevación: 3500-4500 m.
Prov.: SA, TU.
Paises limítrofes: BO.
Ejemplar examinado: *Schreiter 4243* (LP).

[Senecio bustillosianus J. Rémy var. borchersii (Phil.) Cabrera]
Ref.: Hicken, 1930; Cabrera, 1949b.
Nota: Cita dudosa para la flora argentina.

Senecio cacalioides Fisch. ex Spreng. = **Erechthites hieracifolia** (L.) Raf. ex DC. var. **cacalioides** (Fisch. ex Spreng.) Griseb.
Ref.: Cabrera, 1963a, 1974a, 1978.

Senecio caespitosus Phil. = **Senecio subdiscoideus** Sch. Bip. ex Wedd.
Ref.: Cabrera & Zardini, 1980.

Senecio cajonensis Cabrera
Ref.: Cabrera & Zardini, 1980.
Hábito: Hierba.
Status: Endémica.
Elevación: ca. 4600 m.
Prov.: CA.
Ejemplar examinado: *Castillón 3334* (LP).

Senecio calceiflorus Cabrera = **Senecio filaginoides** DC. var. **lobulatus** (Hook. & Arn.) Cabrera
Ref.: Cabrera & Zardini, 1980.

Senecio calchaquinus Cabrera
Ref.: Cabrera, 1939c; Cabrera & Zardini, 1980.
Hábito: Subarbusto.
Status: Endémica.
Elevación: ca. 4500 m.
Prov.: TU.
Ejemplar examinado: *Castillón 9777* (LP).

Senecio canchahuinganquensis Cabrera
Ref.: Cabrera, 1971a; Cabrera & Zardini, 1980.
Hábito: Arbusto.
Status: Endémica.
Elevación: 500-1500 m.
Prov.: NE.
Ejemplar examinado: *Cabrera 11000* (LP).

Senecio candidans DC.
Sin.: *Brachypappus candicans* (Vahl) Sch. Bip., *Cacalia candicans* Vahl, hom. illeg., *Culcitium gayanum* J. Rémy, *Senecio culciremy* Cuatrec.
Ref: Cabrera, 1949b, 1971a; Cabrera & Zardini, 1980.
Hábito: Hierba
Status: Nativa.
Elevación: 0-500 m.
Prov.: TF.
Paises limítrofes: CH.
Ejemplar examinado: *Correa et al. 4947* (LP).

Senecio candolleanus Hook. & Arn., hom. illeg. = **Senecio leucopleplus** Cabrera
Ref.: Cabrera & Zardini, 1980.

Senecio candollii Wedd.
Sin.: *Culcitium glaciale* Meyen & Walp., hom. illeg., *Culcitium humile* DC., hom. illeg., *Senecio anacephalus* Griseb., *Senecio glacialis* (Meyen & Walp.) Cuatrec., *Senecio mandonianus* Wedd.
Ref: Cabrera, 1939c, 1985, 1978; Cabrera & Zardini, 1980; Marticorena & Quezada, 1985.
Hábito: Hierba.
Status: Nativa.
Elevación: 3500-5000 m.
Prov.: CA, JU, LR, SA, TU.
Paises limítrofes: BO, CH.
Ejemplar examinado: *de la Sota 4091* (LP).

Senecio cannabinifolius Hook. & Arn. = **Senecio brasiliensis** (Spreng.) Less. var. **tripartitus** (DC.) Baker
Ref.: Cabrera, 1963a; Cabrera & Zardini, 1980.

Senecio capillarifolius Speg. = **Senecio chrysocomoides** Hook. & Arn.
Ref.: Cabrera & Zardini, 1980.

Senecio carbonensis C. Ezcurra, Ferreyra & Clayton
Ref.: Ezcurra et al., 1995.
Hábito: Subarbusto.
Status: Endémica.
Elevación: 1550-1750 m.
Prov.: RN.
Ejemplar examinado: *Ferreyra y Clayton 352* (BCRU).

Senecio carduifolius (Cass.) Desf. = **Erechthites hieracifolia** (L.) Raf. ex DC. var. **cacalioides** (Fisch. ex Spreng.) Griseb.
Ref.: Belcher, 1956.

Senecio caricifolius Hook. & Arn. = **Senecio filaginoides** DC. var. **filaginoides**
Ref.: Cabrera & Zardini, 1980.

Senecio carnifolius Cabrera = **Senecio bipontinii** Wedd.
Ref.: Cabrera & Zardini, 1980.

Senecio catamarcensis Cabrera
Ref.: Cabrera, 1978; Cabrera & Zardini, 1980.
Hábito: Subarbusto.
Status: Endémica.
Elevación: 2000 m.
Prov.: CA, JU.
Ejemplar examinado: *Kiesling 471* (LP).

Senecio catharinensis Dusén ex Cabrera
Ref.: Cabrera & Zardini, 1980.
Hábito: Hierba.
Status: Nativa.
Elevación: 0-1000 m.
Prov.: MI.
Paises limítrofes: BR.
Ejemplar examinado: *Pérez Moreau s.n.* (LP ex BA 21240).

Senecio ceratophylloides Griseb.
Sin.: *Senecio ceratophyllus* D. Don ex Hook. & Arn., hom. illeg., *Senecio ceratophyllus* D. Don ex Hook. & Arn. var. *macrodon* (Baker) Malme, *Senecio ceratophyllus* D. Don ex Hook. & Arn. var. *major* D. Don ex Hook. & Arn., *Senecio chilensis* Less. var. *ceratophyllus* (D. Don. ex Hook. & Arn.) Baker, *Senecio chilensis* Less. var. *macrodon* Baker, *Senecio cuspidatus* DC. var. *ceratophylloides* (Griseb.) Kuntze, *Senecio cuspidatus* DC. var. *ceratophyllus* (Hook. & Arn.) Kuntze, *Senecio cuspidatus* DC. var. *macrodon* (Baker) Kuntze
Ref: Cabrera, 1963a; Cabrera & Zardini, 1980.
Hábito: Hierba.
Status: Nativa.
Elevación: 0-500 m.
Prov.: BA, CO, LP, RN, SL.
Paises limítrofes: BR, UR.
Ejemplar examinado: *Correa et al. 4702* (LP).

Senecio ceratophyllus D. Don ex Hook. & Arn., hom. illeg. = **Senecio ceratophylloides** Griseb.
Ref.: Cabrera & Zardini, 1980.

Senecio ceratophyllus D. Don ex Hook.& Arn. var. *macrodon* (Baker) Malme = **Senecio ceratophylloides** Griseb.
Ref.: Cabrera & Zardini, 1980.

Senecio ceratophyllus D. Don ex Hook. & Arn. var. *major* D. Don ex Hook. & Arn. = **Senecio ceratophylloides** Griseb.
Ref.: Cabrera & Zardini, 1980.

Senecio cernuiflorus Cabrera = **Senecio serratifolius** (Meyen & Walp.) Cuatrec.
Ref.: Cabrera & Zardini, 1980.

Senecio cernuus Phil. = **Senecio serratifolius** (Meyen & Walp.) Cuatrec.
Ref.: Cabrera & Zardini, 1980.

Senecio chamaecephalus Wedd. = **Senecio breviscapus** DC.
Ref.: Cabrera & Zardini, 1980.

Senecio charaguensis Cuatrec. = **Senecio hieronymi** Griseb.
Ref.: Cabrera, 1985

Senecio chersodomus Reiche = **Chersodoma candida** Phil.
Ref.: Cabrera, 1978.

Senecio chilensis Baker = **Senecio montevidensis** (Spreng.) Baker
Ref.: Cabrera, 1963a.

Senecio chilensis Less. var. **argophyllus** (Phil.) Cabrera
Sin.: *Senecio argophyllus* Phil.
Ref.: Cabrera, 1949b, 1971a; Cabrera & Zardini, 1980.
Hábito: Subarbusto.
Status: Nativa.
Elevación: ca. 2000 m.
Prov.: NE.
Paises limítrofes: CH.
Ejemplar examinado: *Ragonese 259* (LP).

Senecio chilensis Less. var. **argophyllus** (Phil.) Cabrera f. **discoideus** Cabrera
Ref.: Cabrera, 1949b, 1971a; Cabrera & Zardini, 1980; Marticorena & Quezada, 1985.
Hábito: Subarbusto.
Status: Nativa.
Elevación: 1500-3000 m.
Prov.: NE.
Paises limítrofes: CH.
Ejemplar examinado: *Ragonese 274* (LP).

Senecio chilensis Less. var. *ceratophyllus* (D. Don ex Hook. & Arn.) Baker = **Senecio ceratophylloides** Griseb.
Ref.: Cabrera & Zardini, 1980.

Senecio chilensis Less. var. **chilensis**
Sin.: *Cineraria tillandsiifolia* Poepp. ex DC., *Senecio argenteus* Kuntze ex DC., *Senecio gummifer* Hook. & Arn., *Senecio linearifolius* Colla, *Senecio phagnaloides* DC., *Senecio tillandsiifolius* Poepp. ex DC.
Ref.: Cabrera, 1971a; Cabrera & Zardini, 1980.
Hábito: Subarbusto.
Status: Nativa.
Elevación: 300-3500 m.
Prov.: CHU, NE, RN.
Paises limítrofes: CH.
Ejemplar examinado: *Cabrera 5125* (LP).

Senecio chilensis Less. var. *macrodon* Baker = **Senecio ceratophylloides** Griseb.
Ref.: Cabrera & Zardini, 1980.

Senecio chiloensis Phil. = **Senecio otites** Kuntze ex DC
Ref.: Cabrera & Zardini, 1980.

Senecio chionophilus Phil.
Sin.: *Senecio hollermayeri* Cabrera, *Senecio vulcanicus* Phil., hom. illeg.
Ref.: Cabrera, 1949b, 1971a; Cabrera & Zardini, 1980.
Hábito: Subarbusto.
Status: Nativa.
Elevación: 0-1500 m.
Prov.: CHU, NE, RN, SC.
Paises limítrofes: CH.
Ejemplar examinado: *Cabrera 5925* (LP).

Senecio chionotus Phil. = **Senecio haenkei** DC.
Ref.: Cabrera, 1949b.

Senecio choiquelahuensis Speg. = **Senecio patagonicus** Hook. & Arn. var. **patagonicus**
Ref.: Cabrera & Zardini, 1980.

Senecio chrysanthemum Dusén
Ref.: Cabrera, 1971a; Cabrera & Zardini, 1980.
Hábito: Subarbusto.
Status: Endémica.
Elevación: 300-1500 m.
Prov.: SC.
Ejemplar examinado: *Ameghino s.n.* (LPS 1301).

Senecio chrysocomoides Hook. & Arn.
Sin.: *Senecio capillarifolius* Speg., *Senecio chubutensis* Speg.
Ref.: Cabrera, 1949b, 1971a; Cabrera & Zardini, 1980.
Hábito: Subarbusto.

Status: Nativa.
Elevación: 0-500 m.
Prov.: CHU, SC.
Paises limítrofes: CH.
Ejemplar examinado: *Illin s.n.* (LP).

Senecio chrysolepis Phil.
Sin.: *Senecio juncalensis* Phil.
Ref.: Cabrera, 1949b, 1978, 1985; Cabrera & Zardini, 1980.
Hábito: Subarbusto.
Status: Nativa.
Elevación: 4000-4500 m.
Prov.: SA, SJ.
Paises limítrofes: BO, CH.
Ejemplar examinado: *Spegazzini s.n.* (LP).

Senecio chubutensis Speg. = **Senecio chrysocomoides** Hook. & Arn.
Ref.: Cabrera & Zardini, 1980.

Senecio cisplatinus Cabrera
Ref.: Cabrera, 1974a; Cabrera & Zardini, 1980.
Hábito: Subarbusto.
Status: Nativa.
Elevación: 0-500 m.
Prov.: COR, ER.
Paises limítrofes: BR, UR.
Ejemplar examinado: *Arechavaleta s.n.* (LP).

Senecio clarioneifolius J. Rémy
Ref.: Böcher et al. 1963; Cabrera, 1949b; Cabrera & Zardini, 1980.
Hábito: Subarbusto.
Status: Nativa.
Elevación: 2000-3000 m.
Prov.: ME.
Paises limítrofes: CH.
Ejemplar examinado: *Covas 2254* (LP).

Senecio clavatus Hauman = **Senecio hickenii** Hauman
Ref.: Cabrera & Zardini, 1980.

Senecio clavifolius Rusby = **Senecio potosianus** Klatt.
Ref.: Cabrera, 1985.

[Senecio cleistolepis Phil.]
Ref.: Cabrera & Zardini, 1980.
Nota: Taxón dudoso.

Senecio clivicola Wedd. var. **clivicola**
Sin.: *Senecio fiebrigianus* Cabrera, *Senecio pampae* Lingelsh. var. *penicillatus* Lingelsh.
Ref.: Cabrera, 1978, 1985; Cabrera & Zardini, 1980.
Hábito: Arbusto.
Status: Nativa.
Elevación: 2500-4000 m.
Prov.: JU, SA.
Paises limítrofes: BO.
Ejemplar examinado: *Cabrera 9188* (LP).

Senecio clivicola Wedd. var. **pampae** (Lingelsh.) Cabrera
Sin.: *Senecio pampae* Lingelsh.
Ref.: Cabrera, 1985.
Hábito: Arbusto.
Status: Nativa.
Elevación: 3000-3700 m.
Prov.: JU, TU.
Paises limítrofes: BO.
Ejemplar examinado: *Cabrera 12101* (LP).

Senecio coluhuapiensis Speg.
Ref.: Cabrera, 1971a; Cabrera & Zardini, 1980.
Hábito: Arbusto.
Status: Endémica.
Elevación: 0-1500 m.
Prov.: CHU.
Ejemplar examinado: *Mauri s.n.* (LPS 10752).

Senecio comberi Cabrera
Ref.: Cabrera, 1971a; Cabrera & Zardini, 1980.
Hábito: Subarbusto.
Status: Endémica.
Elevación: ca. 900 m.
Prov.: NE.
Ejemplar examinado: *Comber 788* (holotipo, K, foto, LP).

Senecio consanguineus Phil. = **Senecio tristis** Phil.
Ref.: Cabrera & Zardini, 1980.

Senecio confertissimus Cabrera = **Senecio depressus** Hook. & Arn.
Ref.: Cabrera & Zardini, 1980.

Senecio corcovadensis Cabrera
Ref.: Cabrera, 1971a; Cabrera & Zardini, 1980.
Hábito: Arbusto.
Status: Endémica.
Elevación: 500-1500 m.
Prov.: CHU.
Ejemplar examinado: *Illin s.n.* (holotipo, LP).

Senecio coronopodiphyllus J. Rémy
Sin.: *Metazanthus cacalioides* Meyen, hom. illeg.
Ref.: Cabrera, 1949b; Cabrera & Zardini, 1980.
Hábito: Subarbusto.
Status: Nativa.
Elevación: 1500-3000 m.
Prov.: ME.
Paises limítrofes: CH.
Ejemplar examinado: *Ruiz Leal 2153* (LP).

Senecio cotuloides Reiche = **Senecio zosterifolius** Hook. & Arn.
Ref.: Cabrera & Zardini, 1980.

Senecio covasii Cabrera
Ref.: Cabrera, 1949b, 1971a; Cabrera & Zardini, 1980.
Hábito: Subarbusto.
Status: Nativa.
Elevación: 1200-2100 m.
Prov.: ME, NE.
Paises limítrofes: CH.
Ejemplar examinado: *Ruiz Leal y Roig 16008* (LP).

Senecio covuncensis Cabrera
Ref.: Cabrera, 1971a; Cabrera & Zardini, 1980.
Hábito: Arbusto.
Status: Endémica.
Elevación: 500-1500 m.
Prov.: NE.
Ejemplar examinado: *Maldonado 720* (holotipo, LP).

Senecio coxi Phil. = **Senecio bracteolatus** Hook. & Arn. var. **bracteolatus**
Ref.: Cabrera & Zardini, 1980.

Senecio crassiflorus (Poir.) DC.
Sin.: *Cineraria crassiflora* Poir., *Cineraria vestita* Spreng., *Senecio andryaloides* DC., *Senecio crassiflorus* (Poir.) DC. var. *andryaloides* (DC.) Arechav., *Senecio crassiflorus* (Poir.) DC. var. *tricuspis* Baker
Ref.: Cabrera, 1963a, 1974a; Cabrera & Zardini, 1980.
Hábito: Hierba.
Status: Nativa.
Elevación: 0-500 m.
Prov.: BA, ER.
Paises limítrofes: BR, UR.
Ejemplar examinado: *Cabrera 1850* (LP).

Senecio crassiflorus (Poir.) DC. var. *andryaloides* (DC.) Arechav. = **Senecio crassiflorus** (Poir.) DC.
Ref.: Cabrera & Zardini, 1980.

Senecio crassiflorus (Poir.) DC. var. *tricuspis* Baker = **Senecio crassiflorus** (Poir.) DC.
Ref.: Cabrera & Zardini, 1980.

Senecio cremeiflorus Mattf.
Ref.: Cabrera, 1939c, 1978; Cabrera & Zardini, 1980.
Hábito: Hierba.
Status: Endémica.
Elevación: 500-2800 m.
Prov.: CA, JU, SA, TU.
Ejemplar examinado: *Cabrera 7656* (LP).

Senecio cremnicola Cabrera
Ref.: Cabrera & Zardini, 1980.
Hábito: Hierba.
Status: Endémica.
Elevación: ca. 4000 m.
Prov.: LR.
Ejemplar examinado: *Hieronymus y Niederlein 407* (isoparatipo, LP).

Senecio cremnophilus I.M. Johnst.
Ref.: Cabrera & Zardini, 1980.
Hábito: Subarbusto.
Status: Endémica.
Elevación: ca. 3200 m.
Prov.: SJ.
Ejemplar examinado: *Hunziker y Caso 4872* (LP).

Senecio crepidifolius DC.
Ref.: Cabrera, 1978, 1985; Cabrera & Zardini, 1980.
Hábito: Subarbusto.
Status: Nativa.
Elevación: 2500-3600 m.
Prov.: SA.
Paises limítrofes: BO.
Ejemplar examinado: *de la Sota 4123* (LP).

Senecio crispus Phil. var. *santelisis* (Phil.) Reiche = **Senecio santelisis** Phil.
Ref.: Cabrera & Zardini, 1980.

Senecio crithmoides Hook. & Arn.
Sin.: *Senecio diazi* Phil., *Senecio iberidifolius* Phil., p.p., *Senecio remyanus* Phil.
Ref.: Böcher et al. 1963; Cabrera 1949b, 1971a; Cabrera & Zardini, 1980.
Hábito: Subarbusto.
Status: Nativa.
Elevación: 500-1500 m.
Prov.: ME, NE, SJ.
Paises limítrofes: CH.
Ejemplar examinado: *Boelcke 11205* (LP).

Senecio cryptocephalus Cabrera
Ref.: Cabrera, 1971a; Cabrera & Zardini, 1980.
Hábito: Subarbusto.
Status: Endémica.
Elevación: ca. 1500 m.
Prov.: SC.
Ejemplar examinado: *Ameghino s.n.* (LP).

[Senecio ctenophyllus Phil.]
Ref.: Cabrera, 1935, 1949b.
Nota: Cita dudosa para la flora argentina.

Senecio culciremy Cuatrec. = **Senecio candidans** DC.
Ref.: Cabrera & Zardini, 1980.

Senecio culcitenellus Cuatrec.
Sin.: *Culcitium sessile* Speg., hom. illeg., *Culcitium tenellum* Dusén, hom. illeg., *Senecio neosessilis* Cuatrec., *Senecio santacrucensis* Cabrera
Ref.: Cabrera 1971a; Cabrera & Zardini, 1980; Marticorena & Quezada, 1985.
Hábito: Hierba.
Status: Nativa.
Elevación: 0-600 m.
Prov.: SC.
Paises limítrofes: CH.
Ejemplar examinado: *Ameghino s.n.* (LP).

Senecio cuneatus Hook. f.
Sin.: *Senecio arenicola* Reiche, *Senecio dusenii* O. Hoffm. ex Macloskie
Ref.: Cabrera, 1949b, 1971a; Cabrera & Zardini, 1980.
Hábito: Hierba.
Status: Nativa.
Prov.: SC.
Paises limítrofes: CH.
Ejemplar examinado: *James 2271* (LP).

Senecio cuspidatus DC. = **Senecio montevidensis** (Spreng.) Baker
Ref.: Cabrera & Zardini, 1980.

Senecio cuspidatus DC. var. *ceratophylloides* (Griseb.) Kuntze = **Senecio ceratophylloides** Griseb.
Ref.: Cabrera & Zardini, 1980.

Senecio cuspidatus DC. var. *ceratophyllus* (Hook. & Arn.) Kuntze = **Senecio ceratophylloides** Griseb.
Ref.: Cabrera & Zardini, 1980.

Senecio cuspidatus DC. var. *macrodon* (Baker) Kuntze = **Senecio ceratophylloides** Griseb.
Ref.: Cabrera & Zardini, 1980.

Senecio cuspidatus DC. var. *montevidensis* (Spreng.) Kuntze. = **Senecio montevidensis** (Spreng.) Baker
Ref.: Cabrera, 1963a; Cabrera & Zardini, 1980.

Senecio cylindrocephalus Cabrera
Ref.: Cabrera, 1939c; Cabrera & Zardini, 1980.
Hábito: Arbusto.
Status: Endémica.
Elevación: ca. 2900 m.
Prov.: CA, TU.
Ejemplar examinado: *Fabris et al. 5527* (LP).

Senecio danyausii Hombr. & Jacquinot = **Senecio patagonicus** Hook. & Arn. var. **alyssoides** (Sch. Bip.) Cabrera
Ref.: Cabrera & Zardini, 1980.

Senecio danyausii Hombr. & Jacquinot var. *alyssoides* Sch. Bip. = **Senecio patagonicus** Hook. & Arn. var. **alyssoides** (Sch. Bip.) Cabrera
Ref.: Cabrera & Zardini, 1980.

Senecio danyausii Hombr. & Jacquinot var. *β* J. Rémy = **Senecio patagonicus** Hook. & Arn. var. **lobatifolius** (Hombr. & Jacquinot) Cabrera
Ref.: Cabrera & Zardini, 1980.

Senecio danyausii Hombr. & Jacquinot var. *intermedius* Sch. Bip. = **Senecio laseguei** Hombr. & Jacquinot
Ref.: Cabrera & Zardini, 1980.

Senecio danyausii Hombr. & Jacquinot var. *lobatifolia* Hombr. & Jacquinot = **Senecio patagonicus** Hook. & Arn. var. **lobatifolius** (Hombr. & Jacquinot) Cabrera
Ref.: Cabrera & Zardini, 1980.

Senecio danyausii Hombr. & Jacquinot var. *pinnatifidus* Macloskie = **Senecio patagonicus** Hook. & Arn. var. **lobatifolius** (Hombr. & Jacquinot) Cabrera
Ref.: Cabrera & Zardini, 1980.

Senecio danyausii Hombr. & Jacquinot var. *trifurcatus* Sch. Bip. = **Senecio patagonicus** Hook. & Arn. var. **lobatifolius** (Hombr. & Jacquinot) Cabrera
Ref.: Cabrera & Zardini, 1980.

Senecio darwinii Hook. & Arn.
Sin.: *Senecio darwinii* Hook. & Arn. var. *laxus* Hook. & Arn.
Ref.: Cabrera, 1949b, 1971a; Cabrera & Zardini, 1980; Moore, 1983.
Hábito: Subarbusto.
Status: Nativa.
Elevación: 0-1500 m.
Prov.: TF.
Paises limítrofes: CH.
Ejemplar examinado: *Goodall 591* (LP).

Senecio darwinii Hook. & Arn. var. *eradiatus* A. Gray = **Senecio humifusus** (Hook. f.) Cabrera
Ref.: Cabrera & Zardini, 1980.

Senecio darwinii Hook. & Arn. f. *falklandicus* (Hook. f.) Skottsb. = **Senecio littoralis** Gaudich.
Ref.: Cabrera & Zardini, 1980.

Senecio darwinii Hook. & Arn. var. *laxus* Hook. & Arn. = **Senecio darwinii** Hook. & Arn.
Ref.: Cabrera & Zardini, 1980.

Senecio dasyphyllus (Gand.) Cuatrec. = **Senecio vaginifolius** Sch. Bip.
Ref.: Cabrera & Zardini, 1980.

Senecio dealbatus Phil. = **Senecio poeppigii** Hook. & Arn. var. **poeppigii**
Ref.: Cabrera & Zardini, 1980.

Senecio deferens Griseb.
Sin.: *Senecio stenopterus* Griseb.
Ref.: Cabrera, 1939c, 1978; Cabrera & Zardini, 1980.
Hábito: Hierba.
Status: Endémica.
Elevación: 0-2600 m.
Prov.: CA, FO, JU, LR, SA, SE, TU.
Ejemplar examinado: *Cabrera et al. 22185* (LP).

Senecio delfinii Phil. = **Senecio molinae** Phil.
Ref.: Cabrera & Zardini, 1980.

Senecio delicatulus Cabrera & Zardini
Ref.: Cabrera & Zardini, 1980.
Hábito: Subarbusto.
Status: Endémica.
Elevación: ca. 4300 m.
Prov.: CA.
Ejemplar examinado: *Schreiter 6108* (LP).

Senecio demissus Phil. = **Senecio trifidus** Hook. & Arn.
Ref.: Cabrera & Zardini, 1980.

Senecio denticulatus (Hook. & Arn.) DC., hom. illeg. = **Senecio yegua** (Colla) Cabrera
Ref.: Cabrera & Zardini, 1980.

Senecio depressus Hook. & Arn.
Sin.: *Culcitium depresum* D. Don ex Hook. & Arn., nom. nud., *Senecio confertissimus* Cabrera, *Senecio poeppigii* Hook. & Arn. var. *condensatus* Reiche
Ref.: Cabrera, 1971a; Cabrera & Zardini, 1980.
Hábito: Subarbusto.
Status: Nativa.
Elevación: 3000-3400 m.
Prov.: ME, NE.
Paises limítrofes: CH.
Ejemplar examinado: *Boelcke et al. 11295* (LP).

Senecio depressus Hauman, hom. illeg. = **Senecio lorentziella** Hicken
Ref.: Hauman, 1949b.

Senecio desideratus DC.
Sin.: *Senecio hauthalii* Kuntze
Ref.: Cabrera, 1971a; Cabrera & Zardini, 1980.
Hábito: Arbusto.
Status: Endémica.
Elevación: 0-500 m.
Prov.: SC.
Ejemplar examinado: *Ancibor y Vizinis 4427* (LP).

Senecio diabolicus Speg. = **Senecio bracteolatus** Hook. & Arn. var. **bracteolatus**
Ref.: Cabrera & Zardini, 1980.

Senecio diaguita Cabrera
Ref.: Cabrera & Zardini, 1980.
Hábito: Subarbusto.
Status: Endémica.
Elevación: ca. 2500 m.
Prov.: LR, SA, SJ.
Ejemplar examinado: *Hunziker y Caso 4315* (LP).

Senecio diazi Phil. = **Senecio crithmoides** Hook. & Arn.
Ref.: Cabrera & Zardini, 1980.

Senecio diclinus Wedd. var. *glabriusculus* Cabrera = **Chersodoma glabriuscula** (Cabrera) M.O. Dillon & Sagást.
Ref.: Dillon & Sagástegui-Alva, 1996.

Senecio diemii Cabrera
Ref.: Cabrera, 1971a; Cabrera & Zardini, 1980.
Hábito: Hierba.
Status: Endémica.
Elevación: 500-2500 m.
Prov.: CHU, NE, RN.
Ejemplar examinado: *Diem 2917* (LP).

Senecio digitatus Phil.
Ref.: Cabrera, 1949b, 1978; Cabrera & Zardini, 1980.
Hábito: Hierba.
Status: Nativa.
Elevación: 3500-4000.
Prov.: JU, SA.
Paises limítrofes: CH.
Ejemplar examinado: *Cabrera 22559* (LP).

Senecio disparifolius Cabrera = **Senecio subulatus** D. Don ex Hook. & Arn. var. **salsus** (Griseb.) Cabrera
Ref.: Cabrera & Zardini, 1980.

Senecio divaricoides Cabrera
Ref.: Cabrera, 1971a; Cabrera & Zardini, 1980.
Hábito: Subarbusto.
Status: Endémica.
Elevación: 1500-2400 m.
Prov.: NE.
Ejemplar examinado: *Dimitri et al. 5042* (holotipo, LP).

Senecio diversifolius Phil., hom. illeg. = **Senecio subulatus** D. Don ex Hook. & Arn. var. **salsus** (Griseb.) Cabrera
Ref.: Cabrera & Zardini, 1980.

Senecio doeringii Hieron. = **Senecio filaginoides** DC. var. **filaginoides**
Ref.: Cabrera, 1963a; Cabrera & Zardini, 1980.

Senecio domeykoanus Phil. = **Senecio pachyphyllos** J. Rémy
Ref.: Cabrera & Zardini, 1980.

Senecio donianus Hook. & Arn.
Sin.: *Senecio arachnoideus* Phil., *Senecio arachnoideus* Phil. var. *viridis* Hauman
Ref.: Cabrera, 1949b; Cabrera & Zardini, 1980.
Hábito: Subarbusto.
Status: Nativa.
Elevación: 2500-3000 m.
Prov.: ME, SJ.
Paises limítrofes: CH.
Ejemplar examinado: *Spegazzini s.n.* (LPS 1164).

Senecio doñae-annae Phil. = **Senecio volckmannii** Phil.
Ref.: Cabrera & Zardini, 1980.

Senecio doroniciflorus Hook. & Arn. = **Senecio selloi** (Spreng.) DC.
Ref.: Cabrera, 1963a; Cabrera & Zardini, 1980.

Senecio dryophyllus Meyen & Walp.
Sin.: *Senecio amphibolus* Wedd., *Senecio amphibolus* Wedd. var. *socialis* (Wedd.) Cabrera, *Senecio socialis* Wedd., *Senecio subvulgaris* Kuntze, *Senecio tarapacanus* Phil.
Ref.: Cabrera, 1978, 1985; Cabrera & Zardini, 1980.
Hábito: Subarbusto.
Status: Nativa.
Elevación: 3500-4500 m.
Prov.: JU, SA.
Paises limítrofes: BO, CH.
Ejemplar examinado: *Schwabe 888* (LP).

Senecio dumosus Phil. = **Senecio tricuspidatus** Hook. & Arn. var. **dumosus** (Phil.) Cabrera
Ref.: Cabrera & Zardini, 1980; Moore, 1983.

Senecio dusenii O. Hoffm. ex Macloskie = **Senecio cuneatus** Hook. f.
Ref.: Cabrera & Zardini, 1980.

Senecio eightsii Hook. & Arn.
Ref.: Cabrera, 1949b, 1971a; Cabrera & Zardini, 1980.
Hábito: Arbusto.
Status: Endémica.
Elevación: 0-500 m.
Prov.: TF.
Ejemplar examinado: *Rodríguez 18* (LP).

Senecio epiphyticus Kuntze
Sin.: *Pentacalia epiphytica* (Kuntze) Cuatrec., *Senecio steinbachianus* Cuatrec.
Ref.: Cabrera, 1978, 1985; Cabrera & Zardini, 1980.
Hábito: Arbusto.
Status: Nativa.
Elevación: 1700-2000 m.
Prov.: JU, SA.
Paises limítrofes: BO.
Ejemplar examinado: *Fabris y Crisci 7391* (LP).

Senecio ericoides Reiche = **Senecio miser** Hook. f.
Ref.: Cabrera & Zardini, 1980.

Senecio eriophyton J. Rémy
Ref.: Cabrera, 1949b; Cabrera & Zardini, 1980.
Hábito: Arbusto.
Status: Nativa.
Elevación: 3500-5000 m.
Prov.: LR, ME, SJ.
Paises limítrofes: CH.
Ejemplar examinado: *Rovira 22190* (LP).

Senecio eruciformis J. Rémy var. **brachycephalus** (Phil.) Cabrera
Sin.: *Senecio rutaceus* Phil. var. *brachycephalus* Phil.
Ref.: Cabrera, 1949b; Cabrera & Zardini, 1980.
Hábito: Subarbusto.
Status: Nativa.
Elevación: 1500-3000 m.
Prov.: ME.
Paises limítrofes: CH.
Ejemplar examinado: *Spegazzini s.n.* (LP).

Senecio eruciformis J. Rémy var. **eruciformis**
Sin.: *Senecio rutaceus* Phil.
Ref.: Cabrera, 1949b; Cabrera & Zardini, 1980.
Hábito: Subarbusto.
Status: Nativa.
Elevación: 1500-3000 m.
Prov.: ME.
Paises limítrofes: CH.
Ejemplar examinado: *Spegazzini s.n.* (LP).

Senecio evacoides Sch. Bip. ex Wedd.
Ref.: Cabrera, 1978, 1985; Cabrera & Zardini, 1980.
Hábito: Subarbusto.
Status: Nativa.
Elevación: 4000-4500 m.
Prov.: JU, SA.
Paises limtrofes: BO.
Ejemplar examinado: *Campero s.n.* (LP).

Senecio exilis Hombr. & Jacquinot = **Senecio patagonicus** Hook. & Arn. var. **alyssoides** (Sch. Bip.) Cabrera
Ref.: Cabrera & Zardini, 1980.

Senecio expansus Wedd.
Ref.: Cabrera, 1978, 1985; Cabrera & Zardini, 1980.
Hábito: Hierba.
Status: Nativa.
Elevación: ca. 4000 m.
Prov.: JU, SA.
Paises limítrofes: BO.
Ejemplar examinado: *de la Sota 4094* (LP).

Senecio fabrisii Cabrera
Ref.: Cabrera & Zardini, 1980.
Hábito: Subarbusto.
Status: Endémica.
Elevación: 1500-2400 m.
Prov.: CA.
Ejemplar examinado: *Cabrera 1107* (holotipo, LP).

Senecio falklandicus Hook. = **Senecio littoralis** Gaudich.
Ref.: Cabrera & Zardini, 1980.

[Senecio falklandicus Hook. var. pinnatifidus O. Hoffm.]
Ref.: Cabrera & Zardini, 1980.
Nota: Taxón dudoso.

Senecio famatinensis Cabrera
Ref.: Cabrera & Zardini, 1980.
Hábito: Subarbusto.
Status: Endémica.
Elevación: 2500-4000 m.
Prov.: LR.
Ejemplar examinado: *Hieronymus y Niederlein 684* (isotipo, LP).

Senecio fernandezi Phil. = **Senecio molinae** Phil.
Ref.: Cabrera & Zardini, 1980.

Senecio ferruglii Cabrera
Ref.: Cabrera, 1971a; Cabrera & Zardini, 1980.
Hábito: Subarbusto.
Status: Endémica.
Elevación: 0-1200 m.
Prov.: CHU.
Ejemplar examinado: *Ferruglio s.n.* (holotipo, LP).

Senecio feuillei Phil. = **Senecio gilliesianus** Hieron.
Ref.: Cabrera & Zardini, 1980.

Senecio fiebrigianus Cabrera = **Senecio clivicola** Wedd. var. **clivicola**
Ref.: Cabrera, 1985.

Senecio filaginoides DC. var. **filaginoides**
Sin.: *Senecio albicaulis* Hook. & Arn., *Senecio albicaulis* Hook. & Arn. var. *gilliesii* Hook. & Arn., *Senecio albolanatus* Phil., *Senecio caricifolius* Hook. & Arn., *Senecio doeringii* Hieron., *Senecio leuciscus* Phil., *Senecio leyboldtii* Phil., *Senecio meyeni* Phil., *Senecio quenselii* Skottsb., *Senecio sericeus* Kuntze, p.p., *Senecio sericeus* Kuntze var. *gilliesii* (Hook. & Arn.) Kuntze
Ref.: Böcher et al. 1963; Cabrera, 1963a, 1971a; Cabrera & Zardini, 1980.
Hábito: Arbusto.
Status: Nativa.
Elevación: 0-3000 m.
Prov.: BA, CA, CO, CHU, LP, LR, ME, NE, RN, SA, SL, SC, SJ, TF, TU.
Paises limítrofes: CH.
Ejemplar examinado: *Cabrera 18715* (LP).

Senecio filaginoides DC. var. **lobulatus** (Hook. & Arn.) Cabrera
Sin.: *Senecio albicaulis* Hook. & Arn. var. *lobulatus* Hook. & Arn., *Senecio albiflorus* Phil., *Senecio calceiflorus* Cabrera, *Senecio psammophilus* Griseb., *Senecio sericeus* Kuntze var. *candolleanus* Kuntze, hom. illeg.
Ref.: Cabrera, 1939c, 1971a, 1978; Cabrera & Zardini,1980.
Hábito: Arbusto.
Status: Endémica.
Elevación: 0-5000 m.
Prov.: CA, CHU, JU, ME, NE, RN, SA, SC, SJ, TU.
Ejemplar examinado: *Cabrera 22533* (LP).

Senecio fischeri Sch. Bip. = **Erechthites hieracifolia** (L.) Raf. ex DC. var. **cacalioides** (Fisch. ex Spreng.) Griseb.
Ref.: Belcher, 1956.

Senecio fistulosus Poepp. ex DC., hom. illeg. = **Senecio fistulosus** Poepp. ex Less. var. **ochroleucus** (Hook. & Arn.) Cabrera

Senecio fistulosus Poepp. ex Less. var. **fistulosus**
Sin.: *Senecio hualtata* Bertero ex DC.
Ref.: Cabrera, 1949b; Böcher et al., 1963; Cabrera & Zardini, 1980.

Hábito: Hierba.
Status: Nativa.
Elevación: ca. 2100 m.
Prov.: ME.
Paises limítrofes: CH.
Ejemplar examinado: *Cabrera 22828* (LP).

Senecio fistulosus Poepp. ex Less. var. **ochroleucus** (Hook. & Arn.) Cabrera
Sin.: *Senecio fistulosus* Poepp. ex DC., hom. illeg., *Senecio ochroleucus* Hook. & Arn., *Senecio xanthocephalus* Dusén
Ref.: Cabrera, 1949a, 1971a; Cabrera & Zardini, 1980.
Hábito: Hierba.
Status: Nativa.
Elevación: 1200-3500 m.
Prov.: CHU, NE.
Paises limítrofes: CH.
Ejemplar examinado: *Cabrera 6123* (LP).

Senecio flagellifolius Cabrera.
Ref.: Cabrera, 1939c; Cabrera & Zardini, 1980.
Hábito: Arbusto.
Status: Endémica.
Elevación: ca. 2100 m.
Prov.: CA, SA, TU.
Ejemplar examinado: *Meyer et al. 20636* (LP).

Senecio flagellisectus Griseb. = **Senecio rudbeckiifolius** Meyen & Walp.
Ref.: Cabrera & Zardini, 1980.

Senecio floccidus Hombr. & Jacquinot = **Senecio patagonicus** Hook. & Arn. var. **alyssoides** (Sch. Bip.) Cabrera
Ref.: Cabrera & Zardini, 1980.

Senecio forsterii Phil. = **Senecio patagonicus** Hook. & Arn. var. **andersonii** (Hook. f.) Cabrera
Ref.: Cabrera & Zardini, 1980.

Senecio francisci Phil.
Ref.: Cabrera, 1949b; Cabrera & Zardini, 1980.
Hábito: Arbusto.
Status: Nativa.
Elevación: 1900-3000 m.
Prov.: ME.
Paises limítrofes: CH.
Ejemplar examinado: *Ruiz Leal 16842* (LP).

Senecio friesii Cabrera
Ref.: Cabrera, 1978; Cabrera & Zardini, 1980.
Hábito: Subarbusto.
Status: Endémica.
Elevación: 2500-5500 m.
Prov.: JU, SA.
Ejemplar examinado: *Cabrera 22435* (LP).

Senecio fueginus Phil. = **Senecio miser** Hook. f.
Ref.: Cabrera, 1971a; Cabrera & Zardini, 1980.

Senecio ganganensis Cabrera
Ref.: Cabrera, 1971a; Cabrera & Zardini, 1980.
Hábito: Subarbusto.
Status: Endémica.
Elevación: 500-2500 m.
Prov.: CHU, NE.
Ejemplar examinado: *Ruiz Leal 25761* (holotipo, LP).

Senecio gilliesianus Hieron.
Sin.: *Senecio feuillei* Phil., *Senecio gilliesianus* Hieron. var. *glaberrima* Hieron., *Senecio gilliesii* Phil., *Senecio pinnatus* Poir. var. *pectinatus* Baker
Ref.: Cabrera, 1939c; Cabrera & Zardini, 1980.
Hábito: Arbusto.
Status: Endémica.
Elevación: ca. 2500 m.
Prov.: CA, CO, LR, ME, SA, SE, SJ, SL, TU.
Ejemplar examinado: *Hunziker 9892* (LP).

Senecio gilliesianus Hieron. var. *arachnoidea* Hieron. = **Senecio goldsackii** Phil.
Ref.: Cabrera, 1963a; Cabrera & Zardini, 1980.

Senecio gilliesianus Hieron. var. *glaberrima* Hieron. = **Senecio gilliesianus** Hieron.
Ref.: Cabrera & Zardini, 1980.

Senecio gilliesii Phil. = **Senecio gilliesianus** Hieron.
Ref.: Cabrera & Zardini, 1980.

Senecio gilliesii Hook. & Arn. var. **dasycarpus** Cabrera
Ref.: Cabrera, 1971a; Cabrera & Zardini, 1980.
Hábito: Hierba.
Status: Endémica.
Elevación: 500-1500 m.
Prov.: CHU, RN.
Ejemplar examinado: *Soriano 1925* (LP).

Senecio gilliesii Hook. & Arn. var. **gilliesii**
Sin.: *Cacalia candicans* Poepp. ex DC., *Cacalia ? nivea* Kuntze ex DC., *Culcitium dentatum* D. Don ex Hook. & Arn., *Culcitium gilliesii* (Hook. & Arn.) Speg., *Culcitium poeppigii* DC., *Senecio passus-crucis* Kuntze, *Senecio poeppigii* (DC.) Wedd., hom. illeg.
Ref.: Böcher et al., 1963; Cabrera, 1949b, 1971a; Cabrera & Zardini, 1980.
Hábito: Hierba.
Status: Nativa.
Elevación: 300-2500 m.
Prov.: CHU, ME, NE, RN.
Paises limítrofes: CH.
Ejemplar examinado: *Fabris 912* (LP).

Senecio gilvus Phil. = **Senecio gnidiodes** Phil. var. **gilvus** (Phil.) Cabrera
Ref.: Cabrera & Zardini, 1980.

Senecio glaber Less. var. **glaber**
Ref.: Cabrera, 1949b; Cabrera & Zardini, 1980.
Hábito: Subarbusto.
Status: Nativa.
Elevación: ca. 2500 m.
Prov.: ME.
Paises limítrofes: CH.
Ejemplar examinado: *Barros 353* (LP).

Senecio glaber Less. var. **pratensis** (Phil.) Cabrera
Sin.: *Senecio ahrendsi* Phil., *Senecio moelleri* Phil., *Senecio pratensis* Phil.
Ref.: Cabrera, 1949b, 1971a; Cabrera & Zardini, 1980.
Hábito: Subarbusto.
Status: Nativa.
Elevación: 500-2000 m.
Prov.: CHU, NE.
Paises limítrofes: CH.
Ejemplar examinado: *Gentilli 877* (LP).

Senecio glacialis (Meyen & Walp.) Cuatrec. = **Senecio candollii** Wedd.
Ref.: Cabrera & Zardini, 1980.

Senecio glandulosus D. Don ex Hook. & Arn.
Ref.: Cabrera & Zardini, 1980.
Hábito: Subarbusto.
Status: Endémica.
Elevación: ca. 1900 m.
Prov.: ME.
Ejemplar examinado: *Ruiz Leal 21990* (LP).

Senecio gnidiodes Phil. var. **gilvus** (Phil.) Cabrera
Sin.: *Senecio gilvus* Phil.
Ref.: Cabrera, 1949b, 1971a; Cabrera & Zardini, 1980.
Hábito: Subarbusto.
Status: Nativa.
Elevación: ca. 1000 m.
Prov.: NE, RN.
Paises limítrofes: CH.
Ejemplar examinado: *Burkart 6257* (LP).

Senecio gnidiodes Phil. var. **gnidioides**
Ref.: Cabrera, 1949b, 1971a; Cabrera & Zardini, 1980.
Hábito: Subarbusto.
Status: Nativa.
Elevación: ca. 1000 m.
Prov.: NE, RN.
Paises limítrofes: CH.
Ejemplar examinado: *Cabrera 5851* (LP).

Senecio goldsackii Phil.
Sin.: *Senecio gilliesianus* Hieron. var. *arachnoidea* Hieron., *Senecio stipellatus* O. Hoffm.
Ref.: Böcher et al., 1963; Cabrera, 1963a, 1971a; Cabrera & Zardini, 1980.
Hábito: Subarbusto.
Status: Endémica.
Elevación: 0-1300 m.
Prov.: BA, CHU, CO, LP, ME, NE, RN, SJ.
Ejemplar examinado: *Maldonado 284* (LP).

Senecio graminifolius Phil. = **Senecio zosterifolius** Hook. & Arn.
Ref.: Cabrera & Zardini, 1980.

Senecio grandjotii Cabrera
Ref.: Böcher et al., 1963; Cabrera & Zardini, 1980.
Hábito: Subarbusto.
Status: Nativa.
Elevación: 2500-3200 m.
Prov.: ME.
Paises limítrofes: CH.
Ejemplar examinado: *Boelcke et al. 17* (LP).

Senecio graveolens Wedd. = **Senecio nutans** Sch. Bip.
Ref.: Cabrera, 1985.

Senecio graveolens Wedd. var. *psiloachaenius* Cabrera = **Senecio nutans** Sch. Bip.
Ref.: Cabrera, 1985.

Senecio grindeliifolius DC.
Ref.: Cabrera & Zardini, 1980.
Hábito: Subarbusto.
Status: Nativa.
Elevación: 2500-3000 m.
Prov.: ME.
Paises limítrofes: CH.
Ejemplar examinado: *Ruiz Leal 11455* (LP).

Senecio grisebachii Baker var. **anomalus** Cabrera
Ref.: Cabrera, 1957a, 1963a, 1974a; Cabrera & Zardini, 1980.
Hábito: Hierba.
Status: Nativa.
Elevación: 0-1000 m.
Prov.: BA, COR, ER, SF.
Paises limítrofes: BR, PA, UR.
Ejemplar examinado: *Pedersen 6610* (LP).

Senecio grisebachii Baker var. **balansae** (Baker) Cabrera
Sin.: *Senecio balansae* Baker
Ref.: Cabrera, 1957a; Cabrera & Zardini, 1980.
Hábito: Hierba.
Status: Nativa.
Elevación: 0-1000 m.
Prov.: CH, FO, MI.
Paises limítrofes: BO, PA.
Ejemplar examinado: *Riguelet 103* (LP).

Senecio grisebachii Baker var. **grisebachii**
Ref.: Cabrera, 1957a, 1963a, 1974a; Cabrera & Zardini, 1980.
Hábito: Hierba.
Status: Nativa.
Elevación: 0-1000 m.
Prov.: BA, CH, COR, ER, FO, SF.
Paises limítrofes: BR, PA, UR.
Ejemplar examinado: *Cabrera 4877* (LP).

Senecio grisebachii Baker var. **leptotus** Cabrera
Ref.: Cabrera, 1957a, 1963a, 1974a; Cabrera & Zardini, 1980.
Hábito: Hierba.
Status: Nativa.
Elevación: 0-1000 m.
Prov.: BA, CH, COR, ER, MI, SF.
Paises limítrofes: BR, UR.
Ejemplar examinado: *Schulz 233* (LP).

Senecio grisebachii Baker var. **schyzotus** Cabrera
Ref.: Cabrera, 1957a, 1963a, 1974a; Cabrera & Zardini, 1980.
Hábito: Hierba.
Status: Nativa.
Elevación: 0-1000 m.
Prov.: BA, CH, COR, ER, SF.
Paises limítrofes: UR.
Ejemplar examinado: *Cabrera 11608* (LP).

Senecio grisebachii Baker var. **subincanus** Cabrera
Ref.: Cabrera, 1957a, 1963a; Cabrera & Zardini, 1980.
Hábito: Hierba.
Status: Nativa.
Elevación: 0-500 m.
Prov.: BA.
Paises limítrofes: UR.
Ejemplar examinado: *Cabrera 6819* (LP).

Senecio grüneri Cabrera = **Senecio trichocodon** Baker
Ref.: Cabrera & Zardini, 1980.

Senecio gummifer Hook. & Arn. = **Senecio chilensis** Less. var. **chilensis**
Ref.: Cabrera, 1971a; Cabrera & Zardini, 1980.

Senecio gymnocaulos Phil.
Ref.: Cabrera, 1949b, 1971a; Cabrera & Zardini, 1980.
Hábito: Hierba.
Status: Nativa.
Elevación: 500-1500 m.
Prov.: NE, RN.
Paises limítrofes: CH.
Ejemplar examinado: *Cabrera 5103* (LP).

Senecio gypsophilus Phil. = **Senecio microphyllus** Phil.
Ref.: Cabrera, 1949b

Senecio hakeifolius Hook. & Arn. var. *adenophyllus* Hook. & Arn. = **Senecio microphyllus** Phil.
Ref.: Cabrera, 1949b.

Senecio haenkei DC.
Sin.: *Senecio chionotus* Phil.
Ref.: Cabrera, 1949b; Cabrera & Zardini, 1980.
Hábito: Subarbusto.
Status: Nativa.
Elevación: 800-3500 m.
Prov.: SJ.
Paises limítrofes: CH.
Ejemplar examinado: *Ruiz Leal y Roig 18926* (LP).

Senecio hatcherianus O. Hoffm.
Ref.: Cabrera, 1971a; Cabrera & Zardini, 1980.
Hábito: Arbusto.
Status: Endémica.
Elevación: 500-2500 m.
Prov.: NE, RN, SC.
Ejemplar examinado: *Larguía 5* (LP).

Senecio hauthalii Kuntze = **Senecio desideratus** DC.
Ref.: Cabrera & Zardini, 1980.

Senecio helgae Cabrera
Ref.: Cabrera, 1978; Cabrera & Zardini, 1980.
Hábito: Hierba.
Status: Endémica.
Elevación: 4300-4600 m.
Prov.: JU.
Ejemplar examinado: *Schwabe et al. 1052* (LP).

Senecio helianthoides Phil. = **Senecio prenanthifolius** Phil.
Ref.: Cabrera & Zardini, 1980.

Senecio heliophytoides Phil. = **Senecio linariifolius** Poepp. ex DC. var. **heliophytoides** (Phil.) Reiche
Ref.: Cabrera & Zardini, 1980.

Senecio heterophyllus DC. = **Senecio pilquensis** H. Buek
Ref.: Cabrera & Zardini, 1980.

Senecio heterotrichus DC.
Sin.: *Senecio maldonadensis* Baker
Ref.: Cabrera, 1957a, 1963a, 1974a; Cabrera & Zardini, 1980.
Hábito: Hierba.
Status: Nativa.
Elevación: 0-500 m.
Prov.: BA, COR, ER, MI.
Paises limítrofes: BR, UR.
Ejemplar examinado: *Báez 62* (LP).

Senecio hickenii Hauman
Sin.: *Senecio clavatus* Hauman
Ref.: Böcher et al., 1963; Cabrera, 1949b; Cabrera & Zardini, 1980.
Hábito: Subarbusto.
Status: Nativa.
Elevación: 2500-4000 m.
Prov.: ME, SJ.
Paises limítrofes: CH.
Ejemplar examinado: *Spegazzini s.n.* (LP).

Senecio hieracifolius L. = **Erechthites hieracifolia** (L.) Raf. ex DC. var. **cacalioides** (Fisch. ex Spreng.) Griseb.
Ref.: Belcher, 1956.

Senecio hieracium J. Rémy
Sin.: *Senecio pearcei* Phil.
Ref.: Cabrera, 1949b, 1971a; Cabrera & Zardini, 1980.
Hábito: Hierba.
Status: Nativa.
Elevación: 300-2500 m.
Prov.: CHU, NE, RN.
Paises limítrofes: CH.
Ejemplar examinado: *Cabrera 6173* (LP).

Senecio hieronymi Griseb.
Sin.: *Senecio charaguensis* Cuatrec., *Senecio tafiensis* Cabrera
Ref.: Cabrera, 1939c, 1978, 1985; Cabrera & Zardini, 1980.
Hábito: Subarbusto.
Status: Nativa.
Elevación: ca. 3500 m.
Prov.: CA, CH, CO, JU, LR, ME, SA, SJ, TU.
Paises limítrofes: BO.
Ejemplar examinado: *Cabrera 12983* (LP).

Senecio hirthi Phil. = **Senecio philippii** Sch. Bip. ex Wedd.
Ref.: Cabrera & Zardini, 1980.

[Senecio hirtus Cabrera]
Ref.: Cabrera, 1935, 1949.
Nota: Cita dudosa para la flora argentina.

Senecio hjertingii Cabrera
Ref.: Cabrera & Zardini, 1980.
Hábito: Arbusto.

Status: Endémica.
Elevación: ca. 2300 m.
Prov.: ME.
Ejemplar examinado: *Böcher et al. 2055* (holotipo, LP).

Senecio hookeri Hombr. & Jacquinot = **Senecio patagonicus** Hook. & Arn. var. **patagonicus**
Ref.: Cabrera & Zardini, 1980.

Senecio hollermayeri Cabrera = **Senecio chionophilus** Phil.

Senecio hualtaranensis Petenatti, Ariza & Del Vitto
Ref.: Petenatti et al., 1994.
Hábito: Subarbusto.
Status: Endémica.
Elevación: 500-1000 m.
Prov.: SL.
Ejemplar examinado: *Del Vitto y Petenatti 6098* (isotipo, CORD).

Senecio hualtata Bertero ex DC. = **Senecio fistulosus** Poepp. ex Less. var. **fistulosus**
Ref.: Cabrera & Zardini, 1980.

Senecio huitrinicus Cabrera
Ref.: Cabrera, 1971a; Cabrera & Zardini, 1980.
Hábito: Arbusto.
Status: Endémica.
Elevación: 500-1000 m.
Prov.: NE.
Ejemplar examinado: *Ruiz Leal 26730* (LP).

Senecio humifusus (Hook. f.) Cabrera
Sin.: *Melalema humifusa* Hook. f., *Senecio darwinii* Hook. & Arn. var. *eradiatus* A. Gray
Ref.: Cabrera, 1971a; Cabrera & Zardini, 1980; Moore, 1983; Marticorena & Quezada, 1985.
Hábito: Hierba.
Status: Nativa.
Elevación: 0-500 m.
Prov.: TF.
Paises limítrofes: CH.
Ejemplar examinado: *Alboff 481* (LP).

Senecio humillimus Sch. Bip. ex Wedd.
Sin.: *Senecio humillimus* Sch. Bip. ex Wedd. var. *fruticulosus* Wedd., *Senecio humillimus* Sch. Bip. ex Wedd. var. *melanolepis* Wedd., *Senecio pulviniformis* Hieron.
Ref.: Cabrera, 1935, 1985, 1978; Cabrera & Zardini, 1980.
Hábito: Hierba.
Status: Nativa.
Elevación: 3700-4800 m.
Prov.: JU.
Paises limítrofes: BO, CH.
Ejemplar examinado: *Cabrera y Hernández 13979* (LP).

Senecio humillimus Sch. Bip. ex Wedd. var. *fruticulosus* Wedd. = **Senecio humillimus** Sch. Bip. ex Wedd.
Ref.: Cabrera, 1985.

Senecio humillimus Sch. Bip. ex Wedd. var. *melanolepis* Wedd. = **Senecio humillimus** Sch. Bip. ex Wedd.
Ref.: Cabrera, 1985.

Senecio hyadesii Franch. = **Senecio leucomallus** A. Gray var. **leucomallus**
Ref.: Cabrera, 1971a; Cabrera & Zardini, 1980.

Senecio hygrophilus Cuatrec. = **Senecio burkartii** Cabrera
Ref.: Cabrera, 1939c, 1985; Cabrera & Zardini 1980.

Senecio hypsophilus Phil. = **Senecio aspericaulis** J. Rémy
Ref.: Cabrera, 1971a; Cabrera & Zardini, 1980.

Senecio ibari Phil. = **Senecio tricuspidatus** Hook. & Arn. var. **dentatus** (Sch. Bip.) Cabrera
Ref.: Cabrera & Zardini, 1980.

Senecio iberidifolius Phil., p.p. = **Senecio bipontinii** Wedd.
Ref.: Cabrera & Zardini, 1980.

Senecio iberidifolius Phil., p.p. = **Senecio crithmoides** Hook. & Arn.
Ref.: Cabrera & Zardini, 1980.

Senecio icoglossus DC. var. *araneosus* DC. = **Senecio pulcher** Hook. & Arn.
Ref.: Cabrera & Zardini, 1980.

Senecio icoglossus DC. var. **splendens** Cabrera
Ref.: Cabrera, 1974a; Cabrera & Zardini, 1980.
Hábito: Hierba.
Status: Nativa.
Elevación: 0-1000 m.
Prov.: COR, ER, MI.
Paises limítrofes: BR, PA.
Ejemplar examinado: *Cabrera 11888* (LP).

Senecio illapelinus Phil.
Ref.: Cabrera, 1949b; Cabrera & Zardini, 1980.
Hábito: Subarbusto.
Status: Nativa.
Elevación: 3000-4000 m.
Prov.: SJ.
Paises limítrofes: CH.
Ejemplar examinado: *Pérez Moreau y Perrone s.n.* (LP).

Senecio incae Phil. = **Senecio uspallatensis** Hook. & Arn.
Ref.: Cabrera & Zardini, 1980.

Senecio incognitus Cabrera = **Senecio madagascariensis** Poir.
Ref.: Cabrera & Zardini, 1980.

Senecio infimus Cabrera
Ref.: Cabrera, 1978; Cabrera & Zardini, 1980.
Hábito: Hierba.
Status: Endémica.
Elevación: 3000-4000 m.
Prov.: JU, SA.
Ejemplar examinado: *Fabris et al. 5799* (LP).

Senecio innovans Klatt = **Senecio subulatus** D. Don ex Hook. & Arn. var. **salsus** (Griseb.) Cabrera
Ref.: Cabrera, 1985.

Senecio inutilis Speg. = **Senecio bracteolatus** Hook. & Arn. var. **valderramae** (Phil.) Cabrera
Ref.: Cabrera & Zardini, 1980.

Senecio jaffuelii Cabrera
Ref.: Cabrera, 1949b; Cabrera & Zardini, 1980.
Hábito: Subarbusto.
Status: Nativa.
Elevación: 1500-3500 m.
Prov.: ME, SJ.
Paises limítrofes: CH.
Ejemplar examinado: *Burkart 14334* (SI).

Senecio jarae Phil.
Ref.: Cabrera, 1939c, 1949b, 1978, 1985; Cabrera & Zardini, 1980.
Hábito: Hierba.
Status: Nativa.
Elevación: ca. 4000 m.
Prov.: CA, JU, LR, ME, NE, SA, SJ, TU.
Paises limítrofes: BO, CH.
Ejemplar examinado: *Cabrera 8371* (LP).

Senecio jobii Cabrera
Ref.: Cabrera, 1971a; Cabrera & Zardini, 1980.
Hábito: Arbusto.
Status: Endémica.
Elevación: 500-1500 m.
Prov.: ME, NE.
Ejemplar examinado: *Ragonese 256* (LP).

Senecio jodopappus Sch. Bip. ex Wedd. = **Chersodoma jodopappa** (Sch. Bip. ex Wedd.) Cabrera
Ref.: Cabrera, 1978.

Senecio jujuyensis Cabrera
Ref.: Cabrera, 1978; Cabrera & Zardini, 1980.
Hábito: Subarbusto.
Status: Endémica.
Elevación: 3600-4200 m.
Prov.: JU.
Ejemplar examinado: *Cabrera 12104* (LP).

Senecio julianus Speg.
Ref.: Cabrera, 1971a; Cabrera & Zardini, 1980.
Hábito: Hierba.
Status: Endémica.
Elevación: 0-600 m.
Prov.: SC.
Ejemplar examinado: *O'Donell 3923* (LP).

Senecio julietti Phil. = **Senecio bipontinii** Wedd.
Ref.: Cabrera & Zardini, 1980.

Senecio juncalensis Phil. = **Senecio chrysolepis** Phil.
Ref.: Cabrera & Zardini, 1980.

Senecio keshua Cabrera
Sin.: *Culcitium oligocephalum* Cabrera
Ref.: Cabrera, 1978; Cabrera & Zardini, 1980.
Hábito: Hierba.
Status: Endémica.
Elevación: 4000-5000 m.
Prov.: JU.
Ejemplar examinado: *Castillón 7001* (LIL).

Senecio kingii Hook. f. var. **kingii**
Ref.: Cabrera, 1949b, 1971a; Cabrera & Zardini, 1980; Moore, 1983.
Hábito: Hierba.
Status: Nativa.
Elevación: 0-1200 m.
Prov.: CHU, RN, SC, TF.
Paises limítrofes: CH.
Ejemplar examinado: *Soriano 3945* (LP).

Senecio kingii Hook. f. var. **paradoxus** (Albov ex Kurtz) Cabrera
Sin.: *Senecio kurtzii* Albov, *Senecio paradoxus* Albov ex Kurtz, *Senecio poculiferus* S. Moore
Ref.: Cabrera, 1949b, 1971a; Cabrera & Zardini, 1980.
Hábito: Hierba.
Status: Nativa.
Elevación: 0-1200 m.
Prov.: CHU, ME, NE, RN, SC, TF.
Paises limítrofes: CH.
Ejemplar examinado: *Diem 2862* (LP).

Senecio kingii Hook. f. f. *subdiscoideus* (Sch. Bip. ex Wedd.) Hosseus = **Senecio subdiscoideus** Sch. Bip. ex Wedd.
Ref: Cabrera, 1971a; Cabrera & Zardini, 1980.

Senecio krapovickasii Cabrera
Ref.: Cabrera & Zardini, 1980.
Hábito: Hierba.
Status: Endémica.
Elevación: 4300-4700 m.
Prov.: LR.
Ejemplar examinado: *Krapovickas 6309* (isotipo, LP).

Senecio kunturinus Cabrera
Ref.: Cabrera & Zardini, 1980.
Hábito: Hierba.
Status: Endémica.
Elevación: 4000-4500 m.
Prov.: SA.
Ejemplar examinado: *Rodríguez 1362* (holotipo, LP).

Senecio kurtzii Albov = **Senecio kingii** Hook. f. var. **paradoxus** (Albov ex Kurtz) Cabrera
Ref.: Cabrera & Zardini, 1980.

Senecio kurtzii Phil. = **Senecio smithii** DC.
Ref.: Cabrera & Zardini, 1980.

Senecio lacarensis Phil. = **Senecio linariifolius** Poepp. ex DC. var. **heliophytoides** (Phil.) Reiche
Ref.: Cabrera & Zardini, 1980.

Senecio laetevirens Phil.
Ref.: Cabrera, 1949b; Cabrera & Zardini, 1980.
Hábito: Subarbusto.
Status: Nativa.
Elevación: 2000-3000 m.
Prov.: ME.
Paises limítrofes: CH.
Ejemplar examinado: *King s.n.* (LP).

Senecio lanosissimus Cabrera.
Ref.: Cabrera & Zardini, 1980.
Hábito: Subarbusto.
Status: Endémica.
Elevación: 2000-4000 m.
Prov.: LR.
Ejemplar examinado: *Hieronymus y Niederlein 510* (isotipo, LP).

Senecio laseguei Hombr. & Jacquinot
Sin.: *Senecio danyausii* Hombr. & Jacquinot var. *intermedius* Sch. Bip., *Senecio magellanensis* Macloskie, *Senecio magellanicus* Phil., *Senecio philippii* De Wild.
Ref.: Cabrera, 1949b, 1971a; Cabrera & Zardini, 1980; Moore, 1983.
Hábito: Hierba.
Status: Nativa.
Elevación: 0-600 m.
Prov.: SC, TF.
Paises limítrofes: CH.
Ejemplar examinado: *Miccio 51* (LP).

Senecio lechleri Phil. = **Senecio patagonicus** Hook. & Arn. var. **patagonicus**
Ref.: Cabrera & Zardini, 1980.

Senecio leuciscus Phil. = **Senecio filaginoides** DC. var. **filaginoides**
Ref.: Cabrera & Zardini, 1980.

Senecio leucomallus A. Gray var. **incisus** A. Gray
Ref.: Cabrera, 1949b, 1971a; Cabrera & Zardini, 1980.
Hábito: Subarbusto.
Status: Nativa.
Elevación: 0-1500 m.
Prov.: SC, TF.
Paises limítrofes: CH.
Ejemplar examinado: *Alboff 547* (LP).

Senecio leucomallus A. Gray var. **leucomallus**
Sin.: *Senecio hyadesii* Franch.
Ref.: Cabrera, 1949b, 1971a; Cabrera & Zardini, 1980.
Hábito: Subarbusto.
Status: Nativa.
Elevación: 0-1200 m.
Prov.: SC, TF.
Paises limítrofes: CH.
Ejemplar examinado: *Alboff 356* (LP).

Senecio leucopeplus Cabrera
Sin.: *Senecio candolleanus* Hook. & Arn., hom. illeg.
Ref.: Cabrera & Zardini, 1980.
Hábito: Subarbusto.
Status: Endémica.
Prov.: BA.
Elevación: 0-1000 m.
Ejemplar examinado: *Cabrera 4432* (LP).

Senecio leucophyton Phil.
Ref.: Cabrera, 1949b, 1971a; Cabrera & Zardini, 1980.
Hábito: Subarbusto.
Status: Nativa.
Elevación: 300-1500 m.
Prov.: NE.
Paises limítrofes: CH.
Ejemplar examinado: *Boelcke et al. 11122* (LP).

Senecio leucostachys Baker
Sin.: *Senecio albicaulis* Hook. & Arn. var. *pinnatifidus* Hook. & Arn.
Ref.: Cabrera & Zardini, 1980.
Hábito: Subarbusto.
Status: Endémica.
Elevación: 0-500 m.
Prov.: BA, CA, CO, LR, NE, ME, RN, SJ.
Ejemplar examinado: *Mauri 22* (LP).

Senecio leucus Phil.
Ref.: Cabrera, 1949b; Cabrera & Zardini, 1980.
Hábito: Arbusto.
Status: Nativa.
Elevación: 2500-3500 m.
Prov.: SA.
Paises limítrofes: CH.
Ejemplar examinado: *Spegazzini s.n.* (LP).

Senecio leyboldtii Phil. = **Senecio filaginoides** DC. var. **filaginoides**
Ref.: Cabrera & Zardini, 1980.

Senecio lilloi Cabrera
Ref.: Cabrera & Zardini, 1980.
Hábito: Subarbusto.
Status: Endémica.
Elevación: 0-1000 m.
Prov.: LR.
Ejemplar examinado: *Hieronymus y Niderlein 333* (isotipo, LP).

Senecio limbardioides Hook. & Arn. = **Senecio arnotii** Hook. f.
Ref.: Cabrera, 1971a; Cabrera & Zardini, 1980.

Senecio limbardioides Hook. & Arn. var. *β* Hook. & Arn. = **Senecio arnotii** Hook. f.
Ref.: Cabrera, 1971a; Cabrera & Zardini, 1980.

Senecio linariifolius Poepp. ex DC. var. *angustissimus* (Phil.) Speg. = **Senecio angustissimus** Phil.
Ref.: Cabrera & Zardini, 1980.

Senecio linariifolius Poepp. ex DC. var. *discoideus* Kuntze = **Senecio polygaloides** Phil.
Ref.: Cabrera & Zardini, 1980.

Senecio linariifolius Poepp. ex DC. var. **heliophytoides** (Phil.) Reiche
Sin.: *Senecio heliophytoides* Phil., *Senecio lacarensis* Phil.
Ref.: Cabrera, 1949b, 1971a; Cabrera & Zardini, 1980.
Hábito: Subarbusto.
Status: Nativa.
Elevación: 500-2500 m.
Prov.: CHU, NE.
Paises limítrofes: CH.
Ejemplar examinado: *Cabrera 5129* (LP).

Senecio linariifolius Poepp. ex DC. var. **linariifolius**
Sin.: *Senecio promaucanus* Phil.
Ref.: Cabrera, 1949b, 1971a; Cabrera & Zardini, 1980.
Hábito: Subarbusto.
Status: Nativa.
Elevación: 500-2000 m.
Prov.: CHU, NE, RN.

Paises limítrofes: CH.
Ejemplar examinado: *Cabrera 6138* (LP).

Senecio linariifolius Poepp. ex DC. var. *subdiscoideus* DC. = **Senecio subumbellatus** Phil.
Ref.: Cabrera & Zardini, 1980.

Senecio linariifolius Poepp. ex DC. var. **subtomentosus** Cabrera
Ref.: Cabrera, 1971a; Cabrera & Zardini, 1980.
Hábito: Subarbusto.
Status: Endémica.
Elevación: 500-1500 m.
Prov.: RN.
Ejemplar examinado: *Cabrera 5010* (LP).

Senecio linariifolius Poepp. ex DC. var. *tenuifolius* DC. = **Senecio polygaloides** Phil.
Ref.: Cabrera & Zardini, 1980.

Senecio linearifolius Colla = **Senecio chilensis** Less. var. **chilensis**
Ref.: Cabrera, 1971a; Cabrera & Zardini, 1980.

Senecio lithostaurus Cabrera
Sin.: *Senecio remyanus* Phil. f. *eradiatus* Kuntze
Ref.: Böcher et al., 1963; Cabrera, 1949b, 1971a; Cabrera & Zardini, 1980.
Hábito: Subarbusto.
Status: Nativa.
Elevación; 2000-3500 m.
Prov.: ME, NE.
Paises limítrofes: CH.
Ejemplar examinado: *Frenguelli 520* (LP).

Senecio littoralis Gaudich.
Sin.: *Senecio darwinii* Hook. & Arn. f. *falklandicus* (Hook. f.) Skottsb., *Senecio falklandicus* Hook., *Senecio littoralis* Gaudich. var. *lanata* Gaudich.
Ref.: Cabrera, 1971a; Cabrera & Zardini, 1980.
Hábito: Arbusto.
Status: Endémica.
Elevación: 0-500 m.
Prov.: TF.
Ejemplar examinado: *Moore 773* (LP).

Senecio littoralis J. Rémy, hom. illeg. = **Senecio vaginatus** Hook. & Arn.
Ref.: Cabrera & Zardini, 1980.

Senecio littoralis Gaudich. var. *glabrata* Gaudich. = **Senecio vaginatus** Hook. & Arn.
Ref.: Cabrera & Zardini, 1980.

Senecio littoralis Gaudich. var. *lanata* Gaudich. = **Senecio littoralis** Gaudich.
Ref.: Cabrera & Zardini, 1980.

Senecio longipes Hook. f = **Senecio tricuspidatus** Hook. & Arn. var. **dentatus** (Sch. Bip.) Cabrera
Ref.: Cabrera & Zardini, 1980.

Senecio longipes Hook. f. var. *dentatus* Sch. Bip. = **Senecio tricuspidatus** Hook. & Arn. var. **dentatus** (Sch. Bip.) Cabrera
Ref.: Cabrera & Zardini, 1980.

Senecio longipes Hook. f. var. *integrifolius* Sch. Bip. = **Senecio tricuspidatus** Hook. & Arn. var. **dentatus** (Sch. Bip.) Cabrera
Ref.: Cabrera & Zardini, 1980.

Senecio looseri Cabrera
Ref.: Cabrera 1949b; Cabrera & Zardini, 1980.
Hábito: Subarbusto.
Status: Nativa.
Elevación: 2500-3000 m.
Prov.: ME, SJ.
Paises limítrofes: CH.
Ejemplar examinado: *Fabris y Marchionni 2355* (LP).

Senecio lorentziella Hicken
Sin.: *Senecio depressus* Hauman, hom. illeg., *Senecio lorentzii* Phil.
Ref.: Cabrera, 1949b; Cabrera & Zardini, 1980.
Hábito: Subarbusto.
Status: Nativa.
Elevación: 2500-3500 m.
Prov.: ME, SJ.
Paises limítrofes: CH.
Ejemplar examinado: *Spegazzini s.n.* (LP).

Senecio lorentzii Phil. = **Senecio lorentziella** Hicken
Ref.: Cabrera & Zardini, 1980.

Senecio lorentzii Griseb.
Sin.: *Senecio lorentzii* Griseb. var. *latifolius* Cabrera, *Senecio lorentzii* Griseb. var. *radiatus* Cabrera.
Ref.: Cabrera, 1939c, 1978; Cabrera & Zardini, 1980.
Hábito: Hierba.
Status: Endémica.
Elevación: 2200-3400 m.
Prov.: CA, JU, SA, TU.
Ejemplar examinado: *Cabrera y Solbrig 16934* (LP).

Senecio lorentzii Griseb. var. *latifolius* Cabrera = **Senecio lorentzii** Griseb.
Ref.: Cabrera & Zardini, 1980.

Senecio lorentzii Griseb. var. *radiatus* Cabrera = **Senecio lorentzii** Griseb.
Ref.: Cabrera & Zardini, 1980.

Senecio maculatus Cabrera
Ref.: Cabrera, 1939c; Cabrera & Zardini, 1980.
Hábito: Hierba.
Status: Endémica.
Elevación: 4000-4300 m.
Prov.: CA, SA, TU.
Ejemplar examinado: *Rodríguez 8147* (LP).

Senecio madagascariensis Poir.
Sin.: *Senecio burchelli* auct. non (DC.) Cabrera, *Senecio incognitus* Cabrera
Ref.: Cabrera & Zardini, 1980; Muñoz, 1995.
Hábito: Hierba.
Status: Adventicia.
Elevación: 0-1500 m.
Prov.: BA, CO, ER, JU, ME, SF.
Paises limítrofes: BR.
Ejemplar examinado: *Solbrig 1073*(LP).

Senecio maeviae Cabrera
Ref.: Cabrera, 1971a; Cabrera & Zardini, 1980.
Hábito: Subarbusto.
Status: Endémica.
Elevación: 600-2100 m.
Prov.: NE, ME.
Ejemplar examinado: *Ruiz Leal 24386* (LP).

Senecio magellanensis Macloskie = **Senecio laseguei** Hombr. & Jacquinot
Ref.: Cabrera & Zardini, 1980.

Senecio magellanicus Hook. & Arn.
Sin.: *Culcitium magellanicum* Hombr. & Jacquinot, *Culcitium magellanicum* Hombr. & Jacquinot f. *angustifolia* Skottsb., *Culcitium magellanicum* Hombr. & Jacquinot f. *typica* Skottsb., nom. inval., *Senecio tunicatus* Kuntze
Ref.:Cabrera, 1971a; Cabrera & Zardini, 1980; Moore, 1983; Marticorena & Quezada, 1985.
Hábito: Hierba.
Status: Nativa.
Elevación: 250-2500 m
Prov.: SC, TF.
Paises limítrofes: CH.
Ejemplar examinado: *Hunziker 6602* (LP).

Senecio magellanicus Phil. = **Senecio laseguei** Hombr. & Jacquinot
Ref.: Cabrera & Zardini, 1980.

Senecio maldonadensis Baker = **Senecio heterotrichus** DC.
Ref.: Cabrera & Zardini, 1980.

Senecio mandonianus Wedd. = **Senecio candollii** Wedd.
Ref.: Cabrera & Zardini, 1980.

Senecio manguensis Cabrera & Zardini
Ref.: Cabrera & Zardini, 1980.
Hábito: Subarbusto.
Status: Endémica.
Elevación: 1700-1900 m.
Prov.: ME, SJ.
Ejemplar examinado: *Carette 21* (isotipo, LP).

Senecio martinensis Dusén
Ref.: Cabrera, 1971a; Cabrera & Zardini, 1980.
Hábito: Hierba.
Status: Nativa.
Elevación: 300-3500 m.
Prov.: CHU, SC.
Paises limítrofes: CH.
Ejemplar examinado: *Kolowsky s.n.* (LP).

Senecio medicinalis Phil. = **Senecio oreophyton** J. Rémy
Ref.: Cabrera & Zardini, 1980.

Senecio megaoreinus Zardini
Ref.: Cabrera & Zardini, 1980.
Hábito: Subarbusto.
Status: Endémica.
Elevación: 500 m.
Prov.: RN.
Ejemplar examinado: *Piccinini et al. 2375* (LP).

Senecio megapotamicus H. Buek = **Senecio brasiliensis** (Spreng.) Less. var. **tripartitus** (DC.) Baker
Ref.: Cabrera, 1963a; Cabrera & Zardini, 1980.

Senecio melanopotamicus Cabrera
Ref.: Cabrera, 1963a, 1971a; Cabrera & Zardini, 1980.
Hábito: Arbusto.
Status: Endémica.
Elevación: 0-600 m.
Prov.: BA, RN.
Ejemplar examinado: *Birabén 3005* (LP).

Senecio mendocinus Phil. = **Senecio subulatus** D. Don ex Hook. & Arn. var. **erectus** Hook. & Arn.
Ref.: Cabrera, 1963a; Cabrera & Zardini, 1980.

Senecio mendocinus Phil. f. *saltensis* Hicken = **Senecio octolepis** Griseb. var. **saltensis** (Hicken) Cabrera
Ref.: Cabrera & Zardini, 1980.

Senecio meyeni Phil. = **Senecio filaginoides** DC. var. **filaginoides**
Ref.: Cabrera & Zardini, 1980.

Senecio microcephalus Phil. var. **angustifolius** Cabrera
Ref.: Cabrera, 1949b, 1971a; Cabrera & Zardini, 1980.
Hábito: Arbusto.
Status: Nativa.
Elevación: 600-1500 m.
Prov.: NE, RN.
Paises limítrofes: CH.
Ejemplar examinado: *Cabrera y Job 363* (holotipo, LP).

Senecio microcephalus Phil. var. **microcephalus**
Ref.: Cabrera, 1971a; Cabrera & Zardini, 1980; Marticorena & Quezada, 1985.
Hábito: Arbusto.
Status: Nativa.
Elevación: 600-1500 m.
Prov.: NE, RN.
Paises limítrofes: CH.
Ejemplar examinado: *Cabrera 5108* (LP).

Senecio microphyllus Phil.
Sin.: *Senecio alfalfalis* Phil., *Senecio bowenkampi* Phil., *Senecio gypsophilus* Phil., *Senecio hakeifolius* Hook. & Arn. var. *adenophyllus* Hook. & Arn.
Ref.: Cabrera, 1949b; Cabrera & Zardini, 1980.
Hábito: Arbusto.
Status: Nativa.
Elevación: 1500-2700 m.
Prov.: ME, SJ.
Paises limítrofes: CH.
Ejemplar examinado: *Pérez Moreau y Perrone s.n.* (LP ex BA 55197).

Senecio micropifolius DC. var. *monocephalus* DC. = **Senecio poeppigii** Hook. & Arn. var. **poeppigii**
Ref.: Cabrera & Zardini, 1980.

Senecio mikanioides Otto ex Walp.
Sin.: *Senecio scandens* DC.
Ref.: Cabrera 1949b, 1957a; 1963a; Cabrera & Zardini, 1980.
Hábito: Hierba.

Status: Adventicia.
Prov.: BA, CO.
Elevación: 0-600 m.
Paises limítrofes: CH, UR.
Ejemplar examinado: *Cabrera 329* (LP).

Senecio miser Hook. f.
Sin.: *Senecio ericoides* Reiche, *Senecio fueginus* Phil, *Senecio miser* Hook. f. *major* Albov, *Senecio prichardii* S. Moore, *Senecio verruculosus* Kuntze, *Senecio verruculosus* Kuntze var. *dentatus* Kuntze, *Senecio verruculosus* Kuntze var. *subulatus* Kuntze.
Ref.: Cabrera, 1949b, 1971a; Cabrera & Zardini, 1980; Moore, 1983.
Hábito: Subarbusto.
Status: Nativa.
Elevación: 0-1000 m.
Prov.: CHU, SC, TF.
Paises limítrofes: CH.
Ejemplar examinado: *Illín s.n.* (LP).

Senecio miser Hook. f. f. *major* Albov = **Senecio miser** Hook. f.
Ref.: Cabrera & Zardini, 1980.

Senecio miser Hook. f. var. *tehuelches* Speg. = **Senecio tehuelches** (Speg.) Cabrera
Ref.: Cabrera & Zardini, 1980.

Senecio missionum Cabrera = **Senecio pluricephalus** Cabrera
Ref.: Cabrera & Zardini, 1980.

Senecio modestus Phil., hom. illeg. = **Senecio werdermanii** Greenm.
Ref.: Cabrera & Zardini, 1980.

Senecio moelleri Phil. = **Senecio glaber** Less. var. **pratensis** (Phil.) Cabrera
Ref.: Cabrera & Zardini, 1980.

Senecio molinae Phil.
Sin.: *Senecio delfinii* Phil., *Senecio fernandezi* Phil., *Senecio phyllocomus* Phil., *Senecio pratensis* Phil. var. *delfinii* (Phil.) Reiche
Ref.: Cabrera, 1949b, 1971a; Cabrera & Zardini, 1980.
Hábito: Subarbusto.
Status: Nativa.
Elevación: 300-3000 m.
Prov.: CHU, NE.
Paises limítrofes: CH.
Ejemplar examinado: *Cabrera 5119* (LP).

Senecio montevidensis (Spreng.) Baker
Sin.: *Cineraria montevidensis* Spreng., *Senecio chilensis* Baker, *Senecio cuspidatus* DC., *Senecio cuspidatus* DC. var. *montevidensis* (Spreng.) Kuntze
Ref.: Cabrera, 1935, 1939c, 1957a, 1963a, 1971a; Cabrera & Zardini, 1980.
Hábito: Hierba.
Status: Nativa.
Elevación: 0-1000 m.
Prov.: BA, CA, CO, ER, LP, RN, SF, SL, TU .
Paises limítrofes: BR, UR.
Ejemplar examinado: *Cabrera 6962* (LP).

Senecio monticola Phil., hom. illeg. = **Senecio oreinus** Cabrera
Ref.: Cabrera & Zardini, 1980.

Senecio morenonis Kuntze = **Senecio sericeo-nitens** Speg.
Ref.: Cabrera & Zardini, 1980.

Senecio multibracteatus Phil. = **Senecio polygaloides** Phil.
Ref.: Cabrera & Zardini, 1980.

Senecio multicaulis Poepp., hom. illeg. = **Senecio subumbellatus** Phil.
Ref.: Cabrera & Zardini, 1980.

Senecio mustersii Speg. var. **dentatus** Cabrera
Ref.: Cabrera, 1971a; Cabrera & Zardini, 1980.
Hábito: Subarbusto.
Status: Nativa.
Elevación: 1000-1500 m.
Prov.: RN, SC.
Ejemplar examinado: *Hauthal s.n.* (LP).

Senecio mustersii Speg. var. **mustersii**
Ref.: Cabrera, 1971a; Cabrera & Zardini, 1980.
Hábito: Subarbusto.
Status: Endémica.
Elevación: 0-1600 m.
Prov.: CHU, RN, SC.
Ejemplar examinado: *Cabrera 12* (LP).

Senecio myriocephalus Baker, hom. illeg. = **Senecio pluricephalus** Cabrera
Ref.: Cabrera & Zardini, 1980.

Senecio nahuelbutanus Phil. = **Senecio angustissimus** Phil.
Ref.: Cabrera & Zardini, 1980.

Senecio neaei DC. var. **incisus** DC.
Sin.: *Senecio sericeus* Kuntze var. *incisus* (DC.) Kuntze
Ref.: Cabrera, 1949b, 1971a; Cabrera & Zardini, 1980.
Hábito: Subarbusto.
Status: Nativa.
Elevación: 0-1200 m.
Prov.: ME, SC.
Paises limítrofes: CH.
Ejemplar examinado: *Cabrera 25914* (LP).

Senecio neaei DC. var. **neaei**
Sin.: *Senecio sericeus* Kuntze var. *neaei* (DC.) Kuntze
Ref.: Cabrera, 1949b, 1971a; Cabrera & Zardini, 1980.
Hábito: Subarbusto.
Status: Nativa.
Elevación: 300-1500 m.
Prov.: CHU, ME, NE, SC.
Paises limítrofes: CH.
Ejemplar examinado: *Cabrera 4* (LP).

Senecio neosessilis Cuatrec. = **Senecio culcitenellus** Cuatrec.
Ref.: Cabrera & Zardini, 1980.

Senecio neuquensis Cabrera = **Senecio triodon** Phil. var. **neuquensis** (Cabrera) Cabrera
Ref.: Cabrera & Zardini, 1980.

Senecio niederleinii Cabrera
Ref.: Cabrera & Zardini, 1980.
Hábito: Subarbusto.
Status: Endémica.
Elevación: 1500-2500 m.
Prov.: LR.
Ejemplar examinado: *Hieronymus y Niederlein 692* (isotipo, LP).

Senecio nordenskjöldii O. Hoffm. = **Senecio tricuspidatus** Hook. & Arn. var. **tricuspidatus**
Ref.: Cabrera & Zardini, 1980.

Senecio nordenskjöldii O. Hoffm. var. *simplicior* O. Hoffm. = **Senecio tricuspidatus** Hook. & Arn. var. **tricuspidatus**
Ref.: Cabrera & Zardini, 1980.

Senecio nutans Sch. Bip.
Sin.: *Senecio graveolens* Wedd., *Senecio graveolens* Wedd. var. *psiloachaenius* Cabrera, *Senecio psychrophilus* Wedd.
Ref.: Cabrera, 1939c, 1949b, 1978, 1985; Cabrera & Zardini, 1980.
Hábito: Arbusto.
Status: Nativa.
Elevación: 3500-5000 m.
Prov.: CA, JU, LR, SA, TU.
Paises limítrofes: BO, CH.
Ejemplar examinado: *Cabrera 8765* (LP).

Senecio obesus Klatt
Ref.: Cabrera, 1971a; Cabrera & Zardini, 1980.
Hábito: Subarbusto.
Status: Endémica.
Elevación: 600-1500 m.
Prov.: NE, RN.
Ejemplar examinado: *Cabrera et al. 22847* (LP).

Senecio obtectus Kuntze
Ref.: Cabrera, 1949b; Cabrera & Zardini, 1980.
Hábito: Subarbusto.
Status: Nativa.
Elevación: ca. 2500 m.
Prov.: ME.
Paises limítrofes: CH.
Ejemplar examinado: *Carette s.n.* (SI).

Senecio ochroleucus Hook. & Arn. = **Senecio fistulosus** Poepp. ex Less. var. **ochroleucus** (Hook. & Arn.) Cabrera
Ref.: Cabrera & Zardini, 1980.

Senecio ochroleucus Hook. & Arn. var. *β* Hook. & Arn. =**Senecio bonariensis** Hook. & Arn.
Ref.: Cabrera & Zardini, 1980.

Senecio octolepis Griseb. var. **octolepis**
Ref.: Cabrera, 1939c, 1978; Cabrera & Zardini, 1980.
Hábito: Arbusto.
Status: Endémica.
Elevación: 2000-3000 m.
Prov.: JU.
Ejemplar examinado: *Cabrera 12901* (LP).

Senecio octolepis Griseb. var. **saltensis** (Hicken) Cabrera
Sin.: *Senecio mendocinus* Phil. f. *saltensis* Hicken
Ref.: Cabrera & Zardini, 1980.
Hábito: Arbusto.
Status: Endémica.
Elevación: ca. 3000 m.
Prov.: CA, SA, TU.
Ejemplar examinado: *Rodríguez 1428* (LP).

Senecio odonellii Cabrera
Ref.: Cabrera & Zardini, 1980.
Hábito: Subarbusto.
Status: Endémica.
Elevación: ca. 3000 m.
Prov.: ME.
Ejemplar examinado: *Semper s.n.* (paratipo, LP).

Senecio ombrophyllus Skottsb. = **Senecio acanthifolius** Hombr. & Jacquinot subsp. **acanthifolius**
Ref.: Cabrera & Zardini, 1980.

Senecio oreinus Cabrera
Sin.: *Senecio andicola* Phil., hom. illeg., *Senecio monticola* Phil., hom. illeg.
Ref.: Cabrera, 1949b; Cabrera & Zardini, 1980.
Hábito: Subarbusto.
Status: Nativa.
Elevación: ca. 3000 m.
Prov.: ME.
Paises limítrofes: CH.
Ejemplar examinado: *Roig 4900* (LP).

Senecio oreophyton J. Rémy
Sin.: *Senecio medicinalis* Phil, *Senecio uspallatensis* Hook. & Arn. var. *retroflexus* Hook. & Arn., *Senecio uspallatensis* Hook. & Arn. var. *tenuior* Hook. & Arn.
Ref.: Cabrera, 1949b; Cabrera & Zardini, 1980.
Hábito: Arbusto.
Status: Nativa.
Elevación: 3000-3700 m.
Prov.: LR, ME, SA, SJ.
Paises limítrofes: CH.
Ejemplar examinado: *Rovira 22188* (LP).

Senecio ostenii Mattf.
Ref.: Cabrera & Zardini, 1980.
Hábito: Subarbusto.
Status: Nativa.
Elevación: 0-500 m.
Prov.: BA.
Paises limítrofes: UR.
Ejemplar examinado: *Ruiz Leal 22306* (LP).

Senecio otites Kuntze ex DC.
Sin.: *Senecio chiloensis* Phil., *Senecio otophorus* Phil.
Ref.: Cabrera, 1949b, 1971a; Cabrera & Zardini, 1980.
Hábito: Hierba.
Status: Nativa.
Elevación: 600-1200 m.
Prov.: CHU, NE, RN.
Paises limítrofes: CH.
Ejemplar examinado: *Burkart 6530* (LP).

Senecio otophorus Phil. = **Senecio otites** Kuntze ex DC.
Ref.: Cabrera & Zardini, 1980.

Senecio otopterus Griseb.
Ref.: Cabrera, 1939c, 1978; Cabrera & Zardini, 1980.
Hábito: Hierba.
Status: Endémica.
Elevación: 2000-3000 m.
Prov.: CA, JU, SA, TU.
Ejemplar examinado: *Fabris y Crisci 7049* (LP).

Senecio ovalifolius Turcz. = **Senecio yegua** (Colla) Cabrera
Ref.: Cabrera & Zardini, 1980.

Senecio oxyodon Phil. = **Chersodoma candida** Phil.
Ref.: Cabrera, 1978.

Senecio oxyphyllus DC.
Ref.: Cabrera & Zardini, 1980.
Hábito: Subarbusto.
Status: Nativa.
Prov.: COR.
Elevación: 0-500 m.
Paises limítrofes: BR.
Ejemplar examinado: *Lourteig et al. 2866* (LP).

Senecio pachyphyllos J. Rémy
Sin.: *Senecio domeykoanus* Phil., *Senecio sedifolius* Phil.
Ref.: Cabrera, 1949b, 1971a; Cabrera & Zardini, 1980.
Hábito: Subarbusto.
Status: Nativa.
Elevación: 2400-3500 m.
Prov.: ME, NE, RN.
Paises limítrofes: CH.
Ejemplar examinado: *Ragonese 254* (LP).

Senecio paeninsularis S. Moore = **Senecio tricuspidatus** Hook. & Arn. var. **tricuspidatus**
Ref.: Cabrera & Zardini, 1980.

Senecio palenae Phil. = **Senecio patagonicus** Hook. & Arn. var. **patagonicus**
Ref.: Cabrera & Zardini, 1980.

Senecio pampae Lingelsh. = **Senecio clivicola** Wedd. var. **pampae** (Lingelsh.) Cabrera
Ref.: Cabrera, 1985.

Senecio pampae Lingelsh. var. *penicillatus* Lingelsh. = **Senecio clivicola** Wedd. var. **clivicola**
Ref.: Cabrera, 1985; Cabrera & Zardini, 1980.

Senecio pampeanus Cabrera
Ref.: Cabrera, 1971a, 1985; Cabrera & Zardini, 1980; Muñoz, 1995.
Hábito: Hierba.
Status: Nativa.
Elevación: 0-3500 m.
Prov.: BA, CO, COR, ER, LP, ME, RN, SA, SF, SL.
Paises limítrofes: BO.
Ejemplar examinado: *Cabrera 18594* (LP).

Senecio paradoxus Albov ex Kurtz = **Senecio kingii** Hook. f. var. **paradoxus** (Albov ex Kurtz) Cabrera
Ref.: Cabrera & Zardini, 1980.

Senecio paraguariensis Mattf.
Ref.: Cabrera & Zardini, 1980.
Hábito: Hierba.
Status: Nativa.
Elevación: 0-1000 m.
Prov.: COR, MI.
Paises limítrofes: PA.
Ejemplar examinado: *Grüner 537*(LP).

Senecio parodii Cabrera
Ref.: Cabrera,1971a; Cabrera & Zardini, 1980; Marticorena & Quezada, 1985.
Hábito: Hierba.
Status: Nativa.
Elevación: 300-1200 m.
Prov.: NE, RN.
Paises limítrofes: CH.
Ejemplar examinado: *Cabrera 11489* (LP).

Senecio passus-crucis Kuntze = **Senecio gilliesii** Hook. & Arn. var. **gilliesii**
Ref.: Cabrera & Zardini, 1980.

Senecio patagonicus Phil., hom. illeg. = **Senecio sericeonitens** Speg.
Ref.: Cabrera & Zardini, 1980.

Senecio patagonicus Hook. & Arn. var. **alyssoides** (Sch. Bip.) Cabrera
Sin.: *Senecio danyausii* Homb. & Jacquinot var. *alyssoides* Sch. Bip., *Senecio danyausii* Hombr. & Jacquinot, *Senecio exilis* Hombr. & Jacquinot, *Senecio floccidus* Hombr. & Jacquinot
Ref.: Cabrera, 1949b, 1971a; Cabrera & Zardini, 1980; Moore, 1983.
Hábito: Subarbusto.
Status: Nativa.
Elevación: 0-1200 m.
Prov.: CHU, SC, TF.
Paises limítrofes: CH.
Ejemplar examinado: *Grondona 2305* (LP).

Senecio patagonicus Hook. & Arn. var. **andersonii** (Hook. f.) Cabrera
Sin.: *Senecio andersonii* Hook. f., *Senecio forsterii* Phil.
Ref.: Cabrera 1949b, 1971a; Cabrera & Zardini, 1980; Moore, 1983.
Hábito: Subarbusto.
Status: Nativa.
Elevación: 0-1200 m.
Prov.: CHU, SC, TF.
Paises limítrofes: CH.
Ejemplar examinado: *Maldonado 172* (LP).

Senecio patagonicus Hook. & Arn. var. **lobatifolius** (Hombr. & Jacquinot) Cabrera
Sin.: *Senecio danyausii* Hombr. & Jacquinot var. *lobatifolia* Hombr. & Jacquinot, *Senecio danyausii* Hombr. & Jacquinot var. *β* J. Rémy, *Senecio danyausii* Hombr. & Jacquinot var. *pinnatifidus* Macloskie, *Senecio danyausii* Hombr. & Jacquinot var. *trifurcatus* Sch. Bip., *Senecio xanthoxylon* Phil.
Ref.: Cabrera, 1949b, 1971a; Cabrera & Zardini, 1980.
Hábito: Subarbusto.

Status: Nativa.
Elevación: 0-1200 m.
Prov.: CHU, SC, TF.
Paises limítrofes: CH.
Ejemplar examinado: *Kozlowsky s.n.* (LP).

Senecio patagonicus Hook. & Arn. var. **patagonicus**.
Sin.: *Senecio andersonii* Hook. f. var. *ß* Hook. f., *Senecio choiquelahuensis* Speg., *Senecio hookeri* Hombr. & Jacquinot, *Senecio lechleri* Phil., *Senecio palenae* Phil.
Ref.: Cabrera, 1971a; Cabrera & Zardini, 1980; Moore, 1983.
Hábito: Subarbusto.
Status: Nativa.
Elevación: 300-3400 m.
Prov.: CHU, NE, RN, SC, TF.
Paises limítrofes: CH.
Ejemplar examinado: *Maldonado 172* (LP).

Senecio pearcei Phil. = **Senecio hieracium** J. Rémy
Ref.: Cabrera & Zardini, 1980.

Senecio pelquensis Dusén
Ref.: Cabrera, 1971a; Cabrera & Zardini, 1980.
Hábito: Subarbusto.
Status: Endémica.
Elevación: 0-600 m.
Prov.: SC.
Ejemplar examinado: *Tessleff s.n.* (BAB 5606).

Senecio pentadactylus Phil. = **Senecio trifurcatus** (G. Forst.) Less.
Ref.: Cabrera & Zardini, 1980.

Senecio peraltae Phil. = **Senecio segethii** Phil.
Ref.: Cabrera 1949b.

Senecio peregrinus Griseb.
Ref.: Cabrera, 1978, 1985; Cabrera & Zardini, 1980.
Hábito: Arbusto.
Status: Nativa.
Elevación: 1500-2400 m.
Prov.: JU, SA, TU.
Paises limírofes: BO.
Ejemplar examinado: *Cabrera 20770* (LP).

Senecio perezii Cabrera f. **integerrimus** Cabrera
Ref.: Cabrera, 1971a; Cabrera & Zardini, 1980.
Hábito: Arbusto.
Status: Endémica.
Elevación: 1200-3000 m.
Prov.: ME, NE.
Ejemplar examinado: *Ragonese 52* (LP).

Senecio perezii Cabrera f. **perezii**
Ref.: Cabrera, 1971a; Cabrera & Zardini, 1980.
Hábito: Arbusto.
Status: Endémica.
Elevación: 600-1200 m.
Prov.: ME, NE.
Ejemplar examinado: *Sayago 3247* (LP).

Senecio peteroanus Phil.
Ref.: Cabrera, 1949b, 1971a; Cabrera & Zardini, 1980.
Hábito: Subarbusto.
Status: Nativa.
Elevación: 1200-2400 m.
Prov.: NE, RN, SC.
Paises limírofes: CH.
Ejemplar examinado: *Ferruglio 48* (LP).

Senecio phagnaloides DC. = **Senecio chilensis** Less. var. **chilensis**
Ref.: Cabrera & Zardini, 1980.

Senecio philippii Sch. Bip. ex Wedd.
Sin.: *Senecio ammophilus* Phil., *Senecio hirthi* Phil.
Ref.: Cabrera, 1949b, 1971a; Cabrera & Zardini, 1980; Moore, 1983.
Hábito: Subarbusto.
Status: Nativa.
Elevación: 300-1500 m.
Prov.: NE, RN, TF.
Paises limírofes: CH.
Ejemplar examinado: *Cabrera 6116* (LP).

Senecio philippii De Wild. = **Senecio laseguei** Hombr. & Jacquinot
Ref.: Cabrera & Zardini, 1980.

Senecio phyllocomus Phil. = **Senecio molinae** Phil.
Ref.: Cabrera & Zardini, 1980.

Senecio phyllomorphus Steud. = **Senecio pilquensis** H. Buek
Ref.: Cabrera & Zardini, 1980.

Senecio pilquensis H. Buek
Sin.: *Cacalia heterophylla* Poepp. ex DC., *Senecio heterophyllus* DC., *Senecio phyllomorphus* Steud., *Senecio porophylloides* J. Rémy
Ref.: Cabrera, 1971a; Cabrera & Zardini, 1980.
Hábito: Subarbusto.
Status: Nativa.
Elevación: 1000-2100 m.
Prov.: NE.
Paises limírofes: CH.
Ejemplar examinado: *Ragonese 177* (LP).

Senecio pinachensis Cabrera
Ref.: Cabrera, 1971a; Cabrera & Zardini, 1980.
Hábito: Subarbusto.
Status: Endémica.
Elevación: 1200-2400 m.
Prov.: NE.
Ejemplar examinado: *Valla et al. 3100* (LP).

Senecio pinnatus Poir. var. *achalensis* Griseb. = **Senecio vira-vira** Hieron.
Ref.: Cabrera, 1963a; Cabrera & Zardini, 1980.

Senecio pinnatus Poir. var. *glandulosus* Ball = **Senecio ventanensis** Cabrera
Ref.: Cabrera & Zardini, 1980.

Senecio pinnatus Poir. var. *pectinatus* Baker = **Senecio gilliesianus** Hieron.
Ref.: Cabrera & Zardini, 1980.

Senecio pinnatus Poir var. **pinnatus**
Sin: *Cineraria megapotamica* Spreng.
Ref.: Seckt, 1930; Cabrera, 1939c, 1963a, 1974a; Cabrera & Zardini, 1980.
Hábito: Subarbusto.
Status: Nativa.
Elevación: 0-1500 m.
Prov.: BA, CA, CH, CO, COR, ER, FO, LP, LR, ME, MI, NE, RN, SE, SF, SJ, SL, TU.
Paises limítrofes: BR, PA, UR.
Ejemplar examinado: *Friedmann 544* (LP).

Senecio pinnatus Poir. var. **simplicifolius** Cabrera
Ref.: Cabrera, 1963a, 1974a; Cabrera & Zardini, 1980.
Hábito: Subarbusto.
Status: Endémica.
Elevación: 0-500 m.
Prov.: BA, ER, SF.
Ejemplar examinado: *Cabrera 6322* (LP).

[Senecio pinnatus Poir. var. tenuisectus Griseb.]
Ref.: Cabrera & Zardini, 1980.
Nota: Taxón dudoso.

Senecio pissisi Phil.
Ref.: Cabrera, 1949b; Cabrera & Zardini, 1980.
Hábito: Subarbusto.
Status: Nativa.
Elevación: 3000-5000 m.
Prov.: SJ.
Paises limítrofes: CH.
Ejemplar examinado: *Pérez Moreau 141* (LP).

Senecio pluricephalus Cabrera
Sin.: *Dendrophorbium pluricephalum* (Cabrera) C. Jeffrey, *Senecio missionum* Cabrera., *Senecio myriocephalus* Baker, hom. illeg.
Ref.: Cabrera & Zardini, 1980.
Hábito: Subarbusto.
Status: Nativa.
Elevación: 0-500 m.
Prov.: MI.
Paises limítrofes: BR, PA.
Ejemplar examinado: *Grüner 1150* (LP).

Senecio poculiferus S. Moore = **Senecio kingii** Hook. f. var. **paradoxus** (Albov ex Kurtz) Cabrera
Ref.: Cabrera & Zardini, 1980.

Senecio poeppigii (DC.) Wedd., hom. illeg. = **Senecio gilliesii** Hook. & Arn. var. **gilliesii**
Ref.: Cabrera & Zardini, 1980.

Senecio poeppigii Hook. & Arn. var. *condensatus* Reiche = **Senecio depressus** Hook. & Arn.
Ref.: Cabrera & Zardini, 1980.

Senecio poeppigii Hook. & Arn. var. **discoideus** Cabrera
Ref.: Cabrera, 1971a; Cabrera & Zardini, 1980.
Hábito: Subarbusto.
Status: Endémica.
Elevación: 1500-2000 m.
Prov.: NE.
Ejemplar examinado: *Cabrera 19729* (LP).

Senecio poeppigii Hook. & Arn. var. **poeppigii**
Sin.: *Culcitium candidum* D. Don ex Hook. & Arn., *Senecio dealbatus* Phil., *Senecio micropifolius* DC. var. *monocephalus* DC., *Senecio williamsii* Phil.
Ref.: Cabrera, 1949b, 1971a; Cabrera & Zardini, 1980.
Hábito: Subarbusto.
Status: Nativa.
Elevación: 1300-2000 m.
Prov.: NE, RN.
Paises limírofes: CH.
Ejemplar examinado: *Cabrera 11543* (LP).

Senecio pogonias Cabrera
Sin.: *Senecio aquaniger* Cabrera & Zardini, *Senecio barbatus* D. Don ex Hook. & Arn., hom. illeg.
Ref.: Cabrera & Zardini, 1980.
Hábito: Arbusto.
Status: Endémica.
Elevación: 3500 m.
Prov.: ME, SJ.
Ejemplar examinado: *Benítez 19367* (LP).

Senecio polygaloides Phil.
Sin.: *Senecio linariifolius* Poepp. ex DC. var. *discoideus* Kuntze, *Senecio linariifolius* Poepp. ex DC. var. *tenuifolius* DC., *Senecio multibracteatus* Phil.
Ref.: Cabrera, 1949b; Cabrera & Zardini, 1980.
Hábito: Subarbusto.
Status: Nativa.
Elevación: 2000-3000 m.
Prov.: ME.
Paises limírofes: CH.
Ejemplar examinado: *Spegazzini s.n.* (LP).

Senecio polyphyllus Kuntze ex DC.
Sin.: *Senecio tristis* Phil. var. *comberi* Greenm.
Ref.: Cabrera, 1949b, 1971a; Cabrera & Zardini, 1980.
Hábito: Subarbusto.
Status: Nativa.
Elevación: 1700-2600 m.
Prov.: NE.
Paises limírofes: CH.
Ejemplar examinado: *Cabrera 6168* (LP).

Senecio polyphyllus Sch. Bip. ex Wedd., hom. illeg. = **Senecio bipontinii** Wedd.
Ref.: Cabrera, 1971a.

Senecio polyphyllus Kuntze var. *antucensis* (Phil.) Reiche = **Senecio portalesianus** J. Rémy
Ref.: Cabrera & Zardini, 1980.

Senecio porophylloides J. Rémy = **Senecio pilquensis** H. Buek
Ref.: Cabrera & Zardini, 1980.

Senecio portalesianus J. Rémy
Sin.: *Senecio antucensis* Phil., *Senecio polyphyllus* Phil. var. *antucensis* (Phil.) Reiche
Ref.: Cabrera, 1949b, 1971a; Cabrera & Zardini, 1980.
Hábito: Subarbusto.
Status: Nativa.
Elevación: 1500-2500 m.
Prov.: CHU, NE, RN.
Paises limítrofes: CH.
Ejemplar examinado: *Cabrera 6062* (LP).

Senecio potamogetonifolius Sch. Bip. ex Phil. = **Senecio zosterifolius** Hook. & Arn.
Ref.: Cabrera & Zardini, 1980.

Senecio potosianus Klatt
Sin.: *Senecio attenuatus* Sch. Bip. ex Rusby var. *microphyllus* Britton, *Senecio clavifolius* Rusby
Ref.: Cabrera, 1985; Cabrera & Zardini, 1980.
Hábito: Subarbusto.
Status: Nativa.
Elevación: 3000-4000 m.
Prov.: JU.
Paises limítrofes: BO.
Ejemplar examinado: *Cabrera 25268* (LP).

Senecio pratensis Phil. = **Senecio glaber** Less. var. **pratensis** (Phil.) Cabrera
Ref.: Cabrera & Zardini, 1980.

Senecio pratensis Phil. var. *delfinii* (Phil.) Reiche = **Senecio molinae** Phil.
Ref.: Cabrera & Zardini, 1980.

Senecio prenanthifolius Phil.
Sin.: *Senecio helianthoides* Phil.
Ref.: Cabrera, 1949b, 1971a; Cabrera & Zardini, 1980.
Hábito: Hierba.
Status: Nativa.
Elevación: 300-1500 m.
Prov.: NE, RN.
Paises limítrofes: CH.
Ejemplar examinado: *Cabrera 5900* (LP).

Senecio prichardi S. Moore = **Senecio miser** Hook. f.
Ref.: Cabrera & Zardini, 1980.

Senecio promaucanus Phil. = **Senecio linariifolius** Poepp. ex DC. var. **linariifolius**
Ref.: Cabrera & Zardini, 1980.

Senecio psammophilus Griseb. = **Senecio filaginoides** DC. var. **lobulatus** (Hook. & Arn.) Cabrera
Ref.: Cabrera & Zardini, 1980.

[Senecio psammophilus Griseb. var. dusenii Macloskie]
Ref.: Cabrera & Zardini,, 1980.
Nota: Taxón dudoso.

Senecio pseudaspericaulis Cabrera
Ref.: Cabrera, 1971a; Cabrera & Zardini, 1980.
Hábito: Subarbusto.
Status: Endémica.
Elevación: 1500-3000 m.
Prov.: NE.
Ejemplar examinado: *Ruiz Leal y Roig 22429* (holotipo, LP).

Senecio pseudotites Griseb.
Sin.: *Senecio pseudotites* Griseb. var. *glabra* Hicken
Ref.: Cabrera, 1939c; Cabrera & Zardini, 1980.
Hábito: Hierba.
Status: Endémica.
Elevación: 3500-4000 m.
Prov.: CA, LR, SA, TU.
Ejemplar examinado: *Figueroa 1* (LP).

Senecio pseudotites Griseb. var. *glabra* Hicken= **Senecio pseudotites** Griseb.
Ref.: Cabrera & Zardini, 1980.

Senecio psychrophilus Wedd. = **Senecio nutans** Sch. Bip.
Ref.: Cabrera, 1985.

Senecio pteropogon Griseb. = **Leucheria pteropogon** (Griseb.) Cabrera
Ref.: Crisci, 1976b.

Senecio puchii Phil.
Ref.: Cabrera, 1949b, 1978, 1985; Cabrera & Zardini, 1980.
Hábito: Subarbusto.
Status: Nativa.
Elevación: 4000-5000 m.
Prov.: CA, JU, SA.
Paises limítrofes: BO, CH.
Ejemplar examinado: *Cabrera 8670* (LP).

Senecio pulcher Hook. & Arn.
Sin.: *Senecio icoglossus* DC. var. *araneosus* DC.
Ref.: Cabrera, 1957a, 1963a; Cabrera & Zardini, 1980.
Hábito: Hierba.
Status: Nativa.
Elevación: 0-800 m.
Prov.: BA.
Paises limítrofes: BR, UR.
Ejemplar examinado: *Cabrera 10339* (LP).

[Senecio pulicarioides Baker]
Ref.: Cabrera, 1936b, 1957a.
Nota: Cita dudosa para la flora argentina.

Senecio pulviniformis Hieron. = **Senecio humillimus** Sch. Bip. ex Wedd.
Ref.: Cabrera & Zardini, 1980; Cabrera, 1985.

Senecio punae Cabrera
Ref.: Cabrera, 1978; Cabrera & Zardini, 1980.
Hábito: Arbusto.
Status: Endémica.
Elevación: 3000-4600 m.
Prov.: JU, SA.
Ejemplar examinado: *Cabrera 9335* (LP).

Senecio punctarenicus Krause = **Senecio smithii** DC.
Ref.: Cabrera & Zardini, 1980.

Senecio purpuratus Phil. = **Senecio subdiscoideus** Sch. Bip. ex Wedd.
Ref.: Cabrera & Zardini, 1980.

Senecio purpuratus Phil. var. *subdiscoideus* (Sch. Bip. ex Wedd.) Reiche = **Senecio subdiscoideus** Sch. Bip. ex Wedd.
Ref.: Cabrera & Zardini, 1980.

Senecio quenselii Skottsb. = **Senecio filaginoides** DC. var. **filaginoides**
Ref.: Cabrera & Zardini, 1980.

Senecio quequensis Cabrera
Ref.: Cabrera, 1963a; Cabrera & Zardini, 1980.
Hábito: Subarbusto.
Status: Endémica.
Elevación: 0-500 m.
Prov.: BA.
Ejemplar examinado: *Fabris y Schwabe 4819* (LP).

Senecio ragonesei Cabrera
Ref.: Cabrera & Zardini, 1980.
Hábito: Hierba.
Status: Endémica.
Elevación: 500-3500 m.
Prov.: LR, ME, SJ.
Ejemplar examinado: *Ruiz Leal y Paci 453* (LP).

Senecio rahmeri Phil. var. **rahmeri**
Ref.: Cabrera, 1949b; Cabrera & Zardini, 1980.
Hábito: Subarbusto.
Status: Nativa.
Elevación: 4000-4500 m.
Prov.: CA, SA.
Paises limítrofes: CH.
Ejemplar examinado: *Vervoorst 3214*(LP).

Senecio rahmeri Phil. var. **sericeus** Cabrera
Ref.: Cabrera & Zardini, 1980.
Hábito: Subarbusto.
Status: Endémica.
Elevación: ca. 4300 m.
Prov.: LR.
Ejemplar examinado: *Krapovickas 6307* (LP).

Senecio rancaguensis J. Rémy = **Senecio yegua** (Colla) Cabrera
Ref.: Cabrera & Zardini, 1980.

Senecio rancoensis Sch. Bip. ex Phil., nom. nud.
Ref.: Cabrera, 1971a.

Senecio reedi Phil.
Ref.: Cabrera, 1939c; Cabrera & Zardini, 1980.
Hábito: Subarbusto.
Status: Endémica.
Elevación: 2000-2500 m.
Prov.: ME.
Ejemplar examinado: *Ruiz Leal 1299* (LP).

Senecio remyanus Phil. = **Senecio crithmoides** Hook. & Arn.
Ref.: Cabrera & Zardini, 1980.

Senecio remyanus Phil. f. *eradiatus* Kuntze = **Senecio lithostaurus** Cabrera
Ref.: Cabrera & Zardini, 1980.

Senecio renjifoanus Phil.
Ref.: Cabrera, 1949b; Cabrera & Zardini, 1980.
Hábito: Subarbusto.
Status: Nativa.
Elevación: 1500-3500 m.
Prov.: CHU, ME, NE.
Paises limítrofes: CH.
Ejemplar examinado: *Cabrera 21941* (LP).

Senecio repollensis Cabrera
Ref.: Cabrera, 1971a; Cabrera & Zardini, 1980.
Hábito: Subarbusto.
Status: Endémica.
Elevación: 2000-3000 m.
Prov.: NE.
Ejemplar examinado: *Rúgolo y Agrasar 547* (holotipo, LP).

Senecio retanensis Cabrera
Sin.: *Senecio sectilis* Griseb. var. *radiatus* Griseb.
Ref.: Cabrera & Zardini, 1980.
Hábito: Subarbusto.
Status: Endémica.
Elevación: 2000-3000 m.
Prov.: CO, SL.
Ejemplar examinado: *Hunziker 8676* (LP).

Senecio rhodaster Baker = **Senecio bonariensis** Hook. & Arn.
Ref.: Cabrera & Zardini, 1980.

Senecio riojanus Cabrera var. **radiatus** Cabrera
Ref.: Cabrera & Zardini, 1980.
Hábito: Arbusto.
Status: Endémica.
Elevación: 300-1500 m.
Prov.: ME, NE, RN.
Ejemplar examinado: *Cabrera 18659* (LP).

Senecio riojanus Cabrera var. **riojanus**
Ref.: Cabrera & Zardini, 1980.
Hábito: Subarbusto.
Status: Endémica.
Elevación: 3000-3500 m.
Prov.: SJ, LR.
Ejemplar examinado: *Hunziker 2109* (LP).

Senecio roripaefolius Cabrera
Ref.: Cabrera, 1939c; Cabrera & Zardini, 1980.
Hábito: Hierba.
Status: Endémica.
Elevación: 3500-4200 m.
Prov.: CA, LR, TU.
Ejemplar examinado: *Burkart 5186* (LP).

Senecio rosmarinus Phil. var. **ascotanensis** (Phil.) Cabrera
Sin.: *Senecio ascotanensis* Phil.
Ref.: Cabrera, 1949b; Cabrera & Zardini, 1980.
Hábito: Subarbusto.
Status: Nativa.
Elevación: 3400-4500 m
Prov.: LR, SA, SJ.
Paises limítrofes: CH.
Ejemplar examinado: *Hunziker 2169* (LP).

Senecio rosmarinus Phil. var. **rosmarinus**
Ref.: Cabrera & Zardini, 1980.
Hábito: Subarbusto.
Status: Nativa.
Elevación: 3500-5500 m.
Prov.: CA.
Paises limítrofes: CH.
Ejemplar examinado: *Philippi s.n.* (isotipo, LP).

Senecio rudbeckiifolius Meyen & Walp.
Sin.: *Senecio flagellisectus* Griseb.
Ref.: Cabrera, 1939c, 1978, 1985; Cabrera & Zardini, 1980.
Hábito: Arbusto.
Status: Nativa.
Elevación: 1000-4000 m.
Prov.: CA, JU, LR, SA, SJ, SL, TU.
Paises limítrofes: BO.
Ejemplar examinado: *Zardini 1389* (LP).

Senecio rufescens DC.
Sin.: *Senecio adenophylloides* Sch. Bip. ex Wedd., *Senecio austrorufescens* Cuatrec.
Ref.: Cabrera, 1939c, 1978, 1985; Cabrera & Zardini, 1980.
Hábito: Arbusto.
Status: Nativa.
Elevación: 4000-5200 m.
Prov.: JU, SA, TU.
Paises limítrofes: BO.
Ejemplar examinado: *Fries 854* (LP).

Senecio ruiz-lealii Cabrera
Ref.: Cabrera & Zardini, 1980.
Hábito: Hierba.
Status: Endémica.
Elevación: 3000-3500 m.
Prov.: ME.
Ejemplar examinado: *Sleumer 680* (LP).

Senecio rutaceus Phil. = **Senecio eruciformis** J. Rémy var. **eruciformis**
Ref.: Cabrera & Zardini, 1980.

Senecio rutaceus Phil. var. *brachycephalus* Phil. = **Senecio eruciformis** J. Rémy var. **brachycephalus** (Phil.) Cabrera
Ref.: Cabrera & Zardini, 1980.

Senecio sagittarioides Speg. = **Senecio bonariensis** Hook. & Arn.
Ref.: Cabrera & Zardini, 1980.

Senecio sagittifolius Baker = **Senecio bonariensis** Hook. & Arn.
Ref.: Cabrera & Zardini, 1980.

Senecio salsus Griseb. = **Senecio subulatus** D. Don ex Hook. & Arn. var. **salsus** (Griseb.) Cabrera
Ref.: Cabrera & Zardini, 1980.

Senecio saltensis Hook. & Arn.
Ref.: Cabrera, 1974a; Cabrera & Zardini, 1980.
Hábito: Subarbusto.
Status: Endémica.
Elevación: 0-1000 m.
Prov.: CO, COR, ER, SA, SE, SF.
Ejemplar examinado: *Cabrera 3960* (LP).

Senecio sanagastae Cabrera
Ref.: Cabrera & Zardini, 1980.
Hábito: Subarbusto.
Status: Endémica.
Elevación: ca. 2600 m.
Prov.: CA, LR.
Ejemplar examinado: *Vervoorst 3158* (LP).

Senecio sandwithii Cabrera
Ref.: Cabrera, 1971a; Cabrera & Zardini, 1980.
Hábito: Subarbusto.
Status: Endémica.
Elevación: 600-1200 m.
Prov.: NE.
Ejemplar examinado: *Comber 203* (holotipo, K, foto, LP).

Senecio santacrucensis Cabrera = **Senecio culcitenellus** Cuatrec.
Ref.: Cabrera & Zardini, 1980.

Senecio santelisis Phil.
Sin.: *Senecio crispus* Phil. var. *santelisis* (Phil.) Reiche
Ref.: Cabrera, 1978; Cabrera & Zardini, 1980.
Hábito: Arbusto.
Status: Nativa.
Elevación: ca. 4000 m.
Prov.: CA, JU, LR, SA, SJ.
Paises limítrofes: CH.
Ejemplar examinado: *Ruthsatz 210* (LP).

Senecio sarcophyllus Phil., hom. illeg. = **Senecio bipontinii** Wedd.
Ref.: Cabrera & Zardini, 1980.

Senecio saucensis Cabrera
Ref.: Cabrera & Zardini, 1980.
Hábito: Subarbusto.
Status: Endémica.
Elevación: 1000-1500 m.
Prov.: CA, LR.
Ejemplar examinado: *Clos 5480* (LP).

Senecio scandens DC. = **Senecio mikanioides** Otto ex Walp.
Ref.: Cabrera, 1957a.

Senecio schreiteri Cabrera
Ref.: Cabrera, 1939a; Cabrera & Zardini, 1980.
Hábito: Subarbusto.
Status: Endémica.
Elevación: 1500-2000 m.
Prov.: CA, SA, SJ, TU.
Ejemplar examinado: *Venturi 4174* (paratipo, LP).

Senecio schultzii Wedd., hom. illeg. = **Senecio bipontinii** Wedd.
Ref.: Cabrera & Zardini, 1980.

Senecio scorzonerifolius Meyen & Walp.
Sin: *Senecio armeriifolius* Phil.
Ref.: Cabrera, 1949b, 1978, 1985; Cabrera & Zardini, 1980.
Hábito: Hierba.
Status: Nativa.
Elevación: ca. 4500 m.
Prov.: JU, LR.
Paises limítrofes: BO, CH.
Ejemplar examinado: *Schwabe et al. 1053* (LP).

Senecio sectilis Griseb.
Ref.: Cabrera, 1939c; Cabrera & Zardini, 1980.
Hábito: Arbusto.
Status: Endémica.
Elevación: 3000-4000 m.
Prov.: CA, CO, LR, ME, SA, SE, TU.
Ejemplar examinado: *Cabrera et al. 14136* (LP).

Senecio sectilis Griseb. *radiatus* Griseb. = **Senecio retanensis** Cabrera
Ref.: Cabrera & Zardini, 1980.

Senecio sedifolius Phil. = **Senecio pachyphyllos** J. Rémy
Ref.: Cabrera & Zardini, 1980.

Senecio segethii Phil.
Sin.: *Senecio peraltae* Phil.
Ref.: Cabrera, 1949b; Cabrera & Zardini, 1980.
Hábito: Hierba.
Status: Nativa.
Elevación: 4000 m.
Prov.: SJ.
Paises limítrofes: CH.
Ejemplar examinado: *Johnston 6186* (LP).

Senecio selloi (Spreng.) DC.
Sin.: *Cineraria selloi* Spreng., *Senecio doroniciflorus* Hook. & Arn.
Ref.: Cabrera, 1974a; Cabrera & Zardini, 1980.
Hábito: Subarbusto.
Status: Nativa.
Elevación: 0-500 m.
Prov.: BA, ER.
Paises limítrofes: BR, UR.
Ejemplar examinado: *Cabrera 6796* (LP).

Senecio sericeo-nitens Speg.
Sin.: *Senecio argentatus* S. Moore, *Senecio morenonis* Kuntze, *Senecio patagonicus* Phil., hom. illeg.
Ref.: Cabrera, 1949b, 1971a; Cabrera & Zardini, 1980.
Hábito: Arbusto.
Status: Nativa.
Elevación: 600-1500 m.
Prov.: CHU, NE, RN, SC.
Paises limítrofes: CH.
Ejemplar examinado: *Ferruglio 15* (LP).

Senecio sericeus Kuntze, p.p. = **Senecio filaginoides** DC. var. **filaginoides**
Ref.: Cabrera & Zardini, 1980.

Senecio sericeus Kuntze var. *candolleanus* Kuntze, hom. illeg. = **Senecio filaginoides** DC. var. **lobulatus** (Hook. & Arn.) Cabrera
Ref.: Cabrera & Zardini, 1980.

Senecio sericeus Kuntze var. *gilliesii* (Hook. & Arn.) Kuntze = **Senecio filaginoides** DC. var. **filaginoides**
Ref.: Cabrera & Zardini, 1980.

Senecio sericeus Kuntze var. *glabriusculus* (Griseb.) Kuntze = **Senecio vira-vira** Hieron.
Ref.: Cabrera & Zardini, 1980.

Senecio sericeus Kuntze var. *incisus* (DC.) Kuntze = **Senecio neai** DC. var. **incisus** DC.
Ref.: Cabrera & Zardini, 1980.

Senecio sericeus Kuntze var. *neaei* (DC) Kuntze = **Senecio neaei** DC. var. **neaei**
Ref.: Cabrera, 1949b.

Senecio sericeus Kuntze var. *pinnatifidus* Kuntze = **Senecio vira-vira** Hieron.
Ref.: Cabrera & Zardini, 1980.

Senecio serratifolius (Meyen. & Walp.) Cuatrec.
Sin.: *Culcitium serratifolium* Meyen & Walp., *Senecio cernuiflorus* Cabrera, *Senecio cernuus* Phil.
Ref.: Cabrera, 1978, 1985; Cabrera & Zardini, 1980.
Hábito: Hierba.
Status: Nativa.
Elevación: 4000-5000 m.
Prov.: CA, JU, SA.
Paises limítrofes: BO, CH.
Ejemplar examinado: *Fabris y Zuloaga 7742* (LP).

Senecio setulosus Phil. = **Senecio tristis** Phil.
Ref.: Cabrera & Zardini, 1980.

[Senecio simpsonii Phil.]
Ref.: Cabrera, 1949b.
Nota: Taxón dudoso.

Senecio skottsbergii Cabrera
Ref.: Cabrera, 1949b, 1971a; Cabrera & Zardini, 1980.
Hábito: Subarbusto.
Status: Nativa.
Elevación: 600-1200 m.
Prov.: CHU, NE, SC.
Paises limítrofes: CH.
Ejemplar examinado: *Diem 2955* (LP).

Senecio smithii DC.
Sin.: *Cineraria gigantea* Sm., *Brachypappus smithii* (DC.) Sch. Bip., *Senecio kurtzii* Phil., *Senecio punctarenicus* Krause, *Senecio verbascifolius* Hombr. & Jacquinot
Ref.: Cabrera, 1949b, 1971a; Cabrera & Zardini, 1980; Moore,1983.
Hábito: Hierba.
Status: Nativa.
Elevación: 0-2100 m.
Prov.: CHU, NE, RN, SC, TF.
Paises limítrofes: CH.
Ejemplar examinado: *Goodall 276* (LP).

Senecio socialis Wedd. = **Senecio dryophyllus** Meyen & Walp.
Ref.: Cabrera, 1978, 1985; Cabrera & Zardini, 1980.

Senecio socompae Cabrera
Ref.: Cabrera, 1978; Cabrera & Zardini, 1980.
Hábito: Subarbusto.
Status: Nativa.
Elevación: 3500-4000 m.
Prov.: SA.
Paises limítrofes: CH.
Ejemplar examinado: *Cabrera et al. 22557* (LP).

Senecio sorianoi Cabrera
Ref.: Cabrera, 1971a; Cabrera & Zardini, 1980.
Hábito: Subarbusto.
Status: Endémica.
Elevación: 0-1200 m.
Prov.: CHU, NE.
Ejemplar examinado: *Soriano 1380* (LP).

Senecio spegazzinii Cabrera
Ref.: Cabrera, 1939c, 1978; Cabrera & Zardini, 1980.
Hábito: Subarbusto.
Status: Endémica.
Elevación: 3000-4800 m.

Prov.: CA, JU, SA, SJ, TU.
Ejemplar examinado: *Cabrera 8374* (LP).

Senecio steinbachianus Cuatrec. = **Senecio epiphyticus** Kuntze
Ref.: Cabrera & Zardini, 1980.

Senecio stenopterus Griseb. = **Senecio deferens** Griseb.
Ref.: Cabrera & Zardini, 1980.

Senecio steparius Cabrera
Ref.: Cabrera, 1971a; Cabrera & Zardini, 1980.
Hábito: Subarbusto.
Status: Endémica.
Elevación: 600-1200 m.
Prov.: NE.
Ejemplar examinado: *Ruiz Leal 24479* (LP).

Senecio stipellatus O. Hoffm. = **Senecio goldsackii** Phil.
Ref.: Cabrera & Zardini, 1980.

Senecio subdiscoideus Sch. Bip. ex Wedd.
Sin.: *Metazanthus grandiflorus* Meyen, hom. illeg., *Senecio breviculus* Phil., *Senecio caespitosus* Phil., *Senecio kingii* Hook. f. f. *subdiscoideus* (Sch. Bip. ex Wedd.) Hosseus, *Senecio purpuratus* Phil., *Senecio purpuratus* Phil. var. *subdiscoideus* (Sch. Bip. ex Wedd.) Reiche
Ref.: Böcher et al., 1963; Cabrera, 1949b, 1971a; Cabrera & Zardini, 1980.
Hábito: Hierba.
Status: Nativa.
Elevación: 1600- 3800 m.
Prov.: CHU, ME, NE, RN, SJ.
Paises limítrofes: CH.
Ejemplar examinado: *Boelcke 11286* (LP).

[Senecio subdiscoideus Sch. Bip. ex Wedd. f. homogama Hauman]
Ref.: Cabrera & Zardini, 1980.
Nota: Taxón dudoso.

Senecio subpanduratus O. Hoffm.
Ref.: Cabrera, 1971a; Cabrera & Zardini, 1980.
Hábito: Arbusto.
Status: Endémica.
Elevación: 0-1000 m.
Prov.: CHU, TF.
Ejemplar examinado: *Ruiz Leal 14732* (LP).

Senecio subpubescens Cabrera
Ref.: Cabrera, 1949b, 1971a; Cabrera & Zardini, 1980.
Hábito: Subarbusto.
Status: Nativa.
Elevación: 600-1200 m.
Prov.: NE, RN.
Paises limítrofes: CH.
Ejemplar examinado: *Cabrera 5873* (LP).

Senecio subulatus D. Don ex Hook. & Arn. var. *diversifolius* (Phil.) Cabrera = **Senecio subulatus** D. Don ex Hook. & Arn. var. **salsus** (Griseb.) Cabrera
Ref.: Cabrera & Zardini, 1980.

Senecio subulatus D. Don ex Hook. & Arn. var. *elatior* Hook. & Arn. = **Senecio subulatus** D. Don ex Hook. & Arn. var. **subulatus**
Ref.: Cabrera & Zardini, 1980.

Senecio subulatus D. Don ex Hook. & Arn. var. **erectus** Hook. & Arn.
Sin.: *Senecio mendocinus* Phil., *Senecio subulatus* D. Don ex Hook. & Arn. var. *macranthus* Hook. & Arn.
Ref.: Cabrera, 1963a, 1971a; Cabrera & Zardini, 1980.
Hábito: Arbusto.
Status: Endémica.
Elevación: 0-1500 m.
Prov.: BA, CA, CHU, LP, LR, ME, NE, RN, SA, SJ, SL, TU.
Ejemplar examinado: *Job 1591* (LP).

Senecio subulatus D. Don ex Hook. & Arn. var. *macranthus* Hook. & Arn. = **Senecio subulatus** D. Don ex Hook. & Arn. var. **erectus** Hook. & Arn.
Ref.: Cabrera & Zardini, 1980.

Senecio subulatus D. Don ex Hook. & Arn. var. *prostratus* D. Don = **Senecio subulatus** D. Don ex Hook. & Arn. var. **subulatus**
Ref.: Cabrera & Zardini, 1980.

Senecio subulatus D. Don ex Hook. & Arn. var. **salsus** (Griseb.) Cabrera
Sin.: *Senecio disparifolius* Cabrera, *Senecio diversifolius* Phil., hom. illeg., *Senecio innovans* Klatt., *Senecio salsus* Griseb., *Senecio subulatus* D. Don ex Hook. & Arn. var. *diversifolius* (Phil.) Cabrera
Ref.: Cabrera, 1939c, 1978, 1985; Cabrera & Zardini, 1980.
Hábito: Arbusto.
Status: Nativa.
Elevación: 2500-3500 m.
Prov.: CA, JU, LR, ME, RN, SA, SJ, TU.
Paises limítrofes: BO, CH.
Ejemplar examinado: *Cabrera 9512* (LP).

Senecio subulatus D. Don ex Hook. & Arn. var. **subulatus**
Sin.: *Senecio subulatus* D. Don ex Hook. & Arn. var. *elatior* Hook. & Arn., *Senecio subulatus* D. Don ex Hook. & Arn. var. *prostratus* D. Don
Ref.: Böcher et al., 1963; Cabrera, 1949b, 1963a, 1971a; Cabrera & Zardini, 1980.
Hábito: Arbusto.
Status: Endémica.
Elevación: 0-2400 m.
Prov.: BA, LP, LR, ME, RN, SL, SJ.
Ejemplar examinado: *Job 2995* (LP).

Senecio subumbellatus Phil.
Sin.: *Senecio antirhinifolius* Phil., *Senecio linariifolius* Poepp. ex DC. var. *subdiscoideus* DC., *Senecio salsus* Griseb., *Senecio multicaulis* Poepp., hom. illeg., *Senecio thermarum* Phil.
Ref.: Cabrera, 1971a; Cabrera & Zardini, 1980.
Hábito: Subarbusto.
Status: Nativa.
Elevación: 600-2400 m.
Prov.: ME, NE.
Paises limítrofes: CH.
Ejemplar examinado: *Cabrera 6179* (LP).

Senecio subvulgaris Kuntze = **Senecio dryophyllus** Meyen & Walp.
Ref.: Cabrera, 1978, 1985; Cabrera & Zardini, 1980.

Senecio sundtii Phil.
Ref.: Cabrera, 1949b; Cabrera & Zardini, 1980.
Hábito: Subarbusto.
Status: Nativa.
Elevación: 3500-4500 m.
Prov.: CA, LR, SJ.
Paises limítrofes: CH.
Ejemplar examinado: *Krapovickas y Hunziker 5669* (LP).

Senecio sylvaticus L.
Ref.: Cabrera, 1949b; Cabrera & Zardini, 1980.
Hábito: Hierba.
Status: Adventicia.
Elevación: 600-1200 m.
Prov.: CHU, NE, RN.
Paises limítrofes: CH.
Ejemplar examinado: *Cabrera 5017* (LP).

Senecio tafiensis Cabrera = **Senecio hieronymi** Griseb.
Ref.: Cabrera & Zardini, 1980.

Senecio tandilensis Cabrera
Ref.: Cabrera & Zardini, 1980.
Hábito: Subarbusto.
Status: Endémica.
Elevación: 0-1000 m.
Prov.: BA.
Ejemplar examinado: *Spegazzini 97* (LP).

Senecio tarapacanus Phil. = **Senecio dryophyllus** Meyen & Walp.
Ref.: Cabrera, 1978, 1985; Cabrera & Zardini, 1980.

Senecio tehuelches (Speg.) Cabrera
Sin.: *Senecio miser* Hook. f. var. *tehuelches* Speg.
Ref.: Cabrera, 1971a; Cabrera & Zardini, 1980.
Hábito: Subarbusto.
Status: Endémica.
Elevación: 300-2100 m.
Prov.: CHU, NE, RN, SC.
Ejemplar examinado: *Cabrera 11180* (LP).

Senecio thermarum Phil. = **Senecio subumbellatus** Phil.
Ref.: Cabrera & Zardini, 1980.

Senecio tillandsiifolius Poepp. ex DC. = **Senecio chilensis** Less. var. **chilensis**
Ref.: Cabrera, 1971a; Cabrera & Zardini, 1980.

Senecio tilcarensis Cabrera
Ref.: Cabrera, 1978; Cabrera & Zardini, 1980.
Hábito: Subarbusto.
Status: Endémica.
Elevación: 2800-3100 m.
Prov.: JU.
Ejemplar examinado: *Cabrera y Hernández 13958* (holotipo, LP).

Senecio tocomarensis Cabrera & Zardini
Ref.: Cabrera & Zardini, 1980.
Hábito: Subarbusto.
Status: Endémica.
Elevación: ca. 4300 m.
Prov.: SA.
Ejemplar examinado: *Cabrera et al. 22535* (LP).

Senecio toroanus Cabrera
Ref.: Cabrera & Zardini, 1980.
Hábito: Subarbusto.
Status: Endémica.
Elevación: ca. 2000 m.
Prov.: ME, SJ.
Ejemplar examinado: *Cuezzo y Balegno 2001* (holotipo, LP).

Senecio trafulensis Cabrera
Ref.: Cabrera, 1971a; Cabrera & Zardini, 1980.
Hábito: Subarbusto.
Status: Endémica.
Elevación: 600-1500 m.
Prov.: CHU, NE, RN.
Ejemplar examinado: *Cabrera 5102* (LP).

Senecio tricephalus Kuntze
Sin.: *Senecio tupungatoi* Hauman
Ref.: Cabrera, 1971a; Cabrera & Zardini, 1980.
Hábito: Subarbusto.
Status: Endémica.
Elevación: 200-2100 m.
Prov.: ME, NE, SC.
Ejemplar examinado: *Boelcke 11256* (LP).

Senecio trichocaulon Baker
Sin.: *Senecio trichocodon* Baker var. *trichocaulon* (Baker) Cabrera
Ref.: Cabrera & Zardini, 1980.
Hábito: Hierba.
Status: Nativa.
Elevación: 0-1000 m.
Prov.: MI.
Paises limítrofes: BR.
Ejemplar examinado: *Bresolín 933* (LP).

Senecio trichocodon Baker
Sin.: *Senecio grüneri* Cabrera
Ref.: Cabrera & Zardini, 1980.
Hábito: Hierba.
Status: Nativa.
Elevación: 0-1000 m.
Prov.: MI.
Paises limítrofes: PA.
Ejemplar examinado: *Spegazzini s.n.* (LPS 104).

Senecio trichocodon Baker var. *trichocaulon* (Baker) Cabrera = **Senecio trichocaulon** Baker
Ref.: Cabrera & Zardini, 1980.

Senecio tricuspidatus Hook. & Arn. var. **dentatus** (Sch. Bip.) Cabrera
Sin.: *Senecio ibari* Phil., *Senecio longipes* Hook. f. var. *dentatus* Sch. Bip., *Senecio longipes* Hook. f., *Senecio longipes* Hook. f. var. *integrifolius* Sch. Bip.
Ref.: Cabrera, 1949b, 1971a; Cabrera & Zardini, 1980; Moore 1983.
Hábito: Arbusto.
Status: Nativa.
Elevación: 0-1200 m.
Prov.: TF.
Paises limítrofes: CH.
Ejemplar examinado: *Hunziker 8161* (LP).

Senecio tricuspidatus Hook. & Arn. var. **dumosus** (Phil.) Cabrera
Sin.: *Senecio dumosus* Phil.
Ref.: Cabrera, 1971a; Cabrera & Zardini, 1980.
Hábito: Arbusto.
Status: Endémica.
Elevación: 0-1200 m.
Prov.: SC, TF.
Ejemplar examinado: *Silvestri s.n.* (LP).

Senecio tricuspidatus Hook. & Arn. var. **tricuspidatus**
Sin.: *Senecio nordenskjöldii* O. Hoffm., *Senecio nordenskjöldii* O. Hoffm. var. *simplicior* O. Hoffm., *Senecio paeninsularis* S. Moore
Ref.: Cabrera, 1949b, 1971a; Cabrera & Zardini, 1980; Moore, 1983.
Hábito: Arbusto.
Status: Nativa.
Elevación: 0-1200 m.
Prov.: CHU, SC, TF.
Paises limítrofes: CH.
Ejemplar examinado: *Sleumer 1445* (LP).

Senecio trifidus Hook. & Arn.
Sin.: *Senecio demissus* Phil.
Ref.: Böcher et al. 1963; Cabrera, 1939c; Cabrera & Zardini, 1980; Marticorena & Quezada, 1985.
Hábito: Subarbusto.
Status: Nativa.
Elevación: 2700-4000 m.
Prov.: LR, ME, SJ.
Paises limítrofes: CH.
Ejemplar examinado: *Cuezzo y Say 2550* (LP).

Senecio trifurcatus (G. Forst.) Less.
Sin.: *Cineraria trifurcata* Spreng., *Senecio pentadactylus* Phil., *Senecio trifurcatus* (G. Forst.) Less. var. *pentadactylus* (Phil.) Speg., *Senecio trifurcatus* (G. Forst.) Less. var. *pisensis* Sch. Bip. ex Wedd., *Tussilago trifurcata* G. Forst.
Ref.: Cabrera, 1949b; Cabrera & Zardini, 1980; Moore, 1983.
Hábito: Hierba.
Status: Nativa.
Elevación: 0-2400 m.
Prov.: CHU, NE, RN, SC, TF.
Paises limítrofes: CH.
Ejemplar examinado: *Cabrera 11524* (LP).

Senecio trifurcatus (G. Forst.) Less. var. *pentadactylus* (Phil.) Speg. = **Senecio trifurcatus** (G. Forst.) Less.
Ref.: Cabrera & Zardini, 1980.

Senecio trifurcatus (G. Forst.) Less. var. *pisensis* Sch. Bip. ex Wedd. = **Senecio trifurcatus** (G. Forst.) Less.
Ref.: Cabrera & Zardini, 1980.

Senecio tripartitus DC. = **Senecio brasiliensis** (Spreng.) Less. var. **tripartitus** (DC.) Baker
Ref.: Cabrera, 1963a; Cabrera & Zardini, 1980.

Senecio triodon Phil. var. **neuquensis** (Cabrera) Cabrera
Sin.: *Senecio neuquensis* Cabrera
Ref.: Cabrera, 1971a; Cabrera & Zardini, 1980.
Hábito: Arbusto.
Status: Endémica.
Elevación: 600-1200 m.
Prov.: NE.
Ejemplar examinado: *Schajowskoy 8* (LP).

Senecio triodon Phil. var. **triodon**
Sin.: *Senecio baccharidifolius* DC. var. *subradiatus* DC.
Ref.: Cabrera, 1949b, 1971a; Cabrera & Zardini, 1980.
Hábito: Arbusto.
Status: Nativa.
Elevación: 600-1500 m.
Prov.: CHU, NE, RN.
Paises limítrofes: CH.
Ejemplar examinado: *Ragonese 253* (LP).

Senecio tristis Phil.
Sin.: *Senecio consanguineus* Phil., *Senecio setulosus* Phil.
Ref.: Cabrera, 1949b, 1971a; Cabrera & Zardini, 1980.
Hábito: Subarbusto.
Status: Nativa.
Elevación: 1200-2100 m.
Prov.: CHU, RN.
Paises limítrofes: CH.
Ejemplar examinado: *Burkart 9747* (LP).

Senecio tristis Phil. var. *comberi* Greenm. = **Senecio polyphyllus** Kuntze ex DC.
Ref.: Cabrera, 1971a; Cabrera & Zardini, 1980.

Senecio tucumanensis Cabrera
Ref.: Cabrera, 1949b; Cabrera & Zardini, 1980.
Hábito: Hierba.
Status: Endémica.
Elevación: ca. 3700 m.
Prov.: TU.
Ejemplar examinado: *Schreiter 5642* (LP).

Senecio tunicatus Kuntze = **Senecio magellanicus** Hook. & Arn.
Ref.: Cabrera & Zardini, 1980.

Senecio tupungatoi Hauman = **Senecio tricephalus** Kuntze
Ref.: Cabrera & Zardini, 1980.

Senecio tweediei Hook. & Arn.
Sin.: *Senecio argentinensis* Speg.
Ref.: Cabrera, 1974a; Cabrera & Zardini, 1980.
Hábito: Hierba.
Status: Nativa.
Elevación: 0-500 m.
Prov.: BA, ER.
Paises limítrofes: PA, UR.
Ejemplar examinado: *Cabrera 10720* (LP).

Senecio uliginosus Phil. = **Senecio zosterifolius** Hook. & Arn.
Ref.: Cabrera & Zardini, 1980.

Senecio uspallatensis Hook. & Arn.
Sin.: *Senecio incae* Phil.
Ref.: Cabrera & Zardini, 1980.
Hábito: Arbusto.
Status: Endémica.
Elevación: ca. 2000 m.
Prov.: ME, SJ.
Ejemplar examinado: *Ruiz Leal 8588* (LP).

Senecio uspallatensis Hook. & Arn. *retroflexus* Hook. & Arn. = **Senecio oreophyton** J. Rémy
Ref.: Cabrera & Zardini, 1980.

Senecio uspallatensis Hook. & Arn. var. *tenuior* Hook. & Arn. = **Senecio oreophyton** J. Rémy
Ref.: Cabrera & Zardini, 1980.

Senecio vaginatus Hook. & Arn.
Sin.: *Senecio littoralis* J. Rémy, hom. illeg., *Senecio littoralis* Gaudich. var. *glabrata* Gaudich.
Ref.: Cabrera, 1971a; Cabrera & Zardini, 1980.
Hábito: Hierba.
Status: Endémica.
Elevación: 0-600 m.
Prov.: TF.
Ejemplar examinado: *Moore 565* (LP).

Senecio vaginifolius Sch. Bip.
Sin.: *Culcitium dasyphyllum* Gand., *Culcitium magellanicum* Hombr. & Jacquinot f. *angustifolia* Skottsb., *Senecio dasyphyllus* (Gand.) Cuatrec.
Ref.: Cabrera, 1949b, 1971a; Cabrera & Zardini, 1980.
Hábito: Hierba.
Status: Nativa.
Elevación: 0-1200 m.
Prov.: SC, TF.
Paises limítrofes: CH.
Ejemplar examinado: *Riggi 60* (LP).

Senecio valerianifolius Wolf = **Erechthites valerianifolia** (Wolf) DC.
Ref.: Cabrera, 1974a.

Senecio valderramae Phil. = **Senecio bracteolatus** Hook. & Arn. var. **valderramae** (Phil.) Cabrera
Ref.: Cabrera & Zardini, 1980.

Senecio varvarcensis Cabrera
Ref.: Cabrera, 1971a; Cabrera & Zardini, 1980.
Hábito: Subarbusto.
Status: Endémica.
Elevación: 1500-3000 m.
Prov.: NE.
Ejemplar examinado: *Boelcke 13999* (isotipo, LP).

Senecio ventanensis Cabrera
Sin.: *Senecio pinnatus* Poir. var. *glandulosus* Ball
Ref.: Cabrera & Zardini, 1980.
Hábito: Arbusto.
Status: Endémica.
Elevación: 0-1000 m.
Prov.: BA.
Ejemplar examinado: *Cabrera 4677* (LP).

Senecio verbascifolius Hombr. & Jacquinot = **Senecio smithii** DC.
Ref.: Cabrera & Zardini, 1980.

Senecio verruculosus Kuntze = **Senecio miser** Hook. f.
Ref.: Cabrera & Zardini, 1980.

Senecio verruculosus Kuntze var. *dentatus* Kuntze = **Senecio miser** Hook. f.
Ref.: Cabrera & Zardini, 1980.

Senecio verruculosus Kuntze var. *subulatus* Kuntze = **Senecio miser** Hoff. f.
Ref.: Cabrera & Zardini, 1980.

Senecio vervoorstii Cabrera
Ref.: Cabrera & Zardini, 1980.
Hábito: Arbusto.
Status: Endémica.
Elevación: ca. 2250 m.
Prov.: CA.
Ejemplar examinado: *Vervoorst 3126* (LP).

Senecio vira-vira Hieron.
Sin.: *Senecio albicaulis* Hook. & Arn. var. *glabriusculus* Griseb., *Senecio argentinus* Baker, *Senecio pinnatus* Poir. var. *achalensis* Griseb., *Senecio sericeus* Kuntze var. *glabriusculus* (Griseb.) Kuntze, *Senecio sericeus* Kuntze var. *pinnatifidus* Kuntze
Ref.: Cabrera & Zardini, 1980.
Hábito: Subarbusto.
Status: Nativa.
Elevación: 0-1200 m.
Prov.: BA, CA, CO, COR, ER, FO, LP, RN, SE, SF, SJ, SL.
Paises limítrofes: BR, UR.
Ejemplar examinado: *Cabrera 6743* (LP).

Senecio virens Phil. = **Senecio acanthifolius** Hombr. & Jacquinot subsp. **virens** (Phil.) Cabrera
Ref.: Cabrera & Zardini, 1980.

Senecio viridis Phil. var. **radiatus** R.E. Fr.
Ref.: Cabrera, 1978; Cabrera & Zardini, 1980.
Hábito: Arbusto.
Status: Nativa.
Elevación: ca. 3500 m.
Prov.: CA, SA, SJ, JU.
Paises limítrofes: CH.
Ejemplar examinado: *Cabrera 8970* (LP).

Senecio viridis Phil. var. **viridis**
Ref.: Cabrera, 1949b, 1978, 1985; Cabrera & Zardini, 1980.
Hábito: Arbusto.
Status: Nativa.
Elevación: 3000-4000 m.
Prov.: CA, JU, SJ.
Paises limítrofes: BO, CH.
Ejemplar examinado: *Cabrera 9378* (LP).

Senecio volckmannii Phil.
Sin.: *Senecio doñae-annae* Phil., *Senecio volckmannii* Phil. var. *lejocarpus* Cabrera
Ref.: Cabrera 1949b; Cabrera & Zardini, 1980.
Hábito: Subarbusto.
Status: Nativa.
Elevación: 3500-5000 m.
Prov.: CA, LR, ME, SJ.
Paises limítrofes: CH.
Ejemplar examinado: *Cabrera 24402* (LP).

Senecio volckmannii Phil. var. *lejocarpus* Cabrera. = **Senecio volckmannii** Phil.
Ref.: Cabrera & Zardini, 1980.

Senecio vulcanicus Phil., hom. illeg. = **Senecio chionophilus** Phil.

Senecio vulgaris L.
Ref.: Cabrera, 1949b, 1963a, 1971a, 1974a, 1985; Cabrera & Zardini, 1980; Moore, 1983.
Hábito: Hierba.
Status: Adventicia.
Elevación: 0-1200 m.
Prov.: BA, ER, SC, TF.
Paises limítrofes: BO, CH, UR.
Ejemplar examinado: *Tweedie 322* (LP).

Senecio websteri Hook. f.
Sin.: *Senecio websteri* Hook. f. var. *subdiscoideus* A. Gray
Ref.: Cabrera, 1949b, 1971a; Cabrera & Zardini, 1980; Moore, 1983.
Hábito: Hierba.
Status: Nativa.
Elevación: 0-600 m.
Prov.: TF.
Paises limítrofes: CH.
Ejemplar examinado: *Torres 1147* (LP).

Senecio websteri Hook. f. var. *subdiscoideus* A. Gray = **Senecio websteri** Hook. f.
Ref.: Cabrera, 1971a; Cabrera & Zardini, 1980.

Senecio werdermannii Greenm.
Sin.: *Senecio modestus* Phil., hom. illeg.
Ref.: Cabrera 1949b; Cabrera & Zardini, 1980.
Hábito: Subarbusto.
Status: Nativa.
Elevación: 2000-3000 m.
Prov.: ME.
Paises limítrofes: CH.
Ejemplar examinado: *Ruiz Leal 7278* (LP).

Senecio wernerioides Wedd. = **Senecio breviscapus** DC.
Ref.: Cabrera & Zardini, 1980.

Senecio williamsii Phil. = **Senecio poeppigii** Hook. & Arn. var. **poeppigii**
Ref.: Cabrera & Zardini, 1980.

Senecio xanthocephalus Dusén = **Senecio fistulosus** Poepp. ex Less. var. **ochroleucus** (Hook. & Arn.) Cabrera
Ref.: Cabrera & Zardini, 1980.

Senecio xanthoxylon Phil. = **Senecio patagonicus** Hook. & Arn. var. **lobatifolius** (Hombr. & Jacquinot) Cabrera
Ref.: Cabrera & Zardini, 1980.

[Senecio xanthoxylon Phil. var. araneosula Speg.]
Ref.: Cabrera & Zardini, 1980.
Nota: Taxón dudoso.

Senecio xerophilus Phil.
Ref.: Cabrera, 1949b, 1978; Cabrera & Zardini, 1980.
Hábito: Subarbusto.
Status: Nativa.
Elevación: 3000-4600 m.
Prov.: JU, LR, SA, SJ.
Paises limítrofes: CH.
Ejemplar examinado: *Catalano 20* (LP).

Senecio yalae Cabrera
Ref.: Cabrera, 1978; Cabrera & Zardini, 1980.
Hábito: Hierba.
Status: Endémica.
Elevación: 2000-3800 m.
Prov.: JU, SA.
Ejemplar examinado: *Cabrera 19965* (LP).

Senecio yegua (Colla) Cabrera
Sin.: *Acrisione denticulata* (Hook. & Arn.) B. Nord., *Cacalia denticulata* Hook. & Arn., *Danaa yegua* Colla, *Senecio denticulatus* (Hook. & Arn.) DC., hom. illeg., *Senecio rancaguensis* J. Rémy, *Senecio ovalifolius* Turcz.
Ref.: Cabrera 1949b; Cabrera & Zardini, 1980; Nordenstam, 1985.
Hábito: Arbusto.
Status: Nativa.
Elevación: 500-1000 m.
Prov.: NE.
Paises limítrofes: CH.
Ejemplar examinado: *Boelcke 3882* (LP).

Senecio zapalae Cabrera
Ref.: Cabrera, 1971a; Cabrera & Zardini, 1980.
Hábito: Hierba.
Status: Endémica.
Prov.: NE.
Elevación: 600-1200 m.
Ejemplar examinado: *Ragonese 37* (holotipo, LP).

Senecio zosterifolius Hook. & Arn.
Sin.: *Haplostichia stolonifera* Phil., *Senecio cotuloides* Reiche, *Senecio graminifolius* Phil., *Senecio potamogetonifolius* Sch. Bip. ex Phil., *Senecio uliginosus* Phil.
Ref.: Cabrera, 1949b, 1971a; Cabrera & Zardini, 1980.
Hábito: Hierba.
Status: Nativa.
Elevación: 600-1500 m.
Prov.: NE, RN.
Paises limítrofes: CH.
Ejemplar examinado: *Cabrera 11243* (LP).

Seriola brasiliensis Less. = **Hypochaeris chillensis** (Kunth) Hieron.
Ref.: Cabrera, 1978.

Seriola brasiliensis Less. var. *parviflora* Hook. & Arn. = **Hypochaeris microcephala** (Sch. Bip.) Cabrera var. **microcephala**
Ref.: Cabrera, 1963a.

Seriola ? incana Hook. & Arn. = **Hypochaeris incana** (Hook. & Arn.) Macloskie var. **incana**
Ref.: Cabrera, 1971a.

Seriola petiolaris Hook. & Arn. = **Hypochaeris petiolaris** (Hook. & Arn.) Griseb.
Ref.: Cabrera, 1963a.

Seriola tenuifolia Hook. & Arn. = **Hypochaeris tenuifolia** (Hook. & Arn.) Griseb. var. **tenuifolia**
Ref.: Cabrera, 1974a.

Seriola tweediei Hook. & Arn. = **Hypochaeris chillensis** (Kunth) Hieron.
Ref.: Cabrera, 1978.

Seriphidium mendozanum (DC.) Bremer & Humphries = **Artemisia mendozana** DC. var. **mendozana**
Ref.: Ariza Espinar, 1997b.

Serratula acutifolia Poir. = **Lucilia acutifolia** (Poir.) Cass.
Ref.: Freire, 1986a.

Serratula arvensis L. = **Cirsium arvense** (L.) Scop.
Ref.: Moore & Frankton, 1974.

Siegesbeckia L. Heliantheae.
Número de especies: 1

[Siegesbeckia jorullensis Kunth]
Nota: Especie excluida de la flora argentina.

Siegesbeckia mandonii Sch. Bip., nom. nud. = **Siegesbeckia serrata** DC.
Ref.: Ariza Espinar, 1993b.

Siegesbeckia serrata DC.
Sin.: *Siegesbeckia mandonii* Sch. Bip., nom. nud.
Ref.: Schulz, 1989; Cabrera, 1978; Ariza Espinar, 1993b.
Hábito: Hierba.
Status: Nativa.
Elevación: 1000-3000 m.
Prov.: CA, JU, LR, NE, SA, TU.
Paises limítrofes: BO, CH.
Ejemplar examinado: *Fabris et al. 2863* (LP).

Silybum Vaill ex Adams. Cardueae.
Número de especies: 1

Silybum marianum (L.) Gaertn.
Sin.: *Carduus marianus* L.
Ref.: Cabrera, 1963a, 1971a, 1974a, 1978; Del Aguila, 1964; Novara, 1993c; Ariza Espinar & Delucchi, 1998b.
Hábito: Hierba.
Status: Naturalizada.
Elevación: 0-1500 m.
Prov.: BA, CA, CH, CO, DF, ER, JU, LP, ME, RN, SA, SE, SF, TF, TU.
Paises limítrofes: CH.
Ejemplar examinado: *Cabrera 100* (LP).

Simsia Pers. Heliantheae.
Número de especies: 1

Simsia dombeyana DC.
Sin.: *Encelia hirsuta* Kuntze, *Simsia hirsuta* (Kuntze) Blake
Ref.: Cabrera, 1974a, 1978; Spooner, 1990; Sáenz, inéd.e.
Hábito: Hierba.
Status: Nativa.
Elevación: 0-500 m.
Prov.: CA, CH, CO, ER, JU, LR, ME, SA, SE, SJ, TU.
Paises limítrofes: BO, BR, PA.
Ejemplar examinado: *Cabrera et al. 24908* (LP, SI).

Simsia hirsuta (Kuntze) Blake = **Simsia dombeyana** DC.
Ref.: Cabrera, 1974, 1978; Spooner, 1990; Sáenz, inéd.e.

Smallanthus Mackloskie. Heliantheae.
Número de especies: 2

Smallanthus connatus (Spreng.) H. Rob.
Sin.: *Gymnolomia connata* Spreng., *Polymnia andrei* Arechav., *Polymnia connata* (Spreng.) Blake, *Polymnia silphioides* DC., *Polymnia silphioides* DC. var. *perennis* Bettfr.
Ref.: Robinson, 1978.
Hábito: Hierba.
Status: Nativa.
Elevación: 0-500 m.
Prov.: BA, COR, ER, MI.
Paises limítrofes: BR, PA, UR.
Ejemplar examinado: *Zardini 1295* (LP).

Smallanthus macroscyphus (Baker) A. Grau
Sin.: *Polymnia macroscypha* Baker
Ref.: Sáenz, inéd.c.
Hábito: Hierba.
Status: Nativa.
Elevación: 0-2500 m.
Prov.: JU, SA, TU.
Paises limítrofes: BO.
Ejemplar examinado: *Cabrera 18514* (LP).
Nota: Véase nueva combinación en Apéndice 1.

Solidago L. Astereae.
Número de especies: 2, 1 especie endémica.

Solidago chilensis Meyen var. **chilensis**
Sin.: *Solidago linearifolia* DC., *Solidago linearifolia* DC. var. *brachypoda* Speg., *Solidago microglossa* DC. var. *linearifolia* (DC.) Baker
Ref.: Cabrera, 1963a, 1971a, 1974a, 1978.
Hábito: Hierba.
Status: Nativa.
Elevación: 0-2500 m.
Prov.: BA, CA, CH, CHU, CO, COR, ER, JU, LR, ME, NE, RN, SA, SC, SE, SF, SL, SJ, TU.
Paises limítrofes: BO, CH, PA, UR.
Ejemplar examinado: *Maldonado 551* (LP).

Solidago chilensis Meyen var. **megapotamica** (DC.) Cabrera
Sin.: *Solidago microglossa* DC. var. *megapotamica* DC.
Ref.: Cabrera, 1974a.
Hábito: Hierba.
Status: Nativa.
Elevación: 0-500 m.
Prov.: COR, ER, FO, MI.
Paises limítrofes: BO, BR, PA.
Ejemplar examinado: *Job 81* (LP).

Solidago linearifolia DC. = **Solidago chilensis** Meyen var. **chilensis**
Ref.: Cabrera, 1978.

Solidago linearifolia DC. var. *brachypoda* Speg. = **Solidago chilensis** Meyen var. **chilensis**
Ref.: Cabrera, 1978.

Solidago microglossa DC. var. *linearifolia* (DC.) Baker = **Solidago chilensis** Meyen var. **chilensis**
Ref.: Cabrera, 1978.

Solidago microglossa DC. var. *megapotamica* DC. = **Solidago chilensis** Meyen var. **megapotamica** (DC.) Cabrera
Ref.: Cabrera, 1974a.

Solidago patagonica Phil.
Ref.: Cabrera, 1971a.
Hábito: Hierba.
Status: Endémica.
Elevación: 0-500 m.
Prov.: RN.
Ejemplar examinado: *Cabrera 5015* (LP).

Soliva Ruiz & Pav. Anthemideae.
Número de especies: 5, 1 especie endémica.

Soliva acaulis Hook. & Arn. = **Soliva stolonifera** (Brot.) R. Br. ex G. Don
Ref.: Cabrera, 1949d, 1963a; Bremer & Humphries, 1993.

Soliva alata (Spreng.) DC. = **Soliva sessilis** Ruiz & Pav.
Ref.: Ariza Espinar, 1997b.

Soliva anthemifolia (Juss.) R. Br. ex Less.
Sin.: *Gymnostyles anthemifolia* Juss.
Ref.: Cabrera, 1949d, 1963a, 1974a; Bremer & Humphries, 1993, Ariza Espinar, 1997b.
Hábito: Hierba
Status: Nativa.
Elevación: 0-1500 m.
Prov.: BA, CH, COR, ER, JU, MI, SA, SF, TU.
Paises limítrofes: BR, PA, UR.
Ejemplar examinado: *Novara 2892* (LP).

Soliva anthemifolia (Juss.) R. Br. ex Less. var. *acaulis* (Hook. & Arn.) Baker = **Soliva stolonifera** (Brot.) R. Br. ex G. Don
Ref.: Cabrera, 1949d, 1963a.

Soliva barclayana DC. = **Soliva sessilis** Ruiz & Pav.
Ref.: Ariza Espinar, 1997b.

Soliva daucifolia Nutt. = **Soliva sessilis** Ruiz & Pav.
Ref.: Ariza Espinar, 1997b.

Soliva lusitanica (Spreng.) Less. = **Soliva stolonifera** (Brot.) R. Br. ex G. Don
Ref.: Cabrera, 1949d, 1963a.

Soliva macrocephala Cabrera
Ref.: Cabrera, 1949d, 1963a, 1974a; Bremer & Humphries, 1993; Ariza Espinar, 1997b.
Hábito: Hierba
Status: Nativa.
Elevación: 0-500 m.
Prov.: BA, CH, ER, SF.
Paises limítrofes: UR.
Ejemplar examinado: *Cabrera 7217* (LP).

Soliva mexicana DC. = **Cotula mexicana** (DC.) Cabrera
Ref.: Cabrera, 1960.

Soliva microloma Phil. = **Soliva sessilis** Ruiz & Pav.
Ref.: Ariza Espinar, 1997b.

Soliva minuta (L. f.) Sweet = **Cotula mexicana** (DC.) Cabrera
Ref.: Cabrera, 1971a.

Soliva nasturtiifolia (Juss.) DC. = **Soliva stolonifera** (Brot.) R. Br. ex G. Don
Ref.: Cabrera, 1949d, 1963a.

Soliva neglecta Cabrera = **Soliva sessilis** Ruiz & Pav.
Ref.: Ariza Espinar, 1997b.

Soliva pedicellata Ruiz & Pav. = **Cotula mexicana** (DC.) Cabrera
Ref.: Cabrera, 1960.

Soliva pedunculata Ruiz & Pav. ex Steud. = **Cotula mexicana** (DC.) Cabrera
Ref.: Cabrera, 1960.

Soliva pterosperma (Juss.) Less. = **Soliva sessilis** Ruiz & Pav.
Ref.: Ariza Espinar, 1997b.

Soliva pygmaea Kunth = **Cotula mexicana** (DC.) Cabrera
Ref.: Cabrera, 1960.

Soliva sessilis Ruiz & Pav.
Sin.: *Gymnostyles alata* Spreng., *Gymnostyles barclayana* (DC.) Steudel, *Gymnostyles pterosperma* Juss., *Ranunculus alatus* Poir., *Soliva alata* (Spreng.) DC., *Soliva barclayana* DC., *Soliva daucifolia* Nutt., *Soliva microloma* Phil., *Soliva neglecta* Cabrera, *Soliva pterosperma* (Juss.) Less., *Soliva sessilis* Ruiz & Pav. var. *barclayana* (DC.) Baker, *Soliva valdiviana* Phil.
Ref.: Ariza Espinar, 1997b.
Hábito: Hierba
Status: Nativa.
Elevación: 0-1500 m.
Prov.: BA, CH, CO, COR, ER, JU, MI, SF, TU.
Paises limítrofes: BR, CH, PA, UR.
Ejemplar examinado: *Schulz 218* (LP).

Soliva sessilis Ruiz & Pav. var. *barclayana* (DC.) Baker = **Soliva sessilis** Ruiz & Pav.
Ref.: Ariza Espinar, 1997b.

Soliva stolonifera (Brot.) R. Br. ex G. Don
Sin.: *Gymnostyles lusitanica* Spreng., *Gymnostyles nasturtiifolia* Juss., *Gymnostyles stolonifera* (Brot.) Tutin, *Hippia stolonifera* Brot., *Soliva acaulis* Hook. & Arn., *Soliva anthemifolia* (Juss.) R. Br. ex Less. var. *acaulis* (Hook. & Arn.) Baker, *Soliva lusitanica* (Spreng.) Less.; *Soliva nasturtiifolia* (Juss.) DC., *Soliva urbica* Phil.
Ref.: Cabrera, 1949d, 1963a; Bremer & Humphries, 1993; Ariza Espinar, 1997b.
Hábito: Hierba
Status: Nativa.
Elevación: 0-500 m.
Prov.: BA, COR, ER.
Paises limítrofes: CH, UR.
Ejemplar examinado: *Cabrera 3349* (LP).

Soliva tenella A. Cunn. = **Cotula australis** (Sieber ex Spreng.) Hook. f.
Ref.: Cabrera, 1963a, 1974a, 1978.

Soliva triniifolia Griseb.
Ref.: Cabrera, 1949d; Bremer & Humphries, 1993; Ariza Espinar, 1997b.
Hábito: Hierba.
Prov.: CO.
Status: Endémica.
Ejemplar examinado: *Hieronymus 374* (isotipo, LP).

Soliva urbica Phil. = **Soliva stolonifera** (Brot.) R. Br. ex G. Don
Ref.: Cabrera, 1949d, 1963a.

Soliva valdiviana Phil. = **Soliva sessilis** Ruiz & Pav.
Ref.: Ariza Espinar, 1997b.

Sommerfeltia Less. Astereae.

Número de especies: 1

Sommerfeltia spinulosa (Spreng.) Less.
Sin.: *Conyza spinulosa* Spreng.
Ref.: Cabrera, 1963a.
Hábito: Arbusto.
Status: Nativa.
Elevación: 0-500 m.
Prov.: BA.
Paises limítrofes: BR, UR.
Ejemplar examinado: *Cabrera 4473* (LP).

Sonchus L. Lactuceae.

Número de especies: 4

Sonchus agrestis Sw. = **Erechthites hieracifolia** (L.) Raf. ex DC. var. **cacalioides** (Fisch. ex Spreng.) Griseb.
Ref.: Belcher, 1956.

Sonchus arvensis L.
Ref.: Ariza Espinar, 1967a; Ariza Espinar & Urtubey, 1998.
Hábito: Hierba.
Status: Adventicia.
Elevación: ca. 1200.
Prov.: ME.
Paises limítrofes: CH.
Ejemplar examinado: *Ruíz Leal 10046* (LP).

Sonchus asper (L.) Hill
Sin.: *Sonchus oleraceus* L. var. *asper* L.
Ref.: Cabrera, 1963a; Ariza Espinar & Urtubey, 1998.
Hábito: Hierba.
Status: Adventicia.
Elevación: 0-2500 m.
Prov.: BA, CA, CH, CHU, CO, ER, JU, LP, LR, ME, MI, NE, SA, SC, SF, TF.
Paises limítrofes: BO, BR, CH, UR.
Ejemplar examinado: *Spegazzini s.n.* (LP).

Sonchus brasiliensis Meyen & Walp. = **Erechthites hieracifolia** (L.) Raf. ex DC. var. **cacalioides** (Fisch. ex Spreng.) Griseb.
Ref.: Belcher, 1956.

Sonchus occidentalis Spreng. = **Erechthites hieracifolia** (L.) Raf. ex DC. var. **cacalioides** (Fisch. ex Spreng.) Griseb.
Ref.: Belcher, 1956.

Sonchus oleraceus L. var. *asper* L. = **Sonchus asper** (L.) Hill
Ref.: Cabrera, 1963a.

Sonchus oleraceus L.
Ref.: Cabrera, 1963a; Ariza Espinar & Urtubey, 1998.
Hábito: Hierba anual.
Status: Naturalizada.
Elevación: 0-2000 m.
Prov.: BA, CA, CH, CHU, CO, COR, FO, JU, LP, LR, ME, MI, NE, RN, SC, SE, SF, SJ, SL, TF.
Paises limítrofes: BR, CH, PA, UR.
Ejemplar examinado: *Cabrera 104* (LP).

Sonchus tenerrimus L.
Ref.: Cabrera, 1963a.
Hábito: Hierba.
Status: Naturalizada.
Elevación: 0-500 m.
Prov.: BA.
Paises limítrofes: CH.
Ejemplar examinado: *Hunziker 801* (LP).

Spadonia polymorpha Less. var. *ceanothifolia* Less. = **Gochnatia polymorpha** (Less.) Cabrera subsp. **ceanothifolia** (Less.) Cabrera
Ref.: Cabrera, 1971c; Sancho, 1996.

Spadonia polymorpha Less. var. *elaeagnifolia* Less. = **Gochnatia polymorpha** (Less.) Cabrera subsp. **ceanothifolia** (Less.) Cabrera
Ref.: Cabrera, 1971c; Sancho, 1996.

Spadonia polymorpha Less. var. *obtusifolia* Less. = **Gochnatia polymorpha** (Less.) Cabrera subsp. **ceanothifolia** (Less.) Cabrera
Ref.: Cabrera, 1971c; Sancho, 1996.

Sphaerocephalus lagascae D. Don = **Nassauvia lagascae** (D. Don) F. Meigen var. **lagascae**
Ref.: Cabrera, 1982.

Sphagneticola O. Hoffm. Heliantheae.

Número de especies: 1

Sphagneticola brachycarpa (Baker) Pruski
Sin.: *Aspilia callosa* Chodat, *Aspilia silphioides* Chodat f. *parvifolia* Chodat, *Stemmodontia brachycarpa* (Baker) Morong, *Thelechitonia brachycarpa* (Baker) H. Rob. & Cuatrec., *Wedelia brachycarpa* Baker, *Wedelia callosa* (Chodat) B.L. Turner, *Wedelia pilosa* Baker, *Wedelia pilosa* Baker var. *brachycarpa* Hassl.
Ref.: Pruski, 1996; Sáenz, inéd.f.
Hábito: Hierba.
Status: Nativa.
Elevación: 0-1000 m.
Prov.: CH, COR, ER, FO, MI, SF.
Paises limítrofes: BO, BR, PA.
Ejemplar examinado: *Schinini 14090* (CTES, SI).

Spilanthes affinis Hook. & Arn. = **Acmella decumbens** (Sm.) R.K. Jansen var. **affinis** (Hook. & Arn.) R.K. Jansen
Ref.: Jansen, 1985.

Spilanthes alpestris Griseb. = **Acmella alpestris** (Griseb.) R.K. Jansen
Ref.: Jansen, 1985.

Spilanthes americana (L.f.) Hieron. = **Acmella oppositifolia** (Lam.) R.K. Jansen
Ref.: Jansen, 1985.

Spilanthes americana (L.f.) Hieron. var. *stolonifera* (DC.) A.H. Moore f. *longiinternodiata* A.H. Moore = **Acmella pusilla** (Hook. & Arn.) R.K. Jansen
Ref.: Jansen, 1985.

Spilanthes americana (L.f.) Hieron. var. *stolonifera* (DC.) A.H. Moore = **Acmella decumbens** (Sm.) R.K. Jansen var. **decumbens**
Ref.: Jansen, 1985.

Spilanthes americana (L.f.) Hieron. var. *stolonifera* (DC.) A.H. Moore f. *ciliatifolia* A.H. Moore = **Acmella decumbens** (Sm.) R.K. Jansen var. **affinis** (Hook. & Arn.) R.K. Jansen
Ref.: Jansen, 1985.

Spilanthes arnicoides DC. = **Acmella bellidioides** (Sm.) R.K. Jansen
Ref.: Jansen, 1985.

Spilanthes arnicoides DC. f. *grisea* Chodat = **Acmella grisea** (Chodat) R.K. Jansen
Ref.: Jansen, 1985.

Spilanthes arnicoides DC. f. *minor* Chodat = **Acmella leptophylla** (DC.) R.K. Jansen
Ref.: Jansen, 1985.

Spilanthes arnicoides DC. f. *nervosa* Chodat = **Acmella leptophylla** (DC.) R.K. Jansen
Ref.: Jansen, 1985.

Spilanthes arnicoides DC. f. *setosa* Chodat = **Acmella bellidioides** (Sm.) R.K. Jansen
Ref.: Jansen, 1985.

Spilanthes arnicoides DC. var. *grisea* (Chodat) Chodat = **Acmella grisea** (Chodat) R.K. Jansen
Ref.: Jansen, 1985.

Spilanthes arnicoides DC. var. *intermedia* Chodat = **Acmella bellidioides** (Sm.) R.K. Jansen
Ref.: Jansen, 1985.

Spilanthes arnicoides DC. var. *leptophylla* (DC.) Baker = **Acmella leptophylla** (DC.) R.K. Jansen
Ref.: Jansen, 1985.

Spilanthes arnicoides DC. var. *macropoda* (DC.) Baker = **Acmella decumbens** (Sm.) R.K. Jansen var. **decumbens**
Ref.: Jansen, 1985.

Spilanthes bellidioides (Sm.) Cabrera = **Acmella bellidioides** (Sm.) R.K. Jansen
Ref.: Jansen, 1985.

Spilanthes blepharicarpa DC. = **Acmella bellidioides** (Sm.) R.K. Jansen
Ref.: Jansen, 1985.

Spilanthes ciliata Kunth = **Acmella ciliata** (Kunth) Cass.
Ref.: Jansen, 1985.

Spilanthes decumbens (Sm.) A.H. Moore = **Acmella decumbens** (Sm.) R.K. Jansen var. **decumbens**
Ref.: Jansen, 1985.

Spilanthes decumbens (Sm.) A.H. Moore var. *leptophylla* (DC.) A.H. Moore = **Acmella leptophylla** (DC.) R.K. Jansen
Ref.: Jansen, 1985.

Spilanthes decumbens (Sm.) A.H. Moore var. *macropoda* (DC.) A.H. Moore = **Acmella decumbens** (Sm.) R.K. Jansen var. **decumbens**
Ref.: Jansen, 1985.

Spilanthes doronicoides DC. = **Acmella bellidioides** (Sm.) R.K. Jansen
Ref.: Jansen, 1985.

Spilanthes ecliptoides Gardner = **Jaegeria hirta** (Lag.) Less.
Ref.: Torres, 1968; Cabrera, 1978.

Spilanthes eurycarena A.H. Moore = **Acmella decumbens** (Sm.) R.K. Jansen var. **affinis** (Hook. & Arn.) R.K. Jansen
Ref.: Jansen, 1985.

Spilanthes fimbriata Kunth = **Acmella ciliata** (Kunth) Cass.
Ref.: Jansen, 1985.

Spilanthes glaberrima (Hassl.) R.K. Jansen = **Acmella glaberrima** (Hassl.) R.K. Jansen
Ref.: Jansen, 1985.

Spilanthes grandis DC. = **Acmella bellidioides** (Sm.) R.K. Jansen
Ref.: Jansen, 1985.

Spilanthes grisea (Chodat) A.H. Moore = **Acmella grisea** (Chodat) R.K. Jansen
Ref.: Jansen, 1985.

Spilanthes grisea (Chodat) A.H. Moore var. *chodatana* A.H. Moore = **Acmella leptophylla** (DC.) R.K. Jansen
Ref.: Jansen, 1985.

Spilanthes grisea (Chodat) A.H. Moore var. *intermedia* (Chodat) A.H. Moore = **Acmella bellidioides** (Sm.) R.K. Jansen
Ref.: Jansen, 1985.

Spilanthes grisea (Chodat) A.H. Moore var. *micra* A.H. Moore = **Acmella bellidioides** (Sm.) R.K. Jansen
Ref.: Jansen, 1985.

Spilanthes grisea (Chodat) A.H. Moore var. *setosa* (Chodat) A.H. Moore = **Acmella bellidioides** (Sm.) R.K. Jansen
Ref.: Jansen, 1985.

Spilanthes helenioides Hook. & Arn. = **Acmella decumbens** (Sm.) R.K. Jansen var. **decumbens**
Ref.: Jansen, 1985.

Spilanthes karvinskiana DC. = **Jaegeria hirta** (Lag.) Less.
Ref.: Torres, 1968; Cabrera, 1978.

Spilanthes leptophylla DC. = **Acmella leptophylla** (DC.) R.K. Jansen
Ref.: Jansen, 1985.

Spilanthes longifolia DC. = **Acmella bellidioides** (Sm.) R.K. Jansen
Ref.: Jansen, 1985.

Spilanthes macropoda DC. = **Acmella decumbens** (Sm.) R.K. Jansen var. **decumbens**
Ref.: Jansen, 1985.

Spilanthes mariannae DC. = **Jaegeria hirta** (Lag.) Less.
Ref.: Torres, 1968; Cabrera, 1978.

Spilanthes melampodioides Gardner = **Acmella ciliata** (Kunth) Cass.
Ref.: Jansen, 1985.

Spilanthes micralloeophylla A.H. Moore = **Acmella decumbens** (Sm.) R.K. Jansen var. **affinis** (Hook. & Arn.) R.K. Jansen
Ref.: Jansen, 1985.

Spilanthes mutisii Kunth = **Acmella oppositifolia** (Lam.) R.K. Jansen
Ref.: Jansen, 1985.

Spilanthes nitida La Llave & Lex. = **Salmea scandens** (L.) DC.
Ref.: Bolick, 1991.

Spilanthes oppositifolia (Lam.) D'Arcy = **Acmella oppositifolia** (Lam.) R.K. Jansen
Ref.: Jansen, 1985.

Spilanthes poeppigii DC. = **Acmella ciliata** (Kunth) Cass.
Ref.: Jansen, 1985.

Spilanthes popayanensis Hieron. = **Acmella ciliata** (Kunth) Cass.
Ref.: Jansen, 1985.

Spilanthes pusilla Hook. & Arn. = **Acmella pusilla** (Hook. & Arn.) R.K. Jansen
Ref.: Jansen, 1985.

Spilanthes sessilifolia Hemsl. = **Jaegeria hirta** (Lag.) Less.
Ref.: Torres, 1968; Cabrera, 1978.

Spilanthes sphaerocephala DC. = **Acmella bellidioides** (Sm.) R.K. Jansen
Ref.: Jansen, 1985.

Spilanthes stolonifera DC. = **Acmella decumbens** (Sm.) R.K. Jansen var. **decumbens**
Ref.: Jansen, 1985.

Spilanthes stolonifera DC. var. *pusilla* (Hook. & Arn.) Baker = **Acmella pusilla** (Hook. & Arn.) R.K. Jansen
Ref.: Jansen, 1985.

Spilanthes wedelioides Hook. & Arn. = **Eclipta elliptica** DC.
Ref.: Sáenz, inéd.c.

Spirochaeta funckii Turcz. = **Pseudelephantopus spiralis** (Less.) Cronquist

Spixia violacea Schrank = **Centratherum punctatum** Cass.
Ref.: Kirkman, 1981.

Stachycephalum Sch. Bip. ex Benth. Heliantheae.

Número de especies: 1 especie endémica.

Stachycephalum argentinum Griseb.
Ref.: Cabrera, 1978.
Hábito: Hierba.
Status: Endémica.
Elevación: 1000-3000 m.
Prov.: CA, JU, SA, TU.
Ejemplar examinado: *Fabris et al. 3871* (LP).

Stemmatella urticifolia (Kunth) O. Hoffm. = **Galinsoga urticifolia** (Kunth) Benth.
Ref.: Cabrera, 1978.

Stemmodontia brachycarpa (Baker) Morong = **Sphagneticola brachycarpa** (Baker) Pruski
Ref.: Pruski, 1996; Sáenz, inéd.f.

Stenachaenium Benth. Inuleae.

Número de especies: 2

Stenachaenium campestre Baker
Ref.: Cabrera, 1974a; Freire, 1995.
Hábito: Hierba.
Status: Nativa.
Elevación: 0-500 m.
Prov.: COR, ER.
Paises limítrofes: BR, PA, UR.
Ejemplar examinado: *Cabrera 12350* (LP).

Stenachaenium riedelii Baker
Ref.: Cabrera, 1974a; Freire, 1995.
Hábito: Hierba.
Status: Nativa
Elevación: 0-500 m.

Prov.: CH, COR, MI, SF.
Paises limítrofes: BR, PA, UR.
Ejemplar examinado: *Cabrera 11683* (LP).

Stenocephalum hexanthum Sch. Bip. = **Vernonia hexantha** Sch. Bip. ex Baker
Ref.: Cabrera, 1944b.

Stenocephalum megapotamicum (Spreng.) Sch. Bip. = **Vernonia megapotamica** Spreng.
Ref.: Cabrera, 1944b.

Stephananthus junceus Lehm. = **Baccharis juncea** (Lehm.) Desf.
Ref.: Cabrera, 1963a.

Stevia Cav. Eupatorieae.

Número de especies: 34, 16 especies y 7 variedades endémicas.

Stevia achalensis Hieron.
Ref.: Cabrera, 1978; Ariza Espinar, 1994; Cabrera & Freire, 1997.
Hábito: Subarbusto.
Status: Endémica.
Elevación: 1000-2000 m.
Prov.: CO, JU.
Ejemplar examinado: *Cabrera et al. 21696* (LP).

Stevia alpina Griseb. var. **alpina**
Sin.: *Stevia grisebachiana* Hieron., *Stevia schickendantzii* Hieron.
Ref.: Ariza Espinar, 1994; Freire, 1997.
Hábito: Subarbusto.
Status: Endémica.
Elevación: 1500-3000 m.
Prov.: CA, JU, LR, SA, TU.
Ejemplares examinado: *Venturi 3036* (LP).

Stevia alpina Griseb. var. **glutinosa** Ariza & Cerana
Ref.: Ariza Espinar, 1994; Cabrera & Freire, 1997.
Hábito: Subarbusto.
Status: Endémica.
Elevación: 1000-1500 m.
Prov.: CA.
Ejemplar examinado: *Hunziker y Ariza 20380* (holotipo, CORD).

Stevia aristata D. Don ex Hook. & Arn.
Sin.: *Stevia aristata* D. Don Hook. & Arn. var. *typica* B.L. Rob., nom. inval., *Stevia polycephala* auct. non Baker
Ref.: Cabrera & Vittet, 1954; Cabrera, 1974a; Ariza Espinar, 1994; Cabrera & Freire, 1997.
Hábito: Hierba.
Status: Nativa.
Elevación: 0-500 m.
Prov.: BA, CO, COR, ER, MI, SF.
Paises limítrofes: PA, UR.
Ejemplar examinado: *Cabrera 4889* (LP).

Stevia aristata D. Don ex Hook. & Arn. var. *typica* B.L. Rob., nom. inval. = **Stevia aristata** D. Don ex Hook. & Arn. var. **aristata**
Ref.: Cabrera & Vittet, 1954.

Stevia aristata D. Don var. *villaricensis* B.L. Rob. = **Stevia villaricensis** (B.L. Rob.) Cabrera & Vittet
Ref.: Cabrera & Vittet, 1954.

Stevia arnottiana Baker = **Stevia gilliesii** Hook. & Arn. var. **gilliesii**
Ref.: Cabrera & Vittet, 1954; Ariza Espinar, 1994.

Stevia boliviensis Griseb., p.p., hom. illeg. = **Stevia vaga** Griseb. var. **effusa** (Hieron.) Ariza & Cerana
Ref.: Cabrera & Vittet, 1954.

Stevia boliviensis Griseb., p.p., hom. illeg. = **Stevia procumbens** Hieron.
Ref.: Cabrera & Vittet, 1954.

Stevia breviaristata Hook. & Arn.
Sin.: *Stevia lorentzii* Griseb., *Stevia pubigera* Hieron., *Stevia pubigera* Hieron. var. *subglabrata* Hieron., *Stevia schultzii* Hieron.
Ref.: Cabrera & Vittet, 1954; Cabrera, 1978, 1996; Ariza Espinar, 1994; Cabrera & Freire, 1997.
Hábito: Hierba.
Status: Nativa.
Elevación: 1500-2500 m.
Prov.: CA, CO, LR, JU, SA, TU.
Paises limítrofes: BO, PA.
Ejemplar examinado: *Venturi 3152* (LP).

Stevia burkartii B.L. Rob.
Ref.: Cabrera & Vittet, 1954; Cabrera, 1974a; Cabrera & Freire, 1997.
Hábito: Hierba.
Status: Endémica.
Elevación: 0-500 m.
Prov.: ER.
Ejemplar examinado: *Burkart 1149* (holotipo, SI).

Stevia calycina DC. = **Eupatorium calyculatum** Hook. & Arn.
Ref.: Cabrera, 1989.

Stevia camachensis Hieron.
Ref.: Cabrera, 1978; Cabrera & Freire, 1997.
Hábito: Hierba.
Status: Nativa.
Elevación: 3000-3500 m.
Prov.: JU, SA.
Paises limítrofes: BO.
Ejemplar examinado: *Fabris y Crisci 6967* (LP).

Stevia camporum Griseb., hom. illeg. = **Stevia sanguinea** Hieron.
Ref.: Cabrera & Vittet, 1954.

Stevia carapariensis Cabrera & Vittet
Ref.: Cabrera & Vittet, 1954.
Hábito: Hierba.
Status: Endémica.
Elevación: 1000-1500 m.
Prov.: SA.
Ejemplar examinado: *Cabrera 4200* (holotipo, LP).

Stevia centinelae Cabrera
Ref.: Cabrera, 1974b, 1978; Cabrera & Freire, 1997.
Hábito: Hierba.
Status: Endémica.
Elevación: ca. 2650 m.
Prov.: JU.
Ejemplar examinado: *Fabris et al. 5136* (holotipo, LP).

Stevia chamaedrys Griseb. var. **chamaedrys**
Sin.: *Stevia nevadensis* Hieron.
Ref.: Cabrera & Vittet, 1954; Cabrera, 1978; Ariza Espinar, 1994; Cabrera & Freire, 1997.
Hábito: Hierba.
Status: Nativa.
Elevación: 2000-4500 m.
Prov.: CA, JU, SA, TU.
Paises limítrofes: BO.
Ejemplar examinado: *Cabrera 8719* (LP).

Stevia chamaedrys Griseb. var. **glandulifera** Ariza & Cerana
Ref.: Ariza Espinar, 1994; Cabrera & Freire, 1997.
Hábito: Hierba.
Status: Endémica.
Elevación: 2900-3100 m.
Prov.: CA, LR.
Ejemplar examinado: *O'Donell y Meyer 5081* (LIL).

Stevia cinerascens Sch. Bip. ex Baker
Ref.: Robinson, 1930; Cabrera & Vittet, 1954; Cabrera & Freire, 1997.
Hábito: Hierba.
Status: Nativa.
Elevación: 0-500 m.
Prov.: MI.
Paises limítrofes: BR.
Ejemplar examinado: *Niederlein 418* (LP).

Stevia clausenii Griseb., p.p., hom. illeg. = **Stevia yaconensis** Hieron. var. **yaconensis**
Ref.: Cabrera & Vittet, 1954.

Stevia claussenii Griseb., p.p., hom. illeg. = **Stevia yaconensis** Hieron. var. **saltensis** (Hieron.) B.L. Rob.
Ref.: Cabrera & Vittet, 1954.

Stevia crassicephala Cabrera
Ref.: Cabrera, 1974b, 1978; Cabrera & Freire, 1997.
Hábito: Hierba.
Status: Endémica.
Elevación: ca. 1700 m.
Prov.: JU.
Ejemplar examinado: *Cabrera y Frangi 20619* (holotipo, LP).

Stevia diversipapposa Hieron. = **Stevia vaga** Griseb. var. **vaga**
Ref.: Cabrera & Vittet, 1954.

Stevia diversipapposa Hieron. f. *breviaristata* Hieron. = **Stevia vaga** Griseb. var. **vaga**
Ref.: Robinson, 1930.

Stevia diversipapposa Hieron. f. *exaristata* Hieron. = **Stevia vaga** Griseb. var. **vaga**
Ref.: Robinson, 1930.

Stevia diversipapposa Hieron. f. *longiaristata* Hieron. = **Stevia vaga** Griseb. var. **vaga**
Ref.: Cabrera & Vittet, 1954.

Stevia effusa Hieron. = **Stevia vaga** Griseb. var. **effusa** (Hieron.) Ariza & Cerana
Ref.: Cabrera & Vittet, 1954; Ariza Espinar, 1994.

Stevia effusa Hieron. var. *saltensis* Hieron. = **Stevia vaga** Griseb. var. **saltensis** (Hieron.) Ariza & Cerana
Ref.: Cabrera & Vittet, 1954; Cabrera, 1978; Ariza Espinar, 1994.

Stevia effusa Hieron. var. *typica* B.L. Rob., nom. inval. = **Stevia vaga** Griseb. var. **effusa** (Hieron.) Ariza & Cerana
Ref.: Cabrera & Vittet, 1954.

Stevia entreriensis Hieron.
Sin.: *Dissothryx hassleriana* Chodat, *Stevia entreriensis* Hieron. var. *minor* Hieron., *Stevia hirsuta* Griseb., hom. illeg., *Stevia oxylaena* Griseb., hom. illeg., *Stevia oxylaena* DC. var. *villosa* Hieron., hom. illeg.
Ref.: Cabrera & Vittet, 1954; Cabrera, 1974a, 1996; Cabrera & Freire, 1997.
Hábito: Hierba.
Status: Nativa.
Elevación: 0-500 m.
Prov.: CH, COR, ER, MI.
Paises limítrofes: PA, UR.
Ejemplar examinado: *Cabrera 6481* (LP).

Stevia entreriensis Hieron. var. *minor* Hieron. = **Stevia entreriensis** Hieron.
Ref.: Cabrera, 1974a.

Stevia fiebrigii Hieron. var. **fiebrigii**
Ref.: Cabrera, 1978; Cabrera & Freire, 1997.
Hábito: Hierba.
Status: Nativa.
Elevación: ca. 2500 m.
Prov.: JU, SA.
Paises limítrofes: BO.
Ejemplar examinado: *de la Sota 4115* (LP).

Stevia fiebrigii Hieron. var. *gracillima* B.L. Rob. = **Stevia fiebrigii** Hieron. var. **vattuonei** (Hicken) Cabrera
Ref.: Cabrera, 1978.

Stevia fiebrigii Hieron. var. **jujuiensis** Cabrera
Ref.: Cabrera, 1978; Cabrera & Freire, 1997.
Hábito: Hierba.
Status: Endémica.
Elevación: ca. 1700 m.
Prov.: JU.
Ejemplar examinado: *de la Sota 4432* (holotipo, LP).

Stevia fiebrigii Hieron. var. **vattuonei** (Hicken) Cabrera
Sin.: *Stevia fiebrigii* Hieron. var. *gracillima* B.L. Rob., *Stevia satureiifolia* (Lam.) Sch. Bip. var. *vattuonei* Hicken
Ref.: Cabrera, 1978; Cabrera & Freire, 1997.
Hábito: Hierba.
Status: Endémica.
Elevación: ca. 1200 m.
Prov.: CA, SA.
Ejemplar examinado: *Parodi 14041* (LP).

[Stevia fruticosa Griseb.]
Ref.: Cabrera & Vittet, 1954.
Nota: Taxón dudoso.

Stevia gilliesii Griseb., p.p., hom. illeg. = **Stevia procumbens** Hieron.
Ref.: Robinson, 1930.

Stevia gilliesii Griseb., p.p., hom.illeg. = **Stevia vaga** Griseb. var. **vaga**
Ref.: Robinson, 1930.

Stevia gilliesii Hook. & Arn. var. **gilliesii**
Sin.: *Stevia arnottiana* Baker, *Stevia lanceolata* Hook. & Arn., hom. illeg., *Stevia tenuifolia* Phil.
Ref.: Cabrera & Vittet, 1954; Ariza Espinar, 1994; Cabrera & Freire, 1997.
Hábito: Hierba.
Status: Endémica.
Elevación: 1000-3000 m.
Prov.: CA, LR, ME, SE, SJ, SL.
Ejemplar examinado: *Spegazzini 241* (LP).

Stevia gilliesii Hook. & Arn. var. **glandulosa** Ariza & Cerana
Ref.: Ariza Espinar, 1994; Cabrera & Freire, 1997.
Hábito: Hierba.
Status: Endémica.
Elevación: 1500-3000 m.
Prov.: CA, LR.
Ejemplar examinado: *Krapovickas y Hunziker 5883* (LP).

Stevia grisebachiana Hieron. = **Stevia alpina** Griseb. var. **alpina**
Ref.: Cabrera, 1978.

Stevia hirsuta Griseb. = **Stevia entreriensis** Hieron.
Ref.: Cabrera & Vittet, 1954.

Stevia hirsuta Hook. & Arn. = **Stevia multiaristata** Spreng.
Ref.: Cabrera & Vittet, 1954.

Stevia jujuyensis Cabrera
Ref.: Cabrera, 1974b, 1978; Cabrera & Freire, 1997.
Hábito: Hierba.
Status: Endémica.
Elevación: 1000-1500 m.
Prov.: JU.
Ejemplar examinado: *de la Sota 4242* (holotipo, LP).

Stevia lanceolata Hook. & Arn., hom. illeg. = **Stevia gilliesii** Hook. & Arn. var. **gilliesii**
Ref.: Cabrera & Vittet, 1954; Ariza Espinar, 1994.

Stevia laxa Hook. & Arn. = **Stevia multiaristata** Spreng.
Ref.: Cabrera & Vittet, 1954.

Stevia lilloi B.L. Rob.
Ref.: Robinson, 1930; Cabrera & Vittet, 1954; Cabrera, 1978; Cabrera & Freire, 1997.
Hábito: Hierba.
Status: Endémica.
Elevación: 1500-3500 m.
Prov.: JU, SA, TU.
Ejemplar examinado: *Cabrera 3060* (LP).

Stevia lorentzii Griseb. = **Stevia breviaristata** Hook. & Arn.
Ref.: Cabrera & Vittet, 1954.

Stevia lundiana DC.
Ref.: Robinson, 1930; Cabrera & Vittet, 1954; Cabrera & Freire, 1997.
Hábito: Hierba
Status: Nativa.
Elevación: 0-500 m.
Prov.: MI.
Paises limítrofes: BR.
Ejemplar examinado: *Llamas s.n.* (BAB).

Stevia maimarensis (Hieron.) Cabrera
Sin.: *Stevia mercedensis* Hieron. var. *glanditecta* B.L. Rob., *Stevia satureiifolia* (Lam.) Sch. Bip. var. *maimarensis* Hieron.
Ref.: Cabrera, 1978; Cabrera & Freire, 1997.
Hábito: Subarbusto.
Status: Endémica.
Elevación: 2500-3500 m.
Prov.: CA, CO, JU, SA, SL, TU.
Ejemplar examinado: *Venturi 4868* (lectotipo, GH; isolectotipo, LP).

Stevia megapotamica DC. = **Stevia multiaristata** Spreng.
Ref.: Cabrera & Vittet, 1954.

Stevia mercedensis Hieron. var. *glanditecta* B.L. Rob. = **Stevia maimarensis** (Hieron.) Cabrera
Ref.: Cabrera, 1978; Ariza Espinar, 1994.

Stevia mercedensis Hieron. var. **mercedensis**
Sin.: *Stevia mercedensis* Hieron. var. *typica* B.L. Rob., nom. inval.
Ref.: Cabrera & Vittet, 1954; Cabrera, 1978; Ariza Espinar, 1994; Cabrera & Freire, 1997.
Hábito: Hierba.
Status: Nativa.
Elevación: 500-3000 m.
Prov.: CA, JU, LR, SA, SE, TU.
Paises limítrofes: BO.
Ejemplar examinado: *Cabrera 7678* (LP).

Stevia mercedensis Hieron. var. *typica* B.L. Rob., nom. inval. = **Stevia mercedensis** Hieron. var. **mercedensis**
Ref.: Cabrera & Vittet, 1954; Ariza Espinar, 1994.

Stevia mercedensis Hieron. var. **pereyrae** B.L. Rob.
Sin.: *Stevia pereyrae* (B.L. Rob.) Cabrera
Ref.: Cabrera & Vittet, 1954; Cabrera, 1978; Cabrera & Freire, 1997.
Hábito: Hierba.
Status: Endémica.
Elevación: 3000-4000 m.
Prov.: JU, SA.
Ejemplar examinado: *Cabrera 12098* (LP).

Stevia minor Griseb.
Ref.: Cabrera & Vittet, 1954; Cabrera, 1978; Ariza Espinar, 1994; Cabrera & Freire, 1997.
Hábito: Hierba
Status: Endémica.
Elevación: 3000-4500 m

Prov.: CA, JU, SA, TU.
Ejemplar examinado: *Lorentz 420* (isotipo, CORD).

Stevia multiaristata Spreng.
Sin.: *Pectis violacea* Griseb., *Stevia hirsuta* Hook. & Arn., *Stevia laxa* Hook. & Arn., *Stevia megapotamica* DC., *Stevia satureiifolia* (Lam.) Sch. Bip. var. *laxa* (Hook. & Arn.) Baker, *Stevia satureiifolia* (Lam.) Sch. Bip. var. *multiaristata* (Spreng.) Baker, *Stevia violacea* (Griseb.) Hieron.
Ref.: Cabrera & Vittet, 1954; Cabrera, 1974a; Cabrera & Freire, 1997.
Hábito: Subarbusto.
Status: Nativa.
Elevación: 0-500 m
Prov.: BA, COR, ER.
Paises limítrofes: BR, UR.
Ejemplar examinado: *Clos 24* (LP).

[Stevia multiaristata Spreng. var. latifolia Lorentz & Niederl.]
Ref.: Cabrera & Vittet, 1954.
Nota: Taxón dudoso.

Stevia multiaristata Spreng. var. *patagonica* Hieron. = **Stevia satureiifolia** (Lam.) Sch. Bip. var. **patagonica** Hieron
Ref.: Cabrera & Vittet, 1954; Ariza Espinar, 1994.

Stevia multiaristata Griseb., hom. illeg. = **Stevia satureiifolia** (Lam.) Sch. Bip. var. **satureiifolia**
Ref.: Cabrera & Vittet, 1954.

Stevia nevadensis Hieron. = **Stevia chamaedrys** Griseb. var. **chamaedrys**
Ref.: Cabrera & Vittet, 1954; Cabrera, 1978.

Stevia okadae Cabrera
Ref.: Cabrera, 1978; Cabrera & Freire, 1997.
Hábito: Subarbusto.
Status: Endémica.
Elevación: ca. 3400 m.
Prov.: SA.
Ejemplar examinado: *5863 Okada* (holotipo, LP).

Stevia oxylaena Griseb., hom. illeg. = **Stevia entreriensis** Hieron.
Ref.: Cabrera & Vittet, 1954.

Stevia oxylaena DC. var. *villosa* Hieron., hom. illeg. = **Stevia entreriensis** Hieron.
Ref.: Cabrera & Vittet, 1954.

Stevia pereyrae (B.L. Rob.) Cabrera = **Stevia mercedensis** Hieron. var. **pereyrae** B.L. Rob.
Ref.: Cabrera, 1978.

Stevia polycephala auct. non Baker = **Stevia aristata** D. Don ex Hook. & Arn.
Ref.: Cabrera & Vittet, 1954.

Stevia potrerensis Hieron.
Ref.: Cabrera & Vittet, 1954; Cabrera, 1978; Cabrera & Freire, 1997.
Hábito: Hierba.
Status: Nativa.
Elevación: ca. 1550 m.
Prov.: JU, SA.
Ejemplar examinado: *Fabris 3815* (LP).

Stevia procumbens Hieron.
Sin.: *Stevia boliviensis* Griseb., p.p., hom. illeg., *Stevia gilliesii* Griseb., p.p. , hom. illeg.
Ref.: Cabrera & Vittet, 1954; Cabrera, 1978; Cabrera & Freire, 1997.
Hábito: Hierba.
Status: Endémica.
Elevación: 3500-5000 m.
Prov.: JU, LR, SA.
Ejemplar examinado: *Cabrera et al. 14671* (LP).

Stevia procumbens Hieron. var. *tucumanensis* Hieron. = **Stevia vaga** Griseb. var. **vaga**
Ref.: Cabrera & Vittet, 1954; Ariza Espinar, 1994.

Stevia pubigera Hieron. = **Stevia breviaristata** Hook. & Arn.
Ref.: Cabrera & Vittet, 1954.

Stevia pubigera Hieron. var. *subglabrata* Hieron. = **Stevia breviaristata** Hook. & Arn.
Ref.: Cabrera & Vittet, 1954.

Stevia saltensis Hieron. = **Stevia yaconensis** Hieron. var. **saltensis** (Hieron.) B.L. Rob.
Ref.: Cabrera & Vittet, 1954.

Stevia sanguinea Hieron.
Sin.: *Stevia camporum* Griseb., hom. illeg.
Ref.: Cabrera & Vittet, 1954; Cabrera, 1978; Cabrera & Freire, 1997.
Hábito: Hierba.
Status: Endémica.
Elevación: 1500-2500 m.
Prov.: JU, SA, TU.
Ejemplar examinado: *Venturi 2966* (LP).

Stevia satureiifolia (Lam.) Sch. Bip. var. *angustifolia* Baker = **Stevia satureiifolia** (Lam.) Sch. Bip. var. **satureiifolia**
Ref.: Cabrera & Vittet, 1954.

Stevia satureiifolia (Lam.) Sch. Bip. var. *genuina* Hieron., nom. inval. = **Stevia satureiifolia** (Lam.) Sch. Bip. var. **satureiifolia**
Ref.: Cabrera & Vittet, 1954.

Stevia satureiifolia (Lam.) Sch. Bip. var. *laxa* (Hook. & Arn.) Baker = **Stevia multiaristata** Spreng.
Ref.: Cabrera & Vittet, 1954.

Stevia satureiifolia (Lam.) Sch. Bip. var. *maimarensis* Hieron. = **Stevia maimarensis** (Hieron.) Cabrera
Ref.: Cabrera & Vittet, 1954; Cabrera, 1978.

Stevia satureiifolia (Lam.) Sch. Bip. var. *multiaristata* (Spreng.) Baker = **Stevia multiaristata** Spreng.
Ref.: Cabrera & Vittet, 1954.

Stevia satureiifolia (Lam.) Sch. Bip. var. **patagonica** (Hieron.) Hieron.
Sin.: *Stevia multiaristata* Spreng. var. *patagonica* Hieron.
Ref.: Cabrera & Vittet, 1954; Cabrera, 1963a, 1971a; Cabrera & Freire, 1997.
Hábito: Subarbusto.
Status: Endémica.
Elevación: 500-2500 m.
Prov.: BA, CO, LP, ME, NE, RN.
Ejemplar examinado: *Cabrera 4700* (LP).

Stevia satureiifolia (Lam.) Sch. Bip. var. **satureiifolia**
Sin.: *Eupatorium satureiifolium* Lam., *Mikania satureiifolia* (Lam.) Willd., *Nothites satureiifolia* (Lam.) DC., *Stevia multiaristata* Griseb., hom. illeg., *Stevia satureiifolia* (Lam.) Sch. Bip. var. *angustifolia* Baker, *Stevia satureiifolia* (Lam.) Sch. Bip. var. *genuina* Hieron., nom. inval.
Ref.: Cabrera & Vittet, 1954; Cabrera, 1963a, 1974a; Ariza Espinar, 1994; Cabrera & Freire, 1997.
Hábito: Subarbusto.
Status: Nativa.
Elevación: 1000-1500 m.
Prov.: BA, CA, CO, ER, SE, SL.
Paises limítrofes: BR, UR.
Ejemplar examinado: *Cabrera 6493* (LP).

Stevia satureiifolia (Lam.) Sch. Bip. var. *vattuonei* Hicken = **Stevia fiebrigii** Hieron. var. **vattuonei** (Hicken) Cabrera
Ref.: Cabrera & Vittet, 1954; Cabrera, 1978.

Stevia satureiifolia (Lam.) Sch. Bip. var. **ventanensis** Cabrera
Ref.: Cabrera & Vittet, 1954; Cabrera, 1963a; Cabrera & Freire, 1997.
Hábito: Subarbusto.
Status: Endémica.
Elevación: 0-1000 m.
Prov.: BA.
Ejemplar examinado: *Cabrera 4457* (holotipo, LP).

Stevia schickendantzii Hieron. = **Stevia alpina** Griseb. var. **alpina**
Ref.: Cabrera & Vittet, 1954; Ariza Espinar, 1994.

Stevia schreiteri B.L. Rob.
Ref.: Cabrera & Vittet, 1954; Cabrera, 1978; Cabrera & Freire, 1997.
Hábito: Hierba.
Status: Endémica.
Elevación: 500-1000 m.
Prov.: SA.
Ejemplar examinado: *Schreiter 3637* (holotipo, GH; isotipo, LP).

Stevia schultzii Hieron. = **Stevia breviaristata** Hook. & Arn.
Ref.: Cabrera & Vittet, 1954.

Stevia selloi (Spreng.) Sch. Bip. ex Baker
Sin.: *Kleinia selloi* Spreng., *Stevia selloi* (Spreng.) Sch. Bip. ex Baker var. *ypacarayensis* B.L. Rob.
Ref.: Cabrera & Vittet, 1954; Cabrera, 1996; Cabrera & Freire, 1997.
Hábito: Subarbusto.
Status: Nativa.
Elevación: 0-500 m.
Prov.: COR, MI.
Paises limítrofes: BR, PA, UR.
Ejemplar examinado: *Meyer 2150* (LP).

Stevia selloi (Spreng.) Sch. Bip. ex Baker var. *ypacarayensis* B.L. Rob. = **Stevia selloi** (Spreng.) Sch. Bip. ex Baker
Ref.: Cabrera, 1996.

Stevia spathulata Cabrera
Ref.: Cabrera, 1996; Cabrera & Freire, 1997.
Hábito: Hierba.
Status: Nativa.
Elevación: 0-500 m.
Prov.: probablemente MI.
Paises limítrofes: PA.
Ejemplar examinado: *Hassler 9537* (holotipo, G).

Stevia tarijensis Hieron.
Ref.: Cabrera, 1978; Cabrera & Freire, 1997.
Hábito: Hierba.
Status: Nativa.
Elevación: 3000-4000 m.
Prov.: JU.
Paises limítrofes: BO.
Ejemplar examinado: *Cabrera 21474* (LP).

Stevia tenuifolia Phil. = **Stevia gilliesii** Hook. & Arn. var. **gilliesii**
Ref.: Cabrera & Vittet, 1954; Ariza Espinar, 1994.

Stevia vaga Griseb. var. **effusa** (Hieron.) Ariza & Cerana
Sin.: *Stevia boliviensis* Griseb., p.p., hom. illeg., *Stevia effusa* Hieron., *Stevia effusa* Hieron. var. *typica* B.L. Rob., nom. inval.
Ref.: Cabrera & Vittet, 1954; Ariza Espinar, 1994; Cabrera & Freire, 1997.
Hábito: Subarbusto.
Status: Endémica.
Elevación: 1400-1550 m.
Prov.: CA, CO, LR, TU.
Ejemplar examinado: *Cabrera et al. 1020* (LP).

Stevia vaga Griseb. var. **saltensis** (Hieron.) Ariza & Cerana
Sin.: *Stevia effusa* Hieron. var. *saltensis* Hieron.
Ref.: Cabrera, 1978; Ariza Espinar, 1994; Cabrera & Freire, 1997.
Hábito: Subarbusto.
Status: Endémica.
Elevación: 1500-2500 m.
Prov.: CA, JU, SA, TU.
Ejemplar examinado: *Birabén 1336* (LP).

Stevia vaga Griseb. var. **vaga**
Sin.: *Stevia diversipapposa* Hieron., *Stevia diversipapposa* Hieron. f. *breviaristata* Hieron., *Stevia diversipapposa* Hieron. f. *exaristata* Hieron., *Stevia diversipapposa* Hieron. f. *longiaristata* Hieron., *Stevia gilliesii* Griseb., p.p., hom. illeg., *Stevia procumbens* Hieron. var. *tucumanensis* Hieron.
Ref.: Robinson, 1930; Cabrera & Vittet, 1954; Ariza Espinar, 1994; Cabrera & Freire, 1997.
Hábito: Subarbusto.
Status: Endémica.
Elevación: 1000-2500 m.
Prov.: CA, LR, TU.
Ejemplar examinado: *Venturi 4739* (LP).

[Stevia veronicae DC. var. erythrochaeta DC.]
Ref.: Cabrera & Vittet, 1954.
Nota: Cita dudosa para la flora argentina.

Stevia villaricensis (B.L. Rob.) Cabrera & Vittet
Sin.: *Stevia aristata* D. Don var. *villaricensis* B.L. Rob.
Ref.: Cabrera & Vittet, 1954; Cabrera & Freire, 1997.
Hábito: Subarbusto.
Status: Nativa.
Elevación: 0-500 m.
Prov.: MI.
Paises limítrofes: PA.
Ejemplar examinado: *Jörgensen 4267* (isotipo, LP).

Stevia violacea (Griseb.) Hieron. = **Stevia multiaristata** Spreng.
Ref.: Cabrera & Vittet, 1954.

Stevia yaconensis Hieron. var. **aristifera** B.L. Rob.
Ref.: Robinson, 1930; Cabrera & Vittet, 1954; Cabrera, 1978; Cabrera & Freire, 1997.
Hábito: Hierba.
Status: Nativa.
Elevación: 1000-3000 m.
Prov.: JU, SA, TU.
Paises limítrofes: BO.
Ejemplar examinado: *Cabrera 12175* (LP).

Stevia yaconensis Hieron. var. **saltensis** (Hieron.) B.L. Rob.
Sin.: *Stevia clausenii* Griseb., p.p., hom. illeg., *Stevia saltensis* Hieron.
Ref.: Robinson, 1930; Cabrera & Vittet, 1954; Cabrera, 1978; Cabrera & Freire, 1997.
Hábito: Hierba.
Status: Nativa.
Elevación: ca. 2100 m.
Prov.: JU, SA.
Paises limítrofes: BO.
Ejemplar examinado: *Cabrera et al. 17353* (LP).

Stevia yaconensis Hieron. var. **subeglandulosa** Hieron.
Ref.: Cabrera & Vittet, 1954; Cabrera, 1978; Ariza Espinar, 1994; Cabrera & Freire, 1997.
Hábito: Hierba.
Status: Endémica.
Elevación: 1000-2000 m.
Prov.: CA, JU, SA, TU.
Ejemplar examinado: *Fabris et al. 3891* (LP).

Stevia yaconensis Hieron. var. *typica* B.L. Rob., nom. inval. = **Stevia yaconensis** Hieron. var. **yaconensis**
Ref.: Cabrera & Vittet, 1954.

Stevia yaconensis Hieron. var. **yaconensis**
Sin.: *Stevia clausenii* Griseb., p.p., hom. illeg., *Stevia yaconensis* Hieron. var. *typica* B.L. Rob., nom. inval.
Ref.: Cabrera & Vittet, 1954; Cabrera 1978; Cabrera & Freire, 1997.
Hábito: Hierba.
Status: Nativa.
Elevación: 1500-3000 m.
Prov.: JU, SA, TU.
Paises limítrofes: BO.
Ejemplar examinado: *Cabrera et al. 14648* (LP).

Stevia yalae Cabrera
Ref.: Cabrera, 1974b, 1978; Cabrera & Freire, 1997.
Hábito: Hierba.
Status: Endémica.
Elevación: 2000-2500 m.
Prov.: JU.
Ejemplar examinado: *Cabrera y Fabris 19952* (holotipo, LP).

Stomatanthes oblongifolius (Spreng.) R.M. King & H. Rob. = **Eupatorium oblongifolium** (Spreng.) Baker
Ref.: Cabrera & Freire, 1997.

Strongyloma axillare (Lag. ex Lindl.) DC. = **Nassauvia axillaris** (Lag. ex Lindl.) D. Don
Ref.: Cabrera, 1982.

Strongyloma glomerulosum (Lag. ex Lindl.) DC. = **Nassauvia glomerulosa** (Lag. ex Lindl.) D. Don
Ref.: Cabrera, 1982.

Strongyloma struthionum Phil. = **Nassauvia glomerulosa** (Lag. ex Lindl.) D. Don
Ref.: Cabrera, 1982.

Strongylomopsis fuegiana Speg. = **Nassauvia fuegiana** (Speg.) Cabrera
Ref.: Cabrera, 1982.

Strongylosperma australe (Sieber ex Spreng.) Less. = **Cotula australis** (Sieber ex Spreng.) Hook. f.
Ref.: Caro, 1961; Cabrera, 1963, 1974, 1978.

Stuckertiella Beauverd. Inuleae.
Número de especies: 2, 1 especie endémica.

Stuckertiella capitata (Wedd.) Beauverd
Sin.: *Gamochaeta capitata* Wedd., *Gamochaeta weddelliana* (Rusby) Anderb., *Gnaphalium capitatum* (Wedd.) Griseb., hom. illeg., *Gnaphalium weddellianum* Rusby
Ref.: Cabrera, 1978; Freire, 1995.
Hábito: Hierba.
Status: Nativa.
Elevación: 2000-3500 m.
Prov.: JU, SA, TU.
Paises limítrofes: BO.
Ejemplar examinado: *Burkart 5229* (LP).

Stuckertiella peregrina Beauverd
Ref.: Cabrera, 1963a, 1971a; Freire, 1995.
Hábito: Hierba.
Status: Endémica.
Elevación: 0-3000 m
Prov.: BA, CA, CO, LP, LR, ME, RN, SA, SL, TU.
Ejemplar examinado: *Cabrera 4814* (LP).

Symphyotrichum graminifolium (Spreng.) G.L. Nesom = **Aster squamatus** (Spreng.) Hieron. var. **graminifolius** (Spreng.) Hieron.

Symphyotrichum regnellii (Baker) G.L. Nesom = **Aster regnellii** Baker

Symphyotrichum squamatus (Spreng.) G.L. Nesom = **Aster squamatus** (Spreng.) Hieron. var. **squamatus**

Symphyotrichum vahlii (Gaudich.) G.L. Nesom = **Aster vahlii** (Gaudich.) Hook. & Arn. var. **tenuifolius**

Symphyotrichum vahlii (Gaudich.) Nesom var. **tenuifolius** (Phil.) Nesom = **Aster vahlii** (Gaudich.) G.L. Nesom var. **tenuifolius** (Phil.) Cabrera

Synedrellopsis Hieron. & Kuntze. Heliantheae.

Número de especies: 1

Synedrellopsis grisebachii Hieron. & Kuntze
Ref.: Cabrera, 1978; Muñóz, 1996.
Hábito: Hierba.
Status: Nativa.
Elevación: 0-500 m.
Prov.: CA, CH, CO, ER, FO, JU, LR, MI, SA, SE, TU.
Paises limítrofes: BO, PA.
Ejemplar examinado: *Cabrera 14240* (LP).

Tagetes L. Helenieae.

Número de especies: 12, 5 especies endémicas.

Tagetes andina M. Ferraro = **Tagetes multiflora** Kunth
Ref.: Ferraro, 1955; Ariza Espinar, 1967b; Petenatti & Ariza Espinar, 1997.

Tagetes anisata Lillo = **Tagetes filifolia** Lag.
Ref.: Ariza Espinar, 1967a; Keil, 1975; Petenatti & Ariza Espinar, 1997.

Tagetes argentina Cabrera
Ref.: Neher, 1965; Ariza Espinar, 1967b; Petenatti & Ariza Espinar, 1997.
Hábito: Hierba.
Status: Endémica.
Elevación: 1000-2500 m.
Prov.: CO, ME, SL.
Ejemplar examinado: *Stuckert 2569* (LP).

[Tagetes arvensis Rojas Acosta]
Ref.: Rojas Acosta, 1897.
Nota: Taxón dudoso.

Tagetes belenidium (DC.) Kuntze = **Thymophylla pentachaeta** (DC.) Small var. **belenidium** (DC.) Strother
Ref.: Strother 1969, 1986; Petenatti & Ariza Espinar, 1997.

Tagetes biflora Cabrera
Ref.: Neher, 1965; Ariza Espinar, 1967b; Petenatti & Ariza Espinar, 1997.
Hábito: Hierba.
Status: Nativa.
Elevación: 0-2500 m.
Prov.: LR, ME, SL.
Paises limítrofes: CH.
Ejemplar examinado: *Burkart 12607* (LP).

Tagetes bonariensis Pers. = **Tagetes minuta** L.
Ref.: Ariza Espinar, 1967b; Petenatti & Ariza Espinar, 1997.

Tagetes cabrerae M. Ferraro = **Tagetes terniflora** Kunth
Ref.: Ferraro, 1955; Ariza Espinar, 1967b; Petenatti & Ariza Espinar, 1997.

Tagetes campanulata Griseb.
Ref.: Ariza Espinar, 1967b; Cabrera, 1978; Petenatti & Ariza Espinar, 1997.
Hábito: Subarbusto.
Status: Nativa.
Elevación: 2500-3500 m.
Prov.: CA, JU, LR, SA, SL, TU.
Paises limítrofes: BO.
Ejemplar examinado: *Cabrera et al. 15140* (LP).

Tagetes dichotoma Turcz. = **Tagetes filifolia** Lag.
Ref.: Keil, 1975; Petenatti & Ariza Espinar, 1997.

Tagetes erythrocephala Rusby = **Tagetes multiflora** Kunth
Ref.: Ariza Espinar, 1967b; Petenatti & Ariza Espinar, 1997.

Tagetes feuillei Bertero ex Colla = **Lasthenia kunthii** (Less.) Hook. & Arn.
Ref.: Ornduff, 1966; Cabrera, 1995a; Petenatti & Ariza Espinar, 1997.

Tagetes filifolia Lag.
Sin.: *Diglossus variabilis* Cass., *Tagetes anisata* Lillo, *Tagetes dichotoma* Turcz., *Tagetes foeniculacea* Poepp. ex DC., *Tagetes multifida* DC., *Tagetes pauciloba* DC., *Tagetes pseudomicrantha* Lillo, *Tagetes pusilla* Kunth, *Tagetes scabra* Brandegee, *Tagetes silenoides* Meyen & Walp.
Ref.: Ariza Espinar, 1967b; Keil, 1975; Petenatti & Ariza Espinar, 1997.
Hábito: Hierba.
Status: Nativa.
Elevación: 1000-4000 m.
Prov.: CA, CO, JU, SA, TU.
Paises limítrofes: BO.
Ejemplar examinado: *Cabrera et al. 15375* (LP).

Tagetes foeniculacea Poepp. ex DC. = **Tagetes filifolia** Lag.
Ref.: Keil, 1975; Petenatti & Ariza Espinar, 1997.

Tagetes gigantea Carrière = **Tagetes terniflora** Kunth
Ref.: Neher, 1965.

Tagetes glandulifera Schrank = **Tagetes minuta** L.
Ref.: Ariza Espinar, 1967b; Petenatti & Ariza Espinar, 1997.

Tagetes glandulosa Link = **Tagetes minuta** L.
Ref.: Ariza Espinar, 1967b; Petenatti & Ariza Espinar, 1997.

Tagetes graveolens L'Hér. ex DC. = **Tagetes terniflora** Kunth
Ref.: Neher, 1965; Petenatti & Ariza Espinar, 1997.

Tagetes integrifolia Musch. = **Porophyllum ruderale** (Jacq.) Cass.
Ref.: Keil, 1975.

Tagetes laxa Cabrera
Ref.: Cabrera, 1978; Petenatti & Ariza Espinar, 1997.
Hábito: Hierba.
Status: Endémica.
Elevación: 2000-4000 m.
Prov.: CA, JU, SA, TU.
Ejemplar examinado: *Cabrera y Fernández 14041* (LP).

Tagetes mendocina Phil.
Ref.: Ariza Espinar, 1967b; Petenatti & Ariza Espinar, 1997.
Hábito: Subarbusto.
Status: Nativa.
Elevación: 1000-3500 m.
Prov.: CA, LR, ME, SJ, SL.
Paises limítrofes: CH.
Ejemplar examinado: *Covas 2037* (LP).

Tagetes minuta L.
Sin.: *Tagetes bonariensis* Pers., *Tagetes glandulifera* Schrank, *Tagetes glandulosa* Link, *Tagetes porophyllum* Vell.
Ref.: Ferraro, 1955; Ariza Espinar, 1967b; Petenatti & Ariza Espinar, 1997.
Hábito: Hierba.
Status: Nativa.
Elevación: 0-2500 m.
Prov.: BA, CA, CH, CO, COR, ER, FO, JU, LP, LR, ME, MI, SA, SE, SF, SJ, SL, TU.
Paises limítrofes: BO, BR, CH, PA, UR.
Ejemplar examinado: *Fabris y Crisci 7455* (LP).

Tagetes multifida DC. = **Tagetes filifolia** Lag.
Ref.: Keil, 1975.

Tagetes multiflora Kunth
Sin.: *Tagetes andina* M. Ferraro, *Tagetes erythrocephala* Rusby, *Tagetes multiflora* Kunth var. *rupestris* Wedd.
Ref.: Neher, 1965; Ariza Espinar, 1967b; Cabrera, 1978; Petenatti & Ariza Espinar, 1997.
Hábito: Hierba.
Status: Nativa.
Elevación: 1000-4000 m.
Prov.: CA, JU, LR, SA, TU.
Paises limítrofes: BO, CH.
Ejemplar examinado: *Schwabe et al. 676* (LP).

Tagetes multiflora Kunth var. *rupestris* Wedd. = **Tagetes multiflora** Kunth
Ref.: Cabrera, 1978; Petenatti & Ariza Espinar, 1997.

Tagetes papposa Vent. = **Dyssodia papposa** (Vent.) Hitchc.
Ref.: Strother, 1969; Petenatti & Ariza Espinar, 1997.

Tagetes pauciloba DC. = **Tagetes filifolia** Lag.
Ref.: Keil, 1975.

Tagetes perezii Cabrera
Ref.: Cabrera, 1937a; Petenatti & Ariza Espinar, 1997.
Hábito: Subarbusto.
Status: Endémica.
Elevación: 2500-3000 m.
Prov.: SJ.
Ejemplar examinado: *Cabrera et al. 17961* (LP).

Tagetes porophyllum Vell. = **Tagetes minuta** L.
Ref.: Ariza Espinar, 1967b; Petenatti & Ariza Espinar, 1997.

Tagetes pseudomicrantha Lillo = **Tagetes filifolia** Lag.
Ref.: Ariza Espinar, 1967b; Petenatti & Ariza Espinar, 1997.

Tagetes pumila Willd., nom. illeg. = **Dyssodia papposa** (Vent.) Hitchc.
Ref.: Strother, 1969.

Tagetes pusilla Kunth =**Tagetes filifolia** Lag.
Ref.: Ariza Espinar, 1967b; Keil, 1975; Petenatti & Ariza Espinar, 1997.

Tagetes riojana M. Ferraro
Ref.: Ferraro, 1955; Ariza Espinar, 1967b; Petenatti & Ariza Espinar, 1997.
Hábito: Subarbusto.
Status: Endémica.
Elevación: 500-2500 m.
Prov.: CA, LR.
Ejemplar examinado: *Dawson y Guarrera 3217* (LP).

Tagetes rotundifolia Mill. = **Tithonia rotundifolia** (Mill.) Blake
Ref.: Zardini, 1974; Cabrera, 1978; La Duke, 1982.

Tagetes rupestris Cabrera
Ref.: Cabrera, 1937a; Petenatti & Ariza Espinar, 1997.
Hábito: Hierba.
Status: Endémica.
Elevación: 2000-2500 m.
Prov.: SA, TU.
Ejemplar examinado: *Venturi 3019* (LP).

Tagetes scabra Brandegee = **Tagetes filifolia** Lag.
Ref.: Keil, 1975.

Tagetes silenoides Meyen & Walp. = **Tagetes filifolia** Lag.
Ref.: Keil, 1975; Petenatti & Ariza Espinar, 1997.

Tagetes terniflora Kunth
Sin.: *Tagetes cabrerae* M. Ferraro, *Tagetes gigantea* Carrière, *Tagetes graveolens* L'Hér. ex DC., *Tagetes tinctoria* Walp.
Ref.: Neher, 1965; Ariza Espinar, 1967b; Cabrera, 1978; Petenatti & Ariza Espinar, 1997.
Hábito: Hierba.
Status: Nativa.
Elevación: 2000-3500 m.
Prov.: CA, JU, SA, TU.
Paises limítrofes: BO.
Ejemplar examinado: *Cabrera et al. 14459* (LP).

Tagetes tinctoria Walp. = **Tagetes terniflora** Kunth
Ref.: Neher, 1965.

Tanacetum L. Anthemideae.
Número de especies: 3

Tanacetum balsamita L.
Sin.: *Balsamita major* Desf.; *Chrysanthemum balsamita* (L.) Baill., *Chrysanthemum balsamitoides* Náb.; *Leucanthemum balsamita* (L.) Over; *Matricaria balsamita* (L.) Desr.; *Pyrethrum balsamita* (L.) Willd., *Pyrethrum balsamitoides* (Náb.) Tzvelev, *Pyrethrum majus* (Desf.) Tzvelev; *Pyrethrum tanacetum* DC., *Tanacetum balsamita* L. subsp. *balsamitoides* (Sch. Bip.) Grierson
Ref.: Cabrera & Zardini, 1978; Bremer & Humphries, 1993; Ariza Espinar, 1997b.
Hábito: Hierba.
Status: Adventicia.
Elevación: 0-500 m.
Prov.: BA, LP, ME.
Ejemplar examinado: *Ruiz Leal 3115* (LP).

Tanacetum balsamita L. subsp. *balsamitoides* (Sch. Bip.) Grierson = **Tanacetum balsamita** L.

Tanacetum leucanthemum (L.) Sch. Bip. = **Leucanthemum vulgare** Lam.

Tanacetum parthenium (L.) Sch. Bip.
Sin.: *Chrysanthemum parthenium* (L.) Bernh., *Leucanthemum parthenium* (L.) Gren. & Godr., *Matricaria parthenium* L., *Pyrethrum parthenium* (L.) Smith
Ref.: Cabrera & Zardini, 1978; Moore, 1983; Bremer & Humphries, 1993; Ariza Espinar, 1997b.
Hábito: Hierba.
Status: Adventicia.
Elevación: 0-2000 m.
Prov.: BA, CH, CA, CO, JU, LR, ME, MI, NE, RN, SA, SJ, SL, TF, TU.
Paises limítrofes: CH, UR.
Ejemplar examinado: *Cabrera et al. 23201* (LP).

Tanacetum vulgare L.
Sin.: *Chrysanthemum vulgare* (L.) Bernh., *Pyrethrum vulgare* (L.) Boiss.
Ref.: Cabrera 1963, 1971; Moore, 1983; Ariza Espinar, 1997b.
Hábito: Hierba.
Status: Adventicia.
Elevación: 0-1000 m.
Prov.: BA, CHU, COR, ME, NE, RN, SA, TF, TU.
Paises limítrofes: BR, CH, PA, UR.
Ejemplar examinado: *Cabrera 594* (LP).

Taraxacum Haller. Lactuceae.
Número de especies: 3

Taraxacum andinum Dahlst. = **Taraxacum gilliesii** Hook. & Arn.
Ref.: Ariza Espinar & Urtubey, 1998.

Taraxacum coronopifolium d'Urv. = **Agoseris coronopifolia** (d'Urv.) K.L. Chambers ex D.M. Moore
Ref.: Cabrera, 1971a.

Taraxacum dens-leonis Desf. = **Taraxacum officinale** Weber ex F.H. Wigg.
Ref.: Ariza Espinar & Urtubey, 1998.

Taraxacum dens-leonis Desf. var. *laevigatum* (Willd.) Hook. = **Taraxacum gilliesii** Hook. & Arn.
Ref.: Ariza Espinar & Urtubey, 1998.

Taraxacum erythrospermun Andrz. ex Besser = **Taraxacum laevigatum** (Willd.) DC.
Ref.: Ariza Espinar & Urtubey, 1998.

Taraxacum gilliesii Hook. & Arn.
Sin.: *Taraxacum andinum* Dahlst., *Taraxacum dens-leonis* Desf., p.p., *Taraxacum dens-leonis* Desf. var. *laevigatum* (Willd.) Hook., *Taraxacum ibari* Phil., *Taraxacum laevigatum* (Willd.) DC. var. *magellanicum* (Comm. ex Sch. Bip.) Reiche, *Taraxacum magellanicum* Comm. ex Sch. Bip., *Taraxacum magellanicum* Comm. ex Sch. Bip. var. *lobatum* Dahlst., *Taraxacum rhusiocarpum* Dahlst.
Ref.: Cabrera, 1971a; Ariza Espinar & Urtubey, 1998.
Hábito: Hierba.
Status: Nativa.
Elevación: 0-1000 m.
Prov.: CHU, LR, ME, NE, RN, SC, SJ, TF.
Paises limítrofes: CH.
Ejemplar examinado: *Roth s.n.* (LP).

Taraxacum ibari Phil. = **Taraxacum gilliesii** Hook. & Arn.
Ref.: Ariza Espinar & Urtubey, 1998.

Taraxacum laevigatum (Willd.) DC.
Sin.: *Leontodon laevigatus* Willd., *Taraxacum erythrospermum* Andrz. ex Besser
Ref.: Ariza Espinar & Urtubey, 1998.
Hábito: Hierba.
Status: Adventicia.
Elevación: 0-500 m.
Prov.: BA.
Ejemplar examinado: *Marzocca s.n.* (BAB).

Taraxacum laevigatum (Willd.) DC. var. *magellanicum* (Comm. ex Sch. Bip.) Reiche = **Taraxacum gilliesii** Hook. & Arn.
Ref.: Ariza Espinar & Urtubey, 1998.

Taraxacum magellanicum Comm. ex Sch. Bip. = **Taraxacum gilliesii** Hook. & Arn.
Ref.: Ariza Espinar & Urtubey, 1998.

Taraxacum magellanicum Comm. ex Sch. Bip. var. *lobatum* Dahlst. = **Taraxacum gilliesii** Hook. & Arn.
Ref.: Ariza Espinar & Urtubey, 1998.

Taraxacum officinale Weber ex F.H. Wigg.
Sin.: *Leontodon taraxacum* L., *Leontodon vulgare* Lam., *Taraxacum dens-leonis* Desf., *Taraxacum subspathulatum* A.J. Richards *Taraxacum vulgare* (Lam.) Schrank
Ref.: Cabrera, 1963a; Ariza Espinar & Urtubey, 1998.
Hábito: Hierba.
Status: Adventicia.
Elevación: 0-500 m.
Prov.: BA, CA, CH, CHU, CO, COR, DF, ER, FO, JU, LP, LR, ME, MI, NE, RN, SA, SC, SE, SF, SJ, SL, TF, TU.
Ejemplar examinado: *Boffa 15* (LP).

Taraxacum pumilum Gaudich. = **Agoseris coronopifolia** (d'Urv.) K.L. Chambers ex D.M. Moore
Ref.: Cabrera, 1971a.

Taraxacum rhusiocarpum Dahlst. = **Taraxacum gilliesii** Hook. & Arn.
Ref.: Cabrera, 1971a; Ariza Espinar & Urtubey, 1998.

Taraxacum subspathullatum A.J. Richards = **Taraxacum officinale** Weber ex F.H. Wigg.
Ref.: Ariza Espinar & Urtubey, 1998.

Taraxacum vulgare (Lam.) Schrank = **Taraxacum officinale** Weber ex F.H. Wigg.
Ref.: Ariza Espinar & Urtubey, 1998.

Tessaria Ruiz & Pav. Inuleae.

Número de especies: 4

Tessaria absinthioides (Hook. & Arn.) DC.
Sin.: *Baccharis absinthioides* Hook. & Arn., *Gynheteria incana* Spreng., p.p., *Pluchea absinthioides* (Hook. & Arn.) H. Rob. & Cuatrec.
Ref.: Cabrera, 1939b, 1963a, 1971a, 1978; Ariza Espinar, 1979; Freire, 1995.
Hábito: Arbusto.
Status: Nativa.
Elevación: 0-3000 m.
Prov.: BA, CA, CHU, CO, JU, LR, ME, NE, RN, SA, SJ, SL, TU.
Paises limítrofes: BO, CH, PA, UR.
Ejemplar examinado: *Cabrera 10063* (LP).

Tessaria absinthioides (Hook. & Arn.) DC. var. *ambigua* (DC.) R.E. Fr. = **Tessaria integrifolia** Ruiz & Pav. var. **ambigua** (DC.) S.E. Freire
Ref.: Freire, 1997b.

Tessaria ambigua DC. = **Tessaria integrifolia** Ruiz & Pav. var. **ambigua** (DC.) S.E. Freire
Ref.: Freire, 1997b.

Tessaria dentata Ruiz & Pav. = **Tessaria integrifolia** Ruiz & Pav. var. **integrifolia**
Ref.: Cabrera, 1939b; Ariza Espinar, 1979.

Tessaria dodoneifolia (Hook. & Arn.) Cabrera
Sin.: *Conyza straminea* Chodat, *Eupatorium dodoneifolium* Hook. & Arn., hom. illeg., *Pluchea dodoneifolia* (Hook. & Arn.) H. Rob. & Cuatrec., *Tessaria straminea* (Chodat) Hassl., *Tessaria viscosa* Lillo
Ref.: Cabrera, 1939b, 1974a, 1978; Ariza Espinar, 1979; Freire, 1995.
Hábito: Arbusto.
Status: Nativa.
Elevación: 500-1000 m.
Prov.: CA, CH, CO, COR, FO, JU, LR, ME, SA, SE, SF, SJ, SL, TU.
Paises limítrofes: BO, PA, UR.
Ejemplar examinado: *Parodi 14323* (LP).

Tessaria fastigiata (Griseb.) Cabrera
Sin.: *Pluchea fastigiata* Griseb.
Ref.: Cabrera, 1978; Freire, 1995.
Hábito: Subarbusto.
Status: Nativa.
Elevación: 500-2000 m
Prov.: JU, SA, TU.
Paises limítrofes: BO, PA.
Ejemplar examinado: *Cabrera et al. 23925* (LP).

Tessaria integrifolia Ruiz & Pav. var. **ambigua** (DC.) S.E. Freire
Sin.: *Tessaria absinthioides* (Hook. & Arn.) DC. var. *ambigua* (DC.) R.E. Fr., *Tessaria ambigua* DC., *Tessaria integrifolia* Ruiz & Pav. var. *polyandra* Cabrera
Ref.: Cabrera, 1939b; Ariza Espinar, 1979; Freire, 1997b.
Hábito: Arbusto.
Status: Nativa.
Elevación: 0-1500 m.
Prov.: BA, CH, CO, COR, FO, JU, LR, SA, SE, SF, TU.
Paises limítrofes: BO, BR, PA.
Ejemplar examinado: *Cabrera et al. 23296* (LP).

Tessaria integrifolia Ruiz & Pav. var. **integrifolia**
Sin.: *Gynheteria incana* Spreng., p.p., *Tessaria dentata* Ruiz & Pav., *Tessaria legitima* DC.
Ref.: Cabrera, 1939b, 1963a, 1974a; Robinson & Cuatrecasas, 1973; Ariza Espinar, 1979; Freire, 1995.
Hábito: Árbol o árbolito.
Status: Nativa.
Elevación: 0-1500 m.
Prov.: BA, CH, COR, ER, FO, JU, MI, SA, SF.
Paises limítrofes: BO, BR, PA.
Ejemplar examinado: *Sotelo 10011* (LP).

Tessaria integrifolia Ruiz & Pav. var. *polyandra* Cabrera = **Tessaria integrifolia** Ruiz & Pav. var. **ambigua** (DC.) S.E. Freire
Ref.: Freire, 1997b.

Tessaria legitima DC. = **Tessaria integrifolia** Ruiz & Pav. var. **integrifolia**
Ref.: Cabrera, 1939b; Ariza Espinar, 1979.

Tessaria straminea (Chodat) Hassl. = **Tessaria dodoneifolia** (Hook. & Arn.) Cabrera
Ref.: Cabrera, 1939b; Ariza Espinar, 1979.

Tessaria viscosa Lillo = **Tessaria dodoneifolia** (Hook. & Arn.) Cabrera
Ref.: Cabrera, 1939b; Ariza Espinar, 1979.

Thelechitonia brachycarpa (Baker) H. Rob. & Cuatrec. = **Sphagneticola brachycarpa** (Baker) Pruski

Thelesperma Less. Heliantheae.

Número de especies: 1

Thelesperma megapotamicum (Spreng.) Kuntze
Sin.: *Bidens leyboldii* Phil., *Bidens megapotamica* Spreng., *Bidens paradoxa* D. Don ex Hook. & Arn., *Thelesperma scabiosoides* Less.
Ref.: Cabrera, 1971a, 1974a.
Hábito: Hierba.
Status: Nativa.
Elevación: 0-500 m.
Prov.: BA, CO, ER, LP, ME, NE, RN, SE, SL.
Paises limítrofes: UR.
Ejemplar examinado: *Boelcke 1278* (LP, SI).

Thelesperma scabiosoides Less. = **Thelesperma megapotamicum** (Spreng.) Kuntze
Ref.: Cabrera, 1971a, 1974a.

Thymophylla Lag. Helenieae.

Número de especies: 1

Thymophylla belenidium (DC.) Cabrera = **Thymophylla pentachaeta** (DC.) Small var. **belenidium** (DC.) Strother
Ref.: Strother 1969, 1986; Petenatti & Ariza Espinar, 1997.

Thymophylla gracilis Rydb. = **Thymophylla pentachaeta** (DC.) Small var. **belenidium** (DC.) Strother
Ref.: Strother 1969, 1986.

Thymophylla pentachaeta (DC.) Small var. **belenidium** (DC.) Strother
Sin.: *Dyssodia belenidium* (DC.) Macloskie, *Dyssodia cupulata* A. Nelson, *Dyssodia gracilis* (Rydb.) Cory, *Dyssodia pentachaeta* (DC.) Rob. var. *belenidium* (DC.) Strother, *Dyssodia thurberi* (A. Gray) Rob., *Hymenatherum belenidium* DC., *Hymenatherum candolleanum* Hook. & Arn., nom. illeg., *Hymenatherum thurberi* A. Gray, *Tagetes belenidium* (DC.) Kuntze, *Thymophylla belenidium* (DC.) Cabrera, *Thymophylla gracilis* Rydb., *Thymophylla thurberi* (A. Gray) Wooton & Standl.
Ref.: Strother 1969, 1986; Petenatti & Ariza Espinar, 1997.
Hábito: Hierba.
Status: Introducida.
Elevación: 0-2000 m.
Prov.: BA, CA, CO, LP, LR, ME, NE, RN, SE, SJ, SL.
Ejemplar examinado: *Clos 3578* (LP).

Thymophylla thurberi (A. Gray) Wooton & Standl. = **Thymophylla pentachaeta** (DC.) Small var. **belenidium** (DC.) Strother
Ref.: Strother, 1969, 1986.

Thyrsanthema ebracteata Kuntze = **Chaptalia nutans** (L.) Pol.
Ref.: Burkart, 1944a.

Thyrsanthema nutans (L.) Kuntze = **Chaptalia nutans** (L.) Pol.
Ref.: Burkart, 1944a.

Tilesia G. Mey. Heliantheae.

Número de especies: 1

Tilesia baccata (L.f.) Pruski
Sin.: *Coreopsis baccata* L.f., *Wulffia baccata* (L.f.) Kuntze, *Wulffia platyglossa* DC., *Wulffia stenoglossa* DC.
Ref.: Pruski, 1996; Sáenz, inéd.a.
Hábito: Arbusto.
Status: Nativa.
Elevación: 0-500 m.
Prov.: MI.
Paises limítrofes: BR, PA.
Ejemplar examinado: *Guaglianone et al. 1062* (SI).

Tithonia Desf. ex Juss. Heliantheae.

Número de especies: 2

Tithonia rotundifolia (Mill.) Blake
Sin.: *Tagetes rotundifolia* Mill., *Tithonia uniflora* J.F. Gmel.
Ref.: Zardini, 1974; Cabrera, 1978; La Duke, 1982; Sáenz & Novara, inéd.
Hábito: Hierba.
Status: Naturalizada.
Elevación: 500-2000 m.
Prov.: JU, LR, MI, SA.
Ejemplar examinado: *Cabrera 23594* (LP).

Tithonia tubaeformis (Jacq.) Cass.
Sin.: *Helianthus tubaeformis* Jacq.
Ref.: Zardini, 1974; Cabrera, 1978; La Duke, 1982.
Hábito: Hierba.
Status: Naturalizada.
Elevación: 500-2000 m.
Prov.: CH, JU, SA, SE.
Ejemplar examinado: *Cabrera et al. 23841* (LP).

Tithonia uniflora J.F. Gmel. = **Tithonia rotundifolia** (Mill.) Blake
Ref.: Zardini, 1974; Cabrera, 1978; La Duke, 1982.

Tragoceras peucedanifolium Spreng. = **Isostigma peucedanifolium** (Spreng.) Less.
Ref.: Cabrera, 1974a.

Tragopogon L. Lactuceae.

Número de especies: 3

Tragopogon dubius Scop.
Sin:: *Tragopogon major* Jacq.
Ref.: Cabrera, 1963a; Ariza Espinar & Urtubey, 1998.
Hábito: Hierba.
Status: Adventicia.
Elevación: 0-1000 m.
Prov.: BA, CO, LP, ME, RN, SC, SL.
Ejemplar examinado: *Cabrera 6667* (LP).

Tragopogon fritillarioides Less. = **Picrosia longifolia** D. Don
Ref.: Cabrera, 1963a.

Tragopogon major Jacq. = **Tragopogon dubius** Scop.
Ref.: Cabrera, 1963a.

Tragopogon picroides L. = **Urospermum picroides** (L.) Scop. ex F.W. Schmidt
Ref.: Cabrera, 1963a.

Tragopogon porrifolius L.
Ref.: Cabrera, 1963a; Ariza Espinar & Urtubey, 1998.
Hábito: Hierba.
Status: Adventicia.
Elevación: 0-3500 m.
Prov.: BA, CHU, JU, ME, RN.
Paises limítrofes: CH.
Ejemplar examinado: *Ruiz Leal 10528* (LP).

Tragopogon pratensis L.
Ref.: Cabrera, 1963a; Ariza Espinar & Urtubey, 1998.
Hábito: Hierba.
Status: Adventicia.
Elevación: 0-500 m.
Prov.: BA, TF.
Ejemplar examinado: *Goodall 528* (LP).

Triachne pygmaea Cass. = **Nassauvia pygmaea** (Cass.) Hook. f. var. **pygmaea**
Ref.: Cabrera, 1982.

Trianthus ulicinus Hook. f. = **Nassauvia ulicina** (Hook. f.) Macloskie
Ref.: Cabrera, 1982.

Trichocline Cass. Mutisieae.

Número de especies: 12, 6 especies endémicas.

Trichocline argentea Griseb. = **Trichocline plicata** D. Don ex Hook. & Arn.
Ref.: Zardini, 1975.

Trichocline auriculata (Wedd.) Hieron. var. **auriculata**
Sin.: *Bichenia auriculata* Wedd.
Ref.: Zardini, 1975; Katinas, 1996a.
Hábito: Hierba.
Status: Nativa.
Elevación: 3000-5000 m.
Prov.: JU, SA.
Paises limítrofes: BO.
Ejemplar examinado: *Cabrera 8688* (LP).

Trichocline auriculata (Wedd.) Hieron. var. **breviscapa** Zardini
Ref.: Zardini, 1975; Katinas, 1996a.
Hábito: Hierba.
Status: Nativa.
Elevación: 3000-4000 m.
Prov.: CA, JU, SA.
Paises limítrofes: BO.
Ejemplar examinado: *Fernández 11* (LP).

Trichocline boecheri Cabrera
Ref.: Zardini, 1975; Katinas, 1996a.
Hábito: Hierba.
Status: Endémica.
Elevación: 1500-3500 m.
Prov.: ME, SJ.
Ejemplar examinado: *Volponi y Zardini 175* (LP).

Trichocline cineraria (D. Don) Hook. & Arn.
Sin.: *Bichenia cineraria* D. Don, *Bichenia crenata* (J. Rémy) Wedd., *Chaetanthera crenata* J. Rémy, *Gerbera cineraria* (D. Don) Kuntze, *Leuceria contrayerba* Kurtz, *Trichocline contrayerba* (Kurtz) Hauman, *Trichocline crenata* (J. Rémy) Reiche, *Trichocline tontalensis* Hieron.
Ref.: Zardini, 1975; Katinas, 1996a.
Hábito: Hierba.
Status: Endémica.
Elevación: 1500-3500 m.
Prov.: ME, SJ.
Ejemplar examinado: *Kurtz 9430* (LP).

Trichocline cineraria (D. Don) Hook. & Arn. var. *pulvinata* (Kuntze) Hauman = **Trichocline dealbata** (Hook. & Arn.) Benth. & Hook. f. ex Griseb.
Ref.: Zardini, 1975.

Trichocline collina Baker = **Trichocline speciosa** Less.
Ref.: Zardini, 1975.

Trichocline contrayerba (Kurtz) Hauman = **Trichocline cineraria** (D. Don) Hook. & Arn.
Ref.: Zardini, 1975.

Trichocline crenata (J. Rémy) Reiche = **Trichocline cineraria** (D. Don) Hook. & Arn.
Ref.: Zardini, 1975.

Trichocline dealbata (Hook. & Arn.) Benth. & Hook. f. ex Griseb.
Sin.: *Chaetanthera dealbata* Hook. & Arn., *Chaetanthera parviflora* Phil., *Gerbera pulvinata* Kuntze, *Trichocline cineraria* (D. Don) Hook. & Arn. var. *pulvinata* (Kuntze) Hauman
Ref.: Zardini, 1975; Katinas, 1996a.
Hábito: Hierba.
Status: Nativa.
Elevación: 2000-4000 m.
Prov.: ME, NE.
Paises limítrofes: CH.
Ejemplar examinado: *Ruiz Leal 1192* (LP).

Trichocline exscapa Griseb.
Ref.: Zardini, 1975; Katinas, 1996a.
Hábito: Hierba.
Status: Endémica.
Elevación: 2000-4500 m.
Prov.: CA, JU, SA, TU.
Ejemplar examinado: *Zardini 323* (LP).

Trichocline foliosa Hook. & Arn. = **Trichocline macrocephala** Less.
Ref.: Zardini, 1975.

Trichocline heterophylla Griseb., hom. illeg. = **Criscia stricta** (Spreng.) Katinas
Ref.: Katinas, 1994.

Trichocline heterophylla (Spreng.) Less. var. *humilis* (Less.) Baker = **Trichocline humilis** Less.
Ref.: Zardini, 1975.

Trichocline humilis Less.
Sin.: *Trichocline heterophylla* (Spreng.) Less. var. *humilis* (Less.) Baker
Ref.: Zardini, 1975; Katinas, 1996a.
Hábito: Hierba.
Status: Nativa.
Elevación: 0-500 m.
Prov.: COR, ER.
Paises limítrofes: UR.
Ejemplar examinado: *Cabrera 12361* (LP).

Trichocline macrocephala Less.
Sin.: *Trichocline foliosa* Hook. & Arn.
Ref.: Zardini, 1975; Katinas, 1996a.
Hábito: Hierba.
Status: Nativa.
Elevación: 500-1000 m.
Prov.: MI.
Paises limítrofes: BR.
Ejemplar examinado: *Maruñak 116* (LP).

Trichocline macrorhiza Cabrera
Ref.: Zardini, 1975; Katinas, 1996a.
Hábito: Hierba.
Status: Endémica.
Elevación: 2000-4000 m.
Prov.: JU, SA.
Ejemplar examinado: *Fabris 5427* (LP).

Trichocline paraguayensis Baker = **Trichocline speciosa** Less.
Ref.: Zardini, 1975.

Trichocline plicata D. Don ex Hook. & Arn.
Sin.: *Brachycladus stuckertii* Speg., *Gerbera plicata* (D. Don ex Hook. & Arn.) Kuntze, *Trichocline argentea* Griseb.
Ref.: Zardini, 1975; Katinas, 1996a.
Hábito: Hierba.
Status: Endémica.
Elevación: 1000-3000 m.
Prov.: CO, SL.
Ejemplar examinado: *Cabrera et al. 24889* (LP).

Trichocline reptans (Wedd.) Rob.
Sin.: *Bichenia reptans* Wedd., *Gerbera incana* (Lam.) Kuntze var. *intermedia* Kuntze, *Gerbera incana* (Lam.) Kuntze var. *reptans* (Wedd.) Kuntze, *Gerbera incana* (Lam.) Kuntze var. *reptans* (Wedd.) Kuntze f. *aurantiaca* Kuntze, *Gerbera incana* (Lam.) Kuntze var. *reptans* (Wedd.) Kuntze f. *pallida* Kuntze
Ref.: Zardini, 1975; Katinas, 1996a.
Hábito: Hierba.
Status: Nativa.
Elevación: 0-3000 m.
Prov.: BA, CA, CH, CO, JU, LP, LR, ME, RN, SA, SE, SF, SJ, TU.
Paises limítrofes: BO, PA.
Ejemplar examinado: *Cabrera et al. 24099* (LP).

Trichocline sinuata (D. Don) Cabrera
Sin.: *Bichenia sinuata* D. Don
Ref.: Zardini, 1975; Katinas, 1996a.
Hábito: Hierba.
Status: Endémica.
Elevación: 0-500 m.
Prov.: BA, CO, ER, LP, SL.
Ejemplar examinado: *Cabrera y Fabris 14847* (LP).

Trichocline speciosa Less.
Sin.: *Trichocline collina* Baker; *Trichocline paraguayensis* Baker
Ref.: Zardini, 1975; Katinas, 1996a.
Hábito: Hierba.
Status: Nativa.
Elevación: 0-500 m.
Prov.: COR, MI.
Paises limítrofes: BR, PA.
Ejemplar examinado: *Pedersen 3091* (LP).

Trichocline tontalensis Hieron. = **Trichocline cineraria** (D. Don) Hook. & Arn.
Ref.: Zardini, 1975.

Trichoseris alpina Poepp. & Endl. = **Agoseris coronopifolia** (d'Urv.) K.L. Chambers ex D.M. Moore
Ref.: Cabrera, 1971a.

Tridax L. Heliantheae.

Número de especies: 1

Tridax procumbens L.
Sin.: *Amellus pedunculatus* Ortega ex Willd., *Balbisia canescens* Pers., *Balbisia divaricata* Cass., *Balbisia elongata* Willd., *Balbisia pedunculata* Ortega ex Hoffmanns., *Tridax procumbens* L. var. *canescens* (Pers.) DC., *Tridax procumbens* L. var. *ovatifolia* B.L. Rob. ex Greenm.
Ref.: Powell, 1965; Botta & Cabrera, 1986; Bulacio et al., 1997.
Hábito: Hierba.
Status: Nativa.
Elevación: 500-2000 m.
Prov.: JU, SA, TU.
Paises limítrofes: BO, BR.
Ejemplar examinado: *Kiesling et al. 8196* (SI).

Tridax procumbens L. var. *canescens* (Pers.) DC. = **Tridax procumbens** L.
Ref.: Powell, 1965.

Tridax procumbens L. var. *ovatifolia* B.L. Rob. ex Greenm. = **Tridax procumbens** L.
Ref.: Powell, 1965.

Tripleurospermum Sch. Bip. Anthemideae.
Número de especies: 1

Tripleurospermum inodorum (L.) Sch. Bip. = **Tripleurospermum perforatum** (Mérat) Laínz
Ref.: Bremer & Humphries, 1993.

Tripleurospermum perforatum (Mérat) Laínz
Sin.: *Chrysanthemum inodorum* (L.) L., *Matricaria perforata* Mérat, *Matricaria inodora* L. , *Tripleurospermum inodorum* (L.) Sch. Bip.
Ref.: Cabrera, 1971; Moore, 1983; Bremer & Humphries, 1993.
Hábito: Hierba
Status: Adventicia.
Prov.: CHU, NE, SC, TF, TU.
Paises limítrofes: CH, UR.
Ejemplar examinado: *Burkart 19877* (LP).

Tripolium humile Phil. = **Aster vahlii** (Gaudich.) Hook. & Arn. var. **tenuifolius** (Phil.) Cabrera
Ref.: Cabrera, 1971a.

Tripolium tenuifolium Phil. = **Aster vahlii** (Gaudich.) Hook. & Arn. var. **tenuifolius** (Phil.) Cabrera
Ref.: Cabrera, 1971a.

Tripolium uniflorum Phil. = **Aster vahlii** (Gaudich.) Hook. & Arn. var. **vahlii**
Ref.: Cabrera, 1971a.

Tripolium oliganthum Phil. = **Aster squamatus** (Spreng.) Hieron. var. **squamatus**
Ref.: Cabrera, 1978.

Tripolium moelleri Phil. = **Aster squamatus** (Spreng.) Hieron. var. **squamatus**
Ref.: Cabrera, 1978.

Tripolium ? subulatum Nees var. *brasilianum* DC. = **Aster squamatus** (Spreng.) Hieron. var. **squamatus**
Ref.: Cabrera, 1978.

Tripolium conspicuum J. Rémy = **Aster squamatus** (Spreng.) Hieron. var. **squamatus**
Ref.: Cabrera, 1978.

Triptilion Ruiz & Pav. Mutisieae.
Número de especies: 1

Triptilion achillea DC. var. *glabrisceps* Speg. = **Triptilion achilleae** DC.
Ref.: Katinas et al., 1992.

Triptilion achilleae DC.
Sin.: *Triptilion achillea* DC. var. *glabrisceps* Speg., *Triptilion chilense* Bertero ex DC., nom. illeg., *Triptilion dusenii* O. Hoffm., *Triptilion euphrasioides* Bertero ex DC., *Triptilium tenuifolium* Phil.
Ref.: Katinas et al., 1992, 1995.
Hábito: Hierba.
Status: Nativa.
Elevación: 0-1500 m.
Prov.: CHU, NE, RN, SC.
Paises limítrofes: CH.
Ejemplar examinado: *Ruiz Leal 26763* (LP).

Triptilion axillare Lag. ex Lindl. = **Nassauvia axillaris** (Lag. ex Lindl.) D. Don
Ref.: Cabrera, 1982.

Triptilion chilense Bertero ex DC., nom. illeg. = **Triptilion achilleae** DC.
Ref.: Katinas et al., 1992.

Triptilion dusenii O. Hoffm. = **Triptilion achilleae** DC.
Ref.: Katinas et al., 1992.

Triptilion euphrasioides Bertero ex DC. = **Triptilion achilleae** DC.
Ref.: Katinas et al., 1992.

Triptilion glomerulosum Lag. ex Lindl. = **Nassauvia glomerulosa** (Lag. ex Lindl.) D. Don
Ref.: Cabrera, 1982.

Triptilium tenuifolium Phil. = **Triptilion achilleae** DC.
Ref.: Katinas et al., 1992.

Trixis P. Browne. Mutisieae.
Número de especies: 7

Trixis antimenorrhoea (Schrank) Kuntze = **Trixis divaricata** (Kunth) Spreng. subsp. **divaricata**
Ref.: Katinas, 1998.

Trixis antimenorrhoea (Schrank) Kuntze var. *auriculata* (Hook.) Cabrera = **Trixis divaricata** (Kunth) Spreng. subsp. **divaricata**
Ref.: Katinas, 1998.

Trixis antimenorrhoea (Schrank) Kuntze var. *cladoptera* (Baker) Cabrera = **Trixis divaricata** (Kunth) Spreng. subsp. **divaricata**
Ref.: Katinas, 1998.

Trixis antimenorrhoea (Schrank) Kuntze subsp. *discolor* (D. Don) Katinas = **Trixis divaricata** (Kunth) Spreng. subsp. **discolor** (D. Don) Katinas
Ref.: Katinas, 1998.

Trixis antimenorrhoea (Schrank) Kuntze var. *discolor* (D. Don) Cabrera = **Trixis divaricata** (Kunth) Spreng. subsp. **discolor** (D. Don) Katinas
Ref.: Katinas, 1998.

Trixis antimenorrhoea (Schrank) Kuntze var. *divaricata* (Spreng.) Kuntze = **Trixis divaricata** (Kunth) Spreng. subsp. **divaricata**
Ref.: Katinas, 1998.

Trixis antimenorrhoea (Schrank) Kuntze var. *flexuosa* (Kunth) Kuntze = **Trixis divaricata** (Kunth) Spreng. subsp. **divaricata**
Ref.: Katinas, 1998.

Trixis antimenorrhoea (Schrank) Kuntze var. *flexuosa* (Kunth) Kuntze f. *discolor* (D. Don) Kuntze = **Trixis divaricata** (Kunth) Spreng. subsp. **discolor** (D. Don) Katinas
Ref.: Katinas, 1998.

Trixis antimenorrhoea (Schrank) Kuntze var. *heterophylla* Kuntze = **Trixis divaricata** (Kunth) Spreng. subsp. **discolor** (D. Don) Katinas
Ref.: Katinas, 1998.

Trixis antimenorrhoea (Schrank) Kuntze var. *petiolata* Kuntze = **Trixis divaricata** (Kunth) Spreng. subsp. **divaricata**
Ref.: Katinas, 1998.

Trixis antimenorrhoea (Schrank) Kuntze var. *petiolata* Kuntze f. *sublanata* Kuntze = **Trixis divaricata** (Kunth) Spreng. subsp. **discolor** (D. Don) Katinas
Ref.: Katinas, 1998.

Trixis antimenorrhoea (Schrank) Kuntze var. *typica* Cabrera, nom. inval. = **Trixis divaricata** (Kunth) Spreng. subsp. **divaricata**
Ref.: Katinas, 1998.

Trixis auriculata Hook. = **Trixis divaricata** (Kunth) Spreng. subsp. **divaricata**
Ref.: Katinas, 1998.

Trixis brasiliensis (L.) DC. = **Holocheilus brasiliensis** (L.) Cabrera
Ref.: Cabrera, 1968.

Trixis brasiliensis (L.) DC. var. *genuina* Hassl., nom. inval. = **Holocheilus brasiliensis** (L.) Cabrera
Ref.: Cabrera, 1968.

Trixis brasiliensis (L.) DC. var. *sellowii* (Less.) Hassl. = **Holocheilus brasiliensis** (L.) Cabrera
Ref.: Cabrera, 1968.

Trixis cacalioides (Kunth) D. Don
Sin.: *Perdicium cacalioides* Kunth, *Trixis frutescens* P. Browne var. *denticulata* Less., *Trixis hexantha* S. Moore, *Trixis neaeana* DC., *Trixis papillosa* D. Don, *Trixis paradoxa* Cass., *Trixis subparadoxa* Herrera
Ref.: Katinas, 1995, 1996b.
Hábito: Arbusto.
Status: Nativa.
Elevación: 0-3000 m.
Prov.: CA, CO, COR, LR, ME, SA, SE, SL, TU.
Paises limítrofes: BO, CH.
Ejemplar examinado: *Venturi 6070* (LP).

Trixis calcarea Gardner = **Trixis divaricata** (Kunth) Spreng. subsp. **divaricata**
Ref.: Katinas, 1998.

Trixis denticulata Dusén ex Malme = **Holocheilus illustris** (Vell.) Cabrera
Ref.: Cabrera, 1968.

Trixis diffusa Rusby = **Trixis divaricata** (Kunth) Spreng. subsp. **divaricata**
Ref.: Katinas, 1998.

Trixis discolor D. Don = **Trixis divaricata** (Kunth) Spreng. subsp. **discolor** (D. Don) Katinas
Ref.: Katinas, 1998.

Trixis divaricata (Kunth) Spreng. subsp. **discolor** (D. Don) Katinas
Sin.: *Trixis antimenorrhoea* (Schrank) Kuntze var. *discolor* (D. Don) Cabrera, *Trixis antimenorrhoea* (Schrank) Kuntze subsp. *discolor* (D. Don) Katinas, *Trixis antimenorrhoea* (Schrank) Kuntze var. *flexuosa* (Kunth) Kuntze f. *discolor* (D. Don) Kuntze, *Trixis antimenorrhoea* (Schrank) Kuntze var. *heterophylla* Kuntze, *Trixis antimenorrhoea* (Schrank) Kuntze var. *petiolata* Kuntze f. *sublanata* Kuntze, *Trixis discolor* D. Don, *Trixis divaricata* (Kunth) Spreng. var. *discolor* (D. Don) Griseb., *Trixis divaricata* (Kunth) Spreng. var. *exauriculata* DC. f. *petiolata* Chodat, *Trixis divaricata* (Kunth) Spreng. var. *glandulifera* Hassl.
Ref.: Katinas, 1996b, 1998.
Hábito: Arbusto.
Status: Nativa.
Elevación: 0-1200 m.
Prov.: CA, CO, CH, ER, FO, LR, SJ, SL, SF.
Paises limítrofes: PA.
Ejemplar examinado: *Hunziker 7148* (LP).

Trixis divaricata (Kunth) Spreng. subsp. **divaricata**
Sin.: *Castra regia* Vell., *Perdicium divaricatum* Kunth, *Perdicium flexuosum* Kunth, *Prionanthes antimenorrhoea* Schrank., *Trixis antimenorrhoea* (Schrank) Kuntze, *Trixis antimenorrhoea* (Schrank) Kuntze var. *auriculata* (Hook.) Cabrera, *Trixis antimenorrhoea* (Schrank) Kuntze var. *cladoptera* (Baker) Cabrera, *Trixis antimenorrhoea* (Schrank) Kuntze var. *divaricata* (Spreng.) Kuntze, *Trixis antimenorrhoea* (Schrank) Kuntze var. *flexuosa* (Kunth) Kuntze, *Trixis antimenorrhoea* (Schrank) Kuntze var. *petiolata* Kuntze, *Trixis antimenorrhoea* (Schrank) Kuntze var. *typica* Cabrera, nom. inval., *Trixis auriculata* Hook., *Trixis calcarea* Gardner, *Trixis diffusa* Rusby, *Trixis divaricata* (Kunth) Spreng. var. *auriculata* (Hook.) DC., *Trixis divaricata* (Kunth) Spreng. var. *cladoptera* Baker, *Trixis divaricata* (Kunth) Spreng. var. *exauriculata* DC., *Trixis divaricata* (Kunth) Spreng. var. *exauriculata* DC. f. *subpetiolata* Chodat, *Trixis divaricata* (Kunth) Spreng. var. *odoratissima* (Gardner) Baker, *Trixis divaricata* (Kunth) Spreng. var. *sprengeliana* (Gardner) Baker, *Trixis flexuosa* (Kunth) Spreng., *Trixis odoratissima* Gardner, *Trixis salicifolia* D. Don, *Trixis sprengeliana* Gardner

Ref.: Katinas, 1996b, 1998.
Hábito: Arbusto.
Status: Nativa.
Elevación: 0-4000 m.
Prov.: COR, CH, FO, JU, ME, MI, SA, TU.
Paises limítrofes: BO, BR, PA, UR.
Ejemplar examinado: *Burkart 2949* (LP).

Trixis divaricata (Kunth) Spreng. var. *auriculata* (Hook.) DC. = **Trixis divaricata** (Kunth) Spreng. subsp. **divaricata**
Ref.: Katinas, 1998.

Trixis divaricata (Kunth) Spreng. var. *cladoptera* Baker = **Trixis divaricata** (Kunth) Spreng. subsp. **divaricata**
Ref.: Katinas, 1998.

Trixis divaricata (Kunth) Spreng. var. *discolor* (D. Don) Griseb. = **Trixis divaricata** (Kunth) Spreng. subsp. **discolor** (D. Don) Katinas
Ref.: Katinas, 1998.

Trixis divaricata (Kunth) Spreng. var. *exauriculata* DC. = **Trixis divaricata** (Kunth) Spreng. subsp. **divaricata**
Ref.: Katinas, 1998.

Trixis divaricata (Kunth) Spreng. var. *exauriculata* DC. f. *petiolata* Chodat = **Trixis divaricata** (Kunth) Spreng. subsp. **discolor** (D. Don) Katinas
Ref.: Katinas, 1998.

Trixis divaricata (Kunth) Spreng. var. *exauriculata* DC. f. *subpetiolata* Chodat = **Trixis divaricata** (Kunth) Spreng. subsp. **divaricata**
Ref.: Katinas, 1998.

Trixis divaricata (Kunth) Spreng. var. *glandulifera* Hassl. = **Trixis divaricata** (Kunth) Spreng. subsp. **discolor** (D. Don) Katinas
Ref.: Katinas, 1998.

Trixis divaricata (Kunth) Spreng. var. *odoratissima* (Gardner) Baker = **Trixis divaricata** (Kunth) Spreng. subsp. **divaricata**
Ref.: Katinas, 1998.

Trixis divaricata (Kunth) Spreng. var. *sprengeliana* (Gardner) Baker = **Trixis divaricata** (Kunth) Spreng. subsp. **divaricata**
Ref.: Katinas, 1998.

Trixis flexuosa (Kunth) Spreng. = **Trixis divaricata** (Kunth) Spreng. subsp. **divaricata**
Ref.: Katinas, 1998.

Trixis flexuosa Baker, nom. illeg. = **Trixis praestans** (Vell.) Cabrera
Ref.: Katinas, 1996b.

Trixis frutescens P. Browne var. *cacalioides* Griseb. = **Trixis grisebachii** Kuntze
Ref.: Katinas, 1996b.

Trixis frutescens P. Browne var. *denticulata* Less. = **Trixis cacalioides** (Kunth) D. Don
Ref.: Katinas, 1996b.

Trixis glaberrima Less. = **Trixis nobilis** (Vell.) Katinas
Ref.: Katinas, 1996b.

Trixis glabrata Baker, nom. illeg. = **Trixis nobilis** (Vell.) Katinas
Ref.: Katinas, 1996b.

Trixis glandulifera (Lag.) Benth. & Hook. f. ex Hieron., comb. illeg. = **Dolichlasium lagascae** D. Don
Ref.: Cabrera, 1936a.

Trixis grisebachii Kuntze
Sin.: *Trixis frutescens* P. Browne var. *cacalioides* Griseb.
Ref.: Katinas, 1995, 1996b.
Hábito: Arbusto.
Status: Nativa.
Elevación: 0-2500 m.
Prov.: CA, JU, LR, SA, SE, TU.
Paises limítrofes: BO.
Ejemplar examinado: *Cabrera et al. 14260* (LP).

Trixis hexantha S. Moore = **Trixis cacalioides** (Kunth) D. Don
Ref.: Katinas, 1996b.

Trixis hieracioides (D. Don) DC. = **Holocheilus hieracioides** (D. Don) Cabrera
Ref.: Cabrera, 1968.

Trixis hieronymi Arechav. = **Holocheilus illustris** (Vell.) Cabrera
Ref.: Cabrera, 1968.

Trixis lorentzii Arechav. = **Trixis pallida** Less.
Ref.: Katinas, 1996b.

Trixis matisiana Díaz & Vélez = **Trixis proustioides** Hieron.
Ref.: Katinas, 1996b.

Trixis megapotamica Hook. & Arn. = **Trixis nobilis** (Vell.) Katinas
Ref.: Katinas, 1996b.

Trixis missionum Cabrera = **Trixis praestans** (Vell.) Cabrera
Ref.: Katinas, 1996b.

Trixis mollissima D. Don = **Trixis praestans** (Vell.) Cabrera
Ref.: Katinas, 1996b.

Trixis montesecoensis Sagástegui & Dillon = **Trixis proustioides** Hieron.
Ref.: Katinas, 1996b.

Trixis neaeana DC. = **Trixis cacalioides** (Kunth) D. Don
Ref.: Katinas, 1996b.

Trixis nobilis (Vell.) Katinas
Sin.: *Castra nobilis* Vell., *Trixis glaberrima* Less., *Trixis glabrata* Baker, nom. illeg., *Trixis megapotamica* Hook. & Arn., *Trixis rosea* Baker, nom. illeg., *Trixis stricta* Mart., hom. illeg., *Trixis suaveolens* Baker, nom. illeg., *Trixis verbasciformis* Less., *Trixis verbasciformis* Less. var. *glaberrima* (Less.) Malme, *Trixis verbasciformis* Less. var. *intermedia* Malme
Ref.: Katinas, 1996b.
Hábito: Subarbusto.
Status: Nativa.
Elevación: 0-1000 m.
Prov.: BA, COR, MI, SF.
Paises limítrofes: BR, PA, UR.
Ejemplar examinado: *Krapovickas et al. 20996* (LP).

Trixis ochroleuca Baker, hom. illeg. = **Holocheilus hieracioides** (D. Don) Cabrera
Ref.: Cabrera, 1968.

Trixis ochroleuca (Cass.) Hook. & Arn. = **Holocheilus brasiliensis** (L.) Cabrera
Ref.: Cabrera, 1968.

Trixis ochroleuca (Cass.) Hook. & Arn. var. *hieracioides* (D. Don) Kuntze = **Holocheilus hieracioides** (D. Don) Cabrera
Ref.: Cabrera, 1968.

Trixis ochroleuca (Cass.) Hook. & Arn. var. *thrincioides* (Griseb.) Kuntze = **Holocheilus hieracioides** (D. Don) Cabrera
Ref.: Cabrera, 1968.

Trixis ochroleuca (Cass.) Hook. & Arn. f. *pusilla* Hassl. = **Holocheilus hieracioides** (D. Don) Cabrera
Ref.: Cabrera, 1968.

Trixis ochroleuca (Cass.) Hook. & Arn. f. *robusta* Hassl. = **Holocheilus hieracioides** (D. Don) Cabrera
Ref.: Cabrera, 1968.

Trixis ochroleuca (Cass.) Hook. & Arn. f. *subintegra* Hassl. = **Holocheilus hieracioides** (D. Don) Cabrera
Ref.: Cabrera, 1968.

Trixis odoratissima Gardner = **Trixis divaricata** (Kunth) Spreng. subsp. **divaricata**
Ref.: Katinas, 1998.

Trixis othonoides (Less.) Griseb. = **Holocheilus brasiliensis** (L.) Cabrera
Ref.: Cabrera, 1968.

Trixis pallida Less.
Sin.: *Trixis lorentzii* Arechav., *Trixis pallida* Less. var. *australis* Griseb., *Trixis pallida* Less. var. *subsericea* Chodat
Ref.: Katinas, 1995, 1996b.
Hábito: Subarbusto.
Status: Nativa.
Elevación: 0-500 m.
Prov.: CH, COR, ER, MI.
Paises limítrofes: BR, PA, UR.
Ejemplar examinado: *Krapovickas et al. 24410* (LP).

Trixis pallida Less. var. *australis* Griseb. = **Trixis pallida** Less.
Ref.: Katinas, 1996b.

Trixis pallida Less. var. *subsericea* Chodat = **Trixis pallida** Less.
Ref.: Katinas, 1996b.

Trixis papillosa D. Don = **Trixis cacalioides** (Kunth) D. Don
Ref.: Katinas, 1996b.

Trixis paradoxa Cass. = **Trixis cacalioides** (Kunth) D. Don
Ref.: Katinas, 1996b.

Trixis praestans (Vell.) Cabrera
Sin.: *Cacalia praestans* Baker, nom. illeg., *Castra praestans* Vell., *Trixis flexuosa* Baker, nom. illeg., *Trixis missionum* Cabrera, *Trixis mollissima* D. Don
Ref.: Katinas, 1995, 1996b.
Hábito: Arbusto.
Status: Nativa.
Elevación: 0-1400 m.
Prov.: BA, COR, CH, ER, MI, SF.
Paises limítrofes: BR, PA, UR.
Ejemplar examinado: *Cabrera 10776* (LP).

Trixis proustioides Hieron.
Sin.: *Trixis matisiana* Díaz & Vélez, *Trixis montesecoensis* Sagástegui & Dillon, *Trixis ragonesei* Cabrera
Ref.: Katinas, 1996b.
Hábito: Arbusto.
Status: Nativa.
Elevación: 1000-2000 m.
Prov.: JU, SA.
Ejemplar examinado: *Cabrera et al. 27968* (LP).

Trixis ragonesei Cabrera = **Trixis proustioides** Hieron.
Ref.: Katinas, 1996b.

Trixis rosea Baker, nom. illeg. = **Trixis nobilis** (Vell.) Katinas
Ref.: Katinas, 1996b.

Trixis salicifolia D. Don = **Trixis divaricata** (Kunth) Spreng. subsp. **divaricata**
Ref.: Katinas, 1998.

Trixis scandens Poepp. ex Herrera, nom. nud.
Ref.: Katinas, 1996b.

Trixis schulzii Cabrera = **Holocheilus schulzii** (Cabrera) Cabrera
Ref.: Cabrera, 1968.

Trixis sellowii Less. ex DC. = **Holocheilus brasiliensis** (L.) Cabrera
Ref.: Cabrera, 1968.

Trixis sonchoides Chodat = **Holocheilus hieracioides** (D. Don) Cabrera
Ref.: Cabrera, 1968.

Trixis sprengeliana Gardner = **Trixis divaricata** (Kunth) Spreng. subsp. **divaricata**
Ref.: Katinas, 1998.

Trixis stricta (Spreng.) Less. = **Criscia stricta** (Spreng.) Katinas
Ref.: Cabrera, 1936a; Katinas, 1994.

Trixis stricta Mart., hom. illeg. = **Trixis nobilis** (Vell.) Katinas
Ref.: Katinas, 1996b.

Trixis suaveolens Baker, nom. illeg. = **Trixis nobilis** (Vell.) Katinas
Ref.: Katinas, 1996b.

Trixis subparadoxa Herrera = **Trixis cacalioides** (Kunth) D. Don
Ref.: Katinas, 1996b.

Trixis thrincioides (Griseb.) Hassl. = **Holocheilus hieracioides** (D. Don) Cabrera
Ref.: Cabrera, 1968.

Trixis verbasciformis Less. = **Trixis nobilis** (Vell.) Katinas
Ref.: Katinas, 1996b.

Trixis verbasciformis Less. var. *glaberrima* (Less.) Malme = **Trixis nobilis** (Vell.) Katinas
Ref.: Katinas, 1996b.

Trixis verbasciformis Less. var. *intermedia* Malme = **Trixis nobilis** (Vell.) Katinas
Ref.: Katinas, 1996b.

Troximon coronopifolius (d'Urv.) Cabrera = **Agoseris coronopifolia** (d'Urv.) K.L. Chambers ex D.M. Moore
Ref.: Cabrera, 1971a.

Troximon poeppigii (DC.) De Wild. = **Agoseris coronopifolia** (d'Urv.) K.L. Chambers ex D.M. Moore
Ref.: Cabrera, 1971a.

Troximon pumilum (Gaudich.) Wild. = **Agoseris coronopifolia** (d'Urv.) K.L. Chambers ex D.M. Moore
Ref.: Cabrera, 1971a.

Tussilago exscapa Pers. = **Chaptalia exscapa** (Pers.) Baker
Ref.: Burkart, 1944a.

Tussilago integerrima Vell. = **Chaptalia integerrima** (Vell.) Burkart
Ref.: Burkart, 1944a.

Tussilago lyrata Pers. = **Chaptalia nutans** (L.) Pol.
Ref.: Burkart, 1944a.

Tussilago nutans L. = **Chaptalia nutans** (L.) Pol.
Ref.: Burkart, 1944a.

Tussilago sarmentosa Pers. = **Chevreulia sarmentosa** (Pers.) Blake
Ref.: Cabrera, 1963a, 1971a, 1974a, 1978.

Tussilago sinuata Pers. = **Chaptalia piloselloides** (Vahl) Baker
Ref.: Burkart, 1944a.

Tussilago trifurcata G. Forst. = **Senecio trifurcatus** (G. Forst.) Less.
Ref.: Cabrera & Zardini, 1980.

Tussilago vaccina Vell. = **Chaptalia nutans** (L.) Pol.
Ref.: Burkart, 1944a.

Tylloma albiflorum Phil. = **Chaetanthera gnaphalioides** (J. Rémy) I.M. Johnst.
Ref.: Cabrera, 1937b.

Tylloma euphrasioides (DC.) Wedd. = **Chaetanthera euphrasioides** (DC.) F. Meigen
Ref.: Cabrera, 1937b.

Tylloma gnaphalioides Phil. = **Chaetanthera minuta** (Phil.) Cabrera
Ref.: Cabrera, 1937b.

Tylloma involucratum Phil. = **Chaetanthera lanata** (Phil.) I.M. Johnst.
Ref.: Cabrera, 1937b.

Tylloma lanatum Phil. = **Chaetanthera lanata** (Phil.) I.M. Johnst.
Ref.: Cabrera, 1937b.

Tylloma minutum Phil. = **Chaetanthera minuta** (Phil.) Cabrera
Ref.: Cabrera, 1937b.

Tylloma pusillum D. Don = **Chaetanthera pusilla** (D. Don) Hook. & Arn.
Ref.: Cabrera, 1937b.

Tylloma splendens (J. Rémy) Wedd. = **Chaetanthera splendens** (J. Rémy) Rob.
Ref.: Cabrera, 1937b.

Uhdea bipinnatifida Kunth = **Montanoa bipinnatifida** (Kunth) K. Koch
Ref.: Funk, 1982; Sáenz, inéd. b.

Urmenetea Phil. Mutisieae.

Número de especies: 1

Urmenetea atacamensis Phil.
Sin.: *Onoseris atacamensis* (Phil.) O. Hoffm.
Ref.: Cabrera, 1978; Freire, 1996.
Hábito: Hierba.
Status: Nativa.
Elevación: 2500-4000 m.
Prov.: CA, JU, SA.
Paises limítrofes: CH.
Ejemplar examinado: *Cabrera y Schabe 80* (LP).

Urolepis hecatantha (DC.) R.M. King & H. Rob. = **Eupatorium hecatanthum** (DC.) Baker
Ref.: Cabrera, 1974a, 1978.

Urospermum Scop. Lactuceae.
Número de especies: 1

Urospermum picroides (L.) Scop. ex F.W. Schmidt
Sin.: *Tragopogon picroides* L.
Ref.: Cabrera, 1963a; Ariza Espinar & Urtubey, 1998.
Hábito: Hierba.
Status: Adventicia.
Elevación: 0-500 m.
Prov.: BA.
Paises limítrofes: CH, UR.
Ejemplar examinado: *Molfino s.n.* (BAF).

Vargasia caracasana DC. = **Galinsoga caracasana** (DC.) Sch. Bip.
Ref.: Cabrera, 1978.

Verbesina L. Heliantheae.
Número de especies: 8, 2 especies endémicas.

Verbesina alba L. = **Eclipta prostrata** (L.) L.
Ref.: Cabrera, 1978.

Verbesina allophylla S.F. Blake = **Verbesina suncho** (Griseb.) S.F. Blake
Ref.: Ariza Espinar, 1980.

Verbesina arnottii Baker = **Angelphytum arnottii** (Baker) H. Rob.
Ref.: Robinson, 1984.

Verbesina aspilioides Griseb. = **Angelphytum aspilioides** (Griseb.) H. Rob.
Ref.: Robinson, 1984.

Verbesina auriculata Hook. & Arn. = **Verbesina subcordata** DC.
Ref.: Cabrera, 1974a.

Verbesina aurita Phil.
Ref.: Ariza Espinar, 1991.
Hábito: Hierba.
Status: Nativa.
Elevación: 2000-2500 m.
Prov.: CA, SA, TU.
Paises limítrofes: CH.
Ejemplar examinado: *Krapovickas y Cristóbal 20726* (LP).

Verbesina australis Blake = **Verbesina encelioides** (Cav.) Benth. & Hook. f.
Ref.: Cabrera, 1978.

Verbesina brasiliana Pers. = **Adenostemma brasilianum** (Pers.) Cass.
Ref.: Cabrera, 1978.

Verbesina conyzoides Trew = **Eclipta prostrata** (L.) L.
Ref.: Cabrera, 1978.

Verbesina encelioides (Cav.) Benth. & Hook. f.
Sin.: *Verbesina australis* Blake, *Verbesina scabra* Phil., *Ximenesia encelioides* Cav., *Ximenesia microptera* DC.
Ref.: Cabrera, 1963a, 1971a, 1974a, 1978.
Hábito: Hierba.
Status: Nativa.
Elevación: 0-2500 m.
Prov.: BA, CA, CH, CO, COR, ER, FO, JU, LP, LR, ME, MI, NE, RN, SA, SE, SF, SJ, SL, TU.
Paises limítrofes: BO, BR, CH, PA, UR.
Ejemplar examinado: *Kiesling 3060* (SI).

Verbesina grisebachii Baker = **Angelphytum grisebachii** (Baker) H. Rob.
Ref.: Robinson, 1984.

Verbesina heterosperma Griseb. = **Verbesina subcordata** DC.
Ref.: Cabrera, 1974a.

Verbesina lilloi S.F. Blake
Sin.: *Chaenocephalus alatus* Lillo
Ref.: Cabrera, 1978.
Hábito: Subarbusto.
Status: Endémica.
Elevación: 1000-2500 m.
Prov.: CA, JU, SA, TU.
Ejemplar examinado: *Fabris et al. 4203* (LP).

Verbesina macrophylla (Cass.) S.F. Blake var. **nelidae** (Cabrera) Olsen
Sin.: *Verbesina nelidae* Cabrera
Ref.: Olsen, 1985.
Hábito: Subarbusto.
Status: Nativa.
Elevación: 1000-3000 m.
Prov.: JU, SA, TU.
Paises limítrofes: BO.
Ejemplar examinado: *Burkart et al. 11477* (holotipo, SI).

Verbesina megapotamica Spreng. = **Eclipta megapotamica** (Spreng.) Sch. Bip. ex Blake
Ref.: Cabrera, 1974a.

Verbesina montevidensis Spreng. = **Aspilia montevidensis** (Spreng.) Kuntze var. **montevidensis**
Ref.: Cabrera, 1974a; Sáenz, inéd.c.

Verbesina nelidae Cabrera = **Verbesina macrophylla** (Cass.) S.F. Blake var. **nelidae** (Cabrera) Olsen
Ref.: Olsen, 1985.

Verbesina octantha S.F. Blake = **Verbesina suncho** (Griseb.) S.F. Blake
Ref.: Ariza Espinar, 1980.

Verbesina prostrata L. = **Eclipta prostrata** (L.) L.
Ref.: Cabrera, 1978.

Verbesina saltensis Cabrera
Ref.: Cabrera, 1955.
Hábito: Arbusto.
Status: Endémica.
Elevación: 1000-2000 m.
Prov.: SA.
Ejemplar examinado: *Hunziker 1830* (holotipo, LP).

Verbesina scabra Phil. = **Verbesina encelioides** (Cav.) Benth. & Hook. f.
Ref.: Cabrera, 1978.

Verbesina scandens Klatt = **Salmea scandens** (L.) DC.
Ref.: Bolick, 1991.

Verbesina sordescens DC.
Ref.: Cabrera, 1976.
Hábito: Hierba.
Status: Nativa.
Elevación: 0-500 m.
Prov.: COR.
Paises limítrofes: BR.
Ejemplar examinado: *Cabrera et al. 27689* (SI).

Verbesina subcordata DC.
Sin.: *Verbesina auriculata* Hook. & Arn., *Verbesina heterosperma* Griseb.
Ref.: Cabrera, 1963a; 1974a; Cabrera & Zardini, 1978.
Hábito: Subarbusto.
Status: Nativa.
Elevación: 0-500 m.
Prov.: BA, CH, COR, ER, FO, MI, SF.
Paises limítrofes: BR, PA, UR.
Ejemplar examinado: *Sáenz 1545* (LP, SI).

Verbesina suncho (Griseb.) S.F. Blake
Sin.: *Chaenocephalus heterophyllus* Griseb., *Chaenocephalus macrophyllus* Griseb., *Chaenocephalus suncho* Griseb., *Verbesina allophylla* S.F. Blake, *Verbesina octantha* S.F. Blake
Ref.: Cabrera, 1978.
Hábito: Arbusto.
Status: Nativa.
Elevación: 500-2500 m.
Prov.: CA, JU, SA, TU.
Paises limítrofes: BO.
Ejemplar examinado: *Cabrera 15892* (LP).

Vermifuga corymbosa Ruiz & Pav. = **Flaveria bidentis** (L.) Kuntze
Ref.: Powell, 1978.

Vernonanthura amplexicaulis (R.E. Fr.) H. Rob. = **Vernonia amplexicaulis** R.E. Fr.

Vernonanthura auriculata (Griseb.) H. Rob. = **Vernonia auriculata** Griseb.

Vernonanthura brasiliana (L.) H. Rob. = **Vernonia brasiliana** (L.) Druce

Vernonanthura chamaedrys (Less.) H. Rob. = **Vernonia chamaedrys** Less.

Vernonanthura chaquensis (Cabrera) H. Rob. = **Vernonia chaquensis** Cabrera

Vernonanthura chichoriifolia (Chodat) H. Rob. = **Vernonia loretensis** Hieron.

Vernonanthura cupularis (Chodat) H. Rob. = **Vernonia cupularis** Chodat

Vernonanthura lipeoensis (Cabrera) H. Rob. = **Vernonia lipeoensis** Cabrera

Vernonanthura loretensis (Hieron.) H. Rob. = **Vernonia loretensis** Hieron.

Vernonanthura lucida (Less.) H. Rob. = **Vernonia lucida** Less.

Vernonanthura nebularum (Cabrera) H. Rob. = **Vernonia nebularum** Cabrera

Vernonanthura nudiflora (Less.) H. Rob. = **Vernonia nudiflora** Less.

Vernonanthura petiolaris (DC.) H. Rob. = **Vernonia petiolaris** DC.

Vernonanthura pinguis (Griseb.) H. Rob. = **Vernonia pinguis** Griseb.

Vernonanthura schulziana (Cabrera) H. Rob. = **Vernonia schulziana** Cabrera

Vernonanthura squamulosa (Hook. & Arn.) H. Rob. = **Vernonia squamulosa** Hook. & Arn.

Vernonanthura tweediana (Baker) H. Rob. = **Vernonia tweediana** Baker

Vernonia Schreb. Vernonieae.

Número de especies: 54, 11 especies y 1 variedad endémicas.

Vernonia amplexicaulis R.E. Fr.
Sin.: *Vernonanthura amplexicaulis* (R.E. Fr.) H. Rob.
Ref.: Cabrera, 1944b, 1978; Robinson, 1992.
Hábito: Hierba.
Status: Endémica.
Elevación: 500-2000 m.
Prov.: JU, SA.
Ejemplar examinado: *Cabrera 27889* (LP).

Vernonia angustifolia D. Don ex Hook. & Arn. = **Vernonia nudiflora** Less.
Ref.: Cabrera, 1944b.

[Vernonia arborescens var. corrientensis Hieron.]
Ref.: Cabrera, 1944b.
Nota: Taxón dudoso. Probablemente un sinónimo de *Vernonia scorpioides* (Lam.) Pers. var. *sororia* (DC.) Baker

Vernonia arechavaletae André = **Vernonia nitidula** Less.
Ref.: Cabrera, 1974c.

Vernonia assana Mart. ex DC. = **Vernonia brasiliana** (L.) Druce
Ref.: Robinson, 1992.

Vernonia auriculata Griseb.
Sin.: *Cacalia auriculata* (Griseb.) Kuntze, *Vernonanthura auriculata* (Griseb.) H. Rob.
Ref.: Cabrera, 1944b; Robinson, 1992.
Hábito: Subarbusto.
Status: Nativa.
Elevación: 2000-3000 m.
Prov.: SA.
Paises limítrofes: BO.
Ejemplar examinado: *Calcagnini 153* (BAB).

Vernonia axilliflora Mart. = [Vernonia cotoneaster Less.]
Ref.: Cabrera, 1944b.

Vernonia balansae Hieron.
Sin.: *Lepidaploa balansae* (Hieron.) H. Rob., *Lessingianthus dorsiventralis* (Chodat) H. Rob., *Vernonia dorsiventralis* Chodat
Ref.: Cabrera, 1944b; Robinson, 1988a, 1994.
Hábito: Arbusto.
Status: Nativa.
Elevación: 0-1000 m.
Prov.: ER, MI.
Paises limítrofes: BR, PA.
Ejemplar examinado: *Grüner 888* (LP).

Vernonia brasiliana (L.) Druce
Sin.: *Baccharis brasiliana* L., *Vernonia assana* Mart. ex DC., *Vernonanthura brasiliana* (L.) H. Rob., *Vernonia odoratissima* Kunth , *Vernonia salviifolia* Chodat, *Vernonia scabra* Pers.
Ref.: Cabrera, 1974c; Robinson, 1992.
Hábito: Arbusto.
Status: Nativa.
Elevación: 0-500 m.
Prov.: FO.
Paises limítrofes: BO, PA.
Ejemplar examinado: *Morel 3273* (LIL, LP).

Vernonia brevifolia Less.
Sin.: *Cacalia brevifolia* (Less.) Kuntze, *Lessingianthus brevifolius* (Less.) H. Rob., *Vernonia brevifolia* Less. var. *ericifolia* Baker, *Vernonia brevifolia* Less. var. *squarrosifoliata* Hieron., *Vernonia ericifolia* Hook. & Arn., *Vernonia linosyrifolia* Chodat
Ref.: Cabrera, 1944b, 1974a; Robinson, 1988a.
Hábito: Subarbusto.
Status: Nativa.
Elevación: ca. 600 m.
Prov.: COR, ER, MI.
Paises limítrofes: BR, PA, UR.
Ejemplar examinado: *Ekman 242* (LP).

Vernonia brevifolia Less. var. *ericifolia* Baker = **Vernonia brevifolia** Less.
Ref.: Cabrera, 1944b.

Vernonia brevifolia Less. var. *squarrosifoliata* Hieron. = **Vernonia brevifolia** Less.
Ref.: Cabrera, 1944b.

Vernonia candelabrum Chodat = **Vernonia verbascifolia** Less.
Ref.: Cabrera, 1944b.

Vernonia cataractarum Hieron.
Sin.: *Lessingianthus cataractarum* (Hieron.) H. Rob.
Ref.: Cabrera, 1944b; Robinson, 1988a.
Hábito: Subarbusto.
Status: Nativa.
Elevación: ca. 400 m.
Prov.: MI.
Paises limítrofes: BR, PA.
Ejemplar examinado: *Van de Vene y Wolflugel s.n.* (BA, LP).

Vernonia centauropsidea Hieron.
Ref.: Hieronymus, 1908.
Hábito: Subarbusto.
Status: Endémica.
Elevación: 1500-2000 m.
Prov.: SA.
Ejemplar citado: *Fiebrig 2258** (B).

Vernonia chamaedrys Less.
Sin: *Cacalia chamaedrys* (Less.) Kuntze, *Vernonanthura chamaedrys* (Less.) H. Rob., *Vernonia ilex* Chodat
Ref.: Cabrera, 1944b, 1974a; Robinson, 1992.
Hábito: Subarbusto.
Status: Nativa.
Elevación: 500-1000 m.
Prov.: CH, COR, ER, FO, MI, SF.
Paises limítrofes: BR, PA, UR.
Ejemplar examinado: *Burkart 14351* (SI).

Vernonia chaquensis Cabrera
Sin.: *Vernonanthura chaquensis* (Cabrera) H. Rob.
Ref.: Cabrera, 1944b; Robinson, 1992.
Hábito: Subarbusto.
Status: Endémica.
Elevación: 0-500 m.
Prov.: CH, COR, FO.
Ejemplar examinado: *Schulz 13* (holotipo, LP).

Vernonia cichoriiflora Chodat = **Vernonia loretensis** Hieron.
Ref.: Cabrera, 1944b.

Vernonia cincta Griseb.
Sin.: *Cacalia cincta* (Griseb.) Kuntze, *Cyrtocymura cincta* (Griseb.) H. Rob., *Vernonia scorpioides* (Lam.) Pers. var. *cincta* (Griseb.) Cabrera
Ref.: Cabrera, 1978; Robinson, 1987.
Hábito: Arbusto.
Status: Nativa.
Elevación: 500-2000 m.
Prov.: JU, SA, TU.
Paises limítrofes: BO, PA.
Ejemplar examinado: *Cabrera 4136* (LP).

Vernonia cognata Less.
Sin.: *Cacalia cognata* (Less.) Kuntze, *Vernonia cognata* Less. var. *sceptrum* (Chodat) Cabrera, *Vernonia sceptrum* Chodat, *Vernonia senecionea* Mart. ex DC.
Ref.: Cabrera, 1944b, 1974a.
Hábito: Subarbusto.
Status: Nativa.
Elevación: 500-1000 m.
Prov.: CH, COR, ER, FO, MI, SF.
Paises limítrofes: BR, PA, UR.
Ejemplar examinado: *Schulz 113* (LP).

[Vernonia cognata var. lundiana Baker]
Ref.: Cabrera, 1944b.
Nota: Variedad excluida de la flora argentina.

Vernonia cognata Less. var. *sceptrum* (Chodat) Cabrera = **Vernonia cognata** Less.
Ref.: Cabrera, 1944b.

Vernonia correntina Cabrera & Cristóbal
Ref.: Cabrera & Cristóbal, 1978.
Hábito: Subarbusto.
Status: Endémica.
Elevación: 0-500 m.
Prov.: COR.
Ejemplar examinado: *Schinini y Ahumada 13895* (isotipo, SI).

[Vernonia cotoneaster Less.]
Sin.: *Vernonia axilliflora* Mart.
Ref.: Cabrera, 1944b.

Vernonia cupularis Chodat
Sin.: *Vernonanthura cupularis* (Chodat) H. Rob.
Ref.: Cabrera, 1944b; Robinson, 1992.
Hábito: Subarbusto.
Status: Nativa.
Elevación: 0-500 m.
Prov.: MI.
Paises limítrofes: BR, PA.
Ejemplar examinado: *Rodríguez 58* (LP, SI)

Vernonia desertorum Mart. ex DC. var. *polycephala* Chodat = **Vernonia lithospermifolia** Hieron.
Ref.: Cabrera & Klein, 1980.

Vernonia diffusa Less. var. *macrocephala* Hieron. = **Vernonia petiolaris** DC.
Ref.: Cabrera, 1974c.

Vernonia dorsiventralis Chodat = **Vernonia balansae** Hieron.
Ref.: Cabrera, 1944b; Robinson, 1988a.

Vernonia echioides Less.
Sin.: *Eupatorium arechavaletae* Baker, *Vernonia lingua* Chodat, *Vernonia oreophila* Speg., *Vernonia spegazzinii* Hicken
Ref.: Cabrera, 1944b, 1974c.
Hábito: Hierba.
Status: Nativa.
Elevación: 0-1500 m.
Prov.: BA, CH, ER, FO, MI.
Paises limítrofes: BR, PA, UR.
Ejemplar examinado: *Cabrera 4884* (LP).

Vernonia echitifolia Mart. ex DC.
Sin.: *Vernonia eremophylla* Chodat, hom. illeg.
Ref.: Cabrera, 1944b.
Hábito: Subarbusto.
Status: Nativa.
Elevación: 0-500 m.
Prov.: COR, MI.
Paises limítrofes: BO, BR, PA.
Ejemplar examinado: *Schinini 8131* (LP).

Vernonia ensifolia DC. = **Vernonia glabrata** DC.
Ref.: Cabrera, 1995b.

Vernonia eremophylla Chodat, hom. illeg. = **Vernonia echitifolia** Mart. ex DC.
Ref.: Cabrera, 1944b.

Vernonia ericifolia Hook. & Arn. = **Vernonia brevifolia** Less.
Ref.: Cabrera, 1944b.

Vernonia flexuosa Sims. var. **flexuosa**
Sin.: *Cacalia flexuosa* Kuntze, *Chrysolaena flexuosa* (Sims.) H. Rob., *Vernonia montevidensis* Nees. ex Otto & Dietr.
Ref.: Cabrera, 1944b, 1974a; Robinson, 1988b.
Hábito: Subarbusto.
Status: Nativa.
Elevación: 0-1500 m.
Prov.: BA, CH, COR, ER, FO, MI, SF.
Paises limítrofes: BR, PA, UR.
Ejemplar examinado: *Cabrera 3945* (LP).

Vernonia flexuosa Sims. var. **microcephala** Hieron.
Ref.: Cabrera, 1944b, 1974a.
Hábito: Subarbusto.
Status: Nativa.
Elevación: 0-1000 m.
Prov.: COR, ER, MI.
Paises limítrofes: BR, UR.
Ejemplar examinado: *Bridarolli 2667* (LP).

Vernonia florida Gardner
Sin.: *Vernonia nitidula* Less. var. *florida* (Gardner) Baker
Ref.: Baker, 1873
Hábito: Arbusto.
Status: Nativa.
Elevación: 0-500 m.
Prov.: MI.
Paises limítrofes: BR, PA.
Ejemplar examinado: *Grüner 549* (LP).

Vernonia fulta Griseb.
Sin.: *Cacalia fulta* (Griseb.) Kuntze, *Quechualia fulta* (Griseb.) H. Rob., *Quechualia trixioides* (Rusby) H. Rob. *Vernonia senecionifolia* Britt., *Vernonia trixioides* Rusby
Ref.: Cabrera, 1944b, 1978; Robinson, 1993.
Hábito: Arbusto.
Status: Nativa.
Elevación: 500-2000 m.
Prov.: JU, SA, TU.
Paises limítrofes: BO.
Ejemplar examinado: *Venturi 5216* (SI).

Vernonia glabrata Less.
Sin.: *Lessingianthus glabratus* (Less.) H. Rob., *Vernonia ensifolia* DC., *Vernonia glabrata* Less. var. *angustifolia* Cabrera
Ref.: Cabrera, 1944b, 1974a, 1995b; Robinson, 1988a.
Hábito: Subarbusto.
Status: Nativa.
Elevación: 500-1000 m.
Prov.: COR, ER, MI.
Paises limítrofes: BR, PA, UR.
Ejemplar examinado: *Pedersen 4471* (LP).

Vernonia glabrata Less. var. *angustifolia* Cabrera = **Vernonia glabrata** Less.
Ref.: Cabrera, 1944b, 1995b.

Vernonia glabrata Less. var. *bracteata* Chodat = **Vernonia polyphylla** Sch. Bip. ex Baker
Ref.: Cabrera, 1995b.

Vernonia glabrata Less. var. *linearifolia* Chodat = **Vernonia polyphylla** Sch. Bip. ex Baker
Ref.: Cabrera, 1995b.

Vernonia gochnatioides Hook. & Arn. = **Vernonia nitidula** Less.
Ref.: Cabrera, 1944b.

[Vernonia graminifolia Gardner]
Ref.: Cabrera, 1944b.
Nota: Especie excluida de la flora argentina.

Vernonia hassleriana Chodat = **Vernonia sellowii** Less.
Ref.: Cabrera, 1944b.

Vernonia hexantha Sch. Bip. ex Baker
Sin.: *Stenocephalum hexanthum* Sch. Bip., *Vernonia megapotamica* Spreng. var. *hexantha* (Sch. Bip.) Cabrera
Ref.: Cabrera, 1944b.
Hábito: Subarbusto.
Status: Nativa.
Elevación: 500-1000 m.
Prov.: COR, MI, SF.
Paises limítrofes: BR, PA.
Ejemplar examinado: *Ekman 233* (LP).

Vernonia hilariana Gardner = **Vernonia petiolaris** DC.
Ref.: Robinson, 1992.

[Vernonia hypochaeris DC.]
Ref.: Cabrera, 1944b.
Nota: Taxón dudoso. Probablemente un sinónimo de *Vernonia sellowii* Less.

Vernonia hirtiflora Sch. Bip. ex Baker = **Vernonia remotiflora** Rich. var. **remotiflora**
Ref.: Baker, 1873.

Vernonia ilex Chodat = **Vernonia chamaedrys** Less.
Ref.: Cabrera, 1944b.

Vernonia incana Less.
Sin.: *Cacalia incana* (Less.) Kuntze, *Vernonia inmunis* Griseb.
Ref.: Cabrera, 1944b, 1974c, 1978.
Hábito: Hierba.
Status: Nativa.
Elevación: 0-2000 m.
Prov.: BA, CA, CH, CO, COR, ER, FO, JU, SA, SE, SF, TU.
Paises limítrofes: BR, PA, UR.
Ejemplar examinado: *Cabrera 632* (LP).

Vernonia inmunis Griseb. = **Vernonia incana** Less.
Ref.: Cabrera, 1944b.

Vernonia intermedia DC. = **Vernonia rubricaulis** Humb. & Bompl.
Ref.: Cabrera, 1944b.

Vernonia lepidifera Chodat = **Vernonia propinqua** Hieron.
Ref.: Cabrera, 1944b.

Vernonia lepidifera Chodat var. *canescens* Chodat = **Vernonia propinqua** Hieron.
Ref.: Cabrera, 1944b.

Vernonia linearis D. Don ex Hook. & Arn. = **Vernonia rubricaulis** Humb. & Bompl.
Ref.: Cabrera, 1944b.

[Vernonia linearis Spreng.]
Ref.: Cabrera, 1944b.
Nota: Especie excluida de la flora argentina.

Vernonia lingua Chodat = **Vernonia echioides** Less.
Ref.: Cabrera, 1944b.

Vernonia linosyrifolia Chodat = **Vernonia brevifolia** Less.
Ref.: Cabrera, 1944b.

Vernonia lipeoensis Cabrera
Sin.: *Vernonanthura lipeoensis* (Cabrera) H. Rob.
Ref.: Cabrera, 1974c; Robinson, 1992, 1995.
Hábito: Arbusto o arbolito.
Status: Endémica.
Elevación: 2000-2500 m.
Prov.: SA.
Ejemplar examinado: *Cuezzo 2311* (holotipo, LIL).

Vernonia lithospermifolia Hieron.
Sin.: *Chrysolaena lithospermifolia* (Hieron.) H. Rob., *Vernonia desertorum* Mart. ex DC. var. *polycephala* Chodat
Ref.: Cabrera & Klein, 1980; Robinson, 1988b; Dematteis & Cabrera, 1998.
Hábito: Hierba.
Status: Nativa.
Elevación: 500-1000 m.
Prov.: COR.
Paises limítrofes: BR, PA.
Ejemplar examinado: *Schinini y Quarín 14513* (CTES, LP).

Vernonia lithospermoides Baker = **Vernonia remotiflora** Rich. var. **remotiflora**
Ref.: Baker, 1873.

Vernonia lorentzii Hieron.
Sin.: *Lessingianthus lorentzii* (Hieron.) H. Rob.
Ref.: Cabrera, 1944b, 1974a; Robinson, 1988a.
Hábito: Subarbusto.
Status: Endémica.
Elevación: 0-500 m.
Prov.: ER, MI.
Ejemplar examinado: *Castellanos s.n.* (BA).

Vernonia loretensis Hieron.
Sin.: *Vernonanthura loretensis* (Hieron.) H. Rob., *Vernonia cichoriifolia* (Chodat) H. Rob., *Vernonia cichoriiflora* Chodat, *Vernonia pseudolinearifolia* Chodat
Ref.: Cabrera, 1944b; Robinson, 1992.
Hábito: Subarbusto.
Status: Nativa.
Elevación: 0-500 m.
Prov.: COR, MI.
Paises limítrofes: PA.
Ejemplar examinado: *Rodríguez 174* (LP).

Vernonia lucida Less.
Sin.: *Vernonanthura lucida* (Less.) H. Rob.
Ref.: Cabrera, 1944b; Robinson, 1992.
Hábito: Hierba.
Status: Nativa.
Elevación: 500-1000 m.
Prov.: MI.
Paises limítrofes: BR, PA, UR.
Ejemplar examinado: *Ekman 1216* (LP).

Vernonia megapotamica Spreng.
Sin.: *Stenocephalum megapotamicum* (Spreng.) Sch. Bip., *Vernonia megapotamica* Spreng. var. *argentina* Hieron.
Ref.: Cabrera, 1944b, 1974a.
Hábito: Subarbusto.
Status: Nativa.
Elevación: 0-1500 m.
Prov.: COR, ER, MI, SF.
Paises limítrofes: BR, PA, UR.
Ejemplar examinado: *Burkart 819* (LP).

Vernonia megapotamica Spreng. var. *argentina* Hieron. = **Vernonia megapotamica** Spreng.
Ref.: Cabrera, 1944b.

Vernonia megapotamica Spreng. var. *hexantha* (Sch. Bip.) Cabrera = **Vernonia hexantha** Sch. Bip. ex Baker
Ref.: Cabrera, 1944b.

Vernonia mollissima D. Don ex Hook. & Arn.
Sin.: *Cacalia mollissima* (D. Don ex Hook. & Arn.) Kuntze, *Lessingianthus mollissimus* (D. Don ex Hook. & Arn.) H. Rob., *Vernonia mollissima* D. Don ex Hook. & Arn. var. *microcephala* Hieron.
Ref.: Cabrera, 1944b, 1974a.
Hábito: Subarbusto.
Status: Nativa.
Elevación: 0-500 m.
Prov.: BA, CO, COR, ER, MI, SF.
Paises limítrofes: BR.
Ejemplar examinado: *Burkart 7506* (SI).

Vernonia mollissima D. Don ex Hook. & Arn. var. *microcephala* Hieron. = **Vernonia mollissima** D. Don ex Hook. & Arn.
Ref.: Cabrera, 1944b.

Vernonia montevidensis Nees ex Otto & Dietr. = **Vernonia flexuosa** Sims. var. **flexuosa**
Ref.: Cabrera, 1944b.

Vernonia nebularum Cabrera
Sin.: *Vernonanthura nebularum* (Cabrera) H. Rob.
Ref.: Cabrera, 1974c, 1978; Robinson, 1992, 1995.
Hábito: Arbusto.
Status: Endémica.
Elevación: ca. 1800 m.
Prov.: JU.
Ejemplar examinado: *Cabrera et al. 23971* (holotipo, LP).

Vernonia niederleinii Hieron.
Sin.: *Lessingianthus niederleinii* (Hieron.) H. Rob.
Ref.: Cabrera, 1944b; Robinson, 1988a.
Hábito: Subarbusto.
Status: Nativa.
Elevación: 0-500 m.
Prov.: MI.
Paises limítrofes: BR, PA.
Ejemplar examinado: *Grüner 1325* (LP).

Vernonia nitidula Less.
Sin.: *Baccharis montevidensis* Spreng., *Piptocarpha nitidula* (Less.) Griseb., *Vernonia arechavaletae* André, *Vernonia gochnatioides* Hook. & Arn., *Vernonia nitidula* Less. var. *acutifolia* Griseb.
Ref.: Cabrera 1944b, 1974a.
Hábito: Arbusto.
Status: Nativa
Elevación: 0-1500 m.
Prov.: BA, CH, COR, ER, FO, MI, SF.
Paises limítrofes: BR, PA, UR.
Ejemplar examinado: *Jörgensen 2035* (LIL).

Vernonia nitidula Less. var. *acutifolia* Griseb. = **Vernonia nitidula** Less.
Ref.: Cabrera, 1944b.

Vernonia nitidula Less. var. *florida* (Gardner) Baker = **Vernonia florida** Gardner
Ref.: Baker, 1873.

Vernonia novarae Cabrera
Ref.: Cabrera, 1997
Hábito: Subarbusto.
Status: Endémica.
Elevación: 1400-1800 m.
Prov.: SA.
Ejemplar examinado: *Novara 9993* (holotipo, MCNS).

Vernonia nudiflora Less.
Sin.: *Cacalia nudiflora* (Less.) Kuntze, *Vernonia angustifolia* D. Don ex Hook. & Arn., *Vernonia salicifolia* Griseb., *Vernonanthura nudiflora* (Less.) H. Rob.
Ref.: Cabrera, 1944b; Robinson, 1992.
Hábito: Subarbusto.
Status: Nativa.
Elevación: 0-1000 m.
Prov.: CO, COR, ER, SJ, SL.
Paises limítrofes: BR, UR.
Ejemplar examinado: *Cabrera 6380* (LP).

[Vernonia obscura Less.]
Ref.: Cabrera, 1944b.
Nota: Especie excluida de la flora argentina.

Vernonia odoratissima Kunth = **Vernonia brasiliana** (L.) Druce
Ref.: Cabrera, 1974c.

Vernonia oreophila Speg. = **Vernonia echioides** Less.
Ref.: Cabrera, 1944b.

Vernonia oxylepis Sch. Bip. ex Baker
Ref.: Baker, 1882; Dematteis & Cabrera, 1998.
Hábito: Hierba.
Status: Nativa.
Elevación: 0-500 m.
Prov.: MI.
Paises limítrofes: BR.
Ejemplar examinado: *Krapovickas y Cristóbal 44612* (CTES, SI).

Vernonia parodii Cabrera
Ref.: Cabrera, 1941b.
Hábito: Subarbusto.
Status: Nativa.
Elevación: 0-500 m.
Prov.: CH, COR.
Paises limítrofes: PA.
Ejemplar examinado: *Boffa 1039* (holotipo, LP).

Vernonia petiolaris DC.
Sin.: *Vernonanthura petiolaris* (DC.) H. Rob., *Vernonia diffusa* Less. var. *macrocephala* Hieron., *Vernonia hilariana* Gardner
Ref.: Cabrera & Klein, 1980; Robinson, 1992.
Hábito: Árbol.
Status: Nativa.
Elevación: 0-500 m.
Prov.: MI.
Paises limítrofes: BR, PA.
Ejemplar examinado: *Sayago 2989* (LP).

Vernonia phyliciformis (Meyen) Walp. = **Parastrephia phyliciformis** (Meyen) Cabrera
Ref.: Cabrera, 1978.

Vernonia phyliciformis (Meyen) Walp. var. *resinosa* Walp. = **Parastrephia lucida** (Meyen) Cabrera
Ref.: Cabrera, 1978.

Vernonia pinguis Griseb.
Sin.: *Vernonanthura pinguis* (Griseb.) H. Rob.
Ref.: Cabrera, 1944b, 1978; Robinson, 1992.
Hábito: Subarbusto.
Status: Nativa.
Elevación: 500-2000 m.
Prov.: JU, SA.
Paises limítrofes: BO.
Ejemplar examinado: *Cabrera 4542* (LP).

Vernonia platensis (Spreng.) Less.
Sin.: *Cacalia platensis* (Spreng.) Kuntze, *Chrysolaena platensis* (Spreng.) H. Rob., *Conyza platensis* Spreng.
Ref.: Cabrera, 1944b; Robinson, 1988b.
Hábito: Hierba.
Status: Nativa.
Elevación: 0-500 m.
Prov.: BA, COR, ER, MI.
Paises limítrofes: BR, UR.
Ejemplar examinado: *Cabrera 719* (LP).

Vernonia polyphylla Sch. Bip. ex Baker
Sin.: *Lessingianthus polyphyllus* (Sch. Bip. ex Baker) H. Rob., *Vernonia glabrata* Less. var. *bracteata* Chodat, *Vernonia glabrata* Less. var. *linearifolia* Chodat
Ref.: Cabrera, 1944b, 1995b; Robinson, 1988a.
Hábito: Hierba.
Status: Nativa.
Elevación: 0-500 m.
Prov.: MI.
Paises limítrofes: BR, PA.
Ejemplar examinado: *Grüner 1291* (LP).

Vernonia praecox (Kuntze) K. Schum. = **Vernonia squamulosa** Hook. & Arn.
Ref.: Robinson, 1992.

Vernonia propinqua Hieron.
Sin.: *Chrysolaena propinqua* (Hieron.) H. Rob., *Vernonia lepidifera* Chodat, *Vernonia lepidifera* var. *canescens* Chodat
Ref.: Cabrera, 1944b; Robinson, 1988b.
Hábito: Hierba.
Status: Nativa.
Elevación: 0-500 m.
Prov.: MI.
Paises limítrofes: BR, PA.
Ejemplar examinado: *Grüner 117* (LP).

Vernonia pseudosquarrosa Hieron. = **Vernonia squarrosa** (Less.) Less.
Ref.: Cabrera, 1944b.

Vernonia pseudoincana (Hieron.) Cabrera
Sin.: *Cacalia rubricaulis* (Humb. & Bonpl.) Kuntze var. *pseudoincana* (Hieron.) Kuntze, *Vernonia rubricaulis* Humb. & Bonpl. var. *pseudoincana* Hieron., *Vernonia rubricaulis* Humb. & Bonpl. var. *australis* Hieron.
Ref.: Cabrera, 1974a.
Hábito: Subarbusto.
Status: Nativa.
Elevación: 0-500 m.

Prov.: BA, CO, COR, ER, MI, SF, SL.
Paises limítrofes: BR, UR.
Ejemplar examinado: *Ragonese 203* (LP).

Vernonia pseudolinearifolia Chodat = **Vernonia loretensis** Hieron.
Ref.: Cabrera, 1944b.

Vernonia pterocaulon Baker = **Pterocaulon polypterum** (DC.) Cabrera
Ref.: Cabrera & Ragonese, 1978.

Vernonia remotiflora Rich. var. **aristifera** Cabrera
Sin.: *Vernonia setososquamosa* Hieron., p.p.
Ref.: Cabrera, 1944b, 1974a, 1978.
Hábito: Hierba.
Status: Endémica.
Elevación: 0-500 m.
Prov.: SA.
Ejemplar examinado: *Venturi 5534* (holotipo, SI).

Vernonia remotiflora Rich. var. **remotiflora**
Sin.: *Lepidaploa remotiflora* (Rich.) H. Rob., *Vernonia hirtiflora* Sch. Bip. ex Baker, *Vernonia lithospermoides* Baker, *Vernonia sessiliflora* Willd. ex Less., *Vernonia setososquamossa* Hieron., p.p., *Vernonia tricholepis* Griseb.
Ref.: Cabrera, 1944b, 1978; Robinson, 1990.
Hábito: Hierba.
Status: Nativa.
Elevación: 0-1000 m.
Prov.: FO, JU?, MI, SA, TU.
Paises limítrofes: BO, PA, BR.
Ejemplar examinado: *Cabrera 3111* (LP); *Venturi 7579* (LP).

Vernonia rubricaulis Humb. & Bonpl.
Sin.: *Cacalia intermedia* (DC.) Kuntze, *Cacalia rubricaulis* (Humb. & Bonpl.) Kuntze, *Lessingianthus rubricaulis* (Humb. & Bonpl.) H. Rob., *Vernonia intermedia* DC., *Vernonia linearis* D. Don ex Hook. & Arn., *Vernonia salicifolia* Gillies ex Hook. & Arn.
Ref.: Cabrera, 1944b, 1974a, 1978; Robinson, 1988a.
Hábito: Subarbusto.
Status: Nativa.
Elevación: 0-1000 m.
Prov.: BA, CH, COR, ER, FO, JU?, MI, SA, SF, TU.
Paises limítrofes: BR, PA, UR.
Ejemplar examinado: *Schulz 920* (LP).

Vernonia rubricaulis Humb. & Bonpl. var. *australis* Hieron. = **Vernonia pseudoincana** (Hieron.) Cabrera
Ref.: Cabrera, 1944b.

[Vernonia rubricaulis Humb. & Bompl. var. glomerata Hieron.]
Ref.: Cabrera, 1944b.
Nota: Variedad excluida de la flora argentina.

Vernonia rubricaulis Humb. & Bonpl. var. *pseudoincana* Hieron. = **Vernonia pseudoincana** (Hieron.) Cabrera
Ref.: Cabrera, 1944b.

Vernonia rubricaulis Humb. & Bonpl. var. *squarrosa* Less. = **Vernonia squarrosa** (Less.) Less.
Ref.: Cabrera, 1944a.

Vernonia salicifolia Griseb. = **Vernonia nudiflora** Less.
Ref.: Cabrera, 1944b.

Vernonia salicifolia Gillies ex Hook. & Arn. = **Vernonia rubricaulis** Humb. & Bonpl.
Ref.: Cabrera, 1944b.

Vernonia saltensis Hieron.
Sin.: *Lessingianthus saltensis* (Hieron.) H. Rob.
Ref.: Cabrera, 1944b; Robinson, 1988a; Ariza Espinar, 1994.
Hábito: Subarbusto.
Status: Nativa.
Elevación: 1000-3000 m.
Prov.: CA, CO, JU, LR, SA, SE, TU.
Paises limítrofes: BO.
Ejemplar examinado: *Cabrera 3021* (LP).

Vernonia salviifolia Chodat = **Vernonia brasiliana** (L.) Druce
Ref.: Cabrera, 1974c.

Vernonia scabra Pers. = **Vernonia brasiliana** (L.) Druce
Ref.: Cabrera, 1974c.

Vernonia sceptrum Chodat = **Vernonia cognata** Less.
Ref.: Cabrera, 1944b.

Vernonia schulziana Cabrera
Sin.: *Vernonanthura schulziana* (Cabrera) H. Rob.
Ref.: Cabrera, 1944b; Robinson, 1992, 1995.
Hábito: Hierba.
Status: Endémica.
Elevación: 0-500 m.
Prov.: CH.
Ejemplar examinado: *Schulz 3757* (holotipo, LP).

Vernonia scorpioides (Lam.) Pers. var. *cincta* (Griseb.) Cabrera = **Vernonia cincta** Griseb.
Ref.: Cabrera, 1944b, 1978.

[Vernonia scorpioides (Lam.) Pers. var. scorpioides]
Ref.: Cabrera, 1944b.
Nota: Variedad excluida de la flora argentina.

Vernonia scorpioides (Lam.) Pers. var. **sororia** (DC.) Baker
Sin.: *Cacalia scorpioides* (Lam.) Kuntze var. *sororia* (DC.) Kuntze, *Vernonia sororia* DC.
Ref.: Cabrera, 1944b.
Hábito: Arbusto.
Status: Nativa.
Elevación: 0-500 m.
Prov.: BA, CH, COR, ER, FO, MI, SF.
Paises limítrofes: BR, UR.
Ejemplar examinado: *Cabrera 2976* (LP).

Vernonia sellowii Less.
Sin.: *Cacalia sellowii* (Less.) Kuntze, *Lessingianthus sellowii* (Less.) H. Rob., *Vernonia hassleriana* Chodat
Ref.: Cabrera, 1944b, 1974a; Robinson, 1988a.
Hábito: Hierba.
Status: Nativa.
Elevación: 0-1500 m.
Prov.: CH, COR, ER, FO, MI, SF.
Paises limítrofes: BR, PA, UR.
Ejemplar examinado: *Burkart 14761* (SI).

Vernonia senecionea Mart. ex DC. = **Vernonia cognata** Less.
Ref.: Cabrera, 1944b.

Vernonia senecionifolia Britt. = **Vernonia fulta** Griseb.
Ref.: Cabrera, 1944b.

Vernonia sericea Rich. var. *tarijensis* Griseb. = **Vernonia tarijensis** (Griseb.) Hieron.
Ref.: Cabrera, 1944b.

Vernonia sessiliflora Willd. ex Less. = **Vernonia remotiflora** Rich. var. **remotiflora**
Ref.: Cabrera, 1944b.

Vernonia setososquamosa Hieron., p.p. = **Vernonia remotiflora** Rich. var. **remotiflora**
Ref.: Cabrera, 1944b.

Vernonia setososquamosa Hieron., p.p. = **Vernonia remotiflora** Rich. var. **aristifera** Cabrera
Ref.: Cabrera, 1944b.

Vernonia sororia DC. = **Vernonia scorpioides** (Lam.) Pers. var. **sororia** (DC.) Baker
Ref.: Cabrera, 1944b.

Vernonia spegazzinii Hicken = **Vernonia echioides** Less.
Ref.: Cabrera, 1944b.

Vernonia spicata Cabrera
Ref.: Cabrera, 1974b.
Hábito: Hierba.
Status: Endémica.
Elevación: 0-500 m.
Prov.: MI.
Ejemplar examinado: *Schwarz 5394* (holotipo, LIL).

Vernonia squamulosa Hook. & Arn.
Sin.: *Cacalia praecox* Kuntze, *Cacalia squamulosa* (Hook. & Arn.) Kuntze, *Vernonanthura squamulosa* (Hook. & Arn.) H. Rob., *Vernonia praecox* (Kuntze) K. Schum.
Ref.: Cabrera, 1944b, 1978; Robinson, 1992.
Hábito: Arbusto.
Status: Nativa.
Elevación: 500-2000 m.
Prov.: CA, JU, LR, SA, TU.
Paises limítrofes: BO.
Ejemplar examinado: *Cabrera 4539* (LP).

Vernonia squarrosa (Less.) Less.
Sin.: *Vernonia rubricaulis* Humb. & Bonpl. var. *squarrosa* Less., *Vernonia squarrosa* (Less.) Less. var. *angustifolia* Less., *Vernonia pseudosquarrosa* Hieron., *Vernonia squarrulosa* Mattf. ex Malme
Ref.: Cabrera, 1944b, 1974a.
Hábito: Subarbusto.
Status: Nativa.
Elevación: 0-500 m.
Prov.: ER, MI.
Paises limítrofes: BR, PA, UR.
Ejemplar examinado: *Burkart 751* (SI).

Vernonia squarrosa (Less.) Less. var. *angustifolia* Less. = **Vernonia squarrosa** (Less.) Less.
Ref.: Cabrera, 1944b.

Vernonia squarrulosa Mattf. ex Malme = **Vernonia squarrosa** (Less.) Less.
Ref.: Cabrera, 1944b.

Vernonia tarijensis (Griseb.) Hieron.
Sin.: *Cacalia tarijensis* (Griseb.) Kuntze, *Lepidaploa tarijensis* (Griseb.) H. Rob., *Vernonia sericea* Rich. var. *tarijensis* Griseb.
Ref.: Cabrera, 1944b, 1978; Robinson, 1990.
Hábito: Subarbusto.
Status: Nativa.
Elevación: 500-1000 m.
Prov.: JU, SA.
Paises limítrofes: BO.
Ejemplar examinado: *Cabrera 4154* (LP).

Vernonia teyucuarensis Cabrera
Ref.: Cabrera, 1987.
Hábito: Subarbusto.
Status: Endémica.
Elevación: 0-500 m.
Prov.: MI.
Ejemplar examinado: *Schinini 19870* (isotipo, SI).

Vernonia tricholepis Griseb. = **Vernonia remotiflora** Rich. var. **remotiflora**
Ref.: Cabrera, 1944b.

Vernonia trixioides Rusby = **Vernonia fulta** Griseb.
Ref.: Cabrera, 1944b.

Vernonia tweediana Baker
Sin.: *Vernonanthura tweediana* (Baker) H. Rob.
Ref.: Cabrera, 1944b; Robinson, 1992.
Hábito: Arbusto.
Status: Nativa.
Elevación: 0-1000 m
Prov.: FO, MI.
Paises limítrofes: BR, PA.
Ejemplar examinado: *Rodríguez 118* (LP).

Vernonia verbascifolia Less.
Sin.: *Chrysolaena verbascifolia* (Less.) H. Rob., *Vernonia candelabrum* Chodat

Ref.: Cabrera, 1944b; Robinson, 1988b.
Hábito: Subarbusto.
Status: Nativa.
Elevación: 500-1000 m
Prov.: COR, MI.
Paises limítrofes: BR, PA, UR.
Ejemplar examinado: *Ekman 1214* (LP).

Viguiera Kunth. Heliantheae.

Número de especies: 12, 2 especies y 1 variedad endémicas.

Viguiera anchusaefolia (DC.) Baker var. **anchusaefolia**
Sin.: *Leighia anchusaefolia* DC., *Leighia baldwiniana* Nutt., *Leighia dissitifolia* DC., *Leighia lomatoneura* DC.
Ref.: Blake, 1918; Cabrera, 1974a; Sáenz, 1979.
Hábito: Subarbusto.
Status: Nativa.
Elevación: 0-500 m.
Prov.: BA, COR, ER, MI.
Paises limítrofes: BR, PA, UR.
Ejemplar examinado: *Cabrera 12456* (LP, SI).

Viguiera anchusaefolia (DC.) Baker var. **inmarginata** (DC.) Baker
Sin.: *Leighia inmarginata* DC., *Leighia stenophylla* Hook. & Arn., *Viguiera stenophylla* (Hook. & Arn.) Griseb.
Ref.: Blake, 1918; Cabrera, 1974a; Cabrera & Zardini, 1978; Sáenz, 1979.
Hábito: Subarbusto.
Status: Nativa.
Elevación: 0-500 m.
Prov.: BA, COR, ER.
Paises limítrofes: BR, UR.
Ejemplar examinado: *Fabris 2501* (LP).

Viguiera cabrerae H. Rob. = **Hymenostephium debile** (Cabrera) Cabrera
Ref.: Cabrera, 1978; Sáenz, inéd.c.

Viguiera corymbosa (DC.) S.F. Blake = **Viguiera revoluta** (Meyen) S.F. Blake
Ref.: Blake, 1918; Cabrera, 1971a; Sáenz, 1979.

Viguiera debile (Cabrera) Ariza = **Hymenostephium debile** (Cabrera) Cabrera
Ref.: Sáenz, inéd.c.

Viguiera discoidea (Griseb.) Blake = **Viguiera tucumanensis** (Hook. & Arn.) Griseb. var. **discoidea** (Griseb.) Cabrera
Ref.: Cabrera, 1978; Sáenz, 1979.

Viguiera fabrisii A.A. Sáenz
Ref.: Sáenz, 1979.
Hábito: Subarbusto.
Status: Endémica.
Elevación: 0-500 m.
Prov.: COR.
Ejemplar examinado: *Cabrera et al. 28437* (holotipo, SI; isotipo, LP).

Viguiera gilliesii (Hook. & Arn.) Hieron.
Sin.: *Flourensia hispida* Phil., *Helianthus heteropappus* Gillies ex Hook. & Arn., *Leighia gilliesii* Hook. & Arn.
Ref.: Blake, 1918; Sáenz, 1979.
Hábito: Subarbusto.
Status: Nativa.
Elevación: 500-3000 m.
Prov.: ME, SJ.
Paises limítrofes: CH.
Ejemplar examinado: *Burkart 14352* (LP, SI).

Viguiera guaranitica Chodat
Ref.: Blake, 1918; Sáenz, 1979.
Hábito: Hierba.
Status: Nativa.
Elevación: 0-500 m.
Prov.: CH, COR, FO, MI.
Paises limítrofes: BR, PA.
Ejemplar examinado: *Schulz 1028* (LIL, LP).

Viguiera misionensis A.A. Sáenz
Ref.: Sáenz, 1979.
Hábito: Subarbusto.
Status: Endémica.
Elevación: 0-500 m.
Prov.: MI.
Ejemplar examinado: *Cabrera 28299* (holotipo, SI; isotipo, LP).

Viguiera mollis Griseb.
Sin.: *Helianthopsis mollis* (Griseb.) Sala & Echarte, *Helianthus argentinus* A.A. Sáenz
Ref.: Panero, 1992; Sáenz, inéd.c.
Hábito: Hierba.
Status: Nativa.
Elevación: 1000-3000 m.
Prov.: JU, SA, TU.
Paises limítrofes: BO.
Ejemplar examinado: *Burkart et al. 11807* (LP, SI).

Viguiera oligodonta Blake = **Viguiera tucumanensis** (Hook. & Arn.) Griseb. var. **oligodonta** (Blake) Cabrera
Ref.: Cabrera, 1978; Sáenz, 1979.

Viguiera pazensis Rusby
Sin.: *Flourensia atacamensis* (Phil.) Reiche, *Helianthus atacamensis* Phil.
Ref.: Blake, 1918, Cabrera, 1978; Sáenz, 1979.
Hábito: Hierba.
Status: Nativa.
Elevación: 2000-3500 m.
Prov.: JU, SA.
Paises limítrofes: BO, CH.
Ejemplar examinado: *Cabrera 21992* (LP).

Viguiera pflanzii Perkins = **Viguiera procumbens** (Pers.) S.F. Blake
Ref.: Cabrera, 1978; Sáenz, 1979.

Viguiera poeppigii A. Gray = **Viguiera revoluta** (Meyen) S.F. Blake
Ref.: Blake, 1918; Cabrera, 1971a; Sáenz, 1979.

Viguiera procumbens (Pers.) S.F. Blake
Sin.: *Helianthus procumbens* Pers., *Viguiera pflanzii* Perkins, *Viguiera punensis* S.F. Blake
Ref.: Cabrera, 1978, Sáenz, 1979.
Hábito: Hierba.
Status: Nativa.
Elevación: 2000-3500 m.
Prov.: JU.
Paises limítrofes: BO.
Ejemplar examinado: *Okada 5793* (BAB, LP).

Viguiera punensis S.F. Blake = **Viguiera procumbens** (Pers.) S.F. Blake
Ref.: Cabrera, 1978; Sáenz, 1979.

Viguiera revoluta (Meyen) S.F. Blake
Sin.: *Flourensia corymbosa* DC., *Flourensia corymbosa* DC. var. *araucana* (Phil.) Reiche, *Flourensia corymbosa* DC. var. *lanceolata* (Meyen) Reiche, *Helianthus araucanus* Phil., *Helianthus lanceolatus* Meyen, *Helianthus revolutus* Meyen, *Viguiera corymbosa* (DC.) S.F. Blake, *Viguiera poeppigii* A. Gray
Ref.: Blake, 1918; Cabrera, 1971a; Sáenz, 1979.
Hábito: Subarbusto.
Status: Nativa.
Elevación: 0-500 m.
Prov.: ME, NE.
Paises limítrofes: CH.
Ejemplar examinado: *Boelcke 13598* (BAA, BAB, LP, SI).

Viguiera salicifolia Hassl.
Sin.: *Viguiera villaricensis* Blake
Ref.: Sáenz, 1979.
Hábito: Subarbusto.
Status: Nativa.
Elevación: 0-500 m.
Prov.: MI.
Paises limítrofes: PA.
Ejemplar examinado: *Rodríguez 226* (BAB, BAF, LIL, LP, SI).

Viguiera stenophylla (Hook. & Arn.) Griseb. = **Viguiera anchusaefolia** (DC.) Baker var. **inmarginata** (DC.) Baker
Ref.: Cabrera, 1978; Sáenz, 1979.

Viguiera stenophylla (Hook. & Arn.) Griseb. var. *discoidea* Griseb. = **Viguiera tucumanensis** (Hook. & Arn.) Griseb. var. **discoidea** (Griseb.) Cabrera
Ref.: Cabrera, 1978; Sáenz, 1979.

Viguiera tuberosa Griseb.
Ref.: Blake, 1918; Cabrera, 1974a; Sáenz, 1979.
Hábito: Hierba.
Status: Nativa.
Elevación: 0-500 m.
Prov.: CH, COR, ER, FO, SF.
Paises limítrofes: PA, UR.
Ejemplar examinado: *Schinini 6600* (CTES, LP).

Viguiera tucumanensis (Hook. & Arn.) Griseb. var. **discoidea** (Griseb.) Cabrera
Sin.: *Viguiera discoidea* (Griseb.) Blake, *Viguiera stenophylla* (Hook. & Arn.) Griseb. var. *discoidea* Griseb.
Ref.: Cabrera, 1978; Sáenz, 1979; Sáenz & Novara, inéd.
Hábito: Hierba.
Status: Endémica.
Elevación: 2500-3500 m.
Prov.: JU, SA.
Ejemplar examinado: *Correa 4510* (BAB, LP, SI).

Viguiera tucumanensis (Hook. & Arn.) Griseb. var. **oligodonta** (Blake) Cabrera
Sin.: *Viguiera oligodonta* Blake
Ref.: Cabrera, 1978; Sáenz, 1979.
Hábito: Hierba.
Status: Nativa.
Elevación: 1500-3000 m.
Prov.: CA, CO, JU, SA, TU.
Paises limítrofes: BO.
Ejemplar examinado: *Hunziker 9193* (LP).

Viguiera tucumanensis (Hook. & Arn.) Griseb. var. **tucumanensis**
Sin.: *Leighia tucumanensis* Hook. & Arn.
Ref.: Cabrera, 1978; Sáenz, 1979.
Hábito: Hierba.
Status: Nativa.
Elevación: 1500-3500 m.
Prov.: CA, CO, JU, LR, SA, TU.
Paises limítrofes: BO.
Ejemplar examinado: *Venturi 4892* (BA, LIL, LP).

Viguiera villaricensis Blake = **Viguiera salicifolia** Hassl.
Ref.: Sáenz, 1979.

Villanova bipinnatifida Ortega = **Pharthenium hysterophorus**
Ref.: Cabrera, 1963a.

Vittadinia multifida Griseb. = **Baccharis ulicina** Hook. & Arn.
Ref.: Cabrera, 1963a.

Vittadinia trifurcata (Less.) Benth. & Hook. f. ex Griseb. = **Microgynella trifurcata** (Less.) Grau
Ref.: Cabrera, 1974a; Grau, 1975.

Wedelia Jacq. Heliantheae.

Número de especies: 6

Wedelia apensis (Chodat) B.L. Turner = **Angelphytum apensis** (Chodat) A.A. Sáenz
Ref.: Sáenz, inéd.d.

Wedelia aurantiaca (Griseb.) B.L. Turner = **Aspilia aurantiaca** Griseb. var. **aurantiaca**
Ref.: Sáenz, inéd.c.

Wedelia brachycarpa Baker = **Sphagneticola brachycarpa** (Baker) Pruski
Ref.: Pruski, 1996; Sáenz, inéd.f.

Wedelia brachylepis Griseb. = **Zexmenia brachylepis** (Griseb.) Cabrera
Ref.: Cabrera, 1978.

Wedelia buphtalmiflora Lorentz = **Zexmenia buphtalmiflora** (Lorentz) Ariza
Ref.: Ariza Espinar, 1982.

Wedelia callosa (Chodat) B.L. Turner = **Sphagneticola brachycarpa** (Baker) Pruski
Ref.: Sáenz, inéd.f.

Wedelia chrysostephana Griseb. = **Wedelia glauca** (Ortega) O. Hoffm. ex Hicken
Ref.: Cabrera, 1963a, 1971a, 1974a, 1978; Sáenz, inéd.c.

Wedelia copiapina (Phil.) Reiche = **Wedelia glauca** (Ortega) O. Hoffm. ex Hicken
Ref.: Cabrera, 1963a, 1971a, 1974a, 1978; Sáenz, inéd.c.

Wedelia crassiuscula Blake = **Wedelia subvaginata** N.E. Br.
Ref.: Cabrera, 1974a; Sáenz, inéd.c.

Wedelia ecliptaefolia (DC.) B.L. Turner = **Wedelia glauca** (Ortega) O. Hoffm. ex Hicken
Ref.: Cabrera, 1963a, 1971a, 1974a; Sáenz, inéd.c.

Wedelia glauca (Ortega) O. Hoffm. ex Hicken
Sin.: *Helianthus copiapinus* Phil., *Leighia ecliptifolia* DC., *Lorentzia pascaloides* Griseb., *Pascalia glauca* Ortega, *Wedelia chrysostephana* Griseb., *Wedelia copiapina* (Phil.) Reiche, *Wedelia ecliptaefolia* (DC.) B.L. Turner
Ref.: Cabrera, 1963a, 1971a, 1974a, 1978; Sáenz, inéd.c.
Hábito: Hierba.
Status: Nativa.
Elevación: 0-2000 m.
Prov.: BA, CA, CH, CHU, CO, COR, ER, FO, JU, LP, LR, ME, MI, NE, RN, SA, SE, SF, SJ, SL, TU.
Paises limítrofes: BO, BR, CH, PA, UR.
Ejemplar examinado: *Cabrera 5154* (LP).

Wedelia holwayii S.F. Blake
Ref.: Cabrera, 1978.
Hábito: Subarbusto.
Status: Nativa.
Elevación: 2000-3000 m.
Prov.: JU, SA.
Paises limítrofes: BO.
Ejemplar examinado: *Cabrera 25150* (LP, SI).

Wedelia kerrii N.E. Br.
Sin.: *Wedelia kerrii* N.E. Br. var. *decumbens* Hassl., *Wedelia longepetiolata* Hassl.
Ref.: Cabrera, 1959.
Hábito: Hierba.
Status: Nativa.
Elevación: 0-500 m.
Prov.: CH, COR, MI.
Paises limítrofes: BR, PA.
Ejemplar examinado: *Schinini 9645* (CTES, SI).

Wedelia kerrii N.E. Br. var. *decumbens* Hassl. = **Wedelia kerrii** N.E. Br.
Ref.: Cabrera, 1959.

Wedelia longepetiolata Hassl. = **Wedelia kerrii** N.E. Br.
Ref.: Cabrera, 1959.

Wedelia montevidensis (Spreng.) B.L. Turner = **Aspilia montevidensis** (Spreng.) Kuntze var. **montevidensis**
Ref.: Sáenz, inéd.c.

Wedelia pascalioides (Griseb.) B.L. Turner = **Aspilia pascalioides** Griseb.
Ref.: Sáenz, inéd.c.

Wedelia pilosa Baker = **Sphagneticola brachycarpa** (Baker) Pruski
Ref.: Sáenz, inéd.f.

Wedelia pilosa Baker var. *brachycarpa* Hassl. = **Sphagneticola brachycarpa** (Baker) Pruski
Ref.: Sáenz, inéd.f.

Wedelia saltensis Cabrera
Ref.: Cabrera, 1978.
Hábito: Subarbusto.
Status: Nativa.
Elevación: 1000-1500 m.
Prov.: CA, JU, SA, TU.
Paises limítrofes: BO.
Ejemplar examinado: *Krapovickas 26654* (CTES, LP, SI).

Wedelia silphioides (Hook. & Arn.) B.L. Turner = **Aspilia silphioides** (Hook. & Arn.) Benth.
Ref.: Sáenz, inéd.c.

Wedelia subvaginata N.E. Br.
Sin.: *Pascalia subvaginata* (N.E. Br.) Strother, *Wedelia crassiuscula* Blake, *Wedelia subvaginata* N.E. Br. var. *major* Hassl.
Ref.: Cabrera, 1974a; Sáenz, inéd.c.
Hábito: Hierba.
Status: Nativa.
Elevación: 0-500 m.
Prov.: CH, COR, ER, FO, SF.
Paises limítrofes: PA.
Ejemplar examinado: *Guaglianone 703* (SI).

Wedelia subvaginata N.E. Br. var. *major* Hassl. = **Wedelia subvaginata** N.E. Br.
Ref.: Sáenz, inéd.c.

Wedelia subvelutina DC.
Ref.: Sáenz & Brentassi, inéd.
Hábito: Hierba.
Status: Nativa.
Elevación: 0-500 m.
Prov.: MI.
Paises limítrofes: PA.
Ejemplar examinado: *Montes 12319* (CTES, LP).

Wiborgia acmella Roth = **Galinsoga parviflora** Cav.
Ref.: Cabrera, 1971a, 1978.

Wiborgia oblongifolia Hook. = **Eclipta prostrata** (L.) L.
Ref.: Cabrera, 1978.

Wiborgia parviflora (Cav.) Kunth = **Galinsoga parviflora** Cav.
Ref.: Cabrera, 1978.

Wiborgia urticifolia Kunth = **Galinsoga urticifolia** (Kunth) Benth.
Ref.: Cabrera, 1978.

Werneria Kunth. Senecioneae.

Número de especies: 9, 1 especie endémica.

Werneria apiculata Sch. Bip.
Sin: *Werneria pygmaea* Gillies ex Hook. & Arn. var. *apiculata* (Sch. Bip.) Wedd.
Ref.: Cabrera, 1948b, 1978.
Hábito: Hierba.
Status: Nativa.
Elevación: 4000-4500 m.
Prov.: CA, JU, SA, TU.
Paises limítrofes: BO.
Ejemplar examinado: *Cabrera et al. 15451* (LP).

Werneria aretioides Wedd.
Ref.: Cabrera, 1948b, 1978.
Hábito: Hierba.
Status: Nativa.
Elevación: 4000-5000 m.
Prov.: JU, SA.
Paises limítrofes: BO, CH.
Ejemplar examinado: *Cabrera et al. 17577* (LP).

Werneria brachypappus Phil., hom. illeg. = **Werneria denticulata** Blake
Ref.: Cabrera, 1948b, 1978.

Werneria caulescens (Wedd.) Griseb. = **Werneria villosa** A. Gray
Ref.: Cabrera, 1948b, 1978.

Werneria calyculata Turcz. = **Werneria pumila** Kunth
Ref.: Rockhausen, 1939.

Werneria cochlearis Griseb.
Ref.: Cabrera, 1948b, 1978.
Hábito: Hierba.
Status: Endémica.
Elevación: 4000-5000 m.
Prov.: SA.
Ejemplar examinado: *Lorentz e Hieronymus 114* (CORD).

Werneria cortusifolia Griseb. = **Senecio breviscapus** DC.
Ref.: Cabrera & Zardini, 1980.

Werneria densa Benth. = **Werneria pumila** Kunth
Ref.: Rockhausen, 1939.

Werneria denticulata Blake
Sin: *Werneria brachypappus* Phil., hom. illeg.
Ref.: Cabrera, 1948b, 1978.
Hábito: Hierba.
Status: Nativa.
Elevación: ca. 5000 m.
Prov.: LR, SA.
Paises limítrofes: CH.
Ejemplar examinado: *Fries 709* (LP).

Werneria digitata auct. non Wedd. = **Xenophyllum pseudodigitatum** (Rockh.) V.A. Funk
Ref.: Cabrera, 1948b.

Werneria glaberrima Phil. = **Werneria pygmaea** Gillies ex Hook. & Arn.
Ref.: Cabrera, 1948b.

Werneria heteroloba Wedd. f. **microcephala** Rockh.
Sin.: *Werneria pinnatifida* J. Rémy
Ref.: Cabrera, 1948b, 1978.
Hábito: Hierba.
Status: Nativa.
Elevación: 4000-4800 m.
Prov.: CA, JU, SA,TU.
Paises limítrofes: BO, CH.
Ejemplar examinado: *Cabrera et al. 19796* (LP).

Werneria incisa Phil. = **Xenophyllum incisum** (Phil.) V.A. Funk var. **incisum**

Werneria incisa Phil. var. *pubescens* Rockh. = **Xenophyllum incisum** (Phil.) V.A. Funk var. **pubescens** (Rockh.) V.A. Funk

Werneria lorentziana Hieron. = **Werneria poposa** Phil.
Ref.: Cabrera, 1948b, 1978.

Werneria pinnatifida J. Rémy = **Werneria heteroloba** Wedd. f. **microcephala** Rockh.
Ref.: Cabrera, 1948b.

Werneria poposa Phil. = **Xenophyllum poposum** (Phil.) V.A. Funk
Ref.: Funk, 1997.

Werneria pseudodigitata Rockh. = **Xenophyllum pseudodigitatum** (Rockh.) V.A. Funk
Ref.: Funk, 1997.

Werneria pumila Kunth
Sin.: *Werneria calyculata* Turcz., *Werneria densa* Benth.
Ref.: Rockhausen, 1939.
Hábito: Hierba.
Status: Nativa.
Elevación: ca. 3600 m.
Prov.: SA.
Ejemplar examinado: *Kiesling et al. 273* (SI).

Werneria pygmaea Gillies ex Hook. & Arn.
Sin: *Werneria glaberrima* Phil., *Werneria rhizoma* J. Rémy
Ref.: Cabrera, 1948b, 1971a, 1978.

Hábito: Hierba.
Status: Nativa.
Elevación: 4000-4800 m.
Prov.: JU, LR, ME, NE, SA, SC, SJ, TU.
Paises limítrofes: BO, CH.
Ejemplar examinado: *Cabrera et al. 17589* (LP).

Werneria pygmaea Gillies ex Hook. & Arn. var. *apiculata* (Sch. Bip.) Wedd. = **Werneria apiculata** Sch. Bip.
Ref.: Cabrera, 1948b, 1978.

Werneria rhizoma J. Rémy = **Werneria pygmaea** Gillies ex Hook. & Arn.
Ref.: Cabrera, 1948b, 1978.

Werneria rosenii R.E. Fr. = **Xenophyllum rosenii** (R.E. Fr.) V.A. Funk
Ref.: Funk, 1997.

Werneria spathulata Wedd.
Ref.: Cabrera, 1978.
Hábito: Hierba.
Status: Nativa.
Elevación: 4500-5000 m.
Prov.: JU.
Paises limítrofes: BO, CH.
Ejemplar examinado: *Ruthsatz XXI-69* (LP).

Werneria villosa A. Gray
Sin: *Werneria caulescens* (Wedd.) Griseb.
Ref.: Cabrera, 1948b, 1978.
Hábito: Hierba.
Status: Nativa.
Elevación: 3000-4500 m.
Prov.: JU, SA, TU.
Paises limítrofes: BO.
Ejemplar examinado: *de la Sota 4205* (LP).

Werneria wernerioides (Wedd.) Kuntze = **Senecio breviscapus** DC.
Ref.: Cabrera & Zardini, 1980.

Willougbya cordifolia (L. f.) Kuntze = **Mikania cordifolia** (L. f.) Willd.
Ref.: Holmes, 1993.

Willougbya phyllopoda Griseb. = **Mikania urticifolia** Hook. & Arn.
Ref.: Cabrera & Vittet, 1954.

Willougbya saltensis (Hieron.) Kuntze = **Mikania saltensis** Hieron.
Ref.: Cabrera & Vittet, 1954.

Wollastonia prostrata DC. = **Eclipta elliptica** DC.
Ref.: Sáenz, inéd.c.

Wulffia baccata (L.f.) Kuntze = **Tilesia baccata** (L.f.) Pruski
Ref.: Pruski, 1996.

Wulffia debile Cabrera = **Hymenostephium debile** (Cabrera) Cabrera
Ref.: Cabrera, 1978; Sáenz, inéd.c.

Wulffia platyglossa DC. = **Tilesia baccata** (L.f.) Pruski
Ref.: Sáenz, inéd.a.

Wulffia stenoglossa DC. = **Tilesia baccata** (L.f.) Pruski
Ref.: Sáenz, inéd.a.

Xanthium L. Heliantheae.

Número de especies: 5

Xanthium ambrosioides Hook. & Arn.
Ref.: Cabrera, 1959a, 1963a, 1971a.
Hábito: Hierba.
Status: Nativa.
Elevación: 0-1000 m.
Prov.: BA, CA, CO, LP, ME, NE, RN, SL.
Ejemplar examinado: *Spegazzini s.n.* (LP).

Xanthium australe Millsp. & Sherff = **Xanthium cavanillesii** Schouw
Ref.: Cabrera, 1974a.

Xanthium catharticum Kunth
Ref.: Cabrera, 1971a, 1978.
Hábito: Hierba.
Status: Nativa.
Elevación: 500-2500 m.
Prov.: CA, CHU, JU, NE, RN, SC.
Paises limítrofes: CH.
Ejemplar examinado: *Burkart 6403* (BA).

Xanthium cavanillesii Schouw
Sin.: *Xanthium australe* Millsp. & Sherff, *Xanthium strumarium* L. subsp. *cavanillesii* (Schouw) D. Löve & Dans.
Ref.: Cabrera, 1971a, 1974a, 1978; Cabrera & Zardini, 1978.
Hábito: Hierba.
Status: Nativa.
Elevación: 0-2000 m.
Prov.: BA, CA, CH, CO, COR, ER, LP, ME, MI, RN, SA, SF, SJ.
Paises limítrofes: BR, PA, UR.
Ejemplar examinado: *Cabrera 175* (LP).

Xanthium saccharatum Wallr.
Ref.: Cabrera, 1963a, 1974a; Cabrera & Zardini, 1978.
Hábito: Hierba.
Status: Nativa.
Elevación: 0-1000 m.
Prov.: BA, ER.
Paises limítrofes: BR, UR.
Ejemplar examinado: *Parodi 7223* (LP).

Xanthium spinosum L. var. **pseudoinerme** Widder
Ref.: Cabrera, 1963a.
Hábito: Hierba.
Status: Introducida.
Elevación: 0-500 m.
Prov.: DF.
Ejemplar examinado: *Parodi 8535* (LP).

Xanthium spinosum L. var. **spinosum**
Sin.: *Acanthoxanthium spinosum* (L.) E. Fourn.
Ref.: Cabrera, 1963a, 1971a, 1974a, 1978.
Hábito: Hierba.
Status: Nativa.
Elevación: 0-2500 m.
Prov.: BA, CA, CH, CHU, ÇO, COR, ER, JU, LP, LR, ME, NE, RN, SA, SC, SE, SF, SJ, SL.
Paises limítrofes: BR, CH, PA, UR.
Ejemplar examinado: *Cabrera 173* (LP).

Xanthium strumarium L. subsp. *cavanillesii* (Schouw) D. Löve & Dans. = **Xanthium cavanillesii** Schouw

Xenophyllum V.A. Funk. Senecioneae.
Número de especies: 4

Xenophyllum incisum (Phil.) V.A. Funk var. **incisum**
Sin.: *Werneria incisa* Phil.
Ref.: Funk, 1997.
Hábito: Subarbusto.
Status: Nativa.
Elevación: 4300-4400 m.
Prov.: JU, SA.
Paises limítrofes: CH.
Ejemplar examinado: *Cabrera 8398* (LP).

Xenophyllum incisum (Phil.) V.A. Funk var. **pubescens** (Rockh.) Cabrera & S.E. Freire
Sin.: *Werneria incisa* Phil. var. *pubescens* Rockh.
Hábito: Subarbusto.
Status: Nativa.
Elevación: 4000-5000 m
Prov.: LR, SA.
Paises limítrofes: CH.
Ejemplar examinado: *Rodríguez 1382* (LP).
Nota: Véase nueva combinación en Apéndice 1.

Xenophyllum poposum (Phil.) V.A. Funk
Sin: *Werneria lorentziana* Hieron., *Werneria poposa* Phil.
Ref.: Funk, 1997.
Hábito: Subarbusto.
Status: Nativa.
Elevación: 4600-5300 m.
Prov.: JU, SA, TU.
Paises limítrofes: BO, CH.
Ejemplar examinado: *Cabrera 8370* (LP).

Xenophyllum pseudodigitatum (Rockh.) V.A. Funk
Sin.: *Werneria digitata* auct. non Wedd., *Werneria pseudodigitata* Rockh.
Ref.: Funk, 1997.
Hábito: Subarbusto.
Status: Nativa.
Elevación: 4200-5000 m.
Prov.: JU, SA.
Paises limítrofes: CH.
Ejemplar examinado: *Cabrera 9256* (LP).

Xenophyllum rosenii (R.E. Fr.) V.A. Funk
Sin.: *Werneria rosenii* R.E. Fr.
Ref.: Funk, 1997.
Hábito: Subarbusto.
Status: Nativa.
Elevación: ca. 5200 m.
Prov.: JU.
Paises limítrofes: BO.
Ejemplar examinado: *Fries 862* (CORD).

Xeranthemum cespitosum Du Petit-Thouars = **Chevreulia sarmentosa** (Pers.) Blake
Ref.: Cabrera, 1971a, 1978.

Ximenesia encelioides Cav. = **Verbesina encelioides** (Cav.) Benth. & Hook. f.
Ref.: Cabrera, 1978.

Ximenesia microptera DC. = **Verbesina encelioides** (Cav.) Benth. & Hook. f.
Ref.: Cabrera, 1978.

Zexmenia La Llave & Lex. Heliantheae.
Número de especies: 2, 1 especie endémica.

Zexmenia apensis (Chodat) Hassl. = **Angelphytum apensis** (Chodat) A.A. Sáenz
Ref.: Sáenz, inéd.d.

Zexmenia arnottii (Baker) Hassl. = **Angelphytum arnottii** (Baker) H. Rob.
Ref.: Robinson, 1984.

Zexmenia aspilioides (Griseb.) Hassl. = **Angelphytum aspilioides** (Griseb.) H. Rob.
Ref.: Robinson, 1984.

Zexmenia brachylepis (Griseb.) Cabrera
Sin.: *Wedelia brachylepis* Griseb.
Ref.: Cabrera, 1978.
Hábito: Hierba.
Status: Nativa.
Elevación: 0-1500 m.
Prov.: CH, FO, JU, SA, SE, TU.
Paises limítrofes: BO, PA.
Ejemplar examinado: *Sáenz 1558* (LP, SI).

Zexmenia buphtalmiflora (Lorentz) Ariza
Sin.: *Wedelia buphtalmiflora* Lorentz
Ref.: Ariza Espinar, 1982; Sáenz & Novara, inéd.
Hábito: Hierba.
Status: Endémica.
Prov.: BA, CO, LP, LR, SA, SL, SJ, TU.
Ejemplar examinado: *Kiesling 3060* (SI).

Zexmenia grisebachii (Baker) Hassl. = **Angelphytum grisebachii** (Baker) H. Rob.
Ref.: Robinson, 1984.

Zexmenia hieronymi Hassl. = **Angelphytum hieronymi** (Hassl.) H. Rob.
Ref.: Robinson, 1984.

Zexmenia oppositifolia A.A. Sáenz = **Angelphytum oppositifolium** (A.A. Sáenz) H. Rob.
Ref.: Robinson, 1984.

Zexmenia tenuifolia Hassl. = **Angelphytum tenuifolium** (Hassl.) H. Rob.
Ref.: Robinson, 1984.

Zinnia L. Heliantheae.

Número de especies: 1

Zinnia hybrida Herter = **Zinnia peruviana** (L.) L.
Ref.: Torres, 1963; Cabrera, 1978.

Zinnia intermedia Engelm. = **Zinnia peruviana** (L.) L.
Ref.: Torres, 1963; Cabrera, 1978.

Zinnia leptopoda DC. = **Zinnia peruviana** (L.) L.
Ref.: Torres, 1963; Cabrera, 1978.

Zinnia multiflora L. = **Zinnia peruviana** (L.) L.
Ref.: Torres, 1963, Cabrera, 1978.

Zinnia pauciflora L. = **Zinnia peruviana** (L.) L.
Ref.: Torres, 1963; Cabrera, 1978.

Zinnia peruviana (L.) L.
Sin.: *Chrysogonum peruvianum* L., *Zinnia hybrida* Herter, *Zinnia intermedia* Engelm., *Zinnia leptopoda* DC., *Zinnia multiflora* L., *Zinnia pauciflora* L., *Zinnia revoluta* Cav., *Zinnia tenuiflora* Jacq., *Zinnia verticillata* Andr.
Ref.: Torres, 1963; Cabrera, 1978.
Hábito: Hierba.
Status: Nativa.
Elevación: 0-3000 m.
Prov.: CA, CH, CO, FO, JU, ME, SA, SE, SJ, SL, TU.
Paises limítrofes: BO, PA.
Ejemplar examinado: *Fabris et al. 5476* (LP).

Zinnia revoluta Cav. = **Zinnia peruviana** (L.) L.
Ref.: Torres, 1963; Cabrera, 1978.

Zinnia tenuiflora Jacq. = **Zinnia peruviana** (L.) L.
Ref.: Torres, 1963; Cabrera, 1978.

Zinnia verticillata Andr. = **Zinnia peruviana** (L.) L.

Zollikoferia elquiensis Phil. = **Malacothrix coulteri** A. Gray
Ref.: Cabrera, 1971.Ref.: Torres, 1963; Cabrera, 1978.

Zycona oppositifolia Kuntze = **Schistocarpha eupatorioides** (Fenzl) Kuntze
Ref.: Robinson, 1979.

ATHEROSPERMATACEAE

1 género, 1 especie.

por J. B. Martínez Laborde

Atherosperma sempervirens (Ruiz & Pav.) Baill. = [Laurelia sempervirens (Ruiz & Pav.) Tul.]
Ref.: Martínez Laborde, 1983a.

Laurelia aromatica Juss. = [Laurelia sempervirens (Ruiz & Pav.) Tul.]
Ref.: Martínez Laborde, 1983a.

Laurelia philippiana Looser = **Laureliopsis philippiana** (Looser) Schodde
Ref.: Martínez Laborde, 1983b; Schodde, 1983.

[Laurelia sempervirens (Ruiz & Pav.) Tul.]
Sin.: *Atherosperma sempervirens* (Ruiz & Pav.) Baill., *Laurelia aromatica* Juss., *Laurelia serrata* Bertero, *Pavonia sempervirens* Ruiz & Pav., *Theyga chilensis* Molina, *Thiga chilensis* Molina
Ref.: Martínez Laborde, 1983a.
Nota: Cita dudosa para la flora argentina.

Laurelia serrata Bertero = [Laurelia sempervirens (Ruiz & Pav.) Tul.]
Ref.: Martínez Laborde, 1983a.

Laurelia serrata Phil., hom. illeg. = **Laureliopsis philippiana** (Looser) Schodde
Ref.: Martínez Laborde, 1983b; Schodde, 1983.

Laureliopsis Shodde

Número de especies: 1

Laureliopsis philippiana (Looser) Schodde
Sin.: *Laurelia philippiana* Looser, *Laurelia serrata* Phil., hom. illeg.
Ref.: Martínez Laborde, 1983b; Schodde, 1983.
Hábito: Árbol.
Status: Nativa.
Elevación: 0–1000 m.
Prov.: CHU, NE, RN.
Países limítrofes: CH.
Ejemplar examinado: *Diem 102* (LP).

Pavonia sempervirens Ruiz & Pav. = [Laurelia sempervirens (Ruiz & Pav.) Tul.]
Ref.: Martínez Laborde, 1983.

Theyga chilensis Molina = [Laurelia sempervirens (Ruiz & Pav.) Tul.]
Ref.: Martínez Laborde, 1983.

Thiga chilensis Molina = [Laurelia sempervirens (Ruiz & Pav.) Tul.]
Ref.: Martínez Laborde, 1983.

BALANOPHORACEAE

2 géneros, 3 especies.

por C. C. Xifreda

Juelia lilloana Sleumer = **Ombrophytum subterraneum** (Aspl.) B. Hansen
Ref.: Hansen, 1980.

Juelia meyeri Sleumer = **Ombrophytum subterraneum** (Aspl.) B. Hansen
Ref.: Sleumer, 1954a; Hansen, 1980.

Juelia subterranea Aspl. = **Ombrophytum subterraneum** (Aspl.) B. Hansen
Ref.: Hansen, 1980.

Lophophytum Schott & Endl.

Número de especies: 2

Lophophytum bolivianum Wedd. = **Lophophytum mirabile** Schott & Endl. subsp. **bolivianum** (Wedd.) B.F. Hansen
Ref.: Hansen, 1980.

Lophophytum leandri Eichler
Sin.: *Lophophytum mirabile* auct. non Schott & Endl.,
Ref.: Burkart, 1949a; Fraga de Almeida Falçao, 1975; Hansen, 1980; Fontana, 1998.
Hábito: Parásita.
Status: Nativa.
Elevación: 0-500 m.
Prov.: CH, MI.
Paises limítrofes: BR, PA.
Ejemplar examinado: *Grondona y Spegazzini 1709* (SI).

Lophophytum mirabile auct. non Schott & Endl. = **Lophophytum leandri** Eichler
Ref.: Fraga de Almeida Falçao, 1975.

Lophophytum mirabile Schott & Endl. subsp. **bolivianum** (Wedd.) B.F. Hansen
Sin.: *Lophophytum bolivianum* Wedd.
Ref.: Burkart, 1949a; Sleumer, 1954a; Hansen, 1980.
Hábito: Parásita.
Status: Nativa.
Elevación: 0-1000 m.
Prov.: JU, SA.
Paises limítrofes: BO, BR, PA.
Ejemplar examinado: *Krapovickas 1687* (SI).

Ombrophytum Poepp. ex Endl.

Número de especies: 1

Ombrophytum peruvianum auct. non Poepp. & Endl. = **Ombrophytum subterraneum** (Aspl.) B. Hansen
Ref.: Hansen, 1980.

Ombrophytum subterraneum (Aspl.) B. Hansen
Sin.: *Juelia lilloana* Sleumer, *Juelia meyeri* Sleumer, *Juelia subterranea* Aspl., *Ombrophytum peruvianum* auct. non Poepp. & Endl.
Ref.: Sleumer, 1954a; Hansen, 1980.
Hábito: Parásita.
Status: Nativa.
Elevación: 500-4000 m.
Prov.: CA, JU, SA, TU.
Paises limítrofes: BO, CH.
Ejemplar examinado: *Cabezas s.n.* (SI 20341).

BASELLACEAE

2 géneros, 4 especies.

por C. C. Xifreda

Anredera Juss.

Número de especies: 3

Anredera cordifolia (Ten.) Steenis subsp. **cordifolia**
Sin.: *Boussingaultia cordifolia* Ten., *Boussingaultia gracilis* Miers f. *pseudobaselloides* Hauman, *Boussingaultia gracilis* Miers var. *pseudobaselloides* (Hauman) L.H. Bailey
Ref.: Steenis, 1957.
Hábito: Enredadera.
Status: Nativa.
Elevación: 0-2000 m.
Prov.: BA, CA, CH, CO, COR, DF, ER, FO, JU, MI, SA, SE, SF, SL, TU.
Paises limítrofes: BO, BR, PA, UR.
Ejemplar examinado: *Giardelli 353* (SI).

Anredera cordifolia (Ten.) Steenis subsp. **gracilis** (Miers) Xifreda & Argimón
Sin.: *Boussingaultia gracilis* Miers
Ref.: Miers, 1864.
Hábito: Enredadera.
Status: Nativa.
Elevación: 0-3000 m.
Prov.: BA, CH,, CO, COR, DF, ER, FO, JU, MI, SA, SE, SF, TU.
Paises limítrofes: BO, BR, PA, UR.
Ejemplar examinado: *Zuloaga et al. 695* (SI).
Nota: Véase nueva combinación en Apéndice 1.

Anredera krapovickasii (Villa) Sperling
Sin.: *Boussingaultia krapovickasii* Villa
Ref.: Villa Carenzo, 1966; Sperling, 1995.
Hábito: Enredadera.
Status: Nativa.
Elevación: 0-2000 m.
Prov.: JU, SA.
Paises limítrofes: BO.
Ejemplar examinado: *Cabrera et al. 32726* (SI).

Anredera tucumanensis (Lillo & Hauman) Sperling
Sin.: *Boussingaultia tucumanensis* Lillo & Hauman, *Boussingaultia tucumanensis* Lillo & Hauman var. *brasiliensis* Hauman
Ref.: Hauman, 1925b; Sperling, 1995.
Hábito: Enredadera.
Status: Nativa.
Elevación: 0-3500 m.
Prov.: TU.
Paises limítrofes: BO, BR.
Ejemplar examinado: *Venturi 2962* (SI).

Boussingaultia cordifolia Ten. = **Anredera cordifolia** (Ten.) Steenis subsp. **cordifolia**
Ref.: Steenis, 1957.

Boussingaultia gracilis Miers = **Anredera cordifolia** (Ten.) Steenis subsp. **gracilis** (Miers) Xifreda & Argimón

Boussingaultia gracilis Miers f. *pseudobaselloides* Hauman = **Anredera cordifolia** (Ten.) Steenis subsp. **cordifolia**

Boussingaultia gracilis Miers var. *pseudobaselloides* (Hauman) L.H. Bailey = **Anredera cordifolia** (Ten.) Steenis subsp. **cordifolia**

Boussingaultia krapovickasii Villa = **Anredera krapovickasii** (Villa) Sperling
Ref.: Sperling, 1995.

Boussingaultia tucumanensis Lillo & Hauman = **Anredera tucumanensis** (Lillo & Hauman) Sperling
Ref.: Sperling, 1995.

Boussingaultia tucumanensis Lillo & Hauman var. *brasiliensis* Hauman = **Anredera tucumanensis** (Lillo & Hauman) Sperling

Ullucus Caldas

Número de especies: 1

Ullucus aborigineus Brücher = **Ullucus tuberosus** Caldas subsp. **aborigineus** (Brücher) Sperling ex Brako

Ullucus tuberosus Caldas subsp. **aborigineus** (Brücher) Sperling ex Brako
Sin.: *Ullucus aborigineus* Brücher, *Ullucus tuberosus* Caldas f. *rubiflorus* Kuntze
Ref.: Sperling, 1987; Brako, 1993a.
Hábito: Enredadera.
Status: Nativa.
Elevación: 2500-4000 m.
Prov.: JU.
Paises limítrofes: BO.
Ejemplar examinado: *Brücher 3015* (holotipo, VEN).

Ullucus tuberosus Caldas f. *rubiflorus* Kuntze = **Ullucus tuberosus** Caldas subsp. **aborigineus** (Brücher) Sperling ex Brako

BEGONIACEAE

1 género, 16 especies; 5 especies endémicas.

Begonia L.

Número de especies: 16, 5 especies endémicas.

Begonia agrial Rojas Acosta = **Begonia cucullata** Willd. var. **spatulata** (Lodd.) Golding
Ref.: Golding, 1982.

Begonia argentinensis Speg. = **Begonia boliviensis** A. DC. var. **boliviensis**
Ref.: Smith & Schubert, 1941; Smith et al.,1986.

Begonia balansae C. DC.
Ref.: Molfino, 1923b; Smith et al., 1986.
Hábito: Hierba.
Status: Nativa.
Elevación: 0–500 m.
Prov.: MI.
Paises limítrofes: BO, PA.
Ejemplar examinado: *Jörgensen 3474* (LP, SI).

Begonia boliviensis A. DC. var. **boliviensis**
Sin.: *Begonia argentinensis* Speg.
Ref.: Smith & Schubert, 1941.
Hábito: Hierba.
Status: Nativa.
Elevación: 0–2000 m.
Prov.: JU, SA, TU.
Paises limítrofes: BO.
Ejemplar examinado: *Cabrera 7883* (LP).

Begonia boliviensis var. **latipetala** Irmsch.
Ref.: Irmscher, 1949; Smith et al., 1986.
Hábito: Hierba.
Status: Endémica.
Elevación: 2500–3000 m.
Prov.: JU.
Ejemplar citado: *Venturi 10053** (holotipo, US).

Begonia boliviensis var. **volcanensis** L.B. Sm. & B.G. Schub.
Ref.: Smith & Schubert, 1941; Smith et al., 1986.
Hábito: Hierba.
Status: Endémica.
Elevación: 2000–2500 m.
Prov.: JU.
Ejemplar examinado: *Venturi 4950* (SI).

Begonia brasiliensis Klotzsch = **Begonia fischeri** Schrank
Ref.: Smith et al., 1986; Smith & Wasshausen, 1984.

Begonia coriacea A. DC., hom. illeg. = **Begonia tominana** Golding
Ref.: Smith et al., 1986.

Begonia cucullata var. **arenosicola** (C. DC.) L.B. Sm. & B.G. Schub.
Sin.: *Begonia subcucullata* C. DC., *Begonia subcucullata* var. *arenosicola* C. DC.
Ref.: Smith & Schubert, 1941; Golding, 1982.
Hábito: Hierba.
Status: Nativa.
Elevación: 0–2500 m.
Prov.: CH, FO, JU, MI, SA, SF, TU.
Paises limítrofes: BR, PA.
Ejemplar examinado: *Venturi 7866* (SI).

[Begonia cucullata Willd. var. cucullata]
Sin.: *Begonia cucullata* var. *hookeri* (A. DC.) L.B. Sm. & B.G. Schub., *Begonia paludicola* C. DC.
Ref.: Golding, 1982.
Nota: Especie excluida de la flora argentina.

Begonia cucullata var. *hookeri* (A. DC.) L.B. Sm. & B.G. Schub. = [Begonia cucullata Willd. var. cucullata]
Ref.: Golding, 1982.

Begonia cucullata Willd. var. **spatulata** (Lodd.) Golding
Sin.: *Begonia agrial* Rojas Acosta, *Begonia spatulata* Lodd.
Ref.: Golding, 1982.
Hábito: Hierba.
Status: Nativa.
Elevación: 0–1000 m.
Prov.: BA, CH, COR, ER, JU, MI.
Paises limítrofes: BR, PA, UR.
Ejemplar examinado: *Krapovickas 1681* (SI).

Begonia descoleana L.B. Sm. & B.G. Schub.
Ref.: Smith & Schubert, 1950.
Hábito: Hierba.
Status: Endémica.
Elevación: 0–500 m.
Prov.: MI.
Ejemplar examinado: *Osten y Rojas 8300* (LIL).

Begonia fiebrigii C. DC.
Ref.: Molfino, 1923b; Smith et al., 1986.
Hábito: Hierba.
Status: Nativa.
Elevación: 0–500 m.
Prov.: MI.
Paises limítrofes: PA.
Ejemplar examinado: *Fiebrig 6313* (SI).

Begonia fischeri Schrank
Sin.: *Begonia brasiliensis* Klotzsch
Ref.: Smith & Schubert, 1941; Smith et al., 1986.
Hábito: Hierba.
Status: Nativa.
Elevación: 0–500 m.
Prov.: MI.
Paises limítrofes: BO, BR.
Ejemplar examinado: *Spegazzini s.n.* (SI).

Begonia fruticosa A. DC.
Ref.: Smith & Schubert, 1941; Smith et al., 1986.
Hábito: Hierba.
Status: Nativa.
Elevación: 0–500 m.
Prov.: MI.
Paises limítrofes: BR.
Ejemplar examinado: *Eskuche 430* (SI).

Begonia hassleri C. DC.
Ref.: Smith & Schubert, 1941.
Hábito: Hierba.
Status: Endémica.
Elevación: 0–500 m.
Prov.: MI.
Ejemplar citado: *Quiroga s.n.* *.

Begonia hieronymi Lindau = **Begonia micranthera** var. **hieronymi** (Lindau) L.B. Sm. & B.G. Schub.
Ref.: Smith & Schubert, 1941.

Begonia hieronymi var. *rhacophylla* Irmsch. = **Begonia micranthera** var. **rhacophylla** (Irmsch.) L.B. Sm. & Wassh.
Ref.: Smith & Wasshausen, 1984.

Begonia leptotricha C. DC. = [Begonia subvillosa var. leptotricha (C. DC.) L.B. Sm. & Wassh.]
Ref.: Smith & Wasshausen, 1983.

Begonia maculata Raddi
Ref.: Smith & Schubert, 1941; Smith et al., 1986.
Hábito: Hierba.
Status: Nativa.
Elevación: 0–500 m.
Prov.: MI.
Paises limítrofes: BR.
Ejemplar examinado: *Gerling s.n.* (SI).

Begonia micranthera var. **fimbriata** L.B. Sm. & B.G. Schub.
Ref.: Smith & Schubert, 1941; Smith et al., 1986.
Hábito: Hierba.
Status: Nativa.
Elevación: 500–1000 m.
Prov.: SA.
Paises limítrofes: BO.
Ejemplar examinado: *Schreiter 10886* (LIL).

Begonia micranthera var. **foliosa** L.B. Sm. & B.G. Schub.
Ref.: Smith & Schubert, 1941; Smith et al., 1986.
Hábito: Hierba.
Status: Nativa.
Prov.: CA, JU, SA, TU.
Paises limítrofes: BO.
Ejemplar examinado: *Burkart y Troncoso s.n.* (SI 11165).

Begonia micranthera var. **hieronymi** (Lindau) L.B. Sm. & B.G. Schub.
Sin.: *Begonia hieronymi* Lindau
Ref.: Smith & Schubert, 1941; Smith et al., 1986.
Hábito: Hierba.
Status: Endémica.
Elevación: 1500–3000 m.
Prov.: JU, TU.
Ejemplar examinado: *Burkart y Troncoso s.n.* (SI 11483).

Begonia micranthera Griseb. var. **micranthera**
Sin.: *Begonia micranthera* Griseb. var. *typica* L.B. Sm. & B.G. Schub., nom. inval.
Ref.: Smith & Schubert, 1941.
Hábito: Hierba.
Status: Nativa.
Elevación: 500–1500 m.
Prov.: CA, SA, TU.
Paises limítrofes: BO.
Ejemplar examinado: *Venturi 1076* (LP).

Begonia micranthera var. **nana** L.B. Sm. & B.G. Schub.
Ref.: Smith & Schubert, 1941; Smith et al., 1986.
Hábito: Hierba.
Status: Endémica.
Elevación: 1500–3500 m.
Prov.: JU, SA, TU.
Ejemplar examinado: *Schreiter 2595* (isotipo, LIL).

Begonia micranthera var. **rhacophylla** (Irmsch.) L.B. Sm. & Wassh.
Sin.: *Begonia hieronymi* var. *rhacophylla* Irmsch.
Ref.: Irmscher, 1949; Smith & Wasshausen, 1984; Smith et al., 1986.
Hábito: Hierba.
Status: Endémica.
Elevación: 1500–2500 m.
Prov.: JU.
Ejemplar examinado: *Venturi 4948b* (holotipo, US).

Begonia micranthera var. *typica* L.B. Sm. & B.G. Schub., nom. inval. = **Begonia micranthera** Griseb. var. **micranthera**

Begonia micranthera var. **venturii** L.B. Sm. & B.G. Schub.
Ref.: Smith & Schubert, 1941; Smith et al., 1986.
Hábito: Hierba.
Status: Nativa.
Elevación: 1500–2500 m.
Prov.: JU, TU.
Paises limítrofes: BO.
Ejemplar examinado: *Burkart y Troncoso s.n.* (SI).

[Begonia octopetala L'Hér.]
Ref.: Smith et al. ,1986; Smith & Schubert, 1941.
Nota: Citada erróneamente para la flora argentina, sobre la base de material no perteneciente a esta especie.

Begonia paludicola C. DC. = [Begonia cucullata Willd. var. cucullata]
Ref.: Golding, 1982; Smith et al., 1986.

Begonia parodiana L.B. Sm. & B.G. Schub.
Ref.: Smith & Schubert, 1941.
Hábito: Hierba.
Status: Endémica.
Prov.: SA.
Ejemplar examinado: *Eyerdam y Beetle 22726* (holotipo, GH).

[Begonia per-dusenii Brade]
Sin.: *Begonia schubertiana* Irmsch.
Ref.: Smith et al., 1986.
Nota: Especie excluida de la flora argentina.

Begonia rubricaulis Hook. var. **rubricaulis**
Sin.: *Huszia rubricaulis* (Hook.) Klotzsch
Ref.: Smith & Schubert, 1941; Smith et al., 1986.
Hábito: Hierba.
Status: Nativa.
Elevación: 500–2500 m.
Prov.: JU, TU.
Ejemplar examinado: *Venturi 2996* (SI).

Begonia rubricaulis var. **volcanensis** L.B. Sm. & B.G. Schub.
Ref.: Smith & Schubert, 1941; Smith et al., 1986.
Hábito: Hierba.
Status: Endémica.
Elevación: 2000–2500 m.
Prov.: JU.
Ejemplar examinado: *Castillón 9246* (isotipo, LIL).

Begonia schubertiana Irmsch. = [Begonia per-dusenii Brade]
Ref.: Smith et al., 1986.

Begonia sleumeri L.B. Sm. & B.G. Schub.
Ref.: Smith & Schubert, 1955; Smith et al., 1986.
Hábito: Hierba.
Status: Endémica.
Elevación: 3000–3500 m.
Prov.: JU.
Ejemplar examinado: *Sleumer 3189* (holotipo, US).

Begonia spatulata Lodd. = **Begonia cucullata** Willd. var. **spatulata** (Lodd.) Golding
Ref.: Golding, 1982.

Begonia subcucullata C. DC. = **Begonia cucullata** var. **arenosicola** (C. DC.) L.B. Sm. & B.G. Schub.
Ref.: Smith & Schubert, 1941.

Begonia subcucullata var. *arenosicola* C. DC. = **Begonia cucullata** var. **arenosicola** (C. DC.) L.B. Sm. & B.G. Schub.
Ref.: Smith & Schubert, 1941.

Begonia subvillosa Klotzsch
Ref.: Smith & Schubert, 1941; Lindau, 1894.
Hábito: Hierba.
Status: Nativa.
Elevación: 0–500 m.
Prov.: MI.
Paises limítrofes: BR, PA.
Ejemplar examinado: *Llamas s.n.* (SI).

[Begonia subvillosa var. leptotricha (C. DC.) L.B. Sm. & Wassh.]
Sin.: *Begonia leptotricha* C. DC.
Ref.: Smith & Wasshausen, 1983; Smith et al., 1986.
Nota: Especie excluida de la flora argentina.

Begonia tafiensis Lillo
Ref.: Descole et al. 1939a; Smith & Schubert, 1941.
Hábito: Hierba.
Status: Endémica.
Elevación: 3000–4000 m.
Prov.: CA, TU.
Ejemplar examinado: *Gómez Sosa y Múlgura 242* (SI).

Begonia tominana Golding
Sin.: *Begonia coriacea* A. DC., hom. illeg.
Ref.: Golding, 1981; Smith et al., 1986.
Hábito: Hierba.
Status: Nativa.
Prov.: TU.
Paises limítrofes: BO.
Ejemplar citado: *Weddell s.n.* *

Huszia rubricaulis (Hook.) Klotzsch = **Begonia rubricaulis** Hook. var. **rubricaulis**
Ref.: Smith et al., 1986.

BERBERIDACEAE

1 género, 26 especies; 10 especies endémicas.

Berberis L.

Número de especies: 26 especies, 10 especies endémicas.

Berberis actinacantha var. *grevilleana* (Gillies ex Hook. & Arn.) C.K. Schneid. = **Berberis grevilleana** Gilles ex Hook. & Arn.
Ref.: Orsi, 1976.

Berberis andeana Job
Ref.: Job, 1953; Orsi, 1976.
Hábito: Árbol.
Status: Endémica.
Elevación: 1500–2500 m.
Prov.: CA, SA, TU.
Ejemplar examinado: *Venturi 4651* (holotipo, LIL; isotipos, LP, SI).

Berberis antucoana C.K. Schneid. = **Berberis buxifolia** var. **antucoana** (C.K. Schneid.) Orsi
Ref.: Orsi, 1984.

Berberis argentinensis Hosseus
Sin.: *Berberis pseudo-spinulosa* W.D. Francis, *Berberis trollii* Diels
Ref.: Hunziker, 1967b; Orsi, 1976.
Hábito: Arbusto.
Status: Nativa.
Elevación: 1000–3500 m.
Prov.: CA, CO, JU, LR, SA, TU.
Paises limítrofes: BO.
Ejemplar examinado: *Cabrera y Kiesling 20161* (LP).

Berberis barilochensis Job = **Berberis buxifolia** var. **antucoana** (C.K. Schneid.) Orsi
Ref.: Orsi, 1984.

Berberis bidentata Lechler
Sin.: *Berberis lologensis* Sandwith
Ref.: Orsi, 1976, 1984.
Hábito: Arbusto.
Status: Nativa.
Elevación: 1000–1500 m.
Prov.: NE, RN.
Paises limítrofes: CH.
Ejemplar examinado: *Orsi 22* (LP).

Berberis buxifolia var. *antarctica* C.K. Schneid. = **Berberis microphylla** G. Forst.
Ref.: Orsi, 1976.

Berberis buxifolia var. **antucoana** (C.K. Schneid.) Orsi
Sin.: *Berberis antucoana* C.K. Schneid., *Berberis barilochensis* Job
Ref.: Orsi, 1984.
Hábito: Arbusto.
Status: Nativa.
Elevación: 1000–1500 m.
Prov.: CHU, NE, RN.
Paises limítrofes: CH.
Ejemplar examinado: *Cabrera y Job 33* (holotipo de *Berberis barilochensis*, LP).

Berberis buxifolia Lam. var. **buxifolia**
Sin.: *Berberis buxifolia* var. *spinosissima* Reiche, *Berberis buxifolia* var. *typica* C.K. Schneid., nom. inval., *Berberis spinosissima* (Reiche) Ahrendt
Ref.: Orsi, 1976, 1984.
Hábito: Arbusto.
Status: Nativa.
Elevación: 0–1500 m.
Prov.: CHU, NE, RN, SC, TF.
Paises limítrofes: CH.
Ejemplar examinado: *Zardini y Kiesling 27* (LP).

Berberis buxifolia var. *gracilior* Albov = **Berberis microphylla** G. Forst.
Ref.: Orsi, 1976.

Berberis buxifolia var. *microphylla* (G. Forst.) Speg. = **Berberis microphylla** G. Forst.
Ref.: Orsi, 1976.

Berberis buxifolia var. *papillosa* C.K. Schneid. = **Berberis parodii** Job
Ref.: Orsi, 1976.

Berberis buxifolia var. *spinosissima* Reiche = **Berberis buxifolia** Lam. var. **buxifolia** Lam.
Ref.: Orsi, 1976.

Berberis buxifolia var. *typica* C.K. Schneid., nom. inval. = **Berberis buxifolia** Lam. var. **buxifolia** Lam.
Ref.: Orsi, 1976.

Berberis cabrerae Job
Ref.: Orsi, 1976.
Hábito: Arbusto.
Status: Nativa.
Elevación: 1000–2000 m.
Prov.: NE, RN.
Paises limítrofes: CH.
Ejemplar examinado: *Cabrera y Job 325* (holotipo, LP).

Berberis chillanensis (C.K. Schneid.) Sprague ex Bean
Sin.: *Berberis chillanensis* var. *hirsutipes* Sprague, *Berberis coletioides* var. *gracilis* (C.K. Schneid.) Ahrendt, *Berberis montana* var. *chillanensis* C.K. Schneid., *Berberis montana* var. *gracilis* C.K. Schneid.
Ref.: Orsi, 1976, 1984.
Hábito: Arbusto.
Status: Nativa.
Elevación: 1000–2000 m.
Prov.: NE, RN.
Paises limítrofes: CH.
Ejemplar examinado: *Comber 415c* (LP).

Berberis chillanensis var. *hirsutipes* Sprague = **Berberis chillanensis** (C.K. Schneid.) Sprague ex Bean
Ref.: Orsi, 1976.

Berberis coletioides var. *gracilis* (C.K. Schneid.) Ahrendt = **Berberis chillanensis** (C.K. Schneid.) Sprague ex Bean
Ref.: Orsi, 1984.

Berberis comberi Sprague & Sandwith
Ref.: Orsi, 1976, 1984.
Hábito: Arbusto.
Status: Endémica.
Elevación: 500–1500 m.
Prov.: ME, NE.
Ejemplar examinado: *Pérez Moreau s.n.* (ex BA 45117, LP).

Berberis commutata Eichler
Sin.: *Berberis divaricata* Rusby
Ref.: Job, 1953; Ahrendt, 1961; Orsi, 1976.
Hábito: Arbusto.
Status: Nativa.
Elevación: 0–3500 m.
Prov.: JU, SA, TU.
Paises limítrofes: BO, BR, UR.
Ejemplar examinado: *Cabrera et al. 29931* (LP).

Berberis copahuensis Job
Ref.: Job, 1953; Orsi, 1976, 1984.
Hábito: Arbusto.
Status: Endémica.

Elevación: 1500–2500 m.
Prov.: NE.
Ejemplar examinado: *Cabrera 6288* (LP).

Berberis costulata Gand. = **Berberis darwinii** Hook.
Ref.: Job, 1942.

Berberis cuneata DC. = **Berberis heterophylla** Juss. ex Poir.
Ref.: Orsi, 1984.

Berberis darwinii Hook.
Sin.: *Berberis costulata* Gand.
Ref.: Ahrendt, 1961; Job, 1942; Orsi, 1976, 1984.
Hábito: Arbusto.
Status: Nativa.
Elevación: 0–1500 m.
Prov.: CHU, NE, RN, TF.
Paises limítrofes: CH.
Ejemplar examinado: *Burkart 6141* (SI).

[Berberis darwinii Ahrendt]
Ref.: Ahrendt, 1961.
Nota: Taxón dudoso.

Berberis divaricata Rusby = **Berberis commutata** Eichler
Ref.: Orsi, 1976.

Berberis empetrifolia Lam.
Sin.: *Berberis empetrifolia* var. *magellanica* C.K. Schneid., *Berberis empetrifolia* var. *typica* C.K. Schneid., nom. inval.
Ref.: Job, 1942; Ahrendt, 1961; Orsi, 1976, 1984.
Hábito: Subarbusto.
Status: Nativa.
Elevación: 0–3500 m.
Prov.: CA, CHU, LR, ME, NE, RN, SJ, SC, TF.
Paises limítrofes: CH.
Ejemplar examinado: *Cabrera et al. 23106* (LP).

Berberis empetrifolia var. *magellanica* C.K. Schneid. = **Berberis empetrifolia** Lam.
Ref.: Orsi, 1984.

Berberis empetrifolia var. *typica* C.K. Schneid., nom. inval. = **Berberis empetrifolia** Lam.
Ref.: Orsi, 1984.

[Berberis flexuosa Ruiz & Pav.]
Nota: Citada erróneamente para la flora argentina, sobre la base de material no perteneciente a esta especie.

Berberis grevilleana Gillies ex Hook. & Arn.
Sin.: *Berberis actinacantha* var. *grevilleana* (Gillies ex Hook. & Arn.) C.K. Schneid.
Ref.: Orsi, 1976, 1984.
Hábito: Arbusto.
Status: Nativa.
Elevación: 1500–3000 m.
Prov.: CO, ME, SJ.
Paises limítrofes: CH.
Ejemplar examinado: *Guaglianone et al. 1553* (LP, SI).

Berberis grisebachii Lechler = **Berberis linearifolia** Phil.
Ref.: Orsi, 1976.

Berberis heterophylla Juss. ex Poir.
Sin.: *Berberis cuneata* DC., *Berberis morenonis* Kuntze
Ref.: Ahrendt, 1961; Orsi, 1976, 1984.
Hábito: Arbusto.
Status: Nativa.
Elevación: 0–2000 m.
Prov.: CHU, NE, RN, SC.
Paises limítrofes: CH.
Ejemplar examinado: *Cabrera et al. 23214* (LP).

Berberis hieronymi C.K. Schneid.
Sin.: *Berberis ruscifolia* var. *subintegrifolia* Kurtz
Ref.: Ahrendt, 1961; Orsi, 1976.
Hábito: Arbusto.
Status: Endémica.
Elevación: 1000–2000 m.
Prov.: CO.
Ejemplar examinado: *Dawson 561* (LP).

Berberis ilicifolia L. f.
Sin.: *Berberis lagenaria* Poir.
Ref.: Orsi, 1976, 1984.
Hábito: Arbusto o arbolito.
Status: Nativa.
Elevación: 0–500 m.
Prov.: CHU, SC, TF.
Paises limítrofes: CH.
Ejemplar examinado: *Torres 1114* (LP).

Berberis jobii Orsi
Ref.: Orsi, 1976.
Hábito: Arbusto.
Status: Endémica.
Elevación: 1500–2000 m.
Prov.: JU, SA.
Ejemplar examinado: *Cabrera y Fabris 21126* (holotipo, LP).

Berberis jujuyensis Job
Ref.: Job, 1953; Orsi, 1976.
Hábito: Arbusto.
Status: Endémica.
Elevación: 1000–2000 m.
Prov.: JU.
Ejemplar examinado: *Cabrera 16282* (LP).

Berberis lagenaria Poir. = **Berberis ilicifolia** L. f.
Ref.: Orsi, 1976.

[Berberis laurina Billb.]
Ref.: Rodrigues Mattos, 1967.
Nota: Citada erróneamente para la flora argentina, sobre la base de material no perteneciente a esta especie.

Berberis lilloana Job
Ref.: Job, 1953; Orsi, 1976.
Hábito: Arbusto.
Status: Endémica.
Elevación: 1500–3000 m.
Prov.: CA, JU, SA, TU.
Ejemplar examinado: *Fabris 3590* (LP).

Berberis linearifolia Phil.
Sin.: *Berberis grisebachii* Lechler
Ref.: Orsi, 1976, 1984.

Hábito: Arbusto.
Status: Nativa.
Elevación: 500–1500 m.
Prov.: NE, RN.
Paises limítrofes: CH.
Ejemplar examinado: *Cabrera y Job 207* (LP).

Berberis lologensis Sandwith = **Berberis bidentata** Lechler
Ref.: Orsi, 1976.

Berberis michay Job
Ref.: Job, 1942; Orsi, 1976, 1984.
Hábito: Arbusto.
Status: Endémica.
Elevación: 0–1000 m.
Prov.: CHU, RN, SC.
Ejemplar examinado: *Iter Patagonicum 354* (holotipo, SI).

Berberis microphylla G. Forst.
Sin.: *Berberis buxifolia* var. *antarctica* C.K. Schneid., *Berberis buxifolia* var. *gracilior* Albov, *Berberis buxifolia* var. *microphylla* (G. Forst.) Speg.
Ref.: Ahrendt, 1961; Orsi, 1976, 1984.
Hábito: Arbusto.
Status: Nativa.
Elevación: 0–3000 m.
Prov.: CHU, SC, TF.
Paises limítrofes: CH.
Ejemplar examinado: *Torres 1195* (LP).

Berberis mikuna Job
Ref.: Job, 1953; Orsi, 1976.
Hábito: Árbol.
Status: Endémica.
Elevación: 1500–3000 m.
Prov.: TU.
Ejemplar examinado: *Descole 1404* (holotipo, LIL).

Berberis montana Gay
Sin.: *Berberis montana* var. *typica* C.K. Schneid., nom. inval., *Berberis polypetala* Phil.
Ref.: Ahrendt, 1961; Orsi, 1984.
Hábito: Arbusto.
Status: Nativa.
Elevación: 500–1500 m.
Prov.: NE, RN.
Paises limítrofes: CH.
Ejemplar examinado: *Gentili 875* (LP).

Berberis montana var. *chillanensis* C.K. Schneid. = **Berberis chillanensis** (C.K. Schneid.) Sprague ex Bean
Ref.: Orsi, 1984.

Berberis montana var. *gracilis* C.K. Schneid. = **Berberis chillanensis** (C.K. Schneid.) Sprague ex Bean
Ref.: Orsi, 1984.

Berberis montana var. *typica* C.K. Schneid., nom. inval. = **Berberis montana** Gay
Ref.: Job, 1942.

Berberis morenonis Kuntze = **Berberis heterophylla** Juss. ex Poir.
Ref.: Orsi, 1976.

Berberis negeriana Tischler = **Berberis serrato-dentata** Lechler
Ref.: Orsi, 1976.

Berberis parodii Job
Sin.: *Berberis buxifolia* var. *papillosa* C.K. Schneid.
Ref.: Job, 1941; Orsi, 1976, 1984.
Hábito: Arbusto o árbol.
Status: Endémica.
Elevación: 500–1500 m.
Prov.: CHU, NE, RN.
Ejemplar examinado: *Cabrera y Job 127* (holotipo, LP).

Berberis pearcei Phil. = **Berberis serrato-dentata** Lechler
Ref.: Orsi, 1976.

Berberis polypetala Phil. = **Berberis montana** Gay
Ref.: Job, 1942.

Berberis pseudo-spinulosa W.D. Francis = **Berberis argentinensis** Hosseus
Ref.: Hunziker, 1967b.

Berberis ruscifolia Lam.
Sin.: *Berberis ruscifolia* var. *coriacea* Job
Ref.: Ahrendt, 1961; Orsi, 1976.
Hábito: Arbusto.
Status: Nativa.
Elevación: 0–1000 m.
Prov.: BA, CA, CH, CHU, CO, COR, ER, LP, LR, NE, SE, SF, SL.
Paises limítrofes: UR.
Ejemplar examinado: *Cabrera 2875* (LP).

Berberis ruscifolia var. *coriacea* Job = **Berberis ruscifolia** Lam.
Ref.: Orsi, 1976.

Berberis ruscifolia var. *subintegrifolia* Kurtz = **Berberis hieronymi** C.K. Schneid.
Ref.: Orsi, 1976.

[Berberis sellowiana C.K. Schneid.]
Sin.: *Berberis sellowiana* var. *typica* C.K. Schneid., nom. inval.
Nota: Especie excluida de la flora argentina.

Berberis sellowiana var. *typica* C.K. Schneid., nom. inval. = [Berberis sellowiana C.K. Schneid.]

Berberis serrato-dentata Lechler
Sin.: *Berberis negeriana* Tischler, *Berberis pearcei* Phil.
Ref.: Orsi, 1976, 1984.
Hábito: Arbusto.
Status: Nativa.
Elevación: 500–2000 m.
Prov.: CHU, NE, RN.
Paises limítrofes: CH.
Ejemplar examinado: *Gentili 876* (LP).

Berberis spinosissima (Reiche) Ahrendt = **Berberis buxifolia** Lam. var. **buxifolia** Lam.
Ref.: Orsi, 1976.

[Berberis spinulosa A. St.-Hil.]
Nota: Citada erróneamente para la flora argentina, sobre la base de material no perteneciente a esta especie.

Berberis trollii Diels = **Berberis argentinensis** Hosseus
Ref.: Job, 1953.

BETULACEAE

1 género, 1 especie.

Alnus Mill.

Número de especies: 1

Alnus acuminata Kunth
Sin.: *Alnus acuminata* var. *spachii* Regel, *Alnus ferruginea* var. *aliso* Lorentz & Hieron. ex Winckler, pro syn., nom. nud., *Alnus jorullensis* var. *spachii* (Regel) Winckler
Ref.: Furlow, 1979a; Grau, 1985.
Hábito: Árbol.
Status: Nativa.
Elevación: 1000–3000 m.
Prov.: CA, JU, SA, TU.
Paises limítrofes: BO.
Ejemplar examinado: *Cabrera et al. 32675* (SI).

Alnus acuminata var. *spachii* Regel = **Alnus acuminata** Kunth
Ref.: Furlow, 1979a.

Alnus ferruginea var. *aliso* Lorentz & Hieron. ex Winckler, pro syn., nom. nud. = **Alnus acuminata** Kunth
Ref.: Furlow, 1979a.

[Alnus jorullensis Kunth]
Ref.: Furlow, 1979b.
Nota: Especie excluida de la flora argentina.

Alnus jorullensis var. *spachii* (Regel) Winckler = **Alnus acuminata** Kunth
Ref.: Furlow, 1979a.

BIGNONIACEAE

24 géneros, 57 especies; 1 especie endémica.

por M. M. Arbo

Adenocalymna Mart. ex Meisn.

Número de especies: 2

Adenocalymna friesiana Kraenzl. = **Arrabidaea corallina** (Jacq.) Sandwith
Ref.: Fabris, 1965c.

Adenocalymna marginatum (Cham.) DC.
Sin.: *Bignonia marginata* Cham.
Ref.: Bureau & Schumann, 1896-97; Devoto & Rothkugel, 1942; Fabris, 1965c.
Hábito: Liana.
Status: Nativa.
Elevación: 0-500 m.
Prov.: COR, ER, MI.
Paises limítrofes: BR, PA, UR.
Ejemplar examinado: *Schinini y Fernández 5954* (CTES, LIL, LP, MO, SI).

Adenocalymna paulistarum Bureau & K. Schum.
Ref.: Bureau & Schumann, 1896-97; Fabris, 1965c.
Hábito: Liana.
Status: Nativa.
Elevación: 0-500 m.
Prov.: MI.
Paises limítrofes: BR, PA.
Ejemplar examinado: *Ferrucci et al. 206* (CTES, MO).

Adenocalymna splendens Bureau & K. Schum. = **Mansoa difficilis** (Cham.) Bureau & K. Schum.
Ref.: Fabris, 1965c.

Amphilophium Kunth

Número de especies: 4

[Amphilophium aschersonii Ule]
Ref.: Gentry, 1982.
Nota: Especie excluida de la flora argentina.

Amphilophium macrophyllum Kunth = **Amphilophium paniculatum** (L.) Kunth
Ref.: Fabris, 1993.

Amphilophium mutisii Kunth = **Amphilophium paniculatum** (L.) Kunth
Ref.: Gentry, 1973a.

Amphilophium oxylophium Donn. Sm. = **Amphilophium pannosum** (DC.) Bureau & K. Schum.
Ref.: Gentry, 1973a.

Amphilophium paniculatum (L.) Kunth
Sin.: *Amphilophium macrophyllum* Kunth, *Amphilophium mutisii* Kunth, *Bignonia paniculata* L.
Ref.: Fabris, 1965c; Gentry, 1973a.
Hábito: Liana.
Status: Nativa.
Elevación: 0-500 m.
Prov.: COR, MI.
Paises limítrofes: BO, PA.
Ejemplar examinado: *Ibarrola 4235* (LIL).

Amphilophium paniculatum auct. non (L.) Kunth = **Amphilophium vauthieri** DC.

Amphilophium pannosum (DC.) Bureau & K. Schum.
Sin.: *Amphilophium oxylophium* Donn. Sm., *Bignonia pannosa* DC., *Bignonia pubescens* Pav. ex DC.
Ref.: Fabris, 1965c; Gentry, 1973a.
Hábito: Liana.
Status: Nativa.
Elevación: 0-1500 m.
Prov.: JU, SA.
Paises limítrofes: BO.
Ejemplar examinado: *Fabris 4489* (BAB, LP).

Amphilophium paraguariense Hassl. ex A.G. Schulz = **Amphilophium vauthieri** DC.
Ref.: Schulz, 1939; Devoto & Rothkugel, 1942; Fabris, 1965c.

Amphilophium sandwithii Fabris
Ref.: Fabris, 1965c.
Hábito: Liana.
Status: Nativa.
Elevación: 500-2000 m.
Prov.: JU.
Paises limítrofes: BO.
Ejemplar examinado: *Rotman 919* (LIL, SI).

Amphilophium vauthieri DC.
Sin.: *Amphilophium paniculatum* auct. non (L.) Kunth, *Amphilophium paraguariense* Hassl. ex A.G. Schulz
Ref.: Grisebach, 1879; Spegazzini & Girola, 1911; Fabris, 1965c.
Hábito: Liana.
Status: Nativa.
Elevación: 0-1500 m.
Prov.: CH, FO, JU, MI, SA, TU.
Paises limítrofes: BR, PA.
Ejemplar examinado: *Schulz 1618* (CTES, LIL).

Anemopaegma Mart. ex Meisn.

Número de especies: 1

[Anemopaegma chaimberlaynii Bureau & K. Schum. var. brachybotrys DC.]
Ref.: Bureau & Schumann, 1896-97; Fabris, 1965c.
Nota: Especie excluida de la flora argentina.

Anemopaegma clematideum Griseb. = **Pithecoctenium cynanchoides** DC.
Ref.: Grisebach, 1874; Bureau & Schumann, 1896-97; Fabriś, 1965c.

Anemopaegma flavum Morong
Sin.: *Anemopaegma symmetricum* Rusby
Ref.: Schulz, 1939; Fabris, 1965c.
Hábito: Liana.
Status: Nativa.
Elevación: 0-500 m.
Prov.: CH, COR, FO, SF.
Paises limítrofes: PA.
Ejemplar examinado: *Venturi 187* (BA, BAB, CTES, LIL).

Anemopaegma symmetricum Rusby = **Anemopaegma flavum** Morong
Ref.: Fabris, 1965c.

Argylia D. Don

Número de especies: 3, 1 especie endémica.

Argylia australis Phil. = **Argylia bustillosii** Phil.
Ref.: Gleisner & Ricardi, 1969; Gentry, 1992.

Argylia bustillosii Phil.
Sin.: *Argylia australis* Phil., *Argylia potentillaefolia* DC. var. *australis* (Phil.) Macloskie, comb. superfl., *Argylia potentillaefolia* DC. var. *australis* (Phil.) Speg.
Ref.: Fabris, 1965c; Gleisner & Ricardi, 1969; Gentry, 1992.
Hábito: Subarbusto.
Status: Nativa.
Elevación: 500-2500 m.
Prov.: ME, NE.
Paises limítrofes: CH.
Ejemplar examinado: *Hunziker 7848* (CORD, LP, SI).

Argylia potentillaefolia DC. var. *australis* (Phil.) Macloskie, comb. superfl. = **Argylia bustillosii** Phil.
Ref.: Gleisner & Ricardi, 1969.

Argylia potentillaefolia DC. var. *australis* (Phil.) Speg. = **Argylia bustillosii** Phil.

Argylia robusta Sandwith
Sin.: *Argylia trifoliata* auct. non DC.
Ref.: Fabris, 1965c; Gleisner & Ricardi, 1969; Gentry, 1992.
Hábito: Hierba.
Status: Endémica.
Elevación: 480-1500 m.
Prov.: ME, NE, RN.
Ejemplar examinado: *Boelcke et al. 10422* (BAB, CTES, SI).

Argylia trifoliata DC. = **Argylia uspallatensis** DC.
Ref.: Fabris, 1965c; Gleisner & Ricardi, 1969.

Argylia trifoliata auct. non DC. = **Argylia robusta** Sandwith
Ref.: Fabris, 1965c.

Argylia uspallatensis DC.
Sin.: *Argylia trifoliata* DC., *Tecoma uspallatensis* Mart. ex DC.
Ref.: Fabris, 1965c; Gleisner & Ricardi, 1969; Gentry, 1992.
Hábito: Hierba.
Status: Nativa.
Elevación: 500-4000 m.
Prov.: CA, JU, LR, ME, SA, SJ.
Paises limítrofes: CH.
Ejemplar examinado: *Pedersen 15242* (CTES, SI).

Arrabidaea DC., nom. cons.

Número de especies: 9

Arrabidaea caudigera (S. Moore) A.H. Gentry
Sin.: *Arrabidaea coleocalyx* Bureau & K. Schum., *Arrabidaea coleocalyx* Bureau & K. Schum. var. *induta* Sprague, *Arrabidaea coleocalyx* Bureau & K. Schum. var. *micrantha* Sprague, *Bignonia caudigera* S. Moore
Ref.: Fabris, 1965c; Gentry, 1976.
Hábito: Liana.
Status: Nativa.
Elevación: 0-1000 m.
Prov.: COR, MI.
Paises limítrofes: BR, PA.
Ejemplar examinado: *Maruñak 60* (BAB, C, CTES, LL, LP, MBM, MO, P, UC, WIS).

Arrabidaea chica (Humb. & Bonpl.) Verl.
Sin.: *Arrabidaea chica* (Humb. & Bonpl.) Verl. f. *cuprea* (Cham.) Sandwith, *Arrabidaea chica* (Humb. & Bonpl.) Verl. var. *cuprea* (Cham.) Bureau & K. Schum., *Arrabidaea cuprea* (Cham.) Bornm., hom. illeg., *Bignonia chica* Humb. & Bonpl., *Bignonia cuprea* Cham.
Ref.: Bureau & Schumann, 1896-97; Fabris, 1965c.
Hábito: Liana.
Status: Nativa.
Elevación: 0-1000 m.
Prov.: MI.
Paises limítrofes: BR, PA.
Ejemplar examinado: *Quarín 243* (BAA, CTES, G, LIL, LP).

Arrabidaea chica (Humb. & Bonpl.) Verl. f. *cuprea* (Cham.) Sandwith = **Arrabidaea chica** (Humb. & Bonpl.) Verl.

Arrabidaea chica (Humb. & Bonpl.) Verl. var. *cuprea* (Cham.) Bureau & K. Schum. = **Arrabidaea chica** (Humb. & Bonpl.) Verl.

Arrabidaea coleocalyx Bureau & K. Schum. = **Arrabidaea caudigera** (S. Moore) A.H. Gentry
Ref.: Hassler, 1909; Devoto & Rothkugel, 1942; Gentry, 1976.

Arrabidaea coleocalyx Bureau & K. Schum. var. *induta* Sprague = **Arrabidaea caudigera** (S. Moore) A.H. Gentry

Arrabidaea coleocalyx Bureau & K. Schum. var. *micrantha* Sprague = **Arrabidaea caudigera** (S. Moore) A.H. Gentry

Arrabidaea corallina (Jacq.) Sandwith
Sin.: *Adenocalymna friesiana* Kraenzl., *Arrabidaea praecox* Hassl., *Arrabidaea rhodantha* Bureau & K. Schum., *Arrabidaea rhodantha* Bureau & K. Schum. var. *induta* Hassl., *Arrabidaea rhodantha* Bureau & K. Schum. var. *induta* Hassl. f. *mollis* (Sprague) Hassl., *Arrabidaea rhodantha* Bureau & K. Schum. var. *induta* Hassl. f. *subglabra* Hassl., *Arrabidaea rhodantha* Bureau & K. Schum. var. *praecox* (Hassl.) Hassl., *Arrabidaea rotundata* auct. non (DC.) Bureau, *Bignonia balbisiana* DC., *Bignonia boliviana* Rusby, *Bignonia columbiana* Morong, *Bignonia corallina* Jacq., *Bignonia corymbifera* Vahl f. *mollis* Sprague, *Bignonia hibiscifolia* Cham., *Bignonia mollis* auct. non Vahl, *Bignonia obliqua* Kunth
Ref.: Grisebach, 1879; Sandwith, 1953; Fabris, 1965c.
Hábito: Liana.
Status: Nativa.
Elevación: 0-1500 m.
Prov.: CH, COR, FO, JU, SA, SF.
Paises limítrofes: BR, PA.
Ejemplar examinado: *Tressens et al. 196* (BA, BAA, CTES, F, G, IAC, LP).

Arrabidaea corymbifera Bureau ex K. Schum. = **Arrabidaea selloi** (Spreng.) Sandwith
Ref.: Moldenke, 1945; Fabris, 1965c.

Arrabidaea cuprea (Cham.) Bornm., hom. illeg. = **Arrabidaea chica** (Humb. & Bonpl.) Verl.
Ref.: Gentry, 1982.

Arrabidaea dichotoma (Vell.) Bureau = **Arrabidaea selloi** (Spreng.) Sandwith
Ref.: Fabris, 1965c.

Arrabidaea florida DC.
Ref.: Bureau & Schumann, 1896-97; Fabris, 1965c.
Hábito: Liana.
Status: Nativa.
Elevación: 0-500 m.
Prov.: MI.
Paises limítrofes: BO, BR, PA.
Ejemplar examinado: *Vanni et al. 3587* (CTES).

Arrabidaea grandiflora Hassl. = **Mansoa difficilis** (Cham.) Bureau & K. Schum.
Ref.: Fabris, 1965c.

[Arrabidaea mollis (Vahl) Bureau & K. Schum.]
Sin.: *Bignonia mollis* Vahl
Nota: Especie excluida de la flora argentina.

Arrabidaea muehlbergiana Hassl. = **Arrabidaea mutabilis** Bureau & K. Schum.
Ref.: Fabris, 1965c.

Arrabidaea mutabilis Bureau & K. Schum.
Sin.: *Arrabidaea muehlbergiana* Hassl.
Ref.: Hassler, 1909; Devoto & Rothkugel, 1942; Fabris, 1965c.
Hábito: Liana.
Status: Nativa.
Elevación: 0-500 m.
Prov.: COR, FO, MI.
Paises limítrofes: BR, PA.
Ejemplar examinado: *Arbo et al. 5962* (AAU, ASU, CTES, F, GH, K, LIL, MBM, MO).

Arrabidaea praecox Hassl. = **Arrabidaea corallina** (Jacq.) Sandwith
Ref.: Fabris, 1965c.

Arrabidaea rhodantha Bureau & K. Schum. = **Arrabidaea corallina** (Jacq.) Sandwith
Ref.: Fabris, 1965c.

Arrabidaea rhodantha Bureau & K. Schum. var. *induta* Hassl. = **Arrabidaea corallina** (Jacq.) Sandwith
Ref.: Fabris, 1965c.

Arrabidaea rhodantha Bureau & K. Schum. var. *induta* Hassl. f. *mollis* (Sprague) Hassl. = **Arrabidaea corallina** (Jacq.) Sandwith
Ref.: Schulz, 1939; Fabris, 1965c.

Arrabidaea rhodantha Bureau & K. Schum. var. *induta* Hassl. f. *subglabra* Hassl. = **Arrabidaea corallina** (Jacq.) Sandwith
Ref.: Schulz, 1939; Devoto & Rothkugel, 1942; Fabris, 1965c.

Arrabidaea rhodantha Bureau & K. Schum. var. *praecox* (Hassl.) Hassl. = **Arrabidaea corallina** (Jacq.) Sandwith
Ref.: Hassler, 1909; Fabris, 1965c.

[Arrabidaea rotundata (DC.) Bureau]
Ref.: Fabris, 1965c.
Nota: Especie excluida de la flora argentina.

Arrabidaea rotundata auct. non (DC.) Bureau = **Arrabidaea corallina** (Jacq.) Sandwith
Ref.: Moldenke, 1945; Fabris, 1965c.

Arrabidaea samydoïdes (Cham.) Sandwith
Sin.: *Bignonia samydoïdes* Cham., *Petastoma samydoïdes* (Cham.) Miers
Ref.: Arbo, 1997.
Hábito: Liana.

Status: Nativa.
Elevación: 0-500 m.
Prov.: MI, SA.
Paises limítrofes: BR, PA.
Ejemplar examinado: *Vanni et al. 3538* (CTES, MBM, MO).

Arrabidaea selloi (Spreng.) Sandwith
Sin.: *Arrabidaea corymbifera* Bureau ex K. Schum., *Arrabidaea dichotoma* (Vell.) Bureau, *Bignonia corymbifera* auct. non Vahl, *Bignonia dichotoma* Vell., hom. illeg., *Bignonia selloi* Spreng.
Ref.: Grisebach, 1879; Bureau & Schumann, 1896-97; Sandwith, 1953; Fabris, 1965c.
Hábito: Liana.
Status: Nativa.
Elevación: 0-1500 m.
Prov.: JU, MI, SA.
Paises limítrofes: BO, BR, PA.
Ejemplar examinado: *Cabral et al. 407* (A, CTES, ENCB, HPR, K, MBM, MO).

Arrabidaea triplinervia (DC.) Baill. ex Bureau
Sin.: *Bignonia triplinervia* DC.
Ref.: Latzina, 1935; Devoto & Rothkugel, 1942; Arbo, 1997.
Hábito: Liana.
Status: Nativa.
Elevación: 0-1000 m.
Prov.: MI.
Paises limítrofes: BO, BR, PA.
Ejemplar examinado: *Tressens et al. 5586* (CTES, LIL, MO).

Arrabidaea truncata (Sprague) Sandwith
Sin.: *Mansoa truncata* Sprague, *Mansoa truncata* Sprague var. *parviflora* (Hassl.) Sandwith, *Petastoma truncatum* (Sprague) Hassl.
Ref.: Fabris, 1965c; Sandwith, 1968.
Hábito: Trepadora apoyante.
Status: Nativa.
Elevación: 0-1000 m.
Prov.: JU, SA, SE, TU.
Paises limítrofes: BO, PA.
Ejemplar examinado: *Rodríguez 120* (BA, BAF, CTES, LIL, SI).

Bignonia antisyphilitica Mart. = **Cybistax antisyphilitica** (Mart.) Mart.
Ref.: Fabris, 1965c; Gentry, 1992.

Bignonia arrabidae auct. non Steud. = **Macfadyena unguis-cati** (L.) A.H. Gentry

Bignonia arrabidae Steud. = [Stizophyllum perforatum Miers]

Bignonia aurea Silva Manso = **Tabebuia aurea** (Silva Manso) Benth. & Hook. f. ex S. Moore
Ref.: Gentry, 1992.

Bignonia balbisiana DC. = **Arrabidaea corallina** (Jacq.) Sandwith
Ref.: Fabris, 1993.

Bignonia binata Silva Manso = **Clytostoma binatum** (Silva Manso) Sandwith
Ref.: Fabris, 1965c.

Bignonia boliviana Rusby = **Arrabidaea corallina** (Jacq.) Sandwith
Ref.: Fabris, 1965c.

Bignonia callistegioides Cham. = **Clytostoma callistegioides** (Cham.) Bureau
Ref.: Bureau & Schumann, 1896-97; Fabris, 1965c.

Bignonia capensis Thunb. = **Tecoma capensis** (Thunb.) Lindl.
Ref.: Gentry, 1992.

Bignonia caudigera S. Moore = **Arrabidaea caudigera** (S. Moore) A.H. Gentry
Ref.: Gentry, 1976.

Bignonia chica Humb. & Bonpl. = **Arrabidaea chica** (Humb. & Bonpl.) Verl.
Ref.: Fabris, 1965c.

Bignonia columbiana Morong = **Arrabidaea corallina** (Jacq.) Sandwith
Ref.: Morong & Britton, 1892-93; Fabris, 1965c.

Bignonia convoluta Vell. = **Cuspidaria convoluta** (Vell.) A.H. Gentry
Ref.: Gentry, 1975.

Bignonia corallina Jacq. = **Arrabidaea corallina** (Jacq.) Sandwith
Ref.: Fabris, 1965c.

Bignonia corymbifera auct. non Vahl = **Arrabidaea selloi** (Spreng.) Sandwith

Bignonia corymbifera Vahl = [Lundia corymbifera (Vahl) Sandwith]
Ref.: Gentry, 1982.

Bignonia corymbifera Vahl f. *mollis* Sprague = **Arrabidaea corallina** (Jacq.) Sandwith

Bignonia crucigera L. = **Pithecoctenium crucigerum** (L.) A.H. Gentry
Ref.: Gentry, 1975.

Bignonia cuprea Cham. = **Arrabidaea chica** (Humb. & Bonpl.) Verl.

Bignonia dasyonyx S.F. Blake = **Macfadyena unguis-cati** (L.) A.H. Gentry
Ref.: Gentry, 1982.

Bignonia dichotoma Vell., hom. illeg. = **Arrabidaea selloi** (Spreng.) Sandwith
Ref.: Fabris, 1965c.

Bignonia difficilis Cham. = **Mansoa difficilis** (Cham.) Bureau & K. Schum.
Ref.: Fabris, 1965c.

Bignonia echinata Jacq. = **Pithecoctenium crucigerum** (L.) A.H. Gentry
Ref.: Gentry, 1982.

Bignonia eximia Morong = **Clytostoma binatum** (Silva Manso) Sandwith
Ref.: Fabris, 1965c.

Bignonia exoleta Vell. = **Macfadyena unguis-cati** (L.) A.H. Gentry
Ref.: Gentry, 1982.

Bignonia flavescens Vell. = [Tabebuia serratifolia (Vahl) G. Don]
Ref.: Gentry, 1992.

Bignonia heptaphylla Vell. = **Tabebuia heptaphylla** (Vell.) Toledo
Ref.: Gentry, 1975.

Bignonia hibiscifolia Cham. = **Arrabidaea corallina** (Jacq.) Sandwith
Ref.: Fabris, 1993.

Bignonia ignea Vell. = **Pyrostegia venusta** (Ker Gawl.) Miers
Ref.: Fabris, 1965c.

Bignonia inflata Griseb. = **Macfadyena unguis-cati** (L.) A.H. Gentry
Ref.: Grisebach, 1879; Gentry, 1982.

Bignonia lindleyi DC. = **Clytostoma callistegioides** (Cham.) Bureau
Ref.: Hicken, 1910.

Bignonia longisiliqua auct. non Vell. = **Macfadyena unguis-cati** (L.) A.H. Gentry
Ref.: Grisebach, 1879.

Bignonia longisiliqua Vell. = [Stizophyllum perforatum Miers]
Ref.: Bureau & Schumann, 1896-97.

Bignonia marginata Cham. = **Adenocalymna marginatum** (Cham.) DC.
Ref.: Fabris, 1965c.

Bignonia mollis auct. non Vahl = **Arrabidaea corallina** (Jacq.) Sandwith

Bignonia mollis Vahl = [Arrabidaea mollis (Vahl) Bureau & K. Schum.]
Ref.: Bureau & Schumann, 1896-97.

Bignonia morongii Britton = **Tabebuia nodosa** (Griseb.) Griseb.
Ref.: Fabris, 1965c; Gentry, 1992.

Bignonia noterophila DC. = **Clytostoma binatum** (Silva Manso) Sandwith
Ref.: Fabris, 1965c.

Bignonia obliqua Kunth = **Arrabidaea corallina** (Jacq.) Sandwith
Ref.: Fabris, 1965c.

Bignonia paniculata L. = **Amphilophium paniculatum** (L.) Kunth
Ref.: Gentry, 1982.

Bignonia pannosa DC. = **Amphilophium pannosum** (DC.) Bureau & K. Schum.
Ref.: Gentry, 1982.

Bignonia populifolia DC. = **Melloa quadrivalvis** (Jacq.) A.H. Gentry
Ref.: Gentry, 1973b.

Bignonia pterocarpa Cham. = **Cuspidaria convoluta** (Vell.) A.H. Gentry
Ref.: Gentry, 1975.

Bignonia pubescens Pav. ex DC. = **Amphilophium pannosum** (DC.) Bureau & K. Schum.
Ref.: Fabris, 1993.

Bignonia purpurea Lodd. ex Hook. f. = **Clytostoma binatum** (Silva Manso) Sandwith
Ref.: Fabris, 1965c.

Bignonia quadrivalvis Jacq. = **Melloa quadrivalvis** (Jacq.) A.H. Gentry
Ref.: Gentry, 1973b.

Bignonia samydoïdes Cham. = **Arrabidaea samydoïdes** (Cham.) Sandwith
Ref.: Arbo, 1997.

Bignonia selloi Spreng. = **Arrabidaea selloi** (Spreng.) Sandwith
Ref.: Fabris, 1965c.

Bignonia speciosa Tweedie ex Hook. = **Clytostoma callistegioides** (Cham.) Bureau
Ref.: Fabris, 1965c.

Bignonia stans L. = **Tecoma stans** (L.) Juss. ex Kunth var. **stans**
Ref.: Fabris, 1965c; Gentry, 1992.

Bignonia tenuiflora DC. = **Tecoma tenuiflora** (DC.) Fabris
Ref.: Fabris, 1965c; Gentry, 1992.

Bignonia tetraquetra Cham. = **Cuspidaria convoluta** (Vell.) A.H. Gentry

Bignonia triplinervia DC. = **Arrabidaea triplinervia** (DC.) Baill. ex Bureau
Ref.: Arbo, 1997.

Bignonia tweediana auct. non Lindl. = **Macfadyena dentata** K. Schum.
Ref.: Fabris, 1965c.

Bignonia tweediana Lindl. = **Macfadyena unguis-cati** (L.) A.H. Gentry
Ref.: Gentry, 1982.

Bignonia uncata Andrews = **Macfadyena uncata** (Andrews) Sprague & Sandwith
Ref.: Gentry, 1982.

Bignonia unguis L. = **Macfadyena unguis-cati** (L.) A.H. Gentry

Bignonia unguis-cati L. = **Macfadyena unguis-cati** (L.) A.H. Gentry
Ref.: Latzina, 1935; Schulz, 1939; Gentry, 1973b.

Bignonia unguis-cati L. var. *exoleta* (Vell.) Sprague = **Macfadyena unguis-cati** (L.) A.H. Gentry
Ref.: Gentry, 1973b.

Bignonia venusta Ker Gawl. = **Pyrostegia venusta** (Ker Gawl.) Miers
Ref.: Fabris, 1965c.

Calampelis scaber (Ruiz & Pav.) D. Don, comb. illeg. = **Eccremocarpus scaber** Ruiz & Pav.
Ref.: Fabris, 1965c.

Calampelis scabra (Ruiz & Pav.) Sweet = **Eccremocarpus scaber** Ruiz & Pav.
Ref.: Sandwith, 1965.

Campsidium Seem.
Número de especies: 1

Campsidium chilense Reissek & Seem. = **Campsidium valdivianum** (Phil.) Skottsb.
Ref.: Gentry, 1992.

Campsidium valdivianum (Phil.) Skottsb.
Sin.: *Campsidium chilense* Reissek & Seem., *Tecoma valdiviana* Phil.
Ref.: Fabris, 1965c; Dimitri, 1972; Gentry, 1992.
Hábito: Arbusto.
Status: Nativa.
Elevación: 500-2000 m.
Prov.: CHU, NE, RN.
Paises limítrofes: CH.
Ejemplar examinado: *Muniez y Rothkugel 213* (BAB, CTES).

Campsis Lour.
Número de especies: 1

Campsis radicans L.
Ref.: Juárez de Varela, 1994.
Hábito: Trepadora.
Status: Adventicia.
Prov.: SA.
Ejemplar examinado: *Novara 2992* (MCNS).

[Catalpa speciosa Warder]
Nota: Cita dudosa para la flora argentina. Citada por Williamson, 1967, como naturalizada en La Pampa.

Chodanthus praepensus (Miers) Sandwith = **Mansoa difficilis** (Cham.) Bureau & K. Schum.
Ref.: Fabris, 1965c.

Chodanthus splendens (Bureau & K. Schum.) Hassl. = **Mansoa difficilis** (Cham.) Bureau & K. Schum.
Ref.: Fabris, 1965c.

Clytostoma Miers ex Baill.
Número de especies: 3

Clytostoma binatum (Silva Manso) Sandwith
Sin.: *Bignonia binata* Silva Manso, *Bignonia eximia* Morong, *Bignonia noterophila* DC., *Bignonia purpurea* Lodd. ex Hook. f., *Clytostoma noterophilum* (DC.) Bureau & K. Schum.
Ref.: Fabris, 1965c.
Hábito: Liana.
Status: Nativa.
Elevación: 0-500 m.
Prov.: CH, COR, MI.
Paises limítrofes: BR, PA.
Ejemplar examinado: *Mroginski 605* (CTES, LIL, LP, MO, NY).

Clytostoma callistegioides (Cham.) Bureau
Sin.: *Bignonia callistegioides* Cham., *Bignonia lindleyi* DC., *Bignonia speciosa* Tweedie ex Hook., *Clytostoma calystegioides* (Cham.) Bureau, *Clytostoma costatum* auct. non Bureau & K. Schum., *Cuspidaria callistegioides* (Cham.) DC.
Ref.: Bureau & Schumann, 1896-97; Hicken, 1910; Fabris, 1965c.
Hábito: Liana.
Status: Nativa.
Elevación: 0-1500 m.
Prov.: BA, COR, ER, JU, MI, SA.
Paises limítrofes: BO, BR, PA, UR.
Ejemplar examinado: *Arbo et al. 5821* (C, CTES, LIL, MBM, MICH, MO).

Clytostoma calystegioides (Cham.) Bureau = **Clytostoma callistegioides** (Cham.) Bureau

Clytostoma costatum auct. non Bureau & K. Schum. = **Clytostoma callistegioides** (Cham.) Bureau
Ref.: Fabris, 1965c.

[Clytostoma costatum Bureau & K. Schum.]
Ref.: Fabris, 1965c.
Nota: Especie excluida de la flora argentina.

Clytostoma noterophilum (DC.) Bureau & K. Schum. = **Clytostoma binatum** (Silva Manso) Sandwith
Ref.: Fabris, 1965c.

Clytostoma sciuripabulum Bureau & K. Schum.
Ref.: Bureau & Schumann, 1896-97; Fabris, 1965c.
Hábito: Liana.
Status: Nativa.
Elevación: 0-500 m.
Prov.: MI.
Paises limítrofes: BO, BR, PA.
Ejemplar examinado: *Schulz 6999* (CTES, LIL).

Cuspidaria DC., nom. cons.
Número de especies: 1

Cuspidaria callistegioides (Cham.) DC. = **Clytostoma callistegioides** (Cham.) Bureau
Ref.: Fabris, 1965c.

Cuspidaria convoluta (Vell.) A.H. Gentry
Sin.: *Bignonia convoluta* Vell., *Bignonia pterocarpa* Cham., *Bignonia tetraquetra* Cham., *Cuspidaria pterocarpa* (Cham.) DC., *Nouletia pterocarpa* (Cham.) Pichon
Ref.: Fabris, 1965c; Gentry, 1975.
Hábito: Liana.
Status: Nativa.
Elevación: 0-1000 m.
Prov.: COR, MI.
Paises limítrofes: BR, PA.
Ejemplar examinado: *Schinini et al. 20899* (BAB, CONC, CTES, ENCB, ICN, LIL, WIS).

Cuspidaria pterocarpa (Cham.) DC. = **Cuspidaria convoluta** (Vell.) A.H. Gentry
Ref.: Gentry, 1975.

Cybistax Mart. ex Meisn.
Número de especies: 1

Cybistax antisyphilitica (Mart.) Mart.
Sin.: *Bignonia antisyphilitica* Mart.
Ref.: Spegazzini & Girola, 1911; Devoto & Rothkugel, 1942; Fabris, 1965c; Gentry, 1992.
Hábito: Arbusto o árbol.
Status: Nativa.
Elevación: 0-500 m.
Prov.: JU.
Paises limítrofes: BO, BR, PA.
Ejemplar examinado: *Spegazzini s.n.* (BAB, BAF, CTES, LP).

Cydista difficilis Miers = **Mansoa difficilis** (Cham.) Bureau & K. Schum.
Ref.: Fabris, 1965c.

Cydista preaepensa Miers = **Mansoa difficilis** (Cham.) Bureau & K. Schum.
Ref.: Fabris, 1965c.

Dolichandra Cham.
Número de especies: 1

Dolichandra cynanchodes Cham. & Schltdl. = **Dolichandra cynanchoides** Cham.

Dolichandra cynanchoides Cham.
Sin.: *Dolichandra cynanchodes* Cham. & Schltdl., *Macfadyena cynanchoides* (Cham.) Morong, *Spathodea dolichandra* Steud.
Ref.: Bureau & Schumann, 1896-97; Schulz, 1939; Fabris, 1965c.
Hábito: Trepadora.
Status: Nativa.
Elevación: 0-2000 m.
Prov.: CA, CH, CO, COR, ER, FO, JU, MI, SA, SE, SF, TU.
Paises limítrofes: BR, PA, UR.
Ejemplar examinado: *Irigoyen 352* (C, CTES, F, G, MO, SI).

Dombeya lappacea L'Hér. = **Tourrettia lappacea** (L'Hér.) Willd.
Ref.: Fabris, 1965c.

Doxantha exoleta (Vell.) Miers = **Macfadyena unguis-cati** (L.) A.H. Gentry
Ref.: Gentry, 1973a.

Doxantha unguis (L.) Miers = **Macfadyena unguis-cati** (L.) A.H. Gentry
Ref.: Moldenke, 1945; Gentry, 1973a.

Doxantha unguis-cati (L.) Miers = **Macfadyena unguis-cati** (L.) A.H. Gentry
Ref.: Gentry, 1973b.

Doxantha unguis-cati (L.) Miers var. *exoleta* (Vell.) Fabris = **Macfadyena unguis-cati** (L.) A.H. Gentry
Ref.: Fabris, 1965c; Gentry, 1973a.

Eccremocarpus Ruiz & Pav.
Número de especies: 1

Eccremocarpus scaber Ruiz & Pav.
Sin.: *Calampelis scaber* (Ruiz & Pav.) D. Don, comb. illeg., *Calampelis scabra* (Ruiz & Pav.) Sweet, *Eccremocarpus scaber* Ruiz & Pav. var. *sepium* Bertero ex DC.
Ref.: Fabris, 1965c; Sandwith, 1965.
Hábito: Arbusto trepador.
Status: Nativa.
Elevación: 0-1000 m.
Prov.: CHU, NE, RN.
Paises limítrofes: CH.
Ejemplar examinado: *Muniez 32* (BAB, CTES, LIL).

Eccremocarpus scaber Ruiz & Pav. var. *sepium* Bertero ex DC. = **Eccremocarpus scaber** Ruiz & Pav.
Ref.: Fabris, 1965c; Sandwith, 1965.

Gelseminum amoenum Kuntze = **Tecoma tenuiflora** (DC.) Fabris
Ref.: Fabris, 1965c; Gentry, 1992.

Gelseminum avellanedae (Lorentz ex Griseb.) Kuntze = **Tabebuia impetiginosa** (Mart. ex DC.) Standl.
Ref.: Gentry, 1992.

Gelseminum garrocha (Hieron.) Kuntze = **Tecoma garrocha** Hieron.
Ref.: Gentry, 1992.

Gelseminum garrocha (Hieron.) Kuntze var. *bicolor* Kuntze = **Tecoma garrocha** Hieron.

Gelseminum molle (Kunth) Kuntze = **Tecoma stans** (L.) Juss. ex Kunth var. **velutina** DC.
Ref.: Gentry, 1992.

Gelseminum nodosum (Griseb.) Kuntze = **Tabebuia nodosa** (Griseb.) Griseb.
Ref.: Gentry, 1992.

Gelseminum stans (L.) Kuntze = **Tecoma stans** (L.) Juss. ex Kunth var. **stans**
Ref.: Gentry, 1992.

Handroanthus albus (Cham.) Mattos = **Tabebuia alba** (Cham.) Sandwith
Ref.: Gentry, 1992.

Handroanthus avellanedae (Lorentz ex Griseb.) Mattos = **Tabebuia impetiginosa** (Mart. ex DC.) Standl.
Ref.: Gentry, 1992.

Handroanthus caraiba (Mart.) Mattos = **Tabebuia aurea** (Silva Manso) Benth. & Hook. f. ex S. Moore
Ref.: Gentry, 1992.

Handroanthus heptaphyllus (Mart.) Mattos = **Tabebuia heptaphylla** (Vell.) Toledo
Ref.: Gentry, 1992.

Handroanthus impetiginosus (Mart. ex DC.) Mattos = **Tabebuia impetiginosa** (Mart. ex DC.) Standl.
Ref.: Gentry, 1992.

Handroanthus pulcherrimus (Sandwith) Mattos = **Tabebuia pulcherrima** Sandwith
Ref.: Gentry, 1992.

Jacaranda Juss.

Número de especies: 4

Jacaranda acutifolia auct. non Humb. & Bonpl. = **Jacaranda mimosifolia** D. Don
Ref.: Venturi & Lillo, 1910; Tortorelli, 1940; Devoto & Rothkugel, 1942; Fabris, 1965c.

[Jacaranda acutifolia Humb. & Bonpl.]
Ref.: Gentry, 1992.
Nota: Especie excluida de la flora argentina.

[Jacaranda caroba (Vell.) DC.]
Ref.: Gentry, 1992.
Nota: Especie excluida de la flora argentina.

Jacaranda caroba auct. non DC. = **Jacaranda micrantha** Cham.
Ref.: Ventruri & Lillo, 1910; Spegazzini & Girola, 1911.

Jacaranda chelonia auct. non Griseb. = **Jacaranda cuspidifolia** Mart. ex DC.
Ref.: Fabris, 1965c.

Jacaranda chelonia Griseb. = **Jacaranda mimosifolia** D. Don
Ref.: Fabris, 1965c.

Jacaranda cuspidifolia Mart. ex DC.
Sin.: *Jacaranda chelonia* auct. non Griseb.
Ref.: Bureau & Schumann, 1896-97; Fabris, 1965c; Gentry, 1992.
Hábito: Árbol.
Status: Nativa.
Elevación: 0-500 m.
Prov.: SA.
Paises limítrofes: BO, BR, PA.
Ejemplar examinado: *Lorentz e Hieronymus 398* (CORD).

Jacaranda micrantha Cham.
Sin.: *Jacaranda caroba* auct. non DC.
Ref.: Fabris, 1965c; Gentry, 1992.
Hábito: Árbol.
Status: Nativa.
Elevación: 0-500 m.
Prov.: COR, MI.
Paises limítrofes: BR, PA.
Ejemplar examinado: *Tressens et al. 4941* (CTES, GH, ISIF, LIL, MBM, MO).

Jacaranda mimosifolia D. Don
Sin.: *Jacaranda acutifolia* auct. non Humb. & Bonpl., *Jacaranda chelonia* Griseb., *Jacaranda ovalifolia* R. Br.
Ref.: Spegazzini & Girola, 1911; Fabris, 1965c, 1979a; Gentry, 1992.
Hábito: Árbol.
Status: Nativa.
Elevación: 0-1500 m.
Prov.: BA, ER, JU, SA, TU.
Paises limítrofes: BO.
Ejemplar examinado: *Rodríguez 31* (BA, BAF, LIL, SI).

Jacaranda ovalifolia R. Br. = **Jacaranda mimosifolia** D. Don
Ref.: Fabris, 1965c.

Jacaranda puberula Cham.
Sin.: *Jacaranda puberula* Cham. var. *macrophylla* Cham., *Jacaranda puberula* Cham. var. *microphylla* Cham., *Jacaranda semiserrata* Cham.
Ref.: Fabris, 1965c; Gentry, 1992.
Hábito: Árbol.
Status: Nativa.
Elevación: 0-1000 m.
Prov.: COR, MI.
Paises limítrofes: BR, PA.
Ejemplar examinado: *Fabris y Hunziker 7431* (CTES, LP).

Jacaranda puberula Cham. var. *macrophylla* Cham. = **Jacaranda puberula** Cham.
Ref.: Gentry, 1992.

Jacaranda puberula Cham. var. *microphylla* Cham. = **Jacaranda puberula** Cham.
Ref.: Gentry, 1992.

Jacaranda semiserrata Cham. = **Jacaranda puberula** Cham.
Ref.: Latzina, 1935; Devoto & Rothkugel, 1942; Fabris, 1965c; Gentry, 1992.

[Lundia corymbifera (Vahl) Sandwith]
Sin.: *Bignonia corymbifera* Vahl
Nota: Especie excluida de la flora argentina.

Macfadyena DC.

Número de especies: 4

Macfadyena corymbosa (Vent.) Griseb. = [Phryganocydia corymbosa (Vent.) Bureau]
Ref.: Gentry, 1982.

Macfadyena cynanchoides (Cham.) Morong = **Dolichandra cynanchoides** Cham.
Ref.: Parodi, 1943; Fabris, 1965c.

Macfadyena dentata K. Schum.
Sin.: *Bignonia tweediana* auct. non Lindl., *Macfadyena tweediana* Griseb.
Ref.: Bureau & Schumann, 1896-97; Fabris, 1965c.
Hábito: Trepadora.

Status: Nativa.
Elevación: 0-500 m.
Prov.: BA, CH, COR, ER, MI.
Paises limítrofes: BR, PA, UR.
Ejemplar examinado: *Schinini et al. 16723* (CTES, MO, SI).

Macfadyena hassleri Sprague
Ref.: Schulz, 1939; Fabris, 1965c.
Hábito: Trepadora.
Status: Nativa.
Elevación: 0-500 m.
Prov.: CH, COR, ER, FO, MI.
Paises limítrofes: PA.
Ejemplar examinado: *Krapovickas y Cristóbal 16430* (CTES, LL, LP, MBM, UC).

Macfadyena mollis (Sond.) Seem. = **Macfadyena uncata** (Andrews) Sprague & Sandwith
Ref.: Gentry, 1982.

Macfadyena pubescens S. Moore = **Macfadyena uncata** (Andrews) Sprague & Sandwith
Ref.: Gentry, 1982.

Macfadyena riparia S. Moore = [Phryganocydia corymbosa (Vent.) Bureau]
Ref.: Gentry, 1982.

Macfadyena tweediana Griseb. = **Macfadyena dentata** K. Schum.
Ref.: Fabris, 1965c.

Macfadyena uncata (Andrews) Sprague & Sandwith
Sin.: *Bignonia uncata* Andrews, *Macfadyena mollis* (Sond.) Seem., *Macfadyena pubescens* S. Moore, *Spathodea mollis* Sond.
Ref.: Bureau & Schumann, 1896-97; Gentry, 1973a.
Hábito: Trepadora.
Status: Nativa.
Elevación: 0-1000 m.
Prov.: CH, FO, MI.
Paises limítrofes: BR, PA.
Ejemplar examinado: *Schinini 28716* (AAU, ASU, BAB, CTES, GH, K, LIL, MBM, MO, SPF).

Macfadyena unguis-cati (L.) A.H. Gentry
Sin.: *Bignonia arrabidae* auct. non Steud., *Bignonia dasyonyx* S.F. Blake, *Bignonia exoleta* Vell., *Bignonia inflata* Griseb., *Bignonia longisiliqua* auct. non Vell., *Bignonia tweediana* Lindl., *Bignonia unguis-cati* L., *Bignonia unguis-cati* L. var. *exoleta* (Vell.) Sprague, *Bignonia unguis* L., *Doxantha exoleta* (Vell.) Miers, *Doxantha unguis-cati* (L.) Miers, *Doxantha unguis-cati* (L.) Miers var. *exoleta* (Vell.) Fabris, *Doxantha unguis* (L.) Miers
Ref.: Bureau & Schumann, 1896-97; Gentry, 1973b.
Hábito: Trepadora.
Status: Nativa.
Elevación: 0-2000 m.
Prov.: BA, CH, COR, ER, FO, JU, MI, SA, TU.
Paises limítrofes: BR, PA, UR.
Ejemplar examinado: *Krapovickas et al. 21077* (BAA, CTES, F, G, LIL, LP, MERL, PRU).

Mansoa DC.
Número de especies: 1

Mansoa difficilis (Cham.) Bureau & K. Schum.
Sin.: *Adenocalymna splendens* Bureau & K. Schum., *Arrabidaea grandiflora* Hassl., *Bignonia difficilis* Cham., *Chodanthus praepensus* (Miers) Sandwith, *Chodanthus splendens* (Bureau & K. Schum.) Hassl., *Cydista difficilis* Miers, *Cydista preaepensa* Miers, *Mansoa laevis* DC.
Ref.: Fabris, 1965c.
Hábito: Liana.
Status: Nativa.
Elevación: 0-500 m.
Prov.: COR, MI.
Paises limítrofes: BR, PA.
Ejemplar examinado: *Maruñak 192* (BA, BAA, BAB, CTES, SI).

Mansoa laevis DC. = **Mansoa difficilis** (Cham.) Bureau & K. Schum.
Ref.: Fabris, 1965c.

Mansoa truncata Sprague = **Arrabidaea truncata** (Sprague) Sandwith
Ref.: Schulz, 1939; Sandwith, 1968.

Mansoa truncata Sprague var. *parviflora* (Hassl.) Sandwith = **Arrabidaea truncata** (Sprague) Sandwith

Melloa Bureau
Número de especies: 1

Melloa populifolia (DC.) Britton = **Melloa quadrivalvis** (Jacq.) A.H. Gentry
Ref.: Schulz, 1939; Fabris, 1965c; Gentry, 1973b.

Melloa quadrivalvis (Jacq.) A.H. Gentry
Sin.: *Bignonia populifolia* DC., *Bignonia quadrivalvis* Jacq., *Melloa populifolia* (DC.) Britton
Ref.: Fabris, 1965c; Gentry, 1973b.
Hábito: Liana.
Status: Nativa.
Elevación: 0-1000 m.
Prov.: FO, JU, MI, SA.
Paises limítrofes: BR, PA.
Ejemplar examinado: *Rodríguez 1063* (BAB, BAF, CTES, LIL, LP, SI).

Nouletia pterocarpa (Cham.) Pichon = **Cuspidaria convoluta** (Vell.) A.H. Gentry

Parabignonia K. Schum.
Número de especies: 1

Parabignonia chodatii (Hassl.) A.H. Gentry
Sin.: *Paradolichandra chodatii* Hassl., *Paradolichandra chodatii* Hassl. var. *brachycalyx* Hassl.
Ref.: Fabris, 1965c; Gentry, 1979.
Hábito: Liana.
Status: Nativa.
Elevación: 0-1000 m.
Prov.: JU, MI, SA.
Paises limítrofes: BO, PA.
Ejemplar examinado: *Fabris et al. 5981* (CTES, LIL, LP).

Paradolichandra chodatii Hassl. = **Parabignonia chodatii** (Hassl.) A.H. Gentry
Ref.: Gentry, 1979.

Paradolichandra chodatii Hassl. var. *brachycalyx* Hassl. = **Parabignonia chodatii** (Hassl.) A.H. Gentry

Petastoma samydoïdes (Cham.) Miers = **Arrabidaea samydoïdes** (Cham.) Sandwith
Ref.: Sandwith, 1968.

Petastoma truncatum (Sprague) Hassl. = **Arrabidaea truncata** (Sprague) Sandwith
Ref.: Fabris, 1965c; Sandwith, 1968.

[Phryganocydia corymbosa (Vent.) Bureau]
Sin.: *Macfadyena corymbosa* (Vent.) Griseb., *Macfadyena riparia* S. Moore, *Spathodea corymbosa* Vent.
Ref.: Gentry, 1982.
Nota: Especie excluida de la flora argentina.

Pithecoctenium Mart. ex Meisn.
Número de especies: 2

Pithecoctenium clematideum (Griseb.) Griseb. = **Pithecoctenium cynanchoides** DC.
Ref.: Fabris, 1965c.

Pithecoctenium crucigerum (L.) A.H. Gentry
Sin.: *Bignonia crucigera* L., *Bignonia echinata* Jacq., *Pithecoctenium echinatum* (Jacq.) K. Schum., *Pithecoctenium hexagonum* DC., *Pithecoctenium muricatum* Moç. ex DC.
Ref.: Fabris, 1965c; Gentry, 1982; Fabris, 1993.
Hábito: Liana.
Status: Nativa.
Elevación: 0-1000 m.
Prov.: JU, MI, SA, TU.
Paises limítrofes: BR, PA.
Ejemplar examinado: *Rodríguez 11163* (BA, BAB, BAF, CTES, LIL, LP, SI).

Pithecoctenium cynanchodes DC. = **Pithecoctenium cynanchoides** DC.

Pithecoctenium cynanchoides DC.
Sin.: *Anemopaegma clematideum* Griseb., *Pithecoctenium clematideum* (Griseb.) Griseb., *Pithecoctenium cynanchodes* DC.
Ref.: Bureau & Schumann, 1896-97; Schulz, 1939; Fabris, 1965c.
Hábito: Trepadora.
Status: Nativa.
Elevación: 0-2000 m.
Prov.: BA, CA, CH, CO, COR, ER, FO, JU, LR, MI, SA, SE, SF, SJ, SL, TU.
Paises limítrofes: BO, BR, PA, UR.
Ejemplar examinado: *Arbo 1526* (BAB, CTES, LP, MBM, MEXU, SI).

Pithecoctenium echinatum (Jacq.) K. Schum. = **Pithecoctenium crucigerum** (L.) A.H. Gentry
Ref.: Fabris, 1965c; Gentry, 1975.

Pithecoctenium hexagonum DC. = **Pithecoctenium crucigerum** (L.) A.H. Gentry
Ref.: Gentry, 1982; Fabris, 1993.

Pithecoctenium muricatum Moç. ex DC. = **Pithecoctenium crucigerum** (L.) A.H. Gentry
Ref.: Gentry, 1982; Fabris, 1993.

[Podranea ricasoliana (Tanfil.) Sprague]
Sin.: *Tecomaria ricasoliana* (Tanfil.) Kraenzl.
Nota: Especie excluida de la flora argentina.

Pyrostegia C. Presl
Número de especies: 1

Pyrostegia pallida Miers = **Pyrostegia venusta** (Ker Gawl.) Miers
Ref.: Fabris, 1965c.

Pyrostegia venusta (Ker Gawl.) Miers
Sin.: *Bignonia ignea* Vell., *Bignonia venusta* Ker Gawl., *Pyrostegia pallida* Miers, *Pyrostegia venusta* (Ker Gawl.) Miers var. *villosa* Hassl. ex Sprague
Ref.: Bureau & Schumann, 1896-97; Fabris, 1965c.
Hábito: Liana.
Status: Nativa.
Elevación: 0-1000 m.
Prov.: COR, MI.
Paises limítrofes: BO, BR, PA.
Ejemplar examinado: *Schinini 6801* (BAF, CTES, HUJ, LIL, LP, MBM, NY, PAL).

Pyrostegia venusta (Ker Gawl.) Miers var. *villosa* Hassl. ex Sprague = **Pyrostegia venusta** (Ker Gawl.) Miers
Ref.: Fabris, 1965c.

Spathodea corymbosa Vent. = [Phryganocydia corymbosa (Vent.) Bureau]
Ref.: Gentry, 1982.

Spathodea dolichandra Steud. = **Dolichandra cynanchoides** Cham.
Ref.: Fabris, 1965c.

Spathodea mollis Sond. = **Macfadyena uncata** (Andrews) Sprague & Sandwith
Ref.: Gentry, 1973a.

Stenolobium garrocha (Hieron.) R.E. Fr. = **Tecoma garrocha** Hieron.
Ref.: Venturi & Lillo, 1910; Spegazzini & Girola, 1911; Gentry, 1992.

Stenolobium guarracha Hieron. ex Bureau & K. Schum. = **Tecoma garrocha** Hieron.
Ref.: Gentry, 1992.

Stenolobium molle (Kunth) Seem. = **Tecoma stans** (L.) Juss. ex Kunth var. **velutina** DC.
Ref.: Gentry, 1992.

Stenolobium stans (L.) Seem. = **Tecoma stans** (L.) Juss. ex Kunth var. **stans**
Ref.: Fabris, 1965c; Gentry, 1992.

Stenolobium stans (L.) Seem. var. *multijugum* R.E. Fr. = **Tecoma stans** (L.) Juss. ex Kunth var. **stans**
Ref.: Fabris, 1965c; Gentry, 1992.

[Stizophyllum perforatum Miers]
Sin.: *Bignonia arrabidae* Steud., *Bignonia longisiliqua* Vell.
Nota: Especie excluida de la flora argentina.

Tabebuia A.I. Gomes ex DC.

Número de especies: 8

Tabebuia alba (Cham.) Sandwith
Sin.: *Handroanthus albus* (Cham.) Mattos, *Tecoma alba* Cham.
Ref.: Sandwith, 1948; Fabris, 1965c; Gentry, 1992.
Hábito: Árbol.
Status: Nativa.
Elevación: 0-500 m.
Prov.: MI.
Paises limítrofes: BR, PA.
Ejemplar examinado: *Tressens et al. 5394* (CTES, CUVC, FCQ, MEXU, S).

Tabebuia argentea (Bureau & K. Schum.) Britton = **Tabebuia aurea** (Silva Manso) Benth. & Hook. f. ex S. Moore
Ref.: Gentry, 1992.

Tabebuia aurea (Silva Manso) Benth. & Hook. f. ex S. Moore
Sin.: *Bignonia aurea* Silva Manso, *Handroanthus caraiba* (Mart.) Mattos, *Tabebuia argentea* (Bureau & K. Schum.) Britton, *Tabebuia caraiba* (Mart.) Bureau, *Tecoma argentea* Bureau & K. Schum., *Tecoma argentea* Bureau & K. Schum. f. *parviflora* Hassl., *Tecoma aurea* (Silva Manso) DC., *Tecoma caraiba* Mart., *Tecoma caraiba* Mart. var. *squamellulosa* (DC.) Bureau & K. Schum., *Tecoma squamellulosa* DC.
Ref.: Fabris, 1965c; Gentry, 1992.
Hábito: Árbol.
Status: Nativa.
Elevación: 0-500 m.
Prov.: COR, FO.
Paises limítrofes: BO, BR, PA.
Ejemplar examinado: *Ragonese y Castiglione 7946* (BAB, CTES, LP).

Tabebuia avellanedae Lorentz ex Griseb. = **Tabebuia impetiginosa** (Mart. ex DC.) Standl.
Ref.: Fabris, 1965c; Gentry, 1992.

Tabebuia caraiba (Mart.) Bureau = **Tabebuia aurea** (Silva Manso) Benth. & Hook. f. ex S. Moore
Ref.: Fabris, 1965c; Gentry, 1992.

[Tabebuia chrysotricha (Mart. ex DC.) Standl.]
Sin.: *Tecoma flavescens* Mart. ex DC.
Nota: Especie excluida de la flora argentina.

Tabebuia flavescens auct. non Vell. = **Tabebuia lapacho** (K. Schum.) Sandwith
Ref.: Gentry, 1992.

Tabebuia heptaphylla (Vell.) Toledo
Sin.: *Bignonia heptaphylla* Vell., *Handroanthus heptaphyllus* (Mart.) Mattos, *Tabebuia ipe* (Mart. ex K. Schum.) Standl., *Tecoma araliacea* auct. non (Cham.) DC., *Tecoma ipe* Mart. ex K. Schum.
Ref.: Fabris, 1965c; Gentry, 1992.
Hábito: Árbol.
Status: Nativa.
Elevación: 0-500 m.
Prov.: CH, COR, ER, FO, MI, SF.
Paises limítrofes: BO, BR, PA.
Ejemplar examinado: *Arbo et al. 5897* (AAU, ASU, CTES, F, GH, K, LIL, MBM, MICH, MO, NSW, SPF, U).

Tabebuia heteropoda (DC.) Sandwith = **Tabebuia ochracea** (Cham.) Standl.

Tabebuia impetiginosa (Mart. ex DC.) Standl.
Sin.: *Gelseminum avellanedae* (Lorentz ex Griseb.) Kuntze, *Handroanthus avellanedae* (Lorentz ex Griseb.) Mattos, *Handroanthus impetiginosus* (Mart. ex DC.) Mattos, *Tabebuia avellanedae* Lorentz ex Griseb., *Tabebuia ipe* (Mart. ex K. Schum.) Standl. var. *integra* (Sprague) Sandwith, *Tecoma avellanedae* (Lorentz ex Griseb.) Speg., *Tecoma avellanedae* (Lorentz ex Griseb.) Speg. var. *alba* Lillo, *Tecoma impetiginosa* Mart. ex DC., *Tecoma integrum* (Sprague) Chodat, *Tecoma ipe* Mart. ex K. Schum. var. *integra* Sprague
Ref.: Fabris, 1965c; Gentry, 1992.
Hábito: Árbol.
Status: Nativa.
Elevación: 0-1500 m.
Prov.: CA, JU, SA, TU.
Paises limítrofes: BO, BR, PA.
Ejemplar examinado: *Krapovickas et al. 26581* (CTES, G, GB, HB, MBM, MO).

Tabebuia ipe (Mart. ex K. Schum.) Standl. = **Tabebuia heptaphylla** (Vell.) Toledo
Ref.: Schulz, 1939; Fabris, 1965c; Gentry, 1992.

Tabebuia ipe (Mart. ex K. Schum.) Standl. var. *integra* (Sprague) Sandwith = **Tabebuia impetiginosa** (Mart. ex DC.) Standl.
Ref.: Gentry, 1992.

Tabebuia lapacho (K. Schum.) Sandwith
Sin.: *Tabebuia flavescens* auct. non Vell., *Tecoma lapacho* K. Schum.
Ref.: Bureau & Schumann, 1896-97; Sandwith, 1948; Fabris, 1965c; Gentry, 1992.
Hábito: Árbol.
Status: Nativa.
Elevación: 500-2500 m.
Prov.: JU, SA.
Paises limítrofes: BO.
Ejemplar examinado: *Legname y Cuezzo 9727C* (CTES, LIL).

Tabebuia nodosa (Griseb.) Griseb.
Sin.: *Bignonia morongii* Britton, *Gelseminum nodosum* (Griseb.) Kuntze, *Tabebuia nodosa* (Griseb.) Griseb. var. *parviflora* Griseb., *Tecoma nodosa* Griseb.

Ref.: Grisebach, 1879; Schulz, 1939; Fabris, 1965c; Gentry, 1992.
Hábito: Árbol.
Status: Nativa.
Elevación: 0-1500 m.
Prov.: CA, CH, CO, COR, FO, JU, LR, SA, SE, SF, TU.
Paises limítrofes: BO, BR, PA.
Ejemplar examinado: *Krapovickas y Cristóbal 20886* (AAU, BA, BAA, BAB, BAF, CTES, G, GH, LIL, LP, MERL, MBM, P, SI, UC, WIS).

Tabebuia nodosa (Griseb.) Griseb. var. *parviflora* Griseb. = **Tabebuia nodosa** (Griseb.) Griseb.
Ref.: Fabris, 1965c; Gentry, 1992.

Tabebuia ochracea (Cham.) Standl.
Sin.: *Tabebuia heteropoda* (DC.) Sandwith, *Tabebuia ochracea* (Cham.) Standl. subsp. *heteropoda* (DC.) A.H. Gentry, *Tecoma hassleri* Sprague, *Tecoma heteropoda* DC., *Tecoma ochracea* Cham.
Ref.: Gentry, 1992.
Hábito: Árbol.
Status: Nativa.
Elevación: 0-1500 m.
Prov.: JU, SA.
Paises limítrofes: BO, BR, PA.
Ejemplar examinado: *Vervoorst y Cuezzo 7728 C* (LIL).

Tabebuia ochracea auct. non (Cham.) Standl. = **Tabebuia pulcherrima** Sandwith

Tabebuia ochracea (Cham.) Standl. subsp. *heteropoda* (DC.) A.H. Gentry = **Tabebuia ochracea** (Cham.) Standl.
Ref.: Gentry, 1992.

Tabebuia pulcherrima Sandwith
Sin.: *Handroanthus pulcherrimus* (Sandwith) Mattos, *Tabebuia ochracea* auct. non (Cham.) Standl., *Tecoma aurea* auct. non (Silva Manso) DC., *Tecoma flavescens* auct. non Mart.
Ref.: Sandwith, 1948; Buchinger, 1960; Fabris, 1965c; Gentry, 1992.
Hábito: Árbol.
Status: Nativa.
Elevación: 0-500 m.
Prov.: COR, MI.
Paises limítrofes: BR, PA.
Ejemplar examinado: *Arbo et al. 2055* (C, CTES, F, MO, SI).

[Tabebuia serratifolia (Vahl) G. Don]
Sin.: *Bignonia flavescens* Vell., *Tecoma araliacea* (Cham.) DC.
Nota: Especie excluida de la flora argentina.

Tanaecium Sw.

Número de especies: 1

Tanaecium brasiliense Miers = **Tanaecium cyrtanthum** (Mart. ex DC.) Bureau & K. Schum.
Ref.: Fabris, 1965c.

Tanaecium cyrtanthum (Mart. ex DC.) Bureau & K. Schum.
Sin.: *Tanaecium brasiliense* Miers, *Tecoma cyrtantha* Mart. ex DC.
Ref.: Bureau & Schumann, 1896-97; Fabris, 1965c.
Hábito: Arbusto.
Status: Nativa.
Elevación: 500-1000 m.
Prov.: SA.
Paises limítrofes: BO, PA.
Ejemplar examinado: *Meyer 17174* (LIL).

Tecoma Juss.

Número de especies: 4

Tecoma alba Cham. = **Tabebuia alba** (Cham.) Sandwith
Ref.: Fabris, 1965c; Gentry, 1992.

Tecoma araliacea (Cham.) DC. = [Tabebuia serratifolia (Vahl) G. Don]
Ref.: Gentry, 1992.

Tecoma araliacea auct. non (Cham.) DC. = **Tabebuia heptaphylla** (Vell.) Toledo
Ref.: Hassler, 1909; Spegazzini & Girola, 1911.

Tecoma argentea Bureau & K. Schum. = **Tabebuia aurea** (Silva Manso) Benth. & Hook. f. ex S. Moore
Ref.: Gentry, 1992.

Tecoma argentea Bureau & K. Schum. f. *parviflora* Hassl. = **Tabebuia aurea** (Silva Manso) Benth. & Hook. f. ex S. Moore
Ref.: Gentry, 1992.

Tecoma aurea (Silva Manso) DC. = **Tabebuia aurea** (Silva Manso) Benth. & Hook. f. ex S. Moore
Ref.: Gentry, 1992.

Tecoma aurea auct. non (Silva Manso) DC. = **Tabebuia pulcherrima** Sandwith
Ref.: Buchinger, 1960.

Tecoma avellanedae (Lorentz ex Griseb.) Speg. = **Tabebuia impetiginosa** (Mart. ex DC.) Standl.
Ref.: Tortorelli, 1940; Gentry, 1992.

Tecoma avellanedae (Lorentz ex Griseb.) Speg. var. *alba* Lillo = **Tabebuia impetiginosa** (Mart. ex DC.) Standl.
Ref.: Gentry, 1992.

Tecoma capensis (Thunb.) Lindl.
Sin.: *Bignonia capensis* Thunb., *Tecomaria capensis* (Thunb.) Spach
Ref.: Fabris, 1965c; Gentry, 1992.
Hábito: Arbusto.
Status: Adventicia.
Elevación: 0-500 m.
Prov.: COR.
Ejemplar examinado: *M. Crovetto y Leguizamón 5623* (BAB, CTES).

Tecoma caraiba Mart. = **Tabebuia aurea** (Silva Manso) Benth. & Hook. f. ex S. Moore
Ref.: Gentry, 1992.

Tecoma caraiba Mart. var. *squamellulosa* (DC.) Bureau & K. Schum. = **Tabebuia aurea** (Silva Manso) Benth. & Hook. f. ex S. Moore
Ref.: Gentry, 1992.

Tecoma cyrtantha Mart. ex DC. = **Tanaecium cyrtanthum** (Mart. ex DC.) Bureau & K. Schum.
Ref.: Fabris, 1965c.

Tecoma fabrisii T. Mey. = **Tecoma stans** (L.) Juss. ex Kunth var. **velutina** DC.
Ref.: Gentry, 1992.

Tecoma flavescens auct. non Mart. = **Tabebuia pulcherrima** Sandwith

Tecoma flavescens Mart. ex DC. = [Tabebuia chrysotricha (Mart. ex DC.) Standl.]
Ref.: Gentry, 1992.

Tecoma garrocha Hieron.
Sin.: *Gelseminum garrocha* (Hieron.) Kuntze, *Gelseminum garrocha* (Hieron.) Kuntze var. *bicolor* Kuntze, *Stenolobium garrocha* (Hieron.) R.E. Fr., *Stenolobium guarracha* Hieron. ex Bureau & K. Schum.
Ref.: Hieronymus, 1882; Fabris, 1965c; Gentry, 1992.
Hábito: Arbusto o arbolito.
Status: Nativa.
Elevación: 0-3000 m.
Prov.: CA, JU, LR, SA, TU.
Paises limítrofes: BO.
Ejemplar examinado: *Krapovickas y Cristóbal 20652* (BAA, BAB, CTES, F, G, LP, MBM, PRU).

Tecoma hassleri Sprague = **Tabebuia ochracea** (Cham.) Standl.
Ref.: Gentry, 1992.

Tecoma heteropoda DC. = **Tabebuia ochracea** (Cham.) Standl.

Tecoma impetiginosa Mart. ex DC. = **Tabebuia impetiginosa** (Mart. ex DC.) Standl.
Ref.: Gentry, 1992.

Tecoma integrum (Sprague) Chodat = **Tabebuia impetiginosa** (Mart. ex DC.) Standl.
Ref.: Gentry, 1992.

Tecoma ipe Mart. ex K. Schum. = **Tabebuia heptaphylla** (Vell.) Toledo
Ref.: Venturi & Lillo, 1910; Tortorelli, 1940; Gentry, 1992.

Tecoma ipe Mart. ex K. Schum. var. *integra* Sprague = **Tabebuia impetiginosa** (Mart. ex DC.) Standl.
Ref.: Gentry, 1992.

Tecoma lapacho K. Schum. = **Tabebuia lapacho** (K. Schum.) Sandwith
Ref.: Venturi & Lillo, 1910; Gentry, 1992.

Tecoma mollis Kunth = **Tecoma stans** (L.) Juss. ex Kunth var. **velutina** DC.
Ref.: Gentry, 1992.

Tecoma nodosa Griseb. = **Tabebuia nodosa** (Griseb.) Griseb.
Ref.: Fabris, 1965c; Gentry, 1992.

Tecoma ochracea Cham. = **Tabebuia ochracea** (Cham.) Standl.
Ref.: Tortorelli, 1940; Gentry, 1992.

Tecoma squamellulosa DC. = **Tabebuia aurea** (Silva Manso) Benth. & Hook. f. ex S. Moore
Ref.: Gentry, 1992.

Tecoma stans (L.) Juss. ex Kunth var. **stans**
Sin.: *Bignonia stans* L., *Gelseminum stans* (L.) Kuntze, *Stenolobium stans* (L.) Seem., *Stenolobium stans* (L.) Seem. var. *multijugum* R.E. Fr.
Ref.: Fabris, 1965c, 1979a; García, 1992; Gentry, 1992.
Hábito: Arbusto o arbolito.
Status: Nativa.
Elevación: 0-2000 m.
Prov.: CA, COR, ER, JU, SA, SE, SF, TU.
Paises limítrofes: BO, BR, UR.
Ejemplar examinado: *Krapovickas et al. 19592* (BAA, CTES, F, G, IAC, LL, MBM, MO, P, UC, WIS).

Tecoma stans (L.) Juss. ex Kunth var. **velutina** DC.
Sin.: *Gelseminum molle* (Kunth) Kuntze, *Stenolobium molle* (Kunth) Seem., *Tecoma fabrisii* T. Mey., *Tecoma mollis* Kunth
Ref.: Gentry, 1992.
Hábito: Arbusto o arbolito.
Status: Nativa.
Elevación: 500-2000 m.
Prov.: SA.
Paises limítrofes: BO.
Ejemplar examinado: *Meyer 17951* (LIL).

Tecoma tenuiflora (DC.) Fabris
Sin.: *Bignonia tenuiflora* DC., *Gelseminum amoenum* Kuntze
Ref.: Fabris, 1965c; Gentry, 1992.
Hábito: Arbusto.
Status: Nativa.
Elevación: 500-2500 m.
Prov.: CA, JU, SA, SE.
Paises limítrofes: BO.
Ejemplar examinado: *Pedersen 12833* (CTES, CORD).

Tecoma uspallatensis Mart. ex DC. = **Argylia uspallatensis** DC.
Ref.: Gentry, 1992.

Tecoma valdiviana Phil. = **Campsidium valdivianum** (Phil.) Skottsb.
Ref.: Fabris, 1965c.

Tecomaria capensis (Thunb.) Spach = **Tecoma capensis** (Thunb.) Lindl.
Ref.: Fabris, 1965c; Gentry, 1992.

Tecomaria ricasoliana (Tanfil.) Kraenzl. = [Podranea ricasoliana (Tanfil.) Sprague]
Ref.: Fabris, 1965c.

Tourrettia Dombey & Foug., nom. cons.
Número de especies: 1

Tourrettia lappacea (L'Hér.) Willd.
Sin.: *Dombeya lappacea* L'Hér., *Tourrettia volubilis* J.F. Gmel.
Ref.: Fabris, 1965c; Gentry, 1980.
Hábito: Trepadora.
Status: Nativa.
Elevación: 1000-3000 m.
Prov.: SA.
Paises limítrofes: BO.
Ejemplar examinado: *Fabris y Crisci 7350* (LP).

Tourrettia volubilis J.F. Gmel. = **Tourrettia lappacea** (L'Hér.) Willd.
Ref.: Fabris, 1965c.

Tynanthus Miers ex K. Schum.
Número de especies: 1

Tynanthus micranthus Corr. Méllo ex K. Schum.
Ref.: Rivera, 1997.
Hábito: Liana.
Status: Nativa.
Elevación: 0-500 m.
Prov.: MI.
Paises limítrofes: BR, PA.
Ejemplar examinado: *Vanni et al. 3558* (CTES, MO).

BIXACEAE

1 género, 1 especie.

Bixa L.
Número de especies: 1

Bixa orellana L.
Ref.: Robyns, 1967; Legname, 1982; Mereles, 1989; Roca de Saldías, 1993.
Hábito: Árbol.
Status: Nativa.
Elevación: 0–1000 m.
Prov.: CH, COR, FO, SA.
Paises limítrofes: BO, BR, PA.
Ejemplar examinado: *Venturi 10765* (SI).

BOMBACACEAE

3 géneros, 3 especies.

Bombax argentinum R.E. Fr. = **Pseudobombax argentinum** (R.E. Fr.) A. Robyns
Ref.: Robyns 1963; Meyer, 1968; Bernardi, 1984.

Bombax marginatum f. *argentinum* (R.E. Fr.) Hassl. = **Pseudobombax argentinum** (R.E. Fr.) A. Robyns
Ref.: Robyns, 1963; Meyer, 1968; Bernardi, 1984.

Bombax paraguayense R.E. Fr. = **Pseudobombax argentinum** (R.E. Fr.) A. Robyns
Ref.: Robyns, 1963; Meyer, 1968; Bernardi, 1984.

Bombax roseorum Cuatrec. = **Tartagalia roseorum** (Cuatrec.) T. Mey.
Ref.: Meyer, 1968.

Ceiba Mill.
Número de especies: 1

Ceiba insignis (Kunth) P.E. Gibbs & Semir
Sin.: *Chorisia chodatii* Hassl., *Chorisia insignis* Kunth, *Chorisia insignis* var. *chodatii* (Hassl.) Hassl.
Ref.: Gibbs et al., 1988.
Hábito: Árbol.
Status: Nativa.
Elevación: 0–1000 m.
Prov.: CA, CH, COR, FO, JU, ME, MI, SA, SE, SF, SJ, TU.
Paises limítrofes: BO, BR, PA.
Ejemplar examinado: *Cabrera et al. 23435* (LP).

[Ceiba pubiflora (A. St.-Hil.) K. Schum.]
Sin.: *Chorisia pubiflora* (A. St.-Hil.) G. Dawson, *Eriodendron pubiflorum* A. St.-Hil.
Ref.: Bernardi, 1984.
Nota: Especie excluida de la flora argentina.

Chorisia chodatii Hassl. = **Ceiba insignis** (Kunth) P.E. Gibbs & Semir

Chorisia insignis Kunth = **Ceiba insignis** (Kunth) P.E. Gibbs & Semir
Ref.: Gibbs et al., 1988.

Chorisia insignis var. *chodatii* (Hassl.) Hassl. = **Ceiba insignis** (Kunth) P.E. Gibbs & Semir

Chorisia pubiflora (A. St.-Hil.) G. Dawson = [Ceiba pubiflora (A. St.-Hil.) K. Schum.]
Ref.: Bernardi, 1984.

[Chorisia speciosa A. St.-Hil.]
Sin.: *Chorisia speciosa* A. St.-Hil. var. *paraguayensis* Hassl.
Nota: Taxón dudoso. Posible sinónimo de *Ceiba insignis* (Gibbs et al., 1988).

Chorisia speciosa A. St.-Hil. var. *paraguayensis* Hassl. = [Chorisia speciosa A. St.-Hil.]

Eriodendron pubiflorum A. St.-Hil. = [Ceiba pubiflora (A. St.-Hil.) K. Schum.]
Ref.: Bernardi, 1984.

Eriotheca roseorum (Cuatrec.) A. Robyns = **Tartagalia roseorum** (Cuatrec.) T. Mey.
Ref.: Meyer, 1968.

Pseudobombax Dugand
Número de especies: 1

Pseudobombax argentinum (R.E. Fr.) A. Robyns
Sin.: *Bombax argentinum* R.E. Fr., *Bombax marginatum* f. *argentinum* (R.E. Fr.) Hassl., *Bombax paraguayense* R.E. Fr.

Ref.: Robyns, 1963; Meyer, 1968; Bernardi, 1984.
Hábito: Árbol.
Status: Nativa.
Prov.: JU, SA.
Paises limítrofes: BO, BR, PA.
Ejemplar examinado: *Venturi 5155* (US).

Tartagalia Capurro

Número de especies: 1

Tartagalia roseorum (Cuatrec.) T. Mey.
Sin.: *Bombax roseorum* Cuatrec., *Eriotheca roseorum* (Cuatrec.) A. Robyns, *Tartagalia rubra* Capurro
Ref.: Meyer, 1968.
Hábito: Árbol.
Status: Nativa.
Elevación: 0–500 m.
Prov.: SA.
Ejemplar examinado: *Zuleta s.n.* (SI 42653).

Tartagalia rubra Capurro = **Tartagalia roseorum** (Cuatrec.) T. Mey.
Ref.: Meyer, 1968.

BORAGINACEAE

24 géneros, 84 especies; 12 especies y una variedad endémicas.

por R. L. Pérez-Moreau y S. Crespo

Allocarya alternifolia Brand = **Plagiobothrys calandrinioides** (Phil.) I.M. Johnst.
Ref.: Johnston, 1927; Moore, 1974.

Allocarya humilis Brand, p.p. = **Plagiobothrys calandrinioides** (Phil.) I.M. Johnst.
Ref.: Johnston, 1927; Moore, 1974.

Allocarya procumbens (Colla) Greene = [Plagiobothrys procumbens (Colla) Gray]
Ref.: Johnston, 1927.

Allocarya sessiliflora Reiche = **Plagiobothrys corymbosus** (Ruiz & Pav.) I.M. Johnst.
Ref.: Johnston, 1927; Pérez-Moreau & Crespo, 1991a.

Allocarya sessilifolia Greene = **Plagiobothrys corymbosus** (Ruiz & Pav.) I.M. Johnst.
Ref.: Johnston, 1927; Pérez-Moreau & Crespo, 1991a.

Allocarya uliginosa (Phil.) Greene = [Plagiobothrys uliginosum (Phil.) I.M. Johnst.]

Amsinckia Lehm.

Número de especies: 2

Amsinckia angustifolia Lehm. = **Amsinckia calycina** (Moris) Chater
Ref.: Johnston, 1927; Chater, 1971.

Amsinckia angustifolia Lehm. var. *microcarpa* Speg. = **Amsinckia calycina** (Moris) Chater
Ref.: Johnston, 1927; Chater, 1971.

Amsinckia angustifolia Lehm. var. *pseudolycopsioides* Clos = **Amsinckia calycina** (Moris) Chater
Ref.: Johnston, 1927; Chater, 1971.

Amsinckia basistaminea Ces. = **Amsinckia calycina** (Moris) Chater
Ref.: Johnston, 1927; Brand, 1931.

Amsinckia calycina (Moris) Chater
Sin.: *Amsinckia angustifolia* Lehm., *Amsinckia angustifolia* Lehm. var. *microcarpa* Speg., *Amsinckia angustifolia* Lehm. var. *pseudolycopsioides* Clos, *Amsinckia basistaminea* Ces., *Amsinckia hispida* (Ruiz & Pav.) I.M. Johnst., *Amsinckia hispida* (Ruiz & Pav.) I.M. Johnst. var. *microcarpa* (Speg.) Brand, *Amsinckia pseudolycopsicoides* Speg., *Cryptantha spegazzinii* I.M. Johnst., *Lithospermum calycinum* Moris
Ref.: Johnston, 1927; Brand, 1931; Chater, 1971.
Hábito: Hierba.
Status: Nativa.
Elevación: 0-4500 m.
Prov.: BA, CHU, LP, ME, NE, RN, SC, TF.
Paises limítrofes: BO, CH.
Ejemplar examinado: *Pérez-Moreau y Mazzucconi 3424* (BAB).

Amsinckia hispida (Ruiz & Pav.) I.M. Johnst. = **Amsinckia calycina** (Moris) Chater
Ref.: Johnston, 1927; Chater, 1971.

Amsinckia hispida (Ruiz & Pav.) I.M. Johnst. var. *microcarpa* (Speg.) Brand = **Amsinckia calycina** (Moris) Chater
Ref.: Johnston, 1927; Brand, 1931.

Amsinckia patagonica Speg. = **Cryptantha patagonica** (Speg.) I.M. Johnst.
Ref.: Johnston, 1927; Pérez-Moreau, 1976.

Amsinckia pseudolycopsicoides Speg. = **Amsinckia calycina** (Moris) Chater
Ref.: Johnston, 1927; Chater, 1971.

Amsinckia tessellata A. Gray
Ref.: Johnston, 1927.
Hábito: Hierba.
Status: Nativa.
Prov.: CHU, ME, NE.
Paises limítrofes: CH.
Ejemplar examinado: *Pérez-Moreau y Mazzucconi 3420* (BAB).

Anchusa L.

Número de especies: 1

Anchusa arvensis (L.) M. Bieb. = **Lycopsis arvensis** L.
Ref.: Selvi, Nardi & Bigazzi, 1996.

Anchusa officinalis L.
Ref.: Johnston, 1927.
Hábito: Hierba.
Status: Adventicia.
Elevación: 0-500 m.
Prov.: BA, LP.
Ejemplar examinado: *Burkart 19190* (SI).

Anchusa pygmaea Kunth = [Plagiobothrys pygmaeus (Kunth) I.M. Johnst.]
Ref.: Johnston, 1927

Anchusa tetraquetra Cham. = **Thaumatocaryon tetraquetrum** (Cham.) I.M. Johnst.
Ref.: Pérez-Moreau & Crespo, 1968.

Asperugo L.
Número de especies: 1

Asperugo procumbens L.
Ref.: Pérez-Moreau & Crespo, 1968.
Hábito: Hierba.
Status: Adventicia.
Prov.: SC.
Paises limítrofes: CH.
Ejemplar examinado: *Boelcke et al. 12286* (BAA, BAB).

Borago L.
Número de especies: 1

Borago officinalis L.
Ref.: Johnston, 1927.
Hábito: Hierba.
Status: Adventicia.
Prov.: BA, CA, COR, ER, JU, LP, ME, MI, SA.
Paises limítrofes: BO, CH.
Ejemplar examinado: *Lanfranchi 184* (SI).

Buglossoides arvense (L.) I.M. Johnst. = **Lithospermum arvense** L.
Ref.: Johnston, 1927, 1954.

Cochranea anchusaefolia (Poir.) Gürke = **Heliotropium amplexicaule** Vahl
Ref.: Johnston, 1928; Gangui, 1955.

Cochranea anchusaefolia (Poir.) Gürke var. *latifolia* DC. = **Heliotropium amplexicaule** Vahl
Ref.: Johnston, 1928.

Coldenia L.
Número de especies: 1

Coldenia decumbens Hauman = **Coldenia nuttallii** Hook.
Ref.: Johnston, 1925.

Coldenia nuttallii Hook.
Sin.: *Coldenia decumbens* Hauman, *Tiquiliopsis nuttallii* A. Heller
Ref.: Johnston, 1925.
Hábito: Hierba.
Status: Nativa.
Elevación: 2000-2500 m.
Prov.: ME, NE, SJ.
Paises limítrofes: CH.
Ejemplar examinado: *Bartlett 19522* (SI).

Coldenia phaenocarpa Phil. = **Heliotropium microstachyum** Ruiz & Pav.
Ref.: Johnston, 1928.

Cordia L.
Número de especies: 7

[Cordia alliodora (Ruiz & Pav.) Cham.]
Nota: Especie excluida de la flora argentina.

Cordia axillaris I.M. Johnst.
Ref.: Johnston, 1930.
Hábito: Arbusto.
Status: Nativa.
Elevación: 0-500 m.
Prov.: MI.
Paises limítrofes: BR.
Ejemplar citado: *Rodríguez 10460** (G).

Cordia bifurcata Roem. & Schult.
Sin.: *Cordia corymbosa* (L.) G. Don f. *detonsa* I.M. Johnst.
Ref.: Johnston, 1930; Estrada Sánchez, 1995.
Hábito: Arbusto.
Status: Nativa.
Elevación: 500-1500 m.
Prov.: BA, COR, ER, FO, JU, MI, SA, TU.
Paises limítrofes: BR, PA, UR.
Ejemplar examinado: *Hicken 882* (SI).

Cordia chacoensis Chodat = **Cordia curassavica** (Jacq.) Roem. & Schult.

Cordia corymbosa (L.) G. Don f. *detonsa* I.M. Johnst. = **Cordia bifurcata** Roem. & Schult.
Ref.: Johnston, 1930; Estrada Sánchez, 1995.

Cordia curassavica (Jacq.) Roem. & Schult.
Sin.: *Cordia chacoensis* Chodat, *Cordia salicina* DC., *Cordia verbenacea* DC., *Varronia curassavica* Jacq.
Ref.: Johnston, 1930; Gaviria, 1987; Pérez-Moreau, 1994; Estrada Sánchez, 1995.
Hábito: Arbusto.
Status: Nativa.
Elevación: 0-2000 m.
Prov.: COR, JU, LR, MI, SA, TU.
Paises limítrofes: BO, BR, PA.
Ejemplar examinado: *Rodríguez 145* (SI).

[Cordia cylindrostachya (Ruiz & Pav.) Roem. & Schult.]
Sin.: *Cordia floribunda* (Desv.) Spreng.
Nota: Especie excluida de la flora argentina.

Cordia discolor Cham. = [Cordia polycephala (Lam.) I.M. Johnst.]
Ref.: Gaviria, 1987.

Cordia ecalyculata Vell.
Sin.: *Cordia leptocaula* Fresen., *Cordia salicifolia* Cham.
Ref.: Johnston, 1930.
Hábito: Árbol.
Status: Nativa.
Elevación: 500-1000 m.
Prov.: MI.
Paises limítrofes: BR, PA.
Ejemplar examinado: *Rodríguez 683* (SI).

Cordia floribunda (Desv.) Spreng. = **Cordia cylindrostachya** (Ruiz & Pav.) Roem. & Schult.
Ref.: Gaviria, 1987; Estrada Sánchez, 1995.

Cordia frondosa Schott ex Spreng. = **Cordia trichotoma** (Vell.) Arráb. ex Steud.
Ref.: Johnston, 1930.

Cordia gerascanthus Jacq. = **Cordia trichotoma** (Vell.) Arráb. ex Steud.
Ref.: Johnston, 1930.

Cordia guaranitica Chodat & Hassl.
Ref.: Johnston, 1930.
Hábito: Arbusto.
Status: Nativa.
Elevación: 0-1000 m.
Prov.: SA.
Paises limítrofes: BO, PA.
Ejemplar citado: *Venturi 5533** (G).

Cordia hermanniefolia Cham. = [Cordia polycephala (Lam.) I.M. Johnst.]
Ref.: Gaviria, 1987.

Cordia hypoleuca DC. = **Cordia trichotoma** (Vell.) Arráb. ex Steud.
Ref.: Johnston, 1930.

Cordia leptocaula Fresen. = **Cordia ecalyculata** Vell.
Ref.: Johnston, 1930.

Cordia monosperma (Jacq.) Roem. & Schult. = [Cordia polycephala (Lam.) I.M. Johnst.]
Ref.: Gaviria, 1987.

Cordia patagonula Aiton = **Patagonula americana** L.
Ref.: Pérez-Moreau, 1994.

Cordia paucidentata Fresen.
Ref.: Johnston, 1930.
Hábito: Arbusto.
Status: Nativa.
Elevación: 0-500 m.
Prov.: COR, MI.
Paises limítrofes: BR, PA, UR.
Ejemplar examinado: *Krapovickas et al. 16928* (SI).

[Cordia polycephala (Lam.) I.M. Johnst.]
Sin.: *Cordia discolor* Cham., *Cordia hermanniefolia* Cham.; *Cordia monosperma* (Jacq.) Roem. & Schult., *Cordia ulmifolia* (Juss.) DC.
Nota: Especie excluida de la flora argentina.

Cordia salicifolia Cham. = **Cordia ecalyculata** Vell.
Ref.: Johnston, 1930.

Cordia salicina DC. = **Cordia curassavica** (Jacq.) Roem. & Schult.
Ref.: Gaviria, 1987; Estrada Sánchez, 1995.

[Cordia sessilifolia Cham. var. tomentosa (Chodat & Hassl.) I.M. Johnst.]
Sin.: *Cordia villicaulis* Fresen.
Nota: Especie excluida de la flora argentina.

Cordia trichotoma (Vell.) Arráb. ex Steud.
Sin.: *Cordia frondosa* Schott ex Spreng., *Cordia gerascanthus* Jacq., *Cordia hypoleuca* DC., *Cordiada trichotoma* Vell., *Lithocardium gerascanthus* (Kuntze) Jacq. var. *puberulum* Kuntze
Ref.: Johnston, 1930.
Hábito: Árbol.
Status: Nativa.
Elevación: 0-1000 m.
Prov.: COR, JU, MI, SA, TU.
Paises limítrofes: BO, BR, PA.
Ejemplar examinado: *Rodríguez 342* (SI).

Cordia ulmifolia (Juss.) DC. = [Cordia polycephala (Lam.) I.M. Johnst.]
Ref.: Gaviria, 1987.

Cordia verbenacea DC. = **Cordia curassavica** (Jacq.) Roem. & Schult.
Ref.: Johnston, 1930; Gaviria, 1987; Estrada Sánchez, 1995.

Cordia villicaulis Fresen. = [Cordia sessilifolia Cham. var. tomentosa (Chodat & Hassl.) I.M. Johnst.]
Ref.: Johnston, 1930.

Cordiada trichotoma Vell. = **Cordia trichotoma** (Vell.) Arráb. ex Steud.
Ref.: Johnston, 1930.

Cortesia Cav.
Número de especies: 1

Cortesia cuneata Hauman, hom. illeg. = **Cortesia cuneifolia** Cav.

Cortesia cuneifolia Cav.
Sin.: *Cortesia cuneata* Hauman, hom. illeg., *Cortesia microphylla* Miers
Ref.: Di Fulvio, 1965.
Hábito: Arbusto.
Status: Nativa.
Prov.: LR, ME, SE, SJ, SL.
Ejemplar examinado: *Cabrera 31042* (SI).

Cortesia microphylla Miers = **Cortesia cuneifolia** Cav.

Cryptantha G. Don
Número de especies: 13, 4 especies endémicas.

Cryptantha albida (Kunth) I.M. Johnst.
Sin.: *Cryptantha argentina* Brand, *Cryptantha falcata* (Hieron.) I.M. Johnst., *Eritrichium falcatum* Hieron., *Myosotis albida* Kunth
Ref.: Pérez-Moreau, 1976.
Hábito: Hierba.
Status: Nativa.
Elevación: 0-500 m.
Prov.: CA, JU, LR, ME, SA.
Ejemplar examinado: *Kiesling et al. 3589* (SI).

Cryptantha argentina Brand = **Cryptantha albida** (Kunth) I.M. Johnst.
Ref.: Pérez-Moreau, 1976.

Cryptantha axillaris (Phil.) Reiche = **Cryptantha diplotricha** (Phil.) Reiche
Ref.: Johnston, 1927; Pérez-Moreau, 1976.

Cryptantha borchersii (Phil.) Hauman = **Cryptantha diffusa** (Phil.) I.M. Johnst.
Ref.: Pérez-Moreau, 1976.

Cryptantha capituliflora (Clos) Reiche
Sin.: *Eritrichium capituliflorum* Clos
Ref.: Pérez-Moreau, 1976.
Hábito: Hierba.
Status: Nativa.
Elevación: 3000-3500 m.
Prov.: ME, SJ.
Paises limítrofes: CH.
Ejemplar examinado: *King 415* (BAB).

Cryptantha capituliflora (Clos) Reiche var. *compacta* Brand = **Cryptantha diplotricha** (Phil.) Reiche
Ref.: Pérez-Moreau, 1976.

Cryptantha circumscissa (Hook. & Arn.) I.M. Johnst.
Sin.: *Cryptantha circumscissa* (Hook. & Arn.) I.M. Johnst. var. *genuina* I.M. Johnst., nom. inval., *Greeneocharis circumscissa* (Hook. & Arn.) Rydb., *Lithospermum circumscissum* Hook. & Arn.
Ref.: Pérez-Moreau, 1976.
Hábito: Hierba.
Status: Nativa.
Prov.: ME, NE.
Ejemplar examinado: *Comber 135* (K).

Cryptantha circumscissa (Hook. & Arn.) I.M. Johnst. var. *genuina* I.M. Johnst., nom. inval. = **Cryptantha circumscissa** (Hook. & Arn.) I.M. Johnst.
Ref.: Pérez-Moreau, 1976.

Cryptantha cynoglossoides (Phil.) I.M. Johnst.
Sin.: *Cryptantha phacelioides* Brand, p.p., *Eritrichium cynoglossoides* Phil., *Eritrichium uspallatense* Phil.
Ref.: Pérez-Moreau, 1976.
Hábito: Hierba.
Status: Nativa.
Prov.: ME, SJ.
Paises limítrofes: CH.
Ejemplar examinado: *Pérez-Moreau y Perrone s.n.* (BA 55111).

Cryptantha debilis (Phil.) Reiche = **Cryptantha diffusa** (Phil.) I.M. Johnst.
Ref.: Pérez-Moreau, 1976.

Cryptantha diffusa (Phil.) I.M. Johnst.
Sin.: *Cryptantha borchersii* (Phil.) Hauman, *Cryptantha debilis* (Phil.) Reiche, *Cryptantha famatinae* Brand, *Eritrichium borchersii* Phil., *Eritrichium debile* Phil., *Eritrichium diffusum* Phil.
Ref.: Pérez-Moreau, 1976.
Hábito: Hierba.
Status: Nativa.
Elevación: 2000-4000 m.
Prov.: CA, LR, ME, SJ.
Paises limítrofes: BO, CH.
Ejemplar examinado: *Kiesling et al. 7533* (SI).

Cryptantha diplotricha (Phil.) Reiche
Sin.: *Cryptantha axillaris* (Phil.) Reiche, *Cryptantha capituliflora* (Clos) Reiche var. *compacta* Brand, *Cryptantha hossei* Brand, *Cryptantha modesta* Brand, *Eritrichium axillare* Phil., *Eritrichium diplotrichum* Phil., *Eritrichium diplotrichum* Phil. var. *humilis* Phil.
Ref.: Johnston, 1927; Pérez-Moreau, 1976.
Hábito: Hierba.
Status: Nativa.
Elevación: 3000-4500 m.
Prov.: CA, ME, SA, SJ.
Paises limítrofes: CH.
Ejemplar examinado: *Semper 620* (BAB).

Cryptantha falcata (Hieron.) I.M. Johnst. = **Cryptantha albida** (Kunth) I.M. Johnst.
Ref.: Pérez-Moreau, 1976.

Cryptantha famatinae Brand = **Cryptantha diffusa** (Phil.) I.M. Johnst.
Ref.: Pérez-Moreau, 1976.

Cryptantha floribunda (Phil.) Reiche = **Cryptantha globulifera** (Clos) Reiche
Ref.: Pérez-Moreau, 1976.

Cryptantha globulifera (Clos) Reiche
Sin.: *Cryptantha floribunda* (Phil.) Reiche, *Eritrichium floribundum* Phil., *Eritrichium globuliferum* Clos
Ref.: Pérez-Moreau, 1976.
Hábito: Hierba.
Status: Nativa.
Elevación: 0-1500 m.
Prov.: CHU, LP, ME, NE, RN.
Paises limítrofes: CH.
Ejemplar examinado: *Pérez-Moreau y Piccinini 3176* (BAB).

Cryptantha glomerulifera (Phil.) I.M. Johnst.
Sin.: *Eritrichium glomeruliferum* Phil.
Ref.: Pérez-Moreau, 1976.
Hábito: Hierba.
Status: Nativa.
Elevación: 2000-3500 m.
Prov.: ME, SJ.
Paises limítrofes: CH.
Ejemplar examinado: *Spegazzini s.n.* (BAB 738).

Cryptantha hossei Brand = **Cryptantha diplotricha** (Phil.) Reiche
Ref.: Pérez-Moreau, 1976.

Cryptantha latefissa R.L. Pérez-Mor.
Ref.: Pérez-Moreau, 1976.
Hábito: Hierba.
Status: Endémica.
Elevación: 2500-3000 m.
Prov.: SJ.
Ejemplar examinado: *Hunziker y Caso 4742* (holotipo, BAB).

[Cryptantha linearis (Colla) Greene]
Sin.: *Eritrichium lineare* (Colla) DC.
Nota: Especie excluida de la flora argentina.

Cryptantha maritima Greene var. **pilosa** I.M. Johnst.
Ref.: Pérez-Moreau, 1976.
Hábito: Hierba.
Status: Nativa.
Prov.: ME, SJ.
Ejemplar examinado: *Ruiz Leal 3383* (MERL).

Cryptantha mendocina I.M. Johnst.
Ref.: Pérez-Moreau, 1976.
Hábito: Hierba.
Status: Endémica.
Elevación: 1000-1500 m.
Prov.: LP, ME, SL.
Ejemplar examinado: *Ruiz Leal y Roig 20657* (MERL).

Cryptantha modesta Brand = **Cryptantha diplotricha** (Phil.) Reiche
Ref.: Pérez-Moreau, 1976.

Cryptantha papillosa R.L. Pérez-Mor.
Ref.: Pérez-Moreau, 1976.
Hábito: Hierba.
Status: Endémica.
Elevación: 2000-2500 m.
Prov.: NE.
Ejemplar examinado: *Boelcke et al. 11597* (BAB, SI).

Cryptantha patagonica (Speg.) I.M. Johnst.
Sin.: *Amsinckia patagonica* Speg., *Cynoglossospermum humile* Kuntze, *Eritrichium diffusum* Speg., hom. illeg., *Eritrichium parvulum* Macloskie, hom. illeg.
Ref.: Johnston, 1927; Pérez-Moreau, 1976.
Hábito: Hierba.
Status: Endémica.
Elevación: 1500-2500 m.
Prov.: CHU, ME, RN, SC, SJ.
Ejemplar examinado: *Soriano 3883* (BAB).

Cryptantha phacelioides Brand, p.p. = **Cryptantha cynoglossoides** (Phil.) I.M. Johnst.
Ref.: Pérez-Moreau, 1976.

Cryptantha spegazzinii I.M. Johnst. = **Amsinckia calycina** (Moris) Chater
Ref.: Johnston, 1927; Chater, 1971.

Cynoglossospermum humile Kuntze = **Cryptantha patagonica** (Speg.) I.M. Johnst.
Ref.: Johnston, 1927; Pérez-Moreau, 1976.

Cynoglossum L.
Número de especies: 2

Cynoglossum amabile Stapf & J.R. Drumm.
Ref.: Pérez-Moreau & Cabrera, 1983.
Hábito: Hierba.
Status: Adventicia.
Elevación: 2000-3000 m.
Prov.: CA, JU, SA, TU.
Paises limítrofes: BO.
Ejemplar examinado: *Kiesling et al. 1521* (SI).

Cynoglossum creticum Mill.
Sin.: *Cynoglossum officinale* Hauman, hom. illeg., *Cynoglossum pictum* Sol.
Ref.: Johnston, 1927.
Hábito: Hierba.
Status: Adventicia.
Elevación: 500-2000 m.
Prov.: BA, CHU, ME, NE, RN.
Paises limítrofes: CH.
Ejemplar examinado: *Pérez-Moreau y Piccinini 3284* (BAB).

Cynoglossum lineare Ruiz & Pav. = **Pectocarya linearis** (Ruiz & Pav.) DC.
Ref.: Johnston, 1927; Hitchcock et al., 1959.

Cynoglossum officinale Hauman, hom. illeg. = **Cynoglossum creticum** Mill.
Ref.: Johnston, 1927.

Cynoglossum ovatifolium Griseb. = **Hackelia revoluta** (Ruiz & Pav.) I.M. Johnst.
Ref.: Johnston, 1927.

Cynoglossum pictum Sol. = **Cynoglossum creticum** Mill.
Ref.: Johnston, 1927.

Cynoglossum revolutum Ruiz & Pav. = **Hackelia revoluta** (Ruiz & Pav.) I.M. Johnst.
Ref.: Johnston, 1927.

Echinospermum patagonicum Speg. = **Lappula redowskii** (Hornem.) Greene
Ref.: Johnston, 1927.

Echinospermum redowskii (Hornem.) Lehm. = **Lappula redowskii** (Hornem.) Greene
Ref.: Johnston, 1932.

Echium L.
Número de especies: 2

Echium plantagineum L.
Sin.: *Echium violaceum* auct. non L.
Ref.: Johnston, 1927.
Hábito: Hierba.
Status: Adventicia.
Prov.: BA, CO, COR, ER, NE, SA, SF, TF, TU.
Paises limítrofes: BR, CH, UR.
Ejemplar examinado: *Pastore 1336* (SI).

Echium violaceum auct. non L. = **Echium plantagineum** L.
Ref.: Johnstom, 1927.

Echium vulgare L.
Ref.: Johnston, 1927.
Hábito: Hierba.
Status: Adventicia.
Prov.: NE.
Paises limítrofes: CH.
Ejemplar examinado: *Diem s.n.* (SI 26591).

Eritrichium albiflorum Griseb. = **Myosotis albiflora** Banks & Sol.
Ref.: Johnston, 1927.

Eritrichium albiflorus Griseb. = **Plagiobothrys calandrinioides** (Phil.) I.M. Johnst.
Ref.: Johnston, 1927; Moore, 1974.

Eritrichium axillare Phil. = **Cryptantha diplotricha** (Phil.) Reiche
Ref.: Pérez-Moreau, 1976.

Eritrichium borchersii Phil. = **Cryptantha diffusa** (Phil.) I.M. Johnst.
Ref.: Pérez-Moreau, 1976.

Eritrichium calandrinioides Phil. = **Plagiobothrys calandrinioides** (Phil.) I.M. Johnst.
Ref.: Johnston, 1927; Moore, 1974.

Eritrichium capituliflorum Clos = **Cryptantha capituliflora** (Clos) Reiche
Ref.: Pérez-Moreau, 1976.

Eritrichium cynoglossoides Phil. = **Cryptantha cynoglossoides** (Phil.) I.M. Johnst.
Ref.: Pérez-Moreau, 1976.

Eritrichium debile Phil. = **Cryptantha diffusa** (Phil.) I.M. Johnst.
Ref.: Pérez-Moreau, 1976.

Eritrichium diffusum Phil. = **Cryptantha diffusa** (Phil.) I.M. Johnst.
Ref.: Pérez-Moreau, 1976.

Eritrichium diffusum Speg., hom. illeg. = **Cryptantha patagonica** (Speg.) I.M. Johnst.
Ref.: Johnston, 1927; Pérez-Moreau, 1976.

Eritrichium diplotrichum Phil. = **Cryptantha diplotricha** (Phil.) Reiche
Ref.: Pérez-Moreau, 1976.

Eritrichium diplotrichum Phil. var. *humilis* Phil. = **Cryptantha diplotricha** (Phil.) Reiche
Ref.: Pérez-Moreau, 1976.

Eritrichium falcatum Hieron. = **Cryptantha albida** (Kunth) I.M. Johnst.
Ref.: Pérez-Moreau, 1976.

Eritrichium floribundum Phil. = **Cryptantha globulifera** (Clos) Reiche
Ref.: Pérez-Moreau, 1976.

Eritrichium globuliferum Clos = **Cryptantha globulifera** (Clos) Reiche
Ref.: Pérez-Moreau, 1976.

Eritrichium glomeruliferum Phil. = **Cryptantha glomerulifera** (Phil.) I.M. Johnst.
Ref.: Pérez-Moreau, 1976.

Eritrichium humile DC. var. *congestum* Wedd. = **Plagiobothrys congestus** (Wedd.) I.M. Johnst.
Ref.: Johnston, 1927.

Eritrichium humile Macloskie, hom. illeg. = **Plagiobothrys calandrinioides** (Phil.) I.M. Johnst.
Ref.: Johnston, 1927; Moore, 1974.

Eritrichium lineare (Colla) DC. = [Cryptantha linearis (Colla) Greene]
Ref.: Johnston, 1927.

Eritrichium mesembryanthemoides Speg. = [Plagiobothrys mesembryanthemoides (Speg.) I.M. Johnst.]
Ref.: Johnston, 1927.

Eritrichium pampeanum Speg. = **Myosotis verna** Nutt.
Ref.: Johnston, 1927; Hitchcock et al., 1959.

Eritrichium parvulum Macloskie, hom. illeg. = **Cryptantha patagonica** (Speg.) I.M. Johnst.
Ref.: Johnston, 1927; Perez Moreau, 1976.

Eritrichium pygmaeum Wedd. = [Plagiobothrys pygmaeum (Wedd.) I.M. Johnst.]
Ref.: Johnston, 1927.

Eritrichium uliginosum auct. non Phil. = **Plagiobothrys calandrinioides** (Phil.) I.M. Johnst.
Ref.: Johnston, 1927; Moore, 1974.

Eritrichium uliginosum Phil. = [Plagiobothrys uliginosum (Phil.) I.M. Johnst.]
Ref.: Johnston, 1927.

Eritrichium uspallatense Phil. = **Cryptantha cynoglossoides** (Phil.) I.M. Johnst.
Ref.: Pérez-Moreau, 1976.

Eritrichium verrucosum Phil. = **Plagiobothrys verrucosus** (Phil.) I.M. Johnst.
Ref.: Johnston, 1927.

Greeneocharis circumscissa (Hook. & Arn.) Rydb. = **Cryptantha circumscissa** (Hook. & Arn.) I.M. Johnst.
Ref.: Pérez-Moreau, 1976.

Hackelia Opiz

Número de especies: 1

Hackelia revoluta (Ruiz & Pav.) I.M. Johnst.
Sin.: *Cynoglossum ovatifolium* Griseb., *Cynoglossum revolutum* Ruiz & Pav., *Lappula revoluta* Brand, *Lappula revoluta* Brand f. *fiebrigii* Brand, *Lappula revoluta* Brand f. *ovatifolia* Brand
Ref.: Johnston, 1927.
Hábito: Hierba.
Status: Nativa.
Elevación: 1500-4500 m.
Prov.: CA, JU, LR, SA, TU.
Paises limítrofes: BO.
Ejemplar examinado: *Kiesling et al. 5152* (SI).

Heliophytum brachystachyum DC. = **Heliotropium microstachyum** Ruiz & Pav.
Ref.: Johnston, 1928; Gangui, 1955.

Heliophytum indicum DC. = **Heliotropium indicum** L.
Ref.: Johnston, 1928; Gangui, 1955.

Heliotropium L.

Número de especies: 27 especies, 7 especies y una variedad endémicas.

Heliotropium amplexicaule Vahl
Sin.: *Cochranea anchusaefolia* (Poir.) Gürke, *Cochranea anchusaefolia* (Poir.) Gürke var. *latifolia* DC., *Heliotropium anchusaefolium* Poir., *Heliotropium anchusifolium* Poir. f. *grandiflorum* Kuntze, *Heliotropium anchusifolium* Poir. f. *medium* Kuntze, *Heliotropium anchusifolium* Poir. f. *parviflorum* Kuntze, *Heliotropium anchusifolium* Poir. var. *angustifolium* Griseb., *Heliotropium anchusifolium* Poir. var. *latifolia* Hicken, *Heliotropium anchusifolium* Poir. var. *lithospermifolium* Griseb., *Heliotropium lithospermifolium* Speg.
Ref.: Johnston, 1928; Gangui, 1955; Di Fulvio, 1969b.
Hábito: Hierba.
Elevación: 0-3000 m.
Prov.: BA, CA, CH, CO, COR, DF, ER, JU, LP, LR, ME, MI, SA, SE, SF, SJ, SL, TU.
Paises limítrofes: BO, BR, UR.
Ejemplar examinado: *Pérez-Moreau y Petetin 3862a* (BAB).

Heliotropium anchusaefolium Poir. = **Heliotropium amplexicaule** Vahl
Ref.: Johnston, 1928.

Heliotropium anchusifolium Poir. f. *grandiflorum* Kuntze = **Heliotropium amplexicaule** Vahl
Ref.: Johnston, 1928.

Heliotropium anchusifolium Poir. f. *medium* Kuntze = **Heliotropium amplexicaule** Vahl
Ref.: Johnston, 1928.

Heliotropium anchusifolium Poir. f. *parviflorum* Kuntze = **Heliotropium amplexicaule** Vahl
Ref.: Johnston, 1928.

Heliotropium anchusifolium Poir. var. *angustifolium* Griseb. = **Heliotropium amplexicaule** Vahl
Ref.: Johnston, 1928.

Heliotropium anchusifolium Poir. var. *latifolia* Hicken = **Heliotropium amplexicaule** Vahl
Ref.: Johnston, 1928.

Heliotropium anchusifolium Poir. var. *lithospermifolium* Griseb. = **Heliotropium amplexicaule** Vahl
Ref.: Johnston, 1928.

Heliotropium andinum Rusby = **Heliotropium campestre** Griseb.
Ref.: Johnston, 1928; Gangui, 1955.

[Heliotropium angiospermum Murray]
Sin.: *Heliotropium parviflorum* L.
Nota: Especie excluida de la flora argentina.

Heliotropium auratum Phil. = **Heliotropium chrysanthum** Phil.
Ref.: Johnston, 1928.

Heliotropium brachystachyum (DC.) Griseb. = **Heliotropium microstachyum** Ruiz & Pav.
Ref.: Johnston, 1928; Gangui, 1955.

Heliotropium campestre Griseb.
Sin.: *Heliotropium andinum* Rusby
Ref.: Johnston, 1928; Gangui, 1955; Di Fulvio, 1969b.
Hábito: Hierba.
Status: Nativa.
Elevación: 500-3000 m.
Prov.: CA, CO, FO, JU, LR, SA, SE, SJ, SL, TU.
Paises limítrofes: BO, PA.
Ejemplar examinado: *Cabrera et al. 29822* (SI).

Heliotropium campestris Rojas Acosta, nom. nud.
Ref.: Krapovickas, 1970c.

Heliotropium catamarcense I.M. Johnst.
Ref.: Johnston, 1928; Gangui, 1955.
Hábito: Hierba.
Status: Endémica.
Elevación: 500-1000 m.
Prov.: CA, LR, ME, SJ.
Ejemplar examinado: *Joergensen 1868* (SI).

Heliotropium chrysanthum Phil.
Sin.: *Heliotropium auratum* Phil.
Ref.: Johnston, 1928; Gangui, 1955; Di Fulvio, 1969b.
Hábito: Hierba.
Status: Nativa.
Elevación: 2000-2500 m.
Prov.: CA, CO, LR, ME, RN, SA, SJ, SL, TU.
Paises limítrofes: BO, PA.
Ejemplar examinado: *Burkart 10703* (SI).

Heliotropium curassavicum L. var. **argentinum** I.M. Johnst.
Ref.: Johnston, 1928; Gangui, 1955; Di Fulvio, 1969b.
Hábito: Hierba.
Status: Nativa.
Elevación: 0-2500 m.
Prov.: BA, CA, CH, CO, COR, DF, ER, FO, JU, LP, LR, ME, RN, SA, SE, SF, SJ, SL, TU.
Paises limítrofes: BO, BR, CH, PA, UR.
Ejemplar examinado: *Pérez-Moreau 4360* (BAB).

Heliotropium curassavicum L. var. **curassavicum**
Sin.: *Heliotropium curassavicum* L. var. *genuinum* I.M. Johnst., nom. inval., *Heliotropium curassavicum* L. var. *parviflorum* Ball
Ref.: Johnston, 1928; Gangui, 1955; Di Fulvio, 1977.
Hábito: Hierba.
Status: Nativa.
Prov.: BA, CHU, CO, COR, FO, RN, SE, SL.
Paises limítrofes: BO, CH.
Ejemplar examinado: *Hunziker 10703* (SI).

Heliotropium curassavicum L. var. **fruticulosum** I.M. Johnst.
Ref.: Johnston, 1959; Di Fulvio, 1977.
Hábito: Subarbusto.
Status: Endémica.
Elevación: 2000-2500 m.
Prov.: ME, SJ.
Ejemplar examinado: *Cabrera et al. 27089* (SI).

Heliotropium curassavicum L. var. *genuinum* I.M. Johnst., nom. inval. = **Heliotropium curassavicum** L. var. **curassavicum**
Ref.: Johnston, 1928.

Heliotropium curassavicum L. var. *parviflorum* Ball = **Heliotropium curassavicum** L. var. **curassavicum**
Ref.: Johnston, 1928.

Heliotropium elongatum Hoffm. ex Roem. & Schult.
Sin.: *Heliotropium elongatum* Hoffm. ex Roem. & Schult. var. *genuinum* I.M. Johnst., nom. inval.
Ref.: Johnston, 1928; Gangui, 1955.
Hábito: Subarbusto.
Status: Nativa.
Elevación: 0-500 m.
Prov.: CH, CO, COR, ER, FO, MI, SA, SF.
Paises limítrofes: BO, BR, PA, UR.
Ejemplar examinado: *Krapovickas y Cristóbal 11723* (SI).

Heliotropium elongatum Hoffm. ex Roem. & Schult. var. *genuinum* I.M. Johnst., nom. inval. = **Heliotropium elongatum** Hoffm. ex Roem. & Schult.
Ref.: Johnston, 1928.

Heliotropium filiforme Lehm.
Sin.: *Heliotropium tenue* Roem. & Schult.
Ref.: Johnston, 1928; Gangui, 1955; Pérez-Moreau, 1994.
Hábito: Hierba.
Status: Nativa.
Elevación: 0-500 m.
Prov.: COR, MI.
Paises limítrofes: BO, BR, PA.
Ejemplar examinado: *Schulz 7649* (CTES).

[Heliotropium fruticosum L.]
Nota: Especie excluida de la flora argentina.

Heliotropium hasslerianum Chodat
Ref.: Johnston, 1928; Pérez-Moreau & Sánchez, 1985.
Hábito: Hierba.
Status: Nativa.
Elevación: 0-500 m.
Prov.: FO, SA.
Paises limítrofes: PA.
Ejemplar examinado: *Molina et al 375* (BAB).

Heliotropium indicum L.
Sin.: *Heliophytum indicum* DC.,
Ref.: Johnston, 1928; Gangui, 1955.
Hábito: Subarbusto.
Status: Nativa.
Elevación: 0-1000 m.
Prov.: CH, CO, COR, ER, FO, MI, SA, SF, TU.
Paises limítrofes: BO, BR, PA.
Ejemplar examinado: *Venturi 337* (SI).

Heliotropium inundatum Sw. = **Heliotropium procumbens** Mill.
Ref.: Johnston, 1928; Gangui, 1955.

Heliotropium inundatum Sw. f. *pusilla* Hassl. = **Heliotropium procumbens** Mill.
Ref.: Johnston, 1928.

Heliotropium inundatum Sw. var. *chacoense* R.E. Fr. = **Heliotropium procumbens** Mill.
Ref.: Johnston, 1928.

Heliotropium johnstonii Ragonese
Ref.: Ragonese, 1950; Di Fulvio, 1969b.
Hábito: Hierba.
Status: Endémica.
Prov.: CA, CO, SE.
Ejemplar examinado: *Ragonese y Piccinini 6031* (BAB).

Heliotropium kurtzii Gangui
Ref.: Gangui, 1955.
Hábito: Hierba.
Status: Endémica.
Prov.: ME, NE.
Ejemplar examinado: *Kurtz 6286* (holotipo, CORD; isotipo, SI).

Heliotropium leiocarpum Morong
Ref.: Johnston, 1928; Gangui, 1955; Di Fulvio, 1969b.
Hábito: Subarbusto.
Status: Nativa.
Elevación: 0-500 m.
Prov.: CH, ER, MI, SF.
Paises limítrofes: BR, PA.
Ejemplar examinado: *Rojas 11746* (SI).

Heliotropium lithospermifolium Speg. = **Heliotropium amplexicaule** Vahl
Ref.: Johnston, 1928; Gangui, 1955.

[Heliotropium macrostachyum (DC.) Hemsl.]
Nota: Especie excluida de la flora argentina.

Heliotropium mendocinum Phil.
Ref.: Johnston, 1928; Gangui, 1955; Di Fulvio, 1969b.
Hábito: Hierba.
Status: Endémica.
Elevación: 500-2500 m.
Prov.: CA, CO, LR, ME, MI, SE, SJ, SL, TU.
Ejemplar examinado: *Piccinini y Petetin 2857* (BAB).

Heliotropium microstachyum Ruiz & Pav.
Sin.: *Coldenia phaenocarpa* Phil., *Heliophytum brachystachyum* DC., *Heliotropium brachystachyum* (DC.) Griseb.
Ref.: Johnston, 1928; Gangui, 1955.
Hábito: Hierba.
Status: Nativa.
Elevación: 2000-4500 m.
Prov.: CA, JU, LR, SA, SF, SJ, TU.
Paises limítrofes: BO, CH.
Ejemplar examinado: *Budin s.n.* (SI 1521).

Heliotropium monostachyum Cham. = **Heliotropium transalpinum** Vell. var. **transalpinum**
Ref.: Johnston, 1928.

Heliotropium nicotianaefolium Poir.
Sin.: *Heliotropium sidaefolium* Cham., *Tournefortia heliotropioides* Hook.
Ref.: Johnston, 1928; Gangui, 1955; Di Fulvio, 1969b.
Hábito: Subarbusto.

Status: Nativa.
Elevación: 0-500 m.
Prov.: BA, CH, CO, DF, ER, MI, SA, SF, TU.
Paises limítrofes: BO, PA, UR.
Ejemplar examinado: *Bacigalupo y Crespo s.n.* (SI 25998).

Heliotropium ocellatum Cham.
Ref.: Johnston, 1928; Gangui, 1955.
Hábito: Hierba.
Status: Nativa.
Elevación: 0-1500 m.
Prov.: COR, MI.
Paises limítrofes: BR.
Ejemplar citado: *Schwindt 589** (LIL).

Heliotropium pallescens I.M. Johnst.
Ref.: Johnston, 1928; Pérez-Moreau, 1964.
Hábito: Hierba.
Status: Nativa.
Elevación: 0-500 m.
Prov.: FO.
Paises limítrofes: PA.
Ejemplar examinado: *Fortunato et al. 2530* (BAB).

Heliotropium paronychioides A.DC.
Ref.: Johnston, 1928; Gangui, 1955.
Hábito: Hierba.
Status: Nativa.
Elevación: 0-4000 m.
Prov.: CHU, JU, LR, ME, NE, RN, SJ.
Paises limítrofes: CH.
Ejemplar examinado: *Burkart 9622* (SI).

Heliotropium parviflorum L. = [Heliotropium angiospermum Murray]
Ref.: Johnston, 1928.

Heliotropium patagonicum (Speg.) I.M. Johnst.
Sin.: *Valentina patagonica* Speg., *Valentiniella patagonica* (Speg.) Speg.
Ref.: Johnston, 1928; Gangui, 1955.
Hábito: Hierba.
Status: Endémica.
Prov.: CHU, SC.
Ejemplar examinado: *Donat 114* (SI).

Heliotropium phylicoides Cham.
Ref.: Johnston, 1928; Gangui, 1955.
Hábito: Subarbusto.
Status: Nativa.
Elevación: 0-500 m.
Prov.: BA, CH, COR, ER, MI, SF.
Paises limítrofes: BR, UR.
Ejemplar examinado: *Burkart et al. 27248.* (SI).

Heliotropium pinnatisectum R.L. Pérez-Mor.
Ref.: Pérez-Moreau, 1963.
Hábito: Hierba.
Status: Endémica.
Prov.: NE.
Ejemplar examinado: *Pérez-Moreau y Piccinini 3322* (holotipo, BAB; isotipo, SI).

[Heliotropium polyphyllum Lehm.]
Nota: Especie excluida de la flora argentina.

Heliotropium procumbens Mill.
Sin.: *Heliotropium inundatum* Sw., *Heliotropium inundatum* Sw. f. *pusilla* Hassl., *Heliotropium inundatum* Sw. var. *chacoense* R.E. Fr., *Heliotropium riparium* Mart. ex Chodat
Ref.: Johnston, 1928; Gangui, 1955; Di Fulvio, 1969b.
Hábito: Hierba.
Status: Nativa.
Elevación: 0-3000 m.
Prov.: BA, CA, CH, COR, ER, FO, JU, MI, SA, SE, SF, TU.
Paises limítrofes: BO, BR, CH, PA, UR.
Ejemplar examinado: *Pérez-Moreau y Petetin 4077* (BA

Heliotropium repens Griseb. = **Heliotropium veronicifolium** Griseb.
Ref.: Johnston, 1928; Gangui, 1955.

Heliotropium repens Griseb. var. *medium* Kuntze = **Heliotropium veronicifolium** Griseb.
Ref.: Johnston, 1928; Gangui, 1955.

Heliotropium repens Griseb. var. *stenophyllum* Kuntze = **Heliotropium veronicifolium** Griseb.
Ref.: Johnston, 1928; Gangui, 1955.

Heliotropium riparium Mart. ex Chodat = **Heliotropium procumbens** Mill.
Ref.: Johnston, 1928.

Heliotropium ruiz-lealii I.M. Johnst.
Ref.: Johnston, 1959.
Hábito: Hierba.
Status: Endémica.
Prov.: SJ.
Ejemplar examinado: *Kiesling y Sáenz 4234* (SI).

Heliotropium salicoides Cham.
Ref.: Johnston, 1928; Gangui, 1955.
Hábito: Hierba.
Status: Nativa.
Elevación: 0-1500 m.
Prov.: COR, ER, MI.
Paises limítrofes: BO, BR, PA.
Ejemplar examinado: *Rodríguez 628* (SI).

Heliotropium salsum Griseb. = **Heliotropium veronicifolium** Griseb.
Ref.: Johnston, 1928.

Heliotropium schreiteri I.M. Johnst.
Ref.: Johnston, 1928; Gangui, 1955; Di Fulvio, 1969b.
Hábito: Hierba.
Status: Nativa.
Elevación: 0-500 m.
Prov.: CH, CO, FO, SA.
Ejemplar citado: *Schreiter 3603** (LIL).

Heliotropium sidaefolium Cham. = **Heliotropium nicotianaefolium** Poir.
Ref.: Johnston, 1928; Gangui, 1955.

Heliotropium tenue Roem. & Schult. = **Heliotropium filiforme** Lehm.
Ref.: Johnston, 1928; Gangui, 1955.

Heliotropium tiaridioides Cham. var. *tiaridioides* = **Heliotropium transalpinum** Vell. var. **tiaridioides** (Cham.) I.M. Johnst.
Ref.: Johnston, 1928; Pérez-Moreau, 1964.

Heliotropium tiaridioides Cham. var. *genuina* I.M. Johnst., nom. inval. = **Heliotropium transalpinum** Vell. var. **tiaridioides** (Cham.) I.M. Johnst.
Ref.: Johnston, 1928; Pérez-Moreau, 1964.

Heliotropium tiaridioides Cham. var. *schizocarpum* I.M. Johnst. = **Heliotropium transalpinum** Vell. var. **transalpinum**
Ref.: Johnston, 1928; Pérez-Moreau, 1964.

Heliotropium transalpinum Vell. var. **tiaridioides** (Cham.) I.M. Johnst.
Sin.: *Heliotropium tiaridioides* Cham. var. *tiaridioides*, *Heliotropium tiaridioides* Cham. var. *genuina* I.M. Johnst., nom. inval.
Ref.: Johnston, 1928; Pérez-Moreau, 1964; Di Fulvio, 1969b.
Hábito: Arbusto.
Status: Nativa.
Elevación: 0-1000 m.
Prov.: CH, COR, FO, JU, MI, SA.
Paises limítrofes: BO, BR, PA.
Ejemplar examinado: *Gamerro y Toursarkissian 32* (SI).

Heliotropium transalpinum Vell. var. **transalpinum**
Sin.: *Heliotropium monostachyum* Cham., *Heliotropium tiaridioides* Cham. var. *schizocarpum* I.M. Johnst.
Ref.: Johnston, 1928; Pérez-Moreau, 1964.
Hábito: Arbusto.
Status: Nativa.
Elevación: 500-1000 m.
Prov.: CH, COR, FO, MI, SA.
Paises limítrofes: BO, BR, PA.
Ejemplar examinado: *Nicora 4600* (SI).

Heliotropium veronicifolium Griseb.
Sin.: *Heliotropium repens* Griseb., *Heliotropium repens* Griseb. var. *medium* Kuntze, *Heliotropium repens* Griseb. var. *stenophyllum* Kuntze, *Heliotropium salsum* Griseb.
Ref.: Johnston, 1928; Gangui, 1955; Di Fulvio, 1969b.
Hábito: Hierba.
Status: Nativa.
Elevación: 0-1000 m.
Prov.: CA, CH, CO, FO, JU, SA, SE, SF, TU.
Paises limítrofes: BO, PA.
Ejemplar examinado: *Pérez-Moreau y Petetin 4360* (BAB).

Ixorhea Fenzl
Número de especies: 1 especie endémica.

Ixorhea tschudiana Fenzl
Sin.: *Oxyosmyles viscosissima* Speg.
Ref.: Fenzl, 1886; Hauman, 1922; Di Fulvio, 1978, 1982.
Hábito: Arbusto.
Status: Endémica.
Prov.: SA, TU.
Ejemplar examinado: *Cabrera et al. 30779* (SI).

Lappula Moench
Número de especies: 1

Lappula incospicua Brand = **Lappula redowskii** (Hornem.) Greene
Ref.: Johnstom, 1932; Brand, 1931.

Lappula patagonica Macloskie = **Lappula redowskii** (Hornem.) Greene
Ref.: Johnston, 1927.

Lappula redowskii (Hornem.) Greene
Sin.: *Echinospermum patagonicum* Speg., *Echinospermum redowskii* (Hornem.) Lehm., *Lappula incospicua* Brand, *Lappula patagonica* Macloskie, *Lappula redowskii* (Hornem.) Greene var. *desertorum* I.M. Johnst., *Lappula redowskii* (Hornem.) Greene var. *eu-redowskii* Brand, *Lappula redowskii* (Hornem.) Greene var. *occidentalis* I.M. Johnst., *Lappula texana* I.M. Johnst., *Myosotis redowskii* Hornem.
Ref.: Johnston, 1927, 1932; Brand, 1931.
Hábito: Hierba.
Status: Nativa.
Elevación: 2000-3500 m.
Prov.: CHU, LP, LR, ME, NE, RN, SC, SJ, SL.
Ejemplar examinado: *Pérez-Moreau y Mazzucconi 3449* (BAB).

Lappula redowskii (Hornem.) Greene var. *desertorum* I.M. Johnst. = **Lappula redowskii** (Hornem.) Greene
Ref.: Johnston, 1927.

Lappula redowskii (Hornem.) Greene var. *eu-redowskii* Brand = **Lappula redowskii** (Hornem.) Greene
Ref.: Johnston, 1927.

Lappula redowskii (Hornem.) Greene var. *occidentalis* I.M. Johnst. = **Lappula redowskii** (Hornem.) Greene
Ref.: Johnston, 1927.

Lappula revoluta Brand = **Hackelia revoluta** (Ruiz & Pav.) I.M. Johnst.
Ref.: Johnston, 1927.

Lappula revoluta Brand f. *fiebrigii* Brand = **Hackelia revoluta** (Ruiz & Pav.) I.M. Johnst.
Ref.: Johnston, 1927.

Lappula revoluta Brand f. *ovatifolia* Brand = **Hackelia revoluta** (Ruiz & Pav.) I.M. Johnst.
Ref.: Johnston, 1927.

Lappula texana I.M. Johnst. = **Lappula redowskii** (Hornem.) Greene
Ref.: Johnston, 1927.

Lithocardium gerascanthus (Kuntze) Jacq. var. *puberulum* Kuntze = **Cordia trichotoma** (Vell.) Arráb. ex Steud.
Ref.: Johnston, 1930.

Lithospermum L.
Número de especies: 1

Lithospermum arvense L.
Sin.: *Buglossoides arvense* (L.) I.M. Johnst., *Lithospermum officinale* Molfino, hom. illeg.
Ref.: Johnston, 1927, 1954.
Hábito: Hierba.
Status: Adventicia.
Elevación: 500-1000 m.
Prov.: BA, CA, CHU, CO, DF, ER, LP, ME, TU.
Ejemplar examinado: *Burkart 7051* (SI).

Lithospermum calycinum Moris = **Amsinckia calycina** (Moris) Chater
Ref.: Chater, 1971.

Lithospermum circumscissum Hook. & Arn. = **Cryptantha circumscissa** (Hook. & Arn.) I.M. Johnst.
Ref.: Pérez-Moreau, 1976.

Lithospermum officinale Molfino, hom. illeg. = **Lithospermum arvense** L.
Ref.: Johnston, 1927, 1954.

Lycopsis L.
Número de especies: 1

Lycopsis arvensis L.
Sin.: *Anchusa arvensis* (L.) M. Bieb.
Ref.: Selvi, Nardi & Bigazzi, 1996.
Hábito: Hierba.
Status: Adventicia.
Prov.: CO, LP.
Ejemplar examinado: *Burkart 9836* (SI).

Myosotis L.
Número de especies: 7

Myosotis albida Kunth = **Cryptantha albida** (Kunth) I.M. Johnst.
Ref.: Pérez-Moreau, 1976.

Myosotis albiflora Banks & Sol.
Sin.: *Eritrichium albiflorum* Griseb.
Ref.: Johnston, 1927.
Hábito: Hierba.
Status: Nativa.
Elevación: 0-500 m.
Prov.: TF.
Paises limítrofes: CH.
Ejemplar examinado: *Goodall 2386* (BAB).

[Myosotis antarctica Hook. f.]
Nota: Especie excluida de la flora argentina.

Myosotis arvensis (L.) Hill
Sin.: *Myosotis scorpioides* L. var. *arvensis* L.
Ref.: Moore & Goodall, 1977.
Hábito: Hierba.
Status: Adventicia.
Elevación: 0-500 m.
Prov.: NE, TF, TU.
Paises limítrofes: CH.
Ejemplar examinado: *Venturi 7950* (SI).

Myosotis azorica H.C. Watson ex Hook.
Ref.: Johnston, 1927; Soriano, 1947c.
Hábito: Hierba.
Status: Adventicia.
Elevación: 0-500 m.
Prov.: BA, CHU.
Paises limítrofes: BO, CH.
Ejemplar examinado: *Soriano 2167* (BAB).

Myosotis corymbosa Ruiz & Pav. = **Plagiobothrys corymbosus** (Ruiz & Pav.) I.M. Johnst.
Ref.: Johnston, 1927; Pérez-Moreau & Crespo 1991a.

Myosotis discolor Pers.
Sin.: *Myosotis versicolor* (Pers.) Sm.
Ref.: Moore & Goodall, 1977.
Hábito: Hierba.
Status: Adventicia.
Elevación: 0-1000 m.
Prov.: CHU, RN, TF.
Paises limítrofes: CH.
Ejemplar examinado: *Nicora 9489* (SI).

Myosotis laxa Lehm.
Ref.: Johnston, 1927.
Hábito: Hierba.
Status: Adventicia.
Prov.: BA, DF, NE.
Paises limítrofes: CH.
Ejemplar examinado: *Rodríguez 167* (SI).

Myosotis micrantha auct. non Pall. = **Myosotis stricta** Link
Ref.: Abrams, 1951.

Myosotis redowskii Hornem. = **Lappula redowskii** (Hornem.) Greene
Ref.: Johnston, 1927.

[Myosotis scorpioides L.]
Nota: Cita dudosa para la flora argentina.

Myosotis scorpioides L. var. *arvensis* L. = **Myosotis arvensis** (L.) Hill
Ref.: Moore & Goodall, 1977.

Myosotis stricta Link
Sin.: *Myosotis micrantha* auct. non Pall.
Ref.: Abrams, 1951.
Hábito: Adventicia.
Prov.: CHU, SC.
Ejemplar examinado: *De Marco de Kreibohm 697* (SI).

[Myosotis sylvatica (Ehrh.) Hoffm.]
Nota: Cita dudosa para la flora argentina. Mencionada por Ruíz Leal (1954).

Myosotis verna Nutt.
Sin.: *Eritrichium pampeanum* Speg., *Myosotis virginica* (L.) Britton, Stern & Poggenb.
Ref.: Johnston, 1927; Hitchcock et al., 1959.
Hábito: Hierba.
Status: Adventicia.
Elevación: 0-500 m.
Prov.: BA, CHU, RN, SC.
Ejemplar examinado: *Cabrera 8094* (LP).

Myosotis versicolor (Pers.) Sm. = **Myosotis discolor** Pers.
Ref.: Moore & Goodall, 1977.

Myosotis virginica (L.) Britton, Stern & Poggenb. = **Myosotis verna** Nutt.
Ref.: Johnston, 1927; Hitchcock et al., 1959.

Oxyosmyles viscosissima Speg. = **Ixorhea tschudiana** Fenzl

Patagonula L.

Número de especies: 1

Patagonula alba Rojas Acosta, nom. nud.

Patagonula americana L.
Sin.: *Cordia patagonula* Aiton, *Patagonula americana* L. var. *glabra* Cham., *Patagonula americana* L. var. *hirsuta* Fresen., *Patagonula australis* Salisb., *Patagonula glabra* Miers, *Patagonula tweediana* Miers
Ref.: Di Fulvio, 1969a; Pérez-Moreau, 1994.
Hábito: Árbol.
Status: Nativa.
Elevación: 500-1000 m.
Prov.: CH, COR, FO, JU, MI, SA, SF.
Paises limítrofes: BO, BR, PA, UR.
Ejemplar examinado: *Rodríguez 27* (SI).

Patagonula americana L. var. *glabra* Cham. = **Patagonula americana** L.
Ref.: Pérez-Moreau, 1994.

Patagonula americana L. var. *hirsuta* Fresen. = **Patagonula americana** L.
Ref.: Pérez-Moreau, 1994.

Patagonula australis Salisb. = **Patagonula americana** L.
Ref.: Pérez-Moreau, 1994.

Patagonula fuscata Rojas Acosta, nom. nud.

Patagonula glabra Miers = **Patagonula americana** L.
Ref.: Pérez-Moreau, 1994.

Patagonula tweediana Miers = **Patagonula americana** L.
Ref.: Pérez-Moreau, 1994.

Pectocarya DC. ex Meisn.

Número de especies: 2

Pectocarya boliviana (I.M. Johnst.) I.M. Johnst.
Sin.: *Pectocarya gracilis* (Ruiz & Pav.) I.M. Johnst. var. *boliviana* I.M. Johnst.
Ref.: Johnston, 1927.
Hábito: Hierba.
Status: Nativa.
Elevación: 3500-4000 m.
Prov.: JU.
Paises limítrofes: BO.
Ejemplar examinado: *Cabrera et al. 30575* (SI).

Pectocarya chilensis DC. = **Pectocarya linearis** (Ruiz & Pav.) DC.
Ref.: Johnston, 1927; Hitchcock et al., 1959.

Pectocarya gracilis (Ruiz & Pav.) I.M. Johnst. = **Pectocarya linearis** (Ruiz & Pav.) DC.
Ref.: Johnston, 1927; Hitchcock et al., 1959.

Pectocarya gracilis (Ruiz & Pav.) I.M. Johnst. var. *boliviana* I.M. Johnst. = **Pectocarya boliviana** (I.M. Johnst.) I.M. Johnst.
Ref.: Johnston, 1927.

Pectocarya gracilis (Ruiz & Pav.) I.M. Johnst. var. *genuina* I.M. Johnst., nom. inval. = **Pectocarya linearis** (Ruiz & Pav.) DC.
Ref.: Johnston, 1927; Hitchcock et al., 1959.

Pectocarya lateriflora Brand = **Pectocarya linearis** (Ruiz & Pav.) DC.
Ref.: Johnston, 1927; Hitchcock et al., 1959.

Pectocarya linearis (Ruiz & Pav.) DC.
Sin.: *Cynoglossum lineare* Ruiz & Pav., *Pectocarya chilensis* DC., *Pectocarya gracilis* (Ruiz & Pav.) I.M. Johnst., *Pectocarya gracilis* (Ruiz & Pav.) I.M. Johnst. var. *genuina* I.M. Johnst., nom. inval., *Pectocarya lateriflora* Brand, *Pectocarya linearis* DC. var. *ferocula* I.M. Johnst.
Ref.: Johnston, 1927; Hitchcock et al., 1959.
Hábito: Hierba.
Status: Nativa.
Elevación: 500-1500 m.
Prov.: BA, CHU, ME, NE, RN, SC, TF.
Paises limítrofes: CH.
Ejemplar examinado: *MiccioPeralta s.n.* (SI 1395).

Pectocarya linearis DC. var. *ferocula* I.M. Johnst. = **Pectocarya linearis** (Ruiz & Pav.) DC.
Ref.: Johnston, 1927; Hitchcock et al., 1959.

Plagiobothrys Fisch. & C.A.Mey.

Número de especies: 4

Plagiobothrys albiflorus (Griseb.) R.L. Pérez-Mor. ex D.M. Moore = **Plagiobothrys calandrinioides** (Phil.) I.M. Johnst.
Ref.: Johnston, 1927; Moore, 1974.

Plagiobothrys calandrinioides (Phil.) I.M. Johnst.
Sin.: *Allocarya alternifolia* Brand, *Allocarya humilis* Brand, p.p., *Eritrichium albiflorus* Griseb., *Eritrichium calandrinioides* Phil., *Eritrichium humile* Macloskie, hom. illeg., *Eritrichium uliginosum* auct. non Phil., *Plagiobothrys albiflorus* (Griseb.) R.L. Pérez-Mor. ex D.M. Moore, *Plagiobothrys lechleri* I.M. Johnst., *Plagiobothrys procumbens* Macloskie, hom. illeg.
Ref.: Johnston, 1927; Moore, 1974.
Hábito: Hierba.
Status: Nativa.
Elevación: 2000-2500 m.
Prov.: CHU, NE, RN, SC, SJ, TF.
Paises limítrofes: CH.
Ejemplar examinado: *Dusén 5428* (SI).

Plagiobothrys congestus (Wedd.) I.M. Johnst.
Sin.: *Eritrichium humile* DC. var. *congestum* Wedd.
Ref.: Johnston, 1927.
Hábito: Hierba.
Status: Nativa.
Elevación: 2000-4500 m.
Prov.: JU, SA, TU.
Paises limítrofes: BO, CH.
Ejemplar examinado: *Cabrera et al. 31695* (SI).

Plagiobothrys corymbosus (Ruiz & Pav.) I.M. Johnst.
Sin.: *Allocarya sessiliflora* Reiche, *Allocarya sessilifolia* Greene, *Myosotis corymbosa* Ruiz & Pav.
Ref.: Johnston, 1927; Pérez-Moreau & Crespo, 1991a.
Hábito: Hierba.
Status: Nativa.
Elevación: 0-500 m.
Prov.: CHU, NE, RN.
Paises limítrofes: CH.
Ejemplar examinado: *Spegazzini s.n.* (BAB 55914).

[Plagiobothrys humilis (Ruiz & Pav.) I.M. Johnst.]
Nota: Especie excluida de la flora argentina.

Plagiobothrys lechleri I.M. Johnst. = **Plagiobothrys calandrinioides** (Phil.) I.M. Johnst.
Ref.: Johnston, 1927.

[Plagiobothrys mesembryanthemoides (Speg.) I.M. Johnst.]
Sin.: *Eritrichium mesembryanthemoides* Speg.
Nota: Especie excluida de la flora argentina. Probablemente Portulacaceae.

Plagiobothrys myosotoides (Lehm.) Brand var. *patagonicus* (I.M. Johnst.) Brand = **Plagiobothrys verrucosus** (Phil.) I.M. Johnst.
Ref.: Brand, 1931.

Plagiobothrys patagonicus I.M. Johnst. = **Plagiobothrys verrucosus** (Phil.) I.M. Johnst.
Ref.: Johnston, 1927.

[Plagiobothrys procumbens (Colla) Gray]
Sin.: *Allocarya procumbens* (Colla) Greene
Ref.: Johnston, 1927.
Nota: Cita dudosa para la flora argentina.

Plagiobothrys procumbens Macloskie, hom. illeg. = **Plagiobothrys calandrinioides** (Phil.) I.M. Johnst.
Ref.: Johnston, 1927; Moore, 1974.

[Plagiobothrys pygmaeus (Kunth) I.M. Johnst.]
Sin.: *Anchusa pygmaea* Kunth, *Eritrichium pygmaeum* Wedd.
Nota: Especie excluida de la flora argentina.

[Plagiobothrys tinctorius (Ruiz & Pav.) Gray]
Nota: Especie excluida de la flora argentina.

[Plagiobothrys uliginosum (Phil.) I.M. Johnst.]
Sin.: *Allocarya uliginosa* (Phil.) Greene, *Eritrichium uliginosum* Phil.
Nota: Especie excluida de la flora argentina.

Plagiobothrys verrucosus (Phil.) I.M. Johnst.
Sin.: *Eritrichium verrucosum* Phil., *Plagiobothrys myosotoides* (Lehm.) Brand var. *patagonicus* (I.M. Johnst.) Brand, *Plagiobothrys patagonicus* I.M. Johnst.
Ref.: Johnston, 1927; Brand, 1931.
Hábito: Hierba.
Status: Nativa.
Elevación: 500-1000 m.
Prov.: CHU, NE, RN, SC.
Paises limítrofes: CH.
Ejemplar examinado: *Cabrera et al. 32942* (SI).

Saccellium Bonpl.
Número de especies: 1

Saccellium lanceolatum Humb. & Bonpl.
Ref.: Johnston, 1935.
Hábito: Árbol.
Status: Nativa.
Elevación: 0-1000 m.
Prov.: JU, SA, TU.
Paises limítrofes: BO, BR, PA.
Ejemplar examinado: *Taylor 11353* (SI).

Symphytum L.
Número de especies: 1

Symphytum officinale L.
Ref.: Molfino, 1925a.
Hábito: Hierba.
Status: Adventicia.
Elevación: 0-500 m.
Prov.: BA.
Ejemplar examinado: *Lanfranchi 1326* (SI).

Thaumatocaryon Baill.
Número de especies: 1

Thaumatocaryon tetraquetrum (Cham.) I.M. Johnst.
Sin.: *Anchusa tetraquetra* Cham.
Ref.: Pérez-Moreau & Crespo, 1968.
Hábito: Hierba.
Status: Nativa.
Elevación: 0-500 m.
Prov.: MI.
Paises limítrofes: BR, PA.
Ejemplar examinado: *Gamerro y Toursarkissian 95* (SI).

Tiquiliopsis nuttallii A. Heller = **Coldenia nuttallii** Hook.
Ref.: Johnston, 1925.

Tournefortia L
Número de especies: 4

[Tournefortia bicolor Sw.]
Nota: Especie excluida de la flora argentina.

Tournefortia elegans Cham. = **Tournefortia paniculata** Cham. var. **paniculata**
Ref.: Johnston, 1930.

Tournefortia elegans Griseb. = **Tournefortia paniculata** Cham. var. **austrina** I.M. Johnst.
Ref.: Johnston, 1930.

Tournefortia grandifolia Lillo = **Tournefortia paniculata** Cham. var. **austrina** I.M. Johnst.
Ref.: Johnston, 1930.

Tournefortia heliotropioides Hook. = **Heliotropium nicotianaefolium** Poir.
Ref.: Johnston, 1928; Gangui, 1955.

Tournefortia lilloi I.M. Johnst.
Sin.: *Tournefortia undulata* Griseb., hom. illeg.
Ref.: Johnston, 1930.
Hábito: Arbusto.
Status: Nativa.
Elevación: 0-1000 m.
Prov.: JU, SA, TU.
Paises limítrofes: BO.
Ejemplar examinado: *Kiesling et al. 8169* (SI).

Tournefortia paniculata Cham. var. **austrina** I.M. Johnst.
Sin.: *Tournefortia elegans* Griseb., *Tournefortia grandifolia* Lillo
Ref.: Johnston, 1930; Di Fulvio, 1967.
Hábito: Arbusto.
Status: Nativa.
Elevación: 0-2000 m.
Prov.: CA, JU, SA, TU.
Paises limítrofes: BO.
Ejemplar examinado: *Venturi 8176* (SI).

Tournefortia paniculata Cham. var. **paniculata**
Sin.: *Tournefortia elegans* Cham.
Ref.: Johnston, 1930.
Hábito: Arbusto.
Status: Nativa.
Elevación: 0-500 m.
Prov.: MI.
Paises limítrofes: BO, BR, PA.
Ejemplar examinado: *Eskuche 01807* (SI).

[Tournefortia polystachya Ruiz & Pav.]
Nota: Especie excluida de la flora argentina.

[Tournefortia psilostachya Kunth]
Nota: Especie excluida de la flora argentina.

Tournefortia rubicunda Salzm. ex DC.
Ref.: Johnston, 1930.
Hábito: Arbusto.
Status: Nativa.
Elevación: 0-500 m.
Prov.: CH, COR, ER, FO, JU, SA, TU.
Paises limítrofes: BO, BR, PA.
Ejemplar examinado: *Rodríguez 130* (SI).

Tournefortia salzmannii DC.
Ref.: Johnston, 1930.
Hábito: Arbusto.
Status: Nativa.
Elevación: 0-1500 m.
Prov.: CH, COR, FO, JU, SA.
Paises limítrofes: BO, BR, PA.
Ejemplar examinado: *Venturi 5059* (SI).

Tournefortia undulata Griseb., hom. illeg. = **Tournefortia lilloi** I.M. Johnst.
Ref.: Johnston, 1930.

[Tournefortia volubilis L.]
Nota: Especie excluida de la flora argentina.

Valentina patagonica Speg. = **Heliotropium patagonicum** (Speg.) I.M. Johnst.
Ref.: Johnston, 1928; Gangui, 1955.

Valentiniella patagonica (Speg.) Speg. = **Heliotropium patagonicum** (Speg.) I.M. Johnst.
Ref.: Johnston, 1928; Gangui, 1955.

Varronia curassavica Jacq. = **Cordia curassavica** (Jacq.) Roem. & Schult.
Ref.: Johnston, 1930; Gaviria, 1987; Estrada Sánchez, 1995.

BRASSICACEAE

61 géneros, 224 especies; 65 especies endémicas.

por J.B. Martínez Laborde

Aethionema R. Br.

Número de especies: 1

Aethionema saxatile (L.) R. Br.
Sin.: *Thlaspi saxatile* L.
Ref.: Boelcke & Romanczuk, 1984.
Hábito: Hierba.
Status: Adventicia.
Prov.: NE.
Ejemplar examinado: *Diem 1696* (SI).

Alyssum L.

Número de especies: 1

Alyssum alyssoides (L.) L.
Sin.: *Clypeola alyssoides* L.
Ref.: Boelcke & Romanczuk, 1984.
Hábito: Hierba.
Status: Adventicia.
Elevación: 0-500 m.
Prov.: BA, CHU, LP, ME, SC.
Paises limítrofes: CH.
Ejemplar examinado: *Boelcke et al. 12065* (BAB).

Alyssum maritimum (L.) Lam. = **Lobularia maritima** (L.) Desv.
Ref.: Borgen, 1987.

Alyssum mendocinum (Phil.) Kuntze = **Lesquerella mendocina** (Phil.) Kurtz
Ref.: Hauman & Irigoyen, 1923.

Arabidopsis Heynhold

Número de especies: 1

Arabidopsis thaliana (L.) Heynh.
Sin.: *Arabis thaliana* L.
Ref.: Boelcke & Romanczuk, 1984.
Hábito: Hierba.
Status: Adventicia.

Prov.: SC.
Ejemplar examinado: *Boelcke et al. 12860* (SI).

Arabis L.
Número de especies: 1

Arabis alpina L.
Ref.: Boelcke & Romanczuk, 1984.
Hábito: Hierba.
Status: Adventicia.
Prov.: RN.
Ejemplar citado: *Rechencq s.n.** (CRP 4154).

Arabis bracteata Wedd. = **Sisymbrium peruvianum** DC.
Ref.: Romanczuk, 1982.

Arabis commersonii DC. = **Cardamine chenopodiifolia** Pers.
Ref.: Boelcke, 1976.

Arabis macloviana (d'Urv.) Hook. f. = **Phlebolobium maclovianum** (d'Urv.) O.E. Schulz
Ref.: Boelcke & Romanczuk, 1984.

Arabis macloviana Reiche, hom. illeg. = **Sisymbrium magellanicum** (Juss. ex Pers.) Hook. f.
Ref.: Romanczuk, 1982.

Arabis magellanica (Juss. ex Pers.) Dusén = **Sisymbrium magellanicum** (Juss. ex Pers.) Hook. f.
Ref.: Romanczuk, 1982.

Arabis spathulata (Poir.) DC. = **Cardamine chenopodiifolia** Pers.
Ref.: Boelcke, 1976.

Arabis thaliana L. = **Arabidopsis thaliana** (L.) Heynh.
Ref.: Boelcke & Romanczuk, 1984.

Aschersoniodoxa Gilg & Muschl.
Número de especies: 1

Aschersoniodoxa cachensis (Speg.) Al-Shehbaz
Sin.: *Braya cachensis* Speg.
Ref.: Al-Shehbaz, 1990d.
Hábito: Hierba.
Status: Nativa.
Elevación: 4000–>4500 m.
Prov.: CA, JU, SA, TU.
Paises limítrofes: BO.
Ejemplar examinado: *Ayarde 361* (LIL).

[Aschersoniodoxa mandoniana Gilg & Muschl.]
Ref.: Al-Shehbaz, 1990d.
Nota: Citada erróneamente para la flora argentina, sobre la base de material no perteneciente a esta especie.

Ateixa andina (O.E. Schulz) Ravenna = **Sarcodraba andina** O.E. Schulz
Ref.: Boelcke & Martínez-Laborde, 1994.

Barbarea R. Br.
Número de especies: 2

Barbarea intermedia Boreau
Ref.: Boelcke & Romanczuk, 1984.
Hábito: Hierba.
Status: Adventicia.
Prov.: RN, SC.
Ejemplar citado: *Bonarelli 3882** (BA).

Barbarea vulgaris R. Br.
Ref.: Boelcke & Romanczuk, 1984.
Hábito: Hierba.
Status: Adventicia.
Prov.: CHU.
Paises limítrofes: CH.
Ejemplar citado: *Correa et al. 9096** (BAB).

Biscutella chilensis Lag. ex DC. = **Cremolobus chilensis** (Lag. ex DC.) DC.
Ref.: Khanna & Rollins, 1965.

Brassica L.
Número de especies: 3

Brassica antarctica Molina = **Sisymbrium magellanicum** (Juss. ex Pers.) Hook. f.
Ref.: Romanczuk, 1982.

Brassica campestris L. = **Brassica rapa** L.
Ref.: Heywood, 1964.

Brassica juncea (L.) Czern. & Cosson
Sin.: *Sinapis juncea* L.
Ref.: Boelcke, 1987.
Hábito: Hierba.
Status: Adventicia.
Elevación: 0-500 m.
Prov.: BA, ER, LP, MI, SA, SJ.
Paises limítrofes: BR, PA.
Ejemplar examinado: *Troncoso y Bacigalupo 3147* (SI).

Brassica macloviana d'Urv. = **Phlebolobium maclovianum** (d'Urv.) O.E. Schulz
Ref.: Boelcke & Romanczuk, 1984.

Brassica magellanica Juss. ex Pers. = **Sisymbrium magellanicum** (Juss. ex Pers.) Hook. f.
Ref.: Romanczuk, 1982.

Brassica nigra (L.) W.D.J. Koch
Sin.: *Sinapis nigra* L.
Ref.: Boelcke & Romanczuk, 1984.
Hábito: Hierba.
Status: Adventicia.
Elevación: 0-500 m.
Prov.: BA, CA, CH, CHU, CO, RN, SA.
Paises limítrofes: CH.
Ejemplar examinado: *Daciuk XIII-1* (SI).

Brassica rapa L.
Sin.: *Brassica campestris* L.
Ref.: Boelcke & Romanczuk, 1984.
Hábito: Hierba.
Status: Adventicia.
Elevación: 0-500 m.
Prov.: BA, CA, CH, CHU, CO, COR, DF, ER, JU, LP, LR, ME, MI, NE, RN, SA, SC, SE, SF, SJ, SL, TF, TU.
Paises limítrofes: BO, BR, CH, UR.
Ejemplar examinado: *Hunziker 12204* (CORD).

Brassica vesicaria L. = **Eruca vesicaria** (L.) Cav.
Ref.: Boelcke & Romanczuk, 1984.

Braya cachensis Speg. = **Aschersoniodoxa cachensis** (Speg.) Al-Shehbaz
Ref.: Al-Shehbaz, 1990d.

Braya glebaria Speg. = **Xerodraba glebaria** (Speg.) Skottsb.
Ref.: Boelcke & Romanczuk, 1984.

Braya lycopodioides Speg. = **Xerodraba lycopodioides** (Speg.) Skottsb. var. **lycopodioides**
Ref.: Boelcke & Romanczuk, 1984.

Braya lycopodioides var. *contracta* Speg. = **Xerodraba lycopodioides** var. **contracta** (Speg.) O.E. Schulz
Ref.: Boelcke & Romanczuk, 1984.

Braya monantha (Gilg ex Kuntze) Speg. = **Xerodraba monantha** (Gilg ex Kuntze) Skottsb.
Ref.: Boelcke & Romanczuk, 1984.

Braya monimocalyx Gilg & Muschl. ex Hosseus, nom. nud. = **Brayopsis monimocalyx** O.E. Schulz
Ref.: Al-Shehbaz, 1989c.

Braya patagonica Speg. = **Xerodraba patagonica** (Speg.) Skottsb.
Ref.: Boelcke & Romanczuk, 1984.

Braya pectinata Speg. = **Xerodraba pectinata** (Speg.) Skottsb.
Ref.: Boelcke & Romanczuk, 1984.

Braya pycnophylloides Speg. = **Xerodraba pycnophylloides** (Speg.) Skottsb. var. **pycnophylloides**
Ref.: Boelcke & Romanczuk, 1984.

Brayopsis Gilg & Muschl.

Número de especies: 2

Brayopsis calycina (Desv.) Gilg & Muschl.
Sin.: *Draba calycina* Desv.
Ref.: Al-Shehbaz, 1989c.
Hábito: Hierba.
Status: Nativa.
Elevación: 3500–>4500 m.
Prov.: JU, SA, TU.
Paises limítrofes: BO.
Ejemplar examinado: *Sleumer 3492* (LIL).

Brayopsis hauthalii (Gilg & Muschl.) Skottsb. = **Eudema hauthalii** Gilg & Muschl.
Ref.: Boelcke & Romanczuck, 1984; Al-Shehbaz, 1990b.

Brayopsis monimocalyx O.E. Schulz
Sin.: *Braya monimocalyx* Gilg & Muschl. ex Hosseus., nom. nud.
Ref.: Al-Shehbaz, 1989c.
Hábito: Hierba.
Status: Nativa.
Elevación: 4000–>4500 m.
Prov.: JU, LR, SA.
Paises limítrofes: BO.
Ejemplar examinado: *Kurtz 14683* (isotipo, CORD).

Brayopsis skottsbergii Gilg = **Eudema hauthalii** Gilg & Muschl.
Ref.: Boelcke & Romanczuk, 1984; Al-Shehbaz, 1990b.

Bursa procumbens (L.) Kuntze = **Hymenolobus procumbens** (L.) Nutt. ex Torr. & A. Gray
Ref.: Boelcke, 1974.

Cakile Mill.

Número de especies: 1

Cakile maritima Scop.
Ref.: Boelcke & Romanczuk, 1984.
Hábito: Hierba.
Status: Adventicia.
Elevación: 0-500 m.
Prov.: BA.
Paises limítrofes: UR.
Ejemplar examinado: *Ihasz s.n.* (SI 28226).

Camelina Crantz

Número de especies: 3

Camelina alyssum (Mill.) Thell.
Sin.: *Camelina parodii* Ibarra & La Porte, *Camelina sativa* var. *dentata* (Willd.) Ibarra & La Porte, *Myagrum alyssum* Mill.
Ref.: Ibarra & La Porte, 1947; Boelcke, 1967.
Hábito: Hierba.
Status: Adventicia.
Elevación: 0-500 m.
Prov.: BA, SF.
Ejemplar citado: *Boelcke 2125** (BAA).

Camelina microcarpa Andrz. ex DC.
Ref.: Boelcke & Romanczuk, 1984.
Hábito: Hierba.
Status: Adventicia.
Elevación: 0-500 m.
Prov.: BA, CHU, LP, ME.
Ejemplar examinado: *Boelcke et al. 10208* (SI).

Camelina parodii Ibarra & La Porte = **Camelina alyssum** (Mill.) Thell.
Ref.: Boelcke, 1967.

Camelina sativa (L.) Crantz
Sin.: *Myagrum sativum* L.
Ref.: Ibarra & La Porte, 1947; Boelcke & Romanczuk, 1984.
Hábito: Hierba.
Status: Adventicia.
Elevación: 0-500 m.
Prov.: BA, CO, LP, SF.
Paises limítrofes: BR.
Ejemplar examinado: *Hunziker 12839* (CORD).

Camelina sativa var. *dentata* (Willd.) Ibarra & La Porte = **Camelina alyssum** (Mill.) Thell.
Ref.: Boelcke, 1967.

Capsella Medik.

Número de especies: 1

Capsella bursa-pastoris (L.) Medik.
Sin.: *Thlaspi bursa-pastoris* L.
Ref.: Boelcke & Romanczuk, 1984.
Hábito: Hierba.
Status: Adventicia.
Elevación: 0–3500 m.
Prov.: BA, CA, CHU, CO, COR, DF, ER, FO, JU, LP, LR, ME, MI, NE, RN, SA, SC, SE, SF, SJ, SL, TF, TU.
Paises limítrofes: BO, BR, CH, PA, UR.
Ejemplar examinado: *Cáceres 1902* (CORD).

Capsella procumbens (L.) Fr. = **Hymenolobus procumbens** (L.) Nutt. ex Torr. & A. Gray
Ref.: Boelcke, 1974.

Cardamine L.

Número de especies: 15, 1 variedad endémica.

Cardamine africana L.
Ref.: Schulz, 1903.
Hábito: Hierba.
Status: Adventicia.
Prov.: SA.
Paises limítrofes: BO, BR, CH.
Ejemplar examinado: *Brown et al. 1100* (SI).

Cardamine alsophila Phil. = **Cardamine flaccida** subsp. **alsophila** (Phil.) O.E. Schulz
Ref.: Boelcke & Romanczuk, 1984.

Cardamine antiscorbutica Banks & Sol. ex Hook. f. = **Cardamine glacialis** (G. Forst.) DC.
Ref.: Boelcke & Romanczuk, 1984.

Cardamine antiscorbutica var. *andicola* Albov = **Cardamine glacialis** (G. Forst.) DC.
Ref.: Hauman & Irigoyen, 1923.

Cardamine antiscorbutica var. *pauciflora* Speg. = **Cardamine glacialis** (G. Forst.) DC.
Ref.: Hauman & Irigoyen, 1923.

Cardamine antiscorbutica var. *umbrosa* Albov = **Cardamine glacialis** (G. Forst.) DC.
Ref.: Hauman & Irigoyen, 1923.

Cardamine axillaris Wedd. = **Cardamine bonariensis** var. **minima** (Steud.) J.F. Macbr.
Ref.: Schulz, 1903.

Cardamine axillaris var. *tucumanensis* Griseb. = **Cardamine bonariensis** var. **tucumanensis** (Griseb.) O.E. Schulz
Ref.: Schulz, 1903.

Cardamine bonariensis Pers. var. **bonariensis**
Sin.: *Cardamine flaccida* subsp. *bonariensis* (Pers.) O.E. Schulz.
Ref.: Boelcke, 1987.
Hábito: Hierba.
Status: Nativa.
Elevación: 0-500 m.
Prov.: BA, CA, CO, DF, ER, LR, ME, SA, SJ, TU.
Paises limítrofes: BR, CH, UR.
Ejemplar examinado: *Pujalte 130* (SI).
Nota: Bajo este nombre y debido al incompleto conocimiento del género, se incluye aún una considerable variabilidad que podría corresponder a otros taxones.

Cardamine bonariensis var. *flaccida* (Cham. & Schltdl.) J.F. Macbr. = **Cardamine flaccida** Cham. & Schltdl. subsp. **flaccida**
Ref.: Macbride, 1938.

Cardamine bonariensis var. **minima** (Steud.) J.F. Macbr.
Sin.: *Cardamine axillaris* Wedd., *Cardamine flaccida* subsp. *minima* (Steud.) O.E. Schulz, *Cardamine minima* Steud.
Ref.: Schulz, 1903; Macbride, 1938; Boelcke, 1968.
Hábito: Hierba.
Status: Nativa.
Elevación: 2000–2500 m.
Prov.: JU, ME.
Paises limítrofes: BO, CH.
Ejemplar citado: *Böcher et al. 722** (C).

Cardamine bonariensis var. **tucumanensis** (Griseb.) O.E. Schulz
Sin.: *Cardamine axillaris* var. *tucumanensis* Griseb., *Cardamine cymbalaria* Chodat & Wilczek, *Cardamine flaccida* var. *tucumanensis* (Griseb.) O.E. Schulz.
Ref.: Schulz, 1903; Hauman & Irigoyen, 1923.
Hábito: Hierba.
Status: Endémica.
Prov.: CA, CO, LR, ME, SA, SJ.
Ejemplar examinado: *Lorentz 743* (isotipo, CORD).
Nota: Posible sinónimo de *C. bonariensis* var. *minima*.

Cardamine calbucana Phil. = **Cardamine cordata** Barnéoud
Ref.: Boelcke & Romanczuk, 1984.

Cardamine callitrichoides Speg. = **Cardamine valdiviana** var. **callitrichoides** (Speg.) O.E. Schulz
Ref.: Boelcke & Romanczuk, 1984.

Cardamine chenopodiifolia Pers.
Sin.: *Arabis commersonii* DC., *Arabis spathulata* (Poir.) DC., *Sisymbrium bellidifolium* Poir., *Sisymbrium spathulatum* Poir.
Ref.: Boelcke, 1987.
Hábito: Hierba.
Status: Nativa.
Elevación: 0-500 m.
Prov.: BA, CH, COR, ER, FO, MI.
Paises limítrofes: BO, BR, CH, PA, UR.
Ejemplar examinado: *Pérez Moreau s.n.* (BA 31/2142).

Cardamine chilensis var. *valdiviana* (Phil.) Reiche = **Cardamine valdiviana** Phil. var. **valdiviana**
Ref.: Boelcke & Romanczuk, 1984.

Cardamine clandestina (Spreng.) Kuntze = **Rorippa clandestina** (Spreng.) J.F. Macbr.
Ref.: Martínez-Laborde, 1985.

Cardamine colchaguensis Barnéoud = **Weberbauera colchaguensis** (Barnéoud) Al-Shehbaz
Ref.: Al-Shehbaz, 1990a.

Cardamine cordata Barnéoud
Sin.: *Cardamine calbucana* Phil., *Cardamine monticola* Phil., *Cardamine rostrata* var. *alpina* Chodat & Wilczek, *Cardamine triphylla* Phil.
Ref.: Boelcke & Romanczuk, 1984.
Hábito: Hierba.
Status: Nativa.
Elevación: 2000–3500 m.
Prov.: CHU, ME, NE, RN.
Paises limítrofes: CH.
Ejemplar examinado: *Ragonese 276* (BA).

Cardamine cymbalaria Chodat & Wilczek = **Cardamine bonariensis** var. **tucumanensis** (Griseb.) O.E. Schulz
Ref.: Hauman & Irigoyen, 1923.

Cardamine flaccida subsp. **alsophila** (Phil.) O.E. Schulz
Sin.: *Cardamine alsophila* Phil.
Ref.: Boelcke & Romanczuk, 1984.
Hábito: Hierba.
Status: Nativa.
Prov.: CHU, NE, SC.
Paises limítrofes: CH.
Ejemplar citado: *Boelcke et al. 13592** (BAB).

Cardamine flaccida subsp. *bonariensis* (Pers.) O.E. Schulz = **Cardamine bonariensis** Pers. var. **bonariensis**
Ref.: Boelcke & Romanczuk, 1984.

Cardamine flaccida Cham. & Schltdl. subsp. **flaccida**
Sin.: *Cardamine bonariensis* var. *flaccida* (Cham. & Schltdl.) J.F. Macbr.
Ref.: Boelcke, 1967.
Hábito: Hierba.
Status: Nativa.
Elevación: 0-500 m.
Prov.: BA, CA, CO.
Paises limítrofes: CH.
Ejemplar examinado: *Cabrera 10715* (LP).

Cardamine flaccida subsp. *minima* (Steud.) O.E. Schulz = **Cardamine bonariensis** var. **minima** (Steud.) J.F. Macbr.
Ref.: Macbride, 1938.

Cardamine flaccida var. *tucumanensis* (Griseb.) O.E. Schulz = **Cardamine bonariensis** var. **tucumanensis** (Griseb.) O.E. Schulz
Ref.: Hauman & Irigoyen, 1923.

Cardamine flavescens Phil. = **Cardamine tenuirostris** Hook. & Arn.
Ref.: Boelcke & Romanczuk, 1984.

Cardamine geraniifolia (Poir.) DC.
Sin.: *Dentaria geraniifolia* (Poir.) Reiche, *Sisymbrium geraniifolium* Poir.
Ref.: Boelcke & Romanczuk, 1984.
Hábito: Hierba.
Status: Nativa.
Elevación: 0-500 m.
Prov.: SC, TF.
Paises limítrofes: CH.
Ejemplar examinado: *Pennington 307* (BAF).

Cardamine glacialis (G. Forst.) DC.
Sin.: *Cardamine antiscorbutica* Banks & Sol. ex Hook. f., *Cardamine antiscorbutica* var. *andicola* Albov, *Cardamine antiscorbutica* var. *pauciflora* Speg., *Cardamine antiscorbutica* var. *umbrosa* Albov, *Cardamine strictula* Steud., *Sisymbrium glaciale* G. Forst.
Ref.: Hauman & Irigoyen, 1923; Boelcke & Romanczuk, 1984.
Hábito: Hierba.
Status: Nativa.
Elevación: 0-500 m.
Prov.: SC, TF.
Paises limítrofes: CH.
Ejemplar examinado: *Boelcke et al. 16759* (BACP).

Cardamine hilariana Walp. = **Rorippa hilariana** (Walp.) Cabrera
Ref.: Martínez-Laborde, 1985.

Cardamine hirsuta L.
Ref.: Boelcke & Romanczuk, 1984.
Hábito: Hierba.
Status: Adventicia.
Elevación: 0–2000 m.
Prov.: BA, CHU, ER, LP, NE, RN, SA, SJ.
Paises limítrofes: CH, UR.
Ejemplar examinado: *Volponi 88* (SI).

Cardamine hirsuta var. *vulgaris* (Phil.) Reiche = **Cardamine vulgaris** Phil.
Ref.: Boelcke & Romanczuk, 1984.

Cardamine hispidula Phil.
Ref.: Schulz, 1903; Hauman & Irigoyen, 1923.
Hábito: Hierba.
Status: Nativa.
Prov.: LR.
Paises limítrofes: CH.
Ejemplar citado: *Hieronymus y Niederlein 418**.

Cardamine integrifolia Phil.
Sin.: *Cardamine integrifolia* var. *diversifolia* O.E. Schulz, *Cardamine rostrata* var. *dichondroides* Speg.
Ref.: Boelcke & Romanczuk, 1984.
Hábito: Hierba.
Status: Nativa.
Elevación: 1500–2000 m.
Prov.: CHU, NE, RN.
Paises limítrofes: CH.
Ejemplar examinado: *Castellanos s.n.* (BA 21955).

Cardamine integrifolia var. *diversifolia* O.E. Schulz = **Cardamine integrifolia** Phil.
Ref.: Boelcke & Romanczuk, 1984.

Cardamine minima Steud. = **Cardamine bonariensis** var. **minima** (Steud.) J.F. Macbr.
Ref.: Macbride, 1938.

Cardamine monticola Phil. = **Cardamine cordata** Barnéoud
Ref.: Boelcke & Romanczuk, 1984.

Cardamine nasturtioides Cambess. = **Rorippa hilariana** (Walp.) Cabrera
Ref.: Martínez-Laborde, 1985.

Cardamine nivalis Gillies ex Hook.
Ref.: Boelcke & Martínez-Laborde, 1994.
Hábito: Hierba.
Status: Nativa.
Elevación: 2500–4000 m.
Prov.: ME, SJ.
Paises limítrofes: CH.
Ejemplar examinado: *Kiesling et al. 7962* (SI).

Cardamine patagonica Speg. = **Sisymbrium magellanicum** (Juss. ex Pers.) Hook. f.
Ref.: Romanczuk, 1982.

Cardamine pentaphylla Phil. = **Cardamine tenuirostris** Hook. & Arn.
Ref.: Boelcke & Romanczuk, 1984.

[Cardamine petiolulata Phil.]
Nota: Cita dudosa para la flora argentina.

[Cardamine pratensis L.]
Ref.: Boelcke & Romanczuk, 1984.
Nota: Citada erróneamente para la flora argentina, sobre la base de material no perteneciente a esta especie.

Cardamine rostrata var. *alpina* Chodat & Wilczek = **Cardamine cordata** Barnéoud
Ref.: Boelcke & Romanczuk, 1984.

Cardamine rostrata var. *dichondroides* Speg. = **Cardamine integrifolia** Phil.
Ref.: Boelcke & Romanczuk, 1984.

Cardamine strictula Steud. = **Cardamine glacialis** (G. Forst.) DC.
Ref.: Boelcke & Romanczuk, 1984.

Cardamine tenuirostris Hook. & Arn.
Sin.: *Cardamine flavescens* Phil., *Cardamine pentaphylla* Phil., *Nasturtium stenophyllum* F. Phil.
Ref.: Boelcke & Romanczuk, 1984.
Hábito: Hierba.
Status: Nativa.
Elevación: 1000–1500 m.
Prov.: CHU, NE, RN.
Paises limítrofes: CH.
Ejemplar examinado: *Castellanos s.n.* (BA 21960).

Cardamine triphylla Phil. = **Cardamine cordata** Barnéoud
Ref.: Boelcke & Romanczuk, 1984.

Cardamine valdiviana var. **callitrichoides** (Speg.) O.E. Schulz
Sin.: *Cardamine callitrichoides* Speg.
Ref.: Boelcke & Romanczuk, 1984.
Hábito: Hierba acuática.
Status: Nativa.
Prov.: CHU.
Paises limítrofes: CH.
Ejemplar citado: *Illin s.n.** (LPS 12341).

Cardamine valdiviana Phil. var. **valdiviana**
Sin.: *Cardamine chilensis* var. *valdiviana* (Phil.) Reiche
Ref.: Boelcke & Romanczuk, 1984.
Hábito: Hierba.
Status: Nativa.
Prov.: CHU, NE, RN.
Paises limítrofes: CH.
Ejemplar citado: *Valla et al. s.n.** (BAA 3242).

Cardamine variabilis var. **pinnatisecta** Phil.
Ref.: Boelcke & Romanczuk, 1984.
Hábito: Hierba.
Status: Nativa.
Prov.: CHU, NE, RN, SC.
Paises limítrofes: CH.
Ejemplar examinado: *Boelcke et al. 10438* (BAA).

Cardamine vulgaris Phil.
Sin.: *Cardamine hirsuta* var. *vulgaris* (Phil.) Reiche.
Ref.: Boelcke & Romanczuk, 1984.
Hábito: Hierba.
Status: Nativa.
Prov.: CHU, NE, RN.
Paises limítrofes: CH.
Ejemplar citado: *Correa et al. 3790** (BAB).

Cardaria Desv.
Número de especies: 3

Cardaria chalepensis (L.) Hand.-Mazz.
Sin.: *Lepidium chalepense* L.
Ref.: Ibarra & La Porte, 1945; Boelcke & Romanczuk, 1984.
Hábito: Hierba.
Status: Adventicia.
Prov.: CO, RN, SL.
Ejemplar examinado: *Anderson 1438* (CORD).

Cardaria draba (L.) Desv.
Sin.: *Lepidium draba* L.
Ref.: Ibarra & La Porte, 1945; Boelcke & Romanczuk, 1984.
Hábito: Hierba.
Status: Adventicia.
Elevación: 0-500 m.
Prov.: BA, CHU, LP, NE, RN, SC, SF, TF.
Paises limítrofes: CH.
Ejemplar examinado: *Cabrera 11565* (LP).

Cardaria pubescens (C.A. Mey.) Jarmol.
Sin.: *Hymenophysa pubescens* C.A. Mey.
Ref.: Ibarra & La Porte, 1945; Boelcke & Romanczuk, 1984.
Hábito: Hierba.
Status: Adventicia.
Prov.: NE, RN.
Ejemplar examinado: *Cabrera 18267* (LP).

Cheiranthus maritimus L. = **Malcolmia maritima** (L.) R. Br.

Chilocardamum patagonicum (Speg.) O.E. Schulz = **Sisymbrium patagonicum** Speg.
Ref.: Romanczuk, 1982.

Chorispora DC.
Número de especies: 1

Chorispora tenella (Pall.) DC.
Sin.: *Raphanus tenellus* Pall.
Ref.: Boelcke, 1964a.
Hábito: Hierba.
Status: Adventicia.
Prov.: CHU, ME, NE, RN.
Ejemplar examinado: *Latour de Vallerini 351* (SI).

Clypeola alyssoides L. = **Alyssum alyssoides** (L.) L.
Ref.: Boelcke & Romanczuk, 1984.

Clypeola maritima L. = **Lobularia maritima** (L.) Desv.
Ref.: Borgen, 1987.

Cochlearia L.
Número de especies: 1

Cochlearia officinalis L.
Ref.: Boelcke & Romanczuk, 1984.
Hábito: Hierba.
Status: Adventicia.
Elevación: 0–500 m.
Prov.: TF.
Ejemplar citado: *Vallentin s.n.** (K).

Coronopus Zinn
Número de especies: 3

Coronopus australis (Hook. f.) Speg. = **Lepidium pseudo-didymus** Thell. ex Druce
Ref.: Boelcke & Romanczuk, 1984.

Coronopus didymus (L.) Sm.
Sin.: *Lepidium didymum* L.
Ref.: Boelcke & Romanczuk, 1984.
Hábito: Hierba.
Status: Nativa.
Elevación: 0-500 m.
Prov.: BA, CA, CH, CO, COR, DF, ER, FO, JU, LP, LR, ME, MI, SA, SC, SE, SF, SJ, SL, TF, TU.
Paises limítrofes: BO, BR, CH, PA, UR.
Ejemplar examinado: *Schinini y González 9398* (SI).

Coronopus didymus subsp. *australis* (Hook. f.) Muschl. = **Lepidium pseudo-didymus** Thell. ex Druce
Ref.: Boelcke & Romanczuk, 1984.

Coronopus pinnatifidus var. *australis* (Hook. f.) Reiche = **Lepidium pseudo-didymus** Thell. ex Druce
Ref.: Boelcke & Romanczuk, 1984.

Coronopus rhytidocarpus (Hook.) Macloskie
Sin.: *Senebiera rhytidocarpa* Hook.
Ref.: Boelcke, 1987.
Hábito: Hierba.
Status: Nativa.
Elevación: 0-500 m.
Prov.: BA, CHU, ER, SF.
Paises limítrofes: UR.
Ejemplar examinado: *Cabrera 2207* (LP).

Coronopus serratus (Poir.) Desv.
Sin.: *Senebiera serrata* Poir.
Ref.: Boelcke, 1987.
Hábito: Hierba.
Status: Nativa.
Elevación: 0-500 m.
Prov.: COR, ER.
Paises limítrofes: UR.
Ejemplar examinado: *Pedersen 1766* (LP).

Cremolobus DC.
Número de especies: 2

Cremolobus chilensis (Lag. ex DC.) DC.
Sin.: *Biscutella chilensis* Lag. ex DC.
Ref.: Khanna & Rollins, 1965.
Hábito: Hierba.
Status: Nativa.
Elevación: 0–3000 m.
Prov.: TU.
Paises limítrofes: BO, CH.
Ejemplar citado: *Venturi 3102** (US).

Cremolobus subscandens Kuntze
Ref.: Khanna & Rollins, 1965.
Status: Nativa.
Elevación: 1000–2500 m.
Prov.: JU, SA.
Paises limítrofes: BO.
Ejemplar examinado: *Legname y Cuezzo 8107c* (LIL).

Delpinoella patagonica Speg. = **Delpinophytum patagonicum** (Speg.) Speg.
Ref.: Boelcke & Romanczuk, 1984.

Delpinophytum Speg
Número de especies: 1, 1 especie endémica.

Delpinophytum patagonicum (Speg.) Speg.
Sin.: *Delpinoella patagonica* Speg.
Ref.: Boelcke & Romanczuk, 1984.
Hábito: Arbusto.
Status: Endémica.
Prov.: CHU, SC.
Ejemplar examinado: *Blake 502* (SI).

Dentaria geraniifolia (Poir.) Reiche = **Cardamine geraniifolia** (Poir.) DC.
Ref.: Boelcke & Romanczuk, 1984.

Descurainia Webb & Berthel.
Número de especies: 19, 6 especies y 5 variedades endémicas.

Descurainia adpressa Boelcke
Ref.: Boelcke & Martínez-Laborde, 1994.
Hábito: Hierba.
Status: Endémica.
Elevación: 3500–4000 m.
Prov.: SJ.
Ejemplar examinado: *Pujalte 178* (SI).

Descurainia altoandina Romanczuk
Ref.: Boelcke & Romanczuk, 1984.
Hábito: Hierba.
Status: Endémica.
Elevación: 2000–3000 m.
Prov.: NE.
Ejemplar citado: *Boelcke et al. 11248** (holotipo, BAB).

Descurainia antarctica (E. Fourn.) O.E. Schulz var. **antarctica**
Sin.: *Descurainia glandulifera* (Speg.) Gilg & Muschl., *Sisymbrium antarcticum* E. Fourn., *Sisymbrium glanduliferum* Speg.
Ref.: Boelcke & Romanczuk, 1984.
Hábito: Hierba.
Status: Nativa.
Elevación: 0–1000 m.
Prov.: RN, SC, TF.
Paises limítrofes: CH.
Ejemplar citado: *Correa et al. 4770** (BAB).

Descurainia antarctica var. **bonarelli** O.E. Schulz
Ref.: Boelcke & Romanczuk, 1984.
Hábito: Hierba.
Status: Endémica.
Prov.: NE, RN, SC.
Ejemplar citado: *Boelcke 7608** (BAA).

Descurainia antarctica var. **patagonica** (Speg.) O.E. Schulz
Sin.: *Descurainia antarctica* var. *purpureola* (Speg.) O.E. Schulz, *Descurainia canescens* var. *patagonica* Speg., *Descurainia canescens* var. *purpureola* Speg., *Descurainia cumingiana* var. *leiocarpa* O.E. Schulz
Ref.: Boelcke & Romanczuk, 1984.
Hábito: Hierba.
Status: Nativa.
Prov.: CHU, RN, SC.
Paises limítrofes: CH.
Ejemplar examinado: *Correa et al. 4949* (LIL).

Descurainia antarctica var. *purpureola* (Speg.) O.E. Schulz = **Descurainia antarctica** var. **patagonica** (Speg.) O.E. Schulz
Ref.: Boelcke & Romanczuk, 1984.

Descurainia appendiculata var. **angustisecta** O.E. Schulz
Ref.: Schulz, 1924.
Hábito: Hierba.
Status: Endémica.
Elevación: 3000–4000 m.
Prov.: CA, CO.
Ejemplar citado: *Schickendantz 191**.

Descurainia appendiculata (Griseb.) O.E. Schulz var. **appendiculata**
Sin.: *Descurainia canescens var. appendiculata* (Griseb.) Hosseus, *Sisymbrium canescens* var. *appendiculatum* Griseb.
Ref.: Boelcke & Martínez-Laborde, 1994.
Hábito: Hierba.
Status: Nativa.
Elevación: 0–1500 m.
Prov.: BA, CA, ER, LP, ME, SA, SJ, TU.
Paises limítrofes: UR.
Ejemplar examinado: *Kiesling 6964* (SI).

Descurainia argentina O.E. Schulz var. **argentina**
Ref.: Schulz, 1924.
Hábito: Hierba.
Status: Endémica.
Elevación: 1000–1500 m.
Prov.: BA, CHU, CO, LP, LR, ME, RN, SA, SJ, SL.
Ejemplar examinado: *Kiesling 3297* (SI).

Descurainia argentina var. **brachysiliqua** (Chodat & Wilczek) O.E. Schulz
Sin.: *Sisymbrium canescens* f. *brachysiliquum* Chodat & Wilczek
Ref.: Prina, 1995.
Hábito: Hierba.
Status: Endémica.
Elevación: 500–1000 m.
Prov.: LP, ME.
Ejemplar citado: *Steibel et al. 8431** (SRFA).

Descurainia brachycarpa (Phil.) Reiche = **Descurainia depressa** (Phil.) Reiche var. **depressa**
Ref.: Schulz, 1924.

Descurainia brevifructa Boelcke ex Mart.-Laborde
Ref.: Boelcke & Martínez-Laborde, 1994.
Hábito: Hierba.
Status: Endémica.
Elevación: 2500–3000 m.
Prov.: SJ.
Ejemplar examinado: *Kiesling 3132* (holotipo, SI).

Descurainia canescens (Nutt.) Prantl = **Descurainia pinnata** (Walter) Britton
Ref.: Detling, 1939.

Descurainia canescens var. *appendiculata* (Griseb.) Hosseus = **Descurainia appendiculata** (Griseb.) O.E. Schulz var. **appendiculata**
Ref.: Schulz, 1924.

Descurainia canescens var. *patagonica* Speg. = **Descurainia antarctica** var. **patagonica** (Speg.) O.E. Schulz
Ref.: Boelcke & Romanczuk, 1984.

Descurainia canescens var. *purpureola* Speg. = **Descurainia antarctica** var. **patagonica** (Speg.) O.E. Schulz
Ref.: Boelcke & Romanczuk, 1984.

Descurainia chubutica O.E. Schulz = **Rorippa chubutica** (O.E. Schulz) Mart.-Laborde

Descurainia cumingiana (Fisch. & C.A. Mey.) Prantl var. **cumingiana**
Sin.: *Hesperis cumingiana* (Fisch. & E. Mey.) Kuntze, *Sisymbrium cumingianum* Fisch. & E. Mey., *Sisymbrium cumingii* J. Presl.
Ref.: Boelcke & Romanczuk, 1984.
Hábito: Hierba.
Status: Nativa.
Elevación: 500–2000 m.
Prov.: ME, NE.
Paises limítrofes: CH.
Ejemplar examinado: *Krapovickas et al. 22500* (LIL).

Descurainia cumingiana var. **glabrescens** (Speg.) O.E. Schulz
Sin.: *Descurainia glabrescens* (Speg.) Speg., *Sisymbrium glabrescens* Speg., *Sophia glabrescens* (Speg.) Macloskie.
Ref.: Boelcke & Romanczuk, 1984.
Hábito: Hierba.
Status: Nativa.
Prov.: CHU, RN, SC, SJ.
Paises limítrofes: CH.
Ejemplar examinado: *Pujalte 224* (SI).

Descurainia cumingiana var. *leiocarpa* O.E. Schulz = **Descurainia antarctica** var. **patagonica** (Speg.) O.E. Schulz
Ref.: Boelcke & Romanczuk, 1984.

Descurainia cumingiana var. **tenuissima** (Phil.) Reiche
Sin.: *Descurainia tenuissima* (Phil.) Speg., *Sisymbrium tenuissimum* Phil., *Sophia tenuissima* (Phil.) Macloskie.
Ref.: Boelcke & Romanczuk, 1984.
Hábito: Hierba.
Status: Nativa.
Elevación: 0–1500 m.
Prov.: CHU, NE, RN, SC.
Paises limítrofes: CH.
Ejemplar examinado: *Donat 166* (LIL).

Descurainia depressa (Phil.) Reiche var. **depressa**
Sin.: *Descurainia brachycarpa* (Phil.) Reiche, *Sisymbrium brachycarpum* Phil, *Sisymbrium depressum* Phil.
Ref.: Schulz, 1924; Boelcke & Martínez-Laborde, 1994.
Hábito: Hierba.
Status: Nativa.
Elevación: 3000–4000 m.
Prov.: CA, SJ.
Paises limítrofes: BO, CH.
Ejemplar examinado: *Cajal 123* (SI).

Descurainia depressa var. **pflanzii** (Muschl.) O.E. Schulz
Sin.: *Descurainia pflanzii* Muschl.
Ref.: Schulz, 1924; Boelcke & Martínez-Laborde, 1994.
Hábito: Hierba.
Status: Nativa.
Elevación: 3000–4000 m.
Prov.: CA, LR, ME, SA, SJ, TU.
Paises limítrofes: BO, CH.
Ejemplar examinado: *Nicora 8366* (SI).

Descurainia deserticola (Speg.) Speg. = **Trichotolinum deserticola** (Speg.) O.E. Schulz
Ref.: Boelcke & Romanczuk, 1984.

Descurainia diversifolia O.E. Schulz = **Descurainia glaucescens** (Phil.) Prantl ex Reiche
Ref.: Boelcke & Romanczuk, 1984.

Descurainia glabrescens (Speg.) Speg. = **Descurainia cumingiana** var. **glabrescens** (Speg.) O.E. Schulz
Ref.: Boelcke & Romanczuk, 1984.

Descurainia glandulifera (Speg.) Gilg & Muschl. = **Descurainia antarctica** var. **antarctica** (E. Fourn.) O.E. Schulz
Ref.: Boelcke & Romanczuk, 1984.

Descurainia glaucescens (Phil.) Prantl ex Reiche
Sin.: *Descurainia diversifolia* O.E. Schulz, *Descurainia pimpinellifolia* var. *glaucescens* (Phil.) O.E. Schulz, *Sisymbrium glaucescens* Phil.
Ref.: Boelcke & Romanczuk, 1984.
Hábito: Hierba.
Status: Nativa.
Elevación: 1500–3500 m.
Prov.: ME, SC.
Paises limítrofes: CH.
Ejemplar citado: *Boelcke et al. 9707** (BAA).

Descurainia heterotricha Speg.
Sin.: *Sophia heterotricha* (Speg.) Macloskie.
Ref.: Boelcke & Romanczuk, 1984.
Hábito: Hierba.
Status: Endémica.
Elevación: 2500–3000 m.
Prov.: CHU, NE, SA, SJ.
Ejemplar examinado: *Kiesling 7520* (SI).

Descurainia minutiflora (Phil.) Reiche = **Descurainia stricta** (Phil.) Reiche var. **minutiflora** (Phil.) O.E. Schulz
Ref.: Schulz, 1924.

Descurainia myriophylla (Willd. ex DC.) R.E. Fr.
Sin.: *Sisymbrium myriophyllum* Willd. ex DC.
Ref.: Fries, 1905; Schulz, 1924.
Hábito: Hierba.
Status: Nativa.
Elevación: 3500–4000 m.
Prov.: JU, SA.
Paises limítrofes: BO.
Ejemplar citado: *Fries 764**.

Descurainia nana Romanczuk
Ref.: Boelcke & Romanczuk, 1984.
Hábito: Hierba.
Status: Endémica.
Prov.: SC.
Ejemplar citado: *Boelcke et al. 12503** (holotipo, BAB).

Descurainia perkinsiana Muschl.
Ref.: Schulz, 1924; Prina, 1995.
Hábito: Hierba.
Status: Nativa.
Prov.: SA.
Paises limítrofes: BO.
Ejemplar citado: *Meyer 12518** (LIL).

Descurainia pflanzii Muschl. = **Descurainia depressa** var. **pflanzii** (Muschl.) O.E. Schulz
Ref.: Schulz, 1924.

Descurainia pimpinellifolia (Barnéoud) O.E. Schulz
Sin.: *Sisymbrium canescens* f. *longisiliquum* Chodat & Wilczek, *Sisymbrium pimpinellifolium* Barnéoud.
Ref.: Schulz, 1924; Boelcke & Romanczuk, 1984.
Hábito: Hierba.
Status: Nativa.
Elevación: 1500–3000 m.
Prov.: CHU, LR, ME, NE, RN, SC, SJ.
Paises limítrofes: CH.
Ejemplar examinado: *Kiesling 4420* (SI).

Descurainia pimpinellifolia var. *glaucescens* (Phil.) O.E. Schulz = **Descurainia glaucescens** (Phil.) Prantll ex Reiche
Ref.: Boelcke & Romanczuk, 1984.

Descurainia pinnata (Walter) Britton
Sin.: *Descurainia canescens* (Nutt.) Prantl, *Erysimum pinnatum* Walter.
Ref.: Detling, 1939; Boelcke & Romanczuk, 1984.
Hábito: Hierba.
Status: Adventicia.
Prov.: NE, RN.
Ejemplar citado: *Rossow et al. 820** (BAB).

Descurainia pulcherrima Muschl.
Ref.: Schulz, 1924.
Hábito: Hierba.
Status: Nativa.
Elevación: 3000–4000 m.
Prov.: JU, LR.
Paises limítrofes: BO, CH.
Ejemplar examinado: *Fries 764* (CORD).

Descurainia rubescens (Phil.) Reiche = **Descurainia stricta** var. **rubescens** (Phil.) O.E. Schulz
Ref.: Schulz, 1924.

Descurainia sophia (L.) Webb ex Prantl
Sin.: *Sisymbrium sophia* L.
Ref.: Boelcke & Romanczuk, 1984.
Hábito: Hierba.
Status: Adventicia.
Prov.: CHU, SC, TF.
Paises limítrofes: CH.
Ejemplar examinado: *Rumboll s.n.* (BA 69574).

Descurainia stricta (Phil.) Reiche var. **minutiflora** (Phil.) O.E. Schulz
Sin.: *Descurainia minutiflora* (Phil.) Reiche, *Sisymbrium minutiflorum* Phil., hom. illeg.
Ref.: Schulz, 1924; Muñóz Schick & Prina, 1987.
Hábito: Hierba.
Status: Endémica.
Elevación: 3500–4000 m.
Prov.: CA.
Ejemplar citado: *Philippi s.n.** (SGO).

Descurainia stricta var. **rubescens** (Phil.) O.E. Schulz
Sin.: *Descurainia rubescens* (Phil.) Reiche, *Sisymbrium rubescens* Phil.
Ref.: Schulz, 1924; Muñoz Schick & Prina, 1987.
Hábito: Hierba.
Status: Endémica.
Elevación: 3500–4000 m.
Prov.: CA.
Ejemplar citado: *Philipi s.n.** (SGO).

Descurainia subscandens (Speg.) Gilg & Muschl. = **Sisymbrium subscandens** Speg.
Ref.: Romanczuk, 1982.

Descurainia tenuissima (Phil.) Speg. = **Descurainia cumingiana** var. **tenuissima** (Phil.) Reiche
Ref.: Boelcke & Romanczuk, 1984.

Descurainia titicacensis (Walp.) Lillo
Sin.: *Sisymbrium titicacense* Walp.
Ref.: Hauman & Irigoyen, 1923; Schulz, 1924.
Hábito: Hierba.
Status: Nativa.
Prov.: CA, JU, LR, SA, TU.
Paises limítrofes: BO.
Nota: Citada para Argentina sin indicar material de herbario.

Dictyophragmus O.E. Schulz

Número de especies: 1, 1 especie endémica.

Dictyophragmus punensis (Romanczuk) Al-Shehbaz
Sin.: *Sisymbrium punense* Romanczuk.
Ref.: Al-Shehbaz, 1991.
Hábito: Hierba.
Status: Endémica.
Elevación: 3000–>4500 m.
Prov.: JU.
Ejemplar citado: *Cabrera et al. 21394** (BAA).

Dimitria onuridifolia Ravenna = **Sisymbrium onuridifolium** (Ravenna) Romanczuk
Ref.: Romanczuk, 1982.

Diplotaxis DC.

Número de especies: 2

Diplotaxis muralis (L.) DC.
Sin.: *Sisymbrium murale* L.
Ref.: Boelcke & Romanczuk, 1984.
Hábito: Hierba.
Status: Adventicia.
Elevación: 0-500 m.
Prov.: BA, CA, CHU, CO, ME, NE, RN, SJ.
Paises limítrofes: CH.
Ejemplar examinado: *Pérez Moreau s.n.* (BA 8376).

Diplotaxis tenuifolia (L.) DC.
Sin.: *Sisymbrium tenuifolium* L.
Ref.: Boelcke & Romanczuk, 1984.
Hábito: Hierba.
Status: Adventicia.
Elevación: 0-500 m.
Prov.: BA, CA, CHU, CO, DF, LP, ME, NE, RN, SC, SE, SJ, SL.
Ejemplar examinado: *Krapovickas et al. 22672* (BA).

Draba L.

Número de especies: 13, 3 especies y una variedad endémicas.

Draba ameghinoi Speg. = **Draba australis** R. Br.
Ref.: Boelcke & Romanczuk, 1984.

Draba andina Phil. = **Weberbauera colchaguensis** (Barnéoud) Al-Shehbaz
Ref.: Al-Shehbaz, 1990a.

Draba argentina Speg. = **Draba australis** R. Br.
Ref.: Boelcke & Romanczuk, 1984.

Draba argentina var. *grandiflora* Speg. = **Draba australis** R. Br.
Ref.: Boelcke & Romanczuk, 1984.

Draba argentina var. *latifolia* Speg. = **Draba australis** R. Br.
Ref.: Boelcke & Romanczuk, 1984.

Draba atacamensis Gilg
Hábito: Hierba.
Status: Nativa.
Elevación: 4000–>4500 m.
Prov.: CA, JU, LR, TU.
Paises limítrofes: CH.
Ejemplar examinado: *Krapovickas y Hunziker 5363* (BAA).

Draba atuelica Chodat & Wilcz.
Sin.: *Draba kurtzii* Gilg ex Hosseus, nom. nud.
Ref.: Schulz, 1927.
Hábito: Hierba.
Status: Nativa.
Elevación: 2500–3500 m.
Prov.: LR, ME.
Paises limítrofes: CH.
Ejemplar citado: *Wilczek 426**.

Draba australis R. Br.
Sin.: *Draba ameghinoi* Speg., *Draba argentina* Speg., *Draba argentina* var. *grandiflora* Speg., *Draba argentina* var. *latifolia* Speg., *Draba australis* f. *uruguayana* (Arechav.) O.E. Schulz, *Draba australis* var. *ameghinoi* (Speg.) Kurtz.
Ref.: Boelcke & Romanczuk, 1984.
Hábito: Hierba.
Status: Nativa.
Elevación: 0–500 m.
Prov.: BA, CHU, ER, LP, ME, NE, RN, SC, TF.
Paises limítrofes: CH, UR.
Ejemplar examinado: *Roig 219* (BAA).

Draba australis f. *uruguayana* (Arechav.) O.E. Schulz = **Draba australis** R. Br.
Ref.: Boelcke & Romanczuk, 1984.

Draba australis var. *ameghinoi* (Speg.) Kurtz = **Draba australis** R. Br.
Ref.: Boelcke & Romanczuk, 1984.

Draba brackenridgei A. Gray
Ref.: Schulz, 1927.
Hábito: Hierba.
Status: Nativa.
Elevación: >4500 m.
Prov.: JU.
Paises limítrofes: BO.
Ejemplar examinado: *Ancibor y Ruthsatz s.n.* (BAA 7199).

Draba burkartiana O.E. Schulz
Ref.: Schulz, 1933.
Hábito: Hierba.
Status: Endémica.
Elevación: 4000–4500 m.
Prov.: TU.
Ejemplar examinado: *Krapovickas 4716* (BAA).

Draba calycina Desv. = **Brayopsis calycina** (Desv.) Gilg & Muschl.
Ref.: Al-Shehbaz, 1989c.

Draba chillanensis Phil. = **Weberbauera chillanensis** (Phil.) Al-Shehbaz
Ref.: Al-Shehbaz, 1990a.

Draba chodatii O.E. Schulz
Sin.: *Draba rosularis* Chodat & Wilczek, hom. illeg.
Ref.: Schulz, 1927.
Hábito: Hierba.
Status: Endémica.
Elevación: 3000–>4500 m.
Prov.: CA, LR.
Ejemplar citado: *Wilczek 444**.

[Draba chodatii var. subtorta O.E. Schulz]
Nota: Taxón dudoso.

Draba chubutensis Speg. = **Draba gilliesii** Hook. & Arn.var. **gilliesii**
Ref.: Boelcke & Romanczuk, 1984.

Draba davilae Phil. = **Draba gilliesii** Hook. & Arn.var. **gilliesii**
Ref.: Boelcke & Romanczuk, 1984.

Draba falklandica Hook. f. = **Draba magellanica** Lam.
Ref.: Boelcke & Romanczuk, 1984.

Draba funiculosa Hook. f.
Ref.: Boelcke & Romanczuk, 1984.
Hábito: Hierba.
Status: Nativa.
Elevación: 0–1000 m.
Prov.: SC, TF.
Paises limítrofes: CH.
Ejemplar examinado: *Vallentin 43* (BM).

Draba gilliesii var. **argentina** O.E. Schulz
Ref.: Schulz, 1927.
Hábito: Hierba.
Status: Endémica.
Elevación: 3000–3500 m.
Prov.: LR, SJ.
Ejemplar examinado: *Kurtz 9672* (isotipo, CORD).

Draba gilliesii var. *davilae* (Phil.) O.E. Schulz = **Draba gilliesii** Hook. & Arn.var. **gilliesii**
Ref.: Boelcke & Romanczuk, 1984.

Draba gilliesii Hook. & Arn. var. **gilliesii**
Sin.: *Draba chubutensis* Speg., *Draba davilae* Phil., *Draba gilliesii* var. *stolonifera* (Barnéoud) Reiche, *Draba gilliesii* var. *glabrata* (Gilg ex Speg.) O.E. Schulz, *Draba gilliesii* var. *davilae* (Phil.) O.E. Schulz, *Draba gilliesii* var. *rosulata* (Phil.) Reiche, *Draba magellanica* var. *glabrata* Gilg ex Speg., *Draba rosulata* Phil., *Draba stolonifera* Barnéoud.
Ref.: Schulz, 1927; Boelcke & Romanczuk, 1984.
Hábito: Hierba.
Status: Nativa.
Elevación: 1500–4000 m.
Prov.: CHU, ME, NE, RN.
Paises limítrofes: CH.
Ejemplar examinado: *Böcher et al. 1892* (BAA).

Draba gilliesii var. *glabrata* (Gilg ex Speg.) O.E. Schulz = **Draba gilliesii** Hook. & Arn.var. **gilliesii**
Ref.: Boelcke & Romanczuk, 1984.

Draba gilliesii var. *rosulata* (Phil.) Reiche = **Draba gilliesii** Hook. & Arn.var. **gilliesii**
Ref.: Boelcke & Romanczuk, 1984.

Draba gilliesii var. *stolonifera* (Barnéoud) Reiche = **Draba gilliesii** Hook. & Arn.var. **gilliesii**
Ref.: Boelcke & Romanczuk, 1984.

Draba graminifolia Speg. = **Onuris spegazziniana** Gilg & Muschl.
Ref.: Boelcke & Romanczuk, 1984.

Draba greggioides Griseb. = **Halimolobos montana** (Griseb.) O.E. Schulz
Ref.: Rollins, 1943.

Draba hatcheriana Gilg ex Macloskie = **Onuris hatcheriana** (Gilg ex Macloskie) Gilg & Muschl.
Ref.: Boelcke & Romanczuk, 1984.

Draba imbricatifolia Barnéoud = **Weberbauera imbricatifolia** (Barnéoud) Al-Shehbaz
Ref.: Al-Shehbaz, 1990a.

[Draba incana L.]
Ref.: Boelcke & Romanczuk, 1984.
Nota: Citada erróneamente para la flora argentina, sobre la base de material no perteneciente a esta especie.

Draba incana var. *sylvatica* (Albov) Macloskie = **Draba magellanica** Lam.
Ref.: Schulz, 1927.

Draba karraikensis Speg. = **Sarcodraba karraikensis** (Speg.) Gilg & Muschl.
Ref.: Boelcke & Romanczuk, 1984.

Draba kurtzii Gilg ex Hosseus, nom. nud. = **Draba atuelica** Chodat & Wilcz.
Ref.: Schulz, 1927.

Draba loayzana Al-Shehbaz
Ref.: Al-Shehbaz, 1994b.
Hábito: Hierba.
Status: Nativa.
Elevación: >4500 m.
Prov.: JU.
Paises limítrofes: BO.
Ejemplar examinado: *Sleumer 3703* (BAA, MO, SI).

Draba magellanica Lam.
Sin.: *Draba falklandica* Hook. f., *Draba incana* var. *sylvatica* (Albov) Macloskie, *Draba magellanica* var. *falklandica* (Hook. f.) O.E. Schulz, *Draba magellanica* var. *saffordii* (Phil.) O.E. Schulz, *Draba magellanica* var. *sylvatica* Albov, *Draba saffordii* Phil.
Ref.: Schulz, 1927; Boelcke & Romanczuk, 1984.
Hábito: Hierba.
Status: Nativa.
Elevación: 1500–3000 m.
Prov.: CHU, NE, SC, TF.
Paises limítrofes: CH.
Ejemplar examinado: *Hennis s.n.* (BM).

Draba magellanica var. *falklandica* (Hook. f.) O.E. Schulz = **Draba magellanica** Lam.
Ref.: Schulz, 1927.

Draba magellanica var. *glabrata* Gilg ex Speg. = **Draba gilliesii** Hook. & Arn.var. **gilliesii**
Ref.: Boelcke & Romanczuk, 1984.

Draba magellanica var. *saffordii* (Phil.) O.E. Schulz = **Draba magellanica** Lam.
Ref.: Schulz, 1927.

Draba magellanica var. *subglabrata* Speg. = **Draba subglabrata** (Speg.) O.E. Schulz
Ref.: Boelcke & Romanczuk, 1984.

Draba magellanica var. *sylvatica* Albov = **Draba magellanica** Lam.
Ref.: Boelcke & Romanczuk, 1984.

Draba monantha Gilg ex Kuntze = **Xerodraba monantha** (Gilg ex Kuntze) Skottsb.
Ref.: Boelcke & Romanczuk, 1984.

Draba monantha var. *microphylla* Gilg, nom. nud. = **Xerodraba pycnophylloides** var. **microphylla** (Gilg & Muschl.) O.E. Schulz
Ref.: Boelcke & Romanczuk, 1984.

Draba oligosperma Speg. = **Onuris graminifolia** Phil. var. **graminifolia**
Ref.: Boelcke & Romanczuk, 1984.

Draba patagonica Phil. = **Weberbauera colchaguensis** (Barnéoud) Al-Shehbaz
Ref.: Al-Shehbaz, 1990a.

Draba pusilla Phil.
Sin.: *Draba schoenleinii* F. Meigen.
Ref.: Boelcke & Martínez-Laborde, 1994.
Hábito: Hierba.
Status: Nativa.
Elevación: 2000–2500 m y 3500–4000 m.
Prov.: ME, NE, RN, SJ.
Paises limítrofes: CH.
Ejemplar examinado: *Ruíz Leal 23571* (BAA).

Draba rosularis Chodat & Wilczek, hom. illeg. = **Draba chodatii** O.E. Schulz
Ref.: Schulz, 1927.

Draba rosulata Phil. = **Draba gilliesii** Hook. & Arn.var. **gilliesii**
Ref.: Boelcke & Romanczuk, 1984.

Draba saffordii Phil. = **Draba magellanica** Lam.
Ref.: Boelcke & Romanczuk, 1984.

Draba schoenleinii F. Meigen = **Draba pusilla** Phil.
Ref.: Boelcke & Martínez-Laborde, 1994.

Draba spegazziniana Dusén = **Onuris graminifolia** Phil. var. **graminifolia**
Ref.: Boelcke & Romanczuk, 1984.

Draba stolonifera Barnéoud = **Draba gilliesii** Hook. & Arn.var. **gilliesii**
Ref.: Boelcke & Romanczuk, 1984.

Draba subglabrata (Speg.) O.E. Schulz
Sin.: *Draba magellanica* var. *subglabrata* Speg.
Ref.: Boelcke & Romanczuk, 1984.
Hábito: Hierba.
Status: Nativa.
Elevación: 500–1500 m.
Prov.: SC.
Paises limítrofes: CH.
Ejemplar citado: *Correa 3547** (BAB).

Draba tenuis Barnéoud = **Hymenolobus procumbens** (L.) Nutt. ex Torr. & A. Gray
Ref.: Boelcke, 1974.

Draba tucumanensis O.E. Schulz
Ref.: Schulz, 1933.
Hábito: Hierba.
Status: Endémica.
Elevación: 3500–4000 m.
Prov.: CA, TU.
Ejemplar examinado: *Joergensen 1574* (BAF).

Draba verna L. = **Erophila verna** (L.) Chevall.
Ref.: Boelcke & Romanczuk, 1984.

Erophila DC.

Número de especies: 1

Erophila verna (L.) Chevall.
Sin.: *Draba verna* L.
Ref.: Boelcke & Romanczuck, 1984.
Hábito: Hierba.
Status: Adventicia.
Prov.: CHU, ME, NE, RN, SC, TF.
Paises limítrofes: CH.
Ejemplar examinado: *Burkart 19085* (SI).

Eruca Mill.

Número de especies: 1

Eruca sativa Mill. = **Eruca vesicaria** (L.) Cav.
Ref.: Boelcke & Romanczuk, 1984.

Eruca vesicaria (L.) Cav.
Sin.: *Brassica vesicaria* L., *Eruca sativa* Mill., *Eruca vesicaria* subsp. *sativa* (Mill.) Thell.
Ref.: Boelcke & Romanczuk, 1984.
Hábito: Hierba.
Status: Adventicia.
Elevación: 0-500 m.
Prov.: BA, CA, CHU, CO, COR, ER, FO, JU, LP, LR, ME, NE, RN, SA, SE, SF, SJ, SL, TU.
Paises limítrofes: CH, PA.
Ejemplar examinado: *Hunziker 22835* (CORD).

Eruca vesicaria subsp. *sativa* (Mill.) Thell. = **Eruca vesicaria** (L.) Cav.
Ref.: Boelcke & Romanczuk, 1984.

Erucastrum obtusangulum Hieron., hom. illeg. = **Sisymbrium subscandens** Speg.
Ref.: Romanczuk, 1982.

Erysimum L.

Número de especies: 2

Erysimum cheiranthoides L.
Ref.: Moore, 1968; Boelcke & Romanczuk, 1984.
Hábito: Hierba.
Status: Adventicia.
Elevación: 0-500 m.
Prov.: TF.
Ejemplar citado: *Sladen JB117/1** (BM).

Erysimum maclovianum (d'Urv.) Gay ex Gaudich. = **Phlebolobium maclovianum** (d'Urv.) O.E. Schulz
Ref.: Boelcke & Romanczuk, 1984.

Erysimum officinale L. = **Sisymbrium officinale** (L.) Scop.
Ref.: Romanczuk, 1982.

Erysimum pinnatum Walter = **Descurainia pinnata** (Walter) Britton
Ref.: Boelcke & Romanczuk, 1984.

Erysimum pusillum Gillies ex Hook. & Arn., hom. illeg. = **Weberbauera colchaguensis** (Barnéoud) Al-Shehbaz
Ref.: Al-Shehbaz, 1990a.

Erysimum repandum L.
Ref.: Boelcke & Romanczuk, 1984.
Hábito: Hierba.
Status: Adventicia.
Elevación: 0-500 m.
Prov.: CHU, LP, ME, NE, RN, SC.
Ejemplar examinado: *Crespo y Troncoso 1602* (SI).

Eudema Humb. & Bonpl.

Número de especies: 3

Eudema colobanthoides (Skottsb.) O.E. Schulz = **Skottsbergianthus colobanthoides** (Skottsb.) Boelcke
Ref.: Boelcke & Romanczuk, 1984.

Eudema friesii O.E. Schulz
Ref.: Schulz, 1924.
Hábito: Hierba.
Status: Nativa.
Elevación: >4500 m.
Prov.: SA.
Paises limítrofes: CH.
Ejemplar citado: *Fries 703** (tipo, B).

Eudema glebaria (Speg.) Gilg & Muschl. = **Xerodraba glebaria** (Speg.) Skottsb.
Ref.: Boelcke & Romanczuk, 1984.

Eudema hauthalii Gilg & Muschl.
Sin.: *Brayopsis hauthalii* (Gilg & Muschl.) Skottsb., *Brayopsis skottsbergii* Gilg.
Ref.: Boelcke & Romanczuk, 1984; Al-Shehbaz, 1990b.
Hábito: Hierba.
Status: Nativa.
Elevación: 500–1500 m.
Prov.: SC.
Paises limítrofes: CH.
Ejemplar examinado: *Arroyo et al. s.n., T.B.P.A 2679* (SI).

Eudema lycopodioides (Speg.) Gilg & Muschl. = **Xerodraba lycopodioides** (Speg.) Skottsb. var. **lycopodioides**
Ref.: Boelcke & Romanczuk, 1984.

Eudema microphylla Gilg & Muschl. = **Xerodraba pycnophylloides** var. **microphylla** (Gilg & Muschl.) O.E. Schulz
Ref.: Boelcke & Romanczuk, 1984.

Eudema monantha (Gilg ex Kuntze) Gilg & Muschl. = **Xerodraba monantha** (Gilg ex Kuntze) Skottsb.
Ref.: Boelcke & Romanczuk, 1984.

Eudema patagonica (Speg.) Gilg & Muschl. = **Xerodraba patagonica** (Speg.) Skottsb.
Ref.: Boelcke & Romanczuk, 1984.

Eudema pectinata (Speg.) Gilg & Muschl. = **Xerodraba pectinata** (Speg.) Skottsb.
Ref.: Boelcke & Romanczuk, 1984.

Eudema pycnophylloides (Speg.) Gilg & Muschl. = **Xerodraba pycnophylloides** (Speg.) Skottsb. var. **pycnophylloides**
Ref.: Boelcke & Romanczuk, 1984.

Eudema werdermannii O.E. Schulz
Ref.: Boelcke & Martínez-Laborde, 1994.
Hábito: Hierba.
Status: Nativa.
Elevación: 4000–>4500 m.
Prov.: SJ.
Paises limítrofes: CH.
Ejemplar examinado: *Nicora et al. 8508* (SI).

Grammosperma O.E. Schulz

Número de especies: 1

Grammosperma dusenii O.E. Schulz
Ref.: Boelcke & Romanczuk, 1984.
Hábito: Hierba.
Status: Nativa.
Elevación: 500–1500 m.
Prov.: SC.
Paises limítrofes: CH.
Ejemplar examinado: *Boelcke et al. 16746* (BACP).

Greggia montana Griseb. = **Halimolobos montana** (Griseb.) O.E. Schulz
Ref.: Rollins, 1943.

Halimolobos Tausch

Número de especies: 3, 1 especie endémica.

Halimolobos adpressa O.E. Schulz
Ref.: Schulz, 1924; Rollins, 1943.
Hábito: Hierba.
Status: Nativa.
Elevación: 500–4000 m.
Prov.: CA, LR, ME, SA, SJ, TU.
Paises limítrofes: BO.
Ejemplar examinado: *Joergensen 1038* (LIL).

Halimolobos boelckei Mart.-Laborde
Ref.: Martínez-Laborde, 1992.
Hábito: Hierba.
Status: Endémica.
Elevación: 1500–2000 m.
Prov.: SJ.
Ejemplar examinado: *Múlgura 880* (holotipo, SI).

Halimolobos montana (Griseb.) O.E. Schulz
Sin.: *Draba greggioides* Griseb., *Greggia montana* Griseb., *Halimolobos montana* var. *andina* O.E. Schulz.
Ref.: Schulz, 1924; Rollins, 1943.
Hábito: Hierba.
Status: Nativa.
Elevación: 0–2500 m.
Prov.: BA, CA, CO, COR, ER, JU, LP, LR, SA, SF, SJ, SL, TU.
Paises limítrofes: BO.
Ejemplar examinado: *Pedersen 13648* (BACP).

Halimolobos montana var. *andina* O.E. Schulz = **Halimolobos montana** (Griseb.) O.E. Schulz
Ref.: Rollins, 1943.

Hesperis L.

Número de especies: 1

Hesperis africana L. = **Malcolmia africana** (L.) R. Br.
Ref.: Nogueira, 1993.

Hesperis andina (Phil.) Kuntze = **Sisymbrium andinum** Phil.
Ref.: Romanczuk, 1982.

Hesperis arnottiana (Gillies ex Hook. & Arn.) Kuntze = **Sisymbrium arnottianum** Gillies ex Hook. & Arn.
Ref.: Romanczuk, 1982.

Hesperis cumingiana (Fisch. & E. Mey.) Kuntze = **Descurainia cumingiana** (Fisch. & C.A. Mey.) Prantl var. **cumingiana**
Ref.: Boelcke & Romanczuk, 1984.

Hesperis frutescens (Gillies ex Hook. & Arn.) Kuntze = **Sisymbrium frutescens** Gillies ex Hook. & Arn.
Ref.: Roamnczuk, 1982.

Hesperis leptocarpa (Hook. & Arn.) Kuntze = **Sisymbrium leptocarpum** Hook. & Arn.
Ref.: Romanczuk, 1982.

Hesperis magellanica (Juss. ex Pers.) Kuntze = **Sisymbrium magellanicum** (Juss. ex Pers.) Hook. f.
Ref.: Romanczuk, 1982.

Hesperis matronalis L.
Ref.: Boelcke & Romanczuk, 1984.
Hábito: Hierba.
Status: Adventicia.
Elevación: 0-500 m.
Prov.: TF.
Paises limítrofes: CH.
Ejemplar examinado: *Ulibarri et al. 1131* (SI).

Hesperis peruviana (DC.) Kuntze = **Sisymbrium peruvianum** DC.
Ref.: Romanczuk, 1982.

Hesperis stenophylla (Gillies ex Hook. & Arn.) Kuntze = **Sisymbrium stenophyllum** Gillies ex Hook. & Arn.
Ref.: Romanczuk, 1982.

Heterothrix gracilis (Wedd.) O.E. Schulz = **Pennellia boliviensis** (Muschl.) Al-Shehbaz
Ref.: Al-Shehbaz, 1990c.

Hexaptera cuneata Gillies & Hook. = **Menonvillea cuneata** (Gillies & Hook.) Rollins
Ref.: Rollins, 1955.

Hexaptera cuneata f. *brevifolia* Skottsb. = **Menonvillea nordenskjoeldii** (Dusén) Rollins
Ref.: Rollins, 1955.

Hexaptera cuneata var. *famatinensis* Hieron., nom. nud. = **Menonvillea virens** (Phil.) Rollins
Ref.: Rollins, 1955.

Hexaptera cuneata var. *nordenskjoeldii* (Dusén) Gilg & Muschl. = **Menonvillea nordenskjoeldii** (Dusén) Rollins
Ref.: Rollins, 1955.

Hexaptera famatinensis Boelcke = **Menonvillea famatinensis** (Boelcke) Rollins var. **famatinensis**
Ref.: Rollins, 1955.

Hexaptera famatinensis var. *sphaerocarpa* Boelcke = **Menonvillea famatinensis** var. **sphaerocarpa** (Boelcke) Rollins
Ref.: Rollins, 1955.

Hexaptera nordenskjoeldii Dusén = **Menonvillea nordenskjoeldii** (Dusén) Rollins
Ref.: Rollins, 1955.

Hexaptera pinnatifida Gillies & Hook. = **Menonvillea hookeri** Rollins
Ref.: Rollins, 1955.

Hexaptera pinnatifida var. *nana* Hieron., nom. nud. = **Menonvillea famatinensis** (Boelcke) Rollins var. **famatinensis**
Ref.: Rollins, 1955.

Hexaptera pusilla Phil. = **Menonvillea spathulata** (Gillies & Hook.) Rollins
Ref.: Rollins, 1955.

Hexaptera scapigera Phil. = **Menonvillea scapigera** (Phil.) Rollins
Ref.: Rollins, 1955.

Hexaptera spathulata Gillies & Hook. = **Menonvillea spathulata** (Gillies & Hook.) Rollins
Ref.: Rollins, 1955.

Hexaptera spathulata subsp. *pusilla* (Phil.) Gilg & Muschl. = **Menonvillea spathulata** (Gillies & Hook.) Rollins
Ref.: Rollins, 1955.

Hexaptera spathulata var. *pusilla* (Phil.) Reiche = **Menonvillea spathulata** (Gillies & Hook.) Rollins
Ref.: Rollins, 1955.

Hexaptera virens Phil. = **Menonvillea virens** (Phil.) Rollins
Ref.: Rollins, 1955.

Hirschfeldia Moench

Número de especies: 1

Hirschfeldia incana (L.) Lagr.-Fossat
Sin.: *Sinapis incana* L.
Ref.: Boelcke & Romanczuk, 1984.
Hábito: Hierba.
Status: Adventicia.
Elevación: 0-1000 m.
Prov.: BA, CHU, CO, COR, ER, JU, LP, ME, NE, RN, SA, SC, SE, SF, SJ, SL, TU.
Paises limítrofes: CH, PA.
Ejemplar examinado: *Anderson 2989* (CORD).

Hutchinsia procumbens (L.) Desv. = **Hymenolobus procumbens** (L.) Nutt. ex Torr. & A. Gray
Ref.: Boelcke, 1974.

Hutchinsia reticulata Griseb. = **Hymenolobus procumbens** (L.) Nutt. ex Torr. & A. Gray
Ref.: Boelcke, 1974.

Hutchinsia tenuis (Barnéoud) O.E. Schulz = **Hymenolobus procumbens** (L.) Nutt. ex Torr. & A. Gray
Ref.: Boelcke, 1974.

Hymenolobus Nutt.

Número de especies: 1

Hymenolobus procumbens (L.) Nutt. ex Torr. & A. Gray
Sin.: *Bursa procumbens* (L.) Kuntze, *Capsella procumbens* (L.) Fr., *Draba tenuis* Barnéoud, *Hutchinsia procumbens* (L.) Desv., *Hutchinsia reticulata* Griseb., *Hutchinsia tenuis* (Barnéoud) O.E. Schulz, *Lepidium procumbens* L., *Microcardamum tenue* (Barnéoud) O.E. Schulz.
Ref.: Boelcke, 1974.
Hábito: Hierba.
Status: Adventicia.
Prov.: CHU, LP, LR, ME, NE, RN, SC, SJ.
Paises limítrofes: CH.
Ejemplar examinado: *Correa et al. 2853* (BAB).

Hymenophysa pubescens C.A. Mey. = **Cardaria pubescens** (C.A. Mey.) Jarmol.
Ref.: Boelcke & Romanczuk, 1984.

Iberis L.

Número de especies: 1

Iberis amara L.
Ref.: Boelcke & Romanczuk, 1984.
Hábito: Hierba.
Status: Adventicia.
Prov.: NE.
Ejemplar examinado: *Rossow y Gómez 479* (BAB).

Kardamoglyphos nana Schltdl. = **Rorippa nana** (Schltdl.) J.F. Macbr.
Ref.: Martínez-Laborde, 1985.

Lepidium L.

Número de especies: 23, 9 especies endémicas.

Lepidium affine Wedd., nom. illeg. = **Lepidium meyenii** Walp.
Ref.: Hitchcock, 1945.

Lepidium aletes J.F. Macbr. var. **aletes**
Sin.: *Lepidium calycinum* Godr.
Ref.: Hitchcock, 1945; Boelcke, 1986.
Hábito: Hierba.
Status: Nativa.
Elevación: 0-500 m.
Prov.: BA, CH, CHU, CO, COR, ER, FO, JU, LP, MI, NE, RN, SA, SC, SE, SJ.
Paises limítrofes: BR, CH, PA, UR.
Ejemplar examinado: *Montes 4004* (LP).

Lepidium aletes var. **integrifolium** (Thell.) Boelcke
Sin.: *Lepidium calycinum* var. *integrifolium* Thell.
Ref.: Boelcke, 1986.
Hábito: Hierba.
Status: Nativa.
Elevación: 0-500 m.
Prov.: CH, COR, FO, MI, SF.
Paises limítrofes: BR, PA.
Ejemplar examinado: *Zardini 860* (LP).

Lepidium argentinum Thell.
Ref.: Hitchcock, 1945.
Hábito: Hierba.
Status: Endémica.
Prov.: LR.
Ejemplar citado: *Parodi 7783** (G).

[Lepidium auriculatum Regel & Körn.]
Ref.: Moore, 1983.
Nota: Citada erróneamente para la flora argentina, sobre la base de material no perteneciente a esta especie.

[Lepidium bipinnatifidum Desv.]
Ref.: Moore, 1983.
Nota: Citada erróneamente para la flora argentina, sobre la base de material no perteneciente a esta especie.

Lepidium boelckeanum Prina
Ref.: Prina, 1993.
Hábito: Hierba.
Status: Endémica.
Prov.: CO, LP, SE.
Ejemplar examinado: *Troiani y Prina 7602* (BACP).

Lepidium boelckei Al-Shehbaz
Ref.: AL-Shehbaz, 1989a.
Hábito: Hierba.
Status: Endémica.
Elevación: 3000–3500 m.
Prov.: JU.
Ejemplar examinado: *Kiesling et al. 481* (LP).

Lepidium bonariense L. var. **bonariense**
Ref.: Boelcke & Romanczuk, 1984; Boelcke, 1986.
Hábito: Hierba.
Status: Nativa.
Elevación: 0-500 m.
Prov.: BA, CH, CHU, CO, COR, DF, ER, LP, MI, RN, SA, SE, SJ, TU.
Paises limítrofes: BR, CH, PA, UR.
Ejemplar examinado: *Cabrera 7529* (LP).

Lepidium bonariense var. *gracile* Chodat & Hassl. = **Lepidium gracile** (Chodat & Hassl.) Boelcke
Ref.: Boelcke, 1986.

Lepidium bonariense var. **pseudo-virginicum** Thell.
Ref.: Boelcke, 1986.
Hábito: Hierba.
Status: Nativa.
Prov.: CH, CO, COR, ER, LP, SE, SF, SJ, TU.
Paises limítrofes: BR, PA, UR.
Ejemplar examinado: *Pedersen 1823* (LP).

Lepidium bonariense var. *stuckertianum* Thell. = **Lepidium stuckertianum** (Thell.) Boelcke
Ref.: Boelcke, 1986.

Lepidium burkartii Boelcke
Ref.: Boelcke, 1984b.
Hábito: Hierba.
Status: Endémica.
Elevación: 0-500 m.
Prov.: ER.
Ejemplar examinado: *Burkart et al. 30846* (SI).

Lepidium calycinum Godr. = **Lepidium aletes** J.F. Macbr. var. **aletes**
Ref.: Boelcke, 1986.

Lepidium calycinum var. *integrifolium* Thell. = **Lepidium aletes** var. **integrifolium** (Thell.) Boelcke
Ref.: Boelcke, 1986.

Lepidium chalepense L. = **Cardaria chalepensis** (L.) Hand.-Mazz.
Ref.: Boelcke & Romanczuk, 1984.

Lepidium densiflorum Schrad.
Ref.: Prina, 1997.
Hábito: Hierba.
Status: Adventicia.
Prov.: LP.
Ejemplar citado: *Steibel et al. 8152** (SRFA).

Lepidium didymum L. = **Coronopus didymus** (L.) Sm.
Ref.: Boelcke & Romanczuk, 1984.

Lepidium draba L. = **Cardaria draba** (L.) Desv.
Ref.: Boelcke & Romanczuk, 1984.

Lepidium filisegmentum C.L. Hitchc.
Ref.: Hitchcock, 1945; Boelcke & Romanczuk, 1984.
Hábito: Hierba.
Status: Endémica.
Prov.: CHU, LP, RN, SC.
Ejemplar examinado: *Crespo et al. 1679* (SI).

Lepidium gelidum Wedd. = **Lepidium meyenii** Walp.
Ref.: Hitchcock, 1945.

Lepidium gracile (Chodat & Hassl.) Boelcke
Sin.: *Lepidium bonariense* var. *gracile* Chodat & Hassl.
Ref.: Boelcke, 1986.
Hábito: Hierba.
Status: Nativa.
Elevación: 0-500 m.
Prov.: CH, COR, FO, SF.
Paises limítrofes: PA.
Ejemplar examinado: *Charpin y Eskuche 20204* (SI).

Lepidium inclusum O.E. Schulz = **Lepidium pseudo-didymus** Thell. ex Druce
Ref.: Boelcke & Romanczuk, 1984.

Lepidium johnstonii C.L. Hitchc.
Ref.: Prina, 1995.
Hábito: Hierba.
Status: Nativa.
Elevación: 1000–1500 m.
Prov.: SA.
Paises limítrofes: CH.
Ejemplar citado: *Novara 8397** (MCNS).

Lepidium jujuyanum Al-Shehbaz
Ref.: Al-Shehbaz, 1989a.
Hábito: Hierba.
Status: Endémica.
Elevación: 3500–4000 m.
Prov.: JU.
Ejemplar examinado: *Fabris y Marchionni 1790* (LP).

Lepidium latifolium L.
Ref.: Boelcke, 1984b.
Hábito: Hierba.
Status: Adventicia.
Prov.: CO.
Ejemplar examinado: *Hunziker 9427* (BACP).

Lepidium marginatum Griseb. = **Lepidium meyenii** Walp.
Ref.: Hitchcok, 1945.

Lepidium meyenii Walp.
Sin.: *Lepidium affine* Wedd., nom. illeg., *Lepidium gelidum* Wedd., *Lepidium marginatum* Griseb., *Lepidium meyenii* subsp. *affine* (Weed.) Thell., *Lepidium meyenii* subsp. *gelidum* (Wedd.) Thell., *Lepidium meyenii* subsp. *marginatum* (Griseb.) Thell., *Lepidium weddellii* O.E. Schulz, *Lepidium weddellii* J.F. Macbr., hom. illeg.
Ref.: Hitchcock, 1945.
Hábito: Hierba.
Status: Nativa.
Elevación: 2500–>4500 m.
Prov.: CA, JU, SA, TU.
Paises limítrofes: BO, CH.
Ejemplar examinado: *Rodríguez 1316* (SI).

Lepidium meyenii subsp. *affine* (Wedd.) Thell. = **Lepidium meyenii** Walp.
Ref.: Hitchcock, 1945.

Lepidium meyenii subsp. *gelidum* (Wedd.) Thell. = **Lepidium meyenii** Walp.
Ref.: Hitchcock, 1945.

Lepidium meyenii subsp. *marginatum* (Griseb.) Thell. = **Lepidium meyenii** Walp.
Ref.: Hitchcock, 1945.

Lepidium myrianthum Phil.
Sin.: *Lepidium ruderale* var. *myrianthum* (Phil.) Reiche.
Ref.: Boelcke, 1964b; Boelcke & Romanczuk, 1984.
Hábito: Hierba.
Status: Nativa.
Elevación: 0–1500 m y 3000–4000 m.
Prov.: CA, CHU, LP, LR, ME, NE, RN, SJ.
Paises limítrofes: CH.
Ejemplar examinado: *Hunziker 12985* (BACP).

Lepidium parodii Thell.
Ref.: Boelcke & Roamnczuk, 1984.
Hábito: Hierba.
Status: Endémica.
Elevación: 0-500 m.
Prov.: BA, CHU, RN, SF.
Ejemplar examinado: *Cabrera 2459* (LP).

Lepidium perfoliatum L.
Ref.: Boelcke & Romanczuk, 1984.
Hábito: Hierba.
Status: Adventicia.
Prov.: CHU, NE, RN, SC.
Ejemplar examinado: *Crespo y Troncoso 1636* (SI).

Lepidium pinnatifidum Ledeb.
Ref.: Boelcke & Romanczuk, 1984.
Hábito: Hierba.
Status: Adventicia.
Prov.: RN.
Ejemplar examinado: *Martínez-Crovetto y Piccinini 7044* (BACP).

Lepidium procumbens L. = **Hymenolobus procumbens** (L.) Nutt. ex Torr. & A. Gray
Ref.: Boelcke, 1974.

Lepidium pseudo-didymus Thell. ex Druce
Sin.: *Coronopus australis* (Hook. f.) Speg., *Coronopus didymus* subsp. *australis* (Hook. f.) Muschl., *Coronopus pinnatifidus* var. *australis* (Hook. f.) Reiche, *Lepidium inclusum* O.E. Schulz, *Senebiera australis* Hook. f., *Senebiera pinnatifida* var. *australis* (Hook. f.) De Wild.
Ref.: Boelcke, 1964b; Moore, 1983; Boelcke & Romanczuk, 1984.
Hábito: Hierba.
Status: Nativa.
Elevación: 0-500 m.
Prov.: SC, TF.
Paises limítrofes: CH.
Ejemplar examinado: *Castellanos s.n.* (BA 45653).

Lepidium racemosum Griseb. = **Lepidium spicatum** var. **racemosum** (Griseb.) Boelcke
Ref.: Boelcke & Romanczuk, 1984.

Lepidium ruderale var. *myrianthum* (Phil.) Reiche = **Lepidium myrianthum** Phil.
Ref.: Boelcke, 1964b.

Lepidium sativum L.
Ref.: Hitchcock, 1945; Boelcke & Romanczuk, 1984.
Hábito: Hierba.
Status: Adventicia.
Elevación: 0-500 m.
Prov.: SC, TF.
Paises limítrofes: CH.
Ejemplar examinado: *Hogberg 97* (SI).

Lepidium spicatum var. **calyx-persistens** Boelcke
Ref.: Boelcke, 1984b.
Hábito: Hierba.
Status: Endémica.
Elevación: 0-500m.
Prov.: ER.
Ejemplar examinado: *Burkart y Gamerro 21749* (holotipo, SI).

Lepidium spicatum var. **racemosum** (Griseb.) Boelcke
Sin.: *Lepidium racemosum* Griseb.
Ref.: Boelcke & Romanczuk, 1984.
Hábito: Hierba.
Status: Endémica.
Elevación: 0–500 m.
Prov.: TF.
Ejemplar examinado: *Moore y Goodall 67* (SI).
Nota: Probablemente habite en Chile.

Lepidium spicatum Desv. var. **spicatum**
Ref.: Boelcke & Romanczuk, 1984.
Hábito: Hierba.
Status: Nativa.
Elevación: 0-500 m.
Prov.: BA, CHU, ER, LP, RN, SC, SF.
Paises limítrofes: CH, UR.
Ejemplar examinado: *Pedersen 11893* (SI).

Lepidium stuckertianum (Thell.) Boelcke
Sin.: *Lepidium bonariense* var. *stuckertianum* Thell.
Ref.: Boelcke, 1986.
Hábito: Hierba.
Status: Endémica.
Elevación: 0–500 m.
Prov.: CH, CO, COR, FO, LP, SE, SF, TU.
Ejemplar examinado: *Krapocickas 13041* (LP).
Nota: Probablemente habite en el Chaco paraguayo.

Lepidium tandilense Boelcke
Ref.: Boelcke & Romanczuk, 1984.
Hábito: Hierba.
Status: Nativa.
Elevación: 0–1000 m.
Prov.: BA, RN.
Paises limítrofes: UR.
Ejemplar citado: *Correa et al. 7314** (BAB).

Lepidium virginicum L.
Ref.: Boelcke, 1986.
Hábito: Hierba.
Status: Adventicia.
Prov.: JU, SA.
Paises limítrofes: BR, PA.
Ejemplar citado: *Krapovickas y Cristóbal 17442** (CTES).

Lepidium weddellii O.E. Schulz = **Lepidium meyenii** Walp.
Ref.: Hitchcock, 1945.

Lepidium weddellii J.F. Macbr., hom. illeg. = **Lepidium meyenii** Walp.

Lesquerella S. Watson
Número de especies: 1

Lesquerella mendocina (Phil.) Kurtz
Sin.: *Alyssum mendocinum* (Phil.) Kuntze, *Lesquerella montevidensis* (Eichler) S. Watson, *Vesicaria arctica* Hook. & Arn., *Vesicaria mendocina* Phil., *Vesicaria montevidensis* Eichler.
Ref.: Boelcke & Romanczuk, 1984.
Hábito: Hierba.
Status: Nativa.
Prov.: BA, CHU, CO, JU, LP, LR, ME, NE, RN, SA, SJ, SL, TU.
Paises limítrofes: BR, UR.
Ejemplar examinado: *Meglioli 56* (SI).

Lesquerella montevidensis (Eichler) S. Watson = **Lesquerella mendocina** (Phil.) Kurtz
Ref.: Hauman & Irigoyen, 1923.

Lithodraba O. Boelcke
Número de especies: 1, 1 especie endémica.

Lithodraba mendocinensis (Hauman) Boelcke
Sin.: *Xerodraba mendocinensis* Hauman.
Ref.: Boelcke, 1952.
Hábito: Arbusto.
Status: Endémica.
Elevación: 1500–3500 m.
Prov.: ME, NE.
Ejemplar examinado: *Boelcke et al. 11121* (SI).

Lobularia Desv., nom. cons.
Número de especies: 1

Lobularia maritima (L.) Desv.
Sin.: *Alyssum maritimum* (L.) Lam., *Clypeola maritima* L.
Ref.: Borgen, 1987.
Hábito: Hierba.
Status: Adventicia.
Elevación: 0-500 m.
Prov.: BA, CA, CO, ER, LP, ME, SA, SJ.
Paises limítrofes: BO, CH, UR.
Ejemplar examinado: *Cabrera 5268* (SI).

Malcolmia R. Br., nom. cons.
Número de especies: 2

Malcolmia africana (L.) R. Br.
Sin.: *Hesperis africana* L.
Ref.: Boelcke & Romanczuk,1984.
Hábito: Hierba.
Status: Adventicia.
Prov.: LP, ME, NE, RN.
Ejemplar examinado: *Covas 18200* (SI).

Malcolmia maritima (L.) R. Br.
Sin.: *Cheiranthus maritimus* L.
Ref.: Boelcke & Romanczuk, 1984.
Hábito: Hierba.
Status: Adventicia.
Prov.: SC.
Ejemplar citado: *Spegazzini s.n.* * (BAB 61539).

Mancoa Wedd.

Número de especies: 2, 1 especie endémica.

Mancoa hispida Wedd.
Ref.: Rollins, 1941.
Hábito: Hierba.
Status: Nativa.
Prov.: CA, JU, SA, TU.
Paises limítrofes: BO, CH.
Ejemplar examinado: *Joergensen 1108* (LIL).

Mancoa venturii Al-Shehbaz
Ref.: Al-Shehbaz, 1990c.
Hábito: Hierba.
Status: Endémica.
Elevación: 2000–4500 m.
Prov.: JU.
Ejemplar examinado: *Fabris et al. 4143* (LP).

Mathewsia boliviana Gilg & Muschl. = **Rorippa nana** (Schltdl.) J.F. Macbr.
Ref.: Martínez-Laborde, 1985.

Mathewsia diffusa Rusby = **Rorippa nana** (Schltdl.) J.F. Macbr.
Ref.: Martínez-Laborde, 1985.

Menonvillea DC.

Número de especies: 13, 7 especies endémicas

Menonvillea alyssoides Rollins
Ref.: Rollins, 1955; Boelcke & Romanczuk, 1984.
Hábito: Hierba.
Status: Endémica.
Elevación: 500–2500 m.
Prov.: NE, RN.
Ejemplar examinado: *Vallerini 396* (BACP).

Menonvillea comberi Sandwith
Ref.: Rollins, 1955; Boelcke & Romanczuk, 1984.
Hábito: Hierba.
Status: Endémica.
Elevación: 1500–2000 m.
Prov.: NE.
Ejemplar examinado: *Comber 914* (holotipo, K).

Menonvillea cuneata (Gillies & Hook.) Rollins
Sin.: *Hexaptera cuneata* Gillies & Hook.
Ref.: Rollins, 1955; Boelcke & Martínez-Laborde, 1994.
Hábito: Hierba.
Status: Nativa.
Elevación: 3000–4500 m.
Prov.: ME, SJ.
Paises limítrofes: CH.
Ejemplar examinado: *Ruíz Leal 14622* (BACP).

Menonvillea famatinensis (Boelcke) Rollins var. **famatinensis**
Sin.: *Hexaptera famatinensis* Boelcke, *Hexaptera pinnatifida* var. *nana* Hieron., nom. nud.
Ref.: Boelcke, 1951; Rollins, 1955.
Hábito: Hierba.
Status: Endémica.
Elevación: 4000–4500 m.
Prov.: LR.
Ejemplar examinado: *Hieronymus y Niederlein 379* (holotipo, CORD).

Menonvillea famatinensis var. **sphaerocarpa** (Boelcke) Rollins
Sin.: *Hexaptera famatinensis* var. *sphaerocarpa* Boelcke.
Ref.: Boelcke, 1951; Rollins, 1955.
Hábito: Hierba.
Status: Endémica.
Elevación: 4000–4500 m.
Prov.: LR, SJ.
Ejemplar examinado: *Hieronymus y Niederlein 379 1/2* (CORD).

Menonvillea hirsuta Rollins
Ref.: Rollins, 1955; Boelcke & Romanczuk, 1984.
Hábito: Hierba.
Status: Endémica.
Prov.: RN.
Ejemplar examinado: *Neumeyer 664* (holotipo, LIL).

Menonvillea hookeri Rollins
Sin.: *Hexaptera pinnatifida* Gillies & Hook.
Ref.: Rollins, 1955; Boelcke & Romanczuk, 1984.
Hábito: Hierba.
Status: Nativa.
Prov.: ME, NE, SJ.
Paises limítrofes: CH.
Ejemplar examinado: *Kiesling 2962* (SI).

Menonvillea longipes Rollins
Ref.: Rollins, 1955.
Hábito: Hierba.
Status: Endémica.
Prov.: LR.
Ejemplar examinado: *Niederlein 609* (holotipo, GH).

Menonvillea nordenskjoeldii (Dusén) Rollins
Sin.: *Hexaptera cuneata* f. *brevifolia* Skottsb., *Hexaptera cuneata* var. *nordenskjoeldii* (Dusén) Gilg & Muschl., *Hexaptera nordenskjoeldii* Dusén.
Ref.: Rollins, 1955; Boelcke & Romanczuk, 1984.
Hábito: Hierba.
Status: Nativa.
Elevación: 500–2000 m.
Prov.: SC.
Paises limítrofes: CH.
Ejemplar examinado: *Boelcke et al. 16749* (BACP).

Menonvillea patagonica Speg.
Ref.: Rollins, 1955; Boelcke & Romanczuk, 1984.
Hábito: Hierba.
Status: Endémica.
Elevación: 0–1000 m.
Prov.: CHU, RN.
Ejemplar examinado: *Soriano 2267* (BAA).

Menonvillea rigida Rollins
Ref.: Rollins, 1955; Boelcke & Romanczuk, 1984.
Hábito: Hierba.
Status: Endémica.
Elevación: 1500–2000 m.
Prov.: NE.
Ejemplar examinado: *Cabrera y Crisci 19160* (LP).

Menonvillea scapigera (Phil.) Rollins
Sin.: *Hexaptera scapigera* Phil.
Ref.: Rollins, 1955; Boelcke & Romanczuk, 1984.
Hábito: Hierba.
Status: Nativa.
Elevación: 2000–4500 m.
Prov.: ME, NE, SC, SJ.
Paises limítrofes: CH.
Ejemplar examinado: *Fabris 906* (LP).

Menonvillea spathulata (Gillies & Hook.) Rollins
Sin.: *Hexaptera pusilla* Phil., *Hexaptera spathulata* Gillies & Hook., *Hexaptera spathulata* subsp. *pusilla* (Phil.) Gilg & Muschl., *Hexaptera spathulata* var. *pusilla* (Phil.) Reiche.
Ref.: Rollins, 1955.
Hábito: Hierba.
Status: Nativa.
Elevación: 2500–3500 m.
Prov.: ME.
Paises limítrofes: CH.
Ejemplar examinado: *Ruíz Leal 15769* (BACP).

Menonvillea virens (Phil.) Rollins
Sin.: *Hexaptera cuneata* var. *famatinensis* Hieron., nom. nud., *Hexaptera virens* Phil.
Ref.: Rollins, 1955.
Hábito: Hierba.
Status: Nativa.
Elevación: 3000–4500 m.
Prov.: CA, JU, LR, SA, SJ, TU.
Paises limítrofes: CH.
Ejemplar examinado: *Halloy 643* (BACP).

Microcardamum tenue (Barnéoud) O.E. Schulz = **Hymenolobus procumbens** (L.) Nutt. ex Torr. & A. Gray
Ref.: Boelcke, 1974.

Mostacillastrum ameghinoi (Speg.) O.E. Schulz = **Sisymbrium ameghinoi** Speg.
Ref.: Romanczuk, 1982.

Mostacillastrum elongatum O.E. Schulz = **Sisymbrium elongatum** (O.E. Schulz) Romanczuk
Ref.: Romanczuk, 1982.

Mostacillastrum elongatum var. *latisiliquum* O.E. Schulz = **Sisymbrium elongatum** (O.E. Schulz) Romanczuk
Ref.: Romanczuk, 1982.

Mostacillastrum stenophyllum (Gillies ex Hook. & Arn.) O.E. Schulz = **Sisymbrium stenophyllum** Gillies ex Hook. & Arn.
Ref.: Romanczuk, 1982.

Myagrum alyssum Mill. = **Camelina alyssum** (Mill.) Thell.
Ref.: Boelcke, 1967.

Myagrum paniculatum L. = **Neslia paniculata** (L.) Desv.
Ref.: Boelcke & Romanczuk, 1984.

Myagrum rugosum L. = **Rapistrum rugosum** (L.) All.
Ref.: Boelcke & Romanczuk, 1984.

Myagrum sativum L. = **Camelina sativa** (L.) Crantz
Ref.: Boelcke, 1967.

Nasturtium bonariense (Poir.) DC. = **Rorippa bonariensis** (Poir.) Macloskie var. **bonariensis**
Ref.: Martínez-Laborde, 1985.

Nasturtium bonariense var. *micranthum* (Phil.) Reiche = **Rorippa chubutica** (O.E. Schulz) Mart.-Laborde

Nasturtium clandestinum Spreng. = **Rorippa clandestina** (Spreng.) J.F. Macbr.
Ref.: Martínez-Laborde, 1985.

Nasturtium fontanum (Lam.) Aschers. = **Rorippa nasturtium-aquaticum** (L.) Hayek
Ref.: Martínez-Laborde, 1985.

Nasturtium hilarianum (Walp.) Hauman = **Rorippa hilariana** (Walp.) Cabrera
Ref.: Martínez-Laborde, 1985.

Nasturtium micranthum Phil., hom. illeg. = **Rorippa chubutica** (O.E. Schulz) Mart.-Laborde

Nasturtium nanum (Schltdl.) Wedd. = **Rorippa nana** (Schltdl.) J.F. Macbr.
Ref.: Martínez-Laborde, 1985.

Nasturtium nasturtioides (Cambess.) Herter = **Rorippa hilariana** (Walp.) Cabrera
Ref.: Martínez-Laborde, 1985.

Nasturtium officinale R. Br. = **Rorippa nasturtium-aquaticum** (L.) Hayek
Ref.: Martínez-Laborde, 1985.

Nasturtium palustre (L.) DC. = **Rorippa palustris** (L.) Besser
Ref.: Martínez-Laborde, 1985.

Nasturtium philippianum Speg., nom. illeg. = **Rorippa chubutica** (O.E. Schulz) Mart.-Laborde

Nasturtium platense Speg. = **Rorippa hilariana** (Walp.) Cabrera
Ref.: Martínez-Laborde, 1985.

Nasturtium pumilum Cambess. = **Rorippa clandestina** (Spreng.) J.F. Macbr.
Ref.: Martínez-Laborde, 1985.

Nasturtium sinapis (Burm. f.) O.E. Schulz = **Rorippa dubia** (Pers.) Hara
Ref.: Hara, 1955; Martínez-Laborde, 1985.

Nasturtium stenophyllum F. Phil. = **Cardamine tenuirostris** Hook. & Arn.
Ref.: Boelcke & Romanczuk, 1984.

Nasturtium sylvestre (L.) R. Br. = **Rorippa sylvestris** (L.) Besser
Ref.: Martínez-Laborde, 1985.

Neslia Desv., nom. cons.
Número de especies: 1

Neslia paniculata (L.) Desv.
Sin.: *Myagrum paniculatum* L., *Vogelia paniculata* (L.) Hornem.
Ref.: Boelcke & Romanczuk, 1984.
Hábito: Hierba.
Status: Adventicia.
Elevación: 0-500 m.
Prov.: BA, RN.
Ejemplar citado: *Burkart 6521** (BA).

Onuris Phil.
Número de especies: 5, 1 especie y 1 variedad endémicas.

Onuris alismatifolia Gilg ex Skottsb.
Ref.: Boelcke, 1984a; Boelcke & Romanczuk, 1984.
Hábito: Hierba.
Status: Nativa.
Elevación: 0–1000 m.
Prov.: TF.
Paises limítrofes: CH.
Ejemplar examinado: *Boelcke et al. 16790* (BACP).

Onuris graminifolia var. **austroamericana** Boelcke
Ref.: Boelcke, 1984a; Boelcke & Romanczuk, 1984.
Hábito: Hierba.
Status: Endémica.
Prov.: CHU, SC.
Ejemplar examinado: *Koslowsky 44* (BA).

Onuris graminifolia Phil. var. **graminifolia**
Sin.: *Draba oligosperma* Speg., *Draba spegazziniana* Dusén, *Onuris oligosperma* (Speg.) Gilg & Muschl.
Ref.: Boelcke, 1984a; Boelcke & Romanczuk, 1984.
Hábito: Hierba.
Status: Nativa.
Prov.: CHU, NE, RN, SC.
Paises limítrofes: CH.
Ejemplar examinado: *Hosseus 444a* (CORD).

Onuris hatcheriana (Gilg ex Macloskie) Gilg & Muschl.
Sin.: *Draba hatcheriana* Gilg ex Macloskie.
Ref.: Boelcke, 1984a; Boelcke & Romanczuk, 1984.
Hábito: Hierba.
Status: Endémica.
Elevación: 1000–2000 m.
Prov.: SC.
Ejemplar citado: *Boelcke et al. s.n., T.B.P.A. 2927** (BAB, BACP).

Onuris oligosperma (Speg.) Gilg & Muschl. = **Onuris graminifolia** Phil. var. **graminifolia**
Ref.: Boelcke, 1984a.

Onuris papillosa O.E. Schulz
Ref.: Boelcke, 1984a; Boelcke & Romanczuk, 1984.
Hábito: Hierba.
Status: Nativa.
Elevación: 500–1500 m.
Prov.: SC, TF.
Paises limítrofes: CH.
Ejemplar examinado: *Boelcke et al. 16752* (BACP).

Onuris spegazziniana Gilg & Muschl.
Sin.: *Draba graminifolia* Speg.
Ref.: Boelcke, 1984a; Boelcke & Romanczuk, 1984.
Hábito: Hierba.
Status: Nativa.
Elevación: 500–2000 m.
Prov.: RN, SC.
Paises limítrofes: CH.
Ejemplar examinado: *Boelcke et al. 16747* (BACP).

Parodiodoxa O.E. Schulz
Número de especies: 1, 1 especie endémica.

Parodiodoxa chionophila (Speg.) O.E. Schulz
Sin.: *Thlaspi chionophilum* Speg.
Ref.: Schulz, 1929.
Hábito: Hierba.
Status: Endémica.
Elevación: 3500–>4500 m.
Prov.: CA, JU, SA, TU.
Ejemplar examinado: *Fabris y Zuloaga 7730* (SI).

Pennellia Nieuwl.
Número de especies: 1

Pennellia boliviensis (Muschl.) Al-Shehbaz
Sin.: *Heterothrix gracilis* (Wedd.) O.E. Schulz, *Pennellia gracilis* (Wedd.) O.E. Schulz, *Pennellia petraea* (Phil.) O.E. Schulz, *Streptanthus boliviensis* Muschl.
Ref.: Al-Shehbaz, 1990c.
Hábito: Hierba.
Status: Nativa.
Elevación: 1000–2000 m.
Prov.: CA, CO, JU, SA, TU.
Paises limítrofes: BO.
Ejemplar examinado: *Fabris et al. 5387* (LP).

Pennellia gracilis (Wedd.) O.E. Schulz = **Pennellia boliviensis** (Muschl.) Al-Shehbaz
Ref.: Al-Shehbaz, 1990c.
Nota: sensu O.E.Schulz, pro parte

Pennellia petraea (Phil.) O.E. Schulz = **Pennellia boliviensis** (Muschl.) Al-Shehbaz
Ref.: Al-Shehbaz, 1990c.

Perreymondia rupestris Barnéoud = **Schizopetalon rupestre** (Barnéoud) Reiche
Ref.: Al-Shehbaz, 1989b.

Petroravenia Al-Shehbaz
Número de especies: 1 especie endémica.

Petroravenia eseptata Al-Shehbaz
Ref.: Al-Shehbaz, 1994a.
Hábito: Hierba.
Status: Endémica.
Elevación: >4500 m.
Prov.: JU, SA.
Ejemplar citado: *Beck 14136** (holotipo, MO).

Phlebolobium O.E. Schulz
Número de especies: 1 especie endémica.

Phlebolobium maclovianum (d'Urv.) O.E. Schulz
Sin.: *Arabis macloviana* (d'Urv.) Hook. f., *Brassica macloviana* d'Urv., *Erysimum maclovianum* (d'Urv.) Gay ex Gaudich.
Ref.: Boelcke & Romanczuk, 1984.
Hábito: Hierba.
Status: Endémica.
Elevación : 0-500 m.
Prov.: TF.
Ejemplar examinado: *Skottsberg 36* (BA).

Polypsecadium O.E. Schulz
Número de especies: 3, 2 especies endémicas.

Polypsecadium burkartii Romanczuk & Boelcke
Ref.: Romanczuk & Boelcke, 1982.
Hábito: Hierba.
Status: Endémica.
Prov.: JU, SA, TU.
Ejemplar examinado: *Monetti 147* (LIL).

Polypsecadium grandiflorum Romanczuk & Boelcke
Ref.: Romanczuk & Boelcke, 1982.
Hábito: Hierba.
Status: Endémica.
Elevación: 1000–3000 m.
Prov.: CA, CO, JU, SA, TU.
Ejemplar examinado: *Lorentz 778* (CORD).

Polypsecadium harmsianum (Muschl.) O.E. Schulz
Sin.: *Polypsecadium harmsianum* var. *dentatum* (Muschl.) O.E. Schulz, *Sisymbrium ragoneseanum* O.E. Schulz, *Thelypodium harmsianum* Muschl., *Thelypodium harmsianum* var. *dentatum* Muschl.
Ref.: Romanczuk & Boelcke, 1982.
Hábito: Hierba.
Status: Nativa.
Prov.: JU, SA, TU.
Paises limítrofes: BO.
Ejemplar examinado: *Lillo 2475* (LIL).

Polypsecadium harmsianum var. *dentatum* (Muschl.) O.E. Schulz = **Polypsecadium harmsianum** (Muschl.) O.E. Schulz
Ref.: Romanczuk & Boelcke, 1982.

Pterygiosperma O.E. Schulz
Número de especies: 1 especie endémica.

Pterygiosperma tehuelches (Speg.) O.E. Schulz
Sin.: *Sisymbrium pinnatum* Speg., *Sisymbrium tehuelches* Speg., *Streptanthus tehuelches* (Speg.) Gilg & Muschl.
Ref.: Boelcke & Romanczuk, 1984.
Hábito: Hierba.
Status: Endémica.
Prov.: CHU, SC.
Ejemplar examinado: *Koslowsky s.n.* (BA 3881).

Radicula nana (Schltdl.) Druce = **Rorippa nana** (Schltdl.) J.F. Macbr.
Ref.: Martínez-Laborde, 1985.

Raphanus L.
Número de especies: 2

Raphanus raphanistrum L.
Ref.: Boelcke, 1987.
Hábito: Hierba.
Status: Adventicia.
Elevación: 0-500 m.
Prov.: BA, CH, ER.
Paises limítrofes: BR, CH, PA.
Ejemplar examinado: *Boelcke y Correa 14519* (LIL).

Raphanus sativus L.
Ref.: Boelcke, 1987.
Hábito: Hierba.
Status: Adventicia.
Elevación: 0-500 m.
Prov.: BA, CA, CO, COR, ER, JU, LP, LR, ME, MI, NE, RN, SA, SC, SF, SJ, SL, TF, TU.
Paises limítrofes: BO, BR, CH, UR.
Ejemplar examinado: *Troncoso et al. 2332* (SI).

Raphanus tenellus Pall. = **Chorispora tenella** (Pall.) DC.
Ref.: Boelcke, 1964a.

Rapistrum Crantz, nom. cons.
Número de especies: 1

Rapistrum rugosum (L.) All.
Sin.: *Myagrum rugosum* L.
Ref.: Boelcke & Romanczuk, 1984.
Hábito: Hierba.
Status: Adventicia.
Elevación: 0-500 m.
Prov.: BA, CO, COR, DF, ER, FO, JU, LP, ME, MI, NE, RN, SA, SC, SE, SF, SJ, SL, TF, TU.
Paises limítrofes: BR, CH, UR.
Ejemplar examinado: *Hunziker 11157* (CORD).

Rorippa Scop.
Número de especies: 12, 1 especie y 1 variedad endémicas.

Rorippa austroamericana Mart.-Laborde
Ref.: Martínez-Laborde, 1985.
Hábito: Hierba.
Status: Nativa.
Elevación: 1500–3500 m.
Prov.: CHU, ME, NE, RN, SC, SJ, TF.
Paises limítrofes: CH.
Ejemplar examinado: *Kiesling et al. 7556* (SI).

Rorippa bonariensis (Poir.) Macloskie var. **bonariensis**
Sin.: *Nasturtium bonariense* (Poir.) DC., *Sisymbrium bonariense* Poir.
Ref.: Martínez-Laborde, 1985.
Hábito: Hierba.
Status: Nativa.
Elevación: 0-500 m.
Prov.: BA, CO, COR, DF, ER, LP, SF.
Paises limítrofes: BR, CH, UR.
Ejemplar examinado: *Ahumada et al. 1160* (CTES).

Rorippa bonariensis var. **burkartii** Mart.-Laborde
Ref.: Martínez-Laborde, 1985.
Hábito: Hierba.
Status: Endémica.
Elevación: 0-500 m.
Prov.: COR, ER, MI.
Ejemplar examinado: *Türpe 1054* (holotipo, BAA).

Rorippa bonariensis var. **chacoensis** Mart.-Laborde
Ref.: Martínez-Laborde, 1985.
Hábito: Hierba.
Status: Nativa.
Elevación: 0-500 m.
Prov.: CH, COR, FO, SF.
Paises limítrofes: PA.
Ejemplar examinado: *Krapovickas 13068* (CTES).

Rorippa chubutica (O.E. Schulz) Mart.-Laborde
Sin.: *Descurainia chubutica* O.E. Schulz, *Nasturtium bonariense* var. *micranthum* (Phil.) Reiche, *Nasturtium micranthum* Phil., hom. illeg., *Nasturtium philippianum* Speg., nom. illeg., *Rorippa philippiana* (Speg.) Macloskie, comb. illeg.
Ref.: Martínez-Laborde, 1985.
Hábito: Hierba.
Status: Nativa.
Elevación: 0–2000 m.
Prov.: CHU, LP, ME, NE, RN, SC, TF.
Paises limítrofes: CH.
Ejemplar examinado: *Rossow et al. 1496* (BACP).
Nota: Véase nueva combinación en Apéndice 1.

Rorippa clandestina (Spreng.) J.F. Macbr.
Sin.: *Cardamine clandestina* (Spreng.) Kuntze, *Nasturtium clandestinum* Spreng., *Nasturtium pumilum* Cambess.
Ref.: Martínez-Laborde, 1985.
Hábito: Hierba.
Status: Nativa.
Elevación: 0-500 m.
Prov.: CH, FO, JU, MI.
Paises limítrofes: BO, BR, PA.
Ejemplar examinado: *Molina 352* (BAB).

Rorippa dubia (Pers.) Hara
Sin.: *Nasturtium sinapis* (Burm. f.) O.E. Schulz, *Rorippa sinapis* (Burm. f.) Ohwi & Hara, p.p., *Rorippa sinapis* (Burm. f.) J.F. Macbr., comb. superfl., *Sisymbrium dubium* Pers., *Sisymbrium sinapis* Burm. f.
Ref.: Hara, 1955; Martínez-Laborde, 1985.
Hábito: Hierba.
Status: Adventicia.
Elevación: 0-500 m.
Prov.: BA, MI.
Paises limítrofes: BR.
Ejemplar examinado: *Burkart 9038* (BAA).

Rorippa hilariana (Walp.) Cabrera
Sin.: *Cardamine hilariana* Walp., *Cardamine nasturtioides* Cambess., *Nasturdium hilarianum* (Walp.) Hauman, *Nasturtium nasturtioides* (Cambess.) Herter, *Nasturtium platense* Speg.
Ref.: Martínez-Laborde, 1985.
Hábito: Hierba.
Status: Nativa.
Elevación: 0-500 m.
Prov.: BA, CH, CHU, COR, DF, ER, FO, LP, RN, SE, SF, TU.
Paises limítrofes: BR, PA, UR.
Ejemplar examinado: *Martínez-Laborde s.n.* (BACP 2539).

Rorippa mandonii (E. Fourn.) Mart.-Laborde
Sin.: *Sisymbrium mandonii* E. Fourn.
Ref.: Martínez-Laborde, 1985.
Hábito: Hierba.
Status: Nativa.
Elevación: 500–2500 m y 4000–4500 m.
Prov.: CO, JU, SA, SE, TU.
Paises limítrofes: BO.
Ejemplar examinado: *Venturi 1014* (BA).

Rorippa nana (Schltdl.) J.F. Macbr.
Sin.: *Kardamoglyphos nana* Schltdl., *Mathewsia boliviana* Gilg & Muschl., *Mathewsia diffusa* Rusby, *Nasturtium nanum* (Schltdl.) Wedd., *Radicula nana* (Schltdl.) Druce.
Ref.: Martínez-Laborde, 1985.
Hábito: Hierba.
Status: Nativa.
Elevación: 3000–4000 m.
Prov.: CA, JU.
Paises limítrofes: BO.
Ejemplar examinado: *Cabrera y Constance 19038* (LP).

Rorippa nasturtium-aquaticum (L.) Hayek
Sin.: *Nasturtium fontanum* (Lam.) Aschers., *Nasturtium officinale* R. Br., *Sisymbrium nasturtium-aquaticum* L.
Ref.: Martínez-Laborde, 1985.
Hábito: Hierba.
Status: Adventicia.
Elevación: 0-500 m.
Prov.: BA, CA, CHU, CO, COR, ER, JU, LP, LR, ME, MI, NE, RN, SA, SE, SJ, SL, TU.
Paises limítrofes: BO, BR, CH, UR.
Ejemplar examinado: *Rossow y Gómez-Cadret 1760* (BAB).

Rorippa palustris (L.) Besser
Sin.: *Nasturtium palustre* (L.) DC., *Sisymbrium amphibium* var. *palustre* L., *Sisymbrium palustre* (L.) Pollich.
Ref.: Martínez-Laborde, 1985.
Hábito: Hierba.
Status: Adventicia.
Elevación: 0-500 m.
Prov.: BA, CH, CHU, COR, DF, ER, FO, JU, MI, NE, RN, SA.
Paises limítrofes: BR, CH.
Ejemplar examinado: *Lourteig et al. 2667* (CTES).

Rorippa philippiana (Speg.) Macloskie, comb. illeg. = **Rorippa chubutica** (O.E. Schulz) Mart.-Laborde

Rorippa sinapis (Burm. f.) Ohwi & Hara, p.p. = **Rorippa dubia** (Pers.) Hara
Ref.: Hara, 1955.

Rorippa sinapis (Burm. f.) J.F. Macbr., comb. superfl. = **Rorippa dubia** (Pers.) Hara
Ref.: Martínez-Laborde, 1985.

Rorippa sylvestris (L.) Besser
Sin.: *Nasturtium sylvestre* (L.) R. Br., *Sisymbrium sylvestre* L.
Ref.: Martínez-Laborde, 1985.
Hábito: Hierba.
Status: Adventicia.
Prov.: CHU.
Paises limítrofes: CH.
Ejemplar examinado: *Cabrera 21922* (SI).

Rorippa ventanensis Boelcke
Ref.: Martínez-Laborde, 1985.
Hábito: Hierba.
Status: Endémica.
Prov.: BA, CO.
Ejemplar examinado: *Martínez-Laborde y Villamil 23* (BACP).

Sarcodraba Gilg & Muschl.
Número de especies: 3 especies endémicas.

Sarcodraba andina O.E. Schulz
Sin.: *Ateixa andina* (O.E. Schulz) Ravenna.
Ref.: Boelcke & Martínez-Laborde, 1994.
Hábito: Hierba.
Status: Endémica.
Elevación: 3000–4500 m.
Prov.: LR, SJ.
Ejemplar examinado: *Hosseus 1103* (CORD).

Sarcodraba herzogii O.E. Schulz = **Weberbauera herzogii** (O.E. Schulz) Al-Shehbaz
Ref.: Al-Shehbaz, 1990a.

Sarcodraba karraikensis (Speg.) Gilg & Muschl.
Sin.: *Draba karraikensis* Speg.
Ref.: Boelcke & Romanczuk, 1984.
Hábito: Hierba.
Status: Endémica.
Prov.: SC.
Ejemplar examinado: *Ameghino 128* (BA).

Sarcodraba subterranea O.E. Schulz
Ref.: Boelcke & Romaczuk, 1984.
Hábito: Hierba.
Status: Endémica.
Prov.: SC.
Ejemplar examinado: *Correa y Nicora 3574* (BAA, BAB).

Schizopetalon Sims
Número de especies: 1

Schizopetalon rupestre (Barnéoud) Reiche
Sin.: *Perreymondia rupestris* Barnéoud.
Ref.: Al-Shehbaz, 1989b.
Hábito: Hierba.
Status: Nativa.
Elevación: 1500–4000 m.
Prov.: LR, ME, SJ.
Paises limítrofes: CH.
Ejemplar examinado: *Kiesling et al. 8100* (SI).

Schizopetalum fuegianum Speg. = **Sisymbrium magellanicum** (Juss. ex Pers.) Hook. f.
Ref.: Romanczuk, 1982.

Senebiera australis Hook. f. = **Lepidium pseudo-didymus** Thell. ex Druce
Ref.: Boelcke & Romanczuk, 1984.

Senebiera pinnatifida var. *australis* (Hook. f.) De Wild. = **Lepidium pseudo-didymus** Thell. ex Druce
Ref.: Boelcke & Romanczuk, 1984.

Senebiera rhytidocarpa Hook. = **Coronopus rhytidocarpus** (Hook.) Macloskie
Ref.: Boelcke, 1987.

Senebiera serrata Poir. = **Coronopus serratus** (Poir.) Desv.
Ref.: Boelcke, 1987.

Sinapis L.
Número de especies: 2

Sinapis alba L.
Ref.: Boelcke & Romanczuk, 1984.
Hábito: Hierba.
Status: Adventicia.
Elevación: 0-500 m.
Prov.: TF.
Ejemplar examinado: *Ulibarri 1120* (SI).

Sinapis arvensis L.
Ref.: Boelcke, 1987.
Hábito: Hierba.
Status: Adventicia.
Elevación: 0-500 m..
Prov.: BA, COR, ER.
Paises limítrofes: CH.
Ejemplar examinado: *Schinini y Cristóbal 9978* (SI).

Sinapis incana L. = **Hirschfeldia incana** (L.) Lagr.-Fossat

Sinapis juncea L. = **Brassica juncea** (L.) Czern. & Cosson
Ref.: Boelcke, 1987.

Sinapis nigra L. = **Brassica nigra** (L.) W.D.J. Koch
Ref.: Boelcke & Romanczuk, 1984.

Sisymbrium L.
Número de especies: 33, 15 especies endémicas.

Sisymbrium altissimum L.
Ref.: Romanczuk, 1982.
Hábito: Hierba.
Status: Adventicia.
Elevación: 0-500 m.
Prov.: BA, CHU, LP, LR, ME, NE, RN, SC.
Paises limítrofes: CH.
Ejemplar examinado: *Cabrera 21875* (LP).

Sisymbrium ameghinoi Speg.
Sin.: *Mostacillastrum ameghinoi* (Speg.) O.E. Schulz.
Ref.: Romanczuk, 1982.
Hábito: Hierba.
Status: Endémica.
Prov.: CHU, SC.
Ejemplar examinado: *Ameghino 167* (BA).

Sisymbrium amphibium var. *palustre* L. = **Rorippa palustris** (L.) Besser
Ref.: Martínez-Laborde, 1985.

Sisymbrium amplexicaule Phil., hom. illeg. = **Sisymbrium philippianum** I.M. Johnst.
Ref.: Romanczuk, 1982.

Sisymbrium andinum Phil.
Sin.: *Hesperis andina* (Phil.) Kuntze, *Sisymbrium andinum* f. *dolichocarpum* Hauman, *Sisymbrium andinum* var. *hossei* O.E. Schulz, *Sisymbrium andinum* var. *latifolium* Phil., *Sisymbrium andinum* var. *morenoanum* (Chodat & Wilczek) O.E. Schulz, *Sisymbrium morenoanum* Chodat & Wilczek, *Sisymbrium morenoanum* f. *robustum* Chodat & Wilczek, *Sisymbrium sagittatum* var. *latifolium* (Phil.) Speg.
Ref.: Romanczuk, 1982.
Hábito: Hierba.
Status: Nativa.
Prov.: ME, NE, SJ.
Paises limítrofes: CH.
Ejemplar examinado: *Kurtz 3519* (CORD).

Sisymbrium andinum Speg., hom. illeg. = **Sisymbrium commune** (Speg.) Romanczuk
Ref.: Romanczuk, 1982.

Sisymbrium andinum f. *dolichocarpum* Hauman = **Sisymbrium andinum** Phil.
Ref.: Romanczuk, 1982.

Sisymbrium andinum var. *exauriculatum* (Speg.) O.E. Schulz = **Sisymbrium commune** (Speg.) Romanczuk
Ref.: Romanczuk, 1982.

Sisymbrium andinum var. *hossei* O.E. Schulz = ? **Sisymbrium andinum** Phil.
Ref.: Romanczuk, 1982.

Sisymbrium andinum var. *juncalense* O.E. Schulz = **Sisymbrium leptocarpum** Hook. & Arn.
Ref.: Romanczuk, 1982.

Sisymbrium andinum var. *latifolium* Phil. = **Sisymbrium andinum** Phil.
Ref.: Romanczuk, 1982.

Sisymbrium andinum var. *morenoanum* (Chodat & Wilczek) O.E. Schulz = **Sisymbrium andinum** Phil.
Ref.: Romanczuk, 1982.

Sisymbrium andinum var. *pubescens* Gilg & Muschl., hom. illeg. = **Sisymbrium commune** (Speg.) Romanczuk
Ref.: Romanczuk, 1982.

Sisymbrium anomalum Wedd. = **Sisymbrium peruvianum** DC.
Ref.: Romanczuk, 1982.

Sisymbrium antarcticum E. Fourn. = **Descurainia antarctica** (E. Fourn.) O.E. Schulz var. **antarctica**
Ref.: Boelcke & Romanczuk, 1984.

Sisymbrium arnottianum Gillies ex Hook. & Arn.
Sin.: *Hesperis arnottiana* (Gillies ex Hook. & Arn.) Kuntze.
Ref.: Romanczuk, 1982.
Hábito: Hierba.
Status: Nativa.
Elevación: 1500–3000 m.
Prov.: ME, SJ.
Paises limítrofes: CH.
Ejemplar examinado: *Kurtz 3603* (CORD).

Sisymbrium arnottianum var. *dolichocarpum* O.E. Schulz = **Sisymbrium tucumanense** (O.E. Schulz) Romanczuk var. **tucumanense**
Ref.: Romanczuk, 1982.

Sisymbrium arnottianum var. *tucumanense* O.E. Schulz = **Sisymbrium tucumanense** (O.E. Schulz) Romanczuk var. **tucumanense**
Ref.: Romanczuk, 1982.

Sisymbrium austriacum Jacq.
Ref.: Boelcke, 1977; Romanczuk, 1982.
Hábito: Hierba.
Status: Adventicia.
Prov.: SC.
Paises limítrofes: CH.
Ejemplar examinado: *T.B.P.A. 198* (BAB, RNG, SI).

Sisymbrium bellidifolium Poir. = **Cardamine chenopodiifolia** Pers.
Ref.: Boelcke, 1976.

Sisymbrium bonariense Poir. = **Rorippa bonariensis** (Poir.) Macloskie var. **bonariensis**
Ref.: Martínez-Laborde, 1985.

Sisymbrium brachycarpum Phil. = **Descurainia depressa** (Phil.) Reiche var. **depressa**
Ref.: Schulz, 1924.

Sisymbrium caespitosum Phil. = **Stenodraba lechleri** (E. Fourn.) Ravenna
Ref.: Boelcke & Romanczuk, 1984.

[Sisymbrium canescens Nutt.]
Ref.: Boelcke & Romanczuk, 1984.
Nota: Citada erróneamente para la flora argentina, sobre la base de material no perteneciente a esta especie.

Sisymbrium canescens f. *brachysiliquum* Chodat & Wilczek = **Descurainia argentina** var. **brachysiliqua** (Chodat & Wilczek) O.E. Schulz
Ref.: Schulz, 1924.

Sisymbrium canescens f. *longisiliquum* Chodat & Wilczek = **Descurainia pimpinellifolia** (Barnéoud) O.E. Schulz
Ref.: Schulz, 1924.

Sisymbrium canescens var. *appendiculatum* Griseb. = **Descurainia appendiculata** (Griseb.) O.E. Schulz var. **appendiculata**
Ref.: Boelcke & Martínez-Laborde, 1994.

Sisymbrium castellanosii O.E. Schulz
Ref.: Romanczuk, 1982.
Hábito: Hierba.
Status: Endémica.
Prov.: CHU, RN.
Ejemplar examinado: *Illin 3715* (holotipo, BAA).

Sisymbrium catamarcense Romanczuk
Ref.: Romanczuk, 1982.
Hábito: Hierba.
Status: Endémica.
Elevación: 1500–2000 m.
Prov.: CA.
Ejemplar examinado: *Hunziker y Caso 4043* (holotipo, BAB).

Sisymbrium choiquense Romanczuk
Ref.: Romanczuk, 1982.
Hábito: Arbusto.
Status: Endémica.
Elevación: 2000–2500 m.
Prov.: ME, NE.
Ejemplar examinado: *Martínez-Crovetto y Piccinini 7215* (holotipo, BAB).

Sisymbrium colchaguensis (Barnéoud) E. Fourn. = **Weberbauera colchaguensis** (Barnéoud) Al-Shehbaz
Ref.: Al-Shehbaz, 1990a.

Sisymbrium commune (Speg.) Romanczuk
Sin.: *Sisymbrium andinum* Speg., hom. illeg., *Sisymbrium andinum* var. *exauriculatum* (Speg.) O.E. Schulz, *Sisymbrium andinum* var. *pubescens* Gilg & Muschl., hom. illeg., *Sisymbrium sagittatum* var. *andinum* (Phil.) Speg., *Sisymbrium sagittatum* var. *ciliatum* (Phil.) Speg., *Sisymbrium sagittatum* var. *commune* Speg., *Sisymbrium sagittatum* var. *exauriculatum* Speg., *Sisymbrium sagittatum* var. *glaucum* Speg., *Sisymbrium sagittatum* var. *normalis* Speg., *Sisymbrium sagittatum* var. *pubescens* (Phil.) Speg., *Sisymbrium sagittatum* var. *purpurascens* Speg.
Ref.: Romanczuk, 1982.
Hábito: Hierba.
Status: Nativa.
Elevación: 0–2000 m.
Prov.: CHU, ME, NE, RN, SC.
Paises limítrofes: CH.
Ejemplar examinado: *Fabris y Solbrig 1314* (LP).

Sisymbrium cumingianum Fisch. & C.A. Mey. = **Descurainia cumingiana** (Fisch. & C.A. Mey.) Prantl var. **cumingiana**
Ref.: Boelcke & Romanczuk, 1984.

Sisymbrium cumingii J. Presl = **Descurainia cumingiana** (Fisch. & C.A. Mey.) Prantl var. **cumingiana**
Ref.: Boelcke & Roamnczuk, 1984.

Sisymbrium depressum Phil. = **Descurainia depressa** (Phil.) Reiche var. **depressa**
Ref.: Schulz, 1924.

Sisymbrium deserticola Speg. = **Trichotolinum deserticola** (Speg.) O.E. Schulz
Ref.: Boelcke & Romanczuk, 1984.

Sisymbrium dianthoides Phil.
Ref.: Romanczuk, 1982.
Hábito: Hierba.
Status: Nativa.
Elevación: 3500–4500 m.
Prov.: JU.
Paises limítrofes: CH.
Ejemplar examinado: *Schwabe et al. 913* (LP).

Sisymbrium dubium Pers. = **Rorippa dubia** (Pers.) Hara
Ref.: Hara, 1955.

Sisymbrium elongatum (O.E. Schulz) Romanczuk
Sin.: *Mostacillastrum elongatum* O.E. Schulz, *Mostacillastrum elongatum* var. *latisiliquum* O.E. Schulz.
Ref.: Romanczuk, 1982.
Hábito: Hierba.
Status: Nativa.
Prov.: CA, CO, JU, LP, LR, ME, SA, SE, SJ, SL, TU.
Paises limítrofes: BO.
Ejemplar examinado: *Cabrera 19236* (LP).

Sisymbrium erysimoides Desf.
Ref.: Romanczuk, 1982.
Hábito: Hierba.
Status: Adventicia.
Elevación: 0-500 m.
Prov.: DF.
Ejemplar examinado: *P. C. 33* (LPS 21469).

Sisymbrium flexicaule Dusén = **Sisymbrium patagonicum** Speg.
Ref.: Romanczuk, 1982.

Sisymbrium frutescens Gillies ex Hook. & Arn.
Sin.: *Hesperis frutescens* (Gillies ex Hook. & Arn.) Kuntze.
Ref.: Romanczuk, 1982.
Hábito: Arbusto.
Status: Nativa.
Prov.: CA, LR, ME, SJ.
Paises limítrofes: CH.
Ejemplar examinado: *Cabrera 30159* (SI).

Sisymbrium fuegianum (Speg.) Speg. = **Sisymbrium magellanicum** (Juss. ex Pers.) Hook. f.
Ref.: Romanczuk, 1982.

Sisymbrium fuegianum var. *glabrum* Speg. = **Sisymbrium magellanicum** (Juss. ex Pers.) Hook. f.
Ref.: Romanczuk, 1982.

Sisymbrium fuegianum var. *hispidum* Speg. = **Sisymbrium magellanicum** (Juss. ex Pers.) Hook. f.
Ref.: Romanczuk, 1982.

Sisymbrium geraniifolium Poir. = **Cardamine geraniifolia** (Poir.) DC.
Ref.: Boelcke & Romanczuk, 1984.

Sisymbrium gilliesii Romanczuk
Ref.: Romanczuk, 1982.
Hábito: Hierba.
Status: Endémica.
Elevación: 500–4000 m.
Prov.: CA, CO, JU, LR, SJ, SL, TU.
Ejemplar examinado: *Job 2856* (LP).

Sisymbrium glabrescens Speg. = **Descurainia cumingiana** var. **glabrescens** (Speg.) O.E. Schulz
Ref.: Boelcke & Romanczuk, 1984.

Sisymbrium glaciale G. Forst. = **Cardamine glacialis** (G. Forst.) DC.
Ref.: Boelcke & Romanczuk, 1984.

Sisymbrium glanduliferum Speg. = **Descurainia antarctica** (E. Fourn.) O.E. Schulz var. **antarctica**
Ref.: Boelcke & Romanczuk, 1984.

Sisymbrium glaucescens Phil. = **Descurainia glaucescens** (Phil.) Prantl ex Reiche
Ref.: Boelcke & Romanczuk, 1984.

Sisymbrium hastatum Phil. = **Sisymbrium leptocarpum** Hook. & Arn.
Ref.: Romanczuk, 1982.

Sisymbrium intricatissimum (Kuntze) O.E. Schulz = **Sisymbrium philippianum** I.M. Johnst.
Ref.: Romanczuk, 1982.

Sisymbrium intricatissimum var. *berningeri* O.E. Schulz = **Sisymbrium philippianum** I.M. Johnst.
Ref.: Romanczuk, 1982.

Sisymbrium intricatissimum var. *brachycarpum* O.E. Schulz = **Sisymbrium philippianum** I.M. Johnst.
Ref.: Romanczuk, 1982.

Sisymbrium irio L.
Ref.: Romanczuk, 1982.
Hábito: Hierba.
Status: Adventicia.
Elevación: 0-500 m.
Prov.: BA, CA, CH, CHU, CO, COR, DF, ER, FO, JU, LP, LR, ME, MI, NE, RN, SA, SC, SF, SJ, SL, TF, TU.
Paises limítrofes: BO, CH.
Ejemplar examinado: *Kiesling y Sáenz 4225* (SI).

Sisymbrium lechleri E. Fourn. = **Stenodraba lechleri** (E. Fourn.) Ravenna
Ref.: Boelcke & Romanczuk, 1984.

Sisymbrium leptocarpum Hook. & Arn.
Sin.: *Hesperis leptocarpa* (Hook. & Arn.) Kuntze, *Sisymbrium andinum* var. *juncalense* O.E. Schulz, *Sisymbrium hastatum* Phil.
Ref.: Romanczuk, 1982.
Hábito: Hierba.
Status: Nativa.
Elevación: 2000–4000 m.
Prov.: ME, SJ.
Paises limítrofes: CH.
Ejemplar examinado: *Kurtz 7649* (CORD).

Sisymbrium longistylum Romanczuk
Ref.: Romanczuk, 1982.
Hábito: Hierba.
Status: Endémica.
Prov.: CHU.
Ejemplar examinado: *Soriano 2118* (holotipo, BAA).

Sisymbrium maclovianum Speg. = **Sisymbrium magellanicum** (Juss. ex Pers.) Hook. f.

Sisymbrium magellanicum (Juss. ex Pers.) Hook. f.
Sin.: *Arabis macloviana* Reiche, hom. illeg., *Arabis magellanica* (Juss. ex Pers.) Dusén, *Brassica antarctica* Molina, *Brassica magellanica* Juss. ex Pers., *Cardamine patagonica* Speg., *Hesperis magellanica* (Juss. ex Pers.) Kuntze, *Schizopetalum fuegianum* Speg., *Sisymbrium fuegianum* (Speg.) Speg., *Sisymbrium fuegianum* var. *glabrum* Speg., *Sisymbrium fueguianum* var. *hispidum* Speg., *Sisymbrium maclovianum* Speg., *Sisymbrium magellanicum* f. *glabrum* (Speg.) O.E. Schulz, *Sisymbrium magellanicum* f. *hispidum* (Speg.) O.E. Schulz
Ref.: Romanczuk, 1982.
Hábito: Hierba.
Status: Nativa.
Prov.: SC, TF.
Paises limítrofes: CH.
Ejemplar examinado: *Tweedie 99* (LP).

Sisymbrium magellanicum f. *glabrum* (Speg.) O.E. Schulz = **Sisymbrium magellanicum** (Juss. ex Pers.) Hook. f.
Ref.: Romanczuk, 1982.

Sisymbrium magellanicum f. *hispidum* (Speg.) O.E. Schulz = **Sisymbrium magellanicum** (Juss. ex Pers.) Hook. f.
Ref.: Romanczuk, 1982.

Sisymbrium mandonii E. Fourn. = **Rorippa mandonii** (E. Fourn.) Mart.-Laborde
Ref.: Martínez-Laborde, 1985.

Sisymbrium mendocinum Romanczuk
Ref.: Romanczuk, 1982.
Hábito: Hierba.
Status: Endémica.
Elevación: 3500–4000 m.
Prov.: ME, SJ.
Ejemplar examinado: *Pujalte 66* (SI).

Sisymbrium minutiflorum Phil., hom. illeg. = **Descurainia stricta** (Phil.) Reiche var. **minutiflora** (Phil.) O.E. Schulz
Ref.: Schulz, 1924.

Sisymbrium morenoanum Chodat & Wilczek = **Sisymbrium andinum** Phil.
Ref.: Romanczuk, 1982.

Sisymbrium morenoanum f. *robustum* Chodat & Wilczek = **Sisymbrium andinum** Phil.
Ref.: Romanczuk, 1982.

Sisymbrium murale L. = **Diplotaxis muralis** (L.) DC.
Ref.: Boelcke & Romanczuk, 1984.

Sisymbrium myriophyllum Willd. ex DC. = **Descurainia myriophylla** (Willd. ex DC.) R.E. Fr.
Ref.: Fries, 1905.

Sisymbrium nasturtium-aquaticum L. = **Rorippa nasturtium-aquaticum** (L.) Hayek
Ref.: Martínez-Laborde, 1985.

Sisymbrium officinale (L.) Scop.
Sin.: *Erysimum officinale* L.
Ref.: Romanczuk, 1982.
Hábito: Hierba.
Status: Adventicia.
Prov.: BA, CA, CHU, CO, ER, JU, LP, LR, ME, NE, RN, SA, SC, SJ, SL, TF, TU.
Paises limítrofes: BO, BR, CH.
Ejemplar examinado: *Novara y Varela 509* (CORD).

Sisymbrium onuridifolium (Ravenna) Romanczuk
Sin.: *Dimitria onuridifolia* Ravenna.
Ref.: Romanczuk, 1982.
Hábito: Hierba.
Status: Endémica.
Elevación: 0–500 m.
Prov.: CHU, SC.
Ejemplar examinado: *Romanczuk 952* (BAB).

Sisymbrium orientale L.
Ref.: Romanczuk, 1982.
Hábito: Hierba.
Status: Adventicia.
Prov.: BA, CHU, ER, JU, LP, ME, NE, RN, SA, SC, SJ, SL.
Paises limítrofes: BO, CH.
Ejemplar examinado: *Cabrera y Fabris 14868* (LP).

Sisymbrium orophilum Wedd. = **Weberbauera spathulaefolia** (A. Gray) O.E. Schulz
Ref.: Al-Shehbaz, 1990a.

Sisymbrium palustre (L.) Pollich = **Rorippa palustris** (L.) Besser
Ref.: Martínez-Laborde, 1985.

Sisymbrium parvifolium Phil. = **Weberbauera parvifolia** (Phil.) Al-Shehbaz
Ref.: Al-Shehbaz, 1990a.

Sisymbrium patagonicum Speg.
Sin.: *Chilocardamum patagonicum* (Speg.) O.E. Schulz, *Sisymbrium flexicaule* Dusén, *Thelypodium flexicaule* (Dusén) Gilg & Muschl.
Ref.: Romanczuk, 1982.
Hábito: Arbusto.
Status: Endémica.
Prov.: CHU, SC.
Ejemplar examinado: *Illin s.n.* (LP 12365).

Sisymbrium perenne Speg., hom. illeg. = **Sisymbrium ventanense** Boelcke
Ref.: Romanczuk, 1982.

Sisymbrium peruvianum DC.
Sin.: *Arabis bracteata* Wedd., *Hesperis peruviana* (DC.) Kuntze, *Sisymbrium anomalum* Wedd.
Ref.: Romanczuk, 1982.
Hábito: Hierba.
Status: Nativa.
Elevación: 3500–4500 m.
Prov.: CA, JU, SA, TU.
Paises limítrofes: BO.
Ejemplar examinado: *Rodríguez 431* (BA).

Sisymbrium philippianum I.M. Johnst.
Sin.: *Sisymbrium amplexicaule* Phil., hom. illeg., *Sisymbrium intricatissimum* (Kuntze) O.E. Schulz, *Sisymbrium intricatissimum* var. *berningeri* O.E. Schulz, *Sisymbrium intricatissimum* var. *brachycarpum* O.E. Schulz.
Ref.: Romanczuk, 1982.
Hábito: Arbusto.
Status: Nativa.
Elevación: 3000–3500 m.
Prov.: CA, JU, LR, SA, SJ.
Paises limítrofes: BO, CH.
Ejemplar examinado: *Cabrera y Schwabe 79* (LP).

Sisymbrium pimpinellifolium Barnéoud = **Descurainia pimpinellifolia** (Barnéoud) O.E. Schulz
Ref.: Boelcke & Romanczuk, 1984.

Sisymbrium pinnatum Speg. = **Pterygiosperma tehuelches** (Speg.) O.E. Schulz
Ref.: Boelcke & Romanczuk, 1984.

Sisymbrium polyphyllum Phil.
Ref.: Romanczuk, 1982.
Hábito: Hierba.
Status: Nativa.
Elevación: 3500–4500 m.
Prov.: CA.
Paises limítrofes: CH.
Ejemplar examinado: *Philippi s.n.* (holotipo, SGO).

Sisymbrium punense Romanczuk = **Dictyophragmus punensis** (Romanczuk) Al-Shehbaz
Ref.: Al-Shehbaz, 1991.

Sisymbrium pusillum Wedd. ex E. Fourn., hom. illeg. = **Weberbauera colchaguensis** (Barnéoud) Al-Shehbaz
Ref.: Al-Shehbaz, 1990a.

Sisymbrium ragoneseanum O.E. Schulz = **Polypsecadium harmsianum** (Muschl.) O.E. Schulz
Ref.: Romanczuk & Boelcke, 1982.

Sisymbrium robustum Chodat & Wilczek
Ref.: Boelcke, 1961; Romanczuk, 1982.
Hábito: Arbusto.
Status: Endémica.
Elevación: 2000–2500 m.
Prov.: ME, NE, SJ.
Ejemplar examinado: *Castellanos s.n.* (BA 36705).

Sisymbrium rubescens Phil. = **Descurainia stricta** var. **rubescens** (Phil.) O.E. Schulz
Ref.: Schulz, 1924.

Sisymbrium runcinatum Lag. ex DC.
Ref.: Romanczuk, 1982.
Hábito: Hierba.
Status: Adventicia.
Prov.: SC.
Ejemplar examinado: *Boelcke 16351* (SI).

Sisymbrium sagittatum var. *andinum* (Phil.) Speg. = **Sisymbrium commune** (Speg.) Romanczuk
Ref.: Romanczuk, 1982.

Sisymbrium sagittatum var. *ciliatum* (Phil.) Speg. = **Sisymbrium commune** (Speg.) Romanczuk
Ref.: Romanczuk, 1982.

Sisymbrium sagittatum var. *commune* Speg. = **Sisymbrium commune** (Speg.) Romanczuk
Ref.: Romanczuk, 1982.

Sisymbrium sagittatum var. *exauriculatum* Speg. = **Sisymbrium commune** (Speg.) Romanczuk
Ref.: Romanczuk, 1982.

Sisymbrium sagittatum var. *glaucum* Speg. = **Sisymbrium commune** (Speg.) Romanczuk
Ref.: Romanczuk, 1982.

Sisymbrium sagittatum var. *latifolium* (Phil.) Speg. = **Sisymbrium andinum** Phil.
Ref.: Romanczuk, 1982.

Sisymbrium sagittatum var. *normalis* Speg. = **Sisymbrium commune** (Speg.) Romanczuk
Ref.: Romanczuk, 1982.

Sisymbrium sagittatum var. *pubescens* (Phil.) Speg. = **Sisymbrium commune** (Speg.) Romanczuk
Ref.: Romanczuk, 1982.

Sisymbrium sagittatum var. *purpurascens* Speg. = **Sisymbrium commune** (Speg.) Romanczuk
Ref.: Romanczuk, 1982.

Sisymbrium sinapis Burm. f. = **Rorippa dubia** (Pers.) Hara
Ref.: Hara, 1955.

Sisymbrium sophia L. = **Descurainia sophia** (L.) Webb ex Prantl
Ref.: Boelcke & Romanczuk, 1984.

Sisymbrium spathulaefolium A. Gray = **Weberbauera spathulaefolia** (A. Gray) O.E. Schulz
Ref.: Al-Shehbaz, 1990a.

Sisymbrium spathulatum Poir. = **Cardamine chenopodiifolia** Pers.
Ref.: Boelcke, 1976.

Sisymbrium stenophyllum Gillies ex Hook. & Arn.
Sin.: *Hesperis stenophylla* (Gillies ex Hook. & Arn.) Kuntze, *Mostacillastrum stenophyllum* (Gillies ex Hook. & Arn.) O.E. Schulz.
Ref.: Romanczuk, 1982.
Hábito: Hierba.
Status: Endémica.
Elevación: 500–2500 m.
Prov.: CA, CO, JU, LR, SE, SL.
Ejemplar examinado: *Cabrera 24092* (LP).

Sisymbrium subscandens Speg.
Sin.: *Descurainia subscandens* (Speg.) Gilg & Muschl., *Erucastrum obtusangulum* Hieron., hom. illeg, *Sophia subscandens* (Speg.) Macloskie.
Ref.: Romanczuk, 1982.
Hábito: Arbusto.
Status: Endémica.
Prov.: CHU, LP, NE, RN.
Ejemplar examinado: *Spegazzini s.n.* (LPS 21237).

Sisymbrium sylvestre L. = **Rorippa sylvestris** (L.) Besser
Ref.: Martínez-Laborde, 1985.

Sisymbrium tehuelches Speg. = **Pterygiosperma tehuelches** (Speg.) O.E. Schulz
Ref.: Boelcke & Romanczuk, 1984.

Sisymbrium tenuifolium L. = **Diplotaxis tenuifolia** (L.) DC.
Ref.: Boelcke & Romanczuk, 1984.

Sisymbrium tenuissimum Phil. = **Descurainia cumingiana** var. **tenuissima** (Phil.) Reiche
Ref.: Boelcke & Romanczuk, 1984.

Sisymbrium titicacense Walp. = **Descurainia titicacensis** (Walp.) Lillo
Ref.: Schulz, 1924.

Sisymbrium tomentosum var. **pauciovulatum** Romanczuk
Ref.: Romanczuk, 1982.
Hábito: Arbusto.
Status: Endémica.
Prov.: CA.
Ejemplar examinado: *Schreiter 5993* (LIL).

Sisymbrium tomentosum Romanczuk var. **tomentosum**
Ref.: Romanczuk, 1982.
Hábito: Arbusto.
Status: Endémica.
Elevación: 2000–2500 m.
Prov.: CA, SJ.
Ejemplar examinado: *Vervoorst 3156* (LIL).

Sisymbrium tucumanense var. **rigidocarpum** Romanczuk
Ref.: Romanczuk, 1982.
Hábito: Arbusto.
Status: Endémica.
Elevación: 3000–3500 m.
Prov.: TU.
Ejemplar examinado: *Venturi 3084* (isotipo, LP).

Sisymbrium tucumanense (O.E. Schulz) Romanczuk var. **tucumanense**
Sin.: *Sisymbrium arnottianum* var. *dolichocarpum* O.E. Schulz, *Sisymbrium arnottianum* var. *tucumanense* O.E. Schulz.
Ref.: Romanczuk, 1982.
Hábito: Arbusto.
Status: Endémica.
Elevación: 3000–4000 m.
Prov.: JU, TU.
Ejemplar examinado: *Fabris et al. 5932* (LP).

Sisymbrium ventanense Boelcke
Sin.: *Sisymbrium perenne* Speg., hom. illeg.
Ref.: Boelcke, 1967; Romanczuk, 1982.
Hábito: Arbusto.
Status: Endémica.
Prov.: BA.
Ejemplar examinado: *Holmberg 2199* (CORD).

Skottsbergianthus Boelcke

Número de especies: 2 endémicas.

Skottsbergianthus colobanthoides (Skottsb.) Boelcke
Sin.: *Eudema colobanthoides* (Skottsb.) O.E. Schulz, *Skottsbergiella colobanthoides* (Skottsb.) Boelcke, *Xerodraba colobanthoides* Skottsb.
Ref.: Boelcke, 1982; Boelcke & Romanczuk, 1984.
Hábito: Hierba.
Status: Endémica.
Prov.: CHU.
Ejemplar examinado: *Soriano 2161* (BACP).

Skottsbergianthus sorianoi (Boelcke) Boelcke
Sin.: *Skottsbergiella sorianoi* Boelcke.
Ref.: Boelcke, 1982; Boelcke & Romanczuk, 1984.
Hábito: Hierba.
Status: Endémica.
Prov.: CHU.
Ejemplar examinado: *Soriano 2045* (isotipo, LP).

Skottsbergiella colobanthoides (Skottsb.) Boelcke = **Skottsbergianthus colobanthoides** (Skottsb.) Boelcke
Ref.: Boelcke & Romanczuk, 1984.

Skottsbergiella sorianoi Boelcke = **Skottsbergianthus sorianoi** (Boelcke) Boelcke
Ref.: Boelcke & Romanczuk, 1984.

Sophia deserticola (Speg.) Macloskie = **Trichotolinum deserticola** (Speg.) O.E. Schulz
Ref.: Boelcke & Romanczuk, 1984.

Sophia glabrescens (Speg.) Macloskie = **Descurainia cumingiana** var. **glabrescens** (Speg.) O.E. Schulz
Ref.: Boelcke & Romanczuk, 1984.

Sophia heterotricha (Speg.) Macloskie = **Descurainia heterotricha** Speg.
Ref.: Boelcke & Romanczuk, 1984.

Sophia subscandens (Speg.) Macloskie = **Sisymbrium subscandens** Speg.
Ref.: Romanczuk, 1982.

Sophia tenuissima (Phil.) Macloskie = **Descurainia cumingiana** var. **tenuissima** (Phil.) Reiche
Ref.: Boelcke & Romanczuk, 1984.

Stenodraba O.E. Schulz

Número de especies: 1

Stenodraba andina (Phil.) O.E. Schulz = **Weberbauera colchaguensis** (Barnéoud) Al-Shehbaz
Ref.: Al-Shehbaz, 1990a.

Stenodraba andina var. *hirticaulis* O.E. Schulz = **Weberbauera colchaguensis** (Barnéoud) Al-Shehbaz
Ref.: Al-Shehbaz, 1990a.

Stenodraba andina var. *patagonica* (Phil.) O.E. Schulz = **Weberbauera colchaguensis** (Barnéoud) Al-Shehbaz
Ref.: Al-Shehbaz, 1990a.

Stenodraba andina var. *stylosa* O.E. Schulz = **Weberbauera colchaguensis** (Barnéoud) Al-Schehbaz
Ref.: Al-Shehbaz, 1990a.

Stenodraba chillanensis (Phil.) O.E. Schulz = **Weberbauera chillanensis** (Phil.) Al-Shehbaz
Ref.: Al-Shehbaz, 1990a.

Stenodraba colchaguensis (Barnéoud) O.E. Schulz = **Weberbauera colchaguensis** (Barnéoud) Al-Shehbaz
Ref.: Al-Shehbaz, 1990a.

Stenodraba imbricatifolia (Barnéoud) O.E. Schulz = **Weberbauera imbricatifolia** (Barnéoud) Al-Shehbaz
Ref.: Al-Shehbaz, 1990a.

Stenodraba lechleri (E. Fourn.) Ravenna
Sin.: *Sisymbrium caespitosum* Phil., *Sisymbrium lechleri* E. Fourn.
Ref.: Ravenna, 1981; Boelcke & Romanczuk, 1984.
Hábito: Hierba.
Status: Nativa.
Prov.: NE, RN.
Paises limítrofes: CH.
Ejemplar examinado: *Lechler y Hocheneckt 380* (holotipo, P).

Stenodraba parvifolia (Phil.) O.E. Schulz = **Weberbauera parvifolia** (Phil.) Al-Shehbaz
Ref.: Al-Shehbaz, 1990a.

Stenodraba patagonica (Phil.) Ravenna = **Weberbauera colchaguensis** (Barnéoud) Al-Shehbaz
Ref.: Al-Shehbaz, 1990a.

Stenodraba pusilla Boelcke, nom. illeg. = **Weberbauera colchaguensis** (Barnéoud) Al-Shehbaz

Stenodraba pusilla var. *patagonica* (Phil.) Boelcke, nom. illeg. = **Weberbauera colchaguensis** (Barnéoud) Al-Shehbaz
Ref.: Al-Shehbaz, 1990a.

Streptanthus boliviensis Muschl. = **Pennellia boliviensis** (Muschl.) Al-Shehbaz
Ref.: Al-Shehbaz, 1990c.

Streptanthus tehuelches (Speg.) Gilg & Muschl. = **Pterygiosperma tehuelches** (Speg.) O.E. Schulz
Ref.: Boelcke & Romanczuk, 1984.

Thelypodium flexicaule (Dusén) Gilg & Muschl. = **Sisymbrium patagonicum** Speg.
Ref.: Romanczuk, 1982.

Thelypodium harmsianum Muschl. = **Polypsecadium harmsianum** (Muschl.) O.E. Schulz
Ref.: Romanczuk & Boelcke, 1982.

Thelypodium harmsianum var. *dentatum* Muschl. = **Polypsecadium harmsianum** (Muschl.) O.E. Schulz
Ref.: Romanczuk & Boelcke, 1982.

Thlaspi L.

Número de especies: 2

Thlaspi andicola Hook. & Arn. = **Thlaspi magellanicum** Comm. ex Poir.
Ref.: Boelcke & Romanczuk, 1984.

Thlaspi arvense L.
Ref.: Boelcke & Romanczuk, 1984.
Hábito: Hierba.
Status: Adventicia.
Prov.: CHU, RN, SC.
Paises limítrofes: CH.
Ejemplar examinado: *Romero 40* (SI).

Thlaspi bursa-pastoris L. = **Capsella bursa-pastoris** (L.) Medik.
Ref.: Boelcke & Romanczuk, 1984.

Thlaspi chionophilum Speg. = **Parodiodoxa chionophila** (Speg.) O.E. Schulz
Ref.: Schulz, 1929.

Thlaspi magellanicum Comm. ex Poir.
Sin.: *Thlaspi andicola* Hook. & Arn., *Thlaspi magellanicum* var. *andicola* (Hook. & Arn.) O.E. Schulz.
Ref.: Boelcke & Romanczuk, 1984.
Hábito: Hierba.
Status: Nativa.
Elevación: 500–4000 m.
Prov.: CHU, ME, NE, RN, SC, SJ, TF.
Paises limítrofes: CH.
Ejemplar examinado: *Villamil et al. 2213* (SI).

Thlaspi magellanicum var. *andicola* (Hook. & Arn.) O.E. Schulz = **Thlaspi magellanicum** Comm. ex Poir.
Ref.: Boelcke & Romanczuk, 1984.

Thlaspi saxatile L. = **Aethionema saxatile** (L.) R. Br.
Ref.: Boelcke & Romanczuk, 1984.

Trichotolinum O.E. Schulz

Número de especies: 1 especie endémica.

Trichotolinum deserticola (Speg.) O.E. Schulz
Sin.: *Descurainia deserticola* (Speg.) Speg., *Sisymbrium deserticola* Speg., *Sophia deserticola* (Speg.) Macloskie.
Ref.: Boelcke & Romanczuk, 1984.
Hábito: Hierba.
Status: Endémica.
Prov.: CHU, SC.
Ejemplar examinado: *Ameghino 143* (BA).

Vesicaria arctica Hook. & Arn. = **Lesquerella mendocina** (Phil.) Kurtz
Ref.: Hauman & Irigoyen, 1923-25.

Vesicaria mendocina Phil. = **Lesquerella mendocina** (Phil.) Kurtz
Ref.: Boelcke & Romanczuk, 1984.

Vesicaria montevidensis Eichler = **Lesquerella mendocina** (Phil.) Kurtz
Ref.: Boelcke & Romanczuk, 1984.

Vogelia paniculata (L.) Hornem. = **Neslia paniculata** (L.) Desv.
Ref.: Boelcke & Romanczuk, 1984.

Weberbauera Gilg & Muschl.

Número de especies: 7, 1 especie endémica.

Weberbauera chillanensis (Phil.) Al-Shehbaz
Sin.: *Draba chillanensis* Phil., *Stenodraba chillanensis* (Phil.) O.E. Schulz.
Ref.: Al-Shehbaz, 1990a.
Hábito: Hierba.
Status: Nativa.
Elevación: 2000–2500 m.
Prov.: ME, NE.
Paises limítrofes: CH.
Ejemplar examinado: *Castellanos s.n.* (BACP ex BA 36696).

Weberbauera colchaguensis (Barnéoud) Al-Shehbaz
Sin.: *Cardamine colchaguensis* Barnéoud, *Draba andina* Phil., *Draba patagonica* Phil., *Erysimum pusillum* Gillies ex Hook. & Arn., hom. illeg., *Sisymbrium colchaguensis* (Barnéoud) E. Fourn., *Sisymbrium pusillum* Wedd. ex E. Fourn., hom. illeg., *Stenodraba andina* (Phil.) O.E. Schulz, *Stenodraba andina* var. *hirticaulis* O.E. Schulz, *Stenodraba andina* var. *patagonica* (Phil.) O.E. Schulz, *Stenodraba andina* var. *stylosa* O.E. Schulz, *Stenodraba colchaguensis* (Barnéoud) O.E. Schulz, *Stenodraba patagonica* (Phil.) Ravenna, *Stenodraba pusilla* Boelcke, nom. illeg., *Stenodraba pusilla* var. *patagonica* (Phil.) Boelcke, nom. illeg., *Weberbauera pusilla* (Gillies ex Hook. & Arn.) O.E. Schulz, nom. illeg.
Ref.: Al-Shehbaz, 1990a.
Hábito: Hierba.
Status: Nativa.
Elevación: 500–3500 m.
Prov.: CHU, ME, NE, RN, SC.
Paises limítrofes: CH.
Ejemplar examinado: *Covas 1086* (SI).

Weberbauera densiflora Gilg & Muschl. = **Weberbauera spathulaefolia** (A. Gray) O.E. Schulz
Ref.: Al-Shehbaz, 1990a.

Weberbauera densifolia Al-Shehbaz
Ref.: Al-Shehbaz, 1990a.
Hábito: Hierba.
Status: Endémica.
Elevación: >4500 m.
Prov.: CA.
Ejemplar examinado: *Rodríguez 1360* (LIL).

Weberbauera herzogii (O.E. Schulz) Al-Shehbaz
Sin.: *Sarcodraba herzogii* O.E. Schulz.
Ref.: Al-Shehbaz, 1990a.
Hábito: Hierba.
Status: Nativa.
Elevación: 3000–>4500 m.
Prov.: JU.
Paises limítrofes: BO.
Ejemplar examinado: *Cabrera et al. 15242* (LP).

Weberbauera imbricatifolia (Barnéoud) Al-Shehbaz
Sin.: *Draba imbricatifolia* Barnéoud, *Stenodraba imbricatifolia* (Barnéoud) O.E. Schulz.
Ref.: AL-Shehbaz, 1990a.
Hábito: Hierba.
Status: Nativa.
Elevación: 3000–4000 m.
Prov.: LR, SJ.
Paises limítrofes: CH.
Ejemplar examinado: *Kiesling et al. 7627* (SI).

Weberbauera parvifolia (Phil.) Al-Shehbaz
Sin.: *Sisymbrium parvifolium* Phil., *Stenodraba parvifolia* (Phil.) O.E. Schulz.
Ref.: Al-Shehbaz, 1990a.
Hábito: Hierba.
Status: Nativa.
Prov.: ME, NE.
Paises limítrofes: CH.
Ejemplar examinado: *Boelcke et al. 11565* (SI).

Weberbauera pusilla (Gillies ex Hook. & Arn.) O.E. Schulz, nom. illeg. = **Weberbauera colchaguensis** (Barnéoud) Al-Shehbaz
Ref.: Al-Shehbaz, 1990a.

Weberbauera spathulaefolia (A. Gray) O.E. Schulz
Sin.: *Sisymbrium orophilum* Wedd., *Sisymbrium spathulaefolium* A. Gray, *Weberbauera densiflora* Gilg & Muschl.
Ref.: Al-Shehbaz, 1990a.
Hábito: Hierba.
Status: Nativa.
Elevación: 3500–>4500 m.
Prov.: CA, LR, TU.
Paises limítrofes: BO.
Ejemplar examinado: *Hieronymus y Niederlein 376* (CORD).

Werdermannia O.E. Schulz
Número de especies: 1 especie endémica.

Werdermannia mendocina Boelcke & Arroyo-Leuenb.
Ref.: Boelcke & Arroyo, 1984.
Hábito: Hierba.
Status: Endémica.
Elevación: 2500–3000 m.
Prov.: ME.
Ejemplar examinado: *Roig y Martínez Carretero 11452* (holotipo, BACP).

Xerodraba Skottsb.
Número de especies: 6, 4 especies endémicas.

Xerodraba colobanthoides Skottsb. = **Skottsbergianthus colobanthoides** (Skottsb.) Boelcke
Ref.: Boelcke & Romanczuk, 1984.

Xerodraba glebaria (Speg.) Skottsb.
Sin.: *Braya glebaria* Speg., *Eudema glebaria* (Speg.) Gilg & Muschl.
Ref.: Boelcke & Romanczuk, 1984.
Hábito: Hierba.
Status: Endémica.
Prov.: CHU.
Ejemplar examinado: *Illin s.n.* (holotipo, LPS 12579).

Xerodraba lycopodioides var. **contracta** (Speg.) O.E. Schulz
Sin.: *Braya lycopodioides* var. *contracta* Speg.
Ref.: Boelcke & Romanczuk, 1984.
Hábito: Hierba.
Status: Endémica.
Prov.: SC.
Ejemplar examinado: *Ameghino s.n.* (holotipo, LPS 10421).

Xerodraba lycopodioides (Speg.) Skottsb. var. **lycopodioides**
Sin.: *Braya lycopodioides* Speg., *Eudema lycopodioides* (Speg.) Gilg. & Muschl.
Ref.: Boelcke & Romanczuk, 1984.
Hábito: Hierba.
Status: Endémica.
Prov.: SC.
Ejemplar examinado: *Ameghino s.n.* (holotipo, LPS 12349).

Xerodraba mendocinensis Hauman = **Lithodraba mendocinensis** (Hauman) Boelcke
Ref.: Boelcke, 1952.

Xerodraba microphylla (Gilg & Muschl.) Skottsb. = **Xerodraba pycnophylloides** var. **microphylla**
Ref.: Boelcke & Romanczuk, 1984.

Xerodraba monantha (Gilg ex Kuntze) Skottsb.
Sin.: *Braya monantha* (Gilg ex Kuntze) Speg., *Draba monantha* Gilg ex Kuntze, *Eudema monantha* (Gilg ex Kuntze) Gilg & Muschl.
Ref.: Boelcke & Romanczuk, 1984.
Hábito: Hierba.
Status: Endémica.
Prov.: SC.
Ejemplar examinado: *Beaufils 599* (S).

Xerodraba patagonica (Speg.) Skottsb.
Sin.: *Braya patagonica* Speg., *Eudema patagonica* (Speg.) Gilg & Muschl.
Ref.: Boelcke & Romanczuk, 1984.
Hábito: Hierba.
Status: Nativa.
Elevación: 500–1000 m.
Prov.: CHU, SC.
Paises limítrofes: CH.
Ejemplar examinado: *Arroyo et al. s.n., T.B.P.A. 2372* (BACP).

Xerodraba pectinata (Speg.) Skottsb.
Sin.: *Braya pectinata* Speg., *Eudema pectinata* (Speg.) Gilg & Muschl.
Ref.: Boelcke & Romanczuk, 1984.
Hábito: Hierba.
Status: Nativa.
Elevación: 500–1500 m.
Prov.: SC.
Paises limítrofes: CH.
Ejemplar examinado: *Roig et al. s.n., T.B.P.A. 2961* (BACP).

Xerodraba pycnophylloides var. **microphylla** (Gilg & Muschl.) O.E. Schulz
Sin.: *Draba monthana* var. *microphylla* Gilg, nom. nud., *Eudema microphylla* Gilg & Muschl., *Xerodraba microphylla* (Gilg & Muschl.) Skottsb.

Ref.: Boelcke & Romanczuk, 1984.
Hábito: Hierba.
Status: Endémica.
Prov.: SC.
Ejemplar citado: *Nordenskjöld A56** (S).

Xerodraba pycnophylloides (Speg.) Skottsb. var. **pycnophylloides**
Sin.: *Braya pycnophylloides* Speg., *Eudema pycnophylloides* (Speg.) Gilg. & Muschl.
Ref.: Boelcke & Romanczuk, 1984.
Hábito: Hierba.
Status: Endémica.
Elevación: 500–1000 m.
Prov.: CHU, SC.
Ejemplar examinado: *Castellanos s.n.* (BA 6011).

BUDDLEJACEAE

Número de especies: 15, 1 especie endémica.

por A. M. Sanso & C. C. Xifreda

Buddleja L.

Número de especies: 15, 1 especie endémica.

Buddleja alata Larrañaga, hom. illeg. = **Buddleja brasiliensis** Jacq. ex Spreng.
Ref.: Smith et al., 1976.

Buddleja albotomentosa R.E. Fr. = **Buddleja brasiliensis** Jacq. ex Spreng.
Ref.: Bravo, 1983.

Buddleja andina Britton ex Rusby = **Buddleja aromatica** J. Rémy
Ref.: Norman & Ariza Espinar, 1995.

Buddleja angustata Benth. = **Buddleja elegans** subsp. **angustata** (Benth.) E.M. Norman
Ref.: Norman & Ariza Espinar, 1995.

Buddleja araucana Phil.
Sin.: *Buddleja globosa* var. *araucana* (Phil.) Reiche, *Buddleja nappii* Lorentz
Ref.: Norman & Ariza Espinar, 1995.
Hábito: Arbusto.
Status: Nativa.
Elevación: 0–500 m y 1000–1500 m.
Prov.: ME, NE, RN.
Paises limítrofes: CH.
Ejemplar examinado: *Cabrera et al. 33007* (SI).

Buddleja aromatica J. Rémy
Sin.: *Buddleja andina* Britton ex Rusby, *Buddleja monocephala* Kraenzl., *Buddleja tiraquiensis* Kuntze
Ref.: Norman & Ariza Espinar, 1995.
Hábito: Arbusto.
Status: Nativa.
Elevación: 2500–4000 m.
Prov.: JU, SA.
Paises limítrofes: BO.
Ejemplar examinado: *Meyer 33751* (SI).

Buddleja australis Vell. = **Buddleja brasiliensis** Jacq. ex Spreng.
Ref.: Smith et al., 1976.

Buddleja bangii Kraenzl. = **Buddleja tucumanensis** Griseb.
Ref.: Smith et al., 1976; Norman & Ariza Espinar, 1995.

Buddleja brasiliensis Jacq. ex Spreng.
Sin.: *Buddleja alata* Larrañaga, hom. illeg., *Buddleja albotomentosa* R.E. Fr., *Buddleja australis* Vell., *Buddleja brasiliensis* subsp. *stachyoides* (Cham. & Schltdl.) E.M. Norman, *Buddleja brasiliensis* var. *glazioviana* Gilg, *Buddleja neemda* Link, hom. illeg., *Buddleja otophylla* Hassk., *Buddleja stachyoides* Cham. & Schltdl.
Ref.: Bravo, 1983.
Hábito: Arbusto o subarbusto.
Status: Nativa.
Elevación: 0–3000 m.
Prov.: BA, CA, CH, CO, COR, ER, FO, JU, MI, SA, SF, TU.
Paises limítrofes: BO, BR, PA, UR.
Ejemplar examinado: *Hunziker 923* (SI).

Buddleja brasiliensis subsp. *stachyoides* (Cham. & Schltdl.) E.M. Norman = **Buddleja brasiliensis** Jacq. ex Spreng.
Ref.: Bravo, 1983.

Buddleja brasiliensis var. *glazioviana* Gilg = **Buddleja brasiliensis** Jacq. ex Spreng.
Ref.: Smith et al., 1976.

Buddleja cambara Arechav. = **Buddleja elegans** subsp. **angustata** (Benth.) E.M. Norman
Ref.: Norman & Ariza Espinar, 1995.

Buddleja canescens Rusby = **Buddleja tucumanensis** Griseb.
Ref.: Norman & Ariza Espinar, 1995.

Buddleja capitata Jacq. = **Buddleja globosa** Hope
Ref.: Norman & Ariza Espinar, 1995.

Buddleja chloroleuca Kraenzl. = **Buddleja thyrsoides** Lam. subsp. **thyrsoides**
Ref.: Norman & Ariza Espinar, 1995.

Buddleja cochabambensis Rusby = **Buddleja tucumanensis** Griseb.
Ref.: Norman & Ariza Espinar, 1995.

Buddleja connata Ruiz & Pav. = **Buddleja globosa** Hope
Ref.: Norman & Ariza Espinar, 1995.

Buddleja cordobensis Griseb.
Sin.: *Buddleja intermedia* Lorentz
Ref.: Norman & Ariza Espinar, 1995.
Hábito: Arbusto.
Status: Endémica.
Elevación: 500–1500 m.
Prov.: CO, LR, SJ.
Ejemplar examinado: *Hunziker 1299* (SI).

Buddleja coroicensis Rusby = **Buddleja diffusa** Ruiz & Pav.
Ref.: Norman & Ariza Espinar, 1995.

Buddleja diffusa Ruiz & Pav.
Sin.: *Buddleja coroicensis* Rusby
Ref.: Norman & Ariza Espinar, 1995.
Hábito: Arbusto.
Status: Nativa.
Elevación: 1000–1500 m y 2500–3000 m.
Prov.: SA.
Paises limítrofes: BO.
Ejemplar examinado: *Guaglianone et al. 2678* (SI).

Buddleja elegans subsp. **angustata** (Benth.) E.M. Norman
Sin.: *Buddleja angustata* Benth., *Buddleja cambara* Arechav., *Buddleja fiebrigiana* Kraenzl., *Buddleja grisea* Kraenzl., *Buddleja malmei* Kraenzl., *Buddleja vetula* var. *angustata* (Benth.) Chodat, *Buddleja vetula* var. *major* Schmidt
Ref.: Norman & Ariza Espinar, 1995.
Hábito: Arbusto.
Status: Nativa.
Elevación: 0–500 m.
Prov.: COR, MI.
Paises limítrofes: BR, PA, UR.
Ejemplar examinado: *Burkart 19659* (SI).

Buddleja fiebrigiana Kraenzl. = **Buddleja elegans** subsp. **angustata** (Benth.) E.M. Norman
Ref.: Norman & Ariza Espinar, 1995.

Buddleja globifera Duhamel = **Buddleja globosa** Hope
Ref.: Norman & Ariza Espinar, 1995.

Buddleja globosa Hope
Sin.: *Buddleja capitata* Jacq., *Buddleja connata* Ruiz & Pav., *Buddleja globifera* Duhamel
Ref.: Norman & Ariza Espinar, 1995.
Hábito: Arbusto.
Status: Nativa.
Elevación: 0–2000 m.
Prov.: CHU, NE, RN.
Paises limítrofes: CH.
Ejemplar examinado: *Diem 1780* (SI).

Buddleja globosa var. *araucana* (Phil.) Reiche = **Buddleja araucana** Phil.
Ref.: Norman & Ariza Espinar, 1995.

Buddleja grandiflora Cham. & Schltdl.
Sin.: *Buddleja paludicola* Kraenzl., *Buddleja sancti-leopoldi* Kraenzl.
Ref.: Norman & Ariza Espinar, 1995.
Hábito: Arbusto.
Status: Nativa.
Elevación: 0–1500 m.
Prov.: COR.
Paises limítrofes: BR, PA, UR.
Ejemplar examinado: *Nicora 6356* (SI).

Buddleja grandiflora var. *foliosa* Chodat & Hassl. = **Buddleja tubiflora** Benth.
Ref.: Norman & Ariza Espinar, 1995.

Buddleja grandiflora var. *genuina* Chodat & Hassl., nom. inval. = **Buddleja tubiflora** Benth.
Ref.: Norman & Ariza Espinar, 1995.

Buddleja grandiflora var. *paraguariensis* (Chodat) Chodat & Hassl. = **Buddleja tubiflora** Benth.
Ref.: Norman & Ariza Espinar, 1995.

Buddleja grandiflora var. *tubiflora* (Benth.) Chodat & Hassl. = **Buddleja tubiflora** Benth.
Ref.: Norman & Ariza Espinar, 1995.

Buddleja grisea Kraenzl. = **Buddleja elegans** subsp. **angustata** (Benth.) E.M. Norman
Ref.: Norman & Ariza Espinar, 1995.

Buddleja hieronymi R.E. Fr.
Sin.: *Buddleja misera* Kraenzl.
Ref.: Norman & Ariza Espinar, 1995.
Hábito: Arbusto.
Status: Nativa.
Elevación: 2000–4000 m.
Prov.: JU.
Paises limítrofes: BO.
Ejemplar examinado: *Hunziker et al. 10462* (SI).

Buddleja hypoleuca Kraenzl. = **Buddleja tucumanensis** Griseb.
Ref.: Norman & Ariza Espinar, 1995.

Buddleja ignea Kraenzl. = **Buddleja tucumanensis** Griseb.
Ref.: Norman & Ariza Espinar, 1995.

Buddleja inconspicua Kraenzl. = **Buddleja tucumanensis** Griseb.
Ref.: Norman & Ariza Espinar, 1995.

Buddleja intermedia Lorentz = **Buddleja cordobensis** Griseb.
Ref.: Norman & Ariza Espinar, 1995.

Buddleja iresinoides (Griseb.) Hosseus
Sin.: *Buddleja microcephala* Rusby, *Buddleja pendula* R.E. Fr., *Buddleja pendula* var. *concolor* Lor. B. Sm., *Buddleja similis* R.E. Fr., *Buddleja similis* R.E. Fr., *Lippia iresinoides* Griseb.
Ref.: Norman & Ariza Espinar, 1995.
Hábito: Arbusto.
Status: Nativa.
Elevación: 0–1500 m.
Prov.: CA, CH, FO, JU, SA, TU.
Paises limítrofes: BO.
Ejemplar examinado: *Cabrera et al. 34124* (SI).

Buddleja kurtzii Kraenzl. = **Buddleja mendozensis** Benth.
Ref.: Norman & Ariza Espinar, 1995.

Buddleja lucae Niederl. = **Buddleja mendozensis** Benth.
Ref.: Norman & Ariza Espinar, 1995.

Buddleja malmei Kraenzl. = **Buddleja elegans** subsp. **angustata** (Benth.) E.M. Norman
Ref.: Norman & Ariza Espinar, 1995.

Buddleja mendozensis Benth.
Sin.: *Buddleja kurtzii* Kraenzl., *Buddleja lucae* Niederl., *Buddleja mendozensis* var. *tenuifolia* (Griseb.) Hieron., *Buddleja tenuifolia* Griseb.
Ref.: Norman & Ariza Espinar, 1995.
Hábito: Arbusto.
Status: Nativa.
Elevación: 500–3000 m.
Prov.: CA, CO, JU, LP, LR, ME, SA, SE, SJ, SL, TU.
Paises limítrofes: CH.
Ejemplar examinado: *Hunziker 1984* (SI).

Buddleja mendozensis var. *tenuifolia* (Griseb.) Hieron. = **Buddleja mendozensis** Benth.
Ref.: Norman & Ariza Espinar, 1995.

Buddleja microcephala Rusby = **Buddleja iresinoides** (Griseb.) Hosseus
Ref.: Norman & Ariza Espinar, 1995.

Buddleja misera Kraenzl. = **Buddleja hieronymi** R.E. Fr.
Ref.: Norman & Ariza Espinar, 1995.

Buddleja misionum Kraenzl.
Ref.: Smith et al., 1976; Norman & Ariza Espinar, 1995.
Hábito: Arbusto.
Status: Nativa.
Elevación: 0–500 m.
Prov.: COR, MI.
Paises limítrofes: BR, PA.
Ejemplar examinado: *Rodríguez 534* (SI).

Buddleja monocephala Kraenzl. = **Buddleja aromatica** J. Rémy
Ref.: Norman & Ariza Espinar, 1995.

Buddleja nappii Lorentz = **Buddleja araucana** Phil.
Ref.: Norman & Ariza Espinar, 1995.

Buddleja neemda Link, hom. illeg. = **Buddleja brasiliensis** Jacq. ex Spreng.
Ref.: Smith et al., 1976; Bravo, 1983.

Buddleja otophylla Hassk. = **Buddleja brasiliensis** Jacq. ex Spreng.

Buddleja paludicola Kraenzl. = **Buddleja grandiflora** Cham. & Schltdl.
Ref.: Norman & Ariza Espinar, 1995.

Buddleja paraguariensis Chodat = **Buddleja tubiflora** Benth.
Ref.: Norman & Ariza Espinar, 1995.

Buddleja pendula R.E. Fr. = **Buddleja iresinoides** (Griseb.) Hosseus
Ref.: Norman & Ariza Espinar, 1995.

Buddleja pendula var. *concolor* Lor. B. Sm. = **Buddleja iresinoides** (Griseb.) Hosseus
Ref.: Norman & Ariza Espinar, 1995.

Buddleja salicifolia Vahl = **Buddleja thyrsoides** Lam. subsp. **thyrsoides**
Ref.: Norman & Ariza Espinar, 1995.

Buddleja sancti-leopoldi Kraenzl. = **Buddleja grandiflora** Cham. & Schltdl.
Ref.: Norman & Ariza Espinar, 1995.

Buddleja similis R.E. Fr. = **Buddleja iresinoides** (Griseb.) Hosseus
Ref.: Norman & Ariza Espinar, 1995.

Buddleja stachyoides Cham. & Schltdl. = **Buddleja brasiliensis** Jacq. ex Spreng.
Ref.: Bravo, 1983.

Buddleja tenuifolia Griseb. = **Buddleja mendozensis** Benth.
Ref.: Norman & Ariza Espinar, 1995.

Buddleja thyrsoides subsp. **angusticarpa** E.M. Norman & L.B. Sm.
Ref.: Smith et al., 1976; Norman & Ariza Espinar, 1995.
Hábito: Arbusto.
Status: Nativa.
Elevación: 0–500 m.
Prov.: BA, MI.
Paises limítrofes: BR, PA, UR.
Ejemplar examinado: *Boelcke 4915* (SI).

Buddleja thyrsoides Lam. subsp. **thyrsoides**
Sin.: *Buddleja chloroleuca* Kraenzl., *Buddleja salicifolia* Vahl
Ref.: Smith et al. 1976; Norman & Ariza Espinar, 1995.
Hábito: Arbusto.
Status: Nativa.
Elevación: 0–500 m.
Prov.: BA, COR.
Paises limítrofes: BR, UR.
Ejemplar examinado: *Burkart 3940* (SI).

Buddleja tiraquiensis Kuntze = **Buddleja aromatica** J. Rémy
Ref.: Norman & Ariza Espinar, 1995.

Buddleja tubiflora Benth.
Sin.: *Buddleja grandiflora* var. *foliosa* Chodat & Hassl., *Buddleja grandiflora* var. *genuina* Chodat & Hassl., nom. inval., *Buddleja grandiflora* var. *paraguariensis* (Chodat) Chodat & Hassl., *Buddleja grandiflora* var. *tubiflora* (Benth.) Chodat & Hassl., *Buddleja paraguariensis* Chodat
Ref.: Norman & Ariza Espinar, 1995.
Hábito: Arbusto.
Status: Nativa.
Elevación: 0–500 m.
Prov.: CH, CO, COR, ER, FO, SE, SF.
Paises limítrofes: PA.
Ejemplar examinado: *Krapovickas 696* (SI).

Buddleja tucumanensis Griseb.
Sin.: *Buddleja bangii* Kraenzl., *Buddleja canescens* Rusby, *Buddleja cochabambensis* Rusby, *Buddleja hypoleuca* Kraenzl., *Buddleja ignea* Kraenzl., *Buddleja inconspicua* Kraenzl., *Buddleja tucumanensis* var. *serrata* Griseb.
Ref.: Norman & Ariza Espinar, 1995.
Hábito: Arbusto.
Status: Nativa.
Elevación: 0–3000 m.

Prov.: CA, CH, JU, SA, SE, TU.
Paises limítrofes: BO.
Ejemplar examinado: *Kiesling 1159* (SI).

Buddleja tucumanensis var. *serrata* Griseb. = **Buddleja tucumanensis** Griseb.
Ref.: Norman & Ariza Espinar, 1995.

Buddleja vetula var. *angustata* (Benth.) Chodat = **Buddleja elegans** subsp. **angustata** (Benth.) E.M. Norman
Ref.: Norman & Ariza Espinar, 1995.

Buddleja vetula var. *major* Schmidt = **Buddleja elegans** subsp. **angustata** (Benth.) E.M. Norman
Ref.: Norman & Ariza Espinar, 1995.

Lippia iresinoides Griseb. = **Buddleja iresinoides** (Griseb) Hosseus
Ref.: Norman & Ariza Espinar, 1995.

CACTACEAE

36 géneros, 225 especies; 130 especies, una subespecie y una variedad endémicas.

por R. Kiesling

Acanthocalycium Backeb.

Número de especies: 5 especies endémicas.

Acanthocalycium andreanum (Backeb.) Donald, comb. illeg. = **Pyrrhocactus kattermannii** R. Kiesling

Acanthocalycium aurantiacum Rausch = **Acanthocalycium glaucum** F. Ritter

Acanthocalycium brevispinum F. Ritter = **Acanthocalycium thionanthum** (Speg.) Backeb.

Acanthocalycium catamarcense F. Ritter = **Acanthocalycium thionanthum** (Speg.) Backeb.

Acanthocalycium chionanthum (Speg.) Backeb. = **Acanthocalycium thionanthum** (Speg.) Backeb.

Acanthocalycium ferrarii Rausch
Sin.: *Acanthocalycium thionanthum* (Speg.) Backeb. var. *variiflorum* (Rausch) Donald, *Acanthocalycium variiflorum* Backeb., nom. inval., *Lobivia thionantha* (Speg.) Britton & Rose var. *ferrarii* (Rausch) Rausch, *Lobivia thionantha* (Speg.) Britton & Rose var. *variiflora* (Backeb.) Rausch
Ref.: Rausch, 1976.
Hábito: Hierba suculenta.
Status: Endémica.
Elevación: 2000-3000 m.
Prov.: TU.
Ejemplar citado: *Rausch 572** (holotipo, W).

Acanthocalycium formosum (Pfeiff.) Backeb. = **Lobivia formosa** (Pfeiff.) Dodds var. **formosa**

Acanthocalycium glaucum F. Ritter
Sin.: *Acanthocalycium aurantiacum* Rausch, *Acanthocalycium thionanthum* (Speg.) Backeb. var. *aurantiacum* (Rausch) Donald, *Acanthocalycium thionanthum* (Speg.) Backeb. var. *glaucum* (F. Ritter) Donald, *Echinopsis aurantiaca* (Rausch) Friedrich & G.D. Rowley, *Echinopsis glaucina* Friedrich & G.D. Rowley, *Lobivia thionantha* (Speg.) Britton & Rose var. *aurantiaca* (Rausch) Rausch, *Lobivia thionantha* (Speg.) Britton & Rose var. *glauca* (F. Ritter) Rausch
Ref.: Donald, 1975b.
Hábito: Hierba suculenta.
Status: Endémica.
Elevación: 2000-3000 m.
Prov.: CA, LR.
Ejemplar citado: *Ritter 970** (holotipo, U).

Acanthocalycium griseum Backeb. = **Acanthocalycium thionanthum** (Speg.) Backeb.

Acanthocalycium klimpelianum (Weid. & Werderm.) Backeb.
Sin.: *Acanthocalycium klimpelianum* (Weid. & Werderm.) Backeb. var. *macranthum* (Rausch) J.G. Lamb., *Acanthocalycium peitscherianum* Backeb., *Acanthocalycium spiniflorum* (K. Schum.) Backeb. var. *klimpelianum* (Weid. & Werderm.) Donald, *Echinopsis klimpeliana* Weid. & Werderm., *Echinopsis peitscherana* (Backeb.) Friedrich & G.D. Rowley, *Lobivia klimpeliana* (Weid. & Werderm.) A. Berger, *Lobivia spiniflora* (K. Schum.) Rausch var. *klimpeliana* (Weid. & Werderm.) Rausch, *Lobivia spiniflora* (K. Schum.) Rausch var. *macrantha* Rausch, *Lobivia spiniflora* (K. Schum.) Rausch var. *peitscherana* (Backeb.) Rausch, *Spinicalycium klimpelianum* (Weid. & Werderm.) Fric
Ref.: Donald, 1975a.
Hábito: Hierba suculenta.
Status: Endémica.
Elevación: 1000-1500 m.
Prov.: CA, CO, SE.
Ejemplar examinado: *Kiesling 1275b* (SI).

Acanthocalycium klimpelianum (Weid. & Werderm.) Backeb. var. *macranthum* (Rausch) J.G. Lamb. = **Acanthocalycium klimpelianum** (Weid. & Werderm.) Backeb.

Acanthocalycium oreopepon (Speg.) Backeb. = **Lobivia formosa** (Pfeiff.) Dodds var. **formosa**

Acanthocalycium peitscherianum Backeb. = **Acanthocalycium klimpelianum** (Weid. & Werderm.) Backeb.

Acanthocalycium spiniflorum (K. Schum.) Backeb.
Sin.: *Acanthocalycium spiniflorum* (K. Schum.) Backeb. f. *violaceum* Donald, *Acanthocalycium violaceum* (Werderm.) Backeb., *Echinocactus spiniflorus* K. Schum., *Echinopsis spiniflora* (K. Schum.) A. Berger, *Echinopsis violacea* Werderm., *Lobivia spiniflora* (K. Schum.) Rausch, *Lobivia spiniflora* (K. Schum.) Rausch var. *violacea* (Werderm.) Rausch, *Spinicalycium spiniflorum* (K. Schum.) Fric, *Spinicalycium violaceum* (Werderm.) Fric

Ref.: Donald, 1975a.
Hábito: Hierba suculenta.
Status: Endémica.
Elevación: 1000-1500 m.
Prov.: CO, SL.
Ejemplar examinado: *Kiesling 4343* (SI).

Acanthocalycium spiniflorum (K. Schum.) Backeb. var. *klimpelianum* (Weid. & Werderm.) Donald = **Acanthocalycium klimpelianum** (Weid. & Werderm.) Backeb.

Acanthocalycium spiniflorum (K. Schum.) Backeb. f. *violaceum* Donald = **Acanthocalycium spiniflorum** (K. Schum.) Backeb.

Acanthocalycium thionanthum (Speg.) Backeb.
Sin.: *Acanthocalycium brevispinum* F. Ritter, *Acanthocalycium catamarcense* F. Ritter, *Acanthocalycium chionanthum* (Speg.) Backeb., *Acanthocalycium griseum* Backeb., *Acanthocalycium thionanthum* (Speg.) Backeb. var. *brevispinum* (F. Ritter) Donald, *Acanthocalycium thionanthum* (Speg.) Backeb. var. *chionanthum* (Speg.) Hosseus, *Acanthocalycium thionanthum* (Speg.) Backeb. var. *munitum* (Rausch) J.G. Lamb., *Echinocactus chionanthum* Speg., *Echinocactus thionanthum* Speg., *Echinopsis brevispina* (F. Ritter) Friedrich & G.D. Rowley, *Echinopsis chionantha* (Speg.) Werderm., *Echinopsis thionantha* (Speg.) Werderm., *Lobivia chionantha* (Speg.) Britton & Rose, *Lobivia thionantha* (Speg.) Britton & Rose, *Lobivia thionantha* (Speg.) Britton & Rose var. *brevispina* (F. Ritter) Rausch, *Lobivia thionantha* (Speg.) Britton & Rose var. *chionantha* (Speg.) Rausch, *Lobivia thionantha* (Speg.) Britton & Rose var. *erythrantha* Rausch, *Lobivia thionantha* (Speg.) Britton & Rose var. *catamarcense* (F. Ritter) Rausch, *Lobivia thionantha* (Speg.) Britton & Rose var. *munita* Rausch
Ref.: Donald, 1975b.
Hábito: Hierba suculenta.
Status: Endémica.
Elevación: 1500-3000 m.
Prov.: SA, TU.
Ejemplar examinado: *Krapovickas y Cristóbal 24514* (SI).

Acanthocalycium thionanthum (Speg.) Backeb. var. *aurantiacum* (Rausch) Donald
Sin.: *Lobivia thionantha* (Speg.) Britton & Rose var. *munita* Rausch, = **Acanthocalycium glaucum** F. Ritter

Acanthocalycium thionanthum (Speg.) Backeb. var. *brevispinum* (F. Ritter) Donald = **Acanthocalycium thionanthum** (Speg.) Backeb.

Acanthocalycium thionanthum (Speg.) Backeb. var. *chionanthum* (Speg.) Hosseus = **Acanthocalycium thionanthum** (Speg.) Backeb.

Acanthocalycium thionanthum (Speg.) Backeb. var. *glaucum* (F. Ritter) Donald = **Acanthocalycium glaucum** F. Ritter

Acanthocalycium thionanthum (Speg.) Backeb. var. *munitum* (Rausch) J.G. Lamb. = **Acanthocalycium thionanthum** (Speg.) Backeb.

Acanthocalycium thionanthum (Speg.) Backeb. var. *variiflorum* (Rausch) Donald = **Acanthocalycium ferrarii** Rausch

Acanthocalycium variiflorum Backeb., nom. inval. = **Acanthocalycium ferrarii** Rausch

Acanthocalycium violaceum (Werderm.) Backeb. = **Acanthocalycium spiniflorum** (K. Schum.) Backeb.

Acantholobivia haagei (Fric & Schelle) Y. Ito = **Lobivia pygmaea** (R.E. Fr.) Backeb.

Acanthopetalus mirabilis (Speg.) Y. Ito = **Setiechinopsis mirabilis** (Speg.) de Haas

Acanthorhipsalis houlletiana (Lem.) Volgin = **Rhipsalis houlletiana** Lem.

Acanthorhipsalis monacantha (Griseb.) Britton & Rose = **Rhipsalis monacantha** Griseb.
Ref.: Castellanos, 1925.

Arthrocereus mirabilis (Speg.) Marshall = **Setiechinopsis mirabilis** (Speg.) de Haas

Austrocactus Britton & Rose
Número de especies: 2 especies endémicas.

Austrocactus bertinii (Cels) Britton & Rose
Sin.: *Austrocactus gracilis* Backeb., *Cereus bertinii* Cels, *Malacocarpus bertinii* (Cels) Hosseus, *Notocactus bertinii* (Cels) Marshall
Ref.: Kiesling, 1988.
Hábito: Subarbusto suculento.
Status: Endémica.
Elevación: 0-1000 m.
Prov.: CHU, NE, RN, SC.
Ejemplar examinado: *Correa 9346* (BAB).

[Austrocactus dusenii (F.A.C. Weber) Backeb.]
Sin.: *Cereus dusenii* F.A.C. Weber
Nota: Taxón dudoso.

Austrocactus gracilis Backeb. = **Austrocactus bertinii** (Cels) Britton & Rose
Ref.: Kiesling, 1988.

Austrocactus patagonicus (F.A.C. Weber) Backeb.
Sin.: *Cereus patagonicus* F.A.C. Weber, *Echinocactus intertextus* Phil.
Ref.: Kiesling, 1988.
Hábito: Subarbusto suculento.
Status: Endémica.
Elevación: 0-1000 m.
Prov.: LP, NE, RN, SC.
Ejemplar examinado: *Correa 2776* (BAB).

Austrocylindropuntia Backeb.
Número de especies: 3

Austrocylindropuntia albiflora (K. Schum.) Backeb. = **Opuntia salmiana** Parm.

Austrocylindropuntia clavarioides (Pfeiff.) Backeb. = **Puna clavarioides** (Pfeiff.) R. Kiesling
Ref.: Kiesling, 1982b.

Austrocylindropuntia clavarioides (Pfeiff.) Backeb. var. *ruiz-lealii* (A. Cast.) Backeb. = **Puna clavarioides** (Pfeiff.) R. Kiesling
Ref.: Kiesling, 1982b.

Austrocylindropuntia colubrina (A. Cast.) Backeb. = **Opuntia colubrina** A. Cast.

Austrocylindropuntia humahuacana (Backeb.) Backeb. & F.M. Knuth = **Austrocylindropuntia shaferi** (Britton & Rose) Backeb. var. **humahuacana** (Backeb.) R. Kiesling
Ref.: Kiesling, 1980.

Austrocylindropuntia hypsophila (Speg.) Backeb. = **Austrocylindropuntia verschaffeltii** (Cels ex F.A.C. Weber) Backeb.

Austrocylindropuntia salmiana (Parm.) Backeb. = **Opuntia salmiana** Parm.
Ref.: Kiesling, inéd.b.

Austrocylindropuntia salmiana (Parm.) Backeb. var. *albiflora* (K. Schum.) Backeb. = **Opuntia salmiana** Parm.

Austrocylindropuntia salmiana (Parm.) Backeb. var. *spegazzinii* (F.A.C. Weber) Backeb. = **Opuntia salmiana** Parm.

Austrocylindropuntia schickendantzii (F.A.C. Weber) Backeb. = **Opuntia schickendantzii** F.A.C. Weber

Austrocylindropuntia shaferi (Britton & Rose) Backeb. var. **humahuacana** (Backeb.) R. Kiesling
Sin.: *Austrocylindropuntia humahuacana* (Backeb.) Backeb. & F.M. Knuth, *Cylindropuntia humahuacana* Backeb.
Ref.: Kiesling, 1980.
Hábito: Subarbusto suculento.
Status: Nativa.
Elevación: 3000-3500 m.
Prov.: JU.
Paises limítrofes: BO.
Ejemplar examinado: *Kiesling 2514* (SI).

Austrocylindropuntia shaferi (Britton & Rose) Backeb. var. **shaferi**
Sin.: *Austrocylindropuntia weingartiana* (Backeb.) Backeb., *Cylindropuntia weingartiana* (Backeb.) Backeb., *Opuntia shaferi* Britton & Rose, *Opuntia weingartiana* Backeb.
Ref.: Kiesling, 1980.
Hábito: Subarbusto suculento.
Status: Nativa.
Elevación: 2500-3500 m.
Prov.: JU.
Paises limítrofes: BO.
Ejemplar examinado: *Shafer 90* (holotipo, US no visto; isotipo, NY).

Austrocylindropuntia spegazzinii (F.A.C. Weber) Backeb. = **Opuntia salmiana** Parm.

Austrocylindropuntia verschaffeltii (Cels ex F.A.C. Weber) Backeb.
Sin.: *Austrocylindropuntia hypsophila* (Speg.) Backeb., *Austrocylindropuntia verschaffeltii* (Cels ex F.A.C. Weber) Backeb. var. *hypsophila* (Speg.) Backeb., *Austrocylindropuntia verschaffeltii* (Cels ex F.A.C. Weber) Backeb. var. *longispina* Backeb., *Cylindropuntia hypsophila* (Speg.) Backeb., *Cylindropuntia verschaffeltii* (Cels ex F.A.C. Weber) Backeb., *Opuntia digitalis* F.A.C. Weber, *Opuntia hypsophila* Speg., *Opuntia verschaffeltii* Cels ex F.A.C. Weber, *Opuntia verschaffeltii* Cels ex F.A.C. Weber var. *digitalis* F.A.C. Weber
Ref.: Backeberg, 1958.
Hábito: Subarbusto suculento.
Status: Nativa.
Elevación: 1500-2500 m.
Prov.: CA, JU, SA, TU.
Paises limítrofes: BO.
Ejemplar examinado: *Schreiter 7213* (LIL).

Austrocylindropuntia verschaffeltii (Cels ex F.A.C. Weber) Backeb. var. *hypsophila* (Speg.) Backeb. = **Austrocylindropuntia verschaffeltii** (Cels ex F.A.C. Weber) Backeb.

Austrocylindropuntia verschaffeltii (Cels ex F.A.C. Weber) Backeb. var. *longispina* Backeb. = **Austrocylindropuntia verschaffeltii** (Cels ex F.A.C. Weber) Backeb.
Ref.: Backeberg, 1959a.

Austrocylindropuntia vestita (Salm-Dyck) Backeb.
Sin.: *Cylindropuntia vestita* (Salm-Dyck) Backeb., *Opuntia vestita* Salm-Dyck
Ref.: Backeberg, 1958.
Hábito: Subarbusto suculento.
Status: Nativa.
Elevación: 1500-3000 m.
Prov.: JU.
Paises limítrofes: BO.
Ejemplar examinado: *Sleumer 3099* (LIL).

Austrocylindropuntia weingartiana (Backeb.) Backeb. = **Austrocylindropuntia shaferi** (Britton & Rose) Backeb. var. **shaferi**
Ref.: Kiesling, 1980.

Aylostera deminuta (F.A.C. Weber) Backeb. = **Rebutia deminuta** (F.A.C. Weber) A. Berger

Aylostera deminuta (F.A.C. Weber) Backeb. var. *pseudominuscula* (Speg.) Backeb. = **Rebutia deminuta** (F.A.C. Weber) A. Berger

Aylostera fiebrigii (Gürke) Backeb. = **Rebutia fiebrigii** (W.R. Guerke) Britton & Rose

Aylostera jujuyana (Rausch) W. Haage = **Rebutia fiebrigii** (W.R. Guerke) Britton & Rose

Aylostera pseudodeminuta (Backeb.) Backeb. = **Rebutia deminuta** (F.A.C. Weber) A. Berger

Aylostera pseudodeminuta (Backeb.) Backeb. var. *albiflora* Backeb. = **Rebutia deminuta** (F.A.C. Weber) A. Berger

Aylostera pseudodeminuta (Backeb.) Backeb. var. *albiseta* Backeb. = **Rebutia deminuta** (F.A.C. Weber) A. Berger

Aylostera pseudodeminuta (Backeb.) Backeb. var. *grandiflora* Backeb. = **Rebutia deminuta** (F.A.C. Weber) A. Berger

Aylostera pseudodeminuta (Backeb.) Backeb. var. *schneideriana* Backeb. = **Rebutia deminuta** (F.A.C. Weber) A. Berger

Aylostera pseudodeminuta (Backeb.) Backeb. var. *schumanniana* (Backeb.) Backeb. = **Rebutia deminuta** (F.A.C. Weber) A. Berger

Aylostera pseudominuscula (Speg.) Speg. = **Rebutia deminuta** (F.A.C. Weber) A. Berger

Aylostera spegazziniana (Backeb.) Backeb. = **Rebutia fiebrigii** (W.R. Guerke) Britton & Rose

Aylostera spegazziniana (Backeb.) Backeb. var. *atroviridis* Backeb. = **Rebutia fiebrigii** (W.R. Guerke) Britton & Rose

Aylostera spinosissima (Backeb.) Backeb. = **Rebutia fiebrigii** (W.R. Guerke) Britton & Rose

Blossfeldia Werderm.

Número de especies: 1

Blossfeldia campaniflora Backeb. = **Blossfeldia liliputana** Werderm.
Ref.: Barthlott & Porembsky, 1996.

Blossfeldia fechseri Backeb. = **Blossfeldia liliputana** Werderm.
Ref.: Barthlott & Porembsky, 1996.

Blossfeldia liliputana Werderm.
Sin.: *Blossfeldia campaniflora* Backeb., *Blossfeldia fechseri* Backeb., *Blossfeldia liliputana* Werderm. f. *fechseri* (Backeb.) Krainz, *Blossfeldia liliputana* Werderm. var. *atroviridis* (Backeb.) Krainz, *Blossfeldia liliputana* Werderm. var. *campaniflora* (Backeb.) Krainz, *Blossfeldia liliputana* Werderm. var. *formosa* F. Ritter, *Blossfeldia liliputana* Werderm. var. *pedicellata* (F. Ritter) Krainz, comb. illeg., *Blossfeldia pedicellata* F. Ritter, *Parodia liliputana* (Werderm.) N.P. Taylor
Ref.: Barthlott & Porembsky, 1996.
Hábito: Hierba suculenta.
Status: Nativa.
Elevación: 1000-3000 m.
Prov.: CA, JU, LR, ME, SA, SJ.
Paises limítrofes: BO.
Ejemplar examinado: *Méndez 10495* (SI).

Blossfeldia liliputana Werderm. f. *fechseri* (Backeb.) Krainz = **Blossfeldia liliputana** Werderm.
Ref.: Barthlott & Porembsky, 1996.

Blossfeldia liliputana Werderm. var. *atroviridis* (Backeb.) Krainz = **Blossfeldia liliputana** Werderm.
Ref.: Barthlott & Porembsky, 1996.

Blossfeldia liliputana Werderm. var. *campaniflora* (Backeb.) Krainz = **Blossfeldia liliputana** Werderm.
Ref.: Barthlott & Porembsky, 1996.

Blossfeldia liliputana Werderm. var. *formosa* F. Ritter = **Blossfeldia liliputana** Werderm.
Ref.: Barthlott & Porembsky, 1996.

Blossfeldia liliputana Werderm. var. *pedicellata* (F. Ritter) Krainz, comb. illeg. = **Blossfeldia liliputana** Werderm.
Ref.: Barthlott & Porembsky, 1996.

Blossfeldia pedicellata F. Ritter = **Blossfeldia liliputana** Werderm.

Borzicactus celsianus (Lem. ex Salm-Dyck) Kimnach = **Oreocereus celsianus** (Lem. ex Salm-Dyck) Riccob.

Borzicactus celsianus (Lem.) Riccob. var. *trollii* (Kupper) G.D. Rowley = **Oreocereus trollii** (Kupper) Backeb.

Borzicactus trollii (Kupper) Kimnach = **Oreocereus trollii** (Kupper) Backeb.

Brachycalycium tilcarense (Backeb.) Backeb., nom. illeg. = **Gymnocalycium saglionis** (Cels) Britton & Rose var. **jujuyense** Backeb.

Brasiliopuntia brasiliensis (Willd.) A. Berger = **Opuntia brasiliensis** (Willd.) Haw.

Brasiliopuntia schulzii (A. Cast. & Lelong) Backeb. = **Opuntia schulzii** A. Cast. & Lelong

Cactus brasiliensis Willd. = **Opuntia brasiliensis** (Willd.) Haw.

Cactus cruciformis Vell. = **Rhipsalis cruciforme** (Vell.) A. Cast.
Ref.: Taylor, 1994.

Cactus ficus-indica L. = **Opuntia ficus-indica** (L.) Mill.

Cactus gibbosus Haw. = **Gymnocalycium gibbosum** (Haw.) Pfeiff. ex Mittler

Cactus hyptiacanthus Lem. = **Gymnocalycium hyptiacanthum** (Lem.) Britton & Rose

Cactus linkii Lehm. = **Parodia linkii** (Lehm.) R. Kiesling
Ref.: Kiesling, 1995.

Cactus ottonis Lehm. = **Parodia ottonis** (Lehm.) N.P. Taylor
Ref.: Kiesling, 1995.

Cactus pereskia L. = **Pereskia aculeata** Mill.
Ref.: Leuenberger, 1986.

Cactus phyllantus L. = **Epiphyllum phyllanthus** (L.) Haw.
Ref.: Castellanos & Lelong, 1943.

Cactus schilinzkyanus (F. Haage ex K. Schum.) Kuntze = **Frailea schilinzkyana** (F. Haage ex K. Schum.) Britton & Rose
Ref.: Castellanos, 1968.

Cactus tunicatus Lehm. = **Cylindropuntia tunicata** (Lehm.) F.M. Knuth
Ref.: Backeberg, 1958.

Cassyta baccifera J.S. Muell. = **Rhipsalis baccifera** (J.S. Muell.) Stearn

Cereus Mill.

Número de especies: 6, 1 especie endémica.

Cereus aethiops Haw.
Sin.: *Cereus aethiops* Haw. var. *landbeckii* (Phil.) Backeb., *Cereus aethiops* Haw. var. *melanacanthus* (K. Schum.) Backeb., *Cereus azureus* Parm. ex Pfeiff., *Cereus chalibaeus* Salm-Dyck, *Cereus coerulescens* Salm-Dyck, *Cereus coerulescens* Salm-Dyck var. *landbeckii* (Phil.) K. Schum., *Cereus coerulescens* Salm-Dyck var. *melacanthus* K. Schum., *Cereus landbeckii* Phil., *Piptanthocereus aethiops* (Haw.) F. Ritter, nom. illeg.
Ref.: Cabrera & Fabris, 1965.
Hábito: Arbusto suculento.
Status: Nativa.
Elevación: 0-1500 m.
Prov.: BA, CA, CO, LP, LR, ME, RN, SA, SJ, SL, TU.
Ejemplar examinado: *Fabris 5686* (LP, CTES).

Cereus aethiops Haw. var. *landbeckii* (Phil.) Backeb. = **Cereus aethiops** Haw.

Cereus aethiops Haw. var. *melanacanthus* (K. Schum.) Backeb. = **Cereus aethiops** Haw.

Cereus andalgalensis F.A.C. Weber = **Trichocereus andalgalensis** (F.A.C. Weber) Hosseus
Ref.: Kiesling, 1978.

Cereus argentinensis Britton & Rose
Sin.: *Cereus platygonus* Speg., hom. illeg.
Ref.: Kiesling, inéd.a.
Hábito: Árbol suculento
Status: Endémica.
Elevación: 0-500 m.
Prov.: COR, ER.
Ejemplar examinado: *Schinini 17094* (CTES).

Cereus articulatus Pfeiff. = **Tephrocactus articulatus** (Pfeiff.) Backeb. var. **articulatus**
Ref.: Kiesling, 1984.

Cereus atacamensis Phil. = **Trichocereus atacamensis** (Phil.) Backeb.

Cereus azureus Parm. ex Pfeiff. = **Cereus aethiops** Haw.

Cereus balansae K. Schum. = **Harrisia bonplandii** (Pfeiff.) Britton & Rose
Ref.: Kiesling, 1996a.

Cereus baumannii Lem. = **Cleistocactus baumannii** (Lem.) Lem.

Cereus bertinii Cels = **Austrocactus bertinii** (Cels) Britton & Rose
Ref.: Kiesling, 1988.

Cereus bonplandii Pfeiff. = **Harrisia bonplandii** (Pfeiff.) Britton & Rose
Ref.: Kiesling, 1996a.

Cereus candicans Gillies ex Salm-Dyck = **Trichocereus candicans** (Gillies ex Salm-Dyck) Britton & Rose
Ref.: Kiesling, 1978.

Cereus candicans Gillies ex Salm-Dyck var. *courantii* K. Schum. = **Trichocereus candicans** (Gillies ex Salm-Dyck) Britton & Rose
Ref.: Kiesling, 1978.

Cereus cavendischii Monv. = **Monvillea cavendischii** (Monv.) Britton & Rose
Ref.: Britton & Rose, 1920.

Cereus celsianus A. Berger = **Oreocereus celsianus** (Lem. ex Salm-Dyck) Riccob.

Cereus chalibaeus Salm-Dyck = **Cereus aethiops** Haw.

Cereus coccineus auct. non Salm-Dyck ex DC. = **Selenicereus setaceus** (Salm-Dyck ex DC.) Werderm.
Ref.: Hunt, 1989.

Cereus coerulescens Salm-Dyck = **Cereus aethiops** Haw.
Ref.: Backeberg, 1960.

Cereus coerulescens Salm-Dyck var. *landbeckii* (Phil.) K. Schum. = **Cereus aethiops** Haw.

Cereus coerulescens Salm-Dyck var. *melacanthus* K. Schum. = **Cereus aethiops** Haw.

Cereus coryne Salm-Dyck = **Stetsonia coryne** (Salm-Dyck) Britton & Rose
Ref.: Kiesling, 1996.

Cereus dayami Speg. = **Cereus stenogonus** K. Schum.

Cereus donkelairii auct. non Salm-Dyck = **Rhipsalis lumbricoides** (Lem.) Lem. ex Salm-Dyck
Ref.: Castellanos, 1925.

Cereus dusenii F.A.C. Weber = [Austrocactus dusenii (F.A.C. Weber) Backeb.]

Cereus erytrocephalus (K. Schum.) A. Berger = **Denmoza rhodacantha** (Salm-Dyck) Britton & Rose

Cereus euchlorus F.A.C. Weber ex K. Schum. = **Monvillea euchlora** (F.A.C. Weber ex K. Schum.) Backeb.

Cereus forbesii Otto ex C.F. Först.
Sin.: *Cereus validus* auct. non Haw., *Piptanthocereus forbesii* (Otto ex C.F. Först.) Riccob., nom. illeg.
Ref.: Backeberg, 1960.
Hábito: Árbol suculento
Status: Nativa.
Elevación: 500-2000 m.
Prov.: CA, CH, CO, FO, JU, LR, SA, SF.
Paises limítrofes: BO, PA.
Ejemplar examinado: *Maruñak et al. 571* (CTES).

Cereus geminatus Otto = **Echinopsis eyriesii** (Turpin) Zucc. ex Pfeiff. & Otto

Cereus gibbosus (Haw.) Pfeiff. = **Gymnocalycium gibbosum** (Haw.) Pfeiff. ex Mittler

Cereus gladiatus Lem. = **Trichocereus candicans** (Gillies ex Salm-Dyck) Britton & Rose
Ref.: Kiesling, 1978.

Cereus guelichii Speg. = **Harrisia bonplandii** (Pfeiff.) Britton & Rose
Ref.: Kiesling, 1996a.

Cereus haenkeanus F.A.C. Weber ex K. Schum.
Hábito: Árbol suculento.
Status: Nativa.
Elevación: 500-2000 m.
Prov.: CA, JU, SA.
Paises limítrofes: BO.
Ejemplar examinado: *Kiesling et al. 8719* (SI).
Nota: Nueva cita para Argentina.

Cereus huascha F.A.C. Weber = **Trichocereus huascha** (F.A.C. Weber) Britton & Rose var. **huascha**
Ref.: Kiesling, 1978.

Cereus huascha F.A.C. Weber var. *flaviflora* F.A.C. Weber = **Trichocereus huascha** (F.A.C. Weber) Britton & Rose var. **huascha**
Ref.: Kiesling, 1978.

Cereus huascha F.A.C. Weber var. *rubriflorus* F.A.C. Weber = **Trichocereus andalgalensis** (F.A.C. Weber) Hosseus
Ref.: Kiesling, 1978.

Cereus hyalacanthus K. Schum. = **Cleistocactus hyalacanthus** (K. Schum.) Gosselin
Ref.: Kiesling, 1984.

Cereus ianthothele Monv. = **Pfeiffera ianthothele** (Monv.) F.A.C. Weber

Cereus lamprochlorus Lem. = **Trichocereus lamprochlorus** (Lem.) Britton & Rose
Ref.: Kiesling, 1978.

Cereus lamprochlorus Lem. var. *salinicola* Speg. = **Trichocereus candicans** (Gillies ex Salm-Dyck) Britton & Rose
Ref.: Kiesling, 1978.

Cereus landbeckii Phil. = **Cereus aethiops** Haw.

Cereus leucanthus Pfeiff. = **Echinopsis leucantha** (Gillies ex Salm-Dyck) Walp.
Ref.: Backeberg, 1960.

Cereus lumbricoides Lem. = **Rhipsalis lumbricoides** (Lem.) Lem. ex Salm-Dyck

Cereus marmoratus Zeiss., nom. nud. = **Monvillea spegazzinii** (F.A.C. Weber) Britton & Rose
Ref.: Backeberg, 1961.

Cereus martinii Labour. = **Harrisia martinii** (Labour.) Britton & Rose
Ref.: Kiesling, 1996a.

Cereus multiplex (Pfeiff.) Zucc. = **Echinopsis eyriesii** (Turpin) Zucc. ex Pfeiff. & Otto

Cereus nitens Salm-Dyck = **Trichocereus lamprochlorus** (Lem.) Britton & Rose
Ref.: Kiesling, 1978.

Cereus ovatus Pfeiff., nom. illeg. = **Tephrocactus aoracanthus** (Lem.) Lem.
Ref.: Kiesling, 1984.

Cereus pasacana (F.A.C. Weber) F.A.C. Weber = **Trichocereus atacamensis** (Phil.) Backeb.
Ref.: Kiesling, 1978.

Cereus patagonicus F.A.C. Weber = **Austrocactus patagonicus** (F.A.C. Weber) Backeb.
Ref.: Kiesling, 1988.

Cereus peruvianus auct. non Mill. = **Cereus uruguayanus** R. Kiesling
Ref.: Kiesling, 1982b.

Cereus platygonus Speg., hom. illeg. = **Cereus argentinensis** Britton & Rose

Cereus pomanensis F.A.C. Weber ex K. Schum. = **Harrisia pomanensis** (F.A.C. Weber ex K. Schum.) Britton & Rose subsp. **pomanensis**
Ref.: Kiesling, 1996a.

Cereus regelii Weing. = **Harrisia pomanensis** (F.A.C. Weber ex K. Schum.) Britton & Rose subsp. **regelii** (Weing.) R. Kiesling
Ref.: Kiesling, 1996a.

Cereus rhodoleucanthus K. Schum. = **Monvillea cavendischii** (Monv.) Britton & Rose

Cereus roseiflorus Speg. = **Cereus stenogonus** K. Schum.

Cereus saglionis Lem. = **Rhipsalis cereuscula** Haw.

Cereus santiaguensis Speg. = [Trichocereus santiaguensis (Speg.) Backeb.]

Cereus saxicolus Morong = **Monvillea cavendischii** (Monv.) Britton & Rose
Ref.: Britton & Rose, 1920.

Cereus setaceus Salm-Dyck ex DC. = **Selenicereus setaceus** (Salm-Dyck ex DC.) Werderm.
Ref.: Hunt, 1989.

Cereus silvestrii Speg. = **Lobivia silvestrii** (Speg.) G.D. Rowley

Cereus smaragdiflorus F.A.C. Weber = **Cleistocactus smaragdiflorus** (F.A.C. Weber) Britton & Rose

Cereus spachianus Lem. = [Trichocereus spachianus (Lem.) Riccob.]
Ref.: Kiesling, 1978.

Cereus spegazzinii F.A.C. Weber = **Monvillea spegazzinii** (F.A.C. Weber) Britton & Rose
Ref.: Backeberg, 1961.

Cereus stenogonus K. Schum.
Sin.: *Cereus dayami* Speg., *Cereus roseiflorus* Speg., *Piptanthocereus dayamii* (Speg.) F. Ritter, nom. illeg.
Ref.: Britton & Rose, 1920.
Hábito: Árbol suculento.
Status: Nativa.
Elevación: 0-500 m.
Prov.: CH, COR, MI.
Paises limítrofes: PA.
Ejemplar examinado: *Schulz 17285* (CTES).

Cereus strigosus Salm-Dyck = **Trichocereus strigosus** (Salm-Dyck) Britton & Rose
Ref.: Kiesling, 1978.

Cereus syringacantus Pfeiff. = **Tephrocactus articulatus** (Pfeiff.) Backeb. var. **oligacanthus** (Speg.) Backeb.
Ref.: Kiesling, 1984.

Cereus tarijensis Vaupel = **Trichocereus tarijensis** (Vaupel) Werderm.
Ref.: Kiesling, 1978.

Cereus terscheckii Parm. ex Pfeiff. = **Trichocereus terscheckii** (Parm. ex Pfeiff.) Britton & Rose
Ref.: Kiesling, 1978.

Cereus thelegonoides Speg. = **Trichocereus thelegonoides** (Speg.) Britton & Rose
Ref.: Kiesling, 1978.

Cereus thelegonus F.A.C. Weber = **Trichocereus thelegonus** (F.A.C. Weber) Britton & Rose
Ref.: Kiesling, 1978.

Cereus tortuosus Forbes ex Otto & D. Dietr. = **Harrisia tortuosa** (Forbes ex Otto & D. Dietr.) Britton & Rose
Ref.: Kiesling, 1996a.

Cereus trollii Kupper = **Oreocereus trollii** (Kupper) Backeb.
Ref.: Backeberg, 1959b.

Cereus tubiflorus Pfeiff. = **Echinopsis tubiflora** (Pfeiff.) Zucc.

Cereus turbinatus Pfeiff. = **Echinopsis eyriesii** (Turpin) Zucc. ex Pfeiff. & Otto

Cereus uruguayanus R. Kiesling
Sin.: *Cereus peruvianus* auct. non Mill., *Piptanthocereus uruguayanus* F. Ritter, nom. illeg.
Ref.: Kiesling, 1982a.
Hábito: Arbusto o arbolito suculento.
Status: Nativa.
Elevación: 0-500 m.
Prov.: BA, ER.
Paises limítrofes: UR.
Ejemplar examinado: *Cabrera 16545* (holotipo, LP).

Cereus validus auct. non Haw. = **Cereus forbesii** Otto ex C.F. Först.

Chamacereus grandiflorus (Fric) Britton & Rose = **Trichocereus rowleyi** (Friedrich) R. Kiesling

Chamacereus silvestrii (Speg.) Britton & Rose = **Lobivia silvestrii** (Speg.) G.D. Rowley

Chileorebutia reichei Kreuz., nom. nud. = **Lobivia famatinensis** (Speg.) Britton & Rose var. **famatinensis**

Chrysocactus schumannianus (Nicolai) Y. Ito = **Parodia schumanniana** (Nicolai) F.H. Brandt

Cleistocactus Lem.

Número de especies: 4

Cleistocactus baumannii (Lem.) Lem.
Sin.: *Cereus baumannii* Lem., *Cleistocactus baumannii* (Lem.) Lem. var. *colubrinus* Riccob.
Ref.: Britton & Rose, 1920; Backeberg, 1960.
Hábito: Subarbusto suculento.
Status: Nativa.
Elevación: 0-1000 m.
Prov.: CA, CH, CO, COR, ER, FO, JU, LR, SA, SE, SF, TU.
Paises limítrofes: BO, PA.
Ejemplar examinado: *Schinini 22573* (SI).

Cleistocactus baumannii (Lem.) Lem. var. *colubrinus* Riccob. = **Cleistocactus baumannii** (Lem.) Lem.

Cleistocactus ferrarii R. Kiesling
Ref.: Kiesling, 1984.
Hábito: Subarbusto suculento.
Status: Nativa.
Elevación: 1000-1500 m.
Prov.: JU, SA.
Paises limítrofes: BO.
Ejemplar examinado: *Kiesling 1722* (holotipo, SI).

Cleistocactus hyalacanthus (K. Schum.) Gosselin
Sin.: *Cereus hyalacanthus* K. Schum., *Cleistocactus jujuyensis* Backeb., *Cleistocactus jujuyensis* Backeb. var. *fulvus* F. Ritter
Ref.: Kiesling, 1984.
Hábito: Subarbusto suculento.
Status: Nativa.
Elevación: 1500-2500 m.
Prov.: JU, SA.
Paises limítrofes: BO.
Ejemplar examinado: *Castellanos s.n.* (BA 19243).

Cleistocactus jujuyensis Backeb. = **Cleistocactus hyalacanthus** (K. Schum.) Gosselin

Cleistocactus jujuyensis Backeb. var. *fulvus* F. Ritter = **Cleistocactus hyalacanthus** (K. Schum.) Gosselin

Cleistocactus rhodacanthus (Salm-Dyck) Lem. = **Denmoza rhodacantha** (Salm-Dyck) Britton & Rose

Cleistocactus smaragdiflorus (F.A.C. Weber) Britton & Rose
Sin.: *Cereus smaragdiflorus* F.A.C. Weber
Ref.: Kiesling, 1984.
Hábito: Subarbusto suculento.
Status: Nativa.
Elevación: 1000-1500 m.
Prov.: CA, JU, SA.
Paises limítrofes: BO.
Ejemplar examinado: *Ulibarri 895* (SI).

Cumulopuntia boliviana (Salm-Dyck) F. Ritter = **Maihueniopsis boliviana** (Salm-Dyck) R. Kiesling
Ref.: Kiesling, 1984.

Cumulopuntia famatinensis F. Ritter = **Maihueniopsis boliviana** (Salm-Dyck) R. Kiesling
Ref.: Kiesling, 1984.

Cumulopuntia pampana F. Ritter = **Maihueniopsis boliviana** (Salm-Dyck) R. Kiesling
Ref.: Kiesling, 1984.

Cumulopuntia pentlandii (Salm-Dyck) F. Ritter = **Maihueniopsis pentlandii** (Salm-Dyck) R. Kiesling
Ref.: Kiesling, 1984.

Cumulopuntia rossiana (Heinr. & Backeb.) F. Ritter = **Maihueniopsis pentlandii** (Salm-Dyck) R. Kiesling

Cumulopuntia subterranea (R.E. Fr.) F. Ritter = **Puna subterranea** (R.E. Fr.) R. Kiesling
Ref.: Kiesling, 1982b.

Cylindropuntia (Engelm.) F.M. Knuth

Número de especies: 1

Cylindropuntia clavarioides (Pfeiff.) F.M. Knuth = **Puna clavarioides** (Pfeiff.) R. Kiesling
Ref.: Kiesling, 1982b.

Cylindropuntia humahuacana Backeb. = **Austrocylindropuntia shaferi** (Britton & Rose) Backeb. var. **humahuacana** (Backeb.) R. Kiesling
Ref.: Kiesling, 1980.

Cylindropuntia hypsophila (Speg.) Backeb. = **Austrocylindropuntia verschaffeltii** (Cels ex F.A.C. Weber) Backeb.

Cylindropuntia schickendantzii (F.A.C. Weber) Backeb. = **Opuntia schickendantzii** F.A.C. Weber

Cylindropuntia spegazzinii (F.A.C. Weber) Backeb. = **Opuntia salmiana** Parm.

Cylindropuntia tunicata (Lehm.) F.M. Knuth
Sin.: *Cactus tunicatus* Lehm., *Opuntia puelchana* A. Cast.
Ref.: Backeberg, 1958.
Hábito: Arbusto suculento.
Status: Naturalizada.
Elevación: 500-1000 m.
Prov.: LP, ME.
Paises limítrofes: BO, CH.
Ejemplar examinado: *Burkart 20568* (SI).
Nota: La especie es nativa de México y propagada antiguamente en América del Sur, existiendo pequeñas colonias en Ecuador, Perú, Bolivia, Chile y Argentina.

Cylindropuntia verschaffeltii (Cels ex F.A.C. Weber) Backeb. = **Austrocylindropuntia verschaffeltii** (Cels ex F.A.C. Weber) Backeb.
Ref.: Backeberg, 1959a.

Cylindropuntia vestita (Salm-Dyck) Backeb. = **Austrocylindropuntia vestita** (Salm-Dyck) Backeb.

Cylindropuntia weingartiana (Backeb.) Backeb. = **Austrocylindropuntia shaferi** (Britton & Rose) Backeb. var. **shaferi**
Ref.: Kiesling, 1980.

Cylindrorebutia einsteinii (Fric) Donald = **Lobivia einsteinii** (Fric) Rausch

Denmoza Britton & Rose

Número de especies: 1 especie endémica.

Denmoza erytrocephala (K. Schum.) Backeb. & Knuth = **Denmoza rhodacantha** (Salm-Dyck) Britton & Rose

Denmoza rhodacantha (Salm-Dyck) Britton & Rose
Sin.: *Cereus erytrocephalus* (K. Schum.) A. Berger, *Cleistocactus rhodacanthus* (Salm-Dyck) Lem., *Denmoza erytrocephala* (K. Schum.) Backeb. & Knuth, *Echinopsis rhodacantha* Salm-Dyck, *Pilocereus erytrocephalus* K. Schum., *Pilocereus rhodacanthus* (Salm-Dyck) Speg.
Ref.: Britton & Rose, 1922.
Hábito: Subarbusto suculento.
Status: Endémica.
Elevación: 0-2000 m.
Prov.: CA, LR, ME, SA, SJ, TU.
Ejemplar examinado: *Múlgura et al. 149* (SI).

Digitorebutia carmeniana Rausch = **Lobivia nigricans** Wessner
Ref.: Rausch, 1986a.

Digitorebutia euanthema (Backeb.) Buining = **Lobivia euanthema** Backeb.

Digitorebutia haagei (Fric & Schelle) Fric = **Lobivia pygmaea** (R.E. Fr.) Backeb.
Ref.: Rausch, 1986a.

Digitorebutia mudanensis Rausch = **Lobivia pygmaea** (R.E. Fr.) Backeb.
Ref.: Rausch, 1986a.

Digitorebutia nazarenoensis Rausch = **Lobivia pygmaea** (R.E. Fr.) Backeb.
Ref.: Rausch, 1986a.

Digitorebutia nigricans (Wessner) Buining = **Lobivia nigricans** Wessner
Ref.: Rausch, 1986a.

Echinocactus andreae Boed. = **Gymnocalycium andreae** (Boed.) Backeb.

Echinocactus arechavaletai Speg. = **Parodia ottonis** (Lehm.) N.P. Taylor
Ref.: Kiesling, 1995.

Echinocactus baldianus Speg. = **Gymnocalycium baldianum** (Speg.) Speg.

Echinocactus bodenbenderianus Hosseus ex A. Berger = **Gymnocalycium bodenbenderianum** (Hosseus ex A. Berger) A. W. Hill

Echinocactus brachyanthum Gürke = **Gymnocalycium monvillei** (Lem.) Britton & Rose subsp. **monvillei**

Echinocactus brachypetalus (Speg.) Werderm. = **Gymnocalycium gibbosum** (Haw.) Pfeiff. ex Mittler

Echinocactus bulbocalyx Werderm. = **Pyrrhocactus bulbocalyx** (Werderm.) Backeb.

Echinocactus calochlorus Boed. = **Gymnocalycium calochlorum** (Boed.) Y. Ito var. **calochlorum**

Echinocactus capillaensis Schick = **Gymnocalycium capillaense** (Schick) Hosseus

Echinocactus catamarcensis Speg. var. *obscura* Speg. = **Pyrrhocactus pachacoensis** Rausch

Echinocactus catamarcensis Speg. var. *palida* Speg. = **Pyrrhocactus pachacoensis** Rausch

Echinocactus catamarcensis Speg., hom. illeg. = **Pyrrhocactus pachacoensis** Rausch

Echinocactus chionanthum Speg. = **Acanthocalycium thionanthum** (Speg.) Backeb.

Echinocactus chrysacanthion K. Schum. = **Parodia chrysacanthion** (K. Schum.) Backeb.
Ref.: Kiesling & Ferrari, 1990a.

Echinocactus delaetii K. Schum. = **Gymnocalycium schickendantzii** (F.A.C. Weber) Britton & Rose var. **delaetii** (K. Schum.) Backeb.

Echinocactus denudatum Link & Otto = **Gymnocalycium denudatum** (Link & Otto) Pfeiff. ex Mittler

Echinocactus escayachensis Vaupel = **Parodia maassii** (Heese) A. Berger
Ref.: Kiesling & Ferrari, 1990a.

Echinocactus eyriesii Turpin = **Echinopsis eyriesii** (Turpin) Zucc. ex Pfeiff. & Otto

Echinocactus famatinensis Speg. = **Lobivia famatinensis** (Speg.) Britton & Rose var. **famatinensis**

Echinocactus fiebrigii W.R. Guerke = **Rebutia fiebrigii** (W.R. Guerke) Britton & Rose

Echinocactus formosus Pfeiff. = **Lobivia formosa** (Pfeiff.) Dodds var. **formosa**

Echinocactus gibbosus (Haw.) DC. = **Gymnocalycium gibbosum** (Haw.) Pfeiff. ex Mittler

Echinocactus gibbosus (Haw.) DC. var. *cerebriformis* Speg. = **Gymnocalycium gibbosum** (Haw.) Pfeiff. ex Mittler

Echinocactus gibbosus (Haw.) DC. var. *chubutensis* Speg. = **Gymnocalycium gibbosum** (Haw.) Pfeiff. ex Mittler

Echinocactus gibbosus (Haw.) DC. var. *cristatus* Rümpler = **Gymnocalycium gibbosum** (Haw.) Pfeiff. ex Mittler

Echinocactus gibbosus (Haw.) DC. var. *ferox* Rümpler = **Gymnocalycium gibbosum** (Haw.) Pfeiff. ex Mittler

Echinocactus gibbosus (Haw.) DC. var. *leonensis* Hildm. ex K. Schum. = **Gymnocalycium gibbosum** (Haw.) Pfeiff. ex Mittler

Echinocactus gibbosus (Haw.) DC. var. *leucacanthus* Rümpler = **Gymnocalycium gibbosum** (Haw.) Pfeiff. ex Mittler

Echinocactus gibbosus (Haw.) DC. var. *leucodictyus* Rümpler = **Echinocactus gibbosus** (Haw.) DC.

Echinocactus gibbosus (Haw.) DC. var. *nobilis* Lem. = **Gymnocalycium platense** (Speg.) Britton & Rose var. **ventanicola** (Speg.) R. Kiesling
Ref.: Kiesling, 1982d; Metzing et al., 1995.

Echinocactus gibbosus (Haw.) DC. var. *pluricostatus* Rümpler = **Gymnocalycium gibbosum** (Haw.) Pfeiff. ex Mittler

Echinocactus gibbosus (Haw.) DC. var. *polygonus* K. Schum. = **Gymnocalycium gibbosum** (Haw.) Pfeiff. ex Mittler

Echinocactus gibbosus (Haw.) DC. var. *schlumbergeri* Rümpler = **Gymnocalycium gibbosum** (Haw.) Pfeiff. ex Mittler

Echinocactus gibbosus (Haw.) DC. var. *ventanicola* Speg. = **Gymnocalycium platense** (Speg.) Britton & Rose var. **ventanicola** (Speg.) R. Kiesling
Ref.: Kiesling, 1982d.

Echinocactus gracillimus Lem. = [Frailea gracillima (Lem.) Britton & Rose]

Echinocactus grahlianus F. Haage ex K. Schum. = **Frailea schilinzkyana** (F. Haage ex K. Schum.) Britton & Rose
Ref.: Castellanos, 1968.

Echinocactus haematanthus Speg. = **Lobivia haematantha** (Speg.) Britton & Rose var. **haematantha**

Echinocactus hossei F. Haage = [Gymnocalycium hossei (F. Haage) A. W. Hill]

Echinocactus intertextus Phil. = **Austrocactus patagonicus** (F.A.C. Weber) Backeb.
Ref.: Kiesling, 1988.

Echinocactus joossensianus Boed. = **Gymnocalycium schickendantzii** (F.A.C. Weber) Britton & Rose var. **schickendantzii**
Ref.: Meregalli, 1985.

Echinocactus kurtzianum Gürke = **Gymnocalycium mostii** (Gürke) Britton & Rose

Echinocactus leucanthus Gillies ex Salm-Dyck = **Echinopsis leucantha** (Gillies ex Salm-Dyck) Walp.
Ref.: Backeberg, 1960.

Echinocactus leucodictyus Salm-Dyck = **Gymnocalycium gibbosum** (Haw.) Pfeiff. ex Mittler

Echinocactus linkii (Lehm.) Pfeiff. = **Parodia linkii** (Lehm.) R. Kiesling
Ref.: Kiesling, 1995.

Echinocactus loricatus Speg., hom. illeg. = **Gymnocalycium spegazzinii** Britton & Rose

Echinocactus maassii Heese = **Parodia maassii** (Heese) A. Berger
Ref.: Kiesling & Ferrari, 1990b.

Echinocactus mazanensis Backeb. = **Gymnocalycium mazanense** (Backeb.) Backeb.
Ref.: Meregalli, 1984; Metzing et al., 1995.

Echinocactus microspermus F.A.C. Weber var. *erythranthus* Speg. = **Parodia microsperma** (F.A.C. Weber) Speg. subsp. **microsperma**
Ref.: Kiesling & Ferrari, 1990a.

Echinocactus microspermus F.A.C. Weber var. *thionanthus* Speg. = **Parodia microsperma** (F.A.C. Weber) Speg. subsp. **microsperma**

Echinocactus mihanovichii Fric ex Gürke = **Gymnocalycium mihanovichii** (Fric ex Gürke) Britton & Rose

Echinocactus monvillei Lem. = **Gymnocalycium monvillei** (Lem.) Britton & Rose subsp. **monvillei**

Echinocactus mostii Gürke = **Gymnocalycium mostii** (Gürke) Britton & Rose

Echinocactus multiflorus Hook. = **Gymnocalycium monvillei** (Lem.) Britton & Rose subsp. **monvillei**

Echinocactus multiflorus Hook. var. *albispinus* K. Schum. = **Gymnocalycium monvillei** (Lem.) Britton & Rose subsp. **monvillei**

Echinocactus multiflorus Hook. var. *hybopleurus* K. Schum. = **Gymnocalycium hybopleurum** (K. Schum.) Backeb.

Echinocactus multiflorus Hook. var. *parisiense* K. Schum. = **Gymnocalycium monvillei** (Lem.) Britton & Rose subsp. **monvillei**

Echinocactus neumannianus Backeb., nom. nud. = **Weingartia neumanniana** (Backeb.) Werderm.

Echinocactus ottonis (Lehm.) Link & Otto = **Parodia ottonis** (Lehm.) N.P. Taylor

Echinocactus oxygonus Link = **Echinopsis eyriesii** (Turpin) Zucc. ex Pfeiff. & Otto

Echinocactus pampeanus Speg. = **Parodia submammulosa** (Lem.) R. Kiesling subsp. **submammulosa**
Ref.: Kiesling, 1995.

Echinocactus parvulum Speg. = **Gymnocalycium parvulum** (Speg.) Speg.

Echinocactus pauciareolatus Arechav. = **Wigginsia pauciareolata** (Arechav.) R. Kiesling

Echinocactus platensis Speg. = **Gymnocalycium platense** (Speg.) Britton & Rose var. **platense**

Echinocactus platensis Speg. var. *quehlianus* (F. Haage ex Quehl) Speg. = **Gymnocalycium quehlianum** (F. Haage ex Quehl) Vaupel ex Hosseus

Echinocactus prolifer Backeb. = **Gymnocalycium calochlorum** (Boed.) Y. Ito var. **proliferum** (Backeb.) Backeb.

Echinocactus pumilus Lem. = **Frailea pumila** (Lem.) Britton & Rose
Ref.: Kiesling, inéd.a.

Echinocactus pygmaeus Speg. = **Frailea pygmaea** (Speg.) Britton & Rose
Ref.: Castellanos, 1968.

Echinocactus quehlianus F. Haage ex Quehl = **Gymnocalycium quehlianum** (F. Haage ex Quehl) Vaupel ex Hosseus

Echinocactus rhodantherus Boed. = [Gymnocalycium rhodantherum (Boed.) Backeb.]

Echinocactus saglionis Cels = **Gymnocalycium saglionis** (Cels) Britton & Rose var. **saglionis**

Echinocactus sanguiniflorum Werderm. = **Gymnocalycium baldianum** (Speg.) Speg.

Echinocactus sanjuanensis Speg. = **Pyrrhocactus sanjuanensis** (Speg.) Backeb.

Echinocactus schickendantzii F.A.C. Weber = **Gymnocalycium schickendantzii** (F.A.C. Weber) Britton & Rose var. **schickendantzii**

Echinocactus schilinzkyanus F. Haage ex K. Schum. = **Frailea schilinzkyana** (F. Haage ex K. Schum.) Britton & Rose
Ref.: Castellanos, 1968.

Echinocactus schumannianus Nicolai = **Parodia schumanniana** (Nicolai) F.H. Brandt

Echinocactus sessiliflorus Hook. = **Wigginsia sessiliflora** (Hook.) D.M. Porter
Ref.: Kiesling, 1988.

Echinocactus sigelianum Schick = **Gymnocalycium capillaense** (Schick) Hosseus

Echinocactus spiniflorus K. Schum. = **Acanthocalycium spiniflorum** (K. Schum.) Backeb.

Echinocactus strausianus K. Schum. = **Pyrrhocactus strausianus** (K. Schum.) A. Berger

Echinocactus stuckertii Speg. = **Gymnocalycium stuckertii** (Speg.) Britton & Rose

Echinocactus stuemeri Werderm. = **Parodia stuemeri** (Werderm.) Backeb.
Ref.: Kiesling & Ferrari, 1990b.

Echinocactus submammulosus Lem. = **Parodia submammulosa** (Lem.) R. Kiesling subsp. **submammulosa**
Ref.: Kiesling, 1995.

Echinocactus sutterianum Schick = **Gymnocalycium capillaense** (Schick) Hosseus

Echinocactus tephracanthus Link & Otto = **Wigginsia tephracantha** (Link & Otto) D.M. Porter
Ref.: Kiesling, 1988.

Echinocactus tetracanthus Lem. = **Wigginsia sessiliflora** (Hook.) D.M. Porter

Echinocactus thionanthum Speg. = **Acanthocalycium thionanthum** (Speg.) Backeb.

Echinocactus umadeave Werderm. = **Pyrrhocactus umadeave** (Werderm.) Backeb.

Echinocereus candicans (Gillies ex Salm-Dyck) Rümpler = **Trichocereus candicans** (Gillies ex Salm-Dyck) Britton & Rose

Echinocereus lamprochlorus (Lem.) Rümpler = **Trichocereus lamprochlorus** (Lem.) Britton & Rose
Ref.: Kiesling, 1978.

Echinopsis Zucc.

Número de especies: 9, 5 especies endémicas.

Echinopsis albispinosa K. Schum. = **Echinopsis tubiflora** (Pfeiff.) Zucc.

Echinopsis amblayensis (Rausch) Friedrich = **Lobivia haematantha** (Speg.) Britton & Rose var. **haematantha**

Echinopsis ancistrophora Speg.
Sin.: *Echinopsis ancistrophora* Speg. var. *kratochviliana* (Backeb.) Rausch, *Echinopsis ancistrophora* Speg. var. *polyancistra* (Backeb.) Rausch, *Echinopsis hamatacantha* Backeb., *Echinopsis hamatispina* Werderm., *Echinopsis kratochviliana* Backeb., *Echinopsis leucorhodantha* Backeb., *Echinopsis lobivioides* Backeb., *Echinopsis pelecyrhachys* Backeb., *Echinopsis polyancistra* Backeb., *Lobivia graulichii* Fric, *Mesechinopsis hamatacantha* (Backeb.) Y. Ito, *Mesechinopsis leucorhodantha* (Backeb.) Y. Ito, *Mesenchinopsis lobivioides* (Backeb.) Y. Ito, *Mesechinopsis pelecyrhachys* (Backeb.) Y. Ito, *Mesechinopsis polyancistra* (Backeb.) Y. Ito, *Neolobivia kratochviliana* (Backeb.) Y. Ito, *Pseudolobivia ancistrophora* (Speg.) Backeb., *Pseudolobivia hamatacantha* (Backeb.) Backeb., *Pseudolobivia kratochviliana* (Backeb.) Backeb., *Pseudolobivia leucorhodantha* (Backeb.) Backeb., *Pseudolobivia lobivioides* (Backeb.) Backeb., *Pseudolobivia pelecyrhachys* (Backeb.) Backeb., *Pseudolobivia pelecyrhachys* (Backeb.) Backeb. var. *lobivioides* (Backeb.) Backeb., *Pseudolobivia polyancistra* (Backeb.) Backeb.
Ref.: Britton & Rose, 1920.
Hábito: Hierba suculenta.
Status: Endémica.
Prov.: JU, SA, TU.
Ejemplar examinado: *Kiesling 8742* (SI).

Echinopsis ancistrophora Speg. var. *kratochviliana* (Backeb.) Rausch = **Echinopsis ancistrophora** Speg.

Echinopsis ancistrophora Speg. var. *polyancistra* (Backeb.) Rausch = **Echinopsis ancistrophora** Speg.

Echinopsis angelesiae (R. Kiesling) G.D. Rowley = **Trichocereus angelesii** R. Kiesling

Echinopsis arboricola (Kimnach) Mottram = **Trichocereus arboricola** Kimnach
Ref.: Kimnach, 1990.

Echinopsis atacamensis Phil. subsp. *pasacana* (F.A.C. Weber) G. Navarro = **Trichocereus atacamensis** (Phil.) Backeb.

Echinopsis aurantiaca (Rausch) Friedrich & G.D. Rowley = **Acanthocalycium glaucum** F. Ritter

Echinopsis aurea Britton & Rose var. **albiflora** (Rausch) J. Ullmann
Sin.: *Echinopsis fallax* (Oehme) Friedrich var. *albiflora* (Rausch) J.G. Lamb., *Lobivia aurea* (Britton & Rose) Backeb. var. *albiflora* Rausch
Ref.: Lambert, 1988.
Hábito: Hierba suculenta.
Status: Endémica.
Elevación: 500-1000 m.
Prov.: CO.
Ejemplar citado: *Rausch 710** (holotipo, ZSS).

Echinopsis aurea Britton & Rose var. **aurea**
Sin.: *Echinopsis aurea* Britton & Rose var. *leucomalla* (Wessner) Rausch, *Echinopsis aurea* Britton & Rose var. *quinesensis* Rausch, *Echinopsis aurea* Britton & Rose var. *sierragrandensis* (Rausch) J.G. Lamb., *Echinopsis cylindracea* (Backeb.) Friedrich, *Echinopsis fallax* (Oehme) Friedrich var. *cylindrica* (Backeb.) J.G. Lamb., *Echinopsis quinesensis* (Rausch) Friedrich & Glaetzle, *Hymenorebutia aurea* (Britton & Rose) F. Ritter, *Hymenorebutia quinesensis* (Rausch) F. Ritter, *Lobivia aurea* (Britton & Rose) Backeb., *Lobivia aurea* (Britton & Rose) Backeb. var. *grandiflora* Backeb., nom. inval., *Lobivia aurea* (Britton & Rose) Backeb. var. *sierragrandensis* Rausch, *Lobivia cylindracea* Backeb., *Lobivia cylindrica* Backeb., *Lobivia leucomalla* Wessner, *Lobivia shaferi* Britton & Rose subsp. *leucomalla* (Wessner) E. Herzog, *Pseudolobivia aurea* (Britton & Rose) Backeb., *Pseudolobivia aurea* (Britton & Rose) Backeb. var. *elegans* (Backeb.) Backeb., *Pseudolobivia aurea* (Britton & Rose) Backeb. var. *grandiflora* (Backeb.) Backeb., comb. illeg., *Salpingolobivia aurea* (Britton & Rose) Y. Ito, *Salpingolobivia aurea* (Britton & Rose) Y. Ito var. *grandiflora* (Backeb.) Y. Ito, comb. illeg.
Ref.: Lambert, 1998.
Hábito: Hierba suculenta.
Status: Endémica.
Elevación: 500-1000 m.
Prov.: CO, LR, SE, SL.
Ejemplar examinado: *Pichinini y Hilfer 3854* (BAB).

Echinopsis aurea Britton & Rose var. *callochrysea* (F. Ritter) J. Ullmann = **Echinopsis aurea** Britton & Rose var. **fallax** (Oehme) J. Ullmann

Echinopsis aurea Britton & Rose var. *catamarcensis* (F. Ritter) J. Ullmann = **Echinopsis aurea** Britton & Rose var. **fallax** (Oehme) J. Ullmann

Echinopsis aurea Britton & Rose var. *depressicostata* (F. Ritter) J. Ullmann = **Echinopsis aurea** Britton & Rose var. **fallax** (Oehme) J. Ullmann

Echinopsis aurea Britton & Rose var. **dobeana** (Dölz) J. Ullmann
Sin.: *Echinopsis dobeana* (Dölz) J.G. Lamb., *Lobivia dobeana* Dölz
Ref.: Lambert, 1998.
Hábito: Hierba suculenta.
Status: Endémica.
Elevación: 1000-1500 m.
Prov.: CA.
Nota: No se ha podido observar material de herbario de esta variedad.

Echinopsis aurea Britton & Rose var. **fallax** (Oehme) J. Ullmann
Sin.: *Echinopsis aurea* Britton & Rose var. *callochrysea* (F. Ritter) J. Ullmann, *Echinopsis aurea* Britton & Rose var. *catamarcensis* (F. Ritter) J. Ullmann, *Echinopsis aurea* Britton & Rose var. *depressicostata* (F. Ritter) J. Ullmann, *Echinopsis aurea* Britton & Rose var. *lariojensis* (F. Ritter) J. Ullmann, *Echinopsis aurea* Britton & Rose var. *tortuosa* (Rausch) J. Ullmann, *Echinopsis fallax* (Oehme) Friedrich, *Echinopsis fallax* (Oehme) Friedrich var. *callochrysea* (F. Ritter) Lamb., *Echinopsis fallax* (Oehme) Friedrich var. *catamarcensis* (F. Ritter) Lamb., *Echinopsis fallax* (Oehme) Friedrich var. *depressicostata* (F. Ritter) Lamb., *Echinopsis fallax* (Oehme) Friedrich var. *schaferi* (Britton & Rose) J.G. Lamb., *Echinopsis fallax* (Oehme) Friedrich var. *tortuosa* (Rausch) J.G. Lamb., *Hymenorebutia aurea* (Britton & Rose) F. Ritter var. *callochrysea* F. Ritter, *Hymenorebutia aurea* (Britton & Rose) F. Ritter var. *catamarcensis* F. Ritter, *Hymenorebutia aurea* (Britton & Rose) F. Ritter var. *depressicostata* F. Ritter, *Hymenorebutia aurea* (Britton & Rose) F. Ritter var. *lariojensis* F. Ritter, *Lobivia aurea* (Britton & Rose) Backeb. var. *robustior* Backeb., *Lobivia aurea* (Britton & Rose) Backeb. var. *tortuosa* Rausch, *Lobivia fallax* Oehme, *Lobivia fallax* Oehme subsp. *aurea* (Britton & Rose) Herz, nom. illeg., *Lobivia shaferi* Britton & Rose, *Lobivia shaferi* Britton & Rose subsp. *fallax* (Oehme) Herz, *Pseudolobivia aurea* (Britton & Rose) Backeb. var. *fallax* (Oehme) Backeb.
Hábito: Hierba suculenta.
Status: Endémica.
Elevación: 1000-1500 m.
Prov.: CA, SA.
Nota: No se ha podido observar material de herbario de esta variedad.

Echinopsis aurea Britton & Rose var. *lariojensis* (F. Ritter) J. Ullmann = **Echinopsis aurea** Britton & Rose var. **fallax** (Oehme) J. Ullmann

Echinopsis aurea Britton & Rose var. *leucomalla* (Wessner) Rausch = **Echinopsis aurea** Britton & Rose var. **aurea**

Echinopsis aurea Britton & Rose var. *quinesensis* Rausch = **Echinopsis aurea** Britton & Rose var. **aurea**

Echinopsis aurea Britton & Rose var. *sierragrandensis* (Rausch) J.G. Lamb. = **Echinopsis aurea** Britton & Rose var. **aurea**

Echinopsis aurea Britton & Rose var. *tortuosa* (Rausch) J. Ullmann = **Echinopsis aurea** Britton & Rose var. **fallax** (Oehme) J. Ullmann

Echinopsis baldiana Speg. = **Echinopsis leucantha** (Gillies ex Salm-Dyck) Walp.

Echinopsis brevispina (F. Ritter) Friedrich & G.D. Rowley = **Acanthocalycium thionanthum** (Speg.) Backeb.

Echinopsis bruchii (Britton & Rose) A. Cast. & Lelong = **Lobivia bruchii** Britton & Rose

Echinopsis cabrerae (R. Kiesling) G.D. Rowley = **Trichocereus cabrerae** R. Kiesling

Echinopsis cachensis Speg. = **Lobivia haematantha** (Speg.) Britton & Rose var. **kuehnrichii** (Fric) Rausch
Ref.: Rausch, 1986a.

Echinopsis campylacantha Pfeiff. & Otto = **Echinopsis leucantha** (Gillies ex Salm-Dyck) Walp.

Echinopsis campylacantha Pfeiff. & Otto var. *leucantha* Labour. = **Echinopsis leucantha** (Gillies ex Salm-Dyck) Walp.
Ref.: Backeberg, 1960.

Echinopsis campylacantha Pfeiff. & Otto var. *stylodes* Monv. = **Echinopsis leucantha** (Gillies ex Salm-Dyck) Walp.
Ref.: Backeberg, 1960.

Echinopsis candicans (Gillies ex Salm-Dyck) D.R. Hunt = **Trichocereus candicans** (Gillies ex Salm-Dyck) Britton & Rose
Ref.: Kiesling, 1978.

Echinopsis candicans (Gillies ex Salm-Dyck) D.R. Hunt var. *gladiata* (Lem.) Friedrich & G.D. Rowley = **Trichocereus candicans** (Gillies ex Salm-Dyck) Britton & Rose
Ref.: Kiesling, 1978.

Echinopsis candicans (Gillies ex Salm-Dyck) D.R. Hunt var. *tenuispina* (Pfeiff.) Friedrich & G.D. Rowley = **Trichocereus candicans** (Gillies ex Salm-Dyck) Britton & Rose
Ref.: Kiesling, 1978.

Echinopsis chacoana Schütz = **Echinopsis rhodotricha** K. Schum.

Echinopsis chamacereus Friedrich & Glaetzle = **Lobivia silvestrii** (Speg.) G.D. Rowley

Echinopsis chionantha (Speg.) Werderm. = **Acanthocalycium thionanthum** (Speg.) Backeb.

Echinopsis chrysantha Werderm. = **Lobivia chrysantha** (Werderm.) Backeb. var. **chrysantha**

Echinopsis chrysochete Werderm. = **Lobivia chrysochete** (Werderm.) Wessner var. **chrysochete**

Echinopsis cordobensis Speg. = **Echinopsis leucantha** (Gillies ex Salm-Dyck) Walp.

Echinopsis courantii (K. Schum.) Friedrich & G.D. Rowley = **Trichocereus candicans** (Gillies ex Salm-Dyck) Britton & Rose
Ref.: Kiesling, 1978.

Echinopsis cylindracea (Backeb.) Friedrich = **Echinopsis aurea** Britton & Rose var. **aurea**

Echinopsis deminuta F.A.C. Weber = **Rebutia deminuta** (F.A.C. Weber) A. Berger

Echinopsis densispina Werderm. = **Lobivia densispina** (Werderm.) Buining

Echinopsis densispina Werderm. var. *pectinifera* (Wessner) J.G. Lamb. = **Lobivia densispina** (Werderm.) Buining

Echinopsis dobeana (Dölz) J.G. Lamb. = **Echinopsis aurea** Britton & Rose var. **dobeana** (Dölz) J. Ullmann

Echinopsis eyriesii (Turpin) Zucc. ex Pfeiff. & Otto
Sin.: *Cereus geminatus* Otto, *Cereus multiplex* (Pfeiff.) Zucc., *Cereus turbinatus* Pfeiff., *Echinocactus eyriesii* Turpin, *Echinocactus oxygonus* Link, *Echinopsis geminata* (Otto) K. Schum., *Echinopsis multiplex* (Pfeiff.) Pfeiff. & Otto, *Echinopsis oxygona* (Link) Zucc., *Echinopsis turbinata* Pfeiff. & Otto
Ref.: Kiesling, inéd.a.
Hábito: Hierba suculenta.
Status: Nativa.
Elevación: 0-500 m.
Prov.: BA, ER.
Paises limítrofes: BR, UR.
Ejemplar examinado: *Bacigalupo et al. 1603* (SI).

Echinopsis fabrisii (R. Kiesling) G.D. Rowley = **Trichocereus fabrisii** R. Kiesling

Echinopsis fallax (Oehme) Friedrich = **Echinopsis aurea** Britton & Rose var. **fallax** (Oehme) J. Ullmann

Echinopsis fallax (Oehme) Friedrich var. *albiflora* (Rausch) J.G. Lamb. = **Echinopsis aurea** Britton & Rose var. **albiflora** (Rausch) J. Ullmann

Echinopsis fallax (Oehme) Friedrich var. *callochrysea* (F. Ritter) Lamb. = **Echinopsis aurea** Britton & Rose var. **fallax** (Oehme) J. Ullmann

Echinopsis fallax (Oehme) Friedrich var. *catamarcensis* (F. Ritter) Lamb. = **Echinopsis aurea** Britton & Rose var. **fallax** (Oehme) J. Ullmann

Echinopsis fallax (Oehme) Friedrich var. *cylindrica* (Backeb.) J.G. Lamb. = **Echinopsis aurea** Britton & Rose var. **aurea**

Echinopsis fallax (Oehme) Friedrich var. *depressicostata* (F. Ritter) Lamb. = **Echinopsis aurea** Britton & Rose var. **fallax** (Oehme) J. Ullmann

Echinopsis fallax (Oehme) Friedrich var. *schaferi* (Britton & Rose) J.G. Lamb. = **Echinopsis aurea** Britton & Rose var. **fallax** (Oehme) J. Ullmann

Echinopsis fallax (Oehme) Friedrich var. *tortuosa* (Rausch) J.G. Lamb. = **Echinopsis aurea** Britton & Rose var. **fallax** (Oehme) J. Ullmann

Echinopsis famatinensis (Speg.) Werderm. = **Lobivia famatinensis** (Speg.) Britton & Rose var. **famatinensis**
Ref.: Rausch, 1986a.

Echinopsis ferox (Britton & Rose) Backeb. = **Echinopsis longispina** (Britton & Rose) Backeb.

Echinopsis formosa (Pfeiff.) Jacobi ex Salm-Dyck = **Lobivia formosa** (Pfeiff.) Dodds var. **formosa**
Ref.: Rausch, 1986a.

Echinopsis friedrichii G.D. Rowley = **Trichocereus schickendantzii** (F.A.C. Weber) Britton & Rose
Ref.: Kiesling, 1978.

Echinopsis geminata (Otto) K. Schum. = **Echinopsis eyriesii** (Turpin) Zucc. ex Pfeiff. & Otto

Echinopsis glaucina Friedrich & G.D. Rowley = **Acanthocalycium glaucum** F. Ritter

Echinopsis grandis (Britton & Rose) Friedrich = **Lobivia bruchii** Britton & Rose

Echinopsis haematantha (Speg.) D.R. Hunt = **Lobivia haematantha** (Speg.) Britton & Rose var. **haematantha**

Echinopsis haematantha (Speg.) D.R. Hunt var. *chorrillosensis* (Rausch) J.G. Lamb. = **Lobivia haematantha** (Speg.) Britton & Rose var. **kuehnrichii** (Fric) Rausch

Echinopsis haematantha (Speg.) D.R. Hunt var. *elongata* (Backeb.) J.G. Lamb. = **Lobivia haematantha** (Speg.) Britton & Rose var. **haematantha**

Echinopsis haematantha (Speg.) D.R. Hunt var. *hualfinensis* (Rausch) J.G. Lamb. = **Lobivia haematantha** (Speg.) Britton & Rose var. **haematantha**

Echinopsis haematantha (Speg.) D.R. Hunt var. *jasimanensis* (Rausch) J.G. Lamb. = **Lobivia haematantha** (Speg.) Britton & Rose var. **haematantha**

Echinopsis haematantha (Speg.) D.R. Hunt var. *kuehnrichii* (Fric) J.G. Lamb. = **Lobivia haematantha** (Speg.) Britton & Rose var. **kuehnrichii** (Fric) Rausch

Echinopsis hamatacantha Backeb. = **Echinopsis ancistrophora** Speg.

Echinopsis hamatispina Werderm. = **Echinopsis ancistrophora** Speg.
Ref.: Backeberg, 1959b.

Echinopsis hossei Werderm. = **Lobivia chrysantha** (Werderm.) Backeb. var. **chrysantha**
Ref.: Rausch, 1986a.

Echinopsis hualfinensis (Rausch) Friedrich & Glaetzle = **Lobivia haematantha** (Speg.) Britton & Rose var. **haematantha**

Echinopsis huascha (F.A.C. Weber) G.D. Rowley = **Trichocereus huascha** (F.A.C. Weber) Britton & Rose var. **huascha**
Ref.: Kiesling, 1978.

Echinopsis huascha (F.A.C. Weber) G.D. Rowley var. *rubriflora* (F.A.C. Weber) G.D. Rowley = **Trichocereus andalgalensis** (F.A.C. Weber) Hosseus
Ref.: Kiesling, 1978.

Echinopsis ingens (Backeb.) Friedrich & G.D. Rowley = **Lobivia formosa** (Pfeiff.) Dodds var. **formosa**

Echinopsis intricatisima Speg. = **Echinopsis leucantha** (Gillies ex Salm-Dyck) Walp.

Echinopsis kermesina (Krainz) Krainz = **Echinopsis mamillosa** Gürke

Echinopsis klimpeliana Weid. & Werderm. = **Acanthocalycium klimpelianum** (Weid. & Werderm.) Backeb.

Echinopsis korethroides Werderm. = **Lobivia korethroides** (Werderm.) Werderm.

Echinopsis kratochviliana Backeb. = **Echinopsis ancistrophora** Speg.

Echinopsis kuehnrichii (Fric) Friedrich & Glaetzle = **Lobivia haematantha** (Speg.) Britton & Rose var. **kuehnrichii** (Fric) Rausch

Echinopsis lamprochlora (Lem.) F.A.C. Weber ex Friedrich & Glaetzle = **Trichocereus lamprochlorus** (Lem.) Britton & Rose
Ref.: Kiesling, 1978.

Echinopsis leucantha (Gillies ex Salm-Dyck) Walp.
Sin.: *Cereus leucanthus* Pfeiff., *Echinocactus leucanthus* Gillies ex Salm-Dyck, *Echinopsis baldiana* Speg., *Echinopsis campylacantha* Pfeiff. & Otto, *Echinopsis campylacantha* Pfeiff. & Otto var. *leucantha* Labour., *Echinopsis campylacantha* Pfeiff. & Otto var. *stylodes* Monv., *Echinopsis cordobensis* Speg., *Echinopsis intricatisima* Speg., *Echinopsis melanopotamica* Speg., *Echinopsis molesta* Speg., *Echinopsis polyacantha* Monv., *Echinopsis robinsoniana* Werderm., *Echinopsis salpigophora* (Lem.) Salm-Dyck, *Echinopsis salpingantha* Y. Ito, *Echinopsis schaferi* Britton & Rose, *Echinopsis simplex* Nied., *Echinopsis spegazziniana* Britton & Rose, *Echinopsis xiphacantha* Y. Ito, *Echinyctanthus leucanthus* Lem.
Ref.: Britton & Rose, 1920.
Hábito: Subarbusto suculento.
Status: Endémica.
Elevación: 0-1000 m.
Prov.: BA, CA, LR, ME, RN, SA, SE, SJ, SL, TU.
Ejemplar examinado: *Sanzin 616* (SI).

Echinopsis leucorhodantha Backeb. = **Echinopsis ancistrophora** Speg.

Echinopsis lobivioides Backeb. = **Echinopsis ancistrophora** Speg.

Echinopsis longispina (Britton & Rose) Backeb.
Sin.: *Echinopsis ferox* (Britton & Rose) Backeb., *Echinopsis nigra* Backeb., *Furiolobivia dulcis-pauli* (Fric) Y. Ito, nom. illeg., *Furiolobivia ferox* (Britton & Rose) Y. Ito, *Furiolobivia longispina* (Britton & Rose) Y. Ito, *Furiolobivia nigra* (Backeb.) Y. Ito, *Lobivia ferox* Britton & Rose, *Lobivia hastisfera* Werderm., *Lobivia longispina* Britton & Rose, *Pseudolobivia dulcis-pauli* (Fric) Krainz, hom. illeg., *Pseudolobivia ferox* (Britton & Rose) Backeb., *Pseudolobivia longispina* (Britton & Rose) Backeb., *Pseudolobivia longispina* (Britton & Rose) Backeb. var. *nigra* (Backeb.) Backeb., *Pseudolobivia nigra* (Backeb.) Backeb.
Ref.: Britton & Rose, 1920.
Hábito: Subarbusto suculento.
Status: Nativa.
Elevación: 2000-3500 m.
Prov.: JU, SA.
Paises limítrofes: BO.
Ejemplar examinado: *Kiesling 8725* (SI).

Echinopsis mamillosa Gürke
Sin.: *Echinopsis kermesina* (Krainz) Krainz, *Echinopsis mamillosa* Gürke var. *flexilis* Rausch, *Echinopsis mamillosa* Gürke var. *kermesina* (Krainz) Friedrich, *Echinopsis ritteri* Boed., *Neolobivia ritteri* (Boed.) Y. Ito, *Pseudolobivia kermesina* Krainz
Ref.: Backeberg, 1959a.
Hábito: Hierba suculenta.
Status: Nativa.
Prov.: SA.
Paises limítrofes: BO.
Ejemplar examinado: *Cárdenas 5022* (LIL).

Echinopsis mamillosa Gürke var. *flexilis* Rausch = **Echinopsis mamillosa** Gürke

Echinopsis mamillosa Gürke var. *kermesina* (Krainz) Friedrich = **Echinopsis mamillosa** Gürke

Echinopsis manguinii (Backeb.) Friedrich & G.D. Rowley = [Trichocereus manguinii Backeb.]

Echinopsis marsoneri Werderm. = **Lobivia marsoneri** (Werderm.) Backeb. var. **marsoneri**
Ref.: Rausch, 1986a.

Echinopsis melanopotamica Speg. = **Echinopsis leucantha** (Gillies ex Salm-Dyck) Walp.

Echinopsis minuana Speg. = **Echinopsis rhodotricha** K. Schum.

Echinopsis mirabilis Speg. = **Setiechinopsis mirabilis** (Speg.) de Haas

Echinopsis molesta Speg. = **Echinopsis leucantha** (Gillies ex Salm-Dyck) Walp.

Echinopsis multiplex (Pfeiff.) Pfeiff. & Otto = **Echinopsis eyriesii** (Turpin) Zucc. ex Pfeiff. & Otto

Echinopsis nealeana (Backeb.) Friedrich = **Lobivia saltensis** (Speg.) Britton & Rose

Echinopsis nigra Backeb. = **Echinopsis longispina** (Britton & Rose) Backeb.

Echinopsis oreopogon Werderm. = **Lobivia formosa** (Pfeiff.) Dodds var. **formosa**
Ref.: Rausch, 1986a.

Echinopsis oxygona (Link) Zucc. = **Echinopsis eyriesii** (Turpin) Zucc. ex Pfeiff. & Otto

Echinopsis pasacana (F.A.C. Weber) Friedrich & G.D. Rowley = **Trichocereus atacamensis** (Phil.) Backeb.
Ref.: Kiesling, 1978.

Echinopsis pecheretiana (Backeb.) Friedrich & G.D. Rowley = **Trichocereus huascha** (F.A.C. Weber) Britton & Rose var. **pecheretianus** Backeb. ex R. Kiesling

Echinopsis peitscherana (Backeb.) Friedrich & G.D. Rowley = **Acanthocalycium klimpelianum** (Weid. & Werderm.) Backeb.

Echinopsis pelecyrhachys Backeb. = **Echinopsis ancistrophora** Speg.

Echinopsis poco (Backeb.) Friedrich & G.D. Rowley = **Trichocereus tarijensis** (Vaupel) Werderm.
Ref.: Kiesling, 1978.

Echinopsis polyacantha Monv. = **Echinopsis leucantha** (Gillies ex Salm-Dyck) Walp.
Ref.: Backeberg, 1960.

Echinopsis polyancistra Backeb. = **Echinopsis ancistrophora** Speg.

Echinopsis pseudocachensis (Backeb.) Friedrich = **Lobivia saltensis** (Speg.) Britton & Rose

Echinopsis pseudocandicans (Backeb. ex R. Kiesling) Friedrich & Glaetzle = **Trichocereus pseudocandicans** Backeb. ex R. Kiesling

Echinopsis pseudominuscula Speg. = **Rebutia deminuta** (F.A.C. Weber) A. Berger

Echinopsis pugionacantha Rose & Boed. = **Lobivia pugionacantha** (Rose & Boed.) Backeb.

Echinopsis purpureopilosa (Weing.) Friedrich & G.D. Rowley = **Trichocereus lamprochlorus** (Lem.) Britton & Rose
Ref.: Kiesling, 1978.

Echinopsis pygmaea R.E. Fr. = **Lobivia pygmaea** (R.E. Fr.) Backeb.

Echinopsis quinesensis (Rausch) Friedrich & Glaetzle = **Echinopsis aurea** Britton & Rose var. **aurea**

Echinopsis rebutioides (Backeb.) Friedrich = **Lobivia densispina** (Werderm.) Buining

Echinopsis rhodacantha Salm-Dyck = **Denmoza rhodacantha** (Salm-Dyck) Britton & Rose

Echinopsis rhodotricha K. Schum.
Sin.: *Echinopsis chacoana* Schütz, *Echinopsis minuana* Speg., *Echinopsis rhodotricha* K. Schum. subsp. *chacoana* (Schütz) P.J. Braun & Esteves
Ref.: Kiesling, inéd.a.
Hábito: Hierba suculenta.
Status: Nativa.
Elevación: 0-500 m.
Prov.: CH, COR, ER, FO, SE, SF.
Paises limítrofes: PA.
Ejemplar examinado: *Burkart et al. 23755* (SI).

Echinopsis rhodotricha K. Schum. subsp. *chacoana* (Schütz) P.J. Braun & Esteves = **Echinopsis rhodotricha** K. Schum.

Echinopsis ritteri Boed. = **Echinopsis mamillosa** Gürke

Echinopsis robinsoniana Werderm. = **Echinopsis leucantha** (Gillies ex Salm-Dyck) Walp.

Echinopsis rowleyi Friedrich = **Trichocereus rowleyi** (Friedrich) R. Kiesling
Ref.: Kiesling, 1978.

Echinopsis rubinghiana (Backeb.) Friedrich & G.D. Rowley = **Trichocereus thelegonoides** (Speg.) Britton & Rose
Ref.: Kiesling, 1978.

Echinopsis salpigophora (Lem.) Salm-Dyck = **Echinopsis leucantha** (Gillies ex Salm-Dyck) Walp.

Echinopsis salpingantha Y. Ito = **Echinopsis leucantha** (Gillies ex Salm-Dyck) Walp.

Echinopsis saltensis Speg. = **Lobivia saltensis** (Speg.) Britton & Rose

Echinopsis saltensis Speg. var. *nealeana* (Backeb.) J.G. Lamb. = **Lobivia saltensis** (Speg.) Britton & Rose

Echinopsis saltensis Speg. var. *pseudocachensis* (Backeb.) J.G. Lamb. = **Lobivia saltensis** (Speg.) Britton & Rose

Echinopsis sanguiniflora (Backeb.) D.R. Hunt = **Lobivia sanguiniflora** Backeb.

Echinopsis schaferi Britton & Rose = **Echinopsis leucantha** (Gillies ex Salm-Dyck) Walp.

Echinopsis schickendantzii F.A.C. Weber = **Trichocereus schickendantzii** (F.A.C. Weber) Britton & Rose
Ref.: Kiesling, 1978.

Echinopsis schreiteri (A. Cast.) Werderm. ex Backeb.= **Lobivia schreiteri** A. Cast. var. **schreiteri**

Echinopsis silvestrii Speg.
Ref.: Britton & Rose, 1920; Backeberg, 1959a.
Hábito: Hierba suculenta.
Status: Endémica.
Elevación: 500-1000 m.
Prov.: SA, TU.
Ejemplar examinado: *Kiesling 8873* (SI).

Echinopsis simplex Nied. = **Echinopsis leucantha** (Gillies ex Salm-Dyck) Walp.
Ref.: Backeberg, 1960.

Echinopsis smrziana Backeb. = **Trichocereus smrzianus** (Backeb.) Backeb.
Ref.: Kiesling, 1978.

Echinopsis spachiana (Lem.) Friedrich & G.D. Rowley = [Trichocereus spachianus (Lem.) Riccob.]

Echinopsis spegazziniana Britton & Rose = **Echinopsis leucantha** (Gillies ex Salm-Dyck) Walp.

Echinopsis spiniflora (K. Schum.) A. Berger = **Acanthocalycium spiniflorum** (K. Schum.) Backeb.

Echinopsis stilowiana (Backeb.) J.G. Lamb. = **Lobivia schreiteri** A. Cast. var. **schreiteri**

Echinopsis strigosa (Salm-Dyck) Friedrich & G.D. Rowley = **Trichocereus strigosus** (Salm-Dyck) Britton & Rose
Ref.: Kiesling, 1978.

Echinopsis tarijensis (Vaupel) Friedrich & G.D. Rowley = **Trichocereus tarijensis** (Vaupel) Werderm.

Echinopsis terscheckii (Parm. ex Pfeiff.) Friedrich & G.D. Rowley = **Trichocereus terscheckii** (Parm. ex Pfeiff.) Britton & Rose
Ref.: Kiesling, 1978.

Echinopsis thelegona (F.A.C. Weber) Friedrich & G.D. Rowley = **Trichocereus thelegonus** (F.A.C. Weber) Britton & Rose
Ref.: Kiesling, 1978.

Echinopsis thelegonoides (Speg.) Friedrich & G.D. Rowley = **Trichocereus thelegonoides** (Speg.) Britton & Rose
Ref.: Kiesling, 1978.

Echinopsis thionantha (Speg.) Werderm. = **Acanthocalycium thionanthum** (Speg.) Backeb.

Echinopsis tubiflora (Pfeiff.) Zucc.
Sin.: *Cereus tubiflorus* Pfeiff., *Echinopsis albispinosa* K. Schum.
Ref.: Backeberg, 1959a.
Hábito: Hierba suculenta.
Status: Endémica.
Elevación: 500-1000 m.
Prov.: SA, TU.
Ejemplar examinado: *Kiesling y López s.n.* (SI), *Schreiter 1679* (LIL).

Echinopsis turbinata Pfeiff. & Otto = **Echinopsis eyriesii** (Turpin) Zucc. ex Pfeiff. & Otto

Echinopsis vatteri (R. Kiesling) G.D. Rowley = **Trichocereus vatteri** R. Kiesling

Echinopsis violacea Werderm. = **Acanthocalycium spiniflorum** (K. Schum.) Backeb.

Echinopsis walteri (R. Kiesling) Friedrich & Glaetzle = **Lobivia walteri** R. Kiesling

Echinopsis xiphacantha Y. Ito = **Echinopsis leucantha** (Gillies ex Salm-Dyck) Walp.

Echinyctanthus leucanthus Lem. = **Echinopsis leucantha** (Gillies ex Salm-Dyck) Walp.
Ref.: Backeberg, 1960.

Epiphyllum Haw.

Número de especies: 1

Epiphyllum phyllanthus (L.) Haw.
Sin.: *Cactus phyllantus* L.
Ref.: Castellanos & Lelong, 1943.
Hábito: Epífita.
Status: Nativa.
Elevación: 0-1000 m.
Prov.: COR, MI.
Paises limítrofes: BR, PA.
Ejemplar examinado: *Krapovickas 41119* (CTES).

Eriocactus schumannianus (Nicolai) Backeb. = **Parodia schumanniana** (Nicolai) F.H. Brandt

Eriocephala schumanniana (Nicolai) Backeb. = **Parodia schumanniana** (Nicolai) F.H. Brandt

Eriocereus bonplandii (Pfeiff.) Riccob. = **Harrisia bonplandii** (Pfeiff.) Britton & Rose
Ref.: Kiesling, 1996a.

Eriocereus guelichii (Speg.) A. Berger = **Harrisia bonplandii** (Pfeiff.) Britton & Rose
Ref.: Kiesling, 1996a.

Eriocereus martinii (Labour.) Riccob. = **Harrisia martinii** (Labour.) Britton & Rose
Ref.: Kiesling, 1996a.

Eriocereus polyacanthus F. Ritter = **Harrisia pomanensis** (F.A.C. Weber ex K. Schum.) Britton & Rose subsp. **pomanensis**
Ref.: Kiesling, 1996a.

Eriocereus pomanensis (F.A.C. Weber ex K. Schum.) A. Berger = **Harrisia pomanensis** (F.A.C. Weber ex K. Schum.) Britton & Rose subsp. **pomanensis**
Ref.: Kiesling, 1996a.

Eriocereus tarijensis F. Ritter = **Harrisia pomanensis** (F.A.C. Weber ex K. Schum.) Britton & Rose subsp. **pomanensis**
Ref.: Kiesling, 1996a.

Eriocereus tortuosus (Forbes ex Otto & D. Dietr.) Riccob. = **Harrisia tortuosa** (Forbes ex Otto & D. Dietr.) Britton & Rose
Ref.: Kiesling, 1996a.

Eriosyce andreana Katt. = **Pyrrhocactus kattermannii** R. Kiesling

Eriosyce bruchii (Britton & Rose) Backeb. = **Lobivia bruchii** Britton & Rose
Ref.: Britton & Rose, 1920.

Eriosyce bulbocalyx (Werderm.) Katt. = **Pyrrhocactus bulbocalyx** (Werderm.) Backeb.

Eriosyce strausiana (K. Schum.) Katt. = **Pyrrhocactus strausianus** (K. Schum.) A. Berger

Eriosyce strausiana (K. Schum.) Katt. var. *pachacoensis* (Rausch) Katt. = **Pyrrhocactus pachacoensis** Rausch

Eriosyce umadeave (Werderm.) Katt. = **Pyrrhocactus umadeave** (Werderm.) Backeb.

Eriosyce vertongenii (J.G. Lamb.) D.R. Hunt = **Pyrrhocactus sanjuanensis** (Speg.) Backeb.

Eriosyce villicumensis (Rausch) Katt. = **Pyrrhocactus sanjuanensis** (Speg.) Backeb.

Frailea Britton & Rose

Número de especies: 5

Frailea asteroides Werderm. = **Frailea castanea** Backeb.

Frailea bruchii Speg. = **Gymnocalycium bruchii** (Speg.) Hosseus var. **bruchii**

Frailea castanea Backeb.
Sin.: *Frailea asteroides* Werderm.
Hábito: Hierba suculenta.
Status: Nativa.
Elevación: 0-500 m.
Prov.: MI.
Paises limítrofes: BR, UR.
Nota: No se ha podido observar material de herbario de esta especie.

[Frailea gracillima (Lem.) Britton & Rose]
Sin.: *Echinocactus gracillimus* Lem.
Nota: Taxón dudoso.

Frailea grahliana (F. Haage ex K. Schum.) Britton & Rose = **Frailea schilinzkyana** (F. Haage ex K. Schum.) Britton & Rose
Ref.: Castellanos, 1968.

Frailea mammifera Buining & Brederoo
Ref.: Kiesling, inéd.a.
Hábito: Hierba suculenta.
Status: Nativa.
Elevación: 0-500 m.
Prov.: ER.
Paises limítrofes: BR.
Ejemplar examinado: *Kiesling y López 5930* (SI).

[Frailea phaeodisca (Speg.) Backeb.]
Sin.: *Frailea pygmaea* (Speg.) Britton & Rose var. *phaeodisca* Speg.
Nota: Taxón dudoso.

Frailea pumila (Lem.) Britton & Rose
Sin.: *Echinocactus pumilus* Lem.
Ref.: Kiesling, inéd.
Hábito: Hierba suculenta.
Status: Nativa.
Elevación: 0-500 m.
Prov.: ER.
Paises limítrofes: BR, UR.
Ejemplar examinado: *Troncoso et al. 2189* (SI).

Frailea pygmaea (Speg.) Britton & Rose
Sin.: *Echinocactus pygmaeus* Speg.
Ref.: Castellanos, 1968.
Hábito: Hierba suculenta.
Status: Nativa.
Elevación: 0-500 m.
Prov.: ER.
Paises limítrofes: BR, UR.
Ejemplar examinado: *Burkart y Troncoso 27312* (SI).

Frailea pygmaea (Speg.) Britton & Rose var. *phaeodisca* Speg. = [Frailea phaeodisca (Speg.) Backeb.]

Frailea schilinzkyana (F. Haage ex K. Schum.) Britton & Rose
Sin.: *Cactus schilinzkyanus* (F. Haage ex K. Schum.) Kuntze, *Echinocactus grahlianus* F. Haage ex K. Schum., *Echinocactus schilinzkyanus* F. Haage ex K. Schum., *Frailea grahliana* (F. Haage ex K. Schum.) Britton & Rose
Ref.: Castellanos, 1968.
Hábito: Hierba suculenta.
Status: Nativa.
Elevación: 0-500 m.
Prov.: COR, ER, MI.
Paises limítrofes: PA.
Ejemplar examinado: *Bacigalupo et al. 1691* (SI).

Friesia umadeave Fric ex Kreuz., nom. inval. = **Pyrrhocactus umadeave** (Werderm.) Backeb.

Furiolobivia dulcis-pauli (Fric) Y. Ito, nom. illeg. = **Echinopsis longispina** (Britton & Rose) Backeb.

Furiolobivia ferox (Britton & Rose) Y. Ito = **Echinopsis longispina** (Britton & Rose) Backeb.

Furiolobivia longispina (Britton & Rose) Y. Ito = **Echinopsis longispina** (Britton & Rose) Backeb.

Furiolobivia nigra (Backeb.) Y. Ito = **Echinopsis longispina** (Britton & Rose) Backeb.

Gymnocalycium Pfeiff. & Mittler

Número de especies: 41, 36 especies y 2 varieadades endémicas.

Gymnocalycium achirasense H. Till & Schatzl ex H. Till = **Gymnocalycium monvillei** (Lem.) Britton & Rose subsp. **achirasense** (H. Till & Schatzl ex H. Till) H. Till

Gymnocalycium acorrugatum J.G. Lamb. = **Gymnocalycium castellanosii** Backeb. var. **castellanosii**

Gymnocalycium albiareolatum Rausch
Sin.: *Gymnocalycium albiareolatum* Rausch var. *ramosum* Rausch
Ref.: Rausch, 1985.
Hábito: Hierba suculenta.
Status: Endémica.
Elevación: 1000-1500 m.
Prov.: LR.
Ejemplar citado: *Rausch 716** (holotipo, ZSS).

Gymnocalycium albiareolatum Rausch var. *ramosum* Rausch = **Gymnocalycium albiareolatum** Rausch

Gymnocalycium albispinum Backeb. = **Gymnocalycium bruchii** (Speg.) Hosseus var. **niveum** Rausch

Gymnocalycium ambatoense Piltz = **Gymnocalycium hybopleurum** (K. Schum.) Backeb.

Gymnocalycium amerhauseri H. Till
Ref.: Till, 1994.
Hábito: Hierba suculenta.
Status: Endémica.
Elevación: 500-1000 m.
Prov.: CO.
Ejemplar citado: *Till 1725** (WU).

Gymnocalycium andreae (Boed.) Backeb.
Sin.: *Echinocactus andreae* Boed., *Gymnocalycium andreae* (Boed.) Backeb. f. *svecianum* Pazout ex H. Till, *Gymnocalycium andreae* (Boed.) Backeb. var. *grandiflorum* Krainz & Andreae
Ref.: Meregalli, 1985.
Hábito: Hierba suculenta.
Status: Endémica.
Elevación: 1500-2500 m.
Prov.: CO.
Ejemplar examinado: *Ferrari y Kiesling 1-80* (SI).

Gymnocalycium andreae (Boed.) Backeb. f. *svecianum* Pazout ex H. Till = **Gymnocalycium andreae** (Boed.) Backeb.

Gymnocalycium andreae (Boed.) Backeb. var. *grandiflorum* Krainz & Andreae = **Gymnocalycium andreae** (Boed.) Backeb.

Gymnocalycium andreae (Boed.) Backeb. subsp. *carolinense* Neuhuber = **Gymnocalycium bruchii** (Speg.) Hosseus var. **bruchii**

Gymnocalycium antherostele F. Ritter = **Gymnocalycium schickendantzii** (F.A.C. Weber) Britton & Rose var. **schickendantzii**
Ref.: Meregalli, 1985.

Gymnocalycium asterium A. Cast. var. *minimum* Pazout, nom. inval. = **Gymnocalycium quehlianum** (F. Haage ex Quehl) Vaupel ex Hosseus

Gymnocalycium asterium A. Cast. var. *paucispinum* Backeb., nom. inval. = **Gymnocalycium bodenbenderianum** (Hosseus ex A. Berger) A. W. Hill

Gymnocalycium asterium A. Cast., nom. illeg. = **Gymnocalycium bodenbenderianum** (Hosseus ex A. Berger) A. W. Hill

Gymnocalycium baldianum (Speg.) Speg.
Sin.: *Echinocactus baldianus* Speg., *Echinocactus sanguiniflorum* Werderm., *Gymnocalycium baldianum* (Speg.) Speg. f. *venturianum* (Fric ex Backeb.) J.G. Lamb., *Gymnocalycium baldianum* (Speg.) Speg. var. *albiflorum* C.A.L. Bercht, *Gymnocalycium sanguiniflorum* (Werderm.) Werderm., *Gymnocalycium venturianum* Fric ex Backeb.

Ref.: Meregalli, 1985.
Hábito: Hierba suculenta.
Status: Endémica.
Elevación: 1000-2000 m.
Prov.: CA.
Ejemplar examinado: *Schreiter s.n.* (BA 20496).

Gymnocalycium baldianum (Speg.) Speg. f. *venturianum* (Fric ex Backeb.) J.G. Lamb. = **Gymnocalycium baldianum** (Speg.) Speg.

Gymnocalycium baldianum (Speg.) Speg. var. *albiflorum* C.A.L. Bercht = **Gymnocalycium baldianum** (Speg.) Speg.

Gymnocalycium bayrianum H. Till
Ref.: Meregalli, 1985; Metzing et al., 1995.
Hábito: Hierba suculenta.
Status: Endémica.
Elevación: 1000-1500 m.
Prov.: SA, TU.
Ejemplar examinado: *Schreiter 9385* (LIL).

Gymnocalycium berchtii Neuhuber = **Gymnocalycium parvulum** (Speg.) Speg.

Gymnocalycium bicolor Schütz = **Gymnocalycium valnicekianum** Jajó

Gymnocalycium bodenbenderianum (Hosseus ex A. Berger) A. W. Hill
Sin.: *Echinocactus bodenbenderianus* Hosseus ex A. Berger, *Gymnocalycium asterium* A. Cast. var. *paucispinum* Backeb., nom. inval., *Gymnocalycium asterium* A. Cast., nom. illeg., *Gymnocalycium occultum* Fric ex Schütz, nom. inval., *Gymnocalycium piltziorum* Schütz, *Gymnocalycium quehlianum* (F. Haage ex Quehl) Vaupel ex Hosseus var. *stellatum* Dölz, *Gymnocalycium riojense* Fric ex H. Till & W. Till, *Gymnocalycium riojense* Fric ex H. Till & W. Till var. *guthianum* H. Till & W. Till, *Gymnocalycium riojense* Fric ex H. Till & W. Till var. *pipanacoense* H. Till & W. Till, *Gymnocalycium riojense* Fric ex H. Till & W. Till subsp. *kozelskyanum* H. Till & W. Till, *Gymnocalycium riojense* Fric ex H. Till & W. Till subsp. *kozelskyanum* H. Till & W. Till var. *mirandaense* H. Till & W. Till, *Gymnocalycium riojense* Fric ex H. Till & W. Till subsp. *kozelskyanum* H. Till & W. Till var. *sanjuanense* H. Till & W. Till, *Gymnocalycium riojense* Fric ex H. Till & W. Till subsp. *paucispinum* H. Till & W. Till, *Gymnocalycium riojense* Fric ex H. Till & W. Till subsp. *paucispinum* H. Till & W. Till var. *guasayense* Strigl, *Gymnocalycium riojense* Fric ex H. Till & W. Till subsp. *paucispinum* H. Till & W. Till var. *platygonum* H. Till & W. Till, *Gymnocalycium riojense* Fric ex H. Till & W. Till subsp. *piltziorum* H. Till & W. Till, *Gymnocalycium stellatum* auct. non Speg., *Gymnocalycium stellatum* Speg. subsp. *occultum* Fric ex H. Till & W. Till, *Gymnocalycium triacanthum* Backeb., nom. inval.
Ref.: Meregalli, 1985; Metzing et al., 1995.
Hábito: Hierba suculenta.
Status: Endémica.
Elevación: 0-1000 m.
Prov.: CA, CO, LR, SJ.
Ejemplar examinado: *Castellanos 13229* (BA 33335).

Gymnocalycium bodenbenderianum (Hosseus ex A. Berger) A. W. Hill subsp. *intertextum* (Backeb. ex H. Till) H. Till = **Gymnocalycium intertextum** Backeb. ex H. Till

Gymnocalycium borthii Koop ex H. Till = **Gymnocalycium gibbosum** (Haw.) Pfeiff. ex Mittler

Gymnocalycium bozsingianum Schütz = **Gymnocalycium castellanosii** Backeb. var. **bozsingianum** (Schütz) Piltz

Gymnocalycium brachyanthum (Gürke) Britton & Rose = **Gymnocalycium monvillei** (Lem.) Britton & Rose subsp. **monvillei**

Gymnocalycium brachypetalum Speg. = **Gymnocalycium gibbosum** (Haw.) Pfeiff. ex Mittler

Gymnocalycium bruchii (Speg.) Hosseus var. **brigittae** Piltz
Ref.: Piltz, 1987.
Hábito: Hierba suculenta.
Status: Endémica.
Elevación: 1500-2000 m.
Prov.: CO.
Ejemplar citado: *Piltz 214** (holotipo, KOELN).

Gymnocalycium bruchii (Speg.) Hosseus var. **bruchii**
Sin.: *Frailea bruchii* Speg., *Gymnocalycium andreae* (Boed.) Backeb. subsp. *carolinense* Neuhuber, *Gymnocalycium bruchii* (Speg.) Hosseus var. *enorme* (Oehme) Backeb., *Gymnocalycium bruchii* (Speg.) Hosseus var. *hossei* Backeb., *Gymnocalycium lafaldense* Vaupel
Ref.: Oehme, 1941.
Hábito: Hierba suculenta.
Status: Endémica.
Elevación: 1000-2000 m.
Prov.: CO, SL.
Ejemplar examinado: *Ferrari 12-82* (SI).

Gymnocalycium bruchii (Speg.) Hosseus var. *enorme* (Oehme) Backeb. = **Gymnocalycium bruchii** (Speg.) Hosseus var. **bruchii**

Gymnocalycium bruchii (Speg.) Hosseus var. *hossei* Backeb. = **Gymnocalycium bruchii** (Speg.) Hosseus var. **bruchii**

Gymnocalycium bruchii (Speg.) Hosseus var. **niveum** Rausch
Sin.: *Gymnocalycium albispinum* Backeb.
Ref.: Rausch, 1989.
Hábito: Hierba suculenta.
Status: Endémica.
Elevación: 500-1000 m.
Prov.: CO.
Ejemplar examinado: *Ferrari 77-77* (SI).

Gymnocalycium calochlorum (Boed.) Y. Ito var. **calochlorum**
Sin.: *Echinocactus calochlorus* Boed.
Ref.: Meregalli, 1985.
Hábito: Hierba suculenta.
Status: Endémica.
Elevación: 500-1500 m.
Prov.: CO.
Ejemplar examinado: *Hunziker 125* (BA).

Gymnocalycium calochlorum (Boed.) Y. Ito var. **proliferum** (Backeb.) Backeb.
Sin.: *Echinocactus prolifer* Backeb.
Ref.: Metzing et al., 1995.
Hábito: Hierba suculenta.
Status: Endémica.
Elevación: 500-1500 m.
Prov.: CO.
Ejemplar examinado: *Kiesling 9069* (SI).

Gymnocalycium capillaense (Schick) Hosseus
Sin.: *Echinocactus capillaensis* Schick, *Echinocactus sigelianum* Schick, *Echinocactus sutterianum* Schick, *Gymnocalycium sigelianum* (Schick) Hosseus, *Gymnocalycium sutterianum* (Schick) Hosseus
Ref.: Meregalli, 1985.
Hábito: Hierba suculenta.
Status: Endémica.
Elevación: 500-1500 m.
Prov.: CO.
Ejemplar examinado: *Castellanos s.n.* (BA 30528).

Gymnocalycium carminanthum Borth & Koop = **Gymnocalycium oenanthemum** Backeb.

Gymnocalycium castellanosii Backeb. var. **bozsingianum** (Schütz) Piltz
Sin.: *Gymnocalycium bozsingianum* Schütz
Ref.: Meregalli, 1985.
Hábito: Hierba suculenta.
Status: Endémica.
Elevación: 500-1500 m.
Prov.: LR.
Ejemplar examinado: *Castellanos s.n.* (BA 33337).

Gymnocalycium castellanosii Backeb. var. **castellanosii**
Sin.: *Gymnocalycium acorrugatum* J.G. Lamb.
Ref.: Meregalli, 1985.
Hábito: Hierba suculenta.
Status: Endémica.
Elevación: 500-1000 m.
Prov.: LR, SJ.
Ejemplar examinado: *Castellanos s.n.* (BA 3337).

Gymnocalycium catamarcense H. Till & W. Till, p.p.= **Gymnocalycium pugionacanthum** Backeb. ex H. Till

Gymnocalycium catamarcense H. Till & W. Till, p.p. = **Gymnocalycium hybopleurum** (K. Schum.) Backeb.

Gymnocalycium catamarcense H. Till & W. Till f. *belenense* H. Till & W. Till = **Gymnocalycium pugionacanthum** Backeb. ex H. Till

Gymnocalycium catamarcense H. Till & W. Till f. *encispinum* H. Till & W. Till = **Gymnocalycium pugionacanthum** Backeb. ex H. Till

Gymnocalycium catamarcense H. Till & W. Till f. *montanum* H. Till & W. Till = **Gymnocalycium pugionacanthum** Backeb. ex H. Till

Gymnocalycium catamarcense H. Till & W. Till f. *schmidianum* H. Till & W. Till = **Gymnocalycium pugionacanthum** Backeb. ex H. Till

Gymnocalycium catamarcense H. Till & W. Till subsp. *acinacispinum* H. Till & W. Till = **Gymnocalycium hybopleurum** (K. Schum.) Backeb.

Gymnocalycium catamarcense H. Till & W. Till subsp. *schmidianum* H. Till & W. Till = **Gymnocalycium hybopleurum** (K. Schum.) Backeb.

Gymnocalycium chubutense (Speg.) Speg. = **Gymnocalycium gibbosum** (Haw.) Pfeiff. ex Mittler

[Gymnocalycium deezianum Dölz]
Nota: Taxón dudoso.

Gymnocalycium delaetii (K. Schum.) Hosseus = **Gymnocalycium schickendantzii** (F.A.C. Weber) Britton & Rose var. **delaetii** (K. Schum.) Backeb.

Gymnocalycium denudatum (Link & Otto) Pfeiff. ex Mittler
Sin.: *Echinocactus denudatum* Link & Otto
Ref.: Meregalli, 1985.
Hábito: Hierba suculenta.
Status: Nativa.
Elevación: 0-500 m.
Prov.: COR, MI.
Paises limítrofes: BR, UR.
Ejemplar examinado: *Schinini et al. 18198* (CTES).

Gymnocalycium erinaceum J.G. Lamb.
Ref.: Lambert, 1985; Metzing et al., 1995.
Hábito: Hierba suculenta.
Status: Endémica.
Elevación: 500-1500 m.
Prov.: CO.
Ejemplar citado: *Lambert 40** (holotipo, U).

Gymnocalycium ferrarii Rausch = **Gymnocalycium mucidum** Oehme

Gymnocalycium friedrichii (Werderm.) Pazout, nom. inval. = **Gymnocalycium mihanovichii** (Fric ex Gürke) Britton & Rose
Ref.: Metzing et al., 1995.

Gymnocalycium gibbosum (Haw.) Pfeiff. ex Mittler
Sin.: *Cactus gibbosus* Haw., *Cereus gibbosus* (Haw.) Pfeiff., *Echinocactus brachypetalus* (Speg.) Werderm., *Echinocactus gibbosus* (Haw.) DC., *Echinocactus gibbosus* (Haw.) DC. var. *cerebriformis* Speg., *Echinocactus gibbosus* (Haw.) DC. var. *chubutensis* Speg., *Echinocactus gibbosus* (Haw.) DC. var. *cristatus* Rümpler, *Echinocactus gibbosus* (Haw.) DC. var. *ferox* Rümpler, *Echinocactus gibbosus* (Haw.) DC. var. *leonensis* Hildm. ex K. Schum., *Echinocactus gibbosus* (Haw.) DC. var. *leucacanthus* Rümpler, *Echinocactus gibbosus* (Haw.) DC. var. *pluricostatus* Rümpler, *Echinocactus gibbosus* (Haw.) DC. var. *polygonus* K. Schum., *Echinocactus gibbosus* (Haw.) DC. var. *schlumbergeri* Rümpler, *Echinocactus leucodictyus* Salm-Dyck, *Gymnocalycium borthii* Koop ex H. Till, *Gymnocalycium brachypetalum* Speg., *Gymnocalycium chubutense* (Speg.) Speg., *Gymnocalycium gibbosum* (Haw.) Pfeiff. ex Mittler var. *celsianus* (Labour.) Y. Ito, nom. inval., *Gymnocalycium gibbosum* (Haw.) Pfeiff. ex Mittler var. *celsianus* Rümpler, *Gymnocalycium gibbosum* (Haw.) Pfeiff. ex Mittler var. *fennellii* (F. Haage ex Quehl) Y. Ito, nom. inval., *Gymnocalycium gibbosum* (Haw.) Pfeiff. ex Mittler var. *fennellii* (F. Haage) Y. Ito, nom. inval., *Gymnocalycium gibbosum* (Haw.) Pfeiff. ex Mittler var. *ferox* (Labour.) Y. Ito, nom. inval., *Gymnocalycium gibbosum* (Haw.) Pfeiff. ex Mittler subsp. *gibbosum* (Haw.) Papsch var. *brachypetalum* (Speg.) Papsch, *Gymnocalycium gibbosum* (Haw.) Pfeiff. ex Mittler subsp. *gibbosum* (Haw.) Papsch var. *chubutense* (Speg.) Papsch
Ref.: Metzing et al., 1995; Papsch, 1997.
Hábito: Hierba suculenta.
Status: Endémica.
Elevación: 0-1000 m.
Prov.: BA, CHU, LP, ME, RN, SC, SL.
Ejemplar examinado: *Eyerdam s.n.* (BA 23831).

Gymnocalycium gibbosum (Haw.) Pfeiff. ex Mittler var. *celsianus* (Labour.) Y. Ito, nom. inval. = **Gymnocalycium gibbosum** (Haw.) Pfeiff. ex Mittler

Gymnocalycium gibbosum (Haw.) Pfeiff. ex Mittler var. *celsianus* Rümpler = **Gymnocalycium gibbosum** (Haw.) Pfeiff. ex Mittler

Gymnocalycium gibbosum (Haw.) Pfeiff. ex Mittler var. *fennellii* (F. Haage ex Quehl) Y. Ito, nom. inval. = **Gymnocalycium gibbosum** (Haw.) Pfeiff. ex Mittler

Gymnocalycium gibbosum (Haw.) Pfeiff. ex Mittler var. *fennellii* (F. Haage) Y. Ito, nom. inval. = **Gymnocalycium gibbosum** (Haw.) Pfeiff. ex Mittler

Gymnocalycium gibbosum (Haw.) Pfeiff. ex Mittler var. *ferox* (Labour.) Y. Ito, nom. inval. = **Gymnocalycium gibbosum** (Haw.) Pfeiff. ex Mittler

Gymnocalycium gibbosum (Haw.) Pfeiff. ex Mittler var. *nobile* (K. Schum.) Y. Ito, nom. inval. = **Gymnocalycium platense** (Speg.) Britton & Rose var. **ventanicola** (Speg.) R. Kiesling
Ref.: Kiesling, 1984; Metzing et al., 1995.

Gymnocalycium gibbosum (Haw.) Pfeiff. ex Mittler subsp. *gibbosum* (Haw.) Papsch var. *brachypetalum* (Speg.) Papsch = **Gymnocalycium gibbosum** (Haw.) Pfeiff. ex Mittler

Gymnocalycium gibbosum (Haw.) Pfeiff. ex Mittler subsp. *gibbosum* (Haw.) Papsch var. *chubutense* (Speg.) Papsch = **Gymnocalycium gibbosum** (Haw.) Pfeiff. ex Mittler

Gymnocalycium glaucum F. Ritter = **Gymnocalycium mucidum** Oehme

Gymnocalycium grandiflorum Backeb. = **Gymnocalycium monvillei** (Lem.) Britton & Rose var. **grandiflorum** (Backeb.) H. Till

[Gymnocalycium guachinense Schütz]
Nota: Taxón dudoso.

Gymnocalycium horridispinum G. Frank ex H. Till = **Gymnocalycium monvillei** (Lem.) Britton & Rose subsp. **horridispinum** (G. Frank ex H. Till) H. Till

Gymnocalycium horrispinum G. Frank ex H. Till var. *achirasense* (H. Till & Schatzl ex H. Till) Lodé = **Gymnocalycium monvillei** (Lem.) Britton & Rose subsp. **achirasense** (H. Till & Schatzl ex H. Till) H. Till

[Gymnocalycium hossei (F. Haage) A. W. Hill]
Sin.: *Echinocactus hossei* F. Haage
Nota: Taxón dudoso.

Gymnocalycium hybopleurum (K. Schum.) Backeb.
Sin.: *Echinocactus multiflorus* Hook. var. *hybopleurus* K. Schum., *Gymnocalycium ambatoense* Piltz, *Gymnocalycium catamarcense* H. Till & W. Till subsp. *acinacispinum* H. Till & W. Till, *Gymnocalycium catamarcense* H. Till & W. Till subsp. *schmidianum* H. Till & W. Till, *Gymnocalycium catamarcense* H. Till & W. Till, p.p., *Gymnocalycium hybopleurum* (K. Schum.) Backeb. var. *breviflorum* Backeb., nom. inval., *Gymnocalycium hybopleurum* (K. Schum.) Backeb. var. *centrispinum* Backeb., nom. inval., *Gymnocalycium hybopleurum* (K. Schum.) Backeb. var. *euchlorum* Backeb., nom. inval., *Gymnocalycium hybopleurum* (K. Schum.) Backeb. var. *ferocior* Backeb., nom. inval., *Gymnocalycium hybopleurum* (K. Schum.) Backeb. var. *ferox* Backeb., nom. inval., nom. inval., *Gymnocalycium nigriareolatum* Backeb.
Ref.: Till & Till, 1994, 1995.
Hábito: Hierba suculenta.
Status: Endémica.
Elevación: 1000-2000 m.
Prov.: CA, LR.
Ejemplar examinado: *Erb s.n.* (BA 68512).

Gymnocalycium hybopleurum (K. Schum.) Backeb. var. *breviflorum* Backeb., nom. inval. = **Gymnocalycium hybopleurum** (K. Schum.) Backeb.

Gymnocalycium hybopleurum (K. Schum.) Backeb. var. *centrispinum* Backeb., nom. inval. = **Gymnocalycium hybopleurum** (K. Schum.) Backeb.

Gymnocalycium hybopleurum (K. Schum.) Backeb. var. *centrispinum* Backeb., nom. inval. = **Gymnocalycium hybopleurum** (K. Schum.) Backeb.

Gymnocalycium hybopleurum (K. Schum.) Backeb. var. *ferocior* Backeb., nom. inval. = **Gymnocalycium hybopleurum** (K. Schum.) Backeb.

Gymnocalycium hybopleurum (K. Schum.) Backeb. var. *ferox* Backeb., nom. inval. = **Gymnocalycium hybopleurum** (K. Schum.) Backeb.

Gymnocalycium hyptiacanthum (Lem.) Britton & Rose
Sin.: *Cactus hyptiacanthus* Lem.
Ref.: Kiesling, inéd.a.
Hábito: Hierba suculenta.
Status: Nativa.
Elevación: 0-500 m.
Prov.: ER.
Paises limítrofes: UR.
Ejemplar examinado: Uruguay. Dep. Florida, Ruta 5, Cerro Pelado, 17 Jun 1990, *Kiesling y Kroenlein 8505* (lectotipo aquí designado, SI).

Gymnocalycium inmemoratum A. Cast. & Lelong = **Gymnocalycium valnicekianum** Jajó

Gymnocalycium intertextum Backeb. ex H. Till
Sin.: *Gymnocalycium bodenbenderianum* (Hosseus ex A. Berger) A. W. Hill subsp. *intertextum* (Backeb. ex H. Till) H. Till, *Gymnocalycium kozelskyanum* Schütz, nom. inval., *Gymnocalycium mosserianum* Schütz, nom. inval.
Ref.: Till, 1989; Metzing et al. 1995.
Hábito: Hierba suculenta.
Status: Endémica.
Elevación: 500-1000 m.
Prov.: CO.
Ejemplar examinado: *Castellanos s.n.* (BA 30544).

Gymnocalycium joossensianum (Boed.) Britton & Rose = **Gymnocalycium schickendantzii** (F.A.C. Weber) Britton & Rose var. **schickendantzii**
Ref.: Meregalli, 1985.

Gymnocalycium kieslingii O. Ferrari f. **albiareolatum** O. Ferrari
Ref.: Ferrari, 1985.
Hábito: Hierba suculenta.
Status: Endémica.
Elevación: 500-1500 m.
Prov.: LR.
Ejemplar examinado: *Ferrari s.n.* (holotipo, SI).

Gymnocalycium kieslingii O. Ferrari f. **castaneum** O. Ferrari
Ref.: Ferrari, 1985.
Hábito: Hierba suculenta.
Status: Endémica.
Elevación: 1000-1500 m.
Prov.: LR.
Ejemplar examinado: *Ferrari s.n.* (holotipo, SI).

Gymnocalycium kieslingii O. Ferrari f. **kieslingii**
Ref.: Ferrari, 1985.
Hábito: Hierba suculenta.
Status: Endémica.
Elevación: 500-1500 m.
Prov.: LR.
Ejemplar examinado: *Ferrari 19-1980* (holotipo, SI).

Gymnocalycium knebelii Fric, nom. nud. = **Gymnocalycium marsoneri** Fric ex Y. Ito

Gymnocalycium kozelskyanum Schütz, nom. inval. = **Gymnocalycium intertextum** Backeb. ex H. Till

Gymnocalycium kurtzianum (Gürke) Britton & Rose = **Gymnocalycium mostii** (Gürke) Britton & Rose

Gymnocalycium lafaldense Vaupel = **Gymnocalycium bruchii** (Speg.) Hosseus var. **bruchii**

Gymnocalycium marquezii Cárdenas var. *argentinense* Backeb., nom. inval. = **Gymnocalycium pflanzii** (Vaupel) Werderm. subsp. **argentinense** H. Till & W. Till

Gymnocalycium marsoneri Fric ex Y. Ito
Sin.: *Gymnocalycium knebelii* Fric, nom. nud.
Ref.: Meregalli, 1985.
Hábito: Hierba suculenta.
Status: Endémica.
Elevación: 500-1500 m.
Prov.: SA, TU.
Ejemplar examinado: *Kiesling 8724* (SI).

Gymnocalycium mazanense (Backeb.) Backeb.
Sin.: *Echinocactus mazanensis* Backeb., *Gymnocalycium mazanense* (Backeb.) Backeb. var. *breviflorum* Backeb., *Gymnocalycium mazanense* (Backeb.) Backeb. var. *ferox* Backeb., nom. inval., *Gymnocalycium nidulans* Fric ex Backeb., *Gymnocalycium weissianum* Backeb., *Gymnocalycium weissianum* Backeb. var. *atroroseum* Backeb., nom. inval., *Gymnocalycium weissianum* Backeb. var. *cinerascens* Backeb., nom. inval.
Ref.: Meregalli, 1985; Metzing et al., 1995.
Hábito: Hierba suculenta.
Status: Endémica.
Elevación: 500-1000 m.
Prov.: LR.
Ejemplar examinado: *Castellanos s.n.* (BA 28/253).

Gymnocalycium mazanense (Backeb.) Backeb. var. *breviflorum* Backeb. = **Gymnocalycium mazanense** (Backeb.) Backeb.
Ref.: Meregalli, 1985; Metzing et al., 1995.

Gymnocalycium mazanense (Backeb.) Backeb. var. *ferox* Backeb., nom. inval. = **Gymnocalycium mazanense** (Backeb.) Backeb.
Ref.: Meregalli, 1985; Metzing et al., 1995.

Gymnocalycium mesopotamicum R. Kiesling
Ref.: Kiesling, 1980.
Hábito: Hierba suculenta.
Status: Endémica.
Elevación: 0-500 m.
Prov.: COR.
Ejemplar examinado: *Cuttler y Lonsdale 126-552* (holotipo, K; isotipo, SI).

Gymnocalycium michoga Fric ex Y. Ito = **Gymnocalycium schickendantzii** (F.A.C. Weber) Britton & Rose var. **schickendantzii**

Gymnocalycium mihanovichii (Fric ex Gürke) Britton & Rose
Sin.: *Echinocactus mihanovichii* Fric ex Gürke, *Gymnocalycium friedrichii* (Werderm.) Pazout, nom. inval., *Gymnocalycium mihanovichii* (Fric ex Gürke) Britton & Rose var. *friedrichii* Werderm.
Ref.: Meregalli, 1985; Metzing et al., 1995.
Hábito: Hierba suculenta.
Status: Nativa.
Elevación: 0-500 m.
Prov.: CH, FO.
Paises limítrofes: PA.
Ejemplar examinado: *Daguerre 1934* (BA).

Gymnocalycium mihanovichii (Fric ex Gürke) Britton & Rose var. *friedrichii* Werderm. = **Gymnocalycium mihanovichii** (Fric ex Gürke) Britton & Rose
Ref.: Meregalli, 1985.

Gymnocalycium monvillei (Lem.) Britton & Rose var. *grandiflorum* (Backeb.) H. Till = **Gymnocalycium monvillei** (Lem.) Britton & Rose subsp. **monvillei**

Gymnocalycium monvillei (Lem.) Britton & Rose subsp. **achirasense** (H. Till & Schatzl ex H. Till) H. Till
Sin.: *Gymnocalycium achirasense* H. Till & Schatzl ex H. Till, *Gymnocalycium horrispinum* G. Frank ex H. Till var. *achirasense* (H. Till & Schatzl ex H. Till) Lodé
Ref.: Till, 1993.
Hábito: Hierba suculenta.
Status: Endémica.
Elevación: 500-1000 m.
Prov.: CO, SL.
Ejemplar examinado: *Castellanos s.n.* (BA 53453).

Gymnocalycium monvillei (Lem.) Britton & Rose subsp. *brachyanthum* (Gürke) H. Till = **Gymnocalycium monvillei** (Lem.) Britton & Rose subsp. **monvillei**

Gymnocalycium monvillei (Lem.) Britton & Rose subsp. **horridispinum** (G. Frank ex H. Till) H. Till
Sin.: *Gymnocalycium horridispinum* G. Frank ex H. Till
Hábito: Hierba suculenta.
Status: Endémica.
Elevación: 500-1000 m.
Prov.: CO.
Ejemplar citado: *Fechser s.n.** (holotipo, WU).

Gymnocalycium monvillei (Lem.) Britton & Rose subsp. **monvillei**
Sin.: *Echinocactus brachyanthum* Gürke, *Echinocactus monvillei* Lem., *Echinocactus multiflorus* Hook., *Echinocactus multiflorus* Hook. var. *albispinus* K. Schum., *Echinocactus multiflorus* Hook. var. *parisiense* K. Schum., *Gymnocalycium brachyanthum* (Gürke) Britton & Rose, *Gymnocalycium monvillei* (Lem.) Britton & Rose var. *grandiflorum* (Backeb.) H. Till, *Gymnocalycium monvillei* (Lem.) Britton & Rose subsp. *brachyanthum* (Gürke) H. Till, *Gymnocalycium multiflorum* (Hook.) Britton & Rose, *Gymnocalycium multiflorum* (Hook.) Britton & Rose var. *albispinum* K. Schum., *Gymnocalycium multiflorum* (Hook.) Britton & Rose var. *parisiense* (K. Schum.) Backeb., *Gymnocalycium schuetzianum* H. Till & Schatzl
Ref.: Till, 1993.
Hábito: Hierba suculenta.
Status: Endémica.
Elevación: 500-1000 m.
Prov.: CO, SL.
Ejemplar examinado: *Kiesling et al. 4243* (epitipo de *Echinocactus monvillei* y de *Echinocactus multiflorus*, aquí designado, SI).

Gymnocalycium mosserianum Schütz, nom. inval. = **Gymnocalycium intertextum** Backeb. ex H. Till

Gymnocalycium mostii (Gürke) Britton & Rose
Sin.: *Echinocactus kurtzianum* Gürke, *Echinocactus mostii* Gürke, *Gymnocalycium kurtzianum* (Gürke) Britton & Rose, *Gymnocalycium mostii* (Gürke) Britton & Rose var. *kurtzianum* (Gürke) Backeb.
Ref.: Meregalli, 1985; Metzing et al., 1995.
Hábito: Hierba suculenta.
Status: Endémica.
Elevación: 500-1000 m.
Prov.: CO.
Ejemplar examinado: *Kiesling y López 3366* (SI).

Gymnocalycium mostii (Gürke) Britton & Rose var. *kurtzianum* (Gürke) Backeb. = **Gymnocalycium mostii** (Gürke) Britton & Rose

Gymnocalycium mucidum Oehme
Sin.: *Gymnocalycium ferrarii* Rausch, *Gymnocalycium glaucum* F. Ritter
Ref.: Piltz et al., 1994.
Hábito: Hierba suculenta.
Status: Endémica.
Elevación: 500-1500 m.
Prov.: LR.
Ejemplar examinado: *Kiesling y Ferrari 4339* (SI).

Gymnocalycium multiflorum (Hook.) Britton & Rose = **Gymnocalycium monvillei** (Lem.) Britton & Rose subsp. **monvillei**

Gymnocalycium multiflorum (Hook.) Britton & Rose var. *albispinum* K. Schum. = **Gymnocalycium monvillei** (Lem.) Britton & Rose subsp. **monvillei**

Gymnocalycium multiflorum (Hook.) Britton & Rose var. *parisiense* (K. Schum.) Backeb. = **Gymnocalycium monvillei** (Lem.) Britton & Rose subsp. **monvillei**

Gymnocalycium neumannianum (Backeb.) Hutch. = **Weingartia neumanniana** (Backeb.) Werderm.

Gymnocalycium nidulans Fric ex Backeb. = **Gymnocalycium mazanense** (Backeb.) Backeb.
Ref.: Meregalli, 1985; Metzing et al., 1995.

Gymnocalycium nigriareolatum Backeb. = **Gymnocalycium hybopleurum** (K. Schum.) Backeb.

Gymnocalycium obductum Piltz = **Gymnocalycium ragonesei** A. Cast.

Gymnocalycium occultum Fric ex Schütz, nom. inval. = **Gymnocalycium bodenbenderianum** (Hosseus ex A. Berger) A. W. Hill

Gymnocalycium ochoterenae Backeb. var. *cinereum* Backeb. = **Gymnocalycium ochoterenae** Backeb. subsp. **ochoterenae**

Gymnocalycium ochoterenae Backeb. var. *polygonum* Backeb., nom. inval. = **Gymnocalycium ochoterenae** Backeb. subsp. **ochoterenae**

Gymnocalycium ochoterenae Backeb. var. *scoparium* H. Till & Neuhuber = **Gymnocalycium ochoterenae** Backeb. subsp. **ochoterenae**

Gymnocalycium ochoterenae Backeb. var. *tenuispinum* Backeb., nom. inval. = **Gymnocalycium ochoterenae** Backeb. subsp. **ochoterenae**

Gymnocalycium ochoterenae Backeb. var. *variispinum* Backeb., nom. inval. = **Gymnocalycium ochoterenae** Backeb. subsp. **ochoterenae**

Gymnocalycium ochoterenae Backeb. subsp. *herbsthoferianum* H. Till & Neuhuber = **Gymnocalycium ochoterenae** Backeb. subsp. **ochoterenae**

Gymnocalycium ochoterenae Backeb. subsp. **ochoterenae**
Sin.: *Gymnocalycium ochoterenae* Backeb. var. *cinereum* Backeb., *Gymnocalycium ochoterenae* Backeb. var. *polygonum* Backeb., nom. inval., *Gymnocalycium ochoterenae* Backeb. var. *scoparium* H. Till & Neuhuber, *Gymnocalycium ochoterenae* Backeb. var. *tenuispinum* Backeb., nom. inval., *Gymnocalycium ochoterenae* Backeb. var. *variispinum* Backeb., nom. inval., *Gymnocalycium ochoterenae* Backeb. subsp. *herbsthoferianum* H. Till & Neuhuber
Ref.: Meregalli, 1985.
Hábito: Hierba suculenta.
Status: Endémica.
Elevación: 500-1000 m.
Prov.: SL.
Ejemplar examinado: *Kiesling 9070* (SI).

Gymnocalycium ochoterenae Backeb. subsp. **vatteri** (Buining) Papsch
Sin.: *Gymnocalycium ochoterenae* Backeb. subsp. *vatteri* (Buining) Papsch var. *altautinense* Papsch, *Gymnocalycium vatteri* Buining
Ref.: Papsch, 1993.
Hábito: Hierba suculenta.
Status: Endémica.
Elevación: 500-1000 m.
Prov.: CO.
Ejemplar examinado: *Kiesling 9068* (SI).

Gymnocalycium ochoterenae Backeb. subsp. *vatteri* (Buining) Papsch var. *altautinense* Papsch = **Gymnocalycium ochoterenae** Backeb. subsp. **vatteri** (Buining) Papsch

Gymnocalycium oenanthemum Backeb.
Sin.: *Gymnocalycium carminanthum* Borth & Koop, *Gymnocalycium tillianum* Rausch
Ref.: Meregalli, 1985; Metzing et al., 1995.
Hábito: Hierba suculenta.
Status: Endémica.
Elevación: 500-1000 m.
Prov.: CA.
Ejemplar examinado: *Hessling y Barkley s.n.* (LIL).

Gymnocalycium parvulum (Speg.) Speg.
Sin.: *Echinocactus parvulum* Speg., *Gymnocalycium berchtii* Neuhuber
Hábito: Hierba suculenta.
Status: Endémica.
Elevación: 500-1000 m.
Prov.: SL.
Ejemplar examinado: *Castellanos s.n.* (BA 53457).

Gymnocalycium pflanzii (Vaupel) Werderm. subsp. **argentinense** H. Till & W. Till
Sin.: *Gymnocalycium marquezii* Cárdenas var. *argentinense* Backeb., nom. inval.
Ref.: Till & Till, 1988.
Hábito: Hierba suculenta.
Status: Nativa.
Elevación: 0-500 m.
Prov.: SA.
Paises limítrofes: BO, PA.
Ejemplar examinado: *Schreiter 6472* (LIL).

Gymnocalycium piltziorum Schütz = **Gymnocalycium bodenbenderianum** (Hosseus ex A. Berger) A. W. Hill

Gymnocalycium platense (Speg.) Britton & Rose var. **platense**
Sin.: *Echinocactus platensis* Speg.
Ref.: Kiesling, 1982d.
Hábito: Hierba suculenta.
Status: Endémica.
Elevación: 0-1000 m.
Prov.: BA.
Ejemplar examinado: *Kiesling 3356* (neotipo, SI).

Gymnocalycium platense (Speg.) Britton & Rose var. **ventanicola** (Speg.) R. Kiesling
Sin.: *Echinocactus gibbosus* (Haw.) DC. var. *nobilis* Lem., *Echinocactus gibbosus* (Haw.) DC. var. *ventanicola* Speg., *Gymnocalycium gibbosum* (Haw.) Pfeiff. ex Mittler var. *nobile* (K. Schum.) Y. Ito, nom. inval., *Gymnocalycium schatzlianum* Strigl & W. Till
Ref.: Kiesling, 1982d.
Hábito: Hierba suculenta.
Status: Endémica.
Elevación: 0-1000 m.
Prov.: BA.
Ejemplar examinado: *Eyerdam s.n.* (BA 30561).

Gymnocalycium pugionacanthum Backeb. ex H. Till
Sin.: *Gymnocalycium catamarcense* H. Till & W. Till, p.p., *Gymnocalycium catamarcense* H. Till & W. Till f. *belenense* H. Till & W. Till, *Gymnocalycium catamarcense* H. Till & W. Till f. *encispinum* H. Till & W. Till, *Gymnocalycium catamarcense* H. Till & W. Till f. *montanum* H. Till & W. Till, *Gymnocalycium catamarcense* H. Till & W. Till f. *schmidianum* H. Till & W. Till
Ref.: Meregalli, 1985.
Hábito: Hierba suculenta.
Status: Endémica.
Elevación: 1000-1500 m.
Prov.: CA, LR.
Ejemplar examinado: *Doghertti s.n.* (LIL 247398).

Gymnocalycium pungens Fleischer = **Gymnocalycium schickendantzii** (F.A.C. Weber) Britton & Rose var. **schickendantzii**

Gymnocalycium quehlianum (F. Haage ex Quehl) Vaupel ex Hosseus
Sin.: *Echinocactus platensis* Speg. var. *quehlianus* (F. Haage ex Quehl) Speg., *Echinocactus quehlianus* F. Haage ex Quehl, *Gymnocalycium asterium* A. Cast. var. *minimum* Pazout, nom. inval., *Gymnocalycium quehlianum* (F. Haage ex Quehl) Vaupel ex Hosseus var. *albispinus* Backeb., nom. inval., *Gymnocalycium quehlianum* (F. Haage ex Quehl) Vaupel ex Hosseus var. *flavispinum* Backeb., nom. inval., *Gymnocalycium quehlianum* (F. Haage ex Quehl) Vaupel ex Hosseus var. *rolfianum* Schick, *Gymnocalycium quehlianum* (F. Haage ex Quehl) Vaupel ex Hosseus var. *zantnerianum* Schick, *Gymnocalycium stellatum* Speg. var. *flavispinum* Bozsing ex H. Till & W. Till, *Gymnocalycium stellatum* Speg. var. *kleinianum* Rausch ex H. Till & W. Till, *Gymnocalycium stellatum* Speg. var. *zantnerianum* (Schick) H. Till & W. Till
Ref.: Metzing et al., 1995.
Hábito: Hierba suculenta.
Status: Endémica.
Elevación: 500-1500 m.
Prov.: CO.
Ejemplar examinado: *Castellanos s.n.* (BA 30/795).

Gymnocalycium quehlianum (F. Haage ex Quehl) Vaupel ex Hosseus var. *albispinus* Backeb., nom. inval. = **Gymnocalycium quehlianum** (F. Haage ex Quehl) Vaupel ex Hosseus

Gymnocalycium quehlianum (F. Haage ex Quehl) Vaupel ex Hosseus var. *flavispinum* Backeb., nom. inval. = **Gymnocalycium quehlianum** (F. Haage ex Quehl) Vaupel ex Hosseus

Gymnocalycium quehlianum (F. Haage ex Quehl) Vaupel ex Hosseus var. *rolfianum* Schick = **Gymnocalycium quehlianum** (F. Haage ex Quehl) Vaupel ex Hosseus

Gymnocalycium quehlianum (F. Haage ex Quehl) Vaupel ex Hosseus var. *stellatum* Dölz = **Gymnocalycium bodenbenderianum** (Hosseus ex A. Berger) A. W. Hill

Gymnocalycium quehlianum (F. Haage ex Quehl) Vaupel ex Hosseus var. *zantnerianum* Schick = **Gymnocalycium quehlianum** (F. Haage ex Quehl) Vaupel ex Hosseus

Gymnocalycium ragonesei A. Cast.
Sin.: *Gymnocalycium obductum* Piltz
Ref.: Castellanos, 1950.
Hábito: Hierba suculenta.
Status: Endémica.
Elevación: 0-500 m.
Prov.: CA, CO.
Ejemplar examinado: *Ragonese 16120* (holotipo, LIL).

[Gymnocalycium rhodantherum (Boed.) Backeb.]
Sin.: *Echinocactus rhodantherus* Boed.
Nota: Taxón dudoso.

Gymnocalycium riojense Fric ex H. Till & W. Till = **Gymnocalycium bodenbenderianum** (Hosseus ex A. Berger) A. W. Hill

Gymnocalycium riojense Fric ex H. Till & W. Till var. *guthianum* H. Till & W. Till = **Gymnocalycium bodenbenderianum** (Hosseus ex A. Berger) A. W. Hill

Gymnocalycium riojense Fric ex H. Till & W. Till var. *pipanacoense* H. Till & W. Till = **Gymnocalycium bodenbenderianum** (Hosseus ex A. Berger) A. W. Hill

Gymnocalycium riojense Fric ex H. Till & W. Till subsp. *kozelskyanum* H. Till & W. Till = **Gymnocalycium bodenbenderianum** (Hosseus ex A. Berger) A. W. Hill

Gymnocalycium riojense Fric ex H. Till & W. Till subsp. *kozelskyanum* H. Till & W. Till var. *mirandaense* H. Till & W. Till = **Gymnocalycium bodenbenderianum** (Hosseus ex A. Berger) A. W. Hill

Gymnocalycium riojense Fric ex H. Till & W. Till subsp. *kozelskyanum* H. Till & W. Till var. *sanjuanense* H. Till & W. Till = **Gymnocalycium bodenbenderianum** (Hosseus ex A. Berger) A. W. Hill

Gymnocalycium riojense Fric ex H. Till & W. Till subsp. *paucispinum* H. Till & W. Till = **Gymnocalycium bodenbenderianum** (Hosseus ex A. Berger) A. W. Hill

Gymnocalycium riojense Fric ex H. Till & W. Till subsp. *paucispinum* H. Till & W. Till var. *guasayense* Strigl = **Gymnocalycium bodenbenderianum** (Hosseus ex A. Berger) A. W. Hill

Gymnocalycium riojense Fric ex H. Till & W. Till subsp. *paucispinum* H. Till & W. Till var. *platygonum* H. Till & W. Till = **Gymnocalycium bodenbenderianum** (Hosseus ex A. Berger) A. W. Hill

Gymnocalycium riojense Fric ex H. Till & W. Till subsp. *piltziorum* H. Till & W. Till = **Gymnocalycium bodenbenderianum** (Hosseus ex A. Berger) A. W. Hill

Gymnocalycium ritterianum Rausch
Ref.: Meregalli, 1985; Metzing, 1995.
Hábito: Hierba suculenta.
Status: Endémica.
Elevación: 500-1000 m.
Prov.: LR.
Ejemplar citado: *Rausch 126** (holotipo, ZSS).

Gymnocalycium saglionis (Cels) Britton & Rose var. **jujuyense** Backeb.
Sin.: *Brachycalycium tilcarense* (Backeb.) Backeb., nom. illeg., *Gymnocalycium saglionis* (Cels) Britton & Rose var. *tilcarense* Backeb., nom. inval., *Gymnocalycium saglionis* (Cels) Britton & Rose subsp. *tilcarense* (Backeb.) H. Till & W. Till, comb. illeg.
Hábito: Hierba suculenta.
Status: Endémica.
Elevación: 2000-3000 m.
Prov.: JU.
Ejemplar examinado: *Castellanos s.n.* (BA 19/270).

Gymnocalycium saglionis (Cels) Britton & Rose var. **saglionis**
Sin.: *Echinocactus saglionis* Cels
Ref.: Meregalli, 1985; Metzing et al., 1995.
Hábito: Hierba suculenta.
Status: Endémica.
Elevación: 0-1000 m.
Prov.: CA, LR, SA, SJ, TU.
Ejemplar examinado: *Castellanos s.n.* (BA 27/2000).

Gymnocalycium saglionis (Cels) Britton & Rose var. *tilcarense* Backeb., nom. inval. = **Gymnocalycium saglionis** (Cels) Britton & Rose var. **jujuyense** Backeb.

Gymnocalycium saglionis (Cels) Britton & Rose subsp. *tilcarense* (Backeb.) H. Till & W. Till, comb. illeg. = **Gymnocalycium saglionis** (Cels) Britton & Rose var. **jujuyense** Backeb.

Gymnocalycium sanguiniflorum (Werderm.) Werderm. = **Gymnocalycium baldianum** (Speg.) Speg.

Gymnocalycium schatzlianum Strigl & W. Till = **Gymnocalycium platense** (Speg.) Britton & Rose var. **ventanicola** (Speg.) R. Kiesling
Ref.: Metzing et al., 1995.

Gymnocalycium schickendantzii (F.A.C. Weber) Britton & Rose var. **delaetii** (K. Schum.) Backeb.
Sin.: *Echinocactus delaetii* K. Schum., *Gymnocalycium delaetii* (K. Schum.) Hosseus
Ref.: Backeberg, 1959b; Meregalli, 1985; Metzing et al., 1995.
Hábito: Hierba suculenta.
Status: Endémica.
Elevación: 1000-1500 m.
Prov.: SA.
Ejemplar examinado: *Castellanos s.n.* (BA 13498).

Gymnocalycium schickendantzii (F.A.C. Weber) Britton & Rose var. **schickendantzii**
Sin.: *Echinocactus joossensianus* Boed., *Echinocactus schickendantzii* F.A.C. Weber, *Gymnocalycium antherostele* F. Ritter, *Gymnocalycium joossensianum* (Boed.) Britton & Rose, *Gymnocalycium michoga* Fric ex Y. Ito, *Gymnocalycium pungens* Fleischer
Ref.: Meregalli, 1985.
Hábito: Hierba suculenta.
Status: Endémica.
Elevación: 0-1000 m.
Prov.: CA, CO, LR, ME, SA, SE, SF, SJ, SL, TU.
Ejemplar examinado: *Castellanos s.n.* (BA 47526).

Gymnocalycium schroederianum Osten subsp. **bayense** R. Kiesling
Ref.: Kiesling, 1987.
Hábito: Hierba suculenta.
Status: Endémica.
Elevación: 0-500 m.
Prov.: BA.
Ejemplar examinado: *Kiesling y López 4324* (holotipo, SI).

Gymnocalycium schroederianum Osten subsp. **paucicostatum** R. Kiesling
Ref.: Kiesling, 1987.
Hábito: Hierba suculenta.
Status: Endémica.
Elevación: 0-500 m.
Prov.: COR, ER.
Ejemplar examinado: *Schinini et al. 21678* (holotipo, SI).

Gymnocalycium schroederianum Osten subsp. **schroederianum**
Ref.: Kiesling, 1987.
Hábito: Hierba suculenta.
Status: Nativa.
Elevación: 0-500 m.
Prov.: ER.
Paises limítrofes: UR.
Ejemplar examinado: *Doello Jurado 11933* (BA).

Gymnocalycium schuetzianum H. Till & Schatzl = **Gymnocalycium monvillei** (Lem.) Britton & Rose subsp. **monvillei**

Gymnocalycium sigelianum (Schick) Hosseus = **Gymnocalycium capillaense** (Schick) Hosseus

Gymnocalycium spegazzinii Britton & Rose var. *major* Backeb. = **Gymnocalycium spegazzinii** Britton & Rose

Gymnocalycium spegazzinii Britton & Rose var. *punillense* H. Till & W. Till = **Gymnocalycium spegazzinii** Britton & Rose

Gymnocalycium spegazzinii Britton & Rose
Sin.: *Echinocactus loricatus* Speg., hom. illeg., *Gymnocalycium spegazzinii* Britton & Rose var. *major* Backeb., *Gymnocalycium spegazzinii* Britton & Rose var. *punillense* H. Till & W. Till
Ref.: Kiesling & Metzing, 1996.
Hábito: Hierba suculenta.
Status: Endémica.
Elevación: 1000-3000 m.
Prov.: CA, SA, TU.
Ejemplar examinado: *O'Donell y Meyer 12607* (LIL).

Gymnocalycium stellatum auct. non Speg. = **Gymnocalycium bodenbenderianum** (Hosseus ex A. Berger) A. W. Hill

Gymnocalycium stellatum Speg. var. *flavispinum* Bozsing ex H. Till & W. Till = **Gymnocalycium quehlianum** (F. Haage ex Quehl) Vaupel ex Hosseus

Gymnocalycium stellatum Speg. var. *kleinianum* Rausch ex H. Till & W. Till = **Gymnocalycium quehlianum** (F. Haage ex Quehl) Vaupel ex Hosseus

Gymnocalycium stellatum Speg. var. *zantnerianum* (Schick) H. Till & W. Till = **Gymnocalycium quehlianum** (F. Haage ex Quehl) Vaupel ex Hosseus

Gymnocalycium stellatum Speg. subsp. *occultum* Fric ex H. Till & W. Till = **Gymnocalycium bodenbenderianum** (Hosseus ex A. Berger) A. W. Hill

Gymnocalycium stuckertii (Speg.) Britton & Rose
Sin.: *Echinocactus stuckertii* Speg.
Ref.: Britton & Rose, 1922.
Hábito: Hierba suculenta.
Status: Endémica.
Elevación: 500-1000 m.
Prov.: SL.
Ejemplar examinado: *Kiesling y Sáenz 4310* (SI).

Gymnocalycium sutterianum (Schick) Hosseus = **Gymnocalycium capillaense** (Schick) Hosseus

Gymnocalycium taningaense Piltz
Ref.: Piltz, 1990.
Hábito: Hierba suculenta.
Status: Endémica.
Elevación: 500-1500 m.
Prov.: CO.
Ejemplar citado: *Piltz 21216** (KOELN).

Gymnocalycium tillianum Rausch = **Gymnocalycium oenanthemum** Backeb.

Gymnocalycium tobuschianum Schick = **Gymnocalycium valnicekianum** Jajó

Gymnocalycium triacanthum Backeb., nom. inval. = **Gymnocalycium bodenbenderianum** (Hosseus ex A. Berger) A. W. Hill

Gymnocalycium uebelmannianum Rausch
Ref.: Rausch, 1972; Meregalli, 1985.
Hábito: Hierba suculenta.
Status: Endémica.
Elevación: 1500-3000 m.
Prov.: LR.
Ejemplar examinado: *Kiesling y Rausch s.n.* (SI).

Gymnocalycium valnicekianum Jajó
Sin.: *Gymnocalycium bicolor* Schütz, *Gymnocalycium inmemoratum* A. Cast. & Lelong, *Gymnocalycium tobuschianum* Schick, *Gymnocalycium valnicekianum* Jajó var. *polycentralis* Schütz
Ref.: Meregalli, 1985; Metzing et al., 1995.
Hábito: Hierba suculenta.
Status: Endémica.
Elevación: 500-1000 m.
Prov.: CO.
Ejemplar examinado: *Castellanos s.n.* (BA 30526).

Gymnocalycium valnicekianum Jajó var. *polycentralis* Schütz = **Gymnocalycium valnicekianum** Jajó

Gymnocalycium vatteri Buining = **Gymnocalycium ochoterenae** Backeb. subsp. **vatteri** (Buining) Papsch

Gymnocalycium venturianum Fric ex Backeb. = **Gymnocalycium baldianum** (Speg.) Speg.

Gymnocalycium weissianum Backeb. = **Gymnocalycium mazanense** (Backeb.) Backeb.
Ref.: Meregalli, 1985; Metzing et al., 1995.

Gymnocalycium weissianum Backeb. var. *atroroseum* Backeb., nom. inval. = **Gymnocalycium mazanense** (Backeb.) Backeb.
Ref.: Meregalli, 1985; Metzing et al., 1995.

Gymnocalycium weissianum Backeb. var. *cinerascens* Backeb., nom. inval. = **Gymnocalycium mazanense** (Backeb.) Backeb.
Ref.: Meregalli, 1985; Metzing et al., 1995.

Harrisia Britton

Número de especies: 4, 1 subespecie endémica.

Harrisia balansae (K. Schum.) N.P. Taylor = **Harrisia bonplandii** (Pfeiff.) Britton & Rose

Harrisia bonplandii (Pfeiff.) Britton & Rose
Sin.: *Cereus balansae* K. Schum., *Cereus bonplandii* Pfeiff., *Cereus guelichii* Speg., *Eriocereus bonplandii* (Pfeiff.) Riccob., *Eriocereus guelichii* (Speg.) A. Berger, *Harrisia balansae* (K. Schum.) N.P. Taylor, *Harrisia guelichii* (Speg.) Britton & Rose, *Harrisia pomanensis* (F.A.C. Weber ex K. Schum.) Britton & Rose subsp. *bonplandii* (Pfeiff.) Braun & E. Pereira
Ref.: Kiesling, 1996a.
Hábito: Subarbusto suculento.
Status: Nativa.
Elevación: 0-1000 m.
Prov.: CH, ER, FO, JU, SA, SF.
Paises limítrofes: BO, BR, PA.
Ejemplar examinado: *Guaglianone y Múlgura 2228* (neotipo, SI; isoneotipo, B).

Harrisia bonplandii auct. non (Pfeiff.) Britton & Rose = **Harrisia pomanensis** (F.A.C. Weber ex K. Schum.) Britton & Rose subsp. **pomanensis**
Ref.: Kiesling, 1996a.

Harrisia guelichii (Speg.) Britton & Rose = **Harrisia bonplandii** (Pfeiff.) Britton & Rose
Ref.: Kiesling, 1996a.

Harrisia martinii (Labour.) Britton & Rose
Sin.: *Cereus martinii* Labour., *Eriocereus martinii* (Labour.) Riccob.
Ref.: Kiesling, 1996a.
Hábito: Subarbusto suculento.
Status: Nativa.
Elevación: 0-500 m.
Prov.: CH, COR, ER, FO, SF.
Paises limítrofes: PA.
Ejemplar examinado: *Kiesling 5069* (neotipo, SI; isoneotipo, CTES).

Harrisia pomanensis (F.A.C. Weber ex K. Schum.) Britton & Rose subsp. *bonplandii* (Pfeiff.) Braun & E. Pereira = **Harrisia bonplandii** (Pfeiff.) Britton & Rose
Ref.: Kiesling, 1996a.

Harrisia pomanensis (F.A.C. Weber ex K. Schum.) Britton & Rose subsp. **pomanensis**
Sin.: *Cereus pomanensis* F.A.C. Weber ex K. Schum., *Eriocereus polyacanthus* F. Ritter, *Eriocereus pomanensis* (F.A.C. Weber ex K. Schum.) A. Berger, *Eriocereus tarijensis* F. Ritter, *Harrisia bonplandii* auct. non (Pfeiff.) Britton & Rose, *Harrisia pomanensis* (F.A.C. Weber ex K. Schum.) Britton & Rose subsp. *tarijensis* (F. Ritter) Braun & E. Pereira
Ref.: Kiesling, 1996a.
Hábito: Subarbusto suculento.
Status: Nativa.
Elevación: 0-1000 m.
Prov.: BA, CA, CO, FO, JU, LR, SA, SE, TU.
Paises limítrofes: BO, PA.
Ejemplar examinado: *Ulibarri 1366* (neotipo, SI).

Harrisia pomanensis (F.A.C. Weber ex K. Schum.) Britton & Rose subsp. **regelii** (Weing.) R. Kiesling
Sin.: *Cereus regelii* Weing.
Ref.: Kiesling, 1996a.
Hábito: Subarbusto suculento.
Status: Endémica.
Elevación: 0-500 m.
Prov.: ER.
Ejemplar examinado: *Schwerdtfeger 1255a* (neotipo, B no visto; isoneotipo, SI).

Harrisia pomanensis (F.A.C. Weber ex K. Schum.) Britton & Rose subsp. *tarijensis* (F. Ritter) Braun & E. Pereira = **Harrisia pomanensis** (F.A.C. Weber ex K. Schum.) Britton & Rose subsp. **pomanensis**
Ref.: Kiesling, 1996a.

Harrisia tortuosa (Forbes ex Otto & D. Dietr.) Britton & Rose
Sin.: *Cereus tortuosus* Forbes ex Otto & D. Dietr., *Eriocereus tortuosus* (Forbes ex Otto & D. Dietr.) Riccob.
Ref.: Kiesling, 1996a.
Hábito: Subarbusto suculento.
Status: Nativa.
Elevación: 0-500 m.
Prov.: CH, COR, ER, SF.
Paises limítrofes: PA.
Ejemplar examinado: *Schinini 19451* (neotipo, CTES; isoneotipo, SI).

Helianthocereus crassicaulis Backeb., nom. inval. = **Lobivia crassicaulis** Backeb. ex R. Kiesling

Helianthocereus grandiflorus (Britton & Rose) Backeb. = **Trichocereus rowleyi** (Friedrich) R. Kiesling
Ref.: Kiesling, 1978.

Helianthocereus huascha (F.A.C. Weber) Backeb. = **Trichocereus huascha** (F.A.C. Weber) Britton & Rose var. **huascha**
Ref.: Kiesling, 1978.

Helianthocereus huascha (F.A.C. Weber) Backeb. var. *macranthus* Backeb. = **Trichocereus huascha** (F.A.C. Weber) Britton & Rose var. **huascha**
Ref.: Kiesling, 1978.

Helianthocereus huascha (F.A.C. Weber) Backeb. var. *roseiflorus* (Y. Ito) Backeb. = **Trichocereus huascha** (F.A.C. Weber) Britton & Rose var. **huascha**
Ref.: Kiesling, 1978.

Helianthocereus huascha (F.A.C. Weber) Backeb. var. *rubriflorus* (F.A.C. Weber) Backeb. = **Trichocereus andalgalensis** (F.A.C. Weber) Hosseus
Ref.: Kiesling, 1978.

Helianthocereus pecheretianus Backeb., nom. inval. = **Trichocereus huascha** (F.A.C. Weber) Britton & Rose var. **pecheretianus** Backeb. ex R. Kiesling
Ref.: Kiesling, 1978.

Helianthocereus poco (Backeb.) Backeb. = **Trichocereus tarijensis** (Vaupel) Werderm.
Ref.: Kiesling, 1978.

Helianthocereus poco (Backeb.) Backeb. var. *albiflorus* Cárdenas = **Trichocereus tarijensis** (Vaupel) Werderm.
Ref.: Kiesling, 1978.

Helianthocereus pseudo-candicans Backeb. var. *flaviflorus* (Backeb.) Backeb., comb. illeg. = **Trichocereus pseudocandicans** Backeb. ex R. Kiesling
Ref.: Kiesling, 1978.

Helianthocereus pseudo-candicans Backeb. var. *roseoflorus* (Backeb.) Backeb., comb. illeg. = **Trichocereus pseudocandicans** Backeb. ex R. Kiesling
Ref.: Kiesling, 1978.

Helianthocereus pseudo-candicans Backeb., nom. inval. = **Trichocereus pseudocandicans** Backeb. ex R. Kiesling
Ref.: Kiesling, 1978.

Helianthocereus tarijensis (Vaupel) Backeb. = **Trichocereus tarijensis** (Vaupel) Werderm.

Hymenorebutia albolanata Buining = **Lobivia densispina** (Werderm.) Buining

Hymenorebutia aurea (Britton & Rose) F. Ritter = **Echinopsis aurea** Britton & Rose var. **aurea**

Hymenorebutia aurea (Britton & Rose) F. Ritter var. *callochrysea* F. Ritter = **Echinopsis aurea** Britton & Rose var. **fallax** (Oehme) J. Ullmann

Hymenorebutia aurea (Britton & Rose) F. Ritter var. *catamarcensis* F. Ritter = **Echinopsis aurea** Britton & Rose var. **fallax** (Oehme) J. Ullmann

Hymenorebutia aurea (Britton & Rose) F. Ritter var. *depressicostata* F. Ritter = **Echinopsis aurea** Britton & Rose var. **fallax** (Oehme) J. Ullmann

Hymenorebutia aurea (Britton & Rose) F. Ritter var. *lariojensis* F. Ritter = **Echinopsis aurea** Britton & Rose var. **fallax** (Oehme) J. Ullmann

Hymenorebutia chlorogona (Wessner) F. Ritter = **Lobivia densispina** (Werderm.) Buining

Hymenorebutia chrysantha (Werderm.) F. Ritter = **Lobivia chrysantha** (Werderm.) Backeb. var. **chrysantha**

Hymenorebutia densispina (Werderm.) Buining = **Lobivia densispina** (Werderm.) Buining

Hymenorebutia drijveriana (Backeb.) F. Ritter = **Lobivia haematantha** (Speg.) Britton & Rose var. **kuehnrichii** (Fric) Rausch

Hymenorebutia kuehnrichii (Fric) F. Ritter = **Lobivia haematantha** (Speg.) Britton & Rose var. **kuehnrichii** (Fric) Rausch

Hymenorebutia pectinifera (Wessner) Donald = **Lobivia densispina** (Werderm.) Buining

Hymenorebutia quinesensis (Rausch) F. Ritter = **Echinopsis aurea** Britton & Rose var. **aurea**

Hymenorebutia rebutioides Fric & Kreuz. = **Lobivia densispina** (Werderm.) Buining

Lepismium aculeatum (F.A.C. Weber) Barthlott = **Rhipsalis aculeata** F.A.C. Weber
Ref.: Barthlott & Taylor, 1995.

Lepismium cruciformis (Vell.) Miq. = **Rhipsalis cruciforme** (Vell.) A. Cast.
Ref.: Castellanos, 1925.

Lepismium houlletianum (Lem.) Barthlott = **Rhipsalis houlletiana** Lem.

Lepismium ianthothele (Monv.) Barthlott = **Pfeiffera ianthothele** (Monv.) F.A.C. Weber

Lepismium linearis (K. Schum.) Barthlott = **Rhipsalis warmingiana** K. Schum.

Lepismium lorentzianum (Griseb.) Barthlott = **Rhipsalis lorentziana** Griseb.

Lepismium lumbricoides (Lem.) Barthlott = **Rhipsalis lumbricoides** (Lem.) Lem. ex Salm-Dyck

Lepismium lumbricoides (Lem.) Barthlott f. *aculeatum* Barthlott & N.P. Taylor = **Rhipsalis aculeata** F.A.C. Weber
Ref.: Barthlott & Taylor, 1995.

Lepismium monacanthum (Griseb.) Barthlott = **Rhipsalis monacantha** Griseb.

Lepismium tucumanensis (F.A.C. Weber) Backeb. = **Rhipsalis floccosa** Pfeiff. subsp. **tucumanensis** (F.A.C. Weber) Barthlott & N.P. Taylor
Ref.: Barthlott & Taylor, 1995.

Lepismium warmingianum (K. Schum.) Barthlott = **Rhipsalis warmingiana** K. Schum.

Lobivia Britton & Rose

Número de especies: 23, 20 especies y una variedad endémicas.

Lobivia amblayensis Rausch = **Lobivia haematantha** (Speg.) Britton & Rose var. **haematantha**

Lobivia andalgalensis (F.A.C. Weber) Britton & Rose = **Trichocereus andalgalensis** (F.A.C. Weber) Hosseus
Ref.: Kiesling, 1978.

Lobivia auranitida Wessner = **Lobivia einsteinii** (Fric) Rausch

Lobivia aurea (Britton & Rose) Backeb. = **Echinopsis aurea** Britton & Rose var. **aurea**

Lobivia aurea (Britton & Rose) Backeb. var. *albiflora* Rausch = **Echinopsis aurea** Britton & Rose var. **albiflora** (Rausch) J. Ullmann

Lobivia aurea (Britton & Rose) Backeb. var. *grandiflora* Backeb., nom. inval. = **Echinopsis aurea** Britton & Rose var. **aurea**

Lobivia aurea (Britton & Rose) Backeb. var. *robustior* Backeb. = **Echinopsis aurea** Britton & Rose var. **fallax** (Oehme) J. Ullmann

Lobivia aurea (Britton & Rose) Backeb. var. *sierragrandensis* Rausch = **Echinopsis aurea** Britton & Rose var. **aurea**

Lobivia aurea (Britton & Rose) Backeb. var. *tortuosa* Rausch = **Echinopsis aurea** Britton & Rose var. **fallax** (Oehme) J. Ullmann

Lobivia breviflora Backeb. = **Lobivia sanguiniflora** Backeb.
Ref.: Rausch, 1986a.

Lobivia bruchii Britton & Rose
Sin.: *Echinopsis bruchii* (Britton & Rose) A. Cast. & Lelong, *Echinopsis grandis* (Britton & Rose) Friedrich, *Eriosyce bruchii* (Britton & Rose) Backeb., *Lobivia formosa* (Pfeiff.) Dodds var. *bruchii* (Britton & Rose) Rausch, *Lobivia formosa* (Pfeiff.) Dodds var. *grandis* (Britton & Rose) Rausch, *Lobivia grandis* Britton & Rose, *Pseudolobivia grandis* (Britton & Rose) Krainz, *Soehrensia bruchii* (Britton & Rose) Backeb., *Soehrensia grandis* (Britton & Rose) Backeb., *Trichocereus bruchii* (Britton & Rose) F. Ritter, *Trichocereus bruchii* (Britton & Rose) F. Ritter var. *brevispinus* F. Ritter, *Trichocereus grandis* (Britton & Rose) F. Ritter
Ref.: Britton & Rose, 1920.
Hábito: Subarbusto suculento.
Status: Endémica.
Elevación: 2000-3500 m.
Prov.: TU.
Ejemplar examinado: *Kiesling 1300* (SI).

Lobivia bruchii Britton & Rose var. *nivalis* (Fric) Rausch = **Lobivia korethroides** (Werderm.) Werderm.

Lobivia buiningiana F. Ritter = **Lobivia jajoiana** Backeb. var. **jajoiana**

Lobivia chionantha (Speg.) Britton & Rose = **Acanthocalycium thionanthum** (Speg.) Backeb.

Lobivia chlorogona Wessner = **Lobivia densispina** (Werderm.) Buining

Lobivia chorrillosensis Rausch = **Lobivia haematantha** (Speg.) Britton & Rose var. **kuehnrichii** (Fric) Rausch
Ref.: Rausch, 1986a.

Lobivia chrysantha (Werderm.) Backeb. var. **chrysantha**
Sin.: *Echinopsis chrysantha* Werderm., *Echinopsis hossei* Werderm., *Hymenorebutia chrysantha* (Werderm.) F. Ritter, *Lobivia dragai* Fric, *Lobivia hanseniana* Backeb., *Lobivia klusacekii* Fric, *Lobivia polaskiana* Backeb., *Lobivia schuldtii* Fric, *Lobivia staffenii* Fric
Ref.: Rausch, 1986a.
Hábito: Hierba suculenta.
Status: Endémica.
Elevación: 2000-3000 m.
Prov.: SA.
Nota: No se ha podido observar material de herbario de esta variedad.

Lobivia chrysantha (Werderm.) Backeb. var. **hypocyrta** Rausch
Ref.: Rausch, 1986a.
Hábito: Hierba suculenta.
Status: Endémica.
Elevación: 2500-3000 m.
Prov.: SA.
Ejemplar citado: *Rausch 161** (holotipo, W).

Lobivia chrysantha (Werderm.) Backeb. subsp. *jajoiana* (Backeb.) G.D. Rowley = **Lobivia jajoiana** Backeb. var. **jajoiana**

Lobivia chrysantha (Werderm.) Backeb. subsp. *marsoneri* (Werderm.) G.D. Rowley = **Lobivia marsoneri** (Werderm.) Backeb. var. **marsoneri**

Lobivia chrysochete (Werderm.) Wessner var. **chrysochete**
Sin.: *Echinopsis chrysochete* Werderm., *Lobivia chrysochete* (Werderm.) Wessner var. *markusii* (Rausch) Rausch, *Lobivia chrysochete* (Werderm.) Wessner var. *subtilis* Rausch, *Lobivia hystrix* F. Ritter, *Lobivia markusi* Rausch
Ref.: Rausch, 1986a.
Hábito: Hierba suculenta.
Status: Nativa.
Elevación: 2500-4000 m.
Prov.: JU, SA.
Paises limítrofes: BO.
Ejemplar examinado: *Kiesling 8925* (SI).

Lobivia chrysochete (Werderm.) Wessner var. *markusii* (Rausch) Rausch = **Lobivia chrysochete** (Werderm.) Wessner var. **chrysochete**
Ref.: Rausch, 1986a.

Lobivia chrysochete (Werderm.) Wessner var. **minutiflora** Rausch
Ref.: Rausch, 1986a.
Hábito: Hierba suculenta.
Status: Endémica.
Elevación: 3500-4000 m.
Prov.: SA.
Ejemplar citado: *Rausch 512** (holotipo, ZSS).

Lobivia chrysochete (Werderm.) Wessner var. *subtilis* Rausch = **Lobivia chrysochete** (Werderm.) Wessner var. **chrysochete**
Ref.: Rausch, 1986a.

Lobivia columnaris Wessner = **Lobivia einsteinii** (Fric) Rausch

Lobivia conoidea Wessner = **Lobivia einsteinii** (Fric) Rausch

Lobivia crassicaulis Backeb. ex R. Kiesling
Sin.: *Helianthocereus crassicaulis* Backeb., nom. inval., *Trichocereus catamarcensis* F. Ritter, nom. inval.
Ref.: Kiesling, 1978.
Hábito: Hierba suculenta.
Status: Endémica.
Elevación: 2500-3000 m.
Prov.: CA.
Ejemplar examinado: *Kiesling 1505* (holotipo, SI).

Lobivia cylindracea Backeb. = **Echinopsis aurea** Britton & Rose var. **aurea**

Lobivia cylindrica Backeb. = **Echinopsis aurea** Britton & Rose var. **aurea**

Lobivia densispina (Werderm.) Buining
Sin.: *Echinopsis densispina* Werderm., *Echinopsis densispina* Werderm. var. *pectinifera* (Wessner) J.G. Lamb., *Echinopsis rebutioides* (Backeb.) Friedrich, *Hymenorebutia albolanata* Buining, *Hymenorebutia chlorogona* (Wessner) F. Ritter, *Hymenorebutia densispina* (Werderm.) Buining, *Hymenorebutia pectinifera* (Wessner) Donald, *Hymenorebutia rebutioides* Fric & Kreuz., *Lobivia chlorogona* Wessner, *Lobivia densispina* (Werderm.) Buining var. *blossfeldii* Wessner, *Lobivia densispina* (Werderm.) Buining var. *sanguinea* Wessner, *Lobivia haematantha* (Speg.) Britton & Rose subsp. *densispina* (Werderm.) G.D. Rowley, *Lobivia napina* Pazout, *Lobivia pectinifera* Wessner, *Lobivia rebutioides* Backeb., *Lobivia rebutioides* Backeb. var. *citriniflora* Backeb., *Lobivia rebutioides* Backeb. var. *krausiana* Backeb., *Lobivia scoparia* Werderm., *Lobivia sublimiflora* Backeb., *Lobivia wessneriana* Fritzen, *Salpingolobivia densispina* (Werderm.) Y. Ito
Ref.: Rausch, 1986a.
Hábito: Hierba suculenta.
Status: Endémica.
Elevación: 1500-3000 m.
Prov.: JU.
Ejemplar examinado: *Kiesling et al. 8911* (SI).

Lobivia densispina (Werderm.) Buining var. *blossfeldii* Wessner = **Lobivia densispina** (Werderm.) Buining

Lobivia densispina (Werderm.) Buining var. *sanguinea* Wessner = **Lobivia densispina** (Werderm.) Buining

Lobivia digitiformis Backeb. = **Lobivia pygmaea** (R.E. Fr.) Backeb.
Ref.: Rausch, 1986a.

Lobivia dobeana Dölz = **Echinopsis aurea** Britton & Rose var. **dobeana** (Dölz) J. Ullmann

Lobivia dragai Fric = **Lobivia chrysantha** (Werderm.) Backeb. var. **chrysantha**
Ref.: Rausch, 1986a.

Lobivia drijveriana Backeb. = **Lobivia haematantha** (Speg.) Britton & Rose var. **kuehnrichii** (Fric) Rausch
Ref.: Rausch, 1986a.

Lobivia drijveriana Backeb. var. *astranthema* Backeb. = **Lobivia haematantha** (Speg.) Britton & Rose var. **kuehnrichii** (Fric) Rausch
Ref.: Rausch, 1986a.

Lobivia drijveriana Backeb. var. *aurantiaca* Backeb. = **Lobivia haematantha** (Speg.) Britton & Rose var. **kuehnrichii** (Fric) Rausch
Ref.: Rausch, 1986a.

Lobivia drijveriana Backeb. var. *nobilis* Backeb. = **Lobivia haematantha** (Speg.) Britton & Rose var. **kuehnrichii** (Fric) Rausch
Ref.: Rausch, 1986a.

Lobivia duursmaiana Backeb. = **Lobivia sanguiniflora** Backeb.
Ref.: Rausch, 1986a.

Lobivia einsteinii (Fric) Rausch
Sin.: *Cylindrorebutia einsteinii* (Fric) Donald, *Lobivia auranitida* Wessner, *Lobivia columnaris* Wessner, *Lobivia conoidea* Wessner, *Lobivia einsteinii* (Fric) Rausch var. *atrospinosa* Rausch, *Lobivia schmiedcheniana* U. Köhler, *Mediolobivia auranitida* (Wessner) Backeb., *Mediolobivia auranitida* (Wessner) Backeb. var. *flaviflora* Backeb., *Mediolobivia schmiedcheniana* (U. Köhler) Krainz, *Mediolobivia schmiedcheniana* (U. Köhler) Krainz var. *einsteinii* (Fric) Backeb., comb. illeg., *Rebulobivia einsteinii* (Fric) Kreuz., *Rebulobivia nicolai* Fric & Kreuz., *Rebulobivia rubriviride* Fric & Kreuz., *Rebutia einsteinii* Fric, *Rebutia einsteinii* Fric var. *atrospinosa* (Rausch) Sida, *Rebutia einsteinii* Fric var. *karrei* (Fric ex Backeb.) Sida, *Rebutia einsteinii* Fric var. *rubroviridis* (Backeb.) Buining & Donald, *Rebutia schmiedcheniana* (U. Köhler) W.T. Marshall
Status: Endémica.
Elevación: 2500-3500 m.
Prov.: JU, SA.
Ejemplar examinado: *Kiesling et al. 8234* (SI).

Lobivia einsteinii (Fric) Rausch var. *atrospinosa* Rausch = **Lobivia einsteinii** (Fric) Rausch

Lobivia elongata Rausch = **Lobivia haematantha** (Speg.) Britton & Rose var. **haematantha**

Lobivia emmae Backeb. = **Lobivia saltensis** (Speg.) Britton & Rose

Lobivia emmae Backeb. var. *brevispina* Backeb. = **Lobivia saltensis** (Speg.) Britton & Rose

Lobivia euanthema Backeb.
Sin.: *Digitorebutia euanthema* (Backeb.) Buining, *Lobivia euanthema* Backeb. var. *tilcarensis* Rausch, *Mediolobivia euanthema* (Backeb.) Krainz, *Rebutia oculata* Werderm., *Rebutia pilifera* Fric
Ref.: Rausch, 1986a.
Hábito: Hierba suculenta.
Status: Endémica.
Elevación: 2000-3000 m.
Prov.: JU.
Ejemplar citado: *Rausch 700** (ZSS).

Lobivia euanthema Backeb. var. *tilcarensis* Rausch = **Lobivia euanthema** Backeb.

Lobivia fallax Oehme = **Echinopsis aurea** Britton & Rose var. **fallax** (Oehme) J. Ullmann

Lobivia fallax Oehme subsp. *aurea* (Britton & Rose) Herz, nom. illeg. = **Echinopsis aurea** Britton & Rose var. **fallax** (Oehme) J. Ullmann

Lobivia famatinensis (Speg.) Britton & Rose var. **famatinensis**
Sin.: *Chileorebutia reichei* Kreuz., nom. nud., *Echinocactus famatinensis* Speg., *Echinopsis famatinensis* (Speg.) Werderm., *Rebutia famatinensis* (Speg.) Speg., *Reicheocactus pseudoreichianus* Backeb.
Ref.: Rausch, 1986a.
Hábito: Hierba suculenta.
Status: Endémica.
Elevación: 1000-2000 m.
Prov.: LR, SJ.
Ejemplar examinado: *Spegazzini s.n.* (LP 14748).

Lobivia famatinensis (Speg.) Britton & Rose var. *jachalensis* Rausch = **Lobivia famatinensis** (Speg.) Britton & Rose var. **sanjuanensis** Rausch
Ref.: Rausch, 1986a.

Lobivia famatinensis (Speg.) Britton & Rose var. **sanjuanensis** Rausch
Sin.: *Lobivia famatinensis* (Speg.) Britton & Rose var. *jachalensis* Rausch
Ref.: Rausch, 1986a.
Hábito: Hierba suculenta.
Status: Endémica.
Elevación: 1000-2000 m.
Prov.: SJ.
Ejemplar citado: *Rausch 557** (holotipo, ZSS).

Lobivia ferox Britton & Rose = **Echinopsis longispina** (Britton & Rose) Backeb.

Lobivia formosa (Pfeiff.) Dodds var. **formosa**
Sin.: *Acanthocalycium formosum* (Pfeiff.) Backeb., *Acanthocalycium oreopepon* (Speg.) Backeb., *Echinocactus formosus* Pfeiff., *Echinopsis formosa* (Pfeiff.) Jacobi ex Salm-Dyck, *Echinopsis ingens* (Backeb.) Friedrich & G.D. Rowley, *Echinopsis oreopogon* Werderm., *Lobivia oreopepon* Speg., *Soehrensia formosa* (Pfeiff.) Backeb., *Soehrensia formosa* (Pfeiff.) Backeb. var. *maxima* Backeb., *Soehrensia formosa* (Pfeiff.) Backeb. var. *polycephala* Backeb., *Soehrensia ingens* Backeb., *Soehrensia oreopepon* (Speg.) Backeb., *Trichocereus formosus* (Pfeiff.) F. Ritter, *Trichocereus ingens* (Backeb.) F. Ritter
Ref.: Britton & Rose, 1922.
Hábito: Subarbusto suculento.
Status: Endémica.
Elevación: 2500-4000 m.
Prov.: CA, LR, ME, SJ.
Ejemplar examinado: *Kiesling 4022* (SI).

Lobivia formosa (Pfeiff.) Dodds var. *bruchii* (Britton & Rose) Rausch = **Lobivia bruchii** Britton & Rose
Ref.: Britton & Rose, 1920.

Lobivia formosa (Pfeiff.) Dodds var. *grandis* (Britton & Rose) Rausch = **Lobivia bruchii** Britton & Rose
Ref.: Britton & Rose, 1920.

Lobivia formosa (Pfeiff.) Dodds var. *kieslingii* (Rausch) Rausch = **Lobivia kieslingii** Rausch
Ref.: Rausch, 1986a.

Lobivia formosa (Pfeiff.) Dodds var. *nivalis* (Fric) Rausch = **Lobivia korethroides** (Werderm.) Werderm.

Lobivia formosa (Pfeiff.) Dodds var. **rosarioana** (Rausch) Rausch
Sin.: *Lobivia rosarioana* Rausch
Ref.: Rausch, 1986a.
Hábito: Subarbusto suculento.
Status: Endémica.
Elevación: 2500-3000 m.
Prov.: LR.
Ejemplar citado: *Rausch 129* (ZSS).

Lobivia formosa (Pfeiff.) Dodds subsp. *tarijensis* (Vaupel) Rausch = **Trichocereus tarijensis** (Vaupel) Werderm.
Ref.: Kiesling, 1978.

Lobivia glauca Rausch = **Lobivia jajoiana** Backeb. var. **paucicostata** (Rausch) Rausch
Ref.: Rausch, 1986a.

Lobivia glauca Rausch var. *paucicostata* Rausch = **Lobivia jajoiana** Backeb. var. **paucicostata** (Rausch) Rausch
Ref.: Rausch, 1986a.

Lobivia gonjianii (R. Kiesling) R. Kiesling
Sin.: *Rebutia einsteinii* Fric var. *gonjianii* (R. Kiesling) Donald, *Rebutia gonjianii* R. Kiesling
Ref.: Kiesling, 1973.
Hábito: Hierba suculenta.
Status: Endémica.
Elevación: 3000-3500 m.
Prov.: JU.
Ejemplar examinado: *Gonjian 2* (holotipo, LP).
Nota: Véase nueva combinación en Apéndice 1.

Lobivia grandiflora Britton & Rose = **Trichocereus rowleyi** (Friedrich) R. Kiesling
Ref.: Kiesling, 1978.

Lobivia grandiflora Britton & Rose var. *lobivioides* (F. Ritter) Rausch = **Trichocereus rowleyi** (Friedrich) R. Kiesling

Lobivia grandiflora Britton & Rose var. *longispina* Rausch = **Trichocereus rowleyi** (Friedrich) R. Kiesling

Lobivia grandis Britton & Rose = **Lobivia bruchii** Britton & Rose
Ref.: Britton & Rose, 1920.

Lobivia graulichii Fric = **Echinopsis ancistrophora** Speg.

Lobivia gregeri Kreuz. = **Lobivia jajoiana** Backeb. var. **jajoiana**

Lobivia haageana Backeb. = **Lobivia marsoneri** (Werderm.) Backeb. var. **marsoneri**
Ref.: Rausch, 1986a.

Lobivia haageana Backeb. var. *albihepatica* Backeb. = **Lobivia marsoneri** (Werderm.) Backeb. var. **marsoneri**
Ref.: Rausch, 1986a.

Lobivia haageana Backeb. var. *bicolor* Backeb. = **Lobivia marsoneri** (Werderm.) Backeb. var. **marsoneri**
Ref.: Rausch, 1986a.

Lobivia haageana Backeb. var. *chrysantha* Backeb. = **Lobivia marsoneri** (Werderm.) Backeb. var. **marsoneri**
Ref.: Rausch, 1986a.

Lobivia haageana Backeb. var. *croceantha* Backeb. = **Lobivia marsoneri** (Werderm.) Backeb. var. **marsoneri**
Ref.: Rausch, 1986a.

Lobivia haageana Backeb. var. *durispina* Backeb. = **Lobivia marsoneri** (Werderm.) Backeb. var. **marsoneri**
Ref.: Rausch, 1986a.

Lobivia haageana Backeb. var. *grandiflora-stellata* Backeb. = **Lobivia marsoneri** (Werderm.) Backeb. var. **marsoneri**
Ref.: Rausch, 1986a.

Lobivia haagei (Fric & Schelle) Wessner = **Lobivia pygmaea** (R.E. Fr.) Backeb.
Ref.: Rausch, 1986a.

Lobivia haagei (Fric & Schelle) Wessner var. *elegantula* Rausch = **Lobivia pygmaea** (R.E. Fr.) Backeb.

Lobivia haagei (Fric & Schelle) Wessner var. *mudanensis* (Rausch) Rausch = **Lobivia pygmaea** (R.E. Fr.) Backeb.
Ref.: Rausch, 1986a.

Lobivia haagei (Fric & Schelle) Wessner var. *pelzliana* Rausch = **Lobivia pygmaea** (R.E. Fr.) Backeb.

Lobivia haematantha (Speg.) Britton & Rose var. *chorrillosensis* (Rausch) G.D. Rowley = **Lobivia haematantha** (Speg.) Britton & Rose var. **kuehnrichii** (Fric) Rausch
Ref.: Rausch, 1986a.

Lobivia haematantha (Speg.) Britton & Rose var. *elongata* (Backeb.) Rausch = **Lobivia haematantha** (Speg.) Britton & Rose var. **haematantha**

Lobivia haematantha (Speg.) Britton & Rose var. **haematantha**
Sin.: *Echinopsis amblayensis* (Rausch) Friedrich, *Echinocactus haematanthus* Speg., *Echinopsis haematantha* (Speg.) D.R. Hunt, *Echinopsis haematantha* (Speg.) D.R. Hunt var. *elongata* (Backeb.) J.G. Lamb., *Echinopsis haematantha* (Speg.) D.R. Hunt var. *hualfinensis* (Rausch) J.G. Lamb., *Echinopsis haematantha* (Speg.) D.R. Hunt. var. *jasimanensis* (Rausch) J.G. Lamb., *Echinopsis hualfinensis* (Rausch) Friedrich & Glaetzle, *Lobivia amblayensis* Rausch, Lobivia *elongata* Rausch, *Lobivia haematantha* (Speg.) Britton & Rose var. *elongata* (Backeb.) Rausch, *Lobivia haematantha* (Speg.) Britton & Rose var. *hualfinensis* (Rausch) Rausch, *Lobivia haematantha* (Speg.) Britton & Rose var. *jasimanensis* Rausch, *Lobivia haematantha* (Speg.) Britton & Rose var. *viridis* Rausch, *Lobivia hualfinensis* Rausch, *Lobivia hualfinensis* Rausch var. *fechseri* Rausch
Ref.: Rausch, 1986a.
Hábito: Hierba suculenta.
Status: Endémica.
Elevación: 2000-3000 m.
Prov.: CA, SA, TU.
Ejemplar citado: *Rausch 230** (holotipo de *Lobivia hualfinensis* var. *fechseri*, W).

Lobivia haematantha (Speg.) Britton & Rose var. *hualfinensis* (Rausch) Rausch = **Lobivia haematantha** (Speg.) Britton & Rose var. **haematantha**

Lobivia haematantha (Speg.) Britton & Rose var. *jasimanensis* Rausch = **Lobivia haematantha** (Speg.) Britton & Rose var. **haematantha**

Lobivia haematantha (Speg.) Britton & Rose var. **kuehnrichii** (Fric) Rausch
Sin.: *Echinopsis cachensis* Speg., *Echinopsis haematantha* (Speg.) D.R. Hunt var. *chorrillosensis* (Rausch) J.G. Lamb., *Echinopsis haematantha* (Speg.) D.R. Hunt var. *kuehnrichii* (Fric) J.G. Lamb., *Echinopsis kuehnrichii* (Fric) Friedrich & Glaetzle, *Hymenorebutia drijveriana* (Backeb.) F. Ritter, *Hymenorebutia kuehnrichii* (Fric) F. Ritter, *Lobivia chorrillosensis* Rausch, *Lobivia drijveriana* Backeb., *Lobivia drijveriana* Backeb. var. *astranthema* Backeb., *Lobivia drijveriana* Backeb. var. *aurantiaca* Backeb., *Lobivia drijveriana* Backeb. var. *nobilis* Backeb., *Lobivia haematantha* (Speg.) Britton & Rose var. *chorrillosensis* (Rausch) G.D. Rowley, *Lobivia haematantha* (Speg.) Britton & Rose subsp. *kuehnrichii* (Fric) G.D. Rowley, *Lobivia kuehnrichii* Fric, *Lobivia nigrispina* Backeb., *Lobivia nigrispina* Backeb. var. *rubiflora* Backeb.
Ref.: Rausch, 1986a.
Hábito: Hierba suculenta.
Status: Endémica.
Elevación: 2000-3000 m.
Prov.: SA.
Ejemplar citado: *Rausch 157** (holotipo de *Lobivia chorrillosensis*, W).

Lobivia haematantha (Speg.) Britton & Rose var. *viridis* Rausch = **Lobivia haematantha** (Speg.) Britton & Rose var. **haematantha**

Lobivia haematantha (Speg.) Britton & Rose subsp. *densispina* (Werderm.) G.D. Rowley = **Lobivia densispina** (Werderm.) Buining

Lobivia haematantha (Speg.) Britton & Rose subsp. *kuehnrichii* (Fric) G.D. Rowley = **Lobivia haematantha** (Speg.) Britton & Rose var. **kuehnrichii** (Fric) Rausch

Lobivia hanseniana Backeb. = **Lobivia chrysantha** (Werderm.) Backeb. var. **chrysantha**
Ref.: Rausch, 1986a.

Lobivia hastisfera Werderm. = **Echinopsis longispina** (Britton & Rose) Backeb.

Lobivia hualfinensis Rausch = **Lobivia haematantha** (Speg.) Britton & Rose var. **haematantha**

Lobivia hualfinensis Rausch var. *fechseri* Rausch = **Lobivia haematantha** (Speg.) Britton & Rose var. **haematantha**

Lobivia huascha (F.A.C. Weber) Marshall = **Trichocereus huascha** (F.A.C. Weber) Britton & Rose var. **huascha**
Ref.: Kiesling, 1978.

Lobivia huascha (F.A.C. Weber) Marshall var. *andalgalensis* (F.A.C. Weber) Rausch = **Trichocereus andalgalensis** (F.A.C. Weber) Hosseus
Ref.: Kiesling, 1978.

Lobivia huascha (F.A.C. Weber) W.T. Marshall var. *walteri* (R. Kiesling) Rausch = **Lobivia walteri** R. Kiesling
Ref.: Kiesling, 1976.

Lobivia hystrix F. Ritter = **Lobivia chrysochete** (Werderm.) Wessner var. **chrysochete**
Ref.: Rausch, 1986a.

Lobivia iridescens Backeb. = **Lobivia marsoneri** (Werderm.) Backeb. var. **iridescens** (Backeb.) Rausch
Ref.: Rausch, 1986a.

Lobivia jajoiana Backeb. var. *aurata* Rausch = **Lobivia jajoiana** Backeb. var. **jajoiana**

Lobivia jajoiana Backeb. var. *carminantha* Wessner = **Lobivia jajoiana** Backeb. var. **jajoiana**

Lobivia jajoiana Backeb. var. *caspalensis* Rausch = **Lobivia jajoiana** Backeb. var. **jajoiana**

Lobivia jajoiana Backeb. var. *elegans* Rausch = **Lobivia jajoiana** Backeb. var. **jajoiana**

Lobivia jajoiana Backeb. var. *fleischeriana* Backeb. = **Lobivia jajoiana** Backeb. var. **jajoiana**

Lobivia jajoiana Backeb. var. **jajoiana**
Sin.: *Lobivia buiningiana* F. Ritter, *Lobivia chrysantha* (Werderm.) Backeb. subsp. *jajoiana* (Backeb.) G.D. Rowley, *Lobivia gregeri* Kreuz., *Lobivia jajoiana* Backeb. var. *aurata* Rausch, *Lobivia jajoiana* Backeb. var. *carminantha* Wessner, *Lobivia jajoiana* Backeb. var. *caspalensis* Rausch, *Lobivia jajoiana* Backeb. var. *elegans* Rausch, *Lobivia jajoiana* Backeb. var. *fleischeriana* Backeb., *Lobivia jajoiana* Backeb. var. *nidularis* Rausch, *Lobivia jajoiana* Backeb. var. *nigrostoma* (Kreuz. & Buining) Backeb., *Lobivia jajoiana* Backeb. var. *pungens* Rausch, *Lobivia jajoiana* Backeb. var. *splendens* Wessner, *Lobivia nigrostoma* Kreuz. & Buining, *Lobivia vatteri* Krainz, *Lobivia vatteri* Krainz var. *robusta* Backeb.
Ref.: Rausch, 1986a.
Hábito: Hierba suculenta.
Status: Endémica.
Elevación: 2000-3500 m.
Prov.: JU.
Ejemplar examinado: *Kiesling et al. 8915* (SI).

Lobivia jajoiana Backeb. var. *nidularis* Rausch = **Lobivia jajoiana** Backeb. var. **jajoiana**

Lobivia jajoiana Backeb. var. *nigrostoma* (Kreuz. & Buining) Backeb. = **Lobivia jajoiana** Backeb. var. **jajoiana**

Lobivia jajoiana Backeb. var. **paucicostata** (Rausch) Rausch
Sin.: *Lobivia glauca* Rausch, *Lobivia glauca* Rausch var. *paucicostata* Rausch, *Lobivia minatinigra* F. Ritter
Ref.: Rausch, 1986a.
Hábito: Hierba suculenta.
Status: Endémica.
Elevación: 2500-3500 m.
Prov.: JU.
Ejemplar citado: *Rausch 217** (holotipo, W).

Lobivia jajoiana Backeb. var. *pungens* Rausch = **Lobivia jajoiana** Backeb. var. **jajoiana**

Lobivia jajoiana Backeb. var. *splendens* Wessner = **Lobivia jajoiana** Backeb. var. **jajoiana**

Lobivia klimpeliana (Weid. & Werderm.) A. Berger = **Acanthocalycium klimpelianum** (Weid. & Werderm.) Backeb.

Lobivia kieslingii Rausch
Sin.: *Lobivia formosa* (Pfeiff.) Dodds var. *kieslingii* (Rausch) Rausch
Ref.: Rausch, 1986a.
Status: Endémica.
Elevación: 2500-3000 m.
Prov.: TU.
Ejemplar citado: *Rausch 573** (holotipo, ZSS).

Lobivia klusacekii Fric = **Lobivia chrysantha** (Werderm.) Backeb. var. **chrysantha**
Ref.: Rausch, 1986a.

Lobivia korethroides (Werderm.) Werderm.
Sin.: *Echinopsis korethroides* Werderm., *Lobivia bruchii* Britton & Rose var. *nivalis* (Fric) Rausch, *Lobivia formosa* (Pfeiff.) Dodds var. *nivalis* (Fric) Rausch, *Soehrensia korethroides* (Werderm.) Backeb., *Trichocereus korethroides* (Werderm.) F. Ritter
Ref.: Rausch, 1986a.
Hábito: Subarbusto suculento.
Status: Endémica.
Elevación: 3000-4000 m.
Prov.: JU, SA.
Ejemplar examinado: *Vattuone 200* (LIL).

Lobivia kuehnrichii Fric = **Lobivia haematantha** (Speg.) Britton & Rose var. **kuehnrichii** (Fric) Rausch
Ref.: Rausch, 1986a.

Lobivia leucomalla Wessner = **Echinopsis aurea** Britton & Rose var. **aurea**

Lobivia longispina Britton & Rose = **Echinopsis longispina** (Britton & Rose) Backeb.

Lobivia markusi Rausch = **Lobivia chrysochete** (Werderm.) Wessner var. **chrysochete**
Ref.: Rausch, 1986a.

Lobivia marsoneri (Werderm.) Backeb. var. **iridescens** (Backeb.) Rausch
Sin.: *Lobivia iridescens* Backeb., *Lobivia muhriae* Backeb., *Lobivia uitewaaleana* Buining
Ref.: Rausch, 1986a.
Status: Endémica.
Elevación: 3000-4500 m.
Prov.: JU.
Nota: No se ha podido observar material de herbario de esta variedad.

Lobivia marsoneri (Werderm.) Backeb. var. **marsoneri**
Sin.: *Echinopsis marsoneri* Werderm., *Lobivia chrysantha* (Werderm.) Backeb. subsp. *marsoneri* (Werderm.) G.D. Rowley, *Lobivia haageana* Backeb., *Lobivia haageana* Backeb. var. *albihepatica* Backeb., *Lobivia haageana* Backeb. var. *bicolor* Backeb., *Lobivia haageana* Backeb. var. *chrysantha* Backeb., *Lobivia haageana* Backeb. var. *croceantha* Backeb., *Lobivia haageana* Backeb. var. *durispina* Backeb., *Lobivia haageana* Backeb. var. *grandiflora-stellata* Backeb., *Lobivia rubescens* Backeb., *Lobivia rubescens* Backeb. var. *tenuispina* Backeb.
Ref.: Rausch, 1986a.
Hábito: Hierba suculenta.
Status: Endémica.
Elevación: 2500-3500 m.
Prov.: JU.
Nota: No se ha podido observar material de herbario de esta variedad.

Lobivia minatinigra F. Ritter = **Lobivia jajoiana** Backeb. var. **paucicostata** (Rausch) Rausch
Ref.: Rausch, 1986a.

[Lobivia mirabunda Backeb.]
Ref.: Taxón dudoso.

Lobivia muhriae Backeb. = **Lobivia marsoneri** (Werderm.) Backeb. var. **iridescens** (Backeb.) Rausch
Ref.: Rausch, 1986a.

Lobivia napina Pazout = **Lobivia densispina** (Werderm.) Buining

Lobivia nealeana Backeb. = **Lobivia saltensis** (Speg.) Britton & Rose

Lobivia neo-haageana Backeb. = **Lobivia pygmaea** (R.E. Fr.) Backeb.

Lobivia neohaageana Backeb. = **Lobivia pygmaea** (R.E. Fr.) Backeb.
Ref.: Rausch, 1986a.

Lobivia neohaageana Backeb. var. *flavovirens* Backeb. = **Lobivia pygmaea** (R.E. Fr.) Backeb.
Ref.: Rausch, 1986a.

Lobivia nigricans Wessner
Sin.: *Digitorebutia carmeniana* Rausch, *Digitorebutia nigricans* (Wessner) Buining, *Lobivia nigricans* Wessner var. *albispina* Rausch, *Lobivia nigricans* Wessner var. *carmeniana* (Rausch) Rausch, *Lobivia nigricans* Wessner var. *petersenii* (Fric) Rausch, *Rebutia nigricans* (Wessner) D.R. Hunt
Ref.: Rausch, 1986a.
Hábito: Hierba suculenta.
Status: Endémica.
Elevación: 3000-3500 m.
Prov.: SA.
Ejemplar citado: *Rausch 771* * (ZSS).

Lobivia nigricans Wessner var. *albispina* Rausch = **Lobivia nigricans** Wessner
Ref.: Rausch, 1986a.

Lobivia nigricans Wessner var. *carmeniana* (Rausch) Rausch = **Lobivia nigricans** Wessner
Ref.: Rausch, 1986a.

Lobivia nigricans Wessner var. *petersenii* (Fric) Rausch = **Lobivia nigricans** Wessner
Ref.: Rausch, 1986a.

Lobivia nigrispina Backeb. = **Lobivia haematantha** (Speg.) Britton & Rose var. **kuehnrichii** (Fric) Rausch
Ref.: Rausch, 1986a.

Lobivia nigrispina Backeb. var. *rubiflora* Backeb. = **Lobivia haematantha** (Speg.) Britton & Rose var. **kuehnrichii** (Fric) Rausch
Ref.: Rausch, 1986a.

Lobivia nigrostoma Kreuz. & Buining = **Lobivia jajoiana** Backeb. var. **jajoiana**

Lobivia oreopepon Speg. = **Lobivia formosa** (Pfeiff.) Dodds var. **formosa**
Ref.: Rausch, 1986a.

Lobivia pectinifera Wessner = **Lobivia densispina** (Werderm.) Buining

Lobivia polaskiana Backeb. = **Lobivia chrysantha** (Werderm.) Backeb. var. **chrysantha**
Ref.: Rausch, 1986a.

Lobivia polycephala Backeb. = **Lobivia sanguiniflora** Backeb.
Ref.: Rausch, 1986a.

Lobivia pseudocachensis Backeb. = **Lobivia saltensis** (Speg.) Britton & Rose

Lobivia pseudocachensis Backeb. var. *cinnabarina* Backeb. = **Lobivia saltensis** (Speg.) Britton & Rose

Lobivia pseudocachensis Backeb. var. *sanguinea* Backeb. = **Lobivia saltensis** (Speg.) Britton & Rose

Lobivia pugionacantha (Rose & Boed.) Backeb.
Sin.: *Echinopsis pugionacantha* Rose & Boed., *Lobivia pugionacantha* (Rose & Boed.) Backeb. var. *corrugata* Rausch, *Lobivia pugionacantha* (Rose & Boed.) Backeb. var. *flaviflora* Backeb.
Ref.: Rausch, 1986a.
Hábito: Hierba suculenta.
Status: Nativa.
Elevación: 3500-4000 m.
Prov.: JU.
Paises limítrofes: BO.
Ejemplar examinado: *Kiesling 8926* (SI).

Lobivia pugionacantha (Rose & Boed.) Backeb. var. *corrugata* Rausch = **Lobivia pugionacantha** (Rose & Boed.) Backeb.
Ref.: Rausch, 1986a.

Lobivia pugionacantha (Rose & Boed.) Backeb. var. *flaviflora* Backeb. = **Lobivia pugionacantha** (Rose & Boed.) Backeb.
Ref.: Rausch, 1986a.

Lobivia purpureominiata F. Ritter = *Lobivia grandiflora* Britton & Rose var. *longispina* Rausch = **Trichocereus rowleyi** (Friedrich) R. Kiesling

Lobivia pygmaea (R.E. Fr.) Backeb.
Sin.: *Acantholobivia haagei* (Fric & Schelle) Y. Ito, *Digitorebutia haagei* (Fric & Schelle) Fric, *Digitorebutia mudanensis* Rausch, *Digitorebutia nazarenoensis* Rausch, *Echinopsis pygmaea* R.E. Fr., *Lobivia digitiformis* Backeb., *Lobivia haagei* (Fric & Schelle) Wessner, *Lobivia haagei* (Fric & Schelle) Wessner var. *elegantula* Rausch, *Lobivia haagei* (Fric & Schelle) Wessner var. *mudanensis* (Rausch) Rausch, *Lobivia haagei* (Fric & Schelle) Wessner var. *pelzliana* Rausch, *Lobivia neo-haageana* Backeb., *Lobivia neohaageana* Backeb., *Lobivia neohaageana* Backeb. var. *flavovirens* Backeb., *Mediolobivia haagei* (Fric & Schelle) Backeb., *Mediolobivia haagei* (Fric & Schelle) Backeb. var. *flavovirens* (Backeb.) Backeb., *Mediolobivia pygmaea* (Fric) Backeb., *Mediolobivia pygmaea* (R.E. Fr.) Backeb. var. *flavovirens* (Backeb.) Backeb., *Pygmaeolobivia haagei* (Fric & Schelle) Backeb., *Rebutia haagei* Fric & Schelle, *Rebutia nazarenoensis* (Rausch) B. Fearn & Pearcy, *Rebutia pygmaea* (R.E. Fr.) Britton & Rose, *Reolobivia haagei* (Fric & Schelle) Fric
Ref.: Rausch, 1986a.
Hábito: Hierba suculenta.
Status: Nativa.
Elevación: 3000-4500 m.
Prov.: JU.
Paises limítrofes: BO.
Ejemplar examinado: *Kiesling et al. 8230* (SI).

Lobivia rebutioides Backeb. = **Lobivia densispina** (Werderm.) Buining

Lobivia rebutioides Backeb. var. *citriniflora* Backeb. = **Lobivia densispina** (Werderm.) Buining

Lobivia rebutioides Backeb. var. *krausiana* Backeb. = **Lobivia densispina** (Werderm.) Buining

Lobivia rosarioana Rausch = **Lobivia formosa** (Pfeiff.) Dodds var. **rosarioana** (Rausch) Rausch

Lobivia rubescens Backeb. = **Lobivia marsoneri** (Werderm.) Backeb. var. **marsoneri**
Ref.: Rausch, 1986a.

Lobivia rubescens Backeb. var. *tenuispina* Backeb. = **Lobivia marsoneri** (Werderm.) Backeb. var. **marsoneri**
Ref.: Rausch, 1986a.

Lobivia saltensis (Speg.) Britton & Rose
Sin.: *Echinopsis nealeana* (Backeb.) Friedrich, *Echinopsis pseudocachensis* (Backeb.) Friedrich, *Echinopsis saltensis* Speg., *Echinopsis saltensis* Speg. var. *nealeana* (Backeb.) J.G. Lamb., *Echinopsis saltensis* Speg. var. *pseudocachensis* (Backeb.) J.G. Lamb., *Lobivia emmae* Backeb., *Lobivia emmae* Backeb. var. *brevispina* Backeb., *Lobivia nealeana* Backeb., *Lobivia pseudocachensis* Backeb., *Lobivia pseudocachensis* Backeb. var. *cinnabarina* Backeb., *Lobivia pseudocachensis* Backeb. var. *sanguinea* Backeb., *Lobivia saltensis* (Speg.) Britton & Rose var. *multicostata* (Backeb.) Rausch, *Lobivia saltensis* (Speg.) Britton & Rose var. *nealeana* (Backeb.) Rausch, *Lobivia saltensis* (Speg.) Britton & Rose var. *pseudocachensis* (Backeb.) Rausch, *Lobivia saltensis* (Speg.) Britton & Rose var. *zapallarensis* Rausch
Ref.: Rausch, 1986a.
Hábito: Hierba suculenta.
Status: Endémica.
Elevación: 2000-3000 m.
Prov.: SA.
Ejemplar citado: *Rausch 16** (ZSS).

Lobivia saltensis (Speg.) Britton & Rose var. *multicostata* (Backeb.) Rausch = **Lobivia saltensis** (Speg.) Britton & Rose

Lobivia saltensis (Speg.) Britton & Rose var. *nealeana* (Backeb.) Rausch = **Lobivia saltensis** (Speg.) Britton & Rose

Lobivia saltensis (Speg.) Britton & Rose var. *pseudocachensis* (Backeb.) Rausch = **Lobivia saltensis** (Speg.) Britton & Rose

Lobivia saltensis (Speg.) Britton & Rose var. *zapallarensis* Rausch = **Lobivia saltensis** (Speg.) Britton & Rose

Lobivia sanguiniflora Backeb.
Sin.: *Echinopsis sanguiniflora* (Backeb.) D.R. Hunt, *Lobivia breviflora* Backeb., *Lobivia duursmaiana* Backeb., *Lobivia polycephala* Backeb., *Lobivia sanguiniflora* Backeb. var. *breviflora* (Backeb.) Rausch, *Lobivia sanguiniflora* Backeb. var. *duursmaiana* (Backeb.) Rausch, *Lobivia sanguiniflora* Backeb. var. *pseudolateritia* Backeb.
Ref.: Rausch, 1986a.
Hábito: Hierba suculenta.
Status: Endémica.
Elevación: 2500-3000 m.
Prov.: SA.

Nota: No se ha podido observar material de herbario de esta especie.

Lobivia sanguiniflora Backeb. var. *breviflora* (Backeb.) Rausch = **Lobivia sanguiniflora** Backeb.
Ref.: Rausch, 1986a.

Lobivia sanguiniflora Backeb. var. *duursmaiana* (Backeb.) Rausch = **Lobivia sanguiniflora** Backeb.
Ref.: Rausch, 1986a.

Lobivia sanguiniflora Backeb. var. *pseudolateritia* Backeb. = **Lobivia sanguiniflora** Backeb.
Ref.: Rausch, 1986a.

Lobivia schmiedcheniana U. Köhler = **Lobivia einsteinii** (Fric) Rausch

Lobivia schreiteri A. Cast. var. **riolarensis** Rausch
Ref.: Rausch, 1986a.
Hábito: Hierba suculenta.
Status: Endémica.
Elevación: 3000-3500 m.
Prov.: CA.
Ejemplar citado: *Rausch 793** (holotipo, ZSS).

Lobivia schreiteri A. Cast. var. **schreiteri**
Sin.: *Echinopsis schreiteri* (A. Cast.) Werderm. ex Backeb., *Echinopsis stilowiana* (Backeb.) J.G. Lamb., *Lobivia schreiteri* A. Cast. var. *stilowiana* (Backeb.) Rausch, *Lobivia stilowiana* Backeb.
Hábito: Hierba suculenta.
Status: Endémica.
Elevación: 2500-3500 m.
Prov.: TU.
Ejemplar examinado: *Kiesling 8874* (SI).

Lobivia schreiteri A. Cast. var. *stilowiana* (Backeb.) Rausch = **Lobivia schreiteri** A. Cast. var. **schreiteri**

Lobivia schuldtii Fric = **Lobivia chrysantha** (Werderm.) Backeb. var. **chrysantha**
Ref.: Rausch, 1986a.

Lobivia scoparia Werderm. = **Lobivia densispina** (Werderm.) Buining

Lobivia shaferi Britton & Rose = **Echinopsis aurea** Britton & Rose var. **fallax** (Oehme) J. Ullmann

Lobivia shaferi Britton & Rose subsp. *fallax* (Oehme) Herz = **Echinopsis aurea** Britton & Rose var. **fallax** (Oehme) J. Ullmann

Lobivia shaferi Britton & Rose subsp. *leucomalla* (Wessner) E. Herzog = **Echinopsis aurea** Britton & Rose var. **aurea**

Lobivia silvestrii (Speg.) G.D. Rowley
Sin.: *Cereus silvestrii* Speg., *Chamacereus silvestrii* (Speg.) Britton & Rose, *Echinopsis chamacereus* Friedrich & Glaetzle
Ref.: Rausch, 1986a.
Status: Endémica.
Elevación: 2500-3500 m.
Prov.: SA, TU.
Ejemplar examinado: *Spegazzini s.n.* (holotipo, LP 23023).

Lobivia spiniflora (K. Schum.) Rausch = **Acanthocalycium spiniflorum** (K. Schum.) Backeb.

Lobivia spiniflora (K. Schum.) Rausch var. *klimpeliana* (Weid. & Werderm.) Rausch = **Acanthocalycium klimpelianum** (Weid. & Werderm.) Backeb.

Lobivia spiniflora (K. Schum.) Rausch var. *macrantha* Rausch = **Acanthocalycium klimpelianum** (Weid. & Werderm.) Backeb.

Lobivia spiniflora (K. Schum.) Rausch var. *peitscherana* (Backeb.) Rausch = **Acanthocalycium klimpelianum** (Weid. & Werderm.) Backeb.

Lobivia spiniflora (K. Schum.) Rausch var. *violacea* (Werderm.) Rausch = **Acanthocalycium spiniflorum** (K. Schum.) Backeb.

Lobivia staffenii Fric = **Lobivia chrysantha** (Werderm.) Backeb. var. **chrysantha**
Ref.: Rausch, 1986a.

Lobivia steinmannii (Salm-Dyck) Backeb. var. *christinae* (Rausch) Rausch = **Rebutia fiebrigii** (W.R. Guerke) Britton & Rose

Lobivia stilowiana Backeb. = **Lobivia schreiteri** A. Cast. var. **schreiteri**

Lobivia sublimiflora Backeb. = **Lobivia densispina** (Werderm.) Buining

Lobivia thionantha (Speg.) Britton & Rose = **Acanthocalycium thionanthum** (Speg.) Backeb.

Lobivia thionantha (Speg.) Britton & Rose var. *aurantiaca* (Rausch) Rausch = **Acanthocalycium glaucum** F. Ritter

Lobivia thionantha (Speg.) Britton & Rose var. *brevispina* (F. Ritter) Rausch = **Acanthocalycium thionanthum** (Speg.) Backeb.

Lobivia thionantha (Speg.) Britton & Rose var. *catamarcense* (F. Ritter) Rausch = **Acanthocalycium thionanthum** (Speg.) Backeb.

Lobivia thionantha (Speg.) Britton & Rose var. *chionantha* (Speg.) Rausch = **Acanthocalycium thionanthum** (Speg.) Backeb.

Lobivia thionantha (Speg.) Britton & Rose var. *erythrantha* Rausch = **Acanthocalycium thionanthum** (Speg.) Backeb.

Lobivia thionantha (Speg.) Britton & Rose var. *ferrarii* (Rausch) Rausch = **Acanthocalycium ferrarii** Rausch

Lobivia thionantha (Speg.) Britton & Rose var. *glauca* (F. Ritter) Rausch = **Acanthocalycium glaucum** F. Ritter

Lobivia thionantha (Speg.) Britton & Rose var. *munita* Rausch = **Acanthocalycium thionanthum** (Speg.) Backeb.

Lobivia thionantha (Speg.) Britton & Rose var. *variiflora* (Backeb.)) Rausch = **Acanthocalycium ferrarii** Rausch

Lobivia uitewaaleana Buining = **Lobivia marsoneri** (Werderm.) Backeb. var. **iridescens** (Backeb.) Rausch
Ref.: Rausch, 1986a.

Lobivia vatteri Krainz = **Lobivia jajoiana** Backeb. var. **jajoiana**

Lobivia vatteri Krainz var. *robusta* Backeb. = **Lobivia jajoiana** Backeb. var. **jajoiana**

Lobivia walteri R. Kiesling
Sin.: *Echinopsis walteri* (R. Kiesling) Friedrich & Glaetzle, *Lobivia huascha* (F.A.C. Weber) W.T. Marshall var. *walteri* (R. Kiesling) Rausch, *Trichocereus walteri* (R. Kiesling) J.G. Lamb.
Ref.: Kiesling, 1976.
Hábito: Subarbusto suculento.
Status: Endémica.
Elevación: 2000-2500 m.
Prov.: SA.
Ejemplar examinado: *Kiesling 1109* (holotipo, SI).

Lobivia wessneriana Fritzen = **Lobivia densispina** (Werderm.) Buining

Maihuenia (F.A.C. Weber) K. Schum.

Número de especies: 2, 1 especie endémica.

Maihuenia albolanata F. Ritter = **Maihuenia patagonica** (Phil.) Britton & Rose
Ref.: Kiesling, 1984.

Maihuenia andicola Comber = **Maihuenia patagonica** (Phil.) Britton & Rose
Ref.: Kiesling, 1984.

Maihuenia brachydelphys K. Schum. = **Maihuenia patagonica** (Phil.) Britton & Rose
Ref.: Kiesling, 1984.

Maihuenia cumulata F. Ritter = **Maihuenia patagonica** (Phil.) Britton & Rose
Ref.: Kiesling, 1984.

Maihuenia latispina F. Ritter = **Maihuenia patagonica** (Phil.) Britton & Rose
Ref.: Kiesling, 1984.

Maihuenia patagonica (Phil.) Britton & Rose
Sin.: *Maihuenia albolanata* F. Ritter, *Maihuenia andicola* Comber, *Maihuenia brachydelphys* K. Schum., *Maihuenia cumulata* F. Ritter, *Maihuenia latispina* F. Ritter, *Maihuenia tehuelches* Speg., *Maihuenia valentinii* Speg., *Opuntia patagonica* Phil.
Ref.: Kiesling, 1988; Leuenberger, 1997.
Hábito: Subarbusto suculento.
Status: Endémica.
Elevación: 0-500 m.
Prov.: CHU, ME, NE, RN, SC.
Ejemplar examinado: *Cabrera et al. 19467* (LP).

Maihuenia philippii (F.A.C. Weber) K. Schum. = **Maihuenia poeppigii** (Otto & Pfeiff.) F.A.C. Weber ex K. Schum.
Ref.: Kiesling, 1988.

Maihuenia poeppigii (Otto & Pfeiff.) F.A.C. Weber ex K. Schum.
Sin.: *Maihuenia philippii* (F.A.C. Weber) K. Schum., *Opuntia poeppigii* Otto & Pfeiff., *Pereskia philippii* F.A.C. Weber
Ref.: Kiesling, 1988; Leuenberger, 1997.
Hábito: Subarbusto suculento.
Status: Nativa.
Elevación: 500-1000 m.
Prov.: NE.
Paises limítrofes: CH.
Ejemplar examinado: *Rossow et al. 2014* (BAB).

Maihuenia tehuelches Speg. = **Maihuenia patagonica** (Phil.) Britton & Rose
Ref.: Kiesling, 1984; Leuenberger, 1997.

Maihuenia valentinii Speg. = **Maihuenia patagonica** (Phil.) Britton & Rose
Ref.: Kiesling, 1984; Leuenberger, 1997.

Maihueniopsis Speg.

Número de especies: 7, 3 especies endémicas.

Maihueniopsis albomarginata F. Ritter = **Maihueniopsis darwinii** (Hensl.) F. Ritter var. **hickenii** (Britton & Rose) R. Kiesling
Ref.: Kiesling, 1984.

Maihueniopsis boliviana (Salm-Dyck) R. Kiesling
Sin.: *Cumulopuntia boliviana* (Salm-Dyck) F. Ritter, *Cumulopuntia famatinensis* F. Ritter, *Cumulopuntia pampana* F. Ritter, *Opuntia boliviana* Salm-Dyck, *Tephrocactus bolivianus* (Salm-Dyck) Backeb., *Tephrocactus curvispinus* Backeb., nom. inval., *Tephrocactus flexispinus* Backeb., nom. inval., *Tephrocactus melanacanthus* Backeb., nom. inval.
Ref.: Kiesling, 1984.
Hábito: Subarbusto suculento.
Status: Nativa.
Elevación: 3000-4500 m.
Prov.: CA, JU, LR, ME, SA, SJ.
Paises limítrofes: BO, CH.
Ejemplar examinado: *Castellanos s.n.* (neotipo, BA 19267).

Maihueniopsis darwinii (Hensl.) F. Ritter var. **darwinii**
Sin.: *Opuntia darwinii* Hensl., *Tephrocactus darwinii* (Hensl.) Backeb. ex Fric
Ref.: Kiesling, 1984.
Hábito: Subarbusto suculento.
Status: Endémica.
Elevación: 0-500 m.
Prov.: BA, CHU, RN, SC.
Ejemplar examinado: *Soriano 2729* (neotipo, BAB).

Maihueniopsis darwinii (Hensl.) F. Ritter var. **hickenii** (Britton & Rose) R. Kiesling
Sin.: *Maihueniopsis albomarginata* F. Ritter, *Maihueniopsis neuquensis* (Borg) F. Ritter, *Opuntia hickenii* Britton & Rose, *Opuntia neuquensis* Borg, *Opuntia platyacantha* Pfeiff., *Tephrocactus hickenii* (Britton & Rose) Speg., *Tephrocactus neuquensis* (Borg) Backeb., *Tephrocactus platycanthus* (Pfeiff.) Lem.
Ref.: Kiesling, 1984.
Hábito: Subarbusto suculento.
Status: Endémica.
Elevación: 0-1000 m.
Prov.: BA, CHU, ME, NE, RN, SC.
Ejemplar examinado: *Hicken s.n.* (holotipo, NY 603229; isotipo, US no visto).

Maihueniopsis glomerata (Haw.) R. Kiesling
Sin.: *Maihueniopsis hypogaea* (Werderm.) F. Ritter, *Maihueniopsis leptoclada* F. Ritter, *Maihueniopsis molfinoi* Speg., *Opuntia glomerata* Haw., *Opuntia hypogaea* Werderm., *Opuntia molfinoi* (Speg.) Werderm., *Tephrocactus glomeratus* (Haw.) Backeb.
Ref.: Kiesling, 1984.
Hábito: Subarbusto suculento.
Status: Nativa.
Elevación: 2000-3500 m.
Prov.: CA, JU, LR, ME, SA, SJ.
Paises limítrofes: BO, CH.
Ejemplar examinado: *Dell'Arciprete s.n.* (neotipo, BACP 2166).

Maihueniopsis hypogaea (Werderm.) F. Ritter = **Maihueniopsis glomerata** (Haw.) R. Kiesling
Ref.: Kiesling, 1984.

Maihueniopsis leptoclada F. Ritter = **Maihueniopsis glomerata** (Haw.) R. Kiesling
Ref.: Kiesling, 1984.

Maihueniopsis mandragora (Backeb.) F. Ritter, comb. illeg. = **Maihueniopsis minuta** (Backeb.) R. Kiesling

Maihueniopsis minuta (Backeb.) R. Kiesling
Sin.: *Maihueniopsis mandragora* (Backeb.) F. Ritter, comb. illeg., *Opuntia mandragora* (Backeb.) G.D. Rowley, comb. illeg., *Opuntia minuta* (Backeb.) A. Cast., *Tephrocactus mandragora* Backeb., *Tephrocactus minutus* Backeb.
Ref.: Kiesling, 1984.
Hábito: Subarbusto suculento.
Status: Endémica.
Elevación: 1500-2500 m.
Prov.: JU, SA.
Ejemplar examinado: *Kiesling 640* (LP).

Maihueniopsis molfinoi Speg. = **Maihueniopsis glomerata** (Haw.) R. Kiesling
Ref.: Kiesling, 1984.

Maihueniopsis molinensis (Speg.) F. Ritter = **Tephrocactus molinensis** (Speg.) Backeb.
Ref.: Kiesling, 1984.

Maihueniopsis neuquensis (Borg) F. Ritter = **Maihueniopsis darwinii** (Hensl.) F. Ritter var. **hickenii** (Britton & Rose) R. Kiesling

Maihueniopsis nigrispina (K. Schum.) R. Kiesling
Sin.: *Opuntia nigrispina* K. Schum., *Opuntia purpurea* R.E. Fr., *Platyopuntia nigrispina* (K. Schum.) F. Ritter, comb. illeg., *Tephrocactus nigrispinus* (K. Schum.) Backeb.
Ref.: Kiesling, 1984.
Hábito: Subarbusto suculento.
Status: Nativa.
Elevación: 2500-3500 m.
Prov.: JU, SA.
Paises limítrofes: BO.
Ejemplar examinado: *Arenas y Dell'Arciprete s.n.* (neotipo, BACP 1738).

Maihueniopsis ovata (Pfeiff.) F. Ritter
Sin.: *Opuntia ovata* Pfeiff., *Opuntia russellii* Britton & Rose, *Tephrocactus ovatus* (Pfeiff.) Backeb., *Tephrocactus russellii* (Britton & Rose) Backeb.
Ref.: Kiesling, 1984.
Hábito: Subarbusto suculento.
Status: Endémica.
Elevación: 1000-1500 m.
Prov.: ME, SJ.
Ejemplar examinado: *Ruiz Leal 12029* (neotipo, MERL).

Maihueniopsis pentlandii (Salm-Dyck) R. Kiesling
Sin.: *Cumulopuntia pentlandii* (Salm-Dyck) F. Ritter, *Cumulopuntia rossiana* (Heinr. & Backeb.) F. Ritter *Opuntia pentlandii* Salm-Dyck, *Tephrocactus pentlandii* (Salm-Dyck) Backeb., *Tephrocactus pentlandii* (Salm-Dyck) Backeb. var. *rossianus* Heinr. & Backeb.
Ref.: Kiesling, 1984.
Hábito: Subarbusto suculento.
Status: Nativa.
Elevación: 3000-4000 m.
Prov.: JU.
Paises limítrofes: BO.
Ejemplar examinado: *Arenas y Dell'Arciprete s.n.* (BACP 1785).

Malacocarpus bertinii (Cels) Hosseus = **Austrocactus bertinii** (Cels) Britton & Rose
Ref.: Kiesling, 1988.

Malacocarpus catamarcensis (Speg.) Britton & Rose = **Pyrrhocactus pachacoensis** Rausch

Malacocarpus ottonis (Lehm.) Britton & Rose = **Parodia ottonis** (Lehm.) N.P. Taylor

Malacocarpus pauciareolatus (Arechav.) A. Berger = **Wigginsia pauciareolata** (Arechav.) R. Kiesling

Malacocarpus schumannianus (Nicolai) Britton & Rose = **Parodia schumanniana** (Nicolai) F.H. Brandt

Malacocarpus sessiliflorus (Hook.) Backeb. = **Wigginsia sessiliflora** (Hook.) D.M. Porter

Malacocarpus stegmannii Backeb., nom. inval. = **Wigginsia sessiliflora** (Hook.) D.M. Porter

Malacocarpus tephracanthus (Link & Otto) K. Schum. = **Wigginsia tephracantha** (Link & Otto) D.M. Porter

Malacocarpus tetracanthus Lem. = **Wigginsia sessiliflora** (Hook.) D.M. Porter

Mediocactus coccineus auct. non (Salm-Dyck ex DC.) Britton & Rose = **Selenicereus setaceus** (Salm-Dyck ex DC.) Werderm.
Ref.: Hunt, 1989.

Mediolobivia auranitida (Wessner) Backeb. = **Lobivia einsteinii** (Fric) Rausch

Mediolobivia auranitida (Wessner) Backeb. var. *flaviflora* Backeb. = **Lobivia einsteinii** (Fric) Rausch

Mediolobivia euanthema (Backeb.) Krainz = **Lobivia euanthema** Backeb.

Mediolobivia haagei (Fric & Schelle) Backeb. = **Lobivia pygmaea** (R.E. Fr.) Backeb.

Mediolobivia haagei (Fric & Schelle) Backeb. var. *flavovirens* (Backeb.) Backeb. = **Lobivia pygmaea** (R.E. Fr.) Backeb.

Mediolobivia pygmaea (Fric) Backeb. = **Lobivia pygmaea** (R.E. Fr.) Backeb.
Ref.: Rausch, 1986a.

Mediolobivia pygmaea (R.E. Fr.) Backeb. var. *flavovirens* (Backeb.) Backeb. = **Lobivia pygmaea** (R.E. Fr.) Backeb.

Mediolobivia schmiedcheniana (U. Köhler) Krainz = **Lobivia einsteinii** (Fric) Rausch

Mediolobivia schmiedcheniana (U. Köhler) Krainz var. *einsteinii* (Fric) Backeb., comb. illeg. = **Lobivia einsteinii** (Fric) Rausch

Mesechinopsis hamatacantha (Backeb.) Y. Ito = **Echinopsis ancistrophora** Speg.
Ref.: Backeberg, 1959b.

Mesechinopsis leucorhodantha (Backeb.) Y. Ito = **Echinopsis ancistrophora** Speg.

Mesechinopsis lobivioides (Backeb.) Y. Ito = **Echinopsis ancistrophora** Speg.

Mesechinopsis pelecyrhachys (Backeb.) Y. Ito = **Echinopsis ancistrophora** Speg.

Mesechinopsis polyancistra (Backeb.) Y. Ito = **Echinopsis ancistrophora** Speg.

Monvillea Britton & Rose
Número de especies: 3

Monvillea cavendischii (Monv.) Britton & Rose
Sin.: *Cereus cavendischii* Monv., *Cereus rhodoleucanthus* K. Schum., *Cereus saxicolus* Morong, *Praecereus saxicolus* (Morong) N.P. Taylor
Ref.: Britton & Rose, 1920; Hunt, 1988; Heath, 1992.
Hábito: Subarbusto suculento.
Status: Nativa.
Elevación: 0-500 m.
Prov.: CH, COR, ER, FO, JU, SA.
Paises limítrofes: PA.
Ejemplar examinado: *Burkart 28227* (SI).

Monvillea euchlora (F.A.C. Weber ex K. Schum.) Backeb.
Sin.: *Cereus euchlorus* F.A.C. Weber ex K. Schum., *Praecereus euchlorus* (F.A.C. Weber ex K. Schum.) N.P. Taylor
Hábito: Arbusto o arbolito suculento.
Status: Nativa.
Elevación: 0-500 m.
Prov.: MI.
Paises limítrofes: PA.
Ejemplar examinado: *Morrone et al. 1613* (SI).

Monvillea marmorata (Zeiss.) Fric & Kreuz. = **Monvillea spegazzinii** (F.A.C. Weber) Britton & Rose
Ref.: Backeberg, 1960.

Monvillea spegazzinii (F.A.C. Weber) Britton & Rose
Sin.: *Cereus marmoratus* Zeiss., nom. nud., *Cereus spegazzinii* F.A.C. Weber, *Monvillea marmorata* (Zeiss.) Fric & Kreuz.
Ref.: Britton & Rose, 1920.
Hábito: Arbusto suculento.
Status: Nativa.
Elevación: 0-500 m.
Prov.: CH, FO.
Paises limítrofes: BO, PA.
Ejemplar examinado: *Arenas 2170* (SI).

Neochilenia andreana Backeb., nom. inval. = **Pyrrhocactus kattermannii** R. Kiesling

Neolobivia kratochviliana (Backeb.) Y. Ito = **Echinopsis ancistrophora** Speg.
Ref.: Backeberg, 1959a.

Neolobivia ritteri (Boed.) Y. Ito = **Echinopsis mamillosa** Gürke

Neoporteria andreana (Backeb.) Donald & G.D. Rowley, comb. inval. = **Pyrrhocactus kattermannii** R. Kiesling

Neoporteria bulbocalyx (Werderm.) Donald & G.D. Rowley = **Pyrrhocactus bulbocalyx** (Werderm.) Backeb.

Neoporteria sanjuanensis (Speg.) Donald & G.D. Rowley = **Pyrrhocactus sanjuanensis** (Speg.) Backeb.

[Neoporteria volliana (Backeb.) Donald & G.D. Rowley]
Sin.: *Pyrrhocactus vollianus* Backeb.
Nota: Taxón dudoso.

Neoporteria strausiana (K. Schum.) Donald & G.D. Rowley = **Pyrrhocactus strausianus** (K. Schum.) A. Berger

Neoporteria umadeave (Werderm.) Donald & G.D. Rowley = **Pyrrhocactus umadeave** (Werderm.) Backeb.

Neoporteria umadeave (Werderm.) Donald & G.D. Rowley var. *marayesensis* (Backeb.) Donald & G.D. Rowley = **Pyrrhocactus sanjuanensis** (Speg.) Backeb.

Neoporteria villicumensis (Rausch) Donald = **Pyrrhocactus sanjuanensis** (Speg.) Backeb.

Neowerdermannia Fric

Número de especies: 1

Neowerdermannia vorwerkii Fric
Sin.: *Sulcorebutia vorwerkii* (Fric) Brand, comb. illeg., *Weingartia vorwerkii* (Fric) Backeb.
Ref.: Castellanos & Lelong, 1943.
Hábito: Subarbusto suculento.
Status: Nativa.
Elevación: 3500-4000 m.
Prov.: JU, SA.
Paises limítrofes: BO.
Ejemplar examinado: *Kiesling 8928* (SI).

Notocactus bertinii (Cels) Marshall = **Austrocactus bertinii** (Cels) Britton & Rose
Ref.: Kiesling, 1988.

Notocactus linkii (Lehm.) Herter = **Parodia linkii** (Lehm.) R. Kiesling
Ref.: Kiesling, 1995.

Notocactus mammulosus (Lem.) A. Berger var. *pampeanus* (Speg.) A. Cast. = **Parodia submammulosa** (Lem.) R. Kiesling subsp. **submammulosa**
Ref.: Kiesling, 1995.

Notocactus ottonis (Lehm.) A. Berger = **Parodia ottonis** (Lehm.) N.P. Taylor

Notocactus pampeanus (Speg.) Backeb. = **Parodia submammulosa** (Lem.) R. Kiesling subsp. **submammulosa**
Ref.: Kiesling, 1995.

Notocactus schumannianus (Nicolai) A. Berger = **Parodia schumanniana** (Nicolai) F.H. Brandt

Notocactus submammulosus (Lem.) Backeb. = **Parodia submammulosa** (Lem.) R. Kiesling subsp. **submammulosa**
Ref.: Kiesling, 1995.

Notocactus submammulosus (Lem.) Backeb. var. *pampeanus* (Speg.) Backeb. = **Parodia submammulosa** (Lem.) R. Kiesling subsp. **submammulosa**
Ref.: Kiesling, 1995.

Opuntia Mill.

Número de especies: 20, 4 especies y una variedad endémicas.

Opuntia albiflora K. Schum. = **Opuntia salmiana** Parm.

Opuntia alexanderi Britton & Rose = **Tephrocactus alexanderi** (Britton & Rose) Backeb.

Opuntia alexanderi Britton & Rose var. *bruchii* (Speg.) G.D. Rowley = **Tephrocactus alexanderi** (Britton & Rose) Backeb.
Ref.: Kiesling, 1984.

Opuntia anacantha Speg. var. **anacantha** (Speg.) R. Kiesling
Sin.: *Opuntia canina* Speg.
Ref.: Kiesling, 1998, inéd.c.
Hábito: Subarbusto suculento.
Status: Nativa.
Elevación: 0-1000 m.
Prov.: FO, JU, SA.
Paises limítrofes: BO, PA.
Ejemplar examinado: *Maranta 660* (BACP).

Opuntia anacantha Speg. var. **kiska-loro** (Speg.) R. Kiesling
Sin.: *Opuntia bispinosa* Backeb., *Opuntia kiska-loro* Speg., *Platyopuntia kiska-loro* (Speg.) F. Ritter, comb. illeg.
Ref.: Kiesling, 1998.
Hábito: Subarbusto suculento.
Status: Nativa.
Elevación: 0-1000 m.
Prov.: COR, ER, FO, SE.
Paises limítrofes: PA.
Ejemplar examinado: *Burkart y Bacigalupo 21294* (SI).

Opuntia anacantha Speg. var. **retrorsa** (Speg.) R. Kiesling
Sin.: *Opuntia retrorsa* Speg., *Platyopuntia retrorsa* (Speg.) F. Ritter, comb. illeg.
Ref.: Kiesling, 1998.
Hábito: Subarbusto suculento.
Status: Nativa.
Elevación: 0-1000 m.
Prov.: CH, COR, FO, LR, SA, SE, SF.
Paises limítrofes: BO, PA.
Ejemplar examinado: *Maranta 500* (BACP).

Opuntia anacantha Speg. var. **utkilio** (Speg.) R. Kiesling
Sin.: *Opuntia utkilio* Speg.
Hábito: Subarbusto suculento.
Status: Nativa.
Elevación: 0-1000 m.
Prov.: COR, ER, SA.
Paises limítrofes: PA.
Ejemplar examinado: *Schinini 19584* (SI).

Opuntia aoracantha Lem. = **Tephrocactus aoracanthus** (Lem.) Lem.
Ref.: Kiesling, 1984.

Opuntia arechavaletae Speg.
Ref.: Britton & Rose, 1919; Kiesling, inéd.a.
Hábito: Arbusto suculento.
Status: Nativa.
Elevación: 0-500 m.
Prov.: BA, ER.
Paises limítrofes: BR, UR.
Ejemplar examinado: *Arechavaleta s.n.* (holotipo, LP).

Opuntia argentina Griseb. = **Opuntia brasiliensis** (Willd.) Haw.

Opuntia articulata (Pfeiff.) D.R. Hunt = **Tephrocactus articulatus** (Pfeiff.) Backeb. var. **articulatus**

[Opuntia atrovirens Speg.]
Nota: Taxón dudoso.

Opuntia aulacothele F.A.C. Weber = **Opuntia longispina** Haw.

Opuntia aurantiaca Lindl.
Sin.: *Opuntia maldonaensis* Arechav., *Opuntia montevidensis* Speg.
Ref.: Kiesling, inéd.a.
Hábito: Subarbusto suculento.
Status: Nativa.
Elevación: 0-500 m.
Prov.: BA, ER.
Paises limítrofes: UR.
Ejemplar examinado: *Burkart 24993* (SI).

Opuntia australis F.A.C. Weber = **Pterocactus australis** (F.A.C. Weber) Backeb.

Opuntia bispinosa Backeb. = **Opuntia anacantha** Speg. var. **kiska-loro** (Speg.) R. Kiesling

Opuntia boliviana Salm-Dyck = **Maihueniopsis boliviana** (Salm-Dyck) R. Kiesling
Ref.: Kiesling, 1984.

Opuntia bonarensis Speg. = **Opuntia paraguayensis** K. Schum.

Opuntia brasiliensis (Willd.) Haw.
Sin.: *Brasiliopuntia brasiliensis* (Willd.) A. Berger, *Cactus brasiliensis* Willd., *Opuntia argentina* Griseb., *Opuntia hieronymii* Griseb.
Ref.: Castellanos & Lelong, 1944.
Hábito: Árbol suculento.
Status: Nativa.
Elevación: 0-500 m.
Prov.: SA.
Paises limítrofes: BO, BR.
Ejemplar examinado: *Krapovickas y Schinini 31530* (CTES).

Opuntia bruchii Speg. = **Tephrocactus alexanderi** (Britton & Rose) Backeb.
Ref.: Kiesling, 1984.

Opuntia brunnescens Britton & Rose = **Opuntia sulphurea** Gillies ex Salm-Dyck var. **pampeana** (Speg.) Backeb.
Ref.: Castellanos, 1957.

Opuntia canina Speg. = **Opuntia anacantha** Speg. var. **anacantha** (Speg.) R. Kiesling

Opuntia cedegreniana Backeb. = **Opuntia soehrensii** Britton & Rose

Opuntia chaquensis Speg.
Ref.: Spegazzini, 1905.
Hábito: Arbusto suculento.
Status: Nativa.
Elevación: 0-500 m.
Prov.: CH, ER, FO, SF.
Paises limítrofes: PA.
Ejemplar examinado: *Schinini y Vanni 21644* (SI).

Opuntia clavarioides Pfeiff. = **Puna clavarioides** (Pfeiff.) R. Kiesling
Ref.: Kiesling, 1982b.

Opuntia colubrina A. Cast.
Sin.: *Austrocylindropuntia colubrina* (A. Cast.) Backeb.
Ref.: Castellanos, 1955.
Hábito: Subarbusto suculento.
Status: Nativa.
Elevación: 0-500 m.
Prov.: CH, FO.
Paises limítrofes: PA.
Ejemplar examinado: *Nicora y Kiesling 9722* (SI).

Opuntia cordobensis Speg.
Sin.: *Platyopuntia cordobensis* (Speg.) F. Ritter, comb. illeg.
Ref.: Spegazzini, 1905.
Hábito: Arbusto suculento.
Status: Endémica.
Elevación: 500-1000 m.
Prov.: CA, CO, LR, SA.
Ejemplar examinado: *Castellanos s.n.* (BA 27/2007).

Opuntia corrugata Salm-Dyck = **Opuntia longispina** Haw.

Opuntia darwinii Hensl. = **Maihueniopsis darwinii** (Hensl.) F. Ritter var. **darwinii**

Opuntia diademata Lem. = **Tephrocactus articulatus** (Pfeiff.) Backeb. var. **oligacanthus** (Speg.) Backeb.
Ref.: Kiesling, 1984.

Opuntia diademata Lem. var. *inermis* Speg. = **Tephrocactus articulatus** (Pfeiff.) Backeb. var. **articulatus**
Ref.: Kiesling, 1984.

Opuntia diademata Lem. var. *oligacantha* Speg. = **Tephrocactus articulatus** (Pfeiff.) Backeb. var. **oligacanthus** (Speg.) Backeb.
Ref.: Kiesling, 1984.

Opuntia diademata Lem. var. *polyacantha* Speg. = **Tephrocactus articulatus** (Pfeiff.) Backeb. var. **oligacanthus** (Speg.) Backeb.
Ref.: Kiesling, 1984.

Opuntia digitalis F.A.C. Weber = **Austrocylindropuntia verschaffeltii** (Cels ex F.A.C. Weber) Backeb.
Ref.: Backeberg, 1959b.

Opuntia distans Britton & Rose = **Opuntia quimilo** K. Schum.

Opuntia ficus-indica (L.) Mill.
Sin.: *Cactus ficus-indica* L., *Opuntia ficus-indica* (L.) Mill. var. *gymnocarpa* F.A.C. Weber, *Opuntia tuna-blanca* Speg.
Ref.: Britton & Rose, 1919.
Hábito: Arbusto suculento.
Status: Introducida.
Elevación: 0-2500 m.
Prov.: BA, CA, CH, CO, COR, ER, FO, JU, LP, LR, ME, SA, SE, SF, SJ, SL, TU.
Paises limítrofes: BO, BR, CH, PA, UR.
Ejemplar examinado: *Bacigalupo et al. 1687* (SI).

Opuntia ficus-indica (L.) Mill. var. *gymnocarpa* F.A.C. Weber = **Opuntia ficus-indica** (L.) Mill.

Opuntia geometrica A. Cast. = **Tephrocactus geometricus** (A. Cast.) Backeb.
Ref.: Kiesling, 1984.

Opuntia glomerata Haw. = **Maihueniopsis glomerata** (Haw.) R. Kiesling
Ref.: Kiesling, 1984.

Opuntia glomerata Haw. f. *oligacantha* (Speg.) A. Cast. = **Tephrocactus articulatus** (Pfeiff.) Backeb. var. **oligacanthus** (Speg.) Backeb.
Ref.: Kiesling, 1984.

Opuntia guerkei Schelle = **Tephrocactus molinensis** (Speg.) Backeb.
Ref.: Kiesling, 1984.

Opuntia halophila Speg. = **Tephrocactus halophilus** (Speg.) Backeb.
Ref.: Kiesling, 1984.

Opuntia hickenii Britton & Rose = **Maihueniopsis darwinii** (Hensl.) F. Ritter var. **hickenii** (Britton & Rose) R. Kiesling
Ref.: Kiesling, 1984.

Opuntia hieronymii Griseb. = **Opuntia brasiliensis** (Willd.) Haw.

Opuntia hildmannii Fric = **Opuntia sulphurea** Gillies ex Salm-Dyck var. **hildmannii** (Fric) Backeb.

Opuntia hossei (Krainz & Gräser) G.D. Rowley = **Tephrocactus aoracanthus** (Lem.) Lem.
Ref.: Kiesling, 1984.

Opuntia hypogaea Werderm. = **Maihueniopsis glomerata** (Haw.) R. Kiesling
Ref.: Kiesling, 1984.

Opuntia hypsophila Speg. = **Austrocylindropuntia verschaffeltii** (Cels ex F.A.C. Weber) Backeb.

Opuntia ianthinantha (F. Ritter) Iliff = **Opuntia soehrensii** Britton & Rose

Opuntia kiska-loro Speg. = **Opuntia anacantha** Speg. var. **kiska-loro** (Speg.) R. Kiesling

Opuntia longispina Haw.
Sin.: *Opuntia aulacothele* F.A.C. Weber, *Opuntia corrugata* Salm-Dyck, *Opuntia longispina* Haw. var. *brevispina* Backeb., *Opuntia longispina* Haw. var. *corrugata* (Salm-Dyck) Backeb., *Opuntia longispina* Haw. var. *flavidispina* Backeb., *Opuntia longispina* Haw. var. *intermedia* Backeb., *Opuntia microdisca* F.A.C. Weber, *Platyopuntia corrugata* (Salm-Dyck) F. Ritter, comb. illeg.
Hábito: Subarbusto suculento.
Status: Endémica.
Elevación: 1500-2500 m.
Prov.: CA, LR, ME, SJ.
Ejemplar examinado: *Kiesling 1075* (SI).

Opuntia longispina Haw. var. *brevispina* Backeb. = **Opuntia longispina** Haw.

Opuntia longispina Haw. var. *corrugata* (Salm-Dyck) Backeb. = **Opuntia longispina** Haw.

Opuntia longispina Haw. var. *flavidispina* Backeb. = **Opuntia longispina** Haw.

Opuntia longispina Haw. var. *intermedia* Backeb. = **Opuntia longispina** Haw.

Opuntia maculacantha C.F. Först. = **Opuntia sulphurea** Gillies ex Salm-Dyck var. **pampeana** (Speg.) Backeb.
Ref.: Castellanos, 1957.

Opuntia maldonaensis Arechav. = **Opuntia aurantiaca** Lindl.

Opuntia mandragora (Backeb.) G.D. Rowley, comb. illeg. = **Maihueniopsis minuta** (Backeb.) R. Kiesling

Opuntia microdisca F.A.C. Weber = **Opuntia longispina** Haw.

Opuntia minuta (Backeb.) A. Cast. = **Maihueniopsis minuta** (Backeb.) R. Kiesling

Opuntia molfinoi (Speg.) Werderm. = **Maihueniopsis glomerata** (Haw.) R. Kiesling
Ref.: Kiesling, 1984.

Opuntia molinensis Speg. = **Tephrocactus molinensis** (Speg.) Backeb.
Ref.: Kiesling, 1984.

Opuntia monacantha Haw.
Hábito: Arbusto suculento.
Status: Introducida.
Elevación: 0-500 m.
Prov.: BA.
Paises limítrofes: BR.
Ejemplar examinado: *Kiesling 8713* (SI).

Opuntia montevidensis Speg. = **Opuntia aurantiaca** Lindl.

Opuntia multiareolata Backeb. = **Opuntia soehrensii** Britton & Rose

Opuntia neuquensis Borg = **Maihueniopsis darwinii** (Hensl.) F. Ritter var. **hickenii** (Britton & Rose) R. Kiesling

Opuntia nigrispina K. Schum. = **Maihueniopsis nigrispina** (K. Schum.) R. Kiesling
Ref.: Kiesling, 1984.

Opuntia obliqua Backeb. = **Opuntia soehrensii** Britton & Rose

Opuntia ovata Pfeiff. = **Maihueniopsis ovata** (Pfeiff.) F. Ritter
Ref.: Kiesling, 1984.

Opuntia paediophila A. Cast. = **Tephrocactus aoracanthus** (Lem.) Lem.
Ref.: Kiesling, 1984.

Opuntia pampeana Speg. = **Opuntia sulphurea** Gillies ex Salm-Dyck var. **pampeana** (Speg.) Backeb.
Ref.: Castellanos, 1957.

Opuntia papyracantha Phil. = **Tephrocactus articulatus** (Pfeiff.) Backeb. var. **oligacanthus** (Speg.) Backeb.
Ref.: Kiesling, 1984.

Opuntia paraguayensis K. Schum.
Sin.: *Opuntia bonarensis* Speg.
Ref.: Britton & Rose, 1919.
Hábito: Arbusto suculento.
Status: Nativa.
Elevación: 0-500 m.
Prov.: BA, CH, CO, COR, ER, FO, SF.
Paises limítrofes: BR, PA.
Ejemplar examinado: *Woolston 1162* (SI).

Opuntia patagonica Phil. = **Maihuenia patagonica** (Phil.) Britton & Rose
Ref.: Kiesling, 1988.

Opuntia penicilligera Speg.
Ref.: Kiesling, 1988.
Hábito: Subarbusto suculento.
Status: Endémica.
Elevación: 0-1000 m.
Prov.: BA, LP, NE, RN.
Ejemplar examinado: *Bernasconi s.n.* (BA 28/258).

Opuntia pentlandii Salm-Dyck = **Maihueniopsis pentlandii** (Salm-Dyck) R. Kiesling
Ref.: Kiesling, 1984.

Opuntia platyacantha Pfeiff. = **Maihueniopsis darwinii** (Hensl.) F. Ritter var. **hickenii** (Britton & Rose) R. Kiesling
Ref.: Kiesling, 1984.

Opuntia poeppigii Otto & Pfeiff. = **Maihuenia poeppigii** (Otto & Pfeiff.) F.A.C. Weber ex K. Schum.
Ref.: Kiesling, 1988.

Opuntia prasina Speg.
Sin.: *Opuntia salagria* A. Cast.
Ref.: Castellanos, 1955.
Hábito: Subarbusto suculento.
Status: Endémica.
Elevación: 0-500 m.
Prov.: BA, CORD, LP, SF, SL.
Ejemplar examinado: *Castellanos s.n.* (sintipo, BA 54768)

Opuntia puelchana A. Cast. = **Cylindropuntia tunicata** (Lehm.) F.M. Knuth
Ref.: Backeberg, 1958.

Opuntia purpurea R.E. Fr. = **Maihueniopsis nigrispina** (K. Schum.) R. Kiesling
Ref.: Kiesling, 1984.

Opuntia quimilo K. Schum.
Sin.: *Opuntia distans* Britton & Rose, *Platyopuntia quimilo* (K. Schum.) F. Ritter, comb. illeg.
Hábito: Arbolito suculento.
Status: Nativa.
Elevación: 500-1000 m.
Prov.: CA, CH, CO, FO, JU, LR, SA, SE, SF, TU.
Paises limítrofes: BO, PA.
Ejemplar examinado: *Biurrun y Aguero 1191* (SI).

Opuntia retrorsa Speg. = **Opuntia anacantha** Speg. var. **retrorsa** (Speg.) R. Kiesling

Opuntia ruiz-lealii A. Cast. = **Puna clavarioides** (Pfeiff.) R. Kiesling
Ref.: Kiesling, 1982b.

Opuntia russellii Britton & Rose = **Maihueniopsis ovata** (Pfeiff.) F. Ritter
Ref.: Kiesling, 1984.

Opuntia salagria A. Cast. = **Opuntia prasina** Speg.

Opuntia salmiana Parm.
Sin.: *Austrocylindropuntia albiflora* (K. Schum.) Backeb., *Austrocylindropuntia salmiana* (Parm.) Backeb., *Austrocylindropuntia salmiana* (Parm.) Backeb. var. *albiflora* (K. Schum.) Backeb., *Austrocylindropuntia salmiana* (Parm.) Backeb. var. *spegazzinii* (F.A.C. Weber) Backeb., *Austrocylindropuntia spegazzinii* (F.A.C. Weber) Backeb., *Cylindropuntia spegazzinii* (F.A.C. Weber) Backeb., *Opuntia albiflora* K. Schum., *Opuntia spegazzinii* F.A.C. Weber, *Platyopuntia salmiana* (Parm.) F. Ritter, comb. illeg., *Salmiopuntia salmiana* (Parm.) Kreuz.
Ref.: Britton & Rose, 1919.
Hábito: Subarbusto suculento.
Status: Nativa.
Elevación: 0-1500 m.
Prov.: CA, CO, ER, JU, SA, SE, SF, SL.
Paises limítrofes: BO, BR, PA.
Ejemplar examinado: *Castellanos s.n.* (BA 31/22).

Opuntia schickendantzii F.A.C. Weber
Sin.: *Austrocylindropuntia schickendantzii* (F.A.C. Weber) Backeb., *Cylindropuntia schickendantzii* (F.A.C. Weber) Backeb.
Ref.: Britton & Rose, 1919.
Hábito: Subarbusto suculento.
Status: Nativa.
Elevación: 1000-2000 m.
Prov.: CA, JU, LR, SA, TU.

Paises limítrofes: BO.
Ejemplar examinado: *Kiesling 8315* (SI).

Opuntia schulzii A. Cast. & Lelong
Sin.: *Brasiliopuntia schulzii* (A. Cast. & Lelong) Backeb.
Ref.: Castellanos & Lelong, 1944.
Hábito: Arbolito suculento.
Status: Nativa.
Elevación: 0-500 m.
Prov.: CH, COR, FO, MI.
Paises limítrofes: PA.
Ejemplar examinado: *Castellanos s.n.* (LIL 105234).

Opuntia schumannii Speg. = **Tephrocactus molinensis** (Speg.) Backeb.
Ref.: Kiesling, 1984.

[Opuntia securifera Borg]
Nota: Taxón dudoso.

Opuntia shaferi Britton & Rose = **Austrocylindropuntia shaferi** (Britton & Rose) Backeb. var. **shaferi**
Ref.: Kiesling, 1980.

Opuntia skottsbergii Britton & Rose = **Pterocactus hickenii** Britton & Rose

Opuntia soehrensii Britton & Rose
Sin.: *Opuntia cedegreniana* Backeb., *Opuntia ianthinantha* (F. Ritter) Iliff, *Opuntia multiareolata* Backeb., *Opuntia obliqua* Backeb., *Opuntia tilcarensis* Backeb. var. *rubellispina* Backeb., *Platyopuntia ianthinantha* F. Ritter, comb. illeg., *Platyopuntia soehrensii* (Britton & Rose) F. Ritter, comb. illeg.
Hábito: Subarbusto suculento.
Status: Nativa.
Elevación: 2000-4000 m.
Prov.: CA, JU, SA.
Paises limítrofes: BO.
Ejemplar examinado: *Sleumer 3292* (SI).

Opuntia spegazzinii F.A.C. Weber = **Opuntia salmiana** Parm.

Opuntia strobiliformis A. Berger = **Tephrocactus articulatus** (Pfeiff.) Backeb. var. **articulatus**
Ref.: Kiesling, 1984.

Opuntia subterranea R.E. Fr. = **Puna subterranea** (R.E. Fr.) R. Kiesling
Ref.: Kiesling, 1982b.

[Opuntia subsphaeocarpha Speg.]
Nota: Taxón dudoso.

Opuntia sulphurea Gillies ex Salm-Dyck var. **hildmannii** (Fric) Backeb.
Sin.: *Opuntia hildmannii* Fric, *Opuntia vulpina* F.A.C. Weber
Ref.: Backeberg, 1959b.
Hábito: Subarbusto suculento.
Status: Nativa.
Elevación: 2000-3500 m.
Prov.: JU, SA.
Paises limítrofes: BO.
Ejemplar examinado: *Schulte 26* (SI).

Opuntia sulphurea Gillies ex Salm-Dyck var. **pampeana** (Speg.) Backeb.
Sin.: *Opuntia brunnescens* Britton & Rose, *Opuntia maculacantha* C.F. Först., *Opuntia pampeana* Speg.
Ref.: Castellanos, 1957.
Hábito: Subarbusto suculento.
Status: Endémica.
Elevación: 0-500 m.
Prov.: BA, CO, LP, SE, SF.
Ejemplar examinado: *Cabrera 4793* (LP).

Opuntia sulphurea Gillies ex Salm-Dyck var. **sulphurea**
Sin.: *Platyopuntia sulphurea* (Gillies ex Salm-Dyck) F. Ritter
Ref.: Castellanos, 1957.
Hábito: Subarbusto suculento.
Status: Nativa.
Elevación: 500-3000 m.
Prov.: CA, CH, CO, LR, ME, NE, RN, SJ, TU.
Paises limítrofes: BO.
Ejemplar examinado: *Sanzin 625* (SI).

Opuntia tilcarensis Backeb.
Sin.: *Platyopuntia soehrensii* (Britton & Rose) F. Ritter. var. *tilcarensis* (Backeb.) F. Ritter
Ref.: Backeberg, 1958.
Hábito: Hierba suculenta.
Status: Endémica.
Elevación: 2000-2500 m.
Prov.: JU.
Ejemplar examinado: *Sleumer 3292* (LIL, SI).

Opuntia tilcarensis Backeb. var. *rubellispina* Backeb. = **Opuntia soehrensii** Britton & Rose

Opuntia tuberosa Pfeiff. = **Pterocactus tuberosus** (Pfeiff.) Britton & Rose f. **tuberosus**

Opuntia tuna-blanca Speg. = **Opuntia ficus-indica** (L.) Mill.

Opuntia utkilio Speg. = **Opuntia anacantha** Speg. var. **utkilio** (Speg.) R. Kiesling

Opuntia verschaffeltii Cels ex F.A.C. Weber = **Austrocylindropuntia verschaffeltii** (Cels ex F.A.C. Weber) Backeb.

Opuntia verschaffeltii Cels ex F.A.C. Weber var. *digitalis* F.A.C. Weber = **Austrocylindropuntia verschaffeltii** (Cels ex F.A.C. Weber) Backeb.
Ref.: Backeberg, 1959b.

Opuntia vestita Salm-Dyck = **Austrocylindropuntia vestita** (Salm-Dyck) Backeb.

Opuntia vulpina F.A.C. Weber = **Opuntia sulphurea** Gillies ex Salm-Dyck var. **hildmannii** (Fric) Backeb.

Opuntia weberi Speg. = **Tephrocactus weberi** (Speg.) Backeb. var. **weberi**
Ref.: Kiesling, 1984.

Opuntia weberi Speg. var. *dispar* A. Cast. = **Tephrocactus weberi** (Speg.) Backeb. var. **weberi**
Ref.: Kiesling, 1984.

Opuntia weberi Speg. var. *setiger* (Backeb.) Backeb. = **Tephrocactus weberi** (Speg.) Backeb. var. **weberi**
Ref.: Kiesling, 1984.

Opuntia weingartiana Backeb. = **Austrocylindropuntia shaferi** (Britton & Rose) Backeb. var. **shaferi**
Ref.: Kiesling, 1980.

[Opuntia wetmorei Britton & Rose]
Nota: Taxón dudoso.

Oreocereus (A. Berger) Riccob.

Número de especies: 2

Oreocereus bruennowii (Britton & Rose) Backeb. = **Oreocereus celsianus** (Lem. ex Salm-Dyck) Riccob.

Oreocereus celsianus (Lem. ex Salm-Dyck) Riccob.
Sin.: *Borzicactus celsianus* (Lem. ex Salm-Dyck) Kimnach, *Cereus celsianus* A. Berger, *Oreocereus bruennowii* (Britton & Rose) Backeb., *Oreocereus celsianus* (Lem. ex Salm-Dyck) Riccob. var. *bruennowii* Britton & Rose, *Oreocereus maximus* Backeb., *Oreocereus neocelsianus* Backeb., *Pilocereus celsianus* Lem. ex Salm-Dyck
Ref.: Backeberg, 1959b.
Hábito: Arbusto suculento.
Status: Nativa.
Elevación: 3500-4000 m.
Prov.: JU.
Paises limítrofes: BO.
Ejemplar examinado: *Kiesling 119* (LP).

Oreocereus celsianus (Lem. ex Salm-Dyck) Riccob. var. *bruennowii* Britton & Rose = **Oreocereus celsianus** (Lem. ex Salm-Dyck) Riccob.

Oreocereus maximus Backeb. = **Oreocereus celsianus** (Lem. ex Salm-Dyck) Riccob.

Oreocereus neocelsianus Backeb. = **Oreocereus celsianus** (Lem. ex Salm-Dyck) Riccob.

Oreocereus trollii (Kupper) Backeb.
Sin.: *Borzicactus celsianus* (Lem.) Riccob. var. *trollii* (Kupper) G.D. Rowley, *Borzicactus trollii* (Kupper) Kimnach, *Cereus trollii* Kupper
Ref.: Backeberg, 1959a.
Hábito: Subarbusto suculento.
Status: Nativa.
Elevación: 3000-4000 m.
Prov.: JU.
Paises limítrofes: BO.
Ejemplar examinado: *Marsoner s.n.* (BA 34660).

Parodia Speg.

Número de especies: 12 especies, 6 especies y una subespecie endémicas.

Parodia aconquijaensis Weskamp = **Parodia microsperma** (F.A.C. Weber) Speg. subsp. **microsperma**
Ref.: Kiesling & Ferrari, 1990a.

Parodia albofuscata F.H. Brandt = **Parodia microsperma** (F.A.C. Weber) Speg. subsp. **microsperma**
Ref.: Kiesling & Ferrari, 1990a.

Parodia argerichana Weskamp = **Parodia microsperma** (F.A.C. Weber) Speg. subsp. **microsperma**
Ref.: Kiesling & Ferrari, 1990a.

Parodia atroviridis Backeb., nom. illeg. = **Parodia microsperma** (F.A.C. Weber) Speg. subsp. **microsperma**
Ref.: Kiesling & Ferrari, 1990a.

Parodia aureicentra Backeb.
Sin.: *Parodia aureicentra* Backeb. var. *muhrii* (F.H. Brandt) J.G. Lamb., *Parodia aureicentra* Backeb. var. *rauschii* (Backeb.) J.G. Lamb., *Parodia aureicentra* Backeb. var. *variicolor* (F. Ritter) J.G. Lamb., *Parodia muhrii* F.H. Brandt, *Parodia rauschii* Backeb., *Parodia uhligiana* Backeb., *Parodia variicolor* F. Ritter, *Parodia variicolor* F. Ritter var. *robustispina* F. Ritter
Ref.: Kiesling & Ferrari, 1990b.
Hábito: Subarbusto suculento.
Status: Endémica.
Elevación: 2000-3000 m.
Prov.: SA.
Ejemplar examinado: *Kiesling 137* (LP).
Nota: Kiesling & Ferrari (1990b) trataron esta especie como *Parodia setigera*, criterio que aquí se cambia para no entrar en conflicto con el uso corriente aplicado a una forma de *Parodia microsperma* subsp. *microsperma*. La descripción original de *P. setigera* es muy pobre y puede aplicarse a ambas especies.

Parodia aureicentra Backeb. var. *muhrii* (F.H. Brandt) J.G. Lamb. = **Parodia aureicentra** Backeb.

Parodia aureicentra Backeb. var. *rauschii* (Backeb.) J.G. Lamb. = **Parodia aureicentra** Backeb.

Parodia aureicentra Backeb. var. *variicolor* (F. Ritter) J.G. Lamb. = **Parodia aureicentra** Backeb.

Parodia aureispina Backeb. = **Parodia microsperma** (F.A.C. Weber) Speg. subsp. **microsperma**
Ref.: Kiesling & Ferrari, 1990a.

Parodia aureispina Backeb. var. *australis* F.H. Brandt = **Parodia microsperma** (F.A.C. Weber) Speg. subsp. **microsperma**

Parodia aureispina Backeb. var. *elegans* Backeb. = **Parodia microsperma** (F.A.C. Weber) Speg. subsp. **microsperma**

Parodia aureispina Backeb. var. *erythrostaminea* F.H. Brandt = **Parodia microsperma** (F.A.C. Weber) Speg. subsp. **microsperma**

Parodia aureispina Backeb. var. *rubiflora* F.H. Brandt = **Parodia microsperma** (F.A.C. Weber) Speg. subsp. **microsperma**

Parodia aureispina Backeb. var. *vulgaris* F.H. Brandt = **Parodia microsperma** (F.A.C. Weber) Speg. subsp. **microsperma**

Parodia belenencis Weskamp = **Parodia microsperma** (F.A.C. Weber) Speg. subsp. **microsperma**

Parodia betaniana F. Ritter = **Parodia microsperma** (F.A.C. Weber) Speg. subsp. **microsperma**
Ref.: Kiesling & Ferrari, 1990a.

Parodia campestris F.H. Brandt = **Parodia microsperma** (F.A.C. Weber) Speg. subsp. **microsperma**
Ref.: Kiesling & Ferrari, 1990a.

Parodia capillitaensis F.H. Brandt = **Parodia microsperma** (F.A.C. Weber) Speg. subsp. **microsperma**
Ref.: Kiesling & Ferrari, 1990a.

Parodia carapariana F.H. Brandt = **Parodia microsperma** (F.A.C. Weber) Speg. subsp. **microsperma**
Ref.: Kiesling & Ferrari, 1990a.

Parodia carminata Backeb. = **Parodia microsperma** (F.A.C. Weber) Speg. subsp. **microsperma**
Ref.: Kiesling & Ferrari, 1990a.

Parodia catamarcensis Backeb. = **Parodia microsperma** (F.A.C. Weber) Speg. subsp. **microsperma**
Ref.: Kiesling & Ferrari, 1990a.

Parodia catamarcensis Backeb. var. *riojensis* (F. Ritter & Weskamp) J.G. Lamb. = **Parodia microsperma** (F.A.C. Weber) Speg. subsp. **microsperma**

Parodia catamarcensis Backeb. var. *rubriflora* Backeb. = **Parodia microsperma** (F.A.C. Weber) Speg. subsp. **microsperma**

Parodia cebilarensis Weskamp = **Parodia microsperma** (F.A.C. Weber) Speg. subsp. **microsperma**

Parodia chlorocarpa F. Ritter = **Parodia microsperma** (F.A.C. Weber) Speg. subsp. **microsperma**
Ref.: Kiesling & Ferrari, 1990a.

Parodia chrysacanthion (K. Schum.) Backeb.
Sin.: *Echinocactus chrysacanthion* K. Schum.
Ref.: Kiesling & Ferrari, 1990b.
Hábito: Hierba suculenta.
Status: Endémica.
Elevación: 1500-2000 m.
Prov.: JU.
Ejemplar examinado: *Stümer 6131* (BA).

Parodia crucinigricentra Subík = **Parodia stuemeri** (Werderm.) Backeb.
Ref.: Kiesling & Ferrari, 1990b.

Parodia dextrohamata Backeb. var. *stenopetala* Backeb. = **Parodia microsperma** (F.A.C. Weber) Speg. subsp. **microsperma**

Parodia dextrohamata Backeb., nom. inval. = **Parodia microsperma** (F.A.C. Weber) Speg. subsp. **horrida** (F.H. Brandt) R. Kiesling & O. Ferrari
Ref.: Kiesling & Ferrari, 1990a.

Parodia dichroacantha F.H. Brandt & Weskamp, nom. inval. = **Parodia microsperma** (F.A.C. Weber) Speg. subsp. **horrida** (F.H. Brandt) R. Kiesling & O. Ferrari
Ref.: Kiesling & Ferrari, 1990a.

Parodia elegans Fechser ex Backeb., nom. inval. = **Parodia microsperma** (F.A.C. Weber) Speg. subsp. **microsperma**

Parodia erythrantha (Speg.) Backeb. = **Parodia microsperma** (F.A.C. Weber) Speg. subsp. **microsperma**
Ref.: Kiesling & Ferrari, 1990a.

Parodia erythrantha (Speg.) Backeb. var. *thionantha* (Speg.) Backeb. = **Parodia microsperma** (F.A.C. Weber) Speg. subsp. **microsperma**

[Parodia faustiana Backeb.]
Nota: Taxón dudoso.

[Parodia faustiana Backeb. var. tenuispina Backeb.]
Nota: Taxón dudoso.

Parodia fechseri Backeb. = **Parodia microsperma** (F.A.C. Weber) Speg. subsp. **microsperma**
Ref.: Kiesling & Ferrari, 1990a.

Parodia formosa F. Ritter = **Parodia microsperma** (F.A.C. Weber) Speg. subsp. **microsperma**
Ref.: Kiesling & Ferrari, 1990a.

Parodia friciana F.H. Brandt = **Parodia stuemeri** (Werderm.) Backeb.
Ref.: Kiesling & Ferrari, 1990b.

Parodia fuscato-viridis Backeb. = **Parodia microsperma** (F.A.C. Weber) Speg. subsp. **horrida** (F.H. Brandt) R. Kiesling & O. Ferrari
Ref.: Kiesling & Ferrari, 1990a.

Parodia gigantea Krainz = **Parodia stuemeri** (Werderm.) Backeb.
Ref.: Kiesling & Ferrari, 1990b.

Parodia glischrocarpa F. Ritter = **Parodia microsperma** (F.A.C. Weber) Speg. subsp. **microsperma**
Ref.: Kiesling & Ferrari, 1990a.

Parodia gutekunstiana Backeb. = **Parodia microsperma** (F.A.C. Weber) Speg. subsp. **horrida** (F.H. Brandt) R. Kiesling & O. Ferrari
Ref.: Kiesling & Ferrari, 1990a.

Parodia herzogii Rausch = **Parodia microsperma** (F.A.C. Weber) Speg. subsp. **microsperma**
Ref.: Kiesling & Ferrari, 1990a.

Parodia heteracantha F. Ritter & Weskamp = **Parodia microsperma** (F.A.C. Weber) Speg. subsp. **horrida** (F.H. Brandt) R. Kiesling & O. Ferrari
Ref.: Kiesling & Ferrari, 1990a.

Parodia horrida F.H. Brandt = **Parodia microsperma** (F.A.C. Weber) Speg. subsp. **horrida** (F.H. Brandt) R. Kiesling & O. Ferrari
Ref.: Kiesling & Ferrari, 1990a.

Parodia hummeliana A.B. Lau & Weskamp = **Parodia microsperma** (F.A.C. Weber) Speg. subsp. **horrida** (F.H. Brandt) R. Kiesling & O. Ferrari
Ref.: Kiesling & Ferrari, 1990a.

Parodia kilianana Backeb. = **Parodia microsperma** (F.A.C. Weber) Speg. subsp. **horrida** (F.H. Brandt) R. Kiesling & O. Ferrari
Ref.: Kiesling & Ferrari, 1990a.

Parodia kilianana Backeb. var. *rigida* F.H. Brandt = **Parodia microsperma** (F.A.C. Weber) Speg. subsp. **horrida** (F.H. Brandt) R. Kiesling & O. Ferrari

Parodia lembckeri Weskamp = **Parodia microsperma** (F.A.C. Weber) Speg. subsp. **microsperma**

Parodia liliputana (Werderm.) N.P. Taylor = **Blossfeldia liliputana** Werderm.

Parodia linkii (Lehm.) R. Kiesling
Sin.: *Cactus linkii* Lehm., *Echinocactus linkii* (Lehm.) Pfeiff., *Notocactus linkii* (Lehm.) Herter
Ref.: Kiesling, 1995.
Hábito: Subarbusto suculento.
Status: Nativa.
Elevación: 0-500 m.
Prov.: COR, MI.
Paises limítrofes: BR, PA, UR.
Ejemplar examinado: *Cristóbal 1815* (neotipo, SI; isotipo, CTES).

Parodia lohaniana A.B. Lau & Weskamp = **Parodia microsperma** (F.A.C. Weber) Speg. subsp. **horrida** (F.H. Brandt) R. Kiesling & O. Ferrari
Ref.: Kiesling & Ferrari, 1990a.

Parodia maassii (Heese) A. Berger
Sin.: *Echinocactus escayachensis* Vaupel, *Echinocactus maassii* Heese, *Parodia maassii* (Heese) A. Berger var. *carminatiflora* F. Ritter, *Parodia maassii* (Heese) A. Berger var. *schaferi* F. Ritter
Ref.: Kiesling & Ferrari, 1990b.
Hábito: Subarbusto suculento
Status: Nativa.
Elevación: 2500-4000 m.
Prov.: JU.
Paises limítrofes: BO.
Ejemplar examinado: *Cabrera 9432* (LP).

Parodia maassii (Heese) A. Berger var. *carminatiflora* F. Ritter = **Parodia maassii** (Heese) A. Berger

Parodia maassii (Heese) A. Berger var. *schaferi* F. Ritter = **Parodia maassii** (Heese) A. Berger
Ref.: Kiesling & Ferarri, 1990b.

Parodia macrancistra (K. Schum.) Backeb. = **Parodia microsperma** (F.A.C. Weber) Speg. subsp. **microsperma**

Parodia malyana Rausch = **Parodia microsperma** (F.A.C. Weber) Speg. subsp. **microsperma**
Ref.: Kiesling & Ferrari, 1990a.

Parodia malyana Rausch var. *rubriflora* F.H. Brandt = **Parodia microsperma** (F.A.C. Weber) Speg. subsp. **microsperma**

Parodia mercedesiana Weskamp = **Parodia microsperma** (F.A.C. Weber) Speg. subsp. **microsperma**
Ref.: Kiesling & Ferrari, 1990a.

Parodia mesembrina F.H. Brandt = **Parodia microsperma** (F.A.C. Weber) Speg. subsp. **microsperma**
Ref.: Kiesling & Ferrari, 1990a.

Parodia mesembrina F.H. Brandt var. *juanensis* Weskamp = **Parodia microsperma** (F.A.C. Weber) Speg. subsp. **microsperma**
Ref.: Kiesling & Ferrari, 1990a.

Parodia microsperma (F.A.C. Weber) Speg. var. *aurantiaca* F.H. Brandt = **Parodia microsperma** (F.A.C. Weber) Speg. subsp. **microsperma**

Parodia microsperma (F.A.C. Weber) Speg. var. *cafayatensis* Backeb. = **Parodia microsperma** (F.A.C. Weber) Speg. subsp. **microsperma**

Parodia microsperma (F.A.C. Weber) Speg. var. *erytrantha* (Speg.) Weskamp = **Parodia microsperma** (F.A.C. Weber) Speg. subsp. **microsperma**

Parodia microsperma (F.A.C. Weber) Speg. var. *macrancistra* (K. Schum.) Borg = **Parodia microsperma** (F.A.C. Weber) Speg. subsp. **microsperma**

Parodia microsperma (F.A.C. Weber) Speg. var. *microthele* (Backeb.) Krainz = **Parodia microsperma** (F.A.C. Weber) Speg. subsp. **microsperma**

Parodia microsperma (F.A.C. Weber) Speg. var. *opulenta* F.H. Brandt = **Parodia microsperma** (F.A.C. Weber) Speg. subsp. **microsperma**

Parodia microsperma (F.A.C. Weber) Speg. var. *rigidissima* F.H. Brandt = **Parodia microsperma** (F.A.C. Weber) Speg. subsp. **microsperma**

Parodia microsperma (F.A.C. Weber) Speg. var. *weberiana* (F.H. Brandt) J.G. Lamb. = **Parodia microsperma** (F.A.C. Weber) Speg. subsp. **microsperma**

Parodia microsperma (F.A.C. Weber) Speg. subsp. **horrida** (F.H. Brandt) R. Kiesling & O. Ferrari
Sin.: *Parodia dextrohamata* Backeb., nom. inval., *Parodia dichroacantha* F.H. Brandt & Weskamp, nom. inval., *Parodia fuscato-viridis* Backeb., *Parodia gutekunstiana* Backeb., *Parodia heteracantha* F. Ritter & Weskamp, *Parodia horrida* F.H. Brandt, *Parodia hummeliana* A.B. Lau & Weskamp, *Parodia kilianana* Backeb., *Parodia kilianana* Backeb. var. *rigida* F.H. Brandt, *Parodia lohaniana* A.B. Lau & Weskamp, *Parodia piltziorum* Weskamp, *Parodia pluricentralis* F.H. Brandt, *Parodia rigida* Backeb., *Parodia tolombana* Weskamp
Ref.: Kiesling & Ferrari, 1990a.
Hábito: Subarbusto suculento.
Status: Endémica.
Elevación: 1500-3000 m.
Prov.: SA.
Ejemplar examinado: *Castellanos s.n.* (BA 33296).

Parodia microsperma (F.A.C. Weber) Speg. subsp. **microsperma**
Sin.: *Echinocactus microspermus* F.A.C. Weber var. *erythranthus* Speg., *Echinocactus microspermus* F.A.C. Weber var. *thionanthus* Speg., *Parodia aconquijaensis* Weskamp, *Parodia albofuscata* F.H. Brandt, *Parodia argerichana* Weskamp, *Parodia atroviridis* Backeb., nom. illeg., *Parodia aureispina* Backeb., *Parodia aureispina* Backeb. var. *australis* F.H. Brandt, *Parodia aureispina* Backeb. var. *elegans* Backeb., *Parodia aureispina* Backeb. var. *erythrostaminea* F.H. Brandt, *Parodia aureispina* Backeb. var. *rubiflora* F.H. Brandt, *Parodia aureispina* Backeb. var. *vulgaris* F.H. Brandt, *Parodia belenencis* Weskamp, *Parodia betaniana* F. Ritter, *Parodia campestris* F.H. Brandt, *Parodia capillitaensis* F.H. Brandt, *Parodia carapariana* F.H. Brandt, *Parodia carminata* Backeb., *Parodia catamarcensis* Backeb., *Parodia catamarcensis* Backeb. var. *riojensis* (F. Ritter & Weskamp) J.G. Lamb., *Parodia catamarcensis* Backeb. var. *rubriflora* Backeb., *Parodia cebilarensis* Weskamp, *Parodia chlorocarpa* F. Ritter, *Parodia dextrohamata* Backeb. var. *stenopetala* Backeb., *Parodia elegans* Fechser ex Backeb., nom. inval., *Parodia erythrantha* (Speg.) Backeb., *Parodia erythrantha* (Speg.) Backeb. var. *thionantha* (Speg.) Backeb., *Parodia fechseri* Backeb., *Parodia formosa* F. Ritter, *Parodia glischrocarpa* F. Ritter, *Parodia herzogii* Rausch, *Parodia lembckeri* Weskamp, *Parodia macrancistra* (K. Schum.) Backeb., *Parodia malyana* Rausch, *Parodia malyana* Rausch var. *rubriflora* F.H. Brandt, *Parodia mercedesiana* Weskamp, *Parodia mesembrina* F.H. Brandt, *Parodia mesembrina* F.H. Brandt var. *juanensis* Weskamp, *Parodia microsperma* (F.A.C. Weber) Speg. var. *aurantiaca* F.H. Brandt, *Parodia microsperma* (F.A.C. Weber) Speg. var. *cafayatensis* Backeb., *Parodia microsperma* (F.A.C. Weber) Speg. var. *erytrantha* (Speg.) Weskamp, *Parodia microsperma* (F.A.C. Weber) Speg. var. *macrancistra* (K. Schum.) Borg, *Parodia microsperma* (F.A.C. Weber) Speg. var. *microthele* (Backeb.) Krainz, *Parodia microsperma* (F.A.C. Weber) Speg. var. *opulenta* F.H. Brandt, *Parodia microsperma* (F.A.C. Weber) Speg. var. *rigidissima* F.H. Brandt, *Parodia microsperma* (F.A.C. Weber) Speg. var. *weberiana* (F.H. Brandt) J.G. Lamb., *Parodia microthele* Backeb., *Parodia minima* Rausch, nom. illeg., *Parodia minuscula* Rausch, *Parodia mutabilis* Backeb., *Parodia mutabilis* Backeb. var. *carneospinosa* Backeb., *Parodia mutabilis* Backeb. var. *sanguiniflora* (Backeb.) F.H. Brandt, *Parodia nana* Weskamp, *Parodia pachysa* F.H. Brandt, *Parodia papagayana* F.H. Brandt, *Parodia parvula* F.H. Brandt, *Parodia pluricentralis* F.H. Brandt var. *erythroflora* F.H. Brandt, *Parodia pluricentralis* F.H. Brandt var. *xanthoflora* F.H. Brandt, *Parodia pusilla* F.H. Brandt, *Parodia riojensis* F. Ritter & Weskamp, *Parodia rubellihamata* Backeb., nom. inval., *Parodia rubellihamata* Backeb. var. *aureiflora* Backeb., *Parodia rubriflora* Backeb., nom. inval., *Parodia rubristraminea* F. Ritter, *Parodia saint-pieana* Backeb., *Parodia sanagasta* Weing., *Parodia sanagasta* Weing. var. *saltensis* F.H. Brandt, *Parodia sanagasta* Weing. var. *viridior* Backeb., *Parodia sanguiniflora* Backeb., *Parodia sanguiniflora* Backeb. var. *comata* F. Ritter, *Parodia scopaoides* Backeb., *Parodia setifera* Backeb., *Parodia setifera* Backeb. var. *longihamata* Werderm., *Parodia setifera* Backeb. var. *nigricentra* Backeb., *Parodia spanisa* F.H. Brandt, *Parodia spegazziniana* F.H. Brandt, *Parodia spegazziniana* F.H. Brandt var. *aurea* F.H. Brandt, *Parodia superba* F.H. Brandt, *Parodia tafiensis* Backeb., *Parodia talaensis* F.H. Brandt, *Parodia thionantha* F.H. Brandt, *Parodia tuberculosi-costata* Backeb., *Parodia tuberculosi-costata* Backeb. var. *amblayana* F.H. Brandt, *Parodia tucumanensis* Weskamp, *Parodia uebelmanniana* F. Ritter, *Parodia wagneriana* Weskamp, *Parodia weberiana* F.H. Brandt, *Parodia weskampiana* Krasucka & Spanoswski
Ref.: Kiesling & Ferrari, 1990a.
Hábito: Hierba suculenta.
Status: Nativa.
Elevación: 500-2000 m.
Prov.: CA, JU, LR, SA, SE, SJ, TU.
Paises limítrofes: BO.
Ejemplar examinado: *Kiesling 3333* (SI).
Nota: Algunas de las muchas variedades morfológicas que presenta esta subespecie merecerían ser rehabilitadas en el nivel de variedad.

Parodia microthele Backeb. = **Parodia microsperma** (F.A.C. Weber) Speg. subsp. **microsperma**
Ref.: Kiesling & Ferrari, 1990a.

Parodia minima Rausch, nom. illeg. = **Parodia microsperma** (F.A.C. Weber) Speg. subsp. **microsperma**
Ref.: Kiesling & Ferrari, 1990a.

Parodia minuscula Rausch = **Parodia microsperma** (F.A.C. Weber) Speg. subsp. **microsperma**
Ref.: Kiesling & Ferrari, 1990a.

Parodia muhrii F.H. Brandt = **Parodia aureicentra** Backeb.
Ref.: Kiesling & Ferrari, 1990b.

Parodia mutabilis Backeb. = **Parodia microsperma** (F.A.C. Weber) Speg. subsp. **microsperma**
Ref.: Kiesling & Ferrari, 1990a.

Parodia mutabilis Backeb. var. *carneospinosa* Backeb. = **Parodia microsperma** (F.A.C. Weber) Speg. subsp. **microsperma**
Ref.: Kiesling & Ferrari, 1990a.

Parodia mutabilis Backeb. var. *sanguiniflora* (Backeb.) F.H. Brandt = **Parodia microsperma** (F.A.C. Weber) Speg. subsp. **microsperma**

Parodia nana Weskamp = **Parodia microsperma** (F.A.C. Weber) Speg. subsp. **microsperma**
Ref.: Kiesling & Ferrari, 1990a.

[Parodia nigresca F.H. Brandt]
Nota: Taxón dudoso.

Parodia nivosa Backeb.
Ref.: Kiesling & Ferrari, 1990b.
Hábito: Hierba suculenta.
Status: Endémica.
Elevación: 2000-2500 m.
Prov.: SA.
Ejemplar examinado: *Ferrari 46/83* (SI).

Parodia ottonis (Lehm.) N.P. Taylor
Sin.: *Cactus ottonis* Lehm., *Echinocactus arechavaletai* Speg., *Echinocactus ottonis* (Lehm.) Link & Otto, *Malacocarpus ottonis* (Lehm.) Britton & Rose, *Notocactus ottonis* (Lehm.) A. Berger
Ref.: Kiesling, 1995.
Hábito: Hierba suculenta.
Status: Nativa.
Elevación: 0-500 m.
Prov.: COR, ER, MI.
Paises limítrofes: BR, PA, UR.
Ejemplar examinado: *Troncoso et al. 3463* (neotipo, SI).

Parodia pachysa F.H. Brandt = **Parodia microsperma** (F.A.C. Weber) Speg. subsp. **microsperma**
Ref.: Kiesling & Ferrari, 1990a.

Parodia papagayana F.H. Brandt = **Parodia microsperma** (F.A.C. Weber) Speg. subsp. **microsperma**
Ref.: Kiesling & Ferrari, 1990a.

Parodia parvula F.H. Brandt = **Parodia microsperma** (F.A.C. Weber) Speg. subsp. **microsperma**
Ref.: Kiesling & Ferrari, 1990a.

Parodia penicillata Fechser & Steeg
Sin.: *Parodia penicillata* Fechser & Steeg var. *fulviceps* Backeb., *Parodia penicillata* Fechser & Steeg var. *nivosa* Fechser
Ref.: Kiesling & Ferrari, 1990b.
Hábito: Hierba suculenta.
Status: Endémica.
Elevación: 1000-2000 m.
Prov.: SA.
Ejemplar examinado: *Castellanos y Lelong s.n.* (BA 46899).

Parodia penicillata Fechser & Steeg var. *fulviceps* Backeb. = **Parodia penicillata** Fechser & Steeg
Ref.: Kiesling & Ferrari, 1990b.

Parodia penicillata Fechser & Steeg var. *nivosa* Fechser = **Parodia penicillata** Fechser & Steeg
Ref.: Kiesling & Ferrari, 1990b.

Parodia piltziorum Weskamp = **Parodia microsperma** (F.A.C. Weber) Speg. subsp. **horrida** (F.H. Brandt) R. Kiesling & O. Ferrari
Ref.: Kiesling & Ferrari, 1990a.

Parodia pluricentralis F.H. Brandt = **Parodia microsperma** (F.A.C. Weber) Speg. subsp. **horrida** (F.H. Brandt) R. Kiesling & O. Ferrari
Ref.: Kiesling & Ferrari, 1990a.

Parodia pluricentralis F.H. Brandt var. *erythroflora* F.H. Brandt = **Parodia microsperma** (F.A.C. Weber) Speg. subsp. **microsperma**
Ref.: Kiesling & Ferrari, 1990a.

Parodia pluricentralis F.H. Brandt var. *xanthoflora* F.H. Brandt = **Parodia microsperma** (F.A.C. Weber) Speg. subsp. **microsperma**
Ref.: Kiesling & Ferrari, 1990a.

Parodia pseudostuemeri Backeb. = **Parodia stuemeri** (Werderm.) Backeb.
Ref.: Kiesling & Ferrari, 1990b.

Parodia pusilla F.H. Brandt = **Parodia microsperma** (F.A.C. Weber) Speg. subsp. **microsperma**
Ref.: Kiesling & Ferrari, 1990a.

Parodia rauschii Backeb. = **Parodia aureicentra** Backeb.
Ref.: Kiesling & Ferrari, 1990b.

Parodia rigida Backeb. = **Parodia microsperma** (F.A.C. Weber) Speg. subsp. **horrida** (F.H. Brandt) R. Kiesling & O. Ferrari
Ref.: Kiesling & Ferrari, 1990a.

[Parodia rigidispina Krainz]
Nota: Taxón dudoso.

Parodia riojensis F. Ritter & Weskamp = **Parodia microsperma** (F.A.C. Weber) Speg. subsp. **microsperma**

Parodia rubellihamata Backeb. var. *aureiflora* Backeb. = **Parodia microsperma** (F.A.C. Weber) Speg. subsp. **microsperma**

Parodia rubellihamata Backeb., nom. inval. = **Parodia microsperma** (F.A.C. Weber) Speg. subsp. **microsperma**
Ref.: Kiesling & Ferrari, 1990a.

Parodia rubricentra Backeb. = **Parodia stuemeri** (Werderm.) Backeb.
Ref.: Kiesling & Ferrari, 1990b.

Parodia rubriflora Backeb., nom. inval. = **Parodia microsperma** (F.A.C. Weber) Speg. subsp. **microsperma**
Ref.: Kiesling & Ferrari, 1990a.

Parodia rubristraminea F. Ritter = **Parodia microsperma** (F.A.C. Weber) Speg. subsp. **microsperma**
Ref.: Kiesling & Ferrari, 1990a.

Parodia saint-pieana Backeb. = **Parodia microsperma** (F.A.C. Weber) Speg. subsp. **microsperma**
Ref.: Kiesling & Ferrari, 1990a.

Parodia sanagasta Weing. = **Parodia microsperma** (F.A.C. Weber) Speg. subsp. **microsperma**
Ref.: Kiesling & Ferrari, 1990a.

Parodia sanagasta Weing. var. *saltensis* F.H. Brandt = **Parodia microsperma** (F.A.C. Weber) Speg. subsp. **microsperma**

Parodia sanagasta Weing. var. *viridior* Backeb. = **Parodia microsperma** (F.A.C. Weber) Speg. subsp. **microsperma**

Parodia sanguiniflora Backeb. = **Parodia microsperma** (F.A.C. Weber) Speg. subsp. **microsperma**
Ref.: Kiesling & Ferrari, 1990a.

Parodia sanguiniflora Backeb. var. *comata* F. Ritter = **Parodia microsperma** (F.A.C. Weber) Speg. subsp. **microsperma**

Parodia schuetziana Jajó = **Parodia stuemeri** (Werderm.) Backeb.
Ref.: Kiesling & Ferrari, 1990b.

Parodia schumanniana (Nicolai) F.H. Brandt
Sin.: *Chrysocactus schumannianus* (Nicolai) Y. Ito, *Echinocactus schumannianus* Nicolai, *Eriocactus schumannianus* (Nicolai) Backeb., *Eriocephala schumanniana* (Nicolai) Backeb., *Malacocarpus schumannianus* (Nicolai) Britton & Rose, *Notocactus schumannianus* (Nicolai) A. Berger
Ref.: Kiesling, 1995.
Hábito: Subarbusto suculento.
Status: Nativa.
Elevación: 0-1000 m.
Prov.: MI.
Paises limítrofes: PA.
Ejemplar examinado: *Brunner 1268* (neotipo, SI; isotipos, G, PY).

Parodia scopaoides Backeb. = **Parodia microsperma** (F.A.C. Weber) Speg. subsp. **microsperma**
Ref.: Kiesling & Ferrari, 1990a.

Parodia scoparia F. Ritter = **Parodia stuemeri** (Werderm.) Backeb.
Ref.: Kiesling & Ferrari, 1990b.

Parodia setifera Backeb. = **Parodia microsperma** (F.A.C. Weber) Speg. subsp. **microsperma**
Ref.: Kiesling & Ferrari, 1990a.

Parodia setifera Backeb. var. *longihamata* Werderm. = **Parodia microsperma** (F.A.C. Weber) Speg. subsp. **microsperma**
Ref.: Kiesling & Ferrari, 1990a.

Parodia setifera Backeb. var. *nigricentra* Backeb. = **Parodia microsperma** (F.A.C. Weber) Speg. subsp. **microsperma**
Ref.: Kiesling & Ferrari, 1990a.

Parodia setosa Backeb. = **Parodia stuemeri** (Werderm.) Backeb.
Ref.: Kiesling & Ferrari, 1990b.

Parodia spanisa F.H. Brandt = **Parodia microsperma** (F.A.C. Weber) Speg. subsp. **microsperma**
Ref.: Kiesling & Ferrari, 1990a.

Parodia spegazziniana F.H. Brandt = **Parodia microsperma** (F.A.C. Weber) Speg. subsp. **microsperma**
Ref.: Kiesling & Ferrari, 1990a.

Parodia spegazziniana F.H. Brandt var. *aurea* F.H. Brandt = **Parodia microsperma** (F.A.C. Weber) Speg. subsp. **microsperma**

Parodia stuemeri (Werderm.) Backeb.
Sin.: *Echinocactus stuemeri* Werderm., *Parodia crucinigricentra* Subík, *Parodia friciana* F.H. Brandt, *Parodia gigantea* Krainz, *Parodia pseudostuemeri* Backeb., *Parodia rubricentra* Backeb., *Parodia schuetziana* Jajó, *Parodia scoparia* F. Ritter, *Parodia setosa* Backeb., *Parodia stuemeri* (Werderm.) Backeb. var. *robustior* Backeb., *Parodia stuemeri* (Werderm.) Backeb. var. *tilcarensis* Werderm. & Backeb., *Parodia tilcarensis* (Werderm. & Backeb.) Backeb.
Ref.: Kiesling & Ferrari, 1990b.
Hábito: Subarbusto suculento.
Status: Endémica.
Elevación: 2000-3500 m.
Prov.: JU, SA.
Ejemplar examinado: *Kiesling 4017* (SI).

Parodia stuemeri (Werderm.) Backeb. var. *robustior* Backeb. = **Parodia stuemeri** (Werderm.) Backeb.

Parodia stuemeri (Werderm.) Backeb. var. *tilcarensis* Werderm. & Backeb. = **Parodia stuemeri** (Werderm.) Backeb.
Ref.: Kiesling & Ferrari, 1990b.

Parodia submammulosa (Lem.) R. Kiesling subsp. **minor** R. Kiesling
Ref.: Kiesling, 1995.
Hábito: Hierba suculenta.
Status: Endémica.
Elevación: 2000-2500 m.
Prov.: CA.
Ejemplar examinado: *Kiesling et al. 4704* (holotipo, SI).

Parodia submammulosa (Lem.) R. Kiesling subsp. **submammulosa**
Sin.: *Echinocactus pampeanus* Speg., *Echinocactus submammulosus* Lem., *Notocactus mammulosus* (Lem.) A. Berger var. *pampeanus* (Speg.) A. Cast., *Notocactus pampeanus* (Speg.) Backeb., *Notocactus submammulosus* (Lem.) Backeb., *Notocactus submammulosus* (Lem.) Backeb. var. *pampeanus* (Speg.) Backeb.
Ref.: Kiesling, 1995.
Hábito: Hierba suculenta.
Status: Endémica.
Elevación: 0-1000 m.
Prov.: BA, CO, LP, ME, RN, SL.
Ejemplar examinado: *Castellanos s.n.* (neotipo, BA 19232).

Parodia superba F.H. Brandt = **Parodia microsperma** (F.A.C. Weber) Speg. subsp. **microsperma**
Ref.: Kiesling & Ferrari, 1990a.

Parodia tafiensis Backeb. = **Parodia microsperma** (F.A.C. Weber) Speg. subsp. **microsperma**
Ref.: Kiesling & Ferrari, 1990a.

Parodia talaensis F.H. Brandt = **Parodia microsperma** (F.A.C. Weber) Speg. subsp. **microsperma**

Parodia thionantha F.H. Brandt = **Parodia microsperma** (F.A.C. Weber) Speg. subsp. **microsperma**
Ref.: Kiesling & Ferrari, 1990a.

Parodia tilcarensis (Werderm. & Backeb.) Backeb. = **Parodia stuemeri** (Werderm.) Backeb.
Ref.: Kiesling & Ferrari, 1990b.

Parodia tolombana Weskamp = **Parodia microsperma** (F.A.C. Weber) Speg. subsp. **horrida** (F.H. Brandt) R. Kiesling & O. Ferrari

Parodia tuberculosi-costata Backeb. = **Parodia microsperma** (F.A.C. Weber) Speg. subsp. **microsperma**
Ref.: Kiesling & Ferrari, 1990a.

Parodia tuberculosi-costata Backeb. var. *amblayana* F.H. Brandt = **Parodia microsperma** (F.A.C. Weber) Speg. subsp. **microsperma**

Parodia tucumanensis Weskamp = **Parodia microsperma** (F.A.C. Weber) Speg. subsp. **microsperma**
Ref.: Kiesling & Ferrari, 1990a.

Parodia turecekiana R. Kiesling
Ref.: Kiesling, 1995.
Hábito: Hierba suculenta.
Status: Nativa.
Elevación: 0-500 m.
Prov.: COR, ER.
Paises limítrofes: UR.
Ejemplar examinado: *Kiesling et al. 5933* (holotipo, SI).

Parodia uebelmanniana F. Ritter = **Parodia microsperma** (F.A.C. Weber) Speg. subsp. **microsperma**
Ref.: Kiesling & Ferrari, 1990a.

Parodia uhligiana Backeb. = **Parodia aureicentra** Backeb.
Ref.: Kiesling & Ferrari, 1990b.

Parodia variicolor F. Ritter = **Parodia aureicentra** Backeb.
Ref.: Kiesling & Ferrari, 1990b.

Parodia variicolor F. Ritter var. *robustispina* F. Ritter = **Parodia aureicentra** Backeb.

Parodia wagneriana Weskamp = **Parodia microsperma** (F.A.C. Weber) Speg. subsp. **microsperma**
Ref.: Kiesling & Ferrari, 1990a.

Parodia weberiana F.H. Brandt = **Parodia microsperma** (F.A.C. Weber) Speg. subsp. **microsperma**
Ref.: Kiesling & Ferrari, 1990a.

Parodia weskampiana Krasucka & Spanoswski = **Parodia microsperma** (F.A.C. Weber) Speg. subsp. **microsperma**
Ref.: Kiesling & Ferrari, 1990a.

Pereskia Mill.

Número de especies: 3

Pereskia aculeata Mill.
Sin.: *Cactus pereskia* L., *Pereskia pereskia* (L.) H. Karst., comb. illeg.
Ref.: Leuenberger, 1986.
Status: Nativa.
Elevación: 0-500 m.
Prov.: COR, ER, MI.
Paises limítrofes: BO, BR, PA.
Ejemplar examinado: *Schinini y Arbo 24308* (CTES, SI).

Pereskia amapola F.A.C. Weber = **Pereskia nemorosa** Rojas Acosta
Ref.: Leuenberger, 1986.

Pereskia argentina F.A.C. Weber = **Pereskia nemorosa** Rojas Acosta
Ref.: Leuenberger, 1986.

Pereskia nemorosa Rojas Acosta
Sin.: *Pereskia amapola* F.A.C. Weber, *Pereskia argentina* F.A.C. Weber
Ref.: Leuenberger, 1986.
Hábito: Arbusto suculento.
Status: Nativa.
Elevación: 0-500 m.
Prov.: COR, ER, MI.
Paises limítrofes: BR, PA, UR.
Ejemplar examinado: *Spegazzini 142* (BAB, SI).

Pereskia pereskia (L.) H. Karst., comb. illeg. = **Pereskia aculeata** Mill.

Pereskia pflanzii Vaupel = **Quiabentia verticillata** (Vaupel) Borg

Pereskia philippii F.A.C. Weber = **Maihuenia poeppigii** (Otto & Pfeiff.) F.A.C. Weber ex K. Schum.
Ref.: Kiesling, 1988.

Pereskia sacharosa Griseb.
Sin.: *Rhodocactus sacharosa* (Griseb.) Backeb.
Ref.: Leuenberger, 1986.
Hábito: Arbusto suculento.
Status: Nativa.
Elevación: 500-1500 m.
Prov.: CA, CH, FO, JU, SA.
Paises limítrofes: BO, PA.
Ejemplar examinado: *Kiesling et al. 8186* (SI).

Pereskia verticillata Vaupel = **Quiabentia verticillata** (Vaupel) Borg

Pfeiffera Salm-Dyck

Número de especies: 1

Pfeiffera cereiformis Salm-Dyck = **Pfeiffera ianthothele** (Monv.) F.A.C. Weber

Pfeiffera ianthothele (Monv.) F.A.C. Weber
Sin.: *Cereus ianthothele* Monv., *Lepismium ianthothele* (Monv.) Barthlott, *Pfeiffera cereiformis* Salm-Dyck, *Rhipsalis cereiformis* (Salm-Dyck) C.F. Först., *Rhipsalis ianthothele* (Monv.) F.H. Brandt
Ref.: Castellanos & Lelong, 1943.
Hábito: Epífita.
Status: Nativa.
Elevación: 500-2000 m.
Prov.: CA, JU, SA, TU.
Paises limítrofes: BO.
Ejemplar examinado: *Venturi 8169* (SI).

Pfeiffera monacantha (Griseb.) P.V. Heath = **Rhipsalis monacantha** Griseb.

Pilocereus celsianus Lem. ex Salm-Dyck = **Oreocereus celsianus** (Lem. ex Salm-Dyck) Riccob.
Ref.: Backeberg, 1959b.

Pilocereus erytrocephalus K. Schum. = **Denmoza rhodacantha** (Salm-Dyck) Britton & Rose

Pilocereus pasacana F.A.C. Weber = **Trichocereus atacamensis** (Phil.) Backeb.
Ref.: Kiesling, 1978.

Pilocereus rhodacanthus (Salm-Dyck) Speg. = **Denmoza rhodacantha** (Salm-Dyck) Britton & Rose

Piptanthocereus aethiops (Haw.) F. Ritter, nom. illeg. = **Cereus aethiops** Haw.

Piptanthocereus dayamii (Speg.) F. Ritter, nom. illeg. = **Cereus stenogonus** K. Schum.

Piptanthocereus forbesii (Otto ex C.F. Först.) Riccob., nom. illeg. = **Cereus forbesii** Otto ex C.F. Först.

Piptanthocereus uruguayanus F. Ritter, nom. illeg. = **Cereus uruguayanus** R. Kiesling
Ref.: Kiesling, 1982a.

Platyopuntia cordobensis (Speg.) F. Ritter, comb. illeg. = **Opuntia cordobensis** Speg.

Platyopuntia corrugata (Salm-Dyck) F. Ritter, comb. illeg. = **Opuntia longispina** Haw.

Platyopuntia ianthinantha F. Ritter, comb. illeg. = **Opuntia soehrensii** Britton & Rose

Platyopuntia kiska-loro (Speg.) F. Ritter, comb. illeg. = **Opuntia anacantha** Speg. var. **kiska-loro** (Speg.) R. Kiesling

Platyopuntia nigrispina (K. Schum.) F. Ritter, comb. illeg. = **Maihueniopsis nigrispina** (K. Schum.) R. Kiesling
Ref.: Kiesling, 1984.

Platyopuntia quimilo (K. Schum.) F. Ritter, comb. illeg. = **Opuntia quimilo** K. Schum.

Platyopuntia retrorsa (Speg.) F. Ritter, comb. illeg. = **Opuntia anacantha** Speg. var. **retrorsa** (Speg.) R. Kiesling

Platyopuntia salmiana (Parm.) F. Ritter, comb. illeg. = **Opuntia salmiana** Parm.

Platyopuntia soehrensii (Britton & Rose) F. Ritter, comb. illeg. = **Opuntia soehrensii** Britton & Rose

Platyopuntia soehrensii (Britton & Rose) F. Ritter var. *tilcarensis* (Backeb.) F. Ritter = **Opuntia tilcarensis** Backeb.

Platyopuntia sulphurea (Gillies ex Salm-Dyck) F. Ritter = **Opuntia sulphurea** Gillies ex Salm-Dyck var. **sulphurea**

Praecereus euchlorus (F.A.C. Weber ex K. Schum.) N.P. Taylor = **Monvillea euchlora** (F.A.C. Weber ex K. Schum.) Backeb.

Praecereus saxicolus (Morong) N.P. Taylor = **Monvillea cavendischii** (Monv.) Britton & Rose

Pseudolobivia ancistrophora (Speg.) Backeb. = **Echinopsis ancistrophora** Speg.

Pseudolobivia aurea (Britton & Rose) Backeb. = **Echinopsis aurea** Britton & Rose var. **aurea**

Pseudolobivia aurea (Britton & Rose) Backeb. var. *elegans* (Backeb.) Backeb. = **Echinopsis aurea** Britton & Rose var. **aurea**

Pseudolobivia aurea (Britton & Rose) Backeb. var. *fallax* (Oehme) Backeb. = **Echinopsis aurea** Britton & Rose var. **fallax** (Oehme) J. Ullmann

Pseudolobivia aurea (Britton & Rose) Backeb. var. *grandiflora* (Backeb.) Backeb., comb. illeg. = **Echinopsis aurea** Britton & Rose var. **aurea**

Pseudolobivia dulcis-pauli (Fric) Krainz, hom. illeg. = **Echinopsis longispina** (Britton & Rose) Backeb.

Pseudolobivia ferox (Britton & Rose) Backeb. = **Echinopsis longispina** (Britton & Rose) Backeb.

Pseudolobivia grandis (Britton & Rose) Krainz = **Lobivia bruchii** Britton & Rose

Pseudolobivia hamatacantha (Backeb.) Backeb. = **Echinopsis ancistrophora** Speg.

Pseudolobivia kermesina Krainz = **Echinopsis mamillosa** Gürke

Pseudolobivia kratochviliana (Backeb.) Backeb. = **Echinopsis ancistrophora** Speg.

Pseudolobivia leucorhodantha (Backeb.) Backeb. = **Echinopsis ancistrophora** Speg.

Pseudolobivia lobivioides (Backeb.) Backeb. = **Echinopsis ancistrophora** Speg.

Pseudolobivia longispina (Britton & Rose) Backeb. = **Echinopsis longispina** (Britton & Rose) Backeb.

Pseudolobivia longispina (Britton & Rose) Backeb. var. *nigra* (Backeb.) Backeb. = **Echinopsis longispina** (Britton & Rose) Backeb.

Pseudolobivia nigra (Backeb.) Backeb. = **Echinopsis longispina** (Britton & Rose) Backeb.

Pseudolobivia pelecyrhachys (Backeb.) Backeb. = **Echinopsis ancistrophora** Speg.

Pseudolobivia pelecyrhachys (Backeb.) Backeb. var. *lobivioides* (Backeb.) Backeb. = **Echinopsis ancistrophora** Speg.

Pseudolobivia polyancistra (Backeb.) Backeb. = **Echinopsis ancistrophora** Speg.

Pterocactus K. Schum.

Número de especies: 9 especies endémicas.

Pterocactus araucanus A. Cast.
Ref.: Kiesling, 1982c.
Hábito: Subarbusto suculento.
Status: Endémica.
Elevación: 500-1000 m.
Prov.: CHU, NE, RN.
Ejemplar examinado: *Castellanos 16812* (holotipo, BA).

Pterocactus australis (F.A.C. Weber) Backeb.
Sin.: *Opuntia australis* F.A.C. Weber
Ref.: Kiesling, 1982c.
Hábito: Subarbusto suculento.
Status: Endémica.
Elevación: 0-500 m.
Prov.: CHU, RN, SC.
Ejemplar examinado: *Castellanos 8986* (BA).

Pterocactus decipiens Gürke = **Pterocactus tuberosus** (Pfeiff.) Britton & Rose f. **tuberosus**

Pterocactus fischeri Britton & Rose
Ref.: Kiesling, 1982c.
Hábito: Subarbusto suculento.
Status: Endémica.
Elevación: 500-1000 m.
Prov.: ME, NE, RN.
Ejemplar examinado: *Fischer s.n.* (isotipo, NY).

Pterocactus gonjianii R. Kiesling
Ref.: Kiesling, 1982c.
Hábito: Subarbusto suculento.
Status: Endémica.
Elevación: 1500-2500 m.
Prov.: SJ.
Ejemplar examinado: *Kiesling 307* (holotipo, LP).

Pterocactus hickenii Britton & Rose
Sin.: *Opuntia skottsbergii* Britton & Rose, *Pterocactus skottsbergii* (Britton & Rose) Backeb.
Ref.: Kiesling, 1982c.
Hábito: Subarbusto suculento.
Status: Endémica.
Elevación: 0-500 m.
Prov.: CHU, SC.
Ejemplar examinado: *Hicken y Hauman 3281* (holotipo, NY; isotipo, SI).

Pterocactus kuntzei K. Schum. = **Pterocactus tuberosus** (Pfeiff.) Britton & Rose f. **tuberosus**

Pterocactus kuntzei K. Schum. f. *lelongii* Ruiz Leal ex R. Kiesling = **Pterocactus tuberosus** (Pfeiff.) Britton & Rose f. **lelongii** (Ruiz Leal ex R. Kiesling) R. Kiesling

Pterocactus megliolii R. Kiesling
Ref.: Kiesling, 1982c.
Hábito: Subarbusto suculento.
Status: Endémica.
Elevación: 500-1000 m.
Prov.: SJ.
Ejemplar examinado: *Volponi 157* (holotipo, LP).

Pterocactus pumilus Britton & Rose = **Pterocactus valentinii** Speg.

Pterocactus reticulatus R. Kiesling
Ref.: Kiesling, 1982c.
Hábito: Subarbusto suculento.
Status: Endémica.
Elevación: 1500-3000 m.
Prov.: ME, SJ.
Ejemplar examinado: *Kiesling 56* (holotipo, LP; isotipo, SI).

Pterocactus skottsbergii (Britton & Rose) Backeb. = **Pterocactus hickenii** Britton & Rose

Pterocactus tuberosus (Pfeiff.) Britton & Rose f. **tuberosus**
Sin.: *Opuntia tuberosa* Pfeiff., *Pterocactus decipiens* Gürke, *Pterocactus kuntzei* K. Schum.
Ref.: Kiesling, 1982c; Taylor & Iliff, 1996.
Hábito: Subarbusto suculento
Status: Endémica.
Elevación: 0-1500 m.
Prov.: BA, CA, CO, LP, LR, ME, RN, SA, SJ, SL, TU.
Ejemplar examinado: *Fabris y Schwabe 4939* (LP).

Pterocactus tuberosus (Pfeiff.) Britton & Rose f. **lelongii** (Ruiz Leal ex R. Kiesling) R. Kiesling
Sin.: *Pterocactus kuntzei* K. Schum. f. *lelongii* Ruiz Leal ex R. Kiesling
Ref.: Kiesling, 1982c.

Hábito: Hierba suculenta.
Status: Endémica.
Elevación: 0-500 m.
Prov.: ME, SJ.
Ejemplar examinado: *Ruiz Leal 12017* (holotipo, MERL).
Nota: Véase nueva combinación en Apéndice 1.

Pterocactus valentinii Speg.
Sin.: *Pterocactus pumilus* Britton & Rose
Ref.: Kiesling, 1982c.
Hábito: Subarbusto suculento.
Status: Endémica.
Elevación: 0-1000 m.
Prov.: CHU, ME, NE.
Ejemplar examinado: *Lahille, s.n.* (lectotipo, LP 23189).

Puna R. Kiesling

Número de especies: 3, 2 especies endémicas.

Puna bonniae D.K. Ferguson & R. Kiesling
Ref.: Ferguson & Kiesling, 1997.
Hábito: Hierba suculenta.
Status: Endémica.
Elevación: 2000-2500 m.
Prov.: CA.
Ejemplar examinado: *Kiesling 8710* (holotipo, SI).

Puna clavarioides (Pfeiff.) R. Kiesling
Sin.: *Austrocylindropuntia clavarioides* (Pfeiff.) Backeb., *Austrocylindropuntia clavarioides* (Pfeiff.) Backeb. var. *ruiz-lealii* (A. Cast.) Backeb., *Cylindropuntia clavarioides* (Pfeiff.) F.M. Knuth, *Opuntia clavarioides* Pfeiff., *Opuntia ruiz-lealii* A. Cast.
Ref.: Kiesling, 1982b.
Hábito: Hierba suculenta.
Status: Endémica.
Elevación: 1500-3000 m.
Prov.: ME, SJ.
Ejemplar examinado: *Ruiz Leal 3470* (holotipo de *Opuntia ruiz-lealii*, MERL).

Puna subterranea (R.E. Fr.) R. Kiesling
Sin.: *Cumulopuntia subterranea* (R.E. Fr.) F. Ritter, *Opuntia subterranea* R.E. Fr., *Tephrocactus subterraneus* (R.E. Fr.) Backeb., *Tephrocactus variiflorus* Backeb.
Ref.: Kiesling, 1982b.
Hábito: Hierba suculenta.
Status: Nativa.
Elevación: 3000-4000 m.
Prov.: JU.
Paises limítrofes: BO.
Ejemplar examinado: *Kiesling 139* (neotipo, LP).

Pygmaeolobivia haagei (Fric & Schelle) Backeb. = **Lobivia pygmaea** (R.E. Fr.) Backeb.
Ref.: Rausch, 1986a.

Pyrrhocactus A. Berger

Número de especies: 6 especies endémicas.

Pyrrhocactus andreanus (Backeb.) F. Ritter, comb. illeg. = **Pyrrhocactus kattermannii** R. Kiesling

Pyrrhocactus bulbocalyx (Werderm.) Backeb.
Sin.: *Echinocactus bulbocalyx* Werderm., *Eriosyce bulbocalyx* (Werderm.) Katt., *Neoporteria bulbocalyx* (Werderm.) Donald & G.D. Rowley
Ref.: Kattermann, 1994.
Hábito: Subarbusto suculento.
Status: Endémica.
Elevación: 500-1000 m.
Prov.: LR, SJ, SL.
Ejemplar examinado: *Kiesling 9067* (SI).

Pyrrhocactus catamarcensis (Speg.) F. Ritter, comb. illeg. = **Pyrrhocactus pachacoensis** Rausch

Pyrrhocactus kattermannii R. Kiesling
Sin.: *Acanthocalycium andreanum* (Backeb.) Donald, comb. illeg., *Eriosyce andreana* Katt., *Neochilenia andreana* Backeb., nom. inval., *Neoporteria andreana* (Backeb.) Donald & G.D. Rowley, comb. inval., *Pyrrhocactus andreanus* (Backeb.) F. Ritter, comb. illeg.
Ref.: Kattermann, 1994.
Hábito: Hierba suculenta.
Status: Endémica.
Elevación: 1500-3000 m.
Prov.: LR, SJ.
Ejemplar examinado: *Kattermann 593* (holotipo, DBG).
Nota: Véase nuevo nombre en Apéndice 1.

Pyrrhocactus marayesensis (Backeb.) J.G. Lamb. = **Pyrrhocactus sanjuanensis** (Speg.) Backeb.

Pyrrhocactus megliolii Rausch = **Pyrrhocactus sanjuanensis** (Speg.) Backeb.

Pyrrhocactus pachacoensis Rausch
Sin.: *Echinocactus catamarcensis* Speg. var. *obscura* Speg., *Echinocactus catamarcensis* Speg. var. *palida* Speg., *Echinocactus catamarcensis* Speg., hom. illeg., *Eriosyce strausiana* (K. Schum.) Katt. var. *pachacoensis* (Rausch) Katt., *Malacocarpus catamarcensis* (Speg.) Britton & Rose, *Pyrrhocactus catamarcensis* (Speg.) F. Ritter, comb. illeg.
Ref.: Kattermann, 1994.
Hábito: Hierba suculenta.
Status: Endémica.
Elevación: 500-1000 m.
Prov.: SJ.
Ejemplar examinado: *Kiesling 4047* (SI).

Pyrrhocactus platyacanthus F. Ritter = **Pyrrhocactus strausianus** (K. Schum.) A. Berger

Pyrrhocactus sanjuanensis (Speg.) Backeb.
Sin.: *Echinocactus sanjuanensis* Speg., *Eriosyce vertongenii* (J.G. Lamb.) D.R. Hunt, *Eriosyce villicumensis* (Rausch) Katt., *Neoporteria sanjuanensis* (Speg.) Donald & G.D. Rowley, *Neoporteria umadeave* (Werderm.) Donald & G.D. Rowley var. *marayesensis* (Backeb.) Donald & G.D. Rowley, *Neoporteria villicumensis* (Rausch) Donald, *Pyrrhocactus marayesensis* (Backeb.) J.G. Lamb., *Pyrrhocactus megliolii* Rausch, *Pyrrhocactus strausianus* (K. Schum.) A. Berger var. *sanjuanensis* (Speg.) J.G. Lamb., *Pyrrhocactus umadeave* Werderm. var. *marayesensis* Backeb., *Pyrrhocactus vertongenii* J.G. Lamb., *Pyrrhocactus villicumensis* Rausch

Hábito: Hierba suculenta.
Status: Endémica.
Elevación: 500-1000 m.
Prov.: SJ.
Ejemplar citado: *Rausch 555** (holotipo de *P. villicumensis*, W).

Pyrrhocactus strausianus (K. Schum.) A. Berger
Sin.: *Echinocactus strausianus* K. Schum., *Eriosyce strausiana* (K. Schum.) Katt., *Neoporteria strausiana* (K. Schum.) Donald & G.D. Rowley, *Pyrrhocactus platyacanthus* F. Ritter
Ref.: Backeberg, 1959b.
Hábito: Hierba suculenta.
Status: Endémica.
Elevación: 0-1000 m.
Prov.: LP, ME, NE.
Ejemplar examinado: *Burkart et al. 14166* (SI).

Pyrrhocactus strausianus (K. Schum.) A. Berger var. *sanjuanensis* (Speg.) J.G. Lamb. = **Pyrrhocactus sanjuanensis** (Speg.) Backeb.

Pyrrhocactus umadeave (Werderm.) Backeb.
Sin.: *Echinocactus umadeave* Werderm., *Eriosyce umadeave* (Werderm.) Katt., *Friesia umadeave* Fric ex Kreuz., nom. inval., *Neoporteria umadeave* (Werderm.) Donald & G.D. Rowley
Ref.: Katterman, 1994.
Hábito: Hierba suculenta.
Status: Endémica.
Elevación: 2500-3500 m.
Prov.: JU, SA.
Ejemplar examinado: *Kiesling 8720* (SI).

Pyrrhocactus umadeave Werderm. var. *marayesensis* Backeb. = **Pyrrhocactus sanjuanensis** (Speg.) Backeb.

Pyrrhocactus vertongenii J.G. Lamb. = **Pyrrhocactus sanjuanensis** (Speg.) Backeb.

Pyrrhocactus villicumensis Rausch = **Pyrrhocactus sanjuanensis** (Speg.) Backeb.

Pyrrhocactus vollianus Backeb. = [Neoporteria volliana (Backeb.) Donald & G.D. Rowley]

Quiabentia Britton & Rose

Número de especies: 1

Quiabentia chacoensis Backeb. = **Quiabentia verticillata** (Vaupel) Borg

Quiabentia pflanzii (Vaupel) Vaupel = **Quiabentia verticillata** (Vaupel) Borg

Quiabentia verticillata (Vaupel) Borg
Sin.: *Pereskia pflanzii* Vaupel, *Pereskia verticillata* Vaupel, *Quiabentia chacoensis* Backeb., *Quiabentia pflanzii* (Vaupel) Vaupel
Ref.: Castellanos, 1951.
Hábito: Arbolito suculento.
Status: Nativa.
Elevación: 0-1000 m.
Prov.: CH, FO, JU, SA.
Paises limítrofes: BO, PA.
Ejemplar examinado: *Burkart 20158* (SI).

Rebulobivia einsteinii (Fric) Kreuz. = **Lobivia einsteinii** (Fric) Rausch

Rebulobivia nicolai Fric & Kreuz. = **Lobivia einsteinii** (Fric) Rausch

Rebulobivia rubriviride Fric & Kreuz. = **Lobivia einsteinii** (Fric) Rausch

Rebutia K. Schum.

Número de especies: 5, 4 especies endémicas.

Rebutia buiningiana Rausch = **Rebutia fiebrigii** (W.R. Guerke) Britton & Rose

Rebutia calliantha Bewer. = **Rebutia marsoneri** Werderm.

Rebutia calliantha Bewer. var. *berylioides* Buining & Donald = **Rebutia marsoneri** Werderm.

Rebutia calliantha Bewer. var. *breviseta* Backeb. = **Rebutia marsoneri** Werderm.

Rebutia christinae Rausch = **Rebutia fiebrigii** (W.R. Guerke) Britton & Rose

Rebutia chrysacantha Backeb. = **Rebutia minuscula** K. Schum.
Ref.: Donald, 1975c.

Rebutia chrysacantha Backeb. var. *elegans* (Backeb.) Backeb. = **Rebutia minuscula** K. Schum.
Ref.: Donald, 1975c.

Rebutia chrysacantha Backeb. var. *kesselringiana* (Bewer.) Donald = **Rebutia minuscula** K. Schum.
Ref.: Donald, 1975c.

Rebutia dasyphrissa Werderm. = **Rebutia minuscula** K. Schum.
Ref.: Donald, 1975c.

Rebutia deminuta (F.A.C. Weber) A. Berger
Sin.: *Aylostera deminuta* (F.A.C. Weber) Backeb., *Aylostera deminuta* (F.A.C. Weber) Backeb. var. *pseudominuscula* (Speg.) Backeb., *Aylostera pseudodeminuta* (Backeb.) Backeb., *Aylostera pseudodeminuta* (Backeb.) Backeb. var. *albiflora* Backeb., *Aylostera pseudodeminuta* (Backeb.) Backeb. var. *albiseta* Backeb., *Aylostera pseudodeminuta* (Backeb.) Backeb. var. *grandiflora* Backeb., *Aylostera pseudodeminuta* (Backeb.) Backeb. var. *schneideriana* Backeb., *Aylostera pseudodeminuta* (Backeb.) Backeb. var. *schumanniana* (Backeb.) Backeb., *Aylostera pseudominuscula* (Speg.) Speg., *Echinopsis deminuta* F.A.C. Weber, *Echinopsis pseudominuscula* Speg., *Rebutia deminuta* (F.A.C. Weber) A. Berger var. *pseudominuscula* (Speg.) Donald, *Rebutia pseudodeminuta* Backeb., *Rebutia pseudodeminuta* Backeb. var. *longiseta* Backeb., *Rebutia pseudodeminuta* Backeb. var. *schumanniana* Backeb., *Rebutia pseudominuscula* (Speg.) Britton & Rose
Ref.: Backeberg, 1959b.
Status: Endémica.
Elevación: 1000-3000 m.

Prov.: SA, TU.
Ejemplar examinado: *Spegazzini s.n.* (LP 23002).

Rebutia deminuta (F.A.C. Weber) A. Berger var. *pseudominuscula* (Speg.) Donald = **Rebutia deminuta** (F.A.C. Weber) A. Berger

Rebutia einsteinii Fric = **Lobivia einsteinii** (Fric) Rausch

Rebutia einsteinii Fric var. *atrospinosa* (Rausch) Sida = **Lobivia einsteinii** (Fric) Rausch

Rebutia einsteinii Fric var. *gonjianii* (R. Kiesling) Donald = **Lobivia gonjianii** (R. Kiesling) R. Kiesling

Rebutia einsteinii Fric var. *karrei* (Fric ex Backeb.) Sida = **Lobivia einsteinii** (Fric) Rausch

Rebutia einsteinii Fric var. *rubroviridis* (Backeb.) Buining & Donald = **Lobivia einsteinii** (Fric) Rausch

Rebutia fabrisii Rausch = **Rebutia fiebrigii** (W.R. Guerke) Britton & Rose

Rebutia fabrisii Rausch var. *aureiflora* Rausch = **Rebutia fiebrigii** (W.R. Guerke) Britton & Rose

Rebutia famatinensis (Speg.) Speg. = **Lobivia famatinensis** (Speg.) Britton & Rose var. **famatinensis**
Ref.: Rausch, 1986a.

Rebutia fiebrigii (W.R. Guerke) Britton & Rose
Sin.: *Aylostera fiebrigii* (Gürke) Backeb., *Aylostera jujuyana* (Rausch) W. Haage, *Aylostera spegazziniana* (Backeb.) Backeb., *Aylostera spegazziniana* (Backeb.) Backeb. var. *atroviridis* Backeb., *Aylostera spinosissima* (Backeb.) Backeb., *Echinocactus fiebrigii* W.R. Guerke, *Lobivia steinmannii* (Salm-Dyck) Backeb. var. *christinae* (Rausch) Rausch, *Rebutia buiningiana* Rausch, *Rebutia christinae* Rausch, *Rebutia fabrisii* Rausch, *Rebutia fabrisii* Rausch, *Rebutia fabrisii* Rausch var. *aureiflora* Rausch, *Rebutia fiebrigii* (W.R. Guerke) Britton & Rose var. *densiseta* (Cullman) Oeser, *Rebutia hoffmannii* L. Diers & Rausch, *Rebutia jujuyana* Rausch, *Rebutia kieslingii* Rausch, *Rebutia spegazziniana* Backeb., *Rebutia spinosissima* Backeb., *Rebutia walteri* L. Diers
Ref.: Britton & Rose, 1922.
Status: Nativa.
Elevación: 1500-3500 m.
Prov.: JU, SA.
Paises limítrofes: BO.
Ejemplar examinado: *Kiesling 8909* (SI).

Rebutia fiebrigii (W.R. Guerke) Britton & Rose var. *densiseta* (Cullman) Oeser = **Rebutia fiebrigii** (W.R. Guerke) Britton & Rose

Rebutia gonjianii R. Kiesling = **Lobivia gonjianii** (R. Kiesling) R. Kiesling

Rebutia graciliflora Backeb. = **Rebutia minuscula** K. Schum.
Ref.: Donald, 1975.

Rebutia grandiflora Backeb. = **Rebutia minuscula** K. Schum.
Ref.: Donald, 1975.

Rebutia haagei Fric & Schelle = **Lobivia pygmaea** (R.E. Fr.) Backeb.
Ref.: Rausch, 1986a.

Rebutia hoffmannii L. Diers & Rausch = **Rebutia fiebrigii** (W.R. Guerke) Britton & Rose

Rebutia hyalacantha (Backeb.) Backeb. = **Rebutia marsoneri** Werderm.

Rebutia jujuyana Rausch = **Rebutia fiebrigii** (W.R. Guerke) Britton & Rose

Rebutia kieslingii Rausch = **Rebutia fiebrigii** (W.R. Guerke) Britton & Rose

Rebutia knuthiana Backeb. = **Rebutia minuscula** K. Schum.
Ref.: Donald, 1975d.

Rebutia krainziana Kesselr. = **Rebutia marsoneri** Werderm.

Rebutia krainziana Kesselr. var. *breviseta* (Backeb.) Donald = **Rebutia marsoneri** Werderm.

Rebutia krainziana Kesselr. var. *wessneriana* (Bewer.) Krainz & Haarm. = **Rebutia marsoneri** Werderm.

Rebutia margarethae Rausch
Ref.: Backeberg, 1977.
Status: Endémica.
Elevación: 2500-3000 m.
Prov.: SA.
Ejemplar examinado: *Kiesling 8929* (SI).

Rebutia marsoneri Werderm.
Sin.: *Rebutia calliantha* Bewer., *Rebutia calliantha* Bewer. var. *berylioides* Buining & Donald, *Rebutia calliantha* Bewer. var. *breviseta* Backeb., *Rebutia hyalacantha* (Backeb.) Backeb., *Rebutia krainziana* Kesselr., *Rebutia krainziana* Kesselr. var. *breviseta* (Backeb.) Donald, *Rebutia krainziana* Kesselr. var. *wessneriana* (Bewer.) Krainz & Haarm., *Rebutia marsoneri* Werderm. var. *spathula* (Backeb.) Donald, *Rebutia marsoneri* Werderm. var. *vatteri* (Backeb.) Donald, *Rebutia minuscula* K. Schum. var. *marsoneri* (Werderm.) E. Scholz, *Rebutia permutata* Backeb., *Rebutia senilis* Backeb. var. *hyalacantha* Backeb., *Rebutia wessneriana* Bewer., *Rebutia wessneriana* Bewer. var. *berylioides* (Buining & Donald) Donald, *Rebutia wessneriana* Bewer. var. *calliantha* (Bewer.) Donald
Ref.: Backeberg, 1958.
Status: Endémica.
Elevación: 2000-3000 m.
Prov.: JU.
Ejemplar examinado: *Kiesling et al. 8901* (SI).

Rebutia marsoneri Werderm. var. *spathula* (Backeb.) Donald = **Rebutia marsoneri** Werderm.

Rebutia marsoneri Werderm. var. *vatteri* (Backeb.) Donald = **Rebutia marsoneri** Werderm.

Rebutia minuscula K. Schum.
Sin.: *Rebutia chrysacantha* Backeb., *Rebutia chrysacantha* Backeb. var. *elegans* (Backeb.) Backeb., *Rebutia chrysacantha* Backeb. var. *kesselringiana* (Bewer.) Donald, *Rebutia dasyphrissa* Werderm., *Rebutia graciliflora* Backeb., *Rebutia grandiflora* Backeb., *Rebutia knuthiana* Backeb., *Rebutia minuscula* K. Schum. var. *grandiflora* (Backeb.) Krainz, *Rebutia minuscula* K. Schum. subsp. *grandiflora* (Backeb.) Donald, *Rebutia minuscula* K. Schum. subsp. *violaciflora* (Backeb.) Donald, *Rebutia senilis* Backeb., *Rebutia senilis* Backeb. var. *aurescens* Backeb., *Rebutia senilis* Backeb. var. *breviseta* Backeb., *Rebutia senilis* Backeb. var. *chrysacantha* (Backeb.) Donald, *Rebutia senilis* Backeb. var. *iseliniana* Krainz, *Rebutia senilis* Backeb. var. *kesselringiana* Bewer., *Rebutia senilis* Backeb. var. *lilacino-rosea* Backeb., *Rebutia senilis* Backeb. var. *schieliana* Bewer., *Rebutia senilis* Backeb. var. *semperflorens* Poind., *Rebutia senilis* Backeb. var. *sieperdaiana* Backeb., *Rebutia senilis* Backeb. var. *stuemeri* Backeb., *Rebutia violaciflora* Backeb., *Rebutia violaciflora* Backeb. var. *knuthiana* (Backeb.) Donald, *Rebutia xanthocarpa* Backeb., *Rebutia xanthocarpa* Backeb. var. *citricarpa* Fric ex Backeb., *Rebutia xanthocarpa* Backeb. var. *coerulescens* Backeb., *Rebutia xanthocarpa* Backeb. var. *dasyphrissa* (Werderm.) Backeb., *Rebutia xanthocarpa* Backeb. var. *graciliflora* (Backeb.) Donald, *Rebutia xanthocarpa* Backeb. var. *luteirosea* Backeb., *Rebutia xanthocarpa* Backeb. var. *salmonea* Fric ex Backeb., *Rebutia xanthocarpa* Backeb. var. *violaciflora* (Backeb.) Backeb.
Ref.: Donald, 1975d.
Status: Endémica.
Elevación: 1000-1500 m.
Prov.: SA, TU.
Ejemplar examinado: *Burkart 13162* (SI).

Rebutia minuscula K. Schum. var. *grandiflora* (Backeb.) Krainz = **Rebutia minuscula** K. Schum.
Ref.: Donald, 1975d.

Rebutia minuscula K. Schum. var. *marsoneri* (Werderm.) E. Scholz = **Rebutia marsoneri** Werderm.

Rebutia minuscula K. Schum. subsp. *grandiflora* (Backeb.) Donald = **Rebutia minuscula** K. Schum.
Ref.: Donald, 1975d.

Rebutia minuscula K. Schum. subsp. *violaciflora* (Backeb.) Donald = **Rebutia minuscula** K. Schum.

Rebutia nazarenoensis (Rausch) B. Fearn & Pearcy = **Lobivia pygmaea** (R.E. Fr.) Backeb.
Ref.: Rausch, 1986a.

Rebutia neumanniana (Backeb.) D.R. Hunt = **Weingartia neumanniana** (Backeb.) Werderm.

Rebutia nigricans (Wessner) D.R. Hunt = **Lobivia nigricans** Wessner

Rebutia oculata Werderm. = **Lobivia euanthema** Backeb.

Rebutia permutata Backeb. = **Rebutia marsoneri** Werderm.

Rebutia pilifera Fric = **Lobivia euanthema** Backeb.

Rebutia pseudodeminuta Backeb. = **Rebutia deminuta** (F.A.C. Weber) A. Berger

Rebutia pseudodeminuta Backeb. var. *longiseta* Backeb. = **Rebutia deminuta** (F.A.C. Weber) A. Berger

Rebutia pseudodeminuta Backeb. var. *schumanniana* Backeb. = **Rebutia deminuta** (F.A.C. Weber) A. Berger

Rebutia pseudominuscula (Speg.) Britton & Rose = **Rebutia deminuta** (F.A.C. Weber) A. Berger

Rebutia pygmaea (R.E. Fr.) Britton & Rose = **Lobivia pygmaea** (R.E. Fr.) Backeb.
Ref.: Rausch, 1986a.

Rebutia schmiedcheniana (U. Köhler) W.T. Marshall = **Lobivia einsteinii** (Fric) Rausch

Rebutia senilis Backeb. = **Rebutia minuscula** K. Schum.
Ref.: Donald, 1975d.

Rebutia senilis Backeb. var. *aurescens* Backeb. = **Rebutia minuscula** K. Schum.
Ref.: Donald, 1975d.

Rebutia senilis Backeb. var. *breviseta* Backeb. = **Rebutia minuscula** K. Schum.
Ref.: Donald, 1975d.

Rebutia senilis Backeb. var. *chrysacantha* (Backeb.) Donald = **Rebutia minuscula** K. Schum.
Ref.: Donald, 1975d.

Rebutia senilis Backeb. var. *hyalacantha* Backeb. = **Rebutia marsoneri** Werderm.

Rebutia senilis Backeb. var. *iseliniana* Krainz = **Rebutia minuscula** K. Schum.
Ref.: Donald, 1975d.

Rebutia senilis Backeb. var. *kesselringiana* Bewer. = **Rebutia minuscula** K. Schum.
Ref.: Donald, 1975c.

Rebutia senilis Backeb. var. *lilacino-rosea* Backeb. = **Rebutia minuscula** K. Schum.
Ref.: Donald, 1975c.

Rebutia senilis Backeb. var. *schieliana* Bewer. = **Rebutia minuscula** K. Schum.
Ref.: Donald, 1975c.

Rebutia senilis Backeb. var. *semperflorens* Poind. = **Rebutia minuscula** K. Schum.
Ref.: Donald, 1975c.

Rebutia senilis Backeb. var. *sieperdaiana* Backeb. = **Rebutia minuscula** K. Schum.
Ref.: Donald, 1975c.

Rebutia senilis Backeb. var. *stuemeri* Backeb. = **Rebutia minuscula** K. Schum.
Ref.: Donald, 1975c.

Rebutia spegazziniana Backeb. = **Rebutia fiebrigii** (W.R. Guerke) Britton & Rose

Rebutia spinosissima Backeb. = **Rebutia fiebrigii** (W.R. Guerke) Britton & Rose

Rebutia violaciflora Backeb. = **Rebutia minuscula** K. Schum.
Ref.: Donald, 1975d.

Rebutia violaciflora Backeb. var. *knuthiana* (Backeb.) Donald = **Rebutia minuscula** K. Schum.
Ref.: Donald, 1975d.

Rebutia walteri L. Diers = **Rebutia fiebrigii** (W.R. Guerke) Britton & Rose

Rebutia wessneriana Bewer. = **Rebutia marsoneri** Werderm.

Rebutia wessneriana Bewer. var. *berylioides* (Buining & Donald) Donald = **Rebutia marsoneri** Werderm.

Rebutia wessneriana Bewer. var. *calliantha* (Bewer.) Donald = **Rebutia marsoneri** Werderm.

Rebutia xanthocarpa Backeb. = **Rebutia minuscula** K. Schum.
Ref.: Donald, 1975c.

Rebutia xanthocarpa Backeb. var. *citricarpa* Fric ex Backeb. = **Rebutia minuscula** K. Schum.
Ref.: Donald, 1975c.

Rebutia xanthocarpa Backeb. var. *coerulescens* Backeb. = **Rebutia minuscula** K. Schum.
Ref.: Donald, 1975c.

Rebutia xanthocarpa Backeb. var. *dasyphrissa* (Werderm.) Backeb. = **Rebutia minuscula** K. Schum.
Ref.: Donald, 1975c.

Rebutia xanthocarpa Backeb. var. *graciliflora* (Backeb.) Donald = **Rebutia minuscula** K. Schum.
Ref.: Donald, 1975c.

Rebutia xanthocarpa Backeb. var. *luteirosea* Backeb. = **Rebutia minuscula** K. Schum.
Ref.: Donald, 1975c.

Rebutia xanthocarpa Backeb. var. *salmonea* Fric ex Backeb. = **Rebutia minuscula** K. Schum.
Ref.: Donald, 1975c.

Rebutia xanthocarpa Backeb. var. *violaciflora* (Backeb.) Backeb. = **Rebutia minuscula** K. Schum.
Ref.: Donald, 1975c.

Reicheocactus pseudoreichianus Backeb. = **Lobivia famatinensis** (Speg.) Britton & Rose var. **famatinensis**

Reolobivia haagei (Fric & Schelle) Fric = **Lobivia pygmaea** (R.E. Fr.) Backeb.
Ref.: Rausch, 1986a.

Rhipsalis Gaertn.

Número de especies: 10

Rhipsalis aculeata F.A.C. Weber
Sin.: *Lepismium aculeatum* (F.A.C. Weber) Barthlott, *Lepismium lumbricoides* (Lem.) Barthlott f. *aculeatum* Barthlott & N.P. Taylor
Ref.: Castellanos, 1925.
Hábito: Epífita.
Status: Nativa.
Elevación: 0-1000 m.
Prov.: CA, CH, COR, ER, FO, SA, SE, SF, TU.
Paises limítrofes: PA.
Ejemplar examinado: *Bonpland 1833* (P).

Rhipsalis baccifera (J.S. Muell.) Stearn
Sin.: *Cassyta baccifera* J.S. Muell., *Rhipsalis baccifera* (J.S. Muell.) Stearn subsp. *shaferi* (Britton & Rose) Barthlott & N.P. Taylor, *Rhipsalis cassitta* Gaertn., *Rhipsalis shaferi* Britton & Rose
Ref.: Barthlott & Taylor, 1995.
Hábito: Epífita.
Status: Nativa.
Elevación: 0-1000 m.
Prov.: CH, COR, FO, JU, MI, SA.
Paises limítrofes: BO, BR, PA.
Ejemplar examinado: *Guaglianone y Múlgura 2239* (SI).

Rhipsalis baccifera (J.S. Muell.) Stearn subsp. *shaferi* (Britton & Rose) Barthlott & N.P. Taylor = **Rhipsalis baccifera** (J.S. Muell.) Stearn

Rhipsalis cassitta Gaertn. = **Rhipsalis baccifera** (J.S. Muell.) Stearn
Ref.: Barthlott & Taylor, 1995.

Rhipsalis cereiformis (Salm-Dyck) C.F. Först. = **Pfeiffera ianthothele** (Monv.) F.A.C. Weber

Rhipsalis cereuscula Haw.
Sin.: *Cereus saglionis* Lem., *Rhipsalis penduliflora* N.E. Br., *Rhipsalis saglionis* (Lem.) Otto
Ref.: Castellanos, 1925.
Hábito: Epífita.
Status: Nativa.
Elevación: 0-500 m.
Prov.: COR, ER, MI.
Paises limítrofes: BR, PA.
Ejemplar examinado: *Burkart 24296* (SI).

Rhipsalis cruciforme (Vell.) A. Cast.
Sin.: *Cactus cruciformis* Vell., *Lepismium cruciformis* (Vell.) Miq., *Rhipsalis squamulosa* (Salm-Dyck) K. Schum.
Ref.: Taylor, 1994; Barthlott & Taylor, 1995.
Hábito: Epífita.
Status: Nativa.
Elevación: 0-500 m.
Prov.: CH, COR, FO, MI.
Paises limítrofes: BR, PA.
Ejemplar examinado: *Guaglianone 4192* (SI).

Rhipsalis floccosa Pfeiff. subsp. **hohenauensis** (F. Ritter) Barthlott & N.P. Taylor
Sin.: *Rhipsalis hohenauensis* F. Ritter
Ref.: Barthlott & Taylor, 1995.
Hábito: Epífita.
Status: Nativa.
Elevación: 0-1000 m.
Prov.: MI.
Paises limítrofes: BR, PA.
Ejemplar examinado: *Schinini y Fernández 6126* (SI).

Rhipsalis floccosa Pfeiff. subsp. **tucumanensis** (F.A.C. Weber) Barthlott & N.P. Taylor
Sin.: *Lepismium tucumanensis* (F.A.C. Weber) Backeb., *Rhipsalis tucumanensis* F.A.C. Weber
Ref.: Barthlott & Taylor, 1995.
Hábito: Epífita.
Status: Nativa.
Elevación: 500-2000 m.
Prov.: JU, SA, TU.
Paises limítrofes: BO.
Ejemplar examinado: *Kiesling et al. 8134* (SI).

Rhipsalis hohenauensis F. Ritter = **Rhipsalis floccosa** Pfeiff. subsp. **hohenauensis** (F. Ritter) Barthlott & N.P. Taylor
Ref.: Barthlott & Taylor, 1995.

Rhipsalis houlletiana Lem.
Sin.: *Acanthorhipsalis houlletiana* (Lem.) Volgin, *Lepismium houlletianum* (Lem.) Barthlott
Ref.: Castellanos, 1925.
Hábito: Epífita.
Status: Nativa.
Elevación: 0-1000 m.
Prov.: MI.
Paises limítrofes: BR.
Ejemplar examinado: *Morrone et al. 1541* (SI).

Rhipsalis ianthothele (Monv.) F.H. Brandt = **Pfeiffera ianthothele** (Monv.) F.A.C. Weber

Rhipsalis leucorhaphis K. Schum. = **Rhipsalis lumbricoides** (Lem.) Lem. ex Salm-Dyck

Rhipsalis linearis K. Schum. = **Rhipsalis warmingiana** K. Schum.

Rhipsalis lorentziana Griseb.
Sin.: *Lepismium lorentzianum* (Griseb.) Barthlott
Ref.: Castellanos, 1925.
Hábito: Epífita.
Status: Nativa.
Elevación: 500-2000 m.
Prov.: JU, SA, TU.
Paises limítrofes: BO.
Ejemplar examinado: *Cabrera et al. 27937* (SI).

Rhipsalis lumbricoides (Lem.) Lem. ex Salm-Dyck
Sin.: *Cereus donkelairii* auct. non Salm-Dyck, *Cereus lumbricoides* Lem., *Lepismium lumbricoides* (Lem.) Barthlott, *Rhipsalis leucorhaphis* K. Schum., *Rhipsalis sarmentacea* Otto & D. Dietr.
Ref.: Castellanos, 1925; Barthlott & Taylor, 1995.
Hábito: Epífita.
Status: Nativa.
Elevación: 0-1000 m.
Prov.: BA, CH, COR, FO, JU, MI, SA, TU.
Paises limítrofes: BO, BR, PA, UR.
Ejemplar examinado: *Hicken 763* (SI).

Rhipsalis monacantha Griseb.
Sin.: *Acanthorhipsalis monacantha* (Griseb.) Britton & Rose, *Lepismium monacanthum* (Griseb.) Barthlott, *Pfeiffera monacantha* (Griseb.) P.V. Heath
Ref.: Castellanos, 1925; Barthlott & Taylor, 1995.
Hábito: Epífita.
Status: Nativa.
Elevación: 0-2000 m.
Prov.: JU, SA.
Paises limítrofes: BO.
Ejemplar examinado: *Zuloaga 2776* (SI).

Rhipsalis penduliflora N.E. Br. = **Rhipsalis cereuscula** Haw.
Ref.: Barthlott & Taylor, 1995.

Rhipsalis saglionis (Lem.) Otto = **Rhipsalis cereuscula** Haw.
Ref.: Castellanos, 1925.

Rhipsalis sarmentacea Otto & D. Dietr. = **Rhipsalis lumbricoides** (Lem.) Lem. ex Salm-Dyck
Ref.: Castellanos, 1925.

Rhipsalis shaferi Britton & Rose = **Rhipsalis baccifera** (J.S. Muell.) Stearn
Ref.: Barthlott & Taylor, 1995.

Rhipsalis squamulosa (Salm-Dyck) K. Schum. = **Rhipsalis cruciforme** (Vell.) A. Cast.
Ref.: Taylor, 1994.

Rhipsalis tucumanensis F.A.C. Weber = **Rhipsalis floccosa** Pfeiff. subsp. **tucumanensis** (F.A.C. Weber) Barthlott & N.P. Taylor
Ref.: Barthlott & Taylor, 1995.

Rhipsalis warmingiana K. Schum.
Sin.: *Lepismium linearis* (K. Schum.) Barthlott, *Lepismium warmingianum* (K. Schum.) Barthlott, *Rhipsalis linearis* K. Schum.
Ref.: Barthlott & Taylor, 1995.
Hábito: Epífita.
Status: Nativa.
Elevación: 500-1000 m.
Prov.: MI.
Paises limítrofes: BR, PA.
Ejemplar examinado: *Balansa 2500* (G, P).

Rhodocactus sacharosa (Griseb.) Backeb. = **Pereskia sacharosa** Griseb.
Ref.: Leuenberger, 1986.

Salmiopuntia salmiana (Parm.) Kreuz. = **Opuntia salmiana** Parm.

Salpingolobivia andalgalensis (F.A.C. Weber) Y. Ito = **Trichocereus andalgalensis** (F.A.C. Weber) Hosseus
Ref.: Kiesling, 1978.

Salpingolobivia aurea (Britton & Rose) Y. Ito = **Echinopsis aurea** Britton & Rose var. **aurea**

Salpingolobivia aurea (Britton & Rose) Y. Ito var. *grandiflora* (Backeb.) Y. Ito, comb. illeg. = **Echinopsis aurea** Britton & Rose var. **aurea**

Salpingolobivia densispina (Werderm.) Y. Ito = **Lobivia densispina** (Werderm.) Buining

Salpingolobivia huascha (F.A.C. Weber) Y. Ito = **Trichocereus huascha** (F.A.C. Weber) Britton & Rose var. **huascha**
Ref.: Kiesling, 1978.

Salpingolobivia shaferi (Britton & Rose) Y. Ito = **Trichocereus schickendantzii** (F.A.C. Weber) Britton & Rose
Ref.: Kiesling, 1978.

Selenicereus (A. Berger) Britton & Rose

Número de especies: 1

Selenicereus setaceus (Salm-Dyck ex DC.) Werderm.
Sin.: *Cereus coccineus* auct. non Salm-Dyck ex DC., *Cereus setaceus* Salm-Dyck ex DC., *Mediocactus coccineus* auct. non (Salm-Dyck ex DC.) Britton & Rose
Ref.: Britton & Rose, 1922; Hunt, 1989.
Hábito: Epífita.
Status: Nativa.
Elevación: 0-1000 m.
Prov.: COR, MI.
Paises limítrofes: BO, BR, PA.
Ejemplar examinado: *Brunner et al. 955* (SI).

Setiechinopsis (Backeb.) de Haas

Número de especies: 1 especie endémica.

Setiechinopsis mirabilis (Speg.) de Haas
Sin.: *Acanthopetalus mirabilis* (Speg.) Y. Ito, *Arthrocereus mirabilis* (Speg.) Marshall, *Echinopsis mirabilis* Speg.
Ref.: Backeberg, 1959b.
Hábito: Subarbusto suculento.
Status: Endémica.
Elevación: 500-1000 m.
Prov.: LR, ME, SE, SJ.
Ejemplar examinado: *Liguiza 74* (SI).

Soehrensia bruchii (Britton & Rose) Backeb. = **Lobivia bruchii** Britton & Rose

Soehrensia formosa (Pfeiff.) Backeb. = **Lobivia formosa** (Pfeiff.) Dodds var. **formosa**
Ref.: Rausch, 1986a.

Soehrensia formosa (Pfeiff.) Backeb. var. *maxima* Backeb. = **Lobivia formosa** (Pfeiff.) Dodds var. **formosa**

Soehrensia formosa (Pfeiff.) Backeb. var. *polycephala* Backeb. = **Lobivia formosa** (Pfeiff.) Dodds var. **formosa**

Soehrensia grandis (Britton & Rose) Backeb. = **Lobivia bruchii** Britton & Rose

Soehrensia ingens Backeb. = **Lobivia fomosa** (Pfeiff.) Dodds var. **formosa**

Soehrensia korethroides (Werderm.) Backeb. = **Lobivia korethroides** (Werderm.) Werderm.

Soehrensia oreopepon (Speg.) Backeb. = **Lobivia formosa** (Pfeiff.) Dodds var. **formosa**

Soehrensia smrziana (Backeb.) Backeb. = **Trichocereus smrzianus** (Backeb.) Backeb.
Ref.: Kiesling, 1978.

Spegazzinia neumanniana Backeb. = **Weingartia neumanniana** (Backeb.) Werderm.

Spinicalycium spiniflorum (K. Schum.) Fric = **Acanthocalycium spiniflorum** (K. Schum.) Backeb.

Spinicalycium klimpelianum (Weid. & Werderm.) Fric = **Acanthocalycium klimpelianum** (Weid. & Werderm.) Backeb.

Spinicalycium violaceum (Werderm.) Fric = **Acanthocalycium spiniflorum** (K. Schum.) Backeb.

Stetsonia Britton & Rose

Número de especies: 1

Stetsonia coryne (Salm-Dyck) Britton & Rose
Sin.: *Cereus coryne* Salm-Dyck
Ref.: Kiesling, 1996b.
Hábito: Árbol suculento.
Status: Nativa.
Elevación: 0-1000 m.
Prov.: CH, CO, FO, JU, SA, SE, SF.
Paises limítrofes: BO, PA.
Ejemplar examinado: *Kiesling et al. 8719* (SI).

Sulcorebutia vorwerkii (Fric.) Brand, comb. illeg. = **Neowerdermannia vorwerkii** Fric

Tephrocactus Lem.

Número de especies: 7 especies endémicas.

Tephrocactus alexanderi (Britton & Rose) Backeb.
Sin.: *Opuntia alexanderi* Britton & Rose, *Opuntia alexanderi* Britton & Rose var. *bruchii* (Speg.) G.D. Rowley, *Opuntia bruchii* Speg., *Tephrocactus alexanderi* (Britton & Rose) Backeb. var. *bruchii* (Speg.) Backeb., *Tephrocactus bruchii* (Speg.) Speg., *Tephrocactus subsphaericus* Backeb.
Ref.: Kiesling, 1984.
Hábito: Subarbusto suculento.
Status: Endémica.
Elevación: 500-1000 m.
Prov.: CA, LR, SJ, SL.
Ejemplar examinado: *Alexander s.n.* (holotipo, NY).

Tephrocactus alexanderi (Britton & Rose) Backeb. var. *bruchii* (Speg.) Backeb. = **Tephrocactus alexanderi** (Britton & Rose) Backeb.
Ref.: Kiesling, 1984.

Tephrocactus aoracanthus (Lem.) Lem.
Sin.: *Cereus ovatus* Pfeiff., nom. illeg., *Opuntia aoracantha* Lem., *Opuntia hossei* (Krainz & Gräser) G.D. Rowley, *Opuntia paediophila* A. Cast., *Tephrocactus aoracanthus* (Lem.) Lem. var. *paediophilus* (A. Cast.) J.G. Lamb., *Tephrocactus hossei* Krainz & Gräser, *Tephrocactus paediophilus* (A. Cast.) F. Ritter
Ref.: Kiesling, 1984.
Hábito: Subarbusto suculento.
Status: Endémica.
Elevación: 0-1000 m.
Prov.: CA, LR, ME, SJ.
Ejemplar examinado: *Ruiz Leal 12757* (neotipo, MERL).

Tephrocactus aoracanthus (Lem.) Lem. var. *paediophilus* (A. Cast.) J.G. Lamb. = **Tephrocactus aoracanthus** (Lem.) Lem.

Tephrocactus articulatus (Pfeiff.) Backeb. var. **articulatus**
Sin.: *Cereus articulatus* Pfeiff., *Opuntia articulata* (Pfeiff.) D.R. Hunt, *Opuntia diademata* Lem. var. *inermis* Speg., *Opuntia strobiliformis* A. Berger, *Tephrocactus articulatus* (Pfeiff.) Backeb. var. *calvus* (Lem.) Backeb., *Tephrocactus calvus* Lem.
Ref.: Kiesling, 1984.
Hábito: Subarbusto suculento.
Status: Endémica.
Prov.: CA, CO, LR, ME, SJ, SL.
Ejemplar examinado: *Ruiz Leal 2588* (neotipo, MERL).

Tephrocactus articulatus (Pfeiff.) Backeb. var. *calvus* (Lem.) Backeb. = **Tephrocactus articulatus** (Pfeiff.) Backeb. var. **articulatus**
Ref.: Kiesling, 1984.

Tephrocactus articulatus (Pfeiff.) Backeb. var. **oligacanthus** (Speg.) Backeb.
Sin.: *Cereus syringacantus* Pfeiff., *Opuntia diademata* Lem., *Opuntia diademata* Lem. var. *oligacantha* Speg., *Opuntia diademata* Lem. var. *polyacantha* Speg., *Opuntia glomerata* Haw. f. *oligacantha* (Speg.) A. Cast., *Opuntia papyracantha* Phil., *Tephrocactus diadematus* (Lem.) Lem., *Tephrocactus glomeratus* (Haw.) Backeb. var. *oligacanthus* Speg.
Ref.: Kiesling, 1984.
Hábito: Subarbusto suculento.
Status: Endémica.
Prov.: CA, ME, SA, SE, SL.
Ejemplar examinado: *Ruíz Leal 2589* (neotipo, MERL).

Tephrocactus bolivianus (Salm-Dyck) Backeb. = **Maihueniopsis boliviana** (Salm-Dyck) R. Kiesling
Ref.: Kiesling, 1984.

Tephrocactus bruchii (Speg.) Speg. = **Tephrocactus alexanderi** (Britton & Rose) Backeb.
Ref.: Kiesling, 1984.

Tephrocactus calvus Lem. = **Tephrocactus articulatus** (Pfeiff.) Backeb. var. **articulatus**
Ref.: Kiesling, 1984.

Tephrocactus curvispinus Backeb., nom. inval. = **Maihueniopsis boliviana** (Salm-Dyck) R. Kiesling

Tephrocactus darwinii (Hensl.) Backeb. ex Fric = **Maihueniopsis darwinii** (Hensl.) F. Ritter var. **darwinii**

Tephrocactus diadematus (Lem.) Lem. = **Tephrocactus articulatus** (Pfeiff.) Backeb. var. **oligacanthus** (Speg.) Backeb.
Ref.: Kiesling, 1984.

Tephrocactus flexispinus Backeb., nom. inval. = **Maihueniopsis boliviana** (Salm-Dyck) R. Kiesling

Tephrocactus geometricus (A. Cast.) Backeb.
Sin.: *Opuntia geometrica* A. Cast.
Ref.: Kiesling, 1984.
Hábito: Subarbusto suculento.
Status: Endémica.
Elevación: 500-1500 m.
Prov.: CA.
Ejemplar examinado: *Castellanos s.n.* (holotipo, BA 30/748).

Tephrocactus glomeratus (Haw.) Backeb. = **Maihueniopsis glomerata** (Haw.) R. Kiesling
Ref.: Kiesling, 1984.

Tephrocactus glomeratus (Haw.) Backeb. var. *oligacanthus* Speg. = **Tephrocactus articulatus** (Pfeiff.) Backeb. var. **oligacanthus** (Speg.) Backeb.
Ref.: Kiesling, 1984.

Tephrocactus halophilus (Speg.) Backeb.
Sin.: *Opuntia halophila* Speg.
Ref.: Kiesling, 1984.
Hábito: Subarbusto suculento.
Status: Endémica.
Elevación: 1000-1500 m.
Prov.: SJ, SL.
Ejemplar examinado: *Kiesling s.n.* (SI).

Tephrocactus hickenii (Britton & Rose) Speg. = **Maihueniopsis darwinii** (Hensl.) F. Ritter var. **hickenii** (Britton & Rose) R. Kiesling

Tephrocactus hossei Krainz & Gräser = **Tephrocactus aoracanthus** (Lem.) Lem.
Ref.: Kiesling, 1984.

Tephrocactus mandragora Backeb. = **Maihueniopsis minuta** (Backeb.) R. Kiesling

Tephrocactus melanacanthus Backeb., nom. inval. = **Maihueniopsis boliviana** (Salm-Dyck) R. Kiesling

Tephrocactus minutus Backeb. = **Maihueniopsis minuta** (Backeb.) R. Kiesling

Tephrocactus molinensis (Speg.) Backeb.
Sin.: *Maihueniopsis molinensis* (Speg.) F. Ritter, *Opuntia guerkei* Schelle, *Opuntia molinensis* Speg., *Opuntia schumannii* Speg.
Ref.: Kiesling, 1984.
Hábito: Subarbusto suculento.
Status: Endémica.
Elevación: 500-1500 m.
Prov.: SA.
Ejemplar examinado: *Spegazzini s.n.* (holotipo, LP 14335).

Tephrocactus neuquensis (Borg) Backeb. = **Maihueniopsis darwinii** (Hensl.) F. Ritter var. **hickenii** (Britton & Rose) R. Kiesling

Tephrocactus nigrispinus (K. Schum.) Backeb. = **Maihueniopsis nigrispina** (K. Schum.) R. Kiesling
Ref.: Kiesling, 1984.

Tephrocactus ovatus (Pfeiff.) Backeb. = **Maihueniopsis ovata** (Pfeiff.) F. Ritter
Ref.: Kiesling, 1984.

Tephrocactus paediophilus (A. Cast.) F. Ritter = **Tephrocactus aoracanthus** (Lem.) Lem.

Tephrocactus pentlandii (Salm-Dyck) Backeb. = **Maihueniopsis pentlandii** (Salm-Dyck) R. Kiesling
Ref.: Kiesling, 1984.

Tephrocactus pentlanndii (Salm-Dyck) Backeb. var. *rossianus* Heinr. & Backeb. = **Maihueniopsis pentlandii** (Salm-Dyck) R. Kiesling

Tephrocactus platycanthus (Pfeiff.) Lem. = **Maihueniopsis darwinii** (Hensl.) F. Ritter var. **hickenii** (Britton & Rose) R. Kiesling
Ref.: Kiesling, 1984.

Tephrocactus russellii (Britton & Rose) Backeb. = **Maihueniopsis ovata** (Pfeiff.) F. Ritter
Ref.: Kiesling, 1984.

Tephrocactus setiger Backeb. = **Tephrocactus weberi** (Speg.) Backeb. var. **weberi**
Ref.: Kiesling, 1984.

Tephrocactus subsphaericus Backeb. = **Tephrocactus alexanderi** (Britton & Rose) Backeb.
Ref.: Kiesling, 1984.

Tephrocactus subterraneus (R.E. Fr.) Backeb. = **Puna subterranea** (R.E. Fr.) R. Kiesling
Ref.: Kiesling,1982.

Tephrocactus variiflorus Backeb. = **Puna subterranea** (R.E. Fr.) R. Kiesling
Ref.: Kiesling, 1982b.

Tephrocactus weberi (Speg.) Backeb. var. **deminutus** Rausch
Ref.: Rausch, 1986b.
Hábito: Subarbusto suculento.
Status: Endémica.
Elevación: 1500-2000 m.
Prov.: SA.
Ejemplar examinado: *Rausch s.n.* (SI).

Tephrocactus weberi (Speg.) Backeb. var. **weberi**
Sin.: *Opuntia weberi* Speg., *Opuntia weberi* Speg. var. *dispar* A. Cast., *Opuntia weberi* Speg. var. *setiger* (Backeb.) Backeb., *Tephrocactus setiger* Backeb.
Ref.: Kiesling, 1984.
Hábito: Subarbusto suculento.
Status: Endémica.
Elevación: 500-1500 m.
Prov.: CA, LR, SA, SJ, TU.
Ejemplar examinado: *Holmberg s.n.* (holotipo, LP).

Trichocereus (A. Berger) Riccob.

Número de especies: 19, 15 especies endémicas.

Trichocereus andalgalensis (F.A.C. Weber) Hosseus
Sin.: *Cereus andalgalensis* F.A.C. Weber, *Cereus huascha* F.A.C. Weber var. *rubriflorus* F.A.C. Weber, *Echinopsis huascha* (F.A.C. Weber) G.D. Rowley var. *rubriflora* (F.A.C. Weber) G.D. Rowley, *Helianthocereus huascha* (F.A.C. Weber) Backeb. var. *rubriflorus* (F.A.C. Weber) Backeb., *Lobivia andalgalensis* (F.A.C. Weber) Britton & Rose, *Lobivia huascha* (F.A.C. Weber) Marshall var. *andalgalensis* (F.A.C. Weber) Rausch, *Salpingolobivia andalgalensis* (F.A.C. Weber) Y. Ito, *Trichocereus auricolor* Backeb., *Trichocereus huascha* (F.A.C. Weber) Britton & Rose var. *rubriflorus* (F.A.C. Weber) Backeb.
Ref.: Kiesling, 1978.
Hábito: Subarbusto suculento.
Status: Endémica.
Elevación: 500-1000 m.
Prov.: CA.
Ejemplar examinado: *Kiesling 1058* (SI).

Trichocereus angelesii R. Kiesling
Sin.: *Echinopsis angelesiae* (R. Kiesling) G.D. Rowley
Ref.: Kiesling, 1978.
Hábito: Subarbusto suculento.
Status: Endémica.
Elevación: 500-1000 m.
Prov.: SA.
Ejemplar examinado: *Kiesling 1302* (SI).

Trichocereus arboricola Kimnach
Sin.: *Echinopsis arboricola* (Kimnach) Mottram
Ref.: Kimnach, 1990.
Hábito: Epífita.
Status: Nativa.
Elevación: 500-1000 m.
Prov.: SA.
Paises limítrofes: BO.
Ejemplar examinado: *Hilgert y Arenas 1510* (SI).

Trichocereus atacamensis (Phil.) Backeb.
Sin.: *Cereus atacamensis* Phil., *Cereus pasacana* (F.A.C. Weber) F.A.C. Weber, *Echinopsis atacamensis* Phil. subsp. *pasacana* (F.A.C. Weber) G. Navarro, *Echinopsis pasacana* (F.A.C. Weber) Friedrich & G.D. Rowley, *Pilocereus pasacana* F.A.C. Weber, *Trichocereus pasacana* (F.A.C. Weber) Britton & Rose
Ref.: Kiesling, 1978; Ritter, 1980.
Hábito: Arbusto suculento.
Status: Nativa.
Elevación: 2000-3500 m.
Prov.: CA, JU, SA, TU.
Paises limítrofes: BO, CH.
Ejemplar examinado: *Cabrera 16340* (LP).

Trichocereus auricolor Backeb. = **Trichocereus andalgalensis** (F.A.C. Weber) Hosseus
Ref.: Kiesling, 1978.

Trichocereus bruchii (Britton & Rose) F. Ritter = **Lobivia bruchii** Britton & Rose

Trichocereus bruchii (Britton & Rose) F. Ritter var. *brevispinus* F. Ritter = **Lobivia bruchii** Britton & Rose

Trichocereus cabrerae R. Kiesling
Sin.: *Echinopsis cabrerae* (R. Kiesling) G.D. Rowley
Ref.: Kiesling, 1978.
Hábito: Arbusto suculento.
Status: Endémica.
Elevación: 500-1000 m.
Prov.: CA, LR.
Ejemplar examinado: *Kiesling 1208* (holotipo, SI).

Trichocereus callianthus F. Ritter = **Trichocereus vatteri** R. Kiesling
Ref.: Ritter, 1980.

Trichocereus candicans (Gillies ex Salm-Dyck) Britton & Rose
Sin.: *Cereus candicans* Gillies ex Salm-Dyck, *Cereus candicans* Gillies ex Salm-Dyck var. *courantii* K. Schum., *Cereus gladiatus* Lem., *Cereus lamprochlorus* Lem. var. *salinicola* Speg., *Echinocereus candicans* (Gillies ex Salm-Dyck) Rümpler, *Echinopsis candicans* (Gillies ex Salm-Dyck) D.R. Hunt, *Echinopsis candicans* (Gillies ex Salm-Dyck) D.R. Hunt var. *gladiata* (Lem.) Friedrich & G.D. Rowley, *Echinopsis candicans* (Gillies ex Salm-Dyck) D.R. Hunt var. *tenuispina* (Pfeiff.) Friedrich & G.D. Rowley, *Echinopsis courantii* (K. Schum.) Friedrich & G.D. Rowley, *Trichocereus courantii* (K. Schum.) Backeb.
Ref.: Kiesling, 1978.
Hábito: Arbusto suculento.
Status: Endémica.
Elevación: 0-2000 m.
Prov.: BA, CO, LP, LR, ME, SJ, SL.
Ejemplar examinado: *Burkart 15966* (SI).

Trichocereus candicans (Gillies ex Salm-Dyck) Britton & Rose var. *roseoflorus* Backeb., nom. inval. = **Trichocereus pseudocandicans** Backeb. ex R. Kiesling
Ref.: Kiesling, 1978.

Trichocereus catamarcensis F. Ritter, nom. inval. = **Lobivia crassicaulis** Backeb. ex R. Kiesling
Ref.: Kiesling, 1978.

Trichocereus courantii (K. Schum.) Backeb. = **Trichocereus candicans** (Gillies ex Salm-Dyck) Britton & Rose
Ref.: Kiesling, 1978.

Trichocereus fabrisii R. Kiesling
Sin.: *Echinopsis fabrisii* (R. Kiesling) G.D. Rowley, *Trichocereus volcanensis* F. Ritter
Ref.: Kiesling, 1978.
Hábito: Subarbusto suculento.
Status: Endémica.
Elevación: 2000-3500 m.
Prov.: JU.
Ejemplar examinado: *Fabris 6203* (holotipo, LP).

Trichocereus formosus (Pfeiff.) F. Ritter = **Lobivia formosa** (Pfeiff.) Dodds var. **formosa**

Trichocereus grandis (Britton & Rose) F. Ritter = **Lobivia bruchii** Britton & Rose

Trichocereus huascha (F.A.C. Weber) Britton & Rose var. **huascha**
Sin.: *Cereus huascha* F.A.C. Weber, *Cereus huascha* F.A.C. Weber var. *flaviflora* F.A.C. Weber, *Echinopsis huascha* (F.A.C. Weber) G.D. Rowley, *Helianthocereus huascha* (F.A.C. Weber) Backeb., *Helianthocereus huascha* (F.A.C. Weber) Backeb. var. *macranthus* Backeb., *Helianthocereus huascha* (F.A.C. Weber) Backeb. var. *roseiflorus* (Y. Ito) Backeb., *Lobivia huascha* (F.A.C. Weber) Marshall, *Salpingolobivia huascha* (F.A.C. Weber) Y. Ito
Ref.: Kiesling, 1978.
Hábito: Subarbusto suculento.
Status: Endémica.
Elevación: 1000-2000 m.
Prov.: CA, LR, SJ.
Ejemplar examinado: *Schreiter 6452* (BA, LIL).

Trichocereus huascha (F.A.C. Weber) Britton & Rose var. **pecheretianus** Backeb. ex R. Kiesling
Sin.: *Echinopsis pecheretiana* (Backeb.) Friedrich & G.D. Rowley, comb. illeg., *Helianthocereus pecheretianus* Backeb., nom. inval.
Ref.: Kiesling, 1978.
Hábito: Subarbusto suculento.
Status: Endémica.
Elevación: 1500-2000 m.
Prov.: CA, LR.
Ejemplar examinado: *Kiesling 804* (holotipo, LP).

Trichocereus huascha (F.A.C. Weber) Britton & Rose var. *rubriflorus* (F.A.C. Weber) Backeb. = **Trichocereus andalgalensis** (F.A.C. Weber) Hosseus
Ref.: Kiesling, 1978.

Trichocereus ingens (Backeb.) F. Ritter = **Lobivia formosa** (Pfeiff.) Dodds var. **formosa**

Trichocereus korethroides (Werderm.) F. Ritter = **Lobivia korethroides** (Werderm.) Werderm.

Trichocereus lamprochlorus (Lem.) Britton & Rose
Sin.: *Cereus lamprochlorus* Lem., *Cereus nitens* Salm-Dyck, *Echinocereus lamprochlorus* (Lem.) Rümpler, *Echinopsis lamprochlora* (Lem.) F.A.C. Weber ex Friedrich & Glaetzle, *Echinopsis purpureopilosa* (Weing.) Friedrich & G.D. Rowley, *Trichocereus neolamprochlorus* Backeb., *Trichocereus purpureopilosus* Weing.
Ref.: Kiesling, 1978.
Hábito: Subarbusto suculento.
Status: Endémica.
Elevación: 500-1500 m.
Prov.: CO, LR.
Ejemplar examinado: *Burkart 20438* (SI).

Trichocereus lobivioides F. Ritter = **Trichocereus rowleyi** (Friedrich) R. Kiesling
Ref.: Ritter, 1980.

[Trichocereus manguinii Backeb.]
Sin.: *Echinopsis manguinii* (Backeb.) Friedrich & G.D. Rowley
Nota: Taxón dudoso.

Trichocereus neolamprochlorus Backeb. = **Trichocereus lamprochlorus** (Lem.) Britton & Rose
Ref.: Kiesling, 1978.

Trichocereus pasacana (F.A.C. Weber) Britton & Rose = **Trichocereus atacamensis** (Phil.) Backeb.
Ref.: Ritter, 1980.

Trichocereus poco Backeb. = **Trichocereus tarijensis** (Vaupel) Werderm.
Ref.: Kiesling, 1978.

Trichocereus poco Backeb. var. *sanguiniflorus* Backeb. = **Trichocereus tarijensis** (Vaupel) Werderm.
Ref.: Kiesling, 1978.

Trichocereus pseudocandicans Backeb. ex R. Kiesling
Sin.: *Echinopsis pseudocandicans* (Backeb. ex R. Kiesling) Friedrich & Glaetzle, *Helianthocereus pseudo-candicans* Backeb. var. *flaviflorus* (Backeb.) Backeb., comb. illeg., *Helianthocereus pseudo-candicans* Backeb. var. *roseoflorus* (Backeb.) Backeb., comb. illeg., *Helianthocereus pseudo-candicans* Backeb., nom. inval., *Trichocereus candicans* (Gillies ex Salm-Dyck) Britton & Rose var. *roseoflorus* Backeb., nom. inval.
Ref.: Kiesling, 1978.
Hábito: Subarbusto suculento.
Status: Endémica.
Elevación: 1000-2000 m.
Prov.: LR.
Ejemplar examinado: *Kiesling 807* (holotipo, LP).

Trichocereus purpureopilosus Weing. = **Trichocereus lamprochlorus** (Lem.) Britton & Rose
Ref.: Kiesling, 1978.

Trichocereus rowleyi (Friedrich) R. Kiesling
Sin.: *Chamacereus grandiflorus* (Fric.) Britton & Rose, *Echinopsis rowleyi* Friedrich, *Helianthocereus grandiflorus* (Britton & Rose) Backeb., *Lobivia grandiflora* Britton & Rose, *Lobivia grandiflora* Britton & Rose var. *lobivioides* (F. Ritter) Rausch, *Lobivia grandiflora* Britton & Rose var. *longispina* Rausch, *Lobivia purpureominiata* F. Ritter, *Trichocereus lobivioides* F. Ritter
Ref.: Kiesling, 1978.
Hábito: Subarbusto suculento.
Status: Endémica.
Elevación: 1000-2000 m.
Prov.: CA.
Ejemplar examinado: *Hunziker 1283* (CORD).

Trichocereus rubinghianus Backeb. = **Trichocereus thelegonoides** (Speg.) Britton & Rose
Ref.: Kiesling, 1978.

[Trichocereus santiaguensis (Speg.) Backeb.]
Sin.: *Cereus santiaguensis* Speg.
Ref.: Kiesling, 1978.
Nota: Taxón dudoso.

Trichocereus schickendantzii (F.A.C. Weber) Britton & Rose
Sin.: *Echinopsis friedrichii* G.D. Rowley, *Echinopsis schickendantzii* F.A.C. Weber, *Salpingolobivia shaferi* (Britton & Rose) Y. Ito, *Trichocereus shaferi* Britton & Rose
Ref.: Kiesling, 1978.
Hábito: Subarbusto suculento.
Status: Endémica.
Elevación: 1500-2000 m.
Prov.: SA, TU.
Ejemplar examinado: *Schreiter 6450* (LIL).

Trichocereus shaferi Britton & Rose = **Trichocereus schickendantzii** (F.A.C. Weber) Britton & Rose
Ref.: Kiesling, 1978.

Trichocereus smrzianus (Backeb.) Backeb.
Sin.: *Echinopsis smrziana* Backeb., *Soehrensia smrziana* (Backeb.) Backeb.
Ref.: Kiesling, 1978.
Hábito: Subarbusto suculento.
Status: Endémica.
Elevación: 1500-2500 m.
Prov.: SA.
Ejemplar examinado: *Kiesling 1110* (SI).

[Trichocereus spachianus (Lem.) Riccob.]
Sin.: *Cereus spachianus* Lem., *Echinopsis spachiana* (Lem.) Friedrich & G.D. Rowley
Prov.: SE.
Nota: Taxón dudoso.

Trichocereus strigosus (Salm-Dyck) Britton & Rose
Sin.: *Cereus strigosus* Salm-Dyck, *Echinopsis strigosa* (Salm-Dyck) Friedrich & G.D. Rowley, *Trichocereus strigosus* (Salm-Dyck) Britton & Rose var. *flaviflorus* F. Ritter
Ref.: Kiesling, 1978.
Hábito: Subarbusto suculento.
Status: Endémica.
Elevación: 500-1000 m.
Prov.: CA, LR, ME, SA, SJ.
Ejemplar examinado: *Kiesling 806* (LP).

Trichocereus strigosus (Salm-Dyck) Britton & Rose var. *flaviflorus* F. Ritter = **Trichocereus strigosus** (Salm-Dyck) Britton & Rose
Ref.: Kiesling, 1978.

Trichocereus tarijensis (Vaupel) Werderm.
Sin.: *Cereus tarijensis* Vaupel, *Echinopsis poco* (Backeb.) Friedrich & G.D. Rowley, *Echinopsis tarijensis* (Vaupel) Friedrich & G.D. Rowley, *Helianthocereus poco* (Backeb.) Backeb., *Helianthocereus poco* (Backeb.) Backeb. var. *albiflorus* Cárdenas, *Helianthocereus tarijensis* (Vaupel) Backeb., *Lobivia formosa* (Pfeiff.) Dodds subsp. *tarijensis* (Vaupel) Rausch, *Trichocereus poco* Backeb., *Trichocereus poco* Backeb. var. *sanguiniflorus* Backeb.

Ref.: Kiesling, 1978.
Hábito: Arbusto suculento.
Status: Nativa.
Elevación: 3000-4500 m.
Prov.: JU.
Paises limítrofes: BO.
Ejemplar examinado: *Fiebrig 2770* (lectotipo, SI).

Trichocereus terscheckii (Parm. ex Pfeiff.) Britton & Rose
Sin.: *Cereus terscheckii* Parm. ex Pfeiff., *Echinopsis terscheckii* (Parm. ex Pfeiff.) Friedrich & G.D. Rowley, *Trichocereus terscheckii* (Parm. ex Pfeiff.) Britton & Rose var. *montanus* Backeb.
Ref.: Kiesling, 1978.
Hábito: Árbol suculento.
Status: Nativa.
Elevación: 500-1500 m.
Prov.: CA, JU, LR, SA, SJ, TU.
Paises limítrofes: BO.
Ejemplar examinado: *Venturi 2071* (BAB, LIL, LP, NY).

Trichocereus terscheckii (Parm. ex Pfeiff.) Britton & Rose var. *montanus* Backeb. = **Trichocereus terscheckii** (Parm. ex Pfeiff.) Britton & Rose
Ref.: Kiesling, 1978.

Trichocereus thelegonoides (Speg.) Britton & Rose
Sin.: *Cereus thelegonoides* Speg., *Echinopsis rubinghiana* (Backeb.) Friedrich & G.D. Rowley, *Echinopsis thelegonoides* (Speg.) Friedrich & G.D. Rowley, *Trichocereus rubinghianus* Backeb.
Ref.: Kiesling, 1978.
Hábito: Arbusto suculento.
Status: Endémica.
Elevación: 500-2000 m.
Prov.: JU.
Ejemplar examinado: *Kiesling 1216* (SI).

Trichocereus thelegonus (F.A.C. Weber) Britton & Rose
Sin.: *Cereus thelegonus* F.A.C. Weber, *Echinopsis thelegona* (F.A.C. Weber) Friedrich & G.D. Rowley
Ref.: Kiesling, 1978.
Status: Endémica.
Elevación: 500-1000 m.
Prov.: JU, SA, TU.
Ejemplar examinado: *Kiesling 1113* (SI).

Trichocereus vatteri R. Kiesling
Sin.: *Echinopsis vatteri* (R. Kiesling) G.D. Rowley, *Trichocereus callianthus* F. Ritter
Ref.: Kiesling, 1978.
Hábito: Subarbusto suculento.
Status: Endémica.
Elevación: 1000-2000 m.
Prov.: LR.
Ejemplar examinado: *Cabrera 24568* (holotipo, LP).

Trichocereus volcanensis F. Ritter = **Trichocereus fabrisii** R. Kiesling
Ref.: Ritter, 1980.

Trichocereus walteri (R. Kiesling) J.G. Lamb. = **Lobivia walteri** R. Kiesling

Weingartia Werderm.
Número de especies: 1 especie endémica.

Weingartia neumanniana (Backeb.) Werderm.
Sin.: *Echinocactus neumannianus* Backeb., nom. nud., *Gymnocalycium neumannianum* (Backeb.) Hutch., *Rebutia neumanniana* (Backeb.) D.R. Hunt, *Spegazzinia neumanniana* Backeb.
Ref.: Backeberg, 1958.
Status: Endémica.
Elevación: 3000-3500 m.
Prov.: JU.
Ejemplar examinado: *Kiesling 8921* (SI).

Weingartia vorwerkii (Fric) Backeb. = **Neowerdermannia vorwerkii** Fric

Wigginsia D.M. Porter
Número de especies: 4, 1 especie endémica.

Wigginsia pauciareolata (Arechav.) R. Kiesling
Sin.: *Echinocactus pauciareolatus* Arechav., *Malacocarpus pauciareolatus* (Arechav.) A. Berger
Ref.: Kiesling, inéd.a.
Hábito: Hierba suculenta.
Status: Nativa.
Elevación: 0-500 m.
Prov.: ER.
Paises limítrofes: UR.
Ejemplar examinado: *Burkart 22023* (SI).
Nota: Primera cita para la Argentina. Véase nueva combinación en Apéndice 1.

Wigginsia sessiliflora (Hook.) D.M. Porter
Sin.: *Echinocactus sessiliflorus* Hook., *Echinocactus tetracanthus* Lem., *Malacocarpus sessiliflorus* (Hook.) Backeb., *Malacocarpus stegmannii* Backeb., nom. inval., *Malacocarpus tetracanthus* Lem., *Wigginsia stegmannii* (Backeb.) D.M. Porter, comb. illeg.
Ref.: Kiesling, 1988.
Hábito: Hierba suculenta.
Status: Endémica.
Elevación: 0-1000 m.
Prov.: BA, CO, LP, RN.
Ejemplar examinado: *Pedersen 13209* (SI).

Wigginsia shaeferiana W.R. Abraham & S. Theun.
Hábito: Hierba suculenta.
Status: Nativa.
Elevación: 0-500 m.
Prov.: COR.
Paises limítrofes: BR, UR.
Ejemplar examinado: *Schinini et al. 21709* (SI).

Wigginsia stegmannii (Backeb.) D.M. Porter, comb. illeg. = **Wigginsia sessiliflora** (Hook.) D.M. Porter
Ref.: Kiesling, 1988.

Wigginsia tephracantha (Link & Otto) D.M. Porter
Sin.: *Echinocactus tephracanthus* Link & Otto, *Malacocarpus tephracanthus* (Link & Otto) K. Schum.
Ref.: Kiesling, 1988.
Hábito: Hierba suculenta.
Status: Nativa.

Elevación: 0-500 m.
Prov.: BA.
Paises limítrofes: BR, UR.
Ejemplar examinado: *Kiesling 6414* (SI).

CALLITRICHACEAE

1 género, 8 especies.

por N.M. Bacigalupo

Callitriche L.

Número de especies: 8

Callitriche antarctica Engelm. ex Hegelm.
Ref.: Fassett, 1951; Greene, 1964; Bacigalupo, 1979.
Hábito: Hierba.
Status: Nativa.
Elevación: 0-500 m.
Prov.: TF.
Paises limítrofes: CH.
Ejemplar examinado: *Greene 2585* (BIRM).

Callitriche deflexa A. Br. ex Hegelm.
Ref.: Bacigalupo, 1979; Philbrick & Bernardello, 1992; Mereles & Degen, 1993.
Hábito: Hierba.
Status: Nativa.
Elevación: 0-500 m.
Prov.: BA, COR, ER, SF.
Paises limítrofes: BR, UR.
Ejemplar examinado: *Tur 1127* (SI).

Callitriche deflexa A. Br. ex Hegelm. var. *austinii* Hegelm. = **Callitriche terrestris** Raf. subsp. **subsessilis** (Fassett) Bacigalupo
Ref.: Bacigalupo, 1979.

Callitriche deflexa A. Br. ex Hegelm. var. *subsessilis* Fassett = **Callitriche terrestris** Raf. subsp. **subsessilis** (Fassett) Bacigalupo
Ref.: Bacigalupo, 1979.

Callitriche heterophylla Pursh emend. Darby
Ref.: Fassett, 1951; Bacigalupo, 1979.
Hábito: Hierba.
Status: Nativa.
Elevación: 0-500 m.
Prov.: ER.
Paises limítrofes: UR.
Ejemplar examinado: *Tur 1110* (SI).

Callitriche heteropoda Engelm. ex Hegelm.
Ref.: Fassett, 1951; Bacigalupo, 1979.
Hábito: Hierba.
Status: Nativa.
Elevación: 3000-4500 m.
Prov.: CO, TU.
Paises limítrofes: BO.
Ejemplar examinado: *Sparre 8586* (LIL).

Callitriche lechleri (Hegelm.) Fassett
Sin.: *Callitriche lechleri* (Hegelm.) Fassett var. *berteroana* (Hegelm.) Fassett, *Callitriche marginata* Torr. var. *berteroana* Hegelm., *Callitriche marginata* Torr. var. *lechleri* Hegelm., *Callitriche oblongicarpa* Fassett
Ref.: Bacigalupo, 1979; Philbrick & Bernardello, 1992.
Hábito: Hierba.
Status: Nativa.
Elevación: 0-2000 m.
Prov.: BA, CHU, COR, ER, NE, RN, SC, TF.
Paises limítrofes: CH, UR.
Ejemplar examinado: *Bacigalupo s.n.* (SI 26502).

Callitriche lechleri (Hegelm.) Fassett var. *berteroana* (Hegelm.) Fassett = **Callitriche lechleri** (Hegelm.) Fassett
Ref.: Bacigalupo, 1979; Philbrick & Bernardello, 1992.

Callitriche marginata Torr. var. *berteroana* Hegelm. = **Callitriche lechleri** (Hegelm.) Fassett
Ref.: Bacigalupo, 1979; Philbrick & Bernardello, 1992.

Callitriche marginata Torr. var. *lechleri* Hegelm. = **Callitriche lechleri** (Hegelm.) Fassett
Ref.: Bacigalupo, 1979; Philbrick & Bernardello, 1992.

Callitriche oblongicarpa Fassett = **Callitriche lechleri** (Hegelm.) Fassett
Ref.: Bacigalupo, 1979; Philbrick & Bernardello, 1992.

Callitriche rimosa Fassett
Ref.: Fassett, 1951; Bacigalupo, 1979; Philbrick & Bernardello, 1992.
Hábito: Hierba.
Status: Nativa.
Elevación: 0-500 m.
Prov.: BA, COR, ER, MI, TF.
Paises limítrofes: BR, UR.
Ejemplar examinado: *Burkart 22640* (SI).

Callitriche terrestris Raf. subsp. **subsessilis** (Fassett) Bacigalupo
Sin.: *Callitriche deflexa* A. Br. ex Hegelm. var. *austinii* Hegelm., *Callitriche deflexa* A. Br. ex Hegelm. var. *subsessilis* Fassett
Ref.: Bacigalupo, 1979.
Hábito: Hierba.
Status: Nativa.
Elevación: 0-500 m.
Prov.: CH, CO, COR, ER, FO, JU, MI, SA, SF, TU.
Paises limítrofes: PA.
Ejemplar examinado: *Burkart 25360* (SI).

Callitriche terrestris Raf. subsp. **turfosa** (Bertero ex Hegelm.) Bacigalupo
Sin.: *Callitriche turfosa* Bertero
Ref.: Bacigalupo, 1979; Philbrick & Bernardello, 1992.
Hábito: Hierba.
Status: Nativa.
Elevación: 0-500 m.
Prov.: BA, CA, CO, COR, ER, JU, LR, SE, SJ, SL, TU.
Paises limítrofes: CH.
Ejemplar examinado: *Burkart 27587* (SI).

Callitriche truncata Guss.
Ref.: Schotsman, 1967; Bacigalupo, 1979.
Hábito: Hierba acuática.
Status: Nativa.
Elevación: 0-500 m.
Prov.: SC.
Ejemplar examinado: *Hicken y Hauman Iter Patagonicum 650* (SI).

Callitriche turfosa Bertero = **Callitriche terrestris** Raf. subsp. **turfosa** (Bertero ex Hegelm.) Bacigalupo
Ref.: Bacigalupo, 1979.

CALYCERACEAE

6 géneros, 40 especies; 7 especies y una variedad endémicas.

por J. Chiapella

Acarpha australis (Decne.) Griseb. = **Boopis australis** Decne.
Ref.: Pontiroli, 1963.

Acicarpha Juss.

Número de especies: 2

Acicarpha crassifolia Miers = **Calycera crassifolia** (Miers) Hicken
Ref.: Pontiroli, 1963.

Acicarpha laxa R.E. Fr. = **Acicarpha tribuloides** Juss.
Ref.: Pontiroli, 1963.

Acicarpha pinnatifida Miers = **Acicarpha tribuloides** Juss.
Ref.: Pontiroli, 1963.

Acicarpha procumbens Less.
Sin.: *Acicarpha procumbens* Less. var. *viridiflora* C.A. Mull.
Ref.: Sorarú, 1974a; Cabrera & Zardini, 1978.
Hábito: Hierba.
Status: Nativa.
Elevación: 0-500 m.
Prov.: BA, COR, ER.
Paises limítrofes: BR, UR.
Ejemplar examinado: *Burkart 18055* (SI).

Acicarpha procumbens Less. var. *viridiflora* C.A. Mull. = **Acicarpha procumbens** Less.
Ref.: Pontiroli, 1963.

Acicarpha rosulata N.E. Br. = **Moschopsis rosulata** (N.E. Br.) Dusén

Acicarpha tribuloides Juss.
Sin.: *Acicarpha laxa* R.E. Fr., *Acicarpha pinnatifida* Miers, *Acicarpha tribuloides* Juss. var. *dentata* Kuntze, *Acicarpha tribuloides* Juss. var. *pinnatifida* (Miers) Kuntze, *Cryptocarpha tribuloides* (Juss.) Cass.
Ref.: Sorarú, 1974a; Cabrera & Zardini, 1978.
Hábito: Hierba.
Status: Nativa.
Elevación: 0-3500 m.
Prov.: BA, CA, CH, CO, COR, ER, FO, JU, MI, RN, SA, SF, TU.
Paises limítrofes: BO, BR, PA, UR.
Ejemplar examinado: *Cabrera 3373* (SI).

Acicarpha tribuloides Juss. var. *dentata* Kuntze = **Acicarpha tribuloides** Juss.
Ref.: Pontiroli, 1963.

Acicarpha tribuloides Juss. var. *pinnatifida* (Miers) Kuntze = **Acicarpha tribuloides** Juss.
Ref.: Pontiroli, 1963.

Anomocarpus eryngioides (J. Rémy) Miers = **Calycera eryngioides** J. Rémy
Ref.: Pontiroli, 1963.

Boopis Juss.

Número de especies: 9, 1 especie endémica.

Boopis agglomeratus (Miers) Hauman, comb. illeg. = **Nastanthus agglomeratus** Miers var. **agglomeratus**

Boopis alpina Poepp. ex Less. = **Gamocarpha alpina** (Poepp. ex Less.) H.V. Hansen

Boopis ameghinoi Speg. = **Moschopsis ameghinoi** (Speg.) Dusén
Ref.: Pontiroli, 1963.

Boopis anthemoides Juss. f. *patagonica* (Hieron.) Hicken = **Boopis anthemoides** Juss. var. **anthemoides**
Ref.: Pontiroli, 1963.

Boopis anthemoides Juss. var. **andina** Hieron.
Ref.: Pontiroli, 1963.
Hábito: Hierba.
Status: Nativa.
Elevación: 0-3500 m.
Prov.: SJ.
Ejemplar examinado: *Kiesling 3140* (SI).

Boopis anthemoides Juss. var. **anthemoides**
Sin.: *Boopis anthemoides* Juss. f. *patagonica* (Hieron.) Hicken, *Boopis anthemoides* Juss. var. *rigidula* (Miers) Griseb., *Boopis anthemoides* Juss. var. *subscandens* Speg., *Boopis rigidula* Miers, *Boopis rigidula* Miers var. *patagonica* Hieron.
Ref.: Pontiroli, 1963; Sorarú, 1974a.
Hábito: Hierba.
Status: Nativa.
Elevación: 0-2500 m.
Prov.: BA, CA, CH, CHU, CO, ER, LP, LR, ME, NE, RN, SA, SC, SE, SF, SJ, SL, TU.
Paises limítrofes: CH.
Ejemplar examinado: *Burkart 25643* (SI).

Boopis anthemoides Juss. var. *rigidula* (Miers) Griseb. = **Boopis anthemoides** Juss. var. **anthemoides**
Ref.: Pontiroli, 1963.

Boopis anthemoides Juss. var. **subintegrifolia** Hicken
Ref.: Hicken, 1916; Pontiroli, 1963.
Hábito: Hierba.
Status: Nativa.
Elevación: 0-500 m.
Prov.: CA, CH, CO, LP, ME, SE, SF, SL, TU.
Ejemplar examinado: *Venturi 474* (SI).

Boopis anthemoides Juss. var. *subscandens* Speg. = **Boopis anthemoides** Juss. var. **anthemoides**
Ref.: Pontiroli, 1963.

Boopis australis Decne.
Sin.: *Acarpha australis* (Decne.) Griseb., *Boopis australis* Decne. var. *hickenii* Pontiroli, *Boopis australis* Decne. var. *leptophylla* (Speg.) Hicken, *Boopis leptophylla* Speg.
Ref.: Pontiroli, 1963; Moore, 1983.
Hábito: Hierba.
Status: Nativa.
Elevación: 0-1000 m.
Prov.: CHU, NE, RN, SC, TF.
Paises limítrofes: CH.
Ejemplar examinado: *Martínez Crovetto 85* (CTES).

Boopis australis Decne. var. *hickenii* Pontiroli = **Boopis australis** Decne.

Boopis australis Decne. var. *leptophylla* (Speg.) Hicken = **Boopis australis** Decne.

Boopis bellidifolia Phil. [Nastanthus spathulatus var. bellidifolius (Phil.) Pontiroli]
Ref.: Pontiroli, 1963.

Boopis bicolor Phil. = **Boopis gracilis** Phil.

Boopis caespitosa Phil. = **Nastanthus caespitosus** (Phil.) Reiche

Boopis castilloni (Hicken) Pontiroli
Sin.: *Calycera castilloni* Hicken
Ref.: Pontiroli, 1963.
Hábito: Hierba.
Status: Nativa.
Prov.: CA.
Ejemplar examinado: *Spegazzini s.n., XII. 1909* (SI).

Boopis chubutensis Speg.
Ref.: Spegazzini, 1902b; Pontiroli, 1963.
Hábito: Hierba.
Status: Endémica.
Elevación: 500-1000 m.
Prov.: CHU.
Ejemplar examinado: *Koslowsky 70* (CORD).

Boopis crassifolia (Miers) A. Gray = **Calycera crassifolia** (Miers) Hicken
Ref.: Pontiroli, 1963.

Boopis crassifolia (Miers) A. Gray var. *spinuligera* Speg. = **Calycera crassifolia** (Miers) Hicken
Ref.: Pontiroli, 1963.

Boopis diazii Phil. = **Nastanthus diazii** (Phil.) Phil. ex Reiche

Boopis filifolia Speg.
Sin.: *Boopis prichardii* S. Moore
Ref.: Pontiroli, 1963.
Hábito: Hierba.
Status: Nativa.
Elevación: 0-1000 m.
Prov.: SC.
Paises limítrofes: CH.
Ejemplar examinado: *Ameghino s.n.* (holotipo, LP).

Boopis gilliesi (Miers) Hauman = **Gamocarpha gilliesii** Miers var. **gilliesii**

Boopis gracilis Phil.
Sin.: *Boopis bicolor* Phil., *Boopis gracilis* Phil. var. *decumbens* Chodat & Wilczek, *Boopis gracilis* Phil. var. *pozoaeformis* (Phil.) Hicken, *Boopis pozoaeformis* Phil.
Ref.: Pontiroli, 1963; Roquero, 1969.
Hábito: Hierba.
Status: Nativa.
Elevación: 0-1000 m.
Prov.: CHU, CO, ME, NE, SL.
Paises limítrofes: CH.
Ejemplar examinado: *Boelcke 4208* (CTES).

Boopis gracilis Phil. var. *decumbens* Chodat & Wilczek = **Boopis gracilis** Phil.

Boopis gracilis Phil. var. *pozoaeformis* (Phil.) Hicken = **Boopis gracilis** Phil.

Boopis graminea Phil. var. **bracteata** Reiche
Ref.: Pontiroli, 1963.
Hábito: Hierba.
Status: Nativa.
Elevación: 1500-2000 m.
Prov.: NE.
Paises limítrofes: CH.
Ejemplar examinado: *Cabrera 6182* (LP).

Boopis graminea Phil. var. **graminea**
Ref.: Pontiroli, 1963.
Hábito: Hierba.
Status: Nativa.
Elevación: 1500-2000 m.
Prov.: NE.
Paises limítrofes: CH.
Ejemplar examinado: *Ruiz Leal 22458* (LP).

Boopis laciniata (Miers) Ball = **Nastanthus agglomeratus** Miers var. **pinnatifidus** (Miers) Reiche

Boopis leptophylla Speg. = **Boopis australis** Decne.
Ref.: Pontiroli, 1963.

Boopis miersii Phil. = **Nastanthus scapigerus** (J. Rémy) Miers

Boopis monocephala Phil. = **Moschopsis monocephala** (Phil.) Reiche

[Boopis oocaulis Kuntze]
Ref.: Pontiroli, 1963.
Nota: Taxón dudoso.

Boopis patagonica Speg.
Ref.: Pontiroli, 1963; Moore, 1983.
Hábito: Hierba.
Status: Nativa.
Elevación: 0-1000 m.
Prov.: SC, TF.
Paises limítrofes: CH.
Ejemplar examinado: *Ameghino s.n.* (holotipo, LP).

Boopis pozoaeformis Phil. = **Boopis gracilis** Phil.

Boopis prichardii S. Moore = **Boopis filifolia** Speg.

Boopis raffaellii Speg.
Ref.: Pontiroli, 1963.
Hábito: Hierba.
Status: Nativa.
Elevación: 500-1000 m.
Prov.: CHU, RN.
Ejemplar examinado: *Cabrera et al. 33049* (SI).

Boopis rigidula Miers = **Boopis anthemoides** Juss. var. **anthemoides**
Ref.: Pontiroli, 1963.

Boopis rigidula Miers var. *patagonica* Hieron. = **Boopis anthemoides** Juss. var. **anthemoides**
Ref.: Pontiroli, 1963.

Boopis sanjuaninus Hieron. = **Nastanthus caespitosus** (Phil.) Reiche

Boopis scapigera J. Rémy = **Nastanthus scapigerus** (J. Rémy) Miers

Boopis spathulata Phil. = **Nastanthus spathulatus** (Phil.) Miers

Boopis ventosa (Meyen) Kuntze = **Nastanthus scapigerus** (J. Rémy) Miers

Boopis viridiflora Miers, Chodat & Hassl. = **Calycera herbacea** Cav. var. **viridiflora** (Phil.) Pontiroli

Calycera Cav.

Número de especies: 10, 2 especies endémicas.

Calycera andina Miers = **Nastanthus agglomeratus** Miers var. **agglomeratus**

Calycera boopidea Hicken
Ref.: Pontiroli, 1963.
Hábito: Hierba.
Status: Endémica.
Elevación: 0-1000 m.
Prov.: NE.
Ejemplar examinado: *Hicken 184* (holotipo, SI).

Calycera calcitrapa Griseb.
Ref.: Pontiroli, 1963.
Hábito: Hierba.
Status: Endémica.
Elevación: 1000-2000 m.
Prov.: CA, LR, ME, SA, SJ, TU.
Ejemplar examinado: *Cabrera 27277* (SI).

Calycera castilloni Hicken = **Boopis castilloni** (Hicken) Pontiroli

Calycera cavanillesi Rich. = **Calycera herbacea** Cav. var. **herbacea**

Calycera crassifolia (Miers) Hicken
Sin.: *Acicarpha crassifolia* Miers, *Boopis crassifolia* (Miers) A. Gray, *Boopis crassifolia* (Miers) A. Gray var. *spinuligera* Speg., *Calycera crassifolia* (Miers) Hicken var. *spinuligera* (Speg.) Hicken, *Calycera foliosa* Phil.
Ref.: Pontiroli, 1963; Cunquero, 1984.
Hábito: Hierba.
Status: Nativa.
Elevación: 0-1000 m.
Prov.: BA, CHU, LP, NE, RN, SC.
Paises limítrofes: CH, UR.
Ejemplar examinado: *Lanfranchi 1669* (SI).

Calycera crassifolia (Miers) Hicken var. *spinuligera* (Speg.) Hicken = **Calycera crassifolia** (Miers) Hicken
Ref.: Pontiroli, 1963.

Calycera crenata R.E. Fr. = **Calycera pulvinata** J. Rémy f. **pulvinata**

Calycera eryngioides J. Rémy
Sin.: *Anomocarpus eryngioides* (J. Rémy) Miers
Ref.: Pontiroli, 1963.
Hábito: Hierba.
Status: Nativa.
Elevación: 1500-2500 m.
Prov.: ME.
Paises limítrofes: CH.
Ejemplar examinado: *Philippi s.n.* (SI 12662).

Calycera foliosa Phil. = **Calycera crassifolia** (Miers) Hicken

Calycera herbacea Cav. var. **herbacea**
Sin.: *Calycera cavanillesi* Rich.
Ref.: Pontiroli, 1963.
Hábito: Hierba.
Status: Nativa.
Elevación: 2000-2500 m.
Prov.: ME, NE.
Paises limítrofes: CH.
Ejemplar examinado: *Kurtz 6142* (SI).

Calycera herbacea Cav. var. *sinuata* (Miers) Pontiroli = **Calycera herbacea** Cav. var. **viridiflora** (Phil.) Pontiroli

Calycera herbacea Cav. var. **viridiflora** (Phil.) Pontiroli
Sin.: *Calycera herbacea* Cav. var. *sinuata* (Miers) Pontiroli, *Calycera nudicaulis* Phil., *Calycera sinuata* Miers, *Calycera viridiflora* (Phil.) Miers, *Calycera viridiflora* (Phil.) Miers f. *sinuata* (Miers) Hicken, *Calycera viridiflora* (Phil.) Miers f. *squarrosa* (Miers) Hicken, *Gymnocaulos viridiflorus* Phil.
Ref.: Pontiroli, 1963; Böcher et al., 1968.
Hábito: Hierba.
Status: Nativa.
Elevación: 2500-3000 m.
Prov.: ME.
Paises limítrofes: CH.
Ejemplar examinado: *Soriano s.n., II.1950* (SI).

Calycera horrida Hicken
Ref.: Hicken, 1912a; Pontiroli, 1963.
Hábito: Hierba.
Status: Nativa.
Elevación: 1500-2000 m.
Prov.: NE.
Paises limítrofes: CH.
Ejemplar examinado: *Correa 9972* (BAB).

Calycera intermedia Phil.
Ref.: Pontiroli, 1963, 1993a.
Hábito: Hierba.
Status: Nativa.
Elevación: 500-3500 m.
Prov.: CA, JU, ME, TU.
Paises limítrofes: CH.
Ejemplar examinado: *Joergensen 1676* (SI).

Calycera involucrata Phil.
Ref.: Pontiroli, 1963.
Hábito: Hierba.
Status: Nativa.
Elevación: 1500-2500 m.
Prov.: CA, ME, SJ, TU.
Paises limítrofes: CH.
Ejemplar examinado: *Castillón 3339* (LIL).

Calycera neuquenensis Suess. = **Calycera spinulosa** Gillies ex Miers
Ref.: Hansen, 1992.

Calycera nudicaulis Phil. = **Calycera herbacea** Cav. var. **viridiflora** (Phil.) Pontiroli

Calycera pulvinata J. Rémy f. **cauligera** Hicken
Ref.: Pontiroli, 1993a.
Hábito: Hierba.
Status: Nativa.
Elevación: 3000-4500 m.
Prov.: CA, JU, LR, SA, TU.
Paises limítrofes: CH.
Ejemplar examinado: *Cabrera 32470* (SI).

Calycera pulvinata J. Rémy f. *crenata* (R.E. Fr.) Hicken = **Calycera pulvinata** J. Rémy f. **pulvinata**

Calycera pulvinata J. Rémy f. **pulvinata**
Sin.: *Calycera crenata* R.E. Fr., *Calycera pulvinata* J. Rémy f. *crenata* (R.E. Fr.) Hicken
Ref.: Pontiroli, 1993a.
Hábito: Hierba.
Status: Nativa.
Elevación: 3500-4000 m.
Prov.: CA, JU, SA, SJ, TU.
Paises limítrofes: BO, CH.
Ejemplar examinado: *Rodriguez 1315* (SI).

Calycera sinuata Miers = **Calycera herbacea** Cav. var. **viridiflora** (Phil.) Pontiroli

Calycera spinulosa Gillies ex Miers
Sin.: *Calycera neuquenensis* Suess., *Calycera spinulosa* Gillies ex Miers var. *serratifolia* Miers
Ref.: Böcher et al., 1968.
Hábito: Hierba.
Status: Nativa.
Elevación: 500-1500 m.
Prov.: ME, NE, RN.
Ejemplar examinado: *Krapovickas 46805* (CTES).

Calycera spinulosa Gillies ex Miers var. *serratifolia* Miers = **Calycera spinulosa** Gillies ex Miers

Calycera squarrosa Miers = **Calycera herbacea** Cav. var. **viridiflora** (Phil.) Pontiroli

Calycera ventosa Meyen = **Nastanthus scapigerus** (J. Rémy) Miers

Calycera viridiflora (Phil.) Miers = **Calycera herbacea** Cav. var. **viridiflora** (Phil.) Pontiroli

Calycera viridiflora (Phil.) Miers f. *sinuata* (Miers) Hicken = **Calycera herbacea** Cav. var. **viridiflora** (Phil.) Pontiroli

Calycera viridiflora (Phil.) Miers f. *squarrosa* (Miers) Hicken = **Calycera herbacea** Cav. var. **viridiflora** (Phil.) Pontiroli

Cryptocarpha tribuloides (Juss.) Cass. = **Acicarpha tribuloides** Juss.
Ref.: Pontiroli, 1963.

Gamocarpha DC.

Número de especies: 4

Gamocarpha alpina (Poepp. ex Less.) H.V. Hansen
Sin.: *Boopis alpina* Poepp. ex Less., *Gamocarpha poeppigii* A.DC., nom. illeg.
Ref.: Pontiroli, 1963; Hansen, 1992.
Hábito: Hierba.
Status: Nativa.
Elevación: 1500-3000 m.
Prov.: NE.
Paises limítrofes: CH.
Ejemplar examinado: *Boelcke 14092* (CTES).

Gamocarpha breviscapa Phil. = **Gamocarpha gilliesii** Miers var. **gilliesii**

Gamocarpha caleofuensis Speg. = **Moschopsis caleofuensis** (Speg.) Dusén

Gamocarpha dentata Phil.
Ref.: Pontiroli, 1963.
Hábito: Hierba.
Status: Nativa.
Elevación: 1500-2500 m.
Prov.: NE.
Paises limítrofes: CH.
Ejemplar examinado: *Eskuche 958* (CTES).

Gamocarpha gilliesii Miers var. **gerthi** Hicken
Ref.: Pontiroli, 1963.
Hábito: Hierba.
Status: Endémica.
Prov.: ME.
Ejemplar examinado: *Gerth 88* (holotipo, SI).

Gamocarpha gilliesii Miers var. **gilliesii**
Sin.: *Boopis gilliesi* (Miers) Hauman, *Gamocarpha breviscapa* Phil.
Ref.: Pontiroli, 1963.
Hábito: Hierba.
Status: Nativa.
Elevación: 200-2500 m.
Prov.: ME.
Paises limítrofes: CH.
Ejemplar examinado: *Böcher et al. 1955* (LP).

Gamocarpha patagonica Speg. = **Gamocarpha selliana** Reiche

Gamocarpha poeppigii A.DC., nom. illeg. = **Gamocarpha alpina** (Poepp. ex Less.) H.V. Hansen
Ref.: Hansen, 1992.

[Gamocarpha pumila Miers]
Ref.: Pontiroli, 1963.
Nota: Cita dudosa para la flora argentina.

Gamocarpha rosulata (N.E. Br.) Skottsb. = **Moschopsis rosulata** (N.E. Br.) Dusén

Gamocarpha selliana Reiche
Sin.: *Gamocarpha patagonica* Speg., *Gamocarpha selliana* Reiche var. *multicaulis* Dusén
Ref.: Pontiroli, 1963.
Hábito: Hierba.
Status: Nativa.
Elevación: 500-1500 m.
Prov.: CHU, NE, RN, SC.
Paises limítrofes: CH.
Ejemplar examinado: *Correa et al. 6333* (BAB).

Gamocarpha selliana Reiche var. *multicaulis* Dusén = **Gamocarpha selliana** Reiche

Gamocarpha subandina Speg. = **Moschopsis subandina** (Speg.) Dusén

Gamocarpha subandina Speg. var. *glaucescens* Speg. = **Gamocarpha dentata** Phil. var. **glaucescens** (Speg.) Hicken

Gymnocaulos viridiflorus Phil. = **Calycera herbacea** Cav. var. **viridiflora** (Phil.) Pontiroli

Moschopsis Phil.

Número de especies: 7, 1 especie endémica.

Moschopsis ameghinoi (Speg.) Dusén
Sin.: *Boopis ameghinoi* Speg.
Ref.: Pontiroli, 1963.
Hábito: Hierba.
Status: Endémica.
Prov.: SC.
Ejemplar examinado: *Spegazzini s.n.*(holotipo, LP).

Moschopsis caleofuensis (Speg.) Dusén
Sin.: *Gamocarpha caleofuensis* Speg.
Ref.: Pontiroli, 1963.
Hábito: Hierba.
Status: Nativa.
Elevación: 1000-1500 m.
Prov.: CHU, NE, RN.
Ejemplar examinado: *Roth s.n., 1896* (SI).

Moschopsis leyboldii Phil.
Ref.: Pontiroli, 1963.
Hábito: Hierba.
Status: Nativa.
Elevación: 3000-4500 m.
Prov.: ME, NE.
Paises limítrofes: CH.
Ejemplar examinado: *Ruiz Leal 207* (SI).

Moschopsis monocephala (Phil.) Reiche
Sin.: *Boopis monocephala* Phil.
Ref.: Pontiroli, 1993a.
Hábito: Hierba.
Status: Nativa.
Elevación: 4000>4500 m.
Prov.: CA, JU, ME, SA, TU.
Paises limítrofes: CH.
Ejemplar examinado: *Cabrera et al., 31855* (SI).

Moschopsis rosulata (N.E. Br.) Dusén
Sin.: *Acicarpha rosulata* N.E. Br., *Gamocarpha rosulata* (N.E. Br.) Skottsb., *Moschopsis spathulata* Dusén
Ref.: Pontiroli, 1963; Moore, 1983; Hansen, 1992.
Hábito: Hierba.
Status: Nativa.
Elevación: 1000-2500 m.
Prov.: SC, TF.
Paises limítrofes: CH.
Ejemplar examinado: *Witte 59* (SI).

Moschopsis spathulata Dusén = **Moschopsis rosulata** (N.E. Br.) Dusén

Moschopsis subandina (Speg.) Dusén
Sin.: *Gamocarpha subandina* Speg.
Ref.: Pontiroli, 1963; Hansen, 1992.
Hábito: Hierba.
Status: Nativa.
Elevación: 2000-2500 m.
Prov.: CHU, NE.
Ejemplar examinado: *Cabrera 6283* (SI).

Moschopsis trilobata Dusén
Ref.: Pontiroli, 1963; Ricardi & Marticorena, 1966.
Hábito: Hierba.
Status: Nativa.
Elevación: 500-1500 m.
Prov.: SC.
Paises limítrofes: CH.
Ejemplar examinado: *Arroyo et al., TBPA 2227* (BAB).

Nastanthus Miers

Número de especies: 8, 3 especies endémicas.

Nastanthus agglomeratus Miers var. **agglomeratus**
Sin.: *Boopis agglomeratus* (Miers) Hauman, *Calycera andina* Miers, nom. nud., *Nastanthus andina* (Miers) H.V. Hansen, comb. illeg.
Ref.: Pontiroli, 1963; Böcher et al., 1968; Hansen, 1992.
Hábito: Hierba.
Status: Nativa.
Prov.: ME, SJ.

Paises limítrofes: CH.
Ejemplar examinado: *Ríos 115* (LP).

Nastanthus agglomeratus Miers var. *laciniatus* (Miers) Reiche = **Nastanthus agglomeratus** Miers var. **pinnatifidus** (Miers) Reiche

Nastanthus agglomeratus Miers var. **pinnatifidus** (Miers) Reiche
Sin.: *Boopis laciniata* (Miers) Ball, *Nastanthus agglomeratus* Miers var. *laciniatus* (Miers) Reiche, *Nastanthus laciniatus* Miers, *Nastanthus pinnatifidus* Miers
Ref.: Pontiroli, 1963; Ruiz Leal, 1975.
Hábito: Hierba.
Status: Nativa.
Elevación: 500-1500 m.
Prov.: ME.
Ejemplar examinado: *Boelcke et al., 13753* (BAB).

Nastanthus andina (Miers) V.H. Hansen, comb. illeg. = **Nastanthus agglomeratus** Miers var. **agglomeratus**

Nastanthus bellidifolius (Phil.) Reiche var. *chubutensis* (Speg.) Hicken = **Nastanthus chubutensis** Speg.

Nastanthus caespitosus (Phil.) Reiche
Sin.: *Boopis caespitosa* Phil., *Boopis sanjuaninus* Hieron., *Nastanthus sanjuaninus* (Hieron.) Hieron.
Ref.: Pontiroli, 1963; Hansen, 1992.
Hábito: Hierba.
Status: Nativa.
Elevación: 500-3500 m.
Prov.: LR, ME, RN, SJ.
Paises limítrofes: CH.
Ejemplar examinado: *Correa et al. 4772* (BAB).

Nastanthus caespitosus var. *ventosus* (Meyen) Pontiroli = **Nastanthus scapigerus** (J. Rémy) Miers

Nastanthus chubutensis Speg.
Sin.: *Nastanthus bellidifolius* (Phil.) Reiche var. *chubutensis* (Speg.) Hicken
Ref.: Pontiroli, 1963.
Hábito: Hierba.
Status: Nativa.
Elevación: 0-1000 m.
Prov.: CHU, NE, SC.
Ejemplar examinado: *Sánchez 423* (BAB).

Nastanthus diazii (Phil.) Phil. ex Reiche
Sin.: *Boopis diazii* Phil.
Ref.: Pontiroli, 1963.
Hábito: Hierba.
Status: Endémica.
Elevación: 3000-4000 m.
Prov.: ME.
Ejemplar examinado: *Díaz s.n.* (SI 12721).

Nastanthus falklandicus D.M. Moore
Ref.: Moore, 1967; Hansen, 1992.
Hábito: Hierba.
Status: Endémica.
Elevación: 0-500 m.
Prov.: TF.
Ejemplar examinado: *Moore 707* (isotipo, LP).

Nastanthus laciniatus Miers = **Nastanthus agglomeratus** Miers var. **pinnatifidus** (Miers) Reiche

Nastanthus patagonicus Speg.
Ref.: Pontiroli, 1963; Hansen, 1992.
Hábito: Hierba.
Status: Endémica.
Elevación: 500-2000 m.
Prov.: CHU, NE, RN, SC.
Ejemplar examinado: *Correa et al. 10297* (BAB).

Nastanthus pinnatifidus Miers = **Nastanthus agglomeratus** Miers var. **pinnatifidus** (Miers) Reiche

Nastanthus sanjuaninus (Hieron.) Hieron. = **Nastanthus caespitosus** (Phil.) Reiche

Nastanthus scapigerus (J. Rémy) Miers
Sin.: *Boopis miersii* Phil., *Boopis scapigera* J. Rémy, *Boopis ventosa* (Meyen) Kuntze, *Calycera ventosa* Meyen, *Nastanthus caespitosus* (Phil.) Reiche var. *ventosus* (Meyen) Pontiroli, *Nastanthus ventosus* (Meyen) Miers
Ref.: Pontiroli, 1963; Böcher et al., 1968.
Hábito: Hierba.
Status: Nativa.
Elevación: 500-3000 m.
Prov.: CHU, ME, NE, SC.
Paises limítrofes: CH.
Ejemplar examinado: *Boelcke et al. 11624* (BAB).

Nastanthus spathulatus (Phil.) Miers
Sin.: *Boopis spathulata* Phil.
Ref.: Pontiroli, 1963; Böcher et al., 1968; Hansen, 1992.
Hábito: Hierba.
Status: Nativa.
Elevación: 500-3000 m.
Prov.: ME, NE.
Paises limítrofes: CH.
Ejemplar examinado: *Boelcke et al. 13788* (BAB).

[Nastanthus spathulatus var. bellidifolius (Phil.) Pontiroli]
Sin.: *Boopis bellidifolia* Phil.
Ref.: Pontiroli, 1963.
Nota: Cita dudosa para la flora argentina.

Nastanthus ventosus (Meyen) Miers = **Nastanthus scapigerus** (J. Rémy) Miers

CAMPANULACEAE

8 géneros, 24 especies; 1 especie y 4 variedades endémicas.

por J. Chiapella

Bolelia humilis Greene = **Downingia pusilla** (G. Don ex A. DC.) Torr.
Ref.: McVaugh, 1941.

Campanula L.

Número de especies: 1

Campanula arida Kunth = **Wahlenbergia linarioides** (Lam.) A. DC.
Ref.: Pontiroli, 1993b.

Campanula biflora Ruiz & Pav. = **Triodanis perfoliata** var. **biflora** (Ruiz & Pav.) T.R. Bradley

Campanula chilensis Molina = **Wahlenbergia linarioides** (Lam.) A. DC.
Ref.: Pontiroli, 1993b.

Campanula linarioides Lam. = **Wahlenbergia linarioides** (Lam.) A. DC.
Ref.: Pontiroli, 1993b.

Campanula ludoviciana Torr. ex A. Gray, pro syn., nom. nud. = **Triodanis perfoliata** var. **biflora** (Ruiz & Pav.) T.R. Bradley
Ref.: Bradley, 1975.

Campanula rotundifolia L.
Ref.: Moore, 1983.
Hábito: Hierba.
Status: Introducida.
Elevación: 0–500 m.
Prov.: TF.
Ejemplar examinado: *Goodall 2174* (SI).

Centropogon argentinus Griseb. = **Siphocampylus argentinus** (Griseb.) Hieron. ex E. Wimm.
Ref.: Pontiroli, 1993.

Clintonia pusilla G. Don ex A. DC. = **Downingia pusilla** (G. Don ex A. DC.) Torr.

Clintonia pusilla G. Don, nom. nud. = **Downingia pusilla** (G. Don ex A. DC.) Torr.
Ref.: McVaugh, 1941.

Dortmannia aquatica (Cham.) Kuntze = **Lobelia aquatica** Cham.
Ref.: Chiapella & Tressens, 1997.

Dortmannia cymbalaria (Griseb.) Kuntze = **Lobelia nana** var. **flagelliformis** Wedd.

Dortmannia nana (Kunth) Kuntze = **Lobelia nana** Kunth var. **nana**

Downingia Torr.

Número de especies: 1

Downingia humilis (Greene) Greene = **Downingia pusilla** (G. Don ex A. DC.) Torr.
Ref.: McVaugh, 1941.

Downingia pusilla (G. Don ex A. DC.) Torr.
Sin.: *Bolelia humilis* Greene, *Clintonia pusilla* G. Don ex A. DC., *Clintonia pusilla* G. Don, nom. nud., *Downingia humilis* (Greene) Greene
Ref.: McVaugh, 1941.
Hábito: Hierba.
Status: Nativa.
Prov.: CHU, NE, RN, SC.
Paises limítrofes: CH.
Ejemplar examinado: *Diem 1019* (SI).

Dysmicodon californicum Nutt. = **Triodanis perfoliata** var. **biflora** (Ruiz & Pav.) T.R. Bradley
Ref.: Bradley, 1975.

Dysmicodon ovatum Nutt. = **Triodanis perfoliata** var. **biflora** (Ruiz & Pav.) T.R. Bradley
Ref.: Bradley, 1975.

Howellia limosa Greene = **Legenere valdiviana** (Phil.) E. Wimm.
Ref.: Ruiz de Ciolfi, 1976.

Howellia valdiviana (Phil.) E. Wimm. = **Legenere valdiviana** (Phil.) E. Wimm.
Ref.: Ruiz de Ciolfi, 1976.

Hypsela oligophylla (Wedd.) Zahlbr. = **Pratia repens** Gaudich.
Ref.: Chiapella, 1996.

Hypsela reniformis (Kunth) C. Presl = **Pratia repens** Gaudich.
Ref.: Chiapella, 1996.

Legenere McVaugh

Número de especies: 1

Legenere limosa (Greene) McVaugh = **Legenere valdiviana** (Phil.) E. Wimm.
Ref.: Ruiz de Ciolfi, 1976.

Legenere valdiviana (Phil.) E. Wimm.
Sin.: *Howellia limosa* Greene, *Howellia valdiviana* (Phil.) E. Wimm., *Legenere limosa* (Greene) McVaugh, *Lobelia valdiviana* (Phil.) Vatke, *Mezleria valdiviana* Phil.
Ref.: Ruiz de Ciolfi, 1976.
Hábito: Hierba.
Status: Nativa.
Prov.: CHU.
Paises limítrofes: CH.
Ejemplar examinado: *Pérez Moreau y Mazzuconi 3613* (BAB).

Legouzia biflora Britton = **Triodanis perfoliata** var. **biflora** (Ruiz & Pav.) T.R. Bradley
Ref.: Bradley, 1975.

Lobelia L.

Número de especies: 6

Lobelia aquatica Cham.
Sin.: *Dortmannia aquatica* (Cham.) Kuntze, *Lobelia bracteolata* Vatke, *Lobelia bracteolata* Vatke, *L. domingensis* A. DC., *Rapuntium aquaticum* (Cham.) C. Presl
Ref.: Chiapella & Tressens, 1997.
Hábito: Hierba.
Status: Nativa.
Elevación: 0–500 m.
Prov.: COR.
Paises limítrofes: BR.
Ejemplar examinado: *Tressens et al. 815* (CTES).

Lobelia bracteolata Vatke = **Lobelia aquatica** Cham.
Ref.: Chiapella & Tressens, 1997.

Lobelia camporum Pohl
Ref.: Wimmer, 1953.
Hábito: Arbusto.
Status: Nativa.
Prov.: MI.
Paises limítrofes: BR.
Ejemplar examinado: *Maruñak 95* (CTES).

Lobelia cliffortiana L. = **Lobelia xalapensis** Kunth
Ref.: Pontiroli, 1993b.

Lobelia cliffortiana var. *xalapensis* (Kunth) A. Gray = **Lobelia xalapensis** Kunth
Ref.: Pontiroli, 1993b.

Lobelia cymbalaria Griseb. = **Lobelia nana** var. **flagelliformis** Wedd.
Ref.: Pontiroli, 1993b.

Lobelia domingensis A. DC. = **Lobelia aquatica** Cham.
Ref.: Chiapella & Tressens, 1997.

Lobelia hassleri Zahlbr.
Ref.: Molfino, 1922; Wimmer, 1953.
Hábito: Arbusto.
Status: Nativa.
Elevación: 0–500 m.
Prov.: MI.
Paises limítrofes: BR, PA.
Ejemplar examinado: *Krapovickas y Cristóbal 28648* (CTES).

Lobelia hederacea Cham. = **Pratia hederacea** (Cham.) G. Don var. **hederacea**
Ref.: Bacigalupo, 1974a.

Lobelia nana var. **flagelliformis** Wedd.
Sin.: *Dortmannia cymbalaria* (Griseb.) Kuntze, *Lobelia cymbalaria* Griseb.
Ref.: Pontiroli, 1993b.
Hábito: Hierba.
Status: Nativa.
Elevación: 1000–2500 m.
Prov.: CA, JU, SA, TU.
Paises limítrofes: BO.
Ejemplar examinado: *Cabrera 17310* (LP).

Lobelia nana Kunth var. **nana**
Sin.: *Dortmannia nana* (Kunth) Kuntze, *Rapuntium nanum* (Kunth) C. Presl
Ref.: Wimmer, 1953.
Hábito: Hierba.
Status: Nativa.
Prov.: SA.
Paises limítrofes: BO.
Ejemplar examinado: *Zuloaga et al. 1192* (SI).

Lobelia nummularioides var. **prostrata** (Zahlbr.) E. Wimm.
Sin.: *Lobelia prostrata* Zahlbr.
Ref.: Wimmer, 1935; Chiapella & Tressens, 1997.
Hábito: Hierba.
Status: Nativa.
Elevación: 0–500 m.
Prov.: COR, MI.
Paises limítrofes: PA.
Ejemplar examinado: *Tressens et al. 5809* (CTES).

Lobelia pratiana Gaudich. ex Lammers = **Pratia repens** Gaudich.

Lobelia prostrata Zahlbr. = **Lobelia nummularioides** var. **prostrata** (Zahlbr.) E. Wimm.
Ref.: Wimmer, 1935; Chiapella & Tressens, 1997.

Lobelia valdiviana (Phil.) Vatke = **Legenere valdiviana** (Phil.) E. Wimm.
Ref.: Ruiz de Ciolfi, 1976.

Lobelia xalapensis Kunth
Sin.: *Lobelia cliffortiana* L., *Lobelia cliffortiana* var. *xalapensis* (Kunth) A. Gray
Ref.: Wimmer, 1953; Pontiroli, 1993b.
Hábito: Hierba.
Status: Nativa.
Elevación: 500–2000 m.
Prov.: CH, COR, FO, JU, MI, SA, SE, TU.
Paises limítrofes: BO, PA.
Ejemplar examinado: *Cabrera 30384* (SI).

Lysipomia reniforme A. DC. = **Pratia repens** Gaudich.
Ref.: Chiapella, 1996.

Lysipomia reniformis Kunth = **Pratia repens** Gaudich.
Ref.: Chiapella, 1996.

Mezleria valdiviana Phil. = **Legenere valdiviana** (Phil.) E. Wimm.
Ref.: Ruiz de Ciolfi, 1976.

Pentagonia biflora (Ruiz & Pav.) Kuntze = **Triodanis perfoliata** var. **biflora** (Ruiz & Pav.) T.R. Bradley
Ref.: Bradley, 1975.

Pratia Gaudich.

Número de especies: 2

Pratia atacamensis Phil. = **Pratia repens** Gaudich.
Ref.: Chiapella, 1996.

Pratia elliptica (A. DC.) Hook. f. = **Pratia hederacea** var. **elliptica** (Hook. & Arn.) A. DC.
Ref.: Cabrera & Zardini, 1978.

Pratia hederacea var. **elliptica** A. DC.
Sin.: *Pratia elliptica* (A. DC.) Hook. f., *Pratia odorata* Graham, *Pratia serpyllacea* C. Presl
Ref.: Cabrera & Zardini, 1978.
Hábito: Hierba.
Status: Nativa.
Elevación: 0–500 m.
Prov.: BA, COR, ER, RN.
Paises limítrofes: BR, UR.
Ejemplar examinado: *Krapovickas y Cristóbal 13742* (SI).

Pratia hederacea (Cham.) G. Don var. **hederacea**
Sin.: *Lobelia hederacea* Cham.
Ref.: Bacigalupo, 1974a.
Hábito: Hierba.
Status: Nativa.
Elevación: 0–500 m.
Prov.: BA, CH, COR, ER, FO, MI.
Paises limítrofes: BR, PA.
Ejemplar examinado: *Correa y Bacigalupo s.n.* (SI 19054).

Pratia longiflora Hook. f. = **Pratia repens** Gaudich.
Ref.: Chiapella, 1996.

Pratia odorata Graham = **Pratia hederacea** var. **elliptica** (Hook. & Arn.) A. DC.
Ref.: Cabrera & Zardini, 1978.

Pratia oligophylla Wedd. = **Pratia repens** Gaudich.
Ref.: Chiapella, 1996.

Pratia pencana Phil. = **Pratia repens** Gaudich.
Ref.: Chiapella, 1996.

Pratia repens Gaudich.
Sin.: *Hypsela oligophylla* (Wedd.) Zahlbr., *Hypsela reniformis* (Kunth) C. Presl, *Lobelia pratiana* Gaudich. ex Lammers, *Lysipomia reniforme* A. DC., *Lysipomia reniformis* Kunth, *Pratia atacamensis* Phil., *Pratia longiflora* Hook. f., *Pratia oligophylla* Wedd., *Pratia pencana* Phil., *Pratia subsessilis* Wedd.
Ref.: Pontiroli, 1993b; Chiapella, 1996.
Hábito: Hierba.
Status: Nativa.
Elevación: 0–500 m.
Prov.: CHU, JU, LR, ME, NE, RN, SC, SJ, TF.
Paises limítrofes: BO, CH.
Ejemplar examinado: *Boelcke 4456* (BAB).

Pratia serpyllacea C. Presl = **Pratia hederacea** var. **elliptica** (Hook. & Arn.) A. DC.
Ref.: Cabrera & Zardini, 1978.

Pratia subsessilis Wedd. = **Pratia repens** Gaudich.
Ref.: Chiapella, 1996.

Rapuntium aquaticum (Cham.) C. Presl = **Lobelia aquatica** Cham.

Rapuntium nanum (Kunth) C. Presl = **Lobelia nana** Kunth var. **nana**

Siphocampylus Pohl

Número de especies: 9, 1 especie y 4 variedades endémicas.

Siphocampylus argentinus (Griseb.) Hieron. ex E. Wimm.
Sin.: *Centropogon argentinus* Griseb., *Siphocampylus argentinus* var. *cuspidatus* (E. Wimm.) E. Wimm., *Siphocampylus cuspidatus* E. Wimm.
Ref.: Pontiroli, 1993b.
Hábito: Hierba.
Status: Nativa.
Elevación: 1000–2000 m.
Prov.: CA, JU, SA, TU.
Paises limítrofes: BO.
Ejemplar examinado: *Cabrera et al. 20317* (LP).

Siphocampylus argentinus var. *cuspidatus* (E. Wimm.) E. Wimm. = **Siphocampylus argentinus** (Griseb.) Hieron. ex E. Wimm.
Ref.: Pontiroli, 1993b.

[Siphocampylus boliviensis Zahlbr.]
Ref.: Chiapella, inéd.
Nota: Cita dudosa para la flora argentina.

[Siphocampylus capribarba E. Wimm.]
Ref.: Chiapella, inéd.
Nota: Cita dudosa para la flora argentina.

Siphocampylus cuspidatus E. Wimm. = **Siphocampylus argentinus** (Griseb.) Hieron. ex E. Wimm.
Ref.: Pontiroli, 1993b.

Siphocampylus fiebrigii E. Wimm.
Ref.: Pontiroli, 1993b.
Hábito: Subarbusto.
Status: Nativa.
Elevación: 500–1500 m.
Prov.: JU, SA.
Paises limítrofes: BO.
Ejemplar examinado: *Schulz 5336* (SI).

Siphocampylus foliosus var. **diversifolius** (Hicken) Pontir.
Sin.: *Siphocampylus tupaeformis* var. *diversifolius* Hicken
Ref.: Pontiroli, 1993b.
Hábito: Subarbusto.
Status: Nativa.
Elevación: 1000–2000 m.
Prov.: CA, CO, JU, LR, SA, TU.
Paises limítrofes: BO.
Ejemplar examinado: *Cabrera et al. 3326* (LP).

Siphocampylus foliosus Griseb. var. **foliosus**
Ref.: Wimmer, 1935.
Hábito: Subarbusto.
Status: Endémica.
Elevación: 500–1500 m.
Prov.: CA, CO, SA, TU.
Ejemplar examinado: *Krapovickas y Cristóbal 17733* (CTES).

Siphocampylus foliosus var. **glabratus** E. Wimm.
Ref.: Wimmer, 1953.
Hábito: Subarbusto.
Status: Endémica.
Elevación: 1000–1500 m.
Prov.: CO.
Ejemplar examinado: *von Rentzell s.n.* (SI 18844).

Siphocampylus foliosus var. **lessenii** E. Wimm.
Ref.: Wimmer, 1935.
Hábito: Subarbusto.
Status: Endémica.
Elevación: 500–1500 m.
Prov.: CO.
Ejemplar examinado: *Lessen 32* (BA).

Siphocampylus foliosus var. **minor** Zahlbr.
Ref.: Wimmer, 1935.
Hábito: Subarbusto.
Status: Endémica.
Elevación: 500–1500 m.
Prov.: CO.
Ejemplar examinado: *Castellanos s.n.* (BA 11709).

Siphocampylus foliosus var. **subcanus** E. Wimm.
Ref.: Wimmer, 1935.
Hábito: Subarbusto.
Status: Nativa.

Elevación: 500–1500 m.
Prov.: CA, CO, SA, TU.
Paises limítrofes: BO.
Ejemplar examinado: *Burkart 20132* (SI).

Siphocampylus hypopogon E. Wimm.
Ref.: Wimmer, 1935.
Hábito: Subarbusto.
Status: Nativa.
Elevación: 500–1000 m.
Prov.: MI.
Paises limítrofes: BR.
Ejemplar examinado: *Parodi 5667* (BAA, W).

Siphocampylus lorentzii E. Wimm.
Ref.: Wimmer, 1953.
Hábito: Subarbusto.
Status: Endémica.
Elevación: 500–1500 m.
Prov.: CO.
Ejemplar examinado: *Lorentz 697* (CORD).

Siphocampylus nemoralis Griseb.
Sin.: *Siphocampylus nemoralis* f. *hieronymi* E. Wimm., *Siphocampylus nemoralis* var. *grisebachii* E. Wimm.
Ref.: Pontiroli, 1993b.
Hábito: Subarbusto.
Status: Nativa.
Elevación: 1500–3000 m.
Prov.: CA, JU, SA, TU.
Paises limítrofes: BO.
Ejemplar examinado: *Cabrera y Solbrig 16839* (LP).

Siphocampylus nemoralis f. *hieronymi* E. Wimm. = **Siphocampylus nemoralis** Griseb.
Ref.: Pontiroli, 1993b.

Siphocampylus nemoralis var. *grisebachii* E. Wimm. = **Siphocampylus nemoralis** Griseb.
Ref.: Pontiroli, 1993b.

Siphocampylus orbignyanus A. DC.
Sin.: *Siphocampylus volubilis* Britton
Ref.: Pontiroli, 1993b.
Hábito: Subarbusto.
Status: Nativa.
Elevación: 1000–2500 m.
Prov.: JU, SA.
Paises limítrofes: BO.
Ejemplar examinado: *Cabrera y Zardini 23823* (LP).

Siphocampylus sulphureus E. Wimm.
Ref.: Wimmer, 1953.
Hábito: Subarbusto.
Status: Nativa.
Elevación: 0–500 m.
Prov.: MI.
Paises limítrofes: BR.
Ejemplar examinado: *Gamerro y Toursarkissian 104* (SI).

Siphocampylus tupaeformis var. *diversifolius* Hicken = **Siphocampylus foliosus** var. **diversifolius** (Hicken) Pontir.
Ref.: Pontiroli, 1993b.

Siphocampylus volubilis Britton = **Siphocampylus orbignyanus** A. DC.

Siphocampylus yerbalensis E. Wimm.
Ref.: Wimmer, 1953.
Hábito: Subarbusto.
Status: Nativa.
Elevación: 500–1000 m.
Prov.: MI.
Paises limítrofes: BR.
Ejemplar examinado: *Tressens et al. 4670* (CTES).

Specularia biflora (Ruiz & Pav.) Fisch. & C.A. Mey. = **Triodanis perfoliata** var. **biflora** (Ruiz & Pav.) T.R. Bradley
Ref.: Bradley, 1975.

Specularia californica (Nutt.) Vatke = **Triodanis perfoliata** var. **biflora** (Ruiz & Pav.) T.R. Bradley
Ref.: Bradley, 1975.

Specularia ovata (Nutt.) Vatke = **Triodanis perfoliata** var. **biflora** (Ruiz & Pav.) T.R. Bradley
Ref.: Bradley, 1975.

Specularia perfoliata (L.) A. DC. = **Triodanis perfoliata** var. **biflora** (Ruiz & Pav.) T.R. Bradley
Ref.: Bradley, 1975.

Specularia perfoliata fo. *ramosa* Arechav. = **Triodanis perfoliata** var. **biflora** (Ruiz & Pav.) T.R. Bradley
Ref.: Bradley, 1975.

Specularia perfoliata fo. *rigida* Arechav. = **Triodanis perfoliata** var. **biflora** (Ruiz & Pav.) T.R. Bradley
Ref.: Bradley, 1975.

Triodanis Raf.

Número de especies: 1

Triodanis biflora (Ruiz & Pav.) Greene = **Triodanis perfoliata** var. **biflora** (Ruiz & Pav.) T.R. Bradley
Ref.: Bradley, 1975.

Triodanis perfoliata var. **biflora** (Ruiz & Pav.) T.R. Bradley
Sin.: *Campanula biflora* Ruiz & Pav., *Campanula ludoviciana* Torr. ex A. Gray, pro syn., nom. nud., *Dysmicodon californicum* Nutt., *Dysmicodon ovatum* Nutt., *Legouzia biflora* Britton, *Pentagonia biflora* (Ruiz & Pav.) Kuntze, *Specularia biflora* (Ruiz & Pav.) Fisch. & C.A. Mey., *Specularia californica* (Nutt.) Vatke, *Specularia ovata* (Nutt.) Vatke, *Specularia perfoliata* (L.) A. DC., *Specularia perfoliata* f. *ramosa* Arechav., *Specularia perfoliata* f. *rigida* Arechav., *Triodanis biflora* (Ruiz & Pav.) Greene
Ref.: Bacigalupo, 1974a; Bradley, 1975; Pontiroli, 1993b.
Hábito: Hierba.
Status: Nativa.
Elevación: 0–1000 m.
Prov.: CA, CHU, ER, JU, LP, LR, ME, MI, NE, RN, SA, SJ, SL, TU.
Paises limítrofes: BO, BR, CH.
Ejemplar examinado: *Buchtien s.n.* (SI 3877).

Wahlenbergia Schrad. ex Roth
Número de especies: 3

Wahlenbergia arida (Kunth) Griseb. = **Wahlenbergia linarioides** (Lam.) A. DC.
Ref.: Pontiroli, 1993b.

Wahlenbergia calycina Schltdl. ex Griseb.
Ref.: Pontiroli, 1993b.
Hábito: Hierba.
Status: Nativa.
Elevación: 2500–4000 m.
Prov.: JU, SA.
Paises limítrofes: BO.
Ejemplar examinado: *Cabrera y Kiesling 25083* (LP).

Wahlenbergia linarioides (Lam.) A. DC.
Sin.: *Breweria linifolia* Spreng., *Campanula arida* Kunth, *Campanula chilensis* Molina, *Campanula linarioides* Lam., *Wahlenbergia arida* (Kunth) Griseb., *Wahlenbergia linarioides* var. *arida* (Kunth) A. DC.
Ref.: Bacigalupo, 1974a; Pontiroli, 1993b.
Hábito: Hierba.
Status: Nativa.
Elevación: 0–1000 m.
Prov.: BA, CO, COR, ER, LP, ME, RN, SE, SF, SJ, SL.
Paises limítrofes: BR, CH.
Ejemplar examinado: *Boelcke 15604* (BAB).

Wahlenbergia linarioides var. *arida* (Kunth) A. DC. = **Wahlenbergia linarioides** (Lam.) A. DC.
Ref.: Pontiroli, 1993b.

Wahlenbergia peruviana A. Gray
Ref.: Pontiroli, 1993b.
Hábito: Hierba.
Status: Nativa.
Elevación: 3000–4000 m.
Prov.: JU, SA.
Paises limítrofes: BO.
Ejemplar examinado: *Kiesling et al. 3659* (SI).

CANNABACEAE

1 género, 1 especie.

Humulus L.
Número de especies: 1

Antidesmia scandens Lour. = **Humulus scandens** (Lour.) Merr.

Humulus japonicus Siebold & Zucc. = **Humulus scandens** (Lour.) Merr.
Ref.: Boelcke, 1992.

Humulus scandens (Lour.) Merr.
Sin.: *Antidesma scandens* Lour., *Humulus japonicus* Siebold & Zucc.
Ref.: Dawson, 1967a; Miller, 1970; Boelcke, 1992.
Hábito: Enredadera.
Status: Introducida.
Elevación: 0-500 m.
Prov.: BA.
Ejemplar examinado: *Burkart 6956* (SI).

CAPPARACEAE

4 géneros, 21 especies; 2 especies endémicas.

Atamisquea emarginata Miers ex Hook. & Arn. = **Capparis atamisquea** Kuntze
Ref.: Pérez-Moreau, 1984b; Troncoso, 1987c.

Atamisquea emarginata Miers, nom. nud. = **Capparis atamisquea** Kuntze
Ref.: Troncoso, 1987c.

Capparis L.
Número de especies: 7

Capparis atamisquea Kuntze
Sin.: *Atamisquea emarginata* Miers, nom. nud., *Atamisquea emarginata* Miers ex Hook. & Arn.
Ref.: Pérez Moreau, 1984b; Troncoso, 1987c.
Hábito: Arbusto.
Status: Nativa.
Elevación: 0–3000 m.
Prov.: BA, CA, CH, CO, ER, JU, LP, LR, ME, NE, RN, SA, SJ, SL, SF, SE, TU.
Paises limítrofes: BO, CH.
Ejemplar examinado: *Cabrera et al. 31050* (SI).

[Capparis brasiliana DC.]
Nota: Cita dudosa para la flora argentina.

Capparis brasiliana var. *puberula* Hieron., nom. nud. = **Capparis humilis** Hassl.
Ref.: Hauman, 1925b.

Capparis cynophallophora var. *cuneata* Malme = [Capparis retusa Griseb.]
Ref.: Gómez, 1953.

Capparis cynophallophora L. var. **cynophallophora**
Ref.: Ragonese & Martínez Crovetto, 1947.
Hábito: Árbol.
Status: Nativa.
Elevación: 0–500 m.
Prov.: CH, COR, FO, MI, SA.
Paises limítrofes: BR, PA.
Ejemplar examinado: *Col. Maderas Argentinas 296* (LP).

Capparis cynophallophora var. **pubescens** Hassl.
Ref.: Gómez, 1953; Legname, 1972.
Hábito: Árbol.
Status: Nativa.
Elevación: 0–500 m.
Prov.: CH, COR, FO, SF.
Paises limítrofes: PA.
Ejemplar examinado: *Meyer 62bis* (SI).

Capparis cynophallophora var. *retusa* (Griseb.) Kuntze = **Capparis retusa** Griseb. var. **retusa**
Ref.: Troncoso, 1987c.

Capparis humilis Hassl.
Sin.: *Capparis brasiliana* var. *puberula* Hieron., nom. nud.
Ref.: Gómez, 1953.
Hábito: Subarbusto.
Status: Nativa.
Elevación: 0–500 m.
Prov.: MI.
Paises limítrofes: PA.
Ejemplar examinado: *Van de Venne 110* (SI).

Capparis pruinosa Griseb. = **Capparis speciosa** Griseb.
Ref.: Gómez, 1953.

Capparis retusa Griseb. var. **retusa**
Sin.: *Capparis cynophallophora* var. *retusa* (Griseb.) Kuntze
Ref.: Gómez, 1953; Troncoso, 1987c.
Hábito: Arbusto.
Status: Nativa.
Elevación: 0–1000 m.
Prov.: CH, COR, ER, FO, JU, MI, SA, SE, SF, TU.
Paises limítrofes: BO, PA.
Ejemplar examinado: *Rojas 8972* (SI).

Capparis retusa var. **velutina** Hauman
Ref.: Gómez, 1953.
Hábito: Arbusto.
Status: Endémica.
Elevación: 0–1000 m.
Prov.: FO, JU, SA, TU.
Ejemplar examinado: *Venturi 5525* (SI).

Capparis salicifolia Griseb.
Ref.: Gómez, 1953; Legname, 1972.
Hábito: Arbusto.
Status: Nativa.
Elevación: 0–1000 m.
Prov.: CH, FO, JU, SA, SE.
Paises limítrofes: BO, PA.
Ejemplar examinado: *Venturi 9688* (LP, SI).

Capparis speciosa Griseb.
Sin.: *Capparis pruinosa* Griseb., *Capparis speciosa* var. *normalis* Kuntze, *Capparis speciosa* var. *pruinosa* (Griseb.) Hassl., *Capparis speciosa* var. *vera* Hassl.
Ref.: Legname, 1972.
Hábito: Arbusto.
Status: Nativa.
Elevación: 500–1000 m.
Prov.: CA, CH, COR, FO, JU, SA, SE, SF, TU.
Paises limítrofes: BO, PA.
Ejemplar examinado: *Venturi 1398* (LP).

Capparis speciosa var. *normalis* Kuntze = **Capparis speciosa** Griseb.
Ref.: Gómez, 1953.

Capparis speciosa var. *pruinosa* (Griseb.) Hassl. = **Capparis speciosa** Griseb.
Ref.: Gómez, 1953.

Capparis speciosa var. *vera* Hassl. = **Capparis speciosa** Griseb.
Ref.: Gómez, 1953.

Capparis tweediana Eichler
Ref.: Pontiroli, 1967a; Troncoso, 1987c.
Hábito: Arbusto.
Status: Nativa.
Elevación: 0–1000 m.
Prov.: BA, CH, CO, COR, ER, FO, JU, LR, MI, SA, SE, SF, SJ, TU.
Paises limítrofes: BO, BR, PA.
Ejemplar examinado: *Burkart 27942* (SI).

Cleome L.

Número de especies: 12, 1 especie y una variedad endémicas.

Cleome aculeata L. var. **aculeata**
Ref.: Gómez, 1953; Legname, 1972.
Hábito: Hierba.
Status: Nativa.
Elevación: 0–1500 m.
Prov.: CH, COR, FO, JU, SA, SF, SJ, SL.
Paises limítrofes: BO, BR, PA.
Ejemplar examinado: *Joergensen 3462* (LP).

Cleome aculeata var. **cordobensis** (Eichler ex Griseb.) Kuntze
Sin.: *Cleome cordobensis* Eichler ex Griseb.
Ref.: Gómez, 1953; Legname, 1972.
Hábito: Hierba.
Status: Endémica.
Elevación: 0–2000 m.
Prov.: CA, CO, COR, JU, LR, MI, SA, SE, SJ, SL, TU.
Ejemplar examinado: *Venturi 2370* (LP).

Cleome cordobensis Eichler ex Griseb. = **Cleome aculeata** var. **cordobensis** (Eichler ex Griseb.) Kuntze
Ref.: Gómez, 1953.

Cleome flexuosa Griseb., nom. illeg. = **Cleome tucumanensis** Iltis
Ref.: Iltis, 1960; Zapater, 1992.

Cleome friesii Heilborn
Ref.: Heilborn, 1931.
Hábito: Subarbusto.
Status: Nativa.
Elevación: 1000–1500 m.
Prov.: JU.
Paises limítrofes: BO.
Ejemplar citado: *Lorentz e Hieronymus 365** (sintipo).

Cleome gigantea L. = **Cleome viridiflora** Schreb.
Ref.: Chávez de Michel, 1993.

Cleome hassleriana Chodat
Ref.: Troncoso, 1987c.
Hábito: Hierba.
Status: Nativa.
Elevación: 0–500 m.
Prov.: BA, CH, COR, ER, MI, SA, SF, TU.
Paises limítrofes: BO, BR, PA.
Ejemplar examinado: *Troncoso et al. 2545* (SI).

[Cleome lanceolata (Mart. & Zucc.) H.H. Iltis]
Ref.: Iltis, 1959.
Nota: Especie excluida de la flora argentina.

Cleome lanceolata var. **paraguensis** H.H. Iltis
Ref.: Iltis, 1959.
Status: Nativa.
Elevación: 0–500 m.
Paises limítrofes: BR, PA.
Ejemplar examinado: *Hassler 10769* (SI).
Nota: Probablemente se encuentre en Argentina.

Cleome lilloi S. Gómez
Ref.: Gómez, 1953; Legname, 1972.
Hábito: Hierba.
Status: Nativa.
Elevación: 0–500 m.
Prov.: CH, FO.
Paises limítrofes: BO, PA.
Ejemplar examinado: *Rojas 2076* (SI).

Cleome montevidense Arechav. = **Cleome titubans** Speg.
Ref.: Pontiroli, 1967a; Troncoso, 1987c.

Cleome paludosa Willd. ex Eichler
Sin.: *Cleome paludosa* var. *brevipes* Hauman.
Ref.: Gómez, 1953; Legname, 1972.
Hábito: Hierba.
Status: Nativa.
Elevación: 0–500 m.
Prov.: CH, FO, JU, SA, SF.
Paises limítrofes: BR, PA.
Ejemplar examinado: *Burkart 20202* (SI).

Cleome paludosa var. *brevipes* Hauman = **Cleome paludosa** Willd. ex Eichler
Ref.: Gómez, 1953.

Cleome psoraleaefolia DC.
Ref.: Gómez, 1953; Troncoso, 1987c.
Hábito: Hierba.
Status: Nativa.
Elevación: 0–500 m.
Prov.: BA, COR, ER, MI.
Paises limítrofes: BR, PA.
Ejemplar examinado: *Troncoso et al. 1374* (SI).

Cleome psoraleaefolia var. *trachycarpa* (Klotzsch ex Eichler) Kuntze = **Cleome trachycarpa** Klotzsch ex Eichler
Ref.: Gómez, 1953.

[Cleome pubescens Sims]
Nota: Citada erróneamente para la flora argentina, sobre la base de material no perteneciente a esta especie.

[Cleome pungens Willd.]
Ref.: Hauman, 1925b.
Nota: Citada erróneamente para la flora argentina, sobre la base de material no perteneciente a esta especie.

Cleome rosea Vahl ex DC.
Ref.: Gómez, 1953.
Hábito: Hierba.
Status: Nativa.
Elevación: 0–500 m.
Prov.: MI.
Paises limítrofes: BR.
Ejemplar examinado: *Schwarz 1626* (LIL).

[Cleome spinosa Jacq.]
Nota: Citada erróneamente para la flora argentina, sobre la base de material no perteneciente a esta especie.

[Cleome spinosa Rojas Acosta, hom. illeg.]
Ref.: Krapovickas, 1970c.
Nota: Taxón dudoso.

Cleome titubans Speg.
Sin.: *Cleome montevidense* Arechav.
Ref.: Pontiroli, 1967a; Troncoso, 1987c.
Hábito: Hierba.
Status: Nativa.
Elevación: 0–500 m.
Prov.: BA, ER.
Paises limítrofes: UR.
Ejemplar examinado: *Burkart 6745* (SI).

Cleome trachycarpa Klotzsch ex Eichler
Sin.: *Cleome psoraleaefolia* var. *trachycarpa* (Klotzsch ex Eichler) Kuntze.
Ref.: Pontiroli, 1967a; Troncoso, 1987c.
Hábito: Hierba.
Status: Nativa.
Elevación: 0–500 m.
Prov.: BA, CH, COR, DF, ER, FO, MI, SF.
Paises limítrofes: BR, PA, UR.
Ejemplar examinado: *Burkart et al. 29894* (SI).

Cleome tucumanensis Iltis
Sin.: *Cleome flexuosa* Griseb., nom. illeg.
Ref.: Iltis, 1960; Zapater, 1992.
Hábito: Hierba.
Status: Endémica.
Elevación: 0–500 m.
Prov.: CO, JU, SA, SE, TU.
Ejemplar examinado: *Venturi 654* (SI).

Cleome viridiflora Schreb.
Sin.: *Cleome gigantea* L.
Ref.: Chávez de Michel, 1993.
Hábito: Arbusto.
Status: Nativa.
Elevación: 0–500 m.
Prov.: JU, MI, SA, TU.
Paises limítrofes: BO, BR, PA.
Ejemplar examinado: *Meyer 959* (LP).

Crateva L.
Número de especies: 1

Crateva tapia L.
Ref.: Gómez, 1953; Legname, 1972; Chávez de Michel, 1993.
Hábito: Arbusto o árbol.
Status: Nativa.
Elevación: 0–500 m.
Prov.: CH, CO, COR, FO, SF.
Paises limítrofes: BO, BR, PA.
Ejemplar examinado: *Meyer 269* (SI).

Dactylaena Schrad. ex Schult. f.
Número de especies: 1 especie endémica.

Dactylaena pauciflora Griseb.
Ref.: Gómez, 1953; Legname, 1972.
Hábito: Hierba.
Status: Endémica.
Prov.: SA, SE, TU.
Ejemplar examinado: *Lorentz e Hieronymus 375* (SI).

CAPRIFOLIACEAE

3 géneros, 4 especies.

por N.M. Bacigalupo

Lonicera L.

Número de especies: 1

Lonicera brachypoda DC. var. *repens* Siebold = **Lonicera japonica** Thunb. var. **repens** (Siebold) Rehder
Ref.: Bacigalupo, 1974b.

Lonicera japonica Thunb. var. **japonica**
Ref.: Solbrig, 1960-61.
Hábito: Enredadera.
Status: Introducida.
Elevación: 0-500 m.
Prov.: BA, COR, ER, JU, SA.
Ejemplar examinado: *Burkart 24954* (SI).

Lonicera japonica Thunb. var. **repens** (Siebold) Rehder
Sin.: *Lonicera brachypoda* DC. var. *repens* Siebold
Ref.: Rehder, 1926; Bacigalupo, 1974b.
Hábito: Enredadera.
Status: Introducida.
Elevación: 0-500 m.
Prov.: BA.
Ejemplar examinado: *Burkart 3842* (SI).

Sambucus L.

Número de especies: 2

Sambucus australis Cham. & Schltdl.
Sin.: *Sambucus pentagynia* Larrañaga
Ref.: Bolli, 1994.
Hábito: Arbusto.
Status: Nativa.
Elevación: 0-500 m.
Prov.: BA, CH, CO, COR, ER, FO, MI, SF.
Paises limítrofes: BR, PA, UR.
Ejemplar examinado: *Bacigalupo s.n.* (SI 26329).

Sambucus nigra L. subsp. **peruviana** (Kunth) R. Bolli
Sin.: *Sambucus peruviana* Kunth
Ref.: Bolli, 1994.
Hábito: Arbusto o árbol.
Status: Nativa.
Elevación: 1500-2000 m.
Prov.: CA, JU, SA, TU.
Paises limítrofes: BO.
Ejemplar examinado: *Burkart 30654* (SI).

Sambucus pentagynia Larrañaga = **Sambucus australis** Cham. & Schltdl.

Sambucus peruviana Kunth = **Sambucus nigra** L. subsp. **peruviana** (Kunth) R. Bolli
Ref.: Bolli, 1994.

Viburnum L.

Número de especies: 1

Viburnum glabratum Kunth var. *sphaerocarpum* Griseb. = **Viburnum seemenii** Graebn. f. **minus** Killip & A.C. Sm.

Viburnum seemenii Graebn. f. **minus** Killip & A.C. Sm.
Sin.: *Viburnum glabratum* Kunth var. *sphaerocarpum* Griseb.
Ref.: Bacigalupo, 1954.
Hábito: Arbusto.
Status: Nativa.
Elevación: 1000-2500 m.
Prov.: JU, SA.
Paises limítrofes: BO.
Ejemplar examinado: *Correa et al. 4622* (SI).

CARICACEAE

2 géneros, 5 especies.

por C. C. Xifreda

Carica L.

Número de especies: 3

Carica glandulosa Pav. ex A. DC.
Sin.: *Carica gossypiifolia* Griseb., *Carica triplisecta* Herzog, *Papaya gossypiifolia* (Griseb.) Kuntze.
Ref.: Badillo, 1967, 1971.
Hábito: Árbol.
Status: Nativa.
Elevación: 0–500 m.
Prov.: JU, SA, TU
Paises limítrofes: BO, BR.
Ejemplar examinado: *Rodríguez 1151* (LP, SI).

Carica gossypiifolia Griseb. = **Carica glandulosa** Pav. ex A. DC.
Ref.: Badillo, 1967, 1971.

Carica jimenezii (Bertoni) Bertoni = **Carica papaya** L.
Ref.: Fernández Casas, 1987.

Carica lanceolata Benth. & Hook. = **Carica quercifolia** (A. St.-Hil.) Hieron.
Ref.: Badillo, 1971.

Carica papaya L.
Sin.: *Carica jimenezii* (Bertoni) Bertoni, *Carica papaya* L. var. *jimenezii* Bertoni
Ref.: Badillo, 1967, 1971.
Hábito: Arbolito.
Status: Adventicia.
Elevación: 0–500 m.
Prov.: COR, FO, MI, SA, TU.
Paises limítrofes: BO, BR, PA.
Ejemplar examinado: *Pedersen 5065* (LP).

Carica papaya L. var. *jimenezii* Bertoni = **Carica papaya** L.
Ref.: Fernández Casas, 1987.

Carica quercifolia (A. St.-Hil.) Hieron.
Sin.: *Carica lanceolata* Benth. & Hook., *Vasconcellea quercifolia* A. St.-Hil.
Ref.: Badillo, 1967, 1971, 1997; Digilio & Legname, 1966.
Hábito: Árbol.
Status: Nativa.
Elevación: 0–1500 m.
Prov.: CA, CH, COR, FO, JU, MI, SA, SE, SF, TU.
Paises limítrofes: BO, BR, PA, UR.
Ejemplar examinado: *Horovitz 1111* (neoisotipo, SI).

Carica spinosa Aubl. = **Jacaratia spinosa** (Aubl.) A. DC.
Ref.: Badillo, 1971.

Carica triplisecta Herzog = **Carica glandulosa** Pav. ex A. DC.

Jacaratia A. DC.

Número de especies: 2

Jacaratia corumbensis Kuntze
Sin.: *Jacaratia hassleriana* Chodat, *Jacaratia heptaphylla* f. *inermis* Kuntze.
Ref.: Badillo, 1967, 1971; Fernández Casas, 1987.
Hábito: Arbusto.
Status: Nativa.
Elevación: 0–1000 m.
Prov.: CH, FO, JU, SA, TU.
Paises limítrofes: BO, BR, PA.
Ejemplar examinado: *Spegazzini s.n.* (LP).

Jacaratia dodecaphylla (Vell.) A. DC. = **Jacaratia spinosa** (Aubl.) A. DC.
Ref.: Badillo, 1971.

Jacaratia dodecaphylla (Vell.) A. DC. f. *longiflora* Hassl. = **Jacaratia spinosa** (Aubl.) A. DC.
Ref.: Fernández Casas, 1987.

Jacaratia dodecaphylla (Vell.) A. DC. var. *lucida* Hassl. = **Jacaratica spinosa** (Aubl.) A. DC.

Jacaratia hassleriana Chodat = **Jacaratia corumbensis** Kuntze
Ref.: Badillo, 1971.

Jacaratia heptaphylla f. *inermis* Kuntze = **Jacaratia corumbensis** Kuntze
Ref.: Badillo, 1971.

Jacaratia spinosa (Aubl.) A. DC.
Sin.: *Carica spinosa* Aubl., *Jacaratia dodecaphylla* (Vell.) A. DC., *Jacaratia dodecaphylla* (Vell.) A. DC. f. *longiflora* Hassl., *Jacaratia dodecaphylla* (Vell.) A. DC. var. *lucida* Hassl.
Ref.: Badillo, 1967; Fernández Casas, 1987.
Hábito: Árbol.
Status: Nativa.
Elevación: 0–500 m.
Prov.: COR, MI.
Paises limítrofes: BR, PA, UR.
Ejemplar examinado: *Pedersen 8673* (SI).

Papaya gossypiifolia (Griseb.) Kuntze = **Carica glandulosa** Pav. ex A. DC.
Ref.: Badillo, 1971.

Vasconcellea quercifolia A. St.-Hil. = **Carica quercifolia** (A. St.-Hil.) Hieron.

CARYOPHYLLACEAE

23 géneros, 119 especies; 21 especies endémicas.

por C. R. Volponi, investigadora CICPBA.

Acanthonychia polycnemoides (Schltdl.) Rohrb. = **Cardionema ramosissima** (Weinm.) A. Nelson & J.F. Macbr.

Acanthonychia ramosissima (Weinm.) Rohrb. = **Cardionema ramosissima** (Weinm.) A. Nelson & J.F. Macbr.

Acanthonychia ramosissima (Weinm.) Rohrb. var. *rosetta* (Cambess.) Rohrb. = **Cardionema rosetta** (Cambess.) A. Nelson & J.F. Macbr.
Ref.: Pedersen, 1987b.

Achyranthes corymbosa L. = **Polycarpaea corymbosa** (L.) Lam.

Agrostemma L.

Número de especies: 1

Agrostemma githago L.
Ref.: Añon, 1967; Pedersen, 1984, 1987b.
Hábito: Hierba.
Status: Introducida.
Elevación: 0-500 m.
Prov.: BA, ER, SJ, TF.
Paises limítrofes: BR, CH.
Ejemplar examinado: *Clos 1236* (BAB).

[Agrostemma githago var. nicaeensis Willd.]
Ref.: Parodi, 1926; Martínez Crovetto, 1967.
Nota: Cita dudosa para la flora argentina.

Alsine acutiflora Fenzl = [Minuartia acutiflora (Fenzl) Mattf.]
Ref.: Pedersen, 1984.

Alsine axillaris (Phil.) Macloskie = **Stellaria debilis** d'Urv.
Ref.: Pedersen, 1984.

Alsine bocconii Scheele = **Spergula bocconii** (Scheele) Pedersen
Ref.: Pedersen, 1984.

Alsine borealis (Bigelow.) Britton = [Stellaria borealis Bigelow.]
Ref.: Martínez Crovetto, 1967.

Alsine cherleriae Fenzl var. *andina* Kuntze = **Stellaria cryptopetala** Griseb.
Ref.: Martínez Crovetto, 1967.

Alsine chubutensis (Speg.) Macloskie = **Stellaria debilis** d'Urv.
Ref.: Pedersen, 1984.

Alsine debile (d'Urv.) Macloskie = **Stellaria debilis** d'Urv.
Ref.: Pedersen, 1984.

Alsine debile (d'Urv.) Mackloskie var. *condensata* Macloskie = **Stellaria debilis** d'Urv.
Ref.: Pedersen, 1984.

Alsine lanceolata (Poir.) Macloskie = **Stellaria lanceolata** Poir.
Ref.: Martínez Crovetto, 1967.

Alsine media L. = **Stellaria media** (L.) Cirillo var. **media**

Alsine minuta (Naudin) Rohrb. = [Minuartia acutiflora (Fenzl) Mattf.]
Ref.: Pedersen, 1984.

Alsine nemorum (L.) Macloskie = [Stellaria nemorum L.]
Ref.: Martínez Crovetto, 1967.

Alsine pallida Dumort. = **Stellaria pallida** (Dumort.) Pire

Alsine platensis (Cambess.) House = **Spergula platensis** (Cambess.) Shinn. var. **platensis**
Ref.: Pedersen, 1984, 1987b.

Alsine rotundifolia (Poir.) Macloskie = **Drymaria rotundifolia** A. Gray
Ref.: Martínez Crovetto, 1967.

Ammodenia peploides Rupr. = [Arenaria peploides L.]

Arenaria L.

Número de especies: 8, 3 especies endémicas.

Arenaria achalensis Griseb.
Ref.: Volponi, 1985.
Hábito: Hierba.
Status: Endémica.
Elevación: 500-2000 m.
Prov.: CA, CO, SA, TU.
Ejemplar examinado: *Hieronymus 785* (LP).

Arenaria alsinoides Willdenow ex Schltdl. = **Arenaria lanuginosa** (Michx.) Rohrb. var. **lanuginosa**

Arenaria andicola Gillies = **Arenaria serpens** Kunth
Ref.: Volponi, 1985.

Arenaria andicola Gillies var. *caespitosa* (Phil.) Hauman = **Arenaria serpens** Kunth
Ref.: Volponi, 1985.

Arenaria andicola Gillies var. *major* Gillies = **Arenaria serpens** Kunth
Ref.: Volponi, 1985.

Arenaria berteroana Phil. = **Spergula villosa** Pers.

Arenaria bisulca (Bartl.) Fenzl & Rohrb.
Sin.: *Cherleria bisulca* Bartl.
Ref.: Volponi, 1985.
Hábito: Hierba.
Status: Nativa.
Elevación: 1000-2500 m.
Prov.: CA, SA, TU.
Ejemplar examinado: *Cabrera 22019* (LP).

Arenaria bocconii Soleirol ex Merino, nom. nud. = **Spergula bocconii** (Scheele) Pedersen
Ref.: Pedersen, 1984.

Arenaria bonariensis Gillies ex Hook. & Arn. = **Spergula laevis** (Cambess.) D. Dietr.

Arenaria caespitosa Phil. = **Arenaria serpens** Kunth
Ref.: Volponi, 1985.

Arenaria catamarcensis Pax
Ref.: Volponi, 1985.
Hábito: Hierba.
Status: Endémica.
Elevación: 3000–3500 m.
Prov.: CA, JU, LR, SA, SJ.
Ejemplar examinado: *Cabrera 15304* (LP).

Arenaria depauperata Naudin = **Spergula depauperata** (Naudin) Pedersen
Ref.: Pedersen, 1984.

Arenaria diandra Guss. = **Spergula diandra** (Guss.) Murb.
Ref.: Pedersen, 1984.

Arenaria diffusa Elliott = [Arenaria lanuginosa var. diffusa Rohrb.]

Arenaria diffusa Elliott var. *tucumanensis* Griseb. = **Arenaria lanuginosa** (Michx.) Rohrb. var. **lanuginosa**

Arenaria grandis (Pers.) Kunth = **Spergula grandis** Pers.
Ref.: Pedersen, 1987b.

[Arenaria jussiaei Camb. ex St. Hil.]
Nota: Especie excluida de la flora argentina.

Arenaria lanuginosa (Michx.) Rohrb. var. **lanuginosa**
Sin.: *Arenaria alsinoides* Willdenow ex Schltdl., *Arenaria diffusa* Elliott var. *tucumanensis* Griseb., *Arenaria lanuginosa* var. *genuina* Rohrb., nom. inval., *Arenaria lanuginosa* var. *tucumanensis* (Griseb.) Pax, *Arenaria megalantha* var. *tucumanensis* (Griseb.) F.N. Williams, *Spergulastrum lanuginosum* Michx.
Ref.: Volponi, 1985.
Hábito: Hierba.
Status: Nativa.
Elevación: 500-1500 m.
Prov.: CA, CO, JU, LR, SE, TU.
Paises limítrofes: BR.
Ejemplar examinado: *Joergensen 1461* (BA. SI).

[Arenaria lanuginosa (Michx.) Rohrb. var. diffusa Rohrb.]
Sin.: *Arenaria diffusa* Elliott.
Nota: Especie excluida de la flora argentina.

Arenaria lanuginosa (Michx.) Rohrb. var. *genuina* Rohrb., nom. inval. = **Arenaria lanuginosa** (Michx.) Rohrb. var. **lanuginosa**

Arenaria lanuginosa (Michx.) Rohrb. var. **megalantha** Rohrb
Sin.: *Arenaria megalantha* (Rohrb.) F.N. Williams
Ref.: Volponi, 1995.
Hábito: Hierba.
Status: Nativa.
Elevación: 500-1500 m.
Prov.: JU, SA, SJ, TU.
Ejemplar examinado: *Liebman 3678* (C).

Arenaria lanuginosa (Michx.) Rohrb. var. *tucumanensis* (Griseb.) Pax = **Arenaria lanuginosa** (Michx.) Rohrb. var. **lanuginosa**

[Arenaria leptoclados Boiss. var. viscidula (Rouy & Fouc.) F.N. Williams]
Sin.: *Arenaria serpyllifolia* var. *viscidula* Rouy & Fouc.
Nota: Variedad excluida de la flora argentina.

Arenaria marginata DC. = [Spergula maritima (All.) Pedersen]
Ref.: Pedersen, 1984.

Arenaria marina All. = [Spergula maritima (All.) Pedersen]
Ref.: Pedersen, 1984.

Arenaria maritima All. = [Spergula maritima (All.) Pedersen]
Ref.: Pedersen, 1984.

Arenaria media L. = [Spergula maritima (All.) Pedersen]
Ref.: Pedersen, 1984.

Arenaria megalantha (Rohrb.) F.N. Williams = **Arenaria lanuginosa** var. **megalantha** Rohrb

Arenaria megalantha (Rohrb.) F.N. Williams var. *tucumanensis* (Griseb.) F.N. Williams = **Arenaria lanuginosa** (Michx.) Rohrb. var. **lanuginosa**

Arenaria microphylla Phil. = **Arenaria serpens** Kunth
Ref.: Volponi, 1985.

Arenaria minuta Naudin = [Minuartia acutiflora (Fenzl) Mattf.]

Arenaria palustris Naudin = **Arenaria serpens** Kunth
Ref.: Volponi, 1985.

Arenaria palustris Naudin var. *humilior* Ces. = **Arenaria serpens** Kunth
Ref.: Volponi, 1985.

Arenaria palustris Naudin var. *patagonica* (Phil.) Reiche = **Arenaria serpens** Kunth
Ref.: Volponi, 1985.

Arenaria patagonica Phil. = **Arenaria serpens** Kunth
Ref.: Volponi, 1985.

[Arenaria peploides L.]
Sin.: *Ammodenia peploides* Rupr.
Nota: Cita dudosa para la flora argentina.

Arenaria pissisi Phil. = **Spergula pissisi** (Phil.) Volponi

Arenaria pycnophylloides Pax
Ref.: Volponi, 1985.
Hábito: Hierba.
Status: Endémica.
Elevacion: ca. 4000 m.
Prov.: LR, SA.
Ejemplar examinado: *Novara 6777* (MCNS).

Arenaria rivularis Phil.
Ref.: Volponi, 1995.
Hábito: Hierba.
Status: Nativa.
Elevación: 3200-4000 m.
Prov.: JU, SA, TU.
Paises limítrofes: CH.
Ejemplar examinado: *Kiesling 7966* (SI).

Arenaria rubra L. = [Spergula rubra (L.) D. Dietr.]
Ref.: Pedersen, 1987b.

Arenaria rubra L. var. *marina* L. = **Spergula salina** (J. Presl & C. Presl) D. Dietr.
Ref.: Pedersen, 1984.

Arenaria serpens Kunth
Sin.: *Arenaria andicola* Gillies, *Arenaria andicola* Gillies var. *caespitosa* (Phil.) Hauman, *Arenaria andicola* Gillies var. *major* Gillies, *Arenaria caespitosa* Phil., *Arenaria microphylla* Phil., *Arenaria palustris* Naudin, *Arenaria palustris* var. *humilior* Ces., *Arenaria palustris* var. *patagonica* (Phil.) Reiche, *Arenaria patagonica* Phil., *Arenaria serpens* var. *andicola* (Gillies) Rohrb., *Arenaria serpens* var. *caespitosa* (Phil.) Hauman & Irigoyen, *Arenaria serpens* var. *microphylla* (Phil.) Speg., *Arenaria serpens* var. *palustris* (Naudin) Speg., *Arenaria serpens* var. *patagonica* (Phil.) Speg., *Arenaria serpens* var. *robusta* Speg., *Arenaria serpens* var. *serpylloides* (Naudin) Speg., *Arenaria serpylloides* Naudin, *Arenaria serpylloides* var. *andicola* (Gillies) Reiche
Ref.: Pedersen, 1984; Volponi, 1985.
Hábito: Hierba.
Status: Nativa.
Prov.: CA, CHU, CO, JU, LR, ME, RN, SA, SC, SJ, TF, TU.
Paises limítrofes: BO, CH.
Ejemplar examinado: *Fabris 8493* (LP).

Arenaria serpens Kunth var. *andicola* (Gillies) Rohrb. = **Arenaria serpens** Kunth
Ref.: Volponi, 1985.

Arenaria serpens Kunth var. *caespitosa* (Phil.) Hauman & Irigoyen = **Arenaria serpens** Kunth
Ref.: Volponi, 1985.

Arenaria serpens Kunth var. *microphylla* (Phil.) Speg. = **Arenaria serpens** Kunth
Ref.: Volponi, 1985.

Arenaria serpens Kunth var. *palustris* (Naudin) Speg. = **Arenaria serpens** Kunth
Ref.: Volponi, 1985.

Arenaria serpens Kunth var. *patagonica* (Phil.) Speg. = **Arenaria serpens** Kunth
Ref.: Volponi, 1985.

Arenaria serpens Kunth var. *robusta* Speg. = **Arenaria serpens** Kunth
Ref.: Volponi, 1985.

Arenaria serpens Kunth var. *serpylloides* (Naudin) Speg. = **Arenaria serpens** Kunth
Ref.: Volponi, 1985.

Arenaria serpyllifolia L.
Ref.: Pedersen, 1985; Volponi, 1985.
Hábito: Hierba.
Status: Introducida.
Elevación: 0-500 m.
Prov.: BA, LP, NE, RN, SL.
Paises limítrofes: CH, UR.
Ejemplar examinado: *Volponi 470* (LP).

[Arenaria serpyllifolia L. var. viscida DC].
Nota: Cita dudosa para la flora argentina.

Arenaria serpyllifolia L. var. *viscidula* Rouy & Fouc. = [Arenaria leptoclados Boiss. var. viscidula (Rouy & Fouc.) F.N. Williams]
Ref.: Pedersen, 1984.

Arenaria serpylloides Naudin = **Arenaria serpens** Kunth
Ref.: Volponi, 1985.

Arenaria serpylloides Naudin var. *andicola* (Gillies) Reiche = **Arenaria serpens** Kunth
Ref.: Volponi, 1985.

Balardia platensis Cambess. = **Spergula platensis** (Cambess.) Shinn. var. **platensis**
Ref.: Pedersen, 1984.

Behen vulgaris Moench = **Silene vulgaris** (Moench) Garcke
Ref.: Pedersen, 1984.

Buda grandis (Pers.) Kuntze = **Spergula grandis** Pers.

Buda platensis (Cambess.) Kuntze = **Spergula platensis** (Cambess.) Shinn. var. **platensis**

Cardionema DC.

Número de especies: 4

Cardionema burkartii Subils
Ref.: Subils, 1979.
Hábito: Hierba.
Status: Nativa.
Elevación: 1500-4500 m.
Prov.: JU, LR, SA, SJ, TU.
Paises limítrofes: BO
Ejemplar examinado: *Hunziker y Di Fulvio 19800* (holotipo, CORD).

Cardionema kurtzii Subils
Ref.: Subils, 1979.
Hábito: Hierba.
Status: Nativa.
Elevación: 1500–2500 m.
Prov.: CO, ME.
Paises limítrofes: CH.
Ejemplar examinado: *Hunziker 11534* (holotipo, CORD).

Cardionema ramosissima (Weinm.) A. Nelson & J.F. Macbr.
Sin.: *Acanthonychia polycnemoides* (Schltdl.) Rohrb., *Acanthonychia ramosissima* (Weinm.) Rohrb., *Loeflingia ramosissima* Weinm., *Paronychia confertissima* D. Parodi, *Paronychia polycnemoides* Schltdl., *Paronychia ramosissima* (Weinm.) DC., *Pentacaena polycnemoides* Bartl., nom. illeg., *Pentacaena ramosissima* (Weinm.) Hook. & Arn.
Ref.: Añón, 1967; Martínez Crovetto, 1967; Pedersen, 1984.
Hábito: Hierba.
Status: Nativa.
Elevación: 500-3000 m.
Prov.: BA, CA, CHU, CO, JU, LP, LR, ME, RN, SA, SC, SE, SJ, TU.
Paises limítrofes: BR, CH, UR.
Ejemplar examinado: *Hicken 278* (SI).

Cardionema rosetta (Cambess.) A. Nelson & J.F. Macbr.
Sin.: *Acanthonychia ramosissima* var. *rosetta* (Cambess.) Rohrb., *Paronychia rosetta* Cambess., *Pentacaena rosetta* (Cambess.) Walp.
Ref.: Martínez Crovetto, 1967; Pedersen, 1987b.
Hábito: Hierba.
Status: Nativa.
Elevación: 0-500 m.
Prov.: ER.
Paises limítrofes: BR, PA, UR.
Ejemplar examinado: *Nicora 3126* (SI).

Cerastium L.

Número de especies: 14, 3 especies y una variedad endémicas.

[Cerastium alpinum L.]
Sin.: *Cerastium arvense* var. *alpinum* (L.) Benth.
Nota: Cita dudosa para la flora argentina.

Cerastium argentinum (Pax) F.N. Williams
Sin.: *Cerastium nutans* Raf. var. *argentinum* Pax.
Ref.: Martínez Crovetto, 1967.
Hábito: Hierba.
Status: Endémica.
Prov.: CO.
Ejemplar examinado: *Hieronymus s.n.* (holotipo, CORD).

Cerastium arvense L.
Sin.: *Cerastium arvense* var. *fueguianum* Hook. f., *Cerastium arvense* var. *montanum* (Gay) Reiche, *Cerastium arvense* var. *nervosum* Reiche, *Cerastium arvense* var. *parviflora* Dusén, *Cerastium arvense* var. *rigidum* Naudin, *Cerastium arvense* var. *verticillare* Naudin, *Cerastium arvense* var. *vestitum* Naudin, *Cerastium arvense* f. *glandulosum* (Wedd.) Rohrb., *Cerastium arvensiforme* Wedd. var. *glandulosum* Wedd., *Cerastium colsmannii* Lehm. ex Spreng., *Cerastium fueguianum* Albov, *Cerastium grahamii* Gillies ex Griseb., *Cerastium magellanicum* Phil., *Cerastium montanum* Naudin, *Cerastium mendozinense* Gillies ex Griseb., *Cerastium nervosum* Naudin
Ref.: Pedersen, 1984; Volponi [1990]1991.
Hábito: Hierba.
Status: Introducida.
Prov.: BA, CA, CHU, CO, LR, ME, NE, RN, SA, SC, SE, SJ, SL, TF, TU.
Paises limítrofes: BO, CH.
Ejemplar examinado: *Fabris 1060* (LP).

Cerastium arvense L. f. *glandulosum* (Wedd.) Rohrb. = **Cerastium arvense** L.

Cerastium arvense L. var. *alpinum* (L.) Benth. = [Cerastium alpinum L.]

Cerastium arvense L. var. *fueguianum* Hook. f. = **Cerastium arvense** L.
Ref.: Volponi, [1990]1991.

Cerastium arvense L. var. *montanum* (Gay) Reiche = **Cerastium arvense** L.
Ref.: Martínez Crovetto, 1967.

Cerastium arvense L. var. *nervosum* Reiche = **Cerastium arvense** L.

Cerastium arvense L. var. *parviflora* Dusén = **Cerastium arvense** L.
Ref.: Volponi, [1990]1991.

Cerastium arvense L. var. *rigidum* Naudin = **Cerastium arvense** L.
Ref.: Volponi [1990]1991.

Cerastium arvense L. var. *verticillare* Naudin = **Cerastium arvense** L.
Ref.: Volponi [1990]1991.

Cerastium arvense L. var. *vestitum* Naudin = **Cerastium arvense** L.
Ref.: Volponi [1990]1991.

Cerastium arvensiforme Wedd. var. *glandulosum* Wedd. = **Cerastium arvense** L.

Cerastium caespitosum Gilib., nom. illeg. = **Cerastium fontanum** Baumg. subsp. **vulgare** (Hartman) Greuter & Burdet

Cerastium colsmannii Lehm. ex Spreng. = **Cerastium arvense** L.
Ref.: Volponi, [1990]1991.

Cerastium commersonianum DC. var. **commersonianum**
Ref.: Volponi, [1990]1991.
Hábito: Hierba.
Status: Nativa.
Elevación: 0-500 m.
Prov.: COR, ER, MI.
Paises limítrofes: BR, UR.
Ejemplar examinado: *Burkart 7905* (SI).

Cerastium commersonianum DC. var. **darwinianum** F.N. Williams
Ref.: Añón, 1967; Martínez Crovetto, 1967.
Hábito: Hierba.
Status: Nativa.
Elevación: 0-500 m.
Prov.: BA.
Paises limítrofes: UR.
Ejemplar examinado: *Cabrera y Fabris 14903* (LP).

Cerastium fontanum Baumg. subsp. **vulgare** (Hartman) Greuter & Burdet
Sin.: *Cerastium caespitosum* Gilib., nom. illeg., *Cerastium holosteoides* Fr., *Cerastium holosteoides* f. *glandulosum* Möschl, *Cerastium vulgare* Hartm.
Ref.: Jalas & Suominen, 1983; Volponi [1990]1991.
Hábito: Hierba.
Status: Introducida.
Elevación: 500-1000 m.
Prov.: NE, RN, SC, TF.
Paises limítrofes: CH.
Ejemplar examinado: *Añón Suárez 833* (LP).

Cerastium fueguianum Albov = **Cerastium arvense** L.
Ref.: Volponi, [1990]1991.

Cerastium glabrum Larrañaga = **Cerastium humifusum** Cambess.
Ref.: Volponi, [1990]1991.

Cerastium glomeratum Thuill.
Sin.: *Cerastium viscosum* L., p.p., *Cerastium vulgatum* L.
Ref.: Pedersen, 1984, 1987b; Volponi [1990]1991.
Hábito: Hierba.
Status: Introducida.
Elevación: 0-1500 m.
Prov.: BA, CA, CO, COR, ER, JU, LP, ME, RN, SC, SF, SL, TU.
Paises limítrofes: CH.
Ejemplar examinado: *Volponi 627* (LP).

Cerastium glutinosum Kunth, nom. illeg. = **Cerastium kunthii** Briq.

Cerastium grahamii Gillies ex Griseb. = **Cerastium arvense** L.

Cerastium hieronymi Pax
Ref.: Pax, 1893; Martínez Crovetto, 1967.
Status: Endémica.
Prov.: CA.
Ejemplar examinado: *Schickendantz 312* (holotipo, CORD).

Cerastium holosteoides Fr. = **Cerastium fontanum** Baumg. subsp. **vulgare** (Hartman) Greuter & Burdet

Cerastium holosteoides Fr. f. *glandulosum* Möschl = **Cerastium fontanum** Baumg. subsp. **vulgare** (Hartman) Greuter & Burdet

Cerastium humifusum Cambess.
Sin.: *Cerastium glabrum* Larrañaga, *Cerastium montioides* Naudin
Ref.: Pedersen, 1987b; Volponi [1990]1991.
Hábito: Hierba.
Status: Nativa.
Elevación: 0-3500 m.
Prov.: BA, CO, ER, SJ.
Paises limítrofes: BR, CH, UR.
Ejemplar examinado: *Gómez 10015* (SI).

Cerastium junceum Moeschl
Ref.: Pedersen 1984, 1987b; Volponi [1990]1991.
Hábito: Hierba.
Status: Nativa.
Elevación: 0-500 m.
Prov.: BA, CH, ER, LP, SF, SL, TU.
Paises limítrofes: PA, UR.
Ejemplar examinado: *Cabrera 6508* (LP).

Cerastium kunthii Briq.
Sin.: *Cerastium glutinosum* Kunth, nom. illeg.
Ref.: Martínez Crovetto, 1967.
Hábito: Hierba.
Status: Endémica.
Prov.: JU.
Ejemplar examinado: *Schwabe 431* (LP).

Cerastium magellanicum Phil. = **Cerastium arvense** L.
Ref.: Volponi, [1990]1991.

Cerastium mendozinense Gillies ex Griseb. = **Cerastium arvense** L.

Cerastium mollissimum Poir. var. **lorentzii** Pax
Ref.: Pax, 1893; Añón, 1967; Martínez Crovetto, 1967.
Hábito: Hierba.
Status: Endémica.
Elevación: 0-500 m.
Prov.: BA.
Ejemplar examinado: *Cabrera y Fabris 17219* (LP).

[Cerastium mollissimum Poir. var. minimum Kuntze]
Ref.: Martínez Crovetto, 1967.
Nota: Taxón dudoso.

Cerastium mollissimum Poir. var. **mollissimum**
Ref.: Volponi, [1990]1991.
Hábito: Hierba.
Status: Nativa.
Elevación: 0-1000 m.
Prov.: BA, CO, SL.
Paises limítrofes: BR, UR.
Ejemplar examinado: *Volponi 932* (LP).

Cerastium montanum Naudin = **Cerastium arvense** L.

Cerastium montioides Naudin = **Cerastium humifusum** Cambess.
Ref.: Volponi, [1990]1991.

Cerastium nervosum Naudin = **Cerastium arvense** L.

Cerastium nutans Raf. var. *argentinum* Pax = **Cerastium argentinum** (Pax) F.N. Williams
Ref.: Martínez Crovetto, 1967.

Cerastium rivulare Cambess.
Ref.: Pedersen, 1987b; Volponi, [1990]1991.
Hábito: Hierba.
Status: Nativa.
Elevación: 0-500 m.
Prov.: COR, MI.
Paises limítrofes: BO, BR, PA, UR.
Ejemplar examinado: *Zardini 1054* (LP).

Cerastium rivulariastrum Moeschl & Pedersen
Ref.: Pedersen, 1987b; Volponi, [1990]1991.
Hábito: Hierba.
Status: Nativa.
Elevación: 0-2000 m.
Prov.: BA, CA, CH, CO, COR, ER, FO, JU, LP, LR, MI, SA, SE, SF, SL, TU.
Paises limítrofes: BR, PA, UR.
Ejemplar examinado: *Pedersen 6507* (LP).

[Cerastium selloi Schltdl. ex Rohrb.]
Nota: Taxón dudoso.

Cerastium soratense Rohrb.
Ref.: Pax, 1893; Martínez Crovetto, 1967.
Hábito: Hierba.
Status: Nativa.
Elevación: 3000-4000 m.
Prov.: CA, LR, SJ.
Paises limítrofes: BO.
Ejemplar citado: *Hieronymus y Niederlein 369**.

[Cerastium subspicatum Wedd.]
Nota: Taxón dudoso.

Cerastium tucumanense Pax
Ref.: Volponi, [1990]1991.
Hábito: Hierba.
Status: Endémica.
Elevación: 1000-3500 m.
Prov.: CA, JU, LR, SA, TU.
Ejemplar examinado: *Lorentz e Hieronymus 653* (lectotipo, CORD).

Cerastium viscosum L., p.p. = **Cerastium glomeratum** Thuill.
Ref.: Martínez Crovetto, 1967; Pedersen, 1984, 1987b.

Cerastium vulgare Hartm. = **Cerastium fontanum** Baumg. subsp. **vulgare** (Hartman) Greuter & Burdet
Ref.: Volponi, [1990]1991.

Cerastium vulgatum L. = **Cerastium glomeratum** Thuill.

[Cerastium vulgatum var. peruvianum A. Gray]
Nota: Taxón dudoso.

Cherleria bisulca Bartl. = **Arenaria bisulca** (Bartl.) Fenzl & Rohrb.
Ref.: Volponi, 1985.

Colobanthus Bartl.

Número de especies: 3

Colobanthus alatus Pax = **Colobanthus quitensis** (Kunth) Bartl.
Ref.: Pedersen, 1984.

Colobanthus aretioides Gillies ex Hook. & Arn. = **Colobanthus quitensis** (Kunth) Bartl.
Ref.: Pedersen, 1984.

Colobanthus benthamianus Fenzl = **Colobanthus subulatus** (d'Urv.) Hook. f.
Ref.: Pedersen, 1984.

Colobanthus billardieri Fenzl = **Colobanthus quitensis** (Kunth) Bartl.
Ref.: Pedersen, 1984.

Colobanthus cherlerioides Hook. f. = **Colobanthus quitensis** (Kunth) Bartl.
Ref.: Pedersen, 1984.

Colobanthus crassifolius (d'Urv.) Hook. f. = **Colobanthus quitensis** (Kunth) Bartl.
Ref.: Pedersen, 1984.

Colobanthus crassifolius (d'Urv.) Hook. f. var. *aretioides* (Gillies ex Hook. & Arn.) Macloskie = **Colobanthus quitensis** (Kunth) Bartl.
Ref.: Martínez Crovetto, 1967.

Colobanthus lechleri Phil. = **Colobanthus lycopodioides** Griseb.
Ref.: Pedersen, 1984.

Colobanthus lycopodioides Griseb.
Sin.: *Colobanthus lechleri* Phil., *Colobanthus polycnemoides* Hieron., *Drudea lycopodioides* (Griseb.) Griseb.
Ref.: Pedersen, 1984.
Hábito: Hierba.
Status: Nativa.
Elevación: 0-2000 m.
Prov.: CHU, NE, RN, SC, SJ, TF.
Paises limítrofes: CH.
Ejemplar examinado: *Krapovickas 4361* (BAB).

Colobanthus maclovianus Gand. = **Colobanthus quitensis** (Kunth) Bartl.
Ref.: Pedersen, 1984.

Colobanthus meigeni Phil. = **Colobanthus quitensis** (Kunth) Bartl.
Ref.: Pedersen, 1984.

Colobanthus polycnemoides Hieron. = **Colobanthus lycopodioides** Griseb.
Ref.: Pedersen, 1984.

Colobanthus quitensis (Kunth) Bartl.
Sin.: *Colobanthus alatus* Pax, *Colobanthus aretioides* Gillies ex Hook. & Arn., *Colobanthus billardieri* Fenzl, *Colobanthus cherlerioides* Hook. f., *Colobanthus crassifolius* (d'Urv.) Hook. f., *Colobanthus crassifolius* var. *aretioides* (Gillies ex Hook. & Arn.) Macloskie, *Colobanthus maclovianus* Gand., *Colobanthus meigeni* Phil., *Sagina crassifolia* d'Urv., *Sagina quitensis* Kunth
Ref.: Pedersen, 1984.
Hábito: Hierba.
Status: Nativa.
Elevación: 0-3500 m.
Prov.: CA, CHU, ME, NE, SC, TF.
Paises limítrofes: BO, CH.
Ejemplar examinado: *Boelcke et al. 11189* (BAB).

Colobanthus subulatus (d'Urv.) Hook. f.
Sin.: *Colobanthus benthamianus* Fenzl, *Sagina subulata* d'Urv.
Ref.: Pedersen, 1984.
Hábito: Hierba.
Status: Nativa.
Elevación: 0-2000 m.
Prov.: TF.
Paises limítrofes: CH.
Ejemplar examinado: *Torres 1163* (LP).

Coronaria flos-cuculi A. Br. = [Lychnis flos-cuculi L.]
Ref.: Martínez Crovetto, 1967.

Dianthus L.

Número de especies: 1

Dianthus armeria L.
Ref.: Nicora & Rúgolo de Agrasar, 1997.
Hábito: Hierba.
Status: Introducida.
Prov.: CHU.
Paises limítrofes: CH.
Ejemplar examinado: *Nicora 10205* (SI).

Dianthus nanteuilii Burnat = **Petrorhagia nanteuilii** (Burnat) Ball & Heywood

Drudea lycopodioides (Griseb.) Griseb. = **Colobanthus lycopodioides** Griseb.
Ref.: Martínez Crovetto, 1967.

Drymaria Willd. ex Roem. & Schult.

Número de especies: 5

Drymaria cordata (L.) Willd. ex Roem. & Schult.
Sin.: *Drymaria cordata* var. *pacifica* Mizush., *Holosteum cordatum* L.
Ref.: Duke, 1961; Martínez Crovetto, 1967.
Hábito: Hierba.
Status: Nativa.
Elevación: 0-2000 m.
Prov.: CA, CO, JU, MI, SA, SE, TU.
Paises limítrofes: BO, BR, CH, PA, UR.
Ejemplar examinado: *Burkart 7276* (SI).

Drymaria cordata (L.) Willd. ex Roem. & Schult. var. *pacifica* Mizush. = **Drymaria cordata** (L.) Willd. ex Roem. & Schult.
Ref.: Duke, 1961.

Drymaria glandulosa Bartl.
Ref.: Duke, 1961; Martínez Crovetto, 1967.
Hábito: Hierba.
Status: Nativa.
Prov.: CA, CO, JU, LR, SA, SE, TU.
Paises limítrofes: BO.
Ejemplar examinado: *Novara 7838* (MCNS).

Drymaria ovata Humb. & Bonpl. ex Roem. & Schult.
Ref.: Duke, 1961; Martínez Crovetto, 1967.
Hábito: Hierba.
Status: Nativa.
Elevación: 1000-1500 m.
Prov.: TU.
Paises limítrofes: BO.
Ejemplar examinado: *Sleumer 32* (LIL).

Drymaria rotundifolia A. Gray
Sin.: *Alsine rotundifolia* (A. Gray) Macloskie
Ref.: Volponi, 1998.
Hábito: Hierba.
Status: Nativa.
Elevación: 2500 m.
Prov.: SA.
Paises limítrofes: BO.
Ejemplar examinado: *Nicora et al. 8734* (MCNS).

Drymaria villosa Cham. & Schltdl.
Ref.: Volponi, 1998.
Hábito: Hierba.
Status: Nativa.
Elevación: 1500 m.
Prov.: JU, SA.
Paises limítrofes: BO.
Ejemplar examinado: *Novara 1893* (MCNS).

[Gypsophila elegans M. Bieb.]
Nota: Especie excluida de la flora argentina, presente sólo como cultivada.

[Gypsophila muralis L.]
Nota: Especie excluida de la flora argentina, presente sólo como cultivada.

Herniaria L.
Número de especies: 3

Herniaria austroamericana Chaudhri & Rutish.
Ref.: Chaudhri, 1987.
Hábito: Hierba.
Status: Nativa.
Elevación: 4000-4500 m.
Prov.: JU.
Ejemplar citado: *Ruthsatz 439/7** (holotipo, ISL; isotipo, Z).

Herniaria cinerea DC.
Ref.: Pedersen, 1984.
Hábito: Hierba.
Status: Naturalizada.
Elevación: 500-1000 m.
Prov.: CHU, RN.
Paises limítrofes: CH.
Ejemplar examinado: *Correa et al. 7195* (BAB).

Herniaria hirsuta L.
Ref.: Añón, 1967; Martínez Crovetto, 1967.
Hábito: Hierba.
Status: Introducida.
Elevación: 0-500 m.
Prov.: BA, CO, LP.
Ejemplar examinado: *Cabrera 6780* (LP).

Herniaria setigera Gillies ex Hook. & Arn. = **Paronychia setigera** (Gillies ex Hook. & Arn.) F. Herm. subsp. **setigera**
Ref.: Chaudhri, 1968.

Holosteum L.
Número de especies: 1

Holosteum cordatum L. = **Drymaria cordata** (L.) Willd. ex Roem. & Schult.
Ref.: Duke, 1961.

Holosteum umbellatum L.
Ref.: Martínez Crovetto, 1967; Pedersen, 1984.
Hábito: Hierba.
Status: Introducida.
Elevación: 0-1000 m.
Prov.: BA, CHU, CO, NE.
Paises limítrofes: BR.
Ejemplar examinado: *Hunziker 3554* (BAB).

Lepigonum depauperatum (Naudin) Kindb. = **Spergula depauperata** (Naudin) Pedersen
Ref.: Pedersen, 1984.

Lepigonum grande (Pers.) Kindb. = **Spergula grandis** Pers.
Ref.: Pedersen, 1984.

Lepigonum laeve (Cambess.) Kindb. = **Spergula laevis** (Cambess.) D. Dietr.
Ref.: Pedersen, 1984.

Lepigonum villosum (Pers.) Kindb. = **Spergula villosa** Pers.
Ref.: Rossbach, 1940; Pedersen, 1984.

Loeflingia ramosissima Weinm. = **Cardionema ramosissima** (Weinm.) A. Nelson & J.F. Macbr.
Ref.: Martínez Crovetto, 1967.

Lyallia andicola Phil. = [Reicheella andicola (Phil.) Pax]
Ref.: Martínez Crovetto, 1967.

Lychnis alba Mill. = **Silene pratensis** (Raf.) Godron & Grenier
Ref.: Pedersen, 1984.

Lychnis antarctica Kuntze = **Silene antarctica** (Kuntze) Pedersen
Ref.: Pedersen, 1984.

Lychnis argentina Speg. = **Silene argentina** (Pax) Bocquet
Ref.: Bocquet, 1967.

Lychnis chilensis Naudin = **Silene chilensis** (Naudin) Bocquet
Ref.: Bocquet, 1967.

Lychnis chubutensis Speg. = **Silene chubutensis** (Speg.) Bocquet
Ref.: Bocquet, 1967; Pedersen, 1984.

Lychnis dioica L. = **Silene dioica** (L.) Clairv.
Ref.: Pedersen, 1984.

[Lychnis flos-cuculi L.]
Sin.: *Coronaria flos-cuculi* A. Br.
Nota: Especie excluida de la flora argentina.

Lychnis magellanica Desr. = **Silene magellanica** (Desr.) Bocquet
Ref.: Bocquet, 1967.

Lychnis patagonica Speg. = **Silene patagonica** (Speg.) Bocquet
Ref.: Pedersen, 1984.

Lychnis pratensis Raf. = **Silene pratensis** (Raf.) Godron & Grenier
Ref.: Pedersen, 1984.

Lychnis terminalis Naudin = **Silene chilensis** (Naudin) Bocquet
Ref.: Bocquet, 1967; Pedersen, 1984.

Melandrium album (Mill.) Garcke = **Silene pratensis** (Raf.) Godron & Grenier
Ref.: Pedersen, 1984.

Melandrium alpestre Dusén = **Silene antarctica** (Kuntze) Pedersen
Ref.: Pedersen, 1984.

Melandrium andicolum (Gillies ex Hook. & Arn.) Rohrb. = **Silene andicola** Gillies ex Hook. & Arn.
Ref.: Bocquet, 1967.

Melandrium andicolum (Gillies ex Hook. & Arn.) Rohrb. var. *nubigenum* (Phil.) Reiche = **Silene chilensis** (Naudin) Bocquet
Ref.: Bocquet, 1967.

Melandrium argentinum Pax = **Silene argentina** (Pax) Bocquet
Ref.: Bocquet, 1967.

Melandrium chilense (Naudin) Rohrb. = **Silene chilensis** (Naudin) Bocquet
Ref.: Bocquet, 1967; Pedersen, 1984.

Melandrium chilense (Naudin) Rohrb. var. *argentinense* Hosseus = **Silene andicola** Gillies ex Hook. & Arn.
Ref.: Pedersen, 1984.

Melandrium chilense (Naudin) Rohrb. var. *cucubaloides* (Fenzl) Hosseus = **Silene andicola** Gillies ex Hook. & Arn.
Ref.: Bocquet, 1967; Martínez Crovetto, 1967; Pedersen, 1984.

Melandrium chilense (Naudin) Rohrb. var. *plutonicum* (Naudin) Hosseus = **Silene plutonica** Naudin
Ref.: Bocquet, 1967; Pedersen, 1984.

Melandrium chubutense (Speg.) Speg. = **Silene chubutensis** (Speg.) Bocquet
Ref.: Bocquet, 1967; Pedersen, 1984.

Melandrium cucubaloides Fenzl = **Silene andicola** Gillies ex Hook. & Arn.
Ref.: Bocquet, 1967.

Melandrium densifolium Dusén = **Silene patagonica** (Speg.) Bocquet
Ref.: Bocquet, 1967; Pedersen, 1984.

Melandrium echegarayi Hieron. = **Silene echegarayi** (Hieron.) Bocquet
Ref.: Bocquet, 1967.

Melandrium filifolium Dusén = **Silene filifolia** (Dusén) Bocquet
Ref.: Bocquet, 1967; Pedersen, 1984.

Melandrium friesii Hauman = **Silene haumanii** Bocquet var. **haumanii**
Ref.: Bocquet, 1967.

Melandrium hieronymi Pax, p.p. = **Silene bersieri** Bocquet
Ref.: Bocquet, 1967, 1969.

Melandrium hieronymi Pax, p.p. = **Silene mandonii** (Rohrb.) Bocquet
Ref.: Bocquet, 1967, 1969.

Melandrium koslowsky Dusén = **Silene chilensis** (Naudin) Bocquet
Ref.: Bocquet, 1967; Pedersen, 1984.

Melandrium magellanicum (Desr.) Fenzl ex Rohrb. = **Silene magellanica** (Desr.) Bocquet
Ref.: Bocquet, 1967; Pedersen, 1984.

Melandrium magellanicum (Desr.) Fenzl ex Rohrb. var. *robustum* Hosseus = **Silene filifolia** (Dusén) Bocquet
Ref.: Bocquet, 1967; Pedersen, 1984.

Melandrium mandonii Rohrb. = **Silene mandonii** (Rohrb.) Bocquet
Ref.: Bocquet, 1967.

Melandrium patagonicum (Speg.) Speg. = **Silene patagonica** (Speg.) Bocquet
Ref.: Bocquet, 1967; Martínez Crovetto, 1967; Pedersen, 1984.

Melandrium plutonicum (Naudin) Reiche = **Silene plutonica** Naudin
Ref.: Bocquet, 1967; Martínez Crovetto, 1967; Pedersen, 1984.

Melandrium rimbachii Mattf. = **Silene mandonii** (Rohrb.) Bocquet
Ref.: Bocquet, 1967.

Melandrium sylvestre (Schkuhr) Röhl. = **Silene dioica** (L.) Clairv.
Ref.: Añón, 1967; Martínez Crovetto, 1967; Pedersen, 1984.

[Minuartia acutiflora (Fenzl) Mattf.]
Sin.: *Alsine acutiflora* Fenzl, *Alsine minuta* (Naudin) Rohrb., *Arenaria minuta* Naudin, *Minuartia minuta* (Naudin) Roquero
Ref.: Pedersen, 1984.
Nota: Cita dudosa para la flora argentina.

Minuartia minuta (Naudin) Roquero = [Minuartia acutiflora (Fenzl) Mattf.]
Ref.: Pedersen, 1984.

Mollugo tetraphylla L. = **Polycarpon tetraphyllum** (L.) L.

Paronychia Mill.

Número de especies: 7, 2 subespecies y una variedad endémicas.

[Paronychia andina A. Gray]
Ref.: Pax, 1893; Martínez Crovetto, 1967; Chaudhri, 1968.
Nota: Cita dudosa para la flora argentina.

Paronychia andina Phil., nom. illeg. = **Paronychia setigera** (Gillies ex Hook. & Arn.) F. Herm. subsp. **setigera**
Ref.: Chaudhri, 1968; Pedersen, 1984.

Paronychia bonariensis DC. = **Paronychia brasiliana** DC. var. **brasiliana**
Ref.: Chaudhri, 1968.

Paronychia brasiliana DC. var. **brasiliana**
Sin.: *Paronychia bonariensis* DC.
Ref.: Pedersen, 1987b.
Hábito: Hierba.
Status: Nativa.
Elevación: 0-500 m.
Prov.: BA, CO, COR, ER, LP, MI, SF.
Paises limítrofes: BR, CH, PA, UR.
Ejemplar examinado: *Burkart 22540* (SI).

Paronychia brasiliana DC. var. **pubescens** Chaudhri
Ref.: Chaudhri, 1968; Pedersen, 1987b.
Hábito: Hierba.
Status: Nativa.
Elevación: 0-500 m.
Prov.: BA, ER.
Paises limítrofes: BR, UR.
Ejemplar examinado: *Carette s.n.* (holotipo, LP).

Paronychia cabrerae Chaudhri
Ref.: Chaudhri, 1968.
Hábito: Hierba.
Status: Nativa.
Elevación: 3000-4500 m.
Prov.: CA, JU, TU.
Paises limítrofes: BO.
Ejemplar examinado: *Cabrera 12510* (holotipo, LP).

Paronychia chilensis DC.
Ref.: Añón, 1967; Chaudhri, 1968.
Hábito: Hierba.
Status: Nativa.
Elevación: 0-2000 m.
Prov.: BA, CA, CHU, CO, ER, LP, LR, RN, SC, TU.
Paises limítrofes: BR, CH, PA, UR.
Ejemplar examinado: *Burkart 4463* (SI).

Paronychia chilensis DC. var. *andina* (Phil.) Reiche = **Paronychia setigera** (Gillies ex Hook. & Arn.) F. Herm. subsp. **setigera**

[Paronychia chilensis DC. var. cordobensis Kuntze]
Ref.: Martínez Crovetto, 1967.
Nota: Taxón dudoso.

Paronychia chilensis DC. var. *hieronymi* (Pax) Hosseus = **Paronychia hieronymi** Pax var. **hieronymi**
Ref.: Martínez Crovetto, 1967; Chaudhri, 1968.

[Paronychia chilensis DC. var. penicellata Chod. & Wilczek]
Ref.: Martínez Crovetto, 1967.
Nota: Taxón dudoso.

Paronychia communis Cambess. f. **communis**
Ref.: Chaudhri, 1968; Pedersen, 1987b.
Hábito: Hierba.
Status: Nativa.
Prov.: CA, CH, CO, COR, ER, JU, LR, MI, SA, TU.
Paises limítrofes: BO, BR, PA.
Ejemplar examinado: *Troncoso et al. 1600* (SI).

Paronychia communis Cambess. f. **subglabra** Chodat & Hassl.
Ref.: Chaudhri, 1968.
Hábito: Hierba.
Status: Nativa.
Elevación: 0-500 m.
Prov.: CH, MI.
Paises limítrofes: PA.
Ejemplar examinado: *Rojas 11840* (LIL).

Paronychia communis Cambess. var. **chicligastensis** Chaudhri
Ref.: Chaudhri, 1968.
Hábito: Hierba.
Status: Endémica.
Prov.: TU.
Ejemplar examinado: *Meyer 14120* (holotipo, LIL).

Paronychia confertissima D. Parodi = **Cardionema ramosissima** (Weinm.) A. Nelson & J.F. Macbr.
Ref.: Martínez Crovetto, 1967.

Paronychia hieronymi Pax var. **hieronymi**
Sin.: *Paronychia chilensis* var. *hieronymi* (Pax) Hosseus
Ref.: Martínez Crovetto, 1967; Chaudhri, 1968.
Hábito: Hierba.
Status: Nativa.
Elevación: 2500-4800 m.
Prov.: JU, SA, TU.
Ejemplar examinado: *Cabrera 15476* (LP).

Paronychia hieronymi Pax var. **jujuyensis** Chaudhri
Ref.: Chaudhri, 1968.
Hábito: Hierba.
Status: Nativa.
Elevación: 1000-3000 m.
Prov.: JU.
Paises limítrofes: BO.
Ejemplar examinado: *Schreiter 2715* (holotipo, LIL).

Paronychia muschleri Chaudhri
Ref.: Chaudhri, 1968; Volponi, 1998.
Hábito: Hierba.
Status: Nativa.
Elevación: 2000-4500 m.
Prov.: SA.
Paises limítrofes: BO.
Ejemplar examinado: *Novara 4289* (MCNS).

Paronychia polycnemoides Schltdl. = **Cardionema ramosissima** (Weinm.) A. Nelson & J.F. Macbr.
Ref.: Chaudhri, 1968.

Paronychia ramosissima (Weinm.) DC. = **Cardionema ramosissima** (Weinm.) A. Nelson & J.F. Macbr.
Ref.: Chaudhri, 1968.

Paronychia rosetta Cambess. = **Cardionema rosetta** (Cambess.) A. Nelson & J.F. Macbr.
Ref.: Chaudhri, 1968.

Paronychia setigera (Gillies ex Hook. & Arn.) F. Herm. subsp. **argillicola** Pedersen
Ref.: Pedersen, 1987b.
Hábito: Hierba.
Status: Endémica.
Elevación: 0-500 m.
Prov.: COR, ER.
Ejemplar examinado: *Burkart y Crespo 22980* (holotipo, SI).

Paronychia setigera (Gillies ex Hook. & Arn.) F. Herm. subsp. **cordobensis** Chaudhri
Ref.: Chaudhri, 1968.
Hábito: Hierba.
Status: Endémica.
Prov.: CA, CO, ER, ME, SE, SF, SL.
Ejemplar examinado: *Job 2876* (LP).

Paronychia setigera (Gillies ex Hook. & Arn.) F. Herm. subsp. **setigera**
Sin.: *Herniaria setigera* Gillies ex Hook. & Arn., *Paronychia andina* Phil., nom. illeg., *Paronychia chilensis* var. *andina* (Phil.) Reiche, *Paronychia subandina* Gand., nom. illeg.
Ref.: Chaudhri, 1968; Pedersen, 1984.
Hábito: Hierba.
Status: Nativa.
Elevación: 0-2500 m.
Prov.: BA, CHU, CO, LP, ME, RN, SC, SL.
Paises limítrofes: BO, BR, CH, UR.
Ejemplar examinado: *Meyer 13620* (LIL).

Paronychia setigera (Gillies ex Hook. & Arn.) F. Herm. var. **longiseta** Chaudhri
Ref.: Chaudhri, 1968.
Hábito: Hierba.
Status: Nativa.
Elevación: 0-500 m.
Prov.: BA.
Paises limítrofes: BR, UR.
Ejemplar examinado: *Cabrera 5207* (paratipo, LP).

Paronychia setigera (Gillies ex Hook. & Arn.) F. Herm. subvar. **subglabra** Chaudhri
Ref.: Chaudhri, 1968.
Hábito: Hierba.
Status: Endémica.
Prov.: CO, ME.
Ejemplar examinado: *Ruiz Leal 5248* (holotipo, LIL).

Paronychia subandina Gand., nom. illeg. = **Paronychia setigera** (Gillies ex Hook. & Arn.) F. Herm. subsp. **setigera**

Pentacaena polycnemoides Bartl., nom. illeg. = **Cardionema ramosissima** (Weinm.) A. Nelson & J.F. Macbr.
Ref.: Martínez Crovetto, 1967.

Pentacaena ramosissima (Weinm.) Hook. & Arn. = **Cardionema ramosissima** (Weinm.) A. Nelson & J.F. Macbr.
Ref.: Martínez Crovetto, 1967; Subils, 1979.

Pentacaena rosetta (Cambess.) Walp. = **Cardionema rosetta** (Cambess.) A. Nelson & J.F. Macbr.
Ref.: Pedersen, 1987b.

Petrorhagia (Ser.) Link
Número de especies: 1

Petrorhagia nanteuilii (Burnat) Ball & Heywood
Sin.: *Dianthus nanteuilii* Burnat
Ref.: Pedersen, 1984.
Hábito: Hierba.
Status: Introducida.
Elevación: 0-1000 m.
Prov.: BA, LP
Paises limítrofes: CH.
Ejemplar examinado: *Steibel 6090* (LP).

Philippiella Speg.
Número de especies: 1

Philippiella patagonica Speg.
Ref.: Martínez Crovetto, 1967; Pedersen, 1984.
Hábito: Hierba en cojín.
Status: Nativa.
Elevación: 0-500 m.
Prov.: SC.
Paises limítrofes: CH.
Ejemplar examinado: *Correa et al. 6618* (BAB).

Polycarpaea Lam.

Número de especies: 1

Polycarpaea brasiliensis Cambess. = [Polycarpaea corymbosa (L.) Lam. var. brasiliensis (Cambess.) Chodat & Hassl.]

Polycarpaea corymbosa (L.) Lam.
Sin.: *Achyranthes corymbosa* L.
Ref.: Martínez Crovetto, 1967.
Hábito: Hierba.
Status: Nativa.
Elevación: 0-500 m.
Prov.: COR.
Paises limítrofes: PA.
Ejemplar examinado: *Daciuk 1813* (LP).

[Polycarpaea corymbosa (L.) Lam. var. brasiliensis (Cambess.) Chodat & Hassl.]
Sin.: *Polycarpea brasiliensis* Cambess.
Nota: Cita dudosa para la flora argentina.

Polycarpon L.

Número de especies: 3

Polycarpon anomalum Hassl. = **Polycarpon suffruticosum** Griseb.
Ref.: Pedersen, 1987b.

Polycarpon apurense Kunth
Ref.: Pedersen, 1987b; Gereau & Marticorena, 1995.
Hábito: Hierba.
Status: Nativa.
Elevación: 0-500 m.
Prov.: COR.
Paises limítrofes: BR, PA, UR.
Ejemplar examinado: *Rodrigo 917* (LP).

Polycarpon suffruticosum Griseb.
Sin.: *Polycarpon anomalum* Hassl., *Polycarpon suffruticosum* var. *virens* Griseb.
Ref.: Martínez Crovetto, 1967; Pedersen, 1987b; Gereau & Marticorena, 1995.
Hábito: Hierba.
Status: Nativa.
Elevación: 0-1000 m.
Prov.: BA, CA, CH, CO, COR, ER, FO, JU, LR, SA, SE, SF, TU.
Paises limítrofes: PA.
Ejemplar examinado: *Burkart 27857* (SI).

Polycarpon suffruticosum Griseb. var. *virens* Griseb. = **Polycarpon suffruticosum** Griseb.
Ref.: Pedersen, 1987b.

Polycarpon tetraphyllum (L.) L.
Sin.: *Mollugo tetraphylla* L.
Ref.: Añón, 1967; Martínez Crovetto, 1967; Pedersen, 1984, 1987b; Gereau & Marticorena, 1995.
Hábito: Hierba.
Status: Introducida.
Elevación: 0-1000 m.
Prov.: BA, CO, COR, ER, SE, SF, SJ, SL, TU.
Paises limítrofes: BR, CH, UR.
Ejemplar examinado: *Burkart 5114* (SI).

Pycnophyllopsis Skottsb.

Número de especies: 1 especie endémica.

Pycnophyllopsis muscosa Skottsb.
Ref.: Martínez Crovetto, 1967; Pedersen, 1984.
Hábito: Hierba.
Status: Endémica.
Elevación: 0-1000 m.
Prov.: CHU, NE, RN, SC, TF.
Ejemplar examinado: *Muniez s.n.* (BAF).

Pycnophyllum Remy

Número de especies: 7, 2 especies endémicas.

Pycnophyllum argentinum Pax
Ref.: Pax, 1893; Mattfeld, 1922; Martínez Crovetto, 1967.
Hábito: Hierba en cojín.
Status: Nativa.
Elevación: 4500 m.
Prov.: LR.
Paises limítrofes: BO.
Ejemplar examinado: *Lierner 807* (LP).

Pycnophyllum bryoides (Phil.) Rohrb.
Sin.: *Stichophyllum bryoides* Phil.
Ref.: Cabrera, 1957; Martínez Crovetto, 1967.
Hábito: Hierba en cojín.
Status: Nativa.
Elevación: 4500 m.
Prov.: CA, JU, SA.
Paises limítrofes: CH.
Ejemplar examinado: *Cabrera 8645* (LP).

Pycnophyllum convexum Griseb.
Ref.: Mattfeld, 1922; Cabrera, 1957; Martínez Crovetto, 1967.
Hábito: Hierba en cojín.
Status: Endémica.
Elevación: 4000-4500 m.
Prov.: CA, JU, SA, TU.
Ejemplar examinado: *Werner 895* (LP).

Pycnophyllum macropetalum Mattf.
Ref.: Mattfeld, 1922; Cabrera, 1957; Martínez Crovetto, 1967.
Hábito: Hierba en cojín.
Status: Nativa.
Elevación: 4000-4800 m.
Prov.: SA.
Paises limítrofes: CH.
Ejemplar examinado: *Cabrera 8657* (LP).

Pycnophyllum molle Remy
Ref.: Cabrera, 1957; Martínez Crovetto, 1967.
Hábito: Hierba en cojín.
Status: Nativa.
Elevación: 3500-4800 m.
Prov.: CA, JU, SA.
Paises limítrofes: BO, CH.
Ejemplar examinado: *Cabrera 9254* (LP).

Pycnophyllum mucronulatum Mattf.
Ref.: Mattfeld, 1922; Cabrera, 1957; Martínez Crovetto, 1967.
Hábito: Hierba.
Status: Endémica.
Elevación: ca. 3500 m.
Prov.: JU.
Ejemplar examinado: *Burkart y Troncoso 11652* (SI).

Pycnophyllum tetrastichum Remy
Ref.: Mattfeld, 1922; Cabrera, 1957; Martínez Crovetto, 1967.
Hábito: Hierba en cojín.
Status: Nativa.
Elevación: 3300-4600 m.
Prov.: CA, JU, LR, SA, TU.
Paises limítrofes: BO.
Ejemplar examinado: *Cabrera 8638* (LP).

[Reicheella andicola (Phil.) Pax]
Sin.: *Lyallia andicola* Phil.
Ref.: Cabrera, 1957; Martínez Crovetto, 1967.
Nota: Cita dudosa para la flora argentina.

Sagina L.
Número de especies: 4

Sagina apetala Ard.
Ref.: Añón, 1967; Martínez Crovetto, 1967; Pedersen, 1987b.
Hábito: Hierba.
Status: Introducida.
Elevación: 0-500 m.
Prov.: BA, ER.
Paises limítrofes: CH, UR.
Ejemplar examinado: *Cabrera 9811* (LP).

Sagina apetala Ard. var. *melanopotamica* Speg. = **Sagina procumbens** L.
Ref.: Pedersen, 1984.

Sagina apetala Ard. var. *paludosa* Speg. = **Sagina procumbens** L.
Ref.: Pedersen, 1984.

Sagina chilensis Naudin
Ref.: Añón, 1967; Martínez Crovetto, 1967.
Hábito: Hierba.
Status: Nativa.
Elevación: 0-500 m.
Prov.: BA, COR.
Paises limítrofes: BR, CH, UR.
Ejemplar examinado: *Pedersen 2806* (LP).

[Sagina ciliata R.E. Fr.]
Nota: Especie excluida de la flora argentina.

Sagina crassifolia d'Urv. = **Colobanthus quitensis** (Kunth) Bartl.
Ref.: Pedersen, 1984.

Sagina humifusa (Cambess.) Fenzl ex Rohrb.
Sin.: *Spergula humifusa* Cambess.
Ref.: Pedersen, 1987b.
Hábito: Hierba.
Status: Nativa.
Elevación: 0-500 m.
Prov.: BA, COR, ER, SF.
Paises limítrofes: BR, UR.
Ejemplar examinado: *Pedersen 7464* (LP).

Sagina procumbens L.
Sin.: *Sagina apetala* var. *melanopotamica* Speg., *Sagina apetala* var. *paludosa* Speg.
Ref.: Martínez Crovetto, 1967; Pedersen, 1984.
Hábito: Hierba.
Status: Adventicia.
Elevación: 0-500 m.
Prov.: BA, CHU, NE, RN, SC, TF.
Paises limítrofes: CH.
Ejemplar examinado: *Cabrera* 25860 (LP).

Sagina quitensis Kunth = **Colobanthus quitensis** (Kunth) Bartl.
Ref.: Pedersen, 1984.

Sagina subulata d'Urv. = **Colobanthus subulatus** (d'Urv.) Hook. f.
Ref.: Pedersen, 1984.

Saponaria L.
Número de especies: 1

Saponaria officinalis L.
Ref.: Martínez Crovetto, 1967; Pedersen, 1984, 1987b.
Hábito: Hierba.
Status: Introducida.
Elevación: 0-1000 m.
Prov.: BA, CA, CO, ER, ME, MI, NE, RN, SF, SJ, SL, TU.
Paises limítrofes: CH.
Ejemplar examinado: *Burkart 22175* (SI).

Saponaria segetalis Neck. = **Vaccaria pyramidata** Medik.
Ref.: Pedersen, 1987b.

Saponaria vaccaria L. = **Vaccaria pyramidata** Medik.
Ref.: Pedersen, 1987b.

Scleranthus L.
Número de especies: 1

Scleranthus annuus L.
Ref.: Nicora, 1961; Añón, 1967; Pedersen, 1984.
Hábito: Hierba.
Status: Introducida.
Elevación: 0-1000 m.
Prov.: BA, CHU, NE.
Paises limítrofes: CH.
Ejemplar examinado: *Soriano 2388* (BAB).

Silene L.
Número de especies: 25, 9 especies y una forma endémicas.

Silene alba (Mill.) E.H. Krause, nom. illeg. = **Silene pratensis** (Raf.) Godron & Grenier
Ref.: Añón, 1967.

Silene andicola Gillies ex Hook. & Arn.
Sin.: *Melandrium andicolum* (Gillies ex Hook. & Arn.) Rohrb., *Melandrium chilense* var. *argentinense* Hosseus, *Melandrium chilense* var. *cucubaloides* (Fenzl) Hosseus, *Melandrium cucubaloides* Fenzl
Ref.: Pedersen, 1984.
Hábito: Hierba.
Status: Nativa.
Elevación: 1500-2000 m.
Prov.: NE, RN.
Paises limítrofes: CH.
Ejemplar examinado: *Correa 6917* (BAB).

Silene anglica L. = **Silene gallica** L.
Ref.: Pedersen, 1984.

Silene antarctica (Kuntze) Pedersen
Sin.: *Lychnis antarctica* Kuntze, *Melandrium alpestre* Dusén
Ref.: Pedersen, 1984.
Hábito: Hierba.
Status: Nativa.
Elevación: 1000-1500 m.
Prov.: SC.
Paises limítrofes: CH.
Ejemplar examinado: *Tonini 111* (isotipo de *Lychnis antarctica*, LP).

Silene antirrhina L.
Sin.: *Silene antirrhina* f. *albiflora* Chodat & Hassl., *Silene antirrhina* f. *roseiflora* Chodat & Hassl., *Silene antirrhina* var. *pteroneura* Ball, *Silene pteroneura* F. Williams
Ref.: Añón, 1967; Martínez Crovetto, 1967; Pedersen, 1984, 1987b.
Hábito: Hierba.
Status: Introducida.
Elevación: 0-1000 m.
Prov.: BA, CHU, CO, COR, ER, LR, ME, MI, NE, RN, SE, SL.
Paises limítrofes: BO, BR, CH, UR.
Ejemplar examinado: *Troncoso 2438* (SI).

Silene antirrhina L. f. *albiflora* Chodat & Hassl. = **Silene antirrhina** L.
Ref.: Martínez Crovetto, 1967.

Silene antirrhina L. f. *roseiflora* Chodat & Hassl. = **Silene antirrhina** L.
Ref.: Martínez Crovetto, 1967.

Silene antirrhina L. var. *pteroneura* Ball = **Silene antirrhina** L.
Ref.: Pedersen, 1984.

Silene argentina (Pax) Bocquet
Sin.: *Lychnis argentina* Speg., *Melandrium argentinum* Pax
Ref.: Añón, 1967; Bocquet, 1967.
Hábito: Hierba.
Status: Endémica.
Elevación: 1000-2500 m.
Prov.: BA, CO, SL.
Ejemplar examinado: *Spegazzini s.n.* (LP 10407).

Silene argentinensis Hauman
Ref.: Bocquet, 1967; Martínez Crovetto, 1967.
Hábito: Hierba.
Status: Endémica.
Elev.: 2500-3000 m
Prov.: CA, JU, ME, TU.
Ejemplar examinado: *Joergensen 1608* (SI).

Silene armeria L.
Ref.: Martínez Crovetto, 1967; Pedersen, 1984.
Hábito: Hierba.
Status: Adventicia.
Elevación: 0-1500 m.
Prov.: CO, RN.
Paises limítrofes: BR, CH.
Ejemplar examinado: *de Saint s.n.* (SI).

Silene bersieri Bocquet
Sin.: *Melandrium hieronymi* Pax, p.p.
Ref.: Bocquet, 1967, 1969.
Hábito: Hierba.
Status: Endémica.
Elevación: 3200-4000 m.
Prov.: JU, SA.
Ejemplar examinado: *Sleumer y Vervoorst 2947* (holotipo, LIL).

Silene chilensis (Naudin) Bocquet
Sin.: *Lychnis chilensis* Naudin, *Lychnis terminalis* Naudin, *Melandrium andicolum* var. *nubigenum* (Phil.) Reiche, *Melandrium chilense* (Naudin) Rohrb., *Melandrium koslowsky* Dusén, *Silene nubigena* Phil.
Ref.: Pedersen, 1984.
Hábito: Hierba.
Status: Nativa.
Elevación: 2000–3000 m.
Prov.: CHU, NE, RN, SC.
Paises limítrofes: CH.
Ejemplar examinado: *Koslowsky 91* (isolectotipo de *Melandrium koslowsky*, SI).

Silene chubutensis (Speg.) Bocquet
Sin.: *Lychnis chubutensis* Speg., *Melandrium chubutense* (Speg.) Speg.
Ref.: Pedersen, 1984.
Hábito: Hierba.
Status: Endémica.
Elevación: 0-1500 m.
Prov.: CHU, SC.
Ejemplar examinado: *Moyano 71* (isotipo, SI).

Silene cisplatensis Cambess. = **Silene pendula** L.
Ref.: Añón, 1967.

Silene cucubalus Wibel, nom. illeg. = **Silene vulgaris** (Moench) Garcke
Ref.: Pedersen, 1984.

Silene cuspidata Pedersen f. **cuspidata**
Ref.: Pedersen, 1984.
Hábito: Hierba.
Status: Nativa.
Elevación: 1500-2000 m.
Prov.: NE.
Paises limítrofes: CH.
Ejemplar examinado: *Cabrera 6245* (paratipo, LP).

Silene cuspidata Pedersen f. **inuncta** Pedersen
Ref.: Pedersen, 1984.
Hábito: Hierba.
Status: Endémica.
Elevación: 1500–2000 m.
Prov.: NE.
Ejemplar examinado: *Rossow et al. 1192* (holotipo, BAB).

Silene densifolia (Dusén) Bocquet = **Silene patagonica** (Speg.) Bocquet
Ref.: Pedersen, 1984.

Silene dioica (L.) Clairv.
Sin.: *Lychnis dioica* L., *Melandrium sylvestre* (Schkuhr) Röhl
Ref.: Pedersen, 1984.
Hábito: Hierba.
Status: Adventicia.
Elevación: 0-500 m.
Prov.: BA, TF.
Ejemplar examinado: *Orfila 1108* (SI).

Silene dioica A. DC. = **Silene pratensis** (Raf.) Godron & Grenier
Ref.: Pedersen, 1984.

Silene echegarayi (Hieron.) Bocquet
Sin.: *Melandrium echegarayi* Hieron.
Ref.: Bocquet, 1967, 1969; Volponi, 1994.
Hábito: Hierba.
Status: Endémica.
Elevación: 2500–4000 m.
Prov.: ME, SJ.
Ejemplar examinado: *Echegaray s.n.* (holotipo, CORD).

Silene filifolia (Dusén) Bocquet
Sin.: *Melandrium filifolium* Dusén, *Melandrium magellanicum* var. *robustum* Hosseus
Ref.: Pedersen, 1984.
Hábito: Hierba.
Status: Endémica.
Elevación: 100-1000 m.
Prov.: CHU, SC.
Ejemplar examinado: *Donat 180* (SI).

[Silene fuscata Link]
Ref.: Añón, 1967; Martínez Crovetto, 1967.
Nota: Cita dudosa para la flora argentina.

Silene gallica L.
Sin.: *Silene anglica* L.
Ref.: Martínez Crovetto, 1967; Pedersen, 1984, 1987b.
Hábito: Hierba.
Status: Introducida.
Elevación: 0-1000 m.
Prov.: BA, CHU, CO, ER, LR, NE, RN, SC, SE, SJ.
Paises limítrofes: CH, UR.
Ejemplar examinado: *Troncoso et al. 1985* (SI).

Silene haumanii Bocquet var. **densa** Bocquet
Ref.: Bocquet, 1967, 1969.
Hábito: Hierba.
Status: Endémica.
Elevación: 3500–4000 m.
Prov.: JU.
Ejemplar examinado: *Cabrera 9170* (holotipo, BAB).

Silene haumanii Bocquet var. **haumanii**
Sin.: *Melandrium friesii* Hauman
Ref.: Bocquet, 1967.
Hábito: Hierba.
Status: Endémica.
Elevación: 3500–4000 m.
Prov.: JU, SA.
Ejemplar examinado: *Cabrera 8726* (holotipo, LP).

Silene inflata Sm. = **Silene vulgaris** (Moench) Garcke
Ref.: Pedersen, 1984.

Silene inflata Sm. var. *patagonica* Speg. = **Silene melanopotamica** Pedersen subsp. **melanopotamica**
Ref.: Pedersen, 1984.

Silene magellanica (Desr.) Bocquet
Sin.: *Lychnis magellanica* Desr., *Melandrium magellanicum* (Desr.) Fenzl ex Rohrb.
Ref.: Pedersen, 1984.
Hábito: Hierba.
Status: Nativa.
Elevación: 0-1500 m.
Prov.: CHU, RN, SC, TF.
Paises limítrofes: CH.
Ejemplar examinado: *Goodall 2109* (SI).

Silene mandonii (Rohrb.) Bocquet
Sin.: *Melandrium hieronymi* Pax, p.p., *Melandrium mandonii* Rohrb., *Melandrium rimbachii* Mattf.
Ref.: Bocquet, 1967; Volponi, 1998.
Hábito: Hierba.
Status: Nativa.
Elevación: 1500-4700 m.
Prov.: CA, JU, LR, SA, TU.
Paises limítrofes: BO.
Ejemplar examinado: *Cabrera 7842* (LP).

Silene margaritae Bocquet
Ref.: Bocquet, 1967, 1969.
Hábito: Hierba.
Status: Endémica.
Prov.: CA.
Ejemplar examinado: *Lorentz 607* (isotipo, SI).

Silene maritima With.
Ref.: Añón, 1967.
Hábito: Hierba.
Status: Adventicia.
Elevación: 0-500 m.
Prov.: BA.
Ejemplar examinado: *Spegazzini s.n.* (BA 26935).

Silene maritima With. var. *patagonica* Hauman = **Silene melanopotamica** Pedersen subsp. **melanopotamica**
Ref.: Pedersen, 1984.

Silene melanopotamica Pedersen subsp. **agrostophylla** Pedersen
Ref.: Pedersen, 1984.
Hábito: Hierba.
Status: Endémica.
Elevación: 0-1000 m.
Prov.: RN.
Ejemplar examinado: *Piccinini y García 1581* (holotipo, BAB).

Silene melanopotamica Pedersen subsp. **melanopotamica**
Sin.: *Silene inflata* var. *patagonica* Speg., *Silene maritima* var. *patagonica* Hauman
Ref.: Pedersen, 1984.
Hábito: Hierba.
Status: Endémica.
Elevación: 0-1500 m.
Prov.: BA, CHU, RN.
Ejemplar examinado: *Hicken y Hauman 304* (BA, BAF, SI).

Silene melanopotamica Pedersen subsp. **nivosimontana** Pedersen
Ref.: Pedersen, 1984.
Hábito: Hierba.
Status: Endémica.
Elevación: ca. 2700 m.
Prov.: ME.
Ejemplar examinado: *Boelcke et al. 15972* (holotipo, BAB).

Silene nubigena Phil. = **Silene chilensis** (Naudin) Bocquet
Ref.: Bocquet, 1967; Pedersen, 1984.

Silene patagonica (Speg.) Bocquet
Sin.: *Lychnis patagonica* Speg., *Melandrium densifolium* Dusén, *Melandrium patagonicum* (Speg.) Speg., *Silene densifolia* (Dusén) Bocquet
Ref.: Pedersen, 1984.
Hábito: Hierba.
Status: Nativa.
Elevación: 1000-1500 m.
Prov.: CHU.
Paises limítrofes: CH.
Ejemplar examinado: *Koslowsky 92* (isotipo de *Melandrium densifolium*, SI).

Silene pendula L.
Sin.: *Silene cisplatensis* Cambess.
Ref.: Añón, 1967; Martínez Crovetto, 1967.
Hábito: Hierba.
Status: Adventicia.
Elevación: 0-500 m.
Prov.: BA.
Ejemplar examinado: *Spegazzini s.n.* (LP 12767).

Silene plutonica Naudin
Sin.: *Melandrium chilense* var. *plutonicum* (Naudin) Hosseus, *Melandrium plutonicum* (Naudin) Reiche
Ref.: Martínez Crovetto, 1967; Bocquet, 1969; Pedersen, 1984.
Hábito: Hierba.
Status: Nativa.
Elevación: 1000-2000 m.
Prov.: RN.
Paises limítrofes: CH.
Ejemplar citado: *Philippi 159** (SGO).

Silene pratensis (Raf.) Godron & Grenier
Sin.: *Lychnis alba* Mill., *Lychnis pratensis* Raf., *Melandrium album* (Mill.) Garcke, *Silene alba* (Mill.) E.H. Krause, nom. illeg., *Silene dioica* A. DC.
Ref.: Pedersen, 1984.
Hábito: Hierba.
Status: Introducida.
Elevación: 0-1500 m.
Prov.: BA, CHU, NE.
Paises limítrofes: BR.
Ejemplar examinado: *Cabrera 20457* (LP).

Silene pteroneura F. Williams = **Silene antirrhina** L.
Ref.: Pedersen, 1984.

Silene vulgaris (Moench) Garcke
Sin.: *Behen vulgaris* Moench, *Silene cucubalus* Wibel, nom. illeg., *Silene inflata* Sm.
Ref.: Añón, 1967; Pedersen, 1984.
Hábito: Hierba.
Status: Adventicia.
Elevación: 500-1000 m.
Prov.: BA, CO, NE.
Paises limítrofes: BO, CH.
Ejemplar examinado: *Diem 462* (SI).

Spergula L.

Número de especies: 12, 1 especie endémica.

Spergula arvensis L.
Sin.: *Spergula vulgaris* Boenn., *Spergularia arvensis* (L.) Cambess.
Ref.: Añón, 1967; Martínez Crovetto, 1967; Pedersen, 1984, 1987b.
Hábito: Hierba.
Status: Introducida.
Elevación: 0-1000 m.
Prov.: BA, CO, ER, MI, NE, RN, SC, TF.
Paises limítrofes: BR, CH, UR.
Ejemplar examinado: *Troncoso et al. 2572* (SI).

Spergula bocconii (Scheele) Pedersen
Sin.: *Alsine bocconii* Scheele, *Arenaria bocconii* Soleirol ex Merino, nom. nud., *Spergularia bocconii* (Scheele) Foucaud
Ref.: Pedersen, 1984.
Hábito: Hierba.
Status: Adventicia.
Prov.: BA, CHU.
Paises limítrofes: UR.
Ejemplar examinado: *Clos 1475* (BAB).

Spergula calva Pedersen
Ref.: Pedersen, 1984.
Hábito: Hierba.
Status: Endémica.
Elevación: 0-1000 m.
Prov.: NE.
Ejemplar examinado: *Joergensen 623* (holotipo, BAB).

Spergula depauperata (Naudin) Pedersen
Sin.: *Arenaria depauperata* Naudin, *Lepigonum depauperatum* (Naudin) Kindb., *Spergularia depauperata* (Naudin) Rohrb., *Spergularia depauperata* var. *tenella* (Phil.) Hauman & Irigoyen, *Spergularia tenella* Phil., *Tissa depauperata* (Naudin) Reiche, *Tissa depauperata* var. *tenella* (Phil.) Hauman
Ref.: Pedersen, 1984.
Hábito: Hierba.
Status: Nativa.
Elevación: 500-1000 m.
Prov.: NE, RN, SJ.

Paises limítrofes: CH.
Ejemplar examinado: *Beorchia 11a* (SI).

Spergula diandra (Guss.) Murb.
Sin.: *Arenaria diandra* Guss., *Spergularia diandra* (Guss.) Boiss.
Ref.: Pedersen, 1984.
Hábito: Hierba.
Status: Adventicia.
Elevación: 0-1000 m.
Prov.: RN.
Ejemplar examinado: *Fabris 575* (SI).

Spergula grandis Pers.
Sin.: *Arenaria grandis* (Pers.) Kunth, *Buda grandis* (Pers.) Kuntze, *Lepigonum grande* (Pers.) Kindb., *Spergularia grandis* (Pers.) Cambess., *Tissa grandis* (Pers.) Mor. & Britt.
Ref.: Pedersen, 1987b.
Hábito: Hierba.
Status: Nativa.
Elevación: 0-1000 m.
Prov.: BA, CO, COR, ER, LP, SE, SF.
Paises limítrofes: BR, UR.
Ejemplar examinado: *Galli 240* (SI).

Spergula humifusa Cambess. = **Sagina humifusa** (Cambess.) Fenzl ex Rohrb.
Ref.: Pedersen, 1987b.

Spergula laevis (Cambess.) D. Dietr.
Sin.: *Arenaria bonariensis* Gillies ex Hook. & Arn., *Lepigonum laeve* (Cambess.) Kindb., *Spergularia bonariensis* (Gillies ex Hook. & Arn.) Hicken, *Spergularia levis* Cambess.
Ref.: Pedersen, 1984, 1987b.
Hábito: Hierba.
Status: Nativa.
Elevación: 0-500 m.
Prov.: BA, ER.
Paises limítrofes: BR, UR.
Ejemplar examinado: *Pedersen 7287* (SI).

[Spergula maritima (All.) Pedersen]
Sin.: *Arenaria marginata* DC., *Arenaria marina* All., *Arenaria maritima* All., *Arenaria media* L., *Spergularia marginata* (DC.) Kitt., comb. illeg.
Ref.: Pedersen, 1984.
Nota: Especie dudosa para la flora argentina.

Spergula pissisi (Phil.) Volponi
Sin.: *Arenaria pissisi* Phil.
Ref.: Volponi, 1994.
Hábito: Hierba.
Status: Nativa.
Elevación: 2500-4000 m.
Prov.: SJ.
Paises limítrofes: CH.
Ejemplar examinado: *Beorchia 11* (SI).

Spergula platensis (Cambess.) Shinn. var. **balansae** (R. Rossbach) Pedersen
Sin.: *Spergularia platensis* var. *balansae* R. Rossbach
Ref.: Pedersen, 1987b.
Hábito: Hierba.
Status: Nativa.
Elevación: 0-500 m.
Prov.: ER.
Ejemplar examinado: *Troncoso et al. 1960b* (SI).

Spergula platensis (Cambess.) Shinn. var. **platensis**
Sin.: *Alsine platensis* (Cambess.) House, *Balardia platensis* Cambess., *Buda platensis* (Cambess.) Kuntze, *Spergularia platensis* (Cambess.) Fenzl, *Spergularia platensis* var. *septentrionalis* (Hassl.) Hauman & Irigoyen, *Tissa platensis* (Cambess.) Hassl., *Tissa platensis* subsp. *septentrionalis* Hassl.
Ref.: Pedersen, 1984, 1987b.
Hábito: Hierba.
Status: Nativa.
Elevación: 0-1000 m.
Prov.: BA, CHU, ER, LP, MI, RN, SC, SF, TU.
Paises limítrofes: CH, PA, UR.
Ejemplar examinado: *Pedersen 9181* (SI).

Spergula ramosa (Cambess.) D. Dietr. subsp. **ramosa**
Sin.: *Spergularia ramosa* Cambess., *Spergularia ramosa* var. *diffusa* Rossb.
Ref.: Pedersen, 1987b.
Hábito: Hierba.
Status: Nativa.
Elevación: 0-3200 m.
Prov.: BA, CA, CH, CO, COR, ER, JU, LR, SA, SF, SL, TU.
Paises limítrofes: BO, BR, PA, UR.
Ejemplar examinado: *Troncoso et al. 1695* (SI).

Spergula ramosa (Cambess.) D. Dietr. subsp. **rossbachiae** Pedersen
Ref.: Pedersen, 1984.
Hábito: Hierba.
Status: Nativa.
Elevación: 0–3200 m.
Prov.: CHU, NE, SC.
Ejemplar examinado: *Correa et al. 4970* (BAB).

[Spergula rubra (L.) D. Dietr.]
Sin.: *Arenaria rubra* L., *Spergularia campestris* (L.) Asch.
Ref.: Pedersen, 1987b.
Nota: Especie excluida de la flora argentina.

Spergula salina (J. Presl & C. Presl) D. Dietr.
Sin.: *Arenaria rubra* var. *marina* L., *Spergularia marina* (L.) Griseb., *Spergularia salina* J. Presl & C. Presl.
Ref.: Pedersen, 1984.
Hábito: Hierba.
Status: Nativa.
Elevación: 0–500 m.
Prov.: BA, CHU, JU, SC, SF, TF.
Paises limítrofes: BR, UR.
Ejemplar examinado: *Correa et al. 4122* (BAB).

Spergula villosa Pers.
Sin.: *Arenaria berteroana* Phil., *Lepigonum villosum* (Pers.) Kindb., *Spergularia villosa* (Pers.) Cambess., *Spergularia villosa* var. *berteroana* (Phil.) Rohrb., *Tissa villosa* (Pers.) Britton
Ref.: Pedersen, 1984, 1987b.
Hábito: Hierba.

Status: Nativa.
Elevación: 0-1000 m.
Prov.: BA, CA, CHU, CO, ER, JU, LR, RN, SC, SF, SJ, SL.
Paises limítrofes: BR, CH, UR.
Ejemplar examinado: *Burkart 9191* (SI).

Spergula vulgaris Boenn. = **Spergula arvensis** L.
Ref.: Pedersen, 1984.

[Spergularia andina Rohrb.]
Nota: Taxón dudoso.

Spergularia arvensis (L.) Cambess. = **Spergula arvensis** L.
Ref.: Pedersen, 1984.

Spergularia bocconii (Scheele) Foucaud = **Spergula bocconii** (Scheele) Pedersen
Ref.: Pedersen, 1984.

Spergularia bonariensis (Gillies ex Hook. & Arn.) Hicken = **Spergula laevis** (Cambess.) D. Dietr.
Ref.: Pedersen, 1984.

Spergularia campestris (L.) Asch. = [Spergula rubra (L.) D. Dietr.]
Ref.: Pedersen, 1987b.

Spergularia depauperata (Naudin) Rohrb. = **Spergula depauperata** (Naudin) Pedersen
Ref.: Pedersen, 1984.

Spergularia depauperata (Naudin) Rohrb. var. *tenella* (Phil.) Hauman & Irigoyen = **Spergula depauperata** (Naudin) Pedersen
Ref.: Pedersen, 1984.

Spergularia diandra (Guss.) Boiss. = **Spergula diandra** (Guss.) Murb.
Ref.: Pedersen, 1984.

Spergularia grandis (Pers.) Cambess. = **Spergula grandis** Pers.
Ref.: Pedersen, 1987b.

Spergularia levis Cambess. = **Spergula laevis** (Cambess.) D. Dietr.
Ref.: Pedersen, 1984, 1987b.

Spergularia marginata (DC.) Kitt., comb. illeg. = [Spergula maritima (All.) Pedersen]
Ref.: Pedersen, 1984.

Spergularia marina (L.) Griseb. = **Spergula salina** (J. Presl & C. Presl) D. Dietr.
Ref.: Pedersen, 1984.

Spergularia platensis (Cambess.) Fenzl = **Spergula platensis** (Cambess.) Shinn. var. **platensis**
Ref.: Pedersen, 1987b.

Spergularia platensis (Cambess.) Fenzl var. *balansae* R. Rossbach = **Spergula platensis** (Cambess.) Shinn. var. **balansae** (R. Rossbach) Pedersen
Ref.: Martínez Crovetto, 1967; Pedersen, 1987b.

Spergularia platensis (Cambess.) Fenzl var. *septentrionalis* (Hassl.) Hauman & Irigoyen = **Spergula platensis** (Cambess.) Shinn. var. **platensis**
Ref.: Martínez Crovetto, 1967; Pedersen, 1987b.

Spergularia ramosa Cambess. = **Spergula ramosa** (Cambess.) D. Dietr. subsp. **ramosa**
Ref.: Pedersen, 1984, 1987b.

Spergularia ramosa Cambess. var. *diffusa* Rossb. = **Spergula ramosa** (Cambess.) D. Dietr. subsp. **ramosa**
Ref.: Pedersen, 1984.

Spergularia rubra (L.) J. Presl & C. Presl = **Spergula rubra** J. Presl & C. Presl
Ref.: Pedersen, 1987b.

Spergularia salina J. Presl & C. Presl = **Spergula salina** (J. Presl & C. Presl) D. Dietr.
Ref.: Pedersen, 1984.

Spergularia tenella Phil. = **Spergula depauperata** (Naudin) Pedersen
Ref.: Martínez Crovetto, 1967.

Spergularia villosa (Pers.) Cambess. = **Spergula villosa** Pers.
Ref.: Martínez Crovetto, 1967; Pedersen, 1984.

Spergularia villosa (Pers.) Cambess. var. *berteroana* (Phil.) Rohrb. = **Spergula villosa** Pers.

Spergulastrum lanuginosum Michx. = **Arenaria lanuginosa** (Michx.) Rohrb. var. **lanuginosa**
Ref.: Volponi, 1995.

Stellaria L.

Número de especies: 14, 2 especies endémicas.

Stellaria abortiva Naudin = **Stellaria pallida** (Dumort.) Pire
Ref.: Volponi, 1983; Pedersen, 1984.

[Stellaria alsine Grimm]
Sin.: *Stellaria uliginosa* Murr.
Ref.: Pedersen, 1984.
Nota: Presente en Chile, probablemente se encuentre en Argentina.

Stellaria antoniana Volponi
Ref.: Volponi, 1986a, b, 1993.
Hábito: Hierba.
Status: Nativa.
Prov.: JU.
Elevación: 1500-2900 m.
Paises limítrofes: BO.
Ejemplar examinado: *Krapovickas et al. 26593* (holotipo, LP; isotipo, CTES).

Stellaria aphanantha Griseb.
Ref.: Martínez Crovetto, 1967; Volponi, 1983.
Hábito: Hierba.
Status: Endémica.
Prov.: CA.
Ejemplar examinado: *Schickendantz 117b* (holotipo, GOET).

Stellaria arvalis Fenzl ex F. Phil.
Sin.: *Stellaria cuspidata* var. *alsineformis* Naudin
Ref.: Pedersen, 1983, 1984; Volponi, 1986a, b, 1993
Hábito: Hierba.
Status: Nativa.
Elevación: 0-1500 m.
Prov.: CHU, NE, RN, SC, TF.
Paises limítrofes: CH.
Ejemplar examinado: *Cabrera 5069* (LP).

Stellaria axillaris Phil. = **Stellaria debilis** d'Urv.
Ref.: Volponi, 1983; Pedersen, 1984.

[Stellaria borealis Bigelow.]
Sin.: *Alsine borealis* Bigelow.
Ref.: Martínez Crovetto, 1967.
Nota: Especie excluida de la flora argentina.

Stellaria chubutensis Speg. = **Stellaria debilis** d'Urv.
Ref.: Volponi, 1983; Pedersen, 1984.

Stellaria cryptopetala Griseb.
Sin.: *Alsine cherleriae* Fenzl var. *andina* Kuntze
Ref.: Cabrera, 1957; Martínez Crovetto, 1967; Volponi, 1983, 1986a.
Hábito: Hierba.
Status: Endémica.
Elevación: 2500–4500 m.
Prov.: JU, SA, TU.
Ejemplar examinado: *Cabrera 15126* (LP).

Stellaria cuspidata Schltdl.
Ref.: Volponi 1983, 1986b.
Hábito: Hierba.
Status: Nativa.
Elevación: 500-2500 m.
Prov.: CA, CHU, JU, NE, RN, SA, TU.
Ejemplar examinado: *Cabrera et al. 21087* (LP).

Stellaria cuspidata Schltdl. var. *alsineformis* Naudin = **Stellaria arvalis** Fenzl ex F. Phil.
Ref.: Pedersen, 1984.

Stellaria cuspidata Schltdl. var. *sessilifolia* Wedd. = **Stellaria weddelli** Pedersen
Ref.: Pedersen, 1983.

Stellaria debilis d'Urv.
Sin.: *Alsine axillaris* (Phil.) Macloskie, *Alsine chubutensis* (Speg.) Macloskie, *Alsine debile* (d'Urv.) Macloskie, *Alsine debile* var. *condensata* Macloskie, *Stellaria axillaris* Phil., *Stellaria chubutensis* Speg., *Stellaria debilis* var. *condensata* (A. Gray ex Macloskie) Hauman & Irigoyen, *Stellaria stenopetala* Phil., *Stellaria stenopetala* var. *axillaris* (Phil.) Hauman, *Stellaria stenopetala* var. *chubutensis* (Speg.) Hauman, *Stellaria stenopetala* var. *magellanica* Phil., *Stellaria stenopetala* var. *typica* Hauman, nom. inval., *Stellaria xanthospora* Chodat & Wilcz.
Ref.: Pedersen, 1984; Volponi, 1983, 1986a.
Hábito: Hierba.
Status: Nativa.
Elevación: 0-3500 m.
Prov.: CA, CHU, ME, RN, SC, SJ, TF.
Paises limítrofes: CH.
Ejemplar examinado: *Spegazzini s.n.* (holotipo de *Stellaria chubutensis*, LP 11035).

Stellaria debilis d'Urv. var. *condensata* (A. Gray ex Macloskie) Hauman & Irigoyen = **Stellaria debilis** d'Urv.
Ref.: Volponi, 1983; Pedersen, 1984.

Stellaria glabra Raunk. = **Stellaria media** var. **gymnocalyx** Trautv.
Ref.: Pedersen, 1987b.

Stellaria graminea L.
Ref.: Pedersen, 1984.
Hábito: Hierba.
Status: Introducida.
Elevación: 0-500 m.
Prov.: TF.
Ejemplar examinado: *Abéli s.n.* (BA 91399).

Stellaria hiemalis (Beguinot) Raunk. = **Stellaria media** (L.) Cirillo var. **media**
Ref.: Pedersen, 1987b.

Stellaria media (L.) Vill., comb. superfl. = **Stellaria media** (L.) Cirillo var. **media**

Stellaria media (L.) Cirillo var. **media**
Sin.: *Alsine media* L., *Stellaria hiemalis* (Beguinot) Raunk., *Stellaria media* (L.) Vill., comb. superfl., *Stellaria media* f. *malachioides* Macloskie, *Stellaria media* var. *normalis* Speg., nom. inval.
Ref.: Martínez Crovetto, 1967; Pedersen, 1984, 1987b.
Hábito: Hierba.
Status: Introducida.
Prov.: BA, CA, CH, CHU, CO, COR, DF, ER, FO, JU, LP, LR, ME, MI, NE, RN, SA, SC, SE, SF, SJ, TF, TU.
Paises limítrofes: BO, BR, CH, UR.
Ejemplar examinado: *Galli 86* (SI).

Stellaria media (L.) Cirillo f. *malachioides* Macloskie = **Stellaria media** (L.) Cirillo var. **media**
Ref.: Pedersen, 1984.

Stellaria media (L.) Cirillo var. **gymnocalyx** Trautv.
Sin.: *Stellaria glabra* Raunk.
Ref.: Pedersen, 1984, 1987b.
Hábito: Hierba.
Status: Introducida.
Elevación: 0-1000 m.
Prov.: BA, CA, CH, CHU, CO, COR, DF, ER, FO, JU, LP, LR, ME, MI, NE, RN, SA, SC, SE, SF, SJ, TF, TU.
Ejemplar examinado: *Pedersen 6227* (SI).

Stellaria media (L.) Cirillo var. *normalis* Speg., nom. inval. = **Stellaria media** (L.) Cirillo var. **media**
Ref.: Martínez Crovetto, 1967.

[Stellaria nemorum L.]
Sin.: *Alsine nemorum* (L.) Macloskie.
Ref.: Martínez Crovetto, 1967.
Nota: Cita dudosa para la flora argentina.

Stellaria pallida (Dumort.) Pire
Sin.: *Alsine pallida* Dumort., *Stellaria abortiva* Naudin
Ref.: Volponi, 1983; Pedersen, 1984, 1987b.
Hábito: Hierba.
Status: Introducida.
Elevación: 0-500 m.
Prov.: CHU, DF, ER, RN.
Paises limítrofes: CH.
Ejemplar examinado: *Pedersen 6226* (SI).

Stellaria parva Pedersen
Ref.: Pedersen, 1987b; Volponi, 1983, 1986a.
Hábito: Hierba.
Status: Nativa.
Elevación: 0-500 m.
Prov.: CH, COR, ER.
Paises limítrofes: BR, PA.
Ejemplar examinado: *Troncoso et al. 2681* (SI).

Stellaria parviflora Banks & Sol. ex Hook. f. subsp. **ignis** Pedersen
Ref.: Pedersen, 1984.
Hábito: Hierba.
Status: Nativa.
Elevación: 0–500 m.
Prov.: TF.
Paises limítrofes: CH.
Ejemplar examinado: *Moore 1943* (BAB).

Stellaria pedersenii Volponi
Ref.: Volponi, 1986a, b, 1993.
Hábito: Hierba.
Status: Nativa.
Elevación: ca. 1500 m.
Prov.: JU, SA.
Paises limítrofes: BO.
Ejemplar examinado: *Cabrera et al. 26237* (holotipo, LP).

Stellaria stenopetala Phil. = **Stellaria debilis** d'Urv.
Ref.: Volponi, 1983; Pedersen, 1984.

Stellaria stenopetala Phil. var. *axillaris* (Phil.) Hauman = **Stellaria debilis** d'Urv.
Ref.: Volponi, 1983.

Stellaria stenopetala Phil. var. *chubutensis* (Speg.) Hauman = **Stellaria debilis** d'Urv.
Ref.: Volponi, 1983; Pedersen, 1984.

Stellaria stenopetala Phil. var. *magellanica* Phil. = **Stellaria debilis** d'Urv.
Ref.: Volponi, 1983; Pedersen, 1984.

Stellaria stenopetala Phil. var. *typica* Hauman, nom. inval. = **Stellaria debilis** d'Urv.
Ref.: Volponi, 1983; Pedersen, 1984.

Stellaria uliginosa Murr. = [Stellaria alsine Grimm]
Ref.: Pedersen, 1984.

Stellaria weddelli Pedersen
Sin.: *Stellaria cuspidata* var. *sessilifolia* Wedd.
Ref.: Pedersen, 1983; Volponi, 1986a.
Hábito: Hierba.
Status: Nativa.
Elevación: ca. 4400 m.
Prov.: JU.
Paises limítrofes: BO, CH.
Ejemplar examinado: *Mandon 964bis* (holotipo, P).

Stellaria xanthospora Chodat & Wilcz. = **Stellaria debilis** d'Urv.
Ref.: Volponi, 1983.

Stellaria yungasensis Rusby
Ref.: Volponi, 1992.
Hábito: Hierba.
Status: Nativa.
Elevación: 2000-3500 m.
Prov.: SA.
Paises limítrofes: BO.
Ejemplar examinado: *Novara 6203* (MCNS).

Stichophyllum bryoides Phil. = **Pycnophyllum bryoides** (Phil.) Rohrb.
Ref.: Martínez Crovetto, 1967.

Tissa depauperata (Naudin) Reiche = **Spergula depauperata** (Naudin) Pedersen
Ref.: Pedersen, 1984.

Tissa depauperata (Naudin) Reiche var. *tenella* (Phil.) Hauman = **Spergula depauperata** (Naudin) Pedersen
Ref.: Pedersen, 1984.

Tissa grandis (Pers.) Mor. & Britt. = **Spergula grandis** Pers.
Ref.: Pedersen, 1987b.

Tissa platensis (Cambess.) Hassl. = **Spergula platensis** (Cambess.) Shinn. var. **platensis**
Ref.: Pedersen, 1987b.

Tissa platensis (Cambess.) Hassl. subsp. *septentrionalis* Hassl. = **Spergula platensis** (Cambess.) Shinn. var. **platensis**
Ref.: Pedersen, 1987b.

Tissa villosa (Pers.) Britton = **Spergula villosa** Pers.
Ref.: Pedersen, 1987b.

Vaccaria Medik.

Número de especies: 1

Vaccaria pyramidata Medik.
Sin.: *Saponaria segetalis* Neck., *Saponaria vaccaria* L., *Vaccaria segetalis* (Neck.) Garcke ex Asch.
Ref.: Pedersen, 1984, 1987b.
Hábito: Hierba.
Status: Introducida.
Elevación: 0–1500 m.
Prov.: BA, CO, ER, RN, SF, TU.
Ejemplar examinado: *León 194* (SI).

Vaccaria segetalis (Neck.) Garcke ex Asch. = **Vaccaria pyramidata** Medik.
Ref.: Pedersen, 1984, 1987b.

CECROPIACEAE

1 género, 1 especie

por M. Vázquez Avila

Cecropia Loefl.

Número de especies: 1

Cecropia adenopus Mart. ex Miq. = **Cecropia pachystachya** Trécul
Ref.: Rotman, 1987.

Cecropia adenopus Mart. ex Miq. var. *lyratiloba* (Miq.) Hassl. = **Cecropia pachystachya** Trécul
Ref.: Bernardi, 1985a.

Cecropia adenopus Mart. ex Miq. var. *macrophylla* Hassl. = **Cecropia pachystachya** Trécul
Ref.: Bernardi, 1985a.

Cecropia adenopus Mart. ex Miq. var. *vulgaris* Hassl., nom. inval. = **Cecropia pachystachya** Trécul
Ref.: Bernardi, 1985a.

[Cecropia ambaci Rojas Acosta]
Ref.: Krapovickas, 1970c.
Nota: Taxón dudoso.

[Cecropia glauca Rojas Acosta]
Ref.: Krapovickas, 1970c.
Nota: Taxón dudoso.

Cecropia lyratiloba Miq. = **Cecropia pachystachya** Trécul
Ref.: Bernardi, 1985a.

Cecropia pachystachya Trécul
Sin.: *Cecropia adenopus* Mart. ex Miq., *Cecropia adenopus* Mart. ex Miq. var. *lyratiloba* (Miq.) Hassl., *Cecropia adenopus* Mart. ex Miq. var. *macrophylla* Hassl., *Cecropia adenopus* Mart. ex Miq. var. *vulgaris* Hassl., nom. inval., *Cecropia lyratiloba* Miq.
Ref.: Bernardi, 1985a; Rotman, 1987.
Hábito: Árbol.
Status: Nativa.
Elevación: 0-500 m.
Prov.: CH, COR, FO, MI.
Paises limítrofes: BR, PA.
Ejemplar examinado: *Zuloaga et al. 595* (SI).

[Cecropia sciadophylla Mart.]
Ref.: Spichiger et al., 1989.
Nota: Especie excluida de la flora argentina.

CELASTRACEAE

3 géneros, 13 especies; 3 especies endémicas.

Cassine magellanica Lam. = **Maytenus magellanica** (Lam.) Hook. f.
Ref.: Lourteig, 1988a.

Celastrus magellanicus (Lam.) DC. = **Maytenus magellanica** (Lam.) Hook. f.
Ref.: Lourteig, 1988a.

Celastrus moya (Griseb.) Loes. = **Maytenus spinosa** (Griseb.) Lourteig & O'Donell
Ref.: Lourteig & O'Donell, 1955.

Celastrus spinifolium Larrañaga = **Maytenus ilicifolia** Mart. ex Reissek
Ref.: Lourteig & O'Donell, 1955.

Gymnosporia boliviana Loes. = **Maytenus scutioides** (Griseb.) Lourteig & O'Donell
Ref.: Lourteig & O'Donell, 1955.

Gymnosporia establei Herter = **Maytenus spinosa** (Griseb.) Lourteig & O'Donell
Ref.: Lourteig & O'Donell, 1955.

Gymnosporia spinosa (Griseb.) Loes. ex Hicken = **Maytenus spinosa** (Griseb.) Lourteig & O'Donell
Ref.: Lourteig & O'Donell, 1955.

Maytenus Molina

Número de especies: 11, 3 especies endémicas.

Maytenus andina Phil. = **Maytenus magellanica** (Lam.) Hook. f.
Ref.: Lourteig, 1988a.

Maytenus angustifolia Mattos & N.F. Mattos
Ref.: Rodrigues Mattos, 1978.
Hábito: Arbusto.
Status: Nativa.
Elevación: 0–500 m.
Prov.: MI.
Paises limítrofes: BR.
Ejemplar citado: *Spegazzini s.n.**.

Maytenus aquifolium Mart. = **Maytenus ilicifolia** Mart. ex Reissek
Ref.: Lourteig & O'Donell, 1955.

Maytenus boaria Molina
Sin.: *Maytenus boaria* var. *angustifolia* Turcz., *Maytenus chilensis* DC., *Maytenus chilensis* var. *angustifolius* DC.
Ref.: Lourteig & O'Donell, 1955; Lourteig, 1988a.
Hábito: Árbol.
Status: Nativa.
Elevación: 0–4000 m.
Prov.: CHU, CO, ME, NE, RN, SC, SL, TF.
Paises limítrofes: BO, BR, CH.
Ejemplar examinado: *O'Donell 2112* (SI).

Maytenus boaria var. *angustifolia* Turcz. = **Maytenus boaria** Molina
Ref.: Lourteig & O'Donell, 1955.

Maytenus chilensis DC. = **Maytenus boaria** Molina
Ref.: Lourteig, 1988a.

Maytenus chilensis var. *angustifolius* DC. = **Maytenus boaria** Molina
Ref.: Lourteig & O'Donell, 1955.

Maytenus chubutensis (Speg.) Lourteig & O'Donell & Sleumer
Sin.: *Pernettya chubutensis* Speg.
Ref.: Lourteig & O'Donell, 1955; Lourteig, 1988a.
Hábito: Arbusto o subarbusto.
Status: Nativa.
Elevación: 500–1500 m.
Prov.: CHU, NE, RN.
Paises limítrofes: CH.
Ejemplar examinado: *Illín 52* (SI).

Maytenus cuezzoi Legname
Ref.: Legname, 1973b.
Hábito: Árbol.
Status: Endémica.
Elevación: 1500–2000 m.
Prov.: JU, SA.
Ejemplar examinado: *Vervoorst y Cuezzo 7618* (holotipo, LIL).

Maytenus disticha (Hook. f.) Urb.
Sin.: *Myginda disticha* Hook. f., *Rhacoma disticha* (Hook. f.) Loes.
Ref.: Lourteig & O'Donell, 1955; Lourteig, 1988a; Moore, 1983.
Hábito: Arbusto o subarbusto.
Status: Nativa.
Elevación: 0–2000 m.
Prov.: NE, RN, SC, TF.
Paises limítrofes: CH.
Ejemplar examinado: *Diem 1699* (BAB, SI).

Maytenus hassleri Briq. = **Maytenus ilicifolia** Mart. ex Reissek
Ref.: Lourteig & O'Donell, 1955.

Maytenus ilicifolia Mart. ex Reissek
Sin.: *Celastrus spinifolium* Larrañaga, *Maytenus aquifolium* Mart., *Maytenus hassleri* Briq., *Maytenus ilicifolia* f. *angustior* Briq., *Maytenus pilcomayensis* Briq.
Ref.: Lourteig & O'Donell, 1955.
Hábito: Arbusto o árbol.
Status: Nativa.
Elevación: 0–2000 m.
Prov.: BA, CH, COR, ER, FO, MI, SA, SF.
Paises limítrofes: BO, BR, PA, UR.
Ejemplar examinado: *Cabrera 12416* (LP).

Maytenus ilicifolia f. *angustior* Briq. = **Maytenus ilicifolia** Mart. ex Reissek
Ref.: Lourteig & O'Donell, 1955.

Maytenus lorentzii Briq. = **Maytenus vitis-idaea** Griseb.
Ref.: Lourteig & O'Donell, 1955.

Maytenus magellanica (Lam.) Hook. f.
Sin.: *Cassine magellanica* Lam., *Celastrus magellanicus* (Lam.) DC., *Maytenus andina* Phil.
Ref.: Lourteig & O'Donell, 1955; Moore, 1983.
Hábito: Arbusto o árbol.
Status: Nativa.
Elevación: 0–1500 m.
Prov.: CHU, NE, RN, SC, TF.
Paises limítrofes: CH.
Ejemplar examinado: *Koslowsky 81* (SI).

Maytenus paraguariensis Briq. = **Maytenus vitis-idaea** Griseb.
Ref.: Lourteig & O'Donell, 1955.

Maytenus paraguariensis var. *genuina* Briq., nom. inval. = **Maytenus vitis-idaea** Griseb.
Ref.: Lourteig & O'Donell, 1955.

Maytenus paraguariensis var. *grandifolia* Briq. = **Maytenus vitis-idaea** Griseb.
Ref.: Lourteig & O'Donell, 1955.

Maytenus pilcomayensis Briq. = **Maytenus ilicifolia** Mart. ex Reissek
Ref.: Lourteig & O'Donell, 1955.

Maytenus scutioides (Griseb.) Lourteig & O'Donell
Sin.: *Gymnosporia boliviana* Loes., *Moya boliviana* (Loes.) Loes., *Moya scutioides* Griseb.
Ref.: Lourteig & O'Donell, 1955.
Hábito: Arbusto.
Status: Nativa.
Elevación: 0–2000 m.
Prov.: JU, SA.
Paises limítrofes: BO, PA.
Ejemplar examinado: *Rodríguez 1103* (SI).

Maytenus spinosa (Griseb.) Lourteig & O'Donell
Sin.: *Celastrus moya* (Griseb.) Loes., *Gymnosporia establei* Herter, *Gymnosporia spinosa* (Griseb.) Loes. ex Hicken, *Moya spinosa* Griseb.
Ref.: Lourteig & O'Donell, 1955.
Hábito: Arbusto.
Status: Endémica.
Elevación: 0–1000 m.
Prov.: BA, CH, CO, COR, ER, JU, LP, LR, SA, SE, SF, SL, TU.
Ejemplar examinado: *Venturi 10639* (SI).

Maytenus viscifolia Griseb.
Ref.: Lourteig & O'Donell, 1955; Digilio & Legname, 1966.
Hábito: Árbol.
Status: Endémica.
Elevación: 500–2000 m y 2500–3000 m.
Prov.: CA, CO, JU, LR, SA, SE, SJ, TU.
Ejemplar examinado: *Venturi 887* (SI).

Maytenus vitis-idaea Griseb.
Sin.: *Maytenus lorentzii* Briq., *Maytenus paraguariensis* Briq., *Maytenus paraguariensis* var. *genuina* Briq., nom. inval., *Maytenus paraguariensis* var. *grandifolia* Briq.
Ref.: Lourteig & O'Donell, 1955; Lourteig, 1988a.
Hábito: Arbusto o árbol.
Status: Nativa.
Elevación: 0–2000 m.
Prov.: BA, CA, CH, CO, COR, ER, FO, JU, LP, RN, SA, SE, SF, SJ, SL, TU.
Paises limítrofes: BO, PA, UR.
Ejemplar examinado: *Solbrig 167* (SI).

Moya boliviana (Loes.) Loes. = **Maytenus scutioides** (Griseb.) Lourteig & O'Donell
Ref.: Lourteig & O'Donell, 1955.

Moya scutioides Griseb. = **Maytenus scutioides** (Griseb.) Lourteig & O'Donell
Ref.: Lourteig & O'Donell, 1955.

Moya spinosa Griseb. = **Maytenus spinosa** (Griseb.) Lourteig & O'Donell
Ref.: Lourteig & O'Donell, 1955.

Myginda disticha Hook. f. = **Maytenus disticha** (Hook. f.) Urb.
Ref.: Lourteig, 1988a.

Pernettya chubutensis Speg. = **Maytenus chubutensis** (Speg.) Lourteig & O'Donell & Sleumer
Ref.: Lourteig & O'Donell, 1955.

Plenckia Reissek
Número de especies: 1

Plenckia integerrima Lundell
Sin.: *Viposia integerrima* (Lundell) Lundell
Ref.: Lourteig & O'Donell, 1955; Digilio & Legname, 1966.
Hábito: Arbusto o árbol.
Status: Nativa.
Elevación: 500–1500 m.
Prov.: CA, JU, SA, TU.
Paises limítrofes: BO.
Ejemplar examinado: *Venturi 1376* (SI).

Rhacoma disticha (Hook. f.) Loes. = **Maytenus disticha** (Hook. f.) Urb.
Ref.: Lourteig & O'Donell, 1955; Lourteig, 1988a.

Schaefferia Jacq.
Número de especies: 1

Schaefferia argentinensis Speg.
Sin.: *Schaefferia diemonis* Herter, *Schaefferia uruguayensis* Speg.
Ref.: Lourteig & O'Donell, 1955; Burkart, 1957c.
Hábito: Arbusto o árbol.
Status: Nativa.
Elevación: 0–1000 m.
Prov.: BA, CH, COR, ER, FO, JU, MI, SA, SF, TU.
Paises limítrofes: BO, PA, UR.
Ejemplar examinado: *Venturi 1896* (SI).

Schaefferia diemonis Herter = **Schaefferia argentinensis** Speg.
Ref.: Lourteig & O'Donell, 1955.

Schaefferia uruguayensis Speg. = **Schaefferia argentinensis** Speg.
Ref.: Lourteig & O'Donell, 1955.

Viposia integerrima (Lundell) Lundell = **Plenckia integerrima** Lundell
Ref.: Lourteig & O'Donell, 1955.

CELTIDACEAE

2 géneros, 6 especies; 1 variedad endémica.

Celtis L.
Número de especies: 5, 1 variedad endémica.

Celtis aculeata Sw. = **Celtis iguanaea** (Jacq.) Sarg.
Ref.: Dottori & Hunziker, 1994a.

Celtis boliviensis Planch. = **Celtis pubescens** (Humb. & Bonpl.) Spreng.
Ref.: Dottori & Hunziker, 1994a.

Celtis bonplandiana Planch. = **Celtis iguanaea** (Jacq.) Sarg.
Ref.: Dottori & Hunziker, 1994a.

Celtis brasiliensis (Gardner) Planch. = **Celtis pubescens** (Humb. & Bonpl.) Spreng.

Celtis chichape (Wedd.) Miq.
Sin.: *Celtis pubescens* var. *chichape* Baehni, *Celtis tala* f. *obtusata* Chodat, *Celtis tala* var. *chichape* Planch., *Momisia chichape* Wedd.
Ref.: Dottori & Hunziker, 1994a.
Hábito: Arbusto o árbol.
Status: Nativa.
Elevación: 0–500 m.
Prov.: CH, COR, ER, FO, JU, SA, SF.
Paises limítrofes: BO, BR, PA, UR.
Ejemplar examinado: *Krapovickas 945* (LP).

Celtis diffusa Planch. = **Celtis pubescens** (Humb. & Bonpl.) Spreng.
Ref.: Baehni, 1937.

Celtis flexuosa var. *glabrifolia* Griseb. = **Celtis pubescens** (Humb. & Bonpl.) Spreng.
Ref.: Baehni, 1937.

[Celtis fuscata Rojas Acosta]
Ref.: Krapovickas, 1970c.
Nota: Taxón dudoso.

Celtis glycycarpa Mart. ex Miq. = **Celtis iguanaea** (Jacq.) Sarg.
Ref.: Romanczuk & Martínez, 1978.

Celtis iguanaea (Jacq.) Sarg.
Sin.: *Celtis aculeata* Sw., *Celtis glycycarpa* Mart. ex Miq., *Celtis sellowiana* Miq., *Celtis spinosa* Spreng., *Celtis tala* var. *gaudichaudiana* Planch., *Celtis triflora* (Klotzsch) Miq., *Rhamnus iguanaeus* Jacq.
Ref.: Dottori & Hunziker, 1994a.
Hábito: Árbol.
Status: Nativa.
Elevación: 0–2000 m.
Prov.: BA, CA, COR, ER, JU, MI, SA, TU.
Paises limítrofes: BO, BR, UR.
Ejemplar examinado: *Hunziker et al. 22807* (CORD).

Celtis micrantha (L.) Sw. = **Trema micrantha** (L.) Blume

Celtis morifolia Planch. = **Celtis iguanaea** (Jacq.) Sarg.
Ref.: Baehni, 1937.

Celtis pallida var. **discolor** Hunz. & Dottori
Sin.: *Celtis pallida* subsp. *sericea* (Romanczuk) Romanczuk, *Celtis sericea* Romanczuk, *Celtis tala* f. *hirsuta* Herzog
Ref.: Hunziker & Dottori, 1976; Dottori & Hunziker, 1994a.
Hábito: Arbusto.
Status: Endémica.
Elevación: 0–1000 m.
Prov.: CA, JU, SA, SE, TU.
Ejemplar examinado: *Cabrera et al. 27532* (holotipo de Celtis sericea, SI).

Celtis pallida Torr. var. **pallida**
Sin.: *Celtis spinosa* var. *pallida* (Torr.) M.C. Johnst, *Celtis tala* var. *pallida* (Torr.) Planch.
Ref.: Hunziker & Dottori, 1976; Dottori & Hunziker, 1994a.
Hábito: Arbusto.
Status: Nativa.
Elevación: 0–500 m.
Prov.: CA, CH, CO, ER, FO, LP, LR, SE, SF, SJ, SL, TU.
Paises limítrofes: PA.
Ejemplar examinado: *Hunziker 17654* (CORD).

Celtis pallida subsp. *sericea* (Romanczuk) Romanczuk = **Celtis pallida** var. **discolor** Hunz. & Dottori

Celtis pubescens (Humb. & Bonpl.) Spreng.
Sin.: *Celtis boliviensis* Planch., *Celtis brasiliensis* (Gardner) Planch., *Celtis diffusa* Planch., *Celtis flexuosa* var. *glabrifolia* Griseb., *Mertensia brasiliensis* Gardner, *Mertensia pubescens* Humb. & Bonpl.
Ref.: Dottori & Hunziker, 1994a.
Hábito: Árbol.
Status: Nativa.
Elevación: 0–2000 m.
Prov.: CA, CH, COR, FO, JU, MI, SA, SF, TU.
Paises limítrofes: BO, BR.
Ejemplar examinado: *Hunziker et al. 22807* (CORD).

Celtis pubescens var. *chichape* Baehni = **Celtis chichape** (Wedd.) Miq.

Celtis sellowiana Miq. = **Celtis iguanaea** (Jacq.) Sarg.
Ref.: Dottori & Hunziker, 1994a.

Celtis sericea Romanczuk = **Celtis pallida** var. **discolor** Hunz. & Dottori
Ref.: Dottori & Hunziker, 1994a.

Celtis spinosa Spreng. = **Celtis iguanaea** (Jacq.) Sarg.
Ref.: Dottori & Hunziker, 1994a.

Celtis spinosa var. *pallida* (Torr.) M.C. Johnst. = **Celtis pallida** Torr. var. **pallida**
Ref.: Dottori & Hunziker, 1994a.

Celtis spinosa var. *weddelliana* (Planch.) Baehni = **Celtis tala** Gillies ex Planch.
Ref.: Dottori & Hunziker, 1994a.

Celtis tala Gillies ex Planch.
Sin.: *Celtis spinosa* var. *weddelliana* (Planch.) Baehni, *Celtis tala* var. *gilliesiana* Planch., *Celtis tala* var. *weddelliana* Planch., *Celtis weddelliana* (Planch.) Romanczuk, *Momisia integrifolia* Wedd.
Ref.: Hunziker & Dottori, 1976; Dottori & Hunziker, 1994a.
Hábito: Árbol.
Status: Nativa.
Elevación: 0–1000 m.
Prov.: BA, CA, CH, CO, ER, FO, JU, LP, LR, ME, SA, SE, SJ, SL, TU.
Paises limítrofes: BR, UR.
Ejemplar examinado: *Hunziker 18125* (CORD).

Celtis tala f. *hirsuta* Herzog = **Celtis pallida** var. **discolor** Hunz. & Dottori
Ref.: Dottori & Hunziker, 1994a.

Celtis tala f. *obtusata* Chodat = **Celtis chichape** (Wedd.) Miq.
Ref.: Dottori & Hunziker, 1994a.

Celtis tala var. *chichape* Planch. = **Celtis chichape** (Wedd.) Miq.
Ref.: Dottori & Hunziker, 1994a.

Celtis tala var. *gaudichaudiana* Planch. = **Celtis iguanaea** (Jacq.) Sarg.
Ref.: Dottori & Hunziker, 1994a.

Celtis tala var. *gilliesiana* Planch. = **Celtis tala** Gillies ex Planch.
Ref.: Dottori & Hunziker, 1994a.

Celtis tala var. *pallida* (Torr.) Planch. = **Celtis pallida** Torr. var. **pallida**
Ref.: Dottori & Hunziker, 1994a.

Celtis tala var. *weddelliana* Planch. = **Celtis tala** Gillies ex Planch.
Ref.: Dottori & Hunziker, 1994a.

Celtis triflora (Klotzsch) Miq. = **Celtis iguanaea** (Jacq.) Sarg.

Celtis weddelliana (Planch.) Romanczuk = **Celtis tala** Gillies ex Planch.
Ref.: Dottori & Hunziker, 1994a.

Mertensia brasiliensis Gardner = **Celtis pubescens** (Humb. & Bonpl.) Spreng.
Ref.: Dottori & Hunziker, 1994a.

Mertensia pubescens Humb. & Bonpl. = **Celtis pubescens** (Humb. & Bonpl.) Spreng.
Ref.: Dottori & Hunziker, 1994a.

Momisia chichape Wedd. = **Celtis chichape** (Wedd.) Miq.
Ref.: Dottori & Hunziker, 1994a.

Momisia integrifolia Wedd. = **Celtis tala** Gillies ex Planch.
Ref.: Dottori & Hunziker, 1994a.

Rhamnus iguanaeus Jacq. = **Celtis iguanaea** (Jacq.) Sarg.
Ref.: Dottori & Hunziker, 1994a.

Rhamnus micranthus L. = **Trema micrantha** (L.) Blume

Trema L.

Número de especies: 1

Trema micrantha (L.) Blume
Sin.: *Celtis micrantha* (L.) Sw., *Rhamnus micranthus* L.
Ref.: Dottori & Hunziker, 1994a.
Hábito: Arbusto o árbol.
Status: Nativa.
Elevación: 0–2500 m.
Prov.: CH, COR, FO, MI, SA, TU.
Paises limítrofes: BO, BR, PA.
Ejemplar examinado: *Rodríguez 269* (LP, SI).

CERATOPHYLLACEAE

1 género, 2 especies.

Ceratophyllum L.

Número de especies: 2

Ceratophyllum apiculatum Cham. = **Ceratophyllum demersum** L.

Ceratophyllum australe Griseb. = **Ceratophyllum muricatum** subsp. **australe** (Griseb.) Les
Ref.: Les, 1988.

Ceratophyllum demersum L.
Sin.: *Ceratophyllum apiculatum* Cham., *Ceratophyllum demersum* var. *apiculatum* (Cham.) Asch., *Ceratophyllum demersum* var. *oxyacanthum* (Cham.) K. Schum., *Ceratophyllum oxyacanthum* Cham., *Ceratophyllum unicorne* Dumort.
Ref.: Lowden, 1978; Tur, 1987a, 1995.
Hábito: Hierba acuática.
Status: Nativa.
Elevación: 0–500 m.
Prov.: BA, CH, CO, COR, ER, RN, SF.
Paises limítrofes: BR, CH.
Ejemplar examinado: *Troncoso et al. 3748* (LP, SI).

Ceratophyllum demersum var. *apiculatum* (Cham.) Asch. = **Ceratophyllum demersum** L.
Ref.: Lowden, 1978; Les, 1986.

Ceratophyllum demersum var. *oxyacanthum* (Cham.) K. Schum. = **Ceratophyllum demersum** L.

Ceratophyllum muricatum subsp. **australe** (Griseb.) Les
Sin.: *Ceratophyllum australe* Griseb., *Ceratophyllum submersum* var. *echinatum* (A. Gray) Wilmot-Dear.
Ref.: Les, 1988; Tur, 1995.
Hábito: Hierba acuática.
Status: Nativa.
Elevación: 0–500 m.
Prov.: CH, ER, SA, SF, TU.
Paises limítrofes: BO.
Ejemplar examinado: *Lorentz e Hieronymus 547* (isolectotipo de C. australe, CORD).

Ceratophyllum oxyacanthum Cham. = **Ceratophyllum demersum** L.
Ref.: Crespo, 1984a.

Ceratophyllum submersum var. *echinatum* (A. Gray) Wilmot-Dear = **Ceratophyllum muricatum** subsp. **australe** (Griseb.) Les
Ref.: Tur, 1995.

Ceratophyllum unicorne Dumort. = **Ceratophyllum demersum** L.

CHENOPODIACEAE

13 géneros, 92 especies; 29 especies endémicas.

por M. E. Múlgura

Allenrolfea Kuntze

Número de especies: 2 especies endémicas.

Allenrolfea patagonica (Moq.) Kuntze
Sin.: *Halopeplis patagonica* (Moq.) Ung.-Sternb., *Halostachys patagonica* Moq., *Spirostachys patagonica* (Moq.) Benth. & Hook., nom. superfl., *Spirostachys patagonica* (Moq.) Griseb.
Ref.: Soriano, 1947b.
Hábito: Arbusto.
Status: Endémica.
Elevación: 0-500 m.
Prov.: BA, CA, CH, CO, LP, LR, ME, SA, SE, SF, SJ, SL.
Ejemplar examinado: *Burkart 12933* (SI).

Allenrolfea vaginata (Griseb.) Kuntze
Sin.: *Spirostachys vaginata* Griseb.
Ref.: Soriano, 1947b, Giusti, 1984.
Hábito: Arbusto.
Status: Endémica.
Elevación: 0-500 m.
Prov.: CA, LP, LR, ME, NE, SA, SE, SJ, SL, TU.
Ejemplar examinado: *Bartlett 20433* (SI).

Ambrina andicola Phil. = **Chenopodium chilense** Schrad.

Ambrina carinata (R. Br.) Moq. = **Chenopodium carinatum** R. Br.
Ref.: Giusti, 1997.

Ambrina denudata Phil. = **Chenopodium chilense** Schrad.

Ambrina parvula Phil. = **Chenopodium ambrosioides** L.

Ambrina pinnatisecta Spach = **Chenopodium multifidum** L.
Ref.: Hauman & Irigoyen, 1923.

Ambrina retusa Moq. = **Chenopodium retusum** (Moq.) Moq.
Ref.: Giusti, 1967.

Atriplex L.

Número de especies: 34, 16 especies endémicas.

Atriplex ameghinoi Speg.
Ref.: Múlgura, 1984; Giusti, 1984, 1997.
Hábito: Hierba.
Status: Endémica.
Elevación: 0-500 m.
Prov.: CHU, SC.
Ejemplar examinado: *Fisher 35* (SI).

Atriplex andina R.E. Fr. = **Atriplex myriophylla** Phil.
Ref.: Múlgura, 1984.

Atriplex angularis Larrañaga, nom. nud.
Ref.: Múlgura, 1981a.

Atriplex arenicola Hauman = **Atriplex rosea** L.
Ref.: Múlgura, 1982.

Atriplex arenicola Hauman var. *albescens* Hauman = **Atriplex rosea** L.
Ref.: Múlgura, 1982.

Atriplex argentina Speg.
Ref.: Múlgura, 1981a; Giusti, 1997.
Hábito: Subarbusto.
Status: Endémica.
Elevación: 500-1000 m.
Prov.: CA, CO, JU, LR, ME, RN, SA, SE, SF, SJ, SL, TU.
Ejemplar examinado: *Kiesling 4690* (SI).

[Atriplex atacamensis Phil.]
Ref.: Múlgura, 1981a.
Nota: Cita dudosa para la flora argentina.

Atriplex axillaris Phil. = **Atriplex imbricata** (Moq.) D. Dietr.
Ref.: Múlgura, 1981a.

Atriplex boecheri Aellen
Ref.: Múlgura, 1981a; Giusti, 1997.
Hábito: Subarbusto.
Status: Endémica.
Elevación: 1500-2000 m.
Prov.: ME.
Ejemplar examinado: *Covas 15051* (SI).

Atriplex braunii A. Soriano
Ref.: Múlgura, 1984; Giusti, 1984, 1997.
Hábito: Hierba.
Status: Endémica.
Elevación: 500-1500 m.
Prov.: CHU, SC.
Ejemplar examinado: *Soriano 4564* (SI).

Atriplex cachiyuyu Kurtz var. *angustifolia* Kurtz, nom. nud.
Ref.: Múlgura, 1981a.

Atriplex cachiyuyu Kurtz, nom. nud.
Ref.: Múlgura, 1981a.

Atriplex ceratophylla Kuntze = **Atriplex lampa** (Moq.) D. Dietr.
Ref.: Múlgura, 1981a, 1984.

Atriplex chenopodioides Aellen, hom. illeg. = **Atriplex oreophila** Phil.
Ref.: Múlgura, 1984.

[Atriplex chilensis Colla]
Ref.: Hauman & Irigoyen, 1923.
Nota: Cita dudosa para la flora argentina.

[Atriplex cinerea Poir.]
Ref.: Múlgura, 1981a.
Nota: Cita dudosa para la flora argentina.

[Atriplex coquimbana Phil.]
Ref.: Múlgura, 1981a.
Nota: Taxón dudoso.

Atriplex cordobensis Gand. & Stuck. subsp. **cordobensis**
Sin.: *Atriplex hjertingii* Aellen
Ref.: Múlgura, 1981a.
Hábito: Subarbusto.
Status: Endémica.
Elevación: 500-1000 m.
Prov.: CA, CO, LR, SA, SE, SF, SJ, SL, TU.
Ejemplar examinado: *Biurrum 810* (SI).

Atriplex cordobensis Gand. & Stuck. subsp. **grandibracteata** Múlgura
Ref.: Múlgura, 1981a; Giusti, 1997.
Hábito: Arbusto.
Status: Endémica.
Elevación: 0-500 m.
Prov.: CA, JU, LR, SA, TU.
Ejemplar examinado: *Soriano 3719* (SI).

Atriplex crenatifolia Chodat & Wilczek
Sin.: *Atriplex sagittifolia* Speg. var. *macrophylla* Speg.
Ref.: Múlgura, 1981a; Giusti, 1997.
Hábito: Arbusto.
Status: Endémica.
Elevación: 0-1000 m.
Prov.: CO, ME, NE, SJ, SL.
Ejemplar examinado: *Kiesling 6169* (SI).

[Atriplex cristata Humb. & Bonpl. ex Willd.]
Ref.: Múlgura, 1984.
Nota: Taxón dudoso.

Atriplex deserticola Phil.
Sin.: *Atriplex podocarpa* Phil., *Atriplex trasandina* I.M. Johnst.
Ref.: Múlgura, 1981a.
Hábito: Subarbusto.
Status: Nativa.
Elevación: 1500-3000 m.
Prov.: CA, ME, SJ.
Paises limítrofes: CH.
Ejemplar examinado: *Johnston 6111* (BA).

Atriplex eximia A. Soriano
Ref.: Múlgura, 1981a; Giusti, 1997.
Hábito: Hierba.
Status: Nativa.
Elevación: 0-500 m.
Prov.: FO.
Paises limítrofes: PA.
Ejemplar examinado: *Guaglianone 528* (SI).

Atriplex flavescens Speg., hom. illeg. = **Atriplex spegazzinii** A. Soriano ex Múlgura
Ref.: Múlgura, 1981a.

Atriplex foliolosum Phil. = **Atriplex imbricata** (Moq.) D. Dietr.
Ref.: Múlgura, 1981a.

Atriplex frigida Speg.
Ref.: Múlgura, 1984; Giusti, 1984, 1997.
Hábito: Hierba.
Status: Endémica.
Elevación: 0-500 m.
Prov.: CHU, SC.
Ejemplar examinado: *Donat 235* (SI).

[Atriplex gardnerii (Moq.) D. Dietr.]
Sin.: *Obione gardnerii* Moq.
Ref.: Múlgura, 1981a.
Nota: Cita dudosa para la flora argentina.

Atriplex glaucescens Phil. = **Atriplex imbricata** (Moq.) D. Dietr.
Ref.: Múlgura, 1981a.

Atriplex grisebachii Kurtz ex Gand. = **Atriplex montevidense** Spreng.
Ref.: Múlgura, 1984.

Atriplex hastata auct. non L. = **Atriplex prostrata** Boucher ex DC.
Ref.: Múlgura, 1994a.

[Atriplex hastata L.]
Nota: Especie excluida de la flora argentina.

Atriplex hastata L. var. *salinum* Green & Godr. = **Atriplex prostrata** Boucher ex DC.
Ref.: Múlgura, 1994a.

Atriplex herzogii Standl. = **Atriplex myriophylla** Phil.
Ref.: Múlgura, 1984.

Atriplex heterosperma Bunge
Ref.: Múlgura, 1982.
Hábito: Hierba.
Status: Introducida.
Prov.: BA, LP, ME, RN, SJ.
Ejemplar examinado: *Covas 15023* (SI).

Atriplex hjertingii Aellen = **Atriplex cordobensis** Gand. & Stuck. subsp. **cordobensis**
Ref.: Múlgura, 1981a.

Atriplex hortensis L.
Ref.: Múlgura, 1982; Giusti, 1997.
Hábito: Hierba.
Status: Introducida.
Elevación: 0-500 m.
Prov.: BA, CHU, CO, LP, LR, ME.
Paises limítrofes: CH.
Ejemplar examinado: *Burkart 20394* (SI).

Atriplex humilis Phil., hom. illeg. = **Atriplex oreophila** Phil.
Ref.: Múlgura, 1984.

Atriplex hypsophila Phil. = **Atriplex oreophila** Phil.
Ref.: Múlgura, 1984.

Atriplex imbricata (Moq.) D. Dietr.
Sin.: *Atriplex axillaris* Phil., *Atriplex foliolosum* Phil., *Atriplex glaucescens* Phil., *Atriplex imbricata* (Moq.) D. Dietr. var. *foliolosa* (Phil.) Rosas, *Atriplex microphylla* Phil., *Atriplex sanambrosiana* Sparre, *Obione imbricata* Moq.
Ref.: Múlgura, 1981a; Giusti, 1997.
Hábito: Hierba.
Status: Nativa.
Elevación: 1000-1500 m.
Prov.: SA.
Paises limítrofes: CH.
Ejemplar examinado: *Cabrera 31810* (SI).

Atriplex imbricata (Moq.) D. Dietr. var. *foliolosa* (Phil.) Rosas = **Atriplex imbricata** (Moq.) D. Dietr.
Ref.: Múlgura, 1981a.

Atriplex integribracteata Lillo, nom. nud.
Ref.: Múlgura, 1981a.

Atriplex lampa (Moq.) D. Dietr.
Sin.: *Atriplex ceratophylla* Kuntze, *Obione lampa* Moq.
Ref.: Múlgura, 1981a; Giusti, 1997.
Hábito: Subarbusto.
Status: Endémica.
Elevación: 1500-2000 m.
Prov.: BA, CA, CHU, CO, LP, LR, ME, NE, RN, SC, SJ, SL, TU.
Ejemplar examinado: *Múlgura 23* (SI).

Atriplex lampa (Moq.) D. Dietr. f. *latifolia* Hauman, nom. nud.
Ref.: Múlgura, 1981a.

[Atriplex lampa (Moq.) D. Dietr. var. angustifolia Ball]
Ref.: Hauman & Irigoyen, 1923.
Nota: Taxón dudoso.

Atriplex lilloi Hauman = **Atriplex myriophylla** Phil.
Ref.: Múlgura, 1981a.

Atriplex lithophila A. Soriano
Ref.: Múlgura, 1981a; Giusti, 1997.
Hábito: Subarbusto.
Status: Endémica.
Elevación: 1500-2000 m.
Prov.: LR, ME, SJ.
Ejemplar examinado: *Múlgura 18* (SI).

[Atriplex lorentzii Kuntze]
Ref.: Múlgura, 1981a.
Nota: Taxón dudoso.

Atriplex macrostyla Speg. = **Atriplex vulgatissima** Speg.
Ref.: Múlgura, 1981a.

[Atriplex madariagae Phil.]
Ref.: Múlgura, 1981a.
Nota: Especie excluida de la flora argentina.

Atriplex mendozensis Speg.
Ref.: Múlgura, 1981a; Giusti, 1997.
Hábito: Subarbusto.
Status: Endémica.
Elevación: 1000-1500 m.
Prov.: ME.
Ejemplar examinado: *Bartlett 20580* (SI).

Atriplex microphylla Phil. = **Atriplex imbricata** (Moq.) D. Dietr.
Ref.: Múlgura, 1981a.

Atriplex montevidense Spreng.
Sin.: *Atriplex grisebachii* Kurtz ex Gand., *Atriplex montevidense* Spreng. f. *confertum* Hicken, *Obione montevidensis* (Spreng.) DC.
Ref.: Múlgura, 1984; Cuadrado, 1993; Giusti, 1997.
Hábito: Hierba.
Status: Nativa.
Elevación: 0-500 m.
Prov.: BA, CHU, CO, ER, LP, RN, SE.
Paises limítrofes: BO, BR, UR.
Ejemplar examinado: *Guaglianone 627* (SI).

Atriplex montevidense Spreng. f. *confertum* Hicken = **Atriplex montevidense** Spreng.
Ref.: Múlgura, 1984.

Atriplex myriophylla Phil.
Sin.: *Atriplex andina* R.E. Fr., *Atriplex herzogii* Standl., *Atriplex lilloi* Hauman, *Atriplex pusilla* (Wedd.) Phil., comb. illeg., *Atriplex serpyllifollium* Herzog, *Obione pusilla* Wedd., hom. illeg.
Ref.: Múlgura, 1984; Giusti, 1997.
Hábito: Hierba.
Status: Nativa.
Elevación: 2000-4000 m.
Prov.: JU, SA, SJ.
Paises limítrofes: CH.
Ejemplar examinado: *Cabrera 31806* (SI).

Atriplex niederleinii Hosseus, nom. nud.
Ref.: Múlgura, 1984.

[Atriplex nitens Schkuhr]
Ref.: Múlgura, 1981a.
Nota: Cita dudosa para la flora argentina.

Atriplex nitrophiloides A. Soriano ex Múlgura
Ref.: Múlgura, 1984; Giusti, 1997.
Hábito: Hierba.
Status: Nativa.
Elevación: 2000-2500 m.
Prov.: JU, SA.
Paises limítrofes: BO.
Ejemplar examinado: *Cabrera 8240* (LP).

Atriplex oreophila Phil.
Sin.: *Atriplex chenopodioides* Aellen, hom. illeg., *Atriplex humilis* Phil., hom. illeg., *Atriplex hypsophila* Phil.
Ref.: Múlgura, 1984; Giusti, 1997.
Hábito: Hierba.
Status: Nativa.
Elevación: 3500-4000 m.
Prov.: LR, ME, SJ.
Paises limítrofes: CH.
Ejemplar examinado: *Ulibarri 1436* (SI).

Atriplex pamparum Griseb.
Ref.: Múlgura, 1984; Giusti, 1997.
Hábito: Hierba.
Status: Endémica.
Elevación: 0-500 m.
Prov.: BA, CO, FO, SA, SE, SF, TU.
Ejemplar examinado: *Cabrera 8487* (SI).

Atriplex patagonica (Moq.) D. Dietr.
Sin.: *Obione patagonica* Moq.
Ref.: Múlgura, 1981a; Giusti, 1997.
Hábito: Hierba.
Status: Endémica.
Elevación: 500-1000 m.
Prov.: BA, CHU, LP, ME, RN, SC.
Ejemplar examinado: *Soriano 993* (BAB).

Atriplex patula L.
Ref.: Múlgura, 1982; Giusti, 1997.
Hábito: Hierba.
Status: Introducida.
Elevación: 0-500 m.
Prov.: BA.
Paises limítrofes: CH, UR.
Ejemplar examinado: *Cabrera 2927* (LP).

[Atriplex philippi R.E. Fr.]
Ref.: Múlgura, 1984.
Nota: Taxón dudoso.

Atriplex platensis Speg. = **Atriplex prostrata** Boucher ex DC.

Atriplex podocarpa Phil. = **Atriplex deserticola** Phil.
Ref.: Múlgura, 1981a.

Atriplex prostrata Boucher ex DC.
Sin.: *Atriplex hastata* auct. non L., *Atriplex hastata* L. var. *salinum* Green & Godr., *Atriplex platensis* Speg.
Ref.: Múlgura, 1994a; Turland, 1996.
Hábito: Hierba.
Status: Introducida.
Elevación: 0-500 m.
Prov.: BA, SJ.
Paises limítrofes: CH.
Ejemplar examinado: *Burkart 15550* (SI).

Atriplex pusilla (Wedd.) Phil., comb. illeg. = **Atriplex myriophylla** Phil.
Ref.: Múlgura, 1984.

Atriplex quixadensis Del Vitto, Múlgura & Petenatti
Ref.: Del Vitto et al., 1993; Giusti, 1997.
Hábito: Subarbusto.
Status: Endémica.
Elevación: 500-1000 m.
Prov.: SL.
Ejemplar examinado: *Del Vitto et al. 5821* (isotipo, SI).

Atriplex reichii Volkens ex Dusén = **Atriplex vulgatissima** Speg.
Ref.: Múlgura, 1981a.

[Atriplex retusa J. Rémy]
Ref.: Múlgura, 1981a.
Nota: Cita dudosa para la flora argentina.

[*Atriplex robusta* Speg., nom. nud.]
Ref.: Múlgura, 1981a.

Atriplex rosea L.
Sin.: *Atriplex arenicola* Hauman, *Atriplex arenicola* Hauman var. *albescens* Hauman
Ref.: Múlgura, 1982; Giusti, 1997.
Hábito: Hierba.
Status: Introducida.
Elevación: 500-1000 m.
Prov.: BA, CHU, LP, ME, NE, RN, SC, SJ, SL.
Paises limítrofes: CH.
Ejemplar examinado: *Boelcke 1684* (SI).

Atriplex sagittifolia Speg.
Sin.: *Atriplex sagittifolia* Speg. var. *heterophylla* Speg., *Atriplex sagittifolia* Speg. var. *microphylla* Speg., *Atriplex sagittifolia* Speg. var. *typica* Speg., nom. inval.
Ref.: Múlgura, 1981a; Giusti, 1997.
Hábito: Hierba.
Status: Endémica.
Elevación: 0-500 m.
Prov.: CHU, ME, RN, SC.
Ejemplar examinado: *Burkart 15926* (SI).

Atriplex sagittifolia Speg. var. *heterophylla* Speg. = **Atriplex sagittifolia** Speg.
Ref.: Múlgura, 1981a.

Atriplex sagittifolia Speg. var. *macrophylla* Speg. = **Atriplex crenatifolia** Chodat & Wilczek
Nota: Múlgura, 1981a.

Atriplex sagittifolia Speg. var. *microphylla* Speg. = **Atriplex sagittifolia** Speg.
Ref.: Múlgura, 1981a.

Atriplex sagittifolia Speg. var. *typica* Speg., nom. inval. = **Atriplex sagittifolia** Speg.

Atriplex sanambrosiana Sparre = **Atriplex imbricata** (Moq.) D. Dietr.
Ref.: Múlgura, 1981a.

Atriplex semibaccata R. Br.
Sin.: *Atriplex stuckertii* Gand.
Ref.: Múlgura, 1982; Giusti, 1997.
Hábito: Hierba.
Status: Introducida.
Elevación: 500-1000 m.
Prov.: BA, CA, CH, CHU, CO, ER, FO, JU, LP, LR, ME, NE, RN, SA, SE, SF, SJ, TU.
Paises limítrofes: CH.
Ejemplar examinado: *Sleumer 3347* (SI).

Atriplex serpyllifollium Herzog = **Atriplex myriophylla** Phil.
Ref.: Múlgura, 1984.

Atriplex sorianoi Múlgura
Ref.: Múlgura, 1981a; Giusti, 1997.
Hábito: Arbusto.
Status: Endémica.
Elevación: 1000-1500 m.
Prov.: ME, SJ.
Ejemplar examinado: *Cabrera 29535* (SI).

Atriplex spegazzinii A. Soriano ex Múlgura
Sin.: *Atriplex flavescens* Speg., hom. illeg.
Ref.: Múlgura, 1981a; Giusti, 1997.
Hábito: Arbusto.
Status: Endémica.
Elevación: 1000-1500 m.
Prov.: CA, LR, ME, SJ, SL.
Ejemplar examinado: *Múlgura 54* (SI).

Atriplex stuckertii Gand. = **Atriplex semibaccata** R. Br.
Ref.: Múlgura, 1982.

Atriplex suberecta I. Verd.
Ref.: Múlgura, 1982; del Vitto & Petenatti, 1991; Giusti, 1997.
Hábito: Hierba.
Status: Introducida.
Elevación: 0-500 m.
Prov.: BA, CA, CH, CO, ER, FO, LP, LR, ME, SA, SE, SF, SJ, SL.
Paises limítrofes: CH.
Ejemplar examinado: *Steibel 1456* (SI).

Atriplex tatarica L.
Ref.: Múlgura, 1982; Giusti, 1997.
Hábito: Hierba.
Status: Introducida.
Elevación: 0-500 m.
Prov.: BA, CHU, LP, RN, SC.
Paises limítrofes: CH.
Ejemplar examinado: *Soriano 1599* (SI).

Atriplex trasandina I.M. Johnst. = **Atriplex deserticola** Phil.
Ref.: Múlgura, 1981a.

Atriplex tuberculosa Larrañaga, nom. nud.
Ref.: Múlgura, 1981a.

Atriplex undulata (Moq.) D. Dietr.
Sin.: *Obione undulata* Moq.
Ref.: Múlgura, 1981a.
Hábito: Arbusto.
Status: Endémica.
Elevación: 0-500 m.
Prov.: BA, CHU, CO, LP, ME, RN.
Ejemplar examinado: *Boelcke 7617* (SI).

Atriplex vulgatissima Speg.
Sin.: *Atriplex macrostyla* Speg., *Atriplex reichii* Volkens ex Dusén
Ref.: Múlgura, 1981a; Giusti, 1997.
Hábito: Arbusto.
Status: Nativa.
Elevación: 0-500 m.
Prov.: BA, CHU, SC, TF.
Paises limítrofes: CH.
Ejemplar examinado: *Soriano 5699* (SI).

Banalia occidentalis Moq. = [Nitrophila occidentalis (Moq.) S. Watson]

Bassia All.

Número de especies: 2

Bassia hyssopifolia (Pall.) Kuntze
Sin.: *Echinopsilon hyssopifolium* (Pall.) Moq., *Salsola hyssopifolia* Pall.
Ref.: Giusti, 1967, 1984, 1997; Scott, 1978.
Hábito: Hierba.
Status: Introducida.
Elevación: 0-1000 m.
Prov.: BA, LP, ME, RN, SJ.
Paises limítrofes: CH.
Ejemplar examinado: *Nicora 4288* (SI).

Bassia scoparia (L.) A.J. Scott
Sin.: *Chenopodium scoparium* L., *Kochia parodii* Aellen, *Kochia parodii* Aellen var. *contracta* Aellen, *Kochia parodii* Aellen var. *densa* Aellen, *Kochia parodii* Aellen var. *elongata* Aellen, *Kochia parodii* Aellen var. *glabrescens* Aellen, *Kochia scoparia* (L.) Schrad., *Kochia scoparia* (L.) Schrad. f. *densa* (Aellen) A. Soriano, *Kochia scoparia* (L.) Schrad. f. *densiflora* Moq., *Kochia scoparia* (L.) Schrad. f. *remotiflora* Beck, *Kochia scoparia* (L.) Schrad. var. *pubescens* Fenzl, *Kochia scoparia* (L.) Schrad. var. *sieversiana* (Pall.) Graebn.
Ref.: Soriano, 1945; Scott, 1978.
Hábito: Hierba.
Status: Introducida.
Elevación: 0-1500 m.
Prov.: BA, CA, CHU, CO, JU, LP, ME, MI, SA, SC, SF, SJ.
Ejemplar examinado: *Nicora 4161* (SI).

Beta L.

Número de especies: 1

Beta maritima L. = **Beta vulgaris** L. subsp. **maritima** (L.) Arcang.
Ref.: Ball & Akeroyd, 1993.

Beta vulgaris L. var. *cicla* (L.) W.Koch = **Beta vulgaris** L. subsp. **cicla** (L.) W.Koch
Ref.: Ford Lloyd & Williams, 1975.

Beta vulgaris L. var. *perennis* L. = **Beta vulgaris** L. subsp. **maritima** (L.) Arcang.
Ref.: Ball & Akeroyd, 1993.

Beta vulgaris L. subsp. **cicla** (L.) W.Koch
Sin.: *Beta vulgaris* L. var. *cicla* (L.) W.Koch
Ref.: Hauman & Irigoyen, 1923; Ford Lloyd & Williams, 1975.
Hábito: Hierba.
Status: Introducida.
Elevación: 0-1000 m.
Prov.: BA, TU.
Ejemplar examinado: *Millán s.n.* (SI 20841).

Beta vulgaris L. subsp. **maritima** (L.) Arcang.
Sin.: *Beta maritima* L., *Beta vulgaris* L. var. *perennis* L.
Ref.: Hauman & Irigoyen, 1923; Giusti, 1967, 1984; Ball & Akeroyd, 1993.
Hábito: Hierba.
Status: Introducida.
Elevación: 0-1000 m.
Prov.: BA, RN.
Paises limítrofes: CH.
Ejemplar examinado: *Hicken 189* (SI).

Blitum antarcticum Hook. f. = **Chenopodium antarcticum** (Hook. f.) Hook. f.
Ref.: Giusti, 1984.

Blitum carinatum (R. Br.) Moq. = **Chenopodium carinatum** R. Br.
Ref.: Giusti, 1997.

Blitum chenopodioides Nutt., hom. illeg. = **Monolepis nuttalliana** (Schult.) Green
Ref.: Giusti, 1967.

Blitum nuttallianum Schult. = **Monolepis nuttalliana** (Schult.) Green
Ref.: Giusti, 1967.

Blitum rubrum (L.) C.A. Mey. var. *crassicaule* Moq. = **Chenopodium macrospermum** Hook. f. subsp. **macrospermum**
Ref.: Giusti, 1997.

[Blitum rubrum var. hypoleuca Speg.]
Nota: Taxón dudoso.

Blitum rubrum var. *macrosperma* (Hook. f.) Speg. = **Chenopodium macrospermum** Hook. f. subsp. **macrospermum**
Ref.: Giusti, 1997.

Blitum rubrum var. *vulgaris* auct. non Moq. = **Chenopodium macrospermum** Hook. f. f. **subviride** Thell.
Ref.: Aellen & Just, 1943.

Blitum salsum Phil. = **Chenopodium macrospermum** Hook. f. subsp. **salsum** (Phil.) A. Tronc.
Ref.: Troncoso, 1974; Giusti, 1997.

Chenopodium L.

Número de especies: 37, 8 especies endémicas.

Chenopodium album L.
Sin.: *Chenopodium album* L. var. *polymorphum* Aellen
Ref.: Giusti, 1967, 1984; Aellen & Just, 1943.
Hábito: Hierba.
Status: Introducida.
Elevación: 0-1000 m.
Prov.: BA, CH, CHU, CO, COR, JU, LP, LR, ME, MI, NE, RN, SA, SC, SF, SJ, SL.
Paises limítrofes: CH.
Ejemplar examinado: *Burkart 15737* (SI).

Chenopodium album L. var. *andina* Remy = **Chenopodium petiolare** Kunth
Ref.: Hauman & Irigoyen, 1923; Giusti, 1997.

Chenopodium album L. var. *leptophyllum* Nutt. ex Moq. = [Chenopodium leptophyllum (Nutt. ex Moq.) S.Watson]
Ref.: Aellen & Just, 1943.

Chenopodium album L. var. *polymorphum* Aellen = **Chenopodium album** L.

Chenopodium altissimum L. = **Suaeda altissima** (L.) Pall.

Chenopodium amaranticolor Coste & Reyn. = **Chenopodium giganteum** D. Don
Ref.: Giusti, 1997.

Chenopodium ambrosioides L.
Sin.: *Ambrina parvula* Phil., *Chenopodium ambrosioides* L. var. *typica* Speg., *Chenopodium ambrosioides* L. subsp. *euambrosioides* Aellen
Ref.: Aellen & Just, 1943; Giusti, 1997.
Hábito: Hierba.
Status: Nativa.
Elevación: 0-500 y 1000-1500 m.
Prov.: BA, CH, CO, COR, DF, ER, FO, LP, LR, ME, MI, RN, SE, SJ, TU.
Paises limítrofes: BO, BR, CH, PA, UR.
Ejemplar examinado: *Boelcke 2214* (BAA).

Chenopodium ambrosioides L. f. *angustatum* (Moq.) Aellen = **Chenopodium chilense** Schrad.

Chenopodium ambrosioides L. f. *denudatum* (Phil.) Aellen = **Chenopodium chilense** Schrad.

Chenopodium ambrosioides L. var. *andicola* (Phil.) Aellen = **Chenopodium chilense** Schrad.

Chenopodium ambrosioides L. var. *anthelminticum* (L.) Aellen = [Chenopodium anthelminticum L.]

Chenopodium ambrosioides L. var. *chilense* (Schrad.) Griseb. = **Chenopodium chilense** Schrad.

Chenopodium ambrosioides L. var. *graveolens* (Willd.) Speg. = [Chenopodium graveolens Willd. var. graveolens]
Ref.: Hauman & Irigoyen, 1923.

Chenopodium ambrosioides L. var. *oblanceolata* Speg. = **Chenopodium oblanceolatum** (Speg.) Giusti
Ref.: Giusti, 1984.

Chenopodium ambrosioides L. var. *typica* Speg. = **Chenopodium ambrosioides** L.

Chenopodium ambrosioides L. subsp. *burkartii* Aellen = **Chenopodium burkartii** (Aellen) Vorosch.
Ref.: Giusti, 1987.

Chenopodium ambrosioides L. subsp. *chilense* (Schrad.) Aellen = **Chenopodium chilense** Schrad.

Chenopodium ambrosioides L. subsp. *euambrosioides* Aellen = **Chenopodium ambrosioides** L.
Ref.: Giusti, 1984.

Chenopodium ambrosioides L. subsp. *retusum* (Juss. ex Moq.) Aellen = **Chenopodium retusum** (Moq.) Moq.
Ref.: Giusti, 1967.

Chenopodium ambrosioides L. subsp. *venturii* Aellen = **Chenopodium venturii** Aellen ex Vorosch.
Ref.: Giusti, 1997.

[Chenopodium ameghinoi Speg.]
Nota: Taxón dudoso.

Chenopodium antarcticum (Hook. f.) Hook. f.
Sin.: *Blitum antarcticum* Hook. f., *Chenopodium antarcticum* (Hook. f.) Speg., comb. superfl., *Chenopodium botrys* auct. non L.
Ref.: Giusti, 1984, 1997.
Hábito: Hierba.
Status: Nativa.
Elevación: 0-500 m.
Prov.: SC.
Ejemplar examinado: *Marelli 73* (SI).

Chenopodium antarcticum (Hook. f.) Speg., comb. superfl. = **Chenopodium antarcticum** (Hook. f.) Hook. f.

[Chenopodium anthelminticum L.]
Sin.: *Chenopodium ambrosioides* L. var. *anthelminticum* (L.) Aellen
Nota: Taxón dudoso.

Chenopodium anthelminticum L. var. *chilense* (Schrad.) Griseb. = **Chenopodium chilense** Schrad.

Chenopodium bolivianum Murr, p.p. = **Chenopodium petiolare** Kunth
Ref.: Giusti, 1997.

Chenopodium bonariense (Hook. f.) Hauman & Irigoyen, comb. superfl. = **Chenopodium haumanii** Ulbr.
Ref.: Giusti, 1987.

Chenopodium bonariense Ten. = **Chenopodium hircinum** Schrad. subsp. **hircinum**
Ref.: Giusti, 1967.

[Chenopodium bonus-henricus L.]
Ref.: Hauman & Irigoyen, 1923.
Nota: Especie excluida de la flora argentina.

Chenopodium borbasii Murr
Sin.: *Chenopodium zobelii* A.Ludw. & Aellen, nom. illeg.
Ref.: Giusti, 1997.
Hábito: Hierba.
Status: Introducida.
Elevación: 0-500 m.
Prov.: BA, CH, CO, COR, DF, ER, FO, LP, LR, ME, MI, RN, SE, SJ, TU.
Ejemplar examinado: *Parodi 8605* (BA).

Chenopodium botrys auct. non L. = **Chenopodium antarcticum** (Hook. f.) Hook. f.

Chenopodium burkartii (Aellen) Vorosch.
Sin.: *Chenopodium ambrosioides* L. subsp. *burkartii* Aellen, *Chenopodium dunosum* L.Simón
Ref.: Giusti, 1987, 1997; Cuadrado, 1993.
Hábito: Hierba.

Status: Nativa.
Elevación: 0-500 m.
Prov.: CH, CO, COR, ER, LP, SF.
Paises limítrofes: UR.
Ejemplar examinado: *Burkart 25092* (SI).

Chenopodium canihua O.F. Cook = **Chenopodium pallidicaule** Aellen
Ref.: Giusti, 1997.

Chenopodium carinatum R. Br.
Sin.: *Ambrina carinata* (R. Br.) Moq., *Blitum carinatum* (R. Br.) Moq., *Salsola carinata* (R. Br.) Spreng.
Ref.: Planchuelo, 1975; Giusti, 1997.
Hábito: Hierba.
Status: Adventicia.
Elevación: 0-500 m.
Prov.: BA, CO, COR, MI, SA, TU.
Paises limítrofes: UR.
Ejemplar examinado: *Hunziker 11293* (CORD).

Chenopodium carnosulum Moq.
Sin.: *Chenopodium fuegianum* Speg., *Chenopodium patagonicum* Phil., *Chenopodium vulvaria* auct. non L.
Ref.: Aellen & Just, 1943; Moore, 1974; Planchuelo, 1975; Giusti, 1984, 1997.
Hábito: Hierba.
Status: Adventicia.
Elevación: 2000-2500 m.
Prov.: CHU, JU, SA, SC, TF, TU.
Paises limítrofes: BO, CH.
Ejemplar examinado: *Donat 110* (SI).

Chenopodium chilense Schrad.
Sin.: *Ambrina andicola* Phil., *Ambrina denudata* Phil., *Chenopodium ambrosioides* L. f. *angustatum* (Moq.) Aellen, *Chenopodium ambrosioides* L. f. *denudatum* (Phil.) Aellen, *Chenopodium ambrosioides* L. var. *andicola* (Phil.) Aellen, *Chenopodium ambrosioides* L. var. *chilense* (Schrad.) Griseb., *Chenopodium ambrosioides* L. subsp. *chilense* (Schrad.) Aellen, *Chenopodium anthelminticum* L. var. *chilense* (Schrad.) Griseb., *Chenopodium chilense* Schrad. var. *angustifolium* Moq., *Chenopodium sooianum* Aellen
Ref.: Aellen & Just, 1943; Giusti, 1967, 1997.
Hábito: Hierba.
Status: Nativa.
Elevación: 0-1500 m.
Prov.: BA, CA, CO, JU, LP, LR, ME, NE, RN, SJ, SL.
Paises limítrofes: CH.
Ejemplar examinado: *Fabris 4809* (LP).

Chenopodium chilense Schrad. var. *angustifolium* Moq. = **Chenopodium chilense** Schrad.

Chenopodium cordobense Aellen
Ref.: Giusti, 1967, 1997; Planchuelo, 1975.
Hábito: Hierba.
Status: Endémica.
Elevación: 500-1000 m.
Prov.: BA, CA, CO, LP, ME, NE, SE, SJ.
Ejemplar examinado: *Burkart 9955* (SI).

Chenopodium dessicatum A.Nelson var. **leptophylloides** (Murr) Wahl
Sin.: *Chenopodium leptophyllum* (Nutt. ex Moq.) S.Watson var. *leptophylloides* (Murr) Thell. & Aellen, *Chenopodium petiolare* Kunth var. *leptophylloides* Murr, *Chenopodium pratericola* Rydb., *Chenopodium pratericola* Rydb. var. *leptophylloides* (Murr) Aellen, *Chenopodium pratericola* Rydb. subsp. *eupratericola* Allem, nom. inval.
Ref.: Giusti, 1997.
Hábito: Hierba.
Status: Introducida.
Elevación: 0-500 m.
Prov.: BA, CO, COR, LP, LR, ME, RN, SE, SF, SJ, SL.
Ejemplar examinado: *Burkart 9861* (SI).

Chenopodium dunosum L.Simón = **Chenopodium burkartii** (Aellen) Vorosch.
Ref.: Giusti, 1997.

Chenopodium exocarpum Griseb. = **Holmbergia tweedii** (Moq.) Speg.
Ref.: Giusti, 1967.

Chenopodium farinosum (S. Watson) Standl. = **Chenopodium macrospermum** Hook. f. subsp. **salsum** (Phil.) A. Tronc.
Ref.: Giusti, 1997.

Chenopodium ficifolium auct. non Sm. = **Chenopodium hircinum** Schrad. subsp. **hircinum**
Ref.: Hauman & Irigoyen, 1923.

Chenopodium foetidum auct. non Schrad. = **Chenopodium graveolens** Willd. var. **bangii** (Murr) Aellen

Chenopodium foetidum Schrad. var. *pumilum* R.E. Fr. = **Chenopodium graveolens** Willd. var. **bangii** (Murr) Aellen

Chenopodium fremonti auct. non S. Watson = **Chenopodium petiolare** Kunth
Ref.: Giusti, 1997.

Chenopodium frigidum Phil.
Sin.: *Chenopodium hypsophilum* Hauman
Ref.: Aellen, 1929; Planchuelo, 1975; Giusti, 1997.
Hábito: Hierba.
Status: Nativa.
Elevación: 2500-4000 m.
Prov.: CA, LR, ME, SJ.
Paises limítrofes: CH.
Ejemplar examinado: *Kiesling 8040* (SI).

Chenopodium fruticosum L. = **Suaeda fruticosa** (L.) Forssk.

Chenopodium fuegianum Speg. = **Chenopodium carnosulum** Moq.
Ref.: Giusti, 1997.

Chenopodium giganteum D. Don
Sin.: *Chenopodium amaranticolor* Coste & Reyn.
Ref.: Giusti, 1997.
Hábito: Hierba.
Status: Adventicia.
Elevación: 0-1000 m.
Prov.: BA, CO, DF, ME.
Ejemplar examinado: *Ruiz Leal 10340* (LIL).

Chenopodium glaucum L.
Ref.: Moore, 1983.
Hábito: Hierba.
Status: Adventicia.
Elevación: 0-500 m.
Prov.: CO, SE, TF.
Paises limítrofes: CH.
Ejemplar examinado: *Donat 121* (SI).

Chenopodium glaucum L. var. *divaricatum* auct. non Moq. = [Chenopodium glaucum L. var. microphyllum Hook. f.]

[Chenopodium glaucum L. var. microphyllum Hook. f.]
Sin.: *Chenopodium glaucum* L. var. *divaricatum* auct. non Moq.
Nota: Cita dudosa para la flora argentina.

Chenopodium glaucum L. subsp. *parodii* (Aellen) Aellen = **Chenopodium parodii** Aellen
Ref.: Giusti, 1997.

Chenopodium graveolens Willd. f. *pumilum* (R.E. Fr.) Aellen = **Chenopodium graveolens** Willd. var. **bangii** (Murr) Aellen

Chenopodium graveolens Willd. var. **bangii** (Murr) Aellen
Sin.: *Chenopodium foetidum* auct. non Schrad., *Chenopodium foetidum* Schrad. var. *pumilum* R.E. Fr., *Chenopodium graveolens* Willd. f. *pumilum* (R.E. Fr.) Aellen, *Chenopodium incisum* Poir. var. *bangii* Murr, *Chenopodium mandonii* (S.Watson) Aellen, *Chenopodium rigidum* Lingelsh., *Teloxys mandonii* S.Watson
Ref.: Aellen & Just, 1943; Planchuelo, 1975; Múlgura, 1994a; Giusti, 1997.
Hábito: Hierba.
Status: Nativa.
Elevación: 2000-4000 m.
Prov.: CA, JU, LR, SA, SJ, TU.
Paises limítrofes: BO.
Ejemplar examinado: *Kiesling 6376* (SI).

[Chenopodium graveolens Willd. var. graveolens]
Sin.: *Chenopodium ambrosioides* L. var. *graveolens* (Willd.) Speg.
Nota: Cita dudosa para la flora argentina.

Chenopodium halophilum auct. non Phil. = **Chenopodium macrospermum** Hook. f. subsp. **salsum** (Phil.) A. Tronc.
Ref.: Giusti, 1997.

[Chenopodium halophilum Phil.]
Sin.: *Chenopodium macrospermum* Hook. f. var. *halophilum* (Phil.) Standl., *Chenopodium macrospermum* Hook. f. subsp. *halophilum* (Phil.) Aellen
Ref.: Troncoso, 1974.
Nota: Especie excluida de la flora argentina.

Chenopodium haumanii Ulbr.
Sin.: *Chenopodium bonariense* (Hook. f.) Hauman & Irigoyen, comb. superfl., *Roubieva bonariensi* Hook. f.
Ref.: Giusti, 1987, 1997; Cuadrado, 1993.
Hábito: Hierba.
Status: Nativa.
Elevación: 0-500 m.
Prov.: COR, ER.
Paises limítrofes: UR.
Ejemplar examinado: *Hicken s.n.* (SI 27958).

Chenopodium hircinum Schrad. f. *angustifolium* A.Ludw. = **Chenopodium hircinum** Schrad. subsp. **hircinum**

Chenopodium hircinum Schrad. f. *deminutum* A. Ludw. = **Chenopodium hircinum** Schrad. subsp. **hircinum**

Chenopodium hircinum Schrad. f. *microphyllum* Thell. ex Parodi = **Chenopodium hircinum** Schrad. subsp. **hircinum**

Chenopodium hircinum Schrad. f. *multidentatum* A.Ludw. = **Chenopodium hircinum** Schrad. subsp. **hircinum**

Chenopodium hircinum Schrad. subsp. **catamarcensis** Aellen
Ref.: Aellen & Just, 1943; Giusti, 1997.
Hábito: Hierba.
Status: Nativa.
Elevación: 500-3500 m.
Prov.: CA, LR, TU.
Ejemplar examinado: *Venturi 4702* (LIL).

Chenopodium hircinum Schrad. subsp. *euhircinum* Aellen var. *typicum* A.Ludw. & Aellen = **Chenopodium hircinum** Schrad. subsp. **hircinum**

Chenopodium hircinum Schrad. subsp. **hircinum**
Sin.: *Chenopodium bonariense* Ten., *Chenopodium ficifolium* auct. non Sm., *Chenopodium hircinum* Schrad. f. *angustifolium* A.Ludw., *Chenopodium hircinum* Schrad. f. *deminutum* A.Ludw., *Chenopodium hircinum* Schrad. f. *microphyllum* Thell. ex Parodi, *Chenopodium hircinum* Schrad. f. *multidentatum* A.Ludw., *Chenopodium hircinum* Schrad. subsp. *euhircinum* Aellen var. *typicum* A.Ludw. & Aellen
Ref.: Aellen & Just, 1943; Giusti, 1967, 1997.
Hábito: Hierba.
Status: Nativa.
Elevación: 0-500 m.
Prov.: BA, CA, CH, CO, COR, DF, ER, FO, JU, LP, LR, ME, MI, NE, RN, SE, SF, SJ, SL, TU.
Paises limítrofes: BO, CH, PA, UR.
Ejemplar examinado: *Giardelli 1203a* (SI).

Chenopodium hypsophilum Hauman = **Chenopodium frigidum** Phil.
Ref.: Aellen, 1929.

Chenopodium incisum Poir. var. *bangii* Murr = **Chenopodium graveolens** Willd. var. **bangii** (Murr) Aellen
Ref.: Múlgura, 1994a.

[Chenopodium leptophyllum (Nutt. ex Moq.) S.Watson]
Sin.: *Chenopodium album* L. var. *leptophyllum* Nutt. ex Moq.
Ref.: Aellen & Just, 1943.
Nota: Especie excluida de la flora argentina.

Chenopodium leptophyllum (Nutt. ex Moq.) S.Watson var. *leptophylloides* (Murr) Thell. & Aellen = **Chenopodium dessicatum** A.Nelson var. **leptophylloides** (Murr) Wahl

Chenopodium macrospermum Hook. f. var. *halophilum* (Phil.) Standl. = [Chenopodium halophilum Phil.]
Ref.: Troncoso, 1974.

Chenopodium macrospermum Hook. f. subsp. *crassicaule* (Moq.) Aellen = **Chenopodium macrospermum** Hook. f. subsp. **macrospermum**
Ref.: Giusti, 1997.

Chenopodium macrospermum Hook. f. subsp. *halophillum* auct. non Phil. = **Chenopodium macrospermum** Hook. f. subsp. **salsum** (Phil.) A. Tronc.
Ref.: Giusti, 1997.

Chenopodium macrospermum Hook. f. subsp. *halophilum* (Phil.) Aellen = [Chenopodium halophilum Phil.]
Ref.: Troncoso, 1974.

[Chenopodium macrospermum Hook. f. f. subviride Thell.]
Sin.: *Blitum rubrum* var. *vulgaris* auct. non Moq., *Chenopodium rubrum* L. var. *vulgaris* auct. non Wallr.
Nota: Taxón dudoso.

Chenopodium macrospermum Hook. f. subsp. **macrospermum**
Sin.: *Blitum rubrum* var. *crassicaule* Moq., *Blitum rubrum* var. *macrosperma* (Hook. f.) Speg., *Chenopodium macrospermum* Hook. f. subsp. *crassicaule* (Moq.) Aellen, *Chenopodium rubrum* auct. non L.
Ref.: Moore, 1983; Cuadrado, 1993; Giusti, 1997.
Hábito: Hierba.
Status: Nativa.
Elevación: 0-500 m.
Prov.: CHU, RN, SC, TF.
Paises limítrofes: CH.
Ejemplar examinado: *Giusti 1550* (SI).

Chenopodium macrospermum Hook. f. subsp. **salsum** (Phil.) A. Tronc.
Sin.: *Blitum salsum* Phil., *Chenopodium farinosum* (S. Watson) Standl., *Chenopodium halophilum* auct. non Phil., *Chenopodium macrospermum* Hook. f. subsp. *halophillum* auct. non Phil., *Chenopodium murale* L. var. *farinosum* S.Watson
Ref.: Troncoso, 1974; Múlgura, 1994a; Giusti, 1997.
Hábito: Hierba.
Status: Nativa.
Elevación: 0-500 m.
Prov.: CHU, RN, SJ.
Paises limítrofes: BO, CH, PA, UR.
Ejemplar examinado: *Múlgura 859* (SI).

Chenopodium mandonii (S.Watson) Aellen = **Chenopodium graveolens** Willd. var. **bangii** (Murr) Aellen

Chenopodium maritimum L. = [Suaeda maritima (L.) Dumort.]
Ref.: Soriano, 1942.

[Chenopodium microcarpum (Phil.) A. Tronc.]
Sin.: *Roubieva microcarpa* Phil.
Nota: Cita dudosa para la flora argentina.

Chenopodium multifidum L.
Sin.: *Ambrina pinnatisecta* Spach, *Chenopodium multifidum* L. f. *intermedium* Aellen, *Chenopodium multifidum* L. f. *latisectum* Bontea & Aellen, *Chenopodium multifidum* L. f. *spatulathum* Aellen, *Chenopodium multifidum* L. f. *typicum* Aellen, nom. inval., *Roubieva multifida* (L.) Moq.
Ref.: Aellen & Just, 1943; Giusti, 1967, 1997; Cuadrado, 1993.
Hábito: Hierba.
Status: Nativa.
Elevación: 0-500 m.
Prov.: BA, CH, CHU, CO, ER, JU, LP, ME, RN, SF, SJ.
Paises limítrofes: BR, CH, UR.
Ejemplar examinado: *Joergensen 1826* (SI).

Chenopodium multifidum L. f. *intermedium* Aellen = **Chenopodium multifidum** L.

Chenopodium multifidum L. f. *latisectum* Bontea & Aellen = **Chenopodium multifidum** L.

Chenopodium multifidum L. f. *spatulathum* Aellen = **Chenopodium multifidum** L.

Chenopodium multifidum L. f. *typicum* Aellen, nom. inval. = **Chenopodium multifidum** L.

Chenopodium murale L.
Ref.: Giusti, 1967, 1997.
Hábito: Hierba.
Status: Introducida.
Elevación: 0-500 m.
Prov.: BA, CA, CHU, CO, ER, LP, ME, SE, SF, SJ, SL, TU.
Paises limítrofes: BO, BR, CH.
Ejemplar examinado: *Venturi 857* (SI).

Chenopodium murale L. var. *farinosum* S.Watson = **Chenopodium macrospermum** Hook. f. subsp. **salsum** (Phil.) A. Tronc.
Ref.: Giusti, 1997.

Chenopodium oblanceolatum (Speg.) Giusti
Sin.: *Chenopodium ambrosioides* L. var. *oblanceolata* Speg.
Ref.: Giusti, 1984, 1997.
Hábito: Hierba.
Status: Endémica.
Elevación: 0-500 m.
Prov.: CHU, RN, SC, TF.
Ejemplar examinado: *Valla et al. s.n.* (BAA 3150).

Chenopodium obovatum Moq. = **Chenopodium retusum** (Moq.) Moq.
Ref.: Giusti, 1967.

Chenopodium obscurum Aellen
Ref.: Aellen, 1959; Giusti, 1997.
Hábito: Hierba.
Status: Endémica.
Elevación: 0-500 m.
Prov.: BA, CO.
Ejemplar examinado: *Hunziker 18416* (SI).

Chenopodium pallidicaule Aellen
Sin.: *Chenopodium canihua* O.F. Cook
Ref.: Planchuelo, 1975; Giusti, 1997.
Hábito: Hierba.
Status: Nativa.
Elevación: 4000-4500 m.
Prov.: JU, SA.
Paises limítrofes: BO.
Ejemplar examinado: *Nicora 9182* (SI).

Chenopodium paniculatum Hook. = **Chenopodium petiolare** Kunth
Ref.: Giusti, 1997.

Chenopodium papulosum Moq.
Sin.: *Chenopodium papulosum* Moq. var. *hastatum* Kurtz, *Chenopodium rafaelense* Chodat & Wilczek
Ref.: Aellen, 1929; Planchuelo, 1975; Giusti, 1997.
Hábito: Hierba.
Status: Endémica.
Elevación: 0-1000 m.
Prov.: BA, CA, CO, LP, ME, SJ, SL.
Ejemplar examinado: *Kiesling 4885* (SI).

Chenopodium papulosum Moq. var. *hastatum* Kurtz = **Chenopodium papulosum** Moq.

Chenopodium parodii Aellen
Sin.: *Chenopodium glaucum* L. subsp. *parodii* (Aellen) Aellen
Ref.: Aellen, 1929; Planchuelo, 1975; Giusti, 1984, 1997.
Hábito: Hierba.
Status: Endémica.
Elevación: 0-500 m.
Prov.: CHU, ME, NE, SC.
Ejemplar examinado: *Soriano 2436* (BAB).

Chenopodium patagonicum Phil. = **Chenopodium carnosulum** Moq.
Ref.: Moore, 1974.

Chenopodium petiolare Kunth
Sin.: *Chenopodium album* L. var. *andina* Remy, *Chenopodium bolivianum* Murr, p.p., *Chenopodium fremonti* auct. non S. Watson, *Chenopodium paniculatum* Hook., *Chenopodium sparsiflorum* Phil.
Ref.: Rundel et al., 1996; Giusti, 1997.
Hábito: Hierba.
Status: Nativa.
Elevación: 2000-3000 m.
Prov.: JU.
Paises limítrofes: BO, CH.
Ejemplar examinado: *Werdermann 733* (SI).

Chenopodium petiolare Kunth var. *leptophylloides* Murr = **Chenopodium dessicatum** A.Nelson var. **leptophylloides** (Murr) Wahl

Chenopodium philippianum Aellen
Ref.: Giusti, 1984, 1997.
Hábito: Hierba.
Status: Nativa.
Elevación: 2000-2500 m.
Prov.: NE.
Paises limítrofes: CH.
Ejemplar examinado: *Boelcke 11309* (BAB).

Chenopodium pilcomayense Aellen
Ref.: Planchuelo, 1975; Cuadrado, 1993; Giusti, 1997.
Hábito: Hierba.
Status: Nativa.
Elevación: 0-500 m.
Prov.: CH, CO, FO, JU, LR, SA, SE, SF.
Paises limítrofes: BO.
Ejemplar examinado: *Argañaraz 109* (SI).

Chenopodium pratericola Rydb. = **Chenopodium dessicatum** A.Nelson var. **leptophylloides** (Murr) Wahl

Chenopodium pratericola Rydb. var. *leptophylloides* (Murr) Aellen = **Chenopodium dessicatum** A.Nelson var. **leptophylloides** (Murr) Wahl
Ref.: Giusti, 1997.

Chenopodium pratericola Rydb. subsp. *eupratericola* Allem, nom. inval. = **Chenopodium dessicatum** A.Nelson var. **leptophylloides** (Murr) Wahl
Ref.: Giusti, 1997.

Chenopodium pumilio R. Br.
Ref.: Aellen & Just, 1943; Giusti, 1967, 1997.
Hábito: Hierba.
Status: Introducida.
Elevación: 0-500 m.
Prov.: BA, CO, LP, MI, TU.
Ejemplar examinado: *Saravia Toledo 1360* (SI).

Chenopodium purpurascens B. Juss. ex Jacq.
Ref.: Hauman & Irigoyen, 1923; Aellen, 1929; Dvorák, 1992.
Hábito: Hierba.
Status: Introducida.
Elevación: 0-500 m.
Prov.: BA.
Ejemplar examinado: *Buchtein 552* (SI).

Chenopodium quinoa Willd. var. **melanospermum** Hunz.
Sin.: *Chenopodium quinoa* Willd. subsp. *milleanum* Aellen
Ref.: Planchuelo, 1975; Giusti, 1997.
Hábito: Hierba.
Status: Nativa.
Elevación: 2000-3000 m.
Prov.: JU, SA.
Paises limítrofes: BO.
Ejemplar examinado: *Cámara Hernández 661* (SI).

Chenopodium quinoa Willd. subsp. *milleanum* Aellen = **Chenopodium quinoa** Willd. var. **melanospermum** Hunz.
Ref.: Giusti, 1997.

Chenopodium rafaelense Chodat & Wilczek = **Chenopodium papulosum** Moq.
Ref.: Aellen, 1929.

Chenopodium retusum (Moq.) Moq.
Sin.: *Ambrina retusa* Moq., *Chenopodium ambrosioides* L. subsp. *retusum* (Juss. ex Moq.) Aellen, *Chenopodium obovatum* Moq.
Ref.: Giusti, 1967, 1997; Cuadrado, 1993.
Hábito: Hierba.
Status: Nativa.
Elevación: 0-500 m.
Prov.: BA, COR, ER, LP.
Paises limítrofes: BR, UR.
Ejemplar examinado: *Arechavaleta s.n.* (SI 27953).

Chenopodium rigidum Lingelsh. = **Chenopodium graveolens** Willd. var. **bangii** (Murr) Aellen
Ref.: Múlgura, 1994a.

Chenopodium rubrum auct. non L. = **Chenopodium macrospermum** Hook. f. subsp. **macrospermum**
Ref.: Moore, 1983.

[Chenopodium rubrum L.]
Nota: Cita dudosa para la flora argentina.

Chenopodium rubrum L. var. *vulgaris* auct. non Wallr. = **Chenopodium macrospermum** Hook. f. subsp. **halophilum** (Phil.) Aellen f. **subviride** Thell.
Ref.: Aellen & Just, 1943.

Chenopodium ruiz-lealii Aellen
Ref.: Aellen, 1965; Giusti, 1997.
Hábito: Hierba.
Status: Endémica.
Elevación: 1000-2500 m.
Prov.: ME.
Ejemplar examinado: *Ruiz Leal 11112* (MERL).

Chenopodium scabricaule Speg.
Sin.: *Chenopodium scabricaule* Speg. f. *megalosperma* Speg., *Chenopodium scabricaule* Speg. f. *pusilla* Speg., *Chenopodium scabricaule* Speg. f. *robusta* Speg.
Ref.: Planchuelo, 1975; Giusti, 1997.
Hábito: Hierba.
Status: Endémica.
Elevación: 1000-3000 m.
Prov.: CHU, ME, RN, SC, SJ.
Ejemplar examinado: *Kiesling 8081* (SI).

Chenopodium scabricaule Speg. f. *megalosperma* Speg. = **Chenopodium scabricaule** Speg.

Chenopodium scabricaule Speg. f. *pusilla* Speg. = **Chenopodium scabricaule** Speg.

Chenopodium scabricaule Speg. f. *robusta* Speg. = **Chenopodium scabricaule** Speg.

Chenopodium scoparium L. = **Bassia scoparia** (L.) A.J. Scott
Ref.: Scott, 1978.

Chenopodium sooianum Aellen = **Chenopodium chilense** Schrad.
Ref.: Giusti, 1997.

Chenopodium sparsiflorum Phil. = **Chenopodium petiolare** Kunth
Ref.: Giusti, 1997.

[Chenopodium stuckertii Gand.]
Nota: Taxón dudoso.

Chenopodium tweedii Moq. = **Holmbergia tweedii** (Moq.) Speg.
Ref.: Giusti, 1967.

[Chenopodium urbicum L.]
Nota: Cita dudosa para la flora argentina.

Chenopodium venturii (Aellen) Cabrera, comb. superfl. = **Chenopodium venturii** Aellen ex Vorosch.
Ref.: Giusti, 1997.

Chenopodium venturii Aellen ex Vorosch.
Sin.: *Chenopodium ambrosioides* L. subsp. *venturii* Aellen, *Chenopodium venturii* (Aellen) Cabrera, comb. superfl.
Ref.: Aellen & Just, 1943; Cabrera, 1957; Giusti, 1997.
Hábito: Hierba.
Status: Endémica.
Elevación: 0-1000 m.
Prov.: JU, SA, TU.
Ejemplar examinado: *Cabrera 9034* (LP).

Chenopodium vulvaria auct. non L. = **Chenopodium carnosulum** Moq.
Ref.: Moore, 1974.

Chenopodium vulvaria L.
Ref.: Planchuelo, 1975; Giusti, 1984, 1997.
Hábito: Hierba.
Status: Introducida.
Elevación: 0-500 m.
Prov.: CHU.
Paises limítrofes: CH.
Ejemplar examinado: *Soriano 2350* (BAB).

Chenopodium zobelii A.Ludw. & Aellen, nom. illeg. = **Chenopodium borbasii** Murr
Ref.: Giusti, 1997.

Cycloloma Moq.
Número de especies: 1

Cycloloma atriplicifolium (Spreng.) Coult.
Sin.: *Cycloloma platyphylla* Moq., *Salsola atriplicifolia* Spreng.
Ref.: Giusti, 1967, 1997.
Hábito: Hierba.
Status: Introducida.
Elevación: 0-500 m.
Prov.: BA.
Ejemplar examinado: *Ibarra 3479* (BAA).

Cycloloma platyphylla Moq. = **Cycloloma atriplicifolium** (Spreng.) Coult.
Ref.: Giusti, 1967.

Echinopsilon hyssopifolium (Pall.) Moq. = **Bassia hyssopifolia** (Pall.) Kuntze
Ref.: Giusti, 1984.

Glaux atacamensis Phil. = [Nitrophila atacamensis (Phil.) Ulbr.]

Glaux densiflora Phil. = [Nitrophila densiflora (Phil.) Ulbr.]

Glaux mucronata Phil. = [Nitrophila mucronata (Phil.) Ulbr.]

Halocnemum ritterianum Moq. = **Heterostachys ritteriana** (Moq.) Moq.
Ref.: Giusti, 1984.

Halopeplis gilliesii Griseb. = **Heterostachys ritteriana** (Moq.) Moq.
Ref.: Giusti, 1984.

Halopeplis patagonica (Moq.) Ung.-Sternb. = **Allenrolfea patagonica** (Moq.) Kuntze
Ref.: Soriano, 1947b.

Halostachys patagonica Moq. = **Allenrolfea patagonica** (Moq.) Kuntze
Ref.: Soriano, 1947b.

Halostachys ritteriana (Moq.) Moq. = **Heterostachys ritteriana** (Moq.) Moq.
Ref.: Giusti, 1984.

Heterostachys Ung.-Sternb.
Número de especies: 2, 1 especie endémica.

Heterostachys olivascens (Speg.) Molfino, comb. superfl. = **Heterostachys olivascens** (Speg.) Speg.
Ref.: Soriano, 1947b.

Heterostachys olivascens (Speg.) Speg.
Sin.: *Heterostachys olivascens* (Speg.) Molfino, comb. superfl., *Spirostachys olivascens* Speg.
Ref.: Soriano, 1947b.
Hábito: Arbusto.
Status: Endémica.
Elevación: 0-500 m.
Prov.: BA, ME, RN.
Ejemplar examinado: *Soriano 454* (SI).

Heterostachys ritteriana (Moq.) Moq.
Sin.: *Halocnemum ritterianum* Moq., *Halopeplis gilliesii* Griseb., *Halostachys ritteriana* (Moq.) Moq., *Spirostachys ritteriana* (Moq.) Ung.-Sternb.
Ref.: Soriano, 1947b; Giusti, 1977.
Hábito: Arbusto.
Status: Nativa.
Elevación: 0-1000 m.
Prov.: BA, CA, CH, CHU, CO, LP, LR, ME, RN, SA, SJ, SL.
Paises limítrofes: BO.
Ejemplar examinado: *Soriano 1001* (SI).

Holmbergia Hicken
Número de especies: 1

Holmbergia exocarpa (Griseb.) Hicken = **Holmbergia tweedii** (Moq.) Speg.
Ref.: Giusti, 1967.

Holmbergia tweedii (Moq.) Speg.
Sin.: *Chenopodium exocarpum* Griseb., *Chenopodium tweedii* Moq., *Holmbergia exocarpa* (Griseb.) Hicken
Ref.: Giusti, 1967.
Hábito: Arbusto.
Status: Nativa.
Elevación: 0-500 m.
Prov.: BA, CH, CO, COR, ER, FO, JU, SA, SE, SF, TU.
Paises limítrofes: BO, PA.
Ejemplar examinado: *Schulz 246* (SI).

Kochia parodii Aellen = **Bassia scoparia** (L.) A.J. Scott
Ref.: Scott, 1978.

Kochia parodii Aellen var. *contracta* Aellen = **Bassia scoparia** (L.) A.J. Scott

Kochia parodii Aellen var. *densa* Aellen = **Bassia scoparia** (L.) A.J. Scott

Kochia parodii Aellen var. *elongata* Aellen = **Bassia scoparia** (L.) A.J. Scott

Kochia parodii Aellen var. *glabrescens* Aellen = **Bassia scoparia** (L.) A.J. Scott

Kochia scoparia (L.) Schrad. = **Bassia scoparia** (L.) A.J. Scott
Ref.: Scott, 1978.

Kochia scoparia (L.) Schrad. f. *densa* (Aellen) A. Soriano = **Bassia scoparia** (L.) A.J. Scott

Kochia scoparia (L.) Schrad. f. *densiflora* Moq. = **Bassia scoparia** (L.) A.J. Scott

Kochia scoparia (L.) Schrad. f. *remotiflora* Beck = **Bassia scoparia** (L.) A.J. Scott

Kochia scoparia (L.) Schrad. var. *pubescens* Fenzl = **Bassia scoparia** (L.) A.J. Scott

Kochia scoparia (L.) Schrad. var. *sieversiana* (Pall.) Graebn. = **Bassia scoparia** (L.) A.J. Scott

[*Lerchea bonariensis* Speg., nom. nud.]

Lerchea divaricata (Moq.) Speg. = **Suaeda divaricata** Moq.
Ref.: Hauman & Irigoyen, 1923.

Lerchea fruticosa (L.) Moench var. *brachyphylla* Speg. = **Suaeda argentinensis** A. Soriano
Ref.: Teillier, 1996.

[Lerchea fruticosa (L.) Moench var. megalosperma Speg.]
Nota: Taxón dudoso.

Lerchea maritima (L.) Kuntze = [Suaeda maritima (L.) Dumort.]
Ref.: Hauman & Irigoyen, 1923.

[Lerchea maritima (L.) Kuntze var. australis (R. Br.) Kuntze]
Nota: Taxón dudoso.

Lerchea patagonica (Speg.) Speg. = **Suaeda patagonica** Speg.
Ref.: Hauman & Irigoyen, 1923.

Monolepis Schrad.

Número de especies: 1

Monolepis chenopodioides (Nutt.) Moq. = **Monolepis nuttalliana** (Schult.) Green
Ref.: Giusti, 1967.

Monolepis nuttalliana (Schult.) Green
Sin.: *Blitum chenopodioides* Nutt., hom. illeg., *Blitum nuttallianum* Schult., *Monolepis chenopodioides* (Nutt.) Moq., *Monolepis patagonica* Ulbr.
Ref.: Giusti, 1967, 1984, 1997.
Hábito: Hierba.
Status: Introducida.
Elevación: 0-500 m.
Prov.: BA, CHU, LP, NE, RN.
Ejemplar examinado: *Fisher 136* (SI).

Monolepis patagonica Ulbr. = **Monolepis nuttalliana** (Schult.) Green
Ref.: Giusti, 1967.

Nitrophila S.Watson

Número de especies: 1 especie endémica.

[Nitrophila atacamensis (Phil.) Ulbr.]
Sin.: *Glaux atacamensis* Phil.
Ref.: Poblete, 1989.
Nota: Especie excluida de la flora argentina.

Nitrophila australis Chodat & Wilczek var. **australis**
Ref.: Soriano, 1944a; Giusti, 1967, 1997.
Hábito: Hierba.
Status: Endémica.
Elevación: 0-500 m.
Prov.: BA, CA, JU, LR, ME, RN, SA, SJ.
Ejemplar examinado: *Cabrera 33046* (SI).

Nitrophila australis Chodat & Wilczek var. **kuntzei** (Ulbr.) A. Soriano
Sin.: *Nitrophila kuntzei* Ulbr.
Ref.: Soriano, 1944a, 1956; Giusti, 1984, 1997.
Hábito: Hierba.
Status: Endémica.
Prov.: CHU, RN, SC.
Ejemplar examinado: *Soriano 1422* (SI).

[Nitrophila densiflora (Phil.) Ulbr.]
Sin.: *Glaux densiflora* Phil.
Ref.: Soriano, 1944a.
Nota: Taxón dudoso.

Nitrophila kuntzei Ulbr. = **Nitrophila australis** Chodat & Wilczek var. **kuntzei** (Ulbr.) A. Soriano
Ref.: Giusti, 1984.

[Nitrophila mucronata (Phil.) Ulbr.]
Sin.: *Glaux mucronata* Phil.
Ref.: Soriano, 1944a.
Nota: Taxón dudoso.

[Nitrophila occidentalis (Moq.) S. Watson]
Sin.: *Banalia occidentalis* Moq.
Ref.: Poblete, 1989.
Nota: Especie excluida de la flora argentina.

[Nitrophila occidentalis (Moq.) S. Watson var. argentina Kurtz]
Nota: Taxón dudoso.

Obione gardnerii Moq. = **Atriplex gardnerii** (Moq.) D. Dietr.
Ref.: Múlgura, 1981a.

Obione imbricata Moq. = **Atriplex imbricata** (Moq.) D. Dietr.
Ref.: Múlgura, 1981a.

Obione lampa Moq. = **Atriplex lampa** (Moq.) D. Dietr.
Ref.: Múlgura, 1981a.

Obione montevidensis (Spreng.) DC. = **Atriplex montevidense** Spreng.
Ref.: Giusti, 1997.

Obione patagonica Moq. = **Atriplex patagonica** (Moq.) D. Dietr.
Ref.: Múlgura, 1981a.

Obione pusilla Wedd., hom. illeg. = **Atriplex myriophylla** Phil.
Ref.: Múlgura, 1984.

Obione undulata Moq. = **Atriplex undulata** (Moq.) D. Dietr.
Ref.: Múlgura, 1981a.

Roubieva bonariensi Hook. f. = **Chenopodium haumanii** Ulbr.
Ref.: Giusti, 1987.

Roubieva microcarpa Phil. = [Chenopodium microcarpum (Phil.) A. Tronc.]

Roubieva multifida (L.) Moq. = **Chenopodium multifidum** L.
Ref.: Giusti, 1967.

Salicornia ambigua Michx. = **Sarcocornia perennis** (Mill.) A.J. Scott
Ref.: Scott, 1977.

Salicornia andina Phil. = [Salicornia fruticosa (L.) L. var. andina (Phil.) Gunckel]
Ref.: Gunckel, 1978.

Salicornia bergii Lorentz & Niederl. = **Sarcocornia perennis** (Mill.) A.J. Scott

Salicornia corticosa (Meyen) Walp. = [Salicornia fruticosa (L.) L. var. corticosa (Meyen) Gunckel]

[Salicornia corticosa (Meyen) Walp. f. procumbens Speg.]
Nota: Taxón dudoso.

[Salicornia corticosa (Meyen) Walp. f. typica Speg., nom. inval.]
Nota: Taxón dudoso.

Salicornia corticosa (Meyen) Walp. var. *nachtigallii* Niederl. = **Sarcocornia perennis** (Mill.) A.J. Scott

Salicornia doeringii Lorentz & Niederl. = **Sarcocornia perennis** (Mill.) A.J. Scott

Salicornia europea L. var. *fruticosa* L. = [Sarcocornia fruticosa (L.) A.J. Scott]
Ref.: Scott, 1977.

Salicornia fruticosa (L.) L. = [Sarcocornia fruticosa (L.) A.J. Scott]

[Salicornia fruticosa (L.) L. var. andina (Phil.) Gunckel]
Sin.: *Salicornia andina* Phil., *Salicornia peruviana* Kunth var. *andina* (Phil.) Reiche
Ref.: Gunckel, 1978.
Nota: Taxón dudoso.

[Salicornia fruticosa (L.) L. var. corticosa (Meyen) Gunckel]
Sin.: *Salicornia corticosa* (Meyen) Walp., *Salicornia gaudichaudiana* Moq., hom. illeg., *Salicornia peruviana* Kunth var. *corticosa* (Meyen) Reiche, *Suaeda corticosa* Meyen
Nota: Taxón dudoso.

Salicornia fruticosa (L.) L. var. *doeringii* (Lorentz & Niederl.) Speg. = **Sarcocornia perennis** (Mill.) A.J. Scott

[Salicornia fruticosa (L.) L. var. macrostachya Speg.]
Nota: Taxón dudoso.

Salicornia fruticosa (L.) L. var. *peruviana* (Kunth) Ung.-Sternb. = [Sarcocornia fruticosa (L.) A.J. Scott]

Salicornia gaudichaudiana Moq., hom. illeg. = [Salicornia fruticosa (L.) L. var. corticosa (Meyen) Gunckel]

Salicornia magellanica Phil. = **Sarcocornia perennis** (Mill.) A.J. Scott

Salicornia perennis Mill. = **Sarcocornia perennis** (Mill.) A.J. Scott
Ref.: Scott, 1977.

Salicornia peruviana Kunth = [Sarcocornia fruticosa (L.) A.J. Scott]
Ref.: Scott, 1977.

Salicornia peruviana Kunth var. *andina* (Phil.) Reiche = [Salicornia fruticosa (L.) L. var. andina (Phil.) Gunckel]
Ref.: Gunckel, 1978.

Salicornia peruviana Kunth var. *corticosa* (Meyen) Reiche = [Salicornia fruticosa (L.) L. var. corticosa (Meyen) Gunckel]

Salicornia peruviana Kunth var. *doeringii* (Lorentz & Niederl.) Reiche = **Sarcocornia perennis** (Mill.) A.J. Scott

Salicornia pulvinata R.E. Fr. = **Sarcocornia pulvinata** (R.E. Fr.) A.J. Scott
Ref.: Scott, 1977.

Salsola L.

Número de especies: 2

Salsola atriplicifolia Spreng. = **Cycloloma atriplicifolium** (Spreng.) Coult.
Ref.: Giusti, 1967.

Salsola carinata (R. Br.) Spreng. = **Chenopodium carinatum** R. Br.
Ref.: Giusti, 1997.

Salsola hyssopifolia Pall. = **Bassia hyssopifolia** (Pall.) Kuntze
Ref.: Giusti, 1984.

Salsola kali L. f. *hirsuta* (Hornem.) Asch. & Graebn. = **Salsola kali** L. var. **hirsuta** Hornem.

Salsola kali L. var. **hirsuta** Hornem.
Sin.: *Salsola kali* L. f. *hirsuta* (Hornem.) Asch. & Graebn.
Ref.: Soriano, 1944b.
Hábito: Hierba.
Status: Introducida.
Elevación: 0-500 m.
Prov.: BA, LP, ME, NE, RN.
Ejemplar examinado: *Hicken 27* (SI).

Salsola kali L. var. **kali**
Ref.: Giusti, 1997.
Hábito: Hierba.
Status: Adventicia.
Elevación: 0-500 m.
Prov.: BA, CHU, LP, ME, NE, SC.
Paises limítrofes: CH.
Ejemplar examinado: *Soriano 1250* (BAB).

Salsola kali L. var. **tragus** (L.) Moq.
Sin.: *Salsola tragus* L.
Ref.: Soriano, 1944b; Giusti, 1997.
Status: Introducida.
Prov.: BA, ME.
Paises limítrofes: UR.
Ejemplar examinado: *Hicken s.n.* (SI).

Salsola mendocinensis Gillies = **Suaeda divaricata** Moq.
Ref.: Soriano, 1942.

Salsola microphylla Cav. = **Salsola vermiculata** L. var. **microphylla** (Cav.) Moq.

Salsola soda L. var. **pumila** Albert
Ref.: Soriano, 1944b.
Hábito: Hierba.
Status: Introducida.
Elevación: 0-500 m.
Prov.: BA.
Ejemplar examinado: *Soriano 530* (BAB).

Salsola soda L. var. **soda**
Ref.: Soriano, 1944b.
Hábito: Hierba.
Status: Introducida.
Elevación: 0-500 m.
Prov.: BA.
Ejemplar examinado: *Carette s.n.* (LP).

Salsola tragus L. = **Salsola kali** L. var. **tragus** (L.) Moq.

[Salsola vermiculata L. var. microphylla (Cav.) Moq.]
Sin.: *Salsola microphylla* Cav.
Ref.: Soriano, 1944b.
Nota: Especie excluida de la flora argentina.

Sarcocornia A.J. Scott
Número de especies: 2

[Sarcocornia fruticosa (L.) A.J. Scott]
Sin.: *Salicornia europea* L. var. *fruticosa* L., *Salicornia fruticosa* (L.) L., *Salicornia fruticosa* (L.) L. var. *peruviana* (Kunth) Ung.-Sternb., *Salicornia peruviana* Kunth
Ref.: Scott, 1977.
Nota: Especie excluida de la flora argentina.

Sarcocornia perennis (Mill.) A.J. Scott
Sin.: *Salicornia ambigua* Michx., *Salicornia bergii* Lorentz & Niederl., *Salicornia corticosa* (Meyen) Walp. var. *nachtigallii* Niederl., *Salicornia doeringii* Lorentz & Niederl., *Salicornia fruticosa* (L.) L. var. *doeringii* (Lorentz & Niederl.) Speg., *Salicornia magellanica* Phil., *Salicornia perennis* Mill., *Salicornia peruviana* Kunth var. *doeringii* (Lorentz & Niederl.) Reiche
Ref.: Soriano, 1947b; Scott, 1977; Múlgura, 1994a.
Status: Introducida.
Prov.: BA, CH, CHU, FO, JU, LP, ME, NE, RN, SA, SC, SE, SF, SJ, SL, TF.
Paises limítrofes: CH, UR.
Ejemplar examinado: *Kiesling 4869* (SI).

Sarcocornia pulvinata (R.E. Fr.) A.J. Scott
Sin.: *Salicornia pulvinata* R.E. Fr.
Ref.: Scott, 1977.
Hábito: Hierba.
Status: Nativa.
Elevación: 2000-3000 m.
Prov.: JU, SA.
Paises limítrofes: BO, CH.
Ejemplar examinado: *Krapovickas 3315* (SI).

Spirostachys olivascens Speg. = **Heterostachys olivascens** (Speg.) Speg.
Ref.: Soriano, 1947b.

Spirostachys patagonica (Moq.) Benth. & Hook., nom. superfl. = **Allenrolfea patagonica** (Moq.) Kuntze
Ref.: Soriano, 1947b.

Spirostachys patagonica (Moq.) Griseb. = **Allenrolfea patagonica** (Moq.) Kuntze
Ref.: Soriano, 1947b.

Spirostachys ritteriana (Moq.) Ung.-Sternb. = **Heterostachys ritteriana** (Moq.) Moq.
Ref.: Giusti, 1984.

Spirostachys vaginata Griseb. = **Allenrolfea vaginata** (Griseb.) Kuntze
Ref.: Soriano, 1947b.

Suaeda Forssk. ex Scop.
Número de especies: 6, 1 especie endémica.

Suaeda altissima (L.) Pall.
Sin.: *Chenopodium altissimum* L.
Ref.: Giusti, 1984.
Hábito: Hierba.
Status: Introducida.
Prov.: RN.
Ejemplar examinado: *Soriano 1234* (BAB).

Suaeda argentinensis A. Soriano
Sin.: *Lerchea fruticosa* (L.) Moench. var. *brachyphylla* Speg., *Suaeda fruticosa* (L.) Forssk. var. *brachyphylla* (Speg.) Reiche
Ref.: Soriano, 1942; Teillier, 1996.
Hábito: Hierba.
Status: Nativa.
Elevación: 0-500 m.
Prov.: BA, CHU, RN, SC, TF.
Paises limítrofes: CH.
Ejemplar examinado: *Burkart 15817* (SI).

Suaeda corticosa Meyen = [Salicornia fruticosa (L.) L. var. corticosa (Meyen) Gunckel]

Suaeda densiflora A. Soriano ex Giusti
Ref.: Giusti, 1984.
Hábito: Hierba.
Status: Endémica.
Elevación: 0-500 m.
Prov.: RN.
Ejemplar examinado: *Soriano 2855* (tipo, BAB).

Suaeda divaricata Moq.
Sin.: *Lerchea divaricata* (Moq.) Speg., *Salsola mendocinensis* Gillies
Ref.: Giusti, 1984.
Hábito: Arbusto.
Status: Nativa.
Elevación: 0-1000 m.
Prov.: BA, CA, CHU, CO, FO, JU, LP, LR, ME, NE, RN, SE, SJ, SL, TU.
Ejemplar examinado: *Covas 18522* (SI).

Suaeda fruticosa (L.) Forssk.
Sin.: *Chenopodium fruticosum* L.
Ref.: Soriano, 1945.
Hábito: Hierba.
Status: Introducida.
Elevación: 0-500 m.
Prov.: BA.
Ejemplar examinado: *Spegazzini 12661* (LP).

Suaeda fruticosa (L.) Forssk. var. *brachyphylla* (Speg.) Reiche = **Suaeda argentinensis** A. Soriano
Ref.: Teillier, 1996.

[Suaeda maritima (L.) Dumort.]
Sin.: *Chenopodium maritimum* L., *Lerchea maritima* (L.) Kuntze
Nota: Especie excluida de la flora argentina.

Suaeda patagonica Speg.
Sin.: *Lerchea patagonica* (Speg.) Speg., *Suaeda patagonica* Speg. var. *crassiuscula* A. Soriano
Ref.: Giusti, 1984; Cuadrado, 1993.
Hábito: Hierba.
Status: Nativa.
Elevación: 0-500 m.
Prov.: BA, ER, LP, RN, SC, SF.
Paises limítrofes: CH.
Ejemplar examinado: *Nicora 4170* (SI).

Suaeda patagonica Speg. var. *crassiuscula* A. Soriano = **Suaeda patagonica** Speg.
Ref.: Giusti, 1984.

Teloxys mandonii S.Watson = **Chenopodium graveolens** Willd. var. **bangii** (Murr) Aellen
Ref.: Aellen & Just, 1943.

CISTACEAE

1 género, 1 especie.

Cistus brasiliensis Lam. = **Halimium brasiliense** (Lam.) Grosser
Ref.: Parodi, 1943; Fabris, 1966b; Hunziker, 1984b.

Halimium Spach
Número de especies: 1

Halimium brasiliense (Lam.) Grosser
Sin.: *Cistus brasiliensis* Lam., *Helianthemum brasiliense* (Lam.) Pers.
Ref.: Parodi, 1943; Fabris, 1966b; Hunziker, 1984b.
Hábito: Hierba.
Status: Nativa.
Elevación: 0–500 m.
Prov.: BA, CO, COR, ER, SJ.
Paises limítrofes: BR, UR.
Ejemplar examinado: *Cabrera 4706* (LP).

Helianthemum brasiliense (Lam.) Pers. = **Halimium brasiliense** (Lam.) Grosser
Ref.: Parodi, 1943; Fabris, 1966b; Hunziker, 1984b.

[Helianthemum chamaecistus Mill.]
Ref.: Hunziker, 1984b.
Nota: Cita dudosa para la flora argentina.

CLETHRACEAE

1 género, 1 especie.

Clethra L.
Número de especies: 1

Clethra brasiliensis Cham. & Schltdl. = **Clethra scabra** Pers.
Ref.: Sleumer, 1967; Cabrera, 1983a.

Clethra maromensis Villa-Carenzo = **Clethra scabra** Pers.
Ref.: Sleumer, 1967; Cabrera, 1983a.

Clethra scabra Pers.
Sin.: *Clethra brasiliensis* Cham. & Schltdl., *Clethra maromensis* Villa-Carenzo.
Ref.: Cabrera, 1983a; Hunziker, 1984b.
Hábito: Árbol.
Status: Nativa.
Elevación: 1000–2000 m.
Prov.: SA.
Paises limítrofes: BO, BR.
Ejemplar examinado: *Sleumer 3862* (SI).

CLUSIACEAE

2 géneros, 15 especies.

Garcinia brasiliensis Mart. = **Rheedia brasiliensis** (Mart.) Planch. & Triana

Hypericum L.
Número de especies: 14

Hypericum anceps Larrañaga
Ref.: Robson, 1990.
Hábito: Subarbusto.
Status: Nativa.
Elevación: 0–500 m.

Prov.: COR.
Paises limítrofes: BR, UR.
Ejemplar examinado: *Krapovickas et al. 20155* (CTES).

Hypericum bonariense Griseb. = **Hypericum silenoides** Juss.
Ref.: Robson, 1990.

Hypericum brasiliense Choisy in DC.
Ref.: Smith, 1958; Robson, 1990.
Hábito: Arbusto.
Status: Nativa.
Elevación: 0–2500 m.
Prov.: BA, CH, COR, DF, ER, FO, MI, TU.
Paises limítrofes: BO, BR, PA, UR.
Ejemplar examinado: *Bacigalupo et al. 1317* (SI).

Hypericum brevistylum Choisy
Ref.: Robson, 1990.
Hábito: Hierba.
Status: Nativa.
Elevación: 1500–4000 m.
Prov.: JU, SA.
Paises limítrofes: BO.
Ejemplar examinado: *Cabrera 18378* (LP).

Hypericum campestre Cham. & Schltdl. subsp. **campestre**
Ref.: Robson, 1990.
Hábito: Arbusto.
Status: Nativa.
Elevación: 0–1000 m.
Prov.: BA, COR, MI.
Paises limítrofes: BR, UR.
Ejemplar examinado: *Mroginski et al. 375* (CTES, LP).

Hypericum campestre subsp. **tenue** N. Robson
Ref.: Robson, 1990.
Hábito: Subarbusto.
Status: Nativa.
Elevación: 0–1000 m.
Prov.: CH, MI.
Paises limítrofes: PA.
Ejemplar citado: *Montes 1414**.

Hypericum caprifoliatum Cham. & Schltdl.
Ref.: Robson, 1990.
Hábito: Hierba.
Status: Nativa.
Elevación: 0–1000 m.
Prov.: MI.
Paises limítrofes: BR.
Ejemplar citado: *Bertoni 2964** (F).

Hypericum carinatum Griseb.
Ref.: Robson, 1990.
Hábito: Hierba.
Status: Nativa.
Elevación: 0–2000 m.
Prov.: BA, COR, COR, ER, FO, MI, SA.
Paises limítrofes: BR, PA, UR.
Ejemplar examinado: *Pedersen 8754* (LP).

Hypericum connatum Lam.
Sin.: *Hypericum connatum* var. *fiebrigii* Briq., *Hypericum cyatifolium* Larrañaga.
Ref.: Robson, 1990.
Hábito: Arbusto.
Status: Nativa.
Elevación: 0–2000 m.
Prov.: BA, CH, CO, COR, ER, FO, JU, MI, SA, SL, TU.
Paises limítrofes: BO, BR, PA, UR.
Ejemplar examinado: *Cabrera y Sagástegui 19296* (LP).

Hypericum connatum var. *fiebrigii* Briq. = **Hypericum connatum** Lam.
Ref.: Robson, 1990.

Hypericum cyatifolium Larrañaga = **Hypericum connatum** Lam.
Ref.: Robson, 1990.

Hypericum denudatum A. St.-Hil.
Ref.: Robson, 1990.
Hábito: Arbusto o subarbusto.
Status: Nativa.
Elevación: 0–500 m.
Prov.: MI.
Paises limítrofes: BR.
Nota: Robson (1990) la cita para Argentina sin mencionar material de herbario.

Hypericum dichotomum Phil. = **Hypericum silenoides** Juss.
Ref.: Robson, 1990.

Hypericum linoides A. St.-Hil.
Ref.: Robson, 1990.
Hábito: Subarbusto.
Status: Nativa.
Elevación: 0–1000 m.
Prov.: BA.
Paises limítrofes: BR, UR.
Ejemplar examinado: *Burkart 4501* (SI).

Hypericum lorentzianum Gilg ex R. Keller
Ref.: Robson, 1990.
Hábito: Hierba.
Status: Nativa.
Elevación: 0–1500 m.
Prov.: COR, MI, SA.
Paises limítrofes: BR, PA, UR.
Ejemplar examinado: *Tressens et al. 2782* (CTES).

Hypericum mutilum L.
Ref.: Cabrera, 1966b; Robson, 1990.
Hábito: Hierba.
Status: Nativa.
Elevación: 0–2000 m.
Prov.: BA, COR, ER, MI.
Paises limítrofes: BR, PA, UR.
Ejemplar examinado: *Burkart 14021* (SI).

Hypericum myrianthum Cham. & Schltdl.
Ref.: Robson, 1990.
Hábito: Subarbusto.
Status: Nativa.
Elevación: 0–1000 m.
Prov.: COR, ER, MI.
Paises limítrofes: BR, UR.
Ejemplar citado: *Ibarrola 2749**.

Hypericum perforatum L.
Ref.: Cabrera, 1966b; Covas, 1968a.
Hábito: Hierba.
Status: Adventicia.
Elevación: 0–500 m.
Prov.: BA, CHU, LP, NE.
Paises limítrofes: CH.
Ejemplar examinado: *Rossow et al. 1277* (BAB, CTES).

Hypericum silenoides Juss.
Sin.: *Hypericum bonariense* Griseb., *Hypericum dichotomum* Phil.
Ref.: Robson, 1990.
Hábito: Hierba.
Status: Nativa.
Elevación: 500–3500 m.
Prov.: CO, JU, SA, TU.
Paises limítrofes: BO, CH.
Ejemplar examinado: *Burkart y Troncoso 11284* (SI).

Rheedia L.
Número de especies: 1

Rheedia brasiliensis (Mart.) Planch. & Triana
Sin.: *Garcinia brasiliensis* Mart.
Ref.: Schulz, 1963; Dimitri, 1974a.
Hábito: Árbol.
Status: Nativa.
Elevación: 0–500 m.
Prov.: CH, COR, FO, MI.
Paises limítrofes: BO, BR, PA.
Ejemplar examinado: *Burkart 15339* (SI).

[Rheedia brasiliensis Chodat & Hassl.]
Ref.: Molfino, 1926.
Nota: Cita dudosa para la flora argentina.

COCHLOSPERMACEAE

1 género, 1 especie.

Cochlospermum Kunth
Número de especies: 1

Cochlospermum argentinense (Speg.) Hauman = **Cochlospermum tetraporum** Hallier f.
Ref.: Poppendieck, 1981.

Cochlospermum tetraporum Hallier f.
Sin.: *Cochlospermum argentinense* (Speg.) Hauman, *Cochlospermum zahlbruckneri* Osterm., *Maximilianea argentinensis* Speg., *Maximilianea tetrapora* (Hallier f.) S.F. Blake.
Ref.: Poppendieck, 1980, 1981; Legname, 1982.
Hábito: Árbol.
Status: Nativa.
Elevación: 0–1000 m.
Prov.: JU, SA.
Paises limítrofes: BO.
Ejemplar examinado: *Cabrera et al. 31009* (SI).

Cochlospermum zahlbruckneri Osterm. = **Cochlospermum tetraporum** Hallier f.
Ref.: Poppendieck, 1981.

Maximilianea argentinensis Speg. = **Cochlospermum tetraporum** Hallier f.

Maximilianea tetrapora (Hallier f.) S.F. Blake = **Cochlospermum tetraporum** Hallier f.
Ref.: Poppendieck, 1981.

COMBRETACEAE

2 géneros, 6 especies.

por E. R. Guaglianone

Chuncoa triflora Griseb. = **Terminalia triflora** (Griseb.) Lillo
Ref.: Exell, 1939.

Combretum Loefl., nom. cons.
Número de especies: 4

Combretum bugi Cambess. = **Combretum laxum** Jacq.
Ref.: Exell, 1953.

Combretum fruticosum (Loefl.) Stuntz
Sin.: *Combretum micropetalum* DC., *Combretum occidentale* L., nom. illeg., *Combretum secundum* Jacq., *Gaura fruticosa* Loefl.
Ref.: Exell, 1939, 1953; Guaglianone, 1998.
Hábito: Arbusto o liana.
Status: Nativa.
Elevación: 0-500 m.
Prov.: BA, CH, COR, ER, FO, MI.
Paises limítrofes: BO, BR, PA, UR.

Combretum hasslerianum Chodat = **Combretum leprosum** Mart.
Ref.: Exell, 1953.

Combretum jacquinii Griseb., nom. illeg. = **Combretum laxum** Jacq.
Ref.: Exell, 1953.

Combretum laxum Jacq.
Sin.: *Combretum bugi* Cambess., *Combretum jacquinii* Griseb., nom. illeg., *Combretum mexicanum* Humb. & Bonpl., *Combretum mexicanum* Humb. & Bonpl. var. *obovata* DC., *Combretum variabile* Mart.
Ref.: Exell, 1939, 1953; Guaglianone, 1998.
Hábito: Arbusto o liana.
Status: Nativa.
Elevación: 0-500 m.
Prov.: CH, COR, FO, MI.
Paises limítrofes: BO, BR, PA.
Ejemplar examinado: *Fortunato 2496* (BAB, SI).

Combretum leprosum Mart.
Sin.: *Combretum hasslerianum* Chodat
Ref.: Exell, 1953; Guaglianone, 1998.
Hábito: Arbusto.
Status: Nativa.
Elevación: 0-500 m.
Prov.: FO.
Paises limítrofes: BO, BR, PA.
Ejemplar examinado: *Villa s.n.* (BAF).

Combretum melliﬂuum Eichler var. *cuspidatum* Hassl. = **Combretum mellifluum** Eichler
Ref.: Exell, 1953.

Combretum mellifluum Eichler
Sin.: *Combretum mellifluum* Eichler var. *cuspidatum* Hassl.
Ref.: Molfino, 1923b; Guaglianone, 1998.
Hábito: Arbusto.
Status: Nativa.
Elevación: 0-500 m.
Prov.: MI.
Paises limítrofes: BR, PA.
Ejemplar examinado: *Muniez s.n.* (BAF).

Combretum mexicanum Humb. & Bonpl. = **Combretum laxum** Jacq.
Ref.: Exell, 1953.

Combretum mexicanum Humb. & Bonpl. var. *obovata* DC. = **Combretum laxum** Jacq.

Combretum micropetalum DC. = **Combretum fruticosum** (Loefl.) Stuntz
Ref.: Exell, 1953.

Combretum occidentale L., nom. illeg. = **Combretum fruticosum** (Loefl.) Stuntz
Ref.: Exell, 1953.

Combretum secundum Jacq. = **Combretum fruticosum** (Loefl.) Stuntz
Ref.: Exell, 1953.

Combretum variabile Mart. = **Combretum laxum** Jacq.
Ref.: Exell, 1953.

Myrobalanus argentea (Mart.) Kuntze = [Terminalia argentea Mart.]

Myrobalanus australis (Cambess.) Kuntze = **Terminalia australis** Cambess.

Myrobalanus balansae Kuntze = **Terminalia triflora** (Griseb.) Lillo
Ref.: Exell, 1939.

Myrobalanus triflora (Griseb.) Kuntze = **Terminalia triflora** (Griseb.) Lillo

Terminalia L., nom. cons.
Número de especies: 2

[Terminalia argentea Mart.]
Sin.: *Myrobalanus argentea* (Mart.) Kuntze, *Terminalia biscutella* Eichler, *Terminalia modesta* Eichler
Ref.: Alwan, 1983.
Nota: Cita dudosa para la flora argentina.

Terminalia australis Cambess.
Sin.: *Myrobalanus australis* (Cambess.) Kuntze
Ref.: Exell, 1939; Guaglianone, 1998.
Hábito: Árbol.
Status: Nativa.
Elevación: 0-500 m.
Prov.: BA, COR, ER, MI.
Paises limítrofes: BR, PA, UR.
Ejemplar examinado: *Bacigalupo 1289* (SI).

Terminalia balansae (Kuntze) Hassl., comb. superfl. = **Terminalia triflora** (Griseb.) Lillo
Ref.: Alwan, 1983.

Terminalia balansaei (Kuntze) K. Schum. = **Terminalia triflora** (Griseb.) Lillo
Ref.: Alwan, 1983.

Terminalia biscutella Eichler = [Terminalia argentea Mart.[

Terminalia hassleriana Chodat = **Terminalia triflora** (Griseb.) Lillo
Ref.: Exell, 1939.

Terminalia modesta Eichler = [Terminalia argentea Mart.]

Terminalia triflora (Griseb.) Lillo
Sin.: *Chuncoa triflora* Griseb., *Myrobalanus balansae* Kuntze, *Myrobalanus triflora* (Griseb.) Kuntze, *Terminalia balansae* (Kuntze) Hassl., comb. superfl., *Terminalia balansaei* (Kuntze) K. Schum., *Terminalia hassleriana* Chodat
Ref.: Alwan, 1983; Guaglianone, 1998.
Hábito: Árbol.
Status: Nativa.
Elevación: 0-2000 m.
Prov.: CA, CH, COR, FO, JU, MI, SA, SF, TU.
Paises limítrofes: BO, BR, PA.
Ejemplar examinado: *Schulz 97* (SI).

CONVOLVULACEAE

11 géneros, 95 especies; 15 especies, 3 variedades y 1 forma endémicas.

por A. Krapovickas

Aniseia Choisy
Número de especies: 2

Aniseia argentina (N.E. Br.) O'Donell
Sin.: *Ipomoea argentina* N.E. Br., *Ipomoea argentinensis* Speg.
Ref.: O'Donell, 1950b, 1960.
Hábito: Hierba.
Status: Nativa.
Elevación: 0-500 m.
Prov.: BA, CH, COR, ER, FO, MI, SF.
Paises limítrofes: BR, PA, UR.
Ejemplar examinado: *Schulz 4002* (CTES, LIL).

Aniseia arifolia Meisn. = **Calystegia sepium** (L.) R. Br. var. **americana** (Sims) Kitag.
Ref.: O'Donell, 1959b.

Aniseia costata (Meyen) Walp. = **Convolvulus hermanniae** L'Hér.
Ref.: O'Donell, 1959b.

Aniseia diversifolia Walp. = **Convolvulus bonariensis** Cav.
Ref.: O'Donell, 1959b.

Aniseia hastata Meisn. = **Ipomoea fimbriosepala** Choisy
Ref.: O'Donell, 1959b.

Aniseia martinicensis (Jacq.) Choisy var. **ambigua** Hallier f.
Ref.: O'Donell, 1960.
Hábito: Hierba.
Status: Nativa.
Elevación: 0-500 m.
Prov.: MI.
Paises limítrofes: BO, BR, PA.
Ejemplar examinado: *Schwarz 5573* (LIL).

Argyreia hieronymi (Kuntze) K. Schum. = **Ipomoea hieronymi** (Kuntze) O'Donell var. **hieronymi**
Ref.: O'Donell, 1948, 1959b.

Argyreia juramenti (Kuntze) K. Schum. = **Ipomoea argentinica** Peter
Ref.: O'Donell, 1959b.

Argyreia megapotamica Griseb. = **Ipomoea hieronymi** (Kuntze) O'Donell var. **hieronymi**
Ref.: O'Donell, 1959b.

Argyreia megapotamica Griseb. var. *puberula* Griseb. = **Ipomoea hieronymi** (Kuntze) O'Donell var. **hieronymi**
Ref.: O'Donell, 1948, 1959b.

Batatas cavanillesii (Roem. & Schult.) G. Don = **Ipomoea cairica** (L.) Sweet
Ref.: O'Donell, 1959b.

Batatas cissoides (Lam.) Choisy = **Merremia cissoides** (Lam.) Hallier f.
Ref.: O'Donell, 1939, 1941.

Batatas crassicaulis Benth. = **Ipomoea carnea** Jacq. subsp. **fistulosa** (Choisy) D.F. Austin
Ref.: Austin & Huáman, 1996.

Batatas glabra (Aubl.) Benth. = **Merremia macrocalyx** (Ruiz & Pav.) O'Donell
Ref.: O'Donell, 1941.

Batatas papiru (Ruiz & Pav.) G. Don = **Ipomoea pubescens** Lam.
Ref.: O'Donell, 1959b.

Batatas setosa (Ker Gawl.) Lindl. = **Ipomoea setosa** Ker Gawl.
Ref.: O'Donell, 1959b.

Batatas subtriloba (Ruiz & Pav.) G. Don = **Ipomoea pubescens** Lam.
Ref.: O'Donell, 1959b.

Bonamia Thouars, nom. cons.

Número de especies: 1 especie endémica.

Bonamia sericea (Griseb.) Hallier f. var. **latifolia** O'Donell
Ref.: O'Donell, 1959b.
Hábito: Hierba.
Status: Endémica.
Elevación: 0-500 m.
Prov.: SE, TU.
Ejemplar examinado: *O'Donell 5413* (LIL).

Bonamia sericea (Griseb.) Hallier f. var. **sericea**
Sin.: *Breweria sericea* Griseb., *Convolvulus breweraceus* Kuntze
Ref.: O'Donell, 1959b.
Hábito: Hierba.
Status: Endémica.
Elevación: 0-1000 m.
Prov.: CA, CH, CO, LR, SE, SL.
Ejemplar examinado: *Meyer 12948* (CTES, LIL).

Breweria sericea Griseb. = **Bonamia sericea** (Griseb.) Hallier f. var. **sericea**
Ref.: O'Donell, 1959b.

Calonyction aculeatum (L.) House = **Ipomoea alba** L.
Ref.: O'Donell, 1959b.

Calonyction bona-nox (L.) Bojer = **Ipomoea alba** L.
Ref.: O'Donell, 1959b.

Calonyction muricatum (L.) G. Don = **Ipomoea turbinata** Lag.
Ref.: Austin, 1982.

Calonyction pavoni Hallier f. = **Ipomoea setosa** Ker Gawl.
Ref.: O'Donell, 1959b.

Calonyction pulcherrimum D. Parodi = **Ipomoea alba** L.
Ref.: O'Donell, 1959b.

Calonyction setosum (Ker Gawl.) Hallier f. = **Ipomoea setosa** Ker Gawl.
Ref.: O'Donell, 1959b.

Calonyction speciosum Choisy = **Ipomoea alba** L.
Ref.: O'Donell, 1959b.

Calystegia R. Br., nom. cons.

Número de especies: 2

Calystegia rosea Phil. = **Calystegia sepium** (L.) R. Br. var. **americana** (Sims) Kitag.
Ref.: O'Donell, 1959b.

Calystegia sepium (L.) R. Br. var. **americana** (Sims) Kitag.
Sin.: *Aniseia arifolia* Meisn., *Calystegia rosea* Phil., *Calystegia sepium* (L.) R. Br. var. *rosea* Choisy, *Calystegia sepium* (L.) R. Br. subsp. *americana* (Sims) Brummitt, *Convolvulus sepium* L. var. *americanus* Sims

Ref.: O'Donell, 1959b; Fabris, 1965b; Buck, 1979.
Hábito: Enredadera.
Status: Nativa.
Elevación: 0-1000 m.
Prov.: BA, CO, ER, LP, ME.
Ejemplar examinado: *Schulz 6267* (CTES).

Calystegia sepium (L.) R. Br. var. *rosea* Choisy = **Calystegia sepium** (L.) R. Br. var. **americana** (Sims) Kitag.
Ref.: O'Donell, 1959b.

Calystegia sepium (L.) R. Br. var. **sepium**
Sin.: *Convolvulus sepium* L., *Volvulus sepium* (L.) Junger
Ref.: O'Donell, 1959b.
Hábito: Enredadera.
Status: Nativa.
Elevación: 500-1000 m.
Prov.: NE.
Paises limítrofes: CH.
Ejemplar examinado: *O'Donell 2268* (LIL).

Calystegia sepium (L.) R. Br. subsp. *americana* (Sims) Brummitt = **Calystegia sepium** (L.) R. Br. var. **americana** (Sims) Kitag.
Ref.: Buck, 1979.

Calystegia setifera (Poir.) Meisn. = **Ipomoea setifera** Poir.
Ref.: O'Donell, 1959b.

Calystegia soldanella (L.) Roem. & Schult.
Sin.: *Convolvulus soldanella* L.
Ref.: O'Donell, 1959b; Fabris, 1965b.
Hábito: Hierba rizomatosa.
Status: Nativa.
Elevación: 0-500 m.
Prov.: BA.
Paises limítrofes: CH, UR.
Ejemplar examinado: *Grondona s.n.* (BAA 12848, CTES).

Convolvulus L.

Número de especies: 9, 1 especie endémica.

Convolvulus aculeatus L. = **Ipomoea alba** L.
Ref.: O'Donell, 1959b.

Convolvulus aculeatus L. var. *bona-nox* (L.) Kuntze = **Ipomoea alba** L.
Ref.: O'Donell, 1959b.

Convolvulus acuminatus Vahl = **Ipomoea indica** (Burm.f.) Merr.
Ref.: O'Donell, 1959b.

Convolvulus agrestis Choisy = **Jacquemontia agrestis** (Choisy) Meisn.
Ref.: O'Donell, 1960.

Convolvulus andinus Phil. = **Convolvulus demissus** Choisy
Ref.: O'Donell, 1959b.

Convolvulus aristolochiifolius Kunth, hom. illeg. = **Ipomoea aristolochiifolia** G. Don
Ref.: O'Donell, 1959b.

Convolvulus arvensis L.
Sin.: *Convolvulus arvensis* L. var. *hastulatus* Meisn., *Convolvulus arvensis* L. var. *villosus* Choisy
Ref.: O'Donell, 1959b.
Hábito: Enredadera.
Status: Adventicia.
Elevación: 0-3000 m.
Prov.: BA, CA, CO, ER, JU, LP, ME, RN, SC, SF, SJ.
Paises limítrofes: BO, CH, UR.
Ejemplar examinado: *Schulz 5584* (CTES, LIL).

Convolvulus arvensis L. var. *hastulatus* Meisn. = **Convolvulus arvensis** L.
Ref.: O'Donell, 1959b.

Convolvulus arvensis L. var. *villosus* Choisy = **Convolvulus arvensis** L.
Ref.: O'Donell, 1959b.

Convolvulus asarifolius Desr. = **Ipomoea asarifolia** (Desr.) Roem. & Schult.
Ref.: O'Donell, 1959b.

Convolvulus bogotensis Kunth = **Ipomoea indica** (Burm.f.) Merr.
Ref.: O'Donell, 1959b.

Convolvulus bona-nox (L.) Spreng. = **Ipomoea alba** L.
Ref.: O'Donell, 1959b.

Convolvulus bonariensis Cav.
Sin.: *Aniseia diversifolia* Walp., *Convolvulus bonariensis* Cav. var. *multiflorus* Phil., *Convolvulus dissectus* Cav. var. *diversifolius* (Walp.) Reiche, *Convolvulus triflorus* Phil.
Ref.: O'Donell, 1959b.
Hábito: Enredadera.
Status: Nativa.
Elevación: 0-3000 m.
Prov.: BA, CA, CO, COR, ER, JU, LP, LR, ME, MI, RN, SA, SJ, SL, TU.
Paises limítrofes: BR, CH, UR.
Ejemplar examinado: *Descole 1443* (LIL).

Convolvulus bonariensis Cav. var. *multiflorus* Phil. = **Convolvulus bonariensis** Cav.
Ref.: O'Donell, 1959b.

Convolvulus breweraceus Kuntze = **Bonamia sericea** (Griseb.) Hallier f. var. **sericea**
Ref.: Mynt & Ward, 1968.

Convolvulus cairicus L. = **Ipomoea cairica** (L.) Sweet
Ref.: O'Donell, 1959b.

Convolvulus cavanillesii (Roem. & Schult.) Spreng. = **Ipomoea cairica** (L.) Sweet
Ref.: O'Donell, 1959b.

Convolvulus cissoides Lam. = **Merremia cissoides** (Lam.) Hallier f.
Ref.: O'Donell, 1939, 1941.

Convolvulus congestus (R. Br.) Spreng. = **Ipomoea indica** (Burm.f.) Merr.
Ref.: O'Donell, 1959b.

Convolvulus contortus Vell. = **Merremia macrocalyx** (Ruiz & Pav.) O'Donell
Ref.: O'Donell, 1941.

Convolvulus costatus Meyen = **Convolvulus hermanniae** L'Hér.
Ref.: O'Donell, 1959b.

Convolvulus crenatifolius Ruiz & Pav.
Sin.: *Convolvulus crenatifolius* Ruiz & Pav. var. *montevidensis* (Spreng.) Hallier f., *Convolvulus montevidensis* Spreng., *Convolvulus montevidensis* Spreng. var. *megapotamicum* Meisn., *Ipomoea montevidensis* (Spreng.) G. Don
Ref.: O'Donell, 1959b.
Hábito: Enredadera.
Status: Nativa.
Elevación: 0-1500 m.
Prov.: BA, CA, CH, CO, COR, ER, FO, JU, LR, MI, SA, SE, SF, TU.
Paises limítrofes: BO, BR, PA, UR.
Ejemplar examinado: *O'Donell y Rodríguez 602* (LIL).

Convolvulus crenatifolius Ruiz & Pav. var. *montevidensis* (Spreng.) Hallier f. = **Convolvulus crenatifolius** Ruiz & Pav.
Ref.: O'Donell, 1959b.

Convolvulus crenatus Jacq. = **Convolvulus hermanniae** L'Hér.
Ref.: O'Donell, 1959b.

Convolvulus crinicalix (S. Moore) Kuntze = **Ipomoea crinicalyx** S. Moore
Ref.: O'Donell, 1959b.

Convolvulus demissus Choisy
Sin.: *Convolvulus andinus* Phil., *Convolvulus demissus* Choisy var. *andinus* (Phil.) Reiche, *Convolvulus demissus* Choisy var. *ovatus* (Phil.) Reiche, *Convolvulus ovatus* Phil.
Ref.: O'Donell, 1959b.
Hábito: Hierba.
Status: Nativa.
Elevación: 2000-3000 m.
Prov.: ME, NE.
Paises limítrofes: CH.
Ejemplar examinado: *Hauman 263* (BA).

Convolvulus demissus Choisy var. *andinus* (Phil.) Reiche = **Convolvulus demissus** Choisy
Ref.: O'Donell, 1959b.

Convolvulus demissus Choisy var. *ovatus* (Phil.) Reiche = **Convolvulus demissus** Choisy
Ref.: O'Donell, 1959b.

Convolvulus dissectus Jacq. = **Merremia dissecta** (Jacq.) Hallier f. var. **dissecta**
Ref.: O'Donell, 1941.

Convolvulus dissectus Cav. var. *diversifolius* (Walp.) Reiche = **Convolvulus bonariensis** Cav.
Ref.: O'Donell, 1959b.

Convolvulus dumetorum Kunth = **Ipomoea dumetorum** (Kunth) Roem. & Schult.
Ref.: O'Donell, 1959b.

Convolvulus erosus Desr. = **Convolvulus hermanniae** L'Hér.
Ref.: O'Donell, 1959b.

Convolvulus geranioides Phil. = **Convolvulus laciniatus** Desr. var. **laciniatus**
Ref.: O'Donell, 1959b.

Convolvulus glaber Aubl., hom. illeg. = **Merremia macrocalyx** (Ruiz & Pav.) O'Donell
Ref.: O'Donell, 1941.

Convolvulus glaucescens Kunth = **Ipomoea dumetorum** (Kunth) Roem. & Schult.
Ref.: O'Donell, 1959b.

Convolvulus hermanniae L'Hér.
Sin.: *Aniseia costata* (Meyen) Walp., *Convolvulus costatus* Meyen, *Convolvulus crenatus* Jacq., *Convolvulus erosus* Desr., *Convolvulus hermanniae* L'Hér. var. *elongatus* Choisy, *Convolvulus hermanniae* L'Hér. var. *viridis* Meisn., *Convolvulus incanus* Vahl, *Ipomoea hermanniae* (L'Hér.) G. Don
Ref.: O'Donell, 1959b.
Hábito: Enredadera.
Status: Nativa.
Elevación: 0-2500 m.
Prov.: BA, CA, CH, CO, COR, ER, JU, LR, ME, MI, SA, SF, SL, TU.
Paises limítrofes: BO, CH, UR.
Ejemplar examinado: *Aguilar 522* (CTES, LIL).

Convolvulus hermanniae L'Hér. var. *elongatus* Choisy = **Convolvulus hermanniae** L'Hér.
Ref.: O'Donell, 1959b.

Convolvulus hermanniae L'Hér. var. *viridis* Meisn. = **Convolvulus hermanniae** L'Hér.
Ref.: O'Donell, 1959b.

Convolvulus hookerianus D. Dietr., nom. superfl. = **Ipomoea bonariensis** Hook.
Ref.: O'Donell, 1959b.

Convolvulus incanus Vahl = **Convolvulus hermanniae** L'Hér.
Ref.: O'Donell, 1959b.

Convolvulus indicus Burm.f. = **Ipomoea indica** (Burm.f.) Merr.
Ref.: Austin & Huáman, 1996.

Convolvulus indivisus Vell. = **Ipomoea indivisa** (Vell.) Hallier f.

Convolvulus laciniatus Desr. f. *pinnatisecta* Arechav. = **Convolvulus laciniatus** Desr. var. **hirsutus** Desr.
Ref.: O'Donell, 1959b.

Convolvulus laciniatus Desr. var. **hirsutus** Desr.
Sin.: *Convolvulus laciniatus* Desr. f. *pinnatisecta* Arechav., *Convolvulus lasianthus* Cav.
Ref.: O'Donell, 1959b; Buck, 1979.
Hábito: Hierba.
Status: Nativa.
Elevación: 0-500 m.
Prov.: BA, ER.
Paises limítrofes: CH, UR.
Ejemplar examinado: *Burkart 18004* (SI).

Convolvulus laciniatus Desr. var. **laciniatus**
Sin.: *Convolvulus geranioides* Phil., *Ipomoea polymorpha* Riedel ex Meisn. var. *glabra* Griseb.
Ref.: O'Donell, 1959b.
Hábito: Hierba.
Status: Nativa.
Elevación: 0-3000 m.
Prov.: BA, CA, CO, COR, ER, JU, LP, RN, SA, SF, SL, TU.
Paises limítrofes: BO, BR, CH, UR.
Ejemplar examinado: *Schulz 5881* (CTES, LIL).

Convolvulus lasianthus Cav. = **Convolvulus laciniatus** Desr. var. **hirsutus** Desr.
Ref.: O'Donell, 1959b.

Convolvulus lilloi O'Donell
Ref.: O'Donell, 1959b.
Hábito: Enredadera.
Status: Nativa.
Elevación: 0-500 m.
Prov.: COR, MI.
Paises limítrofes: PA.
Ejemplar examinado: *Meyer 5938* (LIL).

Convolvulus limphaticus Vell. = **Ipomoea cairica** (L.) Sweet
Ref.: O'Donell, 1959b.

Convolvulus lorentzii Kuntze = **Jacquemontia lorentzii** (Kuntze) Peter ex O'Donell
Ref.: O'Donell, 1960.

Convolvulus macrocalyx Ruiz & Pav. = **Merremia macrocalyx** (Ruiz & Pav.) O'Donell
Ref.: O'Donell, 1941.

Convolvulus mollis Kunth = **Ipomoea indica** (Burm.f.) Merr.
Ref.: O'Donell, 1959b.

Convolvulus montanus Ooststr.
Ref.: O'Donell, 1959b.
Hábito: Hierba.
Status: Nativa.
Elevación: 0-2000 m.
Prov.: BA, ME.
Ejemplar examinado: *Martínez Crovetto 1782* (LIL).

Convolvulus montevidensis Spreng. = **Convolvulus crenatifolius** Ruiz & Pav.
Ref.: O'Donell, 1959b.

Convolvulus montevidensis Spreng. var. *megapotamicum* Meisn. = **Convolvulus crenatifolius** Ruiz & Pav.
Ref.: O'Donell, 1959b.

Convolvulus muricatus L. = **Ipomoea turbinata** Lag.
Ref.: Austin, 1982.

Convolvulus nil L. = **Ipomoea nil** (L.) Roth
Ref.: O'Donell, 1959b.

Convolvulus nummularius L. = **Evolvulus nummularius** (L.) L.
Ref.: Ooststroom, 1934; O'Donell, 1959b.

Convolvulus ovatus Phil. = **Convolvulus demissus** Choisy
Ref.: O'Donell, 1959b.

Convolvulus papiru (Ruiz & Pav.) Spreng. = **Ipomoea pubescens** Lam.
Ref.: O'Donell, 1959b.

Convolvulus pauciflorus Roem. & Schult. = **Ipomoea dumetorum** (Kunth) Roem. & Schult.
Ref.: O'Donell, 1959b.

Convolvulus pauciflorus Roem. & Schult. var. *chilensis* (A. Braun & Bouché) Kuntze = **Ipomoea dumetorum** (Kunth) Roem. & Schult.
Ref.: O'Donell, 1959b.

Convolvulus penthaphyllus L. = **Merremia aegyptia** (L.) Urb.
Ref.: O'Donell, 1939, 1941.

Convolvulus platensis (Ker Gawl.) Spreng. = **Ipomoea platensis** Ker Gawl.
Ref.: O'Donell, 1959b.

Convolvulus portoricensis Spreng. = **Ipomoea indica** (Burm.f.) Merr.
Ref.: O'Donell, 1959b.

Convolvulus praelongus S. Moore = **Jacquemontia tamnifolia** (L.) Griseb.
Ref.: O'Donell, 1960.

Convolvulus pubescens (Lam.) Willd. = **Ipomoea pubescens** Lam.
Ref.: O'Donell, 1959b.

Convolvulus pulchellus Kunth = **Ipomoea dumetorum** (Kunth) Roem. & Schult.
Ref.: O'Donell, 1959b.

Convolvulus pulcherrimus Vell. = **Ipomoea alba** L.
Ref.: O'Donell, 1959b.

Convolvulus purpureus L. = **Ipomoea purpurea** (L.) Roth
Ref.: O'Donell, 1959b.

Convolvulus ramosissimus Poir. = **Ipomoea ramosissima** (Poir.) Choisy
Ref.: O'Donell, 1959b.

Convolvulus ruber Vahl = **Ipomoea setifera** Poir.
Ref.: O'Donell, 1959b.

Convolvulus schulzei O'Donell
Ref.: O'Donell, 1953a, 1959b.
Hábito: Enredadera.
Status: Endémica.
Elevación: 0-500 m.
Prov.: CH.
Ejemplar examinado: *Schulz 3556* (holotipo, LIL; isotipo, CTES).

Convolvulus sepium L. = **Calystegia sepium** (L.) R. Br. var. **sepium**
Ref.: O'Donell, 1959b.

Convolvulus sepium L. var. *americanus* Sims = **Calystegia sepium** (L.) R. Br. var. **americana** (Sims) Kitag.
Ref.: O'Donell, 1959b.

Convolvulus setifer (Poir.) Spreng. = **Ipomoea setifera** Poir.
Ref.: O'Donell, 1959b.

Convolvulus setosus (Ker Gawl.) Spreng. = **Ipomoea setosa** Ker Gawl.
Ref.: O'Donell, 1959b.

Convolvulus soldanella L. = **Calystegia soldanella** (L.) Roem. & Schult.
Ref.: O'Donell, 1959b.

Convolvulus tomentosus Vell. = **Ipomoea nil** (L.) Roth
Ref.: O'Donell, 1959b.

Convolvulus triflorus Phil. = **Convolvulus bonariensis** Cav.
Ref.: O'Donell, 1959b.

Convolvulus tuberculatus Desr. = **Ipomoea cairica** (L.) Sweet
Ref.: O'Donell, 1959b.

Convolvulus umbellatus L. = **Merremia umbellata** (L.) Hallier f.
Ref.: O'Donell, 1939, 1941.

Convolvulus venustus auct. non Spreng. = **Ipomoea marginisepala** O'Donell
Ref.: O'Donell, 1959b.

Cressa L.

Número de especies: 2, 1 especie endémica.

Cressa australis R. Br. var. *petiolata* Meisn. = **Cressa truxillensis** Kunth
Ref.: Manganaro, 1917; O'Donell, 1959b.

Cressa cretica L. var. *truxillensis* (Kunth) Choisy = **Cressa truxillensis** Kunth
Ref.: Kurtz, 1904; O'Donell, 1959b.

Cressa nudicaulis Griseb.
Ref.: O'Donell, 1959b.
Hábito: Hierba.
Status: Endémica.
Elevación: 0-1000 m.
Prov.: CA, CO, LR, ME, SJ, SL.
Ejemplar examinado: *Hayward s.n.* (LIL 80752).

Cressa truxillensis Kunth
Sin.: *Cressa australis* R. Br. var. *petiolata* Meisn., *Cressa cretica* L. var. *truxillensis* (Kunth) Choisy
Ref.: O'Donell, 1959b.
Hábito: Hierba.
Status: Nativa.
Elevación: 0-2000 m.
Prov.: BA, CH, CO, COR, LP, LR, ME, NE, RN, SA, SC, SF, SJ, SL, TU.
Paises limítrofes: CH, PA, UR.
Ejemplar examinado: *Schinini y Ahumada 15963* (CTES).

Dichondra J.R. Forst. & G. Forst.

Número de especies: 4, 1 variedad endémica.

Dichondra argentea Humb. & Bonpl. ex Willd.
Sin.: *Dichondra evolvulacea* Britton var. *argentea* (Humb. & Bonpl. ex Willd.) Kuntze
Ref.: O'Donell, 1959b; Austin, 1982.
Hábito: Hierba.
Status: Nativa.
Elevación: 2000-3500 m.
Prov.: JU, SA.
Paises limítrofes: BO.
Ejemplar examinado: *Sleumer 3101* (LIL).

Dichondra evolvulacea Britton var. *argentea* (Humb. & Bonpl. ex Willd.) Kuntze = **Dichondra argentea** Humb. & Bonpl. ex Willd.
Ref.: O'Donell, 1959b.

Dichondra evolvulacea Britton var. *villosa* (D. Parodi) Kuntze = **Dichondra macrocalyx** Meisn.
Ref.: Buck, 1979.

Dichondra macrocalyx Meisn.
Sin.: *Dichondra evolvulacea* Britton var. *villosa* (D. Parodi) Kuntze, *Dichondra repens* var. *macrocalyx* (Meisn.) Hoehne, *Dichondra repens* var. *villosa* (D. Parodi) O'Donell, *Dichondra villosa* D. Parodi
Ref.: Buck, 1979.
Hábito: Hierba.
Status: Nativa.
Elevación: 0-500 m.
Prov.: CH, ER, TU.
Paises limítrofes: BO, BR, PA.
Ejemplar examinado: *Schulz 2151* (CTES, LIL).

Dichondra microcalyx (Hallier f.) Fabris
Sin.: *Dichondra repens* auct. non J.R. Forst. & G. Forst., *Dichondra repens* var. *microcalyx* Hallier f., *Dichondra sericea* Sw. var. *microcalyx* (Hallier f.) H.T. Buck
Ref.: Fabris, 1965b; Austin, 1982.
Hábito: Hierba.
Status: Nativa.
Elevación: 0-500 m.
Prov.: BA, CA, CH, CO, COR, DF, SA, SE, SJ, TU.
Paises limítrofes: PA.
Ejemplar examinado: *de la Sota 338* (LIL).

Dichondra repens auct. non J.R. Forst. & G. Forst. = **Dichondra microcalyx** (Hallier f.) Fabris
Ref.: Fabris, 1965b.

Dichondra repens var. *holosericea* O'Donell = **Dichondra sericea** Sw. var. **holosericea** (O'Donell) Fabris
Ref.: Fabris, 1965b.

Dichondra repens var. *macrocalyx* (Meisn.) Hoehne = **Dichondra macrocalyx** Meisn.
Ref.: Buck, 1979.

Dichondra repens var. *microcalyx* Hallier f. = **Dichondra microcalyx** (Hallier f.) Fabris
Ref.: Fabris, 1965b; Austin, 1982.

Dichondra repens var. *sericea* (Sw.) Choisy = **Dichondra sericea** Sw. var. **sericea**
Ref.: Fabris, 1965b; Austin, 1982.

Dichondra repens var. *villosa* (D. Parodi) O'Donell = **Dichondra macrocalyx** Meisn.
Ref.: Buck, 1979.

Dichondra sericea Sw. var. **holosericea** (O'Donell) Fabris
Sin.: *Dichondra repens* var. *holosericea* O'Donell
Ref.: Fabris, 1965b; Buck, 1979.
Hábito: Hierba.
Status: Nativa.
Elevación: 0-1000 m.
Prov.: BA, CA, CO, ER, LP, LR, ME, SE, SL.
Paises limítrofes: CH, UR.
Ejemplar examinado: *Ragonese y Martínez Crovetto 52* (BAB, CTES).

Dichondra sericea Sw. var. *microcalyx* (Hallier f.) H.T. Buck = **Dichondra microcalyx** (Hallier f.) Fabris
Ref.: Austin, 1982.

Dichondra sericea Sw. var. **sericea**
Sin.: *Dichondra repens* var. *sericea* (Sw.) Choisy
Ref.: Fabris, 1965b; Austin, 1982; Rundell et al., 1996.
Hábito: Hierba.
Status: Nativa.
Elevación: 0-500 m.
Prov.: BA, CH, COR, FO, MI, TU.
Paises limítrofes: BR, CH, PA.
Ejemplar examinado: *Schulz 2040* (CTES, LIL).

Dichondra sericea Sw. var. **tomentosa** H.T. Buck
Ref.: Buck, 1977, 1979.
Hábito: Hierba.
Status: Endémica.
Elevación: 0-500 m.
Prov.: BA, CO, COR, ER.
Ejemplar examinado: *Burkart 30072* (SI).

Dichondra villosa D. Parodi = **Dichondra macrocalyx** Meisn.
Ref.: Buck, 1979.

Evolvulus L.

Número de especies: 7, 1 variedad y 1 forma endémicas.

Evolvulus anomalus Meisn. = **Evolvulus sericeus** Sw. var. **sericeus**
Ref.: O'Donell, 1959b.

Evolvulus araucanus Phil. = **Evolvulus sericeus** Sw. var. **sericeus**
Ref.: O'Donell, 1959b.

Evolvulus arizonicus A. Gray
Ref.: O'Donell, 1959b.
Hábito: Hierba.
Status: Nativa.
Elevación: 0-2500 m.
Prov.: CA, CH, CO, FO, JU, LR, SA, SE, SF, SL, TU.
Ejemplar examinado: *de la Sota 105* (LIL).

Evolvulus convolvuloides (Willd.) Stearn
Sin.: *Evolvulus glaber* Spreng., *Nama convolvuloides* Willd.
Ref.: Stearn, 1972.
Hábito: Hierba.
Status: Nativa.
Elevación: 0-500 m.
Prov.: CH, SA.
Paises limítrofes: BO, PA.
Ejemplar examinado: *Schulz 2057* (CTES, LIL).

Evolvulus falcatus Griseb. = **Evolvulus sericeus** Sw. var. **elongatus** (Choisy) O'Donell
Ref.: O'Donell, 1959b.

Evolvulus glaber Spreng. = **Evolvulus convolvuloides** (Willd.) Stearn
Ref.: O'Donell, 1959b; Stearn, 1972.

Evolvulus glomeratus Nees & Mart. subsp. **grandiflorus** (D. Parodi) Ooststr.
Sin.: *Evolvulus grandiflorus* D. Parodi, *Evolvulus martii* Meisn. f. *saltense* Arechav., *Evolvulus paraguariensis* Chodat & Hassl.
Ref.: Ooststroom, 1934; O'Donell, 1959b.
Hábito: Hierba.
Status: Nativa.
Elevación: 0-500 m.
Prov.: COR, ER.
Paises limítrofes: PA.
Ejemplar examinado: *Schulz 624* (LIL).

Evolvulus grandiflorus D. Parodi = **Evolvulus glomeratus** Nees & Mart. subsp. **grandiflorus** (D. Parodi) Ooststr.
Ref.: Ooststroom, 1934; O'Donell, 1959b.

Evolvulus holosericeus Kunth = **Evolvulus sericeus** Sw. var. **sericeus**
Ref.: O'Donell, 1959b.

Evolvulus incanus Pers. var. *elongatus* Choisy = **Evolvulus sericeus** Sw. var. **elongatus** (Choisy) O'Donell
Ref.: O'Donell, 1959b.

Evolvulus latifolius Ker Gawl.
Ref.: Ooststroom, 1934; O'Donell, 1959b.
Hábito: Arbusto.
Status: Nativa.
Elevación: 0-500 m.
Prov.: COR.
Paises limítrofes: BR, PA.
Ejemplar examinado: *Krapovickas y Cristóbal 29028* (CTES).

Evolvulus martii Meisn. f. *saltense* Arechav. = **Evolvulus glomeratus** Nees & Mart. subsp. **grandiflorus** (D. Parodi) Ooststr.
Ref.: Ooststroom, 1934; O'Donell, 1959b.

Evolvulus nummularius (L.) L.
Sin.: *Convolvulus nummularius* L.
Ref.: Ooststroom, 1934; O'Donell, 1959b.
Hábito: Hierba.
Status: Nativa.
Elevación: 0-1000 m.
Prov.: COR, FO, JU, SA, SE.
Paises limítrofes: BO, BR, PA.
Ejemplar examinado: *Schinini 14054* (CTES).

Evolvulus paraguariensis Chodat & Hassl. = **Evolvulus glomeratus** Nees & Mart. subsp. **grandiflorus** (D. Parodi) Ooststr.
Ref.: Ooststroom, 1934; O'Donell, 1959b.

Evolvulus sericeus Sw. var. **elongatus** (Choisy) O'Donell
Sin.: *Evolvulus falcatus* Griseb., *Evolvulus incanus* Pers. var. *elongatus* Choisy, *Evolvulus sericeus* Sw. var. *falcatus* (Griseb.) Ooststr., *Leucomalla lanuginosa* Phil.
Ref.: O'Donell, 1959b.
Hábito: Hierba.
Status: Endémica.
Elevación: 0-2000 m.
Prov.: BA, COR, JU, ME, RN, SA, SC, TU.
Ejemplar examinado: *Lorentz 84* (CORD).

Evolvulus sericeus Sw. var. *falcatus* (Griseb.) Ooststr. = **Evolvulus sericeus** Sw. var. **elongatus** (Choisy) O'Donell
Ref.: O'Donell, 1959b.

Evolvulus sericeus Sw. var. *holosericeus* (Kunth) Ooststr. = **Evolvulus sericeus** Sw. var. **sericeus**
Ref.: O'Donell, 1959b.

Evolvulus sericeus Sw. var. *latior* Meisn. = **Evolvulus sericeus** Sw. var. **sericeus**
Ref.: O'Donell, 1959b.

Evolvulus sericeus Sw. f. **pedunculatus** Ooststr.
Ref.: Buck, 1979.
Hábito: Hierba.
Status: Endémica.
Elevación: 0-500 m.
Prov.: ER.
Ejemplar examinado: *Okada 15* (SI).

Evolvulus sericeus Sw. var. **sericeus**
Sin.: *Evolvulus anomalus* Meisn., *Evolvulus araucanus* Phil., *Evolvulus holosericeus* Kunth, *Evolvulus sericeus* Sw. var. *holosericeus* (Kunth) Ooststr., *Evolvulus sericeus* Sw. var. *latior* Meisn.
Ref.: O'Donell, 1959b.
Hábito: Hierba.
Status: Nativa.
Elevación: 0-3500 m.
Prov.: BA, CA, CO, COR, ER, JU, LR, SA, SE, SL.
Paises limítrofes: BR, CH, PA, UR.
Ejemplar examinado: *Schulz 2680* (CTES, LIL).

Evolvulus tenuis Mart. ex Choisy var. **cinereus** Chodat & Hassl.
Ref.: O'Donell, 1959b.
Hábito: Hierba.
Status: Nativa.
Elevación: 0-500 m.
Prov.: MI.
Paises limítrofes: PA.
Ejemplar examinado: *Molfino s.n.* (BA 30723).

Gophius setosus Raf. = **Ipomoea setosa** Ker Gawl.
Ref.: O'Donell, 1959b.

Ipomoea L.

Número de especies: 52, 11 especies y 1 variedad endémicas.

Ipomoea aculeata (L.) Kuntze var. *bona-nox* (L.) Kuntze = **Ipomoea alba** L.
Ref.: O'Donell, 1959b.

Ipomoea acuminata (Vahl) Roem. & Schult. = **Ipomoea indica** (Burm.f.) Merr.
Ref.: Buck, 1979; Austin & Huáman, 1996.

Ipomoea acutisepala O'Donell
Ref.: O'Donell, 1950a, 1959b; Austin & Huáman, 1996.
Hábito: Hierba.
Status: Endémica.
Elevación: 0-500 m.
Prov.: MI.
Ejemplar examinado: *Schwarz 5098* (holotipo, LIL).

Ipomoea aegyptia L. = **Merremia aegyptia** (L.) Urb.
Ref.: O'Donell, 1939, 1941.

Ipomoea alba L.
Sin.: *Calonyction aculeatum* (L.) House, *Calonyction bona-nox* (L.) Bojer, *Calonyction pulcherrimum* D. Parodi, *Calonyction speciosum* Choisy, *Convolvulus aculeatus* L., *Convolvulus aculeatus* L. var. *bona-nox* (L.) Kuntze, *Convolvulus bona-nox* (L.) Spreng., *Convolvulus pulcherrimus* Vell., *Ipomoea aculeata* (L.) Kuntze var. *bona-nox* (L.) Kuntze, *Ipomoea bona-nox* L.
Ref.: O'Donell, 1959b; Austin & Huáman, 1996.
Hábito: Enredadera.
Status: Nativa.
Elevación: 0-500 m.

Prov.: BA, CA, CH, CO, COR, DF, ER, FO, JU, MI, SA, SF, TU.
Paises limítrofes: BO, BR, CH, PA, UR.
Ejemplar examinado: *Descole 3205* (LIL).

Ipomoea amnicola Morong
Sin.: *Ipomoea nuda* N.E. Br., hom. illeg.
Ref.: O'Donell, 1959b; Austin & Huáman, 1996.
Hábito: Hierba.
Status: Nativa.
Elevación: 0-1000 m.
Prov.: CA, CH, CO, COR, FO, JU, SA, SE, SF.
Paises limítrofes: BO, BR, PA.
Ejemplar examinado: *Schinini y Mroginski 4550* (CTES).

Ipomoea argentina N.E. Br. = **Aniseia argentina** (N.E. Br.) O'Donell
Ref.: O'Donell, 1950a, 1960.

Ipomoea argentinensis Speg. = **Aniseia argentina** (N.E. Br.) O'Donell
Ref.: O'Donell, 1950a.

Ipomoea argentinica Peter
Sin.: *Argyreia juramenti* (Kuntze) K. Schum., *Ipomoea juramenti* (Kuntze) O'Donell, *Murucoa juramenti* Kuntze
Ref.: O'Donell, 1959b; Austin & Huáman, 1996.
Hábito: Hierba.
Status: Nativa.
Elevación: 0-500 m.
Prov.: JU, SA.
Paises limítrofes: BO.
Ejemplar examinado: *O'Donell 5494* (LIL).

Ipomoea aristolochiifolia G. Don
Sin.: *Convolvulus aristolochiifolius* Kunth, hom. illeg., *Ipomoea austinsmithii* Standl., *Ipomoea concinna* House, *Ipomoea cordata* L.B. Sm. & B.G. Schub., *Ipomoea peckoltii* Meisn., *Ipomoea peninsularis* Brandegee, *Ipomoea tuerckheimii* Vatke ex Donn. Sm., *Ipomoea tweediei* Hook.
Ref.: O'Donell, 1959b; Austin & Huáman, 1996.
Hábito: Hierba.
Status: Nativa.
Elevación: 0-1000 m.
Prov.: COR, JU, SA, TU.
Paises limítrofes: BO, BR.
Ejemplar examinado: *Krapovickas et al. 25052* (CTES).

Ipomoea asarifolia (Desr.) Roem. & Schult.
Sin.: *Convolvulus asarifolius* Desr., *Ipomoea nymphaeifolia* Griseb., *Ipomoea pes-caprae* (L.) Sweet var. *heterosepala* Chodat & Hassl., *Ipomoea urbica* (Salzm. ex Choisy) Choisy, *Ipomoea urbica* (Salzm. ex Choisy) Choisy var. *muricata* Choisy
Ref.: O'Donell, 1959b; Austin & Huáman, 1996.
Hábito: Hierba.
Status: Nativa.
Elevación: 0-500 m.
Prov.: COR.
Paises limítrofes: BR, PA.
Ejemplar examinado: *Ibarrola 377* (LIL).

Ipomoea assumptionis Britton = **Ipomoea setifera** Poir.
Ref.: Austin & Huáman, 1996.

Ipomoea austinsmithii Standl. = **Ipomoea aristolochiifolia** G. Don
Ref.: O'Donell, 1959b; Austin & Huáman, 1996.

Ipomoea biglandulosa Arechav. = **Ipomoea bonariensis** Hook.
Ref.: O'Donell, 1959b.

Ipomoea bogotensis (Kunth) G. Don = **Ipomoea indica** (Burm.f.) Merr.
Ref.: Austin & Huáman, 1996.

Ipomoea bona-nox L. = **Ipomoea alba** L.
Ref.: O'Donell, 1959b.

Ipomoea bonariensis Hook.
Sin.: *Convolvulus hookerianus* D. Dietr., nom. superfl., *Ipomoea biglandulosa* Arechav., *Ipomoea bonariensis* Hook. f. *cordata* Hassl., *Ipomoea bonariensis* Hook. f. *glabrata* Hassl., *Ipomoea bonariensis* Hook. f. *intermedia* Hassl., *Ipomoea bonariensis* Hook. var. *chacoensis* O'Donell, *Ipomoea bonariensis* Hook. var. *cordifolia* Chodat & Hassl., *Ipomoea bonariensis* Hook. var. *grandiflora* Chodat & Hassl., *Ipomoea bonariensis* Hook. var. *pubisepala* Hassl., *Ipomoea bonariensis* Hook. var. *rupestris* Chodat & Hassl., *Ipomoea bonariensis* Hook. subsp. *mollis* Hassl., *Ipomoea digitata* L. var. *septemfida* auct. non Meisn., *Ipomoea heterotricha* var. *homotricha* Chodat & Hassl., *Ipomoea heterotricha* Meisn., hom. illeg., *Ipomoea obtusiloba* Meisn., *Ipomoea obtusiloba* Meisn. var. *tridens* Meisn.
Ref.: O'Donell, 1959b; Austin & Huáman, 1996.
Hábito: Enredadera.
Status: Nativa.
Elevación: 0-500 m.
Prov.: BA, CA, CH, COR, DF, ER, FO, MI, SA, SE, SF.
Paises limítrofes: BO, BR, PA, UR.
Ejemplar examinado: *Krapovickas y Cristóbal 46543* (CTES).

Ipomoea bonariensis Hook. f. *cordata* Hassl. = **Ipomoea bonariensis** Hook.
Ref.: O'Donell, 1959b; Austin & Huáman, 1996.

Ipomoea bonariensis Hook. f. *glabrata* Hassl. = **Ipomoea bonariensis** Hook.
Ref.: Austin & Huáman, 1996.

Ipomoea bonariensis Hook. f. *intermedia* Hassl. = **Ipomoea bonariensis** Hook.
Ref.: O'Donell, 1959b; Austin & Huáman, 1996.

Ipomoea bonariensis Hook. var. *chacoensis* O'Donell = **Ipomoea bonariensis** Hook.
Ref.: Austin & Huáman, 1996.

Ipomoea bonariensis Hook. var. *cordifolia* Chodat & Hassl. = **Ipomoea bonariensis** Hook.
Ref.: O'Donell, 1959b; Austin & Huáman, 1996.

Ipomoea bonariensis Hook. var. *grandiflora* Chodat & Hassl. = **Ipomoea bonariensis** Hook.
Ref.: O'Donell, 1959b; Austin & Huáman, 1996.

Ipomoea bonariensis Hook. var. *pubisepala* Hassl. = **Ipomoea bonariensis** Hook.
Ref.: O'Donell, 1959b; Austin & Huáman, 1996.

Ipomoea bonariensis Hook. var. *rupestris* Chodat & Hassl. = **Ipomoea bonariensis** Hook.
Ref.: O'Donell, 1959b; Austin & Huáman, 1996.

Ipomoea bonariensis Hook. subsp. *mollis* Hassl. = **Ipomoea bonariensis** Hook.
Ref.: O'Donell, 1959b; Austin & Huáman, 1996.

Ipomoea cairica (L.) Sweet
Sin.: *Batatas cavanillesii* (Roem. & Schult.) G. Don, *Convolvulus cairicus* L., *Convolvulus cavanillesii* (Roem. & Schult.) Spreng., *Convolvulus limphaticus* Vell., *Convolvulus tuberculatus* Desr., *Ipomoea cairica* (L.) Sweet var. *uniflora* (Meisn.) Hoehne, *Ipomoea cavanillesii* Roem. & Schult., *Ipomoea funaria* Larrañaga, *Ipomoea palmata* Forssk., *Ipomoea pentaphylla* Cav., hom. illeg., *Ipomoea rosea* Choisy var. *pluripartita* Hassl., *Ipomoea stipulacea* Jacq., *Ipomoea tuberculata* (Desr.) Roem. & Schult.
Ref.: O'Donell, 1959b; Austin & Huáman, 1996.
Hábito: Enredadera.
Status: Nativa.
Elevación: 0-500 m.
Prov.: BA, CA, CH, CO, COR, DF, ER, FO, JU, LP, LR, MI, SA, SE, SF, SJ, SL, TU.
Paises limítrofes: BO, BR, PA, UR.
Ejemplar examinado: *Venturi 748* (LIL).

Ipomoea cairica (L.) Sweet var. *uniflora* (Meisn.) Hoehne = **Ipomoea cairica** (L.) Sweet
Ref.: O'Donell, 1959b; Austin & Huáman, 1996.

Ipomoea carnea Jacq. subsp. **fistulosa** (Choisy) D.F. Austin
Sin.: *Batatas crassicaulis* Benth., *Ipomoea crassicaulis* (Benth.) Robinson, *Ipomoea fistulosa* Mart. ex Choisy, *Ipomoea gossypioides* D. Parodi, *Ipomoea texana* Coult.
Ref.: Austin, 1977; Austin & Huáman, 1996.
Hábito: Arbusto.
Status: Nativa.
Elevación: 0-500 m.
Prov.: CH, COR, ER, FO, SE, TU.
Paises limítrofes: BO, BR, PA.
Ejemplar examinado: *Ibarrola 673* (LIL).

Ipomoea cathartica Poir. = **Ipomoea indica** (Burm.f.) Merr.
Ref.: Austin & Huáman, 1996.

Ipomoea cavanillesii Roem. & Schult. = **Ipomoea cairica** (L.) Sweet
Ref.: O'Donell, 1959b; Austin & Huáman, 1996.

Ipomoea cheirophylla O'Donell
Sin.: *Ipomoea digitata* auct. non L., *Ipomoea digitata* L. var. *platensis* auct. non (Ker Gawl.) Lindl.
Ref.: O'Donell, 1959b; Austin & Huáman, 1996.
Hábito: Enredadera.
Status: Nativa.
Elevación: 500-2600 m.
Prov.: CA, JU, SA, TU.
Paises limítrofes: BO, PA.
Ejemplar examinado: *O'Donell 5360* (holotipo, LIL).

Ipomoea chilensis A. Braun & Bouché = **Ipomoea dumetorum** (Kunth) Roem. & Schult.
Ref.: O'Donell, 1959b; Austin & Huáman, 1996.

Ipomoea chiliantha Hallier f.
Ref.: O'Donell, 1959b; Austin & Huáman, 1996.
Hábito: Enredadera.
Status: Nativa.
Elevación: 0-500 m.
Prov.: CH, COR, FO, SF.
Paises limítrofes: BO, BR, PA.
Ejemplar examinado: *Morel 4211* (LIL).

Ipomoea cissoides (Lam.) Griseb. = **Merremia cissoides** (Lam.) Hallier f.
Ref.: O'Donell, 1939, 1941.

Ipomoea coccinea auct. non L. = **Ipomoea rubriflora** O'Donell
Ref.: O'Donell, 1959b; Austin & Huáman, 1996.

Ipomoea concinna House = **Ipomoea aristolochiifolia** G. Don
Ref.: O'Donell, 1959b; Austin & Huáman, 1996.

Ipomoea congesta R. Br. = **Ipomoea indica** (Burm.f.) Merr.
Ref.: Austin & Huáman, 1996.

Ipomoea cordata L.B. Sm. & B.G. Schub. = **Ipomoea aristolochiifolia** G. Don
Ref.: O'Donell, 1959b.

Ipomoea cordatotriloba Dennst. var. **australis** (O'Donell) D.F. Austin
Sin.: *Ipomoea trichocarpa* Elliot, nom. illeg., *Ipomoea trichocarpa* Elliott var. *australis* O'Donell
Ref.: O'Donell, 1953c; Austin & Huáman, 1996; Austin & Bianchini, 1998.
Hábito: Enredadera.
Status: Nativa.
Elevación: 0-500 m.
Prov.: BA, CA, CH, COR, FO, JU, SA, SE, TU.
Paises limítrofes: BO, PA.
Ejemplar examinado: *Lillo 12903* (LIL).

Ipomoea crassicaulis (Benth.) Robinson = **Ipomoea carnea** Jacq. subsp. **fistulosa** (Choisy) D.F. Austin
Ref.: Austin & Huáman, 1996.

Ipomoea crinicalyx S. Moore
Sin.: *Convolvulus crinicalix* (S. Moore) Kuntze, *Ipomoea seleri* Millsp.
Ref.: O'Donell, 1959b; Austin & Huáman, 1996.
Hábito: Enredadera.
Status: Nativa.
Elevación: 0-500 m.
Prov.: JU, SA.
Paises limítrofes: BO, BR.
Ejemplar examinado: *Meyer 5043* (LIL).

Ipomoea cuspidata Ruiz & Pav. = **Ipomoea nil** (L.) Roth
Ref.: O'Donell, 1959b; Austin & Huáman, 1996.

Ipomoea dactylophylla Griseb. = **Ipomoea subrevoluta** Choisy
Ref.: O'Donell, 1959b; Austin & Huáman, 1996.

Ipomoea descolei O'Donell
Ref.: O'Donell, 1950c, 1959b; Austin & Huáman, 1996.
Hábito: Hierba.
Status: Nativa.
Elevación: 0-500 m.
Prov.: COR, MI.
Paises limítrofes: PA.
Ejemplar examinado: *Schwarz 3472* (holotipo, LIL).

Ipomoea dichotoma auct. non Choisy = **Ipomoea marginisepala** O'Donell
Ref.: O'Donell, 1959b.

Ipomoea digitata auct. non L. = **Ipomoea cheirophylla** O'Donell
Ref.: O'Donell, 1959b.

Ipomoea digitata L. var. *platensis* auct. non (Ker Gawl.) Lindl. = **Ipomoea cheirophylla** O'Donell
Ref.: O'Donell, 1959b.

Ipomoea digitata L. var. *septemfida* auct. non Meisn. = **Ipomoea bonariensis** Hook.
Ref.: O'Donell, 1959b.

Ipomoea digitata L. var. *septempartita* Meisn. = **Ipomoea platensis** Ker Gawl.
Ref.: O'Donell, 1959b; Austin & Huáman, 1996.

Ipomoea dissecta (Jacq.) Pursh var. *edentata* Meisn. = **Merremia dissecta** (Jacq.) Hallier f. var. **edentata** (Meisn.) O'Donell
Ref.: O'Donell, 1941.

Ipomoea dissecta (Jacq.) Pursh var. *maximiliani* (Meisn.) O'Donell = **Merremia dissecta** (Jacq.) Hallier f. var. **edentata** (Meisn.) O'Donell
Ref.: O'Donell, 1941.

Ipomoea diversifolia Lindl. = **Ipomoea purpurea** (L.) Roth
Ref.: Pontiroli, 1983b.

Ipomoea dumetorum (Kunth) Roem. & Schult.
Sin.: *Convolvulus dumetorum* Kunth, *Convolvulus glaucescens* Kunth, *Convolvulus pauciflorus* Roem. & Schult., *Convolvulus pauciflorus* Roem. & Schult. var. *chilensis* (A. Braun & Bouché) Kuntze, *Convolvulus pulchellus* Kunth, *Ipomoea chilensis* A. Braun & Bouché, *Ipomoea dumetorum* (Kunth) Roem. & Schult. var. *glaucescens* (Kunth) Choisy, *Ipomoea oligantha* Choisy, *Ipomoea paposana* Phil., *Ipomoea pulchella* (Kunth) G. Don, comb. superfl.
Ref.: O'Donell, 1959b; Austin & Huáman, 1996.
Hábito: Enredadera.
Status: Nativa.
Elevación: 1000-3000 m.
Prov.: CA, JU, SA, TU.
Paises limítrofes: BO, CH.
Ejemplar examinado: *Venturi 1759* (LIL).

Ipomoea dumetorum (Kunth) Roem. & Schult. var. *glaucescens* (Kunth) Choisy = **Ipomoea dumetorum** (Kunth) Roem. & Schult.
Ref.: O'Donell, 1959b; Austin & Huáman, 1996.

Ipomoea filipedunculata Rusby = **Jacquemontia blanchetii** Moric.
Ref.: O'Donell, 1960.

Ipomoea fimbriosepala Choisy
Sin.: *Aniseia hastata* Meisn., *Ipomoea phylloneura* Baker
Ref.: O'Donell, 1959; Austin & Huáman, 1996.
Hábito: Enredadera.
Status: Nativa.
Elevación: 0-500 m.
Prov.: BA, CH, COR, DF, MI.
Paises limítrofes: BO, BR, PA.
Ejemplar examinado: *Schwarz 5577* (LIL).

Ipomoea fistulosa Mart. ex Choisy = **Ipomoea carnea** Jacq. subsp. **fistulosa** (Choisy) D.F. Austin
Ref.: O'Donell, 1952b; Austin & Huáman, 1996.

Ipomoea fulva Bertol. = **Merremia dissecta** (Jacq.) Hallier f. var. **edentata** (Meisn.) O'Donell
Ref.: O'Donell, 1941.

Ipomoea funaria Larrañaga = **Ipomoea cairica** (L.) Sweet
Ref.: O'Donell, 1959b; Austin & Huáman, 1996.

Ipomoea glabra (Aubl.) Choisy = **Merremia macrocalyx** (Ruiz & Pav.) O'Donell
Ref.: O'Donell, 1941.

Ipomoea glandulifera Ruiz & Pav. = **Ipomoea purpurea** (L.) Roth
Ref.: O'Donell, 1959b.

Ipomoea gossypioides D. Parodi = **Ipomoea carnea** Jacq. subsp. **fistulosa** (Choisy) D.F. Austin
Ref.: Austin & Huáman, 1996.

Ipomoea gracilipes Hassl. = **Ipomoea wrightii** A. Gray
Ref.: Austin & Huáman, 1996.

Ipomoea grandifolia (Dammer) O'Donell
Sin.: *Ipomoea triloba* auct. non L., *Jacquemontia grandifolia* Dammer
Ref.: O'Donell, 1952a, 1959b; Austin & Huáman, 1996.
Hábito: Enredadera.
Status: Nativa.
Elevación: 0-500 m.
Prov.: BA, CH, COR, ER, MI, SA, SF, TU.
Paises limítrofes: BR, PA, UR.
Ejemplar examinado: *Blanchoud 2085* (CTES).

Ipomoea grisebachiana Meisn. = **Iseia luxurians** (Moric.) O'Donell
Ref.: O'Donell, 1953b.

Ipomoea hassleriana Chodat & Hassl. = **Merremia hassleriana** (Chodat & Hassl.) Hassl.
Ref.: O'Donell, 1939, 1941.

Ipomoea hederifolia L.
Ref.: O'Donell, 1959b; Austin & Huáman, 1996.
Hábito: Enredadera.
Status: Nativa.
Elevación: 0-500 m.
Prov.: SA.
Paises limítrofes: BO, BR, PA.
Ejemplar examinado: *Meyer 8395* (LIL).

Ipomoea heptaphylla (Roxb.) Voigt = **Ipomoea wrightii** A. Gray
Ref.: Austin & Huáman, 1996.

Ipomoea hermanniae (L'Hér.) G. Don = **Convolvulus hermanniae** L'Hér.
Ref.: O'Donell, 1959b.

Ipomoea heterotricha Meisn., hom. illeg. = **Ipomoea bonariensis** Hook.
Ref.: O'Donell, 1959b; Austin & Huáman, 1996.

Ipomoea heterotricha var. *homotricha* Chodat & Hassl. = **Ipomoea bonariensis** Hook.
Ref.: O'Donell, 1959b; Austin & Huáman, 1996.

Ipomoea hieronymi (Kuntze) O'Donell var. **calchaquina** O'Donell
Ref.: O'Donell, 1959b.
Hábito: Enredadera.
Status: Endémica.
Elevación: 1500-2500 m.
Prov.: CA, TU.
Ejemplar examinado: *O'Donell 4835* (LIL).

Ipomoea hieronymi (Kuntze) O'Donell var. **hieronymi**
Sin.: *Argyreia hieronymi* (Kuntze) K. Schum., *Argyreia megapotamica* Griseb., *Argyreia megapotamica* Griseb. var. *puberula* Griseb., *Ipomoea hieronymi* (Kuntze) O'Donell var. *kurtziana* (O'Donell) O'Donell, *Ipomoea kurtziana* O'Donell, *Ipomoea megapotamica* auct. non Choisy, *Murucoa hieronymi* Kuntze, *Murucoa megapotamica* (Griseb.) Kuntze
Ref.: O'Donell, 1948, 1959b; Pontiroli, 1983b.
Hábito: Enredadera.
Status: Endémica.
Elevación: 500-1600 m.
Prov.: CA, CO, JU, LR, SA, SL, TU.
Ejemplar examinado: *Lorentz & Hieronymus 220* (isotipo, CORD).

Ipomoea hieronymi (Kuntze) O'Donell var. *kurtziana* (O'Donell) O'Donell = **Ipomoea hieronymi** (Kuntze) O'Donell var. **hieronymi**
Ref.: Pontiroli, 1983b.

Ipomoea hirsutula Jacq. = **Ipomoea purpurea** (L.) Roth
Ref.: Austin & Huáman, 1996.

Ipomoea indica (Burm.f.) Merr.
Sin.: *Convolvulus acuminatus* Vahl, *Convolvulus bogotensis* Kunth, *Convolvulus congestus* (R. Br.) Spreng., *Convolvulus indicus* Burm.f., *Convolvulus mollis* Kunth, *Convolvulus portoricensis* Spreng. *Ipomoea acuminata* (Vahl) Roem. & Schult., *Ipomoea bogotensis* (Kunth) G. Don, *Ipomoea cathartica* Poir., *Ipomoea congesta* R. Br., *Ipomoea mollis* (Kunth) G. Don, *Ipomoea portoricensis* (Spreng.) G. Don, *Ipomoea vahliana* House, *Pharbitis acuminata* (Vahl) Choisy, *Pharbitis acuminata* (Vahl) Choisy var. *congesta* Choisy, *Pharbitis bogotensis* (Kunth) Choisy, *Pharbitis cathartica* (Poir.) Choisy, *Pharbitis mollis* (Kunth) Choisy, *Pharbitis rosea* Choisy
Ref.: Austin & Huáman, 1996.
Hábito: Enredadera.
Status: Nativa.
Elevación: 0-1000 m.
Prov.: BA, CA, CH, COR, DF, ER, FO, MI, TU.
Paises limítrofes: BO, BR, CH, PA, UR.
Ejemplar examinado: *Bertoni 2554* (LIL).

Ipomoea indivisa (Vell.) Hallier f.
Sin.: *Convolvulus indivisus* Vell.
Ref.: O'Donell, 1959a, b.
Hábito: Enredadera.
Status: Nativa.
Elevación: 0-500 m.
Prov.: BA, ER, MI.
Paises limítrofes: BO, BR, UR.
Ejemplar examinado: *Cabrera 1361* (LP).

Ipomoea jameesonii Choisy = **Iseia luxurians** (Moric.) O'Donell
Ref.: O'Donell, 1953b.

Ipomoea jujuyensis O'Donell
Ref.: O'Donell, 1948, 1959; Austin & Huáman, 1996.
Hábito: Enredadera.
Status: Endémica.
Elevación: 1000-2000 m.
Prov.: CA, JU, SA, TU.
Ejemplar examinado: *O'Donell 4835* (holotipo, LIL).

Ipomoea juramenti (Kuntze) O'Donell = **Ipomoea argentinica** Peter
Ref.: O'Donell, 1959b; Austin & Huáman, 1996.

Ipomoea kunthiana Meisn.
Sin.: *Ipomoea tacuaremboensis* Arechav.
Ref.: O'Donell, 1959b; Austin & Huáman, 1996.
Hábito: Hierba.
Status: Nativa.
Elevación: 0-500 m.
Prov.: COR, MI.
Paises limítrofes: BR, PA, UR.
Ejemplar examinado: *Schwarz 3530* (LIL).

Ipomoea kurtziana O'Donell = **Ipomoea hieronymi** (Kuntze) O'Donell var. **hieronymi**
Ref.: Pontiroli, 1983b.

Ipomoea lanuginosa O'Donell
Ref.: O'Donell, 1950c, 1959b; Austin & Huáman, 1996.
Hábito: Hierba.
Status: Nativa.
Elevación: 0-500 m.
Prov.: MI.
Paises limítrofes: PA.
Ejemplar examinado: *O'Donell 5611* (holotipo, LIL).

Ipomoea lilloana O'Donell
Ref.: O'Donell, 1948, 1959b; Austin & Huáman, 1996.
Hábito: Hierba.
Status: Endémica.
Prov.: SA.
Ejemplar examinado: *O'Donell 4910* (holotipo, LIL).

Ipomoea leariloba Peter = **Ipomoea platensis** Ker Gawl.
Ref.: O'Donell, 1959b.

Ipomoea longicuspis Meisn., nom. illeg. = **Ipomoea nil** (L.) Roth
Ref.: O'Donell, 1959b; Austin & Huáman, 1996.

Ipomoea luxurians Moric. = **Iseia luxurians** (Moric.) O'Donell
Ref.: O'Donell, 1953b.

Ipomoea macrocalyx (Ruiz & Pav.) Choisy = **Merremia macrocalyx** (Ruiz & Pav.) O'Donell
Ref.: O'Donell, 1941.

Ipomoea malpighipila O'Donell
Ref.: O'Donell, 1950c, 1959b; Austin & Huáman, 1996.
Hábito: Subarbusto
Status: Endémica.
Elevación: 0-500 m.
Prov.: MI.
Ejemplar examinado: *Schwarz 2338* (holotipo, LIL).

Ipomoea malveoides Meisn. var. **argentea** O'Donell
Ref.: O'Donell, 1959b.
Hábito: Subarbusto.
Status: Endémica.
Elevación: 0-500 m.
Prov.: COR.
Ejemplar examinado: *Schwarz 8811* (holotipo, LIL).

Ipomoea malveoides Meisn. var. **leariloba** Hallier f.
Ref.: O'Donell, 1959b.
Hábito: Subarbusto.
Status: Nativa.
Elevación: 0-500 m.
Prov.: COR, MI.
Paises limítrofes: PA.
Ejemplar examinado: *Bertoni 5061* (LIL).

Ipomoea malveoides Meisn. var. *nitida* (Griseb.) Hallier f. = **Ipomoea nitida** Griseb.
Ref.: O'Donell, 1959b; Austin & Huáman, 1996.

Ipomoea marginisepala O'Donell
Sin.: *Convolvulus venustus* auct. non Spreng., *Ipomoea dichotoma* auct. non Choisy
Ref.: O'Donell, 1950a, 1959b; Austin & Huáman, 1996.
Hábito: Enredadera.
Status: Endémica.
Elevación: 0-1000 m.
Prov.: CA, JU, SA, SE, TU.
Ejemplar examinado: *Sotelo 415* (holotipo, LIL).

Ipomoea maurandioides Meisn.
Ref.: O'Donell, 1959b; Austin & Huáman, 1996.
Hábito: Hierba.
Status: Nativa.
Elevación: 0-500 m.
Prov.: COR, ER, MI.
Paises limítrofes: BR.
Ejemplar examinado: *Ibarrola 2545* (LIL).

Ipomoea maximiliani Meisn. = **Merremia dissecta** (Jacq.) Hallier f. var. **edentata** (Meisn.) O'Donell
Ref.: O'Donell, 1941.

Ipomoea megapotamica auct. non Choisy = **Ipomoea hieronymi** (Kuntze) O'Donell var. **hieronymi**
Ref.: O'Donell, 1959b.

Ipomoea minuta R.E. Fr. = **Ipomoea plummerae** A. Gray
Ref.: Austin & Huáman, 1996.

Ipomoea minuta R.E. Fr. f. *adiantifolia* (Ooststr.) O'Donell = **Ipomoea plummerae** A. Gray
Ref.: Austin & Huáman, 1996.

Ipomoea mollis (Kunth) G. Don = **Ipomoea indica** (Burm.f.) Merr.
Ref.: Austin & Huáman, 1996.

Ipomoea montevidensis (Spreng.) G. Don = **Convolvulus crenatifolius** Ruiz & Pav.
Ref.: O'Donell, 1959b.

Ipomoea muricata (L.) Jacq., hom. illeg. = **Ipomoea turbinata** Lag.
Ref.: O'Donell, 1959b; Austin, 1982.

Ipomoea nil (L.) Roth
Sin.: *Convolvulus nil* L., *Convolvulus tomentosus* Vell., *Ipomoea cuspidata* Ruiz & Pav., *Ipomoea longicuspis* Meisn., nom. illeg., *Ipomoea scabra* Forssk., *Pharbitis cuspidata* (Ruiz & Pav.) G. Don
Ref.: O'Donell, 1959b; Austin & Huáman, 1996.
Hábito: Enredadera.
Status: Nativa.
Elevación: 0-2500 m.
Prov.: CA, CH, ER, FO, JU, LR, MI, SA, SE, SF, TU.
Paises limítrofes: BO, BR, PA, UR.
Ejemplar examinado: *Ruiz Huidobro 5062* (LIL).

Ipomoea nitida Griseb.
Sin.: *Ipomoea malveoides* Meisn. var. *nitida* (Griseb.) Hallier f.
Ref.: O'Donell, 1959b; Austin & Huáman, 1996.
Hábito: Hierba.
Status: Nativa.
Elevación: 0-500 m.
Prov.: COR, ER, MI.
Paises limítrofes: BR, UR.
Ejemplar examinado: *Meyer 10997* (LIL).

Ipomoea nuda N.E. Br., hom. illeg. = **Ipomoea amnicola** Morong
Ref.: O'Donell, 1952b.

Ipomoea nymphaeifolia Griseb. = **Ipomoea asarifolia** (Desr.) Roem. & Schult.
Ref.: O'Donell, 1959b.

Ipomoea obtusiloba Meisn. = **Ipomoea bonariensis** Hook.
Ref.: O'Donell, 1959b; Austin & Huáman, 1996.

Ipomoea obtusiloba Meisn. var. *tridens* Meisn. = **Ipomoea bonariensis** Hook.
Ref.: O'Donell, 1959b; Austin & Huáman, 1996.

Ipomoea oligantha Choisy = **Ipomoea dumetorum** (Kunth) Roem. & Schult.
Ref.: O'Donell, 1959b; Austin & Huáman, 1996.

Ipomoea oranensis O'Donell
Ref.: O'Donell, 1948, 1959b; Austin & Huáman, 1996.
Hábito: Enredadera.
Status: Endémica.
Elevación: ca. 1800 m.
Prov.: SA.
Ejemplar examinado: *Pierotti 280* (holotipo, LIL).

Ipomoea padillae O'Donell
Ref.: O'Donell, 1959b; Austin & Huáman, 1996.
Hábito: Hierba.
Status: Endémica.
Elevación: 0-500 m.
Prov.: MI.
Ejemplar examinado: *Schwarz 5552* (holotipo, LIL).

Ipomoea palmata Forssk. = **Ipomoea cairica** (L.) Sweet
Ref.: O'Donell, 1959b; Austin & Huáman, 1996.

Ipomoea paludosa O'Donell
Ref.: O'Donell, 1950a, 1959b; Austin & Huáman, 1996.
Hábito: Subarbusto.
Status: Nativa.
Elevación: 0-500 m.
Prov.: COR, MI.
Paises limítrofes: PA.
Ejemplar examinado: *Schwindt 1114* (LIL).

Ipomoea papiru Ruiz & Pav. = **Ipomoea pubescens** Lam.
Ref.: O'Donell, 1959b; Austin & Huáman, 1996.

Ipomoea papiru Ruiz & Pav. var. *subtriloba* (Ruiz & Pav.) Pers. = **Ipomoea pubescens** Lam.
Ref.: O'Donell, 1959b.

Ipomoea paposana Phil. = **Ipomoea dumetorum** (Kunth) Roem. & Schult.
Ref.: O'Donell, 1959b; Austin & Huáman, 1996.

Ipomoea peckoltii Meisn. = **Ipomoea aristolochiifolia** G. Don
Ref.: O'Donell, 1959b; Austin & Huáman, 1996.

Ipomoea peninsularis Brandegee = **Ipomoea aristolochiifolia** G. Don
Ref.: O'Donell, 1959b; Austin & Huáman, 1996.

Ipomoea pentaphylla Cav., hom. illeg. = **Ipomoea cairica** (L.) Sweet
Ref.: O'Donell, 1959b; Austin & Huaman, 1996.

Ipomoea pentaphylla Jacq., nom. illeg. = **Merremia aegyptia** (L.) Urb.
Ref.: Austin & Huáman, 1996.

Ipomoea pes-caprae (L.) Sweet var. *heterosepala* Chodat & Hassl. = **Ipomoea asarifolia** (Desr.) Roem. & Schult.
Ref.: O'Donell, 1959b.

Ipomoea phylloneura Baker = **Ipomoea fimbriosepala** Choisy
Ref.: O'Donell, 1959b; Austin & Huáman, 1996.

Ipomoea platensis Ker Gawl.
Sin.: *Convolvulus platensis* (Ker Gawl.) Spreng., *Ipomoea digitata* L. var. *septempartita* Meisn., *Ipomoea lineariloba* Peter
Ref.: O'Donell, 1959b; Austin & Huáman, 1996.
Hábito: Enredadera.
Status: Nativa.
Elevación: 0-500 m.
Prov.: BA, CH, COR, ER, FO, SE, SF, TU.
Paises limítrofes: PA, UR.
Ejemplar examinado: *O'Donell 5586* (LIL).

Ipomoea plummerae A. Gray
Sin.: *Ipomoea minuta* R.E. Fr., *Ipomoea minuta* R.E. Fr. f. *adiantifolia* (Ooststr.) O'Donell, *Ipomoea polymorpha* auct. non Riedel ex Meisn.
Ref.: Austin & Huáman, 1996.
Hábito: Hierba.
Status: Nativa.
Elevación: 2000-4500 m.
Prov.: CA, CO, JU, LR, SA, TU.
Paises limítrofes: BO.
Ejemplar examinado: *Descole 1596* (LIL).

Ipomoea polyanthes Roem. & Schult., nom. illeg. = **Merremia umbellata** (L.) Hallier f.
Ref.: O'Donell, 1939, 1941.

Ipomoea polymorpha auct. non Riedel ex Meisn. = **Ipomoea plummerae** A. Gray
Ref.: O'Donell, 1959b.

Ipomoea polymorpha Riedel ex Meisn. var. *glabra* Griseb. = **Convolvulus laciniatus** Desr. var. **laciniatus**
Ref.: O'Donell, 1959b.

Ipomoea portoricensis (Spreng.) G. Don = **Ipomoea indica** (Burm.f.) Merr.
Ref.: Austin & Huáman, 1996.

Ipomoea pubescens Lam.
Sin.: *Batatas papiru* (Ruiz & Pav.) G. Don, *Batatas subtriloba* (Ruiz & Pav.) G. Don, *Convolvulus papiru* (Ruiz & Pav.) Spreng., *Convolvulus pubescens* (Lam.) Willd., *Ipomoea papiru* Ruiz & Pav., *Ipomoea papiru* Ruiz & Pav. var. *subtriloba* (Ruiz & Pav.) Pers., *Ipomoea subtriloba* Ruiz & Pav., *Pharbitis pubescens* (Lam.) Choisy
Ref.: O'Donell, 1959b; Austin & Huáman, 1996.
Hábito: Enredadera.
Status: Nativa.
Prov.: CA, JU, SA, TU.
Elevación: 1500-2000 m.
Paises limítrofes: BO.
Ejemplar examinado: *Meyer 5015* (LIL).

Ipomoea pulchella (Kunth) G. Don, comb. superfl. = **Ipomoea dumetorum** (Kunth) Roem. & Schult.
Ref.: O'Donell, 1959b; Austin & Huáman, 1996.

Ipomoea pulchella auct. non Roth = **Ipomoea wrightii** A. Gray
Ref.: Austin & Huáman, 1996.

Ipomoea pulchella Roth var. *lineariloba* Hassl. = **Ipomoea wrightii** A. Gray
Ref.: O'Donell, 1959b; Austin & Huáman, 1996.

Ipomoea purpurea (L.) Roth
Sin.: *Convolvulus purpureus* L., *Ipomoea diversifolia* Lindl., *Ipomoea glandulifera* Ruiz & Pav., *Ipomoea hirsutula* Jacq., *Ipomoea purpurea* (L.) Roth var. *diversifolia* (Lindl.) O'Donell, *Pharbitis hispida* Choisy, *Pharbitis purpurea* (L.) Voigt
Ref.: O'Donell, 1959b; Pontiroli, 1983b; Austin & Huáman, 1996.
Hábito: Enredadera.
Status: Nativa.
Elevación: 0-2000 m.
Prov.: BA, CA, CH, CO, COR, DF, ER, JU, LR, ME, MI, SA, SF, SJ, TU.
Paises limítrofes: BO, BR, CH, PA, UR.
Ejemplar examinado: *Schwindt 1790* (LIL).

Ipomoea purpurea (L.) Roth var. *diversifolia* (Lindl.) O'Donell = **Ipomoea purpurea** (L.) Roth
Ref.: Pontiroli, 1983b.

Ipomoea quamoclit L.
Ref.: O'Donell, 1959a, b; Austin & Huáman, 1996.
Hábito: Enredadera.
Status: Introducida.
Elevación: 0-1000 m.
Prov.: BA, MI, SA, SF, TU.
Paises limítrofes: BO, BR.
Ejemplar examinado: *Schwarz 2200* (LIL).

Ipomoea radicans Bertero ex Choisy = **Ipomoea wrightii** A. Gray
Ref.: Austin & Huáman, 1996.

Ipomoea ramosissima (Poir.) Choisy
Sin.: *Convolvulus ramosissimus* Poir., *Ipomoea ramosissima* (Poir.) Choisy f. *rosea* (Hallier f.) O'Donell, *Ipomoea ramosissima* (Poir.) Choisy var. *rosea* Hallier f.
Ref.: O'Donell, 1952a, 1959b; Austin & Huáman, 1996.
Hábito: Enredadera.
Status: Nativa.
Prov.: SA.
Paises limítrofes: BO, BR.
Ejemplar examinado: *Venturi 5590* (BM, SI).

Ipomoea ramosissima (Poir.) Choisy f. *rosea* (Hallier f.) O'Donell = **Ipomoea ramosissima** (Poir.) Choisy
Ref.: Austin & Huáman, 1996.

Ipomoea ramosissima (Poir.) Choisy var. *rosea* Hallier f. = **Ipomoea ramosissima** (Poir.) Choisy
Ref.: Austin & Huáman, 1996.

Ipomoea riparia G. Don = **Ipomoea rubens** Choisy
Ref.: O'Donell, 1959b; Buck, 1979; Austin & Huáman, 1996.

Ipomoea rosea Choisy var. *pluripartita* Hassl. = **Ipomoea cairica** (L.) Sweet
Ref.: O'Donell, 1959b; Austin & Huáman, 1996.

Ipomoea rubens Choisy
Sin.: *Ipomoea riparia* G. Don, *Ipomoea villicalyx* N.E. Br.
Ref.: Buck, 1979; Austin & Huáman, 1996.
Hábito: Enredadera.
Status: Nativa.
Elevación: 0-500 m.
Prov.: CH, COR, ER, MI.
Paises limítrofes: BR, PA.
Ejemplar examinado: *O'Donell 5601* (LIL).

Ipomoea ruber (Vahl) Millsp. = **Ipomoea setifera** Poir.
Ref.: O'Donell, 1959b.

Ipomoea rubriflora O'Donell
Sin.: *Ipomoea coccinea* auct. non L.
Ref.: O'Donell, 1959a, b; Austin & Huáman, 1996.
Hábito: Enredadera.
Status: Nativa.
Elevación: 500-3500 m.
Prov.: CA, CO, JU, LR, SA, SE, SL, TU.
Paises limítrofes: BO.
Ejemplar examinado: *Meyer 12400* (LIL).

Ipomoea scabra Forssk. = **Ipomoea nil** (L.) Roth
Ref.: O'Donell, 1959b.

Ipomoea schulziana O'Donell
Ref.: O'Donell, 1948, 1959b.
Hábito: Enredadera.
Status: Endémica.
Elevación: 500 m.
Prov.: JU, SA.
Ejemplar examinado: *Schulz 5483* (holotipo, LIL; isotipo, CTES).

Ipomoea seleri Millsp. = **Ipomoea crinicalyx** S. Moore
Ref.: O'Donell, 1959b; Austin & Huáman, 1996.

Ipomoea selloi Meisn. = **Jacquemontia selloi** (Meisn.) Hallier f.
Ref.: O'Donell, 1960.

Ipomoea sericantha Griseb., hom. illeg. = **Iseia luxurians** (Moric.) O'Donell
Ref.: O'Donell, 1953b.

Ipomoea sericea Spreng. ex Choisy = **Iseia luxurians** (Moric.) O'Donell
Ref.: O'Donell, 1953b.

Ipomoea setifera Poir.
Sin.: *Calystegia setifera* (Poir.) Meisn., *Convolvulus ruber* Vahl, *Convolvulus setifer* (Poir.) Spreng., *Ipomoea assumptionis* Britton, *Ipomoea ruber* (Vahl) Millsp.
Ref.: O'Donell, 1959b; Austin & Huáman, 1996.
Hábito: Enredadera.
Status: Nativa.
Elevación: 0-500 m.
Prov.: COR, MI.
Paises limítrofes: BR, PA.
Ejemplar examinado: *Schwarz 6871* (LIL).

Ipomoea setosa Ker Gawl.
Sin.: *Batatas setosa* (Ker Gawl.) Lindl., *Calonyction pavoni* Hallier f., *Calonyction setosum* (Ker Gawl.) Hallier f., *Convolvulus setosus* (Ker Gawl.) Spreng., *Gophius setosus* Raf.
Ref.: O'Donell, 1959b; Austin & Huáman, 1996.
Hábito: Enredadera.
Status: Nativa.
Elevación: 0-500 m.
Prov.: JU, SA.
Paises limítrofes: BO, BR.
Ejemplar examinado: *O'Donell 3208* (LIL).

Ipomoea sinuata Ortega = **Merremia dissecta** (Jacq.) Hallier f. var. **dissecta**
Ref.: O'Donell, 1941; Pontiroli, 1983b.

Ipomoea spiralis House = **Ipomoea wrightii** A. Gray
Ref.: Austin & Huáman, 1996.

Ipomoea stipulacea Jacq. = **Ipomoea cairica** (L.) Sweet
Ref.: O'Donell, 1959b; Austin & Huáman, 1996.

Ipomoea stuckertii O'Donell
Sin.: *Maripa decemlobata* Stuck. ex Seckt, nom. nud.
Ref.: O'Donell, 1948, 1959b.
Hábito: Hierba.
Status: Endémica.
Elevación: 500-1500 m.
Prov.: CA, CO, SE, SL.
Ejemplar examinado: *Meyer 13271* (LIL).

Ipomoea subrevoluta Choisy
Sin.: *Ipomoea dactylophylla* Griseb., *Ipomoea subrevoluta* Choisy f. *acutiloba* Hassl.
Ref.: O'Donell, 1959b; Austin & Huáman, 1969.
Hábito: Enredadera.
Status: Nativa.
Elevación: 0-500 m.
Prov.: COR, MI.
Paises limítrofes: BR, PA.
Ejemplar examinado: *Bertoni 5831* (LIL).

Ipomoea subrevoluta Choisy f. *acutiloba* Hassl. = **Ipomoea subrevoluta** Choisy
Ref.: O'Donell, 1959b; Austin & Huáman, 1996.

Ipomoea subtriloba Ruiz & Pav. = **Ipomoea pubescens** Lam.
Ref.: O'Donell, 1959b.

Ipomoea syryngifolia Meisn.
Ref.: O'Donell, 1959b; Austin & Huáman, 1996.
Hábito: Enredadera.
Status: Nativa.
Elevación: 0-500 m.
Prov.: MI.
Paises limítrofes: BR.
Ejemplar examinado: *Schinini y Fernández 6008* (CTES).

Ipomoea tacuaremboensis Arechav. = **Ipomoea kunthiana** Meisn.
Ref.: Krapovickas, inéd.

Ipomoea tamnifolia L. = **Jacquemontia tamnifolia** (L.) Griseb.
Ref.: O'Donell, 1960.

Ipomoea texana Coult. = **Ipomoea carnea** Jacq. subsp. **fistulosa** (Choisy) D.F. Austin
Ref.: Austin & Huáman, 1996.

Ipomoea trichocarpa Elliot, nom. illeg. = **Ipomoea cordatotriloba** Dennst. var. **australis** (O'Donell) D.F. Austin

Ipomoea trichocarpa Elliott var. *australis* O'Donell = **Ipomoea cordatotriloba** Dennst. var. **australis** (O'Donell) D.F. Austin
Ref.: Austin & Bianchini, 1998.

Ipomoea tricolor Cav.
Ref.: O'Donell, 1959b.
Hábito: Enredadera.
Status: Introducida.
Elevación: 0-2000 m.
Prov.: BA, SA.
Ejemplar examinado: *Hayward 2085* (LIL).

Ipomoea triloba auct. non L. = **Ipomoea grandifolia** (Dammer) O'Donell
Ref.: O'Donell, 1959b.

Ipomoea tuberculata (Desr.) Roem. & Schult. = **Ipomoea cairica** (L.) Sweet
Ref.: O'Donell, 1959b; Austin & Huáman, 1996.

Ipomoea tuerckheimii Vatke ex Donn. Sm. = **Ipomoea aristolochiifolia** G. Don
Ref.: O'Donell, 1959b; Austin & Huáman, 1996.

Ipomoea turbinata Lag.
Sin.: *Calonyction muricatum* (L.) G. Don, *Convolvulus muricatus* L., *Ipomoea muricata* (L.) Jacq., hom. illeg.
Ref.: Austin, 1982.
Hábito: Enredadera.
Status: Nativa.
Elevación: 0-1000 m.
Prov.: SA.
Paises limítrofes: BO.
Ejemplar examinado: *O'Donell 2669* (CTES, LIL).

Ipomoea tweediei Hook. = **Ipomoea aristolochiifolia** G. Don
Ref.: O'Donell, 1959b; Austin & Huáman, 1996.

Ipomoea umbellata G. Mey., hom. illeg. = **Merremia umbellata** (L.) Hallier f.
Ref.: O'Donell, 1939, 1941.

Ipomoea urbica (Salzm. ex Choisy) Choisy = **Ipomoea asarifolia** (Desr.) Roem. & Schult.
Ref.: O'Donell, 1959b.

Ipomoea urbica (Salzm. ex Choisy) Choisy var. *muricata* Choisy = **Ipomoea asarifolia** (Desr.) Roem. & Schult.
Ref.: O'Donell, 1959b.

Ipomoea vahliana House = **Ipomoea indica** (Burm.f.) Merr.
Ref.: Austin & Huáman, 1996.

Ipomoea villicalyx N.E. Br. = **Ipomoea rubens** Choisy
Ref.: Buck, 1979; Austin & Huáman, 1996.

Ipomoea volcanensis O'Donell
Ref.: O'Donell, 1953a, 1959b; Austin & Huáman, 1996.
Hábito: Enredadera.
Status: Endémica.
Elevación: 1000-2200 m.
Prov.: JU.
Ejemplar examinado: *Meyer 16958* (LIL).

Ipomoea wrightii A. Gray
Sin.: *Ipomoea gracilipes* Hassl., *Ipomoea heptaphylla* (Roxb.) Voigt, *Ipomoea pulchella* auct. non Roth, *Ipomoea pulchella* Roth var. *leariloba* Hassl., *Ipomoea radicans* Bertero ex Choisy, *Ipomoea spiralis* House
Ref.: Austin & Huáman, 1996.
Hábito: Enredadera.
Status: Nativa.
Elevación: 0-500 m.
Prov.: COR.
Paises limítrofes: BR, PA.
Ejemplar examinado: *Ruiz Huidobro 2265* (LIL).

Iseia O'Donell
Número de especies: 1

Iseia luxurians (Moric.) O'Donell
Sin.: *Ipomoea grisebachiana* Meisn., *Ipomoea jameesonii* Choisy, *Ipomoea luxurians* Moric., *Ipomoea sericantha* Griseb., hom. illeg., *Ipomoea sericea* Spreng. ex Choisy, *Jacquemontia luxurians* (Moric.) Hallier f.
Ref.: O'Donell, 1953b.
Hábito: Enredadera.
Status: Nativa.
Elevación: 0-500 m.
Prov.: CH, COR.
Paises limítrofes: BR, PA.
Ejemplar examinado: *Schulz 2045* (CTES, LIL).

Jacquemontia Choisy
Número de especies: 9, 1 especie endémica.

Jacquemontia agrestis (Choisy) Meisn.
Sin.: *Convolvulus agrestis* Choisy, *Jacquemontia diantha* Urb., *Jacquemontia palmeri* S. Watson
Ref.: O'Donell, 1960.
Hábito: Hierba.
Status: Nativa.
Prov.: CA, CO.
Paises limítrofes: BR.

Jacquemontia blanchetii Moric.
Sin.: *Ipomoea filipedunculata* Rusby
Ref.: O'Donell, 1960.
Hábito: Enredadera.
Status: Nativa.
Elevación: 0-1000 m.
Prov.: CH, COR, FO, JU, MI, SA, TU.
Paises limítrofes: BO, BR, PA.
Ejemplar examinado: *O'Donell 5327* (LIL).

Jacquemontia decumbens O'Donell
Ref.: O'Donell, 1950b, 1960.
Hábito: Hierba.
Status: Nativa.
Elevación: 0-500 m.
Prov.: MI.
Paises limítrofes: PA.
Ejemplar examinado: *Schwarz 5553* (holotipo, LIL).

Jacquemontia densiflora Rusby, hom. illeg. = **Jacquemontia rusbyana** Standl.
Ref.: O'Donell, 1960.

Jacquemontia diantha Urb. = **Jacquemontia agrestis** (Choisy) Meisn.
Ref.: O'Donell, 1960.

Jacquemontia evolvuloides (Moric.) Meisn. var. *tweediei* Meisn. = **Jacquemontia heterotricha** O'Donell

Jacquemontia grandifolia Dammer = **Ipomoea grandifolia** (Dammer) O'Donell
Ref.: O'Donell, 1952a, 1959b; Austin & Huáman, 1996.

Jacquemontia heterotricha O'Donell
Sin.: *Jacquemontia evolvuloides* (Moric.) Meisn. var. *tweediei* Meisn.
Ref.: O'Donell, 1950c, 1960.
Hábito: Hierba.
Status: Nativa.
Elevación: 0-500 m.
Prov.: MI.
Paises limítrofes: BR.
Ejemplar examinado: *Schwarz 5556* (LIL).

Jacquemontia laxiflora O'Donell
Ref.: O'Donell, 1960.
Hábito: Enredadera.
Status: Endémica.
Elevación: 0-500 m.
Prov.: COR, MI.
Ejemplar examinado: *Schwarz 2211* (holotipo, LIL).

Jacquemontia lorentzii (Kuntze) Peter ex O'Donell
Sin.: *Convolvulus lorentzii* Kuntze, *Jacquemontia velutina* auct. non Choisy
Ref.: O'Donell, 1960.
Hábito: Enredadera.
Status: Nativa.
Elevación: 0-1000 m.
Prov.: JU, SA, TU.
Paises limítrofes: BO, PA.
Ejemplar examinado: *Schulz y Varela 5194* (CTES, LIL).

Jacquemontia luxurians (Moric.) Hallier f. = **Iseia luxurians** (Moric.) O'Donell
Ref.: O'Donell, 1953b.

Jacquemontia mattogrossensis Hoehne = **Jacquemontia tamnifolia** (L.) Griseb.
Ref.: O'Donell, 1960.

Jacquemontia palmeri S. Watson = **Jacquemontia agrestis** (Choisy) Meisn.
Ref.: O'Donell, 1960.

Jacquemontia rondonii Hoehne = **Jacquemontia tamnifolia** (L.) Griseb.
Ref.: O'Donell, 1960.

Jacquemontia rusbyana Standl.
Sin.: *Jacquemontia densiflora* Rusby, hom. illeg.
Ref.: O'Donell, 1960; Pontiroli, 1983b.
Hábito: Enredadera.
Status: Nativa.
Elevación: 0-1000 m.
Prov.: CH, FO, JU, SA.
Paises limítrofes: BO, PA.
Ejemplar examinado: *Schulz 994* (CTES, LIL).

Jacquemontia selloi (Meisn.) Hallier f.
Sin.: *Ipomoea selloi* Meisn.
Ref.: O'Donell, 1960.
Hábito: Subarbusto.
Status: Nativa.
Elevación: 0-500 m.
Prov.: COR, MI.
Paises limítrofes: BR, PA.
Ejemplar examinado: *Montes 234* (LIL).

Jacquemontia tamnifolia (L.) Griseb.
Sin.: *Convolvulus praelongus* S. Moore, *Ipomoea tamnifolia* L., *Jacquemontia mattogrossensis* Hoehne, *Jacquemontia rondonii* Hoehne
Ref.: O'Donell, 1960.
Hábito: Hierba.
Status: Nativa.
Elevación: 0-500 m.
Prov.: CH, COR, FO.
Paises limítrofes: BR, PA.
Ejemplar examinado: *Schulz 3320* (CTES, LIL).

Jacquemontia velutina auct. non Choisy = **Jacquemontia lorentzii** (Kuntze) Peter ex O'Donell
Ref.: O'Donell, 1960.

Leucomalla lanuginosa Phil. = **Evolvulus sericeus** Sw. var. **elongatus** (Choisy) O'Donell
Ref.: O'Donell, 1959b.

Maripa decemlobata Stuck. ex Seckt, nom. nud. = **Ipomoea stuckertii** O'Donell
Ref.: Seckt, 1929-30; O'Donell, 1948, 1959b.

Merremia Dennst., nom. cons.
Número de especies: 6

Merremia aegyptia (L.) Urb.
Sin.: *Convolvulus penthaphyllus* L., *Ipomoea aegyptia* L., *Ipomoea pentaphylla* Jacq., nom. illeg., *Merremia pentaphylla* (L.) Hallier f.
Ref.: O'Donell, 1939, 1941; Pontiroli, 1983b.
Hábito: Enredadera.
Status: Nativa.
Elevación: 0-1000 m.
Prov.: JU, SA.
Paises limítrofes: BO, BR, PA.
Ejemplar examinado: *Schreiter 5249* (LIL).

Merremia cissoides (Lam.) Hallier f.
Sin.: *Batatas cissoides* (Lam.) Choisy, *Convolvulus cissoides* Lam., *Ipomoea cissoides* (Lam.) Griseb., *Pharbitis cissoides* (Lam.) Peter
Ref.: O'Donell, 1939, 1941.
Hábito: Enredadera.
Status: Nativa.
Elevación: 0-500 m.
Prov.: MI.
Paises limítrofes: BO, BR, PA.
Ejemplar examinado: *Rodríguez 488* (LIL).

Merremia dissecta (Jacq.) Hallier f. var. *chacoensis* O'Donell = **Merremia dissecta** (Jacq.) Hallier f. var. **dissecta**
Ref.: Pontiroli, 1983b.

Merremia dissecta (Jacq.) Hallier f. var. **dissecta**
Sin.: *Convolvulus dissectus* Jacq., *Ipomoea sinuata* Ortega, *Merremia dissecta* (Jacq.) Hallier f. var. *chacoensis* O'Donell
Ref.: Pontiroli, 1983b.
Hábito: Enredadera.
Status: Nativa.
Prov.: JU, SE, TU.
Paises limítrofes: BO.
Ejemplar examinado: *Venturi 212* (LIL).

Merremia dissecta (Jacq.) Hallier f. var. **edentata** (Meisn.) O'Donell
Sin.: *Ipomoea dissecta* (Jacq.) Pursh var. *edentata* Meisn., *Ipomoea dissecta* (Jacq.) Pursh var. *maximiliani* (Meisn.) O'Donell, *Ipomoea fulva* Bertol., *Ipomoea maximiliani* Meisn., *Merremia dissecta* (Jacq.) Hallier f. var. *maximiliani* (Meisn.) Hallier f., *Merremia sinuata* (Ortega) Hoehne var. *edentata* (Meisn.) Hoehne
Ref.: O'Donell, 1941, 1960; Buck, 1979.

Hábito: Enredadera.
Status: Nativa.
Elevación: 0-500 m.
Prov.: ER, MI.
Paises limítrofes: BR, PA.
Ejemplar examinado: *Bertoni 762* (LIL).

Merremia dissecta (Jacq.) Hallier f. var. *maximiliani* (Meisn.) Hallier f. = **Merremia dissecta** (Jacq.) Hallier f. var. **edentata** (Meisn.) O'Donell
Ref.: O'Donell, 1941.

Merremia glabra (Aubl.) Choisy = **Merremia macrocalyx** (Ruiz & Pav.) O'Donell
Ref.: O'Donell, 1941.

Merremia hassleriana (Chodat & Hassl.) Hassl.
Sin.: *Ipomoea hassleriana* Chodat & Hassl.
Ref.: O'Donell, 1939, 1941, 1960.
Hábito: Hierba.
Status: Nativa.
Elevación: 0-500 m.
Prov.: MI.
Paises limítrofes: PA.
Ejemplar examinado: *Schulz 7109* (CTES, LIL).

Merremia macrocalyx (Ruiz & Pav.) O'Donell
Sin.: *Batatas glabra* (Aubl.) Benth., *Convolvulus contortus* Vell., *Convolvulus glaber* Aubl., hom. illeg., *Convolvulus macrocalyx* Ruiz & Pav., *Ipomoea glabra* (Aubl.) Choisy, *Ipomoea macrocalyx* (Ruiz & Pav.) Choisy, *Merremia glabra* (Aubl.) Choisy
Ref.: O'Donell, 1941.
Hábito: Enredadera.
Status: Nativa.
Elevación: 0-500 m.
Prov.: MI.
Paises limítrofes: BO, BR, PA.
Ejemplar examinado: *Rodríguez 326* (BA, LIL).

Merremia pentaphylla (L.) Hallier f. = **Merremia aegyptia** (L.) Urb.
Ref.: O'Donell, 1939, 1941.

Merremia sinuata (Ortega) Hoehne var. *edentata* (Meisn.) Hoehne = **Merremia dissecta** (Jacq.) Hallier f. var. **edentata** (Meisn.) O'Donell
Ref.: O'Donell, 1941.

Merremia umbellata (L.) Hallier f.
Sin.: *Convolvulus umbellatus* L., *Ipomoea polyanthes* Roem. & Schult., nom. illeg., *Ipomoea umbellata* G. Mey., hom. illeg., *Merremia umbellata* (L.) Hallier f. var. *occidentalis* Hallier f.
Ref.: O'Donell, 1939, 1941.
Hábito: Enredadera.
Status: Nativa.
Elevación: 0-500 m.
Prov.: FO, MI, SA.
Paises limítrofes: BO, BR, PA.
Ejemplar examinado: *Cabrera et al. 42* (CTES, LP).

Merremia umbellata (L.) Hallier f. var. *occidentalis* Hallier f. = **Merremia umbellata** (L.) Hallier f.
Ref.: O'Donell, 1939, 1941.

Murucoa hieronymi Kuntze = **Ipomoea hieronymi** (Kuntze) O'Donell var. **hieronymi**
Ref.: O'Donell, 1948, 1959b.

Murucoa juramenti Kuntze = **Ipomoea argentinica** Peter
Ref.: O'Donell, 1959b.

Murucoa megapotamica (Griseb.) Kuntze = **Ipomoea hieronymi** (Kuntze) O'Donell var. **hieronymi**
Ref.: O'Donell, 1959b.

Pharbitis acuminata (Vahl) Choisy = **Ipomoea indica** (Burm.f.) Merr.
Ref.: O'Donell, 1959b.

Pharbitis acuminata (Vahl) Choisy var. *congesta* Choisy = **Ipomoea indica** (Burm.f.) Merr.
Ref.: O'Donell, 1959b.

Pharbitis bogotensis (Kunth) Choisy = **Ipomoea indica** (Burm.f.) Merr.
Ref.: O'Donell, 1959b.

Pharbitis cathartica (Poir.) Choisy = **Ipomoea indica** (Burm.f.) Merr.
Ref.: O'Donell, 1959b.

Pharbitis cissoides (Lam.) Peter = **Merremia cissoides** (Lam.) Hallier f.
Ref.: O'Donell, 1939, 1941.

Pharbitis cuspidata (Ruiz & Pav.) G. Don = **Ipomoea nil** (L.) Roth
Ref.: O'Donell, 1959b.

Pharbitis hispida Choisy = **Ipomoea purpurea** (L.) Roth
Ref.: O'Donell, 1959b.

Pharbitis mollis (Kunth) Choisy = **Ipomoea indica** (Burm.f.) Merr.
Ref.: O'Donell, 1959b.

Pharbitis pubescens (Lam.) Choisy = **Ipomoea pubescens** Lam.
Ref.: O'Donell, 1959b.

Pharbitis purpurea (L.) Voigt = **Ipomoea purpurea** (L.) Roth
Ref.: O'Donell, 1959b.

Pharbitis rosea Choisy = **Ipomoea indica** (Burm.f.) Merr.
Ref.: O'Donell, 1959b.

Volvulus sepium (L.) Junger = **Calystegia sepium** (L.) R. Br. var. **sepium**
Ref.: O'Donell, 1959b.

CORIARIACEAE

1 género, 1 especie.

Coriaria L.

Número de especies: 1

Coriaria ruscifolia L.
Ref.: Skog, 1972; Rossow, 1988b.
Hábito: Arbusto.
Status: Nativa.
Elevación: 500–1000 m.
Prov.: CHU, NE, RN.
Paises limítrofes: CH.
Ejemplar examinado: *Boelcke y Correa 6300* (SI).

CORNACEAE

1 género, 1 especie.

Decostea ruscifolia Clos = **Griselinia ruscifolia** (Clos) Taub.
Ref.: Rossow, 1988c.

Griselinia J.R. Forst. & G. Forst.

Número de especies: 1

Griselinia ruscifolia (Clos) Ball
Sin.: *Decostea ruscifolia* Clos, *Griselinia ruscifolia* (Clos) Taub, comb. superfl.
Ref.: Pérez Moreau, 1944; Dimitri, 1974b; Rossow, 1988c.
Hábito: Arbusto.
Status: Nativa.
Elevación: 500–2000 m.
Prov.: CHU, RN.
Paises limítrofes: BR, CH.
Ejemplar examinado: *Burkart 19107* (SI).

Griselinia ruscifolia (Clos) Taub., comb. superfl. = **Griselinia ruscifolia** (Clos) Ball

CRASSULACEAE

4 géneros, 13 especies; 2 especies endémicas.

Bulliarda bonariensis DC., nom. nud. = **Crassula peduncularis** (Sm.) F. Meigen
Ref.: Rossow, 1983a.

Bulliarda magellanica DC., nom. nud. = **Crassula moschata** Forst. f.
Ref.: Rossow, 1983a.

Bulliarda moschata (Forst. f.) D'Urv. = **Crassula moschata** Forst. f.
Ref.: Bywater & Wickens, 1984.

Cotyledon pinnata Lam. = **Kalanchoe pinnata** (Lam.) Pers.

Crassula L.

Número de especies: 8, 1 especie endémica.

Crassula androsace Sparre ex Rossow = **Crassula phascoides** (Griseb.) M. Bywater
Ref.: Bywater, 1985.

Crassula bonariensis (DC.) Cambess. nom. illeg. superfl. = **Crassula peduncularis** (Sm.) F. Meigen
Ref.: Rossow, 1983a; Bywater & Wickens, 1984.

Crassula caudiculata Bacigalupo & Rossow
Ref.: Bacigalupo & Rossow, 1983; Bacigalupo, 1987a.
Hábito: Hierba.
Status: Nativa.
Elevación: 0–500 m.
Prov.: BA, ER.
Paises limítrofes: UR.
Ejemplar examinado: *Bacigalupo et al. 2212* (holotipo, SI).

Crassula connata (Ruiz & Pav.) A. Berger var. **connata**
Sin.: *Crassula erecta* (Hook. & Arn.) Berger, *Crassula minima* (Miers) Reiche, comb. illeg., *Crassula tillaea* Macloskie, *Tillaea connata* Ruiz & Pav., *Tillaea erecta* Hook. & Arn., *Tillaea minima* Miers, nom. nud.
Ref.: Rossow, 1983a; Bywater & Wickens, 1984.
Hábito: Hierba.
Status: Nativa.
Elevación: 0>4500 m.
Prov.: BA, CA, CHU, CO, JU, LR, NE, SA, SC, TU.
Paises limítrofes: BO, CH, UR.
Ejemplar examinado: *Venturi 3063* (LP).

Crassula connata var. **muscoides** M. Bywater & Wickens
Sin.: *Tillaea muscosa* Gay, hom. illeg.
Ref.: Bywater & Wickens, 1984.
Hábito: Hierba.
Status: Nativa.
Elevación: 0–500 m.
Paises limítrofes: CH.
Nota: Citada para Argentina sin mencionar material de herbario.

Crassula drummondii (Torr. & A. Gray) Fedde
Sin.: *Tillaea drummondii* Torr. & A. Gray
Ref.: Bywater & Wickens, 1984; Kiesling, 1994b.
Hábito: Hierba.
Status: Nativa.
Elevación: 0–3000 m.
Prov.: BA, ER, MI, SJ.
Paises limítrofes: CH, PA, UR.
Ejemplar examinado: *Burkart y Troncoso 27239* (SI).

Crassula erecta (Hook. & Arn.) Berger = **Crassula connata** (Ruiz & Pav.) A. Berger var. **connata**
Ref.: Rossow, 1983a.

Crassula longipes (Rose) M. Bywater & Wickens
Sin.: *Tillaeastrum longipes* Rose
Ref.: Bywater & Wickens, 1984.
Hábito: Hierba.
Status: Nativa.
Elevación: 0–500 m.
Prov.: COR, ER, FO, SF.
Paises limítrofes: PA.
Ejemplar examinado: *Troncoso et al. 2195* (SI).

Crassula magellanica (Willd. ex Schult.) Macloskie = **Crassula moschata** Forst. f.
Ref.: Bywater & Wickens, 1984.

Crassula minima (Miers) Reiche, comb. illeg. = **Crassula connata** var. **connata** (Ruiz & Pav.) A. Berger

Crassula minutissima (Skottsb.) M. Bywater & Wickens
Sin.: *Tillaea minutissima* Skottsb.
Ref.: Rossow, 1983a; Bywater & Wickens, 1984.
Hábito: Hierba.
Status: Endémica.
Elevación: 0–500 m.
Prov.: SC.
Ejemplar examinado: *Skottsberg 710* (isotipo, BA).

Crassula moschata Forst. f.
Sin.: *Bulliarda magellanica* DC., nom. nud., *Bulliarda moschata* (Forst. f.) D'Urv., *Crassula magellanica* (Willd. ex Schult.) Macloskie, *Tillaea magellanica* Willd. ex Schult.
Ref.: Rossow, 1983a; Moore, 1983; Bywater & Wickens, 1984.
Hábito: Hierba.
Status: Nativa.
Elevación: 0–500 m.
Prov.: RN, SC, TF.
Paises limítrofes: CH.
Ejemplar examinado: *Nicora et al. 7262* (SI).

Crassula paludosa Schltdl. ex Reiche = **Crassula peduncularis** (Sm.) F. Meigen
Ref.: Bywater & Wickens, 1984.

Crassula peduncularis (Sm.) F. Meigen
Sin.: *Bulliarda bonariensis* DC., nom. nud., *Crassula bonariensis* (DC.) Cambess. nom. illeg. superfl., *Crassula paludosa* Schltdl. ex Reiche, *Tillaea paludosa* Schltdl., nom. nud., *Tillaea peduncularis* Sm., *Tillaea simplex* Phil., hom. illeg.
Ref.: Rossow, 1983a; Bywater & Wickens, 1984; Bacigalupo, 1987a.
Hábito: Hierba.
Status: Nativa.
Elevación: 0–2500 m.
Prov.: BA, CA, CH, CHU, CO, COR, DF, ER, FO, JU, ME, MI, NE, RN, SC, SF, SJ, SL, TU.
Paises limítrofes: BR, CH, PA, UR.
Ejemplar examinado: *Gamerro 1454* (LP).

Crassula phascoides (Griseb.) M. Bywater
Sin.: *Crassula androsace* Sparre ex Rossow, *Tristicha phascoides* Griseb.
Ref.: Bywater, 1985.
Hábito: Hierba.
Status: Nativa.
Elevación: 2000–2500 m.
Prov.: TU.
Paises limítrofes: CH, PA.
Ejemplar examinado: *Venturi 3373* (holotipo de *Crassula androsace*, LIL).

Crassula procumbens Rojas Acosta, nom. nud.
Ref.: Krapovickas, 1970c.

[Crassula solieri (Gay) Meigen]
Sin.: *Tillaea solierii* Gay
Nota: Especie excluida de la flora argentina.

Crassula tillaea Macloskie, hom. illeg. = **Crassula connata** (Ruiz & Pav.) A. Berger var. **connata**

Echeveria DC.
Número de especies: 1

Echeveria peruviana Meyen
Ref.: Cabrera, 1957.
Hábito: Hierba.
Status: Nativa.
Elevación: 1500–3500 m.
Prov.: JU, SA.
Paises limítrofes: BO.
Ejemplar examinado: *Cabrera 7701* (LP).

Kalanchoe Adans.
Número de especies: 1

Kalanchoe pinnata (Lam.) Pers.
Sin.: *Cotyledon pinnata* Lam.
Ref.: Martínez Crovetto, 1981.
Hábito: Hierba.
Status: Adventicia.
Elevación: 0–500 m.
Prov.: COR.
Ejemplar examinado: *Schinini 14270* (CTES).

Sedum L.
Número de especies: 3, 1 especie endémica.

Sedum acre L.
Ref.: Zardini, 1971b; Moore, 1983.
Hábito: Hierba.
Status: Adventicia.
Elevación: 0–1000 m.
Prov.: CHU, SC, TF.
Paises limítrofes: CH.
Ejemplar examinado: *Cabrera 20499* (LP).

Sedum cymatopetalum Fröd.
Ref.: Hunziker, 1966a; Zardini, 1971b.
Hábito: Hierba.
Status: Nativa.
Elevación: 2000–4000 m.
Prov.: CA, CO, JU, LR, SA, SJ, SL, TU.
Paises limítrofes: BO.
Ejemplar examinado: *Burkart 5251* (SI).

Sedum jujuyense Zardini
Ref.: Zardini, 1971b.
Hábito: Hierba.
Status: Endémica.
Elevación: 1000–2500 m.
Prov.: JU.
Ejemplar examinado: *Cabrera y Kiesling 20222* (holotipo, LP).

[Sedum rupestre L.]
Ref.: Zardini, 1971b.
Nota: Especie excluida de la flora argentina.

Tillaea connata Ruiz & Pav. = **Crassula connata** (Ruiz & Pav.) A. Berger var. **connata**
Ref.: Rossow, 1983a.

Tillaea drummondii Torr. & A. Gray = **Crassula drummondii** (Torr. & A. Gray) Fedde
Ref.: Kiesling, 1994b.

Tillaea erecta Hook. & Arn. = **Crassula connata** (Ruiz & Pav.) A. Berger var. **connata**
Ref.: Rossow, 1983a.

Tillaea magellanica Willd. ex Schult. = **Crassula moschata** Forst. f.
Ref.: Bywater & Wickens, 1984.

Tillaea minima Miers, nom. nud. = **Crassula connata** (Ruiz & Pav.) A. Berger var. **connata**

Tillaea minutissima Skottsb. = **Crassula minutissima** (Skottsb.) M. Bywater & Wickens
Ref.: Bywater & Wickens, 1984.

Tillaea muscosa Gay, hom. illeg. = **Crassula connata** var. **muscoides** Bywater & Wickens
Ref.: Bywater & Wickens, 1984.

Tillaea paludosa Schltdl., nom. nud. = **Crassula peduncularis** (Sm.) F. Meigen
Ref.: Bywater & Wickens, 1984.

Tillaea peduncularis Sm. = **Crassula peduncularis** (Sm.) F. Meigen
Ref.: Bywater & Wickens, 1984.

Tillaea simplex Phil., hom. illeg. = **Crassula peduncularis** (Sm.) F. Meigen
Ref.: Bywater & Wickens, 1984.

Tillaea solierii Gay = [Crassula solierii (Gay) Reiche]

Tillaeastrum longipes Rose = **Crassula longipes** (Rose) M. Bywater & Wickens
Ref.: Bywater & Wickens, 1984.

Tristicha phascoides Griseb. = **Crassula phascoides** (Griseb.) M. Bywater
Ref.: Bywater, 1985.

CUCURBITACEAE

21 géneros, 49 especies; 7 especies y 3 variedades endémicas.

por R. Pozner

Abobra Naudin

Número de especies: 1

Abobra tenuifolia (Gillies ex Hook. & Arn.) Cogn.
Sin.: *Abobra viridiflora* Naudin, *Adobra tenuifolia* (Gillies ex Hook. & Arn.) Cogn., *Adobra viridiflora* Naudin, *Bryonia tenuifolia* Gillies ex Hook. & Arn.
Ref.: Martínez Crovetto, 1965; Pozner, 1998a.
Hábito: Enredadera.
Status: Nativa.
Elevación: 0-500 m.
Prov.: BA, CO, COR, ER, SE, SF, SL.
Paises limítrofes: BR, UR.
Ejemplar examinado: *Burkart 7437* (SI, carpelado).

Abobra viridiflora Naudin = **Abobra tenuifolia** (Gillies ex Hook. & Arn.) Cogn.
Ref.: Martínez Crovetto, 1965.

Adobra tenuifolia (Gillies ex Hook. & Arn.) Cogn. = **Abobra tenuifolia** (Gillies ex Hook. & Arn.) Cogn.
Ref.: Pozner, 1998a.
Nota: error por Abobra tenuifolia (Gillies ex Hook. & Arn.) Cogn..

Adobra viridiflora Naudin = **Abobra tenuifolia** (Gillies ex Hook. & Arn.) Cogn.
Ref.: Pozner, 1998a.
Nota: error por Abobra viridiflora Naudin.

Alsomitra brasiliensis Cogn. var. *pubescens* Griseb. = **Siolmatra brasiliensis** (Cogn.) Baill. var. **pubescens** (Griseb.) Cogn.
Ref.: Cogniaux, 1916; Cabrera, 1993a; Pozner, 1998a.

Anguria pedatisecta Ser. = **Cyclanthera pedata** (L.) Schrad.
Ref.: Jones, 1969; Lira Saade, 1995; Pozner, 1998a.

Antagonia citrullifolia Griseb. = **Cayaponia citrullifolia** (Griseb.) Cogn. ex Griseb.
Ref.: Martínez Crovetto, 1974; Cabrera, 1993a.

Apodanthera Arn.

Número de especies: 4, 1 especie y 1 variedad endémicas.

Apodanthera añatuyana (Mart.Crov.) Pozner
Sin.: *Melothria añatuyana* Mart. Crov.
Ref.: Martínez Crovetto, 1950b; Pozner, 1996, 1998a.
Hábito: Enredadera.
Status: Endémica.
Prov.: FO, SE.
Ejemplar examinado: *Burkart 20212* (SI).

Apodanthera hirtella Cogn.
Ref.: Cabrera, 1993a; Pozner, 1998a.
Hábito: Enredadera.
Status: Nativa.
Prov.: JU, SA.
Paises limítrofes: BO.
Ejemplar examinado: *Fabris et al. 6311* (LP, SI).

Apodanthera laciniosa (Schltdl.) Cogn.
Ref.: Cogniaux, 1916; Pozner, 1998a.
Hábito: Enredadera.
Status: Nativa.
Elevación: 0-500 m.
Prov.: MI.
Paises limítrofes: BR.
Ejemplar citado: *Niederlein 1309** (B).

Apodanthera sagittifolia (Griseb.) Mart.Crov. var. **dissecta** (Cogn.) Mart.Crov.
Sin.: *Wilbrandia sagittifolia* Griseb. var. *dissecta* (Cogn.) Mart.Crov., *Wilbrandia villosa* Cogn. var. *dissecta* Cogn.

Ref.: Martínez Crovetto, 1946a, 1965.
Hábito: Enredadera.
Status: Nativa.
Prov.: BA, CO.
Paises limítrofes: UR.
Ejemplar examinado: *Burkart 6674; Hauman 25359* (SI).

Apodanthera sagittifolia (Griseb.) Mart.Crov. var. **sagittifolia**
Sin.: *Wilbrandia sagittifolia* Griseb., *Wilbrandia sagittifolia* Griseb. var. *typica* Mart. Crov., nom. inval.
Ref.: Martínez Crovetto, 1946a; Pozner, 1998a.
Hábito: Enredadera.
Status: Endémica.
Elevación: 0-1000 m.
Prov.: CO, LR, ME, MI, SL.
Ejemplar examinado: *Del Vitto & Wittenstein 797* (MERL).

Apodanthera sagittifolia (Griseb.) Mart.Crov. var. **villosa** (Cogn.) Mart.Crov.
Sin.: *Wilbrandia sagittifolia* Griseb. var. *villosa* (Cogn.) Mart.Crov., *Wilbrandia villosa* Cogn.
Ref.: Martínez Crovetto, 1946a, 1965.
Hábito: Enredadera.
Status: Nativa.
Elevación: 0-500 m.
Prov.: BA, CO, COR, ER, LP, MI, SF.
Paises limítrofes: BR, UR.
Ejemplar examinado: *Burkart 6672* (SI).

Bryonia bonariensis Mill. = **Cayaponia bonariensis** (Mill.) Mart.Crov.
Ref.: Martínez Crovetto, 1954b, 1965, 1974.

Bryonia ficifolia Lam. = **Cayaponia bonariensis** (Mill.) Mart.Crov.
Ref.: Martínez Crovetto, 1954b, 1974.

Bryonia pilosa Vell. = **Cayaponia pilosa** (Vell.) Cogn.
Ref.: Martínez Crovetto, 1968.

Bryonia tayuya Mart., hom. illeg. = **Cayaponia martiana** (Cogn.) Cogn.
Ref.: Martínez Crovetto, 1968.

Bryonia tenuifolia Gillies ex Hook. & Arn. = **Abobra tenuifolia** (Gillies ex Hook. & Arn.) Cogn.
Ref.: Martínez Crovetto, 1965.

Cayaponia Silva Manso
Número de especies: 7

Cayaponia bonariensis (Mill.) Mart.Crov.
Sin.: *Bryonia bonariensis* Mill., *Bryonia ficifolia* Lam., *Cayaponia bonariensis* (Mill.) Mart.Crov. f. *dissecta* (Cogn.) Mart.Crov., *Cayaponia bonariensis* (Mill.) Mart.Crov. var. *dissecta* (Cogn.) M.L. Porto, *Cayaponia bonariensis* (Mill.) Mart.Crov. var. *rigida* (Cogn.) M.L. Porto, *Cayaponia ficifolia* (Lam.) Cogn. var. *dissecta* Cogn., *Cayaponia ficifolia* (Lam.) Cogn. var. *genuina* Cogn., *Cayaponia ficifolia* (Lam.) Cogn. var. *rigida* Cogn., *Cayaponia sandia* Griseb., *Trianosperma ficifolia* (Lam.) Cogn. var. *dissecta* Cogn., *Trianosperma ficifolia* (Lam.) Cogn. var. *genuina* Cogn., nom. inval., *Trianosperma ficifolia* (Lam.) Cogn. var. *rigida* Cogn., *Trianosperma hilarianum* Naudin
Ref.: Martínez Crovetto, 1965, 1974; Pozner, 1998a.
Hábito: Enredadera.
Status: Nativa.
Elevación: 0-500 m.
Prov.: BA, CO, DF, ER, MI, SF.
Paises limítrofes: BR, UR.
Ejemplar examinado: *Correa s.n.; Burkart 3682* (SI).

Cayaponia bonariensis (Mill.) Mart.Crov. f. *dissecta* (Cogn.) Mart.Crov. = **Cayaponia bonariensis** (Mill.) Mart.Crov.
Ref.: Jeffrey, 1971; Pozner, 1998a.

Cayaponia bonariensis (Mill.) Mart.Crov. var. *dissecta* (Cogn.) M.L. Porto = **Cayaponia bonariensis** (Mill.) Mart.Crov.
Ref.: Porto, 1974; Pozner, 1998a.

Cayaponia bonariensis (Mill.) Mart.Crov. var. *rigida* (Cogn.) M.L. Porto = **Cayaponia bonariensis** (Mill.) Mart.Crov.
Ref.: Porto, 1974; Pozner, 1998a.

Cayaponia breviloba (Griseb. ex Cogn.) Lillo, nom. nud. = **Cayaponia citrullifolia** (Griseb.) Cogn. ex Griseb.
Ref.: Jeffrey, 1971.

Cayaponia citrullifolia (Griseb.) Cogn. ex Griseb.
Sin.: *Antagonia citrullifolia* Griseb., *Cayaponia breviloba* (Griseb. ex Cogn.) Lillo, nom. nud., *Cayaponia citrullifolia* (Griseb.) Cogn. ex Griseb. var. *breviloba* Griseb. ex Cogn., *Cayaponia citrullifolia* (Griseb.) Cogn. ex Griseb. var. *genuina* Cogn., *Cayaponia latifolia* Cogn.
Ref.: Jeffrey, 1971; Martínez Crovetto, 1974; Cabrera, 1993a; Pozner, 1998a.
Hábito: Enredadera.
Status: Nativa.
Prov.: CA, CH, CO, COR, ER, FO, JU, LR, SA, SE, SF, TU.
Paises limítrofes: PA, UR.
Ejemplar examinado: *A.T. Hunziker 2778* (SI).

Cayaponia citrullifolia (Griseb.) Cogn. ex Griseb. var. *breviloba* Griseb. ex Cogn. = **Cayaponia citrullifolia** (Griseb.) Cogn. ex Griseb.
Ref.: Cabrera, 1993a.

Cayaponia citrullifolia (Griseb.) Cogn. ex Griseb. var. *genuina* Cogn. = **Cayaponia citrullifolia** (Griseb.) Cogn. ex Griseb.
Ref.: Pozner, 1998a.

Cayaponia diffusa Silva Manso = **Cayaponia pilosa** (Vell.) Cogn.
Ref.: Martínez Crovetto, 1968.

Cayaponia diversifolia (Cogn.) Cogn.
Sin.: *Trianosperma diversifolia* Cogn.
Ref.: Cabrera, 1993a.
Hábito: Enredadera.
Status: Nativa.
Prov.: JU.
Paises limítrofes: BR, PA.
Ejemplar examinado: *Hunziker 10264* (SI).

Cayaponia ficifolia (Lam.) Cogn. var. *dissecta* Cogn. = **Cayaponia bonariensis** (Mill.) Mart.Crov.
Ref.: Jeffrey, 1971.

Cayaponia ficifolia (Lam.) Cogn. var. *genuina* Cogn. = **Cayaponia bonariensis** (Mill.) Mart.Crov.
Ref.: Martínez Crovetto, 1954b, 1974; Jeffrey, 1971.

Cayaponia ficifolia (Lam.) Cogn. var. *rigida* Cogn. = **Cayaponia bonariensis** (Mill.) Mart.Crov.
Ref.: Martínez Crovetto, 1954b; Jeffrey, 1971.

Cayaponia latifolia Cogn. = **Cayaponia citrullifolia** (Griseb.) Cogn. ex Griseb.
Ref.: Cabrera, 1993a.

Cayaponia martiana (Cogn.) Cogn.
Sin.: *Bryonia tayuya* Mart., hom. illeg., *Cayaponia martiana* (Cogn.) Cogn. var. *acutiloba* (Cogn.) Cogn., *Trianosperma martiana* Cogn. var. *acutiloba* Cogn., *Trianosperma martiana* Cogn. var. *genuina* Cogn., nom. inval.
Ref.: Martínez Crovetto, 1965, 1974.
Hábito: Enredadera.
Status: Nativa.
Elevación: 0-500 m.
Prov.: BA, ER, MI.
Paises limítrofes: BR, UR.
Ejemplar examinado: *Soriano 22705* (SI).

Cayaponia martiana (Cogn.) Cogn. var. *acutiloba* (Cogn.) Cogn. = **Cayaponia martiana** (Cogn.) Cogn.
Ref.: Martínez Crovetto, 1968.

Cayaponia palmata Cogn.
Sin.: *Cayaponia palustris* Cogn., nom. nud., *Cayaponia saldanhaei* Cogn.
Ref.: Cogniaux, 1881; Jeffrey, 1971.
Hábito: Enredadera.
Status: Nativa.
Prov.: MI.
Paises limítrofes: BR.
Ejemplar examinado: *Kermes 7126* (BAB).

Cayaponia palustris Cogn., nom. nud. = **Cayaponia palmata** Cogn.
Ref.: Jeffrey, 1971; Pozner, 1998a.

Cayaponia pilosa (Vell.) Cogn.
Sin.: *Bryonia pilosa* Vell., *Cayaponia diffusa* Silva Manso, *Dermophylla eliptica* Silva Manso
Ref.: Martínez Crovetto, 1968.
Hábito: Enredadera.
Status: Nativa.
Prov.: MI.
Paises limítrofes: BR.
Ejemplar examinado: *Pérez Moreau 21225* (BAB).

Cayaponia podantha Cogn.
Ref.: Martínez Crovetto, 1965, 1974; Cabrera, 1993a.
Hábito: Enredadera.
Status: Nativa.
Elevación: 0-500 m.
Prov.: BA, CH, CO, COR, ER, FO, JU, LR, SA, SF.
Paises limítrofes: BR, PA, UR.
Ejemplar examinado: *Pozner 72; Hauman 25331* (BAB, SI).

Cayaponia saldanhaei Cogn. = **Cayaponia palmata** Cogn.
Ref.: Cogniaux, 1881; Pozner, 1998a.

Cayaponia sandia Griseb. = **Cayaponia bonariensis** (Mill.) Mart.Crov.
Ref.: Martínez Crovetto, 1954b, 1974.

Ceratosanthes Burm. ex Adans.
Número de especies: 2

Ceratosanthes diazii Lillo ex Descole, O'Donell & Lourteig = **Ceratosanthes multiloba** Cogn.
Ref.: Descole et al., 1939a; Pozner, 1998a.

Ceratosanthes fiebrigii Cogn. = **Ceratosanthes multiloba** Cogn.
Ref.: Cogniaux, 1916; Pozner, 1998a.

Ceratosanthes hassleri Cogn. = **Ceratosanthes multiloba** Cogn.
Ref.: Cogniaux, 1916; Pozner, 1998a.

Ceratosanthes hilariana Cogn.
Ref.: Pozner, 1998a.
Hábito: Enredadera.
Status: Nativa.
Elevación: 0-500 m.
Prov.: FO.
Paises limítrofes: PA.
Ejemplar examinado: *Joergensen 2774* (SI).

Ceratosanthes multiloba Cogn.
Sin.: *Ceratosanthes diazii* Lillo ex Descole, O'Donell & Lourteig, *Ceratosanthes fiebrigii* Cogn., *Ceratosanthes hassleri* Cogn.
Ref.: Descole et al., 1939a; Martínez Crovetto, 1968; Pozner, 1998a.
Hábito: Enredadera.
Status: Nativa.
Elevación: 0-500 m.
Prov.: CH, FO, COR, TU.
Paises limítrofes: BR, PA, UR.
Ejemplar examinado: *Schulz 72* (SI).

Citrullus Schrad. ex Eckl. & Zeyh.
Número de especies: 2

Citrullus colocynthis (L.) Schrad.
Sin.: *Cucumis colocynthis* L.
Ref.: Filov, 1962; Martínez Crovetto, 1965.
Hábito: Enredadera.
Status: Naturalizada.
Elevación: 0-500 m.
Prov.: BA, CO, SE.
Ejemplar examinado: *Hicken 25352* (SI).

Citrullus lanatus (Thunb.) Matsum. & Nakai subsp. **vulgaris** (Schrad. ex Eckl. & Zeyh.) Fursa
Sin.: *Citrullus vulgaris* Schrad. ex Eckl. & Zeyh.
Ref.: Hara, 1969; Fursa, 1972; Burkart, 1974; Pozner, 1998a.
Hábito: Enredadera.
Status: Introducida.
Elevación: 0-1000 m.

Prov.: CA, ER, JU, LP, ME, SA.
Ejemplar examinado: *Zuloaga y Deginani 3604* (SI).

Citrullus vulgaris Schrad. ex Eckl. & Zeyh. = **Citrullus lanatus** (Thunb.) Matsum. & Nakai subsp. **vulgaris** (Schrad. ex Eckl. & Zeyh.) Fursa
Ref.: Hara, 1969; Fursa, 1972; Burkart, 1974; Pozner, 1998a.

Cucumis L.

Número de especies: 2

Cucumis anguria L.
Sin.: *Cucumis anguria* L. var. *longipes* (Hook. f.) A. Meeuse, *Cucumis anguroides* Roem., *Cucumis arada* L. ex Naudin & F. Muell., *Cucumis echinatus* Moench, *Cucumis longipes* Hook. f., *Cucumis parviflorus* Salisb.
Ref.: Mansfeld, 1959; Meeuse, 1958, 1962; Jeffrey, 1967; Wunderlin, 1978; Pozner, 1998a.
Status: Introducida.
Prov.: BA, CH, COR, ER, FO, JU, LP, ME, SA, SL.
Ejemplar examinado: *Villamil 7636* (BBB).

Cucumis anguria L. var. *longipes* (Hook. f.) A. Meeuse = **Cucumis anguria** L.
Ref.: Mansfeld, 1959; Meeuse, 1962; Jeffrey, 1967; Wunderlin, 1978; Pozner, 1998a.

Cucumis anguroides Roem. = **Cucumis anguria** L.
Ref.: Mansfeld, 1959; Meeuse, 1962; Jeffrey, 1967; Wunderlin, 1978; Pozner, 1998a.

Cucumis arada L. ex Naudin & F. Muell. = **Cucumis anguria** L.
Ref.: Mansfeld, 1959; Meeuse, 1962; Jeffrey, 1967; Wunderlin, 1978; Pozner, 1998a.

Cucumis colocynthis L. = **Citrullus colocynthis** (L.) Schrad.
Ref.: Martínez Crovetto, 1965.

Cucumis dudaim L. = **Cucumis melo** L. var. **dudaim** (L.) Naudin
Ref.: Bailey, 1943; Martínez Crovetto, 1974.

Cucumis echinatus Moench = **Cucumis anguria** L.
Ref.: Mansfeld, 1959; Meeuse, 1962; Jeffrey, 1967; Wunderlin, 1978; Pozner, 1998a.

Cucumis longipes Hook. f. = **Cucumis anguria** L.
Ref.: Mansfeld, 1959; Meeuse, 1962; Jeffrey, 1967; Wunderlin, 1978; Pozner, 1998a.

Cucumis melo L. var. **dudaim** (L.) Naudin
Sin.: *Cucumis dudaim* L., *Cucumis odoratissimus* Moench
Ref.: Bailey, 1943; Martínez Crovetto, 1974.
Hábito: Enredadera.
Prov.: ER, SE.
Ejemplar examinado: *Burkart 26395* (SI).

Cucumis odoratissimus Moench = **Cucumis melo** L. var. **dudaim** (L.) Naudin
Ref.: Bailey, 1943.

Cucumis parviflorus Salisb. = **Cucumis anguria** L.
Ref.: Mansfeld, 1959; Meeuse, 1962; Jeffrey, 1967; Wunderlin, 1978; Pozner, 1998a.

Cucurbita L.

Número de especies: 3

Cucurbita andreana Naudin = **Cucurbita maxima** Duchesne subsp. **andreana** (Naudin) Filov
Ref.: Lira Saade, 1995; Pozner, 1998a.

Cucurbita asperata Gillies ex Hook. & Arn. = **Cucurbitella asperata** (Gillies ex Hook. & Arn.) Walp.
Ref.: Martínez Crovetto, 1965, 1974; Cabrera, 1993a, Pozner, 1998a, b.

Cucurbita lagenaria L. = **Lagenaria siceraria** (Molina) Standl.
Ref.: Cabrera, 1993a; Pozner, 1998a.

Cucurbita maxima Duchesne subsp. **andreana** (Naudin) Filov
Sin.: *Cucurbita andreana* Naudin
Ref.: Martínez Crovetto, 1974; Lira Saade, 1995; Pozner, 1998a.
Hábito: Enredadera.
Status: Nativa.
Elevación: 0-500 m.
Prov.: BA, CO, ER, LR, SF, SL, ME.
Paises limítrofes: UR.
Ejemplar examinado: *Pozner 66* (BAB).

Cucurbita maxima Duchesne subsp. **maxima**
Ref.: Martínez Crovetto, 1974; Cabrera, 1993a; Pozner, 1998a.
Hábito: Enredadera.
Status: Naturalizada.
Elevación: 0-500 m.
Prov.: CO, ER, JU, ME.
Ejemplar examinado: *Cabrera et al. 34587* (SI).

Cucurbita moschata (Lam.) Poir.
Sin.: *Cucurbita pepo* L. var. *moschata* Lam.
Ref.: Pozner, 1998a.
Hábito: Enredadera.
Status: Naturalizada.
Elevación: 0-500 m.
Prov.: BA, CO.
Ejemplar examinado: *Ariza Espinar 2887* (CORD).

Cucurbita pepo L.
Ref.: Martínez Crovetto, 1974.
Hábito: Enredadera.
Status: Introducida.
Elevación: 0-500 m.
Prov.: CO, ER.
Ejemplar examinado: *Castellanos 60* (SI).

Cucurbita pepo L. var. *moschata* Lam. = **Cucurbita moschata** (Lam.) Poir.
Ref.: Pozner, 1998a.

Cucurbita siceraria Molina = **Lagenaria siceraria** (Molina) Standl.
Ref.: Cabrera, 1993a; Pozner, 1998a.

Cucurbita urkupinana Cárdenas = **Cucurbitella asperata** (Gillies ex Hook. & Arn.) Walp.
Ref.: Pozner, 1998a, b.

Cucurbitella Walp.

Número de especies: 1

Cucurbitella asperata (Gillies ex Hook. & Arn.) Walp.
Sin.: *Cucurbita asperata* Gillies ex Hook. & Arn., *Cucurbita urkupinana* Cárdenas, *Cucurbitella cucumifolia* (Griseb.) Cogn., *Cucurbitella durieui* (Naudin) Cogn., *Cucurbitella integrifolia* Cogn., *Cucurbitella urkupinana* (Cárdenas) C. Jeffrey, *Prasopepon cucumifolius* Griseb., *Prasopepon durieui* Naudin, *Schizostigma asperatum* (Gillies ex Hook. & Arn.) Arn., comb. illeg.
Ref.: Cogniaux, 1916; Martínez Crovetto, 1965, 1974; Cabrera, 1993a; Pozner, 1998a, b.
Hábito: Enredadera.
Status: Nativa.
Elevación: 0-2000 m.
Prov.: BA, CA, CH, CO, COR, ER, FO, JU, LP, LR, ME, SA, SE, SF, SJ, SL, TU.
Paises limítrofes: BO, BR, PA, UR.
Ejemplar examinado: *Burkart 13957* (SI).

Cucurbitella cucumifolia (Griseb.) Cogn. = **Cucurbitella asperata** (Gillies ex Hook. & Arn.) Walp.
Ref.: Pozner, 1998a, b.

Cucurbitella durieui (Naudin) Cogn. = **Cucurbitella asperata** (Gillies ex Hook. & Arn.) Walp.
Ref.: Pozner, 1998a, b.

Cucurbitella integrifolia Cogn. = **Cucurbitella asperata** (Gillies ex Hook. & Arn.) Walp.
Ref.: Pozner, 1998a, b.

Cucurbitella urkupinana (Cárdenas) C. Jeffrey = **Cucurbitella asperata** (Gillies ex Hook. & Arn.) Walp.
Ref.: Pozner, 1998a, b

Cyclanthera Schrad.

Número de especies: 5

Cyclanthera boliviensis Mart. Crov. = **Cyclanthera quinquelobata** (Vell.) Cogn.
Ref.: Jones, 1969; Lira Saade, 1995; Pozner, 1998a.

Cyclanthera brasiliensis Cogn. = **Cyclanthera quinquelobata** (Vell.) Cogn.
Ref.: Jones, 1969; Lira Saade, 1995; Pozner, 1998a.

Cyclanthera digitata Arn. = **Cyclanthera pedata** (L.) Schrad.
Ref.: Lira Saade, 1995.

Cyclanthera edulis Naudin ex Huber = **Cyclanthera pedata** (L.) Schrad.
Ref.: Jones, 1969; Lira Saade, 1995; Pozner, 1998a.

Cyclanthera elegans Cogn. = **Cyclanthera tenuisepala** Cogn.
Ref.: Jones, 1969; Lira Saade, 1995; Pozner, 1998a.

Cyclanthera elegans Cogn. var. *genuina* Cogn., nom. inval. = **Cyclanthera tenuisepala** Cogn.
Ref.: Martínez Crovetto, 1968; Jones, 1969; Lira Saade, 1995; Pozner, 1998a.

Cyclanthera elegans Cogn. var. *grandifolia* Cogn. = **Cyclanthera tenuisepala** Cogn.
Ref.: Jones, 1969; Lira Saade, 1995; Pozner, 1998a.

Cyclanthera elegans Cogn. var. *obtusiloba* Cogn. = **Cyclanthera tenuisepala** Cogn.
Ref.: Martínez Crovetto, 1968; Jones, 1969; Lira Saade, 1995; Pozner, 1998a.

Cyclanthera elegans Cogn. var. *warmingii* Cogn. = **Cyclanthera tenuisepala** Cogn.
Ref.: Jones, 1969; Lira Saade, 1995; Pozner, 1998a.

Cyclanthera hystrix (Gillies ex Hook. & Arn.) Arn.
Sin.: *Momordica hystrix* Gillies ex Hook. & Arn.
Ref.: Martínez Crovetto, 1965, 1974; Cabrera, 1993a.
Hábito: Enredadera.
Status: Nativa.
Prov.: BA, CA, CO, ER, JU, TU.
Paises limítrofes: BR, UR.
Ejemplar examinado: *Burkart 5982* (SI).

Cyclanthera killipii Standl. = **Cyclanthera quinquelobata** (Vell.) Cogn.
Ref.: Jones, 1969; Lira Saade, 1995; Pozner, 1998a.

Cyclanthera microcarpa Cogn. = **Cyclanthera tamnifolia** Griseb.
Ref.: Pozner, 1998a.

Cyclanthera pedata (L.) Schrad.
Sin.: *Anguria pedatisecta* Ser., *Cyclanthera digitata* Arn., *Cyclanthera edulis* Naudin ex Huber, *Cyclanthera pedata* (L.) Schrad. var. *edulis* (Naudin ex Huber) Cogn., *Momordica pedata* L.
Ref.: Jones, 1969; Cabrera, 1993a; Lira Saade, 1995; Pozner, 1998a.
Hábito: Enredadera.
Status: Nativa.
Prov.: JU, SA.
Paises limítrofes: BO.
Ejemplar examinado: *Kiesling et al. 1641* (SI).

Cyclanthera pedata (L.) Schrad. var. *edulis* (Naudin ex Huber) Cogn. = **Cyclanthera pedata** (L.) Schrad.
Ref.: Jones, 1969; Lira Saade, 1995; Pozner, 1998a.

Cyclanthera quinquelobata (Vell.) Cogn.
Sin.: *Cyclanthera boliviensis* Mart. Crov., *Cyclanthera brasiliensis* Cogn., *Cyclanthera killipii* Standl., *Cyclanthera trianaei* Cogn., *Cyclanthera trigonoloba* Toledo, *Cyclanthera trigonoloba* Toledo var. *caudata* Toledo, *Momordica quinquelobata* Vell.
Ref.: Jones, 1969; Lira Saade, 1995; Pozner, 1998a.
Hábito: Enredadera.
Status: Nativa.
Prov.: JU, MI, SA.
Paises limítrofes: BR, UR.
Ejemplar examinado: *Cabrera et al. 34308* (SI).

Cyclanthera tamnifolia Griseb.
Sin.: *Cyclanthera microcarpa* Cogn.
Ref.: Cabrera, 1993a; Pozner, 1998a.
Hábito: Enredadera.
Status: Nativa.
Prov.: CA, JU, SA, TU.
Paises limítrofes: BO.
Ejemplar examinado: *Pedersen 12870* (SI).

Cyclanthera tenuisepala Cogn.
Sin.: *Cyclanthera elegans* Cogn., *Cyclanthera elegans* Cogn. var. *genuina* Cogn., nom. inval., *Cyclanthera elegans* Cogn. var. *grandifolia* Cogn., *Cyclanthera elegans* Cogn. var. *obtusiloba* Cogn., *Cyclanthera elegans* Cogn. var. *warmingii* Cogn., *Cyclanthera tonduzii* Cogn.
Ref.: Cogniaux, 1878; Martínez Crovetto, 1968; Jones, 1969; Pozner, 1998a.
Hábito: Enredadera.
Status: Nativa.
Prov.: MI.
Paises limítrofes: BR.
Ejemplar examinado: *Spegazzini s.n.* (SI 17249).

Cyclanthera tonduzii Cogn. = **Cyclanthera tenuisepala** Cogn.
Ref.: Jones, 1969; Lira Saade, 1995; Pozner, 1998a.

Cyclanthera trianaei Cogn. = **Cyclanthera quinquelobata** (Vell.) Cogn.
Ref.: Jones, 1969; Lira Saade, 1995; Pozner, 1998a.

Cyclanthera trigonoloba Toledo = **Cyclanthera quinquelobata** (Vell.) Cogn.
Ref.: Jones, 1969; Lira Saade, 1995; Pozner, 1998a.

Cyclanthera trigonoloba Toledo var. *caudata* Toledo = **Cyclanthera quinquelobata** (Vell.) Cogn.
Ref.: Jones, 1969; Lira Saade, 1995; Pozner, 1998a.

Dermophylla eliptica Silva Manso = **Cayaponia pilosa** (Vell.) Cogn.
Ref.: Martínez Crovetto, 1968.

Echinocystis araneosa Griseb. = **Echinopepon racemosus** (Steud.) C. Jeffrey
Ref.: Jeffrey, 1978; Cabrera, 1993a; Pozner, 1998a.

Echinocystis racemosa (Steud.) Mart.Crov. = **Echinopepon racemosus** (Steud.) C. Jeffrey
Ref.: Jeffrey, 1978; Cabrera, 1993a; Pozner, 1998a.

Echinopepon Naudin
Número de especies: 1

Echinopepon racemosus (Steud.) C. Jeffrey
Sin.: *Echinocystis araneosa* Griseb., *Echinocystis racemosa* (Steud.) Mart.Crov., *Momordica muricata* Vell., hom. illeg., *Momordica racemosa* Steud.
Ref.: Stocking, 1955; Jeffrey, 1978; Cabrera, 1993a; Pozner, 1998a; Monro & Stafford, 1998.
Hábito: Enredadera.
Status: Nativa.
Prov.: CA, JU, LR, SA, SJ, TU.
Paises limítrofes: BO, BR.
Ejemplar examinado: *Roig 7852* (MERL).

Fevillea L.
Número de especies: 1

Fevillea cordifolia Vell., hom. illeg. = **Fevillea trilobata** L.
Ref.: Cogniaux, 1916; Martínez Crovetto, 1968; Pozner, 1998a.

Fevillea trilobata L.
Sin.: *Fevillea cordifolia* Vell., hom. illeg., *Hypanthera guapeva* Silva Manso, *Nhandiroba trilobata* (L.) Kuntze, comb. illeg.
Ref.: Cogniaux, 1916; Martínez Crovetto, 1968; Pozner, 1998a.
Hábito: Liana.
Status: Nativa.
Elevación: 0-500 m.
Prov.: MI.
Paises limítrofes: BR.
Ejemplar examinado: *Kermes 149* (SI).

Fevillea triphylla Griseb. ex Lorentz, nom. nud. = **Siolmatra brasiliensis** (Cogn.) Baill. var. **pubescens** (Griseb.) Cogn.
Ref.: Cogniaux, 1916; Pozner, 1998a.

Fevillea triphylla Griseb., nom. nud. = **Siolmatra brasiliensis** (Cogn.) Baill. var. **pubescens** (Griseb.) Cogn.
Ref.: Cogniaux, 1916; Pozner, 1998a.

Halosicyos Mart. Crov.
Número de especies: 1 especie endémica.

Halosicyos ragonesei Mart. Crov.
Ref.: Martínez Crovetto, 1947; Ruiz Leal, 1958; Pozner, 1998a.
Hábito: Enredadera.
Status: Endémica.
Prov.: CA, CO, LR, ME, SL.
Ejemplar examinado: *Ruiz Leal 15906* (MERL).

Hypanthera guapeva Silva Manso = **Fevillea trilobata** L.
Ref.: Cogniaux, 1916; Martínez Crovetto, 1968; Pozner, 1998a.

Lagenaria Ser.
Número de especies: 1

Lagenaria leucantha Rusby, nom. illeg. = **Lagenaria siceraria** (Molina) Standl.
Ref.: Jeffrey, 1967; Pozner, 1998a.

Lagenaria siceraria (Molina) Standl.
Sin.: *Cucurbita lagenaria* L., *Cucurbita siceraria* Molina, *Lagenaria leucantha* Rusby, nom. illeg., *Lagenaria siceraria* (Molina) Standl. var. *laevisperma* Millán, *Lagenaria vulgaris* Ser., *Lagenaria vulgaris* Ser. subsp. *asiatica* Kobyakova
Ref.: Jeffrey, 1967; Parodi, 1980; Cabrera, 1993a; Pozner, 1998a.
Hábito: Enredadera.
Prov.: COR, JU.
Ejemplar examinado: *Cabrera 31431* (SI).

Lagenaria siceraria (Molina) Standl. var. *laevisperma* Millán = **Lagenaria siceraria** (Molina) Standl.
Ref.: Millán, 1946; Wunderlin, 1978.

Lagenaria vulgaris Ser. = **Lagenaria siceraria** (Molina) Standl.
Ref.: Cabrera, 1993a; Pozner, 1998a.

Lagenaria vulgaris Ser. subsp. *asiatica* Kobyakova = **Lagenaria siceraria** (Molina) Standl.
Ref.: Wunderlin, 1978; Pozner, 1998a.

Luffa Mill.
Número de especies: 1

Luffa aegyptiaca Mill.
Sin.: *Momordica cylindrica* L., *Momordica luffa* L.
Ref.: Excell, 1933; Martínez Crovetto, 1968; Cabrera, 1993a; Pozner, 1998a.
Hábito: Enredadera.
Prov.: CH, COR, JU, MI, SA, TU.
Ejemplar examinado: *Cabrera et al. 31411* (SI).

Melancium Naudin
Número de especies: 1

Melancium campestre Naudin
Ref.: Cogniaux, 1878, 1916; Martínez Crovetto, 1968; Pozner, 1998a.
Hábito: Hierba.
Status: Nativa.
Elevación: 0-500 m.
Prov.: COR, MI.
Paises limítrofes: BR.
Ejemplar examinado: *Pozner 52* (BAB).

Melothria L.
Número de especies: 5, 1 especie endémica.

Melothria añatuyana Mart. Crov. = **Apodanthera anatuyana** (Mart.Crov.) Pozner
Ref.: Pozner, 1996, 1998a.

Melothria candolleana Cogn.
Ref.: Martínez Crovetto, 1949.
Hábito: Enredadera.
Status: Nativa.
Prov.: CH, COR, ER, FO, SF.
Paises limítrofes: UR.
Ejemplar examinado: *Joergensen 2782* (SI).

Melothria cucumis Vell.
Ref.: Martínez Crovetto, 1949.
Hábito: Enredadera.
Status: Nativa.
Prov.: CH, COR, ER, FO, MI, SF.
Paises limítrofes: BR, PA, UR.
Ejemplar examinado: *Hunziker 948* (SI).

Melothria fluminensis Gardner = **Melothria pendula** L.
Ref.: Martínez Crovetto, 1949; Cabrera, 1993a; Dieterle, 1976; Wunderlin, 1978.

Melothria pendula L.
Sin.: *Melothria fluminensis* Gardner
Ref.: Martínez Crovetto, 1949; Cabrera, 1993a; Dieterle, 1976; Wunderlin, 1978.
Hábito: Enredadera.
Status: Nativa.
Prov.: JU, FO, MI, SA.
Paises limítrofes: BO, BR, PA.
Ejemplar examinado: *Clos 2096* (SI).

Melothria schulziana Mart. Crov.
Ref.: Martínez Crovetto, 1949; Pozner, 1998a.
Hábito: Enredadera.
Status: Endémica.
Prov.: CH, FO.
Ejemplar examinado: *Schulz 8324* (SI).

[Melothria uliginosa Cogn.]
Ref.: Pozner, 1998a.
Nota: Especie excluida de la flora argentina.

Melothria warmingii Cogn.
Ref.: Martínez Crovetto, 1949; Pozner, 1998a.
Hábito: Enredadera.
Status: Nativa.
Prov.: JU, MI.
Paises limítrofes: BO, BR, PA.
Ejemplar examinado: *Schwartz 5956* (LIL).

Momordica L.
Número de especies: 1

Momordica charantia L. var. **abbreviata** Ser.
Ref.: Martínez Crovetto, 1965, 1974; Cabrera, 1993a.
Hábito: Enredadera.
Status: Nativa.
Elevación: 0-500 m.
Prov.: BA, CO, JU, LR, SA.
Paises limítrofes: BO, BR, PA.
Ejemplar examinado: *Ruiz Leal y Roig 17311* (MERL).

Momordica cylindrica L. = **Luffa aegyptiaca** Mill.
Ref.: Excell, 1933; Martínez Crovetto, 1968; Cabrera, 1993a; Pozner, 1998a.

Momordica hystrix Gillies ex Hook. & Arn. = **Cyclanthera hystrix** (Gillies ex Hook. & Arn.) Arn.
Ref.: Martínez Crovetto, 1965, 1974; Cabrera, 1993a.

Momordica luffa L. = **Luffa aegyptiaca** Mill.
Ref.: Pozner, 1998a.

Momordica muricata Vell., hom. illeg. = **Echinopepon racemosus** (Steud.) C. Jeffrey
Ref.: Jeffrey, 1978; Cabrera, 1993a; Pozner, 1998a.

Momordica pedata L. = **Cyclanthera pedata** (L.) Schrad.
Ref.: Jones, 1969; Lira Saade, 1995; Pozner, 1998a.

Momordica quinquelobata Vell. = **Cyclanthera quinquelobata** (Vell.) Cogn.
Ref.: Cabrera, 1993a; Pozner, 1998a.

Momordica racemosa Steud. = **Echinopepon racemosus** (Steud.) C. Jeffrey
Ref.: Jeffrey, 1978; Cabrera, 1993a; Pozner, 1998a.

Nhandiroba trilobata (L.) Kuntze, comb. illeg. = **Fevillea trilobata** L.
Ref.: Cogniaux, 1916; Martínez Crovetto, 1968; Pozner, 1998a.

Prasopepon cucumifolius Griseb. = **Cucurbitella asperata** (Gillies ex Hook. & Arn.) Walp.
Ref.: Cogniaux, 1916; Cabrera, 1993a; Pozner, 1998a, b.

Prasopepon durieui Naudin = **Cucurbitella asperata** (Gillies ex Hook. & Arn.) Walp.
Ref.: Martínez Crovetto, 1965, 1974; Cabrera, 1993a; Pozner, 1998a, b.

Pteropepon (Cogn.) Cogn.

Número de especies: 2 especies endémicas.

Pteropepon argentinense Mart. Crov.
Ref.: Martínez Crovetto, 1952; Cabrera, 1993a; Pozner, 1998a.
Hábito: Enredadera.
Status: Endémica.
Prov.: CA, JU, SA, TU.
Ejemplar examinado: *Martínez Croveto 6238, 6239* (BAB).

Pteropepon parodii Mart. Crov.
Ref.: Martínez Crovetto, 1950a, 1952; Cabrera, 1993a; Pozner, 1998a.
Hábito: Enredadera.
Status: Endémica.
Prov.: SA.
Ejemplar examinado: *Schreiter 68619* (LIL).

Schizostigma asperatum (Gillies ex Hook. & Arn.) Arn., comb. illeg. = **Cucurbitella asperata** (Gillies ex Hook. & Arn.) Walp.
Ref.: Martínez Crovetto, 1965, 1974; Cabrera, 1993a; Pozner, 1998a, b.

Sicyos L.

Número de especies: 6, 2 especies y 1 variedad endémicas.

Sicyos aculeatus auct. non R.E. Fr. = **Sicyos warmingii** Cogn. var. **warmingii**
Ref.: Martínez Crovetto, 1964a.

Sicyos hieronymii Cogn., nom. nud. = **Sicyos warmingii** Cogn. var. **warmingii**
Ref.: Martínez Crovetto, 1964a.

Sicyos ignarus Mart. Crov.
Ref.: Martínez Crovetto, 1964a.
Hábito: Enredadera.
Status: Endémica.
Prov.: SA.
Ejemplar examinado: *Ragonese 253 1/2* (BA).

Sicyos kunthii Cogn.
Sin.: *Sicyos parviflorus* Kunth, hom. illeg.
Ref.: Martínez Crovetto, 1964a; Cabrera, 1993a.
Hábito: Enredadera.
Status: Nativa.
Prov.: CA, JU, SA, TU.
Paises limítrofes: BO.
Ejemplar examinado: *Zuloaga y Deginani 3764* (SI).

Sicyos malvifolius Griseb.
Ref.: Martínez Crovetto, 1964a; Cabrera, 1993a.
Hábito: Enredadera.
Status: Nativa.
Elevación: 0-1000 m.
Prov.: CA, CO, SA, SE, TU.
Paises limítrofes: BO, UR.
Ejemplar examinado: *Giardelli 1225* (SI).

Sicyos montanus auct. non Poepp. = **Sicyos warmingii** Cogn. var. **warmingii**
Ref.: Martínez Crovetto, 1964a.

Sicyos odonelli Mart. Crov.
Ref.: Martínez Crovetto, 1955, 1964a; Cabrera, 1993a.
Hábito: Enredadera.
Status: Endémica.
Prov.: JU, SA, TU.
Ejemplar examinado: *Cabrera et al. 34270* (SI).

Sicyos parviflorus Kunth, hom. illeg. = **Sicyos kunthii** Cogn.
Ref.: Martínez Crovetto, 1964a; Cabrera, 1993a.

Sicyos polyacanthus Cogn.
Ref.: Martínez Crovetto, 1964a; Cabrera, 1993a.
Hábito: Enredadera.
Status: Nativa.
Prov.: CH, COR, FO, JU, MI, SA, TU.
Paises limítrofes: BR, PA.
Ejemplar examinado: *Schulz 99* (SI).

Sicyos warmingii Cogn. var. **longispinus** Mart. Crov.
Ref.: Martínez Crovetto, 1964a.
Hábito: Enredadera.
Status: Endémica.
Prov.: JU, SA.
Ejemplar examinado: *Schulz y Varela 5149* (LIL).

Sicyos warmingii Cogn. var. **warmingii**
Sin.: *Sicyos aculeatus* auct. non R.E. Fr., *Sicyos hieronymii* Cogn., nom. nud., *Sicyos montanus* auct. non Poepp.
Ref.: Martínez Crovetto, 1964a.
Hábito: Enredadera.
Status: Nativa.
Elevación: 0-1000 m.
Prov.: CA, CO, JU, LR, SA, TU.
Paises limítrofes: BO, BR.
Ejemplar examinado: *Múlgura et al. 1202* (SI).

Siolmatra Baill.

Número de especies: 1

Siolmatra brasiliensis (Cogn.) Baill. var. **pubescens** (Griseb.) Cogn.
Sin.: *Alsomitra brasiliensis* Cogn. var. *pubescens* Griseb., *Fevillea triphylla* Griseb. ex Lorentz, nom. nud., *Fevillea triphylla* Griseb., nom. nud.
Ref.: Cabrera, 1993a; Pozner, 1998a.
Hábito: Liana.
Status: Nativa.
Elevación: 0-1000 m.
Prov.: JU, SA.
Paises limítrofes: BR.
Ejemplar examinado: *Cabrera et al. 32232* (SI); *Zuloaga 2812* (SI).

Trianosperma diversifolia Cogn. = **Cayaponia diversifolia** (Cogn.) Cogn.
Ref.: Cabrera, 1993a.

Trianosperma ficifolia (Lam.) Cogn. var. *dissecta* Cogn. = **Cayaponia bonariensis** (Mill.) Mart.Crov.
Ref.: Jeffrey, 1971.

Trianosperma ficifolia (Lam.) Cogn. var. *genuina* Cogn., nom. inval. = **Cayaponia bonariensis** (Mill.) Mart.Crov.
Ref.: Martínez Crovetto, 1954b; Jeffrey, 1971.

Trianosperma ficifolia (Lam.) Cogn. var. *rigida* Cogn. = **Cayaponia bonariensis** (Mill.) Mart.Crov.
Ref.: Martínez Crovetto, 1954b.

Trianosperma hilarianum Naudin = **Cayaponia bonariensis** (Mill.) Mart.Crov.
Ref.: Cogniaux, 1878.

Trianosperma martiana Cogn. var. *acutiloba* Cogn. = **Cayaponia martiana** (Cogn.) Cogn.
Ref.: Martínez Crovetto, 1968.

Trianosperma martiana Cogn. var. *genuina* Cogn., nom. inval. = **Cayaponia martiana** (Cogn.) Cogn.
Ref.: Martínez Crovetto, 1965, 1968, 1974.

Wilbrandia Silva Manso

Número de especies: 1, 1 variedad endémica.

Wilbrandia ebracteata Cogn. var. **bracteata** Mart. Crov.
Ref.: Martínez Crovetto, 1960.
Hábito: Enredadera.
Status: Endémica.
Elevación: 0-500 m.
Prov.: MI.
Ejemplar examinado: *Zuloaga 5184* (SI).

Wilbrandia ebracteata Cogn. var. **ebracteata**
Sin.: *Wilbrandia longisepala* Cogn. var. *angustiloba* Cogn.
Ref.: Martínez Crovetto, 1960.
Hábito: Enredadera.
Status: Nativa.
Prov.: COR, MI.
Paises limítrofes: BR, PA.
Ejemplar examinado: *Pozner 51* (BAB).

Wilbrandia ebracteata Cogn. var. **pedunculata** Mart. Crov.
Ref.: Martínez Crovetto, 1960.
Hábito: Enredadera.
Status: Nativa.
Prov.: MI.
Paises limítrofes: PA.
Ejemplar examinado: *Martínez Crovetto y Leguizamón 5836* (BAB).

Wilbrandia longisepala Cogn. var. *angustiloba* Cogn. = **Wilbrandia ebracteata** Cogn. var. **ebracteata**
Ref.: Martínez Crovetto, 1960.

Wilbrandia sagittifolia Griseb. = **Apodanthera sagittifolia** (Griseb.) Mart.Crov. var. **sagittifolia**
Ref.: Martínez Crovetto, 1946a, 1954a.

Wilbrandia sagittifolia Griseb. var. *dissecta* (Cogn.) Mart.Crov. = **Apodanthera sagittifolia** (Griseb.) Mart.Crov. var. **dissecta** (Cogn.) Mart.Crov.
Ref.: Martínez Crovetto, 1946a, 1965.

Wilbrandia sagittifolia Griseb. var. *typica* Mart. Crov., nom. inval. = **Apodanthera sagittifolia** (Griseb.) Mart.Crov. var. **sagittifolia**
Ref.: Martínez Crovetto, 1946a, 1954a.

Wilbrandia sagittifolia Griseb. var. *villosa* (Cogn.) Mart.Crov. = **Apodanthera sagittifolia** (Griseb.) Mart.Crov. var. **villosa** (Cogn.) Mart.Crov.
Ref.: Martínez Crovetto, 1946a, 1954a.

Wilbrandia villosa Cogn. = **Apodanthera sagittifolia** (Griseb.) Mart.Crov. var. **villosa** (Cogn.) Mart.Crov.
Ref.: Martínez Crovetto, 1946a, 1954a.

Wilbrandia villosa Cogn. var. *dissecta* Cogn. = **Apodanthera sagittifolia** (Griseb.) Mart.Crov. var. **dissecta** (Cogn.) Mart.Crov.
Ref.: Martínez Crovetto, 1946a, 1965.

CUNONIACEAE

3 géneros, 5 especies.

Belangera cuneata Cambess. = [Lamanonia cuneata (Cambess.) Kuntze]
Ref.: Biloni, 1965.

Belangera glabra Cambess. = **Lamanonia ternata** Vell.
Ref.: Biloni, 1965.

Belangera speciosa Cambess. = **Lamanonia speciosa** (Cambess.) L.B. Sm.
Ref.: Biloni, 1965.

Belangera tomentosa Cambess. = [Lamanonia tomentosa (Cambess.) Kuntze]
Ref.: Biloni, 1965.

Caldcluvia D. Don

Número de especies: 1

Caldcluvia paniculata (Cav.) D. Don
Sin.: *Weinmannia paniculata* Cav.
Ref.: Biloni, 1965; Dimitri, 1974b; Crespo & Pérez Moreau, 1984a.
Hábito: Árbol.
Status: Nativa.
Elevación: 0–500 m.
Prov.: CHU, NE, RN.
Paises limítrofes: CH.
Ejemplar examinado: *Soriano 1359* (SI).

Lamanonia Vell.

Número de especies: 2

[Lamanonia cuneata (Cambess.) Kuntze]
Sin.: *Belangera cuneata* Cambess.
Ref.: Biloni, 1965; Cuatrecasas & Smith, 1971.
Nota: Especie excluida de la flora argentina.

Lamanonia glabra (Cambess.) Kuntze = **Lamanonia ternata** Vell.
Ref.: Biloni, 1965.

Lamanonia speciosa (Cambess.) L.B. Sm.
Sin.: *Belangera speciosa* Cambess.
Ref.: Smith, 1958; Biloni, 1965; Cuatrecasas & Smith, 1971.
Hábito: Arbusto o árbol.
Status: Nativa.
Elevación: 0–500 m.
Prov.: MI.
Paises limítrofes: BR.
Nota: Citada para Argentina sin mencionar ejemplar de herbario.

Lamanonia ternata Vell.
Sin.: *Belangera glabra* Cambess., *Lamanonia glabra* (Cambess.) Kuntze.
Ref.: Biloni, 1965.
Hábito: Árbol.
Status: Nativa.
Elevación: 0–500 m.
Prov.: MI.
Paises limítrofes: BR, PA.
Nota: Citada para Argentina sin mencionar ejemplar de herbario.

[Lamanonia tomentosa (Cambess.) Kuntze]
Sin.: *Belangera tomentosa* Cambess.
Ref.: Biloni, 1965.
Nota: Especie excluida de la flora argentina.

Weinmannia L., nom. cons.
Número de especies: 2

Weinmannia boliviensis R.E. Fr.
Sin.: *Weinmannia hieronymi* Engl.
Ref.: Bernardi, 1963; Fabris, 1972.
Hábito: Árbol.
Status: Nativa.
Elevación: 1000–3000 m.
Prov.: JU, SA.
Paises limítrofes: BO.
Ejemplar examinado: *Cabrera et al. 20984* (LP).

Weinmannia crenata C. Presl = **[Weinmannia sorbifolia** var. **crenata** (C. Presl) Cuatrec.]

Weinmannia hieronymi Engl. = **Weinmannia boliviensis** R.E. Fr.
Ref.: Bernardi, 1963.

[Weinmannia organensis Gardner]
Ref.: Bernardi, 1961; Biloni, 1965.
Nota: Especie excluida de la flora argentina.

Weinmannia paniculata Cav. = **Caldcluvia paniculata** (Cav.) D. Don
Ref.: Crespo & Pérez Moreau, 1984a.

[Weinmannia paullinifolia Pohl]
Ref.: Biloni, 1965.
Nota: Especie excluida de la flora argentina.

[Weinmannia sorbifolia (C. Presl) Cuatrec.]
Ref.: Fabris, 1972.
Nota: Citada erróneamente para la flora argentina, sobre la base de material no perteneciente a esta especie.

Weinmannia trichosperma Cav.
Sin.: *Windmannia trichosperma* (Cav.) Kuntze.
Ref.: Bernardi, 1963; Biloni, 1965; Crespo & Pérez Moreau, 1984a.
Hábito: Árbol.
Status: Nativa.
Elevación: 0–1000 m.
Prov.: CHU, NE, RN, SC.
Paises limítrofes: CH.
Ejemplar examinado: *Cabrera 21212* (LP).

Windmannia trichosperma (Cav.) Kuntze = **Weinmannia trichosperma** Cav.
Ref.: Crespo & Pérez Moreau, 1984a.

CUSCUTACEAE

1 género, 24 especies; 7 especies endémicas.

Cuscuta L.
Número de especies: 24

Cuscuta alataloba Yunck.
Sin.: *Cuscuta alataloba* Yunck. var. *monosperma* Yunck.
Ref.: Hunziker, 1947, 1950b.
Hábito: Enredadera parásita.
Status: Endémica.
Elevación: 500-2000 m.
Prov.: CA, SA, TU.
Ejemplar examinado: *Peirano s.n.* (holotipo, LIL 4082).

Cuscuta alataloba Yunck. var. *monosperma* Yunck. = **Cuscuta alataloba** Yunck.
Ref.: Hunziker, 1950b.

Cuscuta americana L.
Ref.: Hunziker, 1947, 1950b; Pontiroli, 1983.
Hábito: Enredadera parásita.
Status: Nativa.
Prov.: JU.
Paises limítrofes: BR.
Ejemplar citado: *Fries 229**.

[Cuscuta andina Phil.]
Sin.: *Cuscuta indecora* Choisy var. *integriuscula* (Engelm.) Yunck.
Ref.: Hunziker, 1950b.
Nota: Cita dudosa para la flora argentina.

Cuscuta argentinana Yunck. var. **argentinana**
Sin.: *Cuscuta argentinana* Yunck. var. *typica* Hunz., nom. inval.
Ref.: Hunziker, 1947, 1950b.
Hábito: Enredadera parásita.
Status: Endémica.
Elevación: 0-3000 m.
Prov.: CA, SA, TU.
Ejemplar examinado: *Joergensen 1160* (isotipos, LIL, SI).

Cuscuta argentinana Yunck. var. **parviflora** Hunz.
Ref.: Hunziker, 1947, 1950b.
Hábito: Enredadera parásita.
Status: Endémica.
Elevación: 3000-3500 m.
Prov.: TU.
Ejemplar examinado: *Castillón 13125* (holotipo, LIL).

Cuscuta argentinana Yunck. var. *typica* Hunz., nom. inval. = **Cuscuta argentinana** Yunck. var. **argentinana**

Cuscuta bicolor Hunz. = **Cuscuta microstyla** Engelm. var. **bicolor** (Hunz.) Hunz.
Ref.: Hunziker, 1950b; Marticorena & Quezada, 1987.

Cuscuta boliviana Yunck. var. **boliviana**
Sin.: *Cuscuta boliviana* Yunck. var. *typica* Hunz., nom. inval.
Ref.: Hunziker, 1947, 1950b; Pontiroli, 1983.
Hábito: Enredadera parásita.
Status: Nativa.
Elevación: 1500-2500 m.
Prov.: CA, CO, JU, LR, ME, SA, SJ, SL.
Paises limítrofes: BO.
Ejemplar examinado: *Burkart 12500* (SI).

Cuscuta boliviana Yunck. var. **paranensis** Hunz.
Ref.: Hunziker, 1947, 1950b.
Hábito: Enredadera parásita.
Status: Nativa.
Elevación: 0-500 m.
Prov.: MI.
Paises limítrofes: BR.
Ejemplar examinado: *Bertoni 1502* (holotipo, LIL).

Cuscuta boliviana Yunck. var. *typica* Hunz., nom. inval. = **Cuscuta boliviana** Yunck. var. **boliviana**

Cuscuta brevisquamata Yunck. = **Cuscuta flossdorfii** Hicken var. **flossdorfii**
Ref.: Hunziker, 1947, 1950b.

[Cuscuta chilensis Ker Gawl.]
Ref.: Hunziker, 1947, 1950b.
Nota: Cita dudosa para la flora argentina.

Cuscuta cristata Engelm. var. **chacoensis** Hunz.
Ref.: Hunziker, 1947, 1950b.
Hábito: Enredadera parásita.
Status: Endémica.
Elevación: 0-500 m.
Prov.: CH, SF.
Ejemplar citado: *Ragonese 4505**.

Cuscuta cristata Engelm. var. **cristata**
Sin.: *Cuscuta cristata* Engelm. var. *typica* Hunz., nom. inval.
Ref.: Hunziker, 1947, 1950b; Múlgura, 1979.
Hábito: Enredadera parásita.
Status: Nativa.
Elevación: 0-2000 m.
Prov.: BA, CA, CH, CO, COR, DF, ER, LR, SE.
Paises limítrofes: UR.
Ejemplar examinado: *Burkart 5617* (SI).

Cuscuta cristata Engelm. var. *typica* Hunz., nom. inval. = **Cuscuta cristata** Engelm. var. **cristata**

Cuscuta epilinum Weihe
Ref.: Hunziker, 1947, 1950b.
Hábito: Enredadera parásita.
Status: Introducida.
Elevación: 0-500 m.
Prov.: BA.
Ejemplar examinado: *Barcos s.n.* (BAB).

Cuscuta epithymum (L.) Murray ex L. var. *angustata* Engelm. f. *angustissima* Engelm. = **Cuscuta epithymum** (L.) Murray ex L. var. **angustissima** (Engelm.) Yunck.
Ref.: Hunziker, 1947, 1950b.

Cuscuta epithymum (L.) Murray ex L. var. **angustissima** (Engelm.) Yunck.
Sin.: *Cuscuta epithymum* (L.) Murray ex L. var. *angustata* Engelm. f. *angustissima* Engelm.
Ref.: Hunziker, 1947, 1950b.
Hábito: Enredadera parásita.
Status: Introducida.
Elevación: 0-500 m.
Prov.: BA.
Paises limítrofes: CH.
Ejemplar examinado: *Spegazzini s.n.* (LPS 14731).

Cuscuta epithymum (L.) Murray ex L. var. **epithymum**
Sin.: *Cuscuta epithymum* (L.) Murray ex L. var. *typica* Hunz., nom. inval., *Cuscuta europaea* L. var. *epithymum* L.
Ref.: Hunziker, 1947, 1950b.
Hábito: Enredadera parásita.
Status: Introducida.
Elevación: 0-500 m.
Prov.: BA, CO, DF.
Ejemplar examinado: *Spegazzini s.n.* (BAB).

Cuscuta epithymum (L.) Murray ex L. var. **macranthera** (Heldr. & Sartori ex Boiss.) Engelm.
Sin.: *Cuscuta macranthera* Heldr. & Sartori ex Boiss.
Ref.: Hunziker, 1947, 1950b.
Hábito: Enredadera parásita.
Status: Introducida.
Elevación: 0-500 m.
Prov.: BA.
Ejemplar examinado: *Hauman s.n.* (BAA).

Cuscuta epithymum (L.) Murray ex L. var. *typica* Hunz., nom. inval. = **Cuscuta epithymum** (L.) Murray ex L. var. **epithymum**

Cuscuta europaea L. var. *epithymum* L. = **Cuscuta epithymum** (L.) Murray ex L. var. **epithymum**
Ref.: Hunziker, 1950b.

Cuscuta flossdorfii Hicken var. **flossdorfii**
Sin.: *Cuscuta brevisquamata* Yunck.
Ref.: Hunziker, 1947, 1950b.
Hábito: Enredadera parásita.
Status: Endémica.
Elevación: 2500-4000 m.
Prov.: CO, LR, TU.
Ejemplar examinado: *Flossdorf 41* (holotipo, SI).

Cuscuta flossdorfii Hicken var. **microstyla** Hunz.
Ref.: Hunziker, 1947, 1950b.
Hábito: Enredadera parásita.
Status: Endémica.
Elevación: 2500-3000 m.
Prov.: LR.
Ejemplar examinado: *Castellanos s.n.* (holotipo, BA 28/310).

Cuscuta flossdorfii Hicken var. **pampagrandensis** Hunz.
Ref.: Hunziker, 1947, 1950b.
Hábito: Enredadera parásita.
Status: Endémica.
Elevación: 1500-2000 m.
Prov.: SA.
Ejemplar examinado: *Hunziker 1888* (holotipo, CORD).

Cuscuta flossdorfii Hicken var. **tucumanensis** Hunz.
Ref.: Hunziker, 1947, 1950b.
Hábito: Enredadera parásita.
Status: Endémica.
Elevación: 2500-3000 m.
Prov.: TU.
Ejemplar examinado: *Schreiter 3057* (holotipo, LIL).

Cuscuta friesii Yunck.
Ref.: Hunziker, 1947, 1950b; Pontiroli, 1983.
Hábito: Enredadera parásita.
Status: Endémica.
Elevación: 3500-4000 m.
Prov.: JU.
Ejemplar examinado: *Cabrera et al. 21399* (LP).

Cuscuta globiflora Engelm.
Ref.: Hunziker, 1947, 1950b; Pontiroli, 1983.
Hábito: Enredadera parásita.
Status: Nativa.
Elevación: 1500-2500 m.
Prov.: CA, JU, SA, TU.
Paises limítrofes: BO.
Ejemplar examinado: *Burkart y Troncoso s.n.* (SI).

Cuscuta grandiflora Kunth
Ref.: Hunziker, 1947, 1950b; Pontiroli, 1983.
Hábito: Enredadera parásita.
Status: Nativa.
Elevación: 1000-3000 m.
Prov.: CA, JU, SA, TU.
Paises limítrofes: BO.
Ejemplar examinado: *Burkart y Troncoso s.n.* (SI).

Cuscuta indecora Choisy var. **indecora**
Sin.: *Cuscuta indecora* Choisy var. *typica* Hunz., nom. inval.
Ref.: Hunziker, 1947, 1950b; Fabris, 1965; Múlgura, 1979.
Hábito: Enredadera parásita.
Status: Introducida.
Elevación: 0-500 m.
Prov.: BA, CO, ER, LP, RN.
Paises limítrofes: BR, PA.
Ejemplar examinado: *Burkart 15680* (SI).

Cuscuta indecora Choisy var. *integriuscula* (Engelm.) Yunck. = **Cuscuta andina** Phil.
Ref.: Hunziker, 1950b.

Cuscuta indecora Choisy var. **longisepala** Yunck.
Ref.: Hunziker, 1947, 1950b; Fabris, 1965; Múlgura, 1979; Pontiroli, 1983.
Hábito: Enredadera parásita.
Status: Nativa.
Elevación: 0-1500 m.
Prov.: BA, CA, CO, COR, DF, ER, FO, JU, LP, LR, ME, MI, RN, SA, SE, SF, SL, TU.
Paises limítrofes: BO, PA.
Ejemplar examinado: *Burkart y Troncoso 12015* (SI).

Cuscuta indecora Choisy var. *typica* Hunz., nom. inval. = **Cuscuta indecora** Choisy var. **indecora**

Cuscuta insquamata Yunck. var. **argentina** Hunz.
Ref.: Hunziker, 1950b; Pontiroli, 1983.
Hábito: Enredadera parásita.
Status: Endémica.
Elevación: 3000-3500 m.
Prov.: SA.
Ejemplar examinado: *Meyer 5017* (holotipo, LIL).

Cuscuta macranthera Heldr. & Sartori ex Boiss. = **Cuscuta epithymum** (L.) Murray ex L. var. **macranthera** (Heldr. & Sartori ex Boiss.) Engelm.
Ref.: Hunziker, 1947, 1950b.

Cuscuta membranacea Yunck.
Ref.: Hunziker, 1947, 1950b; Pontiroli, 1983.
Hábito: Enredadera parásita.
Status: Endémica.
Elevación: 0-3000 m.
Prov.: CA, CO, LR, SA, TU.
Ejemplar examinado: *Schreiter 983* (holotipo, LIL).

Cuscuta microstyla Engelm. var. **bicolor** (Hunz.) Hunz.
Sin.: *Cuscuta bicolor* Hunz.
Ref.: Hunziker, 1947, 1950b; Marticorena & Quezada, 1987.
Hábito: Enredadera parásita.
Status: Nativa.
Elevación: 2000-2500 m.
Prov.: ME.
Paises limítrofes: CH.
Ejemplar examinado: *Burkart et al. 14197* (holotipo, SI).

Cuscuta obtusiflora Kunth
Sin.: *Cuscuta racemosa* Mart. var. *nuda* auct. non Engelm., *Cuscuta stuckertii* Yunck.
Ref.: Hunziker, 1947, 1950b; Fabris, 1965; Múlgura, 1979.
Hábito: Enredadera parásita.
Status: Nativa.
Elevación: 0-1500 m.
Prov.: BA, CO, COR, ER, ME, MI, TU.
Paises limítrofes: BR, PA.
Ejemplar examinado: *Baéz s.n.* (BA).

Cuscuta parodiana Yunck. var. **parodiana**
Sin.: *Cuscuta parodiana* Yunck. var. *typica* Hunz., nom. inval.
Ref.: Hunziker, 1947, 1950b.
Hábito: Enredadera parásita.
Status: Endémica.
Elevación: 500-2000 m.
Prov.: JU, SA, TU.
Ejemplar examinado: *Burkart y Troncoso 11454* (SI).

Cuscuta parodiana Yunck. var. **tucumana** (Yunck.) Hunz.
Sin.: *Cuscuta tucumana* Yunck.
Ref.: Hunziker, 1947, 1950b.
Hábito: Enredadera parásita.
Status: Endémica.
Elevación: 500-1000 m.
Prov.: TU.
Ejemplar examinado: *Hauman s.n.* (holotipo, BA).

Cuscuta parodiana Yunck. var. *typica* Hunz., nom. inval. = **Cuscuta parodiana** Yunck. var. **parodiana**

Cuscuta pauciflora Phil.
Ref.: Hunziker, 1947, 1950b.
Hábito: Enredadera parásita.
Status: Nativa.
Prov.: RN, SC.
Paises limítrofes: CH.
Ejemplar examinado: *Pérez Moreau s.n.* (BA).

Cuscuta pentagona Engelm. var. **calycina** Engelm.
Ref.: Hunziker, 1947, 1950b; Fabris, 1965; Pontiroli, 1983.
Hábito: Enredadera parásita.
Status: Introducida.
Elevación: 0-1000 m.
Prov.: BA, CHU, CO, DF, ER, JU, ME, NE, SA, SC.
Paises limítrofes: CH, UR.
Ejemplar examinado: *Bartlett 20318* (SI).

Cuscuta platyloba Progel var. **pampeana** Hunz.
Ref.: Hunziker, 1947, 1950b; Fabris, 1965.
Hábito: Enredadera parásita.
Status: Endémica.
Elevación: 0-500 m.
Prov.: BA, CO.
Ejemplar examinado: *Hunziker 4470* (isotipos, LIL, SI).

Cuscuta platyloba Progel var. **platyloba**
Sin.: *Cuscuta platyloba* Progel var. *triangulata* Yunck., *Cuscuta platyloba* Progel var. *typica* Hunz., nom. inval.
Ref.: Hunziker, 1947, 1950b; Múlgura, 1979.
Hábito: Enredadera parásita.
Status: Nativa.
Elevación: 0-500 m.
Prov.: BA, ER, FO, MI.
Paises limítrofes: BO, BR, UR.
Ejemplar examinado: *Burkart 15623* (SI).

Cuscuta platyloba Progel var. *triangulata* Yunck. = **Cuscuta platyloba** Progel var. **platyloba**
Ref.: Hunziker, 1950b.

Cuscuta platyloba Progel var. *typica* Hunz., nom. inval. = **Cuscuta platyloba** Progel var. **platyloba**

[Cuscuta racemosa Mart.]
Nota: Especie excluida de la flora argentina.

Cuscuta racemosa Mart. var. *nuda* auct. non Engelm. = **Cuscuta obtusiflora** Kunth
Ref.: Hunziker, 1950b.

Cuscuta rotundiflora Hunz.
Ref.: Hunziker, 1947, 1950b.
Hábito: Enredadera parásita.
Status: Endémica.
Elevación: 2000-3000 m.
Prov.: JU, SA.
Ejemplar examinado: *Hunziker 2680* (holotipo, CORD; isotipo, SI).

Cuscuta stuckertii Yunck. = **Cuscuta obtusiflora** Kunth
Ref.: Hunziker, 1950b.

Cuscuta suaveolens Ser.
Ref.: Hunziker, 1947, 1950b; Fabris, 1965; Matthei, 1995.
Hábito: Enredadera parásita.
Status: Nativa.
Elevación: 0-2500 m.
Prov.: BA, ME, SJ.
Paises limítrofes: BR, CH, UR.
Ejemplar examinado: *Spegazzini s.n.* (BAA).

Cuscuta trichostyla Engelm. = **Cuscuta xanthochortos** Mart. ex Engelm. var. **xanthochortos**
Ref.: Hunziker, 1947, 1950b.

Cuscuta trichostyla Engelm. var. *carinata* Yunck. = **Cuscuta xanthochortos** Mart. ex Engelm. var. **carinata** (Yunck.) Yunck.
Ref.: Hunziker, 1950b.

Cuscuta tucumana Yunck. = **Cuscuta parodiana** Yunck. var. **tucumana** (Yunck.) Hunz.
Ref.: Hunziker, 1950b.

[Cuscuta xanthochortos Mart. ex Engelm. var. carinata (Yunck.) Yunck.]
Sin.: *Cuscuta trichostyla* Engelm. var. *carinata* Yunck.
Ref.: Hunziker, 1947, 1950b.
Nota: Cita dudosa para la flora argentina.

Cuscuta xanthochortos Mart. ex Engelm. var. **lanceolata** Yunck.
Ref.: Hunziker, 1947, 1950b; Fabris, 1965.
Hábito: Enredadera parásita.
Status: Nativa.
Elevación: 0-500 m.
Prov.: BA, MI.
Paises limítrofes: PA.
Ejemplar examinado: *Burkart 15311* (SI).

Cuscuta xanthochortos Mart. ex Engelm. var. **longibracteata** Hunz.
Ref.: Hunziker, 1947, 1950b.
Hábito: Enredadera parásita.
Status: Endémica.
Elevación: 0-500 m.
Prov.: FO.
Ejemplar examinado: *Spegazzini s.n.* (holotipo, LPS 14699).

Cuscuta xanthochortos Mart. ex Engelm. var. *typica* Hunz., nom. inval. = **Cuscuta xanthochortos** Mart. ex Engelm. var. **xanthochortos**

Cuscuta xanthochortos Mart. ex Engelm. var. **xanthochortos**
Sin.: *Cuscuta trichostyla* Engelm., *Cuscuta xanthochortos* Mart. ex Engelm. var. *typica* Hunz., nom. inval.
Ref.: Hunziker, 1947, 1950b; Múlgura, 1979.
Hábito: Enredadera parásita.
Status: Nativa.
Elevación: 0-500 m.
Prov.: COR, ER, MI.
Paises limítrofes: BR, PA.
Ejemplar examinado: *Burkart 29435* (SI).

Cuscuta yunckeriana Hunz.
Ref.: Hunziker, 1947, 1950b.
Hábito: Enredadera parásita.
Status: Endémica.
Prov.: RN.
Ejemplar examinado: *O'Donell 1909* (holotipo, LIL).

DESFONTAINIACEAE

1 genero, 1 especie.

por A. M. Sanso & C. C. Xifreda

Desfontainia Ruiz & Pav.

Número de especies: 1

Desfontainia chilensis Gay = **Desfontainia spinosa** Ruiz & Pav.
Ref.: Leeuwenberg, 1969.

Desfontainia spinosa Ruiz & Pav.
Sin.: *Desfontainia chilensis* Gay.
Ref.: Leeuwenberg, 1969.
Hábito: Arbusto o arbolito.
Status: Nativa.
Elevación: 0–1500 m.
Prov.: NE, RN, SC, TF.
Paises limítrofes: BO, CH.
Ejemplar examinado: *Correa s.n.* (SI 28347).

DILLENIACEAE

1 género, 1 especie.

Tetracera L.

Número de especies: 1

Tetracera oblongata DC.
Sin.: *Tetracera radula* Eichl.
Ref.: Hauman, 1919b; Kubitzki, 1970.
Hábito: Liana.
Status: Nativa.
Prov.: MI.
Paises limítrofes: BR.
Ejemplar examinado: *Rodríguez 386* (SI).

Tetracera radula Eichl. = **Tetracera oblongata** DC.
Ref.: Kubitzki, 1970.

DIPSACACEAE

3 géneros, 4 especies.

por C. C. Xifreda

Dipsacus L.

Número de especies: 2

Dipsacus fullonum L.
Sin.: *Dipsacus fullonum* var. *sylvestris* (Huds.) Huds., *Dipsacus sylvestris* Huds., *Dipsacus sylvestris* Mill.
Ref.: Burkart, 1957a; Troncoso & Bacigalupo, 1982.
Hábito: Hierba.
Status: Introducida.
Elevación: 0–500 m.
Prov.: BA, ER, RN.
Ejemplar examinado: *Jozami y Muñóz 815* (SI).

Dipsacus fullonum var. *sativus* L. = **Dipsacus sativus** (L.) Honck.
Ref.: Burkart, 1957a, Xifreda, 1986.

Dipsacus fullonum var. *sylvestris* (Huds.) Huds. = **Dipsacus fullonum** L.
Ref.: Burkart, 1957a.

Dipsacus sativus (L.) Honck.
Sin.: *Dipsacus fullonum* var. *sativus* L., *Dipsacus sativus* (L.) Garsault, nom. rejic.
Ref.: Burkart, 1957a; Xifreda, 1986.
Hábito: Hierba.
Status: Adventicia.
Elevación: 0–2500 m.
Prov.: BA, CA, CO, JU, LR, ME, NE, RN, SA, SJ, SL, TU.
Paises limítrofes: BO, CH.
Ejemplar examinado: *Martínez Crovetto 1521* (BAB).

Dipsacus sativus (L.) Garsault, nom. rejic. = **Dipsacus sativus** (L.) Honck.
Ref.: Xifreda, 1986.

Dipsacus sylvestris Huds. = **Dipsacus fullonum** L.
Ref.: Burkart, 1957a.

Dipsacus sylvestris Mill. = **Dipsacus fullonum** L.
Ref.: Burkart, 1957a.

Knautia L.

Número de especies: 1

Knautia arvensis (L.) Coult.
Sin.: *Scabiosa arvensis* L.
Ref.: Burkart, 1949b, 1957a.
Hábito: Hierba.
Status: Adventicia.
Elevación: 0-500 m.
Prov.: NE.
Ejemplar examinado: *Diem 460* (SI).

Scabiosa L.

Número de especies: 1

Scabiosa arvensis L. = **Knautia arvensis** (L.) Coult.
Ref.: Burkart, 1957a.

Scabiosa atropurpurea L.
Sin.: *Scabiosa maritima* L.
Ref.: Burkart, 1957a.
Hábito: Hierba o subarbusto.
Status: Adventicia.
Elevación: 0–1000 m.
Prov.: BA, CO, COR, ER, JU, ME, SJ, TU.
Paises limítrofes: CH, UR.
Ejemplar examinado: *Krapovickas y Cristóbal 17651* (BAB).

Scabiosa maritima L. = **Scabiosa atropurpurea** L.
Ref.: Burkart, 1957a.

DONATIACEAE

1 género, 1 especie.

Donatia J.R. Forst. & G. Forst.

Número de especies: 1

Donatia fascicularis J.R. Forst. & G. Forst.
Sin.: *Donatia magellanica* Lam., *Polycarpon magellanicum* L. f.
Ref.: Moore, 1974, 1983; Correa, 1984a.
Hábito: Subarbusto.
Status: Nativa.
Elevación: 0–1000 m.
Prov.: TF.
Paises limítrofes: CH.
Ejemplar examinado: *Goodall 251* (LP).

Donatia magellanica Lam. = **Donatia fascicularis** J.R. Forst. & G. Forst.
Ref.: Correa, 1984a.

Polycarpon magellanicum L. f. = **Donatia fascicularis** J.R. Forst. & G. Forst.
Ref.: Correa, 1984a.

DROSERACEAE

1 género, 3 especies.

Drosera L.

Número de especies: 3

Drosera brevifolia Pursh
Sin.: *Drosera maritima* A. St.-Hil.
Ref.: Dawson, 1938; Parodi, 1943; Rotman, 1987a.
Hábito: Hierba.
Status: Nativa.
Elevación: 0–500 m.
Prov.: COR, ER, MI.
Paises limítrofes: BR, PA, UR.
Ejemplar examinado: *Burkart 22566* (SI).

Drosera communis A. St.-Hil. var. **communis**
Ref.: Hauman, 1925b.
Hábito: Hierba.
Status: Nativa.
Elevación: 0–500 m.
Prov.: MI.
Paises limítrofes: BR.
Ejemplar examinado: *Hauman s.n.* (BA).

Drosera communis var. **pauciflora** Eichler
Ref.: Dawson, 1938.
Hábito: Hierba.
Status: Nativa.
Elevación: 0–500 m.
Prov.: MI.
Paises limítrofes: BR, PA.
Ejemplar examinado: *Hauman s.n.* (BA).

Drosera macloviana Gand. = **Drosera uniflora** Willd.
Ref.: Pérez Moreau & Crespo, 1984.

Drosera maritima A. St.-Hil. = **Drosera brevifolia** Pursh
Ref.: Dawson, 1938; Rotman, 1987a.

Drosera uniflora Willd.
Sin.: *Drosera macloviana* Gand.
Ref.: Dawson, 1938; Moore, 1983.
Hábito: Hierba.
Status: Nativa.
Elevación: 0–1000 m.
Prov.: SC, TF.
Paises limítrofes: CH.
Ejemplar examinado: *Spegazzini 2219* (LP).

EBENACEAE

1 género, 2 especies.

Diospyros L.

Número de especies: 2

Diospyros hassleri Hieron.
Ref.: Molfino, 1923b; Devoto & Rothkugel, 1942.
Status: Nativa.
Elevación: 0–500 m.
Prov.: MI.
Paises limítrofes: PA.
Ejemplar citado: *Rodríguez s.n.**

Diospyros inconstans Jacq.
Sin.: *Maba inconstans* (Jacq.) Griseb.
Ref.: Molfino, 1923b; White, 1978; Burkart, 1979.
Hábito: Árbol.
Status: Nativa.
Elevación: 0–500 m.
Prov.: CH, COR, ER, MI.
Paises limítrofes: BR, PA, UR.
Ejemplar examinado: *Burkart 21856* (SI).

Maba inconstans (Jacq.) Griseb. = **Diospyros inconstans** Jacq.

ELAEAGNACEAE

1 género, 1 especie.

Elaeagnus L.

Número de especies: 1

Elaeagnus angustifolia L.
Ref.: Sánchez, 1988a.
Hábito: Árbol.
Status: Introducida.
Elevación: 0–500 m.
Prov.: NE, RN, SC.
Ejemplar examinado: *Boelcke et al. 15396* (BAB).

ELAEOCARPACEAE

4 géneros, 4 especies.

Aristotelia L'Hér., nom. cons.

Número de especies: 1

Aristotelia chilensis (Molina) Stuntz
Sin.: *Aristotelia glandulosa* Ruiz & Pav., nom. illeg. superfl., *Aristotelia macqui* L'Herit., *Aristotelia macqui* var. *alpestris* Reiche, *Aristotelia macqui* var. *andina* Phil., *Aristotelia macqui* var. *leucocarpa* Dimitri, *Cornus chilensis* Molina
Ref.: Moore, 1953; Coode, 1985; Rossow, 1988d.
Hábito: Arbusto.
Status: Nativa.
Elevación: 0–1500 m.
Prov.: CA, CHU, LP, LR, ME, NE, RN, SJ, SL.
Paises limítrofes: CH.
Ejemplar examinado: *Stuessy et al. 6807* (LP, SI).

Aristotelia glandulosa Ruiz & Pav., nom. illeg. superfl. = **Aristotelia chilensis** (Molina) Stuntz
Ref.: Coode, 1985.

Aristotelia macqui L'Herit. = **Aristotelia chilensis** (Molina) Stuntz
Ref.: Coode, 1985.

Aristotelia macqui var. *alpestris* Reiche = **Aristotelia chilensis** (Molina) Stuntz
Ref.: Coode, 1985.

Aristotelia macqui var. *andina* Phil. = **Aristotelia chilensis** (Molina) Stuntz
Ref.: Coode, 1985.

Aristotelia macqui var. *leucocarpa* Dimitri = **Aristotelia chilensis** (Molina) Stuntz
Ref.: Rossow, 1988d.

Cornus chilensis Molina = **Aristotelia chilensis** (Molina) Stuntz
Ref.: Coode, 1985.

Crinodendron Molina

Número de especies: 1

Crinodendron boliviense Villa = **Crinodendron tucumanum** Lillo
Ref.: Valera, 1993.

Crinodendron tucumanum Lillo
Sin.: *Crinodendron boliviense* Villa.
Ref.: Digilio & Legname, 1966; Coode, 1987; Valera, 1993.
Hábito: Árbol.
Status: Nativa.
Elevación: 1000–3000 m.
Prov.: CA, JU, SA, TU.
Paises limítrofes: BO.
Ejemplar examinado: *Venturi 4649* (lectotipo, LIL; isolectotipo, SI).

Muntingia L.

Número de especies: 1

Muntingia calabura L.
Ref.: Descole & O'Donell, 1938; Ragonese & Martínez Crovetto, 1947; Valera, 1993.
Hábito: Árbol.
Status: Nativa.
Elevación: 0–1000 m.
Prov.: JU, SA.
Paises limítrofes: BO, BR.
Ejemplar examinado: *Zuloaga y Deginani 354* (LP).

Vallea Mutis ex L. f.

Número de especies: 1

Vallea stipularis L. f.
Ref.: Legname, 1978; Valera, 1993.
Hábito: Árbol.
Status: Nativa.
Elevación: 1500–4000 m.
Prov.: SA.
Paises limítrofes: BO.
Ejemplar examinado: *Giusti et al. 12077* (LIL).

ELATINACEAE

1 género, 2 especies; 1 especie endémica.

Elatine L.

Número de especies: 2, 1 especie endémica.

Elatine brachysperma A. Gray = **Elatine triandra** var. **brachysperma** (A. Gray) Fassett
Ref.: Bacigalupo, 1970.

Elatine chilensis Naudin = **Elatine triandra** Schkuhr var. **triandra**
Ref.: Bacigalupo, 1970.

Elatine hydropiper var. *triandra* (Schkuhr) Fiori = **Elatine triandra** Schkuhr
Ref.: Bacigalupo, 1970.

Elatine lorentziana Hunz.
Sin.: *Elatine opposita* Bacigalupo.
Ref.: Hunziker, 1970, 1984.
Hábito: Hierba.
Status: Endémica.
Elevación: 0–500 m.
Prov.: CO, COR, ER, SF.
Ejemplar examinado: *Burkart 26429* (holotipo de *E. opposita*, SI).

[Elatine minima (Nutt.) Fisch. & C.A. Mey.]
Ref.: Bacigalupo, 1970.
Nota: Citada erróneamente para la flora argentina, sobre la base de material no perteneciente a esta especie.

Elatine nivalis Speg. = **Elatine triandra** Schkuhf var. **triandra**
Ref.: Bacigalupo, 1970.

Elatine opposita Bacigalupo = **Elatine lorentziana** Hunz.
Ref.: Hunziker, 1984b.

Elatine triandra var. **brachysperma** (A. Gray) Fassett
Sin.: *Elatine brachysperma* A. Gray
Ref.: Bacigalupo, 1970.
Hábito: Hierba.
Status: Nativa.
Elevación: 0–500 m.
Prov.: BA, ER.
Paises limítrofes: UR.
Ejemplar examinado: *Burkart et al. 29985* (SI).

Elatine triandra Schkuhr var. **triandra**
Sin.: *Elatine chilensis* Naudin, *Elatine hydropiper* var. *triandra* (Schkuhr) Fiori, *Elatine nivalis* Speg.
Ref.: Bacigalupo, 1970, 1988d.
Hábito: Hierba.
Status: Nativa.
Elevación: 0–1000 m.
Prov.: ME, RN, SF.
Paises limítrofes: CH.
Ejemplar examinado: *Tur s.n.* (SI 26436).

EMPETRACEAE

1 género, 1 especie.

Empetrum L.

Número de especies: 1

Empetrum rubrum Vahl ex Willd.
Ref.: Moore et al., 1970; Moore, 1983.
Hábito: Subarbusto.
Status: Nativa.
Elevación: 0–2000 m.
Prov.: CHU, ME, NE, RN, SC, TF.
Paises limítrofes: CH.
Ejemplar examinado: *Cabrera 6217* (LP).

EPACRIDACEAE

1 género, 1 especie.

por S.C. Arroyo-Leuenberger

Andromeda myrsinites Lam. = **Lebetanthus myrsinites** (Lam.) Dusén
Ref.: Arroyo, 1975.

Lebetanthus Endl.

Número de especies: 1

Lebetanthus americanus (Hook.) Endl. = **Lebetanthus myrsinites** (Lam.) Dusén
Ref.: Arroyo, 1975.

Lebetanthus myrsinites (Lam.) Dusén
Sin.: *Andromeda myrsinites* Lam., *Lebetanthus americanus* (Hook.) Endl., *Prionotes americana* Hook., *Prionotes myrsinites* (Lam.) Skottsb.
Ref.: Arroyo, 1975; Moore, 1983.
Hábito: Arbusto.
Status: Nativa.
Elevación: 0–500 m.
Prov.: TF.
Paises limítrofes: CH.
Ejemplar examinado: *Alboff 644* (LP, SI).

Prionotes americana Hook. = **Lebetanthus myrsinites** (Lam.) Dusén

Prionotes myrsinites (Lam.) Skottsb. = **Lebetanthus myrsinites** (Lam.) Dusén
Ref.: Arroyo, 1975.

EREMOLEPIDACEAE

1 género, 1 especie.

Eubrachion Hook. f.

Número de especies: 1

Eubrachion ambiguum (Hook. & Arn.) Engl.
Sin.: *Eubrachion ambiguum* (Hook. & Arn.) Engl. var. *genuinum* Krug & Urb., nom. inval., *Eubrachion andalgalense* Abbiatti, *Eubrachion arnotii* Hook. f., nom. superfl. *Viscum ambiguum* Hook. & Arn.
Ref.: Abbiatti, 1943, 1946; Rizzini, 1956; Kuijt, 1988a.
Hábito: Parásita.
Status: Nativa.
Elevación: 0-500 m.
Prov.: CA, CO, COR, ER, SA, TU.
Paises limítrofes: BR, UR.
Ejemplar examinado: *Kurtz 6693* (SI).

Eubrachion ambiguum (Hook. & Arn.) Engl. var. *genuinum* Krug & Urb., nom. inval. = **Eubrachion ambiguum** (Hook. & Arn.) Engl.
Ref.: Kuijt, 1988a.

Eubrachion andalgalense Abbiatti = **Eubrachion ambiguum** (Hook. & Arn.) Engl.
Ref.: Kuijt, 1988a.

Eubrachion arnotii Hook. f., nom. superfl. = **Eubrachion ambiguum** (Hook. & Arn.) Engl.
Ref.: Kuijt, 1988a.

Viscum ambiguum Hook. & Arn. = **Eubrachion ambiguum** (Hook. & Arn.) Engl.
Ref.: Abbiatti, 1946.

ERICACEAE

5 géneros, 15 especies.

Agarista D. Don ex G. Don

Número de especies: 2

Agarista boliviensis (Sleumer) Judd
Sin.: *Leucothoë boliviensis* Sleumer
Ref.: Legname, 1978; Cabrera, 1983b; Judd, 1984, 1995.
Hábito: Árbol.
Status: Nativa.
Elevación: 1000–2000 m.
Prov.: JU, SA.
Paises limítrofes: BO.
Ejemplar examinado: *Cabrera et al. 32009* (SI).

Agarista paraguayensis (Sleumer) Judd.
Sin.: *Leucothoë paraguayensis* Sleumer, *Leucothoë paraguayensis* var. *calva* Sleumer
Ref.: Judd, 1984, 1995.
Hábito: Arbusto.
Status: Nativa.
Elevación: 0–500 m.
Prov.: MI.
Paises limítrofes: PA.
Ejemplar examinado: *Medan et al. 108* (BAB).

Andromeda empetrifolia Lam. = **Gaultheria pumila** (L.f.) D.J. Middleton var. **pumila**

Andromeda prostrata Cav. = **Pernettya prostrata** (Cav.) DC.
Ref.: Luteyn, 1995b.

Arbutus mucronata L. f. = **Gaultheria mucronata** (L.f.) Hook. & Arn. var. **mucronata**
Ref.: Middleton & Wilcock, 1990.

Arbutus phillyreifolia Pers. = **Gaultheria phillyreifolia** (Pers.) Sleumer

Arbutus pumila L. f. = **Gaultheria pumila** (L.f.) D.J. Middleton var. **pumila**
Ref.: Middleton & Wilcock, 1990.

Arbutus rigida Banks & Sol. ex Hook. f. = **Gaultheria mucronata** (L.f.) Hook. & Arn. var. **mucronata**

Arbutus serpyllifolia Lam. = **Gaultheria antarctica** Hook. f.
Ref.: Sleumer, 1951.

[Calluna vulgaris (L.) Salisb.]
Ref.: Moore, 1968.
Nota: Cita dudosa para la flora argentina.

Gaultheria L.

Número de especies: 10

Gaultheria antarctica Hook. f.
Sin.: *Arbutus serpyllifolia* Lam., *Gaultheria microphylla* Hook. f., *Gaultheria serpyllifolia* (Lam.) Skottsb., *Pernettya serpyllifolia* (Lam.) DC.
Ref.: Sleumer, 1951; Moore, 1983.
Hábito: Arbusto.
Status: Nativa.
Elevación: 0–500 m.
Prov.: CHU, RN, SC, TF.
Paises limítrofes: CH.
Ejemplar examinado: *Pérez Moreau s.n.* (BA).

Gaultheria caespitosa Poepp. & Endl.
Sin.: *Gaultheria minima* (Phil.) Sandw., *Pernettya minima* Phil., *Pernettya quadrifida* Phil.
Ref.: Sleumer, 1951.
Hábito: Arbusto o subarbusto.
Elevación: 1500–2500 m.
Prov.: CHU, ME, NE, RN, SC.
Paises limítrofes: CH.
Ejemplar examinado: *Cabrera 6275* (LP).

Gaultheria erecta Vent.
Sin.: *Gaultheria saltensis* Sleumer
Ref.: Luteyn, 1995a.
Hábito: Arbusto.
Status: Nativa.
Elevación: 1000–3000 m.
Prov.: JU, SA.
Paises limítrofes: BO.
Ejemplar examinado: *Sleumer 3833* (holotipo de *G. saltensis*, LIL; isotipo, SI).

Gaultheria florida Phil. = **Gaultheria phillyreifolia** (Pers.) Sleumer
Ref.: Kausel, 1949.

Gaultheria furiens (Hook. & Arn.) Hook. & Arn. = **Gaultheria insana** (Molina) D.J. Middleton

Gaultheria insana (Molina) D.J. Middleton
Sin.: *Arbutus furiens* Hook. & Arn., *Gaultheria furiens* (Hook. & Arn.) Hook. & Arn., *Hippomanica insana* Molina, *Pernettya furiens* (Hook. & Arn.) Klotzsch, *Pernettya insana* (Molina) Gunckel
Ref.: Sleumer, 1951, 1985; Middleton & Wilcock, 1990.
Hábito: Arbusto.
Status: Nativa.
Elevación: 0–1000 m.
Prov.: CHU.
Paises limítrofes: CH.
Ejemplar examinado: *Looser 1198* (SI).

Gaultheria microphylla Hook. f. = **Gaultheria antarctica** Hook. f.
Ref.: Sleumer, 1951.

Gaultheria minima (Phil.) Sandw. = Gaultheria caespitosa Poepp. & Endl.

Gaultheria mucronata var. **angustifolia** (Lindl.) D.J. Middleton
Sin.: *Pernettya angustifolia* Lindl.
Ref.: Sleumer, 1951; Middleton & Wilcock, 1990.
Hábito: Arbusto.
Status: Nativa.
Elevación: 0–1000 m.
Prov.: CHU, NE, RN.
Paises limítrofes: CH.
Ejemplar examinado: *Cabrera 5993* (LP).

Gaultheria mucronata (L. f.) Hook. & Arn.var. **mucronata**
Sin.: *Arbutus mucronata* L.f., *Arbutus rigida* Banks & Sol. ex Hook. f., *Pernettya mucronata* (L.f.) Gaudich. ex A. Spreng., *Pernettya mucronata* var. *microphylla* Decne., *Pernettya mucronata* var. *rupicola* (Phil.) Reiche, *Pernettya philippii* Gand., *Pernettya rupicola* Phil.
Ref.: Moore, 1983; Sleumer, 1985; Middleton & Wilcock, 1990.
Hábito: Arbusto.
Status: Nativa.
Elevación: 0–1500 m.
Prov.: CHU, NE, RN, SC, TF.
Paises limítrofes: CH.
Ejemplar examinado: *Alboff 635* (LP).

Gaultheria myrsinoides Kunth = **Pernettya prostrata** (Cav.) DC.
Ref.: Luteyn, 1995b.

Gaultheria myrtilloides Poepp. & Endl., hom. illeg. = **Gaultheria poeppigii** DC. var. **poeppigii**

Gaultheria myrtilloides Hook. & Arn. = **Gaultheria tenuifolia** (Phil.) Sleumer

Gaultheria nubigena (Phil.) B.L. Burtt & Sleumer
Sin.: *Pernettya nubigena* Phil.
Ref.: Sleumer, 1951, 1957b.
Hábito: Arbusto.
Elevación: 1000–1500 m.
Prov.: NE, RN.
Paises limítrofes: CH.
Ejemplar examinado: *Boelcke 6011* (BAB, SI).

Gaultheria phillyreifolia (Pers.) Sleumer
Sin.: *Arbutus phillyreifolia* Pers., *Gaultheria florida* Phil., *Gaultheria phillyreifolia* var. *florida* (Phil.) Kausel, *Pernettya palenae* Phil., *Pernettya phillyreifolia* (Pers.) DC., *Pernettya phillyreifolia* (Pers.) DC.
Ref.: Sleumer, 1951.
Hábito: Arbusto.
Status: Nativa.
Elevación: 0–1500 m.
Prov.: BA, CHU, NE, RN.
Paises limítrofes: CH.
Ejemplar examinado: *Cabrera y Job 256* (LP).

Gaultheria phillyreifolia var. *florida* (Phil.) Kausel = **Gaultheria phillyreifolia** (Pers.) Sleumer

Gaultheria poeppigii var. **linifolia** (Phil.) D.J. Middleton
Sin.: *Pernettya linifolia* Phil., *Pernettya myrtilloides* var. *linifolia* (Phil.) Kausel, *Pernettya poeppigii* var. *linifolia* (Phil.) Sleumer, *Pernettya prostrata* var. *linifolia* (Phil.) Sleumer
Ref.: Sleumer, 1951; Middleton & Wilcock, 1990.
Hábito: Arbusto.
Status: Nativa.
Prov.: NE, RN.
Paises limítrofes: CH.
Ejemplar examinado: *Pérez Moreau s.n.* (BA 48711).

Gaultheria poeppigii var. **nana** (Sleumer) D.J. Middleton
Sin.: *Pernettya myrtilloides* var. *nana* (Sleumer) Sleumer, *Pernettya poeppigii* var. *nana* Sleumer
Ref.: Sleumer, 1951; Middleton & Wilcock, 1990.
Hábito: Arbusto.
Status: Nativa.
Elevación: 500–2000 m.
Prov.: CHU, NE, RN, SC.
Paises limítrofes: CH.
Ejemplar examinado: *Sleumer 1597* (holotipo, LIL).

Gaultheria poeppigii DC. var. **poeppigii**
Sin.: *Gaultheria myrtilloides* Poepp. & Endl., hom. illeg., *Pernettya mucronata* var. *cordobensis* Sleumer, *Pernettya myrtilloides* Zucc. ex Steud., *Pernettya philippiana* Speg., *Pernettya poeppigii* (DC.) Klotzsch
Ref.: Sleumer, 1951, 1985; Middleton & Wilcock, 1990.
Hábito: Arbusto.
Status: Nativa.
Elevación: 0–2500 m.
Prov.: CHU, CO, NE, RN, SL.
Paises limítrofes: CH.
Ejemplar examinado: *Vignati 92* (LP).

[Gaultheria procumbens L.]
Ref.: Moore, 1983.
Nota: Citada erróneamente para la flora argentina, sobre la base de material no perteneciente a esta especie.

Gaultheria pumila (L. f.) D.J. Middleton var. **crassifolia** (Phil.) D.J. Middleton
Sin.: *Pernettya crassifolia* Phil., *Pernettya pumila* var. *crassifolia* (Phil.) Sleumer, *Pernettya pumila* var. *crassifolia* (Phil.) Sleumer
Ref.: Sleumer, 1951, 1985; Middleton & Wilcock, 1990.
Hábito: Arbusto.
Status: Nativa.
Elevación: 1500–2500 m.
Prov.: NE, RN.
Paises limítrofes: CH.
Ejemplar examinado: *Cabrera 6175* (LP).

Gaultheria pumila (L.f.) D.J. Middleton var. **leucocarpa** (DC.) D.J. Middleton
Sin.: *Pernettya breviflora* Phil., *Pernettya leucocarpa* DC., *Pernettya pumila* var. *leucocarpa* (DC.) Kausel
Ref.: Sleumer, 1951; Middleton & Wilcock, 1990.
Hábito: Arbusto.
Status: Nativa.
Elevación: 0–3500 m.
Prov.: CHU, ME, NE, RN, SC.
Paises limítrofes: CH.
Ejemplar examinado: *Cabrera 6272* (LP).

Gaultheria pumila (L.f.) D.J. Middleton var. **pumila**
Sin.: *Andromeda empetrifolia* Lam., *Arbutus pumila* L. f., *Pernettya empetrifolia* (Lam.) Gaudich., *Pernettya pumila* (L. f.) Hook., *Pernettya pumila* var. *empetrifolia* (Lam.) Kuntze, *Pernettya trinervia* Gand.
Ref.: Sleumer, 1951, 1985; Moore, 1983; Middleton & Wilcock, 1990.
Hábito: Arbusto.
Status: Nativa.
Elevación: 0–1000 m y 2000–2500 m.
Prov.: CHU, ME, NE, RN, SC, TF.
Paises limítrofes: CH.
Ejemplar examinado: *Alboff 625* (LP).

Gaultheria saltensis Sleumer = **Gaultheria erecta** Vent.
Ref.: Luteyn, 1995a.

Gaultheria serpyllifolia (Lam.) Skottsb. = **Gaultheria antarctica** Hook. f.
Ref.: Sleumer, 1951.

Gaultheria tenuifolia (Phil.) Sleumer
Sin.: *Gaultheria myrtilloides* Hook. & Arn., *Gaultheria tenuifolia* var. *elegans* (Phil.) Kausel, *Pernettya elegans* Phil., *Pernettya reticulata* Phil., *Pernettya tenuifolia* Phil.
Ref.: Sleumer, 1951, 1985.
Hábito: Arbusto.
Status: Nativa.
Elevación: 500–1000 m.
Prov.: NE, RN.
Paises limítrofes: CH.
Ejemplar examinado: *Rasp 35* (SI).

Gaultheria tenuifolia var. *elegans* (Phil.) Kausel = **Gaultheria tenuifolia** (Phil.) Sleumer

Gaylussacia Kunth
Número de especies: 1

Gaylussacia cardenasii A.C. Sm.
Ref.: Sleumer, 1957a; Cabrera, 1983b.
Hábito: Arbusto.
Status: Nativa.
Elevación: 1000–3000 m.
Prov.: SA.
Paises limítrofes: BO.
Ejemplar examinado: *Sleumer 3857* (SI).

Hippomanica insana Molina = **Gaultheria insana** (Molina) D.J. Middleton

Leucothoë boliviensis Sleumer = **Agarista boliviensis** (Sleumer) Judd
Ref.: Judd, 1984.

Leucothoë paraguayensis Sleumer = **Agarista paraguayensis** (Sleumer) Judd.
Ref.: Judd, 1984.

Leucothoë paraguayensis var. *calva* Sleumer = **Agarista paraguayensis** (Sleumer) Judd.
Ref.: Judd, 1984.

Pernettya Gaudich.
Número de especies: 1

Pernettya angustifolia Lindl. = **Gaultheria mucronata** var. **angustifolia** (Lindl.) D.J. Middleton
Ref.: Middleton & Wilcock, 1990.

Pernettya breviflora Phil. = **Gaultheria pumila** (L.f.) D.J. Middleton var. **leucocarpa** (DC.) D.J. Middleton

Pernettya crassifolia Phil. = **Gaultheria pumila** (L.f.) D.J. Middleton var. **crassifolia** (Phil.) Sleumer

Pernettya elegans Phil. = **Gaultheria tenuifolia** (Phil.) Sleumer
Ref.: Sleumer, 1985.

Pernettya empetrifolia (Lam.) Gaudich. = **Gaultheria pumila** (L.f.) D.J. Middleton var. **pumila**

Pernettya empetrifolia var. *leucocarpa* (DC.) Wedd. = **Gaultheria pumila** (L.f.) D.J. Middleton var. **leucocarpa** (DC.) D.J. Middleton

Pernettya furiens (Hook. & Arn.) Klotzsch = **Gaultheria insana** (Molina) D.J. Middleton

Pernettya insana (Molina) Gunckel = **Gaultheria insana** (Molina) D.J. Middleton
Ref.: Middleton & Wilcock, 1990.

Pernettya leucocarpa DC. = **Gaultheria pumila** (L.f.) D.J. Middleton var. **leucocarpa** (DC.) D.J. Middleton
Ref.: Middleton & Wilcock, 1990.

Pernettya linifolia Phil. = **Gaultheria poeppigii** var. **linifolia** (Phil.) D.J. Middleton

Pernettya minima Phil. = **Gaultheria caespitosa** Poepp. & Endl.

Pernettya mucronata (L. f.) Gaudich. ex A. Spreng. = **Gaultheria mucronata** (L. f.) Hook. & Arn. var. **mucronata**
Ref.: Middleton & Wilcock, 1990.

Pernettya mucronata var. *angustifolia* (Lindl.) Reiche = **Gaultheria mucronata** var. **angustifolia** (Lindl.) D.J. Middleton
Ref.: Middleton & Wilcock, 1990.

Pernettya mucronata var. *cordobensis* Sleumer = **Gaultheria poeppigii** DC. var. **poeppigii**

Pernettya mucronata var. *microphylla* Decne. = **Gaultheria mucronata** (L.f.) Hook. & Arn. var. **mucronata**

Pernettya mucronata var. *rupicola* (Phil.) Reiche = **Gaultheria mucronata** (L.f.) Hook. & Arn. var. **mucronata**

Pernettya myrtilloides Zucc. ex Steud. = **Gaultheria poeppigii** DC. var. **poeppigii**

Pernettya myrtilloides var. *linifolia* (Phil.) Kausel = **Gaultheria poeppigii** var. **linifolia** (Phil.) D.J. Middleton

Pernettya myrtilloides var. *nana* (Sleumer) Sleumer = **Gaultheria poeppigii** var. **nana** (Sleumer) D.J. Middleton

Pernettya nubigena Phil. = **Gaultheria nubigena** (Phil.) B.L. Burtt & Sleumer
Ref.: Sleumer, 1951, 1957b.

Pernettya palenae Phil. = **Gaultheria phillyreifolia** (Pers.) Sleumer

Pernettya patagonica Speg. = **Gaultheria poeppigii** var. **poepigii**

Pernettya pentlandii DC. = **Pernettya prostrata** (Cav.) DC.
Ref.: Luteyn, 1995b.

Pernettya philippiana Speg. = **Gaultheria poeppigii** DC. var. **poeppigii**

Pernettya philippii Gand. = **Gaultheria mucronata** (L.f.) Hook. & Arn. var. **mucronata**

Pernettya phillyreifolia (Pers.) DC. = **Gaultheria phillyreifolia** (Pers.) Sleumer

Pernettya poeppigii (DC.) Klotzsch = **Gaultheria poeppigii** DC. var. **poeppigii**

Pernettya poeppigii var. *linifolia* (Phil.) Sleumer = **Gaultheria poeppigii** var. **linifolia** (Phil.) D.J. Middleton

Pernettya poeppigii var. *nana* Sleumer = **Gaultheria poepigii var nana** (Sleumer) D.J. Middleton
Ref.: Middleton & Wilcock, 1990.

Pernettya prostrata (Cav.) DC.
Sin.: *Andromeda prostrata* Cav., *Pernettya pentlandii* DC., *Pernettya prostrata* (Cav.) Sleumer, comb. superfl., *Pernettya prostrata* var. *pentlandii* (DC.) Sleumer, *Pernettya prostrata* var. *purpurea* (D. Don ex G. Don) Sleumer, *Pernettya purpurea* D. Don ex G. Don.
Ref.: Luteyn, 1995b.
Hábito: Arbusto.
Elevación: 3000–4000 m.
Prov.: JU, SA.
Paises limítrofes: BO.
Ejemplar examinado: *Sleumer 3744* (LIL, SI).

Pernettya prostrata (Cav.) Sleumer, comb. superfl. = **Pernettya prostrata** (Cav.) DC.
Ref.: Luteyn, 1995b.

Pernettya prostrata var. *linifolia* (Phil.) Sleumer = **Gaultheria poeppigii** var. **linifolia** (Phil.) D.J. Middleton

Pernettya prostrata var. *pentlandii* (DC.) Sleumer = **Pernettya prostrata** (Cav.) DC.
Ref.: Luteyn, 1995b.

Pernettya prostrata var. *purpurea* (D. Don ex G. Don) Sleumer = **Pernettya prostrata** (Cav.) DC.
Ref.: Luteyn, 1995b.

Pernettya pumila (L. f.) Hook. = **Gaultheria pumila** (L.f.) D.J. Middleton var. **pumila**
Ref.: Middleton & Wilcock, 1990.

Pernettya pumila var. *crassifolia* (Phil.) Sleumer = **Gaultheria pumila** (L.f.) D.J. Middleton var. **crassifolia** (Phil.) Sleumer
Ref.: Middleton & Wilcock, 1990.

Pernettya pumila var. *empetrifolia* (Lam.) Kuntze = **Gaultheria pumila** (L.f.) D.J. Middleton var. **pumila**

Pernettya pumila var. *leucocarpa* (DC.) Kausel = **[Gaultheria pumila** (L.f.) D.J. Middleton var. **leucocarpa** Kausel]
Ref.: Middleton & Wilcock, 1990.

Pernettya purpurea D. Don ex G. Don = **Pernettya prostrata** (Cav.) DC.
Ref.: Luteyn, 1995b.

Pernettya quadrifida Phil. = **Gaultheria caespitosa** Poepp. & Endl.

Pernettya reticulata Phil. = **Gaultheria tenuifolia** (Phil.) Sleumer
Ref.: Sleumer, 1985.

Pernettya rupicola Phil. = **Gaultheria mucronata** (L.f.) Hook. & Arn. var. **mucronata**

Pernettya serpyllifolia (Lam.) DC. = **Gaultheria antarctica** Hook. f.
Ref.: Sleumer, 1951.

Pernettya tenuifolia Phil. = **Gaultheria tenuifolia** (Phil.) Sleumer
Ref.: Sleumer, 1951.

Pernettya trinervia Gand. = **Gaultheria pumila** (L.f.) D.J. Middleton var. **pumila**

Vaccinium L.
Número de especies: 1

Vaccinium floribundum var. **ramosissimum** (Dunal) Sleumer
Sin.: *Vaccinium ramosissimum* Dunal
Ref.: Sleumer, 1957b; Cabrera, 1983b.
Hábito: Arbusto.
Status: Nativa.
Elevación: 2500–3500 m.
Prov.: SA.
Ejemplar examinado: *Sleumer 3831* (SI).

Vaccinium ramosissimum Dunal = **Vaccinium floribundum** var. **ramosissimum** (Dunal) Sleumer
Ref.: Cabrera, 1983b.

ERYTHROXYLACEAE

1 género, 5 especies.

Erythroxylum P. Browne
Número de especies: 5

[Erythroxylum amplifolium (Mart.) O.E. Schulz]
Sin.: *Erythroxylum microphyllum* var. *amplifolium* Mart.
Nota: Cita dudosa para la flora argentina.

[Erythroxylum anguifugum Mart.]
Ref.: Molfino, 1925b; Devoto & Rothkugel, 1942.
Nota: Cita dudosa para la flora argentina.

Erythroxylum argentinum O.E. Schulz
Sin.: *Erythroxylum ovatum* Griseb., hom. illeg., *Erythroxylum pelleterianum* auct. non A. St.-Hil.
Ref.: Schulz, 1907; Digilio &Legname, 1966.
Hábito: Arbusto.
Status: Nativa.
Elevación: 0–1500 m.
Prov.: CA, JU, MI, SA, SE, TU.
Paises limítrofes: BO, BR.
Ejemplar examinado: *Cabrera y Fabris 21076* (LP).

Erythroxylum cuneifolium (Mart.) O.E. Schulz var. **cuneifolium**
Sin.: *Erythroxylum microphyllum* var. *cuneifolium* Mart.
Ref.: Schulz, 1907; Ragonese, 1941.
Hábito: Arbusto.
Status: Nativa.
Elevación: 0–2000 m.
Prov.: CH, COR, FO, SA, SF.
Paises limítrofes: BO, BR, PA.
Ejemplar examinado: *Krapovickas et al. 17228* (LP).

Erythroxylum cuneifolium (Mart.) O.E. Schulz var. **silvaticum** O.E. Schulz
Ref.: Schulz, 1907.
Status: Nativa.
Prov.: SA.
Paises limítrofes: BO, BR.
Ejemplar citado: *Lorentz e Hieronymus 480**

Erythroxylum deciduum A. St.-Hil. var. **deciduum**
Sin.: *Erythroxylum hasslerianum* Chodat
Ref.: Schulz, 1907; Amaral Junior, 1976.
Status: Nativa.
Elevación: 0–1000 m.
Prov.: MI.
Paises limítrofes: BR, PA.
Ejemplar examinado: *Montes 10742* (LP).

[Erythroxylum deciduum var. glaucum (Mart.) O.E. Schulz]
Ref.: Schulz, 1907.
Nota: Especie excluida de la flora argentina.

Erythroxylum deciduum A. St.-Hil. var. **opacum** O.E. Schulz
Ref.: Schulz, 1907; Latzina, 1937; Devoto & Rothkugel, 1942.
Status: Nativa.
Elevación: 0–500 m.
Prov.: MI.
Paises limítrofes: BR.
Ejemplar citado: *Niederlein 2204**

Erythroxylum hasslerianum Chodat = [Erythroxylum deciduum A. St.-Hil. var. deciduum]
Ref.: Amaral Junior, 1976.

Erythroxylum microphyllum A. St.-Hil.
Ref.: Schulz, 1907.
Status: Nativa.
Elevación: 0–500 m.
Prov.: COR, ER, MI, SF.
Paises limítrofes: BR, PA.
Ejemplar examinado: *Ahumada et al. 1374* (LP).

Erythroxylum microphyllum var. *amplifolium* Mart. = [Erythroxylum amplifolium (Mart.) O.E. Schulz]

Erythroxylum microphyllum var. *cuneifolium* Mart. = **Erythroxylum cuneifolium** var. **cuneifolium** (Mart.) O.E. Schulz
Ref.: Schulz, 1907.

Erythroxylum myrsinites Mart.
Ref.: Schulz, 1907.
Hábito: Arbusto.
Status: Nativa.
Elevación: 0–500 m.
Prov.: COR, MI.
Paises limítrofes: BR, PA, UR.
Ejemplar examinado: *Xifreda y Maldonado 462* (LP).

[Erythroxylum nitidum Spreng.]
Nota: Especie excluida de la flora argentina.

Erythroxylum ovatum Griseb., hom. illeg. = **Erythroxylum argentinum** O.E. Schulz
Ref.: Amaral Junior, 1976.

Erythroxylum pelleterianum auct. non A. St.-Hil. = **Erythroxylum argentinum** O.E. Schulz

[Erythroxylum verruculosum O.E. Schulz]
Nota: Especie excluida de la flora argentina.

EUCRYPHIACEAE

1 género, 1 especie.

Eucryphia Cav.

Número de especies: 1

Eucryphia cordifolia Cav.
Sin.: *Eucryphia glutinosa* (Poepp. & Endl.) Baill., *Eucryphia patagonica* Speg., *Pellinia chilensis* Molina
Ref.: Dress, 1956; Sánchez, 1988b.
Hábito: Árbol.
Status: Nativa.
Elevación: 0–1000 m.
Prov.: CHU, NE, RN.
Paises limítrofes: CH.
Ejemplar examinado: *Spegazzini s.n.* (holotipo de *E. patagonica*, LP).

Eucryphia glutinosa (Poepp. & Endl.) Baill. = **Eucryphia cordifolia** Cav.

Eucryphia patagonica Speg. = **Eucryphia cordifolia** Cav.
Ref.: Dress, 1956; Sánchez, 1988b.

Pellinia chilensis Molina = **Eucryphia cordifolia** Cav.
Ref.: Sánchez, 1988b.

EUPHORBIACEAE

29 géneros, 216 especies; 48 especies y 2 variedades endémicas.

por N. M. Bacigalupo y M. E. Múlgura (excepto *Croton* y *Julocroton*, por L. Z. Ahumada y *Euphorbia*, por R. Subils)

Acalypha L.

Número de especies: 20, 2 especies y una variedad endémicas.

Acalypha amblyodonta Müll. Arg. var. **amblyodonta**
Sin.: *Riccinocarpus amblyodontus* (Müll. Arg.) Kuntze
Ref.: Croizat, 1941a.
Hábito: Hierba.
Status: Nativa.
Elevación: 0-500 m.
Prov.: MI.
Paises limítrofes: BR.
Ejemplar examinado: *Rodrigo 1040* (NY).

Acalypha amblyodonta Müll. Arg. var. **villosa** Müll. Arg.
Ref.: Pax & Hoffman, 1924; Lourteig & O'Donell, 1942.
Hábito: Arbusto.
Status: Nativa.
Elevación: 0-500 m.
Prov.: JU, SA.
Paises limítrofes: BO, BR, PA.
Ejemplar examinado: *Kiesling 8257* (SI).

Acalypha apicalis N.E. Br. = **Acalypha communis** Müll. Arg. var. **communis**
Ref.: Lourteig & O'Donell, 1942.

Acalypha boliviensis Müll. Arg.
Sin.: *Riccinocarpus boliviensis* (Müll. Arg.) Kuntze
Ref.: Lourteig & O'Donell, 1942.
Hábito: Hierba.
Status: Nativa.
Elevación: 0-500 m.
Prov.: CA, CO, SE, TU.
Paises limítrofes: BO.
Ejemplar examinado: *Maradona s.n.* (SI 12594).

Acalypha brasiliensis Müll. Arg.
Sin.: *Acalypha brasiliensis* Müll. Arg. var. *asterotricha* Müll. Arg. f. *cordata* Müll. Arg., *Acalypha brasiliensis* Müll. Arg. var. *cordata* Müll. Arg., *Riccinocarpus brasiliensis* (Müll. Arg.) Kuntze
Ref.: Lourteig & O'Donell, 1942.
Hábito: Hierba.
Status: Nativa.
Elevación: 0-500 m.
Prov.: MI.
Paises limítrofes: BR.
Ejemplar examinado: *Rodríguez 471* (SI).

Acalypha brasiliensis Müll. Arg. var. *asterotricha* Müll. Arg. f. *cordata* Müll. Arg. = **Acalypha brasiliensis** Müll. Arg.
Ref.: Lourteig & O'Donell, 1942.

Acalypha brasiliensis Müll. Arg. var. *cordata* Müll. Arg. = **Acalypha brasiliensis** Müll. Arg.
Ref.: Lourteig & O'Donell, 1942.

Acalypha communis Müll. Arg. var. **communis**
Sin.: *Acalypha apicalis* N.E. Br.
Ref.: Lourteig & O'Donell, 1942.
Hábito: Hierba.
Status: Nativa.
Elevación: 0-500 m.
Prov.: BA, CH, CO, FO, LP, MI, SA, SF, TU.
Paises limítrofes: BO, BR.
Ejemplar examinado: *Burkart 7007* (SI).

Acalypha communis Müll. Arg. var. **guaranitica** Chodat & Hassl.
Sin.: *Acalypha communis* Müll. Arg. var. *hirta* (Spreng.) Müll. Arg., comb. illeg., *Acalypha cordobensis* Müll. Arg., *Acalypha cordobensis* Müll. Arg. var. *rotundata* Griseb., *Acalypha hirta* Spreng., hom. illeg., *Riccinocarpus cordobensis* (Müll. Arg.) Kuntze
Ref.: Croizat, 1941a; Lourteig & O'Donell, 1942.
Hábito: Hierba.
Status: Nativa.
Elevación: 0-500 m.
Prov.: BA, CH, CO, COR, ER, FO, JU, MI, SA, TU.
Paises limítrofes: BO, PA, UR.
Ejemplar examinado: *Cabrera 2880* (LP).

Acalypha communis Müll. Arg. var. *hirta* (Spreng.) Müll. Arg., comb. illeg. = **Acalypha communis** Müll. Arg. var. **guaranitica** Chodat & Hassl.
Ref.: Lourteig & O'Donell, 1942.

Acalypha communis Müll. Arg. var. **salicifolia** Pax & K. Hoffm.
Ref.: Lourteig & O'Donell, 1942.
Hábito: Hierba.
Status: Endémica.
Elevación: 0-500 m.
Prov.: CH, MI.
Ejemplar examinado: *Bazzi 351* (SI).

Acalypha communis Müll. Arg. var. **saltensis** Pax & K. Hoffm.
Sin.: *Acalypha gracilis* Griseb., hom. illeg.
Ref.: Pax & Hoffman, 1924; Lourteig & O'Donell, 1942; Bacigalupo, inéd..
Hábito: Hierba.
Status: Nativa.
Elevación: 0-500 m.
Prov.: BA, CH, JU, MI, SA, TU.
Paises limítrofes: BO, BR.
Ejemplar examinado: *Venturi 18* (SI).

Acalypha communis Müll. Arg. var. **tomentella** Müll. Arg.
Ref.: Pax & Hoffman, 1924.
Hábito: Hierba.
Status: Nativa.
Elevación: 0-500 m.
Prov.: BA, CH, FO, MI.
Paises limítrofes: BO, BR, PA.
Ejemplar examinado: *Bettfreund 22* (BA).

Acalypha communis Müll. Arg. var. **tomentosa** Müll. Arg.
Ref.: Pax & Hoffman, 1924.
Hábito: Hierba.
Status: Nativa.
Elevación: 0-500 m.
Prov.: COR, MI.
Paises limítrofes: BR, PA.
Ejemplar citado: *Niederlein 297**.

Acalypha cordifolia var. *polyadenia* Griseb. = **Acalypha plicata** Müll. Arg.

Acalypha cordifolia Griseb., hom. illeg. = **Acalypha plicata** Müll. Arg.
Ref.: Macbride, 1951.
Nota: hom. illeg..

Acalypha cordobensis Müll. Arg. = **Acalypha communis** Müll. Arg. var. **guaranitica** Chodat & Hassl.
Ref.: Lourteig & O'Donell, 1942.

Acalypha cordobensis Müll. Arg. var. *rotundata* Griseb. = **Acalypha communis** Müll. Arg. var. **guaranitica** Chodat & Hassl.
Ref.: Lourteig & O'Donell, 1942.

[Acalypha cuspidata Jacq.]
Nota: Especie excluida de la flora argentina.

Acalypha divaricata auct. non Müll. Arg. = **Acalypha lycioides** Pax & K. Hoffm.

Acalypha divaricata Baill. = **Acalypha gracilis** Spreng.
Ref.: Macbride, 1951.

Acalypha flabellifera Rusby = **Acalypha plicata** Müll. Arg.
Ref.: Macbride, 1951.

Acalypha friesii Pax & K. Hoffm.
Ref.: Pax & Hoffman, 1924; Lourteig, 1954a.
Hábito: Arbusto.
Status: Endémica.
Elevación: 1001-1500 m.
Prov.: JU.
Ejemplar examinado: *Fries 178* (S).

Acalypha gracilis Griseb., hom. illeg. = **Acalypha communis** Müll. Arg. var. **saltensis** Pax & K. Hoffm.
Ref.: Lourteig & O'Donell, 1942.

Acalypha gracilis Spreng.
Sin.: *Acalypha divaricata* Baill., *Acalypha gracilis* Spreng. var. *divaricata* (Baill.) Pax & K. Hoffm., comb. illeg., *Acalypha tracheliifolia* Pax & K. Hoffm., *Riccinocarpus gracilis* (Spreng.) Kuntze
Ref.: Lourteig & O'Donell, 1942; Macbride, 1951.
Hábito: Hierba.
Status: Nativa.
Elevación: 0-500 m.
Prov.: BA, COR, ER, MI, SA, TU.
Paises limítrofes: BR, PA, UR.
Ejemplar examinado: *Venturi s.n.* (SI 12595).

Acalypha gracilis Spreng. var. *divaricata* (Baill.) Pax & K. Hoffm., comb. illeg. = **Acalypha gracilis** Spreng.
Ref.: Lourteig & O'Donell, 1942.
Nota: comb. illeg..

Acalypha hassleriana Chodat
Ref.: Lourteig & O'Donell, 1942.
Hábito: Hierba.
Status: Nativa.
Elevación: 0-500 m.
Prov.: MI.
Paises limítrofes: PA.
Ejemplar examinado: *Zotta et al. s.n.* (BA 27/63).

Acalypha hirta Spreng., hom. illeg. = **Acalypha communis** Müll. Arg. var. **guaranitica** Chodat & Hassl.

Acalypha lycioides Pax & K. Hoffm.
Sin.: *Acalypha divaricata* auct. non Müll. Arg.
Ref.: Grisebach, 1879; Pax & Hoffman, 1924; Lourteig & O'Donell, 1942.
Hábito: Hierba.
Status: Nativa.
Elevación: 501-1000 m.
Prov.: CA, JU, LR, SA, TU.
Paises limítrofes: BO.
Ejemplar examinado: *Venturi 8116* (SI).

Acalypha macrostachya Poir., hom. illeg. = **Acalypha poiretii** Spreng.
Ref.: Lourteig & O'Donell, 1942.

Acalypha multicaulis Müll. Arg.
Sin.: *Acalypha multicaulis* Müll. Arg. var. *glabrescens* Pax & K. Hoffm., *Riccinocarpus multicaulis* (Müll. Arg.) Kuntze
Ref.: Lourteig & O'Donell, 1942.
Hábito: Hierba.
Status: Nativa.
Elevación: 0-500 m.
Prov.: BA, CO, COR, ER, JU, MI, SA.
Paises limítrofes: BR, PA, UR.
Ejemplar examinado: *Rodríguez 787* (SI).

Acalypha multicaulis Müll. Arg. var. *glabrescens* Pax & K. Hoffm. = **Acalypha multicaulis** Müll. Arg.
Ref.: Lourteig & O'Donell, 1942.

Acalypha nitschkeana Pax & K. Hoffm.
Ref.: Lourteig & O'Donell, 1942.
Hábito: Subarbusto.
Status: Nativa.
Elevación: 0-500 m.
Prov.: MI.
Paises limítrofes: PA.
Ejemplar examinado: *Molfino s.n.* (BAF).

Acalypha pinnata Poir. = **Tragia pinnata** (Poir.) A. Juss.
Ref.: Múlgura & Gutiérrez, 1989.

Acalypha plicata Müll. Arg.
Sin.: *Acalypha cordifolia* Griseb., hom. illeg., *Acalypha cordifolia* Griseb. var. *polyadenia* Griseb., *Acalypha flabellifera* Rusby, *Riccinocarpus cordifolius* (Griseb.) Kuntze, comb. illeg.
Ref.: Grisebach, 1879; Pax & Hoffman, 1924; Lourteig & O' Donell, 1942; Macbride, 1951.
Hábito: Hierba.
Status: Nativa.
Elevación: 0-1000 m.
Prov.: CA, JU, SA, TU.
Paises limítrofes: BO.
Ejemplar examinado: *Rodríguez 1191* (SI).

Acalypha poiretii Spreng.
Sin.: *Acalypha macrostachya* Poir., hom. illeg., *Riccinocarpus poiretii* (Spreng.) Kuntze
Ref.: Croizat, 1941a; Lourteig & O'Donell, 1942.
Hábito: Hierba.
Status: Nativa.
Elevación: 0-1000 m.
Prov.: CA, CH, CO, JU, SA, SE, SL, TU.
Paises limítrofes: BO.
Ejemplar examinado: *Venturi 722* (SI).

Acalypha schreiteri Lillo ex Lourteig & O'Donell
Ref.: Lourteig & O'Donell, 1942.
Hábito: Hierba.
Status: Endémica.
Elevación: 500-2000 m.
Prov.: JU, TU.
Ejemplar examinado: *Schreiter 1388* (holotipo, LIL).

Acalypha tracheliifolia Pax & K. Hoffm. = **Acalypha gracilis** Spreng.
Ref.: Lourteig & O'Donell, 1942.

[Acalypha variabilis Klotzsch ex Baill. var. angustifolia Baill.]
Nota: Taxón dudoso.

Acalypha villosa Jacq.
Sin.: *Riccinocarpus villosus* (Jacq.) Kuntze
Ref.: Lourteig & O'Donell, 1942; Macbride, 1951.
Hábito: Arbusto.
Status: Nativa.
Elevación: 500-1500 m.
Prov.: SA.
Paises limítrofes: BO, PA.
Ejemplar examinado: *Schreiter 3687* (LIL).

Actinostemon Klotzsch
Número de especies: 2

Actinostemon anisandrus (Griseb.) Pax = **Sebastiania anisandra** (Griseb.) Lillo
Ref.: Lourteig, 1955; Jablonski, 1969.

Actinostemon concepcionis (Chodat & Hassl.) Hochr.
Sin.: *Dactylostemon klotzschii* D. Dietr. var. *concepcionis* Chodat & Hassl., *Dactylostemon klotzschii* D. Dietr. var. *heterophyllus* Chodat & Hassl., *Dactylostemon klotzschii* D. Dietr. var. *obtusatus* Chodat & Hassl.
Ref.: O'Donell & Lourteig, 1942; Jablonsky, 1969; Bernardi, 1984.
Hábito: Arbusto.
Status: Nativa.
Elevación: 0-500 m.
Prov.: COR.
Paises limítrofes: BR, PA.
Ejemplar examinado: *Noceti s.n.* (BAF).

Actinostemon concolor (Spreng.) Müll. Arg.
Sin.: *Gussonia concolor* Spreng.
Ref.: O'Donell & Lourteig, 1942b; Jablonsky, 1969.
Hábito: Arbusto.
Status: Nativa.
Elevación: 0-500 m.
Prov.: MI.
Paises limítrofes: BR, PA, UR.
Ejemplar examinado: *Rodríguez 388* (SI).

Adelia L.
Número de especies: 1

Adelia membranifolia (Müll. Arg.) Chodat & Hassl. var. *spinosa* Chodat & Hassl. = **Adelia spinosa** (Chodat & Hassl.) Pax & K. Hoffm.
Ref.: Lourteig & O'Donell, 1942.

Adelia pulchella Baill. = **Bernardia pulchella** (Baill.) Müll. Arg.
Ref.: Bernardi, 1984.

Adelia spinosa (Chodat & Hassl.) Pax & K. Hoffm.
Sin.: *Adelia membranifolia* (Müll. Arg.) Chodat & Hassl. var. *spinosa* Chodat & Hassl., *Adelia spinosa* (Chodat & Hassl.) Pax & K. Hoffm. var. *hassleri* Pax & K. Hoffm.
Ref.: Lourteig & O'Donell, 1942; Bernardi, 1984.
Status: Nativa.
Elevación: 0-500 m.
Prov.: FO.
Paises limítrofes: PA.
Ejemplar examinado: *Joergensen 2377* (SI).

Adelia spinosa (Chodat & Hassl.) Pax & K. Hoffm. var. *hassleri* Pax & K. Hoffm. = **Adelia spinosa** (Chodat & Hassl.) Pax & K. Hoffm.
Ref.: Lourteig & O'Donell, 1942.

Alchornea Sw.
Número de especies: 3

[Alchornea castaneifolia (Willd.) A. Juss. var. castaneifolia]
Sin.: *Hermesia castaneifolia* Willd.
Nota: Cita dudosa para la flora argentina.

Alchornea castaneifolia (Willd.) A. Juss. var. **salicifolia** Baill.
Ref.: Lourteig & O'Donell, 1942.
Status: Nativa.
Elevación: 0-500 m.
Prov.: FO.
Paises limítrofes: PA.
Ejemplar examinado: *Joergensen 2166* (SI).

Alchornea glandulosa Poepp.
Sin.: *Alchornea iricurana* Casar., *Alchornea sidifolia* Müll. Arg.
Ref.: Allem, 1977.
Hábito: Árbol.
Status: Nativa.
Elevación: 0-500 m.
Prov.: MI.
Paises limítrofes: BR, PA.
Ejemplar examinado: *Placci 77* (SI).

Alchornea iricurana Casar. = **Alchornea glandulosa** Poepp.
Ref.: Allem, 1977.

Alchornea janeirensis (Casar.) Müll. Arg. = [Alchornea triplinervia (Spreng.) Müll. Arg. var. janeirensis (Casar.) Müll. Arg.]

Alchornea sidifolia Müll. Arg. = **Alchornea glandulosa** Poepp.
Ref.: Allem, 1977.

Alchornea triplinervia (Spreng.) Müll. Arg.
Sin.: *Antidesma triplinervia* Spreng.
Ref.: Lourteig & O'Donell, 1942.
Hábito: Árbol.
Status: Nativa.
Elevación: 0-500 m.
Prov.: MI.
Paises limítrofes: BR, PA.
Ejemplar examinado: *Rodríguez s.n.* (SI 12453).

[Alchornea triplinervia (Spreng.) Müll. Arg. var. janeirensis (Casar.) Müll. Arg.]
Sin.: *Alchornea janeirensis* (Casar.) Müll. Arg.
Nota: Cita dudosa para la flora argentina.

Anisophyllum emarginata Klotzsch & Garcke = [Euphorbia emarginata (Klotzsch & Garcke) Boiss.]

Anisophyllum ovalifolium Klotzsch & Garcke = **Euphorbia ovalifolia** (Klotzsch & Garcke) Boiss. var. **ovalifolia**
Ref.: Subils, 1977.

Anisophyllum selloi Klotzsch & Garcke = **Euphorbia selloi** (Klotzsch & Garcke) Boiss.
Ref.: Subils, 1977; Simmons & Hayden, 1997.

Antidesma scandens Lour. = **Humulus scandens** (Lour.) Merr.
Ref.: Miller, 1970.

Antidesma triplinervia Spreng. = **Alchornea triplinervia** (Spreng.) Müll. Arg.
Ref.: Lourteig & O'Donell, 1942.

Aonikena Speg.

Número de especies: 1 especie endémica.

Aonikena patagonica Speg.
Sin.: *Chiropetalum patagonicum* (Speg.) O'Donell & Lourteig
Ref.: O'Donell & Lourteig, 1942; Correa, 1988a.
Hábito: Hierba.
Status: Endémica.
Elevación: 0-500 m.
Prov.: CHU, CO, LP, ME, RN, SC, SL.
Ejemplar examinado: *Boelcke 15662* (SI).

Aphora catamarcensis Griseb. = **Argythamnia catamarcensis** (Griseb.) Hieron.
Ref.: Hieronymus, 1882.

Aporosella Chodat

Número de especies: 1

Aporosella chacoensis (Morong) Pax & K. Hoffm., hom. illeg. = **Aporosella chacoensis** (Morong) Speg.

Aporosella chacoensis (Morong) Speg.
Sin.: *Aporosella chacoensis* (Morong) Pax & K. Hoffm., hom. illeg., *Aporosella hassleriana* Chodat, *Phyllanthus chacoensis* Morong
Ref.: Lourteig & O'Donell, 1943; Bernardi, 1984.
Status: Nativa.
Elevación: 0-500 m.
Prov.: CH, FO, SF.
Paises limítrofes: PA.
Ejemplar examinado: *Joergensen 2278* (SI).

Aporosella hassleriana Chodat = **Aporosella chacoensis** (Morong) Speg.
Ref.: Lourteig & O'Donell, 1943.

Argythamnia P. Browne

Número de especies: 12, 5 especies endémicas.

Argythamnia acaulis (Herter) J.W. Ingram
Sin.: *Ditaxis acaulis* Herter
Ref.: Ingram, 1957.
Hábito: Hierba.
Status: Nativa.
Elevación: 0-500 m.
Prov.: ER, MI.
Paises limítrofes: BR, PA, UR.
Ejemplar examinado: *Troncoso et al. 3468* (SI).

Argythamnia argentinensis (Skottsb.) Allem & Irgang
Sin.: *Chiropetalum argentinense* Skottsb., *Chiropetalum tricuspidatum* auct. non (Lam.) A.Juss., p.p.
Ref.: Lourteig, 1942, 1954a; Ingram, 1980; Steibel, 1995.
Hábito: Subarbusto.
Status: Endémica.
Elevación: 500-1000 m.
Prov.: CA, CH, CO, LP, LR, SE, SF, SL, TU.
Ejemplar examinado: *Burkart 10948* (SI).

Argythamnia boliviensis Müll. Arg.
Sin.: *Argythamnia triandra* (Griseb.) Allem & Irgang, *Chiropetalum boliviense* (Müll. Arg.) Pax & K. Hoffm., *Chiropetalum triandrum* Griseb.
Ref.: Ingram, 1980.
Hábito: Arbusto.
Status: Nativa.
Elevación: 500-2000 m.
Prov.: CA, JU, LR, SA, TU.
Paises limítrofes: BO.
Ejemplar examinado: *Venturi 2833* (SI).

Argythamnia brasiliensis (Klotzsch) Müll. Arg. = **Philyra brasiliensis** Klotzsch
Ref.: Lourteig & O'Donell, 1942.

Argythamnia breviramea Müll. Arg.
Sin.: *Ditaxis breviramea* (Müll. Arg.) Pax & K. Hoffm.
Ref.: O'Donell & Lourteig, 1942.
Hábito: Subarbusto.
Status: Nativa.
Elevación: 0-1000 m.
Prov.: SA, TU.
Paises limítrofes: PA.
Ejemplar examinado: *Rodríguez 569* (SI).

Argythamnia catamarcensis (Griseb.) Hieron.
Sin.: *Aphora catamarcensis* Griseb., *Ditaxis catamarcensis* (Griseb.) Pax
Ref.: Hieronymus, 1882; O'Donell & Lourteig, 1942; Steibel, 1995.
Hábito: Subarbusto.
Status: Endémica.
Elevación: 500-1000 m.
Prov.: CA, CO, LP, LR, SL, TU.
Ejemplar examinado: *Venturi 7660* (SI).

Argythamnia grisea (Griseb.) Allem & Irgang
Sin.: *Argythamnia mollis* Kuntze, nom. nud., *Chiropetalum griseum* Griseb.
Ref.: Ingram, 1980.
Hábito: Subarbusto.
Status: Nativa.
Elevación: 0-500 m.
Prov.: BA, CH, CO, COR, ER, FO, SL.
Paises limítrofes: PA.
Ejemplar examinado: *Giardelli 424* (SI).

Argythamnia intermedia (Pax & K. Hoffm.) Allem & Irgang
Sin.: *Chiropetalum intermedium* Pax & K. Hoffm.
Ref.: Ingram, 1980.
Hábito: Subarbusto.
Status: Nativa.
Elevación: 0-500 m.
Prov.: BA.
Paises limítrofes: UR.
Ejemplar examinado: *Burkart 4613* (SI).

Argythamnia jablonszkyana (Pax & K. Hoffm.) J.W. Ingram
Sin.: *Ditaxis jablonszkyana* Pax & K. Hoffm.
Ref.: Ingram, 1957.
Hábito: Arbusto.
Status: Endémica.
Elevación: 1000-1500 m.
Prov.: CA, LR.
Ejemplar examinado: *Hunziker 22428* (SI).

Argythamnia lineata (Klotzsch) Baill., comb. illeg. = **Argythamnia tricocca** (Vell.) Müll. Arg.
Ref.: Ingram, 1980.

Argythamnia malpighipila (Hicken) J.W. Ingram
Sin.: *Croton malpighipilus* Hicken, *Ditaxis malpighipila* (Hicken) L.C. Wheeler
Ref.: Ingram, 1957; Correa, 1988a; Steibel, 1995.
Hábito: Subarbusto.
Status: Endémica.
Elevación: 0-500 m.
Prov.: LP, ME, RN.
Ejemplar examinado: *Bartlett 19289* (SI).

Argythamnia mollis Kuntze, nom. nud. = **Argythamnia grisea** (Griseb.) Allem & Irgang
Ref.: O'Donell & Lourteig, 1942.

Argythamnia montevidensis (Didr.) Müll. Arg.
Sin.: *Ditaxis montevidensis* (Didr.) Pax, *Stenonia montevidensis* Didr.
Ref.: O'Donell & Lourteig, 1942.
Hábito: Subarbusto.
Status: Nativa.
Elevación: 0-500 m.
Prov.: CO, ER, FO, SF.
Paises limítrofes: BR, PA, UR.
Ejemplar examinado: *Burkart 20285* (SI).

Argythamnia salina (Pax & K. Hoffm.) J.W. Ingram
Sin.: *Ditaxis salina* Pax & K. Hoffm.
Ref.: Ingram, 1957; O'Donell & Lourteig, 1942.
Hábito: Subarbusto.
Status: Endémica.
Elevación: 0-500 m.
Prov.: FO.
Ejemplar examinado: *Joergensen 2264* (SI).

Argythamnia triandra (Griseb.) Allem & Irgang = **Argythamnia boliviensis** Müll. Arg.
Ref.: Ingram, 1980.

Argythamnia tricocca (Vell.) Müll. Arg.
Sin.: *Argythamnia lineata* (Klotzsch) Baill., comb. illeg., *Chiropetalum lineatum* Klotzsch, nom. nud., *Chiropetalum tricoccum* (Vell.) Chodat & Hassl., *Chiropetalum tricoccum* (Vell.) Chodat & Hassl. f. *latifolius* Chodat & Hassl., *Desfontaena tricocca* Vell.
Ref.: Ingram, 1980.
Hábito: Subarbusto.
Status: Nativa.
Elevación: 0-500 m.
Prov.: CO, ER, FO, MI.
Paises limítrofes: BR, PA, UR.
Ejemplar examinado: *Joergensen 2292* (SI).

Bernardia P. Browne

Número de especies: 7, 4 especies endémicas.

Bernardia ambigua Pax & K. Hoffm. = **Bernardia pulchella** (Baill.) Müll. Arg.
Ref.: Allem, 1980.

Bernardia apaensis Chodat & Hassl. = **Bernardia multicaulis** Müll. Arg.

Bernardia argentinensis Lourteig & O'Donell
Sin.: *Bernardia paraguariensis* auct. non Chodat & Hassl.
Ref.: Lourteig, 1954a.
Hábito: Arbusto.
Status: Endémica.
Elevación: 0-500 m.
Prov.: CA, CO, SA, SE, TU.
Ejemplar examinado: *Venturi 2132* (SI).

Bernardia asplundii Lourteig
Ref.: Lourteig, 1954a.
Hábito: Subarbusto.
Status: Endémica.
Elevación: 0-500 m.
Prov.: COR.
Ejemplar citado: *Ibarrola 2900** (holotipo, S).

Bernardia confertifolia Müll. Arg. var. **glabrata** Pax & K. Hoffm.
Ref.: Pax & Hoffman, 1924; Lourteig, 1954a.
Hábito: Arbusto.
Status: Endémica.
Elevación: 0-500 m.
Prov.: MI.
Ejemplar citado: *Ekman 486** (holotipo, S).

Bernardia lorentzii Müll. Arg. = **Bernardia multicaulis** Müll. Arg.
Ref.: Allem, 1980.

Bernardia lorentzii Müll. Arg. var. *apaensis* (Chodat & Hassl.) Pax & K. Hoffm. = **Bernardia multicaulis** Müll. Arg.

Bernardia lorentzii Müll. Arg. var. *fistulosa* Pax & K. Hoffm. = **Bernardia multicaulis** Müll. Arg.

Bernardia lorentzii Müll. Arg. var. *obovata* Pax & K. Hoffm. = **Bernardia multicaulis** Müll. Arg.

Bernardia multicaulis Müll. Arg.
Sin.: *Bernardia apaensis* Chodat & Hassl., *Bernardia lorentzii* Müll. Arg., *Bernardia lorentzii* Müll. Arg. var. *apaensis* (Chodat & Hassl.) Pax & K. Hoffm., *Bernardia lorentzii* Müll. Arg. var. *fistulosa* Pax & K. Hoffm., *Bernardia lorentzii* Müll. Arg. var. *obovata* Pax & K. Hoffm., *Polyboea lorentzii* (Müll. Arg.) Griseb.
Ref.: Pax & Hoffman, 1914; Lourteig, 1954a; Allem, 1980.
Hábito: Subarbusto.
Status: Nativa.
Elevación: 0-500 m.
Prov.: CO, COR, ER, FO, MI.
Paises limítrofes: BR, PA, UR.
Ejemplar examinado: *Meyer 106* (SI).

Bernardia odonellii Villa
Ref.: Villa Carenzo, 1960.
Hábito: Arbusto.
Status: Endémica.
Elevación: 0-500 m.
Prov.: MI.
Ejemplar examinado: *Schwarz 5015* (holotipo, LIL).

Bernardia paraguariensis auct. non Chodat & Hassl. = **Bernardia argentinensis** Lourteig & O'Donell
Ref.: Lourteig, 1954a.

Bernardia pulchella (Baill.) Müll. Arg.
Sin.: *Adelia pulchella* Baill., *Bernardia ambigua* Pax & K. Hoffm., *Bernardia pulchella* (Baill.) Müll. Arg. f. *acutidenta* Chodat & Hassl., *Bernardia pulchella* (Baill.) Müll. Arg. f. *lanceolata* Müll. Arg.
Ref.: Pax & Hoffman, 1914; Allem, 1980; Bernardi, 1984.
Hábito: Arbusto o árbol.
Status: Nativa.
Elevación: 0-500 m.
Prov.: MI.
Paises limítrofes: BR, PA, UR.
Ejemplar examinado: *Rodríguez 680 (mascul.) y Schinini y Fernández 6090 (fem.)* (SI).

Bernardia pulchella (Baill.) Müll. Arg. f. *acutidenta* Chodat & Hassl. = **Bernardia pulchella** (Baill.) Müll. Arg.
Ref.: Allem, 1980; Bernardi, 1984.

Bernardia pulchella (Baill.) Müll. Arg. f. *lanceolata* Müll. Arg. = **Bernardia pulchella** (Baill.) Müll. Arg.
Ref.: Allem, 1980; Bernardi, 1984.

Bernardia sellowii Müll. Arg.
Ref.: Smith et al., 1988.
Hábito: Subarbusto.
Status: Nativa.
Elevación: 0-500 m.
Prov.: ER.
Paises limítrofes: BR, UR.
Ejemplar examinado: *Troncoso et al. 3759 (mascul.) y Bacigalupo et al. 1682 (fem.)* (SI).

Bia alienata Didr. = **Tragia alienata** (Didr.) Múlgura & M.M. Gut.
Ref.: Múlgura, 1991.

Bia sellowiana Baill. = **Tragia alienata** (Didr.) Múlgura & M.M. Gut.
Ref.: Múlgura, 1991.

Caperonia A. St.-Hil.

Número de especies: 5

[Caperonia acalyphifolia Griseb.]
Nota: Taxón dudoso.

Caperonia castaneifolia (L.) A. St.-Hil.
Sin.: *Croton castaneifolius* L.
Ref.: Bacigalupo, inéd..
Hábito: Hierba.
Status: Nativa.
Elevación: 0-500 m.
Prov.: CH, COR, FO, MI.
Paises limítrofes: PA.
Ejemplar examinado: *Guaglianone et al. 434* (SI).

Caperonia cordata A. St.-Hil.
Ref.: Pax et Hoffman, 1912; O'Donell & Lourteig, 1942.
Hábito: Hierba.
Status: Nativa.
Elevación: 0-500 m.
Prov.: BA, CH, COR, ER, FO, MI, SF.
Paises limítrofes: BR, PA, UR.
Ejemplar examinado: *Burkart 19657* (SI).

Caperonia glabrata Pax & K. Hoffm.
Ref.: Eskuche, 1989.
Hábito: Hierba.
Status: Nativa.
Elevación: 0-500 m.
Prov.: FO.
Paises limítrofes: PA.
Ejemplar examinado: *Eskuche 5766 (masc.) y 5765 (femen.)* (CTESN).

Caperonia hystrix Pax & K. Hoffm. = **Caperonia linearifolia** A. St.-Hil.
Ref.: Eskuche, 1989.

Caperonia linearifolia A. St.-Hil.
Sin.: *Caperonia hystrix* Pax & K. Hoffm.
Ref.: Pax & Hoffman, 1912; Eskuche, 1989.
Hábito: Hierba.
Status: Nativa.
Elevación: 0-500 m.
Prov.: BA, ER.
Paises limítrofes: BR, UR.
Ejemplar examinado: *Burkart 26798* (SI).

Caperonia palustris (L.) A. St.-Hil.
Sin.: *Croton palustre* L.
Ref.: O'Donell & Lourteig, 1942.
Hábito: Hierba.
Status: Nativa.
Elevación: 0-500 m.
Prov.: BA, CH, COR, ER, FO, MI, SA, SE, SF, TU.
Paises limítrofes: BR, PA.
Ejemplar examinado: *Venturi 746* (SI).

Chamaesyce adenoptera (Bertol.) Small = **Euphorbia adenoptera** Bertol.
Ref.: Subils, 1977.

Chamaesyce barberiana Croizat = **Euphorbia berteriana** Balb. ex Spreng.
Ref.: Subils, 1977.

Chamaesyce berteriana (Balb. ex Spreng.) Millsp. = **Euphorbia berteriana** Balb. ex Spreng.
Ref.: Subils, 1977.

Chamaesyce brasiliensis (Lam.) Small = **Euphorbia brasiliensis** Lam.
Ref.: Subils, 1977.

Chamaesyce caecorum (Boiss.) Croizat = **Euphorbia caecorum** Boiss.
Ref.: Subils, 1977.

Chamaesyce catamarcensis Croizat = **Euphorbia catamarcensis** (Croizat) Subils
Ref.: Subils, 1977.

Chamaesyce eichleri (Müll. Arg.) Croizat = **Euphorbia eichleri** Müll. Arg.
Ref.: Subils, 1977.

Chamaesyce emarginata (Klotzsch & Garcke) Croizat = [Euphorbia emarginata (Klotzsch & Garcke) Boiss.]

Chamaesyce hirta (L.) Millsp. = **Euphorbia hirta** L. var. **hirta**
Ref.: Subils, 1977.

Chamaesyce hirta (L.) Millsp. var. *procumbens* (DC.) Moldenke = **Euphorbia hirta** L. var. **ophtalmica** (Pers.) Allem & Irgang
Ref.: Allem & Irgang, 1975.

Chamaesyce hirta (L.) Millsp. subsp. *procumbens* (DC.) Croizat = **Euphorbia hirta** L. var. **ophtalmica** (Pers.) Allem & Irgang
Ref.: Allem & Irgang, 1975.

Chamaesyce hirtella (Boiss.) Croizat = **Euphorbia hirtella** Boiss.
Ref.: Smith et al., 1988.

Chamaesyce hunzikeri (Subils) Holub = **Euphorbia hunzikeri** Subils

Chamaesyce hypericifolia (L.) Millsp. = **Euphorbia hypericifolia** L.
Ref.: Subils, 1977.

Chamaesyce hyssopifolia (L.) Small = **Euphorbia hyssopifolia** L.
Ref.: Subils, 1977.

Chamaesyce lasiocarpa (Klotzsch) Arthur = **Euphorbia lasiocarpa** Klotzsch
Ref.: Subils, 1977.

Chamaesyce lorentzii (Müll. Arg.) Croizat = **Euphorbia lorentzii** Müll. Arg.
Ref.: Subils, 1977.

Chamaesyce maculata (L.) Small = **Euphorbia maculata** L.
Ref.: Subils, 1977.

Chamaesyce marayensis (Subils) Holub = **Euphorbia marayensis** Subils

Chamaesyce ophtalmica (Pers.) D.G. Burch = **Euphorbia hirta** L. var. **ophtalmica** (Pers.) Allem & Irgang
Ref.: Allem & Irgang, 1975.

Chamaesyce oranensis Croizat = **Euphorbia oranensis** (Croizat) Subils
Ref.: Subils, 1977.

Chamaesyce ovalifolia (Klotzsch & Garcke) Croizat = **Euphorbia ovalifolia** (Klotzsch & Garcke) Boiss. var. **ovalifolia**
Ref.: Subils, 1977.

Chamaesyce portucadasiana Croizat = **Euphorbia portucadasiana** (Croizat) Subils
Ref.: Subils, 1977.

Chamaesyce prostrata (Aiton) Small = **Euphorbia prostrata** Aiton
Ref.: Subils, 1977.

Chamaesyce ruiz-lealii (Subils) Holub = **Euphorbia ruiz-lealii** Subils

Chamaesyce selloi (Klotzsch & Garcke) Croizat = **Euphorbia selloi** (Klotzsch & Garcke) Boiss.
Ref.: Subils, 1977; Simmons & Hayden, 1997.

Chamaesyce selloi (Klotzsch & Garcke) Croizat var. *brevisemina* Croizat = **Euphorbia selloi** (Klotzsch & Garcke) Boiss.
Ref.: Simmons & Hayden, 1997.

Chamaesyce serpens (Kunth) Small = **Euphorbia serpens** Kunth var. **serpens**
Ref.: Subils, 1977.

Chamaesyce serpens (Kunth) Small var. *montevidensis* (Boiss.) Croizat = **Euphorbia ovalifolia** (Klotzsch & Garcke) Boiss. var. **ovalifolia**

Chamaesyce serpyllifolia (Pers.) Small = **Euphorbia serpyllifolia** Pers.
Ref.: Subils, 1977.

Chamaesyce supina (Raf.) Moldenke = **Euphorbia maculata** L.

Chamaesyce thymifolia (L.) Millsp. = **Euphorbia thymifolia** L.
Ref.: Subils, 1977.

Chiropetalum argentinense Skottsb. = **Argythamnia argentinensis** (Skottsb.) Allem & Irgang
Ref.: Ingram, 1980.

Chiropetalum boliviense (Müll. Arg.) Pax & K. Hoffm. = **Argythamnia boliviensis** Müll. Arg.
Ref.: Ingram, 1980.

Chiropetalum griseum Griseb. = **Argythamnia grisea** (Griseb.) Allem & Irgang
Ref.: Ingram, 1980.

Chiropetalum intermedium Pax & K. Hoffm. = **Argythamnia intermedia** (Pax & K. Hoffm.) Allem & Irgang
Ref.: Ingram, 1980.

Chiropetalum lineatum Klotzsch, nom. nud. = **Argythamnia tricocca** (Vell.) Müll. Arg.
Ref.: Ingram, 1980.

Chiropetalum patagonicum (Speg.) O'Donell & Lourteig = **Aonikena patagonica** Speg.
Ref.: Correa, 1988a.

Chiropetalum triandrum Griseb. = **Argythamnia boliviensis** Müll. Arg.
Ref.: Ingram, 1980.

Chiropetalum tricoccum (Vell.) Chodat & Hassl. = **Argythamnia tricocca** (Vell.) Müll. Arg.
Ref.: Ingram, 1980.

Chiropetalum tricoccum (Vell.) Chodat & Hassl. f. *latifolius* Chodat & Hassl. = **Argythamnia tricocca** (Vell.) Müll. Arg.
Ref.: Ingram, 1980.

Chiropetalum tricuspidatum auct. non (Lam.) A.Juss., p.p. = **Argythamnia argentinensis** (Skottsb.) Allem & Irgang
Ref.: Ingram, 1980.

Cnemidostachys hispida Mart. = **Sebastiania hispida** (Mart.) Pax
Ref.: O'Donell & Lourteig, 1942.

Cnidoscolus Pohl

Número de especies: 5, 1 especie endémica.

Cnidoscolus albomaculatus (Pax) I.M. Johnst.
Sin.: *Cnidoscolus hasslerianus* (Pax) Pax & K. Hoffm., *Jatropha albomaculata* Pax, *Jatropha albomaculata* Pax var. *subcuneata* Pax, *Jatropha campanulata* Pax, *Jatropha hassleriana* Pax
Ref.: Lourteig & O'Donell, 1943.
Status: Nativa.
Elevación: 0-500 m.
Prov.: CH, JU, MI, SA, TU.
Paises limítrofes: PA.
Ejemplar examinado: *Venturi 2312* (SI).

Cnidoscolus cnicodendrum Griseb. = **Cnidoscolus vitifolius** (Mill.) Pohl var. **cnicodendrum** (Griseb.) Lourteig & O'Donell
Ref.: Lourteig & O'Donell, 1943.

Cnidoscolus hasslerianus (Pax) Pax & K. Hoffm. = **Cnidoscolus albomaculatus** (Pax) I.M. Johnst.
Ref.: Lourteig & O'Donell, 1943.

Cnidoscolus loasoides (Pax) I.M. Johnst.
Sin.: *Jatropha loasoides* Pax
Ref.: Lourteig & O'Donell, 1943.
Hábito: Subarbusto.
Status: Endémica.
Elevación: 0-500 m.
Prov.: CH, COR, MI.
Ejemplar examinado: *Joergensen 2258* (SI).

Cnidoscolus löfgrenii (Pax & K. Hoffm.) Pax & K. Hoffm. = **Cnidoscolus urens** (L.) Arthur var. **neglectus** (Pohl) Lourteig
Ref.: Lourteig, 1954a.

Cnidoscolus neglectus Pohl = **Cnidoscolus urens** (L.) Arthur var. **neglectus** (Pohl) Lourteig

Cnidoscolus tubulosus (Müll. Arg.) I.M. Johnst. var. **triloba** (Müll. Arg.) Lourteig & O'Donell
Sin.: *Cnidoscolus vitifolius* (Mill.) Pohl var. *repandus* Griseb., *Jatropha tubulosa* Müll. Arg. var. *triloba* Müll. Arg., *Jatropha vitifolia* Mill. var. *repanda* (Griseb.) Pax
Ref.: Lourteig & O'Donell, 1943.
Status: Nativa.
Elevación: 0-500 m.
Prov.: CA, CO, FO, JU, LR, SA, TU.
Paises limítrofes: BO.
Ejemplar examinado: *Zuloaga 2510* (SI).

Cnidoscolus urens (L.) Arthur var. **neglectus** (Pohl) Lourteig
Sin.: *Cnidoscolus löfgrenii* (Pax & K. Hoffm.) Pax & K. Hoffm., *Cnidoscolus neglectus* Pohl, *Jatropha löfgrenii* Pax & K. Hoffm., *Jatropha tenuifolia* Pax & K. Hoffm., *Jatropha urens* L. var. *neglecta* (Pohl) Müll. Arg.
Ref.: Lourteig, 1954a.
Hábito: Arbusto.
Status: Nativa.
Elevación: 0-500 m.
Prov.: MI.
Paises limítrofes: BR.
Ejemplar examinado: *Rodríguez 36* (SI).

Cnidoscolus vitifolius (Mill.) Pohl var. **cnicodendrum** (Griseb.) Lourteig & O'Donell
Sin.: *Cnidoscolus cnicodendrum* Griseb., *Jatropha vitifolia* Griseb. var. *grisebachii* Pax, *Jatropha vitifolia* Mill. var. *cnicodendrum* (Griseb.) Pax
Ref.: Lourteig & O'Donell, 1943.
Hábito: Arbusto.
Status: Nativa.
Elevación: 501-1000 m.
Prov.: JU, LR, SA.
Paises limítrofes: BO.
Ejemplar examinado: *Guaglianone 1809* (SI).

Cnidoscolus vitifolius (Mill.) Pohl var. *repandus* Griseb. = **Cnidoscolus tubulosus** (Müll. Arg.) I.M. Johnst. var. **triloba** (Müll. Arg.) Lourteig & O'Donell
Ref.: Lourteig & O'Donell, 1943.

[Cnidoscolus vitifolius (Mill.) Pohl var. vitifolius]
Nota: Cita dudosa para la flora argentina.

Colliguaja Molina
Número de especies: 1

[Colliguaja brasiliensis Klotzsch ex Baill.]
Ref.: O'Donell & Lourteig, 1942b.
Nota: Especie excluida de la flora argentina.

Colliguaja integerrima Gillies & Hook.
Ref.: O'Donell & Lourteig, 1942b; Correa, 1988a.
Hábito: Arbusto.
Status: Nativa.
Elevación: 500-1500 m.
Prov.: CHU, LR, ME, NE, RN, SC, SJ.
Paises limítrofes: CH.
Ejemplar examinado: *Iter Patagonicum 223* (SI).

Colliguaja patagonica Speg. = **Stillingia patagonica** (Speg.) Pax & K. Hoffm.
Ref.: O'Donell & Lourteig, 1942b; Correa, 1988a.

Croton L.
Número de especies: 34, 12 especies endémicas.

Croton aberrans Müll. Arg.
Ref.: Mueller Argoviensis, 1873; Eskuche, 1992.
Hábito: Hierba.
Status: Nativa.
Elevación: 0-1000 m.
Prov.: COR, MI.
Paises limítrofes: BR, PA.
Ejemplar examinado: *Ahumada y Eskuche 5703* (CTESN).

Croton andinus Müll. Arg.
Sin.: *Croton psammophilus* Lillo
Ref.: Croizat, 1941b.
Hábito: Hierba.
Status: Nativa.
Elevación: 0-1000 m.
Prov.: CA, CH, CO, JU, SA, SE, TU.
Paises limítrofes: BO.
Ejemplar examinado: *Eskuche 05045* (CTESN).

Croton apostolon Radcl.-Sm. & Govaerts = **Julocroton vulpinus** Croizat

Croton argenteus L. = **Julocroton argenteus** (L.) Didr.
Ref.: Croizat, 1943.

Croton argentinus Müll. Arg.
Ref.: Croizat, 1941b.
Hábito: Arbusto.
Status: Endémica.
Elevación: 500-1500 m.
Prov.: CO, SL.
Ejemplar examinado: *Ahumada y Eskuche 7011* (CTESN).

Croton beetlei Croizat
Ref.: Croizat, 1940.
Hábito: Árbol.
Status: Endémica.
Elevación: 0-1000 m.
Prov.: JU, SA.
Ejemplar examinado: *Legname y Cuezzo 5889* (LIL).

Croton bonplandianus Baill.
Sin.: *Croton rivinoides* Chodat, *Croton sparsiflorus* Morong
Ref.: Croizat, 1941b.
Hábito: Hierba.
Status: Nativa.
Elevación: 0-500 m.
Prov.: CH, COR, FO, SE, SF.
Paises limítrofes: BR, PA, UR.
Ejemplar examinado: *Ahumada y Popoff 7344* (CTESN).

Croton calonervosus G.L. Webster = **Julocroton nervosus** Baill.
Ref.: Ahumada, inéd.

[Croton campestris A. St.-Hil.]
Nota: Especie excluida de la flora argentina.

Croton castaneifolius L. = **Caperonia castaneifolia** (L.) A. St.-Hil.

Croton ceanothifolius Baill.
Ref.: Mueller Argoviensis, 1873; Ahumada, inéd.
Hábito: Arbusto.
Status: Nativa.
Elevación: 500-1000 m.
Prov.: MI.
Paises limítrofes: BR.
Ejemplar examinado: *Ahumada y Eskuche 6771* (CTESN).
Nota: Cita nueva para la flora argentina.

Croton correntesianus Baill.
Ref.: Croizat, 1941b; Ahumada, inéd.
Hábito: Arbusto.
Status: Endémica.
Elevación: 0-500 m.
Prov.: MI.
Ejemplar examinado: *Fontana 0485* (CTESN).

Croton curiosus Croizat
Ref.: Croizat, 1941b.
Hábito: Arbusto.
Status: Endémica.
Elevación: 1500-2000 m.
Prov.: SA, TU.
Ejemplar examinado: *Krapovickas y Cristóbal 20677* (SI).

Croton densiflorus Pax & K. Hoffm. = **Croton piluliferum** Rusby

Croton dentosus Griseb. = **Julocroton subpannosus** Müll. Arg. var. **subpannosus**

Croton divaricatus Sw. = **Croton glandulosus** L.
Ref.: Fawcett & Rendle, 1920.

Croton doratophylloides (Croizat) G.L. Webster = **Julocroton doratophylloides** Croizat
Ref.: Ahumada, inéd.

Croton echinulatus (Griseb.) Croizat
Sin.: *Croton pycnocephalus* Baill. var. *echinulatus* Griseb.
Ref.: Croizat, 1941b; Ahumada, 1991.
Hábito: Arbusto.
Status: Nativa.
Elevación: 0-500 m.
Prov.: ER.
Paises limítrofes: BR.
Ejemplar examinado: *Ahumada y Eskuche 5982* (CTESN).

Croton emporiorum Müll. Arg.
Ref.: Croizat, 1941b; Ahumada, inéd.
Hábito: Arbusto.
Status: Nativa.
Elevación: 1500-2000 m.
Prov.: SA.
Paises limítrofes: BO.
Ejemplar examinado: *Legname y Cuezzo 9952* (LIL).

Croton gaudichaudii Baill.
Sin.: *Croton minutiflorus* Müll. Arg.
Ref.: Mueller Argoviensis, 1873; Ahumada, inéd.
Hábito: Arbusto.
Status: Nativa.
Elevación: 0-500 m.
Prov.: ER.
Paises limítrofes: BR.
Ejemplar examinado: *Pedersen 7202* (Hb. Pedersen).
Nota: Especie revalidada.

Croton glandulosus L.
Sin.: *Croton divaricatus* Sw., *Croton scordioides* Lam.
Ref.: Croizat, 1941b.
Hábito: Hierba.
Status: Nativa.
Elevación: 0-500 m.
Prov.: COR, ER, MI, SA.
Paises limítrofes: BR, PA.
Ejemplar examinado: *Ahumada y Eskuche 7137* (CTESN).

Croton glandulosus L. var. *cordovensis* Müll. Arg. = **Croton hirtus** L'Hér.
Ref.: Croizat, 1941b.

Croton glandulosus L. var. *hirtus* (L'Hér.) Müll. Arg. = **Croton hirtus** L'Hér.
Ref.: Croizat, 1941b.

Croton glandulosus L. subsp. *hirtus* (L'Hér.) Croizat = **Croton hirtus** L'Hér.
Ref.: Webster, 1968.

Croton glechomifolius Müll. Arg.
Sin.: *Croton tragifolius* Baill.
Ref.: Mueller Argoviensis, 1873; Smith et al., 1988; Ahumada, inéd.
Hábito: Hierba.
Status: Nativa.
Elevación: 500-1000 m.
Prov.: MI.
Paises limítrofes: BR.
Ejemplar examinado: *Ahumada y Eskuche 6782* (CTESN).
Nota: Cita nueva para la flora argentina.

[Croton gnaphalii Baill.]
Ref.: Ahumada, inéd.
Nota: Especie excluida de la flora argentina.

[Croton herterii Arechav.]
Ref.: Ahumada, inéd.
Nota: Especie excluida de la flora argentina.

Croton hieronymi Griseb.
Ref.: Croizat, 1941b.
Hábito: Arbusto.
Status: Endémica.
Elevación: 500-1000 m.
Prov.: JU, SA, SE, TU.
Ejemplar examinado: *Schreiter 3685* (LIL).

[Croton hilarii Baill.]
Ref.: Croizat, 1941b.
Nota: Especie excluida de la flora argentina.

Croton hirtus L'Hér.
Sin.: *Croton glandulosus* L. var. *cordovensis* Müll. Arg., *Croton glandulosus* L. var. *hirtus* (L'Hér.) Müll. Arg., *Croton glandulosus* L. subsp. *hirtus* (L'Hér.) Croizat
Ref.: Croizat, 1941b; Webster, 1968.
Hábito: Hierba.
Status: Nativa.
Elevación: 1000-2000 m.
Prov.: CA, CO, JU, SA, TU.
Paises limítrofes: BR.
Ejemplar examinado: *De la Sota 1918* (LIL).

Croton ituzaingensis Ahumada
Ref.: Ahumada, 1986.
Hábito: Arbusto.
Status: Endémica.
Elevación: 0-500 m.
Prov.: COR.
Ejemplar examinado: *Ahumada y Eskuche 6817* (CTESN).

Croton lachnostachyus Baill.
Ref.: Croizat, 1941b.
Hábito: Arbusto.
Status: Nativa.
Elevación: 0-500 m.
Prov.: CH, COR, ER, FO.
Ejemplar examinado: *Ahumada y Eskuche 6971* (CTESN).

[Croton lanatus Lam.]
Ref.: Ahumada, inéd.
Nota: Especie excluida de la flora argentina.

Croton landoltii Ahumada
Ref.: Ahumada, 1986.
Hábito: Arbusto.
Status: Endémica.
Elevación: 0-500 m.
Prov.: COR, MI.
Ejemplar examinado: *Ahumada y Eskuche 6755* (CTESN).

Croton laseguei Müll. Arg.
Ref.: Ahumada, inéd.
Hábito: Arbusto.
Status: Nativa.
Elevación: 0-500 m.
Prov.: MI.
Paises limítrofes: BR.
Ejemplar examinado: *Ahumada y Eskuche 5838* (CTESN).
Nota: Cita nueva para la flora argentina.

Croton lobatus L.
Ref.: Croizat, 1941b.
Hábito: Hierba.
Status: Nativa.
Elevación: 0-500 m.
Prov.: CO, ER, FO, JU, MI, SA, SE, TU.
Paises limítrofes: BR, PA.
Ejemplar examinado: *Ahumada y Eskuche 5582* (CTESN).

Croton lorentzii Müll. Arg.
Ref.: Croizat, 1941b.
Hábito: Arbusto.
Status: Endémica.
Elevación: 500-1000 m.
Prov.: CO, ER.
Ejemplar examinado: *Ahumada y Eskuche 6986* (CTESN).

[Croton macrostigma Chodat]
Ref.: Ahumada, inéd.
Nota: Especie excluida de la flora argentina.

Croton malpighipilus Hicken = **Argythamnia malpighipila** (Hicken) J.W. Ingram
Ref.: Ingram, 1957.

[Croton microcarpus Müll. Arg.]
Ref.: Ahumada, inéd.
Nota: Especie excluida de la flora argentina.

Croton minutiflorus Müll. Arg. = **Croton gaudichaudii** Baill.

Croton missionum Croizat
Ref.: Croizat, 1944a.
Hábito: Arbusto.
Status: Endémica.
Elevación: 0-500 m.
Prov.: MI.
Ejemplar examinado: *Fontana 05322* (CTESN).

Croton myriodontus Müll. Arg.
Ref.: Croizat, 1941b.
Hábito: Arbusto.
Status: Endémica.
Elevación: 500-1000 m.
Prov.: CO.
Ejemplar examinado: *Ahumada y Eskuche 6999* (CTESN).

[Croton nitrariaefolius Baill.]
Ref.: Ahumada, inéd.
Nota: Especie excluida de la flora argentina.

Croton oranensis Hieron., nom. nud. = **Croton piluliferum** Rusby

Croton palustre L. = **Caperonia palustris** (L.) A. St.-Hil.
Ref.: O'Donell & Lourteig, 1942.

Croton parvifolius Müll. Arg.
Sin.: *Croton ventanicolus* Speg.
Ref.: Croizat, 1941b; Dawson, 1965a.
Hábito: Arbusto.
Status: Endémica.
Elevación: 0-1000 m.
Prov.: BA, CO, ER, SL.
Ejemplar examinado: *Ahumada y Eskuche 6219* (CTESN).

Croton pauperulus Müll. Arg.
Ref.: Grisebach, 1874; Ahumada, inéd.
Hábito: Hierba.
Status: Nativa.
Elevación: 0-2000 m.
Prov.: CA, CO, SA, SE, SJ, SL, TU.
Paises limítrofes: BO.
Ejemplar examinado: *Ahumada y Eskuche 5929* (CTESN).
Nota: Especie revalidada, afín a *Croton bonplandianus*.

[Croton peraffinis Müll. Arg.]
Nota: Especie excluida de la flora argentina.

Croton piluliferum Rusby
Sin.: *Croton densiflorus* Pax & K. Hoffm., *Croton oranensis* Hieron., nom. nud.
Ref.: Rusby, 1895; Ahumada, inéd.
Hábito: Árbol.
Status: Nativa.
Elevación: 0-2000 m.
Prov.: JU, SA.
Paises limítrofes: BO.
Ejemplar examinado: *Eskuche y Charpin 05736* (CTESN, G).
Nota: Especie revalidada.

Croton psammophilus Lillo = **Croton andinus** Müll. Arg.
Ref.: Croizat, 1941b.

[Croton pycnocephalus Baill.]
Ref.: Ahumada, 1991.
Nota: Especie excluida de la flora argentina.

Croton pycnocephalus Baill. var. *echinulatus* Griseb. = **Croton echinulatus** (Griseb.) Croizat
Ref.: Ahumada, 1991.

[Croton rhamnifolius Kunth]
Ref.: Croizat, 1941b.
Nota: Especie excluida de la flora argentina.

Croton rivinoides Chodat = **Croton bonplandianus** Baill.
Ref.: Croizat, 1941b.

Croton saltensis Griseb.
Sin.: *Croton saltensis* Griseb. var. *discolor* Griseb.
Ref.: Croizat, 1941b.
Hábito: Arbusto.
Status: Endémica.
Elevación: 500-2000 m.
Prov.: SA.
Ejemplar examinado: *Ahumada y Eskuche 5921* (CTESN).

Croton saltensis Griseb. var. *discolor* Griseb. = **Croton saltensis** Griseb.
Ref.: Croizat, 1941b.

[Croton santolinus Baill.]
Nota: Taxón dudoso.

Croton sarcopetalus Müll. Arg.
Sin.: *Croton tucumanensis* Griseb., *Croton tucumanensis* Griseb. var. *oblongatus* Griseb.
Ref.: Croizat, 1941b.
Hábito: Arbusto.
Status: Nativa.
Elevación: 0-2000 m.
Prov.: CA, CO, JU, SA, SE, SL, TU.
Ejemplar examinado: *Ahumada y Eskuche 7067* (CTESN).

Croton scordioides Lam. = **Croton glandulosus** L.
Ref.: Allem, 1978.

Croton serpyllifolius Baill.
Ref.: Croizat, 1941b.
Hábito: Hierba.
Status: Adventicia.
Elevación: 0-500 m.
Prov.: BA.
Ejemplar examinado: *Hicken s.n.* (LIL 5547).

Croton serratifolius Baill.
Ref.: Smith et al., 1988.
Hábito: Arbusto.
Status: Nativa.
Elevación: 0-500 m.
Prov.: MI.
Paises limítrofes: BR, PA.
Ejemplar examinado: *Ahumada y Eskuche 5829* (CTESN).

Croton siderophyllus Baill. var. *hirsutus* Griseb. = **Croton venturii** Croizat
Ref.: Croizat, 1941b.

Croton sparsiflorus Morong = **Croton bonplandianus** Baill.
Ref.: Croizat, 1941b.

Croton spissirameus Radcl.-Sm. & Govaerts = **Julocroton crassirameus** Croizat
Ref.: Ahumada, inéd.

Croton subpannosus Griseb. = **Julocroton subpannosus** Müll. Arg. var. **subpannosus**

Croton succiruber D. Parodi = **Croton urucurana** Baill.
Ref.: Croizat, 1941b.

[Croton tarapotensis Müll. Arg.]
Ref.: Croizat, 1941b.
Nota: Especie excluida de la flora argentina.

Croton tenuissimus Baill.
Sin.: *Croton uruguayensis* Müll. Arg.
Ref.: Croizat, 1941b; Ahumada, inéd.
Hábito: Arbusto.
Status: Nativa.
Elevación: 0-500 m.
Prov.: COR, MI.
Paises limítrofes: PA, UR.
Ejemplar examinado: *Ahumada y Eskuche 5449* (CTESN).

Croton thermarum Müll. Arg.
Ref.: Smith et al., 1988; Ahumada, inéd.
Hábito: Arbusto.
Status: Nativa.
Elevación: 500-1000 m.
Prov.: MI.
Paises limítrofes: BR.
Ejemplar examinado: *Ahumada y Eskuche 5744* (CTESN).
Nota: Nueva cita para la flora argentina.

Croton tragifolius Baill. = **Croton glechomifolius** Müll. Arg.
Ref.: Smith et al., 1988.

Croton tucumanensis Griseb. = **Croton sarcopetalus** Müll. Arg.
Ref.: Croizat, 1941b.

Croton tucumanensis Griseb. var. *oblongatus* Griseb. = **Croton sarcopetalus** Müll. Arg.
Ref.: Croizat, 1941b.

Croton urucurana Baill.
Sin.: *Croton succiruber* D. Parodi
Ref.: Croizat, 1941b.
Hábito: Árbol.
Status: Nativa.
Elevación: 0-500 m.
Prov.: CH, COR, ER, FO, MI.
Paises limítrofes: BR, PA.
Ejemplar examinado: *Ahumada y Eskuche 05299* (CTESN).

Croton uruguayensis Müll. Arg. = **Croton tenuissimus** Baill.
Ref.: Croizat, 1941b.

Croton ventanicolus Speg. = **Croton parvifolius** Müll. Arg.
Ref.: Croizat, 1941b; Dawson, 1965a.

Croton venturii Croizat
Sin.: *Croton siderophyllus* Baill. var. *hirsutus* Griseb.
Ref.: Croizat, 1941b, 1944a; Ahumada, inéd.
Hábito: Hierba.
Status: Nativa.
Elevación: 0-500 m.
Prov.: SA, SE, TU.
Paises limítrofes: PA.
Ejemplar examinado: *Ahumada y Eskuche 6521* (CTESN).

Dactylostemon anisandrus Griseb. = **Sebastiania anisandra** (Griseb.) Lillo
Ref.: Lourteig, 1955.

Dactylostemon klotzschii D. Dietr. var. *concepcionis* Chodat & Hassl. = **Actinostemon concepcionis** (Chodat & Hassl.) Hochr.
Ref.: O'Donell & Lourteig, 1942b; Bernardi, 1984.

Dactylostemon klotzschii D. Dietr. var. *heterophyllus* Chodat & Hassl. = **Actinostemon concepcionis** (Chodat & Hassl.) Hochr.
Ref.: Jablonsky, 1969.

Dactylostemon klotzschii D. Dietr. var. *obtusatus* Chodat & Hassl. = **Actinostemon concepcionis** (Chodat & Hassl.) Hochr.
Ref.: Jablonsky, 1969.

Dalechampia L.

Número de especies: 6

Dalechampia fimbriata Kunth = **Dalechampia scandens** L.
Ref.: Webster & Armbruster, 1991.

Dalechampia glechomifolia Baill.
Sin.: *Dalechampia microphylla* Müll. Arg.
Ref.: Webster & Armbruster, 1991.
Hábito: Subarbusto.
Status: Nativa.
Elevación: 0-500 m.
Prov.: MI.
Paises limítrofes: BR.
Ejemplar examinado: *Cabrera et al. 28453* (SI).

Dalechampia micromeria Baill.
Ref.: Lourteig, 1954a.
Hábito: Enredadera.
Status: Nativa.
Elevación: 0-500 m.
Prov.: MI.
Paises limítrofes: BR, PA.
Ejemplar citado: *Ekman 510** (S).

Dalechampia microphylla Müll. Arg. = **Dalechampia glechomifolia** Baill.
Ref.: Webster & Ambruster, 1991.

[Dalechampia parvula Pax & K. Hoffm.]
Ref.: Webster & Armbruster, 1991.
Nota: Taxón dudoso. Probable sinónimo de D. glechomifolia.

Dalechampia patagonica Pax = **Dalechampia stenosepala** Müll. Arg.
Ref.: Webster & Armbruster, 1991.

Dalechampia scandens L.
Sin.: *Dalechampia fimbriata* Kunth, *Dalechampia scandens* L. var. *fimbriata* (Kunth) Müll. Arg.
Ref.: Webster & Armbruster, 1991.
Hábito: Enredadera.
Status: Nativa.
Elevación: 0-500 m.
Prov.: FO, JU, SA.
Paises limítrofes: BR, PA, UR.
Ejemplar examinado: *Kiesling 7103* (SI).

Dalechampia scandens L. var. *fimbriata* (Kunth) Müll. Arg. = **Dalechampia scandens** L.
Ref.: Webster & Armbruster, 1991.

Dalechampia stenosepala Müll. Arg.
Sin.: *Dalechampia patagonica* Pax
Ref.: Lourteig, 1954a; Webster & Armbruster, 1991.
Hábito: Enredadera.
Status: Nativa.
Elevación: 0-500 m.
Prov.: MI.
Paises limítrofes: BR, PA.
Ejemplar examinado: *Cabrera et al. 29447* (SI).

Dalechampia stipulacea Müll. Arg.
Sin.: *Dalechampia stipulacea* Müll. Arg. var. *minor* (Müll. Arg.) Müll. Arg.
Ref.: Smith, Downs & Klein, 1988; Webster & Armbruster, 1991.
Hábito: Enredadera.
Status: Nativa.
Elevación: 0-500 m.
Prov.: MI.
Paises limítrofes: BR, PA, UR.
Ejemplar examinado: *Guaglianone et al. 2997* (SI).

Dalechampia stipulacea Müll. Arg. var. *minor* (Müll. Arg.) Müll. Arg. = **Dalechampia stipulacea** Müll. Arg.
Ref.: Webster & Armbruster, 1991.

[Dalechampia ternata D. Parodi]
Ref.: Webster & Armbruster, 1991.
Nota: Taxón dudoso.

[Dalechampia triphylla Lam.]
Ref.: Webster & Armbruster, 1991.
Nota: Especie excluida de la flora argentina.

Dalechampia ulmifolia Chodat & Hassl.
Sin.: *Dalechampia ulmifolia* Chodat & Hassl. var. *grüningiana* (Pax) Pax
Ref.: Webster & Armbruster, 1991.
Hábito: Subarbusto.
Status: Nativa.
Elevación: 0-500 m.
Prov.: MI.
Paises limítrofes: BR, PA.
Ejemplar examinado: *Cabrera et al. 28453* (SI).

Dalechampia ulmifolia Chodat & Hassl. var. *grüningiana* (Pax) Pax = **Dalechampia ulmifolia** Chodat & Hassl.
Ref.: Webster & Armbruster, 1991.

Desfontaena tricocca Vell. = **Argythamnia tricocca** (Vell.) Müll. Arg.
Ref.: Ingram, 1980.

Diasperus cordobensis Kuntze = **Phyllanthus ramillosus** Müll. Arg.
Ref.: Hunziker, 1967a.

Ditaxis acaulis Herter = **Argythamnia acaulis** (Herter) J.W. Ingram
Ref.: Ingram, 1957.

Ditaxis brasiliensis (Klotzsch) Baill. = **Philyra brasiliensis** Klotzsch
Ref.: Lourteig & O'Donell, 1942.

Ditaxis breviramea (Müll. Arg.) Pax & K. Hoffm. = **Argythamnia breviramea** Müll. Arg.
Ref.: O'Donell & Lourteig, 1942.

Ditaxis catamarcensis (Griseb.) Pax = **Argythamnia catamarcensis** (Griseb.) Hieron.
Ref.: Hieronymus, 1882.

Ditaxis jablonszkyana Pax & K. Hoffm. = **Argythamnia jablonszkyana** (Pax & K. Hoffm.) J.W. Ingram
Ref.: Ingram, 1957.

Ditaxis malpighipila (Hicken) L.C. Wheeler = **Argythamnia malpighipila** (Hicken) J.W. Ingram
Ref.: Ingram, 1957.

Ditaxis montevidensis (Didr.) Pax = **Argythamnia montevidensis** (Didr.) Müll. Arg.
Ref.: O'Donell & Lourteig, 1942.

Ditaxis salina Pax & K. Hoffm. = **Argythamnia salina** (Pax & K. Hoffm.) J.W. Ingram
Ref.: Ingram, 1957.

Dysopsis Baill.

Número de especies: 1

Dysopsis gayana Baill. = **Dysopsis glechomoides** (A. Rich.) Müll. Arg.
Ref.: Correa, 1988a.

Dysopsis glechomoides (A. Rich.) Müll. Arg.
Sin.: *Dysopsis gayana* Baill., *Dysopsis glechomoides* (A. Rich.) Müll. Arg. var. *genuina* Müll. Arg., *Hydrocotyle glechmoides* A. Rich., *Molina chilensis* Gay
Ref.: Lourteig & O'Donell, 1942; Correa, 1988a.
Hábito: Hierba.
Status: Nativa.
Elevación: 501-1000 m.
Prov.: CHU, NE, RN, SC, TF.
Paises limítrofes: CH.
Ejemplar examinado: *Koslowsky 205* (SI).

Dysopsis glechomoides (A. Rich.) Müll. Arg. var. *genuina* Müll. Arg. = **Dysopsis glechomoides** (A. Rich.) Müll. Arg.
Ref.: Lourteig & O'Donell, 1942.
Nota: nom. inval..

Euphorbia L.

Número de especies: 53, 11 especies y 9 variedades endémicas.

Euphorbia acerensis Boiss.
Ref.: Subils, 1977.
Hábito: Hierba.
Status: Nativa.
Elevación: 0-500 m.
Prov.: CA, CO, JU, SA, SE, TU.
Ejemplar examinado: *Vattuone 17* (SI).

Euphorbia adenoptera Bertol.
Sin.: *Chamaesyce adenoptera* (Bertol.) Small
Ref.: Subils, 1977.
Hábito: Hierba.
Status: Nativa.
Elevación: 0-500 m.
Prov.: CH, CO, FO, MI.
Paises limítrofes: BR, PA.
Ejemplar examinado: *Schulz 2367* (SI).

[Euphorbia adianthoides Lam.]
Nota: Cita dudosa para la flora argentina.

Euphorbia amandii Oudejans
Sin.: *Euphorbia minuta* Phil., hom. illeg., *Euphorbia ovalifolia* (Klotzsch & Garcke) Boiss. var. *dentata* R.E. Fr.
Ref.: Oudejans, 1989.
Hábito: Hierba.
Status: Nativa.
Elevación: 1500-3500 m.
Prov.: CA, JU, LR, SA, SJ.
Paises limítrofes: CH.
Ejemplar examinado: *Cabrera 8256* (SI).

Euphorbia andina Phil. = **Euphorbia collina** Phil. var. **andina** (Phil.) Subils
Ref.: Subils, 1977.

Euphorbia anomala Salzm. ex Boiss. = **Euphorbia insulana** Vell.
Ref.: Subils, 1977.

[Euphorbia argillosa Chodat & Hassl.]
Nota: Cita dudosa para la flora argentina.

Euphorbia berteriana Balb. ex Spreng.
Sin.: *Chamaesyce barberiana* Croizat, *Chamaesyce berteriana* (Balb. ex Spreng.) Millsp.
Ref.: Subils, 1977.
Hábito: Hierba.
Status: Nativa.
Elevación: 0-500 m.
Prov.: CA, CH, COR, FO, JU, LR, SA, SE, SJ, SL, TU.
Paises limítrofes: BR.
Ejemplar examinado: *Venturi 1045* (SI).

Euphorbia boliviana Rusby = **Euphorbia hypericifolia** L.
Ref.: Macbride, 1951.

Euphorbia brasiliensis Lam.
Sin.: *Chamaesyce brasiliensis* (Lam.) Small
Ref.: Subils, 1977.
Hábito: Hierba.
Status: Nativa.
Elevación: 0-500 m.
Prov.: BA, CH, COR, MI, SA, TU.
Paises limítrofes: BR, PA, UR.
Ejemplar examinado: *Stienstra 30* (SI).

Euphorbia brasiliensis Lam. var. *hyssopifolia* (L.) Boiss. = **Euphorbia hyssopifolia** L.
Ref.: Subils, 1977.

Euphorbia brasiliensis Lam. var. *lorentzii* (Müll. Arg.) Griseb. = **Euphorbia lorentzii** Müll. Arg.

Euphorbia caecorum Boiss.
Sin.: *Chamaesyce caecorum* (Boiss.) Croizat
Ref.: Subils, 1977.
Hábito: Hierba.
Status: Nativa.
Elevación: 0-500 m.
Prov.: COR, MI.
Paises limítrofes: BR, PA, UR.
Ejemplar examinado: *Ibarrola 2608* (SI).

Euphorbia caespitosa Lam. var. **caespitosa**
Sin.: *Euphorbia caespitosa* Lam. subsp. *typica* Croizat, nom. inval., *Euphorbia portulacoides* auct. non L.
Ref.: Baillon, 1864; Subils, 1977.
Hábito: Hierba.
Status: Nativa.
Elevación: 0-500 m.
Prov.: BA.
Paises limítrofes: UR.
Ejemplar examinado: *Cabrera 10347* (LP).

Euphorbia caespitosa Lam. var. **ventanicola** (Croizat) Subils
Sin.: *Euphorbia caespitosa* Lam. subsp. *ventanicola* Croizat
Ref.: Subils, 1977.
Hábito: Hierba.
Status: Endémica.
Elevación: 0-500 m.
Prov.: BA.
Ejemplar examinado: *Correa et al. 2416* (SI).

Euphorbia caespitosa Lam. subsp. *typica* Croizat, nom. inval. = **Euphorbia caespitosa** Lam. var. **caespitosa**
Ref.: Subils, 1977.

Euphorbia caespitosa Lam. subsp. *ventanicola* Croizat = **Euphorbia caespitosa** Lam. var. **ventanicola** (Croizat) Subils
Ref.: Subils, 1977.

Euphorbia catamarcensis (Croizat) Subils
Sin.: *Chamaesyce catamarcensis* Croizat
Ref.: Subils, 1977.
Hábito: Hierba.
Status: Endémica.
Elevación: 1500-2000 m.
Prov.: CA, LR, ME, SL.
Ejemplar examinado: *Cantino 603* (SI).

Euphorbia characias L.
Ref.: Dawson, 1965a.
Hábito: Hierba.
Status: Introducida.
Elevación: 0-500 m.
Prov.: BA.
Ejemplar citado: *Urlich s.n.** (BAB 64419).

Euphorbia chilensis Gay = **Euphorbia portulacoides** L. var. **portulacoides**
Ref.: Dawson, 1965a.

Euphorbia chilensis Gay var. *acutifolia* Boiss., nom. nud.

Euphorbia chrysophylla (Klotzsch & Garcke) Boiss. = **Euphorbia collina** Phil. var. **chrysophylla** (Klotzsch & Garcke) Subils
Ref.: Subils, 1977.

Euphorbia collina Phil. var. **andina** (Phil.) Subils
Sin.: *Euphorbia andina* Phil., *Euphorbia dasyclada* Dusén, *Euphorbia portulacoides* L. var. *andensis* Croizat
Ref.: Subils, 1977.
Hábito: Hierba.
Status: Nativa.
Elevación: 500-1000 m.
Prov.: ME, NE, SC.
Paises limítrofes: CH.
Ejemplar examinado: *Carette s.n.* (holotipo de *E. portulacoides* var. *andensis*, SI 455).

Euphorbia collina Phil. var. **chrysophylla** (Klotzsch & Garcke) Subils
Sin.: *Euphorbia chrysophylla* (Klotzsch & Garcke) Boiss., *Tithymalus chrysophyllus* Klotzsch & Garcke
Ref.: Subils, 1977.
Hábito: Hierba.
Status: Nativa.
Elevación: 2000-4000 m.
Prov.: JU, SA, TU.
Paises limítrofes: BO, BR.
Ejemplar examinado: *Cabrera 21331* (LP).

Euphorbia collina Phil. var. **collina**
Sin.: *Euphorbia portulacoides* L. subsp. *collina* (Phil.) Croizat
Ref.: Subils, 1977.
Hábito: Hierba.
Status: Nativa.
Elevación: 0-500 m.
Prov.: BA, CHU, CO, LP, ME, RN, SC, SJ, SL.
Paises limítrofes: CH.
Ejemplar examinado: *Iter Patagonicum 202* (SI).

Euphorbia collina Phil. var. **glaucescens** (Chodat & Wilczek) Subils
Sin.: *Euphorbia portulacoides* L. var. *glaucescens* Chodat & Wilczek
Ref.: Subils, 1977.
Hábito: Hierba.
Status: Endémica.
Elevación: 1500-3500 m.
Prov.: CHU, ME, NE, RN, SC, SJ.
Ejemplar examinado: *Boelcke 10209* (SI).

Euphorbia collina Phil. var. **minor** (Hicken) Subils
Sin.: *Euphorbia portulacoides* L. var. *minor* Hicken
Ref.: Subils, 1977.
Hábito: Hierba.
Status: Endémica.

Elevación: 2000-2500 m.
Prov.: ME, NE, SC.
Ejemplar examinado: *Hicken 125* (holotipo, SI).

Euphorbia collina Phil. var. **nahuelhuapina** (Croizat) Subils
Sin.: *Euphorbia portulacoides* L. subsp. *nahuelhuapina* Croizat
Ref.: Subils, 1977; Correa, 1988a.
Hábito: Hierba.
Status: Endémica.
Elevación: 2000-2500 m.
Prov.: CHU, ME, NE, RN, SC.
Ejemplar examinado: *Arroyo 93* (BAB).

Euphorbia collina Phil. var. **patagonica** (Hieron.) Subils
Sin.: *Euphorbia patagonica* Hieron.
Ref.: Subils, 1977.
Hábito: Hierba.
Status: Endémica.
Elevación: 0-2500 m.
Prov.: BA, CHU, ME, NE, RN, SC, SJ, TF.
Ejemplar examinado: *Gómez 36* (SI).

Euphorbia collina Phil. var. **spathulata** (Chodat & Wilczek) Subils
Sin.: *Euphorbia portulacoides* L. var. *spathulata* Chodat & Wilczek
Ref.: Subils, 1977.
Hábito: Hierba.
Status: Endémica.
Elevación: 0-2500 m.
Prov.: CHU, ME, NE, RN.
Ejemplar examinado: *Hogberg s.n.* (SI 100).

[Euphorbia correntina D. Parodi]
Nota: Taxón dudoso.

Euphorbia cyathophora Murray
Sin.: *Euphorbia heterophylla* L. var. *cyathophora* (Murray) Boiss., *Poinsettia cyathophora* (Murray) Klotzsch & Garcke
Ref.: Dressler, 1962; Subils, 1977.
Hábito: Hierba.
Status: Nativa.
Elevación: 0-500 m.
Prov.: CO, JU, SA, SE.
Paises limítrofes: BO, CH.
Ejemplar examinado: *Taylor 11426* (SI).

Euphorbia dasyclada Dusén = **Euphorbia collina** Phil. var. **andina** (Phil.) Subils
Ref.: Subils, 1977.

Euphorbia davidii Subils
Ref.: Subils, 1984.
Hábito: Hierba.
Status: Endémica.
Elevación: 0-1000 m.
Prov.: CO, SL.
Ejemplar examinado: *Subils 3163* (CORD).

[Euphorbia dendroides L.]
Ref.: Subils, 1977.
Nota: Cita dudosa para la flora argentina.

Euphorbia dentata Michx.
Sin.: *Poinsettia dentata* (Michx.) Klotzsch & Garcke
Ref.: Dressler, 1962; Subils, 1977; Steibel, 1995.
Hábito: Hierba.
Status: Introducida.
Elevación: 0-1000 m.
Prov.: BA, CA, CO, ER, FO, JU, LP, LR, SA, SF, SL, TU.
Paises limítrofes: BO, PA.
Ejemplar examinado: *Burkart 7300* (SI).

Euphorbia dioica Hieron., hom. illeg. = **Euphorbia hieronymi** Subils
Ref.: Subils, 1977.

Euphorbia dyctiosperma Fisch. & C.A.Mey. = **Euphorbia spathulata** Lam.
Ref.: Subils, 1977.

Euphorbia eichleri Müll. Arg.
Sin.: *Chamaesyce eichleri* (Müll. Arg.) Croizat
Ref.: Subils, 1977.
Hábito: Hierba.
Status: Endémica.
Elevación: 0-1000 m.
Prov.: CA, CH, CO, FO, LR, SA, SE, SL.
Ejemplar examinado: *Schulz 10393* (SI).

[Euphorbia emarginata (Klotzsch & Garcke) Boiss.]
Sin.: *Anisophyllum emarginata* Klotzsch & Garcke, *Chamaesyce emarginata* (Klotzsch & Garcke) Croizat
Ref.: Croizat, 1943.
Nota: Cita dudosa para la flora argentina.

Euphorbia erythrorrhiza (Klotzch & Garcke) Boiss. = **Euphorbia papillosa** A. St.-Hil. var. **cabrerae** Subils

Euphorbia evonymocarpa Chodat & Wilczek = **Euphorbia schickendantzii** Hieron.
Ref.: Subils, 1977.

Euphorbia hassleriana Chodat = **Euphorbia selloi** (Klotzsch & Garcke) Boiss.
Ref.: Simmons & Hayden, 1997.

Euphorbia hebegyne Pax & K. Hoffm. = **Euphorbia selloi** (Klotzsch & Garcke) Boiss.
Ref.: Simmons & Hayden, 1997.

Euphorbia helioscopia L.
Ref.: Subils, 1977; Steibel, 1995.
Hábito: Hierba.
Status: Adventicia.
Elevación: 0-500 m.
Prov.: BA, CO, DF, LP.
Paises limítrofes: CH.
Ejemplar examinado: *Taphanel 146* (SI).

Euphorbia heterophylla L.
Sin.: *Poinsettia heterophylla* (L.) Klotzsch & Garcke
Ref.: Dressler, 1962; Subils, 1977.
Hábito: Hierba.
Status: Nativa.
Elevación: 0-500 m.
Prov.: CO, COR, FO, JU, MI, SA, TU.
Paises limítrofes: BO, BR, PA, UR.
Ejemplar examinado: *Guaglianone 1072* (SI).

Euphorbia heterophylla L. var. *cyathophora* (Murray) Boiss. = **Euphorbia cyathophora** Murray
Ref.: Subils, 1977.

Euphorbia hieronymi Subils
Sin.: *Euphorbia dioica* Hieron., hom. illeg., *Euphorbia portulacoides* L. subsp. *major* (Müll. Arg.) Croizat, p.p.
Ref.: Subils, 1977.
Hábito: Hierba.
Status: Endémica.
Elevación: 1000-1500 m.
Prov.: CA, CHU, CO, LR, ME, NE, RN, SL.
Ejemplar examinado: *Anderson 1752* (SI).

Euphorbia hinkleyorum I.M. Johnst.
Ref.: Subils, 1977.
Hábito: Hierba.
Status: Nativa.
Elevación: 2000-3000 m.
Prov.: JU, SA.
Paises limítrofes: BO.
Ejemplar examinado: *Venturi 4916* (SI).

Euphorbia hirta L. var. **hirta**
Sin.: *Chamaesyce hirta* (L.) Millsp., *Euphorbia pilulifera* L.
Ref.: Subils, 1977.
Hábito: Hierba.
Status: Nativa.
Elevación: 0-500 m.
Prov.: CH, COR, ER, FO, MI, SA.
Paises limítrofes: BO, BR, CH, PA.
Ejemplar examinado: *Joergensen 2240* (SI).

Euphorbia hirta L. var. **ophtalmica** (Pers.) Allem & Irgang
Sin.: *Chamaesyce hirta* (L.) Millsp. var. *procumbens* (DC.) Moldenke, *Chamaesyce hirta* (L.) Millsp. subsp. *procumbens* (DC.) Croizat, *Chamaesyce ophtalmica* (Pers.) D.G. Burch, *Euphorbia hirta* L. var. *procumbens* (DC.) N.E. Br., *Euphorbia ophtalmica* Pers., *Euphorbia procumbens* DC.
Ref.: Allem & Irgang, 1975.
Hábito: Hierba.
Status: Nativa.
Elevación: 0-500 m.
Prov.: BA, CA, CH, CO, COR, FO, JU, LP, SA, SF, TU.
Paises limítrofes: BR, PA.
Ejemplar examinado: *Venturi 3694* (SI).

Euphorbia hirta L. var. *procumbens* (DC.) N.E. Br. = **Euphorbia hirta** L. var. **ophtalmica** (Pers.) Allem & Irgang
Ref.: Allem & Irgang, 1975.

Euphorbia hirtella Boiss.
Sin.: *Chamaesyce hirtella* (Boiss.) Croizat, *Euphorbia hirtella* Boiss. var. *genuina* Müll. Arg., nom. inval.
Ref.: Allem & Irgang, 1975; Smith et al., 1988.
Hábito: Hierba.
Status: Nativa.
Elevación: 0-500 m.
Prov.: COR.
Paises limítrofes: BR, UR.
Ejemplar examinado: *Burkart 62* (SI).

Euphorbia hirtella Boiss. var. *genuina* Müll. Arg., nom. inval. = **Euphorbia hirtella** Boiss.

Euphorbia huanchalana (Klotzsch & Garcke) Boiss.
Sin.: *Euphorbia huanchalana* (Klotzsch & Garcke) Boiss. subsp. *penazuelensis* Croizat, *Tithymalus huanchalana* Klotzsch & Garcke
Ref.: Subils, 1977.
Hábito: Hierba.
Status: Nativa.
Elevación: 500-3000 m.
Prov.: CA, TU.
Paises limítrofes: BO.
Ejemplar examinado: *Burkart 5306* (SI).

Euphorbia huanchalana (Klotzsch & Garcke) Boiss. subsp. *penazuelensis* Croizat = **Euphorbia huanchalana** (Klotzsch & Garcke) Boiss.
Ref.: Subils, 1977.

Euphorbia hunzikeri Subils
Sin.: *Chamaesyce hunzikeri* (Subils) Holub
Ref.: Subils, 1977.
Hábito: Hierba.
Status: Endémica.
Elevación: 1000-2000 m.
Prov.: SA, TU.
Ejemplar examinado: *Schreiter 5707* (LIL).

Euphorbia hypericifolia L.
Sin.: *Chamaesyce hypericifolia* (L.) Millsp., *Euphorbia boliviana* Rusby
Ref.: Subils, 1977.
Hábito: Hierba.
Status: Nativa.
Elevación: 0-500 m.
Prov.: BA, CH, CO, COR, ER, FO, JU, MI, RN, SA, TU.
Paises limítrofes: BR, CH, PA, UR.
Ejemplar examinado: *Rodríguez 632* (SI).

Euphorbia hypericifolia L. var. *lasiocarpa* (Klotzsch) Griseb. = **Euphorbia lasiocarpa** Klotzsch

Euphorbia hyssopifolia L.
Sin.: *Chamaesyce hyssopifolia* (L.) Small, *Euphorbia brasiliensis* Lam. var. *hyssopifolia* (L.) Boiss.
Ref.: Subils, 1977.
Hábito: Hierba.
Status: Introducida.
Elevación: 500-1000 m.
Prov.: CA, CO, JU, ME, SA, SE, SJ.
Paises limítrofes: BR, PA.
Ejemplar examinado: *Cabrera et al. 34570* (SI).

Euphorbia insulana Vell.
Sin.: *Euphorbia anomala* Salzm. ex Boiss., *Euphorbia insulana* Vell. subsp. *pilcomayense* Croizat, *Poinsettia insulana* (Vell.) Klotzsch & Garcke
Ref.: Subils, 1977.
Hábito: Hierba.
Status: Nativa.
Elevación: 0-500 m.
Prov.: CH, COR, FO, MI, SA.
Paises limítrofes: BR.
Ejemplar examinado: *Joergensen 3081* (holotipo de *E. insulana* subsp. *pilcomayense*, SI).

Euphorbia insulana Vell. subsp. *pilcomayense* Croizat = **Euphorbia insulana** Vell.
Ref.: Subils, 1977.

Euphorbia kurtzii Subils
Ref.: Subils, 1971.
Hábito: Hierba.
Status: Endémica.
Elevación: 0-1500 m.
Prov.: CO, SA, SL, TU.
Ejemplar examinado: *Hunziker 16176* (CORD).

Euphorbia lasiocarpa Klotzsch
Sin.: *Chamaesyce lasiocarpa* (Klotzsch) Arthur, *Euphorbia hypericifolia* L. var. *lasiocarpa* (Klotzsch) Griseb.
Ref.: Subils, 1977.
Hábito: Hierba.
Status: Nativa.
Elevación: 0-1000 m.
Prov.: CA, CH, CO, FO, JU, SA, SE, SF, SL, TU.
Paises limítrofes: BR, PA.
Ejemplar examinado: *Arenas 2316* (SI).

Euphorbia lathyrus L.
Sin.: *Tithymalus lathyrus* (L.) Hill
Ref.: Dawson, 1965a; Subils, 1977; Steibel, 1995.
Hábito: Hierba.
Status: Introducida.
Elevación: 0-1000 m.
Prov.: BA, CHU, FO, LP, LR, ME, SF, TU.
Paises limítrofes: BR, CH, UR.
Ejemplar examinado: *Spegazzini s.n.* (LPS 13293).

Euphorbia lorentzii Müll. Arg.
Sin.: *Chamaesyce lorentzii* (Müll. Arg.) Croizat, *Euphorbia brasiliensis* Lam. var. *lorentzii* (Müll. Arg.) Griseb.
Ref.: Subils, 1977; Steibel, 1995.
Hábito: Hierba.
Status: Nativa.
Elevación: 0-500 m.
Prov.: BA, CA, CO, JU, LP, LR, ME, SA, SE, SJ, SL, TU.
Paises limítrofes: BO.
Ejemplar examinado: *Burkart 3632* (SI).

Euphorbia maculata L.
Sin.: *Chamaesyce maculata* (L.) Small, *Chamaesyce supina* (Raf.) Moldenke, *Euphorbia supina* Raf.
Ref.: Subils, 1977.
Hábito: Hierba.
Status: Introducida.
Elevación: 0-500 m.
Prov.: BA, CH, CO, COR, ER, FO, JU, LR, MI, SA, SE, SL, TU.
Paises limítrofes: BR, CH, PA, UR.
Ejemplar examinado: *Rodríguez 622* (SI).

Euphorbia marayensis Subils
Sin.: *Chamaesyce marayensis* (Subils) Holub
Ref.: Subils, 1977.
Hábito: Hierba.
Status: Endémica.
Elevación: 1000-1500 m.
Prov.: CA, SJ.
Ejemplar examinado: *Hunziker 16752* (CORD).

Euphorbia marginata Pursh
Ref.: Subils, 1977; Steibel, 1995.
Hábito: Hierba.
Status: Introducida.
Elevación: 0-500 m.
Prov.: BA, CO, COR, LP, ME.
Paises limítrofes: BR.
Ejemplar examinado: *Hunziker 2454* (CORD).

Euphorbia minuta Phil., hom. illeg. = **Euphorbia amandii** Oudejans

[Euphorbia nutans Lag.]
Sin.: *Euphorbia preslii* Guss.
Ref.: Burch, 1966.
Nota: Especie excluida de la flora argentina.

Euphorbia ophtalmica Pers. = **Euphorbia hirta** L. var. **ophtalmica** (Pers.) Allem & Irgang
Ref.: Allem & Irgang, 1975.

Euphorbia oranensis (Croizat) Subils
Sin.: *Chamaesyce oranensis* Croizat
Ref.: Subils, 1977.
Hábito: Hierba.
Status: Nativa.
Elevación: 0-500 m.
Prov.: SA.
Paises limítrofes: PA.
Ejemplar examinado: *Venturi 5555* (LIL).

Euphorbia ovalifolia (Klotzsch & Garcke) Boiss. var. **argentina** Müll. Arg.
Ref.: Subils, 1977.
Hábito: Hierba.
Status: Endémica.
Elevación: 0-500 m.
Prov.: BA, CA, CH, CHU, CO, COR, ER, FO, JU, LR, ME, MI, NE, RN, SE, SJ, SL, TU.
Ejemplar examinado: *Boelcke 13543* (BAA, BAB).

Euphorbia ovalifolia (Klotzsch & Garcke) Boiss. var. *dentata* R.E. Fr. = **Euphorbia amandii** Oudejans

Euphorbia ovalifolia (Klotzsch & Garcke) Boiss. var. *montevidensis* Boiss. = **Euphorbia ovalifolia** (Klotzsch & Garcke) Boiss. var. **ovalifolia**
Ref.: Subils, 1977.

Euphorbia ovalifolia (Klotzsch & Garcke) Boiss. var. **ovalifolia**
Sin.: *Anisophyllum ovalifolium* Klotzsch & Garcke, *Chamaesyce ovalifolia* (Klotzsch & Garcke) Croizat, *Chamaesyce serpens* (Kunth) Small var. *montevidensis* (Boiss.) Croizat, *Euphorbia ovalifolia* (Klotzsch & Garcke) Boiss. var. *montevidensis* Boiss., *Euphorbia serpens* Kunth var. *montevidensis* (Boiss.) Cabrera
Ref.: Subils, 1977; Steibel, 1995.
Hábito: Hierba.
Status: Nativa.
Elevación: 500-1000 m.
Prov.: BA, CA, CH, CO, COR, ER, FO, JU, LP, LR, ME, MI, NE, RN, SA, SE, SF, SJ, SL, TU.
Paises limítrofes: CH, UR.
Ejemplar examinado: *Nicora 4052* (SI).

Euphorbia ovalifolia (Klotzsch & Garcke) Boiss. var. **schizosepala** Engelm. ex Boiss.
Ref.: Subils, 1977.
Hábito: Hierba.
Status: Endémica.
Elevación: 500-1000 m.
Prov.: BA, CA, CO, LR, ME, SA, SE, SJ, SL.
Ejemplar examinado: *Bartlett 20207* (SI).

Euphorbia pampeana Speg.
Ref.: Subils, 1977.
Hábito: Hierba.
Status: Nativa.
Elevación: 0-500 m.
Prov.: BA.
Paises limítrofes: BR, UR.
Ejemplar examinado: *Vervoost 5513* (BAB).

Euphorbia papillosa A. St.-Hil. var. **cabrerae** Subils
Sin.: *Euphorbia erythrorrhiza* (Klotzch & Garcke) Boiss., *Euphorbia papillosa* A. St.-Hil. var. *erythrorrhiza* (Boiss.) Subils, comb. inval., *Tithymalus erythrorrizus* Klotzch & Garcke
Hábito: Hierba.
Status: Nativa.
Elevación: 0-500 m.
Prov.: COR, ER, MI.
Paises limítrofes: BR.
Ejemplar examinado: *Hicken s.n.* (SI 431).
Nota: Véase nuevo nombre en Apéndice 1.

Euphorbia papillosa A. St.-Hil. var. *erythrorrhiza* (Boiss.) Subils, comb. inval. = **Euphorbia papillosa** A. St.-Hil. var. **cabrerae** Subils

Euphorbia papillosa A. St.-Hil. var. **papillosa**
Ref.: Subils, 1977.
Hábito: Hierba.
Status: Nativa.
Elevación: 0-500 m.
Prov.: COR, ER, MI.
Paises limítrofes: BR, PA, UR.
Ejemplar examinado: *Burkart 7925* (SI).

Euphorbia patagonica Hieron. = **Euphorbia collina** Phil. var. **patagonica** (Hieron.) Subils
Ref.: Subils, 1977.

Euphorbia pedersenii Subils
Ref.: Subils, 1971.
Hábito: Hierba.
Status: Endémica.
Elevación: 0-500 m.
Prov.: COR.
Ejemplar examinado: *Pedersen 1770* (hb. Pedersen).

Euphorbia pentadactyla Griseb.
Sin.: *Poinsettia pentadactyla* (Griseb.) Dusén
Ref.: Dressler, 1962; Subils, 1977.
Hábito: Hierba.
Status: Nativa.
Elevación: 0-500 m.
Prov.: CA, CO, FO, JU, LR, SA, SE, SJ.
Paises limítrofes: PA.
Ejemplar examinado: *Burkart 7297* (SI).

Euphorbia peplus L.
Sin.: *Tithymalus peplus* (L.) Hill
Ref.: Subils, 1977.
Hábito: Hierba.
Status: Introducida.
Elevación: 0-1000 m.
Prov.: BA, CA, ER, JU, LP, LR, ME, MI, RN, SA, SJ, SL, TU.
Paises limítrofes: BR, CH, PA.
Ejemplar examinado: *Cabrera 4519* (SI).

Euphorbia pilulifera L. = **Euphorbia hirta** L. var. **hirta**

Euphorbia platyphyllos L.
Ref.: Subils, 1977; Correa, 1988a.
Hábito: Hierba.
Status: Introducida.
Elevación: 0-500 m.
Prov.: BA, RN.
Paises limítrofes: BR, CH.
Ejemplar examinado: *Burkart y Troncoso 26500* (SI).

Euphorbia portucadasiana (Croizat) Subils
Sin.: *Chamaesyce portucadasiana* Croizat
Ref.: Subils, 1977.
Hábito: Hierba.
Status: Nativa.
Elevación: 0-500 m.
Prov.: FO.
Paises limítrofes: PA.
Ejemplar examinado: *Rojas 2152* (isotipo de *Chamaesyce portucadasia*, SI).

Euphorbia portulacoides auct. non L. = **Euphorbia caespitosa** Lam. var. **caespitosa**
Ref.: Subils, 1977.

Euphorbia portulacoides L. var. **acutifolia** Boiss.
Sin.: *Euphorbia portulacoides* L. var. *porphyrantha* Kuntze
Ref.: Subils, 1977; Steibel, 1995.
Hábito: Hierba.
Status: Nativa.
Elevación: 0-1500 m.
Prov.: BA, CA, CH, CHU, CO, COR, ER, JU, LP, ME, SA, SL, TU.
Paises limítrofes: CH.
Ejemplar examinado: *Subils 277* (CORD).

Euphorbia portulacoides L. var. *andensis* Croizat = **Euphorbia collina** Phil. var. **andina** (Phil.) Subils
Ref.: Subils, 1977.

[Euphorbia portulacoides L. var. bridgesii Boiss.]
Nota: Cita dudosa para la flora argentina.

Euphorbia portulacoides L. var. *collina* (Phil.) Subils, nom. nud.

Euphorbia portulacoides L. var. *glaucescens* Chodat & Wilczek = **Euphorbia collina** Phil. var. **glaucescens** (Chodat & Wilczek) Subils
Ref.: Subils, 1977.

Euphorbia portulacoides L. var. **major** Müll. Arg.
Sin.: *Euphorbia portulacoides* L. subsp. *major* (Müll. Arg.) Croizat, p.p.

Ref.: Subils, 1977.
Hábito: Hierba.
Status: Endémica.
Elevación: 0-500 m.
Prov.: CO, ER, JU, SA, SL, TU.
Ejemplar examinado: *Subils 315* (CORD).

Euphorbia portulacoides L. var. *minor* Hicken = **Euphorbia collina** Phil. var. **minor** (Hicken) Subils
Ref.: Subils, 1977.

Euphorbia portulacoides L. var. *normalis* Kuntze = **Euphorbia portulacoides** L. var. **portulacoides**

Euphorbia portulacoides L. var. *obtusifolia* Müll. Arg. = **Euphorbia portulacoides** L. var. **portulacoides**
Ref.: Subils, 1977.

Euphorbia portulacoides L. var. *porphyrantha* Kuntze = **Euphorbia portulacoides** L. var. **acutifolia** Boiss.
Ref.: Subils, 1977.

Euphorbia portulacoides L. var. **portulacoides**
Sin.: *Euphorbia chilensis* Gay, *Euphorbia portulacoides* L. var. *normalis* Kuntze, *Euphorbia portulacoides* L. var. *obtusifolia* Müll. Arg., *Euphorbia portulacoides* L. subsp. *major* (Müll. Arg.) Croizat var. *obtusifolia* (Müll. Arg.) Croizat, *Euphorbia portulacoides* L. subsp. *normalis* (Kuntze) Croizat
Ref.: Dawson, 1965a; Subils, 1977.
Hábito: Hierba.
Status: Nativa.
Elevación: 0-500 m.
Prov.: BA, CA, CHU, CO, ER, JU, LP, ME, SA, TU.
Paises limítrofes: BO, CH, UR.
Ejemplar examinado: *Rotman 751* (SI).

Euphorbia portulacoides L. var. *spathulata* Chodat & Wilczek = **Euphorbia collina** Phil. var. **spathulata** (Chodat & Wilczek) Subils
Ref.: Subils, 1977.

[Euphorbia portulacoides L. var. xanthantha Kuntze]
Nota: Taxón dudoso.

Euphorbia portulacoides L. subsp. *collina* (Phil.) Croizat = **Euphorbia collina** Phil. var. **collina**
Ref.: Subils, 1977.

Euphorbia portulacoides L. subsp. *major* (Müll. Arg.) Croizat, p.p. = **Euphorbia portulacoides** L. var. **major** Müll. Arg.
Ref.: Subils, 1977.

Euphorbia portulacoides L. subsp. *nahuelhuapina* Croizat = **Euphorbia collina** Phil. var. **nahuelhuapina** (Croizat) Subils
Ref.: Subils, 1977.

Euphorbia portulacoides L. subsp. *normalis* (Kuntze) Croizat = **Euphorbia portulacoides** L. var. **portulacoides**

Euphorbia preslii Guss. = [Euphorbia nutans Lag.]
Ref.: Burch, 1966.

Euphorbia procumbens DC. = **Euphorbia hirta** L. var. **ophtalmica** (Pers.) Allem & Irgang
Ref.: Allem & Irgang, 1975.

Euphorbia prostrata Aiton
Sin.: *Chamaesyce prostrata* (Aiton) Small
Ref.: Subils, 1977.
Hábito: Hierba.
Status: Nativa.
Elevación: 0-1000 m.
Prov.: BA, CH, CO, COR, FO, SF, TU.
Paises limítrofes: BR.
Ejemplar examinado: *Morel 1238* (LIL).

Euphorbia pseudopeplus Speg. = **Euphorbia spathulata** Lam.
Ref.: Correa, 1988a.

Euphorbia ruiz-lealii Subils
Sin.: *Chamaesyce ruiz-lealii* (Subils) Holub
Ref.: Subils, 1977.
Hábito: Hierba.
Status: Endémica.
Elevación: 1000-1500 m.
Prov.: CA, LR, ME, SJ.
Ejemplar examinado: *Nicora 8430* (SI).

Euphorbia schickendantzii Hieron.
Sin.: *Euphorbia evonymocarpa* Chodat & Wilczek
Ref.: Subils, 1977.
Hábito: Hierba.
Status: Endémica.
Elevación: 500-1000 m.
Prov.: CA, CHU, LP, LR, ME, NE, RN, SJ.
Ejemplar examinado: *Rodríguez 22* (SI).

Euphorbia sciadophila Boiss.
Ref.: Subils, 1977.
Hábito: Hierba.
Status: Nativa.
Elevación: 0-1000 m.
Prov.: CA, CO, COR, JU, LR, MI, SA, SE, SL, TU.
Paises limítrofes: BO, BR, PA.
Ejemplar examinado: *Soriano 738* (SI).

Euphorbia selloi (Klotzsch & Garcke) Boiss.
Sin.: *Anisophyllum selloi* Klotzsch & Garcke, *Chamaesyce selloi* (Klotzsch & Garcke) Croizat, *Chamaesyce selloi* (Klotzsch & Garcke) Croizat var. *brevisemina* Croizat, *Euphorbia hassleriana* Chodat, *Euphorbia hebegyne* Pax & K. Hoffm., *Euphorbia selloi* (Klotzsch & Garcke) Boiss. var. *setosa* auct. non Boiss.
Ref.: Simmons & Hayden, 1997.
Hábito: Hierba.
Status: Nativa.
Elevación: 0-500 m.
Prov.: CH, COR, ER, MI, SF.
Paises limítrofes: BR, PA, UR.
Ejemplar examinado: *Montes 1090* (SI).

Euphorbia selloi (Klotzsch & Garcke) Boiss. var. *setosa* auct. non Boiss. = **Euphorbia selloi** (Klotzsch & Garcke) Boiss.
Ref.: Simmons & Hayden, 1997.

Euphorbia serpens Kunth var. **microphylla** Müll. Arg.
Ref.: Subils, 1977.
Hábito: Hierba.
Status: Nativa.
Elevación: 0-500 m.
Prov.: BA, CA, CH, CO, COR, ER, FO, LR, ME, MI, NE, SA, SE, SF, SL, TU.
Paises limítrofes: BR, PA, UR.
Ejemplar examinado: *Rotman 447* (SI).

Euphorbia serpens Kunth var. *montevidensis* (Boiss.) Cabrera = **Euphorbia ovalifolia** (Klotzsch & Garcke) Boiss. var. **ovalifolia**
Ref.: Subils, 1977.

Euphorbia serpens Kunth var. **serpens**
Sin.: *Chamaesyce serpens* (Kunth) Small
Ref.: Subils, 1977.
Hábito: Hierba.
Status: Nativa.
Elevación: 0-500 m.
Prov.: BA, CA, CH, CO, COR, FO, JU, LP, LR, ME, MI, SA, SE, SF, SJ, TU.
Paises limítrofes: BR, CH, PA.
Ejemplar examinado: *Haehne 566* (SI).

Euphorbia serpyllifolia Pers.
Sin.: *Chamaesyce serpyllifolia* (Pers.) Small
Ref.: Subils, 1977.
Hábito: Hierba.
Status: Nativa.
Elevación: 0-1000 m.
Prov.: CA, CO, LR, ME, SL, TU.
Paises limítrofes: BR, PA.
Ejemplar examinado: *Hunziker 16997* (CORD).

Euphorbia spathulata Lam.
Sin.: *Euphorbia dyctiosperma* Fisch. & C.A.Mey., *Euphorbia pseudopeplus* Speg.
Ref.: Subils, 1977; Correa, 1988a; Steibel, 1995.
Hábito: Hierba.
Status: Introducida.
Elevación: 0-500 m.
Prov.: BA, CHU, COR, LP, MI, RN.
Paises limítrofes: BR, UR.
Ejemplar examinado: *Burkart 15096* (SI).

Euphorbia stenophylla (Klotzsch & Garcke) Boiss.
Sin.: *Tithymalus stenophyllus* Klotzsch & Garcke
Ref.: Subils, 1977.
Hábito: Hierba.
Status: Nativa.
Elevación: 0-500 m.
Prov.: CH, COR, MI.
Paises limítrofes: BR.
Ejemplar examinado: *Montes 1613* (LIL).

Euphorbia supina Raf. = **Euphorbia maculata** L.
Ref.: Richardson, 1968.

Euphorbia thymifolia L.
Sin.: *Chamaesyce thymifolia* (L.) Millsp.
Ref.: Subils, 1977.
Hábito: Hierba.
Status: Introducida.
Elevación: 0-500 m.
Prov.: COR, MI.
Paises limítrofes: BR, PA.
Ejemplar examinado: *Schinini 5DA* (SI).

Euphorbia vervoorstii Subils
Ref.: Subils, 1971.
Hábito: Hierba.
Status: Endémica.
Elevación: 500-1000 m.
Prov.: CA, SA.
Ejemplar examinado: *Vervoorst 8454* (LIL).

Excoecaria biglandulosa (L.) Müll. Arg. var. *glandulata* Müll. Arg. = **Sapium glandulosum** (L.) Morong
Ref.: Kruijt, 1996.

Excoecaria biglandulosa (L.) Müll. Arg. var. *petiolaris* Müll. Arg. = **Sapium glandulosum** (L.) Morong
Ref.: Kriujt, 1996.

Excoecaria biglandulosa (L.) Müll. Arg. var. *stenophylla* Müll. Arg. = **Sapium haematospermum** Müll. Arg.
Ref.: Kruijt, 1996.

Excoecaria bodenbenderi (Kuntze) K. Schum. = **Stillingia bodenbenderi** (Kuntze) D.J. Rogers
Ref.: Rogers, 1951.

Excoecaria hippophaifolia Griseb. = **Sebastiania schottiana** (Müll. Arg.) Müll. Arg.
Ref.: Bernardi, 1984.

Excoecaria marginata (Baill.) Griseb. = **Sebastiania commersoniana** (Baill.) L.B. Sm. & B.J. Downs

[Excoecaria marginata (Baill.) Griseb. var. puberula Griseb.]
Ref.: Pax & Hoffman, 1912.
Nota: Taxón dudoso.

Excoecaria subsessilis Müll. Arg. = **Sebastiania subsessilis** (Müll. Arg.) Pax
Ref.: O'Donell & Lourteig, 1942.

Excoecaria subulata Müll. Arg. = [Sebastiania subulata (Müll. Arg.) Pax]
Ref.: Bernardi, 1984.

Gussonia concolor Spreng. = **Actinostemon concolor** (Spreng.) Müll. Arg.
Ref.: O'Donell & Lourteig, 1942b.

Gymnanthes angustifolia Müll. Arg. = **Sebastiania schottiana** (Müll. Arg.) Müll. Arg.
Ref.: Smith & Downs, 1988.

Gymnanthes klotzschiana Müll. Arg., nom. superfl. = **Sebastiania commersoniana** (Baill.) L.B. Sm. & B.J. Downs
Ref.: Smith & Downs, 1988.

Gymnanthes marginata Baill. = **Sebastiania commersoniana** (Baill.) L.B. Sm. & B.J. Downs

Gymnanthes schottiana Müll. Arg. = **Sebastiania schottiana** (Müll. Arg.) Müll. Arg.
Ref.: O'Donell & Lourteig, 1942.

Gymnanthes serrata Baill. = **Sebastiania serrata** (Baill.) Müll. Arg.
Ref.: Bernardi, 1984.

Hermesia castaneifolia Willd. = [Alchornea castaneifolia (Willd.) A. Juss. var. castaneifolia]
Ref.: Bernardi, 1984.

Hippomane biglandulosa L. = **Sapium glandulosum** (L.) Morong
Ref.: Kruijt, 1996.

Hippomane glandulosa L. = **Sapium glandulosum** (L.) Morong
Ref.: Kruijt, 1996.

Hydrocotyle glechmoides A. Rich. = **Dysopsis glechomoides** (A. Rich.) Müll. Arg.
Ref.: Correa, 1988a.

Janipha anisophylla (Griseb.) Müll. Arg. = **Manihot anisophylla** Müll. Arg.

Janipha violacea Griseb. = **Manihot guaranitica** Chodat & Hassl.
Ref.: Rogers & Appan, 1973.

Jatropha L.

Número de especies: 11, 5 especies endémicas.

Jatropha albomaculata Pax = **Cnidoscolus albomaculatus** (Pax) I.M. Johnst.
Ref.: Lourteig & O'Donell, 1943.

Jatropha albomaculata Pax var. *subcuneata* Pax = **Cnidoscolus albomaculatus** (Pax) I.M. Johnst.
Ref.: Lourteig & O'Donell, 1943.

Jatropha antisyphilitica Speg. = **Jatropha isabelli** Müll. Arg. var. **antisyphilitica** (Speg.) Pax
Ref.: Dehgan & Webster, 1979.

Jatropha breviloba (Morong) Pax & K. Hoffm.
Sin.: *Jatropha gossypifolia* Boiss. var. *breviloba* Morong, *Jatropha ribifolia* (Pohl) Baill. var. *breviloba* (Morong) Pax
Ref.: Dehgan & Webster, 1979.
Hábito: Subarbusto.
Status: Nativa.
Elevación: 0-500 m.
Prov.: COR, FO.
Paises limítrofes: BR, PA.
Ejemplar examinado: *Hicken 317* (SI).

Jatropha campanulata Pax = **Cnidoscolus albomaculatus** (Pax) I.M. Johnst.
Ref.: Lourteig & O'Donell, 1943.

Jatropha chacoana Fern. Casas
Ref.: Fortunato, 1988b.
Hábito: Hierba.
Status: Nativa.
Elevación: 0-500 m.
Prov.: CH, FO, SA, SE.
Paises limítrofes: PA.
Ejemplar examinado: *Fortunato 379* (BAB).

Jatropha curcas L.
Ref.: Lourteig & O'Donell, 1943; Dehgan & Webster, 1979.
Hábito: Arbolito.
Status: Nativa.
Elevación: 0-500 m.
Prov.: COR, JU, MI, SA.
Paises limítrofes: BO, PA.
Ejemplar examinado: *Venturi 10772* (SI).

Jatropha excisa Griseb. var. **excisa**
Ref.: Lourteig & O'Donell, 1943.
Hábito: Arbusto.
Status: Endémica.
Elevación: 0-1000 m.
Prov.: CA, CO, COR, FO, LR, SA, SJ, SL, TU.
Ejemplar examinado: *Kiesling y Sáenz 4094* (SI).

Jatropha excisa Griseb. var. **pubescens** Lourteig & O'Donell
Ref.: Lourteig & O'Donell, 1943.
Hábito: Arbusto.
Status: Endémica.
Elevación: 0-500 m.
Prov.: CO, FO, LR, SA, SE.
Ejemplar examinado: *Rodríguez 39* (SI).

Jatropha excisa Griseb. var. **viridiflora** Lourteig & O'Donell
Ref.: Lourteig & O'Donell, 1943.
Hábito: Arbusto.
Status: Endémica.
Elevación: 0-500 m.
Prov.: SA, TU.
Ejemplar examinado: *Venturi 2253* (SI).

Jatropha gossypifolia Boiss. var. *breviloba* Morong = **Jatropha breviloba** (Morong) Pax & K. Hoffm.
Ref.: Dehgan & Webster, 1979.

Jatropha gossypifolia Boiss. var. *guaranitica* Chodat & Hassl. = [Jatropha isabelli Müll. Arg. var. guaranitica (Chodat & Hassl.) Pax]
Ref.: Dehgan & Webster, 1979.

Jatropha grossidentata Pax & K. Hoffm.
Ref.: Lourteig & O'Donell, 1943.
Hábito: Arbusto.
Status: Nativa.
Elevación: 0-500 m.
Prov.: CH, FO, SA.
Paises limítrofes: BO.
Ejemplar examinado: *Joergensen 2857* (SI).

Jatropha hassleriana Pax = **Cnidoscolus albomaculatus** (Pax) I.M. Johnst.
Ref.: Lourteig & O'Donell, 1943.

Jatropha hieronymi Kuntze
Ref.: Lourteig & O'Donell, 1943.
Hábito: Arbusto.
Status: Endémica.
Elevación: 0-500 m.
Prov.: CA, JU, LR, SA.
Ejemplar examinado: *Rodríguez 47* (SI).

[Jatropha induta Pax]
Ref.: Lourteig & O'Donell, 1943.
Nota: Taxón dudoso.

Jatropha isabelli Müll. Arg. var. **antisyphilitica** (Speg.) Pax
Sin.: *Jatropha antisyphilitica* Speg.
Ref.: Lourteig & O'Donell, 1943; Dehgan & Webster, 1979.
Hábito: Hierba.
Status: Nativa.
Elevación: 0-500 m.
Prov.: COR, MI.
Paises limítrofes: PA.
Ejemplar examinado: *Burkart 18740* (SI).

[Jatropha isabelli Müll. Arg. var. guaranitica (Chodat & Hassl.) Pax]
Sin.: *Jatropha gossypifolia* Boiss. var. *guaranitica* Chodat & Hassl.
Nota: Especie excluida de la flora argentina.

Jatropha loasoides Pax = **Cnidoscolus loasoides** (Pax) I.M. Johnst.
Ref.: Lourteig & O'Donell, 1943.

Jatropha löfgrenii Pax & K. Hoffm. = **Cnidoscolus urens** (L.) Arthur var. **neglectus** (Pohl) Lourteig
Ref.: Lourteig, 1954a.

Jatropha macrocarpa Griseb.
Sin.: *Jatropha multiflora* Pax & K. Hoffm.
Ref.: O'Donell & Lourteig, 1943; Dehgan & Webster, 1979.
Hábito: Arbusto.
Status: Endémica.
Elevación: 1000-1500 m.
Prov.: CA, JU, LR, SA, SE, SL, TU.
Ejemplar examinado: *Kiesling 4307* (SI).

Jatropha matacensis A. Cast.
Ref.: Dehgan & Webster, 1979.
Hábito: Arbusto.
Status: Nativa.
Elevación: 0-500 m.
Prov.: CO, FO.
Paises limítrofes: PA.
Ejemplar examinado: *Castellanos 19366* (LIL).

Jatropha multiflora Pax & K. Hoffm. = **Jatropha macrocarpa** Griseb.
Ref.: O'Donell & Lourteig, 1943.

Jatropha palmata Vell. = **Manihot leptopoda** (Müll. Arg.) D.J.Rogers & Appan
Ref.: Rogers & Appan, 1973.

Jatropha pedersenii Lourteig
Ref.: Lourteig, 1954a; Dehgan & Webster, 1979.
Hábito: Arbusto.
Status: Endémica.
Elevación: 0-500 m.
Prov.: COR.
Ejemplar examinado: *Cabrera 28174* (SI).

Jatropha peiranoi Lourteig & O'Donell
Ref.: Lourteig & O'Donell, 1943.
Hábito: Arbusto.
Status: Endémica.
Elevación: 1501-2000 m.
Prov.: CA, SA, TU.
Ejemplar examinado: *Venturi 1614* (SI).

Jatropha ribifolia (Pohl) Baill. var. *breviloba* (Morong) Pax = **Jatropha breviloba** (Morong) Pax & K. Hoffm.
Ref.: Dehgan & Webster, 1979.

Jatropha tenuifolia Pax & K. Hoffm. = **Cnidoscolus urens** (L.) Arthur var. **neglectus** (Pohl) Lourteig
Ref.: Lourteig, 1954a.

[Jatropha transiens Pax]
Ref.: Lourteig & O'Donell, 1943; Dehgan & Webster, 1979.
Nota: Taxón dudoso.

Jatropha tubulosa Müll. Arg. var. *triloba* Müll. Arg. = **Cnidoscolus tubulosus** (Müll. Arg.) I.M. Johnst. var. **triloba** (Müll. Arg.) Lourteig & O'Donell
Ref.: Lourteig & O'Donell, 1943.

Jatropha urens L. var. *neglecta* (Pohl) Müll. Arg. = **Cnidoscolus urens** (L.) Arthur var. **neglectus** (Pohl) Lourteig
Ref.: Lourteig, 1954a.

Jatropha vitifolia Griseb. var. *grisebachii* Pax = **Cnidoscolus vitifolius** (Mill.) Pohl var. **cnicodendrum** (Griseb.) Lourteig & O'Donell

Jatropha vitifolia Mill. var. *cnicodendrum* (Griseb.) Pax = **Cnidoscolus vitifolius** (Mill.) Pohl var. **cnicodendrum** (Griseb.) Lourteig & O'Donell

Jatropha vitifolia Mill. var. *repanda* (Griseb.) Pax = **Cnidoscolus tubulosus** (Müll. Arg.) I.M. Johnst. var. **triloba** (Müll. Arg.) Lourteig & O'Donell
Ref.: Lourteig & O'Donell, 1943.

[Jatropha weddelliana Baill.]
Ref.: Lourteig, 1954a.
Nota: Especie excluida de la flora argentina.

Julocroton Mart.

Número de especies: 6, 2 especies y una variedad endémicas.

Julocroton argenteus (L.) Didr.
Sin.: *Croton argenteus* L., *Julocroton elaeagnoides* S. Moore, *Julocroton integer* Chodat, *Julocroton integer* Chodat f. *parvifolia* Chodat & Hassl.

Ref.: Croizat, 1943.
Hábito: Hierba.
Status: Nativa.
Elevación: 0-500 m.
Prov.: BA, CH, COR, SA, SE, SF, TU.
Paises limítrofes: BO, BR, PA.
Ejemplar examinado: *Fontana 0457* (CTESN).

Julocroton brittonianum Morong = **Julocroton subpannosus** Müll. Arg. var. **subpannosus**
Ref.: Croizat, 1943.

Julocroton crassirameus Croizat
Sin.: *Croton spissirameus* Radcl.-Sm. & Govaerts
Ref.: Croizat, 1943; Radcliffe-Smith & Govaerts, 1997; Ahumada, inéd.
Hábito: Subarbusto.
Status: Endémica.
Elevación: 0-500 m.
Prov.: MI.
Ejemplar examinado: *Ahumada y Eskuche 5462* (CTESN).

Julocroton doratophylloides Croizat
Sin.: *Croton doratophylloides* (Croizat) G.L. Webster
Ref.: Croizat, 1943; Cordeiro, 1990; Webster, 1992; Ahumada, inéd.
Hábito: Arbusto.
Status: Nativa.
Elevación: 0-500 m.
Prov.: MI.
Paises limítrofes: BR.
Ejemplar examinado: *Rodríguez 438* (isotipo, SI).

Julocroton elaeagnoides S. Moore = **Julocroton argenteus** (L.) Didr.
Ref.: Croizat, 1943.

Julocroton integer Chodat = **Julocroton argenteus** (L.) Didr.
Ref.: Croizat, 1943.

Julocroton integer Chodat f. *parvifolia* Chodat & Hassl. = **Julocroton argenteus** (L.) Didr.
Ref.: Croizat, 1943.

[Julocroton montevidensis Klotzsch ex Müll. Arg.]
Nota: Taxón dudoso.

Julocroton nervosus Baill.
Sin.: *Croton calonervosus* G.L. Webster
Ref.: Croizat, 1943; Webster, 1992; Ahumada, inéd.
Hábito: Arbusto.
Status: Nativa.
Elevación: 0-500 m.
Prov.: MI.
Paises limítrofes: BR.
Ejemplar examinado: *Ahumada y Eskuche 6779* (CTESN).

Julocroton serratus Müll. Arg. = **Julocroton subpannosus** Müll. Arg. var. **subpannosus**
Ref.: Croizat, 1943.

[Julocroton subpannosus Müll. Arg. var. chacoensis Croizat]
Nota: Taxón dudoso.

[Julocroton subpannosus Müll. Arg. var. formosensis Croizat]
Nota: Taxón dudoso.

Julocroton subpannosus Müll. Arg. var. **posadensis** Croizat
Ref.: Croizat, 1944b.
Hábito: Subarbusto.
Status: Endémica.
Elevación: 0-500 m.
Prov.: MI.
Ejemplar examinado: *Rodríguez s.n.* (BA).

Julocroton subpannosus Müll. Arg. var. **subpannosus**
Sin.: *Croton subpannosus* Griseb., *Croton dentosus* Griseb., *Julocroton brittonianum* Morong, *Julocroton serratus* Müll. Arg.
Ref.: Croizat, 1943; Webster, 1992.
Hábito: Subarbusto.
Status: Nativa.
Elevación: 0-500 m.
Prov.: CH, CO, FO, MI, SA, SF, TU.
Paises limítrofes: PA.
Ejemplar examinado: *Ahumada y Eskuche 5656* (CTESN).

Julocroton vulpinus Croizat
Sin.: *Croton apostolon* Radcl.-Sm. & Govaerts
Ref.: Croizat, 1943; Radcliffe-Smith & Govaerts, 1997; Ahumada, inéd.
Hábito: Subarbusto.
Status: Endémica.
Elevación: 0-500 m.
Prov.: MI.
Ejemplar examinado: *Rodríguez 236* (isotipo, SI).

Leptorhachis hastata Klotzsch = **Tragia polyandra** Vell.
Ref.: Múlgura & Gutiérrez, 1989.

Manihot Mill.

Número de especies: 5, 1 especie endémica.

Manihot anisophylla Müll. Arg.
Sin.: *Janipha anisophylla* (Griseb.) Müll. Arg., *Manihot carthagenensis* (Jacq.) Müll. Arg. var. *anisophylla* (Müll. Arg.) Kuntze
Ref.: Lourteig & O'Donell, 1943; Rogers & Appan, 1973.
Hábito: Arbusto.
Status: Endémica.
Elevación: 0-500 m.
Prov.: CA, CO, LR, SA, SJ, SL, TU.
Ejemplar examinado: *Kiesling 4489* (SI).

[Manihot anomala Pohl subsp. glabrata (Chodat & Hassl.) D.J. Rogers & Appan]
Sin.: *Manihot glabrata* (Chodat & Hassl.) Pax & K. Hoffm., *Manihot multiflora* Pax & K. Hoffm., *Manihot pubescens* Pohl f. *glabrata* Chodat & Hassl.
Ref.: Roggers & Appan, 1973.
Nota: Especie excluida de la flora argentina.

Manihot anomala Pohl subsp. **pavoniana** (Müll. Arg.) D.J.Rogers & Appan
Sin.: *Manihot pavoniana* Müll. Arg.
Ref.: Roggers & Appan, 1973.
Hábito: Arbusto.

Status: Nativa.
Elevación: 0-500 m.
Prov.: CA, JU, SA, TU.
Paises limítrofes: BO.
Ejemplar examinado: *Venturi 1690* (SI).

Manihot carthagenensis (Jacq.) Müll. Arg. var. *anisophylla* (Müll. Arg.) Kuntze = **Manihot anisophylla** Müll. Arg.
Ref.: Rogers & Appan, 1973.

Manihot enneaphylla Pax & K. Hoffm. = **Manihot grahamii** Hook.
Ref.: Rogers & Appan, 1973.

Manihot flabellifolia auct. non Pohl = **Manihot grahamii** Hook.

Manihot glabrata (Chodat & Hassl.) Pax & K. Hoffm. = [Manihot anomala Pohl subsp. glabrata (Chodat & Hassl.) D.J. Rogers & Appan]
Ref.: Roggers & Appan, 1973.

Manihot grahamii Hook.
Sin.: *Manihot enneaphylla* Pax & K. Hoffm., *Manihot flabellifolia* auct. non Pohl, *Manihot lobata* (Chodat & Hassl.) Pax, *Manihot tweedieana* Müll. Arg.
Ref.: Rogers & Appan, 1973.
Hábito: Arbusto o arbolito.
Status: Nativa.
Elevación: 0-500 m.
Prov.: BA, CH, CO, COR, ER, FO, JU, MI, SA, SE, SF, TU.
Paises limítrofes: BR, PA, UR.
Ejemplar examinado: *Joergensen 3082* (SI).

Manihot guaranitica Chodat & Hassl.
Sin.: *Janipha violacea* Griseb., *Manihot recognita* Pax
Ref.: Rogers & Appan, 1973.
Hábito: Arbusto.
Status: Nativa.
Elevación: 0-500 m.
Prov.: CA, CH, JU, SA, SF, TU.
Paises limítrofes: BO, BR, PA.
Ejemplar examinado: *Venturi 669* (SI).

Manihot hunzikeriana Mart. Crov.
Ref.: Martínez Crovetto, 1964b; Rogers & Appan, 1973.
Hábito: Subarbusto.
Status: Nativa.
Elevación: 0-500 m.
Prov.: MI.
Paises limítrofes: BR.
Ejemplar examinado: *Martínez Crovetto 9643* (holotipo, CORD).

[Manihot leptopoda (Müll. Arg.) D.J.Rogers & Appan]
Sin.: *Jatropha palmata* Vell., *Manihot palmata* (Vell.) Müll. Arg. var. *genuina* Müll. Arg., nom. inval., *Manihot palmata* (Vell.) Müll. Arg. var. *leptopoda* (Müll. Arg.) Müll. Arg., *Manihot palmata* (Vell.) Pax
Nota: Especie excluida de la flora argentina.

Manihot lobata (Chodat & Hassl.) Pax = **Manihot grahamii** Hook.
Ref.: Rogers & Appan, 1973.

Manihot multiflora Pax & K. Hoffm. = [Manihot anomala Pohl subsp. glabrata (Chodat & Hassl.) D.J. Rogers & Appan]
Ref.: Roggers & Appan, 1973.

Manihot palmata (Vell.) Müll. Arg. var. *genuina* Müll. Arg., nom. inval. = [Manihot leptopoda (Müll. Arg.) D.J.Rogers & Appan]

Manihot palmata (Vell.) Müll. Arg. var. *leptopoda* (Müll. Arg.) Müll. Arg. = [Manihot leptopoda (Müll. Arg.) D.J.Rogers & Appan]
Ref.: Rogers & Appan, 1973.

Manihot palmata (Vell.) Pax, nom. rejic. = [Manihot leptopoda (Müll. Arg.) D.J.Rogers & Appan]
Ref.: Rogers & Appan, 1973.

Manihot pavoniana Müll. Arg. = **Manihot anomala** Pohl subsp. **pavoniana** (Müll. Arg.) D.J.Rogers & Appan
Ref.: Roggers & Appan, 1973.

Manihot pubescens Pohl f. *glabrata* Chodat & Hassl. = [Manihot anomala Pohl subsp. glabrata (Chodat & Hassl.) D.J. Rogers & Appan]
Ref.: Roggers & Appan, 1973.

Manihot recognita Pax = **Manihot guaranitica** Chodat & Hassl.
Ref.: Rogers & Appan, 1973.

Manihot tweedieana Müll. Arg. = **Manihot grahamii** Hook.
Ref.: Rogers & Appan, 1973.

Margaritaria L.f.

Número de especies: 1

Margaritaria nobilis L.f.
Sin.: *Phyllanthus nobilis* (L.f.) Müll. Arg.
Ref.: Webster, 1979; Tressens, 1981.
Hábito: Arbusto o árbol.
Status: Nativa.
Elevación: 0-1000 m.
Prov.: COR, MI.
Paises limítrofes: BO, BR, PA.
Ejemplar examinado: *Jecklen s.n.* (SI 24620).

Mercurialis L.

Número de especies: 1

Mercurialis annua L.
Ref.: Dawson, 1965; Moore, 1968.
Hábito: Hierba.
Status: Adventicia.
Elevación: 0-500 m.
Prov.: BA, ME, TF.
Ejemplar examinado: *Scala s.n.* (SI).

Microstachys ramosissima A. St.-Hil. = **Sebastiania brasiliensis** Spreng.
Ref.: Smith & Downs, 1988.

Moeroris stipulata Raf. = **Phyllanthus stipulatus** (Raf.) G.L. Webster

Molina chilensis Gay = **Dysopsis glechomoides** (A. Rich.) Müll. Arg.
Ref.: Lourteig & O'Donell, 1942.

Omphalea glandulata Vell., nom. nud. = **Sapium glandulosum** (L.) Morong
Ref.: Kruijt, 1996.

Parodiodendron Hunz.

Número de especies: 1 especie endémica.

Parodiodendron marginivillosum (Speg.) Hunz.
Sin.: *Phyllanthus marginivillosa* Speg.
Ref.: Hunziker, 1969; Villamil, 1969.
Hábito: Hierba.
Status: Endémica.
Elevación: 0-1500 m.
Prov.: JU, SA.
Ejemplar examinado: *Correa 4662* (SI).

Philyra Klotzsch

Número de especies: 1

Philyra brasiliensis Klotzsch
Sin.: *Argythamnia brasiliensis* (Klotzsch) Müll. Arg., *Ditaxis brasiliensis* (Klotzsch) Baill.
Ref.: O'Donell & Lourteig, 1942; Ingram, 1980.
Hábito: Arbusto.
Status: Nativa.
Elevación: 0-500 m.
Prov.: FO, MI.
Paises limítrofes: BR, PA.
Ejemplar examinado: *Joergensen 3268* (SI).

Phyllanthus L.

Número de especies: 8

Phyllanthus acuminatus Vahl
Ref.: Lourteig, 1943; Webster, 1957.
Hábito: Arbusto o árbol.
Status: Nativa.
Elevación: 500-1000 m.
Prov.: JU, SA.
Paises limítrofes: BO, BR, PA.
Ejemplar examinado: *Rodríguez 1139* (SI).

Phyllanthus caroliniensis Walter
Sin.: *Phyllanthus montevidensis* Müll. Arg.
Ref.: Lourteig, 1954a; Hunziker, 1967a; Allem, 1977.
Hábito: Hierba.
Status: Nativa.
Elevación: 0-500 m.
Prov.: COR, MI.
Paises limítrofes: BR, PA.
Ejemplar examinado: *Holmberg 83* (SI).

Phyllanthus chacoensis Morong = **Aporosella chacoensis** (Morong) Speg.
Ref.: Lourteig & O'Donell, 1943.

Phyllanthus fluitans Benth. ex Müll. Arg.
Ref.: Lourteig, 1954a.
Hábito: Hierba.
Status: Nativa.
Elevación: 0-500 m.
Prov.: CH, FO.
Paises limítrofes: PA.
Ejemplar examinado: *Guaglianone 2299* (SI).

Phyllanthus lathyroides Kunth = **Phyllanthus niruri** L.
Ref.: Allem, 1977.

Phyllanthus marginivillosa Speg. = **Parodiodendron marginivillosum** (Speg.) Hunz.
Ref.: Hunziker, 1969.

Phyllanthus montevidensis Müll. Arg. = **Phyllanthus caroliniensis** Walter
Ref.: Allem, 1977.

Phyllanthus niruri L.
Sin.: *Phyllanthus lathyroides* Kunth, *Phyllanthus niruri* L. subsp. *lathyroides* (Kunth) G.L. Webster
Ref.: Webster, 1955, 1957; Allem, 1977.
Hábito: Hierba.
Status: Nativa.
Elevación: 0-500 m.
Prov.: BA, CH, COR, ER, JU, MI, SA, TU.
Paises limítrofes: BO, BR, PA, UR.
Ejemplar examinado: *Cabrera 868* (LP).

Phyllanthus niruri L. subsp. *lathyroides* (Kunth) G.L. Webster = **Phyllanthus niruri** L.
Ref.: Allem, 1977.

Phyllanthus nobilis (L.f.) Müll. Arg. = **Margaritaria nobilis** L.f.
Ref.: Webster, 1979.

[Phyllanthus orbiculatus Rich.]
Nota: Cita dudosa para la flora argentina.

Phyllanthus ramillosus Müll. Arg.
Sin.: *Diasperus cordobensis* Kuntze
Ref.: Hunziker, 1967a; Allem, 1977.
Hábito: Arbusto.
Status: Nativa.
Elevación: 501-1000 m.
Prov.: CA, CO, MI, SE.
Paises limítrofes: BR, UR.
Ejemplar examinado: *Joergensen 1576* (SI).

Phyllanthus sellowianus Müll. Arg.
Ref.: Lourteig & O'Donell, 1943; Allem, 1977.
Hábito: Arbusto.
Status: Nativa.
Elevación: 0-500 m.
Prov.: BA, CH, COR, ER, MI, SF.
Paises limítrofes: BR, PA, UR.
Ejemplar examinado: *Cabrera 3397* (SI).

Phyllanthus stipulatus (Raf.) G.L. Webster
Sin.: *Moeroris stipulata* Raf.
Ref.: Hunziker, 1967a; Allem, 1977.
Hábito: Hierba.
Status: Nativa.
Elevación: 0-500 m.
Prov.: CH, FO.
Paises limítrofes: BR, PA.
Ejemplar examinado: *Joergensen 2265* (SI).

Phyllanthus tenellus Roxb.
Ref.: Hunziker, 1967a.
Hábito: Hierba.
Status: Adventicia.
Elevación: 0-500 m.
Prov.: COR.
Paises limítrofes: BR.
Ejemplar examinado: *Hunziker 5560* (CORD).

Poinsettia cyathophora (Murray) Klotzsch & Garcke = **Euphorbia cyathophora** Murray
Ref.: Subils, 1977.

Poinsettia dentata (Michx.) Klotzsch & Garcke = **Euphorbia dentata** Michx.
Ref.: Subils, 1977.

Poinsettia heterophylla (L.) Klotzsch & Garcke = **Euphorbia heterophylla** L.
Ref.: Subils, 1977.

Poinsettia insulana (Vell.) Klotzsch & Garcke = **Euphorbia insulana** Vell.
Ref.: Subils, 1977.

Poinsettia pentadactyla (Griseb.) Dusén = **Euphorbia pentadactyla** Griseb.
Ref.: Subils, 1977.

Polyboea lorentzii (Müll. Arg.) Griseb. = **Bernardia multicaulis** Müll. Arg.

Riccinocarpus amblyodontus (Müll. Arg.) Kuntze = **Acalypha amblyodonta** Müll. Arg. var. **amblyodonta**

Riccinocarpus boliviensis (Müll. Arg.) Kuntze = **Acalypha boliviensis** Müll. Arg.
Ref.: Lourteig & O'Donell, 1942.

Riccinocarpus brasiliensis (Müll. Arg.) Kuntze = **Acalypha brasiliensis** Müll. Arg.
Ref.: Lourteig & O'Donell, 1942.

Riccinocarpus cordifolius (Griseb.) Kuntze, comb. illeg. = **Acalypha plicata** Müll. Arg.

Riccinocarpus cordobensis (Müll. Arg.) Kuntze = **Acalypha communis** Müll. Arg. var. **guaranitica** Chodat & Hassl.
Ref.: Lourteig & O'Donell, 1942.

Riccinocarpus gracilis (Spreng.) Kuntze = **Acalypha gracilis** Spreng.
Ref.: Lourteig & O'Donell, 1942.

Riccinocarpus multicaulis (Müll. Arg.) Kuntze = **Acalypha multicaulis** Müll. Arg.
Ref.: Lourteig & O'Donell, 1942.

Riccinocarpus poiretii (Spreng.) Kuntze = **Acalypha poiretii** Spreng.
Ref.: Lourteig & O'Donell, 1942.

Riccinocarpus villosus (Jacq.) Kuntze = **Acalypha villosa** Jacq.

Ricinus L.
Número de especies: 1

Ricinus communis L.
Ref.: Dawson, 1965.
Hábito: Hierba o subarbusto.
Status: Adventicia.
Elevación: 0-1500 m.
Prov.: BA, CA, CO, COR, DF, ER, SA, SJ, TU.
Paises limítrofes: BR, CH, UR.
Ejemplar examinado: *Cabrera 1168* (SI).

[Ricinus communis L. var. americana Müll. Arg.]
Nota: Cita dudosa para la flora argentina.

Sapium P. Browne
Número de especies: 2

Sapium aucuparium Jacq. = **Sapium glandulosum** (L.) Morong
Ref.: Kruijt, 1996.

Sapium aucuparium Jacq. var. *petiolare* (Müll. Arg.) Griseb. = **Sapium glandulosum** (L.) Morong
Ref.: Kruijt, 1996.

Sapium aucuparium Jacq. var. *salicifolium* (Kunth) Griseb. = **Sapium glandulosum** (L.) Morong
Ref.: Kruijt, 1996.

Sapium aucuparium Jacq. var. *stenophyllum* (Müll. Arg.) Griseb. = **Sapium haematospermum** Müll. Arg.

[Sapium balansae D. Parodi]
Nota: Taxón dudoso.

Sapium biglandulosum (L.) Müll. Arg. var. *aucuparium* (Jacq.) Müll. Arg. = **Sapium glandulosum** (L.) Morong
Ref.: Kruijt, 1996.

Sapium biglandulosum (L.) Müll. Arg. var. *lanceolatum* Müll. Arg. f. *longifolium* Müll. Arg. = **Sapium haematospermum** Müll. Arg.
Ref.: Kruijt, 1996.

Sapium biglandulosum (L.) Müll. Arg. var. *longifolium* (Müll. Arg.) Chodat & Hassl. = **Sapium haematospermum** Müll. Arg.
Ref.: Kruijt, 1996.

Sapium biglandulosum (L.) Müll. Arg. var. *stenophyllum* Müll. Arg. = **Sapium haematospermum** Müll. Arg.
Ref.: Kruijt, 1996.

Sapium biglandulosum (L.) Müll. Arg., p.p. = **Sapium glandulosum** (L.) Morong
Ref.: Kruij, 1996.

Sapium bodenbenderi Kuntze = **Stillingia bodenbenderi** (Kuntze) D.J. Rogers
Ref.: Rogers, 1951.

Sapium cupuliferum Hemsl. = **Stillingia salpingadenia** (Müll. Arg.) Huber
Ref.: O'Donell & Lourteig, 1942b.

Sapium fragile Pax & K. Hoffm. = **Sapium glandulosum** (L.) Morong
Ref.: Kruijt, 1996.

Sapium glandulatum (Müll. Arg.) Pax = **Sapium glandulosum** (L.) Morong
Ref.: Kruijt, 1996.

Sapium glandulosum (L.) Morong
Sin.: *Excoecaria biglandulosa* (L.) Müll. Arg. var. *glandulata* Müll. Arg., *Excoecaria biglandulosa* (L.) Müll. Arg. var. *petiolaris* Müll. Arg., *Hippomane biglandulosa* L., *Hippomane glandulosa* L., *Omphalea glandulata* Vell., nom. nud., *Sapium aucuparium* Jacq., *Sapium aucuparium* Jacq. var. *petiolare* (Müll. Arg.) Griseb., *Sapium aucuparium* Jacq. var. *salicifolium* (Kunth) Griseb., *Sapium biglandulosum* (L.) Müll. Arg. var. *aucuparium* (Jacq.) Müll. Arg., *Sapium biglandulosum* (L.) Müll. Arg., p.p., *Sapium fragile* Pax & K. Hoffm., *Sapium glandulatum* (Müll. Arg.) Pax, *Sapium haematospermum* Müll. Arg. var. *saltensis* O'Donell & Lourteig, *Sapium montevidense* (Müll. Arg.) Huber, *Sapium salicifolium* Kunth, *Sapium saltense* (O'Donell ex Lourteig) Jabl., nom. illeg.
Ref.: Kruijt, 1996.
Hábito: Árbol.
Status: Nativa.
Elevación: 0-100 m.
Prov.: CA, FO, JU, SA, SE, TU.
Paises limítrofes: BO, BR, PA, UR.
Ejemplar examinado: *Zuloaga et al. 2711* (SI).

Sapium haematospermum Müll. Arg.
Sin.: *Excoecaria biglandulosa* (L.) Müll. Arg. var. *stenophylla* Müll. Arg., *Sapium aucuparium* Jacq. var. *stenophyllum* (Müll. Arg.) Griseb., *Sapium biglandulosum* (L.) Müll. Arg. var. *lanceolatum* Müll. Arg. f. *longifolium* Müll. Arg., *Sapium biglandulosum* (L.) Müll. Arg. var. *longifolium* (Müll. Arg.) Chodat & Hassl., *Sapium biglandulosum* (L.) Müll. Arg. var. *stenophyllum* Müll. Arg., *Sapium longifolium* (Müll. Arg.) Huber, *Sapium stenophyllum* (Müll. Arg.) Huber
Ref.: O'Donell & Lourteig, 1942b; Kruijt, 1996.
Hábito: Arbusto o árbol.
Status: Nativa.
Elevación: 0-1000 m.
Prov.: BA, CA, CH, CO, COR, DF, ER, FO, JU, MI, SA, SE, SF, TU.
Paises limítrofes: BO, BR, PA, UR.
Ejemplar examinado: *Burkart 8675* (SI).

Sapium haematospermum Müll. Arg. var. *saltensis* O'Donell & Lourteig = **Sapium glandulosum** (L.) Morong
Ref.: Kruijt, 1996.

Sapium longifolium (Müll. Arg.) Huber = **Sapium haematospermum** Müll. Arg.
Ref.: Kruijt, 1996.

Sapium montevidense (Müll. Arg.) Huber = **Sapium glandulosum** (L.) Morong
Ref.: Kruijt, 1996.

Sapium patagonicum (Speg.) D.J. Rogers = **Stillingia patagonica** (Speg.) Pax & K. Hoffm.
Ref.: Correa, 1988a.

Sapium salicifolium Kunth = **Sapium glandulosum** (L.) Morong
Ref.: Kruijt, 1996.

Sapium salpingadenium Müll. Arg. = **Stillingia salpingadenia** (Müll. Arg.) Huber
Ref.: O'Donell & Lourteig, 1942b.

Sapium saltense (O'Donell ex Lourteig) Jabl., nom. illeg. = **Sapium glandulosum** (L.) Morong
Ref.: Kruijt, 1996.

Sapium stenophyllum (Müll. Arg.) Huber = **Sapium haematospermum** Müll. Arg.
Ref.: Kruijt, 1996.

Sapium subsessile Hemsl. = **Stillingia bodenbenderi** (Kuntze) D.J. Rogers
Ref.: Rogers, 1951.

[Sapium tenellum Pax & K. Hoffm.]
Ref.: Kruijt, 1996.
Nota: Taxón dudoso. = *Stillinga sp.*

Sebastiania Spreng.
Número de especies: 9

Sebastiania anisandra (Griseb.) Lillo
Sin.: *Actinostemon anisandrus* (Griseb.) Pax, *Dactylostemon anisandrus* Griseb.
Ref.: Lourteig, 1955.
Hábito: Árbol.
Status: Nativa.
Elevación: 1000-15000 m.
Prov.: JU, SA, TU.
Paises limítrofes: BO.
Ejemplar examinado: *Meyer 17674* (LIL).

Sebastiania brasiliensis Spreng.
Sin.: *Microstachys ramosissima* A. St.-Hil., *Sebastiania brasiliensis* Spreng. var. *genuina* Pax, nom. inval., *Sebastiania brasiliensis* Spreng. var. *ramosissima* (A. St.-Hil.) Müll. Arg.
Ref.: Pax & Hoffmann, 1912; Smith & Downs, 1988.
Hábito: Arbusto o árbol.
Status: Nativa.
Elevación: 0-500 m.
Prov.: BA, CA, CH, COR, ER, FO, MI.
Paises limítrofes: BO, BR, PA, UR.
Ejemplar examinado: *Burkart 23022* (SI).

Sebastiania brasiliensis Spreng. var. *genuina* Pax, nom. inval. = **Sebastiania brasiliensis** Spreng.

Sebastiania brasiliensis Spreng. var. *ramosissima* (A. St.-Hil.) Müll. Arg. = **Sebastiania brasiliensis** Spreng.
Ref.: Smith & Downs, 1988.

Sebastiania commersoniana (Baill.) L.B. Sm. & B.J. Downs
Sin.: *Excoecaria marginata* (Baill.) Griseb., *Gymnanthes klotzschiana* Müll. Arg., nom. superfl., *Gymnanthes marginata* Baill., *Sebastiania klotzschiana* (Müll. Arg.) Müll. Arg., nom. superfl., *Sebastiania klotzschiana* var. *brachyclada* (Müll. Arg.) Pax & K. Hoffm., *Sebastiania klotzschiana* var. *genuina* Müll. Arg., nom. inval., *Sebastiania klotzschiana* var. *trichoneura* Müll. Arg., *Stillingia commersoniana* Baill.
Ref.: Smith & Downs, 1988.
Hábito: Arbusto o árbol.
Status: Nativa.
Elevación: 0-500 m.
Prov.: BA, CO, COR, ER, JU, MI, SA, TU.
Paises limítrofes: BR, PA, UR.
Ejemplar examinado: *Burkart 21792* (SI).

Sebastiania corniculata (Vahl) Müll. Arg.
Sin.: *Tragia corniculata* Vahl
Ref.: Smith & Downs, 1988.
Hábito: Hierba.
Status: Nativa.
Elevación: 0-500 m.
Prov.: FO.
Paises limítrofes: BR, PA.
Ejemplar examinado: *Joergensen 4673* (SI).

Sebastiania discolor (Spreng.) Müll. Arg.
Sin.: *Sebastiania discolor* (Spreng.) Müll. Arg. var. *fiebrigii* Pax & K. Hoffm.
Ref.: Bernardi, 1984.
Hábito: Arbusto.
Status: Nativa.
Elevación: 0-500 m.
Prov.: FO, MI.
Paises limítrofes: BR, PA.
Ejemplar examinado: *Joergensen 3086* (SI).

Sebastiania discolor (Spreng.) Müll. Arg. var. *fiebrigii* Pax & K. Hoffm. = **Sebastiania discolor** (Spreng.) Müll. Arg.
Ref.: Bernardi, 1984.

Sebastiania grandifolia (Chodat & Hassl.) Pax & K. Hoffm. = **Sebastiania serrata** (Baill.) Müll. Arg.
Ref.: Bernardi, 1984.

Sebastiania hippophaifolia (Griseb.) Pax & K. Hoffm. = **Sebastiania schottiana** (Müll. Arg.) Müll. Arg.
Ref.: Bernardi, 1984.

[Sebastiania hispida (Mart.) Pax var. graciliramea Pax & K. Hoffm.]
Nota: Cita dudosa para la flora argentina.

Sebastiania hispida (Mart.) Pax
Sin.: *Cnemidostachys hispida* Mart.
Ref.: O'Donell & Lourteig, 1942; Smith & Downs, 1988.
Hábito: Arbusto o subarbusto.
Status: Nativa.
Elevación: 0-500 m.
Prov.: CO, COR, FO, MI, SA.
Paises limítrofes: BO, BR, PA.
Ejemplar examinado: *Joergensen 2855* (SI).

[Sebastiania jacobensis Müll. Arg.]
Nota: Especie excluida de la flora argentina.

Sebastiania klotzschiana (Müll. Arg.) Müll. Arg., nom. superfl. = **Sebastiania commersoniana** (Baill.) L.B. Sm. & B.J. Downs
Ref.: Smith & Downs, 1988.

Sebastiania klotzschiana var. *brachyclada* (Müll. Arg.) Pax & K. Hoffm. = **Sebastiania commersoniana** (Baill.) L.B. Sm. & B.J. Downs
Ref.: Smith & Downs, 1988.

Sebastiania klotzschiana var. *genuina* Müll. Arg., nom. inval. = **Sebastiania commersoniana** (Baill.) L.B. Sm. & B.J. Downs
Ref.: Smith & Downs, 1988.

Sebastiania klotzschiana var. *trichoneura* Müll. Arg. = **Sebastiania commersoniana** (Baill.) L.B. Sm. & B.J. Downs
Ref.: Smith & Downs, 1988.

Sebastiania schottiana (Müll. Arg.) Müll. Arg.
Sin.: *Excoecaria hippophaifolia* Griseb., *Gymnanthes angustifolia* Müll. Arg., *Gymnanthes schottiana* Müll. Arg., *Sebastiania hippophaifolia* (Griseb.) Pax & K. Hoffm., *Sebastiania schottiana* (Müll. Arg.) Müll. Arg. var. *angustifolia* (Müll. Arg.) Pax & K. Hoffm.
Ref.: O'Donell & Lourteig, 1942; Bernardi, 1984.
Hábito: Arbusto.
Status: Nativa.
Prov.: BA, COR, ER, MI.
Paises limítrofes: BR, PA, UR.
Ejemplar examinado: *Rodríguez 374* (SI).

Sebastiania schottiana (Müll. Arg.) Müll. Arg. var. *angustifolia* (Müll. Arg.) Pax & K. Hoffm. = **Sebastiania schottiana** (Müll. Arg.) Müll. Arg.

Sebastiania serrata (Baill.) Müll. Arg.
Sin.: *Gymnanthes serrata* Baill., *Sebastiania grandifolia* (Chodat & Hassl.) Pax & K. Hoffm., *Sebastiania serrata* (Baill.) Müll. Arg. var. *grandifolia* Chodat & Hassl.
Ref.: Bernardi, 1984.
Hábito: Arbolito.
Status: Nativa.
Elevación: 0-500 m.
Prov.: FO, MI.
Paises limítrofes: BR, PA.
Ejemplar examinado: *Charpin y Eskuche 20276* (SI).

Sebastiania serrata (Baill.) Müll. Arg. var. *grandifolia* Chodat & Hassl. = **Sebastiania serrata** (Baill.) Müll. Arg.
Ref.: Bernardi, 1984.

Sebastiania subsessilis (Müll. Arg.) Pax
Sin.: *Excoecaria subsessilis* Müll. Arg.
Ref.: O'Donell & Lourteig, 1942.
Hábito: Arbusto.
Status: Nativa.
Elevación: 0-500 m.
Prov.: MI.
Paises limítrofes: BR, PA.
Ejemplar examinado: *Llamas s.n.* (BAB 26985 y 26984).

[Sebastiania subulata (Müll. Arg.) Pax]
Sin.: *Excoecaria subulata* Müll. Arg.
Nota: Cita dudosa para la flora argentina.

Stenonia montevidensis Didr. = **Argythamnia montevidensis** (Didr.) Müll. Arg.
Ref.: O'Donell & Lourteig, 1942.

Stillingia Garden ex L.

Número de especies: 4, 2 especies endémicas.

Stillingia bodenbenderi (Kuntze) D.J. Rogers
Sin.: *Excoecaria bodenbenderi* (Kuntze) K. Schum., *Sapium bodenbenderi* Kuntze, *Sapium subsessile* Hemsl.
Ref.: Rogers, 1951.
Hábito: Arbusto.
Status: Endémica.
Elevación: 500-1000 m.
Prov.: CO.
Ejemplar examinado: *Cabrera 29652* (SI).

Stillingia commersoniana Baill. = **Sebastiania commersoniana** (Baill.) L.B. Sm. & B.J. Downs
Ref.: Smith & Downs, 1988.

Stillingia patagonica (Speg.) Pax & K. Hoffm.
Sin.: *Colliguaja patagonica* Speg., *Sapium patagonicum* (Speg.) D.J. Rogers
Ref.: Correa, 1988a.
Hábito: Arbusto.
Status: Endémica.
Elevación: 0-500 m.
Prov.: CHU, ME, NE, SC.
Ejemplar examinado: *Koslowsky 199* (SI).

Stillingia salpingadenia (Müll. Arg.) Huber
Sin.: *Sapium cupuliferum* Hemsl., *Sapium salpingadenium* Müll. Arg., *Stillingia salpingadenia* (Müll. Arg.) Huber subsp. -var. *cupulifera* (Hemsl.) Pax
Ref.: Pax & Hoffmann, 1912; O'Donell & Lourteig, 1942b; Rogers, 1951.
Hábito: Arbusto.
Status: Nativa.
Elevación: 0-1000 m.
Prov.: CH, MI.
Paises limítrofes: BO, PA.
Ejemplar examinado: *Joergensen 3985* (SI).

Stillingia salpingadenia (Müll. Arg.) Huber var. *cupulifera* (Hemsl.) Pax = **Stillingia salpingadenia** (Müll. Arg.) Huber

Stillingia scutellifera D.J. Rogers
Ref.: Rogers, 1951.
Hábito: Subarbusto.
Status: Nativa.
Elevación: 0-500 m.
Prov.: MI.
Paises limítrofes: PA.
Ejemplar examinado: *Schwarz 3520* (LIL).

Tetrorchidium Poepp. & Endl.

Número de especies: 1

Tetrorchidium rubrivenium Poepp. & Endl.
Ref.: Bernardi, 1984.
Hábito: Árbol.
Status: Nativa.
Elevación: 0-500 m.
Prov.: MI.
Paises limítrofes: BR.
Ejemplar examinado: *Schinini y Fernández 5969* (CTES).

Tithymalus chrysophyllus Klotzsch & Garcke = **Euphorbia collina** Phil. var. **chrysophylla** (Klotzsch & Garcke) Subils
Ref.: Subils, 1977.

Tithymalus erythrorrhizus Klotzch & Garcke = **Euphorbia papillosa** A. St.-Hil. var. **cabrerae** Subils

Tithymalus huanchalana Klotzsch & Garcke = **Euphorbia huanchalana** (Klotzsch & Garcke) Boiss.
Ref.: Subils, 1977.

Tithymalus lathyrus (L.) Hill = **Euphorbia lathyrus** L.

Tithymalus peplus (L.) Hill = **Euphorbia peplus** L.
Ref.: Correa, 1988a.

Tithymalus stenophyllus Klotzsch & Garcke = **Euphorbia stenophylla** (Klotzsch & Garcke) Boiss.
Ref.: Subils, 1977.

Tragia L.

Número de especies: 13, 1 especie endémica.

Tragia alienata (Didr.) Múlgura & M.M. Gut.
Sin.: *Bia alienata* Didr., *Bia sellowiana* Baill., *Tragia cissoides* Müll. Arg., *Tragia sellowiana* (Baill.) Müll. Arg.
Ref.: Múlgura, 1991.
Hábito: Enredadera.
Status: Nativa.
Elevación: 0-500 m.
Prov.: COR, MI, SA.
Paises limítrofes: BO, BR, PA.
Ejemplar examinado: *Romanczuk 591* (SI).

Tragia arechavaletae Herter ex Arechav. = **Tragia uberabana** Müll. Arg. var. **uberabana**
Ref.: Múlgura & Gutiérrez, 1989.

[Tragia arechavaletae Herter ex Arechav. var. cordifolia Herter ex Arechav.]
Ref.: Múlgura & Gutiérrez, 1989.
Nota: Taxón dudoso.

Tragia bahiensis Müll. Arg.
Sin.: *Tragia bahiensis* Müll. Arg. var. *flexuosa* Pax & K. Hoffm., *Tragia depauperata* Pax & K. Hoffm., *Tragia emrichii* Herter, *Tragia lagoensis* Müll. Arg.
Ref.: Múlgura & Gutiérrez, 1989.
Hábito: Hierba.
Status: Nativa.
Elevación: 0-500 m.
Prov.: COR, ER, SE.
Paises limítrofes: BO, BR, UR.
Ejemplar examinado: *Piccinini y Hilfer 3745* (BAB).

Tragia bahiensis Müll. Arg. var. *flexuosa* Pax & K. Hoffm. = **Tragia bahiensis** Müll. Arg.
Ref.: Múlgura & Gutiérrez, 1989.

Tragia bahiensis Müll. Arg. var. *subsessilis* Chodat & Hassl. = **Tragia uberabana** Müll. Arg. var. **discolor** Chodat & Hassl.
Ref.: Múlgura & Gutiérrez, 1989.

Tragia bangii Rusby = **Tragia melochioides** Griseb.
Ref.: Múlgura & Gutiérrez, 1989.

Tragia cissoides Müll. Arg. = **Tragia alienata** (Didr.) Múlgura & M.M. Gut.
Ref.: Múlgura, 1991.

Tragia corniculata Vahl = **Sebastiania corniculata** (Vahl) Müll. Arg.
Ref.: Smith & Downs, 1988.

Tragia depauperata Pax & K. Hoffm. = **Tragia bahiensis** Müll. Arg.
Ref.: Múlgura & Gutiérrez, 1989.

Tragia dodencandra Griseb.
Ref.: Múlgura & Gutiérrez, 1989.
Hábito: Subarbusto.
Status: Endémica.
Elevación: 0-500 m.
Prov.: CH, CO, LR, SE, SL.
Ejemplar examinado: *Lorentz s.n.* (SI 12318).

Tragia emilii Pax & K. Hoffm. = **Tragia polyandra** Vell.
Ref.: Múlgura & Gutiérrez, 1989.

Tragia emrichii Herter = **Tragia bahiensis** Müll. Arg.
Ref.: Múlgura & Gutiérrez, 1989.

Tragia friesii Pax & K. Hoffm.
Ref.: Múlgura & Gutiérrez, 1989.
Hábito: Enredadera.
Status: Nativa.
Elevación: 0-500 m.
Prov.: SA.
Paises limítrofes: BO, BR.
Ejemplar examinado: *Cabrera 34521* (SI).

Tragia geraniifolia Klotzsch ex Baill.
Sin.: *Tragia geraniifolia* Klotzsch ex Baill. var. *multifida* Griseb.
Ref.: Múlgura & Gutiérrez, 1989.
Hábito: Hierba.
Status: Nativa.
Elevación: 0-500 m.
Prov.: BA, CA, CH, CO, COR, ER, FO, JU, LR, SA, SF, SJ, S.
Paises limítrofes: BO, BR, PA, UR.
Ejemplar examinado: *Bacigalupo 511* (SI).

Tragia geraniifolia Klotzsch ex Baill. var. *multifida* Griseb. = **Tragia geraniifolia** Klotzsch ex Baill.
Ref.: Múlgura & Gutiérrez, 1989.

Tragia giardelli M.M. Gut. & Múlgura
Ref.: Múlgura & Gutiérrez, 1989.
Hábito: Enredadera.
Status: Nativa.
Elevación: 0-500 m.
Prov.: MI.
Paises limítrofes: BR.
Ejemplar examinado: *Múlgura et al. 472* (holotipo, SI).

Tragia hastata (Klotzsch) Müll. Arg. = **Tragia polyandra** Vell.
Ref.: Múlgura & Gutiérrez, 1989.

Tragia hieronymii Pax & K. Hoffm.
Sin.: *Tragia oligantha* Pax & K. Hoffm., *Tragia tenella* Pax & K. Hoffm.
Ref.: Múlgura & Gutiérrez, 1989.
Hábito: Enredadera.
Status: Nativa.
Elevación: 0-500 m.
Prov.: CH, CO, FO, JU, LR, SA, SE, SJ, SL.
Paises limítrofes: BO, PA.
Ejemplar examinado: *Burkart 20267* (SI).

Tragia lagoensis Müll. Arg. = **Tragia bahiensis** Müll. Arg.
Ref.: Múlgura utiérrez, 1989.

Tragia mansfeldiana Herter = **Ayenia mansfeldiana** (Herter) Herter ex Cristóbal
Ref.: Cristóbal, 1996.

Tragia melochioides Griseb.
Sin.: *Tragia bangii* Rusby, *Tragia micrococca* Pax & K. Hoffm., *Tragia pseudomelochioides* Pax & K. Hoffm.
Ref.: Múlgura & Gutiérrez, 1989.
Hábito: Subarbusto.
Status: Nativa.
Elevación: 0-500 m.
Prov.: CA, CO, COR, ER, JU, MI, SA, TU.
Paises limítrofes: BR, PA, UR.
Ejemplar examinado: *Schinini 4867* (SI).

Tragia micrococca Pax & K. Hoffm. = **Tragia melochioides** Griseb.
Ref.: Múlgura & Gutiérrez, 1989.

Tragia oligantha Pax & K. Hoffm. = **Tragia hieronymii** Pax & K. Hoffm.
Ref.: Múlgura & Gutiérrez, 1989.

Tragia paraguariensis Pax & K. Hoffm. var. *canescens* Pax & K. Hoffm., p.p. = **Tragia uberabana** Müll. Arg. var. **uberabana**
Ref.: Múlgura & Gutiérrez, 1989.

Tragia paraguariensis Pax & K. Hoffm. var. *discolor* (Chodat & Hassl.) Pax & K. Hoffm. = **Tragia uberabana** Müll. Arg. var. **discolor** Chodat & Hassl.
Ref.: Múlgura & Gutiérrez, 1989.

Tragia paraguariensis Pax & K. Hoffm. var. *glabrescens* Pax & K. Hoffm. = **Tragia uberabana** Müll. Arg. var. **uberabana**
Ref.: Múlgura & Gutiérrez, 1989.

Tragia paraguariensis Pax & K. Hoffm. var. *macrophylla* (Chodat & Hassl.) Pax & K. Hoffm. = **Tragia uberabana** Müll. Arg. var. **uberabana**
Ref.: Múlgura & Gutiérrez, 1989.

Tragia paraguariensis Pax & K. Hoffm. var. *subsessilis* (Chodat & Hassl.) Pax & K. Hoffm. = **Tragia uberabana** Müll. Arg. var. **discolor** Chodat & Hassl.
Ref.: Múlgura & Gutiérrez, 1989.

Tragia paxii Lourteig & O'Donell
Ref.: Múlgura & Gutiérrez, 1989.
Hábito: Enredadera.
Status: Nativa.
Elevación: 0-500 m.
Prov.: MI.
Paises limítrofes: BR, PA.
Ejemplar examinado: *Hunziker 10958* (SI).

Tragia pinnata (Poir.) A. Juss.
Sin.: *Acalypha pinnata* Poir.
Ref.: Múlgura & Gutiérrez, 1989.
Hábito: Hierba.
Status: Nativa.
Elevación: 0-500 m.
Prov.: CO, COR, ER.
Paises limítrofes: BR, PA, UR.
Ejemplar examinado: *Nicora 5203* (SI).

Tragia polyandra Vell.
Sin.: *Leptorhachis hastata* Klotzsch, *Tragia emilii* Pax & K. Hoffm., *Tragia hastata* (Klotzsch) Müll. Arg.
Ref.: Múlgura & Gutiérrez, 1989.
Hábito: Enredadera.
Status: Nativa.
Elevación: 0-500 m.
Prov.: MI.
Paises limítrofes: BR, PA.
Ejemplar examinado: *Quiroga 284* (BA).

Tragia pseudomelochioides Pax & K. Hoffm. = **Tragia melochioides** Griseb.
Ref.: Múlgura & Gutiérrez, 1989.

Tragia sellowiana (Baill.) Müll. Arg. = **Tragia alienata** (Didr.) Múlgura & M.M. Gut.
Ref.: Múlgura, 1991.

Tragia tenella Pax & K. Hoffm. = **Tragia hieronymii** Pax & K. Hoffm.
Ref.: Múlgura & Gutiérrez, 1989.

Tragia uberabana Müll. Arg. var. **discolor** Chodat & Hassl.
Sin.: *Tragia bahiensis* Müll. Arg. var. *subsessilis* Chodat & Hassl., *Tragia paraguariensis* Pax & K. Hoffm. var. *discolor* (Chodat & Hassl.) Pax & K. Hoffm., *Tragia paraguariensis* Pax & K. Hoffm. var. *subsessilis* (Chodat & Hassl.) Pax & K. Hoffm., *Tragia websterii* Allem & Waetcher
Ref.: Múlgura & Gutiérrez, 1989.
Hábito: Hierba.
Status: Nativa.
Elevación: 0-500 m.
Prov.: COR, MI.
Paises limítrofes: BO, BR, PA.
Ejemplar examinado: *Krapovickas 26731* (CTES).

Tragia uberabana Müll. Arg. var. *macrophylla* Chodat & Hassl. = **Tragia uberabana** Müll. Arg. var. **uberabana**
Ref.: Múlgura y Gutiérrez, 1989.

Tragia uberabana Müll. Arg. var. **uberabana**
Sin.: *Tragia arechavaletae* Herter ex Arechav., *Tragia paraguariensis* Pax & K. Hoffm. var. *canescens* Pax & K. Hoffm., p.p., *Tragia paraguariensis* Pax & K. Hoffm. var. *glabrescens* Pax & K. Hoffm., *Tragia paraguariensis* Pax & K. Hoffm. var. *macrophylla* (Chodat & Hassl.) Pax & K. Hoffm., *Tragia uberabana* Müll. Arg. var. *macrophylla* Chodat & Hassl., *Tragia wingei* Allem & Waetcher
Ref.: Múlgura & Gutiérrez, 1989.
Hábito: Hierba.
Status: Nativa.
Elevación: 0-500 m.
Prov.: CH, COR, ER, FO, MI.
Paises limítrofes: BO, BR, PA, UR.
Ejemplar examinado: *Guaglianone 1262* (SI).

Tragia volubilis L.
Ref.: Múlgura & Gutiérrez, 1989.
Status: Nativa.
Prov.: BA, CA, CH, COR, ER, FO, JU, MI, SA, SE, TU.
Paises limítrofes: BO, BR, PA, UR.
Ejemplar examinado: *Bacigalupo 490* (SI).

Tragia websterii Allem & Waetcher = **Tragia uberabana** Müll. Arg. var. **discolor** Chodat & Hassl.
Ref.: Múlgura & Gutiérrez, 1989.

Tragia wingei Allem & Waetcher = **Tragia uberabana** Müll. Arg. var. **uberabana**
Ref.: Múlgura & Gutiérrez, 1989.

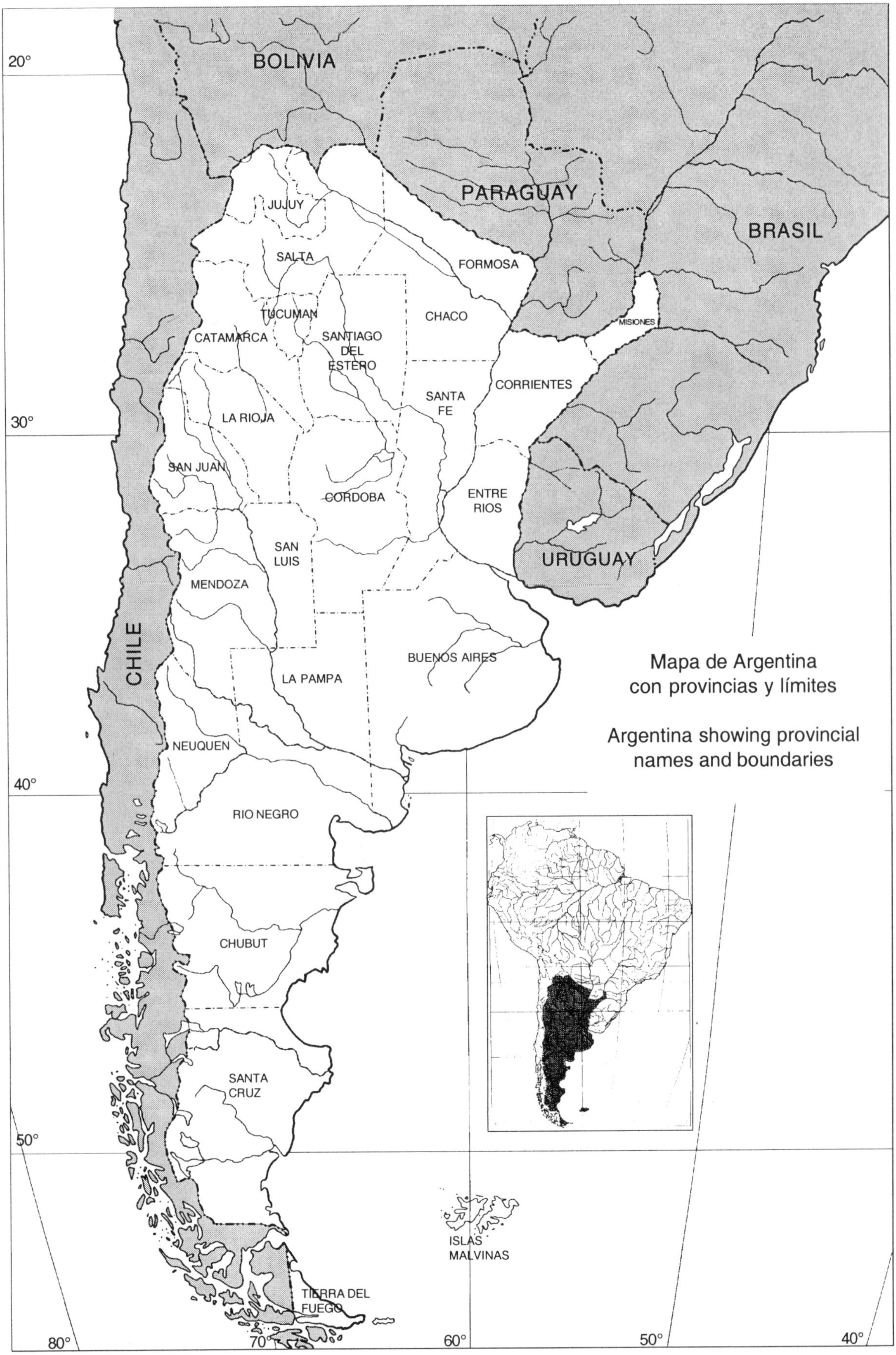

BOLIVIA
PARAGUAY
BRASIL
CHILE
URUGUAY
JUJUY
SALTA
FORMOSA
TUCUMAN
CHACO
MISIONES
CATAMARCA
SANTIAGO DEL ESTERO
SANTA FE
CORRIENTES
LA RIOJA
SAN JUAN
CORDOBA
ENTRE RIOS
SAN LUIS
MENDOZA
BUENOS AIRES
LA PAMPA
NEUQUEN
RIO NEGRO
CHUBUT
SANTA CRUZ
ISLAS MALVINAS
TIERRA DEL FUEGO
Mapa de Argentina con provincias y límites
Argentina showing provincial names and boundaries
20°
30°
40°
50°
80°
70°
60°
50°
40°

Catálogo de las Plantas Vasculares de la República Argentina II

Fabaceae – Zygophyllaceae
(Dicotyledoneae)

Fernando O. Zuloaga
Osvaldo Morrone (editores)

Missouri
Botanical
Garden
Press

MONOGRAPHS IN SYSTEMATIC BOTANY
FROM THE MISSOURI BOTANICAL GARDEN

Volume 74

ISBN 0-915279-65-7
ISSN 0161-1542

AUTHORS' ADDRESS
Instituto de Botánica Darwinion
Labardén 200, Casilla de Correo 22
San Isidro 1642, Argentina

EDITOR
Victoria C. Hollowell

MANAGING EDITOR
Amy Scheuler McPherson

EDITORIAL ASSISTANT
Diana Gunter

TEXT FORMATTER
Barbara Mack

SECRETARY
Vicki Couture

Cover illustraton: *Passiflora mooreana* Hook. f. by V. Dudas.

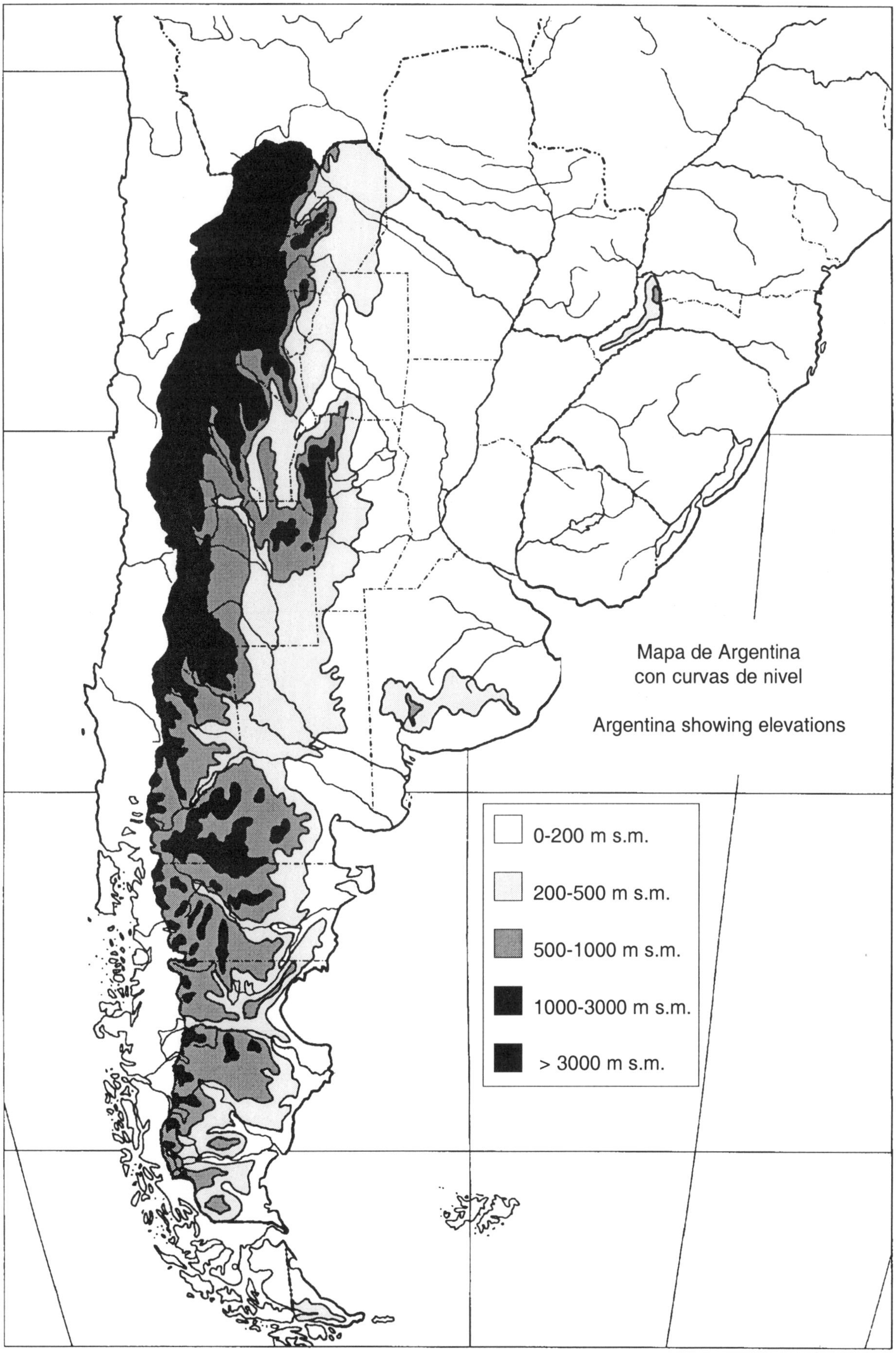
Mapa de Argentina
con curvas de nivel
Argentina showing elevations
0-200 m s.m.
200-500 m s.m.
500-1000 m s.m.
1000-3000 m s.m.
> 3000 m s.m.

Catálogo de las Plantas Vasculares de la República Argentina II

Fabaceae – Zygophyllaceae
(Dicotyledoneae)

MONOGRAPHS IN SYSTEMATIC BOTANY
FROM THE MISSOURI BOTANICAL GARDEN

Volume 74

ISBN 0-915279-65-7
ISSN 0161-1542

AUTHORS' ADDRESS
Instituto de Botánica Darwinion
Labardén 200, Casilla de Correo 22
San Isidro 1642, Argentina

Cover illustraton: *Passiflora mooreana* Hook. f. by V. Dudas.

P.O. Box 299
St. Louis, Missouri 63166-0299, U.S.A.

Printed in U.S.A.

Catálogo de las Plantas Vasculares de la República Argentina II

Fabaceae – Zygophyllaceae
(Dicotyledoneae)

Fernando O. Zuloaga
Osvaldo Morrone (editores)

Missouri
Botanical
Garden
Press

SUMARIO

INTRODUCCIÓN

La República Argentina es el segundo país en superficie de América del Sur, con un área de 2,778,853 km^2. Se extiende desde los 21º50'S en el norte a los 55º30'S en el sur, y desde el océano Atlántico al este hasta la cordillera de los Andes al oeste; limita con Bolivia, Brasil, Chile, Paraguay y Uruguay. Abarca una gran diversidad de diferentes tipos de suelos y posee una topografía variada, desde planicies al nivel del mar hasta las altas cumbres de los Andes. El clima es también marcadamente diverso, desde húmedo y subtropical en los límites con Paraguay, Bolivia y Brasil, a templado-frío en el extremo sur de la Patagonia.

La mayor parte de la Argentina se encuentra dentro de la región fitogeográfica Neotropical (Cabrera, 1976d), hallándose 4 dominios representados en esta región. La mayor riqueza florística de la Argentina se halla en selvas subtropicales del dominio Amazónico situado en el norte del país. El dominio Chaqueño es a su vez la formación más extensa, con bosques subtropicales deciduos, estepas y sabanas desde el océano Atlántico a la región andina, y desde los límites con Bolivia y Paraguay hasta el norte de la provincia de Chubut. Al sur y oeste de Argentina se encuentra el dominio Andino-patagónico, que comprende los desiertos de altura de los Andes, la Puna y las estepas patagónicas, y el dominio Subantártico que comprende una angosta franja de bosques templados caducifolios y perennifolios a lo largo de los Andes patagónicos.

La presente publicación provee una lista crítica de Dicotyledoneae, incluyendo especies, géneros y familias (Tabla 1, 2). Los taxones fueron revisados críticamente, sobre la base de la bibliografía disponible y el análisis de especímenes de herbario, particularmente aquellos depositados en herbarios argentinos. A raíz de estos estudios, este catálogo incluye nueva información. Las combinaciones y nuevos nombres para la flora argentina se publican válidamente en el Apéndice 1.

Las familias botánicas se han agrupado en orden alfabético, siguiendo, en líneas generales, la clasificación establecida por Hunziker (1984b). Los géneros se ordenaron alfabéticamente en cada familia. Para cada taxón se da el nombre que se considera válido, se cita su autor o autores, los sinónimos relevantes para la Argentina, citas de fuentes bibliográficas, hábito, status, elevación, la distribución por provincias, presencia en países limítrofes, si se trata de una especie nativa, introducida o endémica para Argentina. Se citan asimismo especímenes representativos, y en algunos casos se añaden notas para aclarar la nomenclatura o dar otra información necesaria.

En este catálogo se consideran los géneros, especies, subespecies, variedades y formas previamente citadas para la República Argentina. Los géneros se ordenan alfabéticamente dentro de cada familia; en cada género se sigue el mismo criterio para especies, subespecies, variedades, etc. Se consideran las especies nativas y las exóticas naturalizadas, y se excluyen las especies cultivadas e híbridos. Los taxones considerados excluidos, las citas dudosas y los taxones dudosos se incluyeron, en orden alfabético, dentro de la familia respectiva. Como resultado de este trabajo, se confirma la presencia de 175 familias, 1395 géneros y 6896 especies de Dicotyledoneae para la Argentina.

A continuación se incluye un ejemplo del formato modelo para un taxón válido en el catálogo (para más detalle ver descripción del formato a continuación):

1) Nombre aceptado y autores	**Aphelandra hieronymi** Griseb.
2) Sinónimos	Sin.: *Odontophyllum hieronymi* (Griseb.) Sreem.
3) Referencias bibliográficas	Ref.: Wasshausen, 1975; Ezcurra, 1993b.
4) Hábito	Hábito: Arbusto.
5) Status	Status: Nativa.
6) Elevación	Elevación: 1000-2000 m.
7) Provincias en Argentina	Prov.: JU, SA.
8) Presencia en paises limítrofes	Paises limítrofes: BO.
9) Ejemplar de referencia	Ejemplar examinado: *Cabrera 32261* (SI).
10) Notas	

11) Sinónimo con referencia cruzada al nombre aceptado

Odontophyllum hieronymi (Griseb.) Sreem. = **Aphelandra hieronymi** Griseb.
Ref.: Ezcurra, 1993b.

INTRODUCCIÓN

Descripción del formato

Los nombres de familias y géneros y sus fundadores se citaron de acuerdo a Brummitt (1992).

Géneros aceptados. Se incluye nombre del género, en negrita, autor y número de especies.

Especies y taxones infraespecíficos aceptados. Los nombres aceptados se indican en negrita. Estos nombres han sido confirmados en la bibliografía citada en la línea 3 o mediante ejemplares de herbario citados en la línea 9. Se consultó toda la literatura pertinente y los herbarios estudiados son citados conforme a las siglas que figuran en Holmgren et al. (1990). Los autores de los taxones aceptados y sinónimos se abrevian de acuerdo a Brummitt & Powell (1992).

Sinonimia (Sin.). Luego del taxón válido se indican los sinónimos correspondientes en letra itálica, ordenados alfabéticamente. Aparte también aparecen los sinónimos individualmente, indicando su nombre aceptado (línea 11). Por lo general, sólo se citan los sinónimos importantes en Argentina. Se incluyen en algunos casos otros sinónimos, fundamentalmente para explicar usos taxonómicos o de nomenclatura.

Referencia (Ref.). La misma incluye el o los autores y año de publicación donde se hace referencia a una cita del taxón considerado y donde se pueden consultar datos adicionales, como la diagnosis original, una descripción completa, una figura y/u otras observaciones. Cabe destacar que la referencia no necesariamente incluye toda o parte de la sinonimia considerada en el presente trabajo. La cita completa de la bibliografía se halla en una sección bibliográfica aparte.

En las referencias de la sinonimia (línea 11) no se indican, en la mayoría de los casos, los sinónimos nomenclaturales y sí se colocan en todos los casos las referencias correspondientes de los sinónimos taxonómicos. En aquellos casos en que dicha referencia está ausente, esto implica que la sinonimia corresponde al criterio de los autores del presente catálogo.

Hábito. En este item se señala el hábito de las diferentes especies, como por ejemplo árbol, arbusto, hierba, subarbusto, o arbusto o árbol, etc.

Status. Se indica si la especie es nativa o introducida, naturalizada o subespontánea, y si es endémica para la Argentina.

Elevación. Se incluyen los rangos altitudinales aproximados para cada especie, en aquellos casos en que se pudo obtener la información correspondiente, ya sea de ejemplares de herbario o de la bibliografía.

Provincias (Prov.). Se indica la presencia del taxón en las 23 provincias y un Distrito Federal de la Argentina, las que han sido abreviadas de acuerdo con el siguiente esquema: BA: Buenos Aires; CA: Catamarca; CH: Chaco; CHU: Chubut; CO: Córdoba; COR: Corrientes; DF: Distrito Federal; ER: Entre Ríos; FO: Formosa; JU: Jujuy; LP: La Pampa; LR: La Rioja; ME: Mendoza; MI: Misiones; NE: Neuquén; RN: Río Negro; SA: Salta; SC: Santa Cruz; SE: Santiago del Estero; SF: Santa Fe; SJ: San Juan; SL: San Luis; TF: Tierra del Fuego e islas del Atlántico Sur; TU: Tucumán.

Paises limítrofes. Se señala si la especie se encuentra en los siguientes paises: BO: Bolivia; BR: Brasil; CH: Chile; PA: Paraguay; UR: Uruguay.

Ejemplar examinado. Finalmente se cita, como referencia de material de herbario, un especimen seleccionado y revisado en el presente catálogo, con el correspondiente acrónimo del herbario en que se encuentra. En aquellos casos en los que no fue posible examinar un ejemplar, el mismo se indica con un asterisco (*), correspondiendo a un especimen citado por el autor indicado en la referencia.

INTRODUCCIÓN

Bibliografía

En esta sección se incluyen las citas completas de los trabajos mencionados en el catálogo, ordenados alfabéticamente por autores y dentro de cada autor por fecha. En el caso de varios trabajos en el mismo año, se usan letras para distinguirlos. Los títulos de las revistas y series se abrevian de acuerdo al "B-P-H" (Lawrence et al., 1968) y al "B-P-H/S" (Bridson & Smith, 1991) y la mayoría de los títulos de los libros se citan completos, con el lugar de publicación y número de páginas o número de volúmenes.

Las siguientes abreviaturas, en la mayoría de los casos del latín botánico, son usadas luego de los nombres de los taxones para clarificar su situación taxonómica o nomenclatural:

auct. non = usado para indicar un nombre erróneamente aplicado.
com. pers. = comunicación personal.
comb. illeg. = publicado como combinación ilegítima.
comb. inval. = publicado como combinación inválida.
comb. superfl. = publicado como combinación superflua.
emend. = indica una modificación en los caracteres diagnósticos de un taxón; abreviatura seguida por el nombre del autor responsable de dicha modificación.
et al. = y otros.
ex = usado en la cita del autor de un nombre para hacer referencia al autor que ha publicado inválidamente un nombre y el autor que publicó el mismo válidamente.
f. = forma.
hom. illeg. = homónimo ilegítimo, un nombre ilegítimo.
nom. cons. = nombre conservado en el código internacional de nomenclatura botánica.
nom. illeg. = nombre ilegítimo.
nom. inval. = publicado como nombre inválido.
nom. nud. = nombre no acompañado por una descripción válida.
nom. superfl. = publicado como nombre superfluo.
p.p. = en parte.
pro syn. = publicado como sinónimo.
subsp. = subespecie.
var. = variedad.

Finalmente en el Apéndice 2 se incluye una lista de los géneros válidos (en redonda) y no válidos (en itálica), seguidos de la familia, o familias, donde los mismos han sido tratados. Se indican en negrita las familias en las que los géneros son tratados como válidos.

Agradecimientos

Deseamos expresar nuestro agradecimiento a las siguientes personas o instituciones: al Missouri Botanical Garden y a su director, Dr. Peter H. Raven por su estímulo y ayuda para hacer posible esta publicación; al Dr. Juan H. Hunziker y al personal del Instituto de Botánica Darwinion por el apoyo prestado a la realización del proyecto, y al Consejo Nacional de Investigaciones Científicas y Técnicas de la República Argentina (CONICET). Al Dr. Clodomiro Marticorena, por sus valiosas observaciones que permitieron enriquecer el trabajo final; de la misma forma deseamos agradecer al Dr. Luis Ariza Espinar por su detallada revisión final de la familia Asteraceae. Finalmente, deseamos expresar nuestro agradecimiento a Alejandra Garbini por su valiosa colaboración en la preparación del manuscrito y al Ing. Daniel Rodríguez por el desarrollo de la base de datos IRIS, elaborada en el Instituto Darwinion.

INTRODUCCIÓN

Introduction

Argentina is the second-largest country in South America, with a surface area of 2,778,853 km^2. It stretches from 21°50´S to 55°30´S, and west from the Atlantic Ocean to the summit of the Andes; its neighboring countries are Bolivia, Brazil, Chile, Paraguay and Uruguay. It encompasses a great diversity in soil types and topography, the latter varying from extensive seacoasts in the East across wide plains to the Andean Cordillera at its highest point, with peaks reaching to nearly 7000 m. Climates in Argentina range from humid and subtropical on the Paraguay-Bolivia border, to cold temperate in the southern extremities of Patagonia.

Most of Argentina is classified in the Neotropical phytogeographic region (Cabrera, 1976d), with four separate domains represented. The greatest floristic richness is found in the subtropical forests of the Amazonian domain, in the Yungas and Paranaense phytogeographic provinces in the north. The Chacoan domain is the most extensive formation in the country, with its deciduous subtropical forests, steppes, and savannas ranging from the Atlantic Ocean to the Andean foothills, and from the Paraguayan border to northern Chubut province. To the south, much of the western and southern portions of the country are included in the Andean-Patagonian domain; the Subantarctic domain is represented by a narrow area of temperate deciduous and evergreeen forests along the Andean Cordillera.

This treatment includes a checklist of Dicotyledoneae, including species in genera and families, known up to the present in Argentina (Table 1, 2). Each taxon was critically evaluated based on the literature and the authors own data. Herbarium specimens were also studied, particularly those found at Argentinean herbaria. As a consequence of these studies new data are presented in the checklist; all new combinations and new names are listed in Appendix 1.

Families are arranged alphabetically following, in general terms, Hunziker (1984b). Genera were alphabetically arranged within each family. Authors, relevant synonymy, references, distribution, vouchers and endemicity are given for each species. A note is included for additional information when necessary.

All genera, species, subspecies, varieties, and forms previously cited for Argentina are accounted for. Genera are arranged alphabetically, as well as species, subspecies, varieties and forms; native and naturalized exotic species were treated, while cultivated plants and hybrids were not included in the treatment. Taxa that were excluded from the flora of Argentina, or considered doubtful citations or dubious taxa, are listed within each family. As a result of this study, 175 families, 1395 genera, and 6896 species of Dicotyledoneae are validly considered for the flora of Argentina.

Following is an example of a valid taxon in the checklist:

1) Accepted name and authors	**Aphelandra hieronymi** Griseb.
2) Synonyms	Sin.: *Odontophyllum hieronymi* (Griseb.) Sreem.
3) References	Ref.: Wasshausen, 1975; Ezcurra, 1993b.
4) Habit	Hábito: Arbusto.
5) Status	Status: Nativa.
6) Elevation	Elevación: 1000-2000 m.
7) Provinces in Argentina	Prov.: JU, SA.
8) Presence in neighboring countries	Paises limítrofes: BO.
9) Voucher	Ejemplar examinado: *Cabrera 32261* (SI).
10) Notes	

11) Synonyms cross-referenced to accepted name

Odontophyllum hieronymi (Griseb.) Sreem. = **Aphelandra hieronymi** Griseb.
Ref.: Ezcurra, 1993b.

INTRODUCCIÓN

Details of the format

Names of families and genera, and their authors, were cited following Brummitt (1992).

Accepted genera. Accepted genera appear in boldface type, together with their author(s) and number of species in Argentina.

Accepted species and infraspecific taxa. Accepted names appear in boldface type. They have been confirmed in the literature references in item 3 or by herbarium specimens cited on the voucher line (item 9). An attempt was made to locate all relevant literature, and many specimens were consulted for specimen records; herbaria are cited following Holmgren et al. (1990). Author names follow Brummitt & Powell (1992).

Synonyms (Sin.). Synonyms appear in italics following the accepted name and also as individual entries cross-referenced to the accepted names (item 11). All basionyms and relevant synonyms to the flora of Argentina are accounted for; the basionym is cited first, followed by other synonyms alphabetically arranged.

Literature references (Ref.). This makes reference to a citation of the valid taxon, where the users can find additional information about the species, such as a description. This reference does not necessarily include the synonymy listed under each taxon.

Habit. The habit is detailed under each valid species, i.e., tree, shrub, herb, subshrub, shrub or tree.

Status. The species are considered native, introduced, naturalized or endemic to Argentina.

Elevation. Latitudinal ranges are given for each valid species, whenever that information was available.

Provinces (Prov.). Presence of each taxon is indicated for the 23 provinces and 1 Federal District in Argentina. The names of the provinces have been abbreviated as: BA: Buenos Aires; CA: Catamarca; CH: Chaco; CHU: Chubut; CO: Córdoba; COR: Corrientes; DF: Distrito Federal; ER: Entre Ríos; FO: Formosa; JU: Jujuy; LP: La Pampa; LR: La Rioja; ME: Mendoza; MI: Misiones; NE: Neuquén; RN: Río Negro; SA: Salta; SC: Santa Cruz; SE: Santiago del Estero; SF: Santa Fe; SJ: San Juan; SL: San Luis; TF: Tierra del Fuego e islas del Atlántico Sur; TU: Tucumán.

Neighboring countries (Paises limítrofes). Presence of the taxon in neighboring countries is cited as: BO: Bolivia; BR: Brazil; CH: Chile; PA: Paraguay; UR: Uruguay.

Voucher (Ejemplar examinado). One selected specimen is included, together with the herbarium where this voucher is located. In cases where no specimen was available for study, this was indicated by an asterisk (*), corresponding to a specimen cited by the author indicated in the reference.

Literature cited (Bibliografía)

All references are listed alphabetically and ordered by date for each author. Journal abbreviations follow "B-P-H" (Lawrence et al., 1968) and "B-P-H/S" (Bridson & Smith, 1991).

Other abbreviations

The following botanical abbreviations, most of them from botanical Latin, are used after species names for clarification of taxonomic or nomenclatural status:

auct. non = to indicate a name commonly misapplied.
com. pers. = personal communication.
comb. illeg. = published as an illegitimate combination.
comb. inval. = published as an invalid combination.
comb. superfl. = published as a superfluous combination.
emend. = denotes an alteration of the diagnostic characters of a taxon, followed by the name of the author responsible for the change.

et al. = and others.
ex = used in the author citations of names to link the name of an author who has not validly published a name with that of the author who validated the same name.
f. = form.
hom. illeg. = an illegitimate homonym.
nom. cons. = a conserved name.
nom. illeg. = an illegitimate name.
nom. inval. = published as an invalid name.
nom. nud. = a name unaccompanied by a description or reference to a published description.
nom. superfl. = published as a superfluous name.
p.p. = in part.
pro syn. = published as a synonym.
subsp. = subspecies.
var. = variety.

Appendix 2 includes all valid and nonvalid genera (in Roman and italics, respectively), followed by the family, or families, where they are treated; families in which the genus is considered valid are in boldface.

Acknowledgments

We express our gratitude to the director, Dr. Peter H. Raven, and staff of the Missouri Botanical Garden, to Dr. Juan H. Hunziker, and staff of the Instituto de Botánica Darwinion for their support in making this publication possible, and to the Consejo Nacional de Investigaciones Científicas y Técnicas de la República Argentina (CONICET). We also thank Dr. Clodomiro Marticorena and Dr. Luis Ariza Espinar for very helpful comments. Finally, we express our gratitude to Alejandra Garbini for her help in the final stages of preparation of this manuscript, and to Ing. Daniel Rodríguez for the development of the database IRIS, prepared at the Darwinion Institute.

Autores y coautores de tratamientos de los taxones e institución a la que pertenecen

Ahumada, L. Z. (CTESN): Aristolochiaceae, Euphorbiaceae (*Croton* y *Julocroton*).
Anderson, W. R. (MICH): Malpighiaceae.
Arambarri, A. M. (LPAG): Fabaceae (*Lotus*).
Arbo, M. M. (CTES): Bignoniaceae, Lentibulariaceae, Turneraceae.
Ariza Espinar, L. (CORD): Asteraceae.
Arroyo-Leuenberger, S. C. (B): Epacridaceae, Solanaceae (*Benthamiella*).
Bacigalupo, N. M. (SI): Callitrichicaceae, Caprifoliaceae.
Bacigalupo, N. M. & E. Cabral (SI, CTES): Rubiaceae.
Bacigalupo, N. M. & M. E. Múlgura (SI): Euphorbiaceae.
Barboza, G. (CORD): Geraniaceae, Solanaceae.
Brizuela, M. (BAFC): Fabaceae.
Cabrera, A. L. (SI): Asteraceae.
Cialdella, A. M. (SI): Fabaceae, Polygonaceae.
Chiapella, J. (CRUB): Calyceraceae, Campanulaceae, Stylidaceae.
Cocucci, A. A. (CORD): Solanaceae (*Nicotiana*).
Crespo, S. & R. L. Pérez-Moreau (SI): Loasaceae.
Cristóbal, C. L. (CTES): Sterculiaceae.
Deginani, N. B. (SI): Hydrophyllaceae, Passifloraceae.
Delucchi, G. (LP): Asteraceae.
Delucchi, G. & F. Achinelli (LP): Oleaceae.
Drewes, S. (BAFC): Fabaceae.
Ezcurra, C. E. (CRUB): Acanthaceae, Apocynaceae, Asclepiadaceae.
Ferrucci, S. (CTES): Sapindaceae, Tiliaceae.
Figueroa Romero, M. R. (LIL): Solanaceae (*Petunia*).
Fortunato, R. H. (BAB): Fabaceae.

Freire, S. E. (LP): Asteraceae.
Gamerro, J. C. (SI): Araliaceae.
Giberti, G. (BACP): Aquifoliaceae.
Giuliano, D. (LP): Asteraceae.
Gómez Sosa, E. V. (SI): Fabaceae.
Guaglianone, R. E. (SI): Combretaceae, Phytolaccaceae.
Hoc, P. (BAFC): Fabaceae.
Hunziker, J. H. (SI): Zygophyllaceae.
Iharlegui, L. (LP): Asteraceae.
Katinas, L. (LP): Asteraceae.
Kiesling, R. (SI): Cactaceae.
Krapovickas, A. (CTES): Convolvulaceae, Fabaceae (*Arachis*), Malvaceae.
Palacios, R. A. (BAFC): Fabaceae.
Pedersen, T. M. (CTES): Amaranthaceae.
Pérez-Moreau, R. L. & S. Crespo (BAB): Boraginaceae.
Peralta, I. (MERL): Portulacaceae.
Planchuelo, A. M. (ACOR): Fabaceae.
Pozner, R. (SI): Cucurbitaceae.
Romanutti, A. (CORD): Solanaceae.
Rotman, A. D. (JUA): Myrtaceae.
Rossow, R. A. †: Fabaceae.
Ruggiero, C. (LP): Asteraceae.
Sáenz, A. A. (LP): Asteraceae.
Sancho, G. (LP): Asteraceae.
Sanso, A.M. (SI) **& C.C. Xifreda** (LP): Buddlejaceae, Desfontainiaceae, Loganiaceae.
Subils, R. (CORD): *Euphorbia*.
Tortosa, R. (BAA): Rhamnaceae.
Tressens, S. (CTES): Lauraceae, Sapotaceae.
Tur, N. M. (LP): Podostemaceae.
Ulibarri, E. A. (SI): Fabaceae.
Urtubey, E. (LP): Asteraceae.
Vanni, R. (CTES): Fabaceae.
Volponi, C. (Comisión de Investigaciones Científicas, CIC, Provincia de Buenos Aires, LP): Caryophyllaceae.
Xifreda, C. C. (Comisión de Investigaciones Científicas, CIC, Provincia de Buenos Aires, LP): Aizoaceae, Basellaceae, Balanophoraceae, Caricaceae, Dipsacaceae, Gesneriaceae, Lamiaceae, Menispermaceae, Molluginaceae, Rutaceae, Scrophulariaceae, Simaroubaceae, Valerianaceae.
Xifreda, C. C. (LP) **& A. M. Sanso** (SI): Proteaceae, Violaceae.

Nota: La autoría en las familias Asteraceae y Fabaceae se indica al comienzo del tratamiento de las mismas. En aquellas familias en que no se indica autor, las mismas fueron realizadas por los editores de este catálogo.

Tabla 2. Lista de las familias de Dicotyledoneae, de Fabaceae a Zygophyllaceae, citadas para la Argentina, incluyendo número de géneros y especies, especies por género y número de especies endémicas (entre paréntesis).

Fabaceae (113)	
Acacia	20
Acosmium	1
Adesmia	106 (56)
Aeschynomene	12 (2)
Albizia	2
Amburana	1
Amicia	3
Amorpha	1
Anadenanthera	1
Anarthrophyllum	12 (8)
Apuleia	1
Apurimacia	1 (1)
Arachis	6 (1)
Astragalus	61 (29)
Ateleia	1
Bauhinia	7
Bergeronia	1
Caesalpinia	14 (2)
Calliandra	6
Calopogonium	2
Camptosema	4
Canavalia	4
Cascaronia	1
Centrosema	5 (2)
Cercidium	2
Chaetocalyx	5
Chamaecrista	10
Chloroleucon	3
Clitoria	3 (1)
Collaea	3
Cologania	1
Colutea	1
Copaifera	1
Coronilla	1
Coursetia	4
Cratylia	1
Crotalaria	7 (1)
Cynometra	1
Cytisus	1
Dalbergia	1
Dalea	3
Desmanthus	5
Desmodium	18 (2)
Dioclea	3
Discolobium	4
Dolichopsis	1
Enterolobium	1
Eriosema	4
Erythrina	3
Galactia	14 (1)
Galega	1
Genista	1
Geoffroea	2
Gleditsia	2
Glycyrrhiza	1
Hoffmannseggia	7 (1)
Holocalyx	1
Indigofera	9 (1)
Inga	7
Lathyrus	18 (4)
Lonchocarpus	5 (1)
Lophocarpinia	1
Lotus	4
Lupinus	34 (14)
Machaerium	7
Macroptilium	9 (1)
Medicago	7
Melilotus	4
Microlobius	1
Mimosa	55 (4)
Mimozyganthus	1
Mucuna	1
Myrocarpus	1
Myroxylon	1
Neonotonia	1
Neptunia	1
Nissolia	1
Ornithopus	1
Otholobium	1
Pachyrhizus	1
Parapiptadenia	2
Parkinsonia	1
Peltophorum	1
Phaseolus	3
Piptadenia	1
Plathymenia	1
Poecilanthe	1
Poiretia	2
Prosopidastrum	1 (1)
Prosopis	28 (11)
Pterocarpus	1
Pterogyne	1
Ramorinoa	1 (1)

Rhynchosia	14
Senna	31 (8)
Sesbania	5
Sophora	2 (2)
Spartium	1
Sphaerophysa	1
Stenodrepanum	1 (1)
Stylosanthes	7
Sweetia	1
Tephrosia	4
Tipuana	1
Trifolium	15
Trigonella	1
Ulex	1
Vicia	18
Vigna	8
Zapoteca	2
Zornia	12
Zuccagnia	1
Zygia	3

Fagaceae (1)

Nothofagus	6

Flacourtiaceae (8)

Abatia	1
Aphaerema	1
Azara	4
Banara	3
Casearia	4
Lacistema	2
Prockia	1
Xylosma	5

Frankeniaceae (1)

Frankenia	7 (3)

Fumariaceae (1)

Fumaria	6

Gentianaceae (10)

Blackstonia	1
Centaurium	4 (1)
Cicendia	1
Curtia	1
Gentiana	5 (3)
Gentianella	28 (13)
Halenia	1
Helia	1
Schultesia	1
Zygostigma	1

Geraniaceae (2)

Erodium	4
Geranium	18 (5)

Gesneriaceae (5)

Asteranthera	1
Gloxinia	2
Koellikeria	1
Mitraria	1
Sinningia	6

Gunneraceae (1)

Gunnera	5

Halophytaceae (1)

Halophytum	1 (1)

Haloragaceae (1)

Myriophyllum	2

Hippocrateaceae (1)

Hippocratea	3

Hippuridaceae (1)

Hippuris	1

Hydnoraceae (1)

Prosopanche	2

Hydrophyllaceae (3)

Hydrolea	2
Nama	3
Phacelia	9 (1)

Icacinaceae (1)

Citronella	3

Juglandaceae (1)

Juglans	1

Krameriaceae (1)

Krameria	1

Lamiaceae (25)

Ballota	1
Cunila	3
Glechon	1
Hedeoma	2
Hyptis	13
Kurzamra	1
Lamium	3
Leonotis	1

Leonurus	1
Lepechinia	3
Marrubium	1
Melissa	1
Mentha	4
Minthostachys	1
Molucella	1
Nepeta	1
Ocimum	5
Peltodon	1
Prunella	1
Rhabdocaulon	1
Salvia	24
Satureja	5
Scutellaria	6
Stachys	3
Teucrium	3

Lardizabalaceae (1)

Boquila	1

Lauraceae (5)

Cinnamomum	3
Cryptocarya	1
Nectandra	4
Ocotea	5
Persea	3

Ledocarpaceae (1)

Balbisia	6 (3)

Lentibulariaceae (2)

Pinguicula	2
Utricularia	14

Linaceae (2)

Cliococca	1
Linum	6

Loasaceae (4)

Blumenbachia	3
Caiophora	16 (4)
Loasa	16 (5)
Mentzelia	7 (1)

Loganiaceae (2)

Spigelia	7
Strychnos	1

Loranthaceae (5)

Ligaria	1
Psittacanthus	1
Struthanthus	4 (2)
Tripodanthus	2
Tristerix	2

Lythraceae (8)

Adenaria	1
Ammannia	3
Cuphea	23 (3)
Heimia	3 (1)
Lafoensia	1
Lythrum	2
Pleurophora	2 (1)
Rotala	2

Malesherbiaceae (1)

Malesherbia	3

Malpighiaceae (19)

Aspicarpa	4
Banisteriopsis	3
Bunchosia	1
Callaeum	1
Cordobia	1
Dicella	1
Gallardoa	1 (1)
Galphimia	1
Heladena	1
Heteropterys	13 (1)
Hiraea	1
Janusia	1
Mascagnia	5
Mionandra	1
Peregrina	1
Ptilochaeta	1
Stigmaphyllon	3
Tetrapterys	3
Tricomaria	1 (1)

Malvaceae (35)

Abutilon	15
Acaulimalva	1
Anoda	2
Bastardia	2
Bastardiopsis	1
Briquetia	1
Cienfuegosia	6 (1)
Corynabutilon	1
Cristaria	2
Gaya	4
Herissantia	3
Hibiscus	4
Hochreutinera	1

Krapovickasia	3
Lavatera	1
Lecanophora	7 (7)
Malachra	1
Malva	5
Malvastrum	5
Malvella	1
Modiola	1
Modiolastrum	4 (1)
Monteiroa	1
Neobaclea	1 (1)
Nototriche	31 (21)
Pavonia	25 (2)
Peltaea	1
Pseudabutilon	3
Rhynchosida	1
Sida	24 (1)
Sidastrum	2
Sphaeralcea	12 (10)
Tarasa	12 (4)
Urocarpidium	3
Wissadula	11 (1)

Martyniaceae (2)

Craniolaria	2 (1)
Ibicella	2 (1)

Melastomataceae (7)

Acisanthera	1
Brachyotum	1
Leandra	7 (1)
Miconia	7 (1)
Ossaea	1
Rhynchanthera	1
Tibouchina	5

Meliaceae (5)

Cabralea	1
Cedrela	3
Guarea	3
Melia	1
Trichilia	4

Menispermaceae (3)

Cissampelos	1
Hyperbaena	2
Odontocarya	2

Menyanthaceae (1)

Nymphoides	1

Misodendraceae (1)

Misodendrum	7

Molluginaceae (2)

Glinus	2
Mollugo	1

Monimiaceae (1)

Hennecartia	1

Moraceae (6)

Broussonetia	1
Dorstenia	4
Ficus	7
Maclura	1
Morus	2
Sorocea	2

Myoporaceae (1)

Myoporum	1

Myricaceae (1)

Myrica	1

Myrsinaceae (1)

Myrsine	6

Myrtaceae (24)

Amomyrtella	1
Amomyrtus	1
Blepharocalyx	1
Calycorectes	1
Calyptranthes	2
Campomanesia	4
Eucalyptus	1
Eugenia	14 (1)
Gomidesia	2
Guapurium	1
Hexachlamys	2
Luma	1
Myrceugenia	6
Myrcia	8
Myrcianthes	7 (1)
Myrciaria	1
Myrrhinium	1
Myrteola	1
Paramyrciaria	2
Plinia	2
Psidium	11
Siphoneugena	1 (1)
Tepualia	1 (1)
Ugni	1

Nyctaginaceae (8)

Allionia	1
Boerhavia	4 (2)
Bougainvillea	5
Colignonia	1
Mirabilis	3
Pisonia	2
Pisoniella	1
Reichenbachia	1

Nymphaeaceae (3)

Cabomba	1
Nymphaea	4
Victoria	1

Ochnaceae (1)

Sauvagesia	2

Olacaceae (2)

Schoepfia	1
Ximenia	1

Oleaceae (4)

Fraxinus	3
Ligustrum	2
Linociera	1
Menodora	5 (1)

Onagraceae (8)

Camissonia	1
Clarkia	1
Epilobium	13 (1)
Fuchsia	2
Gaura	1
Gayophytum	2
Ludwigia	20
Oenothera	35 (13)

Opiliaceae (1)

Agonandra	2 (1)

Orobanchaceae (1)

Orobanche	1

Oxalidaceae (2)

Hypseocharis	2
Oxalis	69 (11)

Papaveraceae (5)

Argemone	3 (1)
Bocconia	1
Eschschlzia	1
Glaucium	2
Papaver	5

Passifloraceae (1)

Passiflora	19

Phytolaccaceae (7)

Hilleria	1
Microtea	1
Petiveria	1
Phytolacca	5 (1)
Rivina	1
Seguieria	2
Trichostigma	1

Piperaceae (2)

Peperomia	38 (8)
Piper	10 (1)

Plantaginaceae (3)

Bougueria	1
Littorella	1
Plantago	34 (9)

Plumbaginaceae (3)

Armeria	1
Limonium	1
Plumbago	2

Podostemaceae (5)

Apinagia	1
Mourera	1
Podostemum	9 (1)
Tristicha	1
Wettsteiniola	1 (1)

Polemoniaceae (7)

Collomia	1
Gilia	4 (1)
Giliastrum	1 (1)
Ipomopsis	1
Microsteris	1
Navarretia	1
Polemonium	1

Polygalaceae (4)

Bredemeyera	2 (2)
Monnina	11 (3)
Polygala	46 (18)
Securidaca	1

Polygonaceae (10)

Chorizanthe	1
Coccoloba	5
Emex	1
Eriogonum	1
Koenigia	1
Muehlenbeckia	3
Oxytheca	1
Polygonum	20
Rumex	18 (2)
Ruprechtia	5

Portulacaceae (11)

Anacampseros	2 (2)
Calandrinia	9
Cistanthe	9
Claytonia	1
Grahamia	1 (1)
Lenzia	1
Montia	1
Montiopsis	13
Portulaca	24 (9)
Schreiteria	1 (1)
Talinum	4 (1)

Primulaceae (7)

Anagallis	3
Androsace	1
Centunculus	1
Lysimachia	1
Pelletiera	1
Primula	1
Samolus	3

Proteaceae (6)

Embothrium	1
Gevuina	1
Grevillea	1
Lomatia	3
Orites	1
Roupala	2

Rafflesiaceae (1)

Pilostyles	2

Ranunculaceae (8)

Anemone	3
Barneoudia	3 (1)
Caltha	3
Clematis	5
Hamadryas	5
Myosurus	2
Ranunculus	29 (3)
Thalictrum	2

Resedaceae (1)

Reseda	1

Rhamnaceae (13)

Colletia	3
Colubrina	1
Condalia	4 (3)
Crumenaria	1
Discaria	5
Gouania	4
Hovenia	1
Kentrothamnus	1
Retanilla	1 (1)
Rhamnus	2
Sageretia	1
Scutia	1
Ziziphus	2

Rosaceae (19)

Acaena	20 (3)
Agrimonia	1
Alchemilla	6 (2)
Aphanes	2
Duchesnea	1
Fragaria	2
Geum	6 (2)
Kageneckia	1
Malus	2
Margyricarpus	1
Polylepis	3 (1)
Potentilla	2 (1)
Prunus	5
Pyracantha	1
Quillaja	1
Rosa	3
Rubus	9
Sanguisorba	1
Tetraglochin	7 (2)

Rubiaceae (41)

Alibertia	1
Borreria	18 (3)
Calycophyllum	1
Cephalanthus	1
Chiococca	1
Chomelia	1

Coccocypselum	2
Coussarea	2
Coutarea	1
Cruckshanksia	3
Diodia	2
Faramea	1
Galianthe	12 (1)
Galium	31 (4)
Genipa	1
Geophila	2
Guettarda	1
Hamelia	1
Hedyotis	1
Heterophyllaea	1
Hoffmannia	1 (1)
Ixora	1
Leptostigma	1
Machaonia	2
Manettia	3 (1)
Mitracarpus	4
Nertera	1
Oreopolus	1
Paederia	1
Palicourea	2
Pogonopus	1
Psychotria	6 (1)
Randia	2
Richardia	5
Rubia	1
Rudgea	1
Schenckia	1
Sherardia	1
Spermacoce	1
Spermacoceodes	1
Staelia	2

Rutaceae (6)

Balfourodendron	1
Citrus	1
Esenbeckia	3
Fagara	9
Helietta	1
Pilocarpus	1

Salicaceae (1)

Salix	3

Santalaceae (6)

Acanthosyris	2
Arjona	4
Jodina	1
Myoschilos	1
Nanodea	1
Quinchamalium	1

Sapindaceae (16)

Allophylus	3
Athyana	1
Cardiospermum	4
Cupania	1
Diatenopteryx	1
Diplokeleba	1
Dodonaea	1
Guindilia	3 (2)
Houssayanthus	1
Matayba	1
Melicoccus	1
Paullinia	3
Sapindus	1
Serjania	17
Thinouia	2
Urvillea	4

Sapotaceae (3)

Chrysophyllum	2
Pouteria	4
Sideroxylon	1

Saxifragaceae (10)

Chrysosplenium	2
Escallonia	16 (1)
Hydrangea	1
Lepuropetalon	1
Ribes	5 (1)
Saxifraga	1
Saxifragella	1
Saxifragodes	1
Suksdorfia	1
Tribeles	1

Sclerophylacaceae (1)

Sclerophylax	12 (10)

Scrophulariaceae (37)

Agalinis	3
Alectra	2
Angelonia	4 (1)
Antirrhinum	2
Bacopa	12
Bartsia	9 (1)
Basistemon	1
Buchnera	2
Calceolaria	42 (3)
Capraria	1

Castilleja	2
Cymbalaria	1
Digitalis	1
Escobedia	1
Euphrasia	5
Fonkia	1
Geochorda	1
Gratiola	1
Hebe	1
Kickxia	1
Limosella	1
Linaria	1
Lindernia	1
Maurandya	3
Mazus	1
Mecardonia	5
Melasma	1
Melosperma	2
Micranthemum	2
Mimulus	5
Monttea	2 (1)
Ourisia	10
Scoparia	10
Sibthorpia	2
Stemodia	8
Verbascum	2
Veronica	9

Simaroubaceae (6)

Ailanthus	1
Alvaradoa	1
Castela	2
Picramnia	2
Picrasma	1
Simaba	1

Solanaceae (33)

Aureliana	1
Benthamiella	12 (8)
Bouchetia	1
Brunfelsia	3
Capsicum	4
Cestrum	11 (1)
Combera	1
Cyphomandra	3
Datura	3
Dunalia	1
Exodeconus	1
Fabiana	10 (5)
Grabowskia	4 (2)
Iochroma	1
Jaborosa	22 (11)
Leptoglossis	1 (1)
Lycianthes	5
Lycium	23 (10)
Melananthus	1
Nicandra	1
Nicotiana	19 (4)
Nierembergia	15 (4)
Pantacantha	1 (1)
Petunia	16 (1)
Physalis	4 (1)
Reyesia	1
Salpichroa	4
Salpiglossis	1
Schizanthus	2
Schwenckia	2
Sessea	1
Solanum	150 (58)
Vassobia	3 (2)

Sphenocleaceae (1)

Sphenoclea	1

Sterculiaceae (6)

Ayenia	10 (2)
Byttneria	12
Guazuma	1
Helicteres	1
Melochia	14
Waltheria	3

Stylidaceae (1)

Phyllachne	1

Styracaceae (1)

Styrax	2 (1)

Symplocaceae (1)

Symplocos	1

Tamaricaceae (1)

Tamarix	1

Tetrachondraceae (1)

Tetrachondra	1

Theaceae (1)

Ternstroemia	1

Thymelaeaceae (3)

Daphnposis	1
Drapetes	1
Ovidia	1

Tiliaceae (4)
Corchorus 2
Heliocarpus 1
Luehea 5
Triumfetta 5

Trigoniaceae (1)
Trigonia 1

Tropaeolaceae (3)
Magallana 2 (2)
Tropaeolum 11 (5)
Trophaeastrum 1 (1)

Turneraceae (2)
Piriqueta 5
Turnera 9

Ulmaceae (1)
Phyllostylon 1

Urticaceae (7)
Boehmeria 2
Myriocarpa 1
Parietaria 3
Phenax 2
Pilea 4 (1)
Urera 4
Urtica 10 (1)

Valerianaceae (3)
Stangea 1 (1)
Valeriana 45 (14)
Valerianella 2

Verbenaceae (26)
Acantholippia 4 (2)
Aegiphila 4 (1)
Aloysia 12 (3)
Baillonia 1
Bouchea 2
Citharexylum 4
Clerodendrum 2
Diostea 1
Dipyrena 1 (1)
Duranta 4
Glandularia 42 (15)
Junellia 35 (15)
Lampaya 2 (1)
Lantana 9 (4)
Lippia 31 (4)
Neosparton 4 (3)
Parodianthus 2 (2)
Phyla 2
Pitraea 1
Priva 1
Rhaphithamnus 1
Stachytarpheta 1
Urbania 1
Verbena 21 (3)
Vitex 2
Xeroaloysia 1 (1)

Violaceae (3)
Anchietea 1
Hybanthus 16 (1)
Viola 45 (17)

Viscaceae (1)
Phoradendron 13 (2)

Vitaceae (1)
Cissus 7

Vivianiaceae (2)
Caesarea 1
Viviania 2

Vochysiaceae (1)
Qualea 1

Winteraceae (1)
Drimys 2

Zygophyllaceae (7)
Bulnesia 5 (1)
Kallstroemia 2
Larrea 4 (2)
Plectrocarpa 2 (2)
Porlieria 1
Tribulus 1
Zygophyllum 1

Angiospermae
Dicotyledoneae

FABACEAE

113 géneros, 732 especies; 156 especies, 2 subespecies, 34 variedades y 1 forma endémicas.

Subfamilia Caesalpinioideae:
Tribu Caesalpinieae: E. A. Ulibarri.
Tribu Cassieae: *Apuleia* (por E. A. Ulibarri), *Senna* (por R. H. Fortunato) y *Chamaecrista* (por R. H. Fortunato y G. Montes).
Tribu Cercideae: R. H. Fortunato.
Tribu Detarieae: E. A. Ulibarri.

Subfamilia Mimosoideae:
Tribu Acacieae: A. M. Cialdella.
Tribu Ingeae: P. M. Hoc.
Tribu Mimoseae: R. H. Fortunato (excepto *Anadenanthera, Parapiptadenia* y *Piptadenia* por A. M. Cialdella y *Prosopis* por R. A. Palacios y M. Brizuela).
Tribu Mimozygantheae: R. H. Fortunato.

Subfamilia Papilionoideae:
Tribu Aeschynomeneae: R. Vanni (excepto *Arachis* por A. Krapovickas).
Tribu Adesmieae: E. A. Ulibarri.
Tribu Amorpheae: E. V. Gómez-Sosa.
Tribu Crotalarieae: A. Planchuelo.
Tribu Dalbergiaeae: E. V. Gómez-Sosa.
Tribu Desmodieae: R. Vanni.
Tribu Galegeae: E. V. Gómez-Sosa.
Tribu Genisteae: E. V. Gómez-Sosa (excepto *Lupinus* por A. Planchuelo).
Tribu Indigofereae: E. V. Gómez-Sosa.
Tribu Loteae: E. V. Gómez-Sosa (excepto *Lotus* por A. M. Arambarri).
Tribu Millettieae: E. V. Gómez-Sosa.
Tribu Phaseoleae: R. H. Fortunato (excepto *Macroptilium* por S. Drewes y *Dolichopsis, Phaseolus* y *Vigna* por P. Hoc).
Tribu Psoralaeae: E. V. Gómez-Sosa.
Tribu Robinieae: E. V. Gómez-Sosa.
Tribu Sophoreae: E. A. Ulibarri.
Tribu Swartzieae: E. A. Ulibarri.
Tribu Trifolieae: por E. V. Gómez-Sosa (excepto *Melilotus* y *Trifolium* por R. A. Rossow).
Tribu Vicieae: E. V. Gómez-Sosa.

Nota: Para la clasificación de las tribus se ha seguido el sistema de Polhill & Raven (1981) y Polhill (1994).

Acacia Mill. Mimosoideae, Acacieae.
Número de especies: 20, 1 variedad y una forma endémicas.

Acacia adenopa Hook. & Arn. = **Acacia caven** (Molina) Molina var. **caven**
Ref.: Cialdella, 1984.

[Acacia adhaerens Benth.]
Ref.: Cialdella, 1984.
Nota: Especie excluida de la flora argentina.

Acacia adhaerens Benth. var. *parviceps* Speg. = **Acacia parviceps** (Speg.) Burkart
Ref.: Cialdella, 1984.

Acacia alba Colla = **Zapoteca portoricensis** (Jacq.) H.M. Hern.
Ref.: Hernández, 1989.

Acacia albicorticata Burkart
Ref.: Burkart, 1947; Cialdella, 1984.
Hábito: Árbol.
Status: Nativa.
Elevación: 0-1500 m.
Prov.: SA, TU.
Paises limítrofes: BO, PA.
Ejemplar examinado: *Schreiter 3355* (holotipo, SI; isotipo, LIL).

Acacia angico Mart. = **Parapiptadenia rigida** (Benth.) Brenan
Ref.: Burkart, 1979b.

[Acacia angustissima (Mill.) Kuntze]
Sin.: *Mimosa angustissima* Mill.
Ref.: Cialdella, 1984.
Nota: Especie excluida de la flora argentina.

Acacia aroma Gillies ex Hook. & Arn.
Sin.: *Acacia aroma* Gillies ex Hook. & Arn. var. *cochlearis* Griseb., *Acacia aroma* Gillies ex Hook. & Arn. var. *moniliformis* (Griseb.) Hieron., *Acacia lutea* (Mill.) Britton var. *aroma* (Gillies ex Hook. & Arn.) Kuntze, *Acacia lutea* (Mill.) Britton var. *moniliformis* (Griseb.) Kuntze, *Acacia moniliformis* Griseb., *Vachellia lutea* (Mill.) Speg. f. *aroma* (Gillies ex Hook. & Arn.) Speg., *Vachellia lutea* (Mill.) Speg. f. *moniliformis* (Griseb.) Speg., *Vachellia lutea* (Mill.) Speg. f. *oocephala* Speg.
Ref.: Spegazzini, 1923; Cialdella, 1984.
Hábito: Árbol.
Status: Nativa.
Elevación: 0-1500 m.
Prov.: CA, CH, CO, COR, FO, JU, LR, MI, SA, SE, SF, SL, TU.
Paises limítrofes: BA, PA.
Ejemplar examinado: *Meyer 421* (LIL, SI).

Acacia aroma Gillies ex Hook. & Arn. var. *cochlearis* Griseb. = **Acacia aroma** Gillies ex Hook. & Arn.
Ref.: Cialdella, 1984.

Acacia aroma Gillies ex Hook. & Arn. var. *moniliformis* (Griseb.) Hieron. = **Acacia aroma** Gillies ex Hook. & Arn.
Ref.: Cialdella, 1984.

Acacia atramentaria Benth.
Sin.: *Acacia farnesiana* (L.) Willd. var. *atramentaria* (Benth.) Kuntze, *Acacia prosopoma* A. Schnyd., *Prosopis astringens* Gillies ex Hook. & Arn., *Prosopis astringens* Gillies ex Hook. & Arn., hom. illeg., *Vachellia astringens* (Gillies ex Hook. & Arn.) Speg.
Ref.: Spegazzini, 1923; Cialdella, 1984; Burkart, 1987a.
Hábito: Arbusto o árbol.
Status: Nativa.
Elevación: 0-1000 m.
Prov.: BA, CH, CO, COR, ER, FO, JU, SA, SE, SF, SJ, SL, TU.
Paises limítrofes: CH.
Ejemplar examinado: *Venturi 9509* (LP, SI).

Acacia bimucronata DC. = **Mimosa bimucronata** (DC.) Kuntze
Ref.: Barneby, 1991.

Acacia boliviana Rusby
Ref.: Spegazzini, 1923; Cialdella, 1984.
Hábito: Arbusto o árbol.
Status: Nativa.
Elevación: 0-2000 m.
Prov.: JU, SA.
Paises limítrofes: BO.
Ejemplar examinado: *Schreiter 11047* (BA, LIL, SI).

Acacia bonariensis Gillies ex Hook. & Arn.
Ref.: Spegazzini, 1923; Burkart, 1967a; Cialdella, 1984.
Hábito: Arbusto o árbol.
Status: Nativa.
Elevación: 0-1500 m.
Prov.: BA, CA, CH, CO, COR, ER, FO, JU, MI, SF, SJ, TU.
Paises limítrofes: BR, PA, UR.
Ejemplar examinado: *Nicora 3155* (SI).

Acacia bonplandii Gillies ex Hook. & Arn. = **Mimosa bonplandii** (Gillies ex Hook. & Arn.) Benth.
Ref.: Burkart, 1964.

Acacia caven (Molina) Molina var. **caven**
Sin.: *Acacia adenopa* Hook. & Arn., *Acacia cavenia* (Molina) Hook. & Arn., *Acacia cavenia* Colla, hom. illeg., *Acacia farnesiana* (L.) Willd. f. *cavenia* (Molina) E.C. Clos, *Acacia farnesiana* (L.) Willd. var. *brachicarpa* Kuntze, *Acacia farnesiana* (L.) Willd. var. *cavenia* (Molina) Arechav., comb. superfl., *Acacia farnesiana* (L.) Willd. var. *cavenia* (Molina) Kuntze, *Mimosa caven* Molina, *Mimosa cavenia* Molina, *Vachellia farnesiana* (L.) Wight & Arn. f. *cavenia* (Molina) Speg.
Ref.: Spegazzini, 1923; Cialdella, 1984; Burkart, 1987a.
Hábito: Arbusto o árbol.
Status: Nativa.
Elevación: 0-1000 m.
Prov.: BA, CA, CH, CO, COR, ER, FO, JU, LR, ME, MI, SA, SE, SF, SJ, SL, TU.
Paises limítrofes: BO, BR, CH, PA, UR.
Ejemplar examinado: *Burkart et al. 29343* (SI).

Acacia caven (Molina) Molina var. **dehiscens** Burkart ex Ciald.
Ref.: Cialdella, 1984.
Hábito: Arbusto o árbol.
Status: Endémica.
Prov.: CO, SA, SL.
Ejemplar examinado: *Nicora 962* (holotipo, SI).

Acacia caven (Molina) Molina var. **microcarpa** (Speg.) Burkart ex Ciald.
Sin.: *Vachellia farnesiana* (L.) Wight & Arn. f. *microcarpa* Speg.
Ref.: Spegazzini, 1923; Cialdella, 1984.
Hábito: Arbusto o árbol.
Status: Nativa.
Elevación: 0-500 m.
Prov.: CH, FO.
Paises limítrofes: PA.
Ejemplar examinado: *Krapovickas 1283* (neotipo, SI; isoneotipo, LIL).

Acacia caven (Molina) Molina var. **stenocarpa** (Speg.) Burkart ex Ciald.
Sin.: *Vachellia farnesiana* (L.) Wight & Arn. f. *stenocarpa* Speg.
Ref.: Spegazzini, 1923; Cialdella, 1984.
Hábito: Arbusto o árbol.
Status: Nativa.
Elevación: 0-500 m.
Prov.: CH, FO, MI.
Paises limítrofes: PA.
Ejemplar examinado: *Burkart 14734* (neotipo, SI).

Acacia cavenia (Molina) Hook. & Arn. = **Acacia caven** (Molina) Molina var. **caven**
Ref.: Cialdella, 1984.

Acacia cavenia Colla, hom. illeg. = **Acacia caven** (Molina) Molina var. **caven**
Ref.: Cialdella, 1984.

Acacia cebil Griseb. = **Anadenanthera colubrina** (Vell.) Brenan var. **cebil** (Griseb.) Altschul
Ref.: Altschul, 1964.

Acacia concinna Phil., hom. illeg. = **Acacia visco** Lorentz ex Griseb.
Ref.: Cialdella, 1984.

Acacia curvifructa Burkart
Ref.: Burkart, 1952a; Cialdella, 1984.
Hábito: Arbusto o árbol.
Status: Nativa.
Elevación: 0-500 m.
Prov.: CH, FO, SE.
Paises limítrofes: BR, PA.
Ejemplar examinado: *Rojas 2138* (holotipo, SI).

Acacia etilis Speg.
Ref.: Spegazzini, 1923; Cialdella, 1984.
Hábito: Arbusto o árbol.
Status: Nativa.
Elevación: 0-500 m.
Prov.: JU, SA.
Paises limítrofes: BO.
Ejemplar examinado: *Zuloaga et al. 1398* (SI).

Acacia farnesiana (L.) Willd.
Sin.: *Mimosa farnesiana* L.
Ref.: Burkart, 1979; Cialdella, 1984.
Hábito: Arbusto o árbol.
Status: Nativa.
Elevación: 0-500 m.
Prov.: CH, CO, FO.
Paises limítrofes: BR, PA.
Ejemplar examinado: *Lahitte s.n.* (BAB 60295).

Acacia farnesiana (L.) Willd. f. *cavenia* (Molina) E.C. Clos = **Acacia caven** (Molina) Molina var. **caven**
Ref.: Cialdella, 1984.

Acacia farnesiana (L.) Willd. var. *atramentaria* (Benth.) Kuntze = **Acacia atramentaria** Benth.
Ref.: Cialdella, 1984.

Acacia farnesiana (L.) Willd. var. *brachicarpa* Kuntze = **Acacia caven** (Molina) Molina var. **caven**
Ref.: Cialdella, 1984.

Acacia farnesiana (L.) Willd. var. *cavenia* (Molina) Arechav., comb. superfl. = **Acacia caven** (Molina) Molina var. **caven**

Acacia farnesiana (L.) Willd. var. *cavenia* (Molina) Kuntze = **Acacia caven** (Molina) Molina var. **caven**
Ref.: Cialdella, 1984.

[Acacia farnesiana (L.) Willd. var. heterocarpa Kuntze]
Ref.: Cialdella, 1984.
Nota: Taxón dudoso.

[Acacia feroz M. Martens & Galeotti]
Ref.: Cialdella, 1984.
Nota: Especie excluida de la flora argentina.

[Acacia filicina Willd.]
Ref.: Cialdella, 1984.
Nota: Especie excluida de la flora argentina.

Acacia flexuosa Lag. = **Prosopis flexuosa** DC. var. **flexuosa**

Acacia formosa Kunth = **Zapoteca formosa** (Kunth) H.M. Hern.
Ref.: Hernández, 1989.

Acacia furcata Gillies ex Hook. & Arn., hom. illeg. = **Acacia furcatispina** Burkart
Ref.: Cialdella, 1984.

Acacia furcatispina Burkart
Sin.: *Acacia furcata* Gillies ex Hook. & Arn., hom. illeg., *Manganaroa furcata* (Gillies ex Hook. & Arn.) Speg.
Ref.: Spegazzini, 1923; Burkart, 1967a; Cialdella, 1984.
Hábito: Arbusto o árbol.
Status: Nativa.
Elevación: 0-1500 m.
Prov.: BA, CA, CO, LR, ME, MI, SA, SE, SJ, SL, TU.
Paises limítrofes: BO, PA.
Ejemplar examinado: *Rodríguez 265* (CTES, SI).

[Acacia glomerosa Benth.]
Ref.: Cialdella, 1984.
Nota: Especie excluida de la flora argentina.

Acacia gracilis M. Martens & Galeotti = **Zapoteca formosa** (Kunth) H.M. Hern.
Ref.: Hernández, 1989.

Acacia grata Willd. = **Piptadenia grata** (Willd.) J.F. Macbr.

Acacia guacamayo (Britton & Killip) Standl. = **Albizia niopoides** (Spruce ex Benth.) Burkart
Ref.: Barneby & Grimes, 1996.

Acacia hamiltonii Desv. = **Zapoteca portoricensis** (Jacq.) H.M. Hern.
Ref.: Hernández, 1989.

Acacia hassleri Chodat = **Acacia praecox** Griseb.
Ref.: Cialdella, 1984.

Acacia inundata Mart. = **Albizia inundata** (Mart.) Barneby & J.W. Grimes

[Acacia langsdorfii Benth.]
Ref.: Cialdella, 1984.
Nota: Especie excluida de la flora argentina.

Acacia lepidota Hook. & Arn. = **Mimosa bonplandii** (Gillies ex Hook. & Arn.) Benth.
Ref.: Burkart, 1984.

Acacia linearis Desv. = **Zapoteca portoricensis** (Jacq.) H.M. Hern.

[Acacia lutea (Mill.) Britton]
Sin.: *Mimosa lutea* Mill.
Ref.: Cialdella, 1984.
Nota: Taxón dudoso.

Acacia lutea (Mill.) Britton var. *aroma* (Gillies ex Hook. & Arn.) Kuntze = **Acacia aroma** Gillies ex Hook. & Arn.
Ref.: Cialdella, 1984.

Acacia lutea (Mill.) Britton var. *moniliformis* (Griseb.) Kuntze = **Acacia aroma** Gillies ex Hook. & Arn.
Ref.: Cialdella, 1984.

Acacia macracantha Humb. & Bonpl. ex Willd.
Sin.: *Vachellia lutea* f. *thlipsacantha* Speg.
Ref.: Spegazzini, 1923; Cialdella, 1984.
Hábito: Arbusto o árbol.
Status: Nativa.
Elevación: 0-1500 m.
Prov.: CH, COR, JU, SA, SE, SF, TU.
Paises limítrofes: BO, PA.
Ejemplar examinado: *Fabris 3490* (BAB, LP).

Acacia martii Benth.
Sin.: *Acacia paniculata* Willd. var. *martii* (Benth.) Hassl., *Manganaroa martii* (Benth.) Speg., *Manganaroa paniculata* (Willd.) Speg. var. *paraguayensis* Speg.
Ref.: Spegazzini, 1923; Cialdella, 1984.
Hábito: Arbusto.
Status: Nativa.
Elevación: 0-500 m.
Prov.: FO.
Paises limítrofes: BR, PA.
Ejemplar examinado: *Muella s.n. LPS 24294* (LP).

Acacia melalobiata Rojas Acosta = **Enterolobium contortisiliquum** (Vell.) Morong
Ref.: Burkart, 1987a.

Acacia monacantha Willd. f. **monacantha**
Sin.: *Acacia rojasii* Hassl., *Acacia velutina* Benth., hom. illeg., *Manganaroa monacantha* (Willd.) Speg.
Ref.: Spegazzini, 1923; Cialdella, 1984.
Hábito: Arbusto.
Status: Nativa.
Elevación: 0-500 m.
Prov.: CH, COR, FO, SF.
Paises limítrofes: BR, PA.
Ejemplar examinado: *Schulz 201* (SI).

Acacia monacantha Willd. f. **schulziana** Burkart
Ref.: Burkart, 1952a; Cialdella, 1984.
Hábito: Arbusto.
Status: Endémica.
Elevación: 0-500 m.
Prov.: CH.
Ejemplar examinado: *Schulz 2012* (holotipo, SI).

Acacia moniliformis Griseb. = **Acacia aroma** Gillies ex Hook. & Arn.
Ref.: Cialdella, 1984.

Acacia nitidifolia Speg.
Ref.: Spegazzini, 1923; Burkart, 1979b; Cialdella, 1984.
Hábito: Arbusto.
Status: Nativa.
Elevación: 0-500 m.
Prov.: MI.
Paises limítrofes: BR, PA.
Ejemplar examinado: *Correa 5455* (BAA, BAB).

[Acacia paniculata Willd.]
Ref.: Cialdella, 1984.
Nota: Especie excluida de la flora argentina.

Acacia paniculata Willd. var. *martii* (Benth.) Hassl. = **Acacia martii** Benth.
Ref.: Cialdella, 1984.

Acacia paraguariensis D. Parodi = **Caesalpinia paraguariensis** (D. Parodi) Burkart
Ref.: Burkart, 1952a; Ulibarri, 1996b.

Acacia parviceps (Speg.) Burkart
Sin.: *Acacia adhaerens* Benth. var. *parviceps* Speg.
Ref.: Spegazzini, 1923; Cialdella, 1984.
Hábito: Arbusto.
Status: Nativa.
Elevación: 0-1500 m.
Prov.: FO, JU, SA, TU.
Paises limítrofes: BO, PA.
Ejemplar examinado: *sin colector* (lectotipo, LP).

Acacia platensis Manganaro = **Acacia visco** Lorentz ex Griseb.
Ref.: Cialdella, 1984.

[Acacia plumosa Lowe]
Ref.: Cialdella, 1984.
Nota: Especie excluida de la flora argentina.

Acacia polyphylla Clos, hom. illeg. = **Acacia visco** Lorentz ex Griseb.
Ref.: Cialdella, 1984.

Acacia portoricensis (Jacq.) Willd. = **Zapoteca portoricensis** (Jacq.) H.M. Hern.
Ref.: Hernández, 1989.

Acacia praecox Griseb.
Sin.: *Acacia hassleri* Chodat, *Acacia praecox* Griseb. f. *hassleri* (Chodat) Burkart
Ref.: Spegazzini, 1923; Cialdella, 1984; Burkart, 1987a.
Hábito: Árbol.
Status: Nativa.
Elevación: 0-1000 m.
Prov.: CA, CH, CO, COR, ER, FO, JU, SA, SE, SF, TU.
Paises limítrofes: BO, PA.
Ejemplar examinado: *Venturi 905* (LP, SI).

Acacia praecox Griseb. f. *hassleri* (Chodat) Burkart = **Acacia praecox** Griseb.
Ref.: Cialdella, 1984.

Acacia prosopoma A. Schnyd. = **Acacia atramentaria** Benth.
Ref.: Cialdella, 1984.

Acacia recurva Benth.
Ref.: Spegazzini, 1923; Burkart, 1979b; Cialdella, 1984.
Hábito: Arbusto.
Status: Nativa.
Elevación: 0-1000 m.
Prov.: COR, MI.
Paises limítrofes: BR, PA.
Ejemplar examinado: *Quarín 242* (BAA, LP, SI).

[Acacia riparia Kunth]
Ref.: Cialdella, 1984.
Nota: Especie excluida de la flora argentina.

[Acacia riparia Kunth var. angustifolia Kuntze]
Nota: Taxón dudoso.

Acacia riparia Kuntze var. *argentinensis* Speg. = **Acacia tucumanensis** Griseb.
Ref.: Cialdella, 1984.

Acacia riparia Kuntze var. *subscandens* (Griseb.) Griseb. = **Acacia tucumanensis** Griseb.
Ref.: Cialdella, 1984.

Acacia riparia Kuntze var. *tucumanensis* (Griseb.) Griseb. = **Acacia tucumanensis** Griseb.
Ref.: Cialdella, 1984.

Acacia rojasii Hassl. = **Acacia monacantha** Willd. f. **monacantha**
Ref.: Cialdella, 1984.

Acacia selloi Spreng. = **Calliandra selloi** (Spreng.) J.F. Macbr.
Ref.: Hoc, 1992a.

Acacia siliquastrum (Cav.) Lag. = **Prosopis chilensis** (Molina) Stuntz var. **chilensis**
Ref.: Burkart, 1976-1977.

Acacia sprengelii Hook. & Arn. = [Mimosa incana (Spreng.) Benth.]
Ref.: Burkart, 1964.

Acacia stenoloba Griseb., nom. nud.

[Acacia striata Humb. & Bonpl. ex Willd.]
Ref.: Cialdella, 1984.
Nota: Especie excluida de la flora argentina.

[Acacia stricta Willd.]
Ref.: Cialdella, 1984.
Nota: Especie excluida de la flora argentina.

Acacia strombulifera (Lam.) Willd. = **Prosopis strombulifera** (Lam.) Benth. var. **strombulifera**
Ref.: Burkart, 1976-1977.

Acacia subtilifolia Kunth = **Piptadenia viridiflora** (Kunth) Benth.
Ref.: Burkart, 1949c.

Acacia torquata Cav. ex Lag. = **Prosopis torquata** (Cav. ex Lag.) DC.
Ref.: Burkart, 1976-1977.

Acacia tucumanensis Griseb.
Sin.: *Acacia riparia* Kuntze var. *argentinensis* Speg., *Acacia riparia* Kuntze var. *subscandens* (Griseb.) Griseb., *Acacia riparia* Kuntze var. *tucumanensis* (Griseb.) Griseb., *Acacia tucumanensis* Griseb. var. *subscandens* Griseb.
Ref.: Spegazzini, 1923; Burkart, 1979b; Cialdella, 1984.
Hábito: Arbusto o árbol.
Status: Nativa.
Elevación: 0-1500 m.
Prov.: CA, COR, JU, MI, SA, TU.
Paises limítrofes: BO, BR, PA.
Ejemplar examinado: *Montes 3820* (CTES, LP).

Acacia tucumanensis Griseb. var. *subscandens* Griseb. = **Acacia tucumanensis** Griseb.
Ref.: Cialdella, 1984.

Acacia ungulata Desv. = **Zapoteca portoricensis** (Jacq.) H.M. Hern.
Ref.: Hernández, 1989.

Acacia velutina Benth. var. *glabrescens* (Speg.) Burkart = **Acacia velutina** var. **monadena** Hassl.
Ref.: Cialdella, 1984.

Acacia velutina Benth. var. **monadena** Hassl.
Sin.: *Acacia velutina* Benth. var. *glabrescens* (Speg.) Burkart, *Manganaroa velutina* var. *glabrescens* Speg.
Ref.: Spegazzini, 1923; Burkart, 1979b; Cialdella, 1984.
Hábito: Arbusto.
Status: Nativa.
Elevación: 0-500 m.
Prov.: MI.
Paises limítrofes: BR, PA.
Ejemplar examinado: *Spegazzini s.n. LPS 10410* (lectotipo de *Manganaroa velutina* var *glabrescens*, LP).

Acacia velutina Benth., hom. illeg. = **Acacia monacantha** Willd. f. **monacantha**
Ref.: Cialdella, 1984.

Acacia venusta Willd. = **Zapoteca portoricensis** (Jacq.) H.M. Hern.
Ref.: Hernández, 1989.

Acacia vespertina Macfad. = **Zapoteca portoricensis** (Jacq.) H.M. Hern.
Ref.: Hernández, 1989.

Acacia viridiflora Kunth = **Piptadenia viridiflora** (Kunth) Benth.
Ref.: Burkart, 1949c.

Acacia visco Lorentz ex Griseb.
Sin.: *Acacia concinna* Phil., hom. illeg., *Acacia platensis* Manganaro, *Acacia polyphylla* Clos, hom. illeg., *Lysiloma polyphylla* (Clos) Benth., *Lysiloma polyphylla* Benth., *Manganaroa platensis* (Manganaro) Speg., *Manganaroa subsericea* Speg.
Ref.: Spegazzini, 1923; Cialdella, 1984; Burkart, 1987a.
Hábito: Árbol.
Status: Nativa.
Elevación: 0-2500 m.
Prov.: BA, CA, CO, ER, JU, LP, LR, ME, SA, SE, SJ, SL, TU.
Paises limítrofes: BO, CH.
Ejemplar examinado: *Deginani y Cialdella 314* (SI).

Acosmium Schott. Papilionoideae, Sophoreae.
Número de especies: 1

Acosmium subelegans (Mohlenbr.) Yakovlev
Sin.: *Sweetia elegans* (Vogel) Benth., *Sweetia subelegans* Mohlenbr.
Ref.: Yakovlev, 1969; Ulibarri, 1997c.
Hábito: Árbol.
Status: Nativa.
Elevación: 0-500 m.
Prov.: MI.
Paises limítrofes: BR, PA.
Ejemplar examinado: *Burkart 15355* (SI).
Nota: Probablemente también habite en Corrientes.

Acuan acuminatum (Benth.) Kuntze = **Desmanthus acuminatus** Benth.
Ref.: Luckow, 1993.

Adesmia DC. Papilionoideae, Adesmieae.
Número de especies: 106, 56 especies y 7 variedades endémicas.

Adesmia aconcaguensis Burkart
Ref.: Burkart, 1954.
Hábito: Hierba.
Status: Endémica.
Elevación: 2000-4000 m.
Prov.: LR, ME, SJ.
Ejemplar examinado: *Kiesling 6739* (SI).

Adesmia acuta Burkart
Sin.: *Adesmia acuta* Burkart f. *choiquesica* Burkart
Ref.: Burkart, 1962; Ulibarri, 1986.
Hábito: Subarbusto.
Status: Endémica.
Elevación: 1500-3000 m.
Prov.: ME, NE.
Ejemplar examinado: *Burkart et al. s.n.* (holotipo, SI 14103).

Adesmia acuta Burkart f. *choiquesica* Burkart = **Adesmia acuta** Burkart
Ref.: Burkart, 1962; Ulibarri, 1986.

Adesmia adrianii M.N. Correa
Ref.: Burkart & Correa, 1984; Ulibarri, 1986.
Hábito: Arbusto.
Status: Endémica.
Elevación: 1000-1500 m.
Prov.: NE, RN.
Ejemplar examinado: *Ruiz Leal 24342* (SI).

Adesmia aegiceras Phil.
Sin.: *Adesmia glanduligera* I.M. Johnst., *Adesmia remyana* Phil., *Adesmia subumbellata* Phil., *Adesmia trijuga* Gillies ex Hook. & Arn. var. *remyana* (Phil.) Burkart, *Adesmia trijuga* Gillies ex Hook. & Arn. var. *robustior* Hook. & Arn., *Patagonium aegiceras* (Phil.) Kuntze
Ref.: Ulibarri, 1986.
Hábito: Subarbusto.
Status: Nativa.
Elevación: 2000-4000 m.
Prov.: LR, ME, SJ.
Paises limítrofes: CH.
Ejemplar examinado: *Cabrera et al. 24465* (SI).

Adesmia affinis Hook. f. = **Adesmia muricata** (Jacq.) DC. var. **affinis** (Hook. f.) Burkart
Ref.: Burkart, 1954.

Adesmia ameghinoi Speg.
Ref.: Spegazzini, 1897a; Burkart, 1967b; Burkart & Correa, 1984.
Hábito: Subarbusto.
Status: Endémica.
Elevación: 0-500 m.
Prov.: CHU, NE, SC.
Ejemplar examinado: *Cabrera et al. 33244* (SI).

Adesmia angulata Hook. f. = **Adesmia incana** Vogel var. **incana**
Ref.: Burkart, 1967a.

Adesmia aphanantha Speg.
Ref.: Spegazzini, 1902b; Burkart & Correa, 1984.
Hábito: Hierba.
Status: Endémica.
Elevación: 0-1500 m.
Prov.: CHU, RN, SC.
Ejemplar examinado: *Cabrera et al. 33185* (SI).

Adesmia arenicola (R.E. Fr.) Burkart
Sin.: *Patagonium arenicola* R.E. Fr.
Ref.: Ulibarri, 1986.
Hábito: Arbusto.
Status: Endémica.
Elevación: 3000-3500 m.
Prov.: JU.
Ejemplar examinado: *Kiesling et al. 5274* (SI).

Adesmia arvensis Phil. = **Adesmia papposa** (Lag.) DC. var. **papposa**
Ref.: Burkart, 1967b, 1969; Burkart & Correa, 1984.

Adesmia aspera Gillies ex Hook. & Arn.
Ref.: Burkart, 1967b.
Hábito: Hierba.
Status: Nativa.
Elevación: 1000-3000 m.
Prov.: ME, NE.
Paises limítrofes: CH.
Ejemplar examinado: *Ruiz Leal 24549* (SI).

Adesmia atuelensis Burkart
Ref.: Burkart, 1960a.
Hábito: Hierba.
Status: Endémica.
Elevación: 2000-2500 m.
Prov.: ME.
Ejemplar examinado: *Ruiz Leal 16825* (holotipo, SI).

Adesmia aucaensis Burkart
Ref.: Burkart, 1954, 1967b; Burkart & Correa, 1984.
Hábito: Hierba.
Status: Endémica.
Prov.: ME, NE.
Ejemplar examinado: *Ruiz Leal 21405* (SI).

Adesmia aueri Burkart
Ref.: Burkart, 1954, 1967b; Burkart & Correa, 1984.
Hábito: Subarbusto.
Status: Endémica.
Elevación: 0-500 m.
Prov.: RN, SC.
Ejemplar examinado: *Donat 158* (holotipo, SI).

Adesmia aurantiaca (Dusén) Burkart
Sin.: *Adesmia pumila* Hook. f. var. *aurantiaca* Dusén
Ref.: Burkart, 1960a, 1967b; Burkart & Correa, 1984.
Hábito: Hierba.
Status: Endémica.
Prov.: SC.
Ejemplar examinado: *Goodspeed et al. 24231* (SI).

Adesmia axillaris Phil. = **Adesmia parvifolia** Phil.
Ref.: Burkart, 1967b; Burkart & Correa, 1984.

Adesmia berteroi Phil. ex Kuntze, pro syn., nom. nud. = **Adesmia exilis** Clos
Ref.: Burkart, 1964; Ulibarri, 1982.

Adesmia bicolor (Poir.) DC.
Sin.: *Adesmia glabriuscula* Vogel, *Adesmia pendula* DC., *Adesmia radicans* Clos, *Hedysarum bicolorum* Poir., *Hedysarum pendulum* Poir., *Patagonium glabriusculum* (Vogel) Kuntze, *Patagonium radicans* (Clos) Kuntze
Ref.: Burkart, 1966a, 1967b; Davyt & Izaguirre, 1996.
Hábito: Hierba.
Status: Nativa.
Elevación: 500-2000 m.
Prov.: BA, CO, COR, DF, ER, RN, SF, SL, TU.

Paises limítrofes: BR, CH, UR.
Ejemplar examinado: *Nicora 1302 1/2* (SI).

Adesmia boelckeana Burkart
Ref.: Burkart, 1967b; Burkart & Correa, 1984.
Hábito: Subarbusto.
Status: Endémica.
Elevación: 1000-1500 m.
Prov.: NE.
Ejemplar examinado: *Boelcke et al. 10730* (holotipo, SI).

Adesmia bonariensis Burkart
Ref.: Burkart, 1949c, 1967b.
Hábito: Hierba.
Status: Nativa.
Elevación: 0-500 m.
Prov.: BA.
Paises limítrofes: UR.
Ejemplar examinado: *Pastore y Troncoso s.n.* (holotipo, SI 1137).

Adesmia boronioides Hook. f.
Ref.: Burkart, 1967b; Burkart & Correa, 1984.
Hábito: Arbusto.
Status: Nativa.
Elevación: 0-1500 m.
Prov.: CHU, NE, RN, SC.
Paises limítrofes: CH.
Ejemplar examinado: *Burkart 6234* (SI).

Adesmia burkartii M.N. Correa
Ref.: Correa, 1981.
Hábito: Hierba.
Status: Endémica.
Elevación: 1000-1500 m.
Prov.: SC.
Ejemplar examinado: *Ruiz Leal 26418* (isotipo, SI).

Adesmia cabrerae Burkart
Ref.: Burkart, 1964, 1967b; Burkart & Correa, 1984.
Hábito: Arbusto.
Status: Endémica.
Elevación: 500-1500 m.
Prov.: CHU, NE, RN.
Ejemplar examinado: *Cabrera 18662* (SI).

Adesmia caespitosa Gillies ex Hook., pro syn., nom. nud. = **Adesmia minor** (Hook. & Arn.) Burkart
Ref.: Burkart, 1960a, 1967b.

Adesmia caespitosa Phil.
Ref.: Burkart, 1954; Ulibarri, 1994a.
Hábito: Subarbusto.
Status: Nativa.
Elevación: 3500-4500 m.
Prov.: CA, SA, SJ.
Paises limítrofes: CH.
Ejemplar examinado: *Cabrera et al. 31858* (SI).

Adesmia calocarpa Phil. = **Adesmia grandiflora** Gillies ex Hook. & Arn.
Ref.: Burkart, 1954.

Adesmia calycina Vogel = **Adesmia punctata** (Poir.) DC. var. **punctata**
Ref.: Burkart, 1967b, 1987.

Adesmia campestris (Rendle) Rowlee = **Adesmia volckmanni** Phil.
Ref.: Ulibarri, 1986.

Adesmia candida Hook. f.
Sin.: *Adesmia canescens* (A. Gray) Speg., *Streptodesmia canescens* A. Gray
Ref.: Burkart, 1967b; Burkart & Correa, 1984.
Hábito: Subarbusto.
Status: Endémica.
Elevación: 0-1000 m.
Prov.: BA, CHU, NE, RN, SC.
Ejemplar examinado: *Meyer 6997* (SI).

Adesmia canescens (A. Gray) Speg. = **Adesmia candida** Hook. f.

Adesmia capitellata (Clos) Hauman
Sin.: *Adesmia oligophylla* Phil., *Lotus capitellatus* Clos, *Patagonium oligophyllum* (Phil.) Kuntze
Ref.: Burkart, 1966a; Ulibarri, 1994a.
Hábito: Hierba.
Status: Nativa.
Elevación: 2000-4000 m.
Prov.: LR, ME, NE, SJ.
Paises limítrofes: CH.
Ejemplar examinado: *Kiesling et al. 7571* (SI).

Adesmia capricornica Gillies ex Hook. = **Adesmia horrida** Gillies ex Hook. & Arn.
Ref.: Ulibarri, 1986.

Adesmia capricornu Phil. = **Adesmia trijuga** Gillies ex Hook. & Arn.
Ref.: Ulibarri, 1986, 1994a.

Adesmia caragana Griseb. = **Adesmia cytisoides** Griseb. var. **cytisoides**
Ref.: Burkart, 1960a.

Adesmia carnosa Dusén = **Adesmia salicornioides** Speg.
Ref.: Burkart, 1964, 1967b; Burkart & Correa, 1984.

Adesmia cervicornis Burkart = **Adesmia trijuga** Gillies ex Hook. & Arn.
Ref.: Ulibarri, 1986, 1994a.

Adesmia chillanensis Phil. = **Adesmia papposa** (Lag.) DC. var. **papposa**
Ref.: Burkart, 1960a, 1967b; Burkart & Correa, 1984.

Adesmia clarenii (R.E. Fr.) Burkart = **Adesmia miraflorensis** Remy
Ref.: Ulibarri, 1984, 1986.

Adesmia coluteoides Gillies ex Hook. & Arn.
Ref.: Burkart, 1949c.
Hábito: Arbusto.
Status: Endémica.
Elevación: 1000-1500 m.
Prov.: ME.
Ejemplar examinado: *Ruiz Leal 22525* (SI).

Adesmia compacta Phil. = **Adesmia glomerula** Clos var. **glomerula**
Ref.: Burkart, 1964.

Adesmia cordobensis Burkart
Ref.: Burkart, 1960a.
Hábito: Subarbusto.
Status: Endémica.
Elevación: 0-1500 m.
Prov.: CA, CO, SA.
Ejemplar examinado: *Burkart 7362* (holotipo, SI).

Adesmia corymbosa Clos
Sin.: *Adesmia fernandezii* Phil., *Adesmia glandulifera* (Rendle) Rowlee, *Adesmia palenae* Phil., *Adesmia subsericea* (Chodat & Wilczek) Hauman, *Adesmia subsericea* (Chodat & Wilczek) Hauman var. *nigro-punctata* Hauman, *Adesmia vallis-pulchrae* Phil., *Patagonium subsericeum* Chodat & Wilczek
Ref.: Burkart, 1967b; Burkart & Correa, 1984.
Hábito: Hierba.
Status: Nativa.
Elevación: 0-3500 m.
Prov.: CHU, ME, NE, RN, SC.
Paises limítrofes: CH.
Ejemplar examinado: *Burkart 6437* (SI).

Adesmia crassicaulis Phil.
Ref.: Philippi, 1891; Burkart, 1967b; Muñoz & Prina, 1987; Ulibarri, 1994a.
Hábito: Subarbusto.
Status: Nativa.
Elevación: 300-4000 m.
Prov.: CA, LR, SJ.
Paises limítrofes: CH.
Ejemplar examinado: *Hunziker 1928* (SI).

Adesmia cytisoides Griseb. var. **cytisoides**
Sin.: *Adesmia caragana* Griseb., *Patagonium cytisoides* (Griseb.) Kuntze
Ref.: Burkart, 1960a.
Hábito: Arbusto.
Status: Endémica.
Elevación: 2000-3000 m.
Prov.: CA, JU, SA, TU.
Ejemplar examinado: *Lillo 8670* (SI).

Adesmia cytisoides Griseb. var. **oleae** Burkart
Ref.: Burkart, 1960a.
Hábito: Arbusto.
Status: Endémica.
Prov.: CA, TU.
Ejemplar examinado: *Wall 330* (SI).

Adesmia cytisoides Griseb. var. **pugionata** (Griseb.) Burkart
Sin.: *Adesmia pugionata* Griseb.
Ref.: Burkart, 1960a.
Hábito: Arbusto.
Status: Endémica.
Prov.: CA, LR, SA, TU.
Ejemplar examinado: *Hunziker 5286* (SI).

Adesmia decumbens Phil. = **Adesmia exilis** Clos
Ref.: Burkart, 1964; Ulibarri, 1982.

Adesmia decumbens Phil. var. *berteroi* Phil. = **Adesmia exilis** Clos
Ref.: Burkart, 1964; Ulibarri, 1982.

Adesmia dentata (Lag.) DC. = **Adesmia muricata** (Jacq.) DC. var. **dentata** (Lag.) Benth.
Ref.: Burkart, 1954.

Adesmia digitata Burkart
Ref.: Burkart, 1964, Ulibarri, 1994a.
Hábito: Subarbusto.
Status: Endémica.
Elevación: 3000-4000 m.
Prov.: ME, SJ.
Ejemplar examinado: *Kiesling 4434* (SI).

Adesmia dubia M.N. Correa
Ref.: Burkart & Correa, 1984.
Hábito: Hierba.
Status: Endémica.
Prov.: NE.
Ejemplar examinado: *Ruiz Leal 22498* (holotipo, MERL; isotipo, SI).

Adesmia echinus C. Presl
Sin.: *Adesmia gayana* Phil.
Ref.: Ulibarri, 1984, 1994a.
Hábito: Subarbusto.
Status: Nativa.
Elevación: 2500-4000 m.
Prov.: CA, LR, ME, SJ.
Paises limítrofes: CH.
Ejemplar examinado: *Nicora et al. 8202* (SI).

Adesmia elongata Phil. = **Adesmia papposa** (Lag.) DC. var. **papposa**
Ref.: Burkart, 1960, 1967; Burkart & Correa, 1984.

Adesmia emarginata Clos
Ref.: Burkart & Correa, 1984.
Hábito: Subarbusto.
Status: Nativa.
Elevación: 500-1500 m.
Prov.: NE.
Paises limítrofes: CH.
Ejemplar examinado: *Sayago 3358* (SI).

Adesmia erinacea Phil.
Sin.: *Adesmia senticula* Phil., *Patagonium erinaceum* (Phil.) Kuntze, *Patagonium erinaceum* (Phil.) Reiche, comb. superfl., *Patagonium senticulum* (Phil.) Reiche
Ref.: Ulibarri, 1986.
Hábito: Arbusto.
Status: Nativa.
Elevación: 2500-4000 m.
Prov.: CA, JU, LR, SA.
Paises limítrofes: CH.
Ejemplar examinado: *Cabrera et al. 31870* (SI).

Adesmia exilis Clos
Sin.: *Adesmia berteroi* Phil. ex Kuntze, pro syn., nom. nud., *Adesmia decumbens* Phil., *Adesmia decumbens* Phil. var. *berteroi* Phil., *Adesmia humifusa* Phil., *Adesmia longiseta* DC., *Adesmia tristis* (Chodat & Wilczek) Hauman, *Adesmia valdesia* Clos, *Patagonium decumbens* (Phil.) Kuntze, *Patagonium longisetum* (DC.) Kuntze, *Patagonium triste* Chodat & Wilczek
Ref.: Burkart, 1964; Ulibarri, 1982.
Hábito: Hierba.

Status: Nativa.
Elevación: 1500-3500 m.
Prov.: ME.
Paises limítrofes: CH.
Ejemplar examinado: *Wilczek 113* (fragmento del holotipo de *Patagonium triste*, SI).

Adesmia fabrisii Burkart = **Adesmia stenocaulon** Hauman
Ref.: Burkart, 1964, 1967b; Ulibarri, 1991, 1994a.

Adesmia fernandezii Phil. = **Adesmia corymbosa** Clos
Ref.: Burkart, 1967b; Burkart & 1984.

Adesmia filipes A. Gray
Sin.: *Adesmia filipes* A. Gray var. *obcordata* Hicken, *Adesmia filipes* A. Gray var. *obtusifolia* Speg.
Ref.: Burkart, 1954; Burkart & Correa, 1984.
Hábito: Hierba.
Status: Endémica.
Elevación: 0-2500 m.
Prov.: BA, CA, CHU, ME, NE, RN.
Ejemplar examinado: *Joergensen 1739* (SI).

Adesmia filipes A. Gray var. *obcordata* Hicken = **Adesmia filipes** A. Gray
Ref.: Burkart, 1954; Burkart & Correa, 1984.

Adesmia filipes A. Gray var. *obtusifolia* Speg. = **Adesmia filipes** A. Gray
Ref.: Burkart, 1954; Burkart & Correa, 1984.

Adesmia gayana Phil. = **Adesmia echinus** C. Presl
Ref.: Ulibarri, 1984.

Adesmia gilliesii Hook. & Arn. = **Adesmia muricata** (Jacq.) DC. var. **gilliesii** (Hook. & Arn.) Burkart
Ref.: Burkart, 1954.

Adesmia glabriuscula Vogel = **Adesmia bicolor** (Poir.) DC.
Ref.: Burkart, 1966a, 1967b.

Adesmia glandulifera (Rendle) Rowlee = **Adesmia corymbosa** Clos
Ref.: Burkart, 1967b; Burkart & Correa, 1984.

Adesmia glanduligera I.M. Johnst. = **Adesmia aegiceras** Phil.
Ref.: Ulibarri, 1986.

Adesmia glareosa (Chodat & Wilczek) Hauman = **Adesmia longipes** Phil.
Ref.: Burkart, 1949c, 1962; Burkart & Correa, 1984.

Adesmia globosa Davyt & Izaguirre
Ref.: Davyt & Izaguirre, 1996.
Hábito: Hierba.
Status: Nativa.
Elevación: 0-500 m.
Prov.: ER.
Paises limítrofes: UR.
Ejemplar examinado: *Burkart 25694* (SI).

Adesmia glomerula Clos var. **australior** Burkart
Ref.: Burkart, 1964.
Hábito: Hierba.
Status: Nativa.
Elevación: 2000-2500 m.
Prov.: NE.
Paises limítrofes: CH.
Ejemplar examinado: *Burkart 9657* (holotipo, SI).

Adesmia glomerula Clos var. **glomerula**
Sin.: *Adesmia compacta* Phil., *Adesmia humilis* Phil., *Patagonium compactum* (Phil.) Kuntze, *Patagonium glomerulum* (Clos) Kuntze, *Patagonium humile* (Phil.) Kuntze
Ref.: Burkart, 1964.
Hábito: Hierba.
Status: Nativa.
Elevación: 2000-4000 m.
Prov.: ME.
Paises limítrofes: CH.
Ejemplar examinado: *Ruiz Leal 16869* (SI).

Adesmia glutinosa Arechav., hom. illeg. = **Adesmia punctata** (Poir.) DC. var. **punctata**
Ref.: Burkart, 1967b, 1987.

Adesmia gracilis Meyen ex Vogel
Ref.: Ulibarri, 1986.
Hábito: Arbusto.
Status: Nativa.
Elevación: 0-3000 m.
Prov.: NE.
Paises limítrofes: CH.
Ejemplar examinado: *Rossow et al. 1907* (SI).

Adesmia graminidea Speg.
Ref.: Burkart, 1960a; Burkart & Correa, 1984.
Hábito: Hierba.
Status: Endémica.
Elevación: 0-1500 m.
Prov.: CHU, RN, SC.
Ejemplar examinado: *Sleumer 1480* (SI).

Adesmia grandiflora Gillies ex Hook. & Arn.
Sin.: *Adesmia calocarpa* Phil., *Adesmia grandiflora* Gillies ex Hook. & Arn. var. *calocarpa* (Phil.) Kurtz, *Adesmia grandiflora* Gillies ex Hook. & Arn. var. *gracilis* Kurtz
Ref.: Burkart, 1954.
Hábito: Hierba.
Status: Endémica.
Elevación: 1500-2000 m.
Prov.: ME, SJ.
Ejemplar examinado: *Guaglianone et al. 1484* (SI).

Adesmia grandiflora Gillies ex Hook. & Arn. var. *calocarpa* (Phil.) Kurtz = **Adesmia grandiflora** Gillies ex Hook. & Arn.
Ref.: Burkart, 1954.

Adesmia grandiflora Gillies ex Hook. & Arn. var. *gracilis* Kurtz = **Adesmia grandiflora** Gillies ex Hook. & Arn.
Ref.: Burkart, 1954.

Adesmia grisea Hook. f. = **Adesmia incana** Vogel var. **grisea** (Hook. f.) Burkart
Ref.: Burkart, 1967b.

Adesmia grisebachii Phil. = **Adesmia retusa** Griseb.
Ref.: Burkart, 1967b; Burkart & Correa, 1984.

Adesmia guttulifera Sandwith
Ref.: Burkart, 1962; Burkart & Correa, 1984.
Hábito: Arbusto.
Status: Endémica.
Elevación: 0-2000 m.
Prov.: CHU, ME, NE, RN, SC.
Ejemplar examinado: *Burkart et al. s.n.* (SI 14111).

Adesmia hedysaroides (Schrank) Hauman = **Adesmia muricata** (Jacq.) DC. var. **muricata**
Ref.: Burkart, 1954.

Adesmia hemisphaerica Hauman
Ref.: Burkart, 1954.
Hábito: Subarbusto.
Status: Endémica.
Elevación: 3000-4000 m.
Prov.: ME.
Ejemplar examinado: *Ruiz Leal 11706* (SI).
Nota: Probablemente habita en Chile y en San Juan.

Adesmia herteri Looser = **Adesmia punctata** (Poir.) DC. var. **punctata**
Ref.: Burkart, 1967b, 1987.

Adesmia horrida Gillies ex Hook. & Arn.
Sin.: *Adesmia capricornica* Gillies ex Hook., *Adesmia horridiuscula* Burkart, *Adesmia horridiuscula* Burkart var. *sericea* Burkart, *Adesmia leucopogon* Phil., *Adesmia pyramidata* Burkart
Ref.: Ulibarri, 1986.
Hábito: Arbusto.
Status: Nativa.
Elevación: 2500-4000 m.
Prov.: CA, JU, LR, ME, SA, SJ.
Paises limítrofes: BO, CH.
Ejemplar examinado: *Cabrera 8885* (LP, SI).

Adesmia horrida Gillies ex Hook. & Arn. var. *minor* Hook. & Arn. = **Adesmia minor** (Hook. & Arn.) Burkart
Ref.: Burkart, 1960a, 1967.

Adesmia horridiuscula Burkart = **Adesmia horrida** Gillies ex Hook. & Arn.
Ref.: Ulibarri, 1986.

Adesmia horridiuscula Burkart var. *sericea* Burkart = **Adesmia horrida** Gillies ex Hook. & Arn.
Ref.: Ulibarri, 1986.

Adesmia humifusa Phil. = **Adesmia exilis** Clos
Ref.: Burkart, 1964; Ulibarri, 1982.

Adesmia humilis Phil. = **Adesmia glomerula** Clos var. **glomerula**
Ref.: Burkart, 1964.

Adesmia hunzikeri Burkart
Ref.: Burkart, 1954; Ulibarri, 1994a.
Hábito: Hierba.
Status: Endémica.
Elevación: 2000-3000 m.
Prov.: CA, LR, SJ.
Ejemplar examinado: *Kiesling et al. 8052* (SI).

Adesmia incana Vogel var. **grisea** (Hook. f.) Burkart
Sin.: *Adesmia grisea* Hook. f.
Ref.: Burkart, 1967a, b; 1987a; Davyt & Izaguirre, 1996.
Hábito: Hierba.
Status: Nativa.
Elevación: 0-500 m.
Prov.: BA, ER, LP.
Paises limítrofes: UR.
Ejemplar examinado: *Burkart 20588* (SI).

Adesmia incana Vogel var. **heterotricha** Burkart
Ref.: Burkart, 1967a, b, 1987a.
Hábito: Hierba.
Status: Endémica.
Elevación: 0-500 m.
Prov.: BA.
Ejemplar examinado: *Pastore s.n.* (SI 1166).

Adesmia incana Vogel var. **incana**
Sin.: *Adesmia angulata* Hook. f.
Ref.: Burkart, 1967a, b, 1987a; Davyt & Izaguirre, 1996.
Hábito: Hierba.
Status: Nativa.
Elevación: 0-2000 m.
Prov.: BA, CA, CO, ER, SA, SL.
Paises limítrofes: BR, UR.
Ejemplar examinado: *Burkart 10322* (SI).

Adesmia inflexa Griseb.
Sin.: *Adesmia tucumanensis* Burkart
Ref.: Ulibarri, 1985.
Hábito: Arbusto.
Status: Endémica.
Elevación: 1500-3500 m.
Prov.: CA, SA, TU.
Ejemplar examinado: *Cabrera et al. 24756* (SI).

Adesmia inflexa Griseb. var. *brevisetosa* Burkart = **Adesmia trijuga** Gillies ex Hook. & Arn.
Ref.: Ulibarri, 1986.

Adesmia inflexa Griseb. var. *sericeophylla* Burkart = **Adesmia trijuga** Gillies ex Hook. & Arn.
Ref.: Ulibarri, 1986.

Adesmia inflexa Griseb. var. *tenuispina* Burkart = **Adesmia trijuga** Gillies ex Hook. & Arn.
Ref.: Ulibarri, 1986.

Adesmia inflexa Griseb. var. *viscidisepala* Burkart = **Adesmia trijuga** Gillies ex Hook. & Arn.

Adesmia jilesiana Burkart
Ref.: Burkart, 1962; Ulibarri, 1991, 1994a.
Hábito: Hierba.
Status: Nativa.
Elevación: 3000-4000 m.
Prov.: SJ.
Paises limítrofes: CH.
Ejemplar examinado: *Kiesling et al. 7612* (SI).

Adesmia karraikensis Speg.
Sin.: *Adesmia negeri* Dusén, *Patagonium karr-aikense* (Speg.) Speg.
Ref.: Burkart, 1964, 1967b; Burkart & Correa, 1984.
Hábito: Subarbusto.
Status: Endémica.
Elevación: 500-1000 m.
Prov.: SC.
Ejemplar examinado: *Sleumer 1186* (SI).

Adesmia karraikensisi Speg. f. *relaxata* Hicken = **Adesmia obcordata** Clos
Ref.: Ulibarri, 1986.

Adesmia lanata Hook. f.
Ref.: Burkart, 1967b; Burkart & Correa, 1984.
Hábito: Hierba.
Status: Nativa.
Elevación: 0-1000 m.
Prov.: CHU, NE, RN, SC.
Paises limítrofes: CH.
Ejemplar examinado: *Cabrera et al. 2597* (SI).

Adesmia latifolia (Spreng.) Vogel
Sin.: *Aeschynomene latifolia* Spreng.
Ref.: Burkart, 1966a, 1987a; Davyt & Izaguirre, 1996.
Hábito: Hierba.
Status: Nativa.
Elevación: 0-500 m.
Prov.: COR, ER.
Paises limítrofes: BR, UR.
Ejemplar examinado: *Burkart et al. 30873* (SI).

Adesmia leptacantha Phil. = **Adesmia obovata** Clos
Ref.: Ulibarri, 1986.

Adesmia leptobotrys Burkart
Ref.: Burkart, 1954; Burkart & Correa, 1984.
Hábito: Hierba.
Status: Endémica.
Elevación: 1000-1500 m.
Prov.: NE, RN.
Ejemplar examinado: *Burkart et al. s.n.* (holotipo, SI 14110).

Adesmia leptopoda Speg. = **Adesmia pumila** Hook. f.
Ref.: Burkart, 1967b; Burkart & Correa, 1984.

Adesmia leucopogon Phil. = **Adesmia horrida** Gillies ex Hook. & Arn.
Ref.: Ulibarri, 1986.

Adesmia lihuelensis Burkart
Ref.: Burkart, 1966a.
Hábito: Hierba.
Status: Endémica.
Elevación: 500-1000 m.
Prov.: LP.
Ejemplar examinado: *Troncoso s.n.* (SI 20591).

Adesmia longipes Phil.
Sin.: *Adesmia glareosa* (Chodat & Wilczek) Hauman, *Patagonium glareosum* Chodat & Wilczek
Ref.: Burkart, 1949c, 1962; Burkart & Correa, 1984.
Hábito: Hierba.
Status: Nativa.
Elevación: 1000-3500 m.
Prov.: ME, NE, RN.
Paises limítrofes: CH.
Ejemplar examinado: *Burkart 6246* (SI).

Adesmia longiseta DC. = **Adesmia exilis** Clos

Adesmia lotoides Hook. f.
Sin.: *Adesmia lotoides* Hook. f. var. *brachypoda* Speg., *Adesmia lotoides* Hook. f. var. *elata* Speg., *Adesmia lotoides* Hook. f. var. *normalis* Speg., *Adesmia lotoides* Hook. f. var. *petiolulata* Speg., *Adesmia lotoides* Hook. f. var. *vaginata* Hook. f., *Adesmia unifoliolata* Skottsb.
Ref.: Burkart, 1967b; Burkart & Correa, 1984.
Hábito: Hierba.
Status: Nativa.
Elevación: 0-1500 m.
Prov.: CHU, NE, RN, SC, TF.
Paises limítrofes: CH.
Ejemplar examinado: *Soriano s.n.* (SI 26472).

Adesmia lotoides Hook. f. var. *brachypoda* Speg. = **Adesmia lotoides** Hook. f.
Ref.: Burkart, 1967b; Burkart & Correa, 1984.

Adesmia lotoides Hook. f. var. *elata* Speg. = **Adesmia lotoides** Hook. f.
Ref.: Burkart, 1967b; Burkart & Correa, 1984.

Adesmia lotoides Hook. f. var. *normalis* Speg. = **Adesmia lotoides** Hook. f.
Ref.: Burkart, 1967b; Burkart & Correa, 1984.

Adesmia lotoides Hook. f. var. *petiolulata* Speg. = **Adesmia lotoides** Hook. f.
Ref.: Burkart, 1967b; Burkart & Correa, 1984.

Adesmia lotoides Hook. f. var. *vaginata* Hook. f. = **Adesmia lotoides** Hook. f.
Ref.: Burkart, 1967b; Burkart & Correa, 1984.

Adesmia macrostachya Benth.
Ref.: Burkart, 1954, 1967b.
Hábito: Subarbusto.
Status: Endémica.
Elevación: 0-1000 m.
Prov.: CA, CH, CO, ER, SF, SL.
Ejemplar examinado: *Burkart 5884* (SI).

Adesmia mendozana Ulibarri
Ref.: Ulibarri, 1986.
Hábito: Arbusto.
Status: Endémica.
Elevación: 1500-2500 m.
Prov.: ME.
Ejemplar examinado: *Burkart et al. s.n.* (SI 14104).

Adesmia minor (Hook. & Arn.) Burkart
Sin.: *Adesmia caespitosa* Gillies ex Hook., pro syn., nom. nud., *Adesmia horrida* Gillies ex Hook. & Arn. var. *minor* Hook. & Arn.
Ref.: Burkart, 1960b, 1967b.
Hábito: Subarbusto.
Status: Endémica.
Elevación: 2500-3000 m.
Prov.: ME.
Ejemplar examinado: *Ruiz Leal 3082* (LIL, SI).

Adesmia miraflorensis Remy
Sin.: *Adesmia clarenii* (R.E. Fr.) Burkart, *Adesmia nordenskioldii* (R.E. Fr.) Burkart, *Adesmia polyacantha* Wedd., *Adesmia vicina* J.F. Macbr., *Patagonium clarenii* R.E. Fr., *Patagonium nordenskioldii* R.E. Fr.
Ref.: Ulibarri, 1984, 1986.
Hábito: Arbusto.
Status: Nativa.
Elevación: 3000-4000 m.
Prov.: JU.
Paises limítrofes: BO.
Ejemplar examinado: *Cabrera 9501* (LP, SI).

Adesmia muricata (Jacq.) DC. var. **affinis** (Hook. f.) Burkart
Sin.: *Adesmia affinis* Hook. f.
Ref.: Burkart, 1954; Davyt & Izaguirre, 1996.
Hábito: Hierba.
Status: Nativa.
Elevación: 0-500 m.
Prov.: BA.
Paises limítrofes: BR, UR.
Ejemplar examinado: *Burkart 2819* (SI).

Adesmia muricata (Jacq.) DC. var. **dentata** (Lag.) Benth.
Sin.: *Adesmia dentata* (Lag.) DC., *Adesmia muricata* (Jacq.) DC. var. *pimpinellifolia* (Poir.) Burkart, *Aeschynomene dentata* Lag., *Hedysarum pimpinellifolium* Poir., *Patagonium dentatum* (Lag.) Kuntze, *Patagonium grandidentatum* Rusby
Ref.: Burkart, 1954; Ulibarri, 1996a.
Hábito: Hierba.
Status: Nativa.
Elevación: 0-1000 m.
Prov.: CA, CO, ER, JU, LP, SA, SE, SF, TU.
Paises limítrofes: BO.
Ejemplar examinado: *Burkart et al. 23681* (SI).

Adesmia muricata (Jacq.) DC. var. **gilliesii** (Hook. & Arn.) Burkart
Sin.: *Adesmia gilliesii* Hook. & Arn.
Ref.: Burkart, 1954.
Hábito: Hierba.
Status: Endémica.
Elevación: 0-1000 m.
Prov.: BA, CO, ME, SF, SL.
Ejemplar examinado: *Burkart 9973* (SI).

Adesmia muricata (Jacq.) DC. var. **muricata**
Sin.: *Adesmia hedysaroides* (Schrank) Hauman, *Hedysarum muricatum* Jacq.
Ref.: Burkart, 1954; Davyt & Izaguirre, 1996.
Hábito: Hierba.
Status: Nativa.
Elevación: 0-1000 m.
Prov.: BA, CHU, RN.
Paises limítrofes: UR.
Ejemplar examinado: *Soriano 2739* (SI).

Adesmia muricata (Jacq.) DC. var. *pimpinellifolia* (Poir.) Burkart = **Adesmia muricata** (Jacq.) DC. var. **dentata** (Lag.) Benth.

Adesmia muricata (Jacq.) DC. var. **rionegrensis** Burkart
Ref.: Burkart, 1954.
Hábito: Hierba.
Status: Endémica.
Elevación: 0-500 m.
Prov.: RN.
Ejemplar examinado: *Fisher 87* (holotipo, SI).

Adesmia nana (Chodat & Wilczek) Hauman
Sin.: *Patagonium nanum* Chodat & Wilczek
Ref.: Chodat & Wilczek, 1902; Hauman, 1919b.
Hábito: Subarbusto.
Status: Endémica.
Elevación: 2000-2500 m.
Prov.: ME.
Ejemplar examinado: *Böcher et al. 1537* (SI).

Adesmia nanolignea Burkart
Ref.: Burkart, 1949c; Ulibarri, 1994a.
Hábito: Subarbusto.
Status: Endémica.
Elevación: 2500-4000 m.
Prov.: CA, LR, SJ.
Ejemplar examinado: *Cajal et al. 3* (SI).

Adesmia negeri Dusén = **Adesmia karraikensis** Speg.
Ref.: Burkart, 1964, 1967a, Burkart & Correa, 1984.

Adesmia neglecta M.N. Correa
Ref.: Burkart & Correa, 1984.
Hábito: Subarbusto.
Status: Endémica.
Elevación: 0-500 m.
Prov.: CHU.
Ejemplar examinado: *Arroyo et al. 36* (isotipo, SI).

Adesmia neuquenensis Burkart
Ref.: Burkart, 1960a; Burkart & Correa, 1984.
Hábito: Hierba.
Status: Endémica.
Elevación: 1000-2000 m.
Prov.: NE.
Ejemplar examinado: *Cabrera et al. 32989* (SI).

Adesmia neuquenensis Speg. ex Autran, nom. nud. = **Adesmia retusa** Griseb.
Ref.: Burkart, 1967b; Burkart & Correa, 1984.

Adesmia nordenskioldii (R.E. Fr.) Burkart = **Adesmia miraflorensis** Remy
Ref.: Ulibarri, 1984, 1986.

Adesmia obcordata Clos
Sin.: *Adesmia karraikensisi* Speg. f. *relaxata* Hicken, *Patagonium obcordatum* (Clos) Kuntze, *Patagonium obovatum* (Clos) Kuntze
Ref.: Ulibarri, 1986.
Hábito: Arbusto.
Status: Nativa.
Elevación: 0-2500 m.
Prov.: COR, ME, NE, RN, SC.
Paises limítrofes: CH.
Ejemplar examinado: *Cabrera et al. 33085* (SI).

Adesmia obovata Clos
Sin.: *Adesmia leptacantha* Phil., *Patagonium obovatum* (Clos) Kuntze
Ref.: Ulibarri, 1986.
Hábito: Arbusto.
Status: Nativa.
Elevación: 500-2000 m.
Prov.: ME, NE, RN.
Paises limítrofes: CH.
Ejemplar examinado: *Boelcke et al. 11110* (SI).

Adesmia occulta (R.E. Fr.) Burkart
Sin.: *Adesmia patancana* Ulbr., *Patagonium occultum* R.E. Fr.
Ref.: Ulibarri, 1984.
Hábito: Subarbusto.
Status: Nativa.
Elevación: 3000-4000 m.
Prov.: CA, JU, LR, SA, TU.
Paises limítrofes: BO, CH.
Ejemplar examinado: *Hunziker et al. 10441* (SI).

Adesmia oligophylla Phil. = **Adesmia capitellata** (Clos) Hauman
Ref.: Burkart, 1966a; Ulibarri, 1994a.

Adesmia olygophylla Phil. var. *quadripinnata* Hicken = **Adesmia quadripinnata** (Hicken) Burkart
Ref.: Burkart, 1960a, 1966a, 1967b; Burkart & Correa, 1984.

Adesmia palenae Phil. = **Adesmia corymbosa** Clos
Ref.: Burkart, 1967; Burkart & Correa, 1984.

Adesmia pampeana Speg.
Ref.: Burkart, 1960a, 1967b.
Hábito: Subarbusto.
Status: Endémica.
Elevación: 0-500 m.
Prov.: BA.
Ejemplar examinado: *Burkart 25632* (SI).

Adesmia papposa (Lag.) DC. var. **papposa**
Sin.: *Adesmia arvensis* Phil., *Adesmia chillanensis* Phil., *Adesmia elongata* Phil., *Aeschynomene papposa* Lag., *Patagonium chillanense* (Phil.) Reiche, *Patagonium papposum* (Lag.) Kuntze
Ref.: Burkart, 1960a, 1967b; Burkart & Correa, 1984.
Hábito: Hierba.
Status: Nativa.
Elevación: 0-1500 m.
Prov.: NE.
Paises limítrofes: CH.
Ejemplar examinado: *Boelcke et al. 10881* (SI).

Adesmia papposa (Lag.) DC. var. **radicifolia** (Clos) M.N. Correa
Sin.: *Adesmia radicifolia* Clos
Ref.: Burkart & Correa, 1984.
Hábito: Hierba.
Status: Nativa.
Elevación: 500-1000 m.
Prov.: NE.
Paises limítrofes: CH.
Ejemplar examinado: *Schakovskoy s.n.* (SI 25656).

Adesmia parvifolia Phil.
Sin.: *Adesmia axillaris* Phil., *Adesmia parvifolia* Phil. var. *axillaris* (Phil.) Reiche
Ref.: Burkart, 1967b; Burkart & Correa, 1984.
Hábito: Hierba.
Status: Nativa.
Elevación: 500-2500 m.
Prov.: CHU, ME, NE, RN, SC.
Paises limítrofes: CH.
Ejemplar examinado: *Burkart 6272* (SI).

Adesmia parvifolia Phil. var. *axillaris* (Phil.) Reiche = **Adesmia parvifolia** Phil.
Ref.: Burkart, 1967b; Burkart & Correa, 1984.

Adesmia patancana Ulbr. = **Adesmia occulta** (R.E. Fr.) Burkart
Ref.: Ulibarri, 1984.

Adesmia patagonica Speg.
Sin.: *Adesmia patagonica* Speg. var. *nana* Speg.
Ref.: Burkart, 1967b; Burkart & Correa, 1984.
Hábito: Subarbusto.
Status: Endémica.
Elevación: 1000-1500 m.
Prov.: CHU, NE, RN, SC.
Ejemplar examinado: *Boelcke et al. 10740* (SI).

Adesmia patagonica Speg. var. *nana* Speg. = **Adesmia patagonica** Speg.
Ref.: Burkart, 1967b; Burkart & Correa, 1984.

Adesmia pendula DC. = **Adesmia bicolor** (Poir.) DC.
Ref.: Burkart, 1966a, 1967b.

Adesmia pentaphylla Phil.
Ref.: Ulibarri, 1986.
Hábito: Arbusto.
Status: Nativa.
Elevación: 2000-3000 m.
Prov.: ME.
Paises limítrofes: CH.
Ejemplar examinado: *Burkart 14900* (SI).

Adesmia pinifolia Gillies ex Hook. & Arn.
Sin.: *Patagonium pinifolium* (Gillies ex Hook. & Arn.) Kuntze ex Taub.
Ref.: Ulibarri, 1986.
Hábito: Arbusto.
Status: Nativa.
Elevación: 1500-4000 m.
Prov.: ME, SJ.
Paises limítrofes: CH.
Ejemplar examinado: *Nicora et al. 8624* (SI).

Adesmia polyacantha Wedd. = **Adesmia miraflorensis** Remy
Ref.: Ulibarri, 1984, 1986.

Adesmia polygaloides (Chodat & Wilczek) Burkart = **Adesmia retrofracta** Hook. & Arn.
Ref.: Burkart, 1954, 1967b; Burkart & Correa, 1984.

Adesmia pseudogrisea Burkart
Ref.: Burkart, 1966a.
Hábito: Hierba.
Status: Endémica.
Elevación: 0-500 m.
Prov.: BA.
Ejemplar examinado: *Cabrera 5425* (LP, SI).

Adesmia pseudoincana Burkart
Ref.: Burkart, 1966a.
Hábito: Hierba.
Status: Endémica.
Elevación: 1000-2000 m.
Prov.: CA, LR.
Ejemplar examinado: *Saravia Toledo et al. 13464* (SI).

Adesmia pugionata Griseb. = **Adesmia cytisoides** Griseb. var. **pugionata** (Griseb.) Burkart
Ref.: Burkart, 1960a.

Adesmia pumahuasiana Ulibarri
Ref.: Ulibarri, 1986.
Hábito: Arbusto.
Status: Nativa.
Elevación: 3000-4000 m.
Prov.: JU.
Paises limítrofes: BO.
Ejemplar examinado: *Sleumer 3715* (LIL, SI).

Adesmia pumila Hook. f.
Sin.: *Adesmia leptopoda* Speg.
Ref.: Burkart, 1967b; Burkart & Correa, 1984.
Hábito: Hierba.
Status: Nativa.
Elevación: 0-1000 m.
Prov.: SC, TF.
Paises limítrofes: CH.
Ejemplar examinado: *Sleumer 950* (SI).

Adesmia pumila Hook. var. *aurantiaca* Dusén = **Adesmia aurantiaca** (Dusén) Burkart
Ref.: Burkart, 1960a, 1967b; Burkart & Correa, 1984.

Adesmia punctata (Poir.) DC. var. **hilariana** Benth.
Ref.: Burkart, 1967b, 1987.
Hábito: Hierba.
Status: Nativa.
Elevación: 0-500 m.
Prov.: BA, ER.
Paises limítrofes: BR, UR.
Ejemplar examinado: *Burkart 25958* (SI).

Adesmia punctata (Poir.) DC. var. **punctata**
Sin.: *Adesmia calycina* Vogel, *Adesmia glutinosa* Arechav., hom. illeg., *Adesmia herteri* Looser, *Adesmia uruguaya* Arechav., *Adesmia viciifolia* Herter, *Hedysarum punctatum* Poir.
Ref.: Burkart, 1967b, 1987.
Hábito: Hierba.
Status: Nativa.
Elevación: 0-500 m.
Prov.: BA, COR, MI.
Paises limítrofes: BR, UR.
Ejemplar examinado: *Cabrera et al. 28650* (SI).

Adesmia pyramidata Burkart = **Adesmia horrida** Gillies ex Hook. & Arn.
Ref.: Ulibarri, 1986.

Adesmia quadripinnata (Hicken) Burkart
Sin.: *Adesmia olygophylla* Phil. var. *quadripinnata* Hicken, *Adesmia quadripinnata* (Hicken) Burkart f. *punctata* Burkart, *Adesmia quadripinnata* (Hicken) Burkart var. *pygmaea* Burkart
Ref.: Burkart, 1960a, 1966a, 1967b; Burkart & Correa, 1984.
Hábito: Hierba.
Status: Nativa.
Elevación: 1000-3000 m.
Prov.: ME, NE.
Paises limítrofes: CH.
Ejemplar examinado: *Ruiz Leal 23223* (SI).

Adesmia quadripinnata (Hicken) Burkart f. *punctata* Burkart = **Adesmia quadripinnata** (Hicken) Burkart
Ref.: Burkart, 1960a, 1966a, 1967b; Burkart & Correa, 1984.

Adesmia quadripinnata (Hicken) Burkart var. *pygmaea* Burkart = **Adesmia quadripinnata** (Hicken) Burkart
Ref.: Burkart, 1960a, 1966a, 1967b; Burkart & Correa, 1984.

Adesmia radicans Clos = **Adesmia bicolor** (Poir.) DC.
Ref.: Burkart, 1966a, 1967b.

Adesmia radicifolia Clos = **Adesmia papposa** (Lag.) DC. var. **radicifolia** (Clos) M.N. Correa
Ref.: Burkart & Correa, 1984.

Adesmia ragonesei Burkart
Ref.: Burkart, 1962; Burkart & Correa, 1984.
Hábito: Arbusto.
Status: Endémica.
Elevación: 1500-2000 m.
Prov.: NE.
Ejemplar examinado: *Boelcke et al. 11119* (SI).

Adesmia rahmeri Phil.
Ref.: Burkart, 1954.
Hábito: Hierba.
Status: Nativa.
Elevación: 2500-4500 m.
Prov.: CA, SA.
Paises limítrofes: CH.
Ejemplar examinado: *Cabrera 8799* (SI).

Adesmia remyana Phil. = **Adesmia aegiceras** Phil.
Ref.: Ulibarri, 1986.

Adesmia renjifoana (Reiche) Ulibarri
Sin.: *Adesmia renjifoana* Phil., nom. nud., *Patagonium renjifoanum* Phil. ex Reiche
Ref.: Ulibarri, 1986.
Hábito: Arbusto.
Status: Nativa.
Elevación: 1500-3000 m.
Prov.: ME.
Paises limítrofes: CH.
Ejemplar examinado: *Ruiz Leal 1806* (SI).

Adesmia renjifoana Phil., nom. nud. = **Adesmia renjifoana** (Reiche) Ulibarri
Ref.: Ulibarri, 1986.

Adesmia retrofracta Hook. & Arn.
Sin.: *Adesmia polygaloides* (Chodat & Wilczek) Burkart, *Adesmia retrofracta* Hook. & Arn. var. *rectirostris* (Chodat & Wilczek) Burkart, *Patagonium polygaloides* Chodat & Wilczek
Ref.: Burkart, 1954, 1967b; Burkart & Correa, 1984.
Hábito: Hierba.
Status: Endémica.
Elevación: 1000-2000 m.
Prov.: LP, ME, NE, RN, SJ.
Ejemplar examinado: *Covas 1671* (SI).

Adesmia retrofracta Hook. & Arn. var. *rectirostris* (Chodat & Wilczek) Burkart = **Adesmia retrofracta** Hook. & Arn.
Ref.: Burkart, 1954, 1967b; Burkart & Correa, 1984.

Adesmia retusa Griseb.
Sin.: *Adesmia grisebachii* Phil., *Adesmia neuquenensis* Speg. ex Autran, nom. nud., *Patagonium retusum* (Griseb.) Kuntze, *Patagonium retusum* (Griseb.) Kuntze var. *grisebachii* (Phil.) Reiche
Ref.: Burkart, 1967b; Burkart & Correa, 1984.
Hábito: Hierba.
Status: Nativa.
Elevación: 0-2000 m.
Prov.: CHU, NE, RN.
Paises limítrofes: CH.
Ejemplar examinado: *Burkart 6244* (SI).

Adesmia rigida Skottsb. = **Adesmia schneideri** Phil.
Ref.: Burkart, 1967b; Ulibarri, 1986.

Adesmia riojana Burkart
Ref.: Burkart, 1954, 1967b.
Hábito: Subarbusto.
Status: Endémica.
Elevación: 3500-4000 m.
Prov.: CA, LR.
Ejemplar examinado: *Sleumer & Vervoorst 2613* (LIL, SI).

Adesmia ruiz-lealii Burkart ex M.N. Correa
Ref.: Correa, 1981.
Hábito: Hierba.
Status: Endémica.
Elevación: 1500-2000 m.
Prov.: SC.
Ejemplar examinado: *Ruiz Leal 26456* (isotipo, SI).

Adesmia rupicola Wedd. = **Adesmia spinosissima** Meyen
Ref.: Ulibarri, 1986.

Adesmia salamancensis Burkart
Ref.: Burkart, 1962, 1967b; Burkart & Correa, 1984.
Hábito: Arbusto.
Status: Endémica.
Prov.: CHU.
Ejemplar examinado: *Ruiz Leal 14713* (SI).

Adesmia salicornioides Speg.
Sin.: *Adesmia carnosa* Dusén, *Patagonium carnosum* (Dusén) Speg., *Patagonium salicornioides* (Speg.) Speg.
Ref.: Burkart, 1964, 1967b; Burkart & Correa, 1984.
Hábito: Subarbusto.
Status: Nativa.
Elevación: 0-1500 m.
Prov.: SC, TF.
Paises limítrofes: CH.
Ejemplar examinado: *Ruiz Leal 27046* (SI).

Adesmia sandwithii Burkart
Ref.: Burkart, 1960a; Burkart & Correa, 1984.
Hábito: Hierba.
Status: Endémica.
Elevación: 1000-2000 m.
Prov.: NE.
Ejemplar examinado: *Comber 114* (holotipo, K; fragmento, SI).

Adesmia sanjuanensis Burkart
Ref.: Burkart, 1960a; Ulibarri, 1986, 1994a.
Hábito: Subarbusto.
Status: Endémica.
Elevación: 2000-3000 m.
Prov.: SJ.
Ejemplar examinado: *Kiesling et al. 6038* (SI).

Adesmia schickendanzii Griseb.
Ref.: Burkart, 1960a, 1967b; Ulibarri, 1996a.
Hábito: Subarbusto.
Status: Nativa.
Elevación: 3000-4500 m.
Prov.: CA, JU, SA, TU.
Paises limítrofes: BO.
Ejemplar examinado: *Burkart y Troncoso s.n.* (SI 11719).

Adesmia schneideri Phil.
Sin.: *Adesmia rigida* Skottsb., *Patagonium schneideri* (Phil.) Kuntze
Ref.: Burkart, 1967b; Ulibarri, 1986.
Hábito: Arbusto.
Status: Nativa.
Elevación: 0-2500 m.
Prov.: CHU, ME, SC.
Paises limítrofes: CH.
Ejemplar examinado: *Soriano 5046* (SI).

Adesmia securigerifolia Herter
Ref.: Burkart, 1949c, 1967b, 1987; Troncoso & Bacigalupo, 1977; Davyt & Izaguirre, 1996.
Hábito: Hierba.
Status: Nativa.
Elevación: 0-500 m.
Prov.: ER.
Paises limítrofes: BR, UR.
Ejemplar examinado: *Troncoso et al. 2085* (SI).

Adesmia senticula Phil. = **Adesmia erinacea** Phil.
Ref.: Ulibarri, 1986.

Adesmia serrana M.N. Correa
Ref.: Correa, 1981.
Hábito: Subarbusto.
Status: Endémica.
Elevación: 0-500 m.
Prov.: RN.
Ejemplar examinado: *Piccinini y Garcia 1601* (isotipo, SI).

Adesmia silvestris (Speg.) Burkart
Sin.: *Patagonium silvestrii* Speg.
Ref.: Burkart, 1939c, 1967b; Burkart & Correa, 1984.
Hábito: Hierba.
Status: Endémica.
Elevación: 0-500 m.
Prov.: SC.
Ejemplar examinado: *Hicken y Hauman 472* (SI).

Adesmia smithiae DC.
Ref.: Burkart, 1949c, 1967b; Burkart & Correa, 1984.
Hábito: Hierba.
Status: Endémica.
Elevación: 1500-2000 m.
Prov.: BA, CHU, ME, RN, SC.
Ejemplar examinado: *Nicora 8404* (SI).

Adesmia spinosissima Meyen
Sin.: *Adesmia rupicola* Wedd., *Patagonium alcicornutum* Rusby, *Patagonium spinosissimum* (Meyen) Kuntze
Ref.: Ulibarri, 1986.
Hábito: Arbusto.
Status: Nativa.
Elevación: 2500-4500 m.
Prov.: JU, SA.
Paises limítrofes: BO, CH.
Ejemplar examinado: *Cabezaz s.n.* (SI 20366).

Adesmia spuma Werderm. ex Burkart
Ref.: Burkart, 1964; Ulibarri, 1994a.
Hábito: Hierba.
Status: Nativa.
Elevación: 3500-4500 m.
Prov.: CA, LR, SJ.
Paises limítrofes: CH.
Ejemplar examinado: *Krapovickas y Hunziker 5803* (SI).

Adesmia stenocaulon Hauman
Sin.: *Adesmia fabrisii* Burkart
Ref.: Burkart, 1964, 1967b; Ulibarri, 1991, 1994a.
Hábito: Hierba.
Status: Endémica.
Elevación: 3000-4000 m.
Prov.: ME, SJ.
Ejemplar examinado: *Kiesling 7356* (SI).

Adesmia subsericea (Chodat & Wilczek) Hauman = **Adesmia corymbosa** Clos
Ref.: Burkart, 1967b; Burkart & Correa, 1984.

Adesmia subsericea (Chodat & Wilczek) Hauman var. *nigro-punctata* Hauman = **Adesmia corymbosa** Clos
Ref.: Burkart & Correa, 1984.

Adesmia subterranea Clos
Ref.: Burkart, 1954, 1967b; Ulibarri, 1994a.
Hábito: Subarbusto.
Status: Nativa.
Elevación: 3000-4500 m.
Prov.: LR, ME, SJ.
Paises limítrofes: CH.
Ejemplar examinado: *Kiesling y Sáenz 1307* (SI).

Adesmia subumbellata Phil. = **Adesmia aegiceras** Phil.
Ref.: Ulibarri, 1986.

Adesmia suffocata Hook. f.
Ref.: Burkart, 1962; Burkart & Correa, 1984.
Hábito: Subarbusto.
Status: Endémica.
Elevación: 0-500 m.
Prov.: SC.
Ejemplar examinado: *Donat 71* (SI).

Adesmia tehuelcha Speg.
Ref.: Spegazzini, 1899; Burkart, 1967b; Burkart & Correa, 1984.
Hábito: Hierba.
Status: Endémica.
Prov.: SC.
Ejemplar examinado: *Spegazzini s.n.* (holotipo, LPS 13528).

Adesmia trifoliolata Gillies ex Hook. & Arn. var. **epunctata** Burkart
Ref.: Burkart, 1962, 1967b; Burkart & Correa, 1984.
Hábito: Hierba.
Status: Endémica.
Elevación: 0-500 m.
Prov.: RN.
Ejemplar examinado: *Fisher 140* (holotipo, SI).

Adesmia trifoliolata Gillies ex Hook. & Arn. var. **trifoliolata**
Sin.: *Patagonium trifoliolatum* (Gillies ex Hook. & Arn.) Kuntze ex Taub.
Ref.: Burkart, 1962, 1967b; Burkart & Correa, 1984.
Hábito: Hierba.
Status: Endémica.
Elevación: 0-2000 m.
Prov.: ME, NE.
Ejemplar examinado: *Kurtz 6017* (SI).

Adesmia trijuga Gillies ex Hook. & Arn.
Sin.: *Adesmia capricornu* Phil., *Adesmia cervicornis* Burkart, *Adesmia inflexa* Griseb. var. *brevisetosa* Burkart, *Adesmia inflexa* Griseb. var. *sericeophylla* Burkart, *Adesmia inflexa* Griseb. var. *tenuispina* Burkart, *Adesmia inflexa* Griseb. var. *viscidisepala* Burkart, *Patagonium trijugum* (Gillies ex Hook. & Arn.) Kuntze
Ref.: Ulibarri, 1986, 1994a, 1996a.
Hábito: Arbusto.
Status: Endémica.
Elevación: 1000-3000 m.
Prov.: CA, JU, LP, LR, ME, SA, SJ, TU.
Ejemplar examinado: *Covas 2141* (SI).

Adesmia trijuga Gillies ex Hook. & Arn. var. *remyana* (Phil.) Burkart = **Adesmia aegiceras** Phil.
Ref.: Ulibarri, 1986.

Adesmia trijuga Gillies ex Hook. & Arn. var. *robustior* Hook. & Arn. = **Adesmia aegiceras** Phil.
Ref.: Ulibarri, 1986.

Adesmia tristis (Chodat & Wilczek) Hauman = **Adesmia exilis** Clos
Ref.: Burkart, 1964; Ulibarri, 1982.

Adesmia tucumanensis Burkart = **Adesmia inflexa** Griseb.
Ref.: Ulibarri, 1985.

Adesmia tunuianica Burkart
Ref.: Burkart, 1962, 1967b.
Hábito: Arbusto.
Status: Endémica.
Elevación: 2000-2500 m.
Prov.: ME.
Ejemplar examinado: *Ruiz Leal 1837* (SI).

Adesmia unifoliolata Skottsb. = **Adesmia lotoides** Hook. f.
Ref.: Burkart, 1967b; Burkart & Correa, 1984.

Adesmia uruguaya Arechav. = **Adesmia punctata** (Poir.) DC. var. **punctata**
Ref.: Burkart 1967, 1987.

Adesmia uspallatensis Gillies ex Hook. & Arn.
Sin.: *Patagonium uspallatense* (Gillies ex Hook. & Arn.) Kuntze
Ref.: Ulibarri, 1986, 1994a.
Hábito: Arbusto.
Status: Endémica.
Elevación: 1500-3000 m.
Prov.: CA, LR, ME, SJ.
Ejemplar examinado: *Covas 917* (SI).

Adesmia valdesia Clos = **Adesmia exilis** Clos
Ref.: Burkart, 1964.

Adesmia vallis-pulchrae Phil. = **Adesmia corymbosa** Clos
Ref.: Burkart, 1967b.

Adesmia viciifolia Herter = **Adesmia punctata** (Poir.) DC. var. **punctata**
Ref.: Burkart, 1967b, 1987.

Adesmia vicina J.F. Macbr. = **Adesmia miraflorensis** Remy
Ref.: Ulibarri, 1984, 1986.

Adesmia villosa Hook. f.
Sin.: *Adesmia villosa* Hook. f. var. *acutifolia* Speg., *Adesmia villosa* Hook. f. var. *glabrata* (Speg.) Burkart, *Patagonium villosum* (Hook. f.) Speg. var. *glabratum* Speg.
Ref.: Burkart, 1967b; Burkart & Correa, 1984; Arroyo et al., 1992.
Hábito: Hierba.
Status: Nativa.
Elevación: 0-3000 m.
Prov.: CHU, NE, RN, SC.
Paises limítrofes: CH.
Ejemplar examinado: *Cabrera 34153* (SI).

Adesmia villosa Hook. f. var. *acutifolia* Speg. = **Adesmia villosa** Hook. f.
Ref.: Burkart, 1967b; Burkart & Correa, 1984.

Adesmia villosa Hook. f. var. *glabrata* (Speg.) Burkart = **Adesmia villosa** Hook. f.
Ref.: Burkart, 1967b; Burkart & Correa, 1984.

Adesmia volckmanni Phil.
Sin.: *Adesmia campestris* (Rendle) Rowlee, *Patagonium campestre* Rendle, *Patagonium volckmanni* (Phil.) Kuntze
Ref.: Burkart & Correa, 1984; Ulibarri, 1986.
Hábito: Arbusto.
Status: Nativa.
Elevación: 0-2500 m.
Prov.: CHU, ME, NE, RN, SC.
Paises limítrofes: CH.
Ejemplar examinado: *Cabrera et al. 33073* (SI).

Adipera corymbosa (Lam.) Britton & Rose = **Senna corymbosa** (Lam.) H.S. Irwin & Barneby
Ref.: Irwin & Barneby, 1982.

Aeschynomene L. Papilionoideae, Aeschynomeneae.

Número de especies: 12, 2 especies endémicas.

Aeschynomene americana L.
Ref.: Burkart, 1939b; Rudd, 1955.
Hábito: Subarbusto.
Status: Nativa.
Elevación: 0-500 m.
Prov.: CH, COR, ER, FO.
Paises limítrofes: BO, BR, PA.
Ejemplar examinado: *Krapovickes et al. 34714* (CTES).

Aeschynomene bispinosa Jacq. = **Sesbania bispinosa** (Jacq.) W. Wight
Ref.: Lewis, 1989; Gómez-Sosa, inéd.

Aeschynomene bonariensis Speg. = **Aeschynomene rudis** Benth.
Ref.: Rudd, 1955.

Aeschynomene dentata Lag. = **Adesmia muricata** (Jacq.) DC. var. **dentata** (Lag.) Benth.
Ref.: Burkart, 1954.

Aeschynomene denticulata Rudd
Ref.: Rudd, 1955; Burkart, 1987a.
Hábito: Hierba.
Status: Nativa.
Elevación: 0-500 m.
Prov.: BA, CH, COR, ER, FO, MI, SA, TU.
Paises limítrofes: BO, BR, PA.
Ejemplar examinado: *Schinini et al. 17423* (CTES).

Aeschynomene echinus Vogel
Ref.: Rudd, 1955.
Hábito: Hierba.
Status: Endémica.
Elevación: 0-500 m.
Prov.: MI.
Paises limítrofes: PA.
Ejemplar examinado: *Krapovickas et al. 28696* (CTES).

Aeschynomene evenia C. Wright
Ref.: Rudd, 1955.
Hábito: Hierba.
Status: Nativa.
Elevación: 0-500 m.
Prov.: SA, TU.
Paises limítrofes: BO, BR.
Ejemplar examinado: *Schinini y Vanni 22415* (CTES).

Aeschynomene falcata (Poir.) DC.
Sin.: *Hedysarum falcatum* Poir.
Ref.: Burkart, 1939b, 1987a; Rudd, 1955.
Hábito: Hierba.
Status: Nativa.
Elevación: 0-500 m.
Prov.: CH, COR, FO, MI.
Paises limítrofes: BO, BR, PA.
Ejemplar examinado: *Krapovickas et al. 28707* (CTES).

Aeschynomene histrix Poir. var. **incana** (Vogel) Benth.
Sin.: *Aeschynomene incana* Vogel
Ref.: Burkart, 1939b, 1987a; Rudd, 1955.
Hábito: Hierba.
Status: Nativa.
Elevación: 0-500 m.
Prov.: CO, COR, ER.
Paises limítrofes: BO, BR, PA, UR.
Ejemplar examinado: *Schinini y Vanni 15630* (CTES).

Aeschynomene incana Vogel = **Aeschynomene histrix** Poir. var. **incana** (Vogel) Benth.
Ref.: Rudd, 1955.

Aeschynomene latifolia Spreng. = **Adesmia latifolia** (Spreng.) Vogel
Ref.: Burkart, 1966a, 1987a.

Aeschynomene lorentziana Bacigalupo & Vanni
Ref.: Bacigalupo & Vanni, 1984; Burkart, 1987.
Hábito: Hierba.
Status: Endémica.
Elevación: 0-500 m.
Prov.: COR, ER.
Ejemplar examinado: *Troncoso et al. 1363* (isotipo, CTES).

Aeschynomene montevidensis Vogel
Sin.: *Aeschynomene montevidensis* Vogel var. *microphylla* Chodat & Hassl.
Ref.: Burkart, 1939b, 1987a; Rudd, 1955.
Hábito: Hierba.
Status: Nativa.
Elevación: 0-500 m.
Prov.: BA, CH, COR, ER, FO, MI, SF.
Paises limítrofes: BR, PA, UR.
Ejemplar examinado: *Schinini y Vanni 22583* (CTES).

Aeschynomene montevidensis Vogel var. *microphylla* Chodat & Hassl. = **Aeschynomene montevidensis** Vogel
Ref.: Rudd, 1955.

Aeschynomene papposa Lag. = **Adesmia papposa** (Lag.) DC. var. **papposa**
Ref.: Burkart, 1960a, 1967a; Burkart & Correa, 1984.

Aeschynomene parviflora Micheli
Ref.: Burkart, 1939b; Rudd, 1955.
Hábito: Hierba.
Status: Endémica.
Elevación: 0-500 m.
Prov.: FO.
Paises limítrofes: BO, BR, PA.
Ejemplar examinado: *Morel 2826* (CTES).

Aeschynomene rudis Benth.
Sin.: *Aeschynomene bonariensis* Speg.
Ref.: Burkart, 1939b, 1967a, 1987a; Rudd, 1955.
Hábito: Subarbusto.
Status: Nativa.
Elevación: 0-500 m.
Prov.: BA, CH, ER, FO, SF.
Paises limítrofes: BO, PA.
Ejemplar examinado: *Pedersen 12788* (CTES).

Aeschynomene sensitiva Sw.
Ref.: Burkart, 1939b, 1987a; Rudd, 1955.
Hábito: Arbolito.
Status: Nativa.
Elevación: 0-500 m.
Prov.: BA, CH, COR, ER, MI, SF.
Paises limítrofes: BO, BR, PA.
Ejemplar examinado: *Vanni et al. 1533* (CTES).

Aeschynomene virgata Cav. = **Sesbania virgata** (Cav.) Pers.
Ref.: Burkart, 1987; Gómez-Sosa, inéd.

[Aeschynomene virginica (L.) Britton]
Nota: Especie excluida de la flora argentina.

Aeschynomene viscidula Michx.
Ref.: Vanni, 1997.
Hábito: Hierba.
Status: Nativa.
Elevación: 0-500 m.
Prov.: FO.
Paises limítrofes: BO, BR, PA.
Ejemplar examinado: *Insfrán 995* (CTES).

Albizia Durazz. Mimosoideae, Ingeae.

Número de especies: 2

Albizia hassleri (Chodat) Burkart = **Albizia niopoides** (Spruce ex Benth.) Burkart
Ref.: Barneby & Grimes, 1996.

Albizia inundata (Mart.) Barneby & J.W. Grimes
Sin.: *Acacia inundata* Mart., *Arthrosamanea polyantha* (A. Spreng.) Burkart, *Arthrosamanea polycephala* (Griseb.) Burkart, *Cathormion polyanthum* (A. Spreng.) Burkart, *Cathormion polycephalum* (Griseb.) Burkart, hom. illeg., *Enterolobium polycephalum* Griseb., *Feuilleea polycephala* (Griseb.) Kuntze, *Pithecellobium multiflorum* var. *brevipedunculata* Chodat & Hassl., *Pithecellobium pendulum* Lindm.
Ref.: Barneby & Grimes, 1996; Hoc, 1992b.
Hábito: Árbol.
Status: Nativa.
Elevación: 0-500 m.

Prov.: CH, COR, ER, FO, JU, MI, SA, SF.
Paises limítrofes: BO, BR, PA, UR.
Ejemplar examinado: *Cordini 44* (LIL, SI).

Albizia niopoides (Spruce ex Benth.) Burkart
Sin.: *Acacia guacamayo* (Britton & Killip) Standl., *Albizia hassleri* (Chodat) Burkart, *Albizia richardiana* King & Prain, *Feuilleea niopiodes* (Spruce ex Benth.) Kuntze, *Pithecellobium caribaeum* Urb., *Pithecellobium hassleri* Chodat, *Pithecellobium niopoides* Spruce & Benth., *Senegalia guacamayo* Britton & Killip, *Senegalia liebmannii* Britton & Rose
Ref.: Barneby & Grimes, 1996.
Hábito: Árbol.
Status: Nativa.
Elevación: 0-500 m.
Prov.: MI.
Paises limítrofes: BR, PA.
Ejemplar examinado: *Hassler 3719* (G).

Albizia richardiana King & Prain = **Albizia niopoides** (Spruce ex Benth.) Burkart
Ref.: Barneby & Grimes, 1996.

Amarenus flavus C. Presl = **Trifolium dubium** Sibth.
Ref.: Zohary & Heller, 1984.

Amarenus spadiceus C. Presl = **Trifolium spadiceum** L.
Ref.: Rossow, 1984c; Zohary & Heller, 1984.

Amburana Schwacke & Taub. Papilionoideae, Swartzieae.
Número de especies: 1

Amburana cearensis (Allemão) A.C. Sm.
Sin.: *Torresea cearensis* Allemão
Ref.: Burkart, 1952; Bernardi, 1984; Ulibarri, 1997c.
Hábito: Árbol.
Status: Nativa.
Elevación: 500-1500 m.
Prov.: JU, SA.
Paises limítrofes: BR, PA.
Ejemplar examinado: *Zabala 111* (SI).

Amicia Kunth. Papilionoideae, Aeschynomeneae.
Número de especies: 3

Amicia andicola (Griseb.) Harms
Sin.: *Zornia andicola* Griseb.
Ref.: Burkart, 1939b, 1952a.
Hábito: Hierba.
Status: Nativa.
Elevación: 2000-2500 m.
Prov.: JU, SA, TU.
Paises limítrofes: BO.
Ejemplar examinado: *Burkart 5416* (SI).

Amicia fimbriata Harms
Ref.: Burkart, 1939b, 1952a.
Hábito: Hierba.
Status: Nativa.
Elevación: 2000-2500 m.
Prov.: JU, SA.
Paises limítrofes: BO.
Ejemplar examinado: *Venturi 8714* (SI).

Amicia medicaginea Griseb.
Ref.: Burkart, 1939b, 1952a.
Hábito: Hierba.
Status: Nativa.
Elevación: 2000-2500 m.
Prov.: CA, JU, TU.
Paises limítrofes: BO.
Ejemplar examinado: *Kiesling 3587* (SI).

Amoria obcordata C. Presl = **Trifolium polymorphum** Poir. var. **polymorphum**
Ref.: Zohary & Heller, 1984.

Amoria polymorpha C. Presl = **Trifolium polymorphum** Poir. var. **polymorphum**
Ref.: Zohary & Heller, 1984.

Amorpha L. Papilionoideae, Amorphoeae.
Número de especies: 1

Amorpha fruticosa L.
Ref.: Burkart, 1987a; Gómez-Sosa, inéd.
Hábito: Arbusto.
Status: Introducida.
Elevación: 0-500 m.
Prov.: BA, ER.
Ejemplar examinado: *Burkart y Gamerro 21764* (SI).

Amphicarpaea ovalifolia (Kunth) Seckt = **Cologania ovalifolia** Kunth
Ref.: Burkart, 1952a.

Anadenanthera Speg. Mimosoideae, Mimoseae.
Número de especies: 1

Anadenanthera colubrina (Vell.) Brenan var. **cebil** (Griseb.) Altschul
Sin.: *Acacia cebil* Griseb., *Anadenanthera macrocarpa* (Benth.) Brenan, *Mimosa colubrina* Vell., *Piptadenia cebil* (Griseb.) Griseb., *Piptadenia macrocarpa* Benth., *Piptadenia macrocarpa* Benth. var. *cebil* (Griseb.) Chodat & Hassl.
Ref.: Altschul, 1964; Dimitri, 1974a.
Hábito: Arbusto o árbol.
Status: Nativa.
Elevación: 0-2000 m.
Prov.: CA, CH, CO, COR, ER, FO, JU, MI, SA, SE, TU.
Paises limítrofes: BO, BR, PA.
Ejemplar examinado: *Burkart 14995* (SI).

[Anadenanthera colubrina (Vell.) Brenan var. colubrina]
Ref.: Cialdella, inéd.
Nota: Cita dudosa para la flora argentina.

Anadenanthera macrocarpa (Benth.) Brenan = **Anadenanthera colubrina** (Vell.) Brenan var. **cebil** (Griseb.) Altschul
Ref.: Altschul, 1964.

Anarthrophyllum Benth. Papilionoideae, Genisteae.
Número de especies: 12 especies; 8 especies y 2 variedades endémicas.

Anarthrophyllum beaufilsii Kuntze = **Anarthrophyllum desideratum** (DC.) Benth. var. **desideratum**
Ref.: Sorarú, 1974b, 1984a.

Anarthrophyllum bergii Hieron. = **Anarthrophyllum desideratum** (DC.) Benth. var. **desideratum**
Ref.: Sorarú, 1974b, 1984a.

Anarthrophyllum brevistipula Phil. = **Anarthrophyllum rigidum** (Gillies ex Hook. & Arn.) Hieron.
Ref.: Sorarú, 1974b.

Anarthrophyllum burkartii Sorarú
Ref.: Sorarú, 1971, 1984a.
Hábito: Subarbusto.
Status: Endémica.
Elevación: 1000-2000 m.
Prov.: NE.
Ejemplar examinado: *Boelcke 11495* (holotipo, BAB).

Anarthrophyllum capitatum Sorarú
Ref.: Sorarú, 1973, 1974b, 1984a.
Hábito: Arbusto.
Status: Endémica.
Elevación: 0-500 m.
Prov.: NE.
Ejemplar examinado: *Castellanos s.n.* (holotipo, LIL 20184).

Anarthrophyllum desideratum (DC.) Benth. var. *bergii* (Hieron.) Speg. = **Anarthrophyllum desideratum** (DC.) Benth. var. **desideratum**
Ref.: Sorarú, 1974b, 1984a.

Anarthrophyllum desideratum (DC.) Benth. var. **desideratum**
Sin.: *Anarthrophyllum beaufilsii* Kuntze, *Anarthrophyllum bergii* Hieron., *Anarthrophyllum desideratum* (DC.) Benth. var. *bergii* (Hieron.) Speg., *Anarthrophyllum prichardii* Rendle, *Genista desiderata* DC.
Ref.: Sorarú, 1974b, 1984a.
Hábito: Subarbusto.
Status: Nativa.
Elevación: 0-1000 m.
Prov.: CHU, SC.
Paises limítrofes: CH.
Ejemplar examinado: *Correa et al. 4873* (BAB).

Anarthrophyllum desideratum (DC.) Benth. var. **morenonis** (Kuntze) Speg.
Sin.: *Anarthrophyllum morenonis* Kuntze
Ref.: Sorarú, 1974b.
Hábito: Subarbusto.
Status: Endémica.
Elevación: 0-1000 m.
Prov.: CHU, SC.
Ejemplar examinado: *Soriano 2047* (BAB).

Anarthrophyllum desideratum (DC.) Benth. var. **mustersii** Speg.
Ref.: Sorarú, 1974b.
Hábito: Subarbusto.
Status: Endémica.
Elevación: 0-1000 m.
Prov.: CHU, SC.
Ejemplar examinado: *Illin s.n.* (holotipo, LPS 23138).

Anarthrophyllum elegans (Gillies ex Hook. & Arn.) F. Phil.
Sin.: *Anarthrophyllum pungens* Chodat, *Genista elegans* Gillies ex Hook. & Arn.
Ref.: Sorarú, 1974b.
Hábito: Arbusto.
Status: Nativa.
Elevación: 1000-2500 m.
Prov.: ME, NE.
Paises limítrofes: CH.
Ejemplar examinado: *Fabris 867* (BAB, LP).

Anarthrophyllum gayanum (A. Gray) B.D. Jacks.
Sin.: *Anarthrophyllum umbellatum* (Clos) F. Phil., *Genista gayana* A. Gray, *Genista umbellata* Clos
Ref.: Sorarú, 1974b, 1984a; Gómez- Sosa, 1994.
Hábito: Subarbusto.
Status: Nativa.
Elevación: 500-1000 m.
Prov.: ME, NE, SJ.
Paises limítrofes: CH.
Ejemplar examinado: *Roig s.n.* (MERL 12994).

Anarthrophyllum macrophyllum Sorarú
Ref.: Sorarú, 1973, 1984a.
Hábito: Arbusto.
Status: Endémica.
Prov.: ME, NE.
Ejemplar examinado: *Ruiz Leal 21916* (holotipo, SI).

Anarthrophyllum morenonis Kuntze = **Anarthrophyllum desideratum** (DC.) Benth. var. **morenonis** (Kuntze) Speg.
Ref.: Sorarú, 1974b.

Anarthrophyllum negeri Chodat & Wilczek = **Anarthrophyllum rigidum** (Gillies ex Hook. & Arn.) Hieron.
Ref.: Sorarú, 1974b.

Anarthrophyllum ornithopodum Sandwith
Ref.: Sandwith, 1927; Sorarú, 1974b, 1984a.
Hábito: Arbusto.
Status: Endémica.
Elevación: 0-500 m.
Prov.: CHU, NE.
Ejemplar examinado: *Comber 200* (holotipo, K).

Anarthrophyllum patagonicum Speg.
Ref.: Sorarú, 1974b, 1984a.
Hábito: Arbusto.
Status: Endémica.
Elevación: 0-500 m.
Prov.: CHU.
Ejemplar examinado: *Illín s.n.* (holotipo, LP 11926).

Anarthrophyllum pedicellatum Sorarú
Ref.: Sorarú, 1973, 1984a.
Hábito: Arbusto.
Status: Endémica.
Elevación: 0-500 m.
Prov.: CHU, LP, ME.
Ejemplar examinado: *Cabrera y Sagástegui 19417* (holotipo, LP).

Anarthrophyllum prichardii Rendle = **Anarthrophyllum desideratum** (DC.) Benth. var. **desideratum**
Ref.: Sorarú, 1974b, 1984a.

Anarthrophyllum pungens Chodat = **Anarthrophyllum elegans** (Gillies ex Hook. & Arn.) F. Phil.

Anarthrophyllum rigidum (Gillies ex Hook. & Arn.) Hieron.
Sin.: *Anarthrophyllum brevistipula* Phil., *Anarthrophyllum negeri* Chodat & Wilczek, *Anarthrophyllum tonini* Kuntze, *Genista rigida* Gillies ex Hook. & Arn.
Ref.: Sorarú, 1974b.
Hábito: Arbusto.
Status: Nativa.
Elevación: 0-2500 m.
Prov.: CHU, ME, NE, RN, SC.
Paises limítrofes: CH.
Ejemplar examinado: *Boelcke et al. 10759* (BAB).

Anarthrophyllum strigulipetalum Sorarú
Ref.: Sorarú, 1974b.
Hábito: Arbusto.
Status: Endémica.
Elevación: 0-1000 m.
Prov.: CHU, NE, RN.
Ejemplar examinado: *Neumeyer 527* (holotipo, SI).

Anarthrophyllum subandinum Speg.
Sin.: *Anarthrophyllum subandinum* Speg. var. *nahuelhuapensis* Speg.
Ref.: Sorarú, 1974b.
Hábito: Arbusto.
Status: Endémica.
Elevación: 0-1000 m.
Prov.: CHU, NE, RN.
Ejemplar examinado: *Illín s.n.* (holotipo, LPS 11392).

Anarthrophyllum subandinum Speg. var. *nahuelhuapensis* Speg. = **Anarthrophyllum subandinum** Speg.
Ref.: Sorarú, 1974b.

Anarthrophyllum tonini Kuntze = **Anarthrophyllum rigidum** (Gillies ex Hook. & Arn.) Hieron.
Ref.: Sorarú, 1974b.

Anarthrophyllum umbellatum (Clos) F. Phil. = **Anarthrophyllum gayanum** (A. Gray) B.D. Jacks.
Ref.: Gómez-Sosa, inéd.

Anila bongardiana Kuntze = **Indigofera bongardiana** (Kuntze) Burkart
Ref.: Gómez-Sosa, inéd.

Anila kurtzii (Harms) Kuntze = **Indigofera kurtzii** Harms
Ref.: Burkart, 1942; Gómez-Sosa, inéd.

Anila tinctoria (L.) Kuntze var. *vera* Kuntze = **Indigofera suffruticosa** Mill.
Ref.: Burkart, 1987a; Gómez-Sosa, inéd.

Anneslia chapaderoana Britton & Rose = **Zapoteca formosa** (Kunth) H.M. Hern.
Ref.: Hernández, 1989.

Anneslia cookii Britton & Rose = **Zapoteca formosa** (Kunth) H.M. Hern.
Ref.: Hernández, 1989.

Anneslia formosa (Kunth) Britton & Millsp. = **Zapoteca formosa** (Kunth) H.M. Hern.
Ref.: Hernández, 1989.

Anneslia parvifolia (Hook. & Arn.) Britton = **Calliandra parvifolia** (Hook. f. & Arn.) Speg.
Ref.: Hoc, 1992a.

Anneslia portoricensis (Jacq.) Donn. Sm. = **Zapoteca portoricensis** (Jacq.) H.M. Hern.
Ref.: Hernández, 1989.

Apuleia Mart., nom. cons. Caesalpinoideae, Cassieae.

Número de especies: 1

Apuleia leiocarpa (Vogel) J.F. Macbr.
Sin.: *Apuleia praecox* Mart., *Leptolobium leiocarpum* Vogel
Ref.: Macbride, 1919; Burkart, 1952a; Ulibarri, 1997d.
Hábito: Árbol.
Status: Nativa.
Elevación: 0-1000 m.
Prov.: COR, MI.
Paises limítrofes: BR, PA.
Ejemplar examinado: *Rodríguez 423* (SI).

Apuleia praecox Mart. = **Apuleia leiocarpa** (Vogel) J.F. Macbr.
Ref.: Macbride, 1919; Burkart, 1952.

Apurimacia Harms. Papilionoideae, Millettieae.

Número de especies: 1 especie endémica.

Apurimacia dolichocarpa (Griseb.) Burkart
Sin.: *Tephrosia dolichocarpa* Griseb.
Ref.: Burkart, 1952a; Gómez-Sosa, inéd.
Hábito: Arbusto.
Status: Endémica.
Elevación: 500-3000 m.
Prov.: CO.
Ejemplar examinado: *Hunziker 7901* (CORD, SI).

Arachis L. Papilionoideae, Aeschynomeneae.

Número de especies: 6, 1 especie endémica.

Arachis angustifoilia (Chodat & Hassl.) Killip ex Hoehne = **Arachis glabrata** Benth. var. **hagenbeckii** (Harms ex Kuntze) F.J. Herm.
Ref.: Krapovickas & Gregory, 1994.

Arachis argentinensis Speg. ex Hoehne, nom. nud. = **Arachis duranensis** Krapov. & W.C. Greg.
Ref.: Krapovickas & Gregory, 1994.

Arachis burkartii Handro
Sin.: *Arachis marginata* auct. non Benth.
Ref.: Handro, 1958; Burkart, 1987a; Krapovickas & Gregory, 1994.
Hábito: Hierba.
Status: Nativa.
Elevación: 0-500 m.
Prov.: COR, ER, MI.
Paises limítrofes: BR, UR.
Ejemplar examinado: *Burkart 21775* (SI).

Arachis correntina (Burkart) Krapov. & W.C. Greg.
Sin.: *Arachis villosa* Benth. var. *correntina* Burkart
Ref.: Krapovickas & Gregory, 1994.
Hábito: Hierba.
Status: Nativa.
Elevación: 0-500 m.
Prov.: COR.
Paises limítrofes: PA.
Ejemplar examinado: *Clos 5930* (holotipo, BAB).

Arachis duranensis Krapov. & W.C. Greg.
Sin.: *Arachis argentinensis* Speg. ex Hoehne, nom. nud., *Arachis duranensis* Krapov. & W.C. Greg., nom. nud., *Arachis pusilla* auct. non Benth., *Arachis spegazzinii* M.P. Greg. & W.C. Greg., nom. nud.
Ref.: Krapovickas & Gregory, 1994.
Hábito: Hierba.
Status: Nativa.
Prov.: JU, SA.
Paises limítrofes: BO.
Ejemplar examinado: *Krapovickas 8010* (holotipo, CTES; isotipos, BAB, CEN, F, G, GH, K).

Arachis duranensis Krapov. & W.C. Greg., nom. nud. = **Arachis duranensis** Krapov. & W.C. Greg
Ref.: Krapovickas & Gregory, 1994.

Arachis glabrata Benth. f. *major* Hoehne, nom. nud. = **Arachis glabrata** Benth. var. **glabrata**
Ref.: Krapovickas & Gregory, 1994.

Arachis glabrata Benth. f. *minor* Hoehne, nom. nud. = **Arachis glabrata** Benth. var. **glabrata**
Ref.: Krapovickas & Gregory, 1994.

Arachis glabrata Benth. var. **glabrata**
Sin.: *Arachis glabrata* Benth. f. *major* Hoehne, nom. nud., *Arachis glabrata* Benth. f. *minor* Hoehne, nom. nud., *Arachis glabrata* Benth. var. *membranifolia* Benth. ex A. Chev., *Arachis prostrata* Benth. var. *genuina* Chodat & Hassl., nom. inval., *Arachis prostrata* Benth. var. *pseudomarginata* Chodat & Hassl.
Ref.: Krapovickas & Gregory, 1994.
Hábito: Hierba.
Status: Nativa.
Elevación: 0-500 m.
Prov.: COR, MI.
Paises limítrofes: BR, PA.
Ejemplar examinado: *Gregory et al. 9553* (LIL, US).

Arachis glabrata Benth. var. **hagenbeckii** (Harms ex Kuntze) F.J. Herm.
Sin.: *Arachis angustifoilia* (Chodat & Hassl.) Killip ex Hoehne, *Arachis hagenbeckii* Harms ex Kuntze, *Arachis marginata* Gardner subsp. *hagenbeckii* (Harms ex Kuntze) A. Chev., *Arachis prostrata* Benth. f. *angustifolia* Chodat & Hassl., *Arachis prostrata* Benth. var. *angustifolia* Chodat & Hassl. ex Hoehne
Ref.: Hermann, 1954; Krapovickas & Gregory, 1994.
Hábito: Hierba.
Status: Nativa.
Elevación: 0-500 m.
Prov.: COR.
Paises limítrofes: PA.
Ejemplar examinado: *Spegazzini 10051* (BAB).

Arachis glabrata Benth. var. *membranifolia* Benth. ex A. Chev. = **Arachis glabrata** Benth. var. **glabrata**
Ref.: Krapovickas & Gregory, 1994.

Arachis hagenbeckii Harms ex Kuntze = **Arachis glabrata** Benth. var. **hagenbeckii** (Harms ex Kuntze) F.J. Herm.
Ref.: Krapovickas & Gregory, 1994.

Arachis marginata auct. non Benth. = **Arachis burkartii** Handro

Arachis marginata Gardner subsp. *hagenbeckii* (Harms ex Kuntze) A. Chev. = **Arachis glabrata** Benth. var. **hagenbeckii** (Harms ex Kuntze) F.J. Herm.
Ref.: Krapovickas & Gregory, 1994.

Arachis monticola Krapov. & Rigoni
Ref.: Krapovickas & Rigoni, 1957.
Hábito: Hierba.
Status: Endémica.
Prov.: JU.
Ejemplar examinado: *Krapovickas 8012* (BAB).

Arachis prostrata Benth. f. *angustifolia* Chodat & Hassl. = **Arachis glabrata** Benth. var. **hagenbeckii** (Harms ex Kuntze) F.J. Herm.
Ref.: Krapovickas & Gregory, 1994.

Arachis prostrata Benth. var. *angustifolia* Chodat & Hassl. ex Hoehne = **Arachis glabrata** Benth. var. **hagenbeckii** (Harms ex Kuntze) F.J. Herm.
Ref.: Krapovickas & Gregory, 1994.

Arachis prostrata Benth. var. *genuina* Chodat & Hassl., nom. inval. = **Arachis glabrata** Benth. var. **glabrata**
Ref.: Krapovickas & Gregory, 1994.

Arachis prostrata Benth. var. *pseudomarginata* Chodat & Hassl. = **Arachis glabrata** Benth. var. **glabrata**
Ref.: Krapovickas & Gregory, 1994.

Arachis prostrata Benth. var. *villosa* (Benth.) A. Chev. = **Arachis villosa** Benth.
Ref.: Krapovickas & Gregory, 1994.

Arachis pusilla auct. non Benth. = **Arachis duranensis** Krapov. & W.C. Greg.
Ref.: Krapovickas & Gregory, 1994.

Arachis spegazzinii M.P. Greg. & W.C. Greg., nom. nud. = **Arachis duranensis** Krapov. & W.C. Greg.
Ref.: Krapovickas & Gregory, 1994.

Arachis villosa Benth.
Sin.: *Arachis prostrata* Benth. var. *villosa* (Benth.) A. Chev.
Ref.: Burkart, 1987; Krapovickas & Gregory, 1994.
Hábito: Hierba.
Status: Nativa.
Elevación: 0-500 m.
Prov.: COR, ER.
Paises limítrofes: UR.
Ejemplar examinado: *Burkart 22585* (SI).

Arachis villosa Benth. var. *correntina* Burkart = **Arachis correntina** (Burkart) Krapov. & W.C. Greg.
Ref.: Krapovickas & Gregory, 1994.

Artholobium micranthus Benth. = **Ornithopus micranthus** (Benth.) Arechav.

Arthrosamanea polyantha (A. Spreng.) Burkart = **Albizia inundata** (Mart.) Barneby & J.W. Grimes

Arthrosamanea polycephala (Griseb.) Burkart = **Albizia inundata** (Mart.) Barneby & J.W. Grimes

Astragalus L. Papilionoideae, Galegeae.

Número de especies: 61, 29 especies y una variedad endémicas.

Astragalus ameghinoi Speg.
Ref.: Spegazzini, 1902b; Johnston, 1947; Gómez-Sosa, 1979, 1984.
Hábito: Hierba.
Status: Endémica.
Elevación: 0-500 m.
Prov.: CHU, SC.
Ejemplar examinado: *Ameghino s.n.* (lectotipo, LPS 2014).

Astragalus amunategui Phil. = **Astragalus cruckshanksii** (Hook. & Arn.) Griseb.

Astragalus anni-novi Burkart
Ref.: Burkart, 1969; Gómez-Sosa, 1979, 1984.
Hábito: Hierba.
Status: Endémica.
Elevación: 0-1500 m.
Prov.: CHU, NE, RN.
Ejemplar examinado: *Ruiz Leal 25826* (holotipo, SI; isotipo, MERL).

Astragalus arequipensis Vogel
Sin.: *Astragalus bolivianus* Phil., *Astragalus drepanophrorus* Griseb., *Astragalus orbignyanus* Wedd., *Astragalus sinocarpus* Rusby
Ref.: Johnston, 1947; Gómez-Sosa, 1994.
Hábito: Hierba.
Status: Nativa.
Elevación: 3000-4500 m.
Prov.: CA, JU, LR, SA, SJ, TU.
Paises limítrofes: BO, CH.
Ejemplar examinado: *Burkart 11687* (SI).

Astragalus argentinus Manganaro
Ref.: Johnston, 1947; Burkart, 1967a.
Hábito: Hierba.
Status: Endémica.
Elevación: 0-500 m.
Prov.: BA.
Ejemplar examinado: *Dusén 6279* (LPS).

Astragalus arnottianus (Gillies ex Hook. & Arn.) Reiche
Sin.: *Astragalus nanus* (Phil.) Reiche, *Astragalus philippi* Speg., *Astragalus reedi* (Phil.) Hauman, *Phaca arnottiana* Gillies ex Hook. & Arn., *Phaca nana* Phil., *Phaca reedi* Phil., *Phaca uspallatensis* Phil.
Ref.: Johnston, 1947; Gómez-Sosa, 1994.
Hábito: Hierba.
Status: Nativa.
Elevación: 2000-4500 m.
Prov.: ME.
Paises limítrofes: CH.
Ejemplar examinado: *Ruiz Leal 6558* (MERL, SI).

Astragalus asplundii I.M. Johnst.
Ref.: Johnston, 1947; Gómez-Sosa, 1981.
Hábito: Hierba.
Status: Nativa.
Elevación: 4000>4500 m.
Prov.: JU.
Paises limítrofes: BO.
Ejemplar examinado: *Cabezas 34* (SI).

Astragalus atacamensis (Kuntze) R.E. Fr. = **Astragalus bustillosii** Clos

Astragalus austroargentinus Gómez-Sosa
Ref.: Gómez-Sosa, 1976, 1979, 1984.
Hábito: Hierba.
Status: Endémica.
Elevación: 0-500 m.
Prov.: SC.
Ejemplar examinado: *Boelcke 12822* (holotipo, SI; isotipos, BAA, BAB).

Astragalus barceloi Phil. = **Astragalus monticola** Phil.

Astragalus bellus (Kuntze) R.E. Fr.
Sin.: *Astragalus pulchellus* (Clos) Reiche, *Phaca pulchella* Clos, *Tragacantha bella* Kuntze
Ref.: Johnston, 1947; Gómez-Sosa, 1981.
Hábito: Hierba.
Status: Nativa.
Elevación: 2000-4000 m.
Prov.: ME, SJ.
Paises limítrofes: CH.
Ejemplar examinado: *Sleumer 624* (LIL).

Astragalus bergii Hieron.
Ref.: Hieronymus, 1880; Burkart, 1952a, 1967a; Johnston, 1947; Gómez-Sosa, 1979, 1984.
Hábito: Hierba.
Status: Endémica.
Elevación: 0-500 m.
Prov.: BA, CO, LP, RN, SL.
Ejemplar examinado: *Berg 79* (holotipo, CORD; isotipo, LP).

Astragalus boelckei Gómez-Sosa
Ref.: Gómez-Sosa, 1992, 1994.
Hábito: Hierba.
Status: Endémica.
Elevación: 3500-4500 m.
Prov.: LR, SJ.
Ejemplar examinado: *Kiesling 4628* (holotipo, SI; isotipo, NY).

Astragalus bolivianus Phil. = **Astragalus arequipensis** Vogel

Astragalus bonariensis Gómez-Sosa
Ref.: Gómez-Sosa, 1984.
Hábito: Hierba.
Status: Endémica.
Elevación: 0-500 m.
Prov.: BA, RN.
Ejemplar examinado: *Burkart 25634* (SI).

Astragalus brachycalyx Phil. = **Astragalus bustillosii** Clos

Astragalus brevicaulis Dusén = **Astragalus palenae** (Phil.) Reiche var. **palenae**

Astragalus burkartii I.M. Johnst.
Ref.: Johnston, 1947.
Hábito: Hierba.
Status: Endémica.
Elevación: 3000-4500 m.
Prov.: CA, JU, SA, TU.
Ejemplar examinado: *Burkart 5403* (GH, SI).

Astragalus bustillosii Clos
Sin.: *Astragalus atacamensis* (Kuntze) R.E. Fr., *Astragalus brachycalyx* Phil., *Astragalus depauperatus* (Phil.) Reiche, *Astragalus tarapacanus* Speg., *Phaca depauperata* Phil., *Phaca saxifraga* Phil., *Tragacantha atacamensis* Kuntze
Ref.: Johnston, 1947; Gómez-Sosa, 1994.
Hábito: Hierba.
Status: Nativa.
Elevación: 3000-4000 m.
Prov.: JU, ME, SA, SJ, TU.
Paises limítrofes: CH.
Ejemplar examinado: *Nicora et al. 8534* (SI).

Astragalus capitellus Britton = **Astragalus micranthellus** Wedd.

Astragalus carinatus (Hook. & Arn.) Reiche
Sin.: *Phaca andicola* Gillies ex Hook. & Arn., *Phaca carinata* Hook. & Arn.
Ref.: Johnston, 1947.
Hábito: Hierba.
Status: Endémica.
Elevación: 1000-2000 m.
Prov.: ME.
Ejemplar examinado: *Ruiz Leal 8581* (MERL, SI).

Astragalus chamissonis (Vogel) Reiche
Sin.: *Astragalus ochroleucus* (Hook. & Arn.) Gray, nom. illeg., *Astragalus ovallensis* Clos, *Phaca chamissonis* Vogel, *Phaca ochroleuca* Hook. & Arn.
Ref.: Gómez-Sosa, 1979, 1984.
Hábito: Hierba.
Status: Nativa.
Elevación: 0-1000 m.
Prov.: ME, NE, RN.
Paises limítrofes: CH.
Ejemplar examinado: *Gerling 259* (SI).

Astragalus chubutensis Speg.
Ref.: Spegazzini, 1902; Johnston, 1947; Burkart, 1952a; Gómez-Sosa, 1979, 1984.
Hábito: Hierba.
Status: Endémica.
Elevación: 0-500 m.
Prov.: CHU, NE, RN.
Ejemplar examinado: *Illin s.n.* (holotipo, LPS 2012).

Astragalus clandestinus (Phil.) Hieron. var. *flossdorfii* Hicken = **Astragalus cryptobotrys** I.M. Johnst.

Astragalus colhuensis Gómez-Sosa
Ref.: Gómez-Sosa, 1982.
Hábito: Hierba.
Status: Endémica.
Elevación: 0-500 m.
Prov.: CHU.
Ejemplar examinado: *Correa et al. 4127* (holotipo, BAA; isotipo, BAB).

Astragalus complicatus Gillies
Ref.: Johnston, 1947; Gómez-Sosa, 1979.
Hábito: Hierba.
Status: Endémica.
Prov.: ME.
Ejemplar examinado: *Gillies s.n.* (holotipo, K).

Astragalus cruckshanksii (Hook. & Arn.) Griseb.
Sin.: *Astragalus amunategui* Phil., *Phaca cruckshanksii* Hook. & Arn., *Tragacantha cruckshanksii* var. *glabrescens* Kuntze
Ref.: Johnston, 1947; Gómez-Sosa, 1979, 1984, 1994.
Hábito: Hierba.
Status: Nativa.
Elevación: 0-500 m.
Prov.: CHU, ME, NE, RN, SC, SJ.
Paises limítrofes: CH.
Ejemplar examinado: *Boelcke 11266* (BAA, BAB, SI).

Astragalus crymophilus I.M. Johnst.
Ref.: Johnston, 1947.
Hábito: Hierba.
Status: Nativa.
Elevación: 3500-4000 m.
Prov.: JU.
Paises limítrofes: BO.
Ejemplar examinado: *Cabrera 15174* (LP, SI).

Astragalus crypticus I.M. Johnst.
Ref.: Johnston, 1947; Gómez-Sosa, 1994.
Hábito: Hierba.
Status: Endémica.
Elevación: 3000-4500 m.
Prov.: SJ, TU.
Ejemplar examinado: *Burkart 5407* (holotipo, SI; isotipo, GH).

Astragalus cryptobotrys I.M. Johnst.
Sin.: *Astragalus clandestinus* (Phil.) Hieron. var. *flosdorfii* Hicken, *Phaca clandestina* (Phil.) Hieron., *Phaca cryptantha* Phil.
Ref.: Johnston, 1947; Gómez-Sosa, 1994.
Hábito: Hierba.
Status: Nativa.
Elevación: 3500-4500 m.
Prov.: CA, JU, LR, SA, SJ, TU.
Paises limítrofes: CH.
Ejemplar examinado: *Nicora et al. 8604* (SI).

Astragalus cuyanus Gómez-Sosa
Ref.: Gómez-Sosa, 1982.
Hábito: Hierba.
Status: Endémica.
Elevación: 0-500 m.
Prov.: ME.
Ejemplar examinado: *Roig 4739* (holotipo, SI; isotipo, MERL).

Astragalus deminutivus I.M. Johnst.
Ref.: Johnston, 1947.
Hábito: Hierba.
Status: Nativa.
Elevación: 3500-4500 m.
Prov.: JU.
Paises limítrofes: BO.
Ejemplar examinado: *Claren 11657* (S, SI).

Astragalus depauperatus (Phil.) Reiche = **Astragalus bustillosii** Clos

Astragalus distans Gray = **Astragalus distinens** Macloskie

Astragalus distinens Macloskie
Sin.: *Astragalus distans* Gray
Ref.: Johnston, 1947; Gómez-Sosa, 1979, 1984, 1994.
Hábito: Hierba.
Status: Nativa.
Elevación: 0-500 m.
Prov.: BA, CA, CO, ER, JU, ME, SE, SJ, TU.
Paises limítrofes: UR.
Ejemplar examinado: *Gómez-Sosa 277* (SI).

Astragalus domeykoanus (Phil.) Reiche
Sin.: *Phaca domeykoana* Phil.
Ref.: Johnston, 1947; Gómez-Sosa, 1979, 1984.
Hábito: Hierba.
Status: Nativa.
Elevación: 0-500 m.
Prov.: CHU, NE, SC.
Paises limítrofes: CH.
Ejemplar examinado: *Eskuche 0236* (SI).

Astragalus drepanophrorus Griseb. = **Astragalus arequipensis** Vogel

Astragalus duseni Macloskie = **Astragalus palenae** (Phil.) Reiche var. **palenae**

Astragalus fabrisii Gómez-Sosa
Ref.: Gómez-Sosa, 1981.
Hábito: Hierba.
Status: Endémica.
Elevación: > 4500 m.
Prov.: JU.
Ejemplar examinado: *Schwabe et al. 964* (holotipo, LP).

Astragalus famatinae I.M. Johnst.
Ref.: Johnston, 1947; Gómez-Sosa, 1994.
Hábito: Hierba.
Status: Nativa.
Prov.: LR, SJ.
Paises limítrofes: CH.
Ejemplar examinado: *Kiesling 4452* (SI).

Astragalus garbancillo Cav.
Ref.: Macbride, 1943; Johnston, 1947; Gómez-Sosa, 1994.
Hábito: Hierba.
Status: Nativa.
Elevación: 2500-4000 m.
Prov.: CA, JU, SA, SJ.
Ejemplar examinado: *Venturi 8776* (SI).

Astragalus grandis (Kuntze) Speg. = **Astragalus pehuenches** Niederl.
Ref.: Johnston, 1947; Gómez-Sosa, 1979, 1984, 1994.

Astragalus herzogii Ulbr. = **Astragalus uniflorus** DC.

Astragalus hickenii Gómez-Sosa
Ref.: Gómez-Sosa, 1983, 1984.
Hábito: Hierba.
Status: Endémica.
Elevación: 0-500 m.
Prov.: RN.
Ejemplar examinado: *León 3227* (holotipo, BAA).

Astragalus hieronymi Ulbr. = **Astragalus tarijensis** Wedd.

Astragalus hypsogenus I.M. Johnst.
Ref.: Johnston, 1947.
Hábito: Hierba.
Status: Nativa.
Elevación: 3500-4500 m.
Prov.: JU, SA, TU.
Paises limítrofes: BO.
Ejemplar examinado: *Cabezas 64* (SI).

Astragalus illinii I.M. Johnst.
Sin.: *Astragalus moyanoi* Speg. var. *villosula* Speg.
Ref.: Johnston, 1947; Gómez-Sosa, 1979; 1984.
Hábito: Hierba.
Status: Endémica.
Elevación: 0-500 m.
Prov.: CHU, RN.
Ejemplar examinado: *Latour 1314* (SI).

Astragalus inflatus (Gillies ex Hook. & Arn.) Steud. = **Astragalus pehuenches** Niederl.
Ref.: Johnston, 1947; Gómez-Sosa, 1979, 1984, 1994.

Astragalus joergensenii I.M. Johnst.
Ref.: Johnston, 1947.
Hábito: Hierba.
Status: Endémica.
Elevación: 2000-4000 m.
Prov.: CA, JU, SA, TU.
Ejemplar examinado: *Joergensen 1123* (paratipo, SI).

Astragalus looseri I.M. Johnst.
Ref.: Johnston, 1947; Gómez-Sosa, 1988, 1994.
Hábito: Hierba.
Status: Nativa.
Elevación: 0-500 y 1500-3500 m.
Prov.: SJ.
Paises limítrofes: CH.
Ejemplar examinado: *Looser 1132* (holotipo, GH).

Astragalus macrocarpus (Phil.) Reiche = **Astragalus pehuenches** Niederl.
Ref.: Johnston, 1947; Gómez-Sosa, 1979, 1984, 1994.

Astragalus macrocarpus (Phil.) Reiche var. *petiolatus* Hauman = **Astragalus pehuenches** Niederl.
Ref.: Johnston, 1947; Gómez-Sosa, 1979, 1984, 1994.

Astragalus magellanicus Gómez-Sosa
Ref.: Gómez-Sosa, 1977, 1979, 1984.
Hábito: Hierba.
Status: Nativa.
Elevación: 0-500 m.
Prov.: SC.
Paises limítrofes: CH.
Ejemplar examinado: *Donat 412* (SI).

Astragalus megalocarpus Speg. = **Astragalus pehuenches** Niederl.
Ref.: Johnston, 1947; Gómez-Sosa, 1979, 1984, 1994.

Astragalus mendocinus Gómez-Sosa
Ref.: Gómez-Sosa, 1988.
Hábito: Hierba.
Status: Endémica.
Elevación: 1500-2000 m.
Prov.: ME.
Ejemplar examinado: *Cei s.n.* (holotipo, MERL 28796).

Astragalus meyenianus Speg. = **Astragalus vesiculosus** Clos

Astragalus meyenianus Speg. var. *paucifoliolata* Hicken = **Astragalus vesiculosus** Clos

Astragalus micranthellus Wedd.
Sin.: *Astragalus capitellus* Britton, *Astragalus patancanus* Ulbr., *Tragacantha arequibensis* var. *minima* Kuntze, *Tragacantha arequibensis* var. *tenuifolia* Kuntze
Ref.: Johnston, 1947.
Hábito: Hierba.
Status: Nativa.
Elevación: 3000-4500 m.
Prov.: CA, JU, SA, TU.
Paises limítrofes: BO, CH.
Ejemplar examinado: *Burkart 11672* (Si).

Astragalus minimus Vogel
Ref.: Johnston, 1947.
Hábito: Hierba.
Status: Nativa.
Elevación: 3000>4500 m.
Prov.: JU, SA, TU.
Paises limítrofes: BO, CH.
Ejemplar examinado: *Burkart 5386* (G, SI).

Astragalus modestus Wedd. = **Astragalus weddellianus** (Kuntze) I.M. Johnst.

Astragalus monticola Phil.
Sin.: *Astragalus barceloi* Phil.
Ref.: Johnston, 1947; Gómez-Sosa, 1994.
Hábito: Hierba.
Status: Nativa.
Elevación: 2000-3500 m.
Prov.: ME, NE, SJ.
Paises limítrofes: CH.
Ejemplar examinado: *Del Vitto s.n.* (MERL 33233).

Astragalus moyanoi Speg.
Ref.: Gómez-Sosa, 1979, 1984.
Hábito: Hierba.
Status: Endémica.
Elevación: 0-500 m.
Prov.: CHU, NE.
Ejemplar examinado: *Gómez-Sosa 386* (SI).

Astragalus moyanoi Speg. var. *villosula* Speg. = **Astragalus illinii** I.M. Johnst.

Astragalus nanus (Phil.) Reiche = **Astragalus arnottianus** (Gillies ex Hook. & Arn.) Reiche

Astragalus nelidae Gómez-Sosa
Ref.: Gómez-Sosa, 1988, 1994.
Hábito: Hierba.
Status: Endémica.
Elevación: 3000-4000 m.
Prov.: SJ.
Ejemplar examinado: *Kiesling et al. 6231* (holotipo, SI; isotipos, LP, MERL, NY).

Astragalus neoburkartianus Gómez-Sosa
Ref.: Gómez-Sosa, 1976, 1979, 1984.
Hábito: Hierba.
Status: Endémica.
Elevación: 0-500 m.
Prov.: CHU, SC.
Ejemplar examinado: *R. Spegazzini s.n.* (holotipo, BAB 61517).

Astragalus neocarpus Gómez-Sosa
Ref.: Gómez-Sosa, 1997.
Hábito: Hierba.
Status: Endémica.
Elevación: 500-1000 m.
Prov.: CHU.
Ejemplar examinado: *Gómez-Sosa 401* (holotipo, SI; isotipo, CTES, MO, NY, P).

Astragalus neuquenensis Gómez-Sosa
Ref.: Gómez-Sosa, 1976, 1979, 1984.
Hábito: Hierba.
Status: Endémica.
Elevación: 0-500 m.
Prov.: NE.
Ejemplar examinado: *Ruiz Leal 26733* (holotipo, SI; isotipo, MERL).

Astragalus nivicola Gómez-Sosa
Ref.: Gómez-Sosa, 1977, 1979.
Hábito: Hierba.
Status: Nativa.
Elevación: 1000-2000 m.
Prov.: CHU, NE, RN, SA.
Paises limítrofes: CH.
Ejemplar examinado: *Pisano 4144* (holotipo, HIP; isotipo SI).

Astragalus nubigenus (Meyen ex Vogel) Taub. = **Astragalus vesiculosus** Clos

Astragalus ochroleucus (Hook. & Arn.) Gray, hom. illeg. = **Astragalus chamissonis** (Vogel) Reiche
Ref.: Gómez-Sosa, 1979.

Astragalus orbignyanus Wedd. = **Astragalus arequipensis** Vogel

Astragalus ovallensis Clos = **Astragalus chamissonis** (Vogel) Reiche
Ref.: Gómez-Sosa, 1979.

Astragalus palenae (Phil.) Reiche var. *dusenii* (Macloskie) I.M. Johnst. = **Astragalus palenae** (Phil.) Reiche var. **palenae**

Astragalus palenae (Phil.) Reiche var. **grandiflorus** Speg.
Ref.: Gómez-Sosa, 1979, 1984.
Hábito: Hierba.
Status: Endémica.
Elevación: 0-500 m.
Prov.: CHU, NE, RN, SC.
Ejemplar examinado: *Gómez-Sosa 393* (SI).

Astragalus palenae (Phil.) Reiche var. **palenae**
Sin.: *Astragalus brevicaulis* Dusén, *Astragalus duseni* Macloskie, *Astragalus palenae* (Phil.) Reiche var. *dusenii* (Macloskie) I.M. Johnst., *Astragalus pallens* Reiche, *Astragalus rahmeri* (Phil.) Reiche, *Phaca palenae* Phil., *Phaca rahmeri* Phil.
Ref.: Johnston, 1947; Gómez-Sosa, 1979, 1984.
Hábito: Hierba.
Status: Nativa.
Elevación: 0-500 m.
Prov.: CHU, NE, RN, SC, TF.
Paises limítrofes: CH.
Ejemplar examinado: *Ruiz Leal 24339* (MERL, SI).

Astragalus pallens Reiche = **Astragalus palenae** (Phil.) Reiche var. **palenae**

Astragalus patagonicus (Phil.) Speg.
Sin.: *Phaca patagonica* Phil.
Ref.: Johnston, 1947; Gómez-Sosa, 1979, 1984.
Hábito: Hierba.
Status: Nativa.
Elevación: 0-500 m.
Prov.: CHU, ME, NE, RN, SC.
Paises limítrofes: CH.
Ejemplar examinado: *Arroyo 390* (SI).

Astragalus patancanus Ulbr. = **Astragalus micranthellus** Wedd.

Astragalus pauranthus I.M. Johnst.
Ref.: Johnston, 1947; Gómez-Sosa, 1979, 1984.
Hábito: Hierba.
Status: Endémica.
Elevación: 2500-3000 m.
Prov.: CHU, ME, RN, SC.
Ejemplar examinado: *Fisher 99* (holotipo, GH; isotipos, BM, FM, MO, SI, US).

Astragalus pehuenches Niederl.
Sin.: *Astragalus grandis* (Kuntze) Speg., *Astragalus inflatus* (Gillies ex Hook. & Arn.) Steud., *Astragalus macrocarpus* (Phil.) Reiche, *Astragalus macrocarpus* (Phil.) Reiche var. *petiolatus* Hauman, *Astragalus megalocarpus* Speg., *Astragalus striatus* (Clos) Reiche, *Phaca inflata* Gillies ex Hook. & Arn., *Phaca macrocarpa* Phil., *Phaca striata* Clos, *Tragacantha bisinflata* Kuntze, *Tragacantha grandis* Kuntze
Ref.: Johnston, 1947; Gómez-Sosa, 1994.
Hábito: Hierba.
Status: Nativa.
Elevación: 0-500 m.
Prov.: CHU, LP, ME, SJ.
Paises limítrofes: CH.
Ejemplar examinado: *Roig s.n.* (MERL 11954).

Astragalus peruvianus Vogel
Ref.: Johnston, 1947.
Hábito: Hierba.
Status: Nativa.
Elevación: 3000>4500 m.
Prov.: LR, TU.
Paises limítrofes: BO.
Ejemplar examinado: *Rodríguez 442* (G, SI).

Astragalus philippi Speg. = **Astragalus arnottianus** (Gillies ex Hook. & Arn.) Reiche

Astragalus pilgeri J.F. Macbr. = **Astragalus weddellianus** (Kuntze) I.M. Johnst.

Astragalus pulchellus (Clos) Reiche = **Astragalus bellus** (Kuntze) R.E. Fr.

Astragalus pulviniformis I.M. Johnst.
Ref.: Johnston, 1947; Gómez-Sosa, 1994.
Hábito: Hierba.
Status: Endémica.
Elevación: 3000-3500 m.
Prov.: SJ.
Ejemplar examinado: *Johnston 6128* (holotipo, G; isotipos, BA, P).

Astragalus punae I.M. Johnst.
Ref.: Johnston, 1947.
Hábito: Hierba.
Status: Endémica.
Prov.: JU.
Ejemplar examinado: *Spegazzini 2111* (holotipo, LPS).

Astragalus punensis J.F. Macbr. = **Astragalus weddellianus** (Kuntze) I.M. Johnst.

Astragalus pusillus Vogel
Ref.: Johnston, 1947.
Hábito: Hierba.
Status: Nativa.
Elevación: 3000-4500 m.
Prov.: JU, LR, SA, TU.
Paises limítrofes: BO, CH.
Ejemplar examinado: *Kiesling et al. 6393* (SI).

Astragalus rahmeri (Phil.) Reiche = **Astragalus palenae** (Phil.) Reiche var. **palenae**

Astragalus reedi (Phil.) Hauman = **Astragalus arnottianus** (Gillies ex Hook. & Arn.) Reiche

*Astragalus rengifoi*var. *lejocarpa* Speg. = **Astragalus spegazzinii** I.M. Johnst.

Astragalus ruiz-lealii I.M. Johnst.
Ref.: Johnston, 1947.
Hábito: Hierba.
Status: Endémica.
Prov.: ME.
Ejemplar examinado: *Ruiz Leal 22982* (SI).

Astragalus sinocarpus Rusby = **Astragalus arequipensis** Vogel

Astragalus spegazzinii I.M. Johnst.
Sin.: *Astragalus rengifoi* var. *lejocarpa* Speg.
Ref.: Johnston, 1947; Gómez-Sosa, 1979, 1984.
Hábito: Hierba.
Status: Nativa.
Elevación: 0-500 m.
Prov.: NE, RN.
Ejemplar examinado: *Bacigalupo s.n.* (SI 11620).

Astragalus striatus (Clos) Reiche = **Astragalus pehuenches** Niederl.
Ref.: Johnston, 1947, Gómez-Sosa, 1979, 1984, 1994.

Astragalus tarapacanus Speg. = **Astragalus bustillosii** Clos

Astragalus tarijensis Wedd.
Sin.: *Astragalus hieronymi* Ulbr.
Ref.: Johnston, 1947.
Hábito: Hierba.
Status: Nativa.
Elevación: 2500-4000 m.
Prov.: CA, JU, LR, SA, TU.
Paises limítrofes: BO.
Ejemplar examinado: *Burkart 5395* (SI).

Astragalus tehuelches Speg.
Ref.: Spegazzini, 1902b; Johnston, 1947; Gómez-Sosa, 1979, 1984.
Hábito: Hierba.
Status: Endémica.
Elevación: 0-500 m.
Prov.: CHU, ME, NE.
Ejemplar examinado: *Ruiz Leal 26690* (MERL, SI).

Astragalus uniflorus DC.
Sin.: *Astragalus herzogii* Ulbr.
Ref.: Macbride, 1943; Johnston, 1947; Gómez-Sosa, 1981.
Hábito: Hierba.
Status: Nativa.
Elevación: 3000-4500 m.
Prov.: SA, TU.
Paises limítrofes: BO.
Ejemplar examinado: *Dombey s.n* (holotipo, P).

Astragalus venturii I.M. Johnst.
Ref.: Johnston, 1947.
Hábito: Hierba.
Status: Nativa.
Elevación: 3000-4500 m.
Prov.: CA, JU, SA, TU.
Ejemplar examinado: *Venturi 7417* (holotipo, US).

Astragalus vesiculosus Clos
Sin.: *Astragalus meyenianus* Speg., *Astragalus meyenianus* Speg. var. *paucifoliolata* Hicken, *Astragalus nubigenus* (Meyen ex Vogel) Taub., *Phaca nubigena* Meyen ex Vogel
Ref.: Johnston, 1947; Gómez-Sosa, 1979, 1984, 1994.
Hábito: Hierba.
Status: Nativa.
Elevación: 0-500 y 2500-4500 m.
Prov.: ME, NE, SJ.
Paises limítrofes: CH.
Ejemplar examinado: *Boelcke et al. 11293* (BAA, BAB, SI).

Astragalus violaceus R.P. St.John = **Sphaerophysa salsula** (Pall.) DC.
Ref.: Barneby, 1964.

Astragalus weddellianus (Kuntze) I.M. Johnst.
Sin.: *Astragalus modestus* Wedd., *Astragalus pilgeri* J.F. Macbr., *Astragalus punensis* J.F. Macbr., *Tragacantha weddelliana* Kuntze
Ref.: Johnston, 1947.
Hábito: Hierba.
Status: Nativa.
Elevación: 3500>4500 m.
Prov.: JU, LR, SA, TU.
Paises limítrofes: BO.
Ejemplar examinado: *Fiebrig s.n.* (LIL, SI).

Ateleia (DC.) Benth. Papilionoideae, Swartzieae.
Número de especies: 1

Ateleia glazioveana Baill.
Ref.: Burkart, 1952a; Rudd, 1968; Bernardi, 1984; Ulibarri, 1997c.
Hábito: Árbol.
Status: Nativa.
Elevación: 0-1000 m.

Prov.: MI.
Paises limítrofes: BR, PA.
Ejemplar examinado: *Ragonese y Castiglione 2059* (SI).

Bauhinia L. Caesalpinoideae, Cercideae.

Número de especies: 7, 1 variedad endémica.

Bauhinia affinis Vogel
Sin.: *Pauletia affinis* (Vogel) A. Schmitz
Ref.: Fortunato, 1996.
Hábito: Arbusto.
Status: Nativa.
Elevación: 0-500 m.
Prov.: MI.
Paises limítrofes: BR.
Ejemplar examinado: *Guaglianone et al. 2953* (BAB, SI).

Bauhinia argentinensis Burkart var. **argentinensis**
Ref.: Fortunato, 1986.
Hábito: Arbusto o subarbusto.
Status: Nativa.
Elevación: 0-500 m.
Prov.: FO, SA.
Paises limítrofes: PA.
Ejemplar examinado: *Horovitz 111* (holotipo, SI).

Bauhinia argentinensis Burkart var. **megasiphon** (Burkart) Fortunato
Sin.: *Bauhinia megasiphon* Burkart
Ref.: Fortunato, 1986.
Hábito: Arbusto.
Status: Endémica.
Elevación: 0-500 m.
Prov.: SA.
Ejemplar examinado: *Devoto y Rial Alberti s.n.* (holotipo, BA 1647; isotipo, SI).

Bauhinia bahiensis Bong. = **Bauhinia microstachya** (Raddi) J.F. Macbr.
Ref.: Fortunato, 1986.

Bauhinia bauhinioides (Mart.) J.F. Macbr.
Sin.: *Bauhinia microphylla* Vogel, *Pauletia bauhinoides* (Mart.) A. Schmitz, *Perlebia bauhinioides* Mart.
Ref.: Fortunato, 1986.
Hábito: Arbusto o árbol.
Status: Nativa.
Elevación: 0-500 m.
Prov.: FO.
Paises limítrofes: BR, PA.
Ejemplar examinado: *Fortunato et al. 2509* (BAB, G, MO, SI).

Bauhinia candicans Benth. = **Bauhinia forficata** Link subsp. **pruinosa** (Vogel) Fortunato & Wunderlin
Ref.: Fortunato, 1986.

Bauhinia forficata auct. non Hook. & Arn. = **Bauhinia forficata** Link subsp. **pruinosa** (Vogel) Fortunato & Wunderlin
Ref.: Fortunato, 1986.

Bauhinia forficata auct. non Link = **Bauhinia forficata** Link subsp. **pruinosa** (Vogel) Fortunato & Wunderlin
Ref.: Fortunato, 1986.

Bauhinia forficata Link var. *candicans* (Benth.) Hassl. ex Latzina = **Bauhinia forficata** Link subsp. **pruinosa** (Vogel) Fortunato & Wunderlin
Ref.: Fortunato, 1986.

Bauhinia forficata Link var. *pruinosa* (Vogel) Hassl. = **Bauhinia forficata** Link subsp. **pruinosa** (Vogel) Fortunato & Wunderlin
Ref.: Fortunato, 1986.

Bauhinia forficata Link subsp. **pruinosa** (Vogel) Fortunato & Wunderlin
Sin.: *Bauhinia candicans* Benth., *Bauhinia forficata* auct. non Hook. & Arn., *Bauhinia forficata* auct. non Link, *Bauhinia forficata* Link var. *candicans* (Benth.) Hassl. ex Latzina, *Bauhinia forficata* Link var. *pruinosa* (Vogel) Hassl., *Bauhinia pruinosa* Vogel, *Pauletia candicans* (Benth.) A. Schmitz, *Pauletia pruinosa* (Vogel) A. Schmitz
Ref.: Fortunato, 1986.
Hábito: Arbusto o árbol.
Status: Nativa.
Elevación: 0-1500 m.
Prov.: BA, CA, CH, CO, COR, DF, ER, FO, JU, ME, MI, SA, SF, SJ, TU.
Paises limítrofes: BO, BR, PA, UR.
Ejemplar examinado: *Guaglianone et al. 824* (BAB, SI).

Bauhinia guaranitica Lindm. = **Bauhinia uruguayensis** Benth.
Ref.: Fortunato, 1986.

Bauhinia hermesiana N.F. Mattos = **Bauhinia uruguayensis** Benth.
Ref.: Fortunato, 1986.

Bauhinia lagesiana Harms = **Bauhinia microstachya** (Raddi) J.F. Macbr.
Ref.: Fortunato, 1986.

Bauhinia langsdorffiana Bong. = **Bauhinia microstachya** (Raddi) J.F. Macbr.
Ref.: Fortunato, 1986.

Bauhinia langsdorffiana Bong. var. *bahiensis* (Bong.) Benth. = **Bauhinia microstachya** (Raddi) J.F. Macbr.
Ref.: Fortunato, 1986.

Bauhinia megasiphon Burkart = **Bauhinia argentinensis** Burkart var. **megasiphon** (Burkart) Fortunato
Ref.: Fortunato, 1986.

Bauhinia microphylla Vogel = **Bauhinia bauhinioides** (Mart.) J.F. Macbr.
Ref.: Fortunato, 1986.

Bauhinia microstachya (Raddi) J.F. Macbr.
Sin.: *Bauhinia bahiensis* Bong., *Bauhinia lagesiana* Harms, *Bauhinia langsdorffiana* Bong., *Bauhinia langsdorffiana* Bong. var. *bahiensis* (Bong.) Benth., *Bauhinia microstachya* (Raddi) J.F. Macbr. var. *bahiensis* (Bong.) J.F. Macbr., *Bauhinia scandens* Vell., *Bauhinia spicata* Vogel, *Bauhinia tomentosa* Vell., *Bauhinia vogeliana* Steud., *Schnella microstachya* Raddi, *Schnella microstachya* Raddi var. *bahiensis* (Bong.) A. Schmitz, *Schnella spicata* (Vogel) A. Schmitz
Ref.: Fortunato, 1986.
Hábito: Arbusto.
Status: Nativa.
Elevación: 0-500 m.
Prov.: COR, MI.
Paises limítrofes: BO, BR, PA.
Ejemplar examinado: *Meyer 6749* (GH, LE, LIL).

Bauhinia microstachya (Raddi) J.F. Macbr. var. *bahiensis* (Bong.) J.F. Macbr. = **Bauhinia microstachya** (Raddi) J.F. Macbr.
Ref.: Fortunato, 1986.

Bauhinia mollis (Bong.) D. Dietr. var. **notophila** (Griseb.) Fortunato
Sin.: *Bauhinia notophila* Griseb.
Ref.: Fortunato, 1986.
Hábito: Arbusto o árbol.
Status: Nativa.
Elevación: 500-1500 m.
Prov.: JU, SA.
Paises limítrofes: BO.
Ejemplar examinado: *Fabris et al. 3143* (BAB, LP, SI).

Bauhinia notophila Griseb. = **Bauhinia mollis** (Bong.) D. Dietr. var. **notophila** (Griseb.) Fortunato
Ref.: Fortunato, 1986.

Bauhinia pruinosa Vogel = **Bauhinia forficata** Link subsp. **pruinosa** (Vogel) Fortunato & Wunderlin
Ref.: Fortunato, 1986.

Bauhinia scandens Vell. = **Bauhinia microstachya** (Raddi) J.F. Macbr.
Ref.: Fortunato, 1986.

Bauhinia spicata Vogel = **Bauhinia microstachya** (Raddi) J.F. Macbr.
Ref.: Fortunato, 1986.

Bauhinia tomentosa Vell. = **Bauhinia microstachya** (Raddi) J.F. Macbr.
Ref.: Fortunato, 1986.

Bauhinia uruguayensis Benth.
Sin.: *Bauhinia guaranitica* Lindm., *Bauhinia hermesiana* N.F. Mattos, *Bauhinia venturii* Lillo, *Binaria uruguayensis* (Benth.) A. Schmitz
Ref.: Fortunato, 1986.
Hábito: Arbusto o árbol.
Status: Nativa.
Elevación: 0-500 m.
Prov.: COR, MI.
Paises limítrofes: BR, PA.
Ejemplar examinado: *Fortunato 745* (BAB).

Bauhinia venturii Lillo = **Bauhinia uruguayensis** Benth.
Ref.: Fortunato, 1986.

Bauhinia vogeliana Steud. = **Bauhinia microstachya** (Raddi) J.F. Macbr.
Ref.: Fortunato, 1986.

Benthamantha caribaea var. *dubia* Kuntze = **Coursetia hassleri** Chodat
Ref.: Lavin, 1988; Gómez-Sosa, inéd.

Benthamantha glabrescens (Benth.) Burkart, comb. superfl. = **Coursetia hassleri** Chodat

Bergeronia Micheli. Papilionoideae, Millettieae.
Número de especies: 1

Bergeronia sericea Micheli
Ref.: Burkart, 1952a.
Hábito: Árbol.
Status: Nativa.
Elevación: 0-500 m.
Prov.: CH, FO, SA.
Paises limítrofes: PA
Ejemplar examinado: *Joergensen 2705* (SI).

Binaria uruguayensis (Benth.) A. Schmitz = **Bauhinia uruguayensis** Benth.
Ref.: Fortunato, 1986.

Bradburya dubia (Kunth) Kuntze = **Centrosema sagittatum** (Willd.) Brandegee

Brasilettia dubia (Spreng.) Kuntze = **Peltophorum dubium** (Spreng.) Taub.
Ref.: Burkart, 1987a.

Caesalpinia L. Caesalpinoideae, Caesalpinieae.
Número de especies: 14, 2 especies endémicas.

Caesalpinia argentina Burkart
Ref.: Burkart, 1936; Ulibarri, 1996, 1997a.
Hábito: Arbusto.
Status: Nativa.
Elevación: 500-1500 m.
Prov.: JU.
Paises limítrofes: BO.
Ejemplar examinado: *Guaglianone et al. 2571* (SI).

Caesalpinia bangii Rusby = **Caesalpinia fimbriata** Tul.
Ref.: Ulibarri, 1991, 1996, 1997a.

Caesalpinia coluteifolia Griseb.
Ref.: Grisebach, 1879; Burkart, 1936; Ulibarri, 1996, 1997a.
Hábito: Arbusto.
Status: Nativa.
Elevación: 0-2000 m.
Prov.: SA, SE, TU.
Paises limítrofes: PA.
Ejemplar examinado: *Krapovickas y Schinini 30442* (CTES, SI).

Caesalpinia coulterioides Griseb.
Ref.: Grisebach, 1879; Burkart, 1936; Ulibarri, 1996, 1997a.
Hábito: Arbusto.
Status: Nativa.
Elevación: 1000-3000 m.
Prov.: JU, SA.
Paises limítrofes: BO.
Ejemplar examinado: *Venturi 4973* (BA, BAB, LP, SI).

Caesalpinia cromantha Burkart = **Caesalpinia fimbriata** Tul.
Ref.: Ulibarri, 1997a.

Caesalpinia dictamnoides Chodat & Hassl. = **Caesalpinia hauthalii** Harms
Ref.: Burkart, 1936; Bernardi, 1984; Ulibarri, 1996, 1997a.

Caesalpinia dubia Spreng. = **Peltophorum dubium** (Spreng.) Taub.
Ref.: Burkart, 1987a; Ulibarri, 1997a.

Caesalpinia exilifolia Griseb.
Ref.: Grisebach, 1874; Burkart, 1936; Ulibarri, 1996, 1997a.
Hábito: Arbusto.
Status: Nativa.
Elevación: 1500-2000 m.
Prov.: CA, SA, TU.
Ejemplar examinado: *Venturi 4253* (SI).

Caesalpinia fimbriata Tul.
Sin.: *Caesalpinia bangii* Rusby, *Caesalpinia cromantha* Burkart
Ref.: Ulibarri, 1991, 1996, 1997a.
Hábito: Arbusto.
Status: Nativa.
Elevación: 1500-3000 m.
Prov.: CA.
Paises limítrofes: BO.
Ejemplar examinado: *Krapovickas y Legname 10780* (CTES, LIL, SI).
Nota: Probablemente habite en Jujuy y Salta.

Caesalpinia fisheriana Rusby = **Caesalpinia trichocarpa** Griseb.
Ref.: Burkart, 1936; Ulibarri, 1988a, 1997a.

Caesalpinia floribunda Tul. = **Caesalpinia pluviosa** DC.
Ref.: Ulibarri, 1991, 1996, 1997a.

Caesalpinia gilliesii (Wall. ex Hook.) D. Dietr.
Sin.: *Poinciana gilliesii* Wall ex Hook.
Ref.: Isely, 1975; Ulibarri, 1994, 1996, 1997a.
Hábito: Arbusto.
Status: Nativa.
Elevación: 0-2500 m.
Prov.: BA, CA, CH, CO, COR, ER, LP, LR, ME, NE, RN, SA, SE, SF, SJ, SL.
Paises limítrofes: CH, UR.
Ejemplar examinado: *Ulibarri 1340* (K, SI).

Caesalpinia hauthalii Harms
Sin.: *Caesalpinia dictamnoides* Chodat & Hassl., *Caesalpinia rubicunda* (Vogel) Benth. var. *hauthalii* (Vogel) Hassl., *Caesalpinia rubicunda* (Vogel) Benth. var. *intermedia* Hassl.
Ref.: Kuntze, 1898; Burkart, 1936; Bernardi, 1984; Ulibarri, 1996, 1997a.
Hábito: Arbusto.
Status: Nativa.
Elevación: 0-500 m.
Prov.: MI.
Paises limítrofes: BR, PA.
Ejemplar examinado: *Schwarz 10842* (CTES, LIL).

Caesalpinia herzogii Harms = **Caesalpinia stuckerti** Hassl.
Ref.: Burkart, 1936.

Caesalpinia melanocarpa Griseb. = **Caesalpinia paraguariensis** (D. Parodi) Burkart
Ref.: Burkart, 1952b.

Caesalpinia mimosifolia Griseb.
Ref.: Grisebach, 1874; Burkart, 1936; Ulibarri, 1994, 1996, 1997a.
Hábito: Arbusto.
Status: Endémica.
Elevación: 500-2500 m.
Prov.: CA, CO, JU, LP, LR, SA, SJ, SL, TU.
Ejemplar examinado: *Burkart 12393* (SI).
Nota: Probablemente habita en Bolivia.

Caesalpinia paraensis Ducke = **Caesalpinia pluviosa** DC.
Ref.: Ulibarri, 1991, 1996, 1997a.

Caesalpinia paraguariensis (D. Parodi) Burkart
Sin.: *Acacia paraguariensis* D. Parodi, *Caesalpinia melanocarpa* Griseb.
Ref.: Burkart, 1952b.
Hábito: Árbol.
Status: Nativa.
Elevación: 0-1500 m.
Prov.: CH, CO, COR, FO, JU, LR, SA, SE, SF, TU.
Paises limítrofes: BO, BR, PA.
Ejemplar examinado: *Ulibarri 1707* (SI).

Caesalpinia peltophoroides Benth. = **Caesalpinia pluviosa** DC.
Ref.: Ulibarri, 1991, 1996, 1997a.

Caesalpinia pluviosa DC.
Sin.: *Caesalpinia floribunda* Tul., *Caesalpinia paraensis* Ducke, *Caesalpinia peltophoroides* Benth., *Caesalpinia taubertiana* S. Moore
Ref.: Ulibarri, 1991, 1996, 1997a.
Hábito: Árbol.
Status: Nativa.
Elevación: 0-1000 m.
Prov.: SA.
Paises limítrofes: BO, BR, PA.
Ejemplar examinado: *Schreiter 11897* (BA, SI).

Caesalpinia praecox Ruiz & Pav. = **Cercidium praecox** (Ruiz & Pav.) Burkart & Carter subsp. **praecox**
Ref.: Burkart & Carter, 1976.

Caesalpinia pumilio Griseb.
Ref.: Burkart, 1936; Ulibarri, 1994, 1996, 1997a.
Hábito: Arbusto.
Status: Endémica.
Elevación: 0-2000 m.
Prov.: CA, JU, LR, SJ.
Ejemplar examinado: *Cabrera et al. 18079* (SI).
Nota: Probablemente habite en el S de Bolivia y en Salta.

Caesalpinia rosulata Rusby = **Caesalpinia trichocarpa** Griseb.
Ref.: Burkart, 1936; Ulibarri, 1987a, 1996, 1997a.

Caesalpinia rubicunda (Vogel) Benth.
Sin.: *Cladotrichium rubicundum* Vogel
Ref.: Vogel, 1837; Burkart, 1936; Ulibarri, 1996, 1997a.
Hábito: Arbusto.
Status: Nativa.
Elevación: 0-1000 m.
Prov.: COR, MI.
Paises limítrofes: BR, PA, UR.
Ejemplar examinado: *Krapovickas y Cristóbal 12072* (SI).

Caesalpinia rubicunda (Vogel) Benth. var. *hauthalii* (Vogel) Hassl. = **Caesalpinia hauthalii** Harms
Ref.: Burkart, 1936; Bernardi, 1984; Ulibarri, 1996, 1997a.

Caesalpinia rubicunda (Vogel) Benth. var. *intermedia* Hassl. = **Caesalpinia hauthalii** Harms
Ref.: Burkart, 1936; Bernardi, 1984; Ulibarri, 1996, 1997a.

Caesalpinia stuckerti Hassl.
Sin.: *Caesalpinia herzogii* Harms, *Caesalpinia stuckerti* Hassl. var. *robusta* Hassl.
Ref.: Hassler, 1913; Harms, 1915; Burkart, 1936, Ulibarri, 1996, 1997a.
Hábito: Arbusto.
Status: Nativa.
Elevación: 0-1000 m.
Prov.: CH, FO, SA, SE, TU.
Paises limítrofes: PA.
Ejemplar examinado: *Burkart 20133* (SI).

Caesalpinia stuckerti Hassl. var. *robusta* Hassl. = **Caesalpinia stuckerti** Hassl.
Ref.: Burkart, 1936; Ulibarri, 1996.

Caesalpinia taubertiana S. Moore = **Caesalpinia pluviosa** DC.
Ref.: Ulibarri, 1991, 1996, 1997a.

Caesalpinia trichocarpa Griseb.
Sin.: *Caesalpinia fisheriana* Rusby, *Caesalpinia rosulata* Rusby
Ref.: Grisebach, 1879; Burkart, 1936; Ulibarri, 1987a, 1996, 1997a.
Hábito: Arbusto.
Status: Nativa.
Elevación: 1500-3500 m.
Prov.: CA, JU, SA, TU.
Paises limítrofes: BO.
Ejemplar examinado: *Burkart y Troncoso s.n.* (SI 11935).

Calliandra Benth. Mimosoideae, Ingeae.
Número de especies: 6

Calliandra aristulata Rizzini = **Chloroleucon foliolosum** (Benth.) G.P. Lewis

Calliandra bicolor Benth. = **Calliandra parvifolia** (Hook. f. & Arn.) Speg.
Ref.: Hoc, 1992a; Barneby, 1998.

Calliandra brachyandra Speg. = **Chloroleucon tenuiflorum** (Benth.) Barneby & J.W. Grimes

Calliandra brevicaulis Micheli
Ref.: Hoc, 1992a.; Barneby, 1998.
Hábito: Subarbusto.
Status: Nativa.
Elevación: 0-500 m.
Prov.: COR, MI.
Paises limítrofes: PA.
Ejemplar examinado: *Palacios 1151* (BAFC).

Calliandra brevipes Benth. = **Calliandra selloi** (Spreng.) J.F. Macbr.
Ref.: Hoc, 1992a.

Calliandra capillata Benth. = **Zapoteca formosa** (Kunth) H.M. Hern.
Ref.: Hernández, 1989.

Calliandra diademata Lem. = **Calliandra parvifolia** (Hook. f. & Arn.) Speg.
Ref.: Hoc, 1992a.

Calliandra foliolosa Benth.
Sin.: *Feuilleea foliolosa* (Benth.) Kuntze
Ref.: Hoc, 1992a; Barneby, 1998.
Hábito: Árbol.
Status: Nativa.
Elevación: 0-500 m.
Prov.: MI.
Paises limítrofes: BR, PA.
Ejemplar examinado: *Palacios et al. 973* (BAFC).

Calliandra formosa (Kunth) Benth. = **Zapoteca formosa** (Kunth) H.M. Hern.
Ref.: Hernández, 1989.

Calliandra gentryi Standl. = **Zapoteca formosa** (Kunth) H.M. Hern.
Ref.: Hernández, 1989.

Calliandra gracilis Griseb. = **Zapoteca formosa** (Kunth) H.M. Hern.
Ref.: Hernández, 1989.

Calliandra grisebachiana (Harms) Speg. = **Chloroleucon foliolosum** (Benth.) G.P. Lewis

Calliandra longipes Benth.
Sin.: *Feuilleea longipes* (Benth.) Kuntze
Ref.: Hoc, 1992a; Barneby, 1998.
Hábito: Arbusto.
Status: Nativa.

Elevación: 0-500 m.
Prov.: MI.
Paises limítrofes: BR, PA.
Ejemplar examinado: *Quiroga s.n.* (BAF).

Calliandra malacophylla Benth. = **Zapoteca formosa** (Kunth) H.M. Hern.
Ref.: Hernández, 1989.

Calliandra marginata Griseb. ex R.O. Williams = **Zapoteca formosa** (Kunth) H.M. Hern.
Ref.: Hernández, 1989.

Calliandra pacara Griseb. = **Enterolobium contortisiliquum** (Vell.) Morong

Calliandra parvifolia (Hook. f. & Arn.) Speg.
Sin.: *Anneslia parvifolia* (Hook. & Arn.) Britton, *Calliandra bicolor* Benth., *Calliandra diademata* Lem., *Feuilleea bicolor* (Benth.) Kuntze, *Inga parvifolia* Hook. f. & Arn.
Ref.: Hoc, 1992a; Barneby, 1998.
Hábito: Arbusto.
Status: Nativa.
Elevación: 0-500 m.
Prov.: BA, COR, ER, MI.
Paises limítrofes: BR, PA, UR.
Ejemplar examinado: *Cabrera y Sagástegui 19339* (LP).

Calliandra penduliflora Rose = **Zapoteca formosa** (Kunth) H.M. Hern.
Ref.: Hernández, 1989.

Calliandra portoricensis (Jacq.) Benth. = **Zapoteca portoricensis** (Jacq.) H.M. Hern.
Ref.: Hernández, 1989.

Calliandra selloi (Spreng.) J.F. Macbr.
Sin.: *Acacia selloi* Spreng., *Calliandra brevipes* Benth., *Feuilleea brevipes* (Benth.) Kuntze
Ref.: Hoc, 1992a.
Hábito: Arbusto.
Status: Nativa.
Elevación: 0-500 m.
Prov.: MI.
Paises limítrofes: BR, UR.
Ejemplar examinado: *Netto s.n.* (SI 1631).

Calliandra tweedii Benth.
Sin.: *Feuilleea tweedii* (Benth.) Kuntze, *Inga pulcherrima* Cerv. ex Sweet, nom. nud.
Ref.: Hoc, 1992a; Barneby, 1998.
Hábito: Arbusto.
Status: Nativa.
Elevación: 0-500 m.
Prov.: MI.
Paises limítrofes: BR, PA, UR.
Ejemplar examinado: *Zardini et al. 964* (LP).

Calliandra viridiflora Benth. = **Zapoteca formosa** (Kunth) H.M. Hern.
Ref.: Hernández, 1989.

Calopogonium Desv. Papilionoideae, Phaseoleae.
Número de especies: 2

Calopogonium caeruleum (Benth.) Sauv.
Sin.: *Stenolobium caeruleum* Benth.
Ref.: Burkart, 1952a.
Hábito: Hierba o liana.
Status: Nativa.
Elevación: 0-500 m.
Prov.: MI.
Paises limítrofes: BR.
Ejemplar examinado: *Rodríguez 205* (SI).

Calopogonium sericeum (Benth.) Chodat & Hassl.
Sin.: *Stenolobium sericeum* Benth.
Ref.: Burkart, 1952a.
Hábito: Hierba o subarbusto.
Status: Nativa.
Elevación: 0-500 m.
Prov.: MI.
Paises limítrofes: BR, PA.
Ejemplar examinado: *Martínez Crovetto et al. 6193* (BAB).

Camptosema Hook. & Arn. Papilionoideae, Phaseoleae.
Número de especies: 4

Camptosema paraguariense (Chodat & Hassl.) Hassl. var. **paraguariense**
Sin.: *Galactia paraguariensis* Chodat & Hassl.
Ref.: Burkart, 1970.
Hábito: Hierba.
Status: Nativa.
Elevación: 0-500 m.
Prov.: CH, SF.
Paises limítrofes: BR, PA.
Ejemplar examinado: *Spegazzini s.n.* (BAB 64528).

Camptosema paraguariense (Chodat & Hassl.) Hassl. var. **parviflorum** Hassl.
Ref.: Burkart, 1970.
Hábito: Hierba.
Status: Nativa.
Elevación: 0-500 m.
Prov.: CH, COR, FO.
Paises limítrofes: BR, PA.
Ejemplar examinado: *Fortunato et al. 2419* (BAB, G, MO, SI).

Camptosema praeandinum Burkart
Sin.: *Dioclea lasiophylla* auct. non Mart. ex Benth.
Ref.: Burkart, 1970.
Hábito: Hierba.
Status: Nativa.
Elevación: 1000-1500 m.
Prov.: JU, SA, TU.
Paises limítrofes: BO.
Ejemplar examinado: *Vignati s.n. (Hb. Burkart 6939,* SI).

Camptosema rubicundum Hook. & Arn.
Sin.: *Camptosema rubicundum* Hook. & Arn. f. *angustifolia* Chodat & Hassl., *Dioclea glycinoides* auct. non Pasq., *Dioclea jacquiniana* auct. non DC., *Kennedia splendens* Meisn.
Ref.: Burkart, 1970.
Hábito: Liana.
Status: Nativa.
Elevación: 0-500 m.
Prov.: BA, COR, ER, MI.
Paises limítrofes: BR, PA, UR.
Ejemplar examinado: *Schinini et al. 17424* (BAB, CTES).

Camptosema rubicundum Hook. & Arn. f. *angustifolia* Chodat & Hassl. = **Camptosema rubicundum** Hook. & Arn.
Ref.: Burkart, 1970.

Camptosema scarlatinum (Mart. ex Benth.) Burkart var. *pohlianum* (Benth.) Burkart = **Camptosema scarlatium** (Mart. ex Benth.) Burkart var. **scarlatium**

Camptosema scarlatium (Mart. ex Benth.) Burkart var. **scarlatium**
Sin.: *Camptosema scarlatinum* (Mart. ex Benth.) Burkart var. *pohlianum* (Benth.) Burkart, *Collaea scarlatina* Mart. ex Benth., *Collaea scarlatina* Mart. ex Benth. var. *calycina* Benth., *Collaea scarlatina* Mart. ex Benth. var. *latifolia* Benth., *Collaea scarlatina* Mart. ex Benth. var. *oblongifolia* Benth., *Collaea scarlatina* Mart. ex Benth. var. *pohliana* Benth., *Galactia scarlatina* (Mart. ex Benth.) Taub., *Galactia scarlatina* (Mart. ex Benth.) Taub. var. *brevibracteolata* Hassl.
Ref.: Burkart, 1970; Miotto, 1986.
Hábito: Liana.
Status: Nativa.
Elevación: 0-500 m.
Prov.: MI.
Paises limítrofes: BR, PA.
Ejemplar examinado: *Joergensen 249* (BAB).

Canavalia DC. Papilionoideae, Phaseoleae.
Número de especies: 4

Canavalia anomala Piper = **Canavalia brasiliensis** Mart. ex Benth.
Ref.: Sauer, 1964.

Canavalia bonariensis Lindl.
Sin.: *Canavalia cryptodon* Meisn., *Canavalia monodon* E. Mey., *Canavalia paranensis* Hook. & Arn., *Canavalia tortilis* Frapp. ex Cordem.
Ref.: Sauer, 1964.
Hábito: Liana.
Status: Nativa.
Elevación: 0-500 m.
Prov.: BA, CH, ER, JU, MI.
Paises limítrofes: BR, PA, UR.
Ejemplar examinado: *Schulz 8394* (BAB).

Canavalia brasiliensis auct. non Mart. ex Benth. = **Canavalia piperi** Killip & J.F. Macbr.
Ref.: Sauer, 1964.

Canavalia brasiliensis Mart. ex Benth.
Sin.: *Canavalia anomala* Piper, *Canavalia campylocarpa* Piper, *Canavalia caribaea* Urb., *Canavalia fendleri* Piper, *Canavalia gladiata* auct. non (Jacq.) DC., *Canavalia leptophylla* Piper, *Canavalia mexicana* Piper, *Canavalia panamensis* Piper, *Canavalia paraguayensis* Piper, *Canavalia prolifera* Piper ex Ricker
Ref.: Sauer, 1964.
Hábito: Hierba o liana.
Status: Nativa.
Elevación: 0-500 m.
Prov.: COR, FO, MI.
Paises limítrofes: BR, PA.
Ejemplar examinado: *Clos 5770* (BAB).

Canavalia campylocarpa Piper = **Canavalia brasiliensis** Mart. ex Benth.
Ref.: Sauer, 1964.

Canavalia caribaea Urb. = **Canavalia brasiliensis** Mart. ex Benth.
Ref.: Sauer, 1964.

Canavalia cryptodon Meisn. = **Canavalia bonariensis** Lindl.
Ref.: Sauer, 1964.

Canavalia ensiformis (Jacq.) DC. var. *truncata* Ricker = **Canavalia ensiformis** (L.) DC.
Ref.: Sauer, 1964.

Canavalia ensiformis (L.) DC.
Sin.: *Canavalia ensiformis* (Jacq.) DC. var. *truncata* Ricker, *Canavalia ensiformis* (L.) DC. var. *albida* DC., *Canavalia gladiata* (Jacq.) DC. f. *leucocarpa* Taub. ex Glaz., nom. nud., *Canavalia gladiata* (Jacq.) DC. var. *leucosperma* Voigt
Ref.: Sauer, 1964.
Hábito: Liana.
Status: Adventicia.
Elevación: 0-500 m.
Prov.: CH, COR, MI, SA.
Paises limítrofes: PA.
Ejemplar examinado: *Llamas 13253* (BAB).

Canavalia ensiformis (L.) DC. var. *albida* DC. = **Canavalia ensiformis** (L.) DC.
Ref.: Sauer, 1964.

Canavalia fendleri Piper = **Canavalia brasiliensis** Mart. ex Benth.
Ref.: Sauer, 1964.

Canavalia gladiata (Jacq.) DC. f. *leucocarpa* Taub. ex Glaz., nom. nud. = **Canavalia ensiformis** (L.) DC.
Ref.: Sauer, 1964.

Canavalia gladiata (Jacq.) DC. var. *leucosperma* Voigt = **Canavalia ensiformis** (L.) DC.
Ref.: Sauer, 1964.

Canavalia gladiata auct. non (Jacq.) DC. = **Canavalia brasiliensis** Mart. ex Benth.
Ref.: Sauer, 1964.

Canavalia lenta Benth. = **Canavalia picta** Mart. ex Benth.

Canavalia leptophylla Piper = **Canavalia brasiliensis** Mart. ex Benth.
Ref.: Sauer, 1964.

Canavalia mexicana Piper = **Canavalia brasiliensis** Mart. ex Benth.
Ref.: Sauer, 1964.

Canavalia monodon E. Mey. = **Canavalia bonariensis** Lindl.
Ref.: Sauer, 1964.

Canavalia panamensis Piper = **Canavalia brasiliensis** Mart. ex Benth.
Ref.: Sauer, 1964.

Canavalia paraguayensis Piper = **Canavalia brasiliensis** Mart. ex Benth.
Ref.: Sauer, 1964.

Canavalia paranensis Hook. & Arn. = **Canavalia bonariensis** Lindl.
Ref.: Sauer, 1964.

[Canavalia picta Mart. ex Benth.]
Sin.: *Canavalia lenta* Benth., *Wenderothia lenta* (Benth.) Piper, *Wenderothia picta* (Mart. ex Benth.) Piper
Nota: Cita dudosa para la flora argentina.

Canavalia piperi Killip & J.F. Macbr.
Sin.: *Canavalia brasiliensis* auct. non Mart. ex Benth.
Ref.: Sauer, 1964.
Hábito: Liana.
Status: Nativa.
Elevación: 0-1000 m.
Prov.: SA.
Paises limítrofes: BO, BR.
Ejemplar examinado: *Venturi 6082* (A, BM, CAS, F, GH, MO, SI, UC, US).

Canavalia prolifera Piper ex Ricker = **Canavalia brasiliensis** Mart. ex Benth.
Ref.: Sauer, 1964.

Canavalia tortilis Frapp. ex Cordem. = **Canavalia bonariensis** Lindl.
Ref.: Sauer, 1964.

Caracalla pulcherrima Tod. = **Vigna caracalla** (L.) Verdc.
Ref.: Maréchal et al., 1978.

Cascaronia Griseb. Papilionoideae, Dalbergiaeae.

Número de especies: 1

Cascaronia astragalina Griseb.
Ref.: Burkart, 1952a.
Hábito: Árbol.
Status: Nativa.
Elevación: 500-1500 m.
Prov.: JU, SA, TU.
Paises limítrofes: BO.
Ejemplar examinado: *Venturi 5047* (SI).

Cassia acanthoclada Griseb. = **Senna acanthoclada** (Griseb.) H.S. Irwin & Barneby
Ref.: Irwin & Barneby, 1982.

Cassia acinacicarapa Rusby = **Senna morongii** (Britton) H.S. Irwin & Barneby
Ref.: Irwin & Barneby, 1982.

Cassia alata L. = **Senna alata** (L.) Roxb.
Ref.: Irwin & Barneby, 1982.

Cassia alata L. var. *perennis* Pamp. = **Senna alata** (L.) Roxb.
Ref.: Irwin & Barneby, 1982.

Cassia alata L. var. *rumphiana* DC. = **Senna alata** (L.) Roxb.
Ref.: Irwin & Barneby, 1982.

Cassia amazonica Ducke = **Senna spectabilis** (DC.) H.S. Irwin & Barneby
Ref.: Irwin & Barneby, 1982.

Cassia andina Phil. = **Senna arnottiana** (Hook.) H.S. Irwin & Barneby
Ref.: Irwin & Barneby, 1982.

Cassia apaënsis Chodat & Hassl. = **Chamaecrista repens** (Vogel) Irwin & Barneby
Ref.: Irwin & Barneby, 1982.

Cassia aphylla Cav. = **Senna aphylla** (Cav.) H.S. Irwin & Barneby
Ref.: Irwin & Barneby, 1982.

Cassia aphylla Cav. var. *rigida* Hieron. = **Senna rigida** (Hieron.) H.S. Irwin & Barneby
Ref.: Irwin & Barneby, 1982.

Cassia aphylla Cav. var. *robusta* Burkart = **Senna chacoënsis** (L. Bravo) H.S. Irwin & Barneby
Ref.: Irwin & Barneby, 1982.

Cassia aphylla Cav. var. *trichosepala* Chodat & Wilczek = **Senna trichosepala** (Chodat & Wilczek) H.S. Irwin & Barneby
Ref.: Irwin & Barneby, 1982.

Cassia aphylla Cav. var. *virgata* Burkart = **Senna aphylla** (Cav.) H.S. Irwin & Barneby
Ref.: Irwin & Barneby, 1982.

Cassia aphylla Cav. subsp. *divaricata* (Hieron.) L. Bravo = **Senna aphylla** (Cav.) H.S. Irwin & Barneby
Ref.: Irwin & Barneby, 1982.

Cassia arenaria Kunth = **Chamaecrista flexuosa** (L.) Greene
Ref.: Irwin & Barneby, 1982.

Cassia aristellata (Pennell) Cory ex Cory & Parks = **Chamaecrista calycioides** (DC. ex Collad.) Greene
Ref.: Irwin & Barneby, 1982.

Cassia arlindo-andradei Hoehne = **Chamaecrista desvauxii** (Collad.) Killip var. **glauca** (Hassl.) Irwin & Barneby
Ref.: Irwin & Barneby, 1982.

Cassia arnottiana Hook. = **Senna arnottiana** (Hook.) H.S. Irwin & Barneby
Ref.: Irwin & Barneby, 1982.

Cassia arnottiana Hook. var. *andina* (Phil.) Reiche = **Senna arnottiana** (Hook.) H.S. Irwin & Barneby
Ref.: Irwin & Barneby, 1982.

Cassia arnottiana Hook. var. *sericea* Burkart = **Senna arnottiana** (Hook.) H.S. Irwin & Barneby
Ref.: Irwin & Barneby, 1982.

Cassia barbata Nees & Mart. var. *paraguayensis* Chodat & Hassl. = **Chamaecrista viscosa** (Kunth) Irwin & Barneby var. **paraguayensis** (Chodat & Hassl.) Irwin & Barneby
Ref.: Irwin & Barneby, 1982.

Cassia barlettii Standl. = **Chamaecrista desvauxii** (Collad.) Killip var. **mollissima** (Benth.) Irwin & Barneby
Ref.: Irwin & Barneby, 1982.

Cassia bauhiniifolia Kunth = **Chamaecrista rotundifolia** (Pers.) Greene var. **grandiflora** (Benth.) Irwin & Barneby
Ref.: Irwin & Barneby, 1982.

Cassia bicapsularis L. f. *pilosa* Chodat & Hassl. = **Senna pendula** (Willd.) H.S. Irwin & Barneby var. **paludicola** H.S. Irwin & Barneby
Ref.: Irwin & Barneby, 1982.

Cassia bicapsularis L. var. *eriocarpa* Griseb. = **Senna pendula** (Willd.) H.S. Irwin & Barneby var. **eriocarpa** (Griseb.) H.S. Irwin & Barneby
Ref.: Irwin & Barneby, 1982.

Cassia bifoliola Pers. ex R. Knuth = **Chamaecrista rotundifolia** (Pers.) Greene var. **grandiflora** (Benth.) Irwin & Barneby
Ref.: Irwin & Barneby, 1982.

Cassia bifoliolata DC. ex Collad. = **Chamaecrista rotundifolia** (Pers.) Greene
Ref.: Irwin & Barneby, 1982.

Cassia bifoliolata DC. ex Collad. var. *pentandra* (Raddi) Desv. = **Chamaecrista rotundifolia** (Pers.) Greene
Ref.: Irwin & Barneby, 1982.

Cassia bifoliolata DC. ex Collad. var. *rotundifolia* (Pers.) Desv., comb. illeg. = **Chamaecrista rotundifolia** (Pers.) Greene
Ref.: Irwin & Barneby, 1982.

Cassia biglandulosa Bertol. = **Chamaecrista nictitans** (L.) Moench subsp. **patellaria** (Collad.) Irwin & Barneby
Ref.: Irwin & Barneby, 1982; Kartes & Gandhi, 1991.

Cassia bracteata L.f. = **Senna alata** (L.) Roxb.

[Cassia bracteosa Lass.]
Ref.: Irwin & Barneby, 1982.
Nota: Taxón dudoso.

Cassia broughtonii Fawc. & Rendle = **Chamaecrista nictitans** (L.) Moench var. **jaliscensis** (Greenm.) Irwin & Barneby
Ref.: Irwin & Barneby, 1982.

Cassia burkartiana Villa = **Senna burkartiana** (Villa) H.S. Irwin & Barneby
Ref.: Irwin & Barneby, 1982.

Cassia calycioides DC. ex Collad. = **Chamaecrista calycioides** (DC. ex Collad.) Greene
Ref.: Irwin & Barneby, 1982.

Cassia carnaval Speg. = **Senna spectabilis** (DC.) H.S. Irwin & Barneby
Ref.: Irwin & Barneby, 1982.

Cassia caroliniana Walter = **Senna occidentalis** (L.) Link

Cassia chacoënsis L. Bravo = **Senna chacoënsis** (L. Bravo) H.S. Irwin & Barneby
Ref.: Irwin & Barneby, 1982.

Cassia chloroclada Harms = **Senna chloroclada** (Harms) H.S. Irwin & Barneby
Ref.: Irwin & Barneby, 1982.

Cassia ciliata Raf. = **Senna occidentalis** (L.) Link

Cassia cochabambae Herzog = **Senna morongii** (Britton) H.S. Irwin & Barneby
Ref.: Irwin & Barneby, 1982.

Cassia corymbosa Lam. = **Senna corymbosa** (Lam.) H.S. Irwin & Barneby
Ref.: Irwin & Barneby, 1982.

Cassia crassifolia Ortega = **Senna corymbosa** (Lam.) H.S. Irwin & Barneby
Ref.: Irwin & Barneby, 1982.

Cassia crassiramea Benth. = **Senna crassiramea** (Benth.) H.S. Irwin & Barneby
Ref.: Irwin & Barneby, 1982.

Cassia desvauxii var. *mollissima* Benth. = **Chamaecrista desvauxii** (Collad.) Killip var. **mollissima** (Benth.) Irwin & Barneby
Ref.: Irwin & Barneby, 1982.

Cassia edulis Posada-Ar. = **Senna spectabilis** (DC.) H.S. Irwin & Barneby
Ref.: Irwin & Barneby, 1982.

Cassia egregia Sandwith = **Senna kurtzii** (Harms) H.S. Irwin & Barneby
Ref.: Irwin & Barneby, 1982.

Cassia excelsa Schrad. var. *acutifolia* Hassl. = **Senna spectabilis** (DC.) H.S. Irwin & Barneby
Ref.: Irwin & Barneby, 1982.

Cassia fabaginifolia Kunth = **Chamaecrista rotundifolia** (Pers.) Greene
Ref.: Irwin & Barneby, 1982.

Cassia fabrisii L. Bravo = **Senna fabrisii** (L. Bravo) H.S. Irwin & Barneby
Ref.: Irwin & Barneby, 1982.

Cassia falcata Dum. Cours., nom. superfl. = **Senna corymbosa** (Lam.) H.S. Irwin & Barneby
Ref.: Irwin & Barneby, 1982.

Cassia falcata L. = **Senna occidentalis** (L.) Link

Cassia filipes Benth. = **Chamaecrista rotundifolia** (Pers.) Greene var. **grandiflora** (Benth.) Irwin & Barneby
Ref.: Irwin & Barneby, 1982.

Cassia flexuosa L. = **Chamaecrista flexuosa** (L.) Greene
Ref.: Irwin & Barneby, 1982.

Cassia flexuosa L. var. *euyabensis* Pilg. = **Chamaecrista flexuosa** (L.) Greene
Ref.: Irwin & Barneby, 1982.

Cassia flexuosa L. var. *pubescens* Benth. = **Chamaecrista flexuosa** (L.) Greene
Ref.: Irwin & Barneby, 1982.

Cassia flexuosa Mill., hom. illeg. = **Chamaecrista serpens** (L.) Greene var. **serpens**
Ref.: Irwin & Barneby, 1982.

Cassia foetida Pers., nom. illeg. = **Senna occidentalis** (L.) Link

Cassia gonoclada Benth. = **Chamaecrista gonoclada** (Benth.) Irwin & Barneby
Ref.: Irwin & Barneby, 1982.

Cassia herpetica Jacq., nom. superfl. = **Senna alata** (L.) Roxb.
Ref.: Irwin & Barneby, 1982.

Cassia hilariana Benth. = **Senna hilariana** (Benth.) H.S. Irwin & Barneby
Ref.: Irwin & Barneby, 1982.

Cassia hirsuta auct. non L. = **Senna hirsuta** (L.) H.S. Irwin & Barneby var. **puberula** H.S. Irwin & Barneby
Ref.: Irwin & Barneby, 1982.

Cassia hookeriana Hook. = **Senna birostris** (Domb. ex Vog.) H.S. Irwin & Barneby var. **hookeriana** (Hook.) H.S. Irwin & Barneby
Ref.: Irwin & Barneby, 1982.

Cassia humboldtiana DC. = **Senna spectabilis** (DC.) H.S. Irwin & Barneby
Ref.: Irwin & Barneby, 1982.

Cassia humilis (Pers.) Collad. = **Senna obtusifolia** (L.) H.S. Irwin & Barneby
Ref.: Irwin & Barneby, 1982.

Cassia ignorata Hoehne = **Senna pilifera** (Vog.-Zuber) H.S. Irwin & Barneby
Ref.: Irwin & Barneby, 1982.

Cassia kurtzii Harms = **Senna kurtzii** (Harms) H.S. Irwin & Barneby
Ref.: Irwin & Barneby, 1982.

Cassia lanceolata Pers. = **Chamaecrista desvauxii** (Collad.) Killip var. **mollissima** (Benth.) Irwin & Barneby
Ref.: Irwin & Barneby, 1982.

Cassia latistipulata Benth. = **Chamaecrista desvauxii** (Collad.) Killip var. **glauca** (Hassl.) Irwin & Barneby
Ref.: Irwin & Barneby, 1982.

Cassia latistipulata Benth. var. *glauca* Hassl. = **Chamaecrista desvauxii** (Collad.) Killip var. **glauca** (Hassl.) Irwin & Barneby
Ref.: Irwin & Barneby, 1982.

Cassia leptadenia Greenm. var. *jaliscensis* Greenm. = **Chamaecrista nictitans** (L.) Moench var. **jaliscensis** (Greenm.) Irwin & Barneby
Ref.: Irwin & Barneby, 1982.

Cassia leptocarpa auct. non Benth. = **Senna hirsuta** (L.) H.S. Irwin & Barneby var. **streptocarpa** H.S. Irwin & Barneby
Ref.: Irwin & Barneby, 1982.

Cassia leptocarpa Benth. var. *hirsuta* auct. non Benth. = **Senna hirsuta** (L.) H.S. Irwin & Barneby var. **puberula** H.S. Irwin & Barneby
Ref.: Irwin & Barneby, 1982.

Cassia longisiliqua Blanco = **Senna hirsuta** (L.) H.S. Irwin & Barneby var. **puberula** H.S. Irwin & Barneby
Ref.: Irwin & Barneby, 1982.

Cassia lorentzii Niederl. ex Lorentz & Niederl. = **Senna arnottiana** (Hook.) H.S. Irwin & Barneby
Ref.: Irwin & Barneby, 1982.

Cassia macradena Collad. = **Senna occidentalis** (L.) Link

Cassia madrensis (Britton & Rose) Irwin = **Chamaecrista desvauxii** (Collad.) Killip var. **mollissima** (Benth.) Irwin & Barneby
Ref.: Irwin & Barneby, 1982.

Cassia monophylla Vell. = **Chamaecrista rotundifolia** (Pers.) Greene
Ref.: Irwin & Barneby, 1982.

Cassia morongii Britton = **Senna morongii** (Britton) H.S. Irwin & Barneby
Ref.: Irwin & Barneby, 1982.

Cassia nana Benth. = **Senna nana** (Benth.) H.S. Irwin & Barneby
Ref.: Irwin Y Barneby, 1982.

Cassia neglecta Vog.-Zuber var. *entreriana* Griseb. = **Senna scabriuscula** (Vog.-Zuber) H.S. Irwin & Barneby
Ref.: Irwin & Barneby, 1982.

Cassia nicoyana (Britton ex Britton & Rose) Standl. = **Chamaecrista nictitans** (L.) Moench var. **jaliscensis** (Greenm.) Irwin & Barneby
Ref.: Irwin & Barneby, 1982.

Cassia nudicaulis Burkart = **Senna nudicaulis** (Burkart) H.S. Irwin & Barneby
Ref.: Irwin & Barneby, 1982.

Cassia obliquifolia Schrank = **Senna occidentalis** (L.) Link

Cassia oblongifolia Vog.-Zuber = **Senna oblongifolia** (Vog.-Zuber) H.S. Irwin & Barneby
Ref.: Irwin & Barneby, 1982.

Cassia obtusifolia L. = **Senna obtusifolia** (L.) H.S. Irwin & Barneby
Ref.: Irwin & Barneby, 1982.

Cassia occidentalis L. = **Senna occidentalis** (L.) Link

Cassia occidentalis L. f. *ovato-lanceolata* Chodat & Hassl. = **Senna hirsuta** (L.) H.S. Irwin & Barneby var. **puberula** H.S. Irwin & Barneby
Ref.: Irwin & Barneby, 1982.

Cassia occidentalis L. var. *aristata* Collad. = **Senna occidentalis** (L.) Link

Cassia occidentalis L. var. *entreriana* (Griseb.) Burkart = **Senna scabriuscula** (Vog.-Zuber) H.S. Irwin & Barneby
Ref.: Irwin & Barneby, 1982.

Cassia occidentalis L. var. *scabriuscula* Vog.-Zuber = **Senna scabriuscula** (Vog.-Zuber) H.S. Irwin & Barneby
Ref.: Irwin & Barneby, 1982.

Cassia pachyrrhiza L. Bravo = **Senna pachyrrhiza** (L. Bravo) H.S. Irwin & Barneby
Ref.: Irwin & Barneby, 1982.

Cassia paraguensis Micheli = **Chamaecrista viscosa** (Kunth) Irwin & Barneby var. **paraguayensis** (Chodat & Hassl.) Irwin & Barneby
Ref.: Irwin & Barneby, 1982.

Cassia patellaria auct. non Burkart = **Chamaecrista nictitans** (L.) Moench var. **jaliscensis** (Greenm.) Irwin & Barneby
Ref.: Irwin & Barneby, 1982.

Cassia patellaria DC. ex Collad. = **Chamaecrista nictitans** (L.) Moench subsp. **patellaria** (Collad.) Irwin & Barneby
Ref.: Irwin & Barneby, 1982; Kartes & Gandhi, 1991.

Cassia patellaria DC. ex Collad. var. *longifolia* Benth. = **Chamaecrista nictitans** (L.) Moench subsp. **patellaria** (Collad.) Irwin & Barneby
Ref.: Irwin & Barneby, 1982; Kartes & Gandhi, 1991.

Cassia patellaria DC. ex Collad. var. *ramosa* Vogel = **Chamaecrista nictitans** (L.) Moench subsp. **patellaria** (Collad.) Irwin & Barneby
Ref.: Irwin & Barneby, 1982; Kartes & Gandhi, 1991.

Cassia pedersenii Burkart = **Chamaecrista calycioides** (DC. ex Collad.) Greene
Ref.: Irwin & Barneby, 1982.

Cassia pendula Willd. var. *eriocarpa* (Griseb.) Lass. = **Senna pendula** (Willd.) H.S. Irwin & Barneby var. **eriocarpa** (Griseb.) H.S. Irwin & Barneby
Ref.: Irwin & Barneby, 1982.

Cassia pentandra Raddi = **Chamaecrista rotundifolia** (Pers.) Greene
Ref.: Irwin & Barneby, 1982.

Cassia pentandria Larrañaga, hom. illeg. = **Chamaecrista rotundifolia** (Pers.) Greene
Ref.: Irwin & Barneby, 1982.

Cassia persooni Collad. = **Chamaecrista desvauxii** (Collad.) Killip var. **mollissima** (Benth.) Irwin & Barneby
Ref.: Irwin & Barneby, 1982.

Cassia picachensis Brandegee = **Chamaecrista flexuosa** (L.) Greene
Ref.: Irwin & Barneby, 1982.

Cassia pilifera Vog.-Zuber = **Senna pilifera** (Vog.-Zuber) H.S. Irwin & Barneby
Ref.: Irwin & Barneby, 1982.

Cassia pilifera Vog.-Zuber f. *pilosa* Chodat & Hassl. = **Senna pilifera** (Vog.-Zuber) H.S. Irwin & Barneby
Ref.: Irwin & Barneby, 1982.

Cassia pilifera Vog.-Zuber f. *sericea* Chodat & Hassl. = **Senna pilifera** (Vog.-Zuber) H.S. Irwin & Barneby
Ref.: Irwin & Barneby, 1982.

Cassia planisiliqua L. = **Senna occidentalis** (L.) Link

Cassia planisiliqua Lam., hom. illeg. = **Senna occidentalis** (L.) Link

Cassia plumieri DC. = **Senna occidentalis** (L.) Link

Cassia prostrata Kunth = **Chamaecrista serpens** (L.) Greene var. **serpens**
Ref.: Irwin & Barneby, 1982.

Cassia pubescens Jacq. = **Senna hirsuta** (L.) H.S. Irwin & Barneby var. **puberula** H.S. Irwin & Barneby
Ref.: Irwin & Barneby, 1982.

Cassia pulchra Kunth = **Chamaecrista desvauxii** (Collad.) Killip var. **mollissima** (Benth.) Irwin & Barneby
Ref.: Irwin & Barneby, 1982.

Cassia repens Vogel = **Chamaecrista repens** (Vogel) Irwin & Barneby
Ref.: Irwin & Barneby, 1982.

Cassia rigida (Hieron.) Burkart = **Senna rigida** (Hieron.) H.S. Irwin & Barneby
Ref.: Irwin & Barneby, 1982.

Cassia rigida (Hieron.) Burkart var. *inermis* L. Bravo = **Senna rigida** (Hieron.) H.S. Irwin & Barneby
Ref.: Irwin & Barneby, 1982.

Cassia rigida (Hieron.) Burkart var. *robusta* Burkart = **Senna chacoënsis** (L. Bravo) H.S. Irwin & Barneby
Ref.: Irwin & Barneby, 1982.

Cassia rigidicaulis Burkart ex L. Bravo = **Senna rigidicaulis** (Burkart ex L. Bravo) H.S. Irwin & Barneby
Ref.: Irwin & Barneby, 1982.

Cassia riparia Kunth = **Chamaecrista nictitans** (L.) Moench var. **jaliscensis** (Greenm.) Irwin & Barneby
Ref.: Irwin & Barneby, 1982.

Cassia rojasiana Hassl. = **Senna morongii** (Britton) H.S. Irwin & Barneby
Ref.: Irwin & Barneby, 1982.

Cassia rotundifolia Pers. = **Chamaecrista rotundifolia** (Pers.) Greene
Ref.: Irwin & Barneby, 1982.

Cassia rotundifolia Pers. var. *bauhiniifolia* (Kunth) Benth. = **Chamaecrista rotundifolia** (Pers.) Greene var. **grandiflora** (Benth.) Irwin & Barneby
Ref.: Irwin & Barneby, 1982.

Cassia rotundifolia Pers. var. *grandiflora* Benth. = **Chamaecrista rotundifolia** (Pers.) Greene var. **grandiflora** (Benth.) Irwin & Barneby
Ref.: Irwin & Barneby, 1982.

Cassia rotundifolia Pers. var. *grandiflora* Micheli, nom. nud. = **Chamaecrista rotundifolia** (Pers.) Greene var. **grandiflora** (Benth.) Irwin & Barneby
Ref.: Irwin & Barneby, 1982.

Cassia rotundifolia Pers. var. *longepedicellata* Chodat & Hassl., nom. nud. = **Chamaecrista rotundifolia** (Pers.) Greene var. **grandiflora** (Benth.) Irwin & Barneby
Ref.: Irwin & Barneby, 1982.

Cassia serpens L. = **Chamaecrista serpens** (L.) Greene var. **serpens**
Ref.: Irwin & Barneby, 1982.

Cassia serpens L. var. *grandiflora* Benth. = **Chamaecrista serpens** (L.) Greene var. **grandiflora** (Benth.) Irwin & Barneby
Ref.: Irwin & Barneby, 1982.

Cassia speciosa Kunth = **Senna spectabilis** (DC.) H.S. Irwin & Barneby
Ref.: Irwin & Barneby, 1982.

Cassia spectabilis DC. = **Senna spectabilis** (DC.) H.S. Irwin & Barneby
Ref.: Irwin & Barneby, 1982.

Cassia spiniflora Burkart = **Senna spiniflora** (Burkart) H.S. Irwin & Barneby
Ref.: Irwin & Barneby, 1982.

Cassia subulata Griseb. = **Senna subulata** (Griseb.) H.S. Irwin & Barneby
Ref.: Irwin & Barneby, 1982.

Cassia sulcata Blanco, hom. illeg. = **Senna hirsuta** (L.) H.S. Irwin & Barneby var. **puberula** H.S. Irwin & Barneby
Ref.: Irwin & Barneby, 1982.

Cassia tecta Vogel = **Chamaecrista desvauxii** (Collad.) Killip var. **mollissima** (Benth.) Irwin & Barneby
Ref.: Irwin & Barneby, 1982.

Cassia tenella Kunth = **Chamaecrista serpens** (L.) Greene var. **grandiflora** (Benth.) Irwin & Barneby
Ref.: Irwin & Barneby, 1982.

Cassia tenuivenosa A.P.D. Jones = **Chamaecrista rotundifolia** (Pers.) Greene
Ref.: Irwin & Barneby, 1982.

Cassia tetraphylla Desv. var. *colombiana* Irwin = **Chamaecrista desvauxii** (Collad.) Killip var. **mollissima** (Benth.) Irwin & Barneby
Ref.: Irwin & Barneby, 1982.

Cassia tetraphylla Desv. var. *longifolia* Amshoff = **Chamaecrista desvauxii** (Collad.) Killip var. **mollissima** (Benth.) Irwin & Barneby
Ref.: Irwin & Barneby, 1982.

Cassia tetraphylla Desv. var. *mollissima* (Benth.) Irwin = **Chamaecrista desvauxii** (Collad.) Killip var. **mollissima** (Benth.) Irwin & Barneby
Ref.: Irwin & Barneby,1982.

Cassia tomentosa L.f. var. *paucijuga* Kuntze = **Senna morongii** (Britton) H.S. Irwin & Barneby
Ref.: Irwin & Barneby, 1982.

Cassia tora L. f. *hirsuta* Chodat & Hassl. = **Senna pilifera** (Vog.-Zuber) H.S. Irwin & Barneby
Ref.: Irwin & Barneby, 1982.

Cassia tora L. var. *humilis* Pers. = **Senna obtusifolia** (L.) H.S. Irwin & Barneby
Ref.: Irwin & Barneby, 1982.

Cassia toroides Raf. = **Senna obtusifolia** (L.) H.S. Irwin & Barneby
Ref.: Irwin & Barneby, 1982.

Cassia toroides Roxb., nom. nud. = **Senna obtusifolia** (L.) H.S. Irwin & Barneby
Ref.: Irwin & Barneby, 1982.

Cassia totonaca Sessé & Moç. = **Senna spectabilis** (DC.) H.S. Irwin & Barneby
Ref.: Irwin & Barneby, 1982.

Cassia trichosepala (Chodat & Wilczek) L. Bravo = **Senna trichosepala** (Chodat & Wilczek) H.S. Irwin & Barneby
Ref.: Irwin & Barneby, 1982.

Cassia trinitatis Rchb. ex DC. = **Senna spectabilis** (DC.) H.S. Irwin & Barneby
Ref.: Irwin & Barneby, 1982.

Cassia villosissima (Britton & Rose) Lundell = **Chamaecrista nictitans** (L.) Moench subsp. **patellaria** (Collad.) Irwin & Barneby
Ref.: Irwin & Barneby, 1982; Kartes & Gandhi, 1991.

Cassia viscosa (Kunth) Irwin & Barneby var. *paraguayensis* (Chodat & Hassl.) Irwin & Barneby = **Chamaecrista viscosa** (Kunth) Irwin & Barneby var. **paraguayensis** (Chodat & Hassl.) Irwin & Barneby
Ref.: Irwin & Barneby, 1982.

Cathartocarpus speciosus (DC.) G. Don = **Senna spectabilis** (DC.) H.S. Irwin & Barneby
Ref.: Irwin & Barneby, 1982.

Cathartocarpus trinitatis (DC.) G. Don = **Senna spectabilis** (DC.) H.S. Irwin & Barneby
Ref.: Irwin & Barneby, 1982.

Cathormion polyanthum (A. Spreng.) Burkart = **Albizia inundata** (Mart.) Barneby & J.W. Grimes

Cathormion polycephalum (Griseb.) Burkart, hom. illeg. = **Albizia inundata** (Mart.) Barneby & J.W. Grimes

Cenostigma aculeatifolium Burkart = **Lophocarpinia aculeatifolia** (Burkart) Burkart
Ref.: Burkart, 1944b, 1957b.

Centrosema (DC.) Benth. Papilionoideae, Phaseoleae.

Número de especies: 5, 2 especies endémicas.

Centrosema brasilianum (L.) Benth.
Sin.: *Clitoria brasiliana* L., *Clitoria formosa* Kunth
Ref.: Barbosa, 1977.
Hábito: Hierba o subarbusto.
Status: Nativa.
Elevación: 0-500 m.
Prov.: MI.
Paises limítrofes: BR.
Ejemplar examinado: *von Gülich s.n.* (LP 2197).

Centrosema hastatum Benth. = **Centrosema sagittatum** (Willd.) Brandegee

Centrosema kermesi Burkart
Ref.: Burkart, 1937.
Hábito: Hierba o subarbusto.
Status: Endémica.
Elevación: 0-500 m.
Prov.: CH, FO.
Ejemplar examinado: *Kermes 539* (BAB).

Centrosema pascuorum auct. non Mart. ex Benth. = **Centrosema virginianum** (L.) Benth.

Centrosema sagittatum (Willd.) Brandegee
Sin.: *Bradburya dubia* (Kunth) Kuntze, *Centrosema hastatum* Benth., *Centrosema sagittatum* (Willd.) Malme, *Glycine sagittata* Willd., *Rudolphia dubia* Kunth
Ref.: Burkart, 1937b; Barbosa, 1977.
Hábito: Hierba o subarbusto.
Status: Nativa.
Elevación: 0-1000 m.
Prov.: JU, MI, SA.
Paises limítrofes: BR, PA.
Ejemplar examinado: *Montes 348* (BAB, CTES).

Centrosema sagittatum (Willd.) Malme = **Centrosema sagittatum** (Willd.) Brandegee

Centrosema variifolium Burkart
Ref.: Burkart, 1937b.
Hábito: Hierba o subarbusto.
Status: Endémica.
Elevación: 0-500 m.
Prov.: SA.
Ejemplar examinado: *Rodríguez 178* (holotipo, SI).

[Centrosema venosum Benth.]
Ref.: Burkart, 1937b.
Nota: Cita dudosa para la flora argentina.

Centrosema virginianum (L.) Benth.
Sin.: *Centrosema pascuorum* auct. non Mart. ex Benth., *Centrosema virginianum* (L.) Benth. var. *angustifolium* Griseb., *Clitoria amoena* Roth, *Clitoria virginiana* L.
Ref.: Barbosa, 1977.
Hábito: Hierba o subarbusto.
Status: Nativa.
Elevación: 0-1000 m.
Prov.: CA, CO, COR, ER, FO, JU, MI, SA, SF, TU.
Paises limítrofes: BO, BR, PA, UR.
Ejemplar examinado: *Fortunato et al. 2309* (BAB, G, MO, SI).

Centrosema virginianum (L.) Benth. var. *angustifolium* Griseb. = **Centrosema virginianum** (L.) Benth.

Ceratonia chilensis Molina = **Prosopis chilensis** (Molina) Stuntz var. **chilensis**
Ref.: Burkart, 1976-1977.

Cercidium Zul. Caesalpinoideae, Caesalpinieae.

Número de especies: 2, 1 subespecie endémica.

Cercidium andicola Griseb.
Ref.: Grisebach, 1879; Burkart, 1952a; Burkart & Carter, 1976; Ulibarri, 1997a.
Hábito: Arbusto.
Status: Nativa.
Elevación: 2000-3500 m.
Prov.: JU.
Paises limítrofes: BO.
Ejemplar examinado: *Schreiter 11085* (SI).

Cercidium australe I.M. Johnst. = **Cercidium praecox** (Ruiz & Pav.) Burkart & Carter subsp. **glaucum** (Cav.) Burkart & Carter
Ref.: Burkart & Carter, 1976.

Cercidium plurifoliolatum Micheli = **Cercidium praecox** (Ruiz & Pav.) Burkart & Carter subsp. **praecox**
Ref.: Burkart & Carter, 1976; Ulibarri, 1997a.

Cercidium praecox (Ruiz & Pav.) Burkart & Carter subsp. **glaucum** (Cav.) Burkart & Carter
Sin.: *Cercidium australe* I.M. Johnst., *Pomaria glauca* Cav.
Ref.: Burkart & Carter, 1976; Ulibarri, 1997a.
Hábito: Arbusto.
Status: Endémica.
Elevación: 500-2500 m.
Prov.: CA, LP, LR, ME, NE, RN, SA, SJ, TU.
Ejemplar examinado: *Burkart 5365* (SI).

Cercidium praecox (Ruiz & Pav.) Burkart & Carter subsp. **praecox**
Sin.: *Caesalpinia praecox* Ruiz & Pav., *Cercidium plurifoliolatum* Micheli, *Cercidium spinosum* Tul.
Ref.: Burkart & Carter, 1976; Ulibarri, 1997a.
Hábito: Arbusto o árbol.
Status: Nativa.
Elevación: 0-2000 m.
Prov.: CA, CH, CO, FO, JU, SA, SE, SL, TU.
Paises limítrofes: BO, PA.
Ejemplar examinado: *Venturi 10626* (SI).

Cercidium spinosum Tul. = **Cercidium praecox** (Ruiz & Pav.) Burkart & Carter subsp. **praecox**
Ref.: Burkart & Carter, 1976.

Chaetocalyx DC. Papilionoideae, Aeschynomeneae.

Número de especies: 5, 1 variedad endémica.

Chaetocalyx brasiliensis (Vogel) Benth.
Sin.: *Rhadinocarpus brasiliensis* Vogel
Ref.: Burkart, 1939b; Rudd, 1958.
Hábito: Enredadera.
Status: Nativa.
Elevación: 0-500 m.
Prov.: CH, COR, FO, MI.
Paises limítrofes: BO, BR, PA.
Ejemplar examinado: *Schultz 7362* (CTES).

Chaetocalyx hebecarpa Benth. = **Chaetocalyx longiflora** A. Gray
Ref.: Rudd, 1958.

Chaetocalyx latifolia Benth. var. **latifolia**
Ref.: Burkart, 1939b; Vanni, inéd.a.
Hábito: Enredadera.
Status: Nativa.
Elevación: 0-500 m.
Prov.: COR, MI.
Paises limítrofes: BR.
Ejemplar examinado: *Vanni 34* (CTES).

Chaetocalyx latifolia Benth. var. **setulifera** Burkart
Ref.: Burkart, 1939b; Vanni, inéd.a.
Hábito: Enredadera.
Status: Endémica.
Elevación: 0-500 m.
Prov.: SA.
Paises limítrofes: BO.
Ejemplar examinado: *Türpe 4925* (CTES).

Chaetocalyx longiflora A. Gray
Sin.: *Chaetocalyx hebecarpa* Benth.
Ref.: Rudd, 1958; Vanni, inéd.a.
Hábito: Enredadera.
Status: Nativa.
Elevación: 0-500 m.
Prov.: COR, MI, SA.
Paises limítrofes: BO, BR, PA.
Ejemplar examinado: *Vanni et al. 76* (CTES).

Chaetocalyx nigricans Burkart
Ref.: Burkart, 1939b, 1987a; Rudd, 1958.
Hábito: Enredadera.
Status: Nativa.
Elevación: 0-500 m.
Prov.: COR, ER, MI.
Paises limítrofes: BR, UR.
Ejemplar examinado: *Burkart 8197* (SI).

[Chaetocalyx parviflora Benth.]
Nota: Especie excluida de la flora argentina.

Chamaecrista Moench. Caesalpinoideae, Cassieae.

Número de especies: 10

Chamaecrista amplistipulata Rose = **Chamaecrista flexuosa** (L.) Greene
Ref.: Irwin & Barneby, 1982.

Chamaecrista aristellata Pennell = **Chamaecrista calycioides** (DC. ex Collad.) Greene
Ref.: Irwin & Barneby, 1982.

Chamaecrista bauhiniifolia (Kunth) Gleason = **Chamaecrista rotundifolia** (Pers.) Greene var. **grandiflora** (Benth.) Irwin & Barneby
Ref.: Irwin & Barneby, 1982.

Chamaecrista bifolliolata (DC. ex Collad.) Greene = **Chamaecrista rotundifolia** (Pers.) Greene
Ref.: Irwin & Barneby, 1982.

Chamaecrista calycioides (DC. ex Collad.) Greene
Sin.: *Cassia aristellata* (Pennell) Cory ex Cory & Parks, *Cassia calycioides* DC. ex Collad., *Cassia pedersenii* Burkart, *Chamaecrista aristellata* Pennell
Ref.: Irwin & Barneby, 1982.
Hábito: Hierba o subarbusto.
Status: Nativa.
Elevación: 0-500 m.
Prov.: COR, SE.
Paises limítrofes: BR, PA.
Ejemplar examinado: *Pedersen 5824* (holotipo de *C. pedersenii*, SI).

Chamaecrista desvauxii (Collad.) Killip var. **glauca** (Hassl.) Irwin & Barneby
Sin.: *Cassia arlindo-andradei* Hoehne, *Cassia latistipulata* Benth., *Cassia latistipulata* Benth. var. *glauca* Hassl.
Ref.: Irwin & Barneby, 1982.
Hábito: Hierba o subarbusto.
Status: Nativa.
Elevación: 0-500 m.
Prov.: COR.
Paises limítrofes: BR, PA.
Ejemplar examinado: *Meyer 5732* (BAB).

Chamaecrista desvauxii (Collad.) Killip var. **mollissima** (Benth.) Irwin & Barneby
Sin.: *Cassia barlettii* Standl., *Cassia desvauxii* var. *mollissima* Benth., *Cassia lanceolata* Pers., *Cassia madrensis* (Britton & Rose) Irwin, *Cassia persooni* Collad., *Cassia pulchra* Kunth, *Cassia tecta* Vogel, *Cassia tetraphylla* Desv. var. *colombiana* Irwin, *Cassia tetraphylla* Desv. var. *longifolia* Amshoff, *Cassia tetraphylla* Desv. var. *mollissima* (Benth.) Irwin, *Chamaecrista madrensis* Rose ex Britton & Rose, *Chamaecrista persoonii* (Collad.) Greene, *Chamaecrista pulchra* (Kunth) Britton & Killip
Ref.: Irwin & Barneby, 1982.
Hábito: Arbusto o subarbusto.
Status: Nativa.
Elevación: 0-500 m.
Prov.: MI.
Paises limítrofes: BR, PA.
Ejemplar examinado: *Martínez Crovetto 9836* (BAB).

Chamaecrista flexuosa (L.) Greene
Sin.: *Cassia arenaria* Kunth, *Cassia flexuosa* L., *Cassia flexuosa* L. var. *euyabensis* Pilg., *Cassia flexuosa* L. var. *pubescens* Benth., *Cassia picachensis* Brandegee, *Chamaecrista amplistipulata* Rose
Ref.: Irwin & Barneby, 1982.
Hábito: Hierba o subarbusto.
Status: Nativa.
Elevación: 0-500 m.
Prov.: COR, ER, MI.
Paises limítrofes: BO, BR, PA.
Ejemplar examinado: *Troncoso et al. 1632* (SI).

Chamaecrista gonoclada (Benth.) Irwin & Barneby
Sin.: *Cassia gonoclada* Benth.
Ref.: Irwin & Barneby, 1982.
Hábito: Hierba o subarbusto.
Status: Nativa.
Elevación: 0-500 m.
Prov.: COR.
Paises limítrofes: BR, PA.
Ejemplar examinado: *Hassler 10088* (G).

Chamaecrista longicona Britton & Rose = **Chamaecrista nictitans** (L.) Moench var. **jaliscensis** (Greenm.) Irwin & Barneby
Ref.: Irwin & Barneby, 1982.

Chamaecrista madrensis Rose ex Britton & Rose = **Chamaecrista desvauxii** (Collad.) Killip var. **mollissima** (Benth.) Irwin & Barneby
Ref.: Irwin & Barneby, 1982.

Chamaecrista nicoyana Britton ex Britton & Rose = **Chamaecrista nictitans** (L.) Moench var. **jaliscensis** (Greenm.) Irwin & Barneby
Ref.: Irwin & Barneby, 1982.

Chamaecrista nictitans (L.) Moench var. **jaliscensis** (Greenm.) Irwin & Barneby
Sin.: *Cassia broughtonii* Fawc. & Rendle, *Cassia leptadenia* Greenm. var. *jaliscensis* Greenm., *Cassia nicoyana* (Britton ex Britton & Rose) Standl., *Cassia patellaria* auct. non Burkart, *Cassia riparia* Kunth, *Chamaecrista longicona* Britton & Rose, *Chamaecrista nicoyana* Britton ex Britton & Rose, *Chamaecrista riparia* (Kunth) Britton, *Chamaecrista wilsonii* Britton & Rose
Ref.: Irwin & Barneby, 1982.
Hábito: Hierba.
Status: Nativa.
Elevación: 0-500 y 2500-3000 m.
Prov.: JU, SA.
Paises limítrofes: BO.
Ejemplar examinado: *Krapovickas y Schinini 30379* (CTES, NY).

Chamaecrista nictitans (L.) Moench var. *ramosa* (Vogel) Irwin & Barneby = **Chamaecrista nictitans** (L.) Moench subsp. **patellaria** (Collad.) Irwin & Barneby
Ref.: Irwin & Barneby, 1982; Kartes & Gandhi, 1991.

Chamaecrista nictitans (L.) Moench subsp. **patellaria** (Collad.) Irwin & Barneby
Sin.: *Cassia biglandulosa* Bertol., *Cassia patellaria* DC. ex Collad., *Cassia patellaria* DC. ex Collad. var. *longifolia* Benth., *Cassia patellaria* DC. ex Collad. var. *ramosa* Vogel, *Cassia villosissima* (Britton & Rose) Lundell, *Chamaecrista nictitans* (L.) Moench var. *ramosa* (Vogel) Irwin & Barneby, *Chamaecrista patellaria* (DC. ex Collad.) Greene, *Chamaecrista villosissima* Britton & Rose
Ref.: Irwin & Barneby, 1982; Kartes & Gandhi, 1991.
Hábito: Hierba.
Status: Nativa.
Elevación: 0-500 m.
Prov.: CH, COR, FO, MI.
Paises limítrofes: BR, PA.
Ejemplar examinado: *Fortunato et al. 3480* (BAB).

Chamaecrista patellaria (DC. ex Collad.) Greene = **Chamaecrista nictitans** (L.) Moench subsp. **patellaria** (Collad.) Irwin & Barneby
Ref.: Irwin & Barneby, 1982; Kartes & Gandhi, 1991.

Chamaecrista persoonii (Collad.) Greene = **Chamaecrista desvauxii** (Collad.) Killip var. **mollissima** (Benth.) Irwin & Barneby
Ref.: Irwin & Barneby, 1982.

Chamaecrista pulchra (Kunth) Britton & Killip = **Chamaecrista desvauxii** (Collad.) Killip var. **mollissima** (Benth.) Irwin & Barneby
Ref.: Irwin & Barneby, 1982.

Chamaecrista repens (Vogel) Irwin & Barneby
Sin.: *Cassia apaënsis* Chodat & Hassl., *Cassia repens* Vogel
Ref.: Irwin & Barneby, 1982.
Hábito: Hierba o subarbusto.
Status: Nativa.
Elevación: 0-500 m.
Prov.: COR, ER, MI, SF.
Paises limítrofes: BO, BR, PA, UR.
Ejemplar examinado: *Montes s.n.* (BAB 68889).

Chamaecrista riparia (Kunth) Britton = **Chamaecrista nictitans** (L.) Moench var. **jaliscensis** (Greenm.) Irwin & Barneby
Ref.: Irwin & Barneby, 1982.

Chamaecrista rotundifolia (Pers.) Greene var. **grandiflora** (Benth.) Irwin & Barneby
Sin.: *Cassia bauhiniifolia* Kunth, *Cassia bifoliola* Pers. ex R. Knuth, *Cassia filipes* Benth., *Cassia rotundifolia* Pers. var. *bauhiniifolia* (Kunth) Benth., *Cassia rotundifolia* Pers. var. *grandiflora* Benth., *Cassia rotundifolia* Pers. var. *grandiflora* Micheli, nom. nud., *Cassia rotundifolia* Pers. var. *longepedicellata* Chodat & Hassl., nom. nud., *Chamaecrista bauhiniifolia* (Kunth) Gleason
Ref.: Irwin & Barneby, 1982.
Hábito: Hierba o subarbusto.
Status: Nativa.
Elevación: 0-500 m.
Prov.: COR.
Ejemplar examinado: *Pedersen 66* (CTES).

Chamaecrista rotundifolia (Pers.) Greene var **rotundifolia**
Sin.: *Cassia bifoliolata* DC. ex Collad., *Cassia bifoliolata* DC. ex Collad. var. *pentandra* (Raddi) Desv., *Cassia bifoliolata* DC. ex Collad. var. *rotundifolia* (Pers.) Desv., comb. illeg., *Cassia fabaginifolia* Kunth, *Cassia monophylla* Vell., *Cassia pentandra* Raddi, *Cassia pentandria* Larrañaga, hom. illeg., *Cassia rotundifolia* Pers., *Cassia tenuivenosa* A.P.D. Jones, *Chamaecrista bifolliolata* (DC. ex Collad.) Greene
Ref.: Irwin & Barneby, 1982.
Hábito: Hierba o subarbusto.
Status: Nativa.
Elevación: 0-500 m.
Prov.: COR, FO, MI.
Paises limítrofes: BR, PA, UR.
Ejemplar examinado: *Fortunato et al. 2528* (BAB, MO).

Chamaecrista serpens (L.) Greene var. **grandiflora** (Benth.) Irwin & Barneby
Sin.: *Cassia serpens* L. var. *grandiflora* Benth., *Cassia tenella* Kunth
Ref.: Irwin & Barneby, 1982.
Hábito: Hierba o subarbusto.
Status: Nativa.
Elevación: 0-500 m.
Prov.: COR, MI.
Paises limítrofes: BO, BR, PA.
Ejemplar examinado: *Martínez Crovetto 8557* (BAB).

Chamaecrista serpens (L.) Greene var. **serpens**
Sin.: *Cassia flexuosa* Mill., hom. illeg., *Cassia prostrata* Kunth, *Cassia serpens* L.
Ref.: Irwin & Barneby, 1982.
Hábito: Hierba o subarbusto.
Status: Nativa.
Elevación: 0-500 m.
Prov.: CH, COR, ER, MI.
Paises limítrofes: BR, PA.
Ejemplar examinado: *Troncoso y Bacigalupo 3085* (SI).

Chamaecrista venturiana Irwin & Barneby
Ref.: Irwin & Barneby, 1982.
Hábito: Hierba o subarbusto.
Status: Nativa.
Elevación: 500-3000 m.
Prov.: CO, SA, TU.
Paises limítrofes: BO, PA.
Ejemplar examinado: *Venturi 1471* (NY).

Chamaecrista villosissima Britton & Rose = **Chamaecrista nictitans** (L.) Moench subsp. **patellaria** (Collad.) Irwin & Barneby
Ref.: Irwin & Barneby, 1982; Kartes & Gandhi, 1991.

Chamaecrista viscosa (Kunth) Irwin & Barneby var. **paraguayensis** (Chodat & Hassl.) Irwin & Barneby
Sin.: *Cassia barbata* Nees & Mart. var. *paraguayensis* Chodat & Hassl., *Cassia paraguensis* Micheli, *Cassia viscosa* (Kunth) Irwin & Barneby var. *paraguayensis* (Chodat & Hassl.) Irwin & Barneby
Ref.: Irwin & Barneby, 1982.
Hábito: Arbusto o subarbusto.
Status: Nativa.
Elevación: 0-500 m.
Prov.: COR.
Paises limítrofes: BR, PA.
Ejemplar examinado: *Pedersen 11106* (CTES).

Chamaecrista wilsonii Britton & Rose = **Chamaecrista nictitans** (L.) Moench var. **jaliscensis** (Greenm.) Irwin & Barneby
Ref.: Irwin & Barneby, 1982.

Chamaefistula corymbosa (Lam.) G. Don = **Senna corymbosa** (Lam.) H.S. Irwin & Barneby
Ref.: Irwin & Barneby, 1982.

Chiovendaea hypoleuca Speg. = **Coursetia hypoleuca** (Speg.) Lavin

Chloroleucon Britton & Rose. Mimosoideae, Ingeae.

Número de especies: 3

Chloroleucon chacöense (Burkart) Barneby & J.W. Grimes
Sin.: *Pithecellobium chacönse* Burkart
Ref.: Hoc, 1981; Barneby & Grimes, 1996.
Status: Nativa.
Elevación: 500-1000 m.
Prov.: JU, SA.
Paises limítrofes: BO, PA.
Ejemplar examinado: *Devoto y Alberti s.n.* (holotipo, SI).

Chloroleucon foliolosum (Benth.) G.P. Lewis
Sin.: *Calliandra aristulata* Rizzini, *Calliandra grisebachiana* (Harms) Speg., *Pithecellobium foliolosum* Benth., *Pithecellobium grisebachianum* Harms, *Pithecellobium myriophyllum* Malme, hom. illeg., *Pithecellobium oligandrum* Rizzini
Ref.: Hoc, 1981; Barneby & Grimes, 1996.
Status: Nativa.
Elevación: 0-500 m.
Prov.: JU, SA.
Paises limítrofes: BO, BR.
Ejemplar examinado: *Legname & Cuezzo 6193c* (LIL).

[Chloroleucon manguense Britton & Rose]
Nota: Especie excluida de la flora argentina.

Chloroleucon tenuiflorum (Benth.) Barneby & J.W. Grimes
Sin.: *Calliandra brachyandra* Speg., *Feuilleea scalaris* (Griseb.) Kuntze, *Pithecellobium anajuliae* Rizzini, *Pithecellobium scalare* Griseb., *Pithecellobium scalare* Griseb. f. *parvifolium* Chodat & Hassl., *Pithecellobium scalare* Griseb. var. *hirsutum* Chodat & Hassl., *Pithecellobium tenuiflorum* Benth., *Pithecellobium tortum* f. *scalare* (Griseb.) Hassl., *Pithecellobium tortum* var. *pubescens* Benth.
Ref.: Hoc, 1981; Barneby & Grimes, 1996.
Status: Nativa.
Elevación: 0-1000 m.
Prov.: CH, COR, FO, JU, MI, SA, TU.
Paises limítrofes: BO, BR, PA.
Ejemplar examinado: *Palacios 887* (BAFC).

Cladotrichium rubicundum Vogel = **Caesalpinia rubicunda** (Vogel) Benth.
Ref.: Burkart, 1936.

Clitoria L. Papilionoideae, Phaseoleae.

Número de especies: 3, 1 especie endémica.

Clitoria amoena Roth = **Centrosema virginianum** (L.) Benth.

Clitoria brasiliana L. = **Centrosema brasilianum** (L.) Benth.
Ref.: Barbosa, 1977.

Clitoria cordobensis Burkart
Ref.: Burkart, 1941, 1987a.
Hábito: Hierba o subarbusto.
Status: Endémica.
Elevación: 0-500 m.
Prov.: CO, ER.
Ejemplar examinado: *Nicora 1774* (lectotipo, SI).

Clitoria epetiolaris Burkart
Sin.: *Clitoria guianensis* auct. non (Aubl.) Benth.
Ref.: Burkart, 1949c.
Hábito: Hierba o subarbusto.
Status: Nativa.
Elevación: 0-500 m.
Prov.: COR.
Paises limítrofes: PA.
Ejemplar examinado: *Hauman 423d* (BA).

Clitoria formosa Kunth = **Centrosema brasilianum** (L.) Benth.
Ref.: Barbosa, 1977.

Clitoria guianensis auct. non (Aubl.) Benth. = **Clitoria epetiolaris** Burkart
Ref.: Burkart, 1949c.

Clitoria nana Benth.
Ref.: Burkart, 1941, 1949c.
Hábito: Hierba o subarbusto.
Status: Nativa.
Elevación: 0-500 m.
Prov.: COR, MI.
Paises limítrofes: BR, PA.
Ejemplar examinado: *Correa et al. 6963* (BAB).

[Clitoria nana Benth. var. caaguazuensis Hassl.]
Nota: Cita dudosa para la flora argentina.

[Clitoria rufescens (Benth.) Benth.]
Sin.: *Neurocarpum rufescens* Benth.
Nota: Cita dudosa para la flora argentina.

Clitoria virginiana L. = **Centrosema virginianum** (L.) Benth.

Coladendron crista-galli (L.) Kuntze = **Erythrina crista-galli** L.
Ref.: Krukoff & Barneby, 1974.

Collaea DC. Papilionoideae, Phaseoleae.

Número de especies: 3

Collaea argentina Griseb.
Sin.: *Collaea formosa* Griseb., *Galactia formosa* (Griseb.) Stuck.
Ref.: Grisebach, 1874.
Hábito: Hierba o subarbusto.
Status: Nativa.
Elevación: 0-1000 m.
Prov.: CO, JU, SA, SL, TU.
Paises limítrofes: BO.
Ejemplar examinado: *Krapovickas 4980* (BAB).

Collaea formosa Griseb. = **Collaea argentina** Griseb.

Collaea macrophylla Benth. = **Galactia boavista** (Vell.) Burkart
Ref.: Burkart, 1971.

Collaea paraguariensis (Hassl.) R. García
Sin.: *Galactia speciosa* (DC.) Britton f. *paraguariensis* Hassl.
Ref.: García, 1989.
Hábito: Hierba o subarbusto.
Status: Nativa.
Elevación: 0-500 m.
Prov.: MI.
Paises limítrofes: PA.
Ejemplar examinado: *Joergensen 578* (BAB).

Collaea scarlatina Mart. ex Benth. = **Camptosema scarlatium** (Mart. ex Benth.) Burkart var. **scarlatium**

Collaea scarlatina Mart. ex Benth. var. *calycina* Benth. = **Camptosema scarlatium** (Mart. ex Benth.) Burkart var. **scarlatium**

Collaea scarlatina Mart. ex Benth. var. *latifolia* Benth. = **Camptosema scarlatium** (Mart. ex Benth.) Burkart var. **scarlatium**

Collaea scarlatina Mart. ex Benth. var. *oblongifolia* Benth. = **Camptosema scarlatium** (Mart. ex Benth.) Burkart var. **scarlatium**

Collaea scarlatina Mart. ex Benth. var. *pohliana* Benth. = **Camptosema scarlatium** (Mart. ex Benth.) Burkart var. **scarlatium**

Collaea stenophylla (Hook. & Arn.) Benth.
Sin.: *Collaea virgata* Benth., *Galactia hassleriana* Chodat, *Galactia stenophylla* Hook. & Arn., *Galactia stenophylla* Hook. & Arn. var. *hassleriana* (Chodat) Hassl., *Galactia stenophylla* Hook. & Arn. var. *virgata* (Benth.) Hassl.
Ref.: Burkart, 1987a.
Hábito: Hierba o subarbusto.
Status: Nativa.
Elevación: 0-500 m.
Prov.: COR, ER, MI.
Paises limítrofes: BR, PA, UR.
Ejemplar examinado: *Romanczuk et al. 107* (BAB).

Collaea virgata Benth. = **Collaea stenophylla** (Hook. & Arn.) Benth.
Ref.: Burkart, 1987a.

Cologania Kunth. Papilionoideae, Phaseoleae.
Número de especies: 1

Cologania australis Griseb. = **Cologania ovalifolia** Kunth
Ref.: Burkart, 1952a.

Cologania heterophylla Gillies ex Hook. & Arn. = **Galactia marginalis** Benth.
Ref.: Burkart, 1971.

Cologania ovalifolia Kunth
Sin.: *Amphicarpaea ovalifolia* (Kunth) Seckt, *Cologania australis* Griseb., *Galactia lorentzii* Griseb.
Ref.: Burkart, 1952a.
Hábito: Hierba o subarbusto.
Status: Nativa.
Elevación: 0-1000 m.
Prov.: CO, JU, SA, SL, TU.
Paises limítrofes: BO.
Ejemplar examinado: *Correa et al. 4262* (BAB).

Colutea L. Papilionoideae, Galeageae.
Número de especies: 1

Colutea arborescens L.
Ref.: Burkart, 1952a, 1978.
Hábito: Arbusto.
Status: Adventicia.
Elevación: 0-500 m.
Prov.: LP.
Ejemplar examinado: *Rúgolo 1032* (SI).

Copaifera L. Caesalpinoideae, Detarieae.
Número de especies: 1

Copaifera langsdorfii Desf.
Ref.: Dwyer, 1951; Burkart, 1952a; Ulibarri, 1997c.
Hábito: Árbol.
Status: Nativa.
Elevación: 0-500 m.
Prov.: MI.
Paises limítrofes: BO, BR, PA.
Ejemplar examinado: *Rodríguez 795* (SI).

Corallodendron falcatum (Benth.) Kuntze = **Erythrina falcata** Benth.
Ref.: Krukoff & Barneby, 1974.

Coronilla L. Papilionoideae, Loteae.
Número de especies: 1

Coronilla aculeata Willd. = **Sesbania bispinosa** (Jacq.) W. Wight
Ref.: Lewis, 1989; Gómez-Sosa, inéd.

Coronilla varia L.
Ref.: Burkart, 1967; Gómez-Sosa, 1997c.
Hábito: Hierba.
Status: Adventicia.
Elevación: 0-500 m.
Prov.: BA.
Ejemplar examinado: *Parodi 2958* (SI).

Coronilla virgata (Cav.) Willd. = **Sesbania virgata** (Cav.) Pers.
Ref.: Burkart, 1987a; Gómez-Sosa, inéd.

Coublandia fluvialis Lindm. = **Lonchocarpus fluvialis** (Lindm.) Fortunato & Palese
Ref.: Fortunato & Palese, 1997.

Coursetia DC. emend. Lavin. Papilionoideae, Robinieae.
Número de especies: 4

Coursetia brachyrrachis Harms
Sin.: *Tephrosia craccoides* Lillo
Ref.: Lavin, 1988; Gómez-Sosa, inéd.
Hábito: Arbusto o árbol.
Status: Nativa.
Elevación: 500-3000 m.

Prov.: JU, SA, TU.
Paises limítrofes: BO.
Ejemplar examinado: *Schreiter 3349* (holotipo LIL; isotipo SI).

Coursetia guaranitica Chodat = **Coursetia hassleri** Chodat
Ref.: Lavin, 1988; Gómez-Sosa, inéd.

Coursetia hassleri Chodat
Sin.: *Benthamantha caribaea* var. *dubia* Kuntze, *Benthamantha glabrescens* (Benth.) Burkart, comb. Superfl., *Coursetia guaranitica* Chodat, *Cracca corumbae* Hoehne
Ref.: Lavin, 1988; Gómez-Sosa, inéd.
Hábito: Arbusto.
Status: Nativa.
Elevación: 0-2500 m.
Prov.: CA, CO, JU, SA, SE, TU.
Paises limítrofes: BO, BR, PA.
Ejemplar examinado: *Venturi 1552* (LIL, SI, US).

Coursetia heterantha (Griseb.) Lavin
Sin.: *Neocracca heterantha* (Griseb.) Speg., *Neocracca heterantha* (Griseb.) Speg. var. *minor* (R.E. Fr.) Burkart, *Neocracca kuntzei* var. *minor* R.E. Fr., *Tephrosia heterantha* Griseb.
Ref.: Lavin, 1988; Gómez-Sosa, 1994, inéd.
Hábito: Hierba.
Status: Nativa.
Elevación: 500-3500 m.
Prov.: CA, JU, LR, SA, SJ, TU.
Paises limítrofes: BO.
Ejemplar examinado: *Burkart y Troncoso 11981* (MO, SI).

Coursetia hypoleuca (Speg.) Lavin
Sin.: *Chiovendaea hypoleuca* Speg., *Poissonia hypoleuca* (Speg.) Hauman, *Poissonia hypoleuca* (Speg.) Lillo
Ref.: Lavin, 1988; Gómez-Sosa, inéd.
Hábito: Arbusto o árbol.
Status: Nativa.
Elevación: 0-1500 m.
Prov.: JU, SA, TU.
Paises limítrofes: BO.
Ejemplar examinado: *Hunziker 1198* (CORD, LIL, SI).

Cracca corumbae Hoehne = **Coursetia hassleri** Chodat
Ref.: Lavin, 1988; Gómez-Sosa, inéd.

Cratylia Mart. ex Benth. Papilionoideae, Phaseoleae.
Número de especies: 1

Cratylia floribunda Benth. var. *intermedia* Hassl. = **Cratylia intermedia** (Hassl.) L.P. Queiroz & R. Monteiro
Ref.: Lewis, 1987.

Cratylia intermedia (Hassl.) L.P. Queiroz & Coradin, comb. illeg. = **Cratylia intermedia** (Hassl.) L.P. Queiroz & R. Monteiro
Ref.: Queiroz, 1997.

Cratylia intermedia (Hassl.) L.P. Queiroz & R. Monteiro
Sin.: *Cratylia floribunda* Benth. var. *intermedia* Hassl., *Cratylia intermedia* (Hassl.) L.P. Queiroz & Coradin, comb. illeg.
Ref.: Queiroz, 1997.
Hábito: Liana.
Status: Nativa.
Elevación: 0-500 m.
Prov.: MI.
Paises limítrofes: BR, PA.
Ejemplar examinado: *Múlgura et al. 500* (BAB).

Crotalaria L. Papilionoideae, Crotalarieae.
Número de especies: 7, 1 especie endémica.

Crotalaria affinis DC. = **Crotalaria incana** L.

Crotalaria alata auct. non Hopper = **Crotalaria stipularia** Desv.

Crotalaria angyroides Kunth = **Crotalaria micans** Link

Crotalaria belizensis Lundell = **Crotalaria sagittalis** L.

Crotalaria brachystachys Benth. = **Crotalaria micans** Link

Crotalaria cubensis DC. = **Crotalaria incana** L.

Crotalaria diffusa Vell., hom. illeg. = **Crotalaria incana** L.

Crotalaria dombeyana DC. = **Crotalaria micans** Link

Crotalaria eriocaula Schauer = **Crotalaria incana** L.

Crotalaria espadilla Kunth = **Crotalaria stipularia** Desv.

Crotalaria fruticosa Mill. = **Crotalaria sagittalis** L.

Crotalaria genistella Kunth = **Crotalaria pilosa** Mill.

Crotalaria glabrescens Andersson, hom. illeg. = **Crotalaria incana** L.

Crotalaria herbacea Schweigg. = **Crotalaria incana** L.

Crotalaria hexaptera Schrank = **Crotalaria pilosa** Mill.

Crotalaria hirta Lag., hom. illeg. = **Crotalaria incana** L.

Crotalaria incana L.
Sin.: *Crotalaria affinis* DC., *Crotalaria cubensis* DC., *Crotalaria diffusa* Vell., hom. illeg., *Crotalaria eriocaula* Schauer, *Crotalaria glabrescens* Andersson, hom. illeg., *Crotalaria herbacea* Schweigg., *Crotalaria hirta* Lag., hom. illeg., *Crotalaria picensis* Phil., *Crotalaria pubescens* Moench, *Crotalaria purpurascens* Lam., *Crotalaria radiata* Merr., *Crotalaria setifera* DC.
Ref.: Windler & Mc Laughlin, 1980; Bernal, 1986; Lewis, 1987.
Hábito: Hierba.
Status: Nativa.
Elevación: 0-1500 m.
Prov.: CH, CO, COR, ER, FO, JU, MI, SA, SE, SF.

Paises limítrofes: BR, CH, PA, UR.
Ejemplar examinado: *Krapovickas y Cristóbal 11614* (CTES, US).

Crotalaria lunulata Raf. = **Crotalaria sagittalis** L.

Crotalaria lupulina Kunth = **Crotalaria pumila** Ortega

Crotalaria matthewsana Benth. = **Crotalaria sagittalis** L.

Crotalaria megapotamica Burkart
Ref.: Burkart, 1987a.
Hábito: Hierba.
Status: Endémica.
Elevación: 0-500 m.
Prov.: ER.
Ejemplar examinado: *Castellanos 31-1101* (isotipo, BA).
Nota: Especie muy afín a *Crotalaria incana* pero con diferente pubescencia y forma de fruto. En sentido estricto se limita al material tipo y al citado por Burkart (1987a).

Crotalaria micans Link
Sin.: *Crotalaria angyroides* Kunth, *Crotalaria brachystachys* Benth., *Crotalaria dombeyana* DC., *Crotalaria stipulata* Vell., *Crotalaria triphylla* Vell.
Ref.: Windler & Mc Laughlin, 1980; Bernal, 1986; Lewis, 1987; Windler & Skinner, 1990.
Hábito: Hierba.
Status: Nativa.
Elevación: 0-1000 m.
Prov.: COR, JU, SA, TU.
Paises limítrofes: BR, PA, UR.
Ejemplar examinado: *Planchuelo 1167* (ACOR, JUJ, MCNS, US).

[Crotalaria pallida Aiton]
Ref.: Burkart, 1987a.
Nota: Especie excluida de la flora argentina.

Crotalaria parviflora Roth = **Crotalaria sagittalis** L.

Crotalaria picensis Phil. = **Crotalaria incana** L.

Crotalaria pilosa Mill.
Sin.: *Crotalaria genistella* Kunth, *Crotalaria hexaptera* Schrank, *Crotalaria pilosa* Mill. var. *skutchii* Senn, *Crotalaria pterocaula* Desv., *Crotalaria pterocaula* Desv. var. *genistella* (Kunth) Benth.
Ref.: Windler & Mc Laughlin, 1980; Bernal, 1986; Lewis, 1987.
Hábito: Hierba.
Status: Nativa.
Elevación: 500-1500 m.
Prov.: CH, FO.
Paises limítrofes: BR, PA.
Ejemplar examinado: *Morel 575* (LIL).

Crotalaria pilosa Mill. var. *skutchii* Senn = **Crotalaria pilosa** Mill.

Crotalaria pilosa Raf., hom. illeg. = **Crotalaria sagittalis** L.

Crotalaria platycarpa Link = **Crotalaria sagittalis** L.

Crotalaria pringlei A. Gray = **Crotalaria sagittalis** L.

Crotalaria pterocaula Desv. = **Crotalaria pilosa** Mill.

Crotalaria pterocaula Desv. var. *genistella* (Kunth) Benth. = **Crotalaria pilosa** Mill.

Crotalaria pubescens Moench = **Crotalaria incana** L.

Crotalaria pumila Ortega
Sin.: *Crotalaria lupulina* Kunth
Ref.: Senn, 1943; Windler & Skinner, 1990.
Hábito: Hierba.
Status: Nativa.
Elevación: 500-3500 m.
Prov.: CA, JU, SA, TU.
Paises limítrofes: BO, BR.
Ejemplar examinado: *Venturi 8484* (LIL, US).

Crotalaria purpurascens Lam. = **Crotalaria incana** L.

Crotalaria radiata Merr. = **Crotalaria incana** L.

Crotalaria sagittalis L.
Sin.: *Crotalaria belizensis* Lundell, *Crotalaria fruticosa* Mill., *Crotalaria lunulata* Raf., *Crotalaria matthewsana* Benth., *Crotalaria parviflora* Roth, *Crotalaria pilosa* Raf., hom. illeg., *Crotalaria platycarpa* Link, *Crotalaria pringlei* A. Gray, *Crotalaria sagittatas* Hill, *Crotalaria tuerckheimii* Senn
Ref.: Senn, 1943; Windler & Mc Laughlin, 1980; Bernal, 1986.
Hábito: Hierba.
Status: Nativa.
Elevación: 500-2000 m.
Prov.: JU, SA.
Ejemplar examinado: *Sleumer 3907* (LIL).

Crotalaria sagittalis Vell., hom. illeg. = **Crotalaria stipularia** Desv.

Crotalaria sagittatas Hill = **Crotalaria sagittalis** L.

Crotalaria serpyllifolia Lamb. ex DC., nom. nud. = **Crotalaria stipularia** Desv.

Crotalaria setifera DC. = **Crotalaria incana** L.

Crotalaria stipularia Desv.
Sin.: *Crotalaria alata* auct. non Hopper, *Crotalaria espadilla* Kunth, *Crotalaria sagittalis* Vell., hom. illeg., *Crotalaria serpyllifolia* Lamb. ex DC., nom. nud.
Ref.: Lewis, 1987.
Hábito: Hierba.
Status: Nativa.
Elevación: 500-1500 m.
Prov.: CH, COR, FO, JU, MI, SA, TU.
Paises limítrofes: BO, BR, PA, UR.
Ejemplar examinado: *Schinini et al. 2347* (CTES, MCNS).

Crotalaria stipulata Vell. = **Crotalaria micans** Link

Crotalaria triphylla Vell. = **Crotalaria micans** Link

Crotalaria tuerckheimii Senn = **Crotalaria sagittalis** L.

Cynometra L. Caesalpinoideae, Detarieae.
Número de especies: 1, 1 variedad endémica.

Cynometra bauhiniifolia Benth. var. **bauhiniifolia**
Ref.: Burkart, 1952a; Dwyer, 1958; Sprada Tavares & Freitas da Silva, 1992; Ulibarri, 1997b.
Hábito: Arbusto o árbol.
Status: Nativa.
Elevación: 0-500 m.
Prov.: COR.
Paises limítrofes: BR.
Ejemplar examinado: *Heimonen s.n.* (CTES 118431).

Cynometra bahuiniifolia Benth. var. **meridiana** Dwyer
Ref.: Burkart, 1952a; Dwyer, 1958; Sprada Tavares & Freitas da Silva, 1992; Ulibarri, 1997b.
Hábito: Árbol.
Status: Endémica.
Elevación: 0-500 m.
Prov.: CH, FO, MI.
Ejemplar examinado: *Joergensen 2124* (isotipo, SI).

Cytisus Desf. Papilionoideae, Genisteae.
Número de especies: 1

Cytisus boavista Vell. = **Galactia boavista** (Vell.) Burkart
Ref.: Burkart, 1971.

Cytisus candicans (L.) Lam. & DC. = **Genista monspessulana** (L.) L.A.S. Johnson

Cytisus monspessulanus L. = **Genista monspessulana** (L.) L.A.S. Johnson

Cytisus scoparius (L.) Link
Sin.: *Sarothamnus scoparius* (L.) Koch, *Spartium scoparium* L.
Ref.: Burkart, 1967a; Bisby et al. 1994.
Hábito: Arbusto.
Status: Adventicia.
Elevación: 0-500 m.
Prov.: BA, CHU, NE, RN.
Paises limítrofes: CH.
Ejemplar examinado: *Ruiz Leal 18177* (SI).

Dalbergia L.f. Papilionoideae, Dalbergiaeae.
Número de especies: 1

Dalbergia frutescens (Vell.) Britton
Sin.: *Dalbergia variabilis* Vogel, *Pterogyne frutescens* Vell., *Triptolemea glabra* Benth., *Triptolemea latifolia* Benth., *Triptolemea montana* Mart. ex Benth., *Triptolemea ovata* Mart. ex Benth., *Triptolemea pauciflora* Mart. ex Benth., *Triptolemea platycarpa* Benth.
Ref.: Burkart, 1952a; Carvalho,1997.
Hábito: Arbusto.
Status: Nativa.
Elevación: 0-1500 m.
Prov.: MI.
Paises limítrofes: BR, PA.
Ejemplar examinado: *Rodríguez 18* (SI).

Dalbergia variabilis Vogel = **Dalbergia frutescens** (Vell.) Britton
Ref.: Burkart, 1952A; Carvalho,1997.

Dalea L., nom. cons. Papilionoideae, Amorphoeae
Número de especies: 3, 1 variedad endémica.

Dalea alopecuroides Willd. = **Dalea leporina** (Aiton) Bullock

Dalea boliviana Britton
Sin.: *Dalea hofstenii* R.E. Fr., *Parosela boliviana* (Britton) J.F. Macbr., *Parosela hofstenii* (R.E. Fr.) J.F. Macbr.
Ref.: Barneby, 1977; Gómez-Sosa, inéd.
Hábito: Hierba.
Status: Nativa.
Elevación: 2000-4000 m.
Prov.: CA, JU, SA, TU.
Paises limítrofes: BO.
Ejemplar examinado: *Krapovickas 21961* (CTES, SI).

Dalea elegans Gillies ex Hook. & Arn. var. **elegans**
Sin.: *Dalea stenophylla* Griseb.
Ref.: Barneby, 1977; Gómez-Sosa, inéd.
Hábito: Hierba.
Status: Endémica.
Elevación: 500-2000 m.
Prov.: CO, JU, SA, SL.
Ejemplar examinado: *Schreiter 9235* (F, LIL, SI, US).

Dalea elegans Gillies ex Hook. & Arn. var. **onobrychioides** (Griseb.) Barneby
Sin.: *Dalea onobrychioides* Griseb., *Parosela onobrychioides* (Griseb.) J.F. Macbr.
Ref.: Barneby, 1977; Gómez-Sosa, inéd.
Hábito: Hierba.
Status: Nativa.
Elevación: 1500-3000 m.
Prov.: JU, SA, TU.
Paises limítrofes: BO.
Ejemplar examinado: *Schreiter 6637* (LIL, SI).

Dalea hofstenii R.E. Fr. = **Dalea boliviana** Britton
Ref.: Barneby, 1977; Gómez-Sosa, inéd.

Dalea leporina (Aiton) Bullock
Sin.: *Dalea alopecuroides* Willd., *Dalea leporina* (Aiton) Kearney & Peebles, *Parosela leporina* (Aiton) Rydb.
Ref.: Barneby, 1977; Gómez-Sosa, inéd.
Hábito: Hierba.
Status: Nativa.
Elevación: 2000-3000 m.
Prov.: JU, SA, TU.
Paises limítrofes: BO.
Ejemplar examinado: *Krapovickas y Schinini 30707* (CTES, SI).

Dalea leporina (Aiton) Kearney & Peebles = **Dalea leporina** (Aiton) Bullock

Dalea onobrychioides Griseb. = **Dalea elegans** Gillies ex Hook. & Arn. var. **onobrychioides** (Griseb.) Barneby
Ref.: Barneby, 1977; Gómez-Sosa, inéd.

Dalea stenophylla Griseb. = **Dalea elegans** Gillies ex Hook. & Arn. var. **elegans**
Ref.: Barneby, 1977; Gómez-Sosa, inéd.

Daubentonia punicea (Cav.) DC. = **Sesbania punicea** (Cav.) Benth.
Ref.: Burkart, 1987; Gómez-Sosa, inéd.

Desmanthus Willd. Mimosoideae, Mimoseae.

Número de especies: 5

Desmanthus acuminatus Benth.
Sin.: *Acuan acuminatum* (Benth.) Kuntze, *Desmanthus depressus* Humb. & Bonpl. ex Willd. var. *acuminatus* (Benth.) Burkart, *Desmanthus virgatus* (L.) Willd. var. *acuminatus* (Benth.) Isely
Ref.: Luckow, 1993.
Hábito: Hierba o subarbusto.
Status: Nativa.
Elevación: 0-2500 m.
Prov.: BA, CO, COR, ER, FO, JU, SA, SE.
Paises limítrofes: BO, PA, UR.
Ejemplar examinado: *Burkart 5666* (SI).

Desmanthus brevipes B.L. Turner = **Desmanthus tatuhyensis** Hoehne var. **brevipes** (B.L. Turner) Luckow
Ref.: Luckow, 1993.

Desmanthus chacoensis Burkart = **Desmanthus tatuhyensis** Hoehne var. **brevipes** (B.L. Turner) Luckow
Ref.: Luckow, 1993.

Desmanthus depressus auct. non Humb. & Bonpl. ex Willd. = **Desmanthus virgatus** (L.) Willd.
Ref.: Luckow, 1993.

Desmanthus depressus Humb. & Bonpl. ex Willd. = **Desmanthus virgatus** (L.) Willd.
Ref.: Luckow, 1993.

Desmanthus depressus Humb. & Bonpl. ex Willd. var. *acuminatus* (Benth.) Burkart = **Desmanthus acuminatus** Benth.
Ref.: Luckow, 1993.

Desmanthus hexapetalus (Micheli) J.F. Macbr.
Sin.: *Desmanthus micheli* Hassl., *Desmanthus micheli* Hassl. f. *procumbens* Hassl., *Desmanthus micheli* Hassl. var. *hexapetala* (Micheli) Hassl., nom. superfl., *Neptunia hexapetala* Micheli
Ref.: Luckow, 1993.
Hábito: Hierba o subarbusto.
Status: Nativa.
Elevación: 0-500 m.
Prov.: MI.
Paises limítrofes: PA.
Ejemplar examinado: *Pierotti 6616* (CAS, LL, MO).

Desmanthus micheli Hassl. = **Desmanthus hexapetalus** (Micheli) J.F. Macbr.
Ref.: Luckow, 1993.

Desmanthus micheli Hassl. f. *procumbens* Hassl. = **Desmanthus hexapetalus** (Micheli) J.F. Macbr.
Ref.: Luckow, 1993.

Desmanthus micheli Hassl. var. *hexapetala* (Micheli) Hassl., nom. superfl. = **Desmanthus hexapetalus** (Micheli) J.F. Macbr.
Ref.: Luckow, 1993.

Desmanthus paspalaceus (Lindm.) Burkart
Sin.: *Desmanthus virgatus* (L.) Willd. var. *santaniensis* Chodat & Hassl.
Ref.: Burkart, 1946; Luckow, 1993.
Hábito: Hierba o subarbusto.
Status: Nativa.
Elevación: 0-500 m.
Prov.: CH, COR, ER, FO, JU, MI, SA, SE, SF, TU.
Paises limítrofes: BO, BR, PA, UR.
Ejemplar examinado: *Burkart 19370* (SI, US).

Desmanthus pratorum Macfad. = **Desmanthus virgatus** (L.) Willd.
Ref.: Luckow, 1993.

Desmanthus tatahyensis auct. non Hoehne = **Desmanthus virgatus** (L.) Willd.
Ref.: Luckow, 1993.

Desmanthus tatuhyensis Hoehne var. **brevipes** (B.L. Turner) Luckow
Sin.: *Desmanthus brevipes* B.L. Turner, *Desmanthus chacoensis* Burkart
Ref.: Luckow, 1993.
Hábito: Hierba o subarbusto.
Status: Nativa.
Elevación: 0-1500 m.
Prov.: CH, CO, COR, FO, JU, SE, SF, TU.
Ejemplar examinado: *Cordini 97* (SI).

Desmanthus tatuhyensis Hoehne var. **tatuhyensis**
Sin.: *Desmanthus virgatus* (L.) Willd. f. *roseiflora* Chodat & Hassl.
Ref.: Luckow, 1993.
Hábito: Hierba o subarbusto.
Status: Nativa.
Elevación: 0-500 m.
Prov.: COR, MI.
Paises limítrofes: BR, PA, UR.
Ejemplar examinado: *Burkart 19664* (SI, US).

Desmanthus tenellus DC. = **Desmanthus virgatus** (L.) Willd.
Ref.: Luckow, 1993.

Desmanthus virgatus (L.) Willd.
Sin.: *Desmanthus depressus* auct. non Humb. & Bonpl. ex Willd., *Desmanthus depressus* Humb. & Bonpl. ex Willd., *Desmanthus pratorum* Macfad., *Desmanthus tatahyensis* auct. non Hoehne, *Desmanthus tenellus* DC., *Desmanthus virgatus* (L.) Willd. var. *depressus* (Humb. & Bonpl. ex Willd.) B.L. Turner
Ref.: Luckow, 1993.
Hábito: Hierba o subarbusto.
Status: Nativa.
Elevación: 0-1000 m.
Prov.: BA, CH, COR, ER, FO, JU, LP, SA, SE.
Paises limítrofes: BO, BR, CH, PA, UR.
Ejemplar examinado: *Fortunato et al. 3166* (BAB, MO).

Desmanthus virgatus (L.) Willd. f. *roseiflora* Chodat & Hassl. = **Desmanthus tatuhyensis** Hoehne var. **tatuhyensis**
Ref.: Luckow, 1993.

Desmanthus virgatus (L.) Willd. var. *acuminatus* (Benth.) Isely = **Desmanthus acuminatus** Benth.
Ref.: Luckow, 1993.

Desmanthus virgatus (L.) Willd. var. *depressus* (Humb. & Bonpl. ex Willd.) B.L. Turner = **Desmanthus virgatus** (L.) Willd.
Ref.: Luckow, 1993.

Desmanthus virgatus (L.) Willd. var. *santaniensis* Chodat & Hassl. = **Desmanthus paspalaceus** (Lindm.) Burkart
Ref.: Luckow, 1993.

Desmodium Desv. Papilionoideae, Desmodieae.

Número de especies: 18, 2 especies endémicas.

Desmodium affine Schltdl.
Sin.: *Desmodium albiflorum* Salzm.
Ref.: Burkart, 1939b, 1987a.
Hábito: Hierba.
Status: Nativa.
Elevación: 0-500 m.
Prov.: BA, CA, COR, ER, FO, JU, MI, SA, TU.
Paises limítrofes: BO, BR, PA.
Ejemplar examinado: *Tressens et al. 579* (CTES, SI).

Desmodium albiflorum Salzm. = **Desmodium affine** Schltdl.
Ref.: Burkart, 1939b.

Desmodium barbatum (L.) Benth.
Sin.: *Hedysarum barbatum* L.
Ref.: Burkart, 1939b.
Hábito: Hierba.
Status: Nativa.
Elevación: 0-500 m.
Prov.: CH, COR, MI.
Paises limítrofes: BR, PA.
Ejemplar examinado: *Krapovickas et al. 12113* (CTES, SI).

Desmodium bridgesii (Schindl.) Burkart
Sin.: *Desmodium longiarticulatum* (Rusby) Burkart, *Meibomia bridgesii* Schindl.
Ref.: Burkart, 1939b; Vanni, inéd.b.
Hábito: Arbusto.
Status: Endémica.
Elevación: 500-1000 m.
Prov.: JU, SA.
Paises limítrofes: BO.
Ejemplar examinado: *Krapovickas et al. 26674* (CTES, LP, SI).

Desmodium canum (J.F. Gmel.) Schinz & Thell. = **Desmodium incanum** DC.
Ref.: Nicolson, 1978.

Desmodium cuneatum Hook. & Arn.
Sin.: *Meibomia cuneata* (Hook. & Arn.) Hoehne
Ref.: Burkart, 1939b, 1987a.
Hábito: Subarbusto.
Status: Nativa.
Elevación: 0-500 m.
Prov.: CH, CO, COR, ER, FO, JU, MI, SE.
Paises limítrofes: BR, PA.
Ejemplar examinado: *Quarín 2272* (CTES, SI).

Desmodium glabrum (Mill.) DC.
Sin.: *Hedysarum glabrum* Mill.
Ref.: Burkart, 1957d.
Hábito: Subarbusto.
Status: Nativa.
Elevación: 0-1000 m.
Prov.: JU, SA.
Paises limítrofes: BO, PA.
Ejemplar examinado: *Cabrera 32752* (CTES, SI).

Desmodium hassleri (Schindl.) Burkart
Sin.: *Meibomia hassleri* Schindl.
Ref.: Burkart, 1939b.
Hábito: Subarbusto.
Status: Nativa.
Elevación: 0-500 m.
Prov.: COR, MI.
Paises limítrofes: BR, PA.
Ejemplar examinado: *Krapovickas et al 41231* (CTES).

Desmodium hickenianum Burkart
Sin.: *Desmodium hickenianum* Burkart var. *major* Burkart
Ref.: Burkart, 1939b.
Hábito: Hierba.
Status: Nativa.
Elevación: 0-500 m.
Prov.: CH, COR, MI, SF, TU.
Paises limítrofes: BR, PA, UR.
Ejemplar examinado: *Vanni 122* (CTES).

Desmodium hickenianum Burkart var. *major* Burkart = **Desmodium hickenianum** Burkart

Desmodium humile (Schindl.) Burkart = **Desmodium neomexicanum** A. Gray
Ref.: Schubert, 1940.

Desmodium incanum DC.
Sin.: *Desmodium canum* (J.F. Gmel.) Schinz & Thell., *Desmodium supinum* (Sw.) DC., *Hedysarum canescens* Mill.
Ref.: Nicolson, 1978; Schubert, 1980; Burkart, 1987a.
Hábito: Hierba.
Status: Nativa.
Elevación: 0-1000 m.
Prov.: CA, CH, COR, ER, FO, JU, MI, SA, SF, TU.
Paises limítrofes: BR, PA.
Ejemplar examinado: *Krapovickas et al. 18133* (CTES, SI).

Desmodium intermedium Burkart
Ref.: Burkart, 1939b.
Hábito: Subarbusto.
Status: Endémica.
Elevación: 0-500 m.
Prov.: CH, FO.
Ejemplar examinado: *Joergensen 2685* (SI).

Desmodium leiocarpum (Spreng.) G. Don
Sin.: *Hedysarum leiocarpum* Spreng.
Ref.: Burkart, 1939b.
Hábito: Subarbusto.
Status: Nativa.
Elevación: 0-500 m.
Prov.: MI.
Paises limítrofes: BO, BR, PA.
Ejemplar examinado: *Schinini et al. 21922* (CTES).

Desmodium lilloanum (Schindl.) Burkart = **Desmodium neo-mexicanum** A. Gray
Ref.: Schubert, 1940.

Desmodium longiarticulatum (Rusby) Burkart = **Desmodium bridgesii** (Schindl.) Burkart
Ref.: Vanni, inéd.b.

Desmodium neo-mexicanum A. Gray
Sin.: *Desmodium humile* (Schindl.) Burkart, *Desmodium lilloanum* (Schindl.) Burkart, *Meibomia neo-mexicana* (A. Gray) Kuntze
Ref.: Schubert, 1940; Burkart, 1952a; Ulibarri, 1994.
Hábito: Subarbusto.
Status: Nativa.
Elevación: 0-1000 m.
Prov.: CA, JU, SA, SE, TU.
Paises limítrofes: BO.
Ejemplar examinado: *Krapovickas et al. 30374* (CTES, SI).

[Desmodium pabulare (Hoehne) Malme]
Nota: Especie excluida de la flora argentina.

Desmodium pachyrhizum Vogel
Ref.: Burkart, 1939b.
Hábito: Hierba.
Status: Nativa.
Elevación: 0-500 m.
Prov.: CH, COR, FO, MI, SF, TU.
Paises limítrofes: BR, PA.
Ejemplar examinado: *Krapovickas et al. 14809* (CTES, SI).

Desmodium polygaloides Chodat & Hassl.
Ref.: Burkart, 1939b.
Hábito: Hierba.
Status: Nativa.
Elevación: 0-500 m.
Prov.: CH, ER, FO, MI.
Paises limítrofes: BR, PA.
Ejemplar examinado: *Burkart 14771* (CTES, SI).

Desmodium purpureum (Mill.) Fawc. & Rendle = **Desmodium tortuosum** (Sw.) DC.
Ref.: Burkart, 1952a.

Desmodium riedelii (Schindl.) Burkart
Sin.: *Meibomia riedelii* Schindl.
Ref.: Burkart, 1939b.
Hábito: Hierba.
Status: Nativa.
Elevación: 0-500 m.
Prov.: COR.
Paises limítrofes: BR.
Ejemplar examinado: *Vanni 457* (CTES).

Desmodium subsericeum Malme
Ref.: Burkart, 1939b.
Hábito: Hierba.
Status: Nativa.
Elevación: 0-1000 m.
Prov.: JU, SA, TU.
Paises limítrofes: BO, BR, CH, PA.
Ejemplar examinado: *Schinini y Vanni 22276* (CTES).

Desmodium supinum (Sw.) DC. = **Desmodium incanum** DC.
Ref.: Nicolson, 1978.

Desmodium tortuosum (Sw.) DC.
Sin.: *Desmodium purpureum* (Mill.) Fawc. & Rendle, *Hedysarum tortuosum* Sw.
Ref.: Burkart, 1952a.
Hábito: Subarbusto.
Status: Introducida.
Elevación: 0-1000 m.
Prov.: COR, JU, MI, SA, TU.
Paises limítrofes: BO, BR, PA.
Ejemplar examinado: *Cristóbal 1175* (CTES).

Desmodium uncinatum (Jacq.) DC.
Sin.: *Desmodium uncinatum* (Jacq.) DC. var. *gracilis* Burkart, *Hedysarum uncinatum* Jacq.
Ref.: Burkart, 1939b, 1987a.
Hábito: Hierba.
Status: Nativa.
Elevación: 0-1000 m.
Prov.: BA, CH, CO, COR, ER, JU, MI, SA, SF, TU.
Paises limítrofes: BO, BR, PA.
Ejemplar examinado: *Vanni 125* (CTES).

Desmodium uncinatum (Jacq.) DC. var. *gracilis* Burkart = **Desmodium uncinatum** (Jacq.) DC.

Desmodium venosum Vogel
Ref.: Burkart, 1939b.
Hábito: Hierba.
Status: Nativa.
Elevación: 0-500 m.
Prov.: CH, FO, MI.
Paises limítrofes: BR.
Ejemplar examinado: *Schulz 1176* (CTES).

Diallobus falcatus Raf., nom. illeg. = **Senna obtusifolia** (L.) H.S. Irwin & Barneby
Ref.: Irwin & Barneby, 1982.

Diallobus uniflorus Raf. = **Senna obtusifolia** (L.) H.S. Irwin & Barneby
Ref.: Irwin & Barneby, 1982.

Dioclea Kunth. Papilionoideae, Phaseoleae.
Número de especies: 3

Dioclea burkartii R.H. Maxwell
Ref.: Burkart, 1970.
Hábito: Liana.
Status: Nativa.
Elevación: 0-500 m.
Prov.: CH, COR, SF.
Paises limítrofes: BR, PA.
Ejemplar examinado: *Covas y Ragonese s.n.* (holotipo, SI; isotipo, BAB).

Dioclea glycinoides auct. non Pasq. = **Camptosema rubicundum** Hook. & Arn.
Ref.: Burkart, 1970.

Dioclea jacquiniana auct. non DC. = **Camptosema rubicundum** Hook. & Arn.
Ref.: Burkart, 1970.

Dioclea lasiocarpa Mart. ex Benth. = **Dioclea virgata** (Rich.) Amshoff
Ref.: Burkart, 1970.

Dioclea lasiophylla auct. non Mart. ex Benth. = **Camptosema praeandinum** Burkart
Ref.: Burkart, 1970.

Dioclea megacarpa auct. non Rolfe = **Dioclea paraguariensis** Hassl.
Ref.: Burkart, 1970.

Dioclea paraguariensis Hassl.
Sin.: *Dioclea megacarpa* auct. non Rolfe
Ref.: Burkart, 1970.
Hábito: Liana.
Status: Nativa.
Elevación: 0-500 m.
Prov.: CH, COR, MI.
Paises limítrofes: BR, PA.
Ejemplar examinado: *Schulz 18067* (BAB).

Dioclea virgata (Rich.) Amshoff
Sin.: *Dioclea lasiocarpa* Mart. ex Benth., *Dolichos virgatus* Rich., *Mucuna virgata* (Rich.) Desv.
Ref.: Burkart, 1970.
Hábito: Liana.
Status: Nativa.
Elevación: 0-500 m.
Prov.: MI.
Paises limítrofes: BR.
Ejemplar examinado: *Rodríguez 203* (BAB, SI).

Discolobium Benth. Papilionoideae, Aeschinomeneae.

Número de especies: 4

Discolobium junceum Micheli = **Discolobium leptophyllum** Benth.
Ref.: Burkart, 1939b.

Discolobium leptophyllum Benth.
Sin.: *Discolobium junceum* Micheli
Ref.: Burkart, 1939b.
Hábito: Subarbusto.
Status: Nativa.
Elevación: 0-500 m.
Prov.: COR, FO.
Paises limítrofes: BR, PA.
Ejemplar examinado: *Vanni et al. 106* (CTE).

Discolobium pauciyugum Harms
Ref.: Burkart, 1939b.
Hábito: Arbusto.
Status: Nativa.
Elevación: 0-500 m.
Prov.: FO.
Paises limítrofes: BR, PA.
Ejemplar examinado: *Joergensen 3110* (SI).

Discolobium psoraleaefolium Benth.
Ref.: Burkart, 1939b.
Hábito: Subarbusto.
Status: Nativa.
Elevación: 0-500 m.
Prov.: COR, ER.
Paises limítrofes: BR, UR.
Ejemplar examinado: *Krapovickas et al. 34249* (CTES).

Discolobium pulchellum Benth.
Ref.: Burkart, 1939b.
Hábito: Arbusto.
Status: Nativa.
Elevación: 0-500 m.
Prov.: FO.
Paises limítrofes: BR, PA.
Ejemplar examinado: *Fortunato 4019* (CTES).

[Discolobium pulchellum var. viscosissimum Hassl.]
Nota: Cita dudosa para la flora argentina.

Dolicholus angustifolius (A. Gray) Kuntze = **Rhynchosia senna** Gillies ex Hook. var. **texana**
Ref.: Fortunato, 1983.

Dolicholus apoloensis Rusby = **Rhynchosia edulis** Griseb.
Ref.: Fortunato, 1983.

Dolicholus balansae (Micheli) Kuntze = **Rhynchosia balansae** Micheli var. **balansae**
Ref.: Fortunato, 1983.

Dolicholus hauthalii (Harms) Kuntze = **Rhynchosia hauthalii** Harms ex Kuntze
Ref.: Fortunato, 1983.

Dolicholus melanostictus (Griseb.) Kuntze = **Rhynchosia edulis** Griseb.
Ref.: Fortunato, 1983.

Dolicholus minimus L. = **Rhynchosia minima** (L.) DC.
Ref.: Fortunato, 1983.

Dolichopsis Hassl. Papilionoideae, Phaseoleae.

Número de especies: 1

Dolichopsis paraguariensis Hassl.
Sin.: *Vigna paraguariensis* Benth.
Ref.: Hassler, 1907.
Hábito: Hierba o enredadera.
Status: Nativa.
Elevación: 0-500 m.
Prov.: CH, COR, ER, FO, SA, SF.
Paises limítrofes: BR, PA.
Ejemplar examinado: *Troncoso y Bacigalupo 3096* (SI).

Dolichos ahipa Wedd. = **Pachyrhizus ahipa** (Wedd.) Parodi

Dolichos gangeticus Roxb. = **Vigna luteola** (Jacq.) Benth.
Ref.: Verdcourt, 1970.

Dolichos luteolus Jacq. = **Vigna luteola** (Jacq.) Benth.
Ref.: Verdcourt, 1970.

Dolichos niloticus Delile = **Vigna luteola** (Jacq.) Benth.
Ref.: Verdcourt, 1970.

Dolichos repens L. = **Vigna luteola** (Jacq.) Benth.
Ref.: Verdcourt, 1970.

Dolichos urens Jacq., hom. illeg. = **Mucuna sloanei** Fawc. & Rendle
Ref.: Burkart, 1970.

Dolichos virgatus Rich. = **Dioclea virgata** (Rich.) Amshoff
Ref.: Burkart, 1970.

Drepanocarpus polyphyllus Benth. = **Machaerium aculeatum** Raddi
Ref.: Bernardi, 1984.

Emelista pilifera (Vog.-Zuber) Pittier, comb. illeg. = **Senna pilifera** (Vog.-Zuber) H.S. Irwin & Barneby
Ref.: Irwin & Barneby, 1982.

Emelista tora (L.) Britton & Rose = **Senna obtusifolia** (L.) H.S. Irwin & Barneby
Ref.: Irwin & Barneby, 1982.

Emerus puniceus (Cav.) Kuntze = **Sesbania punicea** (Cav.) Benth.
Ref.: Burkart, 1987a; Gómez-Sosa, inéd.

Enterolobium Mart. Mimosoideae, Ingeae.

Número de especies: 1

Enterolobium contortisiliquum (Vell.) Morong
Sin.: *Acacia melalobiata* Rojas Acosta, *Calliandra pacara* Griseb., *Enterolobium glaucescens* Mart., *Feuilleea pacara* (Griseb.) Kuntze, *Mimosa contortisiliqua* Vell.
Ref.: Mesquita, 1990; Barneby & Grimes, 1996.
Hábito: Árbol.
Status: Nativa.
Elevación: 0-1000 m.
Prov.: CH, COR, ER, FO, JU, MI, SA, SF, TU.
Paises limítrofes: BO, BR, PA, UR.
Ejemplar examinado: *Cabrera et al. 31026* (SI).

Enterolobium glaucescens Mart. = **Enterolobium contortisiliquum** (Vell.) Morong

Enterolobium polycephalum Griseb. = **Albizia inundata** (Mart.) Barneby & J.W. Grimes

Eriosema (DC.) Rchb. Papilionoideae, Phaseoleae.

Número de especies: 4

Eriosema edule (Griseb.) Burkart = **Rhynchosia edulis** Griseb.
Ref.: Fortunato, 1983.

Eriosema glabrum Mart. ex Benth.
Ref.: Grear, 1970.
Hábito: Hierba.
Status: Nativa.
Elevación: 0-500 m.
Prov.: MI.
Paises limítrofes: BR.
Ejemplar examinado: *Llamas 413* (G).

Eriosema lanceolatum Benth. = **Eriosema simplicifolium** (Kunth) G. Don

Eriosema longifolium Benth. f. *latifolia* Chodat & Hassl. = **Eriosema tacuaremboense** Arechav.

Eriosema longifolium Benth. var. *pedunculatum* Chodat & Hassl. = **Eriosema tacuaremboense** Arechav.

Eriosema platycarpon Micheli
Ref.: Grear, 1970.
Hábito: Hierba.
Status: Nativa.
Elevación: 0-500 m.
Prov.: CH, MI.
Paises limítrofes: BR, PA.
Ejemplar examinado: *Pedersen 12958* (CTES).

Eriosema rotundifolium Micheli = **Rhynchosia hauthalii** Harms ex Kuntze
Ref.: Fortunato, 1983.

Eriosema simplicifolium (Kunth) G. Don
Sin.: *Eriosema lanceolatum* Benth., *Eriosema simplicifolium* (Kunth) G. Don var. *micranthum* Grear, *Glycine simplicifolia* Kunth, *Neurocarpum barbatum* Desv., *Rhynchosia simplicifolia* (Kunth) DC.
Ref.: Fortunato, 1993.
Hábito: Hierba o enredadera.
Status: Nativa.
Elevación: 0-500 m.
Prov.: CH.
Paises limítrofes: BR.
Ejemplar examinado: *Krapovickas y Schinini 32280* (CTES).

Eriosema simplicifolium (Kunth) G. Don var. *micranthum* Grear = **Eriosema simplicifolium** (Kunth) G. Don

Eriosema tacuaremboense Arechav.
Sin.: *Eriosema longifolium* Benth. f. *latifolia* Chodat & Hassl., *Eriosema longifolium* Benth. var. *pedunculatum* Chodat & Hassl.
Ref.: Grear, 1970.
Hábito: Hierba.
Status: Nativa.
Elevación: 0-500 m.
Prov.: CH, CO, MI.
Paises limítrofes: BR, PA, UR.
Ejemplar examinado: *Múlgura et al. 624* (BAB, SI).

Eriosema volubile Micheli = **Rhynchosia edulis** Griseb.
Ref.: Fortunato, 1983.

Erythrina L. Papilionoideae, Phaseoleae.
Número de especies: 3

Erythrina chacoensis Speg., nom. nud. = **Erythrina dominguenzii** Hassl.
Ref.: Krukoff & Barneby, 1974.

Erythrina crista-galli L.
Sin.: *Coladendron crista-galli* (L.) Kuntze, *Erythrina crista-galli* L. var. *leucochloa* Lombardo, *Erythrina fasciculata* Benth., *Erythrina laurifolia* Jacq., *Erythrina pulcherrima* Tod., *Erythrina speciosa* Tod., *Micropteryx crista-galli* (L.) Walp., *Micropteryx fasciculata* (Benth.) Walp., *Micropteryx laurifolia* (Jacq.) Walp.
Ref.: Krukoff & Barneby, 1974.
Hábito: Arbusto o árbol.
Status: Nativa.
Elevación: 0-500 m.
Prov.: BA, CH, COR, ER, JU, MI, SA, SE, SF, TU.
Paises limítrofes: BO, BR, PA, UR.
Ejemplar examinado: *Pérez Moreau et al. 4910* (BAB, MO).

Erythrina crista-galli L. var. *inermis* Speg., nom. nud. = **Erythrina falcata** Benth.
Ref.: Krukoff & Barneby, 1974.

Erythrina crista-galli L. var. *leucochloa* Lombardo = **Erythrina crista-galli** L.
Ref.: Krukoff & Barneby, 1974.

Erythrina dominguenzii Hassl.
Sin.: *Erythrina chacoensis* Speg., nom. nud.
Ref.: Krukoff & Barneby, 1974.
Hábito: Árbol.
Status: Nativa.
Elevación: 0-500 m.
Prov.: CH, COR, FO, JU, SA.
Paises limítrofes: BO, BR, PA.
Ejemplar examinado: *Fortunato et al. 2030* (BAB, SI).

Erythrina falcata Benth.
Sin.: *Corallodendron falcatum* (Benth.) Kuntze, *Erythrina crista-galli* L. var. *inermis* Speg., nom. nud., *Erythrina martii* Colla
Ref.: Krukoff & Barneby, 1974.
Hábito: Árbol.
Status: Nativa.
Elevación: 500-2000 m.
Prov.: JU, MI, SA, SF, TU.
Paises limítrofes: BO, BR, PA.
Ejemplar examinado: *Correa Luna y Valdés 1752* (BAB).

Erythrina fasciculata Benth. = **Erythrina crista-galli** L.
Ref.: Krukoff & Barneby, 1974.

Erythrina laurifolia Jacq. = **Erythrina crista-galli** L.

Erythrina martii Colla = **Erythrina falcata** Benth.
Ref.: Krukoff & Barneby, 1974.

Erythrina pulcherrima Tod. = **Erythrina crista-galli** L.
Ref.: Krukoff & Barneby, 1974.

Erythrina speciosa Tod. = **Erythrina crista-galli** L.
Ref.: Krukoff & Barneby, 1974.

Ferreirea spectabilis Allemão = **Sweetia fruticosa** Spreng.
Ref.: Yakovlev, 1969.

Feuilleea bicolor (Benth.) Kuntze = **Calliandra parvifolia** (Hook. f. & Arn.) Speg.
Ref.: Hoc, 1992a.

Feuilleea brevipes (Benth.) Kuntze = **Calliandra selloi** (Spreng.) J.F. Macbr.
Ref.: Hoc, 1992a.

Feuilleea cataractae (Kunth) Kuntze = **Zygia cataractae** (Kunth) L. Rico
Ref.: Barneby & Grimes, 1997.

Feuilleea cauliflora (Willd.) Kuntze = **Zygia cauliflora** (Willd.) Killip ex Record

Feuilleea divaricata (Benth.) Kuntze = **Zygia cataractae** (Kunth) L. Rico
Ref.: Barneby & Grimes, 1997.

Feuilleea foliolosa (Benth.) Kuntze = **Calliandra foliolosa** Benth.
Ref.: Hoc, 1992a.

Feuilleea formosa (Kunth) Kuntze = **Zapoteca formosa** (Kunth) H.M. Hern.
Ref.: Hernández, 1989.

Feuilleea longipes (Benth.) Kuntze = **Calliandra longipes** Benth.
Ref.: Hoc, 1992a.

Feuilleea marginata (Willd.) Kuntze = **Inga semialata** (Vell.) Mart.

Feuilleea niopiodes (Spruce ex Benth.) Kuntze = **Albizia niopoides** (Spruce ex Benth.) Burkart
Ref.: Barneby & Grimes, 1996.

Feuilleea pacara (Griseb.) Kuntze = **Enterolobium contortisiliquum** (Vell.) Morong

Feuilleea pithecolobioides (Harms ex Kuntze) Kuntze = **Zygia pithecolobioides** (Harms ex Kuntze) Barneby & J.W. Grimes
Ref.: Barneby & Grimes, 1997.

Feuilleea polycephala (Griseb.) Kuntze = **Albizia inundata** (Mart.) Barneby & J.W. Grimes

Feuilleea portoricensis (Jacq.) Kuntze = **Zapoteca portoricensis** (Jacq.) H.M. Hern.
Ref.: Hernández, 1989.

Feuilleea scalaris (Griseb.) Kuntze = **Chloroleucon tenuiflorum** (Benth.) Barneby & J.W. Grimes

Feuilleea tweedii (Benth.) Kuntze = **Calliandra tweedii** Benth.
Ref.: Hoc, 1992a.

Feuilleea virescens (Benth.) Kuntze = **Inga virescens** Benth.

Galactia P. Browne. Papilionoideae, Phaseoleae.

Número de especies: 14, 1 especie y 4 variedades endémicas.

Galactia benthamiana Micheli
Sin.: *Galactia decumbens* (Benth.) Hassl. var. *benthamiana* (Micheli) Hassl. , *Galactia immarginata* Dusén
Ref.: Burkart, 1971.
Hábito: Hierba o subarbusto.
Status: Nativa.
Elevación: 0-500 m.
Prov.: CH, CO, COR, ER, FO, MI, SE, SF.
Paises limítrofes: BR, PA, UR.
Ejemplar examinado: *Schula 12619* (BAB).

Galactia boavista (Vell.) Burkart
Sin.: *Collaea macrophylla* Benth., *Cytisus boavista* Vell., *Galactia macrophylla* (Benth.) Taub., *Galactia macrophylla* (Benth.) Taub. var. *ovalifolia* Hassl.
Ref.: Burkart, 1971.
Hábito: Hierba o subarbusto.
Status: Nativa.
Elevación: 0-500 m.
Prov.: COR, MI.
Paises limítrofes: BR, PA.
Ejemplar examinado: *Correa et al. 5507* (BAA, BAB, SI).

Galactia colombiana Killip ex L.A. Bermúdez García, nom. nud. = **Galactia latisiliqua** Desv. var. **latisiliqua**
Ref.: Burkart, 1971.

Galactia decumbens (Benth.) Hassl. var. *benthamiana* (Micheli) Hassl. = **Galactia benthamiana** Micheli
Ref.: Burkart, 1971.

Galactia dubia DC.
Sin.: *Galactia montana* Britton
Ref.: Burkart, 1971.
Hábito: Hierba o subarbusto.
Status: Nativa.
Elevación: 2000-2500 m.
Prov.: JU, SA.
Paises limítrofes: BO, BR.
Ejemplar examinado: *Kiesling et al. 5714* (BAB, SI).

Galactia fiebrigiana Burkart var. **corrrentina** Burkart
Ref.: Burkart, 1971.
Hábito: Hierba o subarbusto.
Status: Endémica.
Elevación: 0-500 m.
Prov.: COR, ER.
Ejemplar examinado: *Pedersen 173* (holotipo, SI; isotipos, C, US).

Galactia fiebrigiana Burkart var. **fiebrigiana**
Ref.: Burkart, 1971.
Hábito: Hierba o subarbusto.
Status: Nativa.
Elevación: 2000-3000 m.
Prov.: SA, TU.
Paises limítrofes: BO.
Ejemplar examinado: *Lillo 8840* (holotipo, LIL).

Galactia fiebrigiana Burkart var. **sericophylla** Burkart
Ref.: Burkart, 1971.
Hábito: Hierba o subarbusto.
Status: Nativa.
Elevación: 1500-2500 m.
Prov.: SA.
Paises limítrofes: BO.
Ejemplar examinado: *Schreiter 9226* (holotipo, SI).

Galactia filiformis (Jacq.) Wall. = **Galactia striata** (Jacq.) Urb. var. **striata**
Ref.: Burkart, 1971.

Galactia flaviflora (Griseb.) Micheli = **Galactia latisiliqua** Desv. var. **latisiliqua**
Ref.: Burkart, 1971.

Galactia formosa (Griseb.) Stuck. = **Collaea argentina** Griseb.
Ref.: Burkart, 1971.

Galactia glaucophylla Harms
Sin.: *Rhynchosia sericea* Gillies ex Hook. & Arn., hom. illeg.
Ref.: Burkart, 1971.
Hábito: Hierba o subarbusto.
Status: Endémica.
Elevación: 0-1000 m.
Prov.: CO, SE, SL.
Ejemplar examinado: *Piccinini 3920* (BAB).

Galactia gracillima Benth.
Sin.: *Galactia linearifolia* Hoehne
Ref.: Burkart, 1971.
Hábito: Hierba o subarbusto.
Status: Nativa.
Elevación: 0-500 m.
Prov.: ER, MI.
Paises limítrofes: BR, PA, UR.
Ejemplar examinado: *Martínez Crovetto 8113* (BAB).

Galactia hassleriana Chodat = **Collaea stenophylla** (Hook. & Arn.) Benth.
Ref.: Burkart, 1987a.

Galactia heterophylla (Hook. f. & Arn.) Vail, hom. illeg. = **Galactia marginalis** Benth.
Ref.: Burkart, 1971.

Galactia immarginata Dusén = **Galactia benthamiana** Micheli
Ref.: Burkart, 1971.

Galactia jussiana Kunth var. *velutina* (Kunth) Griseb. = **Galactia latisiliqua** Desv. var. **latisiliqua**
Ref.: Burkart, 1971.

Galactia latisiliqua Desv. var. **chacoensis** Burkart
Ref.: Burkart, 1971.
Hábito: Hierba o subarbusto.
Status: Nativa.
Elevación: 0-500 m.
Prov.: CA, CH, CO, FO, JU, SA, TU.
Paises limítrofes: PA.
Ejemplar examinado: *Burkart 13116* (SI).

Galactia latisiliqua Desv. var. **latisiliqua**
Sin.: *Galactia colombiana* Killip ex L.A. Bermúdez García, nom. nud., *Galactia flaviflora* (Griseb.) Micheli, *Galactia jussiana* Kunth var. *velutina* (Kunth) Griseb., *Galactia neesii* DC. var. *flaviflora* Griseb., *Galactia obovata* Malme, *Galactia tenuiflora* Wight & Arn. var. *flaviflora* (Micheli) Hassl., *Galactia velutina* Benth.
Ref.: Burkart, 1971.
Hábito: Hierba o subarbusto.
Status: Nativa.
Elevación: 0-500 m.
Prov.: CH, CO, COR, ER, FO, JU, SA, SE, SF, TU.
Paises limítrofes: BR, PA, UR.
Ejemplar examinado: *Fortunato et al. 4101* (BAB).

Galactia latisiliqua Desv. var. **orbicularis** Burkart
Ref.: Burkart, 1971.
Hábito: Hierba o subarbusto.
Status: Endémica.
Elevación: 0-500 m.
Prov.: CO.
Ejemplar examinado: *Burkart 13346* (SI).

Galactia linearifolia Hoehne = **Galactia gracillima** Benth.
Ref.: Burkart, 1971.

Galactia longifolia (Jacq.) Benth.
Sin.: *Galactia tenuiflora* (Willd.) Wight & Arn. f. *angustifoliolata* Benth., *Galega longifolia* Jacq., *Sweetia longifolia* (Jacq.) DC., *Tephrosia longifolia* (Jacq.) Pers.
Ref.: Burkart, 1971.
Hábito: Hierba o subarbusto.
Status: Nativa.
Elevación: 0-500 m.
Prov.: CH, ER, FO, SE, SF.
Paises limítrofes: PA.
Ejemplar examinado: *Fortunato et al. 2151* (BAB, MO).

Galactia lorentzii Griseb. = **Cologania ovalifolia** Kunth
Ref.: Burkart, 1952a.

Galactia macrophylla (Benth.) Taub. = **Galactia boavista** (Vell.) Burkart
Ref.: Burkart, 1971.

Galactia macrophylla (Benth.) Taub. var. *ovalifolia* Hassl. = **Galactia boavista** (Vell.) Burkart
Ref.: Burkart, 1971.

Galactia macropoda Cowan = **Galactia neesii** DC. var. **macropoda** (Cowan) Burkart
Ref.: Burkart, 1971.

Galactia marginalis Benth.
Sin.: *Cologania heterophylla* Gillies ex Hook. & Arn., *Galactia heterophylla* (Hook. f. & Arn.) Vail, hom. illeg.
Ref.: Burkart, 1971.
Hábito: Hierba o subarbusto.
Status: Nativa.
Elevación: 0-1000 m.
Prov.: BA, CA, CH, CO, COR, ER, FO, LP, ME, MI, SA, SE, SF, SL, TU.
Paises limítrofes: BR, PA, UR.
Ejemplar examinado: *Fortunato et al. 2249* (BAB).

Galactia marginalis Benth. var. *longepedunculata* Chodat & Hassl. = **Galactia pretiosa** Burkart

Galactia marginalis Benth. subsp. *longepedunculata* (Chodat & Hassl.) Hassl. = **Galactia pretiosa** Burkart
Ref.: Burkart, 1971.

Galactia martioides Burkart
Ref.: Burkart, 1971.
Hábito: Hierba o liana.
Status: Nativa.
Elevación: 0-500 m.
Prov.: MI.
Paises limítrofes: BR.
Ejemplar examinado: *van de Venne s.n.* (holotipo, SI).

Galactia montana Britton = **Galactia dubia** DC.
Ref.: Burkart, 1971.

Galactia neesii DC. var. **australis** Malme
Ref.: Burkart, 1971.
Hábito: Hierba o subarbusto.
Status: Nativa.
Elevación: 0-500 m.
Prov.: COR, MI.
Paises limítrofes: BR, UR.
Ejemplar examinado: *Krapovickas et al. 17121* (SI).

Galactia neesii DC. var. *flaviflora* Griseb. = **Galactia latisiliqua** Desv. var. **latisiliqua**
Ref.: Burkart, 1971.

Galactia neesii DC. var. **macropoda** (Cowan) Burkart
Sin.: *Galactia macropoda* Cowan
Ref.: Burkart, 1971.
Hábito: Hierba o subarbusto.
Status: Nativa.
Elevación: 0-500 m.
Prov.: MI.
Paises limítrofes: BR.
Ejemplar examinado: *Pierotti 6591* (LIL).

Galactia obovata Malme = **Galactia latisiliqua** Desv. var. **latisiliqua**
Ref.: Burkart, 1971.

Galactia paraguariensis Chodat & Hassl. = **Camptosema paraguariense** (Chodat & Hassl.) Hassl. var. **paraguariense**
Ref.: Burkart, 1970.

Galactia pretiosa Burkart
Sin.: *Galactia marginalis* Benth. var. *longepedunculata* Chodat & Hassl., *Galactia marginalis* Benth. subsp. *longepedunculata* (Chodat & Hassl.) Hassl.
Ref.: Burkart, 1971.
Hábito: Hierba o subarbusto.
Status: Nativa.
Elevación: 0-500 m.
Prov.: MI.
Paises limítrofes: BR, PA.
Ejemplar examinado: *Burkart 15241* (holotipo, SI).

Galactia scarlatina (Mart. ex Benth.) Taub. = **Camptosema scarlatium** (Mart. ex Benth.) Burkart var. **scarlatium**

Galactia scarlatina (Mart. ex Benth.) Taub. var. *brevibracteolata* Hassl. = **Camptosema scarlatium** (Mart. ex Benth.) Burkart var. **scarlatium**

Galactia speciosa (DC.) Britton f. *paraguariensis* Hassl. = **Collaea paraguariensis** (Hassl.) R. García

Galactia stenophylla Hook. & Arn. = **Collaea stenophylla** (Hook. & Arn.) Benth.
Ref.: Burkart, 1987a.

Galactia stenophylla Hook. & Arn. var. *hassleriana* (Chodat) Hassl. = **Collaea stenophylla** (Hook. & Arn.) Benth.
Ref.: Burkart, 1987a.

Galactia stenophylla Hook. & Arn. var. *virgata* (Benth.) Hassl. = **Collaea stenophylla** (Hook. & Arn.) Benth.
Ref.: Burkart, 1987a.

Galactia striata (Jacq.) Urb. var. **crassirachis** Burkart
Ref.: Burkart, 1971.
Hábito: Liana.
Status: Endémica.
Elevación: 0-1000 m.
Prov.: TU.
Ejemplar examinado: *Tressens 68* (holotipo, SI; isotipo, CTES).

Galactia striata (Jacq.) Urb. var. **striata**
Sin.: *Galactia filiformis* (Jacq.) Wall., *Galactia striata* (Jacq.) Urb. var. *tomentosa* (Bertol.) Urb., *Galactia tenuiflora* Wight & Arn., p.p., *Glycine striata* Jacq., *Odonia tomentosa* Bertol., *Teramnus tenuiflorus* (Klein ex Willd.) Spreng.
Ref.: Burkart, 1971.
Hábito: Liana.
Status: Nativa.
Elevación: 0-500 m.
Prov.: COR, ER, MI, SA, TU.
Paises limítrofes: BO, BR, PA.
Ejemplar examinado: *Fortunato et al. 2611* (BAB, G, MO, SI).

Galactia striata (Jacq.) Urb. var. **tenuiflora** (Klein ex Willd.) Burkart
Sin.: *Galactia tenuiflora* (Klein ex Willd.) Wight & Arn., *Glycine tenuiflora* Klein ex Willd.
Ref.: Burkart, 1971.
Hábito: Hierba o liana.
Status: Nativa.
Elevación: 0-500 m.
Prov.: CH, ER, JU, SA.
Paises limítrofes: BR, PA.
Ejemplar examinado: *Fortunato et al. 1502* (BAB).

Galactia striata (Jacq.) Urb. var. *tomentosa* (Bertol.) Urb. = **Galactia striata** (Jacq.) Urb. var. **striata**
Ref.: Burkart, 1971.

Galactia tenuiflora (Klein ex Willd.) Wight & Arn. = **Galactia striata** (Jacq.) Urb. var. **tenuiflora** (Klein ex Willd.) Burkart
Ref.: Burkart, 1971.

Galactia tenuiflora (Willd.) Wight & Arn. f. *angustifoliolata* Benth. = **Galactia longifolia** (Jacq.) Benth.
Ref.: Burkart, 1971.

Galactia tenuiflora Wight & Arn. var. *flaviflora* (Micheli) Hassl. = **Galactia latisiliqua** Desv. var. **latisiliqua**
Ref.: Burkart, 1971.

Galactia tenuiflora Wight & Arn., p.p. = **Galactia striata** (Jacq.) Urb. var. **striata**
Ref.: Burkart, 1971.

Galactia texana (Scheele) A. Gray var. **degasperii** Burkart
Ref.: Burkart, 1971.
Hábito: Hierba o subarbusto.
Status: Endémica.
Elevación: 0-500 m.
Prov.: CH, FO.
Ejemplar examinado: *Burkart 20288* (holotipo, SI).

Galactia texana (Scheele) A. Gray var. **texana**
Sin.: *Lablab texanus* Scheele
Ref.: Burkart, 1971.
Hábito: Hierba o subarbusto.
Status: Nativa.
Elevación: 0-1000 m.
Prov.: CA, CO, LR, SA, SE, SF, SL, TU.
Ejemplar examinado: *Piccinini y Petetin 3057* (BAB).

Galactia velutina Benth. = **Galactia latisiliqua** Desv. var. **latisiliqua**
Ref.: Burkart, 1971.

Galega L. Papilionoideae, Galegeae.

Número de especies: 1

Galega cinerea L. = **Tephrosia cinerea** (L.) Pers.
Ref.: Burkart, 1952a; Gómez-Sosa, inéd.

Galega longifolia Jacq. = **Galactia longifolia** (Jacq.) Benth.
Ref.: Burkart, 1971.

Galega officinalis L.
Ref.: Burkart, 1952a, 1987a.
Hábito: Hierba.
Status: Nativa.
Elevación: 0-500 m.
Prov.: BA, CO, ER, ME, RN.
Paises limítrofes: CH.
Ejemplar examinado: *Roig 8305* (MERL, SI).

Garugandra amorphoides Griseb. = **Gleditsia amorphoides** (Griseb.) Taub. var. **amorphoides**
Ref.: Robertson & Lee, 1976.

Genista L. Papilionoideae, Genisteae.
Número de especies: 1

Genista desiderata DC. = **Anarthrophyllum desideratum** (DC.) Benth. var. **desideratum**
Ref.: Sorarú, 1974b, 1984a.

Genista elegans Gillies ex Hook. & Arn. = **Anarthrophyllum elegans** (Gillies ex Hook. & Arn.) F. Phil.

Genista gayana A. Gray = **Anarthrophyllum gayanum** (A. Gray) B.D. Jacks.
Ref.: Gómez-Sosa, 1994.

Genista monspessulana (L.) L.A.S. Johnson
Sin.: *Cytisus candicans* (L.) Lam. & DC., *Cytisus monspessulanus* L., *Teline monspessulana* (L.) Koch
Ref.: Burkart, 1967a; Bisby et al. 1994.
Hábito: Arbusto.
Status: Adventicia.
Elevación: 0-500 m.
Prov.: BA.
Paises limítrofes: CH.
Ejemplar examinado: *Fabris 366* (LP, SI).

Genista rigida Gillies ex Hook. & Arn. = **Anarthrophyllum rigidum** (Gillies ex Hook. & Arn.) Hieron.
Ref.: Sorarú, 1974b.

Genista umbellata Clos = **Anarthrophyllum gayanum** (A. Gray) B.D. Jacks.
Ref.: Gómez-Sosa, 1994.

Geoffroea Jacq. Papilionoideae, Dalbergiaeae.
Número de especies: 2, 1 variedad endémica.

Geoffroea bredemeyeri Kunth = **Geoffroea striata** (Willd.) Morong
Ref.: Burkart, 1949b, 1952a.

Geoffroea decorticans (Gillies ex Hook. & Arn.) Burkart var. **decorticans**
Sin.: *Gourliea chilensis* Clos, *Gourliea decorticans* Gillies ex Hook. & Arn., *Gourliea spinosa* (Molina) Skeels, *Lucuma spinosa* Molina
Ref.: Burkart, 1949b, 1952a.
Hábito: Árbol.
Status: Nativa.
Elevación: 0-3000 m.
Prov.: BA, CA, CH, CO, COR, ER, FO, JU, LP, LR, ME, RN, SA, SE, SF, SJ, SL, TU.
Paises limítrofes: BO, CH, PA, UR.
Ejemplar examinado: *Venturi 477* (BA, SI).

Geoffroea decorticans (Gillies ex Hook. & Arn.) Burkart var. **subtropicalis** (Lillo) Burkart
Ref.: Burkart, 1949b, 1952a.
Hábito: Árbol.
Status: Endémica.
Prov.: SA.
Ejemplar examinado: *Hauman s.n.* (BA).

Geoffroea striata (Willd.) J.F. Macbr., comb. superfl. = **Geoffroea striata** (Willd.) Morong
Ref.: Burkart, 1949, 1952.

Geoffroea striata (Willd.) Morong
Sin.: *Geoffroea bredemeyeri* Kunth, *Geoffroea striata* (Willd.) J.F. Macbr., comb. superfl., *Geoffroea superba* Humb. & Bonpl., *Robinia striata* Willd.
Ref.: Burkart, 1949b, 1952a.
Hábito: Árbol.
Status: Nativa.
Elevación: 0-500 m.
Prov.: CH, FO, SF.
Paises limítrofes: PA.
Ejemplar examinado: *Meyer s.n.* (SI 7393).

Geoffroea superba Humb. & Bonpl. = **Geoffroea striata** (Willd.) Morong
Ref.: Burkart, 1949b, 1952a.

Gleditsia L. Caesalpinoideae, Caesalpinieae.
Número de especies: 2

Gleditsia amorphoides (Griseb.) Taub. var. **amorphoides**
Sin.: *Garugandra amorphoides* Griseb.
Ref.: Grisebach, 1879; Robertson & Lee, 1976; Ulibarri, 1997a.
Hábito: Árbol.
Status: Nativa.
Elevación: 0-1500 m.
Prov.: CH, COR, ER, FO, JU, MI, SA, SF.
Paises limítrofes: BO, BR, PA, UR.
Ejemplar examinado: *Venturi 10624* (SI).

Gleditsia amorphoides (Griseb.) Taub. var. **anacantha** Burkart
Ref.: Burkart, 1952a, 1987a; Ulibarri, 1997a.
Hábito: Árbol.
Status: Endémica.
Elevación: 0-500 m.
Prov.: FO, MI.
Ejemplar examinado: *Mangieri 131* (holotipo LP).

Gleditsia triacanthos L.
Ref.: Robertson & Lee, 1976; Burkart, 1987a; Ulibarri, 1997a.
Hábito: Árbol.
Status: Introducida.
Elevación: 0-500 m.
Prov.: BA, ER.
Ejemplar examinado: *Burkart 24812* (SI).

Glycine bujacia Benth. = **Neonotonia wightii** (Arn.) Lackey
Ref.: Ulibarri, 1988b.

Glycine lamarckii Kunth = **Rhynchosia minima** (L.) DC.
Ref.: Fortunato, 1983.

Glycine littoralis Vahl ex DC. = **Rhynchosia minima** (L.) DC.
Ref.: Fortunato, 1983.

Glycine reflexa Nutt. = **Rhynchosia minima** (L.) DC.
Ref.: Fortunato, 1983.

Glycine sagittata Willd. = **Centrosema sagittatum** (Willd.) Brandegee
Ref.: Barbosa, 1977.

Glycine simplicifolia Kunth = **Eriosema simplicifolium** (Kunth) G. Don

Glycine striata Jacq. = **Galactia striata** (Jacq.) Urb. var. **striata**
Ref.: Burkart, 1971.

Glycine tenuiflora Klein ex Willd. = **Galactia striata** (Jacq.) Urb. var. **tenuiflora** (Klein ex Willd.) Burkart
Ref.: Burkart, 1971.

Glycine wightii (Arn.) Verdc. = **Neonotonia wightii** (Arn.) Lackey
Ref.: Ulibarri, 1988b.

Glycyrrhiza L. Papilionoideae, Galegeae.

Número de especies: 1

Glycyrrhiza astragalina Gillies ex Hook. & Arn.
Ref.: Burkart, 1952a; Gómez-Sosa, 1994.
Hábito: Subarbusto.
Status: Nativa.
Elevación: 1000-2500 m.
Prov.: BA, CHU, CO, LP, LR, ME, NE, RN, SC, SJ, TU.
Paises limítrofes: CH.
Ejemplar examinado: *Kiesling 4741* (SI).

Goldmania paraguensis (Benth.) Brenan = **Microlobius foetidus** (Jacq.) M. Sousa & G. Andrade subsp. **paraguensis** (Benth.) M. Sousa & G. Andrade
Ref.: Sousa & Andrade, 1992.

Gourliea chilensis Clos = **Geoffroea decorticans** (Gillies ex Hook. & Arn.) Burkart var. **decorticans**
Ref.: Burkart, 1949b, 1952a.

Gourliea decorticans Gillies ex Hook. & Arn. = **Geoffroea decorticans** (Gillies ex Hook. & Arn.) Burkart var. **decorticans**
Ref.: Burkart, 1949b, 1952a.

Gourliea spinosa (Molina) Skeels = **Geoffroea decorticans** (Gillies ex Hook. & Arn.) Burkart var. **decorticans**
Ref.: Burkart, 1949b, 1952a.

Hedysarum barbatum L. = **Desmodium barbatum** (L.) Benth.
Ref.: Burkart, 1939b.

Hedysarum bicolorum Poir. = **Adesmia bicolor** (Poir.) DC.
Ref.: Burkart, 1966a, 1967b.

Hedysarum canescens Mill. = **Desmodium incanum** DC.
Ref.: Nicolson, 1978.

Hedysarum falcatum Poir. = **Aeschynomene falcata** (Poir.) DC.
Ref.: Burkart, 1939b.

Hedysarum gemellum Willd. = **Zornia gemella** (Willd.) Vogel
Ref.: Mohlenbrock, 1961.

Hedysarum glabrum Mill. = **Desmodium glabrum** (Mill.) DC.
Ref.: Burkart, 1957b.

Hedysarum leiocarpum Spreng. = **Desmodium leiocarpum** (Spreng.) G. Don
Ref.: Burkart, 1939b.

Hedysarum muricatum Jacq. = **Adesmia muricata** (Jacq.) DC. var. **muricata**
Ref.: Burkart, 1954.

Hedysarum pendulum Poir. = **Adesmia bicolor** (Poir.) DC.
Ref.: Burkart, 1966a.

Hedysarum pimpinellifolium Poir. = **Adesmia muricata** (Jacq.) DC. var. **dentata** (Lag.) Benth.
Ref.: Burkart, 1954.

Hedysarum punctatum Poir. = **Adesmia punctata** (Poir.) DC. var. **punctata**
Ref.: Burkart, 1967b, 1987a.

Hedysarum tortuosum Sw. = **Desmodium tortuosum** (Sw.) DC.

Hedysarum uncinatum Jacq. = **Desmodium uncinatum** (Jacq.) DC.
Ref.: Burkart, 1939b.

Herpetica alata (L.) Raf. = **Senna alata** (L.) Roxb.
Ref.: Irwin & Barneby, 1982.

Hoffmannseggia Cav., nom. cons. Caesalpinoideae, Caesalpinieae.

Número de especies: 7; 1 especie, 1 subespecie y 1 variedad endémicas.

Hoffmannseggia andina Miers, nom. nud.
Ref.: Ulibarri, 1979.

Hoffmannseggia andina Phil. = **Hoffmannseggia eremophila** (Phil.) Burkart ex Ulibarri
Ref.: Ulibarri, 1979, 1996b, 1997a.

Hoffmannseggia andina Phil. var. *eremophila* (Phil.) Reiche = **Hoffmannseggia eremophila** (Phil.) Burkart ex Ulibarri
Ref.: Ulibarri, 1979.

Hoffmannseggia doelli Phil. var. *minor* Phil. = **Hoffmannseggia minor** (Phil.) Ulibarri
Ref.: Ulibarri, 1979, 1996b.

Hoffmannseggia doelli Phil. subsp. **argentina** Ulibarri
Ref.: Ulibarri, 1979, 1996b, 1997a.
Hábito: Hierba.
Status: Endémica.
Elevación: 500-3000 m.
Prov.: CA, LR, ME, SJ.
Ejemplar examinado: *Herbst 1089* (SI).

Hoffmannseggia erecta Phil.
Sin.: *Hoffmannseggia patagonica* Speg.
Ref.: Ulibarri, 1979, 1996b, 1997a.
Hábito: Hierba.
Status: Endémica.
Elevación: 0-3500 m.
Prov.: CA, CHU, LR, SJ.
Ejemplar examinado: *Ruíz Leal 1670* (SI).

Hoffmannseggia eremophila (Phil.) Burkart ex Ulibarri
Sin.: *Hoffmannseggia andina* Phil., *Hoffmannseggia andina* Phil. var. *eremophila* (Phil.) Reiche, *Hoffmannseggia philippiana* Hosseus, *Zuccagnia eremophila* Phil.
Ref.: Ulibarri, 1979, 1996b, 1997a.
Hábito: Hierba.
Status: Nativa.
Elevación: 3000-4000 m.
Prov.: CA, SA.
Paises limítrofes: CH.
Ejemplar examinado: *Hueck 475* (LIL, SI).

Hoffmannseggia falcaria Cav., nom. illeg. = **Hoffmannseggia glauca** (Ortega) Eifert
Ref.: Ulibarri, 1979, 1996b.

Hoffmannseggia glauca (Ortega) Eifert
Sin.: *Hoffmannseggia falcaria* Cav., nom. illeg., *Larrea glauca* Ortega
Ref.: Ulibarri, 1979, 1996b, 1997a.
Hábito: Hierba.
Status: Nativa.
Elevación: 0-3500 m.
Prov.: BA, CA, CH, CHU, CO, JU, LP, LR, ME, NE, RN, SA, SE, SF, SJ, TU.
Paises limítrofes: BO, CH.
Ejemplar examinado: *Cabrera 13081* (LP, SI).

Hoffmannseggia gracilis Hook. & Arn. = **Hoffmannseggia prostrata** Lag. ex DC.
Ref.: Ulibarri, 1979, 1996b.

Hoffmannseggia minor (Phil.) Ulibarri
Sin.: *Hoffmannseggia doelli* var. *minor* Phil.
Ref.: Ulibarri, 1979, 1996b,1997a.
Hábito: Hierba.
Status: Nativa.
Elevación: 3000-4000 m.
Prov.: CA, JU, SA.
Paises limítrofes: BO, CH.
Ejemplar examinado: *Cabrera et al. 22437* (LP, SI).

[Hoffmannseggia nana Chodat & Wilczek]
Ref.: Ulibarri, 1979, 1996b.
Nota: Taxón dudoso.

Hoffmannseggia patagonica Speg. = **Hoffmannseggia erecta** Phil.
Ref.: Ulibarri, 1979, 1996b, 1997a.

Hoffmannseggia philippiana Hosseus = **Hoffmannseggia eremophila** (Phil.) Burkart ex Ulibarri
Ref.: Ulibarri, 1979.

[Hoffmannseggia prostrata Lag. ex DC.]
Sin.: *Hoffmannseggia gracilis* Hook. & Arn.
Ref.: Ulibarri, 1979, 1996b.
Nota: Especie excluida de la flora argentina.

Hoffmannseggia trifoliata Cav. var. *glandulosa* Speg. = **Hoffmannseggia trifoliata** Cav. var. **microphylla** Speg.
Ref.: Ulibarri, 1979, 1997a.

Hoffmannseggia trifoliata Cav. var. **microphylla** Speg.
Sin.: *Hoffmannseggia trifoliata* Cav. var. *glandulosa* Speg.
Ref.: Burkart, 1967a; Ulibarri, 1979, 1996b, 1997a.
Hábito: Hierba.
Status: Endémica.
Elevación: 0-500 m.
Prov.: BA, LP.
Ejemplar examinado: *Miccio s.n.* (SI 1391).

Hoffmannseggia trifoliata Cav. var. **trifoliata**
Ref.: Ulibarri, 1979, 1996b; 1997a.
Hábito: Hierba.
Status: Nativa.
Prov.: NE, RN, SC.
Paises limítrofes: CH.
Ejemplar examinado: *Marsans s.n.* (SI 26996).

Hoffmannseggia yaviensis Ulibarri
Ref.: Ulibarri, 1979, 1996b, 1997a.
Hábito: Hierba.
Status: Nativa.
Elevación: 3000-4000 m.
Prov.: CA, JU.
Paises limítrofes: BO.
Ejemplar examinado: *Cabrera et al. 27410* (SI).
Nota: Probablemente habite en Salta.

Holocalyx Micheli. Papilionoideae, Swartzieae.
Número de especies: 1

Holocalyx balansae Micheli
Ref.: Burkart, 1952a; Bernardi, 1984; Ulibarri, 1997c.
Hábito: Árbol.
Status: Nativa.
Elevación: 0-500 m.
Prov.: CH, COR, FO, MI.
Paises limítrofes: BR, PA.
Ejemplar examinado: *Burkart 26612* (SI).

Indigofera L. Papilionoideae, Swartzieae.
Número de especies: 9, 1 especie endémica.

Indigofera anil L. = **Indigofera suffruticosa** Mill.
Ref.: Burkart, 1987a; Gómez-Sosa, inéd.

Indigofera anil L. var. *angustifolia* Griseb. = **Indigofera kurtzii** Harms
Ref.: Burkart, 1942b; Gómez-Sosa, inéd.

Indigofera asperifolia Bong. ex Benth.
Sin.: *Indigofera retrusa* N.E. Br.
Ref.: Burkart, 1987a; Gómez-Sosa, inéd.
Hábito: Hierba.
Status: Nativa.

Elevación: 0-500 m.
Prov.: COR, ER, FO, MI, SF.
Paises limítrofes: BR, PA, UR.
Ejemplar examinado: *Burkart 25963* (SI).

Indigofera bongardiana (Kuntze) Burkart
Sin.: *Anila bongardiana* Kuntze, *Indigofera gracilis* Benth.
Ref.: Burkart, 1942b; Gómez-Sosa, inéd.
Hábito: Hierba.
Status: Nativa.
Elevación: 0-500 m.
Prov.: COR.
Paises limítrofes: BR, PA.
Ejemplar examinado: *Burkart 8198* (SI).

Indigofera campestris Benth. var. *latifolia* (Micheli) Hassl. = **Indigofera latifolia** Micheli
Ref.: Burkart, 1942a; Gómez-Sosa, inéd.

Indigofera campestris Bong. ex Benth.
Ref.: Burkart, 1942a; Gómez-Sosa, inéd.
Hábito: Hierba.
Status: Nativa.
Elevación: 0-500 m.
Prov.: CA, JU, SA, TU.
Paises limítrofes: BO, BR, PA.
Ejemplar examinado: *Burkart y Troncoso s.n.* (SI 11568).

Indigofera campestris Kurtz, nom. illeg. = **Indigofera parodiana** Burkart
Ref.: Burkart, 1941; Gómez-Sosa, inéd.

Indigofera elongata Michx., nom. illeg. = **Indigofera guaranitica** Hassl.
Ref.: Burkart, 1942a; Gómez-Sosa, inéd.

Indigofera gracilis Benth. = **Indigofera bongardiana** (Kuntze) Burkart
Ref.: Gómez-Sosa, inéd.

Indigofera guaranitica Hassl.
Sin.: *Indigofera elongata* Michx., nom. illeg.
Ref.: Burkart, 1942a.
Hábito: Hierba.
Status: Nativa.
Elevación: 0-500 m.
Prov.: COR, FO.
Paises limítrofes: BR, PA.
Ejemplar examinado: *Joergensen 2957* (BA, LIL, SI).

Indigofera humilis Kuntze, nom. illeg. = **Indigofera parodiana** Burkart
Ref.: Burkart, 1941; Gómez-Sosa, inéd.

Indigofera kurtzii Harms
Sin.: *Anila kurtzii* (Harms) Kuntze, *Indigofera anil* L. var. *angustifolia* Griseb.
Ref.: Burkart, 1942a; Gómez-Sosa, inéd.
Hábito: Subarbusto.
Status: Endémica.
Elevación: 500-1000 m.
Prov.: CA, CO.
Ejemplar examinado: *Hieronymus 847* (holotipo, CORD; isotipo, SI).

Indigofera latifolia Micheli
Sin.: *Indigofera campestris* Benth. var. *latifolia* (Micheli) Hassl.
Ref.: Burkart, 1942a; Gómez-Sosa, inéd.
Hábito: Hierba.
Status: Nativa.
Elevación: 0-500 m.
Prov.: COR, MI.
Paises limítrofes: PA.
Ejemplar examinado: *Fiebrig 6032* (SI).

Indigofera parodiana Burkart
Sin.: *Indigofera campestris* Kurtz, nom. illeg., *Indigofera humilis* Kuntze, nom. illeg., *Indigofera pascuorum* Griseb., nom. illeg.
Ref.: Burkart, 1941; Gómez-Sosa, inéd.
Hábito: Hierba.
Status: Nativa.
Elevación: 0-2000 m.
Prov.: CO, SA, SE, SL, TU.
Paises limítrofes: PA.
Ejemplar examinado: *Burkart 10103* (holotipo, SI).

Indigofera pascuorum Griseb., nom. illeg. = **Indigofera parodiana** Burkart
Ref.: Burkart, 1941; Gómez-Sosa, inéd.

Indigofera retrusa N.E. Br. = **Indigofera asperifolia** Bong. ex Benth.
Ref.: Gómez-Sosa, inéd.

Indigofera sabulicola Benth.
Ref.: Burkart, 1942b; Gómez-Sosa, inéd.
Hábito: Hierba.
Status: Nativa.
Elevación: 0-500 m.
Prov.: COR.
Paises limítrofes: BR, PA.
Ejemplar examinado: *Hunziker 5666* (CORD, SI).

Indigofera suffruticosa Mill.
Sin.: *Anila tinctoria* (L.) Kuntze var. *vera* Kuntze, *Indigofera anil* L.
Ref.: Burkart, 1987b; Gómez-Sosa, inéd.
Hábito: Subarbusto.
Status: Nativa.
Elevación: 0-1000 m.
Prov.: BA, CA, CO, COR, ER, JU, MI, SA, TU.
Paises limítrofes: BR, PA.
Ejemplar examinado: *Venturi 5553* (LIL, SI).

Inga Mill. Mimosoideae, Ingeae.
Número de especies: 6

Inga affinis DC. = **Inga verna** Willd. subsp. **affinis** (DC.) T.D. Penn
Ref.: Penington, 1997.

Inga cataractae Kunth = **Zygia cataractae** (Kunth) L. Rico
Ref.: Barneby & Grimes, 1997.

Inga edulis C. Mart.
Ref.: Hoc, 1990; Pennington, 1997.
Status: Nativa.
Prov.: JU, SA.
Paises limítrofes: BO, BR.
Ejemplar examinado: *Cabrera y Fabris 21114* (LP).

Inga edulis C. Mart. var. *parviflora* Benth. = **Inga edulis** C. Mart.
Ref.: Pennington, 1997.

Inga exelsa Poepp. = **Inga semialata** (Vell.) Mart.

Inga fagifolia (L.) Willd. ex Benth. = **Inga semialata** (Vell.) Mart.

Inga fagifolia (L.) Willd. ex Benth. f. *genuina* Hassl., nom. inval. = **Inga semialata** (Vell.) Mart.

Inga fagifolia (L.) Willd. ex Benth. f. *pedicellaris* Hassl. = **Inga semialata** (Vell.) Mart.

Inga fagifolia (L.) Willd. ex Benth. var. *intermedia* Hassl. = **Inga semialata** (Vell.) Mart.

Inga fagifolia (L.) Willd. ex Benth. var. *marginata* (Willd.) Hassl. = **Inga semialata** (Vell.) Mart.

Inga glomerata DC. = **Zygia cataractae** (Kunth) L. Rico
Ref.: Barneby & Grimes, 1997.

Inga guayaquilensis G. Don = **Inga semialata** (Vell.) Mart.

Inga laurina (Sw.) Willd.
Sin.: *Inga fagifolia* (L.) Willd. ex Benth. f. *pedicellaris* Hassl., *Inga tetraphylla* (Vell.) Mart., p.p., *Mimosa fagifolia* L., *Mimosa laurina* Sw., *Mimosa tetraphyla* Vell.
Ref.: Hoc, 1990, 1994; Sousa, 1993; Pennington, 1997.
Status: Nativa.
Elevación: 0-500 m.
Prov.: COR.
Paises limítrofes: BO, BR, PA.
Ejemplar examinado: *Krapovickas et al. 24005* (CTES).

Inga marginata Willd., nom. illeg. = **Inga semialata** (Vell.) Mart.

Inga microcoma Harms = **Inga semialata** (Vell.) Mart.

Inga odorata G. Don = **Inga semialata** (Vell.) Mart.

Inga parvifolia Hook. f. & Arn. = **Calliandra parvifolia** (Hook. f. & Arn.) Speg.
Ref.: Hoc, 1992a.

Inga pithecolobioides Harms ex Kuntze = **Zygia pithecolobioides** (Harms ex Kuntze) Barneby & J.W. Grimes
Ref.: Barneby & Grimes, 1997.

Inga puberula Benth. = **Inga semialata** (Vell.) Mart.

Inga pulcherrima Cerv. ex Sweet, nom. nud. = **Calliandra tweedii** Benth.
Ref.: Hoc, 1992a.

Inga pycnostachya Benth. = **Inga semialata** (Vell.) Mart.

Inga ramiflora G. Don = **Zygia cataractae** (Kunth) L. Rico
Ref.: Barneby & Grimes, 1997.

Inga ramiflora Steud. = **Zygia cauliflora** (Willd.) Killip ex Record

Inga saltensis Burkart
Ref.: Burkart, 1952a; Hoc, 1990; Pennington, 1997.
Status: Nativa.
Elevación: 500-1100 m.
Prov.: JU, SA.
Paises limítrofes: BO.
Ejemplar examinado: *Hoc 53* (BAFC).

Inga sapida Kunth = **Inga semialata** (Vell.) Mart.

Inga semialata (Vell.) Mart.
Sin.: *Feuilleea marginata* (Willd.) Kuntze, *Inga exelsa* Poepp., *Inga fagifolia* (L.) Willd. ex Benth., *Inga fagifolia* (L.) Willd. ex Benth. f. *genuina* Hassl., nom. inval., *Inga fagifolia* (L.) Willd. ex Benth. f. *pedicellaris* Hassl., *Inga fagifolia* (L.) Willd. ex Benth. var. *intermedia* Hassl. ,*Inga fagifolia* (L.) Willd. ex Benth. var. *marginata* (Willd.) Hassl., *Inga guayaquilensis* G. Don, *Inga marginata* Willd., nom. illeg., *Inga microcoma* Harms, *Inga odorata* G. Don, *Inga puberula* Benth., *Inga pycnostachya* Benth., *Inga sapida* Kunth, *Inga tysonii* T.S. Elias, *Mimosa semialata* Vell.
Ref.: Hoc, 1990, 1994; Sousa, 1993.
Status: Nativa.
Elevación: 0-1000 m.
Prov.: COR, JU, MI, SA.
Paises limítrofes: BO, BR, PA.
Ejemplar examinado: *Cabrera et al. 29875* (SI).

Inga tetraphylla (Vell.) Mart., p.p. = **Inga laurina** (Sw.) Willd.

Inga tysonii T.S. Elias = **Inga semialata** (Vell.) Mart.

Inga uruguensis Hook. & Arn. = **Inga verna** Willd. subsp. **affinis** (DC.) T.D. Penn.
Ref.: Pennington, 1997.

Inga uruguensis Hook. & Arn. var. *parvifolia* Chodat & Hassl. = **Inga verna** Willd. subsp. **affinis** (DC.) T.D. Penn.
Ref.: Pennington, 1997.

Inga uruguensis Hook. & Arn. f. *tomentulosa* Chodat & Hassl. = **Inga verna** Willd. subsp. **affinis** (DC.) T.D. Penn.
Ref.: Pennington, 1997.

Inga verna Willd. subsp. **affinis** (DC.) T.D. Penn.
Sin.: *Inga affinis* DC., *Inga uruguensis* Hook. & Arn., *Inga uruguensis* Hook. & Arn. var. *parvifolia* Chodat & Hassl., *Inga uruguensis* Hook. & Arn. f. *tomentulosa* Chodat & Hassl.
Ref.: Pennington, 1997.
Hábito: Arbol.

Status: Nativa.
Elevación: 0-500 m.
Prov.: BA, CH, COR, ER, FO, MI, SF.
Paises limítrofes: BR, PA, UR.
Ejemplar examinado: *Hoc 35* (BAFC).

Inga virescens Benth.
Sin.: *Feuilleea virescens* (Benth.) Kuntze
Ref.: Hoc, 1990; Pennington, 1997.
Status: Nativa.
Elevación: 0-500 m.
Prov.: MI.
Paises limítrofes: BR, PA.
Ejemplar examinado: *Schwarz 5022* (CTES).

Johnia wightii (Arn.) Arn., hom. illeg. = **Neonotonia wightii** (Arn.) Lackey
Ref.: Ulibarri, 1988b.

Kennedia splendens Meisn. = **Camptosema rubicundum** Hook. & Arn.
Ref.: Burkart, 1970.

Lablab texanus Scheele = **Galactia texana** (Scheele) A. Gray var. **texana**
Ref.: Burkart, 1971.

Lathyrus L. Papilionoideae, Vicieae.

Número de especies: 18, 4 especies y 2 variedades endémicas.

Lathyrus anomalus Phil. = **Vicia bijuga** Gillies ex Hook. & Arn.

Lathyrus armitageanus Knowles & Westc. = **Lathyrus nervosus** Lam.
Ref.: Burkart, 1935, 1952a, 1967a.

Lathyrus cabrerianus Burkart
Sin.: *Lathyrus dumetorum* Burkart, hom. illeg., *Lathyrus pubescens* Clos, hom. illeg.
Ref.: Burkart, 1942c, 1952a; Rossow, 1984c.
Hábito: Hierba.
Status: Nativa.
Elevación: 0-500 m.
Prov.: NE, RN.
Paises limítrofes: CH.
Ejemplar examinado: *Burkart 6253* (holotipo, SI).

Lathyrus campestris Phil.
Sin.: *Lathyrus debilis* Clos var. *campestris* (Phil.) Reiche
Ref.: Burkart, 1952; Rossow, 1984c.
Hábito: Hierba.
Status: Nativa.
Elevación: 0-500 m.
Prov.: CHU.
Paises limítrofes: CH.
Ejemplar examinado: *Philippi s.n.* (isotipo, SI).

Lathyrus chilensis Steud. = **Lathyrus magellanicus** Lam. var. **magellanicus**

Lathyrus debilis Clos var. *campestris* (Phil.) Reiche = **Lathyrus campestris** Phil.

Lathyrus debilis Vogel = **Lathyrus subulatus** Lam.
Ref.: Burkart, 1935, 1967a, 1987a.

Lathyrus dumetorum Burkart, hom. illeg. = **Lathyrus cabrerianus** Burkart
Ref.: Burkart, 1942c, 1952a; Rossow, 1984c.

Lathyrus dumetorum Phil. var. *longipes* (Phil.) Reiche = **Lathyrus magellanicus** Lam. var. **longipes** (Phil.) Burkart

Lathyrus elegans Vogel = **Lathyrus nervosus** Lam.
Ref.: Burkart, 1935, 1952a, 1967a.

Lathyrus epetiolaris Clos = **Lathyrus magellanicus** Lam. var. **magellanicus**

Lathyrus eurypetalus Phil. = **Lathyrus multiceps** Clos

Lathyrus hasslerianus Burkart
Ref.: Burkart, 1935, 1952a.
Hábito: Hierba.
Status: Endémica.
Elevación: 0-500 m.
Prov.: MI.
Ejemplar examinado: *Niederlein 750* (holotipo, SI).

Lathyrus heterocirrus Phil. = **Lathyrus magellanicus** Lam. var. **magellanicus**

Lathyrus hirsutus L. var. **ecirrhosus** Schur
Ref.: Burkart, 1967a.
Hábito: Hierba.
Status: Adventicia.
Elevación: 0-500 m.
Prov.: BA.
Ejemplar examinado: *Burkart 4055* (SI).

Lathyrus hirsutus L. var. **hirsutus**
Ref.: Burkart, 1952a, 1967a.
Hábito: Hierba.
Status: Adventicia.
Elevación: 0-500 m.
Prov.: BA.
Ejemplar examinado: *Burkart 6686* (SI).

Lathyrus hookeri G. Don = **Lathyrus magellanicus** Lam. var. **magellanicus**

Lathyrus hookeri G. Don var. *trichocalyx* (Phil.) Burkart = **Lathyrus magellanicus** Lam. var. **magellanicus**

Lathyrus laevigatus Arechav. = **Lathyrus latifolius** L.
Ref.: Burkart, 1935, 1967a; Rossow, 1984c.

Lathyrus latifolius L.
Sin.: *Lathyrus laevigatus* Arechav., *Lathyrus silvester* L. var. *latifolius* (L.) Fiori
Ref.: Burkart, 1935, 1967a; Rossow, 1984c.
Hábito: Hierba o enredadera.
Status: Adventicia.
Elevación: 0-500 m.
Prov.: BA, ME, RN.
Paises limítrofes: UR.
Ejemplar examinado: *Bukart 3098* (SI).

Lathyrus litoralis Phil. = **Lathyrus magellanicus** Lam. var. **magellanicus**

Lathyrus longipes Phil. = **Lathyrus magellanicus** Lam. var. **longipes** (Phil.) Burkart

Lathyrus macropus Gillies ex Hook. & Arn.
Ref.: Burkart, 1952a; Gómez-Sosa, 1994.
Hábito: Hierba.
Status: Endémica.
Elevación: 0-500 m.
Prov.: ME, SA, SJ, SL.
Ejemplar examinado: *Kiesling 7492* (SI).

Lathyrus macrostachys Vogel
Sin.: *Lathyrus magellanicus* Benth. var. *subsesslifolius* Kuntze, *Lathyrus magellanicus* Benth., p.p.
Ref.: Burkart, 1935, 1952a.
Hábito: Hierba o enredadera.
Status: Nativa.
Elevación: 0-500 m.
Prov.: CH, COR, FO, MI, SF.
Paises limítrofes: BR, PA.
Ejemplar examinado: *Burkart 8156* (SI).

Lathyrus magellanicus Benth. var. *subsesslifolius* Kuntze = **Lathyrus macrostachys** Vogel
Ref.: Burkart, 1935, 1952a.

Lathyrus magellanicus Benth., p.p. = **Lathyrus macrostachys** Vogel
Ref.: Burkart, 1935, 1952a.

Lathyrus magellanicus Lam. var. *araucanus* Phil. = **Lathyrus magellanicus** Lam. var. **magellanicus**

Lathyrus magellanicus Lam. var. *campestris* Dusén = **Lathyrus magellanicus** Lam. var. **glaucescens** Speg.

Lathyrus magellanicus Lam. var. **gladiatus** Kuntze
Ref.: Rossow, 1984c.
Hábito: Hierba.
Status: Endémica.
Elevación: 0-500 m.
Prov.: CHU, NE, RN.
Ejemplar examinado: *Boelcke et al. 11041* (SI).

Lathyrus magellanicus Lam. var. **glaucescens** Speg.
Sin.: *Lathyrus magellanicus* Lam. var. *campestris* Dusén, *Lathyrus magellanicus* Lam. var. *oxyphylla* Speg.
Ref.: Rossow, 1984c.
Hábito: Hierba.
Status: Endémica.
Elevación: 0-500 m.
Prov.: CHU, NE, RN, SC, TF.
Ejemplar examinado: *Illin s.n.* (holotipo de *Lathyrus magellanicus* var. *oxyphylla* Speg., LPS).

Lathyrus magellanicus Lam. var. *heterocirrus* (Phil.) Reiche = **Lathyrus magellanicus** Lam. var. **magellanicus**

Lathyrus magellanicus Lam. var. **longipes** (Phil.) Burkart
Sin.: *Lathyrus dumetorum* Phil. var. *longipes* (Phil.) Reiche, *Lathyrus longipes* Phil.
Ref.: Burkart, 1942c; Rossow, 1984c.
Hábito: Hierba.
Status: Nativa.
Elevación: 0-500 m.
Prov.: NE.
Paises limítrofes: CH.
Ejemplar examinado: *Boelcke 13703* (BA, BAB, CTES, SI).

Lathyrus magellanicus Lam. var. **magellanicus**
Sin.: *Lathyrus chilensis* Steud., *Lathyrus epetiolaris* Clos, *Lathyrus heterocirrus* Phil., *Lathyrus hookeri* G. Don, *Lathyrus hookeri* G. Don var. *trichocalyx* (Phil.) Burkart, *Lathyrus litoralis* Phil., *Lathyrus magellanicus* Lam. var. *araucanus* Phil., *Lathyrus magellanicus* Lam. var. *heterocirrus* (Phil.) Reiche, *Lathyrus magellanicus* Lam. var. *subsessilifolius* Kuntze, *Lathyrus ovalifolius* Phil., *Lathyrus philippianus* Speg., *Lathyrus pisaster* Clos, *Lathyrus roseus* Phil., *Lathyrus sessilifolius* Hook. & Arn., *Lathyrus sessilifolius* Hook. & Arn. f. *trichocalyx* (Phil.) Burkart, *Lathyrus trichocalyx* Phil.
Ref.: Burkart, 1952a; Rossow, 1984c.
Hábito: Hierba o enredadera.
Status: Nativa.
Elevación: 0-500 m.
Prov.: CHU, NE, RN, SC.
Paises limítrofes: CH.
Ejemplar examinado: *Boelcke 5611* (BAB).

Lathyrus magellanicus Lam. var. *oxyphylla* Speg. = **Lathyrus magellanicus** Lam. var. **glaucescens** Speg.

Lathyrus magellanicus Lam. var. *subsessilifolius* Kuntze = **Lathyrus magellanicus** Lam. var. **magellanicus**

Lathyrus missionum Hassl. = **Lathyrus subulatus** Lam.
Ref.: Burkart, 1935, 1967a, 1987a.

Lathyrus multiceps Clos
Sin.: *Lathyrus eurypetalus* Phil., *Lathyrus multiceps* Clos var. *normalis* Burkart, *Lathyrus multiceps* Clos var. *setiger* (Phil.) Acevedo, *Lathyrus setiger* Phil., *Lathyrus setiger* Phil. var. *eurypetalus* (Phil.) Reiche
Ref.: Burkart, 1942c, 1952a; Rossow, 1982a, 1984c.
Hábito: Hierba.
Status: Nativa.
Elevación: 0-2000 m.
Prov.: NE, RN, SL.
Paises limítrofes: CH.
Ejemplar examinado: *Rossow y Gómez 486* (BAB).

Lathyrus multiceps Clos var. *normalis* Burkart = **Lathyrus multiceps** Clos

Lathyrus multiceps Clos var. *pastorei* Burkart = **Lathyrus pastorei** (Burkart) Rossow
Ref.: Rossow, 1982a.

Lathyrus multiceps Clos var. *setiger* (Phil.) Acevedo = **Lathyrus multiceps** Clos

Lathyrus nervosus Lam.
Sin.: *Lathyrus armitageanus* Knowles & Westc., *Lathyrus elegans* Vogel, *Lathyrus trigonus* Vogel
Ref.: Burkart, 1935, 1952a, 1967a.
Hábito: Hierba.
Status: Nativa.
Elevación: 0-500 m.
Prov.: BA, CHU, LP, MI, RN, SA.
Paises limítrofes: BR, CH, UR.
Ejemplar examinado: *Hassler M462* (SI).

Lathyrus nigrivalvis Burkart
Ref.: Burkart, 1935, 1967a.
Hábito: Hierba.
Status: Endémica.
Elevación: 0-500 m.
Prov.: CA, CH, CO, FO, SF.
Ejemplar examinado: *Meyer 598* (holotipo, LIL; isotipo, SI).

Lathyrus ovalifolius Phil. = **Lathyrus magellanicus** Lam. var. **magellanicus**

Lathyrus paranensis Burkart
Ref.: Burkart, 1935, 1942c, 1967a.
Hábito: Hierba.
Status: Nativa.
Elevación: 0-500 m.
Prov.: BA.
Paises limítrofes: BR, UR.
Ejemplar examinado: *Burkart 4090* (holotipo, SI).

Lathyrus parodii Burkart
Ref.: Burkart, 1935, 1952a, 1967a.
Hábito: Hierba.
Status: Nativa.
Elevación: 0-500 m.
Prov.: BA.
Paises limítrofes: BR, UR.
Ejemplar examinado: *Burkart 4034* (holotipo, SI).

Lathyrus pastorei (Burkart) Rossow
Sin.: *Lathyrus multiceps* Clos var. *pastorei* Burkart
Ref.: Burkart, 1942c; Rossow, 1982a, 1984c.
Hábito: Hierba.
Status: Endémica.
Elevación: 2000-3000 m.
Prov.: NE.
Ejemplar examinado: *Pastore 44* (holotipo, SI).

Lathyrus petiolaris Vogel = **Lathyrus pubescens** Hook. & Arn. var. **pubescens**
Ref.: Burkart, 1935, 1967a.

Lathyrus philippianus Speg. = **Lathyrus magellanicus** Lam. var. **magellanicus**

Lathyrus pisaster Clos = **Lathyrus magellanicus** Lam. var. **magellanicus**

Lathyrus pubescens Hook. & Arn. var. **monticola** Burkart
Sin.: *Lathyrus pubescens* Hook. & Arn. var. *acutifolius* (Vogel) Griseb.
Ref.: Burkart, 1942c.
Hábito: Hierba.
Status: Nativa.
Elevación: 1000-3000 m.
Prov.: SA, TU.
Paises limítrofes: BO.
Ejemplar examinado: *Burkart 5441* (holotipo, SI).

Lathyrus pubescens Clos, hom. illeg. = **Lathyrus cabrerianus** Burkart
Ref.: Burkart, 1942c, 1952a; Rossow, 1984c.

Lathyrus pubescens Hook. & Arn. var. *acutifolius* (Vogel) Griseb. = **Lathyrus pubescen** Hook. & Arn. var. **monticola** Burkart
Ref.: Burkart, 1942c.

Lathyrus pubescens Hook. & Arn. var. **pubescens**
Sin.: *Lathyrus petiolaris* Vogel
Ref.: Burkart, 1935, 1967a.
Hábito: Hierba.
Status: Nativa.
Elevación: 0-2500 m.
Prov.: BA, CA, CHU, CO, COR, ER, LP, SC, SL, TU.
Paises limítrofes: BR, CH, PA, UR.
Ejemplar examinado: *Dawson 21* (LP).

Lathyrus roseus Phil. = **Lathyrus magellanicus** Lam. var. **magellanicus**

Lathyrus sericeus Lam. = **Lathyrus tomentosus** Lam.
Ref.: Burkart, 1952a, 1967a.

Lathyrus sessilifolius Hook. & Arn. = **Lathyrus magellanicus** Lam. var. **magellanicus**

Lathyrus sessilifolius Hook. & Arn. f. *trichocalyx* (Phil.) Burkart = **Lathyrus magellanicus** Lam. var. **magellanicus**

Lathyrus setiger Phil. = **Lathyrus multiceps** Clos

Lathyrus setiger Phil. var. *eurypetalus* (Phil.) Reiche = **Lathyrus multiceps** Clos

Lathyrus silvester L. var. *latifolius* (L.) Fiori = **Lathyrus latifolius** L.
Ref.: Burkart, 1935, 1967a; Rossow, 1984c.

Lathyrus subulatus Lam.
Sin.: *Lathyrus debilis* Vogel, *Lathyrus missionum* Hassl.
Ref.: Burkart, 1935, 1967a, 1987a.
Hábito: Hierba.
Status: Nativa.
Elevación: 0-500 m.
Prov.: BA, CO, ER, MI, SF.
Paises limítrofes: BR, UR.
Ejemplar examinado: *Peirano s.n.* (SI 6979).

Lathyrus tomentosus Lam.
Sin.: *Lathyrus sericeus* Lam.
Ref.: Burkart, 1952a, 1967a.
Hábito: Hierba.
Status: Nativa.
Elevación: 0-500 m.
Prov.: BA, CHU, SF.
Paises limítrofes: UR.
Ejemplar examinado: *Martínez Crovetto 2301* (SI).

Lathyrus trichocalyx Phil. = **Lathyrus magellanicus** Lam. var. **magellanicus**

Lathyrus trigonus Vogel = **Lathyrus nervosus** Lam.
Ref.: Burkart, 1935, 1952a, 1967a.

Lathyrus tropicalandinus Burkart
Ref.: Burkart, 1942, 1952.
Hábito: Hierba.
Status: Nativa.
Elevación: 2500-3000 m.
Prov.: CA, SA, TU.
Paises limítrofes: BO.
Ejemplar examinado: *Schreiter 4738* (LIL, SI).

Leptoglottis leptocarpa (DC.) Standl. = **Mimosa quadrivalvis** L. var. **leptocarpa** (DC.) Barneby
Ref.: Barneby, 1991.

Leptolobium leiocarpum Vogel = **Apuleia leiocarpa** (Vogel) J.F. Macbr.
Ref.: Macbride, 1919; Burkart, 1952a.

Lonchocarpus Kunth. Papilionoideae, Millettieae.
Número de especies: 5, 1 especie endémica.

Lonchocarpus albiflorus Hassl. = **Lonchocarpus leucanthus** Burkart
Ref.: Burkart, 1942a; Gómez-Sosa, inéd.

Lonchocarpus fluvialis (Lindm.) Fortunato & Palese
Sin.: *Coublandia fluvialis* Lindm., *Lonchocarpus fluvialis* (Lindm.) Gómez-Sosa, comb. superfl., *Muellera fluvialis* (Lindm.) Burkart, *Muellera glaziovii* auct. non Taub.
Ref.: Fortunato & Palese, 1997; Gómez-Sosa, 1997d, inéd.
Hábito: Árbol.
Status: Nativa.
Elevación: 0-500 m.
Prov.: CH, CO, SF.
Paises limítrofes: PA.
Ejemplar examinado: *Schulz 1133* (SI).

Lonchocarpus fluvialis (Lindm.) Gómez-Sosa, comb. superfl. = **Lonchocarpus fluvialis** (Lindm.) Fortunato & Palese

Lonchocarpus leucanthus Burkart
Sin.: *Lonchocarpus albiflorus* Hassl.
Ref.: Burkart, 1942a; Gómez-Sosa, inéd.
Hábito: Árbol.
Status: Nativa.
Elevación: 0-500 m.
Prov.: COR, MI.
Paises limítrofes: PA.
Ejemplar examinado: *Rodríguez 606* (LIL, SI).

Lonchocarpus lilloi (Hassl.) Burkart
Sin.: *Lonchocarpus nitidus* (Vogel) Benth. var. *lilloi* Hassl.
Ref.: Burkart, 1942a; Gómez-Sosa, inéd.
Hábito: Árbol.
Status: Endémica.
Prov.: JU, SA.
Ejemplar examinado: *Rodríguez 1153* (LIL, SI).

Lonchocarpus muehlbergianus Hassl.
Ref.: Burkart, 1942a; Gómez-Sosa, inéd.
Hábito: Árbol.
Status: Nativa.
Elevación: 0-500 m.
Prov.: COR, MI.
Paises limítrofes: BO, BR, PA.
Ejemplar examinado: *Lillo 10574* (LIL, SI).

Lonchocarpus nitidus (Vogel) Benth.
Sin.: *Sphinctolobium nitidum* Vogel
Ref.: Burkart, 1942a; Gómez-Sosa, inéd.
Hábito: Árbol.
Status: Nativa.
Elevación: 0-500 m.
Prov.: BA, COR, ER, MI.
Paises limítrofes: BR, PA, UR.
Ejemplar examinado: *Pedersen 8144* (SI).

Lonchocarpus nitidus (Vogel) Benth. var. *lilloi* Hassl. = **Lonchocarpus lilloi** (Hassl.) Burkart
Ref.: Burkart, 1942a; Gómez-Sosa, inéd.

Lophocarpinia Burkart. Caesalpinioideae, Caesalpinieae.
Número de especies: 1

Lophocarpinia aculeatifolia (Burkart) Burkart
Sin.: *Cenostigma aculeatifolium* Burkart
Ref.: Burkart, 1944b, 1957b; Ulibarri, 1997a.
Hábito: Arbusto.
Status: Nativa.
Elevación: 0-500 m.
Prov.: CH, FO, SA.
Paises limítrofes: PA.
Ejemplar examinado: *Burkart 20218* (SI).

Lotus L. Papilionoideae, Loteae.
Número de especies: 4

Lotus capitellatus Clos = **Adesmia capitellata** (Clos) Hauman
Ref.: Burkart, 1966a; Ulibarri, 1994a.

Lotus corniculatus L.
Sin.: *Lotus major* Scop.
Ref.: Burkart, 1952a; Isely, 1981.
Hábito: Hierba.
Status: Introducida.
Elevación: 0-500 m.
Prov.: ER.
Paises limítrofes: BR, CH, UR.
Ejemplar examinado: *Masut s.n.* (LPAG).

Lotus corniculatus L. var. *tenuifolius* L. = **Lotus glaber** Mill.
Ref.: Burkart, 1952a.

Lotus glaber Mill.
Sin.: *Lotus corniculatus* L. var. *tenuifolius* L., *Lotus tenuifolius* (L.) Rchb., *Lotus tenuis* Willd.
Ref.: Burkart, 1952a, 1987a; Polhill, 1994.
Hábito: Hierba.
Status: Introducida.
Elevación: 0-500 m.

Prov.: BA.
Paises limítrofes: BR, CH, UR.
Ejemplar examinado: *Montes 159* (LP).

Lotus hispidus Desf. ex DC. = **Lotus suaveolens** Pers.

Lotus major Scop. = **Lotus corniculatus** L.
Ref.: Isely, 1981.

Lotus maritimus Vell., hom. illeg. = **Macroptilium lathyroides** (L.) Urb.
Ref.: Barbosa, 1987; Drewes, 1995.

Lotus pedunculatus Cav.
Ref.: Sánchez, 1984; Burkart, 1987a; Polhill, 1994.
Hábito: Hierba.
Status: Introducida.
Elevación: 500-1000 m.
Prov.: CHU, NE, RN, TF.
Paises limítrofes: BR, CH, UR.
Ejemplar examinado: *Corte 254* (LP).

Lotus suaveolens Pers.
Sin.: *Lotus hispidus* Desf. ex DC.
Ref.: Heyn, 1970; Burkart, 1987a.
Hábito: Hierba.
Status: Introducida.
Elevación: 0-500 m.
Prov.: BA, ER.
Paises limítrofes: BR, UR.
Ejemplar examinado: *Galli 281* (SI).

Lotus tenuifolius (L.) Rchb. = **Lotus glaber** Mill.

Lotus tenuis Willd. = **Lotus glaber** Mill.

Lucuma spinosa Molina = **Geoffroea decorticans** (Gillies ex Hook. & Arn.) Burkart var. **decorticans**
Ref.: Burkart, 1949, 1952a.

Lupinaster amabilis Presl = **Trifolium amabile** Kunth var. **amabile**
Ref.: Zohary & Heller, 1984.

Lupinus L. Papilionoideae, Genisteae.
Número de especies: 34, 14 especies endémicas.

Lupinus albescens Hook. & Arn.
Sin.: *Lupinus incanus* Graham, *Lupinus parodianus* C.P. Sm.
Ref.: Burkart, 1967a; Planchuelo, 1978, 1984; Alonso Paz, 1991.
Hábito: Hierba.
Status: Nativa.
Elevación: 0-500 m.
Prov.: BA, CH, COR, ER, SF.
Paises limítrofes: BR, PA, UR.
Ejemplar examinado: *Petersen 3049* (GH, LP, MO).

Lupinus alivillosus C.P. Sm.
Ref.: Smith, 1943-44; Planchuelo, 1978.
Hábito: Hierba.
Status: Endémica.
Elevación: 2500-3000 m.
Prov.: TU.
Ejemplar examinado: *Schreiter 7062* (holotipo, DS; isotipo, LIL).

Lupinus amnis-churquis C.P. Sm. = **Lupinus burkartianus** C.P. Sm.

Lupinus andicola Gillies
Sin.: *Lupinus praedictus* C.P. Sm.
Ref.: Planchuelo, 1978; Gómez-Sosa, 1994.
Hábito: Hierba.
Status: Nativa.
Elevación: 2500-3500 m.
Prov.: ME, SJ.
Paises limítrofes: CH.
Ejemplar examinado: *Gillies s.n.* (holotipo, K H-82/77-9).

Lupinus arboreus Sims
Sin.: *Lupinus barilochensis* C.P. Sm.
Ref.: Planchuelo, 1984.
Hábito: Arbusto.
Status: Introducida.
Elevación: 500-1000 m.
Prov.: NE, RN, TF.
Paises limítrofes: CH.
Ejemplar examinado: *Boelcke 1788* (BAA, CTES).

Lupinus aspersus C.P. Sm. = **Lupinus gibertianus** C.P. Sm.

Lupinus attenuatus Gardner var. *guaraniticus* Hassl. = **Lupinus guaraniticus** (Hassl.) C.P. Sm.

Lupinus aureonitens Gillies
Sin.: *Lupinus purolanatus* C.P. Sm.
Ref.: Burkart, 1967a; Planchuelo, 1978; Planchuelo & Dunn, 1984.
Hábito: Hierba.
Status: Endémica.
Elevación: 0-500 m.
Prov.: BA.
Ejemplar examinado: *Grondona 8016* (BAA).
Nota: Especie endémica, con un área de distribución muy reducida.

Lupinus austrorientalis C.P. Sm.
Ref.: Smith, 1943-44; Planchuelo, 1978.
Hábito: Subarbusto.
Status: Endémica.
Elevación: 3000-4000 m.
Prov.: CA, JU.
Ejemplar examinado: *Lorentz 464* (isotipos, CORD, SI).

Lupinus bailetianus C.P. Sm. = **Lupinus ignobilis** C.P. Sm.

Lupinus barilochensis C.P. Sm. = **Lupinus arboreus** Sims

Lupinus berroanus C.P. Sm. = **Lupinus gibertianus** C.P. Sm.

Lupinus bracteolaris Desr.
Ref.: Burkart, 1967a; Planchuelo, 1978.
Hábito: Hierba.
Status: Nativa.
Elevación: 0-500 m.
Prov.: BA, COR, ER.
Paises limítrofes: BR, UR.
Ejemplar examinado: *Lorentz 1225* (BAF, F, GH).

Lupinus buchtienii Rusby
Ref.: Rusby, 1934; Planchuelo, 1978.
Hábito: Hierba.
Status: Nativa.
Elevación: 3000-4000 m.
Prov.: CA, JU, LR, SA, TU.
Paises limítrofes: BO.
Ejemplar examinado: *Balls B6030* (F, UC, US).

Lupinus burkartianus C.P. Sm.
Sin.: *Lupinus amnis-churquis* C.P. Sm., *Lupinus campestri-florum* C.P. Sm., *Lupinus divorsus* C.P. Sm., *Lupinus hiulcus* C.P. Sm., *Lupinus pavorum* C.P. Sm., *Lupinus solitarius* C.P. Sm., *Lupinus venturianus* C.P. Sm.
Ref.: Smith, 1943-44; Planchuelo, 1978.
Hábito: Hierba.
Status: Endémica.
Elevación: 3000-4000 m.
Prov.: CA, TU.
Ejemplar examinado: *Burkart 5429* (holotipo, K; isotipos, SI, UC).

Lupinus cafayatensis C.P. Sm. = **Lupinus umidicola** C.P. Sm.

Lupinus campestri-florum C.P. Sm. = **Lupinus burkartianus** C.P. Sm.

Lupinus castillonanus C.P. Sm. = **Lupinus umidicola** C.P. Sm.

Lupinus catamarcensis C.P. Sm. = **Lupinus umidicola** C.P. Sm.

Lupinus chilensis C.P. Sm. = **Lupinus subacaulis** Griseb.

Lupinus comberanus C.P. Sm. = **Lupinus microcarpus** Sims

Lupinus divorsus C.P. Sm. = **Lupinus burkartianus** C.P. Sm.

Lupinus erectifolius C.P. Sm.
Ref.: Smith, 1943-44; Planchuelo, 1978.
Hábito: Hierba.
Status: Endémica.
Elevación: 3000-3500 m.
Prov.: JU, SA.
Ejemplar examinado: *Venturi 6684* (holotipo, US).

Lupinus fischeranus C.P. Sm. = **Lupinus microcarpus** Sims

Lupinus gibertianus C.P. Sm.
Sin.: *Lupinus aspersus* C.P. Sm., *Lupinus berroanus* C.P. Sm., *Lupinus hassleranus* C.P. Sm., *Lupinus heptaphyllus* (Vell.) Hassl., *Lupinus heptaphyllus* (Vell.) Hassl. f. *hilarianus* Benth., *Lupinus heptaphyllus* (Vell.) Hassl. f. *pseudolinearis* Hassl., *Lupinus heptaphyllus* (Vell.) Hassl. f. *typicus* Hassl., nom. inval., *Lupinus hilarianus* Benth., *Lupinus hilarianus* Benth. var. *pseudolinearis* (Hassl.) C.P. Sm., *Lupinus hilarianus* Benth. var. *reineckianus* C.P. Sm., *Lupinus palmarum* C.P. Sm., *Lupinus pseudolinearis* (Hassl.) C.P. Sm., *Lupinus rubidus* C.P. Sm., *Lupinus sanctae-anae* C.P. Sm.
Ref.: Smith, 1943-44; Dunn & Planchuelo, 1981; Planchuelo, 1996.
Hábito: Hierba.
Status: Nativa.
Elevación: 0-500 m.
Prov.: BA, CH, COR, ER, FO, MI, SF, TU.
Paises limítrofes: BR, PA, UR.
Ejemplar examinado: *Krapovickas et al. 17195* (CTES, MO, UC).

Lupinus grisebachianus C.P. Sm.
Ref.: Smith, 1943-44; Planchuelo, 1978; Planchuelo & Dunn, 1980.
Hábito: Hierba.
Status: Nativa.
Elevación: 2500-4000 m.
Prov.: JU, SA.
Paises limítrofes: CH.
Ejemplar examinado: *Lorentz e Hieronymus 58* (holotipo, GOET; isotipos, CORD, F).

Lupinus guaraniticus (Hassl.) C.P. Sm.
Sin.: *Lupinus attenuatus* Gardner var. *guaraniticus* Hassl.
Ref.: Smith, 1943-44; Planchuelo, 1978; Planchuelo & Dunn, 1984.
Hábito: Hierba.
Status: Nativa.
Elevación: 0-500 m.
Prov.: COR, MI.
Paises limítrofes: BR, PA.
Ejemplar examinado: *Schinini y Carnevali 10323* (CTES, MO, UC).

Lupinus hassleranus C.P. Sm. = **Lupinus gibertianus** C.P. Sm.

Lupinus heptaphyllus (Vell.) Hassl. = **Lupinus gibertianus** C.P. Sm.

Lupinus heptaphyllus (Vell.) Hassl. f. *hilarianus* Benth. = **Lupinus gibertianus** C.P. Sm.

Lupinus heptaphyllus (Vell.) Hassl. f. *pseudolinearis* Hassl. = **Lupinus gibertianus** C.P. Sm.

Lupinus heptaphyllus (Vell.) Hassl. f. *typicus* Hassl., nom. inval. = **Lupinus gibertianus** C.P. Sm.

Lupinus hieronymi C.P. Sm.
Ref.: Smith, 1943-44.
Hábito: Hierba.
Status: Endémica.
Elevación: 3000-4000 m.
Prov.: LR.
Ejemplar examinado: *Hieronymus y Niederlein 645* (isotipo, CORD hoja b).

Lupinus hilarianus Benth. = **Lupinus gibertianus** C.P. Sm.

Lupinus hilarianus Benth. var. *pseudolinearis* (Hassl.) C.P. Sm. = **Lupinus gibertianus** C.P. Sm.

Lupinus hilarianus Benth. var. *reineckianus* C.P. Sm. = **Lupinus gibertianus** C.P. Sm.

Lupinus hiulcus C.P. Sm. = **Lupinus burkartianus** C.P. Sm.

Lupinus honoratus C.P. Sm.
Sin.: *Lupinus lilloanus* C.P. Sm., *Lupinus monetianus* C.P. Sm., *Lupinus schreiteranus* C.P. Sm.
Ref.: Smith, 1943-44; Planchuelo, 1978.
Hábito: Hierba.
Status: Endémica.
Elevación: 1000-2500 m.
Prov.: CA, CO, JU, TU.
Ejemplar examinado: *Montiel 57* (GH, SI, U).

Lupinus ignobilis C.P. Sm.
Sin.: *Lupinus bailetianus* C.P. Sm., *Lupinus inferior* C.P. Sm., *Lupinus resimus* C.P. Sm.
Ref.: Planchuelo, 1978.
Hábito: Hierba.
Status: Nativa.
Elevación: 2000-3500 m.
Prov.: JU, SA, TU.
Paises limítrofes: BO.
Ejemplar examinado: *Venturi 6679* (holotipo, US).

Lupinus incanus Graham = **Lupinus albescens** Hook. & Arn.

Lupinus inferior C.P. Sm. = **Lupinus ignobilis** C.P. Sm.

Lupinus intortus C.P. Sm.
Ref.: Smith, 1943-44; Planchuelo, 1978.
Hábito: Hierba.
Status: Endémica.
Elevación: 2500-3000 m.
Prov.: JU.
Ejemplar examinado: *Castillón 7139* (holotipo, DS).

Lupinus jorgenseanus C.P. Sm. = **Lupinus umidicola** C.P. Sm.

Lupinus jujuyensis C.P. Sm.
Ref.: Smith, 1943-44; Planchuelo, 1978.
Hábito: Hierba.
Status: Endémica.
Elevación: 3000-4500 m.
Prov.: JU.
Ejemplar examinado: *Venturi 8163* (holotipo, K; isotipos, GH, MO, UC, US).

Lupinus lanatus Benth.
Ref.: Planchuelo & Dunn, 1989.
Hábito: Hierba.
Status: Nativa.
Elevación: 0-500 m.
Prov.: MI.
Paises limítrofes: BR.
Ejemplar examinado: *Bertoni 638* (LIL).

Lupinus lilloanus C.P. Sm. = **Lupinus honoratus** C.P. Sm.

Lupinus linearis Desr.
Ref.: Planchuelo, 1978, 1996; Alonso Paz, 1991.
Hábito: Hierba.
Status: Nativa.
Elevación: 0-500 m.
Prov.: COR, ER, MI.
Paises limítrofes: UR.
Ejemplar examinado: *Krapovickas 15477* (SI, UC).

Lupinus magnispualatus Planchuelo & D.B. Dunn
Ref.: Planchuelo & Dunn, 1989.
Hábito: Hierba.
Status: Nativa.
Elevación: 0-500 m.
Prov.: MI.
Paises limítrofes: BR.
Ejemplar examinado: *Planchuelo 671* (ACOR).

Lupinus microcarpus Sims
Sin.: *Lupinus comberanus* C.P. Sm., *Lupinus fischeranus* C.P. Sm., *Lupinus verticillatus* C.P. Sm.
Ref.: Planchuelo, 1984; Gómez-Sosa, 1994.
Hábito: Hierba.
Status: Nativa.
Elevación: 0-2500 m.
Prov.: CHU, ME, RN, SC.
Paises limítrofes: CH.
Ejemplar examinado: *Soriano 2360* (BAB).

Lupinus missionum (Hassl.) C.P. Sm. = **Lupinus paraguariensis** Chodat & Hassl.

Lupinus monetianus C.P. Sm. = **Lupinus honoratus** C.P. Sm.

Lupinus multiflorus Desr.
Sin.: *Lupinus multiflorus* Desr. var. *grandiflorus* Benth., *Lupinus multiflorus* Desr. var. *paucifoliatus* Benth.
Ref.: Planchuelo, 1978; Planchuelo & Dunn, 1984.
Hábito: Hierba.
Status: Nativa.
Elevación: 0-500 m.
Prov.: BA, COR.
Paises limítrofes: BR, UR.
Ejemplar examinado: *Parodi 12548* (BAA, GH).

Lupinus multiflorus Desr. var. *grandiflorus* Benth. = **Lupinus multiflorus** Desr.

Lupinus multiflorus Desr. var. *paucifoliatus* Benth. = **Lupinus multiflorus** Desr.

Lupinus opertospicus C.P. Sm.
Ref.: Smith, 1943-44; Planchuelo, 1978.
Hábito: Hierba.
Status: Endémica.
Elevación: 2500-3000 m.
Prov.: JU.
Ejemplar examinado: *Budin 11793* (holotipo, DS; isotipos, LIL, SI).

Lupinus palmarum C.P. Sm. = **Lupinus gibertianus** C.P. Sm.

Lupinus paraguariensis Chodat & Hassl.
Sin.: *Lupinus missionum* (Hassl.) C.P. Sm., *Lupinus paraguariensis* Chodat & Hassl. var. *missionum* Hassl.
Ref.: Planchuelo, 1978; Planchuelo & Dunn, 1984.
Hábito: Hierba.
Status: Nativa.
Elevación: 0-500 m.
Prov.: COR, MI.

Paises limítrofes: BR, PA.
Ejemplar examinado: *Cabrera et al. 29362* (LP, SI, UMO).

Lupinus paraguariensis Chodat & Hassl. var. *missionum* Hassl. = **Lupinus paraguariensis** Chodat & Hassl.

Lupinus parodianus C.P. Sm. = **Lupinus albescens** Hook. & Arn.

Lupinus pavorum C.P. Sm. = **Lupinus burkartianus** C.P. Sm.

Lupinus polyphyllus Lindl.
Ref.: Nowacki & Dunn, 1965; Planchuelo, 1984.
Hábito: Hierba.
Status: Introducida.
Elevación: 500-1500 m.
Prov.: CHU, NE, RN, TF.
Paises limítrofes: CH.
Ejemplar examinado: *Dawson 1347* (BAB).
Nota: Esta especie es nativa del noroeste norteamericano y fue introducida como ornamental en diversas regiones del mundo.

Lupinus praedictus C.P. Sm. = **Lupinus andicola** Gillies

Lupinus pseudolinearis (Hassl.) C.P. Sm. = **Lupinus gibertianus** C.P. Sm.

Lupinus purolanatus C.P. Sm. = **Lupinus aureonitens** Gillies

Lupinus resimus C.P. Sm. = **Lupinus ignobilis** C.P. Sm.

Lupinus rubidus C.P. Sm. = **Lupinus gibertianus** C.P. Sm.

Lupinus sanctae-anae C.P. Sm. = **Lupinus gibertianus** C.P. Sm.

Lupinus schreiteranus C.P. Sm. = **Lupinus honoratus** C.P. Sm.

Lupinus sellowianus Harms
Ref.: Planchuelo & Dunn, 1984.
Hábito: Hierba.
Status: Nativa.
Elevación: 0-500 m.
Prov.: MI.
Paises limítrofes: BR.
Ejemplar examinado: *Krapovickas et al. 23381* (CTES).

Lupinus sierra-zentae C.P. Sm. = **Lupinus umidicola** C.P. Sm.

Lupinus solitarius C.P. Sm. = **Lupinus burkartianus** C.P. Sm.

Lupinus subacaulis Griseb.
Sin.: *Lupinus chilensis* C.P. Sm.
Ref.: Planchuelo, 1978; Planchuelo & Dunn, 1980.
Hábito: Hierba.
Status: Nativa.
Elevación: 2500-4000 m.
Prov.: JU, SA.
Paises limítrofes: CH.
Ejemplar examinado: *Lorentz e Hieronymus 598* (holotipo, GOET; isotipos, CORD, F, frag. SI).

Lupinus subinflatus C.P. Sm.
Ref.: Smith, 1943-44; Planchuelo, 1978; Planchuelo & Dunn, 1980.
Hábito: Hierba.
Status: Nativa.
Elevación: 2500-4000 m.
Prov.: JU, SA, TU.
Paises limítrofes: BO, CH.
Ejemplar examinado: *Balls 6060* (holotipo, US; isotipos, F, UC).

Lupinus tafiensis C.P. Sm.
Ref.: Smith, 1943-44; Planchuelo, 1978.
Hábito: Hierba.
Status: Endémica.
Elevación: 2000-2500 m.
Prov.: TU.
Ejemplar examinado: *Castillón 2016* (holotipo, DS).

Lupinus tilcanicus C.P. Sm. = **Lupinus umidicola** C.P. Sm.

Lupinus tomentosus DC.
Ref.: Planchuelo, 1978.
Hábito: Arbusto.
Status: Nativa.
Elevación: 2500-3500 m.
Prov.: JU.
Paises limítrofes: BO.
Ejemplar examinado: *West 6331* (GH, MO, UC).

Lupinus tucumanensis C.P. Sm.
Ref.: Smith, 1943-44; Planchuelo, 1978.
Hábito: Hierba.
Status: Endémica.
Elevación: 2500-3500 m.
Prov.: LR, TU.
Ejemplar examinado: *Rodríguez 407* (holotipo, DS; isotipos, CTES, GH, LIL).

Lupinus ultramontanus C.P. Sm.
Ref.: Smith, 1943-44; Planchuelo, 1978.
Hábito: Subarbusto.
Status: Endémica.
Elevación: 2500-3500 m.
Prov.: CA, SA.
Ejemplar examinado: *Schickendantz 106* (isotipo, CORD).

Lupinus umidicola C.P. Sm.
Sin.: *Lupinus cafayatensis* C.P. Sm., *Lupinus castillonanus* C.P. Sm., *Lupinus catamarcensis* C.P. Sm., *Lupinus jorgenseanus* C.P. Sm., *Lupinus sierra-zentae* C.P. Sm., *Lupinus tilcanicus* C.P. Sm.
Ref.: Smith, 1941; Planchuelo, 1978; Gómez-Sosa, 1994.
Hábito: Hierba.
Status: Endémica.
Elevación: 1000-3500 m.
Prov.: CA, COR, JU, SA, TU.
Ejemplar examinado: *Balls 6031* (holotipo, US; isotipo, F).

Lupinus venturianus C.P. Sm. = **Lupinus burkartianus** C.P. Sm.

Lupinus verticillatus C.P. Sm. = **Lupinus microcarpus** Sims

Lysiloma marchiana Griseb. = **Zapoteca portoricensis** (Jacq.) H.M. Hern.
Ref.: Hernández, 1989.

Lysiloma polyphylla (Clos) Benth. = **Acacia visco** Lorentz ex Griseb.
Ref.: Cialdella, 1984.

Lysiloma polyphylla Benth. = **Acacia visco** Lorentz ex Griseb.
Ref.: Cialdella, 1984.

Machaerium Pers. Papilionoideae, Dalbergiaeae.

Número de especies: 7

Machaerium aculeatum Raddi
Sin.: *Drepanocarpus polyphyllus* Benth., *Machaerium sericiflorum* Vogel, *Nissolia aculeata* (Raddi) DC.
Ref.: Burkart, 1952a; Bernardi, 1984; Lewis, 1987.
Hábito: Arbusto o árbol.
Status: Nativa.
Elevación: 0-500 m.
Prov.: MI.
Paises limítrofes: BR.
Ejemplar examinado: *Reitz y Klein 1558* (SI).

Machaerium acutifolium Vogel
Ref.: Burkart, 1952a; Lewis, 1987.
Hábito: Árbol.
Status: Nativa.
Elevación: 0-500 m.
Prov.: MI.
Paises limítrofes: BO, BR, PA.
Ejemplar examinado: *Parodi 4432* (SI).

Machaerium angustifolium Vogel
Ref.: Devoto & Rothkugel, 1942.
Hábito: Árbol.
Status: Nativa.
Elevación: 0-500 m.
Prov.: MI.
Paises limítrofes: BR.
Ejemplar examinado: *Grüner 807* (SI).

Machaerium brasiliense Vogel
Sin.: *Machaerium ciliatum* Benth., *Machaerium luschnathianum* J. Presl
Ref.: Burkart, 1952a.
Hábito: Árbol.
Status: Nativa.
Elevación: 0-500 m.
Prov.: MI.
Paises limítrofes: BR, PA.
Ejemplar examinado: *Hatschbach et al. 12210* (SI).

Machaerium ciliatum Benth. = **Machaerium brasiliense** Vogel
Ref.: Burkart, 1952a.

Machaerium fertile Griseb. = **Tipuana tipu** (Benth.) Kuntze

Machaerium luschnathianum J. Presl = **Machaerium brasiliense** Vogel
Ref.: Burkart, 1952a.

Machaerium minutiflorum Tul.
Sin.: *Machaerium stipitatum* (DC.) Vogel
Ref.: Burkart, 1952a; López et al., 1987.
Hábito: Árbol.
Status: Nativa.
Elevación: 0-500 m.
Prov.: MI.
Paises limítrofes: BR, PA.
Ejemplar examinado: *Burkart 14724* (SI).

Machaerium nyctitans (Vell.) Benth.
Sin.: *Nissolia nyctitans* Vell.
Ref.: Burkart, 1952a.
Hábito: Árbol.
Status: Nativa.
Elevación: 0-500 m.
Prov.: COR, MI.
Paises limítrofes: BR, PA.
Ejemplar examinado: *Cozzo 46M* (SI).

Machaerium paraguariense Hassl.
Sin.: *Machaerium paraguariense* Hassl. var. *cuspidatum* Hassl.
Ref.: Burkart, 1952a; Tressens, 1981.
Hábito: Árbol.
Status: Nativa.
Elevación: 0-500 m.
Prov.: COR, MI.
Paises limítrofes: BO, BR, PA.
Ejemplar examinado: *Meyer 5996* (LIL, SI).

Machaerium paraguariense Hassl. var. *cuspidatum* Hassl. = **Machaerium paraguariense** Hassl.
Ref.: Burkart, 1952a.

Machaerium sericiflorum Vogel = **Machaerium aculeatum** Raddi
Ref.: Bernardi, 1984.

Machaerium stipitatum (DC.) Vogel = **Machaerium minutiflorum** Tul.

Machaerium tipu Benth. = **Tipuana tipu** (Benth.) Kuntze

Macroptilium (Benth.) Urb. Papilionoideae, Phaseoleae.

Número de especies: 9, 1 especie endémica.

Macroptilium arenarium (Bacigalupo) S.I. Drewes & R.A. Palacios
Sin.: *Macroptilium prostratum* (Benth.) Urb. var. *arenarium* Bacigalupo
Ref.: Drewes & Palacios, 1995.
Hábito: Hierba.
Status: Endémica.
Elevación: 0-500 m.
Prov.: COR, ER, SF.
Ejemplar examinado: *Troncoso et al. 2988* (SI).

Macroptilium bracteatum (Nees & C. Mart.) Maréchal & Baudet
Sin.: *Phaseolus bracteatus* Nees & C. Mart., *Phaseolus bracteatus* Nees & C. Mart. f. *panduriformis* Hassl., *Phaseolus bracteatus* Nees & C. Mart. f. *rhomboidalis* Hassl., *Phaseolus decipiens* Salzm. ex Benth.
Ref.: Maréchal & Baudet, 1977; Drewes, 1995.
Hábito: Enredadera.
Status: Nativa.
Elevación: 0-2000 m.
Prov.: CA, CH, CO, COR, ER, FO, JU, SA, TU.
Paises limítrofes: BO, BR, PA.
Ejemplar examinado: *Drewes 501* (BAFC).

Macroptilium erythroloma (C. Mart. ex Benth.) Urb.
Sin.: *Phaseolus erythroloma* C. Mart. ex Benth., *Phaseolus monophyllus*var. *rufus* (Micheli) Hassl., *Phaseolus rubidus* Piper, *Phaseolus rufus* Micheli, hom. illeg.
Ref.: Urban, 1928; Drewes, 1995.
Hábito: Hierba o enredadera.
Status: Nativa.
Elevación: 0-2000 m.
Prov.: CH, CO, COR, FO, JU, MI, SA, SF, TU.
Paises limítrofes: BO, BR, PA.
Ejemplar examinado: *Palacios y Bravo 1290* (BAFC).

Macroptilium fraternum (Piper) Juárez
Sin.: *Phaseolus fraternus* Piper, *Phaseolus panduratus* C. Mart. ex Benth. var. *tuberosus* Hicken
Ref.: Drewes, 1995.
Hábito: Hierba.
Status: Nativa.
Elevación: 500-2000 m.
Prov.: CA, CO, JU, SA, TU.
Paises limítrofes: BO.
Ejemplar examinado: *Hoc 58* (BAFC).

Macroptilium geophilum (Burkart) Debouck, Juárez & Pérez = **Macroptilium panduratum** (C. Mart. ex Benth.) Maréchal & Baudet
Ref.: Drewes, 1995.

Macroptilium lathyroides (L.) Urb.
Sin.: *Lotus maritimus* Vell., hom. illeg., *Phaseolus crotalarioides* Mart. ex Benth., *Phaseolus hastifolius* C. Mart. ex Benth., *Phaseolus lathyroides* L., *Phaseolus lathyroides* L. f. *chacoensis* Hassl., *Phaseolus lathyroides* L. f. *hirsutus* Hassl., *Phaseolus lathyroides* L. f. *reapandus* Hassl., *Phaseolus lathyroides* L. f. *typicus* Hassl., nom. inval., *Phaseolus lathyroides* L. var. *genuinus* Hassl., nom. inval., *Phaseolus lathyroides* L. var. *semierectus* (L.) Hassl., *Phaseolus maritimus* (Vell.) Benth., *Phaseolus psoraleoides* Wight & Arn., *Phaseolus semierectus* L., *Phaseolus semierectus* L. var. *angustifolius* Benth., *Phaseolus semierectus* L. var. *nanus* Benth., *Phaseolus semierectus* L. var. *subhastatus* Benth., *Phaseolus strictus* Braun & Bouché
Ref.: Urban, 1928; Barbosa, 1987; Drewes, 1995.
Hábito: Hierba.
Status: Nativa.
Elevación: 0-1000 m.
Prov.: CH, COR, FO, JU, SA, SF.
Paises limítrofes: BO, BR, CH, PA.
Ejemplar examinado: *Palacios 891* (BAFC).

Macroptilium longepedunculatum (C. Mart. ex Benth.) Urb.
Sin.: *Phaseolus longepedunculatus* C. Mart. ex Benth., *Phaseolus longepedunculatus* C. Mart. ex Benth. var. *angustifolius* Benth., *Phaseolus longepedunculatus* C. Mart. ex Benth. var. *latifolius* Benth., *Phaseolus longepedunculatus* C. Mart. ex Benth. var. *subcoriaceus* Benth.
Ref.: Urban, 1928; Drewes, 1995.
Hábito: Enredadera.
Status: Nativa.
Elevación: 0-500 m.
Prov.: CH, COR, FO, SF.
Paises limítrofes: BO, BR, PA.
Ejemplar examinado: *Palacios 908* (BAFC).

Macroptilium panduratum (C. Mart. ex Benth.) Maréchal & Baudet
Sin.: *Macroptilium geophilum* (Burkart) Debouck, Juárez & Pérez, *Phaseolus geophilus* Burkart, *Phaseolus panduratus* C. Mart. ex Benth., *Phaseolus panduratus* C. Mart. ex Benth. f. *eupanduratus* Hassl., nom. inval.
Ref.: Maréchal & Baudet, 1977; Drewes, 1995.
Hábito: Hierba.
Status: Nativa.
Elevación: 0-1000 m.
Prov.: CA, CH, CO, JU, MI, SA, SE, TU
Paises limítrofes: BO, BR, PA.
Ejemplar examinado: *Fernández 1624* (BAFC, CTES, SI).

Macroptilium prostratum (Benth.) Urb.
Sin.: *Phaseolus prostratus*var. *angustifolius* Benth. , *Phaseolus prostratus* Benth., *Phaseolus prostratus* Benth. f. *pseudo-ovatifolius* Hassl., *Phaseolus prostratus* Benth. var. *ovatifolius* Benth.
Ref.: Urban, 1928; Drewes, 1995.
Hábito: Hierba.
Status: Nativa.
Elevación: 0-1500 m.
Prov.: BA, CH, CO, COR, ER, JU, MI, SA, SE, SF, TU.
Paises limítrofes: BO, BR, PA, UR.
Ejemplar examinado: *Palacios 855* (BAFC).

Macroptilium prostratum (Benth.) Urb. var. *arenarium* Bacigalupo = **Macroptilium arenarium** (Bacigalupo) S.I. Drewes & R.A. Palacios
Ref.: Drewes & Palacios, 1995.

Macroptilium psammodes (Lindm.) S.I. Drewes & R.A. Palacios
Sin.: *Phaseolus panduratus* C. Mart. ex Benth. f. *ovatifolius* Hassl., *Phaseolus panduratus* C. Mart. ex Benth. f. *psammodes* (Lindm.) Hassl., *Phaseolus psammodes* Lindm.
Ref.: Drewes & Palacios, 1994; Drewes, 1995.
Hábito: Hierba.
Status: Nativa.
Elevación: 0-500 m.
Prov.: COR, MI.
Paises limítrofes: BR, PA.
Ejemplar examinado: *Hoc et al. 1083* (BAFC).

Manganaroa furcata (Gillies ex Hook. & Arn.) Speg. = **Acacia furcatispina** Burkart
Ref.: Cialdella, 1984.

Manganaroa martii (Benth.) Speg. = **Acacia martii** Benth.
Ref.: Cialdella, 1984.

Manganaroa monacantha (Willd.) Speg. = **Acacia monacantha** Willd. f. **monacantha**
Ref.: Cialdella, 1984.

Manganaroa paniculata (Willd.) Speg. var. *paraguayensis* Speg. = **Acacia martii** Benth.
Ref.: Cialdella, 1984.

Manganaroa platensis (Manganaro) Speg. = **Acacia visco** Lorentz ex Griseb.
Ref.: Cialdella, 1984.

Manganaroa subsericea Speg. = **Acacia visco** Lorentz ex Griseb.
Ref.: Cialdella, 1984.

Manganaroa velutina var. *glabrescens* Speg. = **Acacia velutina** var. **monadena** Hassl.
Ref.: Cialdella, 1984.

Medica lupulina Scop. = **Medicago lupulina** L.

Medica sativa Lam. = **Medicago sativa** L.

Medicago L. Papilionoideae, Trifolieae.

Número de especies: 7

Medicago apiculata Willd. = **Medicago polymorpha** L. var. **brevispina** (Benth.) Heyn

Medicago apiculata Willd. var. *confinis* Koch = **Medicago polymorpha** L. var. **confinis** (Koch) Ooststr.

Medicago arabica (L.) All., comb. superfl. = **Medicago arabica** (L.) Huds.

Medicago arabica (L.) Huds.
Sin.: *Medicago arabica* (L.) All., comb. superfl., *Medicago arabica* (L.) Huds. f. *purpurea* Burkart, *Medicago maculata* Sibth., *Medicago polymorpha* L. var. *arabica* L.
Ref.: Burkart, 1952a, 1987a; Lesins & Lesins, 1979; Fortunato, 1984a.
Hábito: Hierba.
Status: Adventicia.
Elevación: 0-500 m.
Prov.: BA, ER, RN.
Paises limítrofes: BO, BR, CH, PA, UR.
Ejemplar examinado: *Burkart 1035* (SI).

Medicago arabica (L.) Huds. f. *purpurea* Burkart = **Medicago arabica** (L.) Huds.

Medicago denticulata Willd. = **Medicago polymorpha** L. var. **polymorpha**

Medicago denticulata Willd. var. *brevispina* Benth. = **Medicago polymorpha** L. var. **brevispina** (Benth.) Heyn
Ref.: Lesins & Lesins, 1979.

Medicago denticulata Willd. var. *vulgaris* Benth. = **Medicago polymorpha** L. var. **vulgaris** (Benth.) Shinners
Ref.: Burkart, 1967a, 1987a.

Medicago hispida Gaertn. = **Medicago polymorpha** L. var. **polymorpha**

Medicago hispida Gaertn. var. *apiculata* (Willd.) Burnat, comb. superfl. = **Medicago polymorpha** L. var. **brevispina** (Benth.) Heyn

Medicago hispida Gaertn. var. *apiculata* (Willd.) Urb. = **Medicago polymorpha** L. var. **brevispina** (Benth.) Heyn

Medicago hispida Gaertn. var. *confinis* (Koch) Asch. & Graebn., comb. superfl. = **Medicago polymorpha** L. var. **confinis** (Koch) Ooststr.

Medicago hispida Gaertn. var. *denticulata* (Willd.) Asch. & Graebn. = **Medicago polymorpha** L. var. **polymorpha**
Ref.: Burkart, 1967a, 1987a.

Medicago hispida Gaertn. subsp. *microcarpa* Urb. var. *polygyra* Urb. = **Medicago polymorpha** L. var. **polygyra** (Urb.) Shinners

Medicago hispida Gartner var. *confinis* (Koch) Burnat = **Medicago polymorpha** L. var. **confinis** (Koch) Ooststr.

Medicago lappacea Desr. = **Medicago polymorpha** L. var. **polymorpha**

Medicago lupulina L.
Sin.: *Medica lupulina* Scop.
Ref.: Burkart, 1952a, 1967a, 1987a; Fortunato, 1984a.
Hábito: Hierba.
Status: Adventicia.
Elevación: 0-500 m.
Prov.: BA, CA, CH, CHU, CO, COR, DF, ER, FO, JU, LP, LR, ME, MI, NE, RN, SA, SC, SE, SF, SJ, SL, TF, TU.
Ejemplar examinado: *Cabrera 31094* (SI).

Medicago maculata Sibth. = **Medicago arabica** (L.) Huds.

Medicago minima (L.) Bartal. var. *mollissima* (Spreng.) Koch = **Medicago minima** (L.) Bartal. var. **minima**

Medicago minima (L.) Bartal. var. **brevispina** Benth.
Sin.: *Medicago minima* (L.) Bartal. var. *pulchella* (Lowe) Fiori
Ref.: Burkart, 1987a.
Hábito: Hierba.
Status: Adventicia.
Elevación: 0-500 m.
Prov.: BA, ER.
Paises limítrofes: CH, UR.
Ejemplar examinado: *Parodi 5873* (SI).

Medicago minima (L.) Bartal. var. *canescens* Ser. ex DC. = **Medicago minima** (L.) Bartal. var. **minima**

Medicago minima (L.) Bartal. var. **minima**
Sin.: *Medicago minima* (L.) Grufberg, comb. illeg., *Medicago minima* (L.) Bartal. var. *canescens* Ser. ex DC., *Medicago minima* (L.) Bartal. var. *mollissima* (Spreng.) Koch, *Medicago minima* (L.) Bartal. var. *recta* (Desf.) Burnat, *Medicago minima* (L.) Bartal. var. *vulgaris* Urb., *Medicago polymorpha* L. var. *minima* L.
Ref.: Burkart, 1967a, 1987a; Fortunato, 1984a.
Hábito: Hierba.
Status: Adventicia.
Elevación: 0-500 m.
Prov.: BA, ER, RN.
Paises limítrofes: CH, UR.
Ejemplar examinado: *Burkart 22572* (SI).

Medicago minima (L.) Bartal. var. *pulchella* (Lowe) Fiori = **Medicago minima** (L.) Bartal. var. **brevispina** Benth.

Medicago minima (L.) Bartal. var. *recta* (Desf.) Burnat = **Medicago minima** (L.) Bartal. var. **minima**

Medicago minima (L.) Bartal. var. *vulgaris* Urb. = **Medicago minima** (L.) Bartal. var. **minima**

Medicago minima (L.) Grufberg, comb. illeg. = **Medicago minima** (L.) Bartal. var. **minima**

Medicago polymorpha L. var. *arabica* L. = **Medicago arabica** (L.) Huds.

Medicago polymorpha L. var. **brevispina** (Benth.) Heyn
Sin.: *Medicago apiculata* Willd., *Medicago denticulata* Willd. var. *brevispina* Benth., *Medicago hispida* Gaertn. var. *apiculata* (Willd.) Burnat, comb. superfl., *Medicago hispida* Gaertn. var. *apiculata* (Willd.) Urb.
Ref.: Burkart, 1967a; Fortunato, 1984a.
Hábito: Hierba.
Status: Adventicia.
Elevación: 0-500 m.
Prov.: BA, CO, RN, SF.
Paises limítrofes: BO, CH, UR.
Ejemplar examinado: *Burkart 13456* (SI).

Medicago polymorpha L. var. **confinis** (Koch) Ooststr.
Sin.: *Medicago apiculata* Willd. var. *confinis* Koch, *Medicago hispida* Gaertn. var. *confinis* (Koch) Asch. & Graebn., comb. superfl., *Medicago hispida* Gartner var. *confinis* (Koch) Burnat
Ref.: Burkart, 1967a, 1987a; Fortunato, 1984a.
Hábito: Hierba.
Status: Adventicia.
Elevación: 0-500 m.
Prov.: ER, RN, SC.
Paises limítrofes: CH, UR.
Ejemplar examinado: *Burkart et al. 25953* (SI).

Medicago polymorpha L. var. *minima* L. = **Medicago minima** (L.) Bartal. var. **minima**
Ref.: Fortunato, 1984a.

Medicago polymorpha L. var. **polymorpha**
Sin.: *Medicago denticulata* Willd., *Medicago hispida* Gaertn., *Medicago hispida* Gaertn. var. *denticulata* (Willd.) Asch. & Graebn., *Medicago lappacea* Desr., *Medicago polymorpha* L. subsp. *hispida* (Gaertn.) Ponert
Ref.: Burkart, 1967a, 1987a.
Hábito: Hierba.
Status: Introducida.
Elevación: 0-500 m.
Prov.: BA, CA, CH, CHU, CO, COR, DF, ER, FO, JU, LP, LR, ME, MI, NE, RN, SC, SE, SF, SJ, SL, TU.
Paises limítrofes: BR, CH, UR.
Ejemplar examinado: *Hicken s.n.* (SI 6535).

Medicago polymorpha L. var. **polygyra** (Urb.) Shinners
Sin.: *Medicago hispida* Gaertn. subsp. *microcarpa* Urb. var. *polygyra* Urb.
Ref.: Burkart, 1967.
Hábito: Hierba.
Status: Adventicia.
Elevación: 0-500 m.
Prov.: BA.
Paises limítrofes: BR, CH.
Ejemplar examinado: *Sin colector, s.n.* (SI).

Medicago polymorpha L. var. *scutellata* L. = **Medicago scutellata** (L.) Mill.
Ref.: Burkart, 1967.

Medicago polymorpha L. var. **vulgaris** (Benth.) Shinners
Sin.: *Medicago denticulata* Willd. var. *vulgaris* Benth.,
Ref.: Burkart, 1967a, 1987a; Fortunato, 1984a.
Hábito: Hierba.
Status: Adventicia.
Elevación: 0-500 m.
Prov.: CHU, ER, RN, SC.
Paises limítrofes: BO, BR, CH, PA, UR.
Ejemplar examinado: *Burkart 21225* (SI).

Medicago polymorpha L. subsp. *hispida* (Gaertn.) Ponert = **Medicago polymorpha** L. var. **polymorpha**
Ref.: Burkart, 1967, 1987.

Medicago sativa L. f. *alba* Benke = **Medicago sativa** L.

Medicago sativa L.
Sin.: *Medica sativa* Lam., *Medicago sativa* Lam. f. *alba* Benke
Ref.: Burkart 1952a, 1987a; Gómez-Sosa, 1994.
Hábito: Hierba o subarbusto.
Status: Adventicia.
Elevación: 0-500 m.
Prov.: BA, CHU, CO, COR, ER, JU, LR, ME, NE, RN, SC, SJ, TF.
Paises limítrofes: CH, UR.
Ejemplar examinado: *Guaglianone 1417* (SI).

Medicago scutellata (L.) Mill.
Sin.: *Medicago polymorpha* L. var. *scutellata* L.
Ref.: Burkart, 1967a.
Hábito: Hierba.
Status: Adventicia.
Elevación: 0-500 m.
Prov.: BA.
Ejemplar examinado: *Burkart 14800* (SI).

Medicago tribuloides Desr. = **Medicago truncatula** Gaertn.
Ref.: Lesins & Lesins, 1979.

Medicago truncatula Gaertn. var. *longispina* Urb. = **Medicago truncatula** Gaertn.

Medicago truncatula Gaertn.
Sin.: *Medicago tribuloides* Desr., *Medicago truncatula* Gaertn. var. *longispina* Urb.
Ref.: Burkart, 1937c, 1952a, 1967a, 1987a.
Hábito: Hierba.
Status: Adventicia.
Elevación: 0-500 m.
Prov.: BA, ER, RN.
Paises limítrofes: PA, UR.
Ejemplar examinado: *Burkart 6001a* (SI).

Meibomia bridgesii Schindl. = **Desmodium bridgesii** (Schindl.) Burkart
Ref.: Burkart, 1939b.

Meibomia cuneata (Hook. & Arn.) Hoehne = **Desmodium cuneatum** Hook. & Arn.
Ref.: Burkart, 1939b.

Meibomia hassleri Schindl. = **Desmodium hassleri** (Schindl.) Burkart
Ref.: Burkart, 1939b.

Meibomia neo-mexicana (A. Gray) Kuntze = **Desmodium neo-mexicanum** A. Gray
Ref.: Schubert, 1940.

Meibomia riedelii Schindl. = **Desmodium riedelii** (Schindl.) Burkart
Ref.: Burkart, 1939b.

Melilotus Mill. Papilionoideae, Trifolieae.
Número de especies: 4

Melilotus albus Desr.
Sin.: *Melilotus albus* Medik., nom. nud., *Melilotus leucanthus* Koch, *Melilotus macorrhiza* auct. non Hieron., *Melilotus melanospermus* Ser., *Sertula alba* (Desv.) Kuntze
Ref.: Rossow, 1984c; Gómez-Sosa, 1994.
Hábito: Hierba o subarbusto.
Status: Adventicia.
Elevación: 0-500 m.
Prov.: BA, CH, CHU, CO, ER, JU, ME, RN, SA, SC, SE, SJ, SL, TU.
Paises limítrofes: CH, UR.
Ejemplar examinado: *Soriano 2356* (BAB).

Melilotus albus Medik., nom. nud. = **Melilotus albus** Desr.

Melilotus indicus (L.) All.
Sin.: *Melilotus parviflora* Desf., *Sertula indica* (L.) Kuntze, *Trifolium indicus* L.
Ref.: Rossow, 1984c.
Hábito: Hierba o subarbusto.
Status: Adventicia.
Elevación: 0-500 m.
Prov.: BA, CA, CH, CO, ER, JU, LP, ME, NE, RN, SA, SC, SE, SF, SJ, TF, TU.
Paises limítrofes: BO, BR, CH, UR.
Ejemplar examinado: *Crespo et al. 1934* (BAB).

Melilotus leucanthus Koch = **Melilotus albus** Desr.

Melilotus macorrhiza auct. non Hieron. = **Melilotus albus** Desr.

Melilotus melanospermus Ser. = **Melilotus albus** Desr.

Melilotus messanensis (L.) All.
Sin.: *Melilotus siculus* (Vitman) J. Jacks., *Trifolium nessanense* L., *Trifolium siculus* Vitman
Ref.: Burkart, 1952a.
Hábito: Hierba o subarbusto.
Status: Adventicia.
Elevación: 0-500 m.
Prov.: BA.
Paises limítrofes: UR.
Ejemplar examinado: *Hauman s.n.* (BA).

Melilotus officinalis (L.) Lam.
Sin.: *Melilotus officinalis* (L.) Pall., comb. illeg., *Melilotus pallidus* Ser., *Sertula officinalis* (L.) Kuntze, *Trifolium officinalis* L.
Ref.: Rossow, 1984c.
Hábito: Hierba o subarbusto.
Status: Adventicia.
Elevación: 0-500 m.
Prov.: BA, CHU, ER, ME, NE, SC.
Ejemplar examinado: *Boelcke et al. TBPA-FIT 2942b* (BAB).

Melilotus officinalis (L.) Pall., comb. illeg. = **Melilotus officinalis** (L.) Lam.

Melilotus pallidus Ser. = **Melilotus officinalis** (L.) Lam.

Melilotus parviflora Desf. = **Melilotus indicus** (L.) All.

Melilotus siculus (Vitman) J. Jacks. = **Melilotus messanensis** (L.) All.

Micrantheum glomeratum Presl = **Trifolium glomeratum** L.
Ref.: Zohary & Heller, 1984.

Microlobius Presl. Mimosoideae, Mimoseae.
Número de especies: 1

Microlobius foetidus (Jacq.) M. Sousa & G. Andrade subsp. **paraguensis** (Benth.) M. Sousa & G. Andrade
Sin.: *Goldmania paraguensis* (Benth.) Brenan, *Piptadenia paraguensis* (Benth.) Lindm., *Piptadenia quadrifolia* N.E. Br., *Pithecellobium paraguense* Benth.
Ref.: Sousa & Andrade, 1992.
Hábito: Árbol.
Status: Nativa.
Elevación: 0-500 m.
Prov.: CH, FO.
Paises limítrofes: BR, PA.
Ejemplar examinado: *Fortunato et al. 4115* (BAB).

Micropteryx crista-galli (L.) Walp. = **Erythrina crista-galli** L.
Ref.: Krukoff & Barneby, 1974.

Micropteryx fasciculata (Benth.) Walp. = **Erythrina crista-galli** L.
Ref.: Krukoff & Barneby, 1974.

Micropteryx laurifolia (Jacq.) Walp. = **Erythrina crista-galli** L.
Ref.: Krukoff & Barneby, 1974.

Mimosa L. Mimosoideae, Mimoseae.

Número de especies: 55; 4 especies y 1 variedad endémicas.

Mimosa acanthophora Harms = **Mimosa hexandra** Micheli
Ref.: Barneby, 1991.

Mimosa acerba Benth. var. *asperrimoides* Burkart = **Mimosa dolens** Vell. subsp. **acerba** (Benth.) Barneby var. **latifolia** (Benth.) Barneby

Mimosa acerba Benth. var. *latifolia* Benth. = **Mimosa dolens** Vell. subsp. **acerba** (Benth.) Barneby var. **latifolia** (Benth.) Barneby

Mimosa acerba Benth. var. *strigosa* (Griseb.) Burkart = **Mimosa dolens** Vell. subsp. **acerba** (Benth.) Barneby var. **latifolia** (Benth.) Barneby

Mimosa adhaerens Kunth = **Mimosa debilis** Humb. & Bonpl. ex Willd.
Ref.: Barneby, 1991.

Mimosa adpressa Hook. & Arn.
Sin.: *Mimosa denhardtii* L.H. Bailey, nom. superfl.
Ref.: Barneby, 1991.
Hábito: Arbusto o subarbusto.
Status: Nativa.
Elevación: 0-500 m.
Prov.: COR, ER.
Paises limítrofes: UR.
Ejemplar examinado: *Bacigalupo et al. 1251* (BAB, SI).

Mimosa algarrobo Azara, nom. nud.

Mimosa amphigena Burkart = **Mimosa cruenta** Benth.
Ref.: Barneby, 1991.

Mimosa amphigena Burkart var. *eglandulosa* Burkart = **Mimosa cruenta** Benth.
Ref.: Barneby, 1991.

Mimosa amphigena Burkart var. *glabrescens* Burkart = **Mimosa cruenta** Benth.
Ref.: Barneby, 1991.

Mimosa amphigena Burkart var. *trachycarpoides* Burkart = **Mimosa cruenta** Benth.
Ref.: Barneby, 1991.

Mimosa amphigena Burkart var. *typica* Burkart, nom. inval. = **Mimosa cruenta** Benth.
Ref.: Barneby, 1991.

Mimosa angustissima Mill. = **Acacia angustissima** (Mill.) Kuntze

Mimosa argentinensis Burkart = **Mimosa debilis** Humb. & Bonpl. ex Willd.
Ref.: Barneby, 1991.

Mimosa argentinensis Burkart var. *saltensis* Burkart = **Mimosa debilis** Humb. & Bonpl. ex Willd.
Ref.: Barneby, 1991.

Mimosa articulata Duch., nom. nud. = **Mimosa somnians** Humb. & Bonpl. ex Willd.
Ref.: Barneby, 1991.

Mimosa asperata L. f. *armata* Hassl. = **Mimosa pellita** Humb. & Bonpl. ex Willd.
Ref.: Barneby, 1991.

Mimosa asperata L. f. *asperata* Hassl. = **Mimosa pellita** Humb. & Bonpl. ex Willd.
Ref.: Barneby, 1991.

Mimosa asperata L. f. *glabrescens* Hassl. = **Mimosa pellita** Humb. & Bonpl. ex Willd.
Ref.: Barneby, 1991.

Mimosa asperata L. f. *inermis* Lindm. = **Mimosa pellita** Humb. & Bonpl. ex Willd.
Ref.: Barneby, 1991.

Mimosa asperata L. f. *mollis* Hassl. = **Mimosa pellita** Humb. & Bonpl. ex Willd.
Ref.: Barneby, 1991.

Mimosa asperata L. f. *pubescens* (Benth.) Hassl. = **Mimosa pellita** Humb. & Bonpl. ex Willd.
Ref.: Barneby, 1991.

Mimosa asperata L. var. *cinerea*f. *longepedunculata* Hassl. = **Mimosa pellita** Humb. & Bonpl. ex Willd.
Ref.: Barneby, 1991.

Mimosa asperata L. var. *glabrior* Hook. & Arn. = **Mimosa pellita** Humb. & Bonpl. ex Willd.
Ref.: Barneby, 1991.

Mimosa asperata L. var. *laevior* DC., nom. illeg. = **Mimosa pellita** Humb. & Bonpl. ex Willd.
Ref.: Barneby, 1991.

Mimosa asperata L. var. *pigra* (L.) Willd., comb. illeg. = **Mimosa pellita** Humb. & Bonpl. ex Willd.
Ref.: Barneby, 1991.

Mimosa asperata L. var. *scandens* Ducke = **Mimosa pellita** Humb. & Bonpl. ex Willd.
Ref.: Barneby, 1991.

Mimosa axillaris auct. non Benth. = **Mimosa pedersenii** Barneby
Ref.: Barneby, 1991.

Mimosa balansae Micheli
Sin.: *Mimosa balansae* Micheli var. *robusta* Chodat & Hassl., *Mimosa balansae* Micheli var. *rojasiana* Hassl., *Mimosa brevipetiolata* Burkart var. *rojasiana* (Hassl.) Barneby, *Mimosa pudica* auct. non L.
Ref.: Fortunato, 1989.
Hábito: Hierba o subarbusto.
Status: Nativa.

Elevación: 0-500 m.
Prov.: COR, ER, MI.
Paises limítrofes: BR, PA, UR.
Ejemplar examinado: *Fortunato et al. 2091* (BAB, G, MO, SI).

Mimosa balansae Micheli var. *pauperoides* Burkart = **Mimosa pauperoides** (Burkart) Fortunato
Ref.: Fortunato, 1989.

Mimosa balansae Micheli var. *robusta* Chodat & Hassl. = **Mimosa balansae** Micheli
Ref.: Fortunato, 1989.

Mimosa balansae Micheli var. *rojasiana* Hassl. = **Mimosa balansae** Micheli
Ref.: Fortunato, 1989.

[Mimosa balsamica Molina]
Ref.: Bentham, 1875.
Nota: Taxón dudoso.

Mimosa barnebiana Fortunato & Tressens
Ref.: Fortunato & Tressens, 1989; Barneby, 1991.
Hábito: Arbusto o árbol.
Status: Nativa.
Elevación: 0-500 m.
Prov.: MI.
Paises limítrofes: PA.
Ejemplar examinado: *Schinini y Vanni 15802* (holotipo, CTES; isotipos, BAB, G, K, LIL, MO, SI,).

Mimosa bellatrix Hoffmanns. ex Steud., nom. nud. = **Mimosa pellita** Humb. & Bonpl. ex Willd.
Ref.: Barneby, 1991.

Mimosa bifurca Benth. var. **bifurca**
Sin.: *Mimosa hassleriana* auct. non Chodat, *Mimosa hassleriana* Chodat var. *multijuga* Hassl., *Mimosa hassleriana* Chodat var. *virgata* Hassl.
Ref.: Barneby, 1991.
Hábito: Arbusto.
Status: Nativa.
Elevación: 0-500 m.
Prov.: COR, MI.
Paises limítrofes: BR, PA, UR.
Ejemplar examinado: *Burkart 8118* (SI).

Mimosa bifurca Benth. var. **desmanthoides** (Hoehne) Barneby
Sin.: *Mimosa desmanthoides* Hoehne
Ref.: Barneby, 1991.
Hábito: Arbusto o subarbusto.
Status: Nativa.
Elevación: 0-1000 m.
Prov.: MI.
Paises limítrofes: BR.
Ejemplar examinado: *Eskuche 4696* (BAB).

Mimosa bimucronata (DC.) Kuntze
Sin.: *Acacia bimucronata* DC., *Mimosa bimucronata* (DC.) Kuntze var. *trichocarpa* Hassl., *Mimosa sepiaria* Benth., *Mimosa stuhlmannii* Harms
Ref.: Barneby, 1991.
Hábito: Arbusto o árbol.
Status: Nativa.
Elevación: 0-1000 m.
Prov.: COR, MI.
Paises limítrofes: BR, PA, UR.
Ejemplar examinado: *Fortunato et al. 3847* (BAB, LPB, MBM).

Mimosa bimucronata (DC.) Kuntze f. *micheliana* Hassl. = **Mimosa hexandra** Micheli
Ref.: Barneby, 1991.

Mimosa bimucronata (DC.) Kuntze f. *vepres* (Lindm.) Hassl. = **Mimosa hexandra** Micheli
Ref.: Barneby, 1991.

Mimosa bimucronata (DC.) Kuntze var. *gymnocarpa* Hassl. = **Mimosa hexandra** Micheli
Ref.: Barneby, 1991.

Mimosa bimucronata (DC.) Kuntze var. *hexandra* (Micheli) J.F. Macbr. = **Mimosa hexandra** Micheli
Ref.: Barneby, 1991.

Mimosa bimucronata (DC.) Kuntze var. *trichocarpa* Hassl. = **Mimosa bimucronata** (DC.) Kuntze
Ref.: Barneby, 1991.

Mimosa bimucronata (DC.) Kuntze subsp. *hexandra* (Micheli) Hassl. = **Mimosa hexandra** Micheli
Ref.: Barneby, 1991.

Mimosa bonplandii (Gillies ex Hook. & Arn.) Benth.
Sin.: *Acacia bonplandii* Gillies ex Hook. & Arn., *Acacia lepidota* Hook. & Arn.
Ref.: Barneby, 1991.
Hábito: Arbusto.
Status: Nativa.
Elevación: 0-500 m.
Prov.: BA, COR, ER.
Paises limítrofes: BR, UR.
Ejemplar examinado: *Clos 3695* (BAB).

Mimosa bracaatinga Hoehne = **Mimosa scabrella** Benth.
Ref.: Barneby, 1991.

Mimosa bracaatinga Hoehne f. *paucijuga* Hoehne = **Mimosa scabrella** Benth.
Ref.: Barneby, 1991.

Mimosa bracaatinga Hoehne var. *aspericarpa* Hoehne = **Mimosa scabrella** Benth.
Ref.: Barneby, 1991.

Mimosa brevipetiolata Burkart var. **brevipetiolata**
Ref.: Barneby, 1991.
Hábito: Hierba o subarbusto.
Status: Endémica.
Elevación: 0-500 m.
Prov.: MI.
Ejemplar examinado: *Burkart 15447* (holotipo, SI; isotipo, GH).

Mimosa brevipetiolata Burkart var. **hirtula** (Burkart) Barneby
Sin.: *Mimosa brevipetiolata* Burkart var. *pilosula* (Burkart) Barneby, *Mimosa oligophylla* auct. non Benth., *Mimosa oligophylla* Benth. var. *pilosula* Burkart, *Mimosa petraea* Chodat & Hassl. var. *hirtula* Burkart
Ref.: Barneby, 1991.
Hábito: Hierba o subarbusto.
Status: Nativa.
Elevación: 0-500 m.
Prov.: COR, ER, MI.
Paises limítrofes: PA, UR.
Ejemplar examinado: *Burkart 15270* (holotipo de *M. petraea* var. *hirtula,* SI).

Mimosa brevipetiolata Burkart var. *pauperoides* (Burkart) Barneby = **Mimosa pauperoides** (Burkart) Fortunato
Ref.: Fortunato, 1989.

Mimosa brevipetiolata Burkart var. *pilosula* (Burkart) Barneby = **Mimosa brevipetiolata** Burkart var. **hirtula** (Burkart) Barneby

Mimosa brevipetiolata Burkart var. *rojasiana* (Hassl.) Barneby = **Mimosa balansae** Micheli
Ref.: Fortunato, 1989.

Mimosa caaguazüensis Barneby
Sin.: *Mimosa nervosa* Bong. ex Benth. var. *macrophylla* Hassl., *Mimosa procurrens* auct. non Benth.
Ref.: Barneby, 1991.
Hábito: Hierba o subarbusto.
Status: Nativa.
Elevación: 0-500 m.
Prov.: MI.
Paises limítrofes: PA.
Ejemplar examinado: *Martínez Crovetto 8238* (BAB).

Mimosa caingüensis Burkart
Ref.: Barneby, 1991.
Hábito: Hierba o subarbusto.
Status: Endémica.
Elevación: 0-500 m.
Prov.: MI.
Ejemplar examinado: *Pierotti 5515* (sintipo, LIL).

Mimosa callosa Benth. = **Mimosa dolens** Vell. subsp. **callosa** (Benth.) Barneby
Ref.: Barneby, 1991.

Mimosa callosa Benth. var. *longiracemosa* Burkart = **Mimosa longiracemosa** (Burkart) Barneby
Ref.: Barneby, 1991.

Mimosa callosa Benth. var. *microphylla* Chodat & Hassl. = **Mimosa dolens** Vell. subsp. **callosa** (Benth.) Barneby
Ref.: Barneby, 1991.

Mimosa canescens Willd. = **Mimosa pellita** Humb. & Bonpl. ex Willd.
Ref.: Barneby, 1991.

Mimosa capillipes Benth. = **Mimosa gracilis** Benth. subsp. **capillipes** (Benth.) Barneby
Ref.: Barneby, 1991.

Mimosa capillipes Benth. var. *brevifolia* Benth. = **Mimosa gracilis** Benth. subsp. **capillipes** (Benth.) Barneby
Ref.: Barneby, 1991.

Mimosa capillipes Benth. var. *microphylla* Benth. = **Mimosa gracilis** Benth. subsp. **capillipes** (Benth.) Barneby
Ref.: Barneby, 1991.

Mimosa carinata Griseb. ex Lorentz, nom. nud. = **Mimozyganthus carinatus** (Griseb.) Burkart
Ref.: Burkart, 1939a.

Mimosa carinata Griseb. = **Mimozyganthus carinatus** (Griseb.) Burkart
Ref.: Burkart, 1939a.

Mimosa cauliflora (Willd.) Poir. = **Zygia cauliflora** (Willd.) Killip ex Record

Mimosa caven Molina = **Acacia caven** (Molina) Molina var. **caven**
Ref.: Burkart, 1946.

Mimosa cavenia Molina = **Acacia caven** (Molina) Molina var. **caven**
Ref.: Cialdella, 1984.

Mimosa ciliata Willd. = **Mimosa pellita** Humb. & Bonpl. ex Willd.
Ref.: Barneby, 1991.

Mimosa cinerea auct. non Benth. = **Mimosa pellita** Humb. & Bonpl. ex Willd.
Ref.: Barneby, 1991.

Mimosa cinerea Benth. var. *pubescens* Benth. = **Mimosa pellita** Humb. & Bonpl. ex Willd.
Ref.: Barneby, 1991.

Mimosa circinalis Cav., hom. illeg. = **Prosopis strombulifera** (Lam.) Benth. var. **strombulifera**
Ref.: Burkart, 1948.

Mimosa colubrina Vell. = **Anadenanthera colubrina** (Vell.) Brenan var. **cebil** (Griseb.) Altschul

Mimosa conferta Benth. = **Mimosa dolens** Vell. subsp. **acerba** (Benth.) Barneby var. **latifolia** (Benth.) Barneby

Mimosa conferta Benth. f. *brevipila* Chodat & Hassl. = **Mimosa dolens** Vell. subsp. **acerba** (Benth.) Barneby var. **latifolia** (Benth.) Barneby

Mimosa conferta Benth. f. *genuina* Chodat & Hassl., nom. inval. = **Mimosa dolens** Vell. subsp. **acerba** (Benth.) Barneby var. **latifolia** (Benth.) Barneby

Mimosa conferta Benth. f. *longepedunculata* Chodat & Hassl. = **Mimosa dolens** Vell. subsp. **acerba** (Benth.) Barneby var. **latifolia** (Benth.) Barneby

Mimosa conferta Benth. var. *guaranitica* Chodat & Hassl. = **Mimosa dolens** Vell. subsp. **acerba** (Benth.) Barneby var. **latifolia** (Benth.) Barneby

Mimosa contortisiliqua Vell. = **Enterolobium contortisiliquum** (Vell.) Morong

Mimosa cordistipula auct. non Benth. = **Mimosa paraguariae** Micheli

Mimosa cordobensis Ariza
Ref.: Barneby, 1991.
Hábito: Arbusto o subarbusto.
Status: Endémica.
Elevación: 0-500 m.
Prov.: CO.
Ejemplar examinado: *Hunziker et al. 24372* (holotipo de *M. cordobensis*, CORD).

Mimosa coroncoro Killip & Dugand = **Mimosa hexandra** Micheli
Ref.: Barneby, 1991.

Mimosa cruenta Benth.
Sin.: *Mimosa amphigena* Burkart, *Mimosa amphigena* Burkart var. *eglandulosa* Burkart, *Mimosa amphigena* Burkart var. *glabrescens* Burkart, *Mimosa amphigena* Burkart var. *trachycarpoides* Burkart, *Mimosa amphigena* Burkart var. *typica* Burkart, nom. inval., *Mimosa daleoides* Benth. f. *paraguariensis* Chodat & Hassl., *Mimosa trachycarpa* Benth.
Ref.: Barneby, 1991.
Hábito: Arbusto o subarbusto.
Status: Nativa.
Elevación: 0-500 m.
Prov.: COR, ER, MI.
Paises limítrofes: BR, UR.
Ejemplar examinado: *Bacigalupo et al. 500* (BAB, SI).

Mimosa daleoides Benth.
Sin.: *Mimosa daleoides* Benth. f. *paraguariensis* Chodat & Hassl., *Mimosa daleoides* Benth. f. *psammophila* Burkart, *Mimosa daleoides* Benth. var. *paraguariensis* (Chodat & Hassl.) Hassl.
Ref.: Barneby, 1991.
Hábito: Arbusto.
Status: Nativa.
Elevación: 0-1500 m.
Prov.: COR, MI.
Paises limítrofes: BO, BR, PA.
Ejemplar examinado: *Seijo et al. 536* (BAB, CTES).

Mimosa daleoides Benth. f. *paraguariensis* Chodat & Hassl. = **Mimosa daleoides** Benth.
Ref.: Barneby, 1991.

Mimosa daleoides Benth. f. *psammophila* Burkart = **Mimosa daleoides** Benth.
Ref.: Barneby, 1991.

Mimosa daleoides Benth. var. *paraguariensis* (Chodat & Hassl.) Hassl. = **Mimosa daleoides** Benth.
Ref.: Barneby, 1991.

Mimosa debilis Humb. & Bonpl. ex Willd.
Sin.: *Mimosa adhaerens* Kunth, *Mimosa argentinensis* Burkart, *Mimosa argentinensis* Burkart var. *saltensis* Burkart, *Mimosa debilis* var. *panamensis* Benth., *Mimosa fervida* Mart., *Mimosa hostmanii* Benth., *Mimosa notata* Steud., *Mimosa obtusifolia* Willd., *Mimosa panamensis* (Benth.) Standl., *Mimosa pauciseta* Benth., *Mimosa rixosa* Mart., *Mimosa sensitiva* auct. non L.
Ref.: Barneby, 1991.
Hábito: Subarbusto.
Status: Nativa.
Elevación: 0-1000 m.
Prov.: FO, JU, SA, SE, TU.
Paises limítrofes: BO, BR, PA.
Ejemplar examinado: *Calcagnini 900* (BAB 7742).

Mimosa debilis Humb. & Bonpl. ex Willd. var. *panamensis* Benth. = **Mimosa debilis** Humb. & Bonpl. ex Willd.
Ref.: Barneby, 1991.

Mimosa denhardtii L.H. Bailey, nom. superfl. = **Mimosa adpressa** Hook. & Arn.
Ref.: Barneby, 1991.

Mimosa desmanthoides Hoehne = **Mimosa bifurca** Benth. var. **desmanthoides** (Hoehne) Barneby
Ref.: Barneby, 1991.

Mimosa detinens Benth.
Sin.: *Mimosa lorentzii* Griseb.
Ref.: Burkart, 1948; Barneby, 1991.
Hábito: Arbusto.
Status: Nativa.
Elevación: 0-500 m.
Prov.: CA, CH, CO, FO, SE, TU.
Paises limítrofes: BO, PA.
Ejemplar examinado: *Lorentz 35* (isosintipos de *M. lorentzii*, CORD, SI).

Mimosa diplotricha C. Wright ex Sauvalle
Sin.: *Mimosa diplotricha* C. Wright ex Sauvalle var. *inermis* (Adelb.) Verdc., *Mimosa invisa* Mart. f. *inermis* Adelb., *Mimosa invisa* Mart. var. *echinocarpa* Chodat & Hassl., *Mimosa invisa* Mart., nom. illeg., *Mimosa ixiamensis* Rusby, *Mimosa longisiliqua* Lam., nom. inval., *Morongia pilosa* Standl., *Schrankia brachycarpa* Benth.
Ref.: Barneby, 1991.
Hábito: Hierba o subarbusto.
Status: Nativa.
Elevación: 0-500 m.
Prov.: CH, COR, FO, MI.
Paises limítrofes: BO, BR, PA.
Ejemplar examinado: *Fortunato 2524* (BAB, G, MO, SI).

Mimosa diplotricha C. Wright ex Sauvalle var. *inermis* (Adelb.) Verdc. = **Mimosa diplotricha** C. Wright ex Sauvalle
Ref.: Barneby, 1991.

Mimosa dispersa Benth. = **Mimosa hirsutissima** Mart.
Ref.: Barneby, 1991.

Mimosa distans auct. non Benth. = **Mimosa oligophylla** Micheli
Ref.: Burkart, 1948.

Mimosa diversipila Micheli var. **diversipila**
Ref.: Barneby, 1991.
Hábito: Hierba o subarbusto.
Status: Nativa.
Elevación: 0-500 m.
Prov.: COR, MI.
Paises limítrofes: BR, PA.
Ejemplar examinado: *Spegazzini 10015* (BAB).

Mimosa diversipila Micheli var. **subglabriseta** Barneby & Fortunato
Sin.: *Mimosa setistipula* auct. non Benth.
Ref.: Barneby, 1991.
Hábito: Hierba o subarbusto.
Status: Nativa.
Elevación: 0-500 m.
Prov.: COR, MI.
Paises limítrofes: PA.
Ejemplar examinado: *Krapovickas y Cristóbal 12094* (holotipo, US; isotipo, CTES).

Mimosa dolens Vell. subsp. **rigida** (Benth.) Barneby var. **foliosa** (Benth.) Barneby
Sin.: *Mimosa meticulosa* auct. non Mart., *Mimosa meticulosa* Mart. f. *glaberrima* Chodat & Hassl., *Mimosa meticulosa* Mart. f. *hirsuta* Chodat & Hassl., *Mimosa meticulosa* Mart. f. *intermedia* Chodat & Hassl., *Mimosa meticulosa* Mart. var. *microphylla* Benth., nom. superfl., *Mimosa meticulosa* Mart. var. *pubescens* Benth., *Mimosa rigescens* Benth. var. *foliosa* Benth.
Ref.: Barneby, 1991.
Hábito: Hierba o subarbusto.
Status: Nativa.
Elevación: 0-1000 m.
Prov.: COR, MI.
Paises limítrofes: BR, PA.
Ejemplar examinado: *Burkart 8119* (SI).

Mimosa dolens Vell. subsp. **acerba** (Benth.) Barneby var. **latifolia** (Benth.) Barneby
Sin.: *Mimosa acerba* Benth. var. *asperrimoides* Burkart, *Mimosa acerba* Benth. var. *latifolia* Benth., *Mimosa acerba* Benth. var. *strigosa* (Griseb.) Burkart, *Mimosa conferta* Benth., *Mimosa conferta* Benth. f. *brevipila* Chodat & Hassl., *Mimosa conferta* Benth. f. *genuina* Chodat & Hassl., nom. inval., *Mimosa conferta* Benth. f. *longepedunculata* Chodat & Hassl., *Mimosa conferta* Benth. var. *guaranitica* Chodat & Hassl., *Mimosa dolens* Vell. subsp. *acerba*var. *pubescens* (Benth.) Barneby, *Mimosa marginata* Lindl. var. *strigosa* Griseb., *Mimosa meticulosa* Mart. f. *pubescens* Chodat & Hassl.
Ref.: Barneby, 1991.
Hábito: Hierba o subarbusto.
Status: Nativa.
Elevación: 0-1000 m.
Prov.: COR, ER, MI.
Paises limítrofes: BR, PA, UR.
Ejemplar examinado: *Ibarrola 1629* (holotipo de *M. acerba* var. *asperrinoides*, LIL).

Mimosa dolens Vell. subsp. *acerba*var. *pubescens* (Benth.) Barneby = **Mimosa dolens** Vell. subsp. **acerba** (Benth.) Barneby var. **latifolia** (Benth.) Barneby

Mimosa dolens Vell. subsp. **callosa** (Benth.) Barneby
Sin.: *Mimosa callosa* Benth., *Mimosa callosa* Benth. var. *microphylla* Chodat & Hassl., *Mimosa setipes* Benth.
Ref.: Barneby, 1991.
Hábito: Hierba o subarbusto.
Status: Nativa.
Elevación: 0-500 m.
Prov.: COR, MI.
Paises limítrofes: BR, PA.
Ejemplar examinado: *Fortunato 1807* (BAB).

Mimosa dolichocephala Harms = **Mimosa strigillosa** Torr. & A. Gray

Mimosa dolichocephala Harms var. *sabulicola* (Chodat & Hassl.) Hassl. = **Mimosa strigillosa** Torr. & A. Gray

Mimosa dulcis Vell. = **Inga affinis** DC.
Ref.: Hoc, 1990.

Mimosa ephedroides (Gillies ex Hook. & Arn.) Benth.
Sin.: *Prosopis ephedroides* Gillies ex Hook. & Arn.
Ref.: Burkart, 1948.
Hábito: Arbusto o subarbusto.
Status: Endémica.
Prov.: CA, LR, ME, SJ, SL.
Ejemplar examinado: *Burkart 12378* (SI).

Mimosa fagifolia L. = **Inga laurina** (Sw.) Willd.

Mimosa farinosa Griseb.
Ref.: Burkart, 1948.
Hábito: Arbusto.
Status: Nativa.
Elevación: 500-1500 m.
Prov.: CA, CO, JU, SA, SE, TU.
Paises limítrofes: BO.
Ejemplar examinado: *Lorentz 343* (isosintipo de M. farinosa, CORD).

Mimosa farnesiana L. = **Acacia farnesiana** (L.) Willd.
Ref.: Cialdella, 1984.

Mimosa fascifolia Rizzini = **Mimosa hexandra** Micheli
Ref.: Barneby, 1991.

Mimosa fervida Mart. = **Mimosa debilis** Humb. & Bonpl. ex Willd.
Ref.: Barneby, 1991.

Mimosa flagellaris Benth.
Sin.: *Mimosa flagellaris* Benth. var. *hirsuta* Benth.
Ref.: Burkart, 1948; Barneby, 1991.
Hábito: Hierba o subarbusto.
Status: Nativa.
Elevación: 0-500 m.
Prov.: COR, ER.
Paises limítrofes: BR, PA, UR.
Ejemplar examinado: *Bacigalupo et al. 1328* (BAB, SI).

Mimosa flagellaris Benth. var. *hirsuta* Benth. = **Mimosa flagellaris** Benth.

Mimosa fragrans auct. non A. Gray = **Mimosa ostenii** Speg. ex Burkart
Ref.: Burkart, 1948.

Mimosa gilliesii Benth. = **Prosopidastrum globosum** (Gillies ex Hook. & Arn.) Burkart
Ref.: Burkart, 1964.

Mimosa glanduliseta Burkart
Ref.: Burkart, 1948.
Hábito: Arbusto.
Status: Nativa.
Elevación: 0-500 m.
Prov.: MI.
Paises limítrofes: PA.
Ejemplar examinado: *Ekman 1630* (holotipo, S; isotipos, MO, NY).

Mimosa glaucescens Benth., hom. illeg. = **Mimosa nuda** Benth. var. **glaberrima** (Chodat & Hassl.) Barneby
Ref.: Barneby, 1991.

Mimosa globosa (Gillies ex Hook. & Arn.) J.F. Macbr. = **Prosopidastrum globosum** (Gillies ex Hook. & Arn.) Burkart
Ref.: Burkart, 1964.

Mimosa glutinosa Chodat & Hassl.
Ref.: Burkart, 1948.
Hábito: Arbusto.
Status: Nativa.
Elevación: 0-500 m.
Prov.: COR, MI.
Paises limítrofes: BR, PA.
Ejemplar examinado: *Seijo et al. 330* (BAB).

Mimosa gracilis Benth. var. **leiocarpa** (Burkart) Barneby
Sin.: *Mimosa graminiformis* Chodat & Hassl., *Mimosa selloi* (Benth.) Benth. var. *leiocarpa* Burkart, *Mimosa selloi* auct. non (Benth.) Benth.
Ref.: Barneby, 1991.
Hábito: Hierba o subarbusto.
Status: Nativa.
Elevación: 0-500 m.
Prov.: COR, MI.
Paises limítrofes: BR, PA, UR.
Ejemplar examinado: *Burkart 15238* (holotipo de *M. selloi* var. *leiocarpa*, SI).

Mimosa gracilis Benth. subsp. **capillipes** (Benth.) Barneby
Sin.: *Mimosa capillipes* Benth., *Mimosa capillipes* Benth. var. *brevifolia* Benth., *Mimosa capillipes* Benth. var. *microphylla* Benth.
Ref.: Barneby, 1991.
Hábito: Hierba o subarbusto.
Status: Nativa.
Elevación: 0-1000 m.
Prov.: MI.
Paises limítrofes: BR.
Ejemplar examinado: *Pierotti 5339* (LIL).

Mimosa graminiformis Chodat & Hassl. = **Mimosa gracilis** Benth. var. **leiocarpa** (Burkart) Barneby
Ref.: Barneby, 1991.

Mimosa guaranitica Chodat & Hassl.
Sin.: *Mimosa guaranitica* Chodat & Hassl. f. *heterotricha* Burkart
Ref.: Barneby, 1991.
Hábito: Subarbusto.
Status: Nativa.
Elevación: 0-500 m.
Prov.: COR, MI.
Paises limítrofes: BR, PA.
Ejemplar examinado: *Ibarrola 3656* (holotipo de *M. guaranitica* f. *heterotricha*, LIL).

Mimosa guaranitica Chodat & Hassl. f. *heterotricha* Burkart = **Mimosa guaranitica** Chodat & Hassl.
Ref.: Barneby, 1991.

Mimosa guineensis Schumach. & Thonn. = **Zapoteca portoricensis** (Jacq.) H.M. Hern.
Ref.: Hernández, 1989.

Mimosa habbas Delile, nom. superfl. = **Mimosa pellita** Humb. & Bonpl. ex Willd.
Ref.: Barneby, 1991.

Mimosa hassleriana auct. non Chodat = **Mimosa bifurca** Benth. var. **bifurca**
Ref.: Barneby, 1991.

Mimosa hassleriana Chodat var. *multijuga* Hassl. = **Mimosa bifurca** Benth. var. **bifurca**
Ref.: Barneby, 1991.

Mimosa hassleriana Chodat var. *virgata* Hassl. = **Mimosa bifurca** Benth. var. **bifurca**
Ref.: Barneby, 1991.

Mimosa heterocarpa C. Presl = **Mimosa velloziana** Mart.
Ref.: Barneby, 1991.

Mimosa hexandra Micheli
Sin.: *Mimosa acanthophora* Harms, *Mimosa bimucronata* (DC.) Kuntze f. *micheliana* Hassl., *Mimosa bimucronata* (DC.) Kuntze f. *vepres* (Lindm.) Hassl., *Mimosa bimucronata* (DC.) Kuntze var. *gymnocarpa* Hassl., *Mimosa bimucronata* (DC.) Kuntze var. *hexandra* (Micheli) J.F. Macbr., *Mimosa bimucronata* (DC.) Kuntze subsp. *hexandra* (Micheli) Hassl., *Mimosa coroncoro* Killip & Dugand, *Mimosa fascifolia* Rizzini, *Mimosa hexandra* Micheli var. *repres* (Lindm.) Chodat & Hassl., *Mimosa hexandra* Micheli var. *tropica* S. Moore, *Mimosa vepres* Lindm.
Ref.: Barneby, 1991.
Hábito: Arbusto.
Status: Nativa.
Elevación: 0-500 m.
Prov.: FO, MI.
Paises limítrofes: BR, PA.
Ejemplar examinado: *Kermes 397* (BAB).

Mimosa hexandra Micheli var. *repres* (Lindm.) Chodat & Hassl. = **Mimosa hexandra** Micheli
Ref.: Barneby, 1991.

Mimosa hexandra Micheli var. *tropica* S. Moore = **Mimosa hexandra** Micheli
Ref.: Barneby, 1991.

Mimosa hirsutissima Mart.
Sin.: *Mimosa dispersa* Benth., *Mimosa nervosa* Bong. ex Benth. var. *alboffiana* Burkart, *Mimosa nervosa* Bong. ex Benth. var. *longipila* Benth., *Mimosa nervosa* Bong. ex Benth. var. *missionum* Burkart, *Mimosa nervosa* Bong. ex Benth. var. *villosissima* Benth., *Mimosa sturtiana* Huber, *Mimosa tomentosa* Humb. & Bonpl. ex Willd., nom. illeg.
Ref.: Barneby, 1991.
Hábito: Hierba o subarbusto.
Status: Nativa.
Elevación: 0-500 m.
Prov.: MI.
Paises limítrofes: BR, PA.
Ejemplar examinado: *Burkart 14743* (holotipo, SI; isotipo, GH).

Mimosa hostmanii Benth. = **Mimosa debilis** Humb. & Bonpl. ex Willd.
Ref.: Barneby, 1991.

Mimosa implexa auct. non Benth. = **Mimosa uraguensis** Hook. & Arn.
Ref.: Barneby, 1991.

[Mimosa incana (Spreng) Benth.]
Sin.: *Acacia sprengelii* Hook. & Arn.
Nota: Especie excluida de la flora argentina.

[Mimosa insidiosa Mart.]
Ref.: Burkart, 1948; Barneby, 1991.
Nota: Especie excluida de la flora argentina.

Mimosa invisa Mart. f. *inermis* Adelb. = **Mimosa diplotricha** C. Wright ex Sauvalle
Ref.: Barneby, 1991.

Mimosa invisa Mart., nom. illeg. = **Mimosa diplotricha** C. Wright ex Sauvalle
Ref.: Barneby, 1991.

Mimosa invisa Mart. var. *echinocarpa* Chodat & Hassl. = **Mimosa diplotricha** C. Wright ex Sauvalle
Ref.: Barneby, 1991.

Mimosa ixiamensis Rusby = **Mimosa diplotricha** C. Wright ex Sauvalle
Ref.: Barneby, 1991.

Mimosa jiramenensis H. Karst. = **Mimosa velloziana** Mart.
Ref.: Barneby, 1991.

Mimosa killipii Britton & Rose ex Britton & Killip = **Mimosa xanthocentra** Mart. var. **xanthocentra**
Ref.: Barneby, 1991.

Mimosa laurina Sw. = **Inga laurina** (Sw.) Willd.

Mimosa loeseneriana Glaz., nom. nud. = **Mimosa subsericea** Benth.

Mimosa longipinna Benth. = **Mimosa xanthocentra** Mart. var. **xanthocentra**
Ref.: Barneby, 1991.

Mimosa longiracemosa (Burkart) Barneby
Sin.: *Mimosa callosa* Benth. var. *longiracemosa* Burkart
Ref.: Barneby, 1991.
Hábito: Hierba o subarbusto.
Status: Endémica.
Prov.: MI.
Ejemplar examinado: *Rodríguez 626* (sintipo de *M. callosa* var. *longiracemosa*, SI; isosintipos, BA, LIL).

Mimosa longisiliqua Lam., nom. inval. = **Mimosa diplotricha** C. Wright ex Sauvalle
Ref.: Barneby, 1991.

Mimosa lorentzii Griseb. = **Mimosa detinens** Benth.

Mimosa lutea Mill. = **Acacia lutea** (Mill.) Britton

Mimosa macrocalyx Micheli
Ref.: Burkart, 1948b; Barneby, 1991.
Hábito: Hierba o subarbusto.
Status: Nativa.
Elevación: 0-500 m.
Prov.: MI.
Paises limítrofes: PA.
Ejemplar examinado: *Fontana FO305* (BAB).

Mimosa mansii Mart. = **Mimosa xanthocentra** Mart. var. **mansii** (Mart.) Barneby
Ref.: Barneby, 1991.

Mimosa marginata Lindl. var. *strigosa* Griseb. = **Mimosa dolens** Vell. subsp. **acerba** (Benth.) Barneby var. **latifolia** (Benth.) Barneby

Mimosa maxonii Standl. = **Mimosa velloziana** Mart.
Ref.: Barneby, 1991.

[Mimosa mazatlana M.E. Jones]
Nota: Especie excluida de la flora argentina.

Mimosa meticulosa auct. non Mart. = **Mimosa dolens** Vell. subsp. **rigida** (Benth.) Barneby var. **foliosa** (Benth.) Barneby
Ref.: Barneby, 1991.

[Mimosa meticulosa Mart.]
Ref.: Barneby, 1991.
Nota: Cita dudosa para la flora argentina.

Mimosa meticulosa Mart. f. *glaberrima* Chodat & Hassl. = **Mimosa dolens** Vell. subsp. **rigida** (Benth.) Barneby var. **foliosa** (Benth.) Barneby
Ref.: Barneby, 1991.

Mimosa meticulosa Mart. f. *hirsuta* Chodat & Hassl. = **Mimosa dolens** Vell. subsp. **rigida** (Benth.) Barneby var. **foliosa** (Benth.) Barneby
Ref.: Barneby, 1991.

Mimosa meticulosa Mart. f. *intermedia* Chodat & Hassl. = **Mimosa dolens** Vell. subsp. **rigida** (Benth.) Barneby var. **foliosa** (Benth.) Barneby
Ref.: Barneby, 1991.

Mimosa meticulosa Mart. f. *pubescens* Chodat & Hassl. = **Mimosa dolens** Vell. subsp. **acerba** (Benth.) Barneby var. **latifolia** (Benth.) Barneby

Mimosa meticulosa Mart. var. *microphylla* Benth., nom. superfl. = **Mimosa dolens** Vell. subsp. **rigida** (Benth.) Barneby var. **foliosa** (Benth.) Barneby
Ref.: Barneby, 1991.

Mimosa meticulosa Mart. var. *pubescens* Benth. = **Mimosa dolens** Vell. subsp. **rigida** (Benth.) Barneby var. **foliosa** (Benth.) Barneby
Ref.: Barneby, 1991.

Mimosa myriophylla Bong. ex Benth.
Sin.: *Mimosa pluriracemosa* Burkart, *Mimosa regnellii* auct. non Benth.
Ref.: Barneby, 1991.
Hábito: Arbusto o subarbusto.
Status: Nativa.
Elevación: 0-1000 m.
Prov.: COR, MI.
Paises limítrofes: BR, PA.
Ejemplar examinado: *Huidobro 4535* (holotipo de *M. pluriracemosa*, LIL).

Mimosa nervosa Bong. ex Benth. var. *alboffiana* Burkart = **Mimosa hirsutissima** Mart.
Ref.: Barneby, 1991.

Mimosa nervosa Bong. ex Benth. var. *longipila* Benth. = **Mimosa hirsutissima** Mart.
Ref.: Barneby, 1991.

Mimosa nervosa Bong. ex Benth. var. *macrophylla* Hassl. = **Mimosa caaguazüensis** Barneby
Ref.: Barneby, 1991.

Mimosa nervosa Bong. ex Benth. var. *missionum* Burkart = **Mimosa hirsutissima** Mart.
Ref.: Barneby, 1991.

Mimosa nervosa Bong. ex Benth. var. *villosissima* Benth. = **Mimosa hirsutissima** Mart.
Ref.: Barneby, 1991.

Mimosa niederleinii Burkart
Sin.: *Mimosa niederleinii* Burkart var. *riograndensis* Burkart
Ref.: Burkart, 1947, 1948b; Barneby, 1991.
Hábito: Hierba o subarbusto.
Status: Nativa.
Elevación: 0-1000 m.
Prov.: MI.
Paises limítrofes: BR.
Ejemplar examinado: *Niederlein 1117* (SI).

Mimosa niederleinii Burkart var. *riograndensis* Burkart = **Mimosa niederleinii** Burkart

Mimosa nitida Benth. ex Niederl., nom. nud.
Ref.: Burkart, 1948b.

Mimosa notata Steud. = **Mimosa debilis** Humb. & Bonpl. ex Willd.
Ref.: Barneby, 1991.

Mimosa nuda Benth. var. **glaberrima** (Chodat & Hassl.) Barneby
Sin.: *Mimosa glaucescens* Benth., hom. illeg., *Mimosa rixosa* Mart. f. *glabrifolia* Chodat & Hassl., *Mimosa rixosa* Mart. var. *inermis* Chodat & Hassl., *Mimosa sensibilis* auct. non Griseb., *Mimosa velloziana* Mart. f. *acutifolia* Chodat & Hassl., *Mimosa velloziana* Mart. f. *hispida* Chodat & Hassl., *Mimosa velloziana* Mart. var. *atrostipula* Chodat & Hassl., *Mimosa velloziana* Mart. var. *glaberrima* Chodat & Hassl., *Mimosa velloziana* Mart. var. *guaranitica* Chodat & Hassl., *Mimosa velloziana* Mart. var. *inermis* Chodat & Hassl., *Mimosa velloziana* Mart. var. *malmeana* Chodat & Hassl.
Ref.: Barneby, 1991.
Hábito: Hierba o subarbusto.
Status: Nativa.
Elevación: 0-1000 m.
Prov.: COR, FO, MI, SA.
Paises limítrofes: BO, BR, PA.
Ejemplar examinado: *Llamas 653* (BAB).

Mimosa obstrigosa Burkart
Sin.: *Mimosa ramulosa* auct. non Benth.
Ref.: Burkart, 1948b; Barneby, 1991.
Hábito: Arbusto.
Status: Nativa.
Elevación: 0-500 m.
Prov.: MI.
Paises limítrofes: PA.
Ejemplar examinado: *Burkart 14291* (sintipo, SI; isosintipos, GH, RB).

Mimosa obtusifolia Willd. = **Mimosa debilis** Humb. & Bonpl. ex Willd.
Ref.: Barneby, 1991.

Mimosa oligophylla auct. non Benth. = **Mimosa brevipetiolata** Burkart var. **hirtula** (Burkart) Barneby
Ref.: Barneby, 1991.

Mimosa oligophylla Benth. var. *pilosula* Burkart = **Mimosa brevipetiolata** Burkart var. **hirtula** (Burkart) Barneby
Ref.: Barneby, 1991.

Mimosa oligophylla Micheli
Sin.: *Mimosa distans* auct. non Benth.
Ref.: Burkart, 1948b.
Hábito: Hierba o subarbusto.
Status: Nativa.
Elevación: 0-500 m.
Prov.: COR, MI.
Paises limítrofes: PA.
Ejemplar examinado: *Spegazzini 10015* (BAB).

Mimosa ostenii Speg. ex Burkart
Sin.: *Mimosa fragrans* auct. non A. Gray
Ref.: Burkart, 1948b.
Hábito: Arbusto.
Status: Nativa.
Elevación: 0-500 m.
Prov.: ER.
Paises limítrofes: UR.
Ejemplar examinado: *Burkart 1413* (holotipo, SI).

Mimosa pachecensis S. Moore = **Mimosa polycarpa** Kunth var. **spegazzini** (Pirotta ex Hook. f.) Burkart
Ref.: Barneby, 1991.

Mimosa palpitans Humb. & Bonpl. ex Willd. = **Mimosa somnians** Humb. & Bonpl. ex Willd.
Ref.: Barneby, 1991.

Mimosa paupera Benth.
Sin.: *Mimosa paupera* Benth. var. *longepedunculata* Chodat & Hassl.
Ref.: Burkart, 1948; Barneby, 1991.
Hábito: Hierba o subarbusto.
Status: Nativa.
Elevación: 0-500 m.
Prov.: COR, ER, MI.
Paises limítrofes: BR, PA, UR.
Ejemplar examinado: *M. Crovetto 5927* (BAB).

Mimosa paupera Benth. var. *longepedunculata* Chodat & Hassl. = **Mimosa paupera** Benth.

Mimosa panamensis (Benth.) Standl. = **Mimosa debilis** Humb. & Bonpl. ex Willd.
Ref.: Barneby, 1991.

Mimosa paraguariae Micheli
Sin.: *Mimosa cordistipula* auct. non Benth., *Mimosa paraguariae* Micheli var. *chacoënsis* Hassl., *Mimosa paraguariae* Micheli var. *genuina* Hassl., nom. inval., *Mimosa paraguariae* Micheli var. *induta* (Hassl.) J.F. Macbr., *Mimosa trachycarpa* Benth. var. *inermis* Burkart
Ref.: Burkart, 1948b; Barneby, 1991.
Hábito: Arbusto.
Status: Nativa.
Elevación: 0-500 m.
Prov.: COR, MI.
Paises limítrofes: BR, PA.
Ejemplar examinado: *Fontana 117-39* (BAB).

Mimosa paraguariae Micheli var. *chacoënsis* Hassl. = **Mimosa paraguariae** Micheli

Mimosa paraguariae Micheli var. *genuina* Hassl., nom. inval. = **Mimosa paraguariae** Micheli

Mimosa paraguariae Micheli var. *induta* (Hassl.) J.F. Macbr. = **Mimosa paraguariae** Micheli

Mimosa parvipinna Benth.
Ref.: Burkart, 1948b; Barneby, 1991.
Hábito: Subarbusto.
Status: Nativa.
Elevación: 0-500 m.
Prov.: MI.
Paises limítrofes: BR, PA, UR.
Ejemplar examinado: *Burkart 15444* (SI).

Mimosa pauciseta Benth. = **Mimosa debilis** Humb. & Bonpl. ex Willd.
Ref.: Barneby, 1991.

Mimosa pauperoides (Burkart) Fortunato
Sin.: *Mimosa balansae* Micheli var. *pauperoides* Burkart, *Mimosa brevipetiolata* Burkart var. *pauperoides* (Burkart) Barneby
Ref.: Fortunato, 1989.
Hábito: Hierba o subarbusto.
Status: Nativa.
Prov.: COR, ER.
Paises limítrofes: BR.
Ejemplar examinado: *Birabén 5027* (LP).

Mimosa pedersenii Barneby
Sin.: *Mimosa axillaris* auct. non Benth.
Ref.: Barneby, 1991.
Hábito: Hierba o subarbusto.
Status: Nativa.
Elevación: 0-500 m.
Prov.: MI.
Paises limítrofes: BR, PA.
Ejemplar examinado: *Burkart 15452* (SI).

Mimosa pellita Humb. & Bonpl. ex Willd.
Sin.: *Mimosa asperata* L. f. *armata* Hassl., *Mimosa asperata* L. f. *asperata* Hassl., *Mimosa asperata* L. f. *glabrescens* Hassl., *Mimosa asperata* L. f. *inermis* Lindm., *Mimosa asperata* L. f. *mollis* Hassl., *Mimosa asperata* L. f. *pubescens* (Benth.) Hassl., *Mimosa asperata* L. var. *cinerea*f. *longepedunculata* Hassl., *Mimosa asperata* L. var. *glabrior* Hook. & Arn., *Mimosa asperata* L. var. *laevior* DC., nom. illeg., *Mimosa asperata* L. var. *pigra* (L.) Willd., comb. illeg., *Mimosa asperata* L. var. *scandens* Ducke, *Mimosa bellatrix* Hoffmanns. ex Steud., nom. nud., *Mimosa canescens* Willd., *Mimosa ciliata* Willd., *Mimosa cinerea* auct. non Benth., *Mimosa cinerea* Benth. var. *pubescens* Benth., *Mimosa habbas* Delile, nom. superfl., *Mimosa polyacantha* Willd., *Mimosa polycarpa* auct. non Kunth, *Mimosa procumbens* Schumach., *Mimosa sicaria* Hoffmanns., *Mimosa vellosiella* Herter, *Mimosa vellosiella* Herter var. *pubescens* (Benth.) Burkart
Ref.: Barneby, 1991.
Hábito: Arbusto o subarbusto.
Status: Nativa.
Elevación: 0-500 m.
Prov.: BA, CH, COR, ER, FO, MI, SF.
Paises limítrofes: BO, BR, PA, UR.
Ejemplar examinado: *Fortunato 4116* (BAB).

Mimosa petraea Chodat & Hassl. var. *hirtula* Burkart = **Mimosa brevipetiolata** Burkart var. **hirtula** (Burkart) Barneby
Ref.: Barneby, 1991.

Mimosa pigra L.
Sin.: *Mimosa tweedieana* Barneby, nom. nud.
Ref.: Barneby, 1991.
Hábito: Arbusto.
Status: Nativa.
Elevación: 0-500 m.
Prov.: BA, CA, CH, ER, FO, SF.
Paises limítrofes: PA, UR.
Ejemplar examinado: *Fortunato 2793* (BAB, MO).

Mimosa pilulifera Benth.
Sin.: *Mimosa pilulifera* Benth. f. *calvescens* Malme, *Mimosa tacuarembensis* Arechav.
Ref.: Barneby, 1991.
Hábito: Arbusto.
Status: Nativa.
Elevación: 0-500 m.
Prov.: BA, ER.
Paises limítrofes: BR, UR.
Ejemplar examinado: *Burkart 22575* (SI).

Mimosa pilulifera Benth. f. *calvescens* Malme = **Mimosa pilulifera** Benth.
Ref.: Barneby, 1991.

Mimosa plena L. = [Neptunia plena (L.) Benth.]

Mimosa pluriracemosa Burkart = **Mimosa myriophylla** Bong. ex Benth.
Ref.: Barneby, 1991.

Mimosa podocarpa Benth. = **Mimosa somnians** Humb. & Bonpl. ex Willd.
Ref.: Barneby, 1991.

Mimosa polyacantha Willd. = **Mimosa pellita** Humb. & Bonpl. ex Willd.
Ref.: Barneby, 1991.

Mimosa polycarpa auct. non Kunth = **Mimosa pellita** Humb. & Bonpl. ex Willd.
Ref.: Barneby, 1991.

Mimosa polycarpa Kunth var. **spegazzini** (Pirotta ex Hook. f.) Burkart
Sin.: *Mimosa pachecensis* S. Moore, *Mimosa polychaeta* Malme, *Mimosa spegazzini* Pirotta ex Hook. f.
Ref.: Barneby, 1991.
Hábito: Arbusto.
Status: Nativa.
Elevación: 0-500 m.
Prov.: COR, MI.
Paises limítrofes: BO, BR, PA.
Ejemplar examinado: *Montes 335* (BAB).

Mimosa polycarpa Kunth var. **subandina** Barneby
Ref.: Barneby, 1991.
Hábito: Subarbusto.
Status: Nativa.
Elevación: 0-1000 m.
Prov.: JU, SA, TU.
Paises limítrofes: BO.
Ejemplar examinado: *O'Donnell 2696* (holotipo, LIL; isotipo, NY).

Mimosa polycarpa Kunth var. *subglabrata* Hoehne = **Mimosa xanthocentra** Mart. var. **mansii** (Mart.) Barneby
Ref.: Barneby, 1991.

Mimosa polychaeta Malme = **Mimosa polycarpa** Kunth var. **spegazzini** (Pirotta ex Hook. f.) Burkart
Ref.: Barneby, 1991.

Mimosa portoricensis Jacq. = **Zapoteca portoricensis** (Jacq.) H.M. Hern.

Mimosa procumbens Schumach. = **Mimosa pellita** Humb. & Bonpl. ex Willd.
Ref.: Barneby, 1991.

Mimosa procurrens auct. non Benth. = **Mimosa caaguazüensis** Barneby

Mimosa pudica auct. non L. = **Mimosa balansae** Micheli
Ref.: Fortunato, 1989.

Mimosa quadrijuga Salzm. ex Benth. = **Mimosa somnians** Humb. & Bonpl. ex Willd.
Ref.: Barneby, 1991.

Mimosa quadrivalvis L. var. **leptocarpa** (DC.) Barneby
Sin.: *Leptoglottis leptocarpa* (DC.) Standl., *Schrankia argentinensis* Burkart, *Schrankia leptocarpa* DC.
Ref.: Barneby, 1991.
Hábito: Hierba o subarbusto.
Status: Nativa.
Elevación: 0-500 m.
Prov.: MI.
Paises limítrofes: BO, BR, PA.
Ejemplar examinado: *Burkart 14200* (sintipo de *Schrankia argentinensis*, SI).

Mimosa ramulosa auct. non Benth. = **Mimosa obstrigosa** Burkart

Mimosa regnellii auct. non Benth. = **Mimosa myriophylla** Bong. ex Benth.
Ref.: Barneby, 1991.

Mimosa rigescens Benth. var. *foliosa* Benth. = **Mimosa dolens** Vell. subsp. **rigida** (Benth.) Barneby var. **foliosa** (Benth.) Barneby
Ref.: Barneby, 1991.

Mimosa rixosa Mart. = **Mimosa debilis** Humb. & Bonpl. ex Willd.
Ref.: Barneby, 1991.

Mimosa rixosa Mart. f. *glabrifolia* Chodat & Hassl. = **Mimosa nuda** Benth. var. **glaberrima** (Chodat & Hassl.) Barneby
Ref.: Barneby, 1991.

Mimosa rixosa Mart. var. *inermis* Chodat & Hassl. = **Mimosa nuda** Benth. var. **glaberrima** (Chodat & Hassl.) Barneby
Ref.: Barneby, 1991.

Mimosa rocae Lorentz & Niederl.
Ref.: Barneby, 1991.
Hábito: Subarbusto.
Status: Nativa.
Elevación: 0-1000 m.
Prov.: BA.
Paises limítrofes: BR, UR.
Ejemplar examinado: *Spegazzini s.n.* (BAB 14588).

Mimosa sabulicola Chodat & Hassl. = **Mimosa strigillosa** Torr. & A. Gray

Mimosa sanguinolenta Barneby
Ref.: Barneby, 1991.
Hábito: Arbusto.
Status: Nativa.
Elevación: 0-500 m.
Prov.: COR, ER, MI.
Paises limítrofes: BR, UR.
Ejemplar examinado: *Correa 8136* (BAB).

Mimosa scabrella Benth.
Sin.: *Mimosa bracaatinga* Hoehne, *Mimosa bracaatinga* Hoehne f. *paucijuga* Hoehne, *Mimosa bracaatinga* Hoehne var. *aspericarpa* Hoehne, *Mimosa scabrella* Benth. var. *aspericarpa* (Hoehne) Burkart, *Mimosa secunda* Hoehne ex Angely, nom. nud.
Ref.: Barneby, 1991.
Hábito: Árbol.
Status: Introducida.
Elevación: 0-500 m.
Prov.: BA.
Paises limítrofes: BR.
Ejemplar examinado: *Clos 6930* (BAB, SI).

Mimosa scabrella Benth. var. *aspericarpa* (Hoehne) Burkart = **Mimosa scabrella** Benth.
Ref.: Barneby, 1991.

Mimosa secunda Hoehne ex Angely, nom. nud. = **Mimosa scabrella** Benth.
Ref.: Barneby, 1991.

Mimosa selloi (Benth.) Benth. var. *leiocarpa* Burkart = **Mimosa gracilis** Benth. var. **leiocarpa** (Burkart) Barneby
Ref.: Barneby, 1991.

Mimosa selloi auct. non (Benth.) Benth. = **Mimosa gracilis** Benth. var. **leiocarpa** (Burkart) Barneby
Ref.: Barneby, 1991.

Mimosa semialata Vell. = **Inga semialata** (Vell.) Mart.

Mimosa sensibilis Griseb.
Ref.: Barneby, 1991.
Hábito: Arbusto o subarbusto.
Status: Nativa.
Elevación: 0-1000 m.
Prov.: JU.
Paises limítrofes: BO, PA.
Ejemplar examinado: *Hieronymus y Lorentz 618* (isotipo, CORD).

Mimosa sensibilis auct. non Griseb. = **Mimosa nuda** Benth. var. **glaberrima** (Chodat & Hassl.) Barneby
Ref.: Barneby, 1991.

Mimosa sensitiva auct. non L. = **Mimosa debilis** Humb. & Bonpl. ex Willd.
Ref.: Barneby, 1991.

[Mimosa sensitiva L. var. pudica (L.) Matoso]
Ref.: Burkart, 1948b.
Nota: Taxón dudoso.

Mimosa sepiaria Benth. = **Mimosa bimucronata** (DC.) Kuntze
Ref.: Barneby, 1991.

Mimosa setipes Benth. = **Mimosa dolens** Vell. subsp. **callosa** (Benth.) Barneby
Ref.: Barneby, 1991.

Mimosa setistipula auct. non Benth. = **Mimosa diversipila** Micheli var. **subglabriseta** Barneby & Fortunato
Ref.: Barneby, 1991.

Mimosa sicaria Hoffmanns. = **Mimosa pellita** Humb. & Bonpl. ex Willd.
Ref.: Barneby, 1991.

Mimosa somnians Humb. & Bonpl. ex Willd.
Sin.: *Mimosa articulata* Duch., nom. nud., *Mimosa palpitans* Humb. & Bonpl. ex Willd., *Mimosa podocarpa* Benth., *Mimosa quadrijuga* Salzm. ex Benth., *Mimosa somnians* Humb. & Bonpl. ex Willd. f. *viscida* Chodat & Hassl., *Mimosa somnians* Humb. & Bonpl. ex Willd. var. *glandulosa* Griseb., *Mimosa somnians* Humb. & Bonpl. ex Willd. var. *podocarpa* (Benth.) Niederl., *Mimosa somnians* Humb. & Bonpl. ex Willd. var. *quadrijuga* (Benth.) Niederl., *Mimosa somniculosa* Kunth, *Mimosa tobagensis* Urb., *Mimosa vialis* Benth., nom. nud.
Ref.: Barneby, 1991.
Hábito: Hierba o subarbusto.
Status: Nativa.
Elevación: 0-1000 m.
Prov.: COR, MI.
Paises limítrofes: BO, BR, PA.
Ejemplar examinado: *Fortunato et al. 3925* (BAB).

Mimosa somnians Humb. & Bonpl. ex Willd. f. *viscida* Chodat & Hassl. = **Mimosa somnians** Humb. & Bonpl. ex Willd.
Ref.: Barneby, 1991.

Mimosa somnians Humb. & Bonpl. ex Willd. var. *glandulosa* Griseb. = **Mimosa somnians** Humb. & Bonpl. ex Willd.
Ref.: Barneby, 1991.

Mimosa somnians Humb. & Bonpl. ex Willd. var. *podocarpa* (Benth.) Niederl. = **Mimosa somnians** Humb. & Bonpl. ex Willd.
Ref.: Barneby, 1991.

Mimosa somnians Humb. & Bonpl. ex Willd. var. *quadrijuga* (Benth.) Niederl. = **Mimosa somnians** Humb. & Bonpl. ex Willd.
Ref.: Barneby, 1991.

Mimosa somniculosa Kunth = **Mimosa somnians** Humb. & Bonpl. ex Willd.
Ref.: Barneby, 1991.

Mimosa spegazzini Pirotta ex Hook. f. = **Mimosa polycarpa** Kunth var. **spegazzini** (Pirotta ex Hook. f.) Burkart
Ref.: Barneby, 1991.

Mimosa stenoptera Benth. = **Mimosa xanthocentra** Mart. var. **xanthocentra**
Ref.: Barneby, 1991.

Mimosa stipularis Bong. ex Benth. = **Mimosa subsericea** Benth.

Mimosa striata (Benth.) Speg. = **Prosopidastrum globosum** (Gillies ex Hook. & Arn.) Burkart
Ref.: Burkart, 1964.

Mimosa strigillosa Torr. & A. Gray
Sin.: *Mimosa dolichocephala* Harms, *Mimosa dolichocephala* Harms var. *sabulicola* (Chodat & Hassl.) Hassl., *Mimosa sabulicola* Chodat & Hassl.
Ref.: Burkart, 1948b; Barneby, 1991.
Hábito: Hierba o subarbusto.
Status: Nativa.
Elevación: 0-500 m.
Prov.: CH, COR, ER, FO, TU.
Paises limítrofes: BR, PA, UR.
Ejemplar examinado: *Fortunato 2473* (BAB, G, MO, SI).

Mimosa strombulifera Lam. = **Prosopis strombulifera** (Lam.) Benth. var. **strombulifera**

Mimosa stuhlmannii Harms = **Mimosa bimucronata** (DC.) Kuntze

Mimosa sturtiana Huber = **Mimosa hirsutissima** Mart.
Ref.: Barneby, 1991.

Mimosa subsericea Benth.
Sin.: *Mimosa loeseneriana* Glaz., nom. nud., *Mimosa stipularis* Bong. ex Benth., *Mimosa subsericea* Benth. f. *minor* Chodat & Hassl., *Mimosa subsericea* Benth. var. *hirsuto-strigosa* Chodat & Hassl., *Mimosa subsericea* Benth. var. *oblonga* Chodat & Hassl., *Mimosa subsericea* Benth. var. *strigosa* Chodat & Hassl., *Mimosa xanthocentra* Mart. subsp. *subsericea* (Benth.) Barneby
Ref.: Burkart, 1948b.
Hábito: Hierba o subarbusto.
Status: Nativa.
Elevación: 0-500 m.
Prov.: COR, FO, MI.
Paises limítrofes: BO, BR, PA.
Ejemplar examinado: *Fortunato et al. 1782* (BAB).

Mimosa subsericea Benth. f. *acerosa* Chodat & Hassl. = **Mimosa xanthocentra** Mart. var. **mansii** (Mart.) Barneby
Ref.: Barneby, 1991.

Mimosa subsericea Benth. f. *armata* Chodat & Hassl. = **Mimosa xanthocentra** Mart. var. **mansii** (Mart.) Barneby
Ref.: Barneby, 1991.

Mimosa subsericea Benth. f. *minor* Chodat & Hassl. = **Mimosa subsericea** Benth.

Mimosa subsericea Benth. var. *hirsuto-strigosa* Chodat & Hassl. = **Mimosa subsericea** Benth.

Mimosa subsericea Benth. var. *oblonga* Chodat & Hassl. = **Mimosa subsericea** Benth.

Mimosa subsericea Benth. var. *strigosa* Chodat & Hassl. = **Mimosa subsericea** Benth.

Mimosa subsericea Benth. var. *strigoso-aculeata* Chodat & Hassl. = **Mimosa xanthocentra** Mart. var. **mansii** (Mart.) Barneby
Ref.: Barneby, 1991.

Mimosa tacuarembensis Arechav. = **Mimosa pilulifera** Benth.
Ref.: Barneby, 1991.

Mimosa tandilensis Speg.
Ref.: Burkart, 1948b.
Hábito: Arbusto.
Status: Nativa.
Elevación: 0-1000 m.
Prov.: BA.
Paises limítrofes: UR.
Ejemplar examinado: *Spegazzini s.n.* (BAB 3155).

Mimosa tetraphyla Vell. = **Inga laurina** (Sw.) Willd.

Mimosa tobagensis Urb. = **Mimosa somnians** Humb. & Bonpl. ex Willd.
Ref.: Barneby, 1991.

Mimosa tomentosa Humb. & Bonpl. ex Willd., nom. illeg. = **Mimosa hirsutissima** Mart.
Ref.: Barneby, 1991.

Mimosa trachycarpa Benth. = **Mimosa cruenta** Benth.
Ref.: Barneby, 1991.

Mimosa trachycarpa Benth. var. *inermis* Burkart = **Mimosa paraguariae** Micheli

Mimosa tweedieana Barneby, nom. nud. = **Mimosa pigra** L.
Ref.: Barneby, 1991.

Mimosa uraguensis Hook. & Arn.
Sin.: *Mimosa implexa* auct. non Benth.
Ref.: Barneby, 1991.
Hábito: Arbusto.
Status: Nativa.
Elevación: 0-500 m.
Prov.: COR, ER, MI.
Paises limítrofes: BR, UR.
Ejemplar examinado: *Fortunato et al. 3827* (BAB).

Mimosa vellosiella Herter = **Mimosa pellita** Humb. & Bonpl. ex Willd.

Mimosa vellosiella Herter var. *pubescens* (Benth.) Burkart = **Mimosa pellita** Humb. & Bonpl. ex Willd.
Ref.: Barneby, 1991.

Mimosa velloziana Mart.
Sin.: *Mimosa heterocarpa* C. Presl, *Mimosa jiramenensis* H. Karst., *Mimosa maxonii* Standl., *Mimosa velloziana* Mart. var. *glabra* Wawra, *Mimosa velloziana* Mart. var. *jiramenensis* (H. Karst.) Benth., *Mimosa velloziana* Mart. var. *oranensis* Burkart, *Mimosa viva* Vell., hom. illeg.
Ref.: Barneby, 1991.
Hábito: Arbusto o subarbusto.
Status: Nativa.
Elevación: 0-1000 m.
Prov.: COR, MI, SA.
Paises limítrofes: BO, BR, PA.
Ejemplar examinado: *Meyer, 4770* (holotipo de *M. velloziana* var. *oranensis*, LIL).

Mimosa velloziana Mart. f. *acutifolia* Chodat & Hassl. = **Mimosa nuda** Benth. var. **glaberrima** (Chodat & Hassl.) Barneby
Ref.: Barneby, 1991.

Mimosa velloziana Mart. f. *hispida* Chodat & Hassl. = **Mimosa nuda** Benth. var. **glaberrima** (Chodat & Hassl.) Barneby
Ref.: Barneby, 1991.

Mimosa velloziana Mart. var. *atrostipula* Chodat & Hassl. = **Mimosa nuda** Benth. var. **glaberrima** (Chodat & Hassl.) Barneby
Ref.: Barneby, 1991.

Mimosa velloziana Mart. var. *glaberrima* Chodat & Hassl. = **Mimosa nuda** Benth. var. **glaberrima** (Chodat & Hassl.) Barneby
Ref.: Barneby, 1991.

Mimosa velloziana Mart. var. *glabra* Wawra = **Mimosa velloziana** Mart.
Ref.: Barneby, 1991.

Mimosa velloziana Mart. var. *guaranitica* Chodat & Hassl. = **Mimosa nuda** Benth. var. **glaberrima** (Chodat & Hassl.) Barneby
Ref.: Barneby, 1991.

Mimosa velloziana Mart. var. *inermis* Chodat & Hassl. = **Mimosa nuda** Benth. var. **glaberrima** (Chodat & Hassl.) Barneby
Ref.: Barneby, 1991.

Mimosa velloziana Mart. var. *jiramenensis* (H. Karst.) Benth. = **Mimosa velloziana** Mart.
Ref.: Barneby, 1991.

Mimosa velloziana Mart. var. *malmeana* Chodat & Hassl. = **Mimosa nuda** Benth. var. **glaberrima** (Chodat & Hassl.) Barneby
Ref.: Barneby, 1991.

Mimosa velloziana Mart. var. *oranensis* Burkart = **Mimosa velloziana** Mart.
Ref.: Barneby, 1991.

Mimosa vepres Lindm. = **Mimosa hexandra** Micheli
Ref.: Barneby, 1991.

Mimosa vialis Benth., nom. nud. = **Mimosa somnians** Humb. & Bonpl. ex Willd.
Ref.: Barneby, 1991.

Mimosa viva Vell., hom. illeg. = **Mimosa velloziana** Mart.
Ref.: Barneby, 1991.

Mimosa xanthocentra Mart. var. **mansii** (Mart.) Barneby
Sin.: *Mimosa mansii* Mart., *Mimosa polycarpa* Kunth var. *subglabrata* Hoehne, *Mimosa subsericea* Benth. f. *acerosa* Chodat & Hassl., *Mimosa subsericea* Benth. f. *armata* Chodat & Hassl., *Mimosa subsericea* Benth. var. *strigoso-aculeata* Chodat & Hassl.
Ref.: Barneby, 1991.
Hábito: Hierba o subarbusto.
Status: Nativa.
Elevación: 0-500 m.
Prov.: COR, MI.
Paises limítrofes: BO, BR, PA.
Ejemplar examinado: *Ekman 1625* (S).

Mimosa xanthocentra Mart. var. **xanthocentra**
Sin.: *Mimosa killipii* Britton & Rose ex Britton & Killip, *Mimosa longipinna* Benth., *Mimosa stenoptera* Benth., *Mimosa subsericea* Benth. f. *acerosa* Chodat & Hassl., *Mimosa subsericea* Benth. f. *armata* Chodat & Hassl., *Mimosa subsericea* Benth. var. *strigoso-aculeata* Chodat & Hassl.
Ref.: Barneby, 1991.
Hábito: Subarbusto.
Status: Nativa.
Elevación: 500-2000 m.
Prov.: FO, JU, SA.
Paises limítrofes: BO, BR.
Ejemplar examinado: *Fortunato et al. 3600* (BAB).

Mimosa xanthocentra Mart. subsp. *subsericea* (Benth.) Barneby = **Mimosa subsericea** Benth.

Mimozyganthus Burkart. Mimosoideae, Mimozygantheae.
Número de especies: 1

Mimozyganthus carinatus (Griseb.) Burkart
Sin.: *Mimosa carinata* Griseb. ex Lorentz, nom. nud., *Mimosa carinata* Griseb.
Ref.: Burkart, 1939a, 1952b; Ulibarri, 1994a.
Hábito: Arbusto.
Status: Nativa.
Elevación: 0-1000 m.
Prov.: CA, CH, CO, FO, JU, LR, SA, SE, SJ, SL, TU.
Paises limítrofes: BO, PA.
Ejemplar examinado: *Fortunato et al. 4520* (BAB, K).

Morongia pilosa Standl. = **Mimosa diplotricha** C. Wright ex Sauvalle
Ref.: Barneby, 1991.

Mucuna Adans. Papilionoideae, Phaseoleae.
Número de especies: 1

Mucuna sloanei Fawc. & Rendle
Sin.: *Dolichos urens* Jacq., hom. illeg., *Mucuna urens* (L.) DC., hom. illeg., *Mucuna urens* auct. non Burkart
Ref.: Burkart, 1970.
Hábito: Liana.
Status: Nativa.
Elevación: 0-500 m.
Prov.: MI.
Paises limítrofes: BR.
Ejemplar examinado: *Krapovickas et al. 15777* (CTES, SI).

Mucuna urens (L.) DC., hom. illeg. = **Mucuna sloanei** Fawc. & Rendle
Ref.: Burkart, 1970.

Mucuna urens auct. non Burkart = **Mucuna sloanei** Fawc. & Rendle
Ref.: Burkart, 1970.

Mucuna virgata (Rich.) Desv. = **Dioclea virgata** (Rich.) Amshoff
Ref.: Burkart, 1970.

Muellera fluvialis (Lindm.) Burkart = **Lonchocarpus fluvialis** (Lindm.) Fortunato & Palese
Ref.: Fortunato & Palese, 1997.

Muellera glaziovii auct. non Taub. = **Lonchocarpus fluvialis** (Lindm.) Fortunato & Palese

Myrocarpus Allemão. Papilionoideae, Sophoreae.
Número de especies: 1

Myrocarpus frondosus Allemão
Ref.: Burkart, 1952a; Rudd, 1972a; Bernardi, 1984; Ulibarri, 1997d.
Hábito: Árbol.
Status: Nativa.
Elevación: 0-1500 m.
Prov.: COR, MI.
Paises limítrofes: BR.
Ejemplar examinado: *Ragonese y Castiglione 2055* (SI).

Myroxylon L.f., nom. cons. Papilionoideae, Sophoreae.
Número de especies: 1

Myroxylon peruiferum L.f.
Ref.: Burkart, 1952a; Ulibarri, 1997d.
Hábito: Árbol.
Status: Nativa.
Elevación: 500-1000 m.
Prov.: JU, SA.
Paises limítrofes: BR.
Ejemplar examinado: *Burkart et al. 30480* (SI).
Nota: Probablemente habite en Bolivia y en la provincia de Tucumán.

Neocracca heterantha (Griseb.) Speg. = **Coursetia heterantha** (Griseb.) Lavin
Ref.: Lavin, 1988; Gómez-Sosa, 1994, inéd.

Neocracca heterantha (Griseb.) Speg. var. *minor* (R.E. Fr.) Burkart = **Coursetia heterantha** (Griseb.) Lavin
Ref.: Lavin, 1988; Gómez-Sosa, 1994, inéd.

Neocracca kuntzei var. *minor* R.E. Fr. = **Coursetia heterantha** (Griseb.) Lavin
Ref.: Lavin, 1988; Gómez-Sosa, 1994, inéd.

Neonotonia Lackey. Papilionoideae, Phaseoleae.
Número de especies: 1

Neonotonia wightii (Arn.) Lackey
Sin.: *Glycine bujacia* Benth., *Glycine wightii* (Arn.) Verdc., *Johnia wightii* (Arn.) Arn., hom. illeg., *Notonia wightii* Arn.
Ref.: Ulibarri, 1988b.
Hábito: Hierba o subarbusto.
Status: Adventicia.
Elevación: 0-500 m.
Prov.: BA, JU, MI.
Paises limítrofes: BR.
Ejemplar examinado: *Cabrera et al. 33987* (SI).

Neptunia Lour. Mimosoideae, Mimoseae.
Número de especies: 1

Neptunia floridana Small = **Neptunia pubescens** Benth.
Ref.: Windler, 1966; Isely, 1970.

Neptunia hexapetala Micheli = **Desmanthus hexapetalus** (Micheli) J.F. Macbr.
Ref.: Luckow, 1993.

Neptunia nazatlana Britton & Rose = **Neptunia pubescens** Benth.
Ref.: Windler, 1966; Isely, 1970.

[Neptunia plena (L.) Benth.]
Sin.: *Mimosa plena* L.
Nota: Cita dudosa para la flora argentina.

Neptunia pubescens Benth.
Sin.: *Neptunia floridana* Small, *Neptunia nazatlana* Britton & Rose, *Neptunia pubescens* Benth. var. *floridana* (Small) B.L. Turner, *Neptunia pubescens* Benth. var. *lindheimeri* (Rob.) B.L. Turner
Ref.: Windler, 1966; Isely, 1970.
Hábito: Hierba o subarbusto.
Status: Nativa.
Elevación: 0-500 m.
Prov.: CH, COR, ER, FO, MI, SA, SE, TU.
Paises limítrofes: BR, PA, UR.
Ejemplar examinado: *Fortunato et al. 2230* (BAB).

Neptunia pubescens Benth. var. *floridana* (Small) B.L. Turner = **Neptunia pubescens** Benth.
Ref.: Windler, 1966; Isely, 1970.

Neptunia pubescens Benth. var. *lindheimeri* (Rob.) B.L. Turner = **Neptunia pubescens** Benth.
Ref.: Windler, 1966; Isely, 1970.

Neurocarpum barbatum Desv. = **Eriosema simplicifolium** (Kunth) G. Don

Neurocarpum rufescens Benth. = **Clitoria rufescens** (Benth.) Benth.
Ref.: Burkart, 1949c.

Nissolia Jacq. Papilionoideae, Aeschynomeneae.
Número de especies: 1

Nissolia aculeata (Raddi) DC. = **Machaerium aculeatum** Raddi
Ref.: Bernardi, 1984.

Nissolia fruticosa Jacq.
Ref.: Burkart, 1939b; Rudd, 1956.
Hábito: Enredadera.
Status: Nativa.
Elevación: 0-1000 m.
Prov.: FO, JU, MI, SA, TU.
Paises limítrofes: BO, BR, PA.
Ejemplar examinado: *Schinini y Vanni 22376* (CTES).

Nissolia nyctitans Vell. = **Machaerium nyctitans** (Vell.) Benth.
Ref.: Burkart, 1952a.

Notonia wightii Arn. = **Neonotonia wightii** (Arn.) Lackey
Ref.: Ulibarri, 1988b.

Odonia tomentosa Bertol. = **Galactia striata** (Jacq.) Urb. var. **striata**
Ref.: Burkart, 1971.

Ornithopus L. Papilionoideae, Loteae.
Número de especies: 1

Ornithopus micranthus (Benth.) Arechav.
Sin.: *Artholobium micranthus* Benth.
Ref.: Burkart, 1987a; Gómez-Sosa, inéd.
Hábito: Hierba.
Status: Nativa.
Elevación: 0-500 m.
Prov.: COR, ER, SF.
Paises limítrofes: BR, UR.
Ejemplar examinado: *Burkart 18119* (CTES, SI).

Otholobium C.H. Stirt. Papilionoideae, Psoraleae.
Número de especies: 1

Otholobium higuerilla (Gillies ex Hook.) Grimes
Sin.: *Psoralea higuerilla* Gillies ex Hook., *Psoralea monosperma* (Griseb.) J.F. Macbr., *Rhynchosia monosperma* Griseb.
Ref.: Grimes, 1990; Gómez-Sosa, 1997b.
Hábito: Subarbusto.
Status: Nativa.
Elevación: 0-500 m.
Prov.: CO, JU, SA, TU.
Paises limítrofes: BO.
Ejemplar examinado: *Venturi 2910* (SI).

Pachyrhizus Rich. ex DC. Papilionoideae, Phaseoleae.
Número de especies: 1

Pachyrhizus ahipa (Wedd.) Parodi
Sin.: *Dolichos ahipa* Wedd., *Pachyrhizus ahipa* (Wedd.) Parodi var. *albiflora* Parodi, *Pachyrhizus ahipa* (Wedd.) Parodi var. *violacea* Parodi
Ref.: Parodi, 1935.
Hábito: Hierba o subarbusto.
Status: Nativa.
Elevación: 0-1000 m.
Prov.: JU.
Paises limítrofes: BO.
Ejemplar examinado: *Ragonese s.n.* (BAA 12146).

Pachyrhizus ahipa (Wedd.) Parodi var. *albiflora* Parodi = **Pachyrhizus ahipa** (Wedd.) Parodi

Pachyrhizus ahipa (Wedd.) Parodi var. *violacea* Parodi = **Pachyrhizus ahipa** (Wedd.) Parodi

Parapiptadenia Brenan. Mimosoideae, Mimoseae.
Número de especies: 2

Parapiptadenia excelsa (Griseb.) Burkart
Sin.: *Piptadenia communis* Benth. var. *excelsa* Griseb., *Piptadenia excelsa* f. *jujuyensis* Griseb., *Piptadenia exelsa* f. *tucumanensis* Lillo
Ref.: Burkart, 1952a, 1969.
Hábito: Árbol.
Status: Nativa.
Elevación: 500-3000 m.
Prov.: CA, JU, LR, SA, TU.
Paises limítrofes: BO.
Ejemplar examinado: *Novara 3368* (JUA, SI).

Parapiptadenia rigida (Benth.) Brenan
Sin.: *Acacia angico* Mart., *Piptadenia rigida* Benth.
Ref.: Brenan, 1963; Burkart, 1979b.
Hábito: Árbol.
Status: Nativa.
Elevación: 0-1500 m.
Prov.: COR, FO, MI.
Paises limítrofes: BO, BR, PA, UR.
Ejemplar examinado: *Burkart 8123* (SI).

Parkinsonia L. Caesalpiniodeae, Caesalpinieae.
Número de especies: 1

Parkinsonia aculeata L.
Ref.: Burkart, 1952a, 1987a; Ulibarri, 1994, 1997a.
Hábito: Arbusto o árbol.
Status: Nativa.
Elevación: 0-500 m.
Prov.: BA, CA, CH, ER, FO, SA, SE, SF.
Paises limítrofes: BO, PA, UR.
Ejemplar examinado: *Burkart 22191* (SI).

Parosela boliviana (Britton) J.F. Macbr. = **Dalea boliviana** Britton
Ref.: Barneby, 1977; Gómez-Sosa, inéd.

Parosela hofstenii (R.E. Fr.) J.F. Macbr. = **Dalea boliviana** Britton.
Ref.: Barneby, 1977; Gómez-Sosa, inéd.

Parosela leporina (Aiton) Rydb. = **Dalea leporina** (Aiton) Bullock

Parosela onobrychioides (Griseb.) J.F. Macbr. = **Dalea elegans** Gillies ex Hook. & Arn. var. **onobrychioides** (Griseb.) Barneby

Patagonium aegiceras (Phil.) Kuntze = **Adesmia aegiceras** Phil.
Ref.: Ulibarri, 1986.

Patagonium alcicornutum Rusby = **Adesmia spinosissima** Meyen
Ref.: Ulibarri, 1986.

Patagonium arenicola R.E. Fr. = **Adesmia arenicola** (R.E. Fr.) Burkart
Ref.: Ulibarri, 1986.

Patagonium campestre Rendle = **Adesmia volckmanni** Phil.
Ref.: Ulibarri, 1986.

Patagonium carnosum (Dusén) Speg. = **Adesmia salicornioides** Speg.
Ref.: Burkart, 1964, 1967b, 1984.

Patagonium chillanense (Phil.) Reiche = **Adesmia papposa** (Lag.) DC. var. **papposa**
Ref.: Burkart, 1960a, 1967b; Burkart & Correa, 1984.

Patagonium clarenii R.E. Fr. = **Adesmia miraflorensis** Remy
Ref.: Ulibarri, 1984, 1986.

Patagonium compactum (Phil.) Kuntze = **Adesmia glomerula** Clos var. **glomerula**
Ref.: Burkart, 1964.

Patagonium cytisoides (Griseb.) Kuntze = **Adesmia cytisoides** Griseb. var. **cytisoides**
Ref.: Burkart, 1960a.

Patagonium decumbens (Phil.) Kuntze = **Adesmia exilis** Clos
Ref.: Burkart, 1964; Ulibarri, 1982.

Patagonium dentatum (Lag.) Kuntze = **Adesmia muricata** (Jacq.) DC. var. **dentata** (Lag.) Benth.
Ref.: Burkart, 1954.

Patagonium erinaceum (Phil.) Kuntze = **Adesmia erinacea** Phil.
Ref.: Ulibarri, 1986.

Patagonium erinaceum (Phil.) Reiche, comb. superfl. = **Adesmia erinacea** Phil.
Ref.: Ulibarri, 1986.

Patagonium glabriusculum (Vogel) Kuntze = **Adesmia bicolor** (Poir.) DC.
Ref.: Burkart, 1966a, 1967b.

Patagonium glareosum Chodat & Wilczek = **Adesmia longipes** Phil.
Ref.: Burkart, 1962; Burkart & Correa, 1984.

Patagonium glomerulum (Clos) Kuntze = **Adesmia glomerula** Clos var. **glomerula**
Ref.: Burkart, 1964.

Patagonium grandidentatum Rusby = **Adesmia muricata** (Jacq.) DC. var. **dentata** (Lag.) Benth.
Ref.: Burkart, 1954.

Patagonium humile (Phil.) Kuntze = **Adesmia glomerula** Clos var. **glomerula**
Ref.: Burkart, 1964.

Patagonium karraikense (Speg.) Speg. = **Adesmia karraikensis** Speg.
Ref.: Burkart, 1964, 1967b; Burkart & Correa, 1984.

Patagonium longisetum (DC.) Kuntze = **Adesmia exilis** Clos
Ref.: Burkart, 1964; Ulibarri, 1982.

Patagonium nanum Chodat & Wilczek = **Adesmia nana** (Chodat & Wilczek) Hauman

Patagonium nordenskioldii R.E. Fr. = **Adesmia miraflorensis** Remy
Ref.: Ulibarri, 1984, 1986.

Patagonium obcordatum (Clos) Kuntze = **Adesmia obcordata** Clos
Ref.: Ulibarri, 1986.

Patagonium obovatum (Clos) Kuntze = **Adesmia obovata** Clos
Ref.: Ulibarri, 1986.

Patagonium occultum R.E. Fr. = **Adesmia occulta** (R.E. Fr.) Burkart
Ref.: Ulibarri, 1984.

Patagonium oligophyllum (Phil.) Kuntze = **Adesmia capitellata** (Clos) Hauman
Ref.: Burkart, 1966a; Ulibarri, 1994.

Patagonium papposum (Lag.) Kuntze = **Adesmia papposa** (Lag.) DC. var. **papposa**
Ref.: Burkart, 1960a, 1967b; Burkart & Correa, 1984.

Patagonium pinifolium (Gillies ex Hook. & Arn.) Kuntze ex Taub. = **Adesmia pinifolia** Gillies ex Hook. & Arn.
Ref.: Ulibarri, 1986.

Patagonium polygaloides Chodat & Wilczek = **Adesmia retrofracta** Hook. & Arn.
Ref.: Burkart, 1954, 1967b; Burkart & Correa, 1984.

Patagonium radicans (Clos) Kuntze = **Adesmia bicolor** (Poir.) DC.
Ref.: Burkart, 1966a, 1967b.

Patagonium renjifoanum Phil. ex Reiche = **Adesmia renjifoana** (Reiche) Ulibarri
Ref.: Ulibarri, 1986.

Patagonium retusum (Griseb.) Kuntze = **Adesmia retusa** Griseb.
Ref.: Burkart, 1967; Burkart & Correa, 1984.

Patagonium retusum (Griseb.) Kuntze var. *grisebachii* (Phil.) Reiche = **Adesmia retusa** Griseb.
Ref.: Burkart, 1967b; Burkart & Correa, 1984.

Patagonium salicornioides (Speg.) Speg. = **Adesmia salicornioides** Speg.
Ref.: Burkart, 1964, 1967b; Burkart & Correa, 1984.

Patagonium schneideri (Phil.) Kuntze = **Adesmia schneideri** Phil.
Ref.: Burkart, 1967b; Ulibarri, 1986.

Patagonium senticulum (Phil.) Reiche = **Adesmia erinacea** Phil.
Ref.: Ulibarri, 1986.

Patagonium silvestrii Speg. = **Adesmia silvestris** (Speg.) Burkart
Ref.: Burkart, 1939c.

Patagonium spinosissimum (Meyen) Kuntze = **Adesmia spinosissima** Meyen
Ref.: Ulibarri, 1986.

Patagonium subsericeum Chodat & Wilczek = **Adesmia corymbosa** Clos
Ref.: Burkart, 1967b, 1984.

Patagonium trifoliolatum (Gillies ex Hook. & Arn.) Kuntze ex Taub. = **Adesmia trifoliolata** Gillies ex Hook. & Arn. var. **trifoliolata**
Ref.: Burkart, 1962, 1967b; Burkart & Correa, 1984.

Patagonium trijugum (Gillies ex Hook. & Arn.) Kuntze = **Adesmia trijuga** Gillies ex Hook. & Arn.
Ref.: Ulibarri, 1986, 1994a.

Patagonium triste Chodat & Wilczek = **Adesmia exilis** Clos
Ref.: Burkart, 1964; Ulibarri, 1982.

Patagonium uspallatense (Gillies ex Hook. & Arn.) Kuntze = **Adesmia uspallatensis** Gillies ex Hook. & Arn.
Ref.: Ulibarri, 1986.

Patagonium villosum var. *glabratum* Speg. = **Adesmia villosa** Hook. f.
Ref.: Burkart, 1967b; Burkart & Correa, 1984.

Patagonium volckmanni (Phil.) Kuntze = **Adesmia volckmanni** Phil.

Pauletia affinis (Vogel) A. Schmitz = **Bauhinia affinis** Vogel
Ref.: Fortunato, 1996.

Pauletia bauhinoides (Mart.) A. Schmitz = **Bauhinia bauhinioides** (Mart.) J.F. Macbr.
Ref.: Fortunato, 1986.

Pauletia candicans (Benth.) A. Schmitz = **Bauhinia forficata** Link subsp. **pruinosa** (Vogel) Fortunato & Wunderlin
Ref.: Fortunato, 1986.

Pauletia pruinosa (Vogel) A. Schmitz = **Bauhinia forficata** Link subsp. **pruinosa** (Vogel) Fortunato & Wunderlin
Ref.: Fortunato, 1986.

Peltophorum (Vogel) Benth., nom. cons.

Caesalpinioideae, Caesalpinieae.

Número de especies: 1

Peltophorum dubium (Spreng.) Taub.
Sin.: *Brasilettia dubia* (Spreng.) Kuntze, *Caesalpinia dubia* Spreng., *Peltophorum vogelianum* Walp.
Ref.: Burkart, 1987a; Ulibarri, 1997a.
Hábito: Árbol.
Status: Nativa.
Elevación: 0-500 m.
Prov.: CH, COR, ER, FO, MI.
Paises limítrofes: BR, PA, UR.
Ejemplar examinado: *Burkart et al. 29345* (SI).

Peltophorum vogelianum Walp. = **Peltophorum dubium** (Spreng.) Taub.
Ref.: Burkart, 1987a; Ulibarri, 1997a.

Perlebia bauhinioides Mart. = **Bauhinia bauhinioides** (Mart.) J.F. Macbr.
Ref.: Fortunato, 1986.

Phaca andicola Gillies ex Hook. & Arn. = **Astragalus carinatus** (Hook. & Arn.) Reiche
Ref.: Johnston, 1947.

Phaca arnottiana Gillies ex Hook. & Arn. = **Astragalus arnottianus** (Gillies ex Hook. & Arn.) Reiche

Phaca carinata Hook. & Arn. = **Astragalus carinatus** (Hook. & Arn.) Reiche
Ref.: Johnston, 1947.

Phaca chamissonis Vogel = **Astragalus chamissonis** (Vogel) Reiche
Ref.: Gómez-Sosa, 1979.

Phaca clandestina (Phil.) Hieron. = **Astragalus cryptobotrys** I.M. Johnst.

Phaca cruckshanksii Hook. & Arn. = **Astragalus cruckshanksii** (Hook. & Arn.) Griseb.

Phaca cryptantha Phil. = **Astragalus cryptobotrys** I.M. Johnst.

Phaca depauperata Phil. = **Astragalus bustillosii** Clos

Phaca domeykoana Phil. = **Astragalus domeykoanus** (Phil.) Reiche

Phaca inflata Gillies ex Hook. & Arn. = **Astragalus pehuenches** Niederl.
Ref.: Johnston, 1947; Gómez-Sosa, 1979, 1984, 1994.

Phaca macrocarpa Phil. = **Astragalus pehuenches** Niederl.
Ref.: Johnston, 1947; Gómez-Sosa, 1979, 1984, 1994.

Phaca nana Phil. = **Astragalus arnottianus** (Gillies ex Hook. & Arn.) Reiche

Phaca nubigena Meyen ex Vogel = **Astragalus vesiculosus** Clos

Phaca ochroleuca Hook. & Arn. = **Astragalus chamissonis** (Vogel) Reiche
Ref.: Gómez-Sosa, 1979.

Phaca palenae Phil. = **Astragalus palenae** (Phil.) Reiche var. **palenae**

Phaca patagonica Phil. = **Astragalus patagonicus** (Phil.) Speg.

Phaca pulchella Clos = **Astragalus bellus** (Kuntze) R.E. Fr.

Phaca rhameri Phil. = **Astragalus palenae** (Phil.) Reiche var. **palenae**

Phaca reedi Phil. = **Astragalus arnottianus** (Gillies ex Hook. & Arn.) Reiche

Phaca salsula Pall. = **Sphaerophysa salsula** (Pall.) DC.
Ref.: Barneby, 1964.

Phaca saxifraga Phil. = **Astragalus bustillosii** Clos

Phaca striata Clos = **Astragalus pehuenches** Niederl.
Ref.: Johnston, 1947; Gómez-Sosa, 1979, 1984, 1994.

Phaca uspallatensis Phil. = **Astragalus arnottianus** (Gillies ex Hook. & Arn.) Reiche

Phaseolus L. Papilionoideae, Phaseoleae.

Número de especies: 3

Phaseolus aborigineus Burkart = **Phaseolus vulgaris** L. var. **aborigineus** (Burkart) Baudet
Ref.: Baudet, 1977.

Phaseolus adenanthus G. Mey. = **Vigna adenantha** (G. Mey.) Maréchal, Mascherpa & Stainier
Ref.: Maréchal et al., 1978.

Phaseolus adenanthus G. Mey. f. *subtortus* Hassl. = **Vigna adenantha** (G. Mey.) Maréchal, Mascherpa & Stainier
Ref.: Maréchal et al., 1978.

Phaseolus adenanthus G. Mey. f. *velutinus* Hassl. = **Vigna adenantha** (G. Mey.) Maréchal, Mascherpa & Stainier
Ref.: Maréchal et al., 1978.

Phaseolus adenanthus G. Mey. var. *caeduorum* (Mart.) Hassl. = **Vigna adenantha** (G. Mey.) Maréchal, Mascherpa & Stainier
Ref.: Maréchal et al., 1978.

Phaseolus adenanthus G. Mey. var. *genuinus* Hassl., nom. inval. = **Vigna adenantha** (G. Mey.) Maréchal, Mascherpa & Stainier
Ref.: Maréchal et al., 1978.

Phaseolus adenanthus G. Mey. var. *radicans* (Benth.) Hassl. = **Vigna adenantha** (G. Mey.) Maréchal, Mascherpa & Stainier
Ref.: Maréchal et al., 1978.

Phaseolus adennathus G. Mey. var. *truxillensis* (Kunth) Hassl. = **Vigna adenantha** (G. Mey.) Maréchal, Mascherpa & Stainier
Ref.: Maréchal et al., 1978.

Phaseolus amoenus Macfad. = **Vigna adenantha** (G. Mey.) Maréchal, Mascherpa & Stainier
Ref.: Maréchal et al. 1978.

Phaseolus amplus Benth. = **Vigna candida** (Vell.) Maréchal, Mascherpa & Stainier
Ref.: Maréchal et al., 1978.

Phaseolus appendiculatus Benth. = **Vigna candida** (Vell.) Maréchal, Mascherpa & Stainier
Ref.: Maréchal et al., 1978.

Phaseolus augusti Harms
Ref.: Harms, 1921.
Hábito: Hierba o enredadera.
Status: Nativa.
Elevación: 1000-2000 m.
Prov.: JU, SA, TU.
Paises limítrofes: BO.
Ejemplar examinado: *Kiesling et al. 5442* (SI).

Phaseolus barbulatus Benth. = **Vigna adenantha** (G. Mey.) Maréchal, Mascherpa & Stainier
Ref.: Maréchal et al., 1978.

Phaseolus bertonii Franceschi ex Benth. = **Vigna caracalla** (L.) Verdc.
Ref.: Maréchal et al., 1978.

Phaseolus bracteatus Nees & C. Mart. = **Macroptilium bracteatum** (Nees & C. Mart.) Maréchal & Baudet
Ref.: Maréchal & Baudet, 1977; Drewes, 1995.

Phaseolus bracteatus Nees & C. Mart. f. *panduriformis* Hassl. = **Macroptilium bracteatum** (Nees & C. Mart.) Maréchal & Baudet
Ref.: Barbosa, 1987; Drewes, 1995.

Phaseolus bracteatus Nees & C. Mart. f. *rhomboidalis* Hassl. = **Macroptilium bracteatum** (Nees & C. Mart.) Maréchal & Baudet
Ref.: Barbosa, 1987; Drewes, 1995.

Phaseolus brevipes Benth. = **Vigna adenantha** (G. Mey.) Maréchal, Mascherpa & Stainier
Ref.: Maréchal et al., 1978.

Phaseolus caeduorum Mart. = **Vigna adenantha** (G. Mey.) Maréchal, Mascherpa & Stainier
Ref.: Maréchal et al., 1978.

Phaseolus campestris Mart. = **Vigna longifolia** (Benth.) Verdc.
Ref.: Maréchal et al., 1978.

Phaseolus candidus Vell. = **Vigna candida** (Vell.) Maréchal, Mascherpa & Stainier
Ref.: Maréchal et al., 1978.

Phaseolus candidus Vell. f. *appendiculatus* (Benth.) Hassl. = **Vigna candida** (Vell.) Maréchal, Mascherpa & Stainier
Ref.: Maréchal et al., 1978.

Phaseolus candidus Vell. f. *integer* Hassl. = **Vigna candida** (Vell.) Maréchal, Mascherpa & Stainier
Ref.: Maréchal et al., 1978.

Phaseolus candidus Vell. f. *intermedius* Hassl. = **Vigna candida** (Vell.) Maréchal, Mascherpa & Stainier
Ref.: Maréchal et al., 1978.

Phaseolus candidus Vell. f. *maritimus* Hassl. = **Vigna candida** (Vell.) Maréchal, Mascherpa & Stainier
Ref.: Maréchal et al., 1978.

Phaseolus candidus Vell. f. *obliquaefolius* (Benth.) Hassl. = **Vigna candida** (Vell.) Maréchal, Mascherpa & Stainier
Ref.: Maréchal et al., 1978.

Phaseolus candidus Vell. f. *sublobatus* (Micheli) Hassl. = **Vigna candida** (Vell.) Maréchal, Mascherpa & Stainier
Ref.: Maréchal et al., 1978.

Phaseolus candidus Vell. var. *genuinus* Hassl., nom. inval. = **Vigna candida** (Vell.) Maréchal, Mascherpa & Stainier
Ref.: Maréchal et al., 1978.

Phaseolus candidus Vell. var. *membranaceus* (Benth.) Hassl. = **Vigna candida** (Vell.) Maréchal, Mascherpa & Stainier
Ref.: Maréchal et al., 1978.

Phaseolus caracalla L. = **Vigna caracalla** (L.) Verdc.
Ref.: Maréchal et al., 1978.

Phaseolus caracalla L. var. *brachystachys* Hassl. = **Vigna caracalla** (L.) Verdc.
Ref.: Maréchal et al., 1978.

Phaseolus caracallensis St.-Lag. = **Vigna caracalla** (L.) Verdc.
Ref.: Maréchal et al., 1978.

Phaseolus cirrhosus Kunth = **Vigna adenantha** (G. Mey.) Maréchal, Mascherpa & Stainier
Ref.: Maréchal et al., 1978.

Phaseolus clitorioides Mart. = **Vigna peduncularis** (Kunth) Fawc. & Rendle var. **clitorioides** (Benth.) Maréchal
Ref.: Maréchal et al., 1978.

Phaseolus clitorioides Mart. var. *modestus* Benth. = **Vigna peduncularis** (Kunth) Fawc. & Rendle var. **clitorioides** (Benth.) Maréchal
Ref.: Maréchal et al., 1978.

Phaseolus cochleatus Vell. = **Vigna caracalla** (L.) Verdc.
Ref.: Maréchal et al., 1978.

Phaseolus crotalarioides Mart. ex Benth. = **Macroptilium lathyroides** (L.) Urb.
Ref.: Barbosa, 1987; Drewes, 1995.

Phaseolus cuernavacanus Rose = **Vigna adenantha** (G. Mey.) Maréchal, Mascherpa & Stainier
Ref.: Maréchal et al., 1978.

Phaseolus cummingii Benth. = **Vigna adenantha** (G. Mey.) Maréchal, Mascherpa & Stainier
Ref.: Maréchal et al., 1978.

Phaseolus decipiens Salzm. ex Benth. = **Macroptilium bracteatum** (Nees & C. Mart.) Maréchal & Baudet
Ref.: Barbosa, 1987; Drewes, 1995.

Phaseolus erythroloma C. Mart. ex Benth. = **Macroptilium erythroloma** (C. Mart. ex Benth.) Urb.
Ref.: Urban, 1928; Drewes, 1995.

Phaseolus fraternus Piper = **Macroptilium fraternum** (Piper) Juárez

Phaseolus geophilus Burkart = **Macroptilium panduratum** (C. Mart. ex Benth.) Maréchal & Baudet
Ref.: Drewes, 1995.

Phaseolus grandiflorus Steud. = **Vigna adenantha** (G. Mey.) Maréchal, Mascherpa & Stainier
Ref.: Maréchal et al., 1978.

Phaseolus halophilus Piper = **Vigna candida** (Vell.) Maréchal, Mascherpa & Stainier
Ref.: Maréchal et al., 1978.

Phaseolus hastifolius C. Mart. ex Benth. = **Macroptilium lathyroides** (L.) Urb.

Phaseolus hirsutus Mart. = **Vigna lasiocarpa** (Benth.) Verdc.
Ref.: Verdcourt, 1970.

Phaseolus lasiocarpus Mart. = **Vigna lasiocarpa** (Benth.) Verdc.
Ref.: Verdcourt, 1970.

Phaseolus lathyroides L. = **Macroptilium lathyroides** (L.) Urb.
Ref.: Urban, 1928; Drewes, 1995.

Phaseolus lathyroides L. f. *chacoensis* Hassl. = **Macroptilium lathyroides** (L.) Urb.
Ref.: Barbosa, 1987; Drewes, 1995.

Phaseolus lathyroides L. f. *hirsutus* Hassl. = **Macroptilium lathyroides** (L.) Urb.
Ref.: Barbosa, 1987; Drewes, 1995.

Phaseolus lathyroides L. f. *reapandus* Hassl. = **Macroptilium lathyroides** (L.) Urb.
Ref.: Barbosa, 1987; Drewes, 1995.

Phaseolus lathyroides L. f. *typicus* Hassl., nom. inval. = **Macroptilium lathyroides** (L.) Urb.
Ref.: Barbosa, 1987; Drewes, 1995.

Phaseolus lathyroides L. var. *genuinus* Hassl., nom. inval. = **Macroptilium lathyroides** (L.) Urb.
Ref.: Barbosa, 1987; Drewes, 1995.

Phaseolus lathyroides L. var. *semierectus* (L.) Hassl. = **Macroptilium lathyroides** (L.) Urb.
Ref.: Barbosa, 1987; Drewes, 1995.

Phaseolus lobatus Hook. = **Vigna hookeri** Verdc.
Ref.: Verdcourt, 1970.

Phaseolus longepedunculatus C. Mart. ex Benth. = **Macroptilium longepedunculatum** (C. Mart. ex Benth.) Urb.
Ref.: Drewes, 1995.

Phaseolus longepedunculatus C. Mart. ex Benth. var. *angustifolius* Benth. = **Macroptilium longepedunculatum** (C. Mart. ex Benth.) Urb.
Ref.: Drewes, 1995.

Phaseolus longepedunculatus C. Mart. ex Benth. var. *latifolius* Benth. = **Macroptilium longepedunculatum** (C. Mart. ex Benth.) Urb.
Ref.: Drewes, 1995.

Phaseolus longepedunculatus C. Mart. ex Benth. var. *subcoriaceus* Benth. = **Macroptilium longepedunculatum** (C. Mart. ex Benth.) Urb.
Ref.: Drewes, 1995.

Phaseolus longifolius Benth. = **Vigna longifolia** (Benth.) Verdc.
Ref.: Maréchal et al., 1978.

Phaseolus longirostratus Ducke = **Vigna caracalla** (L.) Verdc.
Ref.: Maréchal et al., 1978.

Phaseolus lunatus L. var. **sylvester** Baudet
Ref.: Baudet, 1977.
Hábito: Hierba o enredadera.
Status: Nativa.
Elevación: 0-1500 m.
Prov.: CH, JU, SA.
Paises limítrofes: BO.
Ejemplar examinado: *Novara et al. 8932* (SI).

Phaseolus luteolus (Jacq.) Gagnep. = **Vigna luteola** (Jacq.) Benth.
Ref.: Verdcourt, 1970.

Phaseolus macfadyenii Steud. = **Vigna adenantha** (G. Mey.) Maréchal, Mascherpa & Stainier
Ref.: Maréchal et al., 1978.

Phaseolus maritimus (Vell.) Benth. = **Macroptilium lathyroides** (L.) Urb.

Phaseolus maritimus Salzm., nom. nud. = **Vigna candida** (Vell.) Maréchal, Mascherpa & Stainier
Ref.: Maréchal et al., 1978.

Phaseolus membranaceus Benth. = **Vigna candida** (Vell.) Maréchal, Mascherpa & Stainier
Ref.: Maréchal et al., 1978.

Phaseolus modestus Mart. = **Vigna peduncularis** (Kunth) Fawc. & Rendle var. **clitorioides** (Benth.) Maréchal
Ref.: Maréchal et al., 1978.

Phaseolus monophyllus var. *rufus* (Micheli) Hassl. = **Macroptilium erythroloma** (C. Mart. ex Benth.) Urb.
Ref.: Drewes, 1995.

Phaseolus obliquaefolius Mart. = **Vigna candida** (Vell.) Maréchal, Mascherpa & Stainier
Ref.: Maréchal et al., 1978.

Phaseolus oblongifolius Micheli = **Vigna peduncularis** (Kunth) Fawc. & Rendle var. **clitorioides** (Benth.) Maréchal
Ref.: Maréchal et al., 1978.

Phaseolus occidentalis Rose = **Vigna adenantha** (G. Mey.) Maréchal, Mascherpa & Stainier
Ref.: Maréchal et al., 1978.

Phaseolus ovatus Benth. = **Vigna longifolia** (Benth.) Verdc.
Ref.: Maréchal et al., 1978.

Phaseolus panduratus C. Mart. ex Benth. = **Macroptilium panduratum** (C. Mart. ex Benth.) Maréchal & Baudet
Ref.: Maréchal & Baudet, 1977; Drewes, 1995.

Phaseolus panduratus C. Mart. ex Benth. f. *eupanduratus* Hassl., nom. inval. = **Macroptilium panduratum** (C. Mart. ex Benth.) Maréchal & Baudet
Ref.: Drewes, 1995.

Phaseolus panduratus C. Mart. ex Benth. f. *ovatifolius* Hassl. = **Macroptilium psammodes** (Lindm.) S.I. Drewes & R.A. Palacios
Ref.: Drewes & Palacios, 1994; Drewes, 1995.

Phaseolus panduratus C. Mart. ex Benth. f. *psammodes* (Lindm.) Hassl. = **Macroptilium psammodes** (Lindm.) S.I. Drewes & R.A. Palacios
Ref.: Drewes & Palacios, 1994; Drewes, 1995.

Phaseolus panduratus C. Mart. ex Benth. var. *tuberosus* Hicken = **Macroptilium fraternum** (Piper) Juárez

Phaseolus peduncularis (Kunth) Fawc. & Rendle f. *oblongifolius* Hassl. = **Vigna peduncularis** (Kunth) Fawc. & Rendle var. **clitorioides** (Benth.) Maréchal
Ref.: Maréchal et al., 1978.

Phaseolus peduncularis (Kunth) Fawc. & Rendle f. *pius* Hassl. = **Vigna peduncularis** (Kunth) Fawc. & Rendle var. **clitorioides** (Benth.) Maréchal
Ref.: Maréchal et al., 1978.

Phaseolus peduncularis (Kunth) Fawc. & Rendle f. *typicus* Hassl., nom. inval. = **Vigna peduncularis** (Kunth) Fawc. & Rendle var. **clitorioides** (Benth.) Maréchal
Ref.: Maréchal et al., 1978.

Phaseolus peduncularis (Kunth) Fawc. & Rendle var. *clitorioides* (Mart.) Hassl. = **Vigna peduncularis** (Kunth) Fawc. & Rendle var. **clitorioides** (Benth.) Maréchal
Ref.: Maréchal et al., 1978.

Phaseolus pilosus Kunth var. *lasiocarpus* (Mart.) Hassl. = **Vigna lasiocarpa** (Benth.) Verdc.
Ref.: Verdcourt, 1970.

Phaseolus pius Mart. = **Vigna peduncularis** (Kunth) Fawc. & Rendle var. **clitorioides** (Benth.) Maréchal
Ref.: Maréchal et al., 1978.

Phaseolus prostratus Benth. = **Macroptilium prostratum** (Benth.) Urb.
Ref.: Urban, 1928; Drewes, 1995.

Phaseolus prostratus Benth. var. *angustifolius* Benth. = **Macroptilium prostratum** (Benth.) Urb.
Ref.: Barbosa, 1987; Drewes, 1995.

Phaseolus prostratus Benth. f. *pseudo-ovatifolius* Hassl. = **Macroptilium prostratum** (Benth.) Urb.
Ref.: Barbosa, 1987; Drewes, 1995.

Phaseolus prostratus Benth. var. *ovatifolius* Benth. = **Macroptilium prostratum** (Benth.) Urb.
Ref.: Barbosa, 1987; Drewes, 1995.

Phaseolus psammodes Lindm. = **Macroptilium psammodes** (Lindm.) S.I. Drewes & R.A. Palacios
Ref.: Drewes & Palacios, 1994; Drewes, 1995.

Phaseolus psoraleoides Wight & Arn. = **Macroptilium lathyroides** (L.) Urb.
Ref.: Barbosa, 1987; Drewes, 1995.

Phaseolus radicans Benth. = **Vigna adenantha** (G. Mey.) Maréchal, Mascherpa & Stainier
Ref.: Maréchal et al., 1978.

Phaseolus rubidus Piper = **Macroptilium erythroloma** (C. Mart. ex Benth.) Urb.

Phaseolus rufus Micheli, hom. illeg. = **Macroptilium erythroloma** (C. Mart. ex Benth.) Urb.
Ref.: Drewes, 1995.

Phaseolus schottii Benth. = **Vigna longifolia** (Benth.) Verdc.
Ref.: Maréchal et al., 1978.

Phaseolus schottii Benth. var. *campestris* Hassl. = **Vigna longifolia** (Benth.) Verdc.
Ref.: Maréchal et al., 1978.

Phaseolus schottii Benth. var. *genuinus* Hassl., nom. inval. = **Vigna longifolia** (Benth.) Verdc.
Ref.: Maréchal et al., 1978.

Phaseolus schottii Benth. var. *longifolius* (Benth.) Hassl. = **Vigna longifolia** (Benth.) Verdc.
Ref.: Maréchal et al., 1978.

Phaseolus semierectus L. = **Macroptilium lathyroides** (L.) Urb.
Ref.: Barbosa, 1987; Drewes, 1995.

Phaseolus semierectus L. var. *angustifolius* Benth. = **Macroptilium lathyroides** (L.) Urb.
Ref.: Barbosa, 1987; Drewes, 1995.

Phaseolus semierectus L. var. *nanus* Benth. = **Macroptilium lathyroides** (L.) Urb.
Ref.: Barbosa, 1987; Drewes, 1995.

Phaseolus semierectus L. var. *subhastatus* Benth. = **Macroptilium lathyroides** (L.) Urb.
Ref.: Barbosa, 1987; Drewes, 1995.

Phaseolus senegalensis Gill. & Perr. = **Vigna adenantha** (G. Mey.) Maréchal, Mascherpa & Stainier
Ref.: Maréchal et al., 1978.

Phaseolus strictus Braun & Bouché = **Macroptilium lathyroides** (L.) Urb.
Ref.: Barbosa, 1987; Drewes, 1995.

Phaseolus subtortus Benth. = **Vigna adenantha** (G. Mey.) Maréchal, Mascherpa & Stainier
Ref.: Maréchal et al., 1978.

Phaseolus truxillensis Kunth = **Vigna adenantha** (G. Mey.) Maréchal, Mascherpa & Stainier
Ref.: Maréchal et al. 1978.

Phaseolus truxillensis Kunth var. *minor* Benth. = **Vigna adenantha** (G. Mey.) Maréchal, Mascherpa & Stainier
Ref.: Maréchal et al., 1978.

Phaseolus vulgaris L. var. **aborigineus** (Burkart) Baudet
Sin.: *Phaseolus aborigineus* Burkart
Ref.: Baudet, 1977.
Hábito: Hierba o enredadera.
Status: Nativa.
Elevación: 1000-2000 m.
Prov.: CA, JU, SA, TU.
Paises limítrofes: BO.
Ejemplar examinado: *Burkart et al. 11526* (SI).

Piptadenia Benth. Mimosoideae, Mimoseae.
Número de especies: 1

Piptadenia cebil (Griseb.) Griseb. = **Anadenanthera colubrina** (Vell.) Brenan var. **cebil** (Griseb.) Altschul
Ref.: Altschul, 1964.

Piptadenia communis Benth. = **Piptadenia gonoacantha** (Mart.) J.F. Macbr.
Ref.: Burkart, 1979b.

Piptadenia communis Benth. var. *excelsa* Griseb. = **Parapiptadenia excelsa** (Griseb.) Burkart
Ref.: Burkart, 1969.

Piptadenia excelsa (Griseb.) Burkart f. *jujuyensis* Griseb. = **Parapiptadenia excelsa** (Griseb.) Burkart
Ref.: Burkart, 1969.

Piptadenia exelsa f. *tucumanensis* Lillo = **Parapiptadenia excelsa** (Griseb.) Burkart
Ref.: Burkart, 1969.

[Piptadenia gonoacantha (Mart.) J.F. Macbr.]
Sin.: *Piptadenia communis* Benth.
Ref.: Burkart, 1979b.
Nota: Especie excluida de la flora argentina.

[Piptadenia grata (Willd.) J.F. Macbr.]
Sin.: *Acacia grata* Willd.
Nota: Taxón dudoso.

Piptadenia macrocarpa Benth. = **Anadenanthera colubrina** (Vell.) Brenan var. **cebil** (Griseb.) Altschul
Ref.: Altschul, 1964.

Piptadenia macrocarpa Benth. var. *cebil* (Griseb.) Chodat & Hassl. = **Anadenanthera colubrina** (Vell.) Brenan var. **cebil** (Griseb.) Altschul
Ref.: Altschul, 1964.

[Piptadenia nitida Benth.]
Ref.: Cialdella, inéd.
Nota: Especie excluida de la flora argentina.

Piptadenia paraguensis (Benth.) Lindm. = **Microlobius foetidus** (Jacq.) M. Sousa & G. Andrade subsp. **paraguensis** (Benth.) M. Sousa & G. Andrade
Ref.: Sousa & Andrade, 1992.

Piptadenia quadrifolia N.E. Br. = **Microlobius foetidus** (Jacq.) M. Sousa & G. Andrade subsp. **paraguensis** (Benth.) M. Sousa & G. Andrade
Ref.: Sousa & Andrade, 1992.

Piptadenia rigida Benth. = **Parapiptadenia rigida** (Benth.) Brenan
Ref.: Brenan, 1963.

Piptadenia subtilifolia (Kunth) Benth. = **Piptadenia viridiflora** (Kunth) Benth.
Ref.: Burkart, 1949.

Piptadenia viridiflora (Kunth) Benth.
Sin.: *Acacia subtilifolia* Kunth, *Acacia viridiflora* Kunth, *Piptadenia subtilifolia* (Kunth) Benth., *Pityrocarpa viridiflora* (Kunth) Brenan
Ref.: Burkart, 1949; Brenan, 1963.
Hábito: Arbusto o árbol.
Status: Nativa.
Elevación: 0-2500 m.
Prov.: SA.
Paises limítrofes: BO, BR.
Ejemplar examinado: *Venturi 5057* (SI).

Pirottantha modesta Speg. = **Plathymenia foliosa** Benth.
Ref.: Burkart, 1939a.

Piscidia punicea Cav. = **Sesbania punicea** (Cav.) Benth.
Ref.: Burkart, 1987a; Gómez-Sosa, inéd.

Pithecellobium anajuliae Rizzini = **Chloroleucon tenuiflorum** (Benth.) Barneby & J.W. Grimes

Pithecellobium caribaeum Urb. = **Albizia niopoides** (Spruce ex Benth.) Burkart
Ref.: Barneby & Grimes, 1996.

Pithecellobium cataractae (Kunth) Benth. = **Zygia cataractae** (Kunth) L. Rico
Ref.: Barneby & Grimes, 1997.

Pithecellobium cauliflorum (Willd.) Mart. f. *nivea* Lindm. = **Zygia cataractae** (Kunth) L. Rico
Ref.: Barneby & Grimes, 1997.

Pithecellobium cauliflorum auct. non (Willd.) Mart. = **Zygia morongii** Barneby & J.W. Grimes
Ref.: Barneby & Grimes, 1997.

Pithecellobium chacönse Burkart = **Chloroleucon chacöense** (Burkart) Barneby & J.W. Grimes
Ref.: Barneby & Grimes, 1996.

Pithecellobium divaricatum Benth. = **Zygia cataractae** (Kunth) L. Rico
Ref.: Barneby & Grimes, 1997.

Pithecellobium foliolosum Benth. = **Chloroleucon foliolosum** (Benth.) G.P. Lewis

Pithecellobium glomeratum (DC.) Benth. = **Zygia cataractae** (Kunth) L. Rico
Ref.: Barneby & Grimes, 1997.

Pithecellobium grisebachianum Harms = **Chloroleucon foliolosum** (Benth.) G.P. Lewis

Pithecellobium hassleri Chodat = **Albizia niopoides** (Spruce ex Benth.) Burkart
Ref.: Barneby & Grimes, 1996.

Pithecellobium multiflorum var. *brevipedunculata* Chodat & Hassl. = **Albizia inundata** (Mart.) Barneby & J.W. Grimes

Pithecellobium myriophyllum Malme, hom. illeg. = **Chloroleucon foliolosum** (Benth.) G.P. Lewis

Pithecellobium niopoides Spruce & Benth. = **Albizia niopoides** (Spruce ex Benth.) Burkart
Ref.: Barneby & Grimes, 1996.

Pithecellobium oligandrum Rizzini = **Chloroleucon foliolosum** (Benth.) G.P. Lewis

Pithecellobium paraguense Benth. = **Microlobius foetidus** (Jacq.) M. Sousa & G. Andrade subsp. **paraguensis** (Benth.) M. Sousa & G. Andrade
Ref.: Sousa & Andrade, 1992.

Pithecellobium pendulum Lindm. = **Albizia inundata** (Mart.) Barneby & J.W. Grimes

Pithecellobium pithecolobioides (Harms ex Kuntze) Hassl. = **Zygia pithecolobioides** (Harms ex Kuntze) Barneby & J.W. Grimes
Ref.: Barneby & Grimes, 1997.

Pithecellobium pithecoloboides (Harms ex Kuntze) Hassl. var. *reductum* (Malme) Hassl. = **Zygia pithecolobioides** (Harms ex Kuntze) Barneby & J.W. Grimes
Ref.: Barneby & Grimes, 1997.

Pithecellobium reductum Malme = **Zygia pithecolobioides** (Harms ex Kuntze) Barneby & J.W. Grimes
Ref.: Barneby & Grimes, 1997.

Pithecellobium scalare Griseb. = **Chloroleucon tenuiflorum** (Benth.) Barneby & J.W. Grimes

Pithecellobium scalare Griseb. f. *parvifolium* Chodat & Hassl. = **Chloroleucon tenuiflorum** (Benth.) Barneby & J.W. Grimes

Pithecellobium scalare Griseb. var. *hirsutum* Chodat & Hassl. = **Chloroleucon tenuiflorum** (Benth.) Barneby & J.W. Grimes

Pithecellobium tenuiflorum Benth. = **Chloroleucon tenuiflorum** (Benth.) Barneby & J.W. Grimes

Pithecellobium tortum f. *scalare* (Griseb.) Hassl. = **Chloroleucon tenuiflorum** (Benth.) Barneby & J.W. Grimes

Pithecellobium tortum var. *pubescens* Benth. = **Chloroleucon tenuiflorum** (Benth.) Barneby & J.W. Grimes

Pityrocarpa viridiflora (Kunth) Brenan = **Piptadenia viridiflora** (Kunth) Benth.

Plathymenia Benth. Mimosoideae, Mimoseae.
Número de especies: 1

Plathymenia foliosa Benth.
Sin.: *Pirottantha modesta* Speg., *Plathymenia modesta* (Speg.) Burkart
Ref.: Burkart, 1939a, 1979b.
Hábito: Árbol.
Status: Nativa.
Elevación: 0-500 m.
Prov.: MI.
Paises limítrofes: BO, BR, PA.
Nota: Probablemente se encuentre en la provincia de Misiones.

Plathymenia modesta (Speg.) Burkart = **Plathymenia foliosa** Benth.
Ref.: Burkart, 1979b.

Poecilanthe Benth. Papilionoideae, Millettieae.
Número de especies: 1

Poecilanthe parviflora Benth.
Ref.: Burkart, 1987a; Gómez-Sosa, inéd.
Hábito: Arbusto o árbol.
Status: Nativa.
Elevación: 0-500 m.
Prov.: COR, ER, MI.
Paises limítrofes: BR, UR.
Ejemplar examinado: *Pastore 264* (SI).

Poiretia Vent. Papilionoideae, Aeschynomeneae.
Número de especies: 2

Poiretia latifolia Vogel
Ref.: Burkart, 1939b; Rudd, 1972b.
Hábito: Subarbusto.
Status: Nativa.
Elevación: 0-500 m.
Prov.: COR, MI.
Paises limítrofes: BR, PA, UR.
Ejemplar examinado: *Krapovickas et al. 26353* (CTES).

Poiretia psoraloides DC. = **Poiretia tetraphylla** (Poir.) Burkart

Poiretia tetraphylla (Poir.) Burkart
Sin.: *Poiretia psoraloides* DC., *Psoralea tetraphylla* Poir.
Ref.: Burkart, 1939b, 1987a; Rudd, 1972b.
Hábito: Subarbusto.
Status: Nativa.
Elevación: 0-500 m.
Prov.: BA, CO, COR, ER, SE, SF, TU.
Paises limítrofes: BR, UR.
Ejemplar examinado: *Schinini 16229* (CTES).

Poissonia hypoleuca (Speg.) Hauman = **Coursetia hypoleuca** (Speg.) Lavin

Poissonia hypoleuca (Speg.) Lillo = **Coursetia hypoleuca** (Speg.) Lavin

Pomaria glauca Cav. = **Cercidium praecox** (Ruiz & Pav.) Burkart & Carter subsp. **glaucum** (Cav.) Burkart & Carter
Ref.: Burkart & Carter, 1976.

Prosopidastrum Burkart. Mimosoideae, Mimoseae.
Número de especies: 1 especie endémica.

Prosopidastrum globosum (Gillies ex Hook. & Arn.) Burkart
Sin.: *Mimosa gilliesii* Benth., *Mimosa globosa* (Gillies ex Hook. & Arn.) J.F. Macbr., *Mimosa striata* (Benth.) Speg., *Prosopis globosa* Gillies ex Hook. & Arn., *Prosopis striata* Benth., *Xerocladia pampeana* Speg.
Ref.: Burkart, 1964; Fortunato, 1984a.
Hábito: Arbusto.
Status: Endémica.
Elevación: 0-500 m.
Prov.: CA, CHU, ME, RN, SJ.
Ejemplar examinado: *Crespo et al. 2321* (BAB).

Prosopis L. Mimosoideae, Mimoseae.
Número de especies: 28; 10 especies y 6 variedades endémicas.

Prosopis abbreviata Benth.
Sin.: *Strombocarpa abbreviata* (Benth.) Hutch.
Ref.: Burkart, 1976-1977; Gómez-Sosa & Palacios, 1994.
Hábito: Arbolito.
Status: Endémica.
Elevación: 0-1000 m.
Prov.: CA, COR, SE, SJ, SL.
Ejemplar examinado: *Guaglianone et al. 1719* (SI).

Prosopis abbreviata Benth. var. *argentina* Griseb. = **Prosopis reptans** Benth.

Prosopis adesmioides Griseb. = **Prosopis torquata** (Cav. ex Lag.) DC.
Ref.: Burkart, 1976-1977.

Prosopis affinis Spreng.
Sin.: *Prosopis algarrobilla* Griseb., *Prosopis algarrobilla* Griseb. var. *ñandubay* (Lorentz) Hassl., *Prosopis nandubey* Lorentz ex Griseb.
Ref.: Burkart, 1976-1977.
Hábito: Árbol.
Status: Nativa.
Elevación: 0-1000 m.
Prov.: BA, CH, CO, COR, ER, FO, SE, SF.
Paises limítrofes: BR, PA, UR.
Ejemplar examinado: *Krapovickas 29186* (SI).

Prosopis alba Griseb. f. *fruticosa* (Hauman) Monticelli = **Prosopis flexuosa** DC. var. **depressa** F.A. Roig
Ref.: Roig, 1988.

Prosopis alba Griseb. var. **alba**
Sin.: *Prosopis atacamensis* Phil., *Prosopis siliquastrum* (Cav.) DC. var. *longisiliqua* Phil.
Ref.: Burkart, 1976-1977.
Hábito: Árbol.
Status: Nativa.
Elevación: 0-2500 m.
Prov.: BA, CH, CO, COR, ER, JU, SA, SE, SF, SL.
Paises limítrofes: BO, CH, PA.
Ejemplar examinado: *Burkart 20371* (SI).

Prosopis alba Griseb. var. **panta** Griseb.
Sin.: *Prosopis panta* (Griseb.) Hieron.
Ref.: Burkart, 1976-1977.
Hábito: Árbol.
Status: Nativa.
Elevación: 0-2000 m.
Prov.: CH, CO, COR, ER, JU, SA, SF, TU.
Paises limítrofes: BO.
Ejemplar examinado: *Burkart 5904* (SI).

Prosopis algarobilla Griseb. var. *nigra* Griseb. = **Prosopis nigra** (Griseb.) Hieron. var. **nigra**
Ref.: Burkart, 1976-1977.

Prosopis algarrobilla Griseb. = **Prosopis affinis** Spreng.
Ref.: Burkart, 1976-1977.

Prosopis algarrobilla Griseb. var. *ñandubay* (Lorentz) Hassl. = **Prosopis affinis** Spreng.
Ref.: Burkart, 1976-1977.

Prosopis alpataco Phil.
Sin.: *Prosopis stenoloba* Phil.
Ref.: Burkart, 1976-1977; Roig, 1988; Gómez-Sosa & Palacios, 1994.
Hábito: Arbusto.
Status: Nativa.
Prov.: BA, CA, CHU, COR, LP, LR, ME, NE, RN, SJ, SL.
Paises limítrofes: CH.
Ejemplar examinado: *Cabrera 11059* (SI).

Prosopis alpataco Phil. f. **rubra** F.A. Roig
Ref.: Roig, 1988.
Hábito: Arbusto.
Status: Endémica.
Prov.: ME.
Ejemplar examinado: *Roig 223* (holotipo, MERL).

Prosopis alpataco Phil. var. **lamaro** F.A. Roig
Ref.: Roig, 1988.
Hábito: Árbol.
Status: Endémica.
Prov.: ME.
Ejemplar examinado: *Roig 8946* (holotipo, MERL).

Prosopis argentina Burkart
Ref.: Burkart, 1976-1977.
Hábito: Arbusto.
Status: Endémica.
Prov.: CA, LR, ME, SJ.
Ejemplar examinado: *Kiesling et al. 6180* (SI).

Prosopis astringens Gillies ex Hook. & Arn. = **Acacia atramentaria** Benth.
Ref.: Cialdella, 1984.

Prosopis astringens Gillies ex Hook. & Arn., hom. illeg. = **Acacia atramentaria** Benth.
Ref.: Cialdella, 1984.

Prosopis atacamensis Phil. = **Prosopis alba** Griseb. var. **alba**
Ref.: Burkart, 1976-1977.

Prosopis barbatigridis Stuck. = **Prosopis kuntzei** Harms
Ref.: Burkart, 1976-1977.

Prosopis caldenia Burkart
Ref.: Burkart, 1976-1977.
Hábito: Árbol.
Status: Endémica.
Elevación: 0-500 m.
Prov.: BA, COR, ER, LP, ME, RN, SL.
Ejemplar examinado: *Cabrera 5640* (SI).

Prosopis calingastana Burkart
Ref.: Burkart, 1976-1977; Gómez-Sosa & Palacios, 1994.
Hábito: Arbusto.
Status: Endémica.
Elevación: 2000-2500 m.
Prov.: SJ.
Ejemplar examinado: *Maqueda et al. 5844* (SI).

Prosopis campestris Griseb.
Ref.: Burkart, 1976-1977.
Hábito: Arbusto.
Status: Endémica.
Elevación: 500-2000 m.
Prov.: CO, SL.
Ejemplar examinado: *Castellanos 573* (SI).

Prosopis campestris Griseb. var. *elata* Burkart = **Prosopis elata** (Burkart) Burkart
Ref.: Burkart, 1976-1977.

Prosopis casadensis Penz. = **Prosopis kuntzei** Harms
Ref.: Burkart, 1976-1977.

Prosopis castellanosii Burkart
Ref.: Burkart, 1976-1977.
Hábito: Arbusto.
Status: Endémica.
Elevación: 500-1500 m.
Prov.: ME, NE.
Ejemplar examinado: *Ruiz Leal 24510* (SI).

Prosopis chilensis (Molina) Stuntz var. **catamarcana** Burkart
Ref.: Burkart, 1976-1977.
Hábito: Árbol.
Status: Endémica.
Prov.: CA.
Ejemplar examinado: *Ulibarri 581* (SI).

Prosopis chilensis (Molina) Stuntz var. **chilensis**
Sin.: *Acacia siliquastrum* (Cav.) Lag., *Ceratonia chilensis* Molina, *Prosopis schinopoma* Stuck., *Prosopis siliquastrum* (Lag.) DC.
Ref.: Burkart, 1976-1977; Gómez-Sosa & Palacios, 1994.
Hábito: Árbol.
Status: Nativa.
Elevación: 500-2500 m.
Prov.: CA, CO, LR, ME, SA, SE, SJ, SL, TU.
Paises limítrofes: BO, CH.
Ejemplar examinado: *Sayago 3648* (SI).

Prosopis chilensis (Molina) Stuntz var. **riojana** Burkart
Ref.: Burkart, 1976-1977.
Hábito: Árbol.
Status: Endémica.
Prov.: CA, LR.
Ejemplar examinado: *Sayago 1959* (SI).

Prosopis denudans Benth. var. **denudans**
Ref.: Burkart, 1976-1977.
Hábito: Arbusto.
Status: Endémica.
Prov.: CHU, LP, ME, NE, RN, SC.
Ejemplar examinado: *Crespo y Troncoso 1631* (BAB, SI).

Prosopis denudans Benth. var. **patagonica** (Speg.) Burkart
Sin.: *Prosopis patagonica* Speg.
Ref.: Burkart, 1976-1977.
Hábito: Arbusto.
Status: Endémica.
Prov.: ME, NE, SC.
Ejemplar examinado: *Burkart 13823* (SI).

Prosopis denudans Benth. var. **stenocarpa** Burkart
Ref.: Burkart, 1976-1977.
Hábito: Arbusto.
Status: Endémica.
Prov.: CHU, SC.
Ejemplar examinado: *Krapovickas 4367* (SI).

Prosopis dulcis Kunth var. *australis* Benth. = **Prosopis nigra** (Griseb.) Hieron. var. **nigra**
Ref.: Burkart, 1976-1977.

Prosopis elata (Burkart) Burkart
Sin.: *Prosopis campestris* Griseb. var. *elata* Burkart
Ref.: Burkart, 1976-1977.
Hábito: Arbusto.
Status: Nativa.
Elevación: 0-1000 m.
Prov.: CH, COR, FO, LR, SA, SE, TU.
Paises limítrofes: PA.
Ejemplar examinado: *Ruiz Leal y Roig 17210* (SI).

Prosopis ephedroides Gillies ex Hook. & Arn. = **Mimosa ephedroides** (Gillies ex Hook. & Arn.) Benth.
Ref.: Burkart, 1948.

Prosopis ferox Griseb.
Ref.: Burkart, 1976-1977.
Hábito: Arbusto o árbol.
Status: Nativa.
Elevación: 2000-4000 m.
Prov.: JU, SA.
Paises limítrofes: BO.
Ejemplar examinado: *Cabrera y Kiesling 20225* (LP, SI).

Prosopis fiebrigii Harms
Ref.: Burkart, 1976-1977.
Hábito: Árbol.
Status: Nativa.
Elevación: 0-500 m.
Prov.: FO.
Paises limítrofes: PA.
Ejemplar examinado: *Palacios 484* (BAFC, SI).

Prosopis flexuosa DC. var. **depressa** F.A. Roig
Sin.: *Prosopis alba* Griseb. f. *fruticosa* (Hauman) Monticelli, *Prosopis juliflora* (Sw.) DC. f. *fruticosa* Hauman
Ref.: Roig, 1988.
Hábito: Arbusto.
Status: Endémica.
Prov.: CHU, ME, NE, RN.
Ejemplar examinado: *Roig 12383* (MERL).

Prosopis flexuosa DC. var. **flexuosa**
Sin.: *Acacia flexuosa* Lag., *Prosopis juliflora* (Sw.) DC. f. *arborea* Hauman
Ref.: Roig, 1988; Gómez-Sosa & Palacios, 1994.
Hábito: Árbol.
Status: Nativa.
Elevación: 0-1500 m.
Prov.: BA, CA, CHU, CO, LP, LR, ME, RN, SA, SJ, SL, TU.
Paises limítrofes: BO, CH.
Ejemplar examinado: *Roig 11373* (MERL).

Prosopis flexuosa DC. var. **fruticosa** (Meyen) F.A. Roig
Sin.: *Prosopis fruticosa* Meyen
Ref.: Roig, 1988.
Hábito: Arbusto.
Status: Nativa.
Prov.: RN.
Paises limítrofes: CH.
Ejemplar examinado: *Roig 12536* (MERL).

Prosopis flexuosa DC. f. **subinermis** Burkart
Ref.: Burkart, 1976-1977.
Hábito: Árbol.
Status: Nativa.
Prov.: BA, SA, SJ, TU.
Paises limítrofes: CH.
Ejemplar examinado: *Burkart 22058* (SI).

Prosopis fruticosa Meyen = **Prosopis flexuosa** DC. var. **fruticosa** (Meyen) F.A. Roig
Ref.: Burkart, 1976-1977.

Prosopis globosa Gillies ex Hook. & Arn. = **Prosopidastrum globosum** (Gillies ex Hook. & Arn.) Burkart

Prosopis hassleri Harms var. **hassleri**
Ref.: Burkart, 1976-1977.
Hábito: Árbol.
Status: Nativa.
Elevación: 0-500 m.
Prov.: CH, FO, SF.
Paises limítrofes: PA.
Ejemplar examinado: *Palacios 320* (BAFC, SI).

Prosopis hassleri Harms var. **nigroides** Burkart
Ref.: Burkart, 1976-1977.
Hábito: Árbol.
Status: Endémica.
Elevación: 0-500 m.
Prov.: SF.
Ejemplar examinado: *Ragonese 2423* (holotipo, SI).

Prosopis humilis Gillies ex Hook. & Arn.
Ref.: Burkart, 1976-1977.
Hábito: Arbusto.
Status: Endémica.
Elevación: 0-500 m.
Prov.: BA, CO, LP, SL.
Ejemplar examinado: *Ragonese y Piccinini 9528* (SI).

Prosopis juliflora (Sw.) DC. f. *arborea* Hauman = **Prosopis flexuosa** DC. var. **flexuosa**
Ref.: Burkart, 1976-1977.

Prosopis juliflora (Sw.) DC. f. *fruticosa* Hauman = **Prosopis flexuosa** DC. var. **depressa** F.A. Roig
Ref.: Roig, 1988.

Prosopis kuntzei Harms
Sin.: *Prosopis barbatigridis* Stuck., *Prosopis casadensis* Penz.
Ref.: Burkart, 1976-1977.
Hábito: Árbol.
Status: Nativa.
Elevación: 0-500 m.
Prov.: CH, CO, COR, ER, FO, SA, SE, SF.
Paises limítrofes: BO, PA.
Ejemplar examinado: *Burkart, 30486* (SI).

Prosopis laevigata (Humb. & Bonpl. ex Willd.) M.C. Johnston var. **andicola** Burkart
Ref.: Burkart, 1976-1977.
Hábito: Árbol.
Status: Endémica.
Prov.: JU.
Ejemplar examinado: *Vargas 709* (tipos, GH, NY).

Prosopis nandubey Lorentz ex Griseb. = **Prosopis affinis** Spreng.
Ref.: Burkart, 1976-1977.

Prosopis nigra (Griseb.) Hieron. var. **longispina** Burkart
Ref.: Burkart, 1976-1977.
Hábito: Árbol.
Status: Nativa.
Prov.: CH, COR.
Paises limítrofes: PA.
Ejemplar examinado: *Pedersen 2808* (holotipo, SI; isotipo, SI).

Prosopis nigra (Griseb.) Hieron. var. **nigra**
Sin.: *Prosopis algarobilla* Griseb. var. *nigra* Griseb., *Prosopis dulcis* Kunth var. *australis* Benth.
Ref.: Burkart, 1976-1977.
Hábito: Árbol.
Status: Nativa.
Elevación: 0-500 m.
Prov.: BA, CA, CH, CO, COR, ER, FO, JU, LR, SA, SE, SF, SJ, SL, TU.
Paises limítrofes: BO, PA, UR.
Ejemplar examinado: *Dawson y Calastreme 1811* (BAB, SI).

Prosopis nigra (Griseb.) Hieron. var. **ragonesei** Burkart
Ref.: Burkart, 1976-1977.
Hábito: Árbol.
Status: Endémica.
Elevación: 0-500 m.
Prov.: SF.
Ejemplar examinado: *Burkart 5933* (SI).

Prosopis panta (Griseb.) Hieron. = **Prosopis alba** Griseb. var. **panta** Griseb.
Ref.: Burkart, 1976-1977.

Prosopis patagonica Speg. = **Prosopis denudans** Benth. var. **patagonica** (Speg.) Burkart
Ref.: Burkart, 1976-1977.

Prosopis pugionata Burkart
Ref.: Burkart, 1976-1977; Gómez-Sosa & Palacios, 1994.
Hábito: Árbol.
Status: Endémica.
Prov.: CA, COR, LR, ME, SE, SJ, SL.
Ejemplar examinado: *Sayago 3594* (SI).

Prosopis reptans Benth.
Sin.: *Prosopis abbreviata* Benth. var. *argentina* Griseb., *Strombocarpa reptans* (Benth.) A. Gray
Ref.: Burkart, 1976-1977; Gómez-Sosa & Palacios, 1994.
Hábito: Arbusto.
Status: Nativa.
Elevación: 0-500 m.
Prov.: CA, CO, COR, RN, SE, SF, SJ, SL, TU.
Ejemplar examinado: *Burkart 12913* (LIL, SI).

Prosopis ruizleali Burkart
Ref.: Burkart, 1976-1977.
Hábito: Arbusto.
Status: Endémica.
Elevación: 1000-1500 m.
Prov.: ME, NE.
Ejemplar examinado: *Ancibor et al. s.n.* (SI).

Prosopis ruscifolia Griseb.
Ref.: Burkart, 1976-1977.
Hábito: Árbol.
Status: Nativa.
Elevación: 0-500 m.
Prov.: CH, COR, FO, SA, SE, TU.
Paises limítrofes: BO, BR, PA.
Ejemplar examinado: *Palacios 489* (BAFC, SI).

Prosopis schinopoma Stuck. = **Prosopis chilensis** (Molina) Stuntz var. **chilensis**
Ref.: Burkart, 1976-1977.

Prosopis sericantha Gillies ex Hook. & Arn.
Ref.: Burkart, 1976-1977; Gómez-Sosa & Palacios, 1994.
Hábito: Arbusto.
Status: Nativa.
Elevación: 0-1000 m.
Prov.: CA, CH, COR, FO, LR, ME, SA, SE, SF, SJ, SL, TU.
Paises limítrofes: PA.
Ejemplar examinado: *Burkart 20361* (SI).

Prosopis siliquastrum (Cav.) DC. var. *longisiliqua* Phil. = **Prosopis alba** Griseb. var. **alba**
Ref.: Burkart, 1976-1977.

Prosopis siliquastrum (Lag.) DC. = **Prosopis chilensis** (Molina) Stuntz var. **chilensis**
Ref.: Burkart, 1976-1977.

Prosopis stenoloba Phil. = **Prosopis alpataco** Phil. f. **alpataco**
Ref.: Burkart, 1976-1977.

Prosopis striata Benth. = **Prosopidastrum globosum** (Gillies ex Hook. & Arn.) Burkart

Prosopis strombulifera (Lam.) Benth. var. **ruiziana** Burkart
Ref.: Burkart, 1976-1977.
Hábito: Arbusto.
Status: Endémica.
Prov.: ME.
Ejemplar examinado: *Ruíz Leal 3787* (holotipo, SI).

Prosopis strombulifera (Lam.) Benth. var. **strombulifera**
Sin.: *Acacia strombulifera* (Lam.) Willd., *Mimosa circinalis* Cav., hom. illeg., *Mimosa strombulifera* Lam., *Spirolobium australe* Orb., *Strombocarpa strombulifera* (Lam.) A. Gray
Ref.: Burkart, 1976-1977; Gómez-Sosa & Palacios, 1994.
Hábito: Arbusto.
Status: Nativa.
Elevación: 0-500 m.
Prov.: BA, CO, LP, LR, ME, NE, RN, SA, SJ, SL, TU.
Paises limítrofes: CH.
Ejemplar examinado: *Dawson y Pujals 1681* (BAB, SI).

Prosopis torquata (Cav. ex Lag.) DC.
Sin.: *Acacia torquata* Cav. ex Lag., *Prosopis adesmioides* Griseb., *Strombocarpa torquata* (Cav. ex Lag.) Hutch.
Ref.: Burkart, 1976-1977; Gómez-Sosa & Palacios, 1994.
Hábito: Arbusto o árbol.
Status: Endémica.
Elevación: 0-2500 m.
Prov.: CA, CH, COR, LR, ME, SA, SE, SJ, SL, TU.
Ejemplar examinado: *Burkart 20408* (SI).

Prosopis vinalillo Stuck.
Ref.: Burkart, 1976-1977.
Hábito: Árbol.
Status: Nativa.
Elevación: 500-1000 m.
Prov.: CH, COR, FO, JU, SA, SE, TU.
Paises limítrofes: PA.
Ejemplar examinado: *Palacios 483* (BAFC, SI).

Pseudocassia spectabilis (DC.) Britton & Rose = **Senna spectabilis** (DC.) H.S. Irwin & Barneby
Ref.: Irwin & Barneby, 1982.

Psoralea higuerilla Gillies ex Hook. = **Otholobium higuerilla** (Gillies ex Hook.) Grimes
Ref.: Grimes, 1990; Gómez-Sosa, 1997.

Psoralea monosperma (Griseb.) J.F. Macbr. = **Otholobium higuerilla** (Gillies ex Hook.) Grimes
Ref.: Grimes, 1990; Gómez-Sosa, 1997.

Psoralea tetraphylla Poir. = **Poiretia tetraphylla** (Poir.) Burkart

Pterocarpus Jacq. Papilionoideae, Dalbergiaeae.
Número de especies: 1

Pterocarpus michelii Britton
Ref.: Burkart, 1952a.
Hábito: Árbol.
Status: Nativa.
Elevación: 0-500 m.
Prov.: COR, FO.
Paises limítrofes: PA.
Ejemplar examinado: *Joergensen 2707* (SI).

Pterogyne Tul. Caesalpinioideae, Caesalpineae.
Número de especies: 1

Pterogyne frutescens Vell. = **Dalbergia frutescens** (Vell.) Britton
Ref.: Burkart, 1952; Carvalho, 1997.

Pterogyne nitens Tul.
Ref.: Burkart, 1952a; Ulibarri, 1997.
Hábito: Árbol.
Status: Nativa.
Elevación: 0-1500 m.
Prov.: CH, COR, ER, FO, JU, MI, SA, TU.
Paises limítrofes: BO, BR, PA.
Ejemplar examinado: *Cabrera et al. 31422* (SI).

Ramorinoa Speg. Papilionoideae, Dalbergiaeae.

Número de especies: 1 especie endémica.

Ramorinoa girolae Speg.
Ref.: Burkart, 1952; Gómez-Sosa, 1994.
Hábito: Arbusto.
Status: Endémica.
Elevación: 2000-3200 m.
Prov.: LR, SJ, SL.
Ejemplar examinado: *Kiesling 4283* (SI).

Rhadinocarpus brasiliensis Vogel = **Chaetocalyx brasiliensis** (Vogel) Benth.
Ref.: Burkart, 1939b.

Rhynchosia Lour. Papilionoideae, Phaseoleae.

Número de especies: 14

Rhynchosia angustifolia A. Gray = **Rhynchosia senna** Gillies ex Hook. var. **texana** (Torr. & A. Gray) M.C. Johnston
Ref.: Fortunato, 1983.

Rhynchosia apoloensis (Rusby) J.F. Macbr. = **Rhynchosia edulis** Griseb.
Ref.: Fortunato, 1983.

Rhynchosia arenicola Hassl.
Sin.: *Rhynchosia arenicola* Hassl. var. *mayor* Hassl.
Ref.: Fortunato, 1983.
Hábito: Enredadera.
Status: Nativa.
Elevación: 0-500 m.
Prov.: COR, ME.
Paises limítrofes: BR, PA.
Ejemplar examinado: *Hassler 9565* (holotipo, G; isotipo, P).

Rhynchosia arenicola Hassl. var. *mayor* Hassl. = **Rhynchosia arenicola** Hassl.
Ref.: Fortunato, 1983.

Rhynchosia balansae Micheli var. **balansae**
Sin.: *Dolicholus balansae* (Micheli) Kuntze, *Rhynchosia hassleriana* Chodat, *Rhynchosia reticulata* (Sw.) DC. f. *balansae* (Micheli) Hassl.
Ref.: Fortunato, 1983.
Hábito: Hierba.
Status: Nativa.
Elevación: 0-500 m.
Prov.: COR.
Paises limítrofes: BR, PA.
Ejemplar examinado: *Balansa 1513* (isotipo, P).

Rhynchosia balansae Micheli var. **psilantha** Fortunato
Ref.: Fortunato, 1983.
Hábito: Hierba.
Status: Nativa.
Elevación: 0-500 m.
Prov.: COR.
Paises limítrofes: PA.
Ejemplar examinado: *Schinini et al. 13037* (holotipo, CTES).

Rhynchosia burkartii Fortunato
Ref.: Fortunato, 1983.
Hábito: Hierba.
Status: Nativa.
Elevación: 0-500 m.
Prov.: CH, COR, FO, SA.
Paises limítrofes: BO, PA.
Ejemplar examinado: *Correa et al. 7662* (holotipo, BAB).

Rhynchosia corylifolia Mart. ex Benth.
Sin.: *Rhynchosia corylifolia* Mart. ex Benth. f. *glabrior* Chodat & Hassl., *Rhynchosia corylifolia* Mart. ex Benth. var. *discolor* Chodat & Hassl., *Rhynchosia corylifolia* Mart. ex Benth. var. *erecta* Micheli, *Rhynchosia corylifolia* Mart. ex Benth. var. *orbiculata* Chodat & Hassl., *Rhynchosia reticulata* (Sw.) DC. f. *oblongifolia* Chodat & Hassl., *Rhynchosia reticulata* (Sw.) DC. f. *ovalifolia* Chodat & Hassl., *Rhynchosia reticulata* (Sw.) DC. f. *subumbellata* Chodat & Hassl.
Ref.: Fortunato, 1983.
Hábito: Hierba.
Status: Nativa.
Elevación: 0-500 m.
Prov.: CH, COR, FO, JU, MI, TU.
Paises limítrofes: BO, BR, PA, UR.
Ejemplar examinado: *Grondona y Piccinini 3064* (BAB).

Rhynchosia corylifolia Mart. ex Benth. f. *glabrior* Chodat & Hassl. = **Rhynchosia corylifolia** Mart. ex Benth.
Ref.: Fortunato, 1983.

Rhynchosia corylifolia Mart. ex Benth. var. *discolor* Chodat & Hassl. = **Rhynchosia corylifolia** Mart. ex Benth.
Ref.: Fortunato, 1983.

Rhynchosia corylifolia Mart. ex Benth. var. *erecta* Micheli = **Rhynchosia corylifolia** Mart. ex Benth.
Ref.: Fortunato, 1983.

Rhynchosia corylifolia Mart. ex Benth. var. *orbiculata* Chodat & Hassl. = **Rhynchosia corylifolia** Mart. ex Benth.
Ref.: Fortunato, 1983.

Rhynchosia diversifolia Micheli var. **diversifolia**
Sin.: *Rhynchosia senna* Gillies ex Hook. f. *genuina* Hassl., nom. inval., *Rhynchosia senna* Gillies ex Hook. f. *glabrata* Hassl., *Rhynchosia senna* Gillies ex Hook. var. *diversifolia* (Micheli) Hassl.
Ref.: Fortunato, 1983.
Hábito: Hierba.
Status: Nativa.
Elevación: 0-500 m.
Prov.: CH, CHU, CO, ER, FO, JU, MI, SA, SF, TU.
Paises limítrofes: BR, PA, UR.
Ejemplar examinado: *Joergensen 2136* (BA, SI).

Rhynchosia diversifolia Micheli var. **prostrata** Burkart
Ref.: Fortunato, 1983.
Hábito: Hierba.
Status: Nativa.
Elevación: 0-500 m.
Prov.: BA, CA, CH, CO, COR, ER, LP, SF, SL.
Paises limítrofes: BR, UR.
Ejemplar examinado: *Nájera 29* (holotipo, SI).

Rhynchosia edulis Griseb.
Sin.: *Dolicholus apoloensis* Rusby, *Dolicholus melanostictus* (Griseb.) Kuntze, *Eriosema edule* (Griseb.) Burkart, *Eriosema volubile* Micheli, *Rhynchosia apoloensis* (Rusby) J.F. Macbr., *Rhynchosia melanosticta* Griseb., *Rhynchosia pinetorum* Standl.
Ref.: Fortunato, 1983.
Hábito: Enredadera.
Status: Nativa.
Elevación: 0-500 m.
Prov.: CH, CO, COR, ER, FO, JU, MI, SL.
Paises limítrofes: BO, BR, PA.
Ejemplar examinado: *Lorentz 351* (isotipo, SI).

Rhynchosia hassleriana Chodat = **Rhynchosia balansae** Micheli var. **balansae**
Ref.: Fortunato, 1983.

Rhynchosia hauthalii Harms ex Kuntze
Sin.: *Dolicholus hauthalii* (Harms) Kuntze, *Eriosema rotundifolium* Micheli, *Rhynchosia uruguaya* Arechav.
Ref.: Fortunato, 1983.
Hábito: Hierba.
Status: Nativa.
Elevación: 0-500 m.
Prov.: COR, MI, SF.
Paises limítrofes: BR, PA.
Ejemplar examinado: *Arbo et al. 831* (CTES).

Rhynchosia ituana Hoehne = **Rhynchosia rojasii** Hassl.
Ref.: Fortunato, 1983.

Rhynchosia lateritia Burkart
Ref.: Fortunato, 1983.
Hábito: Hierba.
Status: Nativa.
Elevación: 0-500 m.
Prov.: COR, MI.
Paises limítrofes: BR, PA.
Ejemplar examinado: *Burkart 14356* (holotipo, SI).

Rhynchosia lineata Benth.
Ref.: Fortunato, 1983.
Hábito: Hierba.
Status: Nativa.
Elevación: 0-500 m.
Prov.: COR, ER, MI.
Paises limítrofes: BR, PA, UR.
Ejemplar examinado: *Burkart et al. 30875* (SI).

Rhynchosia melanocarpa Grear
Sin.: *Rhynchosia phaseoloides* (Sw.) DC. var. *erecta* Micheli
Ref.: Fortunato, 1983.
Hábito: Hierba.
Status: Nativa.
Elevación: 0-500 m.
Prov.: MI.
Paises limítrofes: BO, BR, PA.
Ejemplar examinado: *Crisci 212* (CTES).

Rhynchosia melanosticta Griseb. = **Rhynchosia edulis** Griseb.
Ref.: Fortunato, 1983.

Rhynchosia mexicana Hook. & Arn. = **Rhynchosia minima** (L.) DC.
Ref.: Fortunato, 1983.

Rhynchosia minima (L.) DC.
Sin.: *Dolicholus minimus* L., *Glycine lamarckii* Kunth, *Glycine littoralis* Vahl ex DC., *Glycine reflexa* Nutt., *Rhynchosia mexicana* Hook. & Arn., *Rhynchosia minima* (L.) DC. var. *pauciflora* Kuntze, *Rhynchosia punctata* DC.
Ref.: Fortunato, 1983.
Hábito: Enredadera.
Status: Nativa.
Elevación: 0-500 m.
Prov.: CH, COR, FO, MI, SA.
Paises limítrofes: BO, BR, CH, PA.
Ejemplar examinado: *Meyer 742* (SI).

Rhynchosia minima (L.) DC. var. *pauciflora* Kuntze = **Rhynchosia minima** (L.) DC.
Ref.: Fortunato, 1983.

Rhynchosia monosperma Griseb. = **Otholobium higuerilla** (Gillies ex Hook.) Grimes
Ref.: Grimes, 1990; Gómez-Sosa, 1997b.

Rhynchosia naineckensis Fortunato
Ref.: Fortunato, 1983.
Hábito: Enredadera.
Status: Nativa.
Elevación: 0-1000 m.
Prov.: COR, FO, JU, SA.
Paises limítrofes: BO, BR, PA.
Ejemplar examinado: *Fortunato et al. 57* (holotipo, BAB).

Rhynchosia phaseoloides (Sw.) DC. var. *erecta* Micheli = **Rhynchosia melanocarpa** Grear
Ref.: Fortunato,1983.

Rhynchosia pinetorum Standl. = **Rhynchosia edulis** Griseb.
Ref.: Fortunato, 1983.

Rhynchosia punctata DC. = **Rhynchosia minima** (L.) DC.
Ref.: Fortunato, 1983.

Rhynchosia reticulata (Sw.) DC. f. *balansae* (Micheli) Hassl. = **Rhynchosia balansae** Micheli var. **balansae**
Ref.: Fortunato, 1983.

Rhynchosia reticulata (Sw.) DC. f. *oblongifolia* Chodat & Hassl. = **Rhynchosia corylifolia** Mart. ex Benth.
Ref.: Fortunato, 1983.

Rhynchosia reticulata (Sw.) DC. f. *ovalifolia* Chodat & Hassl. = **Rhynchosia corylifolia** Mart. ex Benth.
Ref.: Fortunato, 1983.

Rhynchosia reticulata (Sw.) DC. f. *subumbellata* Chodat & Hassl. = **Rhynchosia corylifolia** Mart. ex Benth.
Ref.: Fortunato, 1983.

Rhynchosia rojasii Hassl.
Sin.: *Rhynchosia ituana* Hoehne
Ref.: Fortunato, 1983.
Hábito: Enredadera.
Status: Nativa.
Elevación: 0-500 m.
Prov.: COR, MI.
Paises limítrofes: BR, PA.
Ejemplar examinado: *Rojas 10424* (isotipos, BAB, BAF, LIL, SI).

Rhynchosia senna Gillies & Hook. var. *cordobensis* (Griseb.) Burkart = **Rhynchosia senna** Gillies ex Hook. var. **texana** (Torr. & A. Gray) M.C. Johnston
Ref.: Fortunato, 1983.

Rhynchosia senna Gillies ex Hook. f. *genuina* Hassl., nom. inval. = **Rhynchosia diversifolia** Micheli var. **diversifolia**
Ref.: Fortunato, 1983.

Rhynchosia senna Gillies ex Hook. f. *glabrata* Hassl. = **Rhynchosia diversifolia** Micheli var. **diversifolia**
Ref.: Fortunato, 1983.

Rhynchosia senna Gillies ex Hook. f. *minor* Griseb. = **Rhynchosia senna** Gillies ex Hook. var. **senna**
Ref.: Fortunato, 1983.

Rhynchosia senna Gillies ex Hook. var. *angustifolia* (A. Gray) Grear = **Rhynchosia senna** Gillies ex Hook. var. **texana** (Torr. & A. Gray) M.C. Johnston
Ref.: Fortunato, 1983.

Rhynchosia senna Gillies ex Hook. var. *diversifolia* (Micheli) Hassl. = **Rhynchosia diversifolia** Micheli var. **diversifolia**
Ref.: Fortunato, 1983.

Rhynchosia senna Gillies ex Hook. var. **texana** (Torr. & A. Gray) M.C. Johnston
Sin.: *Dolicholus angustifolius* (A. Gray) Kuntze, *Rhynchosia angustifolia* A. Gray, *Rhynchosia senna* Gillies & Hook. var. *cordobensis* (Griseb.) Burkart, *Rhynchosia senna* Gillies ex Hook. var. *angustifolia* (A. Gray) Grear, *Rhynchosia texana* Torr. & A. Gray, *Rhynchosia texana* Torr. & A. Gray f. *cordobensis* Griseb., *Rhynchosia texana* Torr. & A. Gray var. *microphylla* Hassl.
Ref.: Johnston, 1984.
Hábito: Hierba o subarbusto.
Status: Nativa.
Elevación: 0-500 m.
Prov.: BA, CA, CH, CO, COR, ER, LP, LR, SE, SF, SJ, SL, TU.
Paises limítrofes: BR, PA.
Ejemplar examinado: *Troncoso y Bacigalupo 3280* (BAB, SI).

Rhynchosia senna Gillies ex Hook. var. **senna**
Sin.: *Rhynchosia senna* Gillies ex Hook. f. *minor* Griseb.
Ref.: Fortunato, 1983; Gómez-Sosa, 1994.
Hábito: Hierba.
Status: Nativa.
Elevación: 0-500 m.
Prov.: BA, CH, CO, COR, ER, MI, SE, SL, TU.
Paises limítrofes: BR, UR.
Ejemplar examinado: *Gillies s.n.* (fototipo, SI).

Rhynchosia sericea Gillies ex Hook. & Arn., hom. illeg. = **Galactia glaucophylla** Harms
Ref.: Burkart, 1971.

Rhynchosia simplicifolia (Kunth) DC. = **Eriosema simplicifolium** (Kunth) G. Don

Rhynchosia texana Torr. & A. Gray = **Rhynchosia senna** Gillies ex Hook. var. **texana** (Torr. & A. Gray) M.C. Johnston
Ref.: Fortunato, 1983.

Rhynchosia texana Torr. & A. Gray f. *cordobensis* Griseb. = **Rhynchosia senna** Gillies ex Hook. var. **texana** (Torr. & A. Gray) M.C. Johnston
Ref.: Fortunato, 1983.

Rhynchosia texana Torr. & A. Gray var. *microphylla* Hassl. = **Rhynchosia senna** Gillies ex Hook. var. **texana** (Torr. & A. Gray) M.C. Johnston
Ref.: Fortunato, 1983.

Rhynchosia uruguaya Arechav. = **Rhynchosia hauthalii** Harms ex Kuntze
Ref.: Fortunato, 1983.

Robinia striata Willd. = **Geoffroea striata** (Willd.) Morong
Ref.: Burkart, 1949b, 1952a.

Rudolphia dubia Kunth = **Centrosema sagittatum** (Willd.) Brandegee

Sarothamnus scoparius (L.) Koch = **Cytisus scoparius** (L.) Link

Schnella microstachya Raddi = **Bauhinia microstachya** (Raddi) J.F. Macbr.
Ref.: Fortunato, 1986.

Schnella microstachya Raddi var. *bahiensis* (Bong.) A. Schmitz = **Bauhinia microstachya** (Raddi) J.F. Macbr.
Ref.: Fortunato, 1986.

Schnella spicata (Vogel) A. Schmitz = **Bauhinia microstachya** (Raddi) J.F. Macbr.
Ref.: Fortunato, 1986.

Schrankia argentinensis Burkart = **Mimosa quadrivalvis** L. var. **leptocarpa** (DC.) Barneby
Ref.: Barneby, 1991.

Schrankia brachycarpa Benth. = **Mimosa diplotricha** C. Wright ex Sauvalle
Ref.: Barneby, 1991.

Schrankia leptocarpa DC. = **Mimosa quadrivalvis** L. var. **leptocarpa** (DC.) Barneby
Ref.: Barneby, 1991.

Scytalis helicopus E. Mey. = **Vigna luteola** (Jacq.) Benth.
Ref.: Verdcourt, 1970.

Senegalia guacamayo Britton & Killip = **Albizia niopoides** (Spruce ex Benth.) Burkart
Ref.: Barneby & Grimes, 1996.

Senegalia liebmannii Britton & Rose = **Albizia niopoides** (Spruce ex Benth.) Burkart
Ref.: Barneby & Grimes, 1996.

Senna Mill. Caesalpinioideae, Cassieae.

Número de especies: 31, 8 especies endémicas.

Senna acanthoclada (Griseb.) H.S. Irwin & Barneby
Sin.: *Cassia acanthoclada* Griseb.
Ref.: Irwin & Barneby, 1982.
Hábito: Arbusto o subarbusto.
Status: Endémica.
Elevación: 0-2500 m.
Prov.: CA, CO, LR, SL.
Ejemplar examinado: *Lorentz e Hieronymus 481* (CORD, F, SI, US).

Senna alata (L.) Roxb.
Sin.: *Cassia alata* L., *Cassia alata* L. var. *perennis* Pamp., *Cassia alata* L. var. *rumphiana* DC., *Cassia bracteata* L.f., *Cassia herpetica* Jacq., nom. superfl., *Herpetica alata* (L.) Raf.
Ref.: Irwin & Barneby, 1982.
Hábito: Arbusto o subarbusto.
Status: Nativa.
Elevación: 0-500 m.
Prov.: CH, COR, FO, MI.
Paises limítrofes: BO, BR, PA.
Ejemplar examinado: *Fortunato et al. 4041* (BAB).

Senna aphylla (Cav.) H.S. Irwin & Barneby
Sin.: *Cassia aphylla* Cav., *Cassia aphylla* Cav. var. *virgata* Burkart, *Cassia aphylla* Cav. subsp. *divaricata* (Hieron.) L. Bravo
Ref.: Irwin & Barneby, 1982.
Hábito: Arbusto o subarbusto.
Status: Nativa.
Elevación: 0-2000 m.
Prov.: BA, CA, CHU, CO, LP, LR, ME, NE, RN, SA, SE, SJ, SL, TU.
Paises limítrofes: BO.
Ejemplar examinado: *Pérez Moreau y Petetin 3827* (BAB).

Senna araucarietorum H.S. Irwin & Barneby
Ref.: Irwin & Barneby, 1982.
Hábito: Arbusto.
Status: Nativa.
Elevación: 0-1000 m.
Prov.: MI.
Paises limítrofes: BR.
Nota: Es probable su presencia en Misiones.

Senna arnottiana (Hook.) H.S. Irwin & Barneby
Sin.: *Cassia andina* Phil., *Cassia arnottiana* Hook., *Cassia arnottiana* Hook. var. *andina* (Phil.) Reiche, *Cassia arnottiana* Hook. var. *sericea* Burkart, *Cassia lorentzii* Niederl. ex Lorentz & Niederl.
Ref.: Irwin & Barneby, 1982.
Hábito: Subarbusto.
Status: Nativa.
Prov.: ME, NE, RN.
Paises limítrofes: CH.
Ejemplar examinado: *Fortunato et al. 4312* (BAB, NY, US).

Senna bicapsularis auct. non L. = **Senna pendula** (Willd.) H.S. Irwin & Barneby var. **missionum** H.S. Irwin & Barneby
Ref.: Irwin & Barneby, 1982.

Senna birostris (Domb. ex Vog.) H.S. Irwin & Barneby var. **hookeriana** (Hook.) H.S. Irwin & Barneby
Sin.: *Cassia hookeriana* Hook.
Ref.: Irwin & Barneby, 1982.
Hábito: Arbusto.
Status: Nativa.
Elevación: 1500-4000 m.
Prov.: CA, CO, JU, SA, SL, TU.
Paises limítrofes: BO.
Ejemplar examinado: *Venturi 8152* (BAB, SI).

Senna burkartiana (Villa) H.S. Irwin & Barneby
Sin.: *Cassia burkartiana* Villa
Ref.: Irwin & Barneby, 1982.
Hábito: Arbusto o árbol.
Status: Nativa.
Elevación: 1000-3000 m.
Prov.: SA, TU.
Paises limítrofes: BO.
Ejemplar examinado: *Villa Carenzo et al. 1723* (holotipo, LIL).

Senna chacoënsis (L. Bravo) H.S. Irwin & Barneby
Sin.: *Cassia aphylla* Cav. var. *robusta* Burkart, *Cassia chacoënsis* L. Bravo, *Cassia rigida* (Hieron.) Burkart var. *robusta* Burkart
Ref.: Irwin & Barneby, 1982.
Hábito: Arbusto o subarbusto.
Status: Endémica.
Elevación: 0-500 m.
Prov.: CH, CO, SE, SF, TU.
Ejemplar examinado: *Fortunato et al. 4591* (BAB).

Senna chloroclada (Harms) H.S. Irwin & Barneby
Sin.: *Cassia chloroclada* Harms
Ref.: Irwin & Barneby, 1982.
Hábito: Arbusto.
Status: Nativa.
Elevación: 0-1000 m.
Prov.: CH, FO, SF.
Paises limítrofes: BO, PA.
Ejemplar examinado: *Fortunato et al. 1402* (BAB).

Senna corymbosa (Lam.) H.S. Irwin & Barneby
Sin.: *Adipera corymbosa* (Lam.) Britton & Rose, *Cassia corymbosa* Lam., *Cassia crassifolia* Ortega, *Cassia falcata* Dum. Cours., nom. superfl., *Chamaefistula corymbosa* (Lam.) G. Don
Ref.: Irwin & Barneby, 1982.
Hábito: Arbusto o árbol.
Status: Nativa.
Elevación: 0-500 m.
Prov.: BA, CO, COR, ER, MI, TU.
Paises limítrofes: BR, PA.
Ejemplar examinado: *Burkart et al. 26974* (SI).

Senna crassiramea (Benth.) H.S. Irwin & Barneby
Sin.: *Cassia crassiramea* Benth.
Ref.: Irwin & Barneby, 1982.
Hábito: Arbusto o subarbusto.
Status: Nativa.
Elevación: 1500-3000 m.
Prov.: CA, JU, SA, TU.
Paises limítrofes: BO.
Ejemplar examinado: *Correa et al. 4485* (BAB, LIL, SI).

Senna fabrisii (L. Bravo) H.S. Irwin & Barneby
Sin.: *Cassia fabrisii* L. Bravo
Ref.: Irwin & Barneby, 1982.
Hábito: Arbusto o subarbusto.
Status: Endémica.
Elevación: 0-1000 m.
Prov.: CA, LR, SJ.
Ejemplar examinado: *Palacios y Bravo 593* (holotipo, SI; isotipo, BAFC).

Senna hilariana (Benth.) H.S. Irwin & Barneby
Sin.: *Cassia hilariana* Benth.
Ref.: Irwin & Barneby, 1982.
Hábito: Arbusto o subarbusto.
Status: Nativa.
Prov.: MI.
Paises limítrofes: BR, PA.
Nota: Probablemente se encuentre en Misiones.

Senna hirsuta (L.) H.S. Irwin & Barneby var. **puberula** H.S. Irwin & Barneby
Sin.: *Cassia hirsuta* auct. non L., *Cassia leptocarpa* Benth. var. *hirsuta* auct. non Benth., *Cassia longisiliqua* Blanco, *Cassia occidentalis* L. f. *ovato-lanceolata* Chodat & Hassl., *Cassia pubescens* Jacq., *Cassia sulcata* Blanco, hom. illeg.
Ref.: Irwin & Barneby, 1982.
Hábito: Hierba o subarbusto.
Status: Nativa.
Elevación: 0-500 m.
Prov.: CH, FO, JU, SA, SE, TU.
Paises limítrofes: BO, BR, PA.
Ejemplar examinado: *Fortunato et al. 2918* (BAB, G, MO, SI).

Senna hirsuta (L.) H.S. Irwin & Barneby var. **streptocarpa** H.S. Irwin & Barneby
Sin.: *Cassia leptocarpa* auct. non Benth.
Ref.: Irwin & Barneby, 1982.
Hábito: Hierba o subarbusto.
Status: Nativa.
Elevación: 0-500 m.
Prov.: MI.
Paises limítrofes: BR.
Ejemplar examinado: *Montes 14875* (holotipo, NY).

Senna kurtzii (Harms) H.S. Irwin & Barneby
Sin.: *Cassia egregia* Sandwith, *Cassia kurtzii* Harms
Ref.: Irwin & Barneby, 1982.
Hábito: Subarbusto.
Status: Endémica.
Elevación: 500-2000 m.
Prov.: ME, NE.
Ejemplar examinado: *Fortunato et al. 5494* (BAB).

Senna morongii (Britton) H.S. Irwin & Barneby
Sin.: *Cassia acinacicarapa* Rusby, *Cassia cochabambae* Herzog, *Cassia morongii* Britton, *Cassia rojasiana* Hassl., *Cassia tomentosa* L.f. var. *paucijuga* Kuntze
Ref.: Irwin & Barneby, 1982.
Hábito: Subarbusto.
Status: Nativa.
Elevación: 0-500 m.
Prov.: CH, CO, COR, ER, FO, JU, SL.
Paises limítrofes: BO, PA.
Ejemplar examinado: *Fortunato et al. 4438* (BAB, CTES, G, MBM, MO).

Senna nana (Benth.) H.S. Irwin & Barneby
Sin.: *Cassia nana* Benth.
Ref.: Irwin & Barneby, 1982.
Hábito: Hierba o subarbusto.
Status: Nativa.
Elevación: 0-500 m.
Prov.: MI.
Paises limítrofes: BR, UR.
Ejemplar examinado: *Hauman Merck 130* (SI).

Senna nudicaulis (Burkart) H.S. Irwin & Barneby
Sin.: *Cassia nudicaulis* Burkart
Ref.: Irwin & Barneby, 1982.
Hábito: Arbusto o subarbusto.
Status: Endémica.
Elevación: 500-1000 m.
Prov.: NE.
Ejemplar examinado: *Fabris 823* (holotipo de *Cassia nudicaulis*, SI; isotipo, LP).

Senna oblongifolia (Vog.-Zuber) H.S. Irwin & Barneby
Sin.: *Cassia oblongifolia* Vog.-Zuber
Ref.: Irwin & Barneby, 1982.
Hábito: Arbusto.
Status: Nativa.
Elevación: 0-500 m.
Prov.: MI.
Paises limítrofes: BR, UR.
Ejemplar examinado: *Luschnath s.n.* (paratipo, BR).

Senna obtusifolia (L.) H.S. Irwin & Barneby
Sin.: *Cassia humilis* (Pers.) Collad., *Cassia obtusifolia* L., *Cassia tora* L. var. *humilis* Pers., *Cassia toroides* Raf., *Cassia toroides* Roxb., nom. nud., *Diallobus falcatus* Raf., nom. illeg., *Diallobus uniflorus* Raf., *Emelista tora* (L.) Britton & Rose, *Senna toroides* Roxb.
Ref.: Irwin & Barneby, 1982.
Hábito: Hierba o subarbusto.
Status: Nativa.
Elevación: 0-1000 m.
Prov.: CH, COR, FO, MI, SA, TU.
Paises limítrofes: BO, BR, PA.
Ejemplar examinado: *Fortunato et al. 2986* (BAB, CTES, G, MO, SI).

Senna occidentalis (L.) Link
Sin.: *Cassia caroliniana* Walter, *Cassia ciliata* Raf., *Cassia falcata* L., *Cassia foetida* Pers., nom. illeg., *Cassia macradena* Collad., *Cassia obliquifolia* Schrank, *Cassia occidentalis* L., *Cassia occidentalis* L. var. *aristata* Collad., *Cassia planisiliqua* L., *Cassia planisiliqua* Lam., hom. illeg., *Cassia plumieri* DC., *Senna occidentalis* (L.) Roxb., comb. superfl.
Ref.: Irwin & Barneby, 1982; Burkart, 1987a.
Hábito: Hierba.
Status: Nativa.
Elevación: 0-500 m.
Prov.: COR, ER, MI, SA, SE, TU.
Paises limítrofes: BR, PA.
Ejemplar examinado: *Correa et al. 4255* (BAB).

Senna occidentalis (L.) Roxb., comb. superfl. = **Senna occidentalis** (L.) Link

Senna pachyrrhiza (L. Bravo) H.S. Irwin & Barneby
Sin.: *Cassia pachyrrhiza* L. Bravo
Ref.: Irwin & Barneby, 1982.
Hábito: Arbusto o subarbusto.
Status: Endémica.
Elevación: 1500-2000 m.
Prov.: CA.
Ejemplar examinado: *Palacios y Bravo 648* (holotipo de *Cassia pachyrrhyza*, SI; isotipo, BAFC).

Senna pendula (Willd.) H.S. Irwin & Barneby var. **eriocarpa** (Griseb.) H.S. Irwin & Barneby
Sin.: *Cassia bicapsularis* L. var. *eriocarpa* Griseb., *Cassia pendula* Willd. var. *eriocarpa* (Griseb.) Lass.
Ref.: Irwin & Barneby, 1982.
Hábito: Arbusto.
Status: Nativa.
Elevación: 1000-1500 m.
Prov.: SA, TU.
Ejemplar examinado: *Lorentz 703* (isotipo de *Cassia bicapsularis* var. *eriocarpa*, CORD).

Senna pendula (Willd.) H.S. Irwin & Barneby var. **paludicola** H.S. Irwin & Barneby
Sin.: *Cassia bicapsularis* L. f. *pilosa* Chodat & Hassl.
Ref.: Irwin & Barneby, 1982.
Hábito: Arbusto.
Status: Nativa.
Elevación: 0-500 m.
Prov.: COR, ER, FO, SF.
Paises limítrofes: BO, BR, PA.
Ejemplar examinado: *Pedersen 10165* (holotipo, NY).

Senna pendula (Willd.) H.S. Irwin & Barneby var. **missionum** H.S. Irwin & Barneby
Sin.: *Senna bicapsularis* auct. non L.
Ref.: Irwin & Barneby, 1982.
Hábito: Subarbusto.
Status: Nativa.
Elevación: 0-500 m.
Prov.: COR, MI.
Ejemplar examinado: *Montes 138* (holotipo, NY).

Senna pilifera (Vog.-Zuber) H.S. Irwin & Barneby
Sin.: *Cassia ignorata* Hoehne, *Cassia pilifera* Vog.-Zuber, *Cassia pilifera* Vog.-Zuber f. *pilosa* Chodat & Hassl., *Cassia pilifera* Vog.-Zuber f. *sericea* Chodat & Hassl., *Cassia tora* L. f. *hirsuta* Chodat & Hassl., *Emelista pilifera* (Vog.-Zuber) Pittier, comb. illeg.
Ref.: Irwin & Barneby, 1982.
Hábito: Hierba o subarbusto.
Status: Nativa.
Elevación: 0-1500 m.
Prov.: COR, JU, MI, SA.
Paises limítrofes: BO, BR, PA, UR.
Ejemplar examinado: *Gautier 42* (BAB).

Senna rigida (Hieron.) H.S. Irwin & Barneby
Sin.: *Cassia aphylla* Cav. var. *rigida* Hieron., *Cassia rigida* (Hieron.) Burkart, *Cassia rigida* (Hieron.) Burkart var. *inermis* L. Bravo
Ref.: Irwin & Barneby, 1982.
Hábito: Arbusto o subarbusto.
Status: Nativa.
Elevación: 500-3000 m.
Prov.: CA, LR, SA, SJ, TU.
Ejemplar examinado: *Etchegaray s.n.* (holotipo de *Cassia aphylla* var. *rigida*, CORD).

Senna rigidicaulis (Burkart ex L. Bravo) H.S. Irwin & Barneby
Sin.: *Cassia rigidicaulis* Burkart ex L. Bravo
Ref.: Irwin & Barneby, 1982.
Hábito: Arbusto o subarbusto.
Status: Endémica.
Elevación: 2500-3000 m.
Prov.: SA.
Ejemplar examinado: *Kiesling 169* (SI).

Senna scabriuscula (Vog.-Zuber) H.S. Irwin & Barneby
Sin.: *Cassia neglecta* Vog.-Zuber var. *entreriana* Griseb., *Cassia occidentalis* L. var. *entreriana* (Griseb.) Burkart, *Cassia occidentalis* L. var. *scabriuscula* Vog.-Zuber
Ref.: Irwin & Barneby, 1982.
Hábito: Hierba o subarbusto.
Status: Nativa.
Elevación: 0-500 m.
Prov.: CH, COR, ER, MI, SF.
Paises limítrofes: PA, UR.
Ejemplar examinado: *Lorentz 739* (isotipo de *Cassia neglecta* var. *entreriana*, CORD).

Senna spectabilis (DC.) H.S. Irwin & Barneby
Sin.: *Cassia amazonica* Ducke, *Cassia carnaval* Speg., *Cassia edulis* Posada-Ar., *Cassia excelsa* Schrad. var. *acutifolia* Hassl., *Cassia humboldtiana* DC., *Cassia speciosa* Kunth, *Cassia spectabilis* DC., *Cassia totonaca* Sessé & Moç., *Cassia trinitatis* Rchb. ex DC., *Cathartocarpus speciosus* (DC.) G. Don, *Cathartocarpus trinitatis* (DC.) G. Don, *Pseudocassia spectabilis* (DC.) Britton & Rose
Ref.: Irwin & Barneby, 1982.
Hábito: Arbusto o árbol.
Status: Introducida.
Prov.: BA, JU, SA, SF.
Paises limítrofes: BO, BR.
Ejemplar examinado: *Meyer 4524* (BAB).

Senna spiniflora (Burkart) H.S. Irwin & Barneby
Sin.: *Cassia spiniflora* Burkart
Ref.: Irwin & Barneby, 1982.
Hábito: Arbusto.
Status: Nativa.
Elevación: 0-500 m.
Prov.: CH, FO.
Paises limítrofes: PA.
Ejemplar examinado: *Fortunato et al. 4570* (BAB, CTES, K, MBM, MO).

Senna subulata (Griseb.) H.S. Irwin & Barneby
Sin.: *Cassia subulata* Griseb.
Ref.: Irwin & Barneby, 1982.
Hábito: Arbusto.
Status: Nativa.
Elevación: 1000-2000 m.
Prov.: CA, CO, LR, SA, SL, TU.
Ejemplar examinado: *Lorentz 658* (isotipo de *Cassia subulata*, CORD).

Senna toroides Roxb. = **Senna obtusifolia** (L.) H.S. Irwin & Barneby
Ref.: Irwin & Barneby, 1982.

Senna trichosepala (Chodat & Wilczek) H.S. Irwin & Barneby
Sin.: *Cassia aphylla* Cav. var. *trichosepala* Chodat & Wilczek, *Cassia trichosepala* (Chodat & Wilczek) L. Bravo
Ref.: Irwin & Barneby, 1982.
Hábito: Arbusto o subarbusto.
Status: Endémica.
Elevación: 0-2500 m.
Prov.: CA, LR, ME, SE, SJ, SL.
Ejemplar examinado: *Krapovickas 5074* (CORD).

Sertula alba (Desv.) Kuntze = **Melilotus albus** Desr.

Sertula indica (L.) Kuntze = **Melilotus indicus** (L.) All.

Sertula officinalis (L.) Kuntze = **Melilotus officinalis** (L.) Lam.

Sesbania Scop. Papilionoideae, Robinieae.
Número de especies: 5

Sesbania bispinosa (Jacq.) W. Wight
Sin.: *Aeschynomene bispinosa* Jacq., *Coronilla aculeata* Willd., *Sesbania bispinosa* (Jacq.) W. Wight var. *micrantha* (Chiov.) J. Gillet
Ref.: Lewis, 1989; Gómez-Sosa, inéd.
Hábito: Hierba.
Status: Adventicia.
Prov.: JU, SA.
Ejemplar examinado: *Cabrera 31366* (SI).

Sesbania bispinosa (Jacq.) W. Wight var. *micrantha* (Chiov.) J. Gillet = **Sesbania bispinosa** (Jacq.) W. Wight
Ref.: Lewis, 1989; Gómez-Sosa, inéd.

Sesbania exasperata Kunth
Ref.: Burkart, 1952a; Gómez-Sosa, inéd.
Hábito: Arbusto.
Status: Nativa.
Elevación: 0-500 m.
Prov.: CH, FO, SA.
Paises limítrofes: BR, PA.
Ejemplar examinado: *Schulz 3726* (SI).

Sesbania macroptera Micheli
Ref.: Burkart, 1952a; Gómez-Sosa, inéd.
Hábito: Arbusto o árbol.
Prov.: COR.
Paises limítrofes: PA.
Ejemplar examinado: *Burkart 31171* (SI).

Sesbania marginata Benth. = **Sesbania virgata** (Cav.) Pers.
Ref.: Burkart, 1987a; Gómez-Sosa, inéd.

Sesbania punicea (Cav.) Benth.
Sin.: *Daubentonia punicea* (Cav.) DC., *Emerus puniceus* (Cav.) Kuntze, *Piscidia punicea* Cav., *Sesbania tripertii* F.T. Hubb.
Ref.: Burkart, 1987a; Gómez-Sosa, inéd.
Hábito: Árbol.
Status: Nativa.
Elevación: 0-500 m.
Prov.: BA, ER.
Paises limítrofes: BR, UR.
Ejemplar examinado: *Troncoso et al. 2544* (SI).

Sesbania tripertii F.T. Hubb. = **Sesbania punicea** (Cav.) Benth.
Ref.: Burkart, 1987a; Gómez-Sosa, inéd.

Sesbania virgata (Cav.) Pers.
Sin.: *Aeschynomene virgata* Cav., *Coronilla virgata* (Cav.) Willd., *Sesbania marginata* Benth.
Ref.: Burkart, 1987a; Gómez-Sosa, inéd.
Hábito: Arbusto.
Status: Nativa.
Elevación: 0-500 m.
Prov.: BA, CH, COR, ER, FO, MI, SF, SJ, TU.
Paises limítrofes: BR, PA, UR.
Ejemplar examinado: *Burkart y Gamerro 21772* (SI).

Sophora L. Papilionoideae, Sophoreae.
Número de especies: 2 especies endémicas.

Sophora linearifolia Griseb.
Ref.: Burkart, 1952a; Ulibarri, 1997d.
Hábito: Subarbusto.
Status: Endémica.
Elevación: 1000-1500 m.
Prov.: CO, SL.
Ejemplar examinado: *Cabrera et al. 29656* (SI).

Sophora rhynchocarpa Griseb.
Ref.: Burkart, 1952a; Ulibarri, 1997d.
Hábito: Arbusto.
Status: Endémica.
Elevación: 1000-1500 m.
Prov.: SA, TU.
Ejemplar examinado: *Rodríguez 353* (SI).

Spartium L. Papilionoideae, Genisteae.

Número de especies: 1

Spartium junceum L.
Ref.: Burkart, 1987a.
Hábito: Arbusto.
Status: Adventicia.
Elevación: 0-500 m.
Prov.: ER.
Paises limítrofes: CH.
Ejemplar examinado: *Burkart y Troncoso 26254* (SI).

Spartium scoparium L. = **Cytisus scoparius** (L.) Link

Sphaerophysa DC. Papilionoideae, Galegeae.

Número de especies: 1

Sphaerophysa salsula (Pall.) DC.
Sin.: *Astragalus violaceus* R.P. St.John, *Phaca salsula* Pall., *Swainsona salsula* (Pall.) Taub.
Ref.: Burkart, 1952a; Barneby, 1964.
Hábito: Subarbusto.
Status: Adventicia.
Prov.: ME.
Ejemplar examinado: *Ruiz Leal 10026* (SI).

Sphinctolobium nitidum Vogel = **Lonchocarpus nitidus** (Vogel) Benth.
Ref.: Gómez-Sosa, inéd.

Stenodrepanum Harms. Caesalpinioideae, Caesalpinieae.

Número de especies: 1 especie endémica.

Stenodrepanum bergii Harms
Ref.: Ulibarri, 1978, 1994a, 1997a.
Hábito: Subarbusto.
Status: Endémica.
Prov.: CA, CO, LR, SJ.
Ejemplar examinado: *Múlgura et al. 673* (SI).
Nota: Probablemente habite en las salinas del sur de Sgo. del Estero.

Streptodesmia canescens A. Gray = **Adesmia candida** Hook. f.

Strombocarpa abbreviata (Benth.) Hutch. = **Prosopis abbreviata** Benth.
Ref.: Burkart, 1976-1977.

Strombocarpa reptans (Benth.) A. Gray = **Prosopis reptans** Benth.
Ref.: Burkart, 1976-1977.

Strombocarpa strombulifera (Lam.) A. Gray = **Prosopis strombulifera** (Lam.) Benth. var. **strombulifera**
Ref.: Burkart, 1976-1977.

Strombocarpa torquata (Cav. ex Lag.) Hutch. = **Prosopis torquata** (Cav. ex Lag.) DC.

Stylosanthes Sw. Papilionoideae, Aeschynomeneae.

Número de especies: 7

Stylosanthes gracilis Kunth = **Stylosanthes guianensis** (Aubl.) Sw. var. **guianensis**
Ref.: Mohlenbrock, 1957.

Stylosanthes gracilis Kunth var. *rostrata* Burkart = **Stylosanthes montevidensis** Vogel var. **montevidensis**
Ref.: Mohlenbrock, 1957.

Stylosanthes gracilis Kunth var. *subviscosa* (Benth.) Burkart = **Stylosanthes hippocampoides** Mohlenbr.
Ref.: Burkart, 1967a.

Stylosanthes gracilis Kunth var. *vulgaris* Burkart = **Stylosanthes guianensis** (Aubl.) Sw. var. **guianensis**
Ref.: Mohlenbrock, 1957.

Stylosanthes guianensis (Aubl.) Sw. var. **guianensis**
Sin.: *Stylosanthes gracilis* Kunth, *Stylosanthes gracilis* Kunth var. *vulgaris* Burkart, *Trifolium guianense* Aubl.
Ref.: Mohlenbrock, 1957.
Hábito: Hierba.
Status: Nativa.
Elevación: 0-500 m.
Prov.: CO, COR, MI.
Paises limítrofes: BO, BR, PA.
Ejemplar examinado: *Krapovickas 7903* (CTES).

Stylosanthes guianensis (Aubl.) Sw. var. **intermedia** (Vogel) Hassl.
Ref.: 't Mannetje, 1977.
Hábito: Hierba.
Status: Nativa.
Elevación: 0-500 m.
Prov.: CO, COR, MI.
Paises limítrofes: BO, BR, PA.
Ejemplar examinado: *Krapovickas 7546* (CTES).

Stylosanthes guianensis (Aubl.) Sw. var. **robusta** 't Mannetje
Ref.: 't Mannetje, 1977.
Hábito: Hierba.
Status: Nativa.
Elevación: 0-500 m.
Prov.: MI.
Paises limítrofes: BR, PA.
Ejemplar examinado: *Montes 1877* (K).

Stylosanthes hippocampoides Mohlenbr.
Sin.: *Stylosanthes gracilis* Kunth var. *subviscosa* (Benth.) Burkart
Ref.: Mohlenbrock, 1957; Burkart, 1967a, 1987a.
Hábito: Hierba.
Status: Nativa.
Elevación: 0-500 m.
Prov.: BA, CO, COR, ER, MI.
Paises limítrofes: BR, PA, UR.
Ejemplar examinado: *Tressens et al. 5219* (CTES).

Stylosanthes juncea Micheli = **Stylosanthes montevidensis** Vogel var. **montevidensis**
Ref.: Mohlenbrock, 1957.

Stylosanthes macrosoma Blake
Ref.: Burkart, 1939b.
Hábito: Hierba.
Status: Nativa.
Elevación: 0-500 m.
Prov.: CH, COR, TU.
Paises limítrofes: PA.
Ejemplar examinado: *Krapovickas et al. 20931* (CTES).

Stylosanthes montevidensis Vogel var. *heterophylla* Burkart = **Stylosanthes montevidensis** Vogel var. **montevidensis**
Ref.: Mohlenbrock, 1957.

Stylosanthes montevidensis Vogel var. **intermedia** Vogel
Ref.: Burkart, 1939b.
Hábito: Hierba.
Status: Nativa.
Elevación: 0-500 m.
Prov.: COR, ER, TU.
Paises limítrofes: BR, UR.
Ejemplar examinado: *Burkart 1023a* (SI).

Stylosanthes montevidensis Vogel var. **montevidensis**
Sin.: *Stylosanthes gracilis* Kunth var. *rostrata* Burkart, *Stylosanthes juncea* Micheli, *Stylosanthes montevidensis* Vogel var. *heterophylla* Burkart
Ref.: Mohlenbrock, 1957; Burkart, 1967a, 1987a.
Hábito: Hierba.
Status: Nativa.
Elevación: 0-500 m.
Prov.: BA, CH, CO, COR, ER, JU, MI, SA, SF, TU.
Paises limítrofes: BO, BR, PA, UR.
Ejemplar examinado: *Vanni et al. 130* (CTES).

Stylosanthes nervosa J.F. Macbr.
Ref.: Mohlenbrock, 1957.
Hábito: Hierba.
Status: Nativa.
Elevación: 0-1000 m.
Prov.: COR, SA.
Paises limítrofes: BO.
Ejemplar examinado: *Ibarrola 2310* (BAB).

Stylosanthes scabra Vogel
Ref.: Burkart, 1939b.
Hábito: Hierba.
Status: Nativa.
Elevación: 0-1000 m.
Prov.: JU, SA.
Paises limítrofes: BO, BR, PA.
Ejemplar examinado: *Krapovickas et al. 35971* (CTES).

Stylosanthes viscosa Sw. var. **acutifolia** Benth.
Ref.: Burkart, 1939b.
Hábito: Hierba.
Status: Nativa.
Elevación: 0-500 m.
Prov.: CH.
Paises limítrofes: PA.
Ejemplar examinado: *Autran s.n.* (SI).

Swainsona salsula (Pall.) Taub. = **Sphaerophysa salsula** (Pall.) DC.
Ref.: Barneby, 1964.

Sweetia Spreng., nom. cons. Papilionoideae, Sophoreae.
Número de especies: 1

Sweetia elegans (Vogel) Benth. = **Acosmium subelegans** (Mohlenbr.) Yakovlev
Ref.: Yakolev, 1969.

Sweetia fruticosa Spreng.
Sin.: *Ferreirea spectabilis* Allemão
Ref.: Yakovlev, 1969; Ulibarri, 1997d.
Hábito: Árbol.
Status: Nativa.
Elevación: 0-1000 m.
Prov.: MI.
Paises limítrofes: BO, BR, PA.
Ejemplar citado: *Spegazzini s.n.** (BA, BAF).
Nota: El material citado no ha sido localizado en los herbarios argentinos. Su presencia en Argentina debe ser confirmada.

Sweetia longifolia (Jacq.) DC. = **Galactia longifolia** (Jacq.) Benth.
Ref.: Burkart, 1971.

Sweetia subelegans Mohlenbr. = **Acosmium subelegans** (Mohlenbr.) Yakovlev
Ref.: Yakolev, 1969.

Teline monspessulana (L.) Koch = **Genista monspessulana** (L.) L.A.S. Johnson

Tephrosia Pers. Papilionoideae, Millettieae.
Número de especies: 4

Tephrosia adunca Benth.
Ref.: Burkart, 1952a; Vanni, 1994; Gómez-Sosa, inéd.
Hábito: Hierba.
Status: Nativa.
Elevación: 0-500 m.
Prov.: CH, COR, MI, SF.
Paises limítrofes: BR, PA.
Ejemplar examinado: *Rodríguez 654* (SI).

Tephrosia cinerea (L.) Pers.
Sin.: *Galega cinerea* L.
Ref.: Burkart, 1952a; Vanni, 1994; Gómez-Sosa, inéd.
Hábito: Hierba.
Status: Nativa.
Elevación: 0-500 m.
Prov.: BA, CH, COR, ER, TU.
Paises limítrofes: UR.
Ejemplar examinado: *Burkart 29346* (SI).

Tephrosia craccoides Lillo = **Coursetia brachyrrachis** Harms

Tephrosia dolichocarpa Griseb. = **Apurimacia dolichocarpa** (Griseb.) Burkart

Tephrosia hassleri Chodat
Ref.: Burkart, 1952a; Gómez-Sosa, inéd.
Hábito: Hierba.
Status: Nativa.
Elevación: 0-500 m.
Prov.: COR.
Paises limítrofes: PA.
Ejemplar examinado: *Tressens 4247* (CTES).

Tephrosia heterantha Griseb. = **Coursetia heterantha** (Griseb.) Lavin
Ref.: Lavin, 1988; Gómez-Sosa, 1994, inéd.

Tephrosia longifolia (Jacq.) Pers. = **Galactia longifolia** (Jacq.) Benth.
Ref.: Burkart, 1971.

Tephrosia marginata Hassl.
Ref.: Burkart, 1987; Gómez-Sosa, inéd.
Hábito: Hierba.
Status: Nativa.
Elevación: 0-500 m.
Prov.: COR, ER, MI.
Paises limítrofes: PA.
Ejemplar examinado: *Troncoso 1528* (SI).

Teramnus tenuiflorus (Klein ex Willd.) Spreng. = **Galactia striata** (Jacq.) Urb. var. **striata**
Ref.: Burkart, 1971.

[Teramnus volubilis Sw.]
Nota: Cita dudosa para la flora argentina.

Tipuana (Benth.) Benth. Papilionoideae, Dalbergiaeae.
Número de especies: 1

Tipuana speciosa Benth. = **Tipuana tipu** (Benth.) Kuntze

Tipuana tipu (Benth.) Kuntze
Sin.: *Machaerium fertile* Griseb., *Machaerium tipu* Benth., *Tipuana speciosa* Benth.
Ref.: Burkart, 1952a.
Hábito: Árbol.
Status: Nativa.
Elevación: 0-1000 m.
Prov.: JU, SA, TU.
Paises limítrofes: BO.
Ejemplar examinado: *Rodríguez s.n.* (SI 1473).

Torresea cearensis Allemão = **Amburana cearensis** (Allemão) A.C. Sm.
Ref.: Burkart, 1952a; Bernardi, 1984.

Tragacantha arequibensis var. *minima* Kuntze = **Astragalus micranthellus** Wedd.

Tragacantha arequibensis var. *tenuifolia* Kuntze = **Astragalus micranthellus** Wedd.

Tragacantha atacamensis Kuntze = **Astragalus bustillosii** Clos

Tragacantha bella Kuntze = **Astragalus bellus** (Kuntze) R.E. Fr.

Tragacantha bisinflata Kuntze = **Astragalus pehuenches** Niederl.
Ref.: Johnston, 1947; Gómez-Sosa, 1979, 1984, 1994.

Tragacantha cruckshanksii var. *glabrescens* Kuntze = **Astragalus cruckshanksii** (Hook. & Arn.) Griseb.

Tragacantha grandis Kuntze = **Astragalus pehuenches** Niederl.
Ref.: Jphnston, 1947; Gómez-Sosa, 1979, 1984, 1994.

Tragacantha weddelliana Kuntze = **Astragalus weddellianus** (Kuntze) I.M. Johnst.

Trifolium L. Papilionoideae, Trifolieae.
Número de especies: 15, 1 variedad endémica.

Trifolium agrarium L. = **Trifolium aureum** Pollich
Ref.: Rossow, 1984c.

Trifolium amabile Kunth var. **amabile**
Sin.: *Lupinaster amabilis* Presl, *Trifolium bolivianum* Kennedy, *Trifolium humboldtii* Spreng., *Trifolium lozani* House, *Trifolium mathewsii* A. Gray, *Trifolium pauciflorum* Willd. ex Steud., *Trifolium reflexum* Schltdl. & Cham., hom. illeg.
Ref.: Zohary & Heller, 1984.
Hábito: Hierba.
Status: Nativa.
Elevación: 0-1000 m.
Prov.: CA, CO, SA, TU.
Paises limítrofes: BO, CH.
Ejemplar examinado: *Schulz 6656* (SI).

Trifolium amabile Kunth var. **hemsleyi** (Lojac.) D. Heller & Zohary
Sin.: *Trifolium hemsleyi* Lojac., *Trifolium macrorhizum* Ulbr.
Ref.: Zohary & Heller, 1984.
Hábito: Hierba.
Status: Nativa.
Elevación: 0-1000 m.
Prov.: CO, JU.
Paises limítrofes: BO.
Ejemplar examinado: *Burkart 7397* (SI).

Trifolium amphianthum Torr. & A. Gray = **Trifolium polymorphum** Poir.
Ref.: Zohary & Heller, 1984.

Trifolium amphicarpum Phil. = **Trifolium polymorphum** Poir.
Ref.: Zohary & Heller, 1984.

Trifolium anatolicum Boiss. = **Trifolium hybridum** L. var. **anatolicum** (Boiss.) Boiss.
Ref.: Zohary & Heller, 1984.

Trifolium arvense L.
Ref.: Rossow, 1984c.
Hábito: Hierba.
Status: Adventicia.
Elevación: 0-1000 m.
Prov.: BA, NE.
Paises limítrofes: CH, UR.
Ejemplar examinado: *Boelcke et al. 14435* (BAB).

Trifolium aureum Pollich
Sin.: *Trifolium agrarium* L.
Ref.: Rossow, 1984c.
Hábito: Hierba.
Status: Adventicia.
Elevación: 500-1000 m.
Prov.: NE.
Paises limítrofes: CH.
Ejemplar examinado: *Diem 542* (SI).

Trifolium axillare Phil. = **Trifolium glomeratum** L.
Ref.: Zohary & Heller, 1984.

Trifolium bolivianum Kennedy = **Trifolium amabile** Kunth var. **amabile**
Ref.: Zohary & Heller, 1984.

Trifolium bonanni Presl = **Trifolium fragiferum** L.
Ref.: Zohary & Heller, 1984.

Trifolium brevipes Phil. = **Trifolium polymorphum** Poir. var. **polymorphum**
Ref.: Zohary & Heller, 1984.

Trifolium campestre Schreb.
Sin.: *Trifolium procumbens* L., nom. illeg.
Ref.: Moore, 1968.
Hábito: Hierba.
Status: Adventicia.
Elevación: 0-500 m.
Prov.: TF.
Paises limítrofes: BR, CH.
Ejemplar examinado: *Burkart 19963* (SI).

Trifolium concinum Phil. = **Trifolium polymorphum** Poir. var. **polymorphum**
Ref.: Zohary & Heller, 1984.

Trifolium congestum Link, hom. illeg. = **Trifolium fragiferum** L.
Ref.: Zohary & Heller, 1984.

Trifolium crossneri Clos = **Trifolium polymorphum** Poir. var. **polymorphum**
Ref.: Zohary & Heller, 1984.

Trifolium dubium Sibth.
Sin.: *Amarenus flavus* C. Presl, *Trifolium filiforme* var. *dubium* (Sibth.) Fiori, *Trifolium filiforme* auct. non Burkart, *Trifolium filiforme* L., hom. illeg., *Trifolium flavum* Presl, *Trifolium luteolum* Schur, *Trifolium minus* Sm., *Trifolium parviflorum* Bunge ex Nym., *Trifolium procumbens* L.
Ref.: Rossow, 1984c; Zohary & Heller, 1984.
Hábito: Hierba.
Status: Adventicia.
Elevación: 0-500 m.
Prov.: BA, CHU, DF, NE, RN, TF.
Paises limítrofes: CH.
Ejemplar examinado: *Correa et al. 4169* (BAB).

Trifolium duodecimnerve Willk. & Lange = **Trifolium glomeratum** L.
Ref.: Zohary & Heller, 1984.

Trifolium filiforme L. var. *dubium* (Sibth.) Fiori = **Trifolium dubium** Sibth.
Ref.: Zohary & Heller, 1984.

Trifolium filiforme auct. non Burkart = **Trifolium dubium** Sibth.
Ref.: Zohary & Heller, 1984.

Trifolium filiforme L., hom. illeg. = **Trifolium dubium** Sibth.
Ref.: Zohary & Heller, 1984.

Trifolium flavum Presl = **Trifolium dubium** Sibth.
Ref.: Zohary & Heller, 1984.

Trifolium fragiferum L.
Sin.: *Trifolium bonanni* Presl, *Trifolium congestum* Link, hom. illeg., *Trifolium fragiferum* L. var. *bonanni* (Presl) Gib. & Belli, *Trifolium fragiferum* L. subsp. *bonanni* (Presl) Sojak ex Rossow, *Trifolium neglectum* C.A.Mey.
Ref.: Zohary & Heller, 1984.
Hábito: Hierba.
Status: Adventicia.
Elevación: 0-500 m.
Prov.: BA, NE, SA, TF.
Paises limítrofes: CH, UR.
Ejemplar examinado: *Martínez Crovetto 2886* (BAB).

Trifolium fragiferum L. var. *bonanni* (Presl) Gib. & Belli = **Trifolium fragiferum** L.
Ref.: Zohary & Heller, 1984.

Trifolium fragiferum L. subsp. *bonanni* (Presl) Sojak ex Rossow = **Trifolium fragiferum** L.
Ref.: Zohary & Heller, 1984.

Trifolium glomeratum L.
Sin.: *Micrantheum glomeratum* Presl, *Trifolium axillare* Phil., *Trifolium duodecimnerve* Willk. & Lange
Ref.: Zohary & Heller, 1984.
Hábito: Hierba.
Status: Adventicia.
Elevación: 500-1000 m.
Prov.: CHU, NE.
Paises limítrofes: CH.
Ejemplar examinado: *Boelcke et al. 14395* (BAA, BAB, SI).

Trifolium grandiflorum Hook. & Arn. = **Trifolium polymorphum** Poir. var. **polymorphum**
Ref.: Zohary & Heller, 1984.

Trifolium guianense Aubl. = **Stylosanthes guianensis** (Aubl.) Sw. var. **guianensis**

Trifolium hemsleyi Lojac. = **Trifolium amabile** Kunth var. **hemsleyi** (Lojac.) D. Heller & Zohary
Ref.: Zohary & Heller, 1984.

Trifolium humboldtii Spreng. = **Trifolium amabile** Kunth var. **amabile**
Ref.: Zohari & Heller, 1984.

Trifolium hybridum L. var. **anatolicum** (Boiss.) Boiss.
Sin.: *Trifolium anatolicum* Boiss., *Trifolium parvulum* Beck ex Stapf
Ref.: Zohary & Heller, 1984.
Hábito: Hierba.
Status: Adventicia.
Elevación: 0-500 m.
Prov.: BA, CHU, NE, RN, SC, TF.
Paises limítrofes: BR, CH.
Ejemplar examinado: *Boelcke et al. 16770* (BAB).

[Trifolium incarnatum L.]
Nota: Cita dudosa para la flora argentina.

Trifolium indecorum Clos = **Trifolium polymorphum** Poir. var. **polymorphum**
Ref.: Zohary & Heller, 1984.

Trifolium indicus L. = **Melilotus indicus** (L.) All.

Trifolium limonium Phil. = **Trifolium repens** L. f. **repens**
Ref.: Rossow, 1984c.

Trifolium litigiosum Desv. = **Trifolium spadiceum** L.
Ref.: Rossow, 1984c; Zohary & Heller, 1984.

Trifolium lozani House = **Trifolium amabile** Kunth var. **amabilc**
Ref.: Zohary & Heller, 1984.

Trifolium luteolum Schur = **Trifolium dubium** Sibth.
Ref.: Zohary & Heller, 1984.

Trifolium macrorhizum Ulbr. = **Trifolium amabile** Kunth var. **hemsleyi** (Lojac.) D. Heller & Zohary
Ref.: Zohary & Heller, 1984.

Trifolium magellanicum Poir. = **Oxalis eriocarpa** DC.
Ref.: Lourteig, 1983.

Trifolium mathewsii A. Gray = **Trifolium amabile** Kunth var. **amabile**
Ref.: Zohari & Heller, 1984.

Trifolium megalanthum Steud. = **Trifolium polymorphum** Poir. var. **polymorphum**
Ref.: Zohary & Heller, 1984.

Trifolium minus Sm. = **Trifolium dubium** Sibth.
Ref.: Zohary & Heller, 1984.

Trifolium montanum L., hom. illeg. = **Trifolium spadiceum** L.
Ref.: Rossow, 1984c; Zohary & Heller, 1984.

Trifolium neglectum C.A.Mey. = **Trifolium fragiferum** L.
Ref.: Zohary & Heller, 1984.

Trifolium nessanense L. = **Melilotus messanensis** (L.) All.

Trifolium obcordatum Desv. = **Trifolium polymorphum** Poir. var. **polymorphum**
Ref.: Zohary & Heller, 1984.

Trifolium officinalis L. = **Melilotus officinalis** (L.) Lam.

Trifolium parviflorum Bunge ex Nym. = **Trifolium dubium** Sibth.
Ref.: Zohary & Heller, 1984.

Trifolium parvulum Beck ex Stapf = **Trifolium hybridum** L. var. **anatolicum** (Boiss.) Boiss.
Ref.: Zohary & Heller, 1984.

Trifolium pauciflorum Willd. ex Steud. = **Trifolium amabile** Kunth var. **amabile**
Ref.: Zohary & Heller, 1984.

Trifolium polymorphum Poir. var. **polymorphum**
Sin.: *Amoria obcordata* C. Presl, *Amoria polymorpha* C. Presl, *Trifolium amphianthum* Torr. & A. Gray, *Trifolium amphicarpum* Phil., *Trifolium brevipes* Phil., *Trifolium concinum* Phil., *Trifolium crossneri* Clos, *Trifolium grandiflorum* Hook. & Arn., *Trifolium indecorum* Clos, *Trifolium megalanthum* Steud., *Trifolium obcordatum* Desv., *Trifolium reflexum* Rowntree ex Scheele, *Trifolium rivale* Clos, hom. illeg., *Trifolium rivale* Steud., *Trifolium roemerianum* Scheele, *Trifolium simplex* Clos
Ref.: Zohary & Heller, 1984.
Hábito: Hierba.
Status: Nativa.
Elevación: 0-500 m.
Prov.: BA, CH, CO, COR, ER, LP, MI, RN, SF.
Paises limítrofes: BR, CH, PA, UR.
Ejemplar examinado: *Burkart 6978* (SI).

Trifolium polymorphum Poir. var. **neuquenense** Rossow
Ref.: Rossow, 1984c.
Hábito: Hierba.
Status: Endémica.
Elevación: 0-500 m.
Prov.: NE.
Ejemplar examinado: *Rúgolo y Agrasar 230* (BAA, BAB).

Trifolium pratense L.
Ref.: Rossow, 1984c.
Hábito: Hierba o subarbusto.
Status: Adventicia.
Elevación: 0-1000 m.
Prov.: BA, CH, CHU, LP, ME, NE, RN, SC, SF, TF.
Paises limítrofes: BR, CH, UR.
Ejemplar examinado: *Rossow y Gómez Cadret 312* (BAB).

Trifolium procumbens L. = **Trifolium dubium** Sibth.
Ref.: Zohary & Heller, 1984.

Trifolium procumbens L., nom. illeg. = **Trifolium campestre** Schreb.
Ref.: Moore, 1968.

Trifolium reflexum Rowntree ex Scheele = **Trifolium polymorphum** Poir. var. **polymorphum**
Ref.: Zohary & Heller, 1984.

Trifolium reflexum Schltdl. & Cham., hom. illeg. = **Trifolium amabile** Kunth var. **amabile**
Ref.: Zohary & Heller, 1984.

Trifolium repens L. f. **giganteum** Lagr.-Foss.
Ref.: Burkart, 1967a.
Hábito: Hierba.
Status: Introducida.
Elevación: 0-500 m.
Prov.: BA.
Ejemplar examinado: *Vattuone s.n.* (BAF 48).

Trifolium repens L. f. *riparia* Hauman = **Trifolium repens** L. f. **repens**
Ref.: Rossow, 1984c.

Trifolium repens L. f. **repens**
Sin.: *Trifolium limonium* Phil., *Trifolium repens* L. f. *riparia* Hauman, *Trifolium stipitatum* Clos
Ref.: Rossow, 1984c.
Hábito: Hierba.
Status: Adventicia.
Elevación: 0-1000 m.
Prov.: BA, CA, CHU, CO, DF, ER, JU, LP, ME, NE, RN, SA, SC, SF, SJ, SL, TF, TU.
Paises limítrofes: BO, BR, CH, PA, UR.
Ejemplar examinado: *Correa et al. 7829* (BAB).

Trifolium resupinatum L.
Ref.: Burkart, 1967a.
Hábito: Hierba.
Status: Introducida.
Elevación: 0-500 m.
Prov.: BA.
Ejemplar examinado: *BAB 11559* (SI).

Trifolium riograndense Burkart
Ref.: Zohary & Heller, 1984.
Hábito: Hierba.
Status: Nativa.
Elevación: 0-500 m.
Prov.: MI.
Paises limítrofes: BR, UR.
Ejemplar examinado: *Gamerro y Toursarkissian 101* (SI).

Trifolium rivale Clos, hom. illeg. = **Trifolium polymorphum** Poir. var. **polymorphum**
Ref.: Zohary & Heller, 1984.

Trifolium rivale Steud. = **Trifolium polymorphum** Poir. var. **polymorphum**
Ref.: Zohary & Heller, 1984.

Trifolium roemerianum Scheele = **Trifolium polymorphum** Poir. var. **polymorphum**
Ref.: Zohary & Heller, 1984.

Trifolium siculus Vitman = **Melilotus messanensis** (L.) All.

Trifolium simplex Clos = **Trifolium polymorphum** Poir. var. **polymorphum**
Ref.: Zohary & Heller, 1984.

Trifolium spadiceum L.
Sin.: *Amarenus spadiceus* C. Presl, *Trifolium litigiosum* Desv., *Trifolium montanum* L., hom. illeg.
Ref.: Rossow, 1984c; Zohary & Heller, 1984.
Hábito: Hierba.
Status: Adventicia.
Elevación: 0-500 m.
Prov.: TF.
Paises limítrofes: CH.
Ejemplar examinado: *Seibert et al. s.n. TBPA-FIT 2192* (BAB).

Trifolium stipitatum Clos = **Trifolium repens** L. f. **repens**
Ref.: Rossow, 1984c.

Trifolium strepens Crantz, nom. illeg.

Trifolium subterraneum L.
Ref.: Burkart, 1967.
Hábito: Hierba.
Status: Introducida.
Elevación: 0-500 m.
Prov.: BA.
Paises limítrofes: BR, CH, UR.
Ejemplar examinado: *Burkart 6944* (SI).

Trigonella L. Papilionoideae, Trifolieae.
Número de especies: 1

Trigonella monspeliaca L.
Ref.: Burkart, 1937, 1952c.
Hábito: Hierba o subarbusto.
Status: Adventicia.
Elevación: 0-1000 m.
Prov.: ME.
Paises limítrofes: CH.
Ejemplar examinado: *Ruíz Leal 2289* (SI).

Triptolemea glabra Benth. = **Dalbergia frutescens** (Vell.) Britton
Ref.: Burkart, 1952a; Carvalho, 1997.

Triptolemea latifolia Benth. = **Dalbergia frutescens** (Vell.) Britton
Ref.: Burkart, 1952a; Carvalho,1997.

Triptolemea montana Mart. ex Benth. = **Dalbergia frutescens** (Vell.) Britton
Ref.: Burkart, 1952a; Carvalho,1997.

Triptolemea ovata Mart. ex Benth. = **Dalbergia frutescens** (Vell.) Britton
Ref.: Burkart, 1952a; Carvalho,1997.

Triptolemea pauciflora Mart. ex Benth. = **Dalbergia frutescens** (Vell.) Britton
Ref.: Burkart, 1952a; Carvalho,1997.

Triptolemea platycarpa Benth. = **Dalbergia frutescens** (Vell.) Britton
Ref.: Burkart, 1952a; Carvalho,1997.

Ulex L. Papilionoideae, Genisteae.
Número de especies: 1

Ulex europaeus L.
Sin.: *Ulex opositholepis* Webb
Ref.: Burkart, 1967a, 1987a; Fortunato, 1984a.
Hábito: Arbusto.
Status: Introducida.
Elevación: 0-1000 m.
Prov.: BA, CHU, ER, RN.
Paises limítrofes: BO, BR, CH.
Ejemplar examinado: *Troncoso 1263* (SI).

Ulex opositholepis Webb = **Ulex europaeus** L.
Ref.: Fortunato, 1984a.

Vachellia astringens (Gillies ex Hook. & Arn.) Speg. = **Acacia atramentaria** Benth.
Ref.: Cialdella, 1984.

Vachellia farnesiana (L.) Wight & Arn. f. *cavenia* (Molina) Speg. = **Acacia caven** (Molina) Molina var. **caven**
Ref.: Cialdella, 1984.

Vachellia farnesiana (L.) Wight & Arn. f. *microcarpa* Speg. = **Acacia caven** (Molina) Molina var. **microcarpa** (Speg.) Burkart ex Ciald.
Ref.: Cialdella, 1984.

Vachellia farnesiana (L.) Wight & Arn. f. *stenocarpa* Speg. = **Acacia caven** (Molina) Molina var. **stenocarpa** (Speg.) Burkart ex Ciald.
Ref.: Cialdella, 1984.

Vachellia lutea (Mill.) Speg. f. *aroma* (Gillies ex Hook. & Arn.) Speg. = **Acacia aroma** Gillies ex Hook. & Arn.
Ref.: Cialdella, 1984.

Vachellia lutea (Mill.) Speg. f. *moniliformis* (Griseb.) Speg. = **Acacia aroma** Gillies ex Hook. & Arn.
Ref.: Cialdella, 1984.

Vachellia lutea (Mill.) Speg. f. *oocephala* Speg. = **Acacia aroma** Gillies ex Hook. & Arn.
Ref.: Cialdella, 1984.

Vachellia luteaf. thlipsacantha Speg. = **Acacia macracantha** Humb. & Bonpl. ex Willd.
Ref.: Cialdella, 1984.

Vicia L. Papilionoideae, Vicieae.

Número de especies: 18, 2 variedades endémicas.

[Vicia andicola Kunth]
Nota: Cita dudosa para la flora argentina.

Vicia bijuga Gillies ex Hook. & Arn.
Sin.: *Lathyrus anomalus* Phil., *Vicia saffordii* Phil., *Vicia sericella* Speg., *Vicia sericella* Speg. var. *glabrata* Speg., *Vicia solisii* Phil.
Ref.: Macloskie, 1905, 1914; Giangualani, 1984.
Hábito: Hierba.
Status: Nativa.
Elevación: 0-1000 m.
Prov.: CHU, ME, NE, RN, SC, TF.
Paises limítrofes: CH.
Ejemplar examinado: *Burkart 6238* (SI).

[Vicia bijuga Gillies ex Hook. & Arn. var. longipes Speg.]
Ref.: Giangualani, 1982.
Nota: Taxón dudoso.

Vicia coxii Phil. = **Vicia nigricans** Hook. & Arn.
Ref.: Giangualani, 1982.

Vicia cracca L.
Ref.: Macloskie, 1914; Moore, 1968.
Hábito: Hierba.
Status: Adventicia.
Elevación: 0-500 m.
Prov.: TF.
Ejemplar citado: *Sladen Fa 19/50** (BM).

Vicia darapskiana Phil. = **Vicia nigricans** Hook. & Arn.
Ref.: Giangualani, 1982.

Vicia dentata Gillies ex Hook. & Arn. = **Vicia nana** Vogel

Vicia depauperata Clos = **Vicia magellanica** Hook. f.
Ref.: Moore & Scotter, 1976; Giangualani, 1982.

Vicia disperma DC.
Ref.: Burkart, 1967a; Giangualani, 1982.
Hábito: Hierba.
Status: Adventicia.
Elevación: o m.
Prov.: BA, CHU.
Ejemplar examinado: *Orbea s.n.* (SI 18804).

Vicia epetiolaris Burkart
Ref.: Burkart, 1966b, 1967a, 1987a.
Hábito: Hierba.
Status: Nativa.
Elevación: 0-500 m.
Prov.: BA, COR, ER, MI, SF.
Paises limítrofes: BR, PA, UR.
Ejemplar examinado: *Burkart 12788* (SI).

Vicia faba L.
Sin.: *Vicia graminea* Sm. var. *heterophylla* Kuntze, *Vicia graminea* Sm. var. *multiflora* Hook. & Arn.
Ref.: Giangualani, 1982.
Hábito: Hierba.
Status: Adventicia.
Elevación: 0-500 m.
Prov.: TF.
Ejemplar examinado: *Goodall 4782* (SI).

Vicia graminea auct. non Sm. = **Vicia magellanica** Hook. f.
Ref.: Moore & Scotter, 1976; Giangualani, 1982.

Vicia graminea Sm. var. **graminea**
Sin.: *Vicia selloi* Vogel
Ref.: Burkart, 1967a, 1987a.
Hábito: Hierba.
Status: Nativa.
Elevación: 0-500 m.
Prov.: BA, CHU, CO, ER, LP, RN.
Paises limítrofes: CH, UR.
Ejemplar examinado: *Burkart 22580* (SI).

Vicia graminea Sm. var. *heterophylla* Kuntze = **Vicia faba** L.

Vicia graminea Sm. var. *multiflora* Hook. & Arn. = **Vicia faba** L.

Vicia graminea Sm. var. *setifolia* (Kunth) Kuntze = **Vicia setifolia** Kunth var. **setifola**

Vicia graminea Sm. var. **transiens** Burkart
Ref.: Burkart, 1966b, 1987a.
Hábito: Hierba.
Status: Endémica.
Elevación: 0-500 m.
Prov.: ER.
Ejemplar examinado: *Burkart 25942* (holotipo, SI).

Vicia hookeri G. Don = **Vicia linearifolia** Hook. & Arn.

Vicia kingii Hook. f. = **Vicia magellanica** Hook. f.
Ref.: Moore & Scotter, 1976; Giangualani, 1982, 1984.

Vicia linearifolia Hook. & Arn.
Sin.: *Vicia hookeri* G. Don, *Vicia micrantha* Hook. & Arn., *Vicia parviflora* Hook. & Arn.
Ref.: Burkart, 1966b, 1967a, 1987a; Bastos & Miotto, 1996.
Hábito: Hierba.
Status: Nativa.
Elevación: 0-500 m.
Prov.: BA, CO, COR, ER.
Paises limítrofes: BR, CH, UR.
Ejemplar examinado: *Hunziker 12264* (SI).

Vicia macraei Hook. & Arn. = **Vicia nigricans** Hook. & Arn.
Ref.: Giangualani, 1982.

Vicia macrograminea Burkart
Sin.: *Vicia montevidensis* Vogel var. *macrocarpa* Chodat & Hassl.
Ref.: Burkart, 1966b, 1987a.
Hábito: Hierba.
Status: Nativa.
Elevación: 0-500 m.
Prov.: BA, CH, COR, ER, FO.
Paises limítrofes: BO, BR, PA.
Ejemplar examinado: *Burkart 8145* (holotipo, SI).

Vicia magellanica Hook. f.
Sin.: *Vicia depauperata* Clos, *Vicia graminea* auct. non Sm., *Vicia kingii* Hook. f., *Vicia morenonis* Harms ex Kuntze, *Vicia morenonis* Harms ex Kuntze var. *burmeisterii* Kuntze, *Vicia patagonica* Hook. f., *Vicia patagonica* Hook. f. var. *depauperata* (Clos) Speg.
Ref.: Moore & Scotter, 1976; Giangualani, 1982.
Hábito: Hierba.
Status: Nativa.
Elevación: 0-500 m.
Prov.: CHU, NE, RN, SC, TF.
Paises limítrofes: CH.
Ejemplar examinado: *Goodall 666* (SI).

Vicia micrantha Hook. & Arn. = **Vicia linearifolia** Hook. & Arn.

Vicia montevidensis Vogel
Sin.: *Vicia montevidensis* Vogel f. *oblonga* Burkart, *Vicia obscura* Vogel
Ref.: Burkart, 1966b, 1987a; Bastos & Miotto, 1996.
Hábito: Hierba.
Status: Nativa.
Elevación: 0-500 m.
Prov.: BA, ER, JU, SF.
Paises limítrofes: BR, UR.
Ejemplar examinado: *Burkart 10581* (SI).

Vicia montevidensis Vogel f. *oblonga* Burkart = **Vicia montevidensis** Vogel

Vicia montevidensis Vogel var. *macrocarpa* Chodat & Hassl. = **Vicia macrograminea** Burkart

Vicia morenonis Harms ex Kuntze = **Vicia magellanica** Hook. f.
Ref.: Moore & Scotter, 1976.

Vicia morenonis Harms ex Kuntze var. *burmeisterii* Kuntze = **Vicia magellanica** Hook. f.
Ref.: Mooer & Scotter, 1976; Giangualani, 1982.

Vicia nana Vogel
Sin.: *Vicia dentata* Gillies ex Hook. & Arn., *Vicia valdiviana* Phil.
Ref.: Burkart, 1966b, 1967a, 1987a; Bastos & Miotto, 1996.
Hábito: Hierba.
Status: Nativa.
Elevación: 0-500 m.
Prov.: BA, CH, COR, ER, FO, MI, SF.
Paises limítrofes: BR, CH, UR.
Ejemplar examinado: *Burkart 4775* (SI).

Vicia nigricans Hook. & Arn.
Sin.: *Vicia coxii* Phil., *Vicia darapskiana* Phil., *Vicia macraei* Hook. & Arn.
Ref.: Giangualani, 1982.
Hábito: Hierba.
Status: Nativa.
Elevación: 0-500 m.
Prov.: CHU, NE, RN.
Paises limítrofes: CH.
Ejemplar examinado: *Gómez-Sosa 392* (SI).

Vicia obscura Vogel = **Vicia montevidensis** Vogel

Vicia pampicola Burkart
Ref.: Burkart, 1966b, 1987a; Gómez-Sosa, 1994; Bastos & Miotto, 1996.
Hábito: Hierba.
Status: Nativa.
Elevación: 0-500 m.
Prov.: BA, CO, COR, JU, LP, RN, SC, TU.
Paises limítrofes: BR.
Ejemplar examinado: *Burkart 19230* (holotipo, SI).

Vicia parviflora Hook. & Arn. = **Vicia linearifolia** Hook. & Arn.

Vicia patagonica Hook. f. = **Vicia magellanica** Hook. f.
Ref.: Moore & Scotter, 1976; Giangualani, 1982.

Vicia patagonica Hook. f. var. *depauperata* (Clos) Speg. = **Vicia magellanica** Hook. f.
Ref.: Moore & Scotter, 1976; Giangualani, 1982.

Vicia platensis Speg.
Ref.: Spegazzini, 1902a; Burkart, 1966b, 1987a.
Hábito: Hierba.
Status: Nativa.
Elevación: 0-500 m.
Prov.: BA, ER, SF.
Paises limítrofes: UR.
Ejemplar examinado: *Spegazzini s.n.* (lectotipo, LPS 21798).

Vicia saffordii Phil. = **Vicia bijuga** Gillies ex Hook. & Arn.

Vicia sativa L.
Ref.: Burkart, 1967a, 1987a.
Hábito: Hierba.
Status: Adventicia.
Elevación: 0-500 m.
Prov.: BA, CO.
Paises limítrofes: CH, UR.
Ejemplar examinado: *Nicora 1580* (SI).

Vicia selloi Vogel = **Vicia graminea** Sm. var. **graminea**

Vicia sericella Speg. = **Vicia bijuga** Gillies ex Hook. & Arn.

Vicia sericella Speg. var. *glabrata* Speg. = **Vicia bijuga** Gillies ex Hook. & Arn.

Vicia setifolia Kunth var. **bonariensis** Burkart
Ref.: Burkart, 1966b; Giangualani, 1982.
Hábito: Hierba.
Status: Endémica.
Elevación: 0-500 m.
Prov.: BA, CHU.
Ejemplar examinado: *Burkart 4772* (holotipo, SI).

Vicia setifolia Kunth var. **setifola**
Sin.: *Vicia graminea* Sm. var. *setifolia* (Kunth) Kuntze
Ref.: Burkart, 1966b, 1967a.
Hábito: Hierba.
Status: Nativa.
Elevación: 0-500 m.
Prov.: BA.
Ejemplar examinado: *Foto serie Museo Chicago 2346*.

Vicia solisii Phil. = **Vicia bijuga** Gillies ex Hook. & Arn.

Vicia stenophylla Vogel
Ref.: Burkart, 1966b, 1987a.
Hábito: Hierba.
Status: Nativa.
Elevación: 0-500 m.
Prov.: CH, COR, FO, MI, SF.
Paises limítrofes: BR, PA.
Ejemplar examinado: *R. Spegazzini 1535* (SI).

Vicia tephrosoides Vogel
Ref.: Bastos & Miotto, 1996.
Hábito: Hierba.
Status: Nativa.
Elevación: 0-500 m.
Prov.: COR, MI.
Paises limítrofes: BR, PA.
Ejemplar examinado: *Guaglianone 892* (SI).

Vicia valdiviana Phil. = **Vicia nana** Vogel

Vigna Savi. Papilionoideae, Phaseoleae.
Número de especies: 8

Vigna adenantha (G. Mey.) Maréchal, Mascherpa & Stainier
Sin.: *Phaseolus adenanthus* G. Mey., *Phaseolus adenanthus* G. Mey. f. *subtortus* Hassl., *Phaseolus adenanthus* G. Mey. f. *velutinus* Hassl., *Phaseolus adenanthus* G. Mey. var. *caeduorum* (Mart.) Hassl., *Phaseolus adenanthus* G. Mey. var. *genuinus* Hassl., nom. inval., *Phaseolus adenanthus* G. Mey. var. *radicans* (Benth.) Hassl., *Phaseolus adennathus* G. Mey. var. *truxillensis* (Kunth) Hassl., *Phaseolus amoenus* Macfad., *Phaseolus barbulatus* Benth., *Phaseolus brevipes* Benth., *Phaseolus caeduorum* Mart., *Phaseolus cirrhosus* Kunth, *Phaseolus cuernavacanus* Rose, *Phaseolus cummingii* Benth., *Phaseolus grandiflorus* Steud., *Phaseolus macfadyenii* Steud., *Phaseolus occidentalis* Rose, *Phaseolus radicans* Benth., *Phaseolus senegalensis* Guill. & Perr.,*Phaseolus subtortus* Benth., *Phaseolus truxillensis* Kunth, *Phaseolus truxillensis* Kunth var. *minor* Benth.
Ref.: Maréchal et al. 1978.
Hábito: Enredadera.
Status: Nativa.
Elevación: 0-500 m.
Prov.: BA, CH, COR, JU, MI, SA, TU.
Paises limítrofes: BO, BR, PA, UR.
Ejemplar examinado: *Hoc et al. 32* (BAFC).

Vigna brachystachyus Benth. = **Vigna luteola** (Jacq.) Benth.
Ref.: Verdcourt, 1970.

Vigna bukonensis Harms = **Vigna luteola** (Jacq.) Benth.
Ref.: Verdcourt, 1970.

Vigna candida (Vell.) Maréchal, Mascherpa & Stainier
Sin.: *Phaseolus amplus* Benth., *Phaseolus appendiculatus* Benth., *Phaseolus candidus* Vell., *Phaseolus candidus* Vell. f. *appendiculatus* (Benth.) Hassl., *Phaseolus candidus* Vell. f. *integer* Hassl., *Phaseolus candidus* Vell. f. *intermedius* Hassl., *Phaseolus candidus* Vell. f. *maritimus* Hassl., *Phaseolus candidus* Vell. f. *obliquaefolius* (Benth.) Hassl., *Phaseolus candidus* Vell. f. *sublobatus* (Micheli) Hassl., *Phaseolus candidus* Vell. var. *genuinus* Hassl., nom. inval., *Phaseolus candidus* Vell. var. *membranaceus* (Benth.) Hassl., *Phaseolus halophilus* Piper, *Phaseolus maritimus* Salzm., nom. nud., *Phaseolus membranaceus* Benth., *Phaseolus obliquaefolius* Mart.
Ref.: Maréchal et al., 1978.
Status: Nativa.
Elevación: 0-500 m.
Prov.: MI.
Paises limítrofes: BR, PA.
Ejemplar examinado: *Hoc et al. 37* (BACF).

Vigna caracalla (L.) Verdc.
Sin.: *Caracalla pulcherrima* Tod., *Phaseolus bertonii* Franceschi ex Benth., *Phaseolus caracalla* L., *Phaseolus caracalla* L. var. *brachystachys* Hassl., *Phaseolus caracallensis* St.-Lag., *Phaseolus cochleatus* Vell., *Phaseolus longirostratus* Ducke

Ref.: Maréchal et al., 1978.
Status: Nativa.
Elevación: 0-1500 m.
Prov.: COR, JU, MI, SA, TU.
Paises limítrofes: BO, BR, PA.
Ejemplar examinado: *Hoc 81* (BAFC).

Vigna glabra Savi = **Vigna luteola** (Jacq.) Benth.
Ref.: Verdcourt, 1970.

Vigna helicopus (E. Mey.) Walp. = **Vigna luteola** (Jacq.) Benth.
Ref.: Verdcourt, 1970.

Vigna hookeri Verdc.
Sin.: *Phaseolus lobatus* Hook.
Ref.: Verdcourt, 1970.
Status: Nativa.
Elevación: 0-500 m.
Prov.: BA, COR, ER.
Paises limítrofes: BR, PA, UR.
Ejemplar examinado: *Burkart 4215* (SI).

Vigna lasiocarpa (Benth.) Verdc.
Sin.: *Phaseolus hirsutus* Mart., *Phaseolus lasiocarpus* Mart., *Phaseolus pilosus* Kunth var. *lasiocarpus* (Mart.) Hassl.
Ref.: Verdcourt, 1970.
Status: Nativa.
Elevación: 0-500 m.
Prov.: COR, MI.
Paises limítrofes: BR, PA.
Ejemplar examinado: *Schinini et al. 23591* (CTES).

Vigna longifolia (Benth.) Verdc.
Sin.: *Phaseolus campestris* Mart., *Phaseolus longifolius* Benth., *Phaseolus ovatus* Benth., *Phaseolus schottii* Benth., *Phaseolus schottii* Benth. var. *campestris* Hassl., *Phaseolus schottii* Benth. var. *genuinus* Hassl., nom. inval., *Phaseolus schottii* Benth. var. *longifolius* (Benth.) Hassl.
Ref.: Maréchal et al., 1978.
Hábito: Enredadera.
Status: Nativa.
Elevación: 0-500 m.
Prov.: CH, COR, ER, MI.
Paises limítrofes: BR, PA, UR.
Ejemplar examinado: *Palacios y Bravo 1297* (BAFC).

Vigna luteola (Jacq.) Benth.
Sin.: *Dolichos gangeticus* Roxb., *Dolichos luteolus* Jacq., *Dolichos niloticus* Delile, *Dolichos repens* L., *Phaseolus luteolus* (Jacq.) Gagnep., *Scytalis helicopus* E. Mey., *Vigna brachystachyus* Benth., *Vigna bukonensis* Harms, *Vigna glabra* Savi, *Vigna helicopus* (E. Mey.) Walp., *Vigna nigenica* A. Chev., *Vigna nilotica* (Delile) Hook. f., *Vigna villosa* Savi
Ref.: Verdcourt, 1970.
Status: Nativa.
Elevación: 0-500 m.
Prov.: BA, COR, ER, FO, MI.
Paises limítrofes: BR, PA, UR.
Ejemplar examinado: *Martínez Crovetto y Milano 5028* (SI).

Vigna nigenica A. Chev. = **Vigna luteola** (Jacq.) Benth.
Ref.: Verdcourt, 1970.

Vigna nilotica (Delile) Hook. f. = **Vigna luteola** (Jacq.) Benth.
Ref.: Verdcourt, 1970.

Vigna paraguariensis Benth. = **Dolichopsis paraguariensis** Hassl.

Vigna peduncularis (Kunth) Fawc. & Rendle var. **clitorioides** (Benth.) Maréchal
Sin.: *Phaseolus clitorioides* Mart., *Phaseolus clitorioides* Mart. var. *modestus* Benth., *Phaseolus modestus* Mart., *Phaseolus oblongifolius* Micheli, *Phaseolus peduncularis* (Kunth) Fawc. & Rendle f. *oblongifolius* Hassl., *Phaseolus peduncularis* (Kunth) Fawc. & Rendle f. *pius* Hassl., *Phaseolus peduncularis* (Kunth) Fawc. & Rendle f. *typicus* Hassl., nom. inval., *Phaseolus peduncularis* (Kunth) Fawc. & Rendle var. *clitorioides* (Mart.) Hassl., *Phaseolus pius* Mart.
Ref.: Maréchal et al., 1978.
Status: Nativa.
Elevación: 0-500 m.
Prov.: COR, MI.
Paises limítrofes: BR, PA.
Ejemplar examinado: *Palacios y Bravo 1294* (BAFC).

Vigna villosa Savi = **Vigna luteola** (Jacq.) Benth.
Ref.: Verdcourt, 1970.

Wenderothia lenta (Benth.) Piper = **Canavalia picta** Mart. ex Benth.

Wenderothia picta (Mart. ex Benth.) Piper = **Canavalia picta** Mart. ex Benth.

Xerocladia pampeana Speg. = **Prosopidastrum globosum** (Gillies ex Hook. & Arn.) Burkart
Ref.: Burkart, 1964.

Zapoteca H.M. Hern. Mimosoideae, Ingeae.

Número de especies: 2

Zapoteca formosa (Kunth) H.M. Hern.
Sin.: *Acacia formosa* Kunth, *Acacia gracilis* M. Martens & Galeotti, *Anneslia chapaderoana* Britton & Rose, *Anneslia cookii* Britton & Rose, *Anneslia formosa* (Kunth) Britton & Millsp., *Calliandra capillata* Benth., *Calliandra formosa* (Kunth) Benth., *Calliandra gentryi* Standl., *Calliandra gracilis* Griseb., *Calliandra malacophylla* Benth., *Calliandra marginata* Griseb. ex R.O. Williams, *Calliandra penduliflora* Rose, *Calliandra viridiflora* Benth., *Feuilleea formosa* (Kunth) Kuntze
Ref.: Hernández, 1989; Hoc, 1992a.
Status: Nativa.
Elevación: 0-1500 m.
Prov.: CA, JU, SA, SE, TU.
Paises limítrofes: BO, BR, PA.
Ejemplar examinado: *Steinbach 1706* (LIL, SI).

Zapoteca portoricensis (Jacq.) H.M. Hern.
Sin.: *Acacia alba* Colla, *Acacia hamiltonii* Desv., *Acacia linearis* Desv., *Acacia portoricensis* (Jacq.) Willd., *Acacia ungulata* Desv., *Acacia venusta* Willd., *Acacia vespertina* Macfad., *Anneslia portoricensis* (Jacq.) Donn. Sm., *Calliandra portoricensis* (Jacq.) Benth., *Feuilleea portoricensis* (Jacq.) Kuntze, *Lysiloma marchiana* Griseb., *Mimosa guineensis* Schumach. & Thonn., *Mimosa portoricensis* Jacq.
Ref.: Hernández, 1989; Hoc, 1992a.
Status: Nativa.
Elevación: 0-500 m.
Prov.: MI.
Paises limítrofes: BO, BR.
Ejemplar examinado: *Spegazzini 435* (LP).

Zornia J.F. Gmel. Papilionoideae, Aeschynomeneae.

Número de especies: 12

Zornia andicola Griseb. = **Amicia andicola** (Griseb.) Harms
Ref.: Burkart, 1939b.

Zornia burkartii Vanni
Ref.: Vanni, 1981.
Hábito: Hierba.
Status: Nativa.
Elevación: 0-500 m.
Prov.: COR, MI.
Paises limítrofes: BR, PA.
Ejemplar examinado: *Krapovickas et al. 17129* (CTES).

Zornia contorta Mohlenbr.
Ref.: Mohlenbrock, 1961; Vanni, 1995.
Hábito: Hierba.
Status: Nativa.
Elevación: 0-1000 m.
Prov.: CA, JU, SA, TU.
Paises limítrofes: BO.
Ejemplar examinado: *Schinini y Vanni 22418* (hi).

Zornia crinita (Mohlenbr.) Vanni
Sin.: *Zornia pardina* Mohlenbr. var. *crinita* Mohlenbr.
Ref.: Vanni, 1995.
Hábito: Hierba.
Status: Nativa.
Elevación: 0-500 m.
Prov.: COR, FO, SA.
Paises limítrofes: BO, BR, PA.
Ejemplar examinado: *Carnevali 3055* (CTES).

Zornia cryptantha Arechav. var. **cryptantha**
Sin.: *Zornia lanata* Mohlenbr., *Zornia latifolia* DC. var. *cryptantha* (Arechav.) Burkart, *Zornia latifolia* DC. var. *villosa* Malme, *Zornia villosa* (Malme) Herter
Ref.: Vanni, 1981.
Hábito: Hierba.
Status: Nativa.
Elevación: 0-500 m.
Prov.: COR, MI, SF.
Paises limítrofes: PA, UR.
Ejemplar examinado: *Krapovickas et al. 17130* (CTES).

Zornia cryptantha Arechav. var. **lactibracteata** Vanni
Ref.: Vanni, 1981; Burkart, 1987a.
Hábito: Hierba.
Status: Nativa.
Elevación: 0-500 m.
Prov.: CH, COR, ER, FO.
Paises limítrofes: PA, UR.
Ejemplar examinado: *Schinini 14112* (CTES).

Zornia diphylla f. *microphylla* Chodat & Hassl. = **Zornia pardina** Mohlenbr.
Ref.: Mohlenbrock, 1961.

Zornia diphylla var. *bernardinensis* Chodat & Hassl. = **Zornia latifolia** DC.
Ref.: Vanni, 1995.

Zornia echinata Mohlenbr. = **Zornia reticulata** Sm.
Ref.: Vanni, 1995.

Zornia gemella (Willd.) Vogel
Sin.: *Hedysarum gemellum* Willd.
Ref.: Mohlenbrock, 1961; Vanni, 1995.
Hábito: Hierba.
Status: Nativa.
Elevación: 0-500 m.
Prov.: CA, CH, CO, COR, FO, SE, TU.
Paises limítrofes: BR, PA, UR.
Ejemplar examinado: *Krapovickas et al. 13636* (CTES).

Zornia gracilis DC. = **Zornia latifolia** DC.
Ref.: Vanni, 1995.

Zornia lanata Mohlenbr. = **Zornia cryptantha** Arechav. var. **cryptantha**
Ref.: Vanni, 1981.

Zornia latifolia DC.
Sin.: *Zornia diphylla* var. *bernardinensis* Chodat & Hassl., *Zornia gracilis* DC., *Zornia latifolia* Sm. var. *bernardinensis* (Chodat & Hassl.) Mohlenbr.
Ref.: Vanni, 1995.
Hábito: Hierba.
Status: Nativa.
Elevación: 0-500 m.
Prov.: CH, CO, COR, ER, SE.
Paises limítrofes: BR, PA, UR.
Ejemplar examinado: *Krapovickas et al. 21673* (BAA, CTES, LIL, SI).

Zornia latifolia DC. var. *cryptantha* (Arechav.) Burkart = **Zornia cryptantha** Arechav. var. **cryptantha**
Ref.: Vanni, 1981.

Zornia latifolia DC. var. *villosa* Malme = **Zornia cryptantha** Arechav. var. **cryptantha**
Ref.: Vanni, 1981.

Zornia latifolia Sm. = **Zornia ovata** Vogel
Ref.: Vanni, 1995.

Zornia latifolia Sm. var. *bernardinensis* (Chodat & Hassl.) Mohlenbr. = **Zornia latifolia** DC.
Ref.: Vanni, 1995.

Zornia multinervosa Burkart ex Bacigalupo
Ref.: Troncoso & Bacigalupo, 1977; Vanni, 1995.
Hábito: Hierba.
Status: Nativa.
Elevación: 0-500 m.
Prov.: CH, COR, ER, FO.
Paises limítrofes: BR, PA.
Ejemplar examinado: *Schinini et al. 12254* (CTES, SI).

Zornia orbiculata Mohlenbr.
Ref.: Burkart, 1987a; Vanni, 1995.
Status: Nativa.
Elevación: 0-500 m.
Prov.: COR, ER, MI.
Paises limítrofes: BR, PA, UR.
Ejemplar examinado: *Tressens et al. 2329* (CTES).

Zornia ovata Vogel
Sin.: *Zornia latifolia* Sm., *Zornia sericea* Moric.
Ref.: Burkart, 1987a; Vanni, 1995.
Hábito: Hierba.
Status: Nativa.
Elevación: 0-500 m.
Prov.: COR, ER, MI.
Paises limítrofes: BR, PA.
Ejemplar examinado: *Schinini 16192* (CTES).

Zornia pardina Mohlenbr.
Sin.: *Zornia diphylla* f. *microphylla* Chodat & Hassl.
Ref.: Mohlenbrock, 1961; Vanni, 1995.
Hábito: Hierba.
Status: Nativa.
Elevación: 0-500 m.
Prov.: COR, MI.
Paises limítrofes: BR, PA.
Ejemplar examinado: *Schinini y Vanni 26092* (CTES).

Zornia pardina Mohlenbr. var. *crinita* Mohlenbr. = **Zornia crinita** (Mohlenbr.) Vanni
Ref.: Vanni, 1995.

Zornia reticulata Sm.
Sin.: *Zornia echinata* Mohlenbr.
Ref.: Mohlenbrock, 1961; Vanni, 1995.
Hábito: Hierba.
Status: Nativa.
Elevación: 0-500 m.
Prov.: CH, CO, COR, FO, JU, MI, SA.
Paises limítrofes: BR, PA.
Ejemplar examinado: *Vanni y Caceres 710* (CTES).

Zornia sericea Moric. = **Zornia ovata** Vogel
Ref.: Vanni, 1995.

Zornia trachycarpa Vogel
Ref.: Vanni, 1995.
Hábito: Hierba.
Status: Nativa.
Elevación: 0-500 m.
Prov.: CH, CO, COR, ER, FO, MI, SE, SF, TU.
Paises limítrofes: BR, UR.
Ejemplar examinado: *Krapovickas et al. 29033* (CTES, SI).

Zornia villosa (Malme) Herter = **Zornia cryptantha** Arechav. var. **cryptantha**
Ref.: Vanni, 1981.

Zuccagnia Cav., nom. cons. Caesalpinioideae, Caesalpinieae.
Número de especies: 1

Zuccagnia eremophila Phil. = **Hoffmannseggia eremophila** (Phil.) Burkart ex Ulibarri
Ref.: Ulibarri, 1979, 1996, 1997a.

Zuccagnia punctata Cav.
Ref.: Burkart, 1952a; Ulibarri, 1994a, 1997a.
Hábito: Arbusto.
Status: Nativa.
Elevación: 500-3000 m.
Prov.: CA, LR, ME, SA, SJ, SL, TU.
Paises limítrofes: CH.
Ejemplar examinado: *Guaglianone et al. 1668* (SI).
Nota: Probablemente habite en Jujuy.

Zygia P. Browne. Mimosoideae, Ingeae.
Número de especies: 3

Zygia cataractae (Kunth) L. Rico
Sin.: *Feuilleea cataractae* (Kunth) Kuntze, *Feuilleea divaricata* (Benth.) Kuntze, *Inga cataractae* Kunth, *Inga glomerata* DC., *Inga ramiflora* G. Don, *Pithecellobium cataractae* (Kunth) Benth., *Pithecellobium cauliflorum* (Willd.) Mart. f. *nivea* Lindm., *Pithecellobium divaricatum* Benth., *Pithecellobium glomeratum* (DC.) Benth., *Zygia divaricata* (Benth.) Pittier, *Zygia glomerata* (DC.) Pittier
Ref.: Hoc, 1981; Barneby & Grimes, 1997.
Hábito: Arbusto o árbol.
Status: Nativa.
Elevación: 0-500 m.
Prov.: COR, MI, SF.
Paises limítrofes: BR, PA.
Ejemplar examinado: *Palacios 917* (BAFC).

[Zygia cauliflora (Willd.) Killip ex Record]
Sin.: *Inga cauliflora* Willd.
Nota: Especie excluida de la flora argentina.

Zygia cauliflora auct. non (Willd.) Killip ex Record = **Zygia morongii** Barneby & J.W. Grimes

Zygia divaricata (Benth.) Pittier = **Zygia cataractae** (Kunth) L. Rico
Ref.: Barneby & Grimes, 1997.

Zygia glomerata (DC.) Pittier = **Zygia cataractae** (Kunth) L. Rico
Ref.: Barneby & Grimes, 1997.

Zygia morongii Barneby & J.W. Grimes
Sin.: *Pithecellobium cauliflorum* auct. non (Willd.) Mart., *Zygia cauliflora* auct. non (Willd.) Killip ex Record
Ref.: Hoc, 1981; Barneby & Grimes, 1997.
Hábito: Arbusto.
Status: Nativa.
Elevación: 0-500 m.
Prov.: CH, COR, FO, MI.
Paises limítrofes: BR, PA.
Ejemplar examinado: *Cabral 104* (CTES).

Zygia pithecolobioides (Harms ex Kuntze) Barneby & J.W. Grimes
Sin.: *Feuilleea pithecolobioides* (Harms ex Kuntze) Kuntze, *Inga pithecolobioides* Harms ex Kuntze, *Pithecellobium pithecolobioides* (Harms ex Kuntze) Hassl., *Pithecellobium pithecoloboides* (Harms ex Kuntze) Hassl. var. *reductum* (Malme) Hassl., *Pithecellobium reductum* Malme, *Zygia reducta* (Malme) L. Rico, comb. illeg.
Ref.: Hoc, 1981; Barneby & Grimes, 1996, 1997.
Status: Nativa.
Elevación: 0-500 m.
Prov.: CH, COR.
Paises limítrofes: BR, PA.
Ejemplar examinado: *Meyer 5178* (LIL).

Zygia reducta (Malme) L. Rico, comb. illeg. = **Zygia pithecolobioides** (Harms ex Kuntze) Barneby & J.W. Grimes
Ref.: Barneby & Grimes, 1997.

FAGACEAE

1 género, 6 especies.

Fagus alpina Poepp. & Endl. = **Nothofagus alpina** (Poepp. & Endl.) Oerst.
Ref.: Correa, 1984b.

Fagus antarctica G. Forst. = **Nothofagus antarctica** (G. Forst.) Oerst.
Ref.: Correa, 1984b.

Fagus antarctica var. *bicrenata* A. DC. = **Nothofagus antarctica** (G. Forst.) Oerst.
Ref.: Correa, 1984b.

Fagus antarctica var. *palustris* Albov = **Nothofagus antarctica** (G. Forst.) Oerst.
Ref.: Correa, 1984b.

Fagus antarctica var. *subalpina* Albov = **Nothofagus antarctica** (G. Forst.) Oerst.
Ref.: Correa, 1984b.

Fagus antarctica var. *sublobada* A. DC. = **Nothofagus antarctica** (G. Forst.) Oerst.
Ref.: Correa, 1984b.

Fagus antarctica var. *uliginosa* A. DC. = **Nothofagus antarctica** (G. Forst.) Oerst.
Ref.: Correa, 1984b.

Fagus betuloides Mirb. = **Nothofagus betuloides** (Mirb.) Oerst.
Ref.: Correa, 1984b.

Fagus dombeyi Mirb. = **Nothofagus dombeyi** (Mirb.) Oerst.
Ref.: Correa, 1984b.

Fagus nervosa Phil. = **Nothofagus alpina** (Poepp. & Endl.) Oerst.
Ref.: Correa, 1984b.

Fagus nitida Phil. = [Nothofatus nitida (Phil.) Krasser]

Fagus obliqua Mirb. = **Nothofagus obliqua** (Mirb.) Oerst.
Ref.: Correa, 1984b.

Fagus procera Poepp. & Endl., hom. illeg. = **Nothofagus alpina** (Poepp. & Endl.) Oerst.
Ref.: Correa, 1984b.

Fagus pumilio Poepp. & Endl. = **Nothofagus pumilio** (Poepp. & Endl.) Krasser
Ref.: Correa, 1984b.

Nothofagus Blume
Número de especies: 6

Nothofagus alpina (Poepp. & Endl.) Oerst.
Sin.: *Fagus alpina* Poepp. & Endl., *Fagus nervosa* Phil., *Fagus procera* Poepp. & Endl., hom. illeg., *Nothofagus nervosa* (Phil.) Dimitri & Milano, *Nothofagus procera* (Poepp. & Endl.) Oerst.
Ref.: Correa, 1984b.
Hábito: Árbol.
Status: Nativa.
Prov.: NE.
Paises limítrofes: CH.
Ejemplar examinado: *Burkart y Troncoso 26473* (SI).

Nothofagus antarctica (G. Forst.) Oerst.
Sin.: *Fagus antarctica* G. Forst., *Fagus antarctica* var. *bicrenata* A. DC., *Fagus antarctica* var. *palustris* Albov, *Fagus antarctica* var. *subalpina* Albov, *Fagus antarctica* var. *sublobada* A. DC., *Fagus antarctica* var. *uliginosa* A. DC.
Ref.: Moore, 1974; Pichi Sermolli & Bizzarri, 1978; Correa, 1984b.
Hábito: Árbol.
Status: Nativa.
Elevación: 0–1500 m.
Prov.: CHU, NE, RN, SC, TF.
Paises limítrofes: CH.
Ejemplar examinado: *Eskuche y Klein 172* (SI).

Nothofagus betuloides (Mirb.) Oerst.
Sin.: *Fagus betuloides* Mirb., *Nothofagus betuloides* (Mirb.) Blume, comb. illeg.
Ref.: Moore, 1974, 1983; Pichi Sermolli & Bizzarri, 1978; Correa, 1984b.
Hábito: Árbol.
Status: Nativa.
Elevación: 0–1500 m.
Prov.: SC, TF.
Paises limítrofes: CH.
Ejemplar examinado: *Goodall 2315* (SI).

Nothofagus betuloides (Mirb.) Blume, comb. illeg. = **Nothofagus betuloides** (Mirb.) Oerst.
Ref.: Pichi Sermolli & Bizzarri, 1978.

Nothofagus dombeyi (Mirb.) Oerst.
Sin.: *Fagus dombeyi* Mirb., *Nothofagus dombeyi* (Mirb.) Blume, comb. illeg.
Ref.: Pichi Sermolli & Bizzarri, 1978; Correa, 1984b.
Hábito: Árbol.
Status: Nativa.
Elevación: 0–1000 m.
Prov.: CHU, NE, RN.
Paises limítrofes: CH.
Ejemplar examinado: *Eskuche y Klein 142* (SI).

Nothofagus dombeyi (Mirb.) Blume, comb. illeg. = **Nothofagus dombeyi** (Mirb.) Oerst.
Ref.: Pichi Sermolli & Bizzarri, 1978.

Nothofagus nervosa (Phil.) Dimitri & Milano = **Nothofagus alpina** (Poepp. & Endl.) Oerst.
Ref.: Correa, 1984b.

[Nothofagus nitida (Phil.) Krasser]
Sin.: *Fagus nitida* Phil.
Nota: Citada erróneamente para la flora argentina, sobre la base de material no perteneciente a esta especie.

Nothofagus obliqua (Mirb.) Oerst.
Sin.: *Fagus obliqua* Mirb., *Nothofagus obliqua* (Mirb.) Blume, comb. illeg.
Ref.: Correa, 1984b.
Hábito: Árbol.
Status: Nativa.
Elevación: 0–500 m.
Prov.: NE, TF.
Paises limítrofes: CH.
Ejemplar examinado: *Eskuche y Klein 101* (SI).

Nothofagus obliqua (Mirb.) Blume, comb. illeg. = **Nothofagus obliqua** (Mirb.) Oerst.

[Nothofagus patagonica Gand.]
Ref.: Gandoger, 1913.
Nota: Taxón dudoso.

Nothofagus procera (Poepp. & Endl.) Oerst. = **Nothofagus alpina** (Poepp. & Endl.) Oerst.
Ref.: Correa, 1984b.

Nothofagus pumilio (Poepp. & Endl.) Krasser
Sin.: *Fagus pumilio* Poepp. & Endl.
Ref.: Moore, 1974; Pichi Sermolli & Bizzarri, 1978; Correa, 1984b.
Hábito: Árbol.
Status: Nativa.
Elevación: 0–1500 m.
Prov.: CHU, NE, RN, SC, TF.
Paises limítrofes: CH.
Ejemplar examinado: *Eskuche y Klein 144* (SI).

FLACOURTIACEAE

8 géneros, 21 especies.

Abatia Ruiz & Pav.

Número de especies: 1

Abatia stellata Lillo
Ref.: Descole, O'Donell & Lourteig, 1939; Sleumer, 1953a, 1980.
Hábito: Arbusto.
Status: Nativa.
Elevación: 1000–3500 m.
Prov.: CA, JU, SA, TU.
Paises limítrofes: BO.
Ejemplar examinado: *Cabrera 17312* (LP).

Aphaerema Miers

Número de especies: 1

Aphaerema spicata Miers
Ref.: Sleumer, 1950a, 1953a.
Hábito: Arbusto.
Status: Nativa.
Elevación: 0–1000 m.
Prov.: MI.
Paises limítrofes: BR.
Ejemplar examinado: *Torres 145* (LP).

Azara Ruiz & Pav.

Número de especies: 4

Azara alpina Poepp. & Endl.
Ref.: Múlgura, 1974, Sleumer, 1977, 1988.
Hábito: Arbusto.
Status: Nativa.
Elevación: 1000–2000 m.
Prov.: NE.
Paises limítrofes: CH.
Ejemplar examinado: *Boelcke 10948* (SI).

Azara borealis Phil. = **Azara microphylla** Hook. f.
Ref.: Sleumer, 1953a.

Azara lanceolata Hook. f.
Ref.: Sleumer, 1953a, 1977, 1988.
Hábito: Arbusto.
Status: Nativa.
Elevación: 0–1000 m.
Prov.: CHU, NE, RN.
Paises limítrofes: CH.
Ejemplar examinado: *Bridarolli 2188* (LP).

Azara microphylla Hook. f.
Sin.: *Azara borealis* Phil.
Ref.: Sleumer, 1950a, 1953a, 1988.
Hábito: Arbusto o arbolito.
Status: Nativa.
Elevación: 0–1500 m.
Prov.: CHU, NE, RN.
Paises limítrofes: CH.
Ejemplar examinado: *Meunier s.n.* (SI).

Azara salicifolia Griseb.
Ref.: Sleumer, 1953a, 1980; Digilio & Legname, 1966.
Hábito: Arbusto o arbolito.
Status: Nativa.
Elevación: 1500–2000 m.
Prov.: CA, JU, LR, SA, TU.
Paises limítrofes: BO.
Ejemplar examinado: *Burkart 26571* (SI).

Banara Aubl.

Número de especies: 3

Banara arguta Briq.
Sin.: *Banara glandulosa* (Desv.) Speg., *Banara guianensis* var. *argentina* Lillo.
Ref.: Sleumer, 1953a; Bernardi, 1984.
Hábito: Arbusto o árbol.
Status: Nativa.
Elevación: 0–500 m.
Prov.: CH, COR, FO, SF.
Paises limítrofes: BO, BR, PA.
Ejemplar examinado: *Krapovickas y Cristóbal 12751* (LP).

Banara bernardinensis Briq. = **Banara tomentosa** Clos
Ref.: Bernardi, 1984.

Banara glandulosa (Desv.) Speg. = **Banara arguta** Briq.
Ref.: Sleumer, 1980.

[Banara guianensis Aubl.]
Ref.: Sleumer, 1980.
Nota: Citada erróneamente para la flora argentina, sobre la base de material no perteneciente a esta especie.

Banara guianensis var. *argentina* Lillo = **Banara arguta** Briq.

Banara hassleri Briq. = **Banara tomentosa** Clos
Ref.: Bernardi, 1984.

Banara macrophylla Briq. = **Banara tomentosa** Clos
Ref.: Sleumer, 1980.

Banara tomentosa Clos
Sin.: *Banara bernardinensis* Briq., *Banara hassleri* Briq., *Banara macrophylla* Briq.
Ref.: Sleumer, 1953a, 1980; Bernardi, 1984.
Hábito: Árbol.
Status: Nativa.
Elevación: 0–1000 m.
Prov.: COR, FO, MI.
Paises limítrofes: BR, PA, UR.
Ejemplar examinado: *Eskuche 1816* (SI).

Banara umbraticola Arechav.
Ref.: Sleumer, 1950a, 1953a.
Hábito: Arbusto o árbol.
Status: Nativa.
Elevación: 0–500 m.
Prov.: CH, COR, FO, SF.
Paises limítrofes: UR.
Ejemplar examinado: *Venturi 327* (SI).

Casearia Jacq.

Número de especies: 4

Casearia aculeata Jacq.
Sin.: *Casearia boliviana* Briq., *Casearia hassleri* Briq.
Ref.: Sleumer, 1953a, 1980; Bernardi, 1984.
Hábito: Árbol.
Status: Nativa.
Elevación: 0–1500 m.
Prov.: FO.
Paises limítrofes: BO, PA.
Ejemplar examinado: *Woolston 1223* (SI).

Casearia boliviana Briq. = **Casearia aculeata** Jacq.
Ref.: Sleumer, 1980; Bernardi, 1984.

Casearia decandra Jacq.
Sin.: *Casearia parvifolia* Willd., nom. illeg. superfl., *Casearia parvifolia* var. *paraguariensis* Briq.
Ref.: Sleumer, 1953a, 1980; Bernardi, 1984.
Hábito: Árbol.
Status: Nativa.
Elevación: 0–1000 m.
Prov.: MI.
Paises limítrofes: BO, BR, PA, UR.
Ejemplar examinado: *Rodríguez 617* (SI).

Casearia gossypiosperma Briq.
Ref.: Sleumer, 1953a, 1980; Bernardi, 1984.
Hábito: Árbol.
Status: Nativa.
Elevación: 0–500 m.
Prov.: FO.
Paises limítrofes: BO, BR, PA, UR.
Ejemplar examinado: *Venturi 298* (LIL, LP).

Casearia hassleri Briq. = **Casearia aculeata** Jacq.
Ref.: Sleumer, 1980; Bernardi, 1984.

Casearia lingua Cambess. = [Casearia sylvestris var. lingua (Cambess.) Eichl.]
Ref.: Sleumer, 1980.

Casearia parvifolia Willd., nom. illeg. superfl. = **Casearia decandra** Jacq.
Ref.: Sleumer, 1980; Bernardi, 1984.

Casearia parvifolia var. *paraguariensis* Briq. = **Casearia decandra** Jacq.
Ref.: Sleumer, 1980.

Casearia sylvestris Sw.
Ref.: Sleumer, 1953a, 1980; Bernardi, 1984.
Hábito: Arbusto o árbol.
Status: Nativa.
Elevación: 0–1000 m.
Prov.: CH, COR, FO, JU, MI, SA.
Paises limítrofes: BO, BR, PA, UR.
Ejemplar examinado: *Rodriguez s.n.* (SI 1385).

[Casearia sylvestris var. lingua (Cambess.) Eichl.]
Sin.: *Casearia lingua* Cambess.
Ref.: Sleumer, 1953a.
Nota: Cita dudosa para la flora argentina.

Hisingera tweediana Clos = **Xylosma tweediana** (Clos) Eichler
Ref.: Sleumer, 1980.

Lacistema Sw.

Número de especies: 2

Nota: El género *Lacistema* ha sido segregado por diversos autores en la familia Lacistemataceae; en el presente tratamiento se sigue el criterio de Hunziker (1984) de incluir al mismo dentro de las Flacourtiaceae.

Lacistema aggregatum (P.J. Bergius) Rusby
Sin.: *Piper aggregatum* P.J. Bergius.
Ref.: Sleumer, 1953a, 1980; Bernardi, 1984.

Hábito: Árbol.
Status: Nativa.
Elevación: 0–2000 m.
Prov.: JU, MI.
Paises limítrofes: BO, BR, PA.
Ejemplar examinado: *Steinbach 2857* (SI).

Lacistema hasslerianum Chodat
Ref.: Hauman, 1919b; Sleumer, 1980; Bernardi, 1984.
Hábito: Árbol.
Status: Nativa.
Elevación: 0–500 m.
Prov.: JU, MI.
Paises limítrofes: BR, PA.
Ejemplar examinado: *Rodríguez 405* (LIL, SI).

[Momisia spinifera Rojas Acosta]
Nota: Taxón dudoso. Posible sinónimo de *Xylosma venosum* (Hunziker & Dottori, 1976).

Myroxylon pubescens (Griseb.) Warb. = **Xylosma pubescens** Griseb.

Myroxylon warburgii Briq. = **Xylosma tweediana** (Clos) Eichler

Piper aggregatum P.J. Bergius = **Lacistema aggregatum** (P.J. Bergius) Rusby

Prockia P. Browne ex L.

Número de especies: 1

Prockia crucis P. Browne ex L.
Sin.: *Prockia crucis* var. *septemnervia* (Spreng.) Sleumer, *Prockia grandiflora* Herzog, *Prockia hassleri* Briq., *Prockia septemnervia* Spreng.
Ref.: Sleumer, 1953a, 1980; Bernardi, 1984.
Hábito: Arbusto.
Status: Nativa.
Elevación: 0–1500 m.
Prov.: CH, COR, FO, JU, SA, TU.
Paises limítrofes: BO, BR, PA, UR.
Ejemplar examinado: *Venturi 5548* (LIL, SI).

Prockia crucis var. *septemnervia* (Spreng.) Sleumer = **Prockia crucis** P. Browne ex L.
Ref.: Moraes, 1993.

Prockia grandiflora Herzog = **Prockia crucis** P. Browne ex L.
Ref.: Sleumer, 1953a.

Prockia hassleri Briq. = **Prockia crucis** P. Browne ex L.
Ref.: Sleumer, 1980.

Prockia septemnervia Spreng. = **Prockia crucis** P. Browne ex L.
Ref.: Sleumer, 1980.

Xylosma G. Forst.

Número de especies: 5

Xylosma balansae Briq. = **Xylosma venosa** N.E. Br.
Ref.: Bernardi, 1984.

[Xylosma digyna Eichler]
Nota: Especie excluida de la flora argentina.

Xylosma grayi Gilg = **Xylosma tweediana** (Clos) Eichler
Ref.: Sleumer, 1980.

Xylosma longipetiolata Legname
Ref.: Legname, 1973a; Sleumer, 1980; Moraes, 1993.
Hábito: Árbol.
Status: Nativa.
Elevación: 500–2000 m.
Prov.: JU, SA.
Paises limítrofes: BO.
Ejemplar examinado: *Vervoorst y Legname 4503* (holotipo, LIL).

Xylosma paraguayensis Briq. = **Xylosma venosa** N.E. Br.
Ref.: Bernardi, 1984.

Xylosma pseudosalzmanii Sleumer
Ref.: Sleumer, 1953a, 1980.
Hábito: Arbusto.
Status: Nativa.
Elevación: 0–1500 m.
Prov.: MI.
Paises limítrofes: BR, PA.
Ejemplar examinado: *Schwindt 1758* (holotipo, LIL).

Xylosma pubescens Griseb.
Sin.: *Myroxylon pubescens* (Griseb.) Warb.
Ref.: Digilio & Legname, 1966; Moraes, 1993.
Hábito: Árbol.
Status: Nativa.
Elevación: 0–2000 m.
Prov.: CA, JU, SA, TU.
Paises limítrofes: BO.
Ejemplar examinado: *Cabrera et al. 25686* (LP).

Xylosma sleumeri Herter, nom. nud. = **Xylosma tweediana** (Clos) Eichler
Ref.: Sleumer, 1980.

Xylosma tweediana (Clos) Eichler
Sin.: *Hisingera tweediana* Clos, *Myroxylon warburgii* Briq., *Xylosma grayi* Gilg, *Xylosma sleumeri* Herter, nom. nud., *Xylosma warburgii* (Briq.) Briq.
Ref.: Sleumer, 1980.
Hábito: Arbusto o árbol.
Status: Nativa.
Elevación: 0–500 m.
Prov.: CH, COR, ER.
Paises limítrofes: BR, UR.
Ejemplar examinado: *Lorentz 1674* (BAF, CORD).

Xylosma venosa N.E. Br.
Sin.: *Xylosma balansae* Briq., *Xylosma paraguayensis* Briq.
Ref.: Sleumer, 1953a, 1980; Bernardi, 1984.
Hábito: Arbusto.
Status: Nativa.
Elevación: 0–500 m.
Prov.: CH, COR, ER, FO, MI, SF.
Paises limítrofes: BO, BR, PA, UR.
Ejemplar examinado: *Krapovickas et al. 20314* (LP, SI).

Xylosma warburgii (Briq.) Briq. = **Xylosma tweediana** (Clos) Eichler
Ref.: Sleumer, 1980.

FRANKENIACEAE

1 género, 7 especies; 3 especies endémicas.

Anthobryum aretioides Phil. = **Frankenia triandra** J. Rémy
Ref.: Whalen, 1987.

Anthobryum clarenii (R.E. Fr.) Cabrera = **Frankenia triandra** J. Rémy
Ref.: Whalen, 1987.

Anthobryum tetragonum Phil. = **Frankenia triandra** J. Rémy
Ref.: Whalen, 1987.

Anthobryum triandrum (J. Rémy) Surgis = **Frankenia triandra** J. Rémy
Ref.: Whalen, 1987.

Franca microphylla (Cav.) Vis. = **Frankenia microphylla** Cav.
Ref.: Whalen, 1987.

Frankenia L.

Número de especies: 7, 3 especies endémicas.

Frankenia chubutensis Speg.
Sin.: *Niederleinia chubutensis* (Speg.) Nied.
Ref.: Correa, 1966; Moore, 1983; Whalen, 1987.
Hábito: Subarbusto.
Status: Endémica.
Prov.: CHU, SC, TF.
Ejemplar examinado: *Ameghino s.n.* (lectotipo, LP).

Frankenia clarenii R.E. Fr. = **Frankenia triandra** J. Rémy
Ref.: Whalen, 1987.

Frankenia fischeri Hicken
Ref.: Correa, 1966; Whalen, 1987.
Hábito: Arbusto.
Status: Endémica.
Elevación: 0–500 m.
Prov.: LP, NE, RN.
Ejemplar examinado: *Fischer 21* (holotipo, SI).

Frankenia juniperoides (Hieron.) M.N. Correa
Sin.: *Frankenia microphylla* var. *juniperoides* (Hieron.) Speg., *Niederleinia juniperoides* Hieron.
Ref.: Correa, 1966; Whalen, 1987.
Hábito: Subarbusto.
Status: Nativa.
Elevación: 0–1000 m.
Prov.: BA, CHU, LP, ME, RN.
Paises limítrofes: UR.
Ejemplar examinado: *Monticelli H-74* (SI).

Frankenia microphylla Cav.
Sin.: *Franca microphylla* (Cav.) Vis., *Frankenia microphylla* var. *relaxata* Speg., *Niederleinia microphylla* (Cav.) Nied.
Ref.: Correa, 1966; Whalen, 1987.
Hábito: Subarbusto.
Status: Nativa.
Elevación: 0–500 m.
Prov.: CHU, SC.
Paises limítrofes: CH.
Ejemplar examinado: *Spegazzini s.n.* (LP).

Frankenia microphylla var. *juniperoides* (Hieron.) Speg. = **Frankenia juniperoides** (Hieron.) M.N. Correa
Ref.: Correa, 1966.

Frankenia microphylla var. *relaxata* Speg. = **Frankenia microphylla** Cav.
Ref.: Correa, 1966.

Frankenia pampeana Speg. = **Frankenia pulverulenta** L.
Ref.: Correa, 1966.

Frankenia patagonica Speg.
Ref.: Correa, 1966; Whalen, 1987.
Hábito: Subarbusto.
Status: Endémica.
Elevación: 0–1000 m.
Prov.: CHU, RN, SC.
Ejemplar examinado: *Cabrera 21201* (LP).

Frankenia pulverulenta L.
Sin.: *Frankenia pampeana* Speg.
Ref.: Correa, 1966; Whalen, 1987.
Hábito: Hierba.
Status: Subarbusto.
Elevación: 0–500 m.
Prov.: BA, CHU, LP, ME, RN, SF.
Ejemplar examinado: *Cabrera y Fabris 16443* (LP).

Frankenia triandra J. Rémy
Sin.: *Anthobryum aretioides* Phil., *Anthobryum clarenii* (R.E. Fr.) Cabrera, *Anthobryum tetragonum* Phil., *Anthobryum triandrum* (J. Rémy) Surgis, *Frankenia clarenii* R.E. Fr., *Pycnophyllum sulcatum* Griseb.
Ref.: Whalen, 1987.
Hábito: Subarbusto.
Status: Nativa.
Elevación: 3000–>4500 m.
Prov.: CA, JU, SA, TU.
Paises limítrofes: BO, CH.
Ejemplar examinado: *Schwabe et al. 723* (LP).

Niederleinia chubutensis (Speg.) Nied. = **Frankenia chubutensis** Speg.
Ref.: Correa, 1966.

Niederleinia juniperoides Hieron. = **Frankenia juniperoides** (Hieron.) M.N. Correa
Ref.: Correa, 1966.

Niederleinia microphylla (Cav.) Nied. = **Frankenia microphylla** Cav.
Ref.: Correa, 1966.

Pycnophyllum sulcatum Griseb. = **Frankenia triandra** J. Rémy
Ref.: Whalen, 1987.

FUMARIACEAE

1 género, 6 especies; 1 forma endémica.

Fumaria L.

Número de especies: 6

Fumaria agraria Lag.
Ref.: Pontiroli, 1967; Lidén, 1988.
Hábito: Hierba.
Status: Adventicia.
Elevación: 0–500 m.
Prov.: BA, CO, SE.
Paises limítrofes: CH.
Nota: Citada para Argentina sin mencionar ejemplar de herbario.

Fumaria bastardii Boreau
Sin.: *Fumaria media* Loisel., nom. confus., p.p.
Ref.: Bacigalupo, 1987b; Lidén, 1988.
Hábito: Hierba.
Status: Introducida.
Elevación: 0–500 m.
Prov.: ER.
Ejemplar examinado: *Troncoso et al. 2263* (SI).

Fumaria capreolata L. f. **capreolata**
Ref.: Pontiroli, 1967; Rossow, 1984a; Bacigalupo, 1987b.
Hábito: Hierba.
Status: Adventicia.
Elevación: 0–1000 m.
Prov.: BA, ER, ME, RN, SA, TF.
Paises limítrofes: BR, CH, UR.
Ejemplar examinado: *Burkart 29883* (SI).

Fumaria capreolata L. f. **sciophila** Ruiz Leal
Ref.: Ruiz Leal, 1961.
Hábito: Hierba.
Status: Endémica.
Elevación: 0–500 m.
Prov.: ME.
Ejemplar examinado: *Ruiz Leal 19735* (holotipo, MERL).

Fumaria densiflora DC.
Ref.: Ruiz Leal, 1961; Lidén, 1988; Zöllner et al., 1995.
Hábito: Hierba.
Status: Adventicia.
Elevación: 0–500 m.
Prov.: CO, ME.
Paises limítrofes: CH.
Ejemplar examinado: *Covas 2494* (SI).

Fumaria media Loisel., nom. confus., p.p. = **Fumaria bastardii** Boreau
Ref.: Lidén, 1988.

Fumaria officinalis L.
Ref.: Ruiz Leal, 1961; Potiroli, 1967; Rossow, 1984a; Bacigalupo, 1987b; Zöllner et al., 1995.
Hábito: Hierba.
Status: Adventicia.
Elevación: 0–1500 m.
Prov.: BA, CO, ER, JU, ME, RN, SF, TF, TU.
Paises limítrofes: UR.
Ejemplar examinado: *Troncoso y Bacigalupo 2929* (SI).

Fumaria parviflora Lam.
Ref.: Ruiz Leal, 1961; Pontiroli, 1967; Lidén, 1988; Zöllner et al., 1995.
Hábito: Hierba.
Status: Adventicia.
Elevación: 0–1500 m.
Prov.: BA, CA, CO, LR, ME, SE, SJ, SL, TU.
Ejemplar examinado: *Hicken s.n.* (SI).

GENTIANACEAE

10 géneros, 44 especies; 17 especies endémicas.

Blackstonia Huds.

Número de especies: 1

Blackstonia perfoliata Huds.
Sin.: *Gentiana perfoliata* L.
Ref.: Fabris, 1949, 1953, 1979b.
Hábito: Hierba.
Status: Nativa.
Elevación: 0–500 m.
Prov.: BA, ER, ME.
Paises limítrofes: UR.
Ejemplar examinado: *Ruiz Leal 4803* (LP).

Centaurium Hill

Número de especies: 4, 1 especie endémica.

Centaurium ameghinoi (Speg.) Druce
Sin.: *Erythraea ameghinoi* Speg.
Ref.: Fabris, 1953.
Hábito: Hierba.
Status: Endémica.
Elevación: 0–500 m.
Prov.: CHU, RN.
Ejemplar examinado: *Ameghino s.n.* (holotipo, LPS 18014).

Centaurium cachanlahuen (Molina) B.L. Rob.
Sin.: *Gentiana cachanlahuen* Molina
Ref.: Fabris, 1953.
Hábito: Hierba.
Status: Nativa.
Prov.: CHU.
Paises limítrofes: CH.
Ejemplar citado: *Pérez Moreau s.n.**

Centaurium littorale (Turner) Gilmour
Sin.: *Centaurium minus* Moench.
Ref.: Fabris, 1953, 1965d; Zeltner, 1970; Wood & Weaver, 1982.
Hábito: Hierba.
Status: Naturalizada.
Elevación: 0–500 m.
Prov.: BA.
Ejemplar examinado: *Schwabe 193* (LP).

Centaurium minus Moench = **Centaurium littorale** (Turner) Gilmour
Ref.: Wood & Weaver, 1982.

Centaurium pulchellum (Sw.) Druce
Sin.: *Gentiana pulchella* Sw.
Ref.: Fabris, 1949, 1979b, 1983; Zeltner, 1970.
Hábito: Hierba.
Status: Adventicia.
Elevación: 0–500 m.
Prov.: BA, FO, JU, LP, ME, SA, SE, SJ, TU.
Paises limítrofes: BR, CH, UR.
Ejemplar examinado: *Burkart 17801* (SI).

[Chelonanthus grandiflorus (Aubl.) Hassl.]
Sin.: *Lisianthus grandiflorus* Aubl.
Ref.: Fabris, 1953.
Nota: Cita dudosa para la flora argentina.

Cicendia Adans.
Número de especies: 1

Cicendia quadrangularis (Lam.) Griseb.
Sin.: *Gentiana quadrangularis* Lam., *Microcala quadrangularis* (Lam.) Griseb.
Ref.: Fabris, 1979b.
Hábito: Hierba.
Status: Nativa.
Elevación: 0–1000 m.
Prov.: BA, NE.
Paises limítrofes: CH, UR.
Ejemplar examinado: *Cabrera 7322* (LP).

Curtia Cham. & Schltdl.
Número de especies: 1

Curtia malmeana Gilg
Ref.: Fabris, 1973.
Hábito: Hierba.
Status: Nativa.
Elevación: 0–500 m.
Prov.: COR.
Paises limítrofes: BR.
Ejemplar examinado: *Pedersen 8740* (LP).

Erythraea ameghinoi Speg. = **Centaurium ameghinoi** (Speg.) Druce
Ref.: Fabris, 1953.

Erythraea uniflora Hook. & Arn. = **Zygostigma australe** (Cham. & Schltdl.) Griseb.
Ref.: Fabris, 1979.

Exacum guianense Aubl. = [Schultesia guianensis (Aubl.) Malme]
Ref.: Fabris, 1953.

Gentiana L.
Número de especies: 5, 3 especies endémicas.

Gentiana achalensis Hieron. ex Gilg = **Gentianella achalensis** (Hieron. ex Gilg) T.N. Ho & S.W. Liu
Ref.: Ho & Liu, 1993.

Gentiana anthosphaera Gilg = **Gentianella anthosphaera** (Gilg) Holub
Ref.: Holub, 1967.

Gentiana araucana Phil. = **Gentianella magellanica** (Gaudich.) Fabris ex D.M. Moore
Ref.: Orfila, 1973.

Gentiana benedictae Gilg = **Gentianella benedictae** (Gilg) Fabris
Ref.: Fabris, 1983.

Gentiana bromifolia Griseb. = **Gentianella bromifolia** (Griseb.) T.N. Ho & S.W. Liu
Ref.: Ho & Liu, 1993.

Gentiana cabrerae Fabris = **Gentianella cabrerae** (Fabris) Fabris
Ref.: Fabris, 1983.

Gentiana cachanlahuen Molina = **Centaurium cachanlahuen** (Molina) B.L. Rob.
Ref.: Fabris, 1953.

Gentiana campanuloides Gilg, hom. illeg. = **Gentianella gageoides** (Gilg) Fabris
Ref.: Fabris, 1983.

Gentiana clarenii Gilg = **Gentianella pseudocrassula** (Gilg) Fabris
Ref.: Fabris, 1983.

Gentiana claytonioides Gilg = **Gentianella claytonioides** (Gilg) T.N. Ho & S.W. Liu
Ref.: Ho & Liu, 1993.

Gentiana coerulescens Gillies ex Griseb. = **Gentianella multicaulis** (Gillies ex Griseb.) Fabris

Gentiana coerulescens var. *parviflora* Griseb. = **Gentianella parviflora** (Griseb.) T.N. Ho

Gentiana cosmantha Griseb. = **Gentianella cosmantha** (Griseb.) J.S. Pringle f. **cosmantha**
Ref.: Pringle, 1981.

Gentiana cuspidata Griseb. = [Gentianella cuspidata (Griseb.) J.S. Pringle]
Ref.: Pringle, 1986.

Gentiana diffusa var. *mendozensis* Griseb. = **Gentianella multicaulis** (Gillies ex Griseb.) Fabris

Gentiana erythrochrysea Gilg = **Gentianella erythrochrysea** (Gilg) Fabris
Ref.: Fabris, 1983.

Gentiana fiebrigii Gilg = **Gentianella fiebrigii** (Gilg) Holub
Ref.: Holub, 1967; Fabris, 1983.

Gentiana florida Griseb. = **Gentianella florida** (Griseb.) Holub
Ref.: Holub, 1967; Fabris, 1983.

Gentiana gageoides Gilg = **Gentianella gageoides** (Gilg) Fabris
Ref.: Fabris, 1983.

Gentiana galanderi Hieron., nom. nud. = **Gentianella parviflora** (Griseb.) T.N. Ho

Gentiana gayi Griseb. = **Gentiana sedifolia** Kunth

Gentiana gilliesii Gilg, nom superfl. = **Gentianella multicaulis** (Gillies ex Griseb.) Fabris
Ref.: Fabris & Smith, 1963.

Gentiana helianthemoides Gilg = **Gentianella helianthemoides** (Gilg) Fabris
Ref.: Fabris, 1983.

Gentiana hieronymi Gilg = **Gentianella hieronymi** (Gilg) Fabris
Ref.: Cabrera, 1957b.

Gentiana imberbis Griseb.
Ref.: Fabris, 1953.
Hábito: Hierba.
Status: Nativa.
Prov.: CA.
Paises limítrofes: BO.
Ejemplar examinado: *Lorentz 527* (foto del tipo, LP).

Gentiana jujuyensis Fabris = **Gentianella myriantha** (Gilg) Holub

Gentiana kurtzii Gilg = **Gentianella kurtzii** (Gilg) Fabris
Ref.: Cabrera, 1957b.

Gentiana limoselloides var. *peruviana* Griseb. = [Gentianella peruviana (Griseb.) Fabris]
Ref.: Fabris, 1958.

Gentiana magellanica Gaudich. = **Gentianella magellanica** (Gaudich.) Fabris ex D.M. Moore
Ref.: Moore, 1968, 1974.

Gentiana magellanica var. *darwinii* (Griseb.) Speg. = **Gentianella magellanica** (Gaudich.) Fabris ex D.M. Moore
Ref.: Fabris, 1953.

Gentiana mendocina Gilg = **Gentianella mendocina** (Gilg) J.S. Pringle
Ref.: Pringle, 1986.

Gentiana meyeniana Griseb. = **Gentianella meyeniana** (Griseb.) Fabris
Ref.: Fabris, 1983.

Gentiana meyeri Fabris
Ref.: Fabris, 1953.
Hábito: Hierba.
Status: Endémica.
Elevación: 2500–3000 m.
Prov.: TU.
Ejemplar examinado: *Meyer 15026* (holotipo, LIL, fototipo, LP).

Gentiana multicaulis Gillies ex Griseb. = **Gentianella multicaulis** (Gillies ex Griseb.) Fabris
Ref.: Fabris, 1958; Fabris & Smith, 1963.

Gentiana multiflora Griseb. = **Gentianella multiflora** (Griseb.) Fabris
Ref.: Fabris, 1983.

Gentiana myriantha Gilg = **Gentianella myriantha** (Gilg) Holub
Ref.: Holub, 1967.

Gentiana oranensis Fabris
Ref.: Fabris, 1953.
Hábito: Hierba.
Status: Endémica.
Elevación: 2000–2500 m.
Prov.: SA.
Ejemplar examinado: *Pierotti 1156* (holotipo, LIL, fototipo, LP).

Gentiana ottonis Phil. = **Gentianella ottonis** (Phil.) Muñoz
Ref.: Muñoz Pizarro, 1959.

Gentiana parviflora (Griseb.) Gilg = **Gentianella parviflora** (Griseb.) T.N. Ho
Ref.: Ho & Liu, 1993.

Gentiana patagonica Griseb. = **Gentianella magellanica** (Gaudich.) Fabris ex D.M. Moore
Ref.: Moore, 1974.

Gentiana patagonica var. *gracilis* Albov = **Gentianella magellanica** (Gaudich.) Fabris ex D.M. Moore

[Gentiana pearcei Phil.]
Ref.: Fabris & Smith, 1963.
Nota: Citada erróneamente para la flora argentina, sobre la base de material no perteneciente a esta especie.

[Gentiana pearcei f. nana Hauman]
Nota: Taxón dudoso.

Gentiana perfoliata L. = **Blackstonia perfoliata** Huds.
Ref.: Fabris, 1979b.

Gentiana peruviana (Griseb.) Gilg = [Gentianella peruviana (Griseb.) Fabris]
Ref.: Fabris, 1958.

Gentiana podocarpa (Phil.) Griseb. = **Gentiana sedifolia** Kunth

Gentiana prostrata auct. non Haenke = **Gentiana sedifolia** Kunth
Ref.: Pringle, 1995.

Gentiana prostrata f. *imbricata* Kusn. = **Gentiana sedifolia** Kunth

Gentiana prostrata var. *podocarpa* (Phil.) Kusn. = **Gentiana sedifolia** Kunth

Gentiana prostrata var. *typica* Hauman, nom. inval. = **Gentiana sedifolia** Kunth

Gentiana pseudocrassula Gilg = **Gentianella pseudocrassula** (Gilg) Fabris
Ref.: Cabrera, 1957b.

Gentiana pulchella Sw. = **Centaurium pulchellum** (Sw.) Druce
Ref.: Fabris, 1979b.

Gentiana pulla Griseb. = **Gentianella pulla** (Griseb.) T.N. Ho & S.W. Liu
Ref.: Ho & Liu, 1993.

Gentiana punensis Fabris = **Gentianella punensis** (Fabris) Fabris
Ref.: Cabrera, 1957b.

Gentiana quadrangularis Lam. = **Cicendia quadrangularis** (Lam.) Griseb.
Ref.: Fabris, 1979b.

Gentiana ramosissima Phil. = **Gentiana sedifolia** Kunth

Gentiana riojae Gilg = **Gentianella riojae** (Gilg) Fabris ex J.S. Pringle
Ref.: Pringle, 1986.

Gentiana sedifolia Kunth
Sin.: *Gentiana gayi* Griseb., *Gentiana podocarpa* (Phil.) Griseb., *Gentiana prostrata* auct. non Haenke, *Gentiana prostrata* f. *imbricata* Kusn., *Gentiana prostrata* var. *podocarpa* (Phil.) Kusn., *Gentiana prostrata* var. *typica* Hauman, nom. inval., *Gentiana ramosissima* Phil., *Gentiana sedifolia* var. *micrantha* Wedd., *Varasia podocarpa* Phil.
Ref.: Pringle, 1995.
Hábito: Hierba.
Status: Nativa.
Elevación: 0–>4500 m.
Prov.: CA, JU, LR, ME, NE, RN, SA, SC, SJ, TF, TU.
Paises limítrofes: BO, CH.
Ejemplar examinado: *Fabris y Zuloaga 8456* (LP).

Gentiana sedifolia var. *micrantha* Wedd. = **Gentiana sedifolia** Kunth

Gentiana silenoides Gilg = **Gentianella silenoides** (Gilg) Fabris
Ref.: Fabris, 1983.

Gentiana stuckertii Briq.
Ref.: Briquet, 1931.
Hábito: Hierba.
Status: Endémica.
Elevación: 1500–2000 m.
Prov.: CO.
Ejemplar examinado: *Stuckert 21714* (sintipo, G).

Gentiana tubulosa Gilg = **Gentianella tubulosa** (Gilg) Fabris
Ref.: Fabris, 1983.

Gentianella Moench, nom. cons.

Número de especies: 28, 13 especies endémicas.

Gentianella achalensis (Hieron. ex Gilg) T.N. Ho & S.W. Liu
Sin.: *Gentiana achalensis* Hieron. ex Gilg
Ref.: Ho & Liu, 1993.
Hábito: Hierba.
Status: Nativa.
Elevación: 1000–3000 m.
Prov.: CO, SJ, SL.
Paises limítrofes: BO.
Ejemplar examinado: *Kurtz 6820* (isosintipo, LP).

Gentianella anthosphaera (Gilg) Fabris, comb. superfl. = **Gentianella anthosphaera** (Gilg) Holub

Gentianella anthosphaera (Gilg) Holub
Sin.: *Gentianella anthosphaera* (Gilg) Fabris, comb. superfl.
Ref.: Holub, 1967; Fabris, 1983.
Hábito: Hierba.
Status: Nativa.
Elevación: 3500–4500 m.
Prov.: SA.
Paises limítrofes: BO.
Ejemplar examinado: *Fiebrig 2246* (isotipo, LP).

Gentianella benedictae (Gilg) Fabris
Sin.: *Gentiana benedictae* Gilg
Ref.: Fabris, 1983.
Hábito: Hierba.
Status: Nativa.
Prov.: SA.
Paises limítrofes: BO.
Ejemplar examinado: *Hoffman 2037* (LP).

Gentianella bromifolia (Griseb.) T.N. Ho & S.W. Liu
Sin.: *Gentiana bromifolia* Griseb.
Ref.: Fabris, 1953; Ho & Liu, 1993.
Hábito: Hierba.
Status: Endémica.
Elevación: 2500–3000 m.
Prov.: TU.
Ejemplar examinado: *Lorentz 775* (isotipo, SI).

Gentianella cabrerae (Fabris) Fabris
Sin.: *Gentiana cabrerae* Fabris
Ref.: Fabris, 1983.
Hábito: Hierba.
Status: Endémica.
Elevación: 2500–3500 m.
Prov.: SA.
Ejemplar examinado: *Pierotti 1043* (holotipo, LIL).

Gentianella clarenii (Gilg) Fabris = **Gentianella pseudocrassula** (Gilg) Fabris
Ref.: Fabris, 1983.

Gentianella claytonioides (Gilg) T.N. Ho & S.W. Liu
Sin.: *Gentiana claytonioides* Gilg
Ref.: Ho & Liu, 1993.
Hábito: Hierba.
Status: Endémica.
Prov.: LR.
Ejemplar examinado: *Hieronymus y Niederlein s.n.* (holotipo, B).

Gentianella cosmantha (Griseb.) J.S. Pringle f. **cosmantha**
Sin.: *Gentiana cosmantha* Griseb.
Ref.: Fabris, 1953; Pringle, 1981.
Hábito: Hierba.
Status: Endémica.
Elevación: 1500–2500 m.
Prov.: CA, SA, TU.
Ejemplar examinado: *Lorentz 774* (isotipo, BA).

Gentianella cosmantha f. **violacea** Fabris
Ref.: Fabris, 1983.
Hábito: Hierba.
Status: Endémica.
Elevación: 2000–2500 m.
Prov.: JU.
Ejemplar examinado: *Cabrera et al. 30678* (holotipo, SI).

[Gentianella cuspidata (Griseb.) J.S. Pringle]
Sin.: *Gentiana cuspidata* Griseb.
Ref.: Pringle, 1986.
Nota: Especie excluida de la flora argentina.

Gentianella erythrochrysea (Gilg) Fabris
Sin.: *Gentiana erythrochrysea* Gilg
Ref.: Fabris, 1983.
Hábito: Hierba.
Status: Nativa.
Elevación: 4000–4500 m.
Prov.: SA.
Paises limítrofes: BO.
Ejemplar examinado: *Kiesling et al. 256* (LP).

Gentianella fiebrigii (Gilg) Holub
Sin.: *Gentiana fiebrigii* Gilg
Ref.: Holub, 1967; Fabris, 1983.
Hábito: Hierba.
Status: Nativa.
Elevación: 3500–>4500 m.
Prov.: JU, SA.
Paises limítrofes: BO.
Ejemplar examinado: *de la Sota 4095* (LP).

Gentianella florida (Griseb.) Holub
Sin.: *Gentiana florida* Griseb.
Ref.: Holub, 1967; Fabris, 1983.
Hábito: Hierba.
Status: Nativa.
Elevación: 1000–3500 m.
Prov.: JU, SA, TU.
Paises limítrofes: BO.
Ejemplar examinado: *Lorentz 310* (fototipo, LP).

Gentianella gageoides (Gilg) Fabris
Sin.: *Gentiana campanuloides* Gilg, hom. illeg., *Gentiana gageoides* Gilg
Ref.: Fabris, 1983.
Hábito: Hierba.
Status: Nativa.
Elevación: 1500–2000 m.
Prov.: JU, SA.
Paises limítrofes: BO.
Ejemplar examinado: *Lorentz e Hieronymus 878* (fototipo, LP).

Gentianella gilliesii (Gilg) Martic. & Arroyo, comb. illeg. = **Gentianella multicaulis** (Gillies ex Griseb.) Fabris

Gentianella helianthemoides (Gilg) J.S. Pringle, comb. superfl. = **Gentianella helianthemoides** (Gilg) Fabris

Gentianella helianthemoides (Gilg) Fabris
Sin.: *Gentiana helianthemoides* Gilg, *Gentianella helianthemoides* (Gilg) J.S. Pringle, comb. superfl.
Ref.: Fabris, 1983.
Hábito: Hierba.
Status: Nativa.
Elevación: 1000–3000 m.
Prov.: JU, SA.
Paises limítrofes: BO.
Ejemplar examinado: *Hieronymus y Lorentz 315* (fototipo, LP).

Gentianella hieronymi (Gilg) Fabris
Sin.: *Gentiana hieronymi* Gilg
Ref.: Cabrera, 1957b; Fabris, 1983.
Hábito: Hierba.
Status: Endémica.
Elevación: 3000–>4500 m.
Prov.: JU, SA.
Ejemplar examinado: *Lorentz e Hieronymus 15* (fototipo, LP).

Gentianella kurtzii (Gilg) Fabris
Sin.: *Gentiana kurtzii* Gilg
Ref.: Fabris, 1953.
Hábito: Hierba.
Status: Endémica.
Prov.: CA, LR.
Ejemplar examinado: *Gaitán s.n.* (isosintipo, LP).

Gentianella magellanica (Gaudich.) Fabris ex D.M. Moore
Sin.: *Gentiana araucana* Phil., *Gentiana magellanica* Gaudich., *Gentiana magellanica* var. *darwinii* (Griseb.) Speg., *Gentiana patagonica* Griseb., *Gentiana patagonica* var. *gracilis* Albov
Ref.: Moore, 1968, 1974.
Hábito: Hierba.
Status: Nativa.
Elevación: 0-2000 m.
Prov.: CHU, NE, RN, SC, TF.
Paises limítrofes: CH.
Ejemplar examinado: *Moore 528* (LP).

Gentianella mendocina (Gilg) J.S. Pringle
Sin.: *Gentiana mendocina* Gilg
Ref.: Fabris, 1953; Pringle, 1986.
Hábito: Hierba.
Status: Endémica.
Prov.: ME.
Ejemplar examinado: *Philippi s.n.* (fototipo, LP).

Gentianella meyeniana (Griseb.) Fabris
Sin.: *Gentiana meyeniana* Griseb.
Ref.: Fabris, 1983.
Hábito: Hierba.
Status: Nativa.
Elevación: 4000–>4500 m.
Prov.: JU.
Paises limítrofes: BO.
Ejemplar examinado: *Fabris y Zuloaga 7737* (LP).

Gentianella multicaulis (Gillies ex Griseb.) Fabris
Sin.: *Gentiana coerulescens* Gillies ex Griseb., *Gentiana diffusa* var. *mendozensis* Griseb., *Gentiana gilliesii* Gilg, nom. superfl., *Gentiana multicaulis* Gillies ex Griseb., *Gentianella gilliesii* (Gilg) Martic. & Arroyo, comb. illeg.
Ref.: Fabris, 1958; Fabris & Smith, 1963.
Hábito: Hierba.
Status: Nativa.
Elevación: 2500–4000 m.
Prov.: CA, LR, ME, SJ.
Paises limítrofes: CH.
Ejemplar examinado: *King 698* (LP).

Gentianella multiflora (Griseb.) Fabris
Sin.: *Gentiana multiflora* Griseb.
Ref.: Fabris, 1983.
Hábito: Hierba.
Status: Endémica.
Elevación: 2500–3000 m.
Prov.: JU, SA.
Ejemplar examinado: *Lorentz e Hieronymus 339* (fototipo, LP).

Gentianella myriantha (Gilg) Fabris, comb. superfl. = **Gentianella myriantha** (Gilg) Holub

Gentianella myriantha (Gilg) Holub
Sin.: *Gentiana jujuyensis* Fabris, *Gentiana myriantha* Gilg, *Gentianella myriantha* (Gilg) Fabris, comb. superfl.
Ref.: Holub, 1967; Fabris, 1983.
Hábito: Hierba.
Status: Nativa.
Elevación: 1500–3500 m.
Prov.: JU, SA.
Paises limítrofes: BO.
Ejemplar examinado: *Castillón 6995* (foto del tipo de *Gentiana jujuyensis*, LP).

Gentianella ottonis (Phil.) Muñoz
Sin.: *Gentiana ottonis* Phil.
Ref.: Muñoz Pizarro, 1959.
Hábito: Hierba.
Status: Nativa.
Prov.: ME.
Paises limítrofes: CH.
Ejemplar examinado: *Philippi s.n.* (foto del tipo, LP).

Gentianella parviflora (Griseb.) T.N. Ho
Sin.: *Gentiana coerulescens* var. *parviflora* Griseb., *Gentiana galanderi* Hieron., nom. nud., *Gentiana parviflora* Griseb.
Ref.: Fabris, 1953; Ho & Liu, 1993.
Hábito: Hierba.
Status: Endémica.
Elevación: 1500–2500 m.
Prov.: CO.
Ejemplar examinado: *Hieronymus 214* (fototipo, LP).

[Gentianella peruviana (Griseb.) Fabris]
Sin.: *Gentiana limoselloides* var. *peruviana* Griseb., *Gentiana peruviana* (Griseb.) Gilg
Ref.: Fabris, 1958.
Nota: Especie excluida de la flora argentina.

Gentianella pseudocrassula (Gilg) Fabris
Sin.: *Gentiana clarenii* Gilg, *Gentiana pseudocrassula* Gilg, *Gentianella clarenii* (Gilg) Fabris
Ref.: Fabris, 1953, 1983.
Hábito: Hierba.
Status: Nativa.
Elevación: 2500–4500 m.
Prov.: JU, LR, SA.
Paises limítrofes: BO.
Ejemplar examinado: *Cabrera et al. 15455* (LP).

Gentianella pulla (Griseb.) T.N. Ho & S.W. Liu
Sin.: *Gentiana pulla* Griseb.
Ref.: Fabris, 1953; Ho & Liu, 1993.
Hábito: Hierba.
Status: Endémica.
Elevación: 2500–4000 m.
Prov.: CA, SA, TU.
Ejemplar examinado: *Lorentz 773* (isotipo, CORD, fototipo, LP).

Gentianella punensis (Fabris) Fabris
Sin.: *Gentiana punensis* Fabris
Ref.: Fabris, 1953, 1983; Cabrera, 1957b.
Hábito: Hierba.
Status: Endémica.
Elevación: 4000–4500 m.
Prov.: JU.
Ejemplar examinado: *Castellanos s.n.* (holotipo, BA 27873, fototipo, LP).

Gentianella riojae (Gilg) Fabris ex J.S. Pringle
Sin.: *Gentiana riojae* Gilg
Ref.: Fabris, 1953; Pringle, 1986.
Hábito: Hierba.
Status: Endémica.
Elevación: 3000–3500 m.
Prov.: LR.
Ejemplar examinado: *Hieronymus y Niederlein 743* (isotipo, CORD, fototipo, LP).

Gentianella silenoides (Gilg) Fabris
Sin.: *Gentiana silenoides* Gilg
Ref.: Fabris, 1983.
Hábito: Hierba.
Status: Nativa.
Elevación: 2000–3000 m.
Prov.: SA.
Paises limítrofes: BO.
Ejemplar examinado: *Hieronymus y Lorentz 878* (fototipo, LP).

Gentianella tubulosa (Gilg) Fabris
Sin.: *Gentiana tubulosa* Gilg
Ref.: Fabris, 1983.
Hábito: Hierba.
Status: Endémica.
Elevación: 2500–4000 m.
Prov.: JU, SA.
Ejemplar examinado: *Cabrera et al. 16990* (LP).

Halenia Borkh., nom. cons.
Número de especies: 1

Halenia hieronymi Gilg
Ref.: Fabris, 1953, 1983.
Hábito: Hierba.
Status: Nativa.
Elevación: 2000–3000 m.
Prov.: JU, SA, TU.
Paises limítrofes: BO.
Ejemplar examinado: *Cabrera et al. 23491* (LP).

Helia Mart.
Número de especies: 1

Helia martii (Griseb.) Gilg
Sin.: *Lisianthus martii* Griseb.
Ref.: Spegazzini, 1917
Hábito: Hierba.
Status: Nativa.
Elevación: 0-500 m.
Prov.: MI.
Paises limítrofes: BR.
Ejemplar citado: *Spegazzini s.n.**.

Lisianthus grandiflorus Aubl. = [Chelonanthus grandiflorus (Aubl.) Hassl.]

Lisianthus martii Griseb. = **Helia martii** (Griseb.) Gilg

Microcala quadrangularis (Lam.) Griseb. = **Cicendia quadrangularis** (Lam.) Griseb.
Ref.: Fabris, 1979b.

Sabatia australis Griseb. = **Zygostigma australe** (Cham. & Schltdl.) Griseb.

Schultesia Mart.
Número de especies: 1

Schultesia australis Griseb.
Ref.: Fabris, 1953; Fabris & Klein, 1971.
Hábito: Hierba.
Status: Nativa.
Elevación: 0–500 m.
Prov.: CH, COR, FO, MI.
Paises limítrofes: BR, PA.
Ejemplar examinado: *Schinini et al. 8359* (LP).

[Schultesia guianensis (Aubl.) Malme]
Sin.: *Exacum guianense* Aubl.
Ref.: Fabris, 1953.
Nota: Cita dudosa para la flora argentina.

Varasia podocarpa Phil. = **Gentiana prostrata** Haenke
Ref.: Fabris, 1983.

Zygostigma Griseb.
Número de especies: 1

Zygostigma australe (Cham. & Schltdl.) Griseb.
Sin.: *Erythraea uniflora* Hook. & Arn., *Sabatia australis* Cham. & Schltdl., *Zygostigma uniflorum* (Hook. & Arn.) Griseb.
Ref.: Fabris, 1953, 1979b, 1983.
Hábito: Hierba.
Status: Nativa.
Elevación: 0–500 m.
Prov.: BA, CH, COR, ER, MI, SA, SF.
Paises limítrofes: BO, BR, PA, UR.
Ejemplar examinado: *Burkart 28781* (SI).

Zygostigma uniflorum (Hook. & Arn.) Griseb. = **Zygostigma australe** (Cham. & Schltdl.) Griseb.
Ref.: Fabris, 1979.

GERANIACEAE

2 géneros, 22 especies; 5 especies y una variedad endémicas.

por G. Barboza

Erodium L'Hér. ex Aiton
Número de especies: 4

Erodium botrys auct. non (Cav.) Bertol. = **Erodium geoides** A. St.-Hil.

Erodium chaerophyllum (Cav.) Steud. = **Erodium cicutarium** (L.) L'Hér. ex Aiton

Erodium cicutarium (L.) L'Hér. ex Aiton
Sin.: *Erodium chaerophyllum* (Cav.) Steud., *Erodium cicutarium* (L.) L'Hér. ex Aiton var. *triviale* f. *chaerophyllum* (Cav.) DC., *Erodium cicutarium* (L.) L'Hér. ex Aiton var *triviale* f. *hirsutum* (Jord.) Brumh., *Erodium cicutarium* (L.) L'Hér. ex Aiton var. *arenicola* (Steud.) Speg., *Erodium cicutarium* (L.) L'Hér. ex Aiton var. *triviale* (Jord.) Trautv., *Erodium triviale* Jord., *Geranium chaerophyllum* Cav., *Geranium cicutarium* L.
Ref.: Knuth, 1912; Barboza & Correa, 1988; Barboza, 1996.
Hábito: Hierba.
Status: Adventicia.
Elevación: 0-4000 m.
Prov.: BA, CA, CHU, CO, DF, ER, JU, LP, LR, ME, NE, RN, SA, SC, SJ, SL, TF, TU.
Paises limítrofes: CH, UR.
Ejemplar examinado: *Burkart 22598* (SI).

Erodium cicutarium (L.) L'Hér. ex Aiton var. *triviale* f. *hirsutum* (Jord.) Brumh. = **Erodium cicutarium** (L.) L'Hér. ex Aiton

Erodium cicutarium (L.) L'Hér. ex Aiton var. *triviale* f. *chaerophyllum* (Cav.) DC. = **Erodium cicutarium** (L.) L'Hér. ex Aiton

Erodium cicutarium (L.) L'Hér. ex Aiton var. *arenicola* (Steud.) Speg. = **Erodium cicutarium** (L.) L'Hér. ex Aiton

Erodium cicutarium (L.) L'Hér. ex Aiton var. *primulaceum* (Lange) Brumh. = **Erodium primulaceum** Lange

Erodium cicutarium (L.) L'Hér. ex Aiton var. *triviale* (Jord.) Trautv. = **Erodium cicutarium** (L.) L'Hér. ex Aiton

[Erodium cicutarium (L.) L'Hér. ex Aiton subsp. arvale Andreas]
Ref.: Barboza & Correa, 1988.
Nota: Taxón dudoso.

Erodium geoides A. St.-Hil.
Sin.: *Erodium botrys* auct. non (Cav.) Bertol.
Ref.: Barboza, 1996.
Hábito: Hierba.
Status: Nativa.
Elevación: 0-500 m.
Prov.: BA, CO, LP.
Paises limítrofes: BR, UR.
Ejemplar examinado: *Cabrera 5295* (SI).

[Erodium laciniatum (Cav.) Willd.]
Sin.: *Geranium laciniatum* Cav.
Ref.: Guittoneau, 1972.
Nota: Especie excluida de la flora argentina.

Erodium malacoides (L.) L'Hér. ex Aiton
Sin.: *Geranium malacoides* L.
Ref.: Dawson, 1966a; Guittoneau, 1972; Barboza, 1996.
Hábito: Hierba.
Status: Adventicia.
Elevación: 0-500 m.
Prov.: BA, CO, ER, LP, SE, SF.
Paises limítrofes: BR, CH, UR.
Ejemplar examinado: *Burkart 22199* (SI).

Erodium moschatum (L.) L'Hér. ex Aiton
Sin.: *Geranium cicutarium* L. var. *moschatum* L., *Geranium moschatum* (L.) L.
Ref.: Dawson, 1966a; Guittoneau, 1972; Barboza, 1996.
Hábito: Hierba.
Status: Adventicia.
Elevación: 0-1000 m.
Prov.: BA, CO, ER, JU, LP, LR, TU.
Paises limítrofes: BR, CH, UR.
Ejemplar examinado: *Burkart 17973* (SI).

[Erodium primulaceum Lange]
Sin.: *Erodium cicutarium* (L.) L'Hér. ex Aiton var. *primulaceum* (Lange) Brumh.
Nota: Cita dudosa para la flora argentina.

Erodium triviale Jord. = **Erodium cicutarium** (L.) L'Hér. ex Aiton

Geranium L.

Número de especies: 18, 5 especies y una variedad endémicas.

Geranium acaule auct. non Willd. = **Geranium sessiliflorum** Cav.
Ref.: Barboza, 1996.

Geranium albicans A. St.-Hil.
Ref.: Barboza & Correa, 1988; Barboza, 1996.
Hábito: Hierba.
Status: Nativa.
Elevación: 0-1500 m.
Prov.: BA, CO, ER, RN, SF.
Paises limítrofes: BR, PA, UR.
Ejemplar examinado: *Bacigalupo 423* (SI).

[Geranium andinum Phil.]
Ref.: Barboza, 1996.
Nota: Especie excluida de la flora argentina.

[Geranium arachnoideum A. St.-Hil.]
Ref.: Barboza, 1996.
Nota: Cita dudosa para la flora argentina.

Geranium argentinum R. Knuth = **Geranium core-core** Steud.
Ref.: Barboza, 1996.

Geranium berterianum Colla
Sin.: *Geranium proximum* Steud.
Ref.: Barboza & Correa, 1988; Barboza, 1996.
Hábito: Hierba.
Status: Nativa.
Elevación: 0-1500 m.
Prov.: CHU, ME, NE, RN, SC, TF.
Paises limítrofes: CH.
Ejemplar examinado: *Rodríguez 400* (SI).

Geranium carolinianum L.
Sin.: *Geranium subsericeum* R. Knuth, p.p.
Ref.: Barboza, 1996.
Hábito: Hierba.
Status: Introducida.
Elevación: 0-500 m.
Prov.: BA, CH, CO, COR, DF, ER, FO, LR, SF, SL, TU.
Paises limítrofes: CH, PA.
Ejemplar examinado: *Bacigalupo 517* (SI).

Geranium chaerophyllum Cav. = **Erodium cicutarium** (L.) L'Hér. ex Aiton

Geranium cicutarium L. = **Erodium cicutarium** (L.) L'Hér. ex Aiton

Geranium cicutarium L. var. *moschatum* L. = **Erodium moschatum** (L.) L'Hér. ex Aiton

Geranium core-core Steud.
Sin.: *Geranium argentinum* R. Knuth, *Geranium melanopotamicum* Speg., *Geranium subsericeum* R. Knuth, p.p.
Ref.: Barboza & Correa, 1988; Barboza, 1996.
Hábito: Hierba.
Status: Nativa.
Elevación: 600-3000 m.
Prov.: BA, CHU, CO, LP, ME, NE, RN, SC, SL, TF.
Paises limítrofes: CH.
Ejemplar examinado: *Kiesling 5970* (SI).

Geranium delphinifolium R. Knuth
Ref.: Barboza, 1996.
Hábito: Hierba.
Status: Endémica.
Elevación: 2000-3500 m.
Prov.: TU.
Ejemplar examinado: *Venturi 3645* (isotipo, LIL).

Geranium dissectum L.
Sin.: *Geranium dissectum* L. var. *typicum* R. Knuth, nom. inval.
Ref.: Dawson, 1966a; Barboza, 1996.
Hábito: Hierba.
Status: Adventicia.
Elevación: 0-500 m.
Prov.: BA, CO, ER, SL.
Paises limítrofes: BR, CH, UR.
Ejemplar examinado: *Burkart 7103* (SI).

Geranium dissectum L. var. *patagonica* (Hook. f.) Speg. = **Geranium patagonicum** Hook. f.
Ref.: Barboza, 1996.

Geranium dissectum L. var. *typicum* R. Knuth, nom. inval. = **Geranium dissectum** L.

Geranium glanduliferum R. Knuth
Ref.: Barboza, 1996.
Hábito: Hierba.
Status: Nativa.
Elevación: 0-500 m.
Prov.: FO.
Paises limítrofes: BR.
Ejemplar examinado: *Kurtz 1717* (CORD).

[Geranium intermedium Colla]
Ref.: Barboza, 1996.
Nota: Especie excluida de la flora argentina.

Geranium laciniatum Cav. = [Erodium laciniatum (Cav.) Willd.]

Geranium leucanthum Griseb.
Ref.: Knuth, 1912; Barboza, 1996.
Hábito: Hierba.
Status: Endémica.
Elevación: 2000-3000 m.
Prov.: CA, SA, TU.
Ejemplar examinado: *Sleumer 2230* (LIL).

Geranium magellanicum Hook. f. var. **magellanicum**
Sin.: *Geranium magellanicum* Hook. f. var. *multifoliosum* R. Knuth, *Geranium magellanicum* Hook. f. var. *typicum* R. Knuth, nom. inval.
Ref.: Barboza & Correa, 1988; Barboza, 1996.
Hábito: Hierba.
Status: Nativa.
Elevación: 2000-3000 m.
Prov.: CHU, CO, NE, RN, SC, SL, TF.
Paises limítrofes: CH.
Ejemplar examinado: *Goodall y Moore 347* (SI).

Geranium magellanicum Hook. f. var. *multifoliosum* R. Knuth = **Geranium magellanicum** Hook. f. var. **magellanicum**
Ref.: Barboza, 1996.

Geranium magellanicum Hook. f. var. **pumilum** R. Knuth
Sin.: *Geranium parodii* I.M. Johnst.
Ref.: Knuth, 1912; Barboza, 1996.
Hábito: Hierba.
Status: Endémica.
Elevación: 1400-2500 m.
Prov.: CO.
Ejemplar examinado: *Hunziker 18613* (CORD).

Geranium magellanicum Hook. f. var. *typicum* R. Knuth, nom. inval. = **Geranium magellanicum** Hook. f. var. **magellanicum**
Ref.: Barboza, 1996.

Geranium malacoides L. = **Erodium malacoides** (L.) L'Hér. ex Aiton
Ref.: Barboza, 1996.

Geranium melanopotamicum Speg. = **Geranium core-core** Steud.
Ref.: Barboza, 1996.

Geranium molle L.
Ref.: Dawson, 1966a; Matthei, 1995; Barboza, 1996.
Hábito: Hierba.
Status: Adventicia.
Elevación: 0-500 m.
Prov.: BA, CHU, DF, ER, LP, SC, SF, TF.
Paises limítrofes: CH, UR.
Ejemplar examinado: *Correa 4190* (BAA).

[Geranium moorei Phil.]
Ref.: Barboza, 1996.
Nota: Especie excluida de la flora argentina.

Geranium moschatum (L.) L. = **Erodium moschatum** (L.) L'Hér. ex Aiton

Geranium parodii I.M. Johnst. = **Geranium magellanicum** Hook. f. var. **pumilum** R. Knuth
Ref.: Barboza, 1996.

Geranium patagonicum Hook. f.
Sin.: *Geranium dissectum* L. var. *patagonica* (Hook. f.) Speg.
Ref.: Barboza & Correa, 1988; Barboza, 1996.
Hábito: Hierba.
Status: Nativa.
Elevación: 500-3500 m.
Prov.: BA, CA, CHU, CO, LR, ME, NE, RN, SA, SC, SL, TF, TU.
Paises limítrofes: BO, CH.
Ejemplar examinado: *Boelcke 12733* (SI).

Geranium planum Halloy
Ref.: Halloy, 1998.
Hábito: Hierba.
Status: Endémica.
Elevación: 4000-4600 m.
Prov.: TU.
Ejemplar examinado: *Halloy 1722* (holotipo, LIL).

Geranium proximum Steud. = **Geranium berterianum** Colla
Ref.: Barboza, 1996.

Geranium purpureum Vill.
Sin.: *Geranium robertianum* auct. non L.
Ref.: Barboza, 1996; Múlgura, inéd.
Hábito: Hierba.
Status: Adventicia.
Elevación: 0-500 m.
Prov.: BA, COR, ER, MI.
Paises limítrofes: UR.
Ejemplar examinado: *Bacigalupo 1440* (SI).

Geranium pusillum Burm.f.
Ref.: Barboza, 1996.
Hábito: Hierba.
Status: Introducida.
Elevación: 0-2200 m.
Prov.: BA, CO, LP, ME.
Ejemplar examinado: *Parodi 10502* (BAA).

Geranium robertianum auct. non L. = **Geranium purpureum** Vill.
Ref.: Barboza, 1996.

Geranium rotundifolium L.
Ref.: Dawson, 1966a; Barboza, 1996.
Hábito: Hierba.
Status: Adventicia.
Elevación: 0-500 m.
Prov.: BA.
Ejemplar examinado: *Carette s.n.* (SI 25569).

Geranium santacruzense R. Knuth = **Geranium sessiliflorum** Cav.
Ref.: Barboza, 1996.

Geranium sessiliflorum Cav.
Sin.: *Geranium acaule* auct. non Willd., *Geranium santacruzense* R. Knuth, *Geranium sessiliflorum* Cav. f. *albiflorum* Kuntze, *Geranium sessiliflorum* Cav. var. *glabriusculum* Kuntze, *Geranium sessiliforum* Cav. var. *typicum* R. Knuth, nom. inval.
Ref.: Cabrera, 1957b; Moore, 1974; Barboza, 1996.
Hábito: Hierba.
Status: Nativa.
Elevación: 0-4800 m.
Prov.: CA, CHU, JU, LR, ME, NE, RN, SA, SC, SJ, SL, TF, TU.
Paises limítrofes: BO, CH.
Ejemplar examinado: *Kiesling 7348* (SI).

Geranium sessiliflorum Cav. f. *albiflorum* Kuntze = **Geranium sessiliflorum** Cav.
Ref.: Barboza, 1996.

Geranium sessiliflorum Cav. var. *glabriusculum* Kuntze = **Geranium sessiliflorum** Cav.
Ref.: Barboza, 1996.

Geranium sessiliforum Cav. var. *typicum* R. Knuth, nom. inval. = **Geranium sessiliflorum** Cav.
Ref.: Barboza, 1996.

Geranium submolle auct. non Steud. = **Geranium tucumanum** R. Knuth
Ref.: Barboza, 1996.

Geranium subsericeum R. Knuth, p.p. = **Geranium carolinianum** L.
Ref.: Barboza, 1996.

Geranium subsericeum R. Knuth, p.p. = **Geranium core-core** Steud.

Geranium tucumanum R. Knuth
Sin.: *Geranium submolle* auct. non Steud.
Ref.: Knuth, 1912; Barboza, 1996.
Hábito: Hierba.
Status: Endémica.
Elevación: 2500-4000 m.
Prov.: CA, JU, LR, SA, TU.
Ejemplar examinado: *Lorentz e Hieronymus 584* (isotipo, CORD).

Geranium venturianum R. Knuth
Ref.: Barboza, 1996.
Hábito: Hierba.
Status: Endémica.
Elevación: 500-3000 m.
Prov.: CA, JU, SA, TU.
Ejemplar examinado: *Venturi 2667* (sintipos, BA, LIL).

GESNERIACEAE

5 géneros, 11 especies.

por C. C. Xifreda

Achimenes argyrostigma Hook. = **Koellikeria erinoides** (DC.) Mansf.

Achimenes erinoides DC. = **Koellikeria erinoides** (DC.) Mansf.

Achimenes gracilis Britton ex Rusby, hom. illeg. = **Gloxinia nematanthodes** (Kuntze) Wiehler

Achimenes gymnostoma (Griseb.) Fritsch = **Gloxinia gymnostoma** Griseb.

Achimenes tubiflora (Hook.) Britton = **Sinningia tubiflora** (Hook.) Fritsch

Asteranthera Hanst.

Número de especies: 1

Asteranthera chiloensis Hanst. = **Asteranthera ovata** (Cav.) Hanst.

Asteranthera ovata (Cav.) Hanst.
Sin.: *Asteranthera chiloensis* Hanst., *Columnea ovata* Cav.
Ref.: Toursarkissian, 1969.
Hábito: Hierba.
Status: Nativa.
Elevaciön: 0-1000 m.
Prov.: CHU, NE, RN.
Paises limítrofes: CH.
Ejemplar examinado: *Burkart 6347* (BA, SI).

Columnea ovata Cav. = **Asteranthera ovata** (Cav.) Hanst.

Corytholoma allagophyllum (Mart.) Fritsch = **Sinningia allagophylla** (Mart.) Wiehler

Corytholoma douglasii (Lindl.) Voss = **Sinningia douglasii** (Lindl.) Chautems
Ref.: Toursarkissian, 1969.

Corytholoma douglasii var. *verticillata* (Hook.) Toursark., comb. illeg. = **Sinningia douglasii** (Lindl.) Chautems
Ref.: Toursarkissian, 1969.

Corytholoma sellowii (Mart.) Kuntze = **Sinningia sellowii** (Mart.) Wiehler

Corytholoma strictum (Hook. & Arn.) Decne. = **Sinningia elatior** (Kunth) Chautems

Corytholoma warmingii (Hiern) Toursark. = **Sinningia warmingii** (Hiern) Chautems

Dolichodeira tubiflora (Hook.) Hanst. = **Sinningia tubiflora** (Hook.) Fritsch

Fiebrigia digitaliflora Fritsch = **Gloxinia gymnostoma** Griseb.

Fritschiantha nematanthodes Kuntze = **Gloxinia nematanthodes** (Kuntze) Wiehler

Gesnera allagophylla C. Mart. = **Sinningia allagophylla** (C. Mart.) Wiehler

Gesnera sellowii Mart. = **Sinningia sellowii** (Mart.) Wiehler

Gesnera warmingii Hiern = **Sinningia warmingii** (Hiern) Chautems

Gesneria douglasii Lindl. = **Sinningia douglasii** (Lindl.) Chautems
Ref.: Toursarkissian, 1969.

Gesneria douglasii var. *verticillata* (Hook.) Hook., comb. illeg. = **Sinningia douglasii** (Lindl.) Chautems

Gesneria elatior Kunth = **Sinningia elatior** (Kunth) Chautems

Gesneria stricta Hook. & Arn. = **Sinningia elatior** (Kunth) Chautems

Gesneria tubiflora (Hook.) Griseb. = **Sinningia tubiflora** (Hook.) Fritsch

Gesneria verticillata Hook., hom. illeg. = **Sinningia douglasii** (Lindl.) Chautems
Ref.: Toursarkissian, 1969.

Gloxinia L'Hér.
Número de especies: 2

Gloxinia gymnostoma Griseb.
Sin.: *Achimenes gymnostoma* (Griseb.) Fritsch, *Fiebrigia digitaliflora* Fritsch, *Seemannia gymnostoma* (Griseb.) Toursark.
Ref.: Xifreda, 1996.
Hábito: Hierba.
Status: Nativa.
Elevación: 500-3000 m.
Prov.: CA, JU, SA, TU.
Paises limítrofes: BO.
Ejemplar examinado: *Xifreda y Sanso 944* (SI).

Gloxinia nematanthodes (Kuntze) Wiehler
Sin.: *Achimenes gracilis* Britton ex Rusby, hom. illeg., *Fritschiantha nematanthodes* Kuntze, *Seemannia nematanthodes* (Kuntze) K. Schum.
Ref.: Wiehler, 1972; Xifreda, 1996.
Hábito: Hierba.
Status: Nativa.
Elevación: 1000-2500 m.
Prov.: JU, SA.
Paises limítrofes: BO.
Ejemplar examinado: *Xifreda y Sanso 943* (SI).

Gloxinia tubiflora Hook. = **Sinningia tubiflora** (Hook.) Fritsch

Koellikeria Regel
Número de especies: 1

Koellikeria argyrostigma (Hook.) Regel = **Koellikeria erinoides** (DC.) Mansf.

Koellikeria erinoides (DC.) Mansf.
Sin.: *Achimenes argyrostigma* Hook., *Achimenes erinoides* DC., *Koellikeria argyrostigma* (Hook.) Regel
Ref.: Toursarkissian, 1969.
Hábito: Hierba.
Status: Nativa.
Elevación: 1000-3000 m.
Prov.: SA
Paises limítrofes: BO, BR.
Ejemplar examinado: *Schreiter 11223* (SI).

Mitraria Cav.
Número de especies: 1

Mitraria coccinea Cav.
Ref.: Toursarkissian, 1969.
Hábito: Subarbusto.
Status: Nativa.
Elevación: 500-2000 m.
Prov.: CHU, NE, RN.
Paises limítrofes: CH.
Ejemplar examinado: *Boelcke y Correa 6040* (BAB).

Rechsteineria allagophylla (Mart.) Regel = **Sinningia allagophylla** (Mart.) Wiehler

Rechsteineria douglasii (Lindl.) Kuntze = **Sinningia douglasii** (Lindl.) Chautems
Ref.: Toursarkissian, 1969; Chautems, 1990.

Rechsteineria ramboi Hoehne = **Sinningia sellowii** (Mart.) Wiehler

Rechsteineria sellowii (Mart.) Kuntze = **Sinningia sellowii** (Mart.) Wiehler

Rechsteineria stricta (Hook. & Arn.) Kuntze = **Sinningia elatior** (Kunth) Chautems

Rechsteineria warmingii (Hiern) Hjelmq. = **Sinningia warmingii** (Hiern) Chautems

Seemannia gymnostoma (Griseb.) Toursark. = **Gloxinia gymnostoma** Griseb.

Seemannia nematanthodes (Kuntze) K. Schum. = **Gloxinia nematanthodes** (Kuntze) Wiehler

Sinningia Nees

Número de especies: 6

Sinningia allagophylla (C. Mart.) Wiehler
Sin.: *Corytholoma allagophyllum* Fritsch, *Gesnera allagophylla* C. Mart., *Rechsteineria allagophylla* (Mart.) Regel
Ref.: Toursarkissian, 1969; Chautems, 1993.
Hábito: Hierba.
Status: Nativa.
Elevación: 0–500 m.
Prov.: CH, CO, COR, ER, FO, MI.
Paises limítrofes: BR, PA, UR.
Ejemplar examinado: *Burkart et al. 29489* (BA).

Sinningia douglasii (Lindl.) Chautems
Sin.: *Corytholoma douglasii* (Lindl.) Voss, *Corytholoma douglasii* var. *verticillata* (Hook.) Toursark., comb. illeg.,*Gesneria douglasii* Lindl., *Gesneria douglasii* var. *verticillata* (Hook.) Hook., comb. illeg., *Gesneria verticillata* Hook., hom. illeg., *Rechsteineria douglasii* (Lindl.) Kuntze
Ref.: Toursarkissian, 1969.
Hábito: Hierba.
Status: Nativa.
Elevación: 0–500 m.
Prov.: MI.
Paises limítrofes: BR, PA.
Ejemplar examinado: *Gamerro y Toursarkissian 129* (BAF).

Sinningia elatior (Kunth) Chautems
Sin.: *Corytholoma strictum* (Hook. & Arn.) Decne., *Gesneria elatior* Kunth, *Gesneria stricta* Hook. & Arn., *Rechsteineria stricta* (Hook. & Arn.) Kuntze, *Sinningia stricta* (Hook. & Arn.) Wiehler
Ref.: Chautems, 1990.
Hábito: Hierba.
Status: Nativa.
Elevación: 0–500 m.
Prov.: COR, ER, MI.
Paises limítrofes: BR, PA.
Ejemplar examinado: *Montes 2051* (LIL).

Sinningia sellowii (Mart.) Wiehler
Sin.: *Corytholoma sellowii* (Mart.) Kuntze, *Gesnera sellowii* Mart., *Rechsteineria ramboi* Hoehne, *Rechsteineria sellowii* (Mart.) Kuntze.
Ref.: Toursarkissian, 1969; Chautems, 1993.
Hábito: Hierba.
Status: Nativa.
Elevación: 0–500 m.
Prov.: COR, MI.
Paises limítrofes: BO, BR, PA, UR.
Ejemplar examinado: *Cabrera et al. 27775* (BA).

Sinningia stricta (Hook. & Arn.) Wiehler = **Sinningia elatior** (Kunth) Chautems

Sinningia tubiflora (Hook.) Fritsch
Sin.: *Achimenes tubiflora* (Hook.) Britton, *Dolichodeira tubiflora* (Hook.) Hanst., *Gesneria tubiflora* (Hook.) Griseb., *Gloxinia tubiflora* Hook.
Ref.: Toursarkissian, 1969; Chautems, 1993.
Hábito: Hierba.
Status: Nativa.
Elevación: 0–500 m.
Prov.: CH, CO, COR, ER, FO, SE, SF.
Paises limítrofes: PA, UR.
Ejemplar examinado: *Cabrera et al. 29020* (BA).

Sinningia warmingii (Hiern) Chautems
Sin.: *Corytholoma warmingii* (Hiern) Toursark., *Gesnera warmingii* Hiern, *Rechsteineria warmingii* (Hiern) Hjelmq.
Ref.: Chautems, 1990.
Hábito: Hierba.
Status: Nativa.
Elevación: 0–1000 m.
Prov.: CA, CH, CO, COR, FO, JU, SA, TU.
Paises limítrofes: BO, BR, PA.
Ejemplar examinado: *Venturi 7908* (SI).

GUNNERACEAE

1 género, 5 especies.

Dysemone integrifolia Banks ex Blume = **Gunnera magellanica** Lam.
Ref.: Molina, 1978, 1988.

Gunnera L.

Número de especies: 5

Gunnera apiculata Schindl.
Ref.: Molina, 1978.
Hábito: Hierba.
Status: Nativa.
Prov.: JU, SA.
Paises limítrofes: BO.
Ejemplar examinado: *Cabrera 21029* (LP).

Gunnera chilensis Lam. = **Gunnera tinctoria** (Molina) Mirb.
Ref.: Molina, 1978, 1988a.

[Gunnera chilensis Lam. var. meyerii L.E. Mora]
Nota: Taxón dudoso.

Gunnera falklandica Hook. f. = **Gunnera magellanica** Lam.
Ref.: Molina, 1978, 1988a.

Gunnera lobata Hook. f.
Ref.: Molina, 1978, 1988a.
Hábito: Hierba.
Status: Nativa.
Elevación: 0-500 m.
Prov.: TF.
Paises limítrofes: CH.
Ejemplar examinado: *Moore 2063* (BAB).

Gunnera magellanica Lam.
Sin.: *Dysemone integrifolia* Banks ex Blume, *Gunnera falklandica* Hook. f., *Gunnera plicata* Vahl, *Misandra magellanica* J.F. Gmel.
Ref.: Molina, 1978, 1988a.
Hábito: Hierba.
Status: Nativa.
Elevación: 0-1000 m.
Prov.: CHU, NE, RN, SC, TF.
Paises limítrofes: CH.
Ejemplar examinado: *Burkart 9670* (SI).

[Gunnera manicata Lindl.]
Nota: Cita dudosa para la flora argentina.

Gunnera plicata Vahl = **Gunnera magellanica** Lam.
Ref.: Molina, 1978, 1988a.

Gunnera scabra Ruiz & Pav. = **Gunnera tinctoria** (Molina) Mirb.
Ref.: Molina, 1978, 1988a.

Gunnera schindleri L.E. Mora
Ref.: Mora-Osejo, 1978.
Hábito: Hierba.
Status: Nativa.
Elevación: 2500-3000 m.
Prov.: JU.
Paises limítrofes: BO.
Ejemplar examinado: *Castillón 384* (paratipo, LIL).

Gunnera tinctoria (Molina) Mirb.
Sin.: *Gunnera chilensis* Lam., *Gunnera scabra* Ruiz & Pav., *Panke tinctoria* Molina
Ref.: Molina, 1978, 1988a.
Hábito: Hierba.
Status: Nativa.
Elevación: 0-1000 m.
Prov.: CHU, NE, RN.
Paises limítrofes: CH.
Ejemplar examinado: *Krapovickas 4037* (BAB).

Misandra magellanica J.F. Gmel. = **Gunnera magellanica** Lam.
Ref.: Molina, 1978, 1988a.

Panke tinctoria Molina = **Gunnera tinctoria** (Molina) Mirb.
Ref.: Molina, 1978, 1988a.

HALOPHYTACEAE

1 género, 1 especie endémica.
Nota: Familia endémica de la República Argentina.

Halophytum Speg.

Número de especies: 1 especie endémica.

Halophytum ameghinoi (Speg.) Speg.
Sin.: *Tetragonia ameghinoi* Speg.
Ref.: Soriano, 1946, 1984; Hunziker, 1952; Hunziker, 1997b.
Hábito: Hierba
Status: Endémica.
Elevación: 0-2500 m.
Prov.: CA, CHU, LR, ME, NE, RN, SC, SJ.
Ejemplar examinado: *Nicora 4028* (SI).

Tetragonia ameghinoi Speg. = **Halophytum ameghinoi** (Speg.) Speg.
Ref.: Hunziker, 1997b.

HALORAGACEAE

1 género, 2 especies.

Enydria aquatica Vell. = **Myriophyllum aquaticum** (Vell.) Verdc.
Ref.: Verdcourt, 1973.

Myriophyllum L.

Número de especies: 2

Myriophyllum aquaticum (Vell.) Verdc.
Sin.: *Enydria aquatica* Vell., *Myriophyllum brasiliense* Cambess., *Myriophyllum proserpinacoides* Gillies ex Hook. & Arn.
Ref.: Verdcourt, 1973; Orchard, 1981; Negritto & Anton, 1996.
Hábito: Hierba acuática.
Status: Nativa.
Elevación: 0–500 m.
Prov.: BA, CO, COR, ER, JU, MI, SA, SF, SJ, TU.
Paises limítrofes: BR, CH, PA, UR.
Ejemplar examinado: *Pedersen 3977* (LP).

Myriophyllum brasiliense Cambess. = **Myriophyllum aquaticum** (Vell.) Verdc.
Ref.: Verdcourt, 1973.

Myriophyllum elatinoides Gaudich. = **Myriophyllum quitense** Kunth
Ref.: Orchard, 1981.

Myriophyllum elatinoides var. *ternatum* (Gaudich.) Reiche = **Myriophyllum quitense** Kunth
Ref.: Orchard, 1981.

Myriophyllum proserpinacoides Gillies ex Hook. & Arn. = **Myriophyllum aquaticum** (Vell.) Verdc.
Ref.: Verdcourt, 1973.

Myriophyllum quitense Kunth
Sin.: *Myriophyllum elatinoides* Gaudich., *Myriophyllum elatinoides* var. *ternatum* (Gaudich.) Reiche, *Myriophyllum ternatum* Gaudich., *Myriophyllum ternatum* var. *tetraphyllum* Hook. & Arn.
Ref.: Orchard, 1981; Moore, 1983; Negritto & Anton, 1996.
Hábito: Hierba acuática.
Status: Nativa.
Elevación: 0–4500 m.
Prov.: BA, CA, CHU, CO, JU, LP, ME, NE, RN, SC, SJ, TF, TU.
Paises limítrofes: BO, CH, UR.
Ejemplar examinado: *Dawson 1157* (LP).

Myriophyllum ternatum Gaudich. = **Myriophyllum quitense** Kunth
Ref.: Orchard, 1981.

Myriophyllum ternatum var. *tetraphyllum* Hook. & Arn. = **Myriophyllum quitense** Kunth
Ref.: Orchard, 1981.

[Myriophyllum verticillatum L.]
Ref.: Orchard, 1981.
Nota: Especie excluida de la flora argentina.

HIPPOCRATEACEAE

1 género, 3 especies.

Elachyptera micrantha (Cambess.) A.C. Sm. = **Hippocratea micrantha** Cambess.
Ref.: Meyer & Legname, 1962.

[Hemiangium excelsum (Kunth) A.C. Sm.]
Sin.: *Hippocratea excelsa* Kunth, *Hippocratea paniculata* (Mart. ex Schult.) Hassl.
Ref.: Smith, 1940.
Nota: Especie excluida de la flora argentina.

Hippocratea L.
Número de especies: 3

Hippocratea andina (Miers) J.F. Macbr.
Sin.: *Hippocratea celastroides* Kunth, *Hippocratea grisebachii* var. *parvifolia* Chodat & Hassl., *Hippocratea grisebachii* var. *typica* Chodat & Hassl., nom. inval., *Hippocratea tenuiflora* var. *grisebachii* (Loes.) Hassl., *Pristimera andina* Miers.
Ref.: Smith, 1940; Meyer & Legname, 1962.
Hábito: Liana.
Status: Nativa.
Elevación: 0–1000 m.
Prov.: COR, JU, MI, SA.
Paises limítrofes: BO, BR, PA.
Ejemplar examinado: *Cabrera 4598* (LP).

Hippocratea celastroides Kunth = **Hippocratea andina** (Miers) J.F. Macbr.

Hippocratea excelsa Kunth = [Hemiangium excelsum (Kunth) A.C. Sm.]

Hippocratea grisebachii var. *parvifolia* Chodat & Hassl. = **Hippocratea andina** (Miers) J.F. Macbr.
Ref.: Meyer & Legname, 1962.

Hippocratea grisebachii var. *typica* Chodat & Hassl., nom. inval. = **Hippocratea andina** (Miers) J.F. Macbr.
Ref.: Meyer & Legname, 1962.

Hippocratea micrantha Cambess.
Ref.: Smith, 1940; Meyer & Legname, 1962.
Hábito: Liana.
Status: Nativa.
Elevación: 0–500 m.
Prov.: MI.
Paises limítrofes: BR.
Ejemplar examinado: *Schwarz 7166* (LIL).

Hippocratea paniculata (Mart. ex Schult.) Hassl. = [Hemiangium excelsum (Kunth) A.C. Sm.]
Ref.: Smith, 1940.

Hippocratea tenuiflora var. *grisebachii* (Loes.) Hassl. = **Hippocratea andina** (Miers) J.F. Macbr.
Ref.: Meyer & Legname, 1962.

[Hippocratea verrucosa Kunth]
Ref.: Meyer & Legname, 1962.
Nota: Citada erróneamente para la flora argentina, sobre la base de material no perteneciente a esta especie.

Hippocratea volubilis L.
Ref.: Smith, 1940; Meyer & Legname, 1962.
Hábito: Liana.
Status: Nativa.
Elevación: 0–2000 m.
Prov.: CH, COR, MI.
Paises limítrofes: BO, BR, PA.
Ejemplar examinado: *Pedersen 10185* (LP).

Pristimera andina Miers = **Hippocratea andina** (Miers) J.F. Macbr.
Ref.: Meyer & Legname, 1962.

HIPPURIDACEAE

1 género, 1 especie.

Hippuris L.
Número de especies: 1

Hippuris vulgaris L.
Ref.: Soriano, 1956; Dudley, 1981; Molina, 1988b.
Hábito: Hierba.
Status: Nativa.
Elevación: 0–500 m.
Prov.: CHU, SC, TF.
Paises limítrofes: CH.
Ejemplar examinado: *Alboff 254* (LP).

HYDNORACEAE

1 género, 2 especies.

Hydnora americana R. Br. = **Prosopanche americana** (R. Br.) Baill.
Ref.: Kiesling, 1994c.

Prosopanche de Bary

Número de especies: 2

Prosopanche americana (R. Br.) Baill.
Sin.: *Hydnora americana* R. Br., *Prosopanche burmeisteri* de Bary
Ref.: Cocucci, 1965, 1995; Kiesling, 1994c.
Hábito: Parásita.
Status: Nativa.
Elevación: 0-1000 m.
Prov.: BA, CA, CO, LP, LR, ME, SA, SE, SJ, SL, TU.
Paises limítrofes: BR, PA.
Ejemplar examinado: *Joergensen 1842* (SI).

Prosopanche bertoniensis Bertoni = **Prosopanche bonacinae** Speg.
Ref.: Rossow, 1984b.

Prosopanche bonacinae Speg.
Sin.: *Prosopanche bertoniensis* Bertoni, *Prosopanche burmeisteri* de Bary var. *minor* Speg., *Prosopanche clavata* Chodat, *Prosopanche mazzuchii* Speg., *Prosopanche minor* (Speg.) Chodat
Ref.: Dawson, 1967b; Cocucci, 1965, 1995; Rossow, 1984b; Kiesling, 1994c.
Hábito: Parásita.
Status: Nativa.
Elevación: 0-500 m.
Prov.: BA, CA, CO, LP, ME, MI, NE, RN, SE, SL, TU.
Paises limítrofes: BR, PA.
Ejemplar examinado: *Spegazzini s.n.* (holotipo, LP).

Prosopanche burmeisteri de Bary = **Prosopanche americana** (R. Br.) Baill.
Ref.: Kiesling, 1994c.

Prosopanche burmeisteri de Bary var. *minor* Speg. = **Prosopanche bonacinae** Speg.
Ref.: Cocucci, 1965, 1995.

Prosopanche clavata Chodat = **Prosopanche bonacinae** Speg.
Ref.: Cocucci, 1995.

Prosopanche mazzuchii Speg. = **Prosopanche bonacinae** Speg.
Ref.: Rossow, 1984b.

Prosopanche minor (Speg.) Chodat = **Prosopanche bonacinae** Speg.
Ref.: Cocucci, 1965, 1995.

HYDROPHYLLACEAE

3 géneros, 14 especies; 1 especie endémica.

por N. B. Deginani

Aldea circinata Willd. = **Phacelia secunda** J.F. Gmel. var. **secunda**
Ref.: Deginani, 1983.

Aldea pinnata Ruiz & Pav. = **Phacelia secunda** J.F. Gmel. var. **pinnata** (Vahl) Deginani
Ref.: Deginani, 1983.

Eutoca cumingii Benth. = **Phacelia cumingii** (Benth.) A. Gray
Ref.: Deginani, 1982.

Eutoca frigida Phil. = **Phacelia cumingii** (Benth.) A. Gray
Ref.: Deginani, 1982.

Eutoca grandis Phil. = **Phacelia cumingii** (Benth.) A. Gray
Ref.: Deginani, 1982.

Eutoca litoralis Phil. = **Phacelia cumingii** (Benth.) A. Gray
Ref.: Deginani, 1982.

Eutoca peraltae Phil. = **Phacelia cumingii** (Benth.) A. Gray
Ref.: Deginani, 1982.

Eutoca pinnatifida Phil. = **Phacelia cumingii** (Benth.) A. Gray
Ref.: Deginani, 1982.

Heliotropium pinnatum Vahl = **Phacelia secunda** J.F. Gmel. var. **pinnata** (Vahl) Deginani
Ref.: Deginani, 1982.

Hydrolea L.

Número de especies: 2

Hydrolea albiflora (Chodat & Hassl.) Brand = **Hydrolea elatior** Schott
Ref.: Davenport, 1988.

Hydrolea albiflora (Chodat & Hassl.) Brand var. *depressa* Brand = **Hydrolea elatior** Schott
Ref.: Davenport, 1988.

Hydrolea cryptantha Brand = **Hydrolea elatior** Schott
Ref.: Brand, 1913; Davenport, 1988.

Hydrolea cryptantha Brand var. *meridionalis* Hassl. = **Hydrolea elatior** Schott
Ref.: Davenport, 1988.

Hydrolea dichotoma Ruiz & Pav. = **Nama dichotomum** (Ruiz & Pav.) Choisy
Ref.: Hitchcock, 1933; Borsini, 1946b; Deginani, 1983.

Hydrolea elatior Schott
Sin.: *Hydrolea albiflora* (Chodat & Hassl.) Brand, *Hydrolea albiflora* (Chodat & Hassl.) Brand var. *depressa* Brand, *Hydrolea cryptantha* Brand, *Hydrolea cryptantha* Brand var. *meridionalis* Hassl., *Hydrolea glabra* var. *spinosa* Chodat & Hassl.
Ref.: Bennett, 1871; Brand, 1913; Deginani, 1983; Davenport, 1988.
Hábito: Hierba.
Status: Nativa.
Elevación: 0-500 m.
Prov.: CH, COR, ER, MI, SF.
Paises limítrofes: BR, PA.
Ejemplar examinado: *Burkart y Gamerro 21878* (SI).

*Hydrolea glabra*var. *spinosa* Chodat & Hassl. = **Hydrolea elatior** Schott
Ref.: Davenport, 1988.

Hydrolea megapotamica Spreng. = **Hydrolea spinosa** L. var. **paraguayensis** (Chodat) Davenp.
Ref.: Davenport, 1988.

Hydrolea mollis Chodat = **Hydrolea spinosa** L. var. **paraguayensis** (Chodat) Davenp.
Ref.: Davenport, 1988.

Hydrolea paraguayensis Chodat = **Hydrolea spinosa** L. var. **paraguayensis** (Chodat) Davenp.
Ref.: Davenport, 1988.

Hydrolea paraguayensis Chodat f. *grandifolia* Chodat & Hassl. = **Hydrolea spinosa** L. var. **paraguayensis** (Chodat) Davenp.
Ref.: Davenport, 1988.

Hydrolea paraguayensis Chodat var. *inermis* Chodat & Hassl. = **Hydrolea spinosa** L. var. **paraguayensis** (Chodat) Davenp.
Ref.: Davenport, 1988.

Hydrolea spinosa L. var. **paraguayensis** (Chodat) Davenp.
Sin.: *Hydrolea megapotamica* Spreng., *Hydrolea mollis* Chodat, *Hydrolea paraguayensis* Chodat, *Hydrolea paraguayensis* Chodat f. *grandifolia* Chodat & Hassl., *Hydrolea paraguayensis* Chodat var. *inermis* Chodat & Hassl.
Ref.: Bennett, 1871; Deginani, 1983; Davenport, 1988.
Hábito: Hierba.
Status: Nativa.
Elevación: 0-500 m.
Prov.: COR, FO, MI.
Paises limítrofes: BR, PA, UR.
Ejemplar examinado: *Burkart 28414* (SI).

Hydrolea spinosa L. var. **spinosa**
Ref.: Bennett, 1871, Deginani, 1983, Davenport, 1988.
Hábito: Hierba.
Status: Nativa.
Elevación: 0-2000 m.
Prov.: BA, CH, COR, ER, FO, JU, MI, SA, TU.
Paises limítrofes: BO, BR, PA, UR.
Ejemplar examinado: *Gómez-Sosa 258* (SI).

Hydrophyllum magellanicum Lam. = **Phacelia secunda** J.F. Gmel. var. **secunda**
Ref.: Deginani, 1982.

Marylaunidium echioides (Griseb.) Kuntze = **Nama undulatum** Kunth var. **undulatum**
Ref.: Hitchcock, 1933.

Marylaunidium jamaicense (L.) Kuntze = **Nama jamaicense** L.
Ref.: Deginani, 1983.

Marylaunidium undulatum (Kunth) Kuntze = **Nama undulatum** Kunth var. **undulatum**
Ref.: Deginani, 1983.

Microgenetes cumingii A.DC. = **Phacelia cumingii** (Benth.) A. Gray
Ref.: Deginani, 1982.

Nama L.

Número de especies: 3

Nama dichotomum (Ruiz & Pav.) Choisy
Sin.: *Hydrolea dichotoma* Ruiz & Pav., *Nama dichotomum* (Ruiz & Pav.) Choisy f. *amplifolia* Brand, *Nama dichotomum* (Ruiz & Pav.) Choisy var. *amplifolia* (Brand) C.L. Hitchc., *Nama dichotomum* (Ruiz & Pav.) Choisy var. *stricta* (Phil.) Brand, *Nama stricta* Phil.
Ref.: Hitchcock, 1933; Borsini, 1946b; Deginani, 1983.
Hábito: Hierba.
Status: Nativa.
Elevación: 1000-3000 m.
Prov.: CA, JU, LR, SA, TU.
Paises limítrofes: CH.
Ejemplar examinado: *Kiesling et al. 3455* (SI).

Nama dichotomum (Ruiz & Pav.) Choisy f. *amplifolia* Brand = **Nama dichotomum** (Ruiz & Pav.) Choisy

Nama dichotomum (Ruiz & Pav.) Choisy var. *amplifolia* (Brand) C.L. Hitchc. = **Nama dichotomum** (Ruiz & Pav.) Choisy

Nama dichotomum (Ruiz & Pav.) Choisy var. *stricta* (Phil.) Brand = **Nama dichotomum** (Ruiz & Pav.) Choisy
Ref.: Deginani, 1983.

Nama echioides Griseb. = **Nama undulatum** Kunth var. **undulatum**
Ref.: Hitchcock, 1933; Deginani, 1983.

Nama echioides Griseb. var. *hispida* Griseb. = **Nama undulatum** Kunth var. **undulatum**
Ref.: Hitchcock, 1933; Deginani, 1983.

Nama jamaicense L.
Sin.: *Marylaunidium jamaicense* (L.) Kuntze
Ref.: Hitchcock, 1933; Borsini, 1946b; Deginani, 1983.
Hábito: Hierba.
Status: Nativa.
Elevación: 0-1500 m.
Prov.: CA, CO, ER, JU, LR, SA, SE, TU.
Paises limítrofes: BO.
Ejemplar examinado: *Cabrera et al. 28023* (SI).

Nama stricta Phil. = **Nama dichotomum** (Ruiz & Pav.) Choisy
Ref.: Hitchcock, 1933; Borsini, 1946b; Deginani, 1983.

Nama undulatum Kunth var. **australe** C.L. Hitchc.
Ref.: Hitchcock, 1933; Borsini, 1946b; Deginani, 1983.
Hábito: Hierba.
Status: Nativa.
Elevación: 1000-3000 m.
Prov.: CA, CO, ER, JU, LR, SJ, SL.
Paises limítrofes: CH.
Ejemplar examinado: *Kiesling et al. 7857* (SI).

Nama undulatum Kunth var. *hispidum* (Griseb.) Brand = **Nama undulatum** Kunth var. **undulatum**
Ref.: Deginani, 1983.

Nama undulatum Kunth var. **undulatum**
Sin.: *Marylaunidium echioides* (Griseb.) Kuntze, *Marylaunidium undulatum* (Kunth) Kuntze, *Nama echioides* Griseb., *Nama echioides* Griseb. var. *hispida* Griseb., *Nama undulatum* Kunth var. *hispidum* (Griseb.) Brand
Ref.: Hitchcock, 1933; Borsini, 1946b; Deginani, 1983.
Hábito: Hierba.
Status: Nativa.
Elevación: 0-1500 m.
Prov.: CA, CO, LR, ME, SA, SE, SJ, SL, TU.
Paises limítrofes: CH.
Ejemplar examinado: *Covas 1796* (SI).

Phacelia Juss.

Número de especies: 9; 1 especie y 1 variedad endémica.

Phacelia artemisioides Griseb.
Sin.: *Phacelia glandulosa* Nutt. var. *patagonica* Ball
Ref.: Deginani, 1982.
Hábito: Hierba.
Status: Nativa.
Elevación: 0-3500 m.
Prov.: BA, CA, CHU, CO, ER, LP, LR, ME, NE, RN, SA, SC, SE, SF, SJ, SL, TU.
Paises limítrofes: BR, UR.
Ejemplar examinado: *Burkart 10401* (SI).

Phacelia boliviana Brand = **Phacelia pinnatifida** Griseb. ex Wedd.
Ref.: Deginani, 1982.

Phacelia brachyantha Benth.
Sin.: *Phacelia brachyantha* Benth. var. *paniculata* A.DC., *Phacelia clinopodioides* Bertero ex Brand, *Phacelia simplicifolia* Colla
Ref.: Brand, 1913; Deginani, 1982.
Hábito: Hierba.
Status: Nativa.
Elevación: 1500-4500 m.
Prov.: CA, CHU, JU, LR, ME, SC, SJ, TF, TU.
Paises limítrofes: BO, CH.
Ejemplar examinado: *Volponi et al. 169* (SI).

Phacelia brachyantha Benth. var. *paniculata* A.DC. = **Phacelia brachyantha** Benth.
Ref.: Deginani, 1982.

Phacelia circinata (Willd.) Jacq. = **Phacelia secunda** J.F. Gmel. var. **secunda**
Ref.: Deginani, 1983.

Phacelia circinata (Willd.) Jacq. var. *acutiloba* DC. = **Phacelia secunda** J.F. Gmel. var. **secunda**
Ref.: Deginani, 1983.

Phacelia circinata (Willd.) Jacq. var. *obtusiloba* DC. = **Phacelia secunda** J.F. Gmel. var. **secunda**
Ref.: Deginani, 1983.

Phacelia circinata (Willd.) Jacq. var. *paniculata* DC. = **Phacelia secunda** J.F. Gmel. var. **secunda**
Ref.: Deginani, 1983.

Phacelia clinopodioides Bertero ex Brand = **Phacelia brachyantha** Benth.
Ref.: Deginani, 1982.

[Phacelia congesta Hook.]
Nota: Especie excluida de la flora argentina.

Phacelia cumingii (Benth.) A. Gray
Sin.: *Eutoca cumingii* Benth., *Eutoca frigida* Phil., *Eutoca grandis* Phil., *Eutoca litoralis* Phil., *Eutoca peraltae* Phil., *Eutoca pinnatifida* Phil., *Microgenetes cumingii* A.DC., *Phacelia cumingii* (Benth.) A. Gray var. *frigida* (Phil.) Brand, *Phacelia cumingii* (Benth.) A. Gray var. *grandis* (Phil.) Reiche, *Phacelia cumingii* (Benth.) A. Gray var. *litoralis* (Phil.) Reiche, *Phacelia cumingii* (Benth.) A. Gray var. *pusilla* (Phil.) Reiche, *Phacelia frigida* (Phil.) Reiche
Ref.: Brand, 1913; Deginani, 1982.
Hábito: Hierba.
Status: Nativa.
Elevación: 0-500 y 2000-4500 m.
Prov.: CA, CHU, LR, ME, NE, SA, SC, SJ.
Paises limítrofes: CH.
Ejemplar examinado: *Kiesling et al. 7915* (SI).

Phacelia cumingii (Benth.) A. Gray var. *frigida* (Phil.) Brand = **Phacelia cumingii** (Benth.) A. Gray
Ref.: Deginani, 1982.

Phacelia cumingii (Benth.) A. Gray var. *grandis* (Phil.) Reiche = **Phacelia cumingii** (Benth.) A. Gray
Ref.: Deginani, 1982.

Phacelia cumingii (Benth.) A. Gray var. *litoralis* (Phil.) Reiche = **Phacelia cumingii** (Benth.) A. Gray
Ref.: Deginani, 1982.

Phacelia cumingii (Benth.) A. Gray var. *pusilla* (Phil.) Reiche = **Phacelia cumingii** (Benth.) A. Gray
Ref.: Deginani, 1982.

Phacelia foliosa Phil. = **Phacelia pinnatifida** Griseb. ex Wedd.
Ref.: Deginani, 1982.

Phacelia frigida (Phil.) Reiche = **Phacelia cumingii** (Benth.) A. Gray
Ref.: Deginani, 1982.

Phacelia glandulosa Nutt. var. *patagonica* Ball = **Phacelia artemisioides** Griseb.
Ref.: Deginani, 1982.

Phacelia magellanica (Lam.) Coville = **Phacelia secunda** J.F. Gmel. var. **secunda**
Ref.: Deginani, 1982.

Phacelia magellanica (Lam.) Coville f. *amoena* Brand = **Phacelia secunda** J.F. Gmel. var. **pinnata** (Vahl) Deginani
Ref.: Deginani, 1982.

Phacelia magellanica (Lam.) Coville f. *pinnata* (Vahl) Brand = **Phacelia secunda** J.F. Gmel. var. **pinnata** (Vahl) Deginani
Ref.: Deginani, 1982.

Phacelia magellanica (Lam.) Coville f. *robusta* Brand = **Phacelia secunda** J.F. Gmel. var. **pinnata** (Vahl) Deginani
Ref.: Deginani, 1982.

Phacelia magellanica (Lam.) Coville f. *andina* Brand = **Phacelia secunda** J.F. Gmel. var. **secunda**
Ref.: Deginani, 1983.

Phacelia magellanica (Lam.) Coville f. *genuina* Brand, nom. inval. = **Phacelia secunda** J.F. Gmel. var. **secunda**
Ref.: Deginani, 1982.

Phacelia magellanica (Lam.) Coville f. *plantaginea* Brand = **Phacelia secunda** J.F. Gmel. var. **secunda**
Ref.: Deginani, 1983.

Phacelia nana Wedd.
Ref.: Deginani, 1982.
Hábito: Hierba.
Status: Nativa.
Elevación: 3500>4500 m.
Prov.: CHU, JU, LR, ME, SA, TU.
Paises limítrofes: BO, CH.
Ejemplar examinado: *Cabrera et al. 27172* (SI).

Phacelia parviflora Phil. = **Phacelia secunda** J.F. Gmel. var. **secunda**
Ref.: Deginani, 1983.

Phacelia pinnata (Ruiz & Pav.) J.F. Macbr. = **Phacelia secunda** J.F. Gmel. var. **pinnata** (Vahl) Deginani
Ref.: Deginani, 1982.

Phacelia pinnata (Ruiz & Pav.) J.F. Macbr. var. *robusta* (Brand) J.F. Macbr. = **Phacelia secunda** J.F. Gmel. var. **pinnata** (Vahl) Deginani
Ref.: Deginani, 1983.

Phacelia pinnatifida Griseb. ex Wedd.
Sin.: *Phacelia boliviana* Brand, *Phacelia foliosa* Phil., *Phacelia pinnatifida* Griseb. ex Wedd. var. *decumbens* Brand, *Phacelia pinnatifida* Griseb. ex Wedd. var. *elatior* Griseb., *Phacelia pinnatifida* Griseb. ex Wedd. var. *foliosa* Reiche, *Phacelia pinnatifida* Griseb. ex Wedd. var. *lobulata* Hicken, *Phacelia pinnatifida* Griseb. ex Wedd. var. *robusta* Wedd., *Phacelia viscosa* Phil.
Ref.: Brand, 1913; Deginani, 1982.
Hábito: Hierba.
Status: Nativa.
Elevación: 1000-4000 y >4500 m.
Prov.: CA, CO, JU, LR, NE, SA, SC, SE, SJ, SL, TU.
Paises limítrofes: BA, CH.
Ejemplar examinado: *Hunziker et al. 10397* (SI).

Phacelia pinnatifida Griseb. ex Wedd. var. *decumbens* Brand = **Phacelia pinnatifida** Griseb. ex Wedd.
Ref.: Deginani, 1982.

Phacelia pinnatifida Griseb. ex Wedd. var. *elatior* Griseb. = **Phacelia pinnatifida** Griseb. ex Wedd.
Ref.: Deginani, 1982.

Phacelia pinnatifida Griseb. ex Wedd. var. *foliosa* Reiche = **Phacelia pinnatifida** Griseb. ex Wedd.
Ref.: Deginani, 1982.

Phacelia pinnatifida Griseb. ex Wedd. var. *lobulata* Hicken = **Phacelia pinnatifida** Griseb. ex Wedd.
Ref.: Deginani, 1982.

Phacelia pinnatifida Griseb. ex Wedd. var. *robusta* Wedd. = **Phacelia pinnatifida** Griseb. ex Wedd.
Ref.: Deginani, 1982.

Phacelia pinnatifida Griseb. var. *setigera* (Phil.) Reiche = **Phacelia setigera** Phil. var. **setigera**

[Phacelia ramosissima Douglas ex Lehm. var. brunoniana A.DC.]
Nota: Taxón dudoso.

Phacelia sanzinii Hicken
Ref.: Deginani, 1982.
Hábito: Hierba.
Status: Endémica.
Elevación: 500-2500 m.
Prov.: CA, LR, ME, SJ.
Ejemplar examinado: *Sanzin 33* (holotipo, SI).

Phacelia secunda J.F. Gmel. var. **pinnata** (Vahl) Deginani
Sin.: *Aldea pinnata* Ruiz & Pav., *Heliotropium pinnatum* Vahl, *Phacelia magellanica* (Lam.) Coville f. *amoena* Brand, *Phacelia magellanica* (Lam.) Coville f. *pinnata* (Vahl) Brand, *Phacelia magellanica* (Lam.) Coville f. *robusta* Brand, *Phacelia pinnata* (Ruiz & Pav.) J.F. Macbr., *Phacelia pinnata* (Ruiz & Pav.) J.F. Macbr. var. *robusta* (Brand) J.F. Macbr., *Phacelia secunda* J.F. Gmel. subsp. *pinnata* (Ruiz & Pav.) Constance
Ref.: Brand, 1913; Deginani, 1982.

Hábito: Hierba o subarbusto.
Status: Nativa.
Elevación: 1500-3500 m.
Prov.: CA, CHU, JU, LR, ME, NE, SA, SC, SJ, TU.
Paises limítrofes: BO, CH.
Ejemplar examinado: *Fabris et al. 5870* (SI).

Phacelia secunda J.F. Gmel. var. **secunda**
Sin.: *Aldea circinata* Willd., *Hydrophyllum magellanicum* Lam., *Phacelia circinata* (Willd.) Jacq., *Phacelia circinata* (Willd.) Jacq. var. *acutiloba* DC., *Phacelia circinata* (Willd.) Jacq. var. *obtusiloba* DC., *Phacelia circinata* (Willd.) Jacq. var. *paniculata* DC., *Phacelia magellanica* (Lam.) Coville f. *andina* Brand, *Phacelia magellanica* (Lam.) Coville f. *genuina* Brand, nom. inval., *Phacelia magellanica* (Lam.) Coville f. *plantaginea* Brand, *Phacelia magellanica* (Lam.) Coville, *Phacelia parviflora* Phil., *Phacelia secunda* J.F. Gmel. subsp. *parviflora* (Phil.) Constance, *Phacelia secunda* J.F. Gmel. subsp. *plantaginea* (Brand) Constance
Ref.: Brand, 1913; Deginani, 1982.
Hábito: Hierba.
Status: Nativa.
Elevación: 0-4000 m.
Prov.: CA, CHU, CO, JU, LR, ME, NE, RN, SA, SC, SJ, TF, TU.
Paises limítrofes: BO, CH.
Ejemplar examinado: *Covas 18414* (SI).

Phacelia secunda J.F. Gmel. subsp. *parviflora* (Phil.) Constance = **Phacelia secunda** J.F. Gmel. var. **secunda**
Ref.: Deginani, 1982.

Phacelia secunda J.F. Gmel. subsp. *pinnata* (Ruiz & Pav.) Constance = **Phacelia secunda** J.F. Gmel. var. **pinnata** (Vahl) Deginani
Ref.: Deginani, 1982.

Phacelia secunda J.F. Gmel. subsp. *plantaginea* (Brand) Constance = **Phacelia secunda** J.F. Gmel. var. **secunda**
Ref.: Deginani, 1982.

Phacelia setigera Phil. var. **humahuaquense** Deginani
Ref.: Deginani, 1982.
Status: Endémica.
Elevación: 4000>4500 m.
Prov.: CA, JU, LR, SA, SJ, TU.
Ejemplar examinado: *Cabrera y Frangi 20678* (holotipo, LP).

Phacelia setigera Phil. var. **setigera**
Sin.: *Phacelia pinnatifida* Griseb. var. *setigera* (Phil.) Reiche
Ref.: Deginani, 1982.
Hábito: Hierba.
Status: Nativa.
Elevación: 2500>4500 m.
Prov.: CA, CHU, JU, LR, ME, SA, SJ.
Paises limítrofes: CH.
Ejemplar examinado: *Guaglianone et al. 2465* (SI).

Phacelia simplicifolia Colla = **Phacelia brachyantha** Benth.
Ref.: Deginani, 1982.

Phacelia sinuata Phil.
Ref.: Deginani, 1982.
Hábito: Hierba.
Status: Nativa.
Elevación: 1000-4000 m.
Prov.: CHU, LR, ME, NE, SA, SJ.
Paises limítrofes: CH.
Ejemplar examinado: *Chalukian 1357* (SI).

Phacelia viscosa Phil. = **Phacelia pinnatifida** Griseb. ex Wedd.
Ref.: Deginani, 1982.

ICACINACEAE

1 género, 3 especies.

Cassine gongonha Mart. = **Citronella gongonha** (Mart.) R.A. Howard
Ref.: Howard, 1942.

Citronella D. Don

Número de especies: 3

Citronella apogon (Griseb.) R.A. Howard
Sin.: *Emmotum apogon* Griseb.
Ref.: Sleumer, 1953b; Legname, 1973a.
Hábito: Árbol.
Status: Nativa.
Elevación: 1500–2000 m.
Prov.: JU, SA.
Paises limítrofes: BO.
Ejemplar examinado: *Vervoorst y Legname 4506* (LIL, LP).

Citronella gongonha (Mart.) R.A. Howard
Sin.: *Cassine gongonha* Mart., *Villaresia cuspidata* Miers, *Villaresia gongonha* (Mart.) Miers, *Villaresia gongonha* var. *pungens* (Miers) Engl.
Ref.: Howard, 1942; Sleumer, 1953b.
Hábito: Arbusto.
Status: Nativa.
Elevación: 0–500 m.
Prov.: COR, FO, MI.
Paises limítrofes: BR, PA, UR.
Ejemplar examinado: *Pedersen 9224* (LP).

[Citronella megaphylla (Miers) R.A. Howard]
Ref.: Sleumer, 1953b.
Sin.: *Villaresia megaphylla* Miers
Nota: Cita dudosa para la flora argentina.

Citronella paniculata (Mart.) R.A. Howard
Sin.: *Leonia paniculata* Mart., *Villaresia paniculata* (Mart.) Miers, *Villaresia paniculata* var. *intermedia* Hassl., *Villaresia paraguariensis* Hassl.
Ref.: Howard, 1942; Sleumer, 1953b.
Hábito: Árbol.
Status: Nativa.
Elevación: 0–500 m.
Prov.: MI.
Paises limítrofes: BR, PA.
Ejemplar examinado: *Montes 2542* (LIL).

Emmotum apogon Griseb. = **Citronella apogon** (Griseb.) R.A. Howard
Ref.: Howard, 1942; Legname, 1973a.

Leonia paniculata Mart. = **Citronella paniculata** (Mart.) R.A. Howard
Ref.: Sleumer, 1953b.

Villaresia cuspidata Miers = **Citronella gongonha** (Mart.) R.A. Howard
Ref.: Howard, 1942.

Villaresia gongonha (Mart.) Miers = **Citronella gongonha** (Mart.) R.A. Howard
Ref.: Howard, 1942.

Villaresia gongonha var. *pungens* (Miers) Engl. = **Citronella gongonha** (Mart.) R.A. Howard
Ref.: Sleumer, 1953b.

Villaresia megaphylla Miers = [Citronella megaphylla (Miers) R.A. Howard]
Ref.: Sleumer, 1953b.

Villaresia paniculata (Mart.) Miers = **Citronella paniculata** (Mart.) R.A. Howard
Ref.: Sleumer, 1953b.

Villaresia paniculata var. *intermedia* Hassl. = **Citronella paniculata** (Mart.) R.A. Howard
Ref.: Sleumer, 1953b.

Villaresia paraguariensis Hassl. = **Citronella paniculata** (Mart.) R.A. Howard
Ref.: Sleumer, 1953b.

JUGLANDACEAE

1 género, 1 especie.

Juglans L.

Número de especies: 1

Juglans australis Griseb.
Ref.: Manning, 1960; Meyer, 1963; Digilio & Legname, 1966.
Hábito: Árbol.
Status: Nativa.
Elevación: 0–2500 m.
Prov.: CA, JU, SA, TU.
Paises limítrofes: BO, BR.
Ejemplar examinado: *Fabris et al. 5348* (LP).

Juglans pecan Marshall = **Carya pecan** (Marshall) Engl. & Graebn.

KRAMERIACEAE

1 género, 1 especie.

Krameria L. ex Loefl.

Número de especies: 1

Krameria iluca F. Phil. = **Krameria lappacea** (Dombey) Burdet & B.B. Simpson
Ref.: Simpson, 1989.

Krameria lappacea (Dombey) Burdet & B.B. Simpson
Sin.: *Krameria iluca* F. Phil., *Krameria triandra* Ruiz & Pav. var. *humboldtiana* Chodat, *Landia lappacea* Dombey
Ref.: Simpson, 1989.
Hábito: Arbusto.
Status: Nativa.
Elevación: 3500-4500 m.
Prov.: CA, JU, SA.
Paises limítrofes: BO, CH.
Ejemplar examinado: *Krapovickas y Cristóbal 17701* (CTES, P).

Krameria triandra Ruiz & Pav. var. *humboldtiana* Chodat = **Krameria lappacea** (Dombey) Burdet & B.B. Simpson
Ref.: Simpson, 1989.

Landia lappacea Dombey = **Krameria lappacea** (Dombey) Burdet & B.B. Simpson
Ref.: Simpson, 1989.

LAMIACEAE

25 géneros, 87 especies.

por C. C. Xifreda

Alguelagum acuminatum (Griseb.) Kuntze = **Lepechinia vesiculosa** (Benth.) Epling

Alguelagum clinopodioides (Griseb.) Kuntze = **Lepechinia meyenii** (Walp.) Epling
Ref.: Epling, 1939b.

Alguelagum tenuiflorum Kuntze = **Lepechinia meyenii** (Walp.) Epling
Ref.: Epling, 1939b.

Astemon graveolens Regel = **Lepechinia vesiculosa** (Benth.) Epling

Ballota L.

Número de especies: 1

Ballota foetida Lam. = **Ballota nigra** L. subsp. **foetida** (Lam.) Hayek
Ref.: Patzak, 1972.

Ballota nigra L. var. *foetida* (Lam.) Koch = **Ballota nigra** L. subsp. **foetida** (Lam.) Hayek
Ref.: Patzak, 1972.

Ballota nigra L. subsp. **foetida** (Lam.) Hayek
Sin.: *Ballota foetida* Lam., *Ballota nigra* L. var. *foetida* (Lam.) Koch
Ref.: Crespo, 1962; Patzak, 1972.
Hábito: Hierba.
Status: Adventicia.

Elevación: 0-500 m.
Prov.: BA.
Ejemplar examinado: *Burkart 10064b* (SI).

Ballota nigra L. subsp. **nigra**
Ref.: Crespo, 1962; Añón, 1965; Patzak, 1972.
Hábito: Hierba.
Status: Adventicia.
Elevación: 0-500 m.
Prov.: BA.
Ejemplar examinado: *Burkart 22394* (SI).

Ballota nigra L. subsp. **velutina** (Posp.) Patzak
Sin.: *Ballota velutina* Posp.
Ref.: Crespo, 1962; Montani, 1969a; Patzak, 1972.
Hábito: Hierba.
Status: Adventicia.
Elevación: 0-500 m.
Prov.: DF.
Ejemplar examinado: *Crespo s.n.* (SI 21058).

Ballota velutina Posp. = **Ballota nigra** L. subsp. **velutina** (Posp.) Patzak
Ref.: Patzak, 1972.

Bystropogon kuntzeanum Briq. = **Minthostachys mollis** Griseb.

Bystropogon minutus Briq. = **Satureja parvifolia** (Phil.) Epling
Ref.: Epling & Játiva, 1964.

Bystropogon mollis Kunth, nom. illeg. = **Minthostachys mollis** Griseb.

Ceratominthe achalensis Briq. = **Satureja odora** (Griseb.) Epling
Ref.: Epling & Játiva, 1964.

Ceratominthe kuntzeana Briq. = **Satureja odora** (Griseb.) Epling
Ref.: Epling, 1964.

Clinopodium bolivianum (Benth.) Kuntze = **Satureja boliviana** (Benth.) Briq.
Ref.: Epling & Játiva, 1964.

Clinopodium brownei (Sw.) Kuntze = **Satureja brownei** (Sw.) Briq.
Ref.: Epling & Játiva, 1964.

Clinopodium darwinii (Benth.) Kuntze = **Satureja darwinii** (Benth.) Briq.

Clinopodium darwinii (Benth.) Kuntze var. *pusilla* (Phil.) Epling = **Satureja darwinii** (Benth.) Briq.

Clinopodium kuntzeanum (Briq.) Kuntze = **Satureja boliviana** (Benth.) Briq.
Ref.: Epling & Játiva, 1964.

Cruzia serpyllacea Phil. = **Scutellaria nummulariifolia** Hook. f.
Ref.: Epling & Játiva, 1964.

Cunila L.
Número de especies: 3

[Cunila angustifolia Benth.]
Nota: Cita dudosa para la flora argentina.

Cunila incana Benth.
Ref.: Epling, 1939b, 1944.
Hábito: Arbusto.
Status: Nativa.
Elevación: 0-500 m.
Prov.: MI.
Paises limítrofes: BR.
Ejemplar examinado: *Montes 204* (SI).

Cunila microcephala Benth.
Ref.: Epling, 1939b; Crespo, 1979.
Hábito: Hierba.
Status: Nativa.
Prov.: COR, ER, MI.
Paises limítrofes: UR.
Ejemplar examinado: *Troncoso et al. 2463* (SI).

Cunila spicata Benth.
Sin.: *Hedeoma hassleri* Briq.
Ref.: Epling, 1939b.
Hábito: Hierba.
Status: Nativa.
Elevación: 0-500 m.
Prov.: COR, MI.
Paises limítrofes: BR, PA.
Ejemplar examinado: *Rodríguez 527* (SI).

Cunila stricta Benth. = **Rhabdocaulon strictus** (Benth.) Epling
Ref.: Epling, 1939b.

Eriope elegans Briq. = **Hyptis elegans** (Briq.) Briq. ex Micheli

[Glechoma hederacea L.]
Nota: Cita dudosa para la flora argentina.

Glechon Spreng.
Número de especies: 1

Glechon affinis Briq. = **Glechon ciliata** Benth.
Ref.: Epling, 1939b.

Glechon ciliata Benth.
Sin.: *Glechon affinis* Briq., *Glechon hassleri* Briq., *Glechon paraguariensis* Briq., *Glechon rigidula* Briq., *Glechon squamosa* Benth.
Ref.: Epling, 1935-37, 1939b.
Hábito: Hierba.
Status: Nativa.
Elevación: 0-500 m.
Prov.: FO, MI.
Paises limítrofes: BR, PA, UR.
Ejemplar examinado: *Rodríguez 890* (BA).

Glechon hassleri Briq. = **Glechon ciliata** Benth.
Ref.: Epling, 1939b.

Glechon paraguariensis Briq. = **Glechon ciliata** Benth.
Ref.: Epling, 1939b.

Glechon rigidula Briq. = **Glechon ciliata** Benth.
Ref.: Epling, 1939b.

Glechon squamosa Benth. = **Glechon ciliata** Benth.
Ref.: Epling, 1939b.

[Glechon thymoides Spreng.]
Nota: Cita dudosa para la flora argentina.

Glecoma arvensis L. = **Stachys arvensis** (L.)

Hedeoma Pers.

Número de especies: 2

Hedeoma adscendens Rusby = **Hedeoma mandoniana** Wedd.
Ref.: Irving, 1980.

Hedeoma breviflorum Griseb. = **Hedeoma mandoniana** Wedd.
Ref.: Irving, 1980.

Hedeoma gilliesii Benth. = **Hedeoma multiflora** Benth.
Ref.: Epling, 1939b.

Hedeoma hassleri Briq. = **Cunila spicata** Benth.
Ref.: Epling, 1939b.

[Hedeoma mandoniana Wedd.]
Sin.: *Hedeoma adscendens* Rusby, *Hedeoma breviflorum* Griseb.
Nota: Cita dudosa para la flora argentina.

Hedeoma medium Epling
Ref.: Epling, 1939b; Irving, 1980.
Hábito: Hierba.
Status: Nativa.
Elevación: 0-1000 m.
Prov.: BA, ER.
Paises limítrofes: UR.
Ejemplar examinado: *Troncoso 1322* (SI).

Hedeoma multiflora Benth.
Sin.: *Hedeoma gilliesii* Benth., *Micromeria bonariensis* Fisch. & C.A.Mey., *Satureja bonariensis* (Fisch. & C.A.Mey.) Briq., *Satureja gilliesii* (Benth.) Briq.
Ref.: Epling, 1939b, c; Irving, 1980.
Hábito: Hierba.
Status: Nativa.
Elevación: 0-1000 m.
Prov.: BA, CO, LP, ME, RN, SE, SL.
Paises limítrofes: BR, UR.
Ejemplar examinado: *Burkart 10940* (SI).

[Hoehnea minima (J.A. Schmidt) Epling]
Sin.: *Keithia minima* J.A. Schmidt
Nota: Cita dudosa para la flora argentina.

Hyptis Jacq.

Número de especies: 13

Hyptis acuta Benth. = **Hyptis brevipes** Poit.
Ref.: Epling, 1939b, 1949.

Hyptis althaeaefolia Pohl ex Benth.
Sin.: *Hyptis sylvularum* A. St.-Hil. ex Benth., *Hyptis vestita* Benth.
Ref.: Epling, 1949.
Hábito: Hierba.
Status: Nativa.
Elevación: 0-1000 m.
Prov.: COR, MI.
Paises limítrofes: BO, BR, PA.
Ejemplar examinado: *Krapovickas et al. 15086* (SI).

Hyptis australis Epling
Ref.: Epling, 1939b, 1949.
Hábito: Hierba.
Status: Nativa.
Elevación: 0-500 m.
Prov.: MI.
Ejemplar examinado: *Quiroga s.n. en Osten 7714* (holotipo, S).

Hyptis balansae Briq.
Ref.: Epling, 1935-37, 1939b, 1944, 1949.
Hábito: Hierba.
Status: Nativa.
Elevación: 0-2000 m.
Prov.: MI.
Paises limítrofes: PA.
Ejemplar examinado: *Rodríguez 193* (SI).

Hyptis barbarensis Briq. ex Micheli = **Hyptis lorentziana** O. Hoffm.
Ref.: Epling, 1939.

Hyptis brevipes Poit.
Sin.: *Hyptis acuta* Benth., *Hyptis brevipes* Poit. var. *serrata* Briq., *Hyptis brevipes* Poit. var. *vulgaris* Briq.
Ref.: Epling, 1935-37, 1939b, 1949; Epling & Játiva, 1968.
Status: Nativa.
Elevación: 0-1000 m.
Prov.: CH, COR, ER, FO, MI.
Paises limítrofes: BO, BR, PA.
Ejemplar examinado: *Krapovickas et al. 18192* (SI).

Hyptis brevipes Poit. var. *serrata* Briq. = **Hyptis brevipes** Poit.
Ref.: Epling, 1939b.

Hyptis brevipes Poit. var. *vulgaris* Briq. = **Hyptis brevipes** Poit.
Ref.: Epling, 1939b.

Hyptis canescens Kunth = **Hyptis mutabilis** (Rich.) Briq.
Ref.: Epling, 1949.

Hyptis cinerea Morong = **Hyptis lappacea** Benth.
Ref.: Epling, 1939b.

Hyptis cinerea Morong var. *genuina* Briq., nom. inval. = **Hyptis lappacea** Benth.
Ref.: Epling, 1939b.

Hyptis cinerea Morong var. *stenophylla* Briq. = **Hyptis lappacea** Benth.
Ref.: Epling, 1939b.

Hyptis diaphora Briq. = **Hyptis fasciculata** Benth.
Ref.: Crespo, 1979.

Hyptis dumetorum Morong
Sin.: *Hyptis dumetorum* Morong var. *genuina* Briq., nom. inval., *Hyptis dumetorum* Morong var. *inconcirina* Briq., *Hyptis dyscheres* Briq., *Hyptis gymnodonta* Briq.
Ref.: Epling, 1939b, 1949.
Hábito: Hierba.
Status: Nativa.
Elevación: 0-2000 m.
Prov.: FO, MI.
Paises limítrofes: BO, PA.
Ejemplar examinado: *Quiroga 372* (BAF).

Hyptis dumetorum Morong var. *genuina* Briq., nom. inval. = **Hyptis dumetorum** Morong
Ref.: Epling, 1939b.

Hyptis dumetorum Morong var. *inconcirina* Briq. = **Hyptis dumetorum** Morong
Ref.: Epling, 1939b.

Hyptis dyscheres Briq. = **Hyptis dumetorum** Morong
Ref.: Epling, 1939b.

Hyptis elegans (Briq.) Briq. ex Micheli
Sin.: *Eriope elegans* Briq., *Hyptis elegans* (Briq.) Briq. ex Micheli var. *pascuicola* Briq. ex Micheli, *Hyptis gracilipes* Britton
Ref.: Epling, 1935-37, 1939b, 1949, 1960.
Hábito: Hierba.
Status: Nativa.
Elevación: 0-1500 m.
Prov.: MI.
Paises limítrofes: BR, PA.
Ejemplar examinado: *Meyer 6100* (SI).

Hyptis elegans (Briq.) Briq. ex Micheli var. *pascuicola* Briq. ex Micheli = **Hyptis elegans** (Briq.) Briq. ex Micheli
Ref.: Epling, 1939b.

Hyptis fasciculata Benth.
Sin.: *Hyptis diaphora* Briq., *Hyptis fasciculata* Benth. var. *fastigiata* (Benth.) J.A. Schmidt, *Hyptis fasciculata* Benth. var. *tomentella* Benth., *Hyptis fastigiata* Benth.
Ref.: Epling, 1939b, 1949.
Hábito: Hierba o subarbusto.
Status: Nativa.
Elevación: 0-1000 m.
Prov.: BA, CH, ER, MI.
Paises limítrofes: BR, PA, UR.
Ejemplar examinado: *Nicora 888* (SI).

Hyptis fasciculata Benth. var. *fastigiata* (Benth.) J.A. Schmidt = **Hyptis fasciculata** Benth.
Ref.: Crespo, 1979.

Hyptis fasciculata Benth. var. *tomentella* Benth. = **Hyptis fasciculata** Benth.
Ref.: Epling, 1939b, 1949.

Hyptis fastigiata Benth. = **Hyptis fasciculata** Benth.
Ref.: Crespo, 1979.

Hyptis floribunda (Briq.) Micheli
Sin.: *Mesosphaerum floribundum* Briq.
Ref.: Epling, 1939b, c.
Hábito: Hierba.
Status: Nativa.
Elevación: 0-2000 m.
Prov.: BA, CH, COR, ER, FO, MI, RN, SA, SF, TU.
Paises limítrofes: BR, PA, UR.
Ejemplar examinado: *Bacigalupo y Crespo s.n.* (SI 25989).

Hyptis globifera auct. non G. Mey. = **Hyptis lappacea** Benth.
Ref.: Epling, 1939b.

Hyptis gracilipes Britton = **Hyptis elegans** (Briq.) Briq. ex Micheli
Ref.: Epling, 1939b.

Hyptis gymnodonta Briq. = **Hyptis dumetorum** Morong
Ref.: Epling, 1939b.

[Hyptis hirsuta Kunth]
Nota: Cita dudosa para la flora argentina.

Hyptis lappacea Benth.
Sin.: *Hyptis cinerea* Morong, *Hyptis cinerea* Morong var. *genuina* Briq., nom. inval., *Hyptis cinerea* Morong var. *stenophylla* Briq., *Hyptis globifera* auct. non G. Mey., *Hyptis michelii* Briq., *Hyptis rugosula* Briq.
Ref.: Epling, 1939b, c, 1949.
Hábito: Hierba.
Status: Nativa.
Elevación: 0-1500 m.
Prov.: BA, CH, COR, ER, FO, JU, MI, SA, SF, TU.
Paises limítrofes: BO, BR, PA, UR.
Ejemplar examinado: *Venturi 1733* (SI).

[Hyptis lappulacea Mart. ex Benth.]
Nota: Especie excluida de la flora argentina.

[Hyptis longifolia Pohl]
Nota: Cita dudosa para la flora argentina.

Hyptis lorentziana O. Hoffm.
Sin.: *Hyptis barbarensis* Briq. ex Micheli, *Hyptis paraguayensis* Briq. ex Micheli
Ref.: Epling, 1939b, c, 1949; Crespo, 1979.
Hábito: Hierba.
Status: Nativa.
Elevación: 0-1000 m.
Prov.: CH, ER, FO, MI.
Paises limítrofes: BO, BR, PA, UR.
Ejemplar examinado: *Lorentz 1745* (BAF, CORD, SI).

Hyptis michelii Briq. = **Hyptis lappacea** Benth.
Ref.: Epling, 1949.

Hyptis muelleri Briq.
Sin.: *Mesosphaerum muelleri* (Briq.) Briq.
Ref.: Epling, 1935-37, 1939b, 1949.
Hábito: Hierba.
Status: Nativa.
Elevación: 0-2000 m.
Prov.: MI.
Paises limítrofes: BR, PA.
Ejemplar examinado: *Niederlin 523* (SI).

Hyptis mutabilis (Rich.) Briq.
Sin.: *Hyptis canescens* Kunth, *Hyptis mutabilis* (Rich.) Briq. var. *canescens* Briq., *Hyptis mutabilis* (Rich.) Briq. var. *spicata* (Poir.) Briq., *Hyptis polystachya* Kunth, *Hyptis spicata* Poir., *Hyptis verticillata* auct. non Jacq., *Nepeta mutabilis* Rich.
Ref.: Epling, 1939b, c, 1949.
Hábito: Hierba o subarbusto.
Status: Nativa.
Elevación: 0-2500 m.
Prov.: BA, CA, CH, CO, COR, ER, JU, SA, TU.
Paises limítrofes: BO, BR, PA, UR.
Ejemplar examinado: *Múlgura et al. 1466* (SI).

Hyptis mutabilis (Rich.) Briq. var. *canescens* Briq. = **Hyptis mutabilis** (Rich.) Briq.
Ref.: Epling, 1949.

Hyptis mutabilis (Rich.) Briq. var. *spicata* (Poir.) Briq. = **Hyptis mutabilis** (Rich.) Briq.
Ref.: Epling, 1949.

Hyptis paraguayensis Briq. ex Micheli = **Hyptis lorentziana** O. Hoffm.
Ref.: Epling, 1949.

Hyptis polystachya Kunth = **Hyptis mutabilis** (Rich.) Briq.
Ref.: Epling, 1949.

Hyptis rugosula Briq. = **Hyptis lappacea** Benth.
Ref.: Epling, 1949.

Hyptis spicata Poir. = **Hyptis mutabilis** (Rich.) Briq.
Ref.: Epling, 1949.

Hyptis sterocaulos Briq. = **Hyptis tetragona** Pohl
Ref.: Epling, 1939b.

Hyptis stricta Benth.
Ref.: Epling, 1935-37, 1939b, 1949.
Hábito: Hierba.
Status: Nativa.
Elevación: 0-500 m.
Prov.: MI.
Paises limítrofes: BR, PA, UR.
Ejemplar citado: *Niederlein 525**.

Hyptis sylvularum A. St.-Hil. ex Benth. = **Hyptis althaeaefolia** Pohl ex Benth.
Ref.: Epling, 1949.

[Hyptis tetragona Pohl]
Sin.: *Hyptis sterocaulos* Briq.
Nota: Cita dudosa para la flora argentina.

Hyptis verticillata auct. non Jacq. = **Hyptis mutabilis** (Rich.) Briq.
Ref.: Epling, 1949.

Hyptis vesiculosa Benth. = **Lepechinia vesiculosa** (Benth.) Epling
Ref.: Epling & Jativa, 1968.

Hyptis vestita Benth. = **Hyptis althaeaefolia** Pohl ex Benth.
Ref.: Epling, 1949.

Keithia minima J.A. Schmidt = **Hoehnea minima** (J.A. Schmidt) Epling
Ref.: Epling, 1935-37, 1939b.

Kurzamra Kuntze
Número de especies: 1

Kurzamra pulchella (Clos) Kuntze
Sin.: *Micromeria pulchella* (Clos) Wedd., *Soliera pulchella* Clos
Ref.: Epling, 1939b, 1949.
Hábito: Hierba.
Status: Nativa.
Elevación: 3500-4000 m.
Prov.: LR, SJ.
Paises limítrofes: CH.
Ejemplar examinado: *Kiesling 4600* (SI).

Lamium L.
Número de especies: 3

Lamium amplexicaule L.
Ref.: Moore, 1968; Crespo, 1979.
Hábito: Hierba.
Status: Introducida.
Elevación: 0-1200 m.
Prov.: BA, CO, DF, ER, NE, SA, TF, TU.
Paises limítrofes: CH.
Ejemplar examinado: *Venturi 891* (SI).

Lamium hybridum Vill.
Ref.: Moore, 1968.
Hábito: Hierba.
Status: Introducida.
Prov.: TF.
Nota: Citada para las Islas Malvinas sin indicar material de herbario.

Lamium purpureum L.
Ref.: Burkart, 1949c; Moore, 1968.
Hábito: Hierba.
Status: Naturalizada.
Elevación: 0-500 m.
Prov.: BA, LP, TF.
Ejemplar examinado: *Martínez Crovetto 2795* (SI).

Leonotis (Pers.) R. Br.
Número de especies: 1

Leonotis nepetaefolia (L.) R. Br.
Sin.: *Phlomis nepetaefolia* L.
Ref.: Crespo, 1979.
Hábito: Hierba.
Status: Introducida.
Elevación: 0-500 m.
Prov.: BA, COR, ER, MI.
Paises limítrofes: BR, PA.
Ejemplar examinado: *Rodríguez 539* (BA).

Leonurus L.

Número de especies: 1

Leonurus sibiricus L.
Ref.: Epling, 1935-37, 1939c, 1941, 1944; Pontiroli, 1993c.
Hábito: Hierba.
Status: Introducida.
Elevación: 0-1500 m.
Prov.: BA, CH, CO, COR, FO, JU, MI, SA, SE, SF, TU.
Paises limítrofes: BR, PA.
Ejemplar examinado: *Cabrera et al. 27914* (SI).

Lepechinia Willd.

Número de especies: 3

Lepechinia floribunda (Benth.) Epling
Sin.: *Sphacele floribunda* Benth., *Sphacele grisebachii* Kurtz, *Sphacele hastata* Griseb., hom. illeg., *Sphacele pampeana* Speg.
Ref.: Epling, 1939b, c; Pontiroli, 1993c.
Hábito: Subarbusto.
Status: Nativa.
Elevación: 2000-3500 m.
Prov.: BA, CA, CH, CO, FO, JU, LR, ME, SA, SL, TU.
Paises limítrofes: BO.
Ejemplar examinado: *Giardelli 145* (SI).

Lepechinia graveolens (Regel) Epling = **Lepechinia vesiculosa** (Benth.) Epling

Lepechinia meyenii (Walp.) Epling
Sin.: *Alguelagum clinopodioides* (Griseb.) Kuntze, *Alguelagum tenuiflorum* Kuntze, *Sphacele clinopodioides* Griseb., *Sphacele tenuiflora* Benth., *Stachys meyenii* Walp.
Ref.: Epling, 1939b, c; Pontiroli, 1993c.
Hábito: Hierba.
Status: Nativa.
Elevación: 1500-3500 m.
Prov.: CA, CO, JU, LR, SA, TU.
Paises limítrofes: BO.
Ejemplar examinado: *Kiesling 5764* (SI).

Lepechinia vesiculosa (Benth.) Epling
Sin.: *Alguelagum acuminatum* (Griseb.) Kuntze, *Astemon graveolens* Regel, *Hyptis vesiculosa* Benth., *Lepechinia graveolens* (Regel) Epling, *Sphacele acuminata* Griseb., *Sphacele vesiculosa* (Benth.) J.F. Macbr.
Ref.: Epling, 1968; Pontiroli, 1993c.
Hábito: Arbusto.
Status: Nativa.
Elevación: 1500-2500 m.
Prov.: CA, JU, SA, TU.
Paises limítrofes: BO.
Ejemplar examinado: *Cabrera et al. 30479* (SI).

Marrubium L.

Número de especies: 1

Marrubium hamatum Kunth = **Marrubium vulgare** L.

Marrubium vulgare L.
Sin.: *Marrubium hamatum* Kunth
Ref.: Crespo, 1979.
Hábito: Hierba.
Status: Introducida.
Elevación: 0-4000 m.
Prov.: BA, CA, CHU, CO, DF, ER, LP, ME, RN, SA, SE, SF, SL, TU.
Paises limítrofes: BO, BR, CH.
Ejemplar examinado: *Castellanos 11683* (BA).

[Marsypianthes hassleri Briq.]
Nota: Cita dudosa para la flora argentina.

Melissa L.

Número de especies: 1

Melissa officinalis L.
Ref.: Ruiz Leal, 1975, Crespo, 1979; M. Crovetto, 1981.
Hábito: Hierba.
Status: Adventicia.
Elevación: 1000-3000 m.
Prov.: BA, CA, CHU, CO, COR, ER, JU, NE, SA.
Paises limítrofes: CH, UR.
Ejemplar examinado: *Arenas y Herrera s.n.* (BACF 245, SI).

Melosmon cubense (Jacq.) Small = **Teucrium cubense** Jacq.

Melosmon laevigatum (Vahl) Small = **Teucrium cubense** Jacq.

Mentha L.

Número de especies: 4

Mentha aquatica L.
Sin.: *Mentha hirsuta* Huds.
Ref.: Epling, 1944.
Hábito: Hierba.
Status: Introducida.
Prov.: CO, ME, TU.
Paises limítrofes: BO, BR, CH.
Ejemplar examinado: *Venturi 220* (LIL).

Mentha aquatica L. var. *citrata* Ehrh. = **Mentha x piperita** L. var. **citrata** (Ehrh.) Briq.

Mentha aquatica L. var. *glabrata* Benth. = **Mentha x piperita** L. var. **citrata** (Ehrh.) Briq.
Ref.: Zarucchi, 1993a.

Mentha citrata Ehrh. = **Mentha x piperita** L. var. **citrata** (Ehrh.) Briq.
Ref.: Zarucchi, 1993a.

Mentha hirsuta Huds. = **Mentha aquatica** L.

Mentha pulegium L.
Ref.: Crespo, 1979; Pontiroli, 1993c.
Hábito: Hierba.
Status: Introducida.
Elevación: 0-500 m.
Prov.: BA, CO, ER, JU, ME, MI, NE, SA.
Paises limítrofes: CH, UR.
Ejemplar examinado: *Hicken 481* (SI).

Mentha spicata L.
Ref.: Epling, 1935-37, 1939c.
Hábito: Hierba.
Status: Introducida.
Elevación: 0-500 m.
Prov.: BA, RN, SA, TU.
Paises limítrofes: BR.
Ejemplar examinado: *Martínez Crovetto 3240* (SI).

Mentha spicata L. var. *rotundifolia* L. = **Mentha x rotundifolia** (L.) Huds.

Mentha x piperita L. var. **citrata** (Ehrh.) Briq.
Sin.: *Mentha aquatica* L. var. *citrata* Ehrh., *Mentha aquatica* L. var. *glabrata* Benth., *Mentha citrata* Ehrh.
Ref.: Epling, 1939c; Zarucchi, 1993a.
Hábito: Hierba.
Status: Introducida.
Elevación: 0-2500 m.
Prov.: BA, CHU, CO, SE, TU.
Paises limítrofes: CH.
Ejemplar examinado: *Joergensen 1423* (SI).

Mentha x piperita L. var. **piperita**
Ref.: Epling, 1939c; Moore, 1968.
Hábito: Hierba.
Status: Naturalizada.
Elevación: 0-500 m.
Prov.: CO, COR, ME, NE, RN, SA, SC, TF.
Paises limítrofes: BR, CH.
Ejemplar examinado: *Burkart et al. 12225* (SI).

Mentha x rotundifolia (L.) Huds.
Sin.: *Mentha spicata* L. var. *rotundifolia* L.
Ref.: Crespo, 1979; Martínez Crovetto, 1981.
Hábito: Hierba.
Status: Adventicia.
Elevación: 0-500 m.
Prov.: BA, CO, COR, ER, ME, RN.
Paises limítrofes: BR, UR.
Ejemplar examinado: *Burkart et al. 14223* (SI).

Mesosphaerum floribundum Briq. = **Hyptis floribunda** (Briq.) Micheli

Mesosphaerum muelleri (Briq.) Briq. = **Hyptis muelleri** Briq.

Micromeria boliviana Benth. = **Satureja boliviana** (Benth.) Briq.
Ref.: Epling, 1939b.

Micromeria boliviana Benth. var. *angustifolia* Wedd. = **Satureja boliviana** (Benth.) Briq.
Ref.: Epling, 1939b.

Micromeria bonariensis Fisch. & C.A.Mey. = **Hedeoma multiflora** Benth.
Ref.: Irving, 1980.

Micromeria brownei (Sw.) Benth. = **Satureja brownei** (Sw.) Briq.
Ref.: Epling & Játiva, 1964.

Micromeria darwinii Benth. = **Satureja darwinii** (Benth.) Briq.
Ref.: Epling, 1939b.

Micromeria darwinii Benth. var. *imbricatifolia* Speg. = **Satureja darwinii** (Benth.) Briq.
Ref.: Epling & Játiva, 1964.

Micromeria darwinii Benth. var. *pallida* Speg. = **Satureja darwinii** (Benth.) Briq.

Micromeria darwinii Benth. var. *pusilla* (Phil.) Speg. = **Satureja darwinii** (Benth.) Briq.
Ref.: Epoing & Játiva, 1964.

Micromeria darwinii Benth. var. *typica* Speg., nom. inval. = **Satureja darwinii** (Benth.) Briq.
Ref.: Epling & Játiva, 1964.

Micromeria darwinii Benth. var. *virescens* Speg. = **Satureja darwinii** (Benth.) Briq.

Micromeria eugenioides (Griseb.) Hieron. = **Satureja parvifolia** (Phil.) Epling
Ref.: Epling & Játiva, 1964.

Micromeria gilliesii Benth. = **Satureja parvifolia** (Phil.) Epling
Ref.: Epling & Játiva, 1964.

Micromeria odora (Griseb.) Hieron. = **Satureja odora** (Griseb.) Epling
Ref.: Epling & Játiva, 1964.

Micromeria pulchella (Clos) Wedd. = **Kurzamra pulchella** (Clos) Kuntze
Ref.: Epling, 1939b.

Micromeria pusilla Phil. = **Satureja darwinii** (Benth.) Briq.
Ref.: Epling & Játiva, 1964.

Minthostachys Griseb.

Número de especies: 1

Minthostachys mollis Griseb.
Sin.: *Bystropogon kuntzeanum* Briq., *Bystropogon mollis* Kunth, nom. illeg., *Minthostachys verticillata* (Griseb.) Epling, *Minthostachys verticillata* (Griseb.) Epling var. *eupatorioides* Epling, *Xenopoma verticillata* Griseb.
Ref.: Epling, 1941.
Hábito: Subarbusto.
Status: Nativa.
Elevación: 500-3500 m.
Prov.: CA, CO, JU, SA, SE, SL, TU.
Paises limítrofes: BO.
Ejemplar examinado: *Maruñak et al. 327* (SI).

Minthostachys verticillata (Griseb.) Epling = **Minthostachys mollis** Griseb.

Minthostachys verticillata (Griseb.) Epling var. *eupatorioides* Epling = **Minthostachys mollis** Griseb.

Molucella L.
Número de especies: 1

Molucella laevis L.
Ref.: Epling, 1939c; Añón, 1965.
Hábito: Hierba.
Status: Introducida.
Elevación: 500-1000 m.
Prov.: BA.
Ejemplar examinado: *Spegazzini 1664* (LP).

Nepeta L.
Número de especies: 1

Nepeta cataria L.
Ref.: Añón, 1965.
Hábito: Hierba.
Status: Adventicia.
Elevación: 0-1000 m.
Prov.: BA, CO.
Ejemplar examinado: *Hunziker 19594* (BA).

Nepeta mutabilis Rich. = **Hyptis mutabilis** (Rich.) Briq.
Ref.: Epling, 1939c.

Ocimum L.
Número de especies: 5

Ocimum balansae Briq. = [Ocimum tweedianum] Benth.
Ref.: Epling, 1935-37, 1939b.

Ocimum carnosum Benth. = **Ocimum selloi** Benth.
Ref.: Epling, 1939.

Ocimum micranthum Willd.
Ref.: Epling, 1939b.
Hábito: Hierba.
Status: Nativa.
Elevación: 0-500 m.
Prov.: CH, FO.
Paises limítrofes: BR, PA, UR.
Ejemplar examinado: *Pedersen 12894* (SI).

Ocimum neurophyllum Briq.
Ref.: Martínez Crovetto, 1981.
Hábito: Hierba.
Status: Nativa.
Elevación: 0-500 m.
Prov.: COR, MI.
Paises limítrofes: PA.
Ejemplar citado: *Martínez Crovetto y Schinini 10841** (CTES).

Ocimum nudicaule Benth.
Ref.: Epling, 1935-37, 1939b.
Hábito: Hierba.
Status: Nativa.
Elevación: 0-1000 m.
Prov.: MI.
Paises limítrofes: BR, PA.
Nota: Citada por Epling (1939b) sin indicar material de herbario.

Ocimum ovatum Benth.
Ref.: Epling, 1960.
Hábito: Hierba.
Status: Nativa.
Elevación: 0-1000 m.
Prov.: MI.
Paises limítrofes: PA.
Ejemplar citado: *Schwarz 748** (LIL).

Ocimum selloi Benth.
Sin.: *Ocimum carnosum* Benth., *Ocimum sellowii* Benth.
Ref.: Epling, 1939b, c; Crespo, 1979.
Hábito: Hierba.
Status: Nativa.
Prov.: COR, ER, JU, MI, SA.
Paises limítrofes: BR, PA.
Ejemplar examinado: *Rodríguez 294* (SI).

Ocimum sellowii Benth. = **Ocimum selloi** Benth.
Ref.: Pontiroli, 1993c.

[Ocimum tweedianum Benth.]
Sin.: *Ocimum balansae* Briq.
Nota: Cita dudosa para la flora argentina.

Oreosphacus parvifolia Phil. = **Satureja parvifolia** (Phil.) Epling
Ref.: Epling & Játiva, 1964.

Peltodon Pohl
Número de especies: 1

Peltodon longipes Benth.
Ref.: Epling, 1935-37, 1939; Epling & Játiva, 1964, 1968.
Hábito: Hierba.
Status: Nativa.
Elevación: 0-1000 m.
Prov.: COR, MI.
Paises limítrofes: BR, PA.
Ejemplar examinado: *Rodríguez 565* (SI).

[Peltodon pusillus Pohl]
Nota: Cita dudosa para la flora argentina.

[Peltodon radicans Pohl]
Nota: Cita dudosa para la flora argentina.

Perilomia ocymoides Kunth = **Scutellaria ocymoides** (Kunth) Epling
Ref.: Epling, 1939c.

Perilomia weberbaueri Mansf. = **Scutellaria ocymoides** (Kunth) Epling

Phlomis nepetaefolia L. = **Leonotis nepetaefolia** (L.) R. Br.

Prunella L.
Número de especies: 1

Prunella vulgaris L.
Ref.: Parodi, 1930; Moore, 1968; Pontiroli, 1993c.
Hábito: Hierba.
Status: Naturalizada.
Elevación: 0-500 m.
Prov.: BA, CHU, DF, NE, RN, SA, TF, TU.
Paises limítrofes: CH.
Ejemplar examinado: *Pérez Moreau s.n.* (BA 50392).

Rhabdocaulon (Benth.) Epling
Número de especies: 1

[Rhabdocaulon stenodontus (Briq.) Epling]
Nota: Cita dudosa para la flora argentina.

Rhabdocaulon strictus (Benth.) Epling
Sin.: *Cunila stricta* Benth.
Ref.: Epling, 1935-37, 1939b.
Hábito: Hierba.
Status: Nativa.
Elevación: 0-500 m.
Prov.: BA, COR, ER, MI.
Paises limítrofes: BR, UR.
Ejemplar examinado: *Pérez Moreau 8319* (BA).

Salvia L.
Número de especies: 24

[Salvia aethiopis L.]
Nota: Especie excluida de la flora argentina.

Salvia ambigens Briq. = **Salvia guaranitica** Benth.
Ref.: Epling, 1939b.

Salvia approximata Briq. = **Salvia cardiophylla** Benth.
Ref.: Epling, 1939b.

Salvia approximata Briq. var. *kuntzeana* Briq. = **Salvia cardiophylla** Benth.
Ref.: Epling, 1939b.

Salvia australis Epling = **Salvia exserta** Griseb.
Ref.: Pontiroli, 1993c.

Salvia brevipes Benth.
Ref.: Crespo, 1979.
Hábito: Hierba.
Status: Nativa.
Elevación: 0-1000 m.
Prov.: ER.
Paises limítrofes: BR.
Ejemplar examinado: *Burkart y Troncoso 27879* (SI).

Salvia calolophos Epling
Ref.: Epling, 1935-37, 1939b, c; Pontiroli, 1993c.
Hábito: Hierba.
Status: Nativa.
Elevación: 500-2000 m.
Prov.: JU, SA.
Ejemplar examinado: *Fabris 6321* (LP).

Salvia campicola Briq. = **Salvia ovalifolia** Benth.
Ref.: Epling, 1939b.

Salvia cardiophylla Benth.
Sin.: *Salvia approximata* Briq., *Salvia approximata* Briq. var. *kuntzeana* Briq., *Salvia cinerarioides* Briq., *Salvia rojasii* Briq.
Ref.: Epling, 1939b; Crespo, 1979.
Hábito: Hierba.
Status: Nativa.
Elevación: 0-2000 m.
Prov.: CH, COR, DF, ER, FO.
Paises limítrofes: BO, BR, PA.
Ejemplar examinado: *Joergensen 2235* (SI).

Salvia ciliata Benth. = **Salvia coccinea** Etl.
Ref.: Epling, 1939b.

Salvia cinerarioides Briq. = **Salvia cardiophylla** Benth.
Ref.: Epling, 1939b.

Salvia coccinea Etl.
Sin.: *Salvia ciliata* Benth., *Salvia glaucescens* Pohl
Ref.: Epling, 1939b; Zarucchi, 1993a.
Hábito: Hierba.
Status: Nativa.
Elevación: 0-1500 m.
Prov.: COR, SE, TU.
Ejemplar examinado: *Ulibarri 1512* (SI).

Salvia coerulea Benth. var. *regnellii* Benth. = **Salvia guaranitica** Benth.
Ref.: Epling, 1939b.

Salvia coerulea Benth., hom. illeg. = **Salvia guaranitica** Benth.
Ref.: Epling, 1939b.

[Salvia cordata Benth.]
Ref.: Epling & Mathias, 1957.
Nota: Especie excluida de la flora argentina. Epling & Mathias (1957) al citar esta especie para Argentina, quizás la confundieron con *S. cardiophylla*.

Salvia durifolia Epling
Ref.: Epling, 1939b.
Hábito: Hierba.
Status: Nativa.
Elevación: 500-2000 m.
Prov.: MI.
Paises limítrofes: PA.
Ejemplar examinado: *Rodríguez 238* (SI).

Salvia exserta Griseb.
Sin.: *Salvia australis* Epling, *Salvia rhombifolia* Ruiz & Pav. var. *ovata* Griseb.
Ref.: Epling, 1939b; Pontiroli, 1993c.
Hábito: Arbusto.
Status: Nativa.
Elevación: 0-1500 m.
Prov.: CO, JU, SA, TU.
Paises limítrofes: BO.
Ejemplar examinado: *Cabrera et al. 24123* (LP).

Salvia gilliesii Benth.
Sin.: *Salvia gilliesii* Benth. var. *glandulosa* Griseb.
Ref.: Epling, 1939b, c; Pontiroli, 1993c.
Hábito: Arbusto.
Status: Nativa.
Elevación: 1500-4000 m.
Prov.: CA, CO, JU, LP, LR, ME, SA, SJ, SL, TU.
Paises limítrofes: BO, CH.
Ejemplar examinado: *Burkart 10921* (SI).

Salvia gilliesii Benth. var. *glandulosa* Griseb. = **Salvia gilliesii** Benth.
Ref.: Epling, 1939b.

Salvia glaucescens Pohl = **Salvia coccinea** Etl.
Ref.: Epling, 1939b.

[Salvia grahami Benth.]
Nota: Especie excluida de la flora argentina.

Salvia guaranitica Benth.
Sin.: *Salvia ambigens* Briq., *Salvia coerulea* Benth. var. *regnellii* Benth., *Salvia coerulea* Benth., hom. illeg., *Salvia melanocalyx* Briq.
Ref.: Epling, 1939b, c; Crespo, 1979.
Hábito: Arbusto.
Status: Nativa.
Elevación: 0-1000 m.
Prov.: BA, COR, ER, MI, SA, TU.
Paises limítrofes: BR, PA, UR.
Ejemplar examinado: *Burkart 4569* (SI).

Salvia hassleri Briq. = **Salvia rosmarinoides** Benth.
Ref.: Epling, 1939b.

Salvia hederacea Larrañaga = **Salvia procurrens** Benth.

Salvia lorentzii Griseb.
Ref.: Epling, 1939b, c.
Hábito: Arbusto.
Status: Nativa.
Elevación: 500-2000 m.
Prov.: CA, CO, SE.
Ejemplar examinado: *Isern 8010* (SI).

Salvia matico Griseb. = **Salvia stachydifolia** Benth.
Ref.: Epling, 1939b.

Salvia matico Griseb. var. *cuneata* Griseb. = **Salvia stachydifolia** Benth.
Ref.: Epling, 1939b.

Salvia melanocalyx Briq. = **Salvia guaranitica** Benth.
Ref.: Epling, 1939b.

Salvia meyeri Legname
Ref.: Legname, 1962; Pontiroli, 1993c.
Hábito: Subarbusto.
Status: Nativa.
Elevación: 1000-3000 m.
Prov.: JU, SA.
Ejemplar examinado: *Fabris 5168* (SI).

Salvia microphylla Kunth
Ref.: Añón, 1965.
Hábito: Subarbusto.
Status: Subespontánea
Elevación: 0-500 m.
Prov.: BA, DF.
Paises limítrofes: UR.
Ejemplar examinado: *Nicora 1327* (SI).

Salvia minarum Briq. = **Salvia rosmarinoides** Benth.
Ref.: Epling, 1939b.

Salvia nervosa Benth.
Ref.: Epling, 1939b.
Hábito: Hierba.
Status: Nativa.
Elevación: 0-2000 m.
Prov.: CH, COR, MI.
Paises limítrofes: BR, PA, UR.
Ejemplar examinado: *Petersen 26* (SI).

Salvia officinalis L.
Ref.: Crespo, 1979.
Hábito: Subarbusto.
Status: Subespontánea.
Elevación: 0-500 m.
Prov.: BA.
Paises limítrofes: UR.
Ejemplar examinado: *Scala s.n.* (LP).

Salvia ovalifolia Benth.
Sin.: *Salvia campicola* Briq., *Salvia pachypoda* Briq.
Ref.: Epling, 1939b.
Hábito: Hierba.
Status: Nativa.
Elevación: 0-1500 m.
Prov.: COR, MI.
Paises limítrofes: BR, PA, UR.
Ejemplar examinado: *Rodríguez 32* (SI).

Salvia pachypoda Briq. = **Salvia ovalifolia** Benth.
Ref.: Epling, 1939b.

Salvia pallida Benth.
Sin.: *Salvia rouyana* Briq., *Salvia serrata* Benth., *Salvia uruguayensis* A. St.-Hil. ex Benth.
Ref.: Epling, 1939b; Crespo, 1979.
Hábito: Hierba.
Status: Nativa.
Elevación: 0-1000 m.
Prov.: BA, CH, COR, DF, ER, FO, LP, MI, SF.
Paises limítrofes: BR, PA, UR.
Ejemplar examinado: *Burkart y Gamerro 21896* (SI).

Salvia personata Epling
Ref.: Epling, 1939b, c; Pontiroli, 1993c.
Hábito: Hierba.
Status: Nativa.
Elevación: 1000-2000 m.
Prov.: CA, JU, SA, TU.
Paises limítrofes: BO.
Ejemplar examinado: *Cabrera et al. 30436* (SI).

Salvia procurrens Benth.
Sin.: *Salvia hederacea* Larrañaga, *Teucrium rotundifolium* Poir., hom. illeg.
Ref.: Epling, 1939b; Crespo, 1979.
Hábito: Hierba.
Status: Nativa.
Elevación: 0-1000 m.
Prov.: BA, DF, ER.
Paises limítrofes: BR, UR.
Ejemplar examinado: *Boelcke 5100* (SI).

Salvia reflexa Hornem.
Ref.: Hunziker, 1961.
Hábito: Hierba.
Status: Naturalizada.
Elevación: 0-1000 m.
Prov.: CO.
Ejemplar examinado: *Hunziker y Cocucci 15898* (CORD).

Salvia rhinosina Griseb. = **Salvia stachydifolia** Benth.
Ref.: Pontiroli, 1993c.

Salvia rhinosina Griseb. var. *arborescens* Griseb. = **Salvia stachydifolia** Benth.

Salvia rhombifolia Ruiz & Pav. var. *ovata* Griseb. = **Salvia exserta** Griseb.
Ref.: Epling, 1939b; Pontiroli, 1993c.

Salvia rigida Benth., hom. illeg. = **Salvia rosmarinoides** Benth.
Ref.: Epling, 1939b.

Salvia rojasii Briq. = **Salvia cardiophylla** Benth.
Ref.: Epling, 1939b.

Salvia rosmarinoides Benth.
Sin.: *Salvia hassleri* Briq., *Salvia minarum* Briq., *Salvia rigida* Benth., hom. illeg.
Ref.: Epling, 1939b.
Hábito: Hierba.
Status: Nativa.
Elevación: 0-2000 m.
Prov.: COR, FO, MI.
Paises limítrofes: BR, PA, UR.
Ejemplar examinado: *Schinini et al. 13029* (SI).

Salvia rouyana Briq. = **Salvia pallida** Benth.
Ref.: Epling, 1939b.

Salvia rypara Briq.
Ref.: Epling, 1939b, c, 1944; Pontiroli, 1993c.
Hábito: Hierba.
Status: Nativa.
Elevación: 0-1000 m.
Prov.: CA, JU, SA, TU.
Ejemplar examinado: *Cabrera et al. 31418* (SI).

Salvia serrata Benth. = **Salvia pallida** Benth.
Ref.: Epling, 1939b.

Salvia splendens Ker Gawl.
Hábito: Hierba.
Status: Adventicia.
Elevación: 0-1000 m.
Prov.: DF, TU.
Ejemplar examinado: *Rodríguez 1460* (SI).
Nota: Escapada de cultivo.

Salvia stachydifolia Benth.
Sin.: *Salvia matico* Griseb., *Salvia matico* Griseb. var. *cuneata* Griseb., *Salvia rhinosina* Griseb., *Salvia rhinosina* Griseb. var. *arborescens* Griseb.
Ref.: Epling, 1939b; Pontiroli, 1993c.
Hábito: Subarbusto.
Status: Nativa.
Elevación: 1500-3500 m.
Prov.: CA, JU, SA, TU.
Paises limítrofes: BO.
Ejemplar examinado: *Venturi 3045* (SI).

[Salvia subrotunda A. St.-Hil. ex Benth.]
Nota: Cita dudosa para la flora argentina.

Salvia uliginosa Benth.
Ref.: Epling, 1939b; Crespo, 1979.
Hábito: Hierba.
Status: Nativa.
Elevación: 0-500 m.
Prov.: BA, CH, COR, DF, ER, MI.
Paises limítrofes: BR, UR.
Ejemplar examinado: *Nicora 714* (SI).

Salvia uruguayensis A. St.-Hil. ex Benth. = **Salvia pallida** Benth.
Ref.: Epling, 1939b.

Salvia verbenaca L.
Ref.: Epling, 1944; Añón, 1965.
Hábito: Hierba.
Status: Adventicia.
Elevación: 0-500 m.
Prov.: BA, CO, LP, ME.
Paises limítrofes: UR.
Ejemplar examinado: *Cabrera 10322* (SI).

Satureja L.
Número de especies: 5

Satureja boliviana (Benth.) Briq.
Sin.: *Clinopodium bolivianum* (Benth.) Kuntze, *Clinopodium kuntzeanum* (Briq.) Kuntze, *Micromeria boliviana* Benth., *Micromeria boliviana* Benth. var. *angustifolia* Wedd., *Satureja boliviana* (Benth.) Briq. var. *tarijensis* (Wedd.) Epling, *Satureja kuntzeana* Briq., *Satureja simulans* Epling, *Xenopoma bolivianum* (Benth.) Griseb., *Xenopoma bolivianum* (Benth.) Griseb. var. *tarijense* Wedd.
Ref.: Epling, 1939b, c; Epling & Játiva, 1964; Pontiroli, 1993c.
Hábito: Arbusto.
Status: Nativa.
Elevación: 2500-4000 m.
Prov.: JU, SA, SL, TU.
Paises limítrofes: BO.
Ejemplar examinado: *Ahumada 4271* (SI).

Satureja boliviana (Benth.) Briq. var. *tarijensis* (Wedd.) Epling = **Satureja boliviana** (Benth.) Briq.

Satureja bonariensis (Fisch. & C.A.Mey.) Briq. = **Hedeoma multiflora** Benth.
Ref.: Irving, 1980.

Satureja brownei (Sw.) Briq.
Sin.: *Clinopodium brownei* (Sw.) Kuntze, *Micromeria brownei* (Sw.) Benth., *Satureja boliviana* (Benth.) Briq. var. *tarijensis* (Wedd.) Epling, *Satureja brownei* (Sw.) Briq. subsp. *eubrownei* Epling, nom. inval., *Thymus brownei* Sw.
Ref.: Epling, 1939b; Epling & Játiva, 1964; ; Crespo, 1979.
Hábito: Hierba.
Status: Nativa.
Elevación: 0-500 m.
Prov.: CH, COR, ER, MI.
Paises limítrofes: BR, PA.
Ejemplar examinado: *Troncoso 27099* (SI).

Satureja brownei (Sw.) Briq. subsp. *eubrownei* Epling, nom. inval. = **Satureja brownei** (Sw.) Briq.
Ref.: Epling & Játiva, 1964.

Satureja darwinii (Benth.) Briq.
Sin.: *Clinopodium darwinii* (Benth.) Kuntze, *Clinopodium darwinii* (Benth.) Kuntze var. *pusilla* (Phil.) Epling, *Micromeria darwinii* Benth., *Micromeria darwinii* Benth. var. *imbricatifolia* Speg., *Micromeria darwinii* Benth. var. *pallida* Speg., *Micromeria darwinii* Benth. var. *pusilla* (Phil.) Speg., *Micromeria darwinii* Benth. var. *typica* Speg., nom. inval., *Micromeria darwinii* Benth. var. *virescens* Speg., *Micromeria pusilla* Phil., *Satureja pusilla* Macloskie
Ref.: Epling, 1939b; Epling & Játiva, 1964.
Hábito: Hierba.
Status: Nativa.
Elevación: 0-500 m.
Prov.: CHU, NE, SC, TF.
Paises limítrofes: CH.
Ejemplar examinado: *Johnston 23981* (SI).

Satureja eugenioides Griseb. = **Satureja parvifolia** (Phil.) Epling
Ref.: Epling & Játiva, 1964.

Satureja gilliesii (Benth.) Briq. = **Hedeoma multiflora** Benth.
Ref.: Irving, 1980.

Satureja kuntzeana Briq. = **Satureja boliviana** (Benth.) Briq.
Ref.: Epling & Játiva, 1964.

Satureja odora (Griseb.) Epling
Sin.: *Ceratominthe achalensis* Briq., *Ceratominthe kuntzeana* Briq., *Micromeria odora* (Griseb.) Hieron., *Xenopoma odorum* Griseb.
Ref.: Epling, 1939b, Epling & Játiva, 1964; Pontiroli, 1993c.
Hábito: Arbusto.
Status: Nativa.
Elevación: 1500-3000 m.
Prov.: CA, CO, JU, SA, SL, TU.
Paises limítrofes: BO.
Ejemplar examinado: *Hunziker 1397* (SI).

Satureja oligantha Briq. = **Satureja parvifolia** (Phil.) Epling
Ref.: Epling & Játiva, 1964.

Satureja parvifolia (Phil.) Epling
Sin.: *Bystropogon minutus* Briq., *Micromeria eugenioides* (Griseb.) Hieron., *Micromeria gilliesii* Benth., *Oreosphacus parvifolia* Phil., *Satureja eugenioides* Griseb., *Satureja oligantha* Briq., *Xenopoma eugenioides* Griseb.
Ref.: Epling & Játiva, 1964; Pontiroli, 1993c.
Hábito: Arbusto.
Status: Nativa.
Elevación: 1000-4500 m.
Prov.: CA, CO, JU, LR, ME, SA, SL, TU.
Paises limítrofes: CH.
Ejemplar examinado: *Kiesling 3655* (SI).

Satureja pusilla Macloskie = **Satureja darwinii** (Benth.) Briq.

Satureja simulans Epling = **Satureja boliviana** (Benth.) Briq.
Ref.: Epling & Játiva, 1964.

Scutellaria L.
Número de especies: 6

Scutellaria bonariensis Benth. = **Scutellaria racemosa** Pers.
Ref.: Epling, 1939b.

Scutellaria breviflora Benth.
Ref.: Epling, 1939b, c; Pontiroli, 1993c.
Hábito: Hierba.
Status: Nativa.
Elevación: 0-1000 m.
Prov.: JU, SA, TU.
Paises limítrofes: BO.
Ejemplar examinado: *Maruñak et al. 594* (SI).

Scutellaria eplingii Legname
Ref.: Legname, 1962; Pontiroli, 1993c.
Hábito: Hierba.
Status: Nativa.
Elevación: 2000-3000 m.
Prov.: SA.
Ejemplar examinado: *Kiesling et al. 3948* (SI).

Scutellaria hastata Larrañaga = **Scutellaria racemosa** Pers.
Ref.: Epling, 1939b.

Scutellaria heterophylla Benth. = **Scutellaria racemosa** Pers.
Ref.: Epling, 1939b.

Scutellaria nummulariifolia Hook. f.
Sin.: *Cruzia serpyllacea* Phil.
Ref.: Epling, 1939b; Moore, 1968.
Hábito: Hierba.
Status: Nativa.
Elevación: 0-500 m.
Prov.: CHU, RN, SC, TF.
Paises limítrofes: CH.
Ejemplar examinado: *Roivainen s.n.* (BA 66.387, SI).

Scutellaria ocymoides (Kunth) Epling
Sin.: *Perilomia ocymoides* Kunth, *Perilomia weberbaueri* Mansf.
Ref.: Epling, 1939c; Pontiroli, 1993c.
Hábito: Hierba.
Status: Nativa.
Elevación: 3000-3500 m.
Prov.: JU, SA.
Ejemplar examinado: *Castellanos 46971* (BA).

Scutellaria platensis Speg.
Ref.: Epling, 1939b, c; Crespo, 1979.
Hábito: Hierba.
Status: Nativa.
Elevación: 0-500 m.
Prov.: BA, ER.
Ejemplar examinado: *Burkart 3768* (SI).

Scutellaria racemosa Pers.
Sin.: *Scutellaria bonariensis* Benth., *Scutellaria hastata* Larrañaga, *Scutellaria heterophylla* Benth., *Scutellaria rojasii* Briq., *Scutellaria rumicifolia* Kunth
Ref.: Epling, 1939a, b, c, 1944; Pontiroli, 1993c.
Hábito: Hierba.
Status: Nativa.
Elevación: 0-1500 m.
Prov.: BA, CA, CH, CO, COR, ER, FO, JU, ME, MI, SA, SE, SF, SL, TU.
Paises limítrofes: BR, CH, PA, UR.
Ejemplar examinado: *Alazraqui 7* (BA).

Scutellaria rojasii Briq. = **Scutellaria racemosa** Pers.
Ref.: Epling, 1944.

Scutellaria rumicifolia Kunth = **Scutellaria racemosa** Pers.
Ref.: Epling, 1939a.

Soliera pulchella Clos = **Kurzamra pulchella** (Clos) Kuntze
Ref.: Epling, 1939b.

Sphacele acuminata Griseb. = **Lepechinia vesiculosa** (Benth.) Epling
Ref.: Epling, 1968.

Sphacele clinopodioides Griseb. = **Lepechinia meyenii** (Walp.) Epling
Ref.: Epling, 1939b.

Sphacele floribunda Benth. = **Lepechinia floribunda** (Benth.) Epling
Ref.: Epling, 1939b.

Sphacele grisebachii Kurtz = **Lepechinia floribunda** (Benth.) Epling
Ref.: Epling, 1939b.

Sphacele hastata Griseb., hom. illeg. = **Lepechinia floribunda** (Benth.) Epling
Ref.: Epling, 1939b.

Sphacele pampeana Speg. = **Lepechinia floribunda** (Benth.) Epling
Ref.: Epling, 1939b.

Sphacele tenuiflora Benth. = **Lepechinia meyenii** (Walp.) Epling
Ref.: Epling, 1939b.

Sphacele vesiculosa (Benth.) J.F. Macbr. = **Lepechinia vesiculosa** (Benth.) Epling

Stachys L.
Número de especies: 3

Stachys albicaulis Lindl.
Sin.: *Stachys eriophylla* Briq.
Ref.: Epling, 1935-37.
Hábito: Hierba.
Status: Nativa.
Elevación: 1000-2000 m.
Prov.: ME.
Paises limítrofes: CH.
Ejemplar examinado: *Gillies s.n.* (holotipo de *S. eriophylla*, G).

Stachys arvensis (L.)
Sin.: *Glecoma arvensis* L.
Ref.: Epling, 1939b; Añón, 1965; Crespo, 1979.
Hábito: Hierba.
Status: Introducida.
Elevación: 0-1000 m.
Prov.: BA, CA, CO, DF, ER, SA, SE, TU.
Paises limítrofes: BR, CH, PA, UR.
Ejemplar examinado: *Cabrera 7075* (LP).

Stachys boliviana Briq. = **Stachys gilliesii** Benth.

Stachys eriophylla Briq. = **Stachys albicaulis** Lindl.
Ref.: Epling, 1935-37.

Stachys galanderi Briq. = **Stachys gilliesii** Benth.

Stachys gilliesii Benth.
Sin.: *Stachys boliviana* Briq., *Stachys galanderi* Briq., *Stachys lorentzii* Briq., *Stachys micheliana* Briq. ex Micheli, *Stachys micrantha* Griseb., *Stachys petiolosa* Briq., *Stachys tucumanensis* Briq.
Ref.: Epling, 1935-37, 1939b, Crespo, 1979; Pontiroli, 1993c.
Hábito: Hierba.
Status: Nativa.
Elevación: 0-1000 m.
Prov.: BA, CA, CH, CHU, CO, COR, ER, FO, JU, ME, NE, RN, SA, SF, SL, TU.
Paises limítrofes: BR, CH, PA, UR.
Ejemplar examinado: *Taylor et al. 11232* (SI).

Stachys lorentzii Briq. = **Stachys gilliesii** Benth.

Stachys meyenii Walp. = **Lepechinia meyenii** (Walp.) Epling
Ref.: Epling, 1939b.

Stachys micheliana Briq. ex Micheli = **Stachys gilliesii** Benth.
Ref.: Crespo, 1979.

Stachys micrantha Griseb. = **Stachys gilliesii** Benth.

Stachys petiolosa Briq. = **Stachys gilliesii** Benth.
Ref.: Crespo, 1979.

Stachys tucumanensis Briq. = **Stachys gilliesii** Benth.

Teucrium L.
Número de especies: 3

Teucrium carthaginense Lange = **Teucrium vesicarium** Mill.
Ref.: McClintock & Epling, 1946.

Teucrium chamaedrifolium Mill. = **Teucrium cubense** Jacq.
Ref.: McClintock & Epling, 1946.

Teucrium cubense Jacq.
Sin.: *Melosmon cubense* (Jacq.) Small, *Melosmon laevigatum* (Vahl) Small, *Teucrium chamaedrifolium* Mill., *Teucrium cubense* Jacq. subsp. *chamaedrifolium* (Mill.) Epling, *Teucrium cubense* Jacq. subsp. *laevigatum* (Vahl) E.M. McClint., *Teucrium laevigatum* Vahl
Ref.: McClintock & Epling, 1946.
Hábito: Hierba.
Status: Nativa.
Prov.: BA, CH, CO, COR, ER, SE, SF, TU.
Paises limítrofes: BR, UR.
Ejemplar examinado: *Hunziker 11347* (BA).

Teucrium cubense Jacq. subsp. *chamaedrifolium* (Mill.) Epling = **Teucrium cubense** Jacq.
Ref.: McClintock, 1946.

Teucrium cubense Jacq. subsp. *cordobense* Epling = **Teucrium grisebachii** Hieron. ex Epling

Teucrium cubense Jacq. subsp. *laevigatum* (Vahl) E.M. McClint. = **Teucrium cubense** Jacq.
Ref.: Crespo, 1979.

Teucrium grisebachii Hieron. ex Epling
Sin.: *Teucrium cubense* Jacq. subsp. *cordobense* Epling, *Teucrium grisebachii* Hieron. ex Griseb., nom. illeg.
Ref.: Epling, 1939b, 1960; McClintock & Epling, 1946.
Hábito: Hierba o subarbusto.
Status: Nativa.
Elevación: 0-1500 m.
Prov.: CA, CO, COR, ME, SA, SE, SF, SL, TU.
Ejemplar examinado: *Covas 2502* (SI).

Teucrium grisebachii Hieron. ex Griseb., nom. illeg. = **Teucrium grisebachii** Hieron. ex Epling

Teucrium hirtum Willd. = **Teucrium vesicarium** Mill.
Ref.: McClintock & Epling, 1946.

Teucrium inflatum Sw. = **Teucrium vesicarium** Mill.
Ref.: Epling, 1939b.

Teucrium laevigatum Vahl = **Teucrium cubense** Jacq.
Ref.: Crespo, 1979.

Teucrium mollifolium Larrañaga = **Teucrium vesicarium** Mill.
Ref.: McClintock & Epling, 1946.

Teucrium palustre Kunth = **Teucrium vesicarium** Mill.
Ref.: McClintock & Epling, 1946.

Teucrium picardae Krug & Urb. = **Teucrium vesicarium** Mill.
Ref.: McClintock & Epling, 1946.

Teucrium rotundifolium Poir., hom. illeg. = **Salvia procurrens** Benth.

Teucrium tenuipes Epling = **Teucrium vesicarium** Mill.
Ref.: McClintock & Epling, 1946.

Teucrium vesicarium Mill.
Sin.: *Teucrium carthaginense* Lange, *Teucrium hirtum* Willd., *Teucrium inflatum* Sw., *Teucrium mollifolium* Larrañaga, *Teucrium palustre* Kunth, *Teucrium picardae* Krug & Urb., *Teucrium tenuipes* Epling, *Teucrium vesicarium* Mill. var. *palustre* Epling
Ref.: Epling, 1939b; McClintock & Epling, 1946; Crespo, 1979; Pontiroli, 1993c.
Hábito: Hierba.
Status: Nativa.
Elevación: 0-1000 m.
Prov.: BA, CH, COR, DF, ER, FO, JU, MI, SA, SF.
Paises limítrofes: BR, PA, UR.
Ejemplar examinado: *Cabrera y Kiesling 20271* (LP).

Teucrium vesicarium Mill. var. *palustre* Epling = **Teucrium vesicarium** Mill.
Ref.: McClintock & Epling, 1946.

Thymus brownei Sw. = **Satureja brownei** (Sw.) Briq.
Ref.: Epling & Játiva, 1964.

Xenopoma bolivianum (Benth.) Griseb. = **Satureja boliviana** (Benth.) Briq.
Ref.: Epling, 1939b.

Xenopoma bolivianum (Benth.) Griseb. var. *tarijense* Wedd. = **Satureja boliviana** (Benth.) Briq.

Xenopoma eugenioides Griseb. = **Satureja parvifolia** (Phil.) Epling
Ref.: Epling, 1939b.

Xenopoma odorum Griseb. = **Satureja odora** (Griseb.) Epling
Ref.: Epling, 1939b.

Xenopoma verticillata Griseb. = **Minthostachys mollis** Griseb.

LARDIZABALACEAE

1 género, 1 especie.

Boquila Decne.

Número de especies: 1

Boquila trifoliolata (DC.) Decne.
Sin.: *Lardizabala trifoliolata* DC.
Ref.: Crespo, 1984b.
Hábito: Arbusto.
Status: Nativa.
Elevación: 0-500 m.
Prov.: CHU, NE.
Paises limítrofes: CH.
Ejemplar examinado: *Pérez Moreau s.n.* (BA 45114).

Lardizabala trifoliolata DC. = **Boquila trifoliolata** (DC.) Decne.

LAURACEAE

5 géneros, 16 especies.

por S. Tressens

Aiouea hassleri Mez ex Chodat = [Aiouea trinervis Meisn.]
Ref.: Kubitzki & Renner, 1982.

[Aiouea trinervis Meisn.]
Sin.: *Aiouea hassleri* Mez ex Chodat
Ref.: Kubitzki & Renner, 1982.
Nota: Citada por Kubitzki & Renner (1982), en el mapa de distribución de la especie, para Chaco y Formosa, sin incluir este dato en el texto ni indicar material de herbario.

Aydendron laurel Nees, nom. illeg. = [Nectandra pichurim (H.B.K.) Mez]
Ref.: Rohwer, 1993a.

Camphoromoea laxa Nees = [Ocotea laxa (Nees) Mez]
Ref.: Coe-Teixeira, 1980.

Cinnamomum Schaeff.

Número de especies: 3

Cinnamomum amoenum (Nees) Kosterm.
Sin.: *Oreodaphne amoena* Nees, *Phoebe amoena* (Nees) Mez
Ref.: Mez, 1889 (sub *Phoebe*); Kostermans, 1961.
Hábito: Árbol o arbusto.
Status: Nativa.
Elevación: 0-500 m.
Prov.: MI.
Paises limítrofes: BR.
Ejemplar examinado: *Tressens et al. 4658* (CTES).

Cinnamomum porphyrium (Griseb.) Kosterm.
Sin.: *Nectandra porphyria* Griseb., *Phoebe porphyria* (Griseb.) Mez
Ref.: Mez, 1889 (sub *Phoebe*); Kostermans, 1961.
Hábito: Árbol.
Status: Nativa.
Elevación: 0-1700 m.
Prov.: CA, JU, SA, TU.
Paises limítrofes: BO.
Ejemplar examinado: *Venturi 5848* (SI).

Cinnamomum vesiculosum (Nees) Kosterm.
Sin.: *Oreodaphne vesiculosa* Nees, *Phoebe vesiculosa* (Nees) Mez
Ref.: Mez, 1889 (sub *Phoebe*); Kostermans, 1961.
Hábito: Árbol o arbusto.
Status: Nativa.
Elevación: 0-500 m.
Prov.: MI.
Paises limítrofes: BR.
Ejemplar examinado: *Tressens et al. 4705* (CTES).

Cryptocarya R. Br.

Número de especies: 1

Cryptocarya aschersoniana Mez
Ref.: Vattimo, 1966; Tressens, 1997.
Hábito: Árbol.
Status: Nativa.
Elevación: 500-1000 m.
Prov.: MI.
Paises limítrofes: BR.
Ejemplar examinado: *Tressens et al. 5604* (CTES).

Laurus puberula Rich. = **Ocotea puberula** (Rich.) Nees
Ref.: Rohwer, 1986.

Mespilodaphne pulchella (Nees) Meisn. = **Ocotea pulchella** (Nees) Mez
Ref.: Rohwer, 1986.

Nectandra Rol. ex Rottb.

Número de especies: 4

[Nectandra albeno Rojas Acosta]
Ref.: Krapovickas, 1970c; Rohwer, 1993a.
Nota: Taxón dudoso.

Nectandra amara Meisn. = [Nectandra puberula (Schott) Nees
Ref.: Rohwer, 1986, 1993a.

Nectandra amara var. *australis* Meisn. = [Nectandra puberula (Schott) Nees]
Ref.: Rohwer, 1986, 1993a.

Nectandra amara var. *australis* auct. non Meisn. = **Ocotea acutifolia** Mez
Ref.: Mez, 1889; Vattimo, 1956; Coe-Teixeira, 1980.

Nectandra amara var. *australis* auct. non Meisn. = **Nectandra angusta** Rohwer

Nectandra angusta Rohwer
Sin.: *Nectandra amara* var. *australis* auct. non Meisn., *Nectandra pichurim* auct. non (H.B.K.) Mez
Ref.: Rohwer, 1993a.
Hábito: Árbol.
Status: Nativa
Elevación: 500-1000 m.
Prov.: JU, SA.
Paises limítrofes: BO.
Ejemplar examinado: *Cabrera y Fabris 22609* (CTES, LP).

Nectandra angustifolia (Schrad.) Nees & Mart. ex Nees
Sin.: *Nectandra angustifolia* var. *falcifolia* Nees, *Nectandra falcifolia* (Nees) J.A. Castigl. ex Mart. Crov. & Piccinini, *Nectandra membranacea* var. *falcifolia* (Nees) Hassl., *Ocotea angustifolia* Schrad.
Ref.: López et al., 1987; Rohwer, 1993a.
Hábito: Árbol.
Status: Nativa.
Elevación: 0–500 m.
Prov.: BA, CH, COR, ER, FO, MI, SF.
Paises limítrofes: BR, PA, UR.
Ejemplar examinado: *Krapovickas e Irigoyen 18390* (BA, BAA, BAB, CTES, IAC, LL, LP, MO, UC, WIS).
Nota: Existe un ejemplar colectado en una localidad muy alejada del área de distribución de la especie (en Catamarca), el que podría tratarse de un ejemplar cultivado o de un error en la etiqueta de herbario.

Nectandra angustifolia var. *falcifolia* Nees = **Nectandra angustifolia** (Schrad.) Nees & Mart.
Ref.: Rohwer, 1993a.

[Nectandra cissiflora Nees]
Sin.: *Nectandra myriantha* Meisn.
Ref.: Rohwer, 1993a.
Nota: Especie excluida de la flora argentina.

[Nectandra cuspidata Nees & Mart.]
Sin.: *Nectandra pichurim* (H.B.K.) Mez var. *cuprea* Mez
Ref.: Rohwer, 1993a.
Nota: Especie excluida de la flora argentina.

Nectandra falcifolia (Nees) J.A. Castigl. ex Mart. Crov. & Piccinini = **Nectandra angustifolia** (Schrad.) Nees & Mart. ex Nees
Ref.: Rohwer, 1993a.

Nectandra lanceolata Nees
Sin.: *Nectandra lanceolata* var. *paraguariensis* Hassl., nom. illeg.
Ref.: Mez, 1892; Castiglioni, 1951; Tortorelli, 1956; Rohwer, 1986, 1993a.
Hábito: Árbol.
Status: Nativa.
Elevación: 0–1000 m.
Prov.: FO, MI.
Paises limítrofes: BR, PA.
Ejemplar examinado: *Montes 187* (BAB, CTES)

Nectandra lanceolata var. *paraguariensis* Hassl., nom. illeg. = **Nectandra lanceolata** Nees
Ref.: Rohwer, 1993a.

[*Nectandra leucoxyla* Rojas Acosta, nom. nud.]
Ref.: Krapovickas, 1970c.

Nectandra megapotamica (Spreng.) Mez
Sin.: *Nectandra membranacea* (Spreng.) Hassl., hom. illeg., *Nectandra membranacea* var. *saligna* (Nees & Mart. ex Nees) Hassl., *Nectandra membranacea* var. *saligna* f. *floribunda* Hassl., *Nectandra saligna* Nees & Mart. ex Nees, *Nectandra saligna* var. *obscura* Meisn., *Nectandra tweediei* (Meissn.) Mez, *Oreodaphne tweediei* Meisn., *Tetranthera megapotamica* Spreng.
Ref.: Rohwer, 1986, 1993a; Múlgura, 1987a.
Hábito: Árbol.
Status: Nativa.
Elevación: 0–1000 m.
Prov.: COR, ER, FO, MI.
Paises limítrofes: BR, PA, UR.
Ejemplar examinado: *Cristóbal y Krapovickas 1816* (CTES, WIS).

Nectandra membranacea (Spreng.) Hassl., hom. illeg. = **Nectandra megapotamica** (Spreng.) Mez
Ref.: Rohwer, 1993a.

Nectandra membranacea var. *falcifolia* (Nees) Hassl. = **Nectandra angustifolia** (Schrad.) Nees & Mart. ex Nees
Ref.: Rohwer, 1993a.

Nectandra membranacea var. *saligna* (Nees & Mart. ex Nees) Hassl. = **Nectandra megapotamica** (Spreng.) Mez
Ref.: Rohwer, 1993a.

Nectandra membranacea var. *saligna* f. *floribunda* Hassl. = **Nectandra megapotamica** (Spreng.) Mez
Ref.: Rohwer, 1993a.

[Nectandra microcarpa Meisn.]
Ref.: Rohwer, 1993a.
Nota: Especie excluida de la flora argentina.

Nectandra myriantha Meisn. = [Nectandra cissiflora Nees]
Ref.: Rohwer, 1993a.

[Nectandra nigra Rojas Acosta]
Ref.: Krapovickas, 1970c; Rohwer, 1993a.
Nota: Taxón dudoso.

[Nectandra pichurim (H.B.K.) Mez]
Sin.: *Aydendron laurel* Nees, nom. illeg., *Ocotea pichurim* H.B.K.
Ref.: Rohwer, 1993a.
Nota: Especie excluida de la flora argentina.

Nectandra pichurim auct. non (H.B.K.) Mez = **Nectandra angusta** Rohwer

Nectandra pichurim (H.B.K.) Mez var. *cuprea* Mez = [Nectandra cuspidata Nees & Mart.]
Ref.: Rohwer, 1993a.

Nectandra porphyria Griseb. = **Cinnamomum porphyrium** (Griseb.) Kosterm.
Ref.: Kostermans, 1961.

[Nectandra puberula (Schott) Nees]
Sin.: *Nectandra amara* Meisn., *Nectandra amara* var. *australis* Meisn.
Ref.: Rohwer, 1986, 1993a.
Nota: Especie excluida de la flora argentina.

Nectandra saligna Nees & Mart. ex Nees = **Nectandra megapotamica** (Spreng.) Mez
Ref.: Rohwer, 1993a.

Nectandra saligna var. *obscura* Meisn. = **Nectandra megapotamica** (Spreng.) Mez
Ref.: Rohwer, 1993a.

Nectandra tweediei (Meissn.) Mez = **Nectandra megapotamica** (Spreng.) Mez
Ref.: Rohwer, 1993a.

Nectandra tweediei auct. non (Meisn.) Mez = **Ocotea puberula** (Rich.) Nees
Ref.: Hauman & Irigoyen, 1923; Lillo, 1924.

[Nectandra weddelli Meisn.]
Ref.: Rohwer, 1993a.

Ocotea Aubl.

Número de especies: 5

Ocotea acutifolia (Nees) Mez

Sin.: *Nectandra amara* var. *australis* auct. non Meisn., *Oreodaphne acutifolia* Nees, *Oreodaphne acutifolia* var. *prolifera* Nees
Ref.: Castiglioni, 1957; Coe-Teixeira, 1980; Rohwer, 1986; Múlgura, 1987a.
Hábito: Árbol.
Status: Nativa.
Elevación: 0–500 m.
Prov.: BA, COR, ER.
Paises limítrofes: BR, PA, UR.
Ejemplar examinado: *Krapovickas y Cristóbal 11679* (CTES, SI, UC, WIS).
Nota: En la etiqueta del ejemplar *I. Vila 75a* (BAB 35131) figura como localidad "Chaco austral". Podría referirse a Santa Fe, pero su presencia en esa provincia no fue confirmada.

Ocotea angustifolia Schrad. = **Nectandra angustifolia** (Schrad.) Nees & Mart. ex Nees
Ref.: Rohwer, 1993a.

Ocotea diospyrifolia (Meisn.) Mez

Sin.: *Ocotea pseudocorymbosa* Hassl., *Ocotea suaveolens* (Meisn.) Benth. & Hook. f. ex Hieron., *Ocotea suaveolens* var. *genuina* Hassl., nom. inval., *Oreodaphne diospyrifolia* Meisn., *Oreodaphne suaveolens* Meisn., *Strychnodaphne suaveolens* (Meisn.) Griseb.
Ref.: Mez, 1889; Castiglioni, 1957; Coe-Teixeira, 1980; Rohwer, 1986.
Hábito: Árbol.
Status: Nativa.
Elevación: 0–1000 m.
Prov.: CH, COR, FO, MI.
Paises limítrofes: BO, BR, PA.
Ejemplar examinado: *Tressens et al. 2621* (CTES, F, K).

Ocotea lanceolata (Nees) Nees, comb. illeg. = **Ocotea lancifolia** (Schott) Mez
Ref.: Rohwer, 1986.

Ocotea lancifolia (Schott) Mez

Sin.: *Ocotea lanceolata* (Nees) Nees, comb. illeg., *Persea lancifolia* Schott, *Strychnodaphne lanceolata* Nees
Ref.: Castiglioni, 1957 (sub *Ocotea lanceolata*); Rohwer, 1986.
Hábito: Árbol o arbusto.
Status: Nativa.
Elevación: 0–500 m.
Prov.: COR, MI.
Paises limítrofes: BR, PA.
Ejemplar examinado: *Krapovickas et al. 24993* (AK, ENCB, CTES, G, LIL, LP, NCU, PRU, UC).

[Ocotea laxa (Nees) Mez]

Sin.: *Camphoromoea laxa* Nees
Ref.: Coe-Texeira, 1980.
Nota: Citada por Coe-Texeira (1980) para Argentina, sin mención de material de herbario.

Ocotea pichurim H.B.K. = [Nectandra pichurim (H.B.K.) Mez]
Ref.: Rohwer, 1993a.

[Ocotea porosa (Nees & Mart. ex Nees) Barroso]

Sin.: *Oreodaphne porosa* Nees & Mart. ex Nees, *Phoebe porosa* (Nees & Mart. ex Nees) Mez
Ref.: Rohwer, 1986.

Ocotea pseudocorymbosa Hassl. = **Ocotea diospyrifolia** (Meisn.) Mez
Ref.: Rohwer, 1986.

Ocotea puberula (Rich.) Nees

Sin.: *Laurus puberula* Rich., *Ocotea puberula* var. *arechavaletae* (Mez) Hassl., *Strychnodaphne puberula* Nees & Mart.
Ref.: Castiglioni, 1957; Legname, 1982; Rohwer, 1986.
Hábito: Árbol.
Status: Nativa.
Elevación: 0–1600 m.
Prov.: COR, JU, MI, SA.
Paises limítrofes: BO, BR, PA, UR.
Ejemplar examinado: *Montes 2310* (CTES, LIL).

Ocotea puberula var. *arechavaletae* (Mez) Hassl. = **Ocotea puberula** (Rich.) Nees
Ref.: Castiglioni, 1957.

Ocotea pulchella (Nees) Mez

Sin.: *Mespilodaphne pulchella* (Nees) Meisn., *Oreodaphne pulchella* Nees
Ref.: Castiglioni, 1957; Dimitri, 1974a; Rohwer, 1986.
Hábito: Árbol.
Status: Nativa.
Elevación: 0–1000 m.
Prov.: MI.
Paises limítrofes: BR, PA, UR.
Ejemplar examinado: *Schwarz 6673* (CTES, LIL).

Ocotea suaveolens (Meisn.) Benth. & Hook. f. ex Hieron. = **Ocotea diospyrifolia** (Meisn.) Mez
Ref.: Rohwer, 1986.

Ocotea suaveolens var. *genuina* Hassl., nom. inval. = **Ocotea diospyrifolia** (Meisn.) Mez
Ref.: Rohwer, 1986.

Oreodaphne acutifolia Nees = **Ocotea acutifolia** (Nees) Mez
Ref.: Rohwer, 1986.

Oreodaphne acutifolia var. *prolifera* Nees = **Ocotea acutifolia** (Nees) Mez
Ref.: Rohwer, 1986.

Oreodaphne amoena Nees = **Cinnamomum amoenum** (Nees) Kosterm.
Ref.: Kosterman, 1961.

Oreodaphne diospyrifolia Meisn. = **Ocotea diospyrifolia** (Meisn.) Mez
Ref.: Rohwer, 1986.

Oreodaphne porosa Nees & Mart. ex Nees = [Ocotea porosa (Nees & Mart. ex Nees) Barroso]
Ref.: Rohwer, 1986.

Oreodaphne pulchella Nees = **Ocotea pulchella** Mart.
Ref.: Rohwer, 1986.

Oreodaphne suaveolens Meisn. = **Ocotea diospyrifolia** (Meisn.) Mez
Ref.: Rohwer, 1986.

Oreodaphne tweediei Meisn. = **Nectandra megapotamica** (Spreng.) Mez
Ref.: Rohwer, 1993a.

Oreodaphne vesiculosa Nees = **Cinnamomum vesiculosum** (Nees) Kosterm.
Ref.: Kostermans, 1961.

Persea Mill.

Número de especies: 3

Persea americana Mill.
Ref.: Hadid de Cheda, 1991.
Hábito:Árbol.
Status: Asilvestrada.
Prov.: SA.
Ejemplar citado: *Novara y Hadid 9070** (MCNS).

[Persea angustifolia D. Parodi]
Ref.: Kopp, 1966.
Nota: Taxón dudoso.

[Persea ayuí-y D. Parodi]
Ref.: Kopp, 1966.
Nota: Taxón dudoso.

[Persea granulosa D. Parodi]
Ref.: Kopp, 1966.
Nota: Taxón dudoso.

Persea hypoglauca Nees & Mart. ex Nees = **Persea venosa** Nees & Mart. ex Nees
Ref.: Kopp, 1966.

Persea lancifolia Schott = **Ocotea lancifolia** (Schott) Mez
Ref.: Rohwer, 1986.

[Persea laurel-morotí D. Parodi]
Ref.: Kopp, 1966.
Nota: Taxón dudoso.

Persea lingue Nees
Ref.: Pérez Moreau, 1944, 1984c; Kopp, 1966.
Hábito: Árbol.
Status: Nativa.
Elevación: 0–500 m.
Prov.: CHU.
Paises limítrofes: CH.
Ejemplar examinado: *Pérez Moreau s.n.* (BA 35186).

Persea venosa Nees & Mart. ex Nees
Sin.: *Persea hypoglauca* Nees & Mart. ex Nees
Ref.: Kopp, 1966; Tressens, 1986.
Hábito: Árbol o arbusto.
Status: Nativa.
Elevación: 0–500 m.
Prov.: COR.
Paises limítrofes: BR.
Ejemplar examinado: *Ahumada et al. 3970* (C, CTES, F, GH, K, MICH, MO).

[Persea yacupetí D. Parodi]
Ref.: Kopp, 1966.
Nota: Taxón dudoso.

Phoebe amoena (Nees) Mez = **Cinnamomum amoenum** (Nees) Kosterm.

Phoebe porosa (Nees) Mez = [Ocotea porosa (Nees & Mart. ex Nees) Barroso]
Ref.: Rohwer, 1986.

Phoebe porphyria (Griseb.) Mez = **Cinnamomum porphyrium** (Griseb.) Kosterm.

Phoebe vesiculosa (Nees) Mez = **Cinnamomum vesiculosum** (Nees) Kosterm.

Strychnodaphne lanceolata Nees = **Ocotea lancifolia** (Schott) Mez
Ref.: Rohwer, 1986.

Strychnodaphne puberula Nees & Mart. = **Ocotea puberula** (Rich.) Nees
Ref.: Rohwer, 1986.

Strychnodaphne suaveolens (Meisn.) Griseb. = **Ocotea diospyrifolia** (Meisn.) Mez

Tetranthera megapotamica Spreng. = **Nectandra megapotamica** (Spreng.) Mez
Ref.: Rohwer, 1993a.

LEDOCARPACEAE

1 género, 6 especies; 3 especies endémicas.

Balbisia Cav.

Número de especies: 6, 3 especies endémicas.

Balbisia aphanifolia (Griseb.) Hunz. & Ariza Esp.
Sin.: *Wendtia aphanifolia* Griseb.
Ref.: Ariza Espinar, 1995a.
Hábito: Subarbusto.
Status: Endémica.
Elevación: 2000–3000 m.
Prov.: CA, LR, SJ, SL.
Ejemplar examinado: *Kiesling y Meglioli 6645* (SI).

Balbisia calycina (Griseb.) Hunz. & Ariza Esp.
Sin.: *Viviania calycina* Griseb., *Wendtia argentea* Griseb., *Wendtia calycina* (Griseb.) Griseb., *Wendtia calycina* var. *argentea* (Griseb.) Hieron.
Ref.: Hunziker & Ariza Espinar, 1973; Ariza Espinar, 1995a.
Hábito: Subarbusto.
Status: Endémica.
Elevación: 2000–4000 m.
Prov.: CA, JU, LR, SA, SL, TU.
Ejemplar examinado: *Fabris et al. 6173* (LP).

Balbisia gracilis (Meyen) Hunz. & Ariza Esp.
Sin.: *Wendtia gracilis* Meyen, *Wendtia gracilis* var. *typica* R. Knuth, nom. inval., *Wendtia reynoldsii* Endl. ex Walp., *Wendtia trigyna* var. *poeppigiana* Kuntze.
Ref.: Hunziker & Ariza Espinar, 1973; Ariza Espinar, 1995a.
Hábito: Arbusto.
Status: Nativa.
Elevación: 0–1500 m.
Prov.: CHU, NE, RN.
Paises limítrofes: CH.
Ejemplar examinado: *Cabrera y Job 404* (LP).

Balbisia integrifolia R. Knuth
Ref.: Ariza Espinar, 1995a.
Hábito: Arbusto.
Status: Nativa.
Elevación: 3000–3500 m.
Prov.: JU.
Paises limítrofes: BO.
Ejemplar examinado: *Cárdenas 4138* (LIL).

Balbisia meyeniana Klotzsch
Sin.: *Dematophyllum salsoloides* Griseb., *Ledocarpon meyenianum* (Klotzsch) Steud.
Ref.: Hunziker & Ariza Espinar, 1973; Ariza Espinar, 1995a.
Hábito: Subarbusto.
Status: Nativa.
Elevación: 3500–4000 m.
Prov.: JU.
Paises limítrofes: BO.
Ejemplar examinado: *Kurtz 11564* (CORD).

Balbisia miniata (I.M. Johnst.) Descole & O'Donell & Lourteig
Sin.: *Wendtia miniata* I.M. Johnst.
Ref.: Descole et al., 1939b; Ariza Espinar, 1995a.
Hábito: Arbusto.
Status: Endémica.
Elevación: 1000–3000 m.
Prov.: LR, SJ.
Ejemplar examinado: *Cabrera 27114* (SI).

Dematophyllum salsoloides Griseb. = **Balbisia meyeniana** Klotzsch

Ledocarpon meyenianum (Klotzsch) Steud. = **Balbisia meyeniana** Klotzsch
Ref.: Ariza Espinar, 1995a.

Viviania calycina Griseb. = **Balbisia calycina** (Griseb.) Hunz. & Ariza Esp.
Ref.: Ariza Espinar, 1995a.

Wendtia aphanifolia Griseb. = **Balbisia aphanifolia** (Griseb.) Hunz. & Ariza Esp.
Ref.: Ariza Espinar, 1995a.

Wendtia argentea Griseb. = **Balbisia calycina** (Griseb.) Hunz. & Ariza Esp.
Ref.: Ariza Espinar, 1995a.

Wendtia calycina (Griseb.) Griseb. = **Balbisia calycina** (Griseb.) Hunz. & Ariza Esp.
Ref.: Ariza Espinar, 1995a.

Wendtia calycina var. *argentea* (Griseb.) Hieron. = **Balbisia calycina** (Griseb.) Hunz. & Ariza Esp.
Ref.: Ariza Espinar, 1995a.

Wendtia gracilis Meyen = **Balbisia gracilis** (Meyen) Hunz. & Ariza Esp.
Ref.: Ariza Espinar, 1995a.

Wendtia gracilis var. *typica* R. Knuth, nom. inval. = **Balbisia gracilis** (Meyen) Hunz. & Ariza Esp.
Ref.: Ariza Espinar, 1995a.

Wendtia miniata I.M. Johnst. = **Balbisia miniata** (I.M. Johnst.) Descole & O'Donell & Lourteig
Ref.: Ariza Espinar, 1995a.

Wendtia reynoldsii Endl. ex Walp. = **Balbisia gracilis** (Meyen) Hunz. & Ariza Esp.

Wendtia trigyna var. *poeppigiana* Kuntze = **Balbisia gracilis** (Meyen) Hunz. & Ariza Esp.

LENTIBULARIACEAE

2 géneros, 16 especies.

por M. M. Arbo

Pinguicula L.

Número de especies: 2

Pinguicula antarctica Donat, hom. illeg. = **Pinguicula chilensis** Clos
Ref.: Casper, 1966.

Pinguicula antarctica Vahl
Sin.: *Pinguicula magellanica* Comm. ex Franch., *Pinguicula obtusa* Benj.
Ref.: Dawson, 1973; Dimitri, 1972; Moore, 1983.
Hábito: Hierba.
Status: Nativa.
Elevación: 0-1000 m.
Prov.: CHU, SC, TF.
Paises limítrofes: CH.
Ejemplar examinado: *Dudley et al. 1527* (SI).

Pinguicula chilensis Clos
Sin.: *Pinguicula antarctica* Donat, hom. illeg.
Ref.: Casper, 1966; Dawson, 1973.
Hábito: Hierba.
Status: Nativa.
Elevación: 1500-3000 m.
Prov.: NE, RN.
Paises limítrofes: CH.
Ejemplar examinado: *Eskuche 1321* (CTES).

Pinguicula magellanica Comm. ex Franch. = **Pinguicula antarctica** Vahl
Ref.: Casper, 1966; Moore, 1983.

Pinguicula obtusa Benj. = **Pinguicula antarctica** Vahl
Ref.: Dawson, 1973.

Utricularia L.

Número de especies: 14

[Utricularia amethystina Salzm. ex A. St.-Hil.]
Ref.: Taylor, 1989.
Nota: Especie excluida de la flora argentina.

Utricularia breviscapa C. Wright ex Griseb.
Sin.: *Utricularia inflata* auct. non Walter
Ref.: Taylor, 1989.
Hábito: Hierba.
Status: Nativa.
Elevación: 0-500 m.
Prov.: COR.
Paises limítrofes: BO, BR, PA.
Ejemplar examinado: *Schinini 13094* (CTES, G, K, LIL, MBM, SI, WIS).

Utricularia colorata Benj. = **Utricularia laxa** A. St.-Hil.
Ref.: Dawson, 1960; Taylor, 1989.

Utricularia foliosa L.
Sin.: *Utricularia oligosperma* A. St.-Hil.
Ref.: Dawson, 1973; Taylor, 1989.
Hábito: Hierba.
Status: Nativa.
Elevación: 0-500 m.
Prov.: CH, COR, FO, MI, SF.
Paises limítrofes: BO, BR, PA.
Ejemplar examinado: *Arbo et al. 6617* (BH, CTES, CUVC, GH, K, LIL, MEXU, MO, MSC, NY, US).

Utricularia gayana A.DC. = **Utricularia gibba** L.
Ref.: Taylor, 1989.

Utricularia gibba L.
Sin.: *Utricularia gayana* A.DC., *Utricularia obtusa* Sw., *Utricularia pallens* A. St.-Hil. & Girard, *Utricularia tenuis* Cav.
Ref.: Taylor, 1989.
Hábito: Hierba.
Status: Nativa.
Elevación: 0-2500 m.
Prov.: BA, CA, CH, COR, ER, FO, JU, MI, SA, SF, SJ, TU.
Paises limítrofes: BO, BR, CH, PA, UR.
Ejemplar examinado: *Arbo et al. 7106* (CTES, CUVC, FCQ, LIL, MA, MEXU, WIS).

Utricularia globulariifolia Mart. ex Benj. = **Utricularia tricolor** A. St.-Hil.
Ref.: Taylor, 1989.

Utricularia hydrocarpa auct. non Vahl = **Utricularia poconensis** Fromm
Ref.: Taylor, 1989.

[Utricularia hydrocarpa Vahl]
Ref.: Taylor, 1989.
Nota: Especie excluida de la flora argentina.

Utricularia inflata auct. non Walter = **Utricularia breviscapa** C. Wright ex Griseb.
Ref.: Taylor, 1989.

Utricularia inflata auct. non Walter = **Utricularia platensis** Speg.
Ref.: Taylor, 1989.

[Utricularia inflata Walter]
Ref.: Taylor, 1989.
Nota: Especie excluida de la flora argentina.

Utricularia laxa A. St.-Hil.
Sin.: *Utricularia colorata* Benj.
Ref.: Dawson, 1973.
Hábito: Hierba.
Status: Nativa.
Elevación: 0-500 m.
Prov.: COR, MI.
Paises limítrofes: BR, PA, UR.
Ejemplar examinado: *Arbo et al. 6694* (CTES, UNSL).

Utricularia leptantha Benj. = **Utricularia pusilla** Vahl
Ref.: Botta, 1979b.

Utricularia lundii A.DC. = **Utricularia praelonga** A. St.-Hil. & Girard
Ref.: Dawson, 1960; Taylor, 1989.

Utricularia myriocista A. St.-Hil. & Girard
Ref.: Taylor, 1989.
Hábito: Hierba.
Status: Nativa.
Elevación: 0-500 m.
Prov.: COR.
Paises limítrofes: BO, BR.
Ejemplar examinado: *Krapovickas et al. 20237* (CTES, CONC, G, LP).

Utricularia nervosa G. Weber ex Benj.
Sin.: *Utricularia subulata* auct. non L.
Ref.: Dawson, 1960; Taylor, 1989.
Hábito: Hierba.
Status: Nativa.
Elevación: 0-500 m.
Prov.: COR, FO, MI.
Paises limítrofes: BR, PA.
Ejemplar examinado: *Schinini et al. 21601* (CTES, LIL).

Utricularia obtusa Sw. = **Utricularia gibba** L.
Ref.: Taylor, 1989.

Utricularia oligosperma A. St.-Hil. = **Utricularia foliosa** L.
Ref.: Dawson, 1960; Taylor, 1989.

Utricularia ostenii Hicken = **Utricularia tridentata** Sylvén
Ref.: Taylor, 1989.

Utricularia pallens A. St.-Hil. & Girard = **Utricularia gibba** L.
Ref.: Taylor, 1989.

Utricularia platensis Speg.
Sin.: *Utricularia inflata* auct. non Walter
Ref.: Dawson, 1960; Taylor, 1989.
Hábito: Hierba.
Status: Nativa.
Elevación: 0-500 m.
Prov.: BA, CH, COR, ER, RN, SF.
Paises limítrofes: PA, UR.
Ejemplar examinado: *Schinini 11832* (AAR, BAA, CTES, G, LP, MBM, MICH, MO, SI).

Utricularia poconensis Fromm
Sin.: *Utricularia hydrocarpa* auct. non Vahl
Ref.: Taylor, 1989.
Hábito: Hierba.
Status: Nativa.
Elevación: 0-500 m.
Prov.: CH, COR.
Paises limítrofes: BO, BR.
Ejemplar examinado: *Schinini et al. 13263* (BAB, C, CTES, F, G, K, MEXU, MICH, MO, SI, WIS, Z).

Utricularia praelonga A. St.-Hil. & Girard
Sin.: *Utricularia lundii* A.DC.
Ref.: Taylor, 1989.
Hábito: Hierba.
Status: Nativa.
Elevación: 0-500 m.
Prov.: COR, MI.
Paises limítrofes: BR, PA.
Ejemplar examinado: *Schinini et al. 8380* (CTES, K).

Utricularia pusilla Vahl
Sin.: *Utricularia leptantha* Benj.
Ref.: Dawson, 1973; Botta, 1979b; Taylor, 1989.
Hábito: Hierba.
Status: Nativa.
Elevación: 0-500 m.
Prov.: COR, ER.
Paises limítrofes: BO, BR, PA, UR.
Ejemplar examinado: *Arbo et al. 7112* (CTES).

Utricularia subulata auct. non L. = **Utricularia nervosa** G. Weber ex Benj.
Ref.: Taylor, 1989.

Utricularia subulata L.
Ref.: Taylor, 1989.
Hábito: Hierba.
Status: Nativa.
Elevación: 0-500 m.
Prov.: COR.
Paises limítrofes: BO, BR, PA, UR.
Ejemplar examinado: *Vanni et al. 3298* (CTES).

Utricularia tenuis Cav. = **Utricularia gibba** L.
Ref.: Taylor, 1989.

Utricularia ternata Sylvén = **Utricularia tridentata** Sylvén
Ref.: Taylor, 1989.

Utricularia tricolor A. St.-Hil.
Sin.: *Utricularia globulariifolia* Mart. ex Benj.
Ref.: Dawson, 1973; Taylor, 1989.
Hábito: Hierba.
Status: Nativa.
Elevación: 0-500 m.
Prov.: COR, MI.
Paises limítrofes: BO, BR, PA, UR.
Ejemplar examinado: *Schinini et al. 8379* (CTES, G, K).

Utricularia tridentata Sylvén
Sin.: *Utricularia ostenii* Hicken, *Utricularia ternata* Sylvén
Ref.: Dawson, 1960; Taylor, 1989.
Hábito: Hierba.
Status: Nativa.
Elevación: 0-500 m.
Prov.: ER, MI.
Paises limítrofes: BR, UR.
Ejemplar examinado: *Spegazzini s.n.* (LPS 12793).

Utricularia triloba Benj.
Ref.: Taylor, 1989.
Hábito: Hierba.
Status: Nativa.
Elevación: 0-500 m.
Prov.: COR.
Paises limítrofes: BO, BR, PA.
Ejemplar examinado: *Schinini y Ahumada 12386* (CTES).

LINACEAE

2 géneros, 7 especies.

Cliococca Bab.

Número de especies: 1

Cliococca selaginoides (Lam.) C.M. Rogers & Mildner
Sin.: *Cliococca tenuifolia* Bab., *Linum babingtonii* Planch., *Linum mycrophyllum* Larrañaga, *Linum selaginoides* Lam., *Linum selaginoides* var. *chilense* Planch.
Ref.: Rogers & Mildner, 1971; Rogers & Smith, 1975.
Hábito: Hierba.
Status: Nativa.
Elevación: 0–1000 m.
Prov.: BA, CO, COR, ER, LP, MI, SE.
Paises limítrofes: BR, CH, PA, UR.
Ejemplar examinado: *Cabrera y Fabris 14752* (LP).

Cliococca tenuifolia Bab. = **Cliococca selaginoides** (Lam.) C.M. Rogers & Mildner
Ref.: Rogers & Mildner, 1971; Rogers & Smith, 1975.

Linum L.

Número de especies: 6

Linum babingtonii Planch. = **Cliococca selaginoides** (Lam.) C.M. Rogers & Mildner
Ref.: Rogers & Mildner, 1971; Rogers & Smith, 1975.

Linum burkartii Mildner
Ref.: Mildner & Rogers, 1972; Rogers & Smith, 1975; Rogers & Mildner, 1976.
Hábito: Hierba.
Status: Nativa.
Elevación: 0–500 m.
Prov.: ER.
Paises limítrofes: UR.
Ejemplar examinado: *Rosengurtt 5755* (isotipo, MVM).

Linum carneum A. St.-Hil.
Ref.: Rogers & Smith, 1975.
Hábito: Hierba.
Status: Nativa.
Paises limítrofes: BR, UR.
Nota: Citada para Argentina sin datos de localidad o ejemplar.

Linum catharticum L.
Ref.: Moore, 1983; Rossow, 1988e.
Hábito: Hierba.
Status: Adventicia.
Elevación: 0–500 m.
Prov.: TF.
Ejemplar examinado: *Goodall 3764* (BAB).

Linum erigeroides A. St.-Hil.
Sin.: *Linum littorale* var. *corimbosum* Urb.
Ref.: Rogers & Smith, 1975.
Hábito: Hierba.
Status: Nativa.
Elevación: 500 m.
Prov.: ER.
Paises limítrofes: BR, UR.
Nota: Rogers & Smith (1975) la citan para Argentina sin indicar localidad o ejemplar de herbario.

Linum junceum A. St.-Hil. = **Linum littorale** A. St.-Hil.
Ref.: Rogers & Smith, 1975.

Linum littorale A. St.-Hil.
Sin.: *Linum junceum* A. St.-Hil.
Ref.: Rogers & Smith, 1975.
Hábito: Hierba.
Status: Nativa.
Elevación: 0–500 m.
Prov.: BA, COR, ER.
Paises limítrofes: BR, UR.
Ejemplar examinado: *Pedersen 492* (LP).

Linum littorale var. *corimbosum* Urb. = **Linum erigeroides** A. St.-Hil.
Ref.: Rogers & Smith, 1975.

Linum mycrophyllum Larrañaga = **Cliococca selaginoides** (Lam.) C.M. Rogers & Mildner
Ref.: Rogers & Mildner, 1971; Rogers & Smith, 1975.

Linum selaginoides Lam. = **Cliococca selaginoides** (Lam.) C.M. Rogers & Mildner
Ref.: Rogers & Mildner, 1971; Rogers & Smith, 1975.

Linum selaginoides var. *chilense* Planch. = **Cliococca selaginoides** (Lam.) C.M. Rogers & Mildner
Ref.: Rogers & Mildner, 1971; Rogers & Smith, 1975.

Linum usitatissimum L.
Ref.: Dawson, 1965b; Rogers & Smith, 1975.
Hábito: Hierba.
Status: Adventicia.
Elevación: 0–1000 m.
Prov.: BA, COR, JU, ME, SA.
Paises limítrofes: BR, CH.
Ejemplar examinado: *Cabrera 2254* (LP).

LOASACEAE

4 géneros, 42 especies; 9 especies endémicas.

por S. Crespo y R. L. Pérez-Moreau

Acrolasia bartonioides C. Presl = **Mentzelia bartonioides** (C. Presl) Urb. & Gilg
Ref.: Pérez-Moreau & Crespo, 1988a.

Acrolasia solieri Gay = **Mentzelia bartonioides** (C. Presl) Urb. & Gilg
Ref.: Pérez-Moreau & Crespo, 1988a.

Bartonia albescens Gillies ex Arn. = **Mentzelia albescens** (Gillies ex Arn.) Griseb.
Ref.: Grisebach, 1874; Darlington, 1934; Sleumer, 1955; Pérez-Moreau & Crespo, 1988a.

Bartonia sinuata C. Presl = **Mentzelia albescens** (Gillies ex Arn.) Griseb.
Ref.: Grisebach, 1874; Darlington, 1934; Sleumer, 1955; Pérez-Moreau & Crespo, 1988a.

Blumenbachia Schrad.

Número de especies: 3.

Blumenbachia cernua Griseb. = **Caiophora cernua** (Griseb.) Urb. & Gilg ex Kurtz
Ref.: Urban, 1900; Sleumer, 1955; Brücher, 1986; Weigend, 1997b.

Blumenbachia contorta Griseb. = **Caiophora clavata** Urb. & Gilg
Ref.: Sleumer, 1955; Brücher, 1986; Weigend, 1997b.

Blumenbachia coronata (Gillies ex Arn.) Hieron. = **Caiophora coronata** (Gillies ex Arn.) Hook. & Arn.
Ref.: Weigend, 1997b.

Blumenbachia hieronymi Urb.
Sin.: *Blumenbachia multifida* Griseb., hom. illeg.
Ref.: Urban, 1900; Sleumer, 1955.
Hábito: Hierba.
Status: Nativa.
Elevación: 2000-2500 m.
Prov.: CO, SL.
Paises limítrofes: BR, UR.
Ejemplar examinado: *Pastore 12* (SI).

Blumenbachia insignis Schrad.
Sin.: *Blumenbachia multifida* Ball, hom. illeg., *Blumenbachia multifida* Hook. f., *Blumenbachia palmata* (Spreng.) Cambess., *Blumenbachia parviflora* Gillies ex Hook., *Loasa muralis* Griseb., *Loasa palmata* Spreng.
Ref.: Di Fulvio, 1975; Pérez-Moreau & Crespo, 1988a; Weigend, 1997a.
Hábito: Hierba.
Status: Nativa.
Elevación: 0-500 m.
Prov.: BA, CA, CO, ER, LP, ME, MI, RN, SF, SL.
Paises limítrofes: BR, UR.
Ejemplar examinado: *Pedersen 11908* (SI).

Blumenbachia lateritia (Hook.) Griseb. = **Caiophora lateritia** (Hook.) Klotzsch
Ref.: Urban & Gilg, 1900; Sleumer, 1955; Brücher, 1986; Weigend, 1997b.

Blumenbachia latifolia Cambess.
Sin.: *Blumenbachia urens* (Vell.) Urb., *Loasa urens* Vell.
Ref.: Urban & Gilg, 1900; Lillo, 1919b; Sleumer, 1955; Weigend, 1997a.
Hábito: Hierba.
Status: Nativa.
Elevación: 0-1000 m.
Prov.: BA, CH, COR, ER, FO, JU, MI, TU.
Paises limítrofes: BR, PA, UR.
Ejemplar examinado: *Venturi 943* (SI).

Blumenbachia multifida Ball, hom. illeg. = **Blumenbachia insignis** Schrad.
Ref.: Pérez-Moreau & Crespo, 1988a.

Blumenbachia multifida Griseb., hom. illeg. = **Blumenbachia hieronymi** Urb.
Ref.: Urban et Gilg, 1900; Sleumer, 1955.

Blumenbachia multifida Hook. f. = **Blumenbachia insignis** Schrad.
Ref.: Pérez-Moreau & Crespo, 1988a; Weigend, 1997a.

Blumenbachia palmata (Spreng.) Cambess. = **Blumenbachia insignis** Schrad.
Ref.: Pérez-Moreau & Crespo, 1988a; Weigend, 1997a.

Blumenbachia parviflora Gillies ex Hook. = **Blumenbachia insignis** Schrad.
Ref.: Pérez-Moreau & Crespo, 1988a; Weigend, 1997a.

Blumenbachia prietea Gay = **Caiophora prietea** (Gay) Urb. & Gilg
Ref.: Urban & Gilg, 1900; Sleumer, 1955; Pérez-Moreau & Crespo, 1988a.

Blumenbachia silvestris Poepp. = **Caiophora silvestris** (Poepp.) Urb. & Gilg
Ref.: Urban & Gilg, 1900; Sleumer, 1955; Pérez-Moreau & Crespo, 1988a.

Blumenbachia silvestris Poepp. var. *leptocarpa* Speg. = **Caiophora silvestris** (Poepp.) Urb. & Gilg
Ref.: Urban & Gilg, 1900; Sleumer, 1955; Pérez-Moreau & Crespo, 1988a.

Blumenbachia urens (Vell.) Urb. = **Blumenbachia latifolia** Cambess.
Ref.: Weigend, 1997a.

Caiophora C. Presl

Número de especies: 16, 4 especies endémicas.

Caiophora acanthoides Urb. & Gilg = **Caiophora rosulata** (Wedd.) Urb. & Gilg
Ref.: Sleumer, 1955; Brücher, 1986; Weigend, 1997b.

Caiophora aconquijae Sleumer
Ref.: Sleumer, 1955; Weigend, 1997b.
Hábito: Enredadera.
Status: Endémica.
Elevación: 1500-2500 m.
Prov.: CA, TU.
Ejemplar examinado: *Sleumer 2162* (SI).

Caiophora albiflora (Griseb.) Urb. & Gilg = **Caiophora chuquitensis** (Meyen) Urb. & Gilg
Ref.: Weigend, 1997b.

[Caiophora albiflora Rojas Acosta, nom. nud.]
Nota: Especie excluida de la flora argentina.

Caiophora angustisecta Urb. & Gilg = **Caiophora chuquitensis** (Meyen) Urb. & Gilg
Ref.: Weigend, 1997b.

Caiophora boliviana Urb. & Gilg
Ref.: Urban, 1900; Sleumer, 1955; Weigend, 1997b.
Hábito: Hierba.
Status: Nativa.
Elevación: 2000-3500 m.
Prov.: SA.
Paises limítrofes: BO.
Ejemplar examinado: *Sleumer 3759* (SI).

Caiophora cernua (Griseb.) Urb. & Gilg ex Kurtz
Sin.: *Blumenbachia cernua* Griseb., *Caiophora jörgensenii* I.M. Johnst., *Caiophora saltensis* Urb. & Gilg, *Caiophora spegazzinii* Urb. & Gilg
Ref.: Urban, 1900; Sleumer, 1955; Brücher, 1986; Weigend, 1997b.
Hábito: Hierba.
Status: Endémica.
Elevación: 1000-3500 m.
Prov.: CA, CO, JU, LR, SA, SL, TU.
Ejemplar examinado: *von Rentzel s.n.* (SI 15161).

Caiophora chuquitensis (Meyen) Urb. & Gilg
Sin.: *Caiophora albiflora* (Griseb.) Urb. & Gilg, *Caiophora angustisecta* Urb. & Gilg, *Caiophora heptamera* (Wedd.) Urb. & Gilg, *Caiophora heptamera* (Wedd.) Urb. & Gilg var. *albiflora* Griseb., *Loasa chuquitensis* Meyen
Ref.: Weigend, 1997b.
Status: Nativa.
Elevación: 3000-4500 m.
Prov.: CA, SA.
Paises limítrofes: BO.
Ejemplar examinado: *Rodríguez 13* (SI).

Caiophora clavata Urb. & Gilg
Sin.: *Blumenbachia contorta* Griseb., *Caiophora tucumana* Urb. & Gilg
Ref.: Urban, 1900; Sleumer, 1955; Brücher, 1986; Weigend, 1997b.
Hábito: Hierba.
Status: Nativa.
Elevación: 1500-4000 m.
Prov.: CA, JU, SA, TU.
Paises limítrofes: BO.
Ejemplar examinado: *Kiesling et al. 5876* (SI).

Caiophora clavata Urb. & Gilg var. *dumetorum* (Urb. & Gilg) Sleumer = **Caiophora dumetorum** Urb. & Gilg
Ref.: Urban & Gilg, 1900; Sleumer, 1955; Weigend, 1997b.

Caiophora coronata (Gillies ex Arn.) Hook. & Arn.
Sin.: *Blumenbachia coronata* (Gillies ex Arn.) Hieron., *Caiophora picnophylla* Urb. & Gilg, *Loasa coronata* Gillies ex Arn.
Ref.: Sleumer, 1955; Brücher, 1986; Weigend, 1997b.
Hábito: Hierba.
Status: Nativa.
Elevación: 2000>4500 m.
Prov.: CA, JU, LR, ME, SA, SJ, TU.
Paises limítrofes: CH.
Ejemplar examinado: *Ulibarri 713* (SI).

[Caiophora dissecta (Hook. & Arn.) Urb. & Gilg]
Sin.: *Loasa dissecta* Hook. & Arn.
Nota: Cita dudosa para la flora argentina.

Caiophora dumetorum Urb. & Gilg
Sin.: *Caiophora clavata* Urb. & Gilg var. *dumetorum* (Urb. & Gilg) Sleumer
Ref.: Urban & Gilg, 1900; Sleumer, 1955; Weigend, 1997b.
Hábito: Enredadera.
Status: Nativa.
Prov.: JU, LR, ME, SA, TU.
Paises limítrofes: BO.
Ejemplar examinado: *Sleumer 3581* (SI).

Caiophora fiebrigii Urb. & Gilg = **Caiophora macrocarpa** Urb. & Gilg
Ref.: Sleumer, 1955; Brücher, 1986; Weigend, 1997b.

Caiophora heptamera (Wedd.) Urb. & Gilg = **Caiophora chuquitensis** (Meyen) Urb. & Gilg
Ref.: Weigend, 1997b.

Caiophora heptamera (Wedd.) Urb. & Gilg var. *albiflora* Griseb. = **Caiophora chuquitensis** (Meyen) Urb. & Gilg
Ref.: Weigend, 1997b.

Caiophora heptamera (Wedd.) Urb. & Gilg var. *mollis* Griseb. = **Caiophora mollis** (Griseb.) Urb. & Gilg
Ref.: Grisebach, 1874; Urban & Gilg, 1894; Sleumer, 1955; Weigend, 1997b.

Caiophora hibiscifolia (Griseb.) Urb. & Gilg
Sin.: *Loasa hibiscifolia* Griseb.
Ref.: Urban & Gilg, 1900; Sleumer, 1955; Brücher, 1986; Weigend, 1997b.
Hábito: Hierba.
Status: Nativa.
Elevación: 500-4000 m.
Prov.: JU, SA, TU.
Paises limítrofes: BO.
Ejemplar examinado: *Guaglianone et al. 1997b* (SI).

Caiophora jörgensenii I.M. Johnst. = **Caiophora cernua** (Griseb.) Urb. & Gilg ex Kurtz
Ref.: Sleumer, 1955; Brücher, 1986; Weigend, 1997b.

Caiophora kurtzii Urb. & Gilg = **Caiophora patagonica** (Speg.) Urb. & Gilg
Ref.: Urban & Gilg, 1900; Sleumer, 1955; Pérez-Moreau & Crespo, 1988a.

Caiophora lateritia (Hook.) Klotzsch
Sin.: *Blumenbachia lateritia* (Hook.) Griseb., *Caiophora platyphylla* Urb. & Gilg, *Loasa lateritia* Hook.
Ref.: Urban & Gilg, 1900; Sleumer, 1955; Brücher, 1986; Weigend, 1997b.
Hábito: Enredadera.
Status: Nativa.
Elevación: 0-3000 m.
Prov.: CA, JU, SA, SE, TU.
Paises limítrofes: BO.
Ejemplar examinado: *Venturi 362 (hoja a)* (SI).

[Caiophora leucantha Rojas Acosta, nom. nud.]
Nota: Especie excluida de la flora argentina.

Caiophora lorentziana Urb. & Gilg = **Caiophora macrocarpa** Urb. & Gilg
Ref.: Sleumer, 1955; Brücher, 1986; Weigend, 1997b.

Caiophora macrocarpa Urb. & Gilg
Sin.: *Caiophora fiebrigii* Urb. & Gilg, *Caiophora lorentziana* Urb. & Gilg, *Loasa chuquitensis* Griseb., hom. illeg.
Ref.: Urban & Gilg, 1900; Sleumer, 1955; Brücher, 1986; Weigend, 1997b.
Hábito: Hierba.
Status: Nativa.
Elevación: 2000-4500 m.
Prov.: JU, SA, TU.
Paises limítrofes: BO.
Ejemplar examinado: *Meyer s.n.* (LIL 33614, SI).

Caiophora mollis (Griseb.) Urb. & Gilg
Sin.: *Caiophora heptamera* (Wedd.) Urb. & Gilg var. *mollis* Griseb.
Ref.: Grisebach, 1874; Urban & Gilg, 1894, 1900; Sleumer, 1955; Weigend, 1997b.
Hábito: Hierba.
Status: Endémica.
Elevación: 2000-4500 m.
Prov.: CA, LR, SA.
Ejemplar examinado: *Lorentz 594* (CORD).

Caiophora nivalis Lillo
Ref.: Lillo, 1919b; Sleumer, 1955; Brücher, 1986; Weigend, 1997b.
Hábito: Hierba.
Status: Endémica.
Elevación: 2500>4500 m.
Prov.: CA, JU, SA, TU.
Ejemplar examinado: *Rodríguez 1314* (SI).

Caiophora patagonica (Speg.) Urb. & Gilg
Sin.: *Caiophora kurtzii* Urb. & Gilg, *Loasa asterias* Sleumer, hom. illeg., *Loasa patagonica* Speg., *Loasa spegazzinii* Macloskie
Ref.: Urban & Gilg, 1900; Sleumer, 1955; Pérez-Moreau & Crespo, 1988a.
Hábito: Hierba.
Status: Nativa.
Elevación: 0-3500 m.
Prov.: CHU, ME, NE, RN, SC.
Paises limítrofes: CH.
Ejemplar examinado: *De Marco de Kreibohm 258* (SI).

Caiophora picnophylla Urb. & Gilg = **Caiophora coronata** (Gillies ex Arn.) Hook. & Arn.
Ref.: Sleumer, 1955; Brücher, 1986; Weigend, 1997b.

Caiophora platyphylla Urb. & Gilg = **Caiophora lateritia** (Hook.) Klotzsch
Ref.: Sleumer, 1955; Brücher, 1986; Weigend, 1997b.

Caiophora prietea (Gay) Urb. & Gilg
Sin.: *Blumenbachia prietea* Gay
Ref.: Urban & Gilg, 1900; Sleumer, 1955; Pérez-Moreau & Crespo, 1988a.
Hábito: Hierba.
Status: Nativa.
Elevación: 1500-3000 m.
Prov.: NE, RN.
Paises limítrofes: CH.
Ejemplar examinado: *Troncoso y Bacigalupo s.n.* (SI 18985).

Caiophora pulchella Urb. & Gilg = **Loasa pulchella** (Urb. & Gilg) R.L. Pérez-Mor. & Crespo
Ref.: Pérez-Moreau & Crespo, 1992.

Caiophora rosulata (Wedd.) Urb. & Gilg
Sin.: *Caiophora acanthoides* Urb. & Gilg, *Caiophora taraxacoides* Killip, *Loasa rosulata* Wedd.
Ref.: Urban & Gilg, 1894, 1900; Sleumer, 1955; Brücher, 1986; Weigend, 1997b.
Hábito: Hierba.
Status: Nativa.
Elevación: 3000>4500 m.
Prov.: CA, JU, SA, TU.
Paises limítrofes: CH.
Ejemplar examinado: *Rodríguez 1379* (SI).

Caiophora saltensis Urb. & Gilg = **Caiophora cernua** (Griseb.) Urb. & Gilg ex Kurtz
Ref.: Sleumer, 1955; Brücher, 1986; Weigend, 1997b.

Caiophora scandens Meyen & Klotzsch ex Walp. = **Caiophora silvestris** (Poepp.) Urb. & Gilg
Ref.: Sleumer, 1955; Pérez-Moreau & Crespo, 1988a.

Caiophora scandens Meyen & Klotzsch ex Walp. var. *orientalis* Urb. & Gilg ex Kuntze = **Caiophora silvestris** (Poepp.) Urb. & Gilg
Ref.: Sleumer, 1955; Pérez-Moreau & Crespo, 1988a.

Caiophora silvestris (Poepp.) Urb. & Gilg
Sin.: *Blumenbachia silvestris* Poepp., *Blumenbachia silvestris* Poepp. var. *leptocarpa* Speg., *Caiophora scandens* Meyen & Klotzsch ex Walp., *Caiophora scandens* Meyen & Klotzsch ex Walp. var. *orientalis* Urb. & Gilg ex Kuntze, *Caiophora silvestris* (Poepp.) Urb. & Gilg var. *leptocarpa* Urb. & Gilg, *Loasa scandens* Meyen
Ref.: Urban & Gilg, 1900; Sleumer, 1955; Pérez-Moreau & Crespo, 1988a.
Hábito: Hierba.
Status: Nativa.
Elevación: 500-3000 m.
Prov.: CHU, ME, NE, RN.
Paises limítrofes: CH.
Ejemplar examinado: *Cabrera et al. 32871* (SI).

Caiophora silvestris (Poepp.) Urb. & Gilg var. *leptocarpa* Urb. & Gilg = **Caiophora silvestris** (Poepp.) Urb. & Gilg
Ref.: Sleumer, 1955; Pérez-Moreau & Crespo, 1988a.

Caiophora spegazzinii Urb. & Gilg = **Caiophora cernua** (Griseb.) Urb. & Gilg ex Kurtz
Ref.: Brücher, 1986.

Caiophora taraxacoides Killip = **Caiophora rosulata** (Wedd.) Urb. & Gilg
Ref.: Sleumer, 1955; Brücher, 1986; Weigend, 1997b.

Caiophora tucumana Urb. & Gilg = **Caiophora clavata** Urb. & Gilg
Ref.: Sleumer, 1955; Brücher, 1986; Weigend, 1997b.

[Grammatocarpus volubilis C. Presl]
Nota: Especie excluida de la flora argentina.

Loasa Adans.

Número de especies: 16, 5 especies endémicas.

Loasa acanthifolia Desr.
Ref.: Pérez-Moreau & Crespo, 1988a.
Hábito: Hierba.
Status: Nativa.
Prov.: NE.
Paises limítrofes: CH.
Ejemplar examinado: *Crespo et al. 2391* (BAB).

Loasa acerifolia Dombey ex Juss.
Ref.: Sleumer, 1955; Pérez-Moreau & Crespo, 1988a.
Hábito: Hierba.
Status: Nativa.
Elevación: 500-1000 m.
Prov.: CHU, NE, RN.
Paises limítrofes: CH.
Ejemplar examinado: *Diem s.n.* (BAB 91548).

Loasa amabilis Urb. & Gilg
Ref.: Urban, 1900; Sleumer, 1955.
Hábito: Hierba.
Status: Endémica.
Elevación: 1500-2500 m.
Prov.: ME.
Ejemplar citado: *Kurtz 6093** (isotipo, CORD).

Loasa aphanantha Urb. & Gilg
Sin.: *Loasa parviflora* Phil.
Ref.: Urban, 1900; Sleumer, 1955.
Hábito: Hierba.
Status: Nativa.
Prov.: ME.
Paises limítrofes: CH.
Ejemplar citado: *Spegazzini 18710** (LP).

Loasa argentina Urb. & Gilg
Sin.: *Loasa karraikensis* Macloskie, *Loasa patagonica* Urb. & Gilg, nom. nud., *Loasa petrophila* Urb., nom. nud., *Loasa pinnatifida* Gillies var. *gracilis* Speg., *Loasa urbanii* A. Soriano, *Scyphanthus stenocarpus* Hicken, hom. illeg.
Ref.: Crespo & Pérez-Moreau, 1981.
Hábito: Hierba.
Status: Nativa.
Elevación: 0-2500 m.
Prov.: CHU, ME, NE, RN, SC.
Paises limítrofes: CH.
Ejemplar examinado: *Witte 13* (SI).

Loasa asterias Sleumer, hom. illeg. = **Caiophora patagonica** (Speg.) Urb. & Gilg
Ref.: Sleumer, 1955; Pérez-Moreau & Crespo, 1988a.

Loasa bergii Hieron.
Ref.: Cabrera, 1966c; Crespo & Pérez-Moreau, 1981.
Hábito: Hierba.
Status: Endémica.
Elevación: 0-500 m.
Prov.: BA, CHU, NE, RN, SC.
Ejemplar examinado: *Cabrera et al. 33139* (SI).

Loasa bridgesii Urb. & Gilg
Ref.: Urban, 1900; Sleumer, 1955.
Hábito: Hierba.
Status: Nativa.
Prov.: ME.
Paises limítrofes: CH.
Ejemplar citado: *Philippi s.n.** (LPS 18701).

[Loasa chillana Urb. & Gilg]
Ref.: Pérez-Moreau & Crespo, 1988a.
Nota: Especie excluida de la flora argentina.

Loasa chuquitensis Griseb., hom. illeg. = **Caiophora macrocarpa** Urb. & Gilg
Ref.: Urban & Gilg, 1900; Sleumer, 1955; Brücher, 1986; Weigend, 1997b.

Loasa chuquitensis Meyen = **Caiophora chuquitensis** (Meyen) Urb. & Gilg
Ref.: Weigend, 1997b.

Loasa coronata Gillies ex Arn. = **Caiophora coronata** (Gillies ex Arn.) Hook. & Arn.
Ref.: Sleumer, 1955; Brücher, 1986; Weigend, 1997b.

Loasa dissecta Hook. & Arn. = **Caiophora dissecta** (Hook. & Arn.) Urb. & Gilg

Loasa filicifolia Poepp.
Ref.: Sleumer, 1955; Pérez-Moreau & Crespo, 1988a.
Hábito: Hierba.
Status: Nativa.
Elevación: 1000-3000 m.
Prov.: NE.
Paises limítrofes: CH.
Ejemplar examinado: *Boelcke et al. 11586* (SI).

Loasa heterophylla Hicken, hom. illeg. = **Loasa tricolor** Ker Gawl.
Ref.: Pérez-Moreau & Crespo, 1988a.

[Loasa heterophylla Hook. & Arn.]
Nota: Especie excluida de la flora argentina.

Loasa hibiscifolia Griseb. = **Caiophora hibiscifolia** (Griseb.) Urb. & Gilg
Ref.: Urban & Gilg, 1900; Sleumer, 1955; Brücher, 1986; Weigend, 1997b.

Loasa incurva Crespo & R.L. Pérez-Mor.
Ref.: Crespo & Pérez-Moreau, 1983.
Hábito: Hierba.
Status: Endémica.
Elevación: 2000-2500 m.
Prov.: NE.
Ejemplar examinado: *Boelcke et al. 13881* (holotipo, BAB; isotipo, SI).

Loasa karraikensis Macloskie = **Loasa argentina** Urb. & Gilg
Ref.: Crespo & Pérez-Moreau, 1981.

Loasa kurtzii Urb. & Gilg
Ref.: Urban & Gilg, 1911; Sleumer, 1955, 1963.
Hábito: Hierba.
Status: Endémica.
Elevación: 2000-3500 m.
Prov.: ME.
Ejemplar examinado: *Carette s.n.* (SI 18275).

Loasa lateritia Gillies ex Arn.
Ref.: Urban & Gilg, 1900; Sleumer, 1955; Pérez-Moreau & Crespo, 1988a.
Hábito: Hierba.
Status: Nativa.
Elevación: 1500-3000 m.
Prov.: ME, NE.
Paises limítrofes: CH.
Ejemplar examinado: *Boelcke et al. 13775* (SI).

Loasa lateritia Hook. = **Caiophora lateritia** (Hook.) Klotzsch
Ref.: Urban & Gilg, 1900; Sleumer, 1955; Brücher, 1986; Weigend, 1997b.

Loasa malesherbioides Phil.
Ref.: Pérez-Moreau & Crespo, 1991b.
Hábito: Hierba.
Status: Nativa.
Elevación: 2500-3500 m.
Prov.: SJ.
Paises limítrofes: CH.
Ejemplar examinado: *Kiesling et al. 7823* (SI).

[Loasa multifida Gay]
Nota: Cita dudosa para la flora argentina.

Loasa muralis Griseb. = **Blumenbachia insignis** Schrad.
Ref.: Pérez-Moreau & Crespo, 1988a; Weigend, 1997a.

Loasa nana Phil.
Ref.: Sleumer, 1955; Pérez-Moreau & Crespo, 1988a.
Hábito: Hierba.
Status: Nativa.
Elevación: 1500-3000 m.
Prov.: NE, RN.
Paises limítrofes: CH.
Ejemplar examinado: *Burkart 9633* (SI).

Loasa palmata Spreng. = **Blumenbachia insignis** Schrad.
Ref.: Pérez-Moreau & Crespo, 1988a; Weigend, 1997a.

Loasa parviflora Phil. = **Loasa aphanantha** Urb. & Gilg
Ref.: Sleumer, 1955.

[Loasa parviflora Schrad.]
Nota: Especie excluida de la flora argentina.

Loasa patagonica Speg. = **Caiophora patagonica** (Speg.) Urb. & Gilg
Ref.: Urban & Gilg, 1900; Sleumer, 1955; Pérez-Moreau & Crespo, 1988a.

Loasa patagonica Urb. & Gilg, nom. nud. = **Loasa argentina** Urb. & Gilg
Ref.: Crespo & Pérez-Moreau, 1981.

Loasa petrophila Urb., nom. nud. = **Loasa argentina** Urb. & Gilg
Ref.: Crespo & Pérez-Moreau, 1981.

[Loasa pinnatifida Gillies]
Nota: Especie excluida de la flora argentina.

Loasa pinnatifida Gillies var. *gracilis* Speg. = **Loasa argentina** Urb. & Gilg
Ref.: Crespo & Pérez-Moreau, 1981.

[Loasa prostrata Gillies ex Arn.]
Nota: Especie excluida de la flora argentina.

Loasa pulchella (Urb. & Gilg) R.L. Pérez-Mor. & Crespo
Sin.: *Caiophora pulchella* Urb. & Gilg
Ref.: Pérez-Moreau & Crespo, 1992.
Hábito: Hierba.
Status: Endémica.
Elevación: 2000-4000 m.
Prov.: ME, SJ.
Ejemplar examinado: *Gómez-Sosa 343* (SI).

Loasa rosulata Wedd. = **Caiophora rosulata** (Wedd.) Urb. & Gilg
Ref.: Urban & Gilg, 1894, 1900; Sleumer, 1955; Brücher, 1986; Weigend, 1997b.

Loasa scandens Meyen = **Caiophora silvestris** (Poepp.) Urb. & Gilg
Ref.: Urban & Gilg, 1900; Sleumer, 1955; Pérez-Moreau & Crespo, 1988a.

Loasa sclareifolia Juss.
Ref.: Rossow, 1993b.
Hábito: Hierba.
Status: Nativa.
Prov.: NE.
Paises limítrofes: CH.
Ejemplar examinado: *Rossow y Gómez Cadret 4537* (BAB).

Loasa spegazzinii Macloskie = **Caiophora patagonica** (Speg.) Urb. & Gilg
Ref.: Urban & Gilg, 1900; Sleumer, 1955; Pérez-Moreau & Crespo, 1988a.

Loasa tricolor Ker Gawl.
Sin.: *Loasa heterophylla* Hicken, hom. illeg., *Loasa tricolor* Ker Gawl. var. *mendocina* Urb. & Gilg
Ref.: Urban & Gilg, 1900; Sleumer, 1955; Pérez-Moreau & Crespo, 1988a.
Hábito: Hierba.
Status: Nativa.
Elevación: 1500-3000 m.
Prov.: ME, NE.
Paises limítrofes: CH.
Ejemplar examinado: *Kiesling 6754* (SI).
Nota: Spegazzini (1899) erróneamente atribuye esta especie a Lamarck.

Loasa tricolor Ker Gawl. var. *mendocina* Urb. & Gilg = **Loasa tricolor** Ker Gawl.
Ref.: Pérez-Moreau & Crespo, 1988a.

Loasa urbanii A. Soriano = **Loasa argentina** Urb. & Gilg
Ref.: Crespo & Pérez-Moreau, 1981.

Loasa urens Vell. = **Blumenbachia latifolia** Cambess.
Ref.: Weigend, 1997a.

[Loasa volubilis Dombey ex Juss.]
Nota: Especie excluida de la flora argentina.

Mentzelia L.

Número de especies: 7, 1 especie endémica.

Mentzelia albescens (Gillies ex Arn.) Griseb.
Sin.: *Bartonia albescens* Gillies ex Arn., *Bartonia sinuata* C. Presl
Ref.: Grisebach, 1874; Darlington, 1934; Sleumer, 1955; Pérez-Moreau & Crespo, 1988a.
Hábito: Hierba o subarbusto.
Status: Nativa.
Elevación: 0-2500 m.
Prov.: BA, CA, CO, LP, LR, ME, NE, RN, SJ, SL, TU.
Paises limítrofes: CH, UR.
Ejemplar examinado: *Kiesling 4819* (SI).

Mentzelia andina I.M. Johnst., hom. illeg. = **Mentzelia bartonioides** (C. Presl) Urb. & Gilg
Ref.: Pérez-Moreau & Crespo, 1988a.

Mentzelia aspera L.
Ref.: Sleumer, 1955.
Hábito: Hierba.
Status: Nativa.
Elevación: 500-2000 m.
Prov.: JU, ME, SA, TU.
Paises limítrofes: BO.
Ejemplar examinado: *Krapovickas 1661* (SI).

Mentzelia bartonioides (C. Presl) Urb. & Gilg
Sin.: *Acrolasia bartonioides* C. Presl, *Acrolasia solieri* Gay, *Mentzelia andina* I.M. Johnst., hom. illeg., *Mentzelia citrina* Urb. & Gilg, *Mentzelia pinnatifida* (Phil.) Urb. & Gilg var. *uniseriata* Hauman, *Mentzelia pinnatifida* Sleumer, hom. illeg., *Mentzelia solieri* (Gay) Urb. & Gilg ex Urb.
Ref.: Pérez-Moreau & Crespo, 1988a.
Hábito: Hierba.
Status: Nativa.
Elevación: 2000-4000 m.
Prov.: ME, NE, SJ.
Paises limítrofes: CH.
Ejemplar examinado: *Ancibor et al. s.n.* (BAB 90233).

[Mentzelia chilensis Gay]
Nota: Cita dudosa para la flora argentina.

Mentzelia chilensis Griseb., hom. illeg. = **Mentzelia cordobensis** Urb. & Gilg
Ref.: Urban & Gilg, 1900; Darlington, 1934; Sleumer, 1955.

Mentzelia citrina Urb. & Gilg = **Mentzelia bartonioides** (C. Presl) Urb. & Gilg
Ref.: Pérez-Moreau & Crespo, 1988a.

Mentzelia cordobensis Urb. & Gilg
Sin.: *Mentzelia chilensis* Griseb., hom. illeg.
Ref.: Urban & Gilg, 1900; Darlinton, 1934; Sleumer, 1955; Di Fulvio, 1967.
Hábito: Hierba o subarbusto.
Status: Nativa.
Elevación: 500-3000 m.
Prov.: CO, JU, SA, TU.
Paises limítrofes: BO.
Ejemplar examinado: *Venturi 3802* (SI).

Mentzelia grisebachii Urb. & Gilg
Ref.: Urban & Gilg, 1900; Sleumer, 1955.
Hábito: Hierba.
Status: Nativa.
Elevación: 1000-2000 m.
Prov.: CA, SA, TU.
Paises limítrofes: BO.
Ejemplar examinado: *Jörgensen 1600* (SI).

Mentzelia jujuyensis Sleumer
Ref.: Sleumer, 1955.
Hábito: Hierba.
Status: Endémica.
Elevación: 2000-3500 m.
Prov.: JU, SA.
Ejemplar examinado: *Venturi 4875* (SI).

Mentzelia parviflora Monticelli = **Mentzelia parvifolia** Urb. & Gilg var. **parvifolia**

Mentzelia parvifolia Urb. & Gilg var. **parvifolia**
Sin.: *Mentzelia parviflora* Monticelli
Ref.: Urban & Gilg, 1893, 1900; Darlington, 1934; Monticelli, 1938; Sleumer, 1955.
Hábito: Hierba.
Status: Nativa.
Elevación: 500-3500 m.
Prov.: CA, CH, CO, FO, JU, LP, LR, ME, SA, SE, SF, SJ, SL, TU.
Paises limítrofes: BO.
Ejemplar examinado: *Nicora et al. 9102* (SI).

Mentzelia parvifolia Urb. & Gilg var. **transiens** Sleumer
Ref.: Sleumer, 1955.
Nota: Sleumer cita que es un probable híbrido entre *M. parvifolia* y *M. grisebachii.*

Mentzelia pinnatifida Sleumer, hom. illeg. = **Mentzelia bartonioides** (C. Presl) Urb. & Gilg
Ref.: Pérez-Moreau & Crespo, 1988a.

Mentzelia pinnatifida (Phil.) Urb. & Gilg var. *uniseriata* Hauman = **Mentzelia bartonioides** (C. Presl) Urb. & Gilg
Ref.: Pérez-Moreau & Crespo, 1988a.

Mentzelia solieri (Gay) Urb. & Gilg ex Urb. = **Mentzelia bartonioides** (C. Presl) Urb. & Gilg
Ref.: Pérez-Moreau & Crespo, 1988a.

Scyphanthus stenocarpus Hicken, hom. illeg. = **Loasa argentina** Urb. & Gilg
Ref.: Crespo & Pérez-Moreau, 1981.

LOGANIACEAE

2 géneros, 8 especies.

por A. M. Sanso & C. C. Xifreda

Geniostoma brasiliense Spreng. = **Strychnos brasiliensis** (Spreng.) Mart.
Ref.: Smith et al., 1976.

Spigelia L.
Número de especies: 7

Spigelia australis L.B. Sm. = **Spigelia humboldtiana** Cham. & Schltdl.
Ref.: Bravo, 1971; Smith et al., 1976.

Spigelia chamaedryoides Kraenzl. = **Spigelia humboldtiana** Cham. & Schltdl.
Ref.: Bravo, 1971; Smith et al., 1976.

Spigelia humboldtiana Cham. & Schltdl.
Sin.: *Spigelia australis* L.B. Sm., *Spigelia chamaedryoides* Kraenzl., *Spigelia humboldtiana* var. *obtusifolia* Progel, *Spigelia humboldtiana* var. *pubescens* Progel, *Spigelia intermedia* Arechav., *Spigelia rubelliana* Arechav., *Spigelia scabra* Cham. & Schltdl., *Spigelia scabra* var. *angustata* Progel, *Spigelia uruguaya* Arechav.
Ref.: Bravo, 1971, 1983; Smith et al., 1976.
Hábito: Hierba.
Status: Nativa.
Elevación: 0–500 m.
Prov.: BA, CH, COR, ER, FO, JU, MI, SA, TU.
Paises limítrofes: BR, PA, UR.
Ejemplar examinado: *Xifreda y Maldonado 590* (SI).

Spigelia humboldtiana var. *obtusifolia* Progel = **Spigelia humboldtiana** Cham. & Schltdl.
Ref.: Bravo, 1971; Smith et al., 1976.

Spigelia humboldtiana var. *pubescens* Progel = **Spigelia humboldtiana** Cham. & Schltdl.
Ref.: Bravo, 1971; Smith et al., 1976.

Spigelia insignis Progel
Ref.: Bravo, 1971; Hoc & Bravo, 1984.
Hábito: Hierba.
Status: Nativa.
Elevación: 0–500 m.
Prov.: MI.
Paises limítrofes: BR.
Ejemplar examinado: *Muñoz 116* (BAF).

Spigelia intermedia Arechav. = **Spigelia humboldtiana** Cham. & Schltdl.
Ref.: Smith et al., 1976; Bravo, 1983.

Spigelia martiana Cham. & Schltdl.
Sin.: *Spigelia riparia* L.B. Sm.
Ref.: Bravo, 1971; Smith et al., 1976.
Hábito: Hierba.
Status: Nativa.
Elevación: 0–500 m.
Prov.: COR, MI.
Paises limítrofes: BR, PA, UR.
Ejemplar examinado: *Burkart y Gamerro 21860* (SI).

Spigelia nicotianaeflora Chodat & Hassl.
Ref.: Bravo, 1971.
Hábito: Hierba.
Status: Nativa.
Elevación: 0–500 m.
Prov.: COR.
Paises limítrofes: PA.
Ejemplar examinado: *Krapovickas et al. 13810* (SI).

Spigelia paraguariensis Chodat
Ref.: Bravo, 1971.
Hábito: Hierba.
Status: Nativa.
Elevación: 0–500 m.
Prov.: MI.
Paises limítrofes: PA.
Ejemplar examinado: *Pedersen 9524* (SI).

Spigelia riparia L.B. Sm. = **Spigelia martiana** Cham. & Schltdl.
Ref.: Bravo, 1971.

Spigelia rojasiana Kraenzl.
Ref.: Smith, 1960; Bravo, 1971, 1983; Hoc & Bravo, 1984.
Hábito: Hierba.
Status: Nativa.
Elevación: 2000–2500 m.
Prov.: CA, JU, SA, TU.
Paises limítrofes: PA.
Ejemplar examinado: *Burkart 13179* (SI).

Spigelia rubelliana Arechav. = **Spigelia humboldtiana** Cham. & Schltdl.
Ref.: Smith et al., 1976; Bravo, 1983.

Spigelia scabra Cham. & Schltdl. = **Spigelia humboldtiana** Cham. & Schltdl.
Ref.: Bravo, 1971; Smith et al., 1976.

Spigelia scabra var. *angustata* Progel = **Spigelia humboldtiana** Cham. & Schltdl.
Ref.: Smith et al., 1976; Bravo, 1984.

Spigelia stenophylla Progel
Ref.: Bravo, 1971; Smith et al., 1976; Hoc & Bravo, 1984.
Hábito: Hierba.
Status: Nativa.
Elevación: 0–500 m.
Prov.: COR, ER, MI.
Paises limítrofes: BR.
Ejemplar examinado: *Burkart 30037* (SI).

Spigelia uruguaya Arechav. = **Spigelia humboldtiana** Cham. & Schltdl.
Ref.: Smith et al., 1976; Bravo, 1983.

Strychnos L.
Número de especies: 1

Strychnos brasiliensis (Spreng.) Mart.
Sin.: *Geniostoma brasiliense* Spreng., *Strychnos niederleinii* Gilg, *Strychnos oligoneura* Gilg, *Strychnos sellowiana* Gilg
Ref.: Bravo, 1972; Smith et al., 1976.
Hábito: Arbusto.
Status: Nativa.
Elevación: 0–500 m.
Prov.: COR, MI.
Paises limítrofes: BO, BR, PA.
Ejemplar examinado: *Burkart 19718* (SI).

Strychnos niederleinii Gilg = **Strychnos brasiliensis** (Spreng.) Mart.
Ref.: Krukoff & Monachino, 1942; Smith et al., 1976.

Strychnos oligoneura Gilg = **Strychnos brasiliensis** (Spreng.) Mart.
Ref.: Smith et al., 1976.

[Strychnos pseudoquina A. St.-Hil.]
Ref.: Bravo, 1972.
Nota: Especie excluida de la flora argentina.

Strychnos sellowiana Gilg = **Strychnos brasiliensis** (Spreng.) Mart.
Ref.: Smith et al., 1976.

LORANTHACEAE

5 géneros, 10 especies; 2 especies endémicas.

Arthraxon cordatus (Hoffmanns. ex Schult. f.) Tiegh. = **Psittacanthus cordatus** (Hoffmanns. ex Schult. f.) Blume
Ref.: Abbiatti, 1946.

Ligaria Tiegh.

Número de especies: 1

Ligaria coronata (Hauman & Irigoyen) Tiegh. = **Ligaria cuneifolia** (Ruiz & Pav.) Tiegh.

Ligaria cuneifolia (Ruiz & Pav.) Tiegh.
Sin.: *Ligaria coronata* (Hauman & Irigoyen) Tiegh., *Loranthus cuneifolius* Ruiz & Pav., *Phrygilanthus cuneifolius* (Ruiz & Pav.) Eichler, *Psittacanthus coronatus* Hauman & Irigoyen, *Psittacanthus cuneifolius* (Ruiz & Pav.) Blume, *Psittacanthus cuneifolius* (Ruiz & Pav.) G. Don, comb. superfl.
Ref.: Barlow & Wiens, 1973; Ulibarri, 1994b.
Hábito: Parásita.
Status: Nativa.
Elevación: 0-3000 m.
Prov.: BA, CA, CO, ER, FO, JU, LP, LR, ME, SA, SE, SF, SJ, SL, TU.
Paises limítrofes: BO, BR, CH, UR.
Ejemplar examinado: *Kiesling 5439* (SI).

Lonicera corymbosa L. = **Tristerix corymbosus** (L.) Kuijt
Ref.: Kuijt, 1988b.

Loranthus acuminatus Ruiz & Pav. = **Struthanthus acuminatus** (Ruiz & Pav.) Blume
Ref.: Abbiatti, 1946.

Loranthus acutifolius Ruiz & Pav. = **Tripodanthus acutifolius** (Ruiz & Pav.) Tiegh.
Ref.: Barlow & Wiens, 1973.

Loranthus aphyllus Miers ex DC. = [Tristerix aphyllus (Miers ex DC.) Tiegh. ex Barlow & Wiens]
Ref.: Kuijt, 1988b.

Loranthus cordatus Hoffmanns. ex Schult. f. = **Psittacanthus cordatus** (Hoffmanns. ex Schult. f.) Blume
Ref.: Abbiatti, 1946.

Loranthus cuneifolius Ruiz & Pav. = **Ligaria cuneifolia** (Ruiz & Pav.) Tiegh.
Ref.: Barlow & Wiens, 1973.

Loranthus eugenioides Kunth = **Tripodanthus acutifolius** (Ruiz & Pav.) Tiegh.
Ref.: Barlow & Wiens, 1973.

Loranthus flagellaris Cham. & Schltdl. = **Tripodanthus flagellaris** (Cham. & Schltdl.) Tiegh.
Ref.: Barlow & Wiens, 1973.

Loranthus tetrandus Ruiz & Pav. = **Tristerix corymbosus** (L.) Kuijt
Ref.: Kuijt, 1988b.

Loranthus uraguensis Hook. & Arn. = **Struthanthus uraguensis** (Hook. & Arn.) Don
Ref.: Ulibarri, 1987a.

Loranthus uraguensis Hook. & Arn. var. *angustifolius* Griseb. = **Struthanthus angustifolius** (Griseb.) Hauman
Ref.: Abbiatti, 1946.

Loranthus verticillatus Ruiz & Pav. = **Tristerix verticillatus** (Ruiz & Pav.) Barlow & Wiens
Ref.: Barlow & Wiens, 1973; Kuijt, 1988b.

Metastachys verticillata (Ruiz & Pav.) Tiegh. = **Tristerix verticillatus** (Ruiz & Pav.) Barlow & Wiens
Ref.: Kuijt, 1988b.

Notanthera acuminata (Ruiz & Pav.) Don = **Struthanthus acuminatus** (Ruiz & Pav.) Blume
Ref.: Barlow & Wiens, 1973.

Notanthera verticillata (Ruiz & Pav.) G. Don = **Tristerix verticillatus** (Ruiz & Pav.) Barlow & Wiens
Ref.: Kuijt, 1988b.

Phrygilanthus acutifolius (Ruiz & Pav.) Eichler = **Tripodanthus acutifolius** (Ruiz & Pav.) Tiegh.
Ref.: Barlow & Wiens, 1973.

Phrygilanthus aphyllus (Miers ex DC.) Eichler f. *luteus* Follmann = [Tristerix aphyllus (Miers ex DC.) Tiegh. ex Barlow & Wiens]
Ref.: Kuijt, 1988b.

Phrygilanthus cuneifolius (Ruiz & Pav.) Eichler = **Ligaria cuneifolia** (Ruiz & Pav.) Tiegh.
Ref.: Barlow & Wiens, 1973.

Phrygilanthus flagellaris (Cham. & Schltdl.) Eichler = **Tripodanthus flagellaris** (Cham. & Schltdl.) Tiegh.
Ref.: Barlow & Wiens, 1973.

Phrygilanthus tetrandus (Ruiz & Pav.) Eichler = **Tristerix corymbosus** (L.) Kuijt
Ref.: Kuijt, 1988b.

Phrygilanthus verticillatus (Ruiz & Pav.) Eichler = **Tristerix verticillatus** (Ruiz & Pav.) Barlow & Wiens
Ref.: Kuijt, 1988b.

Phrygilanthus verticillatus (Ruiz & Pav.) Eichler var. *flava-citrina* Ruiz & Pav. = **Tristerix verticillatus** (Ruiz & Pav.) Barlow & Wiens
Ref.: Kuijt, 1998.

Psittacanthus Mart.

Número de especies: 1

Psittacanthus cordatus (Hoffmanns. ex Schult. f.) Blume
Sin.: *Arthraxon cordatus* (Hoffmanns. ex Schult. f.) Tiegh., *Loranthus cordatus* Hoffmanns. ex Schult. f., *Psittacanthus cordatus* (Hoffmanns. ex Schult. f.) G. Don, comb. superfl.
Ref.: Abbiatti, 1946; Rizzini, 1956.
Hábito: Parásita.
Status: Nativa.
Elevación: 0-500 m.
Prov.: CH, FO.
Paises limítrofes: BR, PA.
Ejemplar examinado: *Rojas 12200* (SI).

Psittacanthus cordatus (Hoffmanns. ex Schult. f.) G. Don, comb. superfl. = **Psittacanthus cordatus** (Hoffmanns. ex Schult. f.) Blume
Ref.: Abbiatti, 1946.

Psittacanthus coronatus Hauman & Irigoyen = **Ligaria cuneifolia** (Ruiz & Pav.) Tiegh.

Psittacanthus cuneifolius (Ruiz & Pav.) Blume = **Ligaria cuneifolia** (Ruiz & Pav.) Tiegh.
Ref.: Barlow & Wiens, 1973.

[Psittacanthus cuneifolius (Ruiz & Pav.) Blume var. flava Abbiatti]
Nota: Taxón dudoso.

Psittacanthus cuneifolius (Ruiz & Pav.) G. Don, comb. superfl. = **Ligaria cuneifolia** (Ruiz & Pav.) Tiegh.

Struthanthus Mart.

Número de especies: 4, 2 especies endémicas.

Struthanthus acuminatus (Ruiz & Pav.) Blume
Sin.: *Loranthus acuminatus* Ruiz & Pav., *Notanthera acuminata* (Ruiz & Pav.) Don
Ref.: Abbiatti, 1946; Barlow & Wiens, 1973.
Hábito: Parásita.
Status: Nativa.
Elevación: 0-500 m.
Prov.: CO, COR, SA.
Paises limítrofes: BO.
Ejemplar examinado: *Abbiatti y Claps 290* (LP).

Struthanthus angustifolius (Griseb.) Hauman
Sin.: *Loranthus uraguensis* Hook. & Arn. var. *angustifolius* Griseb.
Ref.: Abbiatti, 1946; Rizzini, 1956.
Hábito: Parásita.
Status: Endémica.
Elevación: 0-500 m.
Prov.: CH, CO, JU, LR, SA, SE, TU.
Ejemplar examinado: *Lorentz 37* (isotipo, CORD).

Struthanthus llanensis Ruiz Leal
Ref.: Ruiz Leal, 1956.
Hábito: Parásita.
Status: Endémica.
Prov.: LR.
Ejemplar examinado: *Ruiz Leal 16573* (isotipo, LP).

Struthanthus uraguensis (Hook. & Arn.) Don
Sin.: *Loranthus uraguensis* Hook. & Arn.
Ref.: Abbiatti, 1946; Ulibarri, 1987a.
Hábito: Parásita.
Status: Nativa.
Elevación: 0-500 m.
Prov.: COR, ER, MI.
Paises limítrofes: PA, UR.
Ejemplar examinado: *Troncoso 3218* (SI).

Tripodanthus (Eichler) Tiegh.

Número de especies: 2

Tripodanthus acutifolius (Ruiz & Pav.) Tiegh.
Sin.: *Loranthus acutifolius* Ruiz & Pav., *Loranthus eugenioides* Kunth, *Phrygilanthus acutifolius* (Ruiz & Pav.) Eichler
Ref.: Abbiatti, 1946; Barlow & Wiens, 1973; Kuijt, 1986a.
Hábito: Parásita.
Status: Nativa.
Elevación: 0-500 m.
Prov.: CA, CH, COR, FO, JU, LR, MI, SA, SE, TU.
Paises limítrofes: BR, PA, UR.
Ejemplar examinado: *Jörgensen 1405* (LIL, SI).

Tripodanthus flagellaris (Cham. & Schltdl.) Tiegh.
Sin.: *Loranthus flagellaris* Cham. & Schltdl., *Phrygilanthus flagellaris* (Cham. & Schltdl.) Eichler
Ref.: Abbiatti, 1946; Barlow & Wiens, 1973; Ulibarri, 1994b.
Hábito: Parásita.
Status: Nativa.
Elevación: 0-1000 m.
Prov.: CA, CO, COR, ER, SE, SL.
Paises limítrofes: BR, UR.
Ejemplar examinado: *Burkart et al. 23306* (SI).

Tristerix Mart.

Número de especies: 2

[Tristerix aphyllus (Miers ex DC.) Tiegh. ex Barlow & Wiens]
Sin.: *Loranthus aphyllus* Miers ex DC., *Phrygilanthus aphyllus* (Miers ex DC.) Eichler f. *luteus* Follmann
Ref.: Kuijt, 1988b.
Nota: Especie excluida de la flora argentina.

Tristerix corymbosus (L.) Kuijt
Sin.: *Lonicera corymbosa* L., *Loranthus tetrandus* Ruiz & Pav., *Phrygilanthus tetrandus* (Ruiz & Pav.) Eichler, *Tristerix tetrandus* (Ruiz & Pav.) Mart.
Ref.: Kuijt, 1988b.
Hábito: Parásita.
Status: Nativa.
Prov.: NE, RN.
Paises limítrofes: CH.
Ejemplar examinado: *von Rentzell 14676* (SI).

Tristerix tetrandus (Ruiz & Pav.) Mart. = **Tristerix corymbosus** (L.) Kuijt
Ref.: Kuijt, 1988b.

Tristerix verticillatus (Ruiz & Pav.) Barlow & Wiens
Sin.: *Loranthus verticillatus* Ruiz & Pav., *Metastachys verticillata* (Ruiz & Pav.) Tiegh., *Notanthera verticillata* (Ruiz & Pav.) G. Don, *Phrygilanthus verticillatus* (Ruiz & Pav.) Eichler, *Phrygilanthus verticillatus* (Ruiz & Pav.) Eichler var. *flava-citrina* Ruiz & Pav.
Ref.: Barlow & Wiens, 1973; Kuijt, 1988b; Ulibarri, 1994b.
Hábito: Parásita.
Status: Nativa.
Elevación: 1000-3500 m.
Prov.: CA, JU, LR, ME, SA, SJ, TU.
Paises limítrofes: BO, CH.
Ejemplar examinado: *Lourteig 654* (isoneotipo, LIL).

LYTHRACEAE

8 géneros, 37 especies; 5 especies endémicas.

Adenaria Kunth

Número de especies: 1

Adenaria floribunda Kunth
Sin.: *Adenaria floribunda* Kunth var. *purpurata* (Kunth) Koehne, *Adenaria purpurata* Kunth, *Adenaria purpurata* Kunth var. *australis* Griseb.
Ref.: Lourteig, 1943, 1948.
Hábito: Arbusto o árbol.
Status: Nativa.
Elevación: 0–2500 m.
Prov.: JU, MI, SA.
Paises limítrofes: BO, PA.
Ejemplar examinado: *Venturi 5514* (LP).

Adenaria floribunda Kunth var. *purpurata* (Kunth) Koehne = **Adenaria floribunda** Kunth

Adenaria purpurata Kunth = **Adenaria floribunda** Kunth

Adenaria purpurata Kunth var. *australis* Griseb. = **Adenaria floribunda** Kunth

Ammannia L.

Número de especies: 3

Ammannia arenaria Kunth = **Ammannia auriculata** var. **arenaria** (Kunth) Koehne
Ref.: Lourteig, 1943.

[Ammannia auriculata Willd.]
Ref.: Lourteig, 1964b.
Nota: Citada erróneamente para la flora argentina, sobre la base de material no perteneciente a esta especie.

Ammannia auriculata var. **arenaria** (Kunth) Koehne
Sin.: *Ammannia arenaria* Kunth
Ref.: Lourteig, 1943, 1948.
Hábito: Hierba.
Status: Nativa.
Elevación: 0–500 m.
Prov.: CH, FO, SA.
Paises limítrofes: BO, BR.
Ejemplar examinado: *Joergensen 3286* (BA).

Ammannia coccinea subsp. **robusta** (Heer & Regel) Koehne
Sin.: *Ammannia robusta* Heer & Regel.
Ref.: Lourteig, 1964b.
Hábito: Hierba.
Status: Nativa.
Elevación: 0–500 m.
Prov.: BA.
Paises limítrofes: BR.
Ejemplar citado: *D'Orbigny 204** (P).

Ammannia friesii Koehne
Ref.: Lourteig, 1943, 1964b.
Hábito: Hierba.
Status: Nativa.
Elevación: 0–500 m.
Prov.: COR, JU, SA.
Paises limítrofes: BO.
Ejemplar examinado: *Spegazzini s.n.* (BAB 15395).

[Ammannia latifolia L.]
Ref.: Lourteig, 1948.
Nota: Citada erróneamente para la flora argentina, sobre la base de material no perteneciente a esta especie.

Ammannia ramosior L. = **Rotala ramosior** (L.) Koehne
Ref.: Lourteig, 1954b.

Ammannia robusta Heer & Regel = **Ammannia coccinea** subsp. **robusta** (Heer & Regel) Koehne

[Ammannia verticillata Lam.]
Nota: Especie excluida de la flora argentina.

Cuphea P. Browne

Número de especies: 23, 3 especies endémicas.

[Cuphea acinifolia A. St. Hil.]
Ref.: Lourteig, 1964b, 1969.
Nota: Especie excluida de la flora argentina.

Cuphea balsamona Cham. & Schltdl. = **Cuphea carthagenensis** (Jacq.) J.F. Macbr.
Ref.: Lourteig, 1943.

Cuphea bonariensis Gillies ex Hook. & Arn. = **Cuphea fruticosa** Spreng.
Ref.: Lourteig, 1949.

Cuphea bonplandii Lourteig
Ref.: Lourteig, 1943, 1948.
Hábito: Hierba.
Status: Nativa.
Elevación: 0–500 m.
Prov.: COR, MI.
Paises limítrofes: PA.
Ejemplar examinado: *Rodrigo 949* (LP).

Cuphea calophylla subsp. **mesostemum** (Koehne) Lourteig
Sin.: *Cuphea hyssopifolia* Griseb., p.p., *Cuphea mesostemum* Koehne, *Cuphea mesostemum* var. *missionera* Lourteig
Ref.: Lourteig, 1964b, 1969.
Hábito: Hierba.
Status: Nativa.
Elevación: 0–>4500 m.
Prov.: CA, JU, MI, SA, TU.
Paises limítrofes: BO, BR, PA.
Ejemplar examinado: *Venturi 4792* (LP).

Cuphea campylocentra Griseb.
Sin.: *Cuphea corisperma* Koehne
Ref.: Lourteig, 1943, 1964b, 1969, 1987.
Hábito: Hierba.
Status: Nativa.
Elevación: 0–500 m.
Prov.: COR, ER, FO.
Paises limítrofes: BR, PA, UR.
Ejemplar examinado: *Burkart 8010* (SI).

Cuphea carthagenensis (Jacq.) J.F. Macbr.
Sin.: *Cuphea balsamona* Cham. & Schltdl., *Lythrum carthagenense* Jacq.
Ref.: Lourteig, 1943, 1948.
Hábito: Hierba.
Status: Nativa.
Elevación: 0–500 m.
Prov.: CH, COR, FO, MI.
Paises limítrofes: PA.
Ejemplar examinado: *Schulz 28* (LP).

Cuphea commersoniana (A. St.-Hil.) Koehne = **Cuphea fruticosa** Spreng.
Ref.: Lourteig, 1964b.

Cuphea confertiflora A. St. Hil.
Sin.: *Cuphea tuberosiformis* Koehne ex Bacigal.
Ref.: Lourteig, 1943, 1969.
Hábito: Hierba.
Status: Nativa.
Elevación: 0–500 m.
Prov.: MI.
Paises limítrofes: BR, PA.
Ejemplar examinado: *Montes 801* (LP).

Cuphea cordata Ruiz & Pav.
Sin.: *Cuphea ianthina* Koehne
Ref.: Lourteig, 1943 (bajo *C. ianthina*); Graham, 1998.
Hábito: Subarbusto.
Status: Nativa.
Elevación: 1000–3000 m.
Prov.: JU.
Paises limítrofes: BO, BR.
Ejemplar examinado: *Burkart y Troncoso 11586* (LIL).
Nota: Citada para Jujuy por Lourteig en 1943 (bajo *C. ianthina*); Graham (1998) no la menciona para Argentina.

Cuphea corisperma Koehne = **Cuphea campylocentra** Griseb.
Ref.: Lourteig, 1987.

Cuphea correntina Lourteig
Ref.: Lourteig, 1948.
Hábito: Subarbusto.
Status: Endémica.
Elevación: 0–500 m.
Prov.: COR.
Ejemplar examinado: *Ibarrola s.n.* (holotipo, LIL 116574).

Cuphea costata Koehne
Ref.: Lourteig, 1943, 1948.
Hábito: Hierba o subarbusto.
Status: Nativa.
Elevación: 0–500 m.
Prov.: CH, COR, FO.
Paises limítrofes: BR, PA.
Ejemplar examinado: *Noceti s.n.* (BAF).

Cuphea fruticosa Spreng.
Sin.: *Cuphea bonariensis* Gillies ex Hook. & Arn., *Cuphea commersoniana* (A. St.-Hil.) Koehne, *Cuphea glabra* Gillies ex Hook. & Arn., *Cuphea ligustrina* var. *commersoniana* A. St.-Hil.
Ref.: Lourteig, 1943, 1949, 1964b, 1969.
Hábito: Hierba.
Status: Nativa.
Elevación: 0–500 m.
Prov.: BA, CO, COR, ER, MI.
Paises limítrofes: BR, PA, UR.
Ejemplar examinado: *Job 2246* (LP).

Cuphea glabra Gillies ex Hook. & Arn. = **Cuphea fruticosa** Spreng.
Ref.: Lourteig, 1949.

Cuphea glaziovii Koehne
Ref.: Lourteig, 1948, 1969.
Hábito: Arbusto.
Status: Nativa.
Elevación: 0–1000 m.
Prov.: MI.
Paises limítrofes: BR.
Ejemplar examinado: *Bertoni 998* (LIL).
Nota: Graham (1990) señala que esta especie podría ser un sinónimo de *C. niederleinii*

Cuphea glutinosa Cham. & Schltdl.
Sin.: *Cuphea hyssopifolia* var. *brachyphylla* Griseb., *Cuphea thymoides* Griseb., hom. illeg.
Ref.: Lourteig, 1943, 1969.
Hábito: Hierba.
Status: Nativa.
Elevación: 0–1000 m.
Prov.: BA, CH, CO, COR, ER, FO, MI, SF, SL, TU.
Paises limítrofes: BR, PA, UR.
Ejemplar examinado: *Fabris 3182* (LP).

Cuphea guelichii Speg. = **Cuphea linarioides** Cham. & Schltdl.
Ref.: Lourteig, 1943.

Cuphea hirsutissima Lourteig
Ref.: Lourteig, 1948.
Hábito: Subarbusto.
Status: Endémica.
Elevación: 0–500 m.
Prov.: MI.
Ejemplar examinado: *Bridarolli 3022* (LP).

Cuphea hirticaulis Koehne = **Cuphea racemosa** subsp. **hirticaulis** (Koehne) Lourteig
Ref.: Lourteig, 1964b.

Cuphea hyssopifolia Griseb., p.p. = **Cuphea calophylla** subsp. **mesostemum** (Koehne) Lourteig

Cuphea hyssopifolia var. *brachyphylla* Griseb. = **Cuphea glutinosa** Cham. & Schltdl.
Ref.: Lourteig, 1969.

Cuphea ianthina Koehne = **Cuphea cordata** Ruiz & Pav.
Ref.: Graham, 1998.

Cuphea ingrata Cham. & Schltdl.
Sin.: *Cuphea obliqua* Bacig.
Ref.: Lourteig, 1943, 1954b, 1969.
Hábito: Hierba.
Status: Nativa.
Elevación: 0–500 m.

Prov.: MI.
Paises limítrofes: BR, PA, UR.
Ejemplar examinado: *Frenguelli 22* (LP).

Cuphea laeviuscula Bacig.
Ref.: Lourteig, 1943.
Hábito: Hierba.
Status: Endémica.
Elevación: 0–500 m.
Prov.: MI.
Ejemplar examinado: *Rodríguez 73* (SI).

Cuphea ligustrina var. *commersoniana* A. St.-Hil. = **Cuphea fruticosa** Spreng.
Ref.: Lourteig, 1964b.

Cuphea linarioides Cham. & Schltdl.
Sin.: *Cuphea guelichii* Speg.
Ref.: Lourteig, 1943, 1969.
Hábito: Hierba.
Status: Nativa.
Elevación: 0–500 m.
Prov.: MI.
Paises limítrofes: BR, PA.
Ejemplar examinado: *Niederlein 145* (LP, SI).

Cuphea longiflora Koehne
Ref.: Lourteig, 1943.
Hábito: Hierba.
Status: Nativa.
Elevación: 0–500 m.
Prov.: COR, ER, MI.
Paises limítrofes: BO, BR, PA.
Ejemplar examinado: *Biraben 5416* (LP).

Cuphea lysimachioides Cham. & Schltdl.
Ref.: Lourteig, 1943, 1969.
Hábito: Hierba.
Status: Nativa.
Elevación: 0–500 m.
Prov.: CH, COR, FO, MI.
Paises limítrofes: BR, PA, UR.
Ejemplar examinado: *Boffa 1074* (LP).

Cuphea melvilla Lindl.
Sin.: *Cuphea speciosa* (A. Anderson) Kuntze, *Melvilla speciosa* A. Anderson
Ref.: Lourteig, 1944, 1969; Graham, 1990.
Hábito: Arbusto.
Status: Nativa.
Elevación: 0–500 m.
Prov.: COR, MI.
Paises limítrofes: BR.
Ejemplar examinado: *Spegazzini s.n.* (LP 14583).

Cuphea mesostemum Koehne = **Cuphea calophylla** subsp. **mesostemum** (Koehne) Lourteig
Ref.: Lourteig, 1964b.

Cuphea mesostemum f. *ovalifolia* Chodat = **Cuphea persistens** Koehne

Cuphea mesostemum var. *missionera* Lourteig = **Cuphea calophylla** subsp. **mesostemum** (Koehne) Lourteig
Ref.: Lourteig, 1964b.

Cuphea niederleinii Koehne
Ref.: Lourteig, 1943; Graham, 1990.
Hábito: Subarbusto.
Status: Nativa.
Elevación: 0–500 m.
Prov.: MI.
Paises limítrofes: PA.
Ejemplar examinado: *Niederlein 1037* (SI).

Cuphea obliqua Bacig. = **Cuphea ingrata** Cham. & Schltdl.
Ref.: Lourteig, 1954b.

Cuphea obtusifolia Koehne ex Bacig. = **Cuphea racemosa** (L. f.) Spreng. subsp. **racemosa**
Ref.: Lourteig, 1964b.

Cuphea origanifolia Cham. & Schltdl. = **Cuphea racemosa** (L. f.) Spreng. subsp. **racemosa**
Ref.: Fabris, 1966c.

Cuphea ovalifolia (Chodat) Koehne = **Cuphea persistens** Koehne
Ref.: Lourteig, 1943.

Cuphea persistens Koehne
Sin.: *Cuphea mesostemum* f. *ovalifolia* Chodat, *Cuphea ovalifolia* (Chodat) Koehne, *Cuphea persistens* var. *formosana* Lourteig
Ref.: Lourteig, 1943, 1986.
Hábito: Hierba o subarbusto.
Status: Nativa.
Elevación: 0–3000 m.
Prov.: FO, JU, SA, SE, TU.
Paises limítrofes: BO, BR, PA.
Ejemplar examinado: *Venturi 8311* (LP).

Cuphea persistens Koehne var. *formosana* Lourteig = **Cuphea persistens** Koehne

Cuphea racemosa (L. f.) Spreng. subsp. **hirticaulis** (Koehne) Lourteig
Sin.: *Cuphea hirticaulis* Koehne
Ref.: Lourteig, 1964b, 1969.
Hábito: Hierba.
Status: Nativa.
Elevación: 0–500 m.
Prov.: COR, MI.
Paises limítrofes: BO, BR, PA, UR.
Ejemplar examinado: *Llamas s.n.* (BAB 4840).

Cuphea racemosa (L. f.) Spreng. subsp. **racemosa**
Sin.: *Cuphea obtusifolia* Koehne ex Bacig., *Cuphea origanifolia* Cham. & Schltdl., *Cuphea racemosa* var. *discolor* Lourteig, *Cuphea racemosa* var. *palustris* Lourteig, *Lythrum racemosum* L. f.
Ref.: Lourteig, 1943, 1948, 1964, 1969, 1988.
Hábito: Hierba.
Status: Nativa.
Elevación: 0-1500 m.
Prov.: BA, CH, CHU, CO, COR, ER, FO, JU, MI, RN, SA, SF, TU.
Paises limítrofes: BR, PA, UR.
Ejemplar examinado: *Montes 2560* (LP).

Cuphea racemosa var. *discolor* Lourteig = **Cuphea racemosa** (L. f.) Spreng. subsp. **racemosa**
Ref.: Lourteig, 1964b.

Cuphea racemosa var. *palustris* Lourteig = **Cuphea racemosa** (L. f.) Spreng. subsp. **racemosa**
Ref.: Lourteig, 1964b.

Cuphea speciosa (A. Anderson) Kuntze = **Cuphea melvilla** Lindl.
Ref.: Lourteig, 1944.

Cuphea thymoides Cham. & Schltdl.
Sin.: *Cuphea thymoides* var. *argentina* A. St.-Hil., *Cuphea thymoides* var. *levis* A. St.-Hil., *Cuphea thymoides* var. *pseudoerica* A. St.-Hil.
Ref.: Lourteig, 1948, 1964b, 1969.
Hábito: Hierba.
Status: Nativa.
Elevación: 0–500 m.
Prov.: MI.
Paises limítrofes: BR.
Ejemplar examinado: *Bertoni 2362* (LIL).

Cuphea thymoides Griseb., hom. illeg. = **Cuphea glutinosa** Cham. & Schltdl.
Ref.: Lourteig, 1969.

Cuphea thymoides var. *argentina* A. St.-Hil. = **Cuphea thymoides** Cham. & Schltdl.
Ref.: Lourteig, 1964b.

Cuphea thymoides var. *levis* A. St.-Hil. = **Cuphea thymoides** Cham. & Schltdl.
Ref.: Lourteig, 1964b.

Cuphea thymoides var. *pseudoerica* A. St.-Hil. = **Cuphea thymoides** Cham. & Schltdl.
Ref.: Lourteig, 1964b.

Cuphea tuberosa Cham. & Schltdl.
Ref.: Lourteig, 1948, 1969.
Hábito: Hierba.
Status: Nativa.
Elevación: 0–500 m.
Prov.: COR, MI.
Paises limítrofes: BR, PA.
Ejemplar examinado: *Schwarz 1324* (LIL).

Cuphea tuberosiformis Koehne ex Bacigal. = **Cuphea confertiflora** A. St. Hil.
Ref.: Lourteig, 1943.

Heimia Link
Número de especies: 3, 1 especie endémica.

Heimia montana (Griseb.) Lillo
Sin.: *Heimia salicifolia* var. *montana* (Griseb.) Koehne, *Nesaea salicifolia* var. *montana* Griseb.
Ref.: Lourteig, 1944; Meyer, 1963.
Hábito: Arbusto.
Status: Endémica.
Prov.: JU, SA, TU.
Ejemplar examinado: *Schulz y Varela 5202* (LIL).

Heimia myrtifolia Cham. & Schltdl.
Ref.: Lourteig, 1944, 1948, 1969.
Hábito: Arbusto.
Status: Nativa.
Elevación: 0–1000 m.
Prov.: MI.
Paises limítrofes: BR, UR.
Ejemplar examinado: *Meyer 5345* (LIL).

Heimia salicifolia (Kunth) Link
Sin.: *Nesaea salicifolia* Kunth
Ref.: Lourteig, 1943, 1969; Fabris, 1966c.
Hábito: Arbusto.
Status: Nativa.
Elevación: 0–1500 m.
Prov.: BA, CA, CH, CO, COR, ER, FO, JU, LR, MI, SA, SE, SF, SL, TU.
Paises limítrofes: BO, BR, PA, UR.
Ejemplar examinado: *Cabrera 2931* (LP).

Heimia salicifolia var. *montana* (Griseb.) Koehne = **Heimia montana** (Griseb.) Lillo
Ref.: Lourteig, 1944.

Hypobrichia spruceana Benth. = **Rotala mexicana** Cham. & Schltdl.
Ref.: Cook, 1979.

Lafoensia Vand.
Número de especies: 1

Lafoensia nummularifolia A. St.-Hil.
Ref.: Rodriguez, 1995.
Hábito: Arbusto.
Status: Nativa.
Elevación: 0-500 m.
Prov.: MI.
Paises limítrofes: BR.
Ejemplar examinado: *Rodriguez et al.* 416 (SI).

Lythrum L.
Número de especies: 2

Lythrum campestre Griseb. = **Lythrum maritimum** Kunth
Ref.: Lourteig, 1943.

Lythrum carthagenense Jacq. = **Cuphea carthagenensis** (Jacq.) J.F. Macbr.
Ref.: Lourteig, 1943.

Lythrum hyssopifolia L.
Ref.: Lourteig, 1943, 1948, 1988b; Fabris, 1966c.
Hábito: Hierba.
Status: Nativa.
Elevación: 0–500 m.
Prov.: BA, COR, DF, ER, LP, NE, RN, SF, SJ.
Paises limítrofes: BR, CH, UR.
Ejemplar examinado: *Cabrera 10307* (LP).

Lythrum maritimum Kunth
Sin.: *Lythrum campestre* Griseb.
Ref.: Lourteig, 1943, 1948; Fabris, 1966c.
Hábito: Hierba.
Status: Nativa.
Elevación: 0–500 m.
Prov.: BA, CA, CH, CO, COR, JU, SA, SF, SL, TU.

Paises limítrofes: BO, CH, UR.
Ejemplar examinado: *Cabrera 2014* (LP).

Lythrum racemosum L. f. = **Cuphea racemosa** (L. f.) Spreng. subsp. **racemosa**
Ref.: Fabris, 1966c.

[Lythrum salicaria L.]
Nota: Especie excluida de la flora argentina.

Melvilla speciosa A. Anderson = **Cuphea melvilla** Lindl.
Ref.: Lourteig, 1944.

Nesaea salicifolia Kunth = **Heimia salicifolia** (Kunth) Link
Ref.: Lourteig, 1943.

Nesaea salicifolia var. *montana* Griseb. = **Heimia montana** (Griseb.) Lillo
Ref.: Lourteig, 1944.

[Peplis diandra Nutt. ex DC.]
Nota: Cita dudosa para la flora argentina; fue mencionada por Boelcke (1992) para la provincia de Misiones y no se ha podido observar material de herbario de la especie.

[Peplis portula L.]
Nota: Cita dudosa para la flora argentina.

Pleurophora D. Don

Número de especies: 2, 1 especie endémica.

Pleurophora lignosa L.B. Sm. = **Pleurophora patagonica** Speg.
Ref.: Lourteig, 1943, 1988b.

Pleurophora patagonica Speg.
Sin.: *Pleurophora lignosa* L.B. Sm.
Ref.: Lourteig, 1943, 1988b.
Hábito: Hierba o arbusto.
Status: Endémica.
Elevación: 0–500 m.
Prov.: CHU, ME, NE, RN, SC.
Ejemplar examinado: *Ameghino s.n.* (holotipo, LP).

Pleurophora saccocarpa Koehne
Ref.: Lourteig, 1943.
Hábito: Arbusto.
Status: Nativa.
Elevación: 0–500 m.
Prov.: CH, COR, FO, SA, SF.
Paises limítrofes: PA.
Ejemplar examinado: *Meyer 650* (SI).

Rotala L.

Número de especies: 2

Rotala apetala F. Muell. = **Rotala mexicana** Cham. & Schltdl.
Ref.: Cook, 1979.

Rotala mexicana Cham. & Schltdl.
Sin.: *Hypobrichia spruceana* Benth., *Rotala apetala* F. Muell., *Rotala mexicana* var. *apetala* (F. Muell.) Lourteig, *Rotala mexicana* var. *spruceana* (Benth.) Koehne
Ref.: Cook, 1979.
Hábito: Hierba acuática.
Status: Nativa.
Elevación: 0–500 m.
Prov.: COR, MI.
Paises limítrofes: BR, PA.
Ejemplar examinado: *Guaglianone et al. 906* (LP).

Rotala mexicana var. *apetala* (F. Muell.) Lourteig = **Rotala mexicana** Cham. & Schltdl.

Rotala mexicana var. *spruceana* (Benth.) Koehne = **Rotala mexicana** Cham. & Schltdl.

Rotala ramosior (L.) Koehne
Sin.: *Ammannia ramosior* L.
Ref.: Lourteig, 1954b; Cook, 1979.
Hábito: Hierba.
Status: Nativa.
Elevación: 0–500 m.
Prov.: FO.
Paises limítrofes: BO, BR, PA.
Ejemplar examinado: *Cristóbal y Schinini 1011* (CTES).

MALESHERBIACEAE

1 género, 3 especies; 1 variedad endémica.

Gynopleura linearifolia Cav. = [Malesherbia linearifolia (Cav.) Poir.]
Ref.: Ricardi, 1967.

Malesherbia Ruiz & Pav.

Número de especies: 3

Malesherbia hieronymi Harms = **Malesherbia lirana** var. **lirana** Gay
Ref.: Ariza Espinar, 1995b.

Malesherbia humilis Poepp.
Sin.: *Malesherbia humilis* D. Don, hom. illeg.
Ref.: Ricardi, 1967; Correa, 1988b; Ariza Espinar, 1995b.
Hábito: Hierba.
Status: Nativa.
Elevación: 0–500 m.
Prov.: NE.
Paises limítrofes: CH.
Ejemplar examinado: *Cabrera 34168* (SI).

Malesherbia humilis D. Don, hom. illeg. = **Malesherbia humilis** Poepp.
Ref.: Correa, 1988b.

Malesherbia lactea Phil.
Sin.: *Malesherbia rosulata* Werderm.
Ref.: Ricardi, 1967; Ariza Espinar, 1995b.
Hábito: Hierba.
Status: Nativa.
Elevación: 2500–4000 m.
Prov.: LR, SJ.
Paises limítrofes: CH.
Ejemplar examinado: *Nicora et al. 8554* (SI).

[Malesherbia linearifolia (Cav.) Poir.]
Sin.: *Gynopleura linearifolia* Cav.
Ref.: Ricardi, 1967; Ariza Espinar, 1995b.
Nota: Especie excluida de la flora argentina.

Malesherbia lirana var. *hieronymi* (Harms) Ricardi = **Malesherbia lirana** Gay var. **lirana**
Ref.: Ariza Espinar, 1995b.

Malesherbia lirana Gay var. **lirana**
Sin.: *Malesherbia hieronymi* Harms, *Malesherbia lirana* (Harms) Ricardi var. *hieronymi* (Harms) Ricardi, *Malesherbia lirana* (Harms) Ricardi subvar. *tomentosa* Kuntze
Ref.: Ricardi, 1967; Ariza Espinar, 1995b.
Hábito: Hierba.
Status: Nativa.
Elevación: 2000–4000 m.
Prov.: LR, SJ.
Paises limítrofes: CH.
Ejemplar examinado: *Kiesling et al. 7483* (SI).

Malesherbia lirana var. **subglabrifolia** Kuntze
Sin.: *Malesherbia mendocina* Sleumer
Ref.: Ricardi, 1967; Correa, 1988b; Ariza Espinar, 1995b.
Hábito: Hierba.
Status: Endémica.
Elevación: 1000–3000 m.
Prov.: ME.
Ejemplar examinado: *Cabrera et al. 33336* (SI).

Malesherbia lirana subvar. *tomentosa* Kuntze = **Malesherbia lirana** Gay var. **lirana**
Ref.: Ariza Espinar, 1995b.

Malesherbia mendocina Sleumer = **Malesherbia lirana** var. **subglabrifolia** Kuntze
Ref.: Ariza Espinar, 1995b.

Malesherbia rosulata Werderm. = **Malesherbia lactea** Phil.
Ref.: Ariza Espinar, 1995b.

MALPIGHIACEAE

19 géneros, 44 especies; 3 especies endémicas.

por W. R. Anderson

Aspicarpa Rich.

Número de especies: 4

Aspicarpa argentea Nied., nom. superfl. = **Aspicarpa sericea** Griseb.

Aspicarpa argentea Nied. var. *sericea* (Griseb.) Nied., nom. superfl. = **Aspicarpa sericea** Griseb.

Aspicarpa guaranitica (A. St.-Hil.) Hassl. = **Janusia guaranitica** (A. St.-Hil.) A. Juss.

Aspicarpa lanata (Chodat) Nied., nom. illeg. = **Aspicarpa schininii** W.R. Anderson

Aspicarpa linearifolia (A. St.-Hil.) Nied. = **Peregrina linearifolia** (A. St.-Hil.) W.R. Anderson

Aspicarpa pulchella (Griseb.) O'Donell & Lourteig
Sin.: *Aspicarpa sericea* (A. St.-Hil.) Nied., nom. illeg., *Camarea pulchella* Griseb., *Cryptolappa pulchella* (Griseb.) Kuntze, nom. superfl., *Cryptolappa pulchella* (Griseb.) Kuntze var. *latifolia* Kuntze, nom. superfl., *Janusia sericea* (A. St.-Hil.) A. Juss.
Hábito: Hierba perenne.
Status: Nativa.
Elevación: 0-500 m.
Prov.: COR, MI.
Paises limítrofes: BR, PA, UR.
Ejemplar examinado: *Cristóbal et al. 1883* (CTES, MICH).

Aspicarpa robusta (Chodat) Hassl., nom. superfl. = **Aspicarpa sericea** Griseb.

Aspicarpa robusta (Chodat) Hassl. var. *fiebrigii* (Chodat) Hassl. = **Aspicarpa schininii** W.R. Anderson

Aspicarpa robusta (Chodat) Hassl. var. *sericea* (Griseb.) Hassl., nom. superfl. = **Aspicarpa sericea** Griseb.

Aspicarpa salicifolia (Chodat) Nied.
Sin.: *Camarea salicifolia* Chodat, *Cryptolappa salicifolia* (Chodat) Kuntze, *Gaudichaudia salicifolia* (Chodat) Chodat
Hábito: Hierba perenne.
Status: Nativa.
Elevación: 0-500 m.
Prov.: COR, MI.
Paises limítrofes: BR, PA.
Ejemplar examinado: *Carnevali 892* (CTES).

Aspicarpa schininii W.R. Anderson
Sin.: *Aspicarpa lanata* (Chodat) Nied., nom. illeg., *Aspicarpa robusta* (Chodat) Hassl. var. *fiebrigii* (Chodat) Hassl., *Camarea lanata* Chodat, *Cryptolappa lanata* (Chodat) Kuntze, *Gaudichaudia lanata* (Chodat) Chodat, *Gaudichaudia robusta* (Chodat) Chodat var. *fiebrigii* Chodat
Hábito: Hierba perenne.
Status: Nativa.
Elevación: 1000-1500 m.
Prov.: JU.
Paises limítrofes: BO, BR, PA.
Ejemplar examinado: *Kiesling 8355* (SI).

Aspicarpa sericea (A. St.-Hil.) Nied., nom. illeg. = **Aspicarpa pulchella** (Griseb.) O'Donell & Lourteig

Aspicarpa sericea Griseb.
Sin.: *Aspicarpa argentea* Nied., nom. superfl., *Aspicarpa argentea* Nied. var. *sericea* (Griseb.) Nied., nom. superfl., *Aspicarpa robusta* (Chodat) Hassl., nom. superfl., *Aspicarpa robusta* (Chodat) Hassl. var. *sericea* (Griseb.) Hassl., nom. superfl., *Camarea robusta* Chodat, *Gaudichaudia robusta* (Chodat) Chodat, *Gaudichaudia robusta* (Chodat) Chodat var. *sericea* (Griseb.) Chodat
Hábito: Hierba perenne.
Status: Nativa.
Elevación: 0-1500 m.

Prov.: CH, CO, FO, JU, SA, SE, TU.
Paises limítrofes: BO, PA.
Ejemplar examinado: *Lorentz e Hieronymus 309* (isotipos, F, NY, US).

Banisteria acanthocarpa A. Juss. = **Banisteriopsis muricata** (Cav.) Cuatrec.
Ref.: Gates, 1982.

Banisteria argentea (Kunth) Spreng. = **Banisteriopsis muricata** (Cav.) Cuatrec.
Ref.: Gates, 1982.

Banisteria argyrophaea (A. Juss.) C.V. Morton = **Heteropterys argyrophaea** A. Juss.

Banisteria bonariensis Hook. & Arn. = **Stigmaphyllon bonariense** (Hook. & Arn.) C. E. Anderson
Ref.: C. Anderson, 1997.

Banisteria caapi Griseb. = **Banisteriopsis caapi** (Griseb.) C.V. Morton
Ref.: Gates, 1982.

Banisteria dumetorum (Griseb.) C.V. Morton = **Heteropterys dumetorum** (Griseb.) Nied.

Banisteria fagifolia DC. = **Hiraea fagifolia** (DC.) A. Juss.

Banisteria hassleriana Chodat = **Banisteriopsis lutea** (Griseb.) Cuatrec.
Ref.: Gates, 1982.

Banisteria hispida Nied. = **Banisteriopsis lutea** (Griseb.) Cuatrec.
Ref.: Gates, 1982.

Banisteria inebrians (C.V. Morton) J.F. Macbr. = **Banisteriopsis caapi** (Griseb.) C.V. Morton
Ref.: Gates, 1982.

Banisteria lutea Griseb. = **Banisteriopsis lutea** (Griseb.) Cuatrec.
Ref.: Gates, 1982.

Banisteria metallicolor A. Juss. = **Banisteriopsis muricata** (Cav.) Cuatrec.
Ref.: Gates, 1982.

Banisteria metallicolor A. Juss. var. *falcata* Nied. = **Banisteriopsis muricata** (Cav.) Cuatrec.
Ref.: Gates, 1982.

Banisteria metallicolor A. Juss. var. *sericea* Nied. = **Banisteriopsis muricata** (Cav.) Cuatrec.
Ref.: Gates, 1982.

Banisteria metallicolor A. Juss. var. *subrotunda* Nied. = **Banisteriopsis muricata** (Cav.) Cuatrec.
Ref.: Gates, 1982.

Banisteria muricata Cav. = **Banisteriopsis muricata** (Cav.) Cuatrec.
Ref.: Gates, 1982.

Banisteria nitrosiodora Griseb. = **Banisteriopsis lutea** (Griseb.) Cuatrec.
Ref.: Gates, 1982.

Banisteria quitensis Nied. = **Banisteriopsis caapi** (Griseb.) C.V. Morton
Ref.: Gates, 1982.

Banisteria tenuis Lindl. = **Heteropterys glabra** Hook. & Arn.

Banisteriopsis C.B. Rob.

Número de especies: 3

Banisteriopsis argentea (Kunth) C.B. Rob. = **Banisteriopsis muricata** (Cav.) Cuatrec.
Ref.: Gates, 1982.

Banisteriopsis caapi (Griseb.) C.V. Morton
Sin.: *Banisteria caapi* Griseb., *Banisteria inebrians* (C.V. Morton) J.F. Macbr., *Banisteria quitensis* Nied., *Banisteriopsis inebrians* C.V. Morton, *Banisteriopsis quitensis* (Nied.) C.V. Morton
Hábito: Enredadera.
Status: Nativa.
Elevación: 500-1000 m.
Prov.: SA.
Paises limítrofes: BR, BO.
Ejemplar examinado: *Legname y Cuezzo 9690C* (LIL).

Banisteriopsis inebrians C.V. Morton = **Banisteriopsis caapi** (Griseb.) C.V. Morton
Ref.: Gates, 1982.

Banisteriopsis lutea (Griseb.) Cuatrec.
Sin.: *Banisteria hassleriana* Chodat, *Banisteria hispida* Nied., *Banisteria lutea* Griseb., *Banisteria nitrosiodora* Griseb., *Banisteriopsis nitrosiodora* (Griseb.) O'Donell & Lourteig, *Jubistylis mollis* Rusby
Ref.: Gates, 1982.
Hábito: Enredadera.
Status: Nativa.
Elevación: 0-1500 m.
Prov.: JU, SA, TU.
Paises limítrofes: BO, BR, PA.
Ejemplar examinado: *Lorentz e Hieronymus 486* (isotipo de *Banisteria nitrosiodora*, NY).

Banisteriopsis metallicolor (A. Juss.) O'Donell & Lourteig = **Banisteriopsis muricata** (Cav.) Cuatrec.
Ref.: Gates, 1982.

Banisteriopsis metallicolor (A. Juss.) O'Donell & Lourteig var. *sericea* (Nied.) O'Donell & Lourteig = **Banisteriopsis muricata** (Cav.) Cuatrec.
Ref.: Gates, 1982.

Banisteriopsis metallicolor (A. Juss.) O'Donell & Lourteig var. *subrotunda* (Nied.) O'Donell & Lourteig = **Banisteriopsis muricata** (Cav.) Cuatrec.
Ref.: Gates, 1982.

Banisteriopsis muricata (Cav.) Cuatrec.
Sin.: *Banisteria acanthocarpa* A. Juss., *Banisteria argentea* (Kunth) Spreng., *Banisteria metallicolor* A. Juss., *Banisteria metallicolor* A. Juss. var. *falcata* Nied., *Banisteria metallicolor* A. Juss. var. *sericea* Nied., *Banisteria metallicolor* A. Juss. var. *subrotunda* Nied., *Banisteria muricata* Cav., *Banisteriopsis argentea* (Kunth) C.B. Rob., *Banisteriopsis metallicolor* (A. Juss.) O'Donell & Lourteig, *Banisteriopsis metallicolor* (A. Juss.) O'Donell & Lourteig var. *sericea* (Nied.) O'Donell & Lourteig, *Banisteriopsis metallicolor* (A. Juss.) O'Donell & Lourteig var. *subrotunda* (Nied.) O'Donell & Lourteig, *Heteropterys argentea* Kunth, *Heteropterys pirayuensis* Morong
Ref.: Gates, 1982.
Hábito: Enredadera.
Status: Nativa.
Elevación: 0-1000 m.
Prov.: COR, JU, MI, SA.
Paises limítrofes: BO, BR, PA.
Ejemplar examinado: *Schinini 14735* (CTES, MICH).

Banisteriopsis nitrosiodora (Griseb.) O'Donell & Lourteig = **Banisteriopsis lutea** (Griseb.) Cuatrec.
Ref.: Gates, 1982.

Banisteriopsis quitensis (Nied.) C.V. Morton = **Banisteriopsis caapi** (Griseb.) C.V. Morton
Ref.: Gates, 1982.

Brittonella pilosa Rusby = **Mionandra camareoides** Griseb.

Bunchosia Kunth
Número de especies: 1

Bunchosia missionum Eskuche = **Bunchosia pallescens** Skottsb.

Bunchosia multiflora Hook. & Arn. = **Heladena multiflora** (Hook. & Arn.) Nied.

Bunchosia pallescens Skottsb.
Sin.: *Bunchosia missionum* Eskuche
Hábito: Árbol.
Status: Nativa.
Elevación: 0-500 m.
Prov.: COR, MI.
Paises limítrofes: BR, PA.
Ejemplar examinado: *Tressens et al. 3065* (CTES, MICH).

Callaeum Small
Número de especies: 1

Callaeum psilophyllum (A. Juss.) D.M. Johnson
Sin.: *Hiraea platyptera* Griseb., *Hiraea psilophylla* A. Juss., *Mascagnia pachyptera* Rusby, *Mascagnia psilophylla* (A. Juss.) Griseb.
Ref.: Johnson, 1986.
Hábito: Enredadera o liana.
Status: Nativa.
Elevación: 0-500 m.
Prov.: BA, COR, ER, JU, MI, SA.
Paises limítrofes: BO, BR, PA, UR.
Ejemplar examinado: *Krapovickas y Cristóbal 46701* (CTES, MICH).

[Camarea ericoides A. St.-Hil.]
Sin.: *Camarea linearifolia* A. St.-Hil.
Nota: Especie excluida de la flora argentina. Veáse nota bajo *Peregrina linearifolia*.

Camarea juncea Griseb. = **Peregrina linearifolia** (A. St.-Hil.) W.R. Anderson

Camarea lanata Chodat = **Aspicarpa schininii** W.R. Anderson

Camarea linearifolia A. St.-Hil. = **Camarea ericoides** A. St.-Hil.

Camarea pulchella Griseb. = **Aspicarpa pulchella** (Griseb.) O'Donell & Lourteig

Camarea robusta Chodat = **Aspicarpa sericea** Griseb.

Camarea salicifolia Chodat = **Aspicarpa salicifolia** (Chodat) Nied.

Clonodia biglandulosa Chodat = **Heteropterys argyrophaea** A. Juss.

Clonodia mollis Nied. = **Heteropterys mollis** (Nied.) Nied.

Clonodia tenuifolia Nied. = **Heteropterys sylvatica** A. Juss.

Cordobia Nied.
Número de especies: 1

Cordobia argentea (Griseb.) Nied.
Sin.: *Cryptolappa argentea* (Griseb.) Kuntze, *Gaudichaudia argentea* (Griseb.) Chodat, *Janusia argentea* (Griseb.) Griseb., *Mionandra argentea* Griseb., *Peixotoa cordobensis* Kuntze
Hábito: Enredadera.
Status: Nativa.
Elevación: 0-1500 m.
Prov.: CA, CH, CO, FO, LR, SA, SE, SJ, SL, TU.
Paises limítrofes: PA.
Ejemplar examinado: *Lorentz 11* (isotipo, K).

Cordobia fischeri (Hicken) Nied. = **Gallardoa fischeri** Hicken
Ref.: Nicora, 1944.

Cryptolappa argentea (Griseb.) Kuntze = **Cordobia argentea** (Griseb.) Nied.

Cryptolappa lanata (Chodat) Kuntze = **Aspicarpa schininii** W.R. Anderson

Cryptolappa pulchella (Griseb.) Kuntze, nom. superfl. = **Aspicarpa pulchella** (Griseb.) O'Donell & Lourteig

Cryptolappa pulchella (Griseb.) Kuntze var. *latifolia* Kuntze, nom. superfl. = **Aspicarpa pulchella** (Griseb.) O'Donell & Lourteig

Cryptolappa salicifolia (Chodat) Kuntze = **Aspicarpa salicifolia** (Chodat) Nied.

Dicella Griseb.

Número de especies: 1

[Dicella bracteosa (A. Juss.) Griseb.]
Sin.: *Dicella bracteosa* (A. Juss.) Griseb. var. *holosericea* (A. Juss.) Nied., *Dicella bracteosa* (A. Juss.) Griseb. var. *subglabra* Nied., nom. superfl.
Nota: Especie excluida de la flora argentina. Veáse nota bajo *Dicella nucifera*.

Dicella bracteosa (A. Juss.) Griseb. var. *holosericea* (A. Juss.) Nied. = **Dicella bracteosa** (A. Juss.) Griseb.

Dicella bracteosa (A. Juss.) Griseb. var. *minutiflora* Chodat = **Dicella nucifera** Chodat
Ref.: Chase, 1981.

Dicella bracteosa (A. Juss.) Griseb. var. *subglabra* Nied., nom. superfl. = **Dicella bracteosa** (A. Juss.) Griseb.

Dicella nucifera Chodat
Sin.: *Dicella bracteosa* (A. Juss.) Griseb. var. *minutiflora* Chodat, *Dicella nucifera* Chodat f. *lancifolia* Nied., *Dicella nucifera* Chodat f. *ovatifolia* Nied., *Dicella tricarpa* Nied.
Ref.: Chase, 1981.
Hábito: Liana.
Status: Nativa.
Elevación: 0-500 m.
Prov.: COR, MI.
Paises limítrofes: BR, PA.
Ejemplar examinado: *Anderson 12381* (MICH).
Nota: Niedenzu (1928: 677) citó para Argentina dos ejemplares de *D. bracteosa* (A. Juss.) Griseb., uno de ellos bajo *D. bracteosa* var. *holosericea* (A. Juss.) Nied. y el restante como *D. bracteosa* var. *subglabra* Nied., nom. superfl. Chase (1981) consideró a ambos nombres como sinónimos de *D. bracteosa* y no registró la presencia de este taxón en Argentina.

Dicella nucifera Chodat f. *lancifolia* Nied. = **Dicella nucifera** Chodat
Ref.: Chase, 1981.

Dicella nucifera Chodat f. *ovatifolia* Nied. = **Dicella nucifera** Chodat
Ref.: Chase, 1981.

Dicella tricarpa Nied. = **Dicella nucifera** Chodat
Ref.: Chase, 1981.

Gallardoa Hicken

Número de especies: 1 especie endémica.

Gallardoa fischeri Hicken
Sin.: *Cordobia fischeri* (Hicken) Nied.
Ref.: Nicora, 1944.
Hábito: Arbusto.
Status: Endémica.
Elevación: 0-500 m.
Prov.: NE, RN, SL.
Ejemplar examinado: *Fischer 10* (holotipo, SI; isotipos, CM, GH, K, MO, NY, US).

Galphimia Cav.

Número de especies: 1

Galphimia australis Chodat = **Galphimia brasiliensis** (L.) A. Juss.

Galphimia australis Chodat f. *angustifolia* Chodat = **Galphimia brasiliensis** (L.) A. Juss.

Galphimia brasiliensis (L.) A. Juss.
Sin.: *Galphimia australis* Chodat, *Galphimia australis* Chodat f. *angustifolia* Chodat, *Galphimia brasiliensis* (L.) A. Juss. f. *angustifolia* (Chodat) Nied., *Galphimia brasiliensis* (L.) A. Juss. var. *pubescens* A. Juss., *Thryallis brasiliensis* L.
Hábito: Hierba perenne o subarbusto.
Status: Nativa.
Elevación: 0-500 m.
Prov.: COR, ER, MI.
Paises limítrofes: BO, BR, PA, UR.
Ejemplar examinado: *Tressens et al. 2478* (CTES, MICH).

Galphimia brasiliensis (L.) A. Juss. f. *angustifolia* (Chodat) Nied. = **Galphimia brasiliensis** (L.) A. Juss.

Galphimia brasiliensis (L.) A. Juss. var. *pubescens* A. Juss. = **Galphimia brasiliensis** (L.) A. Juss.

Gaudichaudia argentea (Griseb.) Chodat = **Cordobia argentea** (Griseb.) Nied.

Gaudichaudia barbeyi (Chodat) Chodat = **Janusia guaranitica** (A. St.-Hil.) A. Juss.

Gaudichaudia guaranitica A. St.-Hil. = **Janusia guaranitica** (A. St.-Hil.) A. Juss.

Gaudichaudia lanata (Chodat) Chodat = **Aspicarpa schininii** W.R. Anderson

Gaudichaudia linearifolia A. St.-Hil. = **Peregrina linearifolia** (A. St.-Hil.) W.R. Anderson

Gaudichaudia robusta (Chodat) Chodat = **Aspicarpa sericea** Griseb.

Gaudichaudia robusta (Chodat) Chodat var. *fiebrigii* Chodat = **Aspicarpa schininii** W.R. Anderson

Gaudichaudia robusta (Chodat) Chodat var. *sericea* (Griseb.) Chodat = **Aspicarpa sericea** Griseb.

Gaudichaudia salicifolia (Chodat) Chodat = **Aspicarpa salicifolia** (Chodat) Nied.

Heladena A. Juss.

Número de especies: 1

Heladena australis A. Juss., nom. superfl. = **Heladena multiflora** (Hook. & Arn.) Nied.

Heladena multiflora (Hook. & Arn.) Nied.
Sin.: *Bunchosia multiflora* Hook. & Arn., *Heladena australis* A. Juss., nom. superfl., *Malpigiantha volubilis* Rojas
Hábito: Liana.
Status: Nativa.
Elevación: 0-500 m.
Prov.: COR, MI.
Paises limítrofes: BR, PA.
Ejemplar examinado: *Baird s.n.* (holotipo, K).

Heteropterys Kunth, nom. cons.

Número de especies: 13, 1 especie endémica.

Heteropterys aceroides Griseb. = **Heteropterys intermedia** (A. Juss.) Griseb.

Heteropterys amplexicaulis Morong
Hábito: Arbusto o liana.
Status: Nativa.
Elevación: 0-500 m.
Prov.: MI.
Paises limítrofes: BR, PA.
Ejemplar examinado: *Molfino s.n.* (BA 41647).
Nota: Niedenzu (1928) erroneamente aplicó el nombre *Heteropterys hypericifolia* para esta especie; criterio que posteriormente fue seguido por O'Donell & Lourteig (1943) y Múlgura (1981b).

Heteropterys angustifolia Griseb. = **Heteropterys glabra** Hook. & Arn.

Heteropterys angustifolia Griseb. f. *angustissima* Nied. = **Heteropterys glabra** Hook. & Arn.

Heteropterys angustifolia Griseb. f. *lanceolata* Nied. = **Heteropterys glabra** Hook. & Arn.

Heteropterys angustifolia Griseb. f. *sinuata* Nied. = **Heteropterys hypericifolia** A. Juss.

Heteropterys argentea Kunth = **Banisteriopsis muricata** (Cav.) Cuatrec.
Ref.: Gates, 1982.

Heteropterys argyrophaea A. Juss.
Sin.: *Banisteria argyrophaea* (A. Juss.) C.V. Morton, *Clonodia biglandulosa* Chodat
Hábito: Liana.
Status: Nativa.
Elevación: 0-500 m.
Prov.: COR, MI.
Paises limítrofes: BR, PA.
Ejemplar examinado: *Tressens et al. 2755* (CTES, MICH).

Heteropterys australis A. Juss. = **Heteropterys syringifolia** Griseb.

Heteropterys bicolor A. Juss.
Sin.: *Heteropterys bicolor* A. Juss. var. *elliptica* Nied., *Heteropterys bicolor* A. Juss. var. *lanceolata* Nied., *Heteropterys bicolor* A. Juss. var. *major* A. Juss.
Ref.: Múlgura, 1981b.
Hábito: Arbusto o liana.
Status: Nativa.
Elevación: 0-500 m.
Prov.: MI.
Paises limítrofes: BR.
Ejemplar examinado: *Tressens et al. 4683* (CTES).

Heteropterys bicolor A. Juss. var. *elliptica* Nied. = **Heteropterys bicolor** A. Juss.

Heteropterys bicolor A. Juss. var. *lanceolata* Nied. = **Heteropterys bicolor** A. Juss.

Heteropterys bicolor A. Juss. var. *major* A. Juss. = **Heteropterys bicolor** A. Juss.

Heteropterys cochleosperma A. Juss.
Sin.: *Heteropterys hassleriana* Nied., *Heteropterys hassleriana* Nied. f. *acrobasis* Nied., *Heteropterys hassleriana* Nied. f. *amblyobasis* Nied., *Heteropterys hassleriana* Nied. var. *eglandulosa* Nied., *Heteropterys hassleriana* Nied. var. *glandulifera* Nied., *Heteropterys trichanthera* A. Juss. var. *cuiabensis* Nied.
Hábito: Arbusto apoyante o liana.
Status: Nativa.
Elevación: 0-1000 m.
Prov.: MI, SA.
Paises limítrofes: BO, BR, PA.
Ejemplar examinado: *Schulz 5412* (LIL).

Heteropterys diversifolia A. Juss. = **Heteropterys intermedia** (A. Juss.) Griseb.

Heteropterys dumetorum (Griseb.) Nied.
Sin.: *Banisteria dumetorum* (Griseb.) C.V. Morton, *Heteropterys paraguariensis* Nied., *Heteropterys praecox* Nied., *Mascagnia dumetorum* Griseb.
Hábito: Arbusto apoyante.
Status: Nativa.
Elevación: 0-2500 m.
Prov.: CA, JU, LR, SA, SE, TU.
Paises limítrofes: BO, BR, UR.
Ejemplar examinado: *Ferrucci et al. 813* (CTES, MICH).
Nota: O'Donell & Lourteig (1943) erroneamnete aplicaron el nombre *Heteropterys umbellata* A. Juss. para esta especie; criterio que posteriormente fue seguido por Múlgura (1981b, 1994b). *H. umbellata* es una especie nativa de Minas Gerais y São Paulo, Brasil.

Heteropterys glabra Hook. & Arn.
Sin.: *Banisteria tenuis* Lindl., *Heteropterys angustifolia* Griseb., *Heteropterys angustifolia* Griseb. f. *angustissima* Nied., *Heteropterys angustifolia* Griseb. f. *lanceolata* Nied., *Heteropterys pseudoangustifolia* Chodat
Hábito: Arbusto.
Status: Nativa.
Elevación: 0-500 m.
Prov.: CH, COR, ER, FO, MI, SF.
Paises limítrofes: BR, PA, UR.
Ejemplar examinado: *Tweedie s.n.* (holotipo, K).
Nota: *H. glabra* se halla cultivada, además de las provincias donde es nativa, también en Buenos Aires y Córdoba.

Heteropterys hassleriana Nied. = **Heteropterys cochleosperma** A. Juss.

Heteropterys hassleriana Nied. f. *acrobasis* Nied. = **Heteropterys cochleosperma** A. Juss.

Heteropterys hassleriana Nied. f. *amblyobasis* Nied. = **Heteropterys cochleosperma** A. Juss.

Heteropterys hassleriana Nied. var. *eglandulosa* Nied. = **Heteropterys cochleosperma** A. Juss.

Heteropterys hassleriana Nied. var. *glandulifera* Nied. = **Heteropterys cochleosperma** A. Juss.

Heteropterys hiraeoides A. Juss., nom. superfl. = **Heteropterys intermedia** (A. Juss.) Griseb.

Heteropterys hypericifolia A. Juss.
Sin.: *Heteropterys angustifolia* Griseb. f. *sinuata* Nied.
Hábito: Arbusto apoyante.
Status: Nativa.
Elevación: 0-500 m.
Prov.: CH, CO, COR, ER, FO, SA, SE, SF.
Paises limítrofes: BR, PA.
Ejemplar examinado: *Schinini y Ahumada 15971* (CTES, MICH).
Nota: O'Donell & Lourteig (1943) y Múlgura (1994b) usarón el nombre *H. angustifolia* f. *lanceolata* y *H. glabra* respectivamente para esta especie. Veáse nota bajo *H. syringifolia.*

Heteropterys intermedia (A. Juss.) Griseb.
Sin.: *Heteropterys aceroides* Griseb., *Heteropterys diversifolia* A. Juss., *Heteropterys hiraeoides* A. Juss., nom. superfl., *Heteropterys laurifolia* Gardner, nom. illeg., *Heteropterys venosa* Griseb., *Hiraea floribunda* A. Juss., *Hiraea intermedia* A. Juss.
Hábito: Liana.
Status: Nativa.
Elevación: 0-1000 m.
Prov.: COR, MI.
Paises limítrofes: BR, PA.
Ejemplar examinado: *Vanni et al. 3124* (CTES, MICH).

Heteropterys laurifolia Gardner, nom. illeg. = **Heteropterys intermedia** (A. Juss.) Griseb.

Heteropterys mollis (Nied.) Nied.
Sin.: *Clonodia mollis* Nied.
Hábito: Arbusto apoyante.
Status: Nativa.
Elevación: 1000-1500 m.
Prov.: JU.
Paises limítrofes: BO.
Ejemplar examinado: *Villa Carenzo y Legname 398* (LIL).
Nota: Especie afín a *H. sylvatica* A. Juss., de la cual posiblemente no se distinge.

Heteropterys mulgurae W.R. Anderson
Ref.: Anderson, 1998.
Hábito: Liana.
Status: Nativa.
Elevación: 0-500 m.
Prov.: MI.
Paises limítrofes: BR.
Ejemplar examinado: *Schwarz 3218* (holotipo, LIL).
Nota: Múlgura (1981b) citó a esta especie bajo el nombre *H. nitida* (Lam.) DC., siendo esta última nativa del este del Brasil.

[Heteropterys nitida (Lam.) DC.]
Nota: Especie excluida de la flora argentina. Veáse nota bajo *Heteropterys mulgurae*.

Heteropterys paraguariensis Nied. = **Heteropterys dumetorum** (Griseb.) Nied.

Heteropterys pirayuensis Morong = **Banisteriopsis muricata** (Cav.) Cuatrec.
Ref.: Gates, 1982.

Heteropterys praecox Nied. = **Heteropterys dumetorum** (Griseb.) Nied.

Heteropterys pseudoangustifolia Chodat = **Heteropterys glabra** Hook. & Arn.

Heteropterys schulziana W.R. Anderson
Ref.: Anderson, 1998.
Hábito: Arbusto.
Status: Endémica.
Elevación: 500-1000 m.
Prov.: SA.
Ejemplar examinado: *Schulz 5090* (holotipo, CTES; isotipo, LIL).

Heteropterys sylvatica A. Juss.
Sin.: *Clonodia tenuifolia* Nied., *Heteropterys tenuifolia* (Nied.) Nied.
Hábito: Arbusto apoyante.
Status: Nativa.
Elevación: 500-1000 m.
Prov.: JU, SA.
Paises limítrofes: BO, BR.
Ejemplar examinado: *Legname y Cuezzo 9122C* (CTES).

Heteropterys syringifolia Griseb.
Sin.: *Heteropterys australis* A. Juss.
Hábito: Arbusto apoyante.
Status: Nativa.
Elevación: 0-500 m.
Prov.: COR, FO, MI.
Paises limítrofes: BR, PA.
Ejemplar examinado: *Krapovickas y Cristóbal 15622* (CTES).
Nota: Es posible que esta especie se hibridice naturalmente con *H. hypericifolia*. Los ejemplares *Krapovickas y Cristóbal 28889* de San Javier, Misiones y *Schinini y Cristóbal 13632* de Perichón, Corrientes, presentan caracteres morfológicos intermedios entre ambos taxones.

Heteropterys tenuifolia (Nied.) Nied. = **Heteropterys sylvatica** A. Juss.

Heteropterys trichanthera A. Juss. var. *cuiabensis* Nied. = **Heteropterys cochleosperma** A. Juss.

[Heteropterys umbellata A. Juss.]
Nota: Especie excluida de la flora argentina. Veáse nota bajo *Heteropterys dumetorum*.

Heteropterys venosa Griseb. = **Heteropterys intermedia** (A. Juss.) Griseb.

Hiraea Jacq.
Número de especies: 1

Hiraea ambigua A. Juss. = **Tetrapterys ambigua** (A. Juss.) Nied.

Hiraea anisopetala A. Juss. = **Mascagnia anisopetala** (A. Juss.) Griseb.

Hiraea bahiensis Moric. = **Hiraea fagifolia** (DC.) A. Juss.

Hiraea bahiensis Moric. var. *paraguariensis* Nied. = **Hiraea fagifolia** (DC.) A. Juss.

Hiraea brevifolia (Griseb.) Niederl. = **Mascagnia brevifolia** Griseb.

Hiraea divaricata Kunth = **Mascagnia divaricata** (Kunth) Nied.

Hiraea elegans A. Juss. = **Mascagnia divaricata** (Kunth) Nied.

Hiraea fagifolia (DC.) A. Juss.
Sin.: *Banisteria fagifolia* DC., *Hiraea bahiensis* Moric., *Hiraea bahiensis* Moric. var. *paraguariensis* Nied., *Hiraea salzmanniana* A. Juss., *Hiraea salzmanniana* A. Juss. var. *glandulifera* Chodat
Hábito: Arbusto o liana.
Status: Nativa.
Elevación: 0-500 m.
Prov.: CH, COR, MI.
Paises limítrofes: BO, BR, PA.
Ejemplar examinado: *Vanni et al. 2953* (CTES, MICH).

Hiraea floribunda A. Juss. = **Heteropterys intermedia** (A. Juss.) Griseb.

Hiraea intermedia A. Juss. = **Heteropterys intermedia** (A. Juss.) Griseb.

Hiraea macrocarpa Chodat = **Mascagnia anisopetala** (A. Juss.) Griseb.

Hiraea platyptera Griseb. = **Callaeum psilophyllum** (A. Juss.) D.M. Johnson
Ref.: Johnson, 1986.

Hiraea psilophylla A. Juss. = **Callaeum psilophyllum** (A. Juss.) D.M. Johnson
Ref.: Johnson, 1986.

Hiraea pulcherrima Morong = **Mascagnia divaricata** (Kunth) Nied.

Hiraea rigida A. Juss. = **Mascagnia rigida** (A. Juss.) Griseb.

Hiraea salzmanniana A. Juss. = **Hiraea fagifolia** (DC.) A. Juss.

Hiraea salzmanniana A. Juss. var. *glandulifera* Chodat = **Hiraea fagifolia** (DC.) A. Juss.

Hiraea sepium A. Juss. = **Mascagnia sepium** (A. Juss.) Griseb.

Hiraea sepium A. Juss. var. *nitens* S. Moore = **Mascagnia sepium** (A. Juss.) Griseb.

Hiraea sericea A. Juss. = **Tetrapterys sericea** (A. Juss.) A. Juss.

Janusia A. Juss.
Número de especies: 1

Janusia argentea (Griseb.) Griseb. = **Cordobia argentea** (Griseb.) Nied.

Janusia barbeyi Chodat = **Janusia guaranitica** (A. St.-Hil.) A. Juss.

Janusia guaranitica (A. St.-Hil.) A. Juss.
Sin.: *Aspicarpa guaranitica* (A. St.-Hil.) Hassl., *Gaudichaudia barbeyi* (Chodat) Chodat, *Gaudichaudia guaranitica* A. St.-Hil., *Janusia barbeyi* Chodat, *Janusia guaranitica* (A. St.-Hil.) A. Juss. f. *cordifolia* Nied., nom. superfl., *Janusia guaranitica* (A. St.-Hil.) A. Juss. f. *glabrata* Nied., *Janusia guaranitica* (A. St.-Hil.) A. Juss. var. *barbeyi* (Chodat) Kuntze
Hábito: Enredadera.
Status: Nativa.
Elevación: 0-1500 m.
Prov.: CA, CH, CO, COR, ER, FO, JU, LR, MI, SA, SE, SF, SL, TU.
Paises limítrofes: BO, BR, PA, UR.
Ejemplar examinado: *Cristóbal et al. 1902* (CTES, MICH).

Janusia guaranitica (A. St.-Hil.) A. Juss. f. *cordifolia* Nied., nom. superfl. = **Janusia guaranitica** (A. St.-Hil.) A. Juss.

Janusia guaranitica (A. St.-Hil.) A. Juss. f. *glabrata* Nied. = **Janusia guaranitica** (A. St.-Hil.) A. Juss.

Janusia guaranitica (A. St.-Hil.) A. Juss. var. *barbeyi* (Chodat) Kuntze = **Janusia guaranitica** (A. St.-Hil.) A. Juss.

Janusia linearifolia (A. St.-Hil.) A. Juss. = **Peregrina linearifolia** (A. St.-Hil.) W.R. Anderson

Janusia sericea (A. St.-Hil.) A. Juss. = **Aspicarpa pulchella** (Griseb.) O'Donell & Lourteig

Jubistylis mollis Rusby = **Banisteriopsis lutea** (Griseb.) Cuatrec.
Ref.: Gates, 1982.

Malpigiantha volubilis Rojas = **Heladena multiflora** (Hook. & Arn.) Nied.

Mascagnia (Bertero ex DC.) Colla
Número de especies: 5

Mascagnia ambigua (A. Juss.) Griseb. = **Tetrapterys ambigua** (A. Juss.) Nied.

Mascagnia ambigua (A. Juss.) Griseb. f. *paraguayensis* (Nied.) Nied. = **Tetrapterys ambigua** (A. Juss.) Nied.

Mascagnia anisopetala (A. Juss.) Griseb.
Sin.: *Hiraea anisopetala* A. Juss., *Hiraea macrocarpa* Chodat
Hábito: Liana.
Status: Nativa.
Elevación: 0-500 m.
Prov.: COR, MI.
Paises limítrofes: BO, BR, PA.
Ejemplar examinado: *Tressens et al. 4015* (CTES, MICH).

Mascagnia brevifolia Griseb.
Sin.: *Hiraea brevifolia* (Griseb.) Niederl., *Mascagnia brevifolia* Griseb. var. *malmeana* (Skottsb.) Nied., *Mascagnia brevifolia* Griseb. var. *paniculata* Nied., *Mascagnia laurifolia* Nied., *Mascagnia malmeana* Skottsb.
Hábito: Liana.
Status: Nativa.
Elevación: 0-1000 m.
Prov.: CH, FO, JU, SA.
Paises limítrofes: BO, PA.
Ejemplar examinado: *Lorentz y Hieronymus s.n.* (isosintipos, G, K).

Mascagnia brevifolia Griseb. var. *malmeana* (Skottsb.) Nied. = **Mascagnia brevifolia** Griseb.

Mascagnia brevifolia Griseb. var. *paniculata* Nied. = **Mascagnia brevifolia** Griseb.

Mascagnia coriacea Griseb. = **Mascagnia rigida** (A. Juss.) Griseb.

Mascagnia divaricata (Kunth) Nied.
Sin.: *Hiraea divaricata* Kunth, *Hiraea elegans* A. Juss., *Hiraea pulcherrima* Morong, *Mascagnia elegans* (A. Juss.) Griseb., *Mascagnia ixiamensis* Rusby, *Mascagnia pulcherrima* (Morong) Skottsb.
Ref.: W. Anderson, 1993.
Hábito: Liana.
Status: Nativa.
Elevación: 0-500 m.
Prov.: CH, COR, FO, MI.
Paises limítrofes: BO, BR, PA.
Ejemplar examinado: *Vanni et al. 2888* (CTES, MICH).
Nota: Niedenzu (1928), O'Donell & Lourteig (1943) y Múlgura (1994b) aplicaron erroneamente el nombre *M. ovatifolia* (Kunth) Griseb. para esta especie. *M. ovatifolia* habita en Trinidad, Venezuela, Colombia y Panamá; para una mayor discusión veáse W. Anderson (1993).

Mascagnia dumetorum Griseb. = **Heteropterys dumetorum** (Griseb.) Nied.

Mascagnia elegans (A. Juss.) Griseb. = **Mascagnia divaricata** (Kunth) Nied.

Mascagnia exotropica Griseb. = **Mascagnia rigida** (A. Juss.) Griseb.

Mascagnia ixiamensis Rusby = **Mascagnia divaricata** (Kunth) Nied.

Mascagnia laurifolia Nied. = **Mascagnia brevifolia** Griseb.

Mascagnia malmeana Skottsb. = **Mascagnia brevifolia** Griseb.

[Mascagnia ovatifolia (Kunth) Griseb.]
Nota: Especie excluida de la flora argentina. Veáse nota bajo *Mascagnia divaricata*.

Mascagnia pachyptera Rusby = **Callaeum psilophyllum** (A. Juss.) D.M. Johnson
Ref.: Johnson, 1986.

Mascagnia paraguayensis Nied. = **Tetrapterys ambigua** (A. Juss.) Nied.

Mascagnia psilophylla (A. Juss.) Griseb. = **Callaeum psilophyllum** (A. Juss.) D.M. Johnson
Ref.: Johnson, 1986.

Mascagnia pulcherrima (Morong) Skottsb. = **Mascagnia divaricata** (Kunth) Nied.

Mascagnia rigida (A. Juss.) Griseb.
Sin.: *Hiraea rigida* A. Juss., *Mascagnia coriacea* Griseb., *Mascagnia exotropica* Griseb., *Mascagnia rigida* (A. Juss.) Griseb. subsp. *coriacea* (Griseb.) Nied.
Hábito: Liana.
Status: Nativa.
Elevación: 0-500 m.
Prov.: MI.
Paises limítrofes: BO, BR, PA.
Ejemplar examinado: *Vanni et al. 2903* (CTES, MICH).

Mascagnia rigida (A. Juss.) Griseb. subsp. *coriacea* (Griseb.) Nied. = **Mascagnia rigida** (A. Juss.) Griseb.

Mascagnia sepium (A. Juss.) Griseb.
Sin.: *Hiraea sepium* A. Juss., *Hiraea sepium* A. Juss. var. *nitens* S. Moore, *Mascagnia sepium* (A. Juss.) Griseb. subsp. *acuminata* Nied., nom. superfl., *Mascagnia sepium* (A. Juss.) Griseb. var. *mediterranea* Nied., *Mascagnia sepium* (A. Juss.) Griseb. var. *pubens* Griseb.
Hábito: Liana.
Status: Nativa.
Elevación: 0-500 m.
Prov.: CH, COR, FO, MI.
Paises limítrofes: BO, BR, PA.
Ejemplar examinado: *Quarín 3432* (CTES, MICH).

Mascagnia sepium (A. Juss.) Griseb. subsp. *acuminata* Nied., nom. superfl. = **Mascagnia sepium** (A. Juss.) Griseb.

Mascagnia sepium (A. Juss.) Griseb. var. *mediterranea* Nied. = **Mascagnia sepium** (A. Juss.) Griseb.

Mascagnia sepium (A. Juss.) Griseb. var. *pubens* Griseb. = **Mascagnia sepium** (A. Juss.) Griseb.

Mionandra Griseb.

Número de especies: 1

Mionandra argentea Griseb. = **Cordobia argentea** (Griseb.) Nied.

Mionandra camareoides Griseb.
Sin.: *Brittonella pilosa* Rusby, *Mionandra camareoides* Griseb. f. *prostrata* Nied.
Hábito: Hierba perenne.
Status: Nativa.
Elevación: 0-2500 m.
Prov.: CA, CO, JU, LP, SA, SE, SL, TU.
Paises limítrofes: BO.
Ejemplar examinado: *Anderson 13585* (MICH).

Mionandra camareoides Griseb. f. *prostrata* Nied. = **Mionandra camareoides** Griseb.

Peixotoa cordobensis Kuntze = **Cordobia argentea** (Griseb.) Nied.

Peregrina W.R. Anderson
Número de especies: 1

Peregrina linearifolia (A. St.-Hil.) W.R. Anderson
Sin.: *Aspicarpa linearifolia* (A. St.-Hil.) Nied., *Camarea juncea* Griseb., *Gaudichaudia linearifolia* A. St.-Hil., *Janusia linearifolia* (A. St.-Hil.) A. Juss.
Hábito: Hierba perenne.
Status: Nativa.
Elevación: 0-500 m.
Prov.: MI.
Paises limítrofes: BR, PA.
Ejemplar examinado: *Krapovickas y Cristóbal 46451* (CTES, MICH).
Nota: O'Donell & Lourteig (1943) incluyeron erroneamente a *Camarea linearifolia* A. St.-Hil. como sinónimo de *Aspicarpa linearifolia* (A. St.-Hil.) Nied. Sin embargo, ambos taxones son bien distintos y están basados en tipos diferentes. *Camarea linearifolia* se considera sinónimo de *C. ericoides* A. St.-Hil., especie que no habita en Argentina.

Ptilochaeta Turcz., nom. cons.
Número de especies: 1

Ptilochaeta nudipes Griseb.
Hábito: Arbusto.
Status: Nativa.
Elevación: 0-1000 m.
Prov.: JU, SA.
Paises limítrofes: BO, PA.
Ejemplar examinado: *Rodríguez 1057* (LP).

Stigmaphyllon A. Juss.
Número de especies: 3

Stigmaphyllon bonariense (Hook. & Arn.) C. E. Anderson
Sin.: *Banisteria bonariensis* Hook. & Arn., *Stigmaphyllon heterophyllum* Hook., *Stigmaphyllon littorale* A. Juss.
Ref.: C. Anderson, 1997.
Hábito: Liana.
Status: Nativa.
Elevación: 0-500 m.
Prov.: BA, CH, COR, DF, ER, MI, SF.
Paises limítrofes: BR, PA, UR.
Ejemplar examinado: *Tweedie s.n.* (lectotipo, K).
Nota: Niedenzu (1928: 511) mencionó la presencia de *Stigmaphyllon megacarpon* (Vell.) Griseb. en Misiones. Posteriormente, C. Anderson (1997) citó los ejemplares mencionados por Niedenzu de Misiones bajo *S. bonariense* y excluyó el nombre *S. megacarpon* por ser de aplicación dudosa (para una mayor discusión veáse C. Anderson, 1997: 265).

Stigmaphyllon calcaratum N.E. Br.
Sin.: *Stigmaphyllon hasslerianum* Nied.
Ref.: C. Anderson, 1997.
Hábito: Liana.
Status: Nativa.
Elevación: 0-500 m.
Prov.: CH, COR, ER, FO, SF.
Paises limítrofes: BO, BR, PA.
Ejemplar examinado: *Schinini 20026* (CTES, MICH).

Stigmaphyllon hasslerianum Nied. = **Stigmaphyllon calcaratum** N.E. Br.
Ref.: C. Anderson, 1997.

Stigmaphyllon heterophyllum Hook. = **Stigmaphyllon bonariense** (Hook. & Arn.) C. E. Anderson
Ref.: C. Anderson, 1997.

Stigmaphyllon jatrophifolium A. Juss.
Ref.: C. Anderson, 1997.
Hábito: Liana.
Status: Nativa.
Elevación: 0-500 m.
Prov.: COR, ER, MI.
Paises limítrofes: BR, PA, UR.
Ejemplar examinado: *Krapovickas y Cristóbal 28877* (CTES, MICH, MO).

Stigmaphyllon littorale A. Juss. = **Stigmaphyllon bonariense** (Hook. & Arn.) C. E. Anderson
Ref.: C. Anderson, 1997.

[Stigmaphyllon megacarpon (Vell.) Griseb.]
Nota: Taxón dudoso. Veáse nota bajo *Stigmaphyllon bonariense*.

Tetrapterys Cav., nom. cons.
Número de especies: 3

Tetrapterys ambigua (A. Juss.) Nied.
Sin.: *Hiraea ambigua* A. Juss., *Mascagnia ambigua* (A. Juss.) Griseb., *Mascagnia ambigua* (A. Juss.) Griseb. f. *paraguayensis* (Nied.) Nied., *Mascagnia paraguayensis* Nied., *Tetrapterys ambigua* (A. Juss.) Nied. var. *paraguayensis* (Nied.) Nied., *Tetrapterys paraguariensis* Nied., *Tetrapterys pilifera* S. Moore
Hábito: Subarbusto.
Status: Nativa.
Elevación: 0-1000 m.
Prov.: JU, MI.
Paises limítrofes: BO, BR, PA.
Ejemplar examinado: *Cabrera et al. 31963* (MICH, SI).

Tetrapterys ambigua (A. Juss.) Nied. var. *paraguayensis* (Nied.) Nied. = **Tetrapterys ambigua** (A. Juss.) Nied.

Tetrapterys chalcophylla A. Juss. = **Tetrapterys sericea** (A. Juss.) A. Juss.

Tetrapterys cinerea Griseb. = **Tetrapterys mollis** Griseb.

Tetrapterys glandulosa Griseb. = **Tetrapterys sericea** (A. Juss.) A. Juss.

Tetrapterys ligustrifolia Nied., nom. illeg. = **Tetrapterys sericea** (A. Juss.) A. Juss.

Tetrapterys mollis Griseb.
Sin.: *Tetrapterys cinerea* Griseb.
Hábito: Arbusto o liana.
Status: Nativa.
Elevación: 0-500 m.
Prov.: MI.
Paises limítrofes: BR.
Ejemplar examinado: *Vanni et al. 580* (CTES, MICH).
Nota: Especie afín a *T. phlomoides* (Spreng.) Nied., posiblemente no distinta de esta.

[Tetrapterys multiglandulosa A. Juss.]
Nota: Cita dudosa para la flora argentina. Veáse nota bajo *Tetrapterys sericea.*

Tetrapterys paraguariensis Nied. = **Tetrapterys ambigua** (A. Juss.) Nied.

Tetrapterys pilifera S. Moore = **Tetrapterys ambigua** (A. Juss.) Nied.

Tetrapterys sericea (A. Juss.) A. Juss.
Sin.: *Hiraea sericea* A. Juss., *Tetrapterys chalcophylla* A. Juss., *Tetrapterys glandulosa* Griseb., *Tetrapterys ligustrifolia* Nied., nom. illeg.
Hábito: Arbusto o enredadera.
Status: Nativa.
Elevación: 0-500 m.
Prov.: COR, MI.
Paises limítrofes: BR, PA.
Ejemplar examinado: *Krapovickas et al. 24012* (CTES, MICH).
Nota: Niedenzu (1928: 191) citó bajo el nombre *Tetrapterys multiglandulosa* A. Juss. el ejemplar Niederlein, 5 II 1883, Isla de Jupiter, Misiones. El ejemplar no ha podido ser hallado pero probablemente se refiera a *T. sericea.*

Thryallis brasiliensis L. = **Galphimia brasiliensis** (L.) A. Juss.

[Thryallis latifolia Mart. var. ovatifolia (Nied.) Nied.]
Nota: Cita dudosa para la flora argentina. Niedenzu (1928: 576) citó bajo este nombre un ejemplar de Bacle supuestamente de Argentina, sin otra localidad. C. Anderson (1995) consideró el nombre de Niedenzu sinónimo de *T. brachystachys* Lindl. Esta autora no encontró ningún ejemplar de *Thryallis* de Argentina. El ejemplar de Bacle posiblemente proseda de Santa Catarina, Brasil.

Tricomaria Hook. & Arn.
Número de especies: 1 especie endémica.

Tricomaria usillo Hook. & Arn.
Hábito: Arbusto.
Status: Endémica.
Elevación: 500-1500 m.
Prov.: CA, CO, LR, ME, SJ, SL, TU.
Ejemplar examinado: *Gillies s.n.* (holotipo, K).

MALVACEAE

35 géneros, 198 especies; 48 especies y 1 variedad endémicas.

por A. Krapovickas

Abelmoschus angustifolius (Hook. & Arn.) Walp. = **Hibiscus striatus** Cav.

Abelmoschus cisplatinus (A. St.-Hil.) Walp. = **Hibiscus striatus** Cav.

Abutilodes caroliniana (L.) Kuntze = **Modiola caroliniana** (L.) G. Don

Abutilon Mill.
Número de especies: 15

Abutilon affine (Spreng.) G. Don
Sin.: *Abutilon rivulare* A. St.-Hil., *Sida affinis* Spreng.
Ref.: Krapovickas, 1957c.
Hábito: Arbusto.
Status: Nativa.
Elevación: 0-500 m.
Prov.: COR, MI.
Paises limítrofes: BR, UR.
Ejemplar examinado: *Krapovickas et al. 26190* (CTES, G, MBM, UC).

Abutilon amoenum K. Schum.
Sin.: *Abutilon eriocarpum* Speg. ex Stuck., nom. nud.
Ref.: Krapovickas, inéd.
Hábito: Arbusto.
Status: Nativa.
Elevación: 0-1000 m.
Prov.: MI.
Paises limítrofes: BR, PA.
Ejemplar examinado: *Krapovickas 13683* (CTES).

Abutilon amplissimum (L.) Kuntze var. *subpeltatum* Kuntze = **Wissadula subpeltata** (Kuntze) R.E. Fr.

Abutilon aristulosum K. Schum.
Sin.: *Wissadula aristulosa* (K. Schum.) Monteiro
Ref.: Krapovickas, inéd.
Hábito: Arbusto.
Status: Nativa.
Elevación: 0-500 m.
Prov.: COR, MI, SA.
Paises limítrofes: BR, PA.
Ejemplar examinado: *Tressens et al. 3918* (CTES, LIL, MO).

Abutilon arnottianum (Hook. & Arn.) Walp. = **Abutilon grandifolium** (Willd.) Sweet

Abutilon asiaticum auct. non L. = **Abutilon grandifolium** (Willd.) Sweet

Abutilon bakeri Rusby = **Abutilon cyclonervosum** Hochr.

Abutilon bicolor Phil. ex K. Schum. = **Corynabutilon bicolor** (Phil. ex K. Schum.) Kearney

Abutilon cinereum Griseb. = **Pseudabutilon cinereum** (Griseb.) Krapov.

Abutilon crispifolium(Cav.) Dusén = **Neobaclea crispifolia** (Cav.) Krapov.

Abutilon crispum (L.) Medik. = **Herissantia crispa** (L.) Brizicky

Abutilon cyclonervosum Hochr.
Sin.: *Abutilon bakeri* Rusby
Ref.: Krapovickas, inéd.
Hábito: Arbusto.
Status: Nativa.
Elevación: 500-2000 m.
Prov.: SA.
Paises limítrofes: BO.
Ejemplar examinado: *Schulz 5468* (CTES, LIL).

Abutilon eriocarpum Speg. ex Stuck., nom. nud. = **Abutilon amoenum** K. Schum.

Abutilon flueckigerianum K. Schum. = **Abutilon malachroides** A. St.-Hil. & Naudin

Abutilon glechomoefolium A. St.-Hil. = **Wissadula glechomaefolia** (A. St.-Hil.) R.E. Fr.

Abutilon grandifolium (Willd.) Sweet
Sin.: *Abutilon arnottianum* (Hook. & Arn.) Walp., *Abutilon asiaticum* auct. non L., *Abutilon molle* (Ortega) Sweet, *Abutilon sordidum* K. Schum., *Sida arnottiana* Gillies ex Hook. & Arn., *Sida grandifolia* Willd., *Sida mollis* Ortega, hom. illeg.
Ref.: Krapovickas, 1965.
Hábito: Arbusto.
Status: Nativa.
Elevación: 0-2000 m.
Prov.: BA, CA, CH, CO, COR, ER, FO, JU, LR, MI, SA, SE, SF, SJ, SL, TU.
Paises limítrofes: BO, BR, PA, UR.
Ejemplar examinado: *Burkart 8468* (LIL, SI).

Abutilon grevilleanum (Hook. & Arn.) Walp. = **Pseudabutilon virgatum** (Cav.) Fryxell

Abutilon gymnanthemum Griseb. = **Wissadula gymnanthemum** (Griseb.) K. Schum.

Abutilon hassleranum Hochr. = **Hochreutinera hasslerana** (Hochr.) Krapov.

Abutilon hassleranum Hochr. f. *johnsonii* (Ekman) Hassl. = **Hochreutinera hasslerana** (Hochr.) Krapov.

Abutilon hassleranum Hochr. f. *pilcomayensis* Hassl. = **Hochreutinera hasslerana** (Hochr.) Krapov.

Abutilon herzogianum R.E. Fr.
Ref.: Kearney, 1958c; Krapovickas, inéd.
Hábito: Arbusto.
Status: Nativa.
Elevación: 500-1000 m.
Prov.: SA.
Paises limítrofes: BO, PA.
Ejemplar examinado: *Krapovickas y Cristóbal 46714* (CTES, F, GH, LIL, MBM, TEX).

Abutilon inaequilaterum auct. non A. St.-Hil. = **Sidastrum multiflorum** (Jacq.) Fryxell

Abutilon johnsonii Ekman = **Hochreutinera hasslerana** (Hochr.) Krapov.

Abutilon jujuyense Hassl.
Ref.: Kearney, 1958c.
Hábito: Arbusto.
Status: Nativa.
Elevación: 1000-2000 m.
Prov.: JU, SA, TU.
Paises limítrofes: BO.
Ejemplar examinado: *Krapovickas 7249* (CTES, LIL, MO, NY, SI).

Abutilon lilloi Hassl. = **Abutilon thyrsodendron** Griseb.

Abutilon malachroides A. St.-Hil. & Naudin
Sin.: *Abutilon flueckigerianum* K. Schum., *Abutilon tacuaremboense* Arechav.
Ref.: Krapovickas, 1957c.
Hábito: Subarbusto.
Status: Nativa.
Elevación: 0-500 m.
Prov.: MI.
Paises limítrofes: BR, UR.
Ejemplar examinado: *Vanni y Cáceres 681* (CTES).

Abutilon mendocinum Phil. = **Pseudabutilon virgatum** (Cav.) Fryxell

Abutilon molle (Ortega) Sweet = **Abutilon grandifolium** (Willd.) Sweet

Abutilon mollissimum auct. non (Cav.) Sweet = **Abutilon pauciflorum** A. St.-Hil.

Abutilon niveum Griseb.
Ref.: Krapovickas, 1957c.
Hábito: Arbusto.
Status: Nativa.
Elevación: 500-1000 m.
Prov.: JU, SA, TU.
Paises limítrofes: BO.
Ejemplar examinado: *Krapovickas 4948* (BAB, CTES, LIL, SI).

Abutilon paranthemoides Griseb. = **Pseudabutilon virgatum** (Cav.) Fryxell

Abutilon paranthemum Griseb. = **Pseudabutilon virgatum** (Cav.) Fryxell

Abutilon parviflorum A. St.-Hil. = **Wissadula parviflora** (A. St.-Hil.) R.E. Fr.

Abutilon parviflorum A. St.-Hil. var. *luteum* A. St.-Hil. = **Wissadula parviflora** (A. St.-Hil.) R.E. Fr.

Abutilon patens A. St.-Hil. = **Wissadula excelsior** (Cav.) C. Presl

Abutilon pauciflorum A. St.-Hil.
Sin.: *Abutilon mollissimum* auct. non (Cav.) Sweet, *Abutilon pauciflorum* A. St.-Hil. var. *cano-tomentosum* Hassl., *Abutilon pauciflorum* A. St.-Hil. var. *cano-tomentosum* Hassl. f. *longe-corniculatum* Hassl., *Abutilon pedunculare* auct. non Humb., Bonpl. & Kunth
Ref.: Krapovickas, 1965.
Hábito: Arbusto.
Status: Nativa.
Elevación: 0-1500 m.
Prov.: BA, CH, CO, COR, ER, FO, MI, SA, SE, SF, SL, TU.
Paises limítrofes: BO, BR, PA, UR.
Ejemplar examinado: *Krapovickas 2164* (LIL).

Abutilon pauciflorum A. St.-Hil. var. *cano-tomentosum* Hassl. = **Abutilon pauciflorum** A. St.-Hil.

Abutilon pauciflorum A. St.-Hil. var. *cano-tomentosum* Hassl. f. *longe-corniculatum* Hassl. = **Abutilon pauciflorum** A. St.-Hil.

Abutilon pedunculare auct. non Humb., Bonpl. & Kunth = **Abutilon pauciflorum** A. St.-Hil.

Abutilon pictum (Hook. & Arn.) Walp.
Sin.: *Abutilon striatum* Dicks. f. *palmatifidum* Ekman, *Sida picta* Hook. & Arn.
Ref.: Krapovickas, inéd.
Hábito: Arbusto.
Status: Nativa.
Elevación: 0-500 m.
Prov.: COR, MI.
Paises limítrofes: BR, PA, UR.
Ejemplar examinado: *Tressens et al. 2095* (CTES, F, NY, UC).

Abutilon ramiflorum A. St.-Hil.
Sin.: *Sida ramiflora* (A. St.-Hil.) D. Dietr., *Wissadula hassleriana* Chodat
Ref.: Krapovickas, inéd.
Hábito: Arbusto.
Status: Nativa.
Elevación: 0-1000 m.
Prov.: CH, FO, SA.
Paises limítrofes: BO, BR, PA.
Ejemplar examinado: *Morel 7233* (CTES, LIL).

Abutilon rivulare A. St.-Hil. = **Abutilon affine** (Spreng.) G. Don

Abutilon saltense Hassl. = **Pseudabutilon virgatum** (Cav.) Fryxell

Abutilon sordidum K. Schum. = **Abutilon grandifolium** (Willd.) Sweet

Abutilon striatum Dicks. f. *palmatifidum* Ekman = **Abutilon pictum** (Hook. & Arn.) Walp.

Abutilon tacuaremboense Arechav. = **Abutilon malachroides** A. St.-Hil. & Naudin

Abutilon terminale (Cav.) A. St.-Hil.
Sin.: *Sida terminalis* Cav.
Ref.: Krapovickas, 1966.
Hábito: Subarbusto.
Status: Nativa.
Elevación: 0-500 m.
Prov.: BA, CO, COR, ER, LP, MI, SF, SL.
Paises limítrofes: BR, UR.
Ejemplar examinado: *Krapovickas 2158* (CTES, LIL, S).

Abutilon thyrsodendron Griseb.
Sin.: *Abutilon lilloi* Hassl.
Ref.: Kearney, 1958a.
Hábito: Arbusto.
Status: Nativa.
Elevación: 500-1000 m.
Prov.: JU, SA.
Paises limítrofes: BO.
Ejemplar examinado: *Krapovickas 3505* (CTES, LIL, SI).

Abutilon umbelliflorum A. St.-Hil.
Sin.: *Abutilon umbelliflorum* A. St.-Hil. subsp. *occidentale* R.E. Fr.
Ref.: Krapovickas, 1957c.
Hábito: Arbusto.
Status: Nativa.
Elevación: 0-1000 m.
Prov.: COR, MI, SA, TU.
Paises limítrofes: BR, UR.
Ejemplar examinado: *Schwindt 1980* (CTES, LIL).

Abutilon umbelliflorum A. St.-Hil. subsp. *occidentale* R.E. Fr. = **Abutilon umbelliflorum** A. St.-Hil.

Abutilon vidalii (Phil.) Speg. = **Neobaclea crispifolia** (Cav.) Krapov.

Abutilon virgatum (Cav.) Sweet = **Pseudabutilon virgatum** (Cav.) Fryxell

Abutilon virgatum (Cav.) Sweet var. *tomentosa* K. Schum. = **Pseudabutilon virgatum** (Cav.) Fryxell

Abutilon wissadifolium Griseb. = **Wissadula wissadifolia** (Griseb.) Krapov.

Acaulimalva Krapov.

Número de especies: 1

Acaulimalva nubigena (Walp.) Krapov.
Sin.: *Malva nubigena* Walp., *Malva parnassiifolia* (Hook.) Wedd. var. *lobulata* Wedd., *Malvastrum buchtienii* Pax, *Malvastrum fiebrigii* Ulbr., *Malvastrum nubigena* (Walp.) Baker f., *Malvastrum nubigena* (Walp.) Baker f. var. *bipinnatifidum* R.E. Fr., *Malvastrum parnassiaefolium* (Hook.) A. Gray var. *lobulatum* (Wedd.) Baker f., *Malvastrum tuberculatum* A. W. Hill, *Malveopsis acaulis* (Cav.) Kuntze var. *boliviensis* Kuntze, *Nototriche incisa* Turcz., *Sida nubigena* Walp., *Sida parnassiaefolia* Hook. var. *lobulata* (Wedd.) Griseb.

Ref.: Krapovickas, 1974.
Hábito: Hierba.
Status: Nativa.
Elevación: 3000-4500 m.
Prov.: CA, JU, SA, TU.
Paises limítrofes: BO.
Ejemplar examinado: *Krapovickas y Barrett 4683* (BAB).

Althaea grandidentata Gillies ex Hook. & Arn., nom. nud. pro syn. = **Pavonia revoluta** Krapov. & Cristóbal

Anoda Cav.

Número de especies: 2

Anoda acerifolia (Zuccagni) DC., hom. illeg. = **Anoda hastata** Cav.

Anoda acerifolia Cav. = **Anoda hastata** Cav.

Anoda brachyantha Rchb. = **Anoda cristata** (L.) Schltdl. var. **brachyantha** (Rchb.) Hochr.

Anoda cristata (L.) Schltdl. var. **brachyantha** (Rchb.) Hochr.
Sin.: *Anoda brachyantha* Rchb., *Anoda populifolia* Phil.
Ref.: Krapovickas, 1966.
Hábito: Hierba.
Status: Nativa.
Elevación: 0-1500 m.
Prov.: BA, CA, CO, ER, JU, LP, SA, SE, SF, SL, TU.
Paises limítrofes: BO, BR, CH, UR.
Ejemplar examinado: *Krapovickas 3310* (CTES, LIL).

Anoda decumbens (A. St.-Hil. & Naudin) Hochr. = **Sida jussieana** DC.

Anoda denudata (Nees & Mart.) K. Schum. = **Briquetia denudata** (Nees & Mart.) Chodat & Hassl.

Anoda hastata Cav.
Sin.: *Anoda acerifolia* (Zuccagni) DC., hom. illeg., *Anoda acerifolia* Cav., *Anoda zuccagnii* (Spreng.) Fryxell, *Sida acerifolia* Zuccagni, hom. illeg., *Sida zuccagnii* Spreng.
Ref.: Krapovickas, inéd.
Hábito: Hierba.
Status: Nativa.
Elevación: 400-2500 m.
Prov.: JU, LR, ME, SA, TU.
Paises limítrofes: BO.
Ejemplar examinado: *Krapovickas 37362* (CTES).

Anoda populifolia Phil. = **Anoda cristata** (L.) Schltdl. var. **brachyantha** (Rchb.) Hochr.

Anoda zuccagnii (Spreng.) Fryxell = **Anoda hastata** Cav.

Asterochlaena argentina (Gürke) Stuck. = **Pavonia argentina** Gürke

Asterochlaena hieronymi (Gürke) Hassl. = **Pavonia hieronymi** Gürke

Asterochlaena morongii (S. Moore) Hassl. = **Pavonia morongii** S. Moore

Asterochlaena orbicularis (Ulbr.) Hassl. = **Pavonia subrotunda** A. St.-Hil. & Naudin

Asterochlaena orbicularis (Ulbr.) Hassl. var. *ekmanii* Hassl. = **Pavonia subrotunda** A. St.-Hil. & Naudin

Asterochlaena sidifolia (Humb., Bonpl. & Kunth) Hassl. subsp. *diuretica* (A. St.-Hil.) Hassl. = **Pavonia sidifolia** Humb., Bonpl. & Kunth

Bastardia Humb., Bonpl. & Kunth

Número de especies: 2

Bastardia bivalvis (Cav.) Humb., Bonpl. & Kunth ex Griseb.
Sin.: *Bastardia rojasii* Hassl. var. *argentina* Hassl., nom. nud. pro syn., *Sida bivalvis* Cav.
Ref.: Fries, 1947.
Hábito: Subarbusto.
Status: Nativa.
Elevación: 0-1000 m.
Prov.: CH, FO, JU, SA.
Paises limítrofes: BO, BR, PA.
Ejemplar examinado: *Schulz 554* (CTES).

Bastardia densiflora (Hook. & Arn.) Hassl. = **Bastardiopsis densiflora** (Hook. & Arn.) Hassl.

Bastardia nemoralis A. St.-Hil. = **Herissantia nemoralis** (A. St.-Hil.) Brizicky

Bastardia rojasii Hassl. var. *argentina* Hassl., nom. nud. pro syn. = **Bastardia bivalvis** (Cav.) Humb., Bonpl. & Kunth ex Griseb.

Bastardia viscosa (L.) Humb., Bonpl. & Kunth
Sin.: *Sida viscosa* L.
Ref.: Fries, 1947; Krapovickas, 1957c.
Hábito: Subarbusto.
Status: Nativa.
Elevación: 0-500 m.
Prov.: SA.
Paises limítrofes: BO, BR, PA.
Ejemplar examinado: *Krapovickas 1667* (CTES, LIL).

Bastardiopsis (K. Schum.) Hassl.

Número de especies: 1

Bastardiopsis densiflora (Hook. & Arn.) Hassl.
Sin.: *Bastardia densiflora* (Hook. & Arn.) Hassl., *Sida densiflora* Hook. & Arn.
Ref.: Stuckert, 1932.
Hábito: Árbol.
Status: Nativa.
Elevación: 0-1000 m.
Prov.: COR, MI.
Paises limítrofes: BR, PA.
Ejemplar examinado: *Schinini y Normann 22621* (CTES).

Bogenhardia crispa (L.) Kearney = **Herissantia crispa** (L.) Brizicky

Bogenhardia nemoralis (A. St.-Hil.) Monteiro = **Herissantia nemoralis** (A. St.-Hil.) Brizicky

Bogenhardia tiubae (K. Schum.) Monteiro var. *intermedia* (Hassl.) Monteiro = **Herissantia intermedia** (Hassl.) Krapov.

Bogenhardia tiubae (K. Schum.) Monteiro var. *parviflora* (Hassl.) Monteiro = **Herissantia intermedia** (Hassl.) Krapov.

Bogenhardia tiubae (K. Schum.) Monteiro var. *parviflora* (Hassl.) Monteiro f. *perennis* (Hassl.) Monteiro = **Herissantia intermedia** (Hassl.) Krapov.

Briquetia Hochr.

Número de especies: 1

Briquetia ancylocarpa Hochr. = **Briquetia denudata** (Nees & Mart.) Chodat & Hassl.

Briquetia denudata (Nees & Mart.) Chodat & Hassl.
Sin.: *Anoda denudata* (Nees & Mart.) K. Schum., *Briquetia ancylocarpa* Hochr., *Sida bihamata* A. St.-Hil. & Naudin, *Sida denudata* Nees & Mart., *Wissadula balansae* Baker f.
Ref.: Krapovickas, inéd.
Hábito: Arbusto.
Status: Nativa.
Elevación: 500-1000 m.
Prov.: SA.
Paises limítrofes: BR, PA.
Ejemplar examinado: *Türpe et al. 4813L* (CTES, LIL).

Cienfuegosia Cav.

Número de especies: 6, 1 especie endémica.

Cienfuegosia argentina Gürke
Sin.: *Fugosia argentina* (Gürke) Hochr., *Hibiscus argentinus* (Gürke) Kuntze
Ref.: Rodrigo, 1941b; Fryxell, 1969.
Hábito: Hierba.
Status: Nativa.
Elevación: 0-1000 m.
Prov.: CA, CO, SA, SE, TU.
Paises limítrofes: BO, PA.
Ejemplar examinado: *Krapovickas y Schinini 35935* (CTES).

Cienfuegosia argentina Gürke var. *hasslerana* (Hochr.) Hassl. = **Cienfuegosia hasslerana** Hochr.

Cienfuegosia argentina Gürke var. *hasslerana* (Hochr.) Hassl. f. *escholtzioides* (Hochr.) Hassl. = **Cienfuegosia hasslerana** Hochr.

Cienfuegosia drummondii (A. Gray) Lewton
Sin.: *Cienfuegosia sulfurea* (A. St.-Hil.) Garcke var. *drummondii* (A. Gray) Hochr., *Cienfuegosia sulfurea* (A. St.-Hil.) Garcke var. *glabra* Gürke, *Cienfuegosia sulfurea* (A. St.-Hil.) Garcke var. *glabra* Gürke f. *intermedia* Chodat & Hassl., *Cienfuegosia sulfurea* (A. St.-Hil.) Garcke var. *major* Hassl., *Fugosia drummondii* A. Gray, *Fugosia pulverulenta* (Griseb.) Hochr., *Fugosia sulfurea* A. St.-Hil. var. *trifida* Griseb. ex Rodrigo, nom. nud. pro syn., *Hibiscus drummondii* (A. Gray) Kuntze, *Hibiscus pulverulentus* Griseb.
Ref.: Rodrigo, 1941b; Fryxell, 1969.
Hábito: Hierba.
Status: Nativa.
Elevación: 0-1000 m.
Prov.: CH, CO, COR, ER, FO, SA, SE, SF, TU.
Paises limítrofes: BO, BR, PA.
Ejemplar examinado: *Krapovickas et al. 20339* (CTES).

Cienfuegosia drummondii (A. Gray) Lewton var. *pubescens* Hassl. = **Cienfuegosia sulfurea** (A. St.-Hil.) Garcke

Cienfuegosia escholtzioides Hochr. = **Cienfuegosia hasslerana** Hochr.

Cienfuegosia hasslerana Hochr.
Sin.: *Cienfuegosia argentina* Gürke var. *hasslerana* (Hochr.) Hassl. f. *escholtzioides* (Hochr.) Hassl., *Cienfuegosia argentina* Gürke var. *hasslerana* (Hochr.) Hassl., *Cienfuegosia escholtzioides* Hochr.
Ref.: Fryxell, 1969.
Hábito: Hierba.
Status: Nativa.
Elevación: 0-500 m.
Prov.: COR.
Paises limítrofes: BR, PA.
Ejemplar examinado: *Pedersen 11369* (CTES).

Cienfuegosia hispida R.E. Fr.
Ref.: Fries, 1947; Fryxell, 1969.
Hábito: Hierba.
Status: Endémica.
Elevación: 0-500 m.
Prov.: SA, SE, TU.
Ejemplar examinado: *Krapovickas y Cristóbal 11745* (CTES).

Cienfuegosia sulfurea (A. St.-Hil.) Garcke
Sin.: *Cienfuegosia drummondii* (A Gray) Lewton var. *pubescens* Hassl., *Cienfuegosia sulfurea* (A. St.-Hil.) Garcke var. *trifida* Griseb. ex Rodrigo, *Fugosia sulfurea* A. St.-Hil., *Hibiscus jussieui* Kuntze
Ref.: Fryxell, 1969.
Hábito: Hierba.
Status: Nativa.
Elevación: 0-500 m.
Prov.: CH, CO, COR, ER, SF.
Paises limítrofes: BR, PA, UR.
Ejemplar examinado: *Krapovickas y Quarín 20919* (CTES).

Cienfuegosia sulfurea (A. St.-Hil.) Garcke var. *drummondii* (A. Gray) Hochr. = **Cienfuegosia drummondii** (A. Gray) Lewton

Cienfuegosia sulfurea (A. St.-Hil.) Garcke var. *glabra* Gürke = **Cienfuegosia drummondii** (A. Gray) Lewton

Cienfuegosia sulfurea (A. St.-Hil.) Garcke var. *glabra* Gürke f. *intermedia* Chodat & Hassl. = **Cienfuegosia drummondii** (A. Gray) Lewton

Cienfuegosia sulfurea (A. St.-Hil.) Garcke var. *major* Hassl. = **Cienfuegosia drummondii** (A. Gray) Lewton

Cienfuegosia sulfurea (A. St.-Hil.) Garcke var. *trifida* Griseb. ex Rodrigo = **Cienfuegosia sulfurea** (A. St.-Hil.) Garcke

Cienfuegosia ulmifolia Fryxell
Ref.: Fryxell, 1969.
Hábito: Hierba.
Status: Nativa.
Elevación: 0-500 m.
Prov.: CH, COR, ER, FO, SF.
Paises limítrofes: BO, PA.
Ejemplar examinado: *Schulz 622* (CTES, S).

Corynabutilon (K. Schum.) Kearney

Número de especies: 1

Corynabutilon bicolor (Phil. ex K. Schum.) Kearney
Sin.: *Abutilon bicolor* Phil. ex K. Schum.
Ref.: Krapovickas, 1957c.
Hábito: Arbusto.
Status: Nativa.
Elevación: 0-500 m.
Prov.: CHU, NE, RN, SC.
Paises limítrofes: CH.
Ejemplar examinado: *Correa et al. 3056* (BAB, CTES).

Cristaria Cav.

Número de especies: 2

Cristaria andicola Gay
Ref.: Krapovickas, 1957c.
Hábito: Hierba.
Status: Nativa.
Elevación: 3000-4000 m.
Prov.: CA, LR, SA, SJ.
Paises limítrofes: CH.
Ejemplar examinado: *Kiesling 7511* (CTES, SI).

Cristaria chubutensis (Speg.) Hochr. = **Lecanophora chubutensis** (Speg.) Rodrigo

Cristaria corchorifolia Griseb. = **Gaya parviflora** (Phil.) Krapov.

Cristaria dissecta Hook. & Arn. var. **dissecta**
Sin.: *Lecanophora dissecta* (Hook. & Arn.) Speg.
Ref.: Krapovickas, 1950a, 1988.
Hábito: Hierba.
Status: Nativa.
Elevación: 1000-2500 m.
Prov.: ME, NE, SJ.
Paises limítrofes: CH.
Ejemplar examinado: *Rossow 1574* (BAB, CTES).

Cristaria dissecta Hook. & Arn. var. **glandulosa** (Phil.) M. Muñoz
Sin.: *Cristaria glandulosa* Phil.
Ref.: Hauman, 1918; Muñoz-Schick, 1996.
Hábito: Hierba.
Status: Nativa.
Elevación: 1500-2500 m.
Prov.: ME.
Paises limítrofes: CH.
Ejemplar examinado: *Hauman 210* (BA).

Cristaria dissecta Hook. & Arn. var. **inconspicua** (F. Phil.) M. Muñoz
Sin.: *Cristaria inconspicua* F. Phil.
Ref.: Muñoz-Schick, 1996.
Hábito: Hierba.
Status: Nativa.
Elevación: 2500-3500 m.
Prov.: SJ.
Paises limítrofes: CH.
Ejemplar examinado: *Johnston 6149* (BA).

Cristaria eburnea Sandwith = **Lecanophora ameghinoi** (Speg.) Speg.

Cristaria ecristata A. Gray = **Lecanophora ecristata** (A. Gray) Krapov.

Cristaria glandulosa Phil. = **Cristaria dissecta** Hook. & Arn. var. **glandulosa** (Phil.) M. Muñoz

Cristaria hastata Phil. = **Lecanophora heterophylla** (Cav.) Krapov.

Cristaria heterophylla (Cav.) Hook. & Arn. = **Lecanophora heterophylla** (Cav.) Krapov.

Cristaria heterophylla (Cav.) Hook. & Arn. var. *loasaefolia* (Phil.) Reiche = **Lecanophora heterophylla** (Cav.) Krapov.

Cristaria heterophylla (Cav.) Hook. & Arn. var. *pillis stellatis hispidis* Hook. & Arn. = **Lecanophora heterophylla** (Cav.) Krapov.

Cristaria hispida Gillies ex Hook. & Arn. = **Lecanophora heterophylla** (Cav.) Krapov.

Cristaria inconspicua F. Phil. = **Cristaria dissecta** Hook. & Arn. var. **inconspicua** (F. Phil.) M. Muñoz

Cristaria jarae Phil. = **Lecanophora jarae** (Phil.) Krapov.

Cristaria kuntzei Speg. = **Lecanophora ameghinoi** (Speg.) Speg.

Cristaria linoides (Hieron.) Speg. = **Lecanophora ecristata** (A. Gray) Krapov.

Cristaria loasaefolia Phil. = **Lecanophora heterophylla** (Cav.) Krapov.

Cristaria mendocina Phil. = **Lecanophora heterophylla** (Cav.) Krapov.

Cristaria mutica Hochr. = **Lecanophora ameghinoi** (Speg.) Speg.

Cristaria patagonica Kuntze, hom. illeg. = **Lecanophora ameghinoi** (Speg.) Speg.

Cristaria patagonica Phil. = **Lecanophora ameghinoi** (Speg.) Speg.

Cristaria vidali Phil. = **Neobaclea crispifolia** (Cav.) Krapov.

Cristaria wilczekii Hochr. = **Lecanophora heterophylla** (Cav.) Krapov.

Disella hederacea (Douglas ex Hook.) Greene = **Malvella leprosa** (Ortega) Krapov.

Fuertesimalva echinata (C. Presl) Fryxell = **Urocarpidium echinatum** (C. Presl) Krapov. & Fryxell

Fuertesimalva pentacoca (Krapov.) Fryxell = **Urocarpidium pentacoccum** Krapov.

Fuertesimalva pentandra (K. Schum.) Fryxell = **Urocarpidium pentandrum** (K. Schum.) Krapov.

Fugosia argentina (Gürke) Hochr. = **Cienfuegosia argentina** Gürke

Fugosia drummondii A. Gray = **Cienfuegosia drummondii** (A. Gray) Lewton

Fugosia pulverulenta (Griseb.) Hochr. = **Cienfuegosia drummondii** (A. Gray) Lewton

Fugosia sulfurea A. St.-Hil. = **Cienfuegosia sulfurea** (A. St.-Hil.) Garcke

Fugosia sulfurea A. St.-Hil. var. *trifida* Griseb. ex Rodrigo, nom. nud. pro syn. = **Cienfuegosia drummondii** (A. Gray) Lewton

Gaya Humb., Bonpl. & Kunth

Número de especies: 4

Gaya gaudichaudiana A. St.-Hil. var. *catamarquensis* Hassl. = **Gaya parviflora** (Phil.) Krapov.

Gaya gaudichaudiana A. St.-Hil. var. *genuina* Hassl. f. *australis* Hassl. = **Gaya parviflora** (Phil.) Krapov.

Gaya gaudichaudiana A. St.-Hil. var. *hirsutula* Hassl. = **Gaya parviflora** (Phil.) Krapov.

Gaya gaudichaudiana A. St.-Hil. var. *tarijensis* (R.E. Fr.) Hassl. = **Gaya tarijensis** R.E. Fr.

Gaya gaudichaudiana A. St.-Hil. var. *tarijensis* (R.E. Fr.) Hassl. f. *intermedia* Hassl. = **Gaya parviflora** (Phil.) Krapov.

Gaya gaudichaudiana A. St.-Hil. var. *tarijensis* (R.E. Fr.) Hassl. f. *genuina* Hassl. subf. *viscidula* Hassl. = **Gaya parviflora** (Phil.) Krapov.

Gaya gaudichaudiana auct. non A. St.-Hil. = **Gaya parviflora** (Phil.) Krapov.

Gaya gracilipes K. Schum.
Sin.: *Gaya gracilipes* K. Schum. var. *multicarpidiata* Hassl.
Ref.: Krapovickas, 1996a.
Hábito: Subarbusto.
Status: Nativa.
Elevación: 0-500 m.
Prov.: COR, MI, SA.
Paises limítrofes: BO, BR, PA.
Ejemplar examinado: *Krapovickas 9521* (CTES, LIL).

Gaya gracilipes K. Schum.var. *multicarpidiata* Hassl. = **Gaya gracilipes** K. Schum.

[Gaya meridionalis Hassl.]
Nota: Cita dudosa para la flora argentina.

Gaya parviflora (Phil.) Krapov.
Sin.: *Cristaria corchorifolia* Griseb., *Gaya gaudichaudiana* A. St.-Hil. var. *catamarquensis* Hassl., *Gaya gaudichaudiana* A. St.-Hil. var. *genuina* Hassl. f. *australis* Hassl., *Gaya gaudichaudiana* A. St.-Hil. var. *hirsutula* Hassl., *Gaya gaudichaudiana* A. St.-Hil. var. *tarijensis* (R.E. Fr.) Hassl. f. *intermedia* Hassl., *Gaya gaudichaudiana* A. St.-Hil. var. *tarijensis* (R.E. Fr.) Hassl. f. *genuina* Hassl. subf. *viscidula* Hassl., *Gaya gaudichaudiana* auct. non A. St.-Hil., *Philippimalva parviflora* (Phil.) Kuntze, *Tetraptera parviflora* Phil.
Ref.: Krapovickas, 1996a.
Hábito: Hierba.
Status: Nativa.
Elevación: 0-1500 m.
Prov.: CA, CH, CO, FO, JU, LP, LR, ME, SA, SE, SJ, SL, TU.
Paises limítrofes: BO, PA.
Ejemplar examinado: *Saravia Toledo et al. 13060* (CTES).

Gaya pilosa K. Schum.
Sin.: *Gaya pilosa* K. Schum. var. *microphylla* Hassl.
Ref.: Krapovickas, 1996a.
Hábito: Subarbusto.
Status: Nativa.
Elevación: 0-500 m.
Prov.: COR, MI.
Paises limítrofes: BO, BR, PA.
Ejemplar examinado: *Krapovickas et al. 23968* (CTES, LP, MBM, RB, SI).

Gaya pilosa K. Schum. var. *microphylla* Hassl. = **Gaya pilosa** K. Schum.

Gaya tarijensis R.E. Fr.
Sin.: *Gaya gaudichaudiana* A. St.-Hil. var. *tarijensis* (R.E. Fr.) Hassl.
Ref.: Krapovickas, 1996a.
Hábito: Hierba.
Status: Nativa.
Elevación: 500-2000 m.
Prov.: FO, JU, SA, TU.
Paises limítrofes: BO, PA.
Ejemplar examinado: *Krapovickas y Schinini 30680* (CTES).

Gayoides crispum (L.) Small = **Herissantia crispa** (L.) Brizicky

[Gossypianthus australis Rojas Acosta, nom. nud.]
Nota: Especie excluida de la flora argentina. Posible sinónimo de *Gossypium barbadense* L.

Greevesia cleisocalyx F. Muell. = **Pavonia hastata** Cav.

Herissantia Medik.
Número de especies: 3

Herissantia crispa (L.) Brizicky
Sin.: *Abutilon crispum* (L.) Medik., *Bogenhardia crispa* (L.) Kearney, *Gayoides crispum* (L.) Small, *Pseudobastardia crispa* (L.) Hassl., *Sida crispa* L.
Ref.: Brizicky, 1968.
Hábito: Subarbusto.
Status: Nativa.
Elevación: 500-2500 m.
Prov.: CA, CO, JU, LR, SA, SE, SJ, SL, TU.
Paises limítrofes: BO, BR, PA.
Ejemplar examinado: *Krapovickas et al. 18630* (CTES, F, G. SI).

Herissantia intermedia (Hassl.) Krapov.
Sin.: *Bogenhardia tiubae* (K. Schum.) Monteiro var. *intermedia* (Hassl.) Monteiro, *Bogenhardia tiubae* (K. Schum.) Monteiro var. *parviflora* (Hassl.) Monteiro, *Bogenhardia tiubae* (K. Schum.) Monteiro var. *parviflora* (Hassl.) Monteiro f. *perennis* (Hassl.) Monteiro, *Pseudobastardia tiubae* (K. Schum.) Hassl. var. *intermedia* Hassl., *Pseudobastardia tiubae* (K. Schum.) Hassl. var. *parviflora* Hassl. f. *annua* Hassl., *Pseudobastardia tiubae* (K. Schum.) Hassl. var. *parviflora* Hassl. f. *perennis* Hassl.
Ref.: Krapovickas, inéd.
Hábito: Subarbusto.
Status: Nativa.
Elevación: 0-500 m.
Prov.: CH, COR, FO.
Paises limítrofes: BO, BR, PA.
Ejemplar examinado: *Krapovickas y Cristóbal 14326* (CTES, F, G, GH, K, MO).

Herissantia nemoralis (A. St.-Hil.) Brizicky
Sin.: *Bastardia nemoralis* A. St.-Hil., *Bogenhardia nemoralis* (A. St.-Hil.) Monteiro, *Pseudobastardia nemoralis* (A. St.-Hil.) Hassl., *Sida nemoralis* (A. St.-Hil.) G. Don
Ref.: Brizicky, 1968.
Hábito: Arbusto.
Status: Nativa.
Elevación: 0-500 m.
Prov.: COR, MI.
Paises limítrofes: BO, BR, PA.
Ejemplar examinado: *Quiroga 705* (BAF).

Hibiscus L.
Número de especies: 4

Hibiscus amoenus Link & Otto = **Hibiscus striatus** Cav.

Hibiscus angustifolius Hook. & Arn. = **Hibiscus striatus** Cav.

Hibiscus argentinus (Gürke) Kuntze = **Cienfuegosia argentina** Gürke

Hibiscus argentinus Speg., hom. illeg. = **Hibiscus striatus** Cav.

Hibiscus cisplatinus A. St.-Hil. = **Hibiscus striatus** Cav.

Hibiscus crenatus Splitg. ex de Vriese = **Hibiscus sororius** L.

Hibiscus diodon DC. = **Hibiscus furcellatus** Desr.

Hibiscus domingensis Jacq. var. *striatus* (Cav.) Willd. = **Hibiscus striatus** Cav.

Hibiscus dominicus Hochr. = **Hibiscus furcellatus** Desr.

Hibiscus drummondii (A. Gray) Kuntze = **Cienfuegosia drummondii** (A. Gray) Lewton

Hibiscus furcellatus Desr.
Sin.: *Hibiscus diodon* DC., *Hibiscus dominicus* Hochr., *Hibiscus furcellatus* Desr. var. *dominicus* (Hochr.) Hassl.
Ref.: Rodrigo, 1948b.
Hábito: Arbusto.
Status: Nativa.
Elevación: 0-500 m.
Prov.: COR, FO, MI.
Paises limítrofes: BO, BR, PA.
Ejemplar examinado: *Krapovickas et al. 23779* (CTES).

Hibiscus furcellatus Desr. var. *dominicus* (Hochr.) Hassl. = **Hibiscus furcellatus** Desr.

Hibiscus jussieui Kuntze = **Cienfuegosia sulfurea** (A. St.-Hil.) Garcke

Hibiscus lambertianus Humb., Bonpl. & Kunth = **Hibiscus striatus** Cav.

Hibiscus lambertianus Humb., Bonpl. & Kunth var. *angustifolius* (Hook. & Arn.) Hochr. = **Hibiscus striatus** Cav.

Hibiscus lambertianus Humb., Bonpl. & Kunth var. *glaber* Gürke = **Hibiscus striatus** Cav.

Hibiscus lambertianus Humb., Bonpl. & Kunth var. *lobatus* Chodat & Hassl. = **Hibiscus striatus** Cav.

Hibiscus lindmanii Gürke = **Hibiscus striatus** Cav.

Hibiscus linearis A. St.-Hil. & Naudin = **Hibiscus striatus** Cav.

Hibiscus pulverulentus Griseb. = **Cienfuegosia drummondii** (A. Gray) Lewton

Hibiscus selloi Gürke = **Hibiscus urticifolium** A. St.-Hil. & Naudin

Hibiscus selloi Gürke var. *paraguariensis* Chodat & Hassl. = **Hibiscus urticifolium** A. St.-Hil. & Naudin

Hibiscus sororius L.
Sin.: *Hibiscus crenatus* Splitg. ex de Vriese
Ref.: Rodrigo, 1948b.
Hábito: Arbusto.
Status: Nativa.
Elevación: 0-500 m.
Prov.: COR, MI.
Paises limítrofes: BO, BR, PA.
Ejemplar examinado: *Cabrera et al. 27762* (CTES, SI).

Hibiscus striatus Cav.
Sin.: *Abelmoschus angustifolius* (Hook. & Arn.) Walp., *Abelmoschus cisplatinus* (A. St.-Hil.) Walp., *Hibiscus amoenus* Link & Otto, *Hibiscus angustifolius* Hook. & Arn., *Hibiscus argentinus* Speg., hom. illeg., *Hibiscus cisplatinus* A. St.-Hil., *Hibiscus domingensis* Jacq. var. *striatus* (Cav.) Willd., *Hibiscus lambertianus* Humb., Bonpl. & Kunth, *Hibiscus lambertianus* Humb., Bonpl. & Kunth var. *angustifolius* (Hook. & Arn.) Hochr., *Hibiscus lambertianus* Humb., Bonpl. & Kunth var. *glaber* Gürke, *Hibiscus lambertianus* Humb., Bonpl. & Kunth var. *lobatus* Chodat & Hassl., *Hibiscus lindmanii* Gürke, *Hibiscus linearis* A. St.-Hil. & Naudin
Ref.: Blanchard, 1976.
Hábito: Arbusto.
Status: Nativa.
Elevación: 0-500 m.
Prov.: BA, CH, COR, ER, FO, JU, MI, SA, TU.
Paises limítrofes: BO, BR, PA, UR.
Ejemplar examinado: *Conde 109* (CAS, CTES, LIL).

Hibiscus urticifolium A. St.-Hil. & Naudin
Sin.: *Hibiscus selloi* Gürke, *Hibiscus selloi* Gürke var. *paraguariensis* Chodat & Hassl.
Ref.: Blanchard, 1976; Krapovickas, inéd.
Hábito: Arbusto.
Status: Nativa.
Elevación: 0-500 m.
Prov.: COR.
Paises limítrofes: BO, BR, PA, UR.
Ejemplar examinado: *Krapovickas et al. 21114* (CTES).

Hochreutinera Krapov.
Número de especies: 1

Hochreutinera hasslerana (Hochr.) Krapov.
Sin.: *Abutilon hassleranum* Hochr., *Abutilon hassleranum* Hochr. f. *johnsonii* (Ekman) Hassl., *Abutilon hassleranum* Hochr. f. *pilcomayensis* Hassl., *Abutilon johnsonii* Ekman
Ref.: Krapovickas, 1970a.
Hábito: Subarbusto.
Status: Nativa.
Elevación: 0-500 m.
Prov.: CH, COR, FO, MI, SA.
Paises limítrofes: BR, PA.
Ejemplar examinado: *Krapovickas 13079* (CTES).

Krapovickasia Fryxell
Número de especies: 3

Krapovickasia flavescens (Cav.) Fryxell
Sin.: *Physaliastrum flavescens* (Cav.) Monteiro, *Physaliastrum prostratum* (Cav.) Monteiro, *Sida flavescens* Cav., *Sida intermedia* A. St.-Hil., *Sida macrodon* DC. var. *intermedia* (A. St.-Hil.) Griseb., *Sida prostrata* Cav., *Sida prostrata* Cav. var. *flavescens* (Cav.) Baker f.
Ref.: Fryxell, 1978.
Hábito: Hierba.
Status: Nativa.
Elevación: 0-1500 m.
Prov.: BA, CA, CO, COR, ER, FO, JU, LR, MI, SA, SF.
Paises limítrofes: BO, BR, PA, UR.
Ejemplar examinado: *Lourteig y Krapovickas 2968* (CTES).

Krapovickasia macrodon (DC.) Fryxell
Sin.: *Physaliastrum macrodon* (DC.) Monteiro, *Sida cymbalaria* Hochr., *Sida macrodon* DC., *Sida macrodon* DC. var. *cymbalaria* (Hochr.) Hassl.
Ref.: Fryxell, 1978.
Hábito: Hierba.
Status: Nativa.
Elevación: 0-500 m.
Prov.: COR, MI.
Paises limítrofes: BO, BR, PA.
Ejemplar examinado: *Krapovickas et al. 17918* (CTES).

Krapovickasia urticifolia (A. St.-Hil.) Fryxell
Sin.: *Physaliastrum urticifolium* (A. St.-Hil.) Monteiro, *Sida hilariana* Walp., *Sida urticifolia* A. St.-Hil.
Ref.: Fryxell, 1978.
Hábito: Hierba.
Status: Nativa.
Elevación: 0-500 m.
Prov.: CH, CO, COR, FO, MI.
Paises limítrofes: BO, BR, PA, UR.
Ejemplar examinado: *Krapovickas y Cristóbal 28848* (CTES).

Lassa argentina (Gürke) Kuntze = **Pavonia argentina** Gürke

Lassa glechomoides (A. St.-Hil.) Kuntze = **Pavonia glechomoides** A. St.-Hil.

Lassa hastata (Cav.) Kuntze = **Pavonia hastata** Cav.

Lassa hieronymi (Gürke) Kuntze = **Pavonia hieronymi** Gürke

Lassa sepium (A. St.-Hil.) Kuntze = **Pavonia sepium** A. St.-Hil. subsp. **sepium**

Lavatera L.
Número de especies: 1

Lavatera arborea L.
Ref.: Krapovickas, 1965, 1988.
Hábito: Arbusto.
Status: Introducida.
Elevación: 0-500 m.
Prov.: BA, CHU, SF.
Paises limítrofes: BO, CH, UR.
Ejemplar examinado: *Clos 6652* (BAB, CTES).

Lecanophora Speg.
Número de especies: 7 especies endémicas.

Lecanophora ameghinoi (Speg.) Speg.
Sin.: *Cristaria eburnea* Sandwith, *Cristaria kuntzei* Speg., *Cristaria mutica* Hochr., *Cristaria patagonica* Kuntze, hom. illeg., *Cristaria patagonica* Phil., *Lecanophora patagonica* (Kuntze) Speg., *Plarodrigoa ameghinoi* (Speg.) Looser, *Plarodrigoa patagonica* (Kuntze) Looser, *Sida ameghinoi* Speg., *Sida ameghinoi* Speg. var. *appendiculata* Hicken
Ref.: Krapovickas, 1950a.

Hábito: Hierba.
Status: Endémica.
Elevación: 0-3500 m.
Prov.: CA, CHU, LR, ME, NE, RN, SC, SJ.
Ejemplar examinado: *Covas 3253* (SI).

Lecanophora chubutensis (Speg.) Rodrigo
Sin.: *Cristaria chubutensis* (Speg.) Hochr., *Plarodrigoa chubutensis* (Speg.) Looser, *Sida chubutensis* Speg.
Ref.: Krapovickas, 1950a.
Hábito: Hierba.
Status: Endémica.
Elevación: 0-1500 m.
Prov.: CHU, ME, NE, RN, SC.
Ejemplar examinado: *Covas 62* (SI).

Lecanophora dissecta (Hook. & Arn.) Speg. = **Cristaria dissecta** Hook. & Arn. var. **dissecta**

Lecanophora ecristata (A. Gray) Krapov.
Sin.: *Cristaria ecristata* A. Gray, *Cristaria linoides* (Hieron.) Speg., *Lecanophora linoides* (Hieron.) Speg., *Malvastrum linoide* Hieron., *Sida linoides* (Hieron.) Speg.
Ref.: Krapovickas, 1950a.
Hábito: Hierba.
Status: Endémica.
Elevación: 0-1500 m.
Prov.: BA, CHU, LP, ME, NE, RN, SC, SL.
Ejemplar examinado: *Krapovickas 3688* (BAB).

Lecanophora heterophylla (Cav.) Krapov.
Sin.: *Cristaria hastata* Phil., *Cristaria heterophylla* (Cav.) Hook. & Arn., *Cristaria heterophylla* (Cav.) Hook. & Arn. var. *loasaefolia* (Phil.) Reiche, *Cristaria heterophylla* (Cav.) Hook. & Arn. var. *pillis stellatis hispidis* Hook. & Arn., *Cristaria hispida* Gillies ex Hook. & Arn., *Cristaria loasaefolia* Phil., *Cristaria mendocina* Phil., *Cristaria wilczekii* Hochr., *Sida heterophylla* Cav.
Ref.: Krapovickas, 1950a.
Hábito: Hierba.
Status: Endémica.
Elevación: 0-2500 m.
Prov.: CA, CO, LP, LR, ME, NE, RN, SJ, SL, TU.
Ejemplar examinado: *Kurtz 5667* (CORD).

Lecanophora jarae (Phil.) Krapov.
Sin.: *Cristaria jarae* Phil.
Ref.: Krapovickas, 1950a.
Hábito: Hierba.
Status: Endémica.
Elevación: 3500 m.
Prov.: CA.
Ejemplar examinado: *Cabrera 8927* (LP).

Lecanophora linoides (Hieron.) Speg. = **Lecanophora ecristata** (A. Gray) Krapov.

Lecanophora patagonica (Kuntze) Speg. = **Lecanophora ameghinoi** (Speg.) Speg.

Lecanophora ruiz-lealii Krapov.
Ref.: Krapovickas, 1969b.
Hábito: Hierba.
Status: Endémica.
Elevación: 1500 m.
Prov.: RN.
Ejemplar examinado: *Ruiz Leal 25601* (CTES, MERL).

Lecanophora subacaule Krapov.
Ref.: Krapovickas, 1966.
Hábito: Hierba.
Status: Endémica.
Elevación: 0-500 m.
Prov.: SC.
Ejemplar examinado: *Sleumer 1057* (LIL).

Lecanophora tehuelches (Speg.) Speg. = **Sphaeralcea tehuelches** (Speg.) Krapov.

Malachra L.

Número de especies: 1

Malachra alceifolia auct. non Jacq. = **Malachra radiata** (L.) L.

Malachra radiata (L.) L.
Sin.: *Malachra alceifolia* auct. non Jacq., *Sida radiata* L.
Ref.: Stuckert, 1932.
Hábito: Subarbusto.
Status: Nativa.
Elevación: 0-500 m.
Prov.: FO.
Paises limítrofes: BO, BR, PA.
Ejemplar examinado: *Krapovickas y Cristóbal 33907* (CTES, SI).

Malva L.

Número de especies: 5

Malva albiflora Larrañaga = **Malvella leprosa** (Ortega) Krapov.

Malva americana L. = **Malvastrum americanum** (L.) Torr.

Malva antofagastana Phil. = **Tarasa antofagastana** (Phil.) Krapov.

Malva belloa Gay = **Sphaeralcea purpurata** (Lindl.) Krapov.

Malva betulina Desr. = **Malvastrum americanum** (L.) Torr.

Malva bonariensis Cav. = **Sphaeralcea bonariensis** (Cav.) Griseb.

Malva brevipes Phil. = **Sphaeralcea brevipes** (Phil.) Krapov.

Malva campanulata Paxton = **Sphaeralcea purpurata** (Lindl.) Krapov.

Malva capitata Cav. = **Tarasa capitata** (Cav.) D.M. Bates

Malva caroliniana L. = **Modiola caroliniana** (L.) G. Don

Malva concinna Knowles & Westc. = **Monteiroa glomerata** (Hook. & Arn.) Krapov.

Malva cordistipula Steud. = **Malva nicaeensis** All.

Malva coromandeliana L. = **Malvastrum coromandelianum** (L.) Garcke subsp. **coromandelianum**

Malva curassavica Desr. = **Malvastrum americanum** (L.) Torr.

Malva echinata C. Presl = **Urocarpidium echinatum** (C. Presl) Krapov. & Fryxell

Malva eriocarpa DC. = **Modiola caroliniana** (L.) G. Don

Malva erodiifolia C. Presl = **Sphaeralcea miniata** (Cav.) Spach

Malva fluminensis Vell. = **Malvastrum americanum** (L.) Torr.

Malva geranioides Gillies ex Hook. & Arn., hom. illeg. = **Modiolastrum gilliesii** (Steud.) Krapov.

Malva giliiesii Phil., hom. illeg. = **Sphaeralcea miniata** (Cav.) Spach

Malva gilliesii Steud. = **Modiolastrum gilliesii** (Steud.) Krapov.

Malva glomerata Hook. & Arn. = **Monteiroa glomerata** (Hook. & Arn.) Krapov.

Malva hederacea Douglas ex Hook. = **Malvella leprosa** (Ortega) Krapov.

Malva humilis Gillies ex Hook. & Arn. = **Tarasa humilis** (Gillies ex Hook. & Arn.) Krapov.

Malva incana Godr., hom. illeg. = **Sphaeralcea bonariensis** (Cav.) Griseb.

Malva lasiocarpa A. St.-Hil. & Naudin = **Modiolastrum lateritium** (Hook.) Krapov.

Malva lateritia Hook. = **Modiolastrum lateritium** (Hook.) Krapov.

Malva leprosa Ortega = **Malvella leprosa** (Ortega) Krapov.

Malva macropoda Steud. = **Sphaeralcea purpurata** (Lindl.) Krapov.

Malva mendocina Phil. = **Sphaeralcea miniata** (Cav.) Spach

Malva miniata Cav. = **Sphaeralcea miniata** (Cav.) Spach

Malva moschata L.
Ref.: Krapovickas, 1988.
Hábito: Hierba.
Status: Introducida.
Elevación: 500-1000 m.
Prov.: CHU, NE.
Paises limítrofes: CH.
Ejemplar examinado: *Soriano 3029* (BAB, LIL).

Malva neglecta Wallr.
Ref.: Krapovickas, 1965, 1988.
Hábito: Hierba.
Status: Introducida.
Elevación: 0-500 m.
Prov.: BA, CHU, NE, RN, SC.
Paises limítrofes: BO, CH.
Ejemplar examinado: *Dawson 1190* (BAB).

Malva nicaeensis All.
Sin.: *Malva cordistipula* Steud.
Ref.: Krapovickas, 1965, 1988.
Hábito: Hierba.
Status: Introducida.
Elevación: 0-500 m.
Prov.: BA, LP.
Paises limítrofes: BR, CH.
Ejemplar examinado: *Venturi 217* (BAB, CTES).

Malva nubigena Walp. = **Acaulimalva nubigena** (Walp.) Krapov.

Malva ovata Cav. = **Malvastrum americanum** (L.) Torr.

Malva parnassiifolia (Hook.) Wedd. var. *lobulata* Wedd. = **Acaulimalva nubigena** (Walp.) Krapov.

Malva parviflora L.
Ref.: Krapovickas, 1965, 1988.
Hábito: Hierba.
Status: Introducida.
Elevación: 0-3500 m.
Prov.: BA, CHU, CO, COR, JU, LP, LR, RN, SA, SF, SJ.
Paises limítrofes: BO, BR, CH, PA, UR.
Ejemplar examinado: *Soriano 1893* (BAB).

Malva patagonica Niederl. = **Sphaeralcea mendocina** Phil.
Ref.: Krapovickas, 1948.

Malva peduncularis Hook. & Arn. = **Modiolastrum lateritium** (Hook.) Krapov.
Nota: El tipo fué coleccionado por Tweedie en «San Isidro», pero en Kew no se encuentra el ejemplar.

Malva polyantha Steud. = **Sphaeralcea purpurata** (Lindl.) Krapov.

Malva polystachia Cav. = **Malvastrum americanum** (L.) Torr.

Malva prostrata Cav. = **Modiola caroliniana** (L.) G. Don

Malva prostrata Phil., hom. illeg. = **Sphaeralcea philippiana** Krapov.

Malva purpurata Lindl. = **Sphaeralcea purpurata** (Lindl.) Krapov.

Malva purpurea Gay = **Sphaeralcea purpurata** (Lindl.) Krapov.

Malva simpliuscula Steud. = **Malva sylvestris** L.

Malva spicata L. = **Malvastrum americanum** (L.) Torr.

Malva spicata L. var. *foliis subcordatis* DC. = **Malvastrum americanum** (L.) Torr.

Malva subacaulis Phil. = **Tarasa humilis** (Gillies ex Hook. & Arn.) Krapov.

Malva sublobata Desr. = **Malvastrum americanum** (L.) Torr.

Malva sulphurea Gillies ex Hook. & Arn. = **Malvella leprosa** (Ortega) Krapov.

Malva sylvestris L.
Sin.: *Malva simpliuscula* Steud.
Ref.: Krapovickas, 1965, 1988.
Hábito: Hierba.
Status: Introducida.
Elevación: 0-3000 m.
Prov.: BA, CHU, JU, NE, RN.
Paises limítrofes: BR, UR.
Ejemplar examinado: *Soriano 1400* (BAB).

Malva tarapacana Phil. = **Tarasa tarapacana** (Phil.) Krapov.

Malva tenella Cav. = **Tarasa tenella** (Cav.) Krapov.

Malva tenuifolia Hook. & Arn. = **Sphaeralcea purpurata** (Lindl.) Krapov.

Malva timorensis DC. = **Malvastrum americanum** (L.) Torr.

Malva tricuspidata Aiton = **Malvastrum coromandelianum** (L.) Garcke subsp. **coromandelianum**

Malva urticifolia Humb., Bonpl. & Kunth = **Modiola caroliniana** (L.) G. Don

Malva violacea Phil. = **Sphaeralcea brevipes** (Phil.) Krapov.

Malvastrum A. Gray
Número de especies: 5

Malvastrum alberti (Phil.) Reiche = **Tarasa alberti** Phil.

Malvastrum amblyphyllum R.E. Fr.
Sin.: *Malvastrum scabrum* (Cav.) Garcke var. *amblyphyllum* (R.E. Fr.) Hassl., *Malvastrum scabrum* (Cav.) Garcke var. *tucumanense* Hassl.
Ref.: Krapovickas, 1957a.
Hábito: Subarbusto.
Status: Nativa.
Elevación: 0-1000 m.
Prov.: FO, JU, SA, SE, TU.
Paises limítrofes: BO, PA.
Ejemplar examinado: *Krapovickas 7246* (CTES, LIL).

Malvastrum americanum (L.) Torr.
Sin.: *Malva americana* L., *Malva betulina* Desr., *Malva curassavica* Desr., *Malva fluminensis* Vell., *Malva ovata* Cav., *Malva polystachia* Cav., *Malva spicata* L., *Malva spicata* L. var. *foliis subcordatis* DC., *Malva sublobata* Desr., *Malva timorensis* DC., *Malvastrum spicatum* (L.) A. Gray, *Malveopsis americana* (L.) Kuntze, *Malveopsis spicata* (L.) Kuntze, *Sphaeralcea americana* (L.) Metz
Ref.: Krapovickas, 1957a.
Hábito: Subarbusto.
Status: Nativa.
Elevación: 0-500 m.
Prov.: CH, COR, FO.
Paises limítrofes: BO, BR, PA.
Ejemplar examinado: *Morel 5712* (CTES, LIL).

Malvastrum anthemidifolium (J. Rémy) A. Gray = **Nototriche anthemidifolia** (J. Rémy) A.W. Hill

Malvastrum antofagastanum (Phil.) Baker f. = **Tarasa antofagastana** (Phil.) Krapov.

Malvastrum belloum (Gay) A. Gray = **Sphaeralcea purpurata** (Lindl.) Krapov.

Malvastrum bolivianum Baker f. = **Tarasa heterophylla** (Griseb.) Krapov.

Malvastrum buchtienii Pax = **Acaulimalva nubigena** (Walp.) Krapov.

Malvastrum campanulatum (Paxton) G. Nicholson = **Sphaeralcea purpurata** (Lindl.) Krapov.

Malvastrum capitatum (Cav.) Griseb. = **Tarasa capitata** (Cav.) D.M. Bates

Malvastrum carpinifolium A. Gray = **Malvastrum coromandelianum** (L.) Garcke subsp. **coromandelianum**

Malvastrum catamarcense I.M. Johnst. = **Urocarpidium pentandrum** (K. Schum.) Krapov.

Malvastrum clandestinum (Phil.) Baker f. = **Nototriche clandestina** (Phil.) A.W. Hill

Malvastrum compactum A. Gray = **Nototriche compacta** (A. Gray) A.W. Hill

Malvastrum conglomeratum Griseb. ex K. Schum., nom. nud. = **Monteiroa glomerata** (Hook. & Arn.) Krapov.

Malvastrum cordifolium Rojas Acosta = **Sida cordifolia** L.

Malvastrum coromandelianum (L.) Garcke f. *breviaristata* Hassl. = **Malvastrum coromandelianum** (L.) Garcke subsp. **coromandelianum**

Malvastrum coromandelianum (L.) Garcke var. *congestum* R.E. Fr. = **Malvastrum coromandelianum** (L.) Garcke subsp. **capitato-spicatum** (Kuntze) S.R. Hill

Malvastrum coromandelianum (L.) Garcke subsp. **capitato-spicatum** (Kuntze) S.R. Hill
Sin.: *Malvastrum coromandelianum* (L.) Garcke var. *congestum* R.E. Fr., *Malvastrum tricuspidatum* (Aiton) A. Gray var. *capitato-spicatum* (Kuntze) Stuck., *Malvastrum tricuspidatum* (Aiton) A. Gray var. *congestum* (R.E. Fr.) Stuck., *Malveopsis coromandeliana* (L.) Morong var. *capitato-spicata* Kuntze
Ref.: Hill, 1982.
Hábito: Subarbusto.
Status: Nativa.
Elevación: 0-2500 m.
Prov.: CA, CO, FO, JU, ME, SA, SE, SJ, TU.
Paises limítrofes: BO.
Ejemplar examinado: *Krapovickas y Schinini 30718* (CTES, G).

Malvastrum coromandelianum (L.) Garcke subsp. **coromandelianum**
Sin.: *Malva coromandeliana* L., *Malva tricuspidata* Aiton, *Malvastrum carpinifolium* A. Gray, *Malvastrum coromandelianum* (L.) Garcke f. *breviaristata* Hassl., *Malvastrum tricuspidatum* (Aiton) A. Gray, *Malveopsis coromandeliana* (L.) Morong
Ref.: Krapovickas, 1957a.
Hábito: Subarbusto.
Status: Nativa.
Elevación: 0-2000 m.
Prov.: BA, CA, CH, CO, COR, ER, FO, LR, ME, MI, SA, SE, SF, SJ, SL, TU.
Paises limítrofes: BO, BR, PA, UR.
Ejemplar examinado: *Schwarz 6004* (CTES, LIL).

Malvastrum corymbosum Sandwith = **Tarasa alberti** Phil.

Malvastrum erodiifolium (C. Presl) Baker f. ex S.R. Hill = **Sphaeralcea miniata** (Cav.) Spach

Malvastrum famatinense Hieron. ex A. W. Hill, nom. nud. pro syn. = **Nototriche famatinensis** A.W. Hill

Malvastrum fiebrigii Ulbr. = **Acaulimalva nubigena** (Walp.) Krapov.

Malvastrum garckeanum K. Schum. = **Monteiroa glomerata** (Hook. & Arn.) Krapov.

Malvastrum garkeanum K. Schum. var. *paranensis* K. Schum. = **Monteiroa glomerata** (Hook. & Arn.) Krapov.

Malvastrum geranioides (Cham. & Schltdl.) Hemsl. var. *galanderi* (Kuntze) Seckt = **Tarasa antofagastana** (Phil.) Krapov.

Malvastrum geranioides (Cham. & Schltdl.) Hemsl. var. *subsessile* (Kuntze) Seckt = **Tarasa antofagastana** (Phil.) Krapov.

Malvastrum gilliesii (Steud.) Baker f. = **Modiolastrum gilliesii** (Steud.) Krapov.

Malvastrum glomeratum (Hook. & Arn.) Griseb. = **Monteiroa glomerata** (Hook. & Arn.) Krapov.

Malvastrum heterophyllum Griseb. = **Tarasa heterophylla** (Griseb.) Krapov.

Malvastrum hirtipes Speg. = **Nototriche anthemidifolia** (J. Rémy) A.W. Hill

Malvastrum humile (Hook. & Arn.) A. Gray = **Tarasa humilis** (Gillies ex Hook. & Arn.) Krapov.

Malvastrum humile (Hook. & Arn.) A. Gray var. *subacaule* (Phil.) Reiche = **Tarasa humilis** (Gillies ex Hook. & Arn.) Krapov.

Malvastrum incanum (Godr.) Thell. = **Sphaeralcea bonariensis** (Cav.) Griseb.

Malvastrum interruptum K. Schum.
Ref.: Krapovickas, 1957a.
Hábito: Subarbusto.
Status: Nativa.
Elevación: 500-2500 m.
Prov.: CO, JU, SA, SL, TU.
Paises limítrofes: BO.
Ejemplar examinado: *Krapovickas y Barret 4423* (BAB).

Malvastrum jorgensenii I.M. Johnst. = **Tarasa capitata** (Cav.) D.M. Bates

Malvastrum lasiocarpum (A. St.-Hil. & Naudin) Griseb. = **Modiolastrum lateritium** (Hook.) Krapov.

Malvastrum lateritium (Hook.) G. Nicholson = **Modiolastrum lateritium** (Hook.) Krapov.

Malvastrum linoide Hieron. = **Lecanophora ecristata** (A. Gray) Krapov.

Malvastrum megalorrhizum (Phil.) Baker f. = **Nototriche compacta** (A. Gray) A.W. Hill

Malvastrum micranthum Rusby = **Tarasa tenella** (Cav.) Krapov.
Ref.: Krapovickas, 1954a.

Malvastrum modioliforme (Kuntze) K. Schum. = **Modiolastrum malvifolium** (Griseb.) K. Schum.

Malvastrum multicaule Britton = **Tarasa tenella** (Cav.) Krapov.

Malvastrum nubigena (Walp.) Baker f. = **Acaulimalva nubigena** (Walp.) Krapov.

Malvastrum nubigena (Walp.) Baker f. var. *bipinnatifidum* R.E. Fr. = **Acaulimalva nubigena** (Walp.) Krapov.

Malvastrum obcunetum auct. non Baker f. = **Nototriche friesii** A.W. Hill

Malvastrum parnassiaefolium (Hook.) A. Gray var. *lobulatum* (Wedd.) Baker f. = **Acaulimalva nubigena** (Walp.) Krapov.

Malvastrum parviflorum Phil. = **Nototriche parviflora** (Phil.) A.W. Hill

Malvastrum pedicularifolium (Meyen) A. Gray var. *rugosum* (Phil.) Reiche = **Nototriche rugosa** (Phil.) A.W. Hill

Malvastrum pentandrum K. Schum. = **Urocarpidium pentandrum** (K. Schum.) Krapov.

Malvastrum pentandrum K. Schum. subsp. *spiciflorum* Hassl. = **Malvastrum spiciflorum** (Hassl.) Krapov.

Malvastrum peruvianum (L.) A. Gray var. *capitatum* Kurtz ex Kuntze, nom. nud. pro syn. = **Tarasa antofagastana** (Phil.) Krapov.

Malvastrum peruvianum (L.) A. Gray var. *trisectum* Griseb. = **Tarasa trisecta** (Griseb.) Krapov.

Malvastrum prostratum (Phil.) Hieron. = **Sphaeralcea philippiana** Krapov.

Malvastrum purpuratum (Lindl.) G. Nicholson = **Sphaeralcea purpurata** (Lindl.) Krapov.

Malvastrum pygmaeum (J. Rémy) A. Gray = **Nototriche pygmaea** (J. Rémy) A.W. Hill

Malvastrum pygmaeum Griseb., hom. illeg. = **Tarasa tenella** (Cav.) Krapov.

Malvastrum rugosum Phil. = **Nototriche rugosa** (Phil.) A.W. Hill

Malvastrum saltense Hieron., nom. nud. pro syn. = **Nototriche anthemidifolia** (J. Rémy) A.W. Hill

Malvastrum scabrum (Cav.) Garcke var. *amblyphyllum* (R.E. Fr.) Hassl. = **Malvastrum amblyphyllum** R.E. Fr.

Malvastrum scabrum (Cav.) Garcke var. *tucumanense* Hassl. = **Malvastrum amblyphyllum** R.E. Fr.

Malvastrum shepardae I.M. Johnst. = **Urocarpidium echinatum** (C. Presl) Krapov. & Fryxell

Malvastrum spicatum (L.) A. Gray = **Malvastrum americanum** (L.) Torr.

Malvastrum spiciflorum (Hassl.) Krapov.
Sin.: *Malvastrum pentandrum* K. Schum. subsp. *spiciflorum* Hassl.
Ref.: Krapovickas, 1957a.
Hábito: Hierba.
Status: Nativa.
Elevación: 1500-3000 m.
Prov.: CA, SA, TU.
Ejemplar examinado: *Krapovickas y Barret 4447* (BAB, CTES, LIL).

Malvastrum subacaule (Phil.) Baker f. = **Tarasa humilis** (Gillies ex Hook. & Arn.) Krapov.

Malvastrum sulfureum (Gillies ex Hook. & Arn.) Griseb. = **Malvella leprosa** (Ortega) Krapov.

Malvastrum tarapacanum (Phil.) Baker f. = **Tarasa tarapacana** (Phil.) Krapov.

Malvastrum tenellum (Cav.) Hieron. = **Tarasa tenella** (Cav.) Krapov.

Malvastrum tenuifolium (Hook. & Arn.) Baker f. = **Sphaeralcea purpurata** (Lindl.) Krapov.
Ref.: Krapovickas, 1948.

Malvastrum tricuspidatum (Aiton) A. Gray = **Malvastrum coromandelianum** (L.) Garcke subsp. **coromandelianum**

Malvastrum tricuspidatum (Aiton) A. Gray var. *capitato-spicatum* (Kuntze) Stuck. = **Malvastrum coromandelianum** (L.) Garcke subsp. **capitato-spicatum** (Kuntze) S.R. Hill

Malvastrum tricuspidatum (Aiton) A. Gray var. *congestum* (R.E. Fr.) Stuck. = **Malvastrum coromandelianum** (L.) Garcke subsp. **capitato-spicatum** (Kuntze) S.R. Hill

Malvastrum tuberculatum A. W. Hill = **Acaulimalva nubigena** (Walp.) Krapov.

Malvastrum tweediei Baker f. = **Modiolastrum malvifolium** (Griseb.) K. Schum.

Malvastrum urbanianum Ulbr. = **Tarasa urbaniana** (Ulbr.) Krapov.

Malvastrum violaceum (Phil.) Hieron. = **Sphaeralcea brevipes** (Phil.) Krapov.

Malvastrum wilczekii Hochr. = **Sphaeralcea mendocina** Phil.

Malvastrum wilczekii Hochr. var. *macrocarpum* Hochr. = **Sphaeralcea mendocina** Phil.

Malvella Jaub. & Spach
Número de especies: 1

Malvella leprosa (Ortega) Krapov.
Sin.: *Disella hederacea* (Douglas ex Hook.) Greene, *Malva albiflora* Larrañaga, *Malva hederacea* Douglas ex Hook., *Malva leprosa* Ortega, *Malva sulphurea* Gillies ex Hook. & Arn., *Malvastrum sulfureum* (Gillies ex Hook. & Arn.) Griseb., *Sida hederacea* (Douglas) Torr., *Sida hederacea* (Douglas) Torr. var. *sulphurea* (Gillies ex Hook. & Arn.) Baker f., *Sida leprosa* (Ortega) K. Schum., *Sida leprosa* (Ortega) K. Schum. var. *sulphurea* (Hook. & Arn.) Hochr., *Sida sulphurea* (Gillies ex Hook. & Arn.) A. Gray
Ref.: Krapovickas, 1970b.
Hábito: Hierba.
Status: Nativa.
Elevación: 0-2000 m.
Prov.: BA, CH, CHU, JU, LP, LR, ME, NE, RN, SC, SF, SJ, TU.
Paises limítrofes: CH, UR.
Ejemplar examinado: *Correa y Nicora 3718* (BAB, CTES).

Malveopsis acaulis (Cav.) Kuntze var. *boliviensis* Kuntze = **Acaulimalva nubigena** (Walp.) Krapov.

Malveopsis americana (L.) Kuntze = **Malvastrum americanum** (L.) Torr.

Malveopsis antofagasta (Phil.) Kuntze = **Tarasa antofagastana** (Phil.) Krapov.

Malveopsis capitatum (Cav.) Kuntze = **Tarasa capitata** (Cav.) D.M. Bates

Malveopsis coromandeliana (L.) Morong = **Malvastrum coromandelianum** (L.) Garcke subsp. **coromandelianum**

Malveopsis coromandeliana (L.) Morong var. *capitato-spicata* Kuntze = **Malvastrum coromandelianum** (L.) Garcke subsp. **capitato-spicatum** (Kuntze) S.R. Hill

Malveopsis heterophylla (Griseb.) Kuntze = **Tarasa heterophylla** (Griseb.) Krapov.

Malveopsis lateritia (Hook.) Morong = **Modiolastrum lateritium** (Hook.) Krapov.

Malveopsis modioliformis Kuntze = **Modiolastrum malvifolium** (Griseb.) K. Schum.

Malveopsis saltensis Kuntze, nom. nud. = **Nototriche anthemidifolia** (J. Rémy) A.W. Hill

Malveopsis spicata (L.) Kuntze = **Malvastrum americanum** (L.) Torr.

Modiola Moench

Número de especies: 1

Modiola caroliniana (L.) G. Don
Sin.: *Abutilodes caroliniana* (L.) Kuntze, *Malva caroliniana* L., *Malva eriocarpa* DC., *Malva prostrata* Cav., *Malva urticifolia* Humb., Bonpl. & Kunth, *Modiola caroliniana* (L.) G. Don var. *brevipes* Griseb., *Modiola eriocarpa* (DC.) G. Don, *Modiola jaeggiana* (K. Schum.) K. Schum., *Modiola multifida* Moench, *Modiola prostrata* (Cav.) A. St.-Hil., *Modiola reptans* A. St.-Hil., *Modiolastrum jaeggianum* K. Schum.
Ref.: Krapovickas, 1965.
Hábito: Hierba.
Status: Nativa.
Elevación: 0-500 m.
Prov.: BA, CH, CO, COR, FO, ME, MI, SL.
Paises limítrofes: BO, BR, PA, UR.
Ejemplar examinado: *Cabrera 1838* (LP).

Modiola caroliniana (L.) G. Don var. *brevipes* Griseb. = **Modiola caroliniana** (L.) G. Don

Modiola eriocarpa (DC.) G. Don = **Modiola caroliniana** (L.) G. Don

Modiola geranioides (Gillies) Walp. = **Modiolastrum gilliesii** (Steud.) Krapov.

Modiola jaeggiana (K. Schum.) K. Schum. = **Modiola caroliniana** (L.) G. Don

Modiola lateritia (Hook.) K. Schum. = **Modiolastrum lateritium** (Hook.) Krapov.

Modiola malvifolia Griseb. = **Modiolastrum malvifolium** (Griseb.) K. Schum.

Modiola multifida Moench = **Modiola caroliniana** (L.) G. Don

Modiola prostrata (Cav.) A. St.-Hil. = **Modiola caroliniana** (L.) G. Don

Modiola reptans A. St.-Hil. = **Modiola caroliniana** (L.) G. Don

Modiolastrum K. Schum.

Número de especies: 4, 1 especie endémica.

Modiolastrum australe Krapov.
Ref.: Krapovickas, 1957b.
Hábito: Hierba.
Status: Endémica.
Elevación: 0-500 m.
Prov.: BA.
Ejemplar examinado: *Krapovickas 4386* (BAB, CTES).

Modiolastrum geranioides (Gillies) Baker f. = **Modiolastrum gilliesii** (Steud.) Krapov.

Modiolastrum gilliesii (Steud.) Krapov.
Sin.: *Malva geranioides* Gillies ex Hook. & Arn., hom. illeg., *Malva gilliesii* Steud., *Malvastrum gilliesii* (Steud.) Baker f., *Modiola geranioides* (Gillies) Walp., *Modiolastrum geranioides* (Gillies) Baker f.
Ref.: Krapovickas, 1949.
Hábito: Hierba.
Status: Nativa.
Elevación: 0-500 m.
Prov.: BA, CO, COR, ER, LP, SE, SF.
Paises limítrofes: UR.
Ejemplar examinado: *Burkart 8681* (SI).

Modiolastrum jaeggianum K. Schum. = **Modiola caroliniana** (L.) G. Don

Modiolastrum lateritium (Hook.) Krapov.
Sin.: *Malva lasiocarpa* A. St.-Hil. & Naudin, *Malva lateritia* Hook., *Malva peduncularis* Hook. & Arn., *Malvastrum lasiocarpum* (A. St.-Hil. & Naudin) Griseb., *Malvastrum lateritium* (Hook.) G. Nicholson, *Malveopsis lateritia* (Hook.) Morong, *Modiola lateritia* (Hook.) K. Schum.
Ref.: Krapovickas, 1945b.
Hábito: Hierba.
Status: Nativa.
Elevación: 0-500 m.
Prov.: BA, COR, DF, ER, MI.
Paises limítrofes: BR, PA, UR.
Ejemplar examinado: *Burkart 9775* (SI).

Modiolastrum malvifolium (Griseb.) K. Schum.
Sin.: *Malvastrum modioliforme* (Kuntze) K. Schum., *Malvastrum tweediei* Baker f., *Malveopsis modioliformis* Kuntze, *Modiola malvifolia* Griseb.
Ref.: Krapovickas, 1945b.
Hábito: Hierba.
Status: Nativa.
Elevación: 0-1000 m.
Prov.: BA, CA, CH, CO, COR, ER, FO, JU, LR, MI, SA, SE, SF, SL, TU.
Paises limítrofes: BR, PA, UR.
Ejemplar examinado: *Krapovickas 3249* (LIL).

Monteiroa Krapov.
Número de especies: 1

Monteiroa glomerata (Hook. & Arn.) Krapov.
Sin.: *Malva concinna* Knowles & Westc., *Malva glomerata* Hook. & Arn., *Malvastrum conglomeratum* Griseb. ex K. Schum., nom. nud., *Malvastrum garckeanum* K. Schum., *Malvastrum garkeanum* K. Schum. var. *paranensis* K. Schum., *Malvastrum glomeratum* (Hook. & Arn.) Griseb.
Ref.: Krapovickas, 1951a.
Hábito: Arbusto.
Status: Nativa.
Elevación: 0-500 m.
Prov.: BA, ER.
Paises limítrofes: BR, UR.
Ejemplar examinado: *Krapovickas 2694* (LIL).

Neobaclea Hochr.
Número de especies: 1 especie endémica.

Neobaclea crispifolia (Cav.) Krapov.
Sin.: *Abutilon crispifolium* (Cav.) Dusén, *Abutilon vidalii* (Phil.) Speg., *Cristaria vidali* Phil., *Neobaclea spirostegia* Hochr., *Sida crispifolia* Cav., *Sphaeralcea crispifolia* (Cav.) Baker f.
Ref.: Krapovickas, 1945a.
Hábito: Subarbusto.
Status: Endémica.
Elevación: 0-500 m.
Prov.: CHU, SC.
Ejemplar examinado: *Donat 45* (SI).

Neobaclea spirostegia Hochr. = **Neobaclea crispifolia** (Cav.) Krapov.

Nototriche Turcz.
Número de especies: 31; 20 especies endémicas.

Nototriche anthemidifolia (J. Rémy) A.W. Hill
Sin.: *Malvastrum anthemidifolium* (J. Rémy) A. Gray, *Malvastrum hirtipes* Speg., *Malvastrum saltense* Hieron., nom. nud. pro syn., *Malveopsis saltensis* Kuntze, nom. nud., *Nototriche cheilantifolia* Turcz., *Nototriche discolor* Turcz., *Nototriche hirtipes* (Speg.) B.L. Burtt & A.W. Hill, *Nototriche pseudoglabra* A.W. Hill, *Nototriche saltensis* A.W. Hill, *Sida anthemidifolia* J. Rémy
Ref.: Krapovickas, 1953.
Hábito: Hierba.
Status: Nativa.
Elevación: > 4500 m.
Prov.: JU.
Paises limítrofes: BO.
Ejemplar examinado: *Sleumer 3678* (LIL, SI).

Nototriche cabrerae Krapov.
Ref.: Krapovickas, 1953.
Hábito: Hierba.
Status: Endémica.
Elevación: > 4500 m.
Prov.: JU, SA.
Ejemplar examinado: *Cabrera y Schwabe 134* (BAB).

Nototriche caesia A. W. Hill
Sin.: *Nototriche rosulata* A.W. Hill
Ref.: Krapovickas, 1953.
Hábito: Hierba.
Status: Endémica.
Elevación: > 4500 m.
Prov.: CA, TU.
Ejemplar examinado: *Sparre 9804* (LIL).

Nototriche cajonensis Krapov.
Ref.: Krapovickas, 1953.
Hábito: Hierba.
Status: Endémica.
Elevación: > 4500 m.
Prov.: CA, SA.
Ejemplar examinado: *Rodríguez 1358* (BA, SI).

Nototriche calchaquensis Krapov.
Ref.: Krapovickas, 1953.
Hábito: Hierba.
Status: Endémica.
Elevación: > 4500 m.
Prov.: CA, TU.
Ejemplar examinado: *Sparre 9365* (LIL).

Nototriche castillonii B.L. Burtt & A.W. Hill
Ref.: Krapovickas, 1953.
Hábito: Hierba.
Status: Endémica.
Elevación: > 4500 m.
Prov.: JU, SA.
Ejemplar examinado: *Castillón 7185* (LIL).

Nototriche cheilantifolia Turcz. = **Nototriche anthemidifolia** (J. Rémy) A.W. Hill

Nototriche chuculaensis Krapov.
Ref.: Krapovickas, 1953.
Hábito: Hierba.
Status: Endémica.
Elevación: > 4500 m.
Prov.: CA.
Ejemplar examinado: *Schreiter 6097* (LIL).

Nototriche clandestina (Phil.) A.W. Hill
Sin.: *Malvastrum clandestinum* (Phil.) Baker f., *Sida clandestina* Phil.
Ref.: Krapovickas, 1953.
Hábito: Hierba.
Status: Nativa.
Elevación: > 4500 m.
Prov.: CA.
Paises limítrofes: CH.
Ejemplar examinado: *Vervoorst 3258* (LIL).

Nototriche compacta (A. Gray) A.W. Hill
Sin.: *Malvastrum compactum* A. Gray, *Malvastrum megalorrhizum* (Phil.) Baker f., *Nototriche holosericea* A.W. Hill, *Nototriche transandina* A.W. Hill, *Sida compacta* Gay, hom. illeg., *Sida macrorhiza* Phil. ex Baker f., nom. nud., *Sida megalorrhiza* Phil.
Ref.: Krapovickas, 1953, 1988.
Hábito: Hierba.
Status: Nativa.
Elevación: 3000-4500 m.
Prov.: CA, LR, ME, NE, SA, SJ.
Paises limítrofes: CH.
Ejemplar examinado: *Boelcke et al. 11291* (CTES, SI).

Nototriche copon Krapov.
Ref.: Krapovickas, 1950b.
Hábito: Caméfita.
Status: Endémica.
Elevación: 4000-4500 m.
Prov.: LR, SJ.
Ejemplar examinado: *Krapovickas y Hunziker 5842* (BAB, CTES).

Nototriche discolor Turcz. = **Nototriche anthemidifolia** (J. Rémy) A.W. Hill

Nototriche famatinensis A.W. Hill
Sin.: *Malvastrum famatinense* Hieron. ex A. W. Hill, nom. nud. pro syn.
Ref.: Krapovickas, 1953.
Hábito: Hierba.
Status: Endémica.
Elevación: 4000>4500 m.
Prov.: LR.
Ejemplar examinado: *Krapovickas 6294* (BAB).

Nototriche friesii A.W. Hill
Sin.: *Malvastrum obcunetum* auct. non Baker f.
Ref.: Krapovickas, 1953.
Hábito: Hierba.
Status: Endémica.
Elevación: > 4500 m.
Prov.: JU.
Ejemplar examinado: *Kiesling 3908* (CTES, SI).

Nototriche glabra Krapov.
Ref.: Krapovickas, 1953.
Hábito: Hierba.
Status: Endémica.
Elevación: 4000 m.
Prov.: LR.
Ejemplar examinado: *Krapovickas 6245* (BAB).

Nototriche glauca A.W. Hill
Ref.: Krapovickas, 1953.
Hábito: Hierba.
Status: Nativa.
Elevación: 3500-4500 m.
Prov.: JU.
Paises limítrofes: BO.
Ejemplar examinado: *Kiesling 3891* (SI).

Nototriche hieronymi A.W. Hill
Ref.: Krapovickas, 1953.
Hábito: Hierba.
Status: Endémica.
Elevación: 4000-4500 m.
Prov.: LR.
Ejemplar examinado: *Krapovickas 6239* (BAB, CTES, LIL).

Nototriche hillii Krapov.
Ref.: Krapovickas, 1951b.
Hábito: Hierba.
Status: Nativa.
Elevación: 4000>4500 m.
Prov.: LR, SA, SJ.
Paises limítrofes: BO, CH.
Ejemplar examinado: *Krapovickas y Hunziker 5801* (BAB).

Nototriche hirtipes (Speg.) B.L. Burtt & A.W. Hill = **Nototriche anthemidifolia** (J. Rémy) A.W. Hill

Nototriche holosericea A.W. Hill = **Nototriche compacta** (A. Gray) A.W. Hill

Nototriche incisa Turcz. = **Acaulimalva nubigena** (Walp.) Krapov.

Nototriche kurtzii Krapov.
Ref.: Krapovickas, 1953.
Hábito: Hierba.
Status: Endémica.
Elevación: 4500 m.
Prov.: LR.
Ejemplar examinado: *Krapovickas 6300* (BAB).

Nototriche lorentzii A.W. Hill
Hábito: Hierba.
Status: Nativa.
Elevación: 4000-4500 m.
Prov.: JU, SA.
Ejemplar examinado: *Sleumer 3675* (LIL).

Nototriche macrotuba Krapov.
Ref.: Krapovickas, 1952.
Hábito: Hierba.
Status: Endémica.
Elevación: > 4500 m.
Prov.: JU.
Ejemplar examinado: *Schwabe 488* (BAB).

Nototriche niederleinii A.W. Hill
Ref.: Krapovickas, 1953.
Hábito: Hierba.
Status: Endémica.
Elevación: 4000-4500 m.
Prov.: LR.
Ejemplar examinado: *Krapovickas 6277* (BAB).

Nototriche ovata Krapov.
Ref.: Krapovickas, 1951b.
Hábito: Hierba.
Status: Endémica.
Elevación: 3800-4000 m.
Prov.: LR, SJ.
Ejemplar examinado: *Krapovickas y Hunziker 5694* (BAB).

Nototriche parviflora (Phil.) A.W. Hill
Sin.: *Malvastrum parviflorum* Phil.
Ref.: Krapovickas, inéd.
Hábito: Hierba.
Status: Nativa.
Elevación: > 4500 m.
Prov.: JU.
Paises limítrofes: BO, CH.
Ejemplar examinado: *Meyer 21223* (CTES, LIL).

Nototriche philippii A.W. Hill
Ref.: Krapovickas, 1953.
Hábito: Hierba.
Status: Nativa.
Elevación: 4000-4500 m.
Prov.: JU, SA, SJ.
Paises limítrofes: CH.
Ejemplar examinado: *Cabrera 9061* (LP).

Nototriche pseudoglabra A.W. Hill = **Nototriche anthemidifolia** (J. Rémy) A.W. Hill

Nototriche pulvilla A.W. Hill
Ref.: Krapovickas, 1953.
Hábito: Hierba.
Status: Endémica.
Elevación: 4000-4500 m.
Prov.: LR.
Ejemplar examinado: *Krapovickas 6296* (BAB, CTES, LIL).

Nototriche pusilla A.W. Hill
Ref.: Krapovicas, 1951b.
Hábito: Hierba.
Status: Nativa.
Elevación: 3800-4800 m.
Prov.: JU, LR, TU.
Paises limítrofes: BO, CH.
Ejemplar examinado: *Krapovickas 6346* (BAB).

Nototriche pygmaea (J. Rémy) A.W. Hill
Sin.: *Malvastrum pygmaeum* (J. Rémy) A. Gray, *Nototriche sarmentosa* A.W. Hill, *Nototriche werdermannii* Ulbr.
Ref.: Krapovickas, 1951b.
Hábito: Hierba.
Status: Nativa.
Elevación: 3500-4600 m.
Prov.: JU, LR, TU.
Paises limítrofes: BO, CH.
Ejemplar examinado: *Krapovickas 6283* (BAB).

Nototriche rohmederi Krapov.
Ref.: Krapovickas, 1953.
Hábito: Hierba.
Status: Endémica.
Elevación: 4000-5000 m.
Prov.: CA, TU.
Ejemplar examinado: *Filipovich 108* (LIL).

Nototriche rosulata A.W. Hill = **Nototriche caesia** A. W. Hill

Nototriche rugosa (Phil.) A.W. Hill
Sin.: *Malvastrum pedicularifolium* (Meyen) A. Gray var. *rugosum* (Phil.) Reiche, *Malvastrum rugosum* Phil.
Ref.: Krapovickas, 1953.
Hábito: Hierba.
Status: Nativa.
Elevación: 4000-4600 m.
Prov.: CA, JU.
Paises limítrofes: CH.
Ejemplar examinado: *Hunziker y Caso 4115* (BAB, CTES, LIL).

Nototriche saltensis A.W. Hill = **Nototriche anthemidifolia** (J. Rémy) A.W. Hill

Nototriche sarmentosa A.W. Hill = **Nototriche pygmaea** (J. Rémy) A.W. Hill

Nototriche sleumeri Krapov.
Ref.: Krapovickas, 1957d.
Hábito: Hierba.
Status: Endémica.
Elevación: > 4500 m.
Prov.: JU.
Ejemplar examinado: *Sleumer 3692* (holotipo, LIL).

Nototriche transandina A.W. Hill = **Nototriche compacta** (A. Gray) A.W. Hill

Nototriche tucumana Krapov.
Ref.: Krapovickas, 1953.
Hábito: Hierba.
Status: Endémica.
Elevación: > 4500 m.
Prov.: TU.
Ejemplar examinado: *Fabris 1420* (LIL, LP).

Nototriche viridula Krapov.
Ref.: Krapovickas, 1953.
Hábito: Hierba.
Status: Endémica.
Elevación: >4500 m.
Prov.: CA.
Ejemplar examinado: *Morales 21* (holotipo, LIL).

Nototriche werdermannii Ulbr. = **Nototriche pygmaea** (J. Rémy) A.W. Hill

Pavonia Cav.

Número de especies: 25, 2 especies endémicas.

Pavonia angustipetala Krapov. & Cristóbal
Ref.: Krapovickas & Cristóbal, 1962.
Hábito: Arbusto.
Status: Nativa.
Elevación: 0-500 m.
Prov.: MI.
Paises limítrofes: BR.
Ejemplar examinado: *Schwarz 10601* (LIL).

Pavonia argentina Gürke
Sin.: *Asterochlaena argentina* (Gürke) Stuck., *Lassa argentina* (Gürke) Kuntze
Ref.: Stuckert, 1932.
Hábito: Arbusto.
Status: Nativa.
Elevación: 0-100 m.
Prov.: CO, FO, JU, LR, SA, SE, SJ.
Paises limítrofes: BO, PA.
Ejemplar examinado: *Krapovickas y Cristóbal 46584* (CTES).

Pavonia aurigloba Krapov. & Cristóbal
Sin.: *Pavonia hastata* Cav. var. *pubescens* Gürke f. *brevifolia* Gürke, p.p., *Pavonia hastata* Cav. var. *pubescens* Gürke f. *longifolia* Gürke, p.p.
Ref.: Krapovickas & Cristóbal, 1962.
Hábito: Arbusto.
Status: Nativa.
Elevación: 0-2000 m.
Prov.: CA, CO, COR, ER, SL.
Paises limítrofes: BR, PA, UR.
Ejemplar examinado: *Gutiérrez 312* (LIL).

Pavonia bullulata Hochr.
Sin.: *Pavonia hastata* Cav. var. *subconcolor* Hassl. f. *bullulata* (Hochr.) Hassl.
Ref.: Krapovickas, inéd.
Hábito: Arbusto.
Status: Nativa.
Elevación: 0-500 m.
Prov.: COR.
Paises limítrofes: PA.
Ejemplar examinado: *Krapovickas y Schinini 38380* (CTES).

Pavonia communis A. St.-Hil.
Sin.: *Pavonia spinifex* (L.) Cav. var. *communis* (A. St.-Hil.) Gürke
Ref.: Krapovickas, inéd.
Hábito: Arbusto.
Status: Nativa.
Elevación: 0-500 m.
Prov.: COR, MI.
Paises limítrofes: BR, UR.
Ejemplar examinado: *Cáceres et al. 355* (CTES).

Pavonia communis A. St.-Hil. var. *balansae* (Gürke) Hassl. = **Pavonia narcissi** Krapov.

Pavonia consobrina N.E. Br.
Sin.: *Pavonia hastata* Cav. var. *consobrina* (N.E. Br.) Hassl.
Ref.: Krapovickas & Cristóbal, 1962.
Hábito: Arbusto.
Status: Nativa.
Elevación: 0-500 m.
Prov.: BA, CH, COR, ER, FO, MI, SF.
Paises limítrofes: PA, UR.
Ejemplar examinado: *Krapovickas 10063* (LIL).

Pavonia cryptica Krapov. & Cristóbal
Ref.: Krapovickas & Cristóbal, 1962.
Hábito: Arbusto.
Status: Endémica.
Elevación: 0-500 m.
Prov.: COR, ER, SF.
Ejemplar examinado: *Pierotti 6193* (LIL).

Pavonia cymbalaria A. St.-Hil. & Naudin
Sin.: *Pavonia hastata* Cav. var. *genuina* Hassl. f. *cymbalaria* (A. St.-Hil. & Naudin) Hassl., *Pavonia hastata* Cav. var. *pubescens* Gürke f. *brevifolia* Gürke, p.p.
Ref.: Krapovickas & Cristóbal, 1962.
Hábito: Arbusto.
Status: Nativa.
Elevación: 0-1000 m.
Prov.: BA.
Paises limítrofes: UR.
Ejemplar examinado: *Krapovickas 3351* (LIL).

Pavonia distinguenda A. St.-Hil. & Naudin
Sin.: *Pavonia urbaniana* Gürke, *Pavonia urbaniana* Gürke var. *tomentosa-velutina* Gürke
Ref.: Krapovickas & Cristóbal, 1962.
Hábito: Arbusto.
Status: Nativa.
Elevación: 0-500 m.
Prov.: COR, ER, MI.
Paises limítrofes: BR, UR.
Ejemplar examinado: *Meyer 11737* (LIL).

Pavonia diuretica A. St.-Hil. = **Pavonia sidifolia** Humb., Bonpl. & Kunth

Pavonia edouardii Hochr. = **Peltaea edouardii** (Hochr.) Krapov. & Cristóbal
Ref.: Krapovickas & Cristóbal, 1985.

Pavonia eurychlamys Ulbr.
Ref.: Krapovickas & Cristóbal, 1962.
Hábito: Arbusto.
Status: Nativa.
Elevación: 1500-2500 m.
Prov.: CA, JU, SA, TU.
Paises limítrofes: BO.
Ejemplar examinado: *de la Sota 2676* (CTES, LIL).

Pavonia flava Spring = **Pavonia sepium** A. St.-Hil. subsp. **sepium**

Pavonia glechomoides A. St.-Hil.
Sin.: *Lassa glechomoides* (A. St.-Hil.) Kuntze, *Pavonia hirta* Spreng., hom. illeg.
Ref.: Krapovickas, 1965.
Hábito: Subarbusto.
Status: Nativa.
Elevación: 0-2000 m.
Prov.: BA, CA, CO, COR, ER, JU, SA, SL, TU.
Paises limítrofes: BO, BR, UR.
Ejemplar examinado: *Bacigalupo 750* (CTES, SI).

Pavonia glutinosa Krapov. & Cristóbal
Sin.: *Pavonia pulchra* auct. non. Hochr.
Ref.: Krapovickas & Cristóbal, 1962.
Hábito: Arbusto.
Status: Nativa.
Elevación: 0-500 m.
Prov.: BA, COR.
Paises limítrofes: BR, UR.
Ejemplar examinado: *Krapovickas 4804* (LIL).

Pavonia guerkeana R.E. Fr.
Sin.: *Pavonia hastata* Cav. var. *pubescens* Gürke f. *longifolia* Gürke, p.p.
Ref.: Krapovickas & Cristóbal, 1962.
Hábito: Arbusto.
Status: Nativa.
Elevación: 0-500 m.
Prov.: MI.
Paises limítrofes: BR.
Ejemplar examinado: *Descole 3154* (LIL).

Pavonia hastata Cav.
Sin.: *Greevesia cleisocalyx* F. Muell., *Lassa hastata* (Cav.) Kuntze, *Pavonia hastata* Cav. var. *pubescens* Gürke, *Pavonia hastata* Cav. var. *pubescens* Gürke f. *brevifolia* Gürke, p.p., *Sida bonariensis* Willd.
Ref.: Krapovickas & Cristóbal, 1962.
Hábito: Arbusto.
Status: Nativa.
Elevación: 0-1500 m.
Prov.: BA, CH, COR, ER, FO, JU, MI, SA, SF.
Paises limítrofes: BO, BR, PA, UR.
Ejemplar examinado: *Krapovickas 2885* (LIL).

Pavonia hastata Cav. var. *consobrina* (N.E. Br.) Hassl. = **Pavonia consobrina** N.E. Br.

Pavonia hastata Cav. var. *genuina* Hassl. f. *cymbalaria* (A. St.-Hil. & Naudin) Hassl. = **Pavonia cymbalaria** A. St.-Hil. & Naudin

Pavonia hastata Cav. var. *glabriuscula* Gürke = **Pavonia psilophylla** Ekman

Pavonia hastata Cav. var. *pubescens* Gürke = **Pavonia hastata** Cav.

Pavonia hastata Cav. var. *pubescens* Gürke f. *brevifolia* Gürke, p.p. = **Pavonia hastata** Cav.

Pavonia hastata Cav. var. *pubescens* Gürke f. *brevifolia* Gürke, p.p. = **Pavonia cymbalaria** A. St.-Hil. & Naudin

Pavonia hastata Cav. var. *pubescens* Gürke f. *brevifolia* Gürke, p.p. = **Pavonia revoluta** Krapov. & Cristóbal

Pavonia hastata Cav. var. *pubescens* Gürke f. *brevifolia* Gürke, p.p. = **Pavonia auriglob**a Krapov. & Cristóbal

Pavonia hastata Cav. var. *pubescens* Gürke f. *longifolia* Gürke, p.p. = **Pavonia auriglob**a Krapov. & Cristóbal

Pavonia hastata Cav. var. *pubescens* Gürke f. *longifolia* Gürke, p.p. = **Pavonia guerkeana** R.E. Fr.

Pavonia hastata Cav. var. *subconcolor* Hassl. f. *bullulata* (Hochr.) Hassl. = **Pavonia bullulata** Hochr.

Pavonia hieronymi Gürke
Sin.: *Asterochlaena hieronymi* (Gürke) Hassl., *Lassa hieronymi* (Gürke) Kuntze
Ref.: Stuckert, 1932.
Hábito: Arbusto.
Status: Nativa.
Elevación: 500-1500 m.
Prov.: CA, JU, LR, SA, TU.
Paises limítrofes: BO.
Ejemplar examinado: *Krapovickas y Schinini 35741* (CTES).

Pavonia hieronymi Gürke subsp. *tomentella* R.E. Fr. = **Pavonia morongii** S. Moore

Pavonia hirta Spreng., hom. illeg. = **Pavonia glechomoides** A. St.-Hil.

Pavonia malvacea (Vell.) Krapov. & Cristóbal = **Pavonia sepium** A. St.-Hil. subsp. **sepium**

Pavonia mattogrossensis auct. non R.E. Fr. = **Pavonia sapucayensis** Hassl.

Pavonia missionum Ekman
Ref.: Krapovickas & Cristóbal, 1962.
Hábito: Arbusto.
Status: Nativa.
Elevación: 0-500 m.
Prov.: COR, MI.
Paises limítrofes: BR, PA.
Ejemplar examinado: *Zuloaga et al. 5058* (CTES, SI).

Pavonia morongii S. Moore
Sin.: *Asterochlaena morongii* (S. Moore) Hassl., *Pavonia hieronymi* Gürke subsp. *tomentella* R.E. Fr., *Pavonia sidifolia* Humb., Bonpl. & Kunth f. *morongii* (S. Moore) Hassl.
Ref.: Krapovickas, inéd.
Hábito: Subarbusto.
Status: Nativa.
Elevación: 0-500 m.
Prov.: CH, COR, FO.
Paises limítrofes: BO, BR, PA.
Ejemplar examinado: *Krapovickas y Cristóbal 25411* (CTES).

Pavonia narcissi Krapov.
Sin.: *Pavonia communis* A. St.-Hil. var. *balansae* (Gürke) Hassl., *Pavonia sepium* A. St.-Hil. var. *balansae* Gürke
Ref.: Krapovickas, 1982.
Hábito: Arbusto.
Status: Nativa.
Elevación: 0-500 m.
Prov.: CH, COR.
Paises limítrofes: PA.
Ejemplar examinado: *Krapovickas y Cristóbal 11387* (CTES, SI).

Pavonia orbicularis Ulbr. = **Pavonia subrotunda** A. St.-Hil. & Naudin

Pavonia psilophylla Ekman
Sin.: *Pavonia hastata* Cav. var. *glabriuscula* Gürke
Ref.: Krapovickas & Cristóbal, 1962.
Hábito: Arbusto.
Status: Nativa.
Elevación: 0-500 m.
Prov.: MI.
Paises limítrofes: BR.
Ejemplar examinado: *Schulz 7004* (COR, LIL).

Pavonia pulchra auct. non Hochr. = **Pavonia glutinosa** Krapov. & Cristóbal

Pavonia revoluta Krapov. & Cristóbal
Sin: *Althaea grandidentata* Gillies ex Hook. & Arn., nom. nud. pro syn., *Pavonia hastata* Cav. var. *pubescens* Gürke f. *brevifolia* Gürke, p.p.
Ref.: Krapovickas & Cristóbal, 1962.
Hábito: Arbusto.
Status: Endémica.
Elevación: 0-500 m.
Prov.: CO, ER, LR, SJ, SL.
Ejemplar examinado: *Meyer 13033* (LIL).

[Pavonia rojasii Hassl.]
Nota: Cita dudosa para la flora argentina.

Pavonia sapucayensis Hassl.
Sin.: *Pavonia mattogrossensis* auct. non R.E. Fr.
Ref.: Kravovickas, inéd.
Hábito: Arbusto.
Status: Nativa.
Elevación: 0-500 m.
Prov.: CH, COR, ER, FO, MI.
Paises limítrofes: PA.
Ejemplar examinado: *Schulz 8808* (CTES, LIL).

Pavonia sepium A. St.-Hil. var. *balansae* Gürke = **Pavonia narcissi** Krapov.

Pavonia sepium A. St.-Hil. subsp. **macrocarpum** R.E. Fr.
Ref.: Krapovickas, inéd.
Hábito: Arbusto.
Status: Nativa.
Elevación: 500 m.
Prov.: SA.
Paises limítrofes: BO.
Ejemplar examinado: *O'Donell 3118* (CTES, LIL).

Pavonia sepium A. St.-Hil. subsp. **sepium**
Sin.: *Lassa sepium* (A. St.-Hil.) Kuntze, *Pavonia flava* Spring, *Pavonia malvacea* (Vell.) Krapov. & Cristóbal, *Sida malvacea* Vell.
Ref.: Krapovickas, inéd.
Hábito: Arbusto.
Status: Nativa.
Elevación: 0-2000 m.
Prov.: BA, CA, CH, COR, ER, FO, JU, MI, SA, TU.
Paises limítrofes: BO, BR, PA, UR.
Ejemplar examinado: *Krapovickas et al. 29484* (CTES).

Pavonia sidifolia Humb., Bonpl. & Kunth
Sin.: *Asterochlaena sidifolia* (Humb., Bonpl. & Kunth) Hassl. subsp. *diuretica* (A. St.-Hil.) Hassl., *Pavonia diuretica* A. St.-Hil.
Ref.: Krapovickas, inéd.
Hábito: Subarbusto.
Status: Nativa.
Elevación: 0-500 m.
Prov.: CH, COR, MI.
Paises limítrofes: BO, BR, PA.
Ejemplar examinado: *Pedersen 12743* (CTES).

Pavonia sidifolia Humb., Bonpl. & Kunth f. *morongii* (S. Moore) Hassl. = **Pavonia morongii** S. Moore

Pavonia spinifex (L.) Cav. var. *communis* (A. St.-Hil.) Gürke = **Pavonia communis** A. St.-Hil.

Pavonia subrotunda A. St.-Hil. & Naudin
Sin.: *Asterochlaena orbicularis* (Ulbr.) Hassl., *Asterochlaena orbicularis* (Ulbr.) Hassl. var. *ekmanii* Hassl., *Pavonia orbicularis* Ulbr.
Ref.: Krapovickas, inéd.
Hábito: Subarbusto.
Status: Nativa.
Elevación: 0-500 m.
Prov.: COR, MI.
Paises limítrofes: BR, PA.
Ejemplar examinado: *Krapovickas y Cristóbal 11661* (CTES).

Pavonia urbaniana Gürke = **Pavonia distinguenda** A. St.-Hil. & Naudin

Pavonia urbaniana Gürke var. *tomentosa-velutina* Gürke = **Pavonia distinguenda** A. St.-Hil. & Naudin

Pavonia xanthogloea Ekman
Ref.: Krapovickas & Cristóbal, 1962.
Hábito: Arbusto.
Status: Nativa.
Elevación: 0-500 m.
Prov.: BA, COR, ER, MI.
Paises limítrofes: BR, PA, UR.
Ejemplar examinado: *Krapovickas 2889* (LIL).

Peltaea (C. Presl) Standl.
Número de especies: 1

Peltaea edouardii (Hochr.) Krapov. & Cristóbal
Sin.: *Pavonia edouardii* Hochr.
Ref.: Krapovickas & Cristóbal, 1985.
Hábito: Subarbusto.
Status: Nativa.
Elevación: 0-1000 m.
Prov.: MI.
Paises limítrofes: BR, PA.
Ejemplar examinado: *Maruñak 92* (C, CTES, LP, MBM, NY, P, UC, WIS).

Philippimalva parviflora (Phil.) Kuntze = **Gaya parviflora** (Phil.) Krapov.

Physaliastrum flavescens (Cav.) Monteiro = **Krapovickasia flavescens** (Cav.) Fryxell

Physaliastrum macrodon (DC.) Monteiro = **Krapovickasia macrodon** (DC.) Fryxell

Physaliastrum physocalyx (A. Gray) Monteiro = **Rhynchosida physocalyx** (A. Gray) Fryxell

Physaliastrum prostratum (Cav.) Monteiro = **Krapovickasia flavescens** (Cav.) Fryxell

Physaliastrum urticifolium (A. St.-Hil.) Monteiro = **Krapovickasia urticifolia** (A. St.-Hil.) Fryxell

Plarodrigoa ameghinoi (Speg.) Looser = **Lecanophora ameghinoi** (Speg.) Speg.

Plarodrigoa chubutensis (Speg.) Looser = **Lecanophora chubutensis** (Speg.) Rodrigo

Plarodrigoa patagonica (Kuntze) Looser = **Lecanophora ameghinoi** (Speg.) Speg.

Plarodrigoa tehuelches (Speg.) Looser = **Sphaeralcea tehuelches** (Speg.) Krapov.

Pseudabutilon R.E. Fr.

Número de especies: 3

Pseudabutilon callimorphum (Hochr.) R.E. Fr. var. **callimorphum**
Sin.: *Sida callimorpha* Hochr., *Wissadula callimorpha* (Hochr.) Hassl.
Ref.: Fries, 1908; Fryxell, 1997.
Hábito: Subarbusto.
Status: Nativa.
Elevación: 0-1000 m.
Prov.: CH, CO, COR, ER, FO, LR, SA.
Paises limítrofes: BO, PA.
Ejemplar examinado: *Krapovickas 43692* (CTES, NY).

Pseudabutilon callimorphum (Hochr.) R.E. Fr. var. **friesii** (Hassl.) R.E. Fr.
Sin.: *Pseudabutilon stuckertii* R.E. Fr., *Wissadula callimorpha* (Hochr.) Hassl. var. *friesii* Hassl., *Wissadula pedunculata* R.E. Fr.
Ref.: Fries, 1908.
Hábito: Subarbusto.
Status: Nativa.
Elevación: 0-1000 m.
Prov.: CA, CH, CO, COR, ER, FO, JU, LR, SA, SE, SF, SL, TU.
Paises limítrofes: BO, BR, PA.
Ejemplar examinado: *Krapovickas et al. 30431* (CTES, MO).

Pseudabutilon callimorphum (Hochr.) R.E. Fr. var. **intermedium** Hassl.
Ref.: Fryxell, 1997.
Hábito: Subarbusto.
Status: Nativa.
Elevación: 0-500 m.
Prov.: FO.
Paises limítrofes: PA.
Ejemplar examinado: *Cristóbal et al. 2151* (CTES, NY).

Pseudabutilon cinereum (Griseb.) Krapov.
Sin.: *Abutilon cinereum* Griseb., *Pseudabutilon longepilosum* R.E. Fr.
Ref.: Krapovickas, 1985; Fryxell, 1997.
Hábito: Subarbusto.
Status: Nativa.
Elevación: 0-1000 m.
Prov.: CA, CO, LR, SA, SE, SJ.
Paises limítrofes: BO.
Ejemplar examinado: *Krapovickas et al. 18955* (CTES, LIL, MO).

Pseudabutilon longepilosum R.E. Fr. = **Pseudabutilon cinereum** (Griseb.) Krapov.

Pseudabutilon stuckertii R.E. Fr. = **Pseudabutilon callimorphum** (Hochr.) R.E. Fr. var. **friesii** (Hassl.) R.E. Fr.

Pseudabutilon virgatum (Cav.) Fryxell
Sin.: *Abutilon grevilleanum* (Hook. & Arn.) Walp., *Abutilon mendocinum* Phil., *Abutilon paranthemoides* Griseb., *Abutilon paranthemum* Griseb., *Abutilon saltense* Hassl., *Abutilon virgatum* (Cav.) Sweet, *Abutilon virgatum* (Cav.) Sweet var. *tomentosa* K. Schum., *Sida grevilleana* Gillies ex Hook. & Arn., *Sida sessiliflora* Hook., *Sida virgata* Cav.
Ref.: Fryxell, 1997.
Hábito: Subarbusto.
Status: Nativa.
Elevación: 0-1000 m.
Prov.: BA, CA, CH, CO, COR, ER, FO, JU, LP, LR, ME, SA, SE, SF, SJ, SL, TU.
Paises limítrofes: BO, BR, PA.
Ejemplar examinado: *Krapovickas y Cristóbal 20611* (CTES).

Pseudobastardia crispa (L.) Hassl. = **Herissantia crispa** (L.) Brizicky

Pseudobastardia nemoralis (A. St.-Hil.) Hassl. = **Herissantia nemoralis** (A. St.-Hil.) Brizicky

Pseudobastardia tiubae (K. Schum.) Hassl. var. *intermedia* Hassl. = **Herissantia intermedia** (Hassl.) Krapov.

Pseudobastardia tiubae (K. Schum.) Hassl. var. *parviflora* Hassl. f. *annua* Hassl. = **Herissantia intermedia** (Hassl.) Krapov.

Pseudobastardia tiubae (K. Schum.) Hassl. var. *parviflora* Hassl. f. *perennis* Hassl. = **Herissantia intermedia** (Hassl.) Krapov.

Rhynchosida Fryxell

Número de especies: 1

Rhynchosida physocalyx (A. Gray) Fryxell
Sin.: *Physaliastrum physocalyx* (A. Gray) Monteiro, *Sida hastata* A. St.-Hil., hom. illeg., *Sida hastata* Willd. var. *glabriuscula* R.E. Fr., *Sida hastata* Willd. var. *tomentosa* R.E. Fr., *Sida inflata* Larrañaga, *Sida physocalyx* A. Gray
Ref.: Fryxell, 1978; Krapovickas, 1988.
Hábito: Subarbusto.
Status: Nativa.
Elevación: 0-1000 m.
Prov.: BA, CA, CH, CO, COR, FO, LP, LR, SA, SF, SJ, SL, TU.
Paises limítrofes: BO, BR, PA, UR.
Ejemplar examinado: *Krapovickas et al. 22622* (CTES).

Sida L.

Número de especies: 24, 1 especie endémica.

Sida acerifolia Zuccagni, hom. illeg. = **Anoda hastata** Cav.

Sida acuminata DC. = **Sidastrum multiflorum** (Jacq.) Fryxell

Sida acuminata DC. var. *grandiflora* Hassl. = **Sidastrum multiflorum** (Jacq.) Fryxell

Sida affinis Spreng. = **Abutilon affine** (Spreng.) G. Don

Sida altheifolia Sw. = **Sida cordifolia** L.

Sida ameghinoi Speg. = **Lecanophora ameghinoi** (Speg.) Speg.

Sida ameghinoi Speg. var. *appendiculata* Hicken = **Lecanophora ameghinoi** (Speg.) Speg.

Sida anarthra Ekman = **Sida potentilloides** A. St.-Hil.

Sida angustifolia Lam. = **Sida spinosa** L. var. **spinosa**

Sida anomala A. St.-Hil.
Sin.: *Sida ciliaris* L. var. *anomala* (A. St.-Hil.) Hochr.
Ref.: Rodrigo, 1944.
Hábito: Hierba.
Status: Nativa.
Elevación: 0-500 m.
Prov.: CH, COR, ER, MI, SF.
Paises limítrofes: PA, UR.
Ejemplar examinado: *Krapovickas et al. 11317* (CTES).

Sida anthemidifolia J. Rémy = **Nototriche anthemidifolia** (J. Rémy) A.W. Hill

Sida argentina K. Schum. var. **argentina**
Sin.: *Sida lilloana* Rodrigo
Ref.: Rodrigo, 1944.
Hábito: Hierba.
Status: Nativa.
Elevación: 0-1000 m.
Prov.: BA, CO, ER, JU, LR, ME, MI, SA, SE, SJ, SL, TU.
Paises limítrofes: BO.
Ejemplar examinado: *Kiesling 4345* (CTES, SI).

Sida argentina K. Schum. var. *paraguayensis* Ulbr. = **Sida confusa** Hassl.

Sida argentina K. Schum. var. **tucumanensis** Rodrigo
Ref.: Rodrigo, 1944.
Hábito: Hierba.
Status: Nativa.
Elevación: 0-1500 m.
Prov.: CA, CO, JU, LR, SA, SE, SL, TU.
Paises limítrofes: BO.
Ejemplar examinado: *Krapovickas y Cristóbal 46278* (CTES).

Sida arnottiana Gillies ex Hook. & Arn. = **Abutilon grandifolium** (Willd.) Sweet

Sida bivalvis Cav. = **Bastardia bivalvis** (Cav.) Humb., Bonpl. & Kunth ex Griseb.

Sida bihamata A. St.-Hil. & Naudin = **Briquetia denudata** (Nees & Mart.) Chodat & Hassl.

Sida bonariensis Willd. = **Pavonia hastata** Cav.

Sida calchaquiensis Rodrigo
Ref.: Rodrigo, 1944.
Hábito: Hierba.
Status: Endémica.
Elevación: 0-2000 m.
Prov.: COR, SA, SJ, TU.
Ejemplar examinado: *Schinini et al. 19037* (CTES).

Sida callimorpha Hochr. = **Pseudabutilon callimorphum** (Hochr.) R.E. Fr. var. **callimorphum**

Sida candolleana Monteiro = **Sidastrum multiflorum** (Jacq.) Fryxell

Sida chubutensis Speg. = **Lecanophora chubutensis** (Speg.) Rodrigo

Sida ciliaris L.
Ref.: Rodrigo, 1944.
Hábito: Hierba.
Status: Nativa.
Elevación: 0-500 m.
Prov.: CH, FO.
Paises limítrofes: BR, PA.
Ejemplar examinado: *Joergensen 2312* (BA, GH, LIL, SI).

Sida ciliaris L. var. *anomala* (A. St.-Hil.) Hochr. = **Sida anomala** A. St.-Hil.

Sida clandestina Phil. = **Nototriche clandestina** (Phil.) A.W. Hill

Sida compacta Gay, hom. illeg. = **Nototriche compacta** (A. Gray) A.W. Hill

Sida confusa Hassl.
Sin.: *Sida argentina* K. Schum. var. *paraguayensis* Ulbr., *Sida martiana* A. St.-Hil. var. *viscosissima* A. St.-Hil. f. *latifolia* Hassl.
Ref.: Rodrigo, 1944.
Hábito: Hierba.
Status: Nativa.
Elevación: 500 m.
Prov.: COR, MI.
Paises limítrofes: PA.
Ejemplar examinado: *Krapovickas y Cristóbal 28777* (CTES).

Sida cordifolia L.
Sin.: *Malvastrum cordifolium* Rojas Acosta, *Sida altheifolia* Sw., *Sida cordifolia* L. var. *breviaristata* Monteiro, *Sida rotundifolia* Lam.
Ref.: Rodrigo, 1944.
Hábito: Subarbusto.
Status: Nativa.
Elevación: 0-500 m.
Prov.: BA, CA, CH, COR, FO, JU, LR, MI, SA, SE, SF, TU.
Paises limítrofes: BO, BR, PA, UR.
Ejemplar examinado: *Schwarz 8724* (CTES, LIL).

Sida cordifolia L. f. *regnellii* (R.E. Fr.) Hassl. = **Sida regnellii** R.E. Fr.

Sida cordifolia L. var. *breviaristata* Monteiro = **Sida cordifolia** L.

Sida cordifolia L. var. *potentilloides* (A. St.-Hil.) Griseb. = **Sida potentilloides** A. St.-Hil.

Sida cordifolia L. var. *variegata* Griseb. = **Sida variegata** (Griseb.) Krapov.

Sida crispa L. = **Herissantia crispa** (L.) Brizicky

Sida crispifolia Cav. = **Neobaclea crispifolia** (Cav.) Krapov.

Sida cymbalaria Hochr. = **Krapovickasia macrodon** (DC.) Fryxell

Sida decumbens A. St.-Hil. & Naudin = **Sida jussieuana** DC.

Sida densiflora Hook. & Arn. = **Bastardiopsis densiflora** (Hook. & Arn.) Hassl.

Sida denudata Nees & Mart. = **Briquetia denudata** (Nees & Mart.) Chodat & Hassl.

Sida dictyocarpa Griseb. var. **dictyocarpa**
Ref.: Rodrigo, 1944.
Hábito: Subarbusto.
Status: Nativa.
Elevación: 0-1000 m.
Prov.: CA, CH, CO, ER, FO, JU, LR, MI, SA, SE, SJ, SL, TU.
Paises limítrofes: BO, PA, UR.
Ejemplar examinado: *Burkart 25993* (CTES, SI).

Sida dictyocarpa Griseb. var. **esperanzae** (R.E. Fr.) Rodrigo
Sin.: *Sida esperanzae* R.E. Fr., *Sida glutinosa* Cav. var. *longearistata* Monteiro
Ref.: Rodrigo, 1944; Monteiro, 1949b.
Hábito: Subarbusto.
Status: Nativa.
Elevación: 0-1000 m.
Prov.: CA, FO, JU, SA, TU.
Paises limítrofes: BO.
Ejemplar examinado: *Krapovickas et al. 18632* (CTES).

Sida dubia A. St.-Hil. & Naudin
Sin.: *Sida multicrena* Hochr. var. *longearistata* (Hassl.) Hochr.
Ref.: Krapovickas, inéd.
Hábito: Subarbusto.
Status: Nativa.
Elevación: 0-500 m.
Prov.: COR, ER.
Paises limítrofes: BR, PA, UR.
Ejemplar examinado: *Cristóbal et al. 1971* (CTES).

Sida esperanzae R.E. Fr. = **Sida dictyocarpa** Griseb. var. **esperanzae** (R.E. Fr.) Rodrigo

Sida excelsior Cav. = **Wissadula excelsior** (Cav.) C. Presl

Sida flavescens Cav. = **Krapovickasia flavescens** (Cav.) Fryxell

Sida glaziovii auct. non K. Schum. = **Sida santaremensis** Monteiro

Sida glechomoefolia (A. St.-Hil.) D. Dietr. = **Wissadula glechomaefolia** (A. St.-Hil.) R.E. Fr.

Sida glutinosa Cav.
Sin.: *Sida insperata* Standl. & L.O. Williams, *Sida piauhyensis* Ulbr., *Sida rupicola* Hassl.
Ref.: Krapovickas, inéd.
Hábito: Hierba.
Status: Nativa.
Elevación: 0-500 m.
Prov.: CH, COR.
Paises limítrofes: BO, BR, PA.
Ejemplar examinado: *Schulz 837* (CTES, LP).

Sida glutinosa Cav. var. *longearistata* Monteiro = **Sida dictyocarpa** Griseb. var. **esperanzae** (R.E. Fr.) Rodrigo

Sida grandifolia Willd. = **Abutilon grandifolium** (Willd.) Sweet

Sida grevilleana Gillies ex Hook. & Arn. = **Pseudabutilon virgatum** (Cav.) Fryxell

Sida hastata A. St.-Hil., hom. illeg. = **Rhynchosida physocalyx** (A. Gray) Fryxell

Sida hastata Willd. var. *glabriuscula* R.E. Fr. = **Rhynchosida physocalyx** (A. Gray) Fryxell

Sida hastata Willd. var. *tomentosa* R.E. Fr. = **Rhynchosida physocalyx** (A. Gray) Fryxell

Sida hederacea (Douglas) Torr. = **Malvella leprosa** (Ortega) Krapov.

Sida hederacea (Douglas) Torr. var. *sulphurea* (Gillies ex Hook. & Arn.) Baker f. = **Malvella leprosa** (Ortega) Krapov.

Sida heterophylla Cav. = **Lecanophora heterophylla** (Cav.) Krapov.

Sida hilariana Walp. = **Krapovickasia urticifolia** (A. St.-Hil.) Fryxell

Sida inflata Larrañaga = **Rhynchosida physocalyx** (A. Gray) Fryxell

Sida insperata Standl. & L.O. Williams = **Sida glutinosa** Cav.

Sida intermedia A. St.-Hil. = **Krapovickasia flavescens** (Cav.) Fryxell

Sida jussieana DC.
Sin.: *Anoda decumbens* (A. St.-Hil. & Naudin) Hochr., *Sida decumbens* A. St.-Hil. & Naudin, *Sida stolonifera* Salzm.
Ref.: Krapovickas, 1969a.

Hábito: Hierba.
Status: Nativa.
Elevación: 0-500 m.
Prov.: JU, SA.
Paises limítrofes: BO, BR.
Ejemplar examinado: *Cabrera 4063* (LP).

Sida leprosa (Ortega) K. Schum. = **Malvella leprosa** (Ortega) Krapov.

Sida leprosa (Ortega) K. Schum. var. *sulphurea* (Hook. & Arn.) Hochr. = **Malvella leprosa** (Ortega) Krapov.

Sida lilloana Rodrigo = **Sida argentina** K. Schum. var. **argentina**

[Sida linifolia Cav.]
Ref.: Rodrigo, 1944; Clement, 1957.
Nota: Cita dudosa para la flora argentina.

Sida linoides (Hieron.) Speg. = **Lecanophora ecristata** (A. Gray) Krapov.

Sida macrodon DC. = **Krapovickasia macrodon** (DC.) Fryxell

Sida macrodon DC. var. *cymbalaria* (Hochr.) Hassl. = **Krapovickasia macrodon** (DC.) Fryxell

Sida macrodon DC. var. *intermedia* (A. St.-Hil.) Griseb. = **Krapovickasia flavescens** (Cav.) Fryxell

Sida macrorhiza Phil. ex Baker f., nom. nud. = **Nototriche compacta** (A. Gray) A.W. Hill

Sida malvacea Vell. = **Pavonia sepium** A. St.-Hil. subsp. **sepium**

Sida margaritensis Hassl. = **Sida nemorensis** Mart. ex Colla

Sida martiana A. St.-Hil. var. *viscosissima* A. St.-Hil. f. *latifolia* Hassl. = **Sida confusa** Hassl.

Sida megalorrhiza Phil. = **Nototriche compacta** (A. Gray) A.W. Hill

Sida melanocaulon Hassl. = **Sida nemorensis** Mart. ex Colla

Sida mollis Ortega, hom. illeg. = **Abutilon grandifolium** (Willd.) Sweet

Sida montana K. Schum., hom. illeg. = **Sida variegata** (Griseb.) Krapov.

Sida multicrena Hochr. var. *longearistata* (Hassl.) Hochr. = **Sida dubia** A. St.-Hil. & Naudin

Sida multicrena Hochr. var. *regnellii* (R.E. Fr.) Hassl. = **Sida regnellii** R.E. Fr.

Sida multicrena Hochr. var. *vespertina* (Ekman) Hassl. = **Sida vespertina** Ekman

Sida multiflora Jacq. = **Sidastrum multiflorum** (Jacq.) Fryxell

Sida nemoralis (A. St.-Hil.) G. Don = **Herissantia nemoralis** (A. St.-Hil.) Brizicky

Sida nemorensis Mart. ex Colla
Sin.: *Sida margaritensis* Hassl., *Sida melanocaulon* Hassl., *Sida tomentella* Miq. var. *brevicalyx* K. Schum.
Ref.: Fryxell, 1976.
Hábito: Subarbusto.
Status: Nativa.
Elevación: 0-500 m.
Prov.: COR, MI.
Paises limítrofes: BO, BR, PA.
Ejemplar examinado: *Pedersen 8118* (CTES).

Sida nubigena Walp. = **Acaulimalva nubigena** (Walp.) Krapov.

Sida paniculata L. = **Sidastrum paniculatum** (L.) Fryxell

Sida paniculata L. var. *compacta* Baker f. = **Sidastrum multiflorum** (Jacq.) Fryxell

Sida paradoxa Rodrigo
Ref.: Rodrigo, 1937; Fernández, 1974.
Hábito: Subarbusto.
Status: Nativa.
Elevación: 0-500 m.
Prov.: COR.
Paises limítrofes: BR.
Ejemplar examinado: *Krapovickas y Cristóbal 11858* (CTES).

Sida parnassiaefolia Hook. var. *lobulata* (Wedd.) Griseb. = **Acaulimalva nubigena** (Walp.) Krapov.

Sida physocalyx A. Gray = **Rhynchosida physocalyx** (A. Gray) Fryxell

Sida piauhyensis Ulbr. = **Sida glutinosa** Cav.

Sida picta Hook. & Arn. = **Abutilon pictum** (Hook. & Arn.) Walp.

Sida poeppigiana (K. Schum.) Fryxell
Sin.: *Sida rhombifolia* L. var. *poeppigiana* K. Schum.
Ref.: Krapovickas, inéd.
Hábito: Subarbusto.
Status: Nativa.
Elevación: 500-2000 m.
Prov.: CO, JU, LR, SA, TU.
Paises limítrofes: BO, BR.
Ejemplar examinado: *Krapovickas 4796* (LIL).

Sida potentilloides A. St.-Hil.
Sin.: *Sida anarthra* Ekman, *Sida cordifolia* L. var. *potentilloides* (A. St.-Hil.) Griseb.
Ref.: Rodrigo, 1944.
Hábito: Subarbusto.
Status: Nativa.
Elevación: 0-500 m.
Prov.: COR, MI.
Paises limítrofes: BR.
Ejemplar examinado: *Krapovickas et al. 18210* (CTES).

Sida prostrata Cav. = **Krapovickasia flavescens** (Cav.) Fryxell

Sida prostrata Cav. var. *flavescens* (Cav.) Baker f. = **Krapovickasia flavescens** (Cav.) Fryxell

Sida radiata L. = **Malachra radiata** (L.) L.

Sida ramiflora (A. St.-Hil.) D. Dietr. = **Abutilon ramiflorum** A. St.-Hil.

Sida regnellii R.E. Fr.
Sin.: *Sida cordifolia* L. f. *regnellii* (R.E. Fr.) Hassl., *Sida multicrena* Hochr. var. *regnellii* (R.E. Fr.) Hassl.
Ref.: Rodrigo, 1944.
Hábito: Subarbusto.
Status: Nativa.
Elevación: 0-500 m.
Prov.: COR, MI.
Paises limítrofes: BR.
Ejemplar examinado: *Krapovickas 7901* (SI).

Sida rhombifolia L.
Sin.: *Sida rhombifolia* L. var. *canariensis* (Willd.) Griseb., *Sida rhombifolia* L. var. *rhomboidea* (Roxb.) Mast., *Sida rhomboidea* Roxb.
Ref.: Rodrigo, 1944.
Hábito: Subarbusto.
Status: Nativa.
Elevación: 0-1500 m.
Prov.: BA, CA, CH, CO, COR, ER, FO, JU, LP, MI, SA, SE, SF, SJ, SL, TU.
Paises limítrofes: BO, BR, PA, UR.
Ejemplar examinado: *Krapovikas 7905* (LIL, SI).

Sida rhombifolia L. var. *canariensis* (Willd.) Griseb. = **Sida rhombifolia** L.

Sida rhombifolia L. var. *poeppigiana* K. Schum. = **Sida poeppigiana** (K. Schum.) Fryxell

Sida rhombifolia L. var. *rhomboidea* (Roxb.) Mast. = **Sida rhombifolia** L.

Sida rhombifolia L. var. *subtomentosa* K. Schum. = **Sida santaremensis** Monteiro

Sida rhomboidea Roxb. = **Sida rhombifolia** L.

Sida riedelii K. Schum. = **Sida spinosa** L. var. **riedelii** (K. Schum.) Rodrigo

[Sida rojasii H. Lév., hom. illeg.]
Nota: Taxón dudoso.

Sida rojasii Hassl. = **Sidastrum multiflorum** (Jacq.) Fryxell

Sida rotundifolia Lam. = **Sida cordifolia** L.

Sida rupicola Hassl. = **Sida glutinosa** Cav.

Sida salviaefolia C. Presl var. **submutica** J.T. Howell
Ref.: Fernández, 1981.
Hábito: Hierba.
Status: Nativa.
Elevación: 0-1000 m.
Prov.: SA.
Ejemplar examinado: *Krapovickas 30394* (CTES).

Sida santaremensis Monteiro
Sin.: *Sida glaziovii* auct. non K. Schum., *Sida rhombifolia* L. var. *subtomentosa* K. Schum., *Sida santaremensis* Monteiro var. *krapovickasiana* Monteiro
Ref.: Krapovickas, 1957c.
Hábito: Subarbusto.
Status: Nativa.
Elevación: 0-500 m.
Prov.: CH, COR, FO, JU, MI, SA.
Paises limítrofes: BO, BR, PA.
Ejemplar examinado: *Krapovickas 7876* (SI).

Sida santaremensis Monteiro var. *krapovickasiana* Monteiro = **Sida santaremensis** Monteiro

Sida sessiliflora Hook. = **Pseudabutilon virgatum** (Cav.) Fryxell

Sida spinosa L. var. *angustifolia* (Lam.) Griseb. = **Sida spinosa** L. var. **spinosa**

Sida spinosa L. var. *angustifolia* (Lam.) Griseb. f. *riedelii* (K. Schum.) Monteiro = **Sida spinosa** L. var. **riedelii** (K. Schum.) Rodrigo

Sida spinosa L. var. **riedelii** (K. Schum.) Rodrigo
Sin.: *Sida riedelii* K. Schum., *Sida spinosa* L. var. *angustifolia* (Lam.) Griseb. f. *riedelii* (K. Schum.) Monteiro
Ref.: Monteiro, 1949a; Rodrigo, 1944.
Hábito: Subarbusto.
Status: Nativa.
Elevación: 0-500 m.
Prov.: CH, COR, FO, MI, SE.
Paises limítrofes: BO, BR, PA.
Ejemplar examinado: *Krapovickas 12699* (CTES).

Sida spinosa L. var. **spinosa**
Sin.: *Sida angustifolia* Lam., *Sida spinosa* L. var. *angustifolia* (Lam.) Griseb.
Ref.: Krapovickas, 1965.
Hábito: Subarbusto.
Status: Nativa.
Elevación: 0-1500 m.
Prov.: BA, CA, CH, CO, COR, DF, ER, FO, JU, LR, ME, MI, SA, SE, SJ, SL, TU.
Paises limítrofes: BO, BR, PA, UR.
Ejemplar examinado: *Krapovickas 7919* (LIL).

Sida stolonifera Salzm. = **Sida jussieana** DC.

Sida sulphurea (Gillies ex Hook. & Arn.) A. Gray = **Malvella leprosa** (Ortega) Krapov.

Sida tehuelches Speg. = **Sphaeralcea tehuelches** (Speg.) Krapov.

Sida terminalis Cav. = **Abutilon terminale** (Cav.) A. St.-Hil.

Sida tomentella Miq. var. *brevicalyx* K. Schum. = **Sida nemorensis** Mart. ex Colla

Sida tuberculata R.E. Fr.
Ref.: Fernández, 1974.
Hábito: Subarbusto.
Status: Nativa.
Elevación: 0-500 m.
Prov.: COR, ER, MI.
Paises limítrofes: BO, BR, PA.
Ejemplar examinado: *Krapovickas y Cristóbal 11417* (BAA, CTES, NY).

Sida urens L. var. **grandiflora** K. Schum.
Ref.: Krapovickas, inéd.
Hábito: Hierba.
Status: Nativa.
Elevación: 0-500 m.
Prov.: SA.
Paises limítrofes: BO, BR, PA.
Ejemplar examinado: *Guaglianone 2725* (CTES, SI).

Sida urens L. var. **urens**
Ref.: Rodrigo, 1944.
Hábito: Hierba.
Status: Nativa.
Elevación: 0-1500 m.
Prov.: CH, COR, FO, JU, MI, SA, SF.
Paises limítrofes: BO, BR, PA.
Ejemplar examinado: *Krapovickas y Cristóbal 11660* (CTES).

Sida urticifolia A. St.-Hil. = **Krapovickasia urticifolia** (A. St.-Hil.) Fryxell

Sida variegata (Griseb.) Krapov.
Sin.: *Sida cordifolia* L. var. *variegata* Griseb., *Sida montana* K. Schum., hom. illeg.
Ref.: Krapovickas, 1952.
Hábito: Hierba.
Status: Nativa.
Elevación: 0-1500 m.
Prov.: CA, CH, CO, COR, ER, FO, JU, LR, SA, SE, SF, SJ, SL, TU.
Paises limítrofes: BO, PA.
Ejemplar examinado: *Hieronymus 597* (CORD).

Sida vespertina Ekman
Sin.: *Sida multicrena* Hochr. var. *vespertina* (Ekman) Hassl.
Ref.: Rodrigo, 1944.
Hábito: Subarbusto.
Status: Nativa.
Elevación: 0-500 m.
Prov.: COR, MI.
Paises limítrofes: PA.
Ejemplar examinado: *Krapovickas y Cristóbal 46449* (CTES).

Sida viarum A. St.-Hil.
Ref.: Rodrigo, 1944.
Hábito: Subarbusto.
Status: Nativa.
Elevación: 0-500 m.
Prov.: CH, COR, MI.
Paises limítrofes: BO, BR, PA.
Ejemplar examinado: *Krapovickas y Cristóbal 11835* (CTES).

Sida virgata Cav. = **Pseudabutilon virgatum** (Cav.) Fryxell

Sida viscosa L. = **Bastardia viscosa** (L.) Humb., Bonpl. & Kunth

Sida zuccagnii Spreng. = **Anoda hastata** Cav.

Sidastrum Baker f.
Número de especies: 2

Sidastrum acuminatum (DC.) Fryxell = **Sidastrum multiflorum** (Jacq.) Fryxell

Sidastrum multiflorum (Jacq.) Fryxell
Sin.: *Abutilon inaequilaterum* auct. non A. St.-Hil., *Sida acuminata* DC., *Sida acuminata* DC. var. *grandiflora* Hassl., *Sida candolleana* Monteiro, *Sida multiflora* Jacq., *Sida paniculata* L. var. *compacta* Baker f., *Sida rojasii* Hassl., *Sidastrum acuminatum* (DC.) Fryxell
Ref.: Fryxell, 1979.
Hábito: Arbusto.
Status: Nativa.
Elevación: 0-500 m.
Prov.: CH, COR, FO.
Paises limítrofes: BO, BR, PA.
Ejemplar examinado: *Krapovickas y Cristóbal 12988* (CTES, UC).

Sidastrum paniculatum (L.) Fryxell
Sin.: *Sida paniculata* L.
Ref.: Fryxell, 1978.
Hábito: Subarbusto.
Status: Adventicia.
Elevación: 0-500 m.
Prov.: COR, FO.
Paises limítrofes: BO, BR, PA.
Ejemplar examinado: *Pedersen 4813* (CTES, UC, US).

Sphaeralcea A. St.-Hil.
Número de especies: 12, 10 especies endémicas.

Sphaeralcea americana (L.) Metz = **Malvastrum americanum** (L.) Torr.

Sphaeralcea australis Speg.
Ref.: Krapovickas, 1948.
Hábito: Subarbusto.
Status: Endémica.
Elevación: 0-500 m.
Prov.: BA, LP, RN.
Ejemplar examinado: *Krapovickas 1942* (LIL).

Sphaeralcea bonariensis (Cav.) Griseb.
Sin.: *Malva bonariensis* Cav., *Malva incana* Godr., hom. illeg., *Malvastrum incanum* (Godr.) Thell., *Sphaeralcea bonariensis* (Cav.) Griseb. var. *cisplatina* (A. St.-Hil.) Kuntze, , *Sphaeralcea cisplatina* A. St.-Hil. var. *quercifolia* A. St.-Hil., *Sphaeralcea cisplatina* A. St.-Hil. var. *vulgaris* A. St.-Hil., *Sphaeralcea miniata* (Cav.) Spach var. *cisplatina* (A. St.-Hil.) K. Schum., ., *Sphaeralcea miniata* (Cav.) Spach var. *rhombifolia* (Griseb.) K. Schum., *Sphaeralcea rhombifolia* Griseb., *Sphaeroma bonariensis* (Cav.) Kuntze

Ref.: Krapovickas, 1948.
Hábito: Subarbusto.
Status: Nativa.
Elevación: 0-2500 m.
Prov.: BA, CA, CH, CO, COR, DF, ER, FO, JU, LP, LR, SA, SE, SF, SJ, TU.
Paises limítrofes: BO, PA, UR.
Ejemplar examinado: *Krapovickas 1125* (LIL).

Sphaeralcea bonariensis (Cav.) Griseb. var. *cisplatina* (A. St.-Hil.) Kuntze = **Sphaeralcea bonariensis** (Cav.) Griseb.

Sphaeralcea bonariensis (Cav.) Griseb. var. *laciniata* K. Schum. = **Sphaeralcea laciniata** (K. Schum.) Krapov.

Sphaeralcea brevipes (Phil.) Krapov.
Sin.: *Malva brevipes* Phil., *Malva violacea* Phil., *Malvastrum violaceum* (Phil.) Hieron., *Sphaeralcea miniata* (Cav.) Spach var. *violacea* (Phil.) Ulbr.
Ref.: Krapovickas 1948.
Hábito: Subarbusto.
Status: Endémica.
Elevación: 500-2500 m.
Prov.: CA, LR, ME, SJ, TU.
Ejemplar examinado: *Covas 1919* (SI).

Sphaeralcea chenopodifolia Rodrigo
Ref.: Krapovickas, 1948; Rodrigo, 1941a.
Hábito: Subarbusto.
Status: Endémica.
Elevación: 0-500 m.
Prov.: CH, COR, ER, SF.
Ejemplar examinado: *Schulz 3810* (CTES).

Sphaeralcea cisplatina A. St.-Hil. var. *quercifolia* A. St.-Hil. = **Sphaeralcea bonariensis** (Cav.) Griseb.

Sphaeralcea cisplatina A. St.-Hil. var. *vulgaris* A. St.-Hil. = **Sphaeralcea bonariensis** (Cav.) Griseb.

Sphaeralcea cordobensis Krapov.
Ref.: Krapovickas, 1948.
Hábito: Subarbusto.
Status: Endémica.
Elevación: 500-1000 m.
Prov.: CO, SE, SL.
Ejemplar examinado: *Krapovickas 2783* (LIL).

Sphaeralcea crispa Baker f.
Ref.: Krapovickas, 1948.
Hábito: Subarbusto.
Status: Endémica.
Elevación: 0-500 m.
Prov.: BA, LP, ME, RN.
Ejemplar examinado: *Krapovickas 3591* (LIL).

Sphaeralcea crispifolia (Cav.) Baker f. = **Neobaclea crispifolia** (Cav.) Krapov.

Sphaeralcea heterophylla (Griseb.) Baker f. = **Tarasa heterophylla** (Griseb.) Krapov.

Sphaeralcea laciniata (K. Schum.) Krapov.
Sin.: *Sphaeralcea bonariensis* (Cav.) Griseb. var. *laciniata* K. Schum.
Ref.: Krapovickas, 1948.
Hábito: Subarbusto.
Status: Endémica.
Elevación: 0-1000 m.
Prov.: CO, SE, SF, TU.
Ejemplar examinado: *Lorentz 284* (CORD).

Sphaeralcea mendocina Phil.
Sin.: *Malva patagonica* Niederl., *Malvastrum wilczekii* Hochr., *Malvastrum wilczekii* Hochr. var. *macrocarpum* Hochr., *Sphaeralcea miniata* (Cav.) Spach var. *mendocina* (Phil.) K. Schum., *Sphaeralcea patagonica* (Niederl.) Speg., *Sphaeralcea patagonica* (Niederl.) Speg. var. *argentea* Speg., *Sphaeralcea patagonica* (Niederl.) Speg. var. *cinerascens* Speg., *Sphaeralcea patagonica* (Niederl.) Speg. var. *oxyodonta* Speg.
Ref.: Krapovickas, 1948.
Hábito: Subarbusto.
Status: Endémica.
Elevación: 0-1500 m.
Prov.: BA, CHU, LP, ME, NE, RN, SL.
Ejemplar examinado: *Krapovickas 3875* (LIL).

Sphaeralcea miniata (Cav.) Spach
Sin.: *Malva erodiifolia* C. Presl, *Malva giliiesii* Phil., hom. illeg., *Malva mendocina* Phil., *Malva miniata* Cav., *Malvastrum erodiifolium* (C. Presl) Baker f. ex S.R. Hill, *Sphaeralcea miniata* (Cav.) Spach var. *schickendantzii* Ulbr., *Sphaeroma bonariensis* (Cav.) Kuntze var. *miniatum* (Cav.) Kuntze, *Sphaeroma miniatum* (Cav.) Garcke
Ref.: Krapovickas, 1948; Krapovickas & Fryxell, 1993.
Hábito: Subarbusto.
Status: Endémica.
Elevación: 500-2000 m.
Prov.: CA, LR, ME, RN, SJ, SL.
Ejemplar examinado: *Krapovickas 1832* (LIL).

Sphaeralcea miniata (Cav.) Spach var. *cisplatina* (A. St.-Hil.) K. Schum. = **Sphaeralcea bonariensis** (Cav.) Griseb.

Sphaeralcea miniata (Cav.) Spach var. *mendocina* = **Sphaeralcea mendocina** Phil.

Sphaeralcea miniata (Cav.) Spach var. *rhombifolia* (Griseb.) K. Schum. = **Sphaeralcea bonariensis** (Cav.) Griseb.

Sphaeralcea miniata (Cav.) Spach var. *schickendantzii* Ulbr. = **Sphaeralcea miniata** (Cav.) Spach

Sphaeralcea miniata (Cav.) Spach var. *violacea* (Phil.) Ulbr. = **Sphaeralcea brevipes** (Phil.) Krapov.

Sphaeralcea patagonica (Niederl.) Speg. = **Sphaeralcea mendocina** Phil.

Sphaeralcea patagonica (Niederl.) Speg. var. *argentea* Speg. = **Sphaeralcea mendocina** Phil.

Sphaeralcea patagonica (Niederl.) Speg. var. *cinerascens* Speg. = **Sphaeralcea mendocina** Phil.

Sphaeralcea patagonica (Niederl.) Speg. var. *oxyodonta* Speg. = **Sphaeralcea mendocina** Phil.

Sphaeralcea philippiana Krapov.
Sin.: *Malva prostrata* Phil., hom. illeg., *Malvastrum prostratum* (Phil.) Hieron.
Ref.: Krapovickas, 1948.
Hábito: Hierba.
Status: Endémica.
Elevación: 2000-3000 m.
Prov.: ME, SJ.
Ejemplar examinado: *Ruiz Leal 4832* (CTES, LP).

Sphaeralcea purpurata (Lindl.) Krapov.
Sin.: *Malva belloa* Gay, *Malva campanulata* Paxton, *Malva macropoda* Steud., *Malva polyantha* Steud., *Malva purpurata* Lindl., *Malva purpurea* Gay, *Malva tenuifolia* Hook. & Arn., *Malvastrum belloum* (Gay) A. Gray, *Malvastrum campanulatum* (Paxton) G. Nicholson, *Malvastrum purpuratum* (Lindl.) G. Nicholson, *Malvastrum tenuifolium* (Hook. & Arn.) Baker f.
Ref.: Krapovickas, 1948.
Hábito: Hierba.
Status: Nativa.
Elevación: 0-500 m.
Prov.: BA.
Paises limítrofes: CH.
Ejemplar examinado: *Krapovickas 3343* (LIL).

Sphaeralcea rhombifolia Griseb. = **Sphaeralcea bonariensis** (Cav.) Griseb.

Sphaeralcea tehuelches (Speg.) Krapov.
Sin.: *Lecanophora tehuelches* (Speg.) Speg., *Plarodrigoa tehuelches* (Speg.) Looser, *Sida tehuelches* Speg.
Ref.: Krapovickas, 1948.
Hábito: Hierba.
Status: Endémica.
Elevación: 0-500 m.
Prov.: CHU, SC.
Ejemplar examinado: *Krapovickas 3837* (BAB).

[Sphaeralcea vulgaris Rojas Acosta]
Nota: Taxón dudoso.

Sphaeroma bonariensis (Cav.) Kuntze = **Sphaeralcea bonariensis** (Cav.) Griseb.

Sphaeroma bonariensis (Cav.) Kuntze var. *miniatum* (Cav.) Kuntze = **Sphaeralcea miniata** (Cav.) Spach

Sphaeroma miniatum (Cav.) Garcke = **Sphaeralcea miniata** (Cav.) Spach

Tarasa Phil.

Número de especies: 12, 4 especies endémicas.

Tarasa alberti Phil.
Sin.: *Malvastrum alberti* (Phil.) Reiche, *Malvastrum corymbosum* Sandwith
Ref.: Krapovickas, 1954b, 1988.
Hábito: Subarbusto.
Status: Endémica.
Elevación: 500-1000 m.
Prov.: ME, NE.
Ejemplar examinado: *Krapovickas 3702* (BAB).

Tarasa antofagastana (Phil.) Krapov.
Sin.: *Malva antofagastana* Phil., *Malvastrum antofagastanum* (Phil.) Baker f., *Malvastrum geranioides* (Cham. & Schltdl.) Hemsl. var. *galanderi* (Kuntze) Seckt, *Malvastrum geranioides* (Cham. & Schltdl.) Hemsl. var. *subsessile* (Kuntze) Seckt, *Malvastrum peruvianum* (L.) A. Gray var. *capitatum* Kurtz ex Kuntze, nom. nud. pro syn., *Malveopsis antofagasta* (Phil.) Kuntze
Ref.: Krapovickas, 1954b.
Hábito: Hierba.
Status: Nativa.
Elevación: 2000-3000 m.
Prov.: CA, CO, JU, LR, ME, SA, SJ, SL, TU.
Paises limítrofes: BO, CH.
Ejemplar examinado: *Krapovickas 4372* (BAB).

Tarasa capitata (Cav.) D.M. Bates
Sin.: *Malva capitata* Cav., *Malvastrum capitatum* (Cav.) Griseb., *Malvastrum jorgensenii* I.M. Johnst., *Malveopsis capitatum* (Cav.) Kuntze, *Tarasa jorgensenii* (I.M. Johnst.) Krapov.
Ref.: Bates, 1965.
Hábito: Arbusto.
Status: Nativa.
Elevación: 1000-3000 m.
Prov.: CA, CO, JU, SA, TU.
Paises limítrofes: BO.
Ejemplar examinado: *Venturi 1780* (BAB, LIL, SI, US).

Tarasa heterophylla (Griseb.) Krapov.
Sin.: *Malvastrum bolivianum* Baker f., *Malvastrum heterophyllum* Griseb., *Malveopsis heterophylla* (Griseb.) Kuntze, *Sphaeralcea heterophylla* (Griseb.) Baker f.
Ref.: Krapovickas, 1954b.
Hábito: Hierba.
Status: Nativa.
Elevación: 1800-3000 m.
Prov.: JU.
Paises limítrofes: BO.
Ejemplar examinado: *Fiebrig 2238* (LIL).

Tarasa humilis (Gillies ex Hook. & Arn.) Krapov.
Sin.: *Malva humilis* Gillies ex Hook. & Arn., *Malva subacaulis* Phil., *Malvastrum humile* (Hook. & Arn.) A. Gray, *Malvastrum humile* (Hook. & Arn.) A. Gray var. *subacaule* (Phil.) Reiche, *Malvastrum subacaule* (Phil.) Baker f.
Ref.: Krapovickas, 1954b, 1988.
Hábito: Subarbusto.
Status: Nativa.
Elevación: 900-3300 m.
Prov.: ME, NE, RN.
Paises limítrofes: CH.
Ejemplar examinado: *Krapovickas 3742* (BAB).

Tarasa jorgensenii (I.M. Johnst.) Krapov. = **Tarasa capitata** (Cav.) D.M. Bates

Tarasa latearistata Krapov.
Ref.: Krapovickas, 1954b.
Hábito: Hierba.
Status: Endémica.
Elevación: 3500 m.
Prov.: JU.
Ejemplar examinado: *Venturi 8625* (CAS, GH, SI, US).

Tarasa meyeri Krapov.
Ref.: Krapovickas, 1954b.
Hábito: Hierba.
Status: Endémica.
Elevación: 3000-3500 m.
Prov.: CA, SA, TU.
Ejemplar examinado: *Krapovickas y Barret 4704* (BAB).

Tarasa o'donellii Krapov.
Ref.: Krapovickas, 1954b.
Hábito: Hierba.
Status: Nativa.
Elevación: 2600-3800 m.
Prov.: JU, SA, TU.
Paises limítrofes: BO.
Ejemplar examinado: *Krapovickas y Barret 4708* (BAB, LIL).

Tarasa tarapacana (Phil.) Krapov.
Sin.: *Malva tarapacana* Phil., *Malvastrum tarapacanum* (Phil.) Baker f.
Ref.: Krapovickas, 1954b.
Hábito: Hierba.
Status: Nativa.
Elevación: 3400-3800 m.
Prov.: JU, SA, SJ.
Paises limítrofes: BO, CH.
Ejemplar examinado: *Venturi 9376* (GH, LIL, US).

Tarasa tenella (Cav.) Krapov.
Sin.: *Malva tenella* Cav., *Malvastrum micranthum* Rusby, *Malvastrum multicaule* Britton, *Malvastrum pygmaeum* Griseb., hom. illeg., *Malvastrum tenellum* (Cav.) Hieron.
Ref.: Krapovickas, 1954b.
Hábito: Hierba.
Status: Nativa.
Elevación: 2800-3800 m.
Prov.: CA, JU, LR, ME, SA, SJ, TU.
Paises limítrofes: BO, CH.
Ejemplar examinado: *Krapovickas 6251* (BAB).

Tarasa trisecta (Griseb.) Krapov.
Sin.: *Malvastrum peruvianum* (L.) A. Gray var. *trisectum* Griseb.
Ref.: Krapovickas, 1954b.
Hábito: Hierba.
Status: Endémica.
Elevación: 2000-3000 m.
Prov.: CA, SA, TU.
Ejemplar examinado: *Krapovickas 4754* (LIL).

Tarasa urbaniana (Ulbr.) Krapov.
Sin.: *Malvastrum urbanianum* Ulbr.
Ref.: Krapovickas, 1954b.
Hábito: Hierba.
Status: Nativa.
Elevación: 2000-3000 m.
Prov.: TU.
Paises limítrofes: BO.
Ejemplar examinado: *Meyer 15042* (LIL).

Tetraptera parviflora Phil. = **Gaya parviflora** (Phil.) Krapov.

Urocarpidium Ulbr.

Número de especies: 3

Urocarpidium echinatum (C. Presl) Krapov. & Fryxell
Sin.: *Fuertesimalva echinata* (C. Presl) Fryxell, *Malva echinata* C. Presl, *Malvastrum shepardae* I.M. Johnst., *Urocarpidium shepardae* (I.M. Johnst.) Krapov.
Ref.: Krapovickas & Fryxell, 1993; Fryxell, 1996.
Hábito: Hierba.
Status: Nativa.
Elevación: 2000-3800 m.
Prov.: JU, SA, TU.
Paises limítrofes: BO, CH.
Ejemplar examinado: *Krapovickas y Barret 4705* (BAB, LIL).

Urocarpidium pentacoccum Krapov.
Sin.: *Fuertesimalva pentacoca* (Krapov.) Fryxell
Ref.: Krapovickas, 1970d; Fryxell, 1996.
Hábito: Hierba.
Status: Nativa.
Elevación: 2900-3100 m.
Prov.: CA.
Paises limítrofes: BO.
Ejemplar examinado: *Hunziker 19223* (holotipo, CTES; isotipo, CORD).

Urocarpidium pentandrum (K. Schum.) Krapov.
Sin.: *Fuertesimalva pentandra* (K. Schum.) Fryxell, *Malvastrum catamarcense* I.M. Johnst., *Malvastrum pentandrum* K. Schum.
Ref.: Krapovickas, 1954a; Fryxell, 1996.
Hábito: Hierba.
Status: Nativa.
Elevación: 2000-3000 m.
Prov.: CA, JU, LR, SA, TU.
Paises limítrofes: BO.
Ejemplar examinado: *Krapovickas y Barret 4574* (BAB, CTES, LIL).

Urocarpidium shepardae (I.M. Johnst.) Krapov. = **Urocarpidium echinatum** (C. Presl) Krapov. & Fryxell

Wissadula Medik.

Número de especies: 11, 1 especie y 1 variedad endémicas.

Wissadula amplissima auct. non (L.) R.E. Fr. = **Wissadula subpeltata** (Kuntze) R.E. Fr.
Ref.: Krapovickas, 1996b.

[Wissadula andina Britton]
Nota: Cita dudosa para la flora argentina.

Wissadula aristulosa (K. Schum.) Monteiro = **Abutilon aristulosum** K. Schum.

Wissadula balansae Baker f. = **Briquetia denudata** (Nees & Mart.) Chodat & Hassl.

Wissadula callimorpha (Hochr.) Hassl. = **Pseudabutilon callimorphum** (Hochr.) R.E. Fr. var. **callimorphum**

Wissadula callimorpha (Hochr.) Hassl. var. *friesii* Hassl. = **Pseudabutilon callimorphum** (Hochr.) R.E. Fr. var. **friesii** (Hassl.) R.E. Fr.

Wissadula conjugens R.E. Fr. = **Wissadula tucumanensis** R.E. Fr.

Wissadula decora S. Moore
Ref.: Fries, 1908.
Hábito: Subarbusto.
Status: Nativa.
Elevación: 0-500 m.
Prov.: COR, FO.
Paises limítrofes: BR, PA.
Ejemplar examinado: *Krapovickas 28622* (CTES).

Wissadula densiflora R.E. Fr. var. **densiflora**
Ref.: Fries, 1908.
Hábito: Subarbusto.
Status: Nativa.
Elevación: 0-600 m.
Prov.: CA, CO, JU, LR, SA, SE.
Paises limítrofes: BO.
Ejemplar examinado: *Krapovickas et al. 28232* (CTES).

Wissadula densiflora R.E. Fr. var. **schulzii** R.E. Fr.
Ref.: Fries, 1947.
Hábito: Subarbusto.
Status: Endémica.
Elevación: 0-500 m.
Prov.: CH.
Ejemplar examinado: *Schulz 839* (holotipo, S; isotipo, CTES).

Wissadula excelsior (Cav.) C. Presl
Sin.: *Abutilon patens* A. St.-Hil., *Sida excelsior* Cav., *Wissadula patens* (A. St.-Hil.) Garcke, *Wissadula patens* (A. St.-Hil.) Garcke subsp. *cuspidata* R.E. Fr.
Ref.: Fries, 1908; Krapovickas, inéd.
Hábito: Arbusto.
Status: Nativa.
Elevación: 0-500 m.
Prov.: MI.
Paises limítrofes: BO, BR, PA.
Ejemplar examinado: *Tressens et al. 5851* (CTES).

Wissadula glechomaefolia (A. St.-Hil.) R.E. Fr.
Sin.: *Abutilon glechomoefolium* A. St.-Hil., *Sida glechomoefolia* (A. St.-Hil.) D. Dietr.
Ref.: Fries, 1908.
Hábito: Hierba.
Status: Nativa.
Elevación: 0-500 m.
Prov.: COR, ER, MI.
Paises limítrofes: BR, UR.
Ejemplar examinado: *Krapovickas y Cristóbal 11663* (CTES).

Wissadula grisebachii R.E. Fr. = **Wissadula wissadifolia** (Griseb.) Krapov.

Wissadula gymnanthemum (Griseb.) K. Schum.
Sin.: *Abutilon gymnanthemum* Griseb., *Wissadula gymnanthemum* (Griseb.) K. Schum. var. *subtomentosa* R.E. Fr.
Ref.: Fries, 1908; Krapovickas, inéd.
Hábito: Subarbusto.
Status: Nativa.
Elevación: 0-1500 m.
Prov.: CA, CO, JU, LR, SA, SE, SL, TU.
Paises limítrofes: BO.
Ejemplar examinado: *Hunziker 13435* (CORD, CTES).

Wissadula gymnanthemum (Griseb.) K. Schum. var. *subtomentosa* R.E. Fr. = **Wissadula gymnanthemum** (Griseb.) K. Schum.

Wissadula hassleriana Chodat = **Abutilon ramiflorum** A. St.-Hil.

Wissadula oligomera Chodat = **Wissadula paraguariensis** Chodat

Wissadula paraguariensis Chodat
Sin.: *Wissadula oligomera* Chodat, *Wissadula periplocifolia* Griseb. f. *parvifolia* Chodat & Hassl.
Ref.: Fries, 1908.
Hábito: Subarbusto.
Status: Nativa.
Elevación: 0-500 m.
Prov.: CH, COR, FO.
Paises limítrofes: BO, PA.
Ejemplar examinado: *Krapovickas y Cristóbal 11341* (CTES).

Wissadula parviflora (A. St.-Hil.) R.E. Fr.
Sin.: *Abutilon parviflorum* A. St.-Hil. var. *luteum* A. St.-Hil., *Abutilon parviflorum* A. St.-Hil.
Ref.: Fries, 1908; Krapovickas, inéd.
Hábito: Subarbusto.
Status: Nativa.
Elevación: 0-500 m.
Prov.: MI.
Paises limítrofes: BR.
Ejemplar examinado: *Morrone et al. 2015* (CTES, SI).

Wissadula patens (A. St.-Hil.) Garcke = **Wissadula excelsior** (Cav.) C. Presl

Wissadula patens (A. St.-Hil.) Garcke subsp. *cuspidata* R.E. Fr. = **Wissadula excelsior** (Cav.) C. Presl

Wissadula pedunculata R.E. Fr. = **Pseudabutilon callimorphum** (Hochr.) R.E. Fr. var. **friesii** (Hassl.) R.E. Fr.

Wissadula periplocifolia Griseb. f. *parvifolia* Chodat & Hassl. = **Wissadula paraguariensis** Chodat

Wissadula setifera Krapov.
Ref.: Krapovickas, 1983.
Hábito: Arbusto.
Status: Nativa.
Elevación: 0-500 m.
Prov.: COR.
Paises limítrofes: BO, PA.
Ejemplar examinado: *Krapovickas y Cristóbal 29069* (holotipo, CTES; isotipos, G, LIL, P, SI, US).

Wissadula subpeltata (Kuntze) R.E. Fr.
Sin.: *Abutilon amplissimum* (L.) Kuntze var. *subpeltatum* Kuntze, *Wissadula amplissima* auct. non (L.) R.E. Fr.
Ref.: Fries, 1908.
Hábito: Arbusto.
Status: Nativa.
Elevación: 0-500 m.
Prov.: CH, COR, FO, MI, SA.
Paises limítrofes: BO, BR, PA.
Ejemplar examinado: *Krapovickas et al. 24236* (CTES).

Wissadula tucumanensis R.E. Fr.
Sin.: *Wissadula conjugens* R.E. Fr.
Ref.: Fries, 1908; Krapovickas, inéd.
Hábito: Subarbusto.
Status: Endémica.
Elevación: 0-1500 m.
Prov.: JU, SA, SE, TU.
Ejemplar examinado: *Krapovickas y Cristóbal 14514* (CTES).

Wissadula wissadifolia (Griseb.) Krapov.
Sin.: *Abutilon wissadifolium* Griseb., *Wissadula grisebachii* R.E. Fr.
Ref.: Krapovickas, 1983.
Hábito: Subarbusto.
Status: Nativa.
Elevación: 0-1000 m.
Prov.: JU, SA.
Paises limítrofes: BO.
Ejemplar examinado: *Cabrera 16402* (CTES, LP).

MARTYNIACEAE

2 géneros, 4 especies; 2 especies endémicas.

Craniolaria L.
Número de especies: 2, 1 especie endémica.

Craniolaria argentina Speg.
Ref.: Abbiatti, 1939.
Hábito: Hierba.
Status: Endémica.
Elevación: 0-1000 m.
Prov.: CA, JU, LR, SA, TU.
Ejemplar examinado: *Spegazzini s.n.* (LP).

Craniolaria integrifolia Cham.
Ref.: Abbiatti, 1939; Bretting & Nilsson, 1988.
Hábito: Hierba.
Status: Nativa.
Elevación: 0-500 m.
Prov.: COR, FO, MI, SA, TU.
Paises limítrofes: BR, PA, UR.
Ejemplar examinado: *Parodi 8362* (BAA).

Ibicella Van Eselt.
Número de especies: 2, 1 especie endémica.

Ibicella lutea (Lindl.) Van Eselt.
Sin.: *Martynia lutea* Lindl., *Martynia montevidensis* Cham., *Proboscidea lutea* (Lindl.) Stapf
Ref.: Abbiatti, 1939; Bretting & Nilsson, 1988.
Hábito: Hierba.
Status: Nativa.
Elevación: 0-500 m.
Prov.: BA, CH, CO, DF, ER, LP, LR, ME, SA, SE, SF, SL, TU.
Paises limítrofes: BR, PA, UR.
Ejemplar examinado: *Cabrera 601* (LP).

Ibicella parodii Abbiatti
Ref.: Abbiatti, 1939; Bretting & Nilsson, 1988.
Hábito: Hierba.
Status: Endémica.
Elevación: 0-1500 m.
Prov.: CA, CO, LR, ME, SA, SE, SJ, SL, TU.
Ejemplar examinado: *Abbiatti s.n.* (holotipo, LP 30126).

Martynia lutea Lindl. = **Ibicella lutea** (Lindl.) Van Eselt.
Ref.: Abbiatti, 1939.

Martynia montevidensis Cham. = **Ibicella lutea** (Lindl.) Van Eselt.
Ref.: Abbiatti, 1939.

Proboscidea lutea (Lindl.) Stapf = **Ibicella lutea** (Lindl.) Van Eselt.
Ref.: Abbiatti, 1939.

MELASTOMATACEAE

7 géneros, 23 especies; 2 especies endémicas.

Acisanthera P. Browne
Número de especies: 1

Acisanthera paraguayensis (Hook. f.) Cogn.
Sin.: *Cambessedesia paraguayensis* Hook. f.
Ref.: Molfino, 1924.
Hábito: Arbusto.
Status: Nativa.
Elevación: 0–500 m.
Prov.: MI.
Paises limítrofes: PA.
Ejemplar citado: *Molfino s.n.** (BAF).

Arthrostemma herbaceum DC. = **Tibouchina herbacea** (DC.) Cogn

Arthrostemma hirsutissimum DC. = **Tibouchina herbacea** Cogn.
Ref.: Souza, 1986.

Arthrostemma nitidum Graham = **Tibouchina nitida** (Graham) Cogn.
Ref.: Fabris, 1966d.

Brachyotum Triana

Número de especies: 1

Brachyotum microdon (Naudin) Triana
Sin.: *Chaetogastra microdon* Naudin
Ref.: Wurdack, 1953.
Hábito: Arbusto.
Status: Nativa.
Elevación: 1500–4000 m.
Prov.: JU.
Paises limítrofes: BO.
Ejemplar examinado: *Burkart y Troncoso 11264* (SI).

Cambessedesia paraguayensis Hook. f. = **Acisanthera paraguayensis** (Hook. f.) Cogn.

Chaetogastra debilis Cham. = **Tibouchina debilis** (Cham.) Cogn.
Ref.: Souza, 1986.

Chaetogastra microdon Naudin = **Brachyotum microdon** (Naudin) Triana
Ref.: Wurdack, 1953.

Clidemia australis Cham. = **Leandra australis** (Cham.) Cogn.
Ref.: Lucena, 1983.

Clidemia crenata D. Don = **Leandra crenata** (D. Don) Cogn.
Ref.: Lucena, 1983.

Clidemia erostrata DC. = **Leandra erostrata** (DC.) Cogn. var. **erostrata**
Ref.: Wurdack, 1962.

Clidemia lambertiana DC. = **Leandra crenata** (D. Don) Cogn.
Ref.: Lucena, 1983.

Clidemia lutescens Naudin = **Leandra crenata** (D. Don) Cogn.
Ref.: Lucena, 1983.

Clidemia marginata (Desr.) DC. = **Ossaea marginata** (Desr.) Triana
Ref.: Wurdack, 1962.

Clidemia weddellii Naudin = **Leandra erostrata** (DC.) Cogn. var. **erostrata**
Ref.: Wurdack, 1962; Lucena, 1983.

Clidemia xanthocoma Naudin = **Leandra xanthocoma** (Naudin) Cogn.
Ref.: Lucena, 1983.

Comolia platensis Speg. = **Tibouchina nitida** (Graham) Cogn.
Ref.: Fabris, 1966d.

Cremanium pusilliflorum DC. = **Miconia pusilliflora** Beurl.
Ref.: Wurdack, 1962.

Lasiandra ursina Cham. = [Tibouchina ursina (Cham.) Cogn.]
Ref.: Wurdack, 1962.

Leandra Raddi

Número de especies: 7, 1 especie endémica.

Leandra alterninervia Cogn. = **Leandra regnellii** (Triana) Cogn.
Ref.: Wurdack, 1962.

Leandra atropurpurea Cogn. = **Leandra australis** (Cham.) Cogn.
Ref.: Wurdack, 1962.

Leandra australis (Cham.) Cogn.
Sin.: *Clidemia australis* Cham., *Leandra atropurpurea* Cogn., *Oxymeris australis* (Cham.) Triana
Ref.: Lucena, 1983.
Hábito: Arbusto.
Status: Nativa.
Elevación: 0–500 m.
Prov.: COR, MI.
Paises limítrofes: BR, PA.
Ejemplar examinado: *Krapovickas et al. 21353* (LP).

Leandra balansae Cogn.
Ref.: Molfino, 1928; Lucena, 1983.
Hábito: Arbusto.
Status: Nativa.
Elevación: 0–500 m.
Prov.: MI.
Paises limítrofes: BR, PA.
Ejemplar examinado: *Gamerro y Toursarkissian 22* (SI).

Leandra crenata (D. Don) Cogn.
Sin.: *Clidemia crenata* D. Don, *Clidemia lambertiana* DC., *Clidemia lutescens* Naudin.
Ref.: Lucena, 1983.
Hábito: Arbusto.
Status: Nativa.
Elevación: 1000–2500 m.
Prov.: SA.
Paises limítrofes: BO, BR, PA.
Ejemplar examinado: *Cuezzo et al. 8740* (LIL).

[Leandra eichleri Cogn.]
Nota: Cita dudosa para la flora argentina.

Leandra erinacea Cogn. = **Leandra xanthocoma** (Naudin) Cogn.
Ref.: Wurdack, 1962.

Leandra erostrata (DC.) Cogn. var. **erostrata**
Sin.: *Clidemia erostrata* DC., *Clidemia weddellii* Naudin, *Oxymeris erostrata* (DC.) Triana.
Ref.: Wurdack, 1962; Lucena, 1983.
Hábito: Arbusto.
Status: Nativa.
Elevación: 0–500 m.
Prov.: MI.
Paises limítrofes: BO, BR.
Ejemplar examinado: *Cuezzo 11627* (LIL).

Leandra erostrata (DC.) Cogn. var. **minor** Cogn.
Ref.: Lucena, 1983.
Hábito: Arbusto.
Status: Nativa.
Prov.: SA.
Paises limítrofes: BR.
Ejemplar examinado: *Sleumer 3872* (SI).

Leandra niederleinii Cogn.
Ref.: Cogniaux, 1891.
Hábito: Hierba.
Status: Endémica.
Elevación: 0–500 m.
Prov.: MI.
Ejemplar citado: *Niederlein 1878**.

Leandra regnellii (Triana) Cogn.
Sin.: *Leandra alterninervia* Cogn., *Oxymeris regnellii* Triana.
Ref.: Lucena, 1983.
Hábito: Arbusto.
Status: Nativa.
Elevación: 0–1000 m.
Prov.: MI, SA.
Paises limítrofes: BO, BR.
Ejemplar examinado: *Gamerro y Toursarkissian 9* (SI).

Leandra xanthocoma (Naudin) Cogn.
Sin.: *Clidemia xanthocoma* Naudin, *Leandra erinacea* Cogn., *Oxymeris xanthocoma* (Naudin) Triana.
Ref.: Wurdack, 1962; Lucena, 1983.
Hábito: Arbusto.
Status: Nativa.
Elevación: 0–1000 m.
Prov.: MI.
Paises limítrofes: BR, PA.
Ejemplar examinado: *Cabrera et al. 28897* (SI).

Melastoma marginata Desr. = **Ossaea marginata** (Desr.) Triana
Ref.: Wurdack, 1962.

Miconia Ruiz & Pav.

Número de especies: 7, 1 especie endémica.

Miconia calvescens DC.
Ref.: Cogniaux, 1891; Molfino, 1928.
Hábito: Arbusto o árbol.
Status: Nativa.
Elevación: 0–2000 m.
Prov.: MI, SA.
Paises limítrofes: BO, BR, PA.
Ejemplar examinado: *Pierotti 220* (SI).

Miconia cinerascens Miq.
Ref.: Cogniaux, 1891; Wurdack, 1962.
Hábito: Arbusto o subarbusto.
Status: Nativa.
Elevación: 0–500 m.
Prov.: MI.
Paises limítrofes: BR.
Ejemplar examinado: *Gamerro y Toursarkissian 169* (SI).

Miconia collatata Wurdack
Ref.: Wurdack, 1974.
Hábito: Arbusto o árbol.
Status: Nativa.
Elevación: 0–500 m.
Prov.: MI.
Paises limítrofes: BR, PA.
Ejemplar examinado: *Rodríguez 358* (SI).

Miconia discolor DC. var. **discolor**
Ref.: Cogniaux, 1891; Molfino, 1928.
Hábito: Arbusto.
Status: Nativa.
Elevación: 0–500 m.
Prov.: MI.
Paises limítrofes: BR, PA.
Ejemplar examinado: *Rodríguez 454* (SI).

Miconia discolor DC. var. **subconcolor** Cogn.
Sin.: *Miconia kleinii* Brade
Ref.: Cogniaux, 1891; Wurdack, 1962.
Hábito: Arbusto.
Status: Nativa.
Elevación: 0–500 m.
Prov.: MI.
Paises limítrofes: BR, PA.
Ejemplar citado: *Reitz y Klein 2108** (US).

Miconia elegans Cogn.
Ref.: Cogniaux, 1891; Molfino, 1928.
Hábito: Arbusto.
Status: Nativa.
Elevación: 0–500 m.
Prov.: MI.
Paises limítrofes: BR.
Ejemplar citado: *Joergensen s.n.* *.

Miconia gardneriana Naudin = **Miconia pusilliflora** Beurl.
Ref.: Cogniaux, 1891.

Miconia ioneura Griseb.
Ref.: Grisebach, 1879; Cogniaux, 1891; Meyer, 1963.
Hábito: Arbusto.
Status: Endémica.
Elevación: 500–1500 m.
Prov.: JU, SA, TU.
Ejemplar examinado: *Venturi 5755* (SI).

Miconia kleinii Brade = **Miconia discolor** var. **subconcolor** Cogn.
Ref.: Wurdack, 1962.

Miconia pusilliflora Beurl.
Sin.: *Cremanium pusilliflorum* DC., *Miconia gardneriana* Naudin.
Ref.: Cogniaux, 1891; Wurdack, 1962.
Hábito: Árbol.
Elevación: 0–500 m.
Prov.: COR, MI.
Paises limítrofes: BR, PA.
Ejemplar examinado: *Eskuche 1790* (SI).

[Miconia tristis Spring]
Ref.: Wurdack, 1962.
Nota: Especie excluida de la flora argentina.

Ossaea DC.

Número de especies: 1

Ossaea marginata (Desr.) Triana
Sin.: *Clidemia marginata* (Desr.) DC., *Melastoma marginata* Desr.
Ref.: Cogniaux, 1891; Wurdack, 1962.
Hábito: Arbusto.
Status: Nativa.
Elevación: 0–500 m.
Prov.: MI.
Paises limítrofes: BR, PA.
Ejemplar examinado: *Guaglianone et al. 126* (SI).

Oxymeris australis (Cham.) Triana = **Leandra australis** (Cham.) Cogn.
Ref.: Lucena, 1983.

Oxymeris erostrata (DC.) Triana = **Leandra erostrata** var. **erostrata** (DC.) Cogn.
Ref.: Wurdack, 1962.

Oxymeris regnellii Triana = **Leandra regnellii** (Triana) Cogn.
Ref.: Wurdack, 1962; Lucena, 1983.

Oxymeris xanthocoma (Naudin) Triana = **Leandra xanthocoma** (Naudin) Cogn.
Ref.: Lucena, 1983.

Pleroma gracile (Kunth) A. Gray = **Tibouchina gracilis** (Kunth) Cogn.
Ref.: Wurdack, 1962.

Pleroma lanceolatum Griseb. = [Tibouchina longifolia (Vahl) Baill.]
Ref.: Cogniaux, 1891.

Pleroma longifolium (Vahl) Triana = [Tibouchina longifolia (Vahl) Baill.]
Ref.: Cogniaux, 1891.

Pleroma paratropica Griseb. = **Tibouchina paratropica** (Griseb.) Cogn.
Ref.: Wurdack, 1962.

Pleroma pulchrum Griseb., hom. illeg. = **Tibouchina gracilis** (Kunth) Cogn.
Ref.: Cogniaux, 1891.

Poinciana gilliesii Wall. Ex Hook. = **Caesalpinia gilliesii** (Wall. Ex Hook.) D. Dietr.

Pterolepis balansaei Cogn. = [Pterolepis repanda (DC.) Triana]

Pterolepis herincqniana Cogn. = [Pterolepis repanda (DC.) Triana]
Ref.: Renner, 1994.

[Pterolepis repanda (DC.) Triana]
Sin.: *Pterolepis balansaei* Cogn., *Pterolepis herincqniana* Cogn.
Ref.: Renner, 1994.
Nota: Especie excluida de la flora argentina.

Rhexia gracilis Humb. & Bonpl. = **Tibouchina gracilis** (Humb. & Bonpl.) Cogn.
Ref.: Wurdack, 1962; Souza, 1986.

Rhexia longifolia Vahl = [Tibouchina longifolia (Vahl) Baill.]
Ref.: Cogniaux, 1891.

Rhynchanthera DC.

Número de especies: 1

[Rhynchanthera humilis Cogn.]
Ref.: Fontana, 1991.
Nota: Especie excluida de la flora argentina.

Rhynchanthera verbenoides Cham.
Ref.: Fontana, 1991.
Hábito: Hierba.
Status: Nativa.
Elevación: 0–500 m.
Prov.: MI.
Paises limítrofes: BR, PA.
Ejemplar examinado: *Fontana 0267* (CTESN).

Tibouchina Aubl.

Número de especies: 5

Tibouchina debilis (Cham.) Cogn.
Sin.: *Chaetogastra debilis* Cham.
Ref.: Cogniaux, 1891; Souza, 1986.
Hábito: Hierba o subarbusto.
Status: Nativa.
Elevación: 0–500 m.
Prov.: COR, MI.
Paises limítrofes: BR.
Ejemplar examinado: *Krapovickas y Cristóbal 28819* (CTES).

Tibouchina gracilis (Humb. & Bonpl.) Cogn.
Sin.: *Pleroma gracile* (Kunth) A. Gray, *Pleroma pulchrum* Griseb., hom. illeg., *Rhexia gracilis* Humb. & Bonpl.
Ref.: Wurdack, 1962; Souza, 1986.
Hábito: Hierba o subarbusto.
Status: Nativa.
Elevación: 0–500 m.
Prov.: COR, ER, FO, MI, SF.
Paises limítrofes: BO, BR, PA, UR.
Ejemplar examinado: *Krapovickas et al. 20103* (LP).

Tibouchina herbacea (DC.) Cogn.
Sin.: *Arthrostemma herbaceum* DC., *Arthrostemma hirsutissimum* DC.
Ref.: Souza, 1986.
Hábito: Hierba o subarbusto.
Status: Nativa.
Elevación: 0–500 m.
Prov.: COR, ER, MI.
Paises limítrofes: BR, PA, UR.
Ejemplar examinado: *Pedersen 8756* (CTES, LP).

[Tibouchina longifolia (Vahl) Baill.]
Sin.: *Pleroma lanceolatum* Griseb., *Pleroma longifolium* (Vahl) Triana, *Rhexia longifolia* Vahl
Ref.: Cogniaux, 1891.
Nota: Especie excluida de la flora argentina.

Tibouchina nitida (Graham) Cogn.
Sin.: *Arthrostemma nitidum* Graham, *Comolia platensis* Speg.
Ref.: Burkart, 1957; Wurdack, 1962; Fabris, 1966d.
Hábito: Hierba o arbusto.
Status: Nativa.
Elevación: 0–500 m.
Prov.: BA, COR, ER.
Paises limítrofes: BR, UR.
Ejemplar examinado: *Cabrera 1352* (LP).

Tibouchina paratropica (Griseb.) Cogn.
Sin.: *Pleroma paratropica* Griseb.
Ref.: Cogniaux, 1891; Wurdack, 1962; Meyer, 1963.
Hábito: Subarbusto.
Status: Nativa.
Elevación: 500–2500 m.
Prov.: CO, JU, SA, TU.
Paises limítrofes: BO, BR.
Ejemplar examinado: *Schinini y Vanni 22468* (LP).

[Tibouchina ursina (Cham.) Cogn.]
Sin.: *Lasiandra ursina* Cham.
Nota: Especie excluida de la flora argentina.

MELIACEAE

5 géneros, 12 especies.

Cabralea A. Juss.

Número de especies: 1

Cabralea brachystachya C. DC. = **Cabralea canjerana** (Vell.) Mart.
Ref.: Pennington, 1981; Bernardi, 1985a.

Cabralea canjerana (Vell.) Mart.
Sin.: *Cabralea brachystachya* C. DC., *Cabralea multijuga* C. DC., *Cabralea oblongifolia* C. DC., *Cabralea rojasii* C. DC., *Trichilia canjerana* Vell.
Ref.: Pennington, 1981; Tressens, 1981; Bernardi, 1985a.
Hábito: Árbol.
Status: Nativa.
Elevación: 0–1000 m.
Prov.: COR, MI.
Países limítrofes: BO, BR, PA.
Ejemplar examinado: *Eskuche 409* (SI).

Cabralea multijuga C. DC. = **Cabralea canjerana** (Vell.) Mart.
Ref.: Pennington, 1981.

Cabralea oblongifolia C. DC. = **Cabralea canjerana** (Vell.) Mart.
Ref.: Pennington, 1981.

Cabralea rojasii C. DC. = **Cabralea canjerana** (Vell.) Mart.
Ref.: Pennington, 1981; Bernardi, 1985a.

Cedrela P. Browne

Número de especies: 3

[Cedrela alba Rojas Acosta, nom. nud.]
Ref.: Krapovickas, 1970c.

[Cedrela angustifolia Mociño & Sessé ex DC.]
Ref.: Pennington, 1981.
Nota: Taxón dudoso.

Cedrela balansae C. DC. = **Cedrela fissilis** Vell.
Ref.: Pennington, 1981.

Cedrela boliviana Rusby = **Cedrela lilloi** C. DC.
Ref.: Pennington, 1981; Quevedo Sopepí, 1993.

Cedrela brasiliensis A. Juss. = **Cedrela fissilis** Vell.
Ref.: Pennington, 1981.

Cedrela brasiliensis A. Juss. var. *australis* A. Juss. = **Cedrela fissilis** Vell.
Ref.: Pennington, 1981.

Cedrela fissilis Vell.
Sin.: *Cedrela balansae* C. DC., *Cedrela brasiliensis* A. Juss., *Cedrela brasiliensis* A. Juss var. *australis* A Juss., *Cedrela fissilis* Vell. var. *macrocarpa* C. DC., *Cedrela hirsuta* C. DC., *Cedrela tubiflora* Bertoni, *Cedrela tubiflora* Bertoni f. *grandifolia* (Bertoni) Buchinger & Falc., *Cedrela tubiflora* Bertoni f. *parvifoliola* Buchinger & Falc., *Cedrela tubiflora* Bertoni var. *grandifolia* Bertoni
Ref.: Pennington, 1981; Bernardi, 1985a.
Hábito: Árbol.
Status: Nativa.
Elevación: 0–1500 m.
Prov.: CA, COR, JU, MI, SA, TU.
Países limítrofes: BO, BR, PA, UR.
Ejemplar examinado: *Venturi 5767* (SI).

Cedrela fissilis Vell. var. *macrocarpa* C. DC. = **Cedrela fissilis** Vell.
Ref.: Pennington, 1981; Bernardi, 1985.

[Cedrela fuscata Rojas Acosta, nom. nud.]
Ref.: Krapovickas, 1970c.

Cedrela hassleri (C. DC.) C. DC. = **Cedrela odorata** L.
Ref.: Pennington, 1981.

Cedrela hirsuta C. DC. = **Cedrela fissilis** Vell.
Ref.: Pennington, 1981.

[Cedrela iaspiata Rojas Acosta, nom. nud.]
Ref.: Krapovickas, 1970c.

Cedrela lilloi C. DC.
Sin.: *Cedrela boliviana* Rusby, *Cedrela steinbachii* Harms
Ref.: Buchinger & Falcone, 1953; Pennington, 1981; Quevedo Sopepí, 1993.
Hábito: Árbol.
Status: Nativa.
Elevación: 0–3000 m.
Prov.: CA, JU, SA, TU.
Países limítrofes: BO, PA.
Ejemplar examinado: *Venturi 2332* (LIL, LP, SI).

[Cedrela matura Rojas Acosta, nom. nud.]
Ref.: Krapovickas, 1970c.

Cedrela mexicana M. Roem. = **Cedrela odorata** L.
Ref.: Pennington, 1981.

[Cedrela misionae Rojas Acosta, nom. nud.]
Ref.: Krapovickas, 1970c.

Cedrela odorata L.
Sin.: *Cedrela hassleri* (C. DC.) C. DC., *Cedrela mexicana* M. Roem., *Cedrela paraguariensis* Mart., *Cedrela paraguariensis* Mart. var. *hassleri* C. DC.
Ref.: Pennington, 1981; Quevedo Sopepí, 1993.
Hábito: Árbol.
Status: Nativa.
Elevación: 0–3000 m.
Prov.: CA, JU, MI, SA, TU.
Países limítrofes: BO, BR.
Ejemplar examinado: *Venturi 7699* (MO).

Cedrela paragurariensis Mart. = **Cedrela odorata** L.
Ref.: Pennington, 1981.

Cedrela paraguariensis Mart. var. *hassleri* C. DC. = **Cedrela odorata** L.
Ref.: Pennington, 1981.

[Cedrela pupulla Rojas Acosta, nom. nud.]
Ref.: Krapovickas, 1970c.

Cedrela steinbachii Harms = **Cedrela lilloi** C. DC.
Ref.: Pennington, 1981; Quevedo Sopepí, 1993.

Cedrela tubiflora Bertoni = **Cedrela fissilis** Vell.
Ref.: Pennington, 1981; Bernardi, 1985a.

Cedrela tubiflora Bertoni f. *grandifolia* (Bertoni) Buchinger & Falc. = **Cedrela fissilis** Vell.
Ref.: Smith, 1960; Pennington, 1981.

Cedrela tubiflora Bertoni f. *parvifoliola* Buchinger & Falc. = **Cedrela fissilis** Vell.
Ref.: Smith, 1960; Pennington, 1981.

Cedrela tubiflora Bertoni var. *grandifolia* Bertoni = **Cedrela fissilis** Vell.
Ref.: Pennington, 1981.

Guarea Allam. ex L.
Número de especies: 3

Guarea balansae C. DC. = **Guarea macrophylla** Vahl subsp. **spicaeflora** (A. Juss.) T.D. Penn.
Ref.: Pennington, 1981; Bernardi, 1985a.

Guarea campestris C. DC. = **Guarea guidonia** (L.) Sleumer
Ref.: Pennington, 1981; Bernardi, 1985a.

Guarea coriacea C. DC. = [Guarea macrophylla Vahl subsp. tuberculata (Vell.) T.D. Penn.]
Ref.: Pennington, 1981.

Guarea dumetorum C. DC. = **Guarea macrophylla** Vahl subsp. **spicaeflora** (A. Juss.) T.D. Penn.
Ref.: Pennington, 1981; Bernardi, 1985a.

Guarea francavillana C. DC. = **Guarea guidonia** (L.) Sleumer
Ref.: Pennington, 1981.

Guarea guidonia (L.) Sleumer
Sin.: *Guarea campestris* C. DC., *Guarea francavillana* C. DC., *Guarea rubescens* C. DC., *Guarea trichilioides* L., *Samyda guidonia* L.
Ref.: Pennington, 1981.
Hábito: Árbol.
Status: Nativa.
Elevación: 0–500 m.
Prov.: MI.
Países limítrofes: BO, BR, PA.
Ejemplar citado: *Ekman 2005** (GH, NY).

Guarea kunthiana A. Juss.
Sin.: *Guarea pohlii* C. DC.
Ref.: Pennington, 1981; Ortega Torres et al., 1989.
Hábito: Árbol.
Status: Nativa.
Elevación: 0–1000 m.
Prov.: MI.
Países limítrofes: BO, BR, PA.
Ejemplar examinado: *Hicken 99* (SI).

Guarea macrophylla Vahl subsp. **spicaeflora** (A. Juss.) T.D. Penn.
Sin.: *Guarea balansae* C. DC., *Guarea dumetorum* C. DC., *Guarea spicaeflora* A. Juss.
Ref.: Pennington, 1981; Bernardi, 1985a.
Hábito: Árbol.
Status: Nativa.
Elevación: 0–1000 m.
Prov.: CH, COR, FO, MI, SF.
Países limítrofes: BR, PA.
Ejemplar examinado: *Krapovickas et al. 23876* (CTES, MO).

[Guarea macrophylla Vahl subsp. tuberculata (Vell.) T.D. Penn.]
Sin.: *Guarea coriacea* C. DC., *Guarea tuberculata* Vell.
Ref.: Pennington, 1981.
Nota: Especie excluida de la flora argentina.

Guarea pohlii C. DC. = **Guarea kunthiana** A. Juss.
Ref.: Pennington, 1981; Ortega Torres et al., 1989.

Guarea rubescens C. DC. = **Guarea guidonia** (L.) Sleumer
Ref.: Pennington, 1981.

Guarea spicaeflora A. Juss. = **Guarea macrophylla** Vahl subsp. **spicaeflora** (A. Juss.) T.D. Penn.
Ref.: Pennington, 1981; Bernardi, 1985a.

Guarea trichilioides L. = **Guarea guidonia** (L.) Sleumer
Ref.: Pennington, 1981.

Guarea tuberculata Vell. = [Guarea macrophylla Vahl subsp. tuberculata (Vell.) T.D. Penn.]
Ref.: Pennington, 1981.

Melia L.

Número de especies: 1

Melia azederach L.
Ref.: Martínez Crovetto, 1977; Pennington, 1981.
Hábito: Árbol.
Status: Naturalizada.
Elevación: 0–500 m.
Prov.: BA, CH, CO, COR, ER, LP, MI, SE.
Países limítrofes: BO, PA.
Ejemplar examinado: *Schinini y Ahumada 15968* (CTES).

Samyda guidonia L. = **Guarea guidonia** (L.) Sleumer
Ref.: Pennington, 1981; Bernardi, 1985a.

Trichilia P. Browne

Número de especies: 4

Trichilia affinis A. Juss. = **Trichilia catigua** A. Juss.
Ref.: Pennington, 1981.

Trichilia alba C. DC. = **Trichilia elegans** A. Juss.
Ref.: Pennington, 1981.

Trichilia alba Rojas Acosta, nom. nud. = **Trichilia catigua** A. Juss.
Ref.: Pennington, 1981.

Trichilia canjerana Vell. = **Cabralea canjerana** (Vell.) Mart.
Ref.: Pennington, 1981; Bernardi, 1985a.

Trichilia catigua A. Juss.
Sin.: *Trichilia affinis* A. Juss., *Trichilia alba* Rojas Acosta, nom. nud., *Trichilia catigua* A. Juss. var. *longifolia* C. DC., *Trichilia catigua* A. Juss. var. *pallens* C. DC., *Trichilia polyclada* C. DC.
Ref.: Buchinger & Falcone, 1957; Pennington, 1981; Bernardi, 1985a.
Hábito: Árbol.
Status: Nativa.
Elevación: 0–500 m.
Prov.: CH, COR, FO, MI, SE.
Países limítrofes: BO, BR, PA.
Ejemplar examinado: *Pedersen 5955* (SI).

Trichilia catigua A. Juss. var. *longifolia* C. DC. = **Trichilia catigua** A. Juss.
Ref.: Pennington, 1981; Bernardi, 1985a.

Trichilia catigua A. Juss. var. *pallens* C. DC. = **Trichilia catigua** A. Juss.
Ref.: Pennington, 1981; Bernardi, 1985a.

Trichilia claussenii C. DC.
Sin.: *Trichilia hieronymi* Griseb., *Trichilia tartagalensis* C. DC., *Trichilia triphyllaria* C. DC.
Ref.: Pennington, 1981; Bernardi, 1985a; Quevedo Sopepí, 1993.
Hábito: Árbol.
Status: Nativa.
Elevación: 0–1500 m.
Prov.: COR, JU, MI, SA.
Países limítrofes: BO, BR, PA.
Ejemplar examinado: *Zuloaga et al. 2788* (SI).

[Trichilia coriaria Rojas Acosta, nom. nud.]
Ref.: Krapovickas, 1970c.

Trichilia elegans A. Juss.
Sin.: *Trichilia alba* C. DC., *Trichilia elegans* A. Juss.var. *latifolia* C. DC., *Trichilia graciliflora* Harms, *Trichilia hassleri* C. DC.
Ref.: Pennington, 1981; Bernardi, 1985a; Quevedo Sopepí, 1993.
Hábito: Árbol.
Status: Nativa.
Elevación: 0–1000 m.
Prov.: CH, COR, FO, MI.
Países limítrofes: BO, BR, PA, UR.
Ejemplar examinado: *Rodríguez 39* (F, SI).

Trichilia elegans A. Juss. var. *latifolia* C. DC. = **Trichilia elegans** A. Juss.
Ref.: Pennington, 1981.

Trichilia graciliflora Harms = **Trichilia elegans** A. Juss.
Ref.: Pennington, 1981.

Trichilia hassleri C. DC. = **Trichilia elegans** A. Juss.
Ref.: Pennington, 1981; Bernardi, 1985a.

Trichilia hieronymi Griseb. = **Trichilia claussenii** C. DC.
Ref.: Pennington, 1981; Bernardi, 1985a.

Trichilia mollis C. DC. = **Trichilia pallida** Sw.
Ref.: Pennington, 1981; Bernardi, 1985a.

[Trichilia pallens C. DC.]
Sin.: *Trichilia selloi* C. DC.
Ref.: Pennington, 1981.
Nota: Especie excluida de la flora argentina.

Trichilia pallida Sw.
Sin.: *Trichilia mollis* C. DC., *Trichilia pauciflora* Rusby
Ref.: Pennington, 1981; Bernardi, 1985a; Quevedo Sopepí, 1993.
Hábito: Árbol.
Status: Nativa.
Elevación: 0–1000 m.
Prov.: COR, FO, MI.
Países limítrofes: BO, BR, PA.
Ejemplar examinado: *Zuloaga et al. 2295* (SI).

Trichilia pauciflora Rusby = **Trichilia pallida** Sw.
Ref.: Pennington, 1981; Quevedo Sopepí, 1993.

Trichilia polyclada C. DC. = **Trichilia catigua** A. Juss.
Ref.: Pennington, 1981.

Trichilia selloi C. DC. = [Trichilia pallens C. DC.]
Ref.: Pennington, 1981.

[Trichilia stellato-tomentosa Kuntze]
Sin.: *Trichilia stellipila* C. DC.
Ref.: Pennington, 1981.
Nota: Especie citada para Argentina (Prov. Santa Cruz) por Pennington (1981), probablemente por error con el Dpto. Santa Cruz en Bolivia.

Trichilia stellipila C. DC. = [Trichilia stellato-tomentosa Kuntze]
Ref.: Pennington, 1981.

Trichilia tartagalensis C. DC. = **Trichilia claussenii** C. DC.
Ref.: Pennington, 1981; Quevedo Sopepí, 1993.

Trichilia triphyllaria C. DC. = **Trichilia claussenii** C. DC.
Ref.: Pennington, 1981; Bernardi, 1985a.

MENISPERMACEAE

3 géneros, 5 especies.

por C. C. Xifreda

Cissampelos L.

Número de especies: 1

Cissampelos auriculata Miers = **Cissampelos pareira** L.
Ref.: Rhodes, 1975.

[Cissampelos glaberrima A. St.-Hil.]
Nota: Cita dudosa para la flora argentina.

Cissampelos hederacea Miers = **Cissampelos pareira** L.

Cissampelos pareira L.
Sin.: *Cissampelos auriculata* Miers, *Cissampelos hederacea* Miers, *Cissampelos pareira* L. var. *australis* (A. St.-Hil.) Diels, *Cissampelos pareira* L. var. *caapeba* Eichler, *Cissampelos pareira* L. var. *gardneri* Diels, *Cissampelos pareira* L. var. *tamoides* (Willd.) Diels
Ref.: Rhodes, 1975.
Hábito: Enredadera.
Status: Nativa.
Elevación: 0-1000 m.
Prov.: CA, CH, COR, JU, MI, SA, SE, SF, TU.
Paises limítrofes: BO, BR, PA, UR.
Ejemplar examinado: *Burkart 8737* (SI).

Cissampelos pareira L. var. *australis* (A. St.-Hil.) Diels = **Cissampelos pareira** L.
Ref.: Rhodes, 1975.

Cissampelos pareira L. var. *caapeba* Eichler = **Cissampelos pareira** L.
Ref.: Rhodes, 1975.

Cissampelos pareira L. var. *gardneri* Diels = **Cissampelos pareira** L.
Ref.: Rhodes, 1975.

Cissampelos pareira L. var. *tamoides* (Willd.) Diels = **Cissampelos pareira** L.
Ref.: Rhodes, 1975.

Cocculus domingensis DC. = **Hyperbaena domingensis** (DC.) Benth.

Hyperbaena Miers

Número de especies: 2

[Hyperbaena domingensis (DC.) Benth.]
Sin.: *Cocculus domingensis* DC., *Pachygone domingensis* (DC.) Eichler
Nota: Cita dudosa para la flora argentina.

Hyperbaena hassleri Diels
Sin.: *Hyperbaena ovatifolia* (Mart.) Chodat & Hassl.
Ref.: Molfino, 1922; Moldenke, 1940a.
Hábito: Enredadera.
Status: Nativa.
Elevación: 0-500 m.
Prov.: CH, FO.
Paises limítrofes: BO, PA.
Ejemplar examinado: *Martínez et al. s.n.* (BAA 9675 en LIL, SI).

Hyperbaena oblongifolia (Mart.) Chodat & Hassl.
Ref.: Mathias & Theobald, 1981.
Hábito: Enredadera.
Status: Nativa.
Elevación: 0-500 m.
Prov.: MI.
Paises limítrofes: PA.
Ejemplar examinado: *Schwindt 4105* (LIL).

Hyperbaena ovatifolia (Mart.) Chodat & Hassl. = **Hyperbaena hassleri** Diels

Odontocarya Miers

Número de especies: 2

Odontocarya acuparata Miers
Ref.: Barneby, 1972.
Hábito: Liana o epífita.
Status: Nativa.
Elevación: 0-500 m.
Prov.: COR, MI.
Paises limítrofes: BR, PA.
Ejemplar examinado: *Schinini y Martínez Crovetto 12322* (BA, LIL).

Odontocarya asarifolia Barneby
Sin.: *Odontocarya tamoides* auct. non (DC.) Miers
Ref.: Barneby, 1970.
Hábito: Liana o epífita.
Status: Nativa.
Elevación: 0-500 m.
Prov.: CH, SA, TU.
Paises limítrofes: PA.
Ejemplar examinado: *Schultz 196* (SI).

Odontocarya tamoides auct. non (DC.) Miers = **Odontocarya asarifolia** Barneby

Pachygone domingensis (DC.) Eichler = **Hyperbaena domingensis** (DC.) Benth.

MENYANTHACEAE

1 género, 1 especie.

Limnanthemum humboldtianum (Kunth) Griseb. =
Nymphoides indica (L.) Kuntze
Ref.: Meyer et al., 1977.

Menyanthes indica L. = **Nymphoides indica** (L.) Kuntze
Ref.: Ornduff, 1969; Fabris, 1979c.

Nymphoides Hill & Ség.
Número de especies: 1

Nymphoides humboldtiana (Kunth) Kuntze =
Nymphoides indica (L.) Kuntze
Ref.: Ornduff, 1969.

Nymphoides indica (L.) Kuntze
Sin.: *Limnanthemum humboldtianum* (Kunth) Griseb., *Menyanthes indica* L., *Nymphoides humboldtiana* (Kunth) Kuntze, *Villarsia humboldtiana* Kunth.
Ref.: Ordunff, 1969; Meyer et al., 1977; Fabris, 1979c.
Hábito: Hierba acuática.
Status: Nativa.
Elevación: 0–1500 m.
Prov.: BA, COR, ER, FO, SF, TU.
Paises limítrofes: BR, PA.
Ejemplar examinado: *Arbo 282* (SI).

Villarsia humboldtiana Kunth = **Nymphoides indica** (L.) Kuntze
Ref.: Ornduff, 1969.

MISODENDRACEAE

1 género, 7 especies.

Angelopogon linearifolium (DC.) Poepp. ex Tiegh. =
Misodendrum linearifolium DC.
Ref.: Rossow, 1982b, 1984d.

Archiphyllum brachystachium (DC.) Tiegh. =
Misodendrum brachystachium DC.
Ref.: Orfila, 1977; Rossow, 1984d.

Archiphyllum macrophyllum (Phil.) Tiegh. =
Misodendrum brachystachium DC.
Ref.: Rossow, 1982b, 1984d.

Archiphyllum oblongifolium (DC.) Tiegh. =
Misodendrum oblongifolium DC.
Ref.: Rossow, 1982b, 1984d.

Misodendrum Banks ex DC.
Número de especies: 7

Misodendrum angulatum Phil.
Ref.: Orfila, 1977; Rossow, 1982b, 1984d; Zavaro et al., 1997.
Hábito: Hierba parasítica.
Status: Nativa.
Elevación: 500–1000 m.
Prov.: NE, RN, SC
Paises limítrofes: CH.
Ejemplar examinado: *Boelcke y Correa 5482* (SI).

Misodendrum antarcticum Gand., p.p. femina =
Misodendrum gayanum Tiegh.

Misodendrum antarcticum Gand., p.p. mascula =
Misodendrum gayanum Tiegh.
Ref.: Orfila, 1977; Rossow, 1982b, 1984d.

Misodendrum brachystachium DC.
Sin.: *Archiphyllum brachystachium* (DC.) Tiegh., *Archiphyllum macrophyllum* (Phil.) Tiegh., *Misodendrum macrophyllum* Phil.
Ref.: Orfila, 1977; Rossow, 1982b, 1984d; Zavaro et al., 1997.
Hábito: Hierba parasítica.
Status: Nativa.
Elevación: 0–500 m.
Prov.: CHU, RN, SC, TF.
Paises limítrofes: CH.
Ejemplar examinado: *James 2261* (SI).

Misodendrum brachystachium Macloskie, hom. illeg. =
Misodendrum linearifolium DC.

Misodendrum commersonii Tiegh. = **Misodendrum punctulatum** DC.
Ref.: Rossow, 1982b, 1984d.

Misodendrum contractum (Skottsb.) Orfila =
Misodendrum linearifolium DC.
Ref.: Zavaro et al., 1997.

Misodendrum densifolium Orfila = **Misodendrum linearifolium** DC.
Ref.: Zavaro et al., 1997.

Misodendrum diemii E.N. Ruiz = **Misodendrum gayanum** Tiegh.
Ref.: Orfila, 1977; Rossow, 1982b, 1984d.

Misodendrum gayanum Tiegh.
Sin.: *Misodendrum antarcticum* Gand., p.p. mascula, *Misodendrum diemii* E.N. Ruiz, *Misodendrum imbricatum* Hook. f., hom. illeg., *Misodendrum patagonicum* Speg.
Ref.: Orfila, 1977; Rossow, 1982b, 1984d; Zavaro et al., 1997.
Hábito: Hierba parasítica.
Status: Nativa.
Elevación: 500–1000 m.
Prov.: NE, RN.
Paises limítrofes: CH.
Ejemplar examinado: *Diem 3186* (holotipo de *M. diemii*, SI).

Misodendrum imbricatum Poepp. & Endl. =
Misodendrum punctulatum DC.
Ref.: Rossow, 1982b.

Misodendrum imbricatum Hook. f., hom. illeg. =
Misodendrum gayanum Tiegh.
Ref.: Orfila, 1977; Rossow, 1984d.

Misodendrum linearifolium DC.
Sin.: *Angelopogon linearifolium* (DC.) Poepp. ex Tiegh, *Misodendrum brachystachium* Macloskie, hom. illeg., *Misodendrum contractum* (Skottsb.) Orfila, *Misodendrum densifolium* Orfila, *Misodendrum linearifolium* var. *contractum* Skottsb., *Misodendrum linearifolium* f. *monoica* Skottsb., *Misodendrum microphyllum* Hook. & Arn., *Misodendrum reflexum* Orfila, *Misodendrum reflexum* var. *brevisetaceum* Orfila
Ref.: Orfila, 1977; Rossow, 1982b, 1984d; Zavaro et al., 1997.
Hábito: Hierba parasítica.
Status: Nativa.
Elevación: 0–1500 m.
Prov.: CHU, NE, RN, SC, TF.
Paises limítrofes: CH.
Ejemplar examinado: *Diem 3166* (SI).

Misodendrum linearifolium f. *monoica* Skottsb. = **Misodendrum linearifolium** DC.

Misodendrum linearifolium var. *contractum* Skottsb. = **Misodendrum linearifolium** DC.
Ref.: Zavaro et al., 1997.

Misodendrum macrophyllum Phil. = **Misodendrum brachystachium** DC.
Ref.: Orfila, 1977; Rossow, 1982b, 1984d.

Misodendrum microphyllum Hook. & Arn. = **Misodendrum linearifolium** DC.
Ref.: Rossow, 1982b, 1984d.

Misodendrum oblongifolium DC.
Sin.: *Archiphyllum oblongifolium* (DC.) Tiegh., *Misodendrum oblongifolium* var. *lilacinum* Orfila
Ref.: Orfila, 1977; Rossow, 1982b, 1984d; Zavaro et al., 1997.
Hábito: Hierba parasítica.
Status: Nativa.
Elevación: 500–2000 m.
Prov.: CHU, NE, RN.
Paises limítrofes: CH.
Ejemplar examinado: *Diem 3170* (SI).

Misodendrum oblongifolium var. *lilacinum* Orfila = **Misodendrum oblongifolium** DC.
Ref.: Rossow, 1982b, 1984d.

Misodendrum patagonicum Speg. = **Misodendrum gayanum** Tiegh.
Ref.: Orfila, 1977; Rossow, 1982b, 1984d.

Misodendrum punctulatum Banks ex J.R. Forst., nom. nud. = **Misodendrum punctulatum** DC.
Ref.: Rossow, 1982b, 1984d.

Misodendrum punctulatum DC.
Sin.: *Misodendrum antarcticum* Gand., p.p. femina, *Misodendrum commersonii* Tiegh., *Misodendrum punctulatum* Banks ex J.R. Forst., nom. nud., *Misodendrum punctulatum* var. *magellanicum* DC., *Misodendrum punctulatum* var. *subumbellatum* DC., *Misodendrum recurvum* Tiegh., *Misodendrum rioquinoense* Kuntze
Ref.: Rossow, 1982b, 1984d; Zavaro et al., 1997.
Hábito: Hierba parasítica.
Status: Nativa.
Elevación: 0–1500 m.
Prov.: CHU, NE, RN, SC, TF.
Paises limítrofes: CH.
Ejemplar examinado: *Diem 3161* (SI).

Misodendrum punctulatum var. *magellanicum* DC. = **Misodendrum punctulatum** DC.
Ref.: Rossow, 1982b, 1984d.

Misodendrum punctulatum var. *subumbellatum* DC. = **Misodendrum punctulatum** DC.
Ref.: Rossow, 1982b, 1984d.

Misodendrum quadriflorum DC.
Sin.: *Telophyllum quadriflorum* (DC.) Tiegh.
Ref.: Orfila, 1977; Rossow, 1982b, 1984d; Zavaro et al., 1997.
Hábito: Hierba parasítica.
Status: Nativa.
Elevación: 0–500 m.
Prov.: CHU, NE, RN, SC, TF.
Paises limítrofes: CH.
Ejemplar examinado: *Diem 3168* (SI).

Misodendrum recurvum Tiegh. = **Misodendrum punctulatum** DC.
Ref.: Rossow, 1982b, 1984d.

Misodendrum reflexum Orfila = **Misodendrum linearifolium** DC.
Ref.: Zavaro et al., 1997.

Misodendrum reflexum var. *brevisetaceum* Orfila = **Misodendrum linearifolium** DC.
Ref.: Zavaro et al., 1997.

Misodendrum rioquinoense Kuntze = **Misodendrum punctulatum** DC.
Ref.: Rossow, 1982b, 1984d.

Telophyllum quadriflorum (DC.) Tiegh. = **Misodendrum quadriflorum** DC.
Ref.: Rossow, 1984d.

MOLLUGINACEAE

2 géneros, 3 especies.

por C. C. Xifreda

Glinus L.

Número de especies: 2

Glinus lotoides L.
Ref.: Molfino, 1926a; Fabris, 1967.
Hábito: Hierba.
Status: Introducida.
Prov.: BA.
Ejemplar examinado: *Regnier s.n.* (BA 27/345).

Glinus radiatus (Ruiz & Pav.) Rohrb.
Sin.: *Mollugo radiata* Ruiz & Pav.
Ref.: Fabris, 1967; Troncoso, 1987d.
Hábito: Hierba.
Status: Nativa.
Elevación: 0-500 m.
Prov.: BA, CH, CO, COR, DF, ER, FO, SF.
Paises limítrofes: BO, BR, CH, PA, UR.
Ejemplar examinado: *Hicken s.n.* (SI 18391).

Mollugo L.

Número de especies: 1

Mollugo arenaria Kunth = **Mollugo verticillata** L.
Ref.: Troncoso, 1987d.

Mollugo radiata Ruiz & Pav. = **Glinus radiatus** (Ruiz & Pav.) Rohrb.
Ref.: Troncoso, 1987d.

Mollugo verticillata L.
Sin.: *Mollugo arenaria* Kunth
Ref.: Fabris, 1967; Troncoso, 1987d; Pérez Moreau, 1984; Kiesling, 1994.
Hábito: Hierba.
Status: Nativa.
Elevación: 0-1000 m.
Prov.: BA, CA, CH, CO, COR, ER, FO, LP, LR, MI, RN, SA, SE, SF, SJ, SL, TU.
Paises limítrofes: BO, BR, CH, PA, UR.
Ejemplar examinado: *Taphanel 29* (SI).

MONIMIACEAE

1 género, 1 especie.

por J. B. Martínez Laborde

Hennecartia J. Poiss.

Número de especies: 1.

Hennecartia omphalandra J. Poiss.
Ref.: Martínez Laborde, 1983; Stutz, 1983.
Hábito: Arbusto o arbolito.
Status: Nativa.
Elevación: 0–1000 m.
Prov.: COR, MI.
Países limítrofes: BR, PA.
Ejemplar examinado: *Rodríguez 413* (BAF).

[Siparuna guianensis Aubl.]
Ref.: Martínez-Laborde, 1983.
Nota: Especie excluida de la flora argentina.

MORACEAE

6 géneros, 17 especies.

por M. Vázquez Avila

[Brosimum gaudichaudii Trécul]
Ref.: Vázquez Avila, 1985b.
Nota: Especie excluida de la flora argentina.

Broussonetia L'Hér. ex Vent.

Número de especies: 1

Broussonetia brasiliensis Mart. = [Maclura brasiliensis (Mart.) Endl.]

Broussonetia papyrifera (L.) Vent.
Sin.: *Morus papyrifera* L.
Ref.: Vázquez Avila, 1985b.
Hábito: Árbol.
Status: Adventicia.
Elevación: 0–500 m.
Prov.: BA, CH, CO, ER.
Ejemplar examinado: *Nicora 3526* (SI).

Broussonetia tinctoria Kunth = **Maclura tinctoria** (L.) Steud. subsp. **tinctoria**
Ref.: Vázquez Avila, 1985b.

Chlorophora mora (Griseb.) Lillo = **Maclura tinctoria** subsp. **mora** (Griseb.) Vázq. Avila
Ref.: Vázquez Avila, 1985b.

Chlorophora reticulata Herzog = **Maclura tinctoria** subsp. **mora** (Griseb.) Vázq. Avila
Ref.: Vázquez Avila, 1985b.

Chlorophora tinctoria f. *niqueliana* Hassl. = **Maclura tinctoria** (L.) Steud. subsp. **tinctoria**
Ref.: Vázquez Avila, 1985b.

Chlorophora tinctoria f. *tataiba* Hassl. = **Maclura tinctoria** (L.) Steud. subsp. **tinctoria**
Ref.: Vázquez Avila, 1985b.

Chlorophora tinctoria subsp. *mora* (Griseb.) Hassl. = **Maclura tinctoria** subsp. **mora** (Griseb.) Vázq. Avila
Ref.: Vázquez Avila, 1985b.

Chlorophora tinctoria var. *mora* (Griseb.) Lillo = **Maclura tinctoria** subsp. **mora** (Griseb.) Vázq. Avila
Ref.: Vázquez Avila, 1985b.

Chlorophora tinctoria var. *polyneura* (Miq.) Bureau = **Maclura tinctoria** (L.) Steud. subsp. **tinctoria**

Chlorophora tinctoria var. *xanthoxylon* (Endl.) Hassl. = **Maclura tinctoria** (L.) Steud. subsp. **tinctoria**

Dorstenia L.

Número de especies: 4

Dorstenia brasiliensis Lam.
Sin.: *Dorstenia brasiliensis* var. *major* Chodat & Hassl., *Dorstenia brasiliensis* var. *tomentosa* (Fisch. & Mey.) Hassl., *Dorstenia brasiliensis* var. *typica* Hassl., nom. inval., *Dorstenia montevidensis* Miq., *Dorstenia tomentosa* Fisch. & Mey., *Dorstenia tubicina* f. *major* Hassl.
Ref.: Dawson, 1967c; Vázquez Avila, 1985b; Rotman, 1987b.
Hábito: Hierba.
Status: Nativa.
Elevación: 0–500 m.
Prov.: BA, CH, COR, ER, MI.
Países limítrofes: BR, PA, UR.
Ejemplar examinado: *Burkart 26210* (SI).

Dorstenia brasiliensis var. *major* Chodat & Hassl. = **Dorstenia brasiliensis** Lam.
Ref.: Vázquez Avila, 1985b.

Dorstenia brasiliensis var. *tomentosa* (Fisch. & Mey.) Hassl. = **Dorstenia brasiliensis** Lam.
Ref.: Vázquez Avila, 1985b.

Dorstenia brasiliensis var. *typica* Hassl., nom. inval. = **Dorstenia brasiliensis** Lam.
Ref.: Vázquez Avila, 1985b.

Dorstenia montevidensis Miq. = **Dorstenia brasiliensis** Lam.
Ref.: Vázquez Avila, 1985b.

Dorstenia schulzii Carauta, C. Valente & Dunn de Araujo
Ref.: Vázquez Avila, 1985b.
Hábito: Hierba.
Status: Nativa.
Elevación: 0-500 m.
Prov.: FO.
Países limítrofes: BR, PA.
Ejemplar examinado: *Schulz 18318* (holotipo, CTES).

Dorstenia tenuis Bonpl. ex Bureau
Ref.: Vázquez Avila, 1985b.
Hábito: Hierba.
Status: Nativa.
Elevación: 0–500 m.
Prov.: COR, MI.
Países limítrofes: BR, PA, UR.
Ejemplar examinado: *Bonpland 973* (holotipo, P).

Dorstenia tomentosa Fisch. & Mey. = **Dorstenia brasiliensis** Lam.
Ref.: Vázquez Avila, 1985b.

Dorstenia tubicina Ruiz & Pav.
Sin.: *Dorstenia tubicina* f. *subexcentrica* Hassl., *Dorstenia tubicina* f. *typica* Hassl., nom. inval., *Dorstenia tubicina* var. *genuina* Hassl., nom. inval., *Dorstenia tubicina* var. *opifera* (Mart.) Hassl.
Ref.: Vázquez Avila, 1985b.
Hábito: Hierba.
Status: Nativa.
Elevación: 0–500 m.
Prov.: CH, COR, FO, MI.
Países limítrofes: BO, BR, PA.
Ejemplar examinado: *Schinini 8711* (CTES).

Dorstenia tubicina f. *major* Hassl. = **Dorstenia brasiliensis** Lam.
Ref.: Vázquez Avila, 1985b.

Dorstenia tubicina f. *subexcentrica* Hassl. = **Dorstenia tubicina** Ruiz & Pav.
Ref.: Vázquez Avila, 1985b.

Dorstenia tubicina f. *typica* Hassl., nom. inval. = **Dorstenia tubicina** Ruiz & Pav.
Ref.: Vázquez Avila, 1985b.

Dorstenia tubicina var. *genuina* Hassl., nom. inval. = **Dorstenia tubicina** Ruiz & Pav.
Ref.: Vázquez Avila, 1985b.

Dorstenia tubicina var. *opifera* (Mart.) Hassl. = **Dorstenia tubicina** Ruiz & Pav.
Ref.: Vázquez Avila, 1985b.

Ficus L.

Número de especies: 7

Ficus adhatodaefolia Schott ex Spreng.
Sin.: *Ficus anthelmintica* var. *missionum* Hauman, *Ficus guapoi* D. Parodi
Ref.: Vázquez Avila, inéd.
Hábito: Árbol.
Status: Nativa.
Elevación: 0–500 m.
Prov.: COR, FO, MI.
Países limítrofes: BO, BR, PA.
Ejemplar examinado: *Zuloaga et al. 682* (SI).

Ficus aguaraguensis Vazq. Avila
Ref.: Vázquez Avila, 1981a,b.
Hábito: Árbol.
Status: Nativa.
Elevación: 500–1000 m.
Países limítrofes: BO.
Ejemplar examinado: *Zuloaga et al. 1688* (holotipo, SI).
Nota: Probablemente se encuentre en el NO de Argentina.

Ficus anthelmintica Mart. = [Ficus insipida Willd.]
Ref.: Vázquez Avila, inéd.

Ficus anthelmintica var. *missionum* Hauman = **Ficus adhatodaefolia** Schott ex Sprengel
Ref.: Vázquez Avila, inéd.

Ficus calyptroceras (Miq.) Miq.
Sin.: *Ficus elliotiana* S. Moore, *Ficus rojasii* Hassl., *Urostigma calyptroceras* Miq.
Ref.: Vázquez Avila, 1981a.
Hábito: Árbol.
Status: Nativa.
Elevación: 0–500 m.
Prov.: MI.
Países limítrofes: BR, PA.
Ejemplar examinado: *Spegazzini s.n.* (BAF).

[Ficus cestrifolia Schott ex Spreng.]
Ref.: Vázquez Avila, inéd.
Nota: Especie excluida de la flora argentina.

Ficus diabolica Herter = **Ficus luschnathiana** (Miq.) Miq.
Ref.: Vázquez Avila, 1985a.

Ficus diabolica f. *laurina* Herter = **Ficus luschnathiana** (Miq.) Miq.
Ref.: Vázquez Avila, 1985a.

Ficus diabolica f. *major* Herter = **Ficus luschnathiana** (Miq.) Miq.
Ref.: Vázquez Avila, 1985a.

Ficus diabolica f. *minor* Herter = **Ficus luschnathiana** (Miq.) Miq.
Ref.: Vázquez Avila, 1985a.

Ficus elliotiana S. Moore = **Ficus calyptroceras** (Miq.) Miq.
Ref.: Vázquez Avila, 1981a.

[Ficus enormis (Mart. ex Miq.) Mart.]
Sin.: *Urostigma enorme* Mart. ex Miq.
Ref.: Vázquez Avila, 1985a.
Nota: Especie excluida de la flora argentina.

Ficus eximia Schott ex Spreng.
Sin.: *Ficus eximia* f. *paraguariensis* Hassl., *Ficus guaranitica* Chodat
Ref.: Vázquez Avila, inéd.
Hábito: Árbol.
Status: Nativa.
Elevación: 0–500 m.
Prov.: CH, COR, FO, MI.
Países limítrofes: BO, BR, PA.
Ejemplar examinado: *Zuloaga et al. 578* (SI).

Ficus eximia f. *paraguariensis* Hassl. = **Ficus eximia** Schott
Ref.: Vázquez Avila, inéd.

Ficus guapoi D. Parodi = **Ficus adhatodaefolia** Schott ex Sprengel
Ref.: Váquez Avila, inéd.

Ficus guaranitica Chodat = **Ficus eximia** Schott
Ref.: Vázquez Avila, inéd.

Ficus horquetensis Chodat = **Ficus luschnathiana** (Miq.) Miq.
Ref.: Vázquez Avila, 1985a.

Ficus ibapohi Orb. ex Rojas Acosta = [Ficus pertusa L.f.]
Ref.: Carauta, 1989.

[Ficus insipida Willd.]
Sin.: *Ficus anthelmintica* Mart.
Ref.: Vázquez Avila, inéd.
Nota: Especie excluida de la flora argentina.

Ficus luschnathiana (Miq.) Miq.
Sin.: *Ficus diabolica* f. *laurina* Herter, *Ficus diabolica* f. *major* Herter, *Ficus diabolica* f. *minor* Herter, *Ficus diabolica* Herter, *Ficus horquetensis* Chodat, *Ficus monckii* Hassl., *Ficus monckii* var. *sanmartinianus* Parodi, *Ficus speciosus* Rojas., *Urostigma luschnathianum* Miq.
Ref.: Vázquez Avila, 1981a, 1985a; Rotman, 1987b.
Hábito: Árbol.
Status: Nativa.
Elevación: 0–500 m.
Prov.: BA, CH, COR, ER, FO, MI.
Países limítrofes: BR, PA, UR.
Ejemplar examinado: *Parodi 12665* (isotipo de *F. monckii* var. *sanmartinianus*, SI).

Ficus maroma Castellanos
Ref.: Vázquez Avila, 1981a.
Hábito: Árbol.
Status: Nativa.
Elevación: 500–1500 m.
Prov.: JU, SA.
Países limítrofes: BO.
Ejemplar examinado: *Cabrera et al. 30961* (SI).

[Ficus maxima Mill.]
Ref.: Vázquez Avila, inéd.
Nota: Especie excluida de la flora argentina.

Ficus mima Standl. = **Ficus obtusiuscula** (Miq.) Miq.
Ref.: Vázquez Avila, 1981a.

Ficus monckii Hassl. = **Ficus luschnathiana** (Miq.) Miq.
Ref.: Vázquez Avila, 1985a.

Ficus monckii var. *sanmartinianus* Parodi = **Ficus luschnathiana** (Miq.) Miq.
Ref.: Vázquez Avila, 1985a.

Ficus obtusiuscula (Miq.) Miq.
Sin.: *Ficus mima* Standl., *Ficus officinalis* L.B. Sm., *Ficus perforata* (Miq.) Miq., comb. illeg., *Pharmacosycea obtusiuscula* Miq., *Pharmacosycea perforata* Miq.
Ref.: Vázquez Avila, 1981a.
Hábito: Árbol.
Status: Nativa.
Elevación: 0–1000 m.
Prov.: MI.
Países limítrofes: BR, PA.
Ejemplar examinado: *Bertoni 587* (LIL).

Ficus officinalis L.B. Sm. = **Ficus obtusiuscula** (Miq.) Miq.
Ref.: Vázquez Avila, 1981a.

Ficus perforata (Miq.) Miq., comb. illeg. = **Ficus obtusiuscula** (Miq.) Miq.
Ref.: Vázquez Avila, 1981a.

[Ficus pertusa L. f.]
Sin.: *Ficus ibapohi* Rojas Acosta
Ref.: Vázquez Avila, 1981a.
Nota: Especie excluida de la flora argentina.

[Ficus prinoides var. subtriplinervia (Mart.) Hassl.]
Sin.: *Ficus subtriplinervia* Mart.
Ref.: Vázquez Avila, inéd.
Nota: Especie excluida de la flora argentina.

Ficus rojasii Hassl. = **Ficus calyptroceras** (Miq.) Miq.
Ref.: Vázquez Avila, 1981a.

Ficus speciosus Rojas Acosta = **Ficus luschnathiana** (Miq.) Miq.
Ref.: Vázquez Avila, 1985a.

Ficus subtriplinervia Mart. = [Ficus prinoides var. subtriplinervia (Mart.) Hassl.]
Ref.: Vázquez Avila, inéd.

Fusticus tinctorius (L.) Raf. = **Maclura tinctoria** (L.) Steud. subsp. **tinctoria**
Ref.: Vázquez Avila, 1985b.

Ioxylon mora (Griseb.) Kuntze = **Maclura tinctoria** subsp. **mora** (Griseb.) Vázq. Avila
Ref.: Vázquez Avila, 1985b.

Maclura Nutt.

Número de especies: 1

[Maclura brasiliensis (Mart.) Endl.]
Sin.: *Broussonetia brasiliensis* Mart.
Ref.: Vázquez Avila, 1985b.
Nota: Especie excluida de la flora argentina.

Maclura brasiliensis var. *reticulata* Chodat = **Sorocea sprucei** (Baill.) J.F. Macbr.
Ref.: Vázquez Avila, 1985b.

Maclura mora Griseb. = **Maclura tinctoria** subsp. **mora** (Griseb.) Vázq. Avila
Ref.: Vázquez Avila, 1985b.

Maclura polyneura Miq. = **Maclura tinctoria** (L.) Steud. subsp. **tinctoria**
Ref.: Vázquez Avila, 1985b.

Maclura tinctoria subsp. **mora** (Griseb.) Vázq. Avila
Sin.: *Chlorophora mora* (Griseb.) Lillo, *Chlorophora reticulata* Herzog, *Chlorophora tinctoria* subsp. *mora* (Griseb.) Hassl., *Chlorophora tinctoria* var. *mora* (Griseb.) Lillo, *Ioxylon mora* (Griseb.) Kuntze, *Maclura mora* Griseb., *Maclura trilobata* Rojas Acosta
Ref.: Vázquez Avila, 1985b.
Hábito: Árbol.
Status: Nativa.
Elevación: 0–1000 m.
Prov.: CH, COR, FO, JU, SA.
Países limítrofes: BO, PA.
Ejemplar examinado: *Lorentz e Hieronymus 479* (isotipo de *Maclura mora*, CORD).

Maclura tinctoria (L.) Steud. subsp. **tinctoria**
Sin.: *Broussonetia tinctoria* Kunth, *Chlorophora tinctoria* (L.) Chodat & Hassl. var. *xanthoxylon*, *Chlorophora tinctoria* (Miq.) Bureau var. *polyneura*, *Chlorophora tinctoria* Hassl. f. *niqueliana*, *Chlorophora tinctoria* Hassl. f. *tataiba*, *Fusticus tinctorius* (L.) Raf., *Maclura polyneura* Miq., *Morus tinctoria* L., *Morus zanthoxylon* L.
Ref.: Kaastra, 1972; Vázquez Avila, 1985b.
Hábito: Árbol.
Status: Nativa.
Elevación: 0–1000 m.
Prov.: FO, MI.
Países limítrofes: BO, BR, PA.
Ejemplar examinado: *Renvoize et al. 3252* (K, SI).

Maclura trilobata Rojas Acosta = **Maclura tinctoria** subsp. **mora** (Griseb.) Vázq. Avila
Ref.: Vázquez Avila, 1985b.

Morus L.

Número de especies: 2

Morus alba L.
Sin.: *Morus tatarica* L.
Ref.: Vázquez Avila, 1985b; Rotman, 1987b.
Hábito: Árbol.
Status: Adventicia.
Prov.: BA, COR, ER, LP, SA, SE, TU.
Ejemplar examinado: *Burkart 18025* (SI).

Morus insignis Bureau
Sin.: *Morus marmolii* Legname, *Morus peruviana* Planchon ex Koidz., *Morus trianae* Leroy.
Ref.: Vázquez Avila, 1985b; Ayarde, 1995.
Hábito: Árbol.
Status: Nativa.
Elevación: 1000–3500 m.
Prov.: JU, SA.
Países limítrofes: BO.
Ejemplar examinado: *Mármol et al. 9230* (LIL).

Morus marmolii Legname = **Morus insignis** Bureau
Ref.: Vázquez Avila, 1985b.

Morus papyrifera L. = **Broussonetia papyrifera** (L.) Vent.
Ref.: Vázquez Avila, 1985b.

Morus peruviana Planchon ex Koidz. = **Morus insignis** Bureau
Ref.: Vázquez Avila, 1985b.

Morus tatarica L. = **Morus alba** L.
Ref.: Vázquez Avila, 1985b.

Morus tinctoria L. = **Maclura tinctoria** (L.) Steud. subsp. **tinctoria**
Ref.: Vázquez Avila, 1985b.

Morus trianae Leroy = **Morus insignis** Bureau
Ref.: Vázquez Avila, 1985b.

Morus zanthoxylon L. = **Maclura tinctoria** (L.) Steud. subsp. **tinctoria**

Pharmacosycea obtusiuscula Miq. = **Ficus obtusiuscula** (Miq.) Miq.
Ref.: Vázquez Avila, 1981a.

Pharmacosycea perforata Miq. = **Ficus obtusiuscula** (Miq.) Miq.
Ref.: Vázquez Avila, 1981a.

Pseudosorocea bonplandii Baill. = **Sorocea bonplandii** (Baill.) W.C. Burger, Lanj. & Wess. Boer
Ref.: Vázquez Avila, 1985b.

Pseudosorocea sprucei Baill. = **Sorocea sprucei** (Baill.) J.F. Macbr.
Ref.: Vázquez Avila, 1985b.

Sorocea A. St.-Hil.

Número de especies: 2

Sorocea bonplandii (Baill.) W.C. Burger, Lanj. & Wess. Boer
Sin.: *Pseudosorocea bonplandii* Baill., *Sorocea ilicifolia* f. *laxiflora* Hassl., *Sorocea sylvicola* Chodat, *Sorocea sylvicola* var. *caaguazuensis* Chodat
Ref.: Vázquez Avila, 1985b.
Hábito: Arbusto o árbol.
Status: Nativa.
Elevación: 0–500 m.
Prov.: COR, MI.
Países limítrofes: BR, PA.
Ejemplar examinado: *Zuloaga et al. 738* (SI).

[Sorocea ilicifolia Miq.]
Ref.: Vázquez Avila, 1985b.
Nota: Taxón dudoso.

Sorocea ilicifolia f. *laxiflora* Hassl. = **Sorocea bonplandii** (Baill.) W.C. Burger, Lanj. & Wess. Boer
Ref.: Vázquez Avila, 1985b.

Sorocea saxicola f. *subrepanda* Hassl. = **Sorocea sprucei** (Baill.) J.F. Macbr.
Ref.: Vázquez Avila, 1985b.

Sorocea sprucei (Baill.) J.F. Macbr.
Sin.: *Maclura brasiliensis* var. *reticulata* Chodat, *Pseudosorocea sprucei* Baill., *Sorocea saxicola* f. *subrepanda* Hassl., *Trophisomia edulis* Rojas Acosta
Ref.: Vázquez Avila, 1985b.
Hábito: Arbusto o árbol.
Status: Nativa.
Elevación: 0–500 m.
Prov.: CH, COR, FO.
Países limítrofes: BO, BR, PA.
Ejemplar examinado: *Spruce 4483*, ejemplar estaminado (holotipo de *Pseudosorocea sprucei*, P).

Sorocea sylvicola Chodat = **Sorocea bonplandii** (Baill.) W.C. Burger, Lanj. & Wess. Boer
Ref.: Vázquez Avila, 1985b.

Sorocea sylvicola var. *caaguazuensis* Chodat = **Sorocea bonplandii** (Baill.) W.C. Burger, Lanj. & Wess. Boer
Ref.: Vázquez Avila, 1985b.

Trophisomia edulis Rojas Acosta = **Sorocea sprucei** (Baill.) J.F. Macbr.
Ref.: Vázquez Avila, 1985b.

Urostigma calyptroceras Miq. = **Ficus calyptroceras** (Miq.) Miq.
Ref.: Vázquez Avila, 1981a.

Urostigma enorme Mart. ex Miq. = [Ficus enormis (Mart. ex Miq.) Mart.]

Urostigma luschnathianum Miq. = **Ficus luschnathiana** (Miq.) Miq.
Ref.: Vázquez Avila, 1985a

MYOPORACEAE

1 género, 1 especie.

Myoporum G. Forst.

Número de especies: 1

Myoporum laetum G. Forst.
Ref.: Boelcke, 1985.
Hábito: Arbusto o árbol.
Status: Naturalizada.
Elevación: 0–500 m.
Prov.: BA.
Ejemplar examinado: *Rúgolo 796* (SI).

MYRICACEAE

1 género, 1 especie.

Myrica L.

Número de especies: 1

Myrica pubescens var. **glabra** Chev.
Ref.: Meyer, 1957a; Legname, 1982.
Hábito: Arbusto o árbol.
Status: Nativa.
Elevación: 1000–3000 m.
Prov.: JU, SA.
Países limítrofes: BO.
Ejemplar examinado: *Burkart et al. 30426* (SI).

MYRSINACEAE

1 género, 6 especies.

por M. Otegui

Caballeria ferruginea Ruiz & Pav. = **Myrsine coriacea**
Ref.: Otegui, 1998.

Myrsine L.

Número de especies: 6

Myrsine balansae (Mez) Otegui
Sin.: *Rapanea balansae* Mez
Ref.: Otegui, 1998.
Hábito: Árbol.
Status: Nativa.
Elevación: 0–1000 m.
Prov.: MI.
Países limítrofes: PA.
Ejemplar examinado: *Tressens et al. 4576* (CTES).

Myrsine coriacea (Sw.) R. Br.
Sin.: *Myrsine coriacea* Sw., *Myrsine paulensis* A. DC., *Rapanea ferruginea* (Ruiz & Pav.) Mez, *Rapanea paulensis* (A. DC.) Mez, *Samara coriacea* Sw.
Ref.: Sleumer, 1950b; Tressens, 1981; Otegui, 1998.
Hábito: Árbol.
Status: Nativa.

Elevación: 0–2000 m.
Prov.: COR, JU, MI, SA, TU.
Países limítrofes: BO, BR, PA, UR.
Ejemplar examinado: *Rotman 549* (CTES).

Myrsine floribunda Griseb., p.p. = **Myrsine laetevirens** (Mez) Arechav.

Myrsine floribunda Griseb., p.p. = **Myrsine parvula** (Mez) Otegui

Myrsine laetevirens (Mez) Arechav.
Sin.: *Myrsine floribunda* Griseb., p.p., *Rapanea laetevirens* Mez
Ref.: Sleumer, 1950b; Otegui, 1998.
Hábito: Árbol.
Status: Nativa.
Elevación: 0–1500 m.
Prov.: BA, CA, COR, ER, FO, JU, MI, SA, SF, TU.
Países limítrofes: BO, BR, PA, UR.
Ejemplar examinado: *Schinini y Carnevali 23286* (CTES).

Myrsine loefgrenii (Mez) Otegui
Sin.: *Rapanea loefgrenii* Mez, *Rapanea quaternata* Hassl.
Ref.: Sleumer, 1950b; Tressens, 1981; Otegui, 1998.
Hábito: Arbusto.
Status: Nativa.
Elevación: 0–500 m.
Prov.: COR, MI.
Países limítrofes: BR, PA.
Ejemplar examinado: *Otegui 69* (LP).

Myrsine lorentziana (Mez) Arechav. = **Myrsine parvula** (Mez) Otegui
Ref.: Otegui, 1998.

Myrsine parvula (Mez) Otegui
Sin.: *Myrsine floribunda* Griseb., p.p., *Myrsine lorentziana* (Mez) Arechav., *Rapanea lorentziana* Mez, *Rapanea lorentziana* var. *intermedia* auct. non Hassl., *Rapanea megapotamica* Mez, *Rapanea parvula* Mez
Ref.: Sleumer, 1950b; Otegui, 1998.
Hábito: Árbol.
Status: Nativa.
Elevación: 0–500 m.
Prov.: BA, COR, ER, MI.
Países limítrofes: BR, PA, UR.
Ejemplar examinado: *Kuschel 522* (LIL).

Myrsine paulensis A. DC. = **Myrsine coriacea**
Ref.: Otegui, 1998.

Myrsine umbellata Mart.
Ref.: Sleumer, 1950b; Otegui, 1998.
Hábito: Árbol.
Status: Nativa.
Elevación: 0–500 m.
Prov.: MI.
Países limítrofes: BR, PA.
Ejemplar examinado: *Nicora 8034* (CTES).

Rapanea balansae Mez = **Myrsine balansae** (Mez) Otegui
Ref.: Otegui, 1998.

Rapanea coriacea (Sw.) Mez = **Myrsine coriacea** (Sw.) R. Br.
Ref.: Otegui, 1998.

Rapanea ferruginea (Ruiz & Pav.) Mez = **Myrsine coriacea** (Sw.) R. Br.
Ref.: Otegui, 1998.

Rapanea laetevirens Mez = **Myrsine laetevirens** (Mez) Arechav.
Ref.: Otegui, 1998.

Rapanea loefgrenii Mez = **Myrsine loefgrenii** (Mez) Otegui
Ref.: Otegui, 1998.

Rapanea lorentziana Mez = **Myrsine parvula** (Mez) Otegui
Ref.: Otegui, 1998.

Rapanea lorentziana Mez var. *intermedia* auct. non Hassl. = **Myrsine parvula** (Mez) Otegui

Rapanea megapotamica Mez = **Myrsine parvula** (Mez) Otegui
Ref.: Otegui, 1998.

Rapanea parvula Mez = **Myrsine parvula** (Mez) Otegui
Ref.: Otegui, 1998.

Rapanea paulensis (A. DC.) Mez = **Myrsine coriacea** (Sw.) R. Br.
Ref.: Otegui, 1998.

[Rapanea perforata var. rigida Hassl.]
Nota: Especie excluida de la flora argentina.

Rapanea quaternata Hassl. = **Myrsine loefgrenii** (Mez) Otegui
Ref.: Otegui, 1998.

Rapanea umbellata (Mart.) Mez = **Myrsine umbellata** Mart.
Ref.: Otegui, 1998.

Samara coriacea Sw. = **Myrsine coriacea** (Sw.) R. Br.
Ref.: Otegui, 1998.

MYRTACEAE

24 géneros, 73 especies; 4 especies endémicas.

por A. D. Rotman

Acreugenia mato (Griseb.) Kausel = **Myrcianthes mato** (Griseb.) McVaugh
Ref.: Rotman, 1979.

Acreugenia pungens (O. Berg) Kausel = **Myrcianthes pungens** (O. Berg) D. Legrand
Ref.: Rotman, 1979.

Amomyrtella Kausel
Número de especies: 1

Amomyrtella güili (Speg.) Kausel
Sin.: *Eugenia güili* Speg., *Myrtus güili* (Speg.) D. Legrand, *Pseudocaryophyllus güili* (Speg.) Burret
Ref.: Rotman, 1986a.
Hábito: Árbol.
Status: Nativa.
Elevación: 500-2500 m.
Prov.: SA, TU.
Paises limítrofes: BO.
Ejemplar examinado: *sin colector* (isotipo, LIL 1537).

Amomyrtus (Burret) D. Legrand & Kausel
Número de especies: 1

Amomyrtus luma (Molina) D. Legrand & Kausel
Sin.: *Eugenia darwinii* Hook. f., *Myrtus luma* Molina, *Pseudocaryophyllus darwinii* (Hook. f.) Burret
Ref.: Movia & Rotman, 1988; Landrum, 1988b.
Hábito: Arbusto o árbol.
Status: Nativa.
Elevación: 500-1500 m.
Prov.: CHU, NE, RN.
Paises limítrofes: CH.
Ejemplar examinado: *Boelcke y Correa 5286* (BAB).

Aulomyrcia assumptionis (Morong) Kausel = **Myrcia laruotteana** Cambess. var. **paraguayensis** O. Berg
Ref.: Rotman, 1994.

Aulomyrcia bombycina O. Berg = **Myrcia bombycina** (O. Berg) Kiaersk.
Ref.: Rotman, 1994.

Aulomyrcia ramulosa (DC.) O. Berg = **Myrcia selloi** (Spreng.) N. Silveira
Ref.: Rotman, 1994.

Aulomyrcia selloi (Spreng.) Kausel = **Myrcia selloi** (Spreng.) N. Silveira
Ref.: Rotman, 1994.

Blepharocalyx O. Berg
Número de especies: 1

Blepharocalyx gigantea Lillo = **Blepharocalyx salicifolius** (Kunth) O. Berg
Ref.: Landrum, 1986.

Blepharocalyx gigantea Lillo var. *montana* Lillo = **Blepharocalyx salicifolius** (Kunth) O. Berg
Ref.: Landrum, 1986.

Blepharocalyx salicifolius (Kunth) O. Berg
Sin.: *Blepharocalyx gigantea* Lillo, *Blepharocalyx gigantea* Lillo var. *montana* Lillo, *Blepharocalyx tweediei* (Hook. & Arn.) O. Berg, *Eugenia salicifolia* (Kunth) DC., *Eugenia tweediei* Hook. & Arn., *Myrtus salicifolia* Kunth
Ref.: Landrum, 1986.
Hábito: Arbusto o árbol.
Status: Nativa.
Elevación: 0-1500 m.
Prov.: BA, CA, COR, ER, JU, MI, SA, TU.
Paises limítrofes: BO, BR, PA, UR.
Ejemplar examinado: *Rotman 931* (JUA).

Blepharocalyx tweediei (Hook. & Arn.) O. Berg = **Blepharocalyx salicifolius** (Kunth) O. Berg
Ref.: Landrum, 1986.

Britoa guazumaefolia (Cambess.) D. Legrand = **Campomanesia guazumifolia** (Cambess.) O. Berg
Ref.: Rotman, 1976a.

Britoa sellowiana O. Berg = **Campomanesia guazumifolia** (Cambess.) O. Berg
Ref.: Rotman, 1976a.

Calycorectes O. Berg
Número de especies: 1

Calycorectes legrandii Mattos = **Calycorectes psidiiflorus** (O. Berg) Sobral
Ref.: Sobral, 1985.

Calycorectes psidiiflorus (O. Berg) Sobral
Sin.: *Calycorectes legrandii* Mattos, *Calycorectes riedelianus* O. Berg, *Eugenia psidiiflora* O. Berg, *Stenocalyx rufescens* Kausel
Ref.: Sobral, 1985.
Hábito: Árbol.
Status: Nativa.
Elevación: 0-500 m.
Prov.: COR, MI.
Paises limítrofes: BR, PA, UR.
Ejemplar examinado: *Schwarz 4284* (LIL).

Calycorectes riedelianus O. Berg = **Calycorectes psidiiflorus** (O. Berg) Sobral
Ref.: Sobral, 1985.

Calyptranthes Sw.
Número de especies: 2

Calyptranthes concinna DC.
Sin.: *Calyptranthes concinna* DC. var. *glomerata* (Cambess.) D. Legrand, *Calyptranthes concinna* DC. var. *paulistana* D. Legrand, nom. illeg., *Calyptranthes glomerata* Cambess., *Calyptranthes variabilis* O. Berg var. *oblongata* O. Berg, *Calyptranthes variabilis* O. Berg var. *pulchella* O. Berg, *Calyptranthes variabilis* O. Berg var. *riparia* O. Berg, *Calyptranthes variabilis* O. Berg var. *stricta* O. Berg
Ref.: Legrand & Klein, 1971; Tressens & Rodríguez, 1996; Rotman, inéd.
Hábito: Árbol.
Status: Nativa.
Elevación: 0-500 m.
Prov.: MI.
Paises limítrofes: BR, PA, UR.
Ejemplar examinado: *Guaglianone 1074* (JUA).

Calyptranthes concinna DC. var. *glomerata* (Cambess.) D. Legrand = **Calyptranthes concinna** DC.
Ref.: Legrand & Klein, 1971; Tressens & Rodríguez, 1996; Rotman, inéd.

Calyptranthes concinna DC. var. *paulistana* D. Legrand, nom. illeg. = **Calyptranthes concinna** DC.
Ref.: Legrand & Klein, 1971; Tressens & Rodríguez, 1996; Rotman, inéd.

Calyptranthes glomerata Cambess. = **Calyptranthes concinna** DC.
Ref.: Legrand & Klein, 1971; Tressens & Rodríguez, 1996; Rotman, inéd.

Calyptranthes iraiensis Mattos = **Calyptranthes tricona** D. Legrand
Ref.: Tressens & Rodríguez, 1996.

Calyptranthes tricona D. Legrand
Sin.: *Calyptranthes iraiensis* Mattos
Ref.: Tressens & Rodríguez, 1996.
Hábito: Árbol.
Status: Nativa.
Elevación: 0-500 m.
Prov.: MI.
Paises limítrofes: BR.
Ejemplar examinado: *Honfi et al. 539* (JUA).

Calyptranthes variabilis O. Berg var. *oblongata* O. Berg = **Calyptranthes concinna** DC.
Ref.: Legrand & Klein, 1971; Rotman, inéd.

Calyptranthes variabilis O. Berg var. *pulchella* O. Berg = **Calyptranthes concinna** DC.
Ref.: Legrand & Klein, 1971; Tressens & Rodríguez, 1996; Rotman, inéd.

Calyptranthes variabilis O. Berg var. *riparia* O. Berg = **Calyptranthes concinna** DC.
Ref.: Legrand & Klein, 1971; Tressens & Rodríguez, 1996; Rotman, inéd.

Calyptranthes variabilis O. Berg var. *stricta* O. Berg = **Calyptranthes concinna** DC.
Ref.: Legrand & Klein, 1971; Rotman, inéd.

Campomanesia Ruiz & Pav.

Número de especies: 4

Campomanesia aurea O. Berg
Sin.: *Campomanesia cyanea* O. Berg
Ref.: Rotman, 1976a.
Hábito: Arbusto o subarbusto.
Status: Nativa.
Elevación: 0-500 m.
Prov.: MI.
Paises limítrofes: BR, PA, UR.
Ejemplar examinado: *Pfeiffer 24* (CTES).

Campomanesia crenata O. Berg = **Campomanesia xanthocarpa** O. Berg
Ref.: Landrum, 1986.

Campomanesia cyanea O. Berg = **Campomanesia aurea** O. Berg
Ref.: Rotman, 1976a.

Campomanesia dusenii Kausel = **Campomanesia xanthocarpa** O. Berg
Ref.: Landrum, 1986.

Campomanesia guaviroba (DC.) Kiaersk.
Sin.: *Campomanesia guaviroba* (DC.) Kiaersk. var. *insulae* D. Legrand, *Campomanesia guaviroba* (DC.) Kiaersk. var. *itatiaiae* D. Legrand, *Psidium guaviroba* DC.
Ref.: Landrum, 1986.
Hábito: Árbol.
Status: Nativa.
Elevación: 0-500 m.
Prov.: MI.
Paises limítrofes: BR, PA.
Ejemplar examinado: *Quarín 3470* (CTES).

Campomanesia guaviroba (DC.) Kiaersk. var. *insulae* D. Legrand = **Campomanesia guaviroba** (DC.) Kiaersk.
Ref.: Landrum, 1986.

Campomanesia guaviroba (DC.) Kiaersk. var. *itatiaiae* D. Legrand = **Campomanesia guaviroba** (DC.) Kiaersk.
Ref.: Landrum, 1986.

Campomanesia guazumifolia (Cambess.) O. Berg
Sin.: *Britoa guazumaefolia* (Cambess.) D. Legrand, *Britoa sellowiana* O. Berg, *Psidium guazumaefolium* Cambess.
Ref.: Rotman, 1976a.
Hábito: Arbusto o árbol.
Status: Nativa.
Elevación: 0-500 m.
Prov.: COR, MI.
Paises limítrofes: BR, PA.
Ejemplar examinado: *Sesmero 50* (LIL).

Campomanesia malifolia O. Berg = **Campomanesia xanthocarpa** O. Berg
Ref.: Landrum, 1986.

Campomanesia xanthocarpa O. Berg
Sin.: *Campomanesia crenata* O. Berg, *Campomanesia dusenii* Kausel, *Campomanesia malifolia* O. Berg, *Campomanesia xanthocarpa* O. Berg var. *malifolia* (O. Berg) D. Legrand
Ref.: Landrum, 1986.
Hábito: Árbol.
Status: Nativa.
Elevación: 0-500 m.
Prov.: COR, MI.
Paises limítrofes: BR, PA.
Ejemplar examinado: *Krapovickas 24304* (CTES).

Campomanesia xanthocarpa O. Berg var. *malifolia* (O. Berg) D. Legrand = **Campomanesia xanthocarpa** O. Berg
Ref.: Landrum, 1986.

Eucalyptus L'Hér.

Número de especies: 1

Eucalyptus quadrangulata H. Deane & Maiden
Ref.: Rotman, inéd.
Hábito: Árbol.
Status: Adventicia.
Elevación: 1000-1500 m.
Prov.: JU.
Ejemplar examinado: *Rotman 1199* (JUA).

Eugenia L.

Número de especies: 14, 1 especie endémica.

Eugenia anomala D. Legrand = **Hexachlamys humilis** O. Berg
Ref.: Rotman, 1982.

Eugenia apiculata (O. Berg) Nied., comb. illeg. = **Myrcianthes cisplatensis** (Cambess.) O. Berg
Ref.: Rotman, 1979.

Eugenia apiculata DC. = **Luma apiculata** (DC.) Burret
Ref.: Landrum. 1986.

[Eugenia bimarginata DC.]
Ref.: Rotman, 1995.
Nota: Taxón dudoso.

Eugenia burkartiana (D. Legrand) D. Legrand
Sin.: *Pseudocaryophyllus burkartianus* D. Legrand
Ref.: Rotman, 1995.
Hábito: Árbol.
Status: Nativa.
Elevación: 0-500 m.
Prov.: COR, MI.
Paises limítrofes: BR, PA.
Ejemplar examinado: *Schwarz 4048* (holotipo, MVM).

Eugenia cauliflora Miq., hom. illeg. = **Plinia trunciflora** (O. Berg) Kausel
Ref.: Rotman, 1982.

Eugenia chacoensis (D. Legrand) Kausel = **Eugenia punicifolia** (Kunth) DC.
Ref.: Rotman, 1995.

Eugenia chrysocarpa O. Berg = **Myrceugenia chrysocarpa** (O. Berg) Kausel
Ref.: Movia & Rotman, 1988.

Eugenia ciliolata Cambess. = **Paramyrciaria ciliolata** (Cambess.) Rotman
Ref.: Rotman, 1986b.

Eugenia cisplatensis Cambess. = **Myrcianthes cisplatensis** (Cambess.) O. Berg
Ref.: Rotman, 1979.

Eugenia cisplatensis Cambess. var. *gigantea* D. Legrand = **Myrcianthes gigantea** (D. Legrand) D. Legrand
Ref.: Rotman, 1979.

Eugenia cisplatina Arechav. = **Myrcianthes cisplatensis** (Cambess.) O. Berg
Ref.: Rotman, 1979.

Eugenia darwinii Hook. f. = **Amomyrtus luma** (Molina) D. Legrand & Kausel
Ref.: Movia & Rotman, 1988.

Eugenia edulis Benth. & Hook. ex Griseb. = **Hexachlamys edulis** (O. Berg) Kausel & D. Legrand
Ref.: Rotman, 1982.

Eugenia euosma O. Berg = **Myrceugenia euosma** (O. Berg) D. Legrand
Ref.: Landrum, 1981.

Eugenia exsucca DC. = **Myrceugenia exsucca** (DC.) O. Berg
Ref.: Movia & Rotman, 1988.

[Eugenia flavescens DC.]
Ref.: Rotman, 1995.
Nota: Especie excluida de la flora argentina.

[Eugenia gardneriana O. Berg]
Ref.: Rotman, 1995.
Nota: Especie excluida de la flora argentina.

Eugenia glaucescens Cambess. = **Myrceugenia glaucescens** (Cambess.) D. Legrand & Kausel
Ref.: Landrum, 1981.

Eugenia guapurium DC. = **Guapurium peruvianum** Poir.
Ref.: Rotman, 1982.

Eugenia güili Speg. = **Amomyrtella güili** (Speg.) Kausel
Ref.: Rotman, 1986a.

Eugenia humifusa Phil. = **Myrteola nummularia** (Poir.) O. Berg
Ref.: Landrum, 1988a.

Eugenia humilis (O. Berg) Benth. ex Niederl., hom. illeg. = **Hexachlamys humilis** O. Berg
Ref.: Rotman, 1982.

Eugenia hyemalis Cambess. var. **marginata** (O. Berg) D. Legrand
Sin.: *Eugenia polycarpa* O. Berg var. *marginata* O. Berg
Ref.: Rotman, 1995.
Hábito: Arbusto o árbol.
Status: Nativa.
Elevación: 0-1000 m.
Prov.: COR, FO, JU, MI, SA.
Paises limítrofes: BR, PA, UR.
Ejemplar examinado: *Cuezzo 11634C* (LIL).

Eugenia involucrata DC.
Sin.: *Phyllocalyx involucratus* (DC.) O. Berg, *Stenocalyx involucratus* (DC.) Kausel
Ref.: Rotman, 1995.
Hábito: Árbol.
Status: Nativa.
Elevación: 0-500 m.
Prov.: COR, MI.
Paises limítrofes: BO, BR, PA, UR.
Ejemplar examinado: *Krapovickas 25740* (CTES).

Eugenia kunthiana DC. = **Eugenia punicifolia** (Kunth) DC.
Ref.: Rotman, 1995.

Eugenia lilloana D. Legrand
Ref.: Rotman, 1995.
Hábito: Subarbusto.

Status: Endémica.
Elevación: 0-500 m.
Prov.: MI.
Ejemplar examinado: *Denis s.n.* (isotipo, LIL 83752).

Eugenia mansoni O. Berg
Ref.: Rotman, 1995.
Hábito: Árbol.
Status: Nativa.
Elevación: 0-500 m.
Prov.: COR, ER, MI.
Paises limítrofes: BR, PA, UR.
Ejemplar examinado: *Krapovickas 11900* (CTES).

Eugenia mato Griseb. = **Myrcianthes mato** (Griseb.) McVaugh
Ref.: Rotman, 1979.

Eugenia micheli Lam. = **Eugenia uniflora** L.
Ref.: Rotman, 1995.

Eugenia minimifolia McVaugh = **Myrcianthes minimifolia** (McVaugh) McVaugh
Ref.: Rotman, 1979.

Eugenia moraviana O. Berg
Sin.: *Eugenia paracatuana* O. Berg
Ref.: Rotman, 1995.
Hábito: Arbusto o árbol.
Status: Nativa.
Elevación: 0-1500 m.
Prov.: CH, COR, FO, JU, SA.
Paises limítrofes: BO, BR, PA.
Ejemplar examinado: *Cabrera 32184* (JUA).

Eugenia multiflora Hook. & Arn., nom. illeg. = **Myrceugenia exsucca** (DC.) O. Berg
Ref.: Movia & Rotman, 1988.

Eugenia multiflora Lam. = **Myrcia multiflora** (Lam.) DC.
Ref.: Rotman, 1994.

Eugenia myrcianthes Nied. = **Hexachlamys edulis** (O. Berg) Kausel & D. Legrand
Ref.: Rotman, 1982.

Eugenia myrcianthes Nied. var. *nana* D. Legrand = **Hexachlamys humilis** O. Berg
Ref.: Rotman, 1982.

Eugenia opaca O. Berg = **Eugenia uruguayensis** Cambess.
Ref.: Rotman, 1995.

Eugenia opaca O. Berg var. *brasiliensis* O. Berg = **Eugenia uruguayensis** Cambess.
Ref.: Rotman, 1995.

Eugenia opaca O. Berg var. *montevidensis* O. Berg = **Eugenia uruguayensis** Cambess.
Ref.: Rotman, 1995.

Eugenia ovalifolia Cambess. = **Eugenia punicifolia** (Kunth) DC.
Ref.: Rotman, 1995.

Eugenia ovalifolia Cambess. var. *chacoensis* D. Legrand = **Eugenia punicifolia** (Kunth) DC.
Ref.: Rotman, 1995.

Eugenia pallida O. Berg = **Myrceugenia glaucescens** (Cambess.) D. Legrand & Kausel
Ref.: Landrum, 1981.

Eugenia paracatuana O. Berg = **Eugenia moraviana** O. Berg
Ref.: Rotman, 1995.

Eugenia parodiana Morong
Ref.: Rotman, 1995.
Hábito: Arbusto.
Status: Nativa.
Elevación: 0-500 m.
Prov.: FO.
Paises limítrofes: PA.
Ejemplar examinado: *Morel 1168* (LIL).

Eugenia parvifolia DC. = **Myrceugenia parvifolia** (DC.) Kausel
Ref.: Landrum, 1981.

Eugenia pitanga (O. Berg) Kiaersk.
Sin.: *Stenocalyx pitanga* O. Berg
Ref.: Rotman, 1995.
Hábito: Arbusto.
Status: Nativa.
Elevación: 0-500 m.
Prov.: COR, MI.
Paises limítrofes: BR, PA.
Ejemplar examinado: *Schinini 21421* (JUA).

Eugenia planipes Hook. & Arn. = **Myrceugenia planipes** (Hook. & Arn.) O. Berg
Ref.: Movia & Rotman, 1988.

Eugenia polycarpa O. Berg var. *marginata* O. Berg = **Eugenia hyemalis** Cambess. var. **marginata** (O. Berg) D. Legrand
Ref.: Rotman, 1995.

[Eugenia polycarpa O. Berg var. ovata O. Berg]
Ref.: Rotman, 1995.
Nota: Taxón dudoso.

Eugenia proba O. Berg = **Luma apiculata** (DC.) Burret
Ref.: Landrum, 1986.

Eugenia pseudo-mato D. Legrand = **Myrcianthes pseudo-mato** (D. Legrand) McVaugh
Ref.: Rotman, 1979.

Eugenia psidiiflora O. Berg = **Calycorectes psidiiflorus** (O. Berg) Sobral
Ref.: Sobral, 1985.

Eugenia pungens O. Berg = **Myrcianthes pungens** (O. Berg) D. Legrand
Ref.: Rotman, 1979.

Eugenia punicifolia (Kunth) DC.
Sin.: *Eugenia chacoensis* (D. Legrand) Kausel, *Eugenia kunthiana* DC., *Eugenia ovalifolia* Cambess., *Eugenia ovalifolia* Cambess. var. *chacoensis* D. Legrand, *Myrtus punicaefolia* Kunth
Ref.: Rotman, 1995.
Hábito: Arbusto.
Status: Nativa.
Elevación: 0-500 m.
Prov.: CH, COR, FO.
Paises limítrofes: BO, BR, PA.
Ejemplar examinado: *Schulz 8361* (JUA).

Eugenia pyriformis Cambess. f. *ponhi* D. Legrand = **Eugenia pyriformis** Cambess. var. **uvalha** (Cambess.) D. Legrand
Ref.: Rotman, 1995.

Eugenia pyriformis Cambess. var. **pyriformis**
Sin.: *Eugenia turbinata* O. Berg, *Pseudomyrcianthes pyriformis* (Cambess.) Kausel
Ref.: Rotman, 1995.
Hábito: Árbol.
Status: Nativa.
Elevación: 0-500 m.
Prov.: COR, MI.
Paises limítrofes: BR, PA.
Ejemplar examinado: *Bertoni 1966* (JUA).

Eugenia pyriformis Cambess. var. **uvalha** (Cambess.) D. Legrand
Sin.: *Eugenia pyriformis* Cambess. f. *ponhi* D. Legrand, *Eugenia uvalha* Cambess.
Ref.: Rotman, 1995.
Hábito: Arbusto o subarbusto.
Status: Nativa.
Elevación: 0-500 m.
Prov.: COR, MI.
Paises limítrofes: BR, PA.
Ejemplar examinado: *Ibarrola 4215* (MVM).

Eugenia repanda O. Berg
Ref.: Rotman, 1995.
Hábito: Arbusto o árbol.
Status: Nativa.
Elevación: 0-1500 m.
Prov.: COR, ER, FO, JU, MI, SA.
Paises limítrofes: BR, PA, UR.
Ejemplar examinado: *Cabrera 30391* (JUA).

Eugenia rivularis Cambess. = **Plinia rivularis** (Cambess.) Rotman
Ref.: Rotman, 1985a.

Eugenia salicifolia (Kunth) DC. = **Blepharocalyx salicifolius** (Kunth) O. Berg
Ref.: Landrum, 1986.

Eugenia tenella DC. = **Myrciaria tenella** (DC.) O. Berg
Ref.: Rotman, 1982.

Eugenia turbinata O. Berg = **Eugenia pyriformis** Cambess. var. **pyriformis**
Ref.: Rotman, 1995.

Eugenia tweediei Hook. & Arn. = **Blepharocalyx salicifolius** (Kunth) O. Berg
Ref.: Landrum, 1986.

Eugenia ugni (Molina) Hook. & Arn. = **Ugni molinae** Turcz.
Ref.: Landrum, 1988b; Movia & Rotman, 1988.

Eugenia uniflora L.
Sin.: *Eugenia micheli* Lam., *Stenocalyx micheli* (Lam.) O. Berg, *Stenocalyx nhampiri* Barb. Rodr.
Ref.: Rotman, 1995.
Hábito: Arbusto o árbol.
Status: Nativa.
Elevación: 0-1500 m.
Prov.: CA, CH, COR, ER, FO, JU, MI, SA, SF, TU.
Paises limítrofes: BO, BR, PA, UR.
Ejemplar examinado: *Ahumada 4297* (JUA).

Eugenia uruguayensis Cambess.
Sin.: *Eugenia opaca* O. Berg, *Eugenia opaca* O. Berg var. *brasiliensis* O. Berg, *Eugenia opaca* O. Berg var. *montevidensis* O. Berg, *Eugenia uruguayensis* Cambess. var. *opaca* (O. Berg) D. Legrand
Ref.: Rotman, 1995.
Hábito: Árbol.
Status: Nativa.
Elevación: 0-500 m.
Prov.: BA, COR, ER, MI.
Paises limítrofes: BR, PA, UR.
Ejemplar examinado: *Burkart 26319* (SI).

Eugenia uruguayensis Cambess. var. *opaca* (O. Berg) D. Legrand = **Eugenia uruguayensis** Cambess.
Ref.: Rotman, 1995.

Eugenia uvalha Cambess. = **Eugenia pyriformis** Cambess. var. **uvalha** (Cambess.) D. Legrand
Ref.: Rotman, 1995.

Gomidesia O. Berg

Número de especies: 2

Gomidesia barituensis Legname
Ref.: Legname, 1978; Rotman, 1986a.
Hábito: Árbol.
Status: Nativa.
Elevación: 1000-1500 m.
Prov.: SA.
Paises limítrofes: BO.
Ejemplar examinado: *Legname y Cuezzo 9737C* (holotipo, LIL).

Gomidesia bergiana D. Legrand, nom. nud. = **Gomidesia palustris** (DC.) Kausel
Ref.: Rotman, inéd.

[Gomidesia freyreissiana O. Berg]
Ref.: Rotman, inéd.
Nota: Taxón dudoso.

Gomidesia garopabensis (Cambess.) D. Legrand = **Gomidesia palustris** (DC.) Kausel
Ref.: Rotman, inéd.

Gomidesia palustris (DC.) Kausel
Sin.: *Gomidesia bergiana* D. Legrand, nom. nud., *Gomidesia garopabensis* (Cambess.) D. Legrand, *Gomidesia palustris* (DC.) D. Legrand, comb. illeg., *Myrcia hartwegiana* auct. non (O. Berg) Kiaersk., *Myrcia palustris* DC., *Myrcia palustris* DC. var. *angustifolia* O. Berg, *Myrcia palustris* DC. var. *bracteata* O. Berg, *Myrcia palustris* DC. var. *stictophylla* O. Berg
Ref.: Legrand, 1958a; Kausel, 1967 ; Legrand & Klein, 1967; Rotman, inéd.
Hábito: Arbusto.
Status: Nativa.
Elevación: 0-500 m.
Prov.: MI.
Paises limítrofes: BR, PA, UR.
Ejemplar examinado: *Rodríguez 660* (SI).

Gomidesia palustris (DC.) D. Legrand, comb. illeg. = **Gomidesia palustris** (DC.) Kausel
Ref.: Rotman, inéd.

Guajava guineensis (Sw.) Kuntze = **Psidium guineense** Sw.
Ref.: Rotman, 1976b.

Guapurium Juss.
Número de especies: 1

Guapurium peruvianum Poir.
Sin.: *Eugenia guapurium* DC., *Myrciaria cauliflora* auct. non (DC.) O. Berg, *Myrciaria guapurium* (DC.) O. Berg
Ref.: Legrand, 1962b, 1973; Rotman, 1982.
Hábito: Arbusto o árbol.
Status: Nativa.
Elevación: 0-500 m.
Prov.: CH, COR, FO, MI.
Paises limítrofes: BO, PA.
Ejemplar examinado: *Eskuche 4216* (SI).
Nota: Posición Taxónómica dudosa dentro de la familia.

Hexachlamys O. Berg
Número de especies: 2

Hexachlamys anomala (D. Legrand) D. Legrand = **Hexachlamys humilis** O. Berg
Ref.: Rotman, 1982.

Hexachlamys edulis (O. Berg) Kausel & D. Legrand
Sin.: *Eugenia edulis* Benth. & Hook. ex Griseb., *Eugenia myrcianthes* Nied., *Myrcianthes edulis* O. Berg
Ref.: Rotman, 1982.
Hábito: Arbusto o árbol.
Status: Nativa.
Elevación: 0-500 m.
Prov.: CH, COR, ER, FO, MI, SF.
Paises limítrofes: BO, BR, PA, UR.
Ejemplar examinado: *Burkart 30263* (SI).

[Hexachlamys emerichii Mattos]
Ref.: Rotman, inéd.
Nota: Taxón dudoso.

Hexachlamys humilis O. Berg
Sin.: *Eugenia anomala* D. Legrand, *Eugenia humilis* (O. Berg) Benth. ex Niederl., hom. illeg., *Eugenia myrcianthes* Nied. var. *nana* D. Legrand, *Hexachlamys anomala* (D. Legrand) D. Legrand
Ref.: Rotman, 1982.
Hábito: Subarbusto.
Status: Nativa.
Elevación: 0-500 m.
Prov.: COR, MI.
Paises limítrofes: BR, PA, UR.
Ejemplar examinado: *Guaglianone 193* (SI).

Luma A. Gray
Número de especies: 1

Luma apiculata (DC.) Burret
Sin.: *Eugenia apiculata* DC., *Eugenia proba* O. Berg, *Myrceugenella apiculata* (DC.) Kausel, *Myrceugenella apiculata* (DC.) Kausel var. *nahuelhuapensis* Kausel, *Myrceugenia apiculata* (DC.) Nied.
Ref.: Landrum, 1986.
Hábito: Arbusto o árbol.
Status: Nativa.
Elevación: 500-1000 m.
Prov.: CHU, NE, RN.
Paises limítrofes: CH.
Ejemplar examinado: *Rossow 2143* (BAB).

Luma chrysocarpa (O. Berg) Burret = **Myrceugenia chrysocarpa** (O. Berg) Kausel
Ref.: Movia & Rotman, 1988.

Luma cisplatensis (Cambess.) Herter = **Myrcianthes cisplatensis** (Cambess.) O. Berg
Ref.: Rotman, 1979.

Luma exsucca (DC.) Burret = **Myrceugenia exsucca** (DC.) O. Berg
Ref.: Movia & Rotman, 1988.

Luma nannophylla Burret = **Myrceugenia ovata** (Hook. & Arn.) O. Berg var. **nannophylla** (Burret) Landrum
Ref.: Movia & Rotman, 1988.

Metrosideros stipularis (Hook. & Arn.) Hook. f. = **Tepualia stipularis** (Hook. & Arn.) Griseb.
Ref.: Landrum, 1988b.

Myrceugenella apiculata (DC.) Kausel = **Luma apiculata** (DC.) Burret
Ref.: Landrum, 1986.

Myrceugenella apiculata (DC.) Kausel var. *nahuelhuapensis* Kausel = **Luma apiculata** (DC.) Burret
Ref.: Landrum, 1986.

Myrceugenia O. Berg
Número de especies: 6

Myrceugenia apiculata (DC.) Nied. = **Luma apiculata** (DC.) Burret
Ref.: Landrum, 1986.

Myrceugenia chrysocarpa (O. Berg) Kausel
Sin.: *Eugenia chrysocarpa* O. Berg, *Luma chrysocarpa* (O. Berg) Burret
Ref.: Landrum, 1981; Movia & Rotman, 1988.
Hábito: Árbol.
Status: Nativa.
Elevación: 500-1000 m.
Prov.: CHU, NE, RN.
Paises limítrofes: CH.
Ejemplar examinado: *Correa 5610* (BAB).

Myrceugenia distoma (O. Berg) Kausel = **Myrceugenia planipes** (Hook. & Arn.) O. Berg
Ref.: Movia & Rotman, 1988.

Myrceugenia euosma (O. Berg) D. Legrand
Sin.: *Eugenia euosma* O. Berg
Ref.: Landrum, 1981.
Hábito: Arbusto o árbol.
Status: Nativa.
Elevación: 0-500 m.
Prov.: MI.
Paises limítrofes: BR, PA, UR.
Ejemplar examinado: *Martínez Crovetto 183* (CTES).

Myrceugenia exsucca (DC.) O. Berg
Sin.: *Eugenia exsucca* DC., *Eugenia multiflora* Hook. & Arn., nom. illeg., *Luma exsucca* (DC.) Burret, *Myrceugenia multiflora* (Hook. & Arn.) Kausel
Ref.: Landrum, 1981; Movia & Rotman, 1988.
Hábito: Árbol.
Status: Nativa.
Elevación: 500-1000 m.
Prov.: CHU, NE, RN.
Paises limítrofes: CH.
Ejemplar examinado: *Fabris 1127* (BAB).

Myrceugenia glaucescens (Cambess.) D. Legrand & Kausel
Sin.: *Eugenia glaucescens* Cambess., *Eugenia pallida* O. Berg, *Myrceugenia glaucescens* (Cambess.) D. Legrand & Kausel f. *pallida* (O. Berg) D. Legrand, *Myrceugenia glaucescens* (Cambess.) D. Legrand & Kausel var. *pallida* (O. Berg) Kausel, *Myrceugenia pallida* (O. Berg) D. Legrand & Kausel
Ref.: Landrum, 1981.
Hábito: Arbusto o árbol.
Status: Nativa.
Elevación: 0-500 m.
Prov.: BA, COR, ER, MI.
Paises limítrofes: BR, PA, UR.
Ejemplar examinado: *Burkart 30997* (JUA).

Myrceugenia glaucescens (Cambess.) D. Legrand & Kausel f. *pallida* (O. Berg) D. Legrand = **Myrceugenia glaucescens** (Cambess.) D. Legrand & Kausel
Ref.: Landrum, 1981.

Myrceugenia glaucescens (Cambess.) D. Legrand & Kausel var. *pallida* (O. Berg) Kausel = **Myrceugenia glaucescens** (Cambess.) D. Legrand & Kausel
Ref.: Landrum, 1981.

Myrceugenia montana Kausel = **Myrceugenia ovata** (Hook. & Arn.) O. Berg var. **nannophylla** (Burret) Landrum
Ref.: Movia & Rotman, 1988.

Myrceugenia multiflora (Hook. & Arn.) Kausel = **Myrceugenia exsucca** (DC.) O. Berg
Ref.: Movia & Rotman, 1988.

Myrceugenia myrtoides O. Berg
Hábito: Arbusto o árbol.
Status: Nativa.
Paises limítrofes: BR, UR.
Nota: Probablemente habite en el NE de Argentina.

Myrceugenia nannophylla (Burret) Kausel = **Myrceugenia ovata** (Hook. & Arn.) O. Berg var. **nannophylla** (Burret) Landrum
Ref.: Movia & Rotman, 1988.

Myrceugenia ovata (Hook. & Arn.) O. Berg var. **nannophylla** (Burret) Landrum
Sin.: *Luma nannophylla* Burret, *Myrceugenia montana* Kausel, *Myrceugenia nannophylla* (Burret) Kausel, *Myrceugenia valientei* Kausel
Ref.: Landrum, 1981; Movia & Rotman, 1988.
Hábito: Arbusto o árbol.
Status: Nativa.
Elevación: 500-1000 m.
Prov.: NE.
Paises limítrofes: CH.
Ejemplar examinado: *Rossow 506* (BAB).

Myrceugenia pallida (O. Berg) D. Legrand & Kausel = **Myrceugenia glaucescens** (Cambess.) D. Legrand & Kausel
Ref.: Landrum, 1981.

[Myrceugenia parvifolia (DC.) Kausel]
Sin.: *Eugenia parvifolia* DC.
Ref.: Landrum, 1981.
Nota: Especie excluida de la flora argentina.

Myrceugenia planipes (Hook. & Arn.) O. Berg
Sin.: *Eugenia planipes* Hook. & Arn., *Myrceugenia distoma* (O. Berg) Kausel, *Myrcia planipes* (Hook. & Arn.) Kiaersk.
Ref.: Landrum, 1981; Movia & Rotman, 1988.
Hábito: Árbol.
Status: Nativa.
Elevación: 500-1000 m.
Prov.: NE.
Paises limítrofes: CH.
Ejemplar examinado: *Diem 1106* (BAB).

Myrceugenia valientei Kausel = **Myrceugenia ovata** (Hook. & Arn.) O. Berg var. **nannophylla** (Burret) Landrum
Ref.: Movia & Rotman, 1988.

Myrcia DC. ex Guill.
Número de especies: 8

Myrcia anomala Cambess.
Ref.: Legrand, 1950; Rotman, 1994.
Hábito: Subarbusto.
Status: Nativa.
Elevación: 0-500 m.
Prov.: COR, MI.
Paises limítrofes: BO, BR, PA.
Ejemplar examinado: *Landrum 5720* (JUA).

Myrcia assumptionis Morong = **Myrcia laruotteana** Cambess. var. **paraguayensis** O. Berg
Ref.: Rotman, 1994.

Myrcia bombycina (O. Berg) Kiaersk.
Sin.: *Aulomyrcia bombycina* O. Berg
Ref.: Legrand, 1969; Rotman, 1994.
Hábito: Arbusto o árbol.
Status: Nativa.
Elevación: 0-500 m.
Prov.: COR, MI.
Paises limítrofes: BR, PA.
Ejemplar examinado: *Krapovickas 28876* (CTES).

Myrcia hartwegiana auct. non (O. Berg) Kiaersk. = **Gomidesia palustris** (DC.) Kausel
Ref.: Rotman, inéd.

Myrcia laruotteana Cambess. var. **australis** D. Legrand
Ref.: Legrand, 1969; Rotman, 1994.
Hábito: Árbol.
Status: Nativa.
Elevación: 0-500 m.
Prov.: COR, MI.
Paises limítrofes: BR.
Ejemplar examinado: *Klein 3293* (paratipo, MVM).

Myrcia laruotteana Cambess. var. **paraguayensis** O. Berg
Sin.: *Aulomyrcia assumptionis* (Morong) Kausel, *Myrcia assumptionis* Morong
Ref.: Legrand, 1969; Rotman, 1994.
Hábito: Arbusto o árbol.
Status: Nativa.
Elevación: 0-500 m.
Prov.: MI.
Paises limítrofes: BR, PA.
Ejemplar examinado: *Rodríguez 363* (SI).

Myrcia leptoclada DC.
Ref.: Rotman, 1994.
Hábito: Árbol.
Status: Nativa.
Paises limítrofes: BR.
Nota: Probablemente habite en el NE de Argentina.

Myrcia multiflora (Lam.) DC.
Sin.: *Eugenia multiflora* Lam.
Ref.: Rotman, 1994.
Hábito: Arbusto o árbol.
Status: Nativa.
Paises limítrofes: BR, PA.
Nota: Probablemente habite en el NE de Argentina.

Myrcia palustris DC. = **Gomidesia palustris** (DC.) Kausel
Ref.: Rotman, inéd.

Myrcia palustris DC. var. *angustifolia* O. Berg = **Gomidesia palustris** (DC.) Kausel
Ref.: Rotman, inéd.

Myrcia palustris DC. var. *bracteata* O. Berg = **Gomidesia palustris** (DC.) Kausel
Ref.: Rotman, inéd.

Myrcia palustris DC. var. *stictophylla* O. Berg = **Gomidesia palustris** (DC.) Kausel
Ref.: Rotman, inéd.

Myrcia planipes (Hook. & Arn.) Kiaersk. = **Myrceugenia planipes** (Hook. & Arn.) O. Berg
Ref.: Movia & Rotman, 1988.

Myrcia ramulosa DC. = **Myrcia selloi** (Spreng.) N. Silveira
Ref.: Rotman, 1994.

Myrcia ramulosa DC. var. *megapotamica* D. Legrand = **Myrcia selloi** (Spreng.) N. Silveira
Ref.: Rotman, 1994.

Myrcia selloi (Spreng.) N. Silveira
Sin.: *Aulomyrcia ramulosa* (DC.) O. Berg, *Aulomyrcia selloi* (Spreng.) Kausel, *Myrcia ramulosa* DC., *Myrcia ramulosa* DC. var. *megapotamica* D. Legrand, *Myrcia selloi* (Spreng.) N. Silveira var. *megapotamica* (D. Legrand) N. Silveira, *Myrtus selloi* Spreng.
Ref.: Silveira, 1986; Rotman, 1994.
Hábito: Arbusto o árbol.
Status: Nativa.
Elevación: 0-500 m.
Prov.: CH, COR, ER, FO, MI, SF.
Paises limítrofes: BR, PA, UR.
Ejemplar examinado: *Bacigalupo 421* (JUA).

Myrcia selloi (Spreng.) N. Silveira var. *megapotamica* (D. Legrand) N. Silveira = **Myrcia selloi** (Spreng.) N. Silveira
Ref.: Rotman, 1994.

Myrcia verticillaris O. Berg
Ref.: Rotman, 1994.
Hábito: Subarbusto.
Status: Nativa.
Paises limítrofes: BR, UR.
Nota: Probablemente habite en el NE de Argentina.

Myrcianthes O. Berg
Número de especies: 7. 1 especie endémica.

Myrcianthes apiculata O. Berg = **Myrcianthes cisplatensis** (Cambess.) O. Berg
Ref.: Rotman, 1979.

Myrcianthes callicoma McVaugh
Ref.: Rotman, 1979.
Hábito: Árbol.
Status: Endémica.
Elevación: 500-1000 m.
Prov.: TU.
Ejemplar examinado: *Venturi 9859* (isotipo, LIL).

Myrcianthes cisplatensis (Cambess.) O. Berg
Sin.: *Eugenia apiculata* (O. Berg) Nied., comb. illeg., *Eugenia apiculata* DC., *Eugenia cisplatensis* Cambess., *Eugenia cisplatina* Arechav., *Luma cisplatensis* (Cambess.) Herter, *Myrcianthes apiculata* O. Berg
Ref.: Rotman, 1979.
Hábito: Arbusto o árbol.
Status: Nativa.
Elevación: 0-1000 m.
Prov.: CA, COR, ER, SA, SF, TU.
Paises limítrofes: BR, UR.
Ejemplar examinado: *Burkart 29399* (SI).

Myrcianthes edulis O. Berg = **Hexachlamys edulis** (O. Berg) Kausel & D. Legrand
Ref.: Rotman, 1982.

Myrcianthes gigantea (D. Legrand) D. Legrand
Sin.: *Eugenia cisplatensis* Cambess. var. *gigantea* D. Legrand
Ref.: Rotman, 1979.
Hábito: Árbol.
Status: Nativa.
Elevación: 0-500 m.
Prov.: MI.
Paises limítrofes: BR, UR.
Ejemplar examinado: *Legrand 690* (holotipo, MVM).

Myrcianthes mato (Griseb.) McVaugh
Sin.: *Acreugenia mato* (Griseb.) Kausel, *Eugenia mato* Griseb.
Ref.: Rotman, 1979.
Hábito: Árbol.
Status: Nativa.
Elevación: 500-1000 m.
Prov.: CA, JU, SA, TU.
Paises limítrofes: BO.
Ejemplar examinado: *Lorentz e Hieronymus 860* (isotipo, CORD).

Myrcianthes minimifolia (McVaugh) McVaugh
Sin.: *Eugenia minimifolia* McVaugh
Ref.: Rotman, 1985b.
Hábito: Árbol.
Status: Nativa.
Elevación: 2000-2500 m.
Prov.: JU.
Ejemplar examinado: *Rotman 985* (JUA).
Nota: Probablemente habite en Bolivia.

Myrcianthes pseudo-mato (D. Legrand) McVaugh
Sin.: *Eugenia pseudo-mato* D. Legrand
Ref.: Rotman, 1979.
Hábito: Árbol.
Status: Nativa.
Elevación: 500-1000 m.
Prov.: JU, SA, TU.
Paises limítrofes: BO.
Ejemplar examinado: *Schreiter 919* (holotipo, MVM).

Myrcianthes pungens (O. Berg) D. Legrand
Sin.: *Acreugenia pungens* (O. Berg) Kausel, *Eugenia pungens* O. Berg
Ref.: Rotman, 1979.
Hábito: Árbol.
Status: Nativa.
Elevación: 0-1000 m.
Prov.: CA, CH, COR, ER, FO, JU, MI, SA, SF, TU.
Paises limítrofes: BO, BR, PA, UR.
Ejemplar examinado: *Rotman 638* (JUA).

Myrciaria O. Berg
Número de especies: 1

Myrciaria apiculata Barb. Rodr. = **Myrciaria tenella** (DC.) O. Berg
Ref.: Rotman, 1982.

Myrciaria baporeti D. Legrand = **Plinia rivularis** (Cambess.) Rotman
Ref.: Rotman, 1985a.

Myrciaria cauliflora auct. non (DC.) O. Berg = **Guapurium peruvianum** Poir.
Ref.: Legrand, 1941; Rotman, 1982.

Myrciaria ciliolata (Cambess.) O. Berg = **Paramyrciaria ciliolata** (Cambess.) Rotman
Ref.: Rotman, 1986b.

Myrciaria guapurium (DC.) O. Berg = **Guapurium peruvianum** Poir.
Ref.: Rotman, 1982.

Myrciaria leucophloea O. Berg = **Paramyrciaria ciliolata** (Cambess.) Rotman
Ref.: Rotman, 1986b.

Myrciaria rivularis (Cambess.) O. Berg = **Plinia rivularis** (Cambess.) Rotman
Ref.: Rotman, 1985a.

Myrciaria rivularis (Cambess.) O. Berg var. *baporeti* (D. Legrand) D. Legrand = **Plinia rivularis** (Cambess.) Rotman
Ref.: Rotman, 1985a.

Myrciaria tenella (DC.) O. Berg
Sin.: *Eugenia tenella* DC., *Myrciaria apiculata* Barb. Rodr.
Ref.: Rotman, 1982.
Hábito: Arbusto o árbol.
Status: Nativa.
Elevación: 0-500 m.
Prov.: JU, MI, SA.
Paises limítrofes: BR, PA, UR.
Ejemplar examinado: *Zuloaga 728* (SI).

Myrciaria trunciflora O. Berg = **Plinia trunciflora** (O. Berg) Kausel
Ref.: Rotman, 1982.

Myrciariopsis baporeti (D. Legrand) Kausel = **Plinia rivularis** (Cambess.) Rotman
Ref.: Rotman, 1985a.

Myrrhinium Schott

Número de especies: 1

Myrrhinium atropurpureum Schott var. **octandrum** Benth.
Sin.: *Myrrhinium loranthoides* (Hook. & Arn.) Burret, *Myrrhinium rubriflorum* O. Berg, *Tetrastemon loranthoides* Hook. & Arn.
Ref.: Landrum, 1986.
Hábito: Arbusto o árbol.
Status: Nativa.
Elevación: 0-1500 m.
Prov.: CA, COR, ER, JU, MI, SA, TU.
Paises limítrofes: BR, UR.
Ejemplar examinado: *Burkart 21837* (SI).

Myrrhinium loranthoides (Hook. & Arn.) Burret = **Myrrhinium atropurpureum** Schott var. **octandrum** Benth.
Ref.: Landrum, 1986.

Myrrhinium rubriflorum O. Berg = **Myrrhinium atropurpureum** Schott var. **octandrum** Benth.
Ref.: Landrum, 1986.

Myrteola O. Berg

Número de especies: 1

Myrteola barneoudii O. Berg var. *humifusa* (Phil.) Reiche = **Myrteola nummularia** (Poir.) O. Berg
Ref.: Landrum, 1988a.

Myrteola bullata O. Berg = **Myrteola nummularia** (Poir.) O. Berg
Ref.: Landrum, 1988a.

Myrteola humifusa (Phil.) O. Berg = **Myrteola nummularia** (Poir.) O. Berg
Ref.: Landrum, 1988a.

Myrteola leucomyrtillus (Griseb.) Reiche = **Myrteola nummularia** (Poir.) O. Berg
Ref.: Landrum, 1988a.

Myrteola nummularia (Poir.) O. Berg
Sin.: *Eugenia humifusa* Phil., *Myrteola barneoudii* O. Berg var. *humifusa* (Phil.) Reiche, *Myrteola bullata* O. Berg, *Myrteola humifusa* (Phil.) O. Berg, *Myrteola leucomyrtillus* (Griseb.) Reiche, *Myrteola nummularia* (Poir.) O. Berg var. *barneoudii* (O. Berg) Kausel, *Myrteola nummularia* (Poir.) O. Berg var. *repens* (Phil.) Reiche, *Myrteola repens* (Phil.) O. Berg, *Myrtus barneoudii* O. Berg, *Myrtus leucomyrtillus* Griseb., *Myrtus nummularia* Poir., *Myrtus nummularia* Poir. var. *major* Hook. f., *Myrtus repens* Phil.
Ref.: Landrum, 1988a.
Hábito: Arbusto o subarbusto.
Status: Nativa.
Elevación: 1000-1500 m.
Prov.: NE, RN, SC, TF.
Paises limítrofes: BO, BR, CH.
Ejemplar examinado: *Eskuche y Klein 200* (CTES).

Myrteola nummularia (Poir.) O. Berg var. *barneoudii* (O. Berg) Kausel = **Myrteola nummularia** (Poir.) O. Berg
Ref.: Landrum, 1988a.

Myrteola nummularia (Poir.) O. Berg var. *repens* (Phil.) Reiche = **Myrteola nummularia** (Poir.) O. Berg
Ref.: Landrum, 1988a.

Myrteola repens (Phil.) O. Berg = **Myrteola nummularia** (Poir.) O. Berg
Ref.: Landrum, 1988a.

Myrtus acutata O. Berg = **Psidium luridum** (Spreng.) Burret
Ref.: Rotman, 1976b.

Myrtus barneoudii O. Berg = **Myrteola nummularia** (Poir.) O. Berg
Ref.: Landrum, 1988a.

Myrtus cuspidata O. Berg = **Psidium luridum** (Spreng.) Burret
Ref.: Rotman, 1976b.

Myrtus güili (Speg.) D. Legrand = **Amomyrtella güili** (Speg.) Kausel
Ref.: Rotman, 1986a.

Myrtus incana O. Berg = **Psidium incanum** (O. Berg) Burret
Ref.: Rotman, 1976b.

Myrtus leucomyrtillus Griseb. = **Myrteola nummularia** (Poir.) O. Berg
Ref.: Landrum, 1988a.

Myrtus luma Molina = **Amomyrtus luma** (Molina) D. Legrand & Kausel
Ref.: Movia & Rotman, 1988.

Myrtus lurida Spreng. = **Psidium luridum** (Spreng.) Burret
Ref.: Rotman, 1976b.

Myrtus mucronata Cambess. = **Psidium luridum** (Spreng.) Burret
Ref.: Rotman, 1976b.

Myrtus mucronata Cambess. var. *thea* (Griseb.) Griseb. = **Psidium luridum** (Spreng.) Burret
Ref.: Legrand & Klein, 1977.

Myrtus nivea O. Berg = **Psidium incanum** (O. Berg) Burret
Ref.: Rotman, 1976b.

Myrtus nummularia Poir. = **Myrteola nummularia** (Poir.) O. Berg
Ref.: Landrum, 1988a.

Myrtus nummularia Poir. var. *major* Hook. f. = **Myrteola nummularia** (Poir.) O. Berg
Ref.: Landrum, 1988a.

Myrtus ovalis O. Berg, hom. illeg. = **Psidium pubifolium** Burret f. **pubifolium**
Ref.: Rotman, 1976b.

Myrtus pauciflora Cambess. = **Psidium luridum** (Spreng.) Burret
Ref.: Rotman, 1976b.

Myrtus punicaefolia Kunth = **Eugenia punicifolia** (Kunth) DC.
Ref.: Rotman, 1995.

Myrtus repens Phil. = **Myrteola nummularia** (Poir.) O. Berg
Ref.: Landrum, 1988a.

Myrtus salicifolia Kunth = **Blepharocalyx salicifolius** (Kunth) O. Berg
Ref.: Landrum, 1986.

Myrtus selloi Spreng. = **Myrcia selloi** (Spreng.) N. Silveira
Ref.: Rotman, 1994.

Myrtus sericea Cambess. = **Psidium incanum** (O. Berg) Burret
Ref.: Rotman, 1976b.

Myrtus stipularis Hook. & Arn. = **Tepualia stipularis** (Hook. & Arn.) Griseb.
Ref.: Landrum, 1988b.

Myrtus ugni Molina = **Ugni molinae** Turcz.
Ref.: Landrum, 1988b; Movia & Rotman, 1988.

Paramyrciaria Kausel
Número de especies: 2

Paramyrciaria ciliolata (Cambess.) Rotman
Sin.: *Eugenia ciliolata* Cambess., *Myrciaria ciliolata* (Cambess.) O. Berg, *Myrciaria leucophloea* O. Berg
Ref.: Rotman, 1986b.
Hábito: Árbol.
Status: Nativa.
Elevación: 500-2000 m.
Prov.: SA.
Paises limítrofes: BO, BR, PA.
Ejemplar examinado: *Legname y Cuezzo 8522c* (JUA).

Paramyrciaria delicatula (DC.) Kausel var. **argentinensis** Kausel
Ref.: Rotman, 1982.
Hábito: Arbusto o árbol.
Status: Nativa.
Elevación: 0-500 m.
Prov.: COR, MI.
Paises limítrofes: BR, PA.
Ejemplar examinado: *Schwarz 10768* (paratipo, LIL).

Phyllocalyx involucratus (DC.) O. Berg = **Eugenia involucrata** DC.
Ref.: Rotman, 1995.

Plinia L.
Número de especies: 2

Plinia baporeti (D. Legrand) Rotman = **Plinia rivularis** (Cambess.) Rotman
Ref.: Rotman, 1985a.

Plinia rivularis (Cambess.) Rotman
Sin.: *Eugenia rivularis* Cambess., *Myrciaria baporeti* D. Legrand, *Myrciaria rivularis* (Cambess.) O. Berg, *Myrciaria rivularis* (Cambess.) O. Berg var. *baporeti* (D. Legrand) D. Legrand, *Myrciariopsis baporeti* (D. Legrand) Kausel, *Plinia baporeti* (D. Legrand) Rotman, *Siphoneugena baporeti* (D. Legrand) Kausel
Ref.: Rotman, 1982, 1985a.
Hábito: Árbol.
Status: Nativa.
Elevación: 0-500 m.
Prov.: COR, ER, MI.
Paises limítrofes: BR, PA, UR.
Ejemplar examinado: *Cabrera 28776* (SI).

Plinia trunciflora (O. Berg) Kausel
Sin.: *Eugenia cauliflora* Miq., hom. illeg., *Myrciaria trunciflora* O. Berg
Ref.: Rotman, 1982.
Hábito: Árbol.
Status: Nativa.
Elevación: 0-500 m.
Prov.: MI.
Paises limítrofes: BR.
Ejemplar examinado: *Zuloaga 767* (SI).

Pseudocaryophyllus burkartianus D. Legrand = **Eugenia burkartiana** (D. Legrand) D. Legrand
Ref.: Rotman, 1995.

Pseudocaryophyllus darwinii (Hook. f.) Burret = **Amomyrtus luma** (Molina) D. Legrand & Kausel
Ref.: Movia & Rotman, 1988.

Pseudocaryophyllus güili (Speg.) Burret = **Amomyrtella güili** (Speg.) Kausel
Ref.: Rotman, 1986a.

Pseudomyrcianthes pyriformis (Cambess.) Kausel = **Eugenia pyriformis** Cambess. var. **pyriformis**
Ref.: Rotman, 1995.

Psidium L.
Número de especies: 11

Psidium acutatum (O. Berg) Burret = **Psidium luridum** (Spreng.) Burret
Ref.: Rotman, 1976b.

Psidium araca Raddi = **Psidium guineense** Sw.
Ref.: Rotman, 1976b.

Psidium australe Cambess.
Ref.: Rotman, 1976b.
Hábito: Arbusto o subarbusto.
Status: Nativa.

Elevación: 0-500 m.
Prov.: COR, MI.
Paises limítrofes: BR, PA.
Ejemplar examinado: *Krapovickas 23378* (CTES).

Psidium cuneatum Cambess.
Ref.: Rotman, 1976b.
Hábito: Arbusto.
Status: Nativa.
Elevación: 0-500 m.
Prov.: MI.
Paises limítrofes: BR.
Ejemplar examinado: *Rodríguez 296* (SI).

Psidium guajava L.
Sin.: *Psidium guava* Raddi ex Griseb., *Psidium guayaba* Raddi, *Psidium pyriferum* L.
Ref.: Rotman, 1976b.
Hábito: Arbusto o árbol.
Status: Nativa.
Elevación: 0-1000 m.
Prov.: CH, COR, FO, JU, MI, SA, TU.
Paises limítrofes: BO, BR, PA.
Ejemplar examinado: *Burkart 6809* (SI).

Psidium guava Raddi ex Griseb. = **Psidium guajava** L.
Ref.: Rotman, 1976b.

Psidium guaviroba DC. = **Campomanesia guaviroba** (DC.) Kiaersk.

Psidium guayaba Raddi = **Psidium guajava** L.
Ref.: Rotman, 1976b.

Psidium guazumaefolium Cambess. = **Campomanesia guazumifolia** (Cambess.) O. Berg
Ref.: Rotman, 1976b.

Psidium guineense Sw.
Sin.: *Guajava guineensis* (Sw.) Kuntze, *Psidium araca* Raddi
Ref.: Rotman, 1976b.
Hábito: Arbusto o árbol.
Status: Nativa.
Elevación: 0-500 m.
Prov.: COR, MI.
Paises limítrofes: BO, BR, PA.
Ejemplar examinado: *Meyer 5805* (LIL).

Psidium incanum (O. Berg) Burret
Sin.: *Myrtus incana* O. Berg, *Myrtus nivea* O. Berg, *Myrtus sericea* Cambess., *Psidium niveum* (O. Berg) Herter, *Psidium thea* Griseb. var. *incanum* Griseb.
Ref.: Rotman, 1976b.
Hábito: Subarbusto.
Status: Nativa.
Elevación: 0-1000 m.
Prov.: COR, ER, MI, TU.
Paises limítrofes: BR, PA, UR.
Ejemplar examinado: *Nicora 3228* (SI).

Psidium kennedyanum Morong
Ref.: Rotman, 1976b.
Hábito: Arbusto o árbol.
Status: Nativa.
Elevación: 0-500 m.
Prov.: CH, COR, ER, FO, MI, SF.
Paises limítrofes: PA.
Ejemplar examinado: *Burkart 21304* (SI).

Psidium luridum (Spreng.) Burret
Sin.: *Myrtus acutata* O. Berg, *Myrtus cuspidata* O. Berg, *Myrtus lurida* Spreng., *Myrtus mucronata* Cambess., *Myrtus mucronata* Cambess. var. *thea* (Griseb.) Griseb., *Myrtus pauciflora* Cambess., *Psidium acutatum* (O. Berg) Burret, *Psidium thea* Griseb.
Ref.: Rotman, 1976b.
Hábito: Subarbusto.
Status: Nativa.
Elevación: 0-1000 m.
Prov.: BA, CO, COR, ER, TU.
Paises limítrofes: BR, UR.
Ejemplar examinado: *Burkart 23993* (SI).

Psidium luridum (Spreng.) Burret var. *cinereum* Mattos = **Psidium pubifolium** Burret f. **nanum** Rotman
Ref.: Rotman, 1976b.

Psidium missionum D. Legrand
Ref.: Rotman, 1976b.
Hábito: Arbusto.
Status: Nativa.
Elevación: 0-500 m.
Prov.: MI.
Paises limítrofes: PA.
Ejemplar examinado: *Rodríguez 16* (MVM).

Psidium niveum (O. Berg) Herter = **Psidium incanum** (O. Berg) Burret
Ref.: Rotman, 1976b.

Psidium nutans O. Berg
Ref.: Rotman, 1976b.
Hábito: Arbusto o árbol.
Status: Nativa.
Elevación: 0-500 m.
Prov.: COR, MI.
Paises limítrofes: BR.
Ejemplar examinado: *Pedersen 4449* (LP).

Psidium pubifolium Burret f. **nanum** Rotman
Sin.: *Psidium luridum* (Spreng.) Burret var. *cinereum* Mattos
Ref.: Rotman, 1976b.
Hábito: subarbusto.
Status: Nativa.
Elevación: 0-500 m.
Prov.: COR.
Paises limítrofes: BR.
Ejemplar examinado: *Nicora 5195* (BAA).

Psidium pubifolium Burret f. **pubifolium**
Sin.: *Myrtus ovalis* O. Berg, hom. illeg.
Ref.: Rotman, 1976b.
Hábito: Subarbusto.
Status: Nativa.
Elevación: 0-500 m.
Prov.: COR, ER.
Paises limítrofes: BR, PA, UR.
Ejemplar examinado: *Ibarrola 3973* (SI).

Psidium pyriferum L. = **Psidium guajava** L.
Ref.: Rotman, 1976b.

Psidium thea Griseb. = **Psidium luridum** (Spreng.) Burret
Ref.: Rotman, 1976b.

Psidium thea Griseb. var. *incanum* Griseb. = **Psidium incanum** (O. Berg) Burret
Ref.: Rotman, 1976b.

Siphoneugena O. Berg

Número de especies: 1 especie endémica.

Siphoneugena baporeti (D. Legrand) Kausel = **Plinia rivularis** (Cambess.) Rotman
Ref.: Rotman, 1985a.

Siphoneugena occidentalis D. Legrand
Ref.: Rotman, 1982.
Hábito: Árbol.
Status: Endémica.
Elevación: 500-1000 m.
Prov.: SA.
Ejemplar examinado: *Tortorelli s.n.* (holotipo, MVM 12128).

Stenocalyx involucratus (DC.) Kausel = **Eugenia involucrata** DC.
Ref.: Rotman, 1995.

Stenocalyx micheli (Lam.) O. Berg = **Eugenia uniflora** L.
Ref.: Rotman, 1995.

Stenocalyx nhampiri Barb. Rodr. = **Eugenia uniflora** L.
Ref.: Rotman, 1995.

Stenocalyx pitanga O. Berg = **Eugenia pitanga** (O. Berg) Kiaersk.
Ref.: Rotman, 1995.

Stenocalyx rufescens Kausel = **Calycorectes psidiiflorus** (O. Berg) Sobral
Ref.: Sobral, 1985.

Tepualia Griseb.

Número de especies: 1 especie endémica.

Tepualia patagonica Phil. = **Tepualia stipularis** (Hook. & Arn.) Griseb.
Ref.: Landrum, 1988b.

Tepualia philippiana Griseb. = **Tepualia stipularis** (Hook. & Arn.) Griseb.
Ref.: Landrum, 1988b.

Tepualia stipularis (Hook. & Arn.) Griseb.
Sin.: *Metrosideros stipularis* (Hook. & Arn.) Hook. f., *Myrtus stipularis* Hook. & Arn., *Tepualia patagonica* Phil., *Tepualia philippiana* Griseb., *Tepualia stipularis* (Hook. & Arn.) Griseb. var. *patagonica* (Phil.) Reiche, *Tepualia stipularis* (Hook. & Arn.) Griseb. var. *philippiana* (Griseb.) Speg.
Ref.: Landrum, 1988b.
Hábito: Arbusto o árbol.
Status: Endémica.
Elevación: 500-1000 m.
Prov.: CHU, RN, TF.
Paises limítrofes: CH.
Ejemplar examinado: *Boelcke y Correa 5290* (BAB).

Tepualia stipularis (Hook. & Arn.) Griseb. var. *patagonica* (Phil.) Reiche = **Tepualia stipularis** (Hook. & Arn.) Griseb.
Ref.: Landrum, 1988b.

Tepualia stipularis (Hook. & Arn.) Griseb. var. *philippiana* (Griseb.) Speg. = **Tepualia stipularis** (Hook. & Arn.) Griseb.
Ref.: Landrum, 1988b.

Tetrastemon loranthoides Hook. & Arn. = **Myrrhinium atropurpureum** Schott var. **octandrum** Benth.
Ref.: Landrum, 1986.

Ugni Turcz.

Número de especies: 1

Ugni molinae Turcz.
Sin.: *Eugenia ugni* (Molina) Hook. & Arn., *Myrtus ugni* Molina, *Ugni myrtus* Macloskie, *Ugni ugni* (Molina) Macloskie, nom. inval.
Ref.: Landrum, 1988b; Movia & Rotman, 1988.
Hábito: Arbusto.
Status: Nativa.
Elevación: 1000-1500 m.
Prov.: CHU, NE, RN.
Paises limítrofes: CH.
Ejemplar examinado: *Boelcke 10641* (BAB).

Ugni myrtus Macloskie = **Ugni molinae** Turcz.
Ref.: Landrum, 1988b; Movia & Rotman, 1988.

Ugni ugni (Molina) Macloskie, nom. inval. = **Ugni molinae** Turcz.
Ref.: Landrum, 1988b; Movia & Rotman, 1988.

NYCTAGINACEAE

8 géneros, 18 especies; 2 especies y una variedad endémicas.

por M. E. Múlgura

Allionia L.

Número de especies: 1

Allionia bracteosa (Griseb.) Kuntze = **Mirabilis bracteosa** (Griseb.) Heimerl var. **bracteosa**
Ref.: Toursarkissian, 1975.

[Allionia choisyi Standl.]
Ref.: Cita dudosa para la flora argentina.
Nota: Turner (1994) cita esta especie para Argentina sin mencionar el material de herbario correspondiente.

Allionia incarnata L.
Sin.: *Allionia mendocina* Phil., *Allionia puberula* Philippi, *Wedelia incarnata* (L.) Kuntze, *Wedeliella incarnata* (L.) Cockerell
Ref.: Toursarkissian, 1975; Lucena, 1993; Múlgura, 1994c; Turner, 1994.
Hábito: Hierba.
Status: Nativa.
Elevación: 0-1000 m.
Prov.: CA, CO, JU, LP, LR, ME, SA, SE, SJ, SL, TU.
Países limítrofes: BO, CH.
Ejemplar examinado: *Cabrera et al. 30104* (SI).

Allionia mendocina Phil. = **Allionia incarnata** L.
Ref.: Toursarkissian, 1975.

Allionia micrantha (Choisy) Molfino = [Mirabilis prostrata (Ruiz & Pav.) Heimerl]

Allionia ovata (Ruiz & Pav.) Standl. = **Mirabilis ovata** (Ruiz & Pav.) F. Meigen
Ref.: Múlgura, 1994c.

Allionia ovata var. *toscae* (Lorentz) Hauman = **Mirabilis ovata** (Ruiz & Pav.) F. Meigen
Ref.: Múlgura, 1994c.

Allionia puberula Philippi = **Allionia incarnata** L.
Ref.: Standley, 1931.

Boerhavia L.
Número de especies: 4, 2 especies endémicas.

Boerhavia adscendens Willd. = **Boerhavia diffusa** var. **leiocarpa** (Heimerl) Adams

Boerhavia arborescens Lag. & Rodr. = [Pisoniella arborescens (Lag. & Rodr.) Standl.]
Ref.: Fay, 1980.

Boerhavia ciliato-bracteata Heimerl = **Boerhavia diffusa** var. **leiocarpa** (Heimerl) Adams
Ref.: Múlgura, 1987b.

[Boerhavia coccinea Mill.]
Ref.: Adams, 1972.
Nota: Especie excluida de la flora argentina.

Boerhavia coccinea var. *leiocarpa* (Heimerl) Standl. = **Boerhavia diffusa** var. **leiocarpa** (Heimerl) Adams
Ref.: Adams, 1972.

Boerhavia coccinea var. *paniculata* (Rich.) Moscoso = **Boerhavia diffusa** L. var. **diffusa**
Ref.: Múlgura, 1987b.

Boerhavia cordobensis Kuntze
Sin.: *Boerhavia paniculata* var. *cordobensis* (Kuntze) Heimerl.
Ref.: López, 1998.
Hábito: Hierba.
Status: Endémica.
Elevación: 500-1000 m.
Prov.: CA, CO, LR, SE, SL.
Ejemplar examinado: *Kuntze s.n.* (isotipo, CORD).

Boerhavia diffusa L. var. **diffusa**
Sin.: *Boerhavia coccinea* var. *paniculata* (Rich.) Moscoso, *Boerhavia paniculata* Rich.
Ref.: Múlgura, 1987b.
Hábito: Hierba.
Status: Adventicia.
Elevación: 0–500 m.
Prov.: CA, CH, CO, COR, ER, JU, MI.
Países limítrofes: BO, BR, CH, PA.
Ejemplar examinado: *Troncoso et al. 3072* (SI).

Boerhavia diffusa var. **leiocarpa** (Heimerl) Adams
Sin.: *Boerhavia adscendens* Willd., *Boerhavia ciliato-bracteata* Heimerl, *Boerhavia coccinea* var. *leiocarpa* (Heimerl) Standl., *Boerhavia diffusa* var. *paniculata* D. Parodi, nom. nud., *Boerhavia friesii* Heimerl, *Boerhavia paniculata* var. *leiocarpa* (Heimerl) Heimerl, *Boerhavia paniculata* f. *leiocarpa* Heimerl, *Boerhavia paniculata* var. *guaranitica* Heimerl
Ref.: Adams, 1972; Múlgura, 1987b.
Hábito: Hierba.
Status: Adventicia.
Elevación: 0–500 m.
Prov.: BA, CA, CH, COR, ER, JU, SA, SE, SJ, SF, TU.
Países limítrofes: BO, UR.
Ejemplar examinado: *Ruiz Huidobro 1649* (SI).

Boerhavia diffusa var. *paniculata* D. Parodi, nom. nud. = **Boerhavia diffusa** var. **leiocarpa** (Heimerl) Adams

[Boerhavia erecta L.]
Nota: Especie excluida de la flora argentina.

Boerhavia friesii Heimerl = **Boerhavia diffusa** var. **leiocarpa** (Heimerl) Adams
Ref.: Múlgura, 1987b.

Boerhavia paniculata Rich. = **Boerhavia diffusa** L. var. **diffusa**
Ref.: Múlgura, 1987b.

Boerhavia paniculata var. *leiocarpa* (Heimerl) Heimerl = **Boerhavia diffusa** var. **leiocarpa** (Heimerl) Adams
Ref: Múlgura, 1987b.

Boerhavia paniculata f. *leiocarpa* Heimerl = **Boerhavia diffusa** var. **leiocarpa** (Heimerl) Adams
Ref.: Adams, 1972.

Boerhavia paniculata var. *cordobensis* (Kuntze) Heimerl = **Boerhavia cordobensis** Kuntze

Boerhavia paniculata var. *guaranitica* Heimerl = **Boerhavia diffusa** var. **leiocarpa** (Heimerl) Adams
Ref.: Múlgura, 1987b.

Boerhavia pulchella Griseb.
Sin.: *Oxybaphus cretaceus* Chodat & Wilczek.
Ref.: Toursarkissian, 1975; Caccavari, 1979.
Hábito: Hierba.
Status: Endémica.
Prov.: CO, LR, ME, RN, SE, SJ, SL.
Ejemplar examinado: *Nicora 4260* (SI).

[Boerhavia repens L.]
Nota: Taxón dudoso.

Boerhavia spicata Choisy
Ref.: Cantino, 1975.
Hábito: Hierba.
Status: Adventicia.
Prov.: CA.
Ejemplar examinado: *Cantino 724* (SI).

Bougainvillea Comm. ex Juss.
Número de especies: 5

Bougainvillea campanulata Heimerl
Ref.: Standley, 1931; Toursarkissian, 1975; Lucena, 1993.
Hábito: Arbusto o árbol.
Status: Nativa.
Elevación: 0–1000 m.
Prov.: CH, FO, JU, SA, SE, TU.
Países limítrofes: BO, PA.
Ejemplar examinado: *Venturi 5105* (SI).

Bougainvillea frondosa Griseb. = **Bougainvillea stipitata** Griseb.
Ref.: Toursarkissian, 1975.

Bougainvillea infesta Griseb.
Ref.: Standley, 1931; Toursarkissian, 1975.
Hábito: Arbusto o árbol.
Status: Nativa.
Elevación: 0–1000 m.
Prov.: CH, JU, SA.
Países limítrofes: BO.
Ejemplar examinado: *Cabrera 31006* (SI).

Bougainvillea patagonica Decne. = **Bougainvillea spinosa** (Cav.) Heimerl
Ref.: Fabris, 1984.

Bougainvillea praecox Griseb.
Sin.: *Bougainvillea praecox* var. *spinosa* Chodat & Hassl.
Ref.: Toursarkissian, 1975.
Hábito: Arbusto o árbol.
Status: Nativa.
Elevación: 0–500 m.
Prov.: CH, FO, JU, SA.
Países limítrofes: BO, PA.
Ejemplar examinado: *Cabrera 32302* (SI).

Bougainvillea praecox var. *spinosa* Chodat & Hassl. = **Bougainvillea praecox** Griseb.
Ref.: Toursarkissian, 1975.

Bougainvillea spinosa (Cav.) Heimerl
Sin.: *Bougainvillea patagonica* Decne., *Bougainvillea spinosa* f. *eubracteata* Heimerl, *Bougainvillea spinosa* f. *microbracteata* Heimerl, *Bougainvillea spinosa* f. *parvifolia* (Phil.) Heimerl, *Tricycla spinosa* Cav.
Ref.: Cabrera, 1957b; Toursarkissian, 1975; Múlgura, 1994c.
Hábito: Arbusto.
Status: Nativa.
Elevación: 0–500 m y 2000–3000 m.
Prov.: BA, CA, CHU, CO, JU, LP, LR, ME, NE, RN, SA, SJ, SL.
Países limítrofes: BO.
Ejemplar examinado: *Nicora 8642* (SI).

Bougainvillea spinosa f. *eubracteata* Heimerl = **Bougainvillea spinosa** (Cav.) Heimerl

Bougainvillea spinosa f. *microbracteata* Heimerl = **Bougainvillea spinosa** (Cav.) Heimerl

Bougainvillea spinosa f. *parvifolia* (Phil.) Heimerl = **Bougainvillea spinosa** (Cav.) Heimerl

Bougainvillea stipitata Griseb.
Sin.: *Bougainvillea frondosa* Griseb., *Bougainvillea stipitata* var. *grisebachiana* Heimerl, *Bougainvillea stipitata* var. *longispinosa* (Rusby) Heimerl, *Bougainvillea stipitata* var. *stuckertiana* Heimerl
Ref.: Digilio & Legname, 1966; Toursarkissian, 1975; Lucena, 1993; Múlgura, 1994c.
Hábito: Arbusto o árbol.
Status: Nativa.
Elevación: 0–3000 m.
Prov.: CA, CH, CO, FO, JU, LR, SA, SE, SL, TU.
Países limítrofes: BO, BR.
Ejemplar examinado: *Bartlett 19716* (SI).

Bougainvillea stipitata var. *grisebachiana* Heimerl = **Bougainvillea stipitata** Griseb.

Bougainvillea stipitata var. *longispinosa* (Rusby) Heimerl = **Bougainvillea stipitata** Griseb.

Bougainvillea stipitata var. *stuckertiana* Heimerl = **Bougainvillea stipitata** Griseb.

Calyxhymenia ovata Ruiz & Pav. = **Mirabilis ovata** (Ruiz & Pav.) F. Meigen
Ref.: Múlgura, 1994c.

Calyxhymenia prostrata Ruiz & Pav. = [Mirabilis prostrata (Ruiz & Pav.) Heimerl]
Ref.: Leisner, 1993.

Colignonia Endl.
Número de especies: 1

Colignonia glomerata Griseb.
Sin.: *Colignonia glomerata* var. *typica* Heimerl, nom. inval.
Ref.: Toursarkissian, 1975; Bohlin, 1988.
Hábito: Hierba.
Status: Nativa.
Elevación: 1000–1500 m y 3000–3500 m.
Prov.: CA, JU, SA, TU.
Países limítrofes: BO.
Ejemplar examinado: *Guaglianone 1912* (SI).

Colignonia glomerata var. *typica* Heimerl, nom. inval. = **Colignonia glomerata** Griseb.

Elaeagnus paraguayensis D. Parodi = **Reichenbachia paraguayensis** (D. Parodi) Dugand & Daniel
Ref.: Dugand & Daniel, 1969.

Mirabilis L.
Número de especies: 3, 1 variedad endémica.

Mirabilis bracteosa (Griseb.) Heimerl var. **bracteosa**
Sin.: *Allionia bracteosa* (Griseb.) Kuntze, *Oxybaphus bracteosus* Griseb.

Ref.: Cabrera, 1957b; Toursarkissian, 1975.
Hábito: Hierba.
Status: Endémica.
Prov.: CA, JU, LR, SA, TU.
Ejemplar examinado: *Kiesling 5737* (SI).

Mirabilis bracteosa var. **micrantha** Toursark.
Ref.: Toursarkissian, 1975; Caccavari, 1979.
Hábito: Hierba.
Status: Nativa.
Prov.: CA, JU, LR, TU.
Países limítrofes: BO.
Ejemplar examinado: *Kiesling 3746* (SI).

Mirabilis campestris (Griseb.) I.M. Johnst. = **Mirabilis ovata** (Ruiz & Pav.) F. Meigen

Mirabilis jalapa L.
Ref.: Standley, 1931; Toursarkissian, 1975; Múlgura, 1987b; Lucena, 1993.
Hábito: Hierba.
Status: Nativa.
Elevación: 0–1000 m.
Prov.: BA, CA, CO, COR, ER, JU, SA, SE, SJ, SL, TU.
Países limítrofes: BO, BR, CH, PA.
Ejemplar examinado: *Burkart 25287* (SI).

Mirabilis ovata (Ruiz & Pav.) F. Meigen
Sin.: *Allionia ovata* (Ruiz & Pav.) Standl., *Allionia ovata* var. *toscae* (Lorentz) Hauman, *Calyxhymenia ovata* Ruiz & Pav., *Mirabilis campestris* (Griseb.) I.M. Johnst., *Mirabilis ovata* (Ruiz & Pav.) F. Meigen f. *glabriuscula* (Ruiz & Pav.) Heimerl *Mirabilis toscae* (Lorentz) Macloskie, *Oxybaphus campestris* Griseb., *Oxybaphus ovatus* (Ruiz & Pav.) Vahl, *Oxybaphus toscae* Lorentz
Ref.: Múlgura, 1994c.
Hábito: Hierba.
Status: Nativa.
Elevación: 1500–2500 m.
Prov.: BA, CA, CO, COR, JU, LP, LR, ME, RN, SA, SJ, SL.
Países limítrofes: BO, CH.
Ejemplar examinado: *Cabrera 30109* (SI).

Mirabilis ovata (Ruiz & Pav.) F. Meigen f. *grabriuscula* (Ruiz & Pav.) Heimerl = **Mirabilis ovata** (Ruiz & Pav.) F. Meigen

[Mirabilis prostrata (Ruiz & Pav.) Heimerl]
Sin.: *Allionia micrantha* (Choisy) Molfino, *Calyxhymenia prostrata* Ruiz & Pav., *Oxybaphus micranthus* Choisy.
Nota: Especie excluida de la flora argentina.

Mirabilis toscae (Lorentz) Macloskie = **Mirabilis ovata** (Ruiz & Pav.) F. Meigen

Oxybaphus bracteosus Griseb. = **Mirabilis bracteosa** (Griseb.) Heimerl var. **bracteosa**
Ref.: Toursarkissian, 1975.

Oxybaphus campestris Griseb. = **Mirabilis ovata** (Ruiz & Pav.) F. Meigen

Oxybaphus cretaceus Chodat & Wilczek = **Boerhavia pulchella** Griseb.
Ref.: Toursarkissian, 1975.

Oxybaphus micranthus Choisy = [Mirabilis prostrata (Ruiz & Pav.) Heimerl]
Ref.: Leisner, 1993.

Oxybaphus ovatus (Ruiz & Pav.) Vahl = **Mirabilis ovata** (Ruiz & Pav.) F. Meigen
Ref.: Múlgura, 1994c.

Oxybaphus toscae Lorentz = **Mirabilis ovata** (Ruiz & Pav.) F. Meigen

Pisonia L.

Número de especies: 2

Pisonia aculeata L.
Sin.: *Pisonia yaguapinda* D. Parodi
Ref.: Toursarkissian, 1975.
Hábito: Arbusto o árbol.
Status: Nativa.
Elevación: 0–1000 m.
Prov.: CH, COR, FO, MI, SA, SF.
Países limítrofes: BO, BR, PA.
Ejemplar examinado: *Múlgura 1479* (SI).

Pisonia aculeata f. *inermis* Kuntze = **Pisonia zapallo** Griseb. var. **zapallo**

Pisonia ambigua Heimerl = **Pisonia zapallo** Griseb. var. **zapallo**
Ref.: Toursarkissian, 1975.

Pisonia ambigua var. *lilloana* Heimerl = **Pisonia zapallo** Griseb. var. **zapallo**
Ref.: Toursarkissian, 1975.

[Pisonia hassleriana Heimerl]
Ref.: Toursarkissian, 1975.
Nota: Cita dudosa para la flora argentina.

Pisonia hirtella f. *glabrata* Heimerl = **Pisoniella arborescens** var. **glabrata** Heimerl
Ref.: Toursarkissian, 1975.

[Pisonia praecox Kuntze]
Ref.: Toursarkissian, 1975.
Nota: Taxón dudoso.

Pisonia yaguapinda D. Parodi = **Pisonia aculeata** L.
Ref.: Toursarkissian, 1975.

Pisonia zapallo var. **guaranitica** Toursark.
Ref.: Toursarkissian, 1975.
Hábito: Árbol.
Status: Nativa.
Elevación: 0–500 m.
Prov.: CH, COR, FO, JU, SA, SF.
Países limítrofes: PA.
Ejemplar examinado: *Pedersen 1812* (LP).

Pisonia zapallo Griseb. var. **zapallo**
Sin.: *Pisonia aculeata* f. *inermis* Kuntze, *Pisonia ambigua* Heimerl, *Pisonia ambigua* var. *lilloana* Heimerl
Ref.: Toursarkissian, 1975; Caccavari, 1979; Lucena, 1993.
Hábito: Árbol.
Status: Nativa.
Elevación: 0–1500 m.
Prov.: CH, COR, FO, JU, MI, SA, TU.
Países limítrofes: BO, BR, PA.
Ejemplar examinado: *Venturi 10544* (SI).

Pisoniella (Heimerl) Standl.
Número de especies: 1

[Pisoniella arborescens (Lag. & Rodr.) Standl.]
Sin.: *Boerhavia arborescens* Lag. & Rodr.
Nota: Especie excluida de la flora argentina.

Pisoniella arborescens var. **glabrata** Heimerl
Sin.: *Pisonia hirtella* f. *glabrata* Heimerl, *Pisoniella glabrata* (Heimerl) Standl.
Ref.: Standley, 1931; Toursarkissian, 1975.
Hábito: Arbusto.
Status: Nativa.
Elevación: 2000–3000 m.
Prov.: CA, JU, LR, SA, TU.
Países limítrofes: BO.
Ejemplar examinado: *Hunziker 5091* (LP, SI).

Pisoniella glabrata (Heimerl) Standl. = **Pisoniella arborescens** var. **glabrata** Heimerl
Ref.: Toursarkissian, 1975.

Reichenbachia Spreng.
Número de especies: 1

[Reichenbachia hirsuta Spreng.]
Ref.: Dugand & Daniel, 1969.
Nota: Especie excluida de la flora argentina.

Reichenbachia hirsuta Hook., hom. illeg. = **Reichenbachia paraguayensis** (D. Parodi) Dugand & Daniel
Ref.: Dugand & Daniel, 1969.

Reichenbachia paraguayensis (D. Parodi) Dugand & Daniel
Sin.: *Elaeagnus paraguayensis* D. Parodi, *Reichenbachia hirsuta* Hook., hom. illeg.
Ref.: Dugand & Daniel, 1969.
Hábito: Arbusto o árbol.
Status: Nativa.
Elevación: 0–1000 m.
Prov.: MI.
Países limítrofes: BO, BR, PA.
Ejemplar examinado: *Sagastizabal s.n.* (BA 42270, BAF).

Tricycla spinosa Cav. = **Bougainvillea spinosa** (Cav.) Heimerl
Ref.: Múlgura, 1994c.

Wedelia incarnata (L.) Kuntze = **Allionia incarnata** L.
Ref.: Toursarkissian, 1975.

Wedeliella incarnata (L.) Cockerell = **Allionia incarnata** L.
Ref.: Toursarkissian, 1975.

NYMPHAEACEAE

3 géneros, 6 especies.

Cabomba Aubl.
Número de especies: 1

Cabomba australis Speg. = **Cabomba caroliniana** A. Gray
Ref.: Crespo, 1984c; Ørgaard, 1991.

Cabomba caroliniana A. Gray
Sin.: *Cabomba australis* Speg.
Ref.: Crespo, 1984c; Ørgaard, 1991.
Hábito: Hierba acuática.
Status: Nativa.
Elevación: 0–500 m.
Prov.: BA, CO, COR, ER, RN, SF.
Países limítrofes: BR, PA, UR.
Ejemplar examinado: *Burkart et al. 29879* (SI).

Castalia gibertii Morong = **Nymphaea jamesoniana** Planch.

[Euryale bonplandii Rojas Acosta, nom. nud.]
Ref.: Krapovickas, 1970c.

Euryale policantha Rojas Acosta, nom. nud.
Ref.: Krapovickas, 1970c.

[Nymphaea amazonum Mart. & Zucc. subsp. amazonum]
Ref.: Wiersema, 1987.
Nota: Subespecie excluida de la flora argentina.

Nymphaea L.
Número de especies: 4

Nymphaea amazonum subsp. **pedersenii** Wiersema
Ref.: Wiersema, 1987.
Hábito: Hierba acuática.
Status: Nativa.
Elevación: 0–500 m.
Prov.: BA, COR.
Países limítrofes: BR.
Ejemplar examinado: *Pedersen 4494* (SI).

Nymphaea gardneriana Planch.
Ref.: Wiersema, 1987.
Hábito: Hierba acuática.
Status: Nativa.
Elevación: 0–500 m.
Prov.: CH, COR, FO, MI.
Países limítrofes: BO, BR.
Ejemplar examinado: *Joergensen 3124* (LIL, MO, US).

Nymphaea gibertii (Morong) Conard = **Nymphaea jamesoniana** Planch.
Ref.: Wiersema, 1987.

Nymphaea jamesoniana Planch.
Sin.: *Castalia gibertii* Morong, *Nymphaea gibertii* (Morong) Conard
Ref.: Tur, 1987b; Wiersema, 1987.
Hábito: Hierba acuática.
Status: Nativa.
Elevación: 0–500 m.
Prov.: CH, COR, FO, SA, SF, TU.
Países limítrofes: BR, PA.
Ejemplar examinado: *Pedersen 7741* (SI).

Nymphaea prolifera Wiersema
Ref.: Tur, 1987b; Wiersema, 1987.
Hábito: Hierba acuática.
Status: Nativa.
Elevación: 0–500 m.
Prov.: COR, ER, FO, SF.
Países limítrofes: BR, PA.
Ejemplar examinado: *Burkart et al. 23344* (SI).

Victoria Lindl.
Número de especies: 1

Victoria argentina Burmeist., nom. nud. = **Victoria cruziana** Orb.
Ref.: Tur, 1987b.

Victoria cruziana Orb.
Sin.: *Victoria argentina* Burmeist., nom. nud.
Ref.: Valla & Martin, 1976; Tur, 1987b.
Hábito: Hierba acuática.
Status: Nativa.
Elevación: 0–500 m.
Prov.: CH, COR, ER, FO, SF.
Países limítrofes: PA, UR.
Ejemplar examinado: *Burkart et al. 26964* (SI).

OCHNACEAE

1 género, 2 especies.

Sauvagesia L.
Número de especies: 2

Sauvagesia erecta L.
Ref.: Sastre, 1968, 1971; Hermann, 1969.
Hábito: Hierba.
Status: Nativa.
Elevación: 0–1000 m.
Prov.: COR, MI.
Países limítrofes: BO, BR, PA.
Ejemplar examinado: *Arbo et al. 1275* (SI).

Sauvagesia racemosa A. St.-Hil.
Ref.: Hermann, 1969.
Hábito: Hierba.
Status: Nativa.
Elevación: 0-500 m.
Prov.: MI.
Países limítrofes: BR, PA.
Ejemplar examinado: *Gülich s.n.* (LP 21994).

OLACACEAE

2 géneros, 2 especies.

Schoepfia Schreb.
Número de especies: 1

Schoepfia brasiliensis A. DC.
Ref.: Baas et al., 1982; Sleumer, 1984b.
Hábito: Arbusto o árbol.
Status: Nativa.
Elevación: 0–1000 m.
Prov.: MI.
Países limítrofes: BR.
Ejemplar examinado: *Klein y Eskuche 9028* (SI).

Ximenia L.
Número de especies: 1

Ximenia americana L. var. **americana**
Ref.: Hunziker, 1946; Sleumer, 1984b.
Hábito: Arbusto o árbol.
Status: Nativa.
Elevación: 0–1500 m.
Prov.: CA, CH, CO, COR, FO, JU, LR, ME, SA, SE, SF, SJ, SL, TU.
Países limítrofes: BO, BR.
Ejemplar examinado: *Cabrera et al. 31224* (SI).

Ximenia americana var. **argentinensis** De Filipps
Ref.: Correa, 1984d; Sleumer, 1984b; Ulibarri, 1987b.
Hábito: Arbusto o árbol.
Status: Nativa.
Elevación: 0–1500 m.
Prov.: BA, CA, COR, ER, JU, LR, ME, SA, SE, SF, SJ, SL, TU.
Países limítrofes: BO, PA.
Ejemplar examinado: *Burkart et al. 23645* (SI).

[Ximenia americana var. oblonga DC.]
Ref.: Sleumer, 1984b.
Nota: Citada erróneamente para la flora argentina, sobre la base de material no perteneciente a esta especie.

OLEACEAE

4 géneros, 11 especies; 1 especie y 1 variedad endémicas.

por G. Delucchi & F.G. Achinelli

Bolivaria decemfida Gillies ex Hook. & Arn. = **Menodora decemfida** (Gillies ex Hook. & Arn.) A. Gray
Ref.: Steyermark, 1932; Meyer, 1957b.

Bolivaria integrifolia Cham. & Schltdl. = **Menodora integrifolia** var. **integrifolia** (Cham. & Schltdl.) Steud.
Ref.: Burkart, 1979c.

Bolivaria robusta Benth. = **Menodora robusta** (Benth.) A. Gray
Ref.: Steyermark, 1932; Meyer, 1957b.

Bolivaria trifida Cham. & Schltdl. = **Menodora integrifolia** var. **trifida** (Cham. & Schltdl.) Kuntze
Ref.: Burkart, 1979c.

Fraxinus L.

Número de especies: 3

[Fraxinus americana L.]
Ref.: Delucchi & Achinelli, 1996.
Nota: Especie excluida de la flora argentina.

Fraxinus apetala Lam. = **Fraxinus excelsior** L.
Ref.: Milano & Molinari, 1961.

Fraxinus excelsior L.
Sin.: *Fraxinus apetala* Lam.
Ref.: Milano & Molinari, 1961; Cozzo, 1968; Burkart, 1979c.
Hábito: Árbol.
Status: Naturalizada.
Elevación: 0-500 m.
Prov.: LP.
Ejemplar examinado: *Steibel y Troiani 11850* (SRFA).

Fraxinus michauxii Britton = **Fraxinus pennsylvanica** Marshall subsp. **pennsylvanica**
Ref.: Miller, 1955.

Fraxinus ornus L.
Sin.: *Fraxinus paniculata* Mill.
Ref.: Milano & Molinari, 1961; Williamson, 1967; Cozzo, 1968.
Hábito: Árbol.
Status: Adventicia.
Elevación: 0-500 m.
Prov.: LP.
Ejemplar examinado: *Steibel y Troiani 13314* (SRFA).
Nota: Escapada de cultivo.

Fraxinus paniculata Mill. = **Fraxinus ornus** L.
Ref.: Milano & Molinari, 1961.

Fraxinus pennsylvanica Marshall var. *austinii* Fernald = **Fraxinus pennsylvanica** Marshall subsp. **pennsylvanica**
Ref.: Miller, 1955.

Fraxinus pennsylvanica Marshall subsp. **pennsylvanica**
Sin.: *Fraxinus michauxii* Britton, *Fraxinus pennsylvanica* Marshall var. *austinii* Fernald, *Fraxinus pennsylvanica* Marshall var. *subintegerrima* (Vahl) Fernald, *Fraxinus pubescens* Lam.
Ref.: Miller, 1955; Burkart, 1957c, 1979c; Milano & Molinari, 1961; Jozami & Muñoz, 1982; Bianco & Cantero, 1992; Lahitte & Hurrell, 1994; Achinelli & Delucchi, en prensa.
Hábito: Árbol.
Status: Naturalizada.
Elevación: 0–500 m.
Prov.: BA, CO, ER, LP.
Ejemplar examinado: *Burkart 4314* (SI).

Fraxinus pennsylvanica Marshall subsp. **velutina** (Torr.) G.N. Mill.
Sin.: *Fraxinus velutina* Torr.
Ref.: Miller, 1955; Milano & Molinari, 1961; Williamson, 1967.
Hábito: Árbol.
Status: Naturalizada.
Elevación: 0–500 m.
Prov.: LP.
Ejemplar examinado: *Steibel y Troiani 12946* (SRFA).

Fraxinus pennsylvanica Marshall var. *subintegerrima* (Vahl) Fernald = **Fraxinus pennsylvanica** Marshall subsp. **pennsylvanica**
Ref.: Miller, 1955; Burkart, 1979c.

Fraxinus pubescens Lam. = **Fraxinus pennsylvanica** Marshall subsp. **pennsylvanica**
Ref.: Miller, 1955.

Fraxinus velutina Torr. = **Fraxinus pennsylvanica** Marshall subsp. **velutina** (Torr.) G.N. Mill.
Ref.: Miller, 1955.

[Jasminum officinale L.]
Nota: Cita dudosa para la flora argentina.

[Jasminum sambac (L.) Ait.]
Sin.: *Nyctanthes sambac* L.
Nota: Cita dudosa para la flora argentina.

Ligustrum L.

Número de especies: 2

[Ligustrum japonicum Thunb.]
Nota: Especie excluida de la flora argentina.

Ligustrum lucidum W.T. Aiton
Ref.: Burkart, 1957c, 1979c; Cozzo, 1968; Meyer, 1977c; Jozami & Muñoz, 1982; Cantero & Bianco, 1986; Novara, 1994; Lahitte & Hurrell, 1994.
Hábito: Árbol.
Status: Naturalizada.
Elevación: 0–1400 m.
Prov.: BA, CO, ER, LP, SA, TU.
Ejemplar examinado: *Burkart 4119* (SI).

Ligustrum sinense Lour.
Ref.: Burkart, 1957c, 1979c; Cozzo, 1968; Jozami & Muñoz, 1982; Novara, 1994; Lahitte & Hurrell, 1994.
Hábito: Arbusto o árbol.
Status: Naturalizada.
Elevación: 0–1200 m.
Prov.: BA, COR, ER, SA, TU.
Ejemplar examinado: *Burkart 3982* (SI).

Linociera Sw. ex Schreb.

Número de especies: 1

Linociera glomerata Pohl
Ref.: Molfino, 1923b; Dimitri, 1974a.
Hábito: Árbol.
Status: Nativa.
Elevación: 0–500 m.
Prov.: MI.
Paises limítrofes: BR.
Ejemplar examinado: *Rodríguez 407* (SI).

[Linociera hassleriana (Chodat) Hassl.]
Sin.: *Mayepea hassleriana* Chodat
Nota: Cita dudosa para la flora argentina.

Mayepea hassleriana Chodat = [Linociera hassleriana (Chodat) Hassl.]

Menodora Bonpl.

Número de especies: 5, 1 especie y 1 variedad endémica.

Menodora decemfida (Gillies ex Hook. & Arn.) A. Gray
Sin.: *Bolivaria decemfida* Gillies ex Hook. & Arn.
Ref.: Steyermark, 1932; Meyer, 1957b.
Hábito: Subarbusto.
Status: Nativa.
Elevación: 2000–2500 m.
Prov.: CA, LR, ME, SJ.
Paises limítrofes: CH.
Ejemplar examinado: *Sanzin 29* (SI).

Menodora hassleriana Chodat = **Menodora integrifolia** var. **trifida** (Cham. & Schltdl.) Kuntze
Ref.: Burkart, 1979c.

Menodora integrifolia (Cham. & Schltdl.) Steud. var. **integrifolia**
Sin.: *Bolivaria integrifolia* Cham. & Schltdl.
Ref.: Meyer, 1957b; Burkart, 1957c, 1979c.
Hábito: Hierba.
Status: Nativa.
Elevación: 0–500 m.
Prov.: CO, COR, ER, MI.
Paises limítrofes: BO, BR, PA, UR.
Ejemplar examinado: *Montes 357* (SI).

Menodora integrifolia var. **odonelliana** T. Mey.
Ref.: Meyer, 1957b; Burkart, 1979c.
Hábito: Hierba.
Status: Endémica.
Elevación: 0–1000 m.
Prov.: BA, CO, ER, LP, ME, NE, RN, SL.
Ejemplar examinado: *Nicora 3247* (SI).

Menodora integrifolia var. **pinnatisecta** (Steyerm.) Burkart
Sin.: *Menodora pinnatisecta* Steyerm.
Ref.: Steyermark, 1932; Meyer, 1957b; Burkart, 1979c.
Hábito: Hierba.
Status: Nativa.
Elevación: 0–500 m.
Prov.: CH, COR, ER, FO, SF.
Paises limítrofes: PA, UR.
Ejemplar examinado: *Joergensen 2643* (isotipo, SI).

Menodora integrifolia var. *trifida* (Cham. & Schltdl.) Steyerm., comb. superfl. = **Menodora integrifolia** var. **trifida** (Cham. & Schltdl.) Kuntze
Ref.: Zuloaga, 1983.

Menodora integrifolia var. **trifida** (Cham. & Schltdl.) Kuntze
Sin.: *Bolivaria trifida* Cham. & Schltdl., *Menodora hassleriana* Chodat, *Menodora integrifolia* var. *trifida* (Cham. & Schltdl.) Steyerm., comb. superfl., *Menodora trifida* (Cham. & Schltdl.) Steud.
Ref.: Meyer, 1957b, 1977c; Burkart, 1979c; Zuloaga, 1983; Cantero & Bianco, 1986; Novara, 1994.
Hábito: Hierba.
Status: Nativa.
Elevación: 0–1500 m.
Prov.: BA, CA, CH, CO, COR, ER, JU, LP, LR, ME, MI, SA, SE, SF, SJ, SL, TU.
Paises limítrofes: BO, BR, PA, UR.
Ejemplar examinado: *Venturi 7534* (SI).

Menodora pinnatisecta Steyerm. = **Menodora integrifolia** var. **pinnatisecta** (Steyerm.) Burkart
Ref.: Burkart, 1979c.

Menodora pinnatisecta var. **missionum** T. Mey.
Ref.: Meyer, 1957b.
Hábito: Hierba.
Status: Endémica.
Elevación: 0–500 m.
Prov.: MI.
Ejemplar examinado: *Schwarz 2060* (holotipo, LIL).

Menodora pulchella Markgr.
Ref.: Meyer, 1957b; Cabrera, 1957b; Zuloaga, 1983.
Hábito: Arbusto.
Status: Nativa.
Elevación: 3000–4500 m.
Prov.: JU.
Paises limítrofes: BO.
Ejemplar examinado: *Cabrera 9457* (LP).

Menodora robusta (Benth.) A. Gray
Sin.: *Bolivaria robusta* Benth.
Ref.: Steyermark, 1932; Meyer, 1957b.
Hábito: Subarbusto.
Status: Endémica.
Prov.: CHU, RN, SC.
Ejemplar examinado: *Illin 74* (SI).

Menodora trifida (Cham. & Schltdl.) Steud. = **Menodora integrifolia** var. **trifida** (Cham. & Schltdl.) Kuntze
Ref.: Meyer, 1957b; Burkart, 1979c.

Nyctanthes sambac L. = [Jasminum sambac (L.) Ait.]

[Olea europaea L.]
Nota: Cita dudosa para la flora argentina.

ONAGRACEAE

8 géneros, 75 especies; 14 especies y 7 subespecies endémicas.

Boisduvalia campestris Jeps. = **Epilobium pygmaeum** (Speg.) Hoch & P.H. Raven

Boisduvalia concinna (D. Don) Spach = **Epilobium concinnum** (D. Don) Hoch & P.H. Raven
Ref.: Hoch & Raven, 1992.

Boisduvalia glabella (Nutt.) Walp. = **Epilobium pygmaeum** (Speg.) Hoch & P.H. Raven
Ref.: Hoch & Raven, 1992.

Boisduvalia glabella (Nutt.) Walp. var. *typica* Munz, nom. inval. = **Epilobium pygmaeum** (Speg.) Hoch & P.H. Raven

Boisduvalia pygmaea (Speg.) Munz = **Epilobium pygmaeum** (Speg.) Hoch & P.H. Raven
Ref.: Hoch & Raven, 1992.

Boisduvalia tocornalli Gay = **Epilobium concinnum** (D. Don) Hoch & P.H. Raven

Boisduvalia volckmannii Phil. = **Epilobium concinnum** (D. Don) Hoch & P.H. Raven

Camissonia Link

Número de especies: 1

Camissonia dentata (Cav.) Reiche
Sin.: *Chamissonia tenuifolia* (Spach) Reiche, *Oenothera chilensis* D. Dietr., hom. illeg., *Oenothera contorta* Douglas var. *divaricata* (Gay) Munz, *Oenothera dentata* Cav.
Ref.: Fabris, 1966e; Raven, 1969; Moore & Raven, 1970; Hoch, 1988.
Hábito: Hierba.
Status: Nativa.
Elevación: 0-1500 m.
Prov.: BA, CHU, NE, RN, SC.
Paises limítrofes: CH.
Ejemplar examinado: *Correa et al. 2498* (BAB).

Chamissonia tenuifolia (Spach) Reiche = **Camissonia dentata** (Cav.) Reiche
Ref.: Raven, 1969.

Clarkia Pursh

Número de especies: 1

Clarkia tenella (Cav.) H.F. Lewis & M.R. Lewis
Sin.: *Godetia cavanillesii* Spach, *Godetia tenella* (Cav.) Steud., *Oenothera tenella* Cav.
Ref.: Moore & Lewis, 1965; Hoch, 1988.
Hábito: Hierba.
Status: Nativa.
Elevación: 0-1500 m.
Prov.: CHU, NE, RN.
Paises limítrofes: CH.
Ejemplar examinado: *Burkart y Troncoso 26503* (SI).

Cratericarpium argyrophyllum Spach = **Epilobium concinnum** (D. Don) Hoch & P.H. Raven

Dorvalla eucharis Comm. ex Lam. = **Fuchsia magellanica** Lam.
Ref.: Hoch, 1988.

Epilobium L.

Número de especies: 13, 1 especie endémica.

Epilobium andicolum Hausskn. = **Epilobium denticulatum** Ruiz & Pav.
Ref.: Solomon, 1983.

Epilobium andinum Phil. = **Epilobium nivale** Meyen
Ref.: Solomon, 1983.

Epilobium arechavaletae H. Lév. = **Epilobium hirtigerum** A. Cunn.
Ref.: Solomon, 1983.

Epilobium argentinum Sam. = **Epilobium ciliatum** Raf.
Ref.: Solomon, 1983.

Epilobium australe Poepp. & Hausskn. ex Hausskn.
Sin.: *Epilobium australe* Poepp. & Hausskn. ex Hausskn. var. *andinum* (Phil.) Sam., *Epilobium australe* Poepp. & Hausskn. ex Hausskn. var. *interruptum* (Sam.) Sam., *Epilobium australe* Poepp. & Hausskn. ex Hausskn. var. *lechleri* (Phil. & Hausskn. ex Hausskn.) Sam., *Epilobium australe* Poepp. & Hausskn. ex Hausskn. var. *pumilum* Sam., *Epilobium deflexum* Sam., *Epilobium interruptum* Sam., *Epilobium lechleri* Phil. & Hausskn. ex Hausskn., *Epilobium lechleri* Phil. & Hausskn. ex Hausskn. var. *antarcticum* Macloskie, hom. illeg., *Epilobium trasandinum* Sam.
Ref.: Solomon, 1983, 1988.
Hábito: Hierba.
Status: Nativa.
Elevación: 500-4000 m.
Prov.: CHU, ME, NE, RN, SC, TF.
Paises limítrofes: CH.
Ejemplar examinado: *Boelcke y Correa 5372* (BAA, BAB, SI).

Epilobium australe Poepp. & Hausskn. ex Hausskn. var. *andinum* (Phil.) Sam. = **Epilobium australe** Poepp. & Hausskn. ex Hausskn.
Ref.: Solomon, 1983.

Epilobium australe Poepp. & Hausskn. ex Hausskn. var. *interruptum* (Sam.) Sam. = **Epilobium australe** Poepp. & Hausskn. ex Hausskn.
Ref.: Solomon, 1983.

Epilobium australe Poepp. & Hausskn. ex Hausskn. var. *lechleri* (Phil. & Hausskn. ex Hausskn.) Sam. = **Epilobium australe** Poepp. & Hausskn. ex Hausskn.
Ref.: Solomon, 1983.

Epilobium australe Poepp. & Hausskn. ex Hausskn. var. *pumilum* Sam. = **Epilobium australe** Poepp. & Hausskn. ex Hausskn.
Ref.: Solomon, 1983.

Epilobium barbeyanum H. Lév.
Ref.: Solomon, 1983.
Hábito: Hierba.
Status: Nativa.
Elevación: 1000-3500 m.
Prov.: ME, NE, SJ.
Paises limítrofes: CH.
Ejemplar examinado: *Fabris y Zuloaga 8449* (LP).

Epilobium brachycarpum C. Presl = **Epilobium paniculatum** Nutt. ex Torr. & A. Gray
Ref.: Solomon, 1983.

Epilobium brasiliense Hausskn. = **Epilobium hirtigerum** A. Cunn.
Ref.: Solomon, 1983.

Epilobium caesiovirens Sam. = **Epilobium ciliatum** Raf.
Ref.: Solomon, 1983.

Epilobium caesium Hausskn. = **Epilobium denticulatum** Ruiz & Pav.
Ref.: Solomon, 1983.

Epilobium chilense Hausskn. = **Epilobium ciliatum** Raf.
Ref.: Solomon, 1983.

Epilobium ciliatum Raf.
Sin.: *Epilobium argentinum* Sam., *Epilobium caesiovirens* Sam., *Epilobium chilense* Hausskn., *Epilobium constrictum* Sam., *Epilobium cunninghami* Hausskn., *Epilobium hookerianum* Hausskn. ex Skottsb., *Epilobium longipes* Sam., *Epilobium magellanicum* Phil. & Hausskn. ex Hausskn., *Epilobium santacruzense* Dusén, *Epilobium tetragonum* auct. non L., *Epilobium valdivense* Hausskn. var. *alboffii* Macloskie, *Epilobium valdiviense* Hausskn.
Ref.: Solomon, 1983, 1988.
Hábito: Hierba.
Status: Nativa.
Elevación: 0-2500 m.
Prov.: CHU, CO, ME, NE, RN, SC, SJ, SL, TF.
Paises limítrofes: CH.
Ejemplar examinado: *Dusén 5614* (isolectotipo de *E. constrictum*, SI).

Epilobium concinnum (D. Don) Hoch & P.H. Raven
Sin.: *Boisduvalia concinna* (D. Don) Spach, *Boisduvalia tocornalli* Gay, *Boisduvalia volckmannii* Phil., *Cratericarpium argyrophyllum* Spach, *Nierembergia subdentata* Meyen, *Oenothera coccinna* D. Don, *Oenothera gauroides* Kuntze, *Oenothera subulata* Ruiz & Pav., *Oenothera uniflora* Gillies ex Hook. & Arn., nom. nud.
Ref.: Hoch, 1988; Hoch & Raven, 1992.
Hábito: Hierba.
Status: Nativa.
Prov.: CHU, NE.
Paises limítrofes: CH.
Ejemplar examinado: *Rossow y Gómez 2519* (BAB).

Epilobium conjugens Skottsb.
Ref.: Munz, 1933; Solomon, 1983, 1988.
Hábito: Hierba.
Status: Nativa.
Elevación: 0-1000 m.
Prov.: TF.
Paises limítrofes: CH.
Ejemplar examinado: *Skottsberg 206* (lectotipo, SI).

Epilobium constrictum Sam. = **Epilobium ciliatum** Raf.
Ref.: Solomon, 1983.

Epilobium cunninghami Hausskn. = **Epilobium ciliatum** Raf.
Ref.: Solomon, 1983.

Epilobium deflexum Sam. = **Epilobium australe** Poepp. & Hausskn. ex Hausskn.
Ref.: Solomon, 1983.

Epilobium densifolium Hausskn.
Sin.: *Epilobium lignosum* F. Phil., *Epilobium nivale* Meyen var. *lignosum* (F. Phil.) Hosseus
Ref.: Solomon, 1983, 1988.
Hábito: Hierba.
Status: Nativa.
Elevación: 500-2500 m.
Prov.: CHU, NE, RN.
Paises limítrofes: CH.
Ejemplar examinado: *Cabrera y Crisci 19231* (LP).

Epilobium denticulatum Ruiz & Pav.
Sin.: *Epilobium andicolum* Hausskn., *Epilobium caesium* Hausskn.
Ref.: Solomon, 1983.
Hábito: Hierba.
Status: Nativa.
Elevación: 1500-4500 m.
Prov.: CA, CO, JU, LR, ME, SA, SJ, SL, TU.
Paises limítrofes: BO, CH.
Ejemplar examinado: *Venturi 4701* (SI).

Epilobium glaucum Phil.
Sin.: *Epilobium glaucum* Phil. var. *stenophyllum* Macloskie & Dusén, *Epilobium patagonicum* Rendle
Ref.: Munz, 1933; Solomon, 1983, 1988.
Hábito: Hierba.
Status: Nativa.
Elevación: 0-3000 m.
Prov.: CHU, ME, NE, RN, SC, SJ.
Paises limítrofes: CH.
Ejemplar examinado: *Eyerdam et al. 24304* (SI).

Epilobium glaucum Phil. var. *stenophyllum* Macloskie & Dusén = **Epilobium glaucum** Phil.
Ref.: Solomon, 1983.

Epilobium gracile Phil., hom. illeg. = **Epilobium puberulum** Hook. & Arn.
Ref.: Solomon, 1983.

Epilobium hirtigerum A. Cunn.
Sin.: *Epilobium arechavaletae* H. Lév., *Epilobium brasiliense* Hausskn.
Ref.: Solomon, 1983.
Hábito: Hierba.
Status: Nativa.
Elevación: 0-2000 m.
Prov.: BA, CO, COR, DF, ER.
Paises limítrofes: BR, UR.
Ejemplar examinado: *Hunziker 2422* (CORD, LP, SI).

Epilobium hookerianum Hausskn. ex Skottsb. = **Epilobium ciliatum** Raf.
Ref.: Solomon, 1983.

Epilobium interruptum Sam. = **Epilobium australe** Poepp. & Hausskn. ex Hausskn.
Ref.: Solomon, 1983.

Epilobium lechleri Phil. & Hausskn. ex Hausskn. = **Epilobium australe** Poepp. & Hausskn. ex Hausskn.
Ref.: Solomon, 1983.

Epilobium lechleri Phil. & Hausskn. ex Hausskn. var. *antarcticum* Macloskie, hom. illeg. = **Epilobium australe** Poepp. & Hausskn. ex Hausskn.
Ref.: Solomon, 1983.

Epilobium lignosum F. Phil. = **Epilobium densifolium** Hausskn.
Ref.: Solomon, 1983.

Epilobium longipes Sam. = **Epilobium ciliatum** Raf.
Ref.: Solomon, 1983.

Epilobium magellanicum Phil. & Hausskn. ex Hausskn. = **Epilobium ciliatum** Raf.
Ref.: Solomon, 1983.

Epilobium nivale Meyen
Sin.: *Epilobium andinum* Phil.
Ref.: Munz, 1933; Solomon, 1983, 1988.
Hábito: Hierba.
Status: Nativa.
Elevación: 1000-3500 m.
Prov.: CHU, ME, NE, RN, SC.
Paises limítrofes: BO, CH.
Ejemplar examinado: *Carette 285* (LP, SI).

Epilobium nivale Meyen var. *lignosum* (F. Phil.) Hosseus = **Epilobium densifolium** Hausskn.
Ref.: Solomon, 1983.

[Epilobium palustre L.]
Ref.: Solomon, 1983.
Nota: Especie excluida de la flora argentina.

Epilobium paniculatum Nutt. ex Torr. & A. Gray
Sin.: *Epilobium brachycarpum* C. Presl
Ref.: Solomon, 1983.
Hábito: Hierba.
Status: Introducida.
Prov.: CHU.
Ejemplar examinado: *Crespo et al. 2306* (BAB, MO).

Epilobium patagonicum Rendle = **Epilobium glaucum** Phil.
Ref.: Solomon, 1983.

Epilobium puberulum Hook. & Arn.
Sin.: *Epilobium gracile* Phil., hom. illeg.
Ref.: Solomon, 1983, 1988.
Hábito: Hierba.
Status: Nativa.
Elevación: 0-1000 m.
Prov.: CHU, NE.
Paises limítrofes: CH.
Ejemplar examinado: *Martínez Crovetto 3084* (SI).

Epilobium pygmaeum (Speg.) Hoch & P.H. Raven
Sin.: *Boisduvalia campestris* Jeps., *Boisduvalia glabella* (Nutt.) Walp., *Boisduvalia glabella* (Nutt.) Walp. var. *typica* Munz, nom. inval., *Boisduvalia pygmaea* (Speg.) Munz, *Oenothera glabella* Nutt., *Oenothera pygmaea* Speg.
Ref.: Hoch, 1988; Hoch & Raven, 1992.
Hábito: Hierba.
Status: Endémica.
Prov.: CHU, NE, RN, SC.
Ejemplar examinado: *Ameghino s.n.* (holotipo de *O. pygmaea*, LP).

Epilobium santacruzense Dusén = **Epilobium ciliatum** Raf.
Ref.: Solomon, 1983.

Epilobium tetragonum auct. non L. = **Epilobium ciliatum** Raf.
Ref.: Solomon, 1983.

Epilobium trasandinum Sam. = **Epilobium australe** Poepp. & Hausskn. ex Hausskn.
Ref.: Solomon, 1983.

Epilobium valdivense Hausskn. var. *alboffii* Macloskie = **Epilobium ciliatum** Raf.
Ref.: Solomon, 1983.

Epilobium valdiviense Hausskn. = **Epilobium ciliatum** Raf.
Ref.: Solomon, 1983.

Fuchsia L.

Número de especies: 2

Fuchsia araucana F. Phil. = **Fuchsia magellanica** Lam.
Ref.: Hoch, 1988; Berry, 1989.

Fuchsia boliviana Carrière
Sin.: *Fuchsia boliviana* Carrière f. *puberulenta* Munz
Ref.: Munz, 1933; Berry, 1982.
Hábito: Arbusto o subarbusto.
Status: Nativa.
Elevación: 500-3000 m.
Prov.: CA, JU, SA, TU.
Paises limítrofes: BO.
Ejemplar examinado: *Venturi 1295* (SI).

Fuchsia boliviana Carrière f. *puberulenta* Munz = **Fuchsia boliviana** Carrière
Ref.: Berry, 1982.

[Fuchsia coccinea Aiton]
Nota: Especie excluida de la flora argentina.

Fuchsia coccinea Aiton var. *robustior* Hook. f. = **Fuchsia magellanica** Lam.
Ref.: Hoch, 1988; Berry, 1989.

Fuchsia gracilis Lindl. = **Fuchsia magellanica** Lam.
Ref.: Hoch, 1988; Berry, 1989.

Fuchsia gracilis Lindl. var. *macrostema* (Ruiz & Pav.) Lindl. = **Fuchsia magellanica** Lam.
Ref.: Hoch, 1988; Berry, 1989.

Fuchsia macrostema Ruiz & Pav. = **Fuchsia magellanica** Lam.
Ref.: Hoch, 1988; Berry, 1989.

Fuchsia magellanica Lam.
Sin.: *Dorvalla eucharis* Comm. ex Lam., *Fuchsia araucana* F. Phil., *Fuchsia coccinea* Aiton var. *robustior* Hook. f., *Fuchsia coccinea* auct. non Aiton, *Fuchsia gracilis* Lindl., *Fuchsia gracilis* Lindl. var. *macrostema* (Ruiz & Pav.) Lindl., *Fuchsia macrostema* Ruiz & Pav., *Fuchsia magellanica* Lam. var. *macrostema* (Ruiz & Pav.) Munz, *Thilcum tinctorium* Molina
Ref.: Munz, 1933; Hoch, 1988; Berry, 1989.
Hábito: Arbusto.
Status: Nativa.
Elevación: 0-2000 m.
Prov.: CHU, NE, RN, SC, TF, TU.
Paises limítrofes: BO, CH.
Ejemplar examinado: *Eskuche y Klein 181* (SI).
Nota: Naturalizada en Tucumán y Bolivia.

Fuchsia magellanica Lam. var. *macrostema* (Ruiz & Pav.) Munz = **Fuchsia magellanica** Lam.
Ref.: Hoch, 1988; Berry, 1989.

Gaura L.
Número de especies: 1

Gaura australis Griseb. = **Gaura parviflora** Douglas ex Hook.
Ref.: Raven & Gregory, 1972.

Gaura parviflora Douglas ex Hook.
Sin.: *Gaura australis* Griseb.
Ref.: Raven & Gregory, 1972.
Hábito: Hierba.
Status: Introducida.
Elevación: 500-1000 m.
Prov.: CO, SL.
Ejemplar examinado: *Krapovickas y Cristóbal 14736* (SI).

Gayophytum A. Juss.
Número de especies: 2

Gayophytum densifolium Phil. = **Gayophytum humile** A. Juss.
Ref.: Lewis & Szweykowski, 1964.

Gayophytum gracile Phil. = **Gayophytum micranthum** Hook. & Arn.
Ref.: Lewis & Szweykowski, 1964.

Gayophytum humile A. Juss.
Sin.: *Gayophytum densifolium* Phil., *Gayophytum humile* Juss. var. *densifolium* (Phil.) Reiche, *Gayophytum minutum* Phil., *Gayophytum nuttallii* Torr. & A. Gray
Ref.: Munz, 1933; Lewis & Szweykowski, 1964.
Hábito: Hierba.
Status: Nativa.
Elevación: 500-3000 m.
Prov.: ME.
Paises limítrofes: CH.
Ejemplar citado: *Kurtz 7433** (B).

Gayophytum humile A. Juss. var. *gracile* (Phil.) Reiche = **Gayophytum micranthum** Hook. & Arn.
Ref.: Hoch, 1988.

Gayophytum humile Juss. var. *densifolium* (Phil.) Reiche = **Gayophytum humile** A. Juss.

Gayophytum micranthum Hook. & Arn.
Sin.: *Gayophytum gracile* Phil., *Gayophytum humile* A. Juss. var. *gracile* (Phil.) Reiche, *Gayophytum robustum* Phil., *Holostigma paradoxum* Spach, *Oenothera micrantha* J. Presl, hom. illeg., *Sphaerostigma paradoxum* (Spach) Gay
Ref.: Munz, 1933; Lewis & Szweykowski, 1964; Hoch, 1988.
Hábito: Hierba.
Status: Nativa.
Elevación: 500-2500 m.
Prov.: CHU, ME, NE, SC, SJ, SL.
Paises limítrofes: CH.
Ejemplar examinado: *Boelcke et al. 10832* (BAA, BAB).

Gayophytum minutum Phil. = **Gayophytum humile** A. Juss.
Ref.: Lewis & Szweykowski, 1964.

Gayophytum nuttallii Torr. & A. Gray = **Gayophytum humile** A. Juss.
Ref.: Lewis & Szweykowski, 1964.

Gayophytum robustum Phil. = **Gayophytum micranthum** Hook. & Arn.

Godetia cavanillesii Spach = **Clarkia tenella** (Cav.) H.F. Lewis & M.R. Lewis
Ref.: Hoch, 1988.

Godetia tenella (Cav.) Steud. = **Clarkia tenella** (Cav.) H.F. Lewis & M.R. Lewis
Ref.: Hoch, 1988.

Holostigma paradoxum Spach = **Gayophytum micranthum** Hook. & Arn.
Ref.: Hoch, 1988.

Isnardia palustris L. = [Ludwigia palustris (L.) Elliott]

Jussiaea bertonii H. Lév. = **Ludwigia decurrens** Walter
Ref.: Ramamoorthy & Zardini, 1987.

Jussiaea bonariensis Micheli = **Ludwigia bonariensis** (Micheli) Hara
Ref.: Raven, 1963.

Jussiaea caparosa Cambess. = **Ludwigia caparosa** (Cambess.) Hara
Ref.: Raven, 1963.

Jussiaea decurrens (Walter) DC. = **Ludwigia decurrens** Walter
Ref.: Raven, 1963; Ramamoorthy & Zardini, 1987.

Jussiaea elegans Cambess. = **Ludwigia elegans** (Cambess.) Hara
Ref.: Raven, 1963; Ramamoorthy & Zardini, 1987.

Jussiaea elegans Cambess. f. *australis* Malme = **Ludwigia elegans** (Cambess.) Hara
Ref.: Ramamoorthy & Zardini, 1987.

Jussiaea elegans Cambess. f. *macrophylla* Chodat & Hassl. = **Ludwigia elegans** (Cambess.) Hara
Ref.: Ramamoorthy & Zardini, 1987.

Jussiaea elegans Cambess. var. *intermedia* Hassl. = **Ludwigia elegans** (Cambess.) Hara
Ref.: Ramamoorthy & Zardini, 1987.

Jussiaea elegans Cambess. var. *typica* Munz, nom. inval. = **Ludwigia elegans** (Cambess.) Hara

Jussiaea grandiflora Michx. = **Ludwigia grandiflora** (Michx.) Greuter & Burdet
Ref.: Zardini et al., 1991.

Jussiaea hassleriana Chodat = **Ludwigia hassleriana** (Chodat) Ramamoorthy
Ref.: Ramamoorthy & Zardini, 1987.

Jussiaea hexapetala Hook. & Arn. = **Ludwigia hexapetala** (Hook. & Arn.) Zardini, A.G. Gu & P.H. Raven
Ref.: Zardini et al., 1991.

Jussiaea hookeri Micheli = **Ludwigia hookeri** (Micheli) Hara
Ref.: Raven, 1963.

Jussiaea lagunae Morong = **Ludwigia lagunae** (Morong) Hara

Jussiaea lagunae Morong var. *paraguayensis* (Chodat) Munz = **Ludwigia lagunae** (Morong) Hara

Jussiaea lanceolata Cambess. = **Ludwigia irwinii** Ramamoorthy
Ref.: Ramamoorthy & Zardini, 1987.

Jussiaea leptocarpa Nutt. = **Ludwigia leptocarpa** (Nutt.) Hara
Ref.: Raven, 1963.

Jussiaea leptocarpa Nutt. f. *biacuminata* (Rusby) Munz = **Ludwigia leptocarpa** (Nutt.) Hara

Jussiaea leptocarpa Nutt. var. *genuina* Munz, nom. inval. = **Ludwigia leptocarpa** (Nutt.) Hara
Ref.: Raven, 1963.

Jussiaea lithospermifolia Kunth var. *meridionalis* Hassl. = **Ludwigia pseudo-narcissus** (Chodat & Hassl.) Ramamoorthy

Jussiaea longifolia DC. = **Ludwigia longifolia** (DC.) Hara
Ref.: Ramamoorthy & Zardini, 1987.

Jussiaea longifolia DC. var. *major* Micheli = **Ludwigia major** (Micheli) Ramamoorthy
Ref.: Ramamoorthy & Zardini, 1987.

Jussiaea longifolia DC. var. *typica* Hassl., nom. inval. = **Ludwigia longifolia** (DC.) Hara

Jussiaea martii Micheli = **Ludwigia martii** (Micheli) Ramamoorthy
Ref.: Ramamoorthy & Zardini, 1987.

[*Jussiaea mendocinensis* Gillies ex Hook., nom. nud.]
Ref.: Munz, 1942.

Jussiaea montevidensis Spreng. = **Ludwigia peploides** (Kunth) P.H. Raven subsp. **montevidensis** (Spreng.) P.H. Raven
Ref.: Raven, 1963.

Jussiaea myrtifolia Cambess. = [Ludwigia myrtifolia (Cambess.) Hara]
Ref.: Ramamoorthy & Zardini, 1987.

Jussiaea neograndiflora Munz = **Ludwigia neograndiflora** (Munz) Hara
Ref.: Raven, 1963.

Jussiaea octofila DC. f. *longifolia* (DC.) H. Lév. = **Ludwigia longifolia** (DC.) Hara
Ref.: Ramamoorthy & Zardini, 1987.

Jussiaea octonervia Lam. = **Ludwigia octovalvis** (Jacq.) P.H. Raven
Ref.: Raven, 1963.

Jussiaea peploides Kunth = **Ludwigia peploides** (Kunth) P.H. Raven subsp. **peploides**

Jussiaea peruviana L. = **Ludwigia peruviana** (L.) Hara
Ref.: Raven, 1963.

Jussiaea peruviana L. var. *typica* Munz, nom. inval. = **Ludwigia peruviana** (L.) Hara
Ref.: Ramamoorthy & Zardini, 1987.

Jussiaea pseudo-narcissus Chodat & Hassl. = **Ludwigia pseudo-narcissus** (Chodat & Hassl.) Ramamoorthy
Ref.: Ramamoorthy & Zardini, 1987.

Jussiaea pseudo-narcissus Chodat & Hassl. var. *leptophylla* Chodat & Hassl. = **Ludwigia major** (Micheli) Ramamoorthy
Ref.: Ramamoorthy & Zardini, 1987.

Jussiaea repens auct. non L. = **Ludwigia peploides** (Kunth) P.H. Raven subsp. **peploides**
Ref.: Raven, 1963.

Jussiaea repens L. var. *montevidensis* (Spreng.) Munz = **Ludwigia peploides** (Kunth) P.H. Raven subsp. **montevidensis** (Spreng.) P.H. Raven
Ref.: Raven, 1963.

Jussiaea repens L. var. *peploides* (Kunth) Griseb. = **Ludwigia peploides** (Kunth) P.H. Raven subsp. **peploides**
Ref.: Raven, 1963.

Jussiaea sericea Cambess. = **Ludwigia sericea** (Cambess.) Hara
Ref.: Raven, 1963.

Jussiaea sericea Cambess. var. *genuina* Munz, nom. inval. = **Ludwigia sericea** (Cambess.) Hara

Jussiaea sericea Cambess. var. *villosissima* Micheli = **Ludwigia martii** (Micheli) Ramamoorthy
Ref.: Ramamoorthy & Zardini, 1987.

[Jussiaea suffruticosa L.]
Nota: Especie excluida de la flora argentina.

Jussiaea suffruticosa L. f. *linearifolia* (Hassl.) Munz = **Ludwigia octovalvis** (Jacq.) P.H. Raven
Ref.: Raven, 1963.

Jussiaea swartziana DC. = **Ludwigia peploides** (Kunth) P.H. Raven subsp. **peploides**
Ref.: Raven, 1963.

Jussiaea uruguayensis Cambess. = **Ludwigia grandiflora** (Michx.) Greuter & Burdet
Ref.: Zardini et al., 1991.

Jussiaea uruguayensis Cambess. f. *major* (Hassl.) Munz = **Ludwigia grandiflora** (Michx.) Greuter & Burdet

Jussiaea uruguayensis Cambess. var. *genuina* Munz, nom. inval. = **Ludwigia grandiflora** (Michx.) Greuter & Burdet

Lavauxia centaurifolia Spach = **Oenothera centaurifolia** (Spach) Steud.
Ref.: Munz, 1933; Fabris 1966e.

Ludwigia L.

Número de especies: 20

Ludwigia bonariensis (Micheli) Hara
Sin.: *Jussiaea bonariensis* Micheli
Ref.: Munz, 1942; Fabris, 1966e.
Hábito: Hierba.
Status: Nativa.
Elevación: 0-500 m.
Prov.: BA, DF, ER, FO, SA, SF, TU.
Paises limítrofes: UR.
Ejemplar examinado: *Scala 301* (SI).

Ludwigia caparosa (Cambess.) Hara
Sin.: *Jussiaea caparosa* Cambess.
Ref.: Raven, 1963; Fabris, 1966e; Ramamoorthy & Zardini, 1987.
Hábito: Arbusto o subarbusto.
Status: Nativa.
Elevación: 0-1000 m.
Prov.: BA, CH, COR, ER, SA, TU.
Paises limítrofes: BR, PA, UR.
Ejemplar examinado: *Cabrera et al. 27776* (SI).

Ludwigia decurrens Walter
Sin.: *Jussiaea bertonii* H. Lév., *Jussiaea decurrens* (Walter) DC.
Ref.: Raven, 1963; Ramamoorthy & Zardini, 1987.
Hábito: Hierba.
Status: Nativa.
Elevación: 0-500 m.
Prov.: CH, COR, ER, FO, JU, MI.
Paises limítrofes: BO, BR, PA.
Ejemplar examinado: *Joergensen 3027* (SI).

Ludwigia elegans (Cambess.) Hara
Sin.: *Jussiaea elegans* Cambess., *Jussiaea elegans* Cambess. f. *australis* Malme, *Jussiaea elegans* Cambess. f. *macrophylla* Chodat & Hassl., *Jussiaea elegans* Cambess. var. *intermedia* Hassl.
Ref.: Fabris, 1966e; Ramamoorthy & Zardini, 1987.
Hábito: Hierba o subarbusto.
Status: Nativa.
Elevación: 0-500 m.
Prov.: BA, CH, COR, ER, MI.
Paises limítrofes: BR, PA, UR.
Ejemplar examinado: *Boffa 155* (SI).

Ludwigia grandiflora (Michx.) Greuter & Burdet
Sin.: *Jussiaea grandiflora* Michx., *Jussiaea uruguayensis* Cambess., *Jussiaea uruguayensis* Cambess. f. *major* (Hassl.) Munz, *Jussiaea uruguayensis* Cambess. var. *genuina* Munz, nom. inval., *Ludwigia grandiflora* (Michx.) Zardini, A.G. Gu & P.H. Raven, comb. superfl., *Ludwigia uruguayensis* (Cambess.) Hara
Ref.: Hoch, 1988; Zardini et al., 1991; Zardini & Raven, 1992.
Hábito: Hierba o subarbusto.
Status: Nativa.
Elevación: 0-500 m.
Prov.: BA, CA, CH, CO, COR, LP, ME, MI, SA, SF.
Paises limítrofes: BO, BR, CH, PA, UR.
Ejemplar examinado: *Venturi 5168* (SI).

Ludwigia grandiflora (Michx.) Zardini, A.G. Gu & P.H. Raven, comb. superfl. = **Ludwigia grandiflora** (Michx.) Greuter & Burdet
Ref.: Zardini & Raven, 1992.

Ludwigia hassleriana (Chodat) Ramamoorthy
Sin.: *Jussiaea hassleriana* Chodat
Ref.: Ramamoorthy & Zardini, 1987.
Hábito: Arbusto o subarbusto.
Status: Nativa.
Elevación: 0-500 m.
Prov.: COR, MI.
Paises limítrofes: BR, PA.
Ejemplar examinado: *Krapovickas et al. 21465* (CTES, MO).

Ludwigia hexapetala (Hook. & Arn.) Zardini, A.G. Gu & P.H. Raven
Sin.: *Jussiaea hexapetala* Hook. & Arn.
Ref.: Zardini et al., 1991.
Status: Nativa.
Elevación: 0-500 m.
Prov.: BA, NE, RN, SF, SL.
Paises limítrofes: BR, CH, PA, UR.
Ejemplar examinado: *Boelcke 2136* (SI).

Ludwigia hookeri (Micheli) Hara
Sin.: *Jussiaea hookeri* Micheli
Ref.: Munz, 1942; Raven, 1963.
Hábito: Hierba.
Status: Nativa.
Elevación: 0-500 m.
Prov.: CH, ER.
Paises limítrofes: BR, UR.
Ejemplar examinado: *Burkart 7679* (SI).

Ludwigia irwinii Ramamoorthy
Sin.: *Jussiaea lanceolata* Cambess.
Ref.: Ramamoorthy & Zardini, 1987.
Hábito: Subarbusto.
Status: Nativa.
Elevación: 0-500 m.
Prov.: COR, MI.
Paises limítrofes: BR, PA.
Ejemplar examinado: *Schinini 13791* (CTES, MO).

Ludwigia lagunae (Morong) Hara
Sin.: *Jussiaea lagunae* Morong, *Jussiaea lagunae* Morong var. *paraguayensis* (Chodat) Munz
Ref.: Munz, 1942.
Hábito: Hierba.
Status: Nativa.
Elevación: 0-500 m.
Prov.: BA, CH, COR, FO, SA, SF, TU.
Paises limítrofes: BR, PA.
Ejemplar examinado: *Joergensen 2493* (SI).

Ludwigia leptocarpa (Nutt.) Hara
Sin.: *Jussiaea leptocarpa* Nutt. f. *biacuminata* (Rusby) Munz, *Jussiaea leptocarpa* Nutt., *Jussiaea leptocarpa* Nutt. var. *genuina* Munz, nom. inval.
Ref.: Munz, 1942.
Hábito: Hierba o subarbusto.
Status: Nativa.
Elevación: 0-500 m.
Prov.: CH, COR, FO.
Paises limítrofes: BO, BR, CH, PA.
Ejemplar examinado: *Cabrera et al. 27772* (SI).

Ludwigia longifolia (DC.) Hara
Sin.: *Jussiaea longifolia* DC., *Jussiaea longifolia* DC. var. *typica* Hassl., nom. inval., *Jussiaea octofila* DC. f. *longifolia* (DC.) H. Lév.
Ref.: Fabris, 1966e; Ramamoorthy & Zardini, 1987.
Hábito: Hierba.
Status: Nativa.
Elevación: 0-2000 m.
Prov.: BA, CH, COR, ER, MI, TU.
Paises limítrofes: BR, PA, UR.
Ejemplar examinado: *Venturi 2873* (SI, US).

Ludwigia major (Micheli) Ramamoorthy
Sin.: *Jussiaea longifolia* DC. var. *major* Micheli, *Jussiaea pseudo-narcissus* Chodat & Hassl. var. *leptophylla* Chodat & Hassl.
Ref.: Ramamoorthy & Zardini, 1987.
Hábito: Hierba.
Status: Nativa.
Elevación: 0-500 m.
Prov.: CH, COR, ER, FO, MI.
Paises limítrofes: BR, PA, UR.
Ejemplar examinado: *Schwarz 296* (SI).

Ludwigia martii (Micheli) Ramamoorthy
Sin.: *Jussiaea martii* Micheli, *Jussiaea sericea* Cambess. var. *villosissima* Micheli
Ref.: Ramamoorthy & Zardini, 1987.
Hábito: Hierba o subarbusto.
Status: Nativa.
Elevación: 0-500 m.
Prov.: COR, ER, MI.
Paises limítrofes: BR, PA.
Ejemplar examinado: *Schinini 12924* (CTES, MO).

[Ludwigia myrtifolia (Cambess.) Hara]
Sin.: *Jussiaea myrtifolia* Cambess.
Ref.: Ramamoorthy & Zardini, 1987.
Nota: Especie excluida de la flora argentina.

Ludwigia neograndiflora (Munz) Hara
Sin.: *Jussiaea neograndiflora* Munz
Ref.: Munz, 1942; Raven, 1963.
Hábito: Hierba.
Status: Nativa.
Elevación: 0-500 m.
Prov.: COR, FO, MI.
Paises limítrofes: BR, PA.
Ejemplar examinado: *Huidobro 2121* (SI).

Ludwigia octovalvis (Jacq.) P.H. Raven
Sin.: *Jussiaea octonervia* Lam., *Jussiaea suffruticosa* L. f. *linearifolia* (Hassl.) Munz, *Oenothera octovalvis* Jacq.
Ref.: Munz, 1942; Raven, 1963.
Hábito: Hierba o arbusto.
Status: Nativa.
Elevación: 0-1000 m.
Prov.: CH, COR.
Paises limítrofes: BO, BR, PA.
Ejemplar examinado: *Bazzi 224* (SI).

[Ludwigia palustris (L.) Elliott]
Sin.: *Isnardia palustris* L.
Nota: Especie excluida de la flora argentina.

Ludwigia peploides (Kunth) P.H. Raven subsp. **montevidensis** (Spreng.) P.H. Raven
Sin.: *Jussiaea montevidensis* Spreng., *Jussiaea repens* L. var. *montevidensis* (Spreng.) Munz
Ref.: Raven, 1963; Fabris, 1966e.
Hábito: Hierba.
Status: Nativa.
Elevación: 0-1000 m.
Prov.: BA, ME.
Paises limítrofes: BR, CH, UR.
Ejemplar examinado: *Cabrera 8455* (LP).

Ludwigia peploides (Kunth) P.H. Raven subsp. **peploides**
Sin.: *Jussiaea peploides* Kunth, *Jussiaea repens* auct. non L., *Jussiaea repens* L. var. *peploides* (Kunth) Griseb., *Jussiaea swartziana* DC.
Ref.: Raven, 1963; Fabris, 1966e.
Hábito: Hierba.
Status: Nativa.
Elevación: 0-1000 m.
Prov.: BA, COR, ER, FO, SA, SF, TU.
Paises limítrofes: BO, BR, PA, UR.
Ejemplar examinado: *Krapovickas 1547* (SI).

Ludwigia peruviana (L.) Hara
Sin.: *Jussiaea peruviana* L., *Jussiaea peruviana* L. var. *typica* Munz, nom. inval.
Ref.: Raven, 1963; Fabris, 1966e; Ramamoorthy & Zardini, 1987.
Hábito: Arbusto.
Status: Nativa.

Elevación: 0-1000 m.
Prov.: BA, CA, CH, COR, ER, JU, MI, SA, TU.
Paises limítrofes: BO, BR, CH, PA, UR.
Ejemplar examinado: *Joergensen 1439* (SI).

Ludwigia pseudo-narcissus (Chodat & Hassl.) Ramamoorthy
Sin.: *Jussiaea lithospermifolia* Kunth var. *meridionalis* Hassl., *Jussiaea pseudo-narcissus* Chodat & Hassl.
Ref.: Ramamoorthy & Zardini, 1987.
Hábito: Hierba o subarbusto.
Status: Nativa.
Elevación: 0-500 m.
Prov.: COR, ER, MI.
Paises limítrofes: BR, PA.
Ejemplar examinado: *Krapovickas et al. 18145* (CTES, LP, MO).

Ludwigia sericea (Cambess.) Hara
Sin.: *Jussiaea sericea* Cambess., *Jussiaea sericea* Cambess. var. *genuina* Munz, nom. inval.
Ref.: Ramamoorthy & Zardini, 1987.
Hábito: Arbusto o subarbusto.
Status: Nativa.
Elevación: 0-500 m.
Prov.: CH, COR, ER, FO, MI.
Paises limítrofes: BR, PA, UR.
Ejemplar examinado: *Burkart 7864* (SI).

Ludwigia uruguayensis (Cambess.) Hara = **Ludwigia grandiflora** (Michx.) Greuter & Burdet

Nierembergia subdentata Meyen = **Epilobium concinnum** (D. Don) Hoch & P.H. Raven

Oenothera L.

Número de especies: 35, 13 especies y 7 subespecies endémicas.

Oenothera acuticarpa W. Dietr.
Ref.: Dietrich, 1977.
Hábito: Hierba.
Status: Endémica.
Elevación: 500-1000 m.
Prov.: TU.
Ejemplar examinado: *Göpel s.n.* (isotipo, CTES).

Oenothera affinis Cambess.
Sin.: *Oenothera berteriana* Spach, *Oenothera longiflora* L. var. *berteriana* (Spach) Griseb.
Ref.: Fabris, 1966e; Dietrich, 1977.
Hábito: Hierba.
Status: Nativa.
Elevación: 0-4000 m.
Prov.: BA, CA, CH, CO, COR, DF, ER, FO, JU, LP, LR, ME, MI, SA, SE, SF, SJ, SL, TU.
Paises limítrofes: BO, BR, CH, PA, UR.
Ejemplar examinado: *Rodríguez 109* (SI).

Oenothera argentinae H. Lév. & Thell. = **Oenothera indecora** Cambess. subsp. **bonariensis** W. Dietr.
Ref.: Dietrich, 1977.

Oenothera argentinae H. Lév. & Thell. var. *camptotricha* Kloos & Thell. = **Oenothera mendocinensis** Gillies ex Hook. & Arn.
Ref.: Dietrich, 1977.

Oenothera argentinae H. Lév. & Thell. var. *longipila* Kloos & Thell. = **Oenothera indecora** Cambess. subsp. **indecora**
Ref.: Munz, 1933.

[Oenothera australis Salisb.]
Nota: Especie excluida de la flora argentina.

Oenothera bahia-blancae W. Dietr.
Ref.: Dietrich, 1977; Hoch, 1988.
Hábito: Hierba.
Status: Endémica.
Elevación: 0-500 m.
Prov.: BA, CHU, LP, NE.
Ejemplar examinado: *Santario 455* (isotipo, CTES).

Oenothera berteriana Spach = **Oenothera affinis** Cambess.
Ref.: Dietrich, 1977.

Oenothera biennis L.
Ref.: Dietrich et al. 1997.
Hábito: Hierba.
Status: Introducida.
Prov.: DF, ME.
Paises limítrofes: BR, CH.
Ejemplar citado: *Cavas 18525** (FI).

Oenothera bracteata Phil. = **Oenothera stricta** Ledeb. ex Link subsp. **stricta**
Ref.: Dietrich, 1977; Hoch, 1988.

Oenothera burkartiana Bartlett = **Oenothera scabra** Krause
Ref.: Dietrich, 1977.

Oenothera campylocalyx C. Koch & Bouché = **Oenothera versicolor** Lehm.
Ref.: Dietrich, 1977.

[Oenothera catharinensis Cambess.]
Ref.: Dietrich, 1977.
Nota: Especie excluida de la flora argentina.

Oenothera centaurifolia (Spach) Steud.
Sin.: *Lavauxia centaurifolia* Spach
Ref.: Munz, 1933; Fabris, 1966e.
Hábito: Hierba.
Status: Nativa.
Elevación: 0-500 m.
Prov.: BA, CH, COR, ER, SE, SF.
Paises limítrofes: BR, UR.
Ejemplar examinado: *Argañaraz 89* (SI).

Oenothera chilensis D. Dietr., hom. illeg. = **Camissonia dentata** (Cav.) Reiche
Ref.: Raven, 1963; Hoch, 1988.

Oenothera coccinna D. Don = **Epilobium concinnum** (D. Don) Hoch & P.H. Raven
Ref.: Hoch & Raven, 1992.

Oenothera contorta Douglas var. *divaricata* (Gay) Munz = **Camissonia dentata** (Cav.) Reiche
Ref.: Raven, 1963.

Oenothera cordobensis W. Dietr.
Ref.: Dietrich, 1977.
Hábito: Hierba.
Status: Endémica.
Elevación: 500-2000 m.
Prov.: CO.
Ejemplar examinado: *Göpel s.n.* (isotipo, CTES).

Oenothera dentata Cav. = **Camissonia dentata** (Cav.) Reiche
Ref.: Raven & Moore, 1969; Hoch, 1988.

Oenothera elongata Rusby
Sin.: *Oenothera serratifolia* Krause
Ref.: Dietrich, 1977.
Hábito: Hierba.
Status: Nativa.
Elevación: 1000-2500 m.
Prov.: CA.
Paises limítrofes: BO.
Ejemplar examinado: *Diers s.n.* (CTES, MO).

Oenothera erythrosepala Borbás = **Oenothera glaziovlana** Micheli
Ref.: Dietrich et al. 1997.

Oenothera gauroides Kuntze = **Epilobium concinnum** (D. Don) Hoch & P.H. Raven

Oenothera glabella Nutt. = **Epilobium pygmaeum** (Speg.) Hoch & P.H. Raven
Ref.: Hoch & Raven, 1992.

Oenothera glabrescens Phil. = **Oenothera stricta** Ledeb. ex Link subsp. **stricta**
Ref.: Dietrich, 1977; Hoch, 1988.

Oenothera glazioviana Micheli
Sin.: *Oenothera erythrosepala* Borbás
Ref.: Dietrich et al. 1997.
Hábito: Hierba.
Status: Introducida.
Elevación: 0-500 m.
Prov.: BA, DF, ER.
Paises limítrofes: BR, CH.
Ejemplar examinado: *Calderón 363* (BAA).

Oenothera grandiflora auct. non Aiton = **Oenothera glazioviana** Micheli

Oenothera hechtii W. Dietr.
Ref.: Dietrich, 1977.
Hábito: Hierba.
Status: Endémica.
Elevación: 500-1000 m.
Prov.: TU.
Ejemplar examinado: *Hecht 1964-81* (isotipo, CTES).

Oenothera hirsuta F. Meigen, hom. illeg. = **Oenothera magellanica** Phil.
Ref.: Dietrich, 1977.

Oenothera ibari Phil. = **Oenothera odorata** Jacq.
Ref.: Hoch, 1988.

Oenothera indecora Cambess. subsp. **bonariensis** W. Dietr.
Sin.: *Oenothera argentinae* H. Lév. & Thell.
Ref.: Dietrich, 1977.
Hábito: Hierba.
Status: Nativa.
Elevación: 0-1000 m.
Prov.: BA, CA, CH, CO, COR, ER, FO, JU, LR, MI, SA, SE, SF, SJ, SL, TU.
Paises limítrofes: BR, PA, UR.
Ejemplar examinado: *Cabrera 3046* (isotipos, LP, SI).

Oenothera indecora Cambess. subsp. **indecora**
Sin.: *Oenothera argentinae* H. Lév. & Thell. var. *longipila* Kloos & Thell.
Ref.: Dietrich, 1977.
Hábito: Hierba.
Status: Nativa.
Elevación: 0-1000 m.
Prov.: CH, CO, COR, ER, FO, MI.
Paises limítrofes: BR, PA, UR.
Ejemplar examinado: *Bacigalupo et al. 9601* (SI).

Oenothera kuntziana H. Lév. = **Oenothera punae** Kuntze
Ref.: Dietrich, 1977.

Oenothera lasiocarpa Griseb.
Ref.: Dietrich, 1977.
Hábito: Hierba.
Status: Endémica.
Elevación: 1500-4500 m.
Prov.: CA, JU, LR, SA, SJ, TU.
Ejemplar examinado: *Lorentz 633* (isotipo, CORD).

Oenothera longiflora L. subsp. **grandiflora** W. Dietr.
Ref.: Dietrich, 1977.
Hábito: Hierba.
Status: Endémica.
Elevación: 0-500 m.
Prov.: COR, ER.
Ejemplar examinado: *Krapovickas y Cristóbal 11293* (isotipo, CTES).

Oenothera longiflora L. subsp. **longiflora**
Ref.: Fabris, 1966e; Dietrich, 1977.
Hábito: Hierba.
Status: Nativa.
Elevación: 0-500 m.
Prov.: BA, DF, ER.
Paises limítrofes: BR, UR.
Ejemplar examinado: *Pedelaborde s.n.* (SI 12146).

Oenothera longiflora L. var. *berteriana* (Spach) Griseb. = **Oenothera affinis** Cambess.

Oenothera longituba W. Dietr.
Ref.: Dietrich, 1977.
Hábito: Hierba.
Status: Endémica.
Elevación: 500-3000 m.
Prov.: CA, JU, LR, SA, TU.
Ejemplar examinado: *Diers s.n.* (isotipo, CTES).

Oenothera magellanica Phil.
Sin.: *Oenothera hirsuta* F. Meigen, hom. illeg., *Oenothera magellanica* Phil. var. *chubutensis* Macloskie
Ref.: Dietrich, 1977; Hoch, 1988.
Hábito: Hierba.
Status: Nativa.
Elevación: 0-3000 m.
Prov.: BA, CHU, CO, ME, NE, RN, SC, SJ, SL.
Paises limítrofes: CH.
Ejemplar examinado: *Donat 256* (SI).

Oenothera magellanica Phil. var. *chubutensis* Macloskie = **Oenothera magellanica** Phil.
Ref.: Dietrich, 1977; Hoch, 1988.

Oenothera mendocinensis Gillies ex Hook. & Arn.
Sin.: *Oenothera argentinae* H. Lév. & Thell. var. *camptotricha* Kloos & Thell., *Oenothera odorata* auct. non Hook., *Raimannia mendocinensis* (Gillies ex Hook. & Arn.) Sprague & Riley
Ref.: Dietrich, 1977; Hoch, 1988.
Hábito: Hierba.
Status: Nativa.
Elevación: 0-1500 m.
Prov.: BA, CHU, CO, LP, ME, NE, RN, SC, SL.
Paises limítrofes: CH.
Ejemplar examinado: *Fischer 86* (SI).

Oenothera micrantha J. Presl, hom. illeg. = **Gayophytum micranthum** Hook. & Arn.
Ref.: Lewis & Szweykowski, 1964.

Oenothera mollisima L.
Ref.: Fabris, 1966e; Dietrich, 1977.
Hábito: Hierba.
Status: Nativa.
Elevación: 0-500 m.
Prov.: BA, COR, ER, MI.
Paises limítrofes: BR, UR.
Ejemplar examinado: *Hicken s.n.* (SI 4852).

Oenothera nana Griseb.
Ref.: Dietrich, 1977.
Hábito: Hierba.
Status: Nativa.
Elevación: 2000 y >4500 m.
Prov.: CA, JU, LR, SA, SJ, TU.
Paises limítrofes: BO, CH.
Ejemplar examinado: *Lorentz 467* (isotipo, CORD).

Oenothera octovalvis Jacq. = **Ludwigia octovalvis** (Jacq.) P.H. Raven

Oenothera odorata auct. non Hook. = **Oenothera mendocinensis** Gillies ex Hook. & Arn.
Ref.: Dietrich, 1977.

Oenothera odorata Jacq.
Sin.: *Oenothera ibari* Phil., *Oenothera odorata* Jacq. f. *glabrescens* Speg., *Oenothera odorata* Jacq. f. *media* Speg., *Oenothera odorata* Jacq. f. *undulata* Speg., *Raimannia odorata* (Jacq.) Sprague & Riley
Ref.: Fabris, 1966e; Dietrich, 1977; Hoch, 1988.
Hábito: Hierba.
Status: Nativa.
Elevación: 0-1500 m.
Prov.: BA, CHU, CO, LP, ME, NE, RN, SC, SJ.
Paises limítrofes: CH.
Ejemplar examinado: *Boelcke 1702* (SI).

Oenothera odorata Jacq. f. *glabrescens* Speg. = **Oenothera odorata** Jacq.
Ref.: Dietrich, 1977.

Oenothera odorata Jacq. f. *media* Speg. = **Oenothera odorata** Jacq.
Ref.: Dietrich, 1977.

Oenothera odorata Jacq. f. *undulata* Speg. = **Oenothera odorata** Jacq.
Ref.: Dietrich, 1977.

Oenothera odorata Jacq. var. *brachycarpa* Hauman = **Oenothera santarii** W. Dietr.
Ref.: Dietrich, 1977.

Oenothera parodiana Munz subsp. **brasiliensis** W. Dietr.
Ref.: Dietrich, 1977.
Hábito: Hierba.
Status: Nativa.
Elevación: 0-500 m.
Prov.: BA, CH, COR, ER, FO, MI, SF.
Paises limítrofes: BR, UR.
Ejemplar examinado: *Joergensen 2487* (SI).

Oenothera parodiana Munz subsp. **parodiana**
Ref.: Dietrich, 1977.
Hábito: Hierba.
Status: Nativa.
Elevación: 0-2000 m.
Prov.: BA, CO, COR, ER, LP, SE, SF, SL, TU.
Paises limítrofes: UR.
Ejemplar examinado: *Burkart 9913* (SI).

Oenothera parodiana Munz subsp. **strigulosa** W. Dietr.
Ref.: Dietrich, 1977.
Hábito: Hierba.
Status: Endémica.
Elevación: 0-500 m.
Prov.: BA.
Ejemplar examinado: *Huidobro 1177* (SI).

Oenothera pedunculifolia W. Dietr.
Ref.: Dietrich, 1977.
Hábito: Hierba.
Status: Endémica.
Elevación: 1500-2000 m.
Prov.: CA, TU.
Ejemplar examinado: *Santarius 1745* (isotipo, CTES).

Oenothera picensis Phil. subsp. **bonariensis** W. Dietr.
Ref.: Dietrich, 1977; Hoch, 1988.
Hábito: Hierba.
Status: Endémica.
Elevación: 0-500 m.
Prov.: BA, NE, RN, SL.
Ejemplar examinado: *Santarius 370* (isotipo, CTES).

Oenothera picensis Phil. subsp. **cordobensis** W. Dietr.
Ref.: Dietrich, 1977.
Hábito: Hierba.
Status: Endémica.
Elevación: 0-2000 m.
Prov.: CA, CO, JU, SA, SE, SL, TU.
Ejemplar examinado: *Göpel s.n.* (isotipo, CTES).

Oenothera picensis Phil. subsp. **picensis**
Ref.: Dietrich, 1977.
Hábito: Hierba.
Status: Nativa.
Elevación: 500-2000 m.
Prov.: ME, SJ.
Paises limítrofes: CH.
Ejemplar examinado: *Sanzin 87* (SI).

Oenothera propinqua Spach = **Oenothera stricta** Ledeb. ex Link subsp. **stricta**
Ref.: Dietrich, 1977.

Oenothera propinqua Spach var. *sparsiflora* Phil. = **Oenothera stricta** Ledeb. ex Link subsp. **stricta**
Ref.: Dietrich, 1977; Hoch, 1988.

Oenothera pseudolongiflora W. Dietr.
Ref.: Dietrich, 1977.
Hábito: Hierba.
Status: Endémica.
Elevación: 0-500 m.
Prov.: BA.
Ejemplar examinado: *Santarius 269* (isotipo, CTES).

Oenothera punae Kuntze
Sin.: *Oenothera kuntziana* H. Lév.
Ref.: Dietrich, 1977.
Hábito: Hierba.
Status: Nativa.
Elevación: 2000 y >4500 m.
Prov.: CA, JU, LR, SA, TU.
Paises limítrofes: BO.
Ejemplar examinado: *Burkart 22081* (SI).

Oenothera pygmaea Speg. = **Epilobium pygmaeum** (Speg.) Hoch & P.H. Raven
Ref.: Hoch & Raven, 1992.

Oenothera ravenii W. Dietr. subsp. **argentinae** W. Dietr.
Ref.: Dietrich, 1977.
Hábito: Hierba.
Status: Nativa.
Elevación: 0-500 m.
Prov.: BA, CO, ER.
Paises limítrofes: BR, UR.
Ejemplar examinado: *Göpel s.n.* (isotipo, CTES).

Oenothera ravenii W. Dietr. subsp. **ravenii**
Ref.: Dietrich, 1977.
Hábito: Hierba.
Status: Nativa.
Elevación: 0-500 m.
Prov.: COR, ER, MI, SF.
Paises limítrofes: BR, CH, PA, UR.
Ejemplar examinado: *Rodríguez 671* (SI).

Oenothera rivadaviae W. Dietr.
Ref.: Dietrich, 1977; Hoch, 1988.
Hábito: Hierba.
Status: Endémica.
Elevación: 0-500 m.
Prov.: BA, CHU, SC.
Ejemplar examinado: *Santarius 913* (holotipo, MO).

Oenothera rosea Aiton
Ref.: Munz, 1933; Fabris, 1966e; Matthei, 1995.
Hábito: Hierba.
Status: Introducida.
Elevación: 0-1000 m.
Prov.: BA, CO, TU.
Paises limítrofes: BO, CH.
Ejemplar examinado: *Burkart 4318* (SI).

Oenothera santarii W. Dietr.
Sin.: *Oenothera odorata* Jacq. var. *brachycarpa* Hauman
Ref.: Dietrich, 1977.
Hábito: Hierba.
Status: Endémica.
Elevación: 1500-3000 m.
Prov.: CO, ME, SJ, SL.
Ejemplar examinado: *Santarius 1430* (isotipo, CORD).

Oenothera scabra Krause
Sin.: *Oenothera burkartiana* Bartlett
Ref.: Dietrich, 1977.
Hábito: Hierba.
Status: Nativa.
Elevación: 1000-3500 m.
Prov.: CA, JU, LR, SA, TU.
Paises limítrofes: BO.
Ejemplar examinado: *Burkart y Troncoso s.n.* (SI 11595).

Oenothera serratifolia Krause = **Oenothera elongata** RusbyL
Ref.: Dietrich, 1977.

Oenothera siambonensis W. Dietr.
Ref.: Dietrich, 1977.
Hábito: Hierba.
Status: Endémica.
Elevación: 500-2500 m.
Prov.: CA, CO, JU, LR, SA, TU.
Ejemplar examinado: *Venturi 7748* (SI).

Oenothera stricta Ledeb. ex Link subsp. **altissima** W. Dietr.
Ref.: Dietrich, 1977; Hoch, 1988.
Hábito: Hierba.
Status: Endémica.
Elevación: 0-1000 m.
Prov.: CHU, NE, RN.
Ejemplar examinado: *Santarius 798* (isotipo, CTES).

Oenothera stricta Ledeb. ex Link subsp. **argentinae** W. Dietr.
Ref.: Dietrich, 1977.
Hábito: Hierba.
Status: Endémica.
Elevación: 0-1000 m.
Prov.: BA, CH, CO, SL.
Ejemplar examinado: *Santarius 346* (isotipo, CTES).

Oenothera stricta Ledeb. ex Link subsp. **stricta**
Sin.: *Oenothera bracteata* Phil., *Oenothera glabrescens* Phil., *Oenothera propinqua* Spach, *Oenothera propinqua* Spach var. *sparsiflora* Phil., *Oenothera valdiviana* Phil.
Ref.: Dietrich, 1977; Hoch, 1988; Matthei, 1995.
Hábito: Hierba.
Status: Nativa.
Elevación: 0-1000 m.
Prov.: BA, RN.
Paises limítrofes: CH.
Ejemplar examinado: *Boelcke y Hunziker 3628* (BAA, BAB).

Oenothera strigosa (Rydb.) Mack. & Bush = [Oenothera villosa Thunb. subsp. strigosa (Rydb.) W. Dietr. & P.H. Raven]
Ref.: Dietrich, 1977.

Oenothera subulata Ruiz & Pav. = **Epilobium concinnum** (D. Don) Hoch & P.H. Raven
Ref.: Hoch & Raven, 1992.

Oenothera tafiensis W. Dietr. subsp. **parviflora** W. Dietr.
Ref.: Dietrich, 1977.
Hábito: Hierba.
Status: Endémica.
Prov.: TU.
Ejemplar examinado: *Göpel s.n.* (isotipo, CTES).

Oenothera tafiensis W. Dietr. subsp. **tafiensis**
Ref.: Dietrich, 1977.
Hábito: Hierba.
Status: Endémica.
Elevación: 1000-3000 m.
Prov.: CA, CO, JU, LR, SA, TU.
Ejemplar examinado: *Santarius 1735* (holotipo, MO).

Oenothera tenella Cav. = **Clarkia tenella** (Cav.) H.F. Lewis & M.R. Lewis
Ref.: Moore & Lewis, 1965.

Oenothera tucumanensis W. Dietr.
Ref.: Dietrich, 1977.
Hábito: Hierba.
Status: Endémica.
Elevación: 0-2000 m.
Prov.: CA, CO, JU, LR, SA, TU.
Ejemplar examinado: *Santarius 1657* (isotipo, CTES).

Oenothera uniflora Gillies ex Hook. & Arn., nom. nud. = **Epilobium concinnum** (D. Don) Hoch & P.H. Raven

Oenothera valdiviana Phil. = **Oenothera stricta** Ledeb. ex Link subsp. **stricta**
Ref.: Dietrich, 1977; Hoch, 1988.

Oenothera versicolor Lehm.
Sin.: *Oenothera campylocalyx* C. Koch & Bouché
Ref.: Dietrich, 1977.
Hábito: Hierba.
Status: Nativa.
Elevación: 2000-4500 m.
Prov.: CA, JU, LR, SA, TU.
Paises limítrofes: BO.
Ejemplar examinado: *Cabrera 15105* (LP).

Oenothera villaricae W. Dietr.
Ref.: Dietrich, 1977; Hoch, 1988.
Hábito: Hierba.
Status: Nativa.
Elevación: 0-1000 m.
Prov.: CHU, NE, RN.
Paises limítrofes: CH.
Ejemplar examinado: *Santarius 823* (CTES).

[Oenothera villosa Thunb. subsp. strigosa (Rydb.) W. Dietr. & P.H. Raven]
Sin.: *Oenothera strigosa* (Rydb.) Mack. & Bush, *Onagra strigosa* Rydb.
Ref.: Dietrich et al., 1997.
Nota: Subespecie excluida de la flora argentina.

Oenothera villosa Thunb. subsp. **villosa**
Ref.: Dietrich et al., 1997.
Hábito: Hierba.
Status: Naturalizada.
Prov.: CO, ME, SJ.
Ejemplar examinado: *Fabris y Marchionni 2391* (CTES, LP).

Onagra strigosa Rydb. = [Oenothera villosa Thunb. subsp. strigosa (Rydb.) W. Dietr. & P.H. Raven]

Raimannia mendocinensis (Gillies ex Hook. & Arn.) Sprague & Riley = **Oenothera mendocinensis** Gillies ex Hook. & Arn.
Ref.: Dietrich, 1977; Hoch, 1988.

Raimannia odorata (Jacq.) Sprague & Riley = **Oenothera odorata** Jacq.
Ref.: Hoch, 1988.

Sphaerostigma paradoxum (Spach) Gay = **Gayophytum micranthum** Hook. & Arn.
Ref.: Hoch, 1988.

Thilcum tinctorium Molina = **Fuchsia magellanica** Lam.
Ref.: Hoch, 1988; Berry, 1989.

OPILIACEAE

1 género, 2 especies; 1 especie endémica.

Agonandra Miers ex Hook. f.

Número de especies: 2, 1 especie endémica.

[Agonandra brasiliensis Benth. & Hook. f.]
Nota: Citada erróneamente para la flora argentina, sobre la base de material no perteneciente a esta especie.

Agonandra excelsa Griseb.
Ref.: Sleumer, 1935; Meyer, 1938; Toursarkissian, 1973b.
Hábito: Árbol.
Status: Nativa.
Elevación: 0–1000 m.
Prov.: CH, COR, FO, JU, SA.
Países limítrofes: PA.
Ejemplar examinado: *Meyer 573* (SI).

Agonandra spegazzini Molfino
Ref.: Molfino, 1929; Sleumer, 1935.
Hábito: Árbol.
Status: Endémica.
Elevación: 0–500 m.
Prov.: MI.
Ejemplar examinado: *Molfino s.n.* (holotipo, BAF).

OROBANCHACEAE

1 género, 1 especie.

Myzorrhiza chilensis Phil. = **Orobanche chilensis** (Phil.) Beck
Ref.: Dawson, 1965c.

Orobanche L.

Número de especies: 1

Orobanche chilensis (Phil.) Beck
Sin.: *Myzorrhiza chilensis* Phil.
Ref.: Burkart, 1942b; Dawson, 1965c.
Hábito: Hierba parasítica.
Status: Nativa.
Elevación: 0–1500 m.
Prov.: BA, CA, CHU, ME, NE, RN.
Países limítrofes: CH.
Ejemplar examinado: *Nicora s.n.* (SI 13821).

OXALIDACEAE

2 géneros, 71 especies; 11 especies y una subespecie endémicas.

por M. E. Múlgura

Acetosella adenophylla (Gillies ex Hook. & Arn.) Kuntze = **Oxalis adenophylla** Gillies ex Hook. & Arn.
Ref.: Lourteig, 1988c.

Acetosella amara (A. St.-Hil.) Kuntze = **Oxalis eriocarpa** DC.
Ref.: Lourteig, 1983.

Acetosella amara var. *glandulosa* Kuntze = **Oxalis refracta** A. St.-Hil.
Ref.: Lourteig, 1983.

Acetosella antucensis (Phil.) Kuntze = **Oxalis valdiviensis** Barn.
Ref.: Lourteig, 1988c.

Acetosella articulata (Savigny) Kuntze = **Oxalis articulata** subsp. **articulata** Savigny
Ref.: Lourteig, 1983.

Acetosella berteroana (Barn.) Kuntze = **Oxalis compacta** subsp. **berteroana** (Barn.) Lourteig
Ref.: Lourteig, 1988c.

Acetosella bryoides (Phil.) Kuntze = **Oxalis erythrorhiza** Gillies ex Hook. & Arn.
Ref.: Lourteig, 1988c.

Acetosella bustillosii (Phil.) Kuntze = **Oxalis adenophylla** Gillies ex Hook. & Arn.
Ref.: Lourteig, 1988c.

Acetosella caespitosa (A. St.-Hil.) Kuntze = **Oxalis conorrhiza** Jacq.

Acetosella cernua (Thunb.) Kuntze = **Oxalis pes-caprae** L.
Ref.: Lourteig, 1983.

Acetosella chrysantha (Progel) Kuntze = **Oxalis conorrhiza** Jacq.

Acetosella cineracea (A. St.-Hil.) Kuntze = **Oxalis conorrhiza** Jacq.

Acetosella commersonii (Pers.) Kuntze = **Oxalis conorrhiza** Jacq.

Acetosella compacta (Gillies ex Hook. & Arn.) Kuntze = **Oxalis compacta** subsp. **compacta** Gillies ex Hook. & Arn.
Ref.: Lourteig, 1988c.

Acetosella conorrhiza (Jacq.) Kuntze = **Oxalis conorrhiza** Jacq.

Acetosella corniculata (L.) Kuntze = **Oxalis corniculata** var. **corniculata** L.
Ref.: Lourteig, 1983.

Acetosella corniculata var. *repens* (Thunb.) Kuntze = **Oxalis corniculata** L. var. **corniculata**
Ref.: Lourteig, 1983.

Acetosella cumingii (Herb.) Kuntze = **Oxalis micrantha** Bertero ex Savi

Acetosella enneaphylla (Cav.) Kuntze = **Oxalis enneaphylla** Cav. subsp. **enneaphylla**

Acetosella eriorrhiza (Zucc.) Kuntze = **Oxalis perdicaria** (Molina) Bertero
Ref.: Lourteig, 1983.

Acetosella erythrorhiza (Gillies ex Hook. & Arn.) Kuntze = **Oxalis erythrorhiza** Gillies ex Hook. & Arn.
Ref.: Lourteig, 1988c.

Acetosella falconiana (Steud.) Kuntze = **Oxalis compacta** subsp. **berteroana** (Barn.) Lourteig
Ref.: Lourteig, 1988c.

Acetosella gayana (Phil.) Kuntze = **Oxalis compacta** Gillies ex Hook. & Arn. subsp. **compacta**
Ref.: Lourteig, 1988c.

Acetosella geminata (Gillies ex Hook. & Arn.) Kuntze = **Oxalis squamata** Zucc.
Ref.: Lourteig, 1988c.

Acetosella hapalconidea (Barn.) Kuntze = **Oxalis valdiviensis** Barn.
Ref.: Lourteig, 1988c.

Acetosella hispidula (Zucc.) Kuntze = **Oxalis hispidula** Zucc.
Ref.: Lourteig, 1983.

Acetosella holosericea (Phil.) Kuntze = **Oxalis holosericea** Phil.
Ref.: Lourteig, 1988c.

Acetosella laciniata (Cav.) Kuntze = **Oxalis laciniata** Cav.
Ref.: Lourteig, 1988c.

Acetosella lasiopetala (Zucc.) Kuntze = **Oxalis lasiopetala** Zucc.
Ref.: Lourteig, 1983.

Acetosella liniflora (Progel) Kuntze, comb. illeg. = **Oxalis linarantha** Lourteig
Ref.: Lourteig, 1983.

Acetosella lobata (Sims) Kuntze = **Oxalis perdicaria** (Molina) Bertero
Ref.: Lourteig, 1983.

Acetosella macropus (Phil.) Kuntze = **Oxalis squamata** Zucc.
Ref.: Lourteig, 1988c.

Acetosella mallobolba (Cav.) Kuntze = **Oxalis perdicaria** (Molina) Bertero
Ref.: Lourteig, 1983.

Acetosella martiana (Zucc.) Kuntze = **Oxalis debilis** var. **corymbosa** (DC.) Lourteig
Ref.: Lourteig, 1983.

Acetosella megapotamica (Spreng.) Kuntze = **Oxalis conorrhiza** Jacq.

Acetosella micrantha (Bertero ex Colla) Kuntze = **Oxalis micrantha** Bertero ex Savi
Ref.: Lourteig, 1988c; Pool, 1993.

Acetosella modesta (Phil.) Kuntze = **Oxalis magellanica** G. Forster
Ref.: Lourteig, 1988c.

Acetosella montevidensis (Progel) Kuntze = **Oxalis paludosa** A. St.-Hil.
Ref.: Lourteig, 1983.

Acetosella muscoides (Phil.) Kuntze = **Oxalis muscoides** Phil.

Acetosella pachyphylla (Phil.) Kuntze = **Oxalis compacta** subsp. **berteroana** (Barn.) Lourteig
Ref.: Lourteig, 1988c.

Acetosella paludosa (A. St.-Hil.) Kuntze = **Oxalis paludosa** A. St.-Hil.
Ref.: Lourteig, 1983.

Acetosella papilionacea (Hoffmanns. ex Zucc.) Kuntze = **Oxalis triangularis** subsp. **papilionacea** (Hoffmanns. ex Zucc.) Lourteig
Ref.: Lourteig, 1983.

Acetosella pentantha (Jacq.) Kuntze = **Oxalis frutescens** L.
Ref.: Lourteig, 1994.

Acetosella perdicaria (Molina) Kuntze = **Oxalis perdicaria** (Molina) Bertero

Acetosella platensis (A. St.-Hil. & Naudin) Kuntze = **Oxalis articulata** Savigny subsp. **articulata**

Acetosella platycaulis (Steud.) Kuntze = **Oxalis laxa** var. **hispidissima** Barnéoud
Ref.: Lourteig, 1988c.

Acetosella platypila (Gillies ex Hook. & Arn.) Kuntze = **Oxalis compacta** subsp. **compacta** Gillies ex Hook. & Arn.
Ref.: Lourteig, 1988c.

Acetosella polyantha (Walpers) Kuntze = **Oxalis squamata** Zucc.
Ref.: Lourteig, 1988c.

Acetosella praecox (Progel) Kuntze = **Oxalis floribunda** subsp. **ostenii** (Arechav.) Lourteig
Ref.: Lourteig, 1988c.

Acetosella puberula (Phil.) Kuntze = **Oxalis san-romanii** Phil.

Acetosella pygmaea (Phil.) Kuntze = **Oxalis micrantha** Bertero ex Savi
Ref.: Lourteig, 1988c.

Acetosella refracta (A. St.-Hil.) Kuntze = **Oxalis niederleinii** R. Knuth
Ref.: Lourteig, 1983.

Acetosella regnellii (Miq.) Kuntze = **Oxalis triangularis** subsp. **papilionacea** (Hoffmanns. ex Zucc.) Lourteig

Acetosella rhombeo-ovata (A. St.-Hil.) Kuntze = **Oxalis rhombeo-ovata** A. St.-Hil.
Ref.: Lourteig, 1983.

Acetosella rubra (A. St.-Hil.) Kuntze = **Oxalis articulata** subsp. **rubra** (A. St.-Hil.) Lourteig
Ref.: Lourteig, 1983.

Acetosella sellowiana (Zucc.) Kuntze = **Oxalis sellowiana** f. **sellowiana** Zucc.
Ref.: Lourteig, 1983.

Acetosella squamata (Zucc.) Kuntze = **Oxalis squamata** Zucc.
Ref.: Lourteig, 1988c.

Acetosella squamoso-radicosa (Steud.) Kuntze = **Oxalis squamoso-radicosa** Steud.
Ref.: Lourteig, 1988c.

Acetosella triangularis (A. St.-Hil.) Kuntze = **Oxalis triangularis** A. St.-Hil. subsp. **triangularis**
Ref.: Lourteig, 1983.

Acetosella valdiviensis (Barn.) Kuntze = **Oxalis valdiviensis** Barn.
Ref.: Lourteig, 1988c.

Acetosella vinagrillo (Steud.) Kuntze = **Oxalis micrantha** Bertero ex Savi

Hypseocharis J. Rémy

Número de especies: 2

Hypseocharis corydalifolia R. Knuth = **Hypseocharis pimpinellifolius** J. Rémy
Ref.: Slanis & Bulacio, 1998.

Hypseocharis pimpinellifolius J. Rémy
Sin.: *Hypseocharis corydalifolia* R. Knuth
Ref.: Knuth, 1930; Slanis & Bulacio, 1998.
Hábito: Hierba.
Status: Nativa.
Elevación: 2500–3000 m.
Prov.: CA, JU, LR.
Paises limítrofes: BO.
Ejemplar examinado: *Múlgura 1328* (SI).

Hypseocharis tridentata Griseb.
Ref.: Knuth, 1930; Cabrera, 1957b; Slanis & Bulacio, 1998.
Hábito: Hierba.
Status: Nativa.
Elevación: 3500–4000 m.
Prov.: JU, SA.
Paises limítrofes: BO.
Ejemplar examinado: *Cabrera 9195* (BAB).

Ionoxalis martiana (Zucc.) Small = **Oxalis debilis** var. **corymbosa** (DC.) Lourteig
Ref.: Lourteig, 1983.

Oxalis L.

Número de especies: 69, 11 especies endémicas.

[Oxalis acetosella L.]
Nota: Especie excluida de la flora argentina.

Oxalis adenocaulos Phil. = **Oxalis san-romanii** Phil.

Oxalis adenophylla Gillies ex Hook. & Arn.
Sin.: *Acetosella adenophylla* (Gillies ex Hook. & Arn.) Kuntze, *Acetosella bustillosii* (Phil.) Kuntze, *Oxalis bustillosii* Phil., *Oxalis bustillosii* var. *biflora* Phil.
Ref.: Stuckert, 1919, Lourteig, 1988c.
Hábito: Hierba.
Status: Nativa.
Elevación: 2000–3000 m.
Prov.: CHU, ME, NE, RN, SC.
Paises limítrofes: BO, CH.
Ejemplar examinado: *Cabrera 32972* (SI).

Oxalis aetheria J.F. Macbr. = **Oxalis nubigena** Walp.
Ref.: Pool, 1993.

Oxalis amara A. St.-Hil. = **Oxalis eriocarpa** DC.
Ref.: Lourteig, 1983.

Oxalis amara var. *glandulosa* (Kuntze) R. Knuth = **Oxalis refracta** A. St.-Hil.
Ref.: Lourteig, 1983.

Oxalis amara var. *grandiflora* R. Knuth = **Oxalis eriocarpa** DC.
Ref.: Lourteig, 1983.

Oxalis amara var. *scabra* Progel = **Oxalis niederleinii** R. Knuth
Ref.: Lourteig, 1983.

Oxalis andicola Gillies ex Hook. & Arn. = **Oxalis conorrhiza** Jacq.

Oxalis andicola var. *wallichiana* Gillies ex Hook. & Arn. = **Oxalis conorrhiza** Jacq.

Oxalis antucensis Phil. = **Oxalis valdiviensis** Barn.
Ref.: Lourteig, 1988c.

[Oxalis arenaria Bertero ex Savi]
Ref.: Pool, 1993.
Nota: Especie excluida de la flora argentina.

Oxalis arenaria Poepp. ex R. Knuth, pro syn., nom. nud. = **Oxalis laxa** var. **hispidissima** Barnéoud
Ref.: Lourteig, 1988c.

Oxalis argentina R. Knuth
Sin.: *Oxalis bipartita* var. *alpina* Griseb.
Ref.: Knuth, 1930; Brücher, 1969.
Hábito: Hierba.
Status: Nativa.
Elevación: 500-1000 m.
Prov.: CA, JU, LR, SA.
Paises limítrofes: BR.
Ejemplar examinado: *Sleumer 3126* (SI).

Oxalis articulata Savigny subsp. **articulata**
Sin.: *Acetosella articulata* (Savigny) Kuntze, *Acetosella platensis* (A. St.-Hil. & Naudin) Kuntze, *Oxalis platensis* A. St.-Hil. & Naudin
Ref.: Lourteig, 1988c.
Hábito: Hierba.
Status: Nativa.
Elevación: 0–500 m.
Prov.: BA, CO, ER, LP, ME, SF, TU.
Paises limítrofes: BR, UR.
Ejemplar examinado: *Morello 4028* (SI).

Oxalis articulata subsp. **rubra** (A. St.-Hil.) Lourteig
Sin.: *Acetosella rubra* (A. St.-Hil.) Kuntze, *Oxalis rubra* A. St.-Hil.
Ref.: Lourteig, 1983.
Hábito: Hierba.
Status: Nativa.
Elevación: 0–500 m.
Prov.: BA, CO, ME, SJ, TU.
Paises limítrofes: BR, UR.
Ejemplar examinado: *Boelcke 6627* (SI).

Oxalis articulata var. *hirsuta* Progel = **Oxalis floribunda** subsp. **floribunda** Lehm.
Ref.: Lourteig, 1983.

Oxalis articulata var. *sericea* Progel = **Oxalis floribunda** subsp. **floribunda** Lehm.
Ref.: Lourteig, 1983.

[Oxalis aureoflava Steud.]
Nota: Cita dudosa para la flora argentina.

Oxalis autumnalis A. St.-Hil. = **Oxalis perdicaria** (Molina) Bertero
Ref.: Múlgura, 1973; Lourteig, 1983.

Oxalis bahiensis Progel = **Oxalis frutescens** L.
Ref.: Lourteig, 1988c.

Oxalis berningeri R. Knuth = **Oxalis valdiviensis** Barn.
Ref.: Lourteig, 1988c.

Oxalis berteroana Barn. = **Oxalis compacta** subsp. **berteroana** (Barn.) Lourteig
Ref.: Lourteig, 1988c.

Oxalis berteroana var. *uniflora* Phil. = **Oxalis compacta** subsp. **berteroana** (Barn.) Lourteig
Ref.: Lourteig, 1988c.

Oxalis biloba Fredr. = **Oxalis bipartita** A. St.-Hil.
Ref.: Lourteig, 1983.

Oxalis bipartita A. St.-Hil.
Sin.: *Oxalis biloba* Fredr.
Ref.: Stuckert, 1919; Lourteig, 1983.
Hábito: Hierba.
Status: Nativa.
Elevación: 0–500 m.
Prov.: BA, CA, CO, COR, ER, MI, TU.
Paises limítrofes: BR, PA.
Ejemplar examinado: *Cabrera 28712* (SI).

Oxalis bipartita var. *alpina* Griseb. = **Oxalis argentina** R. Knuth
Ref.: Knuth, 1930.

Oxalis bisfracta Turcz.
Sin.: *Oxalis breviramulosa* Rusby
Ref.: Cabrera, 1957b; Pool, 1993.
Hábito: Hierba.
Status: Nativa.
Prov.: JU, SA, TU.
Paises limítrofes: BO.
Ejemplar examinado: *Kiesling 1656* (SI).

Oxalis borchersi Phil. = **Oxalis compacta** subsp. **compacta** Gillies ex Hook. & Arn.
Ref.: Lourteig, 1988c.

Oxalis brasiliensis Lodd.
Sin.: *Oxalis macachin* Arechav., *Oxalis pudica* R. Knuth
Ref.: Stuckert, 1919; Lourteig, 1983.
Hábito: Hierba.
Status: Nativa.
Elevación: 0–500 m.
Prov.: BA, COR, ER, MI.
Paises limítrofes: BR, UR.
Ejemplar examinado: *Burkart 28679* (SI).

Oxalis brevipes Fredr. = **Oxalis conorrhiza** Jacq.

Oxalis breviramulosa Rusby = **Oxalis bisfracta** Turcz.
Ref.: Pool, 1993.

Oxalis bryoides Phil. = **Oxalis erythrorhiza** Gillies ex Hook. & Arn.
Ref.: Lourteig, 1988c.

Oxalis bustillosii Phil. = **Oxalis adenophylla** Gillies ex Hook. & Arn.
Ref.: Lourteig, 1988c.

Oxalis bustillosii var. *biflora* Phil. = **Oxalis adenophylla** Gillies ex Hook. & Arn.
Ref.: Lourteig, 1988c.

Oxalis caespitosa A. St.-Hil. = **Oxalis conorrhiza** Jacq.

Oxalis canelonensis R. Knuth = **Oxalis hispidula** Zucc.
Ref.: Lourteig, 1983.

Oxalis capillipes R. Knuth = **Oxalis valdiviensis** Barn.
Ref.: Lourteig, 1988c.

Oxalis carnosa Molina, nom. illeg. = **Oxalis magellanica** G. Forster
Ref.: Lourteig, 1988c.

Oxalis catamarcensis R. Knuth
Ref.: Knuth, 1930; Cabrera, 1957b.
Hábito: Hierba.
Status: Endémica.
Elevación: 3500–4000 m.
Prov.: CA, SA.
Ejemplar examinado: *Keidel s.n.* (LP).

Oxalis cataractae A. Cunn. = **Oxalis magellanica** G. Forster
Ref.: Lourteig, 1988c.

Oxalis cernua Thunb. = **Oxalis pes-caprae** L.
Ref.: Múlgura, 1973.

Oxalis chacoensis R. Knuth = **Oxalis frutescens** L.
Ref.: Lourteig, 1994.

Oxalis chaetocalyx Phil. = **Oxalis compacta** subsp. **berteroana** (Barn.) Lourteig
Ref.: Lourteig, 1988c.

Oxalis chieligastensis R. Knuth
Ref.: Knuth, 1936.
Hábito: Hierba.
Status: Endémica.
Elevación: 2000–2500 m.
Prov.: TU.
Ejemplar citado: *Venturi 3155** (US).

Oxalis chilensis R. Knuth = **Oxalis squamata** Zucc.
Ref.: Lourteig, 1988c.

Oxalis chosicensis R. Knuth = **Oxalis laxa** var. **hispidissima** Barnéoud
Ref.: Lourteig, 1988c.

Oxalis chrysantha Progel = **Oxalis conorrhiza** Jacq.

Oxalis chrysantha var. *pusilla* Progel = **Oxalis conorrhiza** Jacq.

Oxalis chubutensis Speg. ex R. Knuth = **Oxalis valdiviensis** Barn.
Ref.: Lourteig, 1988c.

Oxalis cineracea A. St.-Hil. = **Oxalis conorrhiza** Jacq.

[Oxalis cinerea Zucc.]
Nota: Citada erróneamente para la flora argentina, sobre la base de material no perteneciente a esta especie.

Oxalis comberi R. Knuth = **Oxalis nahuelhuapiensis** Speg.
Ref.: Lourteig, 1988c.

Oxalis commersonii Pers. = **Oxalis conorrhiza** Jacq.
Ref.: Pool, 1993.

Oxalis compacta subsp. **berteroana** (Barn.) Lourteig
Sin.: *Acetosella berteroana* (Barn.) Kuntze, *Acetosella falconiana* (Steud.) Kuntze, *Acetosella pachyphylla* (Phil.) Kuntze, *Oxalis berteroana* Barn., *Oxalis berteroana* var. *uniflora* Phil., *Oxalis chaetocalyx* Phil., *Oxalis falconiana* Steud., *Oxalis josephii* R. Knuth, *Oxalis pachyphylla* Phil., *Oxalis pastorei* Hicken, *Oxalis peraltae* Phil.
Ref.: Lourteig, 1988c.
Hábito: Hierba.
Status: Nativa.
Elevación: 2500–3000 m.
Prov.: NE, RN.
Paises limítrofes: CH.
Ejemplar examinado: *Pastore 65* (SI).

Oxalis compacta Gillies ex Hook. & Arn. subsp. **compacta**
Sin.: *Acetosella compacta* (Gillies ex Hook. & Arn.) Kuntze, *Acetosella gayana* (Phil.) Kuntze, *Acetosella platypila* (Gillies ex Hook. & Arn.) Kuntze, *Oxalis borchersi* Phil., *Oxalis gayana* Phil., *Oxalis gilliesii* Phil., *Oxalis landbeckii* Phil., *Oxalis platypila* Gillies ex Hook. & Arn., *Oxalis pumila* Phil., hom. illeg., *Oxalis reichei* R. Knuth, *Oxalis uspallatensis* R. Knuth
Ref.: Lourteig, 1988c.
Hábito: Hierba.
Status: Nativa.
Elevación: 2000–2500 m.
Prov.: CHU, ME, NE, RN, SC, SJ.
Paises limítrofes: CH.
Ejemplar examinado: *Cabrera 33087* (SI).

Oxalis conorhixa Larrañaga = **Oxalis conorrhiza** Jacq.

Oxalis conorrhiza Jacq.
Sin.: *Acetosella caespitosa* (A. St.-Hil.) Kuntze, *Acetosella chrysantha* (Progel) Kuntze, *Acetosella cineracea* (A. St.-Hil.) Kuntze, *Acetosella commersonii* (Pers.) Kuntze, *Acetosella conorrhiza* (Jacq.) Kuntze, *Acetosella megapotamica* (Spreng.) Kuntze, *Oxalis andicola* Gillies ex Hook. & Arn., *Oxalis andicola* var. *wallichiana* Gillies ex Hook. & Arn., *Oxalis brevipes* Fredr., *Oxalis caespitosa* A. St.-Hil., *Oxalis chrysantha* Progel, *Oxalis chrysantha* var. *pusilla* Progel, *Oxalis cineracea* A. St.-Hil., *Oxalis commersonii* Pers., *Oxalis conorhixa* Larrañaga, *Oxalis conorrhiza* Jacq., *Oxalis cordobensis* R. Knuth, *Oxalis cordobensis* var. *humilior* R. Knuth, *Oxalis corniculata* var. *serpens* R. Knuth, *Oxalis linneaformis* R. Knuth, *Oxalis repens* f. *uniflora* Hieron. & Lorentz ex R. Knuth, nom. nud., *Oxalis sexenata* Savigny, *Oxalis sternbergii* Zucc., *Xanthoxalis chrysantha* (Progel) Holub, *Xanthoxalis commersonii* (Pers.) Holub, *Xanthoxalis cordobensis* (R. Knuth) Holub, *Xanthoxalis sternbergii* (Zucc.) Holub
Ref.: Lourteig, 1983; Pool, 1993.
Hábito: Hierba.
Status: Nativa.
Elevación: 0–1000 m.
Prov.: BA, CA, CH, CO, COR, ER, FO, JU, LP, MI, SA, SF, SL, TU.
Paises limítrofes: BO, BR, PA, UR.
Ejemplar examinado: *Cabrera 2870* (SI).

Oxalis contracta R. Knuth = **Oxalis famatinae** R. Knuth
Ref.: Brücher, 1969.

[Oxalis cordata A. St.-Hil.]
Ref.: Lourteig, 1994.
Nota: Especie excluida de la flora argentina.

Oxalis cordobensis R. Knuth = **Oxalis conorrhiza** Jacq.

Oxalis cordobensis var. *humilior* R. Knuth = **Oxalis conorrhiza** Jacq.

Oxalis corniculata var. **atropurpurea** Planch.
Sin.: *Oxalis corniculata* var. *purpurascens* Speg.
Ref.: Lourteig, 1979.
Hábito: Hierba.
Status: Nativa.
Elevación: 0–500 m.
Prov.: BA, ER.
Paises limítrofes: UR.
Ejemplar examinado: *Hicken s.n.* (SI).

Oxalis corniculata L. var. **corniculata**
Sin.: *Acetosella corniculata* (L.) Kuntze, *Acetosella corniculata* var. *repens* (Thunb.) Kuntze, *Oxalis corniculata* var. *repens* Zucc., *Xanthoxalis corniculata* (L.) Small
Ref.: Lourteig, 1983.
Hábito: Hierba.
Status: Nativa.
Elevación: 0–500 m.
Prov.: BA, CH, CO, ER, JU, LP, ME, MI, TF.
Paises limítrofes: BR, CH, UR.
Ejemplar examinado: *Castellanos 691* (SI).

[Oxalis corniculata var. microphylla Poir.]
Ref.: Múlgura, 1973.
Nota: Cita dudosa para la flora argentina.

Oxalis corniculata var. *purpurascens* Speg. = **Oxalis corniculata** var. **atropurpurea** Planch.
Ref.: Lourteig, 1983.

Oxalis corniculata var. *repens* Zucc. = **Oxalis corniculata** var. **corniculata** L.
Ref.: Lourteig, 1983.

Oxalis corniculata var. *serpens* R. Knuth = **Oxalis conorrhiza** Jacq.

Oxalis corrientesensis R. Knuth = **Oxalis paludosa** A. St.-Hil.
Ref.: Lourteig, 1983.

Oxalis corymbosa DC. = **Oxalis debilis** var. **corymbosa** (DC.) Lourteig
Ref.: Lourteig, 1983.

Oxalis cotagaitensis R. Knuth
Ref.: Lourteig, 1994.
Hábito: Hierba.
Status: Nativa.
Elevación: 2000-3000 m.
Prov.: JU, SA.
Paises limítrofes: BO.
Ejemplar examinado: *Kiedel s.n.* (LP).

Oxalis cumingii Herb. = **Oxalis micrantha** Bertero ex Savi

Oxalis cunninghamii R. Knuth = **Oxalis enneaphylla** subsp. **ibari** (Phil.) Lourteig
Ref.: Lourteig, 1988c.

Oxalis cytisoides C. Mart. & Zucc.
Ref.: Lourteig, 1983, 1994; Carmona, 1992.
Hábito: Hierba.
Status: Nativa.
Elevación: 0–500 m.
Prov.: MI.
Paises limítrofes: BR.
Ejemplar examinado: *Zuloaga 716* (SI).

Oxalis darwinii Ball = **Oxalis lasiopetala** Zucc.
Ref.: Lourteig, 1983.

Oxalis debilis var. **corymbosa** (DC.) Lourteig
Sin.: *Acetosella martiana* (Zucc.) Kuntze, *Ionoxalis martiana* (Zucc.) Small, *Oxalis corymbosa* DC., *Oxalis macrophylla* Kunth, *Oxalis martiana* Zucc., *Oxalis urbica* A. St.-Hil.
Ref.: Lourteig, 1983.
Hábito: Hierba.
Status: Nativa.
Elevación: 0–500 m.
Prov.: BA, COR, ER, MI, SA, TU.
Paises limítrofes: BO, BR.
Ejemplar examinado: *Venturi 2671* (SI).

Oxalis debilis Kunth var. **debilis**
Ref.: Lourteig, 1983.
Hábito: Hierba.
Status: Nativa.
Elevación: 0–500 m.
Prov.: MI.
Paises limítrofes: BO, BR, UR.
Ejemplar examinado: *Cabrera 28687* (SI).

Oxalis delicatula Phil. = **Oxalis perdicaria** (Molina) Bertero
Ref.: Lourteig, 1988c.

Oxalis delta Vell. = **Oxalis triangularis** subsp. **triangularis** A. St.-Hil.
Ref.: Lourteig, 1983.

Oxalis descolei R. Knuth = **Oxalis frutescens** L.
Ref.: Lourteig, 1994.

Oxalis diffusa Pohl ex Progel = **Oxalis frutescens** L.
Ref.: Lourteig, 1994.

Oxalis distans A. St.-Hil. = **Oxalis frutescens** L.
Ref.: Lourteig, 1994.

Oxalis duricaulis R. Knuth = **Oxalis paludosa** A. St.-Hil.
Ref.: Lourteig, 1983.

Oxalis echegarayii Hieron.
Ref.: Knuth, 1930; Cabrera, 1957b.
Hábito: Hierba.
Status: Endémica.
Elevación: 3500–4000 m.
Prov.: JU, SJ.
Ejemplar examinado: *Cabrera 9386* (BAB, LP).

Oxalis elegans Kunth
Ref.: Cabrera, 1957b.
Hábito: Hierba.
Status: Nativa.
Elevación: 3500–4000 m.
Prov.: JU.
Paises limítrofes: BO.
Ejemplar examinado: *Cabrera 7820* (LP).

Oxalis elegans var. *macrophylla* Griseb. = **Oxalis yacutulensis** R. Knuth
Ref.: Knuth, 1930.

[Oxalis elegans var. subuniflora Griseb.]
Nota: Taxón dudoso.

[Oxalis elegantula R. Knuth]
Nota: Taxón dudoso.

Oxalis enneaphylla Cav. subsp. **enneaphylla**
Sin.: *Acetosella enneaphylla* (Cav.) Kuntze, *Oxalis pumila* d'Urv.
Ref.: Lourteig, 1988c.
Hábito: Hierba.
Status: Nativa.
Elevación: 0–500 m.
Prov.: TF.
Paises limítrofes: CH.
Ejemplar examinado: *Hicken 221* (SI).

Oxalis enneaphylla subsp. **ibari** (Phil.) Lourteig
Sin.: *Oxalis cunninghamii* R. Knuth, *Oxalis enneaphylla* var. *patagonica* (Speg.) Skottsb., *Oxalis frigida* R. Knuth, *Oxalis ibari* Phil., *Oxalis patagonica* Speg.
Ref.: Lourteig, 1988c; Arroyo et al., 1992.
Hábito: Hierba.
Status: Nativa.
Elevación: 1000–1500 m.
Prov.: SC, TF.
Paises limítrofes: CH.
Ejemplar examinado: *Molina Masey s.n.* (SI 19676).

Oxalis enneaphylla var. *patagonica* (Speg.) Skottsb. = **Oxalis enneaphylla** subsp. **ibari** (Phil.) Lourteig
Ref.: Lourteig, 1988c.

Oxalis eriocarpa DC.
Sin.: *Acetosella amara* (A. St.-Hil.) Kuntze, *Oxalis amara* A. St.-Hil., *Oxalis amara* var. *grandiflora* R. Knuth, *Trifolium magellanicum* Poir., *Xanthoxalis amara* (A. St.-Hil.) Holub
Ref.: Lourteig, 1983.
Hábito: Hierba.
Status: Nativa.

Elevación: 0–500 m.
Prov.: BA, COR, ER, MI, RN.
Paises limítrofes: BR, PA, UR.
Ejemplar examinado: *Cabrera 29409* (SI).

Oxalis eriorhiza Zucc. = **Oxalis perdicaria** (Molina) Bertero
Ref.: Múlgura, 1973.

Oxalis erosa R. Knuth
Ref.: Lourteig, 1994.
Hábito: Hierba.
Status: Nativa.
Elevación: 0–500 m.
Prov.: CH, FO, JU, SA, SE, TU.
Paises limítrofes: BO, BR, PA.
Ejemplar examinado: *Cabrera 20350* (SI).

Oxalis erythrorhiza Gillies ex Hook. & Arn.
Sin.: *Acetosella bryoides* (Phil.) Kuntze, *Acetosella erythrorhiza* (Gillies ex Hook. & Arn.) Kuntze, *Oxalis bryoides* Phil., *Oxalis guessfeldtii* R. Knuth, *Oxalis hosseana* R. Knuth, *Oxalis riojana* Hieron. ex R. Knuth
Ref.: Lourteig, 1988c.
Hábito: Hierba.
Status: Nativa.
Elevación: 1500–2000 m y 3500–4000 m.
Prov.: CHU, LR, ME, NE, RN, SJ.
Paises limítrofes: CH.
Ejemplar examinado: *Kiesling 6761* (SI).

Oxalis exigua Phil. = **Oxalis hypsophila** Phil.

Oxalis falconiana Steud. = **Oxalis compacta** subsp. **berteroana** (Barn.) Lourteig
Ref.: Lourteig, 1988c.

Oxalis famatinae R. Knuth
Sin.: *Oxalis contracta* R. Knuth.
Ref.: Knuth, 1930; Brücher, 1969.
Hábito: Hierba.
Status: Endémica.
Elevación: 1500-2000 m.
Prov.: CA, JU, LR, SA, TU.
Ejemplar examinado: *Kiesling 5211* (SI).

[Oxalis filiformis Kunth]
Sin.: *Oxalis parvifolia* DC.
Ref.: Pool, 1993.
Nota: Cita dudosa para la flora argentina.

Oxalis floribunda Lehm. subsp. **floribunda**
Sin.: *Oxalis articulata* var. *hirsuta* Progel, *Oxalis articulata* var. *sericea* Progel, *Oxalis lasiopetala* var. *pubescens* Progel, *Oxalis lasiophylla* A. St.-Hil. & Naudin, *Oxalis sericea* (Progel) Arechav., hom. illeg.
Ref.: Lourteig, 1983.
Hábito: Hierba.
Status: Nativa.
Elevación: 0–500 m.
Prov.: BA, COR, ER, MI, SF, TU.
Paises limítrofes: BR, CH, PA, UR.
Ejemplar examinado: *Crespo y Bacigalupo s.n.* (SI 25815).

Oxalis floribunda subsp. **ostenii** (Arechav.) Lourteig
Sin.: *Acetosella praecox* (Progel) Kuntze, *Oxalis ostenii* Arechav., *Oxalis praecox* Progel, *Oxalis sorianensis* R. Knuth, *Oxalis subviscosa* R. Knuth
Ref.: Lourteig, 1983.
Hábito: Hierba.
Status: Nativa.
Elevación: 0–500 m.
Prov.: BA, COR, ER, MI.
Paises limítrofes: BR, UR.
Ejemplar examinado: *Hicken s.n.* (SI 26727).

Oxalis fluehmannii Phil. = **Oxalis san-romanii** Phil.

Oxalis frigida R. Knuth = **Oxalis enneaphylla** subsp. **ibari** (Phil.) Lourteig
Ref.: Lourteig, 1988c.

Oxalis frutescens L.
Sin.: *Acetosella pentantha* (Jacq.) Kuntze, *Oxalis bahiensis* Progel, *Oxalis chacoensis* R. Knuth, *Oxalis descolei* R. Knuth, *Oxalis diffusa* Pohl ex Progel, *Oxalis distans* A. St.-Hil., *Oxalis frutescens* subsp. *angustifolia* (Kunth) Lourteig, *Oxalis glaucifolia* R. Knuth, p.p., *Oxalis herzogii* R. Knuth, *Oxalis hispida* Mart. ex Zucc., *Oxalis pentantha* Jacq.
Ref.: Carmona, 1992; Lourteig, 1994.
Hábito: Hierba.
Status: Nativa.
Elevación: 0–500 m.
Prov.: CA, FO, JU, SA, TU.
Paises limítrofes: BO, BR, PA.
Ejemplar examinado: *Venturi 7691* (SI).

Oxalis frutescens subsp. *angustifolia* (Kunth) Lourteig = **Oxalis frutescens** L.
Ref.: Lourteig, 1994.

[Oxalis fueguensis R. Knuth]
Ref.: Lourteig, 1988c.
Nota: Taxón dudoso.

Oxalis gayana Phil. = **Oxalis compacta** subsp. **compacta** Gillies ex Hook. & Arn.
Ref.: Lourteig, 1988c.

Oxalis gayi Mackloskie = **Oxalis lasiopetala** Zucc.
Ref.: Lourteig, 1983.

Oxalis geminata Gillies ex Hook. & Arn. = **Oxalis squamata** Zucc.
Ref.: Lourteig, 1988c.

Oxalis geralensis R. Knuth
Ref.: Knuth, 1930.
Hábito: Hierba.
Status: Nativa.
Elevación: 0–500 m.
Prov.: MI.
Paises limítrofes: BR.
Ejemplar examinado: *Zuloaga et al. 5416* (SI).

Oxalis gilliesii Phil. = **Oxalis compacta** subsp. **compacta** Gillies ex Hook. & Arn.
Ref.: Lourteig, 1988c.

[Oxalis glauca Kunth]
Ref.: Lourteig, 1994.
Nota: Especie excluida de la flora argentina.

Oxalis glaucifolia R. Knuth, p. p.= **Oxalis frutescens** L.
Ref.: Lourteig, 1994.

Oxalis glaucifolia R. Knuth, p.p. = **Oxalis hyalotricha** Lourteig
Ref.: Lourteig, 1994.

Oxalis gracillima Arechav. = **Oxalis lasiopetala** Zucc.
Ref.: Lourteig, 1983.

Oxalis grandiflora Arechav. = **Oxalis pes-caprae** L.
Ref.: Múlgura, 1973.

Oxalis guessfeldtii R. Knuth = **Oxalis erythrorhiza** Gillies ex Hook. & Arn.
Ref.: Lourteig, 1988c.

Oxalis hapalconidea Barn. = **Oxalis valdiviensis** Barn.
Ref.: Lourteig, 1988c.

[Oxalis hauthalii R. Knuth]
Nota: Taxón dudoso.

Oxalis herzogii R. Knuth = **Oxalis frutescens** L.
Ref.: Lourteig, 1994.

Oxalis hieronymi Griseb. = **Oxalis lasiopetala** Zucc.
Ref.: Lourteig, 1983.

Oxalis hirthii Phil. = **Oxalis squamata** Zucc.
Ref.: Lourteig, 1988c.

Oxalis hispida Mart. ex Zucc. = **Oxalis frutescens** L.
Ref.: Lourteig, 1994.

Oxalis hispidula Zucc.
Sin.: *Acetosella hispidula* (Zucc.) Kuntze, *Oxalis canelonensis* R. Knuth, *Oxalis paraguayensis* var. *alfa* Chodat, *Oxalis paraguayensis* var. *beta* Chodat, *Oxalis paraguayensis* var. *pauciflora* R. Knuth, *Oxalis paraguayensis* var. *pluriflora* R. Knuth, *Oxalis paraguayensis* var. *typica* R. Knuth, nom. inval., *Oxalis uruguayensis* Arechav., *Oxalis venustula* Arechav.
Ref.: Lourteig, 1983.
Hábito: Hierba.
Status: Nativa.
Elevación: 0–500 m.
Prov.: BA, COR, ER, FO, MI.
Paises limítrofes: BR, PA, UR.
Ejemplar examinado: *Burkart 2698a* (SI).

Oxalis holosericea Phil.
Sin.: *Acetosella holosericea* (Phil.) Kuntze, *Oxalis holosericea* E. Mey., nom. nud.
Ref.: Lourteig, 1988c.
Hábito: Hierba.
Status: Nativa.
Elevación: 2500–3000 m.
Prov.: ME, NE.
Paises limítrofes: CH.
Ejemplar examinado: *Boelcke 14283* (SI).

Oxalis holosericea E. Mey., nom. nud.= **Oxalis holosericea** Phil.
Ref.: Lourteig, 1988c.

[Oxalis holosericea f. pedunculata Chodat & Wilczek]
Ref.: Lourteig, 1988c.
Nota: Taxón dudoso.

Oxalis hosseana R. Knuth = **Oxalis erythrorhiza** Gillies ex Hook. & Arn.
Ref.: Lourteig, 1988c.

Oxalis hyalotricha Lourteig
Sin.: *Oxalis glaucifolia* R. Knuth, p.p., *Oxalis propinqua* R. Knuth, hom. illeg.
Ref.: Lourteig, 1994.
Hábito: Hierba.
Status: Nativa.
Elevación: 0–500 m.
Prov.: BA, COR, MI.
Paises limítrofes: BR, PA.
Ejemplar examinado: *Holmberg s.n.* (SI 26728).

Oxalis hypsophila Phil.
Sin.: *Oxalis exigua* Phil.
Ref.: Knuth, 1930.
Hábito: Hierba.
Status: Nativa.
Elevación: 4000–5000 m.
Prov.: SJ.
Paises limítrofes: CH.
Ejemplar examinado: *Cabrera 27022* (SI).

Oxalis ibari Phil. = **Oxalis enneaphylla** subsp. **ibari** (Phil.) Lourteig
Ref.: Lourteig, 1988c.

Oxalis illinii R. Knuth = **Oxalis valdiviensis** Barn.
Ref.: Lourteig, 1988c.

[Oxalis incana Phil.]
Nota: Taxón dudoso.

Oxalis insipida A. St.-Hil. = **Oxalis psoraleoides** subsp. **insipida** (A. St.-Hil.) Lourteig
Ref.: Lourteig, 1994.

Oxalis intermedia Herter = **Oxalis perdicaria** (Molina) Bertero
Ref.: Lourteig, 1988c.

Oxalis josephii R. Knuth = **Oxalis compacta** subsp. **berteroana** (Barn.) Lourteig
Ref.: Lourteig, 1988c.

Oxalis knuthii Herter = **Oxalis refracta** A. St.-Hil.
Ref.: Lourteig, 1983.

Oxalis kuntzeana Norlind = **Oxalis refracta** A. St.-Hil.
Ref.: Lourteig, 1983.

Oxalis kurtziana Arechav. = **Oxalis perdicaria** (Molina) Bertero
Ref.: Lourteig, 1988c.

Oxalis laciniata Cav.
Sin.: *Acetosella laciniata* (Cav.) Kuntze, *Oxalis prichardii* Rendle
Ref.: Lourteig, 1988c.
Hábito: Hierba.
Status: Nativa.
Elevación: 0–500 m.
Prov.: SC.
Paises limítrofes: CH.
Ejemplar examinado: *Nicora 3336* (BAA, BAB).

Oxalis lactea Hook. = **Oxalis magellanica** G. Forster
Ref.: Lourteig, 1988c.

Oxalis landbeckii Phil. = **Oxalis compacta** subsp. **compacta** Gillies ex Hook. & Arn.
Ref.: Lourteig, 1988c.

Oxalis lasiopetala Zucc.
Sin.: *Acetosella lasiopetala* (Zucc.) Kuntze, *Oxalis darwinii* Ball, *Oxalis gayi* Mackloskie, *Oxalis gracillima* Arechav., *Oxalis hieronymi* Griseb., *Oxalis lasiopetala* var. *angustiloba* Progel, *Oxalis melanopotamica* Speg., *Oxalis mercedensis* R. Knuth, *Oxalis rubra* var. *patagonica* Hieron., *Oxalis stenophylla* Speg.
Ref.: Lourteig, 1983.
Hábito: Hierba.
Status: Nativa.
Elevación: 0–500 m.
Prov.: BA, COR, ER, RN.
Paises limítrofes: BR, UR.
Ejemplar examinado: *Giardelli 430* (SI).

Oxalis lasiopetala var. *angustiloba* Progel = **Oxalis lasiopetala** Zucc.
Ref.: Lourteig, 1983.

Oxalis lasiopetala var. *pubescens* Progel = **Oxalis floribunda** subsp. **floribunda** Lehm.
Ref.: Lourteig, 1983.

Oxalis lasiophylla A. St.-Hil. & Naudin = **Oxalis floribunda** subsp. **floribunda** Lehm.
Ref.: Lourteig, 1983.

Oxalis laxa var. **hispidissima** Barnéoud
Sin.: *Acetosella platycaulis* (Steud.) Kuntze, *Oxalis arenaria* Poepp. ex R. Knuth, pro syn., nom. nud., *Oxalis chosicensis* R. Knuth, *Oxalis laxa* var. *violacea* R. Knuth, *Oxalis micrantha* var. *setifera* R. Knuth, *Oxalis platycaulis* Steud., *Oxalis pubescens* Bertero ex Gay, nom. nud., *Oxalis umbellulata* Kuntze ex R. Knuth
Ref.: Lourteig, 1988c.
Hábito: Hierba.
Status: Nativa.
Elevación: 1000–1500 m.
Prov.: NE.
Paises limítrofes: CH.
Ejemplar examinado: *Illin 160* (SI).

[Oxalis laxa Hook. & Arn. var. laxa]
Ref.: Lourteig, 1988c.
Nota: Variedad excluida de la flora argentina.

Oxalis laxa var. *rigida* Barn. = **Oxalis san-romanii** Phil.
Ref.: Pool, 1993.

Oxalis laxa var. *violacea* R. Knuth = **Oxalis laxa** var. **hispidissima** Barnéoud
Ref.: Lourteig, 1988c.

[Oxalis leoncitensis R. Knuth]
Nota: Taxón dudoso.

Oxalis lilloi Hicken
Ref.: Hicken, 1924b; Troncoso, 1937.
Hábito: Hierba.
Status: Endémica.
Prov.: SA.
Ejemplar examinado: *Vattuone 94* (SI).

Oxalis linarantha Lourteig
Sin.: *Acetosella liniflora* (Progel) Kuntze, comb. illeg., *Oxalis liniflora* Progel, hom. illeg.
Ref.: Lourteig, 1983.
Hábito: Hierba.
Status: Nativa.
Elevación: 0–500 m.
Prov.: COR, MI.
Paises limítrofes: BR, PA.
Ejemplar examinado: *Fiebrig 5455* (SI).

Oxalis lindneri R. Knuth
Ref.: Lourteig, 1983.
Hábito: Hierba.
Status: Endémica.
Elevación: 0–500 m.
Prov.: COR, ER, SF.
Ejemplar examinado: *Burkart 23362* (SI).

Oxalis linearis f. *graminifolia* Chodat = **Oxalis sellowii** var. **graminifolia** (Chodat) R. Knuth

Oxalis linearis var. *rosea* Chodat = **Oxalis sellowii** var. **rosea** (Chodat) Lourteig
Ref.: Lourteig, 1994.

[Oxalis lineata Gillies ex Hook. & Arn.]
Nota: Cita dudosa para la flora argentina.

Oxalis liniflora Progel, hom. illeg. = **Oxalis linarantha** Lourteig
Ref.: Lourteig, 1983.

Oxalis linneaformis R. Knuth = **Oxalis conorrhiza** Jacq.

[Oxalis llaretensis R. Knuth]
Nota: Taxón dudoso.

Oxalis lobata Sims = **Oxalis perdicaria** (Molina) Bertero
Ref.: Múlgura, 1973.

Oxalis lobata var. *intermedia* Herter = **Oxalis perdicaria** (Molina) Bertero
Ref.: Lourteig, 1988c.

Oxalis loricata Dusén
Ref.: Lourteig, 1988c.
Hábito: Hierba.

Status: Nativa.
Elevación: 1000–1500 m.
Prov.: CHU, SC, TF.
Paises limítrofes: CH.
Ejemplar examinado: *Hauman y Hicken 371* (SI).

Oxalis macachin Arechav. = **Oxalis brasiliensis** Lodd.
Ref.: Lourteig, 1983.

Oxalis macrophylla Kunth = **Oxalis debilis** var. **corymbosa** (DC.) Lourteig
Ref.: Lourteig, 1983.

Oxalis macropus Phil. = **Oxalis squamata** Zucc.
Ref.: Lourteig, 1988c.

[Oxalis macrorrhiza Gillies ex Hook. & Arn.]
Nota: Cita dudosa para la flora argentina.

Oxalis magellanica G. Forster
Sin.: *Acetosella modesta* (Phil.) Kuntze, *Oxalis carnosa* Molina, nom. illeg., *Oxalis cataractae* A. Cunn., *Oxalis lactea* Hook., *Oxalis modesta* Phil., *Oxalis novae-zelandiae* Gand.
Ref.: Lourteig, 1988c.
Hábito: Hierba.
Status: Nativa.
Elevación: 0–500 m.
Prov.: NE, RN, SC, TF.
Paises limítrofes: CH.
Ejemplar examinado: *Boelcke y Correa 5582* (SI).

Oxalis mallobolba Cav. = **Oxalis perdicaria** (Molina) Bertero
Ref.: Múlgura, 1973; Lourteig, 1983.

Oxalis martiana Zucc. = **Oxalis debilis** var. **corymbosa** (DC.) Lourteig
Ref.: Lourteig, 1983.

[Oxalis medicaginea Kunth]
Nota: Cita dudosa para la flora argentina.

Oxalis melanopotamica Speg. = **Oxalis lasiopetala** Zucc.
Ref.: Lourteig, 1983.

[Oxalis melilotoides var. argentina Griseb.]
Nota: Taxón dudoso.

[Oxalis melilotoides Zucc. var. melilotoides]
Nota: Variedad excluida de la flora argentina.

Oxalis membranifolia R. Knuth
Ref.: Knuth, 1936.
Hábito: Hierba.
Status: Nativa.
Elevación: 1000-2000 m.
Prov.: JU, TU.
Paises limítrofes: BO.
Ejemplar examinado: *Sleumer 3555* (SI).

[Oxalis mendocensis R. Knuth]
Nota: Taxón dudoso.

Oxalis mercedensis R. Knuth = **Oxalis lasiopetala** Zucc.
Ref.: Lourteig, 1983.

Oxalis micrantha Bertero ex Colla, nom. superfl. = **Oxalis micrantha** Bertero ex Savi
Ref.: Pool, 1993.

Oxalis micrantha Bertero ex Savi
Sin.: *Acetosella cumingii* (Herb.) Kuntze, *Acetosella micrantha* (Bertero ex Colla) Kuntze, *Acetosella pygmaea* (Phil.) Kuntze, *Acetosella vinagrillo* (Steud.) Kuntze, *Oxalis cumingii* Herb., *Oxalis micrantha* Bertero ex Colla, nom. superfl., *Oxalis micrantha* var. *major* R. Knuth, *Oxalis vinagrillo* Steud., *Xanthoxalis micrantha* (Bertero ex Savi) Holub
Ref.: Lourteig, 1988c; Pool, 1993.
Hábito: Hierba.
Status: Nativa.
Elevación: 1000-2000 m.
Prov.: CHU, NE, RN.
Paises limítrofes: CH.
Ejemplar examinado: *Boelcke 344* (SI).

Oxalis micrantha var. *major* R. Knuth = **Oxalis micrantha** Bertero ex Savi
Ref.: Lourteig, 1988c.

Oxalis micrantha var. *setifera* R. Knuth = **Oxalis laxa** var. **hispidissima** Barnéoud
Ref.: Lourteig, 1988c.

[Oxalis minutula Ces.]
Nota: Taxón dudoso.

Oxalis missionum Norlind = **Oxalis sellowii** var. **sellowii** Spreng.
Ref.: Lourteig, 1994.

Oxalis modesta Phil. = **Oxalis magellanica** G. Forster
Ref.: Lourteig, 1988c.

Oxalis montevidensis Progel = **Oxalis paludosa** A. St.-Hil.
Ref.: Lourteig, 1983.

Oxalis muscoides Phil.
Sin.: *Acetosella muscoides* (Phil.) Kuntze
Ref.: Stuckert, 1919.
Hábito: Hierba.
Status: Nativa.
Elevación: 1000-2000 m.
Prov.: ME, SJ.
Paises limítrofes: CH.
Ejemplar examinado: *Wingenroth 212* (SI).

Oxalis nahuelhuapiensis Speg.
Sin.: *Oxalis comberi* R. Knuth
Ref.: Lourteig, 1988c.
Hábito: Hierba.
Status: Nativa.
Elevación: 1500–2000 m.
Prov.: CHU, NE, RN.
Paises limítrofes: CH.
Ejemplar examinado: *Cabrera 33092* (SI).

Oxalis negrensis R. Knuth = **Oxalis valdiviensis** Barn.
Ref.: Lourteig, 1988c.

Oxalis niederleiniana Hieron. ex R. Knuth
Ref.: Lourteig, 1983.
Hábito: Hierba.
Status: Nativa.
Elevación: 0–500 m.
Prov.: COR, MI.
Paises limítrofes: BR.
Ejemplar examinado: *Zuloaga et al. 5640* (SI).

Oxalis niederleinii R. Knuth
Sin.: *Acetosella refracta* (A. St.-Hil.) Kuntze, *Oxalis amara* var. *scabra* Progel, *Oxalis refracta* var. *debilis* A. St.-Hil., *Oxalis refracta* var. *erecta* Arechav., *Oxalis refracta* var. *grandiflora* Briq., *Oxalis refracta* var. *hirsuta* Arechav.
Ref.: Lourteig, 1983.
Hábito: Hierba.
Status: Nativa.
Elevación: 0–500 m.
Prov.: BA, CA, COR, ER, FO, JU, MI, SF, TU.
Paises limítrofes: BR, PA, UR.
Ejemplar examinado: *Venturi 188* (SI).

Oxalis novae-zelandiae Gand. = **Oxalis magellanica** G. Forster
Ref.: Lourteig, 1988c.

Oxalis nubigena Walp.
Sin.: *Oxalis aetheria* J.F. Macbr., *Oxalis pygmaea* A. Gray, hom. illeg., *Oxalis yauliensis* R. Knuth
Ref.: Stuckert, 1919; Pool, 1993.
Hábito: Hierba.
Status: Nativa.
Elevación: 4000–4500 m.
Prov.: CA, SA, TU.
Paises limítrofes: BO.
Ejemplar citado: *Hieronymus y Lorentz 17**.

Oxalis ostenii Arechav. = **Oxalis floribunda** subsp. **ostenii** (Arechav.) Lourteig
Ref.: Lourteig, 1983.

Oxalis pachyphylla Phil. = **Oxalis compacta** subsp. **berteroana** (Barn.) Lourteig
Ref.: Lourteig, 1988c.

Oxalis pachyrrhiza Wedd.
Ref.: Stuckert, 1919.
Hábito: Hierba.
Status: Nativa.
Elevación: 3500–4000 m.
Prov.: CA, JU, SA, TU.
Paises limítrofes: BO.
Ejemplar examinado: *Cabrera 30417* (SI).

Oxalis paludosa A. St.-Hil.
Sin.: *Acetosella montevidensis* (Progel) Kuntze, *Acetosella paludosa* (A. St.-Hil.) Kuntze, *Oxalis corrientesensis* R. Knuth, *Oxalis duricaulis* R. Knuth, *Oxalis montevidensis* Progel
Ref.: Lourteig, 1983.
Hábito: Hierba.
Status: Nativa.
Elevación: 0–500 m.
Prov.: BA, COR, ER, MI.
Paises limítrofes: BO, BR, PA, UR.
Ejemplar examinado: *Burkart 28681* (SI).

Oxalis palustris A. St.-Hil. = **Oxalis triangularis** subsp. **papilionacea** (Hoffmanns. ex Zucc.) Lourteig
Ref.: Lourteig, 1983.

Oxalis papilionacea Hoffmanns. ex Zucc. = **Oxalis triangularis** subsp. **papilionacea** (Hoffmanns. ex Zucc.) Lourteig
Ref.: Lourteig, 1983.

Oxalis paraguayensis Chodat = **Oxalis hispidula** Zucc.
Ref.: Lourteig, 1983.

Oxalis paraguayensis var. *alfa* Chodat = **Oxalis hispidula** Zucc.
Ref.: Lourteig, 1983.

Oxalis paraguayensis var. *beta* Chodat = **Oxalis hispidula** Zucc.
Ref.: Lourteig, 1983.

Oxalis paraguayensis var. *pauciflora* R. Knuth = **Oxalis hispidula** Zucc.
Ref.: Lourteig, 1983.

Oxalis paraguayensis var. *pluriflora* R. Knuth = **Oxalis hispidula** Zucc.
Ref.: Lourteig, 1983.

Oxalis paraguayensis var. *typica* R. Knuth, nom. inval. = **Oxalis hispidula** Zucc.
Ref.: Lourteig, 1983.

[Oxalis parva R. Knuth]
Nota: Taxón dudoso.

Oxalis parvifolia DC. = [Oxalis filiformis Kunth]
Ref.: Pool, 1993.

Oxalis pastorei Hicken = **Oxalis compacta** subsp. **berteroana** (Barn.) Lourteig
Ref.: Lourteig, 1988c.

Oxalis patagonica Speg. = **Oxalis enneaphylla** subsp. **ibari** (Phil.) Lourteig
Ref.: Lourteig, 1988c.

Oxalis penicillata Phil.
Ref.: Knuth, 1930.
Hábito: Hierba.
Status: Nativa.
Elevación: 1000-2000 m.
Prov.: ME.
Paises limítrofes: CH.
Ejemplar examinado: *Wingenroth 367* (SI).

Oxalis pentantha Jacq. = **Oxalis frutescens** L.
Ref.: Lourteig, 1994.

Oxalis peraltae Phil. = **Oxalis compacta** subsp. **berteroana** (Barn.) Lourteig
Ref.: Lourteig, 1988c.

Oxalis perdicaria (Molina) Bertero
Sin.: *Acetosella eriorrhiza* (Zucc.) Kuntze, *Acetosella lobata* (Sims) Kuntze, *Acetosella mallobolba* (Cav.) Kuntze, *Acetosella perdicaria* (Molina) Kuntze, *Oxalis autumnalis* A. St.-Hil., *Oxalis delicatula* Phil., *Oxalis eriorhiza* Zucc., *Oxalis intermedia* Herter, *Oxalis kurtziana* Arechav., *Oxalis lobata* Sims, *Oxalis lobata* var. *intermedia* Herter, *Oxalis mallobolba* Cav., *Oxalis tenera* Spreng., *Sassia perdicaria* Molina
Ref.: Lourteig, 1983, 1988c.
Hábito: Hierba.
Status: Nativa.
Elevación: 0–500 m.
Prov.: BA, ER, MI.
Paises limítrofes: BR, CH, UR.
Ejemplar examinado: *Burkart 26984* (SI).

Oxalis pes-caprae L.
Sin.: *Acetosella cernua* (Thunb.) Kuntze, *Oxalis cernua* Thunb., *Oxalis grandiflora* Arechav.
Ref.: Múlgura, 1973; Lourteig, 1983.
Hábito: Hierba.
Status: Adventicia.
Elevación: 0–500 m.
Prov.: BA.
Paises limítrofes: BR, CH, UR.
Ejemplar examinado: *Burkart 27900* (SI).

Oxalis pinguiculiflora R. Knuth
Ref.: Knuth, 1940.
Hábito: Hierba.
Status: Endémica.
Elevación: 500-1000 m.
Prov.: TU.
Ejemplar examinado: *Venturi 4627* (LIL).

Oxalis platensis A. St.-Hil. & Naudin = **Oxalis articulata** subsp. **articulata** Savigny
Ref.: Lourteig, 1983.

Oxalis platycaulis Steud. = **Oxalis laxa** var. **hispidissima** Barnéoud
Ref.: Lourteig, 1988c.

Oxalis platypila Gillies ex Hook. & Arn. = **Oxalis compacta** subsp. **compacta** Gillies ex Hook. & Arn.
Ref.: Lourteig, 1988c.

Oxalis polyantha Walp. = **Oxalis squamata** Zucc.
Ref.: Lourteig, 1988c.

Oxalis potamophila Lourteig
Ref.: Lourteig, 1983.
Hábito: Hierba.
Status: Nativa.
Elevación: 0–500 m.
Prov.: MI.
Paises limítrofes: BR.
Ejemplar examinado: *Rodríguez 465* (SI).

Oxalis praecox Progel = **Oxalis floribunda** subsp. **ostenii** (Arechav.) Lourteig
Ref.: Lourteig, 1983.

Oxalis prichardii Rendle = **Oxalis laciniata** Cav.
Ref.: Lourteig, 1988c.

Oxalis propinqua R. Knuth, hom. illeg. = **Oxalis hyalotricha** Lourteig
Ref.: Lourteig, 1994.

Oxalis psoraleoides subsp. **insipida** (A. St.-Hil.) Lourteig
Sin.: *Oxalis insipida* A. St.-Hil.
Ref.: Lourteig, 1994.
Hábito: Hierba.
Status: Nativa.
Elevación: 0-500 m.
Prov.: SA.
Paises limítrofes: BO, BR, PA.
Ejemplar examinado: *Bridaroli 3256 1/2* (SI).

Oxalis puberula Phil., nom. illeg. = **Oxalis san-romanii** Phil.
Ref.: Pool, 1993.

Oxalis pubescens Kunth, nom. illeg. = **Oxalis spiralis** Ruiz & Pav. ex G. Don
Ref.: Pool, 1993.

Oxalis pubescens Bertero ex Gay, nom. nud. = **Oxalis laxa** var. **hispidissima** Barnéoud
Ref.: Lourteig, 1988c.

Oxalis pudica R. Knuth = **Oxalis brasiliensis** Lodd.
Ref.: Lourteig, 1983.

Oxalis pumila Phil., hom. illeg. = **Oxalis compacta** subsp. **compacta** Gillies ex Hook. & Arn.
Ref.: Lourteig, 1988c.

Oxalis pumila d'Urv. = **Oxalis enneaphylla** subsp. **enneaphylla** Cav.
Ref.: Lourteig, 1988c.

Oxalis pycnophylla Wedd.
Ref.: Knuth, 1930.
Hábito: Hierba.
Status: Nativa.
Elevación: 1000-2000 m.
Prov.: JU.
Paises limítrofes: BO.
Ejemplar examinado: *Hunziker 10591* (SI).

Oxalis pygmaea A. Gray, hom. illeg. = **Oxalis nubigena** Walp.
Ref.: Pool, 1993.

Oxalis pygmaea Phil. = **Oxalis micrantha** Bertero ex Savi
Ref.: Lourteig, 1988c.

Oxalis refracta A. St.-Hil.
Sin.: *Acetosella amara* var. *glandulosa* Kuntze, *Oxalis amara* var. *glandulosa* (Kuntze) R. Knuth, *Oxalis knuthii* Herter, *Oxalis kuntzeana* Norlind, *Oxalis subcorymbosa* Arechav., *Oxalis subcorymbosa* var. *viscosissima* Norlind, *Oxalis viscosissima* (Norlind) Cabrera, *Xanthoxalis refracta* (A. St.-Hil.) Holub
Ref.: Lourteig, 1983.
Hábito: Hierba.
Status: Nativa.
Elevación: 0–500 m.
Prov.: BA, COR, ER, LP, MI, TU.
Paises limítrofes: BR, PA, UR.
Ejemplar examinado: *Burkart 28695* (SI).

Oxalis refracta var. *debilis* A. St.-Hil. = **Oxalis niederleinii** R. Knuth
Ref.: Lourteig, 1983.

Oxalis refracta var. *erecta* Arechav. = **Oxalis niederleinii** R. Knuth
Ref.: Lourteig, 1983.

Oxalis refracta var. *grandiflora* Briq. = **Oxalis niederleinii** R. Knuth
Ref.: Lourteig, 1983.

Oxalis refracta var. *hirsuta* Arechav. = **Oxalis niederleinii** R. Knuth
Ref.: Lourteig, 1983.

Oxalis regnellii Miq. = **Oxalis triangularis** subsp. **papilionacea** (Hoffmanns. ex Zucc.) Lourteig
Ref.: Lourteig, 1994.

Oxalis reichei R. Knuth = **Oxalis compacta** subsp. **compacta** Gillies ex Hook. & Arn.
Ref.: Lourteig, 1988c.

Oxalis repens f. *uniflora* Hieron. & Lorentz ex R. Knuth, nom. nud. = **Oxalis conorrhiza** Jacq.

Oxalis rhombeo-ovata A. St.-Hil.
Sin.: *Acetosella rhombeo-ovata* (A. St.-Hil.) Kuntze
Ref.: Lourteig, 1983, 1994.
Hábito: Hierba.
Status: Nativa.
Elevación: 0–500 m.
Prov.: MI.
Paises limítrofes: BR, PA.
Ejemplar examinado: *Sanzin 19794* (SI).

Oxalis rigida (Barn.) Lourteig = **Oxalis san-romanii** Phil.
Ref.: Pool, 1993.

Oxalis riojana Hieron. ex R. Knuth = **Oxalis erythrorhiza** Gillies ex Hook. & Arn.
Ref.: Lourteig, 1988c.

Oxalis rodriguezii R. Knuth = **Oxalis sellowii** var. **sellowii** Spreng.
Ref.: Lourteig, 1994.

[Oxalis rosea Jacq.]
Nota: Cita dudosa para la flora argentina.

[Oxalis rosulata Hauman]
Nota: Taxón dudoso.

Oxalis rubra A. St.-Hil. = **Oxalis articulata** subsp. **rubra** (A. St.-Hil.) Lourteig
Ref.: Lourteig, 1988c.

Oxalis rubra var. *patagonica* Hieron. = **Oxalis lasiopetala** Zucc.
Ref.: Lourteig, 1983.

[Oxalis rupestris A. St.-Hil.]
Sin.: *Oxalis strigulosa* Progel
Ref.: Lourteig, 1983.
Nota: Especie excluida de la flora argentina.

Oxalis san-romanii Phil.
Sin.: *Acetosella puberula* (Phil.) Kuntze, *Oxalis adenocaulos* Phil., *Oxalis fluehmannii* Phil., *Oxalis laxa* var. *rigida* Barn., *Oxalis puberula* Phil., nom. illeg., *Oxalis rigida* (Barn.) Lourteig, *Oxalis torcana* Phil.
Ref.: Lourteig, 1988c; Pool, 1993.
Hábito: Hierba.
Status: Nativa.
Elevación: 2000–2500 m.
Prov.: CHU, ME, NE, RN.
Paises limítrofes: CH.
Ejemplar examinado: *Covas 2761* (SI).

Oxalis schickendantzii R. Knuth
Ref.: Cabrera, 1957b.
Hábito: Hierba.
Status: Endémica.
Elevación: 3500–4000 m.
Prov.: JU.
Ejemplar examinado: *Cabrera 7776* (LP).

Oxalis sellowiana Zucc. f. **sellowiana**
Sin.: *Acetosella sellowiana* (Zucc.) Kuntze
Ref.: Lourteig, 1983.
Hábito: Hierba.
Status: Nativa.
Elevación: 0–500 m.
Prov.: BA, ER.
Paises limítrofes: BR, UR.
Ejemplar examinado: *Nicora 6394* (SI).

Oxalis sellowiana f. **alba** Herter
Sin.: *Oxalis sellowiana* var. *alba* Múlgura
Ref.: Lourteig, 1983.
Hábito: Hierba.
Status: Nativa.
Elevación: 0–500 m.
Prov.: COR, ER.
Paises limítrofes: BR, UR.
Ejemplar examinado: *Nicora 5361* (SI).

Oxalis sellowiana var. *alba* Múlgura = **Oxalis sellowiana** f. **alba** Herter
Ref.: Lourteig, 1983.

Oxalis sellowii var. *diversifolia* R. Knuth = **Oxalis sellowii** var. **sellowii** Spreng.
Ref.: Lourteig, 1994.

Oxalis sellowii var. *graminifolia* (Chodat) R. Knuth = **Oxalis sellowii** var. **sellowii** Spreng.
Ref.: Lourteig, 1994.

Oxalis sellowii var. **rosea** (Chodat) Lourteig
Sin.: *Oxalis linearis* var. *rosea* Chodat
Ref.: Lourteig, 1994.
Hábito: Hierba.
Status: Nativa.
Elevación: 0–500 m.
Prov.: COR, MI.
Paises limítrofes: BR, PA.
Ejemplar examinado: *Krapovickas 16735* (CTES).

Oxalis sellowii Spreng. var. **sellowii**
Sin.: *Oxalis missionum* Norlind, *Oxalis rodriguezii* R. Knuth, *Oxalis sellowii* var. *graminifolia* (Chodat) R. Knuth, *Oxalis sellowii* var. *diversifolia* R. Knuth, *Oxalis tenuicalyculata* R. Knuth, *Oxalis zuccariniana* Steud.
Ref.: Carmona et al., 1992; Lourteig, 1994.
Hábito: Hierba.
Status: Nativa.
Elevación: 0–500 m.
Prov.: COR, MI.
Paises limítrofes: BR, PA.
Ejemplar examinado: *Rodríguez s.n.* (SI 19837).

[Oxalis sepium A. St.-Hil.]
Ref.: Lourteig, 1994.
Nota: Especie excluida de la flora argentina.

Oxalis sericea (Progel) Arechav., hom. illeg. = **Oxalis floribunda** subsp. **floribunda** Lehm.
Ref.: Lourteig, 1983.

[Oxalis sericea Chodat & Wilczek]
Ref.: Lourteig, 1988c.
Nota: Taxón dudoso.

Oxalis sexenata Savigny = **Oxalis conorrhiza** Jacq.
Ref.: Lourteig, 1983.

Oxalis sleumeri Lourteig
Ref.: Lourteig, 1995.
Hábito: Hierba.
Status: Endémica.
Elevación: 4000–>4500 m.
Prov.: CA, SA.
Ejemplar examinado: *Sleumer 1872* (LIL).

Oxalis sorianensis R. Knuth = **Oxalis floribunda** subsp. **ostenii** (Arechav.) Lourteig
Ref.: Lourteig, 1983.

Oxalis spiralis Ruiz & Pav. ex G. Don
Sin.: *Oxalis pubescens* Kunth, nom. illeg.
Ref.: Pool, 1993.
Hábito: Hierba.
Status: Nativa.
Elevación: 2000–2500 m.
Prov.: CA, JU, SA, TU.
Paises limítrofes: BO, CH.
Ejemplar examinado: *Hunziker 10295* (SI).

Oxalis squamata Zucc.
Sin.: *Acetosella geminata* (Gillies ex Hook. & Arn.) Kuntze, *Acetosella macropus* (Phil.) Kuntze, *Acetosella polyantha* (Walpers) Kuntze, *Acetosella squamata* (Zucc.) Kuntze, *Oxalis chilensis* R. Knuth, *Oxalis geminata* Gillies ex Hook. & Arn., *Oxalis hirthii* Phil., *Oxalis macropus* Phil., *Oxalis polyantha* Walp., *Oxalis trichocalyx* Steud., *Xanthoxalis polyantha* (Walp.) Holub
Ref.: Lourteig, 1988c.
Hábito: Hierba.
Status: Nativa.
Elevación: 2500–3000 m.
Prov.: ME, NE.
Paises limítrofes: CH.
Ejemplar examinado: *Fiedler 145* (SI).

Oxalis squamoso-radicosa Steud.
Sin.: *Acetosella squamoso-radicosa* (Steud.) Kuntze, *Oxalis squamoso-radicosa* var. *pubescens* Skottsb.
Ref.: Lourteig, 1988c.
Hábito: Hierba.
Status: Nativa.
Elevación: 0–500 m.
Prov.: CHU, SC, TF.
Paises limítrofes: CH.
Ejemplar examinado: *Koslowski 133* (SI).

Oxalis squamoso-radicosa var. *pubescens* Skottsb. = **Oxalis squamoso-radicosa** Steud.
Ref.: Lourteig, 1988c.

Oxalis sternbergii Zucc. = **Oxalis conorrhiza** Jacq.
Ref.: Pool, 1993.

Oxalis stenophylla Speg. = **Oxalis lasiopetala** Zucc.
Ref.: Lourteig, 1983.

Oxalis strigulosa Progel = [Oxalis rupestris A. St.-Hil.]
Ref.: Lourteig, 1983.

Oxalis subacaulis Gillies
Ref.: Stuckert, 1919.
Hábito: Hierba.
Status: Nativa.
Elevación: 2000–2500 m.
Prov.: ME, SJ.
Paises limítrofes: CH.
Ejemplar examinado: *Covas 909* (SI).

Oxalis subcorymbosa Arechav. = **Oxalis refracta** A. St.-Hil.
Ref.: Lourteig, 1983.

Oxalis subcorymbosa var. *viscosissima* Norlind = **Oxalis refracta** A. St.-Hil.
Ref.: Lourteig, 1983.

Oxalis subvillosa Norlind
Ref.: Lourteig, 1983.
Hábito: Hierba.
Status: Nativa.
Elevación: 0–500 m.
Prov.: MI.
Paises limítrofes: BR.
Ejemplar examinado: *Porta 9* (SI).

Oxalis subviscosa R. Knuth = **Oxalis floribunda** subsp. **ostenii** (Arechav.) Lourteig
Ref.: Lourteig, 1983.

Oxalis tenera Spreng. = **Oxalis perdicaria** (Molina) Bertero
Ref.: Lourteig, 1983.

[Oxalis tenera Phil.]
Nota: Taxón dudoso.

Oxalis tenerrima R. Knuth
Ref.: Lourteig, 1983.
Hábito: Hierba.
Status: Nativa.
Elevación: 0–500 m.
Prov.: JU, MI, SA, TU.
Paises limítrofes: BO, BR, PA.
Ejemplar examinado: *Castellanos s.n.* (SI 1426).

Oxalis tenuicalyculata R. Knuth = **Oxalis sellowii** var. **sellowii** Spreng.
Ref.: Lourteig, 1994.

Oxalis tenuis R. Knuth = **Oxalis triangularis** subsp. **triangularis** A. St.-Hil.
Ref.: Lourteig, 1983.

Oxalis tinctoria Poepp. ex Progel = **Oxalis valdiviensis** Barn.
Ref.: Lourteig, 1988c.

Oxalis tolguacensis R. Knuth = **Oxalis valdiviensis** Barn.
Ref.: Lourteig, 1988c.

Oxalis torcana Phil. = **Oxalis san-romanii** Phil.

Oxalis triangularis subsp. **papilionacea** (Hoffmanns. ex Zucc.) Lourteig
Sin.: *Acetosella papilionacea* (Hoffmanns. ex Zucc.) Kuntze, *Acetosella regnellii* (Miquel) Kuntze, *Oxalis palustris* A. St.-Hil., *Oxalis papilionacea* Hoffmanns. ex Zucc., *Oxalis regnellii* Miq., *Oxalis vernalis* Fredr. ex Norlind
Ref.: Lourteig, 1983.
Hábito: Hierba.
Status: Nativa.
Elevación: 0–500 m.
Prov.: JU, MI, SA, TU.
Paises limítrofes: BO, BR, PA.
Ejemplar examinado: *Cabrera et al. 32240* (SI).

Oxalis triangularis A. St.-Hil. subsp. **triangularis**
Sin.: *Acetosella triangularis* (A. St.-Hil.) Kuntze, *Oxalis delta* Vell., *Oxalis tenuis* R. Knuth.
Ref.: Lourteig, 1983.
Hábito: Hierba.
Status: Nativa.
Elevación: 0–500 m.
Prov.: COR, MI.
Paises limítrofes: BR, PA.
Ejemplar examinado: *Gamerro y Toursarkissian 130* (SI).

Oxalis trichocalyx Steud. = **Oxalis squamata** Zucc.
Ref.: Lourteig, 1988c.

Oxalis umbellulata Kuntze ex R. Knuth, nom. nud. = **Oxalis laxa** var. **hispidissima** Barnéoud
Ref.: Lourteig, 1988c.

Oxalis urbica A. St.-Hil. = **Oxalis debilis** var. **corymbosa** (DC.) Lourteig
Ref.: Lourteig, 1983.

Oxalis uruguayensis Arechav. = **Oxalis hispidula** Zucc.
Ref.: Lourteig, 1983.

Oxalis uspallatensis R. Knuth = **Oxalis compacta** subsp. **compacta** Gillies ex Hook. & Arn.
Ref.: Lourteig, 1988c.

Oxalis valdiviana Hort. Veitch ex Vilmorin = **Oxalis valdiviensis** Barn.
Ref.: Lourteig, 1988c.

Oxalis valdiviensis Barn.
Sin.: *Acetosella antucensis* (Phil.) Kuntze, *Acetosella hapalconidea* (Barn.) Kuntze, *Acetosella valdiviensis* (Barn.) Kuntze, *Oxalis antucensis* Phil., *Oxalis berningeri* R. Knuth, *Oxalis capillipes* R. Knuth, *Oxalis chubutensis* Speg. ex R. Knuth, *Oxalis hapalconidea* Barn., *Oxalis illinii* R. Knuth, *Oxalis negrensis* R. Knuth, *Oxalis tinctoria* Poepp. ex Progel, *Oxalis tolguacensis* R. Knuth, *Oxalis valdiviana* Hort. Veitch ex Vilmorin, *Oxalis valdiviensis* var. *antucensis* (Phil.) Reiche, *Oxalis valdiviensis* var. *humilis* Speg., *Xanthoxalis valdiviensis* (Barn.) Holub
Ref.: Lourteig, 1988c.
Hábito: Hierba.
Status: Nativa.
Elevación: 1000–1500 m.
Prov.: CHU, NE, RN.
Paises limítrofes: CH.
Ejemplar examinado: *Boelcke 5664* (SI).

Oxalis valdiviensis var. *antucensis* (Phil.) Reiche = **Oxalis valdiviensis** Barn.
Ref.: Lourteig, 1988c.

Oxalis valdiviensis var. *humilis* Speg. = **Oxalis valdiviensis** Barn.
Ref.: Lourteig, 1988c.

[Oxalis variabilis Jacq.]
Nota: Cita dudosa para la flora argentina.

Oxalis venturiana R. Knuth
Ref.: Knuth, 1930.
Hábito: Hierba.
Status: Endémica.
Elevación: 500-1000 m.
Prov.: TU.
Ejemplar examinado: *Venturi 295* (SI).

Oxalis venustula Arechav. = **Oxalis hispidula** Zucc.
Ref.: Lourteig, 1983.

Oxalis vernalis Fredr. ex Norlind = **Oxalis triangularis** subsp. **papilionacea** (Hoffmanns. ex Zucc.) Lourteig
Ref.: Lourteig, 1983.

Oxalis vinagrillo Steud. = **Oxalis micrantha** Bertero ex Savi
Ref.: Lourteig, 1988c.

[Oxalis violacea L.]
Nota: Cita dudosa para la flora argentina.

Oxalis viscosissima (Norlind) Cabrera = **Oxalis refracta** A. St.-Hil.
Ref.: Lourteig, 1983.

Oxalis yacutulensis R. Knuth
Sin.: *Oxalis elegans* var. *macrophylla* Griseb.
Ref.: Knuth, 1930.
Hábito: Hierba.
Status: Endémica.
Prov.: CA.
Ejemplar examinado: *Schickendantz 279* (B)?.

Oxalis yauliensis R. Knuth = **Oxalis nubigena** Walp.
Ref.: Pool, 1993.

Oxalis zuccariniana Steud. = **Oxalis sellowii** var. **sellowii** Spreng.
Ref.: Lourteig, 1994.

Sassia perdicaria Molina = **Oxalis perdicaria** (Molina) Bertero
Ref.: Múlgura, 1973; Lourteig, 1983.

Trifolium magellanicum Poir. = **Oxalis eriocarpa** DC.
Ref.: Lourteig, 1983.

Xanthoxalis amara (A. St.-Hil.) Holub = **Oxalis eriocarpa** DC.
Ref.: Lourteig, 1983.

Xanthoxalis chrysantha (Progel) Holub = **Oxalis conorrhiza** Jacq.

Xanthoxalis commersonii (Pers.) Holub = **Oxalis conorrhiza** Jacq.

Xanthoxalis cordobensis (R. Knuth) Holub = **Oxalis conorrhiza** Jacq.

Xanthoxalis corniculata (L.) Small = **Oxalis corniculata** var. **corniculata** L.
Ref.: Lourteig, 1983.

Xanthoxalis micrantha (Bertero ex Savi) Holub = **Oxalis micrantha** Bertero ex Savi
Ref.: Lourteig, 1988c.

Xanthoxalis polyantha (Walp.) Holub = **Oxalis squamata** Zucc.
Ref.: Lourteig, 1988c.

Xanthoxalis refracta (A. St.-Hil.) Holub = **Oxalis refracta** A. St.-Hil.
Ref.: Lourteig, 1983.

Xanthoxalis sternbergii (Zucc.) Holub = **Oxalis conorrhiza** Jacq.
Ref.: Pool, 1992.

Xanthoxalis valdiviensis (Barn.) Holub = **Oxalis valdiviensis** Barn.
Ref.: Lourteig, 1988c.

PAPAVERACEAE

5 géneros, 12 especies; 1 especie endémica.

Argemone L.

Número de especies: 3, 1 especie endémica.

Argemone burkartii Sorarú
Ref.: Sorarú, 1976; Covas, 1984c.
Hábito: Hierba.
Status: Endémica.
Prov.: CO, LP, SL.
Ejemplar examinado: *Rondina y Stermitz s.n.* (holotipo, SI; isotipos, BA, LP).

Argemone hunnemannii Otto & A. Dietr.
Ref.: Ruíz Leal, 1969.
Hábito: Hierba.
Status: Nativa.
Elevación: 0-1000 m.
Prov.: CO.
Paises limítrofes: CH.
Ejemplar examinado: *Ruiz Leal 26286* (MERL).

Argemone mexicana auct. non L. = **Argemone subfusiformis** G.B. Ownbey
Ref.: Pérez-Moreau, 1984; Bacigalupo, 1987.

Argemone mexicana L. var. *ochroleuca* auct. non (Sweet) Lindl. = **Argemone subfusiformis** G.B. Ownbey
Ref.: Pérez-Moreau, 1984; Bacigalupo, 1987.

Argemone mexicana L. var. *subinermis* (Fedde) Sorarú = **Argemone subfusiformis** G.B. Ownbey
Ref.: Bacigalupo, 1987.

Argemone narcotica Rojas Acosta, nom. nud.
Ref.: Krapovickas, 1970c.

Argemone subfusiformis G.B. Ownbey
Sin.: *Argemone mexicana* auct. non L., *Argemone mexicana* L. var. *ochroleuca* auct. non (Sweet) Lindl., *Argemone mexicana* L. var. *subinermis* (Fedde) Sorarú, *Argemone subfusiformis* G.B. Ownbey subsp. *subinervis* (Fedde) G.B. Ownbey
Ref.: Ownbey, 1961; Pérez-Moreau, 1984; Bacigalupo, 1987.
Hábito: Hierba.
Status: Nativa.
Elevación: 0-2000 m.
Prov.: BA, CA, CH, CHU, CO, COR, DF, ER, FO, JU, LP, LR, ME, MI, SA, SE, SF, SJ, SL, TU.
Paises limítrofes: BO, CH, PA, UR.
Ejemplar examinado: *Meyer 4243* (holotipo, GH).

Argemone subfusiformis G.B. Ownbey subsp. *subinervis* (Fedde) G.B. Ownbey = **Argemone subfusiformis** G.B. Ownbey
Ref.: Bacigalupo, 1987.

Bocconia L.

Número de especies: 1

Bocconia frutescens auct. non L. = **Bocconia integrifolia** Humb. & Bonpl.
Ref.: Lidén, 1995.

Bocconia integrifolia Humb. & Bonpl.
Sin.: *Bocconia frutescens* auct. non L., *Bocconia pearcei* Hutch.
Ref.: Lidén, 1995.
Hábito: Arbolito.
Status: Nativa.
Elevación: 0-1500 m.
Prov.: JU, SA, TU.
Paises limítrofes: BO.
Ejemplar examinado: *Guaglianone et al. 2649* (SI).

Bocconia pearcei Hutch. = **Bocconia integrifolia** Humb. & Bonpl.
Ref.: Lidén, 1995.

Chelidonium corniculatum L. = **Glaucium corniculatum** (L.) Curtis

Eschscholzia Cham.
Número de especies: 1

Eschscholzia californica Cham.
Ref.: Daciuk, 1979; Covas, 1984c; Pérez-Moreau, 1984.
Hábito: Hierba.
Status: Adventicia.
Elevación: 0-500 m.
Prov.: CHU, LP, NE, RN.
Paises limítrofes: CH.
Ejemplar examinado: *Cabrera et al. 32954* (SI).

Glaucium Mill.
Número de especies: 2

Glaucium corniculatum (L.) Curtis
Sin.: *Chelidonium corniculatum* L.
Ref.: Hunziker & Caro, 1958.
Hábito: Hierba.
Status: Adventicia.
Prov.: CO, SL.
Ejemplar examinado: *Hunziker 13165* (CORD).

Glaucium flavum Crantz
Ref.: Ruiz Leal, 1969; Pérez-Moreau, 1984.
Hábito: Hierba.
Status: Introducida.
Elevación: 500-1000 m.
Prov.: CHU.
Ejemplar examinado: *Eskuche et al. 1390* (SI).

Papaver L.
Número de especies: 5

Papaver dubium L.
Ref.: Pontiroli, 1967b.
Hábito: Hierba.
Status: Adventicia.
Prov.: BA.
Nota: Citada por Pontiroli (1967b) para la provincia de Buenos Aires sin indicar material de herbario.

Papaver hybridum L.
Ref.: Covas, 1981, 1984.
Hábito: Hierba.
Status: Adventicia.
Elevación: 0-500 m.
Prov.: BA, LP.
Ejemplar examinado: *Covas 586* (SRFA).

Papaver nudicaule L.
Ref.: Moore & Goodall, 1977; Moore, 1983.
Hábito: Hierba.
Status: Adventicia.
Elevación: 0-500 m.
Prov.: TF.
Nota: Citada por Moore & Goodall (1977) y Moore (1983) para Tierra del Fuego sin indicar material de herbario.

Papaver rhoeas L.
Ref.: Pontiroli, 1967b; Pérez-Moreau, 1984; Covas, 1984c.
Hábito: Hierba.
Status: Adventicia.
Elevación: 0-500 m.
Prov.: BA, LP, RN.
Paises limítrofes: CH.
Ejemplar examinado: *Kreibohm 343* (SI).

Papaver somniferum L.
Ref.: Covas, 1984c; Pérez-Moreau, 1984; Bacigalupo, 1987.
Hábito: Hierba.
Status: Adventicia.
Elevación: 0-500 m.
Prov.: BA, COR, ER, LP, NE, TF.
Paises limítrofes: CH.
Ejemplar examinado: *Burkart 29884* (SI).

PASSIFLORACEAE

1 género, 19 especies.

por N. B. Deginani

Passiflora L.
Número de especies: 19

Passiflora alata Dryand.
Ref.: Killip, 1938; Deginani, inéd.
Hábito: Liana.
Status: Nativa.
Elevación: 0-1000 m.
Prov.: CH, MI.
Paises limítrofes: BO, BR, PA.
Ejemplar examinado: *Zuloaga et al. 5642* (SI).

Passiflora amethystina J.C. Mikan
Ref.: Killip, 1938; Deginani, inéd.
Hábito: Liana.
Status: Nativa.
Elevación: 0-500 m.
Prov.: COR, MI.
Paises limítrofes: BO, BR, PA.
Ejemplar examinado: *Zuloaga et al. 740* (SI, US).

Passiflora caerulea L.
Ref.: Killip, 1938; Deginani, inéd.
Hábito: Liana.
Status: Nativa.
Elevación: 0-2000 m.

Prov.: BA, CA, CH, CO, COR, DF, ER, FO, JU, ME, MI, RN, SA, SE, SF, SJ, SL, TU.
Paises limítrofes: BO, BR, CH, PA, UR.
Ejemplar examinado: *Múlgura y Deginani 956* (SI).

Passiflora capsularis L.
Ref.: Killip, 1938; Deginani, inéd.
Hábito: Liana.
Status: Nativa.
Elevación: 0-1000 m.
Prov.: MI.
Paises limítrofes: BO, BR, PA.
Ejemplar examinado: *Zuloaga et al. 2108* (SI).

Passiflora chrysophylla Chodat
Sin.: *Passiflora foetida* L. var. *vitacea* Mast.
Ref.: Killip, 1938; Deginani, inéd.
Hábito: Liana.
Status: Nativa.
Elevación: 0-1500 m.
Prov.: CA, CH, CO, COR, ER, FO, JU, MI, SA, SF, TU.
Paises limítrofes: BO, BR, PA, UR.
Ejemplar examinado: *Lorentz 1750* (BAF, CTES, US).

Passiflora cincinnata Mast.
Ref.: Killip, 1938; Deginani, inéd.
Hábito: Liana.
Status: Nativa.
Elevación: 0-2000 m.
Prov.: CH, FO, JU, SA.
Paises limítrofes: BO, BR, PA.
Ejemplar examinado: *Cabrera et al. 31505* (SI, US).

Passiflora edulis Sims
Ref.: Killip, 1938; Deginani, inéd.
Hábito: Liana.
Status: Nativa.
Elevación: 0-1000 m.
Prov.: COR, MI.
Paises limítrofes: BR, PA.
Ejemplar examinado: *Cabrera 28540* (SI, US).

Passiflora elegans Mast.
Ref.: Killip, 1938; Deginani, inéd.
Hábito: Liana.
Status: Nativa.
Elevación: 0-500 m.
Prov.: COR, MI.
Paises limítrofes: BR, UR.
Ejemplar examinado: *Bonpland 758* (paratipo, P).

Passiflora foetida L.
Sin.: *Passiflora foetida* L. var. *nigelliflora* (Hook.) Mast.
Ref.: Killip, 1938; Deginani, inéd.
Hábito: Liana.
Status: Nativa.
Elevación: 0-1000 m.
Prov.: BA, CA, CH, CO, COR, FO, JU, LR, MI, SA, SE, SF, SJ, SL, TU.
Paises limítrofes: BO, BR, CH, PA, UR.
Ejemplar examinado: *Arenas 2166* (BACP, CTES, SI).

Passiflora foetida L. var. *nigelliflora* (Hook.) Mast. = **Passiflora foetida** L.
Ref.: Deginani, inéd.

Passiflora foetida L. var. *vitacea* Mast. = **Passiflora chrysophylla** Chodat
Ref.: Deginani, inéd.

Passiflora giberti N.E. Br.
Ref.: Killip, 1938; Deginani, inéd.
Hábito: Liana.
Status: Nativa.
Elevación: 0-1000 m.
Prov.: CH, COR, ER, FO, JU, MI.
Paises limítrofes: BR, PA.
Ejemplar examinado: *Gibert 43* (holotipo, K).

Passiflora maximiliana Bory = **Passiflora misera** Kunth
Ref.: Killip, 1938.

Passiflora minima L. = **Passiflora suberosa** L.
Ref.: Killip, 1938.

Passiflora misera Kunth
Sin.: *Passiflora maximiliana* Bory
Ref.: Killip, 1938; Sacco, 1980; Deginani, inéd.
Hábito: Liana.
Status: Nativa.
Elevación: 0-1000 m.
Prov.: BA, CH, COR, ER, FO, JU, MI, SF.
Paises limítrofes: BO, BR, PA, UR.
Ejemplar examinado: *Múlgura y Deginani 939* (SI).

Passiflora mooreana Hook. f.
Sin.: *Passiflora tweediana* Speg., nom. nud.
Ref.: Killip, 1938; Deginani, inéd.
Hábito: Liana.
Status: Nativa.
Elevación: 0-1000 m.
Prov.: BA, CH, CO, FO, SA, SE, SF, TU.
Paises limítrofes: BO, PA.
Ejemplar examinado: *Schulz 58* (CTES, SI).

Passiflora morifolia Mast.
Sin.: *Passiflora warmingii* Mast.
Ref.: Killip, 1938; MacDougal, 1994; Deginani, inéd.
Hábito: Liana.
Status: Nativa.
Elevación: 0-3000 m.
Prov.: CH, CO, FO, JU, MI, SA, SE, TU.
Paises limítrofes: BO, BR, PA.
Ejemplar examinado: *Zuloaga y Deginani 3678* (SI).

Passiflora naviculata Griseb. = **Passiflora tucumanensis** Hook.
Ref.: Deginani, inéd..

Passiflora palmatisecta Mast.
Ref.: Killip, 1938; Deginani, inéd.
Hábito: Liana.
Status: Nativa.
Elevación: 0-1000 m.
Prov.: CA, CH, CO, FO, LR, SA, SE, TU.
Paises limítrofes: BO, PA.
Ejemplar examinado: *Di Lullo 30* (GH, LP, SI).

Passiflora suberosa L.
Sin.: *Passiflora minima* L.
Ref.: Killip, 1938; Deginani, inéd.

Hábito: Liana.
Status: Nativa.
Elevación: 0-2500 m.
Prov.: CH, CO, COR, ER, JU, MI, SA, TU.
Paises limítrofes: BO, BR, PA, UR.
Ejemplar examinado: *Cáceres et al. 309* (BAA, CTES, SI).

Passiflora tenuifila Killip
Ref.: Killip, 1938; Deginani, inéd.
Hábito: Liana.
Status: Nativa.
Elevación: 0-1500 m.
Prov.: CH, COR, JU, MI, SA, TU.
Paises limítrofes: BO, BR, PA.
Ejemplar examinado: *Dusén 3048* (holotipo, US; isotipo, GH).

Passiflora tucumanensis Hook.
Sin.: *Passiflora naviculata* Griseb., *Passiflora tucumanensis* Hook. var. *naviculata* (Griseb.) Hicken
Ref.: Deginani, inéd.
Hábito: Liana.
Status: Nativa.
Elevación: 0-3500 m.
Prov.: CA, CH, JU, LR, MI, SA, SE, TU.
Paises limítrofes: BO, PA.
Ejemplar examinado: *Tweedie 1173* (holotipo, K).

Passiflora tucumanensis Hook. var. *naviculata* (Griseb.) Hicken = **Passiflora tucumanensis** Hook.
Ref.: Deginani, inéd.

Passiflora tweediana Speg., nom. nud. = **Passiflora mooreana** Hook. f.
Ref.: Killip, 1938.

Passiflora umbilicata (Griseb.) Harms
Sin.: *Tacsonia umbilicata* Griseb.
Ref.: Killip, 1938; Deginani, inéd.
Hábito: Liana.
Status: Nativa.
Elevación: 1000-4000 m.
Prov.: CA, JU, LR, SA, TU.
Paises limítrofes: BO.
Ejemplar examinado: *Joergensen 1211* (BAB, GH, MO, SI, US).

Passiflora urnaefolia Rusby
Ref.: Killip, 1938; Deginani, inéd.
Hábito: Liana.
Status: Nativa.
Elevación: 0-2500 m.
Prov.: MI, SA, TU.
Paises limítrofes: BO, BR.
Ejemplar examinado: *Bang 1517* (holotipo, US).

Passiflora warmingii Mast. = **Passiflora morifolia** Mast.
Ref.: MacDougal, 1994; Deginani, inéd.

Tacsonia umbilicata Griseb. = **Passiflora umbilicata** (Griseb.) Harms
Ref.: Killip, 1938.

PHYTOLACCACEAE

7 géneros, 12 especies; 1 especie endémica.

por E.R. Guaglianone

Albertokuntzea parvifolia (Benth.) Kuntze = **Seguieria aculeata** Jacq.
Ref.: Nowicke, 1969; Rohwer, 1982.

[Anisomeria littoralis Moq.]
Ref.: Nowicke, 1981.
Nota: Cita dudosa para la flora argentina.

Hilleria Vell.

Número de especies: 1

Hilleria elastica Vell. = **Hilleria latifolia** (Lam.) H. Walter
Ref.: Nowicke, 1969.

Hilleria latifolia (Lam.) H. Walter
Sin.: *Hilleria elastica* Vell., *Mohlana latifolia* (Lam.) Moq., *Mohlana nemoralis* Mart., *Rivina latifolia* Lam.
Ref.: Hauman, 1913b; Nowicke, 1969.
Hábito: Hierba.
Status: Nativa.
Elevación: 0–1000 m.
Prov.: JU, SA.
Paises limítrofes: BO, BR, PA.
Ejemplar examinado: *Kiesling et al. 5650* (SI).

Mapa graveolens Vell. = **Petiveria alliacea** L. var. **alliacea**
Ref.: Nowicke, 1969.

Microtea Sw.

Número de especies: 1
Nota: Algunos autores, entre ellos Behnke (1991), incluyen el género en Chenopodiaceae. En el presente tratamiento se sigue el criterio de Rohwer (1993b) de mantenerlo en Phytolaccaceae.

Microtea scabrida Urb.
Ref.: Guaglianone, 1987.
Hábito: Hierba.
Status: Nativa.
Elevación: 0–500 m.
Prov.: CH, COR, ER, MI.
Paises limítrofes: BO, BR, PA.
Ejemplar examinado: *Pedersen 8202* (SI).

Mohlana latifolia (Lam.) Moq. = **Hilleria latifolia** (Lam.) H. Walter
Ref.: Nowicke, 1969.

Mohlana nemoralis Mart. = **Hilleria latifolia** (Lam.) H. Walter
Ref.: Nowicke, 1969.

Petiveria L.

Número de especies: 1

Petiveria alliacea L. var. **alliacea**
Sin.: *Mapa graveolens* Vell., *Petiveria corrientina* Rojas Acosta, *Petiveria paraguayensis* D. Parodi

Ref.: Nowicke, 1969.
Hábito: Hierba.
Status: Nativa.
Elevación: 0–500 m.
Prov.: CH, COR, ER, FO, JU, MI, SA, SE, TU.
Paises limítrofes: BO, BR, PA, UR.
Ejemplar examinado: *Burkart et al. 25295* (SI).

Petiveria alliacea L. var. **tetrandra** (B.A. Gomes) Hauman
Sin.: *Petiveria alliacea* var. *tetrandra* (B.A. Gomes) Nowicke, comb. superfl., *Petiveria hexaglochin* Fisch. & C.A. Mey., *Petiveria tetrandra* B.A. Gomes
Ref.: Hauman, 1913b; Nowicke, 1969.
Hábito: Hierba.
Status: Nativa.
Elevación: 0–500 m.
Prov.: COR, MI.
Paises limítrofes: BR, PA.
Ejemplar examinado: *Rodríguez 247* (SI).

Petiveria alliacea L. var. *tetrandra* (B.A. Gomes) Nowicke, comb. superfl. = **Petiveria alliacea** L. var. **tetrandra** (B.A. Gomes) Hauman

Petiveria corrientina Rojas Acosta = **Petiveria alliacea** L.var. **alliacea**
Ref.: Nowicke, 1969.

Petiveria hexaglochin Fisch. & C.A. Mey. = **Petiveria alliacea** L. var. **tetrandra** (B.A. Gomes) Hauman
Ref.: Nowicke, 1969.

Petiveria paraguayensis D. Parodi = **Petiveria alliacea** L. var. **alliacea**
Ref.: Nowicke, 1969.

Petiveria tetrandra B.A. Gomes = **Petiveria alliacea** var. **tetrandra** (B.A. Gomes) Hauman
Ref.: Hauman, 1913b.

Phytolacca L.

Número de especies: 5, 1 especie endémica.

Phytolacca americana L.
Sin.: *Phytolacca decandra* L.
Ref.: Hauman, 1925b.
Hábito: Subarbusto.
Status: Introducida.
Elevación: 0–500 m.
Prov.: BA.
Ejemplar examinado: *Guaglianone y Bacigalupo 1246* (SI).

Phytolacca arborea Moq., pro syn. nom. nud. = **Phytolacca dioica** L.
Ref.: Nowicke, 1969.

[Phytolacca australis Phil.]
Sin.: *Phytolacca bogotensis* H.B.K. var. *australis* (Phil.) Hauman, comb. inval.
Nota: Taxón dudoso.

Phytolacca bogotensis H.B.K.
Sin.: *Phytolacca micrantha* H. Walter, *Phytolacca parviflora* Hauman
Ref.: Nowicke, 1969.
Hábito: Subarbusto.
Status: Nativa.
Elevación: 500–3000 m.
Prov.: CA, JU, MI, SA, TU.
Paises limítrofes: BO, BR, PA.
Ejemplar examinado: *Romanczuk et al. 709* (SI).

Phytolacca bogotensis H.B.K. var. *australis* (Phil.) Hauman, comb. inval. = [Phytolacca australis Phil.]

Phytolacca decandra L. = **Phytolacca americana** L.
Ref.: Nowicke, 1969.

Phytolacca dioica L.
Sin.: *Phytolacca arborea* Moq., pro syn. nom. nud., *Phytolacca populifolia* Salisb., *Pircunia dioica* (L.) Moq., nom. illeg., *Sarcoca dioica* (L.) Raf.
Ref.: Nowicke, 1969; Guaglianone, 1987.
Hábito: Árbol.
Status: Nativa.
Elevación: 0–1500 m.
Prov.: BA, CH, COR, DF, ER, FO, MI, SA, SF, TU.
Paises limítrofes: BR, PA, UR.
Ejemplar examinado: *Burkart y Troncoso 27218* (SI).

[Phytolacca icosandra L.]
Ref.: Hauman, 1913b.
Nota: Citada erróneamente para la flora argentina, sobre la base de material no perteneciente a esta especie.

Phytolacca micrantha H. Walter = **Phytolacca bogotensis** H.B.K.
Ref.: Hauman, 1913b; Nowicke, 1969.

Phytolacca parviflora Hauman = **Phytolacca bogotensis** H.B.K.
Ref.: Hauman, 1913b; Nowicke, 1969.

Phytolacca populifolia Salisb. = **Phytolacca dioica** L.
Ref.: Guaglianone, 1987.

[Phytolacca purpurascens A. Braun & Bouché]
Nota: Especie excluida de la flora argentina.

Phytolacca rivinoides Kunth & Bouché
Ref.: Guaglianone, 1996.
Hábito: Subarbusto.
Status: Nativa.
Elevación: 0–1000 m.
Prov.: SA.
Paises limítrofes: BO, BR.
Ejemplar examinado: *Charpin y Eskuche 20422* (G, SI).

Phytolacca tetramera Hauman
Ref.: Nowicke, 1969; Guaglianone, 1987.
Hábito: Subarbusto.
Status: Endémica.
Elevación: 0–500 m.
Prov.: BA.
Ejemplar examinado: *Guaglianone et al. 1315* (SI).

Pircunia dioica (L.) Moq., nom. illeg. = **Phytolacca dioica** L.
Ref.: Guaglianone, 1987.

Rivina L.

Número de especies: 1

Rivina americana Raf. = **Trichostigma octandrum** (L.) H. Walter
Ref.: Nowicke, 1969.

Rivina dodecandra Jacq. = **Trichostigma octandrum** (L.) H. Walter
Ref.: Nowicke, 1969.

Rivina ehrenbergiana Klotzsch ex Moq., pro syn., nom. nud. = **Trichostigma octandrum** (L.) H. Walter
Ref.: Walter, 1909.

Rivina humilis L.
Sin.: *Rivina humilis* L. var. *glabra* L., *Rivina laevis* L., *Rivina paraguayensis* D. Parodi
Ref.: Raeder, 1961; Guaglianone, 1987.
Hábito: Hierba.
Status: Nativa.
Elevación: 0–500 m.
Prov.: BA, CA, CH, CO, COR, DF, ER, FO, JU, LR, MI, SA, SE, SF, SL, TU.
Paises limítrofes: BO, BR, PA, UR.
Ejemplar examinado: *Troncoso 3659* (SI).

Rivina humilis L. var. *glabra* L. = **Rivina humilis** L.
Ref.: Guaglianone, 1987.

Rivina humilis L. var. *scandens* L. = **Trichostigma octandrum** (L.) H. Walter
Ref.: Nowicke, 1969.

Rivina laevis L. = **Rivina humilis** L.
Ref.: Guaglianone, 1987.

Rivina latifolia Lam. = **Hilleria latifolia** (Lam.) H. Walter
Ref.: Nowicke, 1969.

Rivina moritziana Klotzsch ex Moq., pro syn., nom. nud. = **Trichostigma octandrum** (L.) H. Walter
Ref.: Walter, 1909.

Rivina mutisii Willd. ex Schult. = **Trichostigma octandrum** (L.) H. Walter
Ref.: Nowicke, 1969.

Rivina octandra L. = **Trichostigma octandrum** (L.) H. Walter
Ref.: Nowicke, 1969.

Rivina octandra L. var. *obtusifolia* Moq. = **Trichostigma octandrum** (L.) H. Walter
Ref.: Nowicke, 1969.

Rivina paraguayensis D. Parodi = **Rivina humilis** L.
Ref.: Raeder, 1961.

Rivina scandens Mill. = **Trichostigma octandrum** (L.) H. Walter
Ref.: Nowicke, 1969.

Sarcoca dioica (L.) Raf. = **Phytolacca dioica** L.
Ref.: Guaglianone, 1987.

Seguieria Loefl.

Número de especies: 2

Seguieria aculeata Jacq.
Sin.: *Albertokuntzea parvifolia* (Benth.) Kuntze, *Seguieria elliptica* R.E. Fr., hom. illeg., *Seguieria guaranitica* Speg., *Seguieria guaranitica* Speg. var. *microphylla* Heimerl, *Seguieria parvifolia* Benth., *Seguieria securigera* Heimerl
Ref.: Rohwer, 1982.
Hábito: Arbusto apoyante.
Status: Nativa.
Elevación: 0–500 m.
Prov.: CH, COR, FO, JU, MI, SA.
Paises limítrofes: BO, BR, PA.
Ejemplar examinado: *Cabrera et al. 34430* (SI).

[Seguieria americana L.]
Ref.: Rohwer, 1982.
Nota: Citada erróneamente para la flora argentina, sobre la base de material no perteneciente a esta especie.

Seguieria elliptica R.E. Fr., hom. illeg. = **Seguieria aculeata** Jacq.
Ref.: Nowicke, 1969; Rohwer, 1982.

Seguieria guaranitica Speg. = **Seguieria aculeata** Jacq.
Ref.: Rohwer, 1982.

Seguieria guaranitica Speg. var. *microphylla* Heimerl = **Seguieria aculeata** Jacq.
Ref.: Rohwer, 1982.

Seguieria paraguayensis Morong
Ref.: Rohwer, 1982.
Hábito: Árbol.
Status: Nativa.
Elevación: 0–500 m.
Prov.: CH, FO.
Paises limítrofes: BO, BR, PA.
Ejemplar examinado: *Joergensen 1992* (SI, US).

Seguieria parvifolia Benth. = **Seguieria aculeata** Jacq.
Ref.: Rohwer, 1982.

Seguieria securigera Heimerl = **Seguieria aculeata** Jacq.
Ref.: Rohwer, 1982.

Trichostigma A. Rich.

Número de especies: 1

Trichostigma octandrum (L.) H. Walter
Sin.: *Rivina americana* Raf., *Rivina dodecandra* Jacq., *Rivina ehrenbergiana* Klotzsch ex Moq., pro syn. nom. nud., *Rivina humilis* var. *scandens* L., *Rivina moritziana* Klotzsch ex Moq., pro syn., nom. nud., *Rivina mutisii* Willd. ex Schult., *Rivina octandra* L., *Rivina octandra* var. *obtusifolia* Moq., *Rivina scandens* Mill., *Trichostigma rivinoides* A. Rich., *Villamilla octandra* (L.) Hook. f.
Ref.: Nowicke, 1969.
Hábito: Liana arbustiva.
Status: Nativa.
Elevación: 0–500 m.
Prov.: MI, SA, TU.
Paises limítrofes: BO, BR, PA.
Ejemplar examinado: *Rodríguez 1059* (BAB, SI).

Trichostigma rivinoides A. Rich. = **Trichostigma octandrum** (L.) H. Walter
Ref.: Nowicke, 1969.

Villamilla octandra (L.) Hook. f. = **Trichostigma octandrum** (L.) H. Walter
Ref.: Nowicke, 1969.

PIPERACEAE

2 géneros, 48 especies; 9 especies, 2 variedades y una forma endémicas.

Artanthe adunca (L.) Miq. = **Piper aduncum** L. var. **aduncum**
Ref.: Yuncker, 1972; Tebbs, 1993.

Artanthe lanceifolia (Kunth) Miq. = [Piper lanceifolium Kunth]
Ref.: Tebbs, 1993.

Artanthe regnellii Miq. = **Piper regnellii** (Miq.) C. DC.
Ref.: Tebbs, 1990.

Enckea sieberi Miq. = **Piper amalago** L.

Peltobryon exserens Miq. = [Piper exserens (Miq.) C. DC.]

Peperomia Ruiz & Pav.

Número de especies: 38, 8 especies, 1 variedad y 1 forma endémicas.

Peperomia aceroana C. DC.
Sin.: *Peperomia pseudoreflexa* C. DC.
Ref.: Yuncker, 1955; Villa Carenzo, 1972.
Hábito: Hierba epífita.
Status: Nativa.
Elevación: 0–1000 m.
Prov.: CH, COR, FO, JU, MI, SA, SF.
Paises limítrofes: BO, PA.
Ejemplar examinado: *Joergensen 2345* (SI).

Peperomia alata Ruiz & Pav.
Sin.: *Peperomia alata* var. *angustifolia* C. DC.
Ref.: Molfino, 1922; Yuncker, 1974.
Hábito: Hierba epífita.
Status: Nativa.
Elevación: 0–2000 m.
Prov.: JU, SA.
Paises limítrofes: BO, BR.
Ejemplar citado: *Medinaceli s.n.**.

Peperomia alata var. *angustifolia* C. DC. = **Peperomia alata** Ruiz & Pav.
Ref.: Yuncker, 1974.

Peperomia aldrinii Villa
Ref.: Villa Carenzo, 1971.
Hábito: Hierba.
Status: Endémica.
Prov.: SA.
Ejemplar examinado: *Cuezzo y Legname 6172* (holotipo, LIL).

[Peperomia andicola Dahlst.]
Nota: Cita dudosa para la flora argentina.

Peperomia arifolia Miq.
Ref.: Molfino, 1922; Yuncker, 1955, 1974.
Hábito: Hierba.
Status: Nativa.
Elevación: 0–500 m.
Prov.: JU, MI, SA.
Paises limítrofes: BR, PA.
Ejemplar examinado: *Wolffhugel y Van de Venne s.n.* (SI 18340).

Peperomia arifolioides Yunck.
Ref.: Yunker, 1955.
Hábito: Hierba.
Status: Endémica.
Elevación: 0–500 m.
Prov.: MI.
Ejemplar examinado: *Bettfreund 1040* (holotipo, LP).

Peperomia armstrongii Villa
Ref.: Villa Carenzo, 1971.
Hábito: Hierba.
Status: Endémica.
Prov.: SA.
Ejemplar examinado: *Meyer 18365* (holotipo, LIL).

Peperomia balansana C. DC.
Ref.: Yuncker, 1955, 1974; Villa Carenzo, 1972.
Hábito: Hierba.
Status: Nativa.
Elevación: 0–500 m.
Prov.: FO, MI.
Paises limítrofes: BO, BR, PA.
Ejemplar examinado: *Krapovickas et al. 18330* (LP, SI).

Peperomia barbarana C. DC.
Ref.: Yuncker, 1955, 1974; Villa Carenzo, 1972.
Hábito: Hierba.
Status: Nativa.
Elevación: 0–500 m.
Prov.: CH, FO, MI.
Paises limítrofes: BR, PA.
Ejemplar examinado: *Montes 2288* (LP).

[Peperomia barbaranoides Yunck.]
Ref.: Villa Carenzo, 1972.
Nota: Cita dudosa para la flora argentina.

Peperomia blanda (Jacq.) Kunth var. **blanda**
Sin.: *Peperomia blanda* (Kunth) C. DC. var. *dissimilis*, *Peperomia blanda* C. DC. var. *reticulata*, *Peperomia ciliata* Kunth, *Peperomia dissimilis* Kunth, *Peperomia hirsuta* Miq., *Peperomia increscens* Miq., *Peperomia rojasii* C. DC. in Hassl., *Peperomia san-pedritoi* Trel., *Piper blandum* Jacq.
Ref.: Yuncker, 1955, 1974; Villa Carenzo, 1972, 1977.
Hábito: Hierba epífita.
Status: Nativa.
Elevación: 0–1000 m.
Prov.: CA, CH, CO, COR, FO, JU, MI, SA, TU.
Paises limítrofes: BO, BR, PA.
Ejemplar examinado: *Schreiter 11183* (isotipo de *Peperomia san-pedritoi*, SI).

Peperomia blanda (Jacq.) Kunth var. *dissimilis* (Kunth) C. DC. = **Peperomia blanda** (Jacq.) Kunth var. **blanda**
Ref.: Villa Carenzo, 1972; Yuncker, 1974.

Peperomia blanda (Jacq.) Kunth var. **pseudo-dindygulensis** (C. DC.) Yunck.
Sin.: *Peperomia pseudodindygulensis* C. DC.
Ref.: Yuncker, 1955, 1974; Villa Carenzo, 1972; Troncoso, 1987e.
Hábito: Hierba epífita.
Status: Nativa.
Elevación: 0–1500 m.
Prov.: CA, CH, COR, ER, FO, JU, MI, SA, TU.
Paises limítrofes: BO, BR, PA, UR.
Ejemplar examinado: *Venturi 299* (SI).

Peperomia blanda (Jacq.) Kunth var. *reticulata* C. DC. = **Peperomia blanda** (Jacq.) Kunth var. **blanda**
Ref.: Villa Carenzo, 1972; Yunker 1974.

Peperomia boliviensis C. DC. = **Peperomia tetraphylla** (G. Forst.) Hook. & Arn.

Peperomia catharina Miq.
Sin.: *Peperomia herteri* Trel., *Peperomia uruguayana* Trel.
Ref.: Yuncker, 1955, 1974; Burkart, 1957c; Marchesi, 1968.
Hábito: Hierba epífita.
Status: Nativa.
Elevación: 0–500 m.
Prov.: BA, ER, MI.
Paises limítrofes: BR, UR.
Ejemplar examinado: *Burkart 1014* (SI).

Peperomia ciliata Kunth = **Peperomia blanda** (Jacq.) Kunth var. **blanda**
Ref.: Villa Carenzo, 1972; Yuncker, 1974.

Peperomia circinnata Link
Ref.: Yuncker, 1955, 1974; Villa Carenzo, 1972.
Hábito: Hierba epífita.
Status: Nativa.
Elevación: 0–500 m.
Prov.: FO, MI, SA.
Paises limítrofes: BO, BR, PA.
Ejemplar examinado: *Joergensen 2349* (LIL, SI).

Peperomia collinsii Villa
Ref.: Villa Carenzo, 1971, 1977; Novara, 1998.
Hábito: Hierba epífita.
Status: Nativa.
Elevación: 1000–2000 m.
Prov.: JU, SA, TU.
Paises limítrofes: BO.
Ejemplar examinado: *Meyer 14050* (holotipo, LIL).

Peperomia comarapana C. DC. f. **comarapana**
Ref.: Yunker, 1955; Villa Carenzo, 1972; Troncoso, 1987e.
Hábito: Hierba.
Status: Nativa.
Elevación: 0–500 m.
Prov.: BA, CH, ER.
Paises limítrofes: BO.
Ejemplar examinado: *Krapovickas 3028* (LP, SI).

Peperomia comarapana f. **pubescens** Yunck.
Ref.: Yuncker, 1955.
Hábito: Hierba.
Status: Endémica.
Elevación: 0–500 m.
Prov.: CH.
Ejemplar examinado: *Schulz 43* (holotpo, SI).

Peperomia dissimilis Kunth = **Peperomia blanda** (Jacq.) Kunth var. **blanda**
Ref.: Villa Carenzo, 1972; Yuncker, 1974.

Peperomia effusa Yunck.
Ref.: Yuncker, 1955.
Hábito: Hierba.
Status: Nativa.
Elevación: 0–1000 m.
Prov.: MI.
Paises limítrofes: BO.
Ejemplar examinado: *Hauman s.n.* (BA).

Peperomia elongata Kunth
Ref.: Yuncker, 1955, 1974.
Hábito: Hierba epífita.
Status: Nativa.
Elevación: 0–1000 m.
Prov.: MI.
Paises limítrofes: BO, BR.
Ejemplar examinado: *Cabrera et al. 191* (LP).

Peperomia fiebrigii C. DC.
Ref.: Yuncker, 1955; Deferrari, 1977.
Hábito: Hierba.
Status: Nativa.
Elevación: 1500–2000 m.
Prov.: JU, SA.
Paises limítrofes: BO.
Ejemplar examinado: *Cabrera et al. 17282* (SI).

Peperomia hadrostachya Yunck.
Ref.: Yuncker, 1955.
Hábito: Hierba.
Status: Endémica.
Elevación: 0–2000 m.
Prov.: JU, SA.
Ejemplar examinado: *Pierotti 63* (holotipo, LIL).

Peperomia herteri Trel. = **Peperomia catharina** Miq.
Ref.: Yuncker, 1974; Troncoso, 1987e.

Peperomia hirsuta Miq. = **Peperomia blanda** (Jacq.) Kunth var. **blanda**
Ref.: Yuncker, 1974.

Peperomia hispidula (Sw.) A. Dietr.
Sin.: *Piper hispidulum* Sw.
Ref.: Yuncker, 1955; Marchessi, 1968.
Hábito: Hierba.
Status: Nativa.
Prov.: SA.
Paises limítrofes: BO, UR.
Ejemplar citado: *Tate 644** (NY).

Peperomia hispiduliformis Trel.
Ref.: Yuncker, 1955; Villa Carenzo, 1977.
Hábito: Hierba epífita.
Status: Nativa.
Elevación: 1000–2500 m.
Prov.: CA, JU, SA, TU.
Paises limítrofes: BO.
Ejemplar examinado: *Venturi 2986* (holotipo, LIL; isotipo, SI).

[Peperomia inaequalifolia Ruiz & Pav.]
Nota: Especie excluida de la flora argentina.

Peperomia inaequalilimba C. DC.
Ref.: Burkart, 1951; Yuncker, 1955; Deferrari, 1977; Villa Carenzo, 1977; Novara, 1998.
Hábito: Hierba.
Status: Endémica.
Elevación: 1000–2500 m.
Prov.: JU, SA, TU.
Ejemplar examinado: *Lorentz e Hieronymus 337* (isotipo, SI).

Peperomia increscens Miq. = **Peperomia blanda** (Jacq.) Kunth var. **blanda**
Ref.: Yuncker, 1974.

Peperomia lilloi C. DC.
Ref.: Burkart, 1951; Yuncker, 1955; Villa Carenzo, 1972.
Hábito: Hierba.
Status: Endémica.
Elevación: 0–1000 m.
Prov.: JU, SA, SE, TU.
Ejemplar examinado: *Castellanos s.n.* (BA).

Peperomia lorentzii C. DC.
Sin.: *Peperomia reflexa* var. *filiformis* Ruiz & Pav.
Ref.: Yuncker, 1955; Villa Carenzo, 1977; Novara, 1998.
Hábito: Hierba epífita.
Status: Nativa.
Elevación: 500–2500 m.
Prov.: JU, SA, TU.
Paises limítrofes: BO.
Ejemplar examinado: *Lorentz e Hieronymus s.n.* (isotipo, SI).

Peperomia mandonii C. DC.
Ref.: Villa Carenzo, 1971; Yuncker, 1974.
Hábito: Hierba.
Status: Nativa.
Elevación: 0–2000 m.
Prov.: TU.
Paises limítrofes: BO, BR.
Ejemplar examinado: *Krapovickas y Cristóbal 11102* (LIL).

[Peperomia megapotamica Dahlst.]
Nota: Cita dudosa para la flora argentina.

Peperomia misionense Yunck.
Ref.: Yuncker, 1955.
Hábito: Hierba.
Status: Endémica.
Elevación: 0–500 m.
Prov.: MI.
Ejemplar examinado: *Osten y Rojas 8096* (holotipo, LIL).

Peperomia parvifolia C. DC.
Ref.: Yuncker, 1955; Villa Carenzo, 1977.
Hábito: Hierba.
Status: Nativa.
Elevación: 3000–4500 m.
Prov.: TU.
Paises limítrofes: BO.
Ejemplar examinado: *Cárdenas 3659* (SI).

Peperomia pellucida Kunth var. **argentina** Yunck.
Ref.: Yuncker, 1955.
Hábito: Hierba.
Status: Endémica.
Prov.: SA.
Ejemplar examinado: *Pierotti 6405* (holotipo, LIL).

Peperomia peruviana (Miq.) Dahlst.
Sin.: *Tildenia peruviana* Miq.
Ref.: Yuncker, 1955; Cabrera, 1957b; Deferrari, 1977; Villa Carenzo, 1977.
Hábito: Hierba.
Status: Nativa.
Elevación: 2000–4500 m.
Prov.: CA, JU, LR, SA, TU.
Paises limítrofes: BO.
Ejemplar examinado: *Joergensen 1188* (SI).

[Peperomia peruviana var. major A.W. Hill]
Nota: Variedad excluida de la flora argentina.

[Peperomia polystachya C. DC.]
Nota: Especie excluida de la flora argentina.

Peperomia pseudodindygulensis C. DC. = **Peperomia blanda** var. **pseudo-dindygulensis** (C. DC.) Yunck.
Ref.: Yuncker, 1974.

[Peperomia pseudodindygulensis var. tucumana C. DC.]
Nota: Taxón dudoso.

Peperomia pseudoreflexa C. DC. = **Peperomia aceroana** C. DC.
Ref.: Villa Carenzo,1972.

Peperomia reflexa (L. f.) A. Dietr., nom. illeg. = **Peperomia tetraphylla** (G. Forst.) Hook. & Arn.
Ref.: Yuncker, 1974; Brako, 1993b.

Peperomia reflexa f. *argentina* C. DC. = **Peperomia tetraphylla** (G. Forst.) Hook. & Arn.

Peperomia reflexa f. *longilimba* C. DC. = **Peperomia theodori** Trel.
Ref.: Yuncker, 1955.

[Peperomia reflexa f. robustior C. DC.]
Ref.: Yuncker, 1955.
Nota: Forma excluida de la flora argentina.

Peperomia reflexa var. *filiformis* Ruiz & Pav. = **Peperomia lorentzii** C. DC.
Ref.: Villa Carenzo, 1977.

[Peperomia reflexa C. DC.]
Nota: Citada erróneamente para la flora argentina, sobre la base de material no perteneciente a esta especie.

Peperomia rhombea Ruiz & Pav.
Ref.: Yuncker, 1974; Deferrari, 1977.
Hábito: Hierba.
Status: Nativa.
Elevación: 0–500 m.
Prov.: MI.
Paises limítrofes: BO.
Ejemplar examinado: *de la Sota et al. 6160* (LP).

Peperomia rojasii C. DC. in Hassl. = **Peperomia blanda** (Jacq.) Kunth var. **blanda**
Ref.: Villa Carenzo, 1972.

Peperomia rotundifolia (L.) Kunth
Sin.: *Piper rotundifolium* L.
Ref.: Yuncker, 1955, 1974.
Hábito: Hierba epífita.
Status: Nativa.
Elevación: 0–500 m.
Prov.: MI.
Paises limítrofes: BO, BR.
Ejemplar examinado: *Max Herborn 11* (SI).

Peperomia rusbyi C. DC.
Ref.: Yuncker, 1955.
Hábito: Hierba epífita.
Status: Nativa.
Elevación: 0–500 m.
Prov.: COR, MI.
Paises limítrofes: BO.
Ejemplar examinado: *Cabrera, Corte y Gebhard 190* (LP).

Peperomia san-pedritoi Trel. = **Peperomia blanda** (Jacq.) Kunth var. **blanda**
Ref.: Villa Carenzo, 1972.

Peperomia santa-elisae C. DC.
Sin.: *Peperomia stuckertii* C. DC.
Ref.: Yuncker, 1955; Villa Carenzo, 1972; Novara, 1998.
Hábito: Hierba.
Status: Nativa.
Elevación: 0–2000 m.
Prov.: CH, CO, FO, SA, TU.
Paises limítrofes: PA.
Ejemplar examinado: *Venturi 8193* (SI).

Peperomia serpens (Sw.) Loudon
Sin.: *Piper serpens* Sw.
Ref.: Yuncker, 1974; Deferrari, 1977.
Hábito: Hierba.
Status: Nativa.
Elevación: 0–500 m.
Prov.: MI.
Paises limítrofes: BR.
Ejemplar examinado: *de la Sota et al. 6164* (LP).

Peperomia silvarum C. DC.
Ref.: Molfino, 1922.
Hábito: Hierba.
Status: Nativa.
Elevación: 0–500 m.
Prov.: FO.
Paises limítrofes: BO.
Ejemplar citado: *Muello s.n.**

Peperomia stuckertii C. DC. = **Peperomia santa-elisae** C. DC.
Ref.: Yuncker, 1955.

Peperomia subpubistachya Yunck.
Ref.: Yuncker, 1955.
Hábito: Hierba.
Status: Endémica.
Elevación: 0–500 m.
Prov.: MI.
Ejemplar examinado: *Quiroga 755* (holotipo, BA 22420).

Peperomia tetraphylla (G. Forst.) Hook. & Arn.
Sin.: *Peperomia boliviensis* C. DC., *Peperomia reflexa* (L. f.) A. Dietr., *Peperomia reflexa* (L. f.) A. Dietr., nom. illeg., *Peperomia reflexa* f. *argentina* C. DC., *Piper reflexum* L. f., *Piper tetraphyllum* G. Forst.
Ref.: Yuncker, 1955, 1974; Villa Carenzo, 1977; Brako, 1993b; Novara, 1998.
Hábito: Hierba epífita.
Status: Nativa.
Elevación: 0–2000 m.
Prov.: CA, JU, MI, SA, TU.
Paises limítrofes: BO, BR, UR.
Ejemplar examinado: *Venturi 6127* (SI).

Peperomia theodori Trel.
Sin.: *Peperomia reflexa* f. *longilimba* C. DC.
Ref.: Yuncker, 1955; Deferrari, 1977; Villa Carenzo, 1977; Novara, 1998.
Hábito: Hierba epífita.
Status: Nativa.
Elevación: 0–2000 m.
Prov.: JU, SA, TU.
Paises limítrofes: BO.
Ejemplar examinado: *Venturi 2053* (LIL, SI).

Peperomia trapezoidalis Yunck.
Ref.: Yuncker, 1955; Deferrari, 1977.
Hábito: Hierba.
Status: Nativa.
Elevación: 0–500 m.
Prov.: JU, MI.
Paises limítrofes: PA.
Ejemplar examinado: *de la Sota et al. 6130* (LP).

[Peperomia umbilicata Ruiz & Pav.]
Nota: Especie excluida de la flora argentina.

Peperomia urocarpa Fisch. & C.A. Mey.
Ref.: Yuncker, 1955, 1974; Deferrari, 1977.
Hábito: Hierba.
Status: Nativa.
Elevación: 0–500 m.
Prov.: MI.
Paises limítrofes: BR, PA.
Ejemplar examinado: *Spegazzini s.n.* (LP).

Peperomia uruguayana Trel. = **Peperomia catharina** Miq.
Ref.: Troncoso, 1987e.

Piper L.

Número de especies: 10, 1 especie y 1 variedad endémicas.

Piper aduncum L. var. **aduncum**
Sin.: *Artanthe adunca* (L.) Miq., *Piper angustifolium* Ruiz & Pav., *Piper elongatum* Vahl
Ref.: Yuncker, 1955, 1972; Tebbs, 1993.
Hábito: Arbusto.
Status: Nativa.
Elevación: 0–1500 m.
Prov.: JU, MI, SA.
Paises limítrofes: BO, BR.
Ejemplar examinado: *Schwarz 6976* (LIL).

Piper aduncum L. var. **cordulatum** (C. DC.) Yunck.
Sin.: *Piper angustifolium* var. *cordulatum* C. DC.
Ref.: Yuncker, 1955, 1974.
Hábito: Arbusto.
Status: Nativa.
Elevación: 0–500 m.
Prov.: SA.
Paises limítrofes: BR.
Ejemplar examinado: *Meyer 4784* (LIL).

Piper amalago L.
Sin.: *Enckea sieberi* Miq., *Piper henshenii* C. DC., *Piper medium* Jacq., *Piper plantagineum* Lam., *Piper reticulatum* L., *Piper reticulatum* Vell., hom. illeg., *Piper saururoides* Harms, *Piper sieberi* (Miq.) C. DC., *Piper syringaefolium* Balb. ex Kunth.
Ref.: Yuncker, 1955; Villa Carenzo, 1972.
Hábito: Arbusto o arbolito.
Status: Nativa.
Elevación: 0–1500 m.
Prov.: CH, COR, FO, JU, MI, SA, SE, SF, SJ .
Paises limítrofes: BO, PA.
Ejemplar examinado: *Rodríguez 1060* (SI).

[Piper amplectens C. DC.]
Ref.: Tebbs, 1993.
Nota: Especie excluida de la flora argentina.

Piper angustifolium Ruiz & Pav. = **Piper aduncum** L. var. **aduncum**
Ref.: Tebbs, 1993.

Piper angustifolium var. *cordulatum* C. DC. = **Piper aduncum** var. **cordulatum** (C. DC.) Yunck.
Ref.: Yuncker, 1972; Legname, 1982.

[Piper arboreum Aubl.]
Ref.: Tebbs, 1989.
Nota: Especie excluida de la flora argentina.

Piper argentinum (C. DC.) Trel. = **Piper hieronymi** C. DC. var. **hieronymi**
Ref.: Yuncker, 1955.

Piper blandum Jacq. = **Peperomia blanda** var. **blanda** (Jacq.) Kunth
Ref.: Villa Carenzo, 1972; Yunker, 1974.

[Piper confusum C. DC.]
Nota: Especie excluida de la flora argentina.

Piper debile C. DC. = **Piper mikanianum** (Kunth) Steud.
Ref.: Tebbs, 1990.

Piper elongatum Vahl = **Piper aduncum** L. var. **aduncum**
Ref.: Yuncker, 1972; Tebbs, 1993.

[Piper exserens (Miq.) C. DC.]
Sin.: *Peltobryon exserens* Miq.
Nota: Especie excluida de la flora argentina.

Piper fulvescens C. DC. = **Piper regnellii** (Miq.) C. DC.
Ref.: Tebbs, 1990.

Piper fulvescens var. *subglabrum* C. DC. = **Piper regnellii** (Miq.) C. DC.
Ref.: Tebbs, 1990.

Piper gaudichaudianum Kunth
Ref.: Yuncker, 1955, 1972; Villa Carenzo, 1972.
Hábito: Arbusto.
Status: Nativa.
Elevación: 0–500 m.
Prov.: COR, FO, MI.
Paises limítrofes: BR, PA.
Ejemplar examinado: *Cabrera et al. 28862* (SI).

Piper gaudichaudianum f. *argentina* C. DC. = **Piper hieronymi** C. DC. var. **hieronymi**
Ref.: Yuncker, 1955; Villa Carenzo, 1977.

[Piper geniculatum Sw.]
Nota: Citada erróneamente para la flora argentina, sobre la base de material no perteneciente a esta especie.

Piper henshenii C. DC. = **Piper amalago** L.

Piper hieronymi var. **glabrum** C. DC.
Ref.: De Candolle, 1898; Yuncker, 1955.
Hábito: Arbusto.
Status: Endémica.
Elevación: 0–500 m.
Prov.: SA.
Ejemplar examinado: *Lorentz e Hieronymus 853* (isotipo, CORD).

Piper hieronymi C. DC. var. **hieronymi**
Sin.: *Piper argentinum* (C. DC.) Trel., *Piper gaudichaudianum* Kunth f. *argentina* C. DC., *Piper venturii* Trel., *Piper venturii* Trel. var. *yesoanum* Trel.
Ref.: Yuncker, 1955; Villa Carenzo, 1977; Novara, 1998.
Hábito: Arbusto o arbolito.
Status: Nativa.
Elevación: 1000–2000 m.
Prov.: JU, SA, TU.
Paises limítrofes: BO.
Ejemplar examinado: *Venturi 866* (isotipo de *Piper venturii*, LP, SI).

Piper hispidulum Sw. = **Peperomia hispidula** (Sw.) A. Dietr.
Ref.: Marchessi, 1968.

Piper hispidum Sw.
Ref.: Yuncker, 1955.
Hábito: Arbusto.
Status: Nativa.
Elevación: 0–500 m.
Prov.: MI.
Paises limítrofes: BO, BR, PA.
Ejemplar examinado: *Perez Moreau s.n.* (BA).

[Piper lanceifolium Kunth]
Sin.: *Artanthe lanceifolia* (Kunth) Miq.
Ref.: Tebbs, 1993.
Nota: Especie excluida de la flora argentina.

Piper lorentzii Trel. = **Piper tucumanum** C. DC.

Piper mapirense C. DC.
Ref.: Yuncker, 1955.
Hábito: Arbusto.
Status: Nativa.
Elevación: 0–2000 m.
Prov.: MI, SA.
Paises limítrofes: BO, PA.
Ejemplar examinado: *Biloni 113* (SI).

Piper medium Jacq. = **Piper amalago** L.

Piper mikanianum (Kunth) Steud.
Sin.: *Piper debile* C. DC., *Piper misionesanum* C. DC., *Piper parthenium* C. DC., *Piper parthenium* var. *pilosius* C. DC., *Schilleria mikaniana* Kunth.
Ref.: Yuncker, 1955; Marchessi, 1968; Tebbs, 1990.
Hábito: Arbusto.
Status: Nativa.
Elevación: 0–1000 m.
Prov.: MI.
Paises limítrofes: BR, PA, UR.
Ejemplar examinado: *Bettfreund 1042* (LP).

Piper misionesanum C. DC. = **Piper mikanianum** (Kunth) Steud.
Ref.: Yuncker, 1955.

[Piper mollicomum Kunth]
Nota: Especie excluida de la flora argentina.

[Piper ovatum Vahl]
Nota: Especie excluida de la flora argentina.

Piper parthenium C. DC. = **Piper mikanianum** (Kunth) Steud.
Ref.: Yuncker, 1955.

Piper parthenium var. *pilosius* C. DC. = **Piper mikanianum** (Kunth) Steud.
Ref.: Tebbs, 1990.

Piper plantagineum Lam. = **Piper amalago** L.

Piper reflexum L. f. = **Peperomia tetraphylla** (G. Forst.) Hook. & Arn.
Ref.: Yuncker, 1974; Brako, 1993b.

Piper regnellii (Miq.) C. DC.
Sin.: *Artanthe regnellii* Miq., *Piper fulvescens* C. DC., *Piper fulvescens* var. *subglabrum* C. DC.
Ref.: Tebbs, 1990.
Hábito: Arbusto.
Status: Nativa.
Elevación: 0–500 m.
Prov.: COR, MI.
Paises limítrofes: BR, PA.
Ejemplar examinado: *Rodríguez 206* (SI).

Piper reticulatum Vell., hom. illeg. = **Piper amalago** L.

[Piper rojasii C. DC.]
Nota: Especie excluida de la flora argentina.

Piper rotundifolium L. = **Peperomia rotundifolia** (L.) Kunth

Piper saururoides Harms = **Piper amalago** L.

Piper serpens Sw. = **Peperomia serpens** (Sw.) Loudon
Ref.: Yuncker, 1974.

Piper sieberi (Miq.) C. DC. = **Piper amalago** L.

Piper syringaefolium Balb. ex Kunth = **Piper amalago** L.

Piper tetraphyllum G. Forst. = **Peperomia tetraphylla** (G. Forst.) Hook. & Arn.
Ref.: Yuncker, 1974.

[Piper trichogynum C. DC.]
Ref.: Yuncker, 1955.
Nota: Especie excluida de la flora argentina.

Piper trichorhachis C. DC.
Ref.: Yuncker, 1955.
Hábito: Arbusto.
Status: Nativa.
Elevación: 0–2000 m.
Prov.: JU, SA.
Paises limítrofes: BO.
Ejemplar examinado: *Cabrera et al. 31474* (SI).

Piper tucumanum C. DC.
Sin.: *Piper lorentzii* Trel.
Ref.: Yuncker, 1955; Villa Carenzo, 1977.
Hábito: Arbusto.
Status: Endémica.
Elevación: 0–1000 m.
Prov.: CA, JU, MI, SA, TU.
Ejemplar examinado: *Venturi 258* (LIL, SI).

[Piper umbellatum L.]
Sin.: *Pothomorphe umbellata* (L.) Miq.
Ref.: Tebbs, 1993.
Nota: Especie excluida de la flora argentina.

[Piper umbellatum var. subpeltatum (Willd.) C. DC.]
Nota: Variedad excluida de la flora argentina.

Piper venturii Trel. = **Piper hieronymi** C. DC. var. **hieronymi**

Piper venturii var. *yesoanum* Trel. = **Piper hieronymi** C. DC. var. **hieronymi**
Ref.: Yuncker, 1955.

Pothomorphe umbellata (L.) Miq. = [Piper umbellatum L.]
Ref.: Tebbs, 1993.

Schilleria mikaniana Kunth = **Piper mikanianum** (Kunth) Steud.
Ref.: Marchessi, 1968; Yuncker, 1972.

Tildenia peruviana Miq. = **Peperomia peruviana** (Miq.) Dahlst.
Ref.: Villa Carenzo, 1977.

PLANTAGINACEAE

3 géneros, 36 especies; 9 especies y 2 subespecies endémicas.

Bougueria Decne.

Número de especies: 1

Bougueria nubicola Decne.
Ref.: Rahn, 1995.
Hábito: Hierba.
Status: Nativa.
Elevación: 3500-4500 m.
Prov.: JU, SA, TU.
Paises limítrofes: BO.
Ejemplar examinado: *Rodríguez 1306* (BA, BAF, SI).

Littorella Bergius

Número de especies: 1

Littorella australis Griseb. ex Benth.
Ref.: Rahn, 1995.
Hábito: Hierba.
Status: Nativa.
Elevación: 0-500 m.
Prov.: NE, TF.
Paises limítrofes: CH.
Ejemplar examinado: *Goodall 2467* (SI).

[Littorella uniflora (L.) Asch.]
Sin.: *Plantago uniflora* L.
Nota: Especie excluida de la flora argentina.

Plantago L.

Número de especies: 34, 9 especies y 2 subespecies endémicas.

Plantago accrescens Pilg. = **Plantago australis** Lam. subsp. **australis**
Ref.: Rahn, 1995.

Plantago achalensis Pilg. = **Plantago tomentosa** Lam. subsp. **tomentosa**
Ref.: Rahn, 1995.

Plantago achalensis Pilg. f. *minor* Pilg. = **Plantago tomentosa** Lam. subsp. **tomentosa**
Ref.: Rahn, 1974.

Plantago achalensis Pilg. var. *hirtula* Pilg. = **Plantago tomentosa** Lam. subsp. **tomentosa**
Ref.: Rahn, 1974.

Plantago affinis Decne. = **Plantago tomentosa** Lam. subsp. **tomentosa**
Ref.: Rahn, 1995.

Plantago andicola Gillies ex Hook. f. = **Plantago barbata** G. Forst. subsp. **barbata**
Ref.: Rahn, 1995.

Plantago aquatilis Griseb. = **Plantago heterophylla** Nutt.
Ref.: Rahn, 1995.

Plantago arenaria Waldst. & Kit.
Ref.: Rahn, 1995.
Hábito: Hierba.
Status: Introducida.
Elevación: 0-500 m.
Prov.: BA, LP.
Ejemplar examinado: *Pedersen 13165* (CTES).

Plantago argentina Pilg.
Sin.: *Plantago argentina* Pilg. var. *glabra* Pilg., *Plantago oreades* Decne. var. *chamaestachys* Griseb.
Ref.: Rahn, 1974, 1995.
Hábito: Hierba.
Status: Endémica.
Elevación: 1500-3000 m.
Prov.: CA, CO, JU, SA, SL, TU.
Ejemplar examinado: *Hieronymus s.n.* (lectotipo, CORD).

Plantago argentina Pilg. var. *glabra* Pilg. = **Plantago argentina** Pilg.
Ref.: Rahn, 1974.

Plantago australis Lam. subsp. **australis**
Sin.: *Plantago accrescens* Pilg., *Plantago candollei* Raf., *Plantago denudata* Pilg., *Plantago hirtella* Kunth var. *platensis* Speg., *Plantago kurtzii* Pilg., *Plantago macropus* Pilg., *Plantago macrostachys* Decne., *Plantago macrostachys* Decne. f. *brachypus* (Pilg.) Pilg., *Plantago macrostachys* Decne. var. *angustifolia* Pilg., *Plantago macrostachys* Decne. subvar. *catamarcensis* (Pilg.) Pilg., *Plantago macrostachys* Decne. var. *denudata* (Pilg.) Pilg., *Plantago macrostachys* Decne. var. *platensis* (Pilg.) Pilg., *Plantago macrostachys* Decne. var. *stuckertii* (Pilg.) Pilg., *Plantago macrostachys* Decne. var. *typica* Pilg., nom. inval., *Plantago myosuros* Lam. var. *latifolia* Speg., *Plantago refracta* Pilg., *Plantago stuckertii* Pilg., *Plantago stuckertii* Pilg. var. *catamarcensis* Pilg.
Ref.: Rahn, 1974, 1995.
Hábito: Hierba.
Status: Nativa.
Elevación: 0-3500 m.
Prov.: BA, CA, CHU, CO, ER, JU, LP, LR, ME, NE, RN, SA, SC, SJ, SL, TU.
Paises limítrofes: BO, BR, CH, UR.
Ejemplar examinado: *Fischer 205* (SI).

Plantago australis Lam. subsp. *buchtienii* (Pilg.) Rahn = **Plantago buchtienii** Pilg.
Ref.: Rahn, 1995.

Plantago australis Lam. subsp. **cumingiana** (Fisch. & Meyen) Rahn
Sin.: *Plantago carrenleofuensis* Speg., *Plantago carrenleofuensis* Speg. var. *latifolia* Pilg., *Plantago cumingiana* Fisch. & C.A.Mey., *Plantago macrostachys* Decne. var. *subandina* Speg.
Ref.: Rahn, 1974, 1995.
Hábito: Hierba.
Status: Nativa.
Elevación: 0-1500 m.
Prov.: CHU, NE, RN, SC.
Paises limítrofes: CH.
Ejemplar examinado: *Boelcke y Correa 5649* (BAB, SI).

Plantago australis Lam. subsp. *dielsiana* (Pilg.) Rahn = **Plantago dielsiana** Pilg.
Ref.: Rahn, 1995.

Plantago australis Lam. subsp. **hirtella** (Kunth) Rahn
Sin.: *Plantago hirtella* Kunth, *Plantago hirtella* Kunth var. *glabrescens* Pilg., *Plantago leptophylla* Decne.
Ref.: Rahn, 1974, 1995.
Hábito: Hierba.
Status: Nativa.
Elevación: 0-3000 m.
Prov.: CA, CH, COR, FO, JU, MI, SA, TU.
Paises limítrofes: BO, BR, PA, UR.
Ejemplar examinado: *Venturi 3915* (SI).

[Plantago australis Lam. subsp. oreades (Decne.) Rahn]
Sin.: *Plantago oreades* Decne.
Ref.: Rahn, 1974.
Nota: Subespecie excluida de la flora argentina.

Plantago australis Lam. subsp. *pseudomollior* Rahn = **Plantago orbignyana** Steinh. ex Decne. subsp. **pseudomollior** (Rahn) Rahn
Ref.: Rahn, 1995.

Plantago barbata G. Forst. f. *abbreviata* (Hook. f.) Pilg. = **Plantago barbata** G. Forst. subsp. **muscoides** (Hook. f.) Rahn
Ref.: Rahn, 1984.

Plantago barbata G. Forst. f. *elongata* Pilg., nom. illeg. = **Plantago barbata** G. Forst. subsp. **monanthos** (d'Urv.) Rahn
Ref.: Rahn, 1984.

Plantago barbata G. Forst. f. *muscoides* (Hook. f.) Pilg. = **Plantago barbata** G. Forst. subsp. **muscoides** (Hook. f.) Rahn
Ref.: Rahn, 1984.

Plantago barbata G. Forst. f. *uncialis* (Decne. ex Barnéoud) Pilg. = **Plantago uniglumis** Wallr. ex Walp.

Plantago barbata G. Forst. var. *elongata* Hook. f. = **Plantago barbata** G. Forst. subsp. **monanthos** (d'Urv.) Rahn
Ref.: Rahn, 1995.

Plantago barbata G. Forst. var. *eubarbata* Pilg., nom. inval. = **Plantago barbata** G. Forst. subsp. **barbata**

Plantago barbata G. Forst. subvar. *maxima* Pilg. = **Plantago barbata** G. Forst. subsp. **barbata**
Ref.: Rahn, 1984.

Plantago barbata G. Forst. var. *monanthos* (d'Urv.) Pilg. = **Plantago barbata** G. Forst. subsp. **monanthos** (d'Urv.) Rahn
Ref.: Rahn, 1995.

Plantago barbata G. Forst. var. *pauciflora* (Gay) Pilg. = **Plantago barbata** G. Forst. subsp. **barbata**
Ref.: Rahn, 1984.

Plantago barbata G. Forst. var. *rigidula* Pilg. = **Plantago barbata** G. Forst. subsp. **barbata**
Ref.: Rahn, 1984.

Plantago barbata G. Forst. subvar. *taraxacoides* (Speg.) Pilg. = **Plantago myosuros** Lam.

Plantago barbata G. Forst. var. *uncialis* Wedd. = **Plantago uniglumis** Wallr. ex Walp.
Ref.: Rahn, 1995.

Plantago barbata G. Forst. subsp. **austroandina** Rahn
Ref.: Rahn, 1984, 1995.
Hábito: Hierba.
Status: Nativa.
Elevación: 0-2000 m.
Prov.: CHU, SC, TF.
Paises limítrofes: CH.
Ejemplar examinado: *Rahn 4480* (holotipo, C).

Plantago barbata G. Forst. subsp. **barbata**
Sin.: *Plantago andicola* Gillies ex Hook. f., *Plantago barbata* G. Forst. var. *eubarbata* Pilg., nom. inval., *Plantago barbata* G. Forst. subvar. *maxima* Pilg., *Plantago barbata* G. Forst. var. *pauciflora* (Gay) Pilg., *Plantago barbata* G. Forst. var. *rigidula* Pilg., *Plantago imberbis* Hook. f., *Plantago pauciflora* Lam.
Ref.: Rahn, 1984, 1995.
Hábito: Hierba.
Status: Nativa.
Elevación: 500-4000 m.
Prov.: ME, NE, RN, SC, SJ.
Paises limítrofes: CH.
Ejemplar examinado: *Boelcke et al. 5929* (BAB).

Plantago barbata G. Forst. subsp. **gigantea** Rahn
Ref.: Rahn, 1984, 1995.
Hábito: Hierba.
Status: Endémica.
Elevación: 0-500 m.
Prov.: CHU, SC.
Ejemplar examinado: *Rahn 4455* (holotipo, C).

Plantago barbata G. Forst. subsp. **monanthos** (d'Urv.) Rahn
Sin.: *Plantago barbata* G. Forst. f. *elongata* Pilg., nom. illeg., *Plantago barbata* G. Forst. var. *elongata* Hook. f., *Plantago barbata* G. Forst. var. *monanthos* (d'Urv.) Pilg., *Plantago monanthos* d'Urv., *Plantago polymorpha* Banks & Sol. ex Hook. f.
Ref.: Rahn, 1984, 1995.
Hábito: Hierba.
Status: Nativa.
Elevación: 0-500 m.
Prov.: SC, TF.
Paises limítrofes: CH.
Ejemplar examinado: *Eyerdam et al. 24003* (MO).

Plantago barbata G. Forst. subsp. **muscoides** (Hook. f.) Rahn
Sin.: *Plantago barbata* G. Forst. f. *abbreviata* (Hook. f.) Pilg., *Plantago barbata* G. Forst. f. *muscoides* (Hook. f.) Pilg., *Plantago monanthos* d'Urv. var. *abbreviata* Hook. f., *Plantago monanthos* d'Urv. var. *muscoides* Hook. f.

Ref.: Rahn, 1984, 1995.
Hábito: Hierba.
Status: Nativa.
Elevación: 0-500 m.
Prov.: TF.
Paises limítrofes: CH.
Ejemplar examinado: *Dudley et al. 148* (UC).

Plantago berroi Pilg.
Ref.: Rahn, 1974, 1995.
Hábito: Hierba.
Status: Nativa.
Elevación: 0-1000 m.
Prov.: BA.
Paises limítrofes: UR.
Ejemplar examinado: *Boelcke 9485* (SI).

Plantago bismarckii Niederl.
Ref.: Rahn, 1995.
Hábito: Arbusto.
Status: Endémica.
Elevación: 500-1000 m.
Prov.: BA.
Ejemplar examinado: *Kurtz 2210* (CORD).

Plantago bonariensis Steud. = **Plantago brasiliensis** Sims
Ref.: Rahn, 1995.

Plantago brachystachys Walp. = [Plantago firma Kunze ex Walp.]
Ref.: Rahn, 1974.

Plantago brasiliensis Sims
Sin.: *Plantago bonariensis* Steud., *Plantago brasiliensis* Sims var. *cordobensis* Pilg., *Plantago brasiliensis* Sims var. *eubrasiliensis* Pilg., nom. inval., *Plantago brasiliensis* Sims var. *gayana* (Decne. ex Barnéoud) Pilg., *Plantago brasiliensis* Sims var. *obtusata* (Decne.) Pilg., *Plantago chilensis* Rapin, *Plantago coriacea* Cham. & Schltdl., *Plantago coriacea* Cham. & Schltdl. var. *glabriuscula* Kuntze, *Plantago decaisnei* Barnéoud, *Plantago gayana* Decne. ex Barnéoud, *Plantago lasiothrix* Kunze ex Decne., *Plantago obtusata* Decne.
Ref.: Rahn, 1983, 1995.
Hábito: Hierba.
Status: Nativa.
Elevación: 0-2500 m.
Prov.: CHU, CO, COR, ER, RN, SL.
Paises limítrofes: BR, CH, UR.
Ejemplar examinado: *Boelcke y Correa 6163* (BAB).

Plantago brasiliensis Sims var. *cordobensis* Pilg. = **Plantago brasiliensis** Sims
Ref.: Rahn, 1995.

Plantago brasiliensis Sims var. *eubrasiliensis* Pilg., nom. inval. = **Plantago brasiliensis** Sims

Plantago brasiliensis Sims var. *gayana* (Decne. ex Barnéoud) Pilg. = **Plantago brasiliensis** Sims

Plantago brasiliensis Sims var. *obtusata* (Decne.) Pilg. = **Plantago brasiliensis** Sims

Plantago brasiliensis Sims var. *tandilensis* Pilg. = **Plantago tandilensis** (Pilg.) Rahn
Ref.: Rahn, 1995.

Plantago brasiliensis Sims subsp. *densa* (Pilg.) Rahn = **Plantago densa** (Pilg.) Rahn
Ref.: Rahn, 1983.

Plantago buchtienii Pilg.
Sin.: *Plantago australis* Lam. subsp. *buchtienii* (Pilg.) Rahn
Ref.: Rahn, 1974, 1995.
Hábito: Hierba.
Status: Nativa.
Elevación: 1000-4000 m.
Prov.: CA, SA, TU.
Paises limítrofes: BO.
Ejemplar examinado: *Venturi 3328* (LIL).

Plantago candollei Raf. = **Plantago australis** Lam. subsp. **australis**
Ref.: Rahn, 1995.

Plantago carrenleofuensis Speg. = **Plantago australis** Lam. subsp. **cumingiana** (Fisch. & Meyen) Rahn
Ref.: Rahn, 1995.

Plantago carrenleofuensis Speg. var. *latifolia* Pilg. = **Plantago australis** Lam. subsp. **cumingiana** (Fisch. & Meyen) Rahn
Ref.: Rahn, 1974.

Plantago chilensis Rapin = **Plantago brasiliensis** Sims
Ref.: Rahn, 1995.

Plantago chubutensis Pilg. = **Plantago myosuros** Lam.
Ref.: Rahn, 1995.

Plantago coelorhiza Morris & Macloskie = **Plantago uniglumis** Wallr. ex Walp.
Ref.: Rahn, 1995.

[Plantago commersoniana Decne. ex Barnéoud]
Ref.: Rahn, 1974.
Nota: Especie excluida de la flora argentina.

Plantago coriacea Cham. & Schltdl. = **Plantago brasiliensis** Sims
Ref.: Rahn, 1995.

Plantago coriacea Cham. & Schltdl. var. *glabriuscula* Kuntze = **Plantago brasiliensis** Sims
Ref.: Rahn, 1983.

Plantago coriacea Cham. & Schltdl. var. *pilosula* Kuntze = **Plantago tandilensis** (Pilg.) Rahn
Ref.: Rahn, 1983.

Plantago correae Rahn
Ref.: Rahn, 1984, 1995.
Hábito: Hierba.
Status: Endémica.
Elevación: 0-500 m.
Prov.: SC, TF.
Ejemplar examinado: *Rahn 4316* (holotipo, C).

Plantago cumingiana Fisch. & C.A.Mey. = **Plantago australis** Lam. subsp. **cumingiana** (Fisch. & Meyen) Rahn
Ref.: Rahn, 1995.

Plantago decaisnei Barnéoud = **Plantago brasiliensis** Sims
Ref.: Rahn, 1995.

Plantago densa (Pilg.) Rahn
Sin.: *Plantago brasiliensis* Sims subsp. *densa* (Pilg.) Rahn, *Plantago linearis* Kunth var. *densa* Pilg.
Ref.: Rahn, 1983, 1995.
Hábito: Hierba.
Status: Endémica.
Elevación: 0-2000 m.
Prov.: CO, SL.
Ejemplar examinado: *Hieronymus 603* (isolectotipo, CORD).

Plantago denudata Pilg. = **Plantago australis** Lam. subsp. **australis**
Ref.: Rahn, 1995.

Plantago dielsiana Pilg.
Sin.: *Plantago australis* Lam. subsp. *dielsiana* (Pilg.) Rahn
Ref.: Rahn, 1974, 1995.
Hábito: Hierba.
Status: Nativa.
Elevación: 0-500 m.
Prov.: BA.
Paises limítrofes: UR.
Ejemplar examinado: *Hicken s.n.* (SI).

Plantago fiebrigii Pilg. = **Plantago sericea** Ruiz & Pav. var. **lanuginosa** Griseb.
Ref.: Rahn, 1995.

[Plantago firma Kunze ex Walp.]
Sin.: *Plantago brachystachys* Walp.
Ref.: Rahn, 1974.
Nota: Especie excluida de la flora argentina.

Plantago frigida Kunze ex Walp., hom. illeg. = **Plantago grandiflora** Meyen
Ref.: Rahn, 1995.

Plantago gayana Decne. ex Barnéoud = **Plantago brasiliensis** Sims
Ref.: Rahn, 1995.

Plantago gnaphaloides Nutt. = **Plantago patagonica** Jacq.
Ref.: Rahn, 1995.

Plantago grandiflora Meyen
Sin.: *Plantago frigida* Kunze ex Walp., hom. illeg., *Plantago macrantha* Decne. ex Barnéoud, *Plantago platypetala* Wallr. ex Walp.
Ref.: Rahn, 1995.
Hábito: Hierba.
Status: Nativa.
Elevación: 1000-3000 m.
Prov.: ME, NE.
Paises limítrofes: CH.
Ejemplar examinado: *Boelcke et al. 13831* (BAB).

Plantago grisebachii Hieron. = **Plantago tomentosa** Lam. subsp. **tomentosa**
Ref.: Rahn, 1995.

[Plantago guillerminiana Decne.]
Ref.: Rahn, 1974.
Nota: Especie excluida de la flora argentina.

Plantago heterophylla Nutt.
Sin.: *Plantago aquatilis* Griseb.
Ref.: Rahn, 1995.
Hábito: Hierba.
Status: Nativa.
Elevación: 0-500 m.
Prov.: BA, CO, COR, DF, ER, LP.
Paises limítrofes: PA.
Ejemplar examinado: *Burkart 1680* (SI).

Plantago hirtella Kunth = **Plantago australis** Lam. subsp. **hirtella** (Kunth) Rahn
Ref.: Rahn, 1995.

Plantago hirtella Kunth var. *glabrescens* Pilg. = **Plantago australis** Lam. subsp. **hirtella** (Kunth) Rahn
Ref.: Rahn, 1974.

Plantago hirtella Kunth var. *platensis* Speg. = **Plantago australis** Lam. subsp. **australis**
Ref.: Rahn, 1974.

Plantago hypolasia Pilg. = **Plantago tomentosa** Lam. subsp. **tomentosa**
Ref.: Rahn, 1995.

Plantago hypoleuca Pilg. = **Plantago tomentosa** Lam. subsp. **tomentosa**
Ref.: Rahn, 1995.

Plantago imberbis Hook. f. = **Plantago barbata** G. Forst. subsp. **barbata**
Ref.: Rahn, 1995.

Plantago jujuyensis Rahn
Ref.: Rahn, 1974, 1995.
Hábito: Hierba.
Status: Endémica.
Elevación: 2500-3500 m.
Prov.: JU, SA.
Ejemplar examinado: *Sleumer 3508* (LIL, SI).

Plantago juncoides Lam. = **Plantago maritima** L.
Ref.: Rahn, 1995.

Plantago juncoides Lam. subsp. *scabrior* Pilg. = [Plantago maritima L. var. scabrior (Pilg.) Pilg.]

Plantago kuntzei Pilg. = **Plantago penantha** Griseb.
Ref.: Rahn, 1995.

Plantago kurtzii Pilg. = **Plantago australis** Lam. subsp. **australis**
Ref.: Rahn, 1995.

Plantago lanceolata L.
Ref.: Rahn, 1995.
Hábito: Hierba.
Status: Adventicia.

Elevación: 0-1000 m.
Prov.: BA, CHU, CO, DF, ER, JU, LP, ME, RN, SA, SC, SJ, TF.
Paises limítrofes: CH.
Ejemplar examinado: *Boelcke et al. 5221* (BAB).

Plantago lasiothrix Kunze ex Decne. = **Plantago brasiliensis** Sims
Ref.: Rahn, 1995.

Plantago leptophylla Decne. = **Plantago australis** Lam. subsp. **hirtella** (Kunth) Rahn
Ref.: Rahn, 1974.

Plantago linearis Kunth var. *densa* Pilg. = **Plantago densa** (Pilg.) Rahn
Ref.: Rahn, 1995.

[Plantago linearis Kunth]
Sin.: *Plantago sericea* Ruiz & Pav. var. *linearis* (Kunth) Wedd.
Nota: Especie excluida de la flora argentina.

Plantago lorentzii Pilg. = **Plantago sericea** Ruiz & Pav. var. **lanuginosa** Griseb.
Ref.: Rahn, 1995.

Plantago macrantha Decne. ex Barnéoud = **Plantago grandiflora** Meyen
Ref.: Rahn, 1995.

Plantago macropus Pilg. = **Plantago australis** Lam. subsp. **australis**
Ref.: Rahn, 1995.

Plantago macrostachys Decne. = **Plantago australis** Lam. subsp. **australis**
Ref.: Rahn, 1995.

Plantago macrostachys Decne. f. *brachypus* (Pilg.) Pilg. = **Plantago australis** Lam. subsp. **australis**
Ref.: Rahn, 1974.

Plantago macrostachys Decne. var. *angustifolia* Pilg. = **Plantago australis** Lam. subsp. **australis**
Ref.: Rahn, 1974.

Plantago macrostachys Decne. subvar. *catamarcensis* (Pilg.) Pilg. = **Plantago australis** Lam. subsp. **australis**
Ref.: Rahn, 1974.

Plantago macrostachys Decne. var. *denudata* (Pilg.) Pilg. = **Plantago australis** Lam. subsp. **australis**
Ref.: Rahn, 1974.

Plantago macrostachys Decne. var. *platensis* (Pilg.) Pilg. = **Plantago australis** Lam. subsp. **australis**
Ref.: Rahn, 1974.

Plantago macrostachys Decne. var. *stuckertii* (Pilg.) Pilg. = **Plantago australis** Lam. subsp. **australis**
Ref.: Rahn, 1974.

Plantago macrostachys Decne. var. *subandina* Speg. = **Plantago australis** Lam. subsp. **cumingiana** (Fisch. & Meyen) Rahn
Ref.: Rahn, 1995.

Plantago macrostachys Decne. var. *typica* Pilg., nom. inval. = **Plantago australis** Lam. subsp. **australis**

Plantago major L.
Sin.: *Plantago major* L. f. *rocae* (Lorentz) Pilg., *Plantago rocae* Lorentz
Ref.: Rahn, 1995.
Hábito: Hierba.
Status: Introducida.
Elevación: 0-500 m.
Prov.: BA, CO, DF, ER, JU, LP, ME, RN, SA, SC, TF.
Paises limítrofes: BR, CH.
Ejemplar examinado: *Boelcke 12749* (BAB).

Plantago major L. f. *rocae* (Lorentz) Pilg. = **Plantago major** L.

[Plantago major L. subsp. pleiosperma Pilg. var. sinuata (Lam.) Decne.]
Sin.: *Plantago sinuata* Lam.
Ref.: Cita dudosa para la flora argentina.

Plantago maritima L.
Sin.: *Plantago juncoides* Lam., *Plantago maritima* L. var. *juncoides* (Lam.) A. Gray, *Plantago maritima* L. var. *macrophylla* Speg., *Plantago maritima* L. var. *pauciflora* Speg.
Ref.: Rahn, 1995.
Hábito: Hierba.
Status: Nativa.
Elevación: 0-500 m.
Prov.: CHU, ME, NE, RN, SC, TF.
Paises limítrofes: CH.
Ejemplar examinado: *Moore 1804* (BAB).

Plantago maritima L. var. *juncoides* (Lam.) A. Gray = **Plantago maritima** L.

Plantago maritima L. var. *macrophylla* Speg. = **Plantago maritima** L.

Plantago maritima L. var. *pauciflora* Speg. = **Plantago maritima** L.

[Plantago maritima L. var. scabrior (Pilg.) Pilg.]
Sin.: *Plantago juncoides* Lam. subsp. *scabrior* Pilg.
Nota: Taxón dudoso.

Plantago monanthos d'Urv. = **Plantago barbata** G. Forst. subsp. **monanthos** (d'Urv.) Rahn
Ref.: Rahn, 1995.

Plantago monanthos d'Urv. var. *abbreviata* Hook. f. = **Plantago barbata** G. Forst. subsp. **muscoides** (Hook. f.) Rahn
Ref.: Rahn, 1995.

Plantago monanthos d'Urv. var. *muscoides* Hook. f. = **Plantago barbata** G. Forst. subsp. **muscoides** (Hook. f.) Rahn
Ref.: Rahn, 1995.

Plantago monticola Decne. = **Plantago sericea** Ruiz & Pav. subsp. **sericans** (Pilg.) Rahn
Ref.: Rahn, 1995.

Plantago monticola Decne. subsp. *eumonticola* Pilg., nom. inval. = **Plantago sericea** Ruiz & Pav. subsp. **sericans** (Pilg.) Rahn

Plantago monticola Decne. subsp. *sericans* Pilg. = **Plantago sericea** Ruiz & Pav. subsp. **sericans** (Pilg.) Rahn
Ref.: Rahn, 1995.

Plantago moorei Rahn
Ref.: Rahn, 1984, 1995.
Hábito: Hierba.
Status: Endémica.
Elevación: 0-500 m.
Prov.: TF.
Ejemplar examinado: *Moore 729* (holotipo, RU).

Plantago myosuros Lam.
Sin.: *Plantago barbata* G. Forst. subvar. *taraxacoides* (Speg.) Pilg., *Plantago chubutensis* Pilg., *Plantago myosuros* Lam. var. *hirta* Speg., *Plantago myosuros* Lam. var. *major* Pilg., *Plantago myosuros* Lam. var. *parviflora* Speg., *Plantago myosuros* Lam. var. *taraxacoides* Speg., *Plantago myosurus* Lam. subsp. *nudiuscula* Pilg., *Plantago nigritella* Pilg., *Plantago pseudomyosuros* Pilg., *Plantago rojasii* Pilg., *Plantago taraxacoides* (Speg.) Pilg.
Ref.: Rahn, 1974, 1995.
Hábito: Hierba.
Status: Nativa.
Elevación: 0-2000 m.
Prov.: BA, CH, CHU, CO, COR, ER, FO, JU, LP, ME, RN, SA, SC, SE, SF, SJ, SL, TU.
Paises limítrofes: BO, BR, PA, UR.
Ejemplar examinado: *Joergensen 3175* (LIL, SI).

Plantago myosuros Lam. var. *hirta* Speg. = **Plantago myosuros** Lam.
Ref.: Rahn, 1974.

Plantago myosuros Lam. var. *latifolia* Speg. = **Plantago australis** Lam. subsp. **australis**
Ref.: Rahn, 1995.

Plantago myosuros Lam. var. *major* Pilg. = **Plantago myosuros** Lam.
Ref.: Rahn, 1974.

Plantago myosuros Lam. var. *parviflora* Speg. = **Plantago myosuros** Lam.
Ref.: Rahn, 1974.

Plantago myosuros Lam. var. *taraxacoides* Speg. = **Plantago myosuros** Lam.

Plantago myosurus Lam. subsp. *nudiuscula* Pilg. = **Plantago myosuros** Lam.
Ref.: Rahn, 1974.

Plantago niederleinii Pilg. = **Plantago orbignyana** Steinh. ex Decne. subsp. **niederleinii** (Pilg.) Rahn
Ref.: Rahn, 1995.

Plantago nigritella Pilg. = **Plantago myosuros** Lam.
Ref.: Rahn, 1995.

Plantago obtusata Decne. = **Plantago brasiliensis** Sims
Ref.: Rahn, 1995.

Plantago orbignyana Steinh. ex Decne. var. *lasiantha* Pilg. = **Plantago orbignyana** Steinh. ex Decne. subsp. **pseudomollior** (Rahn) Rahn
Ref.: Rahn, 1995.

Plantago orbignyana Steinh. ex Decne. subsp. **niederleinii** (Pilg.) Rahn
Sin.: *Plantago niederleinii* Pilg.
Ref.: Rahn, 1974, 1995.
Hábito: Hierba.
Status: Endémica.
Elevación: 2000-3500 m.
Prov.: CA, JU, LR, SA, TU.
Ejemplar examinado: *Hieronymus y Niederlein 812* (lectotipo, CORD).

Plantago orbignyana Steinh. ex Decne. subsp. **orbignyana**
Ref.: Rahn, 1974, 1995.
Hábito: Hierba.
Status: Nativa.
Elevación: 3500-4500 m.
Prov.: JU, SA.
Paises limítrofes: BO.
Ejemplar examinado: *Kurtz 11477* (BAF, CORD).

Plantago orbignyana Steinh. ex Decne. subsp. **pseudomollior** (Rahn) Rahn
Sin.: *Plantago australis* Lam. subsp. *pseudomollior* Rahn, *Plantago orbignyana* Steinh. ex Decne. var. *lasiantha* Pilg.
Ref.: Rahn, 1974, 1995.
Hábito: Hierba.
Status: Nativa.
Elevación: 2000-4000 m.
Prov.: JU, SA.
Paises limítrofes: BO.
Ejemplar examinado: *Fabris 5412* (LP).

Plantago oreades Decne. = [Plantago australis Lam. subsp. oreades (Decne.) Rahn]
Ref.: Rahn, 1974.

Plantago oreades Decne. var. *chamaestachys* Griseb. = **Plantago argentina** Pilg.
Ref.: Rahn, 1995.

Plantago oreades Decne. var. *lanuginosa* Griseb. = **Plantago tomentosa** Lam. subsp. **tomentosa**
Ref.: Rahn, 1995.

Plantago oxyphylla Speg. = **Plantago uniglumis** Wallr. ex Walp.
Ref.: Rahn, 1995.

Plantago pachyneura Steud.
Ref.: Rahn, 1974, 1995.
Hábito: Hierba.
Status: Nativa.
Elevación: 1000-2000 m.
Prov.: ME.
Paises limítrofes: CH.
Ejemplar examinado: *Ruíz Leal 23647* (MERL).

Plantago paralias Decne. = **Plantago tomentosa** Lam. subsp. **tomentosa**
Ref.: Rahn, 1974, 1995.

Plantago paralias Decne. var. *achalensis* (Pilg.) Pilg. = **Plantago tomentosa** Lam. subsp. **tomentosa**
Ref.: Rahn, 1974.

Plantago paralias Decne. var. *brevifolia* Pilg. = **Plantago tomentosa** Lam. subsp. **tomentosa**
Ref.: Rahn, 1974.

Plantago paralias Decne. var. *cordobensis* (Pilg.) Pilg. = **Plantago tomentosa** Lam. subsp. **tomentosa**

Plantago paralias Decne. subsp. *dasystachys* (Pilg.) Pilg. = **Plantago tomentosa** Lam. subsp. **tomentosa**
Ref.: Rahn, 1974.

Plantago paralias Decne. subsp. *euparalias* Pilg., nom. inval. = **Plantago tomentosa** Lam. subsp. **tomentosa**
Ref.: Rahn, 1974.

Plantago paralias Decne. subsp. *grisebachii* (Hieron.) Pilg. = **Plantago tomentosa** Lam. subsp. **tomentosa**
Ref.: Rahn, 1974.

Plantago paralias Decne. subsp. *hypolasia* (Pilg.) Pilg. = **Plantago tomentosa** Lam. subsp. **tomentosa**
Ref.: Rahn, 1974.

Plantago paralias Decne. subsp. *leiocalyx* (Pilg.) Pilg. = **Plantago tomentosa** Lam. subsp. **tomentosa**
Ref.: Rahn, 1974.

Plantago paralias Decne. subsp. *napiformis* Rahn = **Plantago tomentosa** Lam. subsp. **napiformis** (Rahn) Rahn
Ref.: Rahn, 1995.

Plantago paralias Decne. subsp. *petiolata* (Pilg.) Pilg. = **Plantago tomentosa** Lam. subsp. **tomentosa**
Ref.: Rahn, 1974.

Plantago paralias Decne. subsp. *schlechtendaliana* (Pilg.) Pilg. = **Plantago tomentosa** Lam. subsp. **tomentosa**
Ref.: Rahn, 1974.

Plantago patagonica Jacq.
Sin.: *Plantago gnaphaloides* Nutt., *Plantago patagonica* Jacq. f. *glabrescens* Pilg., *Plantago patagonica* Jacq. f. *vestita* Pilg., *Plantago patagonica* Jacq. var. *gracilescens* Speg., *Plantago patagonica* Jacq. var. *majuscula* Pilg., *Plantago patagonica* Jacq. var. *typica* Speg., nom. inval., *Plantago purshii* Roem. & Schult.
Ref.: Rahn, 1978, 1995.
Hábito: Hierba.
Status: Nativa.
Elevación: 0-1000 m.
Prov.: BA, CHU, CO, LP, ME, NE, RN, SC, SL.
Ejemplar examinado: *Ruíz Leal 25486* (MERL).

Plantago patagonica Jacq. var. *gracilescens* Speg. = **Plantago patagonica** Jacq.
Ref.: Rahn, 1978.

Plantago patagonica Jacq. var. *majuscula* Pilg. = **Plantago patagonica** Jacq.
Ref.: Rahn, 1978.

[Plantago patagonica Jacq. var. minuscula Speg.]
Nota: Taxón dudoso.

Plantago patagonica Jacq. var. *typica* Speg., nom. inval. = **Plantago patagonica** Jacq.

Plantago patagonica Jacq. f. *glabrescens* Pilg. = **Plantago patagonica** Jacq.
Ref.: Rahn, 1978.

Plantago patagonica Jacq. f. *vestita* Pilg. = **Plantago patagonica** Jacq.
Ref.: Rahn, 1978.

Plantago pauciflora Lam. = **Plantago barbata** G. Forst. subsp. **barbata**
Ref.: Rahn, 1995.

Plantago penantha Griseb.
Sin.: *Plantago kuntzei* Pilg.
Ref.: Rahn, 1974, 1995.
Hábito: Hierba.
Status: Nativa.
Elevación: 0-500 m.
Prov.: BA, COR, ER.
Paises limítrofes: UR.
Ejemplar examinado: *Nicora 3341* (SI).

Plantago platypetala Wallr. ex Walp. = **Plantago grandiflora** Meyen
Ref.: Rahn, 1995.

Plantago polymorpha Banks & Sol. ex Hook. f. = **Plantago barbata** G. Forst. subsp. **monanthos** (d'Urv.) Rahn
Ref.: Rahn, 1995.

Plantago pseudomyosuros Pilg. = **Plantago myosuros** Lam.
Ref.: Rahn, 1995.

Plantago pulvinata Speg.
Ref.: Rahn, 1984, 1995.
Hábito: Hierba.
Status: Nativa.
Elevación: 0-500 m.
Prov.: SC.
Paises limítrofes: CH.
Ejemplar examinado: *Spegazzini s.n.* (holotipo, LPS 14291).

Plantago purshii Roem. & Schult. = **Plantago patagonica** Jacq.
Ref.: Rahn, 1995.

Plantago refracta Pilg. = **Plantago australis** Lam. subsp. **australis**
Ref.: Rahn, 1995.

Plantago rocae Lorentz = **Plantago major** L.
Ref.: Rahn, 1995.

Plantago rojasii Pilg. = **Plantago myosuros** Lam.
Ref.: Rahn, 1995.

Plantago semperviroides Dusén
Ref.: Rahn, 1984, 1995.
Hábito: Hierba.
Status: Nativa.
Elevación: 500-2000 m.
Prov.: SC.
Paises limítrofes: CH.
Ejemplar examinado: *Dusén 5932* (isotipo, W).

Plantago sericea Ruiz & Pav. var. **lanuginosa** Griseb.
Sin.: *Plantago fiebrigii* Pilg., *Plantago lorentzii* Pilg., *Plantago tarijensis* Pilg.
Ref.: Rahn, 1995.
Hábito: Hierba.
Status: Nativa.
Elevación: 2000-4500 m.
Prov.: CA, JU, SA, TU.
Paises limítrofes: BO.
Ejemplar examinado: *Venturi 3174* (LIL).

Plantago sericea Ruiz & Pav. var. *linearis* (Kunth) Wedd. = [Plantago linearis Kunth]

Plantago sericea Ruiz & Pav. subsp. **sericans** (Pilg.) Rahn
Sin.: *Plantago monticola* Decne., *Plantago monticola* Decne. subsp. *eumonticola* Pilg., nom. inval., *Plantago monticola* Decne. subsp. *sericans* Pilg.
Ref.: Rahn, 1995.
Hábito: Hierba.
Status: Nativa.
Elevación: 2500-4500 m.
Prov.: CA, JU, LR, SA, TU.
Paises limítrofes: BO.
Ejemplar examinado: *Venturi 8511* (US).

Plantago sinuata Lam. = [Plantago major L. subsp. pleiosperma Pilg. var. sinuata (Lam.) Decne.]

Plantago stuckertii Pilg. = **Plantago australis** Lam. subsp. **australis**
Ref.: Rahn, 1995.

Plantago stuckertii Pilg. var. *catamarcensis* Pilg. = **Plantago australis** Lam. subsp. **australis**
Ref.: Rahn, 1974.

Plantago tandilensis (Pilg.) Rahn
Sin.: *Plantago brasiliensis* Sims var. *tandilensis* Pilg., *Plantago coriacea* Cham. & Schltdl. var. *pilosula* Kuntze
Ref.: Rahn, 1983, 1995.
Hábito: Arbusto.
Status: Endémica.
Elevación: 0-500 m.
Prov.: BA.
Ejemplar examinado: *Cabrera 17186* (LP).

Plantago taraxacoides (Speg.) Pilg. = **Plantago myosuros** Lam.
Ref.: Rahn, 1995.

Plantago tarijensis Pilg. = **Plantago sericea** Ruiz & Pav. var. **lanuginosa** Griseb.
Ref.: Rahn, 1995.

Plantago tehuelcha Speg.
Ref.: Rahn, 1984, 1995.
Hábito: Hierba.
Status: Nativa.
Elevación: 0-1000 m.
Prov.: SC.
Paises limítrofes: CH.
Ejemplar examinado: *Spegazzini s.n.* (holotipo, LPS 14294).

Plantago tomentosa Lam. var. *achalensis* Pilg. = **Plantago tomentosa** Lam. subsp. **tomentosa**
Ref.: Rahn, 1974.

Plantago tomentosa Lam. var. *brevifolia* Pilg. = **Plantago tomentosa** Lam. subsp. **tomentosa**
Ref.: Rahn, 1974.

Plantago tomentosa Lam. var. *cordobensis* Pilg. = **Plantago tomentosa** Lam. subsp. **tomentosa**
Ref.: Rahn, 1974.

Plantago tomentosa Lam. subsp. *dasystachys* Pilg. = **Plantago tomentosa** Lam. subsp. **tomentosa**
Ref.: Rahn, 1974.

Plantago tomentosa Lam. subsp. *grisebachii* (Hieron.) Pilg. = **Plantago tomentosa** Lam. subsp. **tomentosa**
Ref.: Rahn, 1974.

Plantago tomentosa Lam. subsp. *hypolasia* (Pilg.) Pilg. = **Plantago tomentosa** Lam. subsp. **tomentosa**
Ref.: Rahn, 1974.

Plantago tomentosa Lam. subsp. *leiocalyx* Pilg. = **Plantago tomentosa** Lam. subsp. **tomentosa**
Ref.: Rahn, 1974.

Plantago tomentosa Lam. subsp. **napiformis** (Rahn) Rahn
Sin.: *Plantago paralias* Decne. subsp. *napiformis* Rahn
Ref.: Rahn, 1974, 1995.
Hábito: Hierba.
Status: Nativa.
Elevación: 0-500 m.
Prov.: CH, COR, FO, MI, SF.
Paises limítrofes: BR, PA.
Ejemplar examinado: *Burkart 6855* (SI).

Plantago tomentosa Lam. subsp. *paralias* (Decne.) Pilg. = **Plantago tomentosa** Lam. subsp. **tomentosa**
Ref.: Rahn, 1974.

Plantago tomentosa Lam. subsp. *petiolata* Pilg. = **Plantago tomentosa** Lam. subsp. **tomentosa**
Ref.: Rahn, 1974.

Plantago tomentosa Lam. subsp. *schlechtendaliana* Pilg. = **Plantago tomentosa** Lam. subsp. **tomentosa**
Ref.: Rahn, 1974.

Plantago tomentosa Lam. subsp. **tomentosa**
Sin.: *Plantago achalensis* Pilg., *Plantago achalensis* Pilg. f. *minor* Pilg., *Plantago achalensis* Pilg. var. *hirtula* Pilg., *Plantago affinis* Decne., *Plantago grisebachii* Hieron., *Plantago hypolasia* Pilg., *Plantago hypoleuca* Pilg., *Plantago oreades* Decne. var. *lanuginosa* Griseb., *Plantago paralias* Decne., *Plantago paralias* Decne. var. *achalensis* (Pilg.) Pilg., *Plantago paralias* Decne. var. *brevifolia* Pilg., *Plantago paralias* Decne. var. *cordobensis* (Pilg.) Pilg., *Plantago paralias* Decne. subsp. *dasystachys* (Pilg.) Pilg., *Plantago paralias* Decne. subsp. *euparalias* Pilg., nom. inval., *Plantago paralias* Decne. subsp. *grisebachii* (Hieron.) Pilg., *Plantago paralias* Decne. subsp. *hypolasia* (Pilg.) Pilg., *Plantago paralias* Decne. subsp. *leiocalyx* (Pilg.) Pilg., *Plantago paralias* Decne. subsp. *petiolata* (Pilg.) Pilg., *Plantago paralias* Decne. subsp. *schlechtendaliana* (Pilg.) Pilg., *Plantago tomentosa* Lam. var. *achalensis* Pilg., *Plantago tomentosa* Lam. var. *brevifolia* Pilg., *Plantago tomentosa* Lam. var. *cordobensis* Pilg., *Plantago tomentosa* Lam. subsp. *dasystachys* Pilg., *Plantago tomentosa* Lam. subsp. *grisebachii* (Hieron.) Pilg., *Plantago tomentosa* Lam. subsp. *hypolasia* (Pilg.) Pilg., *Plantago tomentosa* Lam. subsp. *leiocalyx* Pilg., *Plantago tomentosa* Lam. subsp. *paralias* (Decne.) Pilg., *Plantago tomentosa* Lam. subsp. *petiolata* Pilg., *Plantago tomentosa* Lam. subsp. *schlechtendaliana* Pilg.
Ref.: Rahn, 1974, 1995.
Hábito: Hierba.
Status: Nativa.
Elevación: 0-4000 m.
Prov.: BA, CA, CH, CO, COR, ER, FO, JU, LR, ME, MI, SA, SE, SF, SJ, SL, TU.
Paises limítrofes: BO, BR, PA, UR.
Ejemplar examinado: *Venturi 3914* (SI).

Plantago tubulosa Decne.
Ref.: Rahn, 1995.
Hábito: Hierba.
Status: Nativa.
Elevación: 2500>4500 m.
Prov.: JU, LR, SA, TU.
Paises limítrofes: BO, CH.
Ejemplar examinado: *Venturi 8658* (US).

Plantago uncialis Decne. ex Barnéoud = **Plantago uniglumis** Wallr. ex Walp.
Ref.: Rahn, 1995.

Plantago uniflora L. = [Littorella uniflora (L.) Asch.]

Plantago uniflora Phil., hom. illeg. = **Plantago uniglumis** Wallr. ex Walp.
Ref.: Rahn, 1995.

*Plantago uniglumis*var. *oxyphylla* (Speg.) Pilg. = **Plantago uniglumis** Wallr. ex Walp.
Ref.: Rahn, 1984.

Plantago uniglumis Wallr. ex Walp.
Sin.: *Plantago barbata* G. Forst. f. *uncialis* (Decne. ex Barnéoud) Pilg., *Plantago barbata* G. Forst. var. *uncialis* Wedd., *Plantago coelorhiza* Morris & Macloskie, *Plantago oxyphylla* Speg., *Plantago uncialis* Decne. ex Barnéoud, *Plantago uniflora* Phil., hom. illeg., *Plantago uniglumis*var. *oxyphylla* (Speg.) Pilg.
Ref.: Rahn, 1984, 1995.
Hábito: Hierba.
Status: Nativa.
Elevación: 0-3500 m.
Prov.: CHU, ME, NE, SC, SJ.
Paises limítrofes: CH.
Ejemplar examinado: *Kurtz 5383* (CORD).

Plantago ventanensis Pilg.
Ref.: Rahn, 1974, 1995.
Hábito: Hierba.
Status: Endémica.
Elevación: 500-1000 m.
Prov.: BA.
Ejemplar examinado: *Spegazzini s.n.* (neotipo, SI 8327).

Plantago venturii Pilg.
Ref.: Rahn, 1974, 1995.
Hábito: Hierba.
Status: Endémica.
Elevación: 1000-3000 m.
Prov.: CA, TU.
Ejemplar examinado: *Venturi 7058* (holotipo, US).

Plantago weddelliana Decne.
Ref.: Rahn, 1974, 1995.
Hábito: Hierba.
Status: Nativa.
Elevación: 2000-4000 m.
Prov.: SA.
Paises limítrofes: BO.
Ejemplar examinado: *Hawkes et al. 3825* (C).

PLUMBAGINACEAE

3 géneros, 4 especies.

Armeria Willd.

Número de especies: 1, 1 variedad endémica.

Armeria andina Poepp. ex Boiss. = **Armeria maritima** (Mill.) Willd. var. **maritima**
Ref.: Moore, 1983.

Armeria bella Albov = **Armeria maritima** (Mill.) Willd. var. **maritima**
Ref.: Moore, 1983.

Armeria chilensis Boiss. = **Armeria maritima** (Mill.) Willd. var. **maritima**

Armeria chilensis subsp. *andina* (Poepp. ex Boiss.) Reiche = **Armeria maritima** (Mill.) Willd. var. **maritima**
Ref.: Moore, 1983.

Armeria chilensis var. *macloviana* (Cham.) Reiche = **Armeria maritima** (Mill.) Willd. var. **maritima**

Armeria chilensis var. *magellanica* Boiss. = **Armeria maritima** (Mill.) Willd. var. **maritima**
Ref.: Moore, 1983.

Armeria curvifolia Bertero = **Armeria maritima** (Mill.) Willd. var. **maritima**

Armeria elongata Koch = **Armeria maritima** (Mill.) Willd. var. **maritima**

Armeria elongata var. *macloviana* (Cham.) Skottsb. = **Armeria maritima** (Mill.) Willd. var. **maritima**
Ref.: Moore, 1983.

Armeria macloviana Cham. = **Armeria maritima** (Mill.) Willd. var. **maritima**
Ref.: Moore, 1983.

Armeria maritima (Mill.) Willd. subsp. *andina* (Poepp. ex Boiss.) D.M. Moore & Yates = **Armeria maritima** (Mill.) Willd. var. **maritima**
Ref.: Moore, 1983.

Armeria maritima (Mill.) Willd. var. **goodalliana** T.R. Dudley
Ref.: Dudley, 1981; Moore, 1983.
Hábito: Hierba.
Status: Endémica.
Elevación: 0–500 m.
Prov.: TF.
Ejemplar examinado: *Dudley et al. 1034* (isotipo, SI).

Armeria maritima (Mill.) Willd. var. **maritima**
Sin.: *Armeria andina* Poepp. ex Boiss., *Armeria bella* Albov, *Armeria chilensis* (Cham.) Reiche var. *macloviana*, *Armeria chilensis* (Poepp. ex Boiss.) Reiche subsp. *andina*, *Armeria chilensis* Boiss., *Armeria chilensis* Boiss. var. *magellanica*, *Armeria curvifolia* Bertero, *Armeria elongata* (Cham.) Skottsb. var. *macloviana*, *Armeria elongata* Koch, *Armeria macloviana* Cham., *Armeria maritima* subsp. *andina* (Poepp. ex Boiss.) D.M. Moore & Yates
Ref.: Moore, 1983.
Hábito: Hierba.
Status: Nativa.
Elevación: 0–3000 m.
Prov.: CHU, CO, ME, NE, RN, SC, TF.
Paises limítrofes: CH.
Ejemplar examinado: *Boelcke et al. 13911* (SI).

Limonium Mill.
Número de especies: 1

Limonium brasiliense (Boiss.) Kuntze var. **brasiliense**
Sin.: *Statice brasiliense* Boiss.
Ref.: Ruiz Leal, 1975; Burkart, 1979d.
Hábito: Hierba.
Status: Nativa.
Elevación: 0–500 m.
Prov.: BA, CHU, ER, LP, ME, RN, SF.
Paises limítrofes: BR, UR.
Ejemplar examinado: *Zapata s.n.* (SI 20916).

Limonium brasiliense (Boiss.) Kuntze var. **patagonicum** (Speg.) Burkart
Sin.: *Statice brasiliense* var. *uruguayensis* (Arechav.) Hauman, *Statice patagonica* Speg., *Statice uruguayensis* Arechav.
Ref.: Burkart, 1979d.
Hábito: Hierba.
Status: Nativa.
Elevación: 500–1500 m.
Prov.: BA, CHU, ME, NE, RN, SC.
Paises limítrofes: UR.
Ejemplar examinado: *Gómez 39* (SI).

Plumbago L.
Número de especies: 2

Plumbago caerulea Kunth
Ref.: Meyer, 1977; Kiesling, 1983a.
Hábito: Arbusto o subarbusto.
Status: Nativa.
Elevación: 500–2500 m.
Prov.: CO, JU, LR, SL, TU.
Paises limítrofes: BO, CH.
Ejemplar examinado: *Venturi 4850* (LP, SI).

Plumbago scandens L.
Ref.: Parodi, 1934; Kiesling, 1983a.
Hábito: Arbusto o subarbusto.
Status: Nativa.
Elevación: 0–1500 m.
Prov.: CH, FO, JU, SA, TU.
Paises limítrofes: BR, PA.
Ejemplar examinado: *Venturi 5211* (SI).

Statice brasiliense Boiss. = **Limonium brasiliense** (Boiss.) Kuntze var. **brasiliense**
Ref.: Burkart, 1979d.

[Statice brasiliense Boiss. var. antarctica Boiss.]
Ref.: Burkart, 1979d.
Nota: Taxón dudoso.

Statice brasiliense Boiss. var. *uruguayensis* (Arechav.) Hauman = **Limonium brasiliense** var. **patagonicum** (Speg.) Burkart
Ref.: Burkart, 1979d.

Statice patagonica Speg. = **Limonium brasiliense** var. **patagonicum** (Speg.) Burkart
Ref.: Burkart, 1979d.

Statice uruguayensis Arechav. = **Limonium brasiliense** var. **patagonicum** (Speg.) Burkart
Ref.: Burkart, 1979d.

PODOSTEMACEAE

5 géneros, 13 especies; 2 especies endémicas.

por N. M. Tur

Apinagia Tul.
Número de especies: 1

Apinagia yguazuensis Chodat & Vischer
Ref.: Chodat & Vischer, 1917; Pontiroli, 1955; Tur, 1997.
Hábito: Hierba acuática.
Status: Nativa.
Elevación: 0-500 m.
Prov.: MI.
Paises limítrofes: PA.
Ejemplar examinado: *Chodat y Vischer 341* (holotipo, G).

Dufourea trifaria Bory ex Willd. = **Tristicha trifaria** (Willd.) Spreng.
Ref.: Tur, 1987c.

Lacis aspera Bong. = **Mourera aspera** (Bong.) Tul.
Ref.: Tur, 1997.

Mourera Aubl.

Número de especies: 1

Mourera aspera (Bong.) Tul.
Sin.: *Lacis aspera* Bong., *Mourera pennicillata* Hicken
Ref.: Pontiroli, 1955; Tur, 1997.
Hábito: Hierba acuática.
Status: Nativa.
Elevación: 0-500 m.
Prov.: COR, MI.
Paises limítrofes: BR.
Ejemplar examinado: *Tur y Guaglianone 2036* (LP, SI).

Mourera pennicillata Hicken = **Mourera aspera** (Bong.) Tul.
Ref.: Tur, 1997.

Podostemum Michx.

Número de especies: 9, 1 especie endémica.

Podostemum aguirense Chodat & Vischer
Sin.: *Podostemum warmingii* Chodat & Vischer
Ref.: Chodat & Vischer, 1917; Royen, 1954; Pontiroli, 1955; Tur, 1997.
Hábito: Hierba acuática.
Status: Nativa.
Elevación: 0-500 m.
Prov.: MI.
Paises limítrofes: PA.
Ejemplar examinado: *Chodat y Vischer 338* (holotipo, G).

Podostemum atrichum Chodat & Vischer
Ref.: Chodat & Vischer, 1917; Pontiroli, 1955; Tur, 1997.
Hábito: Hierba acuática.
Status: Nativa.
Elevación: 0-500 m.
Prov.: MI.
Paises limítrofes: PA.
Ejemplar examinado: *Tur y Guaglianone 1953* (LP, SI).

Podostemum comatum Hicken
Ref.: Hicken, 1917; Royen, 1954; Pontiroli, 1955; Tur, 1997.
Hábito: Hierba acuática.
Status: Endémica.
Elevación: 0-500 m.
Prov.: MI.
Ejemplar examinado: *Rodríguez 791* (holotipo, SI).

[Podostemum galvone Warm.]
Ref.: Tur, 1987c.
Nota: Especie excluida de la flora argentina.

Podostemum mülleri Warm.
Ref.: Warming, 1888; Tur, 1997.
Hábito: Hierba acuática.
Status: Nativa.
Elevación: 0-500 m.
Prov.: MI.
Paises limítrofes: BR.
Ejemplar examinado: *Zuloaga y Deginani 561* (LP).

Podostemum ostenianum Warm.
Ref.: Warming, 1899; Pontiroli, 1955; Tur, 1987c, 1997.
Hábito: Hierba acuática.
Status: Nativa.
Elevación: 0-500 m.
Prov.: ER.
Paises limítrofes: UR.
Ejemplar examinado: *Osten 2903* (isotipo, MVM).

Podostemum rutifolium Warm.
Ref.: Warming, 1899; Tur, 1987c, 1997.
Hábito: Hierba acuática.
Status: Nativa.
Elevación: 0-500 m.
Prov.: MI.
Paises limítrofes: BR.
Ejemplar examinado: *Tur y Guaglianone 2025* (LP, SI).

Podostemum schenckii Warm.
Ref.: Warming, 1888, 1899; Pontiroli, 1955; Tur, 1987c, 1997.
Hábito: Hierba acuática.
Status: Nativa.
Elevación: 0-500 m.
Prov.: COR.
Paises limítrofes: BR, UR.
Ejemplar examinado: *Nicora 6318* (SI).

Podostemum undulatum P. Royen
Ref.: Royen, 1954; Tur, 1987c, 1997.
Hábito: Hierba acuática.
Status: Nativa.
Elevación: 0-500 m.
Prov.: ER.
Paises limítrofes: PA, UR.
Ejemplar examinado: *Tur 955* (LP, SI).

Podostemum uruguayense Warm.
Ref.: Warming, 1899; Pontiroli, 1955; Tur, 1987c, 1997.
Hábito: Hierba acuática.
Status: Nativa.
Elevación: 0-500 m.
Prov.: COR, ER.
Paises limítrofes: BR, UR.
Ejemplar examinado: *Osten 2904* (holotipo, C; isotipo, SI).

Podostemum warmingii Chodat & Vischer = **Podostemum aguirense** Chodat & Vischer
Ref.: Tur, 1997.

Tristicha Thouars

Número de especies: 1

Tristicha trifaria (Bory ex Willd.) Spreng.
Sin.: *Dufourea trifaria* Bory ex Willd.
Ref.: Pontiroli, 1955; Tur, 1987c, 1997.
Hábito: Hierba acuática.
Status: Nativa.
Elevación: 0-500 m.
Prov.: COR, ER, MI.
Paises limítrofes: BR, PA, UR.
Ejemplar examinado: *Tur y Guaglianone 2016* (LP, SI).

Wettsteiniola Suess.

Número de especies: 1 especie endémica.

Wettsteiniola apipensis Tur
Ref.: Tur, 1975.
Hábito: Hierba acuática.
Status: Endémica.
Elevación: 0-500 m.
Prov.: COR.
Ejemplar examinado: *Tur 1520* (holotipo, LP).

POLEMONIACEAE

7 géneros, 10 especies; 2 especies endémicas.

Collomia Nutt.

Número de especies: 1

[Collomia biflora (Ruiz & Pav.) Brand]
Sin.: *Gilia biflora* (Ruiz & Pav.) J.F. Macbr., *Phlox biflora* Ruiz & Pav.
Ref.: Soriano, 1947a.
Nota: Cita dudosa para la flora argentina.

Collomia cavanillesii Hook. & Arn. = **Collomia linearis** Nutt.
Ref.: Soriano, 1947a.

Collomia cavanillesii Hook. & Arn. f. *coccinea* (Lehm. ex Lindl.) Wherry = **Collomia linearis** Nutt.

Collomia chubutensis Speg. = **Microsteris gracilis** (Hook.) Greene
Ref.: Soriano, 1947a.

Collomia coccinea Lehm. ex Lindl. = **Collomia linearis** Nutt.

Collomia gracilis Douglas ex Benth. = **Microsteris gracilis** (Hook.) Greene

Collomia gracilis Douglas ex Benth. var. *congesta* Wedd. = **Microsteris gracilis** (Hook.) Greene

Collomia gracilis Douglas ex Benth. var. *minuartioides* Franch. = **Microsteris gracilis** (Hook.) Greene

Collomia linearis Nutt.
Sin.: *Collomia cavanillesii* Hook. & Arn., *Collomia cavanillesii* Hook. & Arn. f. *coccinea* (Lehm. ex Lindl.) Wherry, *Collomia coccinea* Lehm. ex Lindl.
Ref.: Wherry, 1944; Soriano, 1947a.
Hábito: Hierba.
Status: Nativa.
Elevación: 0-1000 m.
Prov.: CHU, ME, NE, RN, SC.
Paises limítrofes: BO, CH.
Ejemplar examinado: *Illin 166* (SI).

Gilia Ruiz & Pav.

Número de especies: 4, 1 especie endémica.

Gilia alpina (Wedd.) Brand = **Gilia laciniata** Ruiz & Pav.
Ref.: Grant, 1966; Cabrera, 1983c.

Gilia arcuata Hieron. = **Polemonium micranthum** Benth.

Gilia biflora (Ruiz & Pav.) J.F. Macbr. = **Collomia biflora** (Ruiz & Pav.) Brand
Ref.: Wherry, 1944.

Gilia crassifolia Benth.
Sin.: *Gilia crassifolia* Benth. var. *andicola* (Phil.) Brand, *Gilia lanigera* Phil.
Ref.: Borsini, 1942; Grant, 1959, 1964; Cabrera, 1983c.
Hábito: Hierba.
Status: Nativa.
Elevación: 1500-4000 m.
Prov.: CHU, LR, ME, RN, SA, SJ.
Paises limítrofes: CH.
Ejemplar examinado: *Cabrera 8797* (LP).

Gilia crassifolia Benth. var. *andicola* (Phil.) Brand = **Gilia crassifolia** Benth.
Ref.: Grant, 1959.

Gilia erecta Hieron. = **Gilia laciniata** Ruiz & Pav.
Ref.: Grant, 1966.

Gilia foetida Gillies ex Benth. = **Giliastrum foetidum** (Gillies ex Benth.) J.M. Porter

Gilia gayana Wedd. = **Polemonium micranthum** Benth.

Gilia gossypifera Gillies ex Benth. = **Ipomopsis gossypifera** (Gillies ex Benth.) V.E. Grant
Ref.: Cabrera, 1983c.

Gilia gracilis Hook. = **Microsteris gracilis** (Hook.) Greene

Gilia gracilis Hook. var. *congesta* (Wedd.) Borsini = **Microsteris gracilis** (Hook.) Greene

Gilia gracilis Hook. var. *minuartioides* (Franch.) Borsini, comb. illeg. = **Microsteris gracilis** (Hook.) Greene

Gilia involucrata Phil. = **Ipomopsis gossypifera** (Gillies ex Benth.) V.E. Grant
Ref.: Cabrera, 1983c.

Gilia laciniata Ruiz & Pav.
Sin.: *Gilia alpina* (Wedd.) Brand, *Gilia erecta* Hieron., *Gilia laciniata* Ruiz & Pav. var. *alpina* Wedd., *Gilia laciniata* Ruiz & Pav. var. *erecta* (Hieron.) Brand
Ref.: Borsini, 1942; Grant, 1959, 1966; Cabrera, 1983c.
Hábito: Hierba.
Status: Nativa.
Elevación: 0-4000 m.
Prov.: BA, CA, CHU, JU, ME, NE, RN, SA, SC, TU.
Paises limítrofes: BO, CH, UR.
Ejemplar examinado: *Cabrera et al. 30579* (SI).

Gilia laciniata Ruiz & Pav. var. *alpina* Wedd. = **Gilia laciniata** Ruiz & Pav.
Ref.: Grant, 1966; Cabrera, 1983c.

Gilia laciniata Ruiz & Pav. var. *erecta* (Hieron.) Brand = **Gilia laciniata** Ruiz & Pav.
Ref.: Grant, 1966.

Gilia lanigera Phil. = **Gilia crassifolia** Benth.

Gilia patagonica Speg.
Ref.: Borsini, 1942.
Hábito: Hierba.
Status: Endémica.
Elevación: 0-1000 m.
Prov.: CHU, ME, NE, SC.
Ejemplar examinado: *Dusén 5867* (SI).

[Gilia sinuata Douglas ex Benth.]
Nota: Especie excluida de la flora argentina.

Gilia valdiviensis Griseb.
Ref.: Grant, 1959, 1966; Sparre, 1963.
Hábito: Hierba.
Status: Nativa.
Elevación: 1500-3000 m.
Prov.: ME, RN.
Paises limítrofes: CH.
Ejemplar examinado: *Fischer 128* (SI).

Giliastrum (Brand) Rydb.
Número de especies: 1 especie endémica.

Giliastrum foetidum (Gillies ex Benth.) J.M. Porter
Sin.: *Gilia foetida* Gillies ex Benth.
Ref.: Borsini, 1942; Grant, 1959.
Hábito: Hierba.
Status: Endémica.
Elevación: 2000-3000 m.
Prov.: CA, ME, SJ.
Ejemplar examinado: *Cabrera et al. 30118* (SI).

Ipomopsis Michx.
Número de especies: 1

Ipomopsis gossypifera (Gillies ex Benth.) V.E. Grant
Sin.: *Gilia gossypifera* Gillies ex Benth., *Gilia involucrata* Phil.
Ref.: Grant, 1956; Cabrera, 1983c.
Hábito: Hierba.
Status: Nativa.
Elevación: 2500-4500 m m.
Prov.: CA, JU, LR, ME, NE, SA, SJ.
Paises limítrofes: BO, CH.
Ejemplar examinado: *Cabrera et al. 31796* (SI).

Microsteris Greene
Número de especies: 1

Microsteris gracilis (Hook.) Greene
Sin.: *Collomia chubutensis* Speg., *Collomia gracilis* Douglas ex Benth., *Collomia gracilis* Douglas ex Benth. var. *congesta* Wedd., *Collomia gracilis* Douglas ex Benth. var. *minuartioides* Franch., *Gilia gracilis* Hook., *Gilia gracilis* Hook. var. *congesta* (Wedd.) Borsini, *Gilia gracilis* Hook. var. *minuartioides* (Franch.) Borsini, comb. illeg.
Ref.: Cabrera, 1983c; Cronquist et al., 1984.
Hábito: Hierba.
Status: Nativa.
Elevación: 0-4000 m.
Prov.: CA, CHU, JU, ME, NE, RN, SA, SC, TF.
Paises limítrofes: BO, CH.
Ejemplar examinado: *Cabrera et al. 30576* (SI).

Navarretia Ruiz & Pav.
Número de especies: 1

Navarretia involucrata Ruiz & Pav.
Ref.: Borsini, 1942; Grant, 1959; Sparre, 1963.
Hábito: Hierba.
Status: Nativa.
Elevación: 1000-2000 m m.
Prov.: CHU, ME, NE, RN, SC.
Paises limítrofes: CH.
Ejemplar examinado: *Illin 256* (SI).

Phlox biflora Ruiz & Pav. = **Collomia biflora** (Ruiz & Pav.) Brand
Ref.: Wherry, 1944.

Polemoniella anctartica (Griseb.) A.Nelson & J.F. Macbr. = **Polemonium micranthum** Benth.

Polemoniella anctartica (Griseb.) A.Nelson & J.F. Macbr. f. *violascens* (Brand) Wherry = **Polemonium micranthum** Benth.

Polemoniella anctartica (Griseb.) A.Nelson & J.F. Macbr. var. *violascens* Brand = **Polemonium micranthum** Benth.

Polemoniella antarctica (Griseb.) A.Nelson & J.F. Macbr. f. *arcuata* (Hieron.) Wherry = **Polemonium micranthum** Benth.

Polemoniella antarctica (Griseb.) A.Nelson & J.F. Macbr. f. *typica* Wherry, nom. inval. = **Polemonium micranthum** Benth.

Polemoniella micrantha (Benth.) A. Heller = **Polemonium micranthum** Benth.

Polemonium L.
Número de especies: 1

Polemonium antarcticum Griseb. = **Polemonium micranthum** Benth.
Ref.: Davidson, 1950.

Polemonium antarcticum Griseb. f. *violascens* Brand = **Polemonium micranthum** Benth.

Polemonium gayanum (Wedd.) Brand = **Polemonium micranthum** Benth.

Polemonium gayanum (Wedd.) Brand var. *violascens* Brand = **Polemonium micranthum** Benth.

Polemonium micranthum Benth.
Sin.: *Gilia arcuata* Hieron., *Gilia gayana* Wedd., *Polemoniella antarctica* (Griseb.) A. Nelson & J.F. Macbr., *Polemoniella anctartica* (Griseb.) A.Nelson & J.F. Macbr. f. *violascens* (Brand) Wherry, *Polemoniella anctartica* (Griseb.) A.Nelson & J.F. Macbr. var. *violascens* Brand, *Polemoniella antarctica* (Griseb.) A.Nelson & J.F. Macbr. f. *arcuata* (Hieron.) Wherry, *Polemoniella antarctica* (Griseb.) A.Nelson & J.F. Macbr. f. *typica* Wherry, nom. inval., *Polemoniella micrantha* (Benth.) A. Heller, *Polemonium antarcticum* Griseb., *Polemonium antarcticum* Griseb. f. *violascens* Brand, *Polemonium gayanum* (Wedd.) Brand, *Polemonium gayanum* (Wedd.) Brand var. *violascens* Brand
Ref.: Davidson, 1950; Moore, 1983.
Hábito: Hierba.
Status: Nativa.
Elevación: 0-500, 1500-2500 m.
Prov.: CHU, ME, RN, SC, TF.
Paises limítrofes: CH.
Ejemplar examinado: *Eyerdam et al. 23956* (SI).

POLYGALACEAE

4 géneros, 60 especies; 23 especies y 2 variedades endémicas.

Acanthocladus albicans A.W. Benn. = **Polygala albicans** (A.W. Benn.) Grondona
Ref.: Grondona, 1948.

Acanthocladus microphyllus Griseb. = **Bredemeyera microphylla** (Griseb.) Hieron. var. **microphylla**
Ref.: Grondona, 1988.

Acanthocladus moyanoi Speg. = [Polygala moyanoi (Speg.) Speg.]

Acanthocladus tehuelchum Speg. = **Polygala darwiniana** A.W. Benn.
Ref.: Grondona, 1948, 1988.

Bredemeyera Willd.

Número de especies: 2 especies endémicas.

Bredemeyera colletioides (Phil.) Chodat
Sin.: *Hualania colletioides* Phil.
Ref.: Schwabe, 1947.
Hábito: Arbusto.
Status: Endémica.
Elevación: 1000–2500 m.
Prov.: CA, LR, ME, SJ, TU.
Ejemplar examinado: *Cabrera et al. 31051* (SI).

[Bredemeyera fruticulosa Kassau]
Nota: Taxón dudoso.

Bredemeyera microphylla (Griseb.) Hieron. var. **adpressa** Norverto & R.L. Pérez-Mor.
Ref.: Norverto & Pérez Moreau, 1990.
Hábito: Arbusto.
Status: Endémica.
Elevación: 0–3500 m.
Prov.: BA, LP, LR, ME, RN, SJ.
Ejemplar examinado: *Cano y Montes 68* (holotipo, BAB).

Bredemeyera microphylla (Griseb.) Hieron. var. **microphylla**
Sin.: *Acanthocladus microphyllus* Griseb., *Hualania microphylla* (Griseb.) Hieron., *Polygala chodatiana* A.W. Benn., *Polygala spinescens* var. *aspalathoides* Ball
Ref.: Schwabe, 1947; Grondona, 1988; Norverto & Pérez Moreau, 1990.
Hábito: Arbusto.
Status: Endémica.
Elevación: 0-3000 m.
Prov.: BA, CA, CHU, LP, LR, ME, NE, RN, SJ, TU.
Ejemplar examinado: *Cabrera et al. 32496* (SI).

Hualania colletioides Phil. = **Bredemeyera colletioides** (Phil.) Chodat

Hualania microphylla (Griseb.) Hieron. = **Bredemeyera microphylla** (Griseb.) Hieron. var. **microphylla**

Monnina Ruiz & Pav.

Número de especies: 11, 3 especies endémicas.

Monnina angustifolia DC. = [Monnina pterocarpa Ruiz & Pav.]
Ref.: Eriksen, 1993.

Monnina argentina I.M. Johnst. = **Monnina dictyocarpa** Griseb.
Ref.: Grondona, 1945, 1988.

Monnina brachystachya Griseb. = **Monnina wrightii** A. Gray
Ref.: Eriksen, 1993.

Monnina cardiocarpa A. St.-Hil.
Ref.: Grondona, 1945; Wurdack & Smith, 1971.
Hábito: Hierba.
Status: Nativa.
Elevación: 0–500 m.
Prov.: FO.
Paises limítrofes: BR.
Ejemplar examinado: *Joergensen 3014* (BA, LIL, SI).

Monnina cuneata A. St.-Hil.
Ref.: Grondona, 1945.
Hábito: Hierba.
Status: Nativa.
Elevación: 0–500 m.
Prov.: ER.
Paises limítrofes: BR, UR.
Ejemplar examinado: *Castellanos s.n.* (BA 31/1112).

Monnina dictyocarpa Griseb.
Sin.: *Monnina argentina* I.M. Johnst., *Monnina wilczekiana* Chodat.
Ref.: Grondona, 1945, 1988; Fabris, 1966f.
Hábito: Hierba.
Status: Endémica.
Elevación: 1000–3000 m.
Prov.: BA, CA, CHU, CO, LP, LR, ME, NE, RN, SA, SC, SJ, SL, TU.
Ejemplar examinado: *Fischer 209* (SI).

[Monnina emarginata A. St.-Hil.]
Ref.: Grondona, 1945.
Nota: Especie excluida de la flora argentina.

Monnina exalata A.W. Benn.
Ref.: Grondona, 1945.
Hábito: Hierba.
Status: Nativa.
Elevación: 0–500 m.
Prov.: COR, MI.
Paises limítrofes: BR, PA.
Ejemplar examinado: *Burkart 15336* (SI).

Monnina humahuaquensis Grondona
Sin.: *Monnina pumila* Ferreyra, nom. inval.
Ref.: Ferreyra, 1946; Grondona, 1946.
Hábito: Hierba.
Status: Endémica.
Elevación: 3000–3500 m.
Prov.: JU.
Ejemplar examinado: *Venturi 8621* (holotipo, SI).

Monnina linearifolia Ruiz & Pav.
Ref.: Rossow, 1993.
Hábito: Hierba.
Status: Nativa.
Elevación: 0-1000 m.
Prov.: NE.
Paises limítrofes: CH.
Ejemplar examinado: *Correa et al. 9858* (BAB, BAF).

Monnina lorentziana Chodat
Ref.: Grondona, 1945.
Hábito: Hierba.
Status: Endémica.
Elevación: 1000–2000 m.
Prov.: CA, LR, ME, SA, SL, TU.
Ejemplar examinado: *Burkart 12422* (SI).

[Monnina oblongifolia Arechav.]
Nota: Cita dudosa para la flora argentina.

[Monnina pterocarpa Ruiz & Pav.]
Sin.: *Monnina angustifolia* DC., *Monnina pterocarpa* var. *angustifolia* (DC.) Hook. & Arn.
Ref.: Grondona, 1945.
Nota: Especie excluida de la flora argentina.

Monnina pterocarpa var. *angustifolia* (DC.) Hook. & Arn. = [Monnina pterocarpa Ruiz & Pav.]
Ref.: Eriksen, 1993.

Monnina pumila Ferreyra, nom. inval. = **Monnina humahuaquensis** Grondona

Monnina resedoides A. St.-Hil.
Ref.: Grondona, 1945.
Hábito: Hierba.
Status: Nativa.
Elevación: 0–500 m.
Prov.: COR, ER, MI, SF.
Paises limítrofes: BR, PA, UR.
Ejemplar examinado: *Burkart 14793* (SI).

[Monnina resedoides var. crispata Hook.]
Ref.: Grondona, 1945.
Nota: Taxón dudoso.

Monnina rusbyi Chodat
Ref.: Grondona, 1945.
Hábito: Hierba.
Status: Nativa.
Elevación: 1500–2000 m.
Prov.: JU, SA.
Paises limítrofes: BO.
Ejemplar examinado: *Schreiter 11141* (SI).

Monnina tristaniana A. St.-Hil.
Ref.: Grondona, 1945; Wurdack & Smith, 1971.
Hábito: Hierba.
Status: Nativa.
Elevación: 0–1000 m.
Prov.: CH, COR, ER, FO, MI, SF.
Paises limítrofes: BR, PA, UR.
Ejemplar examinado: *Joergensen 3011* (SI).

Monnina wilczekiana Chodat = **Monnina dictyocarpa** Griseb.
Ref.: Grondona, 1945, 1988.

Monnina wrightii A. Gray
Sin.: *Monnina brachystachya* Griseb.
Ref.: Eriksen, 1993.
Hábito: Hierba.
Status: Nativa.
Elevación: 1000–3000 m.
Prov.: CA, JU, LR, SA, TU.
Paises limítrofes: BO, UR.
Ejemplar examinado: *Venturi 8376* (SI).

Monrosia pterolopha (Chodat) Grondona = **Polygala pterolopha** Chodat

Polygala L.

Número de especies: 46, 18 especies y 2 variedades endémicas.

Polygala acutiappendiculata Chodat = **Polygala stenophylla** A. Gray
Ref.: Grondona, 1948; Fabris, 1966f.

Polygala adenophylla A. St.-Hil.
Sin.: *Polygala paraguayensis* A.W. Benn.
Ref.: Grondona, 1948; Marques, 1988.
Hábito: Hierba.
Status: Nativa.
Elevación: 0–500 m.
Prov.: CH, FO, MI, SF.
Paises limítrofes: BR, PA, UR.
Ejemplar examinado: *Cabrera et al. 29412* (SI).

Polygala albicans (A.W. Benn.) Grondona
Sin.: *Acanthocladus albicans* A.W. Benn., *Polygala bennetti* Chodat.
Ref.: Grondona, 1948.
Hábito: Arbolito.
Status: Nativa.
Elevación: 0–500 m.
Prov.: CH, COR, FO, MI.
Paises limítrofes: BR, PA.
Ejemplar examinado: *Burkart 6911* (SI).

Polygala andicola Phil. = **Polygala philippiana** Chodat

[Polygala angulata DC. var. angustifolia Mart. ex A.W. Benn.]
Ref.: Grondona, 1948.
Nota: Variedad excluida de la flora argentina.

Polygala areguensis A.W. Benn. = **Polygala molluginifolia** A. St.-Hil.
Ref.: Grondona, 1948; Wurdack & Smith, 1971.

Polygala argentinensis Chodat
Ref.: Grondona, 1948.
Hábito: Hierba.
Status: Endémica.
Elevación: 2000–2500 m.
Prov.: CA, JU, LR, SA, TU.
Ejemplar examinado: *Schickendantz 265* (isotipo, CORD).

Polygala aspalatha L.
Sin.: *Polygala neaei* DC., *Polygala polycephala* A. St.-Hil.
Ref.: Grondona, 1948; Fabris, 1966f; Covas, 1968b; Marques, 1988.
Hábito: Hierba.
Status: Nativa.
Elevación: 0–1500 m.
Prov.: BA, CH, CO, LP, SL.
Paises limítrofes: BR, CH, PA, UR.
Ejemplar examinado: *Burkart 2791* (SI).

[Polygala aspalatha var. comosa Chodat]
Ref.: Grondona, 1948.
Nota: Variedad excluida de la flora argentina.

Polygala australis A.W. Benn.
Sin.: *Polygala pamparum* Speg.
Ref.: Grondona, 1948; Fabris, 1966f.
Hábito: Hierba.
Status: Nativa.
Elevación: 0–500 m.
Prov.: BA, ER, SF.
Paises limítrofes: UR.
Ejemplar examinado: *Burkart 2696* (SI).

Polygala bennetti Chodat = **Polygala albicans** (A.W. Benn.) Grondona
Ref.: Grondona, 1948.

Polygala bicarunculata Chodat = **Polygala stenophylla** A. Gray
Ref.: Grondona, 1948; Fabris, 1966f.

Polygala boliviensis A.W. Benn.
Ref.: Grondona, 1948.
Hábito: Hierba.
Status: Nativa.
Elevación: 500–3000 m.
Prov.: JU, SA, TU.
Paises limítrofes: BO.
Ejemplar examinado: *Venturi 8298* (SI).

Polygala bonariensis Grondona
Ref.: Grondona, 1948; Fabris, 1966f; Marques, 1988.
Hábito: Hierba.
Status: Nativa.
Elevación: 0–500 m.
Prov.: BA, COR, MI, SF.
Paises limítrofes: BR
Ejemplar examinado: *Cabrera 6564* (isotipo, SI).

Polygala brasiliensis L.
Sin.: *Polygala dunaliana* A. St.-Hil.
Ref.: Grondona, 1948; Fabris, 1966f; Wurdack & Smith, 1971.
Hábito: Hierba.
Status: Nativa.
Elevación: 0–500 m.
Prov.: BA, COR, ER, MI.
Paises limítrofes: BR, PA, UR.
Ejemplar examinado: *Burkart 8073* (SI).

[Polygala brasiliensis L. var. cordata A.W. Benn.]
Ref.: Grondona, 1948.
Nota: Variedad excluida de la flora argentina.

Polygala chacoensis Chodat = **Polygala duarteana** A. St.-Hil.
Ref.: Grondona, 1948.

Polygala chloroneura Griseb. = **Polygala mendocina** Phil.
Ref.: Grondona, 1948, 1988; Fabris, 1966f.

Polygala chloroneura var. *glabrescens* Chodat = **Polygala mendocina** Phil.
Ref.: Grondona, 1948, 1988.

Polygala chodatiana A.W. Benn. = **Bredemeyera microphylla** (Griseb.) Hieron. var. **microphylla**
Ref.: Grondona, 1988.

Polygala cordobensis A.W. Benn. = **Polygala mendocina** Phil.
Ref.: Grondona, 1948, 1988.

Polygala corisoides auct. non A. St.-Hil. = **Polygala cyparissias** A. St.-Hil.
Ref.: Grondona, 1948.

Polygala cyparissias A. St.-Hil.
Sin.: *Polygala corisoides* auct. non A. St.-Hil., *Polygala cyparissias* var. *corisoides* auct. non (A. St.-Hil.) Chodat.
Ref.: Grondona, 1948; Fabris, 1966f; Wurdack & Smith, 1971; Marques, 1988.
Hábito: Hierba.
Status: Nativa.
Elevación: 0–500 m.
Prov.: BA, ER.
Paises limítrofes: BR, UR.
Ejemplar examinado: *Cabrera 10155* (LP).

Polygala cyparissias var. *corisoides* auct. non (A. St.-Hil.) Chodat = **Polygala cyparissias** A. St.-Hil.
Ref.: Grondona, 1948.

Polygala darwiniana A.W. Benn.
Sin.: *Acanthocladus tehuelchum* Speg., *Polygala tehuelchum* (Speg.) Speg.
Ref.: Grondona, 1948, 1988.
Hábito: Hierba.
Status: Endémica.
Elevación: 0–500 m.
Prov.: CHU, NE, RN, SC.
Ejemplar examinado: *Eyerdam et al. 24016* (SI).

[Polygala densifolia A. St.-Hil.]
Nota: Especie excluida de la flora argentina.

Polygala desiderata Speg.
Ref.: Grondona, 1948, 1988.
Hábito: Hierba.
Status: Endémica.
Elevación: 0–500 m.
Prov.: CHU, SC.
Ejemplar examinado: *Crespo y Troncoso 1607* (BAB).

Polygala duarteana A. St.-Hil.
Sin.: *Polygala chacoensis* Chodat, *Polygala duarteana* var. *chacoensis* (Chodat) Chodat, *Polygala pseudolaurifolia* Chodat, *Polygala pseudolaurifolia* var. *pilcomayensis* Chodat, *Polygala villa-rica* Chodat, *Polygala villa-rica* var. *foliosa* Chodat.
Ref.: Grondona, 1948; Fabris, 1966f; Marques, 1988.
Hábito: Hierba.
Status: Nativa.
Elevación: 0–500 m.
Prov.: BA, CH, CO, COR, ER, FO, JU, MI, SE, SF, TU.
Paises limítrofes: BR, PA, UR.
Ejemplar examinado: *Venturi 2103* (SI).

Polygala duarteana var. *chacoensis* (Chodat) Chodat = **Polygala duarteana** A. St.-Hil.
Ref.: Grondona, 1948.

Polygala dunaliana A. St.-Hil. = **Polygala brasiliensis** L.
Ref.: Grondona, 1948; Fabris, 1966f.

Polygala extraaxillaris Chodat
Sin.: *Polygala extraaxillaris* f. *humilis* Hicken.
Ref.: Grondona, 1948; Wurdack & Smith, 1971.
Hábito: Hierba.
Status: Nativa.
Elevación: 0–2000 m.
Prov.: CH, COR, FO, JU, MI, SA, SE, SF, TU.
Paises limítrofes: BR, PA.
Ejemplar examinado: *Venturi 2643* (SI).

Polygala extraaxillaris f. *humilis* Hicken = **Polygala extraaxillaris** Chodat
Ref.: Grondona, 1948.

[Polygala gayii A.W. Benn.]
Nota: Especie excluida de la flora argentina; erróneamente citada para la provincia de San Juan.

Polygala gnidioides auct. non Willd. = **Polygala pratensis** Phil.
Ref.: Grondona, 1948.

[Polygala gnidioides var. pubescenti-pilosa Hook. & Arn.]
Ref.: Grondona, 1948.
Nota: Taxón dudoso.

[Polygala grisea A.W. Benn.]
Ref.: Grondona, 1948.
Nota: Taxón dudoso.

Polygala grondonae Zuloaga & Morrone
Sin.: *Polygala reflexa* Grondona, hom. illeg.
Ref.: Grondona, 1948.
Hábito: Hierba.
Status: Endémica.
Elevación: 0–500 m.
Prov.: CH, FO, MI, SF.
Ejemplar examinado: *Joergensen 2455* (BA, LIL, SI).
Nota: Véase nuevo nombre en Apéndice 1.

Polygala hickeniana Grondona
Ref.: Grondona, 1948, 1988.
Hábito: Hierba.
Status: Endémica.
Elevación: 0–500 m.
Prov.: CHU, NE, RN, SC.
Ejemplar examinado: *Iter Patagonicum 604* (holotipo, SI).

Polygala hieronymi Chodat
Ref.: Grondona, 1948.
Hábito: Hierba.
Status: Endémica.
Elevación: 1000–1500 m.
Prov.: CO, SL, TU.
Ejemplar examinado: *Báez 98* (SI).

Polygala jujuyensis Grondona
Ref.: Grondona, 1948.
Hábito: Hierba.
Status: Endémica.
Prov.: CA, JU, LR, SA.
Ejemplar examinado: *Budin 7534* (holotipo, LIL).

Polygala kurtzii A.W. Benn.
Ref.: Grondona, 1948.
Hábito: Hierba.
Status: Endémica.
Elevación: 2500–4000 m.
Prov.: ME.
Ejemplar examinado: *Kurtz 5963* (isotipo, CORD).

Polygala lancifolia A. St.-Hil.
Sin.: *Polygala virgata* Vell.
Ref.: Wurdack & Smith, 1971; Múlgura & Fortunato, 1986; Marques, 1988.
Hábito: Hierba.
Status: Nativa.
Elevación: 0–500 m.
Prov.: MI.
Paises limítrofes: BR, PA.
Ejemplar examinado: *Múlgura et al. 441* (BAB, SI).

Polygala leptocaulis Torr. & A. Gray
Sin.: *Polygala paludosa* Chodat var. *angusticarpa* Chodat
Ref.: Wurdack & Smith, 1971; Marques, 1988.
Hábito: Hierba.
Status: Nativa.
Prov.: CH, COR, ER, FO, MI.
Paises limítrofes: BO, BR, PA, UR.
Ejemplar examinado: *Burkart 943* (SI).

Polygala linoides Poir. var. *ambigua* Felipp. & Beauverd = **Polygala linoides** Poir. var. **linoides**
Ref.: Grondona, 1948.

Polygala linoides Poir. var. **laxiflora** Grondona
Ref.: Grondona, 1948.
Status: Endémica.
Elevación: 0–500 m.
Prov.: MI.
Ejemplar examinado: *Rodríguez 444* (holotipo, SI).

Polygala linoides Poir. var. **linoides**
Sin.: *Polygala linoides* var. *ambigua* Felipp. & Beauverd, *Polygala marplatensis* Grondona
Ref.: Grondona, 1948; Fabris, 1966f; Wurdack & Smith, 1971; Marques, 1988.
Hábito: Hierba.
Status: Nativa.
Elevación: 0–1500 m.
Prov.: BA, CO, COR, ER, MI, SF.
Paises limítrofes: BR, PA, UR.
Ejemplar examinado: *Burkart 8064* (SI).

Polygala longicaulis Kunth
Ref.: Grondona, 1948; Wurdack & Smith, 1971; Marques, 1988.
Hábito: Hierba.
Status: Nativa.
Elevación: 0–500 m.
Prov.: COR.
Paises limítrofes: BR, PA.
Ejemplar examinado: *Spegazzini 1004* (BAB).

Polygala marplatensis Grondona = **Polygala linoides** Poir. var. **linoides**
Ref.: Grondona, 1948; Fabris, 1966f.

Polygala mendocina Phil.
Sin.: *Polygala chloroneura* Griseb., *Polygala chloroneura* var. *glabrescens* Chodat, *Polygala cordobensis* A.W. Benn.
Ref.: Grondona, 1948, 1988; Fabris, 1966f.
Hábito: Hierba.
Status: Endémica.
Elevación: 0–4500 m.
Prov.: BA, CA, CO, JU, LP, LR, ME, RN, SA, SE, SL, TU.
Ejemplar examinado: *Burkart 20109* (SI).

[Polygala minima Pohl ex A.W. Benn.]
Ref.: Grondona, 1948.
Nota: Especie excluida de la flora argentina.

Polygala molluginifolia A. St.-Hil.
Sin.: *Polygala areguensis* A.W. Benn., *Polygala verticillata* var. *molluginifolia* (A. St.-Hil.) Arechav.
Ref.: Grondona, 1948; Wurdack & Smith, 1971; Marques, 1988.
Hábito: Hierba.
Status: Nativa.
Elevación: 0–1000 m.
Prov.: CH, COR, ER, FO, JU, MI, SA, SF, TU.
Paises limítrofes: BR, PA, UR.
Ejemplar examinado: *Venturi 677* (SI).

[Polygala moquiniana A. St.-Hil.]
Ref.: Grondona, 1948; Marques, 1988.
Nota: Citada para Misiones, Grondona (1948) indica que no halló material de esta provincia.

[Polygala moyanoi (Speg.) Speg.]
Sin.: *Acanthocladus moyanoi* Speg.
Ref.: Grondona, 1948.
Nota: Taxón dudoso.

Polygala neaei DC. = **Polygala aspalatha** L.
Ref.: Wurdack & Smith, 1971.

Polygala obovata A. St.-Hil.
Ref.: Grondona, 1948; Marques, 1988.
Hábito: Hierba.
Status: Nativa.
Elevación: 0–500 m.
Prov.: CH, COR, MI.
Paises limítrofes: BR, PA, UR.
Ejemplar examinado: *Burkart 7934* (SI).

Polygala oedipus Speg.
Ref.: Grondona, 1948, 1988.
Hábito: Hierba.
Status: Endémica.
Elevación: 0–500 m.
Prov.: SC.
Ejemplar examinado: *Spegazzini s.n.* (holotipo, LP).

Polygala oreophila Speg.
Ref.: Grondona, 1948, 1988.
Hábito: Hierba.
Status: Endémica.
Prov.: ME, NE, RN.
Ejemplar examinado: *Mauri s.n.* (holotipo, LP).

Polygala oxyrhynchos Chodat
Ref.: Grondona, 1948.
Hábito: Hierba.
Status: Nativa.
Elevación: 0–500 m.
Prov.: COR.
Paises limítrofes: PA.
Ejemplar examinado: *Pierotti 6397* (LIL).

Polygala paludosa var. *angusticarpa* Chodat = **Polygala leptocaulis** Torr. & A. Gray
Ref.: Wurdack & Smith, 1971.

Polygala pamparum Speg. = **Polygala australis** A.W. Benn.
Ref.: Fabris, 1966f.

[Polygala paniculata L.]
Ref.: Grondona, 1948.
Nota: Especie excluida de la flora argentina.

Polygala paradoxa Chodat = **Polygala persistens** A.W. Benn.
Ref.: Grondona, 1948.

Polygala paraguayensis A.W. Benn. = **Polygala adenophylla** A. St.-Hil.
Ref.: Grondona, 1948.

Polygala patagonica Phil.
Ref.: Grondona, 1948, 1988.
Hábito: Hierba.
Status: Nativa.
Prov.: CHU, NE, SC.
Paises limítrofes: CH.
Ejemplar examinado: *Koslowsky s.n.* (BAB, BAF).

Polygala persistens A.W. Benn.
Sin.: *Polygala paradoxa* Chodat
Ref.: Grondona, 1948.
Hábito: Hierba.
Status: Nativa.
Prov.: ME.
Paises limítrofes: CH.
Ejemplar examinado: *Burkart et al. 14076* (SI).

Polygala philippiana Chodat
Sin.: *Polygala andicola* Phil.
Ref.: Grondona, 1948.
Hábito: Hierba.
Status: Nativa.
Elevación: 2500–3000 m.
Prov.: ME, SL.
Paises limítrofes: CH.
Ejemplar examinado: *Ruiz Leal 40* (LP).

Polygala polycephala A. St.-Hil. = **Polygala aspalatha** L.
Ref.: Grondona, 1948; Wurdack & Smith, 1971.

Polygala pratensis Phil.
Sin.: *Polygala gnidioides* Willd.
Ref.: Grondona, 1948, 1988.
Hábito: Hierba.
Status: Nativa.
Prov.: CHU, NE, RN.
Paises limítrofes: CH.
Ejemplar examinado: *Cabrera 5072* (LP).

Polygala pseudolaurifolia Chodat = **Polygala duarteana** A. St.-Hil.
Ref.: Grondona, 1948; Fabris, 1966f.

Polygala pseudolaurifolia var. *pilcomayensis* Chodat = **Polygala duarteana** A. St.-Hil.
Ref.: Grondona, 1948.

Polygala pterolopha Chodat
Sin.: *Monrosia pterolopha* (Chodat) Grondona
Hábito: Hierba.
Status: Endémica.
Elevación: 2000–3000 m.
Prov.: LR.
Ejemplar examinado: *Monros s.n.* (CORD).

Polygala pulchella f. *major* Chodat = **Polygala pulchella** var. **robusta** Grondona
Ref.: Grondona, 1948.

Polygala pulchella A. St.-Hil. var. **pulchella**
Ref.: Grondona, 1948; Fabris, 1966f; Wurdack & Smith, 1971.
Hábito: Hierba.
Status: Nativa.
Elevación: 0–1500 m.
Prov.: BA, CH, COR, ER, MI, SF.
Paises limítrofes: BR, PA, UR.
Ejemplar examinado: *Burkart 7937* (SI).

Polygala pulchella var. **robusta** Grondona
Sin.: *Polygala pulchella* f. *major* Chodat
Ref.: Grondona, 1948.
Hábito: Hierba.
Status: Endémica.
Elevación: 1000–1500 m.
Prov.: CA, JU, SA, TU.
Ejemplar examinado: *Kiesling et al. 1546* (SI).

Polygala punctata Hieron.
Ref.: Grondona, 1948.
Hábito: Hierba.
Status: Nativa.
Elevación: 0–500 m.
Prov.: MI.
Paises limítrofes: PA.
Ejemplar examinado: *Burkart 14183* (SI).

Polygala resedoides A. St.-Hil.
Ref.: Grondona, 1948; Fabris, 1966f; Covas, 1968b; Marques, 1988.
Hábito: Hierba.
Status: Nativa.
Elevación: 0–500 m.
Prov.: BA, LP.
Paises limítrofes: BR, UR.
Ejemplar examinado: *Martínez Crovetto 2767* (SI).

Polygala rojasii Chodat
Ref.: Grondona, 1948.
Hábito: Hierba.
Status: Nativa.
Elevación: 0–500 m.
Prov.: FO, MI.
Paises limítrofes: PA.
Ejemplar examinado: *Rojas 222* (isotipo, BAF).

Polygala rosei Hicken
Ref.: Grondona, 1948.
Hábito: Hierba.
Status: Endémica.
Prov.: RN.
Ejemplar examinado: *Fischer 258* (holotipo, SI).

Polygala sabuletorum Skottsb.
Ref.: Grondona, 1948, 1988.
Hábito: Hierba.
Status: Endémica.
Elevación: 0–500 m.
Prov.: CHU, SC.
Ejemplar examinado: *Eyerdam et al. 24489* (SI).

Polygala salasiana Gay
Ref.: Grondona, 1948, 1988.
Hábito: Hierba.
Status: Nativa.
Elevación: 0–500 m.
Prov.: CHU, ME, NE, RN, SC, TF.
Paises limítrofes: CH.
Ejemplar examinado: *Burkart 6187* (SI).

Polygala santacruzensis Grondona
Ref.: Grondona, 1948, 1988.
Hábito: Hierba.
Status: Endémica.
Elevación: 0–500 m.
Prov.: SC.
Ejemplar examinado: *Iter Patagonicum 51 1/2* (holotipo, SI).

Polygala spinescens Gillies ex Hook. & Arn.
Ref.: Grondona, 1948.
Hábito: Hierba.
Status: Nativa.
Prov.: ME, NE.
Paises limítrofes: CH.
Ejemplar examinado: *Schajovskoy s.n.* (SI 25658).

Polygala spinescens var. *aspalathoides* Ball = **Bredemeyera microphylla** (Griseb.) Hieron. var. **microphylla**
Ref.: Grondona, 1948, 1988.

Polygala stenophylla A. Gray
Sin.: *Polygala acutiappendiculata* Chodat, *Polygala bicarunculata* Chodat, *Polygala stenophylla* var. *oxycarpa* Chodat
Ref.: Grondona, 1948, 1988; Fabris, 1966f.
Hábito: Hierba.
Status: Endémica.
Elevación: 0–2000 m.
Prov.: BA, CHU, CO, LP, LR, ME, NE, RN, SL.
Ejemplar examinado: *Burkart et al. 14075* (SI).

Polygala stenophylla var. *oxycarpa* Chodat = **Polygala stenophylla** A. Gray
Ref.: Grondona, 1948.

[Polygala subandina Phil.]
Ref.: Grondona, 1948.
Nota: Especie excluida de la flora argentina.

Polygala tehuelchum (Speg.) Speg. = **Polygala darwiniana** A.W. Benn.
Ref.: Grondona, 1948, 1988.

[Polygala tenuis DC.]
Ref.: Grondona, 1948.
Nota: Cita dudosa para la flora argentina.

[Polygala tenuissima Chodat]
Ref.: Grondona, 1948.
Nota: Especie excluida de la flora argentina.

[Polygala thesioides Willd.]
Ref.: Grondona, 1948.
Nota: Especie excluida de la flora argentina.

Polygala timoutoides Chodat
Ref.: Grondona, 1948; Wurdack & Smith, 1971; Marques, 1988.
Hábito: Hierba.
Status: Nativa.
Elevación: 0–500 m.
Prov.: COR, MI.
Paises limítrofes: BR, PA.
Ejemplar examinado: *Hauman s.n.* (BA 44459).

[Polygala variabilis Kunth]
Ref.: Grondona, 1948.
Nota: Especie excluida de la flora argentina.

Polygala ventanensis Grondona
Ref.: Grondona, 1948; Fabris, 1966f.
Hábito: Hierba.
Status: Endémica.
Elevación: 0–1000 m.
Prov.: BA.
Ejemplar examinado: *Cabrera 4741* (holotipo, LP).

Polygala verticillata var. *mollugínifolia* (A. St.-Hil.) Arechav. = **Polygala molluginifolia** A. St.-Hil.

Polygala villa-rica Chodat = **Polygala duarteana** A. St.-Hil.
Ref.: Grondona, 1948.

Polygala villa-rica var. *foliosa* Chodat = **Polygala duarteana** A. St.-Hil.
Ref.: Grondona, 1948.

Polygala virgata Vell., hom. illeg. = **Polygala lancifolia** A. St.-Hil.
Ref.: Múlgura & Fortunato, 1986.

Polygala williamsii Böcher, Hjert. & Rahn
Ref.: Böcher et al., 1963.
Hábito: Hierba.
Status: Endémica.
Elevación: 2000–2500 m.
Prov.: ME.
Ejemplar examinado: *Böcher et al. 1502* (isotipo, SI).

Securidaca L.

Número de especies: 1

Securidaca ovalifolia A. St.-Hil.
Ref.: Grisebach, 1879; Hunziker, 1984b.
Hábito: Hierba.
Status: Nativa.
Prov.: SA.
Paises limítrofes: BO, BR.
Nota: Citada para Salta sin indicar material de herbario. No obstante, Hunziker (1984) incluye al género en la flora argentina.

POLYGONACEAE

10 géneros, 56 especies; 2 especies endémicas.

por A. M. Cialdella

Acetosa angiocarpa (Murb.) Holub = **Rumex acetosella** L.
Ref.: Cabrera, 1967a; Crespo & Pérez Moreau, 1984b.

Bilderdykia convolvulus (L.) Dumort. = **Polygonum convolvulus** L.
Ref.: Crespo & Pérez Moreau, 1984b; Cialdella, 1989.

Brisegnoa chilensis Remy = **Oxytheca dendroidea** subsp. **chilensis** (Remy) Ertter
Ref.: Ertter, 1980; Cialdella, 1994.

Chorizanthe R. Br. ex Benth.

Número de especies: 1

Chorizanthe commisuralis Remy
Ref.: Goodman, 1934; Reveal, 1989; Cialdella, 1992.
Hábito: Hierba.
Status: Nativa.
Elevación: 0–2500 m.
Prov.: SJ.
Paises limítrofes: CH.
Ejemplar examinado: *Kiesling et al. 7734* (SI).

Coccoloba P. Browne

Número de especies: 5

[Coccoloba alagoensis Wedd.]
Ref.: Howard, 1960a, b.
Nota: Especie excluida de la flora argentina.

Coccoloba argentinensis Speg.
Sin.: *Coccoloba praecox* Herter.
Ref.: Buchinger & Sánchez, 1959; Howard, 1960a; Troncoso & Bacigalupo, 1982.
Hábito: Arbusto.
Status: Nativa.
Elevación: 0–500 m.
Prov.: CH, ER, JU, SA, TU.
Paises limítrofes: UR.
Ejemplar examinado: *Burkart 23650* (SI).

Coccoloba candolleana Meisn. = **Coccoloba cordata** Cham.
Ref.: Howard, 1960a.

Coccoloba chacoensis Standl. = **Coccoloba spinescens** Morong
Ref.: Howard, 1960b.

Coccoloba cordata Cham.
Sin.: *Coccoloba candolleana* Meisn., *Coccoloba cordata* var. *praecox* Hassl., *Coccoloba tiliacea* Lillo.
Ref.: Buchinger & Sánchez, 1959; Howard, 1960a; Digilio & Legname, 1966.
Hábito: Árbol.
Status: Nativa.
Elevación: 0–500 m.
Prov.: CA, CH, FO, JU, MI, SA, TU.
Paises limítrofes: BR, PA.
Ejemplar examinado: *Joergensen 2064* (SI).

Coccoloba cordata var. *praecox* Hassl. = **Coccoloba cordata** Cham.
Ref.: Howard, 1960a.

Coccoloba corrientina Rojas Acosta = **Coccoloba paraguariensis** Lindau
Ref.: Howard, 1960b.

Coccoloba microphylla Morong, hom. illeg. = **Coccoloba paraguariensis** Lindau
Ref.: Howard, 1960b.

Coccoloba morongii Hassl. = **Coccoloba paraguariensis** Lindau
Ref.: Howard, 1960b.

Coccoloba paraguariensis Lindau
Sin.: *Coccoloba corrientina* Rojas Acosta, *Coccoloba microphylla* Morong, hom. illeg., *Coccoloba morongii* Hassl.
Ref.: Howard, 1960b.
Hábito: Árbol.
Status: Nativa.
Elevación: 0–500 m.
Prov.: CH, COR, FO.
Paises limítrofes: PA.
Ejemplar examinado: *Joergensen 1985* (SI).

Coccoloba paraguariensis f. *ovatifolia* Herzog = **Coccoloba spinescens** Morong
Ref.: Howard, 1960b.

Coccoloba paraguariensis f. *intermedia* Hassl. = **Coccoloba spinescens** Morong
Ref.: Howard, 1960b.

Coccoloba paraguariensis var. *grandifolia* Hassl. = **Coccoloba spinescens** Morong
Ref.: Howard, 1960b.

Coccoloba paraguariensis var. *spinescens* (Morong) Hassl. = **Coccoloba spinescens** Morong
Ref.: Howard, 1960b.

[Coccoloba peltata Schott]
Ref.: Howard, 1960b.
Nota: Especie excluida de la flora argentina.

Coccoloba peltata Griseb., hom. illeg. = **Coccoloba tiliacea** Lindau
Ref.: Buchinger & Sánchez, 1959; Howard, 1960b.

Coccoloba praecox Herter = **Coccoloba argentinensis** Speg.
Ref.: Howard, 1960a; Troncoso & Bacigalupo, 1982.

Coccoloba sagittifolia Ortega = **Muehlenbeckia sagittifolia** (Ortega) Meisn.
Ref.: Cabrera, 1967a; Troncoso, 1987f; Brandbyge, 1992.

Coccoloba sarmentosa S. Moore = **Coccoloba spinescens** Morong
Ref.: Howard, 1960b.

Coccoloba spinescens Morong
Sin.: *Coccoloba chacoensis* Standl., *Coccoloba paraguariensis* f. *ovatifolia* Herzog, *Coccoloba paraguariensis* f. *intermedia* Hassl., *Coccoloba paraguariensis* var. *grandifolia* Hassl., *Coccoloba paraguariensis* var. *spinescens* (Morong) Hassl., *Coccoloba sarmentosa* S. Moore.
Ref.: Howard, 1960b.
Hábito: Arbusto o árbol.
Status: Nativa.
Elevación: 0–500 m.
Prov.: FO.
Paises limítrofes: BO, PA.
Ejemplar examinado: *Burkart 20224* (SI).

Coccoloba tiliacea Lindau
Sin.: *Coccoloba peltata* Griseb., hom. illeg.
Ref.: Buchinger & Sánchez, 1959; Howard, 1960b.
Hábito: Árbol.
Status: Nativa.
Prov.: JU, SA, TU.
Paises limítrofes: BO.
Ejemplar examinado: *Zuloaga 2504* (SI).

Coccoloba tiliacea Lillo, hom. illeg. = **Coccoloba cordata** Cham.
Ref.: Buchinger & Sánchez, 1959.

Emex Neck. ex Campd., nom. cons.
Número de especies: 1

Emex spinosa (L.) Campd.
Sin.: *Rumex spinosa* L.
Ref.: Cabrera, 1967a; Troncoso, 1987f.
Hábito: Hierba.
Status: Adventicia.
Elevación: 0–500 m.
Prov.: BA, ER, FO, SF.
Ejemplar examinado: *Insfrán 894* (SI).

Enneatypus nordenskjoeldii Herzog = **Ruprechtia laxiflora** Meisn.
Ref.: Cocucci, 1958, 1961.

Eriogonum Michx.
Número de especies: 1

Eriogonum ameghinoi Speg. = **Eriogonum divaricatum** Hook.
Ref.: Crespo & Pérez Moreau, 1984b.

Eriogonum divaricatum Hook.
Sin.: *Eriogonum ameghinoi* Speg., *Sanmartinia ameghinoi* (Speg.) M. Buchinger.
Ref.: Reveal, 1981; Crespo & Pérez Moreau, 1984b.
Hábito: Hierba.
Status: Adventicia.
Prov.: CHU, NE, SC.
Ejemplar examinado: *Ameghino 11* (BA).

Koenigia L.
Número de especies: 1

Koenigia fuegiana Dusén = **Koenigia islandica** L.
Ref.: Crespo & Pérez Moreau, 1984b.

Koenigia islandica L.
Sin.: *Koenigia fuegiana* Dusén.
Ref.: Crespo & Pérez Moreau, 1984b.
Hábito: Hierba.
Status: Nativa.
Elevación: 0–500 m.
Prov.: TF.
Paises limítrofes: CH.
Ejemplar examinado: *Goodall 3674* (BAB).

Muehlenbeckia Meisn., nom. cons.
Número de especies: 3

Muehlenbeckia chilensis Meisn. = **Muehlenbeckia hastulata** (Sm.) I.M. Johnst. var. **hastulata**
Ref.: Crespo & Pérez Moreau, 1984b; Brandbyge, 1992.

Muehlenbeckia chilensis var. *brachybotrys* Meisn. = **Muehlenbeckia hastulata** (Sm.) I.M. Johnst. var. **hastulata**
Ref.: Brandbyge, 1992.

Muehlenbeckia chilensis var. *fascicularis* Meisn. = **Muehlenbeckia hastulata** var. **fascicularis** (Meisn.) Brandbyge
Ref.: Brandbyge, 1992.

Muehlenbeckia chilensis var. *injucunda* (Lindl.) Meisn. = **Muehlenbeckia hastulata** (Sm.) I.M. Johnst. var. **hastulata**
Ref.: Brandbyge, 1992.

Muehlenbeckia hastulata var. **fascicularis** (Meisn.) Brandbyge
Sin.: *Muehlenbeckia chilensis* var. *fascicularis* Meisn.
Ref.: Brandbyge, 1992.
Hábito: Arbusto.
Status: Nativa.
Elevación: 0–500 m.
Prov.: RN.
Paises limítrofes: CH.
Ejemplar examinado: *Rothkugel 26A* (SI).

Muehlenbeckia hastulata (Sm.) I.M. Johnst. var. **hastulata**
Sin.: *Muehlenbeckia chilensis* var. *injucunda* (Lindl.) Meisn., *Muehlenbeckia chilensis* Meisn., *Muehlenbeckia chilensis* var. *brachybotrys* Meisn., *Polygonum hastulatum* (Sm.) Kuntze, *Polygonum injucunda* Lindl., *Rumex hastulatus* Sm.
Ref.: Crespo & Pérez Moreau, 1984b; Brandbyge, 1992; Cialdella, 1994.
Hábito: Arbusto.
Status: Nativa.
Elevación: 0–3000 m.
Prov.: ME, NE, SJ.
Paises limítrofes: CH.
Ejemplar examinado: *Kiesling et al. 7734* (SI).

Muehlenbeckia hastulata var. **rotundata** (Phil.) Brandbyge
Sin.: *Muehlenbeckia rotundata* Phil.
Ref.: Brandbyge, 1992.
Hábito: Arbusto.
Status: Nativa.
Prov.: CHU, ME, NE, RN.
Paises limítrofes: CH.
Ejemplar examinado: *Burkart 19900* (SI).

Muehlenbeckia rotundata Phil. = **Muehlenbeckia hastulata** var. **rotundata** (Phil.) Brandbyge
Ref.: Brandbyge, 1992.

Muehlenbeckia sagittifolia (Ortega) Meisn.
Sin.: *Coccoloba sagittifolia* Ortega, *Polygonum sagittifolium* (Ortega) Kuntze.
Ref.: Cabrera, 1967a; Troncoso, 1987f; Brandbyge, 1992.
Hábito: Arbusto.
Status: Nativa.
Elevación: 0–3000 m.
Prov.: BA, CH, CO, COR, ER, FO, JU, ME, MI, SA, SF, TU.
Paises limítrofes: BO, BR, PA, UR.
Ejemplar examinado: *Martínez et al. s.n.* (BAA 9517).

Muehlenbeckia tamnifolia (Kunth) Meisn.
Sin.: *Muehlenbeckia tamnifolia* var. *hartwegii* Meisn., *Muehlenbeckia tamnifolia* var. *humboldtii* Meisn., *Polygonum tamnifolium* Kunth, *Polygonum tamnifolium* var. *xerocarpum* Kuntze.
Ref.: Brandbyge, 1992.
Hábito: Arbusto.
Status: Nativa.
Elevación: 0–3000 m.
Prov.: CA, JU, SA, TU.
Paises limítrofes: BO.
Ejemplar examinado: *Cabrera et al. 32068* (SI).

Muehlenbeckia tamnifolia var. *hartwegii* Meisn. = **Muehlenbeckia tamnifolia** (Kunth) Meisn.
Ref.: Brandbyge, 1992.

Muehlenbeckia tamnifolia var. *humboldtii* Meisn. = **Muehlenbeckia tamnifolia** (Kunth) Meisn.
Ref.: Brandbyge, 1992.

Oxytheca Nutt.

Número de especies: 1

Oxytheca apiculata Miers ex Benth., pro syn., nom. nud. = **Oxytheca dendroidea** subsp. **chilensis** (Remy) Ertter
Ref.: Ertter, 1980.

Oxytheca dendroidea subsp. **chilensis** (Remy) Ertter
Sin.: *Brisegnoa chilensis* Remy, *Oxytheca apiculata* Miers ex Benth., pro syn., nom. nud., *Oxytheca dendroidea* var. *tonsiflora* I.M. Johnst., *Oxytheca spiculata* Miers.
Ref.: Ertter, 1980, 1981; Cialdella, 1994.
Hábito: Hierba.
Status: Nativa.
Elevación: 2000–3500 m.
Prov.: ME, SJ.
Paises limítrofes: CH.
Ejemplar examinado: *Cabrera et al. 33381* (SI).

Oxytheca dendroidea var. *tonsiflora* I.M. Johnst. = **Oxytheca dendroidea** subsp. **chilensis** (Remy) Ertter
Ref.: Ertter, 1980.

Oxytheca spiculata Miers = **Oxytheca dendroidea** subsp. **chilensis** (Remy) Ertter
Ref.: Ertter, 1980.

Polygonum L.

Número de especies: 20

Polygonum acanthophyllum Lindau = **Polygonum stelligerum** Cham.
Ref.: Cialdella, 1989.

Polygonum acre Kunth, hom. illeg. = **Polygonum punctatum** Elliott
Ref.: Cialdella, 1989.

Polygonum acuminatum Kunth
Sin.: *Polygonum acuminatum* var. *glabrescens* Meisn., *Polygonum acuminatum* var. *microstemon* Mart. ex Meisn., *Polygonum bettfreundianum* Lind.
Ref.: Buchinger, 1956; Cabrera, 1967a; Cialdella, 1989.
Hábito: Hierba.
Status: Nativa.
Elevación: 0–1000 m.
Prov.: BA, CA, CH, CO, COR, ER, FO, JU, LP, LR, MI, SA, SE, SF, SL, TU.
Paises limítrofes: BO, BR, CH, PA, UR.
Ejemplar examinado: *Krapovickas et al. 21306* (BAB, CTES, LP).

Polygonum acuminatum var. *glabrescens* Meisn. = **Polygonum acuminatum** Kunth
Ref.: Cialdella, 1989.

Polygonum acuminatum var. *microstemon* Mart. ex Meisn. = **Polygonum acuminatum** Kunth
Ref.: Cialdella, 1989.

Polygonum amphibium L.
Ref.: Buchinger, 1956; Crespo & Pérez Moreau, 1984b; Cialdella, 1989.
Hábito: Hierba.
Status: Adventicia.
Elevación: 0–500 m.
Prov.: BA, RN.
Ejemplar examinado: *Pico s.n.* (BAB 80673).

Polygonum arenarium Waldst. & Kit.
Ref.: Buchinger, 1956; Crespo & Pérez Moreau, 1984b; Cialdella, 1989.
Hábito: Hierba.
Status: Introducida.
Elevación: 0–500 m.
Prov.: RN.
Ejemplar examinado: *Sin colector* (BA, BAF).

Polygonum arenastrum Jordal ex Boreau = **Polygonum aviculare** L.
Ref.: Cialdella, 1989.

Polygonum aviculare L.
Sin.: *Polygonum arenastrum* Jordal ex Boreau, *Polygonum berteroi* Phil., *Polygonum striatum* K. Koch, *Polygonum uruguense* H. Gross.
Ref.: Buchinger, 1956; Cabrera, 1967a; Crespo & Pérez Moreau, 1984b; Palacios, 1987; Cialdella, 1989, 1994.
Hábito: Hierba.
Status: Adventicia.
Elevación: 0–1000 m.
Prov.: BA, CA, CH, CHU, CO, COR, DF, ER, FO, JU, LP, LR, ME, MI, NE, RN, SA, SC, SE, SF, SJ, SL, TF, TU.
Paises limítrofes: BO, CH, UR.
Ejemplar examinado: *Rotman et al. 590* (CTES, SI).

Polygonum aviculare var. *montevidense* Cham. & Schltdl. = **Polygonum brasiliense** K. Koch
Ref.: Cialdella, 1989.

Polygonum berteroi Phil. = **Polygonum aviculare** L.
Ref.: Cialdella, 1989.

Polygonum bettfreundianum Lind. = **Polygonum acuminatum** Kunth
Ref.: Cialdella, 1989.

Polygonum beyrichianum Cham. & Schltdl. = **Polygonum meisnerianum** Cham. & Schltdl.
Ref.: Cialdella, 1989.

Polygonum bonaerense Speg. = **Polygonum stelligerum** Cham.
Ref.: Cialdella, 1989.

Polygonum brasiliense K. Koch
Sin.: *Polygonum aviculare* var. *montevidense* Cham. & Schltdl., *Polygonum camporum* Meisn., *Polygonum camporum* var. *australe* Meisn.
Ref.: Buchinger, 1956; Cabrera, 1967a; Crespo & Pérez Moreau, 1984b; Palacios, 1987; Cialdella, 1989.
Hábito: Hierba.
Status: Nativa.
Elevación: 0–2500 m.
Prov.: BA, CH, CHU, CO, ER, JU, LP, LR, ME, NE, RN, SA, SC, SE, SF, SJ, SL, TF, TU.
Paises limítrofes: BR, CH, UR.
Ejemplar examinado: *Boelcke et al. 11161* (BAA, SI).

Polygonum camporum Meisn. = **Polygonum brasiliense** K. Koch
Ref.: Cialdella, 1989.

Polygonum camporum var. *australe* Meisn. = **Polygonum brasiliense** K. Koch
Ref.: Cialdella, 1989.

Polygonum chamissoeanum Wedd. = **Polygonum meisnerianum** Cham. & Schltdl.
Ref.: Cialdella, 1989.

Polygonum chilense K. Koch = **Polygonum maritimum** L.
Ref.: Cialdella, 1989.

Polygonum convolvulus L.
Sin.: *Bilderdykia convolvulus* (L.) Dumort.
Ref.: Buchinger, 1956; Cabrera, 1967a; Crespo & Pérez Moreau, 1984b; Palacios, 1987; Cialdella, 1989, 1994.
Hábito: Hierba.
Status: Adventicia.
Elevación: 0–500 m.
Prov.: BA, CA, CH, CO, COR, ER, LP, ME, MI, NE, RN, SE, SF, SL, TF, TU.
Paises limítrofes: BR, CH, PA.
Ejemplar examinado: *Goodall 705* (BAB, SI).

Polygonum cordobense Lindau = **Polygonum orientale** L.
Ref.: Cialdella, 1989.

Polygonum densiflorum Meisn. = **Polygonum glabrum** Willd.
Ref.: Cialdella, 1989.

[Polygonum dumetorum L.]
Ref.: Cialdella, 1989.
Nota: Cita dudosa para la flora argentina.

Polygonum epilobioides Wedd. = **Polygonum punctatum** Elliott
Ref.: Cialdella, 1989.

Polygonum ferrugineum Wedd.
Sin.: *Polygonum gummifera* Wedd., *Polygonum spectabile* Mart. ex Meisn.
Ref.: Buchinger, 1956; Cabrera, 1967a; Palacios, 1987; Cialdella, 1989.
Hábito: Hierba.
Status: Nativa.
Elevación: 0–500 m.
Prov.: BA, CH, COR, ER, FO, MI, SF, TU.
Paises limítrofes: BR, PA.
Ejemplar examinado: *Rodríguez 266* (BA, BAB).

Polygonum ferrugineum var. *patagonicum* (Speg.) Macloskie = **Polygonum lapathifolium** L.
Ref.: Cialdella, 1989.

Polygonum glabrum Willd.
Sin.: *Polygonum densiflorum* Meisn., *Polygonum portoricense* Bert. ex Small.
Ref.: Cialdella, 1989.
Hábito: Hierba.
Status: Adventicia.
Elevación: 0–500 m.
Prov.: BA, COR, ER, LR, SA, SF, TU.
Paises limítrofes: BR, UR.
Ejemplar examinado: *Venturi 4809* (BA, BAB, LP, SI).

Polygonum gummifera Wedd. = **Polygonum ferrugineum** Wedd.
Ref.: Cialdella, 1989.

Polygonum hastulatum (Sm.) Kuntze = **Muehlenbeckia hastulata** (Sm.) I.M. Johnst. var. **hastulata**
Ref.: Brandbyge, 1992.

Polygonum hispidum Kunth
Ref.: Buchinger, 1956; Cabrera, 1967a; Cialdella, 1989.
Hábito: Hierba.
Status: Nativa.
Elevación: 0–500 m.
Prov.: BA, CA, CH, CO, COR, ER, FO, JU, SA, SE, SF, TU.
Paises limítrofes: BO, BR, PA.
Ejemplar examinado: *Fabris y Zuloaga 7679* (LP, SI).

Polygonum hydropiperoides Pursh, hom. illeg. = **Polygonum punctatum** Elliott
Ref.: Cialdella, 1989.

Polygonum hydropiperoides Michx. var. **hydropiperoides**
Sin.: *Polygonum hydropiperoides* var. *persicarioides* (Kunth) Stanford, *Polygonum persicarioides* Kunth, *Polygonum rivulare* Phil., hom. illeg.
Ref.: Buchinger, 1956; Crespo & Pérez Moreau, 1984b; Palacios, 1987; Cialdella, 1989, 1994.
Hábito: Hierba.
Status: Nativa.
Elevación: 0–1000 m.
Prov.: BA, CA, CH, CHU, CO, COR, ER, JU, LP, LR, ME, MI, SA, SE, SF, SJ, SL, TU.
Paises limítrofes: BO, BR, CH, UR.
Ejemplar examinado: *Ahumada 362-3660* (BAA, CTES, LIL, MO, P).

Polygonum hydropiperoides var. *persicarioides* (Kunth) Stanford = **Polygonum hydropiperoides** Michx. var. **hydropiperoides**
Ref.: Cialdella, 1989.

Polygonum hydropiperoides var. **setaceum** (Baldwin ex Elliott) Gleason
Sin.: *Polygonum hydropiperoides* var. *virgatum* (Cham. & Schltdl.) Meisn., *Polygonum setaceum* Baldwin ex Elliott, *Polygonum virgatum* Cham. & Schltdl.
Ref.: Cialdella, 1989.
Hábito: Hierba.
Status: Nativa.
Elevación: 0–500 m.
Prov.: BA, CH, COR, ER, FO, MI, SF, TU.
Paises limítrofes: BR, PA, UR.
Ejemplar examinado: *Krapovickas 18083* (BAB, CTES, LP, SI).

Polygonum hydropiperoides var. *virgatum* (Cham. & Schltdl.) Meisn. = **Polygonum hydropiperoides** var. **setaceum** (Baldwin ex Elliott) Gleason
Ref.: Cialdella, 1989.

Polygonum injucunda Lindl. = **Muehlenbeckia hastulata** (Sm.) I.M. Johnst. var. **hastulata**
Ref.: Brandbyge, 1992.

Polygonum lanigerum R. Br. = **Polygonum lapathifolium** L.
Ref.: Cialdella, 1989.

Polygonum lapathifolium L.
Sin.: *Polygonum ferrugineum* var. *patagonicum* (Speg.) Macloskie, *Polygonum lanigerum* R. Br., *Polygonum persicaria* var. *vernicosum* Cham. & Schltdl., *Polygonum spectabile* var. *patagonica* Speg., *Polygonum utriculatum* Remy.
Ref.: Buchinger, 1956; Cabrera, 1967a; Crespo & Pérez Moreau, 1984b; Palacios, 1987; Cialdella, 1989, 1994.
Hábito: Hierba.
Status: Adventicia.
Elevación: 0–1000 m.
Prov.: BA, CA, CHU, CO, COR, ER, JU, LP, LR, ME, MI, NE, RN, SA, SC, SF, SJ, SL.
Paises limítrofes: CH, UR.
Ejemplar examinado: *Krapovickas et al. 26754* (BAB, CTES).

Polygonum maritimum L.
Sin.: *Polygonum chilense* K. Koch, *Polygonum maritimum* var. *chilense* (K. Koch) Skottsb.
Ref.: Buchinger, 1956; Cabrera, 1967a; Crespo & Pérez Moreau, 1984b; Cialdella, 1989.
Hábito: Hierba.
Status: Adventicia.
Elevación: 0–500 m.
Prov.: BA, CA, LP, NE, RN, SC, SJ, SL, TF.
Paises limítrofes: CH.
Ejemplar examinado: *Goodall 3250* (SI).

Polygonum maritimum var. *chilense* (K. Koch) Skottsb. = **Polygonum maritimum** L.
Ref.: Cialdella, 1989.

Polygonum meisnerianum Cham. & Schltdl.
Sin.: *Polygonum beyrichianum* Cham. & Schltdl., *Polygonum chamissoeanum* Wedd., *Polygonum meisnerianum* var. *beyrichianum* (Cham. & Schltdl.) Meisn.
Ref.: Buchinger, 1956; Cabrera, 1967a; Palacios, 1987; Cialdella, 1989.
Hábito: Hierba.
Status: Nativa.
Elevación: 0–500 m.
Prov.: BA, CH, CO, COR, ER, FO, MI, SA, SF.
Paises limítrofes: BR, PA, UR.
Ejemplar examinado: *Krapovickas et al. 24596* (BAB, CTES, LP).

Polygonum meisnerianum var. *beyrichianum* (Cham. & Schltdl.) Meisn. = **Polygonum meisnerianum** Cham. & Schltdl.
Ref.: Cialdella, 1989.

Polygonum minus Huds.
Ref.: Buchinger, 1956; Crespo & Pérez Moreau, 1984b; Cialdella, 1989.
Hábito: Hierba.
Status: Introducida.
Elevación: 0–500 m.
Prov.: ME, MI, RN, SF.
Ejemplar examinado: *Gerling 65* (BAB).

Polygonum orientale L.
Sin.: *Polygonum cordobense* Lindau.
Ref.: Buchinger, 1956; Cabrera, 1967a; Cialdella, 1989.
Hábito: Hierba.
Status: Adventicia.
Elevación: 0–500 m.
Prov.: BA, CO, ER, ME.
Ejemplar examinado: *Burkart 19042* (SI).

Polygonum paraguayense Wedd.
Ref.: Buchinger, 1956; Palacios, 1987; Cialdella, 1989.
Hábito: Hierba.
Status: Nativa.
Elevación: 0–500 m.
Prov.: BA, CH, COR, ER, FO.
Paises limítrofes: BR, PA.
Ejemplar examinado: *Parodi 1032* (BA, BAA).

Polygonum persicaria L.
Ref.: Buchinger, 1956; Cabrera, 1967a; Crespo & Pérez Moreau, 1984b; Cialdella, 1989, 1994.
Hábito: Hierba.
Status: Adventicia.
Elevación: 0–1000 m.
Prov.: BA, CA, CHU, CO, COR, ER, FO, JU, LR, ME, NE, RN, SA, SE, SF, SJ, SL, TF, TU.
Paises limítrofes: BR, CH.
Ejemplar examinado: *Cabrera y Fabris 17420* (BAA, SI).

Polygonum persicaria var. *vernicosum* Cham. & Schltdl. = **Polygonum lapathifolium** L.
Ref.: Cialdella, 1989.

Polygonum persicarioides Kunth = **Polygonum hydropiperoides** Michx. var. **hydropiperoides**
Ref.: Cialdella, 1989.

[Polygonum polygaloides Meisn.]
Ref.: Crespo & Pérez Moreau, 1984b; Cialdella, 1989.
Nota: Especie excluida de la flora argentina.

Polygonum portoricense Bert. ex Small = **Polygonum glabrum** Willd.
Ref.: Cialdella, 1989.

Polygonum punctatum Elliott
Sin.: *Polygonum acre* Kunth, hom. illeg., *Polygonum epilobioides* Wedd., *Polygonum hydropiperoides* Pursh, hom. illeg.
Ref.: Buchinger, 1956; Cabrera, 1967a; Palacios, 1987; Cialdella, 1989, 1994.
Hábito: Hierba.
Status: Nativa.
Elevación: 0–1000 m.
Prov.: BA, CA, CH, CO, COR, ER, FO, JU, LR, MI, NE, SA, SE, SF, SJ, SL, TU.
Paises limítrofes: BO, BR, PA, UR.
Ejemplar examinado: *Schinini et al. 6837* (BAB, CTES, SI).

Polygonum rivulare Phil., hom. illeg. = **Polygonum hydropiperoides** Michx. var. **hydropiperoides**
Ref.: Cialdella, 1989.

Polygonum sagittifolium (Ortega) Kuntze = **Muehlenbeckia sagittifolia** (Ortega) Meisn.
Ref.: Brandbyge, 1992.

Polygonum setaceum Baldwin ex Elliott = **Polygonum hydropiperoides** var. **setaceum** (Baldwin ex Elliott) Gleason
Ref.: Cialdella, 1989.

Polygonum spectabile Mart. ex Meisn. = **Polygonum ferrugineum** Wedd.
Ref.: Cialdella, 1989.

Polygonum spectabile var. *patagonica* Speg. = **Polygonum lapathifolium** L.
Ref.: Cialdella, 1989.

[Polygonum spergulariiforme Meisn. ex Small]
Ref.: Crespo & Pérez Moreau, 1984b; Cialdella, 1989.
Nota: Especie excluida de la flora argentina.

Polygonum stelligerum Cham.
Sin.: *Polygonum acanthophyllum* Lindau, *Polygonum bonaerense* Speg.
Ref.: Buchinger, 1956; Palacios, 1987; Cialdella, 1989.
Hábito: Hierba.
Status: Nativa.
Elevación: 0–500 m.
Prov.: BA, CH, COR, ER, MI, SF.
Paises limítrofes: BR, PA, UR.
Ejemplar examinado: *Pedersen 5563* (CORD, LP).

Polygonum striatum K. Koch = **Polygonum aviculare** L.
Ref.: Cialdella, 1989.

Polygonum stypticum Cham. & Schltdl.
Ref.: Buchinger, 1956; Cabrera, 1967a; Crespo & Pérez Moreau, 1984b; Palacios, 1987; Cialdella, 1989.
Hábito: Hierba.
Status: Nativa.
Elevación: 0–500 m.
Prov.: BA, CH, CO, ER, LP, LR, ME, NE, RN, SA, SF, SJ, TU.
Paises limítrofes: BR, CH, UR.
Ejemplar examinado: *Joergensen 594* (BAB, CTES).

Polygonum tamnifolium Kunth = **Muehlenbeckia tamnifolia** (Kunth) Meisn.
Ref.: Brandbyge, 1992.

Polygonum tamnifolium var. *xerocarpum* Kuntze = **Muehlenbeckia tamnifolia** (Kunth) Meisn.
Ref.: Brandbyge, 1992.

[Polygonum tenue Michx.]
Ref.: Crespo & Pérez Moreau, 1984b; Cialdella, 1989.
Nota: Especie excluida de la flora argentina.

Polygonum uruguense H. Gross = **Polygonum aviculare** L.
Ref.: Cialdella, 1989.

Polygonum utriculatum Remy = **Polygonum lapathifolium** L.
Ref.: Cialdella, 1989.

Polygonum virgatum Cham. & Schltdl. = **Polygonum hydropiperoides** var. **setaceum** (Baldwin ex Elliott) Gleason
Ref.: Cialdella, 1989.

Rumex L.

Número de especies: 18, 2 especies endémicas.

Rumex acetosa L.
Ref.: Moore, 1983; Crespo & Pérez Moreau, 1984b.
Hábito: Hierba.
Status: Introducida.
Elevación: 0–500 m.
Prov.: BA, CHU, NE, TF.
Ejemplar examinado: *Dimitri y Dimitri s.n.* (BA).

Rumex acetosella L.
Sin.: *Acetosa angiocarpa* (Murb.) Holub, *Rumex acetosella* subsp. *angiocarpus* (Murb.) Murb., *Rumex angiocarpus* Murb.
Ref.: Cabrera, 1967a; Moore, 1983; Crespo & Pérez Moreau, 1984b; Cialdella, 1994.
Hábito: Hierba.
Status: Adventicia.
Elevación: 0–2000 m.
Prov.: BA, CH, JU, ME, NE, SC, SJ, TF, TU.
Paises limítrofes: CH.
Ejemplar examinado: *Guaglianone et al. 2022* (SI).

Rumex acetosella subsp. *angiocarpus* (Murb.) Murb. = **Rumex acetosella** L.

Rumex angiocarpus Murb. = **Rumex acetosella** L.
Ref.: Cabrera, 1967a; Crespo & Pérez Moreau, 1984b.

Rumex argentinus Rech. f.
Sin.: *Rumex polyklonos* Rech. f.
Ref.: Cabrera, 1967a; Diehl, 1987.
Hábito: Hierba.
Status: Nativa.
Elevación: 0–500 m.
Prov.: BA, COR, ER, FO, ME, SF.
Paises limítrofes: UR.
Ejemplar examinado: *Parodi 7362* (lectotipo, BAA).

Rumex asplundii Rech. f. = **Rumex romassa** Remy

Rumex berlandieri Meisn. = [Rumex chrysocarpus Moris]
Ref.: Rechinger f., 1990.

[Rumex bonariensis Campd.]
Nota: Taxón dudoso.

[Rumex brasiliensis Link]
Nota: Cita dudosa para la flora argentina.

[Rumex chrysocarpus Moris]
Sin.: *Rumex berlandieri* Meisn.
Ref.: Rechinger f., 1990.
Nota: Especie excluida de la flora argentina.

Rumex conglomeratus Murray
Ref.: Cabrera, 1967a; Crespo & Pérez Moreau, 1984b; Diehl, 1987; Cialdella, 1994.
Hábito: Hierba.
Status: Adventicia.
Elevación: 0–500 m.
Prov.: BA, CA, ER, JU, LR, ME, SC, SF, SJ, SL, TU.
Paises limítrofes: CH.
Ejemplar examinado: *Kiesling et al. 7388* (SI).

Rumex crispissimus Kuntze
Sin.: *Rumex crispissimus* var. *unigibbus* Hauman, *Rumex decumbens* Dusén.
Ref.: Moore, 1983; Crespo & Pérez Moreau, 1984b; Cialdella, 1994.
Hábito: Hierba.
Status: Nativa.
Elevación: 0–1000 m.
Prov.: CHU, ME, SC, SJ, TF.
Paises limítrofes: CH.
Ejemplar examinado: *Dusén 6727* (SI).

Rumex crispissimus var. *unigibbus* Hauman = **Rumex crispissimus** Kuntze
Ref.: Crespo & Pérez Moreau, 1984b.

Rumex crispus L.
Ref.: Cabrera, 1967a; Crespo & Pérez Moreau, 1984b; Diehl, 1987; Cialdella, 1994.
Hábito: Hierba.
Status: Adventicia.
Elevación: 0–500 m.
Prov.: BA, CA, CHU, CO, ER, JU, LR, ME, NE, RN, SC, SF, SJ, SL, TF, TU.
Paises limítrofes: CH.
Ejemplar examinado: *Burkart 8581* (SI).

Rumex cuneifolius Campd.
Ref.: Cabrera, 1967a; Crespo & Pérez Moreau, 1984b; Rechinger f., 1990.
Hábito: Hierba.
Status: Nativa.
Elevación: 0–4000 m.
Prov.: BA, CA, CHU, CO, JU, NE, RN, SA, SL.
Paises limítrofes: BO, BR, CH, UR.
Ejemplar examinado: *Burkart 19058* (SI).

Rumex cuneifolius var. *maricola* (Remy) Rech. f. = [Rumex maricola Remy]
Ref.: Rechinger f., 1990.

Rumex darwinianus Rech. f.
Sin.: *Rumex magellanicus* var. *donatii* Rech. f.
Ref.: Crespo & Pérez Moreau, 1984b; Rechinger f., 1990.
Hábito: Hierba.
Status: Nativa.
Prov.: CHU, NE, SC.
Paises limítrofes: CH.
Ejemplar examinado: *Donat 222* (isotipo de *R. magellanicus* var. *donatii*, SI).

Rumex decumbens Dusén = **Rumex crispissimus** Kuntze
Ref.: Moore, 1983; Crespo & Pérez Moreau, 1984b.

[Rumex foliosus Rech. f.]
Ref.: Rechinger f., 1933.
Nota: Taxón dudoso, probable sinónimo de *Rumex conglomeratus*.

Rumex fueginus Phil. = **Rumex maritimus** L.
Ref.: Moore, 1983; Crespo & Pérez Moreau, 1984b; Cialdella, 1994.

Rumex hastulatus Sm. = **Muehlenbeckia hastulata** (Sm.) I.M. Johnst. var. **hastulata**
Ref.: Crespo & Pérez Moreau, 1984b; Brandbyge, 1992; Cialdella, 1994.

Rumex hippiatricus Remy = **Rumex magellanicus** Campd.
Ref.: Crespo & Pérez Moreau, 1984b.

[Rumex latifolius Roem. & Schult.]
Nota: Especie excluida de la flora argentina.

Rumex longifolius A. DC.
Ref.: Crespo & Pérez Moreau, 1984b.
Hábito: Hierba.
Status: Adventicia.
Elevación: 0–500 m.
Prov.: TF.
Paises limítrofes: CH.
Ejemplar examinado: *Goodall 2479* (BAB).

Rumex lorentzianus Lindau
Ref.: Rechinger f., 1933, 1990.
Hábito: Hierba.
Status: Endémica.
Elevación: 0–3000 m.
Prov.: CA, SA, TU.
Ejemplar examinado: *Jörgensen 1206* (BA, SI).

Rumex magellanicus Campd.
Sin.: *Rumex hippiatricus* Remy, *Rumex magellanicus* Griseb., hom. illeg., *Rumex magellanicus* var. *dusenii* Rech. f.
Ref.: Moore, 1983; Crespo & Pérez Moreau, 1984b; Cialdella, 1994.
Hábito: Hierba.
Status: Nativa.
Elevación: 1000–4000 m.
Prov.: CHU, ME, NE, SC, SJ, TF.
Paises limítrofes: CH.
Ejemplar examinado: *Ulibarri 1434* (SI).

Rumex magellanicus Griseb., hom. illeg. = **Rumex magellanicus** Campd.
Ref.: Crespo & Pérez Moreau, 1984b.

Rumex magellanicus var. *donatii* Rech. f. = **Rumex darwinianus** Rech. f.
Ref.: Crespo & Pérez Moreau, 1984b.

Rumex magellanicus var. *dusenii* Rech. f. = **Rumex magellanicus** Campd.
Ref.: Crespo & Pérez Moreau, 1984b.

[Rumex maricola Remy]
Sin.: *Rumex cuneifolius* var. *maricola* (Remy) Rech. f.
Ref.: Rechinger f., 1990.
Nota: Especie excluida de la flora argentina.

Rumex maritimus L.
Sin.: *Rumex fueginus* Phil., *Rumex maritimus* subsp. *fueginus* (Phil.) Hultén, *Rumex maritimus* var. *fueginus* (Phil.) Dusén.
Ref.: Moore, 1983; Crespo & Pérez Moreau, 1984b; Cialdella, 1994.
Hábito: Hierba.
Status: Adventicia.
Elevación: 0–500 m.
Prov.: BA, CHU, NE, RN, SC, TF.
Paises limítrofes: CH.
Ejemplar examinado: *Kiesling 5052* (SI).

Rumex maritimus subsp. *fueginus* (Phil.) Hultén = **Rumex maritimus** L.
Ref.: Moore, 1983; Crespo & Pérez Moreau, 1984b.

Rumex maritimus var. *fueginus* (Phil.) Dusén = **Rumex maritimus** L.
Ref.: Moore, 1983; Crespo & Pérez Moreau, 1984b.

Rumex obovatus Danser
Ref.: Cabrera, 1967a; Diehl, 1987.
Hábito: Hierba.
Status: Nativa.
Elevación: 0–500 m.
Prov.: BA, COR, ER, SF, TU.
Paises limítrofes: PA.
Ejemplar examinado: *Troncoso et al. 1421* (SI).

Rumex obtusifolius L.
Ref.: Cabrera, 1967a; Crespo & Pérez Moreau, 1984b.
Hábito: Hierba.
Status: Adventicia.
Elevación: 0–2000 m.
Prov.: BA, CA, CHU, CO, JU, LR, ME, NE, RN, SC, SF, SJ, SL, TU.
Paises limítrofes: BO, BR, CH.
Ejemplar examinado: *Cabrera 6030* (LP).

Rumex paraguayensis D. Parodi
Ref.: Cabrera, 1967a; Crespo & Pérez Moreau, 1984b; Diehl, 1987.
Hábito: Hierba.
Status: Nativa.
Elevación: 0–500 m.
Prov.: BA, CH, CHU, COR, ER, FO, MI, SF, TU.
Paises limítrofes: PA.
Ejemplar examinado: *Burkart et al. 29856* (SI).

Rumex polycarpus Rech. f.
Ref.: Diehl, 1987; Rechinger f., 1990.
Hábito: Hierba.
Status: Endémica.
Elevación: 0–500 m.
Prov.: ER.
Ejemplar examinado: *Ruíz Huidobro 3481* (isotipo, LIL).

Rumex polyklonos Rech. f. = **Rumex argentinus** Rech. f.

[Rumex pratensis Mert. & Koch]
Ref.: Crespo & Pérez Moreau, 1984b.
Nota: Cita dudosa para la flora argentina.

Rumex pulcher L.
Ref.: Cabrera, 1967a; Crespo & Pérez Moreau, 1984b; Diehl, 1987.
Hábito: Hierba.
Status: Adventicia.
Elevación: 0–500 m.
Prov.: BA, CA, CO, COR, ER, RN, SE, SF, TU.
Paises limítrofes: CH.
Ejemplar examinado: *Devoto s.n.* (BAB 90323).

Rumex romassa Remy
Sin.: *Rumex asplundii* Rech. f.
Ref.: Crespo & Pérez Moreau, 1984b.
Hábito: Hierba.
Status: Nativa.
Elevación: 1000–3500 m.
Prov.: NE, RN, SA.
Paises limítrofes: CH.
Ejemplar examinado: *Boelcke y Correa 6260* (SI).

[Rumex rugosus Campd.]
Ref.: Crespo & Pérez Moreau, 1984b.
Nota: Especie excluida de la flora argentina.

Rumex spinosa L. = **Emex spinosa** (L.) Campd.
Ref.: Cabrera, 1967a; Troncoso, 1987f.

Ruprechtia C.A. Mey.
Número de especies: 5

Ruprechtia apetala Wedd.
Sin.: *Ruprechtia boliviensis* Herzog, *Ruprechtia corylifolia* Griseb., *Ruprechtia excelsa* Griseb., *Ruprechtia mollis* Wedd.
Ref.: Cocucci, 1961; Digilio & Legname, 1966.
Hábito: Árbol.
Status: Nativa.
Elevación: 1500–2000 m.
Prov.: CA, CO, JU, LR, SA, SE, SF, SL, TU.
Paises limítrofes: BO.
Ejemplar examinado: *Cabrera et al. 30249* (SI).

Ruprechtia boliviensis Herzog = **Ruprechtia apetala** Wedd.
Ref.: Cocucci, 1961.

Ruprechtia brachysepala Meisn.
Ref.: Cocucci, 1958, 1961.
Hábito: Árbol.
Status: Nativa.
Elevación: 0–500 m.
Prov.: CH, COR, FO, MI.
Paises limítrofes: BR, PA.
Ejemplar examinado: *Biloni 6133* (SI).

Ruprechtia corylifolia Griseb. = **Ruprechtia apetala** Wedd.
Ref.: Cocucci, 1961.

Ruprechtia excelsa Griseb. = **Ruprechtia apetala** Wedd.
Ref.: Cocucci, 1961.

[Ruprechtia fagifolia Meisn.]
Ref.: Cocucci, 1961.
Nota: Taxón dudoso, probable sinónimo de *Ruprechtia laxiflora.*

Ruprechtia laxiflora Meisn.
Sin.: *Enneatypus nordenskjoeldii* Herzog, *Ruprechtia polystachya* Griseb., *Ruprechtia viraru* Griseb., *Triplaris polystachya* (Griseb.) Kuntze.
Ref.: Cocucci, 1958, 1961; Digilio & Legname, 1966; Troncoso, 1987f.
Hábito: Árbol.
Status: Nativa.
Elevación: 0–500 m.
Prov.: CA, CH, CO, COR, ER, FO, JU, MI, SA, SE, SF, TU.
Paises limítrofes: BR, PA, UR.
Ejemplar examinado: *Cabrera et al. 23910* (SI).

Ruprechtia mollis Wedd. = **Ruprechtia apetala** Wedd.
Ref.: Cocucci, 1961.

Ruprechtia polystachya Griseb. = **Ruprechtia laxiflora** Meisn.
Ref.: Cocucci, 1961.

Ruprechtia salicifolia (Cham. & Schltdl.) C.A. Mey.
Sin.: *Triplaris salicifolia* Cham. & Schltdl.
Ref.: Cocucci, 1958, 1961; Troncoso, 1987f.
Hábito: Arbusto o árbol.
Status: Nativa.
Elevación: 0–500 m.
Prov.: COR, ER, MI.
Paises limítrofes: BR, UR.
Ejemplar examinado: *Hicken s.n.* (SI 3708).

Ruprechtia triflora Griseb.
Sin.: *Ruprechtia triflora* var. *guaranitica* Chodat & Hassl., *Triplaris triflora* (Griseb.) Kuntze.
Ref.: Cocucci, 1958, 1961; Digilio & Legname, 1966.
Hábito: Arbusto o árbol.
Status: Nativa.
Elevación: 0–1000 m.
Prov.: CH, FO, JU, SA, SE, TU.
Paises limítrofes: BO, PA.
Ejemplar examinado: *Cabrera et al. 31001* (SI).

Ruprechtia triflora var. *guaranitica* Chodat & Hassl. = **Ruprechtia triflora** Griseb.
Ref.: Cocucci, 1961.

Ruprechtia viraru Griseb. = **Ruprechtia laxiflora** Meisn.
Ref.: Cocucci, 1961.

Sanmartinia ameghinoi (Speg.) M. Buchinger = **Eriogonum divaricatum** Hook.
Ref.: Crespo & Pérez Moreau, 1984b.

Triplaris coryfolia (Griseb.) Kuntze = [Ruprechtia apetala Wedd.]
Ref.: Cocucci, 1961.

Triplaris polystachya (Griseb.) Kuntze = **Ruprechtia laxiflora** Meisn.
Ref.: Cocucci, 1961.

Triplaris salicifolia Cham. & Schltdl. = **Ruprechtia salicifolia** (Cham. & Schltdl.) C.A. Mey.
Ref.: Cocucci, 1961.

Triplaris triflora (Griseb.) Kuntze = **Ruprechtia triflora** Griseb.
Ref.: Cocucci, 1961.

PORTULACACEAE

11 géneros, 66 especies; 14 especies y 1 variedad endémicas.

por I. E. Peralta

Anacampseros L.

Número de especies: 2 especies endémicas.

Anacampseros kurtzii Bacigalupo
Ref.: Bacigalupo, 1990.
Hábito: Hierba.
Status: Endémica.
Elevación: 2000-3500 m.
Prov.: CA, JU, LR, SA.
Ejemplar examinado: *Kiesling et al. 6350* (holotipo, SI).

Anacampseros vulcanensis Añón
Ref.: Añón, 1984b; Añón, 1990.
Hábito: Hierba.
Status: Endémica.
Elevación: 2000-2500 m.
Prov.: JU, SA.
Ejemplar examinado: *Cabrera et al. 21742* (holotipo, LP).
Nota: Gerbaulet (1992) segrega a *Anacampseros vulcanensis*, ubicándolo dentro del nuevo género monotípico *Xenia* Gerbaulet. Posteriormente, Rowley (1994) considera que *Xenia* es un nombre genérico inválido (Art. 20.2, I.C.B.N., 1988), y propone la inclusión de las 2 especies de *Anacampseros* presentes en la Argentina dentro del género *Grahamia* Gillies ex Arn. junto con otras especies de *Talinopsis*, *Talinaria* y *Anacampseros*. Gerbaulet & Struck (1995) rechazan la clasificación de *Anacampseros* propuesta por Rowley (1994) y revalidan a *Xenia*. El criterio adoptado aquí es mantener los dos taxones dentro de *Anacampseros* hasta tanto se esclarezca sus relaciones sistemáticas con otros géneros.

Baitaria acaulis Ruiz & Pav. = **Calandrinia carolinii** Hershkovitz & D.I. Ford
Ref.: Hershkovitz & Ford, 1993.

Calandrinia Kunth

Número de especies: 9

Calandrinia acaulis Kunth
Sin.: *Calandrinia megarhiza* Hemsl., *Calandrinia saltensis* Hauman, *Lewisia megarhiza* (Hemsl.) Macbryde., *Oreobroma megarhizum* (Hemsl.) Standl. & Steyerm., *Oreobroma mexicanum* Rydb.
Ref.: Añón, 1953; Hershkovitz & Ford, 1993.
Hábito: Hierba.
Status: Nativa.
Elevación: 2500-4900 m.
Prov.: CA, JU, LR, SA, TU.
Paises limítrofes: BO, CH.
Ejemplar examinado: *Rodríguez 1321* (BA).

Calandrinia acutisepala Añón = **Montiopsis gayana** (Barnéoud) D.I. Ford

Calandrinia affinis Gillies ex Arn.
Ref.: Añón, 1953, 1984a; Peralta, 1988; Añón & Peralta, 1994.
Hábito: Hierba.
Status: Nativa.
Elevación: 1500-3500 m.
Prov.: ME, NE, SJ.
Paises limítrofes: CH.
Ejemplar examinado: *Ruiz Leal 24546* (MERL).

Calandrinia affinis Gillies ex Arn. var. *graminifolia* (Phil.) Reiche = **Calandrinia graminifolia** Phil.
Ref.: Añón, 1953, 1984a.

Calandrinia andicola Gillies = **Montiopsis andicola** (Gillies) D.I. Ford
Ref.: Ford, 1993; Añón & Peralta, 1994.

Calandrinia andicola Gillies var. *denticulata* (Gillies) Hicken = **Montiopsis andicola** (Gillies) D.I. Ford

Calandrinia arenaria Cham. = **Cistanthe arenaria** (Cham.) Carolin ex Hershkovitz
Ref.: Hershkovitz, 1991.

Calandrinia armeriifolia Phil. = **Calandrinia compacta** Barnéoud
Ref.: Peralta, 1988; Añón & Peralta, 1994.

Calandrinia barneoudii Phil. = **Cistanthe densiflora** (Barnéoud) Hershkovitz
Ref.: Añón & Peralta, 1994.

Calandrinia berteroana Phil. = **Montiopsis berteroana** (Phil.) D.I. Ford
Ref.: Ford, 1993.

Calandrinia bonariensis Hauman = **Calandrinia ciliata** (Ruiz & Pav.) DC.
Ref.: Añón, 1953, 1984a; Fabris, 1967d.

Calandrinia cabrerae Añón = **Cistanthe cabrerae** (Añón) Peralta
Ref.: Añón & Peralta, 1994.

Calandrinia caespitosa Gillies ex Arn.
Sin.: *Calandrinia caespitosa* Gillies ex Arn. var. *australis* Skottsb., *Calandrinia caespitosa* Gillies ex Arn. var. *skottsbergii* (Gand.) Añón, *Calandrinia densa* Phil., nom. illeg., *Calandrinia diffusa* Gillies ex Arn., *Calandrinia fuegiana* Gand., *Calandrinia rupestris* Barnéoud, *Calandrinia rupestris* Barnéoud var. *skottsbergii* (Gand.) Skottsb., *Calandrinia skottsbergii* Gand.
Ref.: Añón, 1953, 1984a; Peralta, 1988; Añón & Peralta, 1994.
Hábito: Hierba.
Status: Nativa.
Elevación: 800-4200 m.
Prov.: CHU, ME, NE, RN, SC, SJ, TF, TU.
Paises limítrofes: CH.
Ejemplar examinado: *Ruiz Leal 39805* (MERL).

Calandrinia caespitosa Gillies ex Arn. var. *australis* Skottsb. = **Calandrinia caespitosa** Gillies ex Arn.
Ref.: Peralta, 1988.

Calandrinia caespitosa Gillies ex Arn. var. *skottsbergii* (Gand.) Añón = **Calandrinia caespitosa** Gillies ex Arn.
Ref.: Añón, 1984a; Peralta, 1988.

Calandrinia callithrix Phil. = **Montiopsis glomerata** (Phil.) D.I. Ford
Ref.: Añón & Peralta, 1994.

Calandrinia calocephala Phil. = **Cistanthe salsoloides** (Barnéoud) Carolin ex Hershkovitz
Ref.: Añón & Peralta, 1994.

Calandrinia canescens Phil. = **Montiopsis gilliesii** (Hook. & Arn.) D.I. Ford
Ref.: Añón & Peralta, 1994.

Calandrinia capitata Hook. & Arn. = **Montiopsis capitata** (Hook. & Arn.) D.I. Ford
Ref.: Ford, 1993.

Calandrinia capituligera Phil. = **Montiopsis capitata** (Hook. & Arn.) D.I. Ford

Calandrinia carolinii Hershkovitz & D.I. Ford
Sin.: *Baitaria acaulis* Ruiz & Pav.
Ref.: Hershkovitz & Ford, 1993.
Hábito: Hierba.
Status: Nativa.
Elevación: 2900-4000 m.
Prov.: CA, JU, LR, SA, TU.
Paises limítrofes: BO, CH.
Ejemplar examinado: *Kiesling et al. 6385* (MERL, SI).

Calandrinia caulescens Kunth = **Calandrinia ciliata** (Ruiz & Pav.) DC.
Ref.: Añón, 1953, 1984a.

Calandrinia cerratei Añón = **Montia fontana** L.
Ref.: Añón & Peralta, 1994.

Calandrinia chamissoi Barnéoud = **Cistanthe arenaria** (Cham.) Carolin ex Hershkovitz

Calandrinia chromanta Griseb. = **Talinum polygaloides** Gillies ex Arn.
Ref.: Bacigalupo, 1987c; Añón & Peralta, 1994.

Calandrinia chubutensis Speg. = **Montiopsis umbellata** (Ruiz & Pav.) D.I. Ford

Calandrinia ciliata (Ruiz & Pav.) DC.
Sin.: *Calandrinia bonariensis* Hauman, *Calandrinia caulescens* Kunth, *Calandrinia feltonii* Skottsb., *Talinum ciliatum* Ruiz & Pav.
Ref.: Añón, 1953, 1984a; Fabris, 1967d.
Hábito: Hierba.
Status: Nativa.
Elevación: 0-3500 m.
Prov.: BA, CA, JU, SA, TF, TU.
Paises limítrofes: BO, CH.
Ejemplar examinado: *Hauman s.n.* (BA 26531).

Calandrinia cistiflora Gillies = **Montiopsis cistiflora** (Gillies ex Arn.) D.I. Ford
Ref.: Ford, 1993.

Calandrinia colchaguensis Barnéoud
Ref.: Añón, 1953, 1984a.
Hábito: Hierba.
Status: Nativa.
Elevación: 1500-3000 m.
Prov.: CHU, ME, NE, RN.
Paises limítrofes: CH.
Ejemplar examinado: *Boelcke y Correa 5578* (BAA, BAB, SI).

Calandrinia compacta Barnéoud
Sin.: *Calandrinia armeriifolia* Phil., *Calandrinia occulta* Phil.
Ref.: Añón, 1953; Peralta, 1988; Añón & Peralta, 1994.
Hábito: Hierba.
Status: Nativa.
Elevación: 3000-4800 m.
Prov.: CA, JU, LR, ME, SA, SJ, TU.
Paises limítrofes: BO, CH.
Ejemplar examinado: *Ruiz Leal 14563* (MERL).

Calandrinia copiapina Phil. = **Montiopsis copiapina** (Phil.) D.I. Ford
Ref.: Ford, 1993; Añón & Peralta, 1994.

Calandrinia cumingii Hook. & Arn. = **Montiopsis cumingii** (Hook. & Arn.) D.I. Ford
Ref.: Ford, 1993; Añón & Peralta, 1994.

Calandrinia densa Phil., nom. illeg. = **Calandrinia caespitosa** Gillies ex Arn.
Ref.: Peralta, 1988; Añón & Peralta, 1994.

Calandrinia densiflora Barnéoud = **Cistanthe densiflora** (Barnéoud) Hershkovitz
Ref.: Hershkovitz, 1991; Añón & Peralta, 1994.

Calandrinia denticulata Gillies = **Montiopsis andicola** (Gillies) D.I. Ford
Ref.: Añón & Peralta, 1994.

Calandrinia denticulata Gillies var. *andicola* (Gillies) Reiche = **Montiopsis andicola** (Gillies) D.I. Ford

Calandrinia denticulata Gillies var. *echinata* Barnéoud = **Montiopsis andicola** (Gillies) D.I. Ford

Calandrinia dianthoides Phil. = **Montiopsis cistiflora** (Gillies ex Arn.) D.I. Ford

Calandrinia diffusa Gillies ex Arn. = **Calandrinia caespitosa** Gillies ex Arn.
Ref.: Añón & Peralta, 1994.

Calandrinia erithrichioides Phil. = **Montiopsis capitata** (Hook. & Arn.) D.I. Ford

Calandrinia erythrocoma Phil. = **Montiopsis capitata** (Hook. & Arn.) D.I. Ford

Calandrinia fasciculata Phil. = **Cistanthe densiflora** (Barnéoud) Hershkovitz
Ref.: Añón & Peralta, 1994.

Calandrinia feltonii Skottsb. = **Calandrinia ciliata** (Ruiz & Pav.) DC.

Calandrinia floribunda Phil. = **Montiopsis berteroana** (Phil.) D.I. Ford

Calandrinia frigida Barnéoud = **Cistanthe frigida** (Barnéoud) Peralta
Ref.: Añón & Peralta, 1994.

Calandrinia fuegiana Gand. = **Calandrinia caespitosa** Gillies ex Arn.
Ref.: Añón 1984a; Peralta, 1988; Añón & Peralta, 1994.

Calandrinia gayana Barnéoud = **Montiopsis gayana** (Barnéoud) D.I. Ford
Ref.: Ford, 1993.

Calandrinia gilliesii Hook. & Arn. = **Montiopsis gilliesii** (Hook. & Arn.) D.I. Ford
Ref.: Ford, 1993; Añón & Peralta, 1994.

Calandrinia glandulifera Phil. = **Montiopsis gayana** (Barnéoud) D.I. Ford

Calandrinia glomerata Phil. = **Montiopsis glomerata** (Phil.) D.I. Ford
Ref.: Ford, 1993; Añón & Peralta, 1994.

Calandrinia graminifolia Phil.
Sin.: *Calandrinia affinis* Gillies ex Arn. var. *graminifolia* (Phil.) Reiche
Ref.: Añón, 1953, 1984a.
Hábito: Hierba.
Status: Nativa.
Elevación: 1800-2500 m.
Prov.: ME, NE.
Paises limítrofes: CH.
Ejemplar examinado: *Boelcke 10762* (BAA).

Calandrinia hispida Phil. = **Montiopsis umbellata** (Ruiz & Pav.) D.I. Ford

Calandrinia humilis Phil. = **Cistanthe humilis** (Phil.) Peralta
Ref.: Añón & Peralta, 1994.

Calandrinia leucocephala Phil. = **Montiopsis glomerata** (Phil.) D.I. Ford
Ref.: Añón & Peralta, 1994.

Calandrinia macrocalyx Hauman = **Cistanthe frigida** (Barnéoud) Peralta
Ref.: Añón & Peralta, 1994.

Calandrinia macrocarpa Speg. = **Schreiteria macrocarpa** (Speg.) Carolin
Ref.: Carolin, 1985.

Calandrinia megarhiza Hemsl. = **Calandrinia acaulis** Kunth
Ref.: Hershkovitz & Ford, 1993.

Calandrinia minuscula Añón = **Cistanthe minuscula** (Añón) Peralta
Ref.: Añón & Peralta, 1994.

Calandrinia modesta Phil. = **Montiopsis modesta** (Phil.) D.I. Ford
Ref.: Ford, 1993; Añón & Peralta, 1994.

Calandrinia monandra (Ruiz & Pav.) DC.
Sin.: *Corrigiola deltoides* Hook. & Arn., *Monocosmia corrigioloides* Fenzl, *Monocosmia monandra* (Ruiz & Pav.) Baill., *Talinum monandrum* Ruiz & Pav.
Ref.: Añón, 1984a; Hershkovitz, 1991, 1993.
Hábito: Hierba.
Status: Nativa.
Elevación: 500-1500 m.
Prov.: CHU, ME, NE, RN.
Paises limítrofes: CH.
Ejemplar examinado: *Ruíz Leal 2339* (MERL).

Calandrinia multibracteata Hauman = **Montiopsis gayana** (Barnéoud) D.I. Ford

Calandrinia nivalis Phil. = **Montiopsis potentilloides** (Barnéoud) D.I. Ford
Ref.: Añón & Peralta, 1994.

Calandrinia occulta Phil. = **Calandrinia compacta** Barnéoud
Ref.: Añón & Peralta, 1994.

Calandrinia oligantha Phil. = **Montiopsis andicola** (Gillies) D.I. Ford
Ref.: Añón & Peralta, 1994.

Calandrinia patagonica Speg. = **Montiopsis gayana** (Barnéoud) D.I. Ford

Calandrinia petiolata Phil. = **Montiopsis capitata** (Hook. & Arn.) D.I. Ford

Calandrinia phalacra Phil. = **Montiopsis umbellata** (Ruiz & Pav.) D.I. Ford

Calandrinia picta Gillies ex Arn. = **Cistanthe picta** (Gillies ex Arn.) Carolin ex Hershkovitz
Ref.: Hershkovitz, 1991; Añón & Peralta, 1994.

Calandrinia picta Gillies ex Arn. var. *portulacifolia* (Phil.) Hicken = **Cistanthe picta** (Gillies ex Arn.) Carolin ex Hershkovitz

Calandrinia polia Phil. = **Montiopsis copiapina** (Phil.) D.I. Ford
Ref.: Añón & Peralta, 1994.

Calandrinia polycarpoides Phil. = **Montiopsis polycarpoides** (Phil.) Peralta
Ref.: Añón & Peralta, 1994.

Calandrinia portulacifolia Phil. = **Cistanthe picta** (Gillies ex Arn.) Carolin ex Hershkovitz
Ref.: Añón & Peralta, 1994.

Calandrinia prostrata Phil. = **Montiopsis capitata** (Hook. & Arn.) D.I. Ford

Calandrinia potentilloides Barnéoud = **Montiopsis potentilloides** (Barnéoud) D.I. Ford
Ref.: Ford, 1993; Añón & Peralta, 1994.

Calandrinia punae R.E. Fr. = **Talinum punae** (R.E. Fr.) Carolin
Ref.: Carolin, 1985.

Calandrinia pusilla Barnéoud = **Montia fontana** L.
Ref.: Añón & Peralta, 1994.

Calandrinia rahmeri Phil. = **Montiopsis gayana** (Barnéoud) D.I. Ford

Calandrinia rosea Phil. = **Montiopsis berteroana** (Phil.) D.I. Ford

Calandrinia rupestris Barnéoud = **Calandrinia caespitosa** Gillies ex Arn.
Ref.: Añón, 1953, 1984a; Peralta, 1988; Añón & Peralta, 1994.

Calandrinia rupestris Barnéoud var. *skottsbergii* (Gand.) Skottsb. = **Calandrinia caespitosa** Gillies ex Arn.
Ref.: Peralta, 1988.

Calandrinia salsoloides Barnéoud = **Cistanthe salsoloides** (Barnéoud) Carolin ex Hershkovitz
Ref.: Hershkovitz, 1990; Añón & Peralta, 1994.

Calandrinia saltensis Hauman = **Calandrinia acaulis** Kunth
Ref.: Hershkovitz & Ford, 1993.

Calandrinia sanfurgii Phil. = **Montiopsis umbellata** (Ruiz & Pav.) D.I. Ford

Calandrinia saxifraga Barnéoud = **Montiopsis andicola** (Gillies) D.I. Ford
Ref.: Añón & Peralta, 1994.

Calandrinia saxifraga Barnéoud var. *oligantha* (Phil.) Reiche = **Montiopsis andicola** (Gillies) D.I. Ford

Calandrinia sericea Hook. & Arn. var. *phalacra* (Phil.) Reiche = **Montiopsis umbellata** (Ruiz & Pav.) D.I. Ford

Calandrinia sericea Hook. & Arn. var. *sessiliflora* (Phil.) Hauman = **Montiopsis gilliesii** (Hook. & Arn.) D.I. Ford

Calandrinia sericea Hook. & Arn. var. *uspallatensis* (Phil.) Reiche = **Montiopsis potentilloides** (Barnéoud) D.I. Ford

Calandrinia sessiliflora Phil. = **Montiopsis gilliesii** (Hook. & Arn.) D.I. Ford

Calandrinia skottsbergii Gand. = **Calandrinia caespitosa** Gillies ex Arn.
Ref.: Peralta, 1988; Añón & Peralta, 1994.

Calandrinia splendens Barnéoud = **Montiopsis cistiflora** (Gillies ex Arn.) D.I. Ford

Calandrinia splendens Barnéoud var. *dianthoides* (Phil.) Reiche = **Montiopsis cistiflora** (Gillies ex Arn.) D.I. Ford

Calandrinia stricta Phil. = **Cistanthe stricta** (Phil.) Peralta
Ref.: Añón & Peralta, 1994.

Calandrinia tenuifolia Phil. = **Montiopsis gayana** (Barnéoud) D.I. Ford

Calandrinia umbellata (Ruiz & Pav.) DC. = **Montiopsis umbellata** (Ruiz & Pav.) D.I. Ford
Ref.: Ford, 1993.

Calandrinia uspallatensis Phil. = **Montiopsis potentilloides** (Barnéoud) D.I. Ford
Ref.: Añón & Peralta, 1994.

Calandrinia vidali Phil. = **Montiopsis gayana** (Barnéoud) D.I. Ford

Calandrinia viridis Phil. = **Cistanthe densiflora** (Barnéoud) Hershkovitz
Ref.: Añón & Peralta, 1994.

Calandriniopsis polycarpoides (Phil.) E. Franz = **Montiopsis polycarpoides** (Phil.) Peralta
Ref.: Añón & Peralta, 1994.

Calandriniopsis umbellata (Ruiz & Pav.) E. Franz = **Montiopsis umbellata** (Ruiz & Pav.) D.I. Ford

Cistanthe Spach

Número de especies: 9

Cistanthe arenaria (Cham.) Carolin ex Hershkovitz
Sin.: *Calandrinia arenaria* Cham., *Calandrinia chamissoi* Barnéoud
Ref.: Hershkovitz, 1991; Peralta, 1993.
Hábito: Hierba.
Status: Nativa.
Elevación: 300-1500 m.
Prov.: RN.
Paises limítrofes: CH.
Ejemplar examinado: *Bacigalupo 11617* (SI).

Cistanthe cabrerae (Añón) Peralta
Sin.: *Calandrinia cabrerae* Añón
Ref.: Añón, 1980; Peralta, 1993; Añón & Peralta, 1994.
Hábito: Hierba.
Status: Nativa.
Elevación: 1800-2500 m.
Prov.: SJ.
Paises limítrofes: CH.
Ejemplar examinado: *Cabrera et al. 24352* (holotipo, SI).

Cistanthe densiflora (Barnéoud) Hershkovitz
Sin.: *Calandrinia barneoudii* Phil., *Calandrinia densiflora* Barnéoud, *Calandrinia fasciculata* Phil., *Calandrinia viridis* Phil.
Ref.: Añón, 1953; Peralta, 1988, 1993; Hershkovitz, 1991; Añón & Peralta, 1994.
Hábito: Hierba.
Status: Nativa.
Elevación: 1000-2300 m.
Prov.: ME, SA, SJ.
Paises limítrofes: CH.
Ejemplar examinado: *Kiesling 6165* (MERL, SI).

Cistanthe frigida (Barnéoud) Peralta
Sin.: *Calandrinia frigida* Barnéoud, *Calandrinia macrocalyx* Hauman, *Cistanthe macrocalyx* (Hauman) Carolin ex Hershkovitz, *Cistanthe picta* (Gillies ex Arn.) Carolin ex Hershkovitz var. *frigida* (Barnéoud) Hershkovitz
Ref.: Añón, 1953; Peralta, 1988, 1993; Hershkovitz, 1991; Añón & Peralta, 1994.
Hábito: Hierba.
Status: Nativa.
Elevación: 3000-5000 m.
Prov.: ME, SJ.
Paises limítrofes: CH.
Ejemplar examinado: *Kiesling y Peralta 7802* (MERL, SI).

Cistanthe humilis (Phil.) Peralta
Sin.: *Calandrinia humilis* Phil.
Ref.: Peralta, 1993; Añón & Peralta, 1994.
Hábito: Hierba.
Status: Nativa.
Elevación: 3000-4000 m.
Prov.: SJ.
Paises limítrofes: CH.
Ejemplar examinado: *Beorchia 20* (SI).

Cistanthe macrocalyx (Hauman) Carolin ex Hershkovitz = **Cistanthe frigida** (Barnéoud) Peralta
Ref.: Añón & Peralta, 1994.

Cistanthe minuscula (Añón) Peralta
Sin.: *Calandrinia minuscula* Añón
Ref.: Añón, 1953; Peralta, 1992, 1993; Añón & Peralta, 1994.
Hábito: Hierba.
Status: Nativa.
Elevación: 2500-3500 m.
Prov.: CA, LR, ME, SJ.
Paises limítrofes: CH.
Ejemplar examinado: *Kiesling 4582* (SI).

Cistanthe picta (Gillies ex Arn.) Carolin ex Hershkovitz
Sin.: *Calandrinia picta* Gillies ex Arn., *Calandrinia picta* Gillies ex Arn. var. *portulacifolia* (Phil.) Hicken, *Calandrinia portulacifolia* Phil.
Ref.: Añón, 1953; Peralta, 1988, 1993; Hershkovitz, 1991; Añón & Peralta, 1994.
Hábito: Hierba.
Status: Nativa.
Elevación: 3000-4000 m.
Prov.: CA, LR, ME, NE, SA, SJ.
Paises limítrofes: CH.
Ejemplar examinado: *Ruiz Leal 20965* (MERL).

Cistanthe picta (Gillies ex Arn.) Carolin ex Hershkovitz var. *frigida* (Barnéoud) Hershkovitz = **Cistanthe frigida** (Barnéoud) Peralta
Ref.: Añón & Peralta, 1994.

Cistanthe salsoloides (Barnéoud) Carolin ex Hershkovitz
Sin.: *Calandrinia calocephala* Phil., *Calandrinia salsoloides* Barnéoud
Ref.: Añón, 1953; Hershkovitz, 1990; Peralta, 1993; Añón & Peralta, 1994.
Hábito: Hierba.
Status: Nativa.
Elevación: 1500-3000 m.
Prov.: SA, SJ.
Paises limítrofes: CH.
Ejemplar examinado: *Kiesling 6144* (MERL).

Cistanthe stricta (Phil.) Peralta
Sin.: *Calandrinia stricta* Phil.
Ref.: Peralta, 1993; Añón & Peralta, 1994.
Hábito: Hierba.
Status: Nativa.
Elevación: ca. 2000 m.
Prov.: SJ.
Paises limítrofes: CH.
Ejemplar examinado: *Kiesling 8076* (SI).

Claytonia L.
Número de especies: 1

Claytonia hallii A. Gray = **Montia fontana** L.
Ref.: Lourteig, 1991.

Claytonia perfoliata Donn ex Willd.
Sin.: *Montia perfoliata* (Donn ex Willd.) Howell
Ref.: Swanson, 1966; Nilsson, 1967; McNeill, 1975; Añón, 1984a.
Hábito: Hierba.
Status: Introducida.
Elevación: 500-1000 m.
Prov.: RN, TF.
Paises limítrofes: CH.
Ejemplar examinado: *Neumeyer 602* (SI).

Corrigiola deltoides Hook. & Arn. = **Calandrinia monandra** (Ruiz & Pav.) DC.

Grahamia Gillies ex Hook. & Arn.
Número de especies: 1 especie endémica.

Grahamia bracteata Hook. & Arn.
Ref.: Añón, 1984a; Añón & Peralta, 1994.
Hábito: Subarbusto.
Status: Endémica.
Elevación: 200-2500 m.
Prov.: BA, CA, CO, LR, ME, NE, SE, SJ, SL, TU.
Ejemplar examinado: *Guaglianone 1340* (SI).
Nota: Rowley (1994) ha propuesto la inclusión de especies de los géneros *Anacampseros, Talinopsis* y *Talinaria* dentro de *Grahamia*. El criterio aquí adoptado es reconocer una especie en *Grahamia*, hasta tanto se esclarezcan sus relaciones sistemáticas con otros géneros.

Lenzia Phil.

Número de especies: 1

Lenzia chamaepitys Phil.
Ref.: Añón & Peralta, 1994.
Hábito: Hierba.
Status: Nativa.
Elevación: 3700-4300 m.
Prov.: JU, SJ.
Paises limítrofes: CH.
Ejemplar examinado: *Roig 11879* (MERL).

Lewisia megarhiza (Hemsl.) MacBryde = **Calandrinia acaulis** Kunth
Ref.: Hershkovitz & Ford, 1993.

Monocosmia corrigioloides Fenzl = **Calandrinia monandra** (Ruiz & Pav.) DC.

Monocosmia monandra (Ruiz & Pav.) Baill. = **Calandrinia monandra** (Ruiz & Pav.) DC.

Montia L.

Número de especies: 1

Montia alsine-facie Gilib. = **Montia fontana** L.
Ref.: Lourteig, 1991.

Montia arvensis Wallr. = **Montia fontana** L.
Ref.: Lourteig, 1991.

Montia chaberti Gand. = **Montia fontana** L.
Ref.: Lourteig, 1991.

Montia decumbens St.-Lag. = **Montia fontana** L.
Ref.: Lourteig, 1991.

Montia erecta Steud. = **Montia fontana** L.
Ref.: Lourteig, 1991.

Montia fontana L.
Sin.: *Calandrinia cerratei* Añón, *Calandrinia pusilla* Barnéoud, *Claytonia hallii* A. Gray, *Montia alsine-facie* Gilib., *Montia arvensis* Wallr., *Montia chaberti* Gand., *Montia decumbens* St.-Lag., *Montia erecta* Steud., *Montia fontana* L. var. *chondrosperma* Fenzl, *Montia fontana* L. var. *intermedia* Beeby, *Montia fontana* L. subsp. *amporitana* Sennen, *Montia fontana* L. subsp. *chondrosperma* (Fenzl) Walters, *Montia fontana* L. subsp. *intermedia* (Beeby) Walters, *Montia fontana* L. subsp. *lamprosperma* (Cham.) Lindb., *Montia fontana* L. subsp. *lamprosperma* (Cham.) Lindb. var. *boreo-rivularis* Lindb., *Montia fontana* L. subsp. *variabilis* Walters, *Montia hallii* (A. Gray) Greene, *Montia lamprosperma* Cham., *Montia limosa* Decker, *Montia linearifolia* d'Urv., *Montia lusitanica* Samp., *Montia major* Steud., *Montia minor* C.C. Gmel., nom. illeg., *Montia pentandra* Willd. ex Cham., *Montia rivularis* C.C. Gmel., *Montia rivularis* C.C. Gmel. f. *aquatica* Glück, *Montia rivularis* C.C. Gmel. f. *terrestris* Glück, *Montia stenophylla* Rydb., *Montia tenella* Steud., *Montia terrestris* Dumort., *Montia verna* Neck., nom. illeg.
Ref.: Walters, 1953; Moore, 1963; Lourteig, 1991; Añón & Peralta, 1994.
Hábito: Hierba.
Status: Nativa.
Elevación: 0-4500 m.
Prov.: JU, NE, RN, SC, SJ, TF.
Paises limítrofes: BO, CH, UR.
Ejemplar examinado: *Kiesling 7570* (SI).
Nota: *Montia fontana* L. es una especie cosmopolita, comprendiendo un complejo de formas que habitan en diversos ambientes desde el nivel del mar hasta los altos páramos de los Andes. Walters (1953) reconoció cuatro subespecies sobre la base de la morfología de la testa seminal. Moore (1963) también adoptó este criterio. Sin embargo Lourteig (1991), en su análisis de ejemplares de diversas procedencias geográficas, concluyó que los caracteres de las semillas no separan las subespecies, y estableció numerosos sinónimos.

Montia fontana L. var. *chondrosperma* Fenzl = **Montia fontana** L.
Ref.: Lourteig, 1991.

Montia fontana L. var. *intermedia* Beeby = **Montia fontana** L.
Ref.: Lourteig, 1991.

Montia fontana L. subsp. *amporitana* Sennen = **Montia fontana** L.
Ref.: Lourteig, 1991.

Montia fontana L. subsp. *chondrosperma* (Fenzl) Walters = **Montia fontana** L.
Ref.: Lourteig, 1991.

Montia fontana L. subsp. *intermedia* (Beeby) Walters = **Montia fontana** L.
Ref.: Lourteig, 1991.

Montia fontana L. subsp. *lamprosperma* (Cham.) Lindb. = **Montia fontana** L.
Ref.: Lourteig, 1991.

Montia fontana L. subsp. *lamprosperma* (Cham.) Lindb. var. *boreo-rivularis* Lindb. = **Montia fontana** L.
Ref.: Lourteig, 1991.

Montia fontana L. subsp. *variabilis* Walters = **Montia fontana** L.
Ref.: Lourteig, 1991.

Montia hallii (A. Gray) Greene = **Montia fontana** L.
Ref.: Lourteig, 1991.

Montia lamprosperma Cham. = **Montia fontana** L.
Ref.: Walters, 1953; Moore, 1963; Lourteig, 1991.

Montia limosa Decker = **Montia fontana** L.
Ref.: Lourteig, 1991.

Montia linearifolia d'Urv. = **Montia fontana** L.
Ref.: Lourteig, 1991.

Montia lusitanica Samp. = **Montia fontana** L.
Ref.: Lourteig, 1991.

Montia major Steud. = **Montia fontana** L.
Ref.: Lourteig, 1991.

Montia minor C.C. Gmel., nom. illeg. = **Montia fontana** L.
Ref.: Lourteig, 1991.

Montia pentandra Willd. ex Cham. = **Montia fontana** L.
Ref.: Lourteig, 1991.

Montia perfoliata (Donn ex Willd.) Howell = **Claytonia perfoliata** Donn ex Willd.
Ref.: Swanson, 1966.

Montia rivularis C.C. Gmel. = **Montia fontana** L.
Ref.: Walters, 1953; Moore, 1963; Lourteig, 1991.

Montia rivularis C.C. Gmel. f. *aquatica* Glück = **Montia fontana** L.
Ref.: Lourteig, 1991.

Montia rivularis C.C. Gmel. f. *terrestris* Glück = **Montia fontana** L.
Ref.: Lourteig, 1991.

Montia stenophylla Rydb. = **Montia fontana** L.
Ref.: Moore, 1963.

Montia tenella Steud. = **Montia fontana** L.
Ref.: Lourteig, 1991.

Montia terrestris Dumort. = **Montia fontana** L.
Ref.: Lourteig, 1991.

Montia verna Neck., nom. illeg. = **Montia fontana** L.
Ref.: Lourteig, 1991.

Montiopsis Kuntze

Número de especies: 13

Montiopsis andicola (Gillies) D.I. Ford
Sin.: *Calandrinia andicola* Gillies, *Calandrinia andicola* Gillies var. *denticulata* (Gillies) Hicken, *Calandrinia denticulata* Gillies, *Calandrinia denticulata* Gillies var. *andicola* (Gillies) Reiche, *Calandrinia denticulata* Gillies var. *echinata* Barnéoud, *Calandrinia oligantha* Phil., *Calandrinia saxifraga* Barnéoud, *Calandrinia saxifraga* Barnéoud var. *oligantha* (Phil.) Reiche
Ref.: Añón, 1953, 1984a; Peralta, 1988; Ford, 1993; Añón & Peralta, 1994.
Hábito: Hierba.
Status: Nativa.
Elevación: 3000-4000 m.
Prov.: ME, NE, RN, SJ.
Paises limítrofes: CH.
Ejemplar examinado: *Peralta s.n.* (MERL 47194).

Montiopsis berteroana (Phil.) D.I. Ford
Sin.: *Calandrinia berteroana* Phil., *Calandrinia floribunda* Phil., *Calandrinia rosea* Phil.
Ref.: Añón, 1953; Ford, 1993.
Hábito: Hierba.
Status: Nativa.
Elevación: 0-3000 m.
Prov.: CHU, ME, NE, RN.
Paises limítrofes: CH.
Ejemplar examinado: *Ruiz Leal 25886* (MERL).

Montiopsis boliviana Kuntze = **Montiopsis cumingii** (Hook. & Arn.) D.I. Ford
Ref.: Ford, 1993.

Montiopsis capitata (Hook. & Arn.) D.I. Ford
Sin.: *Calandrinia capitata* Hook. & Arn., *Calandrinia capituligera* Phil., *Calandrinia erithrichioides* Phil., *Calandrinia erythrocoma* Phil., *Calandrinia petiolata* Phil., *Calandrinia prostrata* Phil.
Ref.: Añón, 1953, 1984a; Peralta, 1988; Ford, 1993.
Hábito: Hierba.
Status: Nativa.
Elevación: 0-2500 m.
Prov.: CHU, ME, NE, RN, SC.
Paises limítrofes: CH.
Ejemplar examinado: *Ambrosetti y del Vitto s.n.* (MERL 30914, MO).

Montiopsis cistiflora (Gillies ex Arn.) D.I. Ford
Sin.: *Calandrinia cistiflora* Gillies, *Calandrinia dianthoides* Phil., *Calandrinia splendens* Barnéoud, *Calandrinia splendens* Barnéoud var. *dianthoides* (Phil.) Reiche
Ref.: Añón, 1953, 1984a; Peralta, 1988; Ford, 1993.
Hábito: Hierba.
Status: Nativa.
Elevación: 2500-3500 m.
Prov.: ME, NE.
Paises limítrofes: CH.
Ejemplar examinado: *Ruiz Leal 15648* (MERL).

Montiopsis copiapina (Phil.) D.I. Ford
Sin.: *Calandrinia copiapina* Phil., *Calandrinia polia* Phil.
Ref.: Añón, 1953; Ford, 1993; Añón & Peralta, 1994.
Hábito: Hierba.
Status: Nativa.
Elevación: 2000-4000 m.
Prov.: CA, LR, SJ.
Paises limítrofes: CH.
Ejemplar examinado: *Kiesling y Peralta 6906* (MERL, SI).

Montiopsis cumingii (Hook. & Arn.) D.I. Ford
Sin.: *Calandrinia cumingii* Hook. & Arn., *Montiopsis boliviana* Kuntze
Ref.: Ford, 1993; Añón & Peralta, 1994.
Hábito: Hierba.
Status: Nativa.
Elevación: 2000-4500 m.
Prov.: CA, JU, LR, ME, SA, SJ.
Paises limítrofes: BO, CH.
Ejemplar examinado: *Kiesling 7565* (SI).

Montiopsis gayana (Barnéoud) D.I. Ford
Sin.: *Calandrinia acutisepala* Añón, *Calandrinia gayana* Barnéoud, *Calandrinia glandulifera* Phil., *Calandrinia multibracteata* Hauman, *Calandrinia patagonica* Speg., *Calandrinia rahmeri* Phil., *Calandrinia tenuifolia* Phil., *Calandrinia vidali* Phil.
Ref.: Añón, 1953, 1984a; Ford, 1993.
Hábito: Hierba.
Status: Nativa.
Elevación: 1200-3500 m.
Prov.: CHU, ME, NE, RN, SC.
Paises limítrofes: CH.
Ejemplar examinado: *Boelcke 14050* (BAA, BAB).
Nota: *Calandrinia hirtella* podría ser un sinónimo de *Montiopsis gayana*.

Montiopsis gilliesii (Hook. & Arn.) D.I. Ford
Sin.: *Calandrinia canescens* Phil., *Calandrinia gilliesii* Hook. & Arn., *Calandrinia sericea* Hook. & Arn. var. *sessiliflora* (Phil.) Hauman, *Calandrinia sessiliflora* Phil.
Ref.: Peralta, 1988; Ford, 1993; Añón & Peralta, 1994.
Hábito: Hierba.
Status: Nativa.
Elevación: 2000-4200 m.
Prov.: LR, ME, NE, SJ.
Paises limítrofes: CH.
Ejemplar examinado: *Peralta s.n.* (MERL 47199).

Montiopsis glomerata (Phil.) D.I. Ford
Sin.: *Calandrinia callithrix* Phil., *Calandrinia glomerata* Phil., *Calandrinia leucocephala* Phil.
Ref.: Añón, 1953; Ford, 1993; Añón & Peralta, 1994.
Hábito: Hierba.
Status: Nativa.
Elevación: 2500-4000 m.
Prov.: ME, SJ.
Paises limítrofes: CH.
Ejemplar examinado: *Kiesling y Peralta 6885* (SI).

Montiopsis modesta (Phil.) D.I. Ford
Sin.: *Calandrinia modesta* Phil.
Ref.: Ford, 1993; Añón & Peralta, 1994.
Hábito: Hierba.
Status: Nativa.
Elevación: 2000-4000 m.
Prov.: LR, SJ.
Paises limítrofes: CH.
Ejemplar examinado: *Kiesling y Peralta 7766* (MERL, SI).

Montiopsis polycarpoides (Phil.) Peralta
Sin.: *Calandrinia polycarpoides* Phil., *Calandriniopsis polycarpoides* (Phil.) E. Franz
Ref.: Peralta, 1988; Ford, 1993; Añón & Peralta, 1994.
Hábito: Hierba.
Status: Nativa.
Elevación: 1500-2500 m.
Prov.: ME, SJ.
Paises limítrofes: CH.
Ejemplar examinado: *Kiesling 7532* (SI).

Montiopsis potentilloides (Barnéoud) D.I. Ford
Sin.: *Calandrinia nivalis* Phil., *Calandrinia potentilloides* Barnéoud, *Calandrinia sericea* Hook. & Arn. var. *uspallatensis* (Phil.) Reiche, *Calandrinia uspallatensis* Phil., *Montiopsis uspallatensis* (Phil.) D.I. Ford
Ref.: Añón, 1953; Ford, 1993; Añón & Peralta, 1994.
Hábito: Hierba.
Status: Nativa.
Elevación: 3000-4200 m.
Prov.: ME, SJ.
Paises limítrofes: CH.
Ejemplar examinado: *Kiesling y Peralta 6894* (MERL, SI).

Montiopsis umbellata (Ruiz & Pav.) D.I. Ford
Sin.: *Calandrinia chubutensis* Speg., *Calandrinia hispida* Phil., *Calandrinia phalacra* Phil., *Calandrinia sanfurgii* Phil., *Calandrinia sericea* Hook. & Arn. var. *phalacra* (Phil.) Reiche, *Calandrinia umbellata* (Ruiz & Pav.) DC., *Calandriniopsis umbellata* (Ruiz & Pav.) E. Franz, *Talinum umbellatum* Ruiz & Pav.
Ref.: Añón, 1953, 1984a; Ford, 1993.
Hábito: Hierba.
Status: Nativa.
Elevación: 500-2000 m.
Prov.: CHU, ME, NE, RN.
Paises limítrofes: CH.
Ejemplar examinado: *Ruiz Leal 24621* (MERL, LP).

Montiopsis uspallatensis (Phil.) D.I. Ford = **Montiopsis potentilloides** (Barnéoud) D.I. Ford
Ref.: Añón & Peralta, 1994.

Oreobroma megarhizum (Hemsl.) Standl. & Steyerm. = **Calandrinia acaulis** Kunth
Ref.: Hershkovitz & Ford, 1993.

Oreobroma mexicanum Rydb. = **Calandrinia acaulis** Kunth
Ref.: Hershkovitz & Ford, 1993.

Portulaca L.

Número de especies: 24, 9 especies y 1 variedad endémicas.

Portulaca amboënsis J.F. Macbr. = **Portulaca elongata** Rusby var. **elongata**
Ref.: Legrand, 1953, 1962a.

Portulaca amboënsis J.F. Macbr. var. *pedicellata* D. Legrand = **Portulaca elongata** Rusby var. **pedicellata** (D. Legrand) D. Legrand
Ref.: Legrand, 1962a.

Portulaca amilis Speg.
Sin.: *Portulaca amilis* Speg. var. *rosengurttii* D. Legrand, *Portulaca pilosa* L. var. *paraguayensis* Kuntze, *Portulaca pilosa* L. var. *paraguayensis* Hauman & Irigoyen, nom. nud. pro syn., *Portulaca rubricaulis* J.F. Macbr., nom. illeg.
Ref.: Hauman, 1925b; Legrand, 1942, 1948, 1953, 1962a.
Hábito: Hierba.
Status: Nativa.
Prov.: CH, COR, FO, MI, SA, SE, SF, TU.
Paises limítrofes: BO, BR, PA, UR.
Ejemplar examinado: *Hicken s.n.* (SI 16172).
Nota: Legrand (1962a) considera tres variedades dentro de la especie, sólo la variedad tipo crece en la Argentina.

Portulaca amilis Speg. var. *rosengurttii* D. Legrand = **Portulaca amilis** Speg.
Ref.: Legrand, 1962a.

Portulaca andicola Poelln. = **Portulaca perennis** R.E. Fr.
Ref.: Legrand, 1962a.

Portulaca andina D. Legrand = **Portulaca tingoensis** J.F. Macbr. var. **andina** (D. Legrand) D. Legrand

Portulaca andina D. Legrand var. *bonetei* D. Legrand = **Portulaca tingoensis** J.F. Macbr. var. **tingoensis**
Ref.: Legrand, 1953, 1962a.

Portulaca arequipaensis Poelln. = **Portulaca perennis** R.E. Fr.
Ref.: Legrand, 1953, 1962a.

Portulaca argentinensis Speg.
Ref.: Spegazzini, 1917; Legrand, 1962a.
Hábito: Hierba.
Status: Endémica.
Elevación: ca. 500 m.
Prov.: SA.
Ejemplar citado: *Spegazzini 40** (holotipo, LP).

Portulaca chacoana D. Legrand
Sin.: *Portulaca fluvialis* D. Legrand var. *argentinensis* D. Legrand
Ref.: Legrand, 1953, 1962a.
Hábito: Hierba.
Status: Nativa.
Elevación: 0-300 m.
Prov.: CH, FO.
Paises limítrofes: PA.
Ejemplar citado: *Meyer 2432** (holotipo, MVM).

Portulaca confertifolia Hauman var. **confertifolia**
Sin.: *Portulaca gilliesii* Speg., hom. illeg.
Ref.: Legrand, 1948, 1962a; Añón & Peralta, 1994.
Hábito: Hierba.
Status: Endémica.
Elevación: 500-1000 m.
Prov.: CA, LR, ME, SJ, SL.
Ejemplar examinado: *Guaglianone 1758* (SI).

Portulaca confertifolia Hauman var. **cordobensis** D. Legrand
Ref.: Legrand, 1948, 1962a.
Hábito: Hierba.
Status: Endémica.
Elevación: 500-1000 m.
Prov.: CO, SL.
Ejemplar examinado: *Soriano 791* (SI).

Portulaca coronata Small = **Portulaca umbraticola** Kunth
Ref.: Legrand, 1952b, 1962a.

Portulaca cryptopetala Speg.
Sin.: *Portulaca cryptopetala* Speg. f. *phenopetala* Speg., *Portulaca cryptopetala* Speg. var. *legrandii* (Poelln.) D. Legrand, *Portulaca cryptopetala* Speg. var. *poellnitziana* (D. Legrand) D. Legrand, *Portulaca diversifolia* D. Legrand, *Portulaca diversifolia* D. Legrand var. *legrandii* (Poelln.) D. Legrand, *Portulaca legrandii* Poelln., *Portulaca poellnitziana* D. Legrand
Ref.: Legrand, 1942, 1948, 1962a; Fabris, 1967d; Legrand & Añón, 1987.
Hábito: Hierba.
Status: Nativa.
Elevación: 0-2500 m.
Prov.: BA, CH, CO, COR, ER, JU, FO, MI, SA, SF, TU.
Paises limítrofes: BO, BR, PA, UR.
Ejemplar examinado: *Troncoso 2420* (SI).
Nota: Legrand (1962a) reconoció cinco variedades de *Portulaca cryptopetala* Speg. presentes en la República Argentina, que requieren revisión taxonómica.

Portulaca cryptopetala Speg. f. *phenopetala* Speg. = **Portulaca cryptopetala** Speg.
Ref.: Legrand, 1942, 1962a; Legrand & Añón, 1987.

Portulaca cryptopetala Speg. var. *legrandii* (Poelln.) D. Legrand = **Portulaca cryptopetala** Speg.
Ref.: Legrand & Añón, 1987.

Portulaca cryptopetala Speg. var. *poellnitziana* (D. Legrand) D. Legrand = **Portulaca cryptopetala** Speg.
Ref.: Legrand & Añón, 1987.

Portulaca denudata Poelln. = **Portulaca umbraticola** Kunth
Ref.: Legrand, 1962a.

Portulaca depauperata Poelln. = **Portulaca papulosa** Schltdl.
Ref.: Legrand, 1942, 1962a.

Portulaca diversifolia D. Legrand = **Portulaca cryptopetala** Speg.
Ref.: Legrand & Añón, 1987.

Portulaca diversifolia D. Legrand var. *legrandii* (Poelln.) D. Legrand = **Portulaca cryptopetala** Speg.
Ref.: Legrand, 1942; Legrand & Añón, 1987.

Portulaca echinosperma Hauman
Ref.: Ruiz Leal, 1943; Legrand, 1948, 1962a; Añón & Peralta, 1994.
Hábito: Hierba.
Status: Endémica.
Elevación: 500-1500 m.
Prov.: CA, LR, ME, SA, SJ, SL, TU.
Ejemplar examinado: *Kiesling 4873* (SI).

Portulaca elongata Rusby var. **elongata**
Sin.: *Portulaca amboënsis* J.F. Macbr., *Portulaca pedicellata* D. Legrand var. *cochabambensis* D. Legrand, *Portulaca pilosa* L. var. *normalis* f. *maxima* Kuntze
Ref.: Legrand, 1953, 1962a.
Hábito: Hierba.
Status: Nativa.
Elevación: 2000-2500 m.
Prov.: JU, LR, SA.
Paises limítrofes: BO.
Ejemplar citado: *Spegazzini s.n.** (BAB 15638).

Portulaca elongata Rusby var. **pedicellata** (D. Legrand) D. Legrand
Sin.: *Portulaca amboënsis* J.F. Macbr. var. *pedicellata* D. Legrand, *Portulaca pedicellata* D. Legrand
Ref.: Legrand, 1953, 1962a.
Hábito: Hierba.
Status: Nativa.
Elevación: ca. 2000 m.
Prov.: JU, LR, SA.
Paises limítrofes: BO.
Ejemplar citado: *Spegazzini s.n.** (BAB 15638).

Portulaca eruca Hauman
Ref.: Legrand, 1948, 1962a.
Hábito: Hierba.
Status: Endémica.
Elevación: 500-2000 m.
Prov.: CO, SE, SL.
Ejemplar examinado: *Burkart 7166* (SI).

Portulaca fluvialis D. Legrand
Sin.: *Portulaca fluvialis* D. Legrand var. *depressa* D. Legrand
Ref.: Legrand, 1942, 1948, 1953, 1962a; Legrand & Añón, 1987.
Hábito: Hierba.
Status: Nativa.
Elevación: 0-500 m.
Prov.: CH, ER, FO, SF.
Paises limítrofes: BO, BR, PA, UR.
Ejemplar examinado: *Burkart et al. 23340* (SI).

Portulaca fluvialis D. Legrand var. *argentinensis* D. Legrand = **Portulaca chacoana** D. Legrand
Ref.: Legrand, 1953, 1962a.

Portulaca fluvialis D. Legrand var. *depressa* D. Legrand = **Portulaca fluvialis** D. Legrand
Ref.: Legrand & Añón, 1987.

Portulaca fruticosa L. = **Talinum fruticosum** (L.) Juss.
Ref.: Wijnands & Westphal-Stevels, 1985.

Portulaca fulgens Griseb.
Sin.: *Portulaca pilosa* L. var. *fulgens* (Griseb.) Kuntze
Ref.: Legrand, 1948, 1962a; Añón & Peralta, 1994.
Hábito: Hierba.
Status: Endémica.
Elevación: 2500-4300 m.
Prov.: CA, LR, SJ, SL, TU.
Ejemplar citado: *Schreiter 7224** (LIL).

Portulaca gilliesii Hook.
Sin.: *Portulaca gilliesii* Hook. var. *chacoënsis* D. Legrand, *Portulaca pilosa* L. var. *eriophora* (Casar.) Hauman
Ref.: Legrand, 1942, 1948, 1962a; Fabris, 1967d; Legrand & Añón, 1987.
Hábito: Hierba.
Status: Nativa.
Elevación: 0-1500 m.
Prov.: BA, CH, COR, ER, FO, SA, SF.
Paises limítrofes: BO, PA, UR.
Ejemplar examinado: *Troncoso y Bacigalupo 3042* (SI).

Portulaca gilliesii Hook. var. *chacoënsis* D. Legrand = **Portulaca gilliesii** Hook.
Ref.: Legrand, 1948, 1962a.

Portulaca gilliesii Speg., hom. illeg. = **Portulaca confertifolia** Hauman var. **confertifolia**
Ref.: Legrand, 1948, 1962a.

Portulaca grandiflora Hook.
Sin.: *Portulaca grandiflora* Hook. f. *granulata* D. Legrand, *Portulaca grandiflora* Hook. var. *cisplatina* D. Legrand, *Portulaca grandiflora* Hook. var. *inmerso-stellulata* (Poelln.) D. Legrand, *Portulaca grandiflora* Hook. var. *inmerso-stellulata* (Poelln.) D. Legrand f. *granulata* (D. Legrand) D. Legrand, *Portulaca grandiflora* Hook. subsp. *ruizii* D. Legrand, *Portulaca inmerso-stellulata* Poelln., *Portulaca pilosa* L. subsp. *cisplatina* D. Legrand
Ref.: Legrand, 1948, 1962a; Legrand & Añón, 1987; Añón & Peralta, 1994.
Hábito: Hierba.
Status: Nativa.
Elevación: 0-1000 m.
Prov.: BA, CA, CHU, CO, COR, ER, JU, LP, LR, ME, NE, RN, SA, SJ, SL, TU.
Paises limítrofes: BR, PA, UR.
Ejemplar examinado: *Ruiz Leal 22184* (MERL).
Nota: Por tratarse de una especie muy polimorfa y con numerosas formas hortícolas, diversos nombres han sido asignados a este taxón, haciendo más compleja su taxonomía. Legrand (1962a) consideró dos variedades y tres formas de *Portulaca grandiflora* Hook. para la Argentina.

Portulaca grandiflora Hook. f. *granulata* D. Legrand = **Portulaca grandiflora** Hook.
Ref.: Legrand & Añón, 1987.

Portulaca grandiflora Hook. var. *cisplatina* D. Legrand = **Portulaca grandiflora** Hook.
Ref.: Legrand & Añón, 1987.

Portulaca grandiflora Hook. var. *inmerso-stellulata* (Poelln.) D. Legrand = **Portulaca grandiflora** Hook.
Ref.: Legrand & Añón, 1987.

Portulaca grandiflora Hook. var. *inmerso-stellulata* (Poelln.) D. Legrand f. *granulata* (D. Legrand) D. Legrand = **Portulaca grandiflora** Hook.
Ref.: Legrand & Añón, 1987.

Portulaca grandiflora Hook. subsp. *ruizii* D. Legrand = **Portulaca grandiflora** Hook.
Ref.: Legrand, 1962a.

Portulaca hirsutissima Arechav. = **Portulaca papulosa** Schltdl.
Ref.: Legrand, 1948, 1962a; Fabris, 1967d; Legrand & Añón, 1987.

Portulaca inmerso-stellulata Poelln. = **Portulaca grandiflora** Hook.
Ref.: Legrand & Añón, 1987.

Portulaca lanceolata Engelm. = **Portulaca umbraticola** Kunth
Ref.: Legrand, 1952b, 1962a.

Portulaca legrandii Poelln. = **Portulaca cryptopetala** Speg.
Ref.: Legrand, 1942; Legrand & Añón, 1987.

Portulaca marginata Kunth = **Portulaca oleracea** L.
Ref.: Legrand, 1962a.

Portulaca meyeri D. Legrand var. **meyeri**
Ref.: Legrand, 1948, 1962a.
Hábito: Hierba.
Status: Endémica.
Prov.: COR.
Ejemplar citado: *Meyer 2155** (holotipo, MVM).

Portulaca meyeri D. Legrand var. **rodrigoi** D. Legrand
Ref.: Legrand, 1948, 1962a.
Hábito: Hierba.
Status: Endémica.
Prov.: COR.
Ejemplar citado: *Rodrigo 668** (LP).

Portulaca mucronulata D. Legrand var. **mucronulata**
Ref.: Legrand, 1948, 1962a; Añón & Peralta, 1994.
Hábito: Hierba.
Status: Nativa.
Elevación: 500-2000 m.
Prov.: CA, LR, SA, SE, SF, SJ, TU.
Paises limítrofes: BR.
Ejemplar examinado: *Roig 9532* (MERL, SI).

Portulaca mucronulata D. Legrand var. **robusta** D. Legrand
Ref.: Legrand, 1948, 1962a.
Hábito: Hierba.
Status: Endémica.
Prov.: SF.
Ejemplar citado: *Ragonese s.n.** (MVM).

Portulaca neglecta Mack. & Bush = **Portulaca oleracea** L.
Ref.: Legrand, 1962a.

Portulaca obtusa Poelln.
Sin.: *Portulaca obtusa* Poelln. var. *hauthalii* Poelln.
Ref.: Legrand, 1948, 1962a; Añón & Peralta, 1994.
Hábito: Hierba.
Status: Endémica.
Elevación: 500-3500 m.
Prov.: CA, CO, JU, LR, SA, SE, SJ, SL, TU.
Ejemplar examinado: *Ambrosetti 1993* (MERL).

Portulaca obtusa Poelln. var. *hauthali* Poelln. = **Portulaca obtusa** Poelln.
Ref.: Legrand, 1962a.

Portulaca obtusifolia D. Legrand var. **obtusifolia**
Ref.: Legrand, 1958b, 1962a.
Hábito: Hierba.
Status: Endémica.
Elevación: 0-500 m.
Prov.: CO.
Ejemplar citado: *Sayago 2301** (isotipo, CORD).

Portulaca obtusifolia D. Legrand var. **rubrisperma** D. Legrand
Ref.: Legrand, 1958b, 1962a.
Hábito: Hierba.
Status: Endémica.
Elevación: 0-500 m.
Prov.: COR.
Ejemplar citado: *Pedersen s.n.** (MVM).

Portulaca oleracea L.
Sin.: *Portulaca marginata* Kunth, *Portulaca neglecta* Mack. & Bush, *Portulaca oleracea* L. var. *granulato-stellulata* Poelln., *Portulaca oleracea* L. var. *macrantha* Eggers, *Portulaca oleracea* L. var. *micrantha* Eggers, *Portulaca oleracea* L. var. *parviflora* Griseb., *Portulaca oleracea* L. var. *silvestris* (Montandon) Thell., *Portulaca retusa* Engelm.
Ref.: Legrand, 1948, 1962a; Fabris, 1967d; Legrand & Añón, 1987; Añón & Peralta, 1994.
Hábito: Hierba.
Status: Introducida.
Elevación: 0-1000 m.
Prov.: BA, CA, CH, CO, COR, ER, FO, JU, LP, LR, ME, MI, NE, RN, SA, SE, SF, SJ, SL, TU.
Paises limítrofes: BO, BR, CH, PA, UR.
Ejemplar examinado: *Ruiz Leal 13984* (MERL).

Portulaca oleracea L. var. *granulato-stellulata* Poelln. = **Portulaca oleracea** L.
Ref.: Legrand, 1962a.

Portulaca oleracea L. var. *macrantha* Eggers = **Portulaca oleracea** L.
Ref.: Legrand, 1962a.

Portulaca oleracea L. var. *micrantha* Eggers = **Portulaca oleracea** L.
Ref.: Legrand, 1962a.

Portulaca oleracea L. var. *parviflora* Griseb. = **Portulaca oleracea** L.
Ref.: Legrand, 1962a.

Portulaca oleracea L. var. *silvestris* (Montandon) Thell. = **Portulaca oleracea** L.
Ref.: Legrand, 1962a.

Portulaca paniculata Jacq. = **Talinum paniculatum** (Jacq.) Gaertn.
Ref.: Fabris, 1967d; Bacigalupo, 1987c.

Portulaca papulifera D. Legrand
Sin.: *Portulaca papulosa* Schltdl. subsp. *tuberculata* D. Legrand
Ref.: Legrand, 1942, 1948, 1962a.
Hábito: Hierba.
Status: Nativa.
Elevación: 0-300 m.
Prov.: MI.
Paises limítrofes: BR, UR.
Ejemplar citado: *Montes 1396** (LIL).

Portulaca papulosa Schltdl.
Sin.: *Portulaca depauperata* Poelln., *Portulaca hirsutissima* Arechav., *Portulaca platensis* Speg.
Ref.: Legrand, 1942, 1948, 1962a; Fabris, 1967d; Legrand & Añón, 1987.
Hábito: Hierba.
Status: Nativa.
Elevación: 0-500 m.
Prov.: BA, CO, ER, LP.
Paises limítrofes: UR.
Ejemplar examinado: *Hicken s.n.* (SI 16158).

Portulaca papulosa Schltdl. subsp. *tuberculata* D. Legrand = **Portulaca papulifera** D. Legrand
Legrand, 1948, 1962a.

Portulaca patens (L.) Willd. = **Talinum paniculatum** (Jacq.) Gaertn.
Ref.: Fabris, 1967d; Bacigalupo, 1987c.

Portulaca pedicellata D. Legrand = **Portulaca elongata** Rusby var. **pedicellata** (D. Legrand) D. Legrand
Ref.: Legrand, 1953, 1962a.

Portulaca pedicellata D. Legrand var. *cochabambensis* D. Legrand = **Portulaca elongata** Rusby var. **elongata**
Ref.: Legrand, 1953, 1962a.

Portulaca perennis R.E. Fr.
Sin.: *Portulaca andicola* Poelln., *Portulaca arequipaensis* Poelln., *Portulaca peruviana* I.M. Johnst.
Ref.: Legrand, 1948, 1962a; Añón & Peralta, 1994.
Hábito: Hierba.
Status: Nativa.
Elevación: 1000-2500 m.
Prov.: CA, JU, LR, SA, SJ.
Paises limítrofes: BO.
Ejemplar examinado: *Pujalte 262* (SI).

Portulaca peruviana I.M. Johnst. = **Portulaca perennis** R.E. Fr.
Ref.: Legrand, 1948, 1962a.

Portulaca pilosa L. var. *eriophora* (Casar.) Hauman = **Portulaca gilliesii** Hook.
Ref.: Legrand, 1948, 1962a; Legrand & Añón, 1987.

Portulaca pilosa L. var. *fulgens* (Griseb.) Kuntze = **Portulaca fulgens** Griseb.
Ref.: Legrand, 1962a.

Portulaca pilosa L. var. *normalis* f. *maxima* Kuntze = **Portulaca elongata** Rusby var. **elongata**
Ref.: Legrand, 1962a.

Portulaca pilosa L. var. *paraguayensis* Kuntze = **Portulaca elongata** Rusby var. **amilis** Speg.
Ref.: Legrand, 1942.

Portulaca pilosa L. var. *paraguayensis* Hauman & Irigoyen, nom. nud. pro syn. = **Portulaca amilis** Speg.
Ref.: Legrand, 1948, 1953, 1962a.

Portulaca pilosa L. subsp. *cisplatina* D. Legrand = **Portulaca grandiflora** Hook.
Ref.: Legrand & Añón, 1987.

Portulaca plano-operculata Kuntze = **Portulaca umbraticola** Kunth
Ref.: Legrand, 1952b, 1962a.

Portulaca platensis Speg. = **Portulaca papulosa** Schltdl.
Ref.: Fabris, 1967d; Legrand, 1948, 1962a; Legrand & Añón, 1987.

Portulaca poellnitziana D. Legrand = **Portulaca cryptopetala** Speg.
Ref.: Legrand & Añón, 1987.

Portulaca racemosa L. = **Talinum fruticosum** (L.) Juss.
Ref.: Wijnands & Westphal-Stevels, 1985.

Portulaca ragonesii D. Legrand
Ref.: Legrand, 1948, 1962a.
Hábito: Hierba.
Status: Endémica.
Elevación: 200-400 m.
Prov.: CO.
Ejemplar examinado: *Ragonese s.n.* (holotipo, BAB 69511).

Portulaca retusa Engelm. = **Portulaca oleracea** L.
Ref.: Legrand, 1962a.

Portulaca rotundifolia R.E. Fr.
Ref.: Legrand, 1948, 1962a.
Hábito: Hierba.
Status: Nativa.
Elevación: 3000-4000 m.
Prov.: JU, LR, SA.
Paises limítrofes: BO.
Ejemplar citado: *Claren s.n.* * (LP).

Portulaca rubricaulis J.F. Macbr., nom. illeg. = **Portulaca amilis** Speg.
Ref.: Legrand, 1962a.

Portulaca tingoensis J.F. Macbr. var. **andina** (D. Legrand) D. Legrand
Sin.: *Portulaca andina* D. Legrand
Ref.: Legrand, 1952a, 1953, 1962a.
Hábito: Hierba.
Status: Nativa.
Elevación: 2500-3500 m.
Prov.: JU, LR, SA.
Paises limítrofes: BO.
Ejemplar citado: *Hunziker y Caso 4209** (MVM).

Portulaca tingoensis J.F. Macbr. var. **tingoensis**
Sin.: *Portulaca andina* D. Legrand var. *bonetei* D. Legrand
Ref.: Legrand, 1952a, 1953, 1962a.
Hábito: Hierba.
Status: Nativa.
Elevación: 2500-3500 m.
Prov.: JU, LR, SA.
Paises limítrofes: BO.
Ejemplar citado: *Krapovickas y Hunziker 5918** (MVM).

Portulaca triangularis Jacq. = **Talinum fruticosum** (L.) Juss.
Ref.: Wijnands & Westphal-Stevels, 1985.

Portulaca umbraticola Kunth
Sin.: *Portulaca coronata* Small, *Portulaca denudata* Poelln., *Portulaca lanceolata* Engelm., *Portulaca plano-operculata* Kuntze
Ref.: Legrand, 1952b, 1962a; Añón & Peralta, 1994.
Hábito: Hierba.
Status: Nativa.
Elevación: 0-1000 m.
Prov.: CA, CH, CO, JU, LR, MI, SA, SE, SJ, TU.
Paises limítrofes: PA.
Ejemplar examinado: *Roig 8484* (MERL, SI).

[Silvaea pachyphylla Phil.]
Nota: Cita dudosa para la flora argentina.

Schreiteria Carolin

Número de especies: 1 especie endémica.

Schreiteria macrocarpa (Speg.) Carolin
Sin.: *Calandrinia macrocarpa* Speg.
Ref.: Añón, 1953, Carolin, 1985, 1987.
Hábito: Subarbusto.
Status: Endémica.
Elevación: 2000-3000 m.
Prov.: TU.
Ejemplar examinado: *Schreiter 4857* (LIL).

Talinum Adans.
Número de especies: 4, 1 especie endémica.

Talinum ciliatum Ruiz & Pav. = **Calandrinia ciliata** (Ruiz & Pav.) DC.
Ref.: Añón, 1953, 1984a; Fabris, 1967d.

Talinum fruticosum (L.) Juss.
Sin.: *Portulaca fruticosa* L., *Portulaca racemosa* L., *Portulaca triangularis* Jacq., *Talinum triangulare* (Jacq.) Willd.
Ref.: Wijnands & Westphal-Stevels, 1985.
Bacigalupo, 1987c, 1993b; Añón & Peralta, 1994.
Hábito: Hierba.
Status: Introducida.
Elevación: 0-1000 m.
Prov.: CO, ER, LR, ME, SJ, SL.
Paises limítrofes: BO, BR, PA, UR.
Ejemplar examinado: *Kiesling 6339* (SI).

Talinum monandrum Ruiz & Pav. = **Calandrinia monandra** (Ruiz & Pav.) DC.
Ref.: Hershkovitz, 1991.

Talinum paniculatum (Jacq.) Gaertn.
Sin.: *Portulaca paniculata* Jacq., *Portulaca patens* (L.) Willd., *Talinum patens* (L.) Willd.
Ref.: Fabris, 1967d; Bacigalupo, 1987c, 1993b; Añón & Peralta, 1994.
Hábito: Hierba.
Status: Introducida.
Elevación: 0-1000 m.
Prov.: BA, CA, CO, ER, LR, ME, MI, SJ, SL.
Paises limítrofes: BO, BR, PA, UR.
Ejemplar examinado: *Kiesling 6639* (SI).

Talinum patens (L.) Willd. = **Talinum paniculatum** (Jacq.) Gaertn.
Ref.: Fabris, 1967d; Bacigalupo, 1987c.

Talinum polygaloides Gillies ex Arn.
Sin.: *Calandrinia chromanta* Griseb.
Ref.: Bacigalupo, 1987c, 1993b; Añón & Peralta, 1994.
Hábito: Hierba.
Status: Nativa.
Elevación: 500-1500 m.
Prov.: CA, CH, CO, ER, LR, ME, SA, SJ, SL.
Paises limítrofes: BO, CH, PA.
Ejemplar examinado: *Kiesling 6338* (SI).

Talinum punae (R.E. Fr.) Carolin
Sin.: *Calandrinia punae* R.E. Fr.
Ref.: Añón, 1953; Carolin, 1985.
Hábito: Hierba.
Status: Endémica.
Elevación: 3000-4500 m.
Prov.: CA, JU.
Ejemplar examinado: *Castellanos s.n.* (BA 20069).

Talinum triangulare (Jacq.) Willd. = **Talinum fruticosum** (L.) Juss.
Ref.: Añón & Peralta, 1994.

Talinum umbellatum Ruiz & Pav. = **Montiopsis umbellata** (Ruiz & Pav.) D.I. Ford
Ref.: Ford, 1993.

PRIMULACEAE

7 géneros, 11 especies.

Anagallis L.

Número de especies: 3

Anagallis alternifolia Cav. var. **alternifolia**
Ref.: Moore, 1974, 1978.
Hábito: Hierba.
Status: Nativa.
Elevación: 0-2500 m.
Prov.: ME, NE, RN, SC, TF.
Paises limítrofes: CH.
Ejemplar examinado: *Boelcke y Correa 5309* (SI).

Anagallis alternifolia Cav. var. *densifolia* Hook. f. = **Anagallis alternifolia** Cav. var. **repens** (d'Urv.) Knuth

Anagallis alternifolia Cav. var. **repens** (d'Urv.) Knuth
Sin.: *Anagallis alternifolia* Cav. var. *densifolia* Hook. f., *Lysimachia repens* d'Urv.
Ref.: Lourteig, 1942; Moore, 1968; Kiesling, 1983b; Dudley, 1983.
Hábito: Hierba.
Status: Nativa.
Elevación: 0-3500 m.
Prov.: CA, CHU, LR, ME, NE, RN, SJ, TF, TU.
Paises limítrofes: CH.
Ejemplar examinado: *Boelcke 2033* (SI).

Anagallis arvensis L.
Sin.: *Anagallis arvensis* L. f. *coerulea* (Schreb.) Arechav., *Anagallis arvensis* L. var. *coerulea* (Schreb.) Gren. & Godr., *Anagallis arvensis* L. var. *phoenica* (Scop.) Gren. & Godr., *Anagallis coerulea* Schreb., *Anagallis latifolia* L.
Ref.: Lourteig, 1942; Burkart, 1979; Kiesling, 1983b.
Hábito: Hierba.
Status: Introducida.
Elevación: 0-2000 m.
Prov.: BA, DF, ER, JU, LP, ME, RN, SA, SC, SF, SJ, SL, TU.
Paises limítrofes: BO, BR, CH, UR.
Ejemplar examinado: *Venturi 7875* (SI).

Anagallis arvensis L. f. *coerulea* (Schreb.) Arechav. = **Anagallis arvensis** L.

Anagallis arvensis L. var. *coerulea* (Schreb.) Gren. & Godr. = **Anagallis arvensis** L.
Ref.: Lourteig, 1942.

Anagallis arvensis L. var. *phoenica* (Scop.) Gren. & Godr. = **Anagallis arvensis** L.
Ref.: Burkart, 1979e.

Anagallis coerulea Schreb. = **Anagallis arvensis** L.
Ref.: Lourteig, 1942.

Anagallis latifolia L. = **Anagallis arvensis** L.
Ref.: Lourteig, 1942; Burkart, 1979e.

Anagallis pumila Sw.
Ref.: Lourteig, 1942.
Hábito: Hierba.

Status: Nativa.
Elevación: 0-500 m.
Prov.: CO, COR, MI.
Paises limítrofes: PA.
Ejemplar examinado: *Spegazzini s.n.* (BAB 22007).

Androsace L.

Número de especies: 1

Androsace pusilla (Dusén) Lourteig = **Androsace salasii** Kurtz
Ref.: Lourteig, 1947.

Androsace salasii Kurtz
Sin.: *Androsace pusilla* (Dusén) Lourteig, *Androsace septentrionalis* auct. non L., *Collomia pusilla* Dusén
Ref.: Lourteig, 1947.
Hábito: Hierba.
Status: Nativa.
Elevación: 0-2500 m.
Prov.: LP, ME, NE, RN, SC, TF.
Paises limítrofes: CH.
Ejemplar examinado: *Fischer 133* (SI).

Androsace septentrionalis auct. non L. = **Androsace salasii** Kurtz

Androsace spathulata Cav. = **Samolus spathulatus** (Cav.) Duby
Ref.: Lourteig, 1942.

Asterolinon serpyllifolium (Poir.) Ball = **Pelletiera verna** A. St.-Hil.

Centunculus L.

Número de especies: 1

Centunculus minimus L.
Ref.: Lourteig, 1942; Burkart, 1979e; Botta & Cabrera, 1986.
Hábito: Hierba.
Status: Introducida.
Elevación: 0-500 m.
Prov.: BA, CA, CHA, CO, COR, ER, FO, JU, LP, RN, SF, SL, TU.
Paises limítrofes: BR, CH, PA, UR.
Ejemplar examinado: *Burkart et al. 30026* (SI).

[Centunculus pentandrus R. Br. var. sessilis Salzm.]
Nota: Variedad excluida de la flora argentina.

Glaux atacamensis Phil. = **Nitrophila atacamensis** (Phil.) Ulbr.

Glaux densiflora Phil. = **Nitrophila densiflora** (Phil.) Ulbr.

Glaux mucronata Phil. = **Nitrophila mucronata** (Phil.) Ulbr.

Lysimachia L.

Número de especies: 1

Lysimachia chilensis (Griseb.) Knuth = **Lysimachia sertulata** Baudo
Ref.: Ray, 1956.

Lysimachia marginata Macloskie = **Lysimachia sertulata** Baudo

Lysimachia repens d'Urv. = **Anagallis alternifolia** Cav. var. **repens** (d'Urv.) Knuth
Ref.: Lourteig, 1944; Kiesling, 1983b.

Lysimachia serpyllifolia Poir., hom. illeg. = **Pelletiera verna** A. St.-Hil.

Lysimachia sertulata Baudo
Sin.: *Lysimachia chilensis* (Griseb.) Knuth, *Lysimachia* marginata Macloskie, *Lysimachia umbellata* Phil., *Theopyxis chilensis* Griseb.
Ref.: Ray, 1956.
Hábito: Hierba.
Status: Nativa.
Elevación: 0-2000 m.
Prov.: NE, RN.
Paises limítrofes: CH.
Ejemplar examinado: *De Barba 1586* (LIL).

Lysimachia umbellata Phil. = **Lysimachia sertulata** Baudo

Pelletiera A. St.-Hil.

Número de especies: 1

Pelletiera serpyllifolia (Poir.) Kuntze, nom. illeg. = **Pelletiera verna** A. St.-Hil.

Pelletiera serpyllifolia (Poir.) Webb & Berthel., nom. illeg. = **Pelletiera verna** A. St.-Hil.

Pelletiera verna A. St.-Hil.
Sin.: *Asterolinon serpyllifolium* (Poir.) Ball, *Lysimachia serpyllifolia* Poir., hom. illeg., *Pelletiera serpyllifolia* (Poir.) Webb & Berthel., nom. illeg., *Pelletiera serpyllifolia* (Poir.) Kuntze, nom. illeg.
Ref.: Burkart, 1979e.
Hábito: Hierba.
Status: Nativa.
Elevación: 0-500 m.
Prov.: BA, CHU, CO, ER, LP.
Paises limítrofes: BR, CH, UR.
Ejemplar examinado: *Krapovickas 3087* (SI).

Primula L.

Número de especies: 1

Primula comberi W.W. Sm. = **Primula magellanica** Lehm.

Primula decipiens Duby = **Primula magellanica** Lehm.
Ref.: Lourteig, 1967; Moore, 1968.

Primula farinosa L. var. *decipiens* (Duby) DC. = **Primula magellanica** Lehm.
Ref.: Lourteig, 1967.

Primula farinosa L. var. *magellanica* (Lehm.) Hook. f. = **Primula magellanica** Lehm.
Ref.: Lourteig, 1967; Moore, 1968.

Primula farinosa L. subsp. *magellanica* (Lehm.) W.W. Sm. & Forrest = **Primula magellanica** Lehm.
Ref.: Lourteig, 1967; Moore, 1968.

Primula magellanica Lehm.
Sin.: *Primula comberi* W.W. Sm., *Primula decipiens* Duby, *Primula farinosa* L. var. *decipiens* (Duby) DC., *Primula farinosa* L. var. *magellanica* (Lehm.) Hook. f., *Primula farinosa* L. subsp. *magellanica* (Lehm.) W.W. Sm. & Forrest
Ref.: Lourteig, 1967; Moore, 1968, 1983.
Hábito: Hierba.
Status: Nativa.
Elevación: 0-1000 m.
Prov.: CHU, NE, RN, SC, TF.
Paises limítrofes: CH.
Ejemplar examinado: *Massey 8* (SI).

Primula pistiifolia Griseb. = **Samolus spathulatus** (Cav.) Duby
Ref.: Lourteig, 1942.

Samolus L.
Número de especies: 3

Samolus floribundus auct. non Kunth = **Samolus valerandi** L.
Ref.: Burkart, 1979e.

Samolus spathulatus (Cav.) Duby
Sin.: *Androsace spathulata* Cav., *Primula pistiifolia* Griseb.
Ref.: Lourteig, 1942; Moore, 1974, 1983.
Hábito: Hierba.
Status: Nativa.
Elevación: 0-500 m.
Prov.: CHU, NE, SC, TF.
Paises limítrofes: CH.
Ejemplar examinado: *Iter Patagonicum 726* (SI).

Samolus subnudicaulis A. St.-Hil.
Ref.: Lourteig, 1942.
Hábito: Hierba.
Status: Nativa.
Elevación: 1000-1500 m.
Prov.: CO, SL.
Paises limítrofes: BR, UR.
Ejemplar examinado: *Pastore 87* (SI).

Samolus valerandi L.
Sin.: *Samolus floribundus* auct. non Kunth
Ref.: Lourteig, 1942; Burkart, 1979e; Kiesling, 1983b.
Hábito: Hierba.
Status: Nativa.
Elevación: 0-3000 m.
Prov.: BA, CA, CH, CO, ER, JU, LP, LR, ME, RN, SA, SC, SE, SJ, SL, TU.
Paises limítrofes: BO, BR, CH, PA, UR.
Ejemplar examinado: *Giardelli 883* (SI).

Theopyxis chilensis Griseb. = **Lysimachia sertulata** Baudo

PROTEACEAE
6 géneros, 9 especies.

por C. C. Xifreda y A. M. Sanso

Embothrium J.R.Forst. & G. Forst.
Número de especies: 1

Embothrium alnifolium Poepp. ex Meisn. = **Lomatia hirsuta** (Lam.) Diels ex J.F. Macbr.
Ref.: Sleumer, 1954b.

Embothrium coccineum J.R. Forst. & G. Forst. f. *lanceolatum* (Ruiz & Pav.) R.L. Pérez-Mor. = **Embothrium coccineum** J.R.Forst. & G. Forst.
Ref.: Sleumer, 1954b.

Embothrium coccineum var. *cavanillesii* Kuntze = **Embothrium coccineum** J.R.Forst. & G. Forst.
Ref.: Sleumer, 1954b.

Embothrium coccineum var. *lanceolatum* (Ruiz & Pav.) Kuntze = **Embothrium coccineum** J.R.Forst. & G. Forst.
Ref.: Sleumer, 1954b.

Embothrium coccineum var. *oblanceolatum* Kuntze = **Embothrium coccineum** J.R.Forst. & G. Forst.
Ref.: Sleumer, 1954b.

Embothrium coccineum var. *obovatum* Kuntze = **Embothrium coccineum** J.R.Forst. & G. Forst.
Ref.: Sleumer, 1954b.

Embothrium coccineum J.R.Forst. & G. Forst.
Sin.: *Embothrium coccineum* J.R.Forst. & G. Forst. f. *lanceolatum* (Ruiz & Pav.) R.L. Pérez-Mor., *Embothrium coccineum* var. *cavanillesii* Kuntze, *Embothrium coccineum* var. *lanceolatum* (Ruiz & Pav.) Kuntze, *Embothrium coccineum* var. *oblanceolatum* Kuntze, *Embothrium coccineum* var. *obovatum* Kuntze, *Embothrium lanceolatum* Ruiz & Pav., *Embothrium valdivianum* Gand.
Ref.: Sleumer, 1954b, 1984c; Dimitri, 1974b.
Hábito: Arbusto o árbol.
Status: Nativa.
Elevación: 0-1500 m.
Prov.: CHU, NE, RN, SC, TF.
Paises limítrofes: CH.
Ejemplar examinado: *Cabrera et al. 32903* (SI).

Embothrium dentatum Ruiz & Pav. = **Lomatia dentata** (Ruiz & Pav.) R. Br.
Ref.: Sleumer, 1954b.

Embothrium ferrugineum Cav. = **Lomatia ferruginea** (Cav.) R. Br.
Ref.: Sleumer, 1954b.

Embothrium hirsutum Lam. = **Lomatia hirsuta** (Lam.) Diels ex J.F. Macbr.
Ref.: Sleumer, 1954b.

Embothrium lanceolatum Ruiz & Pav. = **Embothrium coccineum** J.R.Forst. & G. Forst.
Ref.: Sleumer, 1954b.

Embothrium pinol Meisn. in DC. = **Lomatia dentata** (Ruiz & Pav.) R. Br.
Ref.: Sleumer, 1954b.

Embothrium sylvaticum Meisn. in DC. = **Lomatia dentata** (Ruiz & Pav.) R. Br.
Ref.: Sleumer, 1954b.

Embothrium valdivianum Gand. = **Embothrium coccineum** J.R.Forst. & G. Forst.
Ref.: Sleumer, 1954b.

Gevuina Molina

Número de especies: 1

Gevuina avellana Molina
Sin.: *Quadria avellana* (Molina) Gaertn., *Quadria heterophylla* Ruiz & Pav.
Ref.: Pérez-Moreau, 1944; Sleumer, 1954b, 1984c; Dimitri, 1974b.
Hábito: Árbol.
Status: Nativa.
Prov.: CHU, NE, RN.
Paises limítrofes: CH.
Ejemplar examinado: *Soriano 1361* (SI).

Grevillea R. Br.

Número de especies: 1

Grevillea robusta A. Cunn.
Ref.: Troncoso & Bacigalupo, 1987.
Hábito: Árbol.
Status: Introducida.
Elevación: 0-500 m.
Prov.: ER.
Ejemplar examinado: *Burkart y Troncoso 26212* (SI).

Lomatia R. Br.

Número de especies: 3

Lomatia alnifolia Poepp. ex Meisn. = **Lomatia hirsuta** (Lam.) Diels ex J.F. Macbr.
Ref.: Sleumer, 1954b.

Lomatia chilensis Gay = **Orites myrtoidea** (Poepp. & Endl.) Benth. & Hook. f. ex B.D. Jacks.
Ref.: Sleumer, 1984c.

Lomatia dentata (Ruiz & Pav.) R. Br.
Sin.: *Embothrium dentatum* Ruiz & Pav., *Embothrium pinol* Meisn. in DC., *Embothrium sylvaticum* Meisn. in DC., *Lomatia sylvatica* Poepp. ex Meisn., *Tricondylus dentatus* (Ruiz & Pav.) Kuntze
Ref.: Pérez Moreau, 1944; Sleumer, 1954b, 1984c.
Hábito: Árbol.
Status: Nativa.
Elevación: 500-1500 m.
Prov.: CHU, NE, RN.
Paises limítrofes: CH.
Ejemplar examinado: *Pérez Moreau s.n.* (BA 47761).

Lomatia ferruginea (Cav.) R. Br.
Sin.: *Embothrium ferrugineum* Cav., *Tricondylus ferrugineus* (Cav.) Salisb. & Knight
Ref.: Sleumer, 1954b, 1984c; Dimitri, 1974b.
Hábito: Arbusto o árbol.
Status: Nativa.
Elevación: 0-500 m.
Prov.: CHU, NE, RN, SC.
Paises limítrofes: CH.
Ejemplar examinado: *Schajovskoy 25637* (SI).

Lomatia hirsuta (Lam.) Diels ex J.F. Macbr.
Sin.: *Embothrium alnifolium* Poepp. ex Meisn., *Embothrium hirsutum* Lam., *Lomatia alnifolia* Poepp. ex Meisn., *Lomatia obliqua* (Ruiz & Pav.) R. Br., *Lomatia opaca* Klotzsch ex Meisn., *Tricondylus obliqua* (Ruiz & Pav.) Kuntze, *Tricondylus obliqua* (Ruiz & Pav.) Kuntze var. *alnifolia* (Poepp.) Macloskie
Ref.: Sleumer, 1954b, 1984c; Dimitri, 1974b.
Hábito: Árbol.
Status: Nativa.
Elevación: 0-500 m.
Prov.: CHU, NE, RN.
Paises limítrofes: CH.
Ejemplar examinado: *Burkart y Troncoso 26475* (SI).

Lomatia obliqua (Ruiz & Pav.) R. Br. = **Lomatia hirsuta** (Lam.) Diels ex J.F. Macbr.
Ref.: Sleumer, 1954b.

Lomatia opaca Klotzsch ex Meisn. = **Lomatia hirsuta** (Lam.) Diels ex J.F. Macbr.
Ref.: Sleumer, 1954b.

Lomatia sylvatica Poepp. ex Meisn. = **Lomatia dentata** (Ruiz & Pav.) R. Br.
Ref.: Sleumer, 1954b.

Orites R. Br.

Número de especies: 1

Orites myrtoidea (Poepp. & Endl.) Benth. & Hook. f. ex B.D. Jacks.
Sin.: *Lomatia chilensis* Gay, *Roupala myrtoidea* Poepp. & Endl..
Ref.: Sleumer, 1984c.
Hábito: Arbusto.
Status: Nativa.
Prov.: NE.
Paises limítrofes: CH.
Ejemplar examinado: *Boelcke et al. 10922* (BAB).

Quadria avellana (Molina) Gaertn. = **Gevuina avellana** Molina
Ref.: Sleumer, 1954b.

Quadria heterophylla Ruiz & Pav. = **Gevuina avellana** Molina
Ref.: Sleumer, 1954b.

Roupala Aubl.
Número de especies: 2

Roupala brasiliensis Klotzsch
Sin.: *Roupala cataractarum* Sleumer, *Roupala gardneri* var. *integrifolia* auct. non Meisn., *Roupala pohlii* Meisn., *Roupala pohlii* Meisn. var. *dimorphophylla* Meisn.
Ref.: Latzina, 1937; Sleumer, 1954b; Xifreda & Sanso, 1998.
Hábito: Árbol.
Status: Nativa.
Elevación: 0-500 m.
Prov.: MI.
Paises limítrofes: BR.
Ejemplar examinado: *Rojas 4420* (BAB, BAF).

Roupala cataractarum Sleumer = **Roupala brasiliensis** Klotzsch
Ref.: Xifreda & Sanso, 1998.

Roupala diversifolia auct. non R. Br. = **Roupala meisneri** Sleumer
Ref.: Sleumer, 1954b.

Roupala gardneri var. *integrifolia* auct. non Meisn. = **Roupala brasiliensis** Klotzsch

Roupala meisneri Sleumer
Sin.: *Roupala diversifolia* auct. non R. Br., *Roupala pohlii* Meisn. var. *dimorphophylla* auct. non Meisn.
Ref.: Sleumer, 1954b; Legname, 1973a, 1982; Xifreda & Sanso, 1998.
Hábito: Árbol.
Status: Nativa.
Elevación: 500-2000 m.
Prov.: JU, MI, SA.
Paises limítrofes: BO, BR, PA.
Ejemplar examinado: *Vervoorst y Legname 4498* (LIL).

Roupala myrtoidea Poepp. & Endl. = **Orites myrtoidea** (Poepp. & Endl.) Benth. & Hook. f. ex B.D. Jacks.
Ref.: Sleumer, 1984c.

Roupala pohlii Meisn. = **Roupala brasiliensis** Klotzsch
Ref.: Sleumer, 1954b.

Roupala pohlii Meisn. var. *dimorphophylla* auct. non Meisn. = **Roupala meisneri** Sleumer
Ref.: Sleumer, 1954b.

Roupala pohlii Meisn. var. *dimorphophylla* Meisn. = **Roupala brasiliensis** Klotzsch
Ref.: Sleumer, 1954b.

Tricondylus dentatus (Ruiz & Pav.) Kuntze = **Lomatia dentata** (Ruiz & Pav.) R. Br.
Ref.: Sleumer, 1954b.

Tricondylus ferrugineus (Cav.) Salisb. & Knight = **Lomatia ferruginea** (Cav.) R. Br.
Ref.: Sleumer, 1954b.

Tricondylus obliqua (Ruiz & Pav.) Kuntze = **Lomatia hirsuta** (Lam.) Diels ex J.F. Macbr.
Ref.: Sleumer, 1954b.

Tricondylus obliqua (Ruiz & Pav.) Kuntze var. *alnifolia* (Poepp.) Macloskie = **Lomatia hirsuta** (Lam.) Diels ex J.F. Macbr.
Ref.: Sleumer, 1954b.

RAFFLESIACEAE

1 género, 2 especies.

Apodanthes berteroi (Guill.) Gard. = **Pilostyles berteroi** Guill.
Ref.: Dawson, 1967d.

Apodanthes blanchetti Gardner = **Pilostyles blanchetii** (Gardner) R. Br.
Ref.: Arrillaga de Maffei, 1968; Burkart, 1987.

[Apodanthes caseariae Poit.]
Nota: Cita dudosa para la flora argentina.

Pilostyles Guill.
Número de especies: 2

Pilostyles berteroi Guill.
Sin.: *Apodanthes berteroi* (Guill.) Gard.
Ref.: Dawson, 1967d; Gómez, 1984.
Hábito: Parásita.
Status: Nativa.
Elevación: 1500–3000 m.
Prov.: BA, CHU, JU, ME, SC, SJ.
Paises limítrofes: CH.
Ejemplar examinado: *Burkart et al. 13997* (SI).

Pilostyles blanchetii (Gardner) R. Br.
Sin.: *Apodanthes blanchetti* Gardner, *Pilostyles caulotreti* (H. Karst.) Hook., *Sarna caulotreti* H. Karst.
Ref.: Arrillaga de Maffei, 1968; Burkart, 1987.
Hábito: Parásita.
Status: Nativa.
Elevación: 0–500 m.
Prov.: ER.
Paises limítrofes: BR, UR.
Ejemplar examinado: *Burkart et al. 23313* (SI).

Pilostyles caulotreti (H. Karst.) Hook. = **Pilostyles blanchetii** (Gardner) R. Br.
Ref.: Arrillaga de Maffei, 1968; Burkart, 1987.

Sarna caulotreti H. Karst. = **Pilostyles blanchetii** (Gardner) R. Br.
Ref.: Arrillaga de Maffei, 1968; Burkart, 1987.

RANUNCULACEAE

8 géneros, 52 especies; 4 especies, 1 variedad y 1 forma endémicas.

Anemone L.
Número de especies: 3

Anemone antucensis Poepp.
Ref.: Lourteig, 1951, 1984.
Hábito: Hierba.
Status: Nativa.
Elevación: 500-1500 m.
Prov.: NE, RN.
Paises limítrofes: CH.
Ejemplar examinado: *Boelcke y Correa 5407* (BAB, SI).

Anemone cicutifolia I.M. Johnst. = **Anemone decapetala** Ard. var. **foliolosa** Eichler
Ref.: Lourteig, 1951.

Anemone commmersoniana A. Rich. = **Anemone multifida** Poir.
Ref.: Lourteig, 1984.

Anemone decapetala Ard. var. **decapetala**
Sin.: *Anemone sphenophylla* Poepp.
Ref.: Lourteig, 1951, 1984; Pontiroli, 1967c; Bacigalupo, 1987d.
Hábito: Hierba.
Status: Nativa.
Elevación: 0-1000 y 2000-3000 m.
Prov.: BA, CHU, CO, ER, MI, NE, RN, SL.
Paises limítrofes: BR, CH, UR.
Ejemplar examinado: *Galli 248* (SI).

Anemone decapetala Ard. var. **foliolosa** Eichler
Sin.: *Anemone cicutifolia* I.M. Johnst., *Anemone decapetala* Ard. var. *triloba* Juss., *Anemone fumariae* Juss., *Anemone triternata* Vahl
Ref.: Lourteig, 1951; Pontiroli, 1967c; Bacigalupo, 1987d.
Hábito: Hierba.
Status: Nativa.
Elevación: 0-2500 m.
Prov.: BA, CA, CH, CHU, CO, COR, ER, JU, LP, LR, MI, RN, SA, SF, TU.
Paises limítrofes: BO, BR, CH, PA, UR.
Ejemplar examinado: *Burkart 18122* (SI).

Anemone decapetala Ard. var. *triloba* Juss. = **Anemone decapetala** Ard. var. **foliolosa** Eichler
Ref.: Lourteig, 1951; Bacigalupo, 1987d.

Anemone fumariae Juss. = **Anemone decapetala** Ard. var. **foliolosa** Eichler
Ref.: Lourteig, 1951; Bacigalupo, 1987d.

Anemone multifida Poir.
Sin.: *Anemone commmersoniana* A. Rich., *Anemone multifida* Poir. var. *commersoniana* (A. Rich.) Ulbr., *Anemone multifida* Poir. var. *grandiflora* Rendle, *Anemone multifida* Poir. var. *lanigera* (Gay) Ulbr., *Anemone multifida* Poir. var. *magellanica* DC.
Ref.: Lourteig, 1951, 1984; Moore, 1974, 1983.
Hábito: Hierba.
Status: Nativa.
Elevación: 0-2000 m.
Prov.: CHU, ME, NE, RN, SC, TF.
Paises limítrofes: CH.
Ejemplar examinado: *Burmeister 72* (SI).

Anemone multifida Poir. var. *commersoniana* (A. Rich.) Ulbr. = **Anemone multifida** Poir.
Ref.: Lourteig, 1951.

Anemone multifida Poir. var. *grandiflora* Rendle = **Anemone multifida** Poir.

Anemone multifida Poir. var. *lanigera* (Gay) Ulbr. = **Anemone multifida** Poir.
Ref.: Lourteig, 1951.

Anemone multifida Poir. var. *magellanica* DC. = **Anemone multifida** Poir.
Ref.: Lourteig, 1951.

Anemone myriophylla Speg. = **Ranunculus semiverticillatus** Phil.
Ref.: Lourteig, 1951.

Anemone sphenophylla Poepp. = **Anemone decapetala** Ard. var. **decapetala**
Ref.: Lourteig, 1951.

Anemone triternata Vahl = **Anemone decapetala** Ard. var. **foliolosa** Eichler
Ref.: Lourteig, 1951; Pontiroli, 1967c.

Aphanostemma apiifolium (Pers.) A. St.-Hil. = **Ranunculus apiifolius** Pers.
Ref.: Lourteig, 1951.

Barneoudia Gay

Número de especies: 3, 1 especie y 1 variedad endémicas.

Barneoudia balliana Britton
Ref.: Lourteig, 1951; Cabrera, 1957b; Kiesling, 1994d.
Hábito: Hierba.
Status: Endémica.
Elevación: 2500- > 4000 m.
Prov.: CA, JU, LR, ME, SA, SJ, TU.
Ejemplar examinado: *Kiesling 7626* (SI).

Barneoudia chilensis Gay
Sin.: *Barneoudia cyanoleuca* Leyb.
Ref.: Lourteig, 1951; Kiesling, 1994d.
Hábito: Hierba.
Status: Nativa.
Elevación: 2000-4000 m.
Prov.: SJ.
Paises limítrofes: CH.
Ejemplar examinado: *Rizzi Maqueda 5959* (SI).

Barneoudia chilensis Gay var. *patagonica* Skottsb. = **Barneoudia major** Phil. var. **patagonica** (Skottsb.) Lourteig
Ref.: Lourteig, 1951, 1984.

Barneoudia cyanoleuca Leyb. = **Barneoudia chilensis** Gay
Ref.: Lourteig, 1951.

Barneoudia major Phil. var. **major**
Ref.: Lourteig, 1951.
Hábito: Hierba.
Status: Nativa.
Elevación: 2500-4000 m.
Prov.: ME.
Paises limítrofes: CH.
Ejemplar examinado: *Carette 191* (SI).

Barneoudia major Phil. var. **patagonica** (Skottsb.) Lourteig
Sin.: *Barneoudia chilensis* Gay var. *patagonica* Skottsb.
Ref.: Lourteig, 1951.
Hábito: Hierba.
Status: Endémica.
Elevación: 1000-2500 m.
Prov.: CHU, NE, RN.
Ejemplar examinado: *Boelcke et al. 11591* (BAA, BAB, SI).

Caltha L.

Número de especies: 3

Caltha alata A.W. Hill = **Caltha sagittata** Cav.
Ref.: Lourteig, 1956, 1984; Smit, 1973.

Caltha andicola (Gay) Walp. = **Caltha sagittata** Cav.
Ref.: Lourteig, 1951, 1984; Smit, 1973.

Caltha appendiculata Pers.
Sin.: *Caltha appendiculata* Pers. var. *chilensis* Huth, *Caltha holophylla* Leyb., *Caltha limbata* Schltdl., *Caltha paradoxa* Sol. ex T.F. Forst., *Psychrophila appendiculata* (Pers.) Gay
Ref.: Lourteig, 1951, 1984; Moore, 1983.
Hábito: Hierba.
Status: Nativa.
Elevación: 0-2000 m.
Prov.: CHU, NE, RN, SC, TF.
Paises limítrofes: CH.
Ejemplar examinado: *Boelcke y Correa 5944* (SI).

Caltha appendiculata Pers. var. *chilensis* Huth = **Caltha appendiculata** Pers.
Ref.: Smit, 1973; Lourteig, 1984.

Caltha dionaeifolia Hook. f.
Sin.: *Psychrophila dioneaefolia* (Hook. f.) Gay
Ref.: Lourteig, 1951, 1984; Smit, 1973; Moore, 1983.
Hábito: Hierba.
Status: Nativa.
Elevación: 0-1000 m.
Prov.: SC, TF.
Paises limítrofes: CH.
Ejemplar examinado: *Rodríguez 12031* (BAB, SI).

Caltha holophylla Leyb. = **Caltha appendiculata** Pers.
Ref.: Lourteig, 1984.

Caltha involuta A.W. Hill = **Caltha sagittata** Cav.
Ref.: Lourteig, 1956; Smit, 1973.

Caltha limbata Schltdl. = **Caltha appendiculata** Pers.
Ref.: Smit, 1973; Lourteig, 1984.

Caltha multicapsularis Sol. ex T.F. Forst. = **Caltha sagittata** Cav.
Ref.: Smit, 1973; Moore, 1983.

Caltha paradoxa Sol. ex T.F. Forst. = **Caltha appendiculata** Pers.
Ref.: Smit, 1973; Moore, 1983.

Caltha sagittata Cav.
Sin.: *Caltha alata* A.W. Hill, *Caltha andicola* (Gay) Walp., *Caltha involuta* A.W. Hill, *Caltha multicapsularis* Sol. ex T.F. Forst., *Caltha sagittata* Cav. var. *latifolia* Huth, *Psychrophila andicola* Gay, *Psychrophila sagittata* (Cav.) Gay
Ref.: Lourteig, 1951, 1956, 1984; Smit, 1973; Moore, 1983.
Hábito: Hierba.
Status: Nativa.
Elevación: 0-2500 y > 4500 m.
Prov.: CHU, JU, LR, ME, NE, RN, SC, SJ, TF.
Paises limítrofes: BO, CH.
Ejemplar examinado: *Burmeister 65* (SI).

Caltha sagittata Cav. var. *latifolia* Huth = **Caltha sagittata** Cav.
Ref.: Smit, 1973; Lourteig, 1984.

Casalea flagelliformis (Sm.) A. St.-Hil. = **Ranunculus flagelliformis** Sm.
Ref.: Lourteig, 1951.

Casalea phyteumaefolia A. St.-Hil. = **Ranunculus bonariensis** Poir. var. **phyteumifolius** (A. St.-Hil.) Hicken ex Lourteig
Ref.: Lourteig, 1951.

Casalea sessiflora A. St.-Hil. = **Ranunculus platensis** Spreng.
Ref.: Lourteig, 1951, 1984; Bacigalupo, 1987d.

Ceratocephalus falcatus (L.) Pers. = **Ranunculus falcatus** L.
Ref.: Lourteig, 1954.

Clematis L.

Número de especies: 5

Clematis bonariensis Juss. ex DC.
Sin.: *Clematis maldonadensis* Larrañaga
Ref.: Lourteig, 1951, 1956; Molero, 1985; Bacigalupo, 1987d.
Hábito: Liana.
Status: Nativa.
Elevación: 0-500 m.
Prov.: BA, ER, MI.
Paises limítrofes: BR, PA, UR.
Ejemplar examinado: *Burkart 15074* (SI).

Clematis brasiliana DC. = **Clematis dioica** L. var. **brasiliana** (DC.) Eichler
Ref.: Lourteig, 1951, 1956.

Clematis campestris A. St.-Hil.
Sin.: *Clematis dioical* L. var. *campestris* (A. St.-Hil.) Kuntze
Ref.: Lourteig, 1951, 1956; Molero, 1985.
Hábito: Liana.
Status: Nativa.
Elevación: 0-500 m.
Prov.: MI.
Paises limítrofes: BR, PA.
Ejemplar examinado: *Ekman 1444* (G, S).

Clematis campestris A. St.-Hil. var. *mendocina* (Phil.) Hauman & Irigoyen = **Clematis montevidensis** Spreng.

Clematis denticulata Vell. = [Clematis montevidensis Spreng. var. denticulata (Vell.) Bacigalupo]
Ref.: Bacigalupo, 1987d.

Clematis denticulata Vell. var. *ulbrichiana* (Pilg.) Lourteig = [Clematis montevidensis Spreng. var. denticulata (Vell.) Bacigalupo]
Ref.: Bacigalupo, 1987d.

[Clematis dioica L.]
Ref.: Lourteig, 1956.
Nota: Especie excluida de la flora argentina.

Clematis dioica L. var. **australis** Eichler
Sin.: *Clematis uruguayensis* Arechav.
Ref.: Lourteig, 1951, 1956; Bacigalupo, 1987d.
Hábito: Liana.
Status: Nativa.
Elevación: 0-500 m.
Prov.: ER, MI.
Paises limítrofes: BR, PA, UR.
Ejemplar examinado: *Rodríguez 353* (SI).

Clematis dioica L. var. **brasiliana** (DC.) Eichler
Sin.: *Clematis brasiliana* DC.
Ref.: Lourteig, 1951, 1956; Molero, 1985.
Hábito: Liana.
Status: Nativa.
Elevación: 0-500 m.
Prov.: MI.
Paises limítrofes: BO, BR, PA.
Ejemplar examinado: *Molfino s.n.* (BA, G, P).

Clematis dioica L. var. *campestris* (A. St.-Hil.) Kuntze = **Clematis campestris** A. St.-Hil.

[Clematis dioica L. var. lorentziana Kuntze]
Ref.: Taxón dudoso.

Clematis haenkeana C. Presl
Sin.: *Clematis sericea* Kunth ex DC.
Ref.: Lourteig, 1956; Meyer, 1963.
Hábito: Liana.
Status: Nativa.
Elevación: 0-3000 m.
Prov.: CA, JU, SA, TU.
Paises limítrofes: BO, BR.
Ejemplar examinado: *Burkart y Troncoso 11199* (SI).

Clematis hilarii Spreng. = **Clematis montevidensis** Spreng.
Ref.: Bacigalupo, 1987d.

Clematis hilarii Spreng. var. *guaranitica* A. St.-Hil. & Tul. = **Clematis montevidensis** Spreng.

Clematis hilarii Spreng. var. *montevidensis* (Spreng.) Speg. = **Clematis montevidensis** Spreng.

Clematis hilarii Spreng. var. *triloba* (A. St.-Hil.) Speg. = **Clematis montevidensis** Spreng.

Clematis maldonadensis Larrañaga = **Clematis bonariensis** Juss. ex DC.
Ref.: Lourteig, 1951.

Clematis montevidensis Spreng.
Sin.: *Clematis campestris* A. St.-Hil. var. *mendocina* (Phil.) Hauman & Irigoyen, *Clematis hilarii* Spreng., *Clematis hilarii* Spreng. var. *guaranitica* A. St.-Hil. & Tul., *Clematis hilarii* Spreng. var. *montevidensis* (Spreng.) Speg., *Clematis hilarii* Spreng. var. *triloba* (A. St.-Hil.) Speg., *Clematis triloba* A. St.-Hil., hom. illeg.
Ref.: Pontiroli, 1967c; Bacigalupo, 1987d.
Hábito: Liana.
Status: Nativa.
Elevación: 0-3000 m.
Prov.: BA, CA, CH, CO, COR, ER, FO, JU, LP, LR, ME, MI, RN, SA, SE, SF, SJ, SL, TU.
Paises limítrofes: BO, BR, PA, UR.
Ejemplar examinado: *Troncoso et al. 3719*

[Clematis montevidensis Spreng. var. denticulata (Vell.) Bacigalupo]
Sin.: *Clematis denticulata* Vell., *Clematis denticulata* Vell. var. *ulbrichiana* (Pilg.) Lourteig, *Clematis ulbrichiana* Pilg.
Ref.: Bacigalupo, 1987d.
Nota: Variedad excluida de la flora argentina.

Clematis sericea Kunth ex DC. = **Clematis haenkeana** C. Presl
Ref.: Lourteig, 1956.

Clematis triloba A. St.-Hil., hom. illeg. = **Clematis montevidensis** Spreng.
Ref.: Bacigalupo, 1987d.

Clematis ulbrichiana Pilg. = [Clematis montevidensis Spreng. var. denticulata (Vell.) Bacigalupo]
Ref.: Bacigalupo, 1987d.

Clematis uruguayensis Arechav. = **Clematis dioica** L. var. **australis** Eichler
Ref.: Lourteig, 1951.

Clematis vermifuga Rojas Acosta, nom. nud.
Ref.: Krapovickas, 1970c.

[Delphinium ajacis L.]
Ref.: Lourteig, 1951.
Nota: Especie excluida de la flora argentina.

Halerpestes exilis (Phil.) Tamura = **Ranunculus exilis** Phil.

Hamadryas Comm. ex A. Juss.

Número de especies: 5, 1 forma endémica.

Hamadryas argentea Hook. f.
Sin.: *Hamadryas tomentosa* Hook. f., hom. illeg.
Ref.: Lourteig, 1951, 1984.
Hábito: Hierba.
Status: Endémica.
Elevación: 0-500 m.
Prov.: TF.
Ejemplar examinado: *Hooker s.n.* (holotipo, K).

Hamadryas delfinii Phil. ex Reiche
Ref.: Lourteig, 1951, 1984; Moore, 1983.
Hábito: Hierba.
Status: Nativa.
Elevación: 0-1000 m.
Prov.: CHU, NE, SC, SJ, TF.
Paises limítrofes: CH.
Ejemplar examinado: *Donat 393* (SI).

Hamadryas kingii Hook. f.
Ref.: Lourteig, 1951.
Hábito: Hierba.
Status: Nativa.
Elevación: 500-2000 m.
Prov.: CHU, RN, SC.
Paises limítrofes: CH.
Ejemplar examinado: *Donat 403* (BA, LIL, SI).

Hamadryas magellanica Lam. f. **magellanica**
Sin.: *Hamadryas magellanica* Lam. var. *tomentosa* (DC.) Hook. f., *Hamadryas tomentosa* DC.
Ref.: Lourteig, 1951, 1984; Moore, 1974, 1983.
Hábito: Hierba.
Status: Nativa.
Elevación: 0-1000 m.
Prov.: TF.
Paises limítrofes: CH.
Ejemplar examinado: *Alboff s.n.* (SI 17300).

Hamadryas magellanica Lam. f. **paniculata** (Hook. f.) Lourteig
Sin.: *Hamadryas paniculata* Hook. f.
Ref.: Lourteig, 1951, 1984; Dudley, 1981.
Hábito: Hierba.
Status: Endémica.
Elevación: 0-500 m.
Prov.: TF.
Ejemplar examinado: *Dudley et al. 1310* (SI).

Hamadryas magellanica Lam. var. *tomentosa* (DC.) Hook. f. = **Hamadryas magellanica** Lam. f. **magellanica**
Ref.: Lourteig, 1951.

Hamadryas paniculata Hook. f. = **Hamadryas magellanica** Lam. f. **paniculata** (Hook. f.) Lourteig
Ref.: Lourteig, 1951.

Hamadryas semperviroides Sprague
Ref.: Lourteig, 1951, 1984.
Hábito: Hierba.
Status: Nativa.
Elevación: 1000-2000 m.
Prov.: SC.
Paises limítrofes: CH.
Ejemplar examinado: *Dusén s.n.* (SI 17302).

Hamadryas tomentosa DC. = **Hamadryas magellanica** Lam. f. **magellanica**
Ref.: Lourteig, 1951, 1984; Moore, 1974.

Hamadryas tomentosa Hook. f., hom. illeg. = **Hamadryas argentea** Hook. f.
Ref.: Lourteig, 1984.

Myosurus L.

Número de especies: 2

Myosurus apetalus Gay
Sin.: *Myosurus aristatus* Benth. ex Hook. f., *Myosurus aristatus* Benth. ex Hook. f. var. *apetalus* (Gay) Huth, *Myosurus aristatus* Benth. ex Hook. f. var. *brachypoda* Speg., *Myosurus aristatus* Benth. ex Hook. f. var. *gracilis* Speg., *Myosurus gracilis* (Speg.) Macloskie
Ref.: Lourteig, 1951, 1984.
Hábito: Hierba.
Status: Nativa.
Elevación: 0-1000 m.
Prov.: CHU, NE, RN, SC, SJ.
Paises limítrofes: CH.
Ejemplar examinado: *Donat 171* (SI).

Myosurus aristatus Benth. ex Hook. f. = **Myosurus apetalus** Gay
Ref.: Lourteig, 1984.

Myosurus aristatus Benth. ex Hook. f. var. *apetalus* (Gay) Huth = **Myosurus apetalus** Gay
Ref.: Lourteig, 1951.

Myosurus aristatus Benth. ex Hook. f. var. *brachypoda* Speg. = **Myosurus apetalus** Gay
Ref.: Lourteig, 1951, 1984.

Myosurus aristatus Benth. ex Hook. f. var. *gracilis* Speg. = **Myosurus apetalus** Gay
Ref.: Lourteig, 1951, 1984.

Myosurus gracilis (Speg.) Macloskie = **Myosurus apetalus** Gay
Ref.: Lourteig, 1951, 1984.

Myosurus minimus auct. non L. = **Myosurus patagonicus** Speg.
Ref.: Lourteig, 1951.

Myosurus patagonicus Speg.
Sin.: *Myosurus minimus* auct. non L.
Ref.: Lourteig, 1951, 1984; Pontiroli, 1967c; Moore, 1983.
Hábito: Hierba.
Status: Nativa.
Elevación: 0-500 m.
Prov.: CHU, LP, NE, SC, TF.
Paises limítrofes: CH.
Ejemplar examinado: *Ameghino s.n.* (holotipo, LP).

Psychrophila andicola Gay = **Caltha sagittata** Cav.
Ref.: Lourteig, 1984.

Psychrophila appendiculata (Pers.) Gay = **Caltha appendiculata** Pers.
Ref.: Smit, 1973; Lourteig, 1984.

Psychrophila dioneaefolia (Hook. f.) Gay = **Caltha dionaeifolia** Hook. f.
Ref.: Smit, 1973.

Psychrophila sagittata (Cav.) Gay = **Caltha sagittata** Cav.
Ref.: Smit, 1973.

Ranunculus L.

Número de especies: 29, 3 especies endémicas.

Ranunculus acaulis Banks & Sol. ex DC.
Sin.: *Ranunculus skottsbergii* Gand.
Ref.: Lourteig, 1951, 1984.
Hábito: Hierba.
Status: Nativa.
Elevación: 0-500 m.
Prov.: TF.
Paises limítrofes: CH.
Ejemplar examinado: *Dimitri et al. 230* (SI).

Ranunculus alboffii Macloskie = **Ranunculus peduncularis** Sm. var. **peduncularis**
Ref.: Lourteig, 1951; Moore, 1983.

Ranunculus apiifolius Pers.
Sin.: *Aphanostemma apiifolium* (Pers.) A. St.-Hil., *Ranunculus sceleratus* auct. non L.
Ref.: Lourteig, 1951, 1984; Pontiroli, 1967c; Bacigalupo, 1987d.
Hábito: Hierba.
Status: Nativa.
Elevación: 0-500 m.
Prov.: BA, CH, ER, LP, SE, SF, TU.
Paises limítrofes: BR, CH, PA, UR.
Ejemplar examinado: *Burkart 28625* (SI).

Ranunculus aquatilis auct. non L. = **Ranunculus trichophyllus** Chaix
Ref.: Lourteig, 1951.

Ranunculus aquatilis L. var. *caespitosa* auct. non DC. = **Ranunculus trichophyllus** Chaix
Ref.: Lourteig, 1951.

Ranunculus aquatilis L. var. *capillacea* auct. non DC. = **Ranunculus trichophyllus** Chaix
Ref.: Lourteig, 1951.

Ranunculus argemonifolius Griseb. = **Ranunculus praemorsus** Kunth ex DC.
Ref.: Lourteig, 1951.

Ranunculus aysenensis Gand. = **Ranunculus minutiflorus** Bertero ex Phil.
Ref.: Lourteig, 1951.

Ranunculus biternatus auct. non Sm. = **Ranunculus fuegianus** Speg.
Ref.: Lourteig, 1984.

Ranunculus biternatus Sm.
Sin.: *Ranunculus commersonii* DC. ex Poir., *Ranunculus exiguus* d'Urv., *Ranunculus montteanus* Phil.
Ref.: Lourteig, 1951, 1984, Moore, 1983.
Hábito: Hierba.
Status: Nativa.
Elevación: 0-500 m.
Prov.: SC, TF.
Paises limítrofes: CH.
Ejemplar examinado: *Iter Patagonicum 352* (SI).

Ranunculus bonariensis Poir. var. **bonariensis**
Sin.: *Ranunculus cordifolius* Arechav., *Ranunculus montevidensis* Arechav., *Ranunculus ovalifolius* Arechav.
Ref.: Lourteig, 1951, 1956; Pontiroli, 1967c; Bacigalupo, 1987d.
Hábito: Hierba.
Status: Nativa.
Elevación: 0-500 y 2500-3000 m.
Prov.: BA, CH, COR, ER, FO, MI, TU.
Paises limítrofes: BR, PA, UR.
Ejemplar examinado: *Troncoso et al. 2083* (SI).

Ranunculus bonariensis Poir. var. **phyteumifolius** (A. St.-Hil.) Hicken ex Lourteig
Sin.: *Casalea phyteumaefolia* A. St.-Hil., *Ranunculus bonariensis* Poir. subsp. *phyteumifolius* (A. St.-Hil.) Molero, *Ranunculus phyteumaefolius* (A. St.-Hil.) Spreng.
Ref.: Lourteig, 1951, 1956; Pontiroli, 1967c; Bacigalupo, 1987d.
Hábito: Hierba.
Status: Nativa.
Elevación: 0-500 m.
Prov.: BA, CH, COR, ER, FO, MI, SF.
Paises limítrofes: BR, PA, UR.
Ejemplar examinado: *Burkart 9232* (SI).

Ranunculus bonariensis Poir. var. **trisepalus** (Gillies ex Hook. & Arn.) Lourteig
Sin.: *Ranunculus bonariensis* Poir. subsp. *trisepalus* (Gillies ex Hook. & Arn.) Molero, *Ranunculus obtusatus* Poepp., *Ranunculus trisepalus* Gillies ex Hook. & Arn.
Ref.: Lourteig, 1951, 1956; Pontiroli, 1967c; Bacigalupo, 1987d.
Hábito: Hierba.
Status: Nativa.
Elevación: 0-500 m.
Prov.: BA, CO, DF, ER, LP.
Paises limítrofes: BR, CH, UR.
Ejemplar examinado: *Pastore 154* (SI).

Ranunculus bonariensis Poir. subsp. *phyteumifolius* (A. St.-Hil.) Molero = **Ranunculus bonariensis** Poir. var. **phyteumifolius** (A. St.-Hil.) Hicken ex Lourteig

Ranunculus bonariensis Poir. subsp. *trisepalus* (Gillies ex Hook. & Arn.) Molero = **Ranunculus bonariensis** Poir. var. **trisepalus** (Gillies ex Hook. & Arn.) Lourteig

Ranunculus bovei Speg. = **Ranunculus uniflorus** Phil. ex Reiche
Ref.: Lourteig, 1951, 1984.

Ranunculus bovei Speg. var. *potamogetonoides* (Speg.) Speg. = **Ranunculus uniflorus** Phil. ex Reiche
Ref.: Lourteig, 1951.

[Ranunculus bulbosus L.]
Ref.: Lourteig, 1951; Pontiroli, 1967c.
Nota: Especie excluida de la flora argentina.

Ranunculus caespitosus Dusén = **Ranunculus pseudotrullifolius** Skottsb.

Ranunculus chilensis auct. non DC. = **Ranunculus minutiflorus** Bertero ex Phil.
Ref.: Lourteig, 1951, 1984; Moore, 1983.

Ranunculus chilensis DC.
Ref.: Lourteig, 1951, 1984.
Hábito: Hierba.
Status: Nativa.
Elevación: 1000-2000 m.
Prov.: RN.
Paises limítrofes: CH.
Ejemplar examinado: *Boelcke y Correa 5577* (BAB).

Ranunculus colliguensis Steud. = **Ranunculus maclovianus** d'Urv.
Ref.: Lourteig, 1951, 1984.

Ranunculus commersonii DC. ex Poir. = **Ranunculus biternatus** Sm.
Ref.: Lourteig, 1951.

Ranunculus cordifolius Arechav. = **Ranunculus bonariensis** Poir. var. **bonariensis**
Ref.: Lourteig, 1951.

Ranunculus cymbalaria Pursh
Sin.: *Ranunculus microcarpus* J. Presl, *Ranunculus minutus* Gay, *Ranunculus pozozefolius* Gay, *Ranunculus tridentatus* Kunth ex DC.
Ref.: Lourteig, 1951, 1984; Cabrera, 1957b.
Hábito: Hierba.
Status: Nativa.
Elevación: 0-4500 m.
Prov.: BA, CA, CHU, CO, JU, LP, LR, ME, NE, RN, SA, SC, SJ, SL, TF, TU.
Paises limítrofes: BO, CH, UR.
Ejemplar examinado: *Fischer s.n.* (SI).

Ranunculus cymbalaria Pursh f. *exilis* (Phil.) Lourteig = **Ranunculus exilis** Phil.

Ranunculus cymbalaria Pursh var. *exilis* (Phil.) R.E. Fr. = **Ranunculus exilis** Phil.

Ranunculus cymbalaria Pursh var. *saximontanus* Fernald = [Ranunculus cymbalaria Pursh subsp. saximontanus (Fernald) Thorne]
Ref.: Thorne, 1978.

[Ranunculus cymbalaria Pursh subsp. saximontanus (Fernald) Thorne]
Sin.: *Ranunculus cymbalaria* Pursh var. *saximontanus* Fernald
Ref.: Thorne, 1978.
Nota: Subespecie excluida de la flora argentina.

Ranunculus dusenii Lourteig = **Ranunculus pseudotrullifolius** Skottsb.
Ref.: Moore, 1974.

Ranunculus erodiifolius Gay = **Ranunculus peduncularis** Sm. var. **erodiifolius** (Gay) Reiche
Ref.: Lourteig, 1951, 1984.

Ranunculus exiguus d'Urv. = **Ranunculus biternatus** Sm.
Ref.: Lourteig, 1951.

Ranunculus exilis Phil.
Sin.: *Ranunculus cymbalaria* Pursh f. *exilis* (Phil.) Lourteig, *Ranunculus cymbalaria* Pursh var. *exilis* (Phil.) R.E. Fr., *Ranunculus exilis* Phil.
Ref.: Buscar ref.
Hábito: Hierba.
Status: Nativa.
Elevación: 3000-4500 m.
Prov.: CA, JU, ME, SA, SJ, TU.
Paises limítrofes: BO, CH.
Ejemplar examinado: *Cabrera 8343* (LP).

Ranunculus falcatus L.
Sin.: *Ceratocephalus falcatus* (L.) Pers.
Ref.: Lourteig, 1959.
Hábito: Hierba.
Status: Introducida.
Elevación: 500-2000 m.
Prov.: ME.
Ejemplar examinado: *Gómez Sosa 35* (SI).

Ranunculus flagelliformis Sm.
Sin.: *Casalea flagelliformis* (Sm.) A. St.-Hil., *Ranunculus implicatus* Arechav.
Ref.: Lourteig, 1951, 1956, 1984.
Hábito: Hierba.
Status: Nativa.
Elevación: 0-2500 m.
Prov.: BA, CA, CO, DF, ER, JU, MI, NE, SA, SF, SJ, TU.
Paises limítrofes: BO, BR, CH, PA, UR.
Ejemplar examinado: *Burkart 29879* (SI).

Ranunculus fluitans Lam. f. *minor* auct. non Gelert = **Ranunculus trichophyllus** Chaix
Ref.: Lourteig, 1951.

Ranunculus fluitans Lam. var. *fluviatilis* auct. non (Webb) Gelert = **Ranunculus trichophyllus** Chaix

Ranunculus fuegianus Speg.
Sin.: *Ranunculus biternatus* auct. non Sm.
Ref.: Lourteig, 1951, 1984; Moore, 1974, 1983.
Hábito: Hierba.
Status: Nativa.
Elevación: 0-500 m.
Prov.: SC, TF.
Paises limítrofes: CH.
Ejemplar examinado: *Iter Patagonicum 355* (SI).

Ranunculus fueginos Phil. ex Reiche = **Ranunculus sericocephalus** Hook. f.
Ref.: Lourteig, 1951.

Ranunculus glandulifer Poepp. = **Ranunculus peduncularis** Sm. var. **peduncularis**
Ref.: Lourteig, 1951; Moore, 1974, 1983.

Ranunculus hilarii Hieron. = **Ranunculus platensis** Spreng.
Ref.: Lourteig, 1951.

Ranunculus hilii Lourteig
Ref.: Lourteig, 1951.
Hábito: Hierba.
Status: Endémica.
Elevación: 1500-2500 m.
Prov.: CA, TU.
Ejemplar examinado: *Lillo 978* (holotipo, LIL).

Ranunculus hydrophilus Gaudich.
Ref.: Lourteig, 1951, 1984; Moore, 1974, 1983.
Hábito: Hierba.
Status: Nativa.
Elevación: 0-1500 m.
Prov.: CHU, NE, RN, SC, TF.
Paises limítrofes: CH.
Ejemplar examinado: *Iter Patagonicum 343* (SI).

Ranunculus implicatus Arechav. = **Ranunculus flagelliformis** Sm.
Ref.: Lourteig, 1951; Pontiroli, 1967c.

Ranunculus lancipetalus Griseb.
Ref.: Lourteig, 1951.
Hábito: Hierba.
Status: Endémica.
Elevación: 3000-4000 m.
Prov.: CA, LR, SA, TU.
Ejemplar examinado: *Venturi 4596* (SI).

Ranunculus lucidus Poir. = **Ranunculus repens** L. var. **repens**
Ref.: Lourteig, 1951; Pontiroli, 1967c.

Ranunculus maclovianus d'Urv.
Sin.: *Ranunculus colliguensis* Steud.
Ref.: Lourteig, 1951, 1984; Moore, 1974, 1983.
Hábito: Hierba.
Status: Nativa.
Elevación: 0-1000 m.
Prov.: TF.
Paises limítrofes: CH.
Ejemplar examinado: *Donat 475* (SI).

Ranunculus microcarpus J. Presl = **Ranunculus cymbalaria** Pursh
Ref.: Lourteig, 1951, 1984.

Ranunculus minutiflorus Bertero ex Phil.
Sin.: *Ranunculus aysenensis* Gand., *Ranunculus chilensis* auct. non DC., *Ranunculus savatieri* Franch.
Ref.: Lourteig, 1951, 1984; Moore, 1983.
Hábito: Hierba.
Status: Nativa.
Elevación: 0-1000 m.
Prov.: CHU, NE, RN, TF.
Paises limítrofes: CH.
Ejemplar examinado: *Goodall 2440* (BAB, SI).

Ranunculus minutus Gay = **Ranunculus cymbalaria** Pursh
Ref.: Lourteig, 1984.

Ranunculus montevidensis Arechav. = **Ranunculus bonariensis** Poir. var. **bonariensis**
Ref.: Lourteig, 1951; Pontiroli, 1967c.

Ranunculus montteanus Phil. = **Ranunculus biternatus** Sm.
Ref.: Lourteig, 1951.

Ranunculus muricatus L. var. *tucumanensis* DC. = **Ranunculus muricatus** L.
Ref.: Lourteig, 1951.

Ranunculus muricatus L.
Sin.: *Ranunculus muricatus* L. var. *tucumanensis* DC.
Ref.: Lourteig, 1951, 1984; Pontiroli, 1967c; Bacigalupo, 1987d.
Hábito: Hierba.
Status: Introducida.
Elevación: 0-500 m.
Prov.: BA, CO, COR, DF, ER, FO, MI, RN, SJ.
Paises limítrofes: BR, CH, PA, UR.
Ejemplar examinado: *Boelcke 5027* (SI).

Ranunculus obtusatus Poepp. = **Ranunculus bonariensis** Poir. var. **trisepalus** (Gillies ex Hook. & Arn.) Lourteig
Ref.: Lourteig, 1951.

Ranunculus oligocarpus Speg., hom. illeg. = **Ranunculus spegazzinii** Lourteig
Ref.: Lourteig, 1951, 1984.

Ranunculus ovalifolius Arechav. = **Ranunculus bonariensis** Poir. var. **bonariensis**
Ref.: Lourteig, 1951; Pontiroli, 1967c.

Ranunculus patagonicus Poepp. = **Ranunculus peduncularis** Sm. var. **peduncularis**
Ref.: Lourteig, 1951.

Ranunculus peduncularis Sm. var. *alboffiana* Speg. = **Ranunculus peduncularis** Sm. var. **peduncularis**
Ref.: Lourteig, 1951.

Ranunculus peduncularis Sm. var. **erodiifolius** (Gay) Reiche
Sin.: *Ranunculus erodiifolius* Gay, *Ranunculus peduncularis* Sm. var. *polypetalus* (Gillies ex Hook. & Arn.) Macloskie, *Ranunculus polypetalus* Gillies ex Hook. & Arn., hom. illeg.
Ref.: Lourteig, 1951, 1984.
Hábito: Hierba.
Status: Nativa.
Elevación: 0-3500 m.
Prov.: CHU, ME, NE, RN, SC, TF.
Paises limítrofes: CH.
Ejemplar examinado: *Carette 192* (SI).

Ranunculus peduncularis Sm. var. *glandulifer* (Poepp.) Reiche = **Ranunculus peduncularis** Sm. var. **peduncularis**
Ref.: Lourteig, 1951.

Ranunculus peduncularis Sm. var. *minor* Wedd. ex Franch. = **Ranunculus peduncularis** Sm. var. **peduncularis**

Ranunculus peduncularis Sm. var. *patagonicus* (Poepp.) Reiche = **Ranunculus peduncularis** Sm. var. **peduncularis**
Ref.: Lourteig, 1951.

Ranunculus peduncularis Sm. var. **peduncularis**
Sin.: *Ranunculus alboffii* Macloskie, *Ranunculus glandulifer* Poepp., *Ranunculus patagonicus* Poepp., *Ranunculus peduncularis* Sm. var. *alboffiana* Speg., *Ranunculus peduncularis* Sm. var. *glandulifer* (Poepp.) Reiche, *Ranunculus peduncularis* Sm. var. *minor* Wedd. ex Franch., *Ranunculus peduncularis* Sm. var. *patagonicus* (Poepp.) Reiche
Ref.: Lourteig, 1951, 1984; Moore, 1974, 1983.
Hábito: Hierba.
Status: Nativa.
Elevación: 0-3000 m.
Prov.: CHU, ME, NE, RN, SC, TF.
Paises limítrofes: CH.
Ejemplar examinado: *Burmeister 13* (SI).

Ranunculus peduncularis Sm. var. *polypetalus* (Gillies ex Hook. & Arn.) Macloskie = **Ranunculus peduncularis** Sm. var. **erodiifolius** (Gay) Reiche
Ref.: Lourteig, 1951.

Ranunculus phyteumaefolius (A. St.-Hil.) Spreng. = **Ranunculus bonariensis** Poir. var. **phyteumifolius** (A. St.-Hil.) Hicken ex Lourteig
Ref.: Lourteig, 1951; Pontiroli, 1967c.

Ranunculus platensis Spreng.
Sin.: *Casalea sessiflora* A. St.-Hil., *Ranunculus hilarii* Hieron., *Ranunculus sessiflorus* (A. St.-Hil.) Spreng., hom. illeg.
Ref.: Lourteig, 1951, 1956, 1984; Bacigalupo, 1987d; Keener & Hoot, 1987.
Hábito: Hierba.
Status: Nativa.
Elevación: 0-1500 m.
Prov.: BA, CH, CO, COR, DF, ER, RN, SF, SL, TU.
Paises limítrofes: BR, UR.
Ejemplar examinado: *Burkart et al. 23664* (SI).

Ranunculus polypetalus Gillies ex Hook. & Arn., hom. illeg. = **Ranunculus peduncularis** Sm. var. **erodiifolius** (Gay) Reiche
Ref.: Lourteig, 1951.

Ranunculus potamogetonoides Speg. = **Ranunculus uniflorus** Phil. ex Reiche
Ref.: Lourteig, 1951, 1984.

Ranunculus pozozefolius Gay = **Ranunculus cymbalaria** Pursh
Ref.: Lourteig, 1984.

Ranunculus praemorsus Kunth ex DC.
Sin.: *Ranunculus argemonifolius* Griseb., *Ranunculus pseudophilonotis* Griseb.
Ref.: Lourteig, 1951.
Hábito: Hierba o subarbusto.
Status: Nativa.
Elevación: 0-3500 m.
Prov.: CA, CO, JU, SA, TU.
Paises limítrofes: BO.
Ejemplar examinado: *Venturi 4666* (BAB, LIL, LP).

Ranunculus pseudocaltha Chodat & Wilczek = **Ranunculus uniflorus** Phil. ex Reiche
Ref.: Lourteig, 1951.

Ranunculus pseudocaltha Chodat & Wilczek f. *minor* Chodat & Wilczek = **Ranunculus uniflorus** Phil. ex Reiche
Ref.: Lourteig, 1951.

Ranunculus pseudophilonotis Griseb. = **Ranunculus praemorsus** Kunth ex DC.

Ranunculus pseudotrullifolius Skottsb.
Sin.: *Ranunculus caespitosus* Dusén, *Ranunculus dusenii* Lourteig, *Ranunculus trullifolius* Dusén, hom. illeg.
Ref.: Lourteig, 1951, 1984; Moore, 1983.
Hábito: Hierba.
Status: Nativa.
Elevación: 0-500 m.
Prov.: SC, TF.
Paises limítrofes: CH.
Ejemplar examinado: *Hicken 162* (SI).

Ranunculus psychrophilus Wedd.
Ref.: Lourteig, 1951, 1956.
Hábito: Hierba.
Status: Nativa.
Elevación: 2000-4000 m.
Prov.: JU, TU.
Paises limítrofes: BO.
Ejemplar examinado: *Schreiter 4370* (LIL).

Ranunculus repens L. var. **flore-pleno** DC.
Ref.: Lourteig, 1951, 1984; Bacigalupo, 1987d.
Hábito: Hierba.
Status: Introducida.
Elevación: 0-2000 m.
Prov.: BA, CA, CO, LR, ME, NE.
Paises limítrofes: BO, CH.
Ejemplar examinado: *Millán 573* (SI).

Ranunculus repens L. var. *glabratus* DC. = **Ranunculus repens** L. var. **repens**
Ref.: Lourteig, 1951.

Ranunculus repens L. var. *lucidus* (Poir.) Speg. = **Ranunculus repens** L. var. **repens**
Ref.: Lourteig, 1951, 1984.

Ranunculus repens L. var. **repens**
Sin.: *Ranunculus lucidus* Poir., *Ranunculus repens* L. var. *glabratus* DC., *Ranunculus repens* L. var. *lucidus* (Poir.) Speg.
Ref.: Lourteig, 1951, 1984; Pontiroli, 1967c; Bacigalupo, 1987d.
Hábito: Hierba.
Status: Introducida.
Elevación: 0-500 m.
Prov.: BA, CHU, RN, TF.
Paises limítrofes: BO, BR, CH.
Ejemplar examinado: *Cabrera 3352* (LP, SI).

Ranunculus sarmentosus Griseb.
Ref.: Lourteig, 1951, 1956.
Hábito: Hierba.
Status: Nativa.
Elevación: 2000-4000 m.
Prov.: CA, CO, TU.
Paises limítrofes: BO.
Ejemplar examinado: *Venturi 4615* (BAB, LIL, SI).

Ranunculus savatieri Franch. = **Ranunculus minutiflorus** Bertero ex Phil.
Ref.: Lourteig, 1951; Moore, 1983.

Ranunculus sceleratus auct. non L. = **Ranunculus apiifolius** Pers.
Ref.: Lourteig, 1951, 1984.

Ranunculus semiverticillatus Phil.
Sin.: *Anemone myriophylla* Speg.
Ref.: Lourteig, 1951, 1984.
Hábito: Hierba.
Status: Nativa.
Elevación: 1500-2500 m.
Prov.: CHU, NE, RN.
Paises limítrofes: CH.
Ejemplar examinado: *Diem 322* (SI).

Ranunculus sericocephalus Hook. f.
Sin.: *Ranunculus fueginos* Phil. ex Reiche, *Ranunculus sericocephalus* Hook. f. var. *major* Albov
Ref.: Lourteig, 1951, 1984; Moore, 1974, 1983.
Hábito: Hierba.
Status: Nativa.
Elevación: 0-1000 m.
Prov.: TF.
Paises limítrofes: CH.
Ejemplar examinado: *Alboff s.n.* (SI).

Ranunculus sericocephalus Hook. f. var. *major* Albov = **Ranunculus sericocephalus** Hook. f.
Ref.: Lourteig, 1951.

Ranunculus sessiflorus (A. St.-Hil.) Spreng., hom. illeg. = **Ranunculus platensis** Spreng.
Ref.: Lourteig, 1951; Bacigalupo, 1987d.

Ranunculus skottsbergii Gand. = **Ranunculus acaulis** Banks & Sol. ex DC.
Ref.: Lourteig, 1951.

Ranunculus spegazzinii Lourteig
Sin.: *Ranunculus oligocarpus* Speg., hom. illeg.
Ref.: Lourteig, 1951, 1984.
Hábito: Hierba.
Status: Endémica.
Elevación: 1000-1500 m.
Prov.: CHU, NE, RN.
Ejemplar examinado: *Illin 195* (holotipo, SI).

Ranunculus trichophyllus Chaix
Sin.: *Ranunculus aquatilis* auct. non L., *Ranunculus aquatilis* L. var. *caespitosa* auct. non DC., *Ranunculus aquatilis* L. var. *capillacea* auct. non DC., *Ranunculus fluitans* Lam. f. *minor* auct. non Gelert, *Ranunculus fluitans* Lam. var. *fluviatilis* auct. non (Webb) Gelert
Ref.: Lourteig, 1951, 1956, 1984.
Hábito: Hierba acuática.
Status: Nativa.
Elevación: 0-4000 m.
Prov.: CHU, NE, SC, SJ, TF.
Paises limítrofes: BO, CH.
Ejemplar examinado: *Garcés 36* (SI).

Ranunculus tridentatus Kunth ex DC. = **Ranunculus cymbalaria** Pursh
Ref.: Lourteig, 1951.

Ranunculus trisepalus Gillies ex Hook. & Arn. = **Ranunculus bonariensis** Poir. var. **trisepalus** (Gillies ex Hook. & Arn.) Lourteig
Ref.: Lourteig, 1951; Pontiroli, 1967c.

Ranunculus trullifolius Dusén, hom. illeg. = **Ranunculus pseudotrullifolius** Skottsb.
Ref.: Lourteig, 1951.

Ranunculus trullifolius Hook. f.
Ref.: Lourteig, 1951, 1984.
Hábito: Hierba.
Status: Nativa.
Elevación: 0-1000 m.
Prov.: CHU, NE, RN, SC, TF.
Paises limítrofes: CH.
Ejemplar examinado: *Donat 29* (SI).

Ranunculus uniflorus Phil. ex Reiche
Sin.: *Ranunculus bovei* Speg., *Ranunculus bovei* Speg. var. *potamogetonoides* (Speg.) Speg., *Ranunculus potamogetonoides* Speg., *Ranunculus pseudocaltha* Chodat & Wilczek, *Ranunculus pseudocaltha* Chodat & Wilczek f. *minor* Chodat & Wilczek
Ref.: Lourteig, 1951, 1984; Moore, 1983.
Hábito: Hierba.
Status: Nativa.
Elevación: 0-500 y 2000-4500 m.
Prov.: CA, CHU, ME, SC, TF.
Paises limítrofes: CH.
Ejemplar examinado: *Iter Patagonicum 339* (SI).

Thalictrum L.

Número de especies: 2

Thalictrum decipiens Boivin
Sin.: *Thalictrum lasiostylum* auct. non C. Presl, *Thalictrum longistylum* auct. non DC., *Thalictrum podocarpum* auct. non Kunth ex DC., *Thalictrum rutidocarpum* auct. non DC.
Ref.: Lourteig, 1951.
Hábito: Subarbusto.
Status: Nativa.
Elevación: 0-3000 m.
Prov.: CA, CO, JU, SA, SL, TU.
Paises limítrofes: BO.
Ejemplar examinado: *Giardelli 142* (SI).

Thalictrum inuncans Boivin = **Thalictrum venturii** Boivin
Ref.: Lourteig, 1951.

Thalictrum lasiostylum auct. non C. Presl = **Thalictrum decipiens** Boivin
Ref.: Lourteig, 1951.

Thalictrum longistylum auct. non DC. = **Thalictrum decipiens** Boivin
Ref.: Lourteig, 1951.

Thalictrum podocarpum auct. non Kunth ex DC. = **Thalictrum decipiens** Boivin
Ref.: Lourteig, 1951.

Thalictrum rutidocarpum auct. non DC. = **Thalictrum decipiens** Boivin
Ref.: Lourteig, 1951.

Thalictrum venturii Boivin
Sin.: *Thalictrum inuncans* Boivin
Ref.: Lourteig, 1951.
Hábito: Subarbusto.
Status: Nativa.
Elevación: 1000-4000 m.
Prov.: CA, JU, LR, SA, TU.
Paises limítrofes: BO.
Ejemplar examinado: *Venturi 10026* (isotipo, LP).

RESEDACEAE

1 género, 1 especie.

Reseda L.

Número de especies: 1

Reseda luteola L.
Ref.: Pontiroli, 1967d; Rossow, 1993.
Hábito: Hierba.
Status: Introducida.
Elevación: 0-500 m.
Prov.: BA, NE, SC.
Ejemplar examinado: *Burkart 8590* (SI).

RHAMNACEAE

13 géneros, 27 especies; 4 especies endémicas.

por R. Tortosa

Adolia buxifolia (Reissek) Kuntze = **Scutia buxifolia** Reissek

Chacaya trinervis (Hook. & Arn.) Escal. = **Discaria trinervis** (Gillies ex Hook. & Arn.) Reiche
Ref.: Tortosa, 1983a, 1995.

Colletia Comm. ex Juss., nom. cons.

Número de especies: 3

Colletia aciculata Miers = **Colletia hystrix** Clos
Ref.: Tortosa, 1989.

Colletia armata Miers = **Colletia hystrix** Clos
Ref.: Tortosa, 1989.

Colletia armata Miers var. *insularis* Miers = **Colletia hystrix** Clos
Ref.: Tortosa, 1989.

Colletia armata Miers var. *subglabra* Sealy = **Colletia hystrix** Clos
Ref.: Tortosa, 1989.

Colletia articulata Phil. = **Discaria articulata** (Phil.) Miers
Ref.: Tortosa, 1983a, 1995.

Colletia assimilis N.E. Br. = **Colletia spinossisima** J.F. Gmel.
Ref.: Tortosa, 1989.

Colletia atrox Miers = **Colletia spinossisima** J.F. Gmel.
Ref.: Tortosa, 1989.

Colletia brevispina Phil. = **Colletia hystrix** Clos
Ref.: Tortosa, 1989.

Colletia cataphracta Miers = **Colletia hystrix** Clos
Ref.: Tortosa, 1989.

Colletia chacaye G. Don = **Discaria chacaye** (G. Don) Tortosa
Ref.: Tortosa, 1983b, 1995.

Colletia crenata Clos = **Discaria chacaye** (G. Don) Tortosa
Ref.: Tortosa, 1983b, 1995.

Colletia cruciata Gillies & Hook. = **Colletia paradoxa** (Spreng.) Escal.
Ref.: Tortosa, 1989, 1995.

Colletia discolor Hook. = **Discaria chacaye** (G. Don) Tortosa
Ref.: Tortosa, 1983b, 1995.

Colletia doniana Clos = **Discaria trinervis** (Gillies ex Hook. & Arn.) Reiche
Ref.: Tortosa, 1983a, 1995.

Colletia dumosa Miers = **Colletia hystrix** Clos
Ref.: Tortosa, 1989.

Colletia dumosa Phil., hom. illeg. = **Discaria chacaye** (G. Don) Tortosa
Ref.: Tortosa, 1983b, 1995.

Colletia ferox Gillies & Hook. = **Colletia spinossisima** J.F. Gmel.
Ref.: Tortosa, 1989.

Colletia ferox Gillies & Hook. var. *puberula* Speg. = **Colletia hystrix** Clos
Ref.: Tortosa, 1989.

Colletia ferox Gillies & Hook. var. *veprecula* (Miers) Suess. = **Colletia hystrix** Clos
Ref.: Tortosa, 1989.

Colletia foliosa Rusby = **Kentrothamnus weddellianus** (Miers) M.C. Johnst.
Ref.: Tortosa, 1995.

Colletia foliosa Rusby var. *microphylla* Kuntze = **Kentrothamnus weddellianus** (Miers) M.C. Johnst.
Ref.: Tortosa, 1995.

Colletia hystrix Clos
Sin.: *Colletia aciculata* Miers, *Colletia armata* Miers, *Colletia armata* Miers var. *insularis* Miers, *Colletia armata* Miers var. *subglabra* Sealy, *Colletia brevispina* Phil., *Colletia cataphracta* Miers, *Colletia dumosa* Miers, *Colletia ferox* Gillies & Hook. var. *puberula* Speg., *Colletia ferox* Gillies & Hook. var. *veprecula* (Miers) Suess., *Colletia hystrix* Clos var. *brevispina* (Phil.) Reiche, *Colletia pungens* Miers, *Colletia spinosa* Lam. var. *armata* (Miers) Reiche, *Colletia spinosa* Lam. var. *valdiviana* (Phil.) Reiche, *Colletia spinosissima* J.F. Gmel. var. *valdiviana* (Phil.) Escal., *Colletia valdiviana* Phil.
Ref.: Tortosa, 1989, 1995.
Hábito: Arbusto.
Status: Nativa.
Elevación: 0-2000 m.
Prov.: CHU, NE, RN, SC.
Paises limítrofes: CH.
Ejemplar examinado: *Hicken 45* (SI).

Colletia hystrix Clos var. *brevispina* (Phil.) Reiche = **Colletia hystrix** Clos
Ref.: Tortosa, 1989.

Colletia intricata Miers = **Colletia spinossisima** J.F. Gmel.
Ref.: Tortosa, 1989.

Colletia longispina Hook. & Arn. = **Discaria americana** Gillies & Hook.
Ref.: Tortosa, 1983a.

Colletia longispina Hook. & Arn. var. *foliosa* Hook. & Arn. = **Discaria americana** Gillies & Hook.
Ref.: Tortosa, 1983a.

Colletia montana Phil. = **Discaria chacaye** (G. Don) Tortosa
Ref.: Tortosa, 1983b, 1995.

Colletia nana Clos = **Discaria nana** (Clos) Benth. & Hook. ex Weberb.

Colletia nivalis Phil. = **Discaria chacaye** (G. Don) Tortosa
Ref.: Tortosa, 1983b.

Colletia paradoxa (Spreng.) Escal.
Sin.: *Colletia cruciata* Gillies & Hook., *Condalia paradoxa* Spreng.
Ref.: Tortosa, 1989, 1995.
Hábito: Arbusto.
Status: Nativa.
Elevación: 0-500 m.
Prov.: BA.
Paises limítrofes: BR, UR.
Ejemplar examinado: *Burkart 8890* (SI).

Colletia pungens Miers = **Colletia hystrix** Clos
Ref.: Tortosa, 1989.

Colletia serratifolia auct. non Vent. = **Discaria chacaye** (G. Don) Tortosa
Ref.: Tortosa, 1995.

Colletia serratifolia Vent. var. *foliosa* Hook. & Arn. = **Discaria chacaye** (G. Don) Tortosa
Ref.: Tortosa, 1983b, 1995.

Colletia spinosa Lam. = **Colletia spinossisima** J.F. Gmel.
Ref.: Tortosa, 1989, 1995.

Colletia spinosa Lam. var. *armata* (Miers) Reiche = **Colletia hystrix** Clos
Ref.: Tortosa, 1989.

Colletia spinosa Lam. var. *assimilis* (N.E. Br.) Suess. = **Colletia spinossisima** J.F. Gmel.
Ref.: Tortosa, 1989.

Colletia spinosa Lam. var. *valdiviana* (Phil.) Reiche = **Colletia hystrix** Clos
Ref.: Tortosa, 1989.

Colletia spinosissima J.F. Gmel. var. *valdiviana* (Phil.) Escal. = **Colletia hystrix** Clos
Ref.: Tortosa, 1989.

Colletia spinossisima J.F. Gmel.
Sin.: *Colletia assimilis* N.E. Br., *Colletia atrox* Miers, *Colletia ferox* Gillies & Hook., *Colletia intricata* Miers, *Colletia spinosa* Lam., *Colletia spinosa* Lam. var. *assimilis* (N.E. Br.) Suess., *Colletia tenuicola* Miers, *Colletia weddelliana* Miers
Ref.: Tortosa, 1989, 1995.
Hábito: Arbusto.
Status: Nativa.
Elevación: 0-500 y 1500-4000 m.
Prov.: BA, CA, CO, COR, ER, JU, LR, ME, SA, SE, SJ, SL, TU.
Paises limítrofes: BO, CH, UR.
Ejemplar examinado: *León 1779* (BAA).

Colletia tenuicola Miers = **Colletia spinossisima** J.F. Gmel.
Ref.: Tortosa, 1989.

Colletia valdiviana Phil. = **Colletia hystrix** Clos
Ref.: Tortosa, 1989.

Colletia weddelliana Miers = **Colletia spinossisima** J.F. Gmel.
Ref.: Tortosa, 1989.

Colubrina Brongn.

Número de especies: 1

Colubrina retusa (Pittier) R.S. Cowan var. **latifolia** (Reissek) M.C. Johnst.
Sin.: *Colubrina vellozii* R.S. Cowan var. *paranaensis* M.C. Johnst., *Cormonema spinosum* (Vell.) Reissek var. *latifolium* Reissek, *Cormonema spinosum* auct. non (Vell.) Reissek
Ref.: Johnston, 1971; Tortosa, 1995.
Hábito: Arbusto o árbol.
Status: Nativa.
Elevación: 0-500 m.
Prov.: COR, MI.
Paises limítrofes: BR, PA.
Ejemplar examinado: *Schulz 7648* (SI).

Colubrina vellozii R.S. Cowan var. *paranaensis* M.C. Johnst. = **Colubrina retusa** (Pittier) R.S. Cowan var. **latifolia** (Reissek) M.C. Johnst.
Ref.: Johnston, 1971.

Condalia Cav.

Número de especies: 4, 3 especies endémicas.

Condalia buxifolia Reissek
Ref.: Johnston, 1962; Digilio & Legname, 1966; Escalante et al., 1971; Tortosa, 1995.
Hábito: Arbusto o arbolito.
Status: Nativa.
Elevación: 0-1000 m.
Prov.: CA, CO, JU, LR, SA, TU.
Paises limítrofes: BR, PA.
Ejemplar examinado: *Cusato 3013* (BAA).

Condalia lanceolata Ruiz & Pav. = **Coccocypselum lanceolatum** (Ruiz & Pav.) Pers.

Condalia lineata A. Gray = **Condalia microphylla** Cav.
Ref.: Johnston, 1962.

Condalia lineata A. Gray f. *erythrocarpa* Speg. = **Condalia microphylla** Cav.
Ref.: Johnston, 1962.

Condalia lineata A. Gray f. *melanocarpa* Speg. = **Condalia microphylla** Cav.
Ref.: Johnston, 1962.

Condalia lineata A. Gray f. *xanthocarpa* Speg. = **Condalia microphylla** Cav.
Ref.: Johnston, 1962.

Condalia megacarpa A. Cast.
Ref.: Tortosa & Medán, 1979; Tortosa, 1988, 1995.
Hábito: Arbusto.
Status: Endémica.
Prov.: NE.
Ejemplar examinado: *Tortosa y Medán s.n.* (BAA 14668).

Condalia microphylla Cav.
Sin.: *Condalia lineata* A. Gray, *Condalia lineata* A. Gray f. *erythrocarpa* Speg., *Condalia lineata* A. Gray f. *melanocarpa* Speg., *Condalia lineata* A. Gray f. *xanthocarpa* Speg., *Condalia microphylla* Cav. var. *lineata* (A. Gray) Chodat & Wilczek
Ref.: Johnston, 1962; Escalante et al., 1971; Tortosa, 1995.
Hábito: Arbusto.
Status: Endémica.
Elevación: 0-2000 m.
Prov.: BA, CA, CHU, CO, JU, LP, LR, ME, RN, SA, SE, SJ, SL, TU.
Ejemplar examinado: *Correa 2464* (BAB).

Condalia microphylla Cav. var. *lineata* (A. Gray) Chodat & Wilczek = **Condalia microphylla** Cav.

Condalia montana A. Cast.
Ref.: Johnston, 1962; Escalante et al., 1971; Tortosa, 1995.
Hábito: Arbusto.
Status: Endémica.
Elevación: 500-1500 m.
Prov.: CA, CO, LR.
Ejemplar examinado: *Hunziker 11096* (CORD).

Condalia paradoxa Spreng. = **Colletia paradoxa** (Spreng.) Escal.
Ref.: Tortosa, 1995.

Cormonema spinosum (Vell.) Reissek var. *latifolium* Reissek = **Colubrina retusa** (Pittier) R.S. Cowan var. **latifolia** (Reissek) M.C. Johnst.
Ref.: Johnston, 1971.

Cormonema spinosum auct. non (Vell.) Reissek = **Colubrina retusa** (Pittier) R.S. Cowan var. **latifolia** (Reissek) M.C. Johnst.

Crumenaria Mart.

Número de especies: 1

Crumenaria lilloi Suess. = **Crumenaria polygaloides** Reissek
Ref.: Tortosa, 1995.

Crumenaria polygaloides Reissek
Sin.: *Crumenaria lilloi* Suess., *Crumenaria polygaloides* Reissek var. *aurea* Chodat & Hassl., *Crumenaria polygaloides* Reissek var. *foliosa* Chodat & Hassl.
Ref.: Escalante, 1946; Tortosa, 1995.
Hábito: Hierba.
Status: Nativa.
Elevación: 0-500 m.
Prov.: COR, MI.
Paises limítrofes: BR.
Ejemplar examinado: *Rodríguez s.n.* (holotipo de *C. lilloi*, LIL 6695).

Crumenaria polygaloides Reissek var. *aurea* Chodat & Hassl. = **Crumenaria polygaloides** Reissek
Ref.: Tortosa, 1995.

Crumenaria polygaloides Reissek var. *foliosa* Chodat & Hassl. = **Crumenaria polygaloides** Reissek
Ref.: Tortosa, 1995.

Discaria Hook.

Número de especies: 5

Discaria americana Gillies & Hook.
Sin.: *Colletia longispina* Hook. & Arn., *Colletia longispina* Hook. & Arn. var. *foliosa* Hook. & Arn., *Discaria exilis* (Miers) Herter, *Discaria febrifuga* Mart., *Discaria gracilenta* (Miers) Herter, *Discaria longispina* (Hook. & Arn.) Miers, *Discaria longispina* (Hook. & Arn.) Miers var. *foliosa* Griseb., *Discaria lycioides* Mart., *Discaria lycioides* Mart. var. *exilis* Miers, *Discaria spiculata* Miers, *Discaria spiculata* Miers var. *gracilenta* Miers
Ref.: Tortosa, 1983a, 1995.
Hábito: Arbusto.
Status: Nativa.
Elevación: 0-1500 m.
Prov.: BA, CHU, CO, COR, ER, LP, ME, RN, SF, SL.
Paises limítrofes: BR, UR.
Ejemplar examinado: *Parodi 13062* (BAA).

[Discaria andina (Miers) Reiche]
Sin.: *Notophaena andina* Miers
Nota: Especie excluida de la flora argentina.

Discaria articulata (Phil.) Kuntze, comb. superfl. = **Discaria articulata** (Phil.) Miers
Ref.: Tortosa, 1983a, 1995.

Discaria articulata (Phil.) Miers
Sin.: *Colletia articulata* Phil., *Discaria articulata* (Phil.) Kuntze, comb. superfl., *Retanilla articulata* (Phil.) Miers
Ref.: Tortosa, 1983a, 1995.
Hábito: Arbusto.
Status: Nativa.
Prov.: CHU, NE, RN.
Paises limítrofes: CH.
Ejemplar examinado: *Correa et al. 4182* (BAA, BAB).

Discaria chacaye (G. Don) Tortosa
Sin.: *Colletia chacaye* G. Don, *Colletia crenata* Clos, *Colletia discolor* Hook., *Colletia dumosa* Phil., hom. illeg., *Colletia montana* Phil., *Colletia nivalis* Phil., *Colletia serratifolia* auct. non Vent., *Colletia serratifolia* Vent. var. *foliosa* Hook. & Arn., *Discaria cognata* (Miers) Reiche, *Discaria cognata* (Miers) Speg., comb. illeg., *Discaria crenata* (Clos) Regel, *Discaria crenata* (Clos) Regel var. *discolor* (Hook.) Suess., *Discaria crenata* (Clos) Regel var. *dumosa* (Phil.) Suess., *Discaria crenata* (Clos) Regel var. *integrifolia* (Speg.) Suess., *Discaria crenata* (Clos) Regel var. *magellanica* (Miers) Suess., *Discaria crenata* (Clos) Regel var. *montana* (Phil.) Suess., *Discaria discolor* (Hook.) Weberb., *Discaria discolor* (Hook.) Speg., comb. illeg., *Discaria dumosa* (Phil.) Reiche, *Discaria foliosa* (Hook. & Arn.) Reiche, *Discaria foliosa* (Hook. & Arn.) Speg., comb. illeg., *Discaria integrifolia* Speg., *Discaria magellanica* (Miers) Reiche, *Discaria montana* (Phil.) Reiche, *Discaria serratifolia* (Vent.) Mart. var. *discolor* (Hook.) Escal., *Discaria serratifolia* (Vent.) Mart. var. *inermis* Escal., *Notophaena cognata* Miers, *Notophaena discolor* (Hook.) Miers, *Notophaena foliosa* (Hook. & Arn.) Miers, *Notophaena magellanica* Miers
Ref.: Tortosa, 1983a, b, 1995.
Hábito: Arbusto o árbol.
Status: Nativa.
Elevación: 0-2000 m.
Prov.: CHU, NE, RN, SC, TF.
Paises limítrofes: CH.
Ejemplar examinado: *Tortosa y Medán 116* (BAA).

Discaria cognata (Miers) Reiche = **Discaria chacaye** (G. Don) Tortosa
Ref.: Tortosa, 1983a, 1995.

Discaria cognata (Miers) Speg., comb. illeg. = **Discaria chacaye** (G. Don) Tortosa
Ref.: Tortosa, 1983a.

Discaria crenata (Clos) Regel = **Discaria chacaye** (G. Don) Tortosa

Discaria crenata (Clos) Regel var. *discolor* (Hook.) Suess. = **Discaria chacaye** (G. Don) Tortosa
Ref.: Tortosa, 1983a.

Discaria crenata (Clos) Regel var. *dumosa* (Phil.) Suess. = **Discaria chacaye** (G. Don) Tortosa
Ref.: Tortosa, 1983a.

Discaria crenata (Clos) Regel var. *integrifolia* (Speg.) Suess. = **Discaria chacaye** (G. Don) Tortosa
Ref.: Tortosa, 1983a.

Discaria crenata (Clos) Regel var. *magellanica* (Miers) Suess. = **Discaria chacaye** (G. Don) Tortosa
Ref.: Tortosa, 1983a.

Discaria crenata (Clos) Regel var. *montana* (Phil.) Suess. = **Discaria chacaye** (G. Don) Tortosa
Ref.: Tortosa, 1983a.

Discaria discolor (Hook.) Weberb. = **Discaria chacaye** (G. Don) Tortosa
Ref.: Tortosa, 1983a.

Discaria discolor (Hook.) Speg., comb. illeg. = **Discaria chacaye** (G. Don) Tortosa
Ref.: Tortosa, 1983a.

Discaria doniana (Clos) Weberb. = **Discaria trinervis** (Hook. & Arn.) Reiche
Ref.: Tortosa, 1983a, 1995.

Discaria dumosa (Phil.) Reiche = **Discaria chacaye** (G. Don) Tortosa
Ref.: Tortosa, 1983a.

Discaria exilis (Miers) Herter = **Discaria americana** Gillies & Hook.
Ref.: Tortosa, 1983a.

Discaria febrifuga Mart. = **Discaria americana** Gillies & Hook.
Ref.: Tortosa, 1983a.

Discaria foliosa (Hook. & Arn.) Reiche = **Discaria chacaye** (G. Don) Tortosa
Ref.: Tortosa, 1983a.

Discaria foliosa (Hook. & Arn.) Speg., comb. illeg. = **Discaria chacaye** (G. Don) Tortosa
Ref.: Tortosa, 1983a.

Discaria gracilenta (Miers) Herter = **Discaria americana** Gillies & Hook.
Ref.: Tortosa, 1983a.

Discaria integrifolia Speg. = **Discaria chacaye** (G. Don) Tortosa
Ref.: Tortosa, 1983b.

Discaria longispina (Hook. & Arn.) Miers = **Discaria americana** Gillies & Hook.
Ref.: Tortosa, 1983a.

Discaria longispina (Hook. & Arn.) Miers var. *foliosa* Griseb. = **Discaria americana** Gillies & Hook.
Ref.: Tortosa, 1983a.

Discaria lycioides Mart. = **Discaria americana** Gillies & Hook.
Ref.: Tortosa, 1983a.

Discaria lycioides Mart. var. *exilis* Miers = **Discaria americana** Gillies & Hook.
Ref.: Tortosa, 1983a.

Discaria magellanica (Miers) Reiche = **Discaria chacaye** (G. Don) Tortosa
Ref.: Tortosa, 1983a.

Discaria montana (Phil.) Reiche = **Discaria chacaye** (G. Don) Tortosa
Ref.: Tortosa, 1983a.

Discaria nana (Clos) Benth. & Hook. ex Weberb.
Sin.: *Colletia nana* Clos, *Discaria nana* (Clos) Benth. & Hook. ex Weberb. var. *inermis* Kuntze, *Discaria nana* (Clos) Benth. & Hook. ex Weberb. var. *prostrata* (Miers) Hicken, *Discaria nana* (Clos) Benth. & Hook. ex Weberb. var. *spinosa* Kuntze, *Discaria prostrata* (Miers) Reiche, *Ochetophila parvifolia* Miers, *Ochetophila prostrata* Miers
Ref.: Tortosa, 1983a, 1995.
Hábito: Arbusto.
Status: Nativa.
Elevación: 2000-3000 m.
Prov.: CHU, ME, RN, SC, SJ.
Paises limítrofes: CH.
Ejemplar examinado: *Rossow et al. 1334* (BAA, BAB).

Discaria nana (Clos) Benth. & Hook. ex Weberb. var. *inermis* Kuntze = **Discaria nana** (Clos) Benth. & Hook. ex Weberb.

Discaria nana (Clos) Benth. & Hook. ex Weberb. var. *prostrata* (Miers) Hicken = **Discaria nana** (Clos) Benth. & Hook. ex Weberb.

Discaria nana (Clos) Benth. & Hook. ex Weberb. var. *spinosa* Kuntze = **Discaria nana** (Clos) Benth. & Hook. ex Weberb.

Discaria prostrata (Miers) Reiche = **Discaria nana** (Clos) Benth. & Hook. ex Weberb.

Discaria serratifolia (Vent.) Mart. var. *discolor* (Hook.) Escal. = **Discaria chacaye** (G. Don) Tortosa
Ref.: Tortosa, 1983b.

Discaria serratifolia (Vent.) Mart. var. *inermis* Escal. = **Discaria chacaye** (G. Don) Tortosa
Ref.: Tortosa, 1983b.

Discaria spiculata Miers = **Discaria americana** Gillies & Hook.
Ref.: Tortosa, 1983a.

Discaria spiculata Miers var. *gracilenta* Miers = **Discaria americana** Gillies & Hook.
Ref.: Tortosa, 1983a.

Discaria trinervis (Gillies ex Hook. & Arn.) Reiche
Sin.: *Chacaya trinervis* (Hook. & Arn.) Escal., *Colletia doniana* Clos, *Discaria doniana* (Clos) Weberb., *Ochetophila hookeriana* Reissek ex Clos, *Ochetophila trinervis* (Gillies ex Hook. & Arn.) Poepp. ex Miers, *Rhamnus linearis* Clos, *Sageretia trinervis* Gillies ex Hook. & Arn.
Ref.: Tortosa, 1983a, 1995.
Hábito: Arbusto o árbol.
Status: Nativa.
Elevación: 500-2500 m.
Prov.: CHU, ME, NE, RN, SC, SJ.
Paises limítrofes: CH.
Ejemplar examinado: *Boelcke et al. 13636* (BAA, BAB, SI).

Discaria weddelliana (Miers) Escal. = **Kentrothamnus weddellianus** (Miers) M.C. Johnst.
Ref.: Johnston, 1973.

Frangula polymorpha Reissek var. *pubescens* Reissek = **Rhamnus sphaerosperma** Sw. var. **pubescens** (Reissek) M.C. Johnst.
Ref.: Johnston & Johnston, 1967.

Gouania Jacq.

Número de especies: 4

[Gouania domingensis L.]
Ref.: Suessenguth, 1953.
Nota: Especie excluida de la flora argentina.

Gouania latifolia Reissek
Ref.: Escalante, 1946; Tortosa, 1995.
Hábito: Liana o epífita.
Status: Nativa.
Elevación: 0-500 m.
Prov.: COR, MI.
Paises limítrofes: BR, PA.
Ejemplar examinado: *Boelcke 14511* (BAA).

Gouania lehmanii Hieron. = **Sageretia lehmanii** (Hieron.) Radlk.
Ref.: Tortosa, 1995.

[Gouania mollis Reissek]
Ref.: Suessenguth, 1953.
Nota: Especie excluida de la flora argentina.

Gouania polygama (Jacq.) Urb.
Sin.: *Gouania tomentosa* Jacq., *Rhamnus polygamus* Jacq.
Ref.: Tortosa, 1995.
Hábito: Liana o epífita.
Status: Nativa.
Elevación: 0-1000 m.
Prov.: JU, SA, TU.
Paises limítrofes: PA.
Ejemplar examinado: *Schreiter 11453* (LIL).

Gouania tomentosa Jacq. = **Gouania polygama** (Jacq.) Urb.
Ref.: Tortosa, 1995.

Gouania ulmifolia Hook. & Arn.
Ref.: Fabris, 1966g; Tortosa, 1995.
Hábito: Liana o epífita.
Status: Nativa.
Elevación: 0-500 m.
Prov.: COR, ER, MI.
Paises limítrofes: BR, PA, UR.
Ejemplar examinado: *Partridge s.n.* (BA 61665).

Gouania virgata Reissek
Ref.: Escalante, 1946; Tortosa, 1995.
Hábito: Liana o epífita.
Status: Nativa.
Elevación: 0-500 m.
Prov.: MI.
Paises limítrofes: BR, PA.
Ejemplar examinado: *Nicora 8013* (BAA, BAB, CTES).

Hovenia Thunb.
Número de especies: 1

Hovenia dulcis Thunb.
Ref.: Dimitri, 1974a; Tortosa, 1995.
Hábito: Árbol.
Status: Adventicia.
Elevación: 0-500 m.
Prov.: MI.
Paises limítrofes: BR, PA.
Ejemplar examinado: *Medán et al. s.n.* (BAA 16894).

Kentrothamnus Suess. & Overkott
Número de especies: 1

Kentrothamnus foliosus (Rusby) Suess. = **Kentrothamnus weddellianus** (Miers) M.C. Johnst.
Ref.: Johnston, 1973.

Kentrothamnus weddellianus (Miers) M.C. Johnst.
Sin.: *Colletia foliosa* Rusby, *Colletia foliosa* Rusby var. *microphylla* Kuntze, *Discaria weddelliana* (Miers) Escal., *Kentrothamnus foliosus* (Rusby) Suess., *Trevoa weddelliana* Miers
Ref.: Johnston, 1973; Tortosa, 1995.
Hábito: Arbusto.
Status: Nativa.
Elevación: 2500-4000 m.
Prov.: JU.
Paises limítrofes: BO.
Ejemplar examinado: *Ruthsatz 265* (BAA).

Notophaena andina Miers = [Discaria andina (Miers) Reiche]

Notophaena cognata Miers = **Discaria chacaye** (G. Don) Tortosa
Ref.: Tortosa, 1983a.

Notophaena discolor (Hook.) Miers = **Discaria chacaye** (G. Don) Tortosa
Ref.: Tortosa, 1983a.

Notophaena foliosa (Hook. & Arn.) Miers = **Discaria chacaye** (G. Don) Tortosa
Ref.: Tortosa, 1983a.

Notophaena magellanica Miers = **Discaria chacaye** (G. Don) Tortosa
Ref.: Tortosa, 1983b, 1995.

Ochetophila hookeriana Reissek ex Clos = **Discaria trinervis** (Gillies ex Hook. & Arn.) Reiche
Ref.: Tortosa, 1983a, 1995.

Ochetophila parvifolia Miers = **Discaria nana** (Clos) Benth. & Hook. ex Weberb.

Ochetophila prostrata Miers = **Discaria nana** (Clos) Benth. & Hook. ex Weberb.

Ochetophila trinervis (Gillies ex Hook. & Arn.) Poepp. ex Miers = **Discaria trinervis** (Gillies ex Hook. & Arn.) Reiche
Ref.: Tortosa, 1983a, 1995.

Retanilla (DC.) Brongn.
Número de especies: 1 especie endémica.

Retanilla articulata (Phil.) Miers = **Discaria articulata** (Phil.) Miers
Ref.: Tortosa, 1983a, 1995.

Retanilla patagonica (Speg.) Tortosa
Sin.: *Trevoa patagonica* Speg.
Ref.: Tortosa, 1992, 1995.
Hábito: Arbusto.
Status: Endémica.
Elevación: 0-1500 m.
Prov.: CHU, ME, NE, RN.
Ejemplar examinado: *Boelcke 16606* (BAA, BAB).

Retanilla spinifer Clos = [Trevoa spinifer (Clos) Escal.]
Ref.: Tortosa & Medán, 1979.

[Rhamnidium elaeocarpum Reissek]
Ref.: Hunziker, 1984b.
Nota: Cita dudosa para la flora argentina.

Rhamnus L.
Número de especies: 2

Rhamnus catharticus L.
Ref.: Escalante, 1946; Burkart, 1957c; Fabris, 1966g; Tortosa, 1995.
Hábito: Arbolito.
Status: Adventicia.
Elevación: 0-500 m.

Prov.: BA, ER.
Ejemplar examinado: *Burkart 20041* (SI).

Rhamnus elegans Kunth = [Sageretia elegans (Kunth) Brongn.]

Rhamnus linearis Clos = **Discaria trinervis** (Hook. & Arn.) Reiche
Ref.: Tortosa, 1983a, 1995.

Rhamnus polygamus Jacq. = **Gouania polygama** (Jacq.) Urb.
Ref.: Tortosa, 1995.

Rhamnus polymorphus (Reissek) Weberb. = **Rhamnus sphaerosperma** Sw. var. **pubescens** (Reissek) M.C. Johnst.
Ref.: Johnston & Johnston, 1967.

Rhamnus sectipetala Mart. ex Reissek, nom. nud. = **Rhamnus sphaerosperma** Sw. var. **pubescens** (Reissek) M.C. Johnst.
Ref.: Johnston & Johnston, 1967.

Rhamnus senticosa Kunth = [Scutia spicata (Humb. & Bonpl. ex Schult.) Weberb.]
Ref.: Johnston, 1974.

Rhamnus sphaerosperma Sw. var. **pubescens** (Reissek) M.C. Johnst.
Sin.: *Frangula polymorpha* Reissek var. *pubescens* Reissek, *Rhamnus polymorphus* (Reissek) Weberb., *Rhamnus sectipetala* Mart. ex Reissek, nom. nud.
Ref.: Johnston & Johnston, 1967; Tortosa, 1995.
Hábito: Arbusto o árbol.
Status: Nativa.
Elevación: 0-1000 m.
Prov.: JU, MI, SA, TU.
Paises limítrofes: BO, BR, PA.
Ejemplar examinado: *Niederlein 1251* (BA).

Sageretia Brongn.

Número de especies: 1

[Sageretia elegans (Kunth) Brongn.]
Sin.: *Rhamnus elegans* Kunth
Ref.: Suessenguth, 1953.
Nota: Especie excluida de la flora argentina.

Sageretia lehmanii (Hieron.) Radlk.
Sin.: *Gouania lehmanii* Hieron.
Ref.: Suessenguth, 1953; Tortosa, 1995.
Hábito: Arbusto o árbol.
Status: Nativa.
Elevación: 0-500 m.
Prov.: FO.
Paises limítrofes: PA.
Ejemplar examinado: *Joergensen 3246* (BA).

Sageretia trinervis Gillies ex Hook. & Arn. = **Discaria trinervis** (Gillies ex Hook. & Arn.) Reiche
Ref.: Tortosa, 1983a, 1995.

Scutia Brongn.

Número de especies: 1

Scutia buxifolia Reissek
Sin.: *Adolia buxifolia* (Reissek) Kuntze
Ref.: Digilio & Legname, 1966; Johnston, 1974; Tortosa, 1995.
Hábito: Arbusto o árbol.
Status: Nativa.
Elevación: 0-1000 m.
Prov.: BA, CH, COR, ER, FO, JU, SA, SF, TU.
Paises limítrofes: BO, BR, PA, UR.
Ejemplar examinado: *Burkart 30943* (SI).

[Scutia spicata (Humb. & Bonpl. ex Schult.) Weberb.]
Sin.: *Rhamnus senticosa* Kunth, *Scypharia senticosa* (Kunth) Miers
Ref.: Johnston, 1974.
Nota: Especie excluida de la flora argentina.

Scypharia senticosa (Kunth) Miers = [Scutia spicata (Humb. & Bonpl. ex Schult.) Weberb.]
Ref.: Johnston, 1974.

Trevoa patagonica Speg. = **Retanilla patagonica** (Speg.) Tortosa
Ref.: Tortosa, 1995.

[Trevoa spinifer (Clos) Escal.]
Sin.: *Retanilla spinifer* Clos
Ref.: Tortosa & Medán, 1979.
Nota: Especie excluida de la flora argentina.

Trevoa weddelliana Miers = **Kentrothamnus weddellianus** (Miers) M.C. Johnst.
Ref.: Johnston, 1973.

Ziziphus Mill.

Número de especies: 2

Ziziphus guaranitica Malme = **Ziziphus joazeiro** C. Mart.
Ref.: Tortosa, 1995.

Ziziphus joazeiro C. Mart.
Sin.: *Ziziphus guaranitica* Malme
Ref.: Tortosa & Cusato, 1991; Tortosa, 1995.
Hábito: Arbusto o árbol.
Status: Nativa.
Elevación: 0-500 m.
Prov.: FO.
Paises limítrofes: BR, PA.
Ejemplar examinado: *Ragonese y Castigloni 8510* (BAB).

Ziziphus mistol Griseb.
Sin.: *Ziziphus oblongifolius* S. Moore, *Ziziphus weberbaueri* Pilg.
Ref.: Escalante, 1946; Tortosa & Cusato, 1991; Tortosa, 1995.
Hábito: Árbol.
Status: Nativa.
Elevación: 0-1000 m.
Prov.: CA, CH, CO, COR, ER, FO, JU, LR, SA, SE, SF, SJ, SL, TU.
Paises limítrofes: BO, BR, PA, UR.
Ejemplar examinado: *Legname y Cuezzo 428* (LIL).

Ziziphus oblongifolius S. Moore = **Ziziphus mistol** Griseb.
Ref.: Tortosa & Cusato, 1991, Tortosa, 1995.

[Ziziphus piurensis Pilg.]
Ref.: Escalante, 1946.
Nota: Especie excluida de la flora argentina.

Ziziphus weberbaueri Pilg. = **Ziziphus mistol** Griseb.
Ref.: Tortosa, 1995.

ROSACEAE

19 géneros, 74 especies; 11 especies y 2 variedades endémicas.

por E. M. Zardini

Acaena L.

Número de especies: 20; 3 especies endémicas.

Acaena acroglochin Bitter = **Acaena magellanica** (Lam.) Vahl
Ref.: Grondona, 1964.

Acaena acutifida Bitter = **Acaena magellanica** (Lam.) Vahl
Ref.: Walton, 1975.

Acaena adenocarpa Bitter = **Acaena splendens** Gillies ex Hook. & Arn.

Acaena adenocarpa Bitter var. *basiinermis* Bitter = **Acaena splendens** Gillies ex Hook. & Arn.

Acaena adenocarpa Bitter var. *microphylla* Bitter = **Acaena splendens** Gillies ex Hook. & Arn.

Acaena adenocarpa Bitter var. *undiquearmata* Bitter = **Acaena splendens** Gillies ex Hook. & Arn.

Acaena adscendens (Lam.) Vahl = **Acaena magellanica** (Lam.) Vahl
Ref.: Grondona, 1984.

Acaena adscendens (Lam.) Vahl var. *luxuriam* Bitter = **Acaena magellanica** (Lam.) Vahl
Ref.: Grondona, 1964.

Acaena adscendens (Lam.) Vahl var. *macrochaeta* Franch. = **Acaena magellanica** (Lam.) Vahl
Ref.: Grondona, 1964.

Acaena adscendens (Lam.) Vahl var. *semperpilosa* Bitter = **Acaena magellanica** (Lam.) Vahl
Ref.: Grondona, 1964.

Acaena adscendens (Lam.) Vahl var. *utrinqueglabrescens* Bitter = **Acaena magellanica** (Lam.) Vahl
Ref.: Grondona, 1964.

Acaena adscendens (Lam.) Vahl subsp. *georgiae-australis* Bitter = **Acaena magellanica** (Lam.) Vahl
Ref.: Walton, 1975.

Acaena adscendens (Lam.) Vahl subsp. *glabriscapa* Bitter = **Acaena magellanica** (Lam.) Vahl
Ref.: Walton, 1975.

Acaena affinis Hook. f. = **Acaena magellanica** (Lam.) Vahl
Ref.: Walton, 1975.

Acaena alboffii Macloskie = **Acaena magellanica** (Lam.) Vahl
Ref.: Grondona, 1964.

Acaena alpina Poepp. ex Walp.
Ref.: Grondona, 1964, 1984.
Hábito: Hierba.
Status: Nativa.
Elevación: 1500-2500 m.
Prov.: ME, NE.
Paises limítrofes: CH.
Ejemplar examinado: *Boelcke et al. 10951* (BAA, BAB, SI).

Acaena anserinella Bitter = **Acaena stricta** Griseb.
Ref.: Grondona, 1964.

Acaena anserinella Bitter var. *elatissima* Bitter = **Acaena stricta** Griseb.
Ref.: Grondona, 1964.

Acaena anserinella Bitter var. *stuckertii* Bitter = **Acaena stricta** Griseb.
Ref.: Grondona, 1964.

Acaena antarctica Hook. f.
Sin.: *Acaena antarctica* Hook. f. var. *argutidentata* Bitter, *Acaena antarctica* Hook. f. var. *laxiuscula* Bitter, *Acaena microcephala* Schltdl., *Acaena pearcei* (Phil.) Phil.
Ref.: Walton, 1975; Dudley, 1981, 1983; Grondona, 1984.
Hábito: Hierba.
Status: Nativa.
Elevación: 0-500 m.
Prov.: NE, RN, SC, TF.
Paises limítrofes: CH.
Ejemplar examinado: *Grondona 5730* (BAB, SI).

Acaena antarctica Hook. f. var. *argutidentata* Bitter = **Acaena antarctica** Hook. f.
Ref.: Walton, 1975.

Acaena antarctica Hook. f. var. *laxiuscula* Bitter = **Acaena antarctica** Hook. f.
Ref.: Walton, 1975.

Acaena argentea Ruiz & Pav.
Sin.: *Acaena argentea* Ruiz & Pav. var. *longifolia* Bitter
Ref.: Grondona, 1964, 1984.
Hábito: Hierba.
Status: Nativa.
Elevación: 500-1000 m.
Prov.: CHU, NE, RN.
Paises limítrofes: CH.
Ejemplar examinado: *Krapovickas 3773* (BAB).

Acaena argentea Ruiz & Pav. var. *longifolia* Bitter = **Acaena argentea** Ruiz & Pav.
Ref.: Grondona, 1964.

Acaena arthrotricha Bitter = **Acaena pinnatifida** Ruiz & Pav.
Ref.: Grondona, 1984.

Acaena brachiglochin Bitter = **Acaena magellanica** (Lam.) Vahl
Ref.: Walton, 1975.

Acaena caespitosa Gillies ex Hook. & Arn.
Sin.: *Acaena chamaegeron* Bitter, *Acaena chubutensis* Bitter, *Acaena pulvinata* Kuntze, *Acaena tomentosa* Bitter
Ref.: Grondona, 1964, 1984.
Hábito: Hierba.
Status: Nativa.
Elevación: 0-3000 m.
Prov.: CHU, ME, NE, SC.
Paises limítrofes: CH.
Ejemplar examinado: *Grondona 3910* (BAB, SI).

Acaena canescens Phil. = **Acaena magellanica** (Lam.) Vahl
Ref.: Grondona, 1964.

Acaena chamaecaena Bitter = **Acaena magellanica** (Lam.) Vahl
Ref.: Grondona, 1964.

Acaena chamaegeron Bitter = **Acaena caespitosa** Gillies ex Hook. & Arn.
Ref.: Grondona, 1964.

Acaena chubutensis Bitter = **Acaena caespitosa** Gillies ex Hook. & Arn.
Ref.: Grondona, 1984.

Acaena colchaguensis Bitter = **Acaena magellanica** (Lam.) Vahl
Ref.: Walton, 1975.

Acaena compacta Hauman = **Acaena magellanica** (Lam.) Vahl
Ref.: Grondona, 1964.

Acaena confertissima Bitter
Sin.: *Acaena confertissima* Bitter var. *breviscapa* Bitter, *Acaena confertissima* Bitter var. *intermedia* Bitter, *Acaena confertissima* Bitter var. *majuscula* Bitter
Ref.: Grondona, 1964, 1984.
Hábito: Hierba.
Status: Endémica.
Elevación: 0-500 m.
Prov.: CHU, SC.
Ejemplar examinado: *Grondona 7005* (SI).

Acaena confertissima Bitter var. *breviscapa* Bitter = **Acaena confertissima** Bitter
Ref.: Grondona, 1964, 1984.

Acaena confertissima Bitter var. *intermedia* Bitter = **Acaena confertissima** Bitter
Ref.: Grondona, 1964, 1984.

Acaena confertissima Bitter var. *majuscula* Bitter = **Acaena confertissima** Bitter
Ref.: Grondona, 1964.

Acaena cuneata Hook. & Arn. = **Acaena sericea** J. Jacq.
Ref.: Grondona, 1964.

[Acaena cylindrostachya Ruiz & Pav.]
Ref.: Grondona, 1964.
Nota: Especie excluida de la flora argentina.

Acaena elegans Gay = **Acaena ovalifolia** Ruiz & Pav.
Ref.: Grondona, 1984.

Acaena eupatoria Cham. & Schltdl.
Sin.: *Acaena montevidensis* Hook. f.
Ref.: Grondona, 1964.
Hábito: Hierba.
Status: Nativa.
Elevación: 0-500 m.
Prov.: MI.
Paises limítrofes: BR, UR.
Ejemplar examinado: *Torres 90* (LP).

Acaena floribunda Bitter = **Acaena magellanica** (Lam.) Vahl
Ref.: Grondona, 1964.

Acaena fuegina Phil. = **Acaena sericea** J. Jacq.
Ref.: Moore, 1974.

Acaena glandulifera Bitter = **Acaena magellanica** (Lam.) Vahl
Ref.: Walton, 1975.

Acaena glaucella Bitter = **Acaena magellanica** (Lam.) Vahl
Ref.: Walton, 1975.

Acaena hieronymi Kuntze = **Acaena myriophylla** Lindl.
Ref.: Cabrera, 1967b.

Acaena hieronymi Kuntze var. *elegantula* Bitter = **Acaena myriophylla** Lindl.
Ref.: Grondona, 1964; Troncoso, 1987g.

Acaena hieronymi Kuntze var. *robusta* Bitter = **Acaena myriophylla** Lindl.
Ref.: Grondona, 1964; Troncoso, 1987g.

Acaena hirsuta Phil. = **Acaena ovalifolia** Ruiz & Pav.
Ref.: Walton, 1975.

Acaena integerrima Gillies = **Acaena splendens** Gillies ex Hook. & Arn.
Ref.: Grondona, 1984.

Acaena integerrima Gillies var. *erectifolia* Bitter = **Acaena splendens** Gillies ex Hook. & Arn.
Ref.: Grondona, 1984.

Acaena krausei Phil. = **Acaena magellanica** (Lam.) Vahl
Ref.: Walton, 1975.

Acaena laevigata Aiton = **Acaena magellanica** (Lam.) Vahl
Ref.: Moore, 1974.

Acaena leptacantha Phil.
Ref.: Grondona, 1964, 1984.
Hábito: Hierba.
Status: Nativa.
Elevación: 500-1500 m.
Prov.: ME, NE, RN.
Paises limítrofes: CH.
Ejemplar examinado: *Correa et al. 5864* (BAB).

Acaena lucida (Lam.) Vahl
Sin.: *Acaena lucida* (Lam.) Vahl var. *abbreviata* Bitter, *Acaena lucida* (Lam.) Vahl var. *glabratula* Bitter, *Acaena lucida* (Lam.) Vahl var. *intermedia* Bitter, *Acaena lucida* (Lam.) Vahl var. *villosula* Bitter, *Acaena parviflora* Phil., *Ancistrum lucidum* Lam.
Ref.: Grondona, 1964, 1984; Walton, 1975.
Hábito: Hierba.
Status: Nativa.
Elevación: 0-1000 m.
Prov.: SC, TF.
Paises limítrofes: CH.
Ejemplar examinado: *Grondona 4498* (BAB, SI).

Acaena lucida (Lam.) Vahl var. *abbreviata* Bitter = **Acaena lucida** (Lam.) Vahl
Ref.: Grondona, 1964.

Acaena lucida (Lam.) Vahl var. *glabratula* Bitter = **Acaena lucida** (Lam.) Vahl
Ref.: Grondona, 1964.

Acaena lucida (Lam.) Vahl var. *intermedia* Bitter = **Acaena lucida** (Lam.) Vahl
Ref.: Grondona, 1964.

Acaena lucida (Lam.) Vahl var. *villosula* Bitter = **Acaena lucida** (Lam.) Vahl
Ref.: Grondona, 1964, 1984.

Acaena macrocephala Poepp.
Sin.: *Acaena macrocephala* Poepp. var. *caput-medusae* Bitter
Ref.: Grondona, 1964, 1984.
Hábito: Hierba.
Status: Nativa.
Elevación: 1000-2000 m.
Prov.: ME, NE, RN.
Paises limítrofes: CH.
Ejemplar examinado: *Boelcke et al. 14285* (BAA, BAB, SI).

Acaena macrocephala Poepp. var. *caput-medusae* Bitter = **Acaena macrocephala** Poepp.
Ref.: Grondona, 1964.

Acaena macropoda Bitter = **Acaena magellanica** (Lam.) Vahl
Ref.: Walton, 1975.

Acaena macrostemon Bitter subsp. *latisepala* Bitter = **Acaena magellanica** (Lam.) Vahl
Ref.: Grondona, 1964.

Acaena magellanica (Lam.) Vahl
Sin.: *Acaena acroglochin* Bitter, *Acaena acutifida* Bitter, *Acaena adscendens* (Lam.) Vahl, *Acaena adscendens* (Lam.) Vahl var. *luxuriam* Bitter, *Acaena adscendens* (Lam.) Vahl var. *macrochaeta* Franch., *Acaena adscendens* (Lam.) Vahl var. *semperpilosa* Bitter, *Acaena adscendens* (Lam.) Vahl var. *utrinqueglabrescens* Bitter, *Acaena adscendens* (Lam.) Vahl subsp. *georgiae-australis* Bitter, *Acaena adscendens* (Lam.) Vahl subsp. *glabriscapa* Bitter, *Acaena affinis* Hook. f., *Acaena alboffii* Macloskie, *Acaena brachiglochin* Bitter, *Acaena canescens* Phil., *Acaena chamaecaena* Bitter, *Acaena colchaguensis* Bitter, *Acaena compacta* Hauman, *Acaena floribunda* Bitter, *Acaena glandulifera* Bitter, *Acaena glaucella* Bitter, *Acaena krausei* Phil., *Acaena laevigata* Aiton, *Acaena macropoda* Bitter, *Acaena macrostemon* Bitter subsp. *latisepala* Bitter, *Acaena magellanica* (Lam.) Vahl var. *pubescens* Bitter, *Acaena magellanica* (Lam.) Vahl subsp. *grandiscapa* Bitter, *Acaena magellanica* (Lam.) Vahl subsp. *laevigata* (Aiton) Bitter, *Acaena magellanica* (Lam.) Vahl subsp. *subtuspilosa* Bitter, *Acaena nudicaulis* Albov, *Acaena oligodonta* Bitter, *Acaena oligomera* Skottsb., *Acaena sericascens* Bitter, *Acaena sericascens* Bitter var. *tenuibracteolata* Bitter, *Acaena subtusvillosula* Bitter, *Acaena tomentella* Bitter, *Acaena transitoria* Bitter, *Ancistrum magellanicum* Lam.
Ref.: Grondona, 1964; 1984; Walton, 1975; Kiesling, 1994e.
Hábito: Hierba.
Status: Nativa.
Elevación: 0-3500 m.
Prov.: CA, CHU, LR, ME, NE, RN, SA, SC, SJ, TF.
Paises limítrofes: CH.
Ejemplar examinado: *Kiesling 1361* (SI).

Acaena magellanica (Lam.) Vahl var. *pubescens* Bitter = **Acaena magellanica** (Lam.) Vahl
Ref.: Grondona, 1964.

Acaena magellanica (Lam.) Vahl subsp. *grandiscapa* Bitter = **Acaena magellanica** (Lam.) Vahl
Ref.: Grondona, 1964.

Acaena magellanica (Lam.) Vahl subsp. *laevigata* (Aiton) Bitter = **Acaena magellanica** (Lam.) Vahl
Ref.: Grondona, 1964.

Acaena magellanica (Lam.) Vahl subsp. *subtuspilosa* Bitter = **Acaena magellanica** (Lam.) Vahl
Ref.: Grondona, 1964.

Acaena microcephala Schltdl. = **Acaena antarctica** Hook. f.
Ref.: Walton, 1975.

Acaena montevidensis Hook. f. = **Acaena eupatoria** Cham. & Schltdl.
Ref.: Grondona, 1964.

Acaena multifida Hook. f. = **Acaena pinnatifida** Ruiz & Pav.
Ref.: Grondona, 1964.

Acaena multifida Hook. f. var. *glaberrima* Speg. = **Acaena pinnatifida** Ruiz & Pav.
Ref.: Grondona, 1964, 1984.

Acaena multifida Hook. f. subsp. *multiglomerulans* Bitter = **Acaena pinnatifida** Ruiz & Pav.
Ref.: Grondona, 1964.

Acaena myriophylla Lindl.
Sin.: *Acaena hieronymi* Kuntze, *Acaena hieronymi* Kuntze var. *elegantula* Bitter, *Acaena hieronymi* Kuntze var. *robusta* Bitter
Ref.: Grondona, 1964; Cabrera, 1967b; Kiesling, 1994e.
Hábito: Hierba.
Status: Endémica.
Elevación: 0-1000 m.
Prov.: BA, CA, CO, ER, LP, ME, RN, SL, TU.
Ejemplar examinado: *Fabris 2663* (LP).

Acaena nudicaulis Albov = **Acaena magellanica** (Lam.) Vahl
Ref.: Moore, 1974.

Acaena oligodonta Bitter = **Acaena magellanica** (Lam.) Vahl
Ref.: Grondona, 1964.

Acaena oligomera Skottsb. = **Acaena magellanica** (Lam.) Vahl
Ref.: Grondona, 1964.

Acaena ovalifolia Ruiz & Pav.
Sin.: *Acaena elegans* Gay, *Acaena hirsuta* Phil., *Acaena ovalifolia* Ruiz & Pav. var. *chubutensis* Bitter
Ref.: Grondona, 1964; Cabrera, 1967b; Walton, 1975; Novara, 1993d.
Hábito: Hierba.
Status: Nativa.
Elevación: 0-2500 m.
Prov.: BA, CA, CHU, JU, NE, RN, SA, SC, TF, TU.
Paises limítrofes: CH.
Ejemplar examinado: *Grondona 5741* (SI).

Acaena ovalifolia Ruiz & Pav. var. *chubutensis* Bitter = **Acaena ovalifolia** Ruiz & Pav.
Ref.: Grondona, 1964.

Acaena parviflora Phil. = **Acaena lucida** (Lam.) Vahl
Ref.: Walton, 1975.

Acaena pearcei (Phil.) Phil. = **Acaena antarctica** Hook. f.
Ref.: Grondona, 1984.

Acaena pinnatifida Ruiz & Pav.
Sin.: *Acaena arthrotricha* Bitter, *Acaena multifida* Hook. f., *Acaena multifida* Hook. f. var. *glaberrima* Speg., *Acaena multifida* Hook. f. subsp. *multiglomerulans* Bitter, *Acaena pinnatifida* Ruiz & Pav. var. *aconcagüensis* Bitter, *Acaena pinnatifida* Ruiz & Pav. var. *depauperata* Bitter, *Acaena pinnatifida* Ruiz & Pav. var. *glabrata* Speg., *Acaena pinnatifida* Ruiz & Pav. subsp. *pliacantha* Bitter
Ref.: Grondona, 1964, 1984; Dudley, 1983; Kiesling, 1994e.
Hábito: Hierba.
Status: Nativa.
Elevación: 0-4000 m.
Prov.: CA, CHU, CO, LP, ME, NE, RN, SC, SJ, TF.
Paises limítrofes: CH.
Ejemplar examinado: *Kiesling 1423* (SI).

Acaena pinnatifida Ruiz & Pav. var. *aconcagüensis* Bitter = **Acaena pinnatifida** Ruiz & Pav.
Ref.: Grondona, 1964.

Acaena pinnatifida Ruiz & Pav. var. *depauperata* Bitter = **Acaena pinnatifida** Ruiz & Pav.
Ref.: Grondona, 1964.

Acaena pinnatifida Ruiz & Pav. var. *glabrata* Speg. = **Acaena pinnatifida** Ruiz & Pav.
Ref.: Grondona, 1984.

Acaena pinnatifida Ruiz & Pav. subsp. *pliacantha* Bitter = **Acaena pinnatifida** Ruiz & Pav.
Ref.: Grondona, 1964.

Acaena platyacantha Speg.
Sin.: *Acaena platyacantha* Speg. var. *brachyacantha* Bitter, *Acaena platyacantha* Speg. var. *parvifolia* Speg., *Acaena platyacantha* Speg. var. *trigonacantha* Bitter, *Acaena rahuensis* Kalela
Ref.: Grondona, 1964, 1984; Kiesling, 1994e.
Hábito: Hierba.
Status: Nativa.
Elevación: 0-2000 m.
Prov.: CHU, ME, NE, RN, SC, SJ, TF.
Paises limítrofes: CH.
Ejemplar examinado: *Flores s.n.* (SI).

Acaena platyacantha Speg. var. *brachyacantha* Bitter = **Acaena platyacantha** Speg.
Ref.: Grondona, 1964.

Acaena platyacantha Speg. var. *parvifolia* Speg. = **Acaena platyacantha** Speg.
Ref.: Grondona, 1964.

Acaena platyacantha Speg. var. *trigonacantha* Bitter = **Acaena platyacantha** Speg.
Ref.: Grondona, 1984.

Acaena poeppigiana Gay
Sin.: *Acaena pseudopoeppigiana* Kalela, *Acaena skottsbergii* Bitter
Ref.: Grondona, 1964, 1984; Moore, 1974, 1983; Kiesling, 1994e.
Hábito: Hierba.
Status: Nativa.
Elevación: 0-3500 m.
Prov.: CHU, ME, NE, RN, SC, SJ, TF.
Paises limítrofes: CH.
Ejemplar examinado: *Kiesling 7463* (SI).

Acaena polycarpa Griseb. = **Acaena stricta** Griseb.
Ref.: Grondona, 1964.

Acaena polycarpa Griseb. var. *brevifilamentosa* Bitter = **Acaena stricta** Griseb.
Ref.: Grondona, 1964.

Acaena polycarpa Griseb. var. *longifilamentosa* Bitter = **Acaena stricta** Griseb.
Ref.: Grondona, 1964.

Acaena polycarpa Griseb. subsp. *lilloi* Bitter = **Acaena stricta** Griseb.
Ref.: Grondona, 1964.

Acaena pseudopoeppigiana Kalela = **Acaena poeppigiana** Gay
Ref.: Grondona, 1964.

Acaena pulvinata Kuntze = **Acaena caespitosa** Gillies ex Hook. & Arn.
Ref.: Grondona, 1964.

Acaena pumila Vahl
Sin.: *Acaena pumila* Vahl var. *acrocoma* Bitter
Ref.: Grondona, 1964, 1984; Dudley, 1981, 1983.
Hábito: Hierba.
Status: Nativa.
Elevación: 0-500 m.
Prov.: TF.
Paises limítrofes: CH.
Ejemplar examinado: *Dudley et al. 525* (BAB).

Acaena pumila Vahl var. *acrocoma* Bitter = **Acaena pumila** Vahl
Ref.: Grondona, 1984.

Acaena rahuensis Kalela = **Acaena platyacantha** Speg.
Ref.: Grondona, 1964.

Acaena sericascens Bitter = **Acaena magellanica** (Lam.) Vahl
Ref.: Grondona, 1964.

Acaena sericascens Bitter var. *tenuibracteolata* Bitter = **Acaena magellanica** (Lam.) Vahl
Ref.: Grondona, 1964.

Acaena sericea J. Jacq.
Sin.: *Acaena cuneata* Hook. & Arn., *Acaena fuegina* Phil.
Ref.: Grondona, 1964, 1984; Kiesling, 1994e.
Hábito: Hierba.
Status: Nativa.
Elevación: 0-3000 m.
Prov.: CHU, ME, SC, SJ, TF.
Paises limítrofes: CH.
Ejemplar examinado: *Castellanos s.n.* (LIL).

Acaena skottsbergii Bitter = **Acaena poeppigiana** Gay
Ref.: Grondona, 1964.

Acaena splendens Gillies ex Hook. & Arn.
Sin.: *Acaena adenocarpa* Bitter, *Acaena adenocarpa* Bitter var. *basiinermis* Bitter, *Acaena adenocarpa* Bitter var. *microphylla* Bitter, *Acaena adenocarpa* Bitter var. *undiquearmata* Bitter, *Acaena integerrima* Gillies, *Acaena integerrima* Gillies var. *erectifolia* Bitter, *Acaena splendens* Gillies ex Hook. & Arn. var. *gracilis* Bitter
Ref.: Grondona, 1964, 1984; Ruíz Leal, 1975; Kiesling, 1994e.
Hábito: Hierba.
Status: Nativa.
Elevación: 0-3000 m.
Prov.: CHU, ME, NE, RN, SC, TF.
Paises limítrofes: CH.
Ejemplar examinado: *Boelcke et al. 11020* (BAA, BAB, SI).

Acaena splendens Gillies ex Hook. & Arn. var. *gracilis* Bitter = **Acaena splendens** Gillies ex Hook. & Arn.
Ref.: Grondona, 1964.

Acaena stricta Griseb.
Sin.: *Acaena anserinella* Bitter, *Acaena anserinella* Bitter var. *elatissima* Bitter, *Acaena anserinella* Bitter var. *stuckertii* Bitter, *Acaena polycarpa* Griseb., *Acaena polycarpa* Griseb. var. *brevifilamentosa* Bitter, *Acaena polycarpa* Griseb. var. *longifilamentosa* Bitter, *Acaena polycarpa* Griseb. subsp. *lilloi* Bitter, *Acaena stricta* Griseb. var. *latifoliolata* Bitter, *Acaena stricta* Griseb. var. *valdepilosa* Bitter
Ref.: Grondona, 1964.
Hábito: Hierba.
Status: Endémica.
Elevación: 1500-2500 m.
Prov.: CA, JU, LR, SA, TU.
Ejemplar examinado: *Burkart 5309* (SI).

Acaena stricta Griseb. var. *latifoliolata* Bitter = **Acaena stricta** Griseb.
Ref.: Grondona, 1964.

Acaena stricta Griseb. var. *valdepilosa* Bitter = **Acaena stricta** Griseb.
Ref.: Grondona, 1964.

Acaena subtusvillosula Bitter = **Acaena magellanica** (Lam.) Vahl
Ref.: Grondona, 1964.

[Acaena tehuelcha Speg.]
Ref.: Grondona, 1964.
Nota: Taxón dudoso.

Acaena tenera Albov
Ref.: Moore, 1983; Grondona, 1984.
Hábito: Hierba.
Status: Nativa.
Elevación: 0-1000 m.
Prov.: TF.
Paises limítrofes: CH.
Ejemplar citado: *Goodall 714** (hb. Goodall).

Acaena tomentella Bitter = **Acaena magellanica** (Lam.) Vahl
Ref.: Grondona, 1964.

Acaena tomentosa Bitter = **Acaena caespitosa** Gillies ex Hook. & Arn.
Ref.: Grondona, 1984.

Acaena transitoria Bitter = **Acaena magellanica** (Lam.) Vahl
Ref.: Grondona, 1964.

[Acaena tufifa Ruiz & Pav.]
Ref.: Grondona, 1964.
Nota: Especie excluida de la flora argentina.

Agrimonia L.

Número de especies: 1

Agrimonia parviflora Sol.
Ref.: Zardini, 1971a; Novara, 1993d.
Hábito: Hierba.
Status: Adventicia.
Elevación: 2000-2500 m.
Prov.: JU, MI, SA, TU.
Paises limítrofes: BR.
Ejemplar examinado: *Fabris 8235* (LP).

Alchemilla L.

Número de especies: 6, 2 especies endémicas.

[Alchemilla aphanoides Mutis ex L.f. var. tripartita (Ruiz & Pav.) Perry]
Sin.: *Alchemilla tripartita* Ruiz & Pav.
Ref.: Gereau, 1993.
Nota: Variedad excluida de la flora argentina.

Alchemilla arvensis (L.) Scop. = **Aphanes arvensis** L.

Alchemilla asplenifolia Rothm.
Ref.: Rothmaler, 1935.
Hábito: Hierba.
Status: Endémica.
Prov.: LR, TU.
Ejemplar citado: *Hieronymus y Lorentz 579** (holotipo, B).

Alchemilla bipinnatifida L.M. Perry
Ref.: Perry, 1929; Zardini, 1973.
Hábito: Hierba.
Status: Nativa.
Elevación: 3500-4000 m.
Prov.: TU.
Paises limítrofes: BO.
Ejemplar citado: *Venturi 3181** (GH).

Alchemilla calchaquina Lillo = **Alchemilla pinnata** Ruiz & Pav.
Ref.: Descole et al., 1939a.

Alchemilla frigida Wedd.
Ref.: Perry, 1929; Novara, 1993d.
Hábito: Hierba.
Status: Nativa.
Elevación: 1500-4000 m.
Prov.: CO, JU, SA, TU.
Paises limítrofes: BO.
Ejemplar examinado: *Sleumer y Vervoorst 2902* (LIL).

Alchemilla grisebachiana L.M. Perry
Ref.: Perry, 1929; Zardini, 1973.
Hábito: Hierba.
Status: Endémica.
Prov.: TU.
Ejemplar citado: *Lorentz e Hieronymus 578** (tipo, US).

[Alchemilla lechleriana Griseb.]
Ref.: Perry, 1929.
Nota: Especie excluida de la flora argentina.

Alchemilla parodii I.M. Johnst. = **Aphanes parodii** (I.M. Johnst.) Rothm.
Ref.: Grondona, 1984.

Alchemilla pedicellata Rothm.
Ref.: Rothmaler, 1935.
Hábito: Hierba.
Status: Nativa.
Elevación: 3500-4000 m.
Prov.: TU.
Paises limítrofes: BO.
Ejemplar citado: *Lorentz e Hieronymus 870** (holotipo, B).

Alchemilla pinnata Ruiz & Pav.
Sin.: *Alchemilla calchaquina* Lillo, *Lachemilla pinnata* (Ruiz & Pav.) Rothm.
Ref.: Perry, 1929; Cabrera, 1957b; Novara, 1993d; Kiesling, 1994e.
Hábito: Hierba.
Status: Nativa.
Elevación: 2000-3500 m.
Prov.: CA, CO, JU, LR, SA, TU.
Paises limítrofes: BO, CH.
Ejemplar examinado: *Cabrera 7841* (LP).

Alchemilla tripartita Ruiz & Pav. = [Alchemilla aphanoides Mutis ex L.f. var. tripartita (Ruiz & Pav.) Perry]
Ref.: Gereau, 1993.

[Alchemilla vulgaris L.]
Nota: Especie excluida de la flora argentina.

Ancistrum lucidum Lam. = **Acaena lucida** (Lam.) Vahl
Ref.: Grondona, 1964, 1984.

Ancistrum magellanicum Lam. = **Acaena magellanica** (Lam.) Vahl
Ref.: Grondona, 1984.

Aphanes L.

Número de especies: 2

Aphanes arvensis L.
Sin.: *Alchemilla arvensis* (L.) Scop.
Ref.: Grondona, 1984.
Hábito: Hierba.
Status: Introducida.
Prov.: NE.
Paises limítrofes: BR, CH.
Ejemplar examinado: *Diem 1688* (SI).

Aphanes parodii (I.M. Johnst.) Rothm.
Sin.: *Alchemilla parodii* I.M. Johnst.
Ref.: Grondona, 1984.
Hábito: Hierba.
Status: Nativa.
Elevación: 0-500 m.
Prov.: BA, CHU, CO, DF, LP, SC, SF.
Paises limítrofes: BR, UR.
Ejemplar examinado: *Cabrera 7993* (LP).

Cerasus brasiliensis Cham. & Schltdl. = **Prunus brasiliensis** (Cham. & Schltdl.) D. Dietr.
Ref.: Fucks & Valente, 1981.

Cotoneaster angustifolius Franch. = **Pyracantha angustifolia** (Franch.) C.K. Schneid.

Duchesnea Sm.

Número de especies: 1

Duchesnea indica (Andrews) Focke
Sin.: *Fragaria indica* Andrews
Ref.: Cabrera, 1967b; Zardini, 1973; Troncoso, 1987g; Novara, 1993d.
Hábito: Hierba.
Status: Adventicia.
Elevación: 0-500 m.
Prov.: BA, ER, JU, SA, TU.
Paises limítrofes: BR, CH.
Ejemplar examinado: *Cabrera 437* (LP).

Empetrum pinnatum Lam. = **Margyricarpus pinnatus** (Lam.) Kuntze
Ref.: Cabrera, 1967b.

Fontenella brasiliensis A. St.-Hil. & Tul. = **Quillaja brasiliensis** (A. St.-Hil. & Tul.) Mart.
Ref.: Tressens, 1981.

Fragaria L.

Número de especies: 2

[Fragaria chilensis Ehrh.]
Nota: Especie excluida de la flora argentina.

Fragaria chilensis Ehrh. var. *tincta* Ser. = [Fragaria chiloensis (L.) Duchesne f. chiloensis]
Ref.: Grondona, 1984.

[Fragaria chiloensis (L.) Duchesne f. chiloensis]
Sin.: *Fragaria chilensis* Ehrh. var. *tincta* Ser., *Fragaria vesca* L. var. *chiloensis* L.
Nota: Forma excluida de la flora argentina.

Fragaria chiloensis (L.) Duchesne f. **patagonica** Staudt
Ref.: Staudt, 1962; Grondona, 1984.
Hábito: Hierba.
Status: Nativa.
Prov.: CHU, NE, RN.
Paises limítrofes: CH.
Ejemplar examinado: *Boelcke et al. 10916* (BAB).

Fragaria indica Andrews = **Duchesnea indica** (Andrews) Focke
Ref.: Troncoso, 1987g.

Fragaria vesca L.
Ref.: Troncoso, 1987g.
Hábito: Hierba.
Status: Adventicia.
Elevación: 0-500 m.
Prov.: ER, TU.
Paises limítrofes: BR.
Ejemplar examinado: *Burkart 5102* (SI).

Fragaria vesca L. var. *chiloensis* L. = [Fragaria chiloensis (L.) Duchesne f. chiloensis]
Ref.: Grondona, 1984.

Geum L.

Número de especies: 6, 2 especies endémicas.

Geum andicola (Phil.) Reiche
Sin.: *Sierversia andicola* Phil.
Ref.: Grondona, 1984.
Hábito: Hierba.
Status: Nativa.
Elevación: 0-2000 m.
Prov.: NE, RN.
Paises limítrofes: CH.
Ejemplar examinado: *Boelcke 1885* (BAB).

Geum boliviense Focke
Ref.: Bolle, 1933; Cabrera, 1967b; Troncoso, 1987g.
Hábito: Hierba.
Status: Nativa.
Elevación: 0-500 m.
Prov.: BA, ER, MI, SA, TU.
Paises limítrofes: BO, BR, PA, UR.
Ejemplar examinado: *Scala 137* (LP).

Geum brevicarpellatum F. Bolle
Ref.: Bolle, 1933.
Hábito: Hierba.
Status: Endémica.
Elevación: 500-1500 m.
Prov.: CO.
Ejemplar citado: *Hieronymus s.n.**.

Geum chiloense auct. non Balb. ex Ser. = **Geum magellanicum** Pers.
Ref.: Moore, 1974, 1983.

Geum involucratum Pers.
Sin.: *Geum parviflorum* Comm. ex Sm., *Oncostylus involucratus* (Pers.) F. Bolle
Ref.: Grondona, 1984.
Hábito: Hierba.
Status: Nativa.
Elevación: 0-1000 m.
Prov.: TF.
Paises limítrofes: CH.
Ejemplar examinado: *Grondona 7166* (BAB).

Geum magellanicum Pers.
Sin.: *Geum chiloense* auct. non Balb. ex Ser.
Ref.: Bolle, 1933; Moore, 1974, 1983; Grondona, 1984.
Hábito: Hierba.
Status: Nativa.
Elevación: 0-500 m.
Prov.: CHU, NE, RN, SC, TF.
Paises limítrofes: CH.
Ejemplar examinado: *Correa et al. 2984* (BAB).

Geum parviflorum Comm. ex Sm. = **Geum involucratum** Pers.
Ref.: Grondona, 1984.

Geum riojense F. Bolle
Ref.: Bolle, 1933.
Hábito: Hierba.
Status: Endémica.
Prov.: LR.
Ejemplar citado: *Hieronymus y Niederlein s.n.** (holotipo, B).

Kageneckia Ruiz & Pav.
Número de especies: 1

Kageneckia lanceolata Ruiz & Pav.
Ref.: Zardini, 1973; Novara, 1993d.
Hábito: Arbusto o árbol.
Status: Nativa.
Elevación: 1000-2000 m.
Prov.: CO, JU, SA, SE, SL, TU.
Paises limítrofes: BO.
Ejemplar examinado: *Burkart 13091* (LIL, SI).

[Kageneckia oblonga Ruiz & Pav.]
Ref.: Especie excluida de la flora argentina.

Lachemilla pinnata (Ruiz & Pav.) Rothm. = **Alchemilla pinnata** Ruiz & Pav.

Malus Mill.
Número de especies: 2

Malus domestica Borkh.
Sin.: *Pyrus malus* L.
Ref.: Grondona, 1984.
Hábito: Arbusto.
Status: Adventicia.
Prov.: NE.
Paises limítrofes: BR.
Ejemplar examinado: *Crespo et al. 2440* (BAB).

Malus sylvestris Mill.
Ref.: Montani, 1969b.
Hábito: Árbol.
Status: Adventicia.
Elevación: 1000-1500 m.
Prov.: NE.
Paises limítrofes: CH.
Ejemplar examinado: *Schajovskoi s.n.* (BAJ 7808).

Margyricarpus Ruiz & Pav.
Número de especies: 1

Margyricarpus acanthocarpus Speg. = **Tetraglochin acanthocarpum** (Speg.) Speg.
Ref.: Grondona, 1984.

Margyricarpus alatus Gillies ex Hook. & Arn. = **Tetraglochin alatum** (Gillies ex Hook. & Arn.) Kuntze var. **alatum**
Ref.: Rothmaler, 1939.

Margyricarpus ameghinoi Speg. = **Tetraglochin ameghinoi** (Speg.) Speg.
Ref.: Rothmaler, 1939.

Margyricarpus caespitosum (Phil.) I.M. Johnst. = **Tetraglochin caespitosum** Phil.
Ref.: Grondona, 1984.

Margyricarpus cristatus Britton = **Tetraglochin cristatum** (Britton) Rothm.
Ref.: Rothmaler, 1939.

Margyricarpus inermis I.M. Johnst. = **Tetraglochin inerme** (I.M. Johnst.) Rothm.
Ref.: Rothmaler, 1939.

Margyricarpus microphyllum Niederl., hom. illeg. = **Tetraglochin caespitosum** Phil.
Ref.: Grondona, 1984.

Margyricarpus niederleinii Speg. = **Tetraglochin caespitosum** Phil.
Ref.: Grondona, 1984.

[Margyricarpus patagonicus Speg.]
Sin.: *Margyricarpus setosus* Ruiz & Pav. var. *patagonica* Speg.
Nota: Taxón dudoso.

Margyricarpus paucijugatus I.M. Johnst. = **Tetraglochin paucijugatum** (I.M. Johnst.) Rothm.
Ref.: Rothmaler, 1939.

Margyricarpus pinnatus (Lam.) Kuntze
Sin.: *Empetrum pinnatum* Lam., *Margyricarpus setosus* Ruiz & Pav.
Ref.: Cabrera, 1967b; Grondona, 1984; Troncoso, 1987g; Novara, 1993d.
Hábito: Arbusto o subarbusto.
Status: Nativa.
Elevación: 0-3000 m.
Prov.: BA, CHU, CO, ER, LP, ME, RN, SA, SC, TU.
Paises limítrofes: BR, CH, UR.
Ejemplar examinado: *Cabrera 5553* (LP).

Margyricarpus setosus Ruiz & Pav. = **Margyricarpus pinnatus** (Lam.) Kuntze
Ref.: Cabrera, 1967b.

Margyricarpus setosus Ruiz & Pav. var. *patagonica* Speg. = [Margyricarpus patagonicus Speg.]

Oncostylus involucratus (Pers.) F. Bolle = **Geum involucratum** Pers.
Ref.: Grondona, 1984.

Polylepis Ruiz & Pav.
Número de especies: 3, 1 especie endémica.

Polylepis australis Bitter
Sin.: *Polylepis australis* Bitter var. *crenulata* Bitter, *Polylepis australis* Bitter var. *fuscotomentella* (Kuntze) Bitter, *Polylepis australis* Bitter var. *glabra* (Kuntze) Bitter, *Polylepis australis* Bitter var. *glabrescens* (Kuntze) Bitter, *Polylepis australis* Bitter var. *latifoliolata* Bitter, *Polylepis australis* Bitter var. *oblanceolata* Bitter, nom. illeg., *Polylepis australis* Bitter var. *subcalva* Bitter, p.p., *Polylepis australis* Bitter var. *tucumanica* Bitter, *Polylepis racemosa* Ruiz & Pav. var. *fuscotomentella* Kuntze, *Polylepis racemosa* Ruiz & Pav. var. *glabra* Kuntze, *Polylepis racemosa* Ruiz & Pav. var. *glabrescens* Kuntze, *Polylepis racemosa* Ruiz & Pav. var. *pubescens* Kuntze, *Polylepis racemosa* Ruiz & Pav. var. *pubinervia* Kuntze, *Polylepis racemosa* Ruiz & Pav. var. *subresinosa* Kuntze
Ref.: Digilio & Legname, 1966; Simpson, 1979; Novara, 1993d.
Hábito: Árbol.
Status: Endémica.
Elevación: 1000-3000 m.

Prov.: CA, CO, JU, SA, SL, TU.
Ejemplar examinado: *Meyer 4876* (LIL).

Polylepis australis Bitter var. *bijuga* Bitter, nom. illeg. = **Polylepis hieronymi** Pilg.
Ref.: Simpson, 1979.

Polylepis australis Bitter var. *crenulata* Bitter = **Polylepis australis** Bitter
Ref.: Simpson, 1979.

Polylepis australis Bitter var. *fuscotomentella* (Kuntze) Bitter = **Polylepis australis** Bitter
Ref.: Simpson, 1979.

Polylepis australis Bitter var. *glabra* (Kuntze) Bitter = **Polylepis australis** Bitter
Ref.: Simpson, 1979.

Polylepis australis Bitter var. *glabrescens* (Kuntze) Bitter = **Polylepis australis** Bitter
Ref.: Simpson, 1979.

Polylepis australis Bitter var. *latifoliolata* Bitter = **Polylepis australis** Bitter
Ref.: Simpson, 1979.

Polylepis australis Bitter var. *oblanceolata* Bitter, nom. illeg. = **Polylepis australis** Bitter
Ref.: Simpson, 1979.

Polylepis australis Bitter var. *subcalva* Bitter, p.p. = **Polylepis australis** Bitter
Ref.: Simpson, 1979.

Polylepis australis Bitter var. *tucumanica* Bitter = **Polylepis australis** Bitter
Ref.: Simpson, 1979.

Polylepis hieronymi Pilg.
Sin.: *Polylepis australis* Bitter var. *bijuga* Bitter, nom. illeg., *Polylepis hieronymi* Pilg. var. *saltensis* Bitter, *Polylepis hypoleuca* (Wedd.) Bitter, *Polylepis racemosa* Ruiz & Pav. var. *albotomentella* Kuntze, *Polylepis racemosa* Ruiz & Pav. var. *hypoleuca* Wedd.
Ref.: Simpson, 1979; Novara, 1993d; Kessler, 1995.
Hábito: Arbusto o árbol.
Status: Nativa.
Elevación: 1000-3000 m.
Prov.: JU, SA, TU.
Paises limítrofes: BO.
Ejemplar examinado: *Castillón 388* (LIL).

Polylepis hieronymi Pilg. var. *saltensis* Bitter = **Polylepis hieronymi** Pilg.
Ref.: Kessler, 1995.

Polylepis hypoleuca (Wedd.) Bitter = **Polylepis hieronymi** Pilg.
Ref.: Kessler, 1995.

[Polylepis racemosa Ruiz & Pav.]
Sin.: *Polylepis villosa* Kunth
Ref.: Simpson, 1979.
Nota: Especie excluida de la flora argentina.

Polylepis racemosa Ruiz & Pav. var. *albotomentella* Kuntze = **Polylepis hieronymi** Pilg.
Ref.: Simpson, 1979.

Polylepis racemosa Ruiz & Pav. var. *fuscotomentella* Kuntze = **Polylepis australis** Bitter
Ref.: Simpson, 1979.

Polylepis racemosa Ruiz & Pav. var. *glabra* Kuntze = **Polylepis australis** Bitter
Ref.: Simpson, 1979.

Polylepis racemosa Ruiz & Pav. var. *glabrescens* Kuntze = **Polylepis australis** Bitter
Ref.: Simpson, 1979.

Polylepis racemosa Ruiz & Pav. var. *hypoleuca* Wedd. = **Polylepis hieronymi** Pilg.
Ref.: Simpson, 1979.

Polylepis racemosa Ruiz & Pav. var. *pubescens* Kuntze = **Polylepis australis** Bitter
Ref.: Simpson, 1979.

Polylepis racemosa Ruiz & Pav. var. *pubinervia* Kuntze = **Polylepis australis** Bitter
Ref.: Simpson, 1979.

Polylepis racemosa Ruiz & Pav. var. *subresinosa* Kuntze = **Polylepis australis** Bitter
Ref.: Simpson, 1979.

Polylepis tomentella Wedd.
Sin.: *Polylepis tomentella* Wedd. subsp. *pentaphylla* Bitter, *Polylepis tomentella* Wedd. subsp. *tetragona* Bitter
Ref.: Simpson, 1979; Kessler, 1995.
Hábito: Arbusto o árbol.
Status: Nativa.
Elevación: 2500-4000 m.
Prov.: JU, SA.
Paises limítrofes: BO.
Ejemplar examinado: *Sleumer 3375* (LIL).

Polylepis tomentella Wedd. subsp. *pentaphylla* Bitter = **Polylepis tomentella** Wedd.
Ref.: Simpson, 1979.

Polylepis tomentella Wedd. subsp. *tetragona* Bitter = **Polylepis tomentella** Wedd.
Ref.: Simpson, 1979.

Polylepis villosa Kunth = [Polylepis racemosa Ruiz & Pav.]
Ref.: Simpson, 1979.

Potentilla L.

Número de especies: 2, 1 especie endémica.

Potentilla anserina L.
Ref.: Grondona, 1984.
Hábito: Hierba.
Status: Adventicia.
Prov.: CHU, NE, RN, SC.
Paises limítrofes: CH.
Ejemplar examinado: *Boelcke et al., 12297* (BAA, BAB, SI).

[Potentilla norvegica L.]
Ref.: Castagnaro et al., 1998.
Nota: Especie excluida de la flora argentina.

Poterium sanguisorba L. = **Sanguisorba minor** Scop.
Ref.: Covas, 1984d.

Potentilla tucumanensis A. Castagnaro & M. Arias
Ref.: Castagnaro et al., 1998.
Hábito: Hierba.
Status: Endémica.
Elevación: 300-3000 m.
Prov.: CA, CO, SA, SL, TU.
Ejemplar examinado: *Kirschbaum 11* (holotipo, LIL).

Prunus L.

Número de especies: 5, 1 variedad endémica.

[Prunus argentinensis Speg.]
Nota: Taxón dudoso.

Prunus brasiliensis (Cham. & Schltdl.) D. Dietr.
Sin.: *Cerasus brasiliensis* Cham. & Schltdl., *Prunus sphaerocarpa* Hook. f.
Ref.: Koehne, 1915; Molfino, 1923b; Fucks & Valente, 1981.
Hábito: Arbusto o árbol.
Status: Nativa.
Elevación: 0-500 m.
Prov.: MI.
Paises limítrofes: BR, PA.
Ejemplar examinado: *Zuloaga et al. 5435* (SI).

Prunus chamissoana Koehne
Ref.: Koehne, 1915; Fucks & Valente, 1981.
Hábito: Árbol.
Status: Nativa.
Elevación: 0-500 m.
Prov.: MI.
Paises limítrofes: BR.
Ejemplar examinado: *Lillo 10377* (LIL).

Prunus mahaleb L.
Ref.: Fabris, 1967a.
Hábito: Arbusto.
Status: Introducida.
Elevación: 500-1000 m.
Prov.: BA.
Ejemplar examinado: *Fabris y Pérez Moreau 6703* (LP).

[Prunus oleifolia Koehne]
Nota: Cita dudosa para la flora argentina.

Prunus persica (L.) Batsch var. **aposarca** Burkart
Ref.: Burkart, 1972.
Hábito: Árbol.
Status: Endémica.
Elevación: 1000-1500 m.
Prov.: CO, JU, TU.
Ejemplar examinado: *Burkart 20440* (holotipo, SI).

Prunus persica (L.) Batsch var. **persica**
Ref.: Novara, 1993d.
Hábito: Arbusto o árbol.
Status: Adventicia.
Elevación: 1000-2000 m.
Prov.: JU, SA, TU.
Ejemplar examinado: *Novara 10574* (MCNS).

Prunus sphaerocarpa Hook. f. = **Prunus brasiliensis** (Cham. & Schltdl.) D. Dietr.
Ref.: Fucks & Valente, 1981.

Prunus sphaerocarpa Hook. f. f. *subcoriacea* Chodat & Hassl. = [Prunus subcoriacea (Chodat & Hassl.) Koehne]

[Prunus subcoriacea (Chodat & Hassl.) Koehne]
Sin.: *Prunus sphaerocarpa* Hook. f. f. *subcoriacea* Chodat & Hassl.
Nota: Cita dudosa para la flora argentina.

Prunus tucumanensis Lillo
Ref.: Koehne, 1915, Digilio & Legname, 1966; Martin & Huanca, 1993.
Hábito: Árbol.
Status: Nativa.
Elevación: 500-2500 m.
Prov.: CA, JU, SA, TU.
Paises limítrofes: BO.
Ejemplar examinado: *Novara 8992* (MCNS).

Pyracantha M. Roem.

Número de especies: 1

Pyracantha angustifolia (Franch.) C.K. Schneid.
Sin.: *Cotoneaster angustifolius* Franch.
Ref.: Delucchi, 1991; Novara, 1993d.
Hábito: Arbusto o arbolito.
Status: Adventicia.
Elevación: 1500-2000 m.
Prov.: CO, SA.
Ejemplar examinado: *Novara 6494* (MCNS).

Pyrus malus L. = **Malus domestica** Borkh.
Ref.: Grondona, 1984.

Quillaja Molina

Número de especies: 1

Quillaja brasiliensis (A. St.-Hil. & Tul.) Mart.
Sin.: *Fontenella brasiliensis* A. St.-Hil. & Tul.
Ref.: Zardini, 1973; Tressens, 1981.
Hábito: Árbol.
Status: Nativa.
Elevación: 0-500 m.
Prov.: COR, MI.
Paises limítrofes: BR.
Ejemplar examinado: *Tressens 1167* (CTES).

[Quillaja saponaria Molina]
Nota: Cita dudosa para la flora argentina.

Rosa L.

Número de especies: 3

Rosa eglanteria L., nom. inval. = **Rosa rubiginosa** L.
Ref.: Grondona, 1984.

Rosa micrantha Sm.
Ref.: Mc Vaugh, 1940; Pichi Sermolli & Bizzarri, 1978.
Hábito: Arbusto.

Status: Introducida.
Prov.: RN, TF.
Ejemplar examinado: *Cabrera y Job 119* (LP).

Rosa rubiginosa L.
Sin.: *Rosa eglanteria* L., nom. inval.
Ref.: Zardini, 1973; Grondona, 1984.
Hábito: Arbusto.
Status: Adventicia.
Prov.: CHU, NE, RN.
Paises limítrofes: CH.
Ejemplar examinado: *Soriano 340* (BAB).

Rosa sicula Tratt.
Ref.: Burkart, 1949d; Zardini, 1973.
Hábito: Arbusto.
Status: Adventicia.
Prov.: CHU, ME.
Ejemplar examinado: *Covas 2534* (SI).

Rubus L.
Número de especies: 9

[Rubus boliviensis Focke]
Ref.: Novara, 1993d.
Nota: Cita dudosa para la flora argentina.

Rubus caesius L.
Ref.: Troncoso, 1987g.
Hábito: Hierba.
Status: Adventicia.
Elevación: 0-500 m.
Prov.: ER.
Ejemplar examinado: *Troncoso y Bacigalupo 3171* (SI).

[Rubus erythroclados Mart.]
Nota: Especie excluida de la flora argentina.

Rubus geoides Sm.
Ref.: Zardini, 1973; Grondona, 1984.
Hábito: Hierba.
Status: Nativa.
Elevación: 0-500 m.
Prov.: NE, RN, SC, TF.
Paises limítrofes: CH.
Ejemplar examinado: *Correa 5521* (BAB).

[Rubus hassleri Chodat]
Nota: Cita dudosa para la flora argentina.

Rubus imperialis Cham. & Schltdl.
Ref.: Ragonese & Martínez Crovetto, 1947; Novara, 1993d.
Hábito: Arbusto o subarbusto.
Status: Nativa.
Elevación: 1000-2000 m.
Prov.: CA, JU, SA, TU.
Paises limítrofes: BO, BR, PA, UR.
Ejemplar examinado: *Legname 5994* (LIL).

Rubus nitidus Weihe & Nees
Ref.: Cabrera, 1967b; Zardini, 1973.
Hábito: Arbusto.
Status: Adventicia.
Elevación: 0-500 m.
Prov.: BA, JU.
Ejemplar examinado: *Burkart 19026* (SI).

Rubus radicans Cav.
Ref.: Brion & Barthélémy, 1996.
Hábito: Hierba.
Status: Naturalizada.
Elevación: 1000-1500 m.
Prov.: NE.
Paises limítrofes: CH.
Ejemplar examinado: *Brion 512* (BCRU).

Rubus rosifolius Baker
Hábito: Arbusto.
Status: Adventicia.
Elevación: 0-500 m.
Prov.: TU.
Paises limítrofes: BR.
Ejemplar examinado: *Venturi 5231* (MO).

Rubus schottii Pohl ex Focke
Hábito: Arbusto.
Status: Nativa.
Elevación: 0-500 m.
Prov.: MI.
Paises limítrofes: BR.
Ejemplar examinado: *Tressens et al. 4682* (MO).

Rubus sellowii Cham. & Schltdl.
Ref.: Zardini, 1973.
Hábito: Arbusto.
Status: Nativa.
Elevación: 0-500 m.
Prov.: COR, MI.
Paises limítrofes: BR, PA, UR.
Ejemplar examinado: *Tressens et al. 3866* (MO).

Rubus ulmifolius Schott
Ref.: Cabrera, 1967b; Grondona, 1984; Troncoso, 1987g; Kiesling, 1994e.
Hábito: Arbusto.
Status: Adventicia.
Elevación: 0-500 m.
Prov.: BA, ER, RN, SJ.
Paises limítrofes: BR, CH.
Ejemplar examinado: *Kiesling 6468* (SI).

Rubus urticaefolius Poir.
Hábito: Arbusto.
Status: Nativo.
Elevación: 0-500 m.
Prov.: MI.
Paises limítrofes: BR, PA.
Ejemplar examinado: *Zardini et al. 839* (MO).

Sanguisorba L.
Número de especies: 1

Sanguisorba minor Scop.
Sin.: *Poterium sanguisorba* L.
Ref.: Covas, 1984d; Grondona, 1984.
Hábito: Hierba.
Status: Adventicia.
Prov.: LP, NE, RN.
Paises limítrofes: CH.
Ejemplar examinado: *Meyer 7315* (SI).

Sierversia andicola Phil. = **Geum andicola** (Phil.) Reiche
Ref.: Bolle, 1933; Grondona, 1984.

Tetraglochin Poepp.

Número de especies: 7, 2 especies y 1 variedad endémicas.

Tetraglochin acanthocarpum (Speg.) Speg.
Sin.: *Margyricarpus acanthocarpus* Speg., *Tetraglochin acanthocarpum* (Speg.) Speg. f. *macropoda* Speg., *Tetraglochin acanthocarpum* (Speg.) Speg. var. *typica* Speg., nom. inval.
Ref.: Rothmaler, 1939; Grondona, 1984.
Hábito: Subarbusto.
Status: Endémica.
Elevación: 0-500 m.
Prov.: CHU, SC.
Ejemplar examinado: *Soriano 3787* (BAB).

Tetraglochin acanthocarpum (Speg.) Speg. f. *dasycarpa* Speg. = **Tetraglochin caespitosum** Phil.
Ref.: Grondona, 1984.

Tetraglochin acanthocarpum (Speg.) Speg. f. *lasiocarpa* Speg. = **Tetraglochin caespitosum** Phil.
Ref.: Grondona, 1984.

Tetraglochin acanthocarpum (Speg.) Speg. f. *leiocarpum* Speg. = **Tetraglochin cristatum** (Britton) Rothm.
Ref.: Rothmaler, 1939.

Tetraglochin acanthocarpum (Speg.) Speg. f. *macropoda* Speg. = **Tetraglochin acanthocarpum** (Speg.) Speg.

Tetraglochin acanthocarpum (Speg.) Speg. var. *typica* Speg., nom. inval. = **Tetraglochin acanthocarpum** (Speg.) Speg.

Tetraglochin alatum (Gillies ex Hook. & Arn.) Kuntze var. **alatum**
Sin.: *Margyricarpus alatus* Gillies ex Hook. & Arn., *Tetraglochin strictum* Poepp.
Ref.: Rothmaler, 1939.
Hábito: Arbusto.
Status: Nativa.
Prov.: ME, NE, SL.
Paises limítrofes: CH.
Ejemplar examinado: *Correa y Nicora 3687* (BAB).

Tetraglochin alatum (Gillies ex Hook. & Arn.) Kuntze var. **patagonicum** Grondona
Ref.: Grondona, 1984.
Hábito: Subarbusto.
Status: Endémica.
Prov.: NE.
Ejemplar examinado: *Boelcke et al. 11015* (holotipo, BAB).

Tetraglochin ameghinoi (Speg.) Speg.
Sin.: *Margyricarpus ameghinoi* Speg., *Tetraglochin longifolium* Hauman
Ref.: Rothmaler, 1939; Novara, 1993d.
Hábito: Arbusto o subarbusto.
Status: Nativa.
Elevación: 2500-4000 m.
Prov.: ME, SA, SC, SJ, TU.
Paises limítrofes: BO.
Ejemplar examinado: *Spegazzini 2383* (holotipo de *M. ameghinoi*, LP).

Tetraglochin caespitosum Phil.
Sin.: *Margyricarpus caespitosum* (Phil.) I.M. Johnst., *Margyricarpus microphyllum* Niederl., hom. illeg., *Margyricarpus niederleinii* Speg., *Tetraglochin acanthocarpum* (Speg.) Speg. f. *dasycarpa* Speg., *Tetraglochin acanthocarpum* (Speg.) Speg. f. *lasiocarpa* Speg.
Ref.: Rothmaler, 1939; Böcher et al., 1968; Grondona, 1984.
Hábito: Arbusto o subarbusto.
Status: Nativa.
Elevación: 0-500 m.
Prov.: CHU, ME, NE, RN, SC.
Paises limítrofes: CH.
Ejemplar examinado: *Correa et al. 2506* (BAB).

Tetraglochin cristatum (Britton) Rothm.
Sin.: *Margyricarpus cristatus* Britton, *Tetraglochin acanthocarpum* (Speg.) Speg. f. *leiocarpum* Speg.
Ref.: Rothmaler, 1939; Cabrera, 1957b.
Hábito: Arbusto o subarbusto.
Status: Nativa.
Elevación: 3000-4500 m.
Prov.: CA, JU, LR, SA, TU.
Paises limítrofes: BO, CH.
Ejemplar examinado: *Cabrera 8341* (LP).

Tetraglochin inerme (I.M. Johnst.) Rothm.
Sin.: *Margyricarpus inermis* I.M. Johnst.
Ref.: Rothmaler, 1939.
Hábito: Arbusto.
Status: Nativa.
Elevación: 3000 >4500 m.
Prov.: CA, JU, SA, TU.
Ejemplar examinado: *Venturi 8614* (LIL, SI).

Tetraglochin longifolium Hauman = **Tetraglochin ameghinoi** (Speg.) Speg.
Ref.: Rothmaler, 1939.

Tetraglochin paucijugatum (I.M. Johnst.) Rothm.
Sin.: *Margyricarpus paucijugatus* I.M. Johnst.
Ref.: Rothmaler, 1939.
Hábito: Arbusto.
Status: Endémica.
Elevación: 2500-3500 m.
Prov.: CA, JU, TU.
Ejemplar examinado: *Venturi 4664* (LIL, SI).

Tetraglochin strictum Poepp. = **Tetraglochin alatum** (Gillies ex Hook. & Arn.) Kuntze var. **alatum**
Ref.: Grondona, 1984.

RUBIACEAE

41 géneros, 123 especies; 11 especies, 2 subespecies y 1 variedad endémicas.

por N. M. Bacigalupo & E. Cabral

Alibertia A. Rich. ex DC.

Número de especies: 1

Alibertia hassleriana Chodat
Ref.: Bacigalupo, 1960.
Hábito: Arbusto.
Status: Nativa.
Elevación: 0-500 m.
Prov.: MI.
Paises limítrofes: PA.
Ejemplar examinado: *Burkart 15373* (SI).

Anisomeris obtusa (Cham. & Schltdl.) K. Schum. = **Chomelia obtusa** Cham. & Schltdl.
Ref.: Bacigalupo, 1957.

Anotis salzmannii DC. = **Hediotys salzmannii** (DC.) Steud.
Ref.: Lewis, 1966.

Basanacantha micracantha Lillo = **Randia micracantha** (Lillo) Bacigalupo var. **micracantha**
Ref.: Bacigalupo, 1993.

Basanacantha spinosa (Jacq.) K. Schum. = **Randia armata** (Sw.) DC.
Ref.: Steyermark, 1972; Bernardi, 1985b.

Basanacantha spinosa (Jacq.) K. Schum. var. *ferox* K. Schum. = **Randia armata** (Sw.) DC.

Basanacantha trispinosa Rojas Acosta, nom. nud. = **Randia micracantha** (Lillo) Bacigalupo var. **micracantha**
Ref.: Krapovickas, 1970c.

Bigelovia eryngioides (Cham. & Schltdl.) Hook. & Arn. = **Borreria eryngioides** Cham. & Schltdl. var. **eryngioides**
Ref.: Cabral & Bacigalupo, 1996.

Borreria G. Mey.

Número de especies: 18, 3 especies y 1 variedad endémicas.

Borreria affinis DC. = **Borreria eryngioides** Cham. & Schltdl. var. **affinis** (DC.) K. Schum.
Ref.: Cabral & Bacigalupo, 1996.

Borreria assurgens (Ruiz & Pav.) Griseb. = **Borreria eryngioides** Cham. & Schltdl. var. **affinis** (DC.) K. Schum.

Borreria brachystemonoides Cham. & Schltdl.
Ref.: Bacigalupo & Cabral, 1996.
Hábito: Hierba o subarbusto.
Status: Nativa.
Elevación: 0-500 m.
Prov.: COR, ER, MI.
Paises limítrofes: BR, PA.
Ejemplar examinado: *Krapovickas 15209* (CTES).

Borreria brownii (Rusby) Standl.
Sin.: *Borreria vegeta* Standl. & Steyerm., *Spermacoce brownii* Rusby
Ref.: Cabral & Bacigalupo, inéd.
Hábito: Hierba o subarbusto.
Status: Nativa.
Elevación: 500-1000 m.
Prov.: JU.
Paises limítrofes: BO.
Ejemplar examinado: *Cabrera et al. 31480* (SI).

[Borreria capitata (Ruiz & Pav.) DC.]
Sin.: *Spermacoce capitata* Ruiz & Pav., *Spermacoce elongata* Pohl
Nota: Especie excluida de la flora argentina.

Borreria capitata (Ruiz & Pav.) DC. f. *ferruginea* auct. non (A. St.-Hil.) Steyerm. = **Borreria tenella** Cham. & Schltdl.

Borreria centranthoides Cham. & Schltdl. = **Galianthe centranthoides** (Cham. & Schltdl.) E.L. Cabral
Ref.: Cabral, 1991.

Borreria corymbosa (Ruiz & Pav.) DC. = [Galianthe corymbosa (Ruiz & Pav.) E.L. Cabral]
Ref.: Cabral, 1991.

Borreria dasycephala (Cham. & Schltdl.) Bacigalupo & E.L. Cabral
Sin.: *Diodia dasycephala* Cham. & Schltdl.
Ref.: Bacigalupo & Cabral, 1996.
Hábito: Hierba.
Status: Nativa.
Elevación: 0-2000 m.
Prov.: BA, ER, JU, SA, SF, TU.
Paises limítrofes: BO, BR, UR.
Ejemplar examinado: *Pedersen 7249* (CTES).

[Borreria densiflora DC. var. densiflora]
Sin.: *Borreria spinosa* (L.) Cham. & Schltdl.
Ref.: Steyermark, 1972.
Nota: Variedad excluida de la flora argentina.

Borreria densiflora DC. var. **perennis** Standl.
Ref.: Standley, 1931; Bacigalupo, 1993.
Hábito: Hierba o subarbusto.
Status: Nativa.
Elevación: 0-1000 m.
Prov.: BA, CA, CH, CO, ER, FO, JU, SA, SE, TU.
Paises limítrofes: BO, BR, PA.
Ejemplar examinado: *Schulz 13668* (CTES).

Borreria densiflora DC. var. **pilosa** Bacigalupo
Ref.: Bacigalupo, 1993.
Hábito: Hierba o subarbusto.
Status: Nativa.
Elevación: 1000-2500 m.
Prov.: JU, SA.
Paises limítrofes: BO.
Ejemplar examinado: *Kiesling et al. 5360* (holotipo, SI).

Borreria dichasia Sucre & C.G. Costa = **Galianthe dichasia** (Sucre & C.G. Costa) E.L. Cabral
Ref.: Cabral, 1991; Cabral & Bacigalupo, inéd.

Borreria diffusa DC. = **Borreria eryngioides** Cham. & Schltdl. var. **eryngioides**
Ref.: Cabral & Bacigalupo, 1996.

Borreria equisetoides Cham. & Schltdl. = **Galianthe equisetoides** (Cham. & Schltdl.) E.L. Cabral
Ref.: Cabral, 1991.

Borreria eryngioides Cham. & Schltdl. var. **affinis** (DC.) K. Schum.
Sin.: *Borreria affinis* DC., *Borreria assurgens* (Ruiz & Pav.) Griseb., *Borreria eryngioides* Cham. & Schltdl. var. *latifolia* Hassl., *Borreria parviflora* G. Mey. var. *scabra* Griseb.
Ref.: Cabral & Bacigalupo, 1996.
Hábito: Hierba o subarbusto.
Status: Nativa.
Elevación: 0-500 m.
Prov.: CA, CH, COR, FO, JU, SA, SF, TU.
Paises limítrofes: BO, BR, PA, UR.
Ejemplar examinado: *Schulz 10183* (CTES).

Borreria eryngioides Cham. & Schltdl. var. **eryngioides**
Sin.: *Bigelovia eryngioides* (Cham. & Schltdl.) Hook. & Arn., *Borreria diffusa* DC., *Borreria suaveolens* G. Mey. var. *tenera* auct. non K. Schum., *Borreria tenera* auct. non DC., *Spermacoce diffusa* auct. non Pohl ex DC., *Spermacoce eryngioides* (Cham. & Schltdl.) Kuntze
Ref.: Cabral & Bacigalupo, 1996.
Hábito: Hierba o subarbusto.
Status: Nativa.
Elevación: 0-500 m.
Prov.: BA, CH, COR, ER, FO, JU, MI, SA, SE, SF, TU.
Paises limítrofes: BO, BR, PA, UR.
Ejemplar examinado: *Carnevali 2921* (CTES).

Borreria eryngioides Cham. & Schltdl. var. *latifolia* Hassl. = **Borreria eryngioides** Cham. & Schltdl. var. **affinis** (DC.) K. Schum.

Borreria eryngioides Cham. & Schltdl. var. **ostenii** (Standl.) E.L. Cabral & Bacigalupo
Sin.: *Borreria ostenii* Standl.
Ref.: Cabral & Bacigalupo, 1996.
Hábito: Hierba o subarbusto.
Status: Endémica.
Elevación: 500-1000 m.
Prov.: CO, SL.
Ejemplar examinado: *Osten 10631* (holotipo, CORD).

Borreria eupatorioides Cham. & Schltdl. = **Galianthe eupatorioides** (Cham. & Schltdl.) E.L. Cabral
Ref.: Cabral, 1991.

Borreria fastigiata (Griseb.) K. Schum. = **Galianthe fastigiata** Griseb.
Ref.: Cabral, 1991.

Borreria flavovirens Bacigalupo & E.L. Cabral
Ref.: Bacigalupo & Cabral, 1998.
Hábito: Subarbusto.
Status: Nativa.
Elevación: 0-500 m.
Prov.: CH, COR, MI
Paises limítrofes: BR, PA.
Ejemplar examinado: *Burkart et al. 27013* (holotipo, SI; isotipo, CTES).

Borreria finitima S. Moore = **Staelia virgata** (Willd. ex Roem. & Schult.) K. Schum.

Borreria gymnocephala DC. = **Borreria palustris** (Cham. & Schltdl.) Bacigalupo & E.L. Cabral
Ref.: Bacigalupo & Cabral, 1998.

Borreria laxa Cham. & Schltdl. = **Galianthe laxa** (Cham. & Schltdl.) E.L. Cabral
Ref.: Cabral, 1991.

Borreria leiophylla K. Schum. = **Galianthe fastigiata** Griseb.
Ref.: Cabral, 1991.

Borreria loretiana E.L. Cabral
Ref.: Cabral, 1986.
Hábito: Subarbusto.
Status: Endémica.
Elevación: 0-500 m.
Prov.: MI.
Ejemplar examinado: *Cabral et al. 309* (holotipo, CTES).

Borreria marticrovettiana E.L. Cabral
Ref.: Cabral, 1983.
Hábito: Subarbusto.
Status: Nativa.
Elevación: 0-500 m.
Prov.: MI.
Paises limítrofes: BR.
Ejemplar examinado: *Cabral et al. 212* (holotipo, CTES).

Borreria nelidae E.L. Cabral
Ref.: Cabral, 1981.
Hábito: Hierba.
Status: Endémica.
Elevación: 0-500 m.
Prov.: COR, MI.
Ejemplar examinado: *Krapovickas y Cristóbal 28827* (holotipo, CTES).

Borreria ocymoides (Burm.f.) DC.
Sin.: *Borreria parviflora* G. Mey., *Spermacoce ocymoides* Burm.f., *Spermacoce parviflora* (G. Mey.) A. Gray
Ref.: Cabral & Bacigalupo, 1996.
Hábito: Hierba.
Status: Nativa.
Elevación: 0-500 m.
Prov.: CH, COR, ER, FO, MI.
Paises limítrofes: BO, BR, PA, UR.
Ejemplar examinado: *Ahumada 1971* (CTES).

Borreria ostenii Standl. = **Borreria eryngioides** Cham. & Schltdl. var. **ostenii** (Standl.) E.L. Cabral & Bacigalupo
Ref.: Cabral & Bacigalupo, 1996.

Borreria palustris (Cham. & Schltdl.) Bacigalupo & E.L. Cabral
Sin.: *Borreria gymnocephala* DC., *Diodia alata* Nees & Mart., *Diodia gymnocephala* (DC.) K. Schum., *Diodia palustris* Cham. & Schltdl.
Ref.: Bacigalupo & Cabral, 1998.
Hábito: Subarbusto.
Status: Nativa.
Elevación: 0-500 m.
Prov.: MI
Paises limítrofes: BR.
Ejemplar examinado: *Guaglianone et al. 2833* (CTES, SI).

Borreria paraguariensis Chodat & Hassl. = [Galianthe paraguariensis (Chodat & Hassl.) E.L. Cabral]
Ref.: Cabral, 1991.

Borreria parviflora G. Mey. = **Borreria ocymoides** (Burm.f.) DC.
Ref.: Cabral & Bacigalupo, 1996.

Borreria parviflora G. Mey. var. *scabra* Griseb. = **Borreria eryngioides** Cham. & Schltdl. var. **affinis** (DC.) K. Schum.

Borreria poaya (A. St.-Hil.) DC.
Sin.: *Borreria poaya* (A. St.-Hil.) DC. var. *suffruticosa* K. Schum., *Spermacoce poaya* A. St.-Hil.
Ref.: Bacigalupo & Cabral, 1996.
Hábito: Hierba o subarbusto.
Status: Nativa.
Elevación: 0-1000 m.
Prov.: MI.
Paises limítrofes: BR, PA.
Ejemplar examinado: *Krapovickas 28678* (CTES).

Borreria poaya (A. St.-Hil.) DC. var. *suffruticosa* K. Schum. = **Borreria poaya** (A. St.-Hil.) DC.

Borreria quadrifaria E.L. Cabral
Ref.: Cabral, 1986.
Hábito: Subarbusto.
Status: Nativa.
Elevación: 0-500 m.
Prov.: COR, MI.
Paises limítrofes: BR, PA.
Ejemplar examinado: *Schinini et al. 23370* (holotipo, CTES).

Borreria runkii auct. non K. Schum. = **Borreria tenella** Cham. & Schltdl.

Borreria saponariifolia Cham. & Schltdl. = **Diodia saponariifolia** (Cham. & Schltdl.) K. Schum.

Borreria scabiosoides Cham. & Schltdl.
Ref.: Bacigalupo & Cabral, 1996.
Hábito: Subarbusto.
Status: Nativa.
Elevación: 0-500 m.
Prov.: COR, MI.
Paises limítrofes: BR, PA.
Ejemplar examinado: *Tressens et al. 1683* (CTES).

Borreria spinosa (L.) Cham. & Schltdl. = [Borreria densiflora DC. var. densiflora]
Ref.: Steyermark, 1972.

Borreria suaveolens auct. non G. Mey. = **Borreria tenella** Cham. & Schltdl.

Borreria suaveolens G. Mey. var. *tenera* auct. non K. Schum. = **Borreria eryngioides** Cham. & Schltdl. var. **eryngioides**

Borreria sulcata (Bacigalupo) E.L. Cabral
Sin.: *Borreria verticillata* (L.) G. Mey. var. *sulcata* Bacigalupo
Ref.: Cabral, 1986.
Hábito: Hierba.
Status: Endémica.
Elevación: 0-500 m.
Prov.: COR, ER.
Ejemplar examinado: *Lorentz 5* (holotipo, CORD).

Borreria tenella Cham. & Schltdl.
Sin.: *Borreria capitata* (Ruiz & Pav.) DC. f. *ferruginea* auct. non (A. St.-Hil.) Steyerm., *Borreria runkii* auct. non K. Schum., *Borreria suaveolens* auct. non G. Mey., *Borreria tenella* Cham. & Schltdl. var. *linoides* auct. non K. Schum.
Hábito: Subarbusto.
Status: Nativa.
Elevación: 0-1000 m.
Prov.: COR, MI.
Paises limítrofes: BO, BR, PA.
Ejemplar examinado: *Schinini et al. 15635* (CTES).

Borreria tenella Cham. & Schltdl. var. *linoides* auct. non K. Schum. = **Borreria tenella** Cham. & Schltdl.

Borreria tenera auct. non DC. = **Borreria eryngioides** Cham. & Schltdl. var. **eryngioides**
Ref.: Cabral & Bacigalupo, 1996.

Borreria thalictroides K. Schum. = **Galianthe thalictroides** (K. Schum.) E.L. Cabral
Ref.: Cabral, 1991.

Borreria umbellata Spreng. = [Emmeorhiza umbellata (Spreng.) K. Schum.]

Borreria valens Standl.
Ref.: Cabral & Bacigalupo, inéd.
Hábito: Subarbusto.
Status: Nativa.
Elevación: 0-500 m.
Prov.: MI.
Paises limítrofes: BR, PA.
Ejemplar examinado: *Vanni et al. 3827* (CTES).

Borreria valerianoides Cham. & Schltdl. = **Galianthe valerianoides** (Cham. & Schltdl.) E.L. Cabral
Ref.: Cabral, 1991.

Borreria vegeta Standl. & Steyerm. = **Borreria brownii** (Rusby) Standl.
Ref.: Cabral & Bacigalupo, inéd.

Borreria verbenoides Cham. & Schltdl. = [Galianthe verbenoides (Cham. & Schltdl.) Griseb.]
Ref.: Cabral, 1991.

Borreria verbenoides Cham. & Schltdl. f. *cuarta* Cham. & Schltdl. = **Galianthe fastigiata** Griseb.

Borreria verbenoides Cham. & Schltdl. f. *secunda* Cham. & Schltdl. = **Galianthe fastigiata** Griseb.

Borreria verbenoides Cham. & Schltdl. f. *tertia* Cham. & Schltdl. = **Galianthe fastigiata** Griseb.

Borreria verbenoides Cham. & Schltdl. var. *eupatorioides* (Cham. & Schltdl.) L.B. Sm. & Downs = **Galianthe centranthoides** (Cham. & Schltdl.) E.L. Cabral
Ref.: Cabral, 1991.

Borreria verbenoides Cham. & Schltdl. var. *thalictroides* (K. Schum.) Porto & Miotto = **Galianthe thalictroides** (K. Schum.) E.L. Cabral
Ref.: Cabral, 1991.

Borreria verticillata (L.) G. Mey.
Sin.: *Borreria capitata* (Ruiz & Pav.) DC. f. *ferruginea* auct. non (A. St.-Hil.) Steyerm., *Spermacoce verticillata* L.
Ref.: Bacigalupo, 1974c.
Hábito: Hierba o subarbusto.
Status: Nativa.
Elevación: 0-500 m.
Prov.: CH, COR, ER, FO, MI, SF.
Paises limítrofes: BR, PA, UR.
Ejemplar examinado: *Arbo et al. 6386* (CTES).

Borreria verticillata (L.) G. Mey. var. *sulcata* Bacigalupo = **Borreria sulcata** (Bacigalupo) E.L. Cabral
Ref.: Cabral, 1986.

Calycophyllum DC.
Número de especies: 1

Calycophyllum multiflorum Griseb.
Sin.: *Calycophyllum spruceanum* auct. non Benth.
Ref.: Bacigalupo, 1953.
Hábito: Árbol.
Status: Nativa.
Elevación: 0-1000 m.
Prov.: CH, FO, JU, SA, SE.
Paises limítrofes: BO, BR, PA.
Ejemplar examinado: *Arenas y Maranta 2753* (SI).

Calycophyllum spruceanum auct. non Benth. = **Calycophyllum multiflorum** Griseb.
Ref.: Bacigalupo, 1953.

Calycophyllum tubulosum DC. = **Pogonopus tubulosus** (DC.) K. Schum.
Ref.: Bacigalupo, 1993.

Carinta herbacea (Jacq.) W. Wight = **Geophila repens** (L.) I.M. Johnst.
Ref.: Steyermark, 1972.

Carinta repens (L.) L.B. Sm. & Downs = **Geophila repens** (L.) I.M. Johnst.
Ref.: Steyermark, 1972.

Cephaelis violaefolia Kunth = **Geophila macropoda** (Ruiz & Pav.) DC.
Ref.: Steyermark, 1972.

Cephalanthus L.
Número de especies: 1

Cephalanthus glabratus (Spreng.) K. Schum.
Sin.: *Buddleja glabrata* Spreng., *Cephalanthus sarandi* Cham. & Schltdl.
Ref.: Bacigalupo, 1974c.
Hábito: Arbusto.
Status: Nativa.
Elevación: 0-500 m.
Prov.: BA, CH, COR, ER, MI.
Paises limítrofes: BR, PA, UR.
Ejemplar examinado: *Boelcke 5142* (SI).

Cephalanthus sarandi Cham. & Schltdl. = **Cephalanthus glabratus** (Spreng.) K. Schum.
Ref.: Bacigalupo, 1974c.

Cephalanthus tinctorius Rojas Acosta, nom. nud.
Ref.: Krapovickas, 1970c.

Chiococca P. Browne
Número de especies: 1

Chiococca alba (L.) C.L. Hitchc.
Sin.: *Chiococca anguifuga* Mart., *Chiococca brachiata* Ruiz & Pav., *Chiococca densifolia* Mart., *Chiococca racemosa* L., *Lonicera alba* L.
Ref.: Bacigalupo, 1957.
Hábito: Trepadora.
Status: Nativa.
Elevación: 0-500 m.
Prov.: COR, MI.
Paises limítrofes: BO, BR, PA.
Ejemplar examinado: *Montes 15473* (SI).

Chiococca anguifuga Mart. = **Chiococca alba** (L.) C.L. Hitchc.
Ref.: Bacigalupo, 1957.

Chiococca brachiata Ruiz & Pav. = **Chiococca alba** (L.) C.L. Hitchc.
Ref.: Bacigalupo, 1957.

Chiococca densifolia Mart. = **Chiococca alba** (L.) C.L. Hitchc.

Chiococca racemosa L. = **Chiococca alba** (L.) C.L. Hitchc.
Ref.: Bacigalupo, 1957.

Chomelia Jacq.
Número de especies: 1

Chomelia obtusa Cham. & Schltdl.
Sin.: *Anisomeris obtusa* (Cham. & Schltdl.) K. Schum.
Ref.: Bacigalupo, 1957.
Hábito: Arbusto.
Status: Nativa.
Elevación: 0-500 m.
Prov.: COR, MI.

Paises limítrofes: BR, PA.
Ejemplar examinado: *Rodríguez 44* (SI).

Chrysoxylon febrifugum Wedd. = **Pogonopus tubulosus** (DC.) K. Schum.
Ref.: Bacigalupo, 1993.

Cinchona brasiliensis Hoffm. ex Humb. = **Machaonia brasiliensis** (Hoffm. ex Humb.) Cham. & Schltdl.
Ref.: Bacigalupo, 1957.

[Cinchona calisaya Wedd.]
Nota: Especie excluida de la flora argentina.

Coccocypselum P. Browne

Número de especies: 2

Coccocypselum canescens Willd. ex Cham. & Schltdl. = **Coccocypselum lanceolatum** (Ruiz & Pav.) Pers.
Ref.: Steyermark, 1974c.

Coccocypselum hasslerianum Chodat
Ref.: Steyermark, 1974c.
Hábito: Hierba.
Status: Nativa.
Elevación: 0-500 m.
Prov.: MI.
Paises limítrofes: PA.
Ejemplar examinado: *Burkart 28428* (SI).

Coccocypselum lanceolatum (Ruiz & Pav.) Pers.
Sin.: *Coccocypselum canescens* Willd. ex Cham. & Schltdl., *Condalia lanceolata* Ruiz & Pav.
Ref.: Steyermark, 1974c.
Hábito: Hierba.
Status: Nativa.
Elevación: 0-500 m.
Prov.: MI.
Paises limítrofes: BO, BR, PA.
Ejemplar examinado: *Correa et al. 5488* (SI).

Coccocypselum macropodum (Ruiz & Pav.) Britton = **Geophila macropoda** (Ruiz & Pav.) DC.
Ref.: Steyermark, 1972.

Coffea meridionalis Vell. = [Coussarea meridionalis (Vell.) Müll. Arg.]

Coffea parquioides Cham. = **Rudgea parquioides** (Cham.) Müll. Arg.
Ref.: Bacigalupo, 1952.

Coussarea Aubl.

Número de especies: 2

Coussarea contracta (Walp.) Benth. & Hook. ex Müll. Arg.
Sin.: *Faramea contracta* Walp.
Ref.: Bernardi, 1985b.
Hábito: Arbusto o arbolito.
Status: Nativa.
Elevación: 0-500 m.
Prov.: MI.
Paises limítrofes: BR, PA.
Ejemplar examinado: *Ragonese y Castiglione 2560* (SI).

[Coussarea meridionalis (Vell.) Müll. Arg.]
Sin.: *Coffea meridionalis* Vell.
Nota: Cita dudosa para la flora argentina.

Coussarea platyphylla Müll. Arg.
Ref.: Bernardi, 1985b.
Hábito: Arbusto o arbolito.
Status: Nativa.
Elevación: 0-500 m.
Prov.: MI.
Paises limítrofes: PA.
Ejemplar examinado: *Rodríguez 369* (SI).

Coutarea Aubl.

Número de especies: 1

Coutarea alba Griseb. = **Coutarea hexandra** (Jacq.) K. Schum. var. **hexandra**
Ref.: Bacigalupo, 1993.

Coutarea hexandra (Jacq.) K. Schum. f. **pubescens** (Pohl) Steyerm.
Sin.: *Coutarea hexandra* (Jacq.) K. Schum. var. *pubescens* K. Schum., *Coutarea pubescens* Pohl
Ref.: Steyermark, 1974c.
Hábito: Arbusto o arbolito.
Status: Nativa.
Elevación: 0-500 m.
Prov.: MI.
Paises limítrofes: BR, PA.
Ejemplar examinado: *Burkart 15365* (SI).

Coutarea hexandra (Jacq.) K. Schum. var. **fluminensis** K. Schum.
Ref.: Smith & Downs, 1956.
Hábito: Arbusto o árbol.
Status: Nativa.
Elevación: 0-500 m.
Prov.: MI.
Paises limítrofes: BR, PA.
Ejemplar examinado: *Eskuche 01399* (SI).

Coutarea hexandra (Jacq.) K. Schum. var. **hexandra**
Sin.: *Coutarea alba* Griseb., *Coutarea speciosa* Aubl., *Portlandia hexandra* Jacq.
Ref.: Bacigalupo, 1993.
Hábito: Arbusto o árbol.
Status: Nativa.
Elevación: 0-1500 m.
Prov.: COR, JU, MI, SA.
Paises limítrofes: BO, BR, PA.
Ejemplar examinado: *Cabrera et al. 32267* (SI).

Coutarea hexandra (Jacq.) K. Schum. var. *pubescens* K. Schum. = **Coutarea hexandra** (Jacq.) K. Schum. f. **pubescens** (Pohl) Steyerm.
Ref.: Steyermark, 1974c.

Coutarea pubescens Pohl = **Coutarea hexandra** (Jacq.) K. Schum. f. **pubescens** (Pohl) Steyerm.
Ref.: Steyermark, 1974c.

Coutarea speciosa Aubl. = **Coutarea hexandra** (Jacq.) K. Schum. var. **hexandra**
Ref.: Bacigalupo, 1993.

Cruckshanksia Hook. & Arn.

Número de especies: 3

Cruckshanksia bustillosii Phil. = **Cruckshanksia hymenodon** Hook. & Arn.
Ref.: Ricardi & Quezada, 1963; Taylor, 1996.

Cruckshanksia glacialis Poepp. = **Oreopolus glacialis** (Poepp.) Ricardi
Ref.: Ricardi, 1963; Taylor, 1996.

Cruckshanksia hymenodon Hook. & Arn.
Sin.: *Cruckshanksia bustillosii* Phil., *Cruckshanksia hymenodon* Hook. & Arn. var. *bustillosii* (Phil.) Ricardi
Ref.: Ricardi & Quezada, 1963; Taylor, 1996.
Hábito: Hierba.
Status: Nativa.
Elevación: 2500-3500 m.
Prov.: SJ.
Paises limítrofes: CH.
Ejemplar examinado: *Kiesling 8051* (SI).

Cruckshanksia hymenodon Hook. & Arn. var. *bustillosii* (Phil.) Ricardi = **Cruckshanksia hymenodon** Hook. & Arn.
Ref.: Ricardi & Quezada, 1963; Taylor, 1996.

Cruckshanksia macrantha Phil.
Sin.: *Oreopolus macranthus* (Phil.) Ricardi
Ref.: Taylor, 1996.
Hábito: Hierba.
Status: Nativa.
Elevación: 1000-4500 m.
Prov.: SJ.
Paises limítrofes: CH.
Ejemplar examinado: *Meglioli 7* (SI).

Cruckshanksia palmae Clos
Sin.: *Oreopolus palmae* (Clos) Ricardi
Ref.: Taylor, 1996.
Hábito: Hierba.
Status: Nativa.
Elevación: 2000-4000 m.
Prov.: SJ.
Paises limítrofes: CH.
Ejemplar examinado: *Kiesling et al. 7826* (SI).

Cruckshanksia patagonica (Speg.) Macloskie = **Oreopolus glacialis** (Poepp.) Ricardi
Ref.: Ricardi, 1963; Taylor, 1996.

Diodia L.

Número de especies: 2

Diodia alata Nees & Mart. = **Borreria palustris** (Cham. & Schltdl.) Bacigalupo & E.L. Cabral
Ref.: Bacigalupo & Cabral, 1998.

Diodia anthospermoides Cham. & Schltdl. = **Galianthe brasiliensis** (Spreng.) E.L. Cabral & Bacigalupo
Ref.: Cabral & Bacigalupo, 1997.

Diodia brasiliensis Spreng. = **Galianthe brasiliensis** (Spreng.) E.L. Cabral & Bacigalupo
Ref.: Cabral & Bacigalupo, 1997.

Diodia brasiliensis Spreng. var. *microphylla* (Cham. & Schltdl.) Standl. = **Galianthe brasiliensis** (Spreng.) E.L. Cabral & Bacigalupo
Ref.: Cabral & Bacigalupo, 1997.

Diodia dasycephala Cham. & Schltdl. = **Borreria dasycephala** (Cham. & Schltdl.) Bacigalupo & E.L. Cabral
Ref.: Bacigalupo & Cabral, 1996.

Diodia glabra (Michx.) Pers. = [Spermacoceodes glabrum (Michx.) Kuntze var. glabrum]

Diodia gymnocephala (DC.) K. Schum. = **Borreria palustris** (Cham. & Schltdl.) Bacigalupo & E.L. Cabral
Ref.: Bacigalupo & Cabral, 1998.

Diodia hispidula A. Rich. ex DC. = **Galianthe hispidula** (A. Rich. ex DC.) E.L. Cabral & Bacigalupo
Ref.: Cabral & Bacigalupo, 1997.

Diodia kuntzei K. Schum.
Ref.: Steyermark, 1972; Bacigalupo, 1974c.
Hábito: Hierba.
Status: Nativa.
Elevación: 0-500 m.
Prov.: COR, ER.
Paises limítrofes: BO, BR, PA.
Ejemplar examinado: *Burkart et al. 31127* (SI).

Diodia palustris Cham. & Schltdl. = **Borreria palustris** (Cham. & Schltdl.) Bacigalupo & E.L. Cabral
Ref.: Bacigalupo & Cabral, 1998.

Diodia paradoxa Cham. = **Galianthe hispidula** (A. Rich. ex DC.) E.L. Cabral & Bacigalupo
Ref.: Cabral & Bacigalupo, 1997.

Diodia polymorpha Cham. & Schltdl. = **Galianthe brasiliensis** (Spreng.) E.L. Cabral & Bacigalupo
Ref.: Cabral & Bacigalupo, 1997.

Diodia polymorpha Cham. & Schltdl. var. *macrophylla* Cham. & Schltdl. = **Galianthe brasiliensis** (Spreng.) E.L. Cabral & Bacigalupo
Ref.: Cabral & Bacigalupo, 1997.

Diodia polymorpha Cham. & Schltdl. var. *microphylla* Cham. & Schltdl. = **Galianthe brasiliensis** (Spreng.) E.L. Cabral & Bacigalupo
Ref.: Cabral & Bacigalupo, 1997.

Diodia saponariifolia (Cham. & Schltdl.) K. Schum.
Sin.: *Borreria saponariifolia* Cham. & Schltdl.
Ref.: Bacigalupo & Cabral, inéd.
Hábito: Hierba.
Status: Nativa.
Elevación: 0-500 m.
Prov.: MI.
Paises limítrofes: BR.
Ejemplar examinado: *Guaglianone et al. 2868* (SI).

[Emmeorhiza umbellata (Spreng.) K. Schum.]
Sin.: *Borreria umbellata* Spreng.
Nota: Cita dudosa para la flora argentina.

Faramea Aubl.

Número de especies: 1

Faramea contracta Walp. = **Coussarea contracta** (Walp.) Benth. & Hook. ex Müll. Arg.
Ref.: Bernardi, 1985b.

Faramea cyanea Müll. Arg.
Ref.: Dimitri, 1974a.
Hábito: Arbusto.
Status: Nativa.
Elevación: 0-500 m.
Prov.: MI.
Paises limítrofes: BR, PA.
Ejemplar examinado: *Rodríguez 425* (SI).

[Faramea montevidensis (Cham. & Schltdl.) DC.]
Sin.: *Tetramerium montevidense* Cham. & Schltdl.
Nota: Cita dudosa para la flora argentina.

Galianthe Griseb.

Número de especies: 12, 1 especie endémica.

Galianthe bisepala E.L. Cabral
Ref.: Cabral, 1993.
Hábito: Subarbusto.
Status: Endémica.
Elevación: 1000-1500 m.
Prov.: SA.
Ejemplar examinado: *Novara y Bruno 9630* (holotipo, MCNS).

Galianthe brasiliensis (Spreng.) E.L. Cabral & Bacigalupo
Sin.: *Diodia anthospermoides* Cham. & Schltdl., *Diodia brasiliensis* Spreng., *Diodia brasiliensis* Spreng. var. *microphylla* (Cham. & Schltdl.) Standl., *Diodia polymorpha* Cham. & Schltdl., *Diodia polymorpha* Cham. & Schltdl. var. *macrophylla* Cham. & Schltdl., *Diodia polymorpha* Cham. & Schltdl. var. *microphylla* Cham. & Schltdl.
Ref.: Cabral & Bacigalupo, 1997.
Hábito: Subarbusto.
Status: Nativa.
Elevación: 0-500 m.
Prov.: BA, COR, ER, MI.
Paises limítrofes: BR, PA, UR.
Ejemplar examinado: *Ferrucci et al. 436* (CTES).

Galianthe centranthoides (Cham. & Schltdl.) E.L. Cabral
Sin.: *Borreria centranthoides* Cham. & Schltdl., *Borreria verbenoides* Cham. & Schltdl. var. *eupatorioides* (Cham. & Schltdl.) L.B. Sm. & Downs, *Galianthe clidemioides* Griseb., *Spermacoce centranthoides* (Cham. & Schltdl.) Kuntze, *Spermacoce clidemioides* (Griseb.) Niederl.
Ref.: Cabral, 1991.
Hábito: Subarbusto.
Status: Nativa.
Elevación: 0-500 m.
Prov.: CH, COR, ER, FO, MI.
Paises limítrofes: BR, PA, UR.
Ejemplar examinado: *Schinini 6497* (CTES).

Galianthe clidemioides Griseb. = **Galianthe centranthoides** (Cham. & Schltdl.) E.L. Cabral
Ref.: Cabral, 1991.

[Galianthe corymbosa (Ruiz & Pav.) E.L. Cabral]
Sin.: *Borreria corymbosa* (Ruiz & Pav.) DC., *Spermacoce corymbosa* Ruiz & Pav.
Ref.: Cabral, 1991.
Nota: Especie excluida de la flora argentina.

Galianthe dichasia (Sucre & C.G. Costa) E.L. Cabral
Sin.: *Borreria dichasia* Sucre & C.G. Costa
Ref.: Cabral, 1991; Cabral & Bacigalupo, inéd.
Hábito: Subarbusto.
Status: Nativa.
Elevación: 0-500 m.
Prov.: MI.
Paises limítrofes: BR, PA, UR.
Ejemplar examinado: *Guaglianone et al. 1147* (SI).

Galianthe equisetoides (Cham. & Schltdl.) E.L. Cabral
Sin.: *Borreria equisetoides* Cham. & Schltdl., *Spermacoce equisetoides* (Cham. & Schltdl.) Kuntze
Ref.: Cabral, 1991.
Elevación: 0-500 m.
Prov.: COR.
Paises limítrofes: BR.
Ejemplar examinado: *Ahumada et al. 4048* (CTES).

Galianthe eupatorioides (Cham. & Schltdl.) E.L. Cabral
Sin.: *Borreria eupatorioides* Cham. & Schltdl., *Spermacoce eupatorioides* (Cham. & Schltdl.) Kuntze
Ref.: Cabral, 1991.
Hábito: Subarbusto.
Status: Nativa.
Elevación: 0-500 m.
Prov.: COR, MI.
Paises limítrofes: BO, BR, PA.
Ejemplar examinado: *Cabral et al. 274* (CTES).

Galianthe fastigiata Griseb.
Sin.: *Borreria fastigiata* (Griseb.) K. Schum., *Borreria leiophylla* K. Schum., *Borreria verbenoides* Cham. & Schltdl., *Borreria verbenoides* Cham. & Schltdl. f. *cuarta* Cham. & Schltdl., *Borreria verbenoides* Cham. & Schltdl. f. *secunda* Cham. & Schltdl., *Borreria verbenoides* Cham. & Schltdl. f. *tertia* Cham. & Schltdl., *Spermacoce fastigiata* (Griseb.) Niederl., *Spermacoce leiophylla* (K. Schum.) Kuntze
Ref.: Cabral, 1991.
Hábito: Subarbusto.
Status: Nativa.
Elevación: 0-500 m.
Prov.: COR, ER, MI.
Paises limítrofes: BR, PA, UR.
Ejemplar examinado: *Lorentz 803* (isotipo, CORD).

Galianthe hispidula (A. Rich. ex DC.) E.L. Cabral & Bacigalupo
Sin.: *Diodia hispidula* A. Rich. ex DC., *Diodia paradoxa* Cham.
Ref.: Cabral & Bacigalupo, 1997.
Hábito: Subarbusto.
Status: Nativa.
Elevación: 0-500 m.
Prov.: COR, MI.
Paises limítrofes: BR, PA.
Ejemplar examinado: *Cabral et al. 496* (CTES).

Galianthe laxa (Cham. & Schltdl.) E.L. Cabral
Sin.: *Borreria laxa* Cham. & Schltdl.
Ref.: Cabral, 1991.
Hábito: Subarbusto.
Status: Nativa.
Elevación: 0-500 m.
Prov.: BA, COR, ER, MI.
Paises limítrofes: BR, PA, UR.
Ejemplar examinado: *Krapovickas 25756* (CTES).

Galianthe linearifolia E.L. Cabral
Ref.: Cabral, 1993.
Hábito: Subarbusto.
Status: Nativa.
Elevación: 0-500 m.
Prov.: MI.
Paises limítrofes: PA.
Ejemplar examinado: *Spegazzini s.n.* (paratipo, LP).

[Galianthe paraguariensis (Chodat & Hassl.) E.L. Cabral]
Sin.: *Borreria paraguariensis* Chodat & Hassl.
Ref.: Cabral, 1991.
Nota: Especie excluida de la flora argentina.

Galianthe thalictroides (K. Schum.) E.L. Cabral
Sin.: *Borreria thalictroides* K. Schum., *Borreria verbenoides* Cham. & Schltdl. var. *thalictroides* (K. Schum.) Porto & Miotto, *Spermacoce thalictroides* (K. Schum.) Kuntze
Ref.: Cabral, 1991.
Hábito: Subarbusto.
Status: Nativa.
Elevación: 0-500 m.
Prov.: COR, MI.
Paises limítrofes: BR, PA.
Ejemplar examinado: *Schwindt 2220* (CTES, LIL).

Galianthe valerianoides (Cham. & Schltdl.) E.L. Cabral
Sin.: *Borreria valerianoides* Cham. & Schltdl., *Spermacoce valerianoides* (Cham. & Schltdl.) Kuntze
Ref.: Cabral, 1991.
Hábito: Subarbusto.
Status: Nativa.
Elevación: 0-500 m.
Prov.: COR, MI.
Paises limítrofes: BR, PA.
Ejemplar examinado: *Schinini et al. 21818* (CTES).

[Galianthe verbenoides (Cham. & Schltdl.) Griseb.]
Sin.: *Borreria verbenoides* Cham. & Schltdl.
Nota: Especie excluida de la flora argentina.

Galium L.

Número de especies: 31, 4 especies y 2 subespecies endémicas.

Galium antarcticum Hook. f.
Sin.: *Galium debile* Banks & Sol., *Galium trifidum* auct. non L.
Ref.: Dempster, 1982.
Hábito: Hierba.
Status: Nativa.
Elevación: 0-500 m.
Prov.: SC, TF.
Paises limítrofes: CH.
Ejemplar examinado: *Ulibarri 1191* (SI).

Galium aparine L.
Sin.: *Galium aparine* L. var. *pseudoaparine* (Griseb.) Speg., *Galium aparine* L. var. *spurium* L., *Galium aparine* L. subsp. *spurium* (L.) Dusén, *Galium australe* Reiche, *Galium chilense* Hook. f., *Galium pseudoaparine* Griseb., *Galium spurium* L.
Ref.: Dempster, 1981; Bacigalupo, inéd.
Hábito: Hierba.
Status: Adventicia.
Elevación: 0-500 m.
Prov.: BA, CHU, ER, ME, NE, RN, SA, SC, SF, SJ, TF, TU.
Paises limítrofes: BO, CH, UR.
Ejemplar examinado: *Pennington 337* (SI).

Galium aparine L. var. *pseudoaparine* (Griseb.) Speg. = **Galium aparine** L.
Ref.: Dempster, 1981.

Galium aparine L. var. *spurium* L. = **Galium aparine** L.
Ref.: Bacigalupo, inéd.

Galium aparine L. subsp. *spurium* (L.) Dusén = **Galium aparine** L.
Ref.: Bacigalupo, inéd.

Galium atherodes Spreng.
Sin.: *Relbunium atherodes* (Spreng.) K. Schum.
Ref.: Dempster, 1990.
Hábito: Hierba o subarbusto.
Status: Nativa.
Elevación: 0-1000 m.
Prov.: MI.
Paises limítrofes: BR, PA, UR.
Ejemplar examinado: *Molfino 189* (F).

Galium australe Reiche = **Galium aparine** L.
Ref.: Dempster, 1981.

Galium bigeminum Griseb.
Sin.: *Relbunium bigeminum* (Griseb.) K. Schum.
Ref.: Dempster, 1990.
Hábito: Hierba.
Status: Nativa.
Elevación: 0-1500 m.
Prov.: BA, CO, ER.
Paises limítrofes: BR, UR.
Ejemplar examinado: *Burkart 25789* (SI).

Galium brevifolium Phil. = **Galium eriocarpum** Bartl. ex DC.
Ref.: Dempster, 1980.

Galium chaetophorum Griseb. = **Galium richardianum** (Gillies ex Hook. & Arn.) Endl. ex Walp. subsp. **richardianum**
Ref.: Dempster, 1982.

Galium chaetophorum Griseb. var. *prostratum* Kuntze = **Galium richardianum** (Gillies ex Hook. & Arn.) Endl. ex Walp. subsp. **richardianum**
Ref.: Dempster, 1982.

Galium chaetophorum Griseb. var. *strictum* Kuntze = **Galium richardianum** (Gillies ex Hook. & Arn.) Endl. ex Walp. subsp. **richardianum**
Ref.: Dempster, 1982.

Galium chapi Wedd. = **Galium latoramosum** Clos
Ref.: Bacigalupo, 1973; Dempster, 1982.

Galium chilense Endl. ex Clos, hom. illeg. = **Galium suffruticosum** Hook. & Arn.
Ref.: Dempster, 1982.

Galium chilense Hook. f. = **Galium aparine** L.
Ref.: Dempster, 1981.

Galium chonoënse Hook. f. = **Galium magellanicum** Hook. f.
Ref.: Dempster, 1982.

Galium ciliatum Ruiz & Pav. var. *pusillum* (Gillies ex Hook. & Arn.) Kuntze = **Galium richardianum** (Gillies ex Hook. & Arn.) Endl. ex Walp. subsp. **richardianum**
Ref.: Dempster, 1990.

Galium ciliatum Ruiz & Pav. var. *richardianum* (Gillies ex Hook. & Arn.) Kuntze = **Galium richardianum** (Gillies ex Hook. & Arn.) Endl. ex Walp. subsp. **richardianum**
Ref.: Dempster, 1982.

Galium ciliatum Ruiz & Pav. var. *weddellianum* Kuntze = **Galium corymbosum** Ruiz & Pav.
Ref.: Dempster, 1990.

Galium comberi Dempster
Ref.: Dempster, 1980.
Hábito: Hierba.
Status: Endémica.
Elevación: 1500-2000 m.
Prov.: NE.
Ejemplar examinado: *Comber 897* (holotipo, K).

Galium corymbosum Ruiz & Pav.
Sin.: *Galium ciliatum* Ruiz & Pav. var. *weddellianum* Kuntze, *Galium hirsutum* Ruiz & Pav., *Galium leucocarpum* DC., nom. superfl., *Relbunium ciliatum* (Ruiz & Pav.) Hemsl., *Relbunium corymbosum* (Ruiz & Pav.) K. Schum., *Relbunium croceum* (Ruiz & Pav.) K. Schum. subsp. *involucratum* (Kunth) Ehrend., *Relbunium hirsutum* K. Schum.
Ref.: Dempster, 1990.
Hábito: Hierba.
Status: Nativa.
Elevación: 1500-5000 m.
Prov.: JU, SA, TU.
Paises limítrofes: BO, CH.
Ejemplar examinado: *Venturi 4598* (SI).

Galium debile Banks & Sol. = **Galium antarcticum** Hook. f.
Ref.: Dempster, 1982.

Galium ephedroides (Cham. & Schltdl.) Kuntze = **Galium latoramosum** Clos
Ref.: Bacigalupo, 1973; Dempster, 1982.

Galium equisetoides (Cham. & Schltdl.) Standl.
Sin.: *Relbunium equisetoides* (Cham. & Schltdl.) Ehrend., *Rubia equisetoides* Cham. & Schltdl.
Ref.: Dempster, 1982; Cabral, 1983.
Hábito: Hierba.
Status: Nativa.
Elevación: 0-1500 m.
Prov.: COR.
Paises limítrofes: BR, PA, UR.
Ejemplar examinado: *Ahumada y Schinini 4122* (CTES).

Galium eriocarpum Bartl. ex DC.
Sin.: *Galium brevifolium* Phil.
Ref.: Dempster, 1980.
Hábito: Subarbusto.
Status: Nativa.
Elevación: 1000-3000 m.
Prov.: ME, NE.
Paises limítrofes: CH.
Ejemplar examinado: *Boelcke et al. 13837* (SI).

Galium eriocarpum Bartl. ex DC. var. *trichocarpum* (DC.) Wedd. ex Hauman = [Galium trichocarpum DC.]

Galium flossdorfii Hicken = **Galium plumosum** Rusby subsp. **flossdorfii** (Hicken) Dempster
Ref.: Dempster, 1980.

Galium forsteri Phil. = **Galium magellanicum** Hook. f.
Ref.: Dempster, 1982.

Galium fuegianum Hook. f.
Ref.: Dempster, 1981.
Hábito: Hierba.
Status: Nativa.
Elevación: 0-2000 m.
Prov.: CHU, RN, SC, TF.
Paises limítrofes: CH.
Ejemplar examinado: *Boelcke y Correa 6229* (SI).

Galium gilliesii Hook. & Arn. subsp. **gilliesii**
Sin.: *Galium lanatum* Kuntze
Ref.: Dempster, 1980.
Hábito: Hierba.
Status: Nativa.
Elevación: 2000-4000 m.
Prov.: ME, SJ.
Paises limítrofes: CH.
Ejemplar examinado: *Hunziker et al. 11179* (SI).

Galium gilliesii Hook. & Arn. subsp. **telanthos** (Phil.) Dempster
Sin.: *Galium telanthos* Phil., *Galium trichocarpum* DC. var. *telanthos* (Phil.) Reiche
Ref.: Dempster, 1980.
Hábito: Hierba.
Status: Nativa.
Elevación: 1500-3500 m.
Prov.: ME, NE.
Paises limítrofes: CH.
Ejemplar examinado: *Boelcke et al. 10304* (SI).

Galium gracilicaule Bacigalupo & Ehrend.
Ref.: Bacigalupo & Eherndorfer, 1973; Dempster, 1980.
Hábito: Hierba.
Status: Endémica.
Elevación: 3000>4500 m.
Prov.: JU, TU.
Ejemplar examinado: *Burkart y Troncoso s.n.* (SI 11851).

Galium haenkeanum Endl. ex Walp. = **Galium richardianum** (Gillies ex Hook. & Arn.) Endl. ex Walp. subsp. **haenkeanum** (Gillies ex Hook. & Arn.) Dempster
Ref.: Dempster, 1982.

Galium hirsutum Ruiz & Pav. = **Galium corymbosum** Ruiz & Pav.
Ref.: Dempster, 1990.

Galium hirtum Lam.
Sin.: *Relbunium hirtum* (Lam.) K. Schum.
Ref.: Dempster, 1990.
Hábito: Hierba.
Status: Nativa.
Elevación: 0-500 m.
Prov.: BA, COR, ER.
Paises limítrofes: BR, UR.
Ejemplar examinado: *Burkart 22763* (SI).

Galium humile Cham. & Schltdl.
Sin.: *Galium mazocarpum* auct. non Greenm., *Relbunium humile* (Cham. & Schltdl.) K. Schum., *Relbunium mazocarpum* auct. non Greenm.
Ref.: Dempster, 1982.
Hábito: Hierba.
Status: Nativa.
Elevación: 0-2000 m.
Prov.: COR, ER.
Paises limítrofes: BR, PA, UR.
Ejemplar examinado: *Cabrera 28412* (SI).

Galium hypnoides Clos var. *inconspicuum* (Phil.) Reiche = **Galium inconspicuum** Phil.
Ref.: Dempster, 1982.

Galium hypocarpium (L.) Endl. ex Griseb. subsp. **alluviale** (Ehrend.) Dempster
Sin.: *Relbunium hypocarpium* (L.) Hemsl. subsp. *alluviale* Ehrend.
Ref.: Dempster, 1990.
Hábito: Hierba.
Status: Endémica.
Elevación: 0-500 m.
Prov.: BA, ER, SF.
Ejemplar examinado: *Cabrera 3353* (SI).

Galium hypocarpium (L.) Endl. ex Griseb. subsp. **hypocarpium**
Sin.: *Galium relbun* (Cham. & Schltdl.) Clos, *Relbunium hypocarpium* (L.) Hemsl., *Relbunium hypocarpium* (L.) Hemsl. subsp. *fluminense* (Vell.) Ehrend., *Relbunium hypocarpium* (L.) Hemsl. subsp. *grandifolium* Ehrend., *Relbunium ovale* (Ruiz & Pav.) K. Schum., *Rubia relbun* Cham. & Schltdl., *Valantia hypocarpia* L.
Ref.: Dempster, 1990.
Hábito: Hierba.
Status: Nativa.
Elevación: 0-4000 m.
Prov.: BA, CA, CHU, CO, COR, DF, ER, JU, MI, NE, RN, SA, TU.
Paises limítrofes: BO, BR, CH, PA, UR.
Ejemplar examinado: *Venturi 927* (SI).

[Galium hypocarpium (L.) Endl. ex Griseb. subsp. indecorum (Cham. & Schltdl.) Dempster]
Sin.: *Rubia indecora* Cham. & Schltdl.
Ref.: Dempster, 1990.
Nota: Subespecie excluida de la flora argentina.

Galium inconspicuum Phil.
Sin.: *Galium hypnoides* Clos var. *inconspicuum* (Phil.) Reiche
Ref.: Dempster, 1982.
Hábito: Hierba.
Status: Nativa.
Elevación: 1500-2000 m.
Prov.: NE.
Paises limítrofes: CH.
Ejemplar examinado: *Diem 1830* (SI).

Galium intricatum Endl., hom. illeg. = **Galium latoramosum** Clos
Ref.: Bacigalupo, 1973; Dempster, 1982.

Galium lanatum Kuntze = **Galium gilliesii** Hook. & Arn. subsp. **gilliesii**
Ref.: Dempster, 1980.

Galium latoramosum Clos
Sin.: *Galium chapi* Wedd., *Galium ephedroides* (Cham. & Schltdl.) Kuntze, *Galium intricatum* Endl., hom. illeg., *Galium tetragonum* Griseb., *Rubia ephedroides* Cham. & Schltdl., hom. illeg., *Rubia intricata* Hook. & Arn., *Rubia tetragona* (Griseb.) K. Schum.
Ref.: Bacigalupo, 1973; Dempster, 1982.
Hábito: Hierba o subarbusto.
Status: Nativa.
Elevación: 0-1000 m.
Prov.: BA, CO, COR, ER, JU, MI, SL, TU.
Paises limítrofes: BO, BR, PA, UR.
Ejemplar examinado: *Crespo y Bacigalupo s.n.* (SI 21089).

Galium leucocarpum DC., nom. superfl. = **Galium corymbosum** Ruiz & Pav.
Ref.: Dempster, 1990.

Galium lilloi Hicken
Ref.: Dempster, 1982; Bacigalupo, 1993.
Hábito: Hierba.
Status: Endémica.
Elevación: 500-3000 m.
Prov.: CA, JU, SA, SE, TU.
Ejemplar examinado: *Correa et al. 459* (SI).

Galium magellanicum Hook. f.
Sin.: *Galium chonoënse* Hook. f., *Galium forsteri* Phil., *Galium nigricans* Clos
Ref.: Dempster, 1982.
Hábito: Hierba.
Status: Nativa.
Elevación: 0-1500 m.
Prov.: CHU, NE, RN, SC.
Paises limítrofes: CH.
Ejemplar examinado: *Boelcke y Correa 5550* (SI).

Galium mazocarpum auct. non Greenm. = **Galium humile** Cham. & Schltdl.
Ref.: Dempster, 1982.

Galium megapotamicum Spreng.
Sin.: *Relbunium megapotamicum* (Spreng.) Ehrend., *Relbunium megapotamicum* (Spreng.) Ehrend. subsp. *camporum* Ehrend.
Ref.: Dempster, 1990.
Hábito: Hierba o subarbusto.
Status: Nativa.
Elevación: 0-1500 m.
Prov.: BA, COR, MI.
Paises limítrofes: BR, PA, UR.
Ejemplar examinado: *Rodríguez 562* (SI).

Galium mollugo L.
Ref.: Bacigalupo, 1965; Dempster, 1982.
Hábito: Hierba.
Status: Introducida.
Prov.: BA.
Ejemplar examinado: *Parz s.n.* (LPD).

Galium nigricans Clos = **Galium magellanicum** Hook. f.
Ref.: Dempster, 1982.

Galium nigroramosum (Ehrend.) Dempster
Sin.: *Relbunium nigroramosum* Ehrend.
Ref.: Dempster, 1990.
Hábito: Hierba.
Status: Nativa.
Elevación: 0-3500 m.
Prov.: CA, COR, MI, TU.
Paises limítrofes: BO, BR, PA, UR.
Ejemplar examinado: *Venturi 3091* (SI).

Galium noxium (A. St.-Hil.) Dempster subsp. **valantioides** (Cham. & Schltdl.) Dempster
Sin.: *Relbunium noxium* (A. St.-Hil.) K. Schum. var. *pilcomayense* Hassl., *Relbunium vaillantioides* (Cham. & Schltdl.) K. Schum., *Rubia valantioides* Cham. & Schltdl.
Ref.: Dempster, 1990.
Hábito: Hierba.
Status: Nativa.
Elevación: 0-500 m.
Prov.: BA, CH, COR, ER, FO, MI.
Paises limítrofes: BR, PA, UR.
Ejemplar examinado: *Burkart y Crespo 23135* (SI).

Galium palustre L.
Ref.: Bacigalupo, 1965; Dempster, 1982.
Hábito: Hierba.
Status: Introducida.
Elevación: 0-500 m.
Prov.: BA.
Ejemplar examinado: *Cabrera 9823* (LP).

Galium patagonicum Kuntze = **Galium richardianum** (Gillies ex Hook. & Arn.) Endl. ex Walp. subsp. **richardianum**
Ref.: Dempster, 1982.

Galium plumosum Rusby subsp. **flossdorfii** (Hicken) Dempster
Sin.: *Galium flossdorfii* Hicken
Ref.: Dempster, 1980.
Hábito: Hierba.
Status: Endémica.
Elevación: 2000-4000 m.
Prov.: JU, LR, SA, TU.
Ejemplar citado: *Venturi 3056** (F).

[Galium plumosum Rusby subsp. plumosum]
Ref.: Dempster, 1980.
Nota: Subespecie excluida de la flora argentina.

Galium pseudoaparine Griseb. = **Galium aparine** L.
Ref.: Dempster, 1981.

Galium pusillum auct. non L. = **Galium richardianum** (Gillies ex Hook. & Arn.) Endl. ex Walp. subsp. **pusillum** (Gillies ex Hook. & Arn.) Dempster
Ref.: Dempster, 1990.

Galium relbun (Cham. & Schltdl.) Clos = **Galium hypocarpium** (L.) Endl. ex Griseb. subsp. **hypocarpium**
Ref.: Dempster, 1990.

Galium richardianum (Gillies ex Hook. & Arn.) Endl. ex Walp. subsp. **haenkeanum** (Gillies ex Hook. & Arn.) Dempster
Sin.: *Galium haenkeanum* Endl. ex Walp., *Rubia haenkeana* Gillies ex Hook. & Arn.
Ref.: Dempster, 1982.
Hábito: Hierba.
Status: Endémica.
Elevación: 500-1500 m.
Prov.: ME.
Ejemplar citado: *Gillies s.n.** (holotipo, K).

Galium richardianum (Gillies ex Hook. & Arn.) Endl. ex Walp. subsp. **pusillum** (Gillies ex Hook. & Arn.) Dempster
Sin.: *Galium ciliatum* Ruiz & Pav. var. *pusillum* (Gillies ex Hook. & Arn.) Kuntze, *Galium pusillum* auct. non L., *Relbunium pusillum* (Gillies ex Hook. & Arn.) K. Schum., *Relbunium richardianum* (Gillies ex Hook. & Arn.) Hicken subsp. *pusillum* (Gillies ex Hook. & Arn.) Ehrend., *Rubia pusilla* Gillies ex Hook. & Arn.
Ref.: Dempster, 1990.

Hábito: Hierba.
Status: Nativa.
Elevación: 0-1500 m.
Prov.: CA, CO, JU, LR, ME, SA, SL, TU.
Paises limítrofes: BO.
Ejemplar examinado: *Gillies s.n.* (holotipo, K).

Galium richardianum (Gillies ex Hook. & Arn.) Endl. ex Walp. subsp. **richardianum**
Sin.: *Galium chaetophorum* Griseb., *Galium chaetophorum* Griseb. var. *prostratum* Kuntze, *Galium chaetophorum* Griseb. var. *strictum* Kuntze, *Galium ciliatum* Ruiz & Pav. var. *pusillum* (Gillies ex Hook. & Arn.) Kuntze, *Galium ciliatum* Ruiz & Pav. var. *richardianum* (Gillies ex Hook. & Arn.) Kuntze, *Galium patagonicum* Kuntze, *Relbunium chaetophorum* (Griseb.) K. Schum., *Relbunium patagonicum* (Kuntze) K. Schum., *Relbunium richardianum* (Gillies ex Hook. & Arn.) Hicken, *Relbunium richardianum* (Gillies ex Hook. & Arn.) Hicken subsp. *patagonicum* (Kuntze) Ehrend., *Rubia richardiana* Gillies ex Hook. & Arn.
Ref.: Dempster, 1982, 1990.
Hábito: Hierba.
Status: Nativa.
Elevación: 0-1500 m.
Prov.: BA, CA, CH, CHU, CO, COR, DF, ER, JU, ME, NE, RN, SA, SC, SE, SF, SJ, TF, TU.
Paises limítrofes: BR, PA, UR.
Ejemplar examinado: *Burkart 14037* (SI).

Galium saxatile L.
Ref.: Dempster, 1982.
Status: Introducida.
Elevación: sin datos m.
Prov.: TF.
Ejemplar examinado: *Moore 648* (LP).

Galium spurium L. = **Galium aparine** L.

Galium suffruticosum Hook. & Arn.
Sin.: *Galium chilense* Endl. ex Clos, hom. illeg.
Ref.: Dempster, 1982.
Hábito: Subarbusto.
Status: Nativa.
Elevación: 0-2500 m.
Prov.: ME.
Paises limítrofes: CH.
Ejemplar citado: *Moseley s.n.** (BM).

Galium telanthos Phil. = **Galium gilliesii** Hook. & Arn. subsp. **telanthos** (Phil.) Dempster
Ref.: Dempster, 1980.

Galium tetragonum Griseb. = **Galium latoramosum** Clos
Ref.: Bacigalupo, 1973; Dempster, 1982.

[Galium trichocarpum DC.]
Sin.: *Galium eriocarpum* Bartl. ex DC. var. *trichocarpum* (DC.) Wedd. ex Hauman
Nota: Cita dudosa para la flora argentina.

Galium trichocarpum DC. var. *telanthos* (Phil.) Reiche = **Galium gilliesii** Hook. & Arn. subsp. **telanthos** (Phil.) Dempster
Ref.: Dempster, 1980.

Galium tricornutum Dandy
Ref.: Dempster, 1982.
Hábito: Hierba.
Status: Introducida.
Elevación: 0-500 m.
Prov.: CH.
Ejemplar citado: *Schulz 503** (F).

Galium trifidum auct. non L. = **Galium antarcticum** Hook. f.
Ref.: Dempster, 1982.

Galium uruguayense Bacigalupo
Ref.: Bacigalupo, 1975; Dempster, 1982.
Hábito: Hierba.
Status: Nativa.
Elevación: 0-500 m.
Prov.: COR.
Paises limítrofes: BR, UR.
Ejemplar examinado: *Tressens et al. 2893* (CTES).

Galium vile (Cham. & Schltdl.) Dempster
Sin.: *Relbunium vile* (Cham. & Schltdl.) K. Schum., *Rubia vilis* Cham. & Schltdl.
Ref.: Dempster, 1990.
Hábito: Hierba.
Status: Nativa.
Elevación: 0-2000 m.
Prov.: BA, COR, ER, TU.
Paises limítrofes: UR.
Ejemplar examinado: *Burkart 4585* (SI).

Gardenia armata Sw. = **Randia armata** (Sw.) DC.
Ref.: Steyermark, 1972.

Genipa L.

Número de especies: 1

Genipa americana L. var. **americana**
Ref.: Steyermark, 1974c.
Hábito: Árbol.
Status: Nativa.
Elevación: 0-500 m.
Prov.: CH, FO, MI.
Paises limítrofes: BO, BR, PA.
Ejemplar examinado: *Schulz 12139* (SI).

Genipa americana L. var. **caruto** (Kunth) K. Schum.
Sin.: *Genipa caruto* Kunth
Ref.: Steyermark, 1974c.
Hábito: Árbol.
Status: Nativa.
Elevación: 0-500 m.
Prov.: COR, FO.
Paises limítrofes: BO, BR, PA.
Ejemplar examinado: *Guaglianone et al. 413* (SI).
Nota: Primera cita de la variedad para la Argentina.

Genipa caruto Kunth = **Genipa americana** L. var. **caruto** (Kunth) K. Schum.
Ref.: Steyermark, 1974c.

[Genipa nandipa Rojas Acosta]
Ref.: Krapovickas, 1970c.
Nota: Taxón dudoso.

[Genipa oleosa Rojas Acosta]
Ref.: Krapovickas, 1970c.
Nota: Taxón dudoso.

Genipa speciosa Rojas Acosta, nom. nud.

Geocardia herbacea (Jacq.) Standl. = **Geophila repens** (L.) I.M. Johnst.
Ref.: Steyermark, 1972; Williams, 1973.

Geophila D. Don
Número de especies: 2

Geophila herbacea (Jacq.) K. Schum. = **Geophila repens** (L.) I.M. Johnst.
Ref.: Steyermark, 1972; Williams, 1973.

Geophila herbacea (L.) K. Schum. var. *violaefolia* (Kunth) Chodat & Hassl. = **Geophila macropoda** (Ruiz & Pav.) DC.
Ref.: Steyermark, 1972.

Geophila macropoda (Ruiz & Pav.) DC.
Sin.: *Cephaelis violaefolia* Kunth, *Coccocypselum macropodum* (Ruiz & Pav.) Britton, *Geophila herbacea* (L.) K. Schum. var. *violaefolia* (Kunth) Chodat & Hassl., *Geophila violaefolia* (Kunth) DC., *Psychotria macropoda* Ruiz & Pav.
Ref.: Steyermark, 1972; Williams, 1973.
Hábito: Hierba.
Status: Nativa.
Elevación: 0-500 m.
Prov.: MI.
Paises limítrofes: BO, BR, PA.
Ejemplar examinado: *Eskuche 2-132* (SI).

Geophila repens (L.) I.M. Johnst.
Sin.: *Carinta herbacea* (Jacq.) W. Wight, *Carinta repens* (L.) L.B. Sm. & Downs, *Geocardia herbacea* (Jacq.) Standl., *Geophila herbacea* (Jacq.) K. Schum., *Mapouria herbacea* (Jacq.) Müll. Arg., *Psychotria herbacea* Jacq., *Rondeletia repens* L.
Ref.: Steyermark, 1972; Williams, 1972.
Hábito: Hierba.
Status: Nativa.
Elevación: 0-500 m.
Prov.: COR, FO, MI.
Paises limítrofes: BO, BR, PA.
Ejemplar examinado: *Tressens et al. 318* (SI).

Geophila violaefolia (Kunth) DC. = **Geophila macropoda** (Ruiz & Pav.) DC.
Ref.: Steyermark, 1972.

Gomozia granadensis Mutis ex L.f. = **Nertera granadensis** (Mutis ex L.f.) Druce
Ref.: Steyermark, 1974c.

Guettarda L.
Número de especies: 1

[Guettarda chacoense Rojas Acosta]
Ref.: Krapovickas, 1970c.
Nota: Taxón dudoso.

Guettarda uruguensis Cham. & Schltdl.
Ref.: Bacigalupo, 1965.
Hábito: Arbusto.
Status: Nativa.
Elevación: 0-500 m.
Prov.: BA, CH, COR, ER, FO, MI.
Paises limítrofes: BR, PA, UR.
Ejemplar examinado: *Burkart 21928* (SI).

Hamelia Jacq.
Número de especies: 1

Hamelia erecta Jacq. = **Hamelia patens** Jacq.
Ref.: Elias, 1976.

Hamelia patens Jacq.
Sin.: *Hamelia erecta* Jacq.
Ref.: Elias, 1976.
Hábito: Arbusto.
Status: Nativa.
Elevación: 0-1500 m.
Prov.: CH, JU, MI, SA.
Paises limítrofes: BO, BR, PA.
Ejemplar examinado: *Correa et al. 4594* (SI).

Hedyotis L.
Número de especies: 1

Hedyotis muscosa A. St.-Hil. = **Hedyotis salzmannii** (DC.) Steud.
Ref.: Lewis, 1966.

Hedyotis perpusilla Hook. & Arn. = **Hedyotis salzmannii** (DC.) Steud.
Ref.: Lewis, 1966.

Hedyotis salzmannii (DC.) Steud.
Sin.: *Anotis salzmannii* DC., *Hedyotis muscosa* A. St.-Hil., *Hedyotis perpusilla* Hook. & Arn., *Hedyotis theesifolia* A. St.-Hil., *Oldenlandia salzmannii* (DC.) Benth. & Hook. ex B.D. Jacks., *Oldenlandia theesifolia* (A. St.-Hil.) K. Schum.
Ref.: Lewis, 1966; Taylor, 1996a.
Hábito: Hierba.
Status: Nativa.
Elevación: 0-500 m.
Prov.: BA, COR, ER, MI.
Paises limítrofes: BO, BR, CH, PA, UR.
Ejemplar examinado: *Burkart 26391* (SI).

Hedyotis theesifolia A. St.-Hil. = **Hedyotis salzmannii** (DC.) Steud.
Ref.: Lewis, 1966.

Heterophyllaea Hook. f.
Número de especies: 1

Heterophyllaea lanceolata Griseb. = **Heterophyllaea pustulata** Hook. f.
Ref.: Bacigalupo, 1993.

Heterophyllaea pustulata Hook. f.
Sin.: *Heterophyllaea lanceolata* Griseb.
Ref.: Bacigalupo, 1993.
Hábito: Arbusto.
Status: Nativa.
Elevación: 2500-3000 m.
Prov.: JU, SA, TU.
Paises limítrofes: BO.
Ejemplar examinado: *Burkart 30651* (SI).

Hoffmannia Sw.
Número de especies: 1 especie endémica.

Hoffmannia australis Lillo
Ref.: Bacigalupo, 1993.
Hábito: Arbusto.
Status: Endémica.
Elevación: 500-1000 m.
Prov.: JU, SA, TU.
Ejemplar examinado: *Venturi 7915* (SI).

Ixora L.
Número de especies: 1

Ixora venulosa Benth.
Ref.: Bacigalupo, 1975.
Hábito: Arbusto
Status: Nativa.
Elevación: 0-500 m.
Prov.: MI.
Paises limítrofes: BR.
Ejemplar examinado: *Eskuche et al. 1915* (SI).

Leptostigma Arn.
Número de especies: 1

Leptostigma arnottianum Walp.
Sin.: *Nertera arnottiana* (Walp.) B.L. Rob.
Ref.: Fosberg, 1982; Taylor, 1996a.
Hábito: Hierba.
Status: Nativa.
Elevación: 0-500 m.
Prov.: NE.
Paises limítrofes: CH.
Ejemplar examinado: *Diem 800* (SI).

Lonicera alba L. = **Chiococca alba** (L.) C.L. Hitchc.
Ref.: Bacigalupo, 1957.

Lygodisodea brasiliensis Hook. f. = **Paederia brasiliensis** (Hook. f.) Puff
Ref.: Puff, 1991.

Lygodisodea foetida Ruiz & Pav. = **Paederia brasiliensis** (Hook. f.) Puff
Ref.: Puff, 1991.

Machaonia Bonpl.
Número de especies: 2

Machaonia brasiliensis (Hoffm. ex Humb.) Cham. & Schltdl.
Sin.: *Cinchona brasiliensis* Hoffm. ex Humb.
Ref.: Bacigalupo, 1957.
Hábito: Arbusto.
Status: Nativa.
Elevación: 0-500 m.
Prov.: CH, COR, FO, MI, SF.
Paises limítrofes: BO, BR, PA.
Ejemplar examinado: *Fortunato et al. 2789* (SI).

Machaonia spinosa Cham. & Schltdl.
Ref.: Bacigalupo, 1957.
Hábito: Arbusto.
Status: Nativa.
Elevación: 0-500 m.
Prov.: COR, MI.
Paises limítrofes: BR, PA.
Ejemplar examinado: *Rodríguez 662* (SI).

Manettia L.
Número de especies: 3, 1 especie endémica.

Manettia angustifolia Wernham = **Manettia cordifolia** Mart. var. **hassleriana** (Chodat) I.C. Chung
Ref.: Chung, 1968.

Manettia boliviana Wernham = **Manettia cordifolia** Mart. f. **boliviana** (Wernham) I.C. Chung
Ref.: Chung, 1968.

Manettia cordifolia Mart. var. **cordifolia**
Sin.: *Manettia ignita* (Vell.) K. Schum., *Manettia ignita* (Vell.) K. Schum. var. *cordifolia* K. Schum., *Manettia leianthiflora* Griseb.
Ref.: Chung, 1968.
Hábito: Enredadera.
Status: Nativa.
Elevación: 0-500 m.
Prov.: JU, MI, SA, TU.
Paises limítrofes: BO, BR, PA.
Ejemplar examinado: *Venturi 8352* (SI).

Manettia cordifolia Mart. var. *glabra* (Cham. & Schltdl.) Standl. = **Manettia cordifolia** Mart. var. **glabra** (Cham. & Schltdl.) Wernham
Ref.: Chung, 1968.

Manettia cordifolia Mart. var. **glabra** (Cham. & Schltdl.) Wernham
Sin.: *Manettia cordifolia* Mart. var. *glabra* (Cham. & Schltdl.) Standl., *Manettia glabra* Cham. & Schltdl., *Manettia ignita* (Vell.) K. Schum. var. *glabra* (Cham. & Schltdl.) K. Schum.
Ref.: Chung, 1967.
Hábito: Enredadera.
Status: Nativa.
Elevación: 0-500 m.
Prov.: COR, ER, JU, MI.
Paises limítrofes: BO, BR, PA, UR.
Ejemplar examinado: *Rodríguez 331* (SI).

Manettia cordifolia Mart. var. **hassleriana** (Chodat) I.C. Chung
Sin.: *Manettia angustifolia* Wernham, *Manettia hassleriana* Chodat
Ref.: Chung, 1968.
Hábito: Enredadera.

Status: Nativa.
Elevación: 0-500 m.
Prov.: MI.
Paises limítrofes: BR, PA.
Ejemplar examinado: *Rodrigo 3681* (F).

Manettia cordifolia Mart. f. **boliviana** (Wernham) I.C. Chung
Sin.: *Manettia boliviana* Wernham
Ref.: Chung, 1968; Bacigalupo, 1993.
Hábito: Enredadera.
Status: Nativa.
Elevación: 0-1500 m.
Prov.: JU, SA.
Paises limítrofes: BO.
Ejemplar examinado: *Correa et al. 4599* (SI).

Manettia cordifolia Mart. f. **incana** (K. Schum.) I.C. Chung
Sin.: *Manettia ignita* (Vell.) K. Schum. var. *incana* K. Schum.
Ref.: Chung, 1968.
Hábito: Enredadera.
Status: Nativa.
Elevación: 0-500 m.
Prov.: COR, ER.
Paises limítrofes: BR, PA.
Ejemplar examinado: *Troncoso et al. 1587* (SI).

Manettia cordifolia Mart. var. *pubescens* Niederl., nom. nud.

Manettia diffusa Britton = **Paederia brasiliensis** (Hook. f.) Puff
Ref.: Puff, 1991.

Manettia glabra Cham. & Schltdl. = **Manettia cordifolia** Mart. var. **glabra** (Cham. & Schltdl.) Wernham
Ref.: Chung, 1967.

Manettia hassleriana Chodat = **Manettia cordifolia** Mart. var. **hassleriana** (Chodat) I.C. Chung
Ref.: Chung, 1968.

Manettia ignita (Vell.) K. Schum. = **Manettia cordifolia** Mart. var. **cordifolia**
Ref.: Chung, 1968.

Manettia ignita (Vell.) K. Schum. var. *cordifolia* K. Schum. = **Manettia cordifolia** Mart. var. **cordifolia**
Ref.: Chung, 1968.

Manettia ignita (Vell.) K. Schum. var. *glabra* (Cham. & Schltdl.) K. Schum. = **Manettia cordifolia** Mart. var. **glabra** (Cham. & Schltdl.) Wernham
Ref.: Chung, 1967.

Manettia ignita (Vell.) K. Schum. var. *incana* K. Schum. = **Manettia cordifolia** Mart. f. **incana** (K. Schum.) I.C. Chung
Ref.: Chung, 1968.

Manettia inflata Sprague = **Manettia luteo-rubra** (Vell.) Benth. var. **paraguariensis** (Chodat) I.C. Chung
Ref.: Chung, 1967.

Manettia jorgensenii Standl.
Ref.: Bacigalupo, 1993.
Hábito: Subarbusto.
Status: Endémica.
Elevación: 1500-2000 m.
Prov.: JU, TU.
Ejemplar examinado: *Guaglianone et al. 1875* (SI).

Manettia leianthiflora Griseb. = **Manettia cordifolia** Mart. var. **cordifolia**
Ref.: Chung, 1968.

[Manettia luteo-rubra (Vell.) Benth. var. luteo-rubra]
Ref.: Chung, 1967.
Nota: Variedad excluida de la flora argentina.

Manettia luteo-rubra (Vell.) Benth. var. **paraguariensis** (Chodat) I.C. Chung
Sin.: *Manettia inflata* Sprague, *Manettia paraguariensis* Chodat, *Manettia samuelssoniana* Standl.
Ref.: Chung, 1967.
Hábito: Enredadera.
Status: Nativa.
Elevación: 0-500 m.
Prov.: MI.
Paises limítrofes: BR, PA, UR.
Ejemplar examinado: *Hunziker et al. 10819* (SI).

Manettia paraguariensis Chodat = **Manettia luteo-rubra** (Vell.) Benth. var. **paraguariensis** (Chodat) I.C. Chung
Ref.: Chung, 1967.

Manettia samuelssoniana Standl. = **Manettia luteo-rubra** (Vell.) Benth. var. **paraguariensis** (Chodat) I.C. Chung
Ref.: Chung, 1967.

Mapouria catharinensis Müll. Arg. = **Psychotria carthagenensis** Jacq.
Ref.: Bacigalupo, 1952, 1993.

Mapouria herbacea (Jacq.) Müll. Arg. = **Geophila repens** (L.) I.M. Johnst.
Ref.: Steyermark, 1972.

Mitracarpium cuspidatum DC. = **Mitracarpus megapotamicus** (Spreng.) Kuntze
Ref.: Bacigalupo, 1993.

Mitracarpium peladilla Griseb. = **Mitracarpus megapotamicus** (Spreng.) Kuntze
Ref.: Bacigalupo, 1974c, 1993.

Mitracarpus Zucc. ex Schult. & Schult. f.

Número de especies: 4

Mitracarpus brasiliensis M.L. Porto & J.L. Waechter
Ref.: Cabral, 1981.
Hábito: Hierba.
Status: Nativa.
Elevación: 0-500 m.
Prov.: MI.
Paises limítrofes: BR.
Ejemplar examinado: *Schinini 6096* (CTES).

Mitracarpus brevis K. Schum. & R.E. Fr.
Ref.: Bacigalupo, 1993.
Hábito: Hierba.
Status: Nativa.
Elevación: 2500-4000 m.
Prov.: JU, SA.
Paises limítrofes: BO.
Ejemplar examinado: *Werner 853* (SI).

Mitracarpus frigidus auct. non (Willd. ex Roem. & Schult.) K. Schum. = **Mitracarpus villosus** (Sw.) DC.
Ref.: Verdcourt, 1975.

Mitracarpus hirtus auct. non (L.) DC. = **Mitracarpus villosus** (Sw.) DC.
Ref.: Verdcourt, 1975.

Mitracarpus megapotamicus (Spreng.) Kuntze
Sin.: *Mitracarpium cuspidatum* DC., *Mitracarpium peladilla* Griseb., *Mitracarpus megapotamicus* (Spreng.) Standl., comb. superfl., *Mitracarpus sellowianum* Cham. & Schltdl., *Spermacoce megapotamica* Spreng.
Ref.: Bacigalupo, 1993.
Hábito: Hierba.
Status: Nativa.
Elevación: 0-500 m.
Prov.: BA, CA, CH, CO, COR, DF, ER, FO, JU, LP, LR, MI, SE, SF, TU.
Paises limítrofes: BO, BR, PA, UR.
Ejemplar examinado: *Schulz 11337* (SI).

Mitracarpus megapotamicus (Spreng.) Standl., comb. superfl. = **Mitracarpus megapotamicus** (Spreng.) Kuntze
Ref.: Bacigalupo, 1993.

[Mitracarpus parvulus K. Schum.]
Nota: Cita dudosa para la flora argentina.

Mitracarpus sellowianum Cham. & Schltdl. = **Mitracarpus megapotamicus** (Spreng.) Kuntze
Ref.: Bacigalupo, 1993.

Mitracarpus villosus (Sw.) DC.
Sin.: *Mitracarpus frigidus* auct. non (Willd. ex Roem. & Schult.) K. Schum., *Mitracarpus hirtus* auct. non (L.) DC., *Spermacoce hirta* auct. non L., *Spermacoce villosa* Sw.
Ref.: Verdcourt, 1975.
Hábito: Hierba.
Status: Nativa.
Elevación: 0-500 m.
Prov.: COR, ER, JU, MI, SA, TU.
Paises limítrofes: BO, BR, UR.
Ejemplar examinado: *Correa et al. 4386* (SI).

Mitracarpus virgatum Cham. & Schltdl. = **Staelia virgata** (Willd. ex Roem. & Schult.) K. Schum.

Mussaenda spinosa Jacq. = **Randia armata** (Sw.) DC.
Ref.: Steyermark, 1972; Bernardi, 1985b.

Nertera Banks & Sol. ex Graebn.
Número de especies: 1

Nertera arnottiana (Walp.) B.L. Rob. = **Leptostigma arnottianum** Walp.
Ref.: Fosberg, 1982.

Nertera depressa Banks & Sol. ex Graebn. = **Nertera granadensis** (Mutis ex L.f.) Druce
Ref.: Steyermark, 1974.

Nertera granadensis (Mutis ex L.f.) Druce
Sin.: *Gomozia granadensis* Mutis ex L.f., *Nertera depressa* Banks & Sol. ex Graebn.
Ref.: Steyermark, 1974; Taylor, 1996a.
Hábito: Hierba.
Status: Nativa.
Elevación: 500-3500 m.
Prov.: CHU, NE, RN, TF.
Paises limítrofes: CH.
Ejemplar examinado: *Boelcke y Correa 5275* (SI).

Oldenlandia salzmannii (DC.) Benth. & Hook. ex B.D. Jacks. = **Hedyotis salzmannii** (DC.) Steud.

Oldenlandia theesifolia (A. St.-Hil.) K. Schum. = **Hedyotis salzmannii** (DC.) Steud.
Ref.: Lewis, 1966.

Oreopolus Schltdl.
Número de especies: 1

Oreopolus citrinus Schltdl. = **Oreopolus glacialis** (Poepp.) Ricardi
Ref.: Taylor, 1996.

Oreopolus glacialis (Poepp.) Ricardi
Sin.: *Cruckshanksia glacialis* Poepp., *Cruckshanksia patagonica* (Speg.) Macloskie, *Oreopolus citrinus* Schltdl., *Oreopolus glacialis* (Poepp.) Ricardi var. *pilosus* Ricardi, *Oreopolus patagonicus* Speg.
Ref.: Ricardi, 1963; Taylor, 1996.
Hábito: Hierba.
Status: Nativa.
Elevación: 0-3500 m.
Prov.: CHU, ME, NE, RN, SC, TF.
Paises limítrofes: CH.
Ejemplar examinado: *Correa et al. 9091* (BAB).

Oreopolus glacialis (Poepp.) Ricardi var. *pilosus* Ricardi = **Oreopolus glacialis** (Poepp.) Ricardi
Ref.: Taylor, 1996.

Oreopolus macranthus (Phil.) Ricardi = **Cruckshanksia macrantha** Phil.
Ref.: Taylor, 1996.

Oreopolus palmae (Clos) Ricardi = **Cruckshanksia palmae** Clos
Ref.: Taylor, 1996.

Oreopolus patagonicus Speg. = **Oreopolus glacialis** (Poepp.) Ricardi
Ref.: Ricardi, 1963; Taylor, 1996.

Paederia L.

Número de especies: 1

Paederia brasiliensis (Hook. f.) Puff
Sin.: *Lygodisodea brasiliensis* Hook. f., *Lygodisodea foetida* Ruiz & Pav., *Manettia diffusa* Britton, *Paederia diffusa* (Britton) Standl., *Paederia macropoda* Lillo, nom. nud., *Paederia olens* K. Schum., *Paederiopsis diffusa* (Britton) Rusby
Ref.: Puff, 1991.
Hábito: Enredadera.
Status: Nativa.
Elevación: 0-2500 m.
Prov.: JU, SA, TU.
Paises limítrofes: BO, BR, PA.
Ejemplar examinado: *Cabrera et al. 34436* (SI).

Paederia diffusa (Britton) Standl. = **Paederia brasiliensis** (Hook. f.) Puff
Ref.: Puff, 1991.

Paederia macropoda Lillo, nom. nud. = **Paederia brasiliensis** (Hook. f.) Puff
Ref.: Puff, 1991.

Paederia olens K. Schum. = **Paederia brasiliensis** (Hook. f.) Puff
Ref.: Puff, 1991.

Paederiopsis diffusa (Britton) Rusby = **Paederia brasiliensis** (Hook. f.) Puff
Ref.: Puff, 1991.

Palicourea Aubl.

Número de especies: 2

Palicourea crocea (Sw.) Roem. & Schult.
Sin.: *Palicourea marcgravii* A. St.-Hil., *Palicourea paraensis* auct. non (Müll. Arg.) Standl., *Psychotria crocea* Sw.
Ref.: Bacigalupo, 1952; Bernardi, 1985b.
Hábito: Arbusto o subarbusto.
Status: Nativa.
Elevación: 0-1000 m.
Prov.: CH, COR, FO, MI.
Paises limítrofes: BO, BR, PA.
Ejemplar examinado: *Krapovickas et al. 24316* (SI).

Palicourea lasioneura Krause = **Palicourea macrobotrys** (Ruiz & Pav.) Roem. & Schult.
Ref.: Bacigalupo, 1952; Bernardi, 1985b.

Palicourea macrobotrys (Ruiz & Pav.) Roem. & Schult.
Sin.: *Palicourea lasioneura* Krause, *Psychotria macrobotrys* Ruiz & Pav.
Ref.: Bacigalupo, 1952; Bernardi, 1985b.
Hábito: Arbusto.
Status: Nativa.
Elevación: 0-500 m.
Prov.: MI.
Paises limítrofes: BO, BR.
Ejemplar examinado: *Pérez Moreau s.n.* (BA 48321).

Palicourea marcgravii A. St.-Hil. = **Palicourea crocea** (Sw.) Roem. & Schult.
Ref.: Bernardi, 1985b.

Palicourea paraensis auct. non (Müll. Arg.) Standl. = **Palicourea crocea** (Sw.) Roem. & Schult.
Ref.: Bacigalupo, 1952; Bernardi, 1985b.

[Palicourea rigida Kunth]
Ref.: Bacigalupo, 1952.
Nota: Especie excluida de la flora argentina.

Pogonopus Klotzsch

Número de especies: 1

Pogonopus febrifugus (Wedd.) Hook. f. = **Pogonopus tubulosus** (DC.) K. Schum.
Ref.: Schumann, 1889; Standley, 1931.

Pogonopus febrifugus (Wedd.) Hook. f. var. *macrosema* Hutch. = **Pogonopus tubulosus** (DC.) K. Schum.
Ref.: Schumann, 1889; Standley, 1931.

Pogonopus tubulosus (DC.) K. Schum.
Sin.: *Calycophyllum tubulosum* DC., *Chrysoxylon febrifugum* Wedd., *Pogonopus febrifugus* (Wedd.) Hook. f., *Pogonopus febrifugus* (Wedd.) Hook. f. var. *macrosema* Hutch.
Ref.: Schumann, 1889; Standley, 1931; Bacigalupo, 1933.
Hábito: Arbusto.
Status: Nativa.
Elevación: 0-2000 m.
Prov.: JU, SA.
Paises limítrofes: BO, BR.
Ejemplar examinado: *Correa 4577* (SI).

Portlandia hexandra Jacq. = **Coutarea hexandra** (Jacq.) K. Schum. var. **hexandra**
Ref.: Bacigalupo, 1993.

Psychotria L.

Número de especies: 6, 1 especie endémica.

Psychotria aemulans auct. non (Müll. Arg.) Standl. = **Psychotria argentinensis** Bacigalupo

Psychotria alba Ruiz & Pav. = **Psychotria carthagenensis** Jacq.
Ref.: Bacigalupo, 1952, 1993.

Psychotria argentinensis Bacigalupo
Sin.: *Psychotria aemulans* auct. non (Müll. Arg.) Standl.
Ref.: Bacigalupo, 1952, 1993.
Hábito: Hierba.
Status: Endémica.
Elevación: 1000-2000 m.
Prov.: JU, SA.
Ejemplar examinado: *Ahumada 5341* (LIL).

Psychotria brevicollis Müll. Arg.
Sin.: *Psychotria myriantha* Müll. Arg.
Ref.: Bacigalupo, 1952; Bernardi, 1985b.
Hábito: Arbusto.
Status: Nativa.
Elevación: 0-500 m.
Prov.: COR, MI.
Paises limítrofes: BR, PA.
Ejemplar examinado: *Montes 15034* (SI).

Psychotria carthagenensis Jacq.
Sin.: *Mapouria catharinensis* Müll. Arg., *Psychotria alba* Ruiz & Pav., *Psychotria foveolata* Ruiz & Pav.
Ref.: Bacigalupo, 1952, 1993.
Hábito: Arbusto o subarbusto.
Status: Nativa.
Elevación: 0-500 m.
Prov.: BA, CH, COR, ER, FO, JU, MI, SA, TU.
Paises limítrofes: BO, BR, PA, UR.
Ejemplar examinado: *Montes 6978* (SI).

Psychotria crocea Sw. = **Palicourea crocea** (Sw.) Roem. & Schult.
Ref.: Bacigalupo, 1952; Bernardi, 1985b.

Psychotria foveolata Ruiz & Pav. = **Psychotria carthagenensis** Jacq.
Ref.: Bacigalupo, 1952, 1993.

Psychotria herbacea Jacq. = **Geophila repens** (L.) I.M. Johnst.
Ref.: Steyermark, 1972; Williams, 1973.

Psychotria leiocarpa Cham. & Schltdl.
Ref.: Bacigalupo, 1952; Bernardi, 1985b.
Hábito: Subarbusto.
Status: Nativa.
Elevación: 0-500 m.
Prov.: COR, MI.
Paises limítrofes: BR, PA.
Ejemplar examinado: *Burkart 14556* (SI).

Psychotria macrobotrys Ruiz & Pav. = **Palicourea macrobotrys** (Ruiz & Pav.) Roem. & Schult.
Ref.: Bacigalupo, 1952; Bernardi, 1985b.

Psychotria macropoda Ruiz & Pav. = **Geophila macropoda** (Ruiz & Pav.) DC.
Ref.: Steyermark, 1972.

Psychotria myriantha Müll. Arg. = **Psychotria brevicollis** Müll. Arg.
Ref.: Bacigalupo, 1952.

Psychotria nitidula Cham. & Schltdl.
Ref.: Bacigalupo, 1952; Bernardi, 1985b.
Hábito: Subarbusto.
Status: Nativa.
Elevación: 0-500 m.
Prov.: MI.
Paises limítrofes: BR, PA.
Ejemplar examinado: *Pedersen 5212* (SI).

[Psychotria noxia A. St.-Hil.]
Ref.: Bacigalupo, 1952.
Nota: Especie excluida de la flora argentina.

Psychotria suterella Müll. Arg.
Ref.: Eskuche, 1989.
Hábito: Arbusto.
Status: Nativa.
Elevación: 0-500 m.
Prov.: MI.
Paises limítrofes: BR.
Ejemplar examinado: *Burkart 28427* (SI).

Randia L.
Número de especies: 2

Randia aculeata auct. non L. = **Randia micracantha** (Lillo) Bacigalupo var. **micracantha**
Ref.: Bacigalupo, 1993.

Randia armata (Sw.) DC.
Sin.: *Basanacantha spinosa* (Jacq.) K. Schum., *Basanacantha spinosa* (Jacq.) K. Schum. var. *ferox* K. Schum., *Gardenia armata* Sw., *Mussaenda spinosa* Jacq., *Randia spinosa* (Jacq.) H. Karst., hom. illeg.
Ref.: Steyermark, 1972; Bernardi, 1985b.
Hábito: Arbusto.
Status: Nativa.
Elevación: 0-500 m.
Prov.: CH, COR, FO.
Paises limítrofes: BO, BR, PA.
Ejemplar examinado: *Tressens 3909* (SI).

Randia micracantha (Lillo) Bacigalupo var. **glabra** Bacigalupo
Ref.: Bacigalupo, 1993.
Hábito: Arbusto.
Status: Nativa.
Elevación: 500-2500 m.
Prov.: JU, TU.
Paises limítrofes: BO.
Ejemplar examinado: *Cabrera et al. 27300* (SI).

Randia micracantha (Lillo) Bacigalupo var. **micracantha**
Sin.: *Basanacantha micracantha* Lillo, *Randia aculeata* auct. non L., *Randia spinosa* auct. non (Thunb.) Poir.
Ref.: Bacigalupo, 1993.
Hábito: Arbusto.
Status: Nativa.
Elevación: 500-2500 m.
Prov.: SA, TU.
Paises limítrofes: BO.
Ejemplar examinado: *Venturi 5340* (SI).

[Randia obovata Ruiz & Pav.]
Sin.: *Randia pubescens* Ruiz & Pav.
Nota: Especie excluida de la flora argentina.

Randia pubescens Ruiz & Pav. = [Randia obovata Ruiz & Pav.]

Randia spinosa (Jacq.) H. Karst., hom. illeg. = **Randia armata** (Sw.) DC.
Ref.: Steyermark, 1972; Bernardi, 1985b.

Randia spinosa auct. non (Thunb.) Poir. = **Randia micracantha** (Lillo) Bacigalupo var. **micracantha**
Ref.: Bacigalupo, 1993.

Randia spinosa Rojas Acosta, nom. nud.
Ref.: Krapovickas, 1970c.

Relbunium atherodes (Spreng.) K. Schum. = **Galium atherodes** Spreng.
Ref.: Dempster, 1990.

Relbunium bigeminum (Griseb.) K. Schum. = **Galium bigeminum** Griseb.
Ref.: Dempster, 1990.

Relbunium chaetophorum (Griseb.) K. Schum. = **Galium richardianum** (Gillies ex Hook. & Arn.) Endl. ex Walp. subsp. **richardianum**
Ref.: Dempster, 1982.

Relbunium ciliatum (Ruiz & Pav.) Hemsl. = **Galium corymbosum** Ruiz & Pav.
Ref.: Dempster, 1990.

Relbunium corymbosum (Ruiz & Pav.) K. Schum. = **Galium corymbosum** Ruiz & Pav.
Ref.: Dempster, 1990.

Relbunium croceum (Ruiz & Pav.) K. Schum. subsp. *involucratum* (Kunth) Ehrend. = **Galium corymbosum** Ruiz & Pav.
Ref.: Dempster, 1990.

Relbunium equisetoides (Cham. & Schltdl.) Ehrend. = **Galium equisetoides** (Cham. & Schltdl.) Standl.
Ref.: Dempster, 1982; Cabral, 1983.

Relbunium hirsutum K. Schum. = **Galium corymbosum** Ruiz & Pav.
Ref.: Dempster, 1990.

Relbunium hirtum (Lam.) K. Schum. = **Galium hirtum** Lam.
Ref.: Dempster, 1990.

Relbunium humile (Cham. & Schltdl.) K. Schum. = **Galium humile** Cham. & Schltdl.
Ref.: Dempster, 1982.

Relbunium hypocarpium (L.) Hemsl. = **Galium hypocarpium** (L.) Endl. ex Griseb. subsp. **hypocarpium**
Ref.: Dempster, 1990.

Relbunium hypocarpium (L.) Hemsl. subsp. *alluviale* Ehrend. = **Galium hypocarpium** (L.) Endl. ex Griseb. subsp. **alluviale** (Ehrend.) Dempster
Ref.: Dempster, 1990.

Relbunium hypocarpium (L.) Hemsl. subsp. *fluminense* (Vell.) Ehrend. = **Galium hypocarpium** (L.) Endl. ex Griseb. subsp. **hypocarpium**
Ref.: Dempster, 1990.

Relbunium hypocarpium (L.) Hemsl. subsp. *grandifolium* Ehrend. = **Galium hypocarpium** (L.) Endl. ex Griseb. subsp. **hypocarpium**
Ref.: Dempster, 1990.

Relbunium mazocarpum auct. non Greenm. = **Galium humile** Cham. & Schltdl.
Ref.: Dempster, 1982.

Relbunium megapotamicum (Spreng.) Ehrend. = **Galium megapotamicum** Spreng.
Ref.: Dempster, 1990.

Relbunium megapotamicum (Spreng.) Ehrend. subsp. *camporum* Ehrend. = **Galium megapotamicum** Spreng.
Ref.: Dempster, 1990.

Relbunium nigroramosum Ehrend. = **Galium nigroramosum** (Ehrend.) Dempster
Ref.: Dempster, 1990.

Relbunium noxium (A. St.-Hil.) K. Schum. var. *pilcomayense* Hassl. = **Galium noxium** (A. St.-Hil.) Dempster subsp. **valantioides** (Cham. & Schltdl.) Dempster
Ref.: Dempster, 1990.

Relbunium ovale (Ruiz & Pav.) K. Schum. = **Galium hypocarpium** (L.) Endl. ex Griseb. subsp. **hypocarpium**
Ref.: Dempster, 1990.

Relbunium patagonicum (Kuntze) K. Schum. = **Galium richardianum** (Gillies ex Hook. & Arn.) Endl. ex Walp. subsp. **richardianum**
Ref.: Dempster, 1982, 1990.

Relbunium pusillum (Gillies ex Hook. & Arn.) K. Schum. = **Galium richardianum** (Gillies ex Hook. & Arn.) Endl. ex Walp. subsp. **pusillum** (Gillies ex Hook. & Arn.) Dempster
Ref.: Dempster, 1990.

Relbunium richardianum (Gillies ex Hook. & Arn.) Hicken = **Galium richardianum** (Gillies ex Hook. & Arn.) Endl. ex Walp. subsp. **richardianum**
Ref.: Dempster, 1982.

Relbunium richardianum (Gillies ex Hook. & Arn.) Hicken subsp. *patagonicum* (Kuntze) Ehrend. = **Galium richardianum** (Gillies ex Hook. & Arn.) Endl. ex Walp. subsp. **richardianum**
Ref.: Dempster, 1982.

Relbunium richardianum (Gillies ex Hook. & Arn.) Hicken subsp. *pusillum* (Gillies ex Hook. & Arn.) Ehrend. = **Galium richardianum** (Gillies ex Hook. & Arn.) Endl. ex Walp. subsp. **pusillum** (Gillies ex Hook. & Arn.) Dempster
Ref.: Dempster, 1990.

Relbunium vaillantioides (Cham. & Schltdl.) K. Schum. = **Galium noxium** (A. St.-Hil.) Dempster subsp. **valantioides** (Cham. & Schltdl.) Dempster
Ref.: Dempster, 1990.

Relbunium vile (Cham. & Schltdl.) K. Schum. = **Galium vile** (Cham. & Schltdl.) Dempster
Ref.: Dempster, 1982.

Richardia L.

Número de especies: 5

Richardia brasiliensis Gomes
Sin.: *Richardia pilosa* auct. non Ruiz & Pav., *Richardia rosea* (A. St.-Hil.) Schult., *Richardia scabra* auct. non L., *Richardsonia brasiliensis* (Gomes) Hayne, *Richardsonia rosea* A. St.-Hil., *Richardsonia scabra* auct. non (L.) A. St.-Hil.
Ref.: Bacigalupo, 1968; Lewis & Oliver, 1974.
Hábito: Hierba.
Status: Nativa.
Elevación: 0-500 m.
Prov.: BA, CA, CH, CO, COR, ER, FO, JU, MI, SA, SE, SF, TU.
Paises limítrofes: BO, BR, PA, UR.
Ejemplar examinado: *Burkart 21420* (SI).

Richardia coldenioides Rusby
Sin.: *Richardsonia coldenioides* (Rusby) Buchtien
Ref.: Lewis & Oliver, 1974.
Hábito: Hierba.
Status: Nativa.
Elevación: 2700-4100 m.
Prov.: CO.
Paises limítrofes: BO.
Ejemplar examinado: *Burkart 10443* (SI).

Richardia divergens Pohl ex DC. = **Richardia grandiflora** (Cham. & Schltdl.) Steud.
Ref.: Lewis & Oliver, 1974.

Richardia grandiflora (Cham. & Schltdl.) Steud.
Sin.: *Richardia divergens* Pohl ex DC., *Richardsonia grandiflora* Cham. & Schltdl.
Ref.: Bacigalupo, 1968; Lewis & Oliver, 1974.
Hábito: Hierba.
Status: Nativa.
Elevación: 0-1200 m.
Prov.: COR, MI.
Paises limítrofes: BO, BR, PA, UR.
Ejemplar examinado: *Montes 3412* (SI).

Richardia humistrata (Cham. & Schltdl.) Steud.
Sin.: *Richardsonia humistrata* Cham. & Schltdl.
Ref.: Bacigalupo, 1968; Lewis & Oliver, 1974.
Hábito: Hierba.
Status: Nativa.
Elevación: 0-1500 m.
Prov.: BA, COR, ER.
Paises limítrofes: BR, UR.
Ejemplar examinado: *Nicora 3345* (SI).

Richardia pilosa auct. non Ruiz & Pav. = **Richardia brasiliensis** Gomes
Ref.: Bacigalupo, 1968.

Richardia rosea (A. St.-Hil.) Schult. = **Richardia brasiliensis** Gomes
Ref.: Bacigalupo, 1968; Lewis & Oliver, 1974.

Richardia scabra auct. non L. = **Richardia brasiliensis** Gomes
Ref.: Lewis & Oliver, 1974.

Richardia stellaris (Cham. & Schltdl.) Steud.
Sin.: *Richardsonia stellaris* Cham. & Schltdl.
Ref.: Bacigalupo, 1968; Lewis & Oliver, 1974.
Hábito: Hierba.
Status: Nativa.
Elevación: 0-2000 m.
Prov.: BA, CO, COR, ER, FO, JU, MI, SA, SE, SF, TU.
Paises limítrofes: BO, BR, PA, UR.
Ejemplar examinado: *Burkart 13466* (SI).

Richardsonia brasiliensis (Gomes) Hayne = **Richardia brasiliensis** Gomes
Ref.: Bacigalupo, 1968; Lewis & Oliver, 1974.

Richardsonia coldenioides (Rusby) Buchtien = **Richardia coldenioides** Rusby
Ref.: Lewis & Oliver, 1974.

Richardsonia grandiflora Cham. & Schltdl. = **Richardia grandiflora** (Cham. & Schltdl.) Steud.
Ref.: Bacigalupo, 1968; Lewis & Oliver, 1974.

Richardsonia humistrata Cham. & Schltdl. = **Richardia humistrata** (Cham. & Schltdl.) Steud.
Ref.: Bacigalupo, 1968; Lewis & Oliver, 1974.

Richardsonia officinalis Rojas Acosta, nom. nud.
Ref.: Krapovickas, 1970c.

Richardsonia rosea A. St.-Hil. = **Richardia brasiliensis** Gomes
Ref.: Bacigalupo, 1968; Lewis & Oliver, 1974.

Richardsonia scabra auct. non (L.) A. St.-Hil. = **Richardia brasiliensis** Gomes

Richardsonia stellaris Cham. & Schltdl. = **Richardia stellaris** (Cham. & Schltdl.) Steud.
Ref.: Bacigalupo, 1968; Lewis & Oliver, 1974.

Rondeletia repens L. = **Geophila repens** (L.) I.M. Johnst.
Ref.: Steyermark, 1972; Williams, 1973.

Rubia L.

Número de especies: 1

Rubia ephedroides Cham. & Schltdl., hom. illeg. = **Galium latoramosum** Clos
Ref.: Bacigalupo, 1973; Dempster, 1982.

Rubia equisetoides Cham. & Schltdl. = **Galium equisetoides** (Cham. & Schltdl.) Standl.
Ref.: Dempster, 1982; Cabral, 1983.

Rubia haenkeana Gillies ex Hook. & Arn. = **Galium richardianum** (Gillies ex Hook. & Arn.) Endl. ex Walp. subsp. **haenkeanum** (Gillies ex Hook. & Arn.) Dempster
Ref.: Dempster, 1982.

Rubia indecora Cham. & Schltdl. = [Galium hypocarpium (L.) Endl. ex Griseb. subsp. indecorum (Cham. & Schltdl.) Dempster]
Ref.: Dempster, 1990.

Rubia intricata Hook. & Arn. = **Galium latoramosum** Clos
Ref.: Bacigalupo, 1973; Dempster, 1982.

Rubia pusilla Gillies ex Hook. & Arn. = **Galium richardianum** (Gillies ex Hook. & Arn.) Endl. ex Walp. subsp. **pusillum** (Gillies ex Hook. & Arn.) Dempster
Ref.: Dempster, 1990.

Rubia relbun Cham. & Schltdl. = **Galium hypocarpium** (L.) Endl. ex Griseb. subsp. **hypocarpium**
Ref.: Dempster, 1990.

Rubia richardiana Gillies ex Hook. & Arn. = **Galium richardianum** (Gillies ex Hook. & Arn.) Endl. ex Walp. subsp. **richardianum**
Ref.: Dempster, 1982.

Rubia tetragona (Griseb.) K. Schum. = **Galium latoramosum** Clos
Ref.: Bacigalupo, 1973; Dempster, 1982.

Rubia tinctorum L.
Ref.: Taylor, 1996a.
Hábito: Hierba.
Status: Adventicia.
Elevación: 0-500 m.
Prov.: ME.
Paises limítrofes: CH.
Ejemplar examinado: *Covas 239* (SI).

Rubia valantioides Cham. & Schltdl. = **Galium noxium** (A. St.-Hil.) Dempster subsp. **valantioides** (Cham. & Schltdl.) Dempster
Ref.: Dempster, 1990.

Rubia vilis Cham. & Schltdl. = **Galium vile** (Cham. & Schltdl.) Dempster
Ref.: Dempster, 1990.

Rudgea Salisb.

Número de especies: 1

Rudgea parquioides (Cham.) Müll. Arg.
Sin.: *Coffea parquioides* Cham.
Ref.: Bacigalupo, 1952.
Hábito: Arbusto.
Status: Nativa.
Elevación: 0-500 m.
Prov.: MI.
Paises limítrofes: BR, PA.
Ejemplar examinado: *Pierotti 6579* (LIL).

Schenckia K. Schum.

Número de especies: 1

Schenckia blumenaviensis K. Schum.
Ref.: Bacigalupo, 1960.
Hábito: Subarbusto.
Status: Nativa.
Elevación: 0-500 m.
Prov.: MI.
Paises limítrofes: BR.
Ejemplar examinado: *Daviña et al. 126* (CTES).

Sherardia L.

Número de especies: 1

Sherardia arvensis L.
Sin.: *Sherardia arvensis* L. f. *argentina* Hicken
Ref.: Bacigalupo, 1965; Taylor, 1996a.
Hábito: Hierba.
Status: Adventicia.
Elevación: 0-500 m.
Prov.: BA, ER, TU.
Paises limítrofes: CH, UR.
Ejemplar examinado: *Correa et al. s.n.* (BAA 2375, SI).

Sherardia arvensis L. f. *argentina* Hicken = **Sherardia arvensis** L.
Ref.: Bacigalupo, 1965.

Spermacoce L.

Número de especies: 1

Spermacoce brownii Rusby = **Borreria brownii** (Rusby) Standl.
Ref.: Cabral & Bacigalupo, inéd..

Spermacoce capitata Ruiz & Pav. = [Borreria capitata (Ruiz & Pav.) DC.]

Spermacoce centranthoides (Cham. & Schltdl.) Kuntze = **Galianthe centranthoides** (Cham. & Schltdl.) E.L. Cabral
Ref.: Cabral, 1993.

Spermacoce clidemioides (Griseb.) Niederl. = **Galianthe centranthoides** (Cham. & Schltdl.) E.L. Cabral
Ref.: Cabral, 1991.

Spermacoce confusa Rendle ex Gillis = **Spermacoce tenuior** L.
Ref.: Bacigalupo, 1972.

Spermacoce corymbosa Ruiz & Pav. = [Galianthe corymbosa (Ruiz & Pav.) E.L. Cabral]
Ref.: Cabral, 1991.

Spermacoce diffusa auct. non Pohl ex DC. = **Borreria eryngioides** Cham. & Schltdl. var. **eryngioides**

Spermacoce elongata Pohl = [Borreria capitata (Ruiz & Pav.) DC.]

Spermacoce equisetoides (Cham. & Schltdl.) Kuntze = **Galianthe equisetoides** (Cham. & Schltdl.) E.L. Cabral
Ref.: Cabral, 1991.

Spermacoce eryngioides (Cham. & Schltdl.) Kuntze = **Borreria eryngioides** Cham. & Schltdl. var. **eryngioides**

Spermacoce eupatorioides (Cham. & Schltdl.) Kuntze = **Galianthe eupatorioides** (Cham. & Schltdl.) E.L. Cabral
Ref.: Cabral, 1991.

Spermacoce fastigiata (Griseb.) Niederl. = **Galianthe fastigiata** Griseb.
Ref.: Cabral, 1991.

Spermacoce glabra auct. non Michx. = **Spermacoce tenuior** L.
Ref.: Bacigalupo, 1972.

Spermacoce hirta auct. non L. = **Mitracarpus villosus** (Sw.) DC.
Ref.: Verdcourt, 1975.

Spermacoce leiophylla (K. Schum.) Kuntze = **Galianthe fastigiata** Griseb.
Ref.: Cabral, 1991.

Spermacoce megapotamica Spreng. = **Mitracarpus megapotamicus** (Spreng.) Kuntze
Ref.: Bacigalupo, 1993.

Spermacoce ocymoides Burm.f. = **Borreria ocymoides** (Burm.f.) DC.
Ref.: Cabral & Bacigalupo, 1996.

Spermacoce parviflora (G. Mey.) A. Gray = **Borreria ocymoides** (Burm.f.) DC.

Spermacoce poaya A. St.-Hil. = **Borreria poaya** (A. St.-Hil.) DC.
Ref.: Bacigalupo & Cabral, 1996.

Spermacoce remota Rendle, hom. illeg. = **Spermacoce tenuior** L.
Ref.: Bacigalupo, 1972.

[Spermacoce riparia Cham.]
Ref.: Bacigalupo, 1972.
Nota: Especie excluida de la flora argentina.

Spermacoce tenuior L.
Sin.: *Spermacoce confusa* Rendle ex Gillis, *Spermacoce glabra* auct. non Michx., *Spermacoce remota* Rendle, hom. illeg., *Spermacoceodes tenuior* (L.) Kuntze
Ref.: Bacigalupo, 1972.
Hábito: Hierba.
Status: Nativa.
Elevación: 0-500 m.
Prov.: CA, JU, SA, TU.
Paises limítrofes: BO.
Ejemplar examinado: *Burkart y Troncoso s.n.* (SI 11364).

Spermacoce thalictroides (K. Schum.) Kuntze = **Galianthe thalictroides** (K. Schum.) E.L. Cabral
Ref.: Cabral, 1991.

Spermacoce valerianoides (Cham. & Schltdl.) Kuntze = **Galianthe valerianoides** (Cham. & Schltdl.) E.L. Cabral
Ref.: Cabral, 1991.

Spermacoce verticillata L. = **Borreria verticillata** (L.) G. Mey.
Ref.: Bacigalupo & Cabral, 1996.

Spermacoce villosa Sw. = **Mitracarpus villosus** (Sw.) DC.
Ref.: Verdcourt, 1975.

Spermacoce virgata Willd. ex Roem. & Schult. = **Staelia virgata** (Willd. ex Roem. & Schult.) K. Schum.

Spermacoceodes Kuntze

Número de especies: 1

[Spermacoceodes glabrum (Michx.) Kuntze var. glabrum]
Sin.: *Diodia glabra* (Michx.) Pers.
Nota: Variedad excluida de la flora argentina.

Spermacoceodes glabrum (Michx.) Kuntze var. **rectum** Bacigalupo
Ref.: Bacigalupo, 1972.
Hábito: Hierba.
Status: Nativa.
Elevación: 0-500 m.
Prov.: BA, CH, COR, ER, FO, MI, SE, TU.
Paises limítrofes: BR, PA, UR.
Ejemplar examinado: *Pedersen 8215* (SI).

Spermacoceodes tenuior (L.) Kuntze = **Spermacoce tenuior** L.
Ref.: Bacigalupo, 1972.

Staelia Cham. & Schltdl.

Número de especies: 2

Staelia caespitosa Griseb. = **Staelia virgata** (Willd. ex Roem. & Schult.) K. Schum.

[Staelia filifolia Chodat & Hassl., nom. illeg.]
Nota: Cita dudosa para la flora argentina.

Staelia thymoides Cham. & Schltdl.
Ref.: Bacigalupo, 1974c.
Hábito: Hierba.
Status: Nativa.
Elevación: 0-500 m.
Prov.: COR, ER.
Paises limítrofes: BO, BR, PA, UR.
Ejemplar examinado: *Burkart 23141* (SI).

Staelia virgata (Willd. ex Roem. & Schult.) K. Schum.
Sin.: *Borreria finitima* S. Moore, *Mitracarpus virgatum* Cham. & Schltdl., *Spermacoce virgata* Willd. ex Roem. & Schult., *Staelia caespitosa* Griseb.
Ref.: Bacigalupo, 1993.
Hábito: Hierba.
Status: Nativa.
Elevación: 1000-1500 m.
Prov.: JU.
Paises limítrofes: BR, PA.
Ejemplar examinado: *Cabrera et al. 22206* (SI).

Tetramerium montevidense Cham. & Schltdl. = [Faramea montevidensis (Cham. & Schltdl.) DC.]

Valantia hypocarpia L. = **Galium hypocarpium** (L.) Endl. ex Griseb. subsp. **hypocarpium**
Ref.: Dempster, 1990.

RUTACEAE

6 géneros, 16 especies.

por C. C. Xifreda

Balfourodendron Corr. Méllo ex Oliv.

Número de especies: 1

Balfourodendron eburneum Corr. Méllo ex Oliv. = **Balfourodendron riedelianum** (Engl.) Engl.
Ref.: Cowan & Smith, 1973.

Balfourodendron riedelianum (Engl.) Engl.
Sin.: *Balfourodendron eburneum* Corr. Méllo ex Oliv., *Esenbeckia riedelianum* Engl., *Helietta multiflora* Engl.
Ref.: Monachino, 1946; Cowan & Smith, 1973; Spichiger & Stutz de Ortega, 1987; Pirani, 1998.
Hábito: Árbol.
Status: Nativa.
Elevación: 0-1000 m.
Prov.: COR, MI.
Paises limítrofes: BR, PA.
Ejemplar examinado: *Gamerro y Toursarkissian 147* (SI).

Citrus L.

Número de especies: 1

Citrus aurantium L.
Ref.: Latzina, 1937; Spichiger & Stutz de Ortega, 1987.
Hábito: Árbol.
Status: Introducida.
Elevación: 0-1000 m.
Prov.: BA, CH, CO, COR, FO, JU, MI, SA, SF, TU.
Paises limítrofes: PA.
Ejemplar examinado: *Venturi 3892* (SI).

Esenbeckia Kunth

Número de especies: 3

Esenbeckia cuspidata Engl. = **Helietta apiculata** Benth.
Ref.: Toursarkissian, 1957.

Esenbeckia densiflora (Chodat & Hassl.) Hassl.
Sin.: *Esenbeckia febrifuga* A. St.-Hil. var. *densiflora* Chodat & Hassl.
Ref.: Volkart, 1979.
Hábito: Árbol.
Status: Nativa.
Elevación: 0-500 m.
Prov.: MI.
Paises limítrofes: PA.
Ejemplar examinado: *Rodríguez 433* (SI).

Esenbeckia febrifuga (A. St.-Hil.) A.Juss. ex Mart.
Sin.: *Esenbeckia febrifuga* (A. St.-Hil.) A.Juss. ex Mart. var. *fruticosa* Hassl., *Esenbeckia gracilis* (K. Schum.) R.S. Cowan, *Evodia febrifuga* A. St.-Hil., *Metrodorea gracilis* K. Schum.
Ref.: Cowan & Smith, 1973; Spichiger & Stutz de Ortega, 1987.
Hábito: Árbol.
Status: Nativa.
Elevación: 0-500 m.
Prov.: MI.
Paises limítrofes: BR, PA.
Ejemplar examinado: *Rodríguez 436* (SI).

Esenbeckia febrifuga (A. St.-Hil.) A.Juss. ex Mart. var. *fruticosa* Hassl. = **Esenbeckia febrifuga** (A. St.-Hil.) A.Juss. ex Mart.

Esenbeckia febrifuga A. St.-Hil. var. *densiflora* Chodat & Hassl. = **Esenbeckia densiflora** (Chodat & Hassl.) Hassl.

Esenbeckia gracilis (K. Schum.) R.S. Cowan = **Esenbeckia febrifuga** (A. St.-Hil.) A.Juss. ex Mart.

Esenbeckia grandiflora Mart.
Sin.: *Polembryum jussieui* Schott
Ref.: Dimitri, 1974a; Volkart, 1979; Tressens, 1981.
Hábito: Arbusto o arbolito.
Status: Nativa.
Elevación: 0-500 m.
Prov.: COR, MI.
Paises limítrofes: BR, PA.
Ejemplar examinado: *Burkart 25547* (SI).

Esenbeckia riedelianum Engl. = **Balfourodendron riedelianum** (Engl.) Engl.

Evodia febrifuga A. St.-Hil. = **Esenbeckia febrifuga** (A. St.-Hil.) A.Juss. ex Mart.

Fagara L.

Número de especies: 9

Fagara acutifolia auct. non (Engl.) Engl. = **Fagara chiloperone** Engl. var. **angustifolia** (Engl.) Engl.

Fagara chiloperone Engl. var. **angustifolia** (Engl.) Engl.
Sin.: *Fagara acutifolia* auct. non (Engl.) Engl., *Zanthoxylum chiloperone* Engl. var. *angustifolium* Engl.
Ref.: Escalante, 1961.
Hábito: Árbol.
Status: Nativa.
Elevación: 0-1000 m.
Prov.: FO, MI.
Paises limítrofes: BR, PA.
Ejemplar examinado: *Rojas 4470* (BAF).

Fagara coco (Gillies) Engl.
Sin.: *Zanthoxylum coco* Gillies, *Zanthoxylum sorbifolium* auct. non A. St.-Hil., *Zanthoxylum stipitatum* Engl.
Ref.: Escalante, 1961.
Hábito: Árbol.
Status: Nativa.
Elevación: 500-1500 m.
Prov.: CA, CO, JU, LR, SA, SL, TU.
Paises limítrofes: BO.
Ejemplar examinado: *Müsch 33* (SI).

Fagara coco (Gillies) Engl. var. *formosana* Lillo = **Fagara rhoifolia** (Lam.) Engl.

Fagara hassleriana Chodat
Ref.: Tressens, 1981.
Hábito: Árbol.
Status: Nativa.
Elevación: 0-500 m.
Prov.: COR.
Paises limítrofes: PA.
Ejemplar examinado: *Krapovickas et al. 19999* (CTES).

Fagara hieronymi Engl. = **Fagara naranjillo** (Griseb.) Engl.

Fagara hyemalis (A. St.-Hil.) Engl.
Sin.: *Zanthoxylum hyemale* A. St.-Hil.
Ref.: Escalante, 1961; Cowan & Smith, 1973; Spichiger & Stutz de Ortega, 1987.
Hábito: Arbusto o árbol.
Status: Nativa.
Elevación: 0-1000 m.
Prov.: BA, CH, COR, ER, FO, MI, SF.
Paises limítrofes: BR, PA, UR.
Ejemplar examinado: *Krapovickas et al. 15458*

Fagara naranjillo (Griseb.) Engl.
Sin.: *Fagara hieronymi* Engl., *Fagara naranjillo* (Griseb.) Engl. var. *angustifolia* Lillo, *Fagara paraguariensis* Chodat & Hassl., *Zanthoxylum naranjillo* Griseb.
Ref.: Escalante, 1961; Spichiger & Stutz de Ortega, 1987.
Hábito: Árbol.
Status: Nativa.
Elevación: 0-500 m.
Prov.: CH, COR, FO, MI, SA, TU.
Paises limítrofes: BO, BR, PA.
Ejemplar examinado: *Joergensen 2585* (SI).

Fagara naranjillo (Griseb.) Engl. var. *angustifolia* Lillo = **Fagara naranjillo** (Griseb.) Engl.

Fagara niederleinii Engl. = **Fagara rhoifolia** (Lam.) Engl.

Fagara nigrescens R.E. Fr.
Ref.: Escalante, 1961.
Hábito: Árbol.
Status: Nativa.
Elevación: 500-1000 m.
Prov.: JU, SA.
Paises limítrofes: BO.
Ejemplar examinado: *Venturi 5505* (SI).

Fagara paraguariensis Chodat & Hassl. = **Fagara naranjillo** (Griseb.) Engl.

Fagara pterota (Kunth) Engl. = **Fagara pterota** L.

Fagara pterota L.
Sin.: *Fagara pterota* (Kunth) Engl., *Fagara pterota* L. var. *guaranitica* Chodat & Hassl., *Zanthoxylum pterota* Kunth
Ref.: Escalante, 1961.
Hábito: Arbusto o subarbusto.
Status: Nativa.
Elevación: 0-500 m.
Prov.: CH, COR, FO, JU, SA, SF.
Paises limítrofes: PA.
Ejemplar examinado: *Rodríguez 143* (SI).

Fagara pterota L. var. *guaranitica* Chodat & Hassl. = **Fagara pterota** L.

Fagara rhoifolia (Lam.) Engl.
Sin.: *Fagara coco* (Gillies) Engl. var. *formosana* Lillo, *Fagara niederleinii* Engl., *Fagara rhoifolia* (Lam.) Engl. var. *niederleinii* (Engl.) Nájera, Galdeano & Escal., *Fagara rhoifolia* (Lam.) Engl. var. *petiolulata* (Engl.) Engl., *Fagara rhoifolia* (Lam.) Engl. var. *surparanaensis* Nájera, Galdeano & Escal., *Zanthoxylum rhoifolium* Lam., *Zanthoxylum rhoifolium* Lam. var. *petiolulatum* Engl.
Ref.: Escalante, 1961; Nájera et al., 1972; Spichiger & Stutz de Ortega, 1987.
Hábito: Árbol.
Status: Nativa.
Elevación: 0-500 m.
Prov.: BA, CH, COR, ER, FO, MI, SA, SF, TU.
Paises limítrofes: BO, BR, PA.
Ejemplar examinado: *Gamerro y Toursarkissian 159* (SI).

Fagara rhoifolia (Lam.) Engl. var. *niederleinii* (Engl.) Nájera, Galdeano & Escal. = **Fagara rhoifolia** (Lam.) Engl.

Fagara rhoifolia (Lam.) Engl. var. *petiolulata* (Engl.) Engl. = **Fagara rhoifolia** (Lam.) Engl.

Fagara rhoifolia (Lam.) Engl. var. *surparanaensis* Nájera, Galdeano & Escal. = **Fagara rhoifolia** (Lam.) Engl.

Fagara riedeliana (Engl.) Engl.
Sin.: *Fagara riedeliana* (Engl.) Engl. var. *pubescens* Chodat & Hassl., *Zanthoxylum riedelianum* Engl.
Ref.: Escalante, 1961.
Hábito: Árbol.
Status: Nativa.
Elevación: 0-500 m.
Prov.: MI.
Paises limítrofes: BR, PA.
Ejemplar examinado: *Parodi 12* (BAF).

Fagara riedeliana (Engl.) Engl. var. *pubescens* Chodat & Hassl. = **Fagara riedeliana** (Engl.) Engl.

Helietta Tul.
Número de especies: 1

Helietta apiculata Benth.
Sin.: *Esenbeckia cuspidata* Engl., *Helietta cuspidata* (Engl.) Chodat, *Helietta longifoliata* Britton
Ref.: Toursarkissian, 1957; Spichiger & Stutz de Ortega, 1987; Pirani, 1998.
Hábito: Árbol.
Status: Nativa.
Elevación: 0-1000 m.
Prov.: COR, MI.
Paises limítrofes: BR, PA.
Ejemplar examinado: *Rodríguez 15* (SI).

Helietta cuspidata (Engl.) Chodat = **Helietta apiculata** Benth.
Ref.: Toursarkissian, 1957.

Helietta longifoliata Britton = **Helietta apiculata** Benth.
Ref.: Toursarkissian, 1957.

Helietta multiflora Engl. = **Balfourodendron riedelianum** (Engl.) Engl.
Ref.: Cowan & Smith, 1973.

Metrodorea gracilis K. Schum. = **Esenbeckia febrifuga** (A. St.-Hil.) A.Juss. ex Mart.

Pilocarpus Vahl

Número de especies: 1

Pilocarpus pennatifolius Lem.
Sin.: *Pilocarpus pennatifolius* Lem. var. *selloanus* (Engl.) Hassl., *Pilocarpus selloanus* Engl.
Ref.: Cowan & Smith, 1973; Spichiger & Stutz de Ortega, 1987.
Hábito: Arbusto o arbolito.
Status: Nativa.
Elevación: 0-500 m.
Prov.: CH, FO, MI.
Paises limítrofes: BR, PA.
Ejemplar examinado: *Cabrera et al. 28636* (SI).

Pilocarpus pennatifolius Lem. var. *selloanus* (Engl.) Hassl. = **Pilocarpus pennatifolius** Lem.
Ref.: Cowan & Smith, 1973.

Pilocarpus selloanus Engl. = **Pilocarpus pennatifolius** Lem.
Ref.: Cowan & Smith, 1973.

Polembryum jussieui Schott = **Esenbeckia grandiflora** Mart.
Ref.: Cowan & Smith, 1973.

Zanthoxylum chiloperone Engl. var. *angustifolium* Engl. = **Fagara chiloperone** Engl. var. **angustifolia** (Engl.) Engl.

Zanthoxylum coco Gillies = **Fagara coco** (Gillies) Engl.

Zanthoxylum hyemale A. St.-Hil. = **Fagara hyemalis** (A. St.-Hil.) Engl.

Zanthoxylum naranjillo Griseb. = **Fagara naranjillo** (Griseb.) Engl.

Zanthoxylum pterota Kunth = **Fagara pterota** L.

Zanthoxylum rhoifolium Lam. = **Fagara rhoifolia** (Lam.) Engl.

Zanthoxylum riedelianum Engl. = **Fagara riedeliana** (Engl.) Engl.

Zanthoxylum rhoifolium Lam. var. *petiolulatum* Engl. = **Fagara rhoifolia** (Lam.) Engl.

Zanthoxylum sorbifolium auct. non A. St.-Hil. = **Fagara coco** (Gillies) Engl.

Zanthoxylum stipitatum Engl. = **Fagara coco** (Gillies) Engl.

SALICACEAE

1 género, 3 especies.

Salix L.

Número de especies: 3

Salix babylonica L.
Ref.: Burkart, 1957c; Pertusi, 1984.
Hábito: Árbol.
Status: Introducida.
Elevación: 0–500 m.
Prov.: BA.
Paises limítrofes: BO.
Ejemplar examinado: *Burkart 4111* (SI).

[Salix chilensis Molina]
Ref.: Ragonese, 1987.
Nota: Taxón dudoso.

Salix fragilis L.
Ref.: Burkart, 1957c; Correa, 1984e; Pertusi, 1984.
Hábito: Árbol.
Status: Introducida.
Elevación: 0–500 m.
Prov.: BA, CHU, ER, NE, RN.
Ejemplar examinado: *Cabrera 1784* (LP).

Salix humboldtiana Willd.
Sin.: *Salix humboldtiana* var. *martiana* (Leyb.) Anders., *Salix martiana* Leyb.
Ref.: Dawson, 1967e; Correa, 1984e; Ragonese, 1987.
Hábito: Árbol.
Status: Nativa.
Elevación: 0–3000 m.
Prov.: BA, CA, CH, CHU, CO, COR, DF, ER, FO, JU, LP, MI, NE, SA, SE, SF, SJ, TU.
Paises limítrofes: BO, BR, CH, UR.
Ejemplar examinado: *Troncoso y Bacigalupo 2151* (SI).

Salix humboldtiana var. *martiana* (Leyb.) Anders. = **Salix humboldtiana** Willd.

Salix martiana Leyb. = **Salix humboldtiana** Willd.

SANTALACEAE

6 géneros, 10 especies.

Acanthosyris (Mart. & Eichler) Griseb.

Número de especies: 2

Acanthosyris falcata Griseb.
Ref.: Dawson, 1944; Digilio & Legname, 1966.
Hábito: Árbol.
Status: Nativa.
Elevación: 0–1000 m.
Prov.: CH, CO, COR, FO, JU, SA, SF, TU.
Paises limítrofes: BO, PA, UR.
Ejemplar examinado: *Venturi 9641* (SI).

Acanthosyris platensis Speg. = **Acanthosyris spinescens** (Mart. & Eichler) Griseb.
Ref.: Dawson, 1944, 1967f; Ulibarri, 1987c.

Acanthosyris spinescens (Mart. & Eichler) Griseb.
Sin.: *Acanthosyris platensis* Speg., *Osyris spinescens* Mart. & Eichler
Ref.: Dawson, 1944, 1967f; Ulibarri, 1987c.
Hábito: Arbusto o árbol.
Status: Nativa.
Elevación: 0–500 m.
Prov.: BA, CH, COR, ER, MI, SF.
Paises limítrofes: BR, UR.
Ejemplar examinado: *Burkart 8046* (SI).

Arjona Cav.

Número de especies: 4

Arjona ameghinoi Speg. = **Arjona pusilla** Hook. f.
Ref.: Dawson, 1984.

Arjona andina Phil. = **Arjona patagonica** Hombr. & Jacquinot
Ref.: Dawson, 1984.

Arjona apressa Phil. = **Arjona tuberosa** Cav. var. **tuberosa**
Ref.: Dawson, 1984.

Arjona chubutensis Dusén = **Arjona patagonica** Hombr. & Jacquinot
Ref.: Dawson, 1984.

Arjona glaberrima Pilg. = **Arjona pusilla** Hook. f.
Ref.: Dawson, 1984.

Arjona linearis Miers = **Arjona longifolia** Phil.
Ref.: Dawson, 1984.

Arjona longifolia Phil.
Sin.: *Arjona linearis* Miers
Ref.: Dawson, 1944, 1984.
Hábito: Hierba.
Status: Nativa.
Elevación: 1500–3500 m.
Prov.: CA, CHU, LR, ME, NE, RN, SJ.
Paises limítrofes: CH.
Ejemplar examinado: *Sanzin 133* (SI).

Arjona minima Hieron. = **Arjona pusilla** Hook. f.
Ref.: Dawson, 1984.

Arjona patagonica Hombr. & Jacquinot
Sin.: *Arjona andina* Phil., *Arjona chubutensis* Dusén, *Arjona rigida* Miers, *Arjona ruscifolia* Poepp., *Arjona tuberosa* var. *patagonica* A. DC.
Ref.: Dawson, 1944, 1984.
Hábito: Hierba.
Status: Nativa.
Elevación: 0–4000 m.
Prov.: BA, CHU, LP, ME, NE, RN, SC, SJ, TF.
Paises limítrofes: CH.
Ejemplar examinado: *Pastore 19* (SI).

Arjona patagonica var. *tandilensis* (Kuntze) Speg. = **Arjona tuberosa** var. **tandilensis** (Kuntze) G. Dawson
Ref.: Dawson, 1984.

Arjona pungens Phil. = **Arjona tuberosa** Cav. var. **tuberosa**
Ref.: Dawson, 1984.

Arjona pusilla Hook. f.
Sin.: *Arjona ameghinoi* Speg., *Arjona glaberrima* Pilg., *Arjona minima* Hieron.
Ref.: Dawson, 1944, 1984.
Hábito: Hierba.
Status: Nativa.
Elevación: 0–4000 m.
Prov.: CHU, ME, NE, SC, SJ, TF.
Paises limítrofes: CH.
Ejemplar examinado: *Illin 27* (SI).

Arjona rigida Miers = **Arjona patagonica** Hombr. & Jacquinot
Ref.: Dawson, 1984.

Arjona ruscifolia Poepp. = **Arjona patagonica** Hombr. & Jacquinot
Ref.: Dawson, 1984.

Arjona tandilensis Kuntze = **Arjona tuberosa** var. **tandilensis** (Kuntze) G. Dawson
Ref.: Dawson, 1967f, 1984.

Arjona tuberosa Cav. var. *lanata* Macloskie – **Arjona tuberosa** Cav. var. **tuberosa**
Ref.: Dawson, 1984.

Arjona tuberosa Cav. var. *patagonica* A. DC. = **Arjona patagonica** Hombr. & Jacquinot
Ref.: Dawson, 1984.

Arjona tuberosa Cav. var. **tandilensis** (Kuntze) G. Dawson
Sin.: *Arjona patagonica* var. *tandilensis* (Kuntze) Speg., *Arjona tandilensis* Kuntze
Ref.: Dawson, 1944, 1967f, 1984.
Hábito: Hierba.
Status: Nativa.
Elevación: 0–2000 m.
Prov.: BA, CO, LP, ME, NE, RN.
Paises limítrofes: UR.
Ejemplar examinado: *Burkart 2801* (SI).

Arjona tuberosa Cav. var. **tuberosa**
Sin.: *Arjona apressa* Phil., *Arjona pungens* Phil., *Arjona tuberosa* Macloskie var. *lanata*, *Quinchamalium patagonica* Spreng.
Ref.: Dawson, 1944, 1984.
Hábito: Hierba.
Status: Nativa.
Elevación: 0–1500 m.
Prov.: CHU, LP, ME, NE, RN, SC.
Paises limítrofes: CH.
Ejemplar examinado: *Illin 15* (SI).

Celastrus rhombifolius Hook. & Arn. = **Jodina rhombifolia** (Hook. & Arn.) Reissek
Ref.: Dawson, 1984.

Jodina Hook. & Arn. ex Meisn.

Número de especies: 1

Jodina bonariensis (DC.) Kuntze = **Jodina rhombifolia** (Hook. & Arn.) Reissek
Ref.: Dawson, 1984.

Jodina cuneifolia (L.) Miers = **Jodina rhombifolia** (Hook. & Arn.) Reissek

Jodina rhombifolia (Hook. & Arn.) Reissek
Sin.: *Celastrus rhombifolius* Hook. & Arn., *Ilex cuneifolia* var. *bonariensis* DC., *Jodina bonariensis* (DC.) Kuntze, *Jodina cuneifolia* (L.) Miers, *Jodina ruscifolia* Hook. & Arn.
Ref.: Dawson, 1944, 1967f, 1984; Ulibarri, 1987c.
Hábito: Árbol.
Status: Nativa.
Elevación: 0–1500 m.
Prov.: BA, CA, CH, CO, COR, ER, JU, LP, ME, RN, SA, SE, SF, SJ, SL, TU.
Paises limítrofes: BO, BR, PA, UR.
Ejemplar examinado: *Boelcke 15668* (BAA, SI).

Jodina ruscifolia Hook. & Arn. = **Jodina rhombifolia** (Hook. & Arn.) Reissek
Ref.: Dawson, 1984.

Myoschilos Ruiz & Pav.

Número de especies: 1

Myoschilos angustata Phil. = **Myoschilos oblongum** Ruiz & Pav.
Ref.: Dawson, 1984.

Myoschilos oblongum Ruiz & Pav.
Sin.: *Myoschilos angustata* Phil., *Myoschilos oblongum* var. *angustata* (Phil.) Macloskie.
Ref.: Dawson, 1944, 1984.
Hábito: Arbusto.
Status: Nativa.
Elevación: 0–1000 m.
Prov.: CHU, NE, RN, SC, TF.
Paises limítrofes: CH.
Ejemplar examinado: *Boelcke 1650* (SI).

Myoschilos oblongum var. *angustata* (Phil.) Macloskie = **Myoschilos oblongum** Ruiz & Pav.
Ref.: Dawson, 1944.

Nanodea Banks ex C.F. Gaertn.

Número de especies: 1

Nanodea muscosa Banks ex C.F. Gaertn.
Ref.: Dawson, 1944, 1984.
Hábito: Hierba.
Status: Nativa.
Elevación: 0–1000 m.
Prov.: CHU, SC, TF.
Paises limítrofes: CH.
Ejemplar examinado: *Alboff s.n.* (SI 12353).

Osyris spinescens Mart. & Eichler = **Acanthosyris spinescens** (Mart. ex Eichler) Griseb.
Ref.: Dawson, 1967f; Ulibarri, 1987c.

Quinchamalium Molina

Número de especies: 1

Quinchamalium chilense Molina
Sin.: *Quinchamalium chilense* var. *gracile* (Brongn.) Speg., *Quinchamalium chilense* var. *majus* (Brongn.) Speg., *Quinchamalium chilense* var. *patagonicum* (Berg) Speg., *Quinchamalium patagonica* Phil., hom. illeg., *Quinchamalium procumbens* Ruiz & Pav.
Ref.: Dawson, 1944, 1984; Cabrera, 1957b.
Hábito: Hierba.
Status: Nativa.
Elevación: 0–1500 m.
Prov.: CHU, JU, ME, NE, RN, SC.
Paises limítrofes: BO, CH.
Ejemplar examinado: *Wolfhuegel 9* (SI).

Quinchamalium chilense var. *gracile* (Brongn.) Speg. = **Quinchamalium chilense** Molina

Quinchamalium chilense var. *majus* (Brongn.) Speg. = **Quinchamalium chilense** Molina

Quinchamalium chilense var. *patagonicum* (Berg) Speg. = **Quinchamalium chilense** Molina

[Quinchamalium excrescens Phil.]
Ref.: Dawson, 1944.
Nota: Especie excluida de la flora argentina.

[Quinchamalium linarioides Phil.]
Nota: Especie excluida de la flora argentina.

Quinchamalium patagonica Spreng. = **Arjona tuberosa** var. **tuberosa** Cav.
Ref.: Dawson, 1984.

Quinchamalium patagonica Phil., hom. illeg. = **Quinchamalium chilense** Molina
Ref.: Dawson, 1984.

[*Quinchamalium pratense* Phil.]
Nota: Especie excluida de la flora argentina.

Quinchamalium procumbens Ruiz & Pav. = **Quinchamalium chilense** Molina
Ref.: Dawson, 1984.

SAPINDACEAE

16 géneros, 45 especies; 2 especies endémicas.

por M. S. Ferrucci

Allophylus L.

Número de especies: 3

Allophylus edulis (A. St.-Hil., A. Juss. & Cambess.) Radlk.
Sin.: *Allophylus edulis* (A. St.-Hil., A. Juss. & Cambess.) Radlk. var. *gracilis* Radlk., *Allophylus edulis* (A. St.-Hil., A. Juss. & Cambess.) Radlk. var. *rojasii* F.A. Barkley & Villa, *Allophylus edulis* (A. St.-Hil., A. Juss. & Cambess.) Radlk. var. *rosae* F.A. Barkley & Villa, *Schmidelia edulis* A. St.-Hil., A. Juss. & Cambess., *Urvillea seriana* auct. non Griseb.

Ref.: Fabris, 1966h; Digilio & Legname, 1966; Ferrucci, 1991, 1998.
Hábito: Arbusto o árbol.
Status: Nativa.
Elevación: 0-2000 m.
Prov.: BA, CA, CH, COR, ER, FO, JU, MI, SA, SE, SF, TU.
Paises limítrofes: BO, BR, PA, UR.
Ejemplar examinado: *Krapovickas y Cristóbal 15931* (AAU, BA, BAA, BAB, CTES, F, G, GH, LIL, LP, P, MBM, MERL, WIS).

Allophylus edulis (A. St.-Hil., A. Juss. & Cambess.) Radlk. var. *gracilis* Radlk. = **Allophylus edulis** (A. St.-Hil., A. Juss. & Cambess.) Radlk.
Ref.: Ferrucci, 1991.

Allophylus edulis (A. St.-Hil., A. Juss. & Cambess.) Radlk. var. *rojasii* F.A. Barkley & Villa = **Allophylus edulis** (A. St.-Hil., A. Juss. & Cambess.) Radlk.
Ref.: Ferrucci, 1991.

Allophylus edulis (A. St.-Hil., A. Juss. & Cambess.) Radlk. var. *rosae* F.A. Barkley & Villa = **Allophylus edulis** (A. St.-Hil., A. Juss. & Cambess.) Radlk.
Ref.: Ferrucci, 1991.

Allophylus guaraniticus (A. St.-Hil.) Radlk.
Sin.: *Allophylus guaraniticus* (A. St.-Hil.) Radlk. var. *pilosus* F.A. Barkley & Villa, *Schmidelia guaranitica* A. St.-Hil.
Ref.: Reitz, 1980; Ferrucci, 1991, 1998.
Hábito: Arbusto o arbolito.
Status: Nativa.
Elevación: 0-500 m.
Prov.: COR, FO, MI.
Paises limítrofes: BR, PA, UR.
Ejemplar examinado: *Arbo et al. 2313* (BAB, CTES, ICN, LIL).

Allophylus guaraniticus (A. St.-Hil.) Radlk. var. *pilosus* F.A. Barkley & Villa = **Allophylus guaraniticus** (A. St.-Hil.) Radlk.
Ref.: Ferrucci, 1991.

Allophylus pauciflorus Radlk.
Sin.: *Allophylus pauciflorus* Radlk. var. *lilloi* F.A. Barkley & Villa, *Allophylus pauciflorus* Radlk. var. *schreiteri* F.A. Barkley & Villa
Ref.: Barkley, 1957b; Ferrucci, 1991, 1998.
Hábito: Arbusto o arbolito.
Status: Nativa.
Elevación: 500-1000 m.
Prov.: JU, SA.
Paises limítrofes: BO, BR, PA.
Ejemplar examinado: *Novara et al. 10397* (CTES, MCNS).

Allophylus pauciflorus Radlk. var. *lilloi* F.A. Barkley & Villa = **Allophylus pauciflorus** Radlk.
Ref.: Ferrucci, 1991.

Allophylus pauciflorus Radlk. var. *schreiteri* F.A. Barkley & Villa = **Allophylus pauciflorus** Radlk.
Ref.: Ferrucci, 1991.

Athyana (Griseb.) Radlk.
Número de especies: 1

Athyana weinmannifolia (Griseb.) Radlk.
Sin.: *Athyana weinmannifolia* (Griseb.) Radlk. f. *membranacea* Radlk., *Athyana weinmannifolia* (Griseb.) Radlk. f. *tomentella* Radlk., *Thouinia weinmannifolia* Griseb.
Ref.: Legname, 1982; Ferrucci, 1991, 1998.
Hábito: Árbol.
Status: Nativa.
Elevación: 300-1000 m.
Prov.: JU, SA.
Paises limítrofes: BO, PA.
Ejemplar examinado: *Krapovickas y Cristóbal 46320* (CTES).

Athyana weinmannifolia (Griseb.) Radlk. f. *membranacea* Radlk. = **Athyana weinmannifolia** (Griseb.) Radlk.
Ref.: Ferrucci, 1991.

Athyana weinmannifolia (Griseb.) Radlk. f. *tomentella* Radlk. = **Athyana weinmannifolia** (Griseb.) Radlk.
Ref.: Ferrucci, 1991.

[Bridgesia incisaefolia Bertero]
Ref.: Ferrucci, 1998.
Nota: Cita dudosa para la flora argentina.

Cardiospermum L.
Número de especies: 4

Cardiospermum corindum L. f. **angustisectum** (Griseb.) Radlk.
Sin.: *Cardiospermum corindum* L. var. *angustisectum* (Griseb.) F.A. Barkley, *Cardiospermum halicacabum* L. var. *angustisectum* Griseb.
Ref.: Radlkofer, 1931-34.
Hábito: Liana.
Status: Nativa.
Elevación: 300-2000 m.
Prov.: CO, LR, SA, SE, SL.
Paises limítrofes: BO.
Ejemplar examinado: *Galander s.n.* (CORD).

Cardiospermum corindum L. sensu lato
Ref.: Ferrucci, 1991, 1998.
Hábito: Liana.
Status: Nativa.
Elevación: 0-2000 m.
Prov.: CH, CO, COR, FO, JU, LR, MI, SA, SE, SL, TU.
Paises limítrofes: BO, BR, PA.
Ejemplar examinado: *Krapovickas y Cristóbal 46382* (BAB, CTES, LIL).

Cardiospermum corindum L. f. **elongatum** Radlk.
Sin.: *Cardiospermum corindum* L. var. *elongatum* (Radlk.) F.A. Barkley
Ref.: Radlkofer, 1931-34.
Hábito: Liana.
Status: Nativa.
Elevación: 500-1000 m.
Prov.: JU, SA, TU.

Paises limítrofes: BO.
Ejemplar citado: *Lorentz e Hieronymus 298**.

[Cardiospermum corindum L. f. loxense (Kunth) Radlk.]
Sin.: *Cardiospermum corindum* L. var. *loxense* (Kunth) F.A. Barkley
Nota: Forma excluida de la flora argentina.

Cardiospermum corindum L. f. **subglabratum** Radlk.
Sin.: *Cardiospermum corindum* L. var. *subglabratum* (Radlk.) F.A. Barkley
Ref.: Radlkofer, 1931-34.
Hábito: Liana.
Status: Nativa.
Elevación: 0-500 m.
Prov.: CH, FO, TU.
Paises limítrofes: BO, PA.
Ejemplar citado: *Stuckert 8942**.

Cardiospermum corindum L. var. *angustisectum* (Griseb.) F.A. Barkley = **Cardiospermum corindum** L. f. **angustisectum** (Griseb.) Radlk.

Cardiospermum corindum L. var. *elongatum* (Radlk.) F.A. Barkley = **Cardiospermum corindum** L. f. **elongatum** Radlk.

Cardiospermum corindum L. var. *loxense* (Kunth) F.A. Barkley = [Cardiospermum corindum L. f. loxense (Kunth) Radlk.]

Cardiospermum corindum L. var. *subglabratum* (Radlk.) F.A. Barkley = **Cardiospermum corindum** L. f. **subglabratum** Radlk.

Cardiospermum fragile D. Parodi, nom. nud.

Cardiospermum grandiflorum Sw.
Ref.: Parodi, 1959; Fabris, 1966h; Ferrucci, 1991, 1998.
Hábito: Liana.
Status: Nativa.
Elevación: 0-1000 m.
Prov.: BA, CO, COR, ER, FO, MI, TU.
Paises limítrofes: BO, BR, PA, UR.
Ejemplar examinado: *Schinini 14734* (CORD, CTES, INPA, MICH, MO).

Cardiospermum halicacabum L. var. *angustisectum* Griseb. = **Cardiospermum corindum** L. f. **angustisectum** (Griseb.) Radlk.
Ref.: Radlkofer, 1931-34.

Cardiospermum halicacabum L. var. **halicacabum**
Ref.: Parodi, 1959; Fabris, 1966h; Ferrucci, 1991, 1998.
Hábito: Liana.
Status: Nativa.
Elevación: 0-1500 m.
Prov.: BA, CA, CH, CO, COR, ER, FO, JU, LR, SA, SF, SL, TU.
Paises limítrofes: BO, BR, CH, PA, UR.
Ejemplar examinado: *Ahumada 3010* (CTES, INPA, LP, MICH).

Cardiospermum halicacabum L. var. **microcarpum** (Kunth) Blume
Sin.: *Cardiospermum microcarpum* Kunth
Ref.: Barkley, 1957b; Ferrucci, 1991, 1998.
Hábito: Liana.
Status: Nativa.
Elevación: 0-1500 m.
Prov.: BA, CA, CH, CO, COR, ER, FO, JU, LR, MI, SA, SF, SL, TU.
Paises limítrofes: BO, BR, PA, UR.
Ejemplar examinado: *Cristóbal et al. 1941* (CTES, ENCB).

Cardiospermum microcarpum Kunth = **Cardiospermum halicacabum** L. var. **microcarpum** (Kunth) Blume
Ref.: Radlkofer, 1931-34.

Cardiospermum pterocarpum auct. non Radlk. = **Urvillea chacoënsis** Hunz.
Ref.: Hunziker, 1978.

Cardiospermum pterocarpum Radlk.
Ref.: Ferrucci, 1991, 1998.
Hábito: Subarbusto decumbente.
Status: Nativa.
Elevación: 0-500 m.
Prov.: COR.
Paises limítrofes: BR, PA.
Ejemplar examinado: *Pedersen 4651* (Hb. Pedersen).

Cardiospermum pterocarpum Radlk. var. *balegnoi* F.A. Barkley = **Urvillea chacoënsis** Hunz.
Ref.: Hunziker, 1978.

Cupania L.

Número de especies: 1

Cupania uraguensis Hook. & Arn. = **Cupania vernalis** Cambess.
Ref.: Raldkofer, 1931-34.

Cupania vernalis Cambess.
Sin.: *Cupania uraguensis* Hook. & Arn.
Ref.: Digilio & Legname, 1966; Dimitri, 1974a; Ferrucci, 1991, 1998.
Hábito: Árbol.
Status: Nativa.
Elevación: 0-1500 m.
Prov.: CH, CO, COR, FO, JU, MI, SA, TU.
Paises limítrofes: BO, BR, PA, UR.
Ejemplar examinado: *Ferrucci 200* (BAF, CTES, GB, MERL, TEX).

Diatenopteryx Radlk.

Número de especies: 1

Diatenopteryx sorbifolia Radlk.
Sin.: *Thouinia ornifolia* Griseb.
Ref.: Dimitri, 1974a; Legname, 1982; Ferrucci, 1991, 1998.
Hábito: Árbol.
Status: Nativa.
Elevación: 0-1500 m.
Prov.: COR, JU, MI, SA.
Paises limítrofes: BO, BR, PA.
Ejemplar examinado: *Vanni et al. 3111* (AAU, BAB, CTES, GH, LIL, MBM, MICH, MO, U).

Diplokeleba N.E. Br.

Número de especies: 1

Diplokeleba floribunda N.E. Br.
Ref.: Parodi, 1959; Barkley, 1957b; Ferrucci, 1991, 1998.
Hábito: Árbol.
Status: Nativa.
Elevación: 0-500 m.
Prov.: CH, COR, FO, MI, SF.
Paises limítrofes: BO, BR, PA.
Ejemplar examinado: *Quarín et al. 1873* (CTES, G, MBM).

Dodonaea Mill.

Número de especies: 1

Dodonaea arborea Herter = **Dodonaea viscosa** Jacq.
Ref.: Ferrucci, 1998.

Dodonaea burmanniana DC. = **Dodonaea viscosa** Jacq.
Ref.: Radlkofer, 1931-34.

Dodonaea jamaicensis DC. = **Dodonaea viscosa** Jacq.
Ref.: Radlkofer, 1931-34.

Dodonaea viscosa Jacq.
Sin.: *Dodonaea arborea* Herter, *Dodonaea burmanniana* DC., *Dodonaea jamaicensis* DC., *Dodonaea viscosa* Jacq. f. *burmanniana* (Radlk.) DC., *Dodonaea viscosa* Jacq. var. *angustifolia* (L.f.) Benth., *Dodonaea viscosa* Jacq. var. *vulgaris* Benth. f. *burmanniana* (Radlk.) DC., *Dodonaea viscosa* Jacq. subsp. *angustifolia* (L.f.) J.G. West, *Dodonaea viscosa* Jacq. subsp. *burmanniana* (DC.) J.G. West
Ref.: Hicken, 1924a; Fabris, 1966h; Ferrucci, 1998.
Hábito: Arbusto o arbolito.
Status: Nativa.
Elevación: 0-2000 m.
Prov.: BA, ER, JU, SA, TU.
Paises limítrofes: BO, BR, CH, UR.
Ejemplar examinado: *Cuezzo et al. 4922* (CTES, LIL).

Dodonaea viscosa Jacq. f. *burmanniana* (Radlk.) DC. = **Dodonaea viscosa** Jacq.

Dodonaea viscosa Jacq. var. *angustifolia* (L.f.) Benth. = **Dodonaea viscosa** Jacq.

Dodonaea viscosa Jacq. var. *vulgaris* Benth. f. *burmanniana* (Radlk.) DC. = **Dodonaea viscosa** Jacq.

Dodonaea viscosa Jacq. subsp. *angustifolia* (L.f.) J.G. West = **Dodonaea viscosa** Jacq.

Dodonaea viscosa Jacq. subsp. *burmanniana* (DC.) J.G. West = **Dodonaea viscosa** Jacq.

Guarea trichilioides auct. non L. = **Matayba elaeagnoides** Radlk.
Ref.: Lillo, 1924.

Guindilia Hook. & Arn.

Número de especies: 3, 2 especies endémicas.

Guindilia cristata (Radlk.) Hunz.
Sin.: *Valenzuelia cristata* Radlk., *Valenzuelia cristata* Radlk. var. *irregularis* Burkart
Ref.: Hunziker, 1976; Ferrucci, 1998.
Hábito: Arbusto.
Status: Endémica.
Elevación: 1000-2500 m.
Prov.: CA, LR, SJ.
Ejemplar examinado: *Kiesling y Meglioli 6685* (CTES).

Guindilia dissecta (Covas & Burkart) Hunz.
Sin.: *Valenzuelia dissecta* Covas & Burkart
Ref.: Burkart, 1944c; Hunziker, 1976; Ferrucci, 1998.
Hábito: Arbusto.
Status: Endémica.
Elevación: 1500-3000 m.
Prov.: ME.
Ejemplar examinado: *Ruiz Leal s.n.* (Merl 10208).

Guindilia trinervis Hook. & Arn.
Sin.: *Valenzuelia trinervis* Cambess.
Ref.: Hunziker, 1976; Ferrucci, 1998.
Hábito: Arbusto.
Status: Nativa.
Elevación: 1000-2500 m.
Prov.: ME.
Paises limítrofes: CH.
Ejemplar examinado: *Sosa 36* (SI, UC).

Houssayanthus Hunz.

Número de especies: 1

Houssayanthus fiebrigii (F.A. Barkley) Hunz. = **Houssayanthus incanus** (Radlk.) Ferrucci
Ref.: Ferrucci, 1986, 1998.

Houssayanthus incanus (Radlk.) Ferrucci
Sin.: *Houssayanthus fiebrigii* (F.A. Barkley) Hunz., *Serjania humifusa* Radlk., *Serjania incana* Radlk., *Serjania incana* Radlk. f. *glabriuscula* Radlk., *Urvillea fiebrigii* F.A. Barkley
Ref.: Ferrucci, 1991, 1998.
Hábito: Liana.
Status: Nativa.
Elevación: 0-500 m.
Prov.: CH, COR, ER, FO, SF.
Paises limítrofes: PA.
Ejemplar examinado: *Schulz 4159* (CORD, CTES).

Matayba Aubl.

Número de especies: 1

Matayba elaeagnoides Radlk.
Sin.: *Guarea trichilioides* auct. non L.
Ref.: Ferrucci, 1991, 1998.
Hábito: Arbusto o árbol.
Status: Nativa.
Elevación: 0-500 m.
Prov.: COR, MI.
Paises limítrofes: BR, PA, UR.
Ejemplar examinado: *Schinini y Vanni 15457* (CORD, CTES, SI).

Melicocca bijuga auct. non L. = **Melicoccus lepidopetalus** Radlk.
Ref.: Radlkofer, 1931-34.

Melicoccus P. Browne
Número de especies: 1

Melicoccus lepidopetalus Radlk.
Sin.: *Melicocca bijuga* auct. non L.
Ref.: Ferrucci, 1991, 1998.
Hábito: Árbol.
Status: Nativa.
Elevación: 0-500 m.
Prov.: FO, MI.
Paises limítrofes: BO, BR, PA.
Ejemplar examinado: *Morel 8518* (LIL).

Paullinia L.
Número de especies: 3

Paullinia angusta N.E. Br. = **Paullinia pinnata** L.
Ref.: Radlkofer, 1931-34.

Paullinia australis A. St.-Hil. = **Serjania herteri** Ferrucci
Ref.: Ferrucci, 1981, 1998.

Paullinia brachystachya Griseb. = **Serjania glabrata** Kunth
Ref.: Radlfoker, 1931-34; Ferrucci, 1991.

Paullinia caracasana Jacq. = **Serjania caracasana** (Jacq.) Willd.
Ref.: Ferrucci, 1998.

Paullinia elegans Cambess.
Sin.: *Serjania paniculata* auct. non Kunth
Ref.: Barkley, 1957b; Reitz, 1980; Ferrucci, 1991, 1998.
Hábito: Liana.
Status: Nativa.
Elevación: 0-500 m.
Prov.: CH, COR, ER, FO, MI, SF.
Paises limítrofes: BO, BR, PA, UR.
Ejemplar examinado: *Cabral 406* (A, CTES).

Paullinia grandiflora auct. non Cambess. = **Paullinia pinnata** L.
Ref.: Radlkofer, 1931-34.

Paullinia meliaefolia Juss.
Sin.: *Paullinia meliaefolia* Juss. f. *subglabra* Radlk.
Ref.: Barkley, 1957b; Ferrucci, 1991, 1998.
Hábito: Liana.
Status: Nativa.
Elevación: 0-500 m.
Prov.: MI.
Paises limítrofes: BR, PA.
Ejemplar examinado: *Nicora et al. 7964* (BAA, BAB, CTES).

Paullinia meliaefolia Juss. f. *subglabra* Radlk. = **Paullinia meliaefolia** Juss.

Paullinia pinnata L.
Sin.: *Paullinia angusta* N.E. Br., *Paullinia grandiflora* auct. non Cambess.
Ref.: Ragonese, 1941; Ferrucci, 1991, 1998.
Hábito: Liana.
Status: Nativa.
Elevación: 0-500 m.
Prov.: CH, COR, FO, SF.
Paises limítrofes: BO, BR, PA.
Ejemplar examinado: *Arbo et al. 1578* (CORD, CTES).

Sapindus L.
Número de especies: 1

Sapindus divaricatus Cambess. = **Sapindus saponaria** L.
Ref.: Radlkofer, 1931-34.

Sapindus inaequalis DC. = **Sapindus saponaria** L.
Ref.: Radlkofer, 1931-34.

Sapindus saponaria L.
Sin.: *Sapindus divaricatus* Cambess., *Sapindus inaequalis* DC.
Ref.: Parodi, 1959; Legname, 1982; Ferrucci, 1991, 1998.
Hábito: Árbol.
Status: Nativa.
Elevación: 0-500 m.
Prov.: CA, CH, COR, FO, MI, SA, SF.
Paises limítrofes: BO, BR, PA.
Ejemplar examinado: *Tressens et al. 3351* (CTES, FCQ, JUA, LIL).

Schmidelia edulis A. St.-Hil., A. Juss. & Cambess. = **Allophylus edulis** (A. St.-Hil., A. Juss. & Cambess.) Radlk.
Ref.: Radlkofer, 1931-34.

Schmidelia guaranitica A. St.-Hil. = **Allophylus guaraniticus** (A. St.-Hil.) Radlk.
Ref.: Radlkofer, 1931-34.

Serjania Mill.
Número de especies: 17

Serjania acoma auct. non Radlk. = **Serjania confertiflora** Radlk. sensu lato
Ref.: Ferrucci, 1991, 1998.

Serjania acoma auct. non Radlk. = **Serjania confertiflora** Radlk. f. **subincana** Radlk.
Ref.: Ferrucci, 1983.

Serjania ampelopsis Planch. & Linden
Sin.: *Serjania areolata* Radlk., *Serjania laxiflora* auct. non Radlk.
Ref.: Acevedo-Rodríguez, 1993; Ferrucci, 1998.
Hábito: Liana.
Status: Nativa.
Elevación: 500-1500 m.
Prov.: SA.
Paises limítrofes: BO.
Ejemplar examinado: *Schulz et al. 5380* (LIL).

Serjania araquei F.A. Barkley = **Serjania longistipula** Radlk.
Ref.: Ferrucci, 1998.

Serjania areolata Radlk. = **Serjania ampelopsis** Planch. & Linden
Ref.: Acevedo Rodríguez, 1993; Ferrucci, 1998.

[Serjania arvensis Rojas Acosta]
Ref.: Ferrucci, 1998.
Nota: Taxón dudoso.

Serjania australis (A. St.-Hil.) Herter, hom. illeg. = **Serjania herteri** Ferrucci
Ref.: Ferrucci, 1981.

Serjania caracasana (Jacq.) Willd.
Sin.: *Paullinia caracasana* Jacq., *Serjania caracasana* (Jacq.) Willd. f. *nitidula* Radlk., *Serjania caracasana* (Jacq.) Willd. f. *puberula* Radlk., *Serjania grandiflora* auct. non Cambess., *Serjania platyptera* (Radlk.) F.A. Barkley
Ref.: Ferrucci, 1991, 1998.
Hábito: Liana.
Status: Nativa.
Elevación: 0-1000 m.
Prov.: CH, COR, FO, JU, SA, SF.
Paises limítrofes: BO, BR, PA.
Ejemplar examinado: *Vanni et al. 492* (C, CTES, GH, K, MO).

Serjania caracasana (Jacq.) Willd. f. *nitidula* Radlk. = **Serjania caracasana** (Jacq.) Willd.

Serjania caracasana (Jacq.) Willd. f. *puberula* Radlk. = **Serjania caracasana** (Jacq.) Willd.
Ref.: Ferrucci, 1991.

Serjania confertiflora Radlk. sensu lato
Sin.: *Serjania acoma* auct. non Radlk.
Ref.: Ferrucci, 1991, 1998.
Hábito: Liana.
Status: Nativa.
Elevación: 0-1000 m.
Prov.: JU, SA.
Paises limítrofes: BO, BR, PA.
Ejemplar examinado: *Cabrera et al. 31408* (CTES, SI).

Serjania confertiflora Radlk. var. **dasycephala** Radlk. f. **subincana** Radlk.
Ref.: Ferrucci, 1983.
Hábito: Liana.
Status: Nativa.
Elevación: 0-1000 m.
Prov.: JU, SA.
Paises limítrofes: BO, BR, PA.
Ejemplar examinado: *Abbiatti et al. 199* (LP).

[Serjania decemstriata Radlk.]
Ref.: Ferrucci & Acevedo Rodríguez, 1997; Ferrucci, 1998.
Nota: Cita dudosa para la flora argentina.

Serjania descolei F.A. Barkley = **Serjania glutinosa** Radlk.
Ref.: Ferrucci, 1991, 1998.

Serjania erecta auct. non Radlk. = **Serjania marginata** Casar.
Ref.: Ferrucci, 1998.

Serjania foveata Griseb.
Sin.: *Serjania meridionalis* Cambess. var. *borsiniae* F.A. Barkley, *Serjania meridionalis* Cambess. var. *foveata* Griseb.
Ref.: Ferrucci, 1998.
Hábito: Liana.
Status: Nativa.
Elevación: 500-2500 m.
Prov.: CA, JU, SA, TU.
Paises limítrofes: BO.
Ejemplar examinado: *Solís Neffa et al. 379* (CTES, US).

Serjania fulta Griseb. = **Serjania glabrata** Kunth
Ref.: Radlkofer, 1931-34.

Serjania fuscifolia Radlk.
Ref.: Ferrucci, 1991, 1998.
Hábito: Liana.
Status: Nativa.
Elevación: 0-500 m.
Prov.: COR, FO, MI.
Paises limítrofes: BR, PA.
Ejemplar examinado: *Ferrucci et al. 570* (CTES, K).

Serjania glabrata Kunth
Sin.: *Paullinia brachystachya* Griseb., *Serjania fulta* Griseb., *Serjania glabrata* Kunth f. *mollior* Radlk.
Ref.: Reitz, 1980; Ferrucci, 1991, 1998.
Hábito: Liana.
Status: Nativa.
Elevación: 0-2000 m.
Prov.: CA, CO, JU, MI, SA, TU.
Paises limítrofes: BO, BR, PA.
Ejemplar examinado: *Rotman y Ahumada 1099* (CTES, JUA).

Serjania glabrata Kunth f. *mollior* Radlk. = **Serjania glabrata** Kunth

Serjania glabriuscula (Radlk.) F.A. Barkley = **Serjania marginata** Casar.
Ref.: Ferrucci, 1998.

Serjania glutinosa Radlk.
Sin.: *Serjania descolei* F.A. Barkley
Ref.: Ferrucci, 1991, 1998.
Hábito: Liana.
Status: Nativa.
Elevación: 0-500 m.
Prov.: MI.
Paises limítrofes: BO, BR, PA.
Ejemplar examinado: *Ferraro 2431* (CTES, ICN).

Serjania grandiflora auct. non Cambess. = **Serjania caracasana** (Jacq.) Willd.
Ref.: Radlkofer, 1931-34.

Serjania hebecarpa Benth.
Sin.: *Serjania hebecarpa* Benth. f. *amblycephala* Radlk., *Serjania hebecarpa* Benth. f. *oxycephala* Radlk., *Serjania hebecarpa* Benth. f. *platycephala* Radlk., *Serjania mansiana* auct. non Mart.
Ref.: Reitz, 1980; Ferrucci, 1991, 1998.
Hábito: Liana.
Status: Nativa.
Elevación: 0-1000 m.
Prov.: COR, ER, JU, MI, SA.
Paises limítrofes: BO, BR, PA, UR.
Ejemplar examinado: *Martínez Crovetto y Leguizamón 5575* (BAB, CTES).

Serjania hebecarpa Benth. f. *amblycephala* Radlk. = **Serjania hebecarpa** Benth.
Ref.: Ferrucci, 1991.

Serjania hebecarpa Benth. f. *oxycephala* Radlk. = **Serjania hebecarpa** Benth.
Ref.: Ferrucci, 1991.

Serjania hebecarpa Benth. f. *platycephala* Radlk. = **Serjania hebecarpa** Benth.
Ref.: Ferrucci, 1991.

Serjania herteri Ferrucci
Sin.: *Paullinia australis* A. St.-Hil., *Serjania australis* (A. St.-Hil.) Herter, hom. illeg.
Ref.: Ferrucci, 1981, 1998.
Hábito: Liana.
Status: Nativa.
Elevación: 0-500 m.
Prov.: COR, ER.
Paises limítrofes: BR, UR.
Ejemplar examinado: *Troncoso et al. 1448* (CTES, SI).

Serjania humifusa Radlk. = **Houssayanthus incanus** (Radlk.) Ferrucci
Ref.: Ferrucci, 1986.

Serjania incana Radlk. = **Houssayanthus incanus** (Radlk.) Ferrucci
Ref.: Ferrucci, 1986, 1991, 1998.

Serjania incana Radlk. f. *glabriuscula* Radlk. = **Houssayanthus incanus** (Radlk.) Ferrucci
Ref.: Ferrucci, 1986, 1991, 1998.

Serjania laruotteana Cambess.
Ref.: Reitz, 1980; Ferrucci, 1991, 1998.
Hábito: Liana.
Status: Nativa.
Elevación: 0-500 m.
Prov.: COR, MI.
Paises limítrofes: BR, PA.
Ejemplar examinado: *Tressens et al. 5742* (CTES, CUVC, GH, LIL, MEXU, MICH, TEX, US).

Serjania laxiflora auct. non Radlk. = **Serjania ampelopsis** Planch. & Linden
Ref.: Ferrucci, 1998.

Serjania longistipula Radlk.
Sin.: *Serjania araquei* F.A. Barkley
Ref.: Ferrucci, 1998.
Hábito: Liana.
Status: Nativa.
Elevación: 1000-2000 m.
Prov.: JU, SA, TU.
Paises limítrofes: BO.
Ejemplar examinado: *Fabris 3577* (CTES. LP).

Serjania mansiana auct. non Mart. = **Serjania hebecarpa** Benth.
Ref.: Ferrucci, 1998.

Serjania marginata Casar.
Sin.: *Serjania erecta* auct. non Radlk., *Serjania glabriuscula* (Radlk.) F.A. Barkley, *Serjania marginata* Casar. f. *pluridentata* Radlk.
Ref.: Ferrucci, 1991, 1998.
Hábito: Liana.
Status: Nativa.
Elevación: 0-1500 m.
Prov.: FO, JU, SA, SE, TU.
Paises limítrofes: BO, BR, PA.
Ejemplar examinado: *Schinini 19538* (CORD, CTES, MO).

Serjania marginata Casar. f. *pluridentata* Radlk. = **Serjania marginata** Casar.
Ref.: Ferrucci, 1991.

Serjania meridionalis Cambess.
Sin.: *Serjania meridionalis* Cambess. var. *cuezzoi* F.A. Barkley, *Serjania meridionalis* Cambess. var. *o'donellii* F.A. Barkley
Ref.: Fabris, 1966h; Ferrucci, 1991, 1998.
Hábito: Liana.
Status: Nativa.
Elevación: 0-2000 m.
Prov.: BA, CH, COR, ER, JU, MI, SA.
Paises limítrofes: BO, BR, PA, UR.
Ejemplar examinado: *Ferrucci 94* (CTES, EAC, ICN, LIL).

Serjania meridionalis Cambess. var. *borsiniae* F.A. Barkley = **Serjania foveata** Griseb.
Ref.: Ferrucci, 1991, 1998.

Serjania meridionalis Cambess. var. *cuezzoi* F.A. Barkley = **Serjania meridionalis** Cambess.
Ref.: Ferrucci, 1991, 1998.

Serjania meridionalis Cambess. var. *foveata* Griseb. = **Serjania foveata** Griseb.
Ref.: Grisebach, 1874.

Serjania meridionalis Cambess. var. *o'donellii* F.A. Barkley = **Serjania meridionalis** Cambess.
Ref.: Ferrucci, 1991, 1998.

Serjania meyeri F.A. Barkley = **Serjania perulacea** Radlk.
Ref.: Ferrucci, 1991, 1998.

Serjania paniculata auct. non Kunth = **Paullinia elegans** Cambess.
Ref.: Radlkofer, 1931-34.

Serjania perulacea Radlk.
Sin.: *Serjania meyeri* F.A. Barkley, *Serjania tristis* auct. non Radlk.
Ref.: Ferrucci, 1991, 1998.
Hábito: Liana.
Status: Nativa.
Elevación: 0-1000 m.
Prov.: CH, COR, FO, JU, MI, SA.
Paises limítrofes: BO, BR, PA.
Ejemplar examinado: *Schinini y Cristóbal 13637* (CTES, F, MBM, SI).

Serjania platyptera (Radlk.) F.A. Barkley = **Serjania caracasana** (Jacq.) Willd.
Ref.: Ferrucci, 1998.

Serjania reticulata Cambess.
Ref.: Radlkofer, 1931-34; Ferrucci, 1998.
Hábito: Liana.
Status: Nativa.
Elevación: 0-500 m.
Prov.: SA.
Paises limítrofes: BO, BR.
Ejemplar examinado: *Beck 17645* (CTES).

Serjania sufferruginea Radlk.
Ref.: Ferrucci, 1983, 1998.
Hábito: Liana.
Status: Nativa.
Elevación: 1000-2000 m.
Prov.: JU.
Paises limítrofes: BO.
Ejemplar examinado: *Cabrera et al. 21718* (CTES, LP).

Serjania tripleuria Ferrucci
Ref.: Ferrucci, 1983, 1991, 1998.
Hábito: Liana.
Status: Nativa.
Elevación: 0-1000 m.
Prov.: JU, SA.
Paises limítrofes: BO, BR, PA.
Ejemplar examinado: *Krapovickas y Schinini 39288* (C, CTES, F, G).

Serjania tristis auct. non Radlk. = **Serjania perulacea** Radlk.
Ref.: Ferrucci, 1998.

[Talisia esculenta (A. St.-Hil., A. Juss. & Cambess.) Radlk.]
Ref.: Ferrucci, 1998.
Nota: Especie excluida de la flora argentina.

Thinouia Triana & Planch.
Número de especies: 2

Thinouia mucronata Radlk.
Sin.: *Thinouia repanda* Radlk.
Ref.: Fabris, 1972; Ferrucci, 1991, 1998.
Hábito: Liana.
Status: Nativa.
Elevación: 0-2000 m.
Prov.: COR, JU, MI, SA.
Paises limítrofes: BO, BR, PA.
Ejemplar examinado: *Schinini y Vanni 22301* (CTES, F, ICN, UC).

[Thinouia paraguayensis (Britton) Radlk.]
Nota: Especie excluida de la flora argentina.

Thinouia repanda Radlk. = **Thinouia mucronata** Radlk.
Ref.: Ferrucci, 1991, 1998.

Thinouia ventricosa Radlk.
Ref.: Reitz, 1980; Ferrucci, 1998.
Hábito: Liana.
Status: Nativa.
Elevación: 0-500 m.
Prov.: MI.
Paises limítrofes: BR.
Ejemplar examinado: *Schinini 4904* (CTES, G, LIL, MBM).

Thouinia ornifolia Griseb. = **Diatenopteryx sorbifolia** Radlk.
Ref.: Radlkofer, 1931-34.

Thouinia weinmannifolia Griseb. = **Athyana weinmannifolia** (Griseb.) Radlk.
Ref.: Radlkofer, 1931-34.

Urvillea Kunth
Número de especies: 4

Urvillea berteriana DC. = **Urvillea ulmacea** Kunth
Ref.: Ferrucci, 1991, 1998.

Urvillea chacoënsis Hunz.
Sin.: *Cardiospermum pterocarpum* auct. non Radlk., *Cardiospermum pterocarpum* Radlk. var. *balegnoi* F.A. Barkley, *Urvillea uniloba* Radlk. f. *dissecta* Radlk., *Urvillea uniloba* Radlk. f. *incana* Radlk.
Ref.: Hunziker, 1978; Ferrucci, 1991, 1998.
Hábito: Liana.
Status: Nativa.
Elevación: 0-1500 m.
Prov.: CH, COR, FO, JU, LR, SA, SE, TU.
Paises limítrofes: BO, BR, PA.
Ejemplar examinado: *Hunziker y Subils 24612* (CORD).

Urvillea euryptera Griseb. = **Urvillea uniloba** Radlk.
Ref.: Hunziker, 1978; Ferrucci, 1991, 1998.

Urvillea fiebrigii F.A. Barkley = **Houssayanthus incanus** (Radlk.) Ferrucci
Ref.: Ferrucci, 1986.

Urvillea laevis Radlk.
Ref.: Ferrucci, 1991, 1998.
Hábito: Liana.
Status: Nativa.
Elevación: 0-500 m.
Prov.: MI.
Paises limítrofes: BO, BR, PA.
Ejemplar examinado: *Vanni et al. 3361* (CTES, CUVC, MEXU).

Urvillea seriana auct. non Griseb. = **Allophylus edulis** (A. St.-Hil., A. Juss. & Cambess.) Radlk.
Ref.: Radlkofer, 1931-34.

Urvillea ulmacea Kunth
Sin.: *Urvillea berteriana* DC., *Urvillea ulmacea* Kunth f. *berteriana* (DC.) Radlk., *Urvillea ulmacea* Kunth var. *berteriana* (DC.) F.A. Barkley

Ref.: Reitz, 1980; Ferrucci, 1991, 1998.
Hábito: Liana.
Status: Nativa.
Elevación: 0-1500 m.
Prov.: JU, MI, SA.
Paises limítrofes: BO, BR, PA.
Ejemplar examinado: *Ferrucci et al. 481* (CTES, F, GH, K, UC).

Urvillea ulmacea Kunth f. *berteriana* (DC.) Radlk. = **Urvillea ulmacea** Kunth
Ref.: Ferrucci, 1991.

Urvillea ulmacea Kunth var. *berteriana* (DC.) F.A. Barkley = **Urvillea ulmacea** Kunth
Ref.: Ferrucci, 1991.

Urvillea uniloba Radlk.
Sin.: *Urvillea euryptera* Griseb., *Urvillea uniloba* Radlk. var. *incana* (Radlk.) F.A. Barkley
Ref.: Ferrucci, 1991, 1998.
Hábito: Liana.
Status: Nativa.
Elevación: 0-500 m.
Prov.: BA, COR, ER, MI.
Paises limítrofes: BR, PA, UR.
Ejemplar examinado: *Tressens et al. 3278* (CTES, HAS, MICH, U, WIS).

Urvillea uniloba Radlk. f. *dissecta* Radlk. = **Urvillea chacoënsis** Hunz.
Ref.: Hunziker, 1978; Ferrucci, 1998.

Urvillea uniloba Radlk. f. *incana* Radlk. = **Urvillea chacoënsis** Hunz.
Ref.: Hunziker, 1978.

Urvillea uniloba Radlk. var. *incana* (Radlk.) F.A. Barkley = **Urvillea uniloba** Radlk.

Valenzuelia cristata Radlk. = **Guindilia cristata** (Radlk.) Hunz.
Ref.: Hunziker, 1976.

Valenzuelia cristata Radlk. var. *irregularis* Burkart = **Guindilia cristata** (Radlk.) Hunz.
Ref.: Hunziker, 1976.

Valenzuelia dissecta Covas & Burkart = **Guindilia dissecta** (Covas & Burkart) Hunz.
Ref.: Hunziker, 1976.

Valenzuelia trinervis Cambess. = **Guindilia trinervis** Hook. & Arn.
Ref.: Hunziker, 1976.

SAPOTACEAE

3 géneros, 7 especies.

por S. Tressens

Achras caimito Ruiz & Pav. = [Pouteria caimito (Ruiz & Pav.) Radlk.]
Ref.: Pennington, 1990.

Bumelia excelsa A. DC. = **Sideroxylon obtusifolium** (Roem. & Schult.) T.D. Penn.
Ref.: Pennington, 1990.

Bumelia obtusifolia Roem. & Schult. = **Sideroxylon obtusifolium** (Roem. & Schult.) T.D. Penn.
Ref.: Pennington, 1990.

Bumelia obtusifolia var. *buxifolia* (Roem. & Schult.) Miq. = [Sideroxylon obtusifolium subsp. buxifolium (Roem. & Schult.) T.D. Penn.
Ref.: Pennington, 1990.

Bumelia obtusifolia subsp. *excelsa* (A. DC.) Cronquist = **Sideroxylon obtusifolium** (Roem. & Schult.) T.D. Penn.
Ref.: Pennington, 1990.

Bumelia rhamnoides Casaretto = **Sideroxylon obtusifolium** (Roem. & Schult.). T.D. Penn.
Ref.: Pennington, 1990.

Bumelia sartorum Mart. = **Sideroxylon obtusifolium** (Roem. & Schult.) T.D. Penn.
Ref.: Pennington, 1990.

Chloroluma gonocarpa (Mart. & Eichler) Baill. = **Chrysophyllum gonocarpum** (Mart. & Eichler) Engl.
Ref.: Burkart, 1979f; Pennington, 1990.

Chrysophyllum L.

Número de especies: 2

Chrysophyllum bumelioides Mart. = [Pradosia lactescens (Vell.) Radlk.]
Ref.: Pennington, 1990.

Chrysophyllum ebenaceum Mart. = **Chrysophyllum marginatum** (Hook. & Arn.) Radlk.
Ref.: Pennington, 1990.

Chrysophyllum ebenaceum var. *longifolium* Miq. = **Chrysophyllum marginatum** (Hook. & Arn.) Radlk.
Ref.: Pennington, 1990.

Chrysophyllum gonocarpum (Mart. & Eichler) Engl.
Sin.: *Chloroluma gonocarpa* (Mart. & Eichler) Baill., *Chrysophyllum lucumifolium* Griseb., *Chrysophyllum nemoralis* Rojas Acosta, nom. nud., *Sapota gonocarpa* Mart. & Eichler, *Sideroxylon bolivianum* Rusby
Ref.: Meyer, 1947b, 1957c; Burkart, 1979f; Legname, 1982; Kiesling, 1983c; Pennington, 1990; Tressens, 1996.
Hábito: Árbol.
Status: Nativa.
Elevación: 0–2000 m.
Prov.: CH, COR, ER, FO, JU, MI, SA, TU.
Paises limítrofes: BO, BR, PA, UR.
Ejemplar examinado: *Tressens y Fernández 273* (BAA, CTES, F, LL, P).

Chrysophyllum grisebachii (Hieron.) Mez = **Chrysophyllum marginatum** (Hook. & Arn.) Radlk.
Ref.: Meyer, 1957c; Pennington, 1990; Tressens, 1996.

Chrysophyllum lucumifolium Griseb. = **Chrysophyllum gonocarpum** (Mart. & Eichler) Engl.
Ref.: Burkart, 1979f; Pennington, 1990; Tressens, 1996.

Chrysophyllum marginatum (Hook. & Arn.) Radlk.
Sin.: *Chrysophyllum ebenaceum* var. *longifolium* Miq., *Chrysophyllum ebenaceum* Mart., *Chrysophyllum grisebachii* (Hieron.) Mez, *Chrysophyllum martianum* A. DC., *Chrysophyllum maytenoides* Mart., *Myrsine grisebachii* Hieron., *Myrsine marginata* Hook. & Arn., *Myrsine marginata* var. *arborea* Griseb., *Sideroxylon myrtifolium* (Mart.) Speg.
Ref.: Meyer, 1947b, 1957c, 1977b; Burkart, 1979f; Kiesling, 1983c; Pennington, 1990; Tressens, 1996.
Hábito: Arbusto o árbol.
Status: Nativa.
Elevación: 0–2000 m.
Prov.: CA, CH, CO, COR, ER, FO, JU, MI, SA, SF, TU.
Paises limítrofes: BO, BR, PA, UR.
Ejemplar examinado: *De Pompert y Tressens 39* (ASU, BA, CTES, GB, TEX, U).

Chrysophyllum martianum A. DC. = **Chrysophyllum marginatum** (Hook. .& Arn.) Radlk.
Ref.: Pennington, 1990.

Chrysophyllum maytenoides Mart. = **Chrysophyllum marginatum** (Hook. & Arn.) Radlk.
Ref.: Meyer, 1957c; Burkart, 1979f; Pennington, 1990; Tressens, 1996.

Chrysophyllum nemoralis Rojas Acosta, nom. nud. = **Chrysophyllum gonocarpum** (Mart. & Eichler) Engl.
Ref.: Pennington, 1990.

Chrysophyllum pumilum Chodat & Hassl. = [Pradosia brevipes (Pierre) T.D. Penn.]
Ref.: Pennington, 1990.

Chrysophyllum pumilum f. *glabrescens* Chodat & Hassl. = [Pradosia brevipes (Pierre) T.D. Penn.]
Ref.: Pennington, 1990.

Guapeba fragrans Pierre = **Pouteria fragrans** (Pierre) Dubard
Ref.: Meyer, 1947b, 1957c; Pennington, 1990; Tressens, 1996.

[Labatia baccaodora Rojas Acosta]
Ref.: Krapovickas, 1970c.
Nota: Taxón dudoso.

Labatia glomerata Miq., pro syn. = **Pouteria glomerata** (Miq.) Radlk.
Ref.: Pennington, 1990.

Labatia odorata Rojas Acosta = **Pouteria fragrans** (Pierre) Dubard
Ref.: Pennington, 1990.

Labatia osteni Hassl. = **Pouteria gardneriana** (A. DC.) Radlk.
Ref.: Meyer, 1957c; Pennington, 1990; Tressens, 1996.

Labatia salicifolia Mart. = **Pouteria salicifolia** (Spreng.) Radlk.
Ref.: Meyer, 1957c; Pennington, 1990.

Labatia sapota-anguai Rojas Acosta = **Pouteria gardneriana** (A. DC.) Radlk.
Ref.: Meyer, 1957c; Pennington, 1990; Tressens, 1996.

[Labatia superba Rojas Acosta]
Ref.: Pennington, 1990.
Nota: Taxón dudoso.

Lucuma edulis Rojas Acosta, nom. nud.
Ref.: Krapovickas, 1970c.

Lucuma gardneriana A. DC. = **Pouteria gardneriana** (A. DC.) Radlk.
Ref.: Burkart, 1979f; Pennington, 1990; Tressens, 1996.

Lucuma glomerata Miq. = **Pouteria glomerata** (Miq.) Radlk.
Ref.: Meyer, 1947b, 1957c; Pennington, 1990; Tressens, 1996.

Lucuma laurifolia (Gomes) A. DC. = [Pouteria caimito (Ruiz & Pav.) Radlk.]
Ref.: Pennington, 1990.

Lucuma neriifolia Hook. & Arn. = **Pouteria salicifolia** (Spreng.) Radlk.
Ref.: Fabris, 1965e; Burkart, 1979f; Pennington, 1990.

Lucuma sellowii A. DC. = **Pouteria salicifolia** (Spreng.) Radlk.
Ref.: Burkart, 1979f; Pennington, 1990.

Myrsine grisebachii Hieron. = **Chrysophyllum marginatum** (Hook. & Arn.) Radlk.
Ref.: Meyer, 1957c; Pennington, 1990; Tressens, 1996.

Myrsine marginata Hook. & Arn. = **Chrysophyllum marginatum** (Hook. & Arn.) Radlk.
Ref.: Kiesling, 1983c; Pennington, 1990; Tressens, 1996.

Myrsine marginata var. *arborea* Griseb. = **Chrysophyllum marginatum** (Hook. & Arn.) Radlk.
Ref.: Meyer, 1957c; Pennington, 1990.

Pouteria Aubl.

Número de especies: 4

[Pouteria caimito (Ruiz & Pav.) Radlk.]
Sin.: *Achras caimito* Ruiz & Pav., *Lucuma laurifolia* (Gomes) A. DC.
Ref.: Pennington, 1990.
Nota: Especie excluida de la flora argentina.

Pouteria fragrans (Pierre) Dubard
Sin.: *Guapeba fragrans* Pierre, *Labatia odorata* Rojas Acosta
Ref.: Meyer, 1947b, 1957c; Pennington, 1990; Tressens, 1996.
Hábito: Arbusto.
Status: Nativa.
Prov.: COR, MI.
Paises limítrofes: PA.
Ejemplar examinado: *Tressens y Cuadrado 4430* (AAU, ASU, CTES, LIL, MICH, TEX, U, WIS).

Pouteria gardneriana (A. DC.) Radlk.
Sin.: *Labatia osteni* Hassl., *Labatia sapota-anguai* Rojas Acosta, *Lucuma gardneriana* A. DC., *Pouteria suavis* Hemsl.
Ref.: Meyer, 1947b, 1957c; Burkart, 1979f; Pennington, 1990; Tressens, 1996.
Hábito: Árbol.
Status: Nativa.
Elevación: 0–500 m.
Prov.: CH, COR, ER, FO, MI, SF.
Paises limítrofes: BR, PA, UR.
Ejemplar examinado: *Joergensen 2100* (LIL, SI).

Pouteria glomerata (Miq.) Radlk.
Sin.: *Labatia glomerata* Miq., pro syn., *Lucuma glomerata* Miq.
Ref.: Meyer, 1947b, 1957c; Tressens, 1981, 1996; Pennington, 1990.
Hábito: Árbol.
Status: Nativa.
Prov.: CH, COR, FO, MI
Paises limítrofes: BR, PA.
Ejemplar examinado: *Joergensen 2150a y b* (BA, LIL, SI).

Pouteria neriifolia (Hook. & Arn.) Radlk. = **Pouteria salicifolia** (Spreng.) Radlk.
Ref.: Meyer, 1957c; Pennington, 1990.

Pouteria salicifolia (Spreng.) Radlk.
Sin.: *Labatia salicifolia* Mart., *Lucuma neriifolia* Hook. & Arn., *Lucuma sellowii* A. DC., *Pouteria neriifolia* (Hook. & Arn) Radlk., *Pouteria salicifolia* var. *neriifolia* (Hook. & Arn.) Monach. & Moldenke, *Pouteria salicifolia* var. *typica* Baehni, nom. inval., *Pouteria sellowii* (A. DC.) Engl., *Roussea salicifolia* Spreng.
Ref.: Meyer, 1947b; Fabris, 1965e; Burkart, 1979f; Pennington, 1990; Tressens, 1996.
Hábito: Arbusto o árbol.
Status: Nativa.
Elevación: 0–500 m.
Prov.: BA, COR, ER, MI.
Paises limítrofes: BR, PA, UR.
Ejemplar examinado: *Meyer 11662* (CTES, LIL).

Pouteria salicifolia var. *neriifolia* (Hook. & Arn.) Monach. & Moldenke = **Pouteria salicifolia** (Spreng.) Radlk.
Ref.: Meyer, 1957c; Fabris, 1965e.

Pouteria salicifolia var. *typica* Baehni, nom. inval. = **Pouteria salicifolia** (Spreng.) Radlk.
Nota: nom. inval.

Pouteria sellowii (A. DC.) Engl. = **Pouteria salicifolia** (Spreng.) Radlk.
Ref.: Meyer, 1957c; Pennington, 1990.

Pouteria suavis Hemsl. = **Pouteria gardneriana** (A. DC.) Radlk.
Ref.: Burkart, 1979f; Pennington, 1990; Tressens, 1996.

[Pradosia brevipes (Pierre) T.D. Penn.]
Sin.: *Chrysophyllum pumilum* Chodat & Hassl., *Chrysophyllum pumilum* f. *glabrescens* Chodat & Hassl.
Ref.: Pennington, 1990.
Nota: Especie excluida de la flora argentina.

[Pradosia lactescens (Vell.) Radlk.]
Sin.: *Chrysophyllum bumelioides* Mart.
Nota: Especie excluida de la flora argentina.

Roussea salicifolia Spreng. = **Pouteria salicifolia** (Spreng.) Radlk.
Ref.: Cabrera, 1953a; Meyer, 1957c; Burkart, 1979f; Tressens, 1996.

[Sapota anguai Rojas Acosta]
Ref.: Krapovickas, 1970c.
Nota: Taxón dudoso.

Sapota gonocarpa Mart. & Eichler = **Chrysophyllum gonocarpum** (Mart. & Eichler) Engl.
Ref.: Meyer, 1947b, 1957c; Burkart, 1979f; Pennington, 1990.

Sideroxylon L.

Número de especies: 1

Sideroxylon bolivianum Rusby = **Chrysophyllum gonocarpum** (Mart. & Eichler) Engl.
Ref.: Kiesling, 1983c; Pennington, 1990.

[Sideroxylon ligustrinum Speg.]
Ref.: Pennington, 1990.
Nota: Taxón dudoso.

Sideroxylon myrtifolium (Mart.) Speg. = **Chrysophyllum marginatum** (Hook. & Arn.) Radlk.

Sideroxylon obtusifolium (Roem. & Schult.) T.D. Penn.
Sin.: *Bumelia excelsa* A. DC., *Bumelia obtusifolia* Roem. & Schult., *Bumelia obtusifolia* subsp. *excelsa* (A. DC.) Cronquist, *Bumelia rhamnoides* Casaretto, *Bumelia sartorum* Mart.
Ref.: Pennington, 1990; Tressens, 1996.
Hábito: Arbusto o árbol.
Status: Nativa.
Elevación: 0–1000 m.
Prov.: CH, CO, COR, ER, FO, JU, MI, SA, SE, SF, TU.
Paises limítrofes: BO, BR, PA.
Ejemplar examinado: *Schinini y Martínez Crovetto 22767* (CTES, ENCB, JUA).

[Sideroxylon obtusifolium subsp. buxifolium (Roem. & Schult.) T.D. Penn.
Sin.: *Bumelia obtusifolia* Roem. & Schult. var. *buxifolia* (Roem. & Schult.) Miq.
Ref.: Pennington, 1990.

SAXIFRAGACEAE

10 géneros, 30 especies; 2 especies endémicas.

Celastrus venustus Banks & Sol. ex Hook. f. = **Escallonia serrata** Sm.

Chrysosplenium L.

Número de especies: 2

Chrysosplenium macranthum Hook.
Ref.: Moore, 1974; Dudley, 1981; Correa, 1984f.
Hábito: Hierba.
Status: Nativa.
Elevación: 0-1000 m.
Prov.: TF.
Paises limítrofes: CH.
Ejemplar examinado: *Hicken s.n.* (SI 21729).

Chrysosplenium valdivicum Hook.
Ref.: Correa, 1984f.
Hábito: Hierba.
Status: Nativa.
Elevación: 0-500 m.
Prov.: NE.
Paises limítrofes: CH.
Ejemplar examinado: *Correa et al. 5847* (BAB).

Cornidia integerrima Hook. & Arn. = **Hydrangea serratifolia** (Hook. & Arn.) F. Phil.
Ref.: Correa, 1984f.

Cornidia serratifolia Hook. & Arn. = **Hydrangea serratifolia** (Hook. & Arn.) F. Phil.
Ref.: Correa, 1984f.

Cryptopetalum pussillum Hook. & Arn. = **Lepuropetalon spathulatum** Muhl. ex Elliot
Ref.: Bacigalupo, 1987e.

Escallonia Mutis ex L.

Número de especies: 16, 1 especie endémica.

Escallonia alpina Poepp. ex DC. var. **alpina**
Sin.: *Escallonia araucana* Phil., *Escallonia britteniana* Rendle, *Escallonia fonckii* Phil., *Escallonia misella* Gand.
Ref.: Sleumer, 1968, 1984a; Stern, 1974.
Hábito: Arbusto.
Status: Nativa.
Elevación: 0-2500 m.
Prov.: CHU, NE, RN, SC.
Paises limítrofes: CH.
Ejemplar examinado: *Cabrera 6069* (LP).

Escallonia alpina Poepp. ex DC. var. **carmelitana** (Meyen) Acevedo & Kausel
Sin.: *Escallonia carmelitana* Meyen
Ref.: Kausel, 1953; Sleumer, 1968, 1984a.
Hábito: Arbusto.
Status: Nativa.
Elevación: 0-3000 m.
Prov.: ME, NE.
Paises limítrofes: CH.
Ejemplar examinado: *Gerling 184* (SI).

Escallonia angustifolia C. Presl
Sin.: *Escallonia angustifolia* C. Presl var. *coquimbensis* (J. Rémy) Acevedo & Kausel, *Escallonia coquimbensis* J. Rémy
Ref.: Sleumer, 1968; Stern, 1974; Kiesling, 1994f.
Hábito: Arbusto o árbol.
Status: Nativa.
Elevación: 1000-3000 m.
Prov.: SJ.
Paises limítrofes: CH.
Ejemplar examinado: *Kiesling 6822* (SI).

Escallonia angustifolia C. Presl var. *coquimbensis* (J. Rémy) Acevedo & Kausel = **Escallonia angustifolia** C. Presl
Ref.: Sleumer, 1968.

Escallonia araucana Phil. = **Escallonia alpina** Poepp. ex DC. var. **alpina**
Ref.: Kausel, 1953.

Escallonia beridifolia auct. non (Humb. & Bonpl.) Kunth = **Escallonia rubra** var. **dumetorum** (Phil.) Acevedo & Kausel
Ref.: Sleumer, 1968.

Escallonia bifida Link & Otto
Sin.: *Escallonia montevidensis* (Cham. & Schltdl.) DC.
Ref.: Sleumer, 1968; Stern, 1974.
Hábito: Árbol.
Status: Nativa.
Elevación: 0-500 m.
Prov.: MI.
Paises limítrofes: BR, PA, UR.
Ejemplar examinado: *van de Venne s.n.* (SI 19575).

Escallonia britteniana Rendle = **Escallonia alpina** Poepp. ex DC. var. **alpina**
Ref.: Sleumer, 1968, 1984a.

Escallonia carmelitana Meyen = **Escallonia alpina** Poepp. ex DC. var. **carmelitana** (Meyen) Acevedo & Kausel
Ref.: Sleumer, 1984a.

Escallonia coquimbensis J. Rémy = **Escallonia angustifolia** C. Presl
Ref.: Sleumer, 1968.

Escallonia cordobensis (Kuntze) Hosseus
Sin.: *Escallonia montana* (Phil.) Griseb., *Escallonia rubra* (Ruiz & Pav.) Pers. var. *cordobensis* Kuntze
Ref.: Sleumer, 1968; Stern, 1974.
Hábito: Arbusto.
Status: Endémica.
Elevación: 1000-2500 m.
Prov.: CO, SL.
Ejemplar examinado: *Pastore 18* (SI).

Escallonia dumetorum Phil. = **Escallonia rubra** var. **dumetorum** (Phil.) Acevedo & Kausel
Ref.: Sleumer, 1984a.

Escallonia fonckii Phil. = **Escallonia alpina** Poepp. ex DC. var. **alpina**
Ref.: Sleumer, 1968, 1984a.

Escallonia hypoglauca Herzog
Ref.: Sleumer, 1968; Stern, 1974.
Hábito: Arbusto o árbol.
Status: Nativa.
Elevación: 1500-3500 m.
Prov.: JU, SA.
Paises limítrofes: BO.
Ejemplar examinado: *Fabris 5850* (LP).

Escallonia leucantha J. Rémy
Ref.: Sleumer, 1968, 1984a; Stern, 1974.
Hábito: Arbusto.
Status: Nativa.
Elevación: 0-500 m.
Prov.: CHU, NE.
Paises limítrofes: CH.
Ejemplar examinado: *Pérez Moreau s.n.* (BA 45140).

Escallonia megapotamica auct. non Spreng. = **Escallonia megapotamica** Spreng. var. **spiraeifolia** (Cham. & Schltdl.) Sleumer
Ref.: Sleumer, 1968.

Escallonia megapotamica Spreng. var. **spiraeifolia** (Cham. & Schltdl.) Sleumer
Sin.: *Escallonia megapotamica* auct. non Spreng., *Escallonia resinosa* (Ruiz & Pav.) Pers. var. *spiraeifolia* Cham. & Schltdl., *Escallonia sellowiana* auct. non DC., *Escallonia sellowiana* DC. var. *spiraeifolia* (Cham. & Schltdl.) DC., *Escallonia vaccinioides* A. St.-Hil., *Escallonia vaccinioides* A. St.-Hil. var. *guaranitica* A. St.-Hil.
Ref.: Sleumer, 1968; Bacigalupo, 1987e.
Hábito: Arbusto.
Status: Nativa.
Elevación: 0-500 m.
Prov.: BA, COR, ER, MI.
Paises limítrofes: BR, UR.
Ejemplar examinado: *Troncoso 2455* (SI).

Escallonia millegrana Griseb.
Ref.: Sleumer, 1968; Stern, 1974.
Hábito: Arbusto o árbol.
Status: Nativa.
Elevación: 1000-4000 m.
Prov.: JU, SA, TU.
Paises limítrofes: BO.
Ejemplar examinado: *Legname y Cuezzo 5162* (LIL).

Escallonia misella Gand. = **Escallonia alpina** Poepp. ex DC. var. **alpina**
Ref.: Sleumer, 1968, 1984a.

Escallonia montana (Phil.) Griseb. = **Escallonia cordobensis** (Kuntze) Hosseus
Ref.: Sleumer, 1968.
Nota: auct. non.

Escallonia montevidensis (Cham. & Schltdl.) DC. = **Escallonia bifida** Link & Otto
Ref.: Sleumer, 1968.

Escallonia myrtilloides L.f.
Ref.: Sleumer, 1968.
Hábito: Arbusto o árbol.
Status: Nativa.
Elevación: 3000-4000 m.
Prov.: SA.
Paises limítrofes: BO.
Ejemplar examinado: *Sleumer 3834* (LIL).

Escallonia myrtoidea Bertero ex DC.
Ref.: Kausel, 1953; Sleumer, 1968; Stern, 1974.
Hábito: Arbusto o árbol.
Status: Nativa.
Elevación: 500-2500 m.
Prov.: ME.
Paises limítrofes: CH.
Ejemplar examinado: *Araque 1287* (LIL).

Escallonia paniculata (Ruiz & Pav.) Roem. & Schult. var. *acuminatissima* Kuntze = **Escallonia schreiteri** Sleumer
Ref.: Sleumer, 1968.

Escallonia patagonica Gand. = **Escallonia virgata** (Ruiz & Pav.) Pers.
Ref.: Kausel, 1953; Sleumer, 1984a.

Escallonia pterocladon Hook. = **Escallonia rosea** Griseb.
Ref.: Kausel, 1953; Sleumer, 1968, 1984a.

Escallonia rahmeri Phil. var. *obovata* Speg. = **Escallonia rubra** (Ruiz & Pav.) Pers. var. **rubra**
Ref.: Sleumer, 1968.

Escallonia resinosa (Ruiz & Pav.) Pers. var. *spiraeifolia* Cham. & Schltdl. = **Escallonia megapotamica** Spreng. var. **spiraeifolia** (Cham. & Schltdl.) Sleumer
Ref.: Bacigalupo, 1987e.

[Escallonia revoluta (Ruiz & Pav.) Pers.]
Sin.: *Stereoxylon revolutum* Ruiz & Pav.
Nota: Especie excluida de la flora argentina.

Escallonia rosea Griseb.
Sin.: *Escallonia pterocladon* Hook., *Escallonia rupestris* Phil.
Ref.: Kausel, 1953; Sleumer, 1968, 1984a.
Hábito: Arbusto.
Status: Nativa.
Elevación: 0-1500 m.
Prov.: CHU.
Paises limítrofes: CH.
Ejemplar examinado: *Pérez Moreau s.n.* (BA 49546).

Escallonia rubra (Ruiz & Pav.) Pers. var. *albiflora* auct. non (Hook. & Arn.) Griseb. = **Escallonia tucumanensis** Hosseus
Ref.: Sleumer, 1968.

Escallonia rubra (Ruiz & Pav.) Pers. var. *cordobensis* Kuntze = **Escallonia cordobensis** (Kuntze) Hosseus
Ref.: Sleumer, 1968.

Escallonia rubra (Ruiz & Pav.) Pers. var. **rubra**
Sin.: *Escallonia rahmeri* Phil. var. *obovata* Speg., *Stereoxylon rubrum* Ruiz & Pav.
Ref.: Kausel, 1953; Sleumer, 1968, 1984a.
Hábito: Arbusto.
Status: Nativa.
Elevación: 0-1500 m.
Prov.: CHU, NE, RN, SC.
Paises limítrofes: CH.
Ejemplar examinado: *Boelcke y Correa 5977* (SI).

Escallonia rubra (Ruiz & Pav.) Pers. var. **dumetorum** (Phil.) Acevedo & Kausel
Sin.: *Escallonia beridifolia* auct. non (Humb. & Bonpl.) Kunth, *Escallonia dumetorum* Phil.
Ref.: Kausel, 1953; Sleumer, 1968, 1984a.
Hábito: Arbusto.
Status: Nativa.
Elevación: 500-1000 m.
Prov.: CHU, NE, RN.
Paises limítrofes: CH.
Ejemplar examinado: *Neumeyer 379* (LP).

Escallonia rupestris Phil. = **Escallonia rosea** Griseb.
Ref.: Kausel, 1953; Sleumer, 1968.

Escallonia schreiteri Sleumer
Sin.: *Escallonia paniculata* (Ruiz & Pav.) Roem. & Schult. var. *acuminatissima* Kuntze
Ref.: Sleumer, 1968; Stern, 1974.
Hábito: Arbusto o arbolito.
Status: Nativa.
Elevación: 1000-3000 m.
Prov.: SA, TU.
Paises limítrofes: BO.
Ejemplar examinado: *Venturi 5071* (SI).

Escallonia sellowiana auct. non DC. = **Escallonia megapotamica** Spreng. var. **spiraeifolia** (Cham. & Schltdl.) Sleumer
Ref.: Bacigalupo, 1987e.

Escallonia sellowiana DC. var. *spiraeifolia* (Cham. & Schltdl.) DC. = **Escallonia megapotamica** Spreng. var. **spiraeifolia** (Cham. & Schltdl.) Sleumer
Ref.: Bacigalupo, 1987e.

Escallonia serrata Sm.
Sin.: *Celastrus venustus* Banks & Sol. ex Hook. f.
Ref.: Sleumer, 1968, 1984a; Dudley, 1981.
Hábito: Arbusto.
Status: Nativa.
Elevación: 0-500 m.
Prov.: TF.
Paises limítrofes: CH.
Ejemplar examinado: *Goodall 647* (SI).

Escallonia stricta J. Rémy = **Escallonia virgata** (Ruiz & Pav.) Pers.
Ref.: Kausel, 1953.

Escallonia tucumanensis Hosseus
Sin.: *Escallonia rubra* (Ruiz & Pav.) Pers. var. *albiflora* auct. non (Hook. & Arn.) Griseb.
Ref.: Sleumer, 1968; Stern, 1974.
Hábito: Arbusto o árbol.
Status: Nativa.
Elevación: 500-2500 m.
Prov.: CA, JU, LR, SA, TU.
Paises limítrofes: BO.
Ejemplar examinado: *Venturi 1110* (SI, US).

Escallonia vaccinioides A. St.-Hil. = **Escallonia megapotamica** Spreng. var. **spiraeifolia** (Cham. & Schltdl.) Sleumer
Ref.: Bacigalupo, 1987e.

Escallonia vaccinioides A. St.-Hil. var. *guaranitica* A. St.-Hil. = **Escallonia megapotamica** Spreng. var. **spiraeifolia** (Cham. & Schltdl.) Sleumer
Ref.: Bacigalupo, 1987e.

Escallonia virgata (Ruiz & Pav.) Pers.
Sin.: *Escallonia patagonica* Gand., *Escallonia stricta* J. Rémy, *Stereoxylon virgatum* Ruiz & Pav.
Ref.: Sleumer, 1968, 1984a; Stern, 1974.
Hábito: Arbusto.
Status: Nativa.
Elevación: 0-3000 m.
Prov.: CHU, NE, RN, SC, TF.
Paises limítrofes: CH.
Ejemplar examinado: *Boelcke et al. 12608* (BAA, BAB, SI).

Hieronymusia alchemilloides (Griseb.) Engl. = **Suksdorfia alchemilloides** (Griseb.) Engl.
Ref.: Gornall & Bohm, 1985.

Hydrangea Gronov. ex L.

Número de especies: 1

Hydrangea integerrima (Hook. & Arn.) Engl. = **Hydrangea serratifolia** (Hook. & Arn.) F. Phil.
Ref.: Correa, 1984c.

Hydrangea serratifolia (Hook. & Arn.) F. Phil.
Sin.: *Cornidia integerrima* Hook. & Arn., *Cornidia serratifolia* Hook. & Arn., *Hydrangea integerrima* (Hook. & Arn.) Engl.
Ref.: Mc Clintock, 1957; Correa, 1984c.
Hábito: Liana.
Status: Nativa.
Elevación: 500-1000 m.
Prov.: CHU, RN.
Paises limítrofes: CH.
Ejemplar examinado: *Boelcke y Correa 5974* (BAB).

Lepuropetalon Elliott

Número de especies: 1

Lepuropetalon pusillum (Hook. & Arn.) Gay = **Lepuropetalon spathulatum** Muhl. ex Elliot
Ref.: Bacigalupo, 1987e.

Lepuropetalon spathulatum Muhl. ex Elliot
Sin.: *Cryptopetalum pussillum* Hook. & Arn., *Lepuropetalon pusillum* (Hook. & Arn.) Gay, *Pyxidanthera spathulata* Muhl.
Ref.: Troncoso & Bacigalupo, 1977; Bacigalupo, 1987e; Wilbur, 1988.
Hábito: Hierba.

Status: Nativa.
Elevación: 0-500 m.
Prov.: ER.
Paises limítrofes: BR, CH, UR.
Ejemplar examinado: *Troncoso et al. 2131* (SI).

Pyxidanthera spathulata Muhl. = **Lepuropetalon spathulatum** Muhl. ex Elliot
Ref.: Bacigalupo, 1987e.

Rebis alpinoides Spach = **Ribes punctatum** Ruiz & Pav.
Ref.: Sparre, 1984.

Rebis ebracteolata Spach = **Ribes punctatum** Ruiz & Pav.
Ref.: Sparre, 1984.

Rebis punctata (Ruiz & Pav.) Spach = **Ribes punctatum** Ruiz & Pav.
Ref.: Sparre, 1984.

Ribes L.

Número de especies: 5, 1 especie endémica.

Ribes ahrendsii Phil. = **Ribes magellanicum** Poir. subsp. **parviflorum** (Phil.) Sparre
Ref.: Sparre, 1984.

Ribes berteroanum Phil. = **Ribes punctatum** Ruiz & Pav.
Ref.: Sparre, 1984.

Ribes catamarcanum Jancz.
Ref.: Janczewski, 1906.
Hábito: Arbusto.
Status: Endémica.
Elevación: 2500-3000 m.
Prov.: CA, TU.
Ejemplar examinado: *Venturi 4620* (SI).

Ribes chubutense Gand. = **Ribes cucullatum** Hook. & Arn. var. **cucullatum**
Ref.: Sparre, 1984.

Ribes collinum Phil. = **Ribes punctatum** Ruiz & Pav.
Ref.: Sparre, 1984.

Ribes cucullatum Hook. & Arn. var. **cucullatum**
Sin.: *Ribes chubutense* Gand., *Ribes lacarense* Phil.
Ref.: Ragonese & Martínez Crovetto, 1947; Dimitri, 1974b; Sparre, 1984.
Hábito: Arbusto.
Status: Nativa.
Elevación: 1500-2000 m.
Prov.: CHU, ME, NE, RN, SC, TF.
Paises limítrofes: CH.
Ejemplar examinado: *Koslowsky 56* (SI).

Ribes cucullatum Hook. & Arn. var. **densiflorum** (Phil.) Sparre
Sin.: *Ribes densiflorum* Phil.
Ref.: Sparre, 1984.
Hábito: Arbusto.
Status: Nativa.
Elevación: 1000-1500 m.
Prov.: CHU, NE.
Paises limítrofes: CH.
Ejemplar examinado: *Diem 3187* (SI).

Ribes densiflorum Phil. = **Ribes cucullatum** Hook. & Arn. var. **densiflorum** (Phil.) Sparre
Ref.: Sparre, 1984.

Ribes ebracteolatum (Spach) Gay = **Ribes punctatum** Ruiz & Pav.
Ref.: Sparre, 1984.

Ribes filiforme Poepp. = **Ribes magellanicum** Poir. subsp. **parviflorum** (Phil.) Sparre
Ref.: Sparre, 1984.

Ribes georgianum F. Phil. ex Phil. = **Ribes punctatum** Ruiz & Pav.
Ref.: Sparre, 1984.

Ribes glandulosum auct. non Ruiz & Pav. = **Ribes punctatum** Ruiz & Pav.
Ref.: Sparre, 1984.

Ribes heterophyllum Phil. = **Ribes punctatum** Ruiz & Pav.
Ref.: Sparre, 1984.

Ribes lacarense Phil. = **Ribes cucullatum** Hook. & Arn. var. **cucullatum**
Ref.: Sparre, 1984.

[Ribes magellanicum Poir. var. puberula Speg.]
Ref.: Spegazzini, 1897b.
Nota: Taxón dudoso.

Ribes magellanicum Poir. subsp. **magellanicum**
Sin.: *Ribes spegazzini* Jancz.
Ref.: Ragonese & Martínez Crovetto, 1947; Dudley, 1981; Sparre, 1984.
Hábito: Arbusto.
Status: Nativa.
Elevación: 0-500 m.
Prov.: RN, SC, TF.
Paises limítrofes: CH.
Ejemplar examinado: *Boelcke et al. 15228* (BAB).

Ribes magellanicum Poir. subsp. **parviflorum** (Phil.) Sparre
Sin.: *Ribes ahrendsii* Phil., *Ribes filiforme* Poepp., *Ribes micranthum* Phil., *Ribes palenae* Phil., *Ribes parviflorum* Phil.
Ref.: Sparre, 1984.
Hábito: Arbusto.
Status: Nativa.
Elevación: 500-1000 m.
Prov.: CHU, NE, RN, SC.
Paises limítrofes: CH.
Ejemplar examinado: *Boelcke y Correa 5519* (SI).

Ribes micranthum Phil. = **Ribes magellanicum** Poir. subsp. **parviflorum** (Phil.) Sparre
Ref.: Sparre, 1984.

Ribes palenae Phil. = **Ribes magellanicum** Poir. subsp. **parviflorum** (Phil.) Sparre
Ref.: Sparre, 1984.

Ribes parviflorum Phil. = **Ribes magellanicum** Poir. subsp. **parviflorum** (Phil.) Sparre
Ref.: Sparre, 1984.

Ribes punctatum Ruiz & Pav.
Sin.: *Rebis alpinoides* Spach, *Rebis ebracteolata* Spach, *Rebis punctata* (Ruiz & Pav.) Spach, *Ribes berteroanum* Phil., *Ribes collinum* Phil., *Ribes ebracteolatum* (Spach) Gay, *Ribes georgianum* F. Phil. ex Phil., *Ribes glandulosum* auct. non Ruiz & Pav., *Ribes heterophyllum* Phil., *Ribes sublobatum* Phil.
Ref.: Ruiz Leal, 1975; Sparre, 1984.
Hábito: Arbusto.
Status: Nativa.
Elevación: 500-1500 m.
Prov.: ME, RN.
Paises limítrofes: CH.
Ejemplar examinado: *Gerling 252* (SI).

Ribes spegazzini Jancz. = **Ribes magellanicum** Poir. subsp. **magellanicum**
Ref.: Sparre, 1984.

Ribes sublobatum Phil. = **Ribes punctatum** Ruiz & Pav.
Ref.: Sparre, 1984.

Ribes valdivianum Phil.
Sin.: *Ribes valdivianum* Phil. var. *sessiliflora* Phil.
Ref.: Sparre, 1984.
Hábito: Arbusto.
Status: Nativa.
Elevación: 500-1500 m.
Prov.: NE.
Paises limítrofes: CH.
Ejemplar examinado: *Schajovskoy s.n.* (SI 25643).

Ribes valdivianum Phil. var. *sessiliflora* Phil. = **Ribes valdivianum** Phil.
Ref.: Sparre, 1984.

Saxifraga L.
Número de especies: 1

Saxifraga albowiana Kurtz = **Saxifragodes albowiana** (Kurtz) D.M. Moore
Ref.: Moore, 1969.

Saxifraga alchemilloides Griseb. = **Suksdorfia alchemilloides** (Griseb.) Engl.
Ref.: Gornall & Bohm, 1985.

Saxifraga bicuspidata Hook. f. = **Saxifragella bicuspidata** (Hook. f.) Engl.
Ref.: Moore, 1974, 1983; Correa, 1984f.

Saxifraga cordilleranum J. Presl = **Saxifraga magellanica** Poir.
Ref.: Moore, 1974.

Saxifraga cordilleranum J. Presl var. *magellanica* (Poir.) Dusén = **Saxifraga magellanica** Poir.
Ref.: Moore, 1983.

[Saxifraga hederacea L.]
Nota: Especie excluida de la flora argentina.

Saxifraga magellanica Poir.
Sin.: *Saxifraga cordilleranum* J. Presl, *Saxifraga cordilleranum* J. Presl var. *magellanica* (Poir.) Dusén, *Saxifraga magellanica* Poir. var. *peruviana* (Sternb.) J.F. Macbr.
Ref.: Moore, 1983; Correa, 1984f.
Hábito: Hierba.
Status: Nativa.
Elevación: 0-3000 m.
Prov.: JU, NE, RN, SC, TF.
Paises limítrofes: CH.
Ejemplar examinado: *Boelcke et al. 12519* (BAA, BAB, SI).

Saxifraga magellanica Poir. var. *peruviana* (Sternb.) J.F. Macbr. = **Saxifraga magellanica** Poir.
Ref.: Liesner, 1993.

[Saxifraga magellanica Poir. var. trilobata Speg.]
Ref.: Spegazzini, 1897b.
Nota: Taxón dudoso.

Saxifragella Engl.
Número de especies: 1

Saxifragella albowiana (Kurtz) Engl. = **Saxifragodes albowiana** (Kurtz) D.M. Moore
Ref.: Moore, 1969.

Saxifragella bicuspidata (Hook. f.) Engl.
Sin.: *Saxifraga bicuspidata* Hook. f.
Ref.: Moore, 1974; Correa, 1984f.
Hábito: Hierba.
Status: Nativa.
Elevación: 500-1500 m.
Prov.: TF.
Paises limítrofes: CH.
Ejemplar examinado: *Alboff 275* (SI).

Saxifragodes D.M. Moore
Número de especies: 1

Saxifragodes albowiana (Kurtz) D.M. Moore
Sin.: *Saxifraga albowiana* Kurtz, *Saxifragella albowiana* (Kurtz) Engl.
Ref.: Moore, 1969, 1983; Correa, 1984f.
Hábito: Hierba.
Status: Nativa.
Elevación: 0-1000 m.
Prov.: SC, TF.
Paises limítrofes: CH.
Ejemplar examinado: *Goodall 2788* (SI).

Stereoxylon revolutum Ruiz & Pav. = [Escallonia revoluta (Ruiz & Pav.) Pers.]
Ref.: Kausel, 1953.

Stereoxylon rubrum Ruiz & Pav. = **Escallonia rubra** (Ruiz & Pav.) Pers. var. **rubra**
Ref.: Sleumer, 1984a.

Stereoxylon virgatum Ruiz & Pav. = **Escallonia virgata** (Ruiz & Pav.) Pers.
Ref.: Sleumer, 1984a.

Suksdorfia A. Gray, nom. cons.
Número de especies: 1

Suksdorfia alchemilloides (Griseb.) Engl.
Sin.: *Hieronymusia alchemilloides* (Griseb.) Engl., *Saxifraga alchemilloides* Griseb.
Ref.: Gornall & Bohm, 1985.
Hábito: Hierba.
Status: Nativa.
Elevación: 3000-4000 m.
Prov.: JU, SA, TU.
Paises limítrofes: BO.
Ejemplar examinado: *Sleumer 3533* (SI).

Tribeles Phil.
Número de especies: 1

Tribeles australis Phil.
Ref.: Moore, 1974, 1983; Dudley, 1981; Correa, 1984g.
Hábito: Subarbusto.
Status: Nativa.
Elevación: 0-1000 m.
Prov.: RN, SC, TF.
Paises limítrofes: CH.
Ejemplar examinado: *Boelcke y Correa 5597* (SI).

SCLEROPHYLACACEAE

1 géneros, 12 especies; 10 especies endémicas.

Sclerophylax Miers
Número de especies: 12, 10 especies endémicas.

Sclerophylax adnatifolia Di Fulvio
Ref.: Di Fulvio, 1961.
Hábito: Hierba.
Status: Endémica.
Elevación: 2000-2500 m.
Prov.: CA, LR.
Ejemplar examinado: *Hunziker et al. 15162* (holotipo, CORD).

Sclerophylax arnottii Miers
Sin.: *Sclerophylax gilliesii* Miers
Ref.: Di Fulvio, 1961.
Hábito: Hierba.
Status: Endémica.
Elevación: 0-500 m.
Prov.: LR, ME, SJ, SL.
Ejemplar examinado: *Mauri 16* (LP).

Sclerophylax caducifructus Di Fulvio
Ref.: Di Fulvio, 1961.
Hábito: Hierba.
Status: Endémica.
Elevación: 1500-2500 m.
Prov.: CA.
Ejemplar examinado: *Hunziker et al. 14196* (holotipo, CORD).

Sclerophylax cocuccii Di Fulvio
Ref.: Di Fulvio, 1961.
Hábito: Hierba.
Status: Endémica.
Elevación: 1500-2500 m.
Prov.: CA, LR.
Ejemplar examinado: *Hunziker et al. 15213* (holotipo, CORD).

Sclerophylax cynocrambe (Griseb.) Griseb.
Sin.: *Sclerophylax cynocrambe* (Griseb.) Kuntze, comb. superfl., *Sterrhymenia cynocrambe* Griseb.
Ref.: Di Fulvio, 1961.
Hábito: Hierba.
Status: Endémica.
Elevación: 1500-2000 m.
Prov.: CA, LR.
Ejemplar examinado: *Cabrera 1376* (LP).

Sclerophylax cynocrambe (Griseb.) Kuntze, comb. superfl. = **Sclerophylax cynocrambe** (Griseb.) Griseb.
Ref.: Di Fulvio, 1961.

Sclerophylax gilliesii Miers = **Sclerophylax arnottii** Miers
Ref.: Di Fulvio, 1961.

Sclerophylax hunzikeri Di Fulvio
Ref.: Di Fulvio, 1961.
Hábito: Hierba.
Status: Endémica.
Elevación: 0-1000 m.
Prov.: CO, LR.
Ejemplar examinado: *Hunziker et al. 13922* (holotipo, CORD).

Sclerophylax kurtzii Di Fulvio
Ref.: Di Fulvio, 1961.
Hábito: Hierba.
Status: Endémica.
Elevación: 500-2000 m.
Prov.: LR, SJ.
Ejemplar examinado: *Hunziker et al. 15131* (holotipo, CORD).

Sclerophylax lorentzianus O. Hoffm.
Ref.: Di Fulvio, 1961.
Hábito: Hierba.
Status: Nativa.
Elevación: 0-500 m.
Prov.: COR, ER.
Paises limítrofes: UR.
Ejemplar examinado: *Burkart 18121* (SI).

Sclerophylax ruiz-lealii Di Fulvio
Ref.: Di Fulvio, 1961.
Hábito: Hierba.
Status: Endémica.
Elevación: 1000-2500 m.
Prov.: ME, SJ.
Ejemplar examinado: *Di Fulvio y Subils 50* (holotipo, CORD).

Sclerophylax spinescens Miers
Ref.: Di Fulvio, 1961; Gereau, 1993.
Hábito: Hierba.
Status: Nativa.
Elevación: 0-500 m.
Prov.: BA, CO, FO, SF.
Paises limítrofes: PA.
Ejemplar examinado: *Venturi 154* (SI).

Sclerophylax tenuicaulis Di Fulvio
Ref.: Di Fulvio, 1961.
Hábito: Hierba.
Status: Endémica.
Elevación: 1500-3000 m.
Prov.: CA, TU.
Ejemplar examinado: *Hunziker et al. 14259* (holotipo, CORD).

Sclerophylax trispermus Di Fulvio
Ref.: Di Fulvio, 1961.
Hábito: Hierba.
Status: Endémica.
Elevación: 0-1000 m.
Prov.: CA, CH, CO, LR, SE, TU.
Ejemplar examinado: *Hunziker et al. 13871* (holotipo, CORD).

Sterrhymenia cynocrambe Griseb. = **Sclerophylax cynocrambe** (Griseb.) Griseb.
Ref.: Di Fulvio, 1961.
Ref.: Botta & Cabrera, 1993.

SCROPHULARIACEAE

37 géneros, 158 especies; 6 especies endémicas.

por C. C. Xifreda

Agalinis Raf.

Número de especies: 3

Agalinis communis (Cham. & Schltdl.) D'Arcy
Sin.: *Gerardia communis* Cham. & Schltdl.
Ref.: D'Arcy, 1978; Dawson, 1979b; Novara & Juárez de Varela, 1997.
Hábito: Hierba.
Status: Nativa.
Elevación: 500-2500 m.
Prov.: BA, CO, COR, ER, FO, MI, RN, SA, SF, SJ.
Paises limítrofes: BR, PA, UR.
Ejemplar examinado: *Parodi 8880* (BAA).

Agalinis fiebrigii (Diels) D'Arcy
Sin.: *Gerardia fiebrigii* Diels
Ref.: Botta & Cabrera, 1993.
Hábito: Subarbusto.
Status: Nativa.
Elevación: 2000-4500 m.
Prov.: CA, JU, LR, SA, TU.
Paises limítrofes: BO.
Ejemplar examinado: *Fabris et al. 6406* (BAA).

Agalinis genistifolia (Cham. & Schltdl.) D'Arcy
Sin.: *Agalinis rigida* (Benth.) D'Arcy, *Gerardia genistifolia* Cham. & Schltdl., *Gerardia rigida* Benth.
Ref.: Dawson, 1979b; Botta & Cabrera, 1993; Novara & Juárez de Varela, 1997.
Hábito: Hierba.
Status: Nativa.
Elevación: 0-3000 m.
Prov.: BA, CA, CH, CO, COR, ER, FO, JU, MI, SA, SE, TU.
Paises limítrofes: BO, BR, PA, UR.
Ejemplar examinado: *Krapovickas et al. 18295* (BAA).

Agalinis rigida (Benth.) D'Arcy = **Agalinis genistifolia** (Cham. & Schltdl.) D'Arcy

Alectra Thunb.

Número de especies: 2

Alectra aspera (Cham. & Schltdl.) L.O. Williams
Sin.: *Alectra brasiliensis* Benth., *Alectra fluminensis* (Vell.) Stearn, *Alectra melampyroides* (Rich.) Kuntze, *Glossostylis aspera* Cham. & Schltdl., *Melasma brasiliensis* (Benth.) Chodat & Hassl., *Melasma melampyroides* (Rich.) Pennell, *Melasma strictum* (Benth.) Hassl. var. *uninerve* Hassl., *Nigrina melampyroides* (Rich.) Kuntze, *Pedicularis melampyroides* Rich., *Scrophularia fluminensis* Vell.
Ref.: Rossow, 1986a.
Hábito: Hierba parásita.
Status: Nativa.
Elevación: 0-2000 m.
Prov.: COR, MI.
Paises limítrofes: BO, BR, PA.
Ejemplar examinado: *Krapovickas et al. 21454* (BAA, CTES).

Alectra brasiliensis Benth. = **Alectra aspera** (Cham. & Schltdl.) L.O. Williams
Ref.: Rossow, 1986a.

Alectra fluminensis (Vell.) Stearn = **Alectra aspera** (Cham. & Schltdl.) L.O. Williams
Ref.: Rossow, 1986a.

Alectra melampyroides (Rich.) Kuntze = **Alectra aspera** (Cham. & Schltdl.) L.O. Williams
Ref.: Rossow, 1986a.

Alectra stricta Benth.
Sin.: *Melasma strictum* (Benth.) Hassl.
Ref.: Rossow, 1986a.
Hábito: Hierba parásita.
Status: Nativa.
Elevación: 0-2000 m.
Prov.: COR.
Paises limítrofes: BR, PA.
Ejemplar examinado: *Pedersen 9156* (Hb. Pedersen).

Angelonia Humb. & Bonpl.

Número de especies: 4, 1 especie endémica.

Angelonia evitae Descole & Borsini
Ref.: Descole & Borsini, 1954.
Hábito: Hierba.
Status: Endémica.
Elevación: 0-500 m.
Prov.: FO, MI.
Ejemplar examinado: *Cusato 3325* (BAA).

Angelonia gardneri Hook.
Ref.: Descole & Borsini, 1954.
Hábito: Hierba.
Status: Nativa.
Elevación: 0-500 m.

Prov.: CH, COR, FO, MI, SF.
Paises limítrofes: PA.
Ejemplar examinado: *Kermes 142* (BAB).

Angelonia hassleriana Chodat
Ref.: Descole & Borsini, 1954.
Hábito: Hierba.
Status: Nativa.
Elevación: 0-500 m.
Prov.: FO, MI.
Paises limítrofes: PA.
Ejemplar examinado: *Morel 458* (LIL).

Angelonia integerrima Spreng.
Ref.: Descole & Borsini, 1954; Dawson, 1979b.
Hábito: Hierba.
Status: Nativa.
Elevación: 0-500 m.
Prov.: CH, COR, ER, FO, MI, SF.
Paises limítrofes: BR, PA, UR.
Ejemplar examinado: *Rodríguez 85* (SI).

Anonymos umbrosa Walter, nom. inval. = **Micranthemum umbrosum** (J.F. Gmel.) S.F. Blake
Ref.: Marchesi, 1997.

Antirrhinum L.

Número de especies: 2

Antirrhinum canadense L. = **Linaria canadensis** (L.) Dum. Cours.

Antirrhinum cymbalaria L. = **Cymbalaria muralis** C.F. Gaertn., G. Mey. & Scherb.
Ref.: Dawson, 1979b.

Antirrhinum elatine L. = **Kickxia elatine** (L.) Dumort.

Antirrhinum majus L.
Ref.: Burkart, 1960.
Hábito: Hierba.
Status: Adventicia.
Elevación: 0-500 m.
Prov.: BA, ER.
Paises limítrofes: UR.
Ejemplar examinado: *Hicken s.n.* (SI 28350).

Antirrhinum orontium L.
Sin.: *Misopates orontium* (L.) Raf., *Orontium arvense* Pers.
Ref.: Múlgura, 1971; Dawson, 1979b.
Hábito: Hierba.
Status: Adventicia.
Elevación: 0-500 m.
Prov.: DF, ER, TU.
Paises limítrofes: BR.
Ejemplar examinado: *Costaguta 54* (BAF).

Bacopa Aubl.

Número de especies: 12

Bacopa chamaedryoides (Kunth) Wettst. = **Mecardonia procumbens** (Mill.) Small
Ref.: Rossow, 1987; Botta & Cabrera, 1993.

Bacopa chamaedryoides (Kunth) Wettst. var. *microphylla* (J.A. Schmidt) Edwall = **Mecardonia tenella** (Cham. & Schltdl.) Pennell var. **microphylla** (J.A. Schmidt) Rossow
Ref.: Rossow, 1987.

Bacopa cladostyla Chodat ex Eskuche
Ref.: Eskuche, 1989.
Hábito: Hierba.
Status: Nativa.
Elevación: 0-500 m.
Prov.: COR.
Paises limítrofes: PA.
Ejemplar citado: *Eskuche 4450** (CTESN).

Bacopa congesta Chodat & Hassl.
Ref.: Descole & Borsini, 1954.
Hábito: Hierba.
Status: Nativa.
Elevación: 0-500 m.
Prov.: COR, MI.
Paises limítrofes: PA.
Ejemplar examinado: *Ibarrola 4376* (LIL).

Bacopa congesta Chodat & Hassl. var. *hirsuta* Hassl. = **Bacopa hirsuta** (Hassl.) Descole & Borsini

Bacopa dianthera (Sw.) Descole & Borsini = **Mecardonia procumbens** (Mill.) Small

Bacopa dubia Chodat & Hassl.
Ref.: Descole & Borsini, 1954.
Hábito: Hierba.
Status: Nativa.
Elevación: 0-500 m.
Prov.: COR, FO.
Ejemplar examinado: *Krapovickas y Cristóbal 20816* (BAA).

Bacopa flagellaris (Cham. & Schltdl.) Wettst. = **Mecardonia flagellaris** (Cham. & Schltdl.) Rossow subsp. **flagellaris**
Ref.: Rossow, 1987.

Bacopa grandiflora (Benth.) Edwall = **Mecardonia grandiflora** (Benth.) Pennell
Ref.: Rossow, 1987.

Bacopa hassleriana Chodat = **Bacopa scabra** (Benth.) Descole & Borsini

Bacopa herniarioides (Cham.) Wettst. = **Mecardonia tenella** (Cham. & Schltdl.) Pennell var. **microphylla** (J.A. Schmidt) Rossow
Ref.: Rossow, 1987.

Bacopa hirsuta (Hassl.) Descole & Borsini
Sin.: *Bacopa congesta* Chodat & Hassl. var. *hirsuta* Hassl.
Ref.: Descole & Borsini, 1954.
Hábito: Hierba.
Status: Nativa.
Elevación: 0-500 m.
Prov.: COR, MI.
Paises limítrofes: PA.
Ejemplar examinado: *Krapovickas et al. 20956* (BAA).

Bacopa monnieri (L.) Pennell
Sin.: *Bacopa monnieri* (L.) Wettst., nom. illeg., *Herpestis monnieri* (L.) Kunth, *Lysimachia monnieri* L.
Ref.: Botta & Cabrera, 1993; Novara & Juárez de Varela, 1997.
Hábito: Hierba.
Status: Nativa.
Elevación: 0-3500 m.
Prov.: BA, CA, CH, COR, DF, ER, FO, JU, LR, ME, SA, SE, SF, SJ, SL, TF, TU.
Paises limítrofes: BO, CH.
Ejemplar examinado: *Dimitri y Piccinini 399* (BAB 67999).

Bacopa monnieri (L.) Wettst., nom. illeg. = **Bacopa monnieri** (L.) Pennell

[Bacopa montevidensis (Spreng.) Herter & Melch.]
Sin.: *Herpestis montevidensis* Spreng.
Ref.: Rossow, 1987.
Nota: Nomen dubium.

Bacopa paraguariensis (S. Moore) Hassl.
Ref.: Descole & Borsini, 1954.
Hábito: Hierba.
Status: Nativa.
Elevación: 0-500 m.
Prov.: CH, COR, FO.
Paises limítrofes: PA.
Ejemplar examinado: *Joergensen 2997* (LIL).

Bacopa pedersenii Rossow
Ref.: Rossow, 1986a.
Hábito: Hierba.
Status: Nativa.
Elevación: 0-500 m.
Prov.: COR.
Paises limítrofes: BR, PA.
Ejemplar examinado: *Pedersen 12980* (holotipo, BAB).

Bacopa procumbens (Mill.) Greenm. = **Mecardonia procumbens** (Mill.) Small
Ref.: Rossow, 1987; Botta & Cabrera, 1993.

Bacopa radicata (Benth.) Descole & Borsini = **Mecardonia flagellaris** (Cham. & Schltdl.) Rossow subsp. **radicata** (Benth.) Rossow

Bacopa ranaria (Benth.) Wettst.
Sin.: *Bacopa ranaria* (Benth.) Wettst. var. *guaranitica* Chodat & Hassl., *Herpestis ranaria* Benth., *Ranaria monnieroides* Cham.
Ref.: Descole & Borsini, 1954.
Hábito: Hierba.
Status: Nativa.
Elevación: 0-500 m.
Prov.: MI.
Paises limítrofes: BR, PA.
Ejemplar examinado: *Schwarz 6680* (LIL).

Bacopa ranaria (Benth.) Wettst. var. *guaranitica* Chodat & Hassl. = **Bacopa ranaria** (Benth.) Wettst.
Ref.: Descole & Borsini, 1954.

Bacopa rojasii Hassl. = **Bacopa scabra** (Benth.) Descole & Borsini

Bacopa salzmannii (Benth.) Wettst.
Sin.: *Herpestis salzmannii* Benth.
Ref.: Descole & Borsini, 1954.
Hábito: Hierba.
Status: Nativa.
Elevación: 0-500 m.
Prov.: CH, COR, FO, MI.
Ejemplar examinado: *Krapovickas et al. 18013* (BAA).

Bacopa scabra (Benth.) Descole & Borsini
Sin.: *Bacopa hassleriana* Chodat, *Bacopa rojasii* Hassl., *Herpestis scabra* Benth.
Ref.: Descole & Borsini, 1954.
Hábito: Hierba.
Status: Nativa.
Elevación: 0-1000 m.
Prov.: CH, MI.
Paises limítrofes: BR, PA.
Ejemplar examinado: *Kermes 201* (BAB).

Bacopa serpyllifolia (Benth.) Pennell
Sin.: *Herpestis serpyllifolia* Benth.
Ref.: Descole & Borsini, 1954.
Hábito: Hierba.
Status: Nativa.
Elevación: 0-500 m.
Prov.: MI.
Paises limítrofes: BR.
Ejemplar examinado: *Quiroga 4269* (BAB).

Bacopa serpylloides (Cham. & Schltdl.) Wettst. = **Mecardonia serpylloides** (Cham. & Schltdl.) Pennell
Ref.: Rossow, 1987.

Bacopa tenella (Cham. & Schltdl.) Wettst. = **Mecardonia tenella** (Cham. & Schltdl.) Pennell var. **tenella**
Ref.: Rossow, 1987.

Bacopa tweediei (Benth.) Parodi
Sin.: *Herpestis tweediei* Benth.
Ref.: Descole & Borsini, 1954; Dawson, 1979b.
Hábito: Hierba.
Status: Nativa.
Elevación: 0-500 m.
Prov.: BA, CH, CO, COR, DF, ER, FO, SF.
Ejemplar examinado: *Kermes 672* (BAB).

Bacopa uruguayensis Herter & Melch. = **Mecardonia tenella** (Cham. & Schltdl.) Pennell var. **tenella**
Ref.: Rossow, 1987.

Bacopa veronicaefolia (Cham. & Schltdl.) Descole & Borsini = **Mecardonia flagellaris** (Cham. & Schltdl.) Rossow subsp. **flagellaris**

Bartsia L., nom. cons.
Número de especies: 9, 1 especie endémica.

Bartsia australis Molau
Ref.: Molau, 1990.
Hábito: Hierba.
Status: Nativa.
Elevación: 2500-4000 m.
Prov.: JU, SA.
Paises limítrofes: BO.
Ejemplar examinado: *Cabrera 5312* (BAB, M).

Bartsia crenoloba Wedd.
Ref.: Molau, 1990; Botta & Cabrera, 1993.
Hábito: Hierba.
Status: Nativa.
Elevación: 1000-4500 m.
Prov.: CA, CO, JU, SA, SL, TU.
Paises limítrofes: BO.
Ejemplar examinado: *Cabrera et al. 30572* (SI).

Bartsia curtiflora Edwin = **Bartsia fiebrigii** Diels
Ref.: Molau, 1990.

Bartsia elongata Wedd.
Sin.: *Bartsia simulans* Edwin
Ref.: Molau, 1990; Botta & Cabrera, 1993.
Hábito: Hierba.
Status: Nativa.
Elevación: 3000>4500 m.
Prov.: JU.
Paises limítrofes: BO.
Ejemplar examinado: *Cabrera et al. 25540* (LP, SI).

Bartsia fiebrigii Diels
Sin.: *Bartsia curtiflora* Edwin
Ref.: Molau, 1990.
Hábito: Hierba.
Status: Nativa.
Elevación: 1000-4000 m.
Prov.: CA, CO, JU, SA, SL.
Paises limítrofes: BO.
Ejemplar examinado: *Burkart 7462* (GH).

Bartsia hispida Benth. = **Bartsia mutica** (Kunth) Benth.
Ref.: Molau, 1990.

Bartsia jujuyensis Cabrera & Botta
Ref.: Cabrera & Botta, 1992.
Hábito: Hierba.
Status: Endémica.
Elevación: 2000-4000 m.
Prov.: JU.
Ejemplar examinado: *Kiesling et al. 1553* (holotipo, SI).

Bartsia meyeniana Benth. = **Bartsia peruviana** Walp.
Ref.: Botta & Cabrera, 1993.

Bartsia mutica (Kunth) Benth.
Sin.: *Bartsia hispida* Benth., *Euphrasia mutica* Kunth
Ref.: Grisebach, 1879; Molau, 1990.
Hábito: Hierba.
Status: Nativa.
Elevación: 1000-4000 m.
Prov.: CA, CO, JU, LR, SA, TU.
Ejemplar examinado: *Soriano 967* (BAB).

Bartsia pauciflora Molau
Ref.: Molau, 1990.
Hábito: Hierba.
Status: Nativa.
Elevación: 3500>4500 m.
Prov.: SA.
Paises limítrofes: BO.
Ejemplar examinado: *Hawkes et al. 3822* (C).

Bartsia peruviana Walp.
Sin.: *Bartsia meyeniana* Benth., *Bartsia subinclusa* Benth.
Ref.: Molau, 1990; Botta & Cabrera, 1993.
Hábito: Hierba.
Status: Nativa.
Elevación: 3000>4500 m.
Prov.: CA, JU, SA, SL, TU.
Paises limítrofes: BO, CH.
Ejemplar examinado: *Hjerting y Petersen 138* (C, LIL).

Bartsia simulans Edwin = **Bartsia elongata** Wedd.
Ref.: Molau, 1990.

Bartsia subinclusa Benth. = **Bartsia peruviana** Walp.
Ref.: Botta & Cabrera, 1993.

Bartsia trixago L.
Sin.: *Bellardia trixago* (L.) All., *Euphrasia trixago* (L.) Vis., *Trixago apula* Steven
Ref.: Molau, 1990.
Hábito: Hierba.
Status: Adventicia.
Elevación: 0-500 m.
Prov.: BA, ER.
Paises limítrofes: CH, UR.
Ejemplar examinado: *Grondona 2490* (BAA).

[Bartsia viscosa L.]
Nota: Cita dudosa para la flora argentina.

Basistemon Turcz.

Número de especies: 1

Basistemon spinosus (Chodat) Moldenke
Sin.: *Basistemon violaceum* (Herzog) Baehni & J.F. Macbr., *Hassleropsis spinosa* Chodat, *Saccanthus violaceus* Herzog
Ref.: Moldenke, 1936; Barringer, 1985; Botta & Cabrera, 1993.
Hábito: Arbusto.
Status: Nativa.
Elevación: 1000-2000 m.
Prov.: FO, JU, SA, TU.
Paises limítrofes: BO, PA.
Ejemplar examinado: *Cabrera et al. 27523* (SI).

Basistemon violaceum (Herzog) Baehni & J.F. Macbr. = **Basistemon spinosus** (Chodat) Moldenke
Ref.: Barringer, 1985.

Bellardia trixago (L.) All. = **Bartsia trixago** L.
Ref.: Molau, 1990.

Braunblanquetia littoralis Eskuche = **Fonkia uliginosa** Phil.
Ref.: Rossow, 1983b.

Buchnera L.

Número de especies: 2

Buchnera elongata Sw. f. *grandiflora* Chodat & Hassl. = **Buchnera ternifolia** Kunth
Ref.: Philcox, 1965.

Buchnera elongata Sw. f. *virescens* Chodat & Hassl. = **Buchnera ternifolia** Kunth
Ref.: Philcox, 1965.

Buchnera elongata Sw., nom. illeg. = **Buchnera longifolia** Kunth
Ref.: Philcox, 1965.

Buchnera grandiflora L.f. = **Escobedia grandiflora** (L.f.) Kuntze

Buchnera integrifolia Larrañaga = **Buchnera longifolia** Kunth
Ref.: Philcox, 1965.

Buchnera lithospermoides Kunth = **Buchnera ternifolia** Kunth
Ref.: Philcox, 1965.

Buchnera lobelioides Cham. & Schltdl. = **Buchnera ternifolia** Kunth
Ref.: Philcox, 1965.

Buchnera longifolia Kunth
Sin.: *Buchnera elongata* Sw., nom. illeg., *Buchnera integrifolia* Larrañaga, *Buchnera macrocarpa* Kunth, *Buchnera rosea* Kunth var. *guaranitica* Chodat & Hassl.
Ref.: Philcox, 1965; Dawson, 1979b; Novara & Juárez de Varela, 1997.
Hábito: Hierba.
Status: Nativa.
Elevación: 0-2500 m.
Prov.: BA, CH, CO, COR, ER, FO, JU, MI, SA, SE, SF, TU.
Paises limítrofes: BO, BR, PA, UR.
Ejemplar examinado: *Parodi 6262* (BAA).

Buchnera macrocarpa Kunth = **Buchnera longifolia** Kunth
Ref.: Philcox, 1965.

Buchnera rosea Kunth var. *guaranitica* Chodat & Hassl. = **Buchnera longifolia** Kunth
Ref.: Philcox, 1965.

Buchnera ternifolia Kunth
Sin.: *Buchnera elongata* Sw. f. *grandiflora* Chodat & Hassl., *Buchnera elongata* Sw. f. *virescens* Chodat & Hassl., *Buchnera lithospermoides* Kunth, *Buchnera lobelioides* Cham. & Schltdl.
Ref.: Philcox, 1965; Botta & Cabrera, 1993.
Hábito: Hierba.
Status: Nativa.
Elevación: 0-1500 m.
Prov.: CH, COR, ER, FO, MI, SA, SF, TU.
Paises limítrofes: BO, BR, PA, UR.
Ejemplar examinado: *Venturi 5513* (SI).

Calceolaria L.

Número de especies: 42, 3 especies endémicas.

Calceolaria acutifolia Witasek
Sin.: *Calceolaria chubutensis* Skottsb.
Ref.: Stapf, 1929.
Hábito: Hierba.
Status: Nativa.
Elevación: 0-1000 m.
Prov.: CHU.
Paises limítrofes: CH.
Ejemplar examinado: *Martínez Crovetto 3095* (SI).

[Calceolaria andina Benth.]
Nota: Cita dudosa para la flora argentina.

Calceolaria bangii Rusby = **Hybanthus parviflorus** (Mutis ex L.f.) Baill.

Calceolaria bellidifolia Benth. = **Calceolaria brunellifolia** Phil.
Ref.: Descole & Borsini, 1954.

Calceolaria bellidifolia Benth. var. *angustifolia* Speg. = **Calceolaria brunellifolia** Phil.
Ref.: Descole & Borsini, 1954.

[Calceolaria bergii Hieron.]
Nota: Taxón dudoso.

Calceolaria biflora Lam.
Sin.: *Calceolaria falklandica* (S. Moore) Kraenzl., *Calceolaria plantaginea* Sm., *Fagelia falklandica* S. Moore
Ref.: Moore, 1968.
Hábito: Hierba.
Status: Nativa.
Elevación: 0-500 m.
Prov.: CHU, ME, RN, SC, SJ, TF.
Paises limítrofes: CH.
Ejemplar examinado: *Witte 19* (SI).

Calceolaria brunellifolia Phil.
Sin.: *Calceolaria bellidifolia* Benth., *Calceolaria bellidifolia* Benth. var. *angustifolia* Speg.
Ref.: Descole & Borsini, 1954.
Hábito: Hierba.
Status: Nativa.
Elevación: 3000-4000 m.
Prov.: CA, CHU, LR, ME, SJ.
Paises limítrofes: CH.
Ejemplar examinado: *Kiesling 3136* (SI).

Calceolaria camptoclada Kraenzl. = **Calceolaria elatior** Griseb.
Ref.: Molau, 1988; Botta & Cabrera, 1993.

Calceolaria catamarcae Kraenzl. = **Calceolaria polyclada** Kraenzl.
Ref.: Molau, 1988.

Calceolaria cavanillessii Phil.
Ref.: Descole & Borsini, 1954.
Hábito: Hierba.
Status: Nativa.
Elevación: 500-1000 m.
Prov.: NE.
Paises limítrofes: CH.
Ejemplar examinado: *Correa 9824* (BAB).

Calceolaria chelidonioides Kunth
Sin.: *Calceolaria glutinosa* Heer & Regel, *Calceolaria lilloi* Descole & Borsini, *Fagelia chelidonioides* (Kunth) Kuntze, *Fagelia diversifolia* Pennell
Ref.: Molau, 1988; Botta & Cabrera, 1993.
Hábito: Hierba.
Status: Nativa.
Elevación: 1000-3500 m.
Prov.: JU, SA.
Paises limítrofes: BO.
Ejemplar examinado: *Cabrera et al. 28006* (SI).

Calceolaria chubutensis Skottsb. = **Calceolaria acutifolia** Witasek

Calceolaria crenatiflora Cav.
Ref.: Descole & Borsini, 1954.
Hábito: Hierba.
Status: Nativa.
Elevación: 0-1000 m.
Prov.: CHU, NE, RN.
Paises limítrofes: CH.
Ejemplar examinado: *Correa et al. 4187* (BAB).

[Calceolaria cymbiflora Sandwith]
Nota: Taxón dudoso.

Calceolaria darwinii Benth. = **Calceolaria uniflora** Lam.
Ref.: Moore, 1983.

Calceolaria dentata Ruiz & Pav.
Ref.: Pennell, 1944; Descole & Borsini, 1954.
Hábito: Hierba.
Status: Nativa.
Elevación: 500-1000 m.
Prov.: ME, NE.
Paises limítrofes: CH.
Ejemplar examinado: *Gerling 187* (SI).

Calceolaria elatior Griseb.
Sin.: *Calceolaria camptoclada* Kraenzl., *Calceolaria leiophylla* Kraenzl.
Ref.: Molau, 1988; Botta & Cabrera, 1993.
Hábito: Hierba.
Status: Nativa.
Elevación: 500-3000 m.
Prov.: JU, SA.
Paises limítrofes: BO.
Ejemplar examinado: *Zuloaga et al. 1655* (SI).

Calceolaria elliptica Wedd. = **Calceolaria parvifolia** Wedd.
Ref.: Molau, 1988.

[Calceolaria extensa Benth.]
Sin.: *Calceolaria flacca* Molau
Nota: Cita dudosa para la flora argentina.

Calceolaria fabrisii Botta & Cabrera
Ref.: Botta & Cabrera, 1986, 1993.
Hábito: Hierba o subarbusto.
Status: Nativa.
Elevación: 2000-3000 m.
Prov.: JU, SA, TU.
Paises limítrofes: BO.
Ejemplar examinado: *Kiesling et al. 5709* (SI).

Calceolaria falklandica (S. Moore) Kraenzl. = **Calceolaria biflora** Lam.

Calceolaria fiebrigiana Kraenzl. = **Calceolaria plectranthifolia** Walp.
Ref.: Molau, 1988.

Calceolaria filicaulis Clos
Sin.: *Calceolaria llaimae* Kraenzl., *Calceolaria valdiviana* Phil.
Ref.: Descole & Borsini, 1954.
Hábito: Hierba.
Status: Nativa.
Prov.: NE, RN.
Paises limítrofes: CH.
Ejemplar examinado: *Correa 8855* (BAB).

Calceolaria flabellifolia Kraenzl. = **Calceolaria luxurians** Witasek

Calceolaria flacca Molau = [Calceolaria extensa Benth.]

Calceolaria floccosa Witasek = **Calceolaria mollisima** Walp.

Calceolaria foliosa Phil.
Ref.: Descole & Borsini, 1954.
Hábito: Hierba.
Status: Nativa.
Elevación: 1000-1500 m.
Prov.: ME, NE.
Paises limítrofes: CH.
Ejemplar examinado: *Correa 9887* (BAB).

Calceolaria fothergillii Aiton
Ref.: Descole & Borsini, 1954.
Hábito: Hierba.
Status: Nativa.
Elevación: 0-500 m.
Prov.: TF.
Paises limítrofes: CH.
Ejemplar examinado: *Skottsberg 29* (BA).

Calceolaria germainii Witasek
Ref.: Descole & Borsini, 1954.
Hábito: Hierba.
Status: Nativa.
Prov.: CHU, CO, ME, NE, RN, SL.
Paises limítrofes: CH.
Ejemplar examinado: *Rasp 70* (SI).

Calceolaria glacialis Wedd.
Ref.: Molau, 1988; Botta & Cabrera, 1993; Novara & Juárez de Varela, 1997.
Hábito: Hierba.
Status: Nativa.
Elevación: 3500>4500 m.
Prov.: CA, JU, SA, TU.
Paises limítrofes: BO.
Ejemplar examinado: *Hunziker 10522* (SI).

[Calceolaria glandulosa Poepp. var. argentina Hicken]
Nota: Taxón dudoso.

Calceolaria glutinosa Heer & Regel = **Calceolaria chelidonioides** Kunth
Ref.: Molau, 1988; Botta & Cabrera, 1993.

Calceolaria grisebachii Kraenzl. = **Calceolaria polyclada** Kraenzl.
Ref.: Molau, 1988.

Calceolaria herbertiana Lindl. = **Calceolaria racemosa** Cav.

Calceolaria hieronymi Kraenzl. = **Calceolaria plectranthifolia** Walp.
Ref.: Molau, 1988.

Calceolaria integrifolia L.
Ref.: Descole & Borsini, 1954.
Hábito: Hierba.
Status: Nativa.
Elevación: 1000-1500 m.
Prov.: NE.
Paises limítrofes: CH.
Ejemplar examinado: *Rossow 5458* (BAB).

Calceolaria jujuyensis Botta
Ref.: Botta, 1981.
Hábito: Hierba o subarbusto.
Status: Nativa.
Elevación: 1000-2000 m.
Prov.: JU.
Paises limítrofes: BO.
Ejemplar examinado: *Kiesling et al. 1529* (SI).

Calceolaria lagunae-blancae Kraenzl.
Ref.: Descole & Borsini, 1954.
Hábito: Hierba.
Status: Endémica.
Elevación: 1500-2000 m.
Prov.: CHU, NE, RN, SC.
Ejemplar examinado: *Gentili 700* (BAB).

Calceolaria lanceolata Cav.
Sin.: *Calceolaria lanceolata* Cav. var. *glabrata* Speg.
Ref.: Descole & Borsini, 1954.
Hábito: Hierba.
Status: Nativa.
Prov.: CHU, ME, NE, RN, SC.
Paises limítrofes: CH.
Ejemplar examinado: *Correa 4072* (BAB).

Calceolaria lanceolata Cav. var. *glabrata* Speg. = **Calceolaria lanceolata** Cav.
Ref.: Descole & Borsini, 1954.

Calceolaria lechioides Rusby = **Calceolaria parvifolia** Wedd.
Ref.: Molau, 1988.

Calceolaria leiophylla Kraenzl. = **Calceolaria elatior** Griseb.
Ref.: Molau, 1988; Botta & Cabrera, 1993.

Calceolaria lepidota Kraenzl.
Ref.: Descole & Borsini, 1954.
Hábito: Hierba.
Status: Endémica.
Elevación: 500-1500 m.
Prov.: CA.
Ejemplar examinado: *Lorentz 564* (holotipo, CORD).

Calceolaria lilloi Descole & Borsini = **Calceolaria chelidonioides** Kunth
Ref.: Molau, 1988; Botta & Cabrera, 1993.

Calceolaria llaimae Kraenzl. = **Calceolaria filicaulis** Clos
Ref.: Descole & Borsini, 1954.

Calceolaria lorentzii Griseb. = **Calceolaria umbellata** Wedd.
Ref.: Molau, 1988; Botta & Cabrera, 1993.

Calceolaria losseni Kraenzl. = **Calceolaria santolinoides** Kraenzl.
Ref.: Molau, 1988.

Calceolaria luxurians Witasek
Sin.: *Calceolaria flabellifolia* Kraenzl., *Calceolaria obtusifolia* Walp. ex Schauer, *Calceolaria plantaginea* Sm. var. *obtusifolia* (Walp. ex Schauer) Clos
Ref.: Descole & Borsini, 1954.
Hábito: Hierba.
Status: Nativa.
Elevación: 2000-3500 m.
Prov.: CA, LR, ME, NE, SJ.
Paises limítrofes: CH.
Ejemplar examinado: *Nicora et al. 8619* (SI).

Calceolaria mendocina Phil.
Ref.: Hicken, 1922b; Descole & Borsini, 1954.
Hábito: Hierba.
Status: Nativa.
Elevación: 1000-1500 m.
Prov.: ME, NE.
Paises limítrofes: CH.
Ejemplar examinado: *Boelcke et al. 15786* (BAA).

Calceolaria mollisima Walp.
Sin.: *Calceolaria floccosa* Witasek
Ref.: Descole & Borsini, 1954.
Hábito: Hierba.
Status: Nativa.
Elevación: 1000-3000 m.
Prov.: ME, NE, RN.
Paises limítrofes: CH.
Ejemplar examinado: *Boelcke et al. 10965* (BAB).

[Calceolaria montana Cav.]
Nota: Taxón dudoso.

Calceolaria nana Sm. = **Calceolaria uniflora** Lam.
Ref.: Moore, 1983.

Calceolaria obtusifolia Walp. ex Schauer = **Calceolaria luxurians** Witasek

Calceolaria palenae Phil.
Ref.: Pennell, 1944; Descole & Borsini, 1954.
Hábito: Hierba.
Status: Nativa.
Elevación: 1000-2000 m.
Prov.: CHU, NE, RN, SC.
Paises limítrofes: CH.
Ejemplar examinado: *Krapovickas 4213* (BAB).

Calceolaria parviflora Benth.
Ref.: Descole & Borsini, 1954.
Hábito: Hierba.
Status: Nativa.
Elevación: 500-3000 m.
Prov.: BA, CA, CO, LR, SE, SL, TU.
Paises limítrofes: UR.
Ejemplar examinado: *Troncoso 1305* (SI).

Calceolaria parvifolia Wedd.
Sin.: *Calceolaria elliptica* Wedd., *Calceolaria lechioides* Rusby, *Fagelia bangii* Rusby
Ref.: Molau, 1988; Marchesi, 1997.
Hábito: Hierba o subarbusto.
Status: Nativa.
Elevación: 2500-4500 m.
Prov.: JU.
Paises limítrofes: BO.
Ejemplar examinado: *Cabrera et al. 21485* (CTES).

Calceolaria paucifolia Edwin & Wooden = **Calceolaria plectranthifolia** Walp.
Ref.: Molau, 1988.

Calceolaria pennellii Descole & Borsini
Ref.: Descole & Borsini, 1954, 1955.
Hábito: Hierba.
Status: Nativa.
Elevación: 2000-2500 m.
Prov.: NE.
Paises limítrofes: CH.
Ejemplar examinado: *Rossow et al. 1358* (BAB).

Calceolaria pinifolia Cav.
Ref.: Descole & Borsini, 1954.
Hábito: Hierba.
Status: Nativa.
Elevación: 3500-4000 m.
Prov.: CA, LR, ME, SJ.
Paises limítrofes: CH.
Ejemplar examinado: *Kiesling y Sáenz 4198* (SI).

Calceolaria plantaginea Sm. = **Calceolaria biflora** Lam.
Ref.: Descole & Borsini, 1954; Moore, 1983.

[Calceolaria plantaginea Sm. var. magellanica Clos]
Nota: Taxón dudoso.

Calceolaria plantaginea Sm. var. *obtusifolia* (Walp. ex Schauer) Clos = **Calceolaria luxurians** Witasek

Calceolaria plectranthifolia Walp.
Sin.: *Calceolaria fiebrigiana* Kraenzl., *Calceolaria hieronymi* Kraenzl., *Calceolaria paucifolia* Edwin & Wooden, *Fagelia plectranthifolia* (Walp.) Kuntze
Ref.: Molau, 1988.
Hábito: Hierba.
Status: Nativa.
Elevación: 2000>4500 m.
Prov.: CA, JU, LR, SA, TU.
Paises limítrofes: BO.
Ejemplar examinado: *Cabrera et al. 32541* (SI).

Calceolaria polyclada Kraenzl.
Sin.: *Calceolaria catamarcae* Kraenzl., *Calceolaria grisebachii* Kraenzl.
Ref.: Molau, 1988; Botta & Cabrera, 1993.
Hábito: Hierba.
Status: Nativa.
Elevación: 1500-3000 m.
Prov.: CA, JU, LR, SA, TU.
Paises limítrofes: BO.
Ejemplar examinado: *Cabrera et al. 27597* (SI).

Calceolaria polyrrhiza Cav.
Ref.: Pennell, 1944; Descole & Borsini, 1954.
Hábito: Hierba.
Status: Nativa.
Elevación: 500-2000 m.
Prov.: CHU, NE, RN, SC.
Ejemplar examinado: *Carette 23* (SI).

[Calceolaria pratensis Phil.]
Nota: Taxón dudoso.

Calceolaria prichardii (Rendle) Kraenzl.
Sin.: *Fagelia prichardii* Rendle
Ref.: Descole & Borsini, 1954.
Hábito: Hierba.
Status: Nativa.
Elevación: 500-2500 m.
Prov.: CHU, ME, NE, RN, SC.
Paises limítrofes: CH.
Ejemplar examinado: *Boelcke et al. 16112* (BAA, BAB).

[Calceolaria psammophila Skottsb.]
Nota: Taxón dudoso.

Calceolaria racemosa Cav.
Sin.: *Calceolaria herbertiana* Lindl.
Ref.: Dawson, 1952.
Hábito: Hierba.
Status: Nativa.
Elevación: 0-1500 m.
Prov.: BA.
Paises limítrofes: CH.
Ejemplar examinado: *Cano y Cámara Hernández 123* (BAB).

Calceolaria rivularis Kraenzl.
Ref.: Molau, 1988; Botta & Cabrera, 1993.
Hábito: Hierba.
Status: Nativa.
Elevación: 1500-4000 m.
Prov.: SA.
Paises limítrofes: BO.
Ejemplar examinado: *Kiesling et al. 686* (SI).

Calceolaria ruiz-lealii Descole & Borsini
Ref.: Descole & Borsini, 1954.
Hábito: Hierba.
Status: Endémica.
Elevación: 1000-2500 m.
Prov.: ME, NE, RN.
Ejemplar examinado: *Boelcke et al. 10157* (BAB, SI).

Calceolaria ruiz-pavonii Descole & Borsini = **Calceolaria teucrioides** Griseb.
Ref.: Molau, 1988; Botta & Cabrera, 1993.

[Calceolaria salicifolia Ruiz & Pav.]
Nota: Cita dudosa para la flora argentina.

Calceolaria santolinoides Kraenzl.
Sin.: *Calceolaria losseni* Kraenzl.
Ref.: Molau, 1988; Botta & Cabrera, 1993.
Hábito: Hierba o subarbusto.
Status: Nativa.
Elevación: 3500-4500 m.
Prov.: CA, CO, JU, SA, SL, TU.
Paises limítrofes: BO.
Ejemplar examinado: *Hunziker et al. 10517* (SI).

Calceolaria schikendantziana Kraenzl.
Ref.: Molau, 1988.
Hábito: Hierba.
Status: Nativa.
Elevación: 2000-3000 m.
Prov.: CA, JU, SA.
Paises limítrofes: BO.
Ejemplar examinado: *Cabrera et al. 30422* (SI).

Calceolaria tenella Poepp.
Ref.: Descole & Borsini, 1954.
Hábito: Hierba.
Status: Nativa.
Elevación: 0-1500 m.
Prov.: CHU, NE, RN, SC.
Paises limítrofes: CH.
Ejemplar examinado: *Rossow y Cusato 4306* (BAB).

Calceolaria teucrioides Griseb.
Sin.: *Calceolaria ruiz-pavonii* Descole & Borsini, *Calceolaria teucrioides* Griseb. var. *pumila* Griseb.
Ref.: Molau, 1988; Botta & Cabrera, 1993.
Hábito: Hierba o subarbusto.
Status: Nativa.
Elevación: 1500-3500 m.
Prov.: CA, CO, JU, LR, SA, TU.
Paises limítrofes: BO, CH.
Ejemplar examinado: *Kiesling et al. 5742* (SI).

Calceolaria teucrioides Griseb. var. *pumila* Griseb. = **Calceolaria teucrioides** Griseb.
Ref.: Molau, 1988; Botta & Cabrera, 1993.

Calceolaria tucumana Descole
Ref.: Molau, 1988; Botta & Cabrera, 1993; Novara & Juárez de Varela, 1997.
Hábito: Hierba.
Status: Nativa.
Elevación: 2500-4000 m.
Prov.: JU, SA, TU.
Paises limítrofes: BO.
Ejemplar examinado: *Venturi 3088* (SI).

Calceolaria umbellata Wedd.
Sin.: *Calceolaria lorentzii* Griseb.
Ref.: Molau, 1988; Botta & Cabrera, 1993.
Hábito: Hierba.
Status: Nativa.
Elevación: 2000-4000 m.
Prov.: CA, JU, SA, SJ, TU.
Paises limítrofes: BO.
Ejemplar examinado: *Kiesling y Ulibarri 1600* (SI).

Calceolaria uniflora Lam.
Sin.: *Calceolaria darwinii* Benth., *Calceolaria nana* Sm., *Calceolaria uniflora* Lam. var. *darwinii* (Kuntze) Witasek ex Reiche, *Fagelia darwinii* Kuntze
Ref.: Descole & Borsini, 1954; Moore, 1968.
Hábito: Hierba.
Status: Nativa.
Elevación: 0-500 m.
Prov.: CHU, SC, TF.
Paises limítrofes: CH.
Ejemplar examinado: *Hicken 45* (SI).

Calceolaria uniflora Lam. var. *darwinii* (Kuntze) Witasek ex Reiche = **Calceolaria uniflora** Lam.

Calceolaria valdiviana Phil. = **Calceolaria filicaulis** Clos
Ref.: Descole & Borsini, 1954.

Calceolaria volckmannii Phil.
Ref.: Descole & Borsini, 1954.
Hábito: Hierba.
Status: Nativa.
Elevación: 1000-2500 m.
Prov.: CHU, ME, NE, RN.
Ejemplar examinado: *Boelcke et al. 13899* (BAB).

Capraria L.
Número de especies: 1

Capraria biflora L.
Ref.: Descole & Borsini, 1956; Botta & Cabrera, 1993.
Hábito: Hierba o subarbusto.
Status: Nativa.
Elevación: 0-1000 m.
Prov.: FO, JU, SA.
Paises limítrofes: BO.
Ejemplar examinado: *Parodi 9240* (BAA).

Capraria durantifolia L. = **Stemodia durantifolia** (L.) Sw.

Capraria humilis Sol. = **Stemodia verticillata** (Mill.) Hassl.
Ref.: Botta & Cabrera, 1993.

Castilleja Mutis ex L.f.
Número de especies: 2

Castilleja arvensis Schltdl. & Cham. = **Castilleja lithospermoides** Kunth
Ref.: Botta & Cabrera, 1993.

Castilleja communis Benth. = **Castilleja lithospermoides** Kunth
Ref.: Botta & Cabrera, 1993.

Castilleja fissifolia auct. non L. = **Castilleja pumila** (Benth.) Wedd. ex Herrera
Ref.: Botta & Cabrera, 1993.

Castilleja fissifolia L. subsp. *pumila* (Benth.) Wedd. = **Castilleja pumila** (Benth.) Wedd. ex Herrera
Ref.: Botta & Cabrera, 1993.

Castilleja lithospermoides Kunth
Sin.: *Castilleja arvensis* Schltdl. & Cham., *Castilleja communis* Benth., *Castilleja lithospermoides* Kunth var. *pastorei* Hicken
Ref.: Botta & Cabrera, 1993.
Hábito: Hierba parásita.
Status: Nativa.
Elevación: 0-1500 m.
Prov.: BA, CO, COR, ER, JU, SL.
Paises limítrofes: BO, BR, PA, UR.
Ejemplar examinado: *Hunziker et al. 10355* (SI).

Castilleja lithospermoides Kunth var. *pastorei* Hicken = **Castilleja lithospermoides** Kunth
Ref.: Botta & Cabrera, 1993.

Castilleja nubigena Kunth var. *pumila* Benth. = **Castilleja pumila** (Benth.) Wedd. ex Herrera
Ref.: Botta & Cabrera, 1993.

Castilleja pumila (Benth.) Wedd. ex Herrera
Sin.: *Castilleja fissifolia* auct. non L., *Castilleja fissifolia* L. subsp. *pumila* (Benth.) Wedd., *Castilleja nubigena* Kunth var. *pumila* Benth.
Ref.: Botta & Cabrera, 1993.
Hábito: Hierba parásita.
Status: Nativa.
Elevación: 3000-4000 m.
Prov.: JU, TU.
Ejemplar examinado: *Kiesling et al. 3629* (SI).

Chelone ruelloides L.f. = **Ourisia ruelloides** (L.f.) Kuntze

Chodaphyton ericifolium (Kuntze) Minod = **Stemodia ericifolia** (Kuntze) K. Schum.

Cymbalaria Hill
Número de especies: 1

Cymbalaria muralis C.F. Gaertn., G. Mey. & Scherb.
Sin.: *Antirrhinum cymbalaria* L., *Linaria cymbalaria* (L.) Mill.
Ref.: Dawson, 1965, 1979b; Novara & Juárez de Varela, 1997; Marchesi, 1997.
Hábito: Hierba.
Status: Adventicia.
Elevación: 0-500 m.
Prov.: BA, CO, DF, ER, ME, SA, TU.
Paises limítrofes: CH, UR.
Ejemplar examinado: *Calderón 1718* (BAA).

Dichroma coccinea Cav. = **Ourisia coccinea** (Cav.) Pers.

Digitalis L.
Número de especies: 1

Digitalis purpurea L.
Ref.: Descole & Borsini, 1956; Moore, 1968; Botta & Cabrera, 1993; Marchesi, 1997.
Hábito: Hierba.
Status: Naturalizada.
Elevación: 0-500 m.
Prov.: JU, NE, RN, TF.
Paises limítrofes: CH, UR.
Ejemplar examinado: *Hunziker et al. 10281* (SI).

Elatinoides elatine (L.) Wettst. = **Kickxia elatine** (L.) Dumort.

Erinus procumbens Mill. = **Mecardonia procumbens** (Mill.) Small

Erinus verticillatus Mill. = **Stemodia verticillata** (Mill.) Hassl.

Escobedia Ruiz & Pav.
Número de especies: 1

Escobedia curialis (Vell.) Pennell = **Escobedia grandiflora** (L.f.) Kuntze
Ref.: Rossow, 1983b.

Escobedia grandiflora (L.f.) Kuntze
Sin.: *Buchnera grandiflora* L.f., *Escobedia curialis* (Vell.) Pennell, *Escobedia longiflora* Pennell, *Escobedia reticulata* Pennell, *Escobedia scabrifolia* Ruiz & Pav., *Micalia grandiflora* (L.f.) Raf., *Silvia curialis* Vell.
Ref.: Rossow, 1983b.
Hábito: Hierba.
Status: Nativa.
Elevación: 0-500 m.
Prov.: COR, FO.
Ejemplar examinado: *Krapovickas et al. 21279* (BA, BAB, CTES).

Escobedia longiflora Pennell = **Escobedia grandiflora** (L.f.) Kuntze
Ref.: Rossow, 1983b.

Escobedia reticulata Pennell = **Escobedia grandiflora** (L.f.) Kuntze
Ref.: Rossow, 1983b.

Escobedia scabrifolia Ruiz & Pav. = **Escobedia grandiflora** (L.f.) Kuntze
Ref.: Rossow, 1983b.

Euphrasia L.
Número de especies: 5

Euphrasia antarctica Benth.
Sin.: *Euphrasia piossekii* Descole & Borsini
Ref.: Descole & Borsini, 1956; Rossow, 1990.
Hábito: Hierba.
Status: Nativa.
Elevación: 0-2500 m.
Prov.: JU, NE, SC, SJ, TF.
Paises limítrofes: CH.
Ejemplar examinado: *Ancibor y Vizinis* (BAA 4568).

Euphrasia chrysantha Phil.
Ref.: Descole & Borsini, 1956.
Hábito: Hierba.
Status: Nativa.
Elevación: 2000-2750 m.
Prov.: NE.
Paises limítrofes: CH.
Ejemplar examinado: *Boelcke et al. 13949* (BAB).

Euphrasia meiantha Clos
Ref.: Descole & Borsini, 1956.
Hábito: Hierba.
Status: Nativa.
Elevación: 1000-2000 m.
Prov.: CHU, NE, RN.
Paises limítrofes: CH.
Ejemplar examinado: *Rossow et al. 1299* (BAB).

Euphrasia mutica Kunth = **Bartsia mutica** (Kunth) Benth.

Euphrasia piossekii Descole & Borsini = **Euphrasia antarctica** Benth.

Euphrasia subexserta Benth.
Ref.: Hauman, 1918.
Hábito: Hierba.
Status: Nativa.
Elevación: 500-2000 m.
Prov.: ME, NE, RN.
Paises limítrofes: CH.
Ejemplar examinado: *Hunziker 6992* (BAB).

Euphrasia trifida Benth.
Ref.: Descole & Borsini, 1956.
Hábito: Hierba.
Status: Nativa.
Elevación: 500-1500 m.
Prov.: NE, RN.
Paises limítrofes: CH.
Ejemplar examinado: *Rossow et al. 854* (BAB).

Euphrasia trixago (L.) Vis. = **Bartsia trixago** L.
Ref.: Molau, 1990.

Fagelia bangii Rusby = **Calceolaria parvifolia** Wedd.
Ref.: Molau, 1988.

Fagelia chelidonioides (Kunth) Kuntze = **Calceolaria chelidonioides** Kunth
Ref.: Molau, 1988; Botta & Cabrera, 1993.

Fagelia darwinii Kuntze = **Calceolaria uniflora** Lam.

Fagelia diversifolia Pennell = **Calceolaria chelidonioides** Kunth
Ref.: Molau, 1988; Botta & Cabrera, 1993.

Fagelia falklandica S. Moore = **Calceolaria biflora** Lam.

Fagelia plectranthifolia (Walp.) Kuntze = **Calceolaria plectranthifolia** Walp.
Ref.: Molau, 1988.

Fagelia prichardii Rendle = **Calceolaria prichardii** (Rendle) Kraenzl.

Fonkia Phil.

Número de especies: 1

Fonkia uliginosa Phil.
Sin.: *Braunblanquetia littoralis* Eskuche, *Gratiola peruviana* L. var. *uliginosa* (Phil.) Reiche, *Gratiola uliginosa* (Phil.) F. Phil.
Ref.: Rossow, 1983b.
Hábito: Hierba.
Status: Nativa.
Elevación: 0-1000 m.
Prov.: NE, RN.
Paises limítrofes: CH.
Ejemplar examinado: *Boelcke y Correa 6257* (BAB, SI).

Geochorda Cham. & Schltdl.

Número de especies: 1

Geochorda cuneata Cham. & Schltdl. = **Geochorda glechomoides** (Spreng.) Kuntze
Ref.: Marchesi, 1997.

Geochorda glechomoides (Spreng.) Kuntze
Sin.: *Geochorda cuneata* Cham. & Schltdl., *Herpestis glechomoides* Spreng.
Ref.: Descole & Borsini, 1954; Dawson, 1979b; Marchesi, 1997.
Hábito: Hierba.
Status: Nativa.
Elevación: 0-500 m.
Prov.: ER, FO.
Paises limítrofes: BR, UR.
Ejemplar examinado: *Cusato 2300* (BAA).

Gerardia communis Cham. & Schltdl. = **Agalinis communis** (Cham. & Schltdl.) D'Arcy
Ref.: D'Arcy, 1978.

Gerardia fiebrigii Diels = **Agalinis fiebrigii** (Diels) D'Arcy

Gerardia genistifolia Cham. & Schltdl. = **Agalinis genistifolia** (Cham. & Schltdl.) D'Arcy
Ref.: D'Arcy, 1978.

Gerardia rigida Benth. = **Agalinis genistifolia** (Cham. & Schltdl.) D'Arcy
Ref.: D'Arcy, 1978.

Globifera umbrosa J.F. Gmel. = **Micranthemum umbrosum** (J.F. Gmel.) S.F. Blake
Ref.: Marchesi, 1997.

Glossostylis aspera Cham. & Schltdl. = **Alectra aspera** (Cham. & Schltdl.) L.O. Williams

Gratiola L.

Número de especies: 1

Gratiola dubia L. = **Lindernia dubia** (L.) Pennell subsp. **dubia**
Ref.: Dawson, 1979b.

Gratiola peruviana L.
Ref.: Descole & Borsini, 1954; Dawson, 1965.
Hábito: Hierba.
Status: Nativa.
Elevación: 0-500 m.
Prov.: BA, ER, MI, NE, SF.
Paises limítrofes: BR, CH, UR.
Ejemplar examinado: *Hunziker 7610* (BAB).

Gratiola peruviana L. var. *uliginosa* (Phil.) Reiche = **Fonkia uliginosa** Phil.
Ref.: Rossow, 1983b.

Gratiola tetragona Hook. = **Stemodia tetragona** (Hook.) Minod
Ref.: Dawson, 1979b.

Gratiola uliginosa (Phil.) F. Phil. = **Fonkia uliginosa** Phil.
Ref.: Rossow, 1983b.

Hassleropsis spinosa Chodat = **Basistemon spinosus** (Chodat) Moldenke
Ref.: Botta & Cabrera, 1993.

Hebe Comm. ex Juss.

Número de especies: 1

Hebe elliptica (G. Forst.) Pennell
Sin.: *Hebe magellanica* J.F. Gmel., *Veronica elliptica* G. Forst.
Ref.: Descole & Borsini, 1956; Moore, 1983.
Hábito: Hierba.
Status: Nativa.
Elevación: 0-500 m.
Prov.: TF.
Paises limítrofes: CH.
Ejemplar examinado: *Nicora et al. 7240* (BAA).

Hebe magellanica J.F. Gmel. = **Hebe elliptica** (G. Forst.) Pennell

Herpestis andicola Gillies = **Melosperma andicola** (Gillies) Benth.

Herpestis chamaedryoides Kunth = **Mecardonia procumbens** (Mill.) Small
Ref.: Rossow, 1987; Botta & Cabrera, 1993.

Herpestis chamaedryoides Kunth var. *microphylla* J.A. Schmidt = **Mecardonia tenella** (Cham. & Schltdl.) Pennell var. **microphylla** (J.A. Schmidt) Rossow
Ref.: Rossow, 1987.

Herpestis flagellaris (Cham. & Schltdl.) Rossow var. *veronicaefolia* Cham. & Schltdl. = **Mecardonia flagellaris** (Cham. & Schltdl.) Rossow subsp. **flagellaris**
Ref.: Rossow, 1987.

Herpestis flagellaris Cham. & Schltdl. = **Mecardonia flagellaris** (Cham. & Schltdl.) Rossow subsp. **flagellaris**
Ref.: Rossow, 1987.

Herpestis glechomoides Spreng. = **Geochorda glechomoides** (Spreng.) Kuntze
Ref.: Marchesi, 1997.

Herpestis grandiflora Benth. = **Mecardonia grandiflora** (Benth.) Pennell

Herpestis herniarioides Cham. = **Mecardonia tenella** (Cham. & Schltdl.) Pennell var. **microphylla** (J.A. Schmidt) Rossow
Ref.: Rossow, 1987.

Herpestis monnieri (L.) Kunth = **Bacopa monnieri** (L.) Pennell
Ref.: Botta & Cabrera, 1993.

Herpestis montevidensis Spreng. = [Bacopa montevidensis (Spreng.) Herter & Melch.]
Ref.: Rossow, 1987.

Herpestis pusilla (Mart.) D. Dietr. = **Mecardonia serpylloides** (Cham. & Schltdl.) Pennell
Ref.: Rossow, 1987.

Herpestis radicata Benth. = **Mecardonia flagellaris** (Cham. & Schltdl.) Rossow subsp. **radicata** (Benth.) Rossow

Herpestis ranaria Benth. = **Bacopa ranaria** (Benth.) Wettst.
Ref.: Descole & Borsini, 1954.

Herpestis salzmannii Benth. = **Bacopa salzmannii** (Benth.) Wettst.

Herpestis scabra Benth. = **Bacopa scabra** (Benth.) Descole & Borsini
Ref.: Descole & Borsini, 1954.

Herpestis serpyllifolia Benth. = **Bacopa serpyllifolia** (Benth.) Pennell
Ref.: Descole & Borsini, 1954.

Herpestis serpylloides Cham. & Schltdl. = **Mecardonia serpylloides** (Cham. & Schltdl.) Pennell
Ref.: Rossow, 1987.

Herpestis tenella Cham. & Schltdl. = **Mecardonia tenella** (Cham. & Schltdl.) Pennell var. **tenella**
Ref.: Rossow, 1987.

Herpestis tweediei Benth. = **Bacopa tweediei** (Benth.) Parodi

Ilysanthes dubia (L.) Barnhart = **Lindernia dubia** (L.) Pennell subsp. **dubia**
Ref.: Dawson, 1979b.

Ilysanthes dubia (L.) Barnhart var. *inundata* Pennell = **Lindernia dubia** (L.) Pennell subsp. **major** (Pursh) Pennell var. **inundata** (Pennell) Pennell

Ilysanthes gratioloides (L.) Benth. = **Lindernia dubia** (L.) Pennell subsp. **dubia**
Ref.: Dawson, 1979b.

Kickxia Dumort.

Número de especies: 1

Kickxia elatine (L.) Dumort.
Sin.: *Antirrhinum elatine* L., *Elatinoides elatine* (L.) Wettst., *Linaria elatine* (L.) Mill.
Ref.: Dawson, 1979b; Marchesi, 1997.
Hábito: Hierba.
Status: Adventicia.
Elevación: 0-500 m.
Prov.: ER.
Paises limítrofes: CH, UR.
Ejemplar examinado: *Burkart 23119* (SI).

Lendneria humilis (Sol.) Minod = **Stemodia verticillata** (Mill.) Hassl.
Ref.: Botta & Cabrera, 1993.

Limosella L.

Número de especies: 1

Limosella americana Glück = **Limosella australis** R. Br.
Ref.: Lourteig, 1964a.

Limosella aquatica auct. non L. = **Limosella australis** R. Br.
Ref.: Lourteig, 1964a.

Limosella aquatica L. var. *tenuifolia* (Nutt.) Hook. f. = **Limosella australis** R. Br.
Ref.: Lourteig, 1964a.

Limosella australis R. Br.
Sin.: *Limosella americana* Glück, *Limosella aquatica* auct. non L., *Limosella aquatica* L. var. *tenuifolia* (Nutt.) Hook. f., *Limosella australis* R. Br. f. *natans* Glück, *Limosella australis* R. Br. f. *submersa* Glück, *Limosella australis* R. Br. f. *terrestris* Glück, *Limosella lineata* Glück, *Limosella tenuifolia* Nutt.
Ref.: Lourteig, 1964a; Novara & Juárez de Varela, 1997.
Hábito: Hierba.
Status: Nativa.
Elevación: 0-4500 m.
Prov.: BA, CA, CHU, CO, JU, ME, NE, RN, SA, SC, TF.
Paises limítrofes: BO, BR, CH.
Ejemplar examinado: *Parodi 9629* (BAA).

Limosella australis R. Br. f. *natans* Glück = **Limosella australis** R. Br.

Limosella australis R. Br. f. *submersa* Glück = **Limosella australis** R. Br.

Limosella australis R. Br. f. *terrestris* Glück = **Limosella australis** R. Br.

Limosella lineata Glück = **Limosella australis** R. Br.
Ref.: Lourteig, 1964a.

Limosella tenuifolia Nutt. = **Limosella australis** R. Br.
Ref.: Lourteig, 1964a.

Linaria Mill.

Número de especies: 1

Linaria canadensis (L.) Dum. Cours.
Sin.: *Antirrhinum canadense* L., *Linaria canadensis* (L.) Dum. Cours. var. *texana* (Scheele) Pennell, *Linaria texana* Scheele
Ref.: Dawson, 1979b; Brako, 1993.
Hábito: Hierba.
Status: Adventicia.
Elevación: 0-500 m.
Prov.: BA, CH, CO, COR, DF, ER, FO, LP, SL.
Paises limítrofes: BR, CH, UR.
Ejemplar examinado: *Burkart 4800* (SI).

Linaria canadensis (L.) Dum. Cours. var. *texana* (Scheele) Pennell = **Linaria canadensis** (L.) Dum. Cours.
Ref.: Dawson, 1979b.

Linaria cymbalaria (L.) Mill. = **Cymbalaria muralis** C.F. Gaertn., G. Mey. & Scherb.
Ref.: Dawson, 1979b.

Linaria elatine (L.) Mill. = **Kickxia elatine** (L.) Dumort.

Linaria texana Scheele = **Linaria canadensis** (L.) Dum. Cours.

Lindernia All.

Número de especies: 1

Lindernia dianthera Sw. = **Mecardonia procumbens** (Mill.) Small
Ref.: Rossow, 1987; Botta & Cabrera, 1993.

Lindernia dubia (L.) Pennell subsp. **dubia**
Sin.: *Gratiola dubia* L., *Ilysanthes dubia* (L.) Barnhart, *Ilysanthes gratioloides* (L.) Benth.
Ref.: Dawson, 1979b.
Hábito: Hierba.
Status: Nativa.
Elevación: 0-500 m.
Prov.: BA, COR, ER.
Ejemplar examinado: *Parodi 9569* (BAA).

Lindernia dubia (L.) Pennell subsp. **major** (Pursh) Pennell var. **inundata** (Pennell) Pennell
Sin.: *Ilysanthes dubia* (L.) Barnhart var. *inundata* Pennell
Ref.: Dawson, 1979b; Rossow, 1983b.
Hábito: Hierba.
Status: Nativa.
Elevación: 0-500 m.
Prov.: COR, ER.
Paises limítrofes: BR.
Ejemplar examinado: *Burkart 8277* (SI).

Lindernia japonica Thunb. = **Mazus japonicus** (Thunb.) Kuntze

Lindernia montevidensis Spreng. = **Petunia parviflora** Juss.
Ref.: Cabrera, 1979b.

Maurandya Ortega

Número de especies: 3

Maurandya antirrhiniflora Humb. & Bonpl. ex Willd.
Ref.: Descole & Borsini, 1954.
Hábito: Hierba.
Status: Introducida.
Elevación: 0-1500 m.
Prov.: CA, COR, LR, SJ.
Ejemplar examinado: *Covas 1279* (LP).

Maurandya barclaiana Lindl.
Ref.: Descole & Borsini, 1954.
Hábito: Hierba.
Status: Introducida.
Elevación: 0-1500 m.
Prov.: CO, JU, SA, TU.
Ejemplar citado: *Venturi 4242** (LIL).

Maurandya scandens (Cav.) Pers.
Ref.: Ragonese, 1951.
Hábito: Enredadera.
Status: Introducida.
Elevación: 0-500 m.
Prov.: CO.
Ejemplar citado: *Ragonese y Caso 7432** (BAB).

Mazus Lour.

Número de especies: 1

Mazus japonicus (Thunb.) Kuntze
Sin.: *Lindernia japonica* Thunb.
Ref.: Bacigalupo, 1991.
Hábito: Hierba.
Status: Adventicia.
Elevación: 0-500 m.
Prov.: BA.
Paises limítrofes: BR.
Ejemplar examinado: *Priestap 1398* (SI).

Mecardonia Ruiz & Pav.

Número de especies: 5

Mecardonia dianthera (Sw.) Pennell = **Mecardonia procumbens** (Mill.) Small

Mecardonia flagellaris (Cham. & Schltdl.) Rossow subsp. **flagellaris**
Sin.: *Bacopa flagellaris* (Cham. & Schltdl.) Wettst., *Bacopa veronicaefolia* (Cham. & Schltdl.) Descole & Borsini, *Herpestis flagellaris* (Cham. & Schltdl.) Rossow var. *veronicaefolia* Cham. & Schltdl., *Herpestis flagellaris* Cham. & Schltdl., *Moniera flagellaris* (Cham. & Schltdl.) Kuntze, *Moniera procumbens* Kuntze f. *albiflora* Kuntze, *Moniera procumbens* Kuntze var. *flagellaris* (Cham. & Schltdl.) Kuntze
Ref.: Rossow, 1987.
Hábito: Hierba.
Status: Nativa.
Prov.: BA, CH, CO, COR, ER, FO, MI, SF.
Paises limítrofes: BR, PA, UR.
Ejemplar examinado: *Boelcke 1428* (BAA).

Mecardonia flagellaris (Cham. & Schltdl.) Rossow subsp. **radicata** (Benth.) Rossow
Sin.: *Bacopa radicata* (Benth.) Descole & Borsini, *Herpestis radicata* Benth., *Mecardonia radicata* (Benth.) Pennell, *Moniera radicata* (Benth.) Kuntze
Ref.: Rossow, 1987.
Hábito: Hierba.
Status: Nativa.
Prov.: BA, CHU, CO, LP, NE, RN, SL.
Paises limítrofes: CH.
Ejemplar examinado: *Boelcke 1177* (BAA).

Mecardonia grandiflora (Benth.) Pennell
Sin.: *Bacopa grandiflora* (Benth.) Edwall, *Herpestis grandiflora* Benth., *Moniera grandiflora* (Benth.) Kuntze
Ref.: Rossow, 1987.
Hábito: Hierba.
Status: Nativa.
Prov.: MI.
Paises limítrofes: BR.
Ejemplar examinado: *Correa et al. 8464* (BAB).

Mecardonia herniarioides (Cham.) Pennell = **Mecardonia tenella** (Cham. & Schltdl.) Pennell var. **microphylla** (J.A. Schmidt) Rossow
Ref.: Rossow, 1987.

Mecardonia procumbens (Mill.) Small
Sin.: *Bacopa chamaedryoides* (Kunth) Wettst., *Bacopa dianthera* (Sw.) Descole & Borsini, *Bacopa procumbens* (Mill.) Greenm., *Erinus procumbens* Mill., *Herpestis chamaedryoides* Kunth, *Lindernia dianthera* Sw., *Mecardonia dianthera* (Sw.) Pennell
Ref.: Rossow, 1987; Matthei & Quezada, 1992; Botta & Cabrera, 1993.
Hábito: Hierba.
Status: Nativa.
Prov.: CA, CO, FO, JU, LR, SA, SE, TU.
Paises limítrofes: BO, BR, CH.
Ejemplar examinado: *Novara y Subils 2732* (BAB).

Mecardonia pusilla Mart. = **Mecardonia serpylloides** (Cham. & Schltdl.) Pennell
Ref.: Rossow, 1987.

Mecardonia radicata (Benth.) Pennell = **Mecardonia flagellaris** (Cham. & Schltdl.) Rossow subsp. **radicata** (Benth.) Rossow

Mecardonia serpylloides (Cham. & Schltdl.) Pennell
Sin.: *Bacopa serpylloides* (Cham. & Schltdl.) Wettst., *Herpestis pusilla* (Mart.) D. Dietr., *Herpestis serpylloides* Cham. & Schltdl., *Mecardonia pusilla* Mart., *Moniera serpylloides* (Cham. & Schltdl.) Kuntze
Ref.: Rossow, 1987.
Hábito: Hierba.
Status: Nativa.
Elevación: 0-500 m.
Prov.: COR, ER, MI, SF.
Paises limítrofes: BR.
Ejemplar examinado: *Cabrera et al. 28843* (SI).

Mecardonia tenella (Cham. & Schltdl.) Pennell var. **microphylla** (J.A. Schmidt) Rossow
Sin.: *Bacopa chamaedryoides* (Kunth) Wettst. var. *microphylla* (J.A. Schmidt) Edwall, *Bacopa herniarioides* (Cham.) Wettst., *Herpestis chamaedryoides* Kunth var. *microphylla* J.A. Schmidt, *Herpestis herniarioides* Cham., *Mecardonia herniarioides* (Cham.) Pennell, *Moniera herniarioides* (Cham.) Kuntze
Ref.: Rossow, 1987.
Hábito: Hierba.
Status: Nativa.
Elevación: 0-500 m.
Prov.: COR, ER, MI.
Paises limítrofes: BR, PA.
Ejemplar examinado: *Osten 8053* (BA 24/1037).

Mecardonia tenella (Cham. & Schltdl.) Pennell var. **tenella**
Sin.: *Bacopa tenella* (Cham. & Schltdl.) Edwall, *Bacopa uruguayensis* Herter & Melch., *Herpestis tenella* Cham. & Schltdl., *Moniera tenella* (Cham. & Schltdl.) Kuntze
Ref.: Rossow, 1987.
Hábito: Hierba.
Status: Nativa.
Elevación: 0-500 m.
Prov.: BA, COR, ER, MI.
Paises limítrofes: BR, PA, UR.
Ejemplar examinado: *Boelcke y Correa 14493* (BAA).

Melasma Bergius
Número de especies: 1

Melasma brasiliensis (Benth.) Chodat & Hassl. = **Alectra aspera** (Cham. & Schltdl.) L.O. Williams
Ref.: Rossow, 1986a.

Melasma melampyroides (Rich.) Pennell = **Alectra aspera** (Cham. & Schltdl.) L.O. Williams
Ref.: Rossow, 1986a.

Melasma rhinanthoides (Cham.) Benth.
Sin.: *Nigrina rhinanthoides* (Cham.) Kuntze, *Physocalyx rhinanthoides* Cham.
Ref.: Descole & Borsini, 1956; Rossow, 1986a; Marchesi, 1997.
Hábito: Hierba.
Status: Nativa.
Elevación: 0-1000 m.
Prov.: COR, ER, FO, MI.
Paises limítrofes: BR, PA, UR.
Ejemplar examinado: *Rodríguez 779* (BA, LIL, LP, SI).

Melasma strictum (Benth.) Hassl. = **Alectra stricta** Benth.
Ref.: Rossow, 1986a.

Melasma strictum (Benth.) Hassl. var. *uninerve* Hassl. = **Alectra aspera** (Cham. & Schltdl.) L.O. Williams
Ref.: Rossow, 1986a.

Melosperma Benth.
Número de especies: 2

Melosperma andicola (Gillies) Benth.
Sin.: *Herpestis andicola* Gillies, *Melosperma glabra* Phil.
Ref.: Rossow, 1985.
Hábito: Hierba.
Status: Nativa.
Elevación: 2300-2700 m.
Prov.: CHU, ME, NE, RN, SJ.
Paises limítrofes: CH.
Ejemplar examinado: *Cabrera 30080* (SI).

Melosperma andicola (Gillies) Benth. var. *angustifolia* (Phil.) Rossow = **Melosperma angustifolium** Phil.
Ref.: Rossow, 1985.

Melosperma angustifolium Phil.
Sin.: *Melosperma andicola* (Gillies) Benth. var. *angustifolia* (Phil.) Rossow
Ref.: Rossow, 1985.
Hábito: Hierba.
Status: Nativa.
Elevación: 2500-4500 m.
Prov.: NE, RN.
Paises limítrofes: CH.
Ejemplar examinado: *Boelcke et al. 14141* (BAB).

Melosperma glabra Phil. = **Melosperma andicola** (Gillies) Benth.
Ref.: Rossow, 1985.

Micalia grandiflora (L.f.) Raf. = **Escobedia grandiflora** (L.f.) Kuntze
Ref.: Rossow, 1983b.

Micranthemum Michx., nom. cons.
Número de especies: 2

Micranthemum orbiculatum Michx., nom. illeg. = **Micranthemum umbrosum** (J.F. Gmel.) S.F. Blake
Ref.: Marchesi, 1997.

Micranthemum orbiculatum Michx. var. *tweediei* J.A. Schmidt = **Micranthemum tweediei** Benth.
Ref.: Dawson, 1979b.

Micranthemum tweediei Benth.
Sin.: *Micranthemum orbiculatum* Michx. var. *tweediei* J.A. Schmidt
Ref.: Descole & Borsini, 1954; Dawson, 1979b.
Hábito: Hierba.
Status: Nativa.
Elevación: 0-500 m.
Prov.: BA, COR, ER, FO, MI.
Paises limítrofes: BR.
Ejemplar examinado: *Parodi 8442* (BAA).

Micranthemum umbrosum (J.F. Gmel.) S.F. Blake
Sin.: *Anonymos umbrosa* Walter, nom. inval., *Globifera umbrosa* J.F. Gmel., *Micranthemum orbiculatum* Michx., nom. illeg.
Ref.: Dawson, 1952, 1979b; Marchesi, 1997.
Hábito: Hierba.
Status: Nativa.
Elevación: 0-500 m.
Prov.: BA, COR, ER, TU.
Paises limítrofes: BR.
Ejemplar examinado: *Cano y Cámara Hernández 848* (BAA).

Microcarpaea montevidensis Spreng. = **Scoparia montevidensis** (Spreng.) R.E. Fr.
Ref.: Dawson, 1979b.

Mimulus L.
Número de especies: 5

Mimulus andicolus Kunth = **Mimulus glabratus** Kunth
Ref.: Botta & Cabrera, 1993.

Mimulus bridgesii (Benth.) Clos
Sin.: *Mimulus parviflorus* Lindl. var. *bridgesii* Benth.
Ref.: Descole & Borsini, 1954.
Hábito: Hierba.
Status: Nativa.

Elevación: 0-1000 m.
Prov.: CHU.
Paises limítrofes: CH.
Ejemplar examinado: *Vervoorst 5827* (BAB).

Mimulus cupreus Dombrain
Ref.: Descole & Borsini, 1954.
Hábito: Hierba.
Status: Nativa.
Elevación: 1500-2000 m.
Prov.: CHU, ME, NE, RN.
Paises limítrofes: CH.
Ejemplar examinado: *Boelcke et al. 10392* (SI).

Mimulus depressus Phil.
Ref.: Botta & Cabrera, 1993; Novara & Juárez de Varela, 1997.
Hábito: Hierba.
Status: Nativa.
Elevación: 3000-4000 m.
Prov.: JU, ME, SA, SJ, TU.
Paises limítrofes: BO, CH.
Ejemplar examinado: *Kiesling y Sáenz 1318* (SI).

Mimulus glabratus Kunth
Sin.: *Mimulus andicolus* Kunth, *Mimulus glabratus* Kunth var. *parviflorus* (Lindl.) Grant, *Mimulus parviflorus* Lindl., *Mimulus pilosiusculus* (Humb. & Bonpl.) Kunth
Ref.: Descole & Borsini, 1954; Botta & Cabrera, 1993; Novara & Juárez de Varela, 1997.
Hábito: Hierba.
Status: Nativa.
Elevación: 0-3000 m.
Prov.: BA, CA, CHU, CO, JU, LP, LR, ME, NE, RN, SA, SC, SF, SJ, SL, TU.
Paises limítrofes: BO, CH.
Ejemplar examinado: *Cabrera et al. 27603* (SI).

Mimulus glabratus Kunth var. *parviflorus* (Lindl.) Grant = **Mimulus glabratus** Kunth
Ref.: Botta & Cabrera, 1993.

Mimulus laceratus Pennell = **Mimulus luteus** L.
Ref.: Descole & Borsini, 1954.

Mimulus luteus L.
Sin.: *Mimulus laceratus* Pennell, *Mimulus luteus* L. var. *alpinus* Lindl.
Ref.: Descole & Borsini, 1954.
Hábito: Hierba.
Status: Nativa.
Elevación: 500-4500 m.
Prov.: BA, CA, CHU, JU, LR, ME, NE, RN, SA, SC, SJ, TF, TU.
Paises limítrofes: CH.
Ejemplar examinado: *Rossow 1241* (BAB).

Mimulus luteus L. var. *alpinus* Lindl. = **Mimulus luteus** L.
Ref.: Descole & Borsini, 1954.

Mimulus parviflorus Lindl. = **Mimulus glabratus** Kunth
Ref.: Botta & Cabrera, 1993.

Mimulus parviflorus Lindl. var. *bridgesii* Benth. = **Mimulus bridgesii** (Benth.) Clos

Mimulus pilosiusculus (Humb. & Bonpl.) Kunth = **Mimulus glabratus** Kunth
Ref.: Botta & Cabrera, 1993.

Misopates orontium (L.) Raf. = **Antirrhinum orontium** L.
Ref.: Múlgura, 1971.

Moniera flagellaris (Cham. & Schltdl.) Kuntze = **Mecardonia flagellaris** (Cham. & Schltdl.) Rossow subsp. **flagellaris**
Ref.: Rossow, 1987.

Moniera grandiflora (Benth.) Kuntze = **Mecardonia grandiflora** (Benth.) Pennell
Ref.: Rossow, 1987.

Moniera herniarioides (Cham.) Kuntze = **Mecardonia tenella** (Cham. & Schltdl.) Pennell var. **microphylla** (J.A. Schmidt) Rossow
Ref.: Rossow, 1987.

Moniera procumbens Kuntze f. *albiflora* Kuntze = **Mecardonia flagellaris** (Cham. & Schltdl.) Rossow subsp. **flagellaris**
Ref.: Rossow, 1987.

Moniera procumbens Kuntze var. *flagellaris* (Cham. & Schltdl.) Kuntze = **Mecardonia flagellaris** (Cham. & Schltdl.) Rossow subsp. **flagellaris**
Ref.: Rossow, 1987.

Moniera radicata (Benth.) Kuntze = **Mecardonia flagellaris** (Cham. & Schltdl.) Rossow subsp. **radicata** (Benth.) Rossow

Moniera serpylloides (Cham. & Schltdl.) Kuntze = **Mecardonia serpylloides** (Cham. & Schltdl.) Pennell
Ref.: Rossow, 1987.

Moniera tenella (Cham. & Schltdl.) Kuntze = **Mecardonia tenella** (Cham. & Schltdl.) Pennell var. **tenella**
Ref.: Rossow, 1987.

Monttea Gay

Número de especies: 2, 1 especie y 1 variedad endémicas.

Monttea aphylla (Miers) Benth. & Hook. var. **aphylla**
Sin.: *Oxycladus aphyllus* Miers
Ref.: Rossow, 1985.
Hábito: Arbusto.
Status: Nativa.
Elevación: 0-1500 m.
Prov.: BA, CA, CHU, LP, LR, ME, NE, RN, SA, SJ, SL, TU.
Paises limítrofes: CH.
Ejemplar examinado: *Kiesling y Sáenz 4053* (SI).

Monttea aphylla (Miers) Benth. & Hook. var. **grandulifera** Rossow
Ref.: Rossow, 1985.
Hábito: Arbusto.
Status: Endémica.
Elevación: 0-1500 m.
Prov.: NE, RN.
Ejemplar examinado: *Valla et al. s.n.* (BAA 18574).

Monttea schickendantzii Griseb.
Ref.: Rossow, 1985.
Hábito: Arbusto.
Status: Endémica.
Elevación: 500-2000 m.
Prov.: CA, CO, LR, ME, TU.
Ejemplar examinado: *Cabrera et al. 27230* (SI).

Nigrina melampyroides (Rich.) Kuntze = **Alectra aspera** (Cham. & Schltdl.) L.O. Williams
Ref.: Rossow, 1986a.

Nigrina rhinanthoides (Cham.) Kuntze = **Melasma rhinanthoides** (Cham.) Benth.

Orontium arvense Pers. = **Antirrhinum orontium** L.
Ref.: Múlgura, 1971.

Ourisia Juss.

Número de especies: 10

Ourisia alpina Poepp. & Endl.
Sin.: *Ourisia alpina* Poepp. & Endl. var. *glabra* Phil., *Ourisia alpina* Poepp. & Endl. var. *pallens* (Poepp. & Endl.) Benth., *Ourisia pallens* Poepp. & Endl., *Ourisia raucoana* Phil., *Ourisia rosea* Phil.
Ref.: Rossow, 1986b.
Hábito: Hierba.
Status: Nativa.
Elevación: 1000-3000 m.
Prov.: NE, RN.
Paises limítrofes: CH.
Ejemplar examinado: *Rossow y Gómez 4640* (BAF).

Ourisia alpina Poepp. & Endl. var. *glabra* Phil. = **Ourisia alpina** Poepp. & Endl.
Ref.: Rossow, 1986b.

Ourisia alpina Poepp. & Endl. var. *pallens* (Poepp. & Endl.) Benth. = **Ourisia alpina** Poepp. & Endl.
Ref.: Rossow, 1986b.

Ourisia antarctica Hook. f. = **Ourisia breviflora** Benth.
Ref.: Rossow, 1986b.

Ourisia biflora auct. non Wedd. = **Ourisia pulchella** Wedd.

Ourisia breviflora Benth.
Sin.: *Ourisia antarctica* Hook. f., *Ourisia breviflora* Benth. var. *uniflora* (Phil.) Reiche, *Ourisia uniflora* Phil.
Ref.: Moore, 1968; Rossow, 1986b.
Hábito: Hierba.
Status: Nativa.
Elevación: 500-2000 m.
Prov.: CHU, NE, RN, SC, TF.
Paises limítrofes: CH.
Ejemplar examinado: *Hosseus 430* (BAF).

Ourisia breviflora Benth. var. *uniflora* (Phil.) Reiche = **Ourisia breviflora** Benth.
Ref.: Rossow, 1986b.

Ourisia coccinea (Cav.) Pers.
Sin.: *Dichroma coccinea* Cav., *Ourisia coccinea* (Cav.) Pers. var. *minor* Benth., *Ourisia villosa* Molina
Ref.: Rossow, 1986b.
Hábito: Hierba.
Status: Nativa.
Elevación: 0-1500 m.
Prov.: NE.
Paises limítrofes: CH.
Ejemplar examinado: *Correa et al. 9351* (BAB).

Ourisia coccinea (Cav.) Pers. var. *minor* Benth. = **Ourisia coccinea** (Cav.) Pers.
Ref.: Rossow, 1986b.

Ourisia fragrans Phil.
Ref.: Rossow, 1986b.
Hábito: Hierba.
Status: Nativa.
Elevación: 1000-2000 m.
Prov.: CHU, NE, RN.
Paises limítrofes: CH.
Ejemplar examinado: *Boelcke 1813* (BAA).

Ourisia fuegiana Skottsb.
Sin.: *Ourisia muscosa* auct. non Benth.
Ref.: Moore, 1968; Rossow, 1986b.
Hábito: Hierba.
Status: Nativa.
Elevación: 500-1000 m.
Prov.: TF.
Paises limítrofes: CH.
Ejemplar examinado: *Moore 1660* (BAB).

Ourisia glabra Molina = **Ourisia ruelloides** (L.f.) Kuntze

Ourisia magellanica C.F. Gaertn. = **Ourisia ruelloides** (L.f.) Kuntze

Ourisia microphylla Poepp. & Endl.
Sin.: *Ourisia polyantha* auct. non Poepp. & Endl.
Ref.: Rossow, 1986b.
Hábito: Hierba.
Status: Nativa.
Elevación: 500-2500 m.
Prov.: ME, NE.
Paises limítrofes: CH.
Ejemplar examinado: *Boelcke et al. 14333* (BAA).

Ourisia muscosa auct. non Benth. = **Ourisia fuegiana** Skottsb.

Ourisia nana auct. non Benth. = **Ourisia pulchella** Wedd.

Ourisia pallens Poepp. & Endl. = **Ourisia alpina** Poepp. & Endl.
Ref.: Rossow, 1986b.

Ourisia poeppigii Benth.
Sin.: *Ourisia racemosa* Clos
Ref.: Rossow, 1986b.
Hábito: Hierba.
Status: Nativa.
Elevación: 0-2500 m.
Prov.: CHU, NE, RN, SC.
Paises limítrofes: CH.
Ejemplar examinado: *Boelcke y Hunziker 3581* (BAB).

Ourisia polyantha auct. non Poepp. & Endl. = **Ourisia microphylla** Poepp. & Endl.
Ref.: Rossow, 1986b.

Ourisia pulchella Wedd.
Sin.: *Ourisia biflora* auct. non Wedd., *Ourisia nana* auct. non Benth.
Hábito: Hierba.
Status: Nativa.
Elevación: 2000-4000 m.
Prov.: SA.
Paises limítrofes: BO.
Ejemplar examinado: *Sleumer 3179* (LIL).
Nota: Nueva cita para la flora argentina.

Ourisia pygmaea Phil.
Sin.: *Ourisia uniflora* auct. non Phil.
Ref.: Rossow, 1986b.
Hábito: Hierba.
Status: Nativa.
Elevación: 1000-2000 m.
Prov.: CHU, NE, RN.
Paises limítrofes: CH.
Ejemplar examinado: *Hosseus 152* (BAF).

Ourisia racemosa Clos = **Ourisia poeppigii** Benth.
Ref.: Rossow, 1986b.

Ourisia raucoana Phil. = **Ourisia alpina** Poepp. & Endl.
Ref.: Rossow, 1986b.

Ourisia rosea Phil. = **Ourisia alpina** Poepp. & Endl.
Ref.: Rossow, 1986b.

Ourisia ruelloides (L.f.) Kuntze
Sin.: *Chelone ruelloides* L.f., *Ourisia glabra* Molina, *Ourisia magellanica* C.F. Gaertn.
Ref.: Moore, 1968; Rossow, 1986b.
Hábito: Hierba.
Status: Nativa.
Elevación: 0-500 m.
Prov.: CHU, SC, TF.
Paises limítrofes: CH.
Ejemplar examinado: *Burmeister s.n.* (BAA 8853).

Ourisia uniflora auct. non Phil. = **Ourisia pygmaea** Phil.
Ref.: Rossow, 1986b.

Ourisia uniflora Phil. = **Ourisia breviflora** Benth.
Ref.: Rossow, 1986b.

Ourisia villosa Molina = **Ourisia coccinea** (Cav.) Pers.
Ref.: Rossow, 1986b.

Oxycladus aphyllus Miers = **Monttea aphylla** (Miers) Benth. & Hook. var. **aphylla**

Pedicularis melampyroides Rich. = **Alectra aspera** (Cham. & Schltdl.) L.O. Williams
Ref.: Rossow, 1986b.

Physocalyx rhinanthoides Cham. = **Melasma rhinanthoides** (Cham.) Benth.

Ranaria monnieroides Cham. = **Bacopa ranaria** (Benth.) Wettst.
Ref.: Descole & Borsini, 1954.

Saccanthus violaceus Herzog = **Basistemon spinosus** (Chodat) Moldenke
Ref.: Moldenke, 1936.

Scoparia L.

Número de especies: 10

Scoparia aemilii Chodat
Ref.: Dawson, 1952.
Hábito: Hierba.
Status: Nativa.
Elevación: 0-500 m.
Prov.: BA, CH, DF, SF.
Paises limítrofes: PA.
Ejemplar examinado: *Muniez s.n.* (BAB 11096).

Scoparia annua Cham. & Schltdl.
Ref.: Fries, 1906.
Hábito: Hierba.
Status: Nativa.
Elevación: 0-1500 m.
Prov.: SA.
Paises limítrofes: BO.
Ejemplar citado: *Lorentz e Hieronymus 961** (B).

Scoparia dulcis L.
Ref.: Dawson, 1979b; Botta & Cabrera, 1993.
Hábito: Subarbusto.
Status: Nativa.
Elevación: 500-1500 m.
Prov.: CH, COR, ER, FO, JU, MI, SA.
Paises limítrofes: BO, BR, PA, UR.
Ejemplar examinado: *Huidobro 1849* (SI).

Scoparia ericacea auct. non Cham. & Schltdl. = **Scoparia praedensa** (R.E. Fr.) Cabrera

Scoparia excelsa R.E. Fr.
Ref.: Botta & Cabrera, 1993; Novara & Juárez de Varela, 1997.
Hábito: Hierba.
Status: Nativa.
Elevación: 0-2000 m.
Prov.: CA, CH, COR, DF, ER, JU, SA, SE, SF, TU.
Paises limítrofes: BO, PA, UR.
Ejemplar examinado: *Cabrera 34105* (SI).

Scoparia flava Cham. & Schltdl. = **Scoparia montevidensis** (Spreng.) R.E. Fr.
Ref.: Dawson, 1979b.

Scoparia glandulifera (Fritsch) Descole & Borsini = **Scoparia montevidensis** (Spreng.) R.E. Fr.

Scoparia grisebachii Fritsch
Sin.: *Scoparia montevidensis* (Spreng.) R.E. Fr. var. *grisebachii* (Fritsch) Chodat, *Scoparia pinnatifida* auct. non Cham. & Schltdl.
Ref.: Fries, 1906; Parodi, 1930.
Hábito: Hierba.
Status: Nativa.
Elevación: 500-1500 m.
Prov.: CA, CH, CO, COR, DF, FO, LP, SE, SF, TU.
Paises limítrofes: PA.
Ejemplar examinado: *Burkart 7477* (SI).

Scoparia hassleriana Chodat
Ref.: Descole & Borsini, 1956.
Hábito: Hierba.
Status: Nativa.
Elevación: 0-1000 m.
Prov.: COR, MI.
Paises limítrofes: PA.
Ejemplar examinado: *Cabrera y Saénz 29144* (SI).

Scoparia montevidensis (Spreng.) R.E. Fr.
Sin.: *Microcarpaea montevidensis* Spreng., *Scoparia flava* Cham. & Schltdl., *Scoparia glandulifera* (Fritsch) Descole & Borsini, *Scoparia montevidensis* (Spreng.) R.E. Fr. var. *flava* (Cham. & Schltdl.) Chodat, *Scoparia montevidensis* (Spreng.) R.E. Fr. var. *glandulifera* (Fritsch) R.E. Fr.
Ref.: Dawson, 1952, 1979b; Descole & Borsini, 1956.
Hábito: Hierba.
Status: Nativa.
Elevación: 0-1000 m.
Prov.: BA, CA, CH, CO, COR, DF, ER, FO, MI, SA, SE, SF, SL, TU.
Paises limítrofes: BR, PA, UR.
Ejemplar examinado: *Correa et al. 5147* (BAB).

Scoparia montevidensis (Spreng.) R.E. Fr. var. *flava* (Cham. & Schltdl.) Chodat = **Scoparia montevidensis** (Spreng.) R.E. Fr.
Ref.: Dawson, 1979b.

Scoparia montevidensis (Spreng.) R.E. Fr. var. *glandulifera* (Fritsch) R.E. Fr. = **Scoparia montevidensis** (Spreng.) R.E. Fr.

Scoparia montevidensis (Spreng.) R.E. Fr. var. *grisebachii* (Fritsch) Chodat = **Scoparia grisebachii** Fritsch

Scoparia nudicaulis Chodat
Ref.: Fries, 1906.
Hábito: Hierba.
Status: Nativa.
Elevación: 0-1000 m.
Prov.: CH, FO, SA, SE, TU.
Paises limítrofes: BO, PA.
Ejemplar examinado: *Krapovickas y Schinini 30473* (SI).

Scoparia nudicaulis Chodat subsp. *praedensa* R.E. Fr. = **Scoparia praedensa** (R.E. Fr.) Cabrera

Scoparia pinnatifida auct. non Cham. & Schltdl. = **Scoparia grisebachii** Fritsch

Scoparia plebeja Cham. & Schltdl.
Ref.: Botta & Cabrera, 1993; Novara & Juárez de Varela, 1997.
Hábito: Hierba.
Status: Nativa.
Elevación: 0-1000 m.
Prov.: CH, COR, ER, FO, JU, MI, SA, SF, TU.
Paises limítrofes: BR, PA, UR.
Ejemplar examinado: *Cabrera et al. 32056* (SI).

Scoparia praedensa (R.E. Fr.) Cabrera
Sin.: *Scoparia ericacea* auct. non Cham. & Schltdl., *Scoparia nudicaulis* Chodat subsp. *praedensa* R.E. Fr.
Ref.: Botta & Cabrera, 1993.
Hábito: Hierba.
Status: Nativa.
Elevación: 500-1500 m.
Prov.: SA.
Paises limítrofes: BO.
Ejemplar examinado: *Hicken s.n.* (SI).

Scrophularia fluminensis Vell. = **Alectra aspera** (Cham. & Schltdl.) L.O. Williams
Ref.: Rossow, 1986a.

Sibthorpia L.

Número de especies: 2

Sibthorpia americana Sessé & Moç. = **Sibthorpia repens** (Mutis ex L.) Kuntze
Ref.: Rossow, 1986a.

Sibthorpia conspicua Diels
Ref.: Descole & Borsini, 1956; Botta & Cabrera, 1993; Novara & Juárez de Varela, 1997.
Hábito: Hierba.
Status: Nativa.
Elevación: 10000-2000 m.
Prov.: CA, JU, SA, TU.
Paises limítrofes: BO.
Ejemplar examinado: *Cabrera y Fabris 17450* (BAA).

Sibthorpia nectarifera Wedd. = **Sibthorpia repens** (Mutis ex L.) Kuntze
Ref.: Rossow, 1986a.

Sibthorpia parvifolia Mart. & Galeotti = **Sibthorpia repens** (Mutis ex L.) Kuntze
Ref.: Rossow, 1986a.

Sibthorpia pichinchensis Kunth = **Sibthorpia repens** (Mutis ex L.) Kuntze
Ref.: Rossow, 1986a.

Sibthorpia repens (Mutis ex L.) Kuntze
Sin.: *Sibthorpia americana* Sessé & Moç., *Sibthorpia nectarifera* Wedd., *Sibthorpia parvifolia* Mart. & Galeotti, *Sibthorpia pichinchensis* Kunth, *Sibthorpia retusa* Kunth, *Sibthorpia rotundifolia* (Ruiz & Pav.) Edwin, *Sibthorpia triandra* Suess., *Veronica rotundifolia* Ruiz & Pav., *Willichia repens* Mutis ex L.
Ref.: Rossow, 1986a; Botta & Cabrera, 1993.
Hábito: Hierba.
Status: Nativa.
Elevación: 1500-3000 m.
Prov.: JU.
Paises limítrofes: BO.
Ejemplar examinado: *Cabrera et al. 27897* (SI).

Sibthorpia retusa Kunth = **Sibthorpia repens** (Mutis ex L.) Kuntze
Ref.: Rossow, 1986a.

Sibthorpia rotundifolia (Ruiz & Pav.) Edwin = **Sibthorpia repens** (Mutis ex L.) Kuntze
Ref.: Rossow, 1986a.

Sibthorpia triandra Suess. = **Sibthorpia repens** (Mutis ex L.) Kuntze
Ref.: Rossow, 1986a.

Silvia curialis Vell. = **Escobedia grandiflora** (L.f.) Kuntze
Ref.: Rossow, 1983b.

Stemodia L.

Número de especies: 8

Stemodia arenaria Kunth = **Stemodia verticillata** (Mill.) Hassl.
Ref.: Botta & Cabrera, 1993.

Stemodia durantifolia (L.) Sw.
Sin.: *Capraria durantifolia* L.
Ref.: Descole & Borsini, 1954; Turner & Cowan, 1993.
Hábito: Hierba.
Status: Nativa.
Elevación: 0-500 m.
Prov.: CH, COR, DF, FO, MI.
Paises limítrofes: CH.
Ejemplar examinado: *Krapovickas 16852* (BAA).

Stemodia ericifolia (Kuntze) K. Schum.
Sin.: *Chodaphyton ericifolium* (Kuntze) Minod, *Stemodiacra ericifolia* Kuntze
Hábito: Hierba.
Status: Nativa.
Elevación: 0-1000 m.
Prov.: CH, COR, SA, SF.
Paises limítrofes: BO, PA.
Ejemplar examinado: *Schulz 128* (BAB).

Stemodia humilis (Sol.) G. Dawson = **Stemodia verticillata** (Mill.) Hassl.
Ref.: Dawson, 1979b.

Stemodia hyptoides Cham. & Schltdl.
Ref.: Descole & Borsini, 1954; Dawson, 1979b.
Hábito: Hierba.
Status: Nativa.
Elevación: 0-1000 m.
Prov.: BA, CH, COR, ER, FO, MI, TU.
Paises limítrofes: BR, PA, UR.
Ejemplar examinado: *Krapovickas et al. 18091* (BAA).

Stemodia hyptoides Cham. & Schltdl. var. *stricta* (Cham. & Schltdl.) G. Dawson = **Stemodia stricta** Cham. & Schltdl. var. **multidentata** Minod
Ref.: Botta & Cabrera, 1993.

Stemodia lanceolata Benth.
Sin.: *Stemodia lanceolata* Benth. var. *angustifolia* (Chodat & Hassl.) Minod, *Stemodiacra lanceolata* (Benth.) Kuntze
Ref.: Descole & Borsini, 1954; Botta & Cabrera, 1993; Novara & Juárez de Varela, 1997.
Hábito: Hierba.
Status: Nativa.
Elevación: 0-1000 m.
Prov.: BA, CH, CO, COR, ER, FO, ME, MI, SA, SE, SF, TU.
Paises limítrofes: BO, BR, PA, UR.
Ejemplar examinado: *Boelcke 1345* (BAA).

Stemodia lanceolata Benth. var. *angustifolia* (Chodat & Hassl.) Minod = **Stemodia lanceolata** Benth.
Ref.: Botta & Cabrera, 1993.

Stemodia linearifolia Morong = **Stemodia palustris** A. St.-Hil.
Ref.: Descole & Borsini, 1954.

Stemodia lobelioides Lehm. = **Stemodia tetragona** (Hook.) Minod
Ref.: Dawson, 1979b.

Stemodia palustris A. St.-Hil.
Sin.: *Stemodia linearifolia* Morong
Ref.: Descole & Borsini, 1954; Dawson, 1979b.
Hábito: Hierba.
Status: Nativa.
Elevación: 0-1000 m.
Prov.: CH, CO, COR, ER, FO, MI, SE, SF.
Paises limítrofes: BR, PA, UR.
Ejemplar examinado: *Parodi 9407* (BAA).

Stemodia parviflora W.T. Aiton = **Stemodia verticillata** (Mill.) Hassl.
Ref.: Botta & Cabrera, 1993.

Stemodia stricta Cham. & Schltdl.
Sin.: *Stemodia stricta* Cham. & Schltdl. var. *multidentata* Minod, *Stemodia stricta* Cham. & Schltdl. var. *paucidentata* Minod, *Stemodiacra stricta* (Cham. & Schltdl.) Kuntze, *Stemodiacra stricta* (Cham. & Schltdl.) Kuntze var. *glabriuscula* Kuntze
Ref.: Descole & Borsini, 1954; Botta & Cabrera, 1993.
Hábito: Hierba.
Status: Nativa.
Elevación: 0-1500 m.
Prov.: CA, CO, COR, ER, JU, MI, TU.
Paises limítrofes: BO, BR, PA.
Ejemplar examinado: *Tressens et al. 260* (BAA).

Stemodia stricta Cham. & Schltdl. var. *multidentata* Minod = **Stemodia stricta** Cham. & Schltdl.
Ref.: Botta & Cabrera, 1993.

Stemodia hyptoides Cham. & Schltdl. var. *stricta* (Cham. & Schltdl.) G. Dawson, = **Stemodia stricta** Cham. & Schltdl.

Stemodia stricta Cham. & Schltdl. var. *paucidentata* Minod = **Stemodia stricta** Cham. & Schltdl.
Ref.: Botta & Cabrera, 1993.

Stemodia tetragona (Hook.) Minod
Sin.: *Gratiola tetragona* Hook., *Stemodia lobelioides* Lehm., *Stemodiacra tetragona* (Hook.) Kuntze
Ref.: Dawson, 1979b.
Hábito: Hierba.
Status: Nativa.
Elevación: 0-500 m.
Prov.: BA, DF, ER.
Paises limítrofes: BR, CH, UR.
Ejemplar examinado: *Parodi 7221* (BAA).

Stemodia verticillata (Mill.) Hassl.
Sin.: *Capraria humilis* Sol., *Erinus verticillatus* Mill., *Lendneria humilis* (Sol.) Minod, *Stemodia arenaria* Kunth, *Stemodia humilis* (Sol.) G. Dawson, *Stemodia parviflora* W.T. Aiton, *Stemodiacra verticillata* (Mill.) Kuntze
Ref.: Dawson, 1979b; Botta & Cabrera, 1993; Turner & Cowan, 1993.
Hábito: Hierba.
Status: Nativa.
Elevación: 0-1500 m.
Prov.: BA, CH, CO, COR, ER, FO, JU, MI, SA, TU.
Paises limítrofes: BO, BR, PA, UR.
Ejemplar examinado: *Cusato 2301* (BAA).

Stemodiacra ericifolia Kuntze = **Stemodia ericifolia** (Kuntze) K. Schum.

Stemodiacra lanceolata (Benth.) Kuntze = **Stemodia lanceolata** Benth.
Ref.: Botta & Cabrera, 1993.

Stemodiacra stricta (Cham. & Schltdl.) Kuntze = **Stemodia stricta** Cham. & Schltdl.

Stemodiacra stricta (Cham. & Schltdl.) Kuntze var. *glabriuscula* Kuntze = **Stemodia stricta** Cham. & Schltdl.
Ref.: Botta & Cabrera, 1993.

Stemodiacra tetragona (Hook.) Kuntze = **Stemodia tetragona** (Hook.) Minod
Ref.: Dawson, 1979b.

Stemodiacra verticillata (Mill.) Kuntze = **Stemodia verticillata** (Mill.) Hassl.
Ref.: Botta & Cabrera, 1993.

Trixago apula Steven = **Bartsia trixago** L.
Ref.: Grisebach, 1879; Molau, 1990.

Verbascum L.
Número de especies: 2

Verbascum thapsus L.
Ref.: Descole & Borsini, 1954.
Hábito: Hierba.
Status: Naturalizada.
Elevación: 0-1000 m.
Prov.: BA, CHU, ER, ME, MI, NE, RN, SC, SJ, SL.
Paises limítrofes: CH.
Ejemplar examinado: *Boelcke et al. 13579* (SI).

Verbascum virgatum Stokes ex With.
Ref.: Descole & Borsini, 1954; Botta & Cabrera, 1993.
Hábito: Hierba.
Status: Adventicia.
Elevación: 0-2000 m.
Prov.: BA, CA, CO, COR, DF, ER, JU, LP, ME, MI, NE, RN, SA, SE, SF, SJ, SL, TU.
Paises limítrofes: BR, CH, PA, UR.
Ejemplar examinado: *Crespo y Calieres 2574* (BAB).

Veronica L.
Número de especies: 9

Veronica anagallis-aquatica L.
Sin.: *Veronica lepida* Phil.
Ref.: Dawson, 1941; Marchesi, 1997; Novara & Juárez de Varela, 1997.
Hábito: Hierba.
Status: Nativa.
Elevación: 500-2500 m.
Prov.: BA, CA, CHU, JU, LP, LR, ME, NE, RN, SA, SJ, SL, TF.
Paises limítrofes: CH, UR.
Ejemplar examinado: *Boelcke et al. 11147* (BAB).

Veronica arvensis L.
Ref.: Dawson, 1941; Descole & Borsini, 1956; Marchesi, 1997; Novara & Juárez de Varela, 1997.
Hábito: Hierba.
Status: Adventicia.
Elevación: 0-500 m.
Prov.: BA, CO, ER, JU, LP, ME, NE, RN, SA, TF.
Paises limítrofes: BR, CH, UR.
Ejemplar examinado: *Cabrera et al. 32114* (SI).

Veronica chamaedrys L.
Ref.: Descole & Borsini, 1956.
Hábito: Hierba.
Status: Introducida.
Elevación: 0-500 m.
Prov.: MI.
Ejemplar examinado: *Schwarz 6087* (LIL).

Veronica didyma Ten.
Ref.: Dawson, 1952.
Hábito: Hierba.
Status: Introducida.
Elevación: 0-1000 m.
Prov.: BA, CO.
Ejemplar examinado: *O'Donell 145* (LIL).

Veronica elliptica G. Forst. = **Hebe elliptica** (G. Forst.) Pennell

Veronica lepida Phil. = **Veronica anagallis-aquatica** L.
Ref.: Dawson, 1941.

Veronica longifolia L.
Ref.: Dawson, 1941, 1952.
Hábito: Hierba.
Status: Introducida.
Elevación: 0-500 m.
Prov.: LP.
Ejemplar examinado: *Williamson 975* (LP).

Veronica peregrina L. subsp. **xalapensis** (Kunth) Pennell
Sin.: *Veronica xalapensis* Kunth
Ref.: Dawson, 1941; Moore, 1968; Novara & Juárez de Varela, 1997.
Hábito: Hierba.
Status: Nativa.
Elevación: 0-2000 m.
Prov.: BA, CA, CH, CHU, CO, COR, DF, ER, JU, LP, LR, ME, MI, NE, RN, SA, SC, SF, TF, TU.
Paises limítrofes: CH, UR.
Ejemplar examinado: *Correa 9583* (BAB).

Veronica persica Poir. ex Lam.
Ref.: Dawson, 1941; Marchesi, 1997; Novara & Juárez de Varela, 1997.
Hábito: Hierba.
Status: Adventicia.
Elevación: 0-2000 m.
Prov.: BA, CA, CO, DF, ER, JU, LP, LR, ME, SA, SF, SL, TU.
Paises limítrofes: BR, CH, UR.
Ejemplar examinado: *Novara 477* (BAB).

Veronica rotundifolia Ruiz & Pav. = **Sibthorpia repens** (Mutis ex L.) Kuntze
Ref.: Rossow, 1986a.

Veronica scutellata L.
Ref.: Dawson, 1941.
Hábito: Hierba.
Status: Introducida.
Elevación: 0-500 m.
Prov.: BA, DF.
Ejemplar examinado: *Molfino s.n.* (BA 27/357).

Veronica serpyllifolia L.
Ref.: Dawson, 1941; Moore, 1968.
Hábito: Hierba.
Status: Introducida.
Elevación: 0-2000 m.
Prov.: BA, CHU, LP, ME, NE, RN, SC, TF.
Paises limítrofes: CH.
Ejemplar examinado: *Rossow et al. 2312* (BAB).

Veronica xalapensis Kunth = **Veronica peregrina** L. subsp. **xalapensis** (Kunth) Pennell
Ref.: Moore, 1968.

Willichia repens Mutis ex L. = **Sibthorpia repens** (Mutis ex L.) Kuntze

SIMAROUBACEAE

6 géneros, 8 especies.

por C. C. Xifreda

Aeschrion crenata Vell. = **Picrasma crenata** (Vell.) Engl.

Ailanthus Desf.

Número de especies: 1

Ailanthus altissima (Mill.) Swingle
Sin.: *Ailanthus glandulosa* Desf., *Toxicodendrum altissimum* Mill.
Ref.: Cronquist, 1944; Fabris, 1966i.
Hábito: Árbol.
Status: Introducida.
Elevación: 0-500 m.
Prov.: BA, DF, TU.
Paises limítrofes: BR, CH.
Ejemplar examinado: *Lillo 6597* (LIL).

Ailanthus glandulosa Desf. = **Ailanthus altissima** (Mill.) Swingle
Ref.: Cronquist, 1944.

Alvaradoa Liebm.

Número de especies: 1

Alvaradoa amorphoides auct. non Liebm. = **Alvaradoa subovata** Cronquist

Alvaradoa amorphoides Liebm. var. *puberulenta* Monach. = **Alvaradoa subovata** Cronquist

Alvaradoa puberulenta (Monach.) Sleumer = **Alvaradoa subovata** Cronquist

Alvaradoa subovata Cronquist
Sin.: *Alvaradoa amorphoides* auct. non Liebm., *Alvaradoa amorphoides* Liebm. var. *puberulenta* Monach., *Alvaradoa puberulenta* (Monach.) Sleumer, *Alvaradoa subovata* Cronquist var. *puberulenta* (Monach.) Cronquist, *Alvaradoa subovata* Cronquist var. *typica* Cronquist, nom. illeg.
Ref.: Cronquist, 1944; Xifreda & Sanso, 1998.
Hábito: Arbolito.
Status: Nativa.
Elevación: 1000-1600 m.
Prov.: JU, SA, TU.
Paises limítrofes: BO.
Ejemplar examinado: *Hunziker 1226* (SI).

Alvaradoa subovata Cronquist var. *puberulenta* (Monach.) Cronquist = **Alvaradoa subovata** Cronquist

Alvaradoa subovata Cronquist var. *typica* Cronquist, nom. illeg. = **Alvaradoa subovata** Cronquist

Castela Turpin

Número de especies: 2

Castela coccinea Griseb.
Sin.: *Ximenia americana* Linn. var. *pubens* Griseb.
Ref.: Sleumer, 1953b; Pirani, 1987.
Hábito: Arbusto.
Status: Nativa.
Elevación: 0-1000 m m.
Prov.: CA, CH, CHU, CO, FO, JU, LR, SA, SE, SF, TU.
Paises limítrofes: BO, PA.
Ejemplar examinado: *Hunziker 7440* (BA).

Castela tweedii Planch.
Sin.: *Castela tweedii* Planch. var. *dentata* Engl., *Castela tweedii* Planch. var. *macrophylla* Chodat & Hassl., *Castela tweedii* Planch. var. *typica* Cronquist, nom. illeg.
Ref.: Sleumer, 1953b; Pirani, 1987.
Hábito: Arbusto.
Status: Nativa.
Elevación: 0-500 m.
Prov.: BA, CA, COR, ER, MI, SF, TU.
Paises limítrofes: BR, PA, UR.
Ejemplar examinado: *Rodríguez 514* (SI).

Castela tweedii Planch. var. *dentata* Engl. = **Castela tweedii** Planch.
Ref.: Sleumer, 1953b.

Castela tweedii Planch. var. *macrophylla* Chodat & Hassl. = **Castela tweedii** Planch.

Castela tweedii Planch. var. *typica* Cronquist, nom. illeg. = **Castela tweedii** Planch.

Picraena palo-amargo (Speg.) Speg. = **Picrasma crenata** (Vell.) Engl.
Ref.: Pirani, 1987.

Picraena vellozii (Planch.) Engl. = **Picrasma crenata** (Vell.) Engl.
Ref.: Pirani, 1987.

Picramnia Sw.

Número de especies: 2

Picramnia crenata (Vell.) Hassl. = **Picrasma crenata** (Vell.) Engl.
Ref.: Pirani, 1987.

Picramnia parvifolia Engl.
Sin.: *Picramnia regnellii* auct. non Engl.
Ref.: Sleumer, 1953b; Pirani, 1987, 1990.
Hábito: Arbusto o arbolito.
Status: Nativa.
Elevación: 0-500 m.
Prov.: MI.
Paises limítrofes: BR, PA.
Ejemplar examinado: *Huidobro 5181* (LIL).

Picramnia pendula Tul. = **Picramnia sellowii** Planch.

Picramnia regnellii auct. non Engl. = **Picramnia parvifolia** Engl.
Ref.: Pirani, 1987.

Picramnia sellowii Planch.
Sin.: *Picramnia pendula* Tul., *Picramnia sellowii* Planch. f. *glabrescens* Chodat & Hassl., *Picramnia sellowii* Planch. f. *hirsuta* Chodat & Hassl., *Picramnia sellowii* Planch. f. *intermedia* Chodat & Hassl., *Picramnia sellowii* Planch. var. *latifolia* Engl.
Ref.: Pirani, 1987, 1990.
Hábito: Arbusto o arbolito.
Status: Nativa.
Elevación: 0-500 m.
Prov.: CH, COR, FO, MI.
Paises limítrofes: BO, BR, PA.
Ejemplar examinado: *Joergensen 3260* (SI).

Picramnia sellowii Planch. f. *glabrescens* Chodat & Hassl. = **Picramnia sellowii** Planch.
Ref.: Pirani, 1987.

Picramnia sellowii Planch. f. *hirsuta* Chodat & Hassl. = **Picramnia sellowii** Planch.
Ref.: Pirani, 1987.

Picramnia sellowii Planch. f. *intermedia* Chodat & Hassl. = **Picramnia sellowii** Planch.
Ref.: Pirani, 1987.

Picramnia sellowii Planch. var. *latifolia* Engl. = **Picramnia sellowii** Planch.

Picrasma Blume

Número de especies: 1

Picrasma crenata (Vell.) Engl.
Sin.: *Aeschrion crenata* Vell., *Picraena palo-amargo* (Speg.) Speg., *Picraena vellozii* (Planch.) Engl., *Picramnia crenata* (Vell.) Hassl., *Picrasma palo-amargo* Speg., *Picrasma vellozii* Planch.
Ref.: Cronquist, 1944; Pirani, 1987.
Hábito: Árbol.
Status: Nativa.
Elevación: 0-500 m.
Prov.: MI.
Paises limítrofes: BR, PA.
Ejemplar examinado: *Rojas 4426* (BA).

Picrasma palo-amargo Speg. = **Picrasma crenata** (Vell.) Engl.
Ref.: Cronquist, 1944.

Picrasma vellozii Planch. = **Picrasma crenata** (Vell.) Engl.
Ref.: Cronquist, 1944.

Quassia glabra (Engl.) Noot. = **Simaba glabra** Engl.

Simaba Aubl.

Número de especies: 1

Simaba glabra Engl.
Sin.: *Quassia glabra* (Engl.) Noot., *Simaba glabra* Engl. var. *emarginata* Hassl., *Simaba glabra* Engl. var. *inaequilatera* Hassl., *Simaba glabra* Engl. subsp. *trijuga* Hassl.
Ref.: Sleumer, 1953b; Pirani, 1987.
Hábito: Arbusto o árbol.

Status: Nativa.
Elevación: 0-500 m.
Prov.: MI.
Paises limítrofes: BR, PA.
Ejemplar examinado: *Molfino s.n.* (BA 32519).

Simaba glabra Engl. var. *emarginata* Hassl. = **Simaba glabra** Engl.

Simaba glabra Engl. var. *inaequilatera* Hassl. = **Simaba glabra** Engl.

Simaba glabra Engl. subsp. *trijuga* Hassl. = **Simaba glabra** Engl.

Toxicodendrum altissimum Mill. = **Ailanthus altissima** (Mill.) Swingle

Ximenia americana Linn. var. *pubens* Griseb. = **Castela coccinea** Griseb.
Ref.: Sleumer, 1984.

SOLANACEAE

33 géneros, 328 especies; 109 especies, 2 subespecies y 11 variedades endémicas.

por G. Barboza y A. Romanutti (excepto *Benthamiella* por S. C. Arroyo-Leuenberger, *Nicotiana* por A. A. Cocucci y *Petunia* por M. R. Figueroa Romero)[1]

[1] G. Barboza y A. Romanutti agradecen al Ing. A. T. Hunziker su buena disposición y la colaboración brindada ante las consultas realizadas.

Acnistus achalensis Hieron. ex Seckt, nom. nud. = **Dunalia brachyacantha** Miers

[Acnistus arborescens (L.) Schltdl.]
Sin.: *Atropa arborescens* L., *Dunalia arborescens* (L.) Sleumer
Ref.: Hunziker, 1982.
Nota: Especie excluida de la flora argentina.

Acnistus australis (Griseb.) Griseb. = **Iochroma australe** Griseb.
Ref.: Hunziker, 1982.

[Acnistus australis (Griseb.) Griseb. var. grandiflorus Griseb.]
Nota: Taxón dudoso.

Acnistus bornmülleri Dammer = **Vassobia breviflora** (Sendtn.) Hunz.
Ref.: Hunziker, 1982, 1984.

Acnistus breviflorus Sendtn. = **Vassobia breviflora** (Sendtn.) Hunz.
Ref.: Hunziker, 1984.

Acnistus breviflorus Sendtn. f. *glabratus* Hassl. = **Vassobia breviflora** (Sendtn.) Hunz.
Ref.: Hunziker, 1984.

Acnistus breviflorus Sendtn. var. *glabratus* Sendtn. = **Vassobia breviflora** (Sendtn.) Hunz.
Ref.: Hunziker, 1984.

Acnistus cestroides (Schltdl.) Miers = **Lycium cestroides** Schltdl.
Ref.: Bernardello, 1986.

Acnistus galanderi Dammer = **Vassobia breviflora** (Sendtn.) Hunz.
Ref.: Hunziker, 1982, 1984.

Acnistus glabratus (Sendtn.) Dammer = **Vassobia breviflora** (Sendtn.) Hunz.
Ref.: Hunziker, 1984.

Acnistus hauthalii Dammer = **Vassobia breviflora** (Sendtn.) Hunz.
Ref.: Hunziker, 1982, 1984.

Acnistus lorentzii Dammer = **Vassobia lorentzii** (Dammer) Hunz.
Ref.: Hunziker, 1984.

Acnistus lycioides Dammer = **Vassobia breviflora** (Sendtn.) Hunz.
Ref.: Hunziker, 1984.

Acnistus mollis Dammer = **Vassobia breviflora** (Sendtn.) Hunz.
Ref.: Hunziker, 1984.

Acnistus parviflorus Griseb. = **Vassobia breviflora** (Sendtn.) Hunz.
Ref.: Hunziker, 1982, 1984.

Acnistus parviflorus Griseb. var. *arboreus* (Griseb.) Griseb. = **Vassobia breviflora** (Sendtn.) Hunz.
Ref.: Hunziker, 1982, 1984.

Acnistus schunckii Dammer = **Vassobia breviflora** (Sendtn.) Hunz.
Ref.: Hunziker, 1982, 1984.

Acnistus sellowii Dammer = **Vassobia breviflora** (Sendtn.) Hunz.
Ref.: Hunziker, 1984.

Acnistus spinosus Dammer = **Vassobia breviflora** (Sendtn.) Hunz.
Ref.: Hunziker, 1984.

Acnistus ulei Dammer = **Vassobia breviflora** (Sendtn.) Hunz.
Ref.: Hunziker, 1984.

Atropa arborescens L. = [Acnistus arborescens (L.) Schltdl.]

Atropa hirtella Spreng. = **Solanum gracillimum** Sendtn.
Ref.: Morton, 1976.

Atropa origanifolia (Lam.) Desf. = **Salpichroa origanifolia** (Lam.) Baill.
Ref.: Barboza & Hunziker, 1998a.

Atropa physalodes L. = **Nicandra physalodes** (L.) Gaertn.

Atropa rhomboidea Hook. = **Salpichroa origanifolia** (Lam.) Baill.
Ref.: Barboza & Hunziker, 1998a.

Aureliana Sendtn. Solaneae.

Número de especies: 1

Aureliana fasciculata (Vell.) Sendtn. var. **tomentella** (Sendtn.) Barboza & Hunz.
Sin.: *Aureliana lucida* (Moric.) Sendtn. var. *tomentellum* Sendtn., *Bassovia crassiflora* Dunal, *Bassovia lucida* (Moric.) Sendtn. var. *pilosulum* Dunal, *Capsicum crassiflorum* (Dunal) Kuntze
Ref.: Hunziker & Barboza, 1990.
Hábito: Arbusto.
Status: Nativa.
Elevación: 500-1000 m.
Prov.: MI.
Paises limítrofes: BR, PA.
Ejemplar examinado: *Bertoni 996* (LIL).

Aureliana lucida (Moric.) Sendtn. var. *tomentellum* Sendtn. = **Aureliana fasciculata** (Vell.) Sendtn. var. **tomentella** (Sendtn.) Barboza & Hunz.
Ref.: Hunziker & Barboza, 1990

Bassovia crassiflora Dunal = **Aureliana fasciculata** (Vell.) Sendtn. var. **tomentella** (Sendtn.) Barboza & Hunz.
Ref.: Hunziker & Barboza, 1990.

Bassovia lucida (Moric.) Sendtn. var. *pilosulum* Dunal = **Aureliana fasciculata** (Vell.) Sendtn. var. **tomentella** (Sendtn.) Barboza & Hunz.
Ref.: Hunziker & Barboza, 1990.

Bassovia pyraster Dunal = **Vassobia breviflora** (Sendtn.) Hunz.
Ref.: Hunziker, 1984.

Bassovia pyraster Dunal var. *glabriusculum* Dunal = **Vassobia breviflora** (Sendtn.) Hunz.
Ref.: Hunziker, 1984.

Bassovia spina-alba (Dunal) Griseb. = **Vassobia breviflora** (Sendtn.) Hunz.
Ref.: Hunziker, 1984.

Benthamiella Speg. Nicotianeae, Benthamiellinae.

Número de especies: 12, 8 especies endémicas.

Benthamiella abietina Skottsb. = **Benthamiella patagonica** Speg.
Ref.: Arroyo, 1980.

Benthamiella acutifolia Speg. = **Benthamiella longifolia** Speg.
Ref.: Arroyo, 1980.

Benthamiella aurea Skottsb. = **Benthamiella patagonica** Speg.
Ref.: Arroyo, 1980.

Benthamiella azorella (Skottsb.) A.Soriano
Sin.: *Saccardophyton azorella* Skottsb.
Ref.: Soriano, 1948; Arroyo, 1980.
Hábito: Hierba.
Status: Nativa.
Elevación: 500-1000 m.
Prov.: NE, SC.
Paises limítrofes: CH.
Ejemplar examinado: *Boelcke et al. 11549* (BAB).

Benthamiella azorelloides Speg.
Ref.: Arroyo, 1980.
Hábito: Hierba.
Status: Endémica.
Elevación: 0-500 m.
Prov.: CHU.
Ejemplar examinado: *Illin s.n.* (holotipo, LPS 12534 en LP).

Benthamiella chubutensis A. Soriano
Ref.: Soriano, 1948; Arroyo, 1980.
Hábito: Hierba.
Status: Endémica.
Elevación: 0-500 m.
Prov.: CHU.
Ejemplar examinado: *Illin 29* (holotipo, SI).

Benthamiella graminifolia Skottsb.
Ref.: Arroyo, 1980.
Hábito: Hierba.
Status: Endémica.
Elevación: 0-500 m.
Prov.: CHU, RN.
Ejemplar examinado: *Soriano 2294* (BAB).

Benthamiella intermedia Skottsb. = **Benthamiella patagonica** Speg.
Ref.: Arroyo, 1980.

Benthamiella lanata A. Soriano
Ref.: Soriano, 1948; Arroyo, 1980.
Hábito: Hierba.
Status: Nativa.
Elevación: 0-500 m.
Prov.: CHU.
Paises limítrofes: CH.
Ejemplar examinado: *Soriano 2066* (holotipo, SI).

Benthamiella longifolia Speg.
Sin.: *Benthamiella acutifolia* Speg.
Ref.: Arroyo, 1980.
Hábito: Hierba.
Status: Endémica.
Elevación: 0-500 m.
Prov.: SC.
Ejemplar examinado: *Ameghino s.n.* (holotipo, LPS 12619 en LP).

Benthamiella montana Dusén = **Benthamiella patagonica** Speg.
Ref.: Arroyo, 1980.

Benthamiella nordenskjoldii Dusén ex N.E. Br.
Ref.: Arroyo, 1980.
Hábito: Hierba.
Status: Nativa.
Elevación: 0-500 m.
Prov.: SC, TF.
Paises limítrofes: CH.
Ejemplar examinado: *Boelcke et al. 15092* (BAB).

Benthamiella patagonica Speg.
Sin.: *Benthamiella abietina* Skottsb., *Benthamiella aurea* Skottsb., *Benthamiella intermedia* Skottsb., *Benthamiella montana* Dusén
Ref.: Arroyo, 1980.
Hábito: Hierba.
Status: Nativa.
Elevación: 500-1500 m.
Prov.: CHU, SC.
Paises limítrofes: CH.
Ejemplar examinado: *sin colector, s.n.* (holotipo, LPS 12620 en LP).

Benthamiella pycnophylloides Speg.
Ref.: Arroyo, 1980.
Hábito: Hierba.
Status: Endémica.
Elevación: 0-500 m.
Prov.: CHU, SC.
Ejemplar examinado: *Ameghino s.n.* (holotipo, LPS 12601 en LP).

Benthamiella skottsbergii A. Soriano
Ref.: Soriano, 1948; Arroyo, 1980.
Hábito: Hierba.
Status: Endémica.
Elevación: 0-500 m.
Prov.: SC.
Ejemplar examinado: *Dusén 5530* (holotipo, SI).

Benthamiella sorianoi Arroyo
Ref.: Arroyo, 1980.
Hábito: Hierba.
Status: Endémica.
Elevación: 1500-2000 m.
Prov.: SC.
Ejemplar examinado: *Boelcke et al. s.n.* (holotipo, T.B.P.A. 774 en BAB).

Benthamiella spegazziniana A. Soriano
Sin.: *Saccardophyton pycnophylloides* Speg.
Ref.: Soriano, 1948; Arroyo, 1980.
Hábito: Hierba.
Status: Endémica.
Elevación: 1000-1500 m.
Prov.: SC.
Ejemplar examinado: *Ameghino s.n.* (holotipo, LPS 12513 en LP).

Bouchetia DC. Nicotianeae, Nierembergiinae.
Número de especies: 1

Bouchetia anomala (Miers) Britton & Rusby
Sin.: *Bouchetia anomala* (Miers) Britton & Rusby subsp. *staticifolia* (Sendtn.) Loes., *Nicotiana staticifolia* (Sendtn.) Kuntze, *Nierembergia anomala* Miers, *Nierembergia staticifolia* Sendtn., *Salpiglossis anomala* (Miers) D'Arcy
Ref.: Cabrera, 1983; Hunziker & Subils, 1983, 1995.
Hábito: Hierba.
Status: Nativa.
Elevación: 0-2000 m.
Prov.: BA, CA, CH, CO, COR, ER, FO, JU, MI, SA, SE, SF, SL, TU.
Paises limítrofes: BR, PA, UR.
Ejemplar examinado: *Cabrera 21073* (LP).

Bouchetia anomala (Miers) Britton & Rusby subsp. *staticifolia* (Sendtn.) Loes. = **Bouchetia anomala** (Miers) Britton & Rusby
Ref.: Hunziker & Subils, 1995.

[Bouchetia erecta Dunal]
Nota: Especie excluida de la flora argentina.

[Brugmansia arborea (L.) Lagerh.]
Sin.: *Datura arborea* L.
Ref.: Hunziker, 1979.
Nota: Especie excluida de la flora argentina.

Brunfelsia L. Francisceae.
Número de especies: 3

Brunfelsia australis Benth.
Sin.: *Brunfelsia hopeana* (Hook.) Benth. var. *australis* (Benth.) J.A. Schmidt, *Brunfelsia hopeana* auct. non (Hook.) Benth., *Brunfelsia paraguayensis* Chodat, *Brunfelsia uniflora* (Pohl) D. Don f. *intermedia* Hassl., *Brunfelsia uniflora* (Pohl) D. Don f. *obovatifolia* Hassl., *Brunfelsia uniflora* (Pohl) D. Don f. *typica* Hassl.; *Franciscea australis* (Benth.) Miers
Ref.: Hunt, 1978; Plowman, 1979, 1998.
Hábito: Arbusto o arbolito.
Status: Nativa.
Elevación: 0-500 m.
Prov.: CH, COR, FO, MI, SF.
Paises limítrofes: BR, PA, UR.
Ejemplar examinado: *Gentry et al. 59462* (MO).

Brunfelsia hopeana auct. non (Hook.) Benth. = **Brunfelsia australis** Benth.

Brunfelsia hopeana (Hook.) Benth. var. *australis* (Benth.) J.A. Schmidt = **Brunfelsia australis** Benth.
Ref.: Hunt, 1978; Plowman, 1998.

Brunfelsia paraguayensis Chodat = **Brunfelsia australis** Benth.
Ref.: Plowman, 1998.

Brunfelsia pilosa Plowman
Ref.: Plowman, 1974, 1979, 1998.
Hábito: Arbusto.
Status: Nativa.
Elevación: 0-500 m.
Prov.: MI.
Paises limítrofes: BR, PA.
Ejemplar examinado: *Llamas 1530* (BAB).

Brunfelsia uniflora (Pohl) D. Don f. *intermedia* Hassl. = **Brunfelsia australis** Benth.
Ref.: Plowman, 1998.

Brunfelsia uniflora (Pohl) D. Don f. *obovatifolia* Hassl. = **Brunfelsia australis** Benth.
Ref.: Plowman, 1998.

Brunfelsia uniflora (Pohl) D. Don f. *typica* Hassl. = **Brunfelsia australis** Benth.
Ref.: Plowman, 1998.

Brunfelsia uniflora (Pohl) D. Don
Sin.: *Franciscea uniflora* Pohl
Ref.: Plowman, 1979; Cabrera, 1983, 1998.
Hábito: Arbusto.
Status: Nativa.
Elevación: 1500-2000 m.
Prov.: JU, SA.
Paises limítrofes: BO, BR.
Ejemplar examinado: *Cabrera et al. 30918* (SI).

Cacabus? integrifolius Phil. = **Exodeconus integrifolius** (Phil.) Axelius
Ref.: Hunziker & Barboza, 1998.

Calibrachoa caesia (Sendtn.) Wijsman = **Petunia caesia** Sendtn.
Ref.: Figuero Romero, inéd.

Calibrachoa calycina (Sendtn.) Wijsman = **Petunia calycina** Sendtn.
Ref.: Figueroa Romero, inéd.

Calibrachoa excellens (R.E. Fr.) Wijsman = **Petunia excellens** R.E. Fr.
Ref.: Figueroa Romero, inéd.

Calibrachoa hassleriana (R.E. Fr.) Wijsman = **Petunia hassleriana** R.E. Fr.
Ref.: Figueroa Romero, inéd.

Calibrachoa heterophylla (Sendtn.) Wijsman = **Petunia heterophylla** Sendtn.
Ref.: Figueroa Romero, inéd.

Calibrachoa linearis (Hook.) Wijsman = **Petunia linearis** (Hook.) Paxton
Ref.: Figueroa Romero, inéd.

Calibrachoa linoides (Sendtn.) Wijsman = **Petunia linoides** Sendtn.
Ref.: Figueroa Romero, inéd.

Calibrachoa parviflora (Juss.) Wijsman = **Petunia parviflora** Juss.
Ref.: Figueroa Romero, inéd.

Calibrachoa pygmaea (R.E. Fr.) Wijsman = **Petunia pygmaea** R.E. Fr.
Ref.: Figueroa Romero, inéd.

Callomia patagonica Speg. = **Nicotiana linearis** Phil.
Ref.: Goodspeed, 1954.

Capsicum L. Solaneae.

Número de especies: 4

Capsicum baccatum L.
Sin.: *Capsicum microcarpum* Cav., *Capsicum microcarpum* Cav. var. *tomentosum* Chodat & Hassl.
Ref.: Esbaugh, 1970; Cabrera, 1983; Hunziker, 1998a.
Hábito: Arbusto.
Status: Nativa.
Elevación: 0-1500 m.
Prov.: CH, COR, FO, JU, MI, SA, TU.
Paises limítrofes: BO, BR, PA.
Ejemplar examinado: *Cabrera 31487* (SI).

Capsicum breviflorum (Sendtn.) Hunz. = **Vassobia breviflora** (Sendtn.) Hunz.
Ref.: Hunziker, 1984.

Capsicum chacoënse Hunz.
Sin.: *Capsicum chacoënse* Hunz. var. *tomentosum* Hunz.
Ref.: Hunziker, 1950, 1998a; Cabrera, 1983.
Hábito: Arbusto.
Status: Nativa.
Elevación: 0-2000 m.
Prov.: CA, CH, CO, COR, ER, FO, JU, LP, LR, SA, SE, SF, SJ, SL, TU.
Paises limítrofes: BO, PA.
Ejemplar examinado: *A.T. Hunziker 7340* (holotipo, CORD).

Capsicum chacoënse Hunz. var. *tomentosum* Hunz. = **Capsicum chacoënse** Hunz.
Ref.: Hunziker, 1998a.

Capsicum crassiflorum (Dunal) Kuntze = **Aureliana fasciculata** (Vell.) Sendtn. var. **tomentella** (Sendtn.) Barboza & Hunz.
Ref.: Hunziker & Barboza, 1990.

Capsicum eximium Hunz.
Ref.: Hunziker, 1950, 1998a; Esbaugh, 1982.
Hábito: Arbusto.
Status: Nativa.
Elevación: 1000-3000 m.
Prov.: SA, TU.
Paises limítrofes: BO.
Ejemplar examinado: *Cabrera et al. 23364* (LP, SI).

Capsicum flexuosum Sendtn.
Sin.: *Capsicum schottianum* auct. non Sendtn.
Ref.: Hunziker, 1998a.
Hábito: Arbusto.
Status: Nativa.
Elevación: 0-500 m.
Prov.: MI.
Paises limítrofes: BR, PA.
Ejemplar examinado: *Schwarz 2886* (LIL).

Capsicum? glandulosum Dunal = **Vassobia breviflora** (Sendtn.) Hunz.
Ref.: Hunziker, 1984.

Capsicum microcarpum Cav. = **Capsicum baccatum** L.
Ref.: Esbaugh, 1970; Hunziker, 1998a.

Capsicum microcarpum Cav. var. *tomentosum* Chodat & Hassl. = **Capsicum baccatum** L.
Ref.: Hunziker, 1998a.

Capsicum pyraster (Dunal) Kuntze = **Vassobia breviflora** (Sendtn.) Hunz.
Ref.: Hunziker, 1984.

Capsicum schottianum auct. non Sendtn. = **Capsicum flexuosum** Sendtn.
Ref.: Hunziker, 1998a.

Cestrum L. Cestreae.

Número de especies: 11, 1 especie endémica.

Cestrum albotomentosum Dammer
Ref.: Francey, 1935; Scolnik, 1954; Cabrera, 1983; Romanutti & Hunziker, 1998.
Hábito: Arbusto.
Status: Nativa.
Elevación: 500-1000 m.
Prov.: JU, SA.
Paises limítrofes: BO.
Ejemplar examinado: *de la Sota 4486* (SI).

Cestrum amictum Schltdl.
Ref.: Eskuche, 1989; Romanutti & Hunziker, 1998.
Hábito: Arbusto.
Status: Nativa.
Elevación: 0-500 m.
Prov.: MI.
Paises limítrofes: BR.
Ejemplar examinado: *Klein y Eskuche 9149* (CTESN).

[Cestrum auriculatum L'Hér.]
Ref.: Francey, 1935.
Nota: Cita dudosa para la flora argentina.

Cestrum calycinum Kunth = **Cestrum strigillatum** Ruiz & Pav.
Ref.: Cabrera, 1983; Romanutti & Hunziker, 1998.

Cestrum calycinum Willd., hom. illeg. = **Cestrum strigillatum** Ruiz & Pav.
Ref.: Cabrera, 1983; Romanutti & Hunziker, 1998.

Cestrum calycinum Willd. var. *tenuiflorum* Francey = **Cestrum strigillatum** Ruiz & Pav.
Ref.: Scolnik, 1954; Romanutti & Hunziker, 1998.

Cestrum campestre Griseb. = **Cestrum parqui** L'Hér.
Ref.: Cabrera, 1979; Romanutti & Hunziker, 1998.

Cestrum conglomeratum auct. non Ruiz & Pav. = **Cestrum parqui** L'Hér.
Ref.: Romanutti & Hunziker, 1998.

Cestrum corymbosum auct. non Schltdl. = **Cestrum euanthes** Schltdl.
Ref.: Romanutti & Hunziker, 1998.

Cestrum euanthes Schltdl.
Sin.: *Cestrum corymbosum* auct. non Schltdl., *Cestrum pseudo-quina* auct. non Mart., *Cestrum sellowianum* Sendtn.
Ref.: Scolnik, 1954; Cabrera, 1979; Romanutti & Hunziker, 1998.
Hábito: Arbusto o arbolito.
Status: Nativa.
Elevación: 0-500 m.
Prov.: BA, COR, ER, MI.
Paises limítrofes: BR, PA, UR.
Ejemplar examinado: *Burkart 22715* (SI).

Cestrum floribundum Britton = **Cestrum reflexum** Sendtn.
Ref.: Romanutti & Hunziker, 1998.

Cestrum guaraniticum Chodat & Hassl.
Ref.: Scolnik, 1954; Cabrera, 1979; Romanutti & Hunziker, 1998.
Hábito: Arbusto.
Status: Nativa.
Elevación: 0-500 m.
Prov.: CH, COR, ER, FO, MI, SF.
Paises limítrofes: PA.
Ejemplar examinado: *Burkart et al. 27071* (SI).

Cestrum kunthii Francey
Ref.: Francey, 1936; Scolnik, 1954; Romanutti & Hunziker, 1998.
Hábito: Arbusto.
Status: Endémica.
Elevación: 1000-2000 m.
Prov.: CA, SA, TU.
Ejemplar examinado: *Venturi 9580* (isotipo, LIL).

Cestrum laevigatum Schltdl.
Sin.: *Cestrum laevigatum* Schltdl. var. *evolutum* Schltdl., *Cestrum laevigatum* Schltdl. var. *paraguayense* Francey, *Cestrum laevigatum* Schltdl. var. *pauperculum* Schltdl.
Ref.: Francey, 1935; Scolnik, 1954; Romanutti & Hunziker, 1998.
Hábito: Arbusto o árbol.
Status: Nativa.
Elevación: 0-500 m.
Prov.: COR, MI.
Paises limítrofes: BR, PA.
Ejemplar examinado: *Bertoni 5796* (CTES).

Cestrum laevigatum Schltdl. var. *evolutum* Schltdl. = **Cestrum laevigatum** Schltdl.
Ref.: Scolnik, 1954; Romanutti & Hunziker, 1998.

Cestrum laevigatum Schltdl. var. *paraguayense* Francey = **Cestrum laevigatum** Schltdl.
Ref.: Scolnik, 1954; Romanutti & Hunziker, 1998.

Cestrum laevigatum Schltdl. var. *pauperculum* Schltdl. = **Cestrum laevigatum** Schltdl.
Ref.: Scolnik, 1954; Romanutti & Hunziker, 1998.

Cestrum lorentzianum Griseb.
Sin.: *Cestrum pubens* Griseb.
Ref.: Francey, 1936; Scolnik, 1954; Cabrera, 1983; Romanutti & Hunziker, 1998.
Hábito: Arbusto o árbol.
Status: Nativa.
Elevación: 500-2000 m.
Prov.: CA, CO, JU, SA, TU.
Paises limítrofes: BO.
Ejemplar examinado: *A.T. Hunziker 25595* (CORD).

[Cestrum nocturnum L.]
Ref.: Romanutti & Hunziker, 1998.
Nota: Especie excluida de la flora argentina

Cestrum parqui L'Hér.
Sin.: *Cestrum campestre* Griseb., *Cestrum conglomeratum* auct. non Ruiz & Pav., *Cestrum parqui* L'Hér. var. *glabriusculum* Kuntze, *Cestrum parqui* L'Hér. var. *longiflorum* Francey, *Cestrum parqui* L'Hér. var. *oranense* Scolnik, *Cestrum parqui* L'Hér. var. *tomentistipes* Kuntze f. *heterophyllum* Kuntze, *Cestrum pseudo-quina* auct. non Mart.
Ref.: Scolnik, 1954; Cabrera, 1979, 1983; Romanutti & Hunziker, 1998.
Hábito: Arbusto.
Status: Nativa.
Elevación: 0-2500 m.
Prov.: BA, CA, CH, CO, COR, ER, FO, JU, LR, ME, MI, RN, SA, SE, SF, SJ, SL, TU.
Paises limítrofes: BO, BR, CH, PA, UR.
Ejemplar examinado: *A.T. Hunziker 21317* (CORD).

Cestrum parqui L'Hér. var. *glabriusculum* Kuntze = **Cestrum parqui** L'Hér.
Ref.: Scolnik, 1954; Romanutti & Hunziker, 1998.

Cestrum parqui L'Hér. var. *longiflorum* Francey = **Cestrum parqui** L'Hér.
Ref.: Scolnik, 1954; Romanutti & Hunziker, 1998.

Cestrum parqui L'Hér. var. *oranense* Scolnik = **Cestrum parqui** L'Hér.
Ref.: Romanutti & Hunziker, 1998.

Cestrum parqui L'Hér. var. *tomentistipes* Kuntze f. *heterophyllum* Kuntze = **Cestrum parqui** L'Hér.
Ref.: Scolnik, 1954; Romanutti & Hunziker, 1998.

Cestrum pseudo-quina auct. non Mart. = **Cestrum euanthes** Schltdl.
Ref.: Romanutti & Hunziker, 1998.

Cestrum pseudo-quina auct. non Mart. = **Cestrum parqui** L'Hér.
Ref.: Romanutti & Hunziker, 1998.

Cestrum pubens Griseb. = **Cestrum lorentzianum** Griseb.
Ref.: Cabrera, 1983; Romanutti & Hunziker, 1998.

Cestrum reflexum Sendtn.
Sin.: *Cestrum floribundum* Britton, *Cestrum reflexum* Sendtn. var. *densiflorum* Francey
Ref.: Legname, 1973; Romanutti & Hunziker, 1998.
Hábito: Arbusto.
Status: Nativa.
Elevación: 0-500 m.
Prov.: SA.
Paises limítrofes: BO, BR.
Ejemplar examinado: *Legname y Cuezzo 5864* (LIL).

Cestrum reflexum Sendtn. var. *densiflorum* Francey = **Cestrum reflexum** Sendtn.
Ref.: Romanutti & Hunziker, 1998.

Cestrum sellowianum Sendtn. = **Cestrum euanthes** Schltdl.
Ref.: Romanutti & Hunziker, 1998.

Cestrum sendtnerianum Mart.
Ref.: Francey, 1935; Scolnik, 1954; Romanutti & Hunziker, 1998.
Hábito: Arbusto.
Status: Nativa.
Elevación: 0-500 m.
Prov.: COR, MI.
Paises limítrofes: BO, BR, PA.
Ejemplar examinado: *Arbo et al. 6028* (CTES).

Cestrum strigillatum Ruiz & Pav.
Sin.: *Cestrum calycinum* Kunth, *Cestrum calycinum* Willd., hom. illeg., *Cestrum calycinum* Willd. var. *tenuiflorum* Francey, *Cestrum strigillatum* Ruiz & Pav. var. *calycinum* (Kunth) Kuntze, *Cestrum strigillatum* Ruiz & Pav. var. *laxiflorum* Kuntze, *Cestrum viridiflorum* Hook.
Ref.: Scolnik, 1954; Cabrera, 1983; Romanutti & Hunziker, 1998.
Hábito: Arbusto.
Status: Nativa.
Elevación: 0-1500 m.
Prov.: CH, COR, FO, JU, MI, SA, SE, TU.
Paises limítrofes: BO, BR, PA, UR.
Ejemplar examinado: *A.T. Hunziker 20669* (CORD).

Cestrum strigillatum Ruiz & Pav. var. *calycinum* (Kunth) Kuntze = **Cestrum strigillatum** Ruiz & Pav.
Ref.: Scolnik, 1954; Cabrera, 1983.

Cestrum strigillatum Ruiz & Pav. var. *laxiflorum* Kuntze = **Cestrum strigillatum** Ruiz & Pav.
Ref.: Cabrera, 1983; Romanutti & Hunziker, 1998.

Cestrum vestioides Schltdl. = **Sessea vestioides** (Schltdl.) Hunz.
Ref.: Hunziker, 1977; Romanutti & Hunziker, 1998.

Cestrum viridiflorum Hook. = **Cestrum strigillatum** Ruiz & Pav.
Ref.: Cabrera, 1983; Romanutti & Hunziker, 1998.

Chamaesaracha boliviensis Dammer = **Solanum chamaesarachidium** Bitter
Ref.: Morton, 1976; Cabrera, 1983.

Combera Sandwith. Nicotianeae, Benthamiellinae.

Número de especies: 1

Combera paradoxa Sandwith
Ref.: Hunziker, 1979.
Hábito: Hierba.
Status: Nativa.
Elevación: 1500-2500 m.
Prov.: NE.
Paises limítrofes: CH.
Ejemplar examinado: *Bernardello y Moscone 658* (CORD).

Cyclostigma tenue Phil. = **Leptoglossis linifolia** (Miers) Griseb.
Ref.: Hunziker & Subils, 1979, 1995.

Cyphomandra Mart. ex Sendtn. Solaneae.

Número de especies: 3

Cyphomandra abutiloides Griseb. = **Solanum abutiloides** (Griseb.) Bitter & Lillo
Ref.: Morton, 1976; Cabrera, 1983.

Cyphomandra betacea (Cav.) Sendtn.
Sin.: *Cyphomandra crassifolia* (Ortega) Kuntze, *Solanum betaceum* Cav., *Solanum crassifolium* Ortega
Ref.: Cabrera, 1983; Bohs, 1994.
Hábito: Árbol.
Status: Nativa.
Elevación: 500-1500 m.
Prov.: JU, SA, SE, TU.
Paises limítrofes: BO, BR.
Ejemplar examinado: *Kiesling 1155* (SI).

Cyphomandra corymbiflora Sendtn.
Sin.: *Solanum corymbiflorum* (Sendtn.) Bohs
Ref.: Bohs, 1994.
Hábito: Arbusto o árbol.
Status: Nativa.
Elevación: 0-1000 m.
Prov.: COR, MI.
Paises limítrofes: BR.
Ejemplar examinado: *Cabrera 28885* (SI).

Cyphomandra crassifolia (Ortega) Kuntze = **Cyphomandra betacea** (Cav.) Sendtn.
Ref.: Cabrera, 1983; Bohs, 1994.

Cyphomandra sciadostylis Sendtn.
Sin.: *Solanum sciadostylis* (Sendtn.) Bohs
Ref.: Bohs, 1994.
Hábito: Arbusto o árbol.
Status: Nativa.
Elevación: 0-500 m.
Prov.: COR, MI.
Paises limítrofes: BR, PA.
Ejemplar examinado: *Montes 10110* (CTES, LP).

Cyphomandra stuckertii (Bitter) D'Arcy = **Solanum stuckertii** Bitter var. **stuckertii**

Cytharexylon mendocinum Phil. = **Grabowskia obtusa** Arn.
Ref.: Hunziker, 1997.

Datura L. Datureae.

Número de especies: 3

Datura arborea L. = [Brugmansia arborea (L.) Lagerh.]
Ref.: Hunziker, 1979.

Datura bertolonii auct. non Parl. = **Datura stramonium** L.
Ref.: Satina & Avery, 1959.

Datura ferox L.
Ref.: Satina & Avery, 1959; Cabrera, 1965, 1979, 1983.
Hábito: Hierba.
Status: Introducida.
Elevación: 0-1000 m.
Prov.: BA, DF, ER, JU.
Paises limítrofes: BR, CH, UR.
Ejemplar examinado: *Burkart 23485* (SI).

Datura guayaquilensis Kunth = **Datura inoxia** Mill.
Ref.: Cabrera, 1983.

Datura inermis Juss. = **Datura stramonium** L.
Ref.: Satina & Avery, 1959.

Datura inoxia Mill.
Sin.: *Datura guayaquilensis* Kunth
Ref.: Cabrera, 1979, 1983.
Hábito: Hierba.
Status: Nativa.
Elevación: 0-1000 m.
Prov.: COR, ER, JU, TU.
Paises limítrofes: BR, PA.
Ejemplar examinado: *Troncoso et al. s.n.* (SI 27277).

[Datura metel L.]
Ref.: Cabrera, 1979.
Nota: Cita dudosa para la flora argentina.

Datura stramonium L.
Sin.: *Datura bertolonii* auct. non Parl., *Datura inermis* Juss.
Ref.: Parodi, 1939, 1943; Satina & Avery, 1959.
Hábito: Hierba.
Status: Nativa.
Elevación: 0-500 m.
Prov.: CO, COR, ER, NE, RN, SE, SF.
Paises limítrofes: BO, BR, CH.
Ejemplar examinado: *Schwarz 8319* (CORD).

Dierbachia australis (Griseb.) Kuntze = **Iochroma australe** Griseb.
Ref.: Cabrera, 1983.

Dierbachia brachyacantha (Miers) Kuntze = **Dunalia brachyacantha** Miers
Ref.: Hunziker, 1960.

Dierbachia breviflora (Sendtn.) Kuntze = **Vassobia breviflora** (Sendtn.) Hunz.
Ref.: Hunziker, 1984.

Dierbachia lyciodes Kuntze f. *achalensis* Kuntze, nom. illeg. = **Dunalia brachyacantha** Miers
Ref.: Hunziker, 1960.

Dierbachia parviflora (Sendtn.) Kuntze = **Vassobia breviflora** (Sendtn.) Hunz.
Ref.: Hunziker, 1984.

Dierbachia senticosa (Miers) Kuntze = **Dunalia brachyacantha** Miers
Ref.: Hunziker, 1960.

Dolichosiphon volkmannii Phil. = **Jaborosa volkmannii** (Phil.) Reiche
Ref.: Barboza & Hunziker, 1987, 1998a.

Dorystigma caulescens (Gillies & Hook.) Miers = **Jaborosa caulescens** Gillies & Hook. var. **caulescens**
Ref.: Barboza & Hunziker, 1987, 1998a.

Dorystigma squarrosum Miers = **Jaborosa squarrosa** (Miers) Hunz. & Barboza
Ref.: Barboza & Hunziker, 1987, 1998a.

Dunalia Kunth. Solaneae.

Número de especies: 1

Dunalia achalensis Dammer = **Dunalia brachyacantha** Miers
Ref.: Hunziker, 1960.

Dunalia arborescens (L.) Sleumer = [Acnistus arborescens (L.) Schltdl.]
Ref.: Hunziker, 1960.

Dunalia australis (Griseb.) Sleumer = **Iochroma australe** Griseb.
Ref.: Cabrera, 1983.

Dunalia brachyacantha Miers
Sin.: *Acnistus achalensis* Hieron. ex Seckt, nom. nud., *Dierbachia brachyacantha* (Miers) Kuntze, *Dierbachia lyciodes* Kuntze f. *achalensis* Kuntze, nom. illeg., *Dierbachia senticosa* (Miers) Kuntze, *Dunalia achalensis* Dammer, *Dunalia hautalii* Dammer, *Dunalia herzogii* Dammer, *Dunalia pflanzii* Dammer, *Dunalia senticosa* Miers
Ref.: Hunziker, 1960; Cabrera, 1983.
Hábito: Arbusto o árbol.
Status: Nativa.
Elevación: 1500-3000 m.
Prov.: CA, CO, JU, SA, TU.
Paises limítrofes: BO.
Ejemplar examinado: *Cabrera et al. 29776* (SI).

Dunalia breviflora (Sendtn.) Sleumer = **Vassobia breviflora** (Sendtn.) Hunz.
Ref.: Hunziker, 1984.

Dunalia hautalii Dammer = **Dunalia brachyacantha** Miers
Ref.: Hunziker, 1960.

Dunalia herzogii Dammer = **Dunalia brachyacantha** Miers
Ref.: Hunziker, 1960.

Dunalia lorentzii (Dammer) Sleumer = **Vassobia lorentzii** (Dammer) Hunz.
Ref.: Hunziker, 1984.

Dunalia pflanzii Dammer = **Dunalia brachyacantha** Miers
Ref.: Hunziker, 1960.

Dunalia senticosa Miers = **Dunalia brachyacantha** Miers
Ref.: Hunziker, 1960.

Exodeconus Raf. Solaneae.

Número de especies: 1

Exodeconus integrifolius (Phil.) Axelius
Sin.: *Cacabus? integrifolius* Phil.
Ref.: Hunziker & Barboza, 1998.
Hábito: Hierba.
Status: Nativa.
Elevación: 3500-4000 m.
Prov.: CA.
Paises limítrofes: CH.
Ejemplar examinado: *Ruthsatz y Erschbamer 9929* (CORD, SI, TRIER).

Fabiana Ruiz & Pav. Nicotianeae, Nicotianinae.

Número de especies: 10, 5 especies endémicas.

Fabiana araucana Phil. = **Fabiana imbricata** Ruiz & Pav.
Ref.: Barboza & Hunziker, 1993, 1998b.

Fabiana biflora J. Rémy = **Fabiana imbricata** Ruiz & Pav.
Ref.: Barboza & Hunziker, 1993, 1998b.

Fabiana bryoides Phil.
Ref.: Cabrera, 1983; Zöllner, 1987; Barboza & Hunziker, 1993, 1998b; Navarro, 1993.
Hábito: Arbusto.
Status: Nativa.
Elevación: 3000-5000 m.
Prov.: CA, JU, SA.
Paises limítrofes: BO, CH.
Ejemplar examinado: *Krapovickas 3216* (LIL, SI).

Fabiana clarenii Dammer = **Fabiana densa** J. Rémy
Ref.: Cabrera, 1983; Barboza & Hunziker, 1993, 1998b.

Fabiana densa J. Rémy
Sin.: *Fabiana clarenii* Dammer
Ref.: Barboza & Hunziker, 1993, 1998b.
Hábito: Arbusto.
Status: Nativa.
Elevación: 2500-4500 m.
Prov.: CA, JU, SA, TU.
Paises limítrofes: BO.
Ejemplar examinado: *Schwabe et al. 684* (LP, SI).

Fabiana denudata Miers
Sin.: *Fabiana hieronymi* Niederl.
Ref.: Zöllner, 1987; Barboza & Hunziker, 1993, 1998b.
Hábito: Arbusto.
Status: Nativa.
Elevación: 0-4000 m.
Prov.: CA, CHU, LR, ME, RN, SJ.
Paises limítrofes: CH.
Ejemplar examinado: *A.T. Hunziker et al. 23717* (CORD).

Fabiana foliosa (Speg.) S.C. Arroyo
Sin.: *Fabiana patagonica* Speg. var. *foliosa* Speg.
Ref.: Arroyo, 1976; Barboza & Hunziker, 1993, 1998b.
Hábito: Subarbusto.
Status: Endémica.
Elevación: 0-500 m.
Prov.: CHU, RN, SC.
Ejemplar examinado: *Ameghino s.n.* (holotipo de *F. patagonica* var. *foliosa*, LPS 12605).

Fabiana friesii Dammer
Ref.: Cabrera, 1983; Barboza & Hunziker, 1993, 1998b.
Hábito: Arbusto.
Status: Endémica.
Elevación: 1000-4500 m.
Prov.: CA, JU, LR, SA.
Ejemplar examinado: *Cabrera et al. 32544* (SI).

Fabiana glandulosa Dusén = **Fabiana patagonica** Speg.
Ref.: Arroyo, 1976; Barboza & Hunziker, 1993, 1998b.

Fabiana heterophylla (Sendtn.) Dunal = **Petunia heterophylla** Sendtn.
Ref.: Cabrera, 1979.

Fabiana hieronymi Niederl. = **Fabiana denudata** Miers
Ref.: Barboza & Hunziker, 1993, 1998b.

Fabiana imbricata Ruiz & Pav.
Sin.: *Fabiana araucana* Phil., *Fabiana biflora* J. Rémy, *Fabiana imbricata* Ruiz & Pav. var. *biflora* (J. Rémy) Reiche, *Fabiana lutescens* Phil.
Ref.: Arroyo, 1976; Zöllner, 1987; Barboza & Hunziker, 1993, 1998b.
Hábito: Arbusto.
Status: Nativa.
Elevación: 0-3500 m.
Prov.: CHU, ME, NE, RN, SJ.
Paises limítrofes: CH.
Ejemplar examinado: *Gómez 5841* (SI).

Fabiana imbricata Ruiz & Pav. var. *biflora* (J. Rémy) Reiche = **Fabiana imbricata** Ruiz & Pav.
Ref.: Barboza & Hunziker, 1993, 1998b.

Fabiana kurtziana Dammer = **Fabiana patagonica** Speg.
Ref.: Arroyo, 1976; Barboza & Hunziker, 1993, 1998b.

Fabiana lutescens Phil. = **Fabiana imbricata** Ruiz & Pav.
Ref.: Barboza & Hunziker, 1993, 1998b.

Fabiana nana (Speg.) S.C. Arroyo
Sin.: *Fabiana patagonica* Speg. var. *nana* Speg.
Ref.: Arroyo, 1976; Barboza & Hunziker, 1993, 1998b.
Hábito: Subarbusto.
Status: Endémica.
Elevación: 0-500 m.
Prov.: CHU, SC.
Ejemplar examinado: *Boelcke et al. 12794* (BAB, SI).

Fabiana patagonica Speg.
Sin.: *Fabiana glandulosa* Dusén, *Fabiana kurtziana* Dammer, *Fabiana patagonica* Speg. var. *typica* Speg., nom. inval., *Fabiana peckii* Niederl. var. *patagonica* (Speg.) Hauman
Ref.: Arroyo, 1976; Barboza & Hunziker, 1993, 1998b.
Hábito: Arbusto.
Status: Nativa.
Elevación: 1000-4000 m.
Prov.: CA, CHU, JU, LR, ME, NE, RN, SA, SC, SJ, SL, TU.
Paises limítrofes: BO.
Ejemplar examinado: *A.T. Hunziker 18511* (CORD).

Fabiana patagonica Speg. var. *brachyloba* Speg. = **Fabiana peckii** Niederl.
Ref.: Barboza & Hunziker, 1993, 1998b.

Fabiana patagonica Speg. var. *foliosa* Speg. = **Fabiana foliosa** (Speg.) S.C. Arroyo
Ref.: Arroyo, 1976; Barboza & Hunziker, 1993, 1998b.

Fabiana patagonica Speg. var. *gracilis* Speg. = **Fabiana peckii** Niederl.
Ref.: Arroyo, 1976; Barboza & Hunziker, 1993, 1998b

Fabiana patagonica Speg. var. *nana* Speg. = **Fabiana nana** (Speg.) S.C. Arroyo
Ref.: Arroyo, 1976; Barboza & Hunziker, 1993, 1998b.

Fabiana patagonica Speg. var. *typica* Speg., nom. inval. = **Fabiana patagonica** Speg.
Ref.: Arroyo, 1976; Barboza & Hunziker, 1993, 1998b.

Fabiana peckii Niederl.
Sin.: *Fabiana patagonica* Speg. var. *brachyloba* Speg., *Fabiana patagonica* Speg. var. *gracilis* Speg.
Ref.: Arroyo, 1976; Barboza & Hunziker, 1993, 1998b.
Hábito: Arbusto.
Status: Endémica.
Elevación: 0-3000 m.
Prov.: BA, CHU, LP, ME, NE, RN, SJ.
Ejemplar examinado: *Cabrera 18648* (LP).

Fabiana peckii Niederl. var. *patagonica* (Speg.) Hauman = **Fabiana patagonica** Speg.
Ref.: Barboza & Hunziker, 1993, 1998b.

Fabiana petunioides Griseb. = **Nicotiana petunioides** (Griseb.) Millán
Ref.: Goodspeed, 1954; Barboza & Hunziker, 1993, 1998b.

Fabiana punensis S.C. Arroyo
Ref.: Arroyo, 1976; Barboza & Hunziker, 1993, 1998b.
Hábito: Arbusto.
Status: Endémica.
Elevación: 2000-4500 m.
Prov.: CA, JU, LR, SA, SJ, TU.
Ejemplar examinado: *Ruthsatz XXX/4* (holotipo, BAB; isotipo, SI).

Fabiana thymifolia A. St.-Hil. = **Petunia thymifolia** (A. St.-Hil.) Sendtn.
Ref.: Cabrera, 1979.

[Fabiana viscosa Hook. & Arn.]
Ref.: Barboza & Hunziker, 1993.
Nota: Especie excluida de la flora argentina.

Franciscea australis (Benth.) Miers = **Brunfelsia australis** Benth.
Ref.: Hunt, 1978.

Franciscea uniflora Pohl = **Brunfelsia uniflora** (Pohl) D. Don
Ref.: Cabrera, 1983.

Fregirardia spina-alba Dunal = **Vassobia breviflora** (Sendtn.) Hunz.
Ref.: Hunziker, 1984.

Grabowskia Schltdl. Lycieae.

Número de especies: 4, 2 especies endémicas.

Grabowskia ameghinoi (Speg.) Speg. = **Lycium ameghinoi** Speg.
Ref.: Bernardello, 1986.

Grabowskia boerhaviifolia (L.f.) Schltdl.
Sin.: *Grabowskia glauca* (Phil.) I.M. Johnst., *Grabowskia lindleyii* Miers, *Grabowskia schizocalyx* Dammer, *Lycium boerhaviaefolia* L.f., *Lycium glaucum* Phil.
Ref.: Cabrera, 1983; Hunziker, 1997.
Hábito: Arbusto.
Status: Nativa.
Elevación: 0-2500 m.
Prov.: CA, FO, JU, LR, SA, SE, SJ, TU.
Paises limítrofes: BO, CH.
Ejemplar examinado: *A.T. Hunziker et al. 15239* (CORD).

Grabowskia cuneifolia Dunal = **Grabowskia duplicata** Arn.
Ref.: Hunziker, 1997.

Grabowskia duplicata Arn.
Sin.: *Grabowskia cuneifolia* Dunal, *Grabowskia duplicata* Arn. var. *balansae* Chodat, *Grabowskia schlechtendalii* Sendtn.
Ref.: Cabrera, 1979; Hunziker, 1979, 1997.
Hábito: Arbusto.
Status: Nativa.
Elevación: 0-1000 m.
Prov.: BA, CH, CO, COR, ER, FO, LP, SE, SF, SL, TU.
Paises limítrofes: BR, PA, UR.
Ejemplar examinado: *A.T. Hunziker 18931* (CORD).

Grabowskia duplicata Arn. var. *balansae* Chodat = **Grabowskia duplicata** Arn.
Ref.: Hunziker, 1997.

Grabowskia duplicata Arn. var. *grandiflora* Dammer = **Grabowskia obtusa** Arn.
Ref.: Hunziker, 1997.

Grabowskia glauca (Phil.) I.M. Johnst. = **Grabowskia boerhaviifolia** (L.f.) Schltdl.
Ref.: Hunziker, 1997.

Grabowskia lindleyii Miers = **Grabowskia boerhaviifolia** (L.f.) Schltdl.
Ref.: Hunziker, 1997.

Grabowskia megalosperma Speg.
Ref.: Hunziker, 1979, 1997.
Hábito: Arbusto.
Status: Endémica.
Elevación: 0-500 m.
Prov.: SC.
Ejemplar examinado: *Ameghino 36* (holotipo, BA).

Grabowskia obscura Dunal = **Grabowskia obtusa** Arn.
Ref.: Hunziker, 1997.

Grabowskia obtusa Arn.
Sin.: *Cytharexylon mendocinum* Phil., *Grabowskia duplicata* Arn. var. *grandiflora* Dammer, *Grabowskia obscura* Dunal
Ref.: Hunziker, 1979, 1997.
Hábito: Arbusto.
Status: Endémica.
Elevación: 0-1000 m.
Prov.: CA, CO, LR, ME, SE, SJ, SL.
Ejemplar examinado: *A.T. Hunziker 12980* (CORD).

Grabowskia schizocalyx Dammer = **Grabowskia boerhaviifolia** (L.f.) Schltdl.
Ref.: Hunziker, 1997.

Grabowskia schlechtendalii Sendtn. = **Grabowskia duplicata** Arn.
Ref.: Hunziker, 1997.

Grabowskia spegazzini Dusén = **Lycium ameghinoi** Speg.
Ref.: Bernardello, 1986.

Himeranthus ameghinoi Speg. = **Jaborosa ameghinoi** (Speg.) Macloskie & Dusén
Ref.: Barboza & Hunziker, 1987, 1998a.

Himeranthus erosus Miers = **Jaborosa runcinata** Lam.
Ref.: Barboza & Hunziker, 1987, 1998a.

Himeranthus magellanicus Griseb. = **Jaborosa magellanica** (Griseb.) Dusén
Ref.: Barboza & Hunziker, 1987, 1998a.

[Himeranthus patagonicus Speg.]
Ref.: Barboza & Hunziker, 1987, 1998a.
Nota: Taxón dudoso.

Himeranthus runcinatus (Lam.) Endl. = **Jaborosa runcinata** Lam.
Ref.: Barboza & Hunziker, 1987, 1998a.

Himeranthus tridentatus Miers = **Jaborosa runcinata** Lam.
Ref.: Barboza & Hunziker, 1987, 1998a.

[Hyoscyamus niger L.]
Ref.: Hoare & Knapp, 1997.
Nota: Especie excluida de la flora argentina.

Iochroma Benth. Solaneae.

Número de especies: 1

Iochroma arboreum Griseb. = **Vassobia breviflora** (Sendtn.) Hunz.
Ref.: Hunziker, 1984.

Iochroma australe Griseb.
Sin.: *Acnistus australis* (Griseb.) Griseb., *Dierbachia australis* (Griseb.) Kuntze, *Dunalia australis* (Griseb.) Sleumer
Ref.: Hunziker, 1979, 1982; Cabrera 1983.
Hábito: Arbusto.
Status: Nativa.
Elevación: 1000-2000 m.
Prov.: CA, JU, TU.
Paises limítrofes: BO.
Ejemplar examinado: *Cabrera et al. 29771* (SI).

Jaborosa Juss. Jaboroseae.

Número de especies: 22, 11 especies endémicas.

Jaborosa ameghinoi (Speg.) Macloskie & Dusén
Sin.: *Himeranthus ameghinoi* Speg.
Ref.: Barboza & Hunziker, 1987, 1998a.
Hábito: Hierba.
Status: Endémica.
Elevación: 0-500 m.
Prov.: CHU.
Ejemplar examinado: *Ameghino s.n.* (holotipo, LPS 12535).

Jaborosa andina Kurtz, nom. nud. = **Jaborosa kurtzii** Hunz. & Barboza
Ref.: Barboza & Hunziker, 1987.

Jaborosa araucana Phil.
Ref.: Barboza & Hunziker, 1987, 1998a.
Hábito: Hierba.
Status: Nativa.
Elevación: 1500-2000 m.
Prov.: CHU, ME, NE.
Paises limítrofes: CH.
Ejemplar examinado: *Gerling 165* (SI).

Jaborosa bergii Hieron.
Ref.: Barboza & Hunziker, 1987, 1998a.
Hábito: Hierba.
Status: Endémica.
Elevación: 0-3000 m.
Prov.: BA, CA, CO, LP, LR, RN, SJ, SL.
Ejemplar examinado: *Foulong 853* (SI).

Jaborosa bipinnatifida (Dunal) Meigen = **Jaborosa caulescens** Gillies & Hook. var. **bipinnatifida** (Dunal) Reiche
Ref.: Barboza & Hunziker, 1998a.

Jaborosa bonariensis J.F. Gmel. = **Jaborosa integrifolia** Lam.
Ref.: Barboza & Hunziker, 1987, 1998a.

Jaborosa cabrerae Barboza
Ref.: Barboza, 1986; Barboza & Hunziker, 1987, 1998a.
Hábito: Hierba.
Status: Endémica.
Elevación: 2500-3000 m.
Prov.: CA.
Ejemplar examinado: *Cabrera et al. 24680* (holotipo, LP).

Jaborosa caulescens Gillies & Hook. var. **bipinnatifida** (Dunal) Reiche
Sin.: *Jaborosa bipinnatifida* (Dunal) Meigen, *Lonchestigma bipinnatifidum* (Dunal) Phil., *Lonchestigma caulescens* (Gillies & Hook.) Dunal var. *bipinnatifidum* Dunal, *Trechonaetes bipinnatifida* Phil.
Ref.: Barboza & Hunziker, 1987, 1998a.
Hábito: Hierba.
Status: Nativa.
Elevación: 3000-4500 m.
Prov.: CA, JU, LR, ME, SA, SJ.
Paises limítrofes: CH.
Ejemplar examinado: *Cabrera 8810* (LP).

Jaborosa caulescens Gillies & Hook. var. **caulescens**
Sin.: *Dorystigma caulescens* (Gillies & Hook.) Miers, *Lonchestigma caulescens* (Gillies & Hook.) Dunal
Ref.: Barboza & Hunziker, 1987, 1998a.
Hábito: Hierba.
Status: Nativa.
Elevación: 2000-4000 m.
Prov.: LR, ME, SJ.
Paises limítrofes: CH.
Ejemplar examinado: *Kiesling y Sáenz 1424* (SI).

Jaborosa chubutensis Barboza & Hunz.
Ref.: Barboza & Hunziker, 1987, 1998a.
Hábito: Hierba.
Status: Endémica.
Elevación: 0-500 m.
Prov.: CHU.
Ejemplar examinado: *Feruglio s.n.* (holotipo, BA 34764).

Jaborosa crispa auct. non Benth. & Hook. = **Jaborosa parviflora** (Phil.) Hunz. & Barboza

Jaborosa desiderata Speg. = **Jaborosa reflexa** Phil.
Ref.: Barboza & Hunziker, 1987, 1998a.

Jaborosa integrifolia Lam.
Sin.: *Jaborosa bonariensis* J.F. Gmel., *Jaborosa integrifolia* Lam. var. *brasiliensis* Dunal
Ref.: Cabrera, 1983; Barboza & Hunziker, 1987, 1998a.
Hábito: Hierba.
Status: Nativa.
Elevación: 0-500 m.
Prov.: BA, CH, CO, COR, DF, ER, FO, JU, SA, SF.
Paises limítrofes: BR, PA, UR.
Ejemplar examinado: *Burkart 27090* (SI).

Jaborosa integrifolia Lam. var. *brasiliensis* Dunal = **Jaborosa integrifolia** Lam.
Ref.: Barboza & Hunziker, 1987, 1998a.

Jaborosa kurtzii Hunz. & Barboza
Sin.: *Jaborosa andina* Kurtz, nom. nud.
Ref.: Barboza & Hunziker, 1987, 1998a.
Hábito: Hierba.
Status: Endémica.
Elevación: 500-2000 m.
Prov.: LP, ME, NE, RN.
Ejemplar examinado: *A.T. Hunziker et al. 24811* (holotipo, CORD).

Jaborosa laciniata (Miers) Hunz. & Barboza
Sin.: *Trechonaetes bridgesii* Dunal, *Trechonaetes laciniata* Miers
Ref.: Barboza & Hunziker, 1987, 1998a.
Hábito: Hierba.
Status: Nativa.
Elevación: 2500-4000 m.
Prov.: LR, ME, NE, SJ.
Paises limítrofes: CH.
Ejemplar examinado: *Buchtien 1218* (BAF, SI).

Jaborosa lanigera (Phil.) Hunz. & Barboza
Sin.: *Lonchestigma lanigerum* (Phil.) Cabrera, *Trechonaetes lanigera* Phil.
Ref.: Barboza & Hunziker, 1987, 1998a.
Hábito: Hierba.
Status: Endémica.
Elevación: 3000-5000 m.
Prov.: CA, LR, SA.
Ejemplar examinado: *Cabrera 8890* (LP).

Jaborosa leptophylla Speg. = **Jaborosa leucotricha** (Speg.) Hunz.
Ref.: Barboza & Hunziker, 1987, 1998a.

Jaborosa leucotricha (Speg.) Hunz.
Sin.: *Jaborosa leptophylla* Speg., *Trechonaetes leucotricha* Speg.
Ref.: Barboza & Hunziker, 1987, 1998a; Hunziker, 1977.
Hábito: Hierba.
Status: Endémica.
Elevación: 500-2500 m.
Prov.: CA, CHU, LR, ME, NE, RN, SA, SJ, TU.
Ejemplar examinado: *A.T. Hunziker et al. 24812* (CORD).

Jaborosa magellanica (Griseb.) Dusén
Sin.: *Himeranthus magellanicus* Griseb.
Ref.: Barboza & Hunziker, 1987, 1998a.
Hábito: Hierba.
Status: Nativa.
Elevación: 0-500 m.
Prov.: SC, TF.
Paises limítrofes: CH.
Ejemplar examinado: *Ancibor et al. 162* (BAA).

Jaborosa montevidensis Casar. = **Salpichroa origanifolia** (Lam.) Baill.
Ref.: Barboza & Hunziker, 1998a.

Jaborosa odonelliana Hunz.
Ref.: Barboza & Hunziker, 1987, 1998a.
Hábito: Hierba.
Status: Endémica.
Elevación: 500-1000 m.
Prov.: SA, TU.
Ejemplar examinado: *A.T. Hunziker y Subils 24836* (CORD).

Jaborosa oxipetala Speg.
Ref.: Barboza & Hunziker, 1987, 1998a.
Hábito: Hierba.
Status: Endémica.
Elevación: 1000-3000 m.
Prov.: CA, SA, TU.
Ejemplar examinado: *Burkart 22166* (CORD).

Jaborosa parviflora (Phil.) Hunz. & Barboza
Sin.: *Jaborosa crispa* auct. non Benth. & Hook., *Lonchestigma parviflorum* (Phil.) Cabrera, *Trechonaetes parviflora* Phil.
Ref.: Barboza & Hunziker, 1987, 1998a.
Hábito: Hierba.
Status: Nativa.
Elevación: 3500-4500 m.
Prov.: JU, SA.
Paises limítrofes: BO, CH.
Ejemplar examinado: *Cabrera 9341* (LIL, LP).

Jaborosa reflexa Phil.
Sin.: *Jaborosa desiderata* Speg.
Ref.: Barboza & Hunziker, 1987, 1998a.
Hábito: Hierba.
Status: Nativa.
Elevación: 0-1000 m.
Prov.: CHU, NE, SC.
Paises limítrofes: CH.
Ejemplar examinado: *Soriano 2135* (CORD).

Jaborosa riojana Hunz. & Barboza
Ref.: Barboza & Hunziker, 1987, 1998a.
Hábito: Hierba.
Status: Endémica.
Elevación: 3500-4000 m.
Prov.: CA, LR.
Ejemplar examinado: *J.H. Hunziker y Caro 4143* (holotipo, CORD).

Jaborosa rotacea (Lillo) Hunz. & Barboza
Sin.: *Trechonaetes rotacea* Lillo
Ref.: Barboza & Hunziker, 1987, 1998a.
Hábito: Hierba.
Status: Nativa.
Elevación: 1500-4000 m.
Prov.: CA, LR, SA, TU.
Paises limítrofes: BO.
Ejemplar examinado: *Venturi 4644* (LIL, SI).

Jaborosa runcinata Lam.
Sin.: *Himeranthus erosus* Miers, *Himeranthus runcinatus* (Lam.) Endl., *Himeranthus tridentatus* Miers, *Jaborosa sinuata* Larrañaga, *Jaborosa tridentata* (Miers) Hicken
Ref.: Barboza & Hunziker, 1987, 1998a.
Hábito: Hierba.
Status: Nativa.
Elevación: 0-500 m.
Prov.: BA, CO, ER, SF.
Paises limítrofes: UR.
Ejemplar examinado: *A.T. Hunziker 2205* (CORD).

Jaborosa sativa (Miers) Hunz. & Barboza
Sin.: *Trechonaetes floribunda* Phil., *Trechonaetes sativa* Miers
Ref.: Barboza & Hunziker, 1987, 1998a.
Hábito: Hierba.
Status: Endémica.
Elevación: 0-4000 m.
Prov.: CA, JU, LR, SA, TU.
Ejemplar examinado: *Cabrera 8918* (LP).

Jaborosa sinuata Larrañaga = **Jaborosa runcinata** Lam.
Ref.: Barboza & Hunziker, 1987, 1998a.

Jaborosa squarrosa (Miers) Hunz. & Barboza
Sin.: *Dorystigma squarrosum* Miers, *Lonchestigma squarrosum* (Miers) Dunal
Ref.: Barboza & Hunziker, 1987, 1998a.
Hábito: Hierba.
Status: Nativa.
Elevación: 3500-4500 m.
Prov.: JU, LR.
Paises limítrofes: BO, CH.
Ejemplar examinado: *Saussete 14* (BA).

Jaborosa tridentata (Miers) Hicken = **Jaborosa runcinata** Lam.
Ref.: Barboza & Hunziker, 1987.

Jaborosa volkmannii (Phil.) Reiche
Sin.: *Dolichosiphon volkmannii* Phil.
Ref.: Barboza & Hunziker, 1987, 1991, 1998a.
Hábito: Hierba.
Status: Nativa.
Elevación: 1500-2000 m.
Prov.: NE.
Paises limítrofes: CH.
Ejemplar examinado: *Rossow 1947* (CORD).

Leptofragma montevidensis (Spreng.) Dunal = **Petunia parviflora** Juss.
Ref.: Figueroa Romero, inéd.

Leptoglossis Benth. Nicotianeae, Leptoglossinae.

Número de especies: 1 especie endémica.

Leptoglossis linifolia (Miers) Griseb.
Sin.: *Cyclostigma tenue* Phil., *Leptoglossis schwenckioides* Benth. var. *linifolia* (Miers) Monach., *Leptoglossis schwenckioides* Benth. var. *tenuis* (Phil.) Monach., *Leptoglossis schwenckioides* Benth. var. *xerophytica* Monach., *Leptoglossis tenuis* (Phil.) B.D. Jacks., *Nierembergia linifolia* Miers, *Nierembergia linifolia* Miers var. *macrophylla* Dunal, *Nierembergia linifolia* Miers var. *parviflora* Dunal, *Salpiglossis linifolia* (Miers) Wettst., *Salpiglossis tenuis* (Phil.) Wettst., *Schwenckia tenuis* (Phil.) Griseb.
Ref.: Hunziker & Subils, 1979, 1995.
Hábito: Hierba.
Status: Endémica.
Elevación: 0-1500 m.
Prov.: CA, CO, LP, LR, ME, SE, SJ, SL, TU.
Ejemplar examinado: *A.T. Hunziker 9155* (CORD).

[Leptoglossis schwenckioides Benth.]
Nota: Especie excluida de la flora argentina.

Leptoglossis schwenckioides Benth. var. *linifolia* (Miers) Monach. = **Leptoglossis linifolia** (Miers) Griseb.
Ref.: Hunziker & Subils, 1979, 1995.

Leptoglossis schwenckioides Benth. var. *tenuis* (Phil.) Monach. = **Leptoglossis linifolia** (Miers) Griseb.
Ref.: Hunziker & Subils, 1979.

Leptoglossis schwenckioides Benth. var. *xerophytica* Monach. = **Leptoglossis linifolia** (Miers) Griseb.
Ref.: Hunziker & Subils, 1979, 1995.

Leptoglossis tenuis (Phil.) B.D. Jacks. = **Leptoglossis linifolia** (Miers) Griseb.
Ref.: Hunziker & Subils, 1979.

Lindernia montevidensis Spreng. = **Petunia parviflora** Juss.
Ref.: Cabrera, 1979.

Lonchestigma bipinnatifidum (Dunal) Phil. = **Jaborosa caulescens** Gillies & Hook. var. **bipinnatifida** (Dunal) Reiche
Ref.: Barboza & Hunziker, 1987, 1998a.

Lonchestigma caulescens (Gillies & Hook.) Dunal = **Jaborosa caulescens** Gillies & Hook. var. **caulescens**
Ref.: Barboza & Hunziker, 1987, 1998a.

Lonchestigma caulescens (Gillies & Hook.) Dunal var. *bipinnatifidum* Dunal = **Jaborosa caulescens** Gillies & Hook. var. **bipinnatifida** (Dunal) Reiche
Ref.: Barboza & Hunziker, 1987, 1998a.

Lonchestigma lanigerum (Phil.) Cabrera = **Jaborosa lanigera** (Phil.) Hunz. & Barboza
Ref.: Barboza & Hunziker, 1987, 1998a.

Lonchestigma parviflorum (Phil.) Cabrera = **Jaborosa parviflora** (Phil.) Hunz. & Barboza
Ref.: Barboza & Hunziker, 1987, 1998a.

Lonchestigma squarrosum (Miers) Dunal = **Jaborosa squarrosa** (Miers) Hunz. & Barboza
Ref.: Barboza & Hunziker, 1987, 1998a.

Lycianthes (Dunal) Hassl. Solaneae.

Número de especies: 5

Lycianthes asarifolia (Kunth & Bouché) Bitter
Sin.: *Solanum asarifolium* Kunth & Bouché, *Solanum violaefolium* Schott f. *lilaciniflora* Hassl., *Solanum violaefolium* Schott var. *asarifolium* (Kunth & Bouché) Hassl., *Solanum violaefolium* Schott var. *asarifolium* (Kunth & Bouché) Hassl. f. *decadontum* Hassl., *Solanum violaefolium* Schott var. *majus* Dunal, *Solanum violaefolium* Schott var. *majus* Dunal f. *chacoense* Hassl.
Ref.: Barboza & Hunziker, 1992.
Hábito: Hierba.
Status: Nativa.
Elevación: 0-1000 m.
Prov.: CH, FO, JU, MI, SA, SF, TU.
Paises limítrofes: BO, BR, PA.
Ejemplar examinado: *Schinini 26233* (CTES, LIL).

Lycianthes australe (C.V. Morton) Hunz. & Barboza, comb. illeg. = **Lycianthes pauciflora** (Vahl) Bitter
Ref.: Benítez & D'Arcy, 1997.

Lycianthes lycioides (L.) Hassl.
Sin.: *Lycianthes lycioides* (L.) Hassl. subsp. *parvifolia* (Wedd.) Bitter, *Solanum lyciiforme* Dammer, *Solanum lycioides* L., *Solanum lycioides* L. var. *parvifolium* Wedd., *Solanum pseudolycioides* Rusby
Ref.: Barboza & Hunziker, 1992; Benítez & D'Arcy, 1997.
Hábito: Arbusto.
Status: Nativa.
Elevación: 1000-4000 m.
Prov.: JU, SA, TU.
Paises limítrofes: BO.
Ejemplar examinado: *Castillón 2474* (LIL).

Lycianthes lycioides (L.) Hassl. subsp. *parvifolia* (Wedd.) Bitter = **Lycianthes lycioides** (L.) Hassl.
Ref.: Barboza & Hunziker, 1992.

Lycianthes pauciflora (Vahl) Bitter
Sin.: *Lycianthes australe* (C.V. Morton) Hunz. & Barboza, comb. illeg., *Lycianthes pseudolycioides* (Chodat & Hassl.) Bitter, *Solanum australe* C.V. Morton, *Solanum pauciflorum* Vahl, *Solanum pseudolycioides* Chodat & Hassl., hom. illeg., *Solanum urbanum* Morong var. *ovatifolium* Chodat
Ref.: Benítez & D'Arcy, 1997.
Hábito: Arbusto.
Status: Nativa.
Elevación: 0-500 m.
Prov.: MI.
Paises limítrofes: BO, BR, PA.
Ejemplar examinado: *Krapovickas et al. 18341* (CTES).

Lycianthes pseudolycioides (Chodat & Hassl.) Bitter = **Lycianthes pauciflora** (Vahl) Bitter
Ref.: Benítez & D'Arcy, 1997.

Lycianthes rantonnei (Carrière) Bitter
Sin.: *Solanum corniculatum* Hieron., *Solanum muticum* N.E. Br., *Solanum rantonnei* Carrière, *Solanum urbanum* Morong, *Solanum urbanum* Morong var. *subtomentosum* Chodat
Ref.: Barboza & Hunziker, 1992.
Hábito: Arbusto.
Status: Nativa.
Elevación: 0-500 m.
Prov.: COR, MI.
Paises limítrofes: BO, BR, PA.
Ejemplar examinado: *Pedersen 3890* (CTES).

Lycianthes saltensis Bitter
Sin.: *Solanum fundatum* C.V. Morton, *Solanum saltense* (Bitter) C.V. Morton, hom. illeg.
Ref.: Barboza & Hunziker, 1992.
Hábito: Arbusto.
Status: Nativa.
Elevación: 0-1500 m.
Prov.: CH, JU, SA, TU.
Paises limítrofes: BO.
Ejemplar examinado: *Zuloaga y Deginani 305* (LP).

Lycium L. Lycieae.

Número de especies: 23, 10 especies y 5 variedades endémicas.

Lycium acanthocladium Speg. = **Lycium gilliesianum** Miers
Ref.: Bernardello, 1986.

Lycium ameghinoi Speg.
Sin.: *Grabowskia ameghinoi* (Speg.) Speg., *Grabowskia spegazzini* Dusén, *Lycium durispina* Dusén
Ref.: Bernardello, 1986, 1995.
Hábito: Arbusto.
Status: Endémica.
Elevación: 0-1500 m.
Prov.: CHU, ME, NE, RN, SC.
Ejemplar examinado: *Boelcke 16569* (BAA, BAB, CTES).

Lycium americanum Jacq.
Sin.: *Lycium chilense* Miers ex Bertero subsp. *paraguariensis* Hassl., *Lycium confusum* Dammer ex R.E. Fr., *Lycium pruinosum* Griseb., *Lycium subtridentatum* Dammer, *Lycium tweedianum* auct. non Griseb., *Lycium tweedianum* Griseb. var. *pruinosum* (Griseb.) Hassl.
Ref.: Bernardello, 1984, 1986, 1995.
Hábito: Arbusto.
Status: Nativa.
Elevación: 0-1000 m.
Prov.: CH, CO, COR, ER, FO, JU, SA, SE, SF, TU.
Paises limítrofes: BO, PA.
Ejemplar examinado: *Krapovickas et al. 27009* (CTES).

Lycium argentinum Hieron. = **Lycium ciliatum** Schltdl.
Ref.: Bernardello, 1995.

Lycium athium Bernardello
Ref.: Bernardello, 1986, 1995.
Hábito: Arbusto.
Status: Endémica.
Elevación: 0-500 m.
Prov.: FO.
Ejemplar examinado: *Schinini 19598* (CORD, CTES).

Lycium barbarum L.
Ref.: Bernardello, 1995.
Hábito: Arbusto.
Elevación: 0-500 m.
Prov.: SC.
Ejemplar examinado: *Correa y Pérez Moreau 2038* (BAB).
Nota: Probablemente escapada de cultivo.

Lycium boerhaviaefolia L.f. = **Grabowskia boerhaviifolia** (L.f.) Schltdl.
Ref.: Cabrera, 1983; Hunziker, 1997.

Lycium cestroides Schltdl.
Sin.: *Acnistus cestroides* (Schltdl.) Miers
Ref.: Bernardello, 1986, 1995.
Hábito: Arbusto o arbolito.
Status: Nativa.
Elevación: 0-2000 m.
Prov.: BA, CA, CH, CO, COR, JU, LR, SA, SE, SF, SJ, SL, TU.
Paises limítrofes: BO, UR.
Ejemplar examinado: *Rodríguez 217* (BA, BAF, CORD, LIL, SI).

Lycium chanar Phil.
Sin.: *Lycium decipiens* Dammer
Ref.: Bernardello, 1986, 1995.
Hábito: Arbusto.
Status: Nativa.
Elevación: 2000-4500 m.
Prov.: CA, LR, ME, SA, SJ.
Paises limítrofes: BO.
Ejemplar examinado: *Kiesling y Sáenz 4222* (SI).

Lycium chilense Miers ex Bertero var. **chilense**
Sin.: *Lycium chilense* Miers ex Bertero var. *o'donelli* F.A. Barkley, *Lycium chilense* Miers ex Bertero var. *petiolatum* Phil., *Lycium chilense* Miers ex Bertero subsp. *normale* Reiche, *Lycium fimbriatum* C.L. Hitchc., *Lycium grevilleanum* Miers, *Lycium hunzikeri* F.A. Barkley, *Lycium lasiopetalum* Speg., *Lycium pulverulentum* Skottsb., *Lycium scoparium* Miers, *Lycium scoparium* Miers var. *affine* Miers, *Lycium scoparium* Miers var. *divaricatum* Miers, *Lycium scoparium* Miers var. *lineare* Miers
Ref.: Bernardello, 1986, 1995.
Hábito: Arbusto.
Status: Nativa.
Elevación: 0-4500 m.
Prov.: BA, CA, CHU, CO, LP, ME, NE, RN, SJ, SL, TU.
Paises limítrofes: CH.
Ejemplar examinado: *Kiesling 2976* (SI).

Lycium chilense Miers ex Bertero var. **comberi** (C.L. Hitchc.) Bernardello
Sin.: *Lycium comberi* C.L. Hitchc.
Ref.: Bernardello, 1986, 1995.
Hábito: Arbusto.
Status: Endémica.
Elevación: 0-500 m.
Prov.: CHU, NE, RN.
Ejemplar examinado: *Soriano 2112* (BAB, CORD, SI).

Lycium chilense Miers ex Bertero var. **confertifolium** (Miers) F.A. Barkley
Sin.: *Lycium melanopotamicum* Niederl., *Lycium scoparium* Miers var. *confertifolium* Miers
Ref.: Bernardello, 1986, 1995.
Hábito: Arbusto.
Status: Nativa.
Elevación: 0-1500 m.
Prov.: BA, CO, LP, LR, ME, NE, RN, SJ, SL.
Paises limítrofes: CH.
Ejemplar examinado: *Boelcke et al. 15774* (BAB, CTES).

Lycium chilense Miers ex Bertero var. **descolei** F.A. Barkley
Sin.: *Lycium comberi* C.L. Hitchc. var. *donatii* F.A. Barkley, *Lycium patagonicum* Miers
Ref.: Bernardello, 1986, 1995.
Hábito: Arbusto.
Status: Endémica.
Elevación: 0-500 m.
Prov.: BA, CHU, ME, RN, SC.
Ejemplar examinado: *Correa y Nicora 3583* (BAA, BAF, CORD).

Lycium chilense Miers ex Bertero var. **filifolium** (Miers) Bernardello
Sin.: *Lycium filifolium* Miers
Ref.: Bernardello, 1986, 1995.
Hábito: Arbusto.
Status: Nativa.
Elevación: 0-1500 m.
Prov.: BA, CHU, CO, LP, LR, ME, NE, RN, SE, SJ, SL.
Paises limítrofes: CH.
Ejemplar examinado: *Cabrera y Fabris 14873* (CTES, LP).

Lycium chilense Miers ex Bertero var. **glaberrimum** Phil.
Sin.: *Lycium chilense* Miers ex Bertero subsp. *gracile* Reiche var. *gracile* (Meyen) Reiche, *Lycium rhadinum* Phil., *Lycium sessiliflorum* Phil., *Lycium sparrei* F.A. Barkley
Ref.: Bernardello, 1986, 1995.
Hábito: Arbusto.
Status: Nativa.
Elevación: 500-2000 m.
Prov.: ME.
Paises limítrofes: CH.
Ejemplar examinado: *Schulz 6231* (CTES).

Lycium chilense Miers ex Bertero var. *meyeri* F.A. Barkley = **Lycium ciliatum** Schltdl.
Ref.: Bernardello, 1986.

Lycium chilense Miers ex Bertero var. **minutifolium** (Miers) F.A. Barkley
Sin.: *Lycium filifolium* Miers var. *minutifolium* Miers, *Lycium microphyllum* Phil., hom. illeg., *Lycium philippianum* Speg.
Ref.: Bernardello, 1986, 1995.
Hábito: Arbusto.
Status: Endémica.
Elevación: 0-2500 m.
Prov.: BA, CHU, LP, ME, RN.
Ejemplar examinado: *Burkart 15846* (CORD, SI).

Lycium chilense Miers ex Bertero var. *o'donelli* F.A. Barkley = **Lycium chilense** Miers ex Bertero var. **chilense**
Ref.: Bernardello, 1986.

Lycium chilense Miers ex Bertero var. *petiolatum* Phil. = **Lycium chilense** Miers ex Bertero var. **chilense**
Ref.: Bernardello, 1986.

Lycium chilense Miers ex Bertero var. **vergarae** (Phil.) Bernardello
Sin.: *Lycium vergarae* Phil.
Ref.: Bernardello, 1986, 1995.
Hábito: Arbusto.
Status: Nativa.
Elevación: 2000-4000 m.
Prov.: CA, JU, LR, ME, SJ.
Paises limítrofes: CH.
Ejemplar examinado: *Krapovickas y J.H. Hunziker 5437* (BAB, CORD).

Lycium chilense Miers ex Bertero subsp. *gracile* Reiche var. *gracile* (Meyen) Reiche = **Lycium chilense** Miers ex Bertero var. **glaberrimum** Phil.
Ref.: Bernardello, 1986.

Lycium chilense Miers ex Bertero subsp. *normale* Reiche = **Lycium chilense** Miers ex Bertero var. **chilense**

Lycium chilense Miers ex Bertero subsp. *paraguariense* Hassl. var. *heterophyllum* (Hassl.) Hassl. = **Lycium nodosum** Miers
Ref.: Bernardello, 1986.

Lycium chilense Miers ex Bertero subsp. *paraguariensis* Hassl. = **Lycium americanum** Jacq.
Ref.: Bernardello, 1986.

Lycium chubutense Dusén = **Lycium tenuispinosum** Miers var. **tenuispinosum**
Ref.: Bernardello, 1986.

Lycium ciliatum Schltdl.
Sin.: *Lycium argentinum* Hieron., *Lycium chilense* Miers ex Bertero var. *meyeri* F.A. Barkley, *Lycium erosum* Miers, *Lycium schickendantzii* F.A. Barkley, *Lycium scoparium* Miers var. *argentinum* (Hieron.) Griseb.
Ref.: Bernardello, 1986, 1995.
Hábito: Arbusto.
Status: Nativa.
Elevación: 0-3500 m.
Prov.: BA, CA, CH, CO, COR, ER, JU, LP, LR, ME, SA, SE, SF, SJ, SL, TU.
Paises limítrofes: BO, UR.
Ejemplar examinado: *Venturi 903* (BA, CORD, SI).

Lycium comberi C.L. Hitchc. = **Lycium chilense** Miers ex Bertero var. **comberi** (C.L. Hitchc.) Bernardello
Ref.: Bernardello, 1986, 1995.

Lycium comberi C.L. Hitchc. var. *donatii* F.A. Barkley = **Lycium chilense** Miers ex Bertero var. **descolei** F.A. Barkley
Ref.: Bernardello, 1986.

Lycium confertum Miers = **Lycium elongatum** Miers
Ref.: Bernardello, 1986.

Lycium confusum Dammer ex R.E. Fr. = **Lycium americanum** Jacq.
Ref.: Bernardello, 1984.

Lycium cuneatum Dammer
Sin.: *Lycium cuneatum* Dammer var. *rojasii* F.A. Barkley, *Lycium pruinosum* Griseb. var. *puberulum* Griseb.
Ref.: Bernardello, 1986, 1995.
Hábito: Arbusto o arbolito.
Status: Nativa.
Elevación: 0-500 m.
Prov.: CH, COR, FO, JU, SA, SF.
Paises limítrofes: BO, PA.
Ejemplar examinado: *Rodríguez 1091* (BA, BAF, CORD, LP, SI).

Lycium cuneatum Dammer var. *rojasii* F.A. Barkley = **Lycium cuneatum** Dammer
Ref.: Bernardello, 1986.

Lycium cyathiforme C.L. Hitchc.
Ref.: Bernardello, 1986, 1995.
Hábito: Arbusto.
Status: Nativa.
Prov.: JU, SA.
Paises limítrofes: BO.
Ejemplar examinado: *Krapovickas y Cristóbal 17500* (CTES, LP).

Lycium decipiens Dammer = **Lycium chanar** Phil.
Ref.: Bernardello, 1995.

Lycium durispina Dusén = **Lycium ameghinoi** Speg.
Ref.: Bernardello, 1986.

Lycium elongatum Miers
Sin.: *Lycium confertum* Miers
Ref.: Bernardello, 1986, 1995.
Hábito: Arbusto.
Status: Endémica.
Elevación: 0-1000 m.
Prov.: CA, CO, LR, ME, SE, SJ, SL, TU.
Ejemplar examinado: *Burkart 13834* (CORD, SI).

Lycium elongatum Miers var. *longiflorum* (Phil.) Hauman = **Lycium gilliesianum** Miers
Ref.: Bernardello, 1986.

Lycium erosum Miers = **Lycium ciliatum** Schltdl.
Ref.: Bernardello, 1986.

Lycium filifolium Miers = **Lycium chilense** Miers ex Bertero var. **filifolium** (Miers) Bernardello
Ref.: Bernardello, 1995.

Lycium filifolium Miers var. *minutifolium* Miers = **Lycium chilense** Miers ex Bertero var. **minutifolium** (Miers) F.A. Barkley
Ref.: Bernardello, 1995.

Lycium fimbriatum C.L. Hitchc. = **Lycium chilense** Miers ex Bertero var. **chilense**
Ref.: Bernardello, 1986.

Lycium floribundum Dunal = **Lycium tenuispinosum** Miers var. **tenuispinosum**
Ref.: Bernardello, 1986.

Lycium friesii Dammer = **Lycium tenuispinosum** Miers var. **friesii** (Dammer) C.L. Hitchc.
Ref.: Bernardello, 1986, 1995.

Lycium fuscum Miers
Sin.: *Lycium gilliesianum* Miers var. *fuscum* (Miers) F.A. Barkley, *Lycium miersii* F.A. Barkley, *Lycium penduliflorum* I.M. Johnst.
Ref.: Bernardello, 1986, 1995.
Hábito: Arbusto.
Status: Endémica.
Elevación: 2000-3500 m.
Prov.: CA, LR, ME, SJ.
Ejemplar examinado: *J.H. Hunziker y Caso 4100* (BAB, CORD).

Lycium gilliesianum Miers
Sin.: *Lycium acanthocladium* Speg., *Lycium elongatum* Miers var. *longiflorum* (Phil.) Hauman, *Lycium gilliesianum* Miers var. *longitubum* (Dammer) C.L. Hitchc., *Lycium gilliesianum* Miers var. *ruiz-lealii* F.A. Barkley, *Lycium longiflorum* Phil., *Lycium longitubum* Dammer, *Lycium wilkesii* Ball
Ref.: Bernardello, 1986, 1995.
Hábito: Arbusto.
Status: Endémica.
Elevación: 0-2500 m.
Prov.: BA, CA, CH, LP, LR, ME, NE, RN, SA, SC, SL.
Ejemplar examinado: *Rodríguez 2* (BAA, CORD, LIL, SI).

Lycium gilliesianum Miers var. *fuscum* (Miers) F.A. Barkley = **Lycium fuscum** Miers
Ref.: Bernardello, 1986.

Lycium gilliesianum Miers var. *longitubum* (Dammer) C.L. Hitchc. = **Lycium gilliesianum** Miers
Ref.: Bernardello, 1986.

Lycium gilliesianum Miers var. *ruiz-lealii* F.A. Barkley = **Lycium gilliesianum** Miers
Ref.: Bernardello, 1986.

Lycium glaucum Phil. = **Grabowskia boerhaviifolia** (L.f.) Schltdl.
Ref.: Hunziker, 1997.

Lycium glomeratum Sendtn.
Ref.: Bernardello, 1986, 1995.
Hábito: Arbusto o arbolito.
Status: Nativa.
Elevación: 0-500 m.
Prov.: MI.
Paises limítrofes: BO, BR, PA.
Ejemplar examinado: *Rodríguez 762* (BA, CORD, LIL, SI).

Lycium grevilleanum Miers = **Lycium chilense** Miers ex Bertero var. **chilense**
Ref.: Bernardello, 1986.

Lycium halophilum Speg. = **Lycium infaustum** Miers
Ref.: Bernardello, 1986.

Lycium humile Phil.
Ref.: Bernardello, 1986, 1995.
Hábito: Arbusto.
Status: Nativa.
Elevación: 2000-4000 m.
Prov.: CA, JU, SA.
Paises limítrofes: CH.
Ejemplar examinado: *Cabrera 8878* (LP).

Lycium hunzikeri F.A. Barkley = **Lycium chilense** Miers ex Bertero var. **chilense**
Ref.: Bernardello, 1986.

Lycium infaustum Miers
Sin.: *Lycium halophilum* Speg., *Lycium tweedianum* Griseb.
Ref.: Bernardello, 1986, 1995.
Hábito: Arbusto.
Status: Endémica.
Elevación: 0-2500 m.
Prov.: BA, CA, CO, LP, LR, ME, SA, SE, SF, SJ, SL, TU.
Ejemplar examinado: *Krapovickas y Cristóbal 14568* (CORD, CTES).

Lycium lasiopetalum Speg. = **Lycium chilense** Miers ex Bertero var. **chilense**
Ref.: Bernardello, 1986.

Lycium longiflorum Phil. = **Lycium gilliesianum** Miers
Ref.: Bernardello, 1986.

Lycium longitubum Dammer = **Lycium gilliesianum** Miers
Ref.: Bernardello, 1986.

Lycium melanopotamicum Niederl. = **Lycium chilense** Miers ex Bertero var. **confertifolium** (Miers) F.A. Barkley
Ref.: Bernardello, 1986.

Lycium microphyllum Phil., hom. illeg. = **Lycium chilense** Miers ex Bertero var. **minutifolium** (Miers) F.A. Barkley
Ref.: Bernardello, 1986.

Lycium miersii F.A. Barkley = **Lycium fuscum** Miers
Ref.: Bernardello, 1986.

Lycium minutifolium Remy var. *major* Kuntze = **Lycium pubitubum** C.L. Hitchc.
Ref.: Bernardello, 1986.

Lycium morongii Britton
Sin.: *Lycium morongii* Britton f. *parvifolium* C.L. Hitchc., *Lycium morongii* Britton var. *parvifolium* (C.L. Hitchc.) F.A. Barkley
Ref.: Bernardello, 1986, 1995.
Hábito: Arbusto o arbolito.
Status: Nativa.
Elevación: 0-1000 m.
Prov.: CH, COR, ER, FO, SA, SE, SF, TU.
Paises limítrofes: BO, PA.
Ejemplar examinado: *Schinini 19511* (CTES).

Lycium morongii Britton f. *parvifolium* C.L. Hitchc. = **Lycium morongii** Britton
Ref.: Bernardello, 1986.

Lycium morongii Britton var. *parvifolium* (C.L. Hitchc.) F.A. Barkley = **Lycium morongii** Britton
Ref.: Bernardello, 1986.

Lycium nodosum Miers
Sin.: *Lycium chilense* Miers ex Bertero subsp. *paraguariense* Hassl. var. *heterophyllum* (Hassl.) Hassl., *Lycium tweedianum* Griseb. var. *heterophyllum* Hassl.
Ref.: Bernardello, 1986, 1995.
Hábito: Arbusto.
Status: Endémica.
Elevación: 0-500 m.
Prov.: CH, COR, ER, FO, JU, TU.
Ejemplar examinado: *Burkart et al. 23480* (SI).

Lycium o'donellii F.A. Barkley = **Lycium repens** Speg.
Ref.: Bernardello, 1986.

Lycium ovalilobum C.L. Hitchc. = **Lycium tenuispinosum** Miers var. **calycinum** (Griseb.) Bernardello
Ref.: Bernardello, 1986.

Lycium ovalilobum C.L. Hitchc. var. *sleumeri* F.A. Barkley = **Lycium tenuispinosum** Miers var. **friesii** (Dammer) C.L. Hitchc.
Ref.: Bernardello, 1986.

Lycium patagonicum Miers = **Lycium chilense** Miers ex Bertero var. **descolei** F.A. Barkley
Ref.: Bernardello, 1986.

Lycium penduliflorum I.M. Johnst. = **Lycium fuscum** Miers
Ref.: Bernardello, 1986.

Lycium philippianum Speg. = **Lycium chilense** Miers ex Bertero var. **minutifolium** (Miers) F.A. Barkley
Ref.: Bernardello, 1986.

Lycium pruinosum Griseb. = **Lycium americanum** Jacq.
Ref.: Bernardello, 1984.

Lycium pruinosum Griseb. var. *puberulum* Griseb. = **Lycium cuneatum** Dammer
Ref.: Bernardello, 1986.

Lycium pubescens Miers = **Lycium tenuispinosum** Miers var. **tenuispinosum**
Ref.: Bernardello, 1986.

Lycium pubitubum C.L. Hitchc.
Sin.: *Lycium minutifolium* Remy var. *major* Kuntze
Ref.: Bernardello, 1986, 1995.
Hábito: Arbusto.
Status: Endémica.
Elevación: 0-500 m.
Prov.: SC.
Ejemplar examinado: *Moreno y Tonini s.n.* (NY).

Lycium pulverulentum Skottsb. = **Lycium chilense** Miers ex Bertero var. **chilense**
Ref.: Bernardello, 1986.

Lycium repens Speg.
Sin.: *Lycium o'donellii* F.A. Barkley
Ref.: Bernardello, 1986, 1995.
Hábito: Arbusto.
Status: Endémica.
Elevación: 0-500 m.
Prov.: CHU, SC.
Ejemplar examinado: *Boelcke et al. 12803* (BAA, BAB).

Lycium rhadinum Phil. = **Lycium chilense** Miers ex Bertero var. **glaberrimum** Phil.
Ref.: Bernardello, 1986.

Lycium schickendantzii F.A. Barkley = **Lycium ciliatum** Schltdl.
Ref.: Bernardello, 1986.

Lycium schreiteri F.A. Barkley
Ref.: Bernardello, 1986, 1995.
Hábito: Arbusto.
Status: Endémica.
Elevación: 1500-3000 m.
Prov.: CA, LR, SJ, TU.
Ejemplar examinado: *Dinelli 12848* (LIL).

Lycium scoparium Miers = **Lycium chilense** Miers ex Bertero var. **chilense**
Ref.: Bernardello, 1986.

Lycium scoparium Miers var. *affine* Miers = **Lycium chilense** Miers ex Bertero var. **chilense**
Ref.: Bernardello, 1986.

Lycium scoparium Miers var. *argentinum* (Hieron.) Griseb. = **Lycium ciliatum** Schltdl.
Ref.: Bernardello, 1986.

Lycium scoparium Miers var. *calycinum* Griseb. = **Lycium tenuispinosum** Miers var. **calycinum** (Griseb.) Bernardello
Ref.: Bernardello, 1986.

Lycium scoparium Miers var. *confertifolium* Miers = **Lycium chilense** Miers ex Bertero var. **confertifolium** (Miers) F.A. Barkley
Ref.: Bernardello, 1995.

Lycium scoparium Miers var. *divaricatum* Miers = **Lycium chilense** Miers ex Bertero var. **chilense**
Ref.: Bernardello, 1986.

Lycium scoparium Miers var. *lineare* Miers = **Lycium chilense** Miers ex Bertero var. **chilense**
Ref.: Bernardello, 1986.

Lycium sessiliflorum Phil. = **Lycium chilense** Miers ex Bertero var. **glaberrimum** Phil.
Ref.: Bernardello, 1986.

Lycium sparrei F.A. Barkley = **Lycium chilense** Miers ex Bertero var. **glaberrimum** Phil.
Ref.: Bernardello, 1986.

Lycium spinulosum Miers var. *parvifolium* Gillies ex Miers = **Lycium tenuispinosum** Miers var. **tenuispinosum**
Ref.: Bernardello, 1986.

Lycium subtridentatum Dammer = **Lycium americanum** Jacq.
Ref.: Bernardello, 1984.

Lycium tenuispinosum Miers var. **calycinum** (Griseb.) Bernardello
Sin.: *Lycium ovalilobum* C.L. Hitchc., *Lycium scoparium* Miers var. *calycinum* Griseb.
Ref.: Bernardello, 1986, 1995.
Hábito: Arbusto.
Status: Nativa.
Elevación: 0-2000 m.
Prov.: CA, JU, LR, SA, SJ, TU.
Paises limítrofes: CH.
Ejemplar examinado: *Joergensen 976* (LIL).

Lycium tenuispinosum Miers var. **friesii** (Dammer) C.L. Hitchc.
Sin.: *Lycium friesii* Dammer, *Lycium ovalilobum* C.L. Hitchc. var. *sleumeri* F.A. Barkley, *Lycium venturii* C.L. Hitchc.
Ref.: Bernardello, 1986, 1995.
Hábito: Arbusto.
Status: Endémica.
Elevación: 0-3500 m.
Prov.: CA, JU, LR, ME, SA, SE, SJ, TU.
Ejemplar examinado: *Venturi 962* (BA, BAB).

Lycium tenuispinosum Miers var. **tenuispinosum**
Sin.: *Lycium chubutense* Dusén, *Lycium floribundum* Dunal, *Lycium pubescens* Miers, *Lycium spinulosum* Miers var. *parvifolium* Gillies ex Miers
Ref.: Bernardello, 1986, 1995.
Hábito: Arbusto.
Status: Endémica.
Elevación: 0-2600 m.
Prov.: BA, CHU, CO, JU, LP, LR, ME, RN, SE, SF, SL.
Ejemplar examinado: *Fabris 5690* (CTES, LP).

Lycium tweedianum auct. non Griseb. = **Lycium americanum** Jacq.
Ref.: Bernardello, 1995.

Lycium tweedianum Griseb. = **Lycium infaustum** Miers
Ref.: Bernardello, 1986.

Lycium tweedianum Griseb. var. *heterophyllum* Hassl. = **Lycium nodosum** Miers
Ref.: Bernardello, 1986.

Lycium tweedianum Griseb. var. *pruinosum* (Griseb.) Hassl. = **Lycium americanum** Jacq.
Ref.: Bernardello, 1984.

Lycium venturii C.L. Hitchc. = **Lycium tenuispinosum** Miers var. **friesii** (Dammer) C.L. Hitchc.
Ref.: Bernardello, 1986, 1995.

Lycium vergarae Phil. = **Lycium chilense** Miers ex Bertero var. **vergarae** (Phil.) Bernardello
Ref.: Bernardello, 1995.

Lycium vimineum Miers
Ref.: Bernardello, 1986, 1995.
Hábito: Arbusto.
Status: Nativa.
Elevación: 0-500 m.
Prov.: BA, ER, SF.
Paises limítrofes: UR.
Ejemplar examinado: *Burkart 12862* (CORD, SI).

Lycium wilkesii Ball = **Lycium gilliesianum** Miers
Ref.: Bernardello, 1986.

Melananthus Walp. Schwenckieae.
Número de especies: 1

Melananthus fasciculatus auct. non (Benth.) Soler. = **Melananthus multiflorus** Carvalho

Melananthus multiflorus Carvalho
Sin.: *Melananthus fasciculatus* auct. non (Benth.) Soler.
Ref.: Hunziker, 1977, 1979.
Hábito: Subarbusto.
Status: Nativa.
Elevación: 0-500 m.
Prov.: COR.
Paises limítrofes: BR.
Ejemplar examinado: *Pedersen 13910* (CORD).

Nicandra Adans. Nicandreae.
Número de especies: 1

Nicandra physalodes (L.) Gaertn.
Sin.: *Atropa physalodes* L.
Ref.: Hunziker, 1979; Cabrera, 1983; Muñoz, 1996.
Hábito: Hierba.
Status: Nativa.
Elevación: 0-3500 m.
Prov.: JU, SA.
Ejemplar examinado: *Venturi 8771* (LIL, SI).

Nicotiana L. Nicotianeae, Nicotianineae.
Número de especies: 19, 4 especies y 1 variedad endémicas.

Nicotiana acaulis Speg.
Sin.: *Petunia humifusa* Speg., hom. illeg.
Ref.: Goodspeed, 1954.
Hábito: Hierba.
Status: Endémica.
Elevación: 0-500 m.
Prov.: CHU, SC.
Ejemplar examinado: *Spegazzini s.n.* (lectotipo, LPS en LP).

Nicotiana acuminata (Graham) Hook.
Sin.: *Nicotiana longiflora* Cav. var. *oligantha* (Phil.) Millán, *Nicotiana uspallatensis* Phil., *Petunia acuminata* Graham
Ref.: Goodspeed, 1954.
Hábito: Hierba.
Status: Nativa.
Elevación: 0-3500 m.
Prov.: CHU, ME, NE, RN, SJ.
Paises limítrofes: CH.
Ejemplar examinado: *Spegazzini s.n.* (BAB).

[Nicotiana acuminata (Graham) Hook. var. multiflora (Phil.) Reiche]
Sin.: *Nicotiana angustifolia* Ruiz & Pav.
Ref.: Goodspeed, 1954; D'Arcy, 1993.
Nota: Variedad excluida de la flora argentina.

Nicotiana acuta Griseb. = **Nicotiana longiflora** Cav.

Nicotiana acutiflora A. St.-Hil. = **Nicotiana longiflora** Cav.

Nicotiana alata Link & Otto
Ref.: Goodspeed, 1954.
Hábito: Hierba.
Status: Nativa.
Elevación: 0-1000 m.
Prov.: COR, ER, MI.
Paises limítrofes: BR, PA, UR.
Ejemplar examinado: *Pedersen 10233* (CORD).

Nicotiana alpina Poepp. var. *deserticola* Speg. = **Nicotiana linearis** Phil.
Ref.: Goodspeed, 1954.

Nicotiana alpina Poepp. var. *patagonica* Speg. = **Nicotiana linearis** Phil.
Ref.: Goodspeed, 1954.

Nicotiana ameghinoi Speg.
Ref.: Goodspeed, 1954.
Hábito: Hierba.
Status: Endémica.
Elevación: 0-500 m.
Prov.: CHU, SC.
Ejemplar examinado: *Ameghino s.n.* (holotipo, LPS en LP).

Nicotiana angustifolia Ruiz & Pav. = [Nicotiana acuminata (Graham) Hook. var. multiflora (Phil.) Reiche]
Ref.: Goodspeed, 1954; D'Arcy, 1993.

Nicotiana axillaris Lam. = **Petunia axillaris** (Lam.) Britton, Stern & Poggenb.
Ref.: Figueroa Romero, inéd.

Nicotiana axillaris Lam. var. *nyctaginiflora* (Juss.) Kuntze = **Petunia axillaris** (Lam.) Britton, Stern & Poggenb.
Ref.: Figueroa Romero, inéd.

Nicotiana axillaris Lam. var. *propinqua* (Miers) Kuntze = **Petunia axillaris** (Lam.) Britton, Stern & Poggenb.
Ref.: Figueroa Romero, inéd.

Nicotiana bonariensis Lehm.
Sin.: *Nicotiana bonariensis* Lehm. var. *spathulata* Sendtn., *Nicotiana tristis* Sm.
Ref.: Goodspeed, 1954.
Hábito: Hierba.
Status: Nativa.
Elevación: 0-2000 m.
Prov.: ER, MI.
Paises limítrofes: BR, UR.
Ejemplar examinado: *Joergensen s.n.* (BAB).

Nicotiana bonariensis Lehm. var. *spathulata* Sendtn. = **Nicotiana bonariensis** Lehm.
Ref.: Goodspeed, 1954.

Nicotiana cavanillesi auct. non Dunal = **Nicotiana noctiflora** Hook. var. **noctiflora**

Nicotiana cavanillesi Dunal = **Nicotiana plumbaginifolia** Viv.
Ref.: Goodspeed, 1954.

Nicotiana cavanillesi Dunal var. *noctiflora* (Hook.) Millán = **Nicotiana noctiflora** Hook. var. **noctiflora**
Ref.: Goodspeed, 1954.

Nicotiana cavanillesii Dunal var. *albiflora* (Comes) Millán = **Nicotiana noctiflora** Hook. var. **albiflora** Comes
Ref.: Goodspeed, 1954.

Nicotiana chilensis Millán = **Nicotiana undulata** Ruiz & Pav.
Ref.: Goodspeed, 1954.

Nicotiana corymbosa J. Rémy var. **australis** Goodsp.
Ref.: Goodspeed, 1954.
Hábito: Hierba.
Status: Endémica.
Elevación: 0-500 m.
Prov.: CHU, RN, SC.
Ejemplar examinado: *Eyerdam et al. 24360* (holotipo, UC).

Nicotiana corymbosa J. Rémy var. **corymbosa**
Sin.: *Nicotiana corymbosa* J. Rémy var. *typica* Millán, nom. inval., *Nicotiana monticola* Dunal
Ref.: Goodspeed, 1954; Cabrera, 1957.
Hábito: Hierba.
Status: Nativa.
Elevación: 1500-3500 m.
Prov.: JU, LR, ME, SA, SJ.
Paises limítrofes: CH.
Ejemplar examinado: *Castellanos 35323* (LIL).

Nicotiana corymbosa J. Rémy var. *deserticola* (Speg.) Millán = **Nicotiana linearis** Phil.

Nicotiana corymbosa J. Rémy var. *typica* Millán, nom. inval. = **Nicotiana corymbosa** J. Rémy var. **corymbosa**

Nicotiana crispa Phil., hom. illeg. = **Nicotiana petunioides** (Griseb.) Millán

Nicotiana deserticola Speg. = **Nicotiana petunioides** (Griseb.) Millán
Ref.: Goodspeed, 1954.

Nicotiana friesii Dammer ex R.E. Fr. = **Nicotiana otophora** Griseb.

Nicotiana glauca Graham
Sin.: *Nicotiana glauca* Graham f. *lateritia* Lillo, *Nicotiana glauca* Graham var. *decurrens* Comes, *Nicotiana glauca* Graham var. *grandiflora* Comes, *Nicotiana glauca* Graham var. *typica* Millán, nom. inval., *Nicotidendron glauca* (Graham) Griseb.
Ref.: Goodspeed, 1954; Cabrera, 1983.
Hábito: Arbusto o subarbusto.
Status: Nativa.
Elevación: 0-3000 m.
Prov.: BA, CA, CO, COR, DF, ER, FO, JU, LR, ME, SA, SE, SF, SL, TU.
Paises limítrofes: BO, BR, CH, PA, UR.
Ejemplar examinado: *Cabrera et al. 27916* (SI).

Nicotiana glauca Graham f. *lateritia* Lillo = **Nicotiana glauca** Graham
Ref.: Goodspeed, 1954.

Nicotiana glauca Graham var. *decurrens* Comes = **Nicotiana glauca** Graham
Ref.: Goodspeed, 1954.

Nicotiana glauca Graham var. *grandiflora* Comes = **Nicotiana glauca** Graham
Ref.: Goodspeed, 1954.

Nicotiana glauca Graham var. *typica* Millán, nom. inval. = **Nicotiana glauca** Graham
Ref.: Goodspeed, 1954.

Nicotiana langsdorfii Weinm.
Ref.: Goodspeed, 1954.
Hábito: Hierba.
Status: Nativa.
Elevación: 0-2000 m.
Prov.: COR, MI.
Paises limítrofes: BR, PA.
Ejemplar examinado: *Hauman 384* (BA).

Nicotiana linearis Phil.
Sin.: *Callomia patagonica* Speg., *Nicotiana alpina* Poepp. var. *deserticola* Speg., *Nicotiana alpina* Poepp. var. *patagonica* Speg., *Nicotiana corymbosa* J. Rémy var. *deserticola* (Speg.) Millán
Ref.: Goodspeed, 1954.
Hábito: Hierba.
Status: Nativa.
Elevación: 0-3500 m.
Prov.: CHU, LP, ME, NE, RN, SC.
Paises limítrofes: CH.
Ejemplar examinado: *Dusén 5497* (BAF).

Nicotiana longibracteata Phil.
Ref.: Goodspeed, 1954; Cabrera, 1957, 1983.
Hábito: Hierba.
Status: Nativa.
Elevación: 3000-4000 m.
Prov.: CA, SA.
Paises limítrofes: CH.
Ejemplar examinado: *Cabrera 8786* (LP).

Nicotiana longiflora Cav.
Sin.: *Nicotiana acuta* Griseb., *Nicotiana acutiflora* A. St.-Hil., *Nicotiana longiflora* Cav. var. *acutiflora* (A. St.-Hil.) Comes, *Nicotiana longiflora* Cav. var. *breviflora* Comes, *Nicotiana longiflora* Cav. var. *grandifolia* Morong
Ref.: Goodspeed, 1954; Cabrera, 1983.
Hábito: Hierba.
Status: Nativa.
Elevación: 0-2000 m.
Prov.: BA, CA, CH, CO, COR, DF, ER, FO, JU, LP, LR, ME, SA, SE, SF, TU.
Paises limítrofes: BO, BR, PA, UR.
Ejemplar examinado: *Pedersen 6405* (CORD).

Nicotiana longiflora Cav. var. *acutiflora* (A. St.-Hil.) Comes = **Nicotiana longiflora** Cav.
Ref.: Goodspeed, 1954.

Nicotiana longiflora Cav. var. *breviflora* Comes = **Nicotiana longiflora** Cav.
Ref.: Goodspeed, 1954.

Nicotiana longiflora Cav. var. *grandifolia* Morong = **Nicotiana longiflora** Cav.

Nicotiana longiflora Cav. var. *oligantha* (Phil.) Millán = **Nicotiana acuminata** (Graham) Hook.
Ref.: Goodspeed, 1954.

Nicotiana longiflora Cav. var. *pauciflora* (J. Rémy) Comes = [Nicotiana pauciflora J. Rémy]
Ref.: Goodspeed, 1954.

Nicotiana mendocina Phil. = **Nicotiana noctiflora** Hook. var. **noctiflora**

[Nicotiana miersii J. Rémy]
Sin.: *Petunia viscosa* Colla
Ref.: Goodspeed, 1954.
Nota: Especie excluida de la flora argentina.

Nicotiana monticola Dunal = **Nicotiana corymbosa** J. Rémy var. **corymbosa**
Ref.: Goodspeed, 1954.

Nicotiana noctiflora Hook. var. **albiflora** Comes
Sin.: *Nicotiana cavanillesii* Dunal var. *albiflora* (Comes) Millán
Ref.: Goodspeed, 1954.
Hábito: Hierba.
Status: Nativa.
Elevación: 0-2000 m.
Prov.: CA, CH, CO, LR, SA, SE, SJ, SL, TU.
Paises limítrofes: CH.
Ejemplar examinado: *Spegazzini s.n.* (holotipo, LP).

Nicotiana noctiflora Hook. var. **noctiflora**
Sin.: *Nicotiana cavanillesi* auct. non Dunal, *Nicotiana cavanillesi* Dunal var. *noctiflora* (Hook.) Millán, *Nicotiana mendocina* Phil.
Ref.: Goodspeed, 1954.
Hábito: Hierba.
Status: Nativa.
Elevación: 0-2400 m.
Prov.: BA, JU, ME, RN, SA, SE, SJ, SL, TU.
Paises limítrofes: CH.
Ejemplar examinado: *Semper 29* (LIL).

Nicotiana otophora Griseb.
Sin.: *Nicotiana friesii* Dammer ex R.E. Fr.
Ref.: Millán, 1928; Goodspeed, 1954; Cabrera, 1983.
Hábito: Arbusto o subarbusto.
Status: Nativa.
Elevación: 500-2500 m.
Prov.: JU, SA.
Paises limítrofes: BO.
Ejemplar examinado: *Legname y Cuezzo 9659c* (LIL).

Nicotiana paa Mart. Crov.
Ref.: Martínez Crovetto, 1978.
Hábito: Hierba.
Status: Endémica.
Elevación: 0-500 m.
Prov.: CH, SE.
Ejemplar examinado: *Martínez Crovetto 11305* (holotipo, CTES).

Nicotiana pampasana Kuntze = **Nicotiana petunioides** (Griseb.) Millán
Ref.: Goodspeed, 1954.

Nicotiana parviflora (Juss.) Lehm. = **Petunia parviflora** Juss.
Ref.: Cabrera, 1979.

[Nicotiana pauciflora J. Rémy]
Sin.: *Nicotiana longiflora* Cav. var. *pauciflora* (J. Rémy) Comes
Ref.: Goodspeed, 1954.
Nota: Especie excluida de la flora argentina.

Nicotiana petunioides (Griseb.) Millán
Sin.: *Fabiana petunioides* Griseb., *Nicotiana crispa* Phil., hom. illeg., *Nicotiana deserticola* Speg., *Nicotiana pampasana* Kuntze, *Nicotiana philippi* Millán
Ref.: Goodspeed, 1954; Cabrera, 1983.
Hábito: Hierba.
Status: Nativa.
Elevación: 0-4500 m.
Prov.: CA, CH, JU, LP, LR, ME, NE, RN, SA, SJ.
Paises limítrofes: CH.
Ejemplar examinado: *Cabrera 8880* (LP, LIL).

Nicotiana philippi Millán = **Nicotiana petunioides** (Griseb.) Millán

Nicotiana plumbaginifolia Viv.
Sin.: *Nicotiana cavanillesi* Dunal
Ref.: Goodspeed, 1954; Cabrera, 1983.
Hábito: Hierba.
Status: Nativa.
Elevación: 0-2000 m.
Prov.: CH, FO, JU, SA.
Paises limítrofes: BO, BR, PA.
Ejemplar examinado: *Legname et al. 6500* (LIL).

Nicotiana spegazzini Millán
Ref.: Goodspeed, 1954.
Hábito: Hierba.
Status: Endémica.
Elevación: 0-3500 m.
Prov.: CHU, LP, ME, NE, RN.
Ejemplar examinado: *Steibel et al. 8452* (CORD).

Nicotiana staticifolia (Sendtn.) Kuntze = **Bouchetia anomala** (Miers) Britton & Rusby
Ref.: Hunziker & Subils, 1995.

Nicotiana sylvestris Speg. & Comes
Ref.: Goodspeed, 1954; Cabrera, 1983.
Hábito: Hierba.
Status: Nativa.
Elevación: 500-2500 m.
Prov.: CA, JU, SA, TU.
Paises limítrofes: BO.
Ejemplar examinado: *Spegazzini s.n.* (holotipo, LP).

Nicotiana tristis Sm. = **Nicotiana bonariensis** Lehm.
Ref.: Goodspeed, 1954.

Nicotiana undulata Ruiz & Pav.
Sin.: *Nicotiana chilensis* Millán
Ref.: Goodspeed, 1954; Cabrera, 1957, 1983.
Hábito: Hierba.
Status: Nativa.
Elevación: 2500-4500 m.
Prov.: JU, SA.
Paises limítrofes: BO.
Ejemplar examinado: *A.T. Hunziker y Caso 6023* (CORD).

Nicotiana uspallatensis Phil. = **Nicotiana acuminata** (Graham) Hook.
Ref.: Goodspeed, 1954.

Nicotidendron glauca (Graham) Griseb. = **Nicotiana glauca** Graham
Ref.: Goodspeed, 1954; Cabrera, 1983.

Nierembergia Ruiz & Pav. Nicotianeae. Nierembergiinae.

Número de especies: 15, 4 especies y 4 variedades endémicas.

Nierembergia andina Millán = **Nierembergia pulchella** Gillies ex Miers var. **pulchella**
Ref.: Cocucci & Hunziker, 1995a, b.

Nierembergia angustifolia Kunth var. *filicaulis* (Lindl.) Hassl. = **Nierembergia linariaefolia** Graham var. **linariaefolia**
Ref.: Cocucci & Hunziker, 1995a.

Nierembergia anomala Miers = **Bouchetia anomala** (Miers) Britton & Rusby
Ref.: Hunziker & Subils, 1983, 1995.

Nierembergia aristata auct. non D. Don = **Nierembergia rigida** Miers
Ref.: Cocucci & Hunziker, 1993, 1995b.

Nierembergia aristata D. Don
Sin.: *Nierembergia aristata* D. Don var. *stricta* (Miers) Griseb., *Nierembergia prostrata* Millán, *Nierembergia stricta* Miers
Ref.: Cocucci & Hunziker, 1993, 1995b.
Hábito: Hierba.
Status: Nativa.
Elevación: 0-500 m.
Prov.: BA, CA, CH, CO, COR, ER, FO, MI, SF.
Paises limítrofes: BR, PA, UR.
Ejemplar examinado: *Huidobro 3416* (LIL).

Nierembergia aristata D. Don var. *montana* Griseb. = **Nierembergia linariaefolia** Graham var. **glabriuscula** (Dunal) A. Cocucci & Hunz.
Ref.: Cocucci & Hunziker, 1995a, b.

Nierembergia aristata D. Don var. *stricta* (Miers) Griseb. = **Nierembergia aristata** D. Don
Ref.: Cocucci & Hunziker, 1993.

Nierembergia boliviana Millán = **Nierembergia pulchella** Gillies ex Miers var. **pulchella**
Ref.: Cocucci & Hunziker, 1995a, b.

Nierembergia browallioides Griseb.
Sin.: *Nierembergia graveolens* A. St.-Hil. var. *grandiflora* Kuntze, *Nierembergia parodii* Millán
Ref.: Cabrera, 1983; Cocucci & Hunziker, 1995b.
Hábito: Hierba.
Status: Nativa.
Elevación: 1500-3500 m.
Prov.: CA, JU, SA, TU.
Paises limítrofes: BO.
Ejemplar examinado: *Cabrera y Fabris 17443* (CTES).

Nierembergia caerulea Miers = **Nierembergia linariaefolia** Graham var. **linariaefolia**
Ref.: Cocucci & Hunziker, 1995a, b.

Nierembergia calycina Hook.
Ref.: Cocucci & Hunziker, 1995b.
Hábito: Hierba.
Status: Nativa.
Elevación: 0-500 m.
Prov.: ER.
Paises limítrofes: UR.
Ejemplar examinado: *A.T. Hunziker et al. 23467* (CORD).

Nierembergia canescens Millán = **Nierembergia pulchella** Gillies ex Miers var. **pulchella**
Ref.: Cocucci & Hunziker, 1995a, b.

Nierembergia catamarcensis Millán = **Nierembergia pulchella** Gillies ex Miers var. **pulchella**
Ref.: Cocucci & Hunziker, 1995a, b.

Nierembergia ericoides Miers
Ref.: Cocucci & Hunziker, 1995b.
Hábito: Hierba.
Status: Endémica.
Elevación: 0-1000 m.
Prov.: BA.
Ejemplar examinado: *Spegazzini s.n.* (BAB 63435, CTES).

Nierembergia ericoides Miers var. *tandilensis* (Kuntze) Millán = **Nierembergia tandilensis** (Kuntze) Cabrera
Ref.: Cabrera, 1965.

Nierembergia famatinensis Millán = **Nierembergia pulchella** Gillies ex Miers var. **macrocalyx** (Millán) A. Cocucci & Hunz.
Ref.: Cocucci & Hunziker, 1995a, b.

Nierembergia filicaulis Lindl. = **Nierembergia linariaefolia** Graham var. **linariaefolia**
Ref.: Cocucci & Hunziker, 1995a, b.

Nierembergia frutescens Durieu = **Nierembergia scoparia** Sendtn.
Ref.: Cocucci & Hunziker, 1995b.

Nierembergia gracilis Hook. = **Nierembergia linariaefolia** Graham var. **linariaefolia**
Ref.: Cocucci & Hunziker, 1995a, b.

Nierembergia gracilis Hook. var. *guaranitica* Millán = **Nierembergia linariaefolia** Graham var. **linariaefolia**
Ref.: Cocucci & Hunziker, 1995a.

Nierembergia grandiflora Millán = **Nierembergia pulchella** Gillies ex Miers var. **macrocalyx** (Millán) A. Cocucci & Hunz.
Ref.: Cocucci & Hunziker, 1995a, b.

Nierembergia graveolens A. St.-Hil.
Ref.: Cocucci & Hunziker, 1995b.
Hábito: Hierba.
Status: Nativa.
Elevación: 0-500 m.
Prov.: COR, ER.
Paises limítrofes: BR, UR.
Ejemplar examinado: *Pedersen 7343* (CORD).

Nierembergia graveolens A. St.-Hil. var. *grandiflora* Kuntze = **Nierembergia browallioides** Griseb.
Ref.: Cocucci y Hunziker, 1995b.

Nierembergia graveolens A. St.-Hil. var. *tandilensis* Kuntze = **Nierembergia tandilensis** (Kuntze) Cabrera
Ref.: Cocucci & Hunziker, 1995b.

Nierembergia graveolens Dunal, hom. illeg. = **Petunia pubescens** (Spreng.) R.E. Fr.
Ref.: Figueroa Romero, inéd.

Nierembergia hippomanica Miers = **Nierembergia linariaefolia** Graham var. **linariaefolia**
Ref.: Cocucci & Hunziker, 1995a, b.

Nierembergia hippomanica Miers var. *caerulea* (Miers) Millán = **Nierembergia linariaefolia** Graham var. **linariaefolia**
Ref.: Cocucci & Hunziker, 1995a, b.

Nierembergia hippomanica Miers var. *crispa* Millán = **Nierembergia linariaefolia** Graham var. **pinifolioides** (Millán) A. Cocucci & Hunz.
Ref.: Cocucci & Hunziker, 1995a.

Nierembergia hippomanica Miers var. *densa* Millán = **Nierembergia linariaefolia** Graham var. **glabriuscula** (Dunal) A. Cocucci & Hunz.
Ref.: Cocucci & Hunziker, 1995a.

Nierembergia hippomanica Miers var. *dubia* Millán = **Nierembergia linariaefolia** Graham var. **glabriuscula** (Dunal) A. Cocucci & Hunz.
Ref.: Cocucci & Hunziker, 1995a.

Nierembergia hippomanica Miers var. *elata* Millán = **Nierembergia linariaefolia** Graham var. **glabriuscula** (Dunal) A. Cocucci & Hunz.
Ref.: Cocucci & Hunziker, 1995a.

Nierembergia hippomanica Miers var. *glabriuscula* Dunal = **Nierembergia linariaefolia** Graham var. **glabriuscula** (Dunal) A. Cocucci & Hunz.
Ref.: Cocucci & Hunziker, 1995a, b.

Nierembergia hippomanica Miers var. *mesopotamica* Millán = **Nierembergia linariaefolia** Graham var. **linariaefolia**
Ref.: Cocucci & Hunziker, 1995a.

Nierembergia hippomanica Miers var. *montana* (Griseb.) Millán = **Nierembergia linariaefolia** Graham var. **glabriuscula** (Dunal) A. Cocucci & Hunz.
Ref.: Cocucci & Hunziker, 1995a, b.

Nierembergia hippomanica Miers var. *pampeana* Millán = **Nierembergia linariaefolia** Graham var. **pampeana** (Millán) A. Cocucci & Hunz.
Ref.: Cocucci & Hunziker, 1995a, b.

Nierembergia hippomanica Miers var. *pinifolioides* Millán = **Nierembergia linariaefolia** Graham var. **pinifolioides** (Millán) A. Cocucci & Hunz.
Ref.: Cocucci & Hunziker, 1995a, b.

Nierembergia hippomanica Miers var. *rubricaulis* Millán = **Nierembergia linariaefolia** Graham var. **pinifolioides** (Millán) A. Cocucci & Hunz.
Ref.: Cocucci & Hunziker, 1995a, b.

Nierembergia hippomanica Miers var. *scabridopilosa* Dunal = **Nierembergia linariaefolia** Graham var. **linariaefolia**
Ref.: Cocucci & Hunziker, 1995a, b.

Nierembergia hippomanica Miers var. *typica* Millán, nom. inval. = **Nierembergia linariaefolia** Graham var. **linariaefolia**

Nierembergia hippomanica Miers var. *violacea* Millán = **Nierembergia linariaefolia** Graham var. **glabriuscula** (Dunal) A. Cocucci & Hunz.
Ref.: Cocucci & Hunziker, 1995a.

Nierembergia intermedia Graham = **Petunia linearis** (Hook.) Paxton
Ref.: Cabrera, 1979; Cocucci & Hunziker, 1995b.

Nierembergia linariaefolia Graham var. **glabriuscula** (Dunal) A. Cocucci & Hunz.
Sin.: *Nierembergia aristata* D. Don var. *montana* Griseb., *Nierembergia hippomanica* Miers var. *densa* Millán, *Nierembergia hippomanica* Miers var. *dubia* Millán, *Nierembergia hippomanica* Miers var. *elata* Millán, *Nierembergia hippomanica* Miers var. *glabriuscula* Dunal, *Nierembergia hippomanica* Miers var. *montana* (Griseb.) Millán, *Nierembergia hippomanica* Miers var. *violacea* Millán, *Nierembergia montana* (Griseb.) Hieron.
Ref.: Cocucci & Hunziker, 1995a, b.
Hábito: Hierba.
Status: Endémica.
Elevación: 1000-2500 m.
Prov.: CA, CO, SL.
Ejemplar examinado: *A.T. Hunziker 9568* (CORD).

Nierembergia linariaefolia Graham var. **linariaefolia**
Sin.: *Nierembergia angustifolia* Kunth var. *filicaulis* (Lindl.) Hassl., *Nierembergia caerulea* Miers, *Nierembergia filicaulis* Lindl., *Nierembergia gracilis* Hook., *Nierembergia gracilis* Hook. var. *guaranitica* Millán, *Nierembergia hippomanica* Miers, *Nierembergia hippomanica* Miers var. *caerulea* (Miers) Millán, *Nierembergia hippomanica* Miers var. *mesopotamica* Millán, *Nierembergia hippomanica* Miers var. *scabridopilosa* Dunal, *Nierembergia hippomanica* Miers var. *typica* Millán, nom. inval., *Nierembergia scoparia* Sendtn. var. *glaberrima* Millán, *Siphonema filicaulis* Raf.
Ref.: Cocucci & Hunziker, 1995a, b.
Hábito: Hierba.
Status: Nativa.
Elevación: 0-500 m.
Prov.: CA, CH, CO, COR, ER, JU, MI, SA, SE, SL, TU.
Paises limítrofes: BR, PA.
Ejemplar examinado: *Schinini et al. 11806* (CTES).

Nierembergia linariaefolia Graham var. **pampeana** (Millán) A. Cocucci & Hunz.
Sin.: *Nierembergia hippomanica* Miers var. *pampeana* Millán
Ref.: Cocucci & Hunziker, 1995a, b.
Hábito: Hierba.
Status: Endémica.
Elevación: 0-500 m.
Prov.: BA, LP, RN.
Ejemplar examinado: *Burkart 15847* (SI).

Nierembergia linariaefolia Graham var. **pinifolioides** (Millán) A. Cocucci & Hunz.
Sin.: *Nierembergia hippomanica* Miers var. *crispa* Millán, *Nierembergia hippomanica* Miers var. *pinifolioides* Millán, *Nierembergia hippomanica* Miers var. *rubricaulis* Millán
Ref.: Cocucci & Hunziker, 1995a, b.
Hábito: Hierba.
Status: Endémica.
Elevación: 500-1500 m.
Prov.: CA, CO, SE, SL.
Ejemplar examinado: *A.T. Hunziker 7438* (CORD).

Nierembergia linifolia Miers = **Leptoglossis linifolia** (Miers) Griseb.
Ref.: Hunziker & Subils, 1979, 1995.

Nierembergia linifolia Miers var. *macrophylla* Dunal = **Leptoglossis linifolia** (Miers) Griseb.
Ref.: Hunziker & Subils, 1979.

Nierembergia linifolia Miers var. *parviflora* Dunal = **Leptoglossis linifolia** (Miers) Griseb.
Ref.: Hunziker & Subils, 1979.

Nierembergia longistyla Millán = **Nierembergia pulchella** Gillies ex Miers var. **longistyla** (Millán) A. Cocucci & Hunz.
Ref.: Cocucci & Hunziker, 1995a, b.

Nierembergia macrocalyx Millán = **Nierembergia pulchella** Gillies ex Miers var. **macrocalyx** (Millán) A. Cocucci & Hunz.
Ref.: Cocucci & Hunziker, 1995a, b.

Nierembergia micrantha Cabrera
Ref.: Cocucci & Hunziker, 1995b.
Hábito: Hierba.
Status: Nativa.
Elevación: 0-500 m.
Prov.: ER.
Paises limítrofes: BR.
Ejemplar examinado: *Troncoso et al. 1261* (CORD, SI).

Nierembergia montana (Griseb.) Hieron. = **Nierembergia linariaefolia** Graham var. **glabriuscula** (Dunal) A. Cocucci & Hunz.
Ref.: Cocucci & Hunziker, 1995a, b.

Nierembergia parodii Millán = **Nierembergia browallioides** Griseb.
Ref.: Cocucci & Hunziker, 1995b.

Nierembergia patagonica Speg. = **Petunia patagonica** (Speg.) Millán
Ref.: Millán, 1941.

Nierembergia pilosa Millán = **Nierembergia pulchella** Gillies ex Miers var. **macrocalyx** (Millán) A. Cocucci & Hunz.
Ref.: Cocucci & Hunziker, 1995a, b.

Nierembergia pinifolia Miers
Ref.: Cocucci & Hunziker, 1995b.
Hábito: Hierba.
Status: Nativa.
Elevación: 0-500 m.
Prov.: MI.
Paises limítrofes: BR.
Ejemplar examinado: *Hauman s.n.* (BA).

Nierembergia prostrata Millán = **Nierembergia aristata** D. Don
Ref.: Cocucci & Hunziker, 1993, 1995b.

Nierembergia pubescens Spreng. = **Petunia pubescens** (Spreng.) R.E. Fr.
Ref.: Figueroa Romero, inéd.

Nierembergia pulchella Gillies ex Miers var. **longistyla** (Millán) A. Cocucci & Hunz.
Sin.: *Nierembergia longistyla* Millán
Ref.: Cocucci & Hunziker, 1995a, b.
Hábito: Hierba.
Status: Endémica.
Elevación: 1000-2000 m.
Prov.: SA, TU.
Ejemplar examinado: *Subils y Bernardello 2081* (CORD).

Nierembergia pulchella Gillies ex Miers var. **macrocalyx** (Millán) A. Cocucci & Hunz.
Sin.: *Nierembergia famatinensis* Millán, *Nierembergia grandiflora* Millán, *Nierembergia macrocalyx* Millán, *Nierembergia pilosa* Millán, *Nierembergia vivacissima* Millán
Ref.: Cocucci & Hunziker, 1995a, b.
Hábito: Hierba.
Status: Nativa.
Elevación: 3000-4000 m.
Prov.: CA, JU, SA, SJ.
Paises limítrofes: BO.
Ejemplar examinado: *Fiosa s.n.* (holotipo de *N. pilosa*, BA; isotipo, SI).

Nierembergia pulchella Gillies ex Miers var. **pulchella**
Sin.: *Nierembergia andina* Millán, *Nierembergia boliviana* Millán, *Nierembergia canescens* Millán, *Nierembergia catamarcensis* Millán
Ref.: Cocucci & Hunziker, 1995a, b.
Hábito: Hierba.
Status: Nativa.
Elevación: 1000-3500 m.
Prov.: CA, JU, ME, SA, SJ.
Paises limítrofes: BO.
Ejemplar examinado: *Budin s.n.* (holotipo de *N. andina*, SI).

Nierembergia repens auct. non Ruiz & Pav. = **Nierembergia rivularis** Miers
Ref.: Cocucci & Hunziker, 1995b.

Nierembergia rigida Miers
Sin.: *Nierembergia aristata* auct. non D. Don
Ref.: Cocucci & Hunziker, 1993, 1995b.
Hábito: Hierba.
Status: Nativa.
Elevación: 0-1000 m.
Prov.: BA, CA, CH, CO, LP, LR, RN, SA, SC, SE, SF, SL, TU.
Paises limítrofes: BR.
Ejemplar examinado: *A.T. Hunziker 4139* (CORD).

Nierembergia rivularis Miers
Sin.: *Nierembergia repens* auct. non Ruiz & Pav.
Ref.: Cocucci & Hunziker, 1995b.
Hábito: Hierba.
Status: Nativa.
Elevación: 0-500 m.
Prov.: BA, COR, SA.
Paises limítrofes: BO, BR, UR.
Ejemplar examinado: *Castellanos 828* (CORD, LIL).

Nierembergia scoparia Sendtn.
Sin.: *Nierembergia frutescens* Durieu
Ref.: Cocucci & Hunziker, 1995b.
Hábito: Hierba.
Status: Nativa.
Elevación: 0-500 m.
Prov.: COR, ER.
Paises limítrofes: BR, UR.
Ejemplar examinado: *Pedersen 5372* (K).

Nierembergia scoparia Sendtn. var. *glaberrima* Millán = **Nierembergia linariaefolia** Graham var. **linariaefolia**
Ref.: Cocucci & Hunziker, 1995a.

Nierembergia staticifolia Sendtn. = **Bouchetia anomala** (Miers) Britton & Rusby
Ref.: Hunziker & Subils, 1983, 1995.

Nierembergia stricta Miers = **Nierembergia aristata** D. Don
Ref.: Cocucci & Hunziker, 1993, 1995b.

Nierembergia tandilensis (Kuntze) Cabrera
Sin.: *Nierembergia ericoides* Miers var. *tandilensis* (Kuntze) Millán, *Nierembergia graveolens* A. St.-Hil. var. *tandilensis* Kuntze
Ref.: Cabrera, 1965; Cocucci & Hunziker, 1995b.
Hábito: Hierba.
Status: Endémica.
Elevación: 500-2000 m.
Prov.: BA.
Ejemplar examinado: *Gómez et al. s.n.* (BA, CTES, LIL).

Nierembergia tucumanensis Millán
Ref.: Cocucci & Hunziker, 1995b.
Hábito: Hierba.
Status: Endémica.
Elevación: 2000-4000 m.
Prov.: CA, TU.
Ejemplar examinado: *Schreiter 4919* (LIL).

Nierembergia veitchii Hook.
Ref.: Cabrera, 1983; Cocucci & Hunziker, 1995b.
Hábito: Hierba.
Status: Endémica.
Elevación: 0-1500 m.
Prov.: CA, JU, SA, SE, TU.
Ejemplar examinado: *Cabrera 16337* (LP).

Nierembergia viscidula Kunth = **Petunia parviflora** Juss.
Ref.: Cabrera, 1979; Cocucci & Hunziker, 1995b.

Nierembergia vivacissima Millán = **Nierembergia pulchella** Gillies ex Miers var. **macrocalyx** (Millán) A. Cocucci & Hunz.
Ref.: Cocucci & Hunziker, 1995a, b.

Pantacantha Speg. Nicotianeae, Benthamiellinae.
Número de especies: 1 especie endémica.

Pantacantha ameghinoi Speg.
Ref.: Hunziker, 1979.
Hábito: Arbusto.
Status: Endémica.
Prov.: CHU, ME.
Ejemplar examinado: *Ruiz Leal 7820* (CORD).

Petunia Juss. Nicotianeae, Nicotianinae.
Número de especies: 16, 1 especie endémica.

Petunia acuminata Graham = **Nicotiana acuminata** (Graham) Hook.

Petunia axillaris (Lam.) Britton, Stern & Poggenb.
Sin.: *Nicotiana axillaris* Lam., *Nicotiana axillaris* Lam. var. *nyctaginiflora* (Juss.) Kuntze, *Nicotiana axillaris* Lam. var. *propinqua* (Miers) Kuntze, *Petunia axillaris* (Lam.) Britton, Stern & Poggenb. subsp. *parodii* (Steere) Cabrera, *Petunia axillaris* (Lam.) Britton, Stern & Poggenb. subsp. *subandina* Ando, *Petunia nyctaginiflora* Juss., *Petunia parodii* Steere, *Petunia propinqua* Miers, *Stimoryne axillaris* (Lam.) Wijsman, *Stimoryne axillaris* (Lam.) Wijsman subsp. *parodii* (Steere) Wijsman
Ref.: Hunziker, 1979; Cabrera, 1979, 1983; Figueroa Romero, inéd.
Hábito: Hierba.
Status: Nativa.
Elevación: 0-1000 m.
Prov.: BA, CA, CH, CO, COR, ER, JU, LP, LR, ME, RN, SA, SE, SF, SJ, SL, TU.
Paises limítrofes: BO, BR, UR.
Ejemplar examinado: *Cabrera 5470* (LP).

Petunia axillaris (Lam.) Britton, Stern & Poggenb. subsp. *parodii* (Steere) Cabrera = **Petunia axillaris** (Lam.) Britton, Stern & Poggenb.
Ref.: Figueroa Romero, Inéd.

Petunia axillaris (Lam.) Britton, Stern & Poggenb. subsp. *subandina* Ando = **Petunia axillaris** (Lam.) Britton, Stern & Poggenb.
Ref.: Figueroa Romero, inéd.

Petunia caesia Sendtn.
Sin.: *Calibrachoa caesia* (Sendtn.) Wijsman
Ref.: Figueroa Romero, inéd.
Hábito: Hierba o subarbusto.
Status: Nativa.
Elevación: 500-1500 m.
Prov.: MI.
Paises limítrofes: BR.
Ejemplar examinado: *Parodi 5571* (BAA).

Petunia calycina Sendtn.
Sin.: *Calibrachoa calycina* (Sendtn.) Wijsman, *Petunia calycina* Sendtn. var. *flaccida* R.E. Fr., *Petunia calycina* Sendtn. var. *rigida* R.E. Fr., *Petunia ovalifolia* Miers
Ref.: Fries, 1911; Figueroa Romero, inéd.
Hábito: Hierba o subarbusto.
Status: Nativa.
Elevación: 0-500 m.
Prov.: COR, ER, MI.
Paises limítrofes: BR, PA, UR.
Ejemplar examinado: *Guaglianone et al 146* (SI).

Petunia calycina Sendtn. var. *flaccida* R.E. Fr. = **Petunia calycina** Sendtn.
Ref.: Figueroa Romero, Inéd.

Petunia calycina Sendtn. var. *rigida* R.E. Fr. = **Petunia calycina** Sendtn.
Ref.: Figueroa Romero, inéd.

Petunia excellens R.E. Fr.
Sin.: *Calibrachoa excellens* (R.E. Fr.) Wijsman, *Petunia variabilis* R.E. Fr.
Ref.: Figueroa Romero, inéd.
Hábito: Arbusto o subarbusto.
Status: Nativa.
Elevación: 0-500 m.
Prov.: COR, MI.
Paises limítrofes: BR.
Ejemplar examinado: *Krapovickas et al. 16848* (CTES).

Petunia hassleriana R.E. Fr.
Sin.: *Calibrachoa hassleriana* (R.E. Fr.) Wijsman
Ref.: Fries, 1911; Figueroa Romero, inéd.
Hábito: Arbusto o subarbusto.
Status: Nativa.
Elevación: 0-500 m.
Prov.: COR, MI.
Paises limítrofes: PA.
Ejemplar examinado: *Joergensen 126* (SI).

Petunia helianthemoides Sendtn.
Ref.: Fries, 1911; Figueroa Romero, inéd.
Hábito: Subarbusto.

Status: Nativa.
Elevación: 0-500 m.
Prov.: MI.
Paises limítrofes: BR, PA, UR.
Ejemplar examinado: *Schwarz 10567* (LIL).

Petunia heterophylla Sendtn.
Sin.: *Calibrachoa heterophylla* (Sendtn.) Wijsman, *Fabiana heterophylla* (Sendtn.) Dunal
Ref.: Troncoso & Bacigalupo, 1977; Cabrera, 1979.
Hábito: Subarbusto.
Status: Nativa.
Elevación: 0-500 m.
Prov.: COR.
Paises limítrofes: BR.
Ejemplar examinado: *Tressens et al. 132* (CTES).

[Petunia humifusa Dunal]
Ref.: Figueroa Romero, inéd.
Nota: Especie excluida de la flora argentina.

Petunia humifusa Speg., hom. illeg. = **Nicotiana acaulis** Speg.

Petunia humilis R.E. Fr. = **Petunia pubescens** (Spreng.) R.E. Fr.
Ref.: Figueroa Romero, inéd.

Petunia inflata R.E. Fr. = **Petunia integrifolia** (Hook.) Schinz & Thell.
Ref.: Figueroa Romero, inéd.

Petunia integrifolia (Hook.) Schinz & Thell.
Sin.: *Petunia inflata* R.E. Fr., *Petunia violacea* Lindl., *Salpiglossis integrifolia* Hook., *Stimoryne integrifolia* (Hook.) Weberb. subsp. *inflata* (R.E. Fr.) Wijsman, *Stimoryne integrifolia* (Hook.) Wijsman
Ref.: Cabrera, 1979; Hunziker, 1979; Figueroa Romero, inéd.
Hábito: Hierba o subarbusto.
Status: Nativa.
Elevación: 0-500 m.
Prov.: COR, ER, MI.
Paises limítrofes: BR, PA, UR.
Ejemplar examinado: *Burkart 22709* (SI).

Petunia intermedia (Graham) G. Don = **Petunia linearis** (Hook.) Paxton
Ref.: Cabrera, 1979.

Petunia kleinii L.B. Sm. & B.J. Downs = **Petunia linoides** Sendtn.
Ref.: Figueroa Romero, inéd.

Petunia linearis (Hook.) Paxton
Sin.: *Calibrachoa linearis* (Hook.) Wijsman, *Nierembergia intermedia* Graham, *Petunia intermedia* (Graham) G. Don, *Salpiglossis linearis* Hook.
Ref.: Fries, 1911; Parodi, 1943; Cabrera, 1979; Figueroa Romero, inéd.
Hábito: Subarbusto.
Status: Nativa.
Elevación: 0-500 m.
Prov.: COR, ER.
Paises limítrofes: UR.
Ejemplar examinado: *Burkart 27365* (SI).

Petunia linoides Sendtn.
Sin.: *Calibrachoa linoides* (Sendtn.) Wijsman, *Petunia kleinii* L.B. Sm. & B.J. Downs
Ref.: Figueroa Romero, inéd.
Hábito: Subarbusto.
Status: Nativa.
Elevación: 0-1500 m.
Prov.: MI.
Paises limítrofes: BR, PA.
Ejemplar examinado: *Cabrera et al. 29352* (LIL, SI).

Petunia longiflora Rojas Acosta, nom. nud.
Ref.: Krapovickas, 1970.

[Petunia longifolia Rojas Acosta]
Ref.: Krapovickas, 1970.
Nota: Taxón dudoso.

Petunia nyctaginiflora Juss. = **Petunia axillaris** (Lam.) Britton, Stern & Poggenb.
Ref.: Figueroa Romero, inéd.

Petunia occidentalis R.E. Fr.
Sin.: *Stimoryne integrifolia* (Hook.) Wijsman subsp. *occidentalis* (R.E. Fr.) Wijsman
Ref.: Fries, 1911; Cabrera, 1983.
Hábito: Hierba.
Status: Nativa.
Elevación: 500-1500 m.
Prov.: JU, SA, TU.
Paises limítrofes: BO.
Ejemplar examinado: *Cabrera et al. 24251* (LP, SI).

Petunia ovalifolia Miers = **Petunia calycina** Sendtn.
Ref.: Figueroa Romero, inéd.

Petunia parodii Steere = **Petunia axillaris** (Lam.) Britton, Stern & Poggenb.
Ref.: Figuero Romero, Inéd.

Petunia parviflora Juss.
Sin.: *Calibrachoa parviflora* (Juss.) Wijsman, *Leptofragma montevidensis* (Spreng.) Dunal, *Lindernia montevidensis* Spreng., *Nicotiana parviflora* (Juss.) Lehm., *Nierembergia viscidula* Kunth, *Petunia viscidula* (Kunth) Miers, *Salpiglossis prostrata* Hook. & Arn.
Ref.: Fries, 1911; Cabrera, 1979, 1983; Figueroa Romero, inéd.
Hábito: Hierba.
Status: Nativa.
Elevación: 0-1000 m.
Prov.: BA, CA, CH, CHU, CO, COR, ER, FO, JU, LP, ME, RN, SA, SE, SF, SL, TU.
Paises limítrofes: BR, PA, UR.
Ejemplar examinado: *Vervoorst 4896* (BAB).

Petunia patagonica (Speg.) Millán
Sin.: *Nierembergia patagonica* Speg.
Ref.: Millán, 1941; Figueroa Romero, inéd.
Hábito: Hierba.
Status: Endémica.
Elevación: 0-1000 m.
Prov.: SC.
Ejemplar examinado: *Figueroa Romero y Bernardello 544* (LIL).

Petunia propinqua Miers = **Petunia axillaris** (Lam.) Britton, Stern & Poggenb.
Ref.: Figueroa Romero, inéd.

Petunia pubescens (Spreng.) R.E. Fr.
Sin.: *Nierembergia graveolens* Dunal, hom. illeg., *Nierembergia pubescens* Spreng., *Petunia humilis* R.E. Fr., *Petunia serpyllifolia* Sendtn.
Ref.: Fries, 1911; Figueroa Romero, inéd.
Hábito: Hierba.
Status: Nativa.
Elevación: 0-500 m.
Prov.: COR.
Paises limítrofes: UR.
Ejemplar examinado: *Boelcke et al. 5215* (BAA, BAB, SI).

Petunia pygmaea R.E. Fr.
Sin.: *Calibrachoa pygmaea* (R.E. Fr.) Wijsman
Ref.: Cabrera, 1979; Figueroa Romero, inéd.
Hábito: Hierba.
Status: Nativa.
Elevación: 0-500 m.
Prov.: COR, ER, MI.
Paises limítrofes: UR.
Ejemplar examinado: *Troncoso et al. 2796* (LIL, SI).

Petunia serpyllifolia Sendtn. = **Petunia pubescens** (Spreng.) R.E. Fr.
Ref.: Figueroa Romero, inéd.

Petunia thymifolia (A. St.-Hil.) Sendtn.
Sin.: *Fabiana thymifolia* A. St.-Hil., *Petunia thymifolia* (A. St.-Hil.) Sendtn. f. *gracilis* R.E. Fr., *Petunia thymifolia* A. St.-Hil. f. *brevipedunculata* R.E. Fr.
Ref.: Fries, 1911; Cabrera, 1979; Figueroa Romero, inéd.
Hábito: Subarbusto.
Status: Nativa.
Elevación: 0-500 m.
Prov.: COR, ER.
Paises limítrofes: BR, UR.
Ejemplar examinado: *Burkart et al. 30140* (LIL, SI).

Petunia thymifolia (A. St.-Hil.) Sendtn. f. *gracilis* R.E. Fr. = **Petunia thymifolia** (A. St.-Hil.) Sendtn.
Ref.: Figueroa Romero, inéd.

Petunia thymifolia A. St.-Hil. f. *brevipedunculata* R.E. Fr. = **Petunia thymifolia** (A. St.-Hil.) Sendtn.
Ref.: Figueroa Romero, inéd.

Petunia variabilis R.E. Fr. = **Petunia excellens** R.E. Fr.
Ref.: Figueroa Romero, inéd.

Petunia violacea Lindl. = **Petunia integrifolia** (Hook.) Schinz & Thell.
Ref.: Cabrera, 1979.

Petunia viscidula (Kunth) Miers = **Petunia parviflora** Juss.
Ref.: Cabrera, 1979; Figuero Romero, inéd.

Petunia viscosa Colla = [Nicotiana miersii J. Rémy]
Ref.: Goodspeed, 1954.

Physalis L. Solaneae

Número de especies: 4, 1 especie endémica.

Physalis angulata L.
Ref.: Cabrera, 1983; Muñoz, 1996.
Hábito: Hierba.
Status: Nativa.
Elevación: 0-1000 m.
Prov.: ER, JU.
Paises limítrofes: BO, BR.
Ejemplar examinado: *Burkart et al. 30630* (SI).

Physalis mendocina Phil.
Ref.: Cabrera, 1965; Ruiz Leal, 1972.
Hábito: Hierba.
Status: Endémica.
Elevación: 0-1000 m.
Prov.: BA, LP, ME.
Ejemplar examinado: *Alboff 183* (LP).

[Physalis neesiana Sendtn.]
Nota: Cita dudosa para la flora argentina.

Physalis origanifolia Lam. = **Salpichroa origanifolia** (Lam.) Baill.
Ref.: Cabrera, 1983; Barboza & Hunziker, 1998a.

Physalis pubescens L.
Ref.: Cabrera, 1979, 1983.
Hábito: Hierba.
Status: Nativa.
Elevación: 0-1000 m.
Prov.: ER, JU.
Paises limítrofes: BO.
Ejemplar examinado: *Cabrera et al. 15762* (LP, SI).

Physalis viscosa L.
Ref.: Cabrera, 1965, 1979, 1983; Ruiz Leal, 1972.
Hábito: Hierba.
Status: Nativa.
Elevación: 0-2000 m.
Prov.: BA, CA, CH, CO, COR, ER, JU, LP, ME, SA, SE, SF, TU.
Ejemplar examinado: *Cabrera et al. 26484* (LP, SI).

Pionandra flagrans (Ten.) Miers = **Solanum inaequale** Vell.
Ref.: Morton, 1976.

Reyesia Gay. Salpiglossideae.

Número de especies: 1

Reyesia parviflora (Phil.) Hunz.
Sin.: *Salpiglossis parviflora* Phil.
Ref.: Hunziker, 1977, 1979; Hunziker & Subils, 1995.
Hábito: Hierba.
Status: Nativa.
Elevación: 2500-3500 m.
Prov.: ME, SJ.
Paises limítrofes: CH.
Ejemplar examinado: *Kurtz 9772* (CORD).

Saccardophyton azorella Skottsb. = **Benthamiella azorella** (Skottsb.) A.Soriano
Ref.: Arroyo, 1980.

Saccardophyton pycnophylloides Speg. = **Benthamiella spegazziniana** A. Soriano
Ref.: Arroyo, 1980.

Salpichroa Miers. Jaboroseae.
Número de especies: 4

Salpichroa diffusa auct. non Miers = **Salpichroa ramosissima** Miers
Ref.: Barboza & Hunziker, 1998a.

Salpichroa mandoniana Wedd. var. *tucumanensis* Griseb. = **Salpichroa tristis** Miers var. **tristis**
Ref.: Keel, 1984; Barboza & Hunziker, 1998a.

Salpichroa origanifolia (Lam.) Baill.
Sin.: *Atropa origanifolia* (Lam.) Desf., *Atropa rhomboidea* Hook., *Jaborosa montevidensis* Casar., *Physalis origanifolia* Lam., *Salpichroa rhomboidea* (Hook.) Miers, *Salpichroa rhomboidea* (Hook.) Miers var. *divaricata* Miers, *Salpichroa rhomboidea* (Hook.) Miers var. *mollis* Dammer, *Salpichroa rhomboidea* (Hook.) Miers var. *pubescens* Miers, *Salpichroma rhomboidea* (Hook.) Miers var. *mollis* Dammer
Ref.: Cabrera, 1965, 1983; Keel, 1984; Barboza & Hunziker, 1998a.
Hábito: Hierba o subarbusto.
Status: Nativa.
Elevación: 0-2500 m.
Prov.: BA, CA, CH, CO, COR, DF, ER, JU, LR, RN, SA, SL, TU.
Paises limítrofes: BO, BR, PA, UR.
Ejemplar examinado: *Kiesling 901* (LP, SI).

Salpichroa ramosissima Miers
Sin.: *Salpichroa diffusa* auct. non Miers
Ref.: Keel, 1984; Barboza & Hunziker, 1998a.
Hábito: Arbusto.
Status: Nativa.
Elevación: 3000-3500 m.
Prov.: JU.
Paises limítrofes: BO.
Ejemplar examinado: *Fries 951* (CORD).

Salpichroa rhomboidea (Hook.) Miers = **Salpichroa origanifolia** (Lam.) Baill.
Ref.: Cabrera, 1983; Keel, 1984; Barboza & Hunziker, 1998a.

Salpichroa rhomboidea (Hook.) Miers var. *divaricata* Miers = **Salpichroa origanifolia** (Lam.) Baill.
Ref.: Barboza & Hunziker, 1998a.

Salpichroa rhomboidea (Hook.) Miers var. *mollis* Dammer = **Salpichroa origanifolia** (Lam.) Baill.
Ref.: Keel, 1984; Barboza & Hunziker, 1998a.

Salpichroa rhomboidea (Hook.) Miers var. *pubescens* Miers = **Salpichroa origanifolia** (Lam.) Baill.
Ref.: Barboza & Hunziker, 1998a.

Salpichroa scandens Dammer
Ref.: Cabrera, 1971, 1983; Keel, 1984; Barboza & Hunziker, 1998a.
Hábito: Arbusto.
Status: Nativa.
Elevación: 2000-4000 m.
Prov.: CA, JU, SA, TU.
Paises limítrofes: BO.
Ejemplar examinado: *Subils y Bernardello 2666* (CORD).

Salpichroa tristis Miers var. **lehmanni** (Dammer) Keel
Sin.: *Salpichroma alata* Dammer, *Salpichroma foetida* Dammer, *Salpichroma lehmanni* Dammer
Ref.: Keel, 1984; Barboza & Hunziker, 1998a.
Hábito: Arbolito.
Status: Nativa.
Elevación: 3500-4500 m.
Prov.: JU.
Paises limítrofes: BO.
Ejemplar examinado: *Cabrera et al. 15348* (LP).

Salpichroa tristis Miers var. **tristis**
Sin.: *Salpichroa mandoniana* Wedd. var. *tucumanensis* Griseb., *Salpichroma mandoniana* Wedd.
Ref.: Keel, 1984; Barboza & Hunziker, 1998a.
Hábito: Arbusto.
Status: Nativa.
Elevación: 2000-3000 m.
Prov.: CA, JU, SA, TU.
Paises limítrofes: BO.
Ejemplar examinado: *A.T. Hunziker et al. 25544* (CORD).

Salpichroma alata Dammer = **Salpichroa tristis** Miers var. **lehmanni** (Dammer) Keel
Ref.: Keel, 1984; Barboza & Hunziker, 1998a.

Salpichroma foetida Dammer = **Salpichroa tristis** Miers var. **lehmanni** (Dammer) Keel
Ref.: Keel, 1984; Barboza & Hunziker, 1998a.

Salpichroma lehmanni Dammer = **Salpichroa tristis** Miers var. **lehmanni** (Dammer) Keel
Ref.: Keel, 1984; Barboza & Hunziker, 1998a.

Salpichroma mandoniana Wedd. = **Salpichroa tristis** Miers var. **tristis**
Ref.: Keel, 1984; Barboza & Hunziker, 1998a.

Salpichroma rhomboidea (Hook.) Miers var. *mollis* Dammer = **Salpichroa origanifolia** (Lam.) Baill.
Ref.: Keel, 1984; Barboza & Hunziker, 1998a.

Salpiglossis Ruiz & Pav. Salpiglossideae.
Número de especies: 1

Salpiglossis anomala (Miers) D'Arcy = **Bouchetia anomala** (Miers) Britton & Rusby
Ref.: Hunziker & Subils, 1983, 1995.

Salpiglossis atropurpurea Graham = **Salpiglossis sinuata** Ruiz & Pav.
Ref.: Hunziker & Subils, 1979, 1995.

Salpiglossis barclayana Sweet = **Salpiglossis sinuata** Ruiz & Pav.
Ref.: Hunziker & Subils, 1979.

Salpiglossis coccinea Lindl. = **Salpiglossis sinuata** Ruiz & Pav.
Ref.: Hunziker & Subils, 1979.

Salpiglossis fulva Courtois = **Salpiglossis sinuata** Ruiz & Pav.
Ref.: Hunziker & Subils, 1979.

Salpiglossis integrifolia Hook. = **Petunia integrifolia** (Hook.) Schinz & Thell.
Ref.: Cabrera, 1979; Figueroa Romero inéd.

Salpiglossis linearis Hook. = **Petunia linearis** (Hook.) Paxton
Ref.: Cabrera, 1979; Hunziker & Subils, 1995.

Salpiglossis linifolia (Miers) Wettst. = **Leptoglossis linifolia** (Miers) Griseb.
Ref.: Hunziker & Subils, 1979, 1995.

Salpiglossis parviflora Phil. = **Reyesia parviflora** (Phil.) Hunz.
Ref.: Hunziker & Subils, 1979, 1995.

Salpiglossis picta Sweet = **Salpiglossis sinuata** Ruiz & Pav.
Ref.: Hunziker & Subils, 1979.

Salpiglossis ? prostrata Hook. & Arn. = **Petunia parviflora** Juss.
Ref.: Fries, 1911; Cabrera, 1983; Hunziker & Subils, 1985.

Salpiglossis purpurea Miers = **Salpiglossis sinuata** Ruiz & Pav.
Ref.: Hunziker & Subils, 1979, 1995.

Salpiglossis purpurea Miers var. *atropurpurea* (Graham) Miers = **Salpiglossis sinuata** Ruiz & Pav.
Ref.: Hunziker & Subils, 1979.

Salpiglossis sinuata Ruiz & Pav.
Sin.: *Salpiglossis atropurpurea* Graham, *Salpiglossis barclayana* Sweet, *Salpiglossis coccinea* Lindl., *Salpiglossis fulva* Courtois, *Salpiglossis picta* Sweet, *Salpiglossis purpurea* Miers, *Salpiglossis purpurea* Miers var. *atropurpurea* (Graham) Miers, *Salpiglossis straminea* Hook., *Salpiglossis straminea* Hook. var. *picta* (Sweet) Hook.
Ref.: Hunziker & Subils, 1979, 1995.
Hábito: Hierba.
Status: Nativa.
Elevación: 500-2000 m.
Prov.: ME.
Paises limítrofes: CH.
Ejemplar examinado: *Covas 3014* (MERL).

Salpiglossis straminea Hook. = **Salpiglossis sinuata** Ruiz & Pav.
Ref.: Hunziker & Subils, 1979.

Salpiglossis straminea Hook. var. *picta* (Sweet) Hook. = **Salpiglossis sinuata** Ruiz & Pav.
Ref.: Hunziker & Subils, 1979.

Salpiglossis tenuis (Phil.) Wettst. = **Leptoglossis linifolia** (Miers) Griseb.
Ref.: Hunziker & Subils, 1979, 1995.

Schizanthus Ruiz & Pav. Schizantheae.
Número de especies: 2

Schizanthus calycosus Phil. = **Schizanthus hookeri** Gillies
Ref.: Rossow, 1993b.

Schizanthus grahamii Gillies
Ref.: Walter, 1969; Hunziker, 1979; Grau & Gronbach, 1985.
Hábito: Hierba.
Status: Nativa.
Elevación: 1500-3000 m.
Prov.: ME, NE.
Paises limítrofes: CH.
Ejemplar examinado: *A.A. Cocucci 1051* (CORD).

Schizanthus hookeri Gillies
Sin.: *Schizanthus calycosus* Phil.
Ref.: Rossow, 1993b.
Hábito: Hierba.
Status: Nativa.
Elevación: 1000-1500 m.
Prov.: NE.
Paises limítrofes: CH.
Ejemplar examinado: *Boelcke et al. 10805* (CORD).

Schwenckia L. Schwenckieae.
Número de especies: 2

Schwenckia americana L. var. **americana**
Ref.: Freire de Carvalho, 1978; Cabrera, 1983.
Hábito: Hierba o subarbusto.
Status: Nativa.
Elevación: 0-1000 m.
Prov.: MI, SA.
Paises limítrofes: BR, PA.
Ejemplar examinado: *O'Donell 5373* (LIL).

Schwenckia americana L. var. **hirta** (Klotzsch) Carvalho
Sin.: *Schwenckia hirta* Klotzsch
Ref.: Freire de Carvalho, 1978.
Hábito: Hierba o subarbusto.
Status: Nativa.
Elevación: 0-500 m.
Prov.: COR, MI.
Paises limítrofes: BO, BR.
Ejemplar examinado: *Schwarz 5367* (LIL).

Schwenckia grandiflora Benth.
Ref.: Freire de Carvalho, 1978.
Hábito: Subarbusto.
Status: Nativa.
Elevación: 0-500 m.
Prov.: COR.
Paises limítrofes: BR.
Ejemplar examinado: *Meyer 5647* (LIL).

Schwenckia hirta Klotzsch = **Schwenckia americana** L. var. **hirta** (Klotzsch) Carvalho
Ref.: Freire de Carvalho, 1978.

Schwenckia tenuis (Phil.) Griseb. = **Leptoglossis linifolia** (Miers) Griseb.
Ref.: Hunziker & Subils, 1979, 1995.

Sessea Ruiz & Pav. Cestreae.
Número de especies: 1

Sessea vestioides (Schltdl.) Hunz.
Sin.: *Cestrum vestioides* Schltdl., *Sessea vischeri* Chodat, *Sesseopsis vestioides* (Schltdl.) Bitter, *Sesseopsis vischeri* (Chodat) Hassl.
Ref.: Hunziker, 1977; Romanutti & Hunziker, 1998.
Hábito: Hierba.
Status: Nativa.
Elevación: 0-500 m.
Prov.: COR, MI.
Paises limítrofes: BR, PA.
Ejemplar examinado: *Ahumada y Schinini 4089* (CTES).

Sessea vischeri Chodat = **Sessea vestioides** (Schltdl.) Hunz.
Ref.: Hunziker, 1977; Romanutti & Hunziker, 1998.

Sesseopsis vestioides (Schltdl.) Bitter = **Sessea vestioides** (Schltdl.) Hunz.
Ref.: Hunziker, 1977; Romanutti & Hunziker, 1998.

Sesseopsis vischeri (Chodat) Hassl. = **Sessea vestioides** (Schltdl.) Hunz.
Ref.: Hunziker, 1977; Romanutti & Hunziker, 1998.

Siphonema filicaulis Raf. = **Nierembergia linariaefolia** Graham var. **linariaefolia**
Ref.: Cocucci & Hunziker, 1995a.

Solanum L. Solaneae.
Número de especies: 150, 58 especies, 2 subespecies y 1 variedad endémicas.

Solanum abutiloides (Griseb.) Bitter & Lillo
Sin.: *Cyphomandra abutiloides* Griseb., *Solanum hibiscifolium* Rusby
Ref.: Roe, 1972; Morton, 1976; Cabrera, 1983; Bohs, 1994.
Hábito: Arbusto o árbol.
Status: Nativa.
Elevación: 500-2000 m.
Prov.: JU, SA, TU.
Paises limítrofes: BO.
Ejemplar examinado: *Hieronymus 995* (lectotipo, CORD).

Solanum acaule Bitter var. *aemulans* (Bitter & Wittm.) Correll = **Solanum acaule** Bitter subsp. **aemulans** (Bitter & Wittm.) Hawkes & Hjert.
Ref.: Morton, 1976.

Solanum acaule Bitter var. *caulescens* Bitter = **Solanum acaule** Bitter subsp. **acaule**
Ref.: Morton, 1976.

Solanum acaule Bitter var. *checcae* Hawkes = **Solanum acaule** Bitter subsp. **acaule**
Ref.: Morton, 1976.

Solanum acaule Bitter subsp. **acaule**
Sin.: *Solanum acaule* Bitter var. *caulescens* Bitter, *Solanum acaule* Bitter var. *checcae* Hawkes, *Solanum acaule* Bitter subsp. *punae* (Juz.) Hawkes & Hjert., *Solanum depexum* Juz., *Solanum punae* Juz., *Solanum schreiteri* Bukasov, nom. nud.
Ref.: Morton, 1976; Cabrera, 1983; D'Arcy, 1993.
Hábito: Hierba.
Status: Nativa.
Elevación: 2500-4000 m.
Prov.: CA, JU, LR, SA, TU.
Paises limítrofes: BO.
Ejemplar examinado: *Kiesling 689* (SI).

Solanum acaule Bitter subsp. **aemulans** (Bitter & Wittm.) Hawkes & Hjert.
Sin.: *Solanum acaule* Bitter var. *aemulans* (Bitter & Wittm.) Correll, *Solanum aemulans* Bitter & Wittm., *Solanum depexum* Juz. var. *chorruense* Hawkes
Ref.: Morton, 1976; Cabrera, 1983.
Hábito: Hierba.
Status: Endémica.
Elevación: 2500-4000 m.
Prov.: JU, LR, TU.
Ejemplar examinado: *Sleumer 4113* (LIL).

Solanum acaule Bitter subsp. *punae* (Juz.) Hawkes & Hjert. = **Solanum acaule** Bitter subsp. **acaule**
Ref.: D'Arcy, 1993.

Solanum acroleucum Bitter = **Solanum commersonii** Dunal ex Poir. subsp. **commersonii**
Ref.: Morton, 1976.

[Solanum aculeatissimum Jacq.]
Ref.: Morton, 1976.
Nota: Especie excluida de la flora argentina.

Solanum adelphum C.V. Morton
Ref.: Morton, 1976; Cabrera, 1983.
Hábito: Arbusto o arbolito.
Status: Endémica.
Elevación: 500-2000 m.
Prov.: CA, JU, SA, TU.
Ejemplar examinado: *Venturi 7732* (isotipo, SI).

Solanum adenochlamys Bitter = **Solanum glandulosipilosum** Bitter
Ref.: Morton, 1976.

Solanum adventitium Polg. = [Solanum americanum Mill.]
Ref.: Edmonds, 1972.

Solanum aemulans Bitter & Wittm. = **Solanum acaule** Bitter subsp. **aemulans** (Bitter & Wittm.) Hawkes & Hjert.
Ref.: Morton, 1976.

Solanum aenictum C.V. Morton
Ref.: Morton, 1976.
Hábito: Arbusto.
Status: Endémica.
Elevación: 0-500 m.
Prov.: MI.
Ejemplar examinado: *Ibarrola 1021* (LIL).

Solanum aguaraquiya Piso ex Sendtn. = **Solanum sublobatum** Willd.
Ref.: Morton, 1976.

Solanum alatum Seem. & K. Schum., hom. illeg. = **Solanum robustum** H. Wendl.
Ref.: Morton, 1976.

Solanum aloysiaefolium Dunal
Ref.: Cabrera, 1983.
Hábito: Hierba.
Status: Nativa.
Elevación: 1000-1500 m.
Prov.: JU.
Paises limítrofes: BO.
Ejemplar examinado: *Cabrera 34121* (SI).

Solanum alternato-pinnatum Steud.
Sin.: *Solanum juciri* Mart. ex Sendtn., *Solanum juciri* Mart. ex Sendtn. f. *paraguariense* Hassl., *Solanum oleraceum* Vell., hom. illeg.
Ref.: Schinini & López, 1997.
Hábito: Hierba.
Status: Nativa.
Elevación: 0-500 m.
Prov.: MI.
Paises limítrofes: BR, PA.
Ejemplar examinado: *Vanni et al. 886* (CTES, LIL).

Solanum alticola Bitter = **Solanum megistacrolobum** Bitter
Ref.: Morton, 1976; Cabrera, 1983.

Solanum alticola Bitter var. *xanthotrichum* Hawkes = **Solanum megistacrolobum** Bitter
Ref.: Morton, 1976; Cabrera, 1983.

[Solanum americanum Mill.]
Sin.: *Solanum adventitium* Polg., *Solanum nigrum* L. var. *americanum* (Mill.) O.E. Schulz, *Solanum nigrum* L. var. *virginicum* L., *Solanum nodiflorum* Jacq., *Solanum oleraceum* Dunal
Ref.: Morton, 1976; D'Arcy, 1993.
Nota: Especie excluida de la flora argentina.

Solanum amygdalifolium Steud.
Sin.: *Solanum angustifolium* Lam., *Solanum angustifolium* Lam. var. *macrophyllum* Dunal, *Solanum brittonianum* Morong, *Solanum handelianum* Morong, *Solanum persicifolium* Mart., hom. illeg.
Ref.: Cabrera, 1965, 1979, 1983; Morton, 1976.
Hábito: Arbusto.
Status: Nativa.
Elevación: 0-1500 m.
Prov.: BA, CA, CH, CO, COR, DF, ER, FO, JU, ME, MI, RN, SA, SE, SF, SJ, SL, TU.
Paises limítrofes: BR, PA, UR.
Ejemplar examinado: *Venturi 272* (BA, SI).

Solanum andicola C.V. Morton = **Solanum riojense** Bitter
Ref.: Cabrera, 1983.

Solanum andigenum Juz. & Bukasov = **Solanum tuberosum** L. subsp. **andigenum** (Juz. & Bukasov) Hawkes
Ref.: D'Arcy, 1993.

Solanum angustifidum Bitter
Sin.: *Solanum jasminifolium* auct. non Sendtn., *Solanum quadripartitum* auct. non Dunal
Ref.: Morton, 1976; Cabrera, 1979; 1983.
Hábito: Arbusto.
Status: Nativa.
Elevación: 0-2500 m.
Prov.: BA, CH, CO, COR, ER, FO, JU, SA, SF, SL, TU.
Paises limítrofes: BO.
Ejemplar examinado: *Pedersen 1834* (LP).

Solanum angustifolium Lam. = **Solanum amygdalifolium** Steud.
Ref.: Morton, 1976; Cabrera, 1983.

Solanum angustifolium Lam. var. *macrophyllum* Dunal = **Solanum amygdalifolium** Steud.
Ref.: Morton, 1976.

Solanum annuum C.V. Morton
Ref.: Morton, 1976.
Hábito: Hierba.
Status: Endémica.
Elevación: 2500-3000 m.
Prov.: SA.
Ejemplar citado: *Venturi 8507** (holotipo, US).

Solanum argentinum Bitter & Lillo var. *chroniotrichum* Bitter = **Solanum chroniotrichum** (Bitter) C.V. Morton
Ref.: Morton, 1976; Cabrera, 1983.

Solanum argentinum Bitter & Lillo
Sin.: *Solanum cervantesii* auct. non Lag., *Solanum nitidum* auct. non Ruiz & Pav.
Ref.: Morton, 1976; Barboza & Hunziker, 1991.
Hábito: Arbusto.
Status: Nativa.
Elevación: 0-2000 m.
Prov.: CA, CO, FO, LR, SA, SE, SF, TU.
Paises limítrofes: BO.
Ejemplar examinado: *Pierotti s.n.* (LIL, SI).

Solanum arnezii Cárdenas = **Solanum chacoense** Bitter subsp. **chacoense**
Ref.: Morton, 1976.

Solanum asarifolium Kunth & Bouché = **Lycianthes asarifolia** (Kunth & Bouché) Bitter
Ref.: Barboza & Hunziker, 1992.

Solanum atriplicifolium Gillies
Sin.: *Solanum atriplicoides* Herter, *Solanum haarupii* Bitter, *Solanum sidifolium* Speg.
Ref.: Morton, 1976; Cabrera, 1965, 1979, 1983; Barboza & Hunziker, 1991.
Hábito: Hierba.
Status: Nativa.
Elevación: 0-2500 m.
Prov.: BA, CA, CO, ER, JU, LP, ME, RN, SA, SL.
Paises limítrofes: CH, UR.
Ejemplar examinado: *Bartlett 19715* (SI).

Solanum atriplicifolium Gillies var. *minus* Gillies = **Solanum sarrachoides** Sendtn.
Ref.: Edmonds, 1972, 1986.

Solanum atriplicoides Herter = **Solanum atriplicifolium** Gillies
Ref.: Cabrera, 1979.

Solanum atropurpureum Schrank
Sin.: *Solanum vernicatum* Lindl.
Ref.: Morton, 1976; Cabrera, 1979.
Hábito: Hierba o arbusto.
Status: Nativa.
Elevación: 0-500 m.
Prov.: CH, COR, ER, FO, MI, SF.
Paises limítrofes: BR, PA.
Ejemplar examinado: *Burkart 30145* (SI).

Solanum auriculatum Aiton = **Solanum mauritianum** Scop.
Ref.: Roe, 1972.

Solanum auriculatum auct. non Aiton = **Solanum granulosum-leprosum** Dunal
Ref.: Cabrera, 1979.

Solanum australe C.V. Morton = **Lycianthes pauciflora** (Vahl) Bitter
Ref.: Benítez & D'Arcy, 1997.

Solanum balansae Hassl. = **Solanum hasslerianum** Chodat
Ref.: Morton, 1976.

Solanum balansae Hassl. var. *lyratifidum* Hassl. = **Solanum hasslerianum** Chodat
Ref.: Morton, 1976.

Solanum balbisii Dunal var. *bipinnata* Hook. = **Solanum sisymbriifolium** Lam. var. **sisymbriifolium**
Ref.: Morton, 1976.

Solanum balbisii Dunal var. *purpureum* Hook. = **Solanum sisymbriifolium** Lam. var. **sisymbriifolium**
Ref.: Morton, 1976.

Solanum ballsii Hawkes = **Solanum vernei** Bitter & Wittm. subsp. **ballsii** (Hawkes) Hawkes & Hjert.
Ref.: Morton, 1976.

Solanum bangii Bitter
Ref.: Cabrera, 1983.
Hábito: Arbusto.
Status: Nativa.
Elevación: 1500-3000 m.
Prov.: JU, SA, TU.
Paises limítrofes: BO.
Ejemplar examinado: *Kiesling et al. 1559* (SI).

Solanum basilobum Bitter = **Solanum pilcomayense** Morong var. **pilcomayense**
Ref.: Morton, 1976.

Solanum bermejense Bitter
Ref.: Cabrera, 1983.
Hábito: Arbusto.
Status: Nativa.
Elevación: 1000-2000 m.
Prov.: JU, SA.
Paises limítrofes: BO.
Ejemplar examinado: *Cabrera et al. 26412* (LP, SI).

[Solanum berthaultii Hawkes]
Ref.: Hawkes & Hjerting, 1969.
Nota: Cita dudosa para la flora argentina.

Solanum betaceum Cav. = **Cyphomandra betacea** (Cav.) Sendtn.
Ref.: Cabrera, 1983; Bohs, 1995.

Solanum bijugum Bitter = **Solanum microdontum** Bitter subsp. **microdontum**
Ref.: Morton, 1976; Cabrera, 1983.

Solanum bitteri Hassl. = **Solanum chacoense** Bitter subsp. **chacoense**
Ref.: Morton, 1976.

Solanum boergeri Bukasov = **Solanum chacoense** Bitter subsp. **chacoense**
Ref.: Morton, 1976.

Solanum boerhaviifolium Sendtn. var. **boerhaviifolium**
Ref.: Morton, 1976.
Hábito: Enredadera.
Status: Nativa.
Elevación: 0-500 m.
Prov.: BA, DF, MI.
Paises limítrofes: BR, UR.
Ejemplar examinado: *Bertoni 1000* (LIL).

Solanum boerhaviifolium Sendtn. var. **calvum** C.V. Morton
Ref.: Morton, 1976.
Hábito: Enredadera.
Status: Nativa.
Elevación: 0-500 m.
Prov.: BA, COR, ER, FO, MI.
Paises limítrofes: BR.
Ejemplar examinado: *Cabrera 1812* (LP, SI).

Solanum boliviense Dunal
Ref.: Morton, 1976; Cabrera, 1983.
Hábito: Hierba.
Status: Nativa.
Elevación: 2500-4000 m.
Prov.: SA.
Paises limítrofes: BO.
Ejemplar examinado: *Sleumer 3745* (SI).

Solanum bonariense L.
Sin.: *Solanum saponaceum* Dunal var. *uruguense* Griseb.
Ref.: Morton, 1976; Cabrera, 1979.
Hábito: Arbusto.
Status: Nativa.
Elevación: 0-500 m.
Prov.: BA, DF, ER.
Paises limítrofes: BR, UR.
Ejemplar examinado: *Burkart 8967* (SI).

Solanum bonariense L. var. *paraguariense* (Chodat) Chodat = **Solanum villaricense** Morong
Ref.: Morton, 1976.

Solanum bonariense L. var. *villaricense* (Morong) Chodat = **Solanum villaricense** Morong
Ref.: Morton, 1976.

Solanum brevidens Phil.
Sin.: *Solanum brevidens* Phil. var. *glabrescens* (Walp.) Hawkes, *Solanum bridgesii* A. DC., *Solanum caldasii* Dunal var. *glabrescens* Dunal, *Solanum palustre* Poepp. var. *glabrescens* Walp., *Solanum pearcei* Phil., *Solanum tuberosum* L. subsp. *brevidens* (Phil.) Reiche, *Solanum tuberosum* L. subsp. *pearcei* (Phil.) Reiche
Ref.: Brücher, 1966a; Morton, 1976.
Hábito: Hierba.
Status: Nativa.
Prov.: NE, RN.
Paises limítrofes: CH.
Ejemplar examinado: *Dawson 1347* (BAB).

Solanum brevidens Phil. var. *glabrescens* (Walp.) Hawkes = **Solanum brevidens** Phil.
Ref.: Morton, 1976.

Solanum brevipedunculatum Rusby
Ref.: Cabrera, 1983.
Hábito: Arbusto.
Status: Nativa.
Elevación: 1000-1500 m.
Prov.: JU.
Paises limítrofes: BO.
Ejemplar examinado: *Burkart et al. 30619* (SI).

Solanum bridgesii A. DC. = **Solanum brevidens** Phil.
Ref.: Morton, 1976.

Solanum brittonianum Morong = **Solanum amygdalifolium** Steud.
Ref.: Morton, 1976; Cabrera, 1983.

Solanum brownii Chodat, hom. illeg. = **Solanum hasslerianum** Chodat
Ref.: Morton, 1976.

Solanum brucheri Correll
Ref.: Correll, 1961, 1962.
Hábito: Hierba.
Status: Endémica.
Elevación: 3000-4000 m.
Prov.: JU.
Ejemplar citado: *Brücher et al. 557** (holotipo, LL).

Solanum caesium Griseb.
Sin.: *Solanum oranense* Bitter
Ref.: Morton, 1976; Cabrera, 1983.
Hábito: Hierba.
Status: Endémica.
Elevación: 0-1500 m.
Prov.: JU, SA.
Ejemplar examinado: *Lillo 10884* (isotipos de *S. oranense*, LIL, SI).

Solanum caipipendense Cárdenas = **Solanum chacoense** Bitter subsp. **chacoense**
Ref.: Morton, 1976.

Solanum caldasii Dunal var. *glabrescens* Dunal = **Solanum brevidens** Phil.
Ref.: Morton, 1976.

Solanum calileguae Cabrera
Ref.: Cabrera, 1983.
Hábito: Arbusto.
Status: Endémica.
Elevación: 500-1500 m.
Prov.: JU.
Ejemplar examinado: *Cabrera 25639* (holotipo, SI; isotipo, LP).

Solanum calophyllum Phil. = **Solanum triflorum** Nutt.
Ref.: Hunziker, 1989.

Solanum capsicastrum Link ex Schauer = **Solanum diflorum** Vell.
Ref.: Morton, 1976; Cabrera, 1979.

Solanum capsicastrum Link ex Schauer var. *caaguazuense* Chodat = **Solanum diflorum** Vell.
Ref.: Morton, 1976.

Solanum carnosipes Rusby = **Solanum riparium** Pers.
Ref.: Morton, 1976.

Solanum cervantesii auct. non Lag. = **Solanum argentinum** Bitter & Lillo
Ref.: Morton, 1976.

Solanum cevallos-tovarii Cárdenas = **Solanum microdontum** Bitter subsp. **microdontum**
Ref.: Morton, 1976.

Solanum chacoense Bitter f. *caipipendense* (Cárdenas) Correll = **Solanum chacoense** Bitter subsp. **chacoense**
Ref.: Morton, 1976.

Solanum chacoense Bitter f. *gibberulosum* (Juz. & Bukasov) Correll = **Solanum chacoense** Bitter subsp. **chacoense**
Ref.: Morton, 1976.

Solanum chacoense Bitter var. *angustisectum* (Hassl.) Hassl. = **Solanum chacoense** Bitter subsp. **chacoense**
Ref.: Morton, 1976.

Solanum chacoense Bitter var. *latisectum* Hassl. f. *pilosulum* (Hassl.) Hassl. = **Solanum commersonii** Dunal ex Poir. subsp. **malmeanum** (Bitter) Hawkes & Hjert.
Ref.: Morton, 1976.

Solanum chacoense Bitter subsp. **chacoense**
Sin.: *Solanum arnezii* Cárdenas, *Solanum bitteri* Hassl., *Solanum boergeri* Bukasov, *Solanum caipipendense* Cárdenas, *Solanum chacoense* Bitter f. *caipipendense* (Cárdenas) Correll, *Solanum chacoense* Bitter f. *gibberulosum* (Juz. & Bukasov) Correll, *Solanum chacoense* Bitter var. *angustisectum* (Hassl.) Hassl., *Solanum chacoense* Bitter subsp. *subtilius* (Bitter) Hawkes, *Solanum cuevoanum* Cárdenas, *Solanum dolichostigma* Bukasov, nom. nud., *Solanum emmeae* Juz. & Bukasov, *Solanum garciae* Juz. & Bukasov, *Solanum gibberulosum* Juz. & Bukasov, *Solanum guaraniticum* Hassl., hom. illeg., *Solanum guaraniticum* Hassl. var. *angustisectum* Hassl., *Solanum horovitzii* Bukasov, *Solanum horovitzii* Bukasov var. *glabristylum* Hawkes, nom. nud., *Solanum horovitzii* Bukasov var. *multijugum* Hawkes, *Solanum jujuyense* Hawkes, *Solanum knappei* Juz. & Bukasov, *Solanum laplaticum* Bukasov, *Solanum parodii* Juz. & Bukasov, *Solanum saltense* Hawkes, *Solanum schickii* Juz. & Bukasov, *Solanum subtilius* Bitter, *Solanum tuberosum* L. var. *glabriusculum* Dunal
Ref.: Hawkes & Hjerting, 1969; Morton, 1976; Cabrera, 1979, 1983.
Hábito: Hierba.
Status: Nativa.
Elevación: 0-2000 m.
Prov.: BA, CA, CH, CO, COR, ER, FO, JU, LP, LR, ME, MI, SA, SE, SF, SL, TU.
Paises limítrofes: PA, UR.
Ejemplar examinado: *Cabrera 20180* (SI).

Solanum chacoense Bitter subsp. **muelleri** (Bitter) Hawkes
Sin.: *Solanum muelleri* Bitter, *Solanum muelleri* Bitter f. *densipilosum* Correll
Ref.: Morton, 1976.
Hábito: Hierba.
Status: Nativa.
Elevación: 0-500 m.
Prov.: MI.
Paises limítrofes: BR.
Ejemplar citado: *Petersen y Hjerting P-66** (C).

Solanum chacoense Bitter subsp. *subtilius* (Bitter) Hawkes = **Solanum chacoense** Bitter subsp. **chacoense**
Ref.: Morton, 1976.

Solanum chaetophorum C.V. Morton
Ref.: Morton, 1976; Cabrera, 1983.
Hábito: Arbusto o subarbusto.
Status: Endémica.
Elevación: 500-2000 m.
Prov.: CA, JU, SA, TU.
Ejemplar examinado: *Venturi 154* (isotipos, BA, LIL, SI).

Solanum chamaesarachidium Bitter
Sin.: *Chamaesaracha boliviensis* Dammer
Ref.: Morton, 1976; Cabrera, 1983; Barboza & Hunziker, 1991.
Hábito: Hierba.
Status: Nativa.
Elevación: 2500-4000 m.
Prov.: CA, JU, LR, SA, TU.
Paises limítrofes: BO.
Ejemplar examinado: *Venturi 8622* (SI).

Solanum chenopodiifolium Dunal = **Solanum sublobatum** Willd.
Ref.: Morton, 1976.

Solanum chenopodioides Lam.
Sin.: *Solanum gracile* Dunal, hom. illeg.; *Solanum gracilius* Herter, *Solanum ottonis* Hyl.
Ref.: Morton, 1976; Cabrera, 1965, 1979; Barboza & Hunziker, 1991.
Hábito: Hierba.
Status: Nativa.
Elevación: 0-500 m.
Prov.: BA, CO, ER.
Paises limítrofes: BR, UR.
Ejemplar examinado: *Burkart 22712* (LP, SI).

Solanum chiloense (A. DC.) Berthault = **Solanum tuberosum** L. subsp. **tuberosum**
Ref.: Hawkes & Hjerting, 1969; Hawkes, 1990.

Solanum chroniotrichum (Bitter) C.V. Morton
Sin.: *Solanum argentinum* Bitter & Lillo var. *chroniotrichum* Bitter
Ref.: Morton, 1976; Cabrera, 1983.
Hábito: Arbusto.
Status: Endémica.
Elevación: 0-2000 m.
Prov.: CH, CO, COR, FO, JU, SA, SE, SF, TU.
Ejemplar examinado: *Bartlett 20321* (SI).

Solanum ciliatum Lam.
Sin.: *Solanum pentapetaloides* Roxb., *Solanum sphaerocarpum* Moric.
Ref.: Morton, 1976.
Hábito: Hierba o subarbusto.
Status: Nativa.
Elevación: 0-500 m.
Prov.: COR.
Paises limítrofes: BR.
Ejemplar citado: *Bonpland s.n.** (P).

Solanum citrifolium Willd. ex Roem. & Schult. = [Solanum lepidotum Dunal]
Ref.: D'Arcy, 1993.

Solanum citrifolium Willd. ex Roem. & Schult. var. *leucodendron* (Sendtn.) Hassl. = [Solanum leucodendron Sendtn.]
Ref.: D'Arcy, 1993.

Solanum citrifolium Willd. ex Roem. & Schult. var. *typicum* Hassl., nom. inval. = [Solanum lepidotum Dunal]
Ref.: D'Arcy, 1993.

[Solanum clavatum Rusby]
Ref.: Morton, 1976.
Nota: Especie excluida de la flora argentina.

Solanum claviceps Griseb.
Ref.: Morton, 1976; Cabrera, 1983.
Hábito: Arbusto.
Status: Endémica.
Elevación: 0-2500 m.
Prov.: CA, CH, CO, JU, SA, SE, TU.
Ejemplar examinado: *Lorentz 291* (isotipo, CORD, SI).

Solanum cochabambense Bitter
Ref.: Cabrera, 1983.
Hábito: Arbusto.
Status: Nativa.
Elevación: 500-1500 m.
Prov.: JU.
Paises limítrofes: BO.
Ejemplar examinado: *Cabrera et. al 24106* (LP, SI).

Solanum codonanthum Bitter = **Solanum fiebrigii** Bitter
Ref.: Cabrera, 1983.

Solanum collectaneum C.V. Morton
Ref.: Morton, 1976; Cabrera, 1983.
Hábito: Arbusto.
Status: Endémica.
Elevación: 0-1000 m.
Prov.: JU, TU.
Ejemplar examinado: *Venturi 919* (isotipo, LP).

Solanum collinum Dunal = **Solanum maglia** Schltdl.
Ref.: Morton, 1976; Cabrera, 1983.

Solanum commersonii Dunal ex Poir. subsp. **commersonii**
Sin.: *Solanum acroleucum* Bitter, *Solanum commersonii* Dunal ex Poir. f. *mechoguense* (Bukasov) Correll, *Solanum commersonii* Dunal ex Poir. var. *glabratum* Hook. f., *Solanum commersonii* Dunal ex Poir. var. *glabriusculum* Hook. f., *Solanum commersonii* Dunal ex Poir. var. *pubescens* Sendtn., *Solanum compactum* Bukasov ex Hawkes & Hjert., nom. nud., *Solanum henryi* Bukasov & Lechn., *Solanum mechonguense* Bukasov, *Solanum mercedense* Bukasov, *Solanum ohrondii* Carrière, *Solanum rionegrinum* Lechn., *Solanum sorianum* Bukasov, *Solanum tenue* Sendtn., *Solanum tenue* Sendtn. var. *raphanifolium* Dunal
Ref.: Morton, 1976; Cabrera, 1979.
Hábito: Hierba.
Status: Nativa.
Elevación: 0-500 m.
Prov.: BA, ER.
Paises limítrofes: BR, UR.
Ejemplar examinado: *Burkart 15129* (SI).

Solanum commersonii Dunal ex Poir. subsp. **malmeanum** (Bitter) Hawkes & Hjert.
Sin.: *Solanum chacoense* Bitter var. *latisectum* Hassl. f. *pilosulum* (Hassl.) Hassl., *Solanum commersonii* Dunal ex Poir. f. *malmeanum* (Bitter) Correll, *Solanum commersonii* Dunal ex Poir. var. *pseudostipulatum* Hassl., *Solanum guaraniticum* Hassl. var. *latisectum* Hassl. f. *pilosulum* Hassl., *Solanum malmeanum* Bitter, *Solanum millanii* Bukasov & Lechn., *Solanum pseudostipulatum* (Hassl.) Bukasov
Ref.: Morton, 1976; Cabrera, 1979.
Hábito: Hierba.
Status: Nativa.
Elevación: 0-500 m.
Prov.: CH, COR, ER, FO, MI, SF.
Paises limítrofes: BR, PA, UR.
Ejemplar examinado: *Burkart et al. 25460* (SI).

Solanum commersonii Dunal ex Poir. f. *malmeanum* (Bitter) Correll = **Solanum commersonii** Dunal ex Poir. subsp. **malmeanum** (Bitter) Hawkes & Hjert.
Ref.: Morton, 1976.

Solanum commersonii Dunal ex Poir. f. *mechoguense* (Bukasov) Correll = **Solanum commersonii** Dunal ex Poir. subsp. **commersonii**
Ref.: Morton, 1976.

Solanum commersonii Dunal ex Poir. var. *glabratum* Hook. f. = **Solanum commersonii** Dunal ex Poir. subsp. **commersonii**
Ref.: Morton, 1976.

Solanum commersonii Dunal ex Poir. var. *glabriusculum* Hook. f. = **Solanum commersonii** Dunal ex Poir. subsp. **commersonii**
Ref.: Morton, 1976.

Solanum commersonii Dunal ex Poir. var. *pseudostipulatum* Hassl. = **Solanum commersonii** Dunal ex Poir. subsp. **malmeanum** (Bitter) Hawkes & Hjert.
Ref.: Morton, 1976.

Solanum commersonii Dunal ex Poir. var. *pubescens* Sendtn. = **Solanum commersonii** Dunal ex Poir. subsp. **commersonii**
Ref.: Morton, 1976.

Solanum commersonii Dunal var. *glanduloso-pubescens* Hook. f. = **Solanum kurtzianum** Bitter & Wittm.
Ref.: Morton, 1976.

Solanum commersonii Dunal var. *pilosiusculum* Hook. f. = **Solanum kurtzianum** Bitter & Wittm.
Ref.: Morton, 1976.

Solanum compactum Bukasov ex Hawkes & Hjert., nom. nud. = **Solanum commersonii** Dunal ex Poir. subsp. **commersonii**
Ref.: Morton, 1976.

Solanum comptum C.V. Morton
Ref.: Morton, 1976.
Hábito: Hierba.
Status: Endémica.
Elevación: 0-500 m.
Prov.: COR.
Ejemplar examinado: *Schwartz 214* (isotipo, LIL).

Solanum concarense Hunz.
Ref.: Hunziker, 1989.
Hábito: Hierba.
Status: Endémica.
Elevación: 500-1000 m.
Prov.: SL.
Ejemplar examinado: *A.T. Hunziker y Cocucci 14547* (holotipo, CORD).

Solanum concepcionis Chodat & Hassl. = **Solanum robustum** H. Wendl.
Ref.: Morton, 1976.

Solanum conditum C.V. Morton
Sin.: *Solanum elaeagnifolium* Cav. var. *ovalifolium* Kuntze
Ref.: Morton, 1976; Cabrera, 1983.
Hábito: Hierba.
Status: Nativa.
Elevación: 0-1500 m.
Prov.: CA, CH, CO, FO, JU, SA, SE, TU.
Paises limítrofes: BO.
Ejemplar examinado: *Venturi 5685* (isotipo, SI).

[Solanum confusum C.V. Morton]
Ref.: Morton, 1976.
Nota: Especie excluida de la flora argentina.

Solanum consimile C.V. Morton
Sin.: *Solanum saponaceum* auct. non Dunal
Ref.: Morton, 1976; Cabrera, 1983.
Hábito: Arbusto.
Status: Nativa.
Elevación: 0-1500 m.
Prov.: JU, SA.
Paises limítrofes: BO.
Ejemplar examinado: *Venturi 5058* (isotipo, SI).

Solanum corniculatum Hieron. = **Lycianthes rantonnei** (Carrière) Bitter
Ref.: Barboza & Hunziker, 1992.

Solanum corymbiflorum (Sendtn.) Bohs = **Cyphomandra corymbiflora** Sendtn.

Solanum crassifolium Ortega = **Cyphomandra betacea** (Cav.) Sendtn.
Ref.: Bohs, 1995.

Solanum crebrum C.V. Morton ex L.B. Sm.
Ref.: Morton, 1976; Cabrera, 1983.
Hábito: Hierba.
Status: Endémica.
Elevación: 1500-2000 m.
Prov.: CA.
Ejemplar citado: *Sleumer 2166** (holotipo, US).

Solanum crispum Ruiz & Pav.
Ref.: Morton, 1976; Knapp, 1989.
Hábito: Arbusto.
Status: Nativa.
Elevación: 0-1000 m.
Prov.: ME, NE.
Paises limítrofes: CH.
Ejemplar examinado: *Diem 1703* (BAB).

Solanum cuevoanum Cárdenas = **Solanum chacoense** Bitter subsp. **chacoense**
Ref.: Morton, 1976.

Solanum cultum (A. DC.) Berthault = **Solanum tuberosum** L. subsp. **tuberosum**
Ref.: Hawkes & Hjerting, 1969; Hawkes, 1990.

Solanum curtipes Bitter
Ref.: Morton, 1976; Cabrera, 1979.
Hábito: Hierba.
Status: Nativa.
Elevación: 0-500 m.
Prov.: COR, ER, MI.
Paises limítrofes: PA.
Ejemplar examinado: *Burkart 27363* (SI).

[Solanum cutervannum Zahlbr.]
Sin.: *Solanum pulverulentum* Pers., hom. illeg.
Ref.: Knapp, 1989.
Nota: Especie excluida de la flora argentina.

Solanum cymosum auct. non Ruiz & Pav. = **Solanum lorentzii** Bitter
Ref.: Morton, 1976.

Solanum dealbatum Lindl. = **Solanum elaeagnifolium** Cav.
Ref.: Cabrera, 1983.

Solanum decurrentilobum Cárdenas & Hawkes = **Solanum toralapanum** Cárdenas & Hawkes
Ref.: Correll, 1962; Hawkes, 1990.

Solanum delitescens C.V. Morton var. **amphidoxum** C.V. Morton
Ref.: Morton, 1976.
Hábito: Arbusto.
Status: Endémica.
Elevación: 0-1000 m.
Prov.: TU.
Ejemplar examinado: *Meyer 18231* (LIL).

Solanum delitescens C.V. Morton var. **delitescens**
Sin.: *Solanum pteropodum* auct. non Humb. & Bonpl. ex Dunal
Ref.: Morton, 1976; Cabrera, 1983; Barboza & Hunziker, 1991.
Hábito: Subarbusto.
Status: Endémica.
Elevación: 500-2000 m.
Prov.: CA, JU, SA, TU.
Ejemplar examinado: *Venturi 2462* (isotipo, LIL).

Solanum deltaicum Cabrera
Ref.: Cabrera, 1965, 1979; Morton, 1976.
Hábito: Subarbusto.
Status: Endémica.
Elevación: 0-500 m.
Prov.: BA, ER.
Ejemplar examinado: *Cabrera 10626* (holotipo, LP).

Solanum depexum Juz. = **Solanum acaule** Bitter subsp. **acaule**
Ref.: Morton, 1976.

Solanum depexum Juz. var. *chorruense* Hawkes = **Solanum acaule** Bitter subsp. **aemulans** (Bitter & Wittm.) Hawkes & Hjert.
Ref.: Morton, 1976.

Solanum deterrimum C.V. Morton
Ref.: Morton, 1976; Cabrera, 1979.
Hábito: Subarbusto.
Status: Endémica.
Elevación: 0-500 m.
Prov.: BA, ER.
Ejemplar examinado: *Ruiz Huidobro 1614* (SI).

Solanum dichotomum Ruiz & Pav. = **Solanum riparium** Pers.
Ref.: Morton, 1976.

Solanum diemii Brücher = **Solanum tuberosum** L. subsp. **tuberosum**
Ref.: Hawkes, 1990.

Solanum diflorum Vell.
Sin.: *Solanum capsicastrum* Link ex Schauer, *Solanum capsicastrum* Link ex Schauer var. *caaguazuense* Chodat, *Solanum diflorum* Vell. var. *angustifolium* Kuntze, *Solanum eremanthum* Dunal, *Solanum pseudocapsicum* L. f. *pilosum* Kuntze, *Solanum pseudocapsicum* L. subsp. *diflorum* (Vell.) Hassl. var. *typicum* Hassl., nom. inval., *Solanum pseudocapsicum* L. subsp. *diflorum* (Vell.) Hassl., *Solanum pseudocapsicum* L. subsp. *diflorum* (Vell.) Hassl. var. *sendtnerianum* Hassl.
Ref.: Morton, 1976; Cabrera, 1979; Barboza & Hunziker, 1991.
Hábito: Arbusto.
Status: Nativa.
Elevación: 0-1000 m.
Prov.: BA, CH, CO, COR, ER, FO, MI, SF.
Paises limítrofes: BR, PA, UR.
Ejemplar examinado: *Joergensen 3341* (BA, SI).

Solanum diflorum Vell. var. *angustifolium* Kuntze = **Solanum diflorum** Vell.
Ref.: Morton, 1976.

Solanum diflorum Vell. var. *pulverulentum* Chodat = **Solanum tucumanense** Griseb.
Ref.: Morton, 1976.

Solanum dolichostigma Bukasov, nom. nud. = **Solanum chacoense** Bitter subsp. **chacoense**
Ref.: Morton, 1976.

[Solanum donianum Walp.]
Sin.: *Solanum verbascifolium* L.
Ref.: D'Arcy, 1993.
Nota: Especie excluida de la flora argentina.

Solanum echegarayi Hieron.
Ref.: Morton, 1976.
Hábito: Hierba.
Status: Endémica.
Elevación: 1500-2500 m.
Prov.: SJ.
Ejemplar examinado: *Saile Echegaray 472* (isotipo, SI).

Solanum elaeagnifolium Cav.
Sin.: *Solanum dealbatum* Lindl., *Solanum elaeagnifolium* Cav. var. *angustifolium* Kuntze, *Solanum elaeagnifolium* Cav. var. *argyrocroton* Griseb., *Solanum elaeagnifolium* Cav. var. *grandiflorum* Griseb., *Solanum elaeagnifolium* Cav. var. *leprosum* (Ortega) Dunal, *Solanum leprosum* Ortega, *Solanum saponaceum* Hook., hom. illeg.
Ref.: Morton, 1976; Cabrera, 1983.
Hábito: Hierba.
Status: Nativa.
Elevación: 0-1000 m.
Prov.: BA, CA, CH, CO, COR, DF, ER, JU, LP, LR, ME, NE, RN, SA, SE, SF, SJ, SL, TU.
Paises limítrofes: CH, UR.
Ejemplar examinado: *Venturi 7678* (SI).

Solanum elaeagnifolium Cav. var. *angustifolium* Kuntze = **Solanum elaeagnifolium** Cav.
Ref.: Cabrera, 1983.

Solanum elaeagnifolium Cav. var. *argyrocroton* Griseb. = **Solanum elaeagnifolium** Cav.
Ref.: Cabrera, 1983.

Solanum elaeagnifolium Cav. var. *grandiflorum* Griseb. = **Solanum elaeagnifolium** Cav.
Ref.: Cabrera, 1983.

Solanum elaeagnifolium Cav. var. *leprosum* (Ortega) Dunal = **Solanum elaeagnifolium** Cav.
Ref.: Cabrera, 1983.

Solanum elaeagnifolium Cav. var. *ovalifolium* Kuntze = **Solanum conditum** C.V. Morton
Ref.: Morton, 1976; Cabrera, 1983.

Solanum emmeae Juz. & Bukasov = **Solanum chacoense** Bitter subsp. **chacoense**
Ref.: Morton, 1976.

Solanum endoadenium Bitter
Sin.: *Solanum endoadenium* Bitter var. *robustius* Bitter, *Solanum sericeum* Ruiz & Pav. var. *strigillosum* Griseb.
Ref.: Morton, 1976.
Hábito: Arbusto.
Status: Endémica.
Elevación: 1000-3000 m.
Prov.: CA, CO, LR, TU.
Ejemplar examinado: *Krapovickas y Hunziker 5268* (CORD).

Solanum endoadenium Bitter var. *robustius* Bitter = **Solanum endoadenium** Bitter
Ref.: Morton, 1976.

Solanum eremanthum Dunal = **Solanum diflorum** Vell.
Ref.: Cabrera, 1979.

[Solanum etuberosum Lindl.]
Ref.: Correll, 1962.
Nota: Cita dudosa para la flora argentina.

Solanum euacanthum Phil.
Ref.: Morton, 1976; Cabrera, 1983.
Hábito: Hierba.
Status: Nativa.
Elevación: 0-3000 m.
Prov.: CA, CO, JU, LR, ME, NE, RN, SA, SE, SJ, SL, TU.
Paises limítrofes: CH.
Ejemplar examinado: *Hicken 59* (SI).

Solanum evonymoides Remy, hom. illeg. = **Solanum valdiviense** Dunal
Ref.: Morton, 1976.

Solanum fabrisii Cabrera
Ref.: Cabrera, 1983.
Hábito: Arbusto.
Status: Endémica.
Elevación: 1000-1500 m.
Prov.: JU.
Ejemplar examinado: *Cabrera y Fabris 21071* (holotipo, SI; isotipo, LP).

Solanum famatinae Bitter & Wittm. = **Solanum spegazzinii** Bitter
Ref.: Morton, 1976.

Solanum fastigiatum Willd. var. **acicularium** Dunal
Ref.: Morton, 1976.
Hábito: Arbusto.
Status: Nativa.
Elevación: 0-500 m.
Prov.: MI.
Paises limítrofes: BR.
Ejemplar examinado: *Crisci 296* (LP).

[Solanum fastigiatum Willd. var. fastigiatum]
Ref.: Morton, 1976.
Nota: Variedad excluida de la flora argentina.

Solanum fiebrigii Bitter
Sin.: *Solanum codonanthum* Bitter
Ref.: Edmonds, 1972; Cabrera, 1983; Barboza & Hunziker, 1991.
Hábito: Hierba o subarbusto.
Status: Nativa.
Elevación: 500-2000 m.
Prov.: JU, SA, TU.
Paises limítrofes: BO.
Ejemplar examinado: *Cabrera et al. 16292* (LP, SI).

Solanum filiforme Ruiz & Pav. var. *lanceolatum* Kuntze = **Solanum lorentzii** Bitter
Ref.: Morton, 1976; Cabrera, 1983.

Solanum filiforme Ruiz & Pav. var. *subdentatum* Kuntze = **Solanum lorentzii** Bitter

Solanum flagrans Ten. = **Solanum inaequale** Vell.
Ref.: Morton, 1976.

Solanum foetidum Ruiz & Pav. = [Solanum luteo-album Pers.]
Ref.: D'Arcy, 1993.

Solanum fragile Wedd.
Sin.: *Solanum grandidentatum* Phil., *Solanum myriadenium* Bitter, *Solanum tarapacanum* Phil.
Ref.: Edmonds, 1972; Cabrera, 1983.
Hábito: Hierba.
Status: Nativa.
Elevación: 3500-4000 m.
Prov.: JU, TU.
Ejemplar citado: *Fries 890** (holotipo de *S. myriadenium*, S; isotipo, P).

[Solanum frutescens A. Br. & Bouché]
Nota: Especie excluida de la flora argentina.

Solanum fundatum C.V. Morton = **Lycianthes saltensis** Bitter
Ref.: Barboza & Hunziker, 1992.

Solanum fusiforme L.B. Sm. & B.J. Downs
Ref.: Morton, 1976.
Hábito: Arbusto.
Status: Nativa.
Elevación: 0-500 m.
Prov.: MI.
Paises limítrofes: BR.
Ejemplar examinado: *Montes 745* (BA, CORD, SI).

Solanum garciae Juz. & Bukasov = **Solanum chacoense** Bitter subsp. **chacoense**
Ref.: Morton, 1976.

Solanum gaudichaudii Dunal var. *pyrethrifolium* (Griseb.) Kuntze = **Solanum triflorum** Nutt.
Ref.: Hunziker, 1989.

[Solanum gemellum Mart. ex Sendtn. var. racemiforme Witasek]
Ref.: Morton, 1976.
Nota: Cita dudosa para la flora argentina.

Solanum geminifolium Schltdl. = **Solanum schlechtendalianum** Walp.
Ref.: Morton, 1976.

Solanum gibberulosum Juz. & Bukasov = **Solanum chacoense** Bitter subsp. **chacoense**
Ref.: Morton, 1976.

Solanum gigantophyllum Bitter = **Solanum microdontum** Bitter subsp. **gigantophyllum** (Bitter) Hawkes & Hjert.
Ref.: Morton, 1976; Cabrera, 1983.

Solanum glaberrimum C.V. Morton
Ref.: Morton, 1976.
Hábito: Hierba.
Status: Endémica.
Elevación: 1000-1500 m.
Prov.: LR.
Ejemplar citado: *Covas 1235** (holotipo, GH).

Solanum glanduliferum Hawkes = **Solanum infundibuliforme** Phil.
Ref.: Morton, 1976.

Solanum glandulosipilosum Bitter
Sin.: *Solanum adenochlamys* Bitter
Ref.: Morton, 1976.
Hábito: Hierba.
Status: Endémica.
Elevación: 500-2000 m.
Prov.: CA, SA, TU.
Ejemplar examinado: *Venturi 245* (BA, LIL, SI).

Solanum glaucophyllum Desf.
Sin.: *Solanum glaucum* Bertol., hom. illeg., *Solanum glaucum* Dunal, *Solanum malacoxylon* Sendtn., *Solanum malacoxylon* Sendtn. var. *albo-marginatum* Chodat, *Solanum malacoxylon* Sendtn. var. *angustissimum* Kuntze, *Solanum malacoxylon* Sendtn. var. *genuinum* Hassl., nom. inval., *Solanum malacoxylon* Sendtn. var. *latifolium* Kuntze, *Solanum malacoxylon* Sendtn. var. *subvirescens* Hassl., *Solanum melanoxylon* Sendtn., *Solanum pulverulentum* auct. non Pers.
Ref.: Morton, 1976; Cabrera, 1979, 1983.
Hábito: Arbusto o árbol.
Status: Nativa.
Elevación: 0-1000 m.
Prov.: BA, CH, CO, COR, ER, FO, MI, SA, SF, TU.
Paises limítrofes: BR, PA, UR.
Ejemplar examinado: *Burkart 5120* (SI).

Solanum glaucum Bertol., hom. illeg. = **Solanum glaucophyllum** Desf.
Ref.: Cabrera, 1979, 1983.

Solanum glaucum Dunal = **Solanum glaucophyllum** Desf.
Ref.: Morton, 1976.

Solanum gonatotrichum Bitter
Ref.: Morton, 1976; Cabrera, 1983.
Hábito: Hierba.
Status: Nativa.
Elevación: 0-1500 m.
Prov.: JU, SA.
Paises limítrofes: BO.
Ejemplar examinado: *Fiebrig 2732* (isotipo, SI).

Solanum gourlayi Hawkes
Sin.: *Solanum leptophyes* Bitter f. *gourlayi* (Hawkes) Correll
Ref.: Morton, 1976; Cabrera, 1983; Clausen & Crisci, 1989.
Hábito: Hierba.
Status: Endémica.
Elevación: 2500-4000 m.
Prov.: JU, SA.
Ejemplar examinado: *Sleumer 3748* (SI).

Solanum gracile Dunal var. *microphyllum* Dunal = **Solanum sublobatum** Willd.
Ref.: Edmonds, 1972; Morton, 1976.

Solanum gracile Dunal, hom. illeg. = **Solanum chenopodioides** Lam.
Ref.: Morton, 1976; Cabrera, 1983.

Solanum gracilius Herter = **Solanum chenopodioides** Lam.
Ref.: Morton, 1976; Cabrera, 1983.

Solanum gracillimum Sendtn.
Sin.: *Atropa hirtella* Spreng., *Solanum hirtellum* (Spreng.) Hassl.
Ref.: Morton, 1976.
Hábito: Arbusto.
Status: Nativa.
Elevación: 0-500 m.
Prov.: MI.
Paises limítrofes: BR, PA.
Ejemplar examinado: *Montes 1796* (SI).

Solanum grandidentatum Phil. = **Solanum fragile** Wedd.
Ref.: Edmonds, 1972.

Solanum granulosum-leprosum Dunal
Sin.: *Solanum auriculatum* auct. non Aiton, *Solanum verbascifolium* L. f. *granuloso-leprosum* (Dunal) Hassl.
Ref.: Roe, 1972; Morton, 1976; Cabrera, 1979.
Hábito: Arbusto o árbol.
Status: Nativa.
Elevación: 0-500 m.
Prov.: BA, CH, COR, ER, FO, MI, SF.
Paises limítrofes: BR, PA, UR.
Ejemplar examinado: *Schwartz 476* (LIL).

Solanum grossum C.V. Morton
Sin.: *Solanum paraneurotrichum* Bitter, nom. nud.
Ref.: Morton, 1976; Cabrera, 1983.
Hábito: Arbusto o arbolito.
Status: Endémica.
Elevación: 1000-2500 m.
Prov.: CA, JU, SA, TU.
Ejemplar examinado: *Cabrera y Fabris 21083* (LP, SI).

Solanum guaraniticum Hassl. var. *angustisectum* Hassl. = **Solanum chacoense** Bitter subsp. **chacoense**
Ref.: Morton, 1976.

Solanum guaraniticum Hassl. var. *latisectum* Hassl. f. *pilosulum* Hassl. = **Solanum commersonii** Dunal ex Poir. subsp. **malmeanum** (Bitter) Hawkes & Hjert.
Ref.: Morton, 1976.

Solanum guaraniticum Hassl., hom. illeg. = **Solanum chacoense** Bitter subsp. **chacoense**
Ref.: Morton, 1976; Cabrera, 1983.

Solanum haarupii Bitter = **Solanum atriplicifolium** Gillies
Ref.: Morton, 1976.

Solanum handelianum Morong = **Solanum amygdalifolium** Steud.
Ref.: Morton, 1976; Cabrera, 1983.

Solanum hasslerianum Chodat
Sin.: *Solanum balansae* Hassl., *Solanum balansae* Hassl. var. *lyratifidum* Hassl., *Solanum brownii* Chodat, hom. illeg., *Solanum hasslerianum* Chodat var. *ambiguum* Hassl., *Solanum hasslerianum* Chodat var. *horridum* Chodat & Hassl.
Ref.: Morton, 1976.
Hábito: Subarbusto.
Status: Nativa.
Elevación: 0-500 m.
Prov.: COR, MI.
Paises limítrofes: PA.
Ejemplar examinado: *Rodríguez 197* (BA, LIL, SI).

Solanum hasslerianum Chodat var. *ambiguum* Hassl. = **Solanum hasslerianum** Chodat
Ref.: Morton, 1976.

Solanum hasslerianum Chodat var. *horridum* Chodat & Hassl. = **Solanum hasslerianum** Chodat
Ref.: Morton, 1976.

Solanum hastatilobum Bitter subsp. **brachyphyllum** Bitter
Ref.: Morton, 1976.
Hábito: Hierba.
Status: Endémica.
Elevación: 1500-2000 m.
Prov.: SJ.
Ejemplar examinado: *Kurtz 9533* (CORD).

Solanum hastatilobum Bitter subsp. **hastatilobum**
Ref.: Morton, 1976.
Hábito: Hierba.
Status: Endémica.
Elevación: 1000-1500 m.
Prov.: CA, CO, LR, SL.
Ejemplar examinado: *Galander s.n.* (isotipo, CORD).

Solanum hauthali Bitter
Ref.: Cabrera, 1983.
Hábito: Subarbusto.
Status: Nativa.
Elevación: 3000-3500 m.
Prov.: JU.
Paises limítrofes: BO.
Ejemplar examinado: *Cabrera et al. 21489* (LP, SI).

Solanum henryi Bukasov & Lechn. = **Solanum commersonii** Dunal ex Poir. subsp. **commersonii**
Ref.: Morton, 1976.

Solanum hibiscifolium Rusby = **Solanum abutiloides** (Griseb.) Bitter & Lillo
Ref.: Roe, 1972.

Solanum hieronymii Kuntze
Sin.: *Solanum montanum* auct. non Ruiz & Pav., *Solanum pocote* Hieron. ex Millán
Ref.: Morton, 1976; Cabrera, 1979, 1983.
Hábito: Hierba.
Status: Nativa.
Elevación: 0-3500 m.
Prov.: CA, CO, ER, FO, JU, LR, SA, SE, SL, TU.
Paises limítrofes: BO.
Ejemplar examinado: *Venturi 2413* (BA, LIL, SI).

Solanum higueranum Cárdenas = **Solanum microdontum** Bitter subsp. **microdontum**
Ref.: Morton, 1976.

Solanum hirtellum (Spreng.) Hassl. = **Solanum gracillimum** Sendtn.
Ref.: Morton, 1976.

Solanum horovitzii Bukasov = **Solanum chacoense** Bitter subsp. **chacoense**
Ref.: Morton, 1976; Cabrera, 1983.

Solanum horovitzii Bukasov var. *glabristylum* Hawkes, nom. nud. = **Solanum chacoense** Bitter subsp. **chacoense**
Ref.: Morton, 1976.

Solanum horovitzii Bukasov var. *multijugum* Hawkes = **Solanum chacoense** Bitter subsp. **chacoense**
Ref.: Morton, 1976.

Solanum huayavillense Del Vitto & Petenatti
Sin.: *Solanum pachyantherum* Bitter, hom. illeg.
Ref.: Del Vitto & Petenatti, 1995.
Hábito: Subarbusto.
Status: Nativa.
Elevación: 1000-2000 m.
Prov.: JU, TU.
Paises limítrofes: BO.
Ejemplar examinado: *Cabrera et al. 25640* (LP, SI).

Solanum hyosiamoides Bitter = [Solanum sinuatiexisum Bitter]

Solanum improvidum Brücher = **Solanum kurtzianum** Bitter & Wittm.
Ref.: Hawkes & Hjerting, 1969.

Solanum inaequale Vell.
Sin.: *Pionandra flagrans* (Ten.) Miers, *Solanum flagrans* Ten., *Solanum ramosissimum* Dunal
Ref.: Morton, 1976.
Hábito: Arbusto o arbolito.
Status: Nativa.
Elevación: 0-500 m.
Prov.: COR, MI.
Paises limítrofes: BR, PA.
Ejemplar examinado: *Montes 318* (LIL).

Solanum incamayoense K.A. Okada & A.M. Clausen
Ref.: Clausen & Crisci, 1989.
Hábito: Hierba.
Status: Endémica.
Prov.: SA.
Ejemplar examinado: *Okada 4857* (BAL).

Solanum incisum Griseb. var. **incisum**
Ref.: Morton, 1976; Cabrera, 1983.
Hábito: Subarbusto.
Status: Endémica.
Elevación: 1500-2500 m.
Prov.: CA, CO, JU, SL.
Ejemplar examinado: *Hieronymus 220* (isotipo, CORD).

Solanum incisum Griseb. var. **paucilobatum** C.V. Morton
Ref.: Morton, 1976.
Hábito: Subarbusto.
Status: Endémica.
Elevación: 2000-2500 m.
Prov.: CA, CO, TU.
Ejemplar examinado: *Schreiter 10595* (LIL).

Solanum incisum Griseb. var. **septato-pilosum** C.V. Morton
Ref.: Morton, 1976.
Hábito: Subarbusto.
Status: Endémica.
Elevación: 1500-2000 m.
Prov.: CA.
Ejemplar examinado: *Vervoorst 2375* (isotipo, LIL).

Solanum incisum Griseb. var. **tenuisectum** (Kuntze) Bitter
Sin.: *Solanum tenuisectum* Kuntze
Ref.: Morton, 1976.
Hábito: Subarbusto.
Status: Endémica.
Elevación: 0-500 m.
Prov.: SL.
Ejemplar citado: *Kuntze s.n.* * (holotipo, NY).

Solanum incurvipilum Bitter
Ref.: Morton, 1976.
Hábito: Arbusto.
Status: Endémica.
Elevación: 2000-3000 m.
Prov.: SA.
Ejemplar examinado: *Kurtz 12512* (isotipo, CORD).

Solanum infundibuliforme Phil.
Sin.: *Solanum glanduliferum* Hawkes, *Solanum infundibuliforme* Phil. var. *angustepinnatum* Bitter, *Solanum microphyllum* Hawkes, hom. illeg., *Solanum pinnatifidum* Cárdenas, hom. illeg., *Solanum platypterum* Hawkes, *Solanum xerophyllum* Hawkes
Ref.: Morton, 1976; Cabrera, 1983.
Hábito: Hierba.
Status: Nativa.
Elevación: 2000-4000 m.
Prov.: JU, SA.
Paises limítrofes: BO, CH.
Ejemplar examinado: *Schreiter 11198* (SI).

Solanum infundibuliforme Phil. var. *angustepinnatum* Bitter = **Solanum infundibuliforme** Phil.
Ref.: Morton, 1976.

Solanum ipecacuanha Chodat = **Solanum tucumanense** Griseb.
Ref.: Morton, 1976.

Solanum ipecacuanha Chodat var. *calvescens* Chodat = **Solanum tucumanense** Griseb.
Ref.: Morton, 1976.

Solanum ipecacuanha Chodat var. *obovata* Chodat = **Solanum tucumanense** Griseb.
Ref.: Morton, 1976.

Solanum ipomoea Sendtn. var. *ipomoeoides* (Chodat & Hassl.) Hassl. = **Solanum ipomoeoides** Chodat & Hassl.
Ref.: Morton, 1976.

Solanum ipomoeoides Chodat & Hassl.
Sin.: *Solanum ipomoea* Sendtn. var. *ipomoeoides* (Chodat & Hassl.) Hassl.
Ref.: Morton, 1976; Cabrera, 1979, 1983.
Hábito: Subarbusto.
Status: Nativa.
Elevación: 0-1000 m.
Prov.: CH, ER, FO, JU, SA.
Paises limítrofes: PA.
Ejemplar examinado: *Venturi 5588* (SI).

Solanum isabellii Dunal = **Solanum sublobatum** Willd.
Ref.: Edmonds, 1972.

Solanum itatiaiae Glaz. ex Edmonds
Ref.: Edmonds, 1972.
Hábito: Hierba.
Status: Nativa.
Paises limítrofes: BO, BR.
Nota: Mencionada para Argentina sin citar material de herbario.

Solanum jasminifolium auct. non Sendtn. = **Solanum angustifidum** Bitter
Ref.: Morton, 1976.

Solanum jasminoides Paxton
Ref.: Morton, 1976; Cabrera, 1963.
Hábito: Hierba o enredadera.
Status: Nativa.
Elevación: 0-500 m.
Prov.: BA.
Paises limítrofes: BR.
Ejemplar examinado: *Hicken 23130* (SI).

Solanum johannae Bitter
Ref.: Eskuche, 1989.
Hábito: Arbusto.
Status: Nativa.
Elevación: 0-500 m.
Prov.: MI.
Paises limítrofes: BR.
Ejemplar examinado: *Klein y Eskuche 9058* (CTESN).

Solanum juanense Wittm. ex Hawkes & Hjert. = **Solanum kurtzianum** Bitter & Wittm.
Ref.: Morton, 1976.

Solanum juciri Mart. ex Sendtn. = **Solanum alternato-pinnatum** Steud.
Ref.: Schinini & López, 1997.

Solanum juciri Mart. ex Sendtn. f. *paraguariense* Hassl. = **Solanum alternato-pinnatum** Steud.
Ref.: Schinini & López, 1997.

Solanum jujuyense Hawkes = **Solanum chacoense** Bitter subsp. **chacoense**
Ref.: Morton, 1976; Cabrera, 1983.

Solanum juncalense Reiche subsp. **aconcaguae** Bitter
Ref.: Morton, 1976.
Hábito: Hierba.
Status: Endémica.
Elevación: 1500-3000 m.
Prov.: ME, SJ.
Ejemplar examinado: *Boelcke et al. 9925* (BAB, SI).

Solanum juncalense Reiche subsp. **juncalense**
Ref.: Morton, 1976.
Hábito: Hierba.
Status: Nativa.
Elevación: 1500-3000 m.
Prov.: ME.
Paises limítrofes: CH.
Ejemplar examinado: *Boelcke et al. 10112* (BAB, SI).

Solanum juvenale Thell.
Sin.: *Solanum meloncillo* Parodi
Ref.: Morton, 1976; Cabrera, 1979.
Hábito: Hierba.
Status: Nativa.
Elevación: 0-500 m.
Prov.: BA, CO, ER, LP, SE, SF, SL, TU.
Paises limítrofes: UR.
Ejemplar examinado: *Cabrera 2001* (LP).

Solanum kieslingii Cabrera
Ref.: Cabrera, 1983.
Hábito: Arbusto.
Status: Endémica.
Elevación: 1000-2000 m.
Prov.: JU.
Ejemplar examinado: *Kiesling et al. 1525* (holotipo, SI).

Solanum knappei Juz. & Bukasov = **Solanum chacoense** Bitter subsp. **chacoense**
Ref.: Morton, 1976.

Solanum kurtzianum Bitter & Wittm.
Sin.: *Solanum commersonii* Dunal var. *glanduloso-pubescens* Hook. f., *Solanum commersonii* Dunal var. *pilosiusculum* Hook. f., *Solanum improvidum* Brücher, *Solanum juanense* Wittm. ex Hawkes & Hjert., *Solanum macolae* Bukasov, *Solanum velascanum* Bitter & Wittm.
Ref.: Morton, 1976; Hawkes & Hjerting, 1979.
Hábito: Hierba.
Status: Endémica.
Elevación: 500-2500 m.
Prov.: CA, LR, ME, SJ.
Ejemplar examinado: *Flossdorf 57* (SI).

Solanum laplaticum Bukasov = **Solanum chacoense** Bitter subsp. **chacoense**
Ref.: Morton, 1976.

[Solanum laxum Spreng.]
Nota: Especie excluida de la flora argentina.

Solanum ledesmense Cabrera
Ref.: Cabrera, 1983.
Hábito: Hierba.
Status: Endémica.
Elevación: 0-500 m.
Prov.: JU, SA.
Ejemplar examinado: *Fabris et al. 3006* (holotipo, LP).

[Solanum lepidotum Dunal]
Sin.: *Solanum citrifolium* Willd. ex Roem. & Schult., *Solanum citrifolium* Willd. ex Roem. & Schult. var. *typicum* Hassl., nom. inval.
Nota: Especie excluida de la flora argentina.

Solanum leprosum Ortega = **Solanum elaeagnifolium** Cav.
Ref.: Cabrera, 1983.

Solanum leptophyes Bitter
Ref.: Correll, 1962.
Hábito: Hierba.
Status: Nativa.
Elevación: 3000-4000 m.
Prov.: CA, JU, SA.
Paises limítrofes: BO.
Ejemplar citado: *Correll et al. A668** (MO).

Solanum leptophyes Bitter f. *gourlayi* (Hawkes) Correll = **Solanum gourlayi** Hawkes
Ref.: Morton, 1976; Cabrera, 1983.

Solanum leptostigma Juz. = **Solanum tuberosum** L. subsp. **tuberosum**
Ref.: Hawkes, 1990.

[Solanum leucodendron Sendtn.]
Sin.: *Solanum citrifolium* Willd. ex Roem. & Schult. var. *leucodendron* (Sendtn.) Hassl.
Nota: Especie excluida de la flora argentina.

Solanum ligustrinum Lodd.
Ref.: Morton, 1976.
Hábito: Arbusto.
Status: Nativa.
Elevación: 1000-1500 m.
Prov.: NE.
Paises limítrofes: CH.
Ejemplar examinado: *Boelcke et al. 10786* (BAB).

Solanum lorentzii Bitter
Sin.: *Solanum cymosum* auct. non Ruiz & Pav., *Solanum filiforme* Ruiz & Pav. var. *lanceolatum* Kuntze, *Solanum filiforme* Ruiz & Pav. var. *subdentatum* Kuntze, *Solanum lorentzii* Bitter var. *tucumanicum* Bitter, *Solanum nigrum* L. var. *frutescens* auct. non A. Br., *Solanum polystrichostylum* Bitter var. *lorentzii* (Bitter) Edmonds
Ref.: Edmonds, 1972; Morton, 1976; Cabrera, 1983.
Hábito: Arbusto.
Status: Nativa.
Elevación: 500-2500 m.
Prov.: CA, JU, LR, SA, SE, TU.
Paises limítrofes: BO, PA.
Ejemplar examinado: *Venturi 5064* (SI).

Solanum lorentzii Bitter var. *montigenum* C.V. Morton = **Solanum montigenum** (C.V. Morton) Cabrera
Ref.: Cabrera, 1983.

Solanum lorentzii Bitter var. *tucumanicum* Bitter = **Solanum lorentzii** Bitter
Ref.: Morton, 1976; Cabrera, 1983.

[Solanum luteo-album Pers.]
Sin.: *Solanum foetidum* Ruiz & Pav.
Ref.: D'Arcy, 1993.
Nota: Especie excluida de la flora argentina.

Solanum lyciiforme Dammer = **Lycianthes lycioides** (L.) Hassl.
Ref.: Barboza & Hunziker, 1992.

Solanum lycioides L. = **Lycianthes lycioides** (L.) Hassl.
Ref.: Barboza & Hunziker, 1992.

Solanum lycioides L. var. *parvifolium* Wedd. = **Lycianthes lycioides** (L.) Hassl.
Ref.: Barboza & Hunziker, 1992.

Solanum macolae Bukasov = **Solanum kurtzianum** Bitter & Wittm.
Ref.: Morton, 1976.

Solanum maglia Schltdl.
Sin.: *Solanum collinum* Dunal
Ref.: Morton, 1976.
Hábito: Hierba.
Status: Nativa.
Elevación: 500-1000 m.
Prov.: ME.
Paises limítrofes: CH.
Ejemplar examinado: *Ruiz Leal 10470* (MERL, LIL).

Solanum maglia Schltdl. var. *chubutense* Bitter = **Solanum tuberosum** L. subsp. **tuberosum**
Ref.: Hawkes & Hjerting, 1969.

Solanum maglia Schltdl. var. *guaytecarum* Bitter = **Solanum tuberosum** L. subsp. **tuberosum**
Ref.: Hawkes & Hjerting, 1969.

Solanum maglia Schltdl. subsp. *meridionale* Bitter = **Solanum tuberosum** L. subsp. **tuberosum**
Ref.: Hawkes & Hjerting, 1969; Hawkes, 1990.

Solanum malacoxylon Sendtn. = **Solanum glaucophyllum** Desf.
Ref.: Morton, 1976.

Solanum malacoxylon Sendtn. var. *albo-marginatum* Chodat = **Solanum glaucophyllum** Desf.
Ref.: Morton, 1976.

Solanum malacoxylon Sendtn. var. *angustissimum* Kuntze = **Solanum glaucophyllum** Desf.
Ref.: Morton, 1976.

Solanum malacoxylon Sendtn. var. *genuinum* Hassl., nom. inval. = **Solanum glaucophyllum** Desf.
Ref.: Morton, 1976.

Solanum malacoxylon Sendtn. var. *latifolium* Kuntze = **Solanum glaucophyllum** Desf.
Ref.: Morton, 1976; Cabrera, 1983.

Solanum malacoxylon Sendtn. var. *subvirescens* Hassl. = **Solanum glaucophyllum** Desf.
Ref.: Morton, 1976.

Solanum malmeanum Bitter = **Solanum commersonii** Dunal ex Poir. subsp. **malmeanum** (Bitter) Hawkes & Hjert.
Ref.: Morton, 1976; Cabrera, 1979.

[Solanum maritimum Meyen ex Nees]
Nota: Cita dudosa para la flora argentina.

Solanum mauritianum Scop.
Sin.: *Solanum auriculatum* Aiton, *Solanum tabacifolium* Vell., *Solanum verbascifolium* L. var. *auriculatum* (Aiton) Kuntze
Ref.: Roe, 1972; Morton, 1976.
Hábito: Arbusto o árbol.
Status: Nativa.
Elevación: 0-500 m.
Prov.: BA.
Paises limítrofes: BR, UR.
Ejemplar citado: *Parker s.n.** (GH).

Solanum mechonguense Bukasov = **Solanum commersonii** Dunal ex Poir. subsp. **commersonii**
Ref.: Morton, 1976.

Solanum megalocarpon C.V. Morton
Ref.: Morton, 1976.
Hábito: Arbusto o arbolito.
Status: Endémica.
Elevación: 0-500 m.
Prov.: CH, COR, FO, MI.
Ejemplar examinado: *Joergensen 2218* (SI).

Solanum megistacrolobum Bitter
Sin.: *Solanum alticola* Bitter, *Solanum alticola* Bitter var. *xanthotrichum* Hawkes, *Solanum tilcarense* Hawkes
Ref.: Morton, 1976; Cabrera, 1983.
Hábito: Hierba.
Status: Nativa.
Elevación: 3500-4000 m.
Prov.: JU, SA.
Paises limítrofes: BO.
Ejemplar examinado: *Fiebrig 2618* (isotipo, SI).

Solanum meizonanthum Bitter = **Solanum tweedianum** Hook.
Ref.: Morton, 1976; Cabrera, 1979.

Solanum melanoxylon Sendtn. = **Solanum glaucophyllum** Desf.
Ref.: Morton, 1976.

Solanum meloncillo Parodi = **Solanum juvenale** Thell.
Ref.: Morton, 1976; Cabrera, 1979.

Solanum mendocinum Phil. = **Solanum triflorum** Nutt.
Ref.: Hunziker, 1989.

Solanum mercedense Bukasov = **Solanum commersonii** Dunal ex Poir. subsp. **commersonii**
Ref.: Morton, 1976.

Solanum metarsium C.V. Morton
Sin.: *Solanum pulchellum* Phil., hom. illeg.
Ref.: Morton, 1976; Cabrera, 1983.
Hábito: Hierba.
Status: Nativa.
Elevación: 2000-3500 m.
Prov.: CA, JU, SA.
Paises limítrofes: CH.
Ejemplar examinado: *Cabrera et al. 31825* (SI).

Solanum micrantherum Cabrera
Ref.: Cabrera, 1983; Barboza & Hunziker, 1991.
Hábito: Hierba.
Status: Endémica.
Elevación: 2000-3500 m.
Prov.: CA, JU, TU.
Ejemplar examinado: *Joergensen 978* (holotipo, SI).

Solanum microdontum Bitter subsp. **gigantophyllum** (Bitter) Hawkes & Hjert.
Sin.: *Solanum gigantophyllum* Bitter, *Solanum simplicifolium* Bitter, *Solanum simplicifolium* Bitter var. *gigantophyllum* (Bitter) Bitter, *Solanum simplicifolium* Bitter var. *metriophyllum* Bitter, *Solanum simplicifolium* Bitter var. *mollifrons* Bitter, *Solanum simplicifolium* Bitter var. *trimerophyllum* Bitter, *Solanum simplicifolium* Bitter var. *variabilis* Brücher & H. Ross, *Solanum tafiense* Lillo ex Hawkes & Hjert., nom. nud.
Ref.: Morton, 1976; Cabrera, 1983.
Hábito: Hierba.
Status: Nativa.
Elevación: 1000-2000 m.
Prov.: CA, JU, SA, TU.
Paises limítrofes: BO.
Ejemplar examinado: *Cabrera 22386* (SI).

Solanum microdontum Bitter subsp. **microdontum**
Sin.: *Solanum bijugum* Bitter, *Solanum cevallos-tovarii* Cárdenas, *Solanum higueranum* Cárdenas, *Solanum simplicifolium* Bitter subsp. *microdontum* (Bitter) Hawkes
Ref.: Morton, 1976; Cabrera, 1983.
Hábito: Hierba.
Status: Nativa.
Elevación: 1500-3000 m.
Prov.: JU, SA.
Paises limítrofes: BO.
Ejemplar examinado: *Fiebrig 2498* (isotipo, SI).

Solanum microphyllum Hawkes, hom. illeg. = **Solanum infundibuliforme** Phil.
Ref.: Morton, 1976.

Solanum millanii Bukasov & Lechn. = **Solanum commersonii** Dunal ex Poir. subsp. **malmeanum** (Bitter) Hawkes & Hjert.
Ref.: Morton, 1976.

Solanum molinae Juz. = **Solanum tuberosum** L. subsp. **tuberosum**
Ref.: Hawkes & Hjerting, 1969; Hawkes, 1990.

Solanum montanum auct. non Ruiz & Pav. = **Solanum hieronymii** Kuntze
Ref.: Morton, 1976; Cabrera, 1979.

[Solanum montanum L.]
Nota: Especie excluida de la flora argentina.

Solanum montigenum (C.V. Morton) Cabrera
Sin.: *Solanum lorentzii* Bitter var. *montigenum* C.V. Morton
Ref.: Morton, 1976; Cabrera, 1983.
Hábito: Arbusto.
Status: Endémica.
Elevación: 500-3500 m.
Prov.: CA, JU, TU.
Ejemplar examinado: *Venturi 4760* (isotipo, LP, SI).

Solanum mortonii Hunz.
Ref.: Hunziker, 1979.
Hábito: Arbusto.
Status: Endémica.
Elevación: 500-1000 m.
Prov.: CA.
Ejemplar examinado: *A.T. Hunziker y Subils 22764* (holotipo, CORD).

Solanum muelleri Bitter = **Solanum chacoense** Bitter subsp. **muelleri** (Bitter) Hawkes
Ref.: Morton, 1976.

Solanum muelleri Bitter f. *densipilosum* Correll = **Solanum chacoense** Bitter subsp. **muelleri** (Bitter) Hawkes
Ref.: Morton, 1976.

Solanum multispinum N.E. Br.
Ref.: Morton, 1976; Cabrera, 1983.
Hábito: Hierba.
Status: Nativa.
Elevación: 0-500 m.
Prov.: FO, JU, SF.
Paises limítrofes: PA.
Ejemplar examinado: *Joergensen 2217* (BA, SI).

Solanum muticum N.E. Br. = **Lycianthes rantonnei** (Carrière) Bitter
Ref.: Barboza & Hunziker, 1992.

Solanum myriadenium Bitter = **Solanum fragile** Wedd.
Ref.: Cabrera, 1983.

Solanum neorossii Hawkes & Hjert.
Ref.: Hawkes & Hjerting, 1983.
Hábito: Hierba.
Status: Endémica.
Elevación: 3000-3500 m.
Prov.: JU, SA.
Ejemplar citado: *Hawkes et al. 3878** (holotipo, K).

Solanum nicandricalyx Cabrera
Ref.: Morton, 1976; Cabrera, 1983; Barboza & Hunziker, 1991.
Hábito: Hierba.
Status: Nativa.
Elevación: 3000-3500 m.
Prov.: JU.
Paises limítrofes: BO.
Ejemplar examinado: *Cabrera y Hernández 14026* (holotipo, LP).

[Solanum nigrescens M. Martens & Galeotti]
Nota: Especie excluida de la flora argentina.

[Solanum nigrum L.]
Ref.: Morton, 1976; Cabrera, 1979.
Nota: Especie excluida de la flora argentina.

Solanum nigrum L. var. *americanum* (Mill.) O.E. Schulz = [Solanum americanum Mill.]
Ref.: Morton, 1976.

Solanum nigrum L. var. *frutescens* auct. non A. Br. = **Solanum sublobatum** Willd.

Solanum nigrum L. var. *frutescens* auct. non A. Br. = **Solanum lorentzii** Bitter

Solanum nigrum L. var. *humile* auct. non Bernh. = **Solanum pygmaeum** Cav. var. **pygmaeum**

Solanum nigrum L. var. *humile* auct. non Bernh. = **Solanum tripartitum** Dunal

[Solanum nigrum L. var. miniatum Bernh.]
Nota: Taxón dudoso.

Solanum nigrum L. var. *pilcomayense* (Morong) Chodat = **Solanum pilcomayense** Morong var. **pilcomayense**
Ref.: Morton, 1976.

Solanum nigrum L. var. *virginicum* L. = [Solanum americanum Mill.]
Ref.: Morton, 1976.

Solanum nigrum L. subsp. *chacoense* Hassl. = **Solanum pilcomayense** Morong var. **pilcomayense**
Ref.: Morton, 1976.

Solanum nigrum L. subsp. *chacoense* Hassl. var. *genuinum* Hassl., = **Solanum pilcomayense** Morong var. **pilcomayense**
Ref.: Morton, 1976.*Solanum nigrum* L. subsp. *chacoense* Hassl. var. *genuinum* Hassl. f. *floribundum* Hassl. = **Solanum pilcomayense** Morong var. **pilcomayense**
Ref.: Morton, 1976.

Solanum nigrum L. subsp. *chacoense* Hassl. var. *subhastatum* Hassl. f. *longepetiolatum* Hassl. = **Solanum pilcomayense** Morong var. **pilcomayense**
Ref.: Morton, 1976.

Solanum nitidibaccatum Bitter
Sin.: *Solanum patagonicum* C.V. Morton, *Solanum physalifolium* Rusby var. *nitidibaccatum* (Bitter) Edmonds
Ref.: Morton, 1976; Cabrera, 1979; Del Vitto & Petenatti, 1991.
Hábito: Hierba.
Status: Nativa.
Elevación: 0-2500 m.
Prov.: BA, CHU, ER, ME, NE, RN, SC, SJ, SL.
Paises limítrofes: CH.
Ejemplar examinado: *Krapovickas 2144* (LIL).

Solanum nitidum auct. non Ruiz & Pav. = **Solanum argentinum** Bitter & Lillo
Ref.: Morton, 1976.

Solanum nodiflorum Jacq. = [Solanum americanum Mill.]
Ref.: D'Arcy, 1993.

Solanum oblongum auct. non Ruiz & Pav. = **Solanum trichoneuron** Lillo
Ref.: Morton, 1976.

Solanum oceanicum Brücher = **Solanum tuberosum** L. subsp. **tuberosum**
Ref.: Hawkes, 1990.

[Solanum ochranthum Dunal]
Ref.: Correll, 1962.
Nota: Especie excluida de la flora argentina.

Solanum odoriferum Vell.
Sin.: *Solanum pachyantherum* Witasek
Ref.: Morton, 1976.
Hábito: Enredadera.
Status: Nativa.
Elevación: 0-500 m.
Prov.: MI.
Paises limítrofes: BR.
Ejemplar citado: *Ekman 1975** (NY).

Solanum ohrondii Carrière = **Solanum commersonii** Dunal ex Poir. subsp. **commersonii**
Ref.: Morton, 1976.

Solanum okadae Hawkes & Hjert.
Ref.: Hawkes & Hjerting, 1983.
Hábito: Hierba.
Status: Nativa.
Prov.: JU, SA.
Paises limítrofes: BO.
Ejemplar citado: *Hawkes et al. 6727** (holotipo, K).

Solanum oleraceum Dunal = [Solanum americanum Mill.]
Ref.: Morton, 1976.

Solanum oleraceum Vell., hom. illeg. = **Solanum alternato-pinnatum** Steud.
Ref.: Schinini & López, 1997.

Solanum oplocense Hawkes
Sin.: *Solanum subandigenum* Hawkes var. *camarguense* Chodat
Ref.: Morton, 1976; Cabrera, 1983.
Hábito: Hierba.
Status: Nativa.
Elevación: 2500-4000 m.
Prov.: JU.
Paises limítrofes: BO.
Ejemplar citado: *Correll et al. A 666** (K).

Solanum oranense Bitter = **Solanum caesium** Griseb.
Ref.: Morton, 1976; Cabrera, 1983.

Solanum ottonis Hyl. = **Solanum chenopodioides** Lam.
Ref.: Morton, 1976; Cabrera, 1983.

Solanum pachyantherum Bitter, hom. illeg. = **Solanum huayavillense** Del Vitto & Petenatti
Ref.: Del Vitto & Petenatii, 1995.

Solanum pachyantherum Witasek = **Solanum odoriferum** Vell.
Ref.: Morton, 1976.

Solanum palitans C.V. Morton
Ref.: Morton, 1976; Cabrera, 1983.
Hábito: Hierba.
Status: Endémica.
Elevación: 500-3000 m.
Prov.: BA, CA, CO, JU, SA, TU.
Ejemplar examinado: *Venturi 159* (isotipos, BA, LIL, LP, SI).

Solanum palustre Poepp. var. *glabrescens* Walp. = **Solanum brevidens** Phil.
Ref.: Morton, 1976.

Solanum paraguariense Chodat = **Solanum villaricense** Morong
Ref.: Morton, 1976.

Solanum paraneurotrichum Bitter, nom. nud. = **Solanum grossum** C.V. Morton
Ref.: Morton, 1976.

Solanum parodii Juz. & Bukasov = **Solanum chacoense** Bitter subsp. **chacoense**
Ref.: Morton, 1976; Cabrera, 1983.

Solanum patagonicum C.V. Morton = **Solanum nitidibaccatum** Bitter
Ref.: Del Vitto & Petenatti, 1991.

Solanum pauciflorum Vahl = **Lycianthes pauciflora** (Vahl) Bitter
Ref.: Benítez & D'Arcy, 1997.

Solanum pavimenti L.B. Sm. & B.J. Downs
Ref.: Morton, 1976.
Hábito: Subarbusto.
Status: Nativa.
Elevación: 0-500 m.
Prov.: MI.
Paises limítrofes: BR.
Ejemplar citado: *Krapovickas et al. 15009** (US).

Solanum pearcei Phil. = **Solanum brevidens** Phil.
Ref.: Morton, 1976.

Solanum pedersenii Cabrera
Ref.: Morton, 1976; Cabrera, 1979.
Hábito: Arbusto o arbolito.
Status: Endémica.
Elevación: 0-500 m.
Prov.: COR, ER.
Ejemplar examinado: *Pedersen 3714* (holotipo, LP).

Solanum pentapetaloides Roxb. = **Solanum ciliatum** Lam.
Ref.: Morton, 1976.

Solanum persicifolium Mart., hom. illeg. = **Solanum amygdalifolium** Steud.
Ref.: Morton, 1976.

Solanum physalidicalyx Bitter
Sin.: *Solanum physalidicalyx* Bitter var. *integrescens* Bitter, *Solanum physalidicalyx* Bitter var. *plurilobulatum* Bitter
Ref.: Morton, 1976; Cabrera, 1983; Barboza & Hunziker, 1991.
Hábito: Hierba.
Status: Endémica.
Elevación: 500-1000 m.
Prov.: CA, CO, JU, LR, SA, SE, SL, TU.
Ejemplar examinado: *Venturi 3855* (SI).

Solanum physalidicalyx Bitter var. *integrescens* Bitter = **Solanum physalidicalyx** Bitter
Ref.: Morton, 1976; Cabrera, 1983.

Solanum physalidicalyx Bitter var. *plurilobulatum* Bitter = **Solanum physalidicalyx** Bitter
Ref.: Morton, 1976; Cabrera, 1983.

Solanum physalifolium Rusby
Ref.: Edmonds, 1986.
Hábito: Hierba.
Status: Nativa.
Prov.: SA.
Paises limítrofes: BO.
Ejemplar citado: *Hawkes et al. 3644**.

Solanum physalifolium Rusby var. *nitidibaccatum* (Bitter) Edmonds = **Solanum nitidibaccatum** Bitter

Solanum pilcomayense Morong var. **pilcomayense**
Sin.: *Solanum basilobum* Bitter, *Solanum nigrum* L. var. *pilcomayense* (Morong) Chodat, *Solanum nigrum* L. subsp. *chacoense* Hassl., *Solanum nigrum* L. subsp. *chacoense* Hassl. var. *genuinum* Hassl., *Solanum nigrum* L. subsp. *chacoense* Hassl. var. *genuinum* Hassl. f. *floribundum* Hassl., *Solanum nigrum* L. subsp. *chacoense* Hassl. var. *subhastatum* Hassl. f. *longepetiolatum* Hassl., *Solanum pulchrilobum* Bitter var. *longepetiolatum* (Hassl.) Parodi
Ref.: Morton, 1976; Cabrera, 1979.
Hábito: Hierba.
Status: Nativa.
Elevación: 0-500 m.
Prov.: BA, CH, COR, ER, FO, SF.
Paises limítrofes: PA.
Ejemplar examinado: *Burkart 8827* (SI).

Solanum pilcomayense Morong var. **vicinum** C.V. Morton
Ref.: Morton, 1976.
Hábito: Hierba.
Status: Endémica.
Elevación: 0-500 m.
Prov.: TU.
Ejemplar examinado: *Venturi 624* (isotipo, SI).

Solanum pinnatifidum Cárdenas, hom. illeg. = **Solanum infundibuliforme** Phil.
Ref.: Morton, 1976; Cabrera, 1983.

Solanum platense Dieckmann
Ref.: Morton, 1976; Cabrera, 1979.
Hábito: Arbusto o subarbusto.
Status: Nativa.
Elevación: 0-500 m.
Prov.: BA, ER.
Paises limítrofes: UR.
Ejemplar examinado: *Hauman s.n.* (lectotipo, SI).

Solanum platypterum Hawkes = **Solanum infundibuliforme** Phil.
Ref.: Morton, 1976.

Solanum pocote Hieron. ex Millán = **Solanum hieronymii** Kuntze
Ref.: Morton, 1976; Cabrera, 1979, 1983.

Solanum polystrichostylum Bitter var. *lorentzii* (Bitter) Edmonds = **Solanum lorentzii** Bitter

Solanum profusum C.V. Morton
Ref.: Morton, 1976; Cabrera, 1983.
Hábito: Hierba.
Status: Endémica.
Elevación: 1000-1500 m.
Prov.: JU.
Ejemplar citado: *Balls 5915** (holotipo, US).

Solanum pseudocapsicum L.
Sin.: *Solanum pseudocapsicum* L. var. *normale* Kuntze, *Solanum pseudocapsicum* L. subsp. *diflorum* (Vell.) Hassl. var. *ambiguum* Hassl., *Solanum? pseudocapsicum* L. var. *parvifolium* Kuntze
Ref.: Morton, 1976; Cabrera, 1979; Barboza & Hunziker, 1991.
Hábito: Arbusto o subarbusto.
Status: Adventicia.
Elevación: 0-500 m.
Prov.: BA, CO, ER, LR, RN, SL.
Paises limítrofes: BR, CH, PA.
Ejemplar examinado: *Burkart 9190* (SI).

Solanum pseudocapsicum L. f. *pilosum* Kuntze = **Solanum diflorum** Vell.
Ref.: Morton, 1976.

Solanum pseudocapsicum L. var. *normale* Kuntze = **Solanum pseudocapsicum** L.
Ref.: Morton, 1976.

Solanum? pseudocapsicum L. var. *parvifolium* Kuntze = **Solanum pseudocapsicum** L.
Ref.: Morton, 1976.

Solanum pseudocapsicum L. var. *typicum* Hassl., nom. inval. = **Solanum diflorum** Vell.
Ref.: Morton, 1976.

Solanum pseudocapsicum L. subsp. *diflorum* (Vell.) Hassl. = **Solanum diflorum** Vell.
Ref.: Morton, 1976; Cabrera, 1979.

Solanum pseudocapsicum L. subsp. *diflorum* (Vell.) Hassl. var. *ambiguum* Hassl. = **Solanum pseudocapsicum** L.
Ref.: Morton, 1976.

Solanum pseudocapsicum L. subsp. *diflorum* (Vell.) Hassl. var. *hygrophilum* (Schltdl.) Hassl. = **Solanum tucumanense** Griseb.
Ref.: Morton, 1976.

Solanum pseudocapsicum L. subsp. *diflorum* (Vell.) Hassl. var. *sendtnerianum* Hassl. = **Solanum diflorum** Vell.
Ref.: Morton, 1976.

Solanum pseudolycioides Chodat & Hassl., hom. illeg. = **Lycianthes pauciflora** (Vahl) Bitter
Ref.: Benítez & D'Arcy, 1997.

Solanum pseudolycioides Rusby = **Lycianthes lycioides** (L.) Hassl.
Ref.: Barboza & Hunziker, 1992.

Solanum pseudostipulatum (Hassl.) Bukasov = **Solanum commersonii** Dunal ex Poir. subsp. **malmeanum** (Bitter) Hawkes & Hjert.
Ref.: Morton, 1976.

Solanum pterocaulon Dunal var. *aguaraquiya* (Piso ex Sendtn.) Dunal = **Solanum sublobatum** Willd.
Ref.: Edmonds, 1972; Morton, 1976.

Solanum pteropodum auct. non Humb. & Bonpl. ex Dunal = **Solanum delitescens** C.V. Morton var. **delitescens**
Ref.: Morton, 1976.

Solanum puberulofructum Correll
Ref.: Correll, 1961.
Hábito: Hierba.
Status: Endémica.
Elevación: 1500-2000 m.
Prov.: CA.
Ejemplar citado: *Sleumer y Vervoorst 2435** (isotipo, US).

Solanum pulchellum Phil., hom. illeg. = **Solanum metarsium** C.V. Morton
Ref.: Morton, 1976; Cabrera, 1983.

Solanum pulchrilobum Bitter var. *longepetiolatum* (Hassl.) Parodi = **Solanum pilcomayense** Morong var. **pilcomayense**
Ref.: Morton, 1976.

Solanum pulchrum Dunal = [Solanum sessile Ruiz & Pav.]
Ref.: Knapp, 1991; D'Arcy, 1993.

Solanum pulverulentum auct. non Pers. = **Solanum glaucophyllum** Desf.

Solanum pulverulentum Pers., hom. illeg. = [Solanum cutervannum Zahlbr.]
Ref.: Knapp, 1989.

Solanum punae Juz. = **Solanum acaule** Bitter subsp. **acaule**
Ref.: D'Arcy, 1993.

Solanum pygmaeum Cav. var. **hastatum** Bontea ex Aellen
Ref.: Cabrera, 1965.
Hábito: Hierba.
Status: Endémica.
Elevación: 0-500 m.
Prov.: BA.
Ejemplar examinado: *Hicken s.n.* (SI).

Solanum pygmaeum Cav. var. **pygmaeum**
Sin.: *Solanum nigrum* L. var. *humile* auct. non Bernh.
Ref.: Cabrera, 1965, 1979; Morton, 1976.
Hábito: Hierba.
Status: Endémica.
Elevación: 0-500 m.
Prov.: BA, CO, ER, ME, SE, SF, SL.
Ejemplar examinado: *Cabrera 10839* (LP).

Solanum pygmaeum Cav. var. **suspensum** C.V. Morton
Ref.: Morton, 1976.
Hábito: Hierba.
Status: Endémica.
Elevación: 0-500 m.
Prov.: CO, SF.
Ejemplar examinado: *Stuckert 4713* (isotipo, CORD).

Solanum pyrethrifolium Griseb. = **Solanum triflorum** Nutt.
Ref.: Hunziker, 1989.

Solanum quadripartitum auct. non Dunal = **Solanum angustifidum** Bitter
Ref.: Morton, 1976.

[Solanum radicans L.]
Ref.: Morton, 1976.
Nota: Especie excluida de la flora argentina.

Solanum ramosissimum Dunal = **Solanum inaequale** Vell.
Ref.: Morton, 1976.

Solanum ramulosum Sendtn.
Ref.: Morton, 1976.
Hábito: Arbusto.
Status: Nativa.
Elevación: 0-500 m.
Prov.: COR, MI.
Paises limítrofes: BR, PA.
Ejemplar examinado: *Burkart 19701* (SI).

Solanum rantonnei Carrière = **Lycianthes rantonnei** (Carrière) Bitter
Ref.: Barboza & Hunziker, 1992.

Solanum ratum C.V. Morton
Ref.: Morton, 1976.
Hábito: Hierba.
Status: Endémica.
Elevación: 0-1000 m.
Prov.: CO.
Ejemplar citado: *Bartlett 20623** (NY, US).

Solanum reductum C.V. Morton
Ref.: Morton, 1976; Cabrera, 1983; Barboza & Hunziker, 1991.
Hábito: Subarbusto.
Status: Endémica.
Elevación: 0-1500 m.
Prov.: CA, JU, LR, SA, SE, TU.
Ejemplar examinado: *Venturi 10179* (isotipo, LIL).

Solanum reflexum Schrank
Sin.: *Solanum viarum* Dunal
Ref.: Morton, 1979; Cabrera, 1979.
Hábito: Arbusto.
Status: Nativa.
Elevación: 0-500 m.
Prov.: CH, COR, ER, FO, MI.
Paises limítrofes: BR, PA, UR.
Ejemplar examinado: *Job 114* (LP).

Solanum restrictum C.V. Morton
Ref.: Morton, 1976.
Hábito: Hierba.
Status: Endémica.
Elevación: 500-1500 m.
Prov.: CO.
Ejemplar citado: *Bartlett 20171** (holotipo, US).

Solanum riojense Bitter
Sin.: *Solanum andicola* C.V. Morton
Ref.: Cabrera, 1983.
Hábito: Hierba.
Status: Endémica.
Elevación: 2000-4000 m.
Prov.: CA, JU, LP, LR, ME, TU.
Ejemplar examinado: *Sleumer 3235* (SI).

Solanum rionegrinum Lechn. = **Solanum commersonii** Dunal ex Poir. subsp. **commersonii**
Ref.: Morton, 1976.

Solanum riparium Pers.
Sin.: *Solanum carnosipes* Rusby, *Solanum dichotomum* Ruiz & Pav., *Solanum verbascifolium* L. var. *caducum* Kuntze
Ref.: Roe, 1972; Morton, 1976; Cabrera, 1983.
Hábito: Arbusto o árbol.
Status: Nativa.
Elevación: 0-1500 m.
Prov.: JU, SA, TU.
Paises limítrofes: BO.
Ejemplar examinado: *Cabrera et al. 27917* (LP).

Solanum robustum H. Wendl.
Sin.: *Solanum alatum* Seem. & K. Schum., hom. illeg., *Solanum concepcionis* Chodat & Hassl., *Solanum robustum* H. Wendl. var. *concepcionis* Hassl., *Solanum robustum* H. Wendl. var. *decurrens* Hassl., *Solanum robustum* H. Wendl. var. *laxepilosum* Hassl., *Solanum robustum* H. Wendl. f. *rupestre* Hassl.
Ref.: Morton, 1976.
Hábito: Arbusto o arbolito.
Status: Nativa.
Elevación: 0-500 m.
Prov.: CH, COR, FO, MI.
Paises limítrofes: BR, PA.
Ejemplar examinado: *Rodríguez 489* (BA, LIL, SI).

Solanum robustum H. Wendl. var. *concepcionis* Hassl. = **Solanum robustum** H. Wendl.
Ref.: Morton, 1976.

Solanum robustum H. Wendl. var. *decurrens* Hassl. = **Solanum robustum** H. Wendl.
Ref.: Morton, 1976.

Solanum robustum H. Wendl. var. *laxepilosum* Hassl. = **Solanum robustum** H. Wendl.
Ref.: Morton, 1976.

Solanum robustum H. Wendl. f. *rupestre* Hassl. = **Solanum robustum** H. Wendl.
Ref.: Morton, 1976.

Solanum ruiz-lealii Brücher
Ref.: Brücher, 1962.
Hábito: Hierba.
Status: Endémica.
Elevación: 0-1000 m.
Prov.: ME.
Ejemplar citado: *Brücher 1200**.

Solanum salamancae Hunz. & Barboza
Ref.: Barboza & Hunziker, 1993.
Hábito: Hierba.
Status: Endémica.
Elevación: 1000-1500 m.
Prov.: SA.
Ejemplar examinado: *Hunziker y Subils 24049* (holotipo, CORD).

Solanum salicifolium Phil.
Ref.: Morton, 1976.
Hábito: Arbusto.
Status: Endémica.
Elevación: 1000-2500 m.
Prov.: LR, ME, SJ.
Ejemplar examinado: *Boelcke et al. 9873* (BAB, SI).

Solanum saltense (Bitter) C.V. Morton, hom. illeg. = **Lycianthes saltensis** Bitter
Ref.: Barboza & Hunziker, 1992.

Solanum saltense Hawkes = **Solanum chacoense** Bitter subsp. **chacoense**
Ref.: Morton, 1976; Cabrera, 1983.

Solanum sanctae-catharinae Dunal
Ref.: Morton, 1976.
Hábito: Arbolito.
Status: Nativa.
Elevación: 0-500 m.
Prov.: MI.
Paises limítrofes: BR, PA.
Ejemplar examinado: *Montes 113* (LIL).

Solanum sanctae-rosae Hawkes
Ref.: Morton, 1976.
Hábito: Hierba.
Status: Endémica.
Elevación: 1500-4000 m.
Prov.: CA, SA, TU.
Ejemplar examinado: *Venturi 4737* (isotipos, BA, LIL, LP, SI).

Solanum sanmartinense Brücher = **Solanum tuberosum** L. subsp. **tuberosum**
Ref.: Hawkes, 1990.

Solanum saponaceum auct. non Dunal = **Solanum consimile** C.V. Morton
Ref.: Morton, 1976.

Solanum saponaceum Dunal var. *uruguense* Griseb. = **Solanum bonariense** L.
Ref.: Morton, 1976.

Solanum saponaceum Hook., hom. illeg. = **Solanum elaeagnifolium** Cav.
Ref.: Morton, 1976; Cabrera, 1983.

Solanum sarachidium Bitter = **Solanum sarrachoides** Sendtn.
Ref.: Edmonds, 1986.

Solanum sarrachoides Sendtn.
Sin.: *Solanum atriplicifolium* Gillies var. *minus* Gillies, *Solanum sarachidium* Bitter, *Solanum sarrachoides* Sendtn. var. *sarachidium* (Bitter) C.V. Morton
Ref.: Cabrera, 1965, 1979; Morton, 1976; Edmonds, 1972, 1986.
Hábito: Hierba.
Status: Nativa.
Elevación: 0-500 m.
Prov.: BA, ER.
Paises limítrofes: BO, BR, CH, PA, UR.
Ejemplar examinado: *Ruiz Huidobro 3524* (LIL).

Solanum sarrachoides Sendtn. var. *sarachidium* (Bitter) C.V. Morton = **Solanum sarrachoides** Sendtn.
Ref.: Edmonds, 1972, 1986.

Solanum schickii Juz. & Bukasov = **Solanum chacoense** Bitter subsp. **chacoense**
Ref.: Morton, 1976.

Solanum schlechtendalianum Walp.
Sin.: *Solanum geminifolium* Schltdl.
Ref.: Morton, 1976; Cabrera, 1983.
Hábito: Arbusto.
Status: Nativa.
Elevación: 500-1000 m.
Prov.: JU, SA.
Paises limítrofes: BO.
Ejemplar examinado: *Venturi 5361* (LIL).

Solanum schreiteri Bukasov, nom. nud. = **Solanum acaule** Bitter subsp. **acaule**
Ref.: Morton, 1976.

Solanum sciadostylis (Sendtn.) Bohs = **Cyphomandra sciadostylis** Sendtn.

[Solanum sericeum Ruiz & Pav.]
Nota: Cita dudosa para la flora argentina.

Solanum sericeum Ruiz & Pav. var. *strigillosum* Griseb. = **Solanum endoadenium** Bitter
Ref.: Morton, 1976.

[Solanum sessile Ruiz & Pav.]
Sin.: *Solanum pulchrum* Dunal
Ref.: Knapp, 1991.
Nota: Especie excluida de la flora argentina.

Solanum setulosistylum Bitter
Ref.: Correll, 1962.
Hábito: Hierba.
Status: Nativa.
Elevación: 1500-3000 m.
Prov.: CA, LR, SA, TU.
Paises limítrofes: BO.
Ejemplar examinado: *Cabrera 1379* (LP).

Solanum sidifolium Speg. = **Solanum atriplicifolium** Gillies
Ref.: Morton, 1976.

Solanum simplicifolium Bitter = **Solanum microdontum** Bitter subsp. **gigantophyllum** (Bitter) Hawkes & Hjert.
Ref.: Morton, 1976.

Solanum simplicifolium Bitter var. *gigantophyllum* (Bitter) Bitter = **Solanum microdontum** Bitter subsp. **gigantophyllum** (Bitter) Hawkes & Hjert.
Ref.: Morton, 1976; Cabrera, 1983.

Solanum simplicifolium Bitter var. *metriophyllum* Bitter = **Solanum microdontum** Bitter subsp. **gigantophyllum** (Bitter) Hawkes & Hjert.
Ref.: Morton, 1976; Cabrera, 1983.

Solanum simplicifolium Bitter var. *mollifrons* Bitter = **Solanum microdontum** Bitter subsp. **gigantophyllum** (Bitter) Hawkes & Hjert.
Ref.: Morton, 1976; Cabrera, 1983.

Solanum simplicifolium Bitter var. *trimerophyllum* Bitter = **Solanum microdontum** Bitter subsp. **gigantophyllum** (Bitter) Hawkes & Hjert.
Ref.: Morton, 1976; Cabrera, 1983.

Solanum simplicifolium Bitter var. *variabilis* Brücher & H. Ross = **Solanum microdontum** Bitter subsp. **gigantophyllum** (Bitter) Hawkes & Hjert.
Ref.: Morton, 1976; Cabrera, 1983.

Solanum simplicifolium Bitter subsp. *microdontum* (Bitter) Hawkes = **Solanum microdontum** Bitter subsp. **microdontum**
Ref.: Morton, 1976; Cabrera, 1983.

[Solanum sinuatiexisum Bitter]
Sin.: *Solanum hyosiamoides* Bitter
Ref.: Morton, 1976.
Nota: Especie excluida de la flora argentina.

Solanum sinuatirecurvum Bitter
Sin.: *Solanum sinuatirecurvum* Bitter subsp. *crispatellum* Bitter
Ref.: Cabrera, 1983.
Hábito: Hierba.
Status: Nativa.
Elevación: 3000-4000 m.
Prov.: JU, SA.
Paises limítrofes: BO.
Ejemplar examinado: *Cabrera et al. 18953* (LP, SI).

Solanum sinuatirecurvum Bitter subsp. *crispatellum* Bitter = **Solanum sinuatirecurvum** Bitter
Ref.: Cabrera, 1983.

Solanum sisymbriifolium Lam. var. *brevilobum* Dunal = **Solanum sisymbriifolium** Lam. var. **sisymbriifolium**
Ref.: Morton, 1976.

Solanum sisymbriifolium Lam. var. **macrocarpum** Kuntze
Ref.: Morton, 1976.
Hábito: Hierba o subarbusto.
Status: Nativa.
Elevación: 0-500 m.
Prov.: COR.
Paises limítrofes: BR.
Ejemplar citado: *Ibarrola 1748** (US).

Solanum sisymbriifolium Lam. var. **sisymbriifolium**
Sin.: *Solanum balbisii* Dunal var. *bipinnata* Hook., *Solanum balbisii* Dunal var. *purpureum* Hook., *Solanum sisymbriifolium* Lam. var. *brevilobum* Dunal
Ref.: Morton, 1976; Cabrera, 1979, 1983.
Hábito: Hierba o subarbusto.
Status: Nativa.
Elevación: 0-1500 m.
Prov.: BA, CA, CH, CO, COR, ER, FO, JU, MI, SA, SE, SF, SL, TU.
Paises limítrofes: BR, PA, UR.
Ejemplar examinado: *Joergensen 2213* (SI).

Solanum sleumeri Correll = **Solanum spegazzinii** Bitter
Ref.: Morton, 1976.

Solanum sorianum Bukasov = **Solanum commersonii** Dunal ex Poir. subsp. **commersonii**
Ref.: Morton, 1976.

Solanum spegazzinii Bitter
Sin.: *Solanum famatinae* Bitter & Wittm., *Solanum sleumeri* Correll
Ref.: Morton, 1976; Cabrera, 1983.
Hábito: Hierba.
Status: Endémica.
Elevación: 500-3000 m.
Prov.: CA, JU, LR, SA, SJ, TU.
Ejemplar examinado: *Cabrera 22022* (LP).

Solanum sphaerocarpum Moric. = **Solanum ciliatum** Lam.
Ref.: Morton, 1976.

Solanum spretum C.V. Morton = **Solanum tredecimgranum** Bitter
Ref.: Del Vitto & Petenatti, 1995.

Solanum stuckertii Bitter var. **angustifrons** Bitter
Ref.: Bitter, 1913; Morton, 1976.
Hábito: Arbusto.
Status: Endémica.
Elevación: 500-1500 m.
Prov.: CO.
Ejemplar examinado: *Stuckert 16234* (holotipo, CORD).

Solanum stuckertii Bitter var. *atrichostylum* Bitter = **Solanum stuckertii** Bitter var. **stuckertii**
Ref.: Morton, 1976.

[Solanum stuckertii Bitter var. obrutum C.V. Morton]
Ref.: Morton, 1976.
Nota: Taxón dudoso.

[Solanum stuckertii Bitter var. pilosistylum C.V. Morton]
Ref.: Morton, 1976.
Nota: Taxón dudoso.

Solanum stuckertii Bitter var. **stuckertii**
Sin.: *Cyphomandra stuckertii* (Bitter) D'Arcy, *Solanum stuckertii* Bitter var. *atrichostylum* Bitter, *Solanum stuckertii* Bitter var. *trichostylum* Bitter
Ref.: Morton, 1976; Dottori, 1995.
Hábito: Arbusto o arbolito.
Status: Endémica.
Elevación: 500-2500 m.
Prov.: CA, CO, JU, LR, SA, SE, TU.
Ejemplar examinado: *Venturi 5613* (LP, SI).

Solanum stuckertii Bitter var. *trichostylum* Bitter = **Solanum stuckertii** Bitter var. **stuckertii**
Ref.: Morton, 1976.

Solanum subandigenum Hawkes var. *camarguense* Chodat = **Solanum oplocense** Hawkes
Ref.: Morton, 1976.

Solanum sublobatum Willd.
Sin.: *Solanum aguaraquiya* Piso ex Sendtn., *Solanum chenopodiifolium* Dunal, *Solanum gracile* Dunal var. *microphyllum* Dunal, *Solanum isabellii* Dunal, *Solanum nigrum* L. var. *frutescens* auct. non A. Br., *Solanum pterocaulon* Dunal var. *aguaraquiya* (Piso ex Sendtn.) Dunal, *Solanum subspatulatum* Sendtn., *Solanum vile* Bitter
Ref.: Edmonds, 1972; Morton, 1976; Cabrera, 1979.
Hábito: Hierba.
Status: Nativa.
Elevación: 0-500 m.
Prov.: BA, CO, ER.
Paises limítrofes: BR, UR.
Ejemplar examinado: *Rodríguez 128* (SI).

Solanum subspatulatum Sendtn. = **Solanum sublobatum** Willd.
Ref.: Edmonds, 1972.

Solanum subtilius Bitter = **Solanum chacoense** Bitter subsp. **chacoense**
Ref.: Morton, 1976; Cabrera, 1983.

Solanum symmetricum Rusby
Sin.: *Solanum versabile* C.V. Morton
Ref.: Cabrera, 1983.
Hábito: Arbusto o arbolito.
Status: Nativa.
Elevación: 0-2000 m.
Prov.: JU, SA, TU.
Paises limítrofes: BO.
Ejemplar examinado: *Venturi 1181* (isotipo de *S. versabile*, SI).

Solanum tabacifolium Vell. = **Solanum mauritianum** Scop.
Ref.: Morton, 1976.

Solanum tafiense Lillo ex Hawkes & Hjert., nom. nud. = **Solanum microdontum** Bitter subsp. **gigantophyllum** (Bitter) Hawkes & Hjert.
Ref.: Morton, 1976.

Solanum tarapacanum Phil. = **Solanum fragile** Wedd.
Ref.: Edmonds, 1972.

Solanum tarijense Hawkes var. **pojoense** (Cárdenas) Correll
Sin.: *Solanum vallegrandense* Cárdenas, *Solanum vallegrandense* Cárdenas var. *pojoense* Cárdenas
Ref.: Correll, 1962.
Hábito: Hierba.
Status: Nativa.
Elevación: 1000-3000 m.
Prov.: SA.
Paises limítrofes: BO.
Ejemplar examinado: *Sleumer 3785* (LIL).

Solanum tarijense Hawkes var. **tarijense**
Sin.: *Solanum trigalense* Cárdenas, *Solanum zudaniense* Cárdenas
Ref.: Morton, 1976; Cabrera, 1983.
Hábito: Hierba.
Status: Nativa.
Elevación: 0-2500 m.
Prov.: JU, SA.
Paises limítrofes: BO.
Ejemplar examinado: *A.T. Hunziker 1970* (LIL, SI).

Solanum tascalense Brücher
Ref.: Brücher, 1966b.
Hábito: Hierba.
Status: Endémica.
Elevación: 3500-4000 m.
Prov.: JU.
Ejemplar citado: *Brücher 1209** (isosintipo, K).

Solanum tenue Sendtn. = **Solanum commersonii** Dunal ex Poir. subsp. **commersonii**
Ref.: Morton, 1976.

Solanum tenue Sendtn. var. *raphanifolium* Dunal = **Solanum commersonii** Dunal ex Poir. subsp. **commersonii**
Ref.: Morton, 1976.

Solanum tenuisectum Kuntze = **Solanum incisum** Griseb. var. **tenuisectum** (Kuntze) Bitter
Ref.: Morton, 1976.

Solanum tilcarense Hawkes = **Solanum megistacrolobum** Bitter
Ref.: Morton, 1976; Cabrera, 1983.

Solanum toralapanum Cárdenas & Hawkes
Sin.: *Solanum decurrentilobum* Cárdenas & Hawkes, *Solanum toralapanum* Cárdenas & Hawkes var. *subintegrifolium* Cárdenas & Hawkes

Ref.: Correll, 1962; Hawkes, 1990.
Hábito: Hierba.
Status: Nativa.
Elevación: 1500-4000 m.
Prov.: SA.
Paises limítrofes: BO.
Ejemplar examinado: *Sleumer 4040* (LIL).

Solanum toralapanum Cárdenas & Hawkes var. *subintegrifolium* Cárdenas & Hawkes = **Solanum toralapanum** Cárdenas & Hawkes
Ref.: Hawkes, 1990; D'Arcy, 1993.

Solanum trachytrichium Bitter
Ref.: Morton, 1976.
Hábito: Arbusto.
Status: Nativa.
Elevación: 0-500 m.
Prov.: MI.
Paises limítrofes: BR.
Ejemplar examinado: *Montes 4089* (CORD).

Solanum tredecimgranum Bitter
Sin.: *Solanum spretum* C.V. Morton
Ref.: Morton, 1976; Del Vitto & Petenatti, 1995.
Hábito: Hierba.
Status: Nativa.
Elevación: 0-1000 m.
Prov.: CHU, NE, RN.
Paises limítrofes: CH.
Ejemplar examinado: *Cabrera 5024* (isotipo de *S. spretum*, LP).

Solanum trichoneuron Lillo
Sin.: *Solanum oblongum* auct. non Ruiz & Pav.
Ref.: Morton, 1976; Cabrera, 1983.
Hábito: Arbusto o arbolito.
Status: Endémica.
Elevación: 500-2000 m.
Prov.: JU, SA, TU.
Ejemplar examinado: *Venturi 410* (holotipo, LIL).

Solanum triflorum Nutt.
Sin.: *Solanum calophyllum* Phil., *Solanum gaudichaudii* Dunal var. *pyrethrifolium* (Griseb.) Kuntze, *Solanum mendocinum* Phil., *Solanum pyrethrifolium* Griseb., *Solanum triflorum* Nutt. var. *calophyllum* (Phil.) Bitter, *Solanum triflorum* Nutt. var. *pyrethrifolium* (Griseb.) Probst
Ref.: Hunziker, 1989.
Hábito: Hierba.
Status: Nativa.
Elevación: 0-2500 m.
Prov.: BA, CHU, CO, LP, LR, ME, NE, RN, SC, SJ, SL, TU.
Ejemplar examinado: *A.T. Hunziker 13037* (CORD).

Solanum triflorum Nutt. var. *calophyllum* (Phil.) Bitter = **Solanum triflorum** Nutt.
Ref.: Hunziker, 1989.

Solanum triflorum Nutt. var. *pyrethrifolium* (Griseb.) Probst = **Solanum triflorum** Nutt.
Ref.: Hunziker, 1989.

Solanum trigalense Cárdenas = **Solanum tarijense** Hawkes var. **tarijense**
Ref.: Morton, 1976.

Solanum tripartitum Dunal
Sin.: *Solanum nigrum* L. var. *humile* auct. non Bernh.
Ref.: Morton, 1976; Cabrera, 1983.
Hábito: Hierba.
Status: Nativa.
Elevación: 2000-3500 m.
Prov.: JU, SA.
Paises limítrofes: BO.
Ejemplar examinado: *Fabris et al. 6015* (LP, SI).

[Solanum triste Jacq.]
Ref.: Morton, 1976; Knapp, 1991.
Nota: Especie excluida de la flora argentina.

Solanum tuberosum L. subsp. **andigenum** (Juz. & Bukasov) Hawkes
Sin.: *Solanum andigenum* Juz. & Bukasov
Ref.: Hawkes & Hjerting, 1969; D'Arcy, 1993.
Hábito: Hierba.
Status: Nativa.
Elevación: 1500-3000 m.
Prov.: CA, JU, ME, SA.
Paises limítrofes: BO.
Ejemplar examinado: *A.T. Hunziker 1292* (CORD, SI).

Solanum tuberosum L. subsp. *brevidens* (Phil.) Reiche = **Solanum brevidens** Phil.
Ref.: Morton, 1976.

Solanum tuberosum L. subsp. *pearcei* (Phil.) Reiche = **Solanum brevidens** Phil.
Ref.: Morton, 1976.

Solanum tuberosum L. subsp. **tuberosum**
Sin.: *Solanum chiloense* (A. DC.) Berthault, *Solanum cultum* (A. DC.) Berthault, *Solanum diemii* Brücher, *Solanum leptostigma* Juz., *Solanum maglia* Schltdl. var. *chubutense* Bitter, *Solanum maglia* Schltdl. var. *guaytecarum* Bitter, *Solanum maglia* Schltdl. subsp. *meridionale* Bitter, *Solanum molinae* Juz., *Solanum oceanicum* Brücher, *Solanum sanmartinense* Brücher, *Solanum tuberosum* L. var. *chiloense* A.DC., *Solanum tuberosum* L. var. *chubutense* (Bitter) Hawkes, *Solanum tuberosum* L. var. *cultum* A. DC., *Solanum tuberosum* L. var. *guaytecarum* (Bitter) Hawkes, *Solanum tuberosum* L. var. *vulgare* Hook. f.
Ref.: Hawkes & Hjerting, 1969; Hawkes, 1990.
Hábito: Hierba.
Status: Nativa.
Elevación: 500-3000 m.
Prov.: CHU, NE.
Paises limítrofes: CH.
Ejemplar examinado: *Illin 234* (isotipos, BAF, CORD, SI).

Solanum tuberosum L. var. *chiloense* A.DC. = **Solanum tuberosum** L. subsp. **tuberosum**
Ref.: Hawkes & Hjerting, 1969; Hawkes, 1990.

Solanum tuberosum L. var. *chubutense* (Bitter) Hawkes = **Solanum tuberosum** L. subsp. **tuberosum**
Ref.: Hawkes & Hjerting, 1969.

Solanum tuberosum L. var. *cultum* A. DC. = **Solanum tuberosum** L. subsp. **tuberosum**
Ref.: Hawkes & Hjerting, 1969; Hawkes, 1990.

Solanum tuberosum L. var. *glabriusculum* Dunal = **Solanum chacoense** Bitter subsp. **chacoense**
Ref.: Morton, 1976; Cabrera, 1983.

Solanum tuberosum L. var. *guaytecarum* (Bitter) Hawkes = **Solanum tuberosum** L. subsp. **tuberosum**
Ref.: Hawkes & Hjerting, 1969.

Solanum tuberosum L. var. *vulgare* Hook. f. = **Solanum tuberosum** L. subsp. **tuberosum**
Ref.: Hawkes, 1990.

Solanum tucumanense Griseb.
Sin.: *Solanum diflorum* Vell. var. *pulverulentum* Chodat, *Solanum ipecacuanha* Chodat, *Solanum ipecacuanha* Chodat var. *calvescens* Chodat, *Solanum ipecacuanha* Chodat var. *obovata* Chodat, *Solanum pseudocapsicum* L. subsp. *diflorum* (Vell.) Hassl. var. *hygrophilum* (Schltdl.) Hassl.
Ref.: Morton, 1976; Cabrera, 1983; Barboza & Hunziker, 1991.
Hábito: Arbusto o subarbusto.
Status: Nativa.
Elevación: 0-1000 m.
Prov.: CA, CH, COR, FO, JU, LR, MI, SA, TU.
Paises limítrofes: BO, PA.
Ejemplar examinado: *A.T. Hunziker et al. 18341* (CORD).

Solanum tweedianum Hook.
Sin.: *Solanum meizonanthum* Bitter
Ref.: Morton, 1976; Cabrera, 1979.
Hábito: Hierba.
Status: Endémica.
Elevación: 0-500 m.
Prov.: BA, COR, ER, LP.
Ejemplar citado: *Cano 3375** (US).

Solanum urbanum Morong = **Lycianthes rantonnei** (Carrière) Bitter
Ref.: Barboza & Hunziker, 1992.

Solanum urbanum Morong var. *ovatifolium* Chodat = **Lycianthes pauciflora** (Vahl) Bitter
Ref.: Benítez & D'Arcy, 1997.

Solanum urbanum Morong var. *subtomentosum* Chodat = **Lycianthes rantonnei** (Carrière) Bitter
Ref.: Barboza & Hunziker, 1992.

Solanum valdiviense Dunal
Sin.: *Solanum evonymoides* J. Rémy, hom. illeg.
Ref.: Morton, 1976.
Hábito: Arbusto.
Status: Nativa.
Elevación: 500-1000 m.
Prov.: NE.
Paises limítrofes: CH.
Ejemplar examinado: *Dawson 1360* (BAB).

Solanum vallegrandense Cárdenas = **Solanum tarijense** Hawkes var. **pojoense** (Cárdenas) Correll
Ref.: Correl, 1962.

Solanum vallegrandense Cárdenas var. *pojoense* Cárdenas = **Solanum tarijense** Hawkes var. **pojoense** (Cárdenas) Correll
Ref.: Correll, 1962.

Solanum velascanum Bitter & Wittm. = **Solanum kurtzianum** Bitter & Wittm.
Ref.: Morton, 1976.

Solanum venturii Hawkes & Hjert.
Ref.: Morton, 1976; Cabrera, 1983.
Hábito: Hierba.
Status: Endémica.
Elevación: 1500-3000 m.
Prov.: CA, JU, SA, TU.
Ejemplar examinado: *Cabrera et al. 21340* (LP).

Solanum verbascifolium L. = [Solanum donianum Walp.]
Ref.: D'Arcy, 1993.

Solanum verbascifolium L. f. *granuloso-leprosum* (Dunal) Hassl. = **Solanum granulosum-leprosum** Dunal
Ref.: Roe, 1972.

Solanum verbascifolium L. var. *auriculatum* (Aiton) Kuntze = **Solanum mauritianum** Scop.
Ref.: Roe, 1972.

Solanum verbascifolium L. var. *caducum* Kuntze = **Solanum riparium** Pers.
Ref.: Morton, 1976; Cabrera, 1983.

Solanum vernei Bitter & Wittm. subsp. **ballsii** (Hawkes) Hawkes & Hjert.
Sin.: *Solanum ballsii* Hawkes
Ref.: Morton, 1976; Cabrera, 1983.
Hábito: Hierba.
Status: Endémica.
Elevación: 2000-3500 m.
Prov.: JU, SA.
Ejemplar examinado: *Sleumer 3204* (LP, LIL, SI).

Solanum vernei Bitter & Wittm. subsp. **vernei**
Ref.: Hawkes & Hjerting, 1969; Morton, 1976.
Hábito: Hierba.
Status: Endémica.
Elevación: 1500-3500 m.
Prov.: CA, SA, TU.
Ejemplar examinado: *Venturi 4685* (BA, LIL, LP, SI).

Solanum vernicatum Lindl. = **Solanum atropurpureum** Schrank
Ref.: Morton, 1976.

Solanum versabile C.V. Morton = **Solanum symmetricum** Rusby
Ref.: Cabrera, 1983.

Solanum vervoorstii C.V. Morton
Ref.: Morton, 1976.
Hábito: Subarbusto.
Status: Endémica.
Elevación: 2500-3000 m.
Prov.: CA.
Ejemplar citado: *Sleumer y Vervoorst 2481** (holotipo, US).

Solanum viarum Dunal = **Solanum reflexum** Schrank
Ref.: Morton, 1976; Cabrera, 1979.

Solanum vidaurrei Cárdenas
Ref.: Morton, 1976; Cabrera, 1983.
Hábito: Hierba.
Status: Nativa.
Elevación: 2000-3500 m.
Prov.: JU, SA.
Paises limítrofes: BO.
Ejemplar examinado: *Sleumer 4059* (LIL, SI).

Solanum vile Bitter = **Solanum sublobatum** Willd.
Ref.: Edmonds, 1972.

Solanum villaricense Morong
Sin.: *Solanum bonariense* L. var. *paraguariense* (Chodat) Chodat, *Solanum bonariense* L. var. *villaricense* (Morong) Chodat, *Solanum paraguariense* Chodat, *Solanum villaricense* Morong var. *paraguariense* (Chodat) Hassl.
Ref.: Morton, 1976.
Hábito: Arbusto.
Status: Nativa.
Elevación: 0-500 m.
Prov.: COR, MI.
Paises limítrofes: PA.
Ejemplar examinado: *Rodríguez 198* (LIL, SI).

Solanum villaricense Morong var. *paraguariense* (Chodat) Hassl. = **Solanum villaricense** Morong
Ref.: Morton, 1976.

Solanum violaefolium Schott f. *lilaciniflora* Hassl. = **Lycianthes asarifolia** (Kunth & Bouché) Bitter
Ref.: Barboza & Hunziker, 1992.

Solanum violaefolium Schott var. *asarifolium* (Kunth & Bouché) Hassl. = **Lycianthes asarifolia** (Kunth & Bouché) Bitter
Ref.: Barboza & Hunziker, 1992.

Solanum violaefolium Schott var. *asarifolium* (Kunth & Bouché) Hassl. f. *decadontum* Hassl. = **Lycianthes asarifolia** (Kunth & Bouché) Bitter
Ref.: Barboza & Hunziker, 1992.

Solanum violaefolium Schott var. *majus* Dunal = **Lycianthes asarifolia** (Kunth & Bouché) Bitter
Ref.: Barboza & Hunziker, 1992.

Solanum violaefolium Schott var. *majus* Dunal f. *chacoense* Hassl. = **Lycianthes asarifolia** (Kunth & Bouché) Bitter
Ref.: Barboza & Hunziker, 1992.

Solanum xerophyllum Hawkes = **Solanum infundibuliforme** Phil.
Ref.: Morton, 1976.

Solanum yungasense Hawkes
Ref.: Correll, 1962.
Hábito: Hierba.
Status: Nativa.
Elevación: 500-1500 m.
Prov.: SA.
Paises limítrofes: BO.
Ejemplar citado: *Filipovich 381** (G).

Solanum zudaniense Cárdenas = **Solanum tarijense** Hawkes var. **tarijense**
Ref.: Morton, 1976.

Solanum zuloagae Cabrera
Ref.: Cabrera, 1983.
Hábito: Arbusto o subarbusto.
Status: Endémica.
Elevación: 1000-2000 m.
Prov.: JU.
Ejemplar examinado: *Zuloaga y Deginani 225* (holotipo, SI).

Stimoryne axillaris (Lam.) Wijsman = **Petunia axillaris** (Lam.) Britton, Stern & Poggenb.
Ref.: Figueroa Romero, inéd.

Stimoryne axillaris (Lam.) Wijsman subsp. *parodii* (Steere) Wijsman = **Petunia axillaris** (Lam.) Britton, Stern & Poggenb.
Ref.: Figueroa Romero, inéd.

Stimoryne integrifolia (Hook.) Weberb. subsp. *inflata* (R.E. Fr.) Wijsman = **Petunia integrifolia** (Hook.) Schinz & Thell.
Ref.: Figuero Romero, inéd.

Stimoryne integrifolia (Hook.) Wijsman = **Petunia integrifolia** (Hook.) Schinz & Thell.
Ref.: Figuero Romero, inéd.

Stimoryne integrifolia (Hook.) Wijsman subsp. *occidentalis* (R.E. Fr.) Wijsman = **Petunia occidentalis** R.E. Fr.
Ref.: Figueroa Romero, inéd.

Trechonaetes bipinnatifida Phil. = **Jaborosa caulescens** Gillies & Hook. var. **bipinnatifida** (Dunal) Reiche
Ref.: Barboza & Hunziker, 1987, 1998a.

Trechonaetes bridgesii Dunal = **Jaborosa laciniata** (Miers) Hunz. & Barboza
Ref.: Barboza & Hunziker, 1987, 1998a.

Trechonaetes floribunda Phil. = **Jaborosa sativa** (Miers) Hunz. & Barboza
Ref.: Barboza & Hunziker, 1987, 1998a.

Trechonaetes laciniata Miers = **Jaborosa laciniata** (Miers) Hunz. & Barboza
Ref.: Barboza & Hunziker, 1987, 1998a.

Trechonaetes lanigera Phil. = **Jaborosa lanigera** (Phil.) Hunz. & Barboza
Ref.: Barboza & Hunziker, 1987, 1998a.

Trechonaetes leucotricha Speg. = **Jaborosa leucotricha** (Speg.) Hunz.
Ref.: Barboza & Hunziker, 1987, 1998a.

Trechonaetes parviflora Phil. = **Jaborosa parviflora** (Phil.) Hunz. & Barboza
Ref.: Barboza & Hunziker, 1987, 1998a.

Trechonaetes rotacea Lillo = **Jaborosa rotacea** (Lillo) Hunz. & Barboza
Ref.: Barboza & Hunziker, 1987, 1998a.

Trechonaetes sativa Miers = **Jaborosa sativa** (Miers) Hunz. & Barboza
Ref.: Barboza & Hunziker, 1987, 1998a.

Vassobia Rusby. Solaneae.

Número de especies: 3, 2 especies endémicas.

Vassobia breviflora (Sendtn.) Hunz.
Sin.: *Acnistus bornmülleri* Dammer, *Acnistus breviflorus* Sendtn., *Acnistus breviflorus* Sendtn. f. *glabratus* Hassl., *Acnistus breviflorus* Sendtn. var. *glabratus* Sendtn., *Acnistus galanderi* Dammer, *Acnistus glabratus* (Sendtn.) Dammer, *Acnistus hauthalii* Dammer, *Acnistus lycioides* Dammer, *Acnistus mollis* Dammer, *Acnistus parviflorus* Griseb., *Acnistus parviflorus* Griseb. var. *arboreus* (Griseb.) Griseb., *Acnistus schunckii* Dammer, *Acnistus sellowii* Dammer, *Acnistus spinosus* Dammer, *Acnistus ulei* Dammer, *Bassovia pyraster* Dunal, *Bassovia pyraster* Dunal var. *glabriusculum* Dunal, *Bassovia spina-alba* (Dunal) Griseb., *Capsicum breviflorum* (Sendtn.) Hunz., *Capsicum? glandulosum* Dunal, *Capsicum pyraster* (Dunal) Kuntze, *Dierbachia breviflora* (Sendtn.) Kuntze, *Dierbachia parviflora* (Sendtn.) Kuntze, *Dunalia breviflora* (Sendtn.) Sleumer, *Fregirardia spina-alba* Dunal, *Iochroma arboreum* Griseb.
Ref.: Hunziker, 1977, 1984; Cabrera, 1983.
Hábito: Árbol.
Status: Nativa.
Elevación: 0-2000 m.
Prov.: BA, CA, CH, CO, COR, DF, ER, FO, JU, LR, MI, SA, SE, SF, SL, TU.
Paises limítrofes: BO, BR, PA, UR.
Ejemplar examinado: *Malvarez 1292* (LIL).

Vassobia iochromoides Hunz.
Ref.: Hunziker, 1986.
Hábito: Árbol.
Status: Endémica.
Elevación: 1000-1500 m.
Prov.: CA.
Ejemplar examinado: *A.T. Hunziker y Münch 24926* (holotipo, CORD).

Vassobia lorentzii (Dammer) Hunz.
Sin.: *Acnistus lorentzii* Dammer, *Dunalia lorentzii* (Dammer) Sleumer
Ref.: Hunziker, 1960, 1977, 1982, 1984.
Hábito: Árbol.
Status: Endémica.
Elevación: 1000-2000 m.
Prov.: CA, TU.
Ejemplar examinado: *Venturi 3651* (LP, LIL).

SPHENOCLEACEAE

1 género, 1 especie.

Sphenoclea Gaertn.

Número de especies: 1

Sphenoclea zeylanica Gaertn.
Ref.: Milano & Molinari, 1974.
Hábito: Hierba.
Status: Nativa.
Elevación: 0-500 m.
Prov.: ER, FO, SA.
Paises limítrofes: BR.
Ejemplar examinado: *Piccinini y García 1024* (BAB).

STERCULIACEAE

6 géneros, 41 especies; 2 especies endémicas.

por C. L. Cristóbal

Ayenia L.

Número de especies: 10, 2 especies endémicas.

Ayenia acalyphifolia Griseb.
Sin.: *Lorentzia saltenia* Hieron.
Ref.: Cristóbal, 1960.
Hábito: Subarbusto.
Status: Nativa.
Elevación: 0-1000 m.
Prov.: SA, SE, TU.
Paises limítrofes: BO, PA.
Ejemplar examinado: *Hieronymus y Lorentz 331* (isotipo, CORD).

Ayenia aprica Cristóbal
Ref.: Cristóbal, 1960.
Hábito: Subarbusto.
Status: Nativa.
Elevación: 0-500 m.
Prov.: COR, ER, MI.
Paises limítrofes: BR, PA, UR.
Ejemplar examinado: *Montes 10037* (holotipo, LIL; isotipo, CTES).

Ayenia cordobensis (Hieron.) Hieron.
Sin.: *Lorentzia cordobensis* Hieron.
Ref.: Cristóbal, 1960.
Hábito: Subarbusto.
Status: Endémica.
Elevación: 0-1000 m.
Prov.: CA, CO, LR, SE, SJ, SL.
Ejemplar examinado: *Hieronymus s.n.* (lectotipo, CORD).

Ayenia ekmanii Cristóbal = **Ayenia mansfeldiana** (Herter) Herter ex Cristóbal
Ref.: Cristóbal, 1996a.

Ayenia eliae Cristóbal
Ref.: Cristóbal, 1960.
Hábito: Subarbusto.
Status: Nativa.
Elevación: 0-1000 m.
Prov.: CH, FO, JU, LR, ME, SA, SE, SF, SL, TU.
Paises limítrofes: BO, PA.
Ejemplar examinado: *de la Sota 1356* (holotipo, LIL; isotipo, CTES).

Ayenia hirta auct. non A. St.-Hil. & Naudin = **Ayenia nummularia** Cristóbal

Ayenia lingulata Griseb.
Sin.: *Lorentzia saltenia* Hieron. var. *angustifolia* Hieron.
Ref.: Cristóbal, 1960.
Hábito: Subarbusto.
Status: Endémica.
Elevación: 500-2000 m.
Prov.: CA, CO, LR, ME, SA, SE, SL, TU.
Ejemplar examinado: *Hieronymus 332* (isotipo, CORD).

Ayenia mansfeldiana (Herter) Herter ex Cristóbal
Sin.: *Ayenia ekmanii* Cristóbal, *Ayenia pusilla* L. var. *glabra* K. Schum., *Tragia mansfeldiana* Herter
Ref.: Cristóbal, 1996a.
Hábito: Subarbusto.
Status: Nativa.
Elevación: 0-500 m.
Prov.: COR, ER, MI.
Paises limítrofes: BR, PA, UR.
Ejemplar examinado: *Cristóbal et al. 26* (CTES, LIL).

Ayenia nummularia Cristóbal
Sin.: *Ayenia hirta* auct. non A. St.-Hil. & Naudin
Ref.: Hassler, 1917; Cristóbal, 1960.
Hábito: Subarbusto.
Status: Nativa.
Elevación: 0-500 m.
Prov.: COR, MI.
Paises limítrofes: BR, PA.
Ejemplar examinado: *Schwarz 6429* (holotipo, LIL).

Ayenia o'donellii Cristóbal
Ref.: Cristóbal, 1960.
Hábito: Subarbusto.
Status: Nativa.
Elevación: 0-1000 m.
Prov.: CA, CH, CO, COR, ER, FO, LR, SA, SE, SF, TU.
Paises limítrofes: BO, BR, PA.
Ejemplar examinado: *Krapovickas y Schinini 30490* (CTES, F, G, SI).

Ayenia praecipua Cristóbal
Ref.: Cristóbal, 1960.
Hábito: Subarbusto.
Status: Nativa.
Elevación: 0-500 m.
Prov.: COR, MI.
Paises limítrofes: BR, PA.
Ejemplar examinado: *Montes 10031* (holotipo, LIL; isotipo, CTES).

Ayenia pusilla L. var. *glabra* K. Schum. = **Ayenia mansfeldiana** (Herter) Herter ex Cristóbal
Ref.: Cristóbal, 1996a.

Ayenia subtilis Cristóbal
Ref.: Cristóbal, 1960.
Hábito: Arbusto.
Status: Nativa.
Elevación: 0-1000 m.
Prov.: SA.
Paises limítrofes: BO.
Ejemplar examinado: *Wygodzinsky y de la Sota s.n.* (holotipo, LIL 454811; isotipo, CTES).

Byttneria Loefl.

Número de especies: 12

Byttneria arborescens K. Schum. ex R.E. Fr. = **Byttneria divaricata** Benth. var. **guaranitica** K. Schum. & Hassl.
Ref.: Cristóbal, 1976.

Byttneria australis A. St.-Hil.
Ref.: Cristóbal, 1976.
Hábito: Arbusto.
Status: Nativa.
Elevación: 0-500 m.
Prov.: COR, MI.
Paises limítrofes: BR.
Ejemplar examinado: *Krapovickas y Cristóbal 28893* (CTES, G, LIL, MO, SI).

Byttneria campestris S. Moore = **Byttneria rhamnifolia** Benth.
Ref.: Cristóbal, 1976.

Byttneria catalpaefolia Jacq. subsp. **sidaefolia** (A. St.-Hil.) Cristóbal
Sin.: *Byttneria sidaefolia* A. St.-Hil.
Ref.: Cristóbal, 1976.
Hábito: Liana.
Status: Nativa.
Elevación: 0-500 m.
Prov.: MI.
Paises limítrofes: BO, BR, PA.
Ejemplar examinado: *Krapovickas et al. 15737* (BAA, BAB, CTES, G, LIL, LP, MO, RB, SI, UC).

Byttneria charagmocarpa S. Moore = **Byttneria rhamnifolia** Benth.
Ref.: Hassler, 1904; Cristóbal, 1976.

Byttneria divaricata Benth. var. **guaranitica** K. Schum. & Hassl.
Sin.: *Byttneria arborescens* K. Schum. ex R.E. Fr.
Ref.: Cristóbal, 1976.
Hábito: Arbusto.
Status: Nativa.
Elevación: 0-500 m.
Prov.: FO.
Paises limítrofes: BO, BR, PA.
Ejemplar examinado: *Fortunato et al. 2498* (BAB, G, MO, SI).

Byttneria filipes Mart. ex K. Schum.
Sin.: *Byttneria paraguayensis* Britton & Chodat
Ref.: Cristóbal, 1976.
Hábito: Arbusto.
Status: Nativa.
Elevación: 0-500 m.
Prov.: BA, CH, COR, ER, FO, SA, SF.
Paises limítrofes: BO, BR, PA.
Ejemplar examinado: *Krapovickas et al. 11326* (CTES, G, MO).

Byttneria gracilipes Decne. ex Baill.
Sin.: *Byttneria urticifolia* K. Schum. f. *transiens* Ekman, nom. nud., *Byttneria urticifolia* K. Schum. var. *transiens* Hassl., nom. nud.
Ref.: Cristóbal, 1976.
Hábito: Arbusto.
Status: Nativa.
Elevación: 0-500 m.
Prov.: COR, MI.
Paises limítrofes: BR, PA.
Ejemplar examinado: *Krapovickas et al. 25882* (CTES, G, MO, P, UC, WIS).

Byttneria hirsuta Ruiz & Pav. var. *parvifolia* Kuntze = **Byttneria tucumanensis** Cristóbal
Ref.: Cristóbal, 1976.

Byttneria oranensis Cristóbal
Ref.: Cristóbal, 1976.
Hábito: Liana.
Status: Nativa.
Elevación: 0-1000 m.
Prov.: JU, SA.
Paises limítrofes: BO.
Ejemplar examinado: *de la Sota s.n.* (holotipo, CTES 6313).

Byttneria paraguayensis Britton & Chodat = **Byttneria filipes** Mart. ex K. Schum.
Ref.: Cristóbal, 1976.

Byttneria pedersenii Cristóbal
Sin.: *Byttneria scalpellata* Pohl subsp. *meridionalis* Hassl. var. *rigida* (Ekman) Hassl. f. *glabra* (Ekman) Hassl., *Byttneria scalpellata* Pohl subsp. *meridionalis* Hassl. var. *rigida* (Ekman) Hassl. f. *scabra* (Ekman) Hassl., *Byttneria scalpellata* Pohl subsp. *rigida* Ekman
Ref.: Cristóbal, 1976.
Hábito: Subarbusto.
Status: Nativa.
Elevación: 0-500 m.
Prov.: COR, MI.
Paises limítrofes: BR, PA.
Ejemplar examinado: *Krapovickas y Cristóbal 29088* (CTES, F, G, LIL, MO, MVFA, SI, WIS).

Byttneria ramosissima Pohl
Ref.: Cristóbal, 1976.
Hábito: Subarbusto.
Status: Nativa.
Elevación: 0-500 m.
Prov.: MI.
Paises limítrofes: BR, PA.
Ejemplar examinado: *Rodríguez 7* (SI).

Byttneria rhamnifolia Benth.
Sin.: *Byttneria campestris* S. Moore, *Byttneria charagmocarpa* S. Moore
Ref.: Cristóbal, 1976.
Status: Nativa.
Elevación: 0-500 m.
Prov.: CH, FO.
Paises limítrofes: BO, BR, PA.
Ejemplar examinado: *Krapovickas y Cristóbal 11358* (CTES, UC).

Byttneria scabra L.
Sin.: *Byttneria scabra* L. var. *dentata* A. St.-Hil.
Ref.: Cristóbal, 1976.
Hábito: Arbusto.
Status: Nativa.
Elevación: 0-500 m.
Prov.: CH, COR, ER, MI, SF.
Paises limítrofes: BO, BR, PA, UR.
Ejemplar examinado: *Krapovickas y Cristóbal 11287* (CTES, UC).

Byttneria scabra L. var. *dentata* A. St.-Hil. = **Byttneria scabra** L.
Ref.: Cristóbal, 1976.

Byttneria scalpellata Pohl subsp. *meridionalis* Hassl. var. *rigida* (Ekman) Hassl. f. *glabra* (Ekman) Hassl. = **Byttneria pedersenii** Cristóbal
Ref.: Cristóbal, 1976.

Byttneria scalpellata Pohl subsp. *meridionalis* Hassl. var. *rigida* (Ekman) Hassl. f. *scabra* (Ekman) Hassl. = **Byttneria pedersenii** Cristóbal
Ref.: Cristóbal, 1976.

Byttneria scalpellata Pohl subsp. *rigida* Ekman = **Byttneria pedersenii** Cristóbal
Ref.: Cristóbal, 1976.

Byttneria sidaefolia A. St.-Hil. = **Byttneria catalpaefolia** Jacq. subsp. **sidaefolia** (A. St.-Hil.) Cristóbal
Ref.: Cristóbal, 1976.

Byttneria tucumanensis Cristóbal
Sin.: *Byttneria hirsuta* Ruiz & Pav. var. *parvifolia* Kuntze
Ref.: Cristóbal, 1976.
Hábito: Arbusto.
Status: Nativa.
Elevación: 0-1000 m.
Prov.: COR, JU, SA, TU.
Paises limítrofes: BO.
Ejemplar examinado: *Krapovickas y Cristóbal 11275* (holotipo, CTES; isotipos, CORD, MO, P, SI, US).

Byttneria urticifolia K. Schum.
Sin.: *Byttneria urticifolia* K. Schum. var. *genuina* Arechav., nom. inval., *Byttneria urticifolia* K. Schum. var. *subglabra* Arechav.
Ref.: Pontiroli, 1965a; Cristóbal, 1976.
Status: Nativa.
Elevación: 0-500 m.
Prov.: BA, COR, ER, MI.
Paises limítrofes: BR, PA, UR.
Ejemplar examinado: *Tressens et al. 25988* (CTES, G, GH, K, MO).

Byttneria urticifolia K. Schum. var. *genuina* Arechav., nom. inval. = **Byttneria urticifolia** K. Schum.
Ref.: Cristóbal, 1976.

Byttneria urticifolia K. Schum. var. *subglabra* Arechav. = **Byttneria urticifolia** K. Schum.
Ref.: Cristóbal, 1976.

Byttneria urticifolia K. Schum. var. *transiens* Hassl., nom. nud. = **Byttneria gracilipes** Decne. ex Baill.
Ref.: Cristóbal, 1976.

Byttneria urticifolia K. Schum. f. *transiens* Ekman, nom. nud. = **Byttneria gracilipes** Decne. ex Baill.
Ref.: Cristóbal, 1976.

Dombeya lappacea L'Hér. = **Tourrettia lappacea** (L'Hér.) Willd.
Ref.: Fabris, 1965c.

Guazuma Mill.

Número de especies: 1

Guazuma tomentosa Kunth = **Guazuma ulmifolia** Lam. var. **ulmifolia**
Ref.: Cristóbal, 1989.

Guazuma ulmifolia Lam. var. *glabra* K. Schum. = **Guazuma ulmifolia** Lam. var. **tomentella** K. Schum.
Ref.: Cristóbal, 1989.

Guazuma ulmifolia Lam. var. **tomentella** K. Schum.
Sin.: *Guazuma ulmifolia* Lam. var. *glabra* K. Schum.
Ref.: Schumann, 1886; Cristóbal, 1989.
Hábito: Árbol.
Status: Nativa.
Elevación: 0-500 m.
Prov.: COR, MI.
Paises limítrofes: BO, BR, PA.
Ejemplar examinado: *Cristóbal et al. 2058* (BAB, C, CTES, F, G, HAS, LIL, LP, LPB, MO, SI).

Guazuma ulmifolia Lam. var. *tomentosa* (Kunth) K. Schum. = **Guazuma ulmifolia** Lam. var. **ulmifolia**
Ref.: Cristóbal, 1989.

Guazuma ulmifolia Lam. var. **ulmifolia**
Sin.: *Guazuma tomentosa* Kunth, *Guazuma ulmifolia* Lam. var. *tomentosa* (Kunth) K. Schum.
Ref.: Schumann, 1886; Freytag, 1951; Cristóbal, 1989.
Hábito: Árbol.
Status: Nativa.
Elevación: 0-500 m.
Prov.: CH, FO.
Paises limítrofes: BO, BR, PA.
Ejemplar examinado: *Cristóbal et al. 2137* (BA, CTES, K, LPB, MICH).

Helicteres L.

Número de especies: 1

Helicteres amplifolia Rusby = **Helicteres lhotzkyana** (Schott & Endl.) K. Schum. var. **pubinervis** Kuntze
Ref.: Cristóbal, inéd.

Helicteres lhotzkyana (Schott & Endl.) K. Schum. var. **pubinervis** Kuntze
Sin.: *Helicteres amplifolia* Rusby, *Helicteres rusby* Britton
Ref.: Kuntze, 1898.
Hábito: Arbusto.
Status: Nativa.
Elevación: 500-1000 m.
Prov.: SA.
Paises limítrofes: BO.
Ejemplar examinado: *Krapovickas y Cristóbal 46332* (BAA, BAB, CTES, GH, K, LIL, MBM, MICH, MO, SI, SPF).

Helicteres rusby Britton = **Helicteres lhotzkyana** (Schott & Endl.) K. Schum. var. **pubinervis** Kuntze
Ref.: Cristóbal, inéd.

Lorentzia cordobensis Hieron. = **Ayenia cordobensis** (Hieron.) Hieron.
Ref.: Cristóbal, 1960.

Lorentzia saltenia Hieron. = **Ayenia acalyphifolia** Griseb.
Ref.: Cristóbal, 1960.

Lorentzia saltenia Hieron. var. *angustifolia* Hieron. = **Ayenia lingulata** Griseb.
Ref.: Cristóbal, 1960.

Malvastrum casabambense Stuck. = **Melochia argentina** R.E. Fr.
Ref.: Hill, 1982.

Melochia L.

Número de especies: 14

Melochia anomala Griseb.
Ref.: Goldberg, 1967; Cristóbal, 1996b.
Hábito: Subarbusto.
Status: Nativa.
Elevación: 0-1000 m.
Prov.: CA, CH, COR, FO, JU, SA, SE, TU.
Paises limítrofes: BO.
Ejemplar examinado: *Krapovickas y Cristóbal 17359* (BAB, CTES, F, MBM, MO, P, TEX, UC, WIS).

Melochia argentina R.E. Fr.
Sin.: *Malvastrum casabambense* Stuck., *Melochia argentina* R.E. Fr. var. *genuina* Hassl., nom. inval., *Melochia argentina* R.E. Fr. var. *lanceolata* Hassl.
Ref.: Goldberg, 1967.
Hábito: Subarbusto.
Status: Nativa.
Elevación: 0-1000 m.
Prov.: CO, JU, SA, TU.
Paises limítrofes: BO, BR, PA.
Ejemplar examinado: *Krapovickas y Cristóbal 17723* (CTES, F, LP, MO).

Melochia argentina R.E. Fr. var. *genuina* Hassl., nom. inval. = **Melochia argentina** R.E. Fr.
Ref.: Goldberg, 1967.

Melochia argentina R.E. Fr. var. *lanceolata* Hassl. = **Melochia argentina** R.E. Fr.
Ref.: Goldberg, 1967.

Melochia canescens Cristóbal
Ref.: Cristóbal, 1996b.
Hábito: Subarbusto.
Status: Nativa.
Elevación: 0-2000 m.
Prov.: CH, FO, SA.
Paises limítrofes: BO, PA.
Ejemplar examinado: *Krapovickas y Cristóbal 46388* (BAB, CTES, G, LIL, NY, P, US).

Melochia chamaedrys A. St.-Hil. f. *decumbens* (R.E. Fr.) Ekman = **Melochia chamaedrys** A. St.-Hil. var. **decumbens** (R.E. Fr.) Goldberg
Ref.: Goldberg, 1967.

Melochia chamaedrys A. St.-Hil. var. **chamaedrys**
Ref.: Goldberg, 1967.
Status: Nativa.
Elevación: 0-500 m.
Prov.: COR, MI.
Paises limítrofes: BR, PA, UR.
Ejemplar examinado: *Krapovickas et al. 18012* (BA, BAA, CTES, IAC, MERL).

Melochia chamaedrys A. St.-Hil. var. **decumbens** (R.E. Fr.) Goldberg
Sin.: *Melochia chamaedrys* A. St.-Hil. f. *decumbens* (R.E. Fr.) Ekman, *Melochia decumbens* R.E. Fr.
Ref.: Goldberg, 1967.
Hábito: Subarbusto.
Status: Nativa.
Elevación: 0-500 m.
Prov.: COR, MI.
Paises limítrofes: BR, PA, UR.
Ejemplar examinado: *Krapovickas et al. 21034* (BAA, BAB, CTES, F, GH, LIL, LP, P, WIS).

Melochia decumbens R.E. Fr. = **Melochia chamaedrys** A. St.-Hil. var. **decumbens** (R.E. Fr.) Goldberg
Ref.: Goldberg, 1967.

Melochia goldbergii Cristóbal
Ref.: Cristóbal, 1980, 1996b.
Hábito: Subarbusto.
Status: Nativa.
Elevación: 0-500 m.
Prov.: SA.
Paises limítrofes: BO, PA.
Ejemplar examinado: *Krapovickas y Cristóbal 46272* (BAB, CTES, LIL, MBM, MICH, MO, S, US).

Melochia hassleriana Chodat
Ref.: Goldberg, 1967.
Hábito: Hierba o subarbusto.
Status: Nativa.
Elevación: 0-500 m.
Prov.: COR, MI.
Paises limítrofes: BR, PA.
Ejemplar examinado: *Krapovickas et al. 28801* (BAA, BAB, CTES, LP, MO).

Melochia hermannioides A. St.-Hil.
Ref.: Goldberg, 1967; Cristóbal, 1996b.
Hábito: Subarbusto.
Status: Nativa.
Elevación: 0-500 m.
Prov.: CH, COR, FO, MI, SF.
Paises limítrofes: BR, PA.
Ejemplar examinado: *Krapovickas et al. 14822* (C, CTES, LP, MBM, MO, P, UC, WIS).

Melochia hirsuta Cav. var. *tomentosa* K. Schum. = **Melochia villosa** (Mill.) Fawc. & Rendle var. **tomentosa** (K. Schum.) Goldberg
Ref.: Goldberg, 1967.

Melochia ministella Cristóbal
Ref.: Cristóbal, 1996b.
Hábito: Subarbusto.
Status: Nativa.
Elevación: 0-500 m.
Prov.: CH, FO.
Paises limítrofes: PA.
Ejemplar examinado: *Krapovickas y Cristóbal 46426* (holotipo, CTES; isotipos, BAB, FCQ, G, US).

Melochia missionum Ekman = **Melochia simplex** A. St.-Hil.
Ref.: Goldberg, 1967.

Melochia morongii Britton
Sin.: *Melochia parvifolia* Kunth var. *morongii* (Britton) Hassl.
Ref.: Goldberg, 1967.
Hábito: Subarbusto.
Status: Nativa.
Elevación: 0-500 m.
Prov.: MI.
Paises limítrofes: BR, PA.
Ejemplar examinado: *Krapovickas y Cristóbal 44630* (CTES, LIL, MBM, MO, TEX).

Melochia parvifolia Kunth var. *morongii* (Britton) Hassl. = **Melochia morongii** Britton
Ref.: Goldberg, 1967.

Melochia pilosa (Mill.) Fawc. & Rendle
Sin.: *Melochia ulmarioides* A. St.-Hil., *Melochia venosa* Sw., *Sida pilosa* Mill.
Ref.: Goldberg, 1967.
Hábito: Subarbusto.
Status: Nativa.
Elevación: 0-1000 m.
Prov.: CH, COR, ER, FO, MI, SA, TU.
Paises limítrofes: BO, BR, PA, UR.
Ejemplar examinado: *Krapovickas y Cristóbal 28762* (CTES, G, LIL, MBM, WIS).

Melochia pyramidata L. var. **hieronymi** K. Schum.
Ref.: Goldberg, 1967.
Hábito: Subarbusto.
Status: Nativa.
Elevación: 0-1000 m.
Prov.: CA, CH, COR, FO, JU, MI, SA, SE, SF, TU.
Paises limítrofes: BO, BR, PA.
Ejemplar examinado: *Krapovickas y Cristóbal 46431* (BAB, CTES, GH, K, MO).

Melochia pyramidata L. var. **pyramidata**
Ref.: Goldberg, 1967; Cristóbal, 1996b.
Hábito: Subarbusto.
Status: Nativa.
Elevación: 0-1000 m.
Prov.: CH, COR, ER, FO, MI, SA, SE, SF.
Paises limítrofes: BO, BR, PA, UR.
Ejemplar examinado: *Krapovickas y Cristóbal 21102* (CTES, LP, MEXU).

Melochia simplex A. St.-Hil.
Sin.: *Melochia missionum* Ekman, *Melochia sorocabensis* K. Schum., *Melochia stricta* K. Schum. f. *missionum* (Ekman) Hassl.
Ref.: Goldberg, 1967.
Hábito: Subarbusto.
Status: Nativa.
Elevación: 0-500 m.
Prov.: COR, MI.
Paises limítrofes: BR, PA.
Ejemplar examinado: *Krapovickas et al. 24022* (BAA, CTES, LIL, US).

Melochia sorocabensis K. Schum. = **Melochia simplex** A. St.-Hil.
Ref.: Goldberg, 1967.

Melochia spicata (L.) Fryxell = **Malvastrum americanum** (L.) Torr.
Ref.: Krapovickas & Cristóbal, 1997.

Melochia stricta K. Schum. f. *missionum* (Ekman) Hassl. = **Melochia simplex** A. St.-Hil.
Ref.: Goldberg, 1967.

Melochia subcordata Morong = **Melochia villosa** (Mill.) Fawc. & Rendle var. **tomentosa** (K. Schum.) Goldberg
Ref.: Goldberg, 1967.

Melochia thymifolia (C. Presl) Goldberg
Sin.: *Riedleia thymifolia* C. Presl
Ref.: Goldberg, 1967.
Hábito: Subarbusto.
Status: Nativa.
Elevación: 1000-1500 m.
Prov.: JU, TU.
Paises limítrofes: BO.
Ejemplar examinado: *Krapovickas y Cristóbal 37480* (CTES, LIL).

Melochia ulmarioides A. St.-Hil. = **Melochia pilosa** (Mill.) Fawc. & Rendle
Ref.: Grisebach, 1879.

Melochia venosa Sw. = **Melochia pilosa** (Mill.) Fawc. & Rendle
Ref.: Goldberg, 1967.

Melochia villosa (Mill.) Fawc. & Rendle var. **tomentosa** (K. Schum.) Goldberg
Sin.: *Melochia hirsuta* Cav. var. *tomentosa* K. Schum., *Melochia subcordata* Morong
Ref.: Goldberg, 1967.
Hábito: Subarbusto.
Status: Nativa.
Elevación: 0-500 m.
Prov.: COR, FO, MI.
Paises limítrofes: BR, PA.
Ejemplar examinado: *Arbo et al. 813* (CTES, LIL).

Riedleia thymifolia C. Presl = **Melochia thymifolia** (C. Presl) Goldberg
Ref.: Goldberg, 1967.

Sida pilosa Mill. = **Melochia pilosa** (Mill.) Fawc. & Rendle
Ref.: Goldberg, 1967.

Tragia mansfeldiana Herter = **Ayenia mansfeldiana** (Herter) Herter ex Cristóbal
Ref.: Cristóbal, 1996a.

Waltheria L.

Número de especies: 3

Waltheria albicans Turcz.
Ref.: Schumann, 1886.
Hábito: Subarbusto.
Status: Nativa.
Elevación: 0-500 m.
Prov.: SA.
Paises limítrofes: BO, BR, PA.
Ejemplar examinado: *Krapovickas y Cristóbal 46732* (CTES).

Waltheria americana L. = **Waltheria indica** L.
Ref.: Cristóbal, 1983.

Waltheria communis A. St.-Hil. var. *tomentella* auct. non K. Schum. = **Waltheria douradinha** A. St.-Hil.
Ref.: Cristóbal, 1967.

Waltheria douradinha A. St.-Hil.
Sin.: *Waltheria communis* A. St.-Hil. var. *tomentella* auct. non K. Schum.
Ref.: Schumann, 1886; Cristóbal, 1967, 1983.
Hábito: Subarbusto.
Status: Nativa.
Elevación: 0-1000 m.
Prov.: COR, ER, FO, JU, MI, SA.
Paises limítrofes: BO, BR, PA, UR.
Ejemplar examinado: *Burkart 24855* (CTES, SI).
Nota: Merecen mejor análisis ejemplares del centro de Formosa (*Krapovickas y Cristóbal 46539*, CTES), que difieren por ser más robustos, hasta 1.20 m de alt., totalmente erectos, con inflorescencias axilares, a lo largo de 40 cm, y terminales.

Waltheria indica L.
Sin.: *Waltheria americana* L.
Ref.: Cristóbal, 1983.
Hábito: Subarbusto.
Status: Nativa.
Elevación: 0-1000 m.
Prov.: CA, CO, COR, JU, LR, MI, SA, SE, TU.
Paises limítrofes: BO, BR, PA.
Ejemplar examinado: *Tressens et al. 3768* (BAB, CTES, TEX).
Nota: Plantas que se diferencian principalmente por ser postradas, propias de médanos o suelos arenosos, están identificadas por J. Saunders como una especie independiente inédita.

STYLIDACEAE

1 género, 1 especie.

por J. Chiapella

Forstera muscoides Willd. = **Phyllachne uliginosa** J.R. Forst. & G. Forst.
Ref.: Moore, 1983.

Forstera uliginosa (J.R. Forst. & G. Forst.) Hombr. & Jacquinot = **Phyllachne uliginosa** J.R. Forst. & G. Forst.
Ref.: Moore, 1983.

Phyllachne J.R. Forst. & G. Forst.
Número de especies: 1

Phyllachne uliginosa J.R. Forst. & G. Forst.
Sin.: *Forstera muscoides* Willd., *Forstera uliginosa* (J.R. Forst. & G. Forst.) Hombr. & Jacquinot
Ref.: Moore, 1983.
Hábito: Subarbusto.
Status: Nativa.
Elevación: 0-500 m.
Prov.: TF.
Paises limítrofes: CH.
Ejemplar examinado: *Moore 2727* (SI).

STYRACACEAE

1 género, 2 especies; 1 especie endémica.

Styrax L.
Número de especies: 2, 1 especie endémica.

Styrax leprosus Hook. & Arn.
Sin.: *Styrax leprosus* f. *latifolia* Chodat & Hassl.
Ref.: Flaster, 1973; Dimitri, 1974a.
Hábito: Árbol.
Status: Nativa.
Elevación: 0–500 m.
Prov.: COR, MI.
Paises limítrofes: BR, PA, UR.
Ejemplar examinado: *Cabrera et al. 28907* (SI).

Styrax leprosus f. *latifolia* Chodat & Hassl. = **Styrax leprosus** Hook. & Arn.
Ref.: Tortorelli & Castiglioni, 1948; Flaster, 1973.

Styrax subargenteus Sleumer
Ref.: Tortorelli & Castiglioni, 1948; Digilio & Legname, 1966; Cabrera, 1983e.
Hábito: Árbol.
Status: Endémica.
Elevación: 500–2000 m.
Prov.: CA, JU, SA, TU.
Ejemplar examinado: *Cabrera et al. 32137* (SI).

SYMPLOCACEAE

1 género, 1 especie.

Stemmatosiphum uniflorum Pohl = **Symplocos uniflora** (Pohl) Benth.
Ref.: Sleumer, 1950b; Burkart, 1979g.

Symplocos Jacq.
Número de especies: 1

[Symplocos lanceolata A. DC.]
Ref.: Burkart, 1979g.
Nota: Especie excluida de la flora argentina.

Symplocos parvifolia Benth. = **Symplocos uniflora** (Pohl) Benth.
Ref.: Sleumer, 1950b.

Symplocos uniflora (Pohl) Benth.
Sin.: *Stemmatosiphum uniflorum* Pohl, *Symplocos parvifolia* Benth., *Symplocos uruguensis* Brand.
Ref.: Sleumer, 1950b, 1953b; Burkart, 1979g.
Hábito: Árbol.
Status: Nativa.
Elevación: 0–500 m.
Prov.: BA, COR, ER, MI.
Paises limítrofes: BR, PA, UR.
Ejemplar examinado: *Rodríguez 458* (SI).

Symplocos uruguensis Brand = **Symplocos uniflora** (Pohl) Benth.
Ref.: Sleumer, 1950b; Burkart, 1979g.

TAMARICACEAE

1 género, 1 especie.

Tamarix L.
Número de especies: 1

Tamarix gallica L.
Ref.: Burkart, 1949d; Cabrera, 1966d; Rossow, 1988f.
Hábito: Arbusto o árbol.
Status: Introducida.
Elevación: 0–500 m.
Prov.: BA, CH, CHU, LP, ME, RN.
Ejemplar examinado: *Burkart 15863* (SI).

TETRACHONDRACEAE

1 género, 1 especie.

Tetrachondra Petrie ex Oliv.
Número de especies: 1 especie, 1 subespecie endémica.

Tetrachondra patagonica Skottsb. subsp. **fuegiana** D. M. Moore
Ref.: Moore, 1970; Dudley, 1983; Arroyo et al., 1992.
Hábito: Hierba.
Status: Nativa.
Elevación: 0–1000 m.

Prov.: TF.
Paises limítrofes: CH.
Ejemplar examinado: *Moore 1975* (isotipos, BAB, LP).

Tetrachondra patagonica Skottsb. subsp. **patagonica**
Ref.: Moore, 1970.
Hábito: Hierba.
Status: Endémica.
Elevación: 0–500 m.
Prov.: SC.
Ejemplar examinado: *Eyerdam et al. 24067* (SI).

THEACEAE

1 género, 1 especie.

Ternstroemia Mutis ex L. f.
Número de especies: 1

[Ternstroemia clusiaefolia Kunth]
Ref.: Meyer, 1957a.
Nota: Citada erróneamente para la flora argentina, sobre la base de material no perteneciente a esta especie.

Ternstroemia congestiflora Triana & Planch.
Ref.: Meyer, 1957a; Legname, 1982.
Hábito: Árbol.
Status: Nativa.
Elevación: 500–2000 m.
Prov.: SA.
Paises limítrofes: BO.
Ejemplar examinado: *Meyer 17946* (LIL).

THYMELAEACEAE

3 géneros, 3 especies.

Daphne andina Poepp. & Endl. = **Ovidia andina** (Poepp. & Endl.) Meisn.
Ref.: Nevling, 1964; Cámara Hernández, 1964, 1988.

Daphne pillo-pillo Gay = **Ovidia andina** (Poepp. & Endl.) Meisn.
Ref.: Cámara Hernández, 1964, 1988.

Daphne tenera Phil. = **Ovidia andina** (Poepp. & Endl.) Meisn.
Ref.: Nevling, 1964; Cámara Hernández, 1964, 1988.

Daphnopsis leguizamonis Lorentz, nom. nud. = **Daphnopsis racemosa** Griseb.
Ref.: Cámara Hernández, 1964.

Daphnopsis Mart.
Número de especies: 1

Daphnopsis racemosa Griseb.
Sin.: *Daphnopsis leguizamonis* Lorentz, nom. nud.
Ref.: Nevling, 1959; Cámara Hernández, 1964, 1996; Fabris, [1965] 1966j.
Hábito: Arbusto.
Status: Nativa.
Elevación: 0–1000 m.
Prov.: BA, COR, ER, MI.
Paises limítrofes: BR, PA, UR.
Ejemplar examinado: *Cabrera 3360* (LP).

Drapetes Lam.
Número de especies: 1

Drapetes muscosus Lam.
Ref.: Cámara Hernández, 1964, 1988, 1996.
Hábito: Hierba.
Status: Nativa.
Elevación: 0–1000 m.
Prov.: SC, TF.
Paises limítrofes: CH.
Ejemplar examinado: *Dudley et al. 1066* (SI).

Ovidia Meisn.
Número de especies: 1

Ovidia andina (Poepp. & Endl.) Meisn.
Sin.: *Daphne andina* Poepp. & Endl., *Daphne pillo-pillo* Gay, *Daphne tenera* Phil., *Ovidia pillo-pillo* (Gay) Meisn., *Ovidia tenera* (Phil.) Macloskie
Ref.: Nevling, 1964; Cámara Hernández, 1964, 1988, 1996.
Hábito: Arbusto.
Status: Nativa.
Elevación: 500–1500 m.
Prov.: CHU, NE, RN.
Paises limítrofes: CH.
Ejemplar examinado: *Stuessy et al. 6766* (LP).

Ovidia pillo-pillo (Gay) Meisn. = **Ovidia andina** (Poepp. & Endl.) Meisn.
Ref.: Cámara Hernández, 1964, 1988.

Ovidia tenera (Phil.) Macloskie = **Ovidia andina** (Poepp. & Endl.) Meisn.
Ref.: Nevling, 1964; Cámara Hernández, 1964, 1988.

TILIACEAE

4 géneros, 13 especies.

por M. S. Ferrucci

Alchornea glandulosa auct. non Poepp. & Endl. = **Heliocarpus popayanensis** Kunth

Corchorus L.
Número de especies: 2

Corchorus argutus Kunth
Sin.: *Corchorus argutus* Kunth var. *longicarpus* Kuntze, *Corchorus argutus* Kunth var. *prismatocarpus* K. Schum., *Corchorus hirtus* L. var. *argentinensis* Rodrigo, *Corchorus hirtus* L. var. *pilolobus* auct. non (Link) K. Schum., *Corchorus prismatocarpus* A. St.-Hil., A. Juss. & Cambess.
Ref.: Rodrigo, 1948a.
Hábito: Subarbusto.
Status: Nativa.
Elevación: 0–500 m.
Prov.: CH, COR, ER, FO, MI, SF
Paises limítrofes: BR, PA
Ejemplar examinado: *Rodríguez 686* (BA, LIL, LP).

Corchorus argutus Kunth var. *longicarpus* Kuntze = **Corchorus argutus** Kunth

Corchorus argutus Kunth var. *prismatocarpus* K. Schum. = **Corchorus argutus** Kunth

Corchorus hirtus L.
Sin.: *Corchorus hirtus* L. var. *cuyabensis* K. Schum., *Corchorus hirtus* L. var. *orinocensis* (Kunth) K. Schum., *Corchorus orinocensis* Kunth, *Corchorus pilolobus* Link
Ref.: Rodrigo, 1948a; Novara, 1992.
Hábito: Hierba o subarbusto.
Status: Nativa.
Elevación: 0–1500 m.
Prov.: CH, FO, JU, SA, TU
Ejemplar examinado: *Krapovickas y Schinini 35898* (CTES, LIL).

Corchorus hirtus L. var. *argentinensis* Rodrigo = **Corchorus argutus** Kunth

Corchorus hirtus L. var. *cuyabensis* K. Schum. = **Corchorus hirtus** L.

Corchorus hirtus L. var. *orinocensis* (Kunth) K. Schum. = **Corchorus hirtus** L.

Corchorus hirtus L. var. *pilolobus* auct. non (Link) K. Schum. = **Corchorus argutus** Kunth

Corchorus orinocensis Kunth = **Corchorus hirtus** L.

Corchorus pilolobus Link = **Corchorus hirtus** L.

Corchorus prismatocarpus A. St.-Hil., A. Juss. & Cambess. = **Corchorus argutus** Kunth

Heliocarpus L.
Número de especies: 1

Heliocarpus americanus auct. argent. plur. non L. = **Heliocarpus popayanensis** Kunth
Ref.: Fabris, 1951.

Heliocarpus americanus L.var. *popayanensis* (Kunth) K. Schum. = **Heliocarpus popayanensis** Kunth
Ref.: Lay, 1949; Fabris, 1951; Robyns, 1964.

Heliocarpus australis E. Watson = **Heliocarpus popayanensis** Kunth
Ref.: Lay, 1949; Fabris, 1951; Robyns, 1964.

Heliocarpus popayanensis Kunth
Sin.: *Alchornea glandulosa* auct. non Poepp. & Endl., *Heliocarpus americanus* auct. argent. plur. non L., *Heliocarpus americanus* L. var. *popayanensis* (Kunth) K. Schum., *Heliocarpus australis* E. Watson
Ref.: Lay, 1949; Fabris, 1951; Digilio & Legname, 1966; Dimitri, 1974a.
Hábito: Árbol.
Status: Nativa.
Elevación: 0–1500 m.
Prov.: CA, JU, MI, SA, SE, TU.
Paises limítrofes: BO, BR, PA.
Ejemplar examinado: *Krapovickas y Cristóbal 14479* (CTES, IPA, LL, MBM, WIS).

Luehea Willd.
Número de especies: 5

Luehea candicans Mart.
Sin.: *Luehea uniflora* A. St.-Hil., A. Juss. & Cambess.
Ref.: Molfino, 1923a; Cunha, 1985.
Hábito: Árbol.
Status: Nativa.
Elevación: 0–500 m.
Prov.: FO, MI.
Paises limítrofes: BO, BR, PA.
Ejemplar examinado: *Capurro 837* (BA, CTES).

Luehea divaricata Mart.
Sin.: *Luehea paniculata* auct. non Mart.
Ref.: Molfino, 1923a; Pontiroli, 1965b; Setser, 1977; Cunha, 1985.
Hábito: Árbol.
Status: Nativa.
Elevación: 0–500 m.
Prov.: BA, CH, COR, ER, FO, MI, SF.
Paises limítrofes: BR, PA, UR.
Ejemplar examinado: *Venturi 70* (BA, BAB, LIL, SI).

Luehea fiebrigii Burret
Sin.: *Luehea speciosa* auct. non Willd.
Ref.: Burret, 1926; Setser, 1977; Legname, 1982.
Hábito: Arbolito o árbol.
Status: Nativa.
Elevación: 500-1500 m.
Prov.: SA.
Paises limítrofes: BO.
Ejemplar examinado: *Schinini et al. 33066* (CTES).

[Luehea grandiflora Mart.]
Nota: Cita dudosa para la flora argentina.

Luehea microcarpa R.E. Fr.
Ref.: Molfino, 1923a; Setser, 1977.
Hábito: Árbol.
Status: Nativa.
Elevación: 0–500 m.
Prov.: MI.
Paises limítrofes: PA.
Ejemplar examinado: *Gallardo s.n.* (BAF).

Luehea paniculata Mart.
Ref.: Setser, 1977.
Hábito: Árbol.
Status: Nativa.
Elevación: 0–500 m.
Prov.: MI.
Paises limítrofes: BO, BR, PA.
Ejemplar citado: *Rodríguez 327** (F).

Luehea paniculata auct. non Mart. = **Luehea divaricata** Mart.

[Luehea speciosa Willd.]
Ref.: Burret, 1926; Setser, 1977; Cunha, 1985.
Nota.: Especie excluida de la flora argentina.

Luehea speciosa auct. non Willd. = **Luehea fiebrigii** Burret

Luehea uniflora A. St.-Hil., A. Juss. & Cambess. = **Luehea candicans** Mart.
Ref.: Burret, 1926; Setser, 1977.

Triumfetta L.

Número de especies: 5

Triumfetta abutiloides A. St.-Hil., A. Juss. & Cambess.
Ref.: Lay, 1950.
Hábito: Arbusto.
Status: Nativa.
Elevación: 0–1000 m.
Prov.: FO, MI, TU.
Paises limítrofes: BO, BR, PA.
Ejemplar examinado: *Venturi 1767* (LIL, SI, US).

[Triumfetta bartramia L.]
Sin.: *Triumfetta eriocarpa* A. St.-Hil., A. Juss. & Cambess.
Nota.: Cita dudosa para la flora argentina.

Triumfetta bogotensis DC.
Sin.: *Triumfetta sepium* A. St.-Hil., A. Juss. & Cambess.
Ref.: Lay, 1950.
Hábito: Arbusto.
Status: Nativa.
Elevación: 0–500 m.
Prov.: JU, MI.
Paises limítrofes: BO, BR, PA.
Ejemplar examinado: *Quiroga 739* (BAF).

Triumfetta eriocarpa A. St.-Hil., A. Juss. & Cambess. = [Triumfetta bartramia L.]

Triumfetta guaranitica Villa
Ref.: Villa Carenzo, 1960.
Hábito: Arbusto.
Status: Nativa.
Elevación: 0-500 m.
Prov.: MI.
Paises limítrofes: PA.
Ejemplar examinado: *Tressens et al. 5716* (CTES, LIL, LPB).

Triumfetta obscura A. St.-Hil., A. Juss. & Cambess.
Ref.: Lay, 1950.
Hábito: Arbusto.
Status: Nativa.
Elevación: 0–500 m.
Prov.: MI.
Paises limítrofes: BR.
Ejemplar citado: *Ekman 200** (S).

Triumfetta semitriloba Jacq.
Ref.: Lay, 1950; Novara, 1992.
Hábito: Arbusto.
Status: Nativa.
Elevación: 0–1250 m.
Prov.: CH, COR, FO, JU, MI, SA.
Paises limítrofes: BO, BR, PA.
Ejemplar examinado: *Schinini y Daviña 24716* (C, CTES, F, LIL, MO).

Triumfetta sepium A. St.-Hil., A. Juss. & Cambess. = **Triumfetta bogotensis** DC.
Ref.: Lay, 1950.

TRIGONIACEAE

1 género, 1 especie.

Trigonia Aubl.

Número de especies: 1

Trigonia nivea Cambess.
Ref.: Molfino, 1928; Lleras, 1978; Spichiger & Loizeau, 1985.
Hábito: Arbusto.
Status: Nativa.
Elevación: 0–500 m.
Prov.: MI.
Paises limítrofes: BR, PA.
Ejemplar examinado: *Spegazzini s.n.* (LP).

TROPAEOLACEAE

3 géneros, 14 especies; 8 especies endémicas.

Chuymocarpus pentaphyllus (Lam.) D. Don = **Tropaeolum penthaphyllum** Lam.

Magallana Cav.

Número de especies: 2 especies endémicas.

Magallana cavanillesii Scala = **Magallana porifolia** Cav.
Ref.: Sparre & Andersson, 1991.

Magallana porifolia Cav.
Sin.: *Magallana cavanillesii* Scala, *Magallana porrifolia* Pers.
Ref.: Pérez Moreau & Crespo, 1988b; Sparre & Andersson, 1991.
Hábito: Hierba.
Status: Endémica.
Elevación: 1500–2000 m.
Prov.: CHU, ME, NE, SC.
Ejemplar examinado: *Gerth s.n.* (SI).

Magallana porrifolia Pers. = **Magallana porifolia** Cav.
Ref.: Sparre & Andersson, 1991.

Magallana trialata Suesseng.
Ref.: Pérez Moreau & Crespo, 1988b; Sparre & Andersson, 1991.
Hábito: Hierba.
Status: Endémica.
Elevación: 0–500 m.
Prov.: CHU, LP, NE, RN.
Ejemplar examinado: *Durando 61* (SI).

Tropaeolum L.

Número de especies: 11, 5 especies endémicas.

Tropaeolum argentinum Buchenau
Ref.: Sparre, 1962; Sparre & Andersson, 1991.
Hábito: Hierba.
Status: Endémica.
Elevación: 1000–1500 m.
Prov.: JU, SA, TU.
Ejemplar examinado: *Bartlett 20302* (SI).

Tropaeolum atrocapillare Sparre
Ref.: Sparre & Andersson, 1991.
Hábito: Hierba.
Status: Endémica.
Elevación: 2000–3000 m.
Prov.: SA.
Ejemplar examinado: *Meyer 4963* (holotipo, LIL).

[Tropaeolum brasiliense Casaretto]
Ref.: Sparre & Andersson, 1991.
Nota: Citada erróneamente para la flora argentina, sobre la base de material no perteneciente a esta especie.

Tropaeolum capillare Buchenau
Ref.: Sparre, 1962; Sparre & Andersson, 1991.
Hábito: Hierba.
Status: Endémica.
Elevación: 1000–1500 m.
Prov.: CA, JU, SA, TU.
Ejemplar examinado: *Venturi 7053* (SI).

Tropaeolum chymocarpus Morong = **Tropaeolum pentaphyllum** Lam.
Ref.: Sparre & Andersson, 1991.

Tropaeolum incisum (Speg.) Sparre
Sin.: *Tropaeolum polyphyllum* f. *schizophyllum* Ross ex Neger, nom. nud., *Tropaeolum polyphyllum* var. *incisum* Speg.
Ref.: Sparre & Andersson, 1991.
Hábito: Hierba.
Status: Nativa.
Elevación: 1000–1500 m y 2500–3000 m.
Prov.: CHU, ME, NE, RN.
Paises limítrofes: CH.
Ejemplar examinado: *Carette 396* (SI).

Tropaeolum leptophyllum G. Don
Ref.: Pérez Moreau & Crespo, 1988b; Sparre & Andersson, 1991.
Hábito: Hierba.
Status: Nativa.
Elevación: 2000–2500 m.
Prov.: NE.
Paises limítrofes: CH.
Ejemplar examinado: *Werdermann 502* (SI).

Tropaeolum meyeri Sparre
Ref.: Sparre, 1962; Sparre & Andersson, 1991.
Hábito: Hierba.
Status: Endémica.
Elevación: 1500–2000 m.
Prov.: CA, TU.
Ejemplar examinado: *Santos Biloni 6496* (SI).

[Tropaeolum minus L.]
Ref.: Sparre & Andersson, 1991.
Nota: Cita dudosa para la flora argentina.

[Tropaeolum myriophyllum (Poepp. & Endl.) Sparre]
Sin.: *Tropaeolum polyphyllum* var. *myriophyllum* Poepp. & Endl.
Ref.: Sparre & Andersson, 1991.
Nota: Especie excluida de la flora argentina.

Tropaeolum patagonicum Speg. = **Trophaeastrum patagonicum** (Speg.) Sparre
Ref.: Sparre & Andersson, 1991.

Tropaeolum pentaphyllum Lam.
Sin.: *Chuymocarpus pentaphyllus* (Lam.) D. Don, *Tropaeolum chymocarpus* Morong, *Tropaeolum quinatum* Helenius
Ref.: Sparre & Andersson, 1991.
Hábito: Hierba.
Status: Nativa.
Elevación: 0–500 m.
Prov.: BA, CH, CO, COR, ER, FO, MI, SF.
Paises limítrofes: BO, BR, PA, UR.
Ejemplar examinado: *Meyer 122* (SI).

[Tropaeolum pentaphyllum subsp. megapetalum (Buchenau) Sparre]
Sin.: *Tropaeolum pentaphyllum* var. *megapetalum* Buchenau.
Ref.: Sparre & Andersson, 1991.
Nota: Especie excluida de la flora argentina.

Tropaeolum pentaphyllum var. *megapetalum* Buchenau = [Tropaeolum pentaphyllum subsp. megapetalum (Buchenau) Sparre]
Ref.: Sparre & Andersson, 1991.

Tropaeolum polyphyllum Cav.
Ref.: Sparre & Andersson, 1991.
Hábito: Hierba.
Status: Nativa.
Elevación: 2500–3000 m.
Prov.: ME, SJ.
Paises limítrofes: CH.
Ejemplar examinado: *Isern 1863* (SI).

Tropaeolum polyphyllum f. *schizophyllum* Ross ex Neger, nom. nud. = **Tropaeolum incisum** (Speg.) Sparre
Ref.: Sparre & Andersson, 1991.

Tropaeolum polyphyllum var. *incisum* Speg. = **Tropaeolum incisum** (Speg.) Sparre
Ref.: Sparre & Andersson, 1991.

Tropaeolum polyphyllum var. *myriophyllum* Poepp. & Endl. = [Tropaeolum myriophyllum (Poepp. & Endl.) Sparre]
Ref.: Sparre & Andersson, 1991.

Tropaeolum quinatum Helenius = **Tropaeolum pentaphyllum** Lam.
Ref.: Sparre & Andersson, 1991.

Tropaeolum tuberosum Ruiz & Pav. subsp. **silvestre** Sparre
Ref.: Sparre & Andersson, 1991.
Hábito: Hierba.
Status: Nativa.
Elevación: 2500–3000 m.
Prov.: JU.
Paises limítrofes: BO.
Ejemplar examinado: *Fabris 5925* (LP).

Tropaeolum warmingianum Rohrb.
Ref.: Sparre & Andersson, 1991.
Hábito: Hierba.
Status: Nativa.
Elevación: 0–1000 m.
Prov.: MI.
Paises limítrofes: BR, PA.
Ejemplar examinado: *Porta 16* (SI).

Tropaeolum willinkii Sparre
Ref.: Sparre & Andersson, 1991.
Hábito: Hierba.
Status: Endémica.
Elevación: 1000–1500 m.
Prov.: JU, SA.
Ejemplar examinado: *Willink 153* (holotipo, LIL).

Trophaeastrum Sparre
Número de especies: 1 especie endémica.

Trophaeastrum patagonicum (Speg.) Sparre
Sin.: *Tropaeolum patagonicum* Speg.
Ref.: Sparre & Andersson, 1991.
Hábito: Hierba.
Status: Endémica.
Elevación: 0–500 m.
Prov.: CHU, SC, TF.
Ejemplar examinado: *Burmeister 549* (SI).

TURNERACEAE

2 géneros, 14 especies.

por M. M. Arbo

Piriqueta Aubl.
Número de especies: 5

Piriqueta australis (Urb.) Arbo = **Piriqueta morongii** Rolfe
Ref.: Arbo, 1995a, b.

Piriqueta cistoides (L.) Griseb.
Sin.: *Piriqueta villosa* Aubl., *Turnera cistoides* L.
Ref.: Arbo, 1987, 1995a, b.
Hábito: Hierba.
Status: Nativa.
Elevación: 0-500 m.
Prov.: FO, MI.
Paises limítrofes: BO, BR, PA.
Ejemplar examinado: *Guaglianone et al. 3023* (CTES, SI).

Piriqueta duarteana (Cambess.) Urb. var. *grandifolia* Urb. = **Piriqueta grandifolia** (Urb.) Arbo
Ref.: Arbo, 1994.

Piriqueta grandifolia (Urb.) Arbo
Sin.: *Piriqueta duarteana* (Cambess.) Urb. var. *grandifolia* Urb.
Ref.: Arbo, 1995a, b.
Hábito: Subarbusto.
Status: Nativa.
Elevación: 0-500 m.
Prov.: FO, SA.
Paises limítrofes: BO, BR, PA.
Ejemplar examinado: *Krapovickas y Cristóbal 46733* (CTES).

Piriqueta morongii Rolfe
Sin.: *Piriqueta australis* (Urb.) Arbo, *Piriqueta viscosa* Griseb. subsp. *australis* Urb.
Ref.: Arbo, 1995b.
Hábito: Hierba.
Status: Nativa.
Elevación: 0-500 m.
Prov.: COR, MI.
Paises limítrofes: BO, BR, PA.
Ejemplar examinado: *Arbo et al. 6040* (AAU, ASU, CANB, CTES, GH, U).

Piriqueta selloi Urb. var. α = **Piriqueta suborbicularis** (A. St.-Hil. & Naudin) Arbo
Ref.: Arbo, 1995a, b.

Piriqueta selloi Urb. var. *hirsuta* Urb. = **Piriqueta taubatensis** (Urb.) Arbo
Ref.: Arbo, 1995a, b.

Piriqueta selloi Urb. var. *taubatensis* Urb. = **Piriqueta taubatensis** (Urb.) Arbo
Ref.: Arbo, 1995a, b.

Piriqueta suborbicularis (A. St.-Hil. & Naudin) Arbo
Sin.: *Piriqueta selloi* Urb. var. α, *Sida suborbicularis* A. St.-Hil. & Naudin
Ref.: Arbo, 1987, 1995a, b.
Hábito: Hierba.
Status: Nativa.
Elevación: 0-500 m.
Prov.: COR, MI.
Paises limítrofes: BR, PA.
Ejemplar examinado: *Arbo et al. 6508* (CTES, K, MEXU).

Piriqueta taubatensis (Urb.) Arbo
Sin.: *Piriqueta selloi* Urb. var. *hirsuta* Urb., *Piriqueta selloi* Urb. var. *taubatensis* Urb.
Ref.: Arbo, 1987, 1995a, b.
Hábito: Hierba.
Status: Nativa.
Elevación: 0-500 m.
Prov.: COR, MI.
Paises limítrofes: BR, PA, UR.
Ejemplar examinado: *Krapovickas y Cristóbal 29747* (BAA, CTES).

Piriqueta villosa Aubl. = **Piriqueta cistoides** (L.) Griseb.
Ref.: Arbo, 1995a, b.

Piriqueta viscosa Griseb. subsp. *australis* Urb. = **Piriqueta morongii** Rolfe
Ref.: Arbo, 1995b.

Sida suborbicularis A. St.-Hil. & Naudin = **Piriqueta suborbicularis** (A. St.-Hil. & Naudin) Arbo
Ref.: Arbo, 1995a, b.

Turnera L.
Número de especies: 9

Turnera aurelii Arbo
Ref.: Arbo, 1987.
Hábito: Subarbusto.
Status: Nativa.
Elevación: 0-500 m.
Prov.: FO.
Paises limítrofes: PA.
Ejemplar examinado: *López y Vanni 111* (CTES).

Turnera cistoides L. = **Piriqueta cistoides** (L.) Griseb.
Ref.: Arbo, 1995b.

Turnera grandiflora (Urb.) Arbo
Sin.: *Turnera ulmifolia* auct. non L., *Turnera ulmifolia* L. var. *grandiflora* Arbo
Ref.: Arbo, 1987, 1995b.
Hábito: Hierba.
Status: Nativa.
Elevación: 0-500 m.
Prov.: CH, COR, FO, SF.
Paises limítrofes: BO, BR, PA.
Ejemplar examinado: *Arbo et al. 6019* (AAU, CTES, GH, LIL, MO, U).

Turnera hassleriana Urb.
Ref.: Molfino, 1925b; Arbo, 1987, 1995b.
Hábito: Subarbusto.
Status: Nativa.
Elevación: 0-500 m.
Prov.: MI.
Paises limítrofes: BO, BR, PA.
Ejemplar examinado: *Schinini 19854* (CTES, MO).

Turnera krapovickasii Arbo
Sin.: *Turnera ulmifolia* auct. non L., *Turnera ulmifolia* L. var. *grandidentata* Urb., p.p.
Ref.: Arbo, 1985, 1995b.
Hábito: Hierba.
Status: Nativa.
Elevación: 0-500 m.
Prov.: JU, SA, TU.
Paises limítrofes: BO, PA.
Ejemplar examinado: *Pedersen 10826* (C, CTES, Hb. Pedersen).

Turnera nervosa Urb.
Ref.: Arbo, 1995b.
Hábito: Hierba.
Status: Nativa.
Elevación: 0-500 m.
Prov.: COR, MI.
Paises limítrofes: PA.
Ejemplar examinado: *Arbo et al. 6457* (AAU, CANB, CTES, GH, ICN, U).

Turnera orientalis (Urb.) Arbo
Sin.: *Turnera ulmifolia* L. var. *orientalis* Urb.
Ref.: Arbo, 1987, 1995b.
Hábito: Subarbusto.
Status: Nativa.
Elevación: 0-500 m.
Prov.: CH, COR, FO, MI.
Paises limítrofes: BR, PA.
Ejemplar examinado: *Krapovickas y Cristóbal 12955* (CTES, LIL, MO, UC, WIS).

Turnera pinnatifida Juss. ex Poir. = **Turnera sidoides** L. subsp. **pinnatifida** (Juss. ex Poir.) Arbo
Ref.: Arbo, 1985.

Turnera pinnatifida Juss. ex Poir. var. *angustiloba* DC. = **Turnera sidoides** L. subsp. **pinnatifida** (Juss. ex Poir.) Arbo
Ref.: Arbo, 1985.

Turnera pinnatifida Juss. ex Poir. var. *carnea* Cambess. = **Turnera sidoides** L. subsp. **carnea** (Cambess.) Arbo
Ref.: Arbo, 1995b.

Turnera pinnatifida Juss. ex Poir. var. *lycopifolia* DC. = **Turnera sidoides** L. subsp. **pinnatifida** (Juss. ex Poir.) Arbo
Ref.: Arbo, 1985.

Turnera pumilea L.
Ref.: Arbo, 1987, 1995b.
Hábito: Hierba.
Status: Nativa.
Elevación: 0-500 m.
Prov.: COR.
Paises limítrofes: BO, BR, PA.
Ejemplar examinado: *Arbo et al. 2120* (CTES, G, GH, UC).

Turnera setosa Sm. = **Turnera sidoides** L. subsp. **pinnatifida** (Juss. ex Poir.) Arbo
Ref.: Grisebach, 1879; Arbo, 1985.

Turnera setosa Sm. var. *entreriana* Griseb. = **Turnera sidoides** L. subsp. **pinnatifida** (Juss. ex Poir.) Arbo
Ref.: Grisebach, 1879; Arbo, 1985.

Turnera setosa Sm. var. *integrifolia* Griseb. = **Turnera sidoides** L. subsp. **integrifolia** (Griseb.) Arbo
Ref.: Grisebach, 1879; Arbo, 1985.

Turnera sidoides L. var. *angustiloba* (DC.) Urb. = **Turnera sidoides** L. subsp. **pinnatifida** (Juss. ex Poir.) Arbo
Ref.: Arbo, 1985.

Turnera sidoides L. var. *grisebachiana* Urb. = **Turnera sidoides** L. subsp. **integrifolia** (Griseb.) Arbo
Ref.: Arbo, 1985.

Turnera sidoides L. var. *incisa* Urb., p.p. = **Turnera sidoides** L. subsp. **pinnatifida** (Juss. ex Poir.) Arbo
Ref.: Arbo, 1995b.

Turnera sidoides L. var. *incisa* Urb., p.p. = **Turnera sidoides** L. subsp. **carnea** (Cambess.) Arbo
Ref.: Arbo, 1995b.

Turnera sidoides L. var. *lycopifolia* (DC.) Urb. = **Turnera sidoides** L. subsp. **pinnatifida** (Juss. ex Poir.) Arbo
Ref.: Arbo, 1985.

Turnera sidoides L. subsp. **carnea** (Cambess.) Arbo
Sin.: *Turnera pinnatifida* Juss. ex Poir. var. *carnea* Cambess., *Turnera sidoides* L. var. *incisa* Urb., p.p.
Ref.: Arbo, 1985, 1995b.
Hábito: Hierba.
Status: Nativa.
Elevación: 0-500 m.
Prov.: COR, MI.
Paises limítrofes: BR, PA, UR.
Ejemplar examinado: *Vanni et al. 3882* (CTES).

Turnera sidoides L. subsp. **integrifolia** (Griseb.) Arbo
Sin.: *Turnera setosa* Sm. var. *integrifolia* Griseb., *Turnera sidoides* L. var. *grisebachiana* Urb.
Ref.: Arbo, 1985, 1995b.
Hábito: Hierba.
Status: Nativa.
Elevación: 0-500 m.
Prov.: COR, ER.
Paises limítrofes: BR, PA, UR.
Ejemplar examinado: *Schinini et al. 28348* (CTES).

Turnera sidoides L. subsp. **pinnatifida** (Juss. ex Poir.) Arbo
Sin.: *Turnera pinnatifida* Juss. ex Poir., *Turnera pinnatifida* Juss. ex Poir. var. *angustiloba* DC., *Turnera pinnatifida* Juss. ex Poir. var. *lycopifolia* DC., *Turnera setosa* Sm., *Turnera setosa* Sm. var. *entreriana* Griseb., *Turnera sidoides* L. var. *angustiloba* (DC.) Urb., *Turnera sidoides* L. var. *incisa* Urb., *Turnera sidoides* L. var. *lycopifolia* (DC.) Urb.
Ref.: Arbo, 1985, 1995b.
Hábito: Hierba.
Status: Nativa.
Elevación: 0-3000 m.
Prov.: BA, CA, CH, COR, ER, FO, JU, LP, LR, RN, SA, SE, SF, SL, TU.
Paises limítrofes: BO, PA, UR.
Ejemplar examinado: *Ibarrola 2496* (CTES, LIL, NY).

Turnera ulmifolia auct. non L. = **Turnera grandiflora** (Urb.) Arbo

Turnera ulmifolia auct. non L. = **Turnera krapovickasii** Arbo
Ref.: Arbo, 1985.

[Turnera ulmifolia L.]
Ref.: Arbo, 1985.
Nota: Especie excluida de la flora argentina.

Turnera ulmifolia L. var. *grandidentata* Urb, p.p. = **Turnera krapovickasii** Arbo
Ref.: Arbo, 1985.

Turnera ulmifolia L. var. *grandiflora* Arbo = **Turnera grandiflora** (Urb.) Arbo
Ref.: Arbo, 1995b.

Turnera ulmifolia L. var. *orientalis* Urb. = **Turnera orientalis** (Urb.) Arbo
Ref.: Arbo, 1995b.

Turnera weddelliana Urb. ex Rolfe
Ref.: Molfino, 1925b; Arbo, 1987, 1995b.
Hábito: Arbusto.
Status: Nativa.
Elevación: 0-500 m.
Prov.: MI, SA.
Paises limítrofes: BO, BR, PA.
Ejemplar examinado: *Schwindt 1164* (LIL, P).

ULMACEAE

1 género, 1 especie.

Phyllostylon Capan. ex Benth. & Hook. f.

Número de especies: 1

Phyllostylon rhamnoides (J. Poiss.) Taub.
Sin.: *Samaroceltis rhamnoides* J. Poiss.
Ref.: Digilio & Legname, 1966; Todzia, 1992; Dottori & Hunziker, 1994b.
Hábito: Árbol.
Status: Nativa.
Elevación: 0–1000 m.
Prov.: CH, COR, FO, JU, SA, SF, TU.
Paises limítrofes: BO, BR, PA.
Ejemplar examinado: *Venturi 5547* (GH, LP, MO, SI).

Samaroceltis rhamnoides J. Poiss. = **Phyllostylon rhamnoides** (J. Poiss.) Taub.
Ref.: Dottori & Hunziker, 1994b.

URTICACEAE

7 géneros, 26 especies; 2 especies, 1 subespecie y 1 variedad endémicas.

Boehmeria Jacq.

Número de especies: 2

Boehmeria arborescens Gardner = **Boehmeria caudata** Sw.
Ref.: Wilmot-Dear & Friis, 1996.

Boehmeria caudata Sw.
Sin.: *Boehmeria arborescens* Gardner, *Boehmeria caudata* Sw. var. *arborescens* (Gardner) Wedd., nom. superfl.
Ref.: Sorarú, 1972; Wilmot-Dear & Friis, 1996.
Hábito: Arbusto o arbolito.
Status: Nativa.
Elevación: 0-2000 m.
Prov.: BA, COR, JU, MI, SA, TU.
Paises limítrofes: BO, BR, PA.
Ejemplar examinado: *Fabris et al. 5256* (LP).

Boehmeria caudata Sw. var. *arborescens* (Gardner) Wedd., nom. superfl. = **Boehmeria caudata** Sw.
Ref.: Wilmot-Dear & Friis, 1996.

Boehmeria cylindrica (L.) Sw.
Sin.: *Urtica cylindrica* L.
Ref.: Dawson, 1967; Sorarú, 1972, 1987; Wilmot-Dear & Friis, 1996.
Hábito: Hierba.
Status: Nativa.
Elevación: 0-1000 m.
Prov.: BA, CH, COR, ER, FO, MI, SF.
Paises limítrofes: BO, BR, PA, UR.
Ejemplar examinado: *Burkart 1262* (SI).

Myriocarpa Benth.

Número de especies: 1

Myriocarpa stipitata Benth.
Ref.: Sorarú, 1972.
Hábito: Arbusto.
Status: Nativa.
Elevación: 0-2500 m.
Prov.: JU, MI, SA.
Paises limítrofes: BO, BR.
Ejemplar examinado: *Rodríguez 424* (BA, SI).

Parietaria L.

Número de especies: 3

Parietaria debilis G. Forst.
Ref.: Dawson, 1967g; Sorarú, 1972, 1984b, 1987.
Hábito: Hierba.
Status: Nativa.
Elevación: 0-1500 m.
Prov.: BA, CA, CH, CHU, CO, COR, DF, ER, FO, JU, LP, LR, ME, MI, RN, SA, SE, SJ, SL, TU.
Paises limítrofes: BO, CH, PA.
Ejemplar examinado: *Burkart 15068* (SI).

Parietaria debilis G. Forst. var. *gracilis* (Lowe) Wedd. = **Parietaria gracilis** Lowe
Ref.: Navas, 1963.

Parietaria gracilis Lowe
Sin.: *Parietaria debilis* G. Forst. var. *gracilis* (Lowe) Wedd.
Ref.: Hauman, 1925b; Ragonese, 1941; Navas, 1963.
Hábito: Hierba.
Status: Nativa.
Elevación: 0-500 m.
Prov.: FO, ME, MI, SF.
Paises limítrofes: CH.
Ejemplar examinado: *Covas y Ragonese 3999* (SF).

Parietaria microphylla L. = **Pilea microphylla** (L.) Liebm.
Ref.: Sorarú, 1972.

Parietaria officinalis L.
Ref.: Dawson, 1967g; Sorarú, 1972.
Hábito: Hierba.
Status: Introducida.
Elevación: 0-500 m.
Prov.: BA, DF, ER.
Paises limítrofes: UR.
Ejemplar examinado: *Cabrera 2245* (LP).

Parietaria sonneratii Poir. = **Phenax sonneratii** (Poir.) Wedd.
Ref.: Sorarú, 1972.

Phenax Wedd.

Número de especies: 2

Phenax hirtus auct. non (Sw.) Wedd. = **Phenax laevigatus** Wedd.

Phenax laevigatus Wedd.
Sin.: *Phenax hirtus* auct. non (Sw.) Wedd., *Phenax urticifolius* Wedd.
Ref.: Sorarú, 1972.
Hábito: Arbusto o árbol.
Status: Nativa.
Elevación: 500-2500 m.
Prov.: CA, CO, JU, SA, TU.
Paises limítrofes: BO.
Ejemplar examinado: *Rodríguez 257* (BA, SI).

Phenax rugosa Wedd. f. *uberrima* auct. non Hassl. = **Phenax sonneratii** (Poir.) Wedd.

Phenax sonneratii (Poir.) Wedd.
Sin.: *Parietaria sonneratii* Poir., *Phenax rugosa* Wedd. f. *uberrima* auct. non Hassl., *Phenax vulgaris* Wedd.
Ref.: Sorarú, 1972.
Hábito: Arbusto.
Status: Nativa.
Elevación: 0-500 m.
Prov.: MI.
Paises limítrofes: BO, BR.
Ejemplar examinado: *Rodríguez 368* (BA, BAF, LIL, SI).

Phenax urticifolius Wedd. = **Phenax laevigatus** Wedd.
Ref.: Sorarú, 1972.

Phenax vulgaris Wedd. = **Phenax sonneratii** (Poir.) Wedd.
Ref.: Sorarú, 1972.

Pilea Lindl.

Número de especies: 4, 1 especie endémica.

[Pilea elliptica Hook. f.]
Ref.: Molfino, 1926b; Sorarú, 1972.
Nota: Especie excluida de la flora argentina.

Pilea hyalina Fenzl
Sin.: *Pilea hyalina* Fenzl var. *longipes* Miq.
Ref.: Sorarú, 1972.
Hábito: Hierba.
Status: Nativa.
Elevación: 0-1500 m.
Prov.: JU, MI, SA, TU.
Paises limítrofes: BO, BR, CH.
Ejemplar examinado: *Bartlett 20390* (SI).

Pilea hyalina var. *longipes* Miq. = **Pilea hyalina** Fenzl
Ref.: Sorarú, 1972.

Pilea jujuyensis Sorarú
Ref.: Sorarú, 1969, 1972.
Hábito: Hierba.
Status: Endémica.
Elevación: 1500-2000 m.
Prov.: JU.
Ejemplar examinado: *de la Sota 4301* (LP).

Pilea microphylla (L.) Liebm.
Sin.: *Parietaria microphylla* L.
Ref.: Sorarú, 1972.
Hábito: Hierba.
Status: Nativa.
Elevación: 0-500 m.
Prov.: MI.
Paises limítrofes: BR.
Ejemplar examinado: *Burkart 28290* (BAF, SI).

Pilea pubescens Liebm.
Ref.: Sorarú, 1972.
Hábito: Hierba.
Status: Nativa.
Elevación: 0-500 m.
Prov.: MI.
Paises limítrofes: BR, PA.
Ejemplar examinado: *Rodríguez 788* (SI).

Urera Gaudich.
Número de especies: 4

Urera altissima Lillo
Ref.: Sorarú, 1972.
Hábito: Arbusto.
Status: Nativa.
Elevación: 0-2000 m.
Prov.: JU, SA, TU.
Paises limítrofes: BO.
Ejemplar examinado: *Fabris 4331* (LP).

Urera aurantiaca Wedd.
Sin.: *Urera aurantiaca* Wedd. var. *scandens* (D. Parodi) Hassl., *Urera scandens* D. Parodi
Ref.: Hauman, 1925b; Sorarú, 1972, 1987.
Hábito: Arbusto.
Status: Nativa.
Elevación: 0-500 m.
Prov.: CH, COR, ER, FO, JU, MI, SA, SF.
Paises limítrofes: BR, PA.
Ejemplar examinado: *Burkart 26935* (SI).

Urera aurantiaca Wedd. var. *scandens* (D. Parodi) Hassl. = **Urera aurantiaca** Wedd.
Ref.: Sorarú, 1987.

Urera baccifera (L.) Gaudich.
Sin.: *Urtica baccifera* L.
Ref.: Hauman, 1925b; Sorarú, 1972.
Hábito: Árbol.
Status: Nativa.
Elevación: 0-1500 m.
Prov.: CA, CH, COR, FO, JU, MI, SA, TU.
Paises limítrofes: BO, BR, PA.
Ejemplar examinado: *Rodríguez 705* (BA, BAF, LIL, SI).

Urera caracasana (Jacq.) Gaudich. ex Griseb.
Sin.: *Urera jacquini* Wedd., *Urtica caracasana* Jacq.
Ref.: Sorarú, 1972.
Hábito: Arbusto.
Status: Nativa.
Elevación: 0-2000 m.
Prov.: CH, JU, SA, TU.
Paises limítrofes: BO, BR, PA.
Ejemplar examinado: *Lillo 7665* (SI).

Urera jacquini Wedd. = **Urera caracasana** (Jacq.) Gaudich. ex Griseb.
Ref.: Sorarú, 1972.

Urera scandens D. Parodi = **Urera aurantiaca** Wedd.

Urtica L.
Número de especies: 10, 1 especie, 1 subespecie y 1 variedad endémicas.

Urtica baccifera L. = **Urera baccifera** (L.) Gaudich.
Ref.: Sorarú, 1972.

Urtica buchtienii R. Ross
Ref.: Sorarú, 1972, 1984b.
Hábito: Hierba.
Status: Nativa.
Elevación: 1500-2500 m.
Prov.: ME, NE, SJ.
Paises limítrofes: CH.
Ejemplar examinado: *Burkart et al. 13988* (LIL, SI).

Urtica caracasana Jacq. = **Urera caracasana** (Jacq.) Gaudich. ex Griseb.
Ref.: Sorarú, 1972.

Urtica chamaedryoides Pursh f. *hygrophila* Hauman = **Urtica chamaedryoides** Pursh subsp. **microsperma** Hauman
Ref.: Sorarú, 1972.

Urtica chamaedryoides Pursh f. *xerophila* Hauman = **Urtica chamaedryoides** Pursh subsp. **microsperma** Hauman
Ref.: Sorarú, 1972.

Urtica chamaedryoides Pursh var. *circularis* (Hicken) Hauman = **Urtica circularis** (Hicken) Sorarú
Ref.: Sorarú, 1972.

Urtica chamaedryoides Pursh subsp. **microsperma** Hauman
Sin.: *Urtica chamaedryoides* Pursh f. *hygrophila* Hauman, *Urtica chamaedryoides* Pursh f. *xerophila* Hauman, *Urtica minutifolia* Griseb.
Ref.: Hauman, 1925b; Sorarú, 1972.
Hábito: Hierba.
Status: Endémica.
Elevación: 0-4000 m.
Prov.: CA, CO, JU, LR, SA, SJ, TU.
Ejemplar examinado: *Rodríguez 336* (BA, BAF, SI).

Urtica circularis (Hicken) Sorarú
Sin.: *Urtica chamaedryoides* Pursh var. *circularis* (Hicken) Hauman, *Urtica spatulata* Sm. var. *circularis* Hicken
Ref.: Sorarú, 1972.
Hábito: Hierba.
Status: Nativa.
Elevación: 0-1000 m.
Prov.: BA, CA, CH, CO, COR, ER, FO, JU, MI, SA, SE, SF, SJ, SL, TU.
Paises limítrofes: PA, UR.
Ejemplar examinado: *Hicken s.n.* (holotipo de *U. spatulata* var. *circularis*, SI 306).

Urtica cylindrica L. = **Boehmeria cylindrica** (L.) Sw.
Ref.: Dawson, 1967; Sorarú, 1972, 1987.

Urtica darwinii Hook. f. = **Urtica magellanica** Poir.
Ref.: Sorarú, 1972, 1984b.

[Urtica dioica L.]
Ref.: Sorarú, 1984b.
Nota: Especie excluida de la flora argentina.

Urtica dioica L. var. **mollis** (Steud.) Wedd.
Sin.: *Urtica mollis* Steud.
Ref.: Hauman, 1925b; Sorarú, 1972, 1984b.
Hábito: Hierba.
Status: Nativa.
Elevación: 0-3500 m.
Prov.: BA, CA, CHU, CO, JU, LR, ME, NE, RN, SA, SJ, TU.
Paises limítrofes: CH.
Ejemplar examinado: *Venturi 3062* (BA, BAB, LIL, SI).

[Urtica echinata Benth.]
Nota: Especie excluida de la flora argentina.

Urtica echinata Benth. var. **punctulata** Hauman
Ref.: Hauman, 1925b; Sorarú, 1972.
Hábito: Hierba.
Status: Endémica.
Elevación: 1000>4500 m.
Prov.: CA, JU, LR, SA, TU.
Ejemplar examinado: *Venturi 3208* (LIL, SI).

Urtica flabellata Kunth
Ref.: Sorarú, 1972.
Hábito: Hierba.
Status: Nativa.
Elevación: 4000-4500 m.
Prov.: JU.
Paises limítrofes: BO.
Ejemplar examinado: *Cano y Tello 4135* (LP).

[Urtica gracilis Aiton]
Nota: Cita dudosa para la flora argentina.

Urtica lilloi (Hauman) Geltman
Sin.: *Urtica magellanica* Poir. subsp. *lilloi* Hauman
Ref.: Geltman, 1998.
Hábito: Hierba.
Status: Endémica.
Elevación: 1000-2000 m.
Prov.: CA, JU, SA, TU.
Ejemplar examinado: *Venturi 2995* (SI).

Urtica magellanica Poir. subsp. *lilloi* Hauman = **Urtica lilloi** (Hauman) Geltman
Ref.: Geltman, 1998.

Urtica magellanica Poir.
Sin.: *Urtica darwinii* Hook. f.
Ref.: Sorarú, 1972, 1984b; Dudley, 1983.
Hábito: Hierba.
Status: Nativa.
Elevación: 0-500 m.
Prov.: CHU, NE, RN, SC, TF.
Paises limítrofes: BO, CH.
Ejemplar examinado: *Boelcke y Correa 6014* (BAA, BAB, SI).

Urtica minutifolia Griseb. = **Urtica chamaedryoides** Pursh subsp. **microsperma** Hauman
Ref.: Sorarú, 1972.

Urtica mollis Steud. = **Urtica dioica** L. var. **mollis** (Steud.) Wedd.
Ref.: Sorarú, 1972, 1984b.

Urtica spatulata Sm.
Ref.: Dawson, 1967g; Sorarú, 1972, 1984b, 1987.
Hábito: Hierba.
Status: Nativa.
Elevación: 0-500 m.
Prov.: BA, CA, CO, COR, DF, ER, LP, SC, SE, SF, SL, TU.
Paises limítrofes: BR, PA, UR.
Ejemplar examinado: *Rodríguez 69* (SI).

Urtica spatulata Sm. var. *circularis* Hicken = **Urtica circularis** (Hicken) Sorarú
Ref.: Sorarú, 1972.

Urtica urens L.
Ref.: Dawson, 1967g; Sorarú, 1972, 1984b, 1987.
Hábito: Hierba.
Status: Naturalizada.
Elevación: 0-1500 m.
Prov.: BA, CA, CO, DF, ER, JU, LP, LR, ME, MI, NE, RN, SC, SE, SF, SJ, SL, TF, TU.
Paises limítrofes: BO, BR, CH, UR.
Ejemplar examinado: *Burkart 15698* (SI).

VALERIANACEAE

3 géneros, 48 especies; 15 especies endémicas.

por C. C. Xifreda

Aretiastrum sedifolium (d'Urv.) Graebn. = **Valeriana sedifolia** d'Urv.
Ref.: Moore, 1983.

Betchea gilliesii Hook. & Arn. = **Valeriana macrorhiza** DC.
Ref.: Borsini, 1966.

Betchea samolifolia DC. = **Valeriana samolifolia** (DC.) Colla
Ref.: Borsini, 1966.

Phyllactis clarionifolia (Phil.) Speg. = **Valeriana clarionifolia** Phil.

Phyllactis corymbulosa Wedd. = **Valeriana corymbulosa** (Wedd.) Cabrera
Ref.: Cabrera, 1993b.

Phyllactis dinorrhiza Griseb. = **Valeriana dinorrhiza** (Griseb.) Höck

Phyllactis ferax Griseb. = **Valeriana ferax** (Griseb.) Höck
Ref.: Borsini, 1944.

Phyllactis gilliesii (Hook. & Arn.) Wedd. = **Valeriana macrorhiza** DC.
Ref.: Borsini, 1966.

Phyllactis macrorhiza (DC.) Wedd. = **Valeriana macrorhiza** DC.
Ref.: Borsini, 1966.

Phyllactis macrorhiza (DC.) Wedd. var. *pumila* Speg. = **Valeriana macrorhiza** DC.

Phyllactis magellanica (Decne.) Speg. = **Valeriana sedifolia** d'Urv.

Phyllactis magellanica (Decne.) Speg. var. *azorelloides* Speg. = **Valeriana sedifolia** d'Urv.

Phyllactis polybotria Griseb. = **Valeriana polybotrya** (Griseb.) Höck

Phyllactis regularis Speg. = **Valeriana virescens** Clos

Phyllactis salicariaefolia (Vahl) Speg. = **Valeriana salicariifolia** Vahl

Phyllactis sedifolia (d'Urv.) Wedd. = **Valeriana sedifolia** d'Urv.
Ref.: Borsini, 1966.

Plectritis samolifolia (DC.) Höck = **Valeriana samolifolia** (DC.) Colla
Ref.: Borsini, 1966.

Plectritis samolifolia (DC.) Höck var. *pusilla* Speg. = **Valeriana samolifolia** (DC.) Colla
Ref.: Borsini, 1966.

Stangea Graebn.

Número de especies: 1 especie endémica.

Stangea calchaquina (Borsini) Borsini = **Stangea wandae** Graebn. & Tessend.
Ref.: Cabrera, 1993b.

Stangea wandae Graebn. & Tessend.
Sin.: *Stangea calchaquina* (Borsini) Borsini, *Valeriana calchaquina* Borsini
Ref.: Borsini, 1942, 1944; Cabrera, 1993b.
Hábito: Hierba.
Status: Endémica.
Elevación: 4000-4500 m.
Prov.: CA, JU, SA, TU.
Ejemplar examinado: *Rodríguez 1369* (BA).

Valeriana L.

Número de especies: 45, 14 especies endémicas.

Valeriana altoandina Cabrera
Sin.: *Valeriana macrorhiza* DC. var. *pumila* Speg.
Ref.: Cabrera, 1993b.
Hábito: Hierba.
Status: Endémica.
Elevación: 3500->4500 m.
Prov.: JU, SA.
Ejemplar examinado: *Cabrera et al. 10586* (SI).

Valeriana andonaegui Phil. = **Valeriana lapathifolia** Vahl
Ref.: Borsini, 1966.

Valeriana approximata Briq. = **Valeriana effusa** Griseb.
Ref.: Cabrera, 1993b.

Valeriana boelckii Rossow
Ref.: Rossow, 1993a.
Hábito: Hierba.
Status: Endémica.
Elevación: 1500-2000 m.
Prov.: NE.
Ejemplar examinado: *Rossow y Gómez 4590* (BAB, BAF).

Valeriana bonariensis Speg. = **Valeriana scandens** Loefl. ex L.

Valeriana borsini Rossow = **Valeriana leucocarpa** DC.

[Valeriana bridgesii Hook. & Arn.]
Sin.: *Valeriana regularis* Clos
Nota: Cita dudosa para la flora argentina.

Valeriana calchaquina Borsini = **Stangea wandae** Graebn. & Tessend.
Ref.: Cabrera, 1993b.

Valeriana calvescens Briq.
Sin.: *Valeriana interrupta* Ruiz & Pav. var. *calcitrapifolia* (Ruiz & Pav.) Griseb.
Ref.: Cabrera, 1993b.
Hábito: Hierba.
Status: Nativa.
Elevación: 1500-2500 m.
Prov.: JU, SA.
Paises limítrofes: BO.
Ejemplar examinado: *Cabrera et al. 23940* (SI).

Valeriana carnosa Sm.
Ref.: Borsini, 1944, 1946a, 1966; Moore, 1983.
Hábito: Hierba.
Status: Nativa.
Elevación: 0-2000 m.
Prov.: CHU, ME, NE, RN, SC, TF.
Paises limítrofes: CH.
Ejemplar examinado: *Rossow y Gómez 4620* (BAB, BAF).

Valeriana castellanosii Borsini
Ref.: Borsini, 1944; Cabrera, 1993b.
Hábito: Hierba.
Status: Endémica.
Elevación: 4000->4500 m.
Prov.: CA, JU, SA.
Ejemplar examinado: *Sleumer 3393* (LIL, SI).

Valeriana caudata Phil. = **Valeriana polemoniifolia** Phil.
Ref.: Borsini, 1966.

Valeriana chilensis Borsini
Ref.: Borsini, 1966; Rossow, 1993a.
Hábito: Hierba.
Status: Nativa.
Elevación: 1500-2000 m.
Prov.: NE.
Paises limítrofes: CH.
Ejemplar examinado: *Rossow y Gómez Cadret 2728* (BAB).

Valeriana chubutensis Speg. = **Valeriana leucocarpa** DC.
Ref.: Borsini, 1966.

Valeriana clarionifolia Phil.
Sin.: *Phyllactis clarionifolia* (Phil.) Speg., *Valeriana sarcophylla* Briq., *Valeriana spegazzini* Skottsb.
Ref.: Borsini, 1944, 1946a, 1966.
Hábito: Hierba.
Status: Nativa.
Elevación: 0-2000 m.
Prov.: CHU, ME, NE, RN, SC.
Paises limítrofes: CH.
Ejemplar examinado: *Gerling 757* (BAF).

Valeriana clematitis Kunth
Ref.: Cabrera, 1993b.
Hábito: Hierba.
Status: Nativa.
Elevación: 1500-2000 m.
Prov.: JU.
Ejemplar examinado: *Vervoorst y Cuezzo 7872* (LIL).

Valeriana columbaria Phil. = **Valeriana hebecarpa** DC.
Ref.: Borsini, 1966.

Valeriana condamoana Graebn.
Sin.: *Valeriana romanana* Graebn.
Ref.: Cabrera, 1993b.
Hábito: Hierba.
Status: Nativa.
Elevación: 3500>4500 m.
Prov.: JU.
Ejemplar examinado: *Venturi 8636* (LIL).

Valeriana cordata Griseb. = **Valeriana lapathifolia** Vahl
Ref.: Borsini, 1966.

Valeriana cordata Griseb. var. *dentata* Phil. = **Valeriana lapathifolia** Vahl
Ref.: Borsini, 1966.

Valeriana corymbulosa (Wedd.) Cabrera
Sin.: *Phyllactis corymbulosa* Wedd., *Valeriana triatomoides* Borsini
Ref.: Cabrera, 1993b.
Hábito: Hierba.
Status: Nativa.
Elevación: 2000-3500 m.
Prov.: SA.
Paises limítrofes: BO.
Ejemplar examinado: *Sleumer 3529* (LIL).

Valeriana corynodes Borsini
Ref.: Borsini, 1944.
Hábito: Hierba.
Status: Endémica.
Elevación: 3000-3500 m.
Prov.: SJ.
Ejemplar examinado: *Semper s.n.* (MERL 42611).

Valeriana crenata Phil. = **Valeriana fonckii** Phil.
Ref.: Borsini, 1966.

[Valeriana decussata Ruiz & Pav.]
Nota: Cita dudosa para la flora argentina.

Valeriana descolei Borsini
Ref.: Borsini, 1944.
Hábito: Hierba.
Status: Nativa.
Elevación: 2500-3000 m.
Prov.: ME.
Paises limítrofes: CH.
Ejemplar examinado: *Sanzini 136* (SI).

Valeriana dinorrhiza (Griseb.) Höck
Sin.: *Phyllactis dinorrhiza* Griseb.
Ref.: Grisebach, 1879; Borsini, 1942, 1944, 1946a.
Hábito: Hierba.
Status: Endémica.
Elevación: 2000-4000 m.
Prov.: CA, LR, ME, SA, SJ, TU.
Ejemplar examinado: *Rodríguez 1370* (BA, BAB, BAF, SI).

Valeriana effusa Griseb.
Sin.: *Valeriana approximata* Briq., *Valeriana effusa* Griseb. var. *fiebrigii* Briq., *Valeriana effusa* Griseb. var. *genuina* Briq., nom. inval., *Valeriana effusa* Griseb. var. *trifoliata* Griseb.
Ref.: Borsini, 1944, 1946a; Cabrera, 1993b.
Hábito: Hierba.
Status: Nativa.
Elevación: 500-2000 m.
Prov.: CA, CO, JU, LR, SA, TU.
Paises limítrofes: BO.
Ejemplar examinado: *Abbiatti y García 4508* (LIL).

Valeriana effusa Griseb. var. *fiebrigii* Briq. = **Valeriana effusa** Griseb.

Valeriana effusa Griseb. var. *genuina* Briq., nom. inval. = **Valeriana effusa** Griseb.

Valeriana effusa Griseb. var. *trifoliata* Griseb. = **Valeriana effusa** Griseb.
Ref.: Cabrera, 1993b.

Valeriana ferax (Griseb.) Höck
Sin.: *Phyllactis ferax* Griseb.
Ref.: Borsini, 1944, 1946a.
Hábito: Hierba.
Status: Nativa.
Prov.: CO.
Ejemplar examinado: *Kurtz 6863a* (LP).

Valeriana fonckii Phil.
Sin.: *Valeriana crenata* Phil., *Valeriana fonckii* Phil. var. *spiciformis* Dusén, *Valeriana spathulata* Phil., hom. illeg.
Ref.: Borsini, 1944, 1946a, 1966.
Hábito: Hierba.
Status: Nativa.
Elevación: 1000-2000 m.
Prov.: NE, RN, SC.
Paises limítrofes: CH.
Ejemplar examinado: *Rossow y Gómez 4602* (BAB, BAF).

Valeriana fonckii Phil. var. *spiciformis* Dusén = **Valeriana fonckii** Phil.

Valeriana gilliesii (Hook. & Arn.) Stuck. & Briq. = **Valeriana macrorhiza** DC.
Ref.: Borsini, 1966.

Valeriana glauca auct. non DC. = **Valeriana hornschuchiana** Walp.
Ref.: Borsini, 1966.

Valeriana glomerulosa Briq. = **Valeriana polystachya** Sm.
Ref.: Borsini, 1944.

Valeriana grisebachiana Borsini = **Valeriana urbanii** Phil.
Ref.: Borsini, 1966.

Valeriana hebecarpa DC.
Sin.: *Valeriana columbaria* Phil.
Ref.: Borsini, 1966; Rossow, 1993a.
Hábito: Hierba.
Status: Nativa.
Elevación: 1000-1500 m.
Prov.: NE.
Paises limítrofes: CH.
Ejemplar examinado: *Correa et al. 9916* (BAB).

Valeriana hornschuchiana Walp.
Sin.: *Valeriana glauca* auct. non DC.
Ref.: Borsini, 1966.
Hábito: Hierba.
Status: Nativa.
Elevación: 2500-3000 m.
Prov.: ME.
Paises limítrofes: CH.
Ejemplar examinado: *Sparre 1622* (LIL).

Valeriana humahuacensis Borsini
Ref.: Borsini, 1944; Cabrera, 1993b.
Hábito: Hierba.
Status: Endémica.
Elevación: 3000-4000 m.
Prov.: JU.
Ejemplar examinado: *Sleumer 3630* (LIL).

Valeriana hunzikeri Borsini
Ref.: Borsini, 1960.
Hábito: Hierba.
Status: Endémica.
Elevación: 1500-2500 m.
Prov.: LR.
Ejemplar citado: *Kurtz s.n.** (holotipo, CORD).

Valeriana interrupta Ruiz & Pav. var. *calcitrapifolia* (Ruiz & Pav.) Griseb. = **Valeriana calvescens** Briq.
Ref.: Cabrera, 1993b.

Valeriana kurtziana Borsini
Ref.: Borsini, 1962a, b.
Hábito: Hierba.
Status: Nativa.
Elevación: 0-500 m.
Prov.: MI.
Paises limítrofes: BR.
Ejemplar examinado: *Borsini 2335* (LIL).

Valeriana lapathifolia Vahl
Sin.: *Valeriana andonaegui* Phil., *Valeriana cordata* Griseb., *Valeriana cordata* Griseb. var. *dentata* Phil., *Valeriana lindaviana* Griseb., *Valeriana parnasiifolia* Sandwith
Ref.: Borsini, 1944, 1946a, 1966.
Hábito: Hierba.
Status: Nativa.
Elevación: 0-1500 m.
Prov.: CHU, NE, RN, SC.
Paises limítrofes: CH.
Ejemplar examinado: *Pérez Moreau s.n.* (BAB 69981).

Valeriana lasiocarpa Griseb.
Ref.: Grisebach, 1879; Borsini, 1944.
Hábito: Hierba.
Status: Endémica.
Elevación: 1500-2500 m.
Prov.: CA, TU.
Ejemplar examinado: *Castillón 1630* (LIL).

Valeriana laxa Phil. = **Valeriana laxiflora** DC.
Ref.: Borsini, 1966.

Valeriana laxiflora DC.
Sin.: *Valeriana laxa* Phil.
Ref.: Borsini, 1944, 1946a, 1966.
Hábito: Hierba.
Status: Nativa.
Elevación: 1000-2000 m.
Prov.: CHU, NE, RN, SC.
Paises limítrofes: CH.
Ejemplar examinado: *Cabrera 5026* (LP).

Valeriana leucocarpa DC.
Sin.: *Valeriana borsini* Rossow, *Valeriana chubutensis* Speg.
Ref.: Borsini, 1944, 1966.
Hábito: Hierba.
Status: Nativa.
Elevación: 1500-2000 m.
Prov.: CHU, NE, RN.
Paises limítrofes: CH.
Ejemplar examinado: *Meyer 7388* (LIL).

Valeriana lindaviana Griseb. = **Valeriana lapathifolia** Vahl
Ref.: Borsini, 1966.

Valeriana locusta L. = **Valerianella locusta** (L.) Laterr.

Valeriana locusta L. var. *olitoria* L. = **Valerianella locusta** (L.) Laterr.

Valeriana locusta L. var. *vesicaria* L. = **Valerianella vesicaria** (L.) Moench

Valeriana macrorhiza DC.
Sin.: *Betchea gilliesii* Hook. & Arn., *Phyllactis gilliesii* (Hook. & Arn.) Wedd., *Phyllactis macrorhiza* (DC.) Wedd., *Phyllactis macrorhiza* (DC.) Wedd. var. *pumila* Speg., *Valeriana gilliesii* (Hook. & Arn.) Stuck. & Briq., *Valeriana macrorhiza* DC. var. *pumila* Speg.
Ref.: Borsini, 1944, 1946a, 1966.
Hábito: Hierba.
Status: Nativa.
Elevación: 1500-2000 m.
Prov.: ME, NE, RN.
Paises limítrofes: CH.
Ejemplar examinado: *Rossow y Gómez 4648* (BAB, BAF).

Valeriana macrorhiza DC. var. *pumila* Speg. = **Valeriana macrorhiza** DC.
Ref.: Borsini, 1966.

Valeriana magellanica Decne. = **Valeriana sedifolia** d'Urv.

Valeriana magellanica Decne. var. *azorelloides* (Speg.) Macloskie = **Valeriana sedifolia** d'Urv.

Valeriana moyanoi Speg.
Sin.: *Valeriana radicalis* Clos var. *patagonica* Hicken
Ref.: Borsini, 1944, 1946a.
Hábito: Hierba.
Status: Nativa.
Elevación: 2000-3500 m.
Prov.: CHU, NE, RN, SC.
Paises limítrofes: CH.
Ejemplar examinado: *Koslowsky s.n.* (BAF).

Valeriana munozii Borsini
Ref.: Borsini, 1944, 1946a.
Hábito: Hierba.
Status: Endémica.
Elevación: 2000-3500 m.
Prov.: ME.
Ejemplar examinado: *Carette 395* (holotipo, SI).

Valeriana nivalis auct. non Wedd. = **Valeriana pycnantha** A. Gray

Valeriana oreocharis Phil.
Ref.: Borsini, 1966; Rossow, 1993a.
Hábito: Hierba.
Status: Nativa.
Elevación: 1000-2500 m.
Prov.: NE.
Paises limítrofes: CH.
Ejemplar examinado: *Cusato 2966* (BAA).

[Valeriana paniculata Ruiz & Pav.]
Nota: Cita dudosa para la flora argentina.

Valeriana parnasiifolia Sandwith = **Valeriana lapathifolia** Vahl
Ref.: Borsini, 1966.

Valeriana philippiana Briq.
Ref.: Borsini, 1944, 1946a, 1966.
Hábito: Hierba.
Status: Nativa.
Elevación: 1000-2000 m.
Prov.: CHU, NE, RN.
Paises limítrofes: CH.
Ejemplar examinado: *Rossow y Gómez 4635* (BAB, BAF).

Valeriana polemoniifolia Phil.
Sin.: *Valeriana caudata* Phil., *Valeriana pugae* Phil.
Ref.: Borsini, 1944, 1966.
Hábito: Hierba.
Status: Nativa.
Elevación: 0-1500 m.
Prov.: CHU.
Paises limítrofes: CH.
Ejemplar examinado: *Rossow et al. 2184* (BAB).

Valeriana polybotrya (Griseb.) Höck
Sin.: *Phyllactis polybotria* Griseb.
Ref.: Borsini, 1944, 1946a; Cabrera, 1993b.
Hábito: Hierba.
Status: Endémica.
Elevación: 2500-3500 m.
Prov.: CA, JU, SA, TU.
Ejemplar examinado: *Joergensen 1193* (BAF, SI).

Valeriana polystachya Sm.
Sin.: *Valeriana glomerulosa* Briq., *Valerianopsis polystachya* (Sm.) C.A. Mull.
Ref.: Borsini, 1944, 1946a.
Hábito: Hierba.
Status: Nativa.
Elevación: 0-1000 m.
Prov.: BA, DF, RN, TU.
Paises limítrofes: UR.
Ejemplar examinado: *Hunziker 4615* (BAB).

Valeriana pugae Phil. = **Valeriana polemoniifolia** Phil.
Ref.: Borsini, 1966.

Valeriana pycnantha A. Gray
Sin.: *Valeriana nivalis* auct. non Wedd.
Ref.: Borsini, 1944, 1946a, 1966; Reese-Krug & Weberling, 1991; Cabrera, 1993b.
Hábito: Hierba.
Status: Nativa.
Elevación: 3500>4500 m.
Prov.: CA, JU, LR, SA, TU.
Paises limítrofes: BO, CH.
Ejemplar examinado: *Cabrera 9255* (BAB).

Valeriana pyricarpa Borsini
Ref.: Borsini, 1944; Cabrera, 1993b.
Hábito: Hierba.
Status: Endémica.
Elevación: 2000-4000 m.
Prov.: JU, SA, TU.
Ejemplar examinado: *Castillón 207* (LIL).

Valeriana radicalis Clos var. *patagonica* Hicken = **Valeriana moyanoi** Speg.

Valeriana regularis Clos = [Valeriana bridgesii Hook. & Arn.]

Valeriana romanana Graebn. = **Valeriana condamoana** Graebn.
Ref.: Cabrera, 1993b.

Valeriana ruizlealii Borsini
Ref.: Borsini, 1944, 1946a.
Hábito: Hierba.
Status: Endémica.
Elevación: 1500-3500 m.
Prov.: ME.
Ejemplar examinado: *Dalmasso 32411* (MERL).

Valeriana salicariifolia Vahl
Sin.: *Phyllactis salicariaefolia* (Vahl) Speg., *Valerianopsis salicariaefolia* (Vahl) C.A. Mull.
Ref.: Borsini, 1944, 1946a, 1962a; Pontiroli, 1965c.
Hábito: Hierba.
Status: Nativa.
Elevación: 0-1000 m.
Prov.: BA.
Paises limítrofes: BR, UR.
Ejemplar examinado: *Spegazzini 5174* (BAB).

Valeriana samolifolia (DC.) Colla
Sin.: *Betchea samolifolia* DC., *Plectritis samolifolia* (DC.) Höck, *Plectritis samolifolia* (DC.) Höck var. *pusilla* Speg., *Valerianella samolifolia* (DC.) A. Gray
Ref.: Borsini, 1944, 1966.
Hábito: Hierba.
Status: Nativa.
Elevación: 500-1000 m.
Prov.: CHU.
Paises limítrofes: CH.
Ejemplar examinado: *Illin s.n.* (BA 50824).

Valeriana sarcophylla Briq. = **Valeriana clarionifolia** Phil.
Ref.: Borsini, 1966.

Valeriana scandens Loefl. ex L.
Sin.: *Valeriana bonariensis* Speg.
Ref.: Borsini, 1944, 1946a, 1962a; Pontiroli, 1965c; Cabrera, 1993b.
Hábito: Hierba.
Status: Nativa.
Elevación: 1000-2500 m.
Prov.: BA, JU, MI, SA.
Paises limítrofes: BO, BR, PA, UR.
Ejemplar examinado: *Legname et al. 9188* (LIL).

Valeriana sedifolia d'Urv.
Sin.: *Aretiastrum sedifolium* (d'Urv.) Graebn., *Phyllactis magellanica* (Decne.) Speg., *Phyllactis magellanica* (Decne.) Speg. var. *azorelloides* Speg., *Phyllactis sedifolia* (d'Urv.) Wedd., *Valeriana magellanica* Decne., *Valeriana magellanica* Decne. var. *azorelloides* (Speg.) Macloskie, *Valeriana sedoides* Hombr. & Jacq.
Ref.: Borsini, 1944, 1966; Moore, 1983.
Hábito: Hierba.
Status: Nativa.
Elevación: 500-1500 m.
Prov.: SC, TF.
Paises limítrofes: CH.
Ejemplar examinado: *Boelcke 15105* (BAB).

Valeriana sedoides Hombr. & Jacq. = **Valeriana sedifolia** d'Urv.
Ref.: Borsini, 1966.

Valeriana spathulata Phil., hom. illeg. = **Valeriana fonckii** Phil.
Ref.: Borsini, 1966.

Valeriana spegazzini Skottsb. = **Valeriana clarionifolia** Phil.
Ref.: Borsini, 1966.

Valeriana stuckertii Briq.
Ref.: Borsini, 1944, 1946a.
Hábito: Hierba.
Status: Endémica.
Elevación: 1000-2500 m.
Prov.: CO, SL.
Ejemplar examinado: *Castellanos 36964* (LIL).

Valeriana tafiensis Borsini
Sin.: *Valeriana urticaefolia* Kunth var. *coarctata* Griseb., *Valeriana urticifolia* auct. non Kunth
Ref.: Borsini, 1944; Cabrera, 1993b.
Hábito: Hierba.
Status: Nativa.
Elevación: 2000-3000 m.
Prov.: JU, SA, TU.
Paises limítrofes: BO.
Ejemplar examinado: *Legname y Cuezzo 7312* (LIL).

Valeriana triatomoides Borsini = **Valeriana corymbulosa** (Wedd.) Cabrera
Ref.: Borsini, 1944; Cabrera, 1993b.

Valeriana tucumana Borsini
Ref.: Borsini, 1944, 1946a; Cabrera, 1993b.
Hábito: Hierba.
Status: Endémica.
Elevación: 1000-2500 m.
Prov.: JU, SA, TU.
Ejemplar examinado: *Schreiter 1008* (LIL).

Valeriana urbanii Phil.
Sin.: *Valeriana grisebachiana* Borsini
Ref.: Borsini, 1944, 1946a, 1966; Cabrera, 1993b.
Hábito: Hierba.
Status: Nativa.
Elevación: 3500->4500 m.
Prov.: CA, JU, TU.
Paises limítrofes: CH.
Ejemplar examinado: *Rodríguez 1414* (BAF).

Valeriana urticaefolia Kunth var. *coarctata* Griseb. = **Valeriana tafiensis** Borsini
Ref.: Borsini, 1944.

Valeriana urticifolia auct. non Kunth = **Valeriana tafiensis** Borsini

Valeriana virescens Clos
Sin.: *Phyllactis regularis* Speg.
Ref.: Borsini, 1944, 1966.
Hábito: Hierba.
Status: Nativa.
Elevación: 1000-2500 m.
Prov.: CHU, NE, RN, TF.
Paises limítrofes: CH.
Ejemplar examinado: *Cusato y Rossow 4406* (BAF).

Valerianella Mill.
Número de especies: 2

Valerianella locusta (L.) Laterr.
Sin.: *Valeriana locusta* L., *Valeriana locusta* L. var. *olitoria* L., *Valerianella olitoria* (L.) Pollich
Ref.: Borsini, 1944; Pontiroli, 1965c; Moore, 1983.
Hábito: Hierba.
Status: Adventicia.
Elevación: 0-500 m.
Prov.: BA, CHU, DF, TF.
Paises limítrofes: CH.
Ejemplar examinado: *Soriano 2672* (BAB).

Valerianella olitoria (L.) Pollich = **Valerianella locusta** (L.) Laterr.

Valerianella samolifolia (DC.) A. Gray = **Valeriana samolifolia** (DC.) Colla
Ref.: Borsini, 1966.

Valerianella vesicaria (L.) Moench
Sin.: *Valeriana locusta* L. var. *vesicaria* L.
Ref.: Molfino, 1926a; Borsini, 1944.
Hábito: Hierba.
Status: Adventicia.
Elevación: 0-500 m.
Prov.: DF.
Ejemplar examinado: *Molfino s.n.* (BA 27/358).

Valerianopsis polystachya (Sm.) C.A. Mull. = **Valeriana polystachya** Sm.

Valerianopsis salicariaefolia (Vahl) C.A. Mull. = **Valeriana salicariifolia** Vahl
Ref.: Borsini, 1944, 1962a.

VERBENACEAE

26 géneros, 191 especies; 54 especies endémicas.

por M. E. Múlgura

Acantholippia Griseb.
Número de especies: 4, 2 especies endémicas.

Acantholippia deserticola (Phil.) Moldenke
Sin.: *Acantholippia punensis* Botta, nom. illeg. superfl., *Lippia deserticola* Phil., *Lippia microphylla* Phil., hom. illeg.
Ref.: Botta, 1980; Caro, 1982.
Hábito: Arbusto.
Status: Nativa.
Elevación: 2500–3500 m.
Prov.: CA, JU, SA, SJ.
Paises limítrofes: BO, CH.
Ejemplar examinado: *Ruthsatz 213* (SI).

Acantholippia hastulata Griseb. = **Acantholippia salsoloides** Griseb.
Ref.: Botta, 1980.

Acantholippia punensis Botta, nom. illeg. superfl. = **Acantholippia deserticola** (Phil.) Moldenke
Ref.: Caro, 1982.

Acantholippia riojana Hieron. ex Moldenke
Ref.: Botta, 1980.
Hábito: Arbusto.
Status: Endémica.
Elevación: 500-1000 m.
Prov.: LR, SJ.
Ejemplar examinado: *Burkart 12536* (SI).

Acantholippia salsoloides Griseb.
Sin.: *Acantholippia hastulata* Griseb., *Lippia hastulata* (Griseb.) Hieron., *Lippia salsoloides* (Griseb.) Briq.
Ref.: Botta, 1980, 1993a.
Hábito: Arbusto.
Status: Nativa.
Elevación: 1000–2000 m.
Prov.: CA, JU, LR, SA.
Paises limítrofes: BO.
Ejemplar examinado: *Cabrera 9016* (SI).

Acantholippia seriphioides (A. Gray) Moldenke
Sin.: *Lippia foliolosa* Phil., *Lippia seriphioides* A. Gray
Ref.: Botta, 1980; Caro, 1982.
Hábito: Arbusto.
Status: Endémica.
Elevación: 0–1000 m.
Prov.: BA, CHU, LP, ME, NE, RN, SC, SJ, SL, .
Ejemplar examinado: *Cabrera 11068* (SI).

[Acantholippia trifida (Gay) Moldenke]
Sin.: *Lippia floribunda* Phil., hom. illeg., *Lippia trifida* Gay.
Ref.: Botta, 1980.
Nota: Especie excluida de la flora argentina.

Aegiphila Jacq.
Número de especies: 4, 1 especie endémica.

Aegiphila brachiata Vell., hom. illeg. = [Aegiphila triantha Schauer]
Ref.: Moldenke, 1980a.

Aegiphila candelabrum Briq. ex Chodat & Hassl.
Ref.: Eskuche, 1996.
Hábito: Arbusto.
Status: Nativa.
Elevación: 0–500 m.
Prov.: COR, MI.
Paises limítrofes: PA.
Ejemplar examinado: *Eskuche y Fontana 06509* (CTESN).

Aegiphila cestrifolia Gardner = **Aegiphila mediterranea** Vell.
Ref.: Moldenke, 1944a.

Aegiphila hassleri Briq.
Ref.: Troncoso, 1974.
Hábito: Arbusto.
Status: Nativa.
Elevación: 0–500 m.
Prov.: COR, MI.
Paises limítrofes: BR, PA, UR.
Ejemplar examinado: *Krapovickas 26139* (SI).

Aegiphila hirta Casar. = **Aegiphila mediterranea** Vell.
Ref.: Moldenke, 1944a.

[Aegiphila lanceolata Moldenke]
Ref.: Moldenke, 1980a.
Nota: Cita dudosa para la flora argentina.

Aegiphila mediterranea Vell.
Sin.: *Aegiphila cestrifolia* Gardner, *Aegiphila hirta* Casar.
Ref.: Moldenke, 1944a.
Hábito: Arbusto.
Status: Nativa.
Elevación: 0-500 m.
Prov.: MI.
Paises limítrofes: BR.
Ejemplar examinado: *Rodríguez 457* (LIL).

[Aegiphila polyantha Rojas Acosta]
Ref.: Krapovickas, 1970c.
Nota: Taxón dudoso.

Aegiphila saltensis Legname
Ref.: Troncoso, 1993a.
Hábito: Arbusto.
Status: Endémica.
Elevación: 0–500 m.
Prov.: SA.
Ejemplar examinado: *Cuezzo et al. 8756C* (SI).

[Aegiphila triantha Schauer]
Sin.: *Aegiphila brachiata* Vell., hom. illeg.
Nota: Especie excluida de la flora argentina.

Aloysia Ortega ex Juss.

Número de especies: 12, 3 especies y 3 variedades endémicas.

Aloysia castellanosii Moldenke
Sin.: *Aloysia castellanosii* var. *magna* Moldenke
Ref.: Botta, 1979a.
Hábito: Arbusto.
Status: Endémica.
Elevación: 2500–3000 m.
Prov.: LR, SA, SJ, TU.
Ejemplar examinado: *Burkart 26247* (SI).

Aloysia castellanosii var. *magna* Moldenke = **Aloysia castellanosii** Moldenke
Ref.: Botta, 1979a.

Aloysia catamarcensis Moldenke
Ref.: Botta, 1979a.
Hábito: Arbusto.
Status: Endémica.
Elevación: 500–1500 m.
Prov.: CA, LR, SA.
Ejemplar examinado: *Cabrera 1139* (SI).

Aloysia chacoensis Moldenke = **Aloysia gratissima** var. **chacoensis** (Moldenke) Botta
Ref.: Botta, 1979a.

Aloysia chacoensis var. *angustifolia* Tronc. = **Aloysia gratissima** var. **angustifolia** (Tronc.) Botta
Ref.: Botta, 1979a.

Aloysia chamaedryfolia Cham.
Sin.: *Lippia chamaedryfolia* (Cham.) Steud.
Ref.: Botta, 1979a.
Hábito: Arbusto.
Status: Nativa.
Elevación: 0–500 m.
Prov.: MI.
Paises limítrofes: BR, UR.
Ejemplar examinado: *Krapovickas 28868* (CTES).

Aloysia citriodora Ortega ex Pers., hom. illeg. = **Aloysia citriodora** Palau
Ref.: Botta, 1993b.

Aloysia citriodora Palau
Sin.: *Aloysia citriodora* Ortega ex Pers., hom. illeg., *Aloysia sleumeri* Moldenke, *Aloysia triphylla* (L'Hér.) Britton, *Lippia citriodora* (Lam.) Kunth, comb. illeg., *Lippia triphylla* (L'Hér.) Kuntze, *Verbena citriodora* Cav., nom. illeg., *Verbena triphylla* L'Hér., *Zapania citriodora* Lam., nom. illeg.
Ref.: Botta, 1993b.
Hábito: Arbusto.
Status: Nativa.
Elevación: 500-2000 m.
Prov.: CA, JU, LR, SA.
Paises limítrofes: BO, BR, CH, PA, UR.
Ejemplar examinado: *Cabrera 24637* (SI).

Aloysia crenata Moldenke
Ref.: Botta, 1979a.
Hábito: Arbusto.
Status: Nativa.
Elevación: 0–500 m.
Prov.: COR.
Paises limítrofes: PA.
Ejemplar examinado: *Cabrera 29106* (SI).

Aloysia fiebrigii (Hayek) Moldenke
Sin.: *Lippia fiebrigii* Hayek
Ref.: Botta, 1979a.
Hábito: Arbusto.
Status: Nativa.
Elevación: 1500–3500 m.
Prov.: JU, SA.
Paises limítrofes: BO.
Ejemplar examinado: *Meyer s.n.* (LIL 34400, SI).

Aloysia gratissima var. **angustifolia** (Tronc.) Botta
Sin.: *Aloysia chacoensis* var. *angustifolia* Tronc.
Ref.: Botta, 1979a.
Hábito: Arbusto.
Status: Endémica.
Elevación: 0–500 m.
Prov.: CO, ER, SE, SF.
Ejemplar examinado: *Burkart 21361* (SI).

Aloysia gratissima var. **chacoensis** (Moldenke) Botta
Sin.: *Aloysia chacoensis* Moldenke
Ref.: Botta, 1979a.
Hábito: Arbusto.
Status: Nativa.
Elevación: 0–500 m.
Prov.: CA, CH, FO, SA, SE.
Paises limítrofes: PA.
Ejemplar examinado: *Krapovickas 17299* (SI).

Aloysia gratissima (Gillies & Hook.) Tronc. var. **gratissima**
Sin.: *Aloysia lycioides* Cham., *Aloysia uruguayensis* Moldenke, *Lippia lycioides* (Cham.) Steud., *Verbena gratissima* Gillies & Hook.
Ref.: Botta, 1979a.
Hábito: Arbusto.
Status: Nativa.
Elevación: 0–500 m.
Prov.: BA, CA, CO, COR, ER, LP, ME, MI, SF, SJ, SL, TU.
Paises limítrofes: BR, PA, UR.
Ejemplar examinado: *Burkart 13856* (SI).

[Aloysia gratissima var. oblanceolata Moldenke]
Nota: Taxón dudoso.

[Aloysia gratissima var. paraguariensis Moldenke]
Ref.: Moldenke, 1980a.
Nota: Cita dudosa para la flora argentina.

Aloysia gratissima var. **schulziana** (Moldenke) Botta
Sin.: *Aloysia meyeri* Moldenke, *Aloysia schulziana* Moldenke
Ref.: Botta, 1979a.
Hábito: Arbusto.
Status: Nativa.
Elevación: 0–1000 m.
Prov.: CA, CH, JU, LR, SA, SE, TU.
Paises limítrofes: BO.
Ejemplar examinado: *Burkart 30606* (SI).

Aloysia gratissima var. **sellowii** (Briq.) Botta
Sin.: *Aloysia sellowii* (Briq.) Moldenke, *Aloysia uruguayensis* Moldenke, *Lippia affinis* Briq., *Lippia sellowii* Briq.
Ref.: Botta, 1979a.
Hábito: Arbusto.
Status: Nativa.
Elevación: 0–500 m.
Prov.: COR, MI.
Paises limítrofes: UR.
Ejemplar examinado: *Cabrera 28989* (SI).

Aloysia krapovickasii Moldenke
Ref.: Moldenke, 1981.
Hábito: Arbusto.
Status: Endémica.
Elevación: 0–500 m.
Prov.: COR.
Ejemplar examinado: *Krapovickas 26439* (CTES).

Aloysia ligustrina (Lag.) Small = **Junellia ligustrina** (Lag.) Moldenke var. **ligustrina**
Ref.: Botta, inéd.

[Aloysia ligustrina var. paraguariensis (Briq.) Moldenke]
Sin.: *Aloysia lycioides* var. *paraguariensis* (Briq.) Moldenke, *Lippia ligustrina* var. *paraguariensis* Briq.
Nota: Taxón dudoso.

Aloysia lycioides Cham. = **Aloysia gratissima** var. **gratissima** (Gillies & Hook.) Tronc.
Ref.: Botta, 1979a.

Aloysia lycioides var. *paraguariensis* (Briq.) Moldenke = [Aloysia ligustrina var. paraguariensis (Briq.) Moldenke]

Aloysia meyeri Moldenke = **Aloysia gratissima** var. **schulziana** (Moldenke) Botta
Ref.: Botta, 1979a.

Aloysia ovatifolia Moldenke = **Xeroaloysia ovatifolia** (Moldenke) Tronc.
Ref.: Troncoso, 1960.

Aloysia polystachya (Griseb.) Moldenke
Sin.: *Lippia polystachya* Griseb.
Ref.: Botta, 1979a.
Hábito: Arbusto.
Status: Nativa.
Elevación: 0–1000 m.
Prov.: CA, CO, COR, LR, SA, SE, SJ, SL.
Paises limítrofes: BO.
Ejemplar examinado: *Hunziker 8951* (SI).

Aloysia pulchra (Briq.) Moldenke
Sin.: *Lippia pulchra* Briq.
Ref.: Botta, 1979a.
Hábito: Arbusto.
Status: Nativa.
Elevación: 0–500 m.
Prov.: COR, MI.
Paises limítrofes: BR, PA, UR.
Ejemplar examinado: *Cabrera 28743* (SI).

Aloysia schulziana Moldenke = **Aloysia gratissima** var. **schulziana** (Moldenke) Botta
Ref.: Botta, 1979a.

[Aloysia scorodonioides var. detonsa (Briq.) Moldenke]
Sin.: *Lippia scorodonioides* var. *detonsa* Briq.
Ref.: Botta, 1979a.
Nota: Taxón dudoso.

Aloysia scorodonioides var. *hypoleuca* (Briq.) Moldenke = **Aloysia scorodonioides** (Kunth) Cham. var. **scorodonioides**
Ref.: Botta, 1979a.

Aloysia scorodonioides var. **mathewsii** (Briq.) Moldenke
Sin.: *Lippia scorodonioides* var. *mathewsii* Briq.
Ref.: Botta, 1979a.
Hábito: Arbusto.
Status: Endémica.
Elevación: 0–1000 m.
Prov.: JU, SA, TU.
Ejemplar examinado: *Cabrera 27962* (SI).

Aloysia scorodonioides (Kunth) Cham. var. **scorodonioides**
Sin.: *Aloysia scorodonioides* var. *hypoleuca* (Briq.) Moldenke, *Lippia scorodonioides* var. *hypoleuca* Briq.
Ref.: Botta, 1979a.
Hábito: Arbusto.
Status: Nativa.
Elevación: 0–500 m.
Prov.: CA, JU, SA, SE, TU.
Paises limítrofes: BO.
Ejemplar examinado: *Schulz 2985* (SI).

Aloysia sellowii (Briq.) Moldenke = **Aloysia gratissima** var. **sellowii** (Briq.) Botta
Ref.: Botta, 1979a.

Aloysia sleumeri Moldenke = **Aloysia citriodora** Palau
Ref.: Botta, 1993b.

[Aloysia ternifolia Moldenke]
Ref.: Moldenke, 1947a.
Nota: Especie excluida de la flora argentina.

Aloysia triphylla (L'Hér.) Britton = **Aloysia citriodora** Palau
Ref.: Botta, 1993b.

Aloysia urticoides Cham. = **Aloysia virgata** var. **virgata** (Ruiz & Pav.) Juss.
Ref.: Botta, 1979a.

Aloysia uruguayensis Moldenke = **Aloysia gratissima** var. **sellowii** (Briq.) Moldenke
Ref.: Botta, 1979a.

Aloysia virgata (Ruiz & Pav.) Juss. var. **argutidentata** Moldenke
Ref.: Moldenke, 1984.
Hábito: Arbusto.
Status: Endémica.
Elevación: 500-1000 m.
Prov.: TU
Ejemplar citado: *Venturi 5764** (NY).

Aloysia virgata var. *elliptica* (Briq.) Moldenke = **Aloysia virgata** var. **platyphylla** (Briq.) Moldenke
Ref.: Botta, 1979a.

Aloysia virgata var. *laxa* (Chodat) Moldenke = **Aloysia virgata** var. **virgata** (Ruiz & Pav.) Juss.
Ref.: Botta, 1979a.

Aloysia virgata var. **platyphylla** (Briq.) Moldenke
Sin.: *Aloysia virgata* var. *elliptica* (Briq.) Moldenke, *Lippia arborea* Rojas Acosta, *Lippia virgata* var. *elliptica* Briq., *Lippia virgata* var. *platyphylla* Briq.
Ref.: Botta, 1979a.
Hábito: Arbusto.
Status: Nativa.
Elevación: 0–500 m.
Prov.: CH, ER, FO, JU, MI, SA, SE, TU.
Paises limítrofes: BO, BR, PA.
Ejemplar examinado: *Kiesling 1654* (SI).

Aloysia virgata (Ruiz & Pav.) Juss. var. **virgata**
Sin.: *Aloysia urticoides* Cham., *Aloysia virgata* var. *laxa* (Chodat) Moldenke, *Lippia urticoides* (Cham.) Steud., *Lippia urticoides* Chodat var. *laxa*, *Lippia virgata* (Ruiz & Pav.) Steud., *Priva virgata* (Ruiz & Pav.) Spreng., *Verbena virgata* Ruiz & Pav., *Zapania virgata* (Ruiz & Pav.) Poir.
Ref.: Botta, 1979a.
Hábito: Arbusto.
Status: Nativa.
Elevación: 0–500 m.
Prov.: MI.
Paises limítrofes: BO, BR, PA.
Ejemplar examinado: *Descole 3330* (SI).

Baillonia Bocq.
Número de especies: 1

Baillonia amabilis Bocq.
Ref.: Troncoso, 1974.
Hábito: Arbusto.
Status: Nativa.
Elevación: 0–500 m.
Prov.: FO.
Paises limítrofes: BO, BR, PA.
Ejemplar examinado: *Guaglianone 2188* (SI).

Bouchea Cham.
Número de especies: 2

Bouchea boliviana (Kuntze) Moldenke
Sin.: *Valerianoides boliviana* Kuntze
Ref.: Troncoso 1974, 1993b.
Hábito: Subarbusto.
Status: Nativa.
Elevación: 0–1000 m.
Prov.: SA.
Paises limítrofes: BO.
Ejemplar examinado: *Rodríguez 174* (SI).

Bouchea copiapensis Clos, hom. illeg. = **Pitraea cuneato-ovata** (Cav.) Caro
Ref.: Caro, 1961a.

Bouchea fluminensis (Vell.) Moldenke var. **fluminensis**
Sin.: *Bouchea pseudogervoa* (A. St.-Hil.) Cham., *Verbena fluminensis* Vell., *Verbena pseudogervao* A. St.-Hil.
Ref.: Troncoso, 1993b.
Hábito: Subarbusto.
Status: Nativa.
Elevación: 0–500 m.
Prov.: COR, JU, MI, SA.
Paises limítrofes: BO, BR, UR.
Ejemplar examinado: *Zardini 841* (SI).

Bouchea fluminensis var. **pilosa** Moldenke
Ref.: Moldenke, 1948b.
Hábito: Subarbusto.
Status: Nativa.
Elevación: 0–500 m.
Prov.: MI.
Paises limítrofes: BR.
Ejemplar citado: *Sandeman 477** (K).

Bouchea pseudogervoa (A. St.-Hil.) Cham. = **Bouchea fluminensis** (Vell.) Moldenke var. **fluminensis**
Ref.: Troncoso, 1993b.

Camara aculeata f. *obtusifolia* Kuntze = **Lantana camara** L.
Ref.: Troncoso, 1993d.

Camara spicata (Griseb.) Kuntze = **Lantana grisebachii** Seckt var. **grisebachii**
Ref.: Troncoso, 1993d.

Casselia ilicifolia Moldenke = **Parodianthus ilicifolius** (Moldenke) Tronc.
Ref.: Troncoso, 1941.

Castelia cuneato-ovata Cav. = **Pitraea cuneato-ovata** (Cav.) Caro
Ref.: Caro, 1961a.

Camara montevidensis (Spreng.) Kuntze = **Lantana montevidensis** (Spreng.) Briq.
Ref.: Troncoso, 1979.

Camara trifolia (L.) Kuntze = **Lantana trifolia** L. f. **trifolia**
Ref.: Troncoso, 1993d.

Citharexylum L.

Número de especies: 4.

Citharexylum andinum Moldenke
Ref.: Botta, 1993c.
Hábito: Arbusto.
Status: Nativa.
Elevación: 0–1000 m.
Prov.: JU.
Paises limítrofes: BO.
Ejemplar examinado: *Cabrera 16277* (SI).

Citharexylum barbinerve Cham. = **Citharexylum montevidense** (Spreng.) Moldenke
Ref.: Troncoso,1979.

Citharexylum joergensenii (Lillo) Moldenke
Sin.: *Duranta joergensenii* Lillo.
Ref.: Troncoso, 1974.
Hábito: Arbusto o árbol.
Status: Nativa.
Elevación: 500-1000 m.
Prov.: CA, SA, TU.
Paises limítrofes: BO.
Ejemplar examinado: *Venturi 3988* (SI).

Citharexylum macranthum Hayek = **Citharexylum myrianthum** Cham.
Ref.: Troncoso, 1974.

[Citharexylum mendocinum Phil.]
Nota: Taxón dudoso.

Citharexylum montevidense (Spreng.) Moldenke
Sin.: *Citharexylum barbinerve* Cham., *Ehretia montevidensis* Spreng.
Ref.: Troncoso, 1979.
Hábito: Árbol.
Status: Nativa.
Elevación: 0–500 m.
Prov.: BA, COR, ER, MI, TU.
Paises limítrofes: BR, PA, UR.
Ejemplar examinado: *Krapovickas 16851* (SI).

Citharexylum myrianthum Cham.
Sin.: *Citharexylum macranthum* Hayek.
Ref.: Troncoso, 1974.
Hábito: Árbol.
Status: Nativa.
Elevación: 0–500 m.
Prov.: COR, FO, MI.
Paises limítrofes: PA.
Ejemplar examinado: *Schinini 10590* (SI).

Clerodendrum L.

Número de especies: 2

[Clerodendrum bungei Steud.]
Nota: Especie excluida de la flora argentina.

Clerodendrum ekmani Moldenke
Ref.: Troncoso, 1974.
Hábito: Árbol.
Status: Nativa.
Elevación: 0–500 m.
Prov.: MI.
Paises limítrofes: BR, PA.
Ejemplar examinado: *Hagelund 5887* (SI).

Clerodendrum fragrans var. *multiplex* Sweet = [Clerodendrum philippinum f. multiplex (Sweet) Moldenke]

Clerodendrum fragrans var. *pleniflorum* Schauer ex A. DC. = **Clerodendrum philippinum** Schauer

Clerodendrum philippinum Schauer
Sin.: *Clerodendrum fragrans* var. *pleniflorum* Schauer ex A. DC.
Ref.: Howard & Powell, 1969; Troncoso, 1974.
Hábito: Arbusto.
Status: Introducida.
Elevación: 0–500 m.
Prov.: SA, TU.
Paises limítrofes: PA.
Ejemplar examinado: *Venturi 286* (SI).

[Clerodendrum philippinum f. multiplex (Sweet) Moldenke]
Sin.: *Clerodendrum fragrans* var. *multiplex* Sweet
Ref.: Moldenke, 1980a.
Nota: Cita dudosa para la flora argentina.

Diostea Miers

Número de especies: 1

Diostea filifolia Miers = **Junellia spathulata** (Gillies & Hook. ex Hook.) Moldenke var. **spathulata**

Diostea juncea (Gillies ex Hook.) Miers
Sin.: *Verbena juncea* Gillies ex Hook.
Ref.: Troncoso, 1974.

Hábito: Arbusto.
Status: Nativa.
Elevación: 0–1000 m.
Prov.: CHU, ME, NE, RN.
Paises limítrofes: CH.
Ejemplar examinado: *Rossow 4538* (SI).

Diostea scirpea (Phil.) Miers = **Junellia scoparia** var. **scoparia** (Gillies & Hook.) Botta
Ref.: Botta, inéd.

Diostea scoparia (Gillies & Hook.) Miers = **Junellia scoparia** var. **scoparia** (Gillies & Hook.) Botta
Ref.: Botta, inéd.

Diostea scoparia var. *puberula* (Tronc.) Moldenke = **Junellia scoparia** var. **puberula** (Tronc.) Botta
Ref.: Botta, inéd.

[Diostea scoparia var. subulata Moldenke]
Nota: Taxón dudoso.

Diostea stenophylla Miers = **Junellia spathulata** (Gillies & Hook. ex Hook.) Moldenke var. **spathulata**

Dipterocalyx hirtus Cham. = [Lippia hirta (Cham.) Schauer]

Dipyrena Hook.

Número de especies: 1 especie endémica.

Dipyrena glaberrima (Gillies ex Hook.) Hook.
Sin.: *Wilsonia glaberrima* Gillies ex Hook.
Ref.: Troncoso, 1974.
Hábito: Arbusto.
Status: Endémica.
Elevación: 0–1000 m.
Prov.: LR, ME, SJ.
Ejemplar examinado: *Covas 3012* (SI).

Duranta L.

Número de especies: 4

Duranta ellisia Jacq. = **Duranta erecta** L. var. **erecta**
Ref.: Bromley, 1984.

Duranta erecta L. var. **erecta**
Sin.: *Duranta ellisia* Jacq., *Duranta plumieri* Jacq., *Duranta plumieri* var. *strigillosa* Schauer, *Duranta repens* L.
Ref.: Caro, 1956; Bromley, 1984.
Hábito: Arbusto.
Status: Nativa.
Elevación: 0–500 m.
Prov.: BA, CH, ER, FO, SF.
Paises limítrofes: BO, BR, PA, UR.
Ejemplar examinado: *Mush s.n.* (SI 996).

Duranta erecta var. **grandiflora** (Moldenke) Caro
Sin.: *Duranta repens* var. *grandiflora* Moldenke
Ref.: Caro, 1956.
Hábito: Arbusto.
Status: Introducida.
Elevación: 0–500 m.
Prov.: MI.
Ejemplar examinado: *Lirussi 1121* (SI).

Duranta joergensenii Lillo = **Citharexylum joergensenii** (Lillo) Moldenke
Ref.: Caro, 1956; Sanders, 1984.

Duranta lorentzii Griseb. = **Duranta serratifolia** (Griseb.) Kuntze
Ref.: Troncoso, 1993c.

Duranta plumieri Jacq. = **Duranta erecta** L.var. **erecta**
Ref.: Caro, 1956.

Duranta plumieri var. *glabra* Hieron. ex Niederl., nom. nud.

Duranta plumieri var. *strigillosa* Schauer = **Duranta erecta** L.var. **erecta**
Ref.: Caro, 1956.

Duranta repens L. = **Duranta erecta** L.var. **erecta**
Ref.: Caro, 1956; Bromley, 1984.

[Duranta repens f. alba (Mast.) Moldenke]
Ref.: Caro, 1956.
Nota: Citada erróneamente para la flora argentina, sobre la base de material no perteneciente a esta especie.

Duranta repens var. *grandiflora* Moldenke = **Duranta erecta** var. **grandiflora** (Moldenke) Caro
Ref.: Caro, 1956.

Duranta repens var. *serrata* Moldenke = **Duranta stenostachya** Tod.
Ref.: Caro, 1969.

Duranta serratifolia (Griseb.) Kuntze
Sin.: *Duranta lorentzii* Griseb., *Duranta serratifolia* var. *punctata* Caro, *Myrtus serratifolius* Griseb.
Ref.: Sanders, 1984; Troncoso, 1993c.
Hábito: Arbusto o árbol.
Status: Nativa.
Elevación: 1000–2000 m.
Prov.: CA, JU, SA, TU.
Paises limítrofes: BO.
Ejemplar examinado: *Cabrera 32054* (SI).

Duranta serratifolia var. *punctata* Caro = **Duranta serratifolia** (Griseb.) Kuntze
Ref.: Troncoso, 1993c.

Duranta stenostachya Tod.
Sin.: *Duranta repens* var. *serrata* Moldenke
Ref.: Caro, 1956, 1969.
Hábito: Arbusto.
Status: Introducida.
Elevación: 0–500 m.
Prov.: COR.
Paises limítrofes: BR.
Ejemplar examinado: *Llamas s.n.* (BAB 27438).

Duranta vestita Cham. var. **glabrescens** Moldenke
Ref.: Caro, 1956.
Hábito: Arbusto.
Status: Nativa.
Elevación: 0–500 m.
Prov.: MI.
Paises limítrofes: BR.
Ejemplar examinado: *Schwarz 1305* (SI).

Ehretia montevidensis Spreng. = **Citharexylum montevidense** (Spreng.) Moldenke

Erinus laciniatus L. = **Glandularia laciniata** (L.) Schnack & Covas

Erinus peruvianus L. = **Glandularia peruviana** (L.) Small

Glandularia J.F. Gmel.

Número de especies: 42, 15 especies 3 variedades endémicas.

Glandularia araucana (Phil.) Botta
Sin.: *Verbena araucana* Phil., *Verbena chilensis* Moldenke, *Verbena glabrata* Phil., hom. illeg.
Ref.: Botta, 1993f.
Hábito: Hierba.
Status: Nativa.
Elevación: 1000–2500 m.
Prov.: CHU, ME, NE.
Paises limítrofes: CH.
Ejemplar examinado: *Correa et al. 10469* (SI).

Glandularia aristigera (S. Moore) Tronc.
Sin.: *Glandularia tenuisecta* (Briq.) Small, *Verbena aristigera* S. Moore, *Verbena tenuisecta* Briq.
Ref.: Troncoso, 1968.
Hábito: Hierba.
Status: Nativa.
Elevación: 0–500 m.
Prov.: CH, COR, ER, FO, MI.
Paises limítrofes: BO, BR, PA, UR.
Ejemplar examinado: *Martínez Crovetto y Schinini 10390* (SI).

Glandularia aurantiaca (Speg.) Botta var. **aurantiaca**
Sin.: *Verbena aurantiaca* Moldenke f. *rosea*, *Verbena aurantiaca* Speg.
Ref.: Botta, 1993f.
Hábito: Hierba.
Status: Nativa.
Elevación: 0–1000 m.
Prov.: CHU, ME, NE, SC.
Paises limítrofes: CH.
Ejemplar examinado: *Correa 10230* (SI).

Glandularia aurantiaca var. **glaberrima** (Moldenke) Botta
Sin.: *Verbena aurantiaca* var. *glaberrima* Moldenke.
Ref.: Botta, 1993f.
Hábito: Hierba.
Status: Endémica.
Elevación: 2000–2500 m.
Prov.: ME.
Ejemplar examinado: *Roig 15723* (MERL).

Glandularia ballsii (Moldenke) Botta
Sin.: *Verbena ballsii* Moldenke
Ref.: Botta, 1992.
Hábito: Hierba.
Status: Endémica.
Elevación: 1000–1500 m.
Prov.: JU, SA.
Ejemplar examinado: *Castillón 7200* (LIL).

Glandularia cabrerae (Moldenke) Botta
Sin.: *Verbena cabrerae* Moldenke
Ref.: Botta, 1990.
Hábito: Hierba.
Status: Nativa.
Elevación: 0–500 m.
Prov.: JU, SA.
Paises limítrofes: BO.
Ejemplar examinado: *Cabrera 34464* (SI).

Glandularia cheitmaniana (Moldenke) Botta & Poggio
Sin.: *Verbena cheitmaniana* Moldenke
Ref.: Botta & Poggio, 1988.
Hábito: Hierba.
Status: Endémica.
Elevación: 500-2000 m.
Prov.: JU, SA, TU.
Ejemplar examinado: *Fabris 2986* (SI).

Glandularia crithmifolia (Gillies & Hook.) Schnack & Covas
Sin.: *Verbena crithmifolia* Gillies & Hook., *Verbena crithmifolia* f. *latiloba* Speg.
Ref.: Botta, 1993f.
Hábito: Arbusto.
Status: Nativa.
Elevación: 0–2500 m.
Prov.: CA, CHU, CO, LR, ME, NE, RN, SL.
Paises limítrofes: CH.
Ejemplar examinado: *Covas 938* (SI).

Glandularia dissecta (Willd. ex Spreng.) Schnack & Covas
Sin.: *Verbena dissecta* Willd. ex Spreng., *Verbena pulchella* f. *latiloba* Moldenke
Ref.: Schnack & Covas, 1944; Troncoso, 1964.
Hábito: Hierba.
Status: Nativa.
Elevación: 0–500 m.
Prov.: BA, CA, CH, CO, ER, FO, SA, SE, TU.
Paises limítrofes: BR, PA, UR.
Ejemplar examinado: *Nicora 543* (SI).

Glandularia flava (Gillies ex Hook.) Schnack & Covas
Sin.: *Glandularia glutinosa* (Kuntze) Covas & Schnack, *Verbena flava* Gillies ex Hook., *Verbena flava* var. *angustiloba* Speg., *Verbena flava* var. *latiloba* Speg., *Verbena glutinosa* Kuntze
Ref.: Botta, 1993f.
Hábito: Hierba.
Status: Endémica.
Elevación: 0–500 m.
Prov.: CHU, LP, LR, ME, NE, RN.
Ejemplar examinado: *Correa 10137* (SI).

Glandularia glandulifera (Moldenke) Ragonese
Sin.: *Verbena glandulifera* Moldenke
Ref.: Ragonese, 1951.
Hábito: Hierba.
Status: Endémica.
Elevación: 0–1000 m.
Prov.: CA, CO, SL.
Ejemplar examinado: *Anderson 1915* (SI).

Glandularia glutinosa (Kuntze) Covas & Schnack = **Glandularia flava** (Gillies ex Hook.) Schnack & Covas
Ref.: Botta, 1993f.

Glandularia guaranitica Tronc.
Ref.: Troncoso, 1971.
Hábito: Hierba.
Status: Nativa.
Elevación: 0–500 m.
Prov.: COR, MI.
Paises limítrofes: PA.
Ejemplar examinado: *Schinini 15408* (SI).

Glandularia hasslerana (Briq.) Tronc.
Sin.: *Verbena hasslerana* Briq.
Ref.: Troncoso, 1975.
Hábito: Hierba.
Status: Nativa.
Elevación: 0–500 m.
Prov.: COR, MI.
Paises limítrofes: PA.
Ejemplar examinado: *Cabrera 28767* (SI).

Glandularia hookeriana Covas & Schnack
Sin.: *Verbena crithmifolia* f. *minor* Gillies & Hook., *Verbena hookeriana* (Covas & Schnack) Moldenke
Ref.: Covas & Schnack, 1945; Botta, 1993f.
Hábito: Subarbusto.
Status: Endémica.
Elevación: 0–2500 m.
Prov.: BA, CA, CO, LP, LR, ME, RN, SA, SL.
Ejemplar examinado: *Bartlett 20231* (SI).

Glandularia incisa (Hook.) Tronc.
Sin.: *Verbena incisa* Hook., *Verbena megapotamica* f. *truncatula* Briq.
Ref.: Troncoso, 1965, 1979.
Hábito: Hierba.
Status: Nativa.
Elevación: 0–500 m.
Prov.: BA, CH, ER, FO, SF.
Paises limítrofes: BR, PA.
Ejemplar examinado: *sin colector* (BAA 9578 en SI).

Glandularia kuntzeana (Moldenke) Tronc.
Sin.: *Verbena kuntzeana* Moldenke
Ref.: Troncoso, 1975.
Hábito: Hierba.
Status: Nativa.
Elevación: 0–500 m.
Prov.: COR, MI, SA.
Paises limítrofes: PA.
Ejemplar examinado: *Krapovickas 21300* (SI).

Glandularia laciniata (L.) Schnack & Covas
Sin.: *Erinus laciniatus* L., *Verbena erinoides* Lam., *Verbena erinoides* Willd. ex Spreng., hom. illeg., *Verbena laciniata* (L.) Briq., *Verbena multifida* Ruiz & Pav.
Ref.: Schnack & Covas, 1944.
Hábito: Hierba.
Status: Nativa.
Elevación: 0–1000 m.
Prov.: BA, CA, CH, CO, COR, LP, LR, ME, RN, SA, SF, SE, TU.
Paises limítrofes: BO, CH, PA.
Ejemplar examinado: *Joergensen 1737* (SI).

Glandularia lilloana (Moldenke) Botta
Sin.: *Verbena lilloana* Moldenke
Ref.: Botta, 1990.
Hábito: Hierba.
Status: Endémica.
Elevación: 0–500 m.
Prov.: CA, JU, SA, TU.
Ejemplar examinado: *Venturi 5132* (SI).

Glandularia macrosperma (Speg.) Tronc.
Sin.: *Verbena macrosperma* Speg., *Verbena sulphurea* var. *intermedia* Kuntze
Ref.: Troncoso, 1975.
Hábito: Hierba.
Status: Endémica.
Elevación: 0–1000 m.
Prov.: CHU, NE, RN, SJ.
Ejemplar examinado: *Diem 3203* (SI).

Glandularia marrubioides (Cham.) Tronc.
Sin.: *Verbena marrubioides* Cham.
Ref.: Moldenke, 1946a; Troncoso, 1975.
Hábito: Hierba.
Status: Nativa.
Elevación: 0-1000 m.
Prov.: CA, CO.
Paises limítrofes: BR, UR.
Ejemplar examinado: *Cabrera 1099* (LP, NY).

Glandularia megapotamica (Spreng.) Cabrera & G. Dawson
Sin.: *Verbena megapotamica* Spreng., *Verbena phlogiflora* var. *beta* Cham., *Verbena phlogiflora* var. *mucilenta* Schauer, *Verbena tweediana* Niven
Ref.: Troncoso, 1971.
Hábito: Hierba.
Status: Nativa.
Elevación: 0–500 m.
Prov.: BA, COR, ER, MI.
Paises limítrofes: BR, UR.
Ejemplar examinado: *Lanfranchi 496* (SI).

Glandularia mendocina (Phil.) Covas & Schnack
Sin.: *Verbena mendocina* Phil.
Ref.: Covas & Schnack, 1944.
Hábito: Hierba.
Status: Nativa.
Elevación: 500-2000 m.
Prov.: LR, ME.
Paises limítrofes: CH.
Ejemplar examinado: *Ruiz Leal 22230* (SI).

Glandularia microphylla (Kunth) Cabrera
Sin.: *Verbena microphylla* Kunth
Ref.: Botta & Troncoso, 1993.
Hábito: Hierba.
Status: Nativa.
Elevación: 0–2000 m.
Prov.: JU, SA, SJ, TU.
Paises limítrofes: BO, CH.
Ejemplar examinado: *Kiesling 1295* (SI).

Glandularia moricolor (Moldenke) Tronc., comb. inval. = **Glandularia scrobiculata** (Griseb.) Tronc.
Ref.: Troncoso, 1974.

Glandularia nana (Moldenke) Tronc.
Sin.: *Verbena nana* Moldenke
Ref.: Troncoso, 1975.
Hábito: Hierba.
Status: Endémica.
Elevación: 0–500 m.
Prov.: CH, FO.
Ejemplar examinado: *Sin colector* (BAA 9693 en SI).

Glandularia origenes (Phil.) Schnack & Covas
Sin.: *Verbena deserticola* Phil., *Verbena origenes* Phil.
Ref.: Schnack & Covas, 1944, 1945.
Hábito: Hierba.
Status: Nativa.
Elevación: 0–1000 m.
Prov.: ME, SJ.
Paises limítrofes: CH.
Ejemplar examinado: *Herb. Cat. Geobot. 5739* (SI).

Glandularia parodii Covas & Schnack
Sin.: *Verbena parodii* (Covas & Schnack) Moldenke
Ref.: Covas & Schnack, 1944.
Hábito: Hierba.
Status: Endémica.
Elevación: 0–3000 m.
Prov.: BA, CHU, LP, ME, RN.
Ejemplar examinado: *Correa 9726* (SI).

Glandularia perakii Covas & Schnack
Sin.: *Verbena dissecta* f. *glandulifera* (Osten ex Sanzin) Moldenke, *Verbena erinoides* var. *glandulifera* Osten ex Sanzin, *Verbena perakii* (Covas & Schnack) Moldenke
Ref.: Covas & Schnack, 1944.
Hábito: Hierba.
Status: Endémica.
Elevación: 0–1000 m.
Prov.: CA, LR, ME, SJ, SL.
Ejemplar examinado: *Cabrera 29531* (SI).

Glandularia peruviana (L.) Small
Sin.: *Erinus peruvianus* L., *Verbena chamaedryfolia* Jussieu, *Verbena melindres* Gillies, *Verbena peruviana* (L.) Britton, *Verbena sanguinea* Larrañaga
Ref.: Botta & Troncoso, 1993.
Hábito: Hierba.
Status: Nativa.
Elevación: 0–1000 m.
Prov.: BA, CA, CH, CO, COR, ER, JU, MI, SA, SF, SL, TU.
Paises limítrofes: BO, BR, PA.
Ejemplar examinado: *Novara 9277* (SI).

Glandularia phlogiflora (Cham.) Schnack & Covas
Sin.: *Verbena phlogiflora* Cham., *Verbena megapotamica* var. *phlogiflora* (Cham.) Kuntze, *Verbena phlogiflora* var. *vulgaris* Schauer
Ref.: Troncoso, 1971.
Hábito: Hierba.
Status: Nativa.
Elevación: 0–500 m.
Prov.: COR, MI.
Paises limítrofes: BR.
Ejemplar examinado: *Hunziker 9947* (SI).

Glandularia platensis (Spreng.) Schnack & Covas
Sin.: *Verbena platensis* Spreng., *Verbena platensis* var. *stenodes* Briq., *Verbena scordioides* Cham., *Verbena teucrioides* Gillies & Hook.
Ref.: Botta, 1993f.
Hábito: Hierba.
Status: Nativa.
Elevación: 0–1000 m.
Prov.: BA, CA, CH, CO, COR, ER, JU, LR, RN, SA, TU.
Paises limítrofes: BR, PA, UR.
Ejemplar examinado: *Cabrera 22568* (SI).

Glandularia pulchella var. **clavellata** Tronc.
Sin.: *Verbena pulchella* var. *clavellata* (Tronc.) Shinners
Ref.: Troncoso, 1964.
Hábito: Hierba.
Status: Endémica.
Elevación: 0–500 m.
Prov.: BA, RN.
Ejemplar examinado: *sin colector* (BAA 2357 en SI).

Glandularia pulchella var. **gracilior** Tronc.
Sin.: *Verbena pulchella* var. *gracilior* (Tronc.) Shinners.
Ref.: Troncoso, 1964.
Hábito: Hierba.
Status: Endémica.
Elevación: 0–500 m.
Prov.: BA.
Ejemplar examinado: *Ruiz Leal 22276* (SI).

Glandularia pulchella (Sweet) Tronc. var. **pulchella**
Sin.: *Verbena pulchella* Sweet
Ref.: Troncoso, 1965.
Hábito: Hierba.
Status: Nativa.
Elevación: 0–500 m.
Prov.: BA, COR, ER.
Paises limítrofes: BR, UR.
Ejemplar examinado: *Burkart 23908* (SI).

Glandularia pulchra (Moldenke) Botta
Sin.: *Verbena pulchra* Moldenke
Ref.: Botta et al., 1995.
Hábito: Hierba.
Status: Endémica.
Elevación: 0–500 m.
Prov.: COR, MI.
Ejemplar examinado: *Krapovickas et al. 17226* (SI).

Glandularia radicans (Gillies ex Hook.) Schnack & Covas, comb. illeg. = **Glandularia radicata** (Moldenke) Tronc. ex Múlgura

Glandularia radicata (Moldenke) Tronc. ex Múlgura
Sin.: *Glandularia radicans* (Gillies ex Hook.) Schnack & Covas, comb. illeg., *Verbena radicans* Gillies & Hook., hom. illeg., *Verbena radicata* Moldenke
Ref.: Schnack & Covas, 1944.
Hábito: Hierba.
Status: Endémica.
Elevación: 0–1000 m.
Prov.: CO, ME, TU.
Ejemplar examinado: *Boelcke 10139* (SI).
Nota: Véase nueva combinación en Apéndice 1.

Glandularia santiaguensis Covas & Schnack
Sin.: *Verbena santiaguensis* (Covas & Schnack) Moldenke
Ref.: Covas & Schnack, 1944.
Hábito: Hierba.
Status: Endémica.
Elevación: 0–500 m.
Prov.: CA, CO, FO, JU, ME, SA, SE, SL, TU.
Ejemplar examinado: *Bartlett 20146* (SI).

Glandularia scrobiculata (Griseb.) Tronc.
Sin.: *Glandularia moricolor* (Moldenke) Tronc., comb. inval., *Verbena hunzikeri* Moldenke, *Verbena moricolor* Moldenke, *Verbena scrobiculata* Griseb.
Ref.: Botta & Troncoso, 1993.
Hábito: Hierba.
Status: Nativa.
Elevación: 0–1000 m.
Prov.: JU, MI, SA.
Paises limítrofes: BR.
Ejemplar examinado: *Cabrera 8044* (SI).

[Glandularia selloi (Spreng.) Tronc.]
Sin.: *Verbena selloi* Spreng.
Ref.: Troncoso, 1964.
Nota: Especie excluida de la flora argentina.

Glandularia sessilis (Cham.) Tronc.
Sin.: *Verbena schulzii* Moldenke, *Verbena sessilis* (Cham.) Kuntze, *Verbena stellarioides* var. *sessilis* Cham.
Ref.: Troncoso, 1979.
Hábito: Hierba.
Status: Nativa.
Elevación: 0–500 m.
Prov.: COR, ER, MI.
Paises limítrofes: BR, PA, UR.
Ejemplar examinado: *Pedersen 5344* (SI).

Glandularia spectabilis (Moldenke) Botta
Sin.: *Verbena spectabilis* Moldenke
Ref.: Botta et al., 1995.
Hábito: Hierba.
Status: Nativa.
Elevación: 0–500 m.
Prov.: COR, FO, MI.
Paises limítrofes: PA.
Ejemplar examinado: *Rodríguez 548* (SI).

Glandularia stellarioides (Cham.) Schnack & Covas
Sin.: *Verbena morongii* Britton, *Verbena stellarioides* Cham.
Ref.: Schnack & Covas, 1951.
Hábito: Hierba.
Status: Nativa.
Elevación: 0–500 m.
Prov.: COR.
Paises limítrofes: PA.
Ejemplar examinado: *Tressens et al. 1917* (SI).

Glandularia subincana Tronc.
Sin.: *Verbena subincana* (Tronc.) Shinners
Ref.: Troncoso, 1964, 1979.
Hábito: Hierba.
Status: Nativa.
Elevación: 0–500 m.
Prov.: ER.
Paises limítrofes: UR.
Ejemplar examinado: *sin colector* (SI 1021).

Glandularia sulphurea (D. Don) Schnack & Covas
Sin.: *Verbena sulphurea* D. Don
Ref.: Schnack & Covas, 1944.
Hábito: Hierba.
Status: Nativa.
Elevación: 0–500 m.
Prov.: ME, SJ.
Paises limítrofes: CH.
Ejemplar examinado: *Dawson 1595* (SI).

Glandularia tenera (Spreng.) Cabrera
Sin.: *Verbena tenera* Spreng., *Verbena tenera* var. *albiflora* Kuntze
Ref.: Marzoca, 1976; Troncoso, 1979.
Hábito: Hierba.
Status: Nativa.
Elevación: 0–500 m.
Prov.: BA, CA, COR, ER, JU, LR, ME, RN, SJ.
Paises limítrofes: BR, UR.
Ejemplar examinado: *Cabrera 27656* (SI).

Glandularia tenuisecta (Briq.) Small = **Glandularia aristigera** (S. Moore) Tronc.
Ref.: Troncoso, 1968.

Glandularia thymoides Mart. Crov., nom. nud.

Glandularia tristachya (Tronc. & Burkart) Schnack & Covas
Sin.: *Verbena tristachya* Tronc. & Burkart
Ref.: Schnack & Covas, 1946; Troncoso, 1979.
Hábito: Hierba.
Status: Endémica.
Elevación: 0–500 m.
Prov.: COR, ER.
Ejemplar examinado: *Burkart 27057* (SI).

Glandularia venturii (Moldenke) Botta
Sin.: *Verbena arenaria* Moldenke, *Verbena venturii* Moldenke
Ref.: Botta, 1990.
Hábito: Hierba.
Status: Endémica.
Elevación: 0–500 m.
Prov.: JU, LR, SA, TU.
Ejemplar examinado: *Kiesling 5481* (SI).

[Hierobotana inflata (Kunth) Briq.]
Sin.: *Verbena inflata* Kunth.
Nota: Especie excluida de la flora argentina.

Junellia Moldenke

Número de especies: 35, 15 especies y 5 variedades endémicas.

Junellia alatocarpa (Tronc.) Moldenke = **Junellia ligustrina** var. **lorentzii** (Niederl. ex Hieron.) Moldenke
Ref.: Botta, inéd.

Junellia ameghinoi (Speg.) Moldenke = **Junellia ulicina** (Phil.) Moldenke
Ref.: Botta, inéd.

Junellia aretioides (R.E. Fr.) Moldenke
Sin.: *Junellia pygmaea* (R.E. Fr.) Moldenke, *Verbena aretioides* Hayek hom. illeg., *Verbena aretioides* R.E. Fr., *Verbena pygmaea* R.E. Fr.
Ref.: Botta, 1993d.
Hábito: Arbusto.
Status: Nativa.
Elevación: 1000–2000 m.
Prov.: JU.
Paises limítrofes: BO, CH.
Ejemplar examinado: *Botta y Miconi 356* (SI).

Junellia asparagoides (Gillies & Hook.) Moldenke
Sin.: *Junellia diversifolia* (Kuntze) Moldenke, *Verbena asparagoides* Gillies & Hook., *Verbena diversifolia* Kuntze
Ref.: Botta, 1993d.
Hábito: Arbusto.
Status: Nativa.
Elevación: 2000–3000 m.
Prov.: CA, JU, LR, ME, SA, SJ, TU.
Paises limítrofes: CH.
Ejemplar examinado: *Kiesling 5184* (SI).

Junellia aspera (Gillies & Hook.) Moldenke
Sin.: *Verbena aspera* Gillies & Hook., *Verbena ourostachya* Briq.
Ref.: Botta, inéd.
Hábito: Arbusto.
Status: Nativa.
Elevación: 0–1000 m.
Prov.: CHU, LP, ME, NE, RN, SJ, SL, SC.
Paises limítrofes: CH.
Ejemplar examinado: *Hunziker 11622* (SI).

Junellia azorelloides (Speg.) Moldenke
Sin.: *Verbena azorelloides* Speg.
Ref.: Botta, inéd.
Hábito: Arbusto.
Status: Endémica.
Elevación: 0–1000 m.
Prov.: CHU, SC.
Ejemplar examinado: *Soriano 2014* (SI).

Junellia bisulcata (Hayek) Moldenke var. **bisulcata**
Sin.: *Verbena bisulcata* Hayek
Ref.: Botta, inéd.
Hábito: Arbusto.
Status: Nativa.
Elevación: 1000–2000 m.
Prov.: CA, JU, LR, SA, TU.
Paises limítrofes: BO.
Ejemplar examinado: *Kiesling 7034* (SI).

Junellia bisulcata var. **campestris** (Griseb.) Botta
Sin.: *Junellia juniperina* var. *campestris* (Griseb.) Moldenke, *Verbena juniperina* var. *campestris* Griseb.
Ref.: Botta et al., 1995.
Hábito: Arbusto.
Status: Nativa.
Elevación: 1000–2000 m.
Prov.: CO, JU, LR, SA, SE, TU.
Paises limítrofes: CH.
Ejemplar examinado: *Burkart 20110* (SI).

Junellia caespitosa (Gillies & Hook.) Moldenke
Sin.: *Verbena caespitosa* Gillies & Hook.
Ref.: Botta, inéd.
Hábito: Arbusto.
Status: Nativa.
Elevación: 1000–2000 m.
Prov.: ME, SJ.
Paises limítrofes: CH.
Ejemplar examinado: *Kiesling 7365* (SI).

Junellia cedroides (Sandwith) Moldenke
Sin.: *Verbena cedroides* Sandwith
Ref.: Botta, inéd.
Hábito: Arbusto.
Status: Endémica.
Elevación: 0–1000 m.
Prov.: NE.
Ejemplar examinado: *Cabrera 32856* (SI).

Junellia chubutensis (Speg.) Moldenke = **Junellia micrantha** (Phil.) Moldenke
Ref.: Botta, inéd.

Junellia chubutensis Moldenke, hom. illeg. = **Junellia micrantha** (Phil.) Moldenke

Junellia comberi (Sandwith) Moldenke
Sin.: *Verbena comberi* Sandwith
Ref.: Botta, inéd.
Hábito: Arbusto.
Status: Endémica.
Elevación: 500–1000 m.
Prov.: CHU, ME, NE, RN, SC.
Ejemplar examinado: *Rossow y Gómez Cadret 1663* (BAB, SI).

Junellia congesta (Tronc.) Moldenke
Sin.: *Verbena congesta* Tronc.
Ref.: Botta, inéd.
Hábito: Arbusto.
Status: Endémica.
Elevación: 500–1000 m.
Prov.: NE.
Ejemplar citado: *Comber 1290** (K).

Junellia connatibracteata (Kuntze) Moldenke
Sin.: *Junellia connatibracteata* f. *glomerata* (Monticelli) Moldenke, nom. inval., *Junellia connatibracteata* f. *rosulata* (Monticelli) Moldenke, nom. inval., *Verbena connatibracteata* Kuntze, *Verbena connatibracteata* f. *rosulata* Monticelli, nom. inval., *Verbena connatibracteata* f. *glomerata* Monticelli, nom. inval.
Ref.: Botta, inéd.
Hábito: Arbusto.
Status: Endémica.
Elevación: 0–500 m.
Prov.: BA, CHU, LP, ME, NE, RN.
Ejemplar examinado: *Burkart 14882* (SI).

Junellia connatibracteata f. *glomerata* (Monticelli) Moldenke, nom. inval. = **Junellia connatibracteata** (Kuntze) Moldenke

Junellia connatibracteata f. *rosulata* (Monticelli) Moldenke, nom. inval. = **Junellia connatibracteata** (Kuntze) Moldenke

Junellia digitata (Phil.) Moldenke var. **digitata**
Sin.: *Junellia nubigena* (Speg.) Moldenke, *Junellia punctulata* Hieron. ex Moldenke, *Junellia spegazzini* Moldenke, *Verbena digitata* Phil., *Verbena nubigena* Speg., *Verbena spegazzini* (Moldenke) Tronc.
Ref.: Botta, inéd.
Hábito: Arbusto.
Status: Nativa.
Elevación: 3000–>4500 m.
Prov.: CA, JU, LR, SA, SJ, TU.
Paises limítrofes: CH.
Ejemplar examinado: *Cabrera 21856* (SI).

Junellia digitata var. **integerrima** (Botta) Botta
Sin.: *Verbena digitata* var. *integerrima* Botta
Ref.: Botta et al., 1995.
Hábito: Hierba.
Status: Endémica.
Elevación: 4000–4500 m.
Prov.: JU.
Ejemplar examinado: *Werner 123* (SI).

Junellia diversifolia (Kuntze) Moldenke = **Junellia asparagoides** (Gillies & Hook.) Moldenke
Ref.: Botta, 1993d.

Junellia echegarayi (Hieron.) Moldenke
Sin.: *Junellia echegarayi* var. *cordifolia* Moldenke, *Junellia echegarayi* var. *puberulenta* Moldenke, *Verbena echegarayi* Hieron.
Ref.: Botta, inéd.
Hábito: Arbusto.
Status: Endémica.
Elevación: 500–1000 m.
Prov.: ME, SJ.
Ejemplar examinado: *Rotman 428* (SI).

Junellia echegarayi var. *cordifolia* Moldenke = **Junellia echegarayi** (Hieron.) Moldenke
Ref.: Botta, inéd.

Junellia echegarayi var. *puberulenta* Moldenke = **Junellia echegarayi** (Hieron.) Moldenke
Ref.: Botta, inéd.

Junellia erinacea (Gillies & Hook.) Moldenke
Sin.: *Verbena erinacea* Gillies & Hook.
Ref.: Botta, inéd.
Hábito: Arbusto.
Status: Endémica.
Elevación: 2500–3000 m.
Prov.: ME, NE, SJ, SC.
Ejemplar examinado: *Kiesling 7936* (SI).

Junellia glauca (Gillies & Hook. ex Hook.) Moldenke = **Junellia spathulata** var. **glauca** (Gillies & Hook. ex Hook.) Botta
Ref.: Botta et al., 1995.

Junellia glauca var. *cisandina* (Niederl.) Moldenke = **Junellia spathulata** var. **grandiflora** (Schauer) Botta

[Junellia hayekii Moldenke]
Ref.: Botta, inéd.
Nota: Especie excluida de la flora argentina.

Junellia intricata (Briq.) Moldenke = **Junellia ulicina** (Phil.) Moldenke
Ref.: Botta, inéd.

Junellia juniperina (Lag.) Moldenke
Sin.: *Verbena juniperina* Gillies & Hook., hom. illeg., *Verbena juniperina* Lag.
Ref.: Botta, inéd.
Hábito: Arbusto.
Status: Nativa.
Elevación: 1500–3500 m.
Prov.: CA, LR, ME, SA, SJ, TU.
Ejemplar examinado: *Covas 907* (SI).

Junellia juniperina var. *campestris* (Griseb.) Moldenke = **Junellia bisulcata** var. **campestris** (Griseb.) Botta
Ref.: Botta et al., 1995.

Junellia ligustrina (Lag.) Moldenke var. **ligustrina**
Sin.: *Aloysia ligustrina* (Lag.) Small, *Lippia ligustrina* (Lag.) Britton, comb. superfl., *Lippia ligustrina* (Lag.) Kuntze, *Verbena ligustrina* Lag.
Ref.: Botta, inéd.
Hábito: Arbusto.
Status: Endémica.
Elevación: 0–1000 m.
Prov.: CHU, NE, SC.
Ejemplar examinado: *Correa 10307* (SI).

Junellia ligustrina var. **lorentzii** (Niederl. ex Hieron.) Moldenke
Sin.: *Junellia alatocarpa* (Tronc.) Moldenke, *Junellia lorentzii* (Niederl. ex Hieron.) Moldenke, *Verbena alatocarpa* Tronc., *Verbena inconcinna* Briq., *Verbena ligustrina* var. *lorentzii* (Niederl. ex Hieron.) Moldenke, *Verbena lorentzii* Niederl. ex Hieron.
Ref.: Botta, inéd.
Hábito: Arbusto.
Status: Endémica.
Elevación: 0–1000 m.
Paises limítrofes: BA, CHU, LP, ME, RN, SC.
Ejemplar examinado: *Pichinini 1255* (SI).

Junellia longidentata Moldenke var. **glandulosa** Botta
Ref.: Botta et al., 1995.
Hábito: Arbusto.
Status: Endémica.
Elevación: 0–500 m.
Prov.: CA, LR.
Ejemplar examinado: *Hunziker 5480* (SI).

Junellia longidentata Moldenke var. **longidentata**
Sin.: *Verbena aspera* var. *longidentata* (Moldenke) Botta
Ref.: Botta, 1993d.
Hábito: Arbusto.
Status: Nativa.
Elevación: 0–2500 m.
Prov.: CA, JU, LR, SA TU.
Paises limítrofes: BO.
Ejemplar examinado: *Krapovickas 5072* (SI).

Junellia lorentzii (Niederl. ex Hieron.) Moldenke = **Junellia ligustrina** var. **lorentzii** (Niederl. ex Hieron.) Moldenke
Ref.: Botta, inéd.

Junellia micrantha (Phil.) Moldenke
Sin.: *Junellia chubutensis* (Speg.) Moldenke, *Junellia chubutensis* Moldenke, *Junellia serpyllifolia* (Speg.) Moldenke, *Junellia wilczeckii* (Briq.) Moldenke, *Monopyrena serpyllifolia* Speg., *Verbena chubutensis* Speg., *Verbena micrantha* Phil., *Verbena serpyllifolia* (Speg.) Speg., *Verbena wilczeckii* Briq.
Ref.: Botta, inéd.
Hábito: Arbusto.
Status: Nativa.
Elevación: 0–1000 m.
Prov.: CHU, ME, NE, SC.
Paises limítrofes: CH.
Ejemplar examinado: *Correa 10171* (BAB, SI).

Junellia minima (Meyen) Moldenke
Sin.: *Junellia straguloides* Moldenke, *Verbena minima* Meyen, *Verbena polycnemoides* Lag., *Verbena straguloides* (Moldenke) Tronc.
Ref.: Botta, 1993d.
Hábito: Arbusto.
Status: Nativa.
Elevación: 3500–4500 m.
Prov.: JU, SA, TU.
Paises limítrofes: BO, CH.
Ejemplar examinado: *Cabrera 9234* (SI).

[Junellia minima (Meyen) Moldenke var. strigosa Moldenke]
Nota: Taxón dudoso.

Junellia minutifolia (Phil.) Moldenke
Sin.: *Junellia strutionum* (Speg.) Moldenke, *Verbena microphylla* Phil., nom. nud., *Verbena minutifolia* Phil., *Verbena philippiana* Kuntze, *Verbena strutionum* Speg.
Ref.: Botta, inéd.
Hábito: Arbusto.
Status: Nativa.
Elevación: 0–1500 m.
Prov.: CHU, NE, SC.
Paises limítrofes: CH.
Ejemplar examinado: *Crespo y Troncoso 1968* (SI).

Junellia mulinoides (Speg.) Moldenke
Sin.: *Verbena dolychothyrsa* Sandwith, *Verbena mulinoides* Speg.
Ref.: Botta, inéd.
Hábito: Arbusto.
Status: Nativa.
Elevación: 0–1500 m.
Prov.: CHU, NE, RN, SC.
Paises limítrofes: CH.
Ejemplar examinado: *Cabrera 33264* (BAB).

Junellia nubigena (Speg.) Moldenke = **Junellia digitata** var. **digitata** (Phil.) Moldenke
Ref.: Botta, inéd.

Junellia o'donelli Moldenke
Sin.: *Verbena o'donelli* (Moldenke) Tronc., comb. illeg.
Ref.: Botta, inéd.
Hábito: Arbusto.
Status: Endémica.
Elevación: 0–1000 m.
Prov.: CHU, NE, SC.
Ejemplar examinado: *Correa 2811* (SI).

Junellia patagonica (Speg.) Moldenke
Sin.: *Verbena bonariensis* Rendle, hom. illeg., *Verbena morenonis* Kuntze, *Verbena patagonica* Moldenke, hom. illeg., *Verbena patagonica* Speg., *Verbena prichardi* Rendle, *Verbena thymoides* Phil. ex Kuntze.
Ref.: Botta, inéd.
Hábito: Arbusto.
Status: Endémica.
Elevación: 0–1000 m.
Prov.: CHU, NE, RN, SC.
Ejemplar examinado: *Roig 13057* (SI).

Junellia punctulata Hieron. ex Moldenke = **Junellia digitata** var. **digitata** (Phil.) Moldenke
Ref.: Botta, inéd.

Junellia pygmaea (R.E. Fr.) Moldenke = **Junellia aretioides** (R.E. Fr.) Moldenke

Junellia rosulata Moldenke f. **alba** Moldenke
Ref.: Moldenke, 1946b.
Hábito: Arbusto.
Status: Endémica.
Elevación: 1000–2000 m.
Prov.: CHU.
Ejemplar examinado: *Meyer 9587* (NY).

Junellia rosulata Moldenke f. **rosulata**
Ref.: Moldenke, 1946a.
Hábito: Arbusto.
Status: Endémica.
Elevación: 1000–2000 m.
Prov.: CHU, SC.
Ejemplar examinado: *Correa 10384* (SI).

Junellia scabrido-glandulosa (Turrill) Moldenke = **Junellia succulentifolia** (Kuntze) Moldenke
Ref.: Botta, inéd.

Junellia scirpea (Phil.) Moldenke = **Junellia scoparia** var. **scoparia** (Gillies & Hook.) Botta
Ref.: Botta, 1989.

Junellia scoparia (Gillies & Hook.) Botta var. **puberula** (Tronc.) Botta
Sin.: *Diostea scoparia* var. *puberula* (Tronc.) Moldenke, *Verbena scoparia* var. *puberula* Tronc.
Ref.: Botta et al., 1995.
Hábito: Arbusto.
Status: Endémica.
Elevación: 0–1000 m.
Prov.: ME, NE.
Ejemplar examinado: *Correa 9447* (SI).

Junellia scoparia (Gillies & Hook.) Botta var. **scoparia**
Sin.: *Diostea scirpea* (Phil.) Miers, *Diostea scoparia* (Gillies & Hook.) Miers, *Junellia scirpea* (Phil.) Moldenke, *Lippia aphylla* Phil., *Lippia scirpea* Phil., *Verbena scirpea* (Phil.) Moldenke, *Verbena scoparia* Gillies & Hook., *Verbena scoparia* var. *aphylla* (Phil.) Acevedo
Ref.: Botta, 1989, inéd.
Hábito: Arbusto.
Status: Nativa.
Elevación: 0–1500 m.
Prov.: LR, ME, NE, RN, SJ.
Paises limítrofes: CH.
Ejemplar examinado: *Boelcke 9965* (BAB).

Junellia seriphioides (Gillies & Hook.) Moldenke
Sin.: *Junellia seriphioides* var. *glabra* Moldenke, *Verbena briquetii* J.F. Macbr., *Verbena echinata* Phil., *Verbena hystrix* Briq., hom. illeg., *Verbena seriphioides* Gillies & Hook.
Ref.: Botta, inéd.
Hábito: Arbusto.
Status: Nativa.
Elevación: 0–1000 m.
Prov.: CA, JU, LP, ME, NE, RN, SA, SJ, SL.
Paises limítrofes: BO, CH.
Ejemplar examinado: *Boelcke 10184* (SI).

Junellia seriphioides (Gillies & Hook.) Moldenke var. *glabra* Moldenke = **Junellia seriphioides** (Gillies & Hook.) Moldenke

[Junellia seriphioides (Gillies & Hook.) Moldenke var. tomentosa Moldenke]
Nota: Taxón dudoso.

Junellia serpyllifolia (Speg.) Moldenke = **Junellia micrantha** (Phil.) Moldenke
Ref.: Botta, inéd.

Junellia silvestrii (Speg.) Moldenke
Sin.: *Verbena silvestrii* Speg.
Ref.: Botta, inéd.
Hábito: Arbusto.
Status: Nativa.
Elevación: 0–500 m.
Prov.: CHU, SC.
Paises limítrofes: CH.
Ejemplar examinado: *Soriano 2065* (SI).

Junellia spathulata var. **glauca** (Gillies & Hook. ex Hook.) Botta
Sin.: *Junellia glauca* (Gillies & Hook. ex Hook.) Moldenke, *Verbena glauca* Gillies & Hook. ex Hook.
Ref.: Botta et al., 1995.
Hábito: Arbusto.
Status: Endémica.
Elevación: 500–1000 m.
Prov.: ME, NE.
Ejemplar examinado: *Herb. San Rafael 7229* (SI).

Junellia spathulata var. **grandiflora** (Schauer) Botta
Sin.: *Junellia glauca* var. *cisandina* (Niederl.) Moldenke, *Verbena glauca* var. *cisandina* Niederl., *Verbena ochreata* Briq., *Verbena spathulata* var. *grandiflora* Schauer
Ref.: Botta et al., 1995.
Hábito: Arbusto.
Status: Endémica.
Elevación: 500–1500 m.
Prov.: NE.
Ejemplar examinado: *Correa 10492* (SI).

Junellia spathulata (Gillies & Hook. ex Hook.) Moldenke var. **spathulata**
Sin.: *Diostea filifolia* Miers, *Diostea stenophylla* Miers, *Verbena spathulata* Gillies & Hook. ex Hook., *Verbena spathulata* var. *parviflora* Schauer
Ref.: Botta, inéd.
Hábito: Arbusto.
Status: Nativa.
Elevación: 500–1500 m.
Prov.: ME, NE.
Paises limítrofes: CH.
Ejemplar examinado: *Fabris 8478* (SI).

Junellia spegazzini Moldenke = **Junellia digitata** (Phil.) Moldenke var. **digitata**
Ref.: Botta, inéd.

Junellia spissa (Sandwith) Moldenke
Sin.: *Verbena spissa* Sandwith
Ref.: Botta, inéd.
Hábito: Arbusto.
Status: Endémica.
Elevación: 0–500 m.
Prov.: CHU, NE.
Ejemplar examinado: *Sin colector* (SI 26674).

Junellia straguloides Moldenke = **Junellia minima** (Meyen) Moldenke
Ref.: Botta, inéd.

Junellia strutionum (Speg.) Moldenke = **Junellia minutifolia** (Phil.) Moldenke
Ref.: Botta, inéd.

Junellia succulentifolia (Kuntze) Moldenke
Sin.: *Junellia scabrido-glandulosa* (Turrill) Moldenke, *Verbena scabrido-glandulosa* Turrill, *Verbena succulentifolia* Kuntze
Ref.: Botta, inéd.
Hábito: Arbusto.
Status: Endémica.
Elevación: 0–1000 m.
Prov.: CHU, NE, RN.
Ejemplar examinado: *Ruiz Leal 25818* (SI).

Junellia tetragonocalyx (Tronc.) Moldenke
Sin.: *Verbena tetragonocalyx* Tronc.
Ref.: Botta, inéd.
Hábito: Arbusto.
Status: Endémica.
Elevación: 0–500 m.
Prov.: CHU, NE.
Ejemplar examinado: *Soriano 3418* (SI).

Junellia thymifolia (Lag.) Moldenke
Sin.: *Verbena thymifolia* Lag.
Ref.: Botta, inéd.
Hábito: Arbusto.
Status: Nativa.
Elevación: 0–500 m.
Prov.: CHU, RN, SC.
Paises limítrofes: CH.
Ejemplar examinado: *Soriano 2142* (SI).

Junellia tonini (Kuntze) Moldenke
Sin.: *Verbena tonini* Kuntze
Ref.: Botta, inéd.
Hábito: Arbusto.
Status: Nativa.
Elevación: 0–500 m.
Prov.: CHU, SC.
Paises limítrofes: CH.
Ejemplar examinado: *Correa 10380* (SI).

[Junellia tridactylites (Lag.) Moldenke]
Sin.: *Verbena tridactylites* Lag.
Nota: Taxón dudoso.

Junellia tridens (Lag.) Moldenke
Sin.: *Verbena carro* Speg., *Verbena tridens* Lag.
Ref.: Botta, inéd.
Hábito: Arbusto.
Status: Nativa.
Elevación: 0–500 m.
Prov.: CHU, SC.
Paises limítrofes: CH.
Ejemplar examinado: *Cabrera 33151* (SI).

[Junellia tripartita Moldenke]
Nota: Taxón dudoso.

Junellia ulicina (Phil.) Moldenke
Sin.: *Junellia ameghinoi* (Speg.) Moldenke, *Junellia intricata* (Briq.) Moldenke, *Verbena ameghinoi* Speg., *Verbena intrincata* Briq., *Verbena ulicina* Phil.
Ref.: Botta, inéd.
Hábito: Arbusto.
Status: Endémica.
Elevación: 0–500 m.
Prov.: CHU, ME, NE.
Ejemplar examinado: *Boelcke 11660* (SI).

Junellia uniflora (Phil.) Moldenke
Sin.: *Junellia uniflora* var. *grabiuscula* (Kuntze) Moldenke, *Verbena uniflora* Phil., *Verbena uniflora* Phil., *Verbena uniflora* var. *grabiuscula* Kuntze
Ref.: Botta, inéd.
Hábito: Arbusto.
Status: Nativa.
Elevación: 2000–3000 m.
Prov.: ME, NE, SJ.
Paises limítrofes: CH.
Ejemplar examinado: *Cabrera 31276* (SI).

Junellia uniflora var. *grabiuscula* (Kuntze) Moldenke = **Junellia uniflora** (Phil.) Moldenke
Ref.: Botta, inéd.

Junellia wilczeckii (Briq.) Moldenke = **Junellia micrantha** (Phil.) Moldenke
Ref.: Botta, inéd.

Lampaya Phil.

Número de especies: 2, 1 especie endémica.

Lampaya aratae Molfino, nom. nud.

Lampaya castellani Moldenke
Ref.: Moldenke, 1980b; Botta, 1993e.
Hábito: Arbusto.
Status: Nativa.
Elevación: 3000–4000 m.
Prov.: JU.
Paises limítrofes: BO.
Ejemplar examinado: *Kiesling 3986* (SI).

Lampaya hieronymi Moldenke
Sin.: *Lampaya schickendantzii* Moldenke ex Hunz., nom. nud.
Ref.: Troncoso, 1974; Moldenke, 1980c.
Hábito: Arbusto.
Status: Endémica.
Elevación: 3000–3500 m.
Prov.: CA, LR.
Ejemplar examinado: *Sin colector* (BA 30/602).

[Lampaya medicinalis Phil.]
Ref.: Botta, 1993e.
Nota: Especie excluida de la flora argentina.

Lampaya schickendantzii Moldenke ex Hunz., nom. nud. = **Lampaya hieronymi** Moldenke
Ref.: Troncoso, 1974.

Lantana L.

Número de especies: 19, 4 especies. 2 variedades y 4 formas endémicas.

Lantana achyranthifolia Desf.
Sin.: *Lantana cabrerae* Moldenke, *Lantana purpurea* (Jacq.) Benth. & Hook., *Lippia fimbriata* Rusby, *Lippia imbricata* Kuntze, *Lippia purpurea* Jacq.
Ref.: Moldenke, 1940, 1965; Troncoso, 1993d.
Hábito: Arbusto.
Status: Nativa.
Elevación: 0-1000 m.
Prov.: JU, SA.
Paises limítrofes: BO, PA.
Ejemplar examinado: *Ahumada 4487* (JUA).

Lantana aculeata L. = **Lantana camara** L.
Ref.: Troncoso, 1993d.

Lantana alba Mill. = **Lippia alba** (Mill.) N.E. Br.
Ref.: Troncoso, 1979.

Lantana albicans Rojas Acosta, nom. nud.
Ref.: Krapovickas, 1970c.

Lantana aristata (Schauer) Briq. = [Lippia aristata Schauer var. aristata]

Lantana aristata var. *angustifolia* (Kuntze) Moldenke = **Lippia aristata** var. **angustifolia** Kuntze

Lantana aristata var. *cabrerae* Moldenke = **Lantana canescens** Kunth f. **canescens**
Ref.: Troncoso, 1993d.

Lantana aristata var. *pluripedunculata* (Kuntze) Moldenke = **Lippia aristata** var. **angustifolia** Kuntze

Lantana aristata var. *subsessilis* Moldenke = **Lippia aristata** var. **angustifolia** Kuntze

Lantana balansae Briq. f. **albiflora** Osten & Moldenke
Ref.: Moldenke, 1950, 1980a.
Hábito: Arbusto.
Status: Endémica.
Elevación: 0-500 m.
Prov.: CH, CO, JU, SA, SE, TU.
Ejemplar citado: *Schulz 1462** (holotipo, NY).

Lantana balansae Briq. f. **balansae**
Sin.: *Lantana balansae* var. *peduncularis* Briq., *Lantana bruchii* (Moldenke) Tronc., comb. inval., *Lantana velutinoides* Moldenke var. *bruchii* Moldenke
Ref.: Moldenke, 1943; Troncoso, 1965.
Hábito: Arbusto.
Status: Nativa.
Elevación: 0-1000 m.
Prov.: BA, CA, CH, CO, COR, ER, FO, JU, LR, MI, SF, TU.
Paises limítrofes: BO, PA, UR.
Ejemplar examinado: *Cabrera 29028* (SI).

Lantana balansae Briq. var. *peduncularis* Briq. = **Lantana balansae** f. **balansae**
Ref.: Troncoso, 1965.

Lantana brasiliensis Link
Ref.: Molfino, 1923b; Moldenke, 1980a.
Hábito: Arbusto.
Status: Nativa.
Elevación: 0-500 m.
Prov.: FO, MI.
Paises limítrofes: BR.
Ejemplar examinado: *Muello s.n.* (BA).

Lantana bruchii (Moldenke) Tronc., comb. inval. = **Lantana balansae** f. **balansae**

Lantana cabrerae Moldenke = **Lantana achyranthifolia** Desf.
Ref.: Troncoso, 1993d.

Lantana camara L.
Sin.: *Camara aculeata* f. *obtusifolia* Kuntze, *Lantana aculeata* L., *Lantana camara* var. *aculeata* (L.) Moldenke
Ref.: Troncoso, 1979, 1993d.
Hábito: Arbusto.
Status: Nativa.
Elevación: 0-1000 m.
Prov.: BA, COR, DF, ER, FO, MI, SA, TU.
Paises limítrofes: BO, BR, PA, UR.
Ejemplar examinado: *Quarín 194* (SI).

Lantana camara var. *aculeata* (L.) Moldenke = **Lantana camara** L.

[Lantana camara var. moritziana (Otto & Dietr.) López-Pal.]
Sin.: *Lantana moritziana* Otto & Dietr.
Nota: Cita dudosa para la flora argentina.

[Lantana camara f. glandulosa R. Fern.]
Nota: Cita dudosa para la flora argentina.

[Lantana camara f. mista (L.) Moldenke]
Sin.: *Lantana mista* L.
Nota: Cita dudosa para la flora argentina.

Lantana canescens Kunth f. **canescens**
Sin.: *Lantana aristata* var. *cabrerae* Moldenke, *Lantana lamiifolia* Otto & Dietr., *Lippia pallescens* Benth., *Lippia venosa* Rusby
Ref.: Troncoso, 1968, 1993d.
Hábito: Arbusto.
Status: Nativa.
Elevación: 0-2000 m.
Prov.: JU, SA, TU.
Paises limítrofes: BO, BR, PA.
Ejemplar examinado: *Ahumada 4249* (SI).

Lantana canescens Kunth f. **grandifolia** Moldenke
Ref.: Moldenke, 1979.
Hábito: Arbusto.
Status: Endémica.
Elevación: 500-1000 m.
Prov.: TU.
Ejemplar citado: *Herrera 211** (LIL).

Lantana celtidifolia Kunth Kuntze = **Lantana trifolia** L. f. **trifolia**
Ref.: Troncoso, 1993d.

Lantana chamissonis (D. Dietr.) Benth. & Hook.
Sin.: *Lippia chamissonis* D. Dietr., *Riedelia lippioides* Cham.
Ref.: Troncoso, 1993d.
Hábito: Arbusto.
Status: Nativa.
Elevación: 0-2000 m.
Prov.: JU, MI, SA, TU.
Paises limítrofes: BO, BR, PA.
Ejemplar examinado: *Burkart y Troncoso s.n.* (SI 11516).

[Lantana clarazii Ball]
Nota: Taxón dudoso.

Lantana cordobensis Moldenke = **Lantana grisebachii** Seckt var. **grisebachii**
Ref.: Troncoso, 1993d.

Lantana czermackii Briq. = **Lantana fucata** Lindl.

Lantana erecta Cham. = **Lantana fucata** Lindl.
Ref.: Augusto & Eclesio, 1944.

Lantana fiebrigii Hayek
Ref.: Moldenke, 1944a; Troncoso, 1993d.
Hábito: Arbusto.
Status: Nativa.
Elevación: 0-1500 m.
Prov.: FO, JU, MI, SA.
Paises limítrofes: BO, PA.
Ejemplar examinado: *Ahumada 4161* (SI).

Lantana foetida Poepp. = [Lantana glutinosa Poepp.]

Lantana fucata Lindl.
Sin.: *Lantana czermackii* Briq., *Lantana erecta* Cham., *Lantana fucata* f. *albiflora* Moldenke, *Lantana lilacina* Desf., *Lantana salviaefolia* Jacq.
Ref.: Troncoso, 1993d.
Hábito: Arbusto.
Status: Nativa.
Elevación: 0-500 y 1500-2000 m.
Prov.: BA, ER, JU, MI, SA, TU.
Paises limítrofes: BO, UR.
Ejemplar examinado: *Carmelich y Rial Alberti 889* (SI).

[Lantana fucata var. longipes Moldenke]
Nota: Cita dudosa para la flora argentina.

Lantana fucata f. *albiflora* Moldenke = **Lantana fucata** Lindl.

[Lantana glutinosa Poepp.]
Sin.: *Lantana foetida* Poepp.
Ref.: Moldenke, 1947b; López Palacios, 1977.
Nota: Especie excluida de la flora argentina.

Lantana grisebachii Seckt var. **brachyrachis** Tronc.
Ref.: Troncoso, 1979, 1993d.
Hábito: Arbusto.
Status: Endémica.
Elevación: 0-1000 m.
Prov.: ER, JU.
Ejemplar examinado: *Burkart 28066* (holotipo, SI).

Lantana grisebachii Seckt var. **grisebachii**
Sin.: *Camara spicata* (Griseb.) Kuntze, *Lantana cordobensis* Moldenke, *Lantana spicata* (Griseb.) Benth. & Hook. ex Kuntze, *Tamonopsis spicata* Griseb.
Ref.: Troncoso, 1979, 1993d.
Hábito: Arbusto.
Status: Nativa.
Elevación: 0-1000 m.
Prov.: CH, CO, ER, FO, LR, SF, SL, TU.
Paises limítrofes: UR.
Ejemplar examinado: *Burkart 26343* (SI).

Lantana grisebachii var. **violacea** Tronc.
Ref.: Troncoso, 1979.
Hábito: Arbusto.
Status: Endémica.
Elevación: 0-500 m.
Prov.: ER.
Ejemplar examinado: *Burkart 28708* (holotipo, SI).

Lantana hassleri Briq.
Ref.: Moldenke, 1980a.
Hábito: Subarbusto.
Status: Nativa.
Elevación: 0-500 m.
Prov.: COR.
Paises limítrofes: BR, PA.
Ejemplar examinado: *Schinini 7702* (SI).

[Lantana hispida Kunth]
Nota: Cita dudosa para la flora argentina.

[Lantana hypoleuca Briq.]
Nota: Especie excluida de la flora argentina.

Lantana junelliana Moldenke = **Lippia junelliana** (Moldenke) Tronc.
Ref.: Troncoso, 1952.

Lantana lamiifolia Otto & Dietr. = **Lantana canescens** Kunth f. **canescens**
Ref.: Troncoso, 1968.

Lantana lilacina Desf. = **Lantana fucata** Lindl.
Ref.: Troncoso, 1993d.

Lantana magnibracteata Tronc.
Ref.: Troncoso, 1993d.
Hábito: Arbusto.
Status: Endémica.
Elevación: 500-1500 m.
Prov.: JU.
Ejemplar examinado: *Cabrera 27544* (holotipo, SI).

Lantana megapotamica (Spreng.) Tronc.
Sin.: *Lippia megapotamica* Spreng.
Ref.: Troncoso, 1974, 1979.
Hábito: Arbusto.
Status: Nativa.
Elevación: 0-1000 m.
Prov.: BA, CO, COR, ER, SL.
Paises limítrofes: BR, UR.
Ejemplar examinado: *Burkart 25400* (SI).

Lantana micrantha Briq. f. **micrantha**
Ref.: Moldenke, 1944a; Troncoso, 1974.
Hábito: Subarbusto.
Status: Nativa.
Elevación: 0-1000 m.
Prov.: CH, SA, TU.
Paises limítrofes: BO, PA.
Ejemplar examinado: *Meyer 3436* (LIL).

Lantana micrantha Briq. f. **violacea** Moldenke.
Ref.: Moldenke, 1948c; Troncoso, 1993d.
Hábito: Arbusto.
Status: Nativa.
Elevación: 500-1500 m.
Prov.: CH, FO, JU, SA, TU.
Paises limítrofes: BO, PA.
Ejemplar examinado: *Burkart 30605* (SI).

Lantana minasensis Moldenke var. *hispida* Moldenke = **Lantana triplinervia** Turcz. var. **hispida** (Moldenke) Moldenke
Ref.: Moldenke, 1974.

Lantana mista L. = [Lantana camara f. mista (L.) Moldenke]

Lantana montevidensis (Spreng.) Briq.
Sin.: *Camara montevidensis* (Spreng.) Kuntze, *Lantana sellowiana* Link & Otto, *Lippia montevidensis* Spreng.

Ref.: Troncoso, 1979.
Hábito: Arbusto.
Status: Nativa.
Elevación: 0-500 m.
Prov.: BA, CA, COR, ER, FO, MI.
Paises limítrofes: BO, BR, PA, UR.
Ejemplar examinado: *Burkart 27179* (SI).

Lantana moritziana Otto & Dietr. = [Lantana camara var. moritziana (Otto & Dietr.) López-Pal.]

Lantana nigricans Rojas Acosta, nom. nud.
Ref.: Krapovickas, 1970c.

Lantana ovata Hayek = **Lippia contermina** Briq.
Ref.: Troncoso, 1980.

[Lantana procurrens Schauer]
Ref.: Troncoso, 1979.
Nota: Especie excluida de la flora argentina.

Lantana purpurea (Jacq.) Benth. & Hook. = **Lantana achyranthifolia** Desf.
Ref.: Troncoso, 1993d.

Lantana salviaefolia Jacq. = **Lantana fucata** Lindl.
Ref.: Augusto & Eclesio, 1944.

Lantana sellowiana Link & Otto = **Lantana montevidensis** (Spreng.) Briq.
Ref.: Troncoso, 1979.

Lantana spicata (Griseb.) Benth. & Hook. ex Kuntze = **Lantana grisebachii** Seckt var. **grisebachii**
Ref.: Troncoso, 1993d.

Lantana tiliifolia Cham. f. **albiflora** Moldenke
Ref.: Moldenke, 1950.
Hábito: Arbusto.
Status: Endémica.
Elevación: 0-500 m.
Prov.: MI.
Ejemplar citado: *Schwarz 2185** (LIL).

Lantana tiliifolia Cham. f. **tiliifolia**
Ref.: Troncoso, 1974.
Hábito: Arbusto.
Status: Nativa.
Elevación: 0-1000 m.
Prov.: MI, SA, TU.
Paises limítrofes: BR.
Ejemplar examinado: *Schwarz 2185* (SI).

Lantana tilcarensis Tronc.
Ref.: Troncoso, 1993d.
Hábito: Arbusto.
Status: Endémica.
Elevación: 2500-3000 m.
Prov.: JU, SA.
Ejemplar examinado: *Cabrera 21359* (holotipo, SI).

Lantana trifolia L. f. **hirsuta** Moldenke
Ref.: Moldenke, 1980a.
Hábito: Arbusto.
Status: Endémica.
Elevación: 500-1500 m.
Prov.: JU, SA.
Ejemplar examinado: *Venturi 5578* (SI).

[Lantana trifolia f. oppositifolia Moldenke]
Nota: Cita dudosa para la flora argentina.

Lantana trifolia var. *rigidiuscula* Briq. = **Lantana trifolia** L. f. **trifolia**
Ref.: Troncoso, 1993d.

Lantana trifolia f. **trifolia**
Sin.: *Camara trifolia* (L.) Kuntze, *Lantana celtidifolia* Kunth, *Lantana trifolia* var. *rigidiuscula* Briq., *Lantana trifolia* var. *vulgata* Briq., *Lantana undulata* Schrenk var. *saltensis* Moldenke
Ref.: Troncoso, 1993d.
Hábito: Arbusto.
Status: Nativa.
Elevación: 0-1000 m.
Prov.: FO, JU, MI, SA, TU.
Paises limítrofes: BO, BR, PA.
Ejemplar examinado: *Cabrera 34411* (SI).

Lantana trifolia var. *vulgata* Briq. = **Lantana trifolia** L. f. **trifolia**
Ref.: Troncoso, 1993d.

Lantana triplinervia Turcz. var. **hispida** (Moldenke) Moldenke
Sin.: *Lantana minasensis* Moldenke var. *hispida* Moldenke
Ref.: Moldenke, 1974.
Hábito: Arbusto.
Status: Endémica.
Elevación: 0-500 m.
Prov.: COR.
Ejemplar examinado: *Krapovickas 17030* (holotipo, NY).

Lantana undulata Schrenk var. *saltensis* Moldenke Kuntze = **Lantana trifolia** L. f. **trifolia**

Lantana velutinoides Moldenke var. *bruchii* Moldenke = **Lantana balansae** f. **balansae**
Ref.: Moldenke, 1943.

[Lantana venturi Moldenke]
Ref.: Troncoso, 1993d.
Nota: Taxón dudoso.

Lantana xenica Moldenke
Ref.: Moldenke, 1948a.
Hábito: Subarbusto.
Status: Endémica.
Elevación: 500-2000 m.
Prov.: CA, CO, LR, ME, SE, TU.
Ejemplar examinado: *Soriano 914* (SI).

Lippia L.

Número de especies: 31, 4 especies endémicas.

Lippia affinis Briq. = **Aloysia gratissima** var. **sellowii** (Briq.) Botta
Ref.: Botta, 1979.

Lippia alba (Mill.) N.E. Br.
Sin.: *Lantana alba* Mill., *Lippia citrata* Cham., *Lippia geminata* Kunth, *Lippia geminata* var. *microphylla* Griseb., *Lippia globiflora* var. *geminata* (Kunth) Kuntze
Ref.: Troncoso, 1979.
Hábito: Arbusto.
Status: Nativa.
Elevación: 0–1000 m.
Prov.: BA, CH, COR, ER, FO, JU, MI, SF.
Paises limítrofes: BO, BR, PA, UR.
Ejemplar examinado: *Burkart 14325* (SI).

[Lippia alba var. globiflora (L'Hér.) Moldenke]
Nota: Taxón dudoso.

Lippia angustifolia Cham.
Sin.: *Lippia bothriura* Briq.
Ref.: Troncoso, 1961.
Hábito: Arbusto.
Status: Nativa.
Elevación: 0–500 m.
Prov.: COR, MI.
Paises limítrofes: BR, PA, UR.
Ejemplar examinado: *Burkart 14149* (SI).

Lippia aphylla Phil. = **Junellia scoparia** var. **scoparia** (Gillies & Hook.) Botta

Lippia aprica Phil. = **Lippia turbinata** Griseb.
Ref.: Troncoso, 1979.

Lippia arborea Rojas Acosta = **Aloysia virgata** var. **platyphylla** (Briq.) Moldenke

Lippia arechavaletae Moldenke
Ref.: Troncoso, 1979.
Hábito: Hierba.
Status: Nativa.
Elevación: 0–500 m.
Prov.: COR, ER.
Paises limítrofes: BR, PA, UR.
Ejemplar examinado: *Burkart 21884* (SI).

Lippia aristata f. *pluripedunculata* Kuntze = **Lippia aristata** var. **angustifolia** Kuntze

Lippia aristata var. **angustifolia** Kuntze
Sin.: *Lantana aristata* var. *angustifolia* (Kuntze) Moldenke, *Lantana aristata* var. *pluripedunculata* (Kuntze) Moldenke, *Lantana aristata* var. *subsessilis* Moldenke, *Lippia aristata* f. *pluripedunculata* Kuntze
Ref.: Troncoso, 1993e.
Hábito: Hierba.
Status: Nativa.
Elevación: 0–1000 m.
Prov.: CH, FO, JU, SA, SE, TU.
Paises limítrofes: BO, BR, PA.
Ejemplar examinado: *Correa 4420* (SI).

[Lippia aristata Shauer var. aristata]
Sin.: *Lantana aristata* (Shauer) Briq.
Nota: Variedad excluida de la flora argentina.

[Lippia asperifolia A. Rich. ex Marthe]
Nota: Citada erróneamente para la flora argentina, sobre la base de material no perteneciente a esta especie.

Lippia asperrima Cham.
Ref.: Troncoso, 1979.
Hábito: Hierba.
Status: Nativa.
Elevación: 0–500 m.
Prov.: CH, COR, ER, FO, MI, SA, SF, TU.
Paises limítrofes: BR, PA, UR.
Ejemplar examinado: *Troncoso 2962* (SI).

[Lippia asperrima f. angustifolia Moldenke]
Nota: Taxón dudoso.

Lippia asperrima var. *longepedunculata* Moldenke = **Lippia villafloridana** Kuntze
Ref.: Troncoso, 1979.

[Lippia asperrima var. rotundata Moldenke]
Ref.: Moldenke, 1980a.
Nota: Cita dudosa para la flora argentina.

Lippia betulaefolia Kunth = [Phyla betulaefolia (Kunth) Greene]
Ref.: Moldenke, 1954.

Lippia boliviana Rusby
Sin.: *Lippia boliviana* var. *angusta* Moldenke
Ref.: Moldenke, 1944.
Hábito: Arbusto.
Status: Nativa.
Elevación: 1000-3000 m.
Prov.: SA.
Paises limítrofes: BO.
Ejemplar examinado: *Bang 979* (holotipo, NY).

Lippia boliviana var. *angusta* Moldenke = **Lippia boliviana** Rusby

Lippia boliviana var. *integrifolia* Moldenke = **Lippia integrifolia** (Griseb.) Hieron.

Lippia bothriura Briq. = **Lippia angustifolia** Cham.
Ref.: Troncoso, 1961.

Lippia canescens Kunth = **Phyla canescens** (Kunth) Greene
Ref.: Troncoso & Botta, 1993a.

Lippia chacensis Moldenke = **Lippia lorentzii** Moldenke
Ref.: Troncoso, 1952.

Lippia chamaedryfolia (Cham.) Steud. = **Aloysia chamaedryfolia** Cham.
Ref.: Botta, 1979.

Lippia chamissonis D. Dietr. = **Lantana chamissonis** (D. Dietr.) Benth. & Hook.
Ref.: Troncoso, 1993d.

Lippia citrata Cham. = **Lippia alba** (Mill.) N.E. Br.
Ref.: Troncoso, 1979.

Lippia citriodora (Lam.) Kunth, comb. illeg. = **Aloysia citriodora** Palau
Ref.: Botta, 1993b.

Lippia coarctata Tronc.
Ref.: Troncoso, 1975.
Hábito: Hierba.
Status: Nativa.
Elevación: 0–500 m.
Prov.: COR, ER.
Paises limítrofes: UR.
Ejemplar examinado: *Zuloaga et al. 5808* (SI).

Lippia contermina Briq.
Sin.: *Lantana ovata* Hayek, *Lippia turnerifolia* var. *camporum* Griseb.
Ref.: Troncoso, 1961, 1980.
Hábito: Hierba.
Status: Nativa.
Elevación: 0–500 m.
Prov.: CH, MI, TU.
Paises limítrofes: BO, BR, PA, UR.
Ejemplar examinado: *Schinini 5412* (SI).

Lippia crenata (Griseb.) Kuntze, comb. illeg. = **Lippia junelliana** (Moldenke) Tronc.
Ref.: Troncoso, 1952.

Lippia darwinii (Benth. & Hook. f.) Speg. = **Neosparton darwinii** Benth. & Hook. f.
Ref.: Troncoso, 1957.

Lippia deserticola Phil. = **Acantholippia deserticola** (Phil.) Moldenke
Ref.: Caro, 1982.

Lippia disepala Phil. = **Lippia turbinata** Griseb.
Ref.: Troncoso, 1993e.

Lippia ekmanii Moldenke
Sin.: *Lippia sclerophylla* var. *lorentzii* Moldenke
Ref.: Moldenke, 1947a.
Hábito: Subarbusto.
Status: Nativa.
Elevación: 0–500 m.
Prov.: COR, MI.
Paises limítrofes: BR.
Ejemplar examinado: *Bertoni 757* (SI).

Lippia fiebrigii Hayek = **Aloysia fiebrigii** (Hayek) Moldenke
Ref.: Botta, 1979.

Lippia fimbriata Rusby = **Lantana achyranthifolia** Desf.
Ref.: Troncoso, 1993d.

Lippia fissicaliyx Tronc.
Ref.: Troncoso, 1993e.
Hábito: Arbusto.
Status: Endémica.
Elevación: 0–1000 m.
Prov.: CH, LR, JU, SA, TU.
Ejemplar examinado: *Burkart 11097* (SI).

Lippia floribunda Phil., hom. illeg. = [Acantholippia trifida (Gay) Moldenke]
Ref.: Botta, 1980.

Lippia foliolosa Phil. = **Acantholippia seriphioides** (A. Gray) Moldenke
Ref.: Botta, 1980.

Lippia geminata Kunth = **Lippia alba** (Mill.) N.E. Br.
Ref.: Troncoso, 1979.

Lippia geminata var. *lanceolata* Griseb. = **Lippia lorentzii** Moldenke
Ref.: Troncoso, 1952.

Lippia geminata var. *microphylla* Griseb. = **Lippia alba** (Mill.) N.E. Br.
Ref.: Moldenke, 1943.

Lippia geminata var. *suffruticosa* Griseb. = **Lippia suffruticosa** (Griseb.) Kuntze
Ref.: Troncoso, 1993e.

Lippia globiflora f. *glabriuscula* Kuntze = **Lippia turbinata** Griseb.
Ref.: Troncoso, 1993e.

Lippia globiflora f. *incana* Kuntze = **Lippia lorentzii** Moldenke
Ref.: Troncoso, 1952.

Lippia globiflora var. *geminata* (Kunth) Kuntze = **Lippia alba** (Mill.) N.E. Br.
Ref.: Troncoso, 1979.

Lippia grisebachiana Moldenke
Sin.: *Lippia lantanifolia* Griseb., hom. illeg.
Ref.: Troncoso, 1952.
Hábito: Arbusto.
Status: Endémica.
Elevación: 0–1000 m.
Prov.: CA, CO, JU, LR, SA, SE, SL, TU.
Ejemplar examinado: *Cabrera 23790* (SI).

Lippia hastulata (Griseb.) Hieron. = **Acantholippia salsoloides** Griseb.
Ref.: Botta, 1980.

Lippia hickenii Tronc. = **Lippia laxibracteata** Herzog
Ref.: Troncoso, 1968.

Lippia hieracifolia Cham.
Ref.: Moldenke, 1948a.
Hábito: Hierba.
Status: Nativa.
Elevación: 0–500 m.
Prov.: COR, MI.
Paises limítrofes: BR.
Ejemplar examinado: *Burkart 14435* (SI).

[Lippia hirta (Cham.) Schauer]
Sin.: *Dipterocalyx hirtus* Cham.
Nota: Especie excluida de la flora argentina.

Lippia imbricata Kuntze = **Lantana achyranthifolia** Desf.
Ref.: Moldenke, 1940.

Lippia integrifolia (Griseb.) Hieron.
Sin.: *Lippia boliviana* var. *integrifolia* Moldenke, *Lippia integrifolia* var. *beckii* Moldenke, *Lippia turbinata* var. *integrifolia* Griseb.
Ref.: Troncoso, 1993e.
Hábito: Arbusto.
Status: Nativa.
Elevación: 0–1000 m.
Prov.: CA, CO, JU, LR, SA, SJ.
Paises limítrofes: BO, CH.
Ejemplar examinado: *Kiesling 5921* (SI).

Lippia integrifolia var. *beckii* Moldenke = **Lippia integrifolia** (Griseb.) Hieron.

[Lippia intermedia Cham.]
Ref.: Troncoso, 1979.
Nota: Especie excluida de la flora argentina.

Lippia junelliana (Moldenke) Tronc.
Sin.: *Lantana junelliana* Moldenke, *Lippia crenata* (Griseb.) Kuntze, comb. illeg., *Lippia lantanifolia* var. *crenata* Griseb.
Ref.: Troncoso, 1952.
Hábito: Arbusto.
Status: Endémica.
Elevación: 0–1000 m.
Prov.: CA, CO, LR, SA, SE, TU.
Ejemplar examinado: *Troncoso 302* (SI).

Lippia lantanifolia Griseb., hom. illeg. = **Lippia grisebachiana** Moldenke
Ref.: Troncoso, 1952.

Lippia lantanifolia var. *crenata* Griseb. = **Lippia junelliana** (Moldenke) Tronc.
Ref.: Troncoso, 1952.

Lippia laxibracteata Herzog
Sin.: *Lippia hickenii* Tronc.
Ref.: Troncoso, 1968.
Hábito: Arbusto.
Status: Nativa.
Elevación: 0–1000 m.
Prov.: CA, LR, SA, SE, TU.
Paises limítrofes: BO.
Ejemplar examinado: *Krapovickas 30948* (SI).

Lippia ligustrina (Lag.) Britton, comb. superfl. = **Junellia ligustrina** var. **ligustrina** (Lag.) Moldenke

Lippia ligustrina (Lag.) Kuntze = **Junellia ligustrina** var. **ligustrina** (Lag.) Moldenke
Ref.: Botta, inéd.

Lippia ligustrina var. *paraguariensis* Briq. = [Aloysia ligustrina var. paraguariensis (Briq.) Moldenke]

Lippia lilacina Desf., nom. nud.

Lippia lorentzii Moldenke
Sin.: *Lippia chacensis* Moldenke, *Lippia geminata* var. *lanceolata* Griseb., *Lippia globiflora* f. *incana* Kuntze.
Ref.: Troncoso, 1952.
Hábito: Arbusto.
Status: Nativa.
Elevación: 0–500 m.
Prov.: COR, SA.
Paises limítrofes: PA.
Ejemplar examinado: *Burkart 6792* (SI).

Lippia lupulina Cham.
Ref.: Troncoso, 1974.
Hábito: Hierba.
Status: Nativa.
Elevación: 0–500 m.
Prov.: MI.
Paises limítrofes: BR, PA.
Ejemplar examinado: *Zuloaga 5328* (SI).

Lippia lycioides (Cham.) Steud. = **Aloysia gratissima** var. **gratissima** (Gillies & Hook.) Tronc.
Ref.: Botta, 1979.

Lippia megapotamica Spreng. = **Lantana megapotamica** (Spreng.) Tronc.
Ref.: Troncoso, 1979.

Lippia microphylla Phil., hom. illeg. = **Acantholippia deserticola** (Phil.) Moldenke
Ref.: Caro, 1982.

Lippia modesta Briq.
Ref.: Troncoso, 1979.
Hábito: Hierba.
Status: Nativa.
Elevación: 0–500 m.
Prov.: COR, ER, JU, SA.
Paises limítrofes: BO, BR, PA.
Ejemplar examinado: *Cabrera 29928* (SI).

Lippia montevidensis Spreng. = **Lantana montevidensis** (Spreng.) Briq.
Ref.: Troncoso, 1979.

Lippia morongii Kuntze
Ref.: Troncoso, 1974.
Hábito: Hierba.
Status: Nativa.
Elevación: 0–500 m.
Prov.: CH, FO.
Paises limítrofes: PA.
Ejemplar examinado: *sin colector* (SI).

Lippia nodiflora (L.) Michx. = [Phyla nodiflora (L.) Greene]

Lippia nodiflora f. *sericea* Kuntze = **Phyla reptans** (Kunth) Greene

Lippia pallescens Benth. = **Lantana canescens** Kunth f. **canescens**
Ref.: Troncoso, 1968.

Lippia polycephala Briq. = **Lippia salviaefolia** Cham.
Ref.: Troncoso, 1961.

Lippia polystachya Griseb. = **Aloysia polystachia** (Griseb.) Moldenke
Ref.: Botta, 1979.

[Lippia primulina S. Moore]
Nota: Especie excluida de la flora argentina.

Lippia pulchra Briq. = **Aloysia pulchra** (Briq.) Moldenke
Ref.: Botta, 1979.

Lippia purpurea Jacq. = **Lantana achyranthifolia** Desf.
Ref.: Troncoso, 1993d.

Lippia recolletae Morong
Ref.: Moldenke, 1940.
Hábito: Hierba.
Status: Nativa.
Elevación: 0–500 m.
Prov.: COR, MI.
Paises limítrofes: PA.
Ejemplar examinado: *Cabrera 29008* (SI).

Lippia repens Spreng. = **Phyla canescens** (Kunth) Greene

Lippia reptans Kunth = **Phyla reptans** (Kunth) Greene
Ref.: Troncoso & Botta, 1993a.

Lippia rodriguezii Moldenke
Ref.: Moldenke, 1948a.
Hábito: Hierba.
Status: Nativa.
Elevación: 0–500 m.
Prov.: COR, MI.
Paises limítrofes: PA.
Ejemplar examinado: *Montes 15110* (SI).

Lippia salsa Griseb.
Ref.: Moldenke, 1940.
Hábito: Arbusto.
Status: Endémica.
Elevación: 0–1000 m.
Prov.: CA, CO, LP, LR, ME, SA, SJ, SL, SE, TU.
Ejemplar examinado: *Rotman 316* (SI).

Lippia salsoloides (Griseb.) Briq. = **Acantholippia salsoloides** Griseb.

Lippia salviaefolia Cham.
Sin.: *Lippia polycephala* Briq.
Ref.: Troncoso, 1961.
Hábito: Arbusto.
Status: Nativa.
Elevación: 0–500 m.
Prov.: MI.
Paises limítrofes: BR, PA.
Ejemplar examinado: *Martínez Crovetto 9754* (SI).

Lippia scirpea Phil. = **Junellia scoparia** (Gillies & Hook.) Botta var. **scoparia**
Ref.: Botta, inéd.

Lippia sclerophylla Briq.
Ref.: Troncoso, 1961.
Hábito: Hierba.
Status: Nativa.
Elevación: 0–500 m.
Prov.: CH, FO, MI.
Paises limítrofes: BR, PA.
Ejemplar examinado: *Montes 2346* (SI).

Lippia sclerophylla var. *lorentzii* Moldenke = **Lippia ekmanii** Moldenke
Ref.: Moldenke, 1947a.

Lippia scorodonioides Kunth = **Aloysia scorodonioides** (Kunth) Cham. var. **scorodonioides**
Ref.: Botta, 1979.

Lippia scorodonioides var. *detonsa* Briq. = [Aloysia scorodonioides var. detonsa Briq.]

Lippia scorodonioides var. *hypoleuca* Briq. = **Aloysia scorodonioides** var. **scorodonioides** (Kunth) Cham.
Ref.: Botta, 1979.

Lippia scorodonioides var. *mathewsii* Briq. = **Aloysia scorodonioides** var. **mathewsii** (Briq.) Moldenke
Ref.: Botta, 1979.

Lippia sellowii Briq. = **Aloysia gratissima** var. **sellowii** (Briq.) Botta
Ref.: Botta, 1979.

Lippia seriphioides A. Gray = **Acantholippia seriphioides** (A. Gray) Moldenke
Ref.: Botta, 1980.

Lippia sidoides Cham.
Ref.: Troncoso, 1952, 1974.
Hábito: Arbusto.
Status: Nativa.
Elevación: 0–500 m.
Prov.: MI.
Paises limítrofes: BR, UR.
Ejemplar examinado: *Burkart 15380* (SI).

Lippia strigulosa M. Martens & Galeotti = [Phyla strigulosa (M. Martens & Galeotti) Moldenke]
Ref.: Moldenke, 1980a.

Lippia suffruticosa (Griseb.) Kuntze
Sin.: *Lippia geminata* var. *suffruticosa* Griseb.
Ref.: Troncoso, 1993e.
Hábito: Arbusto.
Status: Nativa.
Elevación: 0–1000 m.
Prov.: JU, SA, TU.
Paises limítrofes: BO.
Ejemplar examinado: *Rodriguez 1134* (SI).

Lippia tegulifera Briq.
Sin.: *Lippia tegulifera* var. *ovata* Briq., *Lippia tegulifera* var. *parvifolia* Briq.
Ref.: Troncoso, 1952.
Hábito: Hierba.
Status: Nativa.
Elevación: 0–500 m.
Prov.: COR, MI.
Paises limítrofes: PA.
Ejemplar examinado: *Krapovickas 20128* (SI).

Lippia tegulifera var. *ovata* Briq. = **Lippia tegulifera** Briq.
Ref.: Troncoso, 1952.

Lippia tegulifera var. *parvifolia* Briq. = **Lippia tegulifera** Briq.
Ref.: Troncoso, 1952.

[Lippia trachyphylla Briq.]
Ref.: Moldenke, 1948a.
Nota: Cita dudosa para la flora argentina.

Lippia trifida Gay = [Acantholippia trifida (Gay) Moldenke]
Ref.: Botta, 1980.

Lippia triphylla (L'Hér.) Kuntze = **Aloysia citriodora** Palau
Ref.: Botta, 1993b.

Lippia trollii Moldenke
Ref.: Troncoso, 1993e.
Hábito: Arbusto.
Status: Nativa.
Elevación: 0–500 m.
Prov.: JU, SA.
Paises limítrofes: BO.
Ejemplar examinado: *Fabris 5250* (SI).

Lippia turbinata Griseb.
Sin.: *Lippia aprica* Phil., *Lippia disepala* Phil., *Lippia globiflora* f. *glabriuscula* Kuntze, *Lippia turbinata* f. *angustifolia* Osten ex Moldenke
Ref.: Troncoso, 1952, 1993e.
Hábito: Arbusto.
Status: Nativa.
Elevación: 0–1000 m.
Prov.: BA, CA, CH, CO, JU, LP, LR, ME, SA, SJ, SL, SE, TU.
Paises limítrofes: CH.
Ejemplar examinado: *Nicora 2300* (SI).

Lippia turbinata f. *angustifolia* Osten ex Moldenke = **Lippia turbinata** Griseb.
Ref.: Troncoso, 1993e.

[Lippia turbinata f. magnifolia Moldenke]
Nota: Taxón dudoso.

Lippia turbinata var. *integrifolia* Griseb. = **Lippia integrifolia** (Griseb.) Hieron.
Ref.: Troncoso, 1993e.

Lippia turnerifolia Cham.
Ref.: Troncoso, 1993e.
Hábito: Hierba.
Status: Nativa.
Elevación: 0–500 m.
Prov.: CH, ER, JU, MI, SA, SF, TU.
Paises limítrofes: BO, BR, PA, UR.
Ejemplar examinado: *J. Hunziker 10365* (SI).

Lippia turnerifolia var. *camporum* Griseb. = **Lippia contermina** Briq.
Ref.: Troncoso, 1961.

Lippia uncinuligera Nees ex Walp. = **Phyla canescens** (Kunth) Greene
Ref.: Troncoso & Botta, 1993a.

Lippia urticoides (Cham.) Steud. = **Aloysia virgata** var. **virgata** (Ruiz & Pav.) Juss.
Ref.: Botta, 1979.

Lippia urticoides var. *laxa* Chodat = **Aloysia virgata** var. **virgata** (Ruiz & Pav.) Juss.
Ref.: Botta, 1979.

Lippia venosa Rusby = **Lantana canescens** Kunth f. **canescens**
Ref.: Troncoso, 1993d.

Lippia villafloridana Kuntze
Sin.: *Lippia asperrima* var. *longepedunculata* Moldenke
Ref.: Troncoso, 1974, 1979.
Hábito: Hierba.
Status: Nativa.
Elevación: 0–500 m.
Prov.: COR, ER.
Paises limítrofes: BR, PA, UR.
Ejemplar examinado: *Pedersen 6254* (SI).

Lippia virgata (Ruiz & Pav.) Steud. = **Aloysia virgata** var. **virgata** (Ruiz & Pav.) Juss.
Ref.: Botta, 1979.

Lippia virgata var. *elliptica* Briq. = **Aloysia virgata** var. **platyphylla** (Briq.) Moldenke
Ref.: Botta, 1979.

Lippia virgata var. *platyphylla* Briq. = **Aloysia virgata** var. **platyphylla** (Briq.) Moldenke
Ref.: Botta, 1979.

Monopyrena serpyllifolia Speg. = **Junellia micrantha** (Phil.) Moldenke
Ref.: Botta, inéd.

Myrtus serratifolius Griseb. = **Duranta serratifolia** (Griseb.) Kuntze

Neosparton Griseb.

Número de especies: 4, 3 especies endémicas.

Neosparton aphyllum (Gillies & Hook.) Kuntze
Sin.: *Verbena aphylla* Gillies & Hook.
Ref.: Troncoso, 1957.
Hábito: Arbusto.
Status: Endémica.
Elevación: 0–2500 m.
Prov.: LP, ME, NE, RN.
Ejemplar examinado: *Soriano 4040* (SI).

Neosparton darwinii Benth. & Hook. f.
Sin.: *Lippia darwinii* (Benth. & Hook. f.) Speg.
Ref.: Troncoso, 1957.
Hábito: Arbusto.
Status: Endémica.
Elevación: 0–500 m.
Prov.: BA.
Ejemplar examinado: *Sin colector* (SI 20989).

Neosparton ephedroides Griseb.
Sin.: *Neosparton striatum* Phil.
Ref.: Troncoso, 1957.
Hábito: Arbusto.
Status: Nativa.
Elevación: 0–2500 m.
Prov.: CA, LP, ME, SA, TU.
Paises limítrofes: CH.
Ejemplar examinado: *Burkart 17634* (SI).

Neosparton patagonicum Tronc.
Ref.: Troncoso, 1957.
Hábito: Arbusto.
Status: Endémica.
Elevación: 0–500 m.
Prov.: CHU, SC.
Ejemplar examinado: *Soriano 3231* (SI).

Neosparton striatum Phil. = **Neosparton ephedroides** Griseb.
Ref.: Troncoso, 1957.

Parodianthus Tronc.
Número de especies: 2 especies endémicas.

Parodianthus capillaris Tronc.
Ref.: Troncoso, 1973.
Hábito: Arbusto.
Status: Endémica.
Elevación: 0–1000 m.
Prov.: CO.
Ejemplar examinado: *Burkart 29643* (SI).

Parodianthus ilicifolius (Moldenke) Tronc.
Sin.: *Casselia ilicifolia* Moldenke, *Timotocia ilicifolia* (Moldenke) Moldenke
Ref.: Troncoso, 1941; Moldenke, 1960.
Hábito: Arbusto.
Status: Endémica.
Elevación: 0–1000 m.
Prov.: CO, LR, SL.
Ejemplar examinado: *Hunziker 13085* (SI).

Phelloderma cuneato-ovata (Cav.) Miers = **Pitraea cuneato-ovata** (Cav.) Caro
Ref.: Troncoso, 1993f.

Phyla Lour.
Número de especies: 2

[Phyla betulaefolia (Kunth) Greene]
Sin.: *Lippia betulaefolia* Kunth
Ref.: Moldenke, 1954.
Nota: Cita dudosa para la flora argentina.

Phyla canescens (Kunth) Greene
Sin.: *Lippia canescens* Kunth, *Lippia repens* Spreng., *Lippia uncinuligera* Nees ex Walp., *Phyla nodiflora* var. *canescens* (Kunth) Moldenke, *Phyla nodiflora* var. *pusilla* Moldenke, *Phyla nodiflora* var. *rosea* (D. Don) Moldenke, *Zapania canescens* Gilbert
Ref.: Troncoso & Botta, 1993a.
Hábito: Hierba.
Status: Nativa.
Elevación: 0–1000 m.
Prov.: BA, ER, JU, ME, SA.
Paises limítrofes: CH, UR.
Ejemplar examinado: *Cabrera 34617* (SI).

[Phyla nodiflora (L.) Greene]
Sin.: *Lippia nodiflora* (L.) Michx., *Verbena nodiflora* L.
Ref.: Troncoso, 1965.
Nota: Especie excluida de la flora argentina.

Phyla nodiflora var. *canescens* (Kunth) Moldenke = **Phyla canescens** (Kunth) Greene
Ref.: Troncoso & Botta, 1993a.

Phyla nodiflora var. *pusilla* Moldenke = **Phyla canescens** (Kunth) Greene
Ref.: Troncoso, 1965.

Phyla nodiflora var. *reptans* (Kunth) Moldenke = **Phyla reptans** (Kunth) Greene
Ref.: Troncoso & Botta, 1993a.

Phyla nodiflora var. *rosea* (D. Don) Moldenke = **Phyla canescens** (Kunth) Greene
Ref.: Troncoso, 1965.

Phyla reptans (Kunth) Greene
Sin.: *Lippia nodiflora* f. *sericea* Kuntze, *Lippia reptans* Kunth, *Phyla nodiflora* var. *reptans* (Kunth) Moldenke, *Phyla strigulosa* (M. Martens & Galeotti) Moldenke, *Phyla strigulosa* var. *sericea* (Kuntze) Moldenke, *Zapania reptans* Spreng.
Ref.: Troncoso & Botta, 1993a.
Hábito: Hierba.
Status: Nativa.
Elevación: 0–1000 m.
Prov.: ER, FO, JU.
Paises limítrofes: BO, BR, CH, PA.
Ejemplar examinado: *Ahumada 4625* (SI).

Phyla strigulosa (M. Martens & Galeotti) Moldenke = **Phyla reptans** (Kunth) Greene
Ref.: Moldenke, 1980a.

Phyla strigulosa var. *sericea* (Kuntze) Moldenke = **Phyla reptans** (Kunth) Greene

Pitraea Turcz.
Número de especies: 1

Pitraea chilensis Turcz. = **Pitraea cuneato-ovata** (Cav.) Caro
Ref.: Troncoso, 1993f.

Pitraea cuneato-ovata (Cav.) Caro
Sin.: *Bouchea copiapensis* Clos, *Castelia cuneato-ovata* Cav., *Phelloderma cuneato-ovata* (Cav.) Miers, *Pitraea chilensis* Turcz., *Priva cuneato-ovata* (Cav.) Rusby, *Priva laevis* Juss.
Ref.: Caro, 1961a; Troncoso, 1993f.
Hábito: Hierba.
Status: Nativa.
Elevación: 0–3000 m.
Prov.: CA, CH, CO, ER, JU, LP, LR, ME, SA, SJ, SL, SF, SE, TU.
Paises limítrofes: BO, CH.
Ejemplar examinado: *Botta 366* (SI).

Priva Adans.

Número de especies: 1

Priva boliviana Moldenke
Ref.: Troncoso, 1993g.
Hábito: Hierba.
Status: Nativa.
Elevación: 0–500 m.
Prov.: FO, SA.
Paises limítrofes: BO, PA.
Ejemplar examinado: *Burkart 20184* (SI).

Priva cuneato-ovata (Cav.) Rusby = **Pitraea cuneato-ovata** (Cav.) Caro
Ref.: Caro, 1961a.

Priva laevis Juss. = **Pitraea cuneato-ovata** (Cav.) Caro
Ref.: Caro, 1961a.

Priva virgata (Ruiz & Pav.) Spreng. = **Aloysia virgata** (Ruiz & Pav.) Juss. var. **virgata**
Ref.: Botta, 1979.

Rhaphithamnus Miers

Número de especies: 1

Rhaphithamnus cyanocarpum Miers = **Rhaphithamnus spinosus** (Juss.) Moldenke
Ref.: Moldenke, 1937.

Rhaphithamnus spinosus (Juss.) Moldenke
Sin.: *Rhaphithamnus cyanocarpum* Miers, *Volkameria spinosa* Juss.
Ref.: Moldenke, 1937; Troncoso, 1974.
Hábito: Arbusto.
Status: Nativa.
Elevación: 0–1000 m.
Prov.: NE, RN.
Paises limítrofes: CH.
Ejemplar examinado: *Rasp 64* (SI).

Riedelia lippioides Cham. = **Lantana chamissonis** (D. Dietr.) Benth. & Hook.
Ref.: Troncoso, 1993d.

Shuttleworthia berterii Meisn. = [Verbena berterii (Meisn.) Schauer]

Stachytarpheta Vahl

Número de especies: 1.

Stachytarpheta australis Moldenke = **Stachytarpheta cayennensis** (Rich.) M. Vahl f. **cayennensis**

Stachytarpheta cayennensis f. *alba* = **Stachytarpheta cayennensis** (Rich.) M. Vahl f. **albiflora** Moldenke

Stachytarpheta cayennensis (Rich.) M. Vahl f. **albiflora** Moldenke
Sin.: *Stachytarpheta cayennensis* f. *alba* Moldenke
Ref.: Moldenke, 1948a.
Hábito: Hierba.
Status: Endémica
Elevación: 0–500 m.
Prov.: JU, MI.
Ejemplar examinado: *Cabrera et al. 30605* (SI).

Stachytarpheta cayennensis (Rich.) M. Vahl f. **cayennensis**
Sin.: *Stachytarpheta australis* Moldenke, *Stachytarpheta dichotoma* (Ruiz & Pav.) Vahl, *Verbena cayennensis* Rich., *Verbena dichotoma* Ruiz & Pav.
Ref.: Troncoso & Botta, 1993b.
Hábito: Hierba.
Status: Nativa.
Elevación: 0–500 m.
Prov.: COR, ER, JU, MI, SA.
Paises limítrofes: BR, PA.
Ejemplar examinado: *Kiesling 8145* (SI).

Stachytarpheta dichotoma (Ruiz & Pav.) Vahl = **Stachytarpheta cayennensis** (Rich.) M. Vahl f. **cayennensis**
Ref.: Troncoso & Botta, 1993b.

Stachytarpheta dichotoma var. *intermedia* Rojas Acosta, nom. nud.
Ref.: Krapovickas, 1970c.

[Stachytarpheta maximiliani Schauer]
Ref.: Moldenke, 1946a.
Nota: Cita dudosa para la flora argentina.

[Stachytarpheta patens Moldenke]
Nota: Taxón dudoso.

[Stachytarpheta theezans Rojas Acosta]
Ref.: Krapovickas, 1970c.
Nota: Taxón dudoso.

Stachytarpheta theezans var. *lantana* Rojas Acosta, nom. nud.
Ref.: Krapovickas, 1970c.

Tamonopsis spicata Griseb. = **Lantana grisebachii** Seckt var. **grisebachii**
Ref.: Troncoso, 1993d.

Timotocia ilicifolia (Moldenke) Moldenke = **Parodianthus ilicifolius** (Moldenke) Tronc.
Ref.: Troncoso, 1941.

Urbania Phil.

Número de especies: 1

Urbania eganioides Phil. = **Urbania pappigera** Phil.
Ref.: Botta, 1988, 1993g.

Urbania pappigera Phil.
Sin.: *Urbania eganioides* Phil.
Ref.: Botta, 1988, 1993g.
Hábito: Arbusto.
Status: Nativa.
Elevación: 4000–>4500 m.
Prov.: JU, SA.
Paises limítrofes: CH.
Ejemplar examinado: *Cabrera 8789* (SI).

Valerianoides boliviana Kuntze = **Bouchea boliviana** (Kuntze) Moldenke

Verbena L.

Número de especies: 21, 3 especies, 2 variedades y 1 forma endémicas.

Verbena alatocarpa Tronc. = **Junellia ligustrina** var. **lorentzii** (Niederl. ex Hieron.) Moldenke
Ref.: Botta, inéd.

[Verbena albicans Rojas Acosta]
Ref.: Krapovickas, 1970c.
Nota: Taxón dudoso.

Verbena albiflora Rojas Acosta, nom. nud.
Ref.: Krapovickas, 1970c.

Verbena ameghinoi Speg. = **Junellia ulicina** (Phil.) Moldenke
Ref.: Botta, Inéd.

Verbena andalgalensis Moldenke
Ref.: Moldenke, 1955.
Hábito: Hierba.
Status: Endémica.
Elevación: 500–1000 m.
Prov.: CA.
Ejemplar examinado: *Joergensen 1613* (SI).

Verbena aphylla Gillies & Hook. = **Neosparton aphyllum** (Gillies & Hook.) Kuntze
Ref.: Troncoso, 1957.

Verbena approximata Briq. = **Verbena litoralis** Kunth
Ref.: Troncoso, 1979.

Verbena araucana Phil. = **Glandularia araucana** (Phil.) Botta
Ref.: Botta, 1993f.

Verbena arenaria Moldenke = **Glandularia venturii** (Moldenke) Botta
Ref.: Botta & Troncoso, 1993.

Verbena aretioides Hayek, hom. illeg. = **Junellia aretioides** (R.E. Fr.) Moldenke

Verbena aretioides R.E. Fr. = **Junellia aretioides** (R.E. Fr.) Moldenke
Ref.: Botta, 1993d.

Verbena aristigera S. Moore = **Glandularia aristigera** (S. Moore) Tronc.
Ref.: Troncoso, 1964.

Verbena asparagoides Gillies & Hook. = **Junellia asparagoides** (Gillies & Hook.) Moldenke
Ref.: Botta, 1993d.

Verbena aspera Gillies & Hook. = **Junellia aspera** (Gillies & Hook.) Moldenke
Ref.: Botta, inéd.

Verbena aspera var. *longidentata* (Moldenke) Botta = **Junellia longidentata** Moldenke var. **longidentata**
Ref.: Botta, 1993d.

Verbena aurantiaca Speg. = **Glandularia aurantiaca** (Speg.) Botta var. **aurantiaca**
Ref.: Botta, 1993f.

Verbena aurantiaca f. *rosea* Moldenke = **Glandularia aurantiaca** (Speg.) Botta var. **aurantiaca**
Ref.: Botta, 1993f.

Verbena aurantiaca var. *glaberrima* Moldenke = **Glandularia aurantiaca** var. **glaberrima** (Moldenke) Botta
Ref.: Botta, 1993f.

Verbena azorelloides Speg. = **Junellia azorelloides** (Speg.) Moldenke
Ref.: Botta, inéd.

Verbena balansae Briq.
Sin.: *Verbena thymoides* Briq., hom. illeg.
Ref.: Moldenke, 1977a.
Hábito: Hierba.
Status: Nativa.
Elevación: 0–500 m.
Prov.: COR, MI.
Paises limítrofes: BR, PA.
Ejemplar examinado: *Cabrera 28240* (SI).

Verbena ballsii Moldenke = **Glandularia ballsii** (Moldenke) Botta
Ref.: Botta, 1992.

[Verbena berterii (Meisn.) Schauer]
Sin.: *Shuttleworthia berterii* Meisn.
Nota: Taxón dudoso.

Verbena bisulcata Hayek = **Junellia bisulcata** (Hayek) Moldenke var. **bisulcata**
Ref.: Botta, inéd.

Verbena bonariensis L.
Sin.: *Verbena bonariensis* var. *conglomerata* Briq.,
Ref.: Troncoso, 1979; Yeo, 1990.
Hábito: Hierba.
Status: Nativa.
Elevación: 0–1000 m.
Prov.: BA, CA, CH, CO, COR, ER, ME, MI, RN, SA, SJ, SL, SF, TU.
Paises limítrofes: BO, BR, CH, PA, UR.
Ejemplar examinado: *Sin colector* (SI 3796).

Verbena bonariensis Rendle, hom. illeg. = **Junellia patagonica** (Speg.) Moldenke
Ref.: Moldenke, 1940.

[Verbena bonariensis f. albiflora Moldenke]
Nota: Taxón dudoso.

[Verbena bonariensis var. brevibracteata Kuntze]
Nota: Taxón dudoso.

Verbena bonariensis var. *conglomerata* Briq. = **Verbena bonariensis** L.
Ref.: Yeo, 1990.

Verbena bonariensis var. *longibracteata* Kuntze = **Verbena intermedia** Gillies & Hook. f. **intermedia**
Ref.: Troncoso, 1979.

Verbena bonariensis var. *rigida* (Spreng.) Kuntze = **Verbena rigida** Spreng. var. **rigida**
Ref.: Troncoso, 1979.

Verbena brasiliensis Vell. = **Verbena litoralis** Kunth
Ref.: Troncoso, 1979.

Verbena briquetii J.F. Macbr. = **Junellia seriphioides** (Gillies & Hook.) Moldenke
Ref.: Botta, inéd.

Verbena buchnera Vell. = **Verbena lobata** Vell.
Ref.: Moldenke, 1946a, 1964.

Verbena cabrerae Moldenke = **Glandularia cabrerae** (Moldenke) Botta
Ref.: Botta, 1990.

Verbena caespitosa Gillies & Hook. = **Junellia caespitosa** (Gillies & Hook.) Moldenke
Ref.: Botta, inéd.

[Verbena calliantha Briq.]
Nota: Taxón dudoso.

[Verbena canescens Kunth]
Sin.: *Verbena neei* Moldenke.
Ref.: Troncoso, 1962.
Nota: Especie excluida de la flora argentina.

Verbena caracasana Kunth = **Verbena litoralis** Kunth
Ref.: Yeo, 1990.

Verbena carollata Briq.
Ref.: Briquet, 1907.
Hábito: Hierba.
Status: Nativa.
Elevación: 0–1000 m.
Prov.: ME.
Paises limítrofes: UR.
Ejemplar examinado: *Ruiz Leal 2981* (SI).

Verbena carro Speg. = **Junellia tridens** (Lag.) Moldenke
Ref.: Botta, inéd.

Verbena catamarcensis Moldenke
Ref.: Moldenke, 1981b.
Hábito: Hierba.
Status: Endémica.
Elevación: 0–1000 m.
Prov.: CA.
Ejemplar examinado: *Cabrera 14149* (US).

Verbena cayennensis Rich. = **Stachytarpheta cayennensis** (Rich.) M. Vahl f. **cayennensis**

Verbena cedroides Sandwith = **Junellia cedroides** (Sandwith) Moldenke

Verbena chamaedryfolia Jussieu = **Glandularia peruviana** (L.) Small
Ref.: Botta, 1993f.

Verbena chamissonis Walp. = **Verbena intermedia** Gillies & Hook. f. **intermedia**

Verbena cheitmaniana Moldenke = **Glandularia cheitmaniana** (Moldenke) Botta & Poggio
Ref.: Botta & Poggio, 1988.

Verbena chilensis Moldenke = **Glandularia araucana** (Phil.) Botta
Ref.: Botta, 1993f.

Verbena chubutensis Speg. = **Junellia micrantha** (Phil.) Moldenke
Ref.: Botta, inéd.

Verbena citriodora Cav., hom. illeg. = **Aloysia citriodora** Palau

Verbena comberi Sandwith = **Junellia comberi** (Sandwith) Moldenke
Ref.: Botta, inéd.

Verbena congesta Tronc. = **Junellia congesta** (Tronc.) Moldenke
Ref.: Botta, inéd.

Verbena connatibracteata Kuntze = **Junellia connatibracteata** (Kuntze) Moldenke
Ref.: Botta, inéd.

Verbena connatibracteata f. *glomerata* Monticelli, nom. inval. = **Junellia connatibracteata** (Kuntze) Moldenke

Verbena connatibracteata f. *rosulata* Monticelli, nom. inval. = **Junellia connatibracteata** (Kuntze) Moldenke

[Verbena cordobensis Briq.]
Nota: Taxón dudoso.

Verbena corymbosa Cham., hom. illeg.= **Verbena lobata** Vell.
Ref.: Moldenke, 1946a, 1964.

Verbena crithmifolia Gillies & Hook. = **Glandularia crithmifolia** (Gillies & Hook.) Schnack & Covas
Ref.: Botta, 1993f.

Verbena crithmifolia f. *latiloba* Speg. = **Glandularia crithmifolia** (Gillies & Hook.) Schnack & Covas
Ref.: Botta, 1993f.

Verbena crithmifolia f. *minor* Gillies & Hook. = **Glandularia hookeriana** Covas & Schnack
Ref.: Covas & Schnack, 1945.

[Verbena cuneifolia Ruiz & Pav.]
Nota: Especie excluida de la flora argentina.

Verbena cuneifolia Host, hom. illeg. = **Verbena hispida** Ruiz & Pav.
Ref.: Sanzin, 1919.

Verbena deserticola Phil. = **Glandularia origenes** (Phil.) Schnack & Covas
Ref.: Acevedo, 1951.

Verbena dichotoma Ruiz & Pav. = **Stachytarpheta cayennensis** (Rich.) M. Vahl f. **cayennensis**

Verbena digitata Phil. = **Junellia digitata** var. **digitata** (Phil.) Moldenke
Ref.: Botta, inéd.

Verbena digitata var. *integerrima* Botta = **Junellia digitata** var. **integerrima** (Botta) Botta
Ref.: Botta et al., 1995.

Verbena dissecta Willd. ex Spreng. = **Glandularia dissecta** (Willd. ex Spreng.) Schnack & Covas

[Verbena dissecta f. alba Moldenke]
Nota: Taxón dudoso.

[Verbena dissecta f. capitata Moldenke]
Nota: Taxón dudoso.

Verbena dissecta f. *glandulifera* (Osten ex Sanzin) Moldenke = **Glandularia perakii** Covas & Schnack

Verbena diversifolia Kuntze = **Junellia asparagoides** (Gillies & Hook.) Moldenke
Ref.: Botta, 1993d.

Verbena dolychothyrsa Sandwith = **Junellia mulinoides** (Speg.) Moldenke
Ref.: Botta, inéd.

Verbena echegarayi Hieron. = **Junellia echegarayi** (Hieron.) Moldenke
Ref.: Botta, inéd.

Verbena echinata Phil. = **Junellia seriphioides** (Gillies & Hook.) Moldenke
Ref.: Botta, inéd.

Verbena ephedroides var. **entreriensis** Tronc.
Ref.: Troncoso, 1979.
Hábito: Hierba.
Status: Endémica.
Elevación: 0–500 m.
Prov.: ER.
Ejemplar examinado: *Burkart 25405* (SI).

Verbena ephedroides Cham. var. **ephedroides**
Ref.: Troncoso, 1979.
Hábito: Hierba.
Status: Nativa.
Elevación: 0–500 m.
Prov.: COR, MI.
Paises limítrofes: BR.
Ejemplar examinado: *Pedersen 5540* (SI).

Verbena erinacea Gillies & Hook. = **Junellia erinacea** (Gillies & Hook.) Moldenke
Ref.: Botta, inéd.

Verbena erinoides Lam. = **Glandularia laciniata** (L.) Schnack & Covas
Ref.: Schnack & Covas, 1944.

Verbena erinoides Willd. ex Spreng., hom. illeg. = **Glandularia laciniata** (L.) Schnack & Covas

Verbena erinoides var. *glandulifera* Osten ex Sanzin = **Glandularia perakii** Covas & Schnack
Ref.: Covas & Schnack, 1944.

Verbena filicaulis Schauer
Sin.: *Verbena pinnatisecta* Schauer.
Ref.: Moldenke, 1944b.
Hábito: Hierba.
Status: Nativa.
Elevación: 0–500 m.
Prov.: MI.
Paises limítrofes: BR.
Ejemplar examinado: *Rodríguez 570* (SI).

Verbena flava Gillies ex Hook. = **Glandularia flava** (Gillies ex Hook.) Schnack & Covas
Ref.: Schnack & Covas, 1944.

[Verbena flava f. abortiva Hicken]
Nota: Taxón dudoso.

Verbena flava var. *angustiloba* Speg. = **Glandularia flava** (Gillies ex Hook.) Schnack & Covas
Ref.: Botta, 1993f.

Verbena flava var. *latiloba* Speg. = **Glandularia flava** (Gillies ex Hook.) Schnack & Covas
Ref.: Botta, 1993f.

Verbena fluminensis Vell. = **Bouchea fluminensis** var. **fluminensis** (Vell.) Moldenke
Ref.: Troncoso, 1993b.

Verbena foetida Phil. = **Verbena ribifolia** Walp.
Ref.: Sanzin, 1919.

Verbena glabrata Phil., hom. illeg. = **Glandularia araucana** (Phil.) Botta
Ref.: Botta, 1993f.

Verbena glandulifera Moldenke = **Glandularia glandulifera** (Moldenke) Ragonese
Ref.: Ragonese, 1951.

Verbena glandulosa Moris = **Verbena hispida** Ruiz & Pav.
Ref.: Sanzin, 1919.

Verbena glauca Gillies & Hook. ex Hook. = **Junellia spathulata** var. **glauca** (Gillies & Hook. ex Hook.) Botta
Ref.: Botta et al., 1995.

Verbena glauca var. *cisandina* Niederl. = **Junellia spathulata** var. **grandiflora** (Schauer) Botta
Ref.: Botta et al., 1995.

Verbena glutinosa Kuntze = **Glandularia flava** (Gillies ex Hook.) Schnack & Covas
Ref.: Botta, 1993f.

Verbena gracilescens (Cham.) Herter
Sin.: *Verbena officinalis* var. *gracilescens* Cham.
Ref.: Troncoso, 1979.
Hábito: Hierba.
Status: Nativa.
Elevación: 0–1000 m.
Prov.: BA, CH, CO, COR, ER, FO, JU, ME, MI, SA, SL, SE, TU.
Paises limítrofes: BR, PA, UR.
Ejemplar examinado: *Rotman 831* (SI).

Verbena gracilis = **Verbena intermedia** Gillies & Hook.
Ref.: Troncoso, 1979.

Verbena gratissima Gillies & Hook. = **Aloysia gratissima** (Gillies & Hook.) Tronc. var. **gratissima**
Ref.: Botta, 1979.

Verbena guaranitica (Tronc.) Moldenke = **Glandularia guaranitica** Tronc.
Ref.: Troncoso, 1971.

Verbena hasslerana Briq. = **Glandularia hasslerana** (Briq.) Tronc.
Ref.: Troncoso, 1975.

Verbena hirta Spreng.
Ref.: Moldenke, 1963.
Hábito: Hierba.
Status: Nativa.
Elevación: 0–500 m.
Prov.: MI.
Paises limítrofes: BR, UR.
Ejemplar examinado: *Eskuche 05249* (SI).

Verbena hispida Ruiz & Pav.
Sin.: *Verbena cuneifolia* Host, *Verbena glandulosa* Moris.
Ref.: Troncoso & Botta, 1993c.
Hábito: Hierba.
Status: Nativa.
Elevación: 0–500 m.
Prov.: CA, CH, CO, FO, JU, ME, SA, SF, SE, TU.
Paises limítrofes: BO, CH, PA.
Ejemplar examinado: *Burkart 30601* (SI).

Verbena hookeriana (Covas & Schnack) Moldenke = **Glandularia hookeriana** Covas & Schnack
Ref.: Botta, 1993f.

Verbena hunzikeri Moldenke = **Glandularia scrobiculata** (Griseb.) Tronc.

Verbena hystrix Briq., hom. illeg. = **Junellia seriphioides** (Gillies & Hook.) Moldenke
Ref.: Botta, inéd.
Nota: hom. illeg.

[Verbena inamoena Briq.]
Nota: Taxón dudoso.

Verbena incisa Hook. = **Glandularia incisa** (Hook.) Tronc.
Ref.: Troncoso, 1962, 1965.

[Verbena incisa Osten & Moldenke]
Nota: Taxón dudoso.

Verbena inconcinna Briq. = **Junellia ligustrina** var. **lorentzii** (Niederl. ex Hieron.) Moldenke
Ref.: Botta, inéd.

Verbena inflata Kunth = [Hierobotana inflata (Kunth) Briq.]

Verbena intermedia f. **albiflora** Moldenke
Ref.: Troncoso, 1979.
Hábito: Hierba.
Status: Endémica.
Elevación: 0–500 m.
Prov.: ER.
Ejemplar examinado: *Burkart 4179* (SI).

Verbena intermedia f. *glabrescens* Hauman, nom. nud.

Verbena intermedia Gillies & Hook. f. **intermedia**
Sin.: *Verbena bonariensis* var. *longibracteata* Kuntze, *Verbena chamissonis* Walp., *Verbena tandilensis* Speg., *Verbena tenuis* Steud.
Ref.: Troncoso, 1979.
Hábito: Hierba.
Status: Nativa.
Elevación: 0–1000 m.
Prov.: BA, CH, CO, COR, ER, ME, RN, SL, SE, TU.
Paises limítrofes: BR, UR.
Ejemplar examinado: *SI 3830* (SI).

Verbena intermedia var. **lanuginosa** Moldenke
Ref.: Moldenke, 1964.
Hábito: Hierba.
Status: Endémica.
Elevación: 0–500 m.
Prov.: ME.
Ejemplar examinado: *Ruiz Leal 2981* (SI).

Verbena intrincata Briq. = **Junellia ulicina** (Phil.) Moldenke
Ref.: Botta, inéd.

Verbena juncea Gillies ex Hook. = **Diostea juncea** (Gillies ex Hook.) Miers
Ref.: Troncoso, 1974.

Verbena juniperina Lag. = **Junellia juniperina** (Lag.) Moldenke
Ref.: Botta, inéd.

Verbena juniperina Gillies & Hook., hom. illeg. = **Junellia juniperina** (Lag.) Moldenke
Ref.: Botta, inéd.

Verbena juniperina var. *campestris* Griseb. = **Junellia bisulcata** var. **campestris** (Griseb.) Botta
Ref.: Botta et al., 1995.

Verbena kuntzeana Moldenke = **Glandularia kuntzeana** (Moldenke) Tronc.
Ref.: Troncoso, 1975.

Verbena laciniata (L.) Briq. = **Glandularia laciniata** (L.) Schnack & Covas
Ref.: Schnack & Covas, 1944.

[Verbena laciniata var. contracta (Lindl.) Moldenke]
Sin.: *Verbena multifida* var. *contracta* Lindl.
Nota: Taxón dudoso.

Verbena ligustrina Lag. = **Junellia ligustrina** (Lag.) Moldenke var. **ligustrina**
Ref.: Botta, inéd.

Verbena ligustrina var. *lorentzii* (Niederl. ex Hieron.) Moldenke = **Junellia ligustrina** var. **lorentzii** (Niederl. ex Hieron.) Moldenke
Ref.: Botta, inéd.

Verbena lilloana Moldenke = **Glandularia lilloana** (Moldenke) Botta
Ref.: Botta, 1990.

Verbena lindmanii Briq.
Ref.: Moldenke, 1964.
Hábito: Hierba.
Status: Nativa.
Elevación: 0–500 m.
Prov.: MI.
Paises limítrofes: BR.
Ejemplar examinado: *Montes 15112* (SI).

Verbena litoralis Kunth
Sin.: *Verbena approximata* Briq., *Verbena brasiliensis* Vell., *Verbena caracasana* Kunth, *Verbena litoralis* var. *brasiliensis* (Vell.) Briq., *Verbena litoralis* var. *caracasana* (Kunth) Briq., *Verbena litoralis* var. *leptostyachya* Schauer, *Verbena litoralis* var. *pycnostachya* Schauer.
Ref.: Troncoso, 1979; Yeo, 1990.
Hábito: Hierba.
Status: Nativa.
Elevación: 0–1000 m.
Prov.: BA, CA, CO, ER, FO, JU, ME, MI, SA, SJ, SL, SE, TU.
Paises limítrofes: BO, BR, CH, PA, UR.
Ejemplar examinado: *Cabrera 34553* (SI).

Verbena litoralis var. *brasiliensis* (Vell.) Briq. = **Verbena litoralis** Kunth

Verbena litoralis var. *caracasana* (Kunth) Briq. = **Verbena litoralis** Kunth
Ref.: Yeo, 1990.

Verbena litoralis var. *leptostyachya* Schauer = **Verbena litoralis** Kunth
Ref.: Yeo, 1990.

[Verbena litoralis var. melapotamica Hauman]
Nota: Taxón dudoso.

Verbena litoralis var. *pycnostachya* Schauer = **Verbena litoralis** Kunth
Ref.: Yeo, 1990.

Verbena lobata Vell.
Sin.: *Verbena buchnera* Vell., *Verbena corymbosa* Cham., hom. illeg.
Ref.: Moldenke, 1946a, 1964.
Hábito: Hierba.
Status: Nativa.
Elevación: 0–500 m.
Prov.: MI, SA.
Paises limítrofes: BR, PA.
Ejemplar examinado: *Gamerro et al. 38* (SI).

Verbena longavina Phil. = **Verbena ribifolia** Walp.
Ref.: Sanzin, 1919.

Verbena lorentzii Niederl. ex Hieron. = **Junellia ligustrina** var. **lorentzii** (Niederl. ex Hieron.) Moldenke
Ref.: Botta, inéd.

Verbena macrosperma Speg. = **Glandularia macrosperma** (Speg.) Tronc.
Ref.: Botta, 1993f.

Verbena marrubioides Cham. = **Glandularia marrubioides** (Cham.) Tronc.
Ref.: Troncoso, 1975.

Verbena medicinalis Rojas Acosta
Ref.: Krapovickas, 1970c.

Verbena megapotamica Spreng. = **Glandularia megapotamica** (Spreng.) Cabrera & G. Dawson
Ref.: Troncoso, 1971.

Verbena megapotamica f. *pinnatiloba* Kuntze = [Verbena pinnatiloba (Kuntze) Moldenke]

Verbena megapotamica f. *truncatula* Briq. = **Glandularia incisa** (Hook.) Tronc.
Ref.: Troncoso, 1979.

Verbena megapotamica var. *phlogiphlora* (Cham.) Kuntze = **Glandularia phlogiphlora** (Cham.) Schnack & Covas
Ref.: Troncoso, 1971.

Verbena melindres Gillies = **Glandularia peruviana** (L.) Small
Ref.: Botta, 1993f.

Verbena mendocina Phil. = **Glandularia mendocina** (Phil.) Covas & Schnack
Ref.: Covas & Schnack, 1944.

Verbena micrantha Phil. = **Junellia micrantha** (Phil.) Moldenke

Verbena microphylla Kunth = **Glandularia microphylla** (Kunth) Cabrera
Ref.: Botta & Troncoso, 1993.

Verbena microphylla Phil., nom. nud. = **Junellia minutifolia** (Phil.) Moldenke
Ref.: Botta, inéd.

Verbena minima Meyen = **Junellia minima** (Meyen) Moldenke

[Verbena minutiflora Briquet ex Moldenke]
Nota: Taxón dudoso.

Verbena minutifolia Phil. = **Junellia minutifolia** (Phil.) Moldenke

Verbena montevidensis Spreng.
Ref.: Troncoso, 1979.
Hábito: Hierba.
Status: Nativa.
Elevación: 0–500 m.
Prov.: BA, COR, ER, MI.
Paises limítrofes: BR, UR.
Ejemplar examinado: *Nicora 2006* (SI).

Verbena morenonis Kuntze = **Junellia patagonica** (Speg.) Moldenke
Ref.: Moldenke, 1940.

Verbena moricolor Moldenke = **Glandularia scrobiculata** (Griseb.) Tronc.
Ref.: Botta & Troncoso, 1993.

Verbena morongii Britton = **Glandularia stellarioides** (Cham.) Schnack & Covas
Ref.: Moldenke, 1964.

Verbena mulinoides Speg. = **Junellia mulinoides** (Speg.) Moldenke

Verbena multifida Ruiz & Pav. = **Glandularia laciniata** (L.) Schnack & Covas

Verbena multifida var. *contracta* Lindl. = [Verbena laciniata var. contracta (Lindl.) Moldenke]

Verbena nana Moldenke = **Glandularia nana** (Moldenke) Tronc.
Ref.: Troncoso, 1975.

Verbena neei Moldenke = [Verbena canescens Kunth]
Ref.: Troncoso, 1962.

Verbena nigricans Rojas Acosta
Ref.: Krapovickas, 1970c.

[Verbena nivea Moldenke]
Nota: Taxón dudoso.

[Verbena nivea f. rosea Moldenke]
Nota: Taxón dudoso.

Verbena nodiflora L. = [Phyla nodiflora (L.) Greene]
Ref.: Troncoso, 1965.

Verbena nubigena Speg. = **Junellia digitata** var. **digitata** (Phil.) Moldenke
Ref.: Botta, inéd.

Verbena o'donelli (Moldenke) Tronc., comb. illeg. = **Junellia o'donelli** Moldenke
Ref.: Botta, inéd.

Verbena obovata Hayek = **Verbena rigida** var. **obovata** (Hayek) Moldenke
Ref.: Moldenke, 1977b.

Verbena ochreata Briq. = **Junellia spathulata** var. **grandiflora** (Schauer) Botta
Ref.: Botta, inéd.

[Verbena officinalis L.]
Sin.: *Verbena setosa* M. Martens & Galeotti.
Nota: Especie excluida de la flora argentina.

Verbena officinalis var. *gracilescens* Cham. = **Verbena gracilescens** (Cham.) Herter
Ref.: Troncoso, 1979.

Verbena origenes Phil. = **Glandularia origenes** (Phil.) Schnack & Covas
Ref.: Schnack & Covas, 1944.

[Verbena origenes var. semperi Moldenke]
Nota: Taxón dudoso.

Verbena ourostachya Briq. = **Junellia aspera** (Gillies & Hook.) Moldenke
Ref.: Botta, inéd.

Verbena ovata Cham.
Ref.: Troncoso, 1974.
Hábito: Hierba.
Status: Nativa.
Elevación: 0–500 m.
Prov.: COR, MI.
Paises limítrofes: BR, PA.
Ejemplar examinado: *Krapovickas 21302* (SI).

Verbena parodii (Covas & Schnack) Moldenke = **Glandularia parodii** Covas & Schnack
Ref.: Botta, 1993f.

Verbena patagonica Speg. = **Junellia patagonica** (Speg.) Moldenke
Ref.: Botta, inéd.

Verbena patagonica Moldenke, hom. illeg. = **Junellia patagonica** (Speg.) Moldenke
Ref.: Botta, inéd.

Verbena perakii (Covas & Schnack) Moldenke = **Glandularia perakii** Covas & Schnack

Verbena peruviana (L.) Britton = **Glandularia peruviana** (L.) Small
Ref.: Macbride, 1960.

[Verbena peruviana var. grabiuscula Kuntze]
Nota: Taxón dudoso.

Verbena philippiana Kuntze = **Junellia minutifolia** (Phil.) Moldenke
Ref.: Botta, inéd.

Verbena phlogiflora Cham. = **Glandularia phlogiflora** (Cham.) Schnack & Covas
Ref.: Troncoso, 1971.

Verbena phlogiflora var. *beta* Cham. = **Glandularia megapotamica** (Spreng.) Cabrera & G. Dawson

Verbena phlogiflora var. *mucilenta* Schauer = **Glandularia megapotamica** (Spreng.) Cabrera & G. Dawson
Ref.: Troncoso, 1971.

Verbena phlogiphlora var. *vulgaris* Schauer = **Glandularia phlogiphlora** (Cham.) Schnack & Covas
Ref.: Troncoso, 1971.

[Verbena pinnatiloba (Kuntze) Moldenke]
Sin.: *Verbena megapotamica* f. *pinnatiloba* Kuntze.
Nota: Taxón dudoso.

Verbena pinnatisecta Schauer = **Verbena filicaulis** Schauer
Ref.: Moldenke, 1944a.

Verbena platensis Spreng. = **Glandularia platensis** (Spreng.) Schnack & Covas
Ref.: Botta, 1993f.

Verbena platensis var. *stenodes* Briq. = **Glandularia platensis** (Spreng.) Schnack & Covas

[Verbena pogostoma Klotzsch]
Nota: Taxón dudoso.

Verbena polycnemoides Lag. = **Junellia minima** (Meyen) Moldenke

Verbena prichardi Rendle = **Junellia patagonica** (Speg.) Moldenke

Verbena pseudogervao A. St.-Hil. = **Bouchea fluminensis** (Vell.) Moldenke var. **fluminensis**
Ref.: Troncoso, 1993b.

Verbena pulchella Sweet = **Glandularia pulchella** (Sweet) Tronc. var. **pulchella**
Ref.: Troncoso, 1979.

Verbena pulchella f. *latiloba* Moldenke = **Glandularia dissecta** (Willd. ex Spreng.) Schnack & Covas
Ref.: Troncoso, 1964.

Verbena pulchella var. *clavellata* (Tronc.) Shinners = **Glandularia pulchella** var. **clavellata** Tronc.

Verbena pulchella var. *gracilior* (Tronc.) Shinners = **Glandularia pulchella** var. **gracilior** Tronc.

Verbena pulchra Moldenke = **Glandularia pulchra** (Moldenke) Botta
Ref.: Botta et al., 1995.

Verbena pygmaea R.E. Fr. = **Junellia aretioides** (R.E. Fr.) Moldenke
Ref.: Botta, 1993d.

Verbena radicans Gillies & Hook., hom. illeg. = **Glandularia radicata** (Moldenke) Tronc. ex Múlgura

Verbena radicans var. *glabra* Hicken = [Verbena radicata var. glabra (Hicken) Moldenke]

Verbena radicata Moldenke = **Glandularia radicata** (Moldenke) Tronc. ex Múlgura

[Verbena radicata var. glabra (Hicken) Moldenke]
Sin.: *Verbena radicans* var. *glabra* Hicken.
Nota: Taxón dudoso.

Verbena ribifolia Walp.
Sin.: *Verbena foetida* Phil., *Verbena longavina* Phil.
Ref.: Sanzin, 1919.
Hábito: Hierba.
Status: Nativa.
Elevación: 500-1000 m.
Prov.: ME.
Paises limítrofes: CH.
Ejemplar examinado: *Riccardi 3175* (SI).

Verbena rigida var. **obovata** (Hayek) Moldenke
Sin.: *Verbena obovata* Hayek.
Ref.: Moldenke, 1977b.
Hábito: Hierba.
Status: Nativa.
Elevación: 0–500 m.
Prov.: COR.
Paises limítrofes: BR.
Ejemplar examinado: *Krapovickas 25650* (CTES).

[Verbena rigida var. reineckii (Briq.) Moldenke]
Sin.: *Verbena venosa* Gillies & Hook. var. *reineckii* Briq.
Ref.: Moldenke, 1980a.
Nota: Cita dudosa para la flora argentina.

Verbena rigida Spreng. var. **rigida**
Sin.: *Verbena bonariensis* (Spreng.) Kuntze var. *rigida*, *Verbena rugosa* D. Don, *Verbena scaberrima* Cham., *Verbena venosa* Gillies & Hook.
Ref.: Troncoso, 1979.
Hábito: Hierba.
Status: Nativa.
Elevación: 0–1000 m.
Prov.: BA, CH, COR, ER, JU, MI, TU.
Paises limítrofes: BR, PA, UR.
Ejemplar examinado: *Zuloaga 2325* (SI).

Verbena rufiflora Rojas Acosta, nom. nud.
Ref.: Krapovickas, 1970c.

Verbena rugosa D. Don = **Verbena rigida** var. **rigida** Spreng.

Verbena sanguinea Larrañaga = **Glandularia peruviana** (L.) Small
Ref.: Botta & Troncoso, 1993.

Verbena santiaguensis (Covas & Schnack) Moldenke = **Glandularia santiaguensis** Covas & Schnack

[Verbena santiaguensis Moldenke]
Nota: Taxón dudoso.

Verbena scaberrima Cham. = **Verbena rigida** var. **rigida** Spreng.
Ref.: Troncoso, 1979.

Verbena scabrido-glandulosa Turrill = **Junellia succulentifolia** (Kuntze) Moldenke
Ref.: Botta, inéd.

Verbena schulzii Moldenke = **Glandularia sessilis** (Cham.) Tronc.
Ref.: Troncoso, 1979.

Verbena scirpea (Phil.) Moldenke = **Junellia scoparia** (Gillies & Hook.) Botta var. **scoparia**
Ref.: Botta, 1989.

Verbena scoparia Gillies & Hook. = **Junellia scoparia** (Gillies & Hook.) Botta var. **scoparia**
Ref.: Botta, 1989, inéd.

Verbena scoparia var. *aphylla* (Phil.) Acevedo = **Junellia scoparia** (Gillies & Hook.) Botta var. **scoparia**
Ref.: Botta, 1989.

Verbena scoparia var. *puberula* Tronc. = **Junellia scoparia** var. **puberula** (Tronc.) Botta
Ref.: Botta, inéd.

Verbena scordioides Cham. = **Glandularia platensis** (Spreng.) Schnack & Covas
Ref.: Botta, 1993f.

Verbena scrobiculata Griseb. = **Glandularia scrobiculata** (Griseb.) Tronc.
Ref.: Botta & Troncoso, 1993.

Verbena selloi Spreng. = [Glandularia selloi (Spreng.) Tronc.]

Verbena seriphioides Gillies & Hook. = **Junellia seriphioides** (Gillies & Hook.) Moldenke
Ref.: Botta, inéd.

Verbena serpyllifolia (Speg.) Speg. = **Junellia micrantha** (Phil.) Moldenke
Ref.: Botta, inéd.

Verbena sessilis (Cham.) Kuntze = **Glandularia sessilis** (Cham.) Tronc.
Ref.: Troncoso, 1979.

Verbena setosa M. Martens & Galeotti = [Verbena officinalis L.]
Ref.: Sanzin, 1919.

Verbena seudogervao A. St.-Hil. = **Bouchea fluminensis** (Vell.) Moldenke var. **fluminensis**
Ref.: Troncoso, 1993b.

Verbena silvestrii Speg. = **Junellia silvestrii** (Speg.) Moldenke
Ref.: Botta, inéd.

Verbena spathulata Gillies & Hook. ex Hook. = **Junellia spathulata** (Gillies & Hook. ex Hook.) Moldenke var. **spathulata**
Ref.: Botta, inéd.

Verbena spathulata var. *grandiflora* Schauer = **Junellia spathulata** var. **grandiflora** (Schauer) Botta
Ref.: Botta et al., 1995.

Verbena spathulata var. *parviflora* Schauer = **Junellia spathulata** (Gillies & Hook. ex Hook.) Moldenke var. **spathulata**
Ref.: Botta et al., 1995.

Verbena spectabilis Moldenke = **Glandularia spectabilis** (Moldenke) Botta
Ref.: Botta et al., 1995.

Verbena spegazzini (Moldenke) Tronc. = **Junellia digitata** (Phil.) Moldenke var. **digitata**
Ref.: Botta, inéd.

Verbena spissa Sandwith = **Junellia spissa** (Sandwith) Moldenke
Ref.: Botta, inéd.

Verbena stellarioides Cham. = **Glandularia stellarioides** (Cham.) Schnack & Covas

Verbena stellarioides var. *sessilis* Cham. = **Glandularia sessilis** (Cham.) Tronc.
Ref.: Troncoso, 1979.

[Verbena storeoclada Briq.]
Nota: Taxón dudoso.

Verbena straguloides (Moldenke) Tronc. = **Junellia minima** (Meyen) Moldenke
Ref.: Botta, inéd.

Verbena strutionum Speg. = **Junellia minutifolia** (Phil.) Moldenke
Ref.: Botta, inéd.

Verbena subincana (Tronc.) Shinners = **Glandularia subincana** Tronc.

Verbena succulentifolia Kuntze = **Junellia succulentifolia** (Kuntze) Moldenke
Ref.: Botta, inéd.

Verbena sulphurea D. Don = **Glandularia sulphurea** (D. Don) Schnack & Covas
Ref.: Schnack & Covas, 1944.

Verbena sulphurea var. *intermedia* Kuntze = **Glandularia macrosperma** (Speg.) Tronc.
Ref.: Botta, 1993f.

Verbena swiftiana Moldenke
Ref.: Moldenke, 1948b, 1982.
Hábito: Hierba.
Status: Endémica.
Elevación: 0–500 m.
Prov.: ER, MI.
Ejemplar examinado: *Rodríguez 69* (SI).

Verbena tandilensis Speg. = **Verbena intermedia** Gillies & Hook. f. **intermedia**
Ref.: Troncoso, 1979.

Verbena tenera Spreng. = **Glandularia tenera** (Spreng.) Cabrera
Ref.: Troncoso, 1979.

Verbena tenera var. *albiflora* Kuntze = **Glandularia tenera** (Spreng.) Cabrera

Verbena tenuis Steud. = **Verbena intermedia** Gillies & Hook. f. **intermedia**

Verbena tenuisecta Briq. = **Glandularia aristigera** (S. Moore) Tronc.
Ref.: Troncoso, 1968.

[Verbena tenuisecta Moldenke]
Nota: Taxón dudoso.

Verbena tetragonocalyx Tronc. = **Junellia tetragonocalyx** (Tronc.) Moldenke
Ref.: Botta, inéd.

Verbena teucrioides Gillies & Hook. = **Glandularia platensis** (Spreng.) Schnack & Covas
Ref.: Botta, 1993f.

Verbena thymifolia Lag. = **Junellia thymifolia** (Lag.) Moldenke
Ref.: Botta, inéd.

Verbena thymoides Cham.
Ref.: Moldenke, 1965.
Hábito: Hierba.
Status: Nativa.
Elevación: 0–500 m.
Prov.: COR, ER, MI.
Paises limítrofes: BR, PA, UR.
Ejemplar examinado: *Krapovickas 21246* (SI).

Verbena thymoides Briq., hom. illeg. = **Verbena balansae** Briq.
Ref.: Moldenke, 1977a.

Verbena thymoides Phil. ex Kuntze, hom. illeg. = **Junellia patagonica** (Speg.) Moldenke
Ref.: Moldenke, 1940.

Verbena tomophylla Briq.
Ref.: Moldenke, 1965.
Hábito: Hierba.
Status: Nativa.
Elevación: 0–500 m.
Prov.: COR, FO, MI.
Paises limítrofes: PA.
Ejemplar examinado: *Cabrera 29044* (SI).

Verbena tonini Kuntze = **Junellia tonini** (Kuntze) Moldenke
Ref.: Botta, inéd.

Verbena tridactylites Lag. = [Junellia tridactylites (Lag.) Moldenke]

Verbena tridens Lag. = **Junellia tridens** (Lag.) Moldenke
Ref.: Botta, inéd.

[Verbena trifida Kunth]
Nota: Especie excluida de la flora argentina.

Verbena triphylla L'Hér. = **Aloysia citriodora** Palau
Ref.: Botta, 1993b.

Verbena tristachya Tronc. & Burkart = **Glandularia tristachya** (Tronc. & Burkart) Schnack & Covas
Ref.: Troncoso, 1979.

Verbena tweediana Niven = **Glandularia megapotamica** (Spreng.) Cabrera & G. Dawson
Ref.: Troncoso, 1971.

Verbena ulicina Phil. = **Junellia ulicina** (Phil.) Moldenke
Ref.: Botta, inéd.

Verbena uniflora Phil. = **Junellia uniflora** (Phil.) Moldenke
Ref.: Botta, inéd.

Verbena uniflora var. *grabiuscula* Kuntze = **Junellia uniflora** (Phil.) Moldenke
Ref.: Botta, inéd.

Verbena venosa Gillies & Hook. = **Verbena rigida** Spreng. var. **rigida**
Ref.: Troncoso, 1979.

Verbena venosa var. *reineckii* Briq. = [Verbena rigida var. reineckii (Briq.) Moldenke]

Verbena venturii Moldenke = **Glandularia venturii** (Moldenke) Botta
Ref.: Botta, 1990.

Verbena virgata Ruiz & Pav. = **Aloysia virgata** (Ruiz & Pav.) Juss. var. **virgata**
Ref.: Botta, 1979.

Verbena wilczeckii Briq. = **Junellia micrantha** (Phil.) Moldenke
Ref.: Botta, inéd.

Vitex L.

Número de especies: 2

Vitex cymosa Bertero ex Spreng.
Ref.: Troncoso, 1974.
Hábito: Árbol.
Status: Nativa.
Elevación: 0–500 m.
Prov.: FO, MI.
Paises limítrofes: BO, BR, PA.
Ejemplar examinado: *Krapovickas 1017* (SI).

Vitex megapotamica (Spreng.) Moldenke
Sin.: *Bignonia megapotamica* Spreng.
Ref.: Troncoso, 1974.
Hábito: Árbol.
Status: Nativa.
Elevación: 0–500 m.
Prov.: COR, MI.
Paises limítrofes: BR, PA, UR.
Ejemplar examinado: *Krapovickas 21551* (SI).

Vitex montevidensis Cham. = **Vitex mogapotamica** (Spreng.) Moldenke
Ref.: Troncoso, 1974.

Volkameria spinosa Juss. = **Rhaphithamnus spinosus** (Juss.) Moldenke
Ref.: Moldenke, 1937.

Wilsonia glaberrima Gillies ex Hook. = **Dipyrena glaberrima** (Gillies ex Hook.) Hook.
Ref.: Troncoso, 1974.

Xeroaloysia Tronc.

Número de especies: 1 especie endémica.

Xeroaloysia ovatifolia (Moldenke) Tronc.
Sin.: *Aloysia ovatifolia* Moldenke
Ref.: Troncoso, 1960, 1974.
Hábito: Subarbusto.
Status: Endémica.
Elevación: 0-1000 m.
Prov.: CO, LR, SA, SJ, SL, TU.
Ejemplar examinado: *Venturi 5861* (SI).

Zapania canescens Gilbert = **Phyla canescens** (Kunth) Greene
Ref.: Troncoso & Botta, 1993a.

Zapania citriodora Lam., nom. illeg. = **Aloysia citriodora** Palau
Ref.: Botta, 1993b.

Zapania reptans Spreng. = **Phyla reptans** (Kunth) Greene

Zapania virgata (Ruiz & Pav.) Poir. = **Aloysia virgata** (Ruiz & Pav.) Juss.var. **virgata**
Ref.: Botta, 1979.

VIOLACEAE

3 géneros, 62 especies; 18 especies y 1 variedad endémicas.

por C. C. Xifreda & A. M. Sanso

Acentra serrata Phil. = **Hybanthus serratus** (Phil.) Hassl.

Anchietea A. St.-Hil.
Número de especies: 1

Anchietea parvifolia Hallier f.
Sin.: *Anchietea salutaris* A. St.-Hil.
Ref.: Sparre, 1950a.
Hábito: Hierba.
Status: Nativa.
Elevación: 0-500 m.
Prov.: BA, COR, ER, JU, MI, SA.
Paises limítrofes: BO, BR, PA, UR.
Ejemplar examinado: *Rodríguez 1043* (BAF).

Anchietea salutaris A. St.-Hil. = **Anchietea parvifolia** Hallier f.
Ref.: Sparre, 1950a.

Hybanthus Jacq.
Número de especies: 16, 1 especie endémica.

Hybanthus albus (A. St.-Hil.) Baill.
Sin.: *Ionidium album* A. St.-Hil., *Ionidium nanum* A. St.-Hil.
Ref.: Schulze-Menz, 1936; Sparre, 1950a.
Hábito: Hierba.
Status: Nativa.
Elevación: 0-500 m.
Prov.: COR, ER.
Paises limítrofes: BR, PA, UR.
Ejemplar examinado: *Schulz 262* (LIL).

Hybanthus atropurpureus (A. St.-Hil.) Taub.
Sin.: *Ionidium atropurpureum* A. St.-Hil., *Solea atropurpurea* (A. St.-Hil.) Spreng.
Ref.: Schulze-Menz, 1936; Sparre, 1950a.
Hábito: Arbusto.
Status: Nativa.
Elevación: 0-1500 m.
Prov.: JU, SA, TU.
Paises limítrofes: BO, BR, PA.
Ejemplar examinado: *Schreiter 3954* (LIL).

Hybanthus bicolor (A. St.-Hil.) Baill.
Sin.: *Hybanthus bicolor* (A. St.-Hil.) Baill. var. *genuinus* (Chodat & Hassl.) Hassl., nom. illeg., *Ionidium bicolor* A. St.-Hil., *Ionidium bicolor* A. St.-Hil. var. *genuinum* Chodat & Hassl., nom. illeg., *Solea bicolor* (A. St.-Hil.) Spreng.
Ref.: Schulze-Menz, 1936; Sparre, 1950a.
Hábito: Subarbusto.
Status: Nativa.
Elevación: 0-1000 m.
Prov.: COR, FO, MI.
Paises limítrofes: BR, PA.
Ejemplar examinado: *Ibarrola 1753* (LIL).

Hybanthus bicolor (A. St.-Hil.) Baill. var. *genuinus* (Chodat & Hassl.) Hassl., nom. illeg. = **Hybanthus bicolor** (A. St.-Hil.) Baill.

*Hybanthus bicolor*var. *campestris* (Chodat & Hassl.) Hassl. = **Hybanthus paraguariensis** (Chodat) Schulze-Menz

Hybanthus bigibbosus (A. St.-Hil.) Hassl.
Sin.: *Hybanthus bigibbosus* (A. St.-Hil.) Hassl. var. *paraguariensis* (Chodat) Hassl., *Ionidium bigibbosum* A. St.-Hil., *Ionidium bigibbosum* A. St.-Hil. var. *paraguariensis* Chodat, *Solea bigibbosa* (A. St.-Hil.) Spreng.
Ref.: Schulze-Menz, 1936; Sparre, 1950a.
Hábito: Arbusto.
Status: Nativa.
Elevación: 0-1000 m.
Prov.: COR, MI.
Paises limítrofes: BR, PA.
Ejemplar examinado: *Schwartz 10758* (LIL).

Hybanthus bigibbosus (A. St.-Hil.) Hassl. var. *paraguariensis* (Chodat) Hassl. = **Hybanthus bigibbosus** (A. St.-Hil.) Hassl.

Hybanthus calceolaria (L.) Schulze-Menz
Sin.: *Hybanthus ipecacuanha* (L.) Baill., *Ionidium calceolaria* (L.) Vent., *Ionidium ipecacuanha* (L.) Vent. f. *grandiflora* Chodat & Hassl., *Viola calceolaria* L., *Viola ipecacuanha* L.
Ref.: Schulze-Menz, 1936.
Hábito: Subarbusto.
Status: Nativa.
Elevación: 0-1000 m.
Prov.: COR, ER, MI.
Paises limítrofes: BO, BR, PA.
Ejemplar examinado: *Meyer 6543* (LIL).

Hybanthus chodati Hassl. = **Hybanthus hasslerianus** (Chodat) Hassl.

Hybanthus circaeoides (Kunth) Baill.
Sin.: *Hybanthus teucriifolius* (Turcz.) Hassl., *Hybanthus urticaefolius* (Mart.) Baill., *Ionidium circaeoides* Kunth, *Ionidium teucriifolium* Turcz., *Ionidium urticaefolium* Mart.
Ref.: Sparre, 1950a.
Hábito: Subarbusto.
Status: Nativa.

Elevación: 0-500 m.
Prov.: FO.
Paises limítrofes: BR, PA.
Ejemplar examinado: *Morel 1503* (LIL).

Hybanthus communis (A. St.-Hil.) Taub.
Sin.: *Hybanthus communis* (A. St.-Hil.) Taub. f. *circaeoides* (Chodat) Schulze-Menz, *Hybanthus communis* (A. St.-Hil.) Taub. f. *glabrifolius* (Chodat) Schulze-Menz, *Hybanthus communis* (A. St.-Hil.) Taub. var. *circaeoides* (Chodat) Hassl., *Hybanthus communis* (A. St.-Hil.) Taub. var. *glabrifolius* (Chodat) Hassl., *Hybanthus communis* (A. St.-Hil.) Taub. var. *typicus* Hassl., nom. inval., *Ionidium commune* A. St.-Hil., *Ionidium commune* A. St.-Hil. var. *circaeoides* Chodat, *Ionidium commune* A. St.-Hil. var. *glabrifolium* Chodat, *Ionidium commune* A. St.-Hil. var. *typicum* Chodat, nom. inval., *Ionidium guaraniticum* A. St.-Hil., *Ionidium sylvaticum* A. St.-Hil., *Solea communis* (A. St.-Hil.) Spreng., *Solea guaranitica* (A. St.-Hil.) Spreng., *Solea sylvatica* (A. St.-Hil.) Spreng.
Ref.: Schulze-Menz, 1936; Sparre, 1950a.
Hábito: Subarbusto.
Status: Nativa.
Elevación: 0-1500 m.
Prov.: CH, COR, ER, FO, JU, MI, SA, SF.
Paises limítrofes: BO, BR, PA, UR.
Ejemplar examinado: *Holmberg 22* (SI).

Hybanthus communis (A. St.-Hil.) Taub. f. *circaeoides* (Chodat) Schulze-Menz = **Hybanthus communis** (A. St.-Hil.) Taub.

Hybanthus communis (A. St.-Hil.) Taub. f. *glabrifolius* (Chodat) Schulze-Menz = **Hybanthus communis** (A. St.-Hil.) Taub.

Hybanthus communis (A. St.-Hil.) Taub. var. *circaeoides* (Chodat) Hassl. = **Hybanthus communis** (A. St.-Hil.) Taub.

Hybanthus communis (A. St.-Hil.) Taub. var. *glabrifolius* (Chodat) Hassl. = **Hybanthus communis** (A. St.-Hil.) Taub.

Hybanthus communis (A. St.-Hil.) Taub. var. *typicus* Hassl., nom. inval. = **Hybanthus communis** (A. St.-Hil.) Taub.

Hybanthus glutinosus (Vent.) Taub. = **Hybanthus parviflorus** (Mutis ex L.f.) Baill.

Hybanthus graminifolius (Chodat) Schulze-Menz
Sin.: *Hybanthus oppositifolius*var. *graminifolius* (Chodat) Hassl., *Ionidium graminifolium* Chodat, *Ionidium oppositifolium* (L.) Taub. var. *graminifolium* (Chodat) Chodat & Hassl.
Ref.: Schulze-Menz, 1936; Sparre, 1950a.
Hábito: Subarbusto.
Status: Nativa.
Elevación: 0-1000 m.
Prov.: CH, COR, FO.
Paises limítrofes: PA.
Ejemplar examinado: *Ibarrola 3456* (LIL).

Hybanthus hasslerianus (Chodat) Hassl.
Sin.: *Hybanthus chodati* Hassl., *Ionidium guaraniticum* auct. non A. St.-Hil., *Ionidium hasslerianum* Chodat
Ref.: Sparre, 1950a.
Hábito: Subarbusto.
Status: Nativa.
Elevación: 0-1000 m.
Prov.: COR, MI.
Paises limítrofes: PA.
Ejemplar examinado: *Huidobro 2031* (LIL).

Hybanthus hieronymi (Griseb.) Hassl.
Sin.: *Ionidium hieronymi* Griseb.
Ref.: Schulze-Menz, 1936; Sparre, 1950a.
Hábito: Subarbusto.
Status: Nativa.
Elevación: 0-1500 m.
Prov.: CA, CH, FO, JU, SA, SE, TU.
Ejemplar examinado: *Meyer 5174* (LIL).

Hybanthus ipecacuanha (L.) Baill. = **Hybanthus calceolaria** (L.) Schulze-Menz

Hybanthus leucopogon Sparre
Ref.: Sparre, 1950a.
Hábito: Hierba o subarbusto.
Status: Endémica.
Elevación: 0-500 m.
Prov.: COR.
Ejemplar examinado: *Millán s.n.* (BA 26/1786).

Hybanthus longistylus Schulze-Menz
Ref.: Sparre, 1950a.
Hábito: Subarbusto.
Status: Nativa.
Elevación: 0-500 m.
Prov.: COR, ME.
Paises limítrofes: PA.
Ejemplar examinado: *Quiroga s.n.* (BA 27449).

Hybanthus lorentzianum (Eichler ex Griseb.) Taub. = **Hybanthus serratus** (Phil.) Hassl.

*Hybanthus oppositifolius*var. *graminifolius* (Chodat) Hassl. = **Hybanthus graminifolius** (Chodat) Schulze-Menz

Hybanthus paraguariensis (Chodat) Schulze-Menz
Sin.: *Hybanthus bicolor*var. *campestris* (Chodat & Hassl.) Hassl., *Ionidium bicolor*var. *campestre* Chodat & Hassl., *Ionidium paraguariensis* Chodat
Ref.: Schulze-Menz, 1936; Sparre, 1950a.
Hábito: Subarbusto.
Status: Nativa.
Elevación: 0-500 m.
Prov.: COR, MI.
Paises limítrofes: PA.
Ejemplar examinado: *Tressens et al. 1845* (LIL).

Hybanthus parviflorus (Mutis ex L.f.) Baill.
Sin.: *Calceolaria bangii* Rusby, *Hybanthus glutinosus* (Vent.) Taub., *Hybanthus parviflorus* (Mutis ex L.f.) Baill. f. *membranaceus* Schulze-Menz, *Hybanthus parviflorus* (Mutis ex L.f.) Baill. var. *argentinensis* Sparre, *Hybanthus parviflorus* (Mutis ex L.f.) Baill. var. *glutinosus* (Vent.) Hassl., *Hybanthus parviflorus* (Mutis ex L.f.) Baill. var. *latifolius* (Eichler) Hassl., *Hybanthus parviflorus* (Mutis ex L.f.) Baill. var. *typicus* Hassl., nom. inval., *Ionidium glutinosim* Vent., *Ionidium parviflorum* (Mutis ex L.f.) Vent., *Viola parviflora* Mutis ex L.f.
Ref.: Schulze-Menz, 1936; Sparre, 1950a.
Hábito: Subarbusto.
Status: Nativa.
Elevación: 0-1000 m.
Prov.: BA, CA, CH, CO, COR, ER, FO, JU, LP, LR, MI, RN, SA, SF, SL, TU.
Paises limítrofes: BO, BR, CH, PA, UR.
Ejemplar examinado: *Montes 439* (BA 53601).

Hybanthus parviflorus (Mutis ex L.f.) Baill. f. *membranaceus* Schulze-Menz = **Hybanthus parviflorus** (Mutis ex L.f.) Baill.

Hybanthus parviflorus (Mutis ex L.f.) Baill. var. *argentinensis* Sparre = **Hybanthus parviflorus** (Mutis ex L.f.) Baill.

Hybanthus parviflorus (Mutis ex L.f.) Baill. var. *glutinosus* (Vent.) Hassl. = **Hybanthus parviflorus** (Mutis ex L.f.) Baill.

Hybanthus parviflorus (Mutis ex L.f.) Baill. var. *latifolius* (Eichler) Hassl. = **Hybanthus parviflorus** (Mutis ex L.f.) Baill.

Hybanthus parviflorus (Mutis ex L.f.) Baill. var. *typicus* Hassl., nom. inval. = **Hybanthus parviflorus** (Mutis ex L.f.) Baill.

Hybanthus serratus (Phil.) Hassl.
Sin.: *Acentra serrata* Phil., *Hybanthus lorentzianum* (Eichler ex Griseb.) Taub., *Hybanthus serratus* (Phil.) Hassl. f. *longifolia* Sparre, *Hybanthus serratus* (Phil.) Hassl. f. *lorentzianus* (Eichler ex Griseb.) Schulze-Menz, *Ionidium lorentzianum* Eichler ex Griseb.
Ref.: Schulze-Menz, 1936.
Hábito: Subarbusto.
Status: Nativa.
Elevación: 0-2500 m.
Prov.: CA, CO, LP, LR, ME, SA, SE, SL, TU.
Ejemplar examinado: *Castellanos s.n.* (BA 10715).

Hybanthus serratus (Phil.) Hassl. f. *longifolia* Sparre = **Hybanthus serratus** (Phil.) Hassl.

Hybanthus serratus (Phil.) Hassl. f. *lorentzianus* (Eichler ex Griseb.) Schulze-Menz = **Hybanthus serratus** (Phil.) Hassl.

Hybanthus teucriifolius (Turcz.) Hassl. = **Hybanthus circaeoides** (Kunth) Baill.

Hybanthus urticaefolius (Mart.) Baill. = **Hybanthus circaeoides** (Kunth) Baill.

Hybanthus velutinus Schulze-Menz
Ref.: Schulze-Menz, 1934, 1936; Sparre, 1950a.
Hábito: Subarbusto.
Status: Nativa.
Elevación: 0-1000 m.
Prov.: MI.
Paises limítrofes: PA.
Ejemplar examinado: *Krapovickas y Cristóbal 28737* (LIL).

Ionidium album A. St.-Hil. = **Hybanthus albus** (A. St.-Hil.) Baill.

Ionidium atropurpureum A. St.-Hil. = **Hybanthus atropurpureus** (A. St.-Hil.) Taub.

*Ionidium bicolor*var. *campestre* Chodat & Hassl. = **Hybanthus paraguariensis** (Chodat) Schulze-Menz

Ionidium bicolor A. St.-Hil. = **Hybanthus bicolor** (A. St.-Hil.) Baill.

Ionidium bicolor A. St.-Hil. var. *genuinum* Chodat & Hassl., nom. illeg. = **Hybanthus bicolor** (A. St.-Hil.) Baill.

Ionidium bigibbosum A. St.-Hil. = **Hybanthus bigibbosus** (A. St.-Hil.) Hassl.

Ionidium bigibbosum A. St.-Hil. var. *paraguariensis* Chodat = **Hybanthus bigibbosus** (A. St.-Hil.) Hassl.

Ionidium calceolaria (L.) Vent. = **Hybanthus calceolaria** (L.) Schulze-Menz

Ionidium circaeoides Kunth = **Hybanthus circaeoides** (Kunth) Baill.

Ionidium commune A. St.-Hil. = **Hybanthus communis** (A. St.-Hil.) Taub.

Ionidium commune A. St.-Hil. var. *circaeoides* Chodat = **Hybanthus communis** (A. St.-Hil.) Taub.

Ionidium commune A. St.-Hil. var. *glabrifolium* Chodat = **Hybanthus communis** (A. St.-Hil.) Taub.

Ionidium commune A. St.-Hil. var. *typicum* Chodat, nom. inval. = **Hybanthus communis** (A. St.-Hil.) Taub.

Ionidium glutinosim Vent. = **Hybanthus parviflorus** (Mutis ex L.f.) Baill.

Ionidium graminifolium Chodat = **Hybanthus graminifolius** (Chodat) Schulze-Menz

Ionidium guaraniticum A. St.-Hil. = **Hybanthus communis** (A. St.-Hil.) Taub.

Ionidium guaraniticum auct. non A. St.-Hil. = **Hybanthus hasslerianus** (Chodat) Hassl.

Ionidium hasslerianum Chodat = **Hybanthus hasslerianus** (Chodat) Hassl.

Ionidium hieronymi Griseb. = **Hybanthus hieronymi** (Griseb.) Hassl.

Ionidium ipecacuanha (L.) Vent. f. *grandiflora* Chodat & Hassl. = **Hybanthus calceolaria** (L.) Schulze-Menz

Ionidium lorentzianum Eichler ex Griseb. = **Hybanthus serratus** (Phil.) Hassl.

Ionidium nanum A. St.-Hil. = **Hybanthus albus** (A. St.-Hil.) Baill.

Ionidium oppositifolium (L.) Taub. var. *graminifolium* (Chodat) Chodat & Hassl. = **Hybanthus graminifolius** (Chodat) Schulze-Menz

Ionidium paraguariensis Chodat = **Hybanthus paraguariensis** (Chodat) Schulze-Menz

Ionidium parviflorum (Mutis ex L.f.) Vent. = **Hybanthus parviflorus** (Mutis ex L.f.) Baill.

Ionidium sylvaticum A. St.-Hil. = **Hybanthus communis** (A. St.-Hil.) Taub.

Ionidium teucriifolium Turcz. = **Hybanthus circaeoides** (Kunth) Baill.

Ionidium urticaefolium Mart. = **Hybanthus circaeoides** (Kunth) Baill.

Solea atropurpurea (A. St.-Hil.) Spreng. = **Hybanthus atropurpureus** (A. St.-Hil.) Taub.

Solea bicolor (A. St.-Hil.) Spreng. = **Hybanthus bicolor** (A. St.-Hil.) Baill.

Solea bigibbosa (A. St.-Hil.) Spreng. = **Hybanthus bigibbosus** (A. St.-Hil.) Hassl.

Solea communis (A. St.-Hil.) Spreng. = **Hybanthus communis** (A. St.-Hil.) Taub.

Solea guaranitica (A. St.-Hil.) Spreng. = **Hybanthus communis** (A. St.-Hil.) Taub.

Solea sylvatica (A. St.-Hil.) Spreng. = **Hybanthus communis** (A. St.-Hil.) Taub.

Viola L.

Número de especies: 45, 17 especies y una variedad endémicas.

[Viola acanthophylla Leyb. ex Reiche var. tontalensis W. Becker]
Sin.: *Viola flos-evae* Hieron. var. *pseudo-volcanica* Hieron.
Nota: Taxón dudoso.

Viola argentina W. Becker
Ref.: Becker, 1922, 1928.
Hábito: Hierba.
Status: Endémica.
Elevación: 3000-3500 m.
Prov.: CO, LR, SJ.
Ejemplar citado: *Kurtz 13582** (B).

[Viola argentinensis Speg.]
Nota: Taxón dudoso.

Viola arvensis Murray = **Viola tricolor** L.

Viola atropurpurea Leyb.
Ref.: Hauman, 1918; Becker, 1928; Ruiz Leal, 1975; Rossow, 1993.
Hábito: Hierba.
Status: Nativa.
Elevación: 2500-4000 m.
Prov.: ME, NE, SJ.
Paises limítrofes: CH.
Ejemplar examinado: *Lanzin 115* (BA).

Viola auricolor Skottsb.
Ref.: Rossow, 1988g.
Hábito: Hierba.
Status: Endémica.
Elevación: 1000-2000 m.
Prov.: SC.
Ejemplar examinado: *Ruiz Leal s.n.* (BAB, MERL 26469).

Viola auritella W. Becker = **Viola sacculus** Skottsb.

Viola bangiana W. Becker
Ref.: Becker, 1926b; Baehni & Weibel, 1941.
Hábito: Hierba.
Status: Nativa.
Elevación: 3000-4000 m.
Prov.: JU.
Paises limítrofes: BO.
Ejemplar examinado: *Medinaceli s.n.* (BAF).

Viola borchersi Phil. = **Viola frigida** Phil.
Ref.: Hauman, 1918.

Viola buchtieniana W. Becker = **Viola maculata** Cav. var. **maculata**
Ref.: Sparre, 1949; Rossow, 1988g.

Viola calceolaria L. = **Hybanthus calceolaria** (L.) Schulze-Menz

Viola calchaquiensis W. Becker
Ref.: Becker, 1926b.
Hábito: Hierba.
Status: Endémica.
Elevación: 4000-4500 m.
Prov.: TU.
Ejemplar citado: *Lillo 8262** (isotipo, B).

Viola cano-barbata Leyb.
Ref.: Hauman, 1918; Spegazzini, 1925; Becker, 1925.
Hábito: Hierba.
Status: Nativa.
Elevación: 2500-4000 m.
Prov.: ME.
Paises limítrofes: CH.
Ejemplar examinado: *Spegazzini s.n.* (BAF 6344).

Viola castillonii (W. Becker) Xifreda & Sanso
Sin.: *Viola exigua* W. Becker var. *castillonii* W. Becker
Hábito: Hierba.
Status: Endémica.
Elevación: 3500-4000 m.
Prov.: TU.
Ejemplar examinado: *Castillón s.n. ex Lillo 3691* (isotipo, BAF).
Nota: Nueva combinación efectuada en el Apéndice 1.

Viola columnaris Skottsb.
Sin.: *Viola petraea* W. Becker, *Viola petraea* W. Becker f. *albida* W. Becker
Ref.: Rossow, 1988g.
Hábito: Hierba.
Status: Nativa.
Elevación: 1500-3000 m.
Prov.: CHU, ME, NE, RN.
Ejemplar examinado: *Rossow y Gómez 4591* (BAF).

Viola comberi W. Becker = **Viola cotyledon** Ging.
Ref.: Rossow, 1988g.

Viola commersonii DC. ex Ging.
Ref.: Sparre, 1949; Moore, 1968; Rossow, 1988g.
Hábito: Hierba.
Status: Nativa.
Elevación: 0-500 m.
Prov.: SC, TF.
Paises limítrofes: CH.
Ejemplar examinado: *Hauman y Hicken 637* (SI).

Viola congesta auct. non Gillies = **Viola vulcanica** Gillies ex Hook. & Arn.

Viola coronifera W. Becker
Sin.: *Viola coronifera* W. Becker var. *minoriflora* W. Becker
Ref.: Rossow, 1988g.
Hábito: Hierba.
Status: Endémica.
Elevación: 1500-3500 m.
Prov.: NE.
Ejemplar examinado: *Boelcke et al. 14287* (SI).

Viola coronifera W. Becker var. *minoriflora* W. Becker = **Viola coronifera** W. Becker
Ref.: Rossow, 1988g.

Viola cotyledon Ging.
Sin.: *Viola comberi* W. Becker
Ref.: Rossow, 1988g.
Hábito: Hierba.
Status: Nativa.
Elevación: 1000-2500 m.
Prov.: CHU, NE, RN.
Paises limítrofes: CH.
Ejemplar examinado: *Rossow y Gómez 4623* (BAF).

Viola cotyledon Ging. subsp. *lologensis* W. Becker = **Viola dasyphylla** W. Becker
Ref.: Rossow, 1988g.

Viola dasyphylla W. Becker
Sin.: *Viola cotyledon* Ging. subsp. *lologensis* W. Becker
Ref.: Rossow, 1988g.
Hábito: Hierba.
Status: Endémica.
Elevación: 1500-2500 m.
Prov.: NE.
Ejemplar examinado: *Rossow y Gómez 4574* (BAF).

Viola domeykoana Gay
Ref.: Becker, 1926a; Rossow, 1993.
Hábito: Hierba.
Status: Nativa.
Elevación: 3000-3500 m.
Prov.: ME, SJ.
Paises limítrofes: CH.
Ejemplar examinado: *Nicora et al. 8527* (BAB).

Viola escondidaensis W. Becker = **Viola flühmannii** Phil.

Viola evae Hieron. ex W. Becker
Ref.: Becker, 1922, 1928.
Hábito: Hierba.
Status: Endémica.
Elevación: 3000-4000 m.
Prov.: LR.
Ejemplar examinado: *Sparre 8888* (LIL).

Viola exigua W. Becker var. *castillonii* W. Becker = **Viola castillonii** (W. Becker) Xifreda & Sanso

Viola fimbriata Steud. = **Viola maculata** Cav. var. **maculata**
Ref.: Sparre, 1949; Moore, 1968; Rossow, 1988g.

Viola flos-evae Hieron. var. **flossdorfii** Hicken
Ref.: Hicken, 1922a.
Hábito: Hierba.
Status: Endémica.
Elevación: 3000-4000 m.
Prov.: LR.
Ejemplar examinado: *Flossdorf 39* (holotipo, SI).

Viola flos-evae Hieron. var. *pseudo-volcanica* Hieron. = [Viola acanthophylla Leyb. ex Reiche var. tontalensis W. Becker]
Ref.: Becker, 1922.

Viola flühmannii Phil.
Sin.: *Viola escondidaensis* W. Becker
Ref.: Rossow, 1988g.
Hábito: Hierba.
Status: Nativa.
Elevación: 1500-2500 m.
Prov.: NE, RN.
Paises limítrofes: CH.
Ejemplar examinado: *Fiedler 17* (SI).

Viola frigida Phil.
Sin.: *Viola borchersi* Phil., *Viola frigida* Phil. var. *borchersi* (Phil.) Reiche
Ref.: Hauman, 1918; Johnston, 1929; Rossow, 1993.
Hábito: Hierba.
Status: Nativa.
Elevación: 3000-4000 m.
Prov.: LR, ME, SJ.
Paises limítrofes: CH.
Ejemplar examinado: *Johnston 6179* (BA).

Viola frigida Phil. var. *borchersi* (Phil.) Reiche = **Viola frigida** Phil.

Viola grandidentata Kalela = **Viola maculata** Cav. var. **maculata**
Ref.: Sparre, 1949; Rossow, 1988g.

Viola hieronymi W. Becker
Ref.: Becker, 1922, 1928.
Hábito: Hierba.
Status: Endémica.
Prov.: LR.
Ejemplar citado: *Hieronymus y Niederlein 804** (holotipo, B).

Viola hirta auct. non Langsd. = **Viola odorata** L.

Viola huidobrii Gay
Sin.: *Viola lechlerii* Griseb.
Ref.: Sparre, 1949, 1950b; Rossow, 1988g.
Hábito: Hierba.
Status: Nativa.
Elevación: 1500-2500 m.
Prov.: CHU, NE, RN.
Paises limítrofes: CH.
Ejemplar examinado: *Boelcke et al. 11745* (BAA).

Viola ipecacuanha L. = **Hybanthus calceolaria** (L.) Schulze-Menz

Viola joergensenii W. Becker
Ref.: Becker, 1926a.
Hábito: Hierba.
Status: Endémica.
Prov.: CA.
Ejemplar examinado: *Joergensen 1173* (isotipo, BAF).

Viola lechlerii Griseb. = **Viola huidobrii** Gay
Ref.: Sparre, 1949; Rossow, 1988g.

Viola lilloana W. Becker
Ref.: Becker, 1926b.
Hábito: Hierba.
Status: Endémica.
Elevación: 4000-4500 m.
Prov.: TU.
Ejemplar examinado: *Lillo 16166* (isotipo, BAF).

Viola macloviana Gand. = **Viola maculata** Cav. var. **maculata**
Ref.: Sparre, 1949; Rossow, 1988g.

Viola maculata Cav. f. *chilensis* Weibel = **Viola maculata** Cav. var. **maculata**
Ref.: Rossow, 1988g.

Viola maculata Cav. f. *fimbriata* (Steud.) Weibel = **Viola maculata** Cav. var. **microphyllos** (Poir.) Ging.

Viola maculata Cav. f. *grandidentata* (Kalela) Sparre = **Viola maculata** Cav. var. **maculata**
Ref.: Rossow, 1988g.

Viola maculata Cav. f. *grandidentata* (Kalela) Weibel = **Viola maculata** Cav. var. **maculata**
Ref.: Rossow, 1988g.

Viola maculata Cav. f. *septentrionalis* (Kalela) Weibel = **Viola maculata** Cav. var. **microphyllos** (Poir.) Ging.
Ref.: Rossow, 1988g.

Viola maculata Cav. f. *typica* Weibel, nom. inval. = **Viola maculata** Cav. var. **maculata**
Ref.: Rossow, 1988g.

Viola maculata Cav. var. **maculata**
Sin.: *Viola buchtieniana* W. Becker, *Viola fimbriata* Steud., *Viola grandidentata* Kalela, *Viola macloviana* Gand., *Viola maculata* Cav. f. *chilensis* Weibel, *Viola maculata* Cav. f. *grandidentata* (Kalela) Sparre, *Viola maculata* Cav. f. *grandidentata* (Kalela) Weibel, *Viola maculata* Cav. f. *typica* Weibel, nom. inval., *Viola maculata* Cav. var. *megaphylla* Ging., *Viola maculata* Cav. var. *pubescens* Reiche, *Viola valdiviana* Kalela
Ref.: Moore, 1968; Rossow, 1988g.
Hábito: Hierba.
Status: Nativa.
Elevación: 0-2000 m.
Prov.: CHU, NE, RN, SC, TF.
Paises limítrofes: CH.
Ejemplar examinado: *Cusato y Rossow 4068* (BAF).

Viola maculata Cav. var. *megaphylla* Ging. = **Viola maculata** Cav. var. **maculata**
Ref.: Rossow, 1988g.

Viola maculata Cav. var. **microphyllos** (Poir.) Ging.
Sin.: *Viola maculata* Cav. f. *fimbriata* (Steud.) Weibel, *Viola maculata* Cav. f. *septentrionalis* (Kalela) Weibel, *Viola maculata* Cav. subsp. *microphyllos* (Poir.) Weibel, *Viola microphyllos* Poir.
Ref.: Sparre, 1949; Rossow, 1988g.
Hábito: Hierba.
Status: Nativa.
Elevación: 0-1000 2000-2500 m.
Prov.: CHU, NE, RN, SC, TF.
Paises limítrofes: CH.
Ejemplar examinado: *Cusato y Rossow 4221* (BAF).

Viola maculata Cav. var. *pubescens* Reiche = **Viola maculata** Cav. var. **maculata**
Ref.: Rossow, 1988g.

Viola maculata Cav. subsp. *microphyllos* (Poir.) Weibel = **Viola maculata** Cav. var. **microphyllos** (Poir.) Ging.
Ref.: Sparre, 1949; Rossow, 1988g.

Viola maculata Cav. subsp. *reichei* (Skottsb.) Weibel = **Viola reichei** Skottsb.
Ref.: Rossow, 1988g.

Viola magellanica G. Forst.
Ref.: Sparre, 1949; Dudley, 1983; Rossow, 1988g.
Hábito: Hierba.
Status: Nativa.
Elevación: 0-500 m.
Prov.: SC, TF.
Paises limítrofes: CH.
Ejemplar examinado: *Alfonso et al. s.n.* (BAF).

[Viola mesadensis W. Becker]
Nota: Taxón dudoso.

Viola metajaponica Nakai
Ref.: Cabrera, 1966e; Covas, 1969a.
Hábito: Hierba.
Status: Introducida.
Elevación: 0-500 m.
Prov.: BA, CA, CO, LP, SL, TU.
Ejemplar examinado: *Clos 2361* (BAB).

Viola microphylla Phil. = **Viola philippii** Leyb.

Viola microphyllos Poir. = **Viola maculata** Cav. var. **microphyllos** (Poir.) Ging.
Ref.: Rossow, 1988g.

[Viola molfinoana W. Becker]
Nota: Taxón dudoso.

Viola montagnei Gay
Ref.: Becker, 1928; Johnston, 1929; Rossow, 1993.
Hábito: Hierba.
Status: Nativa.
Elevación: 3000-4000 m.
Prov.: CA, LR, ME, SJ.
Paises limítrofes: CH.
Ejemplar examinado: *Johnston 6194* (LIL).

Viola munozensis W. Becker
Ref.: Becker, 1926b.
Hábito: Hierba.
Status: Endémica.
Elevación: 3500-4000 m.
Prov.: TU.
Ejemplar citado: *Lillo 5911** (isotipo, B).

Viola niederleinii W. Becker
Ref.: Becker, 1922, 1928.
Hábito: Hierba.
Status: Endémica.
Prov.: LR.
Ejemplar citado: *Hieronymus y Niederlein 370b** (holotipo, B).

Viola odorata L.
Sin.: *Viola hirta* auct. non Langsd.
Ref.: Cabrera, 1966e; Covas, 1969a; Rossow, 1988g; Novara, 1996.
Hábito: Hierba.
Status: Adventicia.
Elevación: 0-2000 m.
Prov.: BA, CA, CO, COR, LP, SA, TU.
Ejemplar examinado: *Burkart 3013* (BAA).

Viola parviflora Mutis ex L.f. = **Hybanthus parviflorus** (Mutis ex L.f.) Baill.

Viola patagonica W. Becker = **Viola sacculus** Skottsb.
Ref.: Rossow, 1988g.

Viola petraea W. Becker = **Viola columnaris** Skottsb.
Ref.: Rossow, 1988g.

Viola petraea W. Becker f. *albida* W. Becker = **Viola columnaris** Skottsb.
Ref.: Rossow, 1988g.

Viola philippii Leyb.
Sin.: *Viola microphylla* Phil., = **Viola microphylla** Phil.
Ref.: Hauman, 1918; Böcher et al., 1968.
Hábito: Hierba.
Status: Nativa.
Elevación: 2500-4000 m.
Prov.: ME.
Paises limítrofes: CH.
Ejemplar examinado: *Hauman 219* (BA).

Viola portulacea Leyb.
Ref.: Becker, 1928; Roquero, 1969.
Hábito: Hierba.
Status: Nativa.
Elevación: 2500-4500 m.
Prov.: ME, NE.
Paises limítrofes: CH.
Ejemplar citado: *Kurtz 110948** (B).

Viola pseudovulcanica W. Becker
Ref.: Rossow, 1988g.
Hábito: Hierba.
Status: Endémica.
Elevación: 1500-2500 m.
Prov.: ME, NE, RN.
Ejemplar examinado: *Rossow et al. 1186* (BAB).

Viola pusilla Hook. & Arn., hom. illeg. = **Viola subandina** J.M. Watson
Ref.: Hoffmann et al., 1997.

Viola reichei Skottsb.
Sin.: *Viola maculata* Cav. subsp. *reichei* (Skottsb.) Weibel, *Viola reichei* Skottsb. f. *gunckelii* Sparre
Ref.: Sparre, 1949; Moore, 1968; Rossow, 1988g.
Hábito: Hierba.
Status: Nativa.
Elevación: 0-2000 m.
Prov.: CHU, NE, RN, TF.
Paises limítrofes: CH.
Ejemplar examinado: *Cusato y Rossow 4246* (BAF).

Viola reichei Skottsb. f. *gunckelii* Sparre = **Viola reichei** Skottsb.
Ref.: Rossow, 1988g.

Viola rodriguezii W. Becker
Ref.: Becker, 1926a, b; Cabrera, 1957b.
Hábito: Hierba.
Status: Endémica.
Elevación: 3500-4500 m.
Prov.: SA, TU.
Ejemplar examinado: *Rodríguez 1361* (holotipo, BAF).

Viola roigii Rossow
Ref.: Rossow, 1993c.
Hábito: Hierba.
Status: Endémica.
Elevación: 3000-3500 m.
Prov.: SJ.
Ejemplar examinado: *Kiesling et al. 6701* (SI).

Viola sacculus Skottsb.
Sin.: *Viola auritella* W. Becker, *Viola patagonica* W. Becker, *Viola squamulosa* W. Becker
Ref.: Rossow, 1988g.
Hábito: Hierba.
Status: Nativa.
Elevación: 1500-2500 m.
Prov.: CHU, NE, RN, SC.
Paises limítrofes: CH.
Ejemplar examinado: *Rubulis 219* (SI).

Viola sempervivum Gay
Ref.: Hauman, 1918; Böcher et al., 1968.
Hábito: Hierba.
Status: Nativa.
Elevación: 2000-3500 m.
Prov.: ME.
Paises limítrofes: CH.
Ejemplar examinado: *Gerling s.n.* (BA).

Viola spegazzinii W. Becker
Ref.: Becker, 1925; Spegazzini, 1925; Cabrera, 1957b.
Hábito: Hierba.
Status: Nativa.
Elevación: 3000>4500 m.
Prov.: SA.
Paises limítrofes: CH.
Ejemplar examinado: *Cabrera 8776* (LP).

Viola squamulosa W. Becker = **Viola sacculus** Skottsb.
Ref.: Rossow, 1988g.

Viola subandina J.M. Watson
Ref.: Rossow, 1988g; Hoffmann et al., 1997.
Hábito: Hierba.
Status: Nativa.
Prov.: CHU, ME, NE.
Paises limítrofes: CH.
Ejemplar examinado: *Boelcke et al. 13558* (SI).

Viola tectiflora W. Becker
Ref.: Rossow, 1988g.
Hábito: Hierba.
Status: Nativa.
Elevación: 500-2000 m.
Prov.: NE.
Paises limítrofes: CH.
Ejemplar examinado: *Rossow y Gómez 4456* (BAB, BAF).

Viola tricolor L.
Sin.: *Viola arvensis* Murray, *Viola tricolor* L. var. *arvensis* (Murray) Ging.
Ref.: Vervoorst, 1967.
Hábito: Hierba.
Status: Adventicia.
Elevación: 0-2500 m.
Prov.: BA, CHU, CO, LP, ME, NE, RN, SC, SL, TF, TU.
Paises limítrofes: BR, CH.
Ejemplar examinado: *Cabrera et al. 32947* (SI).

Viola tricolor L. var. *arvensis* (Murray) Ging. = **Viola tricolor** L.

Viola tridentata Ging.
Ref.: Moore, 1968; Rossow, 1988g.
Hábito: Hierba.
Status: Nativa.
Elevación: 500-1500 m.
Prov.: SC, TF.
Paises limítrofes: CH.
Ejemplar examinado: *Grondona 5602* (BAA).

Viola triflabellata W. Becker
Ref.: Becker, 1925, 1926a, b, 1928.
Hábito: Hierba.
Status: Endémica.
Elevación: 2000-4500 m.
Prov.: CA, JU, LR, SA, TU.
Ejemplar examinado: *Lillo 5557* (BAF).

Viola tucumanensis W. Becker
Ref.: Becker, 1926a, b.
Hábito: Hierba.
Status: Endémica.
Elevación: 3000-4000 m.
Prov.: TU.
Ejemplar examinado: *Rodríguez 291* (BAF, LIL).

Viola valdiviana Kalela = **Viola maculata** Cav. var. **maculata**

Viola vulcanica Gillies ex Hook. & Arn.
Sin.: *Viola congesta* auct. non Gillies
Ref.: Böcher et al., 1968; Ruiz Leal, 1975; Rossow, 1988g, 1993.
Hábito: Hierba.
Status: Nativa.
Elevación: 2000-4000 m.
Prov.: ME, NE, SJ, TU.
Paises limítrofes: CH.
Ejemplar examinado: *Boelcke et al. 14052* (SI).

VISCACEAE

1 género, 13 especies; 2 especies endémicas.

[Dendrophthora chrysostachya (J. Presl) Urb.]
Sin.: *Phoradendron chrysostachyum* (J. Presl) Eichler, *Viscum chrysostachyum* J. Presl
Ref.: Kuijt, 1986b.
Nota: Especie excluida de la flora argentina.

Loranthus piperoides Kunth = **Phoradendron piperoides** (Kunth) Nutt.
Ref.: Abbiatti, 1946; Kellog & Howard, 1986.

Phoradendron Nutt.

Número de especies: 13, 2 especies endémicas.

Phoradendron acinacifolium Mart. ex Eichler
Ref.: Abbiatti, 1946; Rizzini, 1956; Castellanos, 1956.
Hábito: Parásita.
Status: Nativa.
Elevación: 0-500 m.
Prov.: CH, COR, FO.
Paises limítrofes: BR, PA.
Ejemplar examinado: *Schulz 109* (SI).

Phoradendron argentinum Urb.
Ref.: Abbiatti, 1943, 1946; Rizzini, 1956.
Hábito: Parásita.
Status: Nativa.
Elevación: 0-2000 m.
Prov.: CA, CO, FO, JU, SA, SE, TU.
Paises limítrofes: PA.
Ejemplar examinado: *Venturi 1411* (SI).

Phoradendron balansae Trel.
Ref.: Rizzini, 1956.
Hábito: Parásita.
Status: Nativa.
Elevación: 0-500 m.
Prov.: CH, COR, FO, TU.
Paises limítrofes: PA.
Ejemplar examinado: *Venturi 1856* (SI).

Phoradendron burkartii Rizzini & Ulibarri
Ref.: Rizzini & Ulibarri, 1986; Ulibarri, 1987a.
Hábito: Parásita.
Status: Endémica.
Elevación: 0-500 m.
Prov.: ER.
Ejemplar examinado: *Burkart y Gamerro 21702* (holotipo, SI).

Phoradendron chrysostachyum (J. Presl) Eichler = [Dendrophthora chrysostachya (J. Presl) Urb.]
Ref.: Zarucchi, 1993b.

Phoradendron dipterum Eichler
Sin.: *Phoradendron multifoveolatum* Eichler
Ref.: Abbiatti, 1946.
Hábito: Parásita.
Status: Nativa.
Elevación: 0-500 m.
Prov.: MI.
Paises limítrofes: BR.
Ejemplar examinado: *Bridarolli s.n.* (LP 54647).

Phoradendron falcifrons (Hook. & Arn.) Eichler
Sin.: *Viscum falcifrons* Hook. & Arn.
Ref.: Abbiatti, 1943, 1946; Ulibarri, 1987a.
Hábito: Parásita.
Status: Nativa.
Elevación: 0-1000 m.
Prov.: ER, SA, TU.
Paises limítrofes: UR.
Ejemplar examinado: *Venturi 100* (SI).

Phoradendron hieronymi Trel.
Ref.: Abbiatti, 1943, 1946; Rizzini, 1956; Ulibarri, 1994b.
Hábito: Parásita.
Status: Nativa.
Elevación: 0-500 m.
Prov.: CA, CH, CO, COR, FO, LR, SA, SF, SJ, TU.
Paises limítrofes: BR, PA.
Ejemplar examinado: *Kiesling 4504* (SI).

[Phoradendron holoxanthum Eichler]
Ref.: Rizzini, 1956.
Nota: Especie excluida de la flora argentina.

Phoradendron liga (Gillies ex Hook. & Arn.) Eichler
Sin.: *Viscum liga* Gillies ex Hook. & Arn.
Ref.: Abbiatti, 1943, 1946; Rizzini, 1956; Ulibarri, 1987a, 1994b.
Hábito: Parásita.
Status: Nativa.
Elevación: 0-1500 m.
Prov.: CA, CH, CO, COR, ER, JU, LR, SA, SF, SJ, SL, TU.
Paises limítrofes: BO, PA.
Ejemplar examinado: *Cabrera 1037* (SI).

Phoradendron meliae Trel. = **Phoradendron pruinosum** Urb.
Ref.: Abbiatti, 1946.

Phoradendron multifoveolatum Eichler = **Phoradendron dipterum** Eichler
Ref.: Kuijt, 1986b.

Phoradendron perrottetii (DC.) Nutt.
Sin.: *Viscum perrottetii* DC.
Ref.: Abbiatti, 1946.
Hábito: Parásita.
Status: Nativa.
Prov.: JU.
Paises limítrofes: BO, BR.
Ejemplar examinado: *Jörgensen s.n.* (BAB 35789).

Phoradendron piperoides (Kunth) Nutt.
Sin.: *Loranthus piperoides* Kunth, *Phoradendron piperoides* (Kunth) Trel., comb. superfl.
Ref.: Abbiatti, 1946; Kellogg & Howard, 1986; Kuijt, 1986b.
Hábito: Parásita.
Status: Nativa.
Elevación: 0-500 m.
Prov.: CH, COR, MI.
Paises limítrofes: BR, PA.
Ejemplar examinado: *Krapovickas et al. 17242* (SI).

Phoradendron piperoides (Kunth) Trel., comb. superfl. = **Phoradendron piperoides** (Kunth) Nutt.
Ref.: Abbiatti, 1946.

Phoradendron pruinosum Urb.
Sin.: *Phoradendron meliae* Trel.
Ref.: Abbiatti, 1943, 1946; Rizzini, 1956; Castellanos, 1957.
Hábito: Parásita.
Status: Nativa.
Elevación: 0-1500 m.
Prov.: CA, CH, CO, FO, LR, SE, TU.
Paises limítrofes: PA.
Ejemplar examinado: *Venturi 5736* (SI).

[Phoradendron rubrum (L.) Griseb.]
Sin.: *Viscum rubrum* L.
Ref.: Kellogg & Howard, 1986.
Nota: Especie excluida de la flora argentina.

[Phoradendron salicifolium (J. Presl) Eichler]
Sin.: *Viscum salicifolium* J. Presl
Nota: Cita dudosa para la flora argentina.

Phoradendron semiterens Trel. = **Phoradendron trianae** Eichler
Ref.: Zarucchi, 1993b.

Phoradendron subfalcatum Abbiatti
Ref.: Abbiatti, 1946; Rizzini, 1956.
Hábito: Parásita.
Status: Endémica.
Elevación: 0-1000 m.
Prov.: SA, TU.
Ejemplar examinado: *Venturi 2085* (holotipo, LIL; isotipo, SI).

[Phoradendron trianae Eichler]
Sin.: *Phoradendron semiterens* Trel.
Ref.: Kuijt, 1986b.
Nota: Especie excluida de la flora argentina.

Phoradendron tucumanense Urb.
Ref.: Abbiatti, 1943, 1946; Rizzini, 1956.
Hábito: Parásita.
Status: Nativa.
Elevación: 500-1500 m.
Prov.: SA, TU.
Paises limítrofes: BO.
Ejemplar examinado: *Venturi 3870* (SI).

Viscum chrysostachyum J. Presl = [Dendrophthora chrysostachya (J. Presl) Urb.]
Ref.: Zarucchi, 1993b.

Viscum falcifrons Hook. & Arn. = **Phoradendron falcifrons** (Hook. & Arn.) Eichler
Ref.: Ulibarri, 1987a.

Viscum liga Gillies ex Hook. & Arn. = **Phoradendron liga** (Gillies ex Hook. & Arn.) Eichler
Ref.: Ulibarri, 1994b.

Viscum perrottetii DC. = **Phoradendron perrottetii** (DC.) Nutt.
Ref.: Abbiatti, 1946.

Viscum rubrum L. = [Phoradendron rubrum (L.) Griseb.]
Ref.: Kellogg & Howard, 1986.

Viscum salicifolium J. Presl = [Phoradendron salicifolium (J. Presl) Eichler]
Ref.: Abbiatti, 1946.

VITACEAE

1 género, 7 especies.

por M. E. Múlgura

Cissus L.

Número de especies: 7

Cissus bonariensis Hook. & Arn. = **Cissus palmata** Poir. var. **palmata**
Ref.: Múlgura, 1996.

Cissus canescens Lam. = **Cissus verticillata** (L.) Nicolson & C.E. Jarvis subsp. **verticillata**
Ref.: Lombardi, 1995.

Cissus compressicaulis Ruiz & Pav. = **Cissus verticillata** (L.) Nicolson & C.E. Jarvis subsp. **verticillata**
Ref.: Lombardi, 1995.

Cissus deficiens Hook. & Arn. = **Cissus striata** Ruiz & Pav. subsp. **striata**
Ref.: Cusato & Rossow, 1996.

Cissus gibertii (Baker) Planch. = **Cissus palmata** Poir. var. **palmata**
Ref.: Múlgura, 1996.

[Cissus gongylodes (Burch. ex Baker) Planch.]
Nota: Citada erróneamente para la flora argentina, sobre la base de material no perteneciente a esta especie.

Cissus hasslerianus Chodat = **Cissus spinosa** Cambess.
Ref.: Lombardi, 1995; Múlgura, 1996.

Cissus lanceolata Malme, hom. illeg. = **Cissus striata** Ruiz & Pav. subsp. **argentina** (Suess.) Lombardi
Ref.: Lombardi, 1995.

Cissus ovata Lam. = **Cissus verticillata** (L.) Nicolson & C.E. Jarvis subsp. **verticillata**
Ref.: Lombardi, 1995.

Cissus palmata var. **balansaeana** Planch.
Sin.: *Cissus paraguayensis* Planch.
Ref.: Múlgura, 1978, 1996.
Hábito: Enredadera.
Status: Nativa.
Elevación: 0–1000 m.
Prov.: CH, COR, ER, JU, MI, SA, SF.
Paises limítrofes: PA.
Ejemplar examinado: *Burkart 27004* (SI).

Cissus palmata Poir. var. **palmata**
Sin.: *Cissus bonariensis* Hook. & Arn., *Cissus gibertii* (Baker) Planch., *Vitis bakeri* Herter, *Vitis gibertii* Baker, *Vitis palmata* (Poir.) Baker
Ref.: Múlgura, 1978, 1996.
Hábito: Enredadera.
Status: Nativa.
Elevación: 0–500 m.
Prov.: BA, COR, ER, MI, TU.
Paises limítrofes: BO, BR, PA, UR.
Ejemplar examinado: *Burkart 29377* (SI).

Cissus paraguayensis Planch. = **Cissus palmata** Poir. var. **balanseana** Planch.
Ref.: Múlgura, 1996.

Cissus pruinosa Herzog, hom. illeg. = **Cissus tweediana** (Baker) Griseb.
Ref.: Múlgura, 1996.

Cissus quinquefolia Sol. ex Sims = **Cissus simsiana** J. A. Schultes & J. H. Schultes
Ref.: Lombardi, 1995; Mulgura, 1996.

Cissus scabricaulis (Baker) Planch. = **Cissus subrhomboidea** (Baker) Planch.
Ref.: Lombardi, 1995.

Cissus sicyoides L. = **Cissus verticillata** (L.) Nicolson & C.E. Jarvis subsp. **verticillata**
Ref.: Lombardi, 1995.

Cissus sicyoides L. var. *palmata* Hassl. = **Cissus verticillata** (L.) Nicolson & C.E. Jarvis subsp. **laciniata** (Baker) Lombardi
Ref.: Múlgura, 1996.

Cissus simsiana J. A. Schultes & J. H. Schultes
Sin.: *Cissus quinquefolia* Sol. ex Sims, *Vitis simsiana* (J. A. Schultes & J. H. Schultes) Baker
Ref.: Lombardi, 1995; Múlgura, 1996.
Hábito: Enredadera.
Status: Nativa.
Elevación: 0–500 m.
Prov.: JU, SA.
Paises limítrofes: BR.
Ejemplar examinado: *Cabrera 20331* (LP).

Cissus smilacina Kunth = **Cissus verticillata** (L.) Nicolson & C.E. Jarvis
Ref.: Lombardi, 1995.

Cissus spinosa Cambess.
Sin.: *Cissus hasslerianus* Chodat.
Ref.: Lombardi, 1995; Múlgura, 1996.
Hábito: Enredadera.
Status: Nativa.
Elevación: 0–500 m.
Prov.: FO.
Paises limítrofes: BR, PA.
Ejemplar examinado: *Fortunato 2479* (SI).

Cissus striata Ruiz & Pav. subsp. **argentina** (Suess.) Lombardi
Sin.: *Cissus lanceolata* Malme, *Cissus striata* var. *argentina* Suess.
Ref.: Lombardi, 1995; Múlgura, 1996.
Hábito: Enredadera.
Status: Nativa.
Elevación: 0–500 m.
Prov.: BA, COR, ER, JU, MI, SA, TU.
Paises limítrofes: BO, PA.
Ejemplar examinado: *Boelcke 944* (BAA).

Cissus striata Ruiz & Pav. subsp. **striata**
Sin.: *Cissus deficiens* Hook. & Arn.
Ref.: Cusato & Rossow, 1996.
Hábito: Enredadera.
Status: Nativa.
Elevación: 500–1000 m.
Prov.: CHU.
Paises limítrofes: CH.
Ejemplar examinado: *Cusato y Rossow 4401* (BAF).

Cissus striata var. *argentina* Suess. = **Cissus striata** Ruiz & Pav. subsp. **argentina** (Suess.) Lombardi
Ref.: Lombardi, 1995.

Cissus subrhomboidea (Baker) Planch.
Sin.: *Cissus scabricaulis* (Baker) Planch., *Vitis scabricaulis* Baker, *Vitis subrhomboidea* Baker
Ref.: Múlgura, 1978, 1996; Novara et al., 1992; Lombardi, 1995.
Hábito: Enredadera.
Status: Nativa.
Elevación: 0–500 m.
Prov.: JU, SA.
Paises limítrofes: BO, BR, PA.
Ejemplar examinado: *Cabrera 21600* (SI).

Cissus sulcicaulis (Baker) Planch.
Sin.: *Vitis pterophora* Baker, *Vitis sulcicaulis* Baker
Ref.: Lombardi, 1995; Múlgura, 1996.
Hábito: Enredadera.
Status: Nativa.
Elevación: 0–500 m.
Prov.: MI.
Paises limítrofes: BO, BR, PA.
Ejemplar examinado: *Burkart 28047* (SI).

Cissus tamoides Cambess. = **Cissus verticillata** (L.) Nicolson & C.E. Jarvis
Ref.: Lombardi, 1995.

Cissus tucumana Suess. = **Cissus verticillata** (L.) Nicolson & C.E. Jarvis subsp. **laciniata** (Baker) Lombardi

Cissus tweediana (Baker) Griseb.
Sin.: *Cissus pruinosa* Herzog, hom. illeg., *Cissus tweediana* (Baker) Planch., comb. superfl., *Vitis tweediana* Baker
Ref.: Múlgura, 1978; Novara et al., 1992.
Hábito: Enredadera.
Status: Nativa.
Prov.: CA, JU, SA, TU.
Paises limítrofes: BO
Ejemplar examinado: *Burkart 30528* (SI).

Cissus tweediana (Baker) Planch., comb. superfl. = **Cissus tweediana** (Baker) Griseb.

Cissus umbrosa Kunth = **Cissus verticillata** (L.) Nicolson & C.E. Jarvis subsp. **verticillata**
Ref.: Lombardi, 1995.

Cissus verticillata (L.) Nicolson & C.E. Jarvis subsp. **laciniata** (Baker) Lombardi
Sin.: *Cissus sicyoides* var. *palmata* Hassl., *Cissus tucumana* Suess., *Vitis sicyoides* (L.) Baker f. *laciniata* Baker
Ref.: Lombardi, 1995; Múlgura, 1996.
Hábito: Enredadera.
Status: Nativa.
Elevación: 0-1000 m.
Prov.: CA, CO, ER, FO, SA, TU.
Paises limítrofes: BR, PA.
Ejemplar examinado: *Burkart 27788* (SI).

Cissus verticillata (L.) Nicolson & C.E. Jarvis subsp. **verticilliata**
Sin.: *Cissus canescens* Lam., *Cissus compressicaulis* Ruiz & Pav., *Cissus ovata* Lam., *Cissus sicyoides* L., *Cissus smilacina* Kunth, *Cissus tamoides* Cambess., *Cissus umbrosa* Kunth, *Phoradendron verticillatum* (L.) Druce, *Viscum verticillatum* L., *Vitis sicyoides* (L.) Baker, comb. superfl., *Vitis sicyoides* (L.) Miq., *Vitis sicyoides* (L.) Morales, comb. superfl., *Vitis sicyoides* f. *lobata* Baker
Ref.: Novara et al., 1992; Múlgura, 1978, 1996; Lombardi, 1995.

Hábito: Enredadera.
Status: Nativa.
Elevación: 0–500 m.
Prov.: BA, CA, CH, ER, FO, JU, MI, SA, SF, SE, TU.
Paises limítrofes: BO, BR, PA, UR.
Ejemplar examinado: *Burkart 39529* (SI).

Vitis bakeri Herter = **Cissus palmata** Poir. var. **palmata**
Ref.: Lombardi, 1995.

Vitis gibertii Baker = **Cissus palmata** Poir. var. **palmata**
Ref.: Múlgura, 1996.

Vitis palmata (Poir.) Baker = **Cissus palmata** Poir. var. **palmata**
Ref.: Múlgura, 1978.

Vitis pterophora Baker = **Cissus sulcicaulis** (Baker) Planch.
Ref.: Lombardi, 1995.

Vitis scabricaulis Baker = **Cissus subrhomboidea** (Baker) Planch.
Ref.: Múlgura, 1978, 1996; Lombardi, 1995.

Vitis sicyoides (L.) Morales, comb. superfl. = **Cissus verticillata** (L.) Nicolson & C.E. Jarvis subsp. **verticillata**
Ref.: Múlgura, 1996.

Vitis sicyoides (L.) Baker, comb. superfl. = **Cissus verticillata** (L.) Nicolson & C.E. Jarvis subsp. **verticillata**
Ref.: Lombardi, 1995.

Vitis sicyoides (L.) Miq. = **Cissus verticillata** (L.) Nicolson & C.E. Jarvis subsp. **verticillata**

Vitis sicyoides (L.) Miq. f. *laciniata* Baker = **Cissus verticillata** (L.) Nicolson & C.E. Jarvis subsp. **laciniata** (Baker) Lombardi

Vitis sicyoides (L.) Miq. f. *lobata* Baker = **Cissus verticillata** (L.) Nicolson & C.E. Jarvis subsp. **verticillata**
Ref.: Lombardi, 1995; Múlgura, 1996.

Vitis simsiana (J. A. Schultes & J. H. Schultes) Baker = **Cissus simsiana** J. A. Schultes & J. H. Schultes
Ref.: Lombardi, 1995; Múlgura, 1996.

Vitis subrhomboidea Baker = **Cissus subrhomboidea** (Baker) Planch.
Ref.: Múlgura, 1978, 1996; Lombardi, 1995.

Vitis sulcicaulis Baker = **Cissus sulcicaulis** (Baker) Planch.
Ref.: Lombardi, 1995.

Vitis tweediana Baker = **Cissus tweediana** (Baker) Griseb.
Ref.: Múlgura, 1978.

VIVIANIACEAE

2 géneros, 3 especies.

Caesarea Cambess.

Número de especies: 1

Caesarea albiflora Cambess.
Sin.: *Caesarea montevidensis* Klotzsch, *Viviania albiflora* (Cambess.) Reiche, *Viviania montevidensis* (Klotzsch) Reiche
Ref.: Ariza Espinar, 1995d.
Hábito: Arbusto.
Status: Nativa.
Elevación: 0–500 m.
Prov.: MI.
Paises limítrofes: BR, UR.
Ejemplar examinado: *Felippone 4350* (SI).

Caesarea montevidensis Klotzsch = **Caesarea albiflora** Cambess.
Ref.: Ariza Espinar, 1995d.

Macraea rosea Lindl. = **Viviania marifolia** Cav.
Ref.: Ariza Espinar, 1995d.

Viviania Cav.

Número de especies: 2

Viviania albiflora (Cambess.) Reiche = **Caesarea albiflora** Cambess.
Ref.: Ariza Espinar, 1995d.

Viviania bernalesii Phil. = **Viviania ovata** Phil.
Ref.: Ariza Espinar, 1995d.

Viviania marifolia Cav.
Sin.: *Macraea rosea* Lindl., *Viviania rosea* (Lindl.) Klotzsch
Ref.: Ariza Espinar, 1995d.
Hábito: Arbusto.
Status: Nativa.
Elevación: 3500–4000 m.
Prov.: NE, SJ.
Paises limítrofes: CH.
Ejemplar examinado: *Kiesling 8099* (SI).

Viviania montevidensis (Klotzsch) Reiche = **Caesarea albiflora** Cambess.
Ref.: Ariza Espinar, 1995d.

Viviania ovata Phil.
Sin.: *Viviania bernalesii* Phil.
Ref.: Ariza Espinar, 1995d.
Hábito: Arbusto.
Status: Nativa.
Elevación: 2000–2500 m.
Prov.: NE.
Paises limítrofes: CH.
Ejemplar examinado: *Boelcke 13740* (BAA, CORD).

Viviania rosea (Lindl.) Klotzsch = **Viviania marifolia** Cav.
Ref.: Ariza Espinar, 1995d.

VOCHYSIACEAE

1 género, 1 especie.

Amphilochia cordata Mart. = **Qualea cordata** (Mart.) Spreng.
Ref.: Bernardi, 1985a.

Qualea Aubl.

Número de especies: 1

Qualea cordata (Mart.) Spreng.
Sin.: *Amphilochia cordata* Mart.
Ref.: Molfino, 1922; Ezcurra, 1984; Bernardi, 1985a; Spichiger & Loizeau, 1985.
Hábito: Arbusto o árbol.
Status: Nativa.
Elevación: 0–500 m.
Prov.: MI.
Paises limítrofes: BR, PA.
Ejemplar examinado: *Correa et al. 5489* (SI).

WINTERACEAE

1 género, 2 especies.

Drimys J.R. Forst. & G. Forst.

Número de especies: 2

Drimys brasiliensis Miers subsp. **brasiliensis**
Sin.: *Drimys brasiliensis* (A. St.-Hil.) Miers var. *campestris*, *Drimys granadensis* A. St.-Hil. var. *campestris*
Ref.: Ehrendorfer et al., 1979.
Hábito: Árbol.
Status: Nativa.
Elevación: 0–1500 m.
Paises limítrofes: BR, PA.
Ejemplar examinado: *Krapovickas y Cristóbal 33651* (SI).
Nota: Probablemente se encuentre en la Argentina; el ejemplar citado es de Brasil.

Drimys brasiliensis subsp. **sylvatica** (A. St.-Hil.) Ehrend. & Gottsb.
Sin.: *Drimys brasiliensis* var. *montana* (A. St.-Hil.) Hauman, *Drimys granadensis* var. *montana* A. St.-Hil., *Drimys granadensis* var. *sylvatica* A. St.-Hil., *Drimys montana* (A. St.-Hil.) Miers
Ref.: Smith, 1943; Ehrendorfer et al., 1979.
Hábito: Arbusto o árbol.
Status: Nativa.
Elevación: 0–1000 m.
Prov.: MI.
Paises limítrofes: BR, PA.
Ejemplar citado: *Molfino s.n.**.

Drimys brasiliensis var. *campestris* (A. St.-Hil.) Miers = **Drimys brasiliensis** Miers subsp. **brasiliensis**
Ref.: Ehrendorfer et al., 1979.

Drimys brasiliensis var. *montana* (A. St.-Hil.) Hauman = **Drimys brasiliensis** subsp. **sylvatica** (A. St.-Hil.) Ehrend. & Gottsb.
Ref.: Ehrendorfer et al., 1979.

Drimys chilensis DC. = **Drimys winteri** J.R. Forst. & G. Forst.
Ref.: Fortunato, 1984b.

Drimys granadensis var. *campestris* A. St.-Hil. = **Drimys brasiliensis** Miers subsp. **brasiliensis**
Ref.: Ehrendorfer et al., 1979.

Drimys granadensis var. *montana* A. St.-Hil. = **Drimys brasiliensis** subsp. **sylvatica** (A. St.-Hil.) Ehrend. & Gottsb.
Ref.: Ehrendorfer et al., 1979.

Drimys granadensis var. *sylvatica* A. St.-Hil. = **Drimys brasiliensis** subsp. **sylvatica** (A. St.-Hil.) Ehrend. & Gottsb.
Ref.: Ehrendorfer et al., 1979.

Drimys montana (A. St.-Hil.) Miers = **Drimys brasiliensis** subsp. **sylvatica** (A. St.-Hil.) Ehrend. & Gottsb.
Ref.: Ehrendorfer et al., 1979.

Drimys punctata Lam. = **Drimys winteri** J.R. Forst. & G. Forst.
Ref.: Fortunato, 1984b.

Drimys winteri J.R. Forst. & G. Forst.
Sin.: *Drimys chilensis* DC., *Drimys punctata* Lam., *Drimys winteri* f. *andina* (Reiche) Hauman, *Drimys winteri* f. *magellanica* Eichler, *Drimys winteri* var. *andina* Reiche, *Drimys winteri* var. *chilensis* (DC.) A. Gray, *Drimys winteri* var. *morenonis* Kuntze, *Drimys winteri* var. *punctata* (Lam.) DC., *Drimys winteri* var. *quinoensis* Kuntze.
Ref.: Smith, 1943; Fortunato, 1984b.
Hábito: Arbusto o árbol.
Status: Nativa.
Elevación: 0–2500 m.
Prov.: CHU, NE, RN, SC, TF.
Paises limítrofes: CH.
Ejemplar examinado: *Goodall 2319* (BAB, SI).

Drimys winteri f. *andina* (Reiche) Hauman = **Drimys winteri** J.R. Forst. & G. Forst.

Drimys winteri f. *magellanica* Eichler = **Drimys winteri** J.R. Forst. & G. Forst.

Drimys winteri var. *andina* Reiche = **Drimys winteri** J.R. Forst. & G. Forst.
Ref.: Fortunato, 1984b.

Drimys winteri var. *chilensis* (DC.) A. Gray = **Drimys winteri** J.R. Forst. & G. Forst.
Ref.: Fortunato, 1984b.

Drimys winteri var. *morenonis* Kuntze = **Drimys winteri** J.R. Forst. & G. Forst.

Drimys winteri var. *punctata* (Lam.) DC. = **Drimys winteri** J.R. Forst. & G. Forst.
Ref.: Fortunato, 1984b.

Drimys winteri var. *quinoensis* Kuntze = **Drimys winteri** J.R. Forst. & G. Forst.

ZYGOPHYLLACEAE

7 géneros, 16 especies; 5 especies endémicas.

por J. H. Hunziker

Bulnesia Gay

Número de especies: 5, 1 especie endémica.

Bulnesia bonariensis Griseb.
Ref.: Palacios & Hunziker, 1984.
Hábito: Arbusto o arbolito.
Status: Nativa.
Elevación: 0-500 m.
Prov.: CA, CH, CO, FO, JU, LR, SA, SE, SL, TU.
Paises limítrofes: BO, PA.
Ejemplar examinado: *Lorentz 26* (isolectotipo, CORD).

Bulnesia foliosa Griseb.
Ref.: Palacios & Hunziker, 1984.
Hábito: Arbusto.
Status: Nativa.
Elevación: 0-500 m.
Prov.: CA, CH, CO, JU, LR, SA, SE, TU.
Paises limítrofes: BO, PA.
Ejemplar examinado: *Lorentz 11* (isolectotipo, CORD).

Bulnesia gancedoi Rojas Acosta = **Bulnesia sarmientoi** Lorentz ex Griseb.
Ref.: Palacios & Hunziker, 1984.

Bulnesia macrocarpa Phil. = **Bulnesia retama** (Gillies ex Hook. & Arn.) Griseb.
Ref.: Palacios & Hunziker, 1984.

Bulnesia retama (Gillies ex Hook. & Arn.) Griseb.
Sin.: *Bulnesia macrocarpa* Phil., *Zygophyllum retama* Gillies ex Hook. & Arn.,
Ref.: Palacios & Hunziker, 1984.
Hábito: Arbusto o árbol.
Status: Nativa.
Elevación: 500-2500 m.
Prov.: CA, CO, LP, LR, ME, SE, SJ, SL.
Ejemplar examinado: *J.H. Hunziker 1778* (CORD, K, MO, SI).
Nota: Esta especie habita también en Perú.

Bulnesia sarmientoi Lorentz ex Griseb.
Sin.: *Bulnesia gancedoi* Rojas Acosta
Ref.: Palacios & Hunziker, 1984; Hunziker & Palacios, 1985.
Hábito: Árbol.
Status: Nativa.
Elevación: 80-200 m.
Prov.: CH, FO, SA.
Paises limítrofes: BO, BR, PA.
Ejemplar examinado: *Lorentz et Hieronymus 576* (isotipo, CORD).

Bulnesia schickendantzii Hieron. ex Griseb.
Ref.: Palacios & Hunziker, 1984.
Hábito: Arbusto o subarbusto.
Status: Endémica.
Elevación: 1000-2500 m.
Prov.: CA, JU, LR, SA, TU.
Ejemplar examinado: *Schickendantz 261* (isotipo, CORD).

Covillea ameghinoi (Speg.) Briq. = **Larrea ameghinoi** Speg.
Ref.: Descole et al., 1940.

Covillea nitida (Cav.) Vail = **Larrea nitida** Cav.
Ref.: Descole et al., 1940.

Ehrenbergia tribuloides Mart. = **Kallstroemia tribuloides** (Mart.) Steud.
Ref.: Porter, 1969.

Guaiacum microphyllum Baill. = **Porlieria microphylla** (Baill.) Descole, O´Donell & Lourteig
Ref.: Descole et al., 1940.

Kallstroemia Scop.

Número de especies: 2

Kallstroemia tribuloides (Mart.) Steud.
Sin.: *Ehrenbergia tribuloides* Mart., *Tribulus brasiliensis* Spreng., nom. superfl.
Ref.: Descole et al., 1940, 1943; Porter, 1969.
Hábito: Hierba.
Status: Nativa.
Elevación: 600-900 m.
Prov.: CA, CH, JU, LR, ME, SA, SE, TU.
Paises limítrofes: BO, BR.
Ejemplar examinado: *Venturi 10771* (SI).

Kallstroemia tucumanensis Descole, O´Donell & Lourteig
Ref.: Descole et al., 1940, 1943; Porter, 1969.
Hábito: Hierba.
Status: Nativa.
Elevación: 0-900 m.
Prov.: CA, CH, CO, ER, JU, LR, ME, SA, SE, SL, TU.
Paises limítrofes: BO.
Ejemplar examinado: *O'Donell y Lourteig s.n.* (holotipo, LIL 2855).

Larrea Cav.

Número de especies: 4, 2 especies endémicas.

Larrea ameghinoi Speg.
Sin.: *Covillea ameghinoi* (Speg.) Briq.
Ref.: Descole et al., 1940; Hunziker et al., 1978; Lourteig, 1988d.
Hábito: Caméfita.
Status: Endémica.
Prov.: CHU, NE, RN, SC.
Ejemplar examinado: *Ameghino s.n.* (holotipo, LP 11958).

Larrea balsamica I.M. Johnst. = **Larrea nitida** Cav.
Ref.: Lourteig, 1988d.

Larrea cuneifolia Cav.
Ref.: Descole et al., 1940; Dawson, 1966b; Hunziker et al., 1978; Lourteig, 1988d.
Hábito: Arbusto.
Status: Endémica.
Elevación: 0-3000 m.
Prov.: BA, CA, CHU, CO, LP, LR, ME, NE, RN, SA, SE, SJ, SL, TU.
Ejemplar examinado: *J.H. Hunziker 1785* (BA, CORD, K, LIL, LP, MO, SI)

Larrea divaricata Cav.
Sin.: *Larrea monticelli* Perrone & Caro
Ref.: Descole et al., 1940; Dawson, 1966b; Hunziker et al., 1978; Lourteig, 1988d.
Hábito: Arbusto.
Status: Nativa.
Elevación: 0-3000 m.
Prov.: BA, CA, CHU, CO, LP, LR, ME, NE, RN, SA, SE, SJ, SL, TU.
Paises limítrofes: BO, CH.
Ejemplar examinado: *J.H. Hunziker 1763* (CORD, K, LP, MO, SI).

Larrea monticelli Perrone & Caro = **Larrea divaricata** Cav.

Larrea nitida Cav.
Sin.: *Covillea nitida* (Cav.) Vail, *Larrea balsamica* I.M. Johnst.
Ref.: Descole et al., 1940; Hunziker et al., 1978; Lourteig, 1988d.
Hábito: Arbusto.
Status: Nativa.
Elevación: 0-3000 m.
Prov.: BA, CA, CHU, LP, LR, ME, NE, RN, SA, SJ.
Paises limítrofes: CH.
Ejemplar examinado: *J.H. Hunziker y Palacios 8518* (BAFC).

Larrea simulans Sandwith = **Larrea ameghinoi** Speg. x **Larrea nitida** Cav.
Ref.: Hunziker et al., 1978.

Plectrocarpa Gillies ex Hook. & Arn.
Número de especies: 2 especies endémicas.

Plectrocarpa rougesii Descole, O'Donell & Lourteig
Ref.: Descole et al., 1940, 1943.
Hábito: Arbusto o subarbusto.
Status: Endémica.
Elevación: 1400-2500 m.
Prov.: CA, LR, SA, TU.
Ejemplar examinado: *Jaiz s.n.* (holotipo, LIL 2854).

Plectrocarpa tetracantha Gillies ex Hook. & Arn.
Ref.: Descole et al., 1940.
Hábito: Arbusto.
Status: Endémica.
Elevación: 390-1500 m.
Prov.: CA, CO, JU, LR, ME, SE, SJ, SL.
Ejemplar examinado: *Stuckert 17064* (SI).

Porlieria Ruiz & Pav.
Número de especies: 1

Porlieria hygrometrica auct. non Ruiz & Pav. = **Porlieria microphylla** (Baill.) Descole, O'Donell & Lourteig
Ref.: Descole et al., 1940.

Porlieria lorentzii Engl. = **Porlieria microphylla** (Baill.) Descole, O'Donell & Lourteig
Ref.: Descole et al., 1940; Dawson, 1966b.

Porlieria microphylla (Baill.) Descole, O'Donell & Lourteig
Sin.: *Guaiacum microphyllum* Baill., *Porlieria hygrometrica* auct. non Ruiz & Pav., *Porlieria lorentzii* Engl.
Ref.: Descole et al., 1940; Dawson, 1966b.
Hábito: Arbusto.
Status: Nativa.
Elevación: 0-3000 m.
Prov.: BA, CA, CH, CO, COR, ER, FO, JU, LR, SA, SE, SF, SL, TU.
Paises limítrofes: BO, UR.
Ejemplar examinado: *Giardelli 88* (SI).

Tribulus L.
Número de especies: 1

[Tribulus arvensis Rojas Acosta]
Ref.: Krapovickas, 1970c.
Nota: Taxón dudoso.

Tribulus brasiliensis Spreng., nom. superfl. = **Kallstroemia tribuloides** (Mart.) Steud.
Ref.: Descole et al., 1940.

Tribulus terrestris L.
Ref.: Descole et al., 1940, 1943; Dawson, 1966b; Lourteig, 1988d.
Hábito: Hierba.
Status: Cosmopolita.
Elevación: 0-3600 m.
Prov.: BA, CA, CO, ER, JU, LP, LR, ME, RN, SA, SE, SJ, SL, TU.
Paises limítrofes: CH.
Ejemplar examinado: *Boelcke et al. 10171* (BAA, BAB, SI).

Zygophyllum L.
Número de especies: 1

Zygophyllum fabago L.
Ref.: Descole et al., 1940, 1943; Lourteig, 1988d.
Hábito: Hierba.
Status: Introducida.
Prov.: RN.
Ejemplar examinado: *Castellanos s.n.* (BA 28/1149).

Zygophyllum retama Gillies ex Hook. & Arn. = **Bulnesia retama** (Gillies ex Hook. & Arn.) Griseb.
Ref.: Palacios & Hunziker, 1984.

BIBLIOGRAFÍA

Abbiatti, D. 1939. Las Martiniáceas Argentinas. Notas Mus. La Plata, Bot. 4: 443-473.

——. 1943. Sinopsis de las Lorantáceas argentinas. Revista Argent. Agron. 10: 1-25.

——. 1946. Las Lorantáceas argentinas. Revista Mus. La Plata, Secc. Bot. 7: 1-110.

——. 1949. Una nueva variedad *de Psittacanthus cuneifolius*. Bol. Soc. Argent. Bot. 3: 34.

Abrams, L. 1951. Boraginaceae. En L. Abrams (ed.), Il. Fl. Pacific States 3: 532-609.

Acevedo de Vargas, R. 1951. Indice específico de las Verbenáceas chilenas, nuevas o críticas del herbario del Museo de Historia Natural. Bol. Mus. Hist. Nat Chile 25: 35-70.

Acevedo-Rodríguez, P. 1993. Systematics of *Serjania* (Sapindaceae), Part I: A revision of *Serjania* Sect. *Platycoccus*. Mem. New York Bot. Gard. 67: 1-93.

Achinelli, F. & Delucchi, G. En prensa. El "fresno americano" naturalizado en la provincia de Buenos Aires (Argentina), *Fraxinus pennsylvanica* (Oleaceae). Revista Mus. La Plata, Secc. Bot.

Adams, C. D. 1972. Flowering Plants of Jamaica. McLehose, Glasgow.

Aellen, P. 1929. Beitrag zur Systematik der *Chenopodium*-Arten Amerikas vorwiegend auf Grund der Sammlung des United States National Museums in Washington D.C. I. Feddes Repert. 26: 31-64; II, 119-160.

——. 1959. *Chenopodium obscurum* Aellen sp. nov. Bol. Acad. Nac. Ci. 41: 29-30.

——. 1965. *Chenopodium ruis lealii* Aellem sp. nov. Revista Fac. Ci. Agrar. Univ. Nac. Cuyo 9: 3-5.

—— & Just, T. K. 1943. Key and synopsis of the American species of the genus *Chenopodium* L. Amer. Midl. Naturalist 30: 47-76.

Affolter, J. M. 1985. A monograph of the genus *Lilaeopsis* (Umbelliferae). Syst. Bot. Monogr. 6: 1-140.

Ahrendt, L. W. A. 1961. *Berberis* and *Mahonia*. A taxonomic revision. J. Linn. Soc., Bot. 57: 1-410.

Ahumada, L. Z. 1967. Revisión de las Aristolochiaceae argentinas. Opera Lilloana 16: 1-145.

——. 1970. Morfología y sistemática de *Aristolochia angustifolia* y *A. viperina* (Aristolochiaceae). Bol. Soc. Argent. Bot. 13: 151-171.

——. 1972. Una nueva especie de *Aristolochia* del NE argentino. Sellowia 24: 63-66.

——. 1979. Novedades sistemáticas en el género *Aristolochia* (Aristolochiaceae) en Sudamérica II. Hickenia 1: 182-184.

——. 1986. Dos especies nuevas de *Croton* (Euphorbiaceae) del NE argentino. Veröff. Geobot. Inst. Rübel Zürich 91: 251-259.

——. 1991. *Croton pycnocephalus* Baill. y taxa afines (Euphorbiaceae). Folia Bot. et Geobot. Corrent. 7: 1-23.

——. Inéd. Novedades en el género *Aristolochia* (Aristolochiaceae).

Al-Shehbaz, I. A. 1989a. *Lepidium boelckei* and *L. jujuyanum* (Brassicaceae), new species from Jujuy, Argentina. Ann. Missouri Bot. Gard. 76: 1189-1192.

——. 1989b. Systematics and phylogeny of *Schizopetalon* (Brassicaceae). Harvard Pap. Bot. 1: 10-46.

——. 1989c. The South American genera *Brayopsis* and *Englerocharis* (Brassicaceae). Nordic J. Bot. 8: 619-625.

——. 1990a. A revision of *Weberbauera* (Brassicaceae). J. Arnold Arbor. 71: 221-250.

——. 1990b. Generic limits and taxonomy of *Brayopsis* and *Eudema* (Brassicaceae). J. Arnold Arbor. 71: 93-109.

——. 1990c. New or noteworthy species in the South American genera *Mancoa*, *Pennellia*, and *Sisymbrium* (Brassicaceae). Harvard Pap. Bot. 2: 11-16.

——. 1990d. The genus *Aschersoniodoxa* (Brassicaceae). Syst. Bot. 15: 387-393.

——. 1991. The South American *Dictyophragmus* (Brassicaceae). Novon 1: 71-72.

——. 1994a. *Petroravenia* (Brassicaceae), a new genus from Argentina. Novon 4: 191-196.

——. 1994b. Three new south American species of *Draba* (Brassicaceae). Novon 4: 197-202.

Allem, A. C. 1977. Notas sistemáticas y nuevos sinónimos en Euphorbiaceae de América del Sur. III. Revista Brasil. Biol. 37: 103-109.

——. 1980. Notas sistemáticas y nuevos sinónimos en Euphorbiaceae de América del Sur I. Bol. Soc. Argent. Bot. 19: 149-155.

—— & Irgang, B. E. 1975. Euphorbiaceae, tribo Euphorbieae. En A. R. Schultz (ed.), Flora Ilustrada do Rio Grande do Sul. Bol. Inst. Centr. Bioci. Univ. Fed. Rio Grande do Sul, Sér. Bot. 34(4): 1-97.

Alonso Paz, E. 1991. El género *Lupinus* (Leguminosae, Papilionoideae) en el Uruguay. Comun. Bot. Mus. Hist. Nat. Montevideo 97: 1-15.

Altschul, S. S. P. R. 1964. A taxonomic study of the genus *Anadenanthera*. Contr. Gray Herb. 193: 3-65.

Alwan, A. R. A. 1983. The taxonomy of *Terminalia* (Combretaceae) and related genera. 1-553. Tesis Doctoral, Boston Spa. England.

Amaral Franco, J. M. A. 1976a. *Carduus*. En T.G. Tutin, V. H. Heywood, N. A. Burges, D. M. Moore, R. H. Valentine, S. M. Walters & D. A. Webb (eds.), Fl. Europea 4: 220-232.

——. 1976b. *Onopordum*. En T. G. Tutin, V. H. Heywood, N. A. Burges, D. M. Moore, R. H. Valentine, S. M. Walters & D. A. Webb (eds.), Fl. Europea 4: 244-248.
Amaral, A. 1976. Eritroxiláceas. En R. Reitz (ed.). Fl. Il. Catarinense fasc. ERIT: 3-64.
Amat, A. G. 1985. *Matricaria matricarioides* (Less.) Porter (Compositae, Anthemideae) adventicia en la provincia de Buenos Aires. Notas Mus. La Plata, Bot. 21: 1-4.
Anderberg, A. A. 1991. Taxonomy and phylogeny of the tribe Gnaphalieae (Asteraceae). Opera Bot. 104: 1-95.
—— & Freire, S. E. 1991. A cladistic and biogeographic analysis of the *Lucilia* group (Asteraceae, Gnaphalieae). Bot. J. Linn. Soc. 106: 173-198.
Anderson, C. 1995. Revision of *Thryallis* (Malpighiaceae). Contr. Univ. Michigan Herb. 20: 3-14.
——. 1997. Monograph of *Stigmaphyllon* (Malpighiaceae). Syst. Bot. Monogr. 51: 1-313.
Anderson, W. R. 1993. Notes on neotropical Malpighiaceae- IV. Contr. Univ. Michigan Herb. 19: 355-392.
——. 1998. Two new species of *Heteropterys* (Malpighiaceae) from Southern South America. Novon 8: 215-217.
Ando, T. 1996. Distribution of *Petunia axillaris* (Solanaceae) and its new subspecies in Argentina and Bolivia. Acta Phytotax. Geobot. 47: 19-30.
Añón, D. S. C. 1953. Las especies argentinas del género *Calandrinia* (Portulacaceae). Bol. Soc. Argent. Bot. 5: 1-29.
——. 1965. Labiatae. En A. L. Cabrera (ed.), Fl. Prov. Buenos Aires, Colecc. Ci. Inst. Nac. Tecnol. Agropecu. 4(5a): 153-190.
——. 1967. Caryophyllaceae. En A. L. Cabrera (ed.), Fl. Prov. Buenos Aires, Colecc. Ci. Inst. Nac. Tecnol. Agropecu. 4(3a): 192-237.
——. 1980. Una nueva especie del género *Calandrinia* (Portulacaceae) de la provincia de San Juan, República Argentina. Hickenia 1: 211-213.
——. 1984a. Portulacaceae. En M. N. Correa (ed.), Fl. Patagónica, Colecc. Ci. Inst. Nac. Tecnol. Agropecu. 8(4a): 168-194.
——. 1984b. Sobre la presencia del género *Anacampseros* (Portulacaceae) en la República Argentina. Hickenia 2: 41-44.
—— & Peralta, I. E. 1994. Portulacaceae. En R. Kiesling (ed.), Fl. San Juan I: 144-171.
Arbo, M. M. 1985. Notas taxonómicas sobre Turneráceas sudamericanas. Candollea 40: 175-191.
——. 1987. Turneraceae. En R. Spichiger (ed.), Fl. Paraguay 6: 1-65.
——. 1994. Turneraceae. En R. L. Pérez Moreau (ed.), Fl. Chaqueña, Colecc. Ci. Inst. Nac. Tecnol. Agropecu. 11: 1-7.
——. 1995a. Turneraceae-Parte I, *Piriqueta*. Fl. Neotrop. Monogr. 67: 1-157.
——. 1995b. Turneraceae. En A. T. Hunziker (ed.), Flora Fanerogámica Argentina 11: 1-10.
——. 1997. El género *Arrabidaea* (Bignoniaceae) en Argentina: nuevos registros, distribución y fenología. Bonplandia (Corrientes) 9: 223-230.
Arenas, P. & Giberti, G. C. 1987. Datos etnobotánicos y morfológicos de *Marsdenia castillonii* Lillo ex Meyer (Asclepiadaceae), planta comestible del Gran Chaco. Candollea 42: 147-158.
Ariza Espinar, L. 1967a. Contribución al conocimiento de las Compositae adventicias en la Argentina. Kurtziana 4: 73-82.
——. 1967b. Las especies de *Tagetes* (Compositae) de la región central argentina. Kurtziana 4: 51-71.
——. 1969a. Notas sobre Compositae argentinas. II. El género *Isostigma* en el centro de Argentina. Kurtziana 5: 297-304.
——. 1969b. Notas sobre Compuestas argentinas. Kurtziana 5: 297-304.
——. 1971a. Las especies de *Justicia* (Acanthaceae) del centro de la Argentina. Kurtziana 6: 77-101.
——. 1971b. Novedades sobre *Baccharis* (Compositae) de Argentina. Kurtziana 6: 69-75.
——. 1973a. Las especies de *Baccharis* (Compositae) de Argentina Central. Bol. Acad. Nac. Ci. 50: 175-305.
——. 1973b. Novedades sobre *Baccharis* (Compositae) de Argentina III. Kurtziana 7: 187-193.
——. 1973c. Novedades sobre *Baccharis* (Compositae) de Argentina. II. Lorentzia 2: 5-7.
——. 1973d. Revisión del género *Hyaloseris* (Compositae). Kurtziana 7: 195-211.
——. 1976. Sobre dos Compuestas nuevas para la flora Argentina. Kurtziana 9: 81-86.
——. 1977. Nota sobre dos Compuestas adventicias en Argentina. Kurtziana 10: 73-76.
——. 1979. Contribución al conocimiento del género *Tessaria* (Compositae). Kurtziana 12-13: 47-62.
——. 1980a. Las especies centroargentinas de *Hysterionica* (Compositae). Darwiniana 22: 537-549.
——. 1980b. Notas sinonímicas sobre Compuestas argentinas II. Darwiniana 22: 551-556.
——. 1982a. *Conyza albida* (Compositae) en la Argentina. Bol. Soc. Argent. Bot. 21: 269-271.
——. 1982b. Notas sobre Compositae Argentinas II. Bol. Soc. Argent. Bot. 20: 267-270.
——. 1983a. Ampliación del área de dos especies de *Justicia* (Acanthaceae). Kurtziana 16: 166.
——. 1983b. Notas sobre Acanthaceae IV. El género *Poikilacanthus* I. Bol. Soc. Argent. Bot. 22: 259-261.
——. 1983c. Sobre dos Acanthaceae cultivadas. Bol. Soc. Argent. Bot. 22: 263-265.
——. 1984a. Acanthaceae. En A. T. Hunziker (ed.), Los géneros de Fanerógamas de Argentina. Bol. Soc. Argent. Bot. 23: 13-16.
——. 1984b. Notas sobre Acanthaceae V. El género *Poikilacanthus* II. Kurtziana 17: 157-161.

——. 1989a. Las especies centroargentinas de *Belloa* (Asteraceae). Kurtziana 20: 173-179.
——. 1989b. Notas sobre Compositae Argentinas III. Kurtziana 20: 169-172.
——. 1991. Rehabilitación de *Verbesina aurita* (Asteraceae). Kurtziana 21: 279-282.
——. 1993a. Nota sobre las especies argentinas de *Helenium* (Asteraceae). Kurtziana 22: 107-108.
——. 1993b. Notas críticas y novedades en Compuestas centroargentinas. Kurtziana 22: 103-106.
——. 1994. Familia Asteraceae: I.Tribu Vernonieae, II. Tribu Eupatorieae. Prodromo de Fl. Fanerog. de Argentina Central: 1-65.
——. 1995a. Ledocarpaceae. En A. T. Hunziker (ed.), Flora Fanerogámica Argentina 18: 1-5.
——. 1995b. Malesherbiaceae. En A. T. Hunziker (ed.), Flora Fanerogámica Argentina 17: 1-4.
——. 1995c. Nueva combinación en *Proustia* (Asteraceae). Darwiniana 33: 371.
——. 1995d. Vivianaceae. En A. T. Hunziker (ed.), Flora Fanerogámica Argentina 8: 1-4.
——. 1997a. Nota sobre dos especies de *Artemisia* (Asteraceae) de Argentina. Kurtziana 25: 221.
——. 1997b. Tribu VII. Anthemideae. En A. T. Hunziker (ed.), Flora Fanerogámica Argentina 46: 3-35.
—— & Delucchi, G. 1998a. Tribu X. Arctoteae. En A. T. Hunziker (ed.), Flora Fanerogámica Argentina 59: 1-6.
—— & ——. 1998b. Tribu XI. Cardueae. En A. T. Hunziker (ed.), Flora Fanerogámica Argentina 60: 1-26.
—— & Ferrucci, S. 1982. Las especies de *Stenandrium* (Acanthaceae) del centro de Argentina. Kurtziana 15: 63-80.
—— & Urtubey, E. 1998. Asteraceae. Tribu XIII: Lactuceae (excepto *Hieracium* e *Hypochoeris*). En A. T. Hunziker (ed.), Flora Fanerogámica Argentina 61: 1-30.
Arriagada, J. E. 1995. Key to the species of *Clibadium* (Compositae-Heliantheae) with notes on synonymy and morphological variation. Revista Acad. Colomb. Ci. Exact. 19: 453-461.
Arrillaga de Maffei, B. R. 1968. Rafflesiáceas de Uruguay y de Entre Ríos, Argentina. Darwiniana 14: 609-618.
—— & Olano, A. 1978. El género *Dicliptera* (Acanthaceae) en el Uruguay. Anales Fac. Química (Montevideo) 7: 9-22.
Arroyo, L. S. 1975. *Lebetanthus*, género austroamericano de Epacridaceae y sus diferencias con el género *Prionotes* de Tasmania. Darwiniana 19: 312-330.
Arroyo, M. T. K., Bohlen, C., Cavieres, C. & Marticorena, C. 1992. Survey of the alpine flora of Torres del Paine national Park, Chile. Gayana, Bot. 43: 47-70.
Arroyo, S. 1976. Novedades en el genero *Fabiana* (Solanaceae). Hickenia 1: 49-54.
——. 1980. The genus *Benthamiella* (Solanaceae). Bot. Not. 133: 67-76.
Augusto, J. & Eclesio, J. 1944. Verbenaceae. En L. Klein & Cia. (eds.), Fl. Rio Grande do Sul 18-29.
Austin, D. F. 1977. *Ipomoea carnea* Jacq. vs. *Ipomoea fistulosa* Mart. ex Choisy. Taxon 26: 235-238.
——. 1982. Convolvulaceae. Family 165. En G. Harling & B. Sparre (eds.), Fl. Ecuador 15: 3-98.
—— & Bianchini, R. S. 1998. Additions and corrections in American *Ipomoea* (Convolvulaceae). Taxon 47: 833-838.
—— & Huáman, Z. 1996. A synopsis of *Ipomoea* (Convolvulaceae) in the Americas. Taxon 45: 3-38.
Ayarde, H. R. 1994. *Mauria* (Anacardiaceae): género nuevo para Argentina. Kurtziana 23: 93-99.
——. 1995. Presencia de *Morus insignis* (Moraceae) en territorio jujeño. Lilloa 38: 173-174.
Baas, P., Van Oosterhoud, E. & Scholtes, C. J. L. 1982. Leaf anatomy and classification of the Olacaceae, *Octoknema*, and *Erythropalum*. Allertonia 3: 155-210.
Bacigalupo, N. M. 1952. Las especies argentinas de los géneros *Psychotria*, *Palicourea* y *Rudgea* (Rubiaceae). Darwiniana 10: 31-64.
——. 1953. Sinopsis preliminar del género *Calycophyllum* (Rubiaceae). Darwiniana 10: 145-156.
——. 1954. Verificación de la presencia del género *Viburnum* en la flora argentina. Darwiniana 10: 645-648.
——. 1957. Rubiáceas argentinas de las tribus Guettardeae y Chiococceae. Darwiniana 11: 140-162.
——. 1960. Dos géneros de Rubiáceas (*Alibertia* y *Schenckia*) nuevos para la flora argentina. Darwiniana 12: 9-16.
——. 1965. Rubiaceae. En A. L. Cabrera (ed.), Fl. Prov. Buenos Aires, Colecc. Ci. Inst. Nac. Tecnol. Agropecu. 4(5a): 342-375.
——. 1968. Revisión de las especies del género *Richardia* (Rubiaceae) en la flora argentina. Darwiniana 14: 639-653.
——. 1970. Observaciones sobre el género *Elatine* L. en la Argentina. Darwiniana 16: 106-115.
——. 1972. Observaciones sobre algunas especies de los géneros *Spermacoce* L. y *Spermacoceodes* Kuntze (Rubiaceae). Darwiniana 17: 341-357.
——. 1973. Aclaración sobre la verdadera patria y la sinonimia de "*Galium latoramosum* Clos." Darwiniana 18: 279-280.
——. 1974a. Campanulaceae. En A. Burkart (ed.), Fl. Il. Entre Ríos, Colecc. Ci. Inst. Nac. Tecnol. Agropecu. 6(6a): 95-101.
——. 1974b. Caprifoliaceae. En A. Burkart (ed.), Fl. Il. Entre Ríos, Colecc. Ci. Inst. Nac. Tecnol. Agropecu. 6(6a): 50-55.
——. 1974c. Rubiaceae. En A. Burkart (ed.), Fl. Il. Entre Ríos, Colecc. Ci. Inst. Nac. Tecnol. Agropecu. 6(6a): 3-50.
——. 1975. Rubiáceas nuevas para la flora argentina y uruguaya. Darwiniana 19: 510-519.
——. 1978. Aristolochiaceae. En N. S. Troncoso & N. M. Bacigalupo (eds.), Fl. Il. Entre Ríos, Colecc. Ci. Inst. Nac. Tecnol. Agropecu. 6(3a): 121-134.

——. 1979. El género *Callitriche* en la flora argentina. Darwiniana 22: 377-396.
——. 1987a. Crassulaceae. En N. S. Troncoso & N. M. Bacigalupo (eds.), Fl. Il. Entre Ríos, Colecc. Ci. Inst. Nac. Tecnol. Agropecu. 6(3a): 418-425.
——. 1987b. Fumariaceae. En N. S. Troncoso & N. M. Bacigalupo (eds.), Fl. Il. Entre Ríos, Colecc. Ci. Inst. Nac. Tecnol. Agropecu. 6(3a): 341-344.
——. 1987c. Portulacaceae: *Talinum*. En N. S. Troncoso & N. M. Bacigalupo (eds.), Fl. Il. Entre Ríos, Colecc. Ci. Inst. Nac. Tecnol. Agropecu. 6(3a): 243-248.
——. 1987d. Ranunculaceae. En N. S. Troncoso & N. M. Bacigalupo (eds.), Fl. Il. Entre Ríos, Colecc. Ci. Inst. Nac. Tecnol. Agropecu. 6(3a): 305-321.
——. 1987e. Saxifragaceae. En N. S. Troncoso & N. M. Bacigalupo (eds.), Fl. Il. Entre Ríos, Colecc. Ci. Inst. Nac. Tecnol. Agropecu. 6(3a): 425-430.
——. 1988. Elatinaceae. En M. N. Correa (ed.), Fl. Patagónica, Colecc. Ci. Inst. Nac. Tecnol. Agropecu. 8(5): 159-160.
——. 1990. El género *Anacampseros* (Portulacaceae) en la Flora Argentina. Bol. Soc. Argent. Bot. 26: 197-203.
——. 1991. *Mazus japonicus* (Scrophulariaceae) adventicia en la Argentina. Bol. Soc. Argent. Bot. 27: 131-132.
——. 1993a. Rubiaceae. En A. L. Cabrera (ed.), Fl. Prov. Jujuy, Colecc. Ci. Inst. Nac. Tecnol. Agropecu. 13(9): 375-437.
——. 1993b. *Talinum nocturnum* N. M. Bacigal. (Portulacaceae), una nueva especie del Chaco Paraguayo. En L. Ramella & P. Perret (eds.), Notulae ad Floram paraquaiensem, 43-45. Candollea 48(2): 511-516.
——. 1996. Nota sobre dos Asclepiadaceae de la Flora Argentina. Bol. Soc. Argent. Bot. 32: 130-135.
—— & Cabral, E. L. 1996. Infrageneric classification of *Borreria* (Rubiaceae-Spermacoceae) on the basis of American species. Opera Bot. Belg. 7: 297-308.
—— & ——. 1998. Nota sobre dos especies de *Borreria* (Rubiaceae-Spermacoceae). Hickenia 2: 261-266.
Bacigalupo, N. M. & Ehrendofer, F. 1973. Una nueva especie de *Galium* sect. *Lophogalium* de los Andes argentinos. Darwiniana 18: 27-30.
—— & Rossow, R. A. 1983. Una nueva especie de *Crassula* de la Argentina y del Uruguay. Hickenia 2: 9-11.
—— & Vanni, R. O. 1984. Una nueva especie de *Aeschynomene* (Leguminosae) de la Argentina. Hickenia 2: 33-36.
Backeberg, C. 1958. Die Cactaceae 1: 1-638.
——. 1959a. Die Cactaceae 2: 639-1360.
——. 1959b. Die Cactaceae 3: 1361-1926.
——. 1960. Die Cactaceae 4: 1927-2629.
——. 1961. Die Cactaceae 6: 3545-4041.
——. 1977. Cactus Lexicon, 1ª. edición. Blandford Press, Dorset.
Badillo, V. M. 1967. Esquema de las Caricáceas. Agron. Trop. (Maracay) 17: 245-272.
——. 1971. Monografía de la familia Caricaceae. Asoc. Prof. Univ. Central (Venezuela) 1-221.
——. 1997. Neotipificación de *Carica pubescens* Lenné et Koch y de *Carica quercifolia* (St. Hil.) Hieron. y nuevos registros de la familia para Ecuador. Ernstia 6: 201-205.
Baehni, C. 1937. Les *Celtis* Sud-Américans. Candollea 7: 189-214.
—— & Weibel, R. 1941. Revision des Violacées Péruviennnes. Candollea 8: 190-221.
Bailey, L. H. 1943. Species of *Cucurbita*, supplement. Gentes Herb. 6: 317-322.
Baillon, H. E. 1864. Species Euphorbiacearum. Euphorbiaceés Américaines. Adansonia 4: 257-377.
Baker, J. G. 1884a. Compositae I. Vernoniaceae. En C. F. P. Martius (ed.), Fl. Bras. 6(2): 1-179.
——. 1884b. Compositae III. Asteroideae, Inuloideae. En C. F. P. Martius (ed.), Fl. Bras. 6(3): 1-134.
——. 1884c. Compositae IV. Senecionideae. En C. F. P. Martius (ed.), Fl. Bras. 6(3): 295-326.
Ball, J. 1884. Contributions to the Flora of North Patagonia and the adjoining territory. J. Linn. Soc., Bot. 21: 203-240.
Ball, P. W. & Akeroyd, J. R. 1993. *Beta*. En T.G. Tutin, V. H. Heywood, N. A. Burges, D. M. Moore, D. H. Valentine, S. M. Walters & D. A. Webb (eds.), Fl. Europea 2a. ed., 1: 110-111.
Barbosa, V. P. 1977. *Centrosema* (A. P. De Candolle) Bentham do Brasil-Leguminosae-Faboideae. Rodriguésia 24: 159-219.
——. 1987. *Macroptilium* (Benth.) Urban do Brasil. Arch. Jar. Bot. Rio de Janeiro 28: 109-180.
Barboza, G. E. 1983. Recuentos cromosómicos en Geraniáceas Argentinas. I. Bol. Soc. Argent. Bot. 22: 143-145.
——. 1986a. Estudios palinologicos en *Jaborosa* Juss. y *Trechonaetes* Miers (Solanaceae). Bol. Acad. Nac. Ci. 57: 357-376.
——. 1986b. Una nueva especie de *Jaborosa* (Solanaceae). Kurtziana 18: 89-92.
——. 1996. Geraniaceae. En A. T. Hunziker (ed.), Flora Fanerogámica Argentina 26: 1-17.
—— & Correa, M. N. 1988. Geraniaceae. En M. N. Correa (ed.), Fl. Patagónica, Colecc. Ci. Inst. Nac. Tecnol. Agropecu. 8(5): 30-39.
—— & Hunziker, A. T. 1987. Estudios sobre Solanaceae XXV. Revision de *Jaborosa*. Kurtziana 19: 77-153.
—— & ——. 1991a. Estudios sobre Solanaceae. XXXI. Peculiaridades del androceo de interés taxonómico en *Solanum*. Kurtziana 21: 185-194.

—— & ——. 1991b. Sobre el área geográfica de *Jaborosa volkmannii* (Solanaceae). Kurtziana 21: 283-284.
—— & ——. 1992. Estudios sobre Solanaceae XXXIII. El género *Lycianthes* en la Argentina. Darwiniana 31: 17-34.
—— & ——. 1993a. Estudios en Solanaceae XXXIV. Revisión taxonómica de *Fabiana*. Kurtziana 22: 109-153.
—— & ——. 1993b. Estudios sobre Solanaceae XXXVI. Una nueva especie de *Solanum* del noroeste argentino. Lorentzia 7: 17-23.
—— & ——. 1998a. Jaborosae. En A. T. Hunziker (ed.), Flora Fanerogámica Argentina 54: 3-24.
—— & ——. 1998b. *Fabiana*. En A. T. Hunziker (ed.), Flora Fanerogámica Argentina 56: 1-9.
Barkley, F. A. 1957a. A study of *Schinus* L. Lilloa 28: 5-110.
——. 1957b. Sapindaceae of Southern South America. Lilloa 28: 111-179.
——. 1962a. Anacardiaceae: Rhoideae: *Lithraea*. Phytologia 8: 329-365.
——. 1962b. Anacardiaceae: Rhoideae: *Loxopterygium*. Lloydia 25: 109-122.
——. 1968. Anacardiaceae: Rhoideae: *Astronium*. Phytologia 16: 107-151.
——. 1973. *Schinus meyeri*, una nueva especie de Anacardiáceas. Lilloa 33: 295-296.
—— & Meyer, T. 1950. El nombre botánico del "quebrado colorado santiagueño." Bol. Soc. Argent. Bot. 3: 155-156.
Barlow, B. A. & Wiens, D. 1973. The classification of the generic segregates of *Phrygilanthus* (= *Notanthera*) of the Loranthaceae. Brittonia 25: 26-39.
Barneby, R. C. 1964. Atlas of North American *Astragalus*, Part II. Mem. New York Bot. Gard. 13: 1-1188.
——. 1970. Revision of Neotropical Menispermaceae, tribe Tinosporeae. Mem. New York Bot. Gard. 20: 81-158.
——. 1972. New and notable Menispermaceae. Tribe Tinosporeae. Mem. New York Bot. Gard. 22: 137-151.
——. 1977. Daleae imagines, an illustrated revision of *Errazurizia* Philippi, *Psorothamnus* Rydberg, *Marina* Liebmann, and *Dalea* Lucanus emend. Barneby, including all species of Leguminosae tribe Amorpheae Borissova ever referred to *Dalea*. Mem. New York Bot. Gard. 27: 135-592.
——. 1991. Sensitivae Censitae. A description of the genus *Mimosa* Linnaeus (Mimosaceae) in the New World. Mem. New York Bot. Gard. 65: 1-835.
——. 1998. Silk tree, Guanacaste, Monkey's earring: A generic system for the synandrous Mimosaceae of the Americas. Part III. *Calliandra*. Mem. New York Bot. Gard. 74(3): 1-223.
—— & Grimes, J. W. 1996. Silk tree, Guanacaste, Monkey's earring: A generic system for the synandrous Mimosaceae of the Americas. Part I. *Abarema*, *Albizia*, and allies. Mem. New York Bot. Gard. 74(2): 1-292.
—— & ——. 1997. Silk Tree, Guanacaste, Monkey's Earring: a generic system for the synandrous Mimosaceae of the Americas. Part II. *Pithecellobium*, *Cojoba*, and *Zygia*. Mem. New York Bot. Gard. 74: 1-149.
Barringer, K. A. 1985. Revision of the genus *Basistemon* (Scrophulariaceae). Syst. Bot. 10: 125-133.
Barroso, G. M. 1959. Mikaniae do Brasil. Arch. Jar. Bot. Rio de Janeiro 16: 237-424.
——. 1976. Compositae-Subtribo Baccharidinae Hoffmann. Estudo das espécies ocorrentes no Brasil. Rodriguésia 28: 3-273.
Barthlott, W. A. & Porembsky, S. 1996. Ecology and morphology of *Blossfeldia*. Bot. Acta 109: 161-166.
—— & Taylor, N. P. 1995. Notes toward a monograph of Rhipsalidae (Cactaceae). Bradleya 13: 43-79.
Bartoli, A. & Roitman, G. 1990. Novedades sobre compuestas Argentinas II. Darwiniana 30: 281-282.
—— & Tortosa, R. D. 1994. Tres nuevas especies de *Grindelia* (Asteraceae) afines a *G. chiloensis* (Corn.) Cabr. Kurtziana 23: 131-150.
—— & ——. 1998a. Intermediacy between *Grindelia chiloensis* and *Haplopappus pectinatus* (Astereae, Asteraceae). Taxon 47: 337-345.
—— & ——. 1998b. *Grindelia mendocina* (Asteraceae, Astereae), a new South American species. Brittonia 50: 497-499.
Bastos, N. R. & Miotto, S. T. 1996. O gênero *Vicia* L. (Leguminosae-Faboideae) no Brasil. Pesquisas Bot. 46: 85-180.
Bates, D. M. 1965. Notes on *Urocarpidium* Ulbrich and *Tarasa* Philippi. Gentes Herb. 9: 383-391.
Baudet, J. 1977. Origine et classification des espèces cultivées du genre *Phaseolus*. Bull. Soc. Roy. Bot. Belg. 110: 65-76.
Bayer, R. J. & Stebbins, G. L. 1982. A revised classification of *Antennaria* (Asteraceae: Inuleae) of the eastern United States. Syst. Bot. 7: 300-313.
Becker, W. 1922. Violae novae Americae Meridionalis. Repert. Spec. Nov. Regni Veg. 18: 180-186.
——. 1925. Beiträge zur Kenntnis der sudamerikanischen Violae. Repert. Spec. Nov. Regni Veg. 21: 349-361.
——. 1926a. Beiträge zur Violenflora Argentinien. Repert. Spec. Nov. Regni Veg. 22: 350-354.
——. 1926b. Beiträge zur Violenflora Argentiniens und Chiles. Repert. Spec. Nov. Regni Veg. 23: 222-227.
——. 1928. Ein Beitrag zur Violenflora Argentiniens und Chiles. Repert. Spec. Nov. Regni Veg. 24: 363-366.
Behnke, H. D. 1991. Distribution and evolution of forms and types of sieve-element plastids in the dicotyledons. Aliso 13: 167-182.
Belcher, R. O. 1956. A revision of the genus *Erechtites* (Compositae), with inquiries into *Senecio* and *Arrhenechthites*. Ann. Missouri Bot. Gard. 43: 1-85.

Benítez de Rojas, C. E. & D'Arcy, W. G. 1997. The genus *Lycianthes* (Solanaceae) in Venezuela. Ann. Missouri Bot. Gard. 84: 167-200.

Benn, A. W. 1871. Review of the genus *Hydrolea*. Bot. J. Linn. Soc. 11: 266-279.

Bentham, G. 1875. Revision of the suborder Mimoseae. Trans. Linn. Soc. London 30: 335-664.

Bernal, H. Y. 1986. *Crotalaria* (Fabaceae-Fabideae). En P. Pinto & P. M. Ruiz (eds.), Fl. Colombia 4: 1-118.

Bernardello, L. M. 1986. Revisión taxonómica de las especies sudamericanas de *Lycium* (Solanaceae). Bol. Acad. Nac. Ci. 57: 173-356.

——. 1987. Comparative floral morphology in Lycieae (Solanaceae). Brittonia 39: 112-129.

——. 1995. *Lycium*. En A. T. Hunziker (ed.), Flora Fanerogámica Argentina 16: 3-20.

Bernardi, L. 1961. Revisio generis Weinmanniae. Pars I: Sectio Weinmanniae. Candollea 17: 123-189.

——. 1963. Revisio generis Weinmanniae. Pars II: Sectio Simplicifoliae. Candollea 18: 285-334.

——. 1984. Contribución a la dendrología paraguaya. I. Boissiera 35: 1-341.

——. 1985a. Contribución a la dendrología paraguaya. II. Boissiera 37: 7-294.

——. 1985b. Rubiáceas arbustivas y arbóreas. Boissiera 37: 152-218.

Berry, P. E. 1982. The systematics and evolution of *Fuchsia* sect. *Fuchsia* (Onagraceae). Ann. Missouri Bot. Gard. 69: 1-198.

——. 1989. A systematic revision of *Fuchsia* sect. *Quelusia* (Onagraceae). Ann. Missouri Bot. Gard. 76: 532-584.

Bianco, C. A. & J. J. Cantero. 1992. Las plantas vasculares del suroeste de la provincia de Córdoba. Iconografía. Universidad Nacional de Río Cuarto, Río Cuarto.

Biddulph, S. F. 1944. A revision of the genus *Gaillardia*. Res. Stud. State Coll. Wash. 12: 195-256.

Bierner, M. W. 1987. Taxonomy of *Helenium* Sect. *Actinea* (Asteraceae). Sida 12: 253-271.

Biloni, J. S. 1965. Notas preliminares a una revisión de las Cunoniáceas argentinas. Bol. Soc. Argent. Bot. 10: 292-301.

Bisby, F. A., Buckingham, J. & Harborne, J. B. 1994. Phytochemical Dictionary of the Leguminosae 1, Plants and their Constituents. Great Britain Univ. Press, Cambridge.

Blake, S. F. 1918. A revision of the genus *Viguiera*. Contr. Gray Herb. 54: 1-205.

——. 1921a. Revision of the genus *Acanthospermum*. Contr. U. S . Natl. Herb. 20: 383-392.

——. 1921b. Revision of the genus *Flourensia*. Contr. U. S . Natl. Herb. 20: 393-409.

——. 1921c. Revision of the genus *Tithonia*. Contr. U. S . Natl. Herb. 20: 423-436.

——. 1925. On the status of the genus *Chaenocephalus* with a review of the section *Lipactinia* of *Verbesina*. Amer. J. Bot. 12: 625-640.

Blanchard, O. J. 1976. A revision of species segregated from *Hibiscus* sect. *Trionum* (Medicus) De Candolle sensu lato (Malvaceae). Ph.D. Thesis, Cornell University.

Bocquet, G. F. 1967. Physolychnidium olim Gastrolychnidium nomenclaturae fundamentum includens combinationes taxaque nova nonnulla Silenes generis. Candollea 22: 1-38.

——. 1969. Revisio Physolychnidium (*Silene* sect. *Physolychnis*). Phanerog. Monogr. 1: 1-342.

Boecher, T. W., Hjerting, J. P. K. & Rahn, K. 1963. Botanical studies in the Atuel valley area, Mendoza Province, Argentina. Part I. Dansk Bot. Ark. 22: 1-115.

——, —— & ——. 1968. Botanical studies in the Atuel Valley area, Mendoza Province, Argentina. Part II. Dansk Bot. Ark. 22: 123-185.

Boelcke, O. 1951. Una nueva especie de "*Hexaptera*" de La Rioja. Revista Argent. Agron. 18: 171-175.

——. 1952. *Lithodraba*, nuevo género de Crucíferas de la Argentina. Darwiniana 9: 348-357.

——. 1961. Nota sobre *Sisymbrium robustum* Chod. & Wilcz. Bol. Soc. Argent. Bot. 9: 387-392.

——. 1964a. Dos Crucíferas adventicias nuevas para la flora argentina. Darwiniana 13: 615-620.

——. 1964b. Notas sobre especies de *Lepidium* de la Argentina. Darwiniana 13: 506-528.

——. 1967. Cruciferae. En A. L. Cabrera (ed.), Fl. Prov. Buenos Aires, Colecc. Ci. Inst. Nac. Tecnol. Agropecu. 4(3a): 281-371.

——. 1968. Cruciferae. En T. W. Boecher, J. P. K. Hjerting & K. Rahn (eds.), Botanical studies in the Atuel Valley area, Mendoza province. Part II. Dansk Bot. Ark. 22: 140-144.

——. 1974. Observaciones sobre la identidad de dos especies austroamericanas de *Hutchinsia* y la validez del género *Microcardamum* (Cruciferae). Darwiniana 18: 539-547.

——. 1976. La identidad de dos especies de *Arabis* citadas para la región del Río de la Plata. Darwiniana 20: 590-591.

——. 1977. Dos Crucíferas nuevas para el país, adventicias en la Patagonia. Darwiniana 21: 61-64.

——. 1982. Un nuevo género de la Patagonia argentina, *Skottsbergiella* (Cruciferae). Hickenia 1: 305-310.

——. 1984a. El género *Onuris* (Cruciferae), endémico de la Patagonia. Parodiana 3: 53-65.

——. 1984b. Notas sobre Crucíferas argentinas I. Novedades en el género *Lepidium*. Parodiana 3: 21-29.

——. 1985. La familia Myoporaceae en Argentina. Bol. Soc. Argent. Bot. 24: 204-205.

——. 1986. Notas sobre Crucíferas argentinas II. Dos nuevas especies chaqueñas del género *Lepidium* y sinopsis de sus especies en el NE argentino y países vecinos. Parodiana 4: 35-61.
——. 1987. Cruciferae. En N. S. Troncoso & N. M. Bacigalupo (eds.), Fl. Il. Entre Ríos, Colecc. Ci. Inst. Nac. Tecnol. Agropecu. 6(3a): 358-414.
——. 1992. Plantas vasculares de la Argentina nativas y exóticas 1-334. Hemisferio Sur. Buenos Aires.
—— & Arroyo, S. 1984. El género *Werdermannia*, nuevo para la flora argentina. Parodiana 3: 31-42.
—— & Martínez-Laborde, J. B. 1994. Cruciferae. En R. Kiesling (ed.), Fl. San Juan 1: 205-244.
—— & Romanczuk, M. C. 1984. Cruciferae. En M. N. Correa (ed.). Fl. Patagónica, Colecc. Ci. Inst. Nac. Tecnol. Agropecu. 8(4a): 373-544.
Bohlin, J. E. 1988. A monograph of the genus *Colignonia* (Nyctaginaceae). Nordic J. Bot. 8: 231-252.
Bohs, L. 1994. *Cyphomandra* (Solanaceae). Fl. Neotrop. Monogr. 63: 1-175.
Bolick, M. R. 1991. Systematics of *Salmea* DC. (Compositae: Heliantheae). Syst. Bot. 16: 462-477.
Bolle, F. 1933. Eine Ubersicht über die Gattung *Geum* L. und die ihr nahestehenden Gattungen. Repert. Spec. Nov. Regni Veg. Beih. 72: 3-119.
Bolli, R. 1994. Revision of the genus *Sambucus*. Diss. Bot. 223: 1-227.
Bollwinkel, C. W. 1969. A revision of South American species of *Asclepias* L. Ph.D. Thesis, Ann Arbor, Michigan.
Borgen, L. 1987. *Lobularia* (Cruciferae). A biosystematic study with special reference to the Macaronesian region. Opera Bot. Belg. 91: 1-96.
Borsch, T. & Pedersen, T. M. 1997. Restoring the generic rank of *Hebanthe* Martius (Amaranthaceae). Sendtnera 4: 13-31.
Borsini, O. H. 1942a. Polemoniáceas argentinas. Lilloa 8: 199-230.
——. 1942b. Valerianáceas de Tucumán. Lilloa 8: 353-377.
——. 1944. Valerianaceae. En H. Descole (ed.), Gen. Sp. Pl. Arg. 2: 275-372.
——. 1946a. Addenda a las Valerianáceas argentinas II. Nuevos materiales consultados. Lilloa 12: 67-85.
——. 1946b. Contribución a las Hydrophyllaceae argentinas I. El género *Nama*. Lilloa 12: 9-21.
——. 1960. Una nueva *Valeriana* argentina: *Valeriana hunzikeri*. Lilloa 30: 361-363.
——. 1962a. Revisión de las Valerianáceas de Brasil. Lilloa 31: 149-170.
——. 1962b. *Valeriana kurtziana* nov. sp. Lilloa 31: 145-147.
——. 1966. Valerianáceas de Chile. Lilloa 32: 375-476.
Bortiri, E. 1997. Novedades en *Hypochoeris* (Compositae, Cichorieae) de la Argentina. Hickenia 2: 223-232.
Botta, S. M. 1979a. Las especies argentinas del género *Aloysia* (Verbenaceae). Darwiniana 22: 67-108.
——. 1979b. Lentibulariaceae. En A. Burkart (ed.), Fl. Il. Entre Ríos, Colecc. Ci. Inst. Nac. Tecnol. Agropecu. 6(5a): 539-545.
——. 1980. Las especies del género *Acantholippia* (Verbenaceae). Darwiniana 22: 511-532.
——. 1981. Una nueva especie del género *Calceolaria* (Scrophulariaceae). Hickenia 1: 237-239.
——. 1987. Achatocarpaceae. En N. S. Troncoso & N. M. Bacigalupo (eds.), Fl. Il. Entre Ríos, Colecc. Ci. Inst. Nac. Tecnol. Agropecu. 6(3a): 222-225.
——. 1988. Nota sobre el género *Urbania* (Verbenaceae). Bol. Soc. Argent. Bot. 25: 477-483.
——. 1989. Estudios en el género sudamericano *Junellia* (Verbenaceae, Verbenoideae) I. Delimitación y tratamiento infragenérico. Darwiniana 29: 371-396.
——. 1990. Notas en el género *Glandularia* (Verbenaceae-Verbenoideae) I. Bol. Soc. Argent. Bot. 26: 243-246.
——. 1992. Notas en el género *Glandularia* (Verbenaceae-Verbenoideae) II. *Glandularia balsii*, nueva combinación. Hickenia 2: 61-62.
——. 1993a. *Acantholippia*. En A. L. Cabrera (ed.), Fl. Prov. Jujuy, Colecc. Ci. Inst. Nac. Tecnol. Agropecu. 13 (9): 14-17.
——. 1993b. *Aloysia*. En A. L. Cabrera (ed.), Fl. Prov. Jujuy, Colecc. Ci. Inst. Nac. Tecnol. Agropecu. 13 (9): 36-47.
——. 1993c. *Citharexylum*. En A. L. Cabrera (ed.), Fl. Prov. Jujuy, Colecc. Ci. Inst. Nac. Tecnol. Agropecu. 13 (9): 7-9.
——. 1993d. *Junellia*. En A. L. Cabrera (ed.), Fl. Prov. Jujuy, Colecc. Ci. Inst. Nac. Tecnol. Agropecu. 13 (9): 63-76.
——. 1993e. *Lampaya*. En A. L. Cabrera (ed.), Fl. Prov. Jujuy, Colecc. Ci. Inst. Nac. Tecnol. Agropecu. 13 (9): 10-11.
——. 1993f. Notas en el Género *Glandularia* (Verbenaceae-Verbenoideae) III. Estudio taxonómico de las especies patagónicas. Parodiana 8: 9-36.
——. 1993g. *Urbania*. En A. L. Cabrera (ed.), Fl. Prov. Jujuy, Colecc. Ci. Inst. Nac. Tecnol. Agropecu. 13 (9): 11-14.
—— & Cabrera, A. L. 1986. Novedades para la Flora de Jujuy. Darwiniana 27: 1-8.
—— & ——. 1993. Scrophulariaceae. En A. L. Cabrera (ed.), Fl. Prov. Jujuy, Colecc. Ci. Inst. Nac. Tecnol. Agropecu. 13(9): 155-226.
Botta, S. M. & Poggio, L. 1988. Una nueva combinación en el género *Glandularia* (Verbenaceae). Parodiana 5: 333-339.
—— & Troncoso, N. S. 1993. *Glandularia*. En A. L. Cabrera (ed.), Fl. Prov. Jujuy, Colecc. Ci. Inst. Nac. Tecnol. Agropecu. 13 (9): 98-115.

——, Martínez, S. & Múlgura de Romero, M. E. 1995. Novedades nomenclaturales en Verbenaceae. Hickenia 2: 127-128.
Bradley, T. R. 1975. Hybridization between *Triodanis perfoliata* and *Triodanis biflora* (Campanulaceae). Brittonia 27: 110-114.
Brako, L. 1993a. Basellaceae. En L. Brako & J. L. Zarucchi (eds.), Catalogue of the Flowering Plants and Gymnosperms of Peru. Monogr. Syst. Bot. Missouri Bot. Gard. 45: 189-190.
——. 1993b. Piperaceae. En L. Brako & J. L. Zarucchi (eds.), Catalogue of the Flowering Plants and Gymnosperms of Peru. Monogr. Syst. Bot. Missouri Bot. Gard. 45: 884-923.
——. 1993c. Scrophulariaceae. En L. Brako & J. L. Zarucchi (eds.), Catalogue of the Flowering Plants and Gymnosperms of Peru. Monogr. Syst. Bot. Missouri Bot. Gard. 45: 1076-1096.
Brand, A. 1913. Hydrophyllaceae. En A. Engler (ed.), Pflanzenr. 4(251) Heft 59: 1-210.
——. 1929. Decas specierum novarum nona. Feddes Repert. 26: 168-172.
——. 1931. Borraginaceae-Borraginoideae-Cryptantheae. En A. Engler (ed.), Pflanzenr. 4(252) Heft 78: 1-236.
Brandbyge, J. S. 1992. The genus *Muehlenbeckia* (Polygonaceae) in South and Central America. Bot. Jahrb. Syst. 114: 349-416.
Bravo, L. D. 1971. Las especies argentinas de *Spigelia* (Loganiaceae). Darwiniana 16: 562-590.
——. 1972. El género *Strychnos* en Argentina (Loganiaceae). Darwiniana 17: 408-415.
——. 1983. Loganiaceae. En A. L. Cabrera (ed.), Fl. Prov. Jujuy, Colecc. Ci. Inst. Nac. Tecnol. Agropecu. 13(8): 39-54.
Bremer, K. 1994. Asteraceae, cladistics & classification. Timber Press, Portland.
Bremer, K. & Humphries, C. J. 1993. Generic monograph of the Asteraceae-Anthemideae. Bull. Brit. Mus. (Nat. Hist.), Bot. 23: 71-177.
Brenan, J. P. M. 1961. *Amaranthus* in Britain. Watsonia 4: 261-280.
——. 1963. Notes on Mimosoideae. VIII. A further note on *Piptadenia* Benth. Kew Bull. 17: 227-228.
Bretting, P. K. & Nilsson, S. 1988. Pollen morphology of the Martyniaceae and its systematic implications. Syst. Bot. 13: 51-59.
Bridson, G. D. R. & E. R. Smith. 1991. B-P-H/S. Botanico-Periodico-Huntianum/Supplementum. Hunt Institute for Botanical Documentation, Pittsburgh: 1-1068.
Brion, C. & Barthélémy, D. 1996. Sobre la presencia de *Rubus radicans* (Rosaceae) en la Argentina y sus diferencias con *Rubus geoides*. Bol. Soc. Argent. Bot. 32: 134-135.
Briquet, J. I. 1907. Decades plantarum novarum vel minus cognitarum. Decas I. Annuarie Conserv. Jard. Bot. Genève 10: 99-107.
——. 1931. Decades plantarum novarum vel minus cognitarum. Candollea 4: 317-352.
Britton, N. L. & Rose, J. N. 1919. The Cactaceae 1: 1-236.
—— & ——. 1920. The Cactaceae 2: 1-241.
—— & ——. 1922. The Cactaceae 3: 1-258.
—— & ——. 1923. The Cactaceae 4: 1-318.
Brizicky, G. K. 1968. *Herissantia*, *Bogenhardia*, and *Gayoides* (Malvaceae). J. Arnold Arbor. 49: 278-279.
Bromley, G. L. R. 1984. *Duranta repens* versus *D. erecta* (Verbenaceae). Kew Bull. 39: 803-804.
Brown, K. D. & Kaul, R. B. 1981. Floral structure and mechanism in Loasaceae. Amer. J. Bot. 68: 361-372.
Brücher, E. H. 1962. Nuevas especies de *Solanum* (Sect. *Tuberarium*) de la zona semiárida del N.W. argentino. Revista Fac. Ci. Agrar. Univ. Nac. Cuyo 9: 7-14.
——. 1966a. Beitrag zur Kenntnis chilenischer Wildkartoffel-Arten. Ber. Deutsch. Bot. Ges. 79: 219-232.
——. 1966b. *Solanum tascalense* sp. nov., eine tetraploide wildkartoffel der nordargentinischen cordillere. Feddes Repert. 73: 103.
——. 1969. Poliploidía en especies sudamericanas de *Oxalis*. Bol. Soc. Venez. Ci. Nat. 28: 143-178.
——. 1986. Investigaciones citotaxonómicas sobre especies andinas de *Caiophora* (Loasaceae). Bol. Soc. Argent. Bot. 24: 363-380.
Brummitt, R. K. 1982. Report of the Committee for Spermatophyta 24. Taxon 31: 540-544.
——. 1992. Vascular Plant Families and Genera. Royal Botanic Gardens, Kew: 1-804.
—— & C.E. Powell. 1992. Authors of Plant Names. Royal Botanic Gardens, Kew: 1-732.
Buchinger, M. 1956. Sinopsis preliminar de las especies argentinas del género *Polygonum* L. Bol. Soc. Argent. Bot. 6: 98-106.
——. 1960. Las especies argentinas del género *Tabebuia*. Revista Invest. Forest. 2: 3-30.
—— & Falcone, R. 1953. Nota preliminar sobre las especies argentinas del género *Cedrela* L. Darwiniana 10: 461-464.
—— & ——. 1957. Las Meliáceas Argentinas. Revista Invest. Forest. 1: 9-58.
Buchinger, M. & Sánchez, E. A. 1959. Sinopsis preliminar de especies argentinas del género *Coccoloba*. Bol. Soc. Argent. Bot. 7: 251-255.

Buck, H. T. 1977. Convolvulaceae. En N. S. Troncoso & N. M. Bacigalupo, plantas nuevas e interesantes de la Flora de Entre Ríos, III. Darwiniana 21: 177-178.

——. 1979. Convolvulaceae. En A. Burkart (ed.), Fl. Il. Entre Ríos, Colecc. Ci. Inst. Nac. Tecnol. Agropecu. 6(5a): 148-194.

Bulacio, E., Slanis, A. C., Figueroa Romero, M. R. & Muruaga, N. B. 1997. Ampliación del área de distribución de *Tridax procumbens* (Asteraceae). Lilloa 39: 95.

Burch, D. G. 1966. The application of the Linnaean names of some New World species of *Euphorbia* subgenus *Chamaesyce*. Rhodora 68: 155-166.

Bureau, L. E. & Schumann, K. M. 1896-97. Bignoniaceae. En C. F. P. Martius (ed.), Fl. Bras. 8(2): 1-451.

Burkart, A. 1935. Revisión de las especies de *Lathyrus* de la República Argentina. Revista Fac. Agron. Veterin. 8: 41-128.

——. 1936. Las especies argentinas y uruguayas del género *Caesalpinia*. Revista Argent. Agron. 3: 67-112.

——. 1937a. Frecuencia de la fecundación cruzada en la alfalfa según experiencias con plantas recesivas de flor blanca. Revista Argent. Agron. 4: 83-100.

——. 1937b. Las especies argentinas del género *Centrosema* (Leguminosae). Darwiniana 3: 7-25.

——. 1937c. Notas florísticas sobre algunas Leguminosas-Trifolieas introducidas a la Argentina, Uruguay y Sur del Brasil. Darwiniana 3: 53-66.

——. 1939a. Catálogo de las especies de *Adesmia* conocidas de la flora argentina. Darwiniana 3: 303-346.

——. 1939b. Descripción de *Mimozyganthus*, nuevo género de Leguminosas y sinopsis preliminar de los géneros argentinos de Mimosoideas. Darwiniana 3: 445-456.

——. 1939c. Estudios sistemáticos sobre las Leguminosas-Hedisareas de la República Argentina y regiones adyacentes. Darwiniana 3: 117-302.

——. 1941. Nuevas especies de Leguminosas sudamericanas. Darwiniana 5: 57-73.

——. 1942a. Algunas Leguminosas nuevas de la flora argentina. Darwiniana 4: 323-331.

——. 1942b. Las especies de *Indigofera* de la Flora Argentina. Darwiniana 4: 145-178.

——. 1942c. Las Orobancáceas, especialmente *Orobanche chilensis* y su distribución geográfica en la República Argentina. Darwiniana 4: 303-310.

——. 1942d. Nuevas contribuciones a la sistemática de las especies sudamericanas de *Lathyrus*. Darwiniana 6: 9-30.

——. 1944a. Estudio del género de compuestas *Chaptalia* con especial referencia a las especies argentinas. Darwiniana 6: 505-594.

——. 1944b. Tres nuevas Leguminosas del Paraguay. Darwiniana 6: 483-487.

——. 1944c. Una tercera especie y una nueva variedad de *Valenzuelia* (Sapindaceae) de Cuyo y notas sobre las especies afines. Darwiniana 6: 602-607.

——. 1945. Notas sobre algunas plantas exóticas adventicias o naturalizadas. Lilloa 15: 19-26.

——. 1946. Leguminosas nuevas o críticas. Darwiniana 7: 216-239.

——. 1947. Leguminosas nuevas o críticas, II. Darwiniana 7: 504-540.

——. 1948. Las especies de *Mimosa* de la Flora Argentina. Darwiniana 8: 9-231.

——. 1949a. La Balanoforácea *Lophophytum leandri* y apuntes sobre una especie vecina en Salta. Darwiniana 9: 169-172.

——. 1949b. La posición sistemática del "chañar" y las especies del género *Geoffroea* (Leguminosae-Dalbergieae). Darwiniana 9: 9-23.

——. 1949c. Leguminosas nuevas o críticas, III. Darwiniana 9: 63-96.

——. 1949d. Notas sobre algunas plantas exóticas adventicias o naturalizadas en la República Argentina. Lilloa 15: 19-26.

——. 1951. Observaciones sobre una *Peperomia* terrestre y sus afines en el norte de Buenos Aires y Chaco. Bol. Soc. Argent. Bot. 4: 95-104.

——. 1952a. Las Leguminosas argentinas, silvestres y cultivadas. Ed. Acme, Buenos Aires.

——. 1952b. El verdadero nombre botánico del "guayacán": *Caesalpinia paraguariensis* (D. Parodi), nueva combinación. Darwiniana 10: 25-30.

——. 1954. Contribución al estudio del género *Adesmia* (Leguminosae), II. Darwiniana 10(4): 465-546.

——. 1957a. Las Dipsacáceas asilvestradas en la Argentina. Bol. Soc. Argent. Bot. 6: 243-247.

——. 1957b. Leguminosas nuevas o críticas V. Darwiniana 11: 256-261.

——. 1957c. Ojeada sinóptica sobre la vegetación del Delta del Río Paraná. Darwiniana 11: 457-560.

——. 1957d. Un *Desmodium* nuevo para el noroeste Argentino. Darwiniana 11: 270-271.

——. 1960a. Contribución al estudio del género *Adesmia* (Leguminosae), III. Darwiniana 12: 81-136.

——. 1960b. Observaciones sobre dos plantas en vías de naturalización en la Argentina. Darwiniana 12: 140-143.

——. 1962. Contribución al estudio del género *Adesmia* (Leguminosae), IV. Darwiniana 12: 309-364.

——. 1964. Leguminosas nuevas o críticas, VI. Darwiniana 13: 428-448.

——. 1966a. Contribución al estudio del género *Adesmia* (Leguminosae), VI. Darwiniana 14: 195-248.

——. 1966b. Notas sobre las especies argentinas de *Vicia* (Leguminosae) del área mesopotámico-pampeana. Darwiniana 14: 161-194.

——. 1967a. Leguminosae. En A. L. Cabrera (ed.), Fl. Prov. Buenos Aires, Colecc. Ci. Inst. Nac. Tecnol. Agropecu. 4(3a): 394-647.
——. 1967b. Sinopsis del género sudamericano de Leguminosas *Adesmia* DC. (Contribución al estudio del género *Adesmia*, VII). Darwiniana 14: 463-568.
——. 1969. Leguminosas nuevas o críticas, VII. Darwiniana 15: 501-549.
——. 1970. Las Leguminosas-Faseóleas argentinas de los géneros *Mucuna*, *Dioclea* y *Camptosema*. Darwiniana 16: 194-217.
——. 1971. El género *Galactia* (Leguminosae-Phaseolae) en Sudamérica con especial referencia a la Argentina y países vecinos. Darwiniana 16: 663-796.
——. 1972. El "duraznero de palo" de Córdoba, *Prunus persica* (L.) Batsch var. *aposarca*, nueva variedad y notas sobre el sistema de esta especie. Darwiniana 17: 443-457.
——. 1974. Observación (Cucurbitaceae). Fl. Il. Entre Ríos, Colecc. Ci. Inst. Nac. Tecnol. Agropecu. 6(6a): 79.
——. 1976. A monograph of the genus *Prosopis* (Leguminosae subfam. Mimosoideae). J. Arnold Arbor. 57: 219-249; 450-525.
——. 1978. Leguminosas. En L. R. Parodi (ed.), Enciclopedia Argentina de Agricultura y Jardinería 1: 467-538. Ed. Acme, Buenos Aires.
——. 1979a. Ebenaceae. En A. Burkart (ed.), Fl. Il. Entre Ríos, Colecc. Ci. Inst. Nac. Tecnol. Agropecu. 6(5a): 26-31.
——. 1979b. Leguminosas Mimosoideas. En R. Reitz (ed.), Fl. Il. Catarinense fasc. LEGU: 1-299.
——. 1979c. Oleaceae. En A. Burkart (ed.), Fl. Il. Entre Ríos, Colecc. Ci. Inst. Nac. Tecnol. Agropecu. 6(5a): 50-63.
——. 1979d. Plumbaginaceae. En A. Burkart (ed.), Fl. Il. Entre Ríos, Colecc. Ci. Inst. Nac. Tecnol. Agropecu. 6(5a): 22-25.
——. 1979e. Primulaceae. En A. Burkart (ed.), Fl. Il. Entre Ríos, Colecc. Ci. Inst. Nac. Tecnol. Agropecu. 6(5a): 13-21.
——. 1979f. Sapotaceae. En A. Burkart (ed.), Fl. Il. Entre Ríos, Colecc. Ci. Inst. Nac. Tecnol. Agropecu. 6(5a): 31-47.
——. 1979g. Symplocaceae. En A. Burkart (ed.), Fl. Il. Entre Ríos, Colecc. Ci. Inst. Nac. Tecnol. Agropecu. 6(5a): 47-49.
——. 1987a. Leguminosae. En N. S. Troncoso & N. M. Bacigalupo (eds.), Fl. Il. Entre Ríos, Colecc. Ci. Inst. Nac. Tecnol. Agropecu. 6(3a): 1-763.
——. 1987b. Rafflesiaceae. En N. S. Troncoso & N. M. Bacigalupo (eds.), Fl. Il. Entre Ríos, Colecc. Ci. Inst. Nac. Tecnol. Agropecu. 6(3a): 134-136.
—— & Carter, A. 1976. Notas en el género *Cercidium* (Caesalpinioideae) en Sud América. Darwiniana 20: 309.
—— & Correa, M. N. 1984. *Adesmia*. En M. N. Correa (ed.), Fl. Patagónica, Colecc. Ci. Inst. Nac. Tecnol. Agropecu. 8(4b): 92-161.
Burret, M. 1926. Beiträge zur Kenntnis der Tiliaceen. Notizbl. Bot. Gart. Berlin-Dahlem 9: 592-880.
Bywater, M. 1985. Another Argentinian *Crassula*. Kew Bull. 40: 537-538.
—— & Wickens, G. E. 1984. New World species of the genus *Crassula*. Kew Bull. 39: 699-728.
Cabral, E. L. 1981. Novedades en el género *Borreria* (Rubiaceae) para la flora de Corrientes. Bonplandia (Corrientes) 5: 143-146.
——. 1983. Novedades en Rubiáceas para el Nordeste argentino. Bonplandia (Corrientes) 5: 275-289.
——. 1986. Contribución al estudio del género *Borreria*, sección *Borreria* (Rubiaceae). Parodiana 4: 134-138.
——. 1991. Rehabilitación del género *Galianthe* (Rubiaceae). Bol. Soc. Argent. Bot. 27: 235-249.
——. 1993. Novedades en *Galianthe* (Rubiaceae). Bonplandia (Corrientes) 7: 4-7.
—— & Bacigalupo, N. M. 1996. Revision of *Borreria* sect. *Pseudodiodia*. Opera Bot. Belg. 7: 309-317.
—— & ——. 1998. Revisión del género *Galianthe* subgénero *Ebelia* stat. nov. (Rubiaceae-Spermacoceae). Ann. Missouri Bot. Gard. 84: 857-877.
—— & ——. Inéd. Revisión del género *Borreria* serie *Laevis* (Rubiaceae: Spermacoceae).
Cabrera, A. L. 1931. Revisión de las especies sudamericanas del género *Grindelia*. Revista Mus. La Plata, Secc. Bot. 33: 207-249.
——. 1932a. La distribución geográfica del género *Micropsis* (Compositae). Bol. Soc. Esp. Hist. Nat. 32: 427-434.
——. 1932b. Notas sobre compuestas de la República Argentina. II. Anales Soc. Ci. Argent. 114: 182-195.
——. 1932c. ACA VA EL QUE ERA 1931a.
——. 1934. Las especies argentinas del género *Haplopappus*. Notas Prelim. Mus. La Plata 2: 233-257.
——. 1935. Notas sobre los *Senecio* sudamericanos III. Notas Mus. La Plata, Bot. 1: 91-112.
——. 1936a. Las especies argentinas y uruguayas del género *Trixis*. Revista Mus. La Plata, Secc. Bot. 2: 31-86.
——. 1936b. Notas sobre los *Senecio* sudamericanos IV. Notas Mus. La Plata, Bot. 1: 389-408.
——. 1937a. Compuestas argentinas nuevas o interesantes. Notas Mus. La Plata, Bot. 2: 171-204.
——. 1937b. Revisión del género *Chaetanthera* (Compositae). Revista Mus. La Plata, Secc. Bot. 2: 87-210.
——. 1938a. Compuestas austroamericanas nuevas o críticas. Notas Mus. La Plata, Bot. 3: 147-154.
——. 1938b. Revisión de las Anacardiáceas austroamericanas. Revista Mus. La Plata, Secc. Bot. 2: 3-64.
——. 1939a. Las compuestas mendocinas de Philippi. Physis (Buenos Aires) 15: 291-299.

——. 1939b. Las especies argentinas del género *Tessaria*. Lilloa 4: 181-189.
——. 1939c. Las especies tucumanas del género *Senecio* (Compositae). Lilloa 15: 65-120.
——. 1940. Cuatro compuestas nuevas de la América Austral. Darwiniana 4: 133-140.
——. 1941a. Compuestas bonaerenses. Revisión de las Compuestas de la Provincia de Buenos Aires, la Capital Federal y la Isla Martín Garcia. Revista Mus. La Plata, Secc. Bot. 4: 1-450.
——. 1941b. Una nueva especie del género *Vernonia*. Darwiniana 5: 187-189.
——. 1944a. Compuestas sudamericanas nuevas o críticas. Notas Mus. La Plata, Bot. 9: 243-259.
——. 1944b. Vernonieas Argentinas. Compositae. Darwiniana 6: 19-379.
——. 1945. Sinopsis del género *Lepidophyllum* (Compositae). Bol. Soc. Argent. Bot. 1: 48-58.
——. 1946. El género *Hysterionica* en el Uruguay y en la República Argentina. Notas Mus. La Plata, Bot. 11: 349-358.
——. 1947. Las especies argentinas del género *Liabum* (Compositae). Bol. Soc. Argent. Bot. 2: 91-98.
——. 1948a. Compuestas nuevas del noroeste de la Argentina. Notas Mus. La Plata, Bot. 13: 7-23.
——. 1948b. Las especies argentinas del género *Werneria* (Compositae). Notas Mus. La Plata, Bot. 13: 49-61.
——. 1949a. Compuestas nuevas o críticas de la Puna Argentina. Darwiniana 9: 40-62.
——. 1949b. El género *Senecio* en Chile. Lilloa 15: 27-501.
——. 1949c. El nombre correcto de la Lucera. Bol. Soc. Argent. Bot. 3: 35-36.
——. 1949d. Sinopsis del género *Soliva* (Compositae). Notas Mus. La Plata, Bot. 14 Bot.70: 123-139.
——. 1950. Mutisieas sudamericanas nuevas o críticas. Bol. Soc. Argent. Bot. 3: 157-163.
——. 1951a. *Huarpea*, nuevo género de Compuestas. Bol. Soc. Argent. Bot. 4: 129-132.
——. 1951b. Notas sobre Compuestas de la América Austral. Darwiniana 9: 363-386.
——. 1953a. Manual de la Flora de los alrededores de Buenos Aires. Ed. Acme, Buenos Aires.
——. 1953b. Compuestas peruanas nuevas o críticas. Bol. Soc. Argent. Bot. 5: 37-50.
——. 1953c. Las especies del género *Pamphalea* (Compositae). Notas Mus. La Plata, Bot. 16: 225-237.
——. 1953d. Un nuevo género de Astereas de la República Argentina. Bol. Soc. Argent. Bot. 4: 266-271.
——. 1954a. Compuestas sudamericanas nuevas o críticas II. Notas Mus. La Plata, Bot. 17: 71-80.
——. 1954b. Las especies del género *Nardophyllum*. Notas Mus. La Plata, Bot. 17: 55-66.
——. 1955a. Cambio de nombre de un género de compuestas. Bol. Soc. Argent. Bot. 5: 211.
——. 1955b. Cuatro especies nuevas del género *Verbesina* (Compositae) de América del Sur. Notas Mus. La Plata, Bot. 18: 59-70.
——. 1955c. La identidad del género *Psila* Philippi. Bol. Soc. Argent. Bot. 5: 209-211.
——. 1957a. El género *Senecio* (Compositae) en Brasil, Paraguay, Uruguay. Arch. Jar. Bot. Rio de Janeiro 15: 163-269.
——. 1957b. La vegetación de la Puna Argentina. Revista Invest. Agríc. 11: 317-412.
——. 1957c. Una nueva especie del género *Antennaria* (Compositae). Notas Mus. La Plata, Bot. 19: 73-79.
——. 1958. El género *Belloa* Rémy. Bol. Soc. Argent. Bot. 7: 79-85.
——. 1959a. Notas sobre tipos de Compuestas sudamericanas en herbarios europeos I. Bol. Soc. Argent. Bot. 7: 233-246.
——. 1959b. Notas sobre tipos de Compuestas sudamericanas en herbarios europeos II. Bol. Soc. Argent. Bot. 8: 26-35.
——. 1959c. Ocho compuestas sudamericanas nuevas. Notas Mus. La Plata, Bot. 19: 191-210.
——. 1959d. Revisión del género *Dasyphyllum* (Compositae). Revista Mus. La Plata, Secc. Bot. Ser. 2, Bot. 9: 21-100.
——. 1960. Notas sobre los tipos de Compuestas sudamericanas en herbarios europeos III, Los tipos de Ruiz y Pavón. Bol. Soc. Argent. Bot. 8: 195-215.
——. 1961. Observaciones sobre las Inuleae-Gnaphalineae (Compositae) de América del Sur. Bol. Soc. Argent. Bot. 9: 359-386.
——. 1963a. Compositae. En A. L. Cabrera (ed.), Fl. Prov. Buenos Aires, Colecc. Ci. Inst. Nac. Tecnol. Agropecu. 4(6a): 1-443.
——. 1963b. Estudios sobre el género *Hypochoeris*. Bol. Soc. Argent. Bot. 10: 166-195.
——. 1965a. Revisión del género *Mutisia* (Compositae). Opera Lilloana 13: 5-227.
——. 1965b. Solanaceae. En A. L. Cabrera (ed.), Fl. Prov. Buenos Aires, Colecc. Ci. Inst. Nac. Tecnol. Agropecu. 4(5a): 190-250.
——. 1966a. El género *Lagenophora* (Compositae). Blumea 14: 285-308.
——. 1966b. Hypericaceae. En A. L. Cabrera (ed.), Fl. Prov. Buenos Aires, Colecc. Ci. Inst. Nac. Tecnol. Agropecu. 4(4a): 224-227.
——. 1966c. Loasaceae. En A. L. Cabrera (ed.), Fl. Prov. Buenos Aires, Colecc. Ci. Inst. Nac. Tecnol. Agropecu. 4(4a): 251-260.
——. 1966d. Tamaricaceae. En A. L. Cabrera (ed.), Fl. Prov. Buenos Aires, Colecc. Ci. Inst. Nac. Tecnol. Agropecu. 4(4a)· 233-235.
——. 1966e. Violaceae. En A. L. Cabrera (ed.), Fl. Prov. Buenos Aires, Colecc. Ci. Inst. Nac. Tecnol. Agropecu. 4(4a): 238-246.

——. 1967a. Polygonaceae. En A. L. Cabrera (ed.), Fl. Prov. Buenos Aires, Colecc. Ci. Inst. Nac. Tecnol. Agropecu. 4(3a): 57-81.
——. 1967b. Rosaceae. En A. L. Cabrera (ed.), Fl. Prov. Buenos Aires, Colecc. Ci. Inst. Nac. Tecnol. Agropecu. 4(3a): 379-393.
——. 1968. Rehabilitación del género *Holocheilus* Cassini (Compositae). Revista Mus. La Plata, Secc. Bot. 11: 1-15.
——. 1970. *Actinoseris* nuevo género de Compuestas. Bol. Soc. Argent. Bot. 13: 45-52.
——. 1971a. Compositae. En M. N. Correa (ed.), Fl. Patagónica, Colecc. Ci. Inst. Nac. Tecnol. Agropecu. 8(7): 1-451.
——. 1971b. Especies nuevas o críticas de la Flora Jujeña. Bol. Soc. Argent. Bot. 13: 325-336.
——. 1971c. Revisión del género *Gochnatia*. Revista Mus. La Plata, Secc. Bot. 12 Bot. 66: 1-160.
——. 1972. Tres nuevas especies del género *Conyza* (Compositae) del Noroeste de la Argentina. Bol. Soc. Argent. Bot. 14: 347-353.
——. 1973. Notas sobre tipos de Compuestas sudamericanas en herbarios europeos. IV. Bol. Soc. Argent. Bot. 15: 113-125.
——. 1974a. Compositae. En A. Burkart (ed.), Fl. Il. Entre Ríos, Colecc. Ci. Inst. Nac. Tecnol. Agropecu. 6(6a): 106-554.
——. 1974b. Especies nuevas o críticas de la flora jujeña VI. Bol. Soc. Argent. Bot. 15: 319-339.
——. 1974c. Especies nuevas o críticas del género *Vernonia* (Compositae) de la República Argentina. Darwiniana 18: 413-420.
——. 1976a. Compuestas nuevas o interesantes del nordeste de Argentina. Darwiniana 20: 408-417.
——. 1976b. Materiales para una revisión del género *Hypochoeris*. I. *Hypochoeris chillensis* (H.B.K.) Hieron. Darwiniana 20: 312-322.
——. 1976c. Una nueva especie de *Mutisia* (Compositae) de Patagonia. Darwiniana 20: 210-212.
——. 1976d. Territorios fitogeográficos de la República Argentina. En L. R. Parodi (ed.), Enciclopedia Argentina de Agricultura y Jardinería, ed. 2: 2-85. Acme, Buenos Aires.
——. 1977. Novedades en las Solanáceas de Entre Ríos. Hickenia 1: 79-81.
——. 1978. Compositae. En A. L. Cabrera (ed.), Fl. Prov. Jujuy, Colecc. Ci. Inst. Nac. Tecnol. Agropecu. 13(10): 1-726.
——. 1979. Solanaceae. En A. Burkart (ed.), Fl. Il. Entre Ríos, Colecc. Ci. Inst. Nac. Tecnol. Agropecu. 6(5a): 346-452.
——. 1980a. *Leontodon autumnalis* L. nueva Compuesta adventicia para la patagonia. Darwiniana 22: 589.
——. 1980b. Sobre la presencia del género *Arnica* (Compositae) en la Argentina. Darwiniana 22: 587-589.
——. 1982. Revisión del género *Nassauvia* (Compositae). Darwiniana 24: 283-379.
——. 1983a. Clethraceae. En A. L. Cabrera (ed.), Fl. Prov. Jujuy, Colecc. Ci. Inst. Nac. Tecnol. Agropecu. 13(8): 1-2.
——. 1983b. Ericaceae. En A. L. Cabrera (ed.), Fl. Prov. Jujuy, Colecc. Ci. Inst. Nac. Tecnol. Agropecu. 13(8): 2-12.
——. 1983c. Polemoniaceae. En A. L. Cabrera (ed.), Fl. Prov. Jujuy, Colecc. Ci. Inst. Nac. Tecnol. Agropecu. 13(8): 223-229.
——. 1983d. Solanaceae. En A. L. Cabrera (ed.), Fl. Prov. Jujuy, Colecc. Ci. Inst. Nac. Tecnol. Agropecu. 13(8): 292-493.
——. 1983e. Styracaceae. En A. L. Cabrera (ed.), Fl. Prov. Jujuy, Colecc. Ci. Inst. Nac. Tecnol. Agropecu. 13(8): 33-35.
——. 1985. El género *Senecio* (Compositae) en Bolivia. Darwiniana 26: 79-217.
——. 1987. Una nueva especie de *Vernonia* (Compositae) de Misiones, República Argentina. Darwiniana 28: 187-189.
——. 1991[1989]. Compostas.Tribo: Eupatorieae. En R. Reitz (ed.), Fl. Il. Catarinense Monografia Comp.: 415-760.
——. 1993a. Cucurbitaceae. En A. L. Cabrera (ed.), Fl. Prov. Jujuy, Colecc. Ci. Inst. Nac. Tecnol. Agropecu. 13(9): 472-515.
——. 1993b. Valerianaceae. En A. L. Cabrera (ed.), Fl. Prov. Jujuy, Colecc. Ci. Inst. Nac. Tecnol. Agropecu. 13(9): 442-469.
——. 1995a. *Lasthenia* (Compositae), género nuevo para la Argentina. Bol. Soc. Argent. Bot. 30: 241-242.
——. 1995b. Sobre *Vernonia glabrata* Compositae y algunas otras especies de América Austral. Hickenia 35: 153-160.
——. 1997. Una nueva especie de *Vernonia* (Compositae) del este de Salta, Argentina. Hickenia 2: 255-256.
—— & Botta, S. M. 1992. Novedades para la Flora de Jujuy (Argentina). Hickenia 2: 45-48.
—— & Cristóbal, C. L. 1978. Una nueva especie del género *Vernonia* (Compositae) de Corrientes (Argentina). Hickenia 1: 129-131.
—— & Fabris, H. A. 1958. Una *Centaurea* nueva para la Argentina. Revista Argent. Agron. 25: 45-46.
—— & ——. 1965. Cactaceae. En A. L. Cabrera (ed.), Fl. Prov. Buenos Aires, Colecc. Ci. Inst. Nac. Tecnol. Agropecu. 4(4a): 262-292.
—— & Freire, S. E. 1997. Eupatorieae (excepto *Mikania*). En A. T. Hunziker (ed.), Flora Fanerogámica Argentina 47(8): 3-54, 76-104.
—— & Klein, R. M. 1980. Compostas.Tribo Vernonieae. En R. Reitz (ed.), Fl. Il. Catarinense fasc. COMP: 227-408.
—— & Ragonese, A. M. 1978. Revisión del género *Pterocaulon* (Compositae). Darwiniana 21: 185-257.
—— & Re, R. 1965. Sobre un *Senecio* adventicio en la provincia de Buenos Aires. Revista Fac. Agron. Univ. Nac. La Plata 11: 43-50.
—— & Vittet, N. 1954. Catálogo de las Eupatorieas argentinas (Compositae). Revista Mus. La Plata, Secc. Bot. 8: 179-263.
—— & ——. 1963. Compositae catharinenses II. Eupatorieae. Sellowia 15: 149-258.

—— & Zardini, E. M. 1978. Manual de la Flora de los alrededores de Buenos Aires. Ed. Acme. Buenos Aires.
—— & ——. 1980. Sinopsis preliminar de las especies argentinas del género *Senecio* (Compositae). Darwiniana 22: 427-491.
Caccavari, M. A. 1979. Granos de polen de Nyctaginaceae argentinas. Revista Mus. Argent. Ci. Nat., Bernardino Rivadavia Inst. Nac. Invest. Ci. Nat., Bot. 5: 211-227.
Cáceres, S. A. 1989. Nuevas citas de Asclepiadaceae para Argentina. Bonplandia (Corrientes) 6: 173-182.
—— & Morillo, G. 1993. Dos nuevas especies de *Oxypetalum* y *Marsdenia* (Asclepiadaceae) de Argentina. Bonplandia (Corrientes) 7: 31-38.
Cámara Hernández, J. A. 1964. Las especies de Timeleáceas de la Flora Argentina. Revista Fac. Agron. Veterin. 16: 143-160.
——. 1988. Thymelaeaceae. En M. N. Correa (ed.), Fl. Patagónica, Colecc. Ci. Inst. Nac. Tecnol. Agropecu. 8(5): 244-246.
——. 1996. Thymelaeaceae. En A. T. Hunziker (ed.), Flora Fanerogámica Argentina 24: 1-4.
Candolle, A. C. P. 1898. Piperaceae. En O. Kuntze (ed.), Revisio Generum Plantarum 272-275. Commissionen, Leipzig.
Candolle, A. P. 1836. Prodromus 5: 398-429; 647- 651.
Cantero, J. J. & Bianco, C. A. 1986. Las plantas vasculares del suroeste de la provincia de Córdoba. Parte III. Catálogo preliminar de las especies. Revista Univ. Nac. Río Cuarto 6 (1): 5-52.
Cantino, P. D. 1975. The North American species *Boerhavia spicata* (Nyctaginaceae) in northwestern Argentina. Rhodora 77: 423-426.
Carauta, J. P. P. 1989. *Ficus* (Moraceae) no Brasil: Conservação e taxonomia. Albertoa 2: 1-365.
Carmona, C. & Del Pero de Martínez, M. 1992. Flavonoides en especies de *Oxalis* sección *Thamnoxys*. Parodiana 7: 115-131.
Caro, J. A. 1956. Las especies de *Duranta* (Verbenaceae) silvestres y cultivadas en la República Argentina. Revista Argent. Agron. 4: 1-28.
——. 1961a. El género *Pitraea* (Verbenaceae) en la República Argentina. Kurtziana 1: 271-282.
——. 1961b. Las especies de *Cotula* (Compositae) del centro de la República Argentina. Kurtziana 1: 289-298.
——. 1969. Nota sinonímica en el género *Duranta*. Kurtziana 5: 401.
——. 1982. Sistematización del género *Acantholippia* Grisebach (Verbenaceae) y las especies de la flora Argentina. Dominguezia 3: 1-31.
Carolin, R. 1985. Notas sobre Portulacaceae de la Argentina. Parodiana 3: 329-332.
——. 1987. A review of the family Portulacaceae. Austral. J. Bot. 35: 383-412.
Carvalho, A. M. V. 1997. A synopsis of the genus *Dalbergia* (Fabaceae: Dalbergieae) in Brazil. Brittonia 49: 87-109.
Castagnaro, A., Díaz Ricci, J., Arias, M. & Albornoz, P. 1998. A new Southern Hemisphere species of *Potentilla* (Rosaceae). Novon 8: 333-336.
Castellanos, A. 1925. *Rhipsalis* argentinas. Anales Mus. Nac. Buenos Aires 32: 477-500.
——. 1950. Dos especies nuevas de Cactáceas argentinas. Lilloa 23: 5-13.
——. 1951. El género *Quiabentia*. Lilloa 25: 595-603.
——. 1955. Noticias sobre *Opuntia* (Cactaceae). Lilloa 27: 81-89.
——. 1956. Observaciones sobre la vegetación del occidente de Formosa. Bol. Acad. Nac. Ci. 40: 229-263.
——. 1957. Revisión de las Cactáceas argentinas. I. Revista Fac. Ci. Agrar. Univ. Nac. Cuyo 6: 1-19.
——. 1968. Revisión de las Cactáceas argentinas. III. *Frailea*. Revista Fac. Ci. Agrar. Univ. Nac. Cuyo 13: 13-28.
—— & Lelong, H. 1943. Opuntiales vel Cactales. En H. Descole (ed.), Gen. Sp. Pl. Arg. 1: 47-142.
—— & ——. 1944. Una nueva especie de *Opuntia*. Lilloa 10: 395-402.
Castiglioni, J. A. 1951. Lauráceas Argentinas I. Género *Nectandra*. Bol. Soc. Argent. Bot. 4: 66-94.
——. 1957. Lauráceas Argentinas: II. Género *Ocotea*. Revista Invest. Forest. 1: 3-21.
Cerana, M. M. 1997. *Mikania*. En A. T. Hunziker (ed.), Flora Fanerogámica Argentina 47: 54-76.
Cerrate Valenzuela, E. 1951. Revisión de las especies peruanas del género *Jungia*. Publ. Mus. Hist. Nat. "Javier Prado," Ser. B, Bot. 4: 1-24.
Chase, M. W. 1981. A Revision of *Dicella* (Malpighiaceae). Syst. Bot. 6: 159-171.
Chater, A. O. 1971. Flora Europaea Notulae Systematicae ad Floram Europaeam spectantes 11, V.H. Heywood (ed.). Bot. J. Linn. Soc. 64: 380.
Chaudhri, M. N. 1968. A revision of the Paronychiinae. Meded. Bot. Mus. Herb. Rijks Univ. Utrecht 285: 1-440.
——. 1987. *Herniaria* in South America - A remarkable discovery. Pakistan Syst. 3: 1-3.
Chautems, A. 1990. Taxonomic revision of *Sinningia* Nees: nomenclatural changes and new synonymies. Candollea 45: 381-388.
——. 1993. Gesneriaceae. En R. Spichiger & L. Ramella (eds.), Fl. Paraguay 22: 1-35.
Chávez de Michel, L. R. 1993. Capparaceae. En T. J. Killeen, E. García E. & S. G. Beck (eds.), Guía de Arboles de Bolivia: 185-190. Herbario Nacional de Bolivia & Missouri Botanical Garden.

Chiapella, J. 1996. Nota sobre la identidad de *Pratia repens* (Campanulaceae: Lobeliodeae). Bol. Soc. Argent. Bot. 32: 123-127.
——. Inéd. Estudios en Campanulaceae de la Argentina.
—— & Tressens, S. G. 1997. *Lobelia* (Campanulaceae-Lobelioideae): nuevas citas y clave para las especies argentinas. Bonplandia (Corrientes) 9: 245-250.
Chodat, R. H. 1901. Plantae Hasslerianae I. Amarantaceae. Bull. Herb. Boissier 2me. sér., 1: 395-442.
—— & Hassler, E. 1903. Plantae Hasslerianae II. Amarantaceae. Bull. Herb. Boissier 2me. sér., 3: 387-421.
—— & Rehfous, L. 1927. La végétation du Paraguay XIV. Amarantacées. Bull. Soc. Bot. Genève 2me. sér., 18: 246-294.
—— & Vischer, W. 1917. La végétation du Paraguay. VI. Podostémacées. Bull. Soc. Bot. Genève Sér. 2: 165-196.
—— & Wilczek, E. 1902. Contributions a la flore de la République Argentine. Bull. Herb. Boissier 2me. sér., 2: 281-296; 475-490; 521-544.
Chung, I. C. 1967. Studies in *Manettia* (Rubiaceae) Section *Heterochloa* Schum. Phytologia 15: 272-288.
——. 1968. Studies in *Manettia* (Rubiaceae) Section *Pyrranthos* Schum. Phytologia 17: 353-366.
Cialdella, A. M. 1984. El género *Acacia* (Leguminosae) en la Argentina. Darwiniana 25: 59-111.
——. 1989. Revisión de las especies argentinas de *Polygonum* s.l. (Polygonaceae). Darwiniana 29: 179-246.
——. 1992. Sobre la presencia del género *Chorizanthe* (Polygonaceae) en la Argentina. Hickenia 2: 49-52.
——. 1994. Polygonaceae. En R. Kiesling (ed.), Fl. San Juan 1: 74-85.
Clausen, A. M. & Crisci, J. V. 1989. Análisis multivariado de la variación moroflógica de poblaciones diploides y tetraploides de *Solanum gourlayi* (Solanaceae) y especies relacionadas. Darwiniana 29: 247-259.
Clement, I. D. 1957. Studies in *Sida* (Malvaceae). Contr. Gray Herb. 180: 3-91.
Cocucci, A. A. & Hunziker, A. T. 1993. Estudios sobre Solanaceae XXXV. Novedades en *Nierembergia*. Lorentzia 7: 5-15.
—— & ——. 1995a. Estudios sobre Solanaceae XLI. *Nierembergia linariaefolia* y *N. pulchella*: sus sinónimos y variedades. Darwiniana 33: 35-42.
—— & ——. 1995b. *Nierembergia*. En A. T. Hunziker (ed.), Flora Fanerogámica Argentina 15: 3-14.
Cocucci, A. E. 1958. El género *Ruprechtia* (Polygonaceae) en Argentina, Paraguay y Uruguay. Trab. Mus. Bot. Córdoba 2: 559-618.
——. 1961. Revisión del género *Ruprechtia* (Polygonaceae). Kurtziana 1: 217-269.
——. 1965. Estudios en el género *Prosopanche* (Hydnoraceae). Kurtziana 2: 53-74.
——. 1995. Hydnoraceae. En A. T. Hunziker (ed.), Flora Fanerogámica Argentina 7: 1-3.
Coe-Texeira, B. 1980. Lauráceas do gênero *Ocotea*, do estado de São Paulo. Rodriguésia 32: 55-190.
Cogniaux, C. A. 1878. Cucurbitaceae. En C. F. P. Martius (ed.), Fl. Bras. 6(4): 1-126.
——. 1881. Cucurbitacées. En A. & C. De Candolle (eds.), Monogr. Phaner. 3: 325-951.
——. 1891. Melastomataceae. En A. & C. De Candolle (eds.), Monogr. Phaner. 7: 1-1256.
——. 1916. Cucurbitaceae: Fevilleae et Melothrieae. En A. Engler (ed.), Pflanzenr. 4(275 I) Heft 66: 1-277.
Constance, L. 1965. Some substractions from the Umbelliferae of South America. Ann. Missouri Bot. Gard. 52: 274-280.
——. 1988. Umbelliferae. En N. M. Correa (ed.), Fl. Patagónica, Colecc. Ci. Inst. Nac. Tecnol. Agropecu. 8(5): 310-379.
——. 1990. Tardy transfers from *Apium* to *Ciclospermum* (Umbelliferae). Brittonia 42: 276-278.
Coode, M. J. E. 1985. *Aristotelia* and *Vallea*, closely related in Elaeocarpaceae. Kew Bull. 40: 479-507.
——. 1987. *Crinodendron*, *Dubouzetia* and *Peripentadenia*, closely related Elaeocarpaceae. Kew Bull. 42: 774-814.
Cook, C. D. K. 1979. A revision of the genus *Rotala* (Lythraceae). Boissiera 29: 1-156.
Coons, M. P. 1982. The genus *Amaranthus* in Ecuador. Ph.D. Thesis, 1975, authorized facsimile reprint by University Microfilm International.
Correa, M. N. 1966. Las Frankeniáceas argentinas. Darwiniana 14: 68-94.
——. 1981. Especies nuevas de *Adesmia* (Leguminosae) para la flora patagónica. Darwiniana 23: 151-157.
——. 1984a. Donatiaceae. En M. N. Correa (ed.), Fl. Patagónica, Colecc. Ci. Inst. Nac. Tecnol. Agropecu. 8(4b): 46-47.
——. 1984b. Fagaceae. En M. N. Correa (ed.), Fl. Patagónica, Colecc. Ci. Inst. Nac. Tecnol. Agropecu. 8(4a): 4-11.
——. 1984c. Hydrangeaceae. En M. N. Correa (ed.), Fl. Patagónica, Colecc. Ci. Inst. Nac. Tecnol. Agropecu. 8(4b): 38-40.
——. 1984d. Olacaceae. En M. N. Correa (ed.), Fl. Patagónica, Colecc. Ci. Inst. Nac. Tecnol. Agropecu. 8(4a): 28-29.
——. 1984e. Salicaceae. En M. N. Correa (ed.), Fl. Patagónica, Colecc. Ci. Inst. Nac. Tecnol. Agropecu. 8(4a): 1-3.
——. 1984f. Saxifragaceae. En M. N. Correa (ed.), Fl. Patagónica, Colecc. Ci. Inst. Nac. Tecnol. Agropecu. 8(4b): 11-18.
——. 1984g. Tribeles. En M. N. Correa (ed.), Fl. Patagónica, Colecc. Ci. Inst. Nac. Tecnol. Agropecu. 8(4b): 36-37.
——. 1988a. Euphorbiaceae. En M. N. Correa (ed.), Fl. Patagónica, Colecc. Ci. Inst. Nac. Tecnol. Agropecu. 8(5): 75-91.
——. 1988b. Malesherbiaceae. En M. N. Correa (ed.), Fl. Patagónica, Colecc. Ci. Inst. Nac. Tecnol. Agropecu. 8(5): 196-198.
Correll, D. S. 1961. New species and some nomenclatural changes in section *Tuberarium* of *Solanum*. Wrightia 2: 169-197.
——. 1962. The Potato and its Wild Relatives. Section *Tuberarium* of the genus *Solanum*: 1-606. Texas Research Foundation, Renner.

Covas, G. 1939. Los géneros de Amarantáceas argentinas. Revista Argent. Agron. 6: 282-303.
——. 1941. Las Amarantáceas bonarienses. Darwiniana 5: 329-368.
——. 1943. Una nueva especie argentina del género *Alternanthera*. Darwiniana 6: 257.
——. 1964. Adiciones a "Antófitas escapadas de cultivo en la provincia de La Pampa." Apuntes Fl. Pampa 12: 47-48.
——. 1965a. Catálogo de las plantas naturalizadas o adventicias en La Pampa. Apuntes Fl. Pampa 16: 63-64.
——. 1965b. Especies interesantes de la flora pampeana. Apuntes Fl. Pampa 13: 51-52.
——. 1966a. Antófitas nuevas para la Flora de La Pampa. Apuntes Fl. Pampa 22: 87-88.
——. 1966b. Nota preliminar sobre las Umbelíferas de la Provincia de La Pampa. Apuntes Fl. Pampa 29: 113-116.
——. 1967. *Crepis foetida* L. adventicia en La Pampa. Apuntes Fl. Pampa 30: 117.
——. 1968a. *Hypericum perforatum* adventicio en La Pampa. Apuntes Fl. Pampa 37: 147.
——. 1968b. Las Poligaláceas pampeanas. Apuntes Fl. Pampa 36: 141-143.
——. 1969a. Las Violáceas pampeanas. Apuntes Fl. Pampa 39: 153-155.
——. 1969b. Nueva especie de *Gaillardia* (Compositae) de la Flora Argentina. Bol. Soc. Argent. Bot. 11: 262-264.
——. 1970. Antófitas nuevas para La Pampa. Apuntes Fl. Pampa 44: 181-182.
——. 1978. Las Compuestas de la Provincia de La Pampa. Apuntes Fl. Pampa 57: 225-228.
——. 1981. *Papaver hybridum* L., especie adventicia en la provincia de La Pampa. Apuntes Fl. Pampa 67: 268.
——. 1984a. *Heterosperma* Cav. Un género de Compuestas no mencionado previamente para la provincia de La Pampa. Apuntes Fl. Pampa 86: 841-842.
——. 1984b. Las especies de *Amaranthus* L. Amaranthaceae, nativas o naturalizadas en la Provincia de La Pamapa. Apuntes Fl. Pampa 84-86: 333-342.
——. 1984c. Las Papaveráceas espontáneas en la provincia de La Pampa. Apuntes Fl. Pampa 86: 342-344.
——. 1984d. Las Rosáceas pampeanas. Apuntes Fl. Pampa 88: 348-351.
—— & Schnack, B. J. C. 1944. Tres nuevas especies de *Glandularia* de la flora argentina (Verbenáceas). Revista Argent. Agron. 11: 89-97.
—— & ——. 1945. Una nueva especie de Verbenácea del género *Glandularia* de la flora argentina. Revista Argent. Agron. 12: 57.
Cowan, R. S. & Smith, L. B. 1973. Rutáceas. En R. Reitz (ed.), Fl. Il. Catarinense Fasc. RUTA: 1-89.
Cozzo, D. 1968. Concepto forestal de la naturalización de especies exóticas y su ocurrencia en Argentina. Revista Forest. Argent. 12: 118-124.
Crespo, S. 1962. "*Ballota nigra*," una Labiada nueva para la flora argentina. Darwiniana 12: 523-527.
——. 1979. Labiatae. En A. Burkart (ed.), Fl. Il. Entre Ríos, Colecc. Ci. Inst. Nac. Tecnol. Agropecu. 6(5a): 294-346.
——. 1984a. Ceratophyllaceae. En M. N. Correa (ed.), Fl. Patagónica, Colecc. Ci. Inst. Nac. Tecnol. Agropecu. 8(4a): 282-283.
——. 1984b. Lardizabalaceae. En M. N. Correa (ed.), Fl. Patagónica, Colecc. Ci. Inst. Nac. Tecnol. Agropecu. 8(4a): 323-324.
——. 1984c. Nymphaeaceae. En M. N. Correa (ed.), Fl. Patagónica, Colecc. Ci. Inst. Nac. Tecnol. Agropecu. 8(4a): 280-281.
Crespo, S. & Pérez-Moreau, R. L. 1981. Notas sobre Loasaceae: *Loasa bergii* Hieron. y rehabilitación de *L. argentina* Urb. et Gilg. Darwiniana 23: 171-178.
——. 1984a. Cunoniaceae. En M. N. Correa (ed.), Fl. Patagónica, Colecc. Ci. Inst. Nac. Tecnol. Agropecu. 8(4b): 41-45.
——. 1984b. Polygonaceae. En M. N. Correa (ed.), Fl. Patagónica, Colecc. Ci. Inst. Nac. Tecnol. Agropecu. 8(4a): 60-98.
Crisci, J. V. 1976a. *Burkartia*: un nuevo género de Mutisieae. Bol. Soc. Argent. Bot. 17: 241-246.
——. 1976b. Revisión del género *Leucheria* (Compositae: Mutisieae). Darwiniana 20: 9-126.
Cristóbal, C. L. 1960. Revisión del género *Ayenia* (Sterculiaceae). Opera Lilloana 4: 1-230.
——. 1967. Cromosomas de Malvales. Kurtziana 4: 139-142.
——. 1976. Estudio taxonómico del género *Byttneria* Loefling (Sterculiaceae). Bonplandia (Corrientes) 4: 1-428.
——. 1980. Nueva especie de *Melochia* (Sterculiaceae). Hickenia 1: 219-220.
——. 1983. Esterculiáceas. En R. Reitz (ed.), Fl. Il. Catarinense Fasc. EST.: 1-57.
——. 1989. Comentarios acerca de *Guazuma ulmifolia* (Sterculiaceae). Bonplandia (Corrientes) 6: 183-196.
——. 1996a. *Ayenia mansfeldiana* (Herter) Herter ex Cristóbal nov. comb. (Sterculiaceae). Bonplandia (Corrientes) 9: 149.
——. 1996b. Novedades en *Melochia* sect. *Pyramis* (Sterculiaceae). Bonplandia (Corrientes) 9: 43-51.
—— & Cabrera, A. L. 1982. Novedad en *Hyaloseris* Griseb. (Compositae). Hickenia 1: 255-257.
Croizat, L. C. M. 1940. Thirty-five new species of American *Croton*. J. Arnold Arbor. 21: 76-107.
——. 1941a. Euphorbiaceae. En H. Moldenke (ed.), Contributions to the flora of extra-tropical South America II. Lilloa 6: 298-304.
——. 1941b. Preliminaries for the study of Argentine and Uruguayan species of *Croton*. Darwiniana 5: 417-462.
——. 1943a. Novelties in American Euphorbiaceae. J. Arnold Arbor. 24: 165-189.
——. 1943b. Preliminari per uno studio del genere "*Julocroton*" Martius. Revista Argent. Agron. 10: 117-145.

——. 1944a. Additions to the genus *Croton* L. in South America. Darwiniana 6: 442-447.
——. 1944b. Note sul genere *Julocroton* Martius. I. Revista Argent. Agron. 11: 98-102.
Cronquist, A. J. 1944. Studies in the Simaroubaceae IV. Resume of the American genera. Brittonia 5: 128-147.
——. 1950. A review of the genus *Psilocarphus*. Res. Stud. State Coll. Wash. 18: 71-89.
——, Holmgren, A. H., Holmgren, N. H., Reveal, J. L. & Holmgren, P. K. 1984. Polemoniaceae. Intermountain Flora 4: 86-155.
Cuadrado, G. A. 1993. Granos de polen de Chenopodiaceae del Nordeste Argentino, géneros *Atriplex*, *Chenopodium*, *Holmbergia*, *Salicornia* y *Suaeda*. Bol. Soc. Argent. Bot. 29: 15-23.
Cuatrecasas, J. 1967. Revisión de las especies colombianas del género *Baccharis*. Revista Acad. Colomb. Ci. Exact. 13: 5-102.
——. 1969a. Notas adicionales, taxónomicas y corológicas sobre *Baccharis*. Revista Acad. Colomb. Ci. Exact. 13: 201-226.
——. 1969b. Prima Flora Colombiana 3. Compositae-Asteraceae. Webbia 24: 1-335.
—— & Smith, L. B. 1971. Cunoniáceas. En R. Reitz (ed.), Fl. Il. Catarinense Fasc. CUNO: 3-22.
Cunha, M. C. da Silva. 1985 Revisão das espécies do gênero *Luehea* Willd. (Tiliaceae). Sellowia 37: 5-41.
Cunquero, H. 1984. Las Caliceráceas pampeanas. Apuntes Fl. Pampa 83: 329-330.
Cusato, L. & Rossow, R. A. 1996. Novedades florísticas para la Patagonia (Argentina). Hickenia 2: 201-206.
D'Arcy, W. G. 1978. Names in *Agalinis* for some plants that were called *Gerardia* and *Virgularia* (Scrophulariaceae). Ann. Missouri Bot. Gard. 65: 769-771.
——. 1993. Solanaceae. En L. Brako & J. L. Zarucchi (eds.), Catalogue of the Flowering Plants and Gymnosperms of Peru. Monogr. Syst. Bot. Missouri Bot. Gard. 46: 1098-1137.
Daciuk, J. 1979. Aportes florísticos y fitoecológicos de Península Valdés y Patagonia. I. Catálogo sistemático preliminar de las espermatófitas de Península Valdés y alrededores (Prov. de Chubut, Argentina). Revista Mus. Argent. Ci. Nat., Bernardino Rivadavia Inst. Nac. Invest. Ci. Nat., Ecol. 2: 27-70.
Daniel, T. F. 1995. Acanthaceae. En D. E. Breedlove (ed.), Flora de Chiapas 4: 1-158.
Darlington, J. 1934. A monograph of the genus *Mentzelia*. Ann. Missouri Bot. Gard. 21: 103-226.
Davenport, L. J. 1988. A monograph of *Hydrolea* (Hydrophyllaceae). Rhodora 90: 169-208.
Davidson, J. F. 1950. The genus *Polemonium* [Tournefort] L. Univ. Calif. Publ. Bot. 23: 209-282.
Davyt, M. & Izaguirre de Artuccio, P. 1996. Sinopsis de las especies y variedades del género *Adesmia* DC (Fabaceae-Adesmieae) en el Uruguay. Parodiana 9: 89-114.
Dawson, G. 1938. Las especies del género *Drosera* de la flora Argentina. Revista Argent. Agron. 5: 231-239.
——. 1941. Las especies del género *Veronica* en la República Argentina. Darwiniana 5: 194-214.
——. 1944. Las Santaláceas Argentinas. Revista Mus. La Plata, Secc. Bot. 6: 5-80.
——. 1952. Escrofulariáceas Bonaerenses. Revisión de las especies que habitan en la provincia de Buenos Aires. Revista Mus. La Plata, Secc. Bot. 8: 1-62.
——. 1960. Sinopsis de las especies argentinas del género *Utricularia* (Lentibulariaceae). Bol. Soc. Argent. Bot. 8: 139-159.
——. 1965a. Euphorbiaceae. En A. L. Cabrera (ed.), Fl. Prov. Buenos Aires, Colecc. Ci. Inst. Nac. Tecnol. Agropecu. 4(4a): 69-124.
——. 1965b. Linaceae. En A. L. Cabrera (ed.), Fl. Prov. Buenos Aires, Colecc. Ci. Inst. Nac. Tecnol. Agropecu. 4(4a): 26-30.
——. 1965c. Orobanchaceae. En A. L. Cabrera (ed.), Fl. Prov. Buenos Aires, Colecc. Ci. Inst. Nac. Tecnol. Agropecu. 4(5a): 304-308.
——. 1966a. Geraniaceae. En A. L. Cabrera (ed.), Fl. Prov. Buenos Aires, Colecc. Ci. Inst. Nac. Tecnol. Agropecu. 4(4a): 14-23.
——. 1966b. Zygophyllaceae. En A. L. Cabrera (ed.), Fl. Prov. Buenos Aires, Colecc. Ci. Inst. Nac. Tecnol. Agropecu. 4(4a): 30-38.
——. 1967a. Cannabinaceae. En A. L. Cabrera (ed.), Fl. Prov. Buenos Aires, Colecc. Ci. Inst. Nac. Tecnol. Agropecu. 4(3a): 19-21.
——. 1967b. Hydnoraceae. En A. L. Cabrera (ed.), Fl. Prov. Buenos Aires, Colecc. Ci. Inst. Nac. Tecnol. Agropecu. 4(3a): 53-57.
——. 1967c. Moraceae. En A. L. Cabrera (ed.), Fl. Prov. Buenos Aires, Colecc. Ci. Inst. Nac. Tecnol. Agropecu. 4(3a): 12-19.
——. 1967d. Rafflesiaceae. En A. L. Cabrera (ed.), Fl. Prov. Buenos Aires, Colecc. Ci. Inst. Nac. Tecnol. Agropecu. 4(3a): 50-53.
——. 1967e. Salicaceae. En A. L. Cabrera (ed.), Fl. Prov. Buenos Aires, Colecc. Ci. Inst. Nac. Tecnol. Agropecu. 4(3a): 4-7.
——. 1967f. Santalaceae. En A. L. Cabrera (ed.), Fl. Prov. Buenos Aires, Colecc. Ci. Inst. Nac. Tecnol. Agropecu. 4(3a): 34-41.

——. 1967g. Urticaceae. En A. L. Cabrera (ed.), Fl. Prov. Buenos Aires, Colecc. Ci. Inst. Nac. Tecnol. Agropecu. 4(3a): 21-32.

——. 1973. Flora Argentina. Lentibulariaceae. Revista Mus. La Plata, Secc. Bot. 13: 1-59.

——. 1979a. Acanthaceae. En A. Burkart (ed.), Fl. Il. Entre Ríos, Colecc. Ci. Inst. Nac. Tecnol. Agropecu. 6(5a): 545-576.

——. 1979b. Scrophulariaceae. En A. Burkart (ed.), Fl. Il. Entre Ríos, Colecc. Ci. Inst. Nac. Tecnol. Agropecu. 6(5a): 452-504.

——. 1984. Santalaceae. En M. N. Correa (ed.), Fl. Patagónica, Colecc. Ci. Inst. Nac. Tecnol. Agropecu. 8(4a): 30-42.

De Marco, N. & Ruiz, T. 1976a. Revisión de los géneros *Anisacanthus* Nees, *Siphonoglossa* Oerts, *Aphelandra* R. Brown y *Dicliptera* Juss. (Acanthaceae) para Argentina. Publ. Esp. Inst. Lillo 1187: 9-44.

——. 1976b. Tres nuevas especies del género *Justicia* Houst. ex L. (Acanthaceae) para Argentina. Publ. Esp. Inst. Lillo 1187: 45-61.

Deferrari, A. M. 1977. Morfología foliar de especies argentinas del género *Peperomia* Ruiz & Pavon (Piperaceae). Obra Centen. Mus. La Plata 3: 63-96.

Deginani, N. B. 1982. Revisión de las especies argentinas del género *Phacelia* (Hydrophyllaceae). Darwiniana 24: 405-435.

——. 1983. Hydrophyllaceae. En A. L. Cabrera (ed.), Fl. Prov. Jujuy, Colecc. Ci. Inst. Nac. Tecnol. Agropecu. 13(8): 229-247.

——. Inéd. Revisión de las especies argentinas del género *Passiflora* (Passifloraceae).

Dehgan, B. & Webster, G. L. 1979. Morphology and infrageneric relationships of the genus *Jatropha* (Euphorbiaceae). Univ. Calif. Publ. Bot. 74: 1-73.

Del Aguila, J. 1964. Las cardos y abrepuños de La Pampa. Apuntes Fl. Pampa 5: 17-20.

Del Vitto, L. A. & Petenatti, E. M. 1991a. Nota sinonímica sobre *Solanum patagonicum* (Solanaceae). Kurtziana 21: 205-207.

—— & ——. 1991b. Novedades florísticas para San Luis y Mendoza (Argentina). Parodiana 6: 375-380.

—— & ——. 1995. Notas en *Solanum* (Solanaceae) de Argentina. I. Kurtziana 24: 165-169.

——, Múlgura de Romero, M. E. & Petenatti, E. M. 1993. Una nueva especie de *Atriplex* (Chenopodiaceae) de la Argentina. Hickenia 2: 77-80.

Delprete, P. G. 1995. Systematic study of the genus *Delilia* (Asteraceae-Heliantheae). Pl. Syst. Evol. 194: 111-122.

Delucchi, G. 1991. Especies adventicias y naturalizadas nuevas o críticas para la Argentina. Bol. Soc. Argent. Bot. 27: 179-181.

—— & Achinelli, F. 1996. Resúmenes XXV Jornadas Argentinas de Botánica, Mendoza: 164.

—— & Ariza Espinar, L. 1997. Asteraceae: tribu IX Caleduleae. En A. T. Hunziker (ed.), Flora Fanerogámica Argentina 48: 2-4.

Dematteis, M. & Cabrera, A. L. 1998. Novedades en *Vernonia* (Vernonieae, Asteraceae) para la Argentina. Hickenia 2: 285-287.

Dempster, L. T. 1980. The genus *Galium* Section *Lophogalium* (Rubiaceae) in South America. Allertonia 2: 247-279.

——. 1981. The genus *Galium* (Rubiaceae) in South America. II. Allertonia 2: 393-426.

——. 1982. The genus *Galium* (Rubiaceae) in South America. III. Allertonia 3: 211-258.

——. 1990. The genus *Galium* (Rubiaceae) in South America. IV. Allertonia 5: 283-345.

Descole, H. R. & Borsini, O. H. 1954. Scrophulariaceae. En H.R. Descole (ed.), Gen. Sp. Pl. Arg. 5(1): 1-172.

—— & ——. 1955. Dos nuevas Escrofulariáceas argentinas. Lilloa 27: 91-96.

—— & ——. 1956. Scrophulariaceae. En H. R. Descole (ed.), Gen. Sp. Pl. Arg. 5(2): 173-272.

—— & O'Donell, C. A. 1938. Adición a las Eleocarpáceas argentinas. Lilloa 3: 31-33.

——, —— & Lourteig, A. 1939a. Plantae Novae Lilloanae. Lilloa 4: 33-62.

——, —— & ——. 1939b. *Wendtia* y *Balbisia* en Argentina. Lilloa 4: 197-216.

——, —— & ——. 1940. Revisión de las Zygofiláceas Argentinas. Lilloa 5: 257-352.

——, —— & ——. 1943. Zygophyllaceae. En H. R. Descole (ed.), Gen. Sp. Pl. Arg. 1: 3-46.

Detling, L. E. 1939. A revision of the North American species of *Descurainia*. Amer. Midl. Naturalist 22: 481-520.

Devoto, F. E. & Rothkugel, M. 1942. Indice de la flora leñosa Argentina. Ministerio de Agricultura, Dirección de Propaganda y Publicaciones, Publicaciones Misceláneas 140: 1-183.

Di Fulvio, T. E. 1961. El género *Sclerophylax* (Solanaceae). Kurtziana 1: 9-103.

——. 1965. Sobre la embriología de *Cortesia cuneifolia* (Boraginaceae). 1. Anatomía floral, esporogénesis y gametogénesis. Kurtziana 2: 7-25.

——. 1967. Recuentos cromosómicos en angiospermas argentinas. Kurtziana 4: 87-90.

——. 1969a. Cromosomas gaméticos de *Patagonula americana* L. Kurtziana 5: 402.

——. 1969b. Recuentos cromosómicos en *Heliotropium* (Boraginaceae). Kurtziana 5: 89-94.

——. 1973. Recuentos cromosómicos en angiospermas argentinas II. Kurtziana 7: 39-42.

——. 1975. Cromosomas gaméticos en *Blumenbachia insignis* Schrader (Loasaceae). Kurtziana 8: 144.

——. 1978. Sobre la vasculatura floral, embriología y cromosomas de *Ixorhea tschudiana* (Heliotropiaceae). Kurtziana 11: 75-105.

——. 1982. Sobre la anatomía foliar y estomatogénesis de *Ixorhea tschudiana* (Heliotropiaceae). Kurtziana 15: 9-18.

Diehl, V. 1987. *Rumex*. En N. S. Troncoso & N. M. Bacigalupo (eds.), Fl. Il. Entre Ríos, Colecc. Ci. Inst. Nac. Tecnol. Agropecu. 6(3a): 56-68.

Dieterle, J. V. A. 1976. Cucurbitaceae. En D. L. Nash (ed.), Fl. Guatemala. Fieldiana Bot. 24: 306-395.

Dietrich, W. 1977. The South American species of *Oenothera* sect. *Oenothera* (*Raimannia*, *Renneria*; Onagraceae). Ann. Missouri Bot. Gard. 64: 425-626.

——, Wagner, W. L. & Raven, P. H. 1997. Systematics of *Oenothera* section *Oenothera* subsection *Oenothera* (Onagraceae). Syst. Bot. Monogr. 50: 1-234.

Digilio, A. P. L. 1974. Las Achatocarpáceas chaqueñas. Notas Preliminares para la Flora Chaqueña (Formosa, Chaco y Santiago del Estero). Ministerio de Agricultura y Ganadería de la Nación (INTA) 6: 26-28.

—— & Legname, P. R. 1966. Los árboles indígenas de la provincia de Tucumán. Opera Lilloana 15: 1-283.

Dillon, M. O. 1984. A systematic study of *Flourensia* (Asteraceae, Heliantheae). Fieldiana Bot. 16: 1-66.

Dimitri, M. J. 1972. La región de los bosques Andino-Patagónicos. Sinopsis general. Colecc. Ci. Inst. Nac. Tecnol. Agropecu. 10(1): 1-381.

——. 1974a. La flora arbórea del Parque Nacional Iguazú. Anales Parques Nac. 12: 1-180.

——. 1974b. Pequeña Flora ilustrada de los Parques Nacionales Andino-Patagónicos. Anales Parques Nac. 13: 1-122.

—— & Orfila, E. N. 1986. Acerca del nuevo taxon *Flaveria haumanii* Dim et Orf. (Compositae) de la flora Argentina. Sociedad Científica Argentina 1-13.

Donald, J. D. 1975a. Occasional generic reviews. *Acanthocalycium*. I. Ashingtonia 1: 112-114.

——. 1975b. Occasional generic reviews. *Acanthocalycium*. II. Ashingtonia 1: 124-126.

——. 1975c. Rebutias Part 2 (Systematics). Ashingtonia 2: 30-31; 34-35.

——. 1975d. The Rebutias Part 3. Systematics section *Rebutia*. Ashingtonia 2: 42-43; 50-54; 57; 59-60.

Dostál, J. 1976a. *Acroptilon*. En T. G. Tutin, V. H. Heywood, N. A. Burges, D. M. Moore, D. H. Valentine, S. M. Walters & D. A. Webb (eds.), Flora Europaea 4: 254.

——. 1976b. *Centaurea*. En T. G. Tutin, V. H. Heywood, N. A. Burges, D. M. Moore, D. H. Valentine, S. M. Walters & D. A. Webb (eds.), Flora Europaea 4: 254-301.

Dottori, N. M. 1995. Desarrollo y estructura de fruto y semilla en *Solanum* sect. *Cyphomandropsis* (Solanaceae) de Argentina. Kurtziana 24: 83-104.

—— & Hunziker, A. T. 1994a. Celtidaceae. En A. T. Hunziker (ed.), Flora Fanerogámica Argentina 2: 5-11.

—— & ——. 1994b. Ulmaceae. En A. T. Hunziker (ed.), Flora Fanerogámica Argentina 2: 1-3.

Dress, W. J. 1956. A review of the genus *Eucryphia*. Baileya 4: 116-127.

Dressler, R. L. 1962. A synopsis of *Poinsettia* (Euphorbiaceae). Ann. Missouri Bot. Gard. 48: 329-341.

Drewes, S. I. 1995. Revisión de las especies argentinas del género *Macroptilium* (Benth.) Urban (Leguminosae-Phaseolinae). 205 pp. Tesis Doctoral, Buenos Aires.

—— & Palacios, R. A. 1994. Notas en Phaseolineae II. Nueva combinación en el género *Macroptilium* (Benth.) Urban (Leguminosae-Phaseolae). *Macroptilium psammodes* (Lindman) S. I. Drewes & R. A. Palacios. Candollea 49: 256-257.

—— & ——. 1995. Nota sobre el género *Macroptilium* (Fabaceae). Bol. Soc. Argent. Bot. 30: 187-190.

Dudley, T. R. 1981. Taxonomic and nomenclatural notes on the flora of Isla de los Estados (Staten Island), Tierra del Fuego, Argentina. Rhodora 83: 477-519.

——. 1983. A contribution to the flora and vegetation of Isla de los Estados (Staten Island), Tierra del Fuego, Argentina. En B. Parker (ed.), Terrestrial Biology. II. Antarc. Res. Ser. 37: 1-184.

Dugand, A. & Daniel, H. 1969. *Reichenbachia* Sprengel (Nyctaginaceae-Leucastereae): aclaración de las dos especies hasta ahora conocidas. Lilloa 33: 43-60.

Duke, J. A. 1961. Preliminary revision of the genus *Drymaria*. Ann. Missouri Bot. Gard. 48: 173-268.

Dunn, D. B. 1965. The inter-relationships of the Alaskan Lupines. Madroño 18: 1-17.

—— & Planchuelo, A. M. 1981. *Lupinus heptaphyllus* (Velloso) Hassler vs. *Lupinus hilarianus* Bentham. Taxon 30: 464-470.

Dusén, P. K. H. 1910. Gefässpflanzen aus Paraná (Südbrasilien). Ark. Bot. 9: 23-30.

Dvorák, F. 1992. Study on *Chenopodium purpurascens* B. de Juss. ex Jacq. and on some related taxa. Feddes Repert. 103: 153-173.

Dwyer, J. D. 1951. The Central American, West Indian, and South American species of *Copaifera* (Caesalpiniaceae). Brittonia 7: 143-172.

——. 1958. The New World species of *Cynometra*. Ann. Missouri Bot. Gard. 45: 313-345.

Edmonds, J. M. 1972. A synopsis of the taxonomy of *Solanum* Sect. *Solanum* (Maurella) in South America. Kew Bull. 27: 95-114.
——. 1986. Biosystematics of *Solanum sarrachoides* Sendtner and *S. physalifolium* Rusby *(S. nitidibaccatum* Bitter). Bot. J. Linn. Soc. 92: 1-38.
Ehrendofer, F., Silberbauer-Gottsberger, I. & Gottsberger, G. 1979. Variation on the population, racial, and species level in the primitive relic Angiosperm genus *Drimys* (Winteraceae) in South America. Pl. Syst. Evol. 132: 53-83.
Elias, T. S. 1976. A monograph of the genus *Hamelia* (Rubiaceae). Mem. New York Bot. Gard. 26: 81-144.
Eliasson, U. 1987. Amaranthaceae. En G. Harling & L. Andersson (eds.), Fl. Ecuador 28: 3-137.
Epling, C. C. 1935-37. Synopsis of the South American Labiatae. Repert. Spec. Nov. Regni Veg. Beih. 85: 1-341.
——. 1939a. Apuntes sobre el género *Scutellaria*. Lilloa 4: 229-275.
——. 1939b. Las Labiadas de la Argentina, Paraguay y Uruguay. Revista Mus. La Plata, Secc. Bot. 2: 89-178.
——. 1939c. Las Labiadas del Noroeste de la Argentina. Lilloa 4: 389-446.
——. 1941. Lamiaceae. En H. N. Moldenke (ed.), The flora of extratropical South America. Lilloa 6: 334-335.
——. 1944. Lamiaceae. En H. N. Moldenke (ed.), Contributions to the Flora of extra-tropical South America. Lilloa 10: 348-352.
——. 1949. Revisión del género *Hyptis* (Labiatae). Revista Mus. La Plata, Secc. Bot. 7: 153-497.
——. 1960. Supplementary notes on American Labiatae. VII. Brittonia 12: 140-150.
—— & Játiva, C. 1964. Revisión del género *Satureja* en América del Sur. Brittonia 16: 393-416.
—— & ——. 1968. Supplementary notes on American Labiatae. X. Brittonia 20: 295-313.
—— & Mathias, M. E. 1957. Supplementary notes on American Labiatae. VI. Brittonia 8: 297-313.
Eriksen, B. 1993. A revision of *Monnina* subg. *Pterocarya* (Polygalaceae) in northwestern South America. Ann. Missouri Bot. Gard. 80: 191-207.
Ertter, B. J. 1980. A revision of the genus *Oxytheca* Nutt. (Polygonaceae). Brittonia 32: 70-102.
——. 1981. Notes on *Goodmania* and *Oxytheca* (Polygonaceae: Eriogonoideae). Brittonia 33: 37-38.
Eshbaugh, H. W. 1970. A biosystematic and evolutionary study of *Capsicum baccatum* (Solanaceae). Brittonia 22: 31-43.
——. 1982. Variation and evolution in *Capsicum eximium* (Solanaceae). Baileya 21: 193-198.
Escalante, M. G. 1946. Las Ramnáceas argentinas. Bol. Soc. Argent. Bot. 1: 209-231.
——. 1961. El género *Fagara* en la Argentina. Bol. Soc. Argent. Bot. 9: 291-317.
——, Nájera, M. & Galdeano, H. L. 1971. Las especies argentinas del género *Condalia* (Rhamnaceae). Revista Mus. La Plata, Secc. Bot. 11: 153-184.
Eskuche, U. G. 1989. Novedades florísticas para el Nordeste Argentino. Folia Bot. et Geobot. Corrent. 3: 1-27.
——. 1992. Sinopsis cenosistemática preliminar de los pajonales mesófilos semi-naturales del nordeste de la Argentina, incluyendo pajonales pampeanos y puntanos. Phytocoenologia 21: 256.
——. 1996. Novedades florísticas del Nordeste Argentino II. Folia Bot. et Geobot. Corrent. 10: 14-18.
Estrada Sánchez, J. 1995. *Cordia* subgénero *Varronia* (Boraginaceae). En S. Días Piedrahita et al. (eds.), Fl. Colombia 14: 1-174.
Exell, A. W. 1933. Correct botanical name of the *Luffa* sponge. J. Bot. 71: 352.
——. 1939. The Combretaceae of Argentina. Lilloa 5: 123-130.
——. 1953. The *Combretum* species of the New World. Bot. J. Linn. Soc. 55: 103-141.
Ezcurra, C. 1979. Sobre la posición sistemática del género *Grisebachiella* Lorentz (Asclepiadaceae). Darwiniana 22: 177-183.
——. 1981. Revisión de las Apocináceas de la Argentina. Darwiniana 23: 367-474.
——. 1984a. Apocynaceae. En A. L. Cabrera (ed.), Fl. Prov. Jujuy, Colecc. Ci. Inst. Nac. Tecnol. Agropecu. 13(8): 84-117.
——. 1984b. Vochysiaceae. En A. T. Hunziker (ed.), Los géneros de Fanerógamas de Argentina. Bol. Soc. Argent. Bot. 23: 265.
——. 1985. Revisión del género *Chuquiraga* (Compositae-Mutisieae). Darwiniana 26: 219-284.
——. 1986. Una nueva especie de *Aphelandra* (Acanthaceae) de la Argentina. Darwiniana 27: 399-402.
——. 1988. Novedades nomenclaturales en especies de *Justicia* (Acanthaceae) del norte de la Argentina. Bol. Soc. Argent. Bot. 25: 347-351.
——. 1989a. Novedades para la Flora de Jujuy, II. Una nueva especie de *Dicliptera* (Acanthaceae). Darwiniana 29: 397-400.
——. 1989b. *Ruellia sanguinea* (Acanthaceae) y especies relacionadas en Argentina, Uruguay y sur de Brasil. Darwiniana 29: 269-287.
——. 1993a. Acanthaceae. En A. L. Cabrera (ed.), Fl. Prov. Jujuy, Colecc. Ci. Inst. Nac. Tecnol. Agropecu. 13(9): 278-359.
——. 1993b. Notas sobre la posición sistemática y distribución geográfica de *Justicia lilloi* (Acanthaceae). Bol. Soc. Argent. Bot. 29: 187-190.

——. 1993c. Systematics of *Ruellia* (Acanthaceae) in southern South America. Ann. Missouri Bot. Gard. 80: 787-845.
——. 1994. *Carlowrightia sulcata* (Acanthaceae), una especie de Sudamérica austral tratada previamente en *Siphonoglossa*. Novon 4: 221-223.
——. 1995. Una nueva combinacion en *Tweedia* (Asclepiadaceae). Darwiniana 33: 367-368.
——. 1996. *Chuquiraga*. En A. T. Hunziker (ed.), Flora Fanerogámica Argentina 31: 5-13.
——. 1997. *Ruellia filicalyx* (Acanthaceae), nueva cita para Argentina y Paraguay. Hickenia 2: 251-254.
——. Inéd.a. Asclepiadaceae. En M. N. Correa (ed.), Fl. Patagónica, Colecc. Ci. Inst. Nac. Tecnol. Agropecu.
——. Inéd.b. Estudios taxonómicos en Acanthaceae de Sudamérica Austral.
——. Inéd.c. Apocynaceae. En M. N. Correa (ed.), Fl. Patagónica, Colecc. Ci. Inst. Nac. Tecnol. Agropecu.
—— & Acosta-Castellanos, S. 1997. *Justicia oblonga* y *J. lythroides* (Sect. Chaetothylax, Acanthaceae) nuevas citas para la Argentina y Paraguay, y notas sobre su posición sistemática. Bol. Soc. Argent. Bot. 33: 107-111.
—— & de Azkue, D. 1989. Validation and genetic and morphological relationships of *Ruellia macrosolen* (Acanthaceae) from southern South America. Syst. Bot. 14: 297-303.
—— & Wasshausen, D. C. 1990. *Schaueria azaleaeflora* (Acanthaceae), nueva cita para la Argentina. Darwiniana 30: 283-285.
—— & ——. 1992. New species of *Ruellia* (Acanthaceae) from southern South America. Brittonia 44: 69-73.
——, Endress, M. E. & Leeuwenberg, A. J. M. 1992. Apocynaceae. En R. Spichiger & L. Ramella (eds.), Fl. Paraguay 17: 1-121.
——, Ferreyra, M. & Clayton, S. 1995. Una nueva especie de *Senecio* (Asteraceae) del Noroeste de la Patagonia Argentina. Hickenia 2: 149-151.
——, Ruggiero, A. & Crisci, J. V. 1997. Phylogeny of *Chuquiraga* sect. *Acanthophyllae* (Asteraceae-Barnadesioideae), and the evolution of its leaf morphology in relation to climate. Syst. Bot. 22: 151-163.
Fabris, H. A. 1949. Dos Gencianáceas adventicias para la flora argentina. Bol. Soc. Argent. Bot. 2: 287-290.
——. 1951. Sobre la especie Argentina del género *Heliocarpus*. Notas Mus. La Plata, Bot. 15: 127-133.
——. 1953. Sinopsis preliminar de las Gencianáceas argentinas. Bol. Soc. Argent. Bot. 4: 233-259.
——. 1958. Notas sobre *Gentianella* del Perú. Bol. Soc. Argent. Bot. 7: 86-93.
——. 1965a. Asclepiadaceae. En A. L. Cabrera (ed.), Fl. Prov. Buenos Aires, Colecc. Ci. Inst. Nac. Tecnol. Agropecu. 4(5a): 38-66.
——. 1965b. Convolvulaceae. En A. L. Cabrera (ed.), Fl. Prov. Buenos Aires, Colecc. Ci. Inst. Nac. Tecnol. Agropecu. 4(5a): 66-95.
——. 1965c. Flora Argentina: Bignoniaceae. Revista Mus. La Plata, Secc. Bot. 9: 273-419.
——. 1965d. Gentianaceae. En A. L. Cabrera (ed.), Fl. Prov. Buenos Aires, Colecc. Ci. Inst. Nac. Tecnol. Agropecu. 4(5a): 26-31.
——. 1965e. Sapotaceae. En A. L. Cabrera (ed.), Fl. Prov. Buenos Aires, Colecc. Ci. Inst. Nac. Tecnol. Agropecu. 4(5a): 14-16.
——. 1966a. Araliaceae. En A. L. Cabrera (ed.), Fl. Prov. Buenos Aires, Colecc. Ci. Inst. Nac. Tecnol. Agropecu. 4(4a): 335-336.
——. 1966b. Cistaceae. En A. L. Cabrera (ed.), Fl. Prov. Buenos Aires, Colecc. Ci. Inst. Nac. Tecnol. Agropecu. 4(4a): 236-238.
——. 1966c. Lythraceae. En A. L. Cabrera (ed.), Fl. Prov. Buenos Aires, Colecc. Ci. Inst. Nac. Tecnol. Agropecu. 4(4a): 294-301.
——. 1966d. Melastomataceae. En A. L. Cabrera (ed.), Fl. Prov. Buenos Aires, Colecc. Ci. Inst. Nac. Tecnol. Agropecu. 4(4a): 311-314.
——. 1966e. Onagraceae. En A. L. Cabrera (ed.), Fl. Prov. Buenos Aires, Colecc. Ci. Inst. Nac. Tecnol. Agropecu. 4(4a): 314-332.
——. 1966f. Polygalaceae. En A. L. Cabrera (ed.), Fl. Prov. Buenos Aires, Colecc. Ci. Inst. Nac. Tecnol. Agropecu. 4(4a): 57-69.
——. 1966g. Rhamnaceae. En A. L. Cabrera (ed.), Fl. Prov. Buenos Aires, Colecc. Ci. Inst. Nac. Tecnol. Agropecu. 4(4a): 152-164.
——. 1966h. Sapindaceae. En A. L. Cabrera (ed.), Fl. Prov. Buenos Aires, Colecc. Ci. Inst. Nac. Tecnol. Agropecu. 4(4a): 141-152.
——. 1966i. Simaroubaceae. En A. L. Cabrera (ed.), Fl. Prov. Buenos Aires, Colecc. Ci. Inst. Nac. Tecnol. Agropecu. 4(4a): 45-48.
——. 1966j. Thymelaeaceae. En A. L. Cabrera (ed.), Fl. Prov. Buenos Aires, Colecc. Ci. Inst. Nac. Tecnol. Agropecu. 4(4a): 292-294.
——. 1967a. "*Prunus mahaleb*" L. subespontáneo en la Sierra de la Ventana (Provincia de Buenos Aires). Darwiniana 14: 570-571.

——. 1967b. Aizoaceae. En A. L. Cabrera (ed.), Fl. Prov. Buenos Aires, Colecc. Ci. Inst. Nac. Tecnol. Agropecu. 4(3a): 171-180.
——. 1967c. Amaranthaceae. En A. L. Cabrera (ed.), Fl. Prov. Buenos Aires, Colecc. Ci. Inst. Nac. Tecnol. Agropecu. 4(3a): 127-192.
——. 1967d. Portulacaceae. En A. L. Cabrera (ed.), Fl. Prov. Buenos Aires, Colecc. Ci. Inst. Nac. Tecnol. Agropecu. 4(3a): 180-189.
——. 1968. Revisión del género *Proustia* (Compositae). Revista Mus. La Plata, Secc. Bot. 11: 23-49.
——. 1972. Especies nuevas o críticas de la flora jujeña. Bol. Soc. Argent. Bot. 14: 369-373.
——. 1973. Un nuevo género de Gentianaceae para la Flora Argentina, *Curtia* Cham. & Schldtl. Bol. Soc. Argent. Bot. 15: 130-131.
——. 1979a. Bignoniaceae. En A. Burkart (ed.), Fl. Il. Entre Ríos, Colecc. Ci. Inst. Nac. Tecnol. Agropecu. 6(5a): 504-526.
——. 1979b. Gentianaceae. En A. Burkart (ed.), Fl. Il. Entre Ríos, Colecc. Ci. Inst. Nac. Tecnol. Agropecu. 6(5a): 77-84.
——. 1979c. Menyanthaceae. En A. Burkart (ed.), Fl. Il. Entre Ríos, Colecc. Ci. Inst. Nac. Tecnol. Agropecu. 6(5a): 84-88.
——. 1983. Gentianaceae. En A. L. Cabrera (ed.), Fl. Prov. Jujuy, Colecc. Ci. Inst. Nac. Tecnol. Agropecu. 13(8): 55-84.
——. 1984. Nyctaginaceae. En M. N. Correa (ed.), Fl. Patagónica, Colecc. Ci. Inst. Nac. Tecnol. Agropecu. 8(4a): 156-158.
——. 1993. Bignoniaceae. En A. L. Cabrera (ed.), Fl. Prov. Jujuy, Colecc. Ci. Inst. Nac. Tecnol. Agropecu. 13(9): 226-262.
—— & Klein, R. M. 1971. Gencianáceas. En R. Reitz (ed.), Fl. Il. Catarinense fasc. GENC: 1-30.
—— & Smith, H. 1963. Gentianaceae. En T. W. Boecher, J. P. Hjerting & K. Rahn (eds.), Botanical studies in the Atuel valley area, Mendoza Province, Argentina. I. Dansk Bot. Ark. 22: 62.
Fallen, M. E. 1983. A taxonomic revision of *Condylocarpon* (Apocynaceae). Ann. Missouri Bot. Gard. 70: 149-169.
Fassett, N. C. 1951. *Callitriche* in the New World. Rhodora 53: 137-155.
Fawcett, W. & Rendle, A. B. 1914. Amarantaceae. En W. Fawcett & A. B. Rendle (eds.), Fl. Jamaica 3: 126-145.
Fay, J. J. 1980. Nyctaginaceae. En A. Gómez Pompa (ed.), Flora de Veracruz 13: 1-54.
Fenzl, E. 1886. Vier neue Planzenarten Süd-Amerikas. Verh. Zool.-Bot. Ges. Wien 36: 287-294.
Ferguson, D. K. & Kiesling, R. 1997. A new species of *Puna*. Cac. Succ. J. (Los Angeles) 69: 287-290.
Fernández, A. 1974. Recuentos cromosómicos en Malváceas. Bol. Soc. Argent. Bot. 15: 403-410.
——. 1981. Recuentos cromosómicos en Malvales. Bonplandia (Corrientes) 5: 63-71.
Fernández Casas, F. J. 1987. Caricaceae. En R. Spichiger (ed.), Fl. Paraguay 5: 1-18.
Ferrari, O. 1985. *Gymnocalycium kieslingii*, a new species from La Rioja, Argentina. Cac. Succ. J. (Los Angeles) 57: 244-246.
Ferraro, M. 1955. Las especies argentinas del género *Tagetes* (Compositae). Bol. Soc. Argent. Bot. 6: 30-39.
Ferreyra, R. A. 1946. Polygalaceae. En H. N. Moldenke (ed.), Contributions to the flora extra-tropical South America. Lilloa 12: 111.
——. 1980. Especies nuevas de Compuestas peruanas. Bol. Soc. Peruana Bot. 8: 75-82.
Ferro, E. N. 1959. Plantas carnívoras. Bol. Soc. Argent. Hort. 17: 73.
Ferrucci, S. 1981. Novedades en *Houssayanthus* y *Serjania* (Sapindaceae). Bonplandia (Corrientes) 5: 164-174.
——. 1983. Novedades en *Serjania* (Sapindaceae). Bonplandia (Corrientes) 5: 243-256.
——. 1986. Nueva combinación en *Houssayanthus* (Sapindaceae). Candollea 41: 218.
——. 1991. Sapindaceae. En R. Spichiger (ed.), Fl. Paraguay 1-144.
——. 1998. Sapindaceae. En A. T. Hunziker (ed.), Flora Fanerogámica Argentina 52: 1-44.
—— & Acevedo-Rodríguez, P. 1997. New and noteworthy species in the Paullinieae tribe (Sapindaceae). Brittonia 49: 441-448.
Figueroa Romero, M. R. Inéd. *Petunia*. Solanaceae. Tribu Nicotianeae. En A. T. Hunziker (ed.), Flora Fanerogámica Argentina .
Filias, F., Gaulliez, A. & Guédès, M. 1980. *Amaranthus blitum* v. *A. lividus* (Amaranthaceae). Taxon 29: 149-150.
Filov, A. I. 1962. New data on the origin and classification of water melons (*Citrullus* Forsk. spp.). Bot. Zhurn. (Moscow & Leningrad) 47: 1035-1040.
Flaster, R. B. & Santos, E. 1967. Achatocarpáceas. En R. Reitz (ed.), Fl. Il. Catarinense part I, fasc. ACHA: 38.
Fontana, J. L. 1990. *Melinia iberae*, nueva especie de Asclepiadaceae. Folia Bot. et Geobot. Corrent. 4: 1-7.
——. 1991. *Rhynchanthera* DC. (Melastomataceae), un género nuevo para la Argentina. Folia Bot. et Geobot. Corrent. 8: 1-4.
——. 1998. Análisis sistemático-ecológico de la flora del sur de Misiones (Argentina). Candollea 53: 211-300.
Fontella Pereira, J. & Araujo Schwarz, E. 1981. Estudos en Asclepiadaceae, XII. Considerações sobre os generos *Roulinia* Decne. (non Brongn.) e *Rouliniella* Vail. Bol. Mus. Bot. Munic. 45: 1-12.
—— & ——. 1983a. Estudos en Asclepiadaceae XIII. Novos sinônimos e novas combinaçõoes. Bol. Mus. Bot. Munic. 46: 1-10.
—— & ——. 1983b. Estudos en Asclepiadaceae, XVIII. Novas combinações e novos sinônimos. Bradea 4: 13-20.

——, Hatschbach, G. & Wolfart, H. R. W. 1985. Contribuição ao estudo das Asclepiadaceae do Paraná III. Notas preliminares. Bol. Mus. Bot. Munic. 64: 1-47.
Ford, D. I. 1993. New Combinations in *Montiopsis* Kuntze (Portulacaceae). Phytologia 74: 273-278.
Ford-Lloyd, B. V. & Williams, J. T. 1975. A revision of *Beta* section *Vulgares* (Chenopodiaceae), with new light on the origin of cultivated beets. Bot. J. Linn. Soc. 71: 89-102.
Fortunato, R. H. 1983. Sinopsis de las especies argentinas del género *Rhynchosia*. Parodiana 2: 25-58.
——. 1984a. *Medicago* L.; *Prosopidastrum* Burkart; *Ulex* L. En M. N. Correa (ed.), Fl. Patagónica, Colecc. Ci. Inst. Nac. Tecnol. Agropecu. 8(4b): 245-251; 256-257; 282-284.
——. 1984b. Winteraceae. En M. N. Correa (ed.), Fl. Patagónica, Colecc. Ci. Inst. Nac. Tecnol. Agropecu. 8(4a): 349-352.
——. 1986. Revisión del género *Bauhinia* (Cercideae, Caesalpinioideae, Fabaceae) para la Argentina. Darwiniana 27: 527-557.
——. 1988a. Aextoxicaceae. En M. N. Correa (ed.), Fl. Patagónica, Colecc. Ci. Inst. Nac. Tecnol. Agropecu. 8(5): 110-111.
——. 1988b. *Jatropha chacoana* (Crotonoideae-Euphorbiaceae) una nueva cita para la Argentina. Bol. Soc. Argent. Bot. 25: 327-331.
——. 1989. Contribución al género *Mimosa* (Mimosaceae). Ann. Missouri Bot. Gard. 76: 381-385.
——. 1993. Cambios nomenclaturales en *Eriosema* (Fabaceae: Cajaninae). Novon 3: 24-27.
——. 1996. *Bauhinia affinis* (Fabaceae) una nueva cita para la Flora Argentina. Darwiniana 34: 405-409.
——. 1997. Aextoxicaceae. En A. T. Hunziker (ed.), Flora Fanerogámica Argentina 50: 1-3.
—— & Palese, R. 1997. Una nueva combinación en el género *Lonchocarpus* Kunth (Leguminosae-Millettieae): *Lonchocarpus fluvialis* (Lindm.) Fortunato & Palese. En L. Ramella & P. Perret (eds.), Notulae ad Floram paraquaiensem, 62. Candollea 52: 509-511.
—— & Tressens, S. G. 1989. Una especie diplostémona del género *Mimosa* (Mimosaceae). Candollea 44: 35-38.
Fosberg, F. R. 1982. A preliminary conspectus of the genus *Leptostigma* (Rubiaceae). Acta Phytotax. Geobot. 33: 73-83.
Fraga de Almeida Falçao, W. 1975. Balanoforáceas. En R. Reitz (ed.), Fl. Il. Catarinense fasc. BALA: 1-43.
Francey, P. 1935. Monographie du genre *Cestrum* L. Candollea 6: 46-398.
——. 1936. Monographie du genre *Cestrum* L. Parte II. Candollea 7: 354-485.
Fraster, B. 1973. Estiracáceas. En R. Reitz (ed.), Fl. Il. Catarinense fasc. ESTI: 3-23.
Freire de Carvalho, L. A. 1978. O género *Schwenckia* D. Van Rooyen ex Linnaeus no Brasil-Solanaceae. Rodriguésia 44: 307-524.
Freire, S. E. 1986a. *Novenia*, nuevo género de Inuleae (Compositae). Bol. Soc. Argent. Bot. 24: 295-304.
——. 1986b. Revisión del género *Lucilia* (Compositae, Inuleae). Darwiniana 27: 431-490.
——. 1989. *Oligandra* Less. is *Lucilia* Cass. (Compositae, Inuleae). Taxon 38: 298-299.
——. 1995. Inuleae. En A. T. Hunziker (ed.), Flora Fanerogámica Argentina 14-Parte 2: 3-60.
——. 1997a. Mutisieae, Gochnatiinae (excepto *Gochnatia*). En A. T. Hunziker (ed.), Flora Fanerogámica Argentina 28: 3-17.
——. 1997b. Notas críticas en la tribu Inuleae (Compositae) para la Flora del Paraguay. Candollea 52: 214-215.
—— & Hellwig, F. H. 1990. A new combination in *Novenia* (Compositae: Inuleae). Taxon 39: 124-125.
—— & Iharlegui, L. 1997. Sinopsis preliminar del género *Gamochaeta* (Asteraceae, Gnaphalieae). Bol. Soc. Argent. Bot. 33: 23-35.
Freytag, G. F. 1951. A revision of the genus *Guazuma*. Ceiba 1: 193-225.
Fries, R. E. 1905. Zur Kenntnis der alpinen Flora in nördlichen Argentinienn. Nova Acta Regiae Soc. Sci. Upsal. ser. 4, 1: 1-205.
——. 1906. Systematische Übersicht der gattung *Scoparia*. Ark. Bot. 6: 1-31.
——. 1908. Entwurf einer Monographie der Gattungen *Wissadula* und *Pseudabutilon*. Kongl. Svenska Vetenskapsakad. Handl. 43: 1-113.
——. 1911. Die Arten Ger gattung *Petunia*. Kongl. Svenska. Vetenskapsakad. Handl. 46: 1-72.
——. 1920. Zur Kenntnis der süd- und zentralamerikanischen Amarantaceenflora. Ark. Bot. 16: 1-43.
——. 1931. Revision der Arten einiger Anonaceen-Gattungen. Acta Horti Berg. 10: 129-341.
——. 1947. Zur Kenntnis der Süd und Centralamerikanischen Malvaceenflora. Kongl. Svenska Vetenskapsakad. Handl. 3 ser., 24: 3-37.
Frodin, D. G. 1975. Studies in *Schefflera* (Araliaceae): The Cephaloschefflora complex. J. Arnold Arbor. 56: 427-448.
——. 1989. Studies in *Schefflera* (Araliaceae). IV. Synopsis of the Formenkreis comprised of *Didymopanax attenuatus* (Sw.) El. Marchal and allied species, with nomenclatural changes. Proc. Acad. Nat. Sci. Philadelphia 141: 313-319.
Fryxell, P. A. 1969. The genus *Cienfuegosia* Cav. Ann. Missouri Bot. Gard. 56: 179-250.
——. 1976. On some Brazilian Malvaceae of Martius, published by Colla in 1833. Taxon 25: 589-593.
——. 1978. Neotropical segregates from *Sida* L. (Malvaceae). Brittonia 30: 447-462.

——. 1979. The genus *Sidastrum* E. G. Baker (Malvaceae): a correction. Brittonia 31: 298.
——. 1996. *Fuertesimalva*, a new genus of Neotropical Malvaceae. Sida 17: 69-76.
——. 1997. A revision and redefinition of *Pseudabutilon* (Malvaceae). Contr. Univ. Michigan Herb. 21: 175-195.
Fucks, R. & Valente, M. C. 1981. Flora do Estado do Rio de Janeiro. Gênero *Prunus* L. (Rosaceae). Arch. Jar. Bot. Rio de Janeiro 25: 55-71.
Funk, V. A. 1982. Systematics of *Montanoa* (Asteraceae-Heliantheae). Mem. New York Bot. Gard. 36: 1-133.
——. 1997. *Xenophyllum*, a new Andean genus extracted from *Werneria* s.l. (Compositae: Senecioneae). Novon 7: 237-241.
Furlow, J. J. 1979a. The systematics of the American species of *Alnus* (Betulaceae). Rhodora 81: 1-121.
——. 1979b. The systematics of the American species of *Alnus* (Betulaceae). Rhodora 81: 151-248.
Fursa, T. B. 1972. On the taxonomy of the genus *Citrullus* Schrad. Bot. Zhurn. (Moscow & Leningrad) 57: 31-41.
Gamerro, J. C. & Zuloaga, F. O. 1998. *Dendropanax affinis*, nueva combinación y sinopsis de las Araliaceae argentinas. Darwiniana 35: 163-166.
Gandoger, M. M. 1913. Manipulus plantarum novarum praecipue Americae australioris. Bull. Soc. Bot. France 60: 22-29.
Gangui, N. 1955. Las especies silvestres de *Heliotropium* de la República Argentina. Revista Fac. Ci. Exact. Fis. Nat. 17: 481-560.
García, R. C. 1989. Una novedad en el género *Collaea* (Fabaceae, Phaseolae). Bol. Soc. Argent. Bot. 26: 136-137.
——. 1992. Las Bignoniaceae de la provincia de Santa Fe. Flora Argentina II: 11-33.
Gates, B. 1982. A monograph of *Banisteriopsis* and *Diplopterys*, Malpighiaceae. Fl. Neotrop. Monogr. 30: 1-238.
Gaviria, J. 1987. Die Gattung *Cordia* in Venezuela. Mitt. Bot. Staatssamml. München 23: 1-279.
Geltman, D. V. 1998. New species and new combinations of *Urtica* (Urticaceae) from South America. Novon 8: 15-17.
Gentry, A. H. 1973a. Bignoniaceae. En Flora of Panama. Ann. Missouri Bot. Gard. 60: 781-997.
——. 1973b. Generic delimitations of Central American Bignoniaceae. Brittonia 25: 226-242.
——. 1975. Identification of Vellozo's Bignoniaceae. Taxon 24: 121-123.
——. 1976. Studies in Bignoniaceae 18: Notes on S. Moore's Mato Grosso Bignoniaceae. Ann. Missouri Bot. Gard. 63: 42-45.
——. 1980. Bignoniaceae-Part I (Crescentiae and Tourrettieae). Fl. Neotrop. Monogr. 25: 1-150.
——. 1982. Bignoniaceae. Fl. Venezuela 8(4): 1-433.
——. 1985. New species and combinations in Apocynaceae from Perú and adjacent Amazonia. Ann. Missouri Bot. Gard. 71: 1075-1081.
——. 1992. Bignoniaceae-Part II (Tribe Tecomeae). Fl. Neotrop. Monogr. 25(II): 1-370.
Gerbaulet, M. 1992. Die Gattung *Anacampseros* L. (Portulacaceae). I. Untersuchungen zur Systematik. Bot. Jahrb. Syst. 113: 477-564.
—— & Struck, M. 1995. *Anacampseros* and allied genera: a replay. Bot. Jahrb. Syst. 117: 359-363.
Gereau, R. E. 1993. The identity of *Tetragonia horrida* Britton. Taxon 42: 411-412.
—— & Marticorena, C. 1995. The genus *Polycarpon* (Caryophyllaceae) in South America, with one new species from the Norte Chico of Chile. Novon 5: 152-155.
Giangualani, R. A. 1976. Las especies argentinas del género *Achyrocline* (Compositae). Darwiniana 20: 549-576.
——. 1982. Sinopsis de las especies patagónicas del género *Vicia*. Parodiana 1: 323-339.
Gibbs, P. E., Semir, J. & Da Cruz, N. D. 1988. A proposal to unite the genera *Chorisia* Kunth and *Ceiba* Miller (Bombacaceae). Notes Roy. Bot. Gard. Edinburgh 45: 125-136.
Giberti, G. C. 1979. Las especies argentinas del género *Ilex* L. (Aquifoliaceae). Darwiniana 22: 217-240.
——. 1986. Sobre dos especies de *Ilex* L. (Aquifoliaceae) incorrectamente citadas para la Argentina. Parodiana 4: 311-314.
——. 1994. Aquifoliaceae. En A. T. Hunziker (ed.), Flora Fanerogámica Argentina 1: 1-8.
——. 1998. Hallazgo de *Ilex brasiliensis* (Aquifoliaceae) en la Argentina. Bol. Soc. Argent. Bot. 33: 137-140.
Gilg, E. 1896. Beiträge zur Kenntnis der Gentianaceae. I. Bot. Jahrb. Syst. 22: 301-347.
Giscafré, L. & Ragonese, A. E. 1942. Importancia del género "*Ambrosia*" como factor responsable de "polinosis" en la provincia de Santa Fe. Darwiniana 6: 31-44.
Giusti, L. 1967. Chenopodiaceae. En A. L. Cabrera (ed.), Fl. Prov. Buenos Aires, Colecc. Ci. Inst. Nac. Tecnol. Agropecu. 4(3a): 81-127.
——. 1984. Chenopodiaceae. En M. N. Correa (ed.), Fl. Patagónica, Colecc. Ci. Inst. Nac. Tecnol. Agropecu. 8(4a): 99-137.
——. 1987. Chenopodiaceae. En N. S. Troncoso & N. M. Bacigalupo (eds.), Fl. Il. Entre Ríos, Colecc. Ci. Inst. Nac. Tecnol. Agropecu. 6(3a): 137-159.
——. 1997. Chenopodiaceae. En A. T. Hunziker (ed.), Flora Fanerogámica Argentina 40: 1-52.
Gleissner, G. & Ricardi, S. M. 1969. Revisión del género *Argylia* (Bignoniaceae). Gayana, Bot. 19: 1-62.
Godfrey, R. K. 1952. *Pluchea*, section *Stylimnus*, in North America. J. Elisha Mitchell Sci. Soc. 68: 238-271.

Goldberg, A. 1967. The genus *Melochia* L. (Sterculiaceae). Contr. U. S . Natl. Herb. 34: 1-363.
Golding, J. 1981. *Begonia* nomenclature notes, 5. *Begonia peltata* Otto & Dietr. and related species. Phytologia 47: 291-300.
——. 1982. *Begonia* nomenclature notes, 6. *Begonia cucullata* Willdenow and included species. Phytologia 50: 330-356.
Gómez, S. A. 1953. Caparidáceas Argentinas. Lilloa 26: 279-351.
——. 1984. Rafflesiaceae. En M. N. Correa (ed.), Fl. Patagónica, Colecc. Ci. Inst. Nac. Tecnol. Agropecu. 8(4a): 58-59.
Gómez-Sosa, E. V. 1976. Tres especies nuevas de *Astragalus* (Leguminosae). Darwiniana 20: 213-224.
——. 1977. Novedades de la Transecta Botánica de Patagonia Austral (TBPA). I. Dos nuevas especies de *Astragalus*: *A. nivicola* y *A. magellanicus*. Hickenia 1: 93-98.
——. 1979. Las especies sudamericanas del género *Astragalus*. 1. Las especies patagónicas argentinas. Darwiniana 22: 313-376.
——. 1981. Novedades en el género *Astragalus* (Leguminosae-Galegeae). Darwiniana 23: 507-516.
——. 1982. Novedades para el género *Astragalus*, II (Leguminosae-Galegeae). Darwiniana 24: 23-31.
——. 1983. Nueva especie de *Astragalus* (Leguminosae-Galegeae) de Patagonia. Hickenia 2: 5-7.
——. 1984. *Astragalus*. En M. N. Correa (ed.), Fl. Patagónica, Colecc. Ci. Inst. Nac. Tecnol. Agropecu. 8(4b): 175-206.
——. 1988. Novedades en el género *Astragalus*, III. (Leguminosae-Galegeae). Bol. Soc. Argent. Bot. 25: 485-493.
——. 1992. Novedades para la Flora de San Juan (Argentina): Papilionoideae (Leguminosae). Parodiana 7(1-2): 35-40.
——. 1994. Leguminosae (*Anarthrophyllum*, *Astragalus*, *Coursetia*, *Galactia*, *Geoffroea*, *Glycyrrhiza*, *Lathyrus*, *Lupinus*, *Medicago*, *Melilotus*, *Ramorinoa*, *Rhynchosia* y *Trifolium*). En R. Kiesling (ed.), Fl. San Juan 1: 302-332.
——. 1997a. A new *Astragalus* (Leguminosae) from Argentina, notable for placentation of its seeds. Brittonia 49: 537-541.
——. 1997b. Fabaceae. Tribu XVI, Psoraleeae. En A. T. Hunziker (ed.), Flora Fanerogámica Argentina 38: 3-5.
——. 1997c. Fabaceae. Tribu XXII, Coronilleae. En A. T. Hunziker (ed.), Flora Fanerogámica Argentina 37: 8-11.
——. 1997d. Nueva combinación en *Lonchocarpus* (Leguminosae). Hickenia 2: 247-248.
——. Inéd. Fabaceae. Tribus Amorpheae, Indigofereae, Millettieae y Robinieae. En A. T. Hunziker (ed.), Flora Fanerogámica Argentina.
—— & Palacios, R. A. 1994. *Prosopis*. En R. Kiesling (ed.), Fl. San Juan 1: 265-272.
Goodman, G. J. 1934. A revision of the North American species of the genus *Chorizanthe*. Ann. Missouri Bot. Gard. 21: 1-102.
Goodspeed, T. H. 1954. The genus *Nicotiana*. Chron. Bot. 16: 1-536.
Gornall, R. J. & Bohm, B. A. 1985. A monographs of *Boykinia*, *Peltobokinia*, *Bolandra* and *Suksdorfia* (Saxifragaceae). Bot. J. Linn. Soc. 90: 1-71.
Graham, S. A. 1990. New species of *Cuphea* section *Melvilla* (Lythraceae) and an annotated key to the Section. Brittonia 42: 12-32.
——. 1998. Revision of *Cuphea* section *Diplopychia* (Lauraceae). Syst. Bot. Monogr. 53: 1-96.
Graham, V. A. W. 1988. Delimitation and infra-generic classification of *Justicia* (Acanthaceae). Kew Bull. 43: 551-624.
Grant, V. E. 1956. A synopsis of *Ipomopsis*. Aliso 3(3): 351-362.
——. 1959. Natural History of the phlox family 1-280. Martinus Nijhoff, The Hague.
——. 1966. Genetic and taxonomic studies in *Gilia*. XIII. The *Gilia laciniata* group. Aliso 6: 67-80.
Grau, A. 1985. La expansión del aliso del cerro (*Alnus acuminata* H.B.K. subsp. *acuminata*) en el noroeste de Argentina. Lilloa 36: 237-247.
Grau, H. R. J. 1975. *Podocoma* und *Vittadinia*-Zwei vermeintlich Bikontinentale Gattungen. Mitt. Bot. Staatssamml. München 12: 181-194.
Grau, J. & Gronbach, E. 1984. Untersuchungen zur variabilität in der Gattung *Schizanthus* (Solanaceae). Mitt. Bot. Staatssamml. München 20: 111-203.
Grear, J. W. 1970. A revision of the American species of *Eriosema* (Leguminosae-Lotoideae). Mem. New York Bot. Gard. 20: 1-98.
Greene, S. W. 1964. The vascular flora of South Georgia. Sci. Rep. Brit. Antarc. Surv. 45: 1-58.
Grimes, J. W. 1990. A revision of the New World species of Psoraleae (Leguminosae: Papilionoideae). Mem. New York Bot. Gard. 61: 1-114.
Grisebach, A. H. R. 1874. Plantae Lorentzianae. Abh. Königl. Ges. Wiss. Göttingen 19: 49-279.
——. 1879. Symbolae ad Floram Argentinam. Abh. Königl. Ges. Wiss. Göttingen 24: 1-346.
Grondona, E. M. 1945. Las especies argentinas del género *Monnina* (Polygalaceae). Darwiniana 7: 1-37.
——. 1946. Nota sinonímica. Bol. Soc. Argent. Bot. 1: 232.
——. 1948. Las especies argentinas del género *Polygala*. Darwiniana 8: 279-405.
——. 1949. *Monrosia*, nuevo género de Poligaláceas. Darwiniana 8: 411-414.
——. 1964. Las especies argentinas del género *Acaena* (Rosaceae). Darwiniana 13: 209-342.

——. 1984. Rosaceae. En M. N. Correa (ed.), Fl. Patagónica, Colecc. Ci. Inst. Nac. Tecnol. Agropecu. 8(4b): 48-88.
——. 1988. Polygalaceae. En M. N. Correa (ed.), Fl. Patagónica, Colecc. Ci. Inst. Nac. Tecnol. Agropecu. 8(5): 59-74.
Guaglianone, E. R. 1987. Phytolaccaceae. En N. S. Troncoso & N. M. Bacigalupo (eds.), Fl. Il. Entre Ríos, Colecc. Ci. Inst. Nac. Tecnol. Agropecu. 6(3a): 209-222.
——. 1996. *Phytolacca rivinoides* (Phytolaccaceae), su presencia en la Argentina. Darwiniana 34: 399-401.
——. 1998. Combretaceae. En A. T. Hunziker (ed.), Flora Fanerogámica Argentina 58: 1-8.
Guittonneau, G. G. 1972. Contribution à l'étude biosystématique du genre *Erodium* L'Hér. dans le bassin méditerranéen occidental. Boissiera 20: 9-154.
Gunckel, L. H. 1978. Las especies chilenas del género *Salicornia* Linneo (Chenopodiaceae). Not. Mens. Mus. Nac. Hist. Nat. 22: 7-8.
Hadid, M. 1991. Lauraceae Juss. Flora del Valle de Lerma. Aportes Bot. Salta, sér. Flora 1(4): 1-7.
Halloy, S. R. 1998. A new and rare, plate-shaped *Geranium* from the Cumbres Calchaquíes, Tucumán, Argentina. Brittonia 50: 467-472.
Handro, O. 1958. Espécies novas de *Arachis* L. Arq. Bot. Estado São Paulo 3: 177-181.
Hansen, B. 1980. Balanophoraceae. Fl. Neotrop. Monogr. 23: 1-80.
——. 1985. A monographic revision of *Forsteronia* (Apocynaceae). Tesis Doctoral, University of Florida, U.S.A.
Hansen, H. V. 1992. Studies in the Calyceraceae with a discussion of its relationship to Compositae. Nordic J. Bot. 12: 63-75.
Hara, A. 1969. The correct author's name of *Citrullus lanatus* (Cucurbitaceae). Taxon 18: 346-347.
Hara, H. 1955. Critical notes on some type specimens of East Asian plants in foreign herbaria. J. Jap. Bot. 30: 1-6.
Harling, G. W. 1995. The genus *Jungia* L. Fil. (Compositae-Mutiseae). Acta Regiae Soc. Litt. Gothob., Bot. 4: 5-133.
Harms, H. A. T. 1915. Herzog's bolivianische Pflanzen 2. Meded. Rijks-Herb. 27: 38.
——. 1921. Einige neue Phaseolus-Arten. Notizbl. Bot. Gart. Berlin-Dahlem 7: 503-508.
Hassler, E. 1907. *Dolicopsis* (Benth.) Hassl. nov. gen. Bull. Herb. Boissier ser. 2, 7: 161.
——. 1909. Contribuciones a la flora del Chaco Argentino-Paraguayo. Trab. Mus. Farmacol. 21: 1-154.
——. 1913. Novitates argentinae. I. Repert. Spec. Nov. Regni Veg. 12: 201-202.
——. 1917. Addenda ad Plantas Hasslerianas 1-20. A. Kunding, Genève.
——. 1923. Revisio specierum austro-americanum genus *Phaseoli* L. Candollea 1: 417-472.
Hauman, L. L. 1913a. Etude phytogeographique de la région du Río Negro inferieur (République Argentine). Anales Mus. Nac. Hist. Nat. Buenos Aires 24: 289-444.
——. 1913b. Notes sur les Phytolaccacées argentines. Anales Mus. Nac. Hist. Nat. Buenos Aires 24: 471-516.
——. 1917. El género *Microcala* Lk. et Hoffm. en la Argentina. Physis (Buenos Aires) 3: 442.
——. 1918. La végétation des hautes cordillères de Mendoza. Anales Soc. Ci. Argent. 86: 121-188; 225-348.
——. 1919a. Note sur les espèces argentines des genres *Azorella* et *Bolax*. Physis (Buenos Aires) 4: 468-500.
——. 1919b. Nuevas familias de Fanerógamas para la Flora Argentina. Physis (Buenos Aires) 4: 582-587.
——. 1922. Nótula sobre *Oxyosmyles viscosissima* Speg. Physis (Buenos Aires) 5: 306-307.
——. 1923. Les Aristolochiacées de l'Argentine et de l'Uruguay. Anales Mus. Nac. Hist. Nat. Buenos Aires 32: 315-338.
——. 1924. Notes floristiques. Anales Mus. Nac. Hist. Nat. Buenos Aires 32: 439-475.
——. 1925a. Les phanérogames adventices de la flore Argentine. Anales Mus. Nac. Hist. Nat. Buenos Aires 33: 319-345.
——. 1925b. Notes Floristiques. Déuxieme serie (Dicotylédones de l'Argentine). Anales Mus. Nac. Hist. Nat. Buenos Aires 32: 395-475.
——. 1925c. Notes sur le genre *Boussingaultia* H.B.K. Anales Mus. Nac. Hist. Nat. Buenos Aires 33: 347-359.
——. 1931. Esquise phytogéographique de l'Argentine subtropicale et de ses relations avec la Géobotanique sud-americaine. Bull. Soc. Roy. Bot. Belg. 64: 20-64.
—— & Irigoyen, L. H. 1923. Catalogue des Phanérogames de l'Argentine. Deuxième partie. Dicotylédones I. Anales Mus. Nac. Hist. Nat. Buenos Aires 32: 1-315.
Hawkes, J. G. 1990. The potato. Evolution, Biodiversity & Genetic Resources: i-vii, 1-259. Smithsonian Institution Press. Washington, D.C.
——. 1991. A revision of the *Solanum sessile* species group (Section *Geminata* pro parte: Solanaceae). Bot. J. Linn. Soc. 105: 179-210.
—— & Hjerting, J. P. K. 1969. The potatoes of Argentina, Brazil, Paraguay, and Uruguay. A biosystematic study 1-525. Oxford University Press, Oxford.
—— & ——. 1983. New tuber-bearing *Solanum* taxa from Bolivia and northern Argentina. Bot. J. Linn. Soc. 86: 405-417.
Heath, P. V. 1992. The type of *Monvillea* Britton & Rose (Cactaceae). Taxon 41: 85-87.
Heering, W. C. A. 1904. Die *Baccharis*-Arten des Hamburger Herbars. Jahrb. Hamburg. Wiss. Anst. 21: 1-46.
——. 1914. Systematische und pflanzengeographische Studien über die *Baccharis*-Arten des aussertropischen Südamerikas. Jahrb. Hamburg. Wiss. Anst. 31: 65-173.

Heilborn, O. 1931. Section Fruticosae Eichl. of the genus *Cleome* L. Ark. Bot. 23A: 1-19.

Heiser, C. B. 1945. A revision of the genus *Schkuhria*. Ann. Missouri Bot. Gard. 32: 265-278.

Hellwig, F. H. 1990. Die gattung *Baccharis* L. (Compositae-Asteraceae) in Chile. Mitt. Bot. Staatssamml. München 29: 1-456.

Henrickson, J. 1987. A taxonomic reevaluation of *Gossypianthus* and *Guilleminea*. Sida 12: 307-337.

Hermann, F. J. 1954. A synopsis of the genus *Arachis*. Agric. Monogr. U.S.D.A. 19: 1-26.

Hermann, P. 1969. Las Ocnáceas de la Argentina. Bol. Soc. Argent. Bot. 11: 265-270.

Hernández, H. M. 1989. Systematics of *Zapoteca* (Leguminosae). Ann. Missouri Bot. Gard. 76: 781-862.

Hershkovitz, M. A. 1990. Nomenclatural changes in Portulacaceae. Phytologia 68: 267-270.

——. 1991. Taxonomic notes on *Cistanthe*, *Calandrinia*, and *Talinum*. Phytologia 70: 209-225.

——. 1993. Revised circumscriptions and subgeneric taxonomies of *Calandrinia* and *Montiopsis* (Portulacaceae) with notes on phylogeny of the Portulacaceous alliance. Ann. Missouri Bot. Gard. 80: 333-365.

—— & Ford, D. I. 1993. *Calandrinia carolinii*: New name for *Baitaria acaulis* Ruiz & Pavon (Portulacaceae). Phytologia 74: 279-283.

Herter, W. G. F. 1940. Plantae uruguayensis novae vel criticae. Revista Sudamer. Bot. 6: 105.

Herzog, T. C. J. 1922. Die von Dr. Th. Herzog auf seiner sweiten Reise durch Bolivien in den Jahren 1910 und 1911 gesammelten Pflanzen VI. Meded. Rijks-Herb. 46: 1-31.

Heyn, C. C. 1970. Studies in *Lotus* III. The *L. angustissimus* group. Israel J. Bot. 19: 271-292.

Heywood, V. H. 1964. *Brassica*. En T. G. Tutin, V. H. Heywood, N. A. Burges, D. M. Moore, D. H. Valentine, S. M. Walters & D. A. Webb (eds.), Flora Europaea 1: 335-339.

Hicken, C. M. 1910. Chloris platensis Argentina. Apuntes Hist. Nat. 9: 1-292.

——. 1912a. Canistellum Neuqueni. Plantas recogidas en las cordilleras del Neuquén por el Sr. Franco Pastore y determinadas. Physis (Buenos Aires) 1: 116-133.

——. 1912b. Contribución a la flora de San Luis. Physis (Buenos Aires) 1: 26-31.

——. 1916. Catálogo de las Caliceráceas Argentinas. Primera Reunión Nacional de la Sociedad Argentina de Ciencias Naturales. Tucumán 238-253.

——. 1917. Podostemáceas argentinas. Revista Chilena Hist. Nat. 21: 148-151.

——. 1918. Plantas del Río Negro. Physis (Buenos Aires) 4: 296-311.

——. 1922. Plantae Flossdorfianae in monte Famatina lectae et a C. M. Hicken determinatae. Darwiniana 1: 22-42.

——. 1923. Sertularium andinum. Plantae a C. Gerth lectae et a C. M. Hicken determinatae. Darwiniana 1: 47-78.

——. 1924a. La *Dodonaea viscosa* Jacq. en la provincia de Bs. As. Darwiniana 1: 166-167.

——. 1924b. Plantae Vattuonei. Darwiniana 1: 95-153.

——. 1930. Primitiae Sanzinianae. Primeras plantas recolectadas en Mendoza por R. Sanzin. Darwiniana 2: 3-71.

Hieronymus, G. H. E. W. 1880. Sertum Patagonicum ó determinaciones y descripciones de plantas fanerógamas y criptógamas vasculares recogidas por el Dr. D. Cárlos Berg en la costa Patagónica. Bol. Acad. Nac. Ci. 3: 327-385.

——. 1881. Sertum Sanjuaninum ó descripciones y determinaciones de plantas fanerógamas y criptógamas vasculares recolectadas por el Dr. D. Saile Echegaray en la Provincia San Juan. Bol. Acad. Nac. Ci. 4: 1-73.

——. 1882. Plantae diaphoricae florae argentinae. Bol. Acad. Nac. Ci. 4: 182-598.

——. 1908. Compositae andinae. I. En I. Urban (ed.), Plantae novae andina e imprimis Weberbauerianae III. Bot. Jahrb. Syst. 40: 352-394.

Hill, S. R. 1982. A monograph of the genus *Malvastrum* A. Gray (Malvaceae: Malveae). Rhodora 84: 1-83; 159-264; 317-409.

Hitchcock, C. L. 1933. A taxonomic study of the genus *Nama* II. Amer. J. Bot. 20: 518-534.

——. 1945. The South American species of *Lepidium*. Lilloa 11: 75-134.

——, Cronquist, A. J. & Ownbey, F. M. 1959. Part 4. Boraginaceae. Vascular Plants of the Pacific Northwest 175-244. University of Washington Press, Seattle and London.

Ho, T. N. & Liu, S. W. 1993. New combinations, names and taxonomic notes on *Gentianella* (Gentianaceae) from South America and New Zealand. Bull. Brit. Mus. (Nat. Hist.), Bot. 23: 61-65.

Hoare, A. L. & Knapp, S. 1997. A phylogenetic conspectus of the tribe Hyoscyameae (Solanaceae). Bull. Brit. Mus. (Nat. Hist.), Bot. 27: 11-29.

Hoc, P. S. 1981. El género *Pithecellobium* en la Argentina. Darwiniana 23: 523-558.

——. 1990. Las especies argentinas de *Inga* (Leguminosae, Mimosoideae). Darwiniana 30: 237-258.

——. 1992a. *Calliandra* (Leguminosae, Mimosoideae) en la Argentina. Darwiniana 31: 199-222.

——. 1992b. Sinonimia en el género *Cathormion* (Benth) Hassk. (Leguminosae, Ingeae). Candollea 47: 260-264.

——. 1994. Notulae ad Floram paraquariensem 49. Sinonimia en el género *Inga* Miller (Leguminosae, Ingeae). Candollea 49: 261-268.

—— & Bravo, L. D. 1984. Estudio palinológico sobre las especies presentes en Argentina de *Spigelia*, *Strychnos* y *Desfontainia* (Loganiaceae). Kurtziana 17: 71-89.
Hoch, P. C. 1988. Onagraceae, excepto *Epilobium*. En M. N. Correa (ed.), Fl. Patagónica, Colecc. Ci. Inst. Nac. Tecnol. Agropecu. 8(5): 267-298.
—— & Raven, P. H. 1992. *Boisduvalia*, a coma-less *Epilobium* (Onagraceae). Phytologia 73: 456-459.
Hoehne, F. C. 1942. Aristolochiáceas. Fl. Bras. 15(2): 1-135.
Holm, R. W. 1950. The American species of *Sarcostemma* R. Br. (Asclepiadaceae). Ann. Missouri Bot. Gard. 37: 477-560.
Holmes, W. C. 1993. *Mikania* (Compositae) of the United States. Sida 9: 147-158.
—— & McDaniel, S. T. 1989. Studies on *Mikania* (Compositae) XVI: Priority of the name *M. dentata* Sprengel over *M. temata* (Vell. Conc.) B. L. Robinson. Phytologia 65: 489-490.
——. 1995. Nomenclature corrections and synonymies of *Mikania* (Compositae-Eupatoriae). Candollea 50: 550-551.
——. 1996. Compositae III . *Mikania*. En R. Spichiger & L. Ramella (eds.), Fl. Paraguay 25: 208-271.
Holmgren, P. K., N. H. Holmgren & L. C. Barnett. 1990. Index Herbariorum. Part I: The Herbaria of the World. New York Botanical Garden, New York.
Holub, J. L. 1967. Namen inner halb der Gattungen *Gentianella* Moench, *Gentianopsis* Ma und Comastoma (Wettst.) Tokoyumi. Folia Geobot. Phytotax. 2: 115-120.
Holzhammer, E. 1955-56. Die Amerikanischen Arten der Gattung *Gomphrena* L. Mitt. Bot. Staatssamml. München 2: 85-117; 178-257.
Hosseus, C. C. 1915. Algunas plantas de Cabo Raso (Chubut). Physis (Buenos Aires) 1: 534-540.
Howard, R. A. 1942. Studies of the Icacinaceae. V. A revision of the genus *Citronella* D. Don. Contr. Gray Herb. 142: 60-92.
——. 1960a. Studies in the genus *Coccoloba*, 9. A critique of the South American species. J. Arnold Arbor. 41: 213-229.
——. 1960b. Studies in the genus *Coccoloba*, 9. A critique on the South American species. J. Arnold Arbor. 41: 357-390.
—— & Powell, D. 1969. *Clerodendrum philippinum* replaces "*Clerodendrum fragans*." Taxon 17: 53-54.
Humphries, C. J. 1976. A revision of the Macaronesian genus *Argyranthemum* Webb. ex Schultz Bip. (Compositae-Anthemideae). Bull. Brit. Mus. (Nat. Hist.), Bot. 5: 147-240.
Hunt, D. R. 1978. *Brunfelsia australis*. Curtis's Bot. Mag. 182: 49-51, tab 760.
——. 1988. New and unfamiliar names in Cactaceae. Bradleya 6: 100.
——. 1989. Notes on *Selenicereus* (A. Berger) Britton & Rose and *Aporocactus* Lemaire (Cactaceae-Hylocereinae). Bradleya 7: 89-96.
Hunziker, A. T. 1946. Raíces gemíferas en algunas plantas leñosas argentinas. Revista Argent. Agron. 13: 47-54.
——. 1947. Sinopsis de las especies argentino-uruguayas del género *Cuscuta*. Revista Argent. Agron. 14: 123-147.
——. 1950a. Estudios sobre Solanaceae I. Sinopsis de las especies silvestres de *Capsicum* de Argentina y Paraguay. Darwiniana 9: 225-247.
——. 1950b. Las especies de *Cuscuta* (Convolvulaceae) de Argentina y Uruguay. Trab. Mus. Bot. Córdoba 1: 9-356.
——. 1951a. Cuatro nuevas especies sudamericanas de *Amaranthus*. Bol. Soc. Argent. Bot. 4: 133-143.
——. 1951b. El nombre botánico del "Chaclion." Revista Argent. Agron. 18: 105.
——. 1960. Estudios sobre Solanaceae II. Sinopsis taxonómica del género *Dunalia* H.B.K. Bol. Acad. Nac. Ci. 41: 211-244.
——. 1961. Sobre la importancia de *Salvia reflexa* Hornem. como maleza en la provincia de Córdoba. Kurtziana 1: 304-307.
——. 1965. Estudios sobre *Amaranthus* 5. Kurtziana 2: 27-52.
——. 1966a. Adiciones al conocimiento de la Flora del Centro de Argentina. I. Kurtziana 3: 221-231.
——. 1966b. Estudios sobre *Amaranthus* 6. Kurtziana 3: 201-214.
——. 1967a. Contribución al conocimiento de las especies argentinas de *Phyllanthus*. Kurtziana 4: 19-27.
——. 1967b. Rehabilitación de *Berberis argentinensis* (Berberidaceae). Kurtziana 4: 153.
——. 1969. *Parodiodendron* gen. nov.: un nuevo género de Euphorbiaceae (Oldfieldioideae) del noroeste argentino. Kurtziana 5: 329-341.
——. 1970. Sobre una nueva hidrófita argentina: *Elatine lorentziana* nov. sp. Lorentzia 1: 5-10.
——. 1971a. Rehabilitación de *Gomphrena boliviana*. Kurtziana 6: 297.
——. 1971b. *Trianthema portulacastrum* L. (Aizoaceae) en Argentina. Kurtziana 6: 300.
——. 1976. Notas críticas sobre Sapindáceas argentinas. I. Rehabilitación de *Guindilia*. Kurtziana 9: 99-101.
——. 1977a. Estudios sobre Solaneceae.VIII. Novedades varias sobre tribus, géneros, secciones y especies de Sud America. Kurtziana 10: 7-50.
——. 1977b. Rehabilitación de *Reyesia* y *Leptoglossis*. Kurtziana 10: 45-46.
——. 1978. Notas críticas sobre Sapindáceas argentinas. II. Contribución al conocimiento del género *Urvillea*. Bol. Acad. Nac. Ci. 52: 219-228.
——. 1979a. Estudios sobre Solanaceae. IX. *Solanum mortonii*, especie nueva del noroeste de Argentina. Kurtziana 12-13: 133-138.

——. 1979b. South American Solanaceae: a synoptic survey. Pp. 49-85 en J. G. Hawkes, R. N. Lester & A. D. Skelding (eds.), The biology and taxonomy of the Solanaceae. Academic Press, London.
——. 1982. Estudios sobre Solanaceae. XVII. Revisión sinóptica de *Acnistus*. Kurtziana 15: 81-102.
——. 1984a. Estudios sobre Solanaceae. XIX. Sinopsis de *Vassobia*. Kurtziana 17: 91-118.
——. 1984b. Los géneros de Fanerógamas de Argentina. Claves para su identificación. Bol. Soc. Argent. Bot. 23: 1-384.
——. 1986. Estudios sobre Solanaceae. XXIV. Sobre una nueva especie de *Vassobia* del noroeste argentino. Lorentzia 6: 3-6.
——. 1989. Estudios sobre Solanaceae. XXVIII. Novedades sobre las especies argentinas de *Solanum* (primera parte). Kurtziana 20: 181-194.
——. 1997a. *Grabowskia*. En A. T. Hunziker (ed.), Flora Fanerogámica Argentina 41: 3-8.
——. 1997b. Halophytaceae. En A. T. Hunziker (ed.), Flora Fanerogámica Argentina 49: 1-3.
——. 1998a. Estudios sobre Solanaceae. XLVI. Los ajíes silvestres de Argentina (*Capsicum*). Darwiniana 36: 201-203.
——. 1998b. Los nombres científicos correctos de los "Quebrachos colorados" (*Schinopsis,* Anacardiaceae) del centro y noroeste de Argentina. Kurtziana 26: 55-64.
—— & Ariza Espinar, L. 1966. Sobre la existencia de una segunda especie de *Onopordon* (*O. nervosum*) en la República Argentina. Kurtziana 3: 215-219.
—— & ——. 1973. Aporte a la rehabilitación de Ledocarpaceae, familia monotípica. Kurtziana 7: 233-240.
—— & Barboza, G. E. 1990. Estudios sobre Solanáceas XXX. Revisión de *Aureliana*. Darwiniana 30: 95-113.
—— & ——. 1998. Estudios sobre Solanaceae XLV. Sobre la presencia de *Exodecomus* en Argentina y una novedad en *Capsicum baccatum.* Kurtziana 26: 23-31.
—— & Caro, J. A. 1958. Sobre tres especies adventicias poco conocidas en la República Argentina. Revista Argent. Agron. 25: 134-141.
—— & Coccuci, A. E. 1960 [1959]. El género *Trianthema* (Aizoaceae) en la República Argentina. Bol. Acad. Nac. Ci. 41: 5-28.
—— & Dottori, N. M. 1976. Contribución al conocimiento sobre los talas (*Celtis*, Ulmaceae) de Argentina, con especial referencia a la región mediterránea. I. Sobre una especie austrosudamericana y otra de área disyunta. Kurtziana 9: 103-140.
—— & Subils, R. 1977. Nota crítica sobre algunas especies argentinas (Amaranthaceae) afines *a G. tomentosa* (Griseb.) R.E. Fr. Hickenia 1: 63-72.
—— & ——. 1979. Observaciones preliminares sobre el género *Leptoglossis* (Solanaceae). Lorentzia 3: 13-17.
—— & ——. 1983. Estudios sobre Solanaceae XVIII. Sinopsis taxonómica de *Bouchetia*. Bol. Soc. Argent. Bot. 22: 275-295.
—— & ——. 1995a. *Bouchetia*. En A. T. Hunziker (ed.), Flora Fanerogámica Argentina 15: 14-15.
—— & ——. 1995b. *Leptoglossis*. En A. T. Hunziker (ed.), Flora Fanerogámica Argentina 19: 3-4.
—— & ——. 1995c. *Reyesia*. En A. T. Hunziker (ed.), Flora Fanerogámica Argentina 20: 5.
—— & ——. 1995d. *Salpiglossis*. En A. T. Hunziker (ed.), Flora Fanerogámica Argentina 20: 3-4.
Hunziker, J. H. 1952. Las comunidades vegetales de la Cordillera de La Rioja. Revista Invest. Agríc. 6: 167-196.
—— & Palacios, R. A. 1985. Distribución geográfica y posible politipismo de *Bulnesia sarmientoi*. Darwiniana 26: 376.
——, Palacios, R. A., de Valesi, A. G. & Poggio, L. 1978. Hybridization in *Larrea* (Zygophyllaceae): A morphological, cytogenetic and chemosystematic study. Bol. Acad. Nac. Ci. 52: 281-314.
Ibarra, F. E. & La Porte, J. S. 1944. *Centaurea repens*, invasora de cultivos en la República Argentina. Revista Argent. Agron. 11: 287-293.
—— & ——. 1947. Las Crucíferas del género *Camelina* adventicias en la Argentina. Revista Argent. Agron. 14: 94-115.
Iltis, H. H. 1959. Studies in the Capparidaceae. VI. *Cleome* sect. *Physostemon*: taxonomy, geography and evolution. Brittonia 11: 123-162.
——. 1960. Studies in the Capparidaceae. VII. Old World Cleomes adventive in the New World. Brittonia 12: 279-294.
Ingram, J. W. 1957. New names in *Argythamnia* subgenus *Ditaxis*. Bull. Torrey Bot. Club 84: 421-423.
——. 1980. A revision of *Argythamnia* subgenus *Chiropetalum* (Euphorbiaceae). Gentes Herb. 11: 437-468.
Irmscher, E. 1949. Beiträge zur Kenntnis der Begoniaceen Südamerikas. Bot. Jahrb. Syst. 74: 569-632.
Irving, R. S. 1980. The systematics of *Hedeoma* (Labiatae). Sida 8: 218-295.
Irwin, H. S. & Barneby, R. C. 1982. The American Cassiinae. A synoptical revision of Leguminosae tribe Cassieae, subtribe Cassiinae in the New World. Mem. New York Bot. Gard. 35: 1-918.
Isely, D. 1970. Legumes of the United States: II. *Desmanthus* and *Neptunia*. Iowa State J. Sci. 44: 495-511.
——. 1975. Leguminosae of the United States: II. Subfamily Caesalpinioideae. Mem. New York Bot. Gard. 25: 1-228.
——. 1981. Leguminosae of the United States. III. Subfamily Papilionoideae: Tribes Sophoreae, Podalyrieae, Loteae. Mem. New York Bot. Gard. 25: 1-264.

Jablonszky, E. 1969. Notes on neotropical Euphorbiaceae 4. Monograph of the genus *Actinostemon*. Phytologia 18: 223-240.
Jalas, A. J. J. & Suominen, P. 1983. Caryophyllaceae (Alsinoideae and Paronychioideae). Atlas Florae Europeae 6: 1-176.
Janczewski, E. G. 1906. Monographie des groseilliers, *Ribes* L. Mém. Soc. Phys. Gèneve 35: 199-517.
Jansen, R. K. 1985. The systematics of *Acmella* (Asteraceae-Heliantheae). Syst. Bot. Monogr. 8: 1-115.
Jeffrey, C. 1967. Cucurbitaceae. En E. Milne-Redhead & R. M. Polhill. (eds.), Flora Tropic. East Africa 1-156.
——. 1971. Further notes on Cucurbitaceae.II. The tribe Cucurbiteae. Kew Bull. 25(2): 191-236.
——. 1978. Further notes on Cucurbitaceae: IV, Some New World Taxa. Kew Bull. 33(2): 347-380.
——. 1992. The Tribe Senecioneae (Compositae) in the Mascarene Islands with an annotated world checklist of the genera of the tribe. Notes on Compositae: VI. Kew Bull. 47: 49-109.
Job, M. M. 1941. Una nueva especie de *Berberis* del lago Nahuel Huapi. Darwiniana 5: 184-186.
——. 1942. Los *Berberis* de la región de Nahuel Huapí. Revista Mus. La Plata, Secc. Bot. 5: 21-72.
——. 1943. Una nueva especie argentina de *Berberis*. Notas Mus. La Plata, Bot. 8: 128-133.
——. 1953. Nueva contribución al estudio de los *Berberis* del noroeste argentino. Revista Mus. La Plata, Secc. Bot. 34: 170-178.
Johnson, D. M. 1986. Revision of the neotropical genus *Callaeum* (Malpighiaceae). Syst. Bot. 11: 335-353.
Johnson, R. R. 1969. Monograph of the plant genus *Porophyllum* (Compositae: Helenieae). Univ. Kansas Sci. Bull. 48: 225-267.
Johnston, I. M. 1924. Taxonomic records concerning American Spermatophytes. Contr. Gray Herb. 70: 80.
——. 1925. Studies in the Boraginaceae V. 1. Concerning the range and identity of certain American species. Contr. Gray Herb. 75: 40-44.
——. 1927. Studies in the Boraginaceae.-VI. A revision of the South American Boraginoideae. Contr. Gray Herb. 78: 1-118.
——. 1928. Studies in the Boraginaceae.-VII. 1. The South American species of *Heliotropium*. Contr. Gray Herb. 81: 3-73.
——. 1929. A collection of plants from the high cordilleras of northwestern San Juan. Physis (Buenos Aires) 9: 297-326.
——. 1930. Studies in the Boraginaceae VIII. I. Observation on the species of *Cordia* and *Tournefortia* known from Brazil, Paraguay, Uruguay and Argentina. Contr. Gray Herb. 92: 3-89.
——. 1932. Notes on various Borages of the Western United States. Contr. Arnold Arbor. 3: 83-98.
——. 1935. Studies in the Boraginaceae, XI. J. Arnold Arbor. 16: 173-205.
——. 1947. *Astragalus* in Argentina, Bolivia and Chile. J. Arnold Arbor. 28: 336-409.
——. 1954. Studies in the Boraginaceae XXVII. Some general observations concerning the Lithospermeae. J. Arnold Arbor. 35: 158-166.
——. 1959. Some noteworthy American Borages. Wrightia 2: 13-22.
Johnston, M. C. 1962. Revision of *Condalia* including *Microrhamnus* (Rhamnaceae). Brittonia 14: 332-368.
——. 1971. Revision of *Colubrina* (Rhamnaceae). Brittonia 23: 2-53.
——. 1973. Revision of *Kentrothamnus* (Rhamnaceae). J. Arnold Arbor. 54: 471-473.
——. 1974. Revision of *Scutia* (Rhamnaceae). Bull. Torrey Bot. Club 101: 64-72.
——. 1984. *Rhynchosia senna* var. *texana*, new combination made necessary by the Demoulin rule. Phytologia 54: 474.
Johnston, M. C. & Johnston, L. A. 1967. *Rhamnus*. Fl. Neotrop. Monogr. 20: 1-96.
Jones, C. E. 1969. A revision of the genus *Cyclanthera* (Cucurbitaceae). Ph.D. Thesis, University of Indiana.
Jozami, J. M. & Muñoz, J. D. 1982. Arboles y arbustos indígenas de la Prov. de Entre Ríos. IPNAYS CONICET-UNL, Santa Fe: 1-407.
Juárez de Varela, F. C. 1986. *Eriosema simplicifolium* var. *micranthum* (Fabaceae) en Argentina. Kurtziana 18: 155-156.
——. 1994. Bignoniaceae. Flora del Valle de Lerma. Aportes Bot. Salta, sér. Flora 2(22): 1-28.
——. 1997. Gentianaceae. Flora del Valle de Lerma. Aportes Bot. Salta, sér. Flora 4(20): 1-19.
Judd, W. S. 1984. A taxonomic revision of the American species of *Agarista* (Ericaceae). J. Arnold Arbor. 65: 255-342.
——. 1995. *Agarista*. Fl. Neotrop. Monogr. 66: 295-344.
Kaastra, R. C. 1972. Revision of *Chlorophora* in America. Acta Bot. Neerl. 21: 657-670.
Kartesz, J. T. & Gandhi, K. M. 1991. Nomenclatural notes for the North American Flora VII. Phytologia 71: 87-100.
Katinas, L. 1994. Un nuevo género de Nassauvinae (Asteraceae, Mutisieae) y sus relaciones cladísticas con los géneros afines de la subtribu. Bol. Soc. Argent. Bot. 30: 59-70.
——. 1995. Asteraceae, parte 1. Tribu XII. Mutisieae. Subtribu 4. Nassauviinae. En A. T. Hunziker (ed.), Flora Fanerogámica Argentina 13: 5-54.
——. 1996a. 280. Asteraceae, parte 4. Tribu XII. Mutisieae. Subtribu 3. Mutisiinae. En A. T. Hunziker (ed.), Flora Fanerogámica Argentina 29: 3-40.
——. 1996b. Revisión de las especies sudamericanas del género *Trixis* (Asteraceae, Mutisieae). Darwiniana 34: 27-108.
——. 1998. Nota nomenclatural sobre el género *Trixis* P. Browne (Compositae-Mutisieae). Candollea 53: 119-120.

—— & Stuessy, T. F. 1997. Revision of *Doniophyton* (Compositae, Barnadesioideae). Pl. Syst. Evol. 206: 33-45.
——, Crisci, J. V. & Freire, S. E. 1992. Revisión sistemática y análisis cladístico del género *Triptilion* Ruiz et Pavón (Asteraceae, Mutisieae). Bol. Soc. Biol. Concepción 63: 101-132.
Kattermann, F. 1994. *Eriosyce* (Cactaceae). The genus revised and amplified. Succ. Pl. Research 1: 1-176.
Kausel, E. M. L. 1949. Comentario sobre las Ericáceas y Epacridáceas chilenas. Revista Univ. (Santiago) 34: 155-178.
——. 1953. Revisión del género *Escallonia* en Chile. Darwiniana 10: 169-255.
——. 1967. Lista de las Mirtáceas y Leptospermáceas argentinas. Lilloa 32: 323-368.
Kazmi, S. M. A. 1964. Revision der Gattung *Carduus* (Compositae). Mitt. Bot. Staatssamml. München 5: 279-550.
Kearney, T. H. 1958a. A tentative key to the South American species of *Pavonia* Cav. Leafl. W. Bot. 8: 225-246.
——. 1958b. A tentative key to the South American species of *Sida* L. Leafl. W. Bot. 8: 249-270.
——. 1958c. A tentative key to the South American species of *Abutilon* Miller. Leafl. W. Bot. 8: 201-216.
Keel, S. 1984. A revision of the genus *Salpichroa* (Solanaceae). Ph.D. Thesis, University of New York, University Microfilms International, U.S.A.
Keener, C. S. & Hoot, S. B. 1987. *Ranunculus* section *Echinella* (Ranunculaceae) in the southeastern United States. Sida 12: 57-68.
Keil, D. J. 1975. Compositae. VI. Tageteae. En R. E. Woodson & R. W. Schery & coll. (eds.), Flora of Panama. Ann. Missouri Bot. Gard. 62: 1220-1241.
Kellogg, E. A. & Howard, R. A. 1986. The West Indian species of *Phoradendron* (Viscaceae). J. Arnold Arbor. 67: 65-107.
Kessler, M. 1995. The genus *Polylepis* (Rosaceae) in Bolivia. Candollea 50: 131-171.
Khanna, P. K. & Rollins, R. C. 1965. A taxonomic revision of *Cremolobus* (Cruciferae). Contr. Gray Herb. 195: 135-157.
Kiesling, R. 1973. Una nueva especie de Cactaceae. Bol. Soc. Argent. Bot. 15: 132-133.
——. 1976. Una nueva especie de *Lobivia* (Cactaceae). Hickenia 1: 35-37.
——. 1978. El género *Trichocereus* (Cactaceae) I: las especies de la Rep. Argentina. Darwiniana 21: 263-330.
——. 1980. The identity of *Austrocylindropuntia weingartiana*. Cact. Succ. J. Gr. Brit. 6: 109-110.
——. 1982a. Problemas nomenclaturales en *Cereus*. Darwiniana 24: 442-453.
——. 1982b. *Puna*, un género nuevo de Opuntioideae (Cactaceae). Hickenia 1: 289-294.
——. 1982c. Revisión of *Pterocactus*. Cact. Succ. J. Gr. Brit. 44: 51-56.
——. 1982d. Nota sobre *Gymnocalycium platense*. Darwiniana 24: 439-442.
——. 1983a. Plumbaginaceae. En A. L. Cabrera (ed.), Fl. Prov. Jujuy, Colecc. Ci. Inst. Nac. Tecnol. Agropecu. 13(8): 22-26.
——. 1983b. Primulaceae. En A. L. Cabrera (ed.), Fl. Prov. Jujuy, Colecc. Ci. Inst. Nac. Tecnol. Agropecu. 13(8): 17-22.
——. 1983c. Sapotaceae. En A. L. Cabrera (ed.), Fl. Prov. Jujuy, Colecc. Ci. Inst. Nac. Tecnol. Agropecu. 13(8): 26-33.
——. 1984. Estudios en Cactaceae de Argentina: *Maihueniopsis*, *Tephrocactus* y géneros afines (Opuntioideae). Darwiniana 25: 171-215.
——. 1987. Two new subspecies of *Gymnocalycium schroederianum*. Cac. Succ. J. (Los Angeles) 59: 44-49.
——. 1988. Cactaceae. En M. N. Correa (ed.), Fl. Patagónica, Colecc. Ci. Inst. Nac. Tecnol. Agropecu. 8(5): 218-243.
——. 1994a. Aizoaceae. En R. Kiesling (ed.), Fl. San Juan 1: 142-143.
——. 1994b. Crassulaceae. En R. Kiesling (ed.), Fl. San Juan 1: 245-248.
——. 1994c. Hydnoraceae. En R. Kiesling (ed.), Fl. San Juan 1: 69-70.
——. 1994d. Ranunculaceae. En R. Kiesling (ed.), Fl. San Juan 1: 188-197.
——. 1994e. Rosaceae. En R. Kiesling (ed.), Fl. San Juan 1: 250-256.
——. 1994f. Saxifragaceae. En R. Kiesling (ed.), Fl. San Juan 1: 249.
——. 1995. Argentine Notocacti of the genus *Parodia*. Cac. Succ. J. (Los Angeles) 67: 14-22.
——. 1996a. El género *Harrisia* en la Argentina. Darwiniana 34: 389-398.
——. 1996b. *Stetsonia coryne* (Cactaceae). Quepo 10: 22-25.
——. 1998. Notas sobre cactáceas del Chaco I. Candollea 53: 471-476.
——. Inéd.a. Cactaceae. En N. M. Bacigalupo (ed.), Fl. Il. Entre Ríos, Colecc. Ci. Inst. Nac. Tecnol. Agropecu.
——. Inéd.b. Revisión de *Austrocylindropuntia* (Cactaceae).
—— & Ferrari, O. 1990a. *Parodia* sensu strictu in Argentina, part I. Cac. Succ. J. (Los Angeles) 62: 194-198.
—— & ——. 1990b. *Parodia* sensu strictu in Argentina, part II. Cac. Succ. J. (Los Angeles) 62: 244-250.
—— & Metzing, D. 1996. Una nueva combinación en *Gymnocalycium spegazzinii* (Cactaceae). Darwiniana 34: 402-404.
Killip, E. P. 1938. The American species of Passifloraceae. Publ. Field Mus. Nat. Hist., Bot. Ser. 19: 1-613.
Kimnach, M. W. 1990. A new epiphytic cactus: *Trichocereus arboricola*. Cac. Succ. J. (Los Angeles) 62: 3-5.
King, R. M. & Robinson, H. E. 1970a. Studies in the Eupatorieae (Compositae). XIX. New combinations in *Ageratina*. Phytologia 19: 208-229.
—— & ——. 1970b. Studies in the Eupatorieae (Compositae). XVIII. New combinations in *Fleischmannia*. Phytologia 19: 201-207.
—— & ——. 1970c. Studies in the Eupatorieae (Compositae). XXIX. The genus *Chromolaena*. Phytologia 20: 196-209.

—— & ——. 1970d. Studies in the Eupatorieae (Compositae). XXVI. A new genus, *Austroeupatorium*. Phytologia 19: 433-435.
—— & ——. 1970e. Studies in the Eupatorieae (Compositae). XXVIII. The genus *Praxelis*. Phytologia 20: 193-195.
—— & ——. 1971a. Studies in the Eupatorieae (Asteraceae). XLVIII. The genus *Critonia*. Phytologia 22: 46-51.
—— & ——. 1971b. Studies in the Eupatorieae (Asteraceae). LIII. A new genus, *Raulinoreitzia*. Phytologia 22: 113-114.
—— & ——. 1971c. Studies in the Eupatorieae (Asteraceae). LII. A new genus, *Acanthostyles*. Phytologia 22: 111-112.
—— & ——. 1971d. Studies in the Eupatorieae (Asteraceae). LV. The genus *Dimorpholepis*. Phytologia 22: 118-120.
—— & ——. 1971e. Studies in the Eupatorieae (Asteraceae). LVI. A new genus, *Campovassouria*. Phytologia 22: 121-122.
—— & ——. 1971f. Studies in the Eupatorieae (Asteraceae). LVII. The genus *Disynaphia*. Phytologia 22: 123-125.
—— & ——. 1971g. Studies in the Eupatorieae (Asteraceae). LXIV. The genus *Koanophyllon*. Phytologia 22: 147-152.
—— & ——. 1971h. Studies in the Eupatorieae (Asteraceae). XL. The genus *Urolepis*. Phytologia 21: 304-305.
—— & ——. 1971i. Studies in the Eupatorieae (Compositae). XXXIII. The genus *Gyptis*. Phytologia 21: 22-25.
—— & ——. 1971j. Studies in the Eupatorieae (Compositae). XXXIV. A new genus, *Barrosoa*. Phytologia 22: 26-27.
—— & ——. 1972a. Studies in the Eupatorieae (Asteraceae). XCI. A new genus, *Macropodina*. Phytologia 24: 173-174.
—— & ——. 1972b. Studies in the Eupatorieae (Asteraceae). CV. A new genus, *Heterocondylus*. Phytologia 24: 389-392.
—— & ——. 1972c. Studies in the Eupatorieae (Asteraceae). LXXI. A new genus, *Hatschbachiella*. Phytologia 23: 393-394.
—— & ——. 1972d. Studies in the Eupatorieae (Asteraceae). CIII. A new genus, *Ayapanopsis*. Phytologia 24: 382-386.
—— & ——. 1972e. Studies in the Eupatorieae (Asteraceae). LXIV. The genus *Campuloclinium*. Phytologia 24: 170-172.
—— & ——. 1972f. Studies in the Eupatorieae (Asteraceae). LXIX. A new genus, *Gyptidium*. Phytologia 23: 310-311.
—— & ——. 1972g. Studies in the Eupatorieae (Asteraceae). LXV. A new genus, *Neocabreria*. Phytologia 23: 151-152.
—— & ——. 1972h. Studies in the Eupatorieae (Asteraceae). LXVII. *Grazielia* nom. nov. for *Dimorpholepis*. Phytologia 23: 305-306.
—— & ——. 1972i. Studies in the Eupatorieae (Asteraceae). LXXXII. A new genus, *Austrobrickellia*. Phytologia 24: 72-73.
—— & ——. 1975a. Studies in the Eupatorieae (Asteraceae). CLIII. A new genus, *Lorentzianthus*. Phytologia 32: 273-274.
—— & ——. 1975b. Studies in the Eupatorieae (Asteraceae). CLIV. A new genus, *Chacoa*. Phytologia 32: 275-276.
—— & ——. 1975c. Studies in the Eupatorieae (Asteraceae). CLV. A new genus, *Idiothamnus*. Phytologia 32: 277-282.
—— & ——. 1978a. Studies in the Eupatorieae (Asteraceae). CLXXXIII. A new genus, *Bejaranoa*. Phytologia 40: 51-53.
—— & ——. 1978b. Studies in the Eupatorieae (Asteraceae). CLXXXII. A new genus, *Bishovia*. Phytologia 39: 339-341.
—— & ——. 1980a. Studies in the Eupatorieae (Asteraceae). CCII. A new genus, *Kaunia*. Phytologia 47: 257-259.
—— & ——. 1980b. Studies in the Eupatorieae (Asteraceae). CIC. A new genus, *Malmeanthus*. Phytologia 47: 225-227.
Kirkman, L. K. 1981. Taxonomic revision of *Centratherum* and *Phyllocephalum* (Compositae:Vernonieae). Rhodora 83: 1-24.
Knapp, S. 1989. A revision of the *Solanum nitidum* group (section *Holophylla* pro parte): Solanaceae. Bull. Brit. Mus. (Nat. Hist.), Bot. 19: 63-112.
Knuth, R. G. P. 1930. Oxalidaceae. En A. Engler (ed.), Pflanzenr. 4(130) Heft 95: 1-481.
——. 1936. Oxalidaceae novae III. Feddes Repert. 40: 289-293.
——. 1940. Oxalidaceae novae IV. Feddes Repert. 48: 1-4.
Kobuski, C. E. 1928. A monograph of the American species of *Dyschoriste*. Ann. Missouri Bot. Gard. 15: 9-90.
Koehne, B. A. E. 1915. Zur Kenntnis von Prunus Grex Calycopadus und Grex Gymnopadus sect. Laurocerasus. Bot. Jahrb. Syst. 52: 279-333.
Kopp, L. E. 1966. A taxonomic revision of the genus *Persea* in the western hemisphere (*Persea*-Lauraceae). Mem. New York Bot. Gard. 14: 1-117.
Kostermans, A. J. G. H. 1961. The New World species of *Cinnamomum* Trew. (Lauraceae). Reinwardtia 6: 17-24.
Koyama, H. 1974. On a new name of *Gnaphalium* from Falkland Islands. Acta Phytotax. Geobot. 29: 84.
Krapovickas, A. 1945a. El género *Neobaclea* (Malvaceae) y su distribución geográfica en la República Argentina. Darwiniana 7: 108-112.
——. 1945b. Notas sobre el género *Modiolastrum* en la Argentina. Revista Argent. Agron. 12: 38-44.
——. 1948. Las especies de *Sphaeralcea* de Argentina y Uruguay. Lilloa 17: 179-222.
——. 1949. Relación entre el número cromosómico y área en el género *Modiolastrum* (Malvaceae). Lilloa 19: 121-125.
——. 1950a. Revisión del género *Lecanophora* (Malvaceae). Darwiniana 9: 248-279.
——. 1950b. Una nueva especie del género *Nototriche* (Malvaceae). Bol. Soc. Argent. Bot. 3: 170-173.
——. 1951a. *Monteiroa*, Nuevo género de Malvaceas. Bol. Soc. Argent. Bot. 3: 235-244.
——. 1951b. Notas citotaxonómicas en *Nototriche* (Malvaceae). I. Bol. Soc. Argent. Bot. 4: 107-116.
——. 1952. Notas sobre Malváceas. Bol. Soc. Argent. Bot. 4: 187-191.

——. 1953. Notas citotaxonómicas sobre *Nototriche* (Malvaceae) II. Bol. Soc. Argent. Bot. 5: 51-74.
——. 1954a. Estudio de las especies de *Anurum*, nueva sección del género *Urocarpidium* Ulbr. (Malvaceae). Darwiniana 10: 606-636.
——. 1954b. Sinopsis del género *Tarasa* (Malvaceae). Bol. Soc. Argent. Bot. 5: 113-143.
——. 1957a. Las especies de *Malvastrum* sect. *Malvastrum* de la flora Argentina. Lilloa 28: 181-195.
——. 1957b. Notas sobre Malváceas II. Bol. Soc. Argent. Bot. 7: 37-41.
——. 1957c. Números cromosómicos de Malváceas americanas de la tribu Malveae. Revista Agron. Noroeste Argent. 2: 245-260.
——. 1957d. Sobre las especies polígamas de *Nototriche* (Malvaceae). Lilloa 28: 269-277.
——. 1965. Notas sobre Malváceas III. Kurtziana 2: 113-126.
——. 1966. Malvaceae. En A. L. Cabrera (ed.), Fl. Prov. Buenos Aires, Colecc. Ci. Inst. Nac. Tecnol. Agropecu. 4(4): 169-220.
——. 1969a. Notas citotaxonómicas sobre Malváceas. Bonplandia (Corrientes) 3: 9-24.
——. 1969b. Una nueva especie patagónica de *Lecanophora* Speg. (Malvaceae). Revista Fac. Ci. Agrar. Univ. Nac. Cuyo 14: 36-38.
——. 1970a. Dos géneros nuevos de Malváceas: *Dirhamphis* y *Hochreutinera*, con notas sobre los afines *Briquetia* y *Neobrittonia*. Darwiniana 16: 219-232.
——. 1970b. El género *Malvella* Jaub. et Spach (Malvaceae) en la República Argentina. Bonplandia (Corrientes) 3: 53-62.
——. 1970c. Historia de la botánica en Corrientes. Bol. Soc. Argent. Bot. Suplemento 11: 229-276.
——. 1970d. Malváceas nuevas sudamericanas. Bonplandia (Corrientes) 3: 63-72.
——. 1974. *Acaulimalva*, nuevo género de Malváceas. Darwiniana 19: 9-39.
——. 1982. Novedades en *Pavonia* sect. *Typhalaea* Guerke (Malvaceae). Bol. Soc. Argent. Bot. 20: 281-301.
——. 1983. Notas sobre Malváceas, IV. Bonplandia (Corrientes) 5: 257-273.
——. 1984. Malvaceae. En A. T. Hunziker (ed.), Los géneros de Fanerógamas de Argentina. Bol. Soc. Argent. Bot. 23: 180-185.
——. 1985. Nuevas combinaciones en Malváceas. Bol. Soc. Argent. Bot. 24: 205-207.
——. 1988. Malvaceae. En M. N. Correa (ed.), Fl. Patagónica, Colecc. Ci. Inst. Nac. Tecnol. Agropecu. 8(5): 126-153.
——. 1996a. Sinopsis del genero *Gaya* (Malvaceae). Bonplandia (Corrientes) 9: 57-87.
——. 1996b. La identidad de *Wissadula amplissima* (Malvaceae). Bonplandia (Corrientes) 9: 89-94.
——. Inéd. Novedades en Malváceas argentinas
—— & Cáceres, S. A. 1990. La identidad del género *Melinia* (Asclepiadaceae). Darwiniana 30: 277-280.
—— & Cristóbal, C. L. 1962. Notas sobre las sección *Lebretonia*, *Pavonia* (Malvaceae) y revisión de las especies argentinas. Lilloa 31: 5-74.
—— & ——. 1985. El género *Peltaea* (Malvaceae) en Argentina. Bol. Soc. Argent. Bot. 24: 207.
—— & ——. 1997. La tipificación de *Malva spicata* L. (Malvaceae). Bonplandia (Corrientes) 9: 257-258.
—— & Fryxell, P. A. 1993. Algunos tipos de Malváceas descriptos por C.B. Presl. Bonplandia (Corrientes) 7: 57-61.
—— & Gregory, W. C. 1994. Taxonomía del género *Arachis* (Leguminosae). Bonplandia (Corrientes) 8: 1-186.
—— & Rigoni, V. A. 1957. Nuevas especies de *Arachis* vinculadas al problema del origen del maní. Darwiniana 11: 431-455.
Kruijt, R. C. 1996. A taxonomic monograph of *Sapium* Jacq., *Anomostachys* (Baill.) Hurus, *Duvigneaudia* J. Léonard and *Sclerocroton* Hochst. (Euphorbiaceae tribe Hippomaneae). Biblioth. Bot. 146: 1-109.
Krukoff, B. A. & Barneby, R. C. 1974. Conspectus of species of the genus *Erythrina*. Lloydia 37: 332-459.
—— & Monachino, J. V. 1942. The American species of *Strychnos*. Brittonia 4: 248-322.
Kubizki, K. 1970. Die Gattung *Tetracera* (Dilleniaceae). Mitt. Bot. Staatssamml. München 8: 1-98.
—— & Renner, S. S. 1982. Lauraceae I (*Aniba* and *Aiouea*). Fl. Neotrop. Monogr. 31: 1-125.
Kuijt, J. 1986a. Loranthaceae. En G. Harling & B. Sparre (eds.), Fl. Ecuador 24: 115-194.
——. 1986b. Viscaceae. En G. Harling & B. Sparre (eds.), Fl. Ecuador 24: 13-112.
——. 1988a. Monograph of the Eremolepidaceae. Syst. Bot. Monogr. 18: 1-60.
——. 1988b. Revision of *Tristerix* (Loranthaceae). Syst. Bot. Monogr. 19: 1-61.
Kuntze, C. O. 1898. Revisio Generum Plantarum 3(2): 1-576. Commissionen, Leipzig.
Kurtz, F. 1904. Flora. En M. E. Río & L. Achaval (eds.), Geogr. Córdoba: 270-343.
La Duke, J. C. 1982. Revision of *Tithonia*. Rhodora 84: 453-522.
Lahitte, H. B. & Hurrell, J. A. 1994. Flora arbórea y arborescente de la Isla Martín García- nativas y naturalizadas. CIC Ser. Informe 47: 1-229.
——. 1996. Plantas hidrófilas de la isla Martín García (Buenos Aires, República Argentina). CIC Ser. Informe 52: 3-236.
Lambert, J. G. 1982. *Echinopsis aurea* versus *Echinopsis fallax*. Succulenta (Netherlands) 61: 179-183.

——. 1985. *Gymnocalycium erinaceum* Lambert species nova. Succulenta (Netherlands) 64: 64-66.
——. 1998. Cactus d'Argentine, 2da. ed. . Passendale, Belgica.
Landrum, L. R. 1981. A monograph of the genus *Myrceugenia* (Myrtaceae). Fl. Neotrop. Monogr. 29: 1-137.
——. 1986. *Campomanesia*, *Pimenta*, *Blepharocalyx*, *Legrandia*, *Acca*, *Myrrhinium*, and *Luma* (Myrtaceae). Fl. Neotrop. Monogr. 45: 1-178.
——. 1988a. Systematics of *Myrteola* (Myrtaceae). Syst. Bot. 13: 120-132.
——. 1988b. The Myrtle family (Myrtaceae) in Chile. Proc. Calif. Acad. Sci. 45: 277-317.
Latzina, E. 1935. Index de la Flora dendrológica Argentina. Ministerio del Interior 3: 5-117.
——. 1937. Index de la Flora dendrológica Argentina. Lilloa 1: 95-211.
Lavin, M. 1988. Systematics of *Coursetia* (Leg.-Pap.). Syst. Bot. Monogr. 21: 1-167.
Lawrence, G. H. M., Buchheim, A. F. G., Daniels, G. S. & H. Dolezal. 1968. B-P-H. Botanico-Periodico-Huntianum. Hunt Botanical Library, Pittsburgh: 1-1063.
Lay, K. K. 1949. A revision of the genus *Heliocarpus* L. Ann. Missouri Bot. Gard. 36: 507-541.
——. 1950. The American species of *Triumfetta* L. Ann. Missouri Bot. Gard. 37: 315-395.
Leeuwenberg, A. J. M. 1969. Notes on American Loganiaceae. IV. Revision of *Desfontainia* Ruiz et Pav. Acta Bot. Neerl. 18: 669-679.
——. 1994. A revision of *Tabernaemontana* 2 (The New World species and *Stemmadenia*). Royal Botanic Gardens, Kew. Kew Bull. Add. Ser.: 213-450.
Legname, P. R. 1962. Dos especies nuevas de Labiadas. Lilloa 31: 245-249.
——. 1972. Las Caparidáceas Chaqueñas. Notas Preliminares para la Flora Chaqueña (Formosa, Chaco y Santiago del Estero). Ministerio de Agricultura y Ganadería de la Nación (INTA) 3: 15-25.
——. 1973a. Especies interesantes encontradas en el norte de Argentina. Lilloa 33: 359-372.
——. 1973b. Especies nuevas encontradas en el norte de Argentina. Lilloa 33: 329-339.
——. 1978. Una nueva especie de *Gomidesia* y tres nuevas citas para la Flora Argentina. Lilloa 35: 79-86.
——. 1982. Arboles indígenas del noroeste argentino. Opera Lilloana 34: 5-226.
——. 1996. *Paederia diffusa* (Britton) Standley en el noroeste de Argentina. Lilloa 32: 5-9.
Legrand, C. M. D. H. 1941. Lista preliminar de las Mirtáceas Argentinas. Darwiniana 5: 463-486.
——. 1942. Las especies de *Portulaca* del Uruguay. Comun. Bot. Mus. Hist. Nat. Montevideo 1: 1-40.
——. 1948. Las especies del género *Portulaca* en la Argentina. Lilloa 17: 311-376.
——. 1950. Contribuciones mirtológicas argentinas. Correcciones o adiciones a "Lista preliminar de Mirtáceas Argentinas." Darwiniana 9: 280-305.
——. 1952a. Algunas especies nuevas de *Portulaca*. Comun. Bot. Mus. Hist. Nat. Montevideo 22: 1-5.
——. 1952b. Revisando tipos de *Portulaca*. Comun. Bot. Mus. Hist. Nat. Montevideo 24: 1-10.
——. 1953. Notas sobre *Portulaca*. Comun. Bot. Mus. Hist. Nat. Montevideo 27: 1-21.
——. 1958a. Las especies tropicales del género *Gomidesia*. Comun. Bot. Mus. Hist. Nat. Montevideo 37: 1-30.
——. 1958b. Una nueva especie de *Portulaca* de Córdoba. Comun. Bot. Mus. Hist. Nat. Montevideo 32: 1-3.
——. 1962a. Las especies americanas de *Portulaca*. Anales Mus. Hist. Nat. Montevideo 7: 1-147.
——. 1962b. Lista actual de Mirtáceas de Argentina. Bol. Soc. Argent. Bot. 10: 46-51.
——. 1973. Análisis de un trabajo de Mirtáceas. "E. Kausel. Mirtáceas sudamericanas nuevas o críticas." Bradea 1: 309-312.
—— & Añón, D. S. C. 1987. Portulacaceae. En N. S. Troncoso & N. M. Bacigalupo (eds.), Fl. Il. Entre Ríos, Colecc. Ci. Inst. Nac. Tecnol. Agropecu. 6(3a): 233-242.
—— & —— & Klein, R. M. 1967. Mirtáceas. En R. Reitz (ed.), Fl. Il. Catarinense fasc. MIRT.: 1-44.
—— & ——. 1969. Mirtáceas. En R. Reitz (ed.), Fl. Il. Catarinense fasc. MIRT: 217-330.
—— & ——. 1971. Mirtáceas. En R. Reitz (ed.), Fl. Il. Catarinense fasc. MIRT: 489-552.
Leonard, E. C. 1934. The American species of *Elytraria*. J. Wash. Acad. Sci. 24: 443-447.
Les, D. H. 1986. The evolution of achene morphology in *Ceratophyllum* (Ceratophyllaceae), I. Fruit-spine variation and relationships of *C. demersum*, *C. submersum*, and *C. apiculatum*. Syst. Bot. 11: 549-558.
——. 1988. The evolution of achene morphology in *Ceratophyllum* (Ceratophyllaceae), II. Fruit variation and systematics of the "spiny-margined" group. Syst. Bot. 13: 73-86.
Lesins, K. A. & Lesins, I. 1979. Genus *Medicago* (Leguminosae). A taxogenetic study 1-228. W. Junk, The Hague.
Leuenberger, B. E. 1986. *Pereskia* (Cactaceae). Mem. New York Bot. Gard. 41: 1-141.
——. 1997. *Maihuenia* - monograph of a Patagonian genus of Cactaceae. Bot. Jahrb. Syst. 119: 1-92.
Lewis, G. P. 1987. Legumes of Bahia. Royal Botanic Gardens, Kew.
——. 1989. *Sesbania* Adans. in the Fl. Zambesiaca region. Kirkia 13: 34-36.
Lewis, H. F. & Szweykowski, J. 1964. The genus *Gayophytum* (Onagraceae). Brittonia 16: 343-391.

Lewis, W. H. 1966. The Asian genus *Neanotis* nomen novum (*Anotis*) and allied taxa in the Americas (Rubiaceae). Ann. Missouri Bot. Gard. 53: 32-46.

—— & Oliver, R. L. 1974. Revision of *Richardia* (Rubiaceae). Brittonia 26: 271-301.

Lidén, M. 1988. Synopsis of Fumarioideae (Papaveraceae) with a monograph of the tribe Fumariae. Opera Bot. 88: 5-133.

——. 1995. Papaveraceae. En G. Harling & L. Andersson (eds.), Fl. Ecuador 52: 3-13.

Liede, S. 1996. *Sarcostemma* (Asclepiadaceae) -a controversial generic circumscription reconsidered: morphological evidence. Syst. Bot. 21: 31-44.

——. 1997a. American *Cynanchum* (Asclepiadaceae) -a preliminary infrageneric classification. Novon 7: 172-181.

——. 1997b. Subtribes and genera of the tribe Asclepiadeae (Apocynaceae, Asclepiadoideae) -a synopsis. Taxon 46: 233-247.

Liesner, R. L. 1993a. Nyctaginaceae. En L. Brako & J. L. Zarucchi (eds.), Catalogue of the Flowering Plants and Gymnosperms of Peru. Monogr. Syst. Bot. Missouri Bot. Gard. 45: 750-754.

——. 1993b. Saxifragaceae. En L. Brako & J. L. Zarucchi (eds.), Catalogue of the Flowering Plants and Gymnosperms of Peru. Monogr. Syst. Bot. Missouri Bot. Gard. 45: 1076.

Lillo, M. 1917. Segunda contribución al conocimiento de los árboles de la Argentina. Universidad de Tucumán, San Miguel de Tucumán.

——. 1919a. Las Asclepiadáceas Argentinas. Physis (Buenos Aires) 4: 410-437.

——. 1919b. Reseña fitogeográfica de la provincia de Tucumán. Primera Reunión Nacional de la Sociedad Argentina de Ciencias Naturales. Tucumán: 210-232.

——. 1924. Segunda contribución al conocimiento de los árboles de la Argentina. Universidad de Tucumán. San Miguel de Tucumán: 1-55.

——. 1937. Catálogo de las Acantáceas argentinas. Lilloa 1: 21-66.

Lindau, G. 1894. Beiträge zur argentinischen Flora. Bot. Jahrb. Syst. 19: 8-23.

Lippold, H. 1980. Die Gattungen *Thevetia* L., *Cerbera* und *Cascabela* Rafin. (Apocynaceae). Feddes Repert. 91: 45-55.

Lira Saade, R. 1995. Estudios taxonómicos y ecogeográficos de las Cucurbitaceae latinoamericanas de importancia económica. International Plant Genetic Resources Institute, Roma.

Lleras, E. 1978. Trigoniaceae. Fl. Neotrop. Monogr. 19: 1-73.

Lombardi, J. A. 1995. Typification of names of South American *Cissus* (Vitaceae). Taxon 44: 193-206.

Lombardo, A. 1983. Gamopétalas. En Intendencia Municipal de Montevideo (ed.), Flora Montevidensis Tomo II: 1-347.

López Palacios, S. 1977. Verbenáceas. En Univ. de los Andes (ed.), Fl. Venezuela: 9-654.

López, H. A. 1998. *Boerhavia cordobensis* vs. *B. pterocarpa* (Nyctaginaceae): cual habita en la Argentina? Darwiniana 36: 159-161.

López, J. A., Little, E. L., Ritz, G. F., Rombold, J. S. & Hahn, W. J. 1987. Arboles comunes del Paraguay. I-IV, 1-425. Cuerpo de Paz. Asunción.

Lorentz, P. G. 1878. La vegetación del Nordeste de la provincia de Entre Ríos. Informe Científico: 1-179. El Economista, Buenos Aires.

Lourteig, A. 1942. Primulaceae Argentinae. Lilloa 8: 231-267.

——. 1943. Lythraceae Argentinae. Lilloa 9: 317-421.

——. 1944. Lythraceae Argentinae. Addenda. Lilloa 10: 387-394.

——. 1947. Primulaceae Argentinae. Addenda. Darwiniana 7: 556-559.

——. 1948. Lythraceae Argentinae. Addenda II. Darwiniana 8: 261-278.

——. 1949. Lythraceae Argentinae. Addenda III. Darwiniana 9: 168-169.

——. 1951. Ranunculáceas de Sudamérica Templada. Darwiniana 9: 397-608.

——. 1954a. Euphorbiaceae Argentinae. Addenda II. Ark. Bot. 3: 71-87.

——. 1954b. Lythraceae Argentinae. Addenda IV. Bol. Soc. Argent. Bot. 5: 144-147.

——. 1955. Euphorbiaceae Argentinae. Addenda III. Bol. Soc. Argent. Bot. 5: 219-220.

——. 1956. Ranunculáceas de Sudamérica Tropical. Mem. Soc. Sci. Nat. La Salle 16: 19-88; 125-228.

——. 1959. *Ranunculus falcatus* L., adventicia en Argentina. Bol. Soc. Argent. Bot. 7: 214-216.

——. 1964a. Etude sur *Limosella* L. Biologie 1: 165-172.

——. 1964b. Lythraceae Austroamericana, addenda et corrigenda. Sellowia 16: 119-162.

——. 1967. *Primula farinosa* L. y *Primula magellanica* Lehmann. Bol. Soc. Argent. Bot. 11: 140-145.

——. 1969. Litráceas. En R. Reitz (ed.), Fl. Il. Catarinense fasc. LITR: 1-80.

——. 1979. Oxalidaceae austro-americanae II. *Oxalis* L. sectio *Corniculata* DC. Phytologia 42: 57-198.

——. 1981. Oxalidaceae extra-austroamericanae IV: *Oxalis* L. sectio *Articulatae* Knuth. Phytologia 50: 130-142.

——. 1983. Oxalidáceas. En R. Reitz (ed.), Fl. Il. Catarinense fasc. OXAL: 1-176.

——. 1984. Ranunculaceae. En M. N. Correa (ed.), Fl. Patagónica, Colecc. Ci. Inst. Nac. Tecnol. Agropecu. 8(4a): 284-322.

——. 1986. Revisión de dos secciones del género *Cuphea* P. Browne (Lythraceae). Phytologia 60: 17-55.

——. 1987. Lythraceae austroamericanae. Addenda et corrigenda II. Sellowia 39: 5-48.
——. 1988a. Celastraceae. En M. N. Correa (ed.), Fl. Patagónica, Colecc. Ci. Inst. Nac. Tecnol. Agropecu. 8(5): 103-109.
——. 1988b. Lythraceae. En M. N. Correa (ed.), Fl. Patagónica, Colecc. Ci. Inst. Nac. Tecnol. Agropecu. 8(5): 249-252.
——. 1988c. Oxalidaceae. En M. N. Correa (ed.), Fl. Patagónica, Colecc. Ci. Inst. Nac. Tecnol. Agropecu. 8(5): 1-29.
——. 1988d. Zygophyllaceae. En M. N. Correa (ed.), Fl. Patagónica, Colecc. Ci. Inst. Nac. Tecnol. Agropecu. 8(5): 50-56.
——. 1991. El género *Montia* (Portulacaceae) en el Hemisferio Austral. Revista Acad. Colomb. Ci. Exact. 18: 41-48.
——. 1994. *Oxalis* L. subgénero *Thamnoxys* (Endl.) Reiche emend. Lourteig. Bradea 7: 1-199.
——. 1995. *Oxalis* L. subgenus *Trifidus* Lourt., n. subgen. Bradea 6: 389-395.
—— & O'Donell, C. A. 1942. Acalypheae Argentinae (Euphorbiaceae). Lilloa 8: 273-333.
—— & ——. 1943. Euphorbiaceae Argentinae. Phyllantheae, Dalechampieae, Cluyteae, Manihoteae. Lilloa 9: 73-173.
—— & ——. 1955. Las Celastráceas de Argentina y Chile. Natura 1: 181-233.
—— & Cuatrecasas, J. 1985. Nomenclatura Plantarum Americanum III. Compositae. Phytologia 58: 475-476.
Lowden, R. M. 1978. Studies on the submerged genus *Ceratophyllum* L. in the neotropics. Aquatic Bot. 4: 127-142.
Lowry, P. P. & Jones, A. G. 1985. Systematics of *Osmorhyza* Raf. (Apiaceae: Apiodeae). Ann. Missouri Bot. Gard. 71: 1128-1171.
Lucena, I. D. 1983. Las especies argentinas de *Leandra*. Lilloa 36: 43-58.
——. 1993. Nyctaginaceae. Flora del Valle de Lerma. Aportes Bot. Salta, sér. Flora 1(24): 1-22.
Luckow, N. A. 1993. Monograph of *Desmanthus* (Leguminosae-Mimosoideae). Syst. Bot. Monogr. 38: 1-166.
Luteyn, J. L. 1995a. *Gaultheria*. Fl. Neotrop. Monogr. 66: 384-488.
——. 1995b. *Pernettya*. Fl. Neotrop. Monogr. 66: 365-383.
Maas, P. J. M., Lubbert, Y. & Westra, L. Y. T. 1992. *Rollinia* (Annonaceae). Fl. Neotrop. Monogr. (57): 1-188.
Macbride, J. F. 1919. Notes on certain Leguminosae. Contr. Gray Herb. 59: 23.
——. 1938. Cruciferae. En J. F. Macbride (ed.), Flora of Peru. Field Mus. Nat. Hist., Bot. Ser. 13(2-3): 937-983.
——. 1943. Leguminosae. Flora of Peru. Field Mus. Nat. Hist., Bot. Ser. 13(3,1): 1-507.
——. 1951. Euphorbiaceae. En J. F. Macbride (ed.), Flora of Peru. Field Mus. Nat. Hist., Bot. Ser. 13(3A, 1): 3-200.
——. 1960. Verbenaceae en F. Perú. Field Mus. Nat. Hist., Bot. Ser. 13(5, 2): 609-721.
MacDougal, J. M. 1994. Revision of *Passiflora* Subgenus *Decaloba* Sec. *Pseudodysosmia* (Passifloraceae). Syst. Bot. Monogr. 41: 1-146.
Macloskie, G. 1905. Leguminosae. En W. B. Scott (ed.), Reports. Princeton Univ. Exped. to Patagonia 1896-1899. 485-531. Schweizerbart, Stuttgart.
——. 1914. Leguminosae. Revision of Flora Patagonica. En W. B. Scott (ed.), Reports. Princeton Univ. Exped. to Patagonia 1896-1899. 154-162. Schweizerbart, Stuttgart.
Malme, G. O. A. 1904. Ueber die Asclepiadaceen-Gattung en *Mitostigma* Decasine und *Amblystigma* Bentham. Ark. Bot. 3: 1-24.
——. 1933. Compositae Paranaenses Dusenianae. Kongl. Svenska Vetenskapsakad. Handl. 12: 1-122.
——. 1936a. Beiträge zur Kenntnis der chilenischen Asclepiadazeen. Ark. Bot. 28B: 1-6.
——. 1936b. Ueber die Gattung *Grisebachiella* Lorentz. Ark. Bot. 28B: 1-4.
Manganaro, N. A. 1917. Adiciones a la Flora platense. Physis (Buenos Aires) 3: 225-226.
't Mannetje, L. 1977. A revision of varieties of *Stylosanthes guianensis* (Aubl.) Sw. Austral. J. Bot. 25: 347-362.
Manning, W. E. 1960. The genus *Juglans* in South America and the West Indies. Brittonia 12: 1-26.
Mansfeld, R. 1959. Vorläufiges Verzeichnis landwirtschaftlich oder gärtnerisch kultivierter Pflanzenarten. Kulturpflanze. Beiheft. 2: 1-659.
Marchesi, E. 1968. Las Piperáceas de Uruguay. Bol. Fac. Agron. Univ. Montevideo 104: 3-12.
——. 1997. Scrophulariaceae en el Uruguay. Agrociencia 1: 60-79.
Maréchal, R. J. J. M. & Baudet, J. 1977. Combinaisons nouvelles dans le genre *Macroptilium* (Benth.) Urb. (Papilionaceae). Bull. Jard. Bot. Nat. Belg. 47: 257-267.
——, Mascherpa, J. M. & Stainier, F. 1978. Etude taxonomique d'un groupe complexe d'especes des genres *Phaseolus* et *Vigna* (Papilionaceae) sur la base de donneés morphologiques et polliniques, traiteés para l'analyse informatique. Boissiera 28: 1-273.
Marques, M. C. M. 1988. Polígalas do Brasil V. Secção *Polygala* (Polygalaceae). Arch. Jar. Bot. Rio de Janeiro 29: 1-114.
Marticorena, C. & Crisci, J. V. 1972. Sobre *Haplopappus scrobiculatus* (Compositae) de Chile y Argentina y su sinonimia. Darwiniana 17: 467-472.
—— & Quezada, M. 1985. Catálogo de la Flora vascular de Chile. Gayana, Bot. 42: 1-157.
—— & ——. 1987. Adiciones a la Flora de Chile. Gayana, Bot. 44: 39-44.
Martínez Crovetto, R. 1946a. Nota taxonómica sobre *Wilbrandia sagittifolia*. Bol. Soc. Argent. Bot. 1: 312-317.
——. 1946b. Observaciones sobre las malezas de los cultivos en el Partido de Balcarce. Revista Argent. Agron. 13: 101-120.

——. 1947. *Halosicyos*, nuevo género de Cucurbitáceas de la flora Argentina. Bol. Soc. Argent. Bot. 2: 84-90.
——. 1949. Las especies argentinas del género *Melothria* (Cucurbitaceae). Darwiniana 8: 496-518.
——. 1950a. Nueva especie de *Pteropepon* (Cucurbitaceae) en la República Argentina. Bol. Soc. Argent. Bot. 3: 174-176.
——. 1950b. Una nueva especie de *Melothria* (Cucurbitaceae) de la flora Argentina. Bol. Soc. Argent. Bot. 3: 98-101.
——. 1952. El género *Pteropepon* (Cucurbitaceae) en la República Argentina. Bol. Soc. Argent. Bot. 4: 177-182.
——. 1954a. Especies nuevas o críticas del género *Apodanthera* (Cucurbitaceae) I. Notul. Syst. 15: 44-47.
——. 1954b. Synopsis des Cucurbitacées de l Uruguay. Notul. Syst. 15: 47-55.
——. 1955. Un nuevo *Sicyos* (Cucurbitaceae) de la Argentina. Lilloa 27: 305-307.
——. 1960. Revisión crítica del género *Wilbrandia* (Cucurbitaceae). Darwiniana 12: 17-42.
——. 1964a. Las especies argentinas del género *Sicyos* (Cucurbitaceae). Bonplandia (Corrientes) 1: 335-362.
——. 1964b. Una nueva especie de *Manihot* (Euphorbiaceae) de la flora Argentina. Bonplandia (Corrientes) 1: 273-277.
——. 1965. Cucurbitaceae. En A. L. Cabrera (ed.), Fl. Prov. Buenos Aires, Colecc. Ci. Inst. Nac. Tecnol. Agropecu. 4(5a): 390-407.
——. 1967. Catálogo preliminar de las Caryophyllaceae de la Argentina y del Uruguay. Bonplandia (Corrientes) 2: 187-264.
——. 1968. Notas sobre Cucurbitaceae de la flora Argentina. Bonplandia (Corrientes) 3(1): 1-7.
——. 1974. Cucurbitaceae. En A. Burkart (ed.), Fl. Il. Entre Ríos, Colecc. Ci. Inst. Nac. Tecnol. Agropecu. 6(6a): 63-94.
——. 1977. Notas sobre fanerógamas de la flora Argentina. Bonplandia (Corrientes) 5: 1-6.
——. 1978. Una nueva especie de *Nicotiana* de la flora Argentina. Bonplandia (Corrientes) 5: 7-10.
——. 1981. Las plantas utilizadas en medicina popular en el noroeste de Corrientes (República Argentina). Misc. Fund. Miguel Lillo 69: 7-139.
Martínez, S. 1989. El género *Azorella* (Apiaceae-Hydrocotyloideae) en la Argentina. Darwiniana 29: 139-178.
——. Inéd. Umbelliferae. En R. Kiesling (ed.), Fl. San Juan.
Martínez-Laborde, J. B. 1983a. Revisión de las Monimiaceae Austroamericanas. Parodiana 2: 1-24.
——. 1983b. Revisión de las Monimiaceae Austroamericanas. Addenda. Parodiana 2: 297-305.
——. 1985. Sinopsis preliminar del género *Rorippa* (Cruciferae) en la Argentina. Parodiana 3: 269-305.
——. 1992. Una nueva especie de *Halimolobos* (Cruciferae) de la provincia de San Juan (Argentina). Hickenia 2: 63-65.
Martius, C. F. P. S. 1826. Beitrag zur Kenntniss der Natürlichen Familie der Amarantaceen 211-322. C. Martius, Alemania.
Marzocca, A. 1976. Verbenáceas. Manual de Malezas. 3 ed. 383-388. Hemisferio Sur, Buenos Aires.
Mathias, M. E. & Constance, L. 1952. New South American Umbelliferae. Bull. Torrey Bot. Club 79: 359-370.
—— & ——. 1955. The genus *Oreomyrrhis* (Umbelliferae). A problem in South Pacific distribution. Univ. Calif. Publ. Bot. 27: 347-416.
—— & ——. 1962. A revision of *Asteriscium* and some related Hydrocotyloid Umbelliferae. Univ. Calif. Publ. Bot. 33: 99-184.
—— & ——. 1965. A revision of the genus *Bowlesia* Ruiz & Pav. (Umbelliferae-Hydrocotyloideae) and its relatives. Univ. Calif. Publ. Bot. 38: 1-73.
—— & ——. 1971a. A first revision of *Huanaca* (Umbelliferae-Hydrocotyloideae). Kurtziana 6: 7-23.
—— & ——. 1971b. New taxa and new combinations in the Umbelliferae of Santa Catarina, Brasil. Sellowia 23: 45-51.
—— & ——. 1975. A re-assessment of the South American Umbellifer *Hydrocotyle filipes* Mathias. Bol. Soc. Argent. Bot. 16: 249-254.
—— & Theobald, W. L. 1981. A revision of the genus *Hyperbaena* (Menispermaceae). Brittonia 33: 81-104.
——, Constance, L. & Araujo, D. 1972. Umbelliferae. En P. R. Reitz (ed.), Fl. Il. Catarinense fasc. UMBE: 1-205.
Mattfeld, J. 1922. Revision der Gattung *Pycnophyllum* Remy. Repert. Spec. Nov. Regni Veg. 18: 167-179.
Matthei, O. R. 1995. Manual de las malezas que crecen en Chile 1-545. Alfabeta Impresores. Santiago.
—— & Marticorena, C. 1990. Malezas de la familia Asteraceae nuevas para la flora de Chile. Gayana, Bot. 47: 57-63.
—— & Quezada, M. 1992. Nuevas especies para la flora advena de Chile. Gayana, Bot. 49: 35-42.
Mattos, J. R. 1983. Myrtaceae do Rio Grande do Sul. Roessleria 5: 169-359.
——. 1995. Novidades taxonómicas em Myrtaceae. IX. Loefgrenia 105: 1-3.
——, Silveira, N. J. E. & Guadagnin, M. R. 1986. Contribução ao conhecimiento da Flora do Parque da Femaca de Veranopolis, R.S. Loefgrenia 89: 1-8.
McClintock, E. 1957. A monograph of the genus *Hydrangea*. Proc. Calif. Acad. Sci. Ser. 4, 29: 147-255.
McClintock, E. M. & Epling, C. C. 1946. A revision of *Teucrium* in the New World, with observations on its variation, geographical distribution and history. Brittonia 5: 491-510.
McNeill, J. 1975. A generic revision of Portulacaceae tribe Montieae using techniques of numerical taxonomy. Canad. J. Bot. 53: 789-809.
McVaugh, R. 1940. Rosaceae. En H. N. Moldenke (ed.), Contributions to the flora of extra-tropical South America. Lilloa 5: 361-362.
——. 1941. A monograph on the genus *Downingia*. Bull. Torrey Bot. Club 19: 1-57.

Mears, J. A. 1967. Revision of *Guilleminea* (Brayulinea) including *Gossypianthus* (Amaranthaceae). Sida 3: 137-157.
——. 1977. The nomenclature and type collections of the widespread species of *Alternanthera* (Amaranthaceae). Proc. Acad. Nat. Sci. Philadelphia 129: 1-21.
——. 1980. The Linnean species of *Gomphrena* L. (Amaranthaceae). Taxon 29: 85-95.
——. 1982. A summary of *Blutaparon* Rafinesque including species earlier known as *Philoxerus* R. Brown. Taxon 31: 111-117.
Meeuse, A. D. J. 1958. The possible origin of *Cucumis anguria* L. Blumea 4 (Suppl.): 196-205.
——. 1962. The Cucurbitaceae of Southern Africa. Bothalia 8: 1-111.
Meikle, R. B. 1976. *Calendula*. En T. G. Tutin, V. H. Heywood, N. A. Burges, D. M. Moore, D. H. Valentine, S. M. Walters & D. A. Webb (eds.), Fl. Europea 4: 206-207.
Melville, R. 1958. Notes on *Alternanthera*. Kew Bull. 13: 171-175.
Meregalli, M. 1985. Il genere *Gymnocalycium* Pfeiffer. Piante Grasse 5: 5-63.
Mereles, F. 1989. Bixaceae. En R. Spichiger (ed.), Fl. Paraguay 13: 6-9.
Mesquita, A. L. 1990. Revisão taxonômica do gênero *Enterolobium* Mart. (Mimosoideae) para a região neotropical. M.S. Thesis, Univ. Fed. Rural de Pernambuco. 1-222.
Metzing, D., Meregalli, M. & Kiesling, R. 1995. An annotated checklist of the genus *Gymnocalycium* Pfeiffer ex Mittler (Cactaceae). Allionia 33: 181-228.
Meyer, T. 1938. Arboles indígenas de frutos comestibles del Noroeste Argentino. Lilloa 3: 233-242.
——. 1942. Revisión de las especies argentinas del género *Mitostigma* (Asclepiadaceae). Lilloa 8: 5-36.
——. 1943a. Las especies argentinas de los géneros *Funastrum* y *Philibertia* (Asclepiadaceae). Lilloa 9: 423-456.
——. 1943b. Revisión de las especies argentinas del género *Oxypetalum* (Asclepiadaceae). Lilloa 9: 5-72.
——. 1944. Asclepiadaceae. En H. R. Descole (ed.), Gen. Sp. Pl. Arg. 2: 1-273.
——. 1947a. Asclepiadaceae Argentinensis novae aut criticae III. Lilloa 13: 24-29.
——. 1947b. Las Sapotáceas Argentinas. Lilloa 13: 97-124.
——. 1950a. Asclepiadaceae Argentinensis novae aut criticae IV. Lilloa 23: 49-60.
——. 1950b. Una nueva especie del género *Cynanchum* (Asclepiadaceae). Bol. Soc. Argent. Bot. 3: 74-76.
——. 1957a. Dos árboles nuevos para la Flora Argentina. Bol. Soc. Argent. Bot. 7: 12-16.
——. 1957b. Las especies de *Menodora* (Oleaceae) de Argentina, Bolivia, Paraguay y Uruguay. Lilloa 28: 209-245.
——. 1957c. Revisión de las Sapotáceas Argentinas. Revista Agron. Noroeste Argent. 2: 261-294.
——. 1963. Estudios sobre la selva tucumana. La selva de Mirtáceas de "Las Pavas." Opera Lilloana 10: 1-144.
——. 1968. Arboles nuevos o notables del noroeste argentino. Lilloa 33: 5-40.
——. 1970. Asclepiadaceae Argentinenses novae aut criticae V. Lilloa 33: 69-84.
——. 1977a. Asclepiadaceae. En T. Meyer et al. (eds.), Fl. Il. Prov. Tucumán 1: 139-271.
——. 1977b. Sapotaceae. En T. Meyer et al. (eds.). Fl. Il. Prov. Tucumán 1: 71-79.
——. 1977c. Oleaceae. En T. Meyer et al. (eds.). Fl. Il. Prov. Tucumán 1: 86-89.
—— & Bacigalupo, N. M. 1979. Asclepiadaceae. En A. Burkart (ed.), Fl. Il. Entre Ríos, Colecc. Ci. Inst. Nac. Tecnol. Agropecu. 6(5a): 103-147.
—— & Barkley, F. A. 1933. Revisión del género *Schinopsis* (Anacardiaceae). Lilloa 33: 207-258.
—— & Legname, P. R. 1962. Las Hipocrateáceas Argentinas. Lilloa 31: 229-244.
——, Villa Carenzo, M. & Legname, P. R. 1977. Flora Ilustrada de la provincia de Tucumán. Fundación M. Lillo 1: 1-305.
Mez, C. C. 1889. Lauraceae Americanae. Jahrb. Königl. Bot. Gart. Berlin 5: 1-556.
——. 1892. Spicilegium Laureanum. Arbeiten Königl. Bot. Gart. Breslau 1: 71-166.
Middleton, D. J. & Wilcox, C. C. 1990. A critical examination of the status of *Pernettya* as a genus distinct from *Gaultheria*. Edinburgh J. Bot. 47: 291-301.
Miers, J. 1864. On a new species of *Boussingaultia*. J. Bot. 2: 161-162.
Milano, V. A. & Molinari, E. 1961. Las especies del género *Fraxinus* cultivadas en la República Argentina. Revista Invest. Agríc. 15: 409-441.
—— & ——. 1974. Las Campanuláceas Chaqueñas. Notas Preliminares para la Flora Chaqueña (Formosa, Chaco y Santiago del Estero). Ministerio de Agricultura y Ganadería de la Nación (INTA) 7: 21-31.
Mildner, R. & Rogers, C. M. 1972. New names and a new combination in South American *Linum* (Linaceae). Phytologia 23: 439.
Millán, R. 1941. Revisión de las especies del género *Nierembergia* (Solanaceae). Darwiniana 5: 487-547.
——. 1946. Nuevo mate del Uruguay (*Lagenaria siceraria* var. *laevisperma*). Darwiniana 7: 194-197.
Miller, G N. 1955. The genus *Fraxinus*, the Ashes, in North America, North of Mexico. Cornell Univ. Agric. Exp. Sta. Mem. 335: 1-64.
Miller, N. G. 1970. The genera of the Cannabaceae in the Southeastern United States. J. Arnold Arbor. 51: 185-203.

Miotto, S. 1986. O gênero *Camptosema* Hook. et Arn. (Leguminosae-Faboideae) no Rio Grande do Sul, Brasil. Iheringia, Bot. 34: 136.
Mohlenbrock, R. H. 1957. A revision of the genus *Stylosanthes*. Ann. Missouri Bot. Gard. 44: 299-355.
——. 1961. A monograph of the Leguminous genus *Zornia*. Webbia 16: 1-141.
Molau, U. 1988. Scrophulariaceae. Part I. Calceolarieae. Fl. Neotrop. Monogr. 47: 1-326.
——. 1990. The genus *Bartsia* (Scrophulariaceae-Rhinathoideae). Opera Bot. 102: 1-99.
Moldenke, H. N. 1936. Notes on the genera *Basistemon* Turcz., *Hassleropsis* Chod. and *Saccanthus* Herzog. Bull. Torrey Bot. Club 63: 345-349.
——. 1937. A monograph of the genus *Rhaphithamnus*. Feddes Repert. 42: 62-82.
——. 1940a. Additional notes on the "Menispermaceae." Lilloa 5: 231-255.
——. 1940b. Contributions to the flora of extra-tropical South America. I. Verbenaceae. Lilloa 5: 369-432.
——. 1943. Contributions to the flora of extra-tropical South America. IV. Verbenaceae. Lilloa 8: 411-432.
——. 1944a. Contributions to the flora of extra-tropical South America. VI. Verbenaceae. Lilloa 10: 363-385.
——. 1944b. Contributions to the flora of extra-tropical South America. V. Verbenaceae. Lilloa 10: 285-362.
——. 1945. Contributions to the Flora of Extra-Tropical South America. VII. Lilloa 11: 189-260.
——. 1946a. Contributions to the flora of extra-tropical South America IX. Verbenaceae. Lilloa 12: 139-172.
——. 1946b. Nomenclatural notes III. Phytologia 2: 129-151.
——. 1947a. Notes on new and noteworthy plants. II. Phytologia 2: 306-324.
——. 1947b. The known geographic distribution of the members of the Verbenaceae and Ancenniaceae. Phytologia 2: 325-352.
——. 1948a. Contributions to the flora of extra-tropical South America. XI. Verbenaceae. Lilloa 14: 11-65.
——. 1948b. Notes on new and noteworthy plants. IV. Phytologia 2: 408-428.
——. 1948c. Notes on new and noteworthy plants. V. Phytologia 2: 464-477.
——. 1950. Notes on new and noteworthy plants. XI. Phytologia 3: 307-320.
——. 1954. The known geographic distribution of the members of the Verbenaceae, Avicenniaceae, Stilbaceae, Symphoremaceae, and Eriocaulaceae. Phytologia 5, Suppl. 13: 94-104.
——. 1955. Notes on new and noteworthy plants. XX. Phytologia 5: 225-230.
——. 1960. The genus *Parodianthus*. Phytologia 7: 244-247.
——. 1963. Materials toward a monograph of the genus *Verbena*. XIII. Phytologia 9: 267-336.
——. 1964. Materials toward a monograph of the genus *Verbena*. XVII. Phytologia 10: 56-88.
——. 1965. Materials toward a monograph of the genus *Verbena*. XXVII. Phytologia 11: 290-357.
——. 1972. Seven undescribed subspecific taxa in the Eriocaulaceae and Verbenaceae. Phytologia 23: 453-454.
——. 1974. Notes on new and noteworthy plants. LXIX. Phytologia 28: 401-404.
——. 1977a. Additional notes on the genus *Verbena*. XXIV. Phytologia 36: 117-158.
——. 1977b. Additional notes on the genus *Verbena*. XXVI. Phytologia 36: 274-308.
——. 1979. Notes on new and noteworthy plants. CXXIX. Phytologia 44: 215-216.
——. 1980a. A sixth summary of the Verbenaceae , Avicenniaceae, Stilbaceae, Chloanthaceae, Symphoremaceae, Nyctanthaceae and Eriocaulaceae of the world as to valid taxa, geographic distribution and synonymy. Phytologia Mem. 2: 1-629.
——. 1980b. Additional notes on the genus *Lampaya*. Phytologia 45: 336-338.
——. 1980c. Materials toward a monograph of the genus *Lampaya*. Phytologia 45: 280-282.
——. 1981. Notes on new and noteworthy plants. CXLVIII. Phytologia 49: 58.
——. 1982. A sixth summary of the Verbenaceae, Avicenniaceae, Stilbaceae, Chloanthaceae, Symphoremaceae, Nyctanthaceae, and Eriocaulaceae of the world as to valid taxa, geographic distribution and synonymy. Supplement I. Phytologia 50: 233-270.
——. 1984. Notes on new and noteworthy plants. CLXXIV. Phytologia 55: 232-234.
Molero, J. 1985. Ranunculaceae. En R. Spichiger & G. Bocquet (eds.), Fl. Paraguay 3:7-25.
Molfino, J. F. 1922. Notas botánicas (primera serie). Physis (Buenos Aires) 6: 128-154.
——. 1923a. Nota sobre las especies argentinas del género *Luehea* Willd. Comun. Mus. Nac. Hist. Nat. Bernardino Rivadavia 2: 53-60.
——. 1923b. Notas botánicas (segunda serie). Physis (Buenos Aires) 7: 89-105.
——. 1924. Notas botánicas (tercera serie). Physis (Buenos Aires) 7: 168-183.
——. 1925a. Flora Fanerogámica adventicia de la Argentina. Anales Mus. Nac. Hist. Nat. Buenos Aires 34: 89-119.
——. 1925b. Notas botánicas (cuarta serie). Physis (Buenos Aires) 8: 218-227.
——. 1926a. Adiciones a la Flora Fanerogámica Adventicia de la Argentina. Anales Mus. Nac. Hist. Nat. Buenos Aires 34: 89-119.
——. 1926b. Notas botánicas (quinta serie). Physis (Buenos Aires) 8: 349-360.

——. 1928. Notas botánicas (sexta serie). Physis (Buenos Aires) 9: 77-93.
——. 1929. Una nueva especie de *Agonandra*. Anales Soc. Ci. Argent. 108: 139-142.
Molina, A. M. 1978. El género *Gunnera* en la Argentina y el Uruguay (Gunneraceae). Darwiniana 21: 473-489.
——. 1988a. Gunneraceae. En M. N. Correa (ed.), Fl. Patagónica, Colecc. Ci. Inst. Nac. Tecnol. Agropecu. 8(5): 301-304.
——. 1988b. Hippuridaceae. En M. N. Correa (ed.), Fl. Patagónica, Colecc. Ci. Inst. Nac. Tecnol. Agropecu. 8(5): 305.
Monachino, J. V. 1946. Rutaceae. En H.N. Moldenke (ed.), The Flora of extra-tropical South America. Lilloa 12: 137.
Monro, A. K. & P. J. Stafford. 1998. A synopsis of the genus *Echinopepon* (Cucurbitaceae: Sicyeae), including three new taxa. Ann. Missouri Bot. Gard. 85: 257-272.
Montani, R. G. 1969a. *Ballota nigra* L. espontánea en la ciudad de Buenos Aires. Revista Inst. Munic. Bot. 3: 97.
——. 1969b. El manzano naturalizado en la Argentina. Revista Inst. Munic. Bot. 3: 13-24.
Monteiro, H. C. 1949a. As especies argentinas, brasileiras e uruguayas da secção *Malvinda* do genero *Sida* (Malvaceae). Lilloa 17: 501-522.
——. 1949b. *Malvaceas krapovickasianas* do genero *Sida*. Lilloa 17: 523-527.
Montes, L., Cerono, J. C. & Nuciari, M. 1993. *Bidens aurea* (Asteraceae: Heliantheae): Adventive cytotypes in Argentina. Phytologia 75: 192-198.
Monticelli, J. V. 1938. Anotaciones Fitogeograficas de la Pampa Central. Lilloa 3: 251-382.
Moore, D. M. 1963. The subspecies of *Montia fontana* L. Bot. Not. 116: 16-30.
——. 1967. Further records for the vascular flora of the Falkland Islands. Bot. Not. 120: 17-25.
——. 1968. The vascular flora of the Falkland Islands. Sci. Rep. Brit. Antarc. Surv. 60: 1-202.
——. 1969. *Saxifragodes*, a new genus of Saxifragaceae from Tierra del Fuego. Bot. Not. 122: 322-329.
——. 1970. Additions to the Vascular Flora of Tierra del Fuego. Bol. Soc. Argent. Bot. 13: 1-9.
——. 1974. Catálogo de las plantas vasculares nativas de Tierra del Fuego. Anales Inst. Patagonia 5: 105-121.
——. 1983. Flora of Tierra del Fuego 1-396. A. Nelson-Missouri Botanical Garden, England-USA.
—— & Goodall, R. N. 1977. La flora adventicia de Tierra del Fuego. Anales Inst. Patagonia 8: 263-274.
—— & Lewis, H. F. 1965. Las sub-especies de *Clarkia tenella*. Bol. Soc. Argent. Bot. 10: 332-340.
—— & Raven, P. H. 1970. Cytogenetics, distribution, and amphitropical affinities of South American *Camissonia* (Onagraceae). Evolution 24: 816-823.
—— & Scotter, B. 1976. *Vicia* L. in Tierra del Fuego. Darwiniana 20: 371-386.
——, Harborne, J. B. & Williams, C. A. 1970. Chemotaxonomy, variation and geographical distribution of the Empetraceae. Bot. J. Linn. Soc. 63: 277-293.
Moore, H. E. 1953. Some notes on cultivated Elaeocarpaceae. Baileya 1: 112-114.
Moore, R. J. & Frankton, C. 1974. The thistles of Canada. Res. Branch, Dept. Agric. Monogr. 10: 1-111.
Moquin-Tandon, A. 1849. Amaranthaceae. En A. De Candolle (ed.), Prodromus 13: 231-458.
Mora-Osejo, L. E. 1978. Nuevas especies de *Gunnera* L. del Neotrópico II. Mutisia 45: 1-11.
Moraes, M. R. 1993. Flacourtiaceae. En T. J. Killeen, E. García E. & S. G. Beck (eds.), Guía de Arboles de Bolivia: 315-327. Herbario Nacional de Bolivia & Missouri Botanical Garden.
Morefield, J. D. 1992. Notes on the status of *Psilocarpus berteri* (Asteraceae: Inuleae). Madroño 39: 155-157.
Morton, C. V. 1976. A revision of the Argentine species of *Solanum*. Academia Nacional de Ciencias de Córdoba 9-260.
Movia, C. & Rotman, A. D. 1988. Myrtaceae. En M. N. Correa (ed.), Fl. Patagónica, Colecc. Ci. Inst. Nac. Tecnol. Agropecu. 8(5): 253-269.
Mueller Argoviensis, J. 1873. Euphorbiaceae. En C. Martius (ed.), Fl. Bras. 2(2): 82-274.
Múlgura, M. E. 1971. *Antirrhinum orontium* Linneo, Escrofulariácea adventicia nueva para la flora argentina. Darwiniana 16: 797-800.
——. 1973. Sinopsis de las especies de *Oxalis* L. de la Mesopotamia Argentina. Darwiniana 18: 44-69.
——. 1974. *Azara alpina* Poepp. et Endl., Flacourtiácea nueva para la flora argentina. Darwiniana 18: 564-565.
——. 1978. Revisión de las Vitáceas de la Argentina. Darwiniana 21: 3-26.
——. 1979. Cuscutaceae. En A. Burkart (ed.), Fl. Il. Entre Ríos, Colecc. Ci. Inst. Nac. Tecnol. Agropecu. 6(5a): 195-203.
——. 1981a. Contribuciones al estudio del género *Atriplex* (Chenopodiaceae) en la Argentina, I. Darwiniana 23: 119-150.
——. 1981b. Dos especies de *Heteropteris* (Malpighiaceae) nuevas para la flora argentina. Darwiniana 23: 311-315.
——. 1982. Contribuciones al estudio del género *Atriplex* (Chenopodiaceae) en la Argentina, II. Las especies adventicias. Darwiniana 24: 49-68.
——. 1984. Contribuciones al estudio del género *Atriplex* (Chenopodiaceae) en la Argentina, III. Darwiniana 25: 235-253.
——. 1987a. Lauraceae. En N. S.Troncoso & N. M. Bacigalupo (eds.), Fl. Il. Entre Ríos, Colecc. Ci. Inst. Nac. Tecnol. Agropecu. 6(3a): 330-337.
——. 1987b. Nyctaginaceae. En N. S. Troncoso & N. M. Bacigalupo (eds.), Fl. Il. Entre Ríos, Colecc. Ci. Inst. Nac. Tecnol. Agropecu. 6(3a): 204-209.
——. 1988. Anacardiaceae. En M. N. Correa (ed.), Fl. Patagónica, Colecc. Ci. Inst. Nac. Tecnol. Agropecu. 8(5): 96-102.

——. 1991. Sinopsis del género *Tragia* L. (Euphorbiaceae) del Paraguay. En R. Spichiger & L. Ramella (eds.), Notulae ad Floram Paraguariensem. Candollea 46: 521-532.
——. 1994a. Chenopodiaceae. En R. Kiesling (ed.), Fl. San Juan 1: 86-109.
——. 1994b. Malpighiaceae. En R. L. Pérez-Moreau (ed.), Fl. Chaqueña, Colecc. Ci. Inst. Nac. Tecnol. Agropecu. 10: 1-28.
——. 1994c. Nyctaginaceae. En R. Kiesling (ed.), Fl. San Juan 1: 137-141.
——. 1996. Vitaceae. En A. T. Hunziker (ed.), Flora Fanerogámica Argentina 23: 1-7.
—— & Fortunato, R. H. 1986. *Polygala lancifolia* (Polygalaceae), nueva cita para la Flora Argentina. Darwiniana 27: 565-568.
—— & Gutiérrez de Sanguinetti, M. M. 1989. Actualización taxonómica de *Tragia* (Euphorbiaceae) para Argentina y regiones limítrofes. Darwiniana 29: 77-138.
—— & Salimena-Pires, F. R. 1997. Nuevos sinónimos de *Lippia lasiocalycina* (Verbenaceae). Hickenia 2: 249-250.
Muñoz, J. D. 1990. Anacardiaceae. En R. Spichiger & L. Ramella (eds.), Fl. Paraguay 14: 7-84.
——. 1995. Descripción y evaluación de registros nuevos o de interés en la flora de la Provincia de Entre Ríos (Argentina). Parte I. Cien. Doc. y Tecnología. 10: 9-36.
——. 1996. Nuevos registros en la Flora de Entre Ríos. Cien. Doc. y Tecnología. 11: 9-38.
——. Inéd. Anacardiaceae. En A. T. Hunziker (ed.), Flora Fanerogámica Argentina.
Muñoz-Pizarro, C. 1959. Sinopsis de la flora chilena. Claves para la identificación de familias y géneros. Imp. Universitaria, Santiago.
Muñoz-Schick, M. 1996. Revisión del género *Cristaria* (Malvaceae) en Chile. Bol. Mus. Nac. Hist. Nat. 45: 45-110.
—— & Prina, A. O. 1987. Nota aclaratoria sobre especies colectadas por Federico Philippi en su viaje a Tarapacá. Notic. Mens. Mus. Nac. Hist. Nat. 313: 2-17.
Munz, P. A. 1933. Las Onagráceas de la Argentina. Physis (Buenos Aires) 11: 266-292.
——. 1942. Studies in Onagraceae XII. A revision of the New World species of *Jussiaea*. Darwiniana 4: 179-284.
Murphy, H. 1986. A revision of the genus *Fischeria* (Asclepiadaceae). Syst. Bot. 11: 229-241.
Muruaga, N. B., del Valle Bulacio, E. & Stanis, A. C. 1995. Sobre la presencia de *Blainvillea biaristata* y *Enhydra anagallis* (Asteraceae) en la provincia de Tucumán (Argentina). Lilloa 38: 175-176.
Myint, T. & Ward, D. B. 1968. A taxonomic revision of the genus *Bonamia* (Convolvulaceae). Phytologia 17: 121-239.
Nájera, M., Galdeano, H. L. & Escalante, M. G. 1972. Las variedades argentinas de *Fagara rhoifolia* (Lam.) Engl. (Rutaceae). Bol. Soc. Argent. Bot. 14: 235-245.
Navarro, G. 1993. Vegetación de Bolivia: el Altiplano meridional. Rivasgodaya 7: 69-98.
Navas, E. 1963. Estudio sobre las Parietarias de Chile. Rev. Univ. Católica de Chile 48: 9-17.
Negritto, M. A. & Anton, A. M. 1996. Haloragaceae. En A. T. Hunziker (ed.), Flora Fanerogámica Argentina 27: 1-4.
Neher, R. T. 1965. Monograph of the genus *Tagetes* (Compositae). 306 pp. Ph.D. Thesis, University of Indiana.
Nesom, G. L. 1990a. Taxonomic status of *Gamochaeta* (Asteraceae-Inuleae) and the species of the United States. Phytologia 68: 186-198.
——. 1990b. Taxonomy of the genus *Laennecia* (Asteraceae: Astereae). Phytologia 68: 205-228.
——. 1993a. Synopsis of *Parastrephia* (Asteraceae: Astereae). Phytologia 75: 347-357.
——. 1993b. Taxonomic status of *Nardophyllum scoparium* (Asteraceae: Astereae) with observations on the definition of *Nardophyllun*. Phytologia 75: 358-365.
——. 1994a. *Apopyros* (Asteraceae: Astereae), a new genus from southern Brazil, Argentina and Paraguay. Phytologia 76: 176-184.
——. 1994b. Taxonomic overview of *Podocoma* (Asteraceae-Astereae) with the incorporation of two species from Conyza. Phytologia 76: 106-114.
——. 1994c. Review of the taxonomy of *Aster* sensu lato (Asteraceae, Astereae), emphasizing the new world species. Phytologia 76: 141-297.
——. 1994d. A separation of *Neja* (Asteraceae: Astereae) from *Hysterionica*. Phytologia 76: 168-175.
Nevling, L. I. 1959. A revision of the genus *Daphnopsis*. Ann. Missouri Bot. Gard. 46: 257-358.
——. 1964. Note on the genus *Ovidia*. Darwiniana 13: 72-86.
Nicolson, D. H. 1975. *Emilia fosbergii*, a new species. Phytologia 3: 33-34.
——. 1978. Illegitimate "basionyms" impact on priority and author citation on rise of *Desmodium incanum* and fall of *D. canum* (Fabaceae). Taxon 27: 365-370.
Nicora, E. G. 1944. Rehabilitación del género de Malpigiáceas *Gallardoa* Hicken. Darwiniana 6: 499-504.
——. 1961. El género *Scleranthus* en Argentina. Revista Argent. Agron. 28: 18-21.
—— & Rúgolo de Agrasar, Z. E. 1997. Dos nuevas citas para la flora argentina: *Gastridium ventricosum* (Gramineae) y *Dianthus armeria* (Caryophyllaceae). Hickenia 2: 236-240.
Niedenzu, F. 1928. Malpighiaceae. En A. Engler (ed.), Pflanzenr. 4(141) Hefte 91, 93-94: 1-870.

Niederlein, G. 1890. Resultados botánicos de exploraciones hechas en Misiones, Corrientes y paises limítrofes desde 1883 hasta 1888. Bol. Mus. Product. Argentinos. 31: 1-79.
Nilsson, O. E. G. 1967. Studies in *Montia* L. and *Claytonia* L. and allied genera. III Pollen morphology. Grana Palynol. 7: 280-363.
Nogueira, I. M. S. 1993. *Malcomia*. En S. Castroviejo et al. (eds.), Fl. Ibérica 4: 80-84.
Nordenstam, B. 1976. Re-classification of *Chrysanthemun* L. in South Africa. Bot. Not. 129: 137-165.
——. 1977. *Scyphopapppus* B. Nord. is *Argyranthemum* Webb. ex Sch. Bip. (Compositae-Anthemideae). Bot. Not. 129: 427-428.
——. 1985. *Acrisione* (Compositae-Senecioneae) a new cacalioid genus from Chile. Bot. Jahrb. Syst. 107: 581-589.
Norman, C. 1931. Notes from the British Museum Herbarium. J. Bot. 69: 100.
Norman, E. M. & Ariza Espinar, L. 1995. Buddlejaceae. En A. T. Hunziker (ed.), Flora Fanerogámica Argentina 10: 1-14.
Norverto, C. A. & Pérez-Moreau, R. L. 1990. Una nueva variedad de *Bredemeyera microphylla* (Polygalaceae). Bol. Soc. Argent. Bot. 26: 231-233.
Novara, L. J. 1992. Tiliaceae. Flora del Valle de Lerma. Aportes Bot. Salta, sér. Flora 1(9): 1-8.
——. 1993a. Achatocarpaceae. Flora del Valle de Lerma. Aportes Bot. Salta, sér. Flora 2(7): 1-5.
——. 1993b. Araliaceae. Flora del Valle de Lerma. Aportes Bot. Salta, sér. Flora 1(19): 1-8.
——. 1993c. Asteraceae, Cardueae. Flora del Valle de Lerma. Aportes Bot. Salta, sér. Flora 2(2): 1-13.
——. 1993d. Rosaceae. Flora del Valle de Lerma. Aportes Bot. Salta, sér. Flora 2(11): 1-44.
——. 1994. Oleaceae. Flora del Valle de Lerma. Aportes Bot. Salta, sér. Flora 2(15): 1-11.
——. 1996. Violaceae. Flora del Valle de Lerma. Aportes Bot. Salta, sér. Flora 4(10): 7.
——. 1998. Piperaceae. Flora del Valle de Lerma. Aportes Bot. Salta, sér. Flora 5(1): 1-24.
—— & Juárez de Varela, F. C. 1997. Scrophulariaceae. Flora del Valle de Lerma. Aportes Bot. Salta, sér. Flora 4(22): 1-64.
—— & Múlgura, M. E. 1992. Vitaceae. Flora del Valle de Lerma. Aportes Bot. Salta, sér. Flora 1(10): 1-11.
Nowacki, E. K. & Dunn, D. B. 1964. Shrubby California lupines and relationships suggested by alkaloidal content. Genet. Polon. 5: 47-56.
Nowicke, J. W. 1969. Palyotaxonomic study of the Phytolaccaceae. Ann. Missouri Bot. Gard. 55: 294-364.
O'Donell, C. A. 1939. Las especies argentinas del género *Merremia*. Lilloa 5: 35-64.
——. 1941. Revisión de las especies americanas de *Merremia* (Convolvulaceae). Lilloa 6: 467-554.
——. 1948. Convolvuláceas argentinas y paraguayas nuevas o críticas. Lilloa 14: 169-192.
——. 1950a. Convolvuláceas americanas nuevas o críticas. II. Lilloa 23: 457-509.
——. 1950b. Una nueva especie de *Jacquemontia* (Convolvulaceae). Bol. Soc. Argent. Bot. 3: 88-91.
——. 1950c. Convolvuláceas americanas nuevas o críticas. I. Lilloa 23: 421-456.
——. 1952a. Convolvuláceas americanas nuevas o críticas. III. Arq. Mus. Paranaense 9: 207-244.
——. 1952b. Nota sobre *Ipomoea fistulosa* Martius ex Choisy. Bol. Soc. Argent. Bot. 4: 175-176.
——. 1953a. Convolvuláceas americanas nuevas o críticas. IV. Lilloa 26: 353-400.
——. 1953b. Una nueva Convolvulácea sudamericana. Bol. Soc. Argent. Bot. 4: 260-263.
——. 1953c. Un nuevo género de Convolvuláceas: *Iseia*. Bol. Soc. Argent. Bot. 5: 75-80.
——. 1959a. Las especies americanas de *Ipomoea* L. sect. *Quamoclit* (Moench) Griseb. Lilloa 29: 19-86.
——. 1959b. Convolvuláceas argentinas. Lilloa 29: 87-348.
——. 1960. Convolvuláceas argentinas. II. Lilloa 30: 5-37.
—— & Lourteig, A. 1942a. Chozophoreae argentinae. Lilloa 8: 37-81.
—— & ——. 1942b. Hippomaneae argentinae (Euphorbiaceae). Lilloa 8: 545-592.
—— & ——. 1943. Malpighiaceae argentinae. Lilloa 9: 221-316.
Oehme, H. 1941. Der Fomenkreis des *Gymnocalycium bruchii* (Speg.) Hosseus baw. *Gymnocalycium lafaldense* Vpl. Cactaceae (Berlin) 7: 26-31.
Olsen, J. S. 1985. Synopsis of *Verbesina* sect. *Ochractinia* (Asteraceae). Pl. Syst. Evol. 149: 47-63.
Ooststroom, S. J. 1934. A monograph of the genus *Evolvulus*. Meded. Bot. Mus. Herb. Rijks Univ. Utrecht 14: 1-267.
Orchard, A. E. 1981. A revision of South American *Myriophyllum* (Haloragaceae), and its repercussions on some Australian and North American species. Brunonia 4: 27-65.
Orfila, E. 1973. Las "canchalaguas" de la flora medicinal argentina. Revista Fac. Agron. Veterin. 49: 119-125.
——. 1977. Sinopsis de las Misodendraceae de la Argentina y Chile. Revista Fac. Agron. Univ. Nac. La Plata 52: 37-62.
Ørgaard, M. 1991. The genus *Cabomba* (Cabombaceae)–a taxonomic study. Nordic J. Bot. 11: 179-203.
Ornduff, R. 1966. A biosystematic survey of the goldfield genus *Lasthenia* (Compositae: Helenieae). Univ. Calif. Publ. Bot. 40: 1-92.
——. 1969. Neotropical *Nymphoides* (Menyanthaceae): Meso-American and West Indian species. Brittonia 21: 346-352.
Orsi, M. C. 1976. Sinopsis de las especies argentinas del género *Berberis* (Berberidaceae). Bol. Soc. Argent. Bot. 17: 127-149.

——. 1984. Berberidaceae. En M. N. Correa (ed.), Fl. Patagónica, Colecc. Ci. Inst. Nac. Tecnol. Agropecu. 8(4a): 325-348.

Ortega Torres, E., Stutz de Ortega, L. & Spichiger, R. 1989. Noventa especies forestales del Paraguay. Fl. Paraguay serie especial 3: 1-218.

Otegui, M. 1998. El género *Myrsine* en el Cono Sur de América Meridional. Candollea 53: 133-157.

Oudejans, R. C. H. M. 1989. New names and new combinations in the genus *Euphorbia* L. (Euphorbiaceae). Phytologia 67: 43-49.

Ownbey, G. B. 1961. The genus *Argemone* in South America and Hawaii. Brittonia 13: 91-109.

Palacios, R. A. 1987. *Polygonum*. Fl. Il. Entre Ríos, Colecc. Ci. Inst. Nac. Tecnol. Agropecu. 6(3a): 69-89.

—— & Hunziker, A. T. 1984. Revisión taxonómica del género *Bulnesia* (Zygophyllaceae). Darwiniana 25: 299-320.

Panero, J. L. 1992. Systematics of *Pappobolus* (Asteraceae-Heliantheae). Syst. Bot. Monogr. 36: 1-195.

Papsch, W. 1993. Die Arten des *Gymnocalycium* bodenbenderianum Aggregates. Gymnocalycium 6: 77-84.

——. 1997. Die pampinien Gymnocalycien. Gymnocalycium 10: 223-232.

Parker, K. F. 1962. The South American species of *Hymenoxys* (Compositae). Leafl. W. Bot. 9: 197-209.

Parodi, L. R. 1926. Las malezas de los cultivos en el Partido de Pergamino, con un estudio de los cuerpos extraños del lino y del trigo. Revista Fac. Agron. Veterin. 5: 75-171.

——. 1927. Los géneros *Ammi* y *Falcaria* en la Argentina. Physis (Buenos Aires) 8: 585-587.

——. 1930. Ensayo fitogeográfico sobre el Partido de Pergamino. Revista Fac. Agron. Veterin. 7: 65-268.

——. 1934. Las plantas indígenas no alimenticias cultivadas en la Argentina. Revista Argent. Agron. 1: 165-212.

——. 1935. Relaciones de la agricultura prehispánica con la agricultura Argentina actual. Anales Acad. Nac. Agron. Buenos Aires 1: 115-167.

——. 1941. Nota sobre algunas plantas invasoras de los cultivos en Argentina. Revista Argent. Agron. 8: 8-15.

——. 1943. La vegetación del departamento de San Martín en Corrientes. Darwiniana 6: 126-178.

——. 1956. Una nueva maleza en los campos bonaerenses. Revista Argent. Agron. 23: 132-137.

——. 1959. Enciclopedia Argentina de Agricultura y Jardinería 1-1161. Acme, Buenos Aires.

——. 1980. Enciclopedia Argentina de Agricultura y Jardinería (3ra. ed.) 1(2) (ed. actualizada por M. J. Dimitri) 1011-1020. Acme, Buenos Aires.

Patzak, A. 1972. *Ballota* L. En T. G. Tutin, V. H. Heywood, N. A. Burges, D. M. Moore, D. H. Valentine, S. M. Walters & D. A. Webb (eds.), Fl. Europea 3: 149-151.

Pax, F. A. 1893. Über die Verbreitung der südamerikanischen Caryophyllaceae und die Arten der Republica Argentina. Bot. Jahrb. Syst. 18: 1-35.

—— & Hoffmann, K. 1912a. Euphorbiaceae-Acalypheae-Chrozophorinae. En A. Engler (ed.), Pflanzenr. 4(147 VI) Heft 57: 1-142.

—— & ——. 1912b. Euphorbiaceae-Hippomaneae. En A. Engler (ed.), Pflanzenr. 4(147 V) Heft 52: 1-319.

—— & ——. 1914. Euphorbiaceae-Acalypheae-Mercurialinae. En A. Engler (ed.), Pflanzenr. 4(147 VII) Heft 63: 1-473.

—— & ——. 1924a. Euphorbiaceae-Acalypheae-Acalyphinae. En A. Engler (ed.), Pflanzenr. 4(147 XVI) Heft 85: 1-178.

—— & ——. 1924b. Additamentum VII. En A. Engler (ed.), Pflanzenr. 4(147 XVII) Heft 85: 179-204.

Payne, N. W. 1964. A re-evaluation of the genus *Ambrosia* (Compositae). J. Arnold Arbor. 45: 401-438.

Pedersen, T. M. 1967. Studies in South American Amaranthaceae. Darwiniana 14: 430-462.

——. 1976. Estudios sobre Amaranthaceae Sudamericanas II. Darwiniana 20: 269-303.

——. 1983. Two new species of *Stellaria* from South America, with a description of *Stellaria arvalis* F. Phil. Bonplandia (Corrientes) 5: 203-210.

——. 1984a. Amaranthaceae. En M. N. Correa (ed.), Fl. Patagónica, Colecc. Ci. Inst. Nac. Tecnol. Agropecu. 8(4a): 138-155.

——. 1984b. Caryophyllaceae. En M. N. Correa (ed.), Fl. Patagónica, Colecc. Ci. Inst. Nac. Tecnol. Agropecu. 8(4a): 196-276.

——. 1987a. Amaranthaceae. En N. S. Troncoso & N. M. Bacigalupo (eds.), Fl. Il. Entre Ríos, Colecc. Ci. Inst. Nac. Tecnol. Agropecu. 6(3a): 160-203.

——. 1987b. Caryophyllaceae. En N. S. Troncoso de Burkart & N. M. Bacigalupo (eds.), Fl. Il. Entre Ríos, Colecc. Ci. Inst. Nac. Tecnol. Agropecu. 6(3a): 251-291.

——. 1990. Studies in South Americn Amaranthaceae III (including one amphi-Atlantic species). Adansonia 1: 69-97.

——. 1994. Amaranthaceae. En R. Kiesling (ed.), Fl. San Juan 1: 111-136.

——. 1997. El *Eryngium* ("Cardo") gigante del Delta del Paraná y de la Mesopotamia Argentina. Bonplandia (Corrientes) 9: 251-256.

——. Inéd. Umbelíferas. En N. M. Bacigalupo (ed.), Fl. Il. Entre Ríos, Colecc. Ci. Inst. Nac. Tecnol. Agropecu.

Peichoto, M. C., Ezcurra, C. & Wasshausen, D. C. 1998. *Justicia floribunda* Acanthaceae, nueva combinación y nueva cita para la Flora Argentina. Darwiniana 35: 151-154.

Pennell, F. W. 1944. Scrophulariaceae. En H. N. Moldenke (ed.), The Flora of extra-tropical South America. Lilloa 10: 355-359.

Pennington, T. D. 1981. Meliaceae. Fl. Neotrop. Monogr. 28: 1-470.
——. 1990. Sapotaceae. Fl. Neotrop. Monogr. 52: 1-770.
——. 1997. The genus *Inga*. Royal Botanic Gardens, Kew.
Peralta, I. E. 1988. Sinopsis de las especies de *Calandrinia* (Portulacaceae) de los Andes mendocinos. Bol. Soc. Argent. Bot. 25: 511-537.
——. 1992. *Calandrinia minuscula* Añón (Portulacaceae), una nueva especie para la flora chilena. Gayana, Bot. 49: 31-34.
——. 1993. Distribucion del genero *Cistanthe* Spach (Portulacaceae) en Sudamerica. Parodiana 8: 153-158.
Pérez-Moreau, R. A. 1936. Umbelíferas sudamericanas nuevas o interesantes. Physis (Buenos Aires) 12: 85-95.
——. 1937. Sinopsis de las Umbelíferas argentinas del género *Lilaeopsis*. Lilloa 1: 283-306.
——. 1938. Revisión de las *Hydrocotyle* argentinas. Lilloa 2: 413-463.
——. 1939. Una nueva especie de Umbelliferae. Lilloa 5: 31-34.
——. 1941. Umbelíferas. En A. Ragonese (ed.), La vegetación de la provincia de Santa Fe. Darwiniana 5: 411-412.
——. 1949. Las especies argentinas del género *Centella* (L.) emend. Urb. Lilloa 17: 541-553.
Pérez-Moreau, R. L. 1944. La Provincia Antartándica (Subprovincia Valdiviana). Holmbergia 3: 93-110.
——. 1963. Una nueva especie de *Heliotropium* de Neuquén (Boraginaceae). Darwiniana 12: 629-632.
——. 1964. Nota sobre dos *Heliotropium* argentinos. Darwiniana 13: 67-71.
——. 1976. Revisión del género *Cryptantha* en la Argentina. Darwiniana 20: 155-188.
——. 1984a. Aizoaceae. En M. N. Correa (ed.), Fl. Patagónica, Colecc. Ci. Inst. Nac. Tecnol. Agropecu. 8(4a): 159-166.
——. 1984b. Capparaceae. En M. N. Correa (ed.), Fl. Patagónica, Colecc. Ci. Inst. Nac. Tecnol. Agropecu. 8(4a): 371-372.
——. 1984c. Lauraceae. En M. N. Correa (ed.), Fl. Patagónica, Colecc. Ci. Inst. Nac. Tecnol. Agropecu. 8(4a): 357-358.
——. 1994. Boraginaceae. Fl. Chaqueña, Colecc. Ci. Inst. Nac. Tecnol. Agropecu. 8: 1-35.
Pérez-Moreau, R. L. & Cabrera, A. L. 1983. Boraginaceae. En A. L. Cabrera (ed.), Fl. Prov. Jujuy, Colecc. Ci. Inst. Nac. Tecnol. Agropecu. 13(8): 247-290.
—— & Crespo, S. 1968. Dos Boraginoideae nuevas para la flora Argentina. Darwiniana 14: 619-622.
—— & ——. 1983. Notas sobre Loasaceae: *Loasa incurva* nueva especie de Neuquén. Hickenia 2: 1-3.
—— & ——. 1984. Droseraceae. En M. N. Correa (ed.), Fl. Patagónica, Colecc. Ci. Inst. Nac. Tecnol. Agropecu. 8(4b): 1-3.
—— & ——. 1988a. Loasaceae. En M. N. Correa (ed.), Fl. Patagónica, Colecc. Ci. Inst. Nac. Tecnol. Agropecu. 8(5): 199-217.
—— & ——. 1988b. Tropaeolaceae. En M. N. Correa (ed.), Fl. Patagónica, Colecc. Ci. Inst. Nac. Tecnol. Agropecu. 8(5): 43-47.
—— & ——. 1991a. Notas sobre Boraginaceae: *Plagiobothrys corymbosus* nueva cita para la flora Argentina. Bol. Soc. Argent. Bot. 27: 256-257.
—— & ——. 1991b. Notas sobre Loasaceae III. *Loasa malesherbioides*, nueva cita para la flora Argentina. Bol. Soc. Argent. Bot. 27: 133-134.
—— & ——. 1992. Notas sobre Loasaceae IV. *Loasa pulchella* nueva combinación. Hickenia 2: 67-68.
—— & ——. 1994. Loasaceae. Fl. Chaqueña, Colecc. Ci. Inst. Nac. Tecnol. Agropecu. 9: 1-6.
—— & Sánchez, E. A. 1985. Una especie de *Heliotropium* (Boraginaceae) nueva para la flora Argentina. Darwiniana 26: 377-380.
Perry, L. M. 1929. A tentative revision of *Alchemilla* § *Lachemilla*. Contr. Gray Herb. 84: 3-57.
Pertusi, L. A. 1984. *Salix fragilis* (Salicaceae), adventicia en la Provincia de Buenos Aires (Argentina). Revista Mus. La Plata, Secc. Bot. 13: 231-236.
Petenatti, E. M. & Ariza Espinar, L. 1993. Sobre la validez de *Gaillardia tontalensis* (Asteraceae). Kurtziana 22: 97-101.
—— & ——. 1997. Tribu VI. Helenieae. En A. T. Hunziker (ed.), Flora Fanerogámica Argentina 45: 3-35.
——, Ariza Espinar, L. & Del Vitto, L. A. 1994. Una nueva especie de *Senecio* (Asteraceae) para la flora Argentina. Kurtziana 23: 89-92.
Philbrick, C. T. & Bernardello, L. M. 1992. Taxonomic and geographic distribution of internal geitonogamy in New World *Callitriche* (Callitrichaceae). Amer. J. Bot. 79: 887-890.
Philcox, D. 1965. Contributions to the Flora of Tropical America. LXXIV. Revision of the New World species of *Buchnera* L. (Scrophulariaceae). Kew Bull. 18: 275-315.
Philippi, R. A. 1862. Viaje a los baños y al nuevo volcán de Chillan. Anales Univ. Chile 20: 279-306.
——. 1864. Plantarum novarum Chilensium. Centuriae inclusis quibusdam Mendocinis et Patagonicis. Linnaea 33: 1-308.
——. 1891. Catalogus praevius plantarum in itinere ad Tarapacá a Friderico Philippi lectarum. Anales Mus. Nac. Santiago de Chile Sect. 2, 8: 1-96.
Piazzano, M., Bernardello, G., Novara, L. J., Alarcón, S. R., De la Fuente, J. R. & Hadid, M. 1998. Evaluación de los límites específicos entre *Parthenium hysterophorus* y *P. glomeratum* (Asteraceae-Ambrosiinae): evidencias morfológicas, anatómicas, cromosomáticas y fitoquímicas. Anales Jard. Bot. Madrid 56: 65-76.

Pichi-Sermolli, R. E. G. & Bizarri, M. P. 1978. The botanical collections (Pteridophyta and Spermatophyta) of the AMF Mares-G.R.S.T.S. Expedition to Patagonia, Tierra del Fuego and Antarctica. Webbia 32: 455-534.

Piltz, G. 1987. *Gymnocalycium bruchii* (Speg.) Hoss. var. *brigittae* Piltz, var. nov. Succulenta (Netherlands) 66: 213-216.

——. 1990. *Gymnocalycium taningaense* Piltz. Kakteen Sukk. 41: 22-26.

——, Metzing, D. & Schweitzer, B. 1994. Geschiche und Typiserung von *Gymnocalycium mucidum* Oehne. Gymnos 11: 51-60.

Pirani, J. R. 1987. Simaroubaceae. En R. Spichiger (ed.), Fl. Paraguay 10: 1-28.

——. 1990. As espécies de *Picramnia* Sw. (Simaroubaceae) do Brasil: uma sinopse. Bol. Bot. Univ. São Paulo 12: 115-180.

——. 1998. A revision of *Helietta* and *Balfourodendron* (Rutaceae-Pteleinae). Brittonia 50: 348-380.

Pire, S. M. 1989. Morfología polínica de las Araliaceae de Argentina. Bonplandia (Corrientes) 6: 133-150.

Planchuelo, A. M. 1975. Estudio de los frutos y semillas del género *Chenopodium* en la Argentina. Darwiniana 19: 528-565.

——. 1978. A monograph of *Lupinus* for Argentina. Ph.D. Dissertation, Univ. Missouri-Columbia.

——. 1984. *Lupinus*. En M. N. Correa (ed.), Fl. Patagónica, Colecc. Ci. Inst. Nac. Tecnol. Agropecu. 8(4b): 238-244.

——. 1996. Relationship between South American and European species of *Lupinus*. En B. Pickergil & M. Lock (eds.), Advances in Legume Systematics 8: 109-116. Royal Botanic Gardens, Kew.

—— & Dunn, D. B. 1980. Clarification of *Lupinus grisebachianus*, *L. subacaulis*, and *L. subinflatus* (Leguminosae). Brittonia 32: 387-391.

—— & ——. 1984. The simple leaved lupines and their relatives in Argentina. Ann. Missouri Bot. Gard. 71: 92-103.

—— & ——. 1989. Two new species of the *Lupinus lanatus* complex. Ann. Missouri Bot. Gard. 76: 303-309.

Plowman, T. C. 1979. The genus *Brunfelsia*: a conspectus of the taxonomy and biogeography. Pp. 475-491 en J. C. Hawkes, R. N. Lester & A. D. Skelding (eds.), The biology and taxonomy of the Solanaceae. Academic Press, London.

——. 1998. A revision of the South American species of *Brunfelsia* (Solanaceae). Fieldiana Bot. 39: 1-135.

Poblete, V. 1989. Consideraciones sobre el género *Nitrophila* S. Watson (Chenopodiaceae) en Chile. Not. Mens. Mus. Nac. Hist. Nat. 316: 10-13.

Polhill, R. M. 1994. Complete synopsis of Legume genera. En F. A. Bisby, J. Buckingham & J. B. Harbone (eds.), Phytochemical dictionary of the Leguminosae 1, plants and their constituents 1. Great Britain Univ. Press, Cambridge.

—— & Raven, P. H. 1981. Advances in Legume Systematics. Part 1: i-xvi, 1-446. Royal Botanic Gardens, Kew.

Pontiroli, A. 1955. Podostemáceas argentinas. Bol. Soc. Argent. Bot. 6: 1-20.

——. 1963. Flora Argentina. Calyceraceae. Revista Mus. La Plata, Secc. Bot. 9: 175-241.

——. 1965a. Sterculiaceae. En A. L. Cabrera (ed.), Fl. Prov. Buenos Aires, Colecc. Ci. Inst. Nac. Tecnol. Agropecu. 4(4a): 221-223.

——. 1965b. Tiliaceae. En A. L. Cabrera (ed.), Fl. Prov. Buenos Aires, Colecc. Ci. Inst. Nac. Tecnol. Agropecu. 4(4a): 167-169.

——. 1965c. Valerianaceae. En A. L. Cabrera (ed.), Fl. Prov. Buenos Aires, Colecc. Ci. Inst. Nac. Tecnol. Agropecu. 4(5a): 380-385.

——. 1966. Umbelliferae. En A. L. Cabrera (ed.), Fl. Prov. Buenos Aires, Colecc. Ci. Inst. Nac. Tecnol. Agropecu. 4(4a): 337-403.

——. 1967a. Capparidaceae. En A. L. Cabrera (ed.), Fl. Prov. Buenos Aires, Colecc. Ci. Inst. Nac. Tecnol. Agropecu. 4(3a): 273-281.

——. 1967b. Papaveraceae. En A. L. Cabrera (ed.), Fl. Prov. Buenos Aires, Colecc. Ci. Inst. Nac. Tecnol. Agropecu. 4(3a): 265-273.

——. 1967c. Ranunculaceae. En A. L. Cabrera (ed.), Fl. Prov. Buenos Aires, Colecc. Ci. Inst. Nac. Tecnol. Agropecu. 4(3a): 243-257.

——. 1967d. Resedaceae. En A. L. Cabrera (ed.), Fl. Prov. Buenos Aires, Colecc. Ci. Inst. Nac. Tecnol. Agropecu. 4(3a): 371-373.

——. 1972. Especies nuevas o críticas de la flora jujeña. III. Bol. Soc. Argent. Bot. 14: 232-234.

——. 1973. Especies nuevas o críticas de la flora jujeña. VII. Bol. Soc. Argent. Bot. 16: 100-102.

——. 1983a. Asclepiadaceae. En A. L. Cabrera (ed.), Fl. Prov. Jujuy, Colecc. Ci. Inst. Nac. Tecnol. Agropecu. 13(8): 116-175.

——. 1983b. Convolvulaceae. En A. L. Cabrera (ed.), Fl. Prov. Jujuy, Colecc. Ci. Inst. Nac. Tecnol. Agropecu. 13(8): 176-222.

——. 1993a. Calyceraceae. En A. L. Cabrera (ed.), Fl. Prov. Jujuy, Colecc. Ci. Inst. Nac. Tecnol. Agropecu. 13(9): 537-545.

——. 1993b. Campanulaceae. En A. L. Cabrera (ed.), Fl. Prov. Jujuy, Colecc. Ci. Inst. Nac. Tecnol. Agropecu. 13(9): 515-537.

——. 1993c. Labiatae. En A. L. Cabrera (ed.), Fl. Prov. Jujuy, Colecc. Ci. Inst. Nac. Tecnol. Agropecu. 13(9): 117-155.

Pool, A. 1993. Oxalidaceae. En L. Brako & J. L. Zarucchi (eds.), Catalogue of the Flowering Plants and Gymnosperms of Peru. Monogr. Syst. Bot. Missouri Bot. Gard. 45: 867-875.
Poppendieck, H. H. 1980. A monograph of the Cochlospermaceae. Bot. Jahrb. Syst. 101: 191-265.
——. 1981. Cochlospermaceae. Fl. Neotrop. Monogr. 27: 1-34.
Porter, D. M. N. 1969. The genus *Kallstroemia* (Zygophyllaceae). Contr. Gray Herb. 198: 41-153.
Porter, J. M. 1998. Nomenclatural changes in Polemoniaceae. Aliso 17: 83-85.
Porto, M. L. 1974. Cucurbitaceae. En A. R. Schultz (ed.), Fl. Il. Rio Grande do Sul. Bol. Inst. Centr. Bioci. Univ. Fed. Rio Grande do Sul, Sér. Bot. Sér. Bot. 31: 1-64.
Powell, A. M. 1965. Taxonomy of *Tridax* (Compositae). Brittonia 17: 47-96.
——. 1978. Systematics of *Flaveria* (Flaveriinae-Asteraceae). Ann. Missouri Bot. Gard. 65: 590-636.
Pozner, R. 1996. La posición taxonómica de *Melothria anatuyana* (Cucurbitaceae). Hickenia 2: 185-188.
——. 1998a. Cucurbitaceae. En A. T. Hunziker (ed.), Flora Fanerogámica Argentina 53: 1-58.
——. 1998b. Revisión del género *Cucurbitella* (Cucurbitaceae). Ann. Missouri Bot. Gard. 85: 425-439.
Prina, A. O. 1993. Una nueva especie de *Lepidium* (Brassicaceae) de la flora Argentina. Hickenia 2: 81-84.
——. 1995. Las Crucíferas de la provincia de La Pampa, República Argentina. Revista Fac. Agron. Univ. Nac. La Pampa 8: 29-67.
——. 1997. *Lepidium densiflorum* (Brassicaceae) en la Argentina. Hickenia 2: 233-235.
Pringle, J. S. 1981. Nomenclature transfers and taxonomic notes on some South American Gentianaceae. Phytologia 48: 281-285.
——. 1986. A new species and taxonomic notes on *Gentianella* (Gentianaceae) in South America. Sida 11: 357-369.
——. 1995. Gentianaceae. En G. Harling & L. Andersson (eds.), Fl. Ecuador 53: 3-128.
Pruski, J. F. 1996. Compositae of the Guayana Highland-XI. *Tuberculocarpus* gen. nov. and some other Ecliptinae (Heliantheae). Novon 6: 404-418.
——. 1998. Compositae of the Guayana Highland XIII. New combinations in *Conyza* (Astereae), *Praxelis* (Eupatorieae), and *Riencourtia* (Heliantheae) based on names proposed by L. C. M. Richard. Brittonia 50: 473-482.
Puff, C. 1991. The genus *Paederia* L. (Rubiaceae-Paederieae): a multidisciplinary study. Opera Bot. Belg. 3: 1-376.
Queiroz, L. P. 1997. Novas combinações em *Moldenhawera* Schrad. e *Cratylia* Mart. ex Benth. e uma nova variedade de *Zornia brasiliensis* Vog. (Leguminosae). Bol. Bot. Univ. São Paulo 16: 107-109.
Quevedo Sopepí, R. C. 1993. Meliaceae. En T. J. Killeen, E. García & S. G. Beck (eds.). Guía de Arboles de Bolivia: 522-531. Herbario Nacional de Bolivia & Missouri Botanical Garden.
Radcliffe-Smith, A. & Govaerts, R. 1997. New names and combinations in the Crotonoideae. Kew Bull. 52: 183-189.
Radlkofer, L. A. T. 1931-34. Sapindaceae. En A. Engler (ed.), Pflanzenr. 4(165) Heft 98: 1-1539.
Raeder, K. 1961. Phytolaccaceae. En R. E. Woodson & R. W. Schery (eds.), Flora of Panama. Ann. Missouri Bot. Gard. 48: 66-79.
Ragonese, A. E. 1941. La vegetación de la provincia de Santa Fe (R.A.). Darwiniana 5: 369-416.
——. 1950. Nueva especie de *Heliotropium* de la flora Argentina. Bol. Soc. Argent. Bot. 3: 80-82.
——. 1951. La vegetación de la República Argentina II. Estudio fitosociológico de las Salinas Grandes. Revista Invest. Agríc. 5: 1-233.
——. 1961. Estructura del xilema secundario de las Araliaceae argentinas. Revista Invest. Agríc. 15: 361-391.
——. 1987. Salicaceae. En N. S. Troncoso & N. M. Bacigalupo (eds.), Fl. Il. Entre Ríos, Colecc. Ci. Inst. Nac. Tecnol. Agropecu. 6(3a): 6-14.
—— & Martínez Crovetto, R. 1947. Plantas indígenas de la Argentina con frutos o semillas comestibles. Revista Invest. Agríc. 1: 147-216.
Rahn, K. 1974. *Plantago* section *Virginica*. A taxonomic revision of a group of American plantains, using experimenal, taximetric and classical methods. Dansk Bot. Ark. 30: 1-180.
——. 1978. *Plantago* ser. *Gnaphaloides* Rahn. A taxonomic revision. Bot. Tidsskr. 73: 137-154.
——. 1983. *Plantago* ser. *Brasilienses*, a taxonomic revision. Nordic J. Bot. 3: 331-342.
——. 1984. *Plantago* sect. *Oliganthos* in southern South America, a taxonomic revision. Nordic J. Bot. 4: 601-627.
——. 1995. Plantaginaceae. En A. T. Hunziker (ed.), Flora Fanerogámica Argentina 3: 1-24.
Ramamoorthy, T. P. & Zardini, E. M. 1987. The systematics and evolution of *Ludwigia* sect. *Myrtocarpus* sensu lato (Onagraceae). Monogr. Syst. Bot. Missouri Bot. Gard. 19: 1-120.
Rao, A. S. 1956. A revision of *Rauvolfia* with particular reference to the American species. Ann. Missouri Bot. Gard. 43: 253-354.
Rausch, W. 1972. *Gymnocalycium uebelmannianum* Rausch, spec. nova. Succulenta (Netherlands) 51: 61-64.
——. 1976. *Acanthocalycium ferrari* sp. nov. Succulenta (Netherlands) 55: 82-83.
——. 1985. *Gymnocalycium alboareolatum* Rausch spec. nov. Succulenta (Netherlands) 64: 213-214.

——. 1986a. *Lobivia* 85. R. Herzig, Viena.
——. 1986b. *Tephrocactus weberi* var. *deminutus*. Succulenta (Netherlands) 65: 251.
——. 1989. *Gymnocalycium bruchii* (Speg.) Hosseus var. *niveum* var. nov. Succulenta (Netherlands) 68: 179-180.
Raven, P. H. 1963. The Old World species of *Ludwigia* (including *Jussiaea*), with a synopsis of the genus (Onagraceae). Reinwardtia 6: 327-427.
——. 1969. A revision of the genus *Camissonia* (Onagraceae). Contr. U. S . Natl. Herb. 37: 161-396.
—— & Gregory, D. P. 1972. A revision of the genus *Gaura* (Onagraceae). Mem. Torrey Bot. Club 23: 1-96.
Ravenna, P. F. 1981. Taxonomical notes on the Chilean Cruciferae. Nordic J. Bot. 1: 140-142.
Rechinger, K. H. 1933. Die süd und zentralamerikanischen Arten der Gattung *Rumex*. Vorarbeiten zu einer Monographie der Gattung *Rumex*. Ark. Bot. 26A: 1-58.
——. 1990. *Rumex* subgen. *Rumex* sect. *Axillares* (Polygonaceae) in South America. Pl. Syst. Evol. 172: 151-192.
Reese-Krug, H. & Weberling, F. H. E. 1991. Zur taxonomie hochandiner *Valeriana*-Arten I. *Valeriana nivalis* Wedd. & *pycnantha* A. Gray. Bot. Jahrb. Syst. 112: 399-410.
Rehder, A. 1926. New species, varieties and combinations from the herbarium and the collections of the Arnold Arboretum. J. Arnold Arbor. 7: 22-37.
Reiche, C. F. 1910. Asclepiadaceae. Fl. Chile 5: 107-120.
Reitz, P. R. 1980. Sapindáceas. En P. R. Reitz (ed.), Fl. Il. Catarinense fasc. SAPI: 1-156.
Renner, S. S. 1994. A revision of *Pterolepis* (Melastomataceae: Melastomeae). Nordic J. Bot. 14: 73-104.
Reveal, J. L. & Hardham, C. B. 1989. A revision of the annual species of *Chorizanthe* (Polygonaceae: Eriogonoideae). Phytologia 66: 98-198.
Rhodes, D. G. 1975. A revision of the genus *Cissampelos*. Phytologia 30: 415-484.
Ricardi, M. 1962. Notas botánicas. 1. El género *Combera* (Solanaceae). Gayana, Bot. 4: 3-13.
——. 1963. Rehabilitación del género *Oreopolus* Schlecht. Gayana, Bot. 2: 3 16.
——. 1967. Revisión taxonómica de las Malesherbiáceas. Gayana, Bot. 16: 3-139.
—— & Marticorena, C. 1966. Plantas interesantes o nuevas para Chile. Gayana, Bot. 14: 3-29.
—— & Quezada, M. 1963. El género *Cruckshanksia* (Rubiaceae). Gayana, Bot. 9: 3-36.
—— & Ugarte, E. 1974. Sinopsis del género *Erodium* en Chile (Geraniaceae). Gayana, Bot. 27: 3-16.
Richardson, J. 1968. The genus *Euphorbia* of the high plains and prairie plains of Kansas, Nebraska, South and North Dakota. Univ. Kansas Sci. Bull. 48: 45-112.
Ritter, F. 1980. Kakteen in Südamerika 2: 375- 856. Edición del autor.
Rivera, G. L. 1997. *Tynnanthus micranthus* (Bignoniaceae) una novedad en la Argentina. Hickenia 2: 241-244.
Rizzini, C. T. 1956. Pars specialis Prodromi Monographiae Loranthacearum Brasiliae terrarumque finitimarum. Rodriguésia 30-31: 87-234.
—— & Ulibarri, E. A. 1986. *Phoradendron burkartii* Rizz. et Ulib. nueva especie de Loranthaceae. Darwiniana 27: 499-501.
Robertson, K. R. 1972. The genera of Geraniaceae in the Southeastern United States. J. Arnold Arbor. 53: 182-201.
—— & Lee, Y. T. 1976. The genera of Caesalpinioideae (Leguminosae) in the Southeastern United States. J. Arnold Arbor. 57: 26-32.
Robinson, B. L. 1906. Revision of the genus *Ophryosporus*. Proc. Amer. Acad. Arts. 42: 17-27.
——. 1930. The Stevias of the Argentine Republic. Contr. Gray Herb. 90: 58-79.
——. 1933. Taxonomic notes on several South American Eupatoriums. Ostenia: 349-358.
——. 1934a. *Mikania scandens* and its near relatives. Contr. Gray Herb. 104: 55-71.
——. 1934b. Records preliminary to a general treatment of the Eupatorieae. XI. Contr. Gray Herb. 104: 3-49.
Robinson, H. E. 1970. South American species of *Stomatanthes* (Eupatorieae, Compositae). Phytologia 20: 334-337.
——. 1978a. Studies in the Heliantheae (Asteraceae). XII. Re-establishment of the genus *Smallanthus*. Phytologia 39: 47-53.
——. 1978b. Studies in the Heliantheae (Asteraceae). XV. Various new species and new combinations. Phytologia 41: 33-38.
——. 1984. Studies in the Heliantheae (Asteraceae) XXXIV. Redelimitation of the genus *Angelphytum*. Proc. Biol. Soc. Wash. 97: 961-969.
——. 1985. Cuatrecasas Fesstschrift in honor of the botanical career of José Cuatrecasas. Fl. Neotrop. Suppl. 2: 13-16.
——. 1987. Studies in the *Lepidaploa* complex (Vernonieae: Asteraceae) III. Two new genera *Cyrtocymura* and *Eirmocephala*. Proc. Biol. Soc. Wash. 100: 844-855.
——. 1988a. Studies in the *Lepidaploa* complex (Vernonieae: Asteraceae) IV. The new genus *Lessingianthus*. Proc. Biol. Soc. Wash. 101: 929-951.
——. 1988b. Studies in the *Lepidaploa* complex (Vernonieae: Asteraceae) V. The new genus *Chrysolaena*. Proc. Biol. Soc. Wash. 101: 952-958.

——. 1990. Studies in the *Lepidaploa* complex (Vernonieae: Asteraceae) VII. The genus *Lepidaploa*. Proc. Biol. Soc. Wash. 103: 464-498.
——. 1992. A new genus *Vernonanthura* (Vernonieae, Asteraceae). Phytologia 73: 65-76.
——. 1993. Three new genera of Vernonieae from South America, *Dasyandantha*, *Dasyanthina*, and *Quechualia* (Asteraceae). Proc. Biol. Soc. Wash. 106(4): 775-785.
——. 1994. New combinations in American Vernonieae (Asteraceae). Phytologia 76: 27-29.
——. 1995. New combinations and new species in American Vernonieae (Asteraceae). Phytologia 78: 384-399.
—— & Brettell, R. D. 1974. Studies in the *Liabeae* (Asteraceae). II. Preliminary survey of the genera. Phytologia 28: 43-63.
—— & Cuatrecasas, J. 1977. Notes of the genus and species limits of *Pseudogynoxys* (Greenm.) Cabrera (Senecioneae, Asteraceae). Phytologia 36: 177-192.
—— & ——. 1992. *Thelechitonia* Cuatrecasas, an older name for *Complaya* Strother (Ecliptinae-Heliantheae-Asteraceae). Phytologia 72: 141-143.
Robson, N. K. B. 1990. Studies in the genus *Hypericum* L.(Guttiferae) 8. Sections 29. *Brathys* (part 2) and 30. *Trygynobrathys*. Bull. Brit. Mus. (Nat. Hist.), Bot. 20: 1-151.
Robyns, A. G. M. W. A. 1963. Essai de monographie du genre *Bombax* s.l. (Bombacaceae). Bull. Jard. Bot. État 33: 1-144.
——. 1964. Tiliaceae. En R. E. Woodson & R. W. Schery (eds.), Fl. Panama. Ann. Missouri Bot. Gard. 51: 1-35.
——. 1967. Bixaceae. En R. E. Woodson & R. W. Schery (eds.), Fl. Panama. Ann. Missouri Bot. Gard. 54: 57-59.
Roca de Saldías, Y. 1993. Bixaceae. En T. J. Killeen, E. García E. & S. G. Beck (eds.), Guía de Arboles de Bolivia: 151-152. Herbario Nacional de Bolivia & Missouri Botanical Garden.
Rockhausen, M. S. 1939. Verwandtschaft und Gliederung der Compositen-gattung *Werneria*. Bot. Jahrb. Syst. 70: 248-342.
Rodrigo, A. del P. 1937. Una nueva Malvácea Argentina. Notas Mus. La Plata, Bot. 2: 105-109.
——. 1941a. Una nueva especie de Malvácea del género *Sphaeralcea* de la flora Argentina. Notas Mus. La Plata, Bot. 6: 387-392.
——. 1941b. Las especies argentinas del género *Cienfuegosia*. Darwiniana 5: 215-223.
——. 1944. Las especies argentinas y uruguayas del género *Sida* (Malvaceae). Revista Mus. La Plata, Secc. Bot. 6: 81-212.
——. 1948a. Especies y variedades de "Yute" espontáneas en el norte argentino. Notas Mus. La Plata, Bot. 13(64): 273-289.
——. 1948b. Los *Hibiscus* de la flora Argentina. Revista Mus. La Plata, Secc. Bot. 7: 111-152.
Rodrigues Mattos, J. 1967. Berberidáceas. En R. Reitz (ed.), Fl. Il. Catarinense fasc. BERB (I): 3-15.
——. 1978. Novidade taxonomica de Santa Catarina e Rio Grande do Sul. Roessleria 2: 39-40.
Rodriguez, M. E. 1995. *Lafoensia* (Lythraceae), una novedad para la República Argentina. Bol. Soc. Argent. Bot. 30: 209-211.
Roe, K. E. 1972. A revision of *Solanum* section *Brevantherum* (Solanaceae). Brittonia 24: 239-278.
Rogers, C. M. & Mildner, R. 1971. The reevaluation of the genus *Cliococca* (Linaceae) of South America. Rhodora 73: 560-565.
—— & ——. 1976. South American *Linum*, a summary. Rhodora 78: 761-766.
—— & Smith, L. B. 1975. Lináceas. En R. Reitz (ed.), Fl. Il. Catarinense fasc. LINA: 1-34.
Rogers, D. J. 1951. A revision of *Stillingia* in the New World 1. Ann. Missouri Bot. Gard. 38: 207-259.
—— & Appan, S. 1973. *Manihot*, Manihotoides (Euphorbiaceae). Fl. Neotrop. Monogr. 13: 1-135.
Rohwer, J. G. 1982. A taxonomic revision of the genera *Seguieria* Loefl. and *Gallesia* Casar. Mitt. Bot. Staatssamml. München 18: 231-288.
——. 1986. Prodromus einer Monographie der Gattung *Ocotea* Aubl. (Lauraceae) sensu lato. Mitt. Inst. Allg. Bot. Hamburg 20: 1-277.
——. 1993a. Lauraceae: *Nectandra*. Fl. Neotrop. Monogr. 60: 1-332.
——. 1993b. Phytolaccaceae. En K. Kubitzki et al. (eds.), The Families and Genera of Vascular Plants 2: 506-515. Springer-Verlag, Heidelberg.
Roig, F. A. 1971. Compuestas, flora y vegetación de la Reserva Forestal de Ñacuñan. Deserta 1: 171-199.
——. 1982. Observaciones en dos especies de *Artemisia* de la precordillera de Mendoza (Argentina), *A. mendozana* DC. y *A. echegarayi* Hieron. Parodiana 1: 301-310.
——. 1988. Arboles y arbustos en *Prosopis flexuosa* y *P. alpataco* (Leguminosae). Parodiana 5: 49-64.
—— & Ambrosetti, A. 1989. El género *Artemisia* (Compositae) en la Sierra del Paramillo, Mendoza y una nueva variedad de *A. mendozana* DC. Parodiana 5: 363-373.
Rojas Acosta, T. 1897. Catálogo Historia Natural Corrientes:1-214.
Rollins, R. C. 1941. Some generic relatives of *Capsella*. Contr. Dudley Herb. 3: 185-198.
——. 1943. Generic revisions in the Cruciferae: *Halimolobos*. Contr. Dudley Herb. 3: 241-265.

——. 1950. The guayule rubber plant and its relatives. Contr. Gray Herb. 172: 1-170.
——. 1955. A revisionary study of the genus *Menonvillea* (Cruciferae). Contr. Gray Herb. 177: 3-57.
Romanczuk, M. C. 1982. El género *Sisymbrium* (Cruciferae) en la Argentina. Darwiniana 24: 75-156.
—— & Boelcke, O. 1982. Dos especies nuevas del género monotípico *Polypsecadium* (Cruciferae). Hickenia 1: 297-304.
—— & Del Pero de Martínez, M. 1978. Las especies del género *Celtis* (Ulmaceae) en la flora Argentina. Darwiniana 21: 541-577.
Romanutti, A. & Hunziker, A. T. 1998. Cestreae. En A. T. Hunziker (ed.), Flora Fanerogámica Argentina 55: 1-14.
Roquero, M. J. 1969. La vegetación del Parque Nacional Laguna Blanca (Estudio fito-sociológico preliminar). Anales Parques Nac. 11: 129-207.
Rossbach, R. P. 1940. *Spergularia* in North and South America. Contr. Gray Herb. 130: 57-83; 105-143; 158-193; 203-213.
Rossow, R. A. 1982a. Notas sobre el género *Lathyrus* (Leguminosae). Darwiniana 24: 489-495.
——. 1982b. Sinopsis de las Misodendraceae. Parodiana 1: 245-270.
——. 1983a. Las especies de *Crassula* (Crassulaceae) de la Argentina, Chile y Uruguay. Parodiana 2: 231-261.
——. 1983b. Notas sobre Scrophulariaceae. Parodiana 2: 117-130.
——. 1984a. Fumariaceae. En M. N. Correa (ed.), Fl. Patagónica, Colecc. Ci. Inst. Nac. Tecnol. Agropecu. 8(4a): 368-370, 544.
——. 1984b. Hydnoraceae. En M. N. Correa (ed.), Fl. Patagónica, Colecc. Ci. Inst. Nac. Tecnol. Agropecu. 8(4a): 56-57.
——. 1984c. *Lathyrus*; *Melilotus*; *Trifolium*. En M. N. Correa (ed.), Fl. Patagónica, Colecc. Ci. Inst. Nac. Tecnol. Agropecu. 8(4b): 224-237; 252-256; 268-282.
——. 1984d. Misodendraceae. En M. N. Correa (ed.), Fl. Patagónica, Colecc. Ci. Inst. Nac. Tecnol. Agropecu. 8(4a): 43-52.
——. 1985. Melospermeae, nueva tribu de Scrophulariaceae. Parodiana 3: 365-396.
——. 1986a. Notas sobre Scrophulariaceae II. Parodiana 4: 163-181.
——. 1986b. Sinopsis de las especies austroamericanas del género *Ourisia* (Scrophulariaceae). Parodiana 4: 239-265.
——. 1987. Revisión del género *Mecardonia* (Scrophulariaceae). Candollea 42: 431-474.
——. 1988a. Araliaceae. En M. N. Correa (ed.), Fl. Patagónica, Colecc. Ci. Inst. Nac. Tecnol. Agropecu. 8(5): 307-309.
——. 1988b. Coriariaceae. En M. N. Correa (ed.), Fl. Patagónica, Colecc. Ci. Inst. Nac. Tecnol. Agropecu. 8(5): 92-95.
——. 1988c. Cornaceae. En M. N. Correa (ed.), Fl. Patagónica, Colecc. Ci. Inst. Nac. Tecnol. Agropecu. 8(5): 380-381.
——. 1988d. Elaeocarpaceae. En M. N. Correa (ed.), Fl. Patagónica, Colecc. Ci. Inst. Nac. Tecnol. Agropecu. 8(5): 123-125.
——. 1988e. Linaceae. En M. N. Correa (ed.), Fl. Patagónica, Colecc. Ci. Inst. Nac. Tecnol. Agropecu. 8(5): 48-49.
——. 1988f. Tamaricaceae. En M. N. Correa (ed.), Fl. Patagónica, Colecc. Ci. Inst. Nac. Tecnol. Agropecu. 8(5): 167-169.
——. 1988g. Violaceae. En M. N. Correa (ed.), Fl. Patagónica, Colecc. Ci. Inst. Nac. Tecnol. Agropecu. 8(5): 170-189.
——. 1990. Notas sobre Scrophulariaceae III. Parodiana 6: 1-9.
——. 1993a. Novedades en el género *Valeriana* (Valerianaceae). Parodiana 8: 1-8.
——. 1993b. Seis plantas nuevas para la flora Argentina. Bol. Soc. Argent. Bot. 29: 77-84.
——. 1993c. *Viola roigii* (Violaceae), especie nueva de San Juan (Argentina). Hickenia 2: 95-98.
Rothmaler, W. H. P. 1935. Sobre algunas *Alchemilla* de Sudamérica. Revista Sudamer. Bot. 2: 11-14.
——. 1939. Sobre algunas Rosáceas sudamericanas. I. Sinopsis de *Tetraglochin*. Darwiniana 3: 429-437.
Rotman, A. D. 1976a. Revisión del género *Campomanesia* en la Argentina (Myrtaceae). Darwiniana 20: 327-340.
——. 1976b. Revisión del género *Psidium* en la Argentina (Myrtaceae). Darwiniana 20: 418-444.
——. 1979. Las especies argentinas del género *Myrcianthes* (Myrtaceae). Darwiniana 22: 109-123.
——. 1982. Los géneros *Calycorectes*, *Hexachlamys*, *Myrciaria*, *Paramyrciaria*, *Plinia* y *Siphoneugena* en la flora Argentina Myrtaceae. Darwiniana 24: 157-185.
——. 1985a. Nota sobre un epíteto específico en el género *Plinia* (Myrtaceae). Bol. Soc. Argent. Bot. 24: 195.
——. 1985b. Sobre la presencia de *Myrcianthes minimifolia* (Myrtaceae) en la flora Argentina. Bol. Soc. Argent. Bot. 24: 81-83.
——. 1986a. Las Mirtáceas del noroeste argentino. Darwiniana 27: 507-526.
——. 1986b. *Paramyrciaria ciliolata* nov. comb., nueva cita para la flora Argentina. Bol. Soc. Argent. Bot. 24: 417-420.
——. 1987a. Droseraceae. En N. S. Troncoso & N. M. Bacigalupo (eds.), Fl. Il. Entre Ríos, Colecc. Ci. Inst. Nac. Tecnol. Agropecu. 6(3a): 414-417.
——. 1987b. Moraceae. En N. S. Troncoso & N. M. Bacigalupo (eds.), Fl. Il. Entre Ríos, Colecc. Ci. Inst. Nac. Tecnol. Agropecu. 6(3a): 22-31.
——. 1994. Las especies argentinas del género *Myrcia* (Myrtaceae). Bol. Soc. Argent. Bot. 30: 81-93.
——. 1995. Las especies argentinas del género *Eugenia* (Myrtaceae). Bol. Soc. Argent. Bot. 31: 69-93.
——. Inéd. Myrtaceae. En N. M. Bacigalupo (ed.), Fl. Il. Entre Ríos, Colecc. Ci. Inst. Nac. Tecnol. Agropecu.
Rowley, G. D. 1994. *Anacampseros* and allied genera. A reassessment. Bradleya 12: 105-112.
Royen, P. 1954. The Podostemaceae of the New World. III. Meded. Bot. Mus. Herb. Rijks Univ. Utrecht 119: 216-263.
Rua, G. H. 1989. Revisión taxonómica del género *Tweedia* (Asclepiadaceae). Parodiana 5: 375-410.

Rudd, V. E. 1955. The American species of *Aeschynomene*. Contr. U. S . Natl. Herb. 32: 1-169.
——. 1956. A revision of the genus *Nissolia*. Contr. U. S . Natl. Herb. 32: 1-197.
——. 1958. A revision of the genus *Chaetocalyx*. Contr. U. S . Natl. Herb. 32: 207-243.
——. 1968. A resume of *Ateleia* and *Cyathrostegia* (Leguminosae). Contr. U. S . Natl. Herb. 32: 385-411.
——. 1972a. A new species of *Myrocarpus* (Leguminosae) and a brief resume of the genus. Phytologia 23: 401-404.
——. 1972b. A new variety of *Poiretia latifolia* and a brief resume of the genus *Poiretia* Vent. (Leguminosae). Phytologia 23: 141-148.
Ruiz de Ciolfi, E. N. 1976. *Legenere* McVaugh (Campanulaceae), nueva cita para la Argentina. Bol. Soc. Argent. Bot. 17: 176-178.
Ruiz Leal, R. A. 1943. Observaciones sobre *Portulaca echinosperma*. Revista Argent. Agron. 10: 59-66.
——. 1954. Flora de las inmediaciones de Ushuaia, Territorio Marítimo de Tierra del Fuego. Revista Fac. Ci. Agrar. Univ. Nac. Cuyo 4: 1-34.
——. 1956. Una nueva especie Argentina del género *Struthanthus* (Loranthaceae). Bol. Soc. Argent. Bot. 6: 87-90.
——. 1958. Una nueva Cucurbitácea para la flora mendocina. Revista. Fac. Ci. Agrar. Univ. Nac. de Cuyo 7: 49-61.
——. 1961. Las especies de Fumaria adventicias en cultivos mendocinos. Darwiniana 12: 203-240.
——. 1969. *Argemone hunnemannii* Otto et Dietr. (Papaveraceae) nueva para la R. Argentina. Revista Fac. Ci. Agrar. Univ. Nac. Cuyo 15: 233-235.
——. 1975. Flora Popular Mendocina. Deserta 3: 3-296.
—— & Roig, F. A. 1955. Observaciones del efecto de la nieve sobre las plantas en el arroyo Nield y Valle del Atuel (Mendoza). Revista Fac. Ci. Agrar. Univ. Nac. Cuyo 5: 1-17.
—— & ——. 1961. Malezas y plantas adventicias nuevas para la Provincia de Mendoza- I. Bol. Soc. Argent. Bot. 9: 151-171.
—— & ——. 1965. Itinera Gilliesia. Excursiones Botánicas Gilliesianas II: Flórula y vegetación del Alto de los Manantiales. Bol. Est. Geog. 12: 127-148.
—— & ——. 1966 [1964]. Malezas y plantas adventicias nuevas para la Provincia de Mendoza. II. Revista Fac. Ci. Agrar. Univ. Nac. Cuyo 11: 127-150.
Ruiz, T. & De Marco, N. 1979. Una nueva especie de *Justicia* (Acanthaceae) en la Argentina. Lilloa 35: 13-16.
Rundel, P. W., Dillon, M. O. & Palma, B. 1996. Flora and vegetation of Pan de Azucar National Park in the Atacama Desert of Northern Chile. Gayana, Bot. 53: 295-315.
Rusby, H. H. 1895. On the collections of Mr. Miguel Bang in Bolivia. Part II. Mem. Torrey Bot. Club 4: 203-274.
——. 1934. New species of plants of the Ladew expedition to Bolivia. Phytologia 1: 49-80.
Sáenz, A. A. 1979. El género *Viguiera* (Compositae) en la Argentina. Darwiniana 22: 45-66.
——. 1981. *Coreopsis lanceolata* L. (Asteraceae-Heliantheae) nueva especie adventicia para la flora Argentina. Darwiniana 23: 317-318.
——. Inéd.a. El género *Tilesia* (Asteraceae-Heliantheae) en la Argentina.
——. Inéd.b. *Montanoa bipinnatifida* (Asteraceae-Heliantheae), naturalizado en la provincia de Misiones (Rep. Argentina).
——. Inéd.c. Notas sinonímicas en la tribu Heliantheae (Asteraceae) para especies que vegetan en la Argentina.
——. Inéd.d. Novedades en el género *Angelphytum* (Asteraceae-Heliantheae) para la Argentina.
——. Inéd.e. *Simsia* (Asteraceae-Heliantheae), un nuevo género para la flora del Paraguay.
——. Inéd.f. Sinonimia en el género *Bidens* y el género *Sphagneticola* (Asteraceae-Heliantheae) en Argentina.
——. Inéd.g. Una especie de *Calea* (Asteraceae, Heliantheae) nueva para la flora de Argentina.
—— & Bender, J. Inéd. Dos especies de *Aspilia* (Asteraceae-Heliantheae) nuevas para la Flora Argentina.
—— & Brentassi, M. E. Inéd. *Wedelia subvelutina* (Asteraceae-Heliantheae), nueva cita para la Argentina.
—— & Delucchi, G. Inéd. El género *Cosmos* (Asteraceae-Heliantheae) en la Argentina.
—— & Novara, L. J. Inéd. Nuevas Compuestas para la provincia de Salta.
Safford, W. E. 1914. Classification of the genus *Annona*, with descriptions of new and imperfectly known species. Contr. U. S . Natl. Herb. 18: 1-68.
Sagástegui, A. & Dillon, M. O. 1985. New species and combinations in *Belloa* (Inuleae, Asteraceae). Phytologia 58: 392-400.
Sala, C. A., Echarte, A. M. & Rodríguez, R. 1990. Una nueva especie de *Helianthus* (Compositae) para la flora Argentina. Darwiniana 30: 293-295.
Sánchez, M. I. 1984. *Lotus*. En M. N. Correa (ed.), Fl. Patagónica, Colecc. Ci. Inst. Nac. Tecnol. Agropecu. 8(4b): 237-238.
——. 1988a. Elaeagnaceae. En M. N. Correa (ed.), Fl. Patagónica, Colecc. Ci. Inst. Nac. Tecnol. Agropecu. 8(5): 247-248.
——. 1988b. Eucryphiaceae. En M. N. Correa (ed.), Fl. Patagónica, Colecc. Ci. Inst. Nac. Tecnol. Agropecu. 8(5): 154-155.
Sancho, L. G. 1996. Género *Gochnatia*. 280 Asteraceae. Parte 3. Tribu XII. Mutisieae. Subtribu 2. Gochnatiinae. En A. T. Hunziker (ed.), Flora Fanerogámica Argentina 9-11.

Sanders, R. W. 1984. Provisional synopsis of the species and natural hybrids in *Duranta* (Verbenaceae). Sida 10: 308-318.

Sandwith, N. Y. 1927. New species from the Andes of Argentina. Bull. Misc. Inform. Kew 1927: 174-188.

——. 1948. Notes on South American Bignoniaceae. Lilloa 14: 133-137.

——. 1953. Contributions to the flora of Tropical America: LVI. Further studies in Bignoniaceae. Kew Bull. 8: 451-484.

——. 1965. Contributions to the flora of tropical America: LXXI. Notes on Bignoniaceae: XXVII: a synopsis of *Eccremocarpus*. Kew Bull. 19: 401-408.

——. 1968. Notes on Bignoniaceae: XXIX: *Arrabidaea* in Martius's "Flora Brasiliensis" and subsequently. Kew Bull. 22: 403-420.

Sanzin, R. 1919. Las Verbenáceas, contribución a la flora de Mendoza. Anales Soc. Ci. Argent. 88: 95-134.

Sastre, C. H. L. 1968. Recherches sur les Ochnacées. I. *Sauvagesia sprengelii* Saint Hilaire et les espèces affinées. Adansonia ser. 2, 8: 113-129.

——. 1971. Recherches sur les Ochnacées. III. *Sauvagesia erecta* L.: des variations. Caldasia 11: 3-66.

Satina, S. & Avery, A. G. 1959. A review of the taxonomic history of *Datura*. En A. G. Avery, S. Satina & J. Rietsema (eds.), Blakeslee: The genus *Datura*: 16-47. The Ronald Press Company, New York.

Sauer, J. D. 1964. Revision of *Canavalia*. Brittonia 16: 663-796.

Schinini, A. & López, M. G. 1997. Novedades para la flora Argentina encontradas en el Parque Nacional Iguazú (Misiones). Bonplandia (Corrientes) 9: 231-236.

Schnack, B. J. C. & Covas, G. 1944. Nota sobre la validez del género *Glandularia* (Verbenáceas). Darwiniana 6: 469-476.

——. 1945. Hibridación interespecífica en *Glandularia* (Verbenáceas). Darwiniana 7: 71-79.

——. 1946. Nota taxonómica sobre el género *Glandularia* (Verbenáceas). Bol. Soc. Argent. Bot. 1: 282-284.

——. 1951. Número de cromosomas en dos especies de *Glandularia*. Revista Argent. Agron. 18: 107-108.

Schodde, R. 1983. A new genus in the Monimiaceae alliance (Laurales). Parodiana 2: 298-299.

Schotsman, H. D. 1967. Les Callitriches espèces de France et taxa nouveaux d'Europe. En P. Lechevalier (ed.), Fl. France 1: 1-152.

Schubert, B. G. 1940. *Desmodium*. Preliminary studies I. Contr. Gray Herb. 119: 3-31.

——. 1980. *Desmodium*. En R. E. Woodson & R. W. Schery (eds.), Flora of Panama. Ann. Missouri Bot. Gard. 67: 622-662.

Schulz, A. G. 1937. Las Asclepiadáceas del territorio del Chaco (Argentina). Lilloa 1: 347-391.

——. 1939. Las Bignoniáceas del Territorio del Chaco. Lilloa 5: 131-158.

——. 1944. Una nueva especie del género de Compuestas *Picrosia*. Darwiniana 6: 494-498.

——. 1963. Plantas y frutos comestibles de la región Chaqueña. Revista Agron. Noroeste Argent. 4: 57-83.

Schulz, O. E. 1903. Monographie der Gattung *Cardamine*. Bot. Jahrb. Syst. 32: 280-623.

——. 1907. Erythroxylaceae. En A. Engler (ed.), Pflanzenr. 4(134) Heft 29: 1-76.

——. 1924. Cruciferae-Sisymbrieae. En A. Engler (ed.), Pflanzenr. 4(105) Heft 86: 1-388.

——. 1927. Cruciferae-*Draba* et *Erophila*. En A. Engler (ed.), Pflanzenr. 4(105) Heft 89: 1-396.

——. 1929. Über *Thlaspi chionophilum* Spegazzini. Notizbl. Bot. Gart. Berlin-Dahlem 10: 781-783.

——. 1933. Neue Cruciferen. Notizbl. Bot. Gart. Berlin-Dahlem 11: 873-876.

Schulze-Menz, G. K. W. 1934a. Neue Arten der Gattung *Hybanthus*. Notizbl. Bot. Gart. Berlin-Dahlem 12: 108-114.

——. 1934b. Neve Arten der Gattung *Hybanthus*. Notizbl. Bot. Gart. Berlin-Dahlem 12: 108-114.

——. 1936. Morphologisch-systematischen Studien ueber die Gattung *Hybanthus*. Bot. Jahrb. Syst. 67: 437-492.

Schumann, K. M. 1886. Sterculiaceae. En C. F. P. Martius (ed.), Fl. Bras. 12(3): 2-114.

——. 1889. Rubiaceae. En C. F. P. Martius (ed.), Fl. Bras. 6(6): 1-466.

Schwabe, H. 1947. Estudios anatómicos de las especies argentinas del género *Bredemeyera* (Polygaláceas). Bol. Soc. Argent. Bot. 2: 65-72.

Scolnik, R. 1954a. Las especies de *Cestrum* de la Argentina, Chile y Uruguay. Revista Fac. Ci. Exact. 3: 3-104.

——. 1954b. Sinopsis de las especies de *Cestrum* de Argentina, Chile y Uruguay. Revista Argent. Agron. 21: 25-32.

Scott, A. J. 1977. Reinstatement and revision of Salicorniaceae J. Agardh (Caryophyllales). Bot. J. Linn. Soc. 75: 357-374.

——. 1978. A revision of the Camphorosmioideae (Chenopodiaceae). Feddes Repert. 89: 101-109.

Seckt, H. K. F. H. 1929-30. Flora Cordobensis. Revista Univ. Nac. Córdoba 16/17: 479-539.

Seeligmann, P. 1960. Una nueva especie de *Flourensia* (Compositae). Lilloa 30: 113-115.

Selvi, F., Nardi, E. & Bigazzi, M. 1996. The ultimate types of *Anchusa* L. and *Lycopsis* L. (Boraginaceae). Taxon 45: 305-307.

Senn, G. A. 1943. *Crotalaria*. En J. F. Macbride (ed.), Flora of Peru. Field Mus. Nat. Hist., Bot. Ser. 13(1): 454-458.

Setser, H. L. 1977. A revision of neotropical Tiliaceae: *Apeiba, Luehea* and *Lueheopsis*. UMI Dissertation Services.

Seubert, M. A. 1875. Amaranthaceae. En C. F. P. Martius (ed.), Fl. Bras. 5(1): 165-264.

Sherff, E. E. 1926. Revision of the genus *Isostigma* Less. Bot. Gaz. 21: 241-257.

——. 1932. Revision of the genus *Cosmos*. Field Mus. Nat. Hist., Bot. Ser. 8: 401-447.

——. 1936. Revision of the genus *Coreopsis*. Field Mus. Nat. Hist., Bot. Ser. 11: 279-475.

——. 1937. The genus *Bidens*. Field Mus. Nat. Hist., Bot. Ser. 16: 1-709.
Shinners, L. H. 1962. Illegitimacy of the names *Iresine celosia* L., *Iresine celosioides* L. and *Iresine paniculata* (L.) O. Ktze. Taxon 11: 141-142.
Simmons, M. P. & Hayden, W. J. 1997. Revision of the cerrado hemicryptophytic *Chamaesyce* of Boissier's "Pleiadeniae" (Euphorbiaceae). Brittonia 49: 155-180.
Simpson Vuilleumier, B. B. 1969. The systematics and evolution of *Perezia* sect. *Perezia* (Compositae). Contr. Gray Herb. 199: 1-163.
——. 1979. A revision of the genus *Polylepis* (Rosaceae: Sanguisorbeae). Smithsonian Contr. Bot. 43: 1-62.
——. 1989. Krameriaceae. Fl. Neotrop. Monogr. 49: 1-108.
Siqueira, J. S. J. 1992. O gênero *Gomphrena* L. (Amaranthaceae) no Brasil. Pesquisas Bot. 43: 5-197.
Skog, L. E. 1972. The genus *Coriaria* (Coriariaceae) in the Western Hemisphere. Rhodora 74: 242-253.
Skvarla, J. J. & Nowicke, J. W. 1982. Pollen fine structure and relationships of *Achatocarpus* Triana and *Phaulothamnus* A. Gray. Taxon 31: 244-249.
Slanis, A. & Bulacio, E. V. 1998. Sinopsis preliminar del género *Hypseocharis* (Oxalidaceae) en la Argentina. Resúmenes XXVI Jornadas Argentinas de Botánica, Río Cuarto: 293.
Sleumer, H. O. 1935. Opiliaceae. En A. Engler & K. Prantl (eds.), Nat. Pflanzenfamilien 16b: 33-41.
——. 1950a. Algunas Flacourtiáceas sudamericanas. Lilloa 23: 247-251.
——. 1950b. Notas sobre la flora Argentina. I. Lilloa 23: 331-364.
——. 1951. Las Ericáceas Argentinas. Lilloa 25: 515-556.
——. 1953a. Las Flacourtiáceas Argentinas. Lilloa 26: 5-56.
——. 1953b. Notas sobre la flora Argentina. II. Lilloa 26: 161-175.
——. 1954a. Die Balanophoraceen Argentiniens. Bot. Jahrb. Syst. 76: 271-280.
——. 1954b. Proteaceae americanae. Bot. Jahrb. Syst. 76: 139-211.
——. 1955. Die Loasaceen Argentiniens. Bot. Jahrb. Syst. 76: 411-462.
——. 1956. Die Hieracien Argentiniens unter Berucksichtigung der Nachbarlander. Bot. Jahrb. Syst. 77: 85-148.
——. 1957a. Die Gattung *Gaylussacia*. Bot. Jahrb. Syst. 86: 309-384.
——. 1957b. Notas sobre la flora Argentina. III. Darwiniana 11: 271-282.
——. 1963. Loasaceae. En T. W. Böcher, J. P. Hjerting & K. Rahn (eds.), Botanical studies in the Atuel Valley area, Mendoza Province, Argentina. Part 1. Dansk Bot. Ark. 22: 83-84.
——. 1967. Monographia Clethracearum. I. Bot. Jahrb. Syst. 87: 36-116.
——. 1968. Die Gattung *Escallonia* (Saxifragaceae). Verh. Kon. Ned. Akad. Wetensch., Afd. Natuurk. Tweede Sect. 58 (2): 5-146.
——. 1977. Revision der Gattung *Azara* R. et P. (Flacourtiaceae). Bot. Jahrb. Syst. 98: 151-175.
——. 1980. Flacourtiaceae. Fl. Neotrop. Monogr. 22: 1-499.
——. 1984a. *Escallonia*. En M. N. Correa (ed.), Fl. Patagónica, Colecc. Ci. Inst. Nac. Tecnol. Agropecu. 8(46): 27-36.
——. 1984b. Olacaceae. Fl. Neotrop. Monogr. 38: 1-158.
——. 1984c. Proteaceae. En M. N. Correa (ed.), Fl. Patagónica, Colecc. Ci. Inst. Nac. Tecnol. Agropecu. 8(4a): 20-27.
——. 1985. Taxonomy of the genus *Pernettya* Gaud. (Ericaceae). Bot. Jahrb. Syst. 105: 449-480.
——. 1988. Flacourtiaceae. En M. N. Correa (ed.), Fl. Patagónica, Colecc. Ci. Inst. Nac. Tecnol. Agropecu. 8(5): 190-193.
Smit, P. G. 1973. A revision of *Caltha* (Ranunculaceae). Blumea 21: 119-150.
Smith, A. C. 1940. The American species of Hippocrateaceae. Brittonia 3: 341-355.
——. 1943. The American species of *Drimys*. J. Arnold Arbor. 24: 1-33.
Smith, C. P. 1943-44. The genus *Lupinus* in Argentina. Spec. Lupinorum 32: 321-363.
Smith, L. B. 1958. Notes on South American phanerogams. J. Wash. Acad. Sci. 48: 310-314.
——. 1960. Notes on South American Phanerogams. III. Wrightia 2: 90-102.
Smith, L. B. & Downs, R. J. 1956. Resumo preliminar das Rubiaceas de Santa Catarina. Sellowia 7: 1-86.
——. 1972. Amaranthaceae. En R. Reitz (ed.), Fl. Il. Catarinense fasc. AMARA: 1-110.
—— & Schubert, B. G. 1941. Revisión de las especies argentinas del género *Begonia*. Darwiniana 5: 78-117.
—— & ——. 1950. Una nueva *Begonia* Argentina. Lilloa 23: 143.
—— & ——. 1955. Studies in the Begoniaceae. IV. J. Wash. Acad. Sci. 45: 110-114.
—— & Wasshausen, D. C. 1984. Notes on Begoniaceae. IV. Phytologia 55: 112.
——, Downs, R. J. & Klein, R. M. 1988. Euforbiáceas. En R. Reitz (ed.), Fl. Il. Catarinense fasc. EUFO: 1-408.
——, Guimaráes, E. F., Pereira, J. F. & Norman, E. M. 1976. Loganiáceas. En R. Reitz (ed.), Fl. Il. Catarinense fasc. LOGA: 1-77.
——, Wasshausen, D. C., Golding, J. & Karegeannes, C. 1986. Begoniaceae. Part I: illustrated key. Part II: annotated species list. Smithsonian Contr. Bot. 60: 1-584.
Sobral, M. 1985. *Calycorectes psidiiflorus* (O. Berg) Sobral, comb. nov. Candollea 40: 636.

Sohmer, S. H. 1976. *Herbstia*, a new genus in the Amaranthaceae. Brittonia 28: 448-452.
——. 1977. A revision of *Chamissoa* (Amaranthaceae). Bull. Torrey Bot. Club 104: 111-126.
Solbrig, O. T. 1955. Notas sobre el género *Erigeron* (Compuestas). Bol. Soc. Argent. Bot. 6: 21-29.
——. 1960-61. Las Caprifoliáceas silvestres y cultivadas en la Argentina. Revista Fac. Ci. Agrar. Univ. Nac. Cuyo 8: 21-43.
——. 1962. The South American species of *Erigeron*. Contr. Gray Herb. 191: 3-82.
——. 1966. The South American species of *Gutierrezia*. Contr. Gray Herb. 197: 3-42.
Solomon, J. C. 1983. The systematics and evolution of *Epilobium* (Onagraceae) in South America. Ann. Missouri Bot. Gard. 69: 239-335.
——. 1988. *Epilobium*. En M. N. Correa (ed.), Fl. Patagónica, Colecc. Ci. Inst. Nac. Tecnol. Agropecu. 8(5): 274-284.
Sorarú, S. B. 1969. Nueva especie de *Pilea* (Urticaceae) de la República Argentina. Bol. Soc. Argent. Bot. 11: 292-294.
——. 1971. Dos especies nuevas de Leguminosas: *Anarthrophyllum burkartii* y *A. catamarcense*. Darwiniana 16: 654-658.
——. 1972. Revisión de las Urticaceae argentinas. Darwiniana 17: 246-325.
——. 1973. Tres especies nuevas de Leguminosas: *Anarthrophyllum pedicellatum, A. capitatum* y *A. strigulipetalum*. Darwiniana 18: 37-43.
——. 1974a. Calyceraceae. En A. Burkart (ed.), Fl. Il. Entre Ríos, Colecc. Ci. Inst. Nac. Tecnol. Agropecu. 6(6a): 101-106.
——. 1974b. Revisión de *Anarthrophyllum*, género argentino-chileno de Leguminosas. Darwiniana 18: 453-488.
——. 1976. Nota sobre el género *Argemone* (Papaveraceae) en la República Argentina. Darwiniana 20: 445-457.
——. 1984a. Anarthrophyllum. En M. N. Correa (ed.), Fl. Patagónica, Colecc. Ci. Inst. Nac. Tecnol. Agropecu. 8(4b): 161-175.
——. 1984b. Urticaceae. En M. N. Correa (ed.), Fl. Patagónica, Colecc. Ci. Inst. Nac. Tecnol. Agropecu. 8(4a): 12-19.
——. 1987. Urticaceae. En N. S. Troncoso & N. M. Bacigalupo (eds.), Fl. Il. Entre Ríos, Colecc. Ci. Inst. Nac. Tecnol. Agropecu. 6(3a): 31-43.
Soria, N. & Zardini, E. M. 1991. Novedades en el género *Baccharis* L (Asteraceae-Astereae) de Paraguay. Notulae ad Floram Paraquaiensem. Candollea 46: 535-540.
——. 1995. Sinopsis de la Tribu Astereae (Asteraceae) en Paraguay. Pp. 355-378 en D. J. N. Hind, C. Jeffrey & G. V. Pope (eds.), Advances in Compositae Systematics. Royal Botanic Gardens, Kew.
Soriano, A. 1942. Las especies del género *Suaeda* en la República Argentina. Revista Argent. Agron. 9: 343-353.
——. 1944a. El género *Nitrophila* en la Argentina y su posición sistemática. Revista Argent. Agron. 11: 302-308.
——. 1944b. El género *Salsola* en la Rep. Argentina. Revista Argent. Agron. 11: 233-240.
——. 1945. Notas sobre Quenopodiáceas argentinas. Revista Argent. Agron. 12: 51-56.
——. 1946. Halophytaceae. Nueva familia del orden Centrospermae. Notas Mus. La Plata, Bot. 11: 161-175.
——. 1947a. Notas sobre plantas de Patagonia. V. El género *Collomia* (Polemoniaceae) en Patagonia. Bol. Soc. Argent. Bot. 2: 102-105.
——. 1947b. Las Quenopodiáceas de la tribu Salicornieae en la República Argentina. Revista Argent. Agron. 14: 148-172.
——. 1947c. Notas sobre plantas de Patagonia. VI. Dos especies adventicias del género "*Myosotis*" (Boraginaceae). Bol. Soc. Argent. Bot. 2: 105-106.
——. 1948. El género *Benthamiella* (Solanaceae). Darwiniana 8: 233-262.
——. 1956. Los distritos florísticos de la Provincia Patagónica. Revista Invest. Agríc. 10: 323-347.
——. 1984. Halophytaceae. En M. N. Correa (ed.), Fl. Patagónica, Colecc. Ci. Inst. Nac. Tecnol. Agropecu. 8(4a): 167.
Sousa Sánchez, M. 1993. El género *Inga* (Leguminosae, Mimosoideae) del sur de México y Centroamérica. Ann. Missouri Bot. Gard. 80: 223-269.
—— & Andrade, G. 1992. Identidad de *Microlobius* y *Goldmania* (Leguminosae: Mimosoideae: Mimoseae) y nuevas combinaciones. Anales Inst. Biol. Univ. Nac. Auton. Mexico, Bot. 63: 101-107.
Souza, M. L. D. R. 1986. Estudo taxonomico do gênero *Tibouchina* Aubl. no Rio Grande do Sul, Brasil. Insula 16: 1-109.
Sparre, B. B. 1949. Systematical and nomenclaturistical studies in the genus *Viola*. I. An attempt at a revision of the section *Chilenium*. Lilloa 17: 377-416.
——. 1950a. Estudios sobre Violáceas argentinas. I. Los géneros *Hybanthus* y *Anchietea*. Lilloa 23: 515-574.
——. 1950b. Systematical and nomenclatorial studies on the genus *Viola*. II. Further annotations on the section *Chilenium*. Lilloa 23: 347-364.
——. 1962. Las Tropaeoláceas de la Provincia de Tucumán. Lilloa 31: 255-260.
——. 1963. Polemoniaceae. En T. N. Boecher, J. P. Hjerting & K. Rahn (eds.), Botanical studies in the Atuel Valley Area, Mendoza Province, Argentina, Part I. Dansk Bot. Ark. 22(1): 91-92.
——. 1984. Grossulariaceae. En M. N. Correa (ed.), Fl. Patagónica, Colecc. Ci. Inst. Nac. Tecnol. Agropecu. 8(4b): 19-26.
—— & Andersson, B. L. 1991. A taxonomic revision of the Tropaeolaceae. Opera Bot. 108: 1-139.
Spegazzini, C. L. 1896. Contribución al conocimiento de los árboles de la Argentina. Buenos Aires.
——. 1897a. Plantae patagoniae australis. Revista Fac. Agron. Univ. Nac. La Plata 3: 485-589.

——. 1897b. Primitiae Florae Chubutensis. Revista Fac. Agron. Univ. Nac. La Plata 3: 591-633.
——. 1899. Leguminosae. Nova addenda ad Floram patagonicam I. Anales Soc. Ci. Argent. 47: 231-239; 274-286.
——. 1902a. Flórula ciudad de La Plata y su partido. Bol. Ofic. Agric. Ganadera (Buenos Aires) 2: 1-493.
——. 1902b. Nova addenda ad floram patagonicam (Pars III). Anales Mus. Nac. Hist. Nat. Buenos Aires 7: 135-203; (Pars IV). 7: 203-308.
——. 1905. Cactacearum platensium tentamen. Anales Mus. Nac. Buenos Aires 9: 477-521.
——. 1917. Ramillete de plantas argentinas nuevas o interesantes. Physis (Buenos Aires) 3: 33-47; 155-179.
——. 1921. Plantas nuevas o interesantes. Anales Soc. Ci. Argent. 92: 77-123.
——. 1923. Acácieas argentinas. Bol. Acad. Nac. Ci. 26: 161-334.
——. 1924. Interesante Umbelácea bonaerense. Comun. Mus. Nac. Hist. Nat. Bernardino Rivadavia 2: 79-86.
——. 1925. Violetas argentinas. Revista Argent. Bot. 1: 234-237.
—— & Girola, C. D. 1911. Catálogo descriptivo de las maderas que se exhibieron en la Exposición Internacional de Agricultura de 1910. Sociedad Rural Argentina, Buenos Aires.
Sperling, C. R. 1987. Systematics of the Basellaceae. Ph.D. Thesis, Cambridge, Massachussetts.
——. 1995. New species and new combinations in *Anredera* Juss. (Basellaceae). Phytologia 79: 1-4.
Spichiger, R. & Loizeau, P. A. 1985. Trigoniaceae & Vochysiaceae. En R. Spichiger & G. Bocquet (eds.), Fl. Paraguay 2: 7-36.
——& Stutz de Ortega, L. 1987. Rutaceae. Fl. Paraguay 8: 1-50.
——, Méroz, J., Loizeau, P. A. & Stutz de Ortega, L. 1989. Contribución a la flora de la Amazonia peruana. Los árboles del Arbóretum Jenaro Herrera. Vol. 1. Boissiera 43: 1-355.
Spooner, D. M. 1990. Systematics of *Simsia* (Compositae-Heliantheae). Syst. Bot. Monogr. 30: 1-90.
Sprada Tavares, A. & Freitas da Silva, M. 1992. Distribuçao geografica do gênero *Cynometra* L. (Caesalpiniacea) no mundo. Acta Amazonica 22: 17-22.
Sprengel, C. P. J. 1826. *Tagetes*. Syst. Veg. 3: 571.
Standley, P. C. 1917. Amaranthaceae. N. Amer. Fl. 21(2): 95-169.
——. 1931a. The Nyctaginaceae of Northwestern South America. Field Mus. Nat. Hist., Bot. Ser. 11: 73-114.
——. 1931b. The Rubiaceae of Bolivia. Field Mus. Nat. Hist., Bot. Ser. 7: 255-339.
——. 1937a. Amaranthaceae. En J. F. Macbride, Flora of Peru. Field Mus. Nat. Hist., Bot. Ser. 2: 479-518.
——. 1937b. Studies in American plants VIII. Field Mus. Nat. Hist., Bot. Ser. 17: 240-241.
Stapf, O. 1929. *Calceolaria acutifolia*, tab. 9278. Curtis's Bot. Mag. 155.
Staudt, G. 1962. Taxonomic studies in the genus *Fragaria*. Typification of *Fragaria* species known at the time of Linnaeus. Canad. J. Bot. 40: 869-886.
Stearn, W. T. 1972. Typification of *Evolvulus nummularius*, *E. convolvuloides* and *E. alsinoides* (Convolvulaceae). Taxon 21: 649.
Steenis, C. G. G. J. 1957. Basellaceae. En C. G. G. J. Steenis (ed.), Flora Malesiana 5(3): 300-304.
Steibel, P. 1995. Las Euforbiáceas (Euphorbiaceae Juss.) nativas, naturalizadas y adventicias de la provincia de La Pampa, República Argentina. Revista Fac. Agron. Univ. Nac. La Pampa 8: 69-99.
Stern, W. L. 1974. Comparative and systematic of woody Saxifragaceae *Escallonia*. Bot. J. Linn. Soc. 68: 1-20.
Steyermark, J. A. 1932. A revision of the genus *Menodora*. Ann. Missouri Bot. Gard. 19: 87-176.
——. 1972. Rubiaceae. En B. Maguire & collaborators (eds.), The botany of the Guayana Higland. Part IX. Mem. New York Bot. Gard. 23: 227-832.
——. 1974. Rubiaceae. En T. Laser (ed.), Fl. Venezuela 9: 1-2070.
Stocking, K. M. 1955. Some considerations of the genera *Echinocystis* and *Echinopepon* in the United States and northern México. Madroño 13: 84-100.
Stork, A. L. 1972. Studies in the Aegean flora, XX. Biosystematics of the *Malcomia maritima* complex. Opera Bot. 33: 1-118.
Strother, J. L. 1969. Systematics of *Dyssodia* Cavanilles (Compositae: Tageteae). Univ. Calif. Publ. Bot. 48: 1-88.
——. 1986. Renovation of *Dyssodia* (Compositae: Tageteae). Sida 11: 371-378.
——. 1991. Taxonomy of *Complaya*, *Elaphandra*, *Iogeton*, *Jefea*, *Wamalchitania*, *Wedelia, Zexmenia,* and *Zyzyxia* (Compositae-Heliantheae-Eeliptinae). Syst. Bot. Monogr. 33: 1-111.
Stuckert, T. T. J. V. 1919. Catalogue des Oxalidacées de l'Argentine. Annuarie Conserv. Jard. Bot. Genève 20: 446-464.
——. 1932. Las Malváceas argentinas. Anales Soc. Ci. Argent. 114: 5-32, 99-121.
—— & Heimerl, A. 1913. Die Nyctaginaceen argentiniéns. Annuarie Conserv. Jard. Bot. Genève 17: 220-234.
Stuessy, T. F. 1978. Revision of *Lagascea* (Compositae-Heliantheae). Fieldiana Bot. 38: 75-133.
Stutz, L. C. 1983. Études floristiques de divers stades secondaires des formations forestières du Haut Paraná (Paraguay oriental). Inventaire floristique d'une réserve forestière. Candollea 38: 543-573.
Stützer, O. 1935. Die Gattung *Pfaffia*. Feddes Repert. 88: 1-46.

Subils, R. 1971. Tres nuevas especies de *Euphorbia* L. Kurtziana 6: 233-240.
——. 1977. Las especies de *Euphorbia* de la República Argentina. Kurtziana 10: 83-248.
——. 1979. Dos nuevas especies de *Cardionema* (Caryophyllaceae) para Argentina. Lorentzia 3: 5-11.
——. 1984. Una nueva especie de *Euphorbia* sect. *Poinsettia* (Euphorbiaceae). Kurtziana 17: 125-130.
Suessenguth, K. 1934. Neue un kritische Amarantaceen aus Süd und Mittelamerika. Feddes Repert. 35: 298-337.
——. 1935. Neue und kritische Pflanzen aus Südamerika, insbesondere Amarantaceen, sowie eine neue Gattung der Podostemonaceae. Feddes Repert. 39: 1-14.
——. 1937. Amarantaceae americanae. Feddes Repert. 42: 50-59.
——. 1938. Amarantaceae aus Amerika, Asien, Australien. Feddes Repert. 44: 36-42.
——. 1939. Uber einige amerikanische "Amarantaceae" und "Rhamnaceae." Lilloa 4: 125-135.
——. 1940. Einige neue und seltene Amarantaceen. Feddes Repert. 49: 5-11.
——. 1950. Amaranthaceae. Mitt. Bot. Staatssamml. München 1: 1-7.
——. 1952. Amaranthaceae. Mitt. Bot. Staatssamml. München 1: 102-109.
——. 1953. Rhamnaceae. En A. Engler & K. Prantl (eds.), Nat. Pflanzenfamilien 20d: 7-173.
Swanson, J. R. 1966. A synopsis of relationship in *Montioideae* (Portulacaceae). Brittonia 18: 229-241.
Swenson, U. 1995. Systematics of *Abrotanella*, an amphi-Pacific genus of Asteraceae (Senecioneae). Pl. Syst. Evol. 197: 149-193.
Tamura, M. 1993. New species and combinations in the Ranunculaceae. Acta Phytotax. Geobot. 44: 27-28.
Taylor, C. M. 1992. *Sesuvium portulacastrum* y *Mesembryanthemum nodiflorum*, registros nuevos para la flora de Chile. Gayana, Bot. 49: 11-15.
——. 1994. Revision of *Tetragonia* (Aizoaceae) in South America. Syst. Bot. 19: 575-589.
——. 1996a. Synopsis of the Rubiaceae of Chile. Gayana, Bot. 53: 285-294.
——. 1996b. Taxonomic revision of *Cruckshanksia* and *Oreopolus* (Rubiaceae: Hedyotideae). Ann. Missouri Bot. Gard. 83: 461-479.
—— & Iliff, J. 1996. Nomenclatural notes on Andean Opuntioideae. Bradleya 14: 17-19.
—— & Lorence, D. H. 1993. On the status of *Randia armata* (Sw.) DC. (Rubiaceae: Gardenieae). Taxon 42: 865-867.
Taylor, N. 1994. Proposal to conserve *Cactus cruciformis* Vell.(Cactaceae). Taxon 43: 469-470.
Tebbs, M. C. 1989. Revision of *Piper* (Piperaceae) in the New World. 1. Review of characters and taxonomy of *Piper* section *Macrostachys*. Bull. Brit. Mus. (Nat. Hist.), Bot. 19: 117-158.
——. 1990. Revision of *Piper* (Piperaceae) in the New World. II. The taxonomy of *Piper* section *Churumayu*. Bull. Brit. Mus. (Nat. Hist.), Bot. 20: 193-236.
——. 1993. Revision of *Piper* (Piperaceae) in the New World. III. The taxonomy of *Piper* sections *Lepianthes* and *Radula*. Bull. Brit. Mus. (Nat. Hist.), Bot. 23: 1-50.
Teillier, S. A. 1996. Las especies del género *Suaeda* (Chenopodiaceae) en Chile. Gayana, Bot. 53: 265-276.
Terrell, E. E. 1990. Synopsis of *Oldenlandia* (Rubiaceae) in the United States. Phytologia 68: 125-133.
Thellung, A. 1914. Amarantus. En P. Ascherson & P. Graebner (eds.), Synopsis der Mitteleuropäischen Flora 5: 225-356.
Thorne, R. F. 1978. New subspecific combinations for southern California plants. Aliso 9: 189-196.
Till, H. 1993. Das *Gymnocalycium monvillei* Aggregat. Gymnocalycium 6: 99-112.
——. 1994. *Gymnocalycium amerhauseri*, eine neue arten. Gymnocalycium 7: 131-134.
—— & Till, W. 1994. *Gymnocalycium hyblopeurum* 1. Gymnocalycium 7: 135-140.
—— & ——. 1988. Ein neues *Gymnocalycium* (subgen. *Pirisemineum*) aus Nordargentinien. *Gymnocalycium pflanzii* subsp. *argentinense*. Kakteen Sukk. 39: 273-277.
—— & ——. 1995. *Gymnocalycium hyblopeuru* 2. Gymnocalycium 8: 141-146.
Todzia, C. A. 1992. A reevaluation of the genus *Phyllostylon* (Ulmaceae). Sida 15: 263-270.
Torres, A. M. 1963. Taxonomy of *Zinnia*. Brittonia 15: 1-25.
——. 1964. Revision of *Sanvitalia* (Compositae-Heliantheae). Brittonia 16: 417-433.
——. 1968. Revision of *Jaegeria* (Compositae-Heliantheae). Brittonia 20: 52-73.
Tortorelli, L. 1940. Maderas argentinas. Biblioteca Facultad Agronómica y Veterinaria 3: 1-218.
——. 1956. Maderas y Bosques Argentinos. Ed. Acme, Buenos Aires.
—— & Castiglioni, J. A. 1948. Estudio dendrológico de las Estiracáceas argentinas. Lilloa 16: 125-139.
Tortosa, R. D. 1983a. El género *Discaria* (Rhamnaceae). Bol. Soc. Argent. Bot. 22: 301-335.
——. 1983b. Una especie polimorfa de *Discaria*: *D. chacaye* (G. Don) comb. nov. (Rhamnaceae) y sus híbridos presuntivos. Parodiana 2: 79-98.
——. 1989. El género *Colletia* (Rhamnaceae). Parodiana 5: 279-332.
——. 1992. El complejo *Retanilla-Talguenea-Trevoa* (Rhamnaceae). Darwiniana 31: 223-252.
——. 1995. Rhamnaceae. En A. T. Hunziker (ed.), Flora Fanerogámica Argentina 9: 1-18.
—— & Medán, D. 1977. *Chondrilla* L. (Compositae), nuevo género para la Argentina. Darwiniana 21: 115-119.

—— & ——. 1979. Rehabilitación de *Condalia megacarpa* (Rhamnaceae). Kurtziana 12-13: 83-99.
Toursarkissian, M. 1957. El nombre correcto de la especie de *Helietta* (Rutaceae) del nordeste argentino. Bol. Soc. Argent. Bot. 7: 48-49.
——. 1969. Las Gesneriáceas argentinas. Darwiniana 15: 25-64.
——. 1973a. Las Aristolochiáceas chaqueñas. Notas Preliminares para la Flora Chaqueña (Formosa, Chaco y Santiago del Estero). Ministerio de Agricultura y Ganadería de la Nación (INTA) 5: 14-29.
——. 1973b. Las Opiliáceas Chaqueñas. Notas Preliminares para la Flora Chaqueña (Formosa, Chaco y Santiago del Estero). Ministerio de Agricultura y Ganadería de la Nación (INTA) 5: 8-10.
——. 1975. Las Nictagináceas Argentinas. Revista Mus. Argent. Ci. Nat., Bernardino Rivadavia., Bot. 5: 27-83.
Tovar Serpa, O. 1955. Revisión de las especies peruanas del género *Perezia* (Compositae). Publ. Mus. Hist. Nat. "Javier Prado," Ser. B, Bot. 8: 1-35.
Tressens, S. G. 1981. Novedades para la flora de la provincia de Corrientes (Argentina). Bonplandia (Corrientes) 5: 123-142.
——. 1986. Novedades para la Flora de la provincia de Corrientes (Argentina). Bol. Soc. Argent. Bot. 24: 387-392.
——. 1996. Sapotaceae. En A. T. Hunziker (ed.), Flora Fanerogámica Argentina 30: 1-9.
——. 1997. El género *Cryptocarya* (Lauraceae) en Argentina. Bonplandia (Corrientes) 9: 209-212.
—— & Rodríguez, M. E. 1996. *Calyptranthes tricona* (Myrtaceae), nueva cita para la flora Argentina. Bonplandia (Corrientes) 9: 53-56.
Troiani, H. O. 1984. Heliánteas (Heliantheas) pampeanas. Apuntes Fl. Pampa 89-92: 353-367.
——. 1985. Las especies de *Baccharis* (Compositae) de la Provincia de La Pampa. Revista Fac. Agron. Univ. Nac. La Pampa 1: 35-80.
—— & Prina, A. O. 1995. *Tordylium*, género de Apiaceae adventicio en la república Argentina. Hickenia 2: 115-118.
Troncoso, A. A. 1974. Estudio crítico de la sinonimización de *Chenopodium halophilum* Phil. y *Blitum salsum* Phil. (Chenopodiaceae). Notic. Mens. Mus. Nac. Hist. Nat. 18: 3-8.
Troncoso, N. S. 1937. Enumeración de las nuevas entidades botánico-taxonómicas fundadas por el Dr. Hicken de los ejemplares tipos. Darwiniana 2: 105-125.
——. 1941. Un nuevo género de Verbenáceas de la Argentina: *Parodianthus*, nov. gen. Darwiniana 5: 31-40.
——. 1952. Descripción de algunas especies nuevas o críticas de *Lippia* de la Flora Argentina. Darwiniana 10: 69-89.
——. 1957. El género *Neosparton* (Verbenaceae). Darwiniana 11: 163-192.
——. 1960. *Xeroaloysia*, un nuevo género Argentino de Verbenáceas. Darwiniana 12: 48-52.
——. 1961. Las *Lippia* (Verbenáceas) descritas del Paraguay por Robert Chodat y John Briquet. Darwiniana 12: 256-292.
——. 1962. Notas taxonómicas sobre Verbenáceas argentinas. Darwiniana 12: 527-531.
——. 1964. Dilucidación de las especies platenses de *Glandularia* (Verbenáceas) de hojas disectas. Darwiniana 14: 468-485.
——. 1965. Verbenaceae. En A. L. Cabrera (ed.), Fl. Prov. Buenos Aires, Colecc. Ci. Inst. Nac. Tecnol. Agropecu. 4(5a): 121-152.
——. 1968. Notas sobre Verbenáceas sudamericanas nuevas o interesantes. Darwiniana 14: 631-638.
——. 1971. Aclaración sobre *Glandularia megapotamica* (Spr.) Cabr. et Daws. y sus especies afines (Verbenaceae). Darwiniana 16: 613-621.
——. 1973. Una nueva especie de *Parodianthus* (Verbenaceae) *P. capillaris*, nov. spec. Darwiniana 18: 19-26.
——. 1974. Los géneros de Verbenáceas de Sudamérica Extratropical (Argentina, Chile, Bolivia, Paraguay, Uruguay y sur de Brasil). Darwiniana 18: 295-412.
——. 1975. Nuevas combinaciones en el género *Glandularia* (Verbenaceae). Darwiniana 19: 737-738.
——. 1979. Verbenaceae. En A. Burkart (ed.), Fl. Il. Entre Ríos, Colecc. Ci. Inst. Nac. Tecnol. Agropecu. 6 (5a): 229-294.
——. 1980. Novedades taxonómicas en los géneros *Lantana* y *Lippia* (Verbenáceas). Hickenia 1: 227-232.
——. 1987a. Aizoaceae. En N. S. Troncoso & N. M. Bacigalupo (eds.), Fl. Il. Entre Ríos, Colecc. Ci. Inst. Nac. Tecnol. Agropecu. 6(3a): 225-230.
——. 1987b. Annonaceae. En N. S. Troncoso & N. M. Bacigalupo (eds.), Fl. Il. Entre Ríos, Colecc. Ci. Inst. Nac. Tecnol. Agropecu. 6(3a): 327-330.
——. 1987c. Capparaceae. En N. S. Troncoso & N. M. Bacigalupo (eds.), Fl. Il. Entre Ríos, Colecc. Ci. Inst. Nac. Tecnol. Agropecu. 4(3a): 344-357.
——. 1987d. Molluginaceae. En N. S Troncoso & N. M. Bacigalupo (eds.), Fl. Il. Entre Ríos, Colecc. Ci. Inst. Nac. Tecnol. Agropecu. 6(3a): 230-233.
——. 1987e. Piperaceae. En N. S. Troncoso & N. M. Bacigalupo (eds.), Fl. Il. Entre Ríos, Colecc. Ci. Inst. Nac. Tecnol. Agropecu. 6(3a): 2-6.
——. 1987f. Polygonaceae (excepto *Rumex* y *Polygonum*). En N. S. Troncoso & N. M. Bacigalupo (eds.), Fl. Il. Entre Ríos, Colecc. Ci. Inst. Nac. Tecnol. Agropecu. 6(3a): 55-97.

——. 1987g. Rosaceae. En N. S. Troncoso & N. M. Bacigalupo (eds.), Fl. Il. Entre Ríos, Colecc. Ci. Inst. Nac. Tecnol. Agropecu. 6(3a): 430-442.

——. 1993a. *Aegiphila*. En A. L. Cabrera (ed.), Fl. Prov. Jujuy, Colecc. Ci. Inst. Nac. Tecnol. Agropecu. 13 (9): 3-7.

——. 1993b. *Bouchea*. En A. L. Cabrera (ed.), Fl. Prov. Jujuy, Colecc. Ci. Inst. Nac. Tecnol. Agropecu. 13 (9): 115-117.

——. 1993c. *Duranta*. En A. L. Cabrera (ed.), Fl. Prov. Jujuy, Colecc. Ci. Inst. Nac. Tecnol. Agropecu. 13 (9): 9-10.

——. 1993d. *Lantana*. En A. L. Cabrera (ed.), Fl. Prov. Jujuy, Colecc. Ci. Inst. Nac. Tecnol. Agropecu. 13 (9): 18-36.

——. 1993e. *Lippia*. En A. L. Cabrera (ed.), Fl. Prov. Jujuy, Colecc. Ci. Inst. Nac. Tecnol. Agropecu. 13 (9): 47-63.

——. 1993f. *Pitraea*. En A. L. Cabrera (ed.), Fl. Prov. Jujuy, Colecc. Ci. Inst. Nac. Tecnol. Agropecu. 13 (9): 82-83.

——. 1993g. *Priva*. En A. L. Cabrera (ed.), Fl. Prov. Jujuy, Colecc. Ci. Inst. Nac. Tecnol. Agropecu. 13 (9): 83-86.

—— & Bacigalupo, N. M. 1977. Plantas vasculares nuevas e interesantes de la Flora de Entre Ríos, III. Darwiniana 21: 172-181.

—— & ——. 1982. Plantas vasculares nuevas o interesantes de la Flora de Entre Ríos, IV. Darwiniana 24: 475-487.

—— & ——. 1987. Proteaceae. En N. S. Troncoso & N. M. Bacigalupo (eds.), Fl. Il. Entre Ríos, Colecc. Ci. Inst. Nac. Tecnol. Agropecu. 6(3a): 54.

—— & Botta, S. M. 1993a. *Phyla*. En A. L. Cabrera (ed.), Fl. Prov. Jujuy, Colecc. Ci. Inst. Nac. Tecnol. Agropecu. 13 (9): 76-79.

—— & ——. 1993b. *Stachytarpheta*. En A. L. Cabrera (ed.), Fl. Prov. Jujuy, Colecc. Ci. Inst. Nac. Tecnol. Agropecu. 13 (9): 79-82.

—— & ——. 1993c. *Verbena*. En A. L. Cabrera (ed.), Fl. Prov. Jujuy, Colecc. Ci. Inst. Nac. Tecnol. Agropecu. 13 (9): 87-98.

Tur, N. M. 1975. Nueva especie de Podostemaceae para Argentina, *Wettsteiniola apipensis*. Bol. Soc. Argent. Bot. 16: 320-324.

——. 1987a. Ceratophyllaceae. En N. S. Troncoso & N. M. Bacigalupo (eds.), Fl. Il. Entre Ríos, Colecc. Ci. Inst. Nac. Tecnol. Agropecu. 6(3a): 300-303.

——. 1987b. Nympheaceae. En N. S. Troncoso & N. M. Bacigalupo (eds.), Fl. Il. Entre Ríos, Colecc. Ci. Inst. Nac. Tecnol. Agropecu. 6(3a): 292-300.

——. 1987c. Podostemaceae. En N. S. Troncoso & N. M. Bacigalupo (eds.), Fl. Il. Entre Ríos, Colecc. Ci. Inst. Nac. Tecnol. Agropecu. 6(3a): 43-54.

——. 1995. Ceratophyllaceae. En A. T. Hunziker (ed.), Flora Fanerogámica Argentina 6: 1-2.

——. 1997. Taxonomy of Podostemaceae in Argentina. Aquatic Bot. 57: 213-241.

Turland, N. 1996. Proposal to reject the name *Atriplex hastata* L. (Chenopodiaceae). Taxon 45: 325-326.

Turner, B. L. 1984. Update on the genus *Jaegeria* (Compositae-Heliantheae). Phytologia 55: 243-251.

——. 1988. Taxonomic study of *Chrysanthellum* (Asteraceae-Coreopsidae). Phytologia 64: 410-444.

——. 1992. New names and combinations in New World *Wedelia* (Asteraceae-Heliantheae). Phytologia 72: 389-395.

——. 1994. Revisionary study of the genus *Allionia* (Nyctaginaceae). Phytologia 77: 45-55.

—— & Cowan, C. P. 1993. Taxonomic overview of *Stemodia* (Scrophulariaceae) for North America and the West Indies. Phytologia 74: 61-103.

Tutin, T. G. 1968. Umbelliferae. En T. G. Tutin, V. H. Heywood, N. A. Burges, D. M. Moore, D. H. Valentine, S. M. Walters & D. A. Webb (eds.), Flora Europaea 2: 315-375.

Tzvelev, N. N. 1961. Compositae-Anthemideae. En B. L. Momorov (ed.), Flora URSS 26: 1-638.

Ulibarri, E. A. 1978. Sobre *Stenodrepanum* Harms (Leguminosae-Caesalpinioideae). Darwiniana 21: 401-405.

——. 1979. Las especies argentinas de *Hoffmannseggia* Cav. (Leguminosae-Caesalpinioideae). Darwiniana 22: 135-158.

——. 1982. Notas sobre *Adesmia* DC. II (Leguminosae-Papilionoideae). Darwiniana 24: 267-281.

——. 1984. Notas sobre *Adesmia* DC. III (Leguminosae-Papilionoideae). Darwiniana 25: 355-360.

——. 1985. Aclaración sobre el tipo de *Adesmia inflexa* Griseb. y su sinonimia (Leguminosae-Papilionoideae). Darwiniana 26: 285-287.

——. 1986. Las especies de *Adesmia* de la serie *Microphyllae* (Leguminosae-Papilionoideae). Darwiniana 27: 315-388.

——. 1987a. Loranthaceae. En N. S. Troncoso & N. M. Bacigalupo (eds.), Fl. Il. Entre Ríos, Colecc. Ci. Inst. Nac. Tecnol. Agropecu. 6(3a): 106-121.

——. 1987b. Olacaceae. En N. S. Troncoso & N. M. Bacigalupo (eds.), Fl. Il. Entre Ríos, Colecc. Ci. Inst. Nac. Tecnol. Agropecu. 6(3a): 98-100.

——. 1987c. Santalaceae. En N. S. Troncoso & N. M. Bacigalupo (eds.), Fl. Il. Entre Ríos, Colecc. Ci. Inst. Nac. Tecnol. Agropecu. 6(3): 101-106.

——. 1988a. Notas sobre *Caesalpinia* y *Hoffmanseggia* (Leguminosae-Caesalpinioideae). I. Darwiniana 28: 231-235.

——. 1988b. *Neonotonia* (Leguminosae) espontáneo en la flora Argentina. Bol. Soc. Argent. Bot. 25: 539-541.

——. 1991. Notas en el género *Caesalpinia* L. (Leguminosae-Caesalpinioideae) II. Candollea 46: 163-168.

——. 1994a. Leguminosae. En R. Kiesling (ed.), Fl. San Juan 1: 257-258; 263-264; 272-302; 317-318.

——. 1994b. Loranthaceae. En R. Kiesling (ed.), Fl. San Juan 1: 64-68.

——. 1996a. Fabaceae. Adesmieae. Flora del Valle de Lerma. Aportes Bot. Salta, sér. Flora 4(8): 1-11.
——. 1996b. Sinopsis de *Caesalpinia* y *Hoffmannseggia* (Leguminosae-Caesalpinioideae) de Sudamérica. Darwiniana 34: 299-348.
——. 1997a. Fabaceae (1). Tribu 1. Caesalpinieae. En A. T. Hunziker (ed.), Flora Fanerogámica Argentina 32: 3-26.
——. 1997b. Fabaceae (2). Tribu 4. Detarieae. En A. T. Hunziker (ed.), Flora Fanerogámica Argentina 33: 10-12.
——. 1997c. Fabaceae (5). Tribu 9. Sophoreae. En A. T. Hunziker (ed.), Flora Fanerogámica Argentina 36: 3-11.
——. 1997d. Fabaceae (8). Tribu 2. Cassieae (excepto subtribu Casiinae). En A. T. Hunziker (ed.), Flora Fanerogámica Argentina 51: 3-4.
Urban, I. 1928. Plantae cubenses novae vel rariores L. Ekman lectae. IV. Symb. Bot. Upsal. 9: 433-543.
Urban, I. & Gilg, E. 1900. Monographia Loasacearum. Nova Acta Acad. Caes. Leop.-Carol. German. Nat. Cur. 76: 1-384.
——. 1911. Loasaceae argent. et peruv. Plantae novae andinae imprimis Weberbaurianae. V. Bot. Jahrb. Syst. 45: 466-470.
Urtubey, E. 1996. Subtribu Barnadesiinae (excepto *Chuquiraga*). En A. T. Hunziker (ed.), Flora Fanerogámica Argentina 31: 3-24.
Valenzuela Celis, E. 1993. Achatocarpaceae. En T. J. Killeen, E. García E. & S. G. Beck (eds.), Guía de Arboles de Bolivia: 76-77. Herbario Nacional de Bolivia & Missouri Botanical Garden.
Valera, C. A. 1993. Elaeocarpaceae. En T. J. Killen, E. García & S. G. Beck (eds.), Guía de Arboles de Bolivia: 274-279. Herbario Nacional de Bolivia & Missouri Botanical Garden.
Valla, J. J. & Martin, M. E. 1976. La semilla y la plántula del irupé (*Victoria cruziana* D'Orb.) ("Nympheaceae"). Darwiniana 20: 391-407.
Vanni, R. O. 1981. Novedades en Hedysareae (Leguminosae-Papilionoideae). Bonplandia (Corrientes) 5: 175-188.
——. 1994. Novedad en el género *Tephrosia* (Leguminosae) para la flora Argentina. Bol. Soc. Argent. Bot. 30: 117-118.
——. 1995. El genero *Zornia* (Leguminosae) en Argentina. Darwiniana 33: 1-20.
——. 1997. Notas críticas en el género *Aeschynomene* L. (Leguminosae-Aeschynomeneae) para las floras de Paraguay, Bolivia y Argentina. Candollea 52: 211-213.
——. Inéd.a. El género *Chaetocalyx* (Leguminosae-Aeschynomeneae) en Argentina.
——. Inéd.b. El género *Desmodium* (Leguminosae) en Argentina.
Vattimo, I. 1956. O gênero *Ocotea* Aubl. no Sul do Brasil I - Espécies de Santa Catarina e do Paraná (Lauraceae). Rodriguésia 18-19: 265-349.
——. 1966. Notas sôbre o gênero *Cryptocarya* R. Br. no Brasil (Lauraceae). Rodriguésia 25: 219-237.
Vázquez Avila, M. D. 1981a. El género *Ficus* (Moraceae) en la República Argentina. Darwiniana 23: 605-636.
——. 1981b. Una nueva especie del género *Ficus* (Moraceae). Hickenia 1: 247-249.
——. 1985a. *Ficus luschnathiana* (Miq.) Miq., nombre correcto para *Ficus monckii* Hassler. Darwiniana 26: 381-382.
——. 1985b. Moráceas Argentinas, nativas y naturalizadas (excepto *Ficus*). Darwiniana 26: 289-330.
——. Inéd. Novedades en el género *Ficus* para la flora Argentina.
Veldkamp, J. 1978. A proposal (449) to reject the name *Alternanthera ficoidea* (Linné) Beauv. (Amaranthaceae) in favour of *Alternanthera tenella* Colla. Taxon 27: 310-314.
Venturi, S. & Lillo, M. 1910. Contribución al conocimiento de los árboles de la Argentina, pp. 1-127. Buenos Aires.
Verdcourt, B. 1970. Studies in the Leguminosae-Papilionoideae for the "Flora of tropical East Africa" IV. Kew Bull. 24: 507-569.
——. 1973. A new combination in *Myriophyllum* (Haloragaceae). Kew Bull. 28: 36.
——. 1975. Studies in the Rubiaceae-Rubioideae for the "Flora of Tropical East Africa": I. Kew Bull. 30: 247-326.
Vervoorst, F. B. 1967. La vegetación de la República Argentina VII. Las comunidades vegetales de la Depresión del Salado. Inst. Bot. Agríc. ser. Fitogeografía 7: 227.
Villa Carenzo, M. 1960. Notas sistemáticas. Lilloa 30: 129-139.
——. 1966. Boussingaultias argentinas (Baseláceas). Lilloa 32: 301-317.
——. 1971. Novedades en el género *Peperomia*. Lilloa 33: 87-93.
——. 1972. Las Piperáceas chaqueñas. Notas Preliminares para la Flora Chaqueña (Formosa, Chaco y Santiago del Estero). Ministerio de Agricultura y Ganadería de la Nación (INTA) 2: 1-21.
——. 1977. Piperaceae. En T. Meyer, M. Villa Carenzo & P. Legname (eds.), Fl. Il. Prov. Tucumán: 5-43.
Villamil, C. B. 1969. Estudio palinológico de *Phyllanthus marginivillosa*. Kurtziana 5: 325-327.
Vogel, T. 1837. De Caesalpinieis Brasiliae. Linnaea 11: 401.
Volkart, I. 1979. El género *Esenbeckia* en la República Argentina. Revista Fac. Agron. Univ. Nac. La Plata 55: 15-29.
Volponi, C. R. 1983. Sinopsis de las especies argentinas de *Stellaria* (Caryophyllaceae). Lilloa 36: 69-75.
——. 1985. Sinopsis de las especies argentinas de *Arenaria* (Caryophyllaceae). Darwiniana 26: 331-351.
——. 1986a. Contribuciones a la espermatología de especies argentinas de *Stellaria* (Caryophyllaceae). Bol. Soc. Argent. Bot. 24: 283-294.
——. 1986b. Sobre *Stellaria cuspidata* (Caryophyllaceae) y especies afines en Argentina. Kurtziana 18: 93-107.

——. 1991 [1990]. Revisión de especies argentinas de *Cerastium* (Caryophyllaceae). I. Darwiniana 30: 259-275.

——. 1992. *Stellaria yungasensis* (Caryophyllaceae) una nueva cita para Argentina. Anales Soc. Ci. Argent. 222: 69-72.

——. 1993. *Stellaria cuspidata* (Caryophyllaceae) and some related species in the Andes. Willdenowia 23: 193-209.

——. 1998. Caryophyllaceae. Flora del Valle de Lerma. Aportes Bot. Salta, sér. Flora 5(9): 1-52.

Walter, H. 1909. Phytolaccaceae. En A. Engler (ed.), Pflanzenr. 4(83) Heft 39: 1-154.

Walters, D. R. 1969. A revision of the genus *Schizanthus* (Solanaceae). Ph.D. Thesis, Indiana University. University Microfilms International. U.S.A.

Walters, S. M. 1953. *Montia fontana* L. Watsonia 3: 1-6.

Walton, D. W. H. 1975. Taxonomic notes on South American species of the genus *Acaena* L. (Rosaceae). Darwiniana 19: 500-509.

Warming, J. E. B. 1888. Familien Podostemaceae. III. Kongel. Danske Vidensk. Selsk. Skr., Naturvidensk. Math. Afd. Ser. 6, 4: 443-514.

——. 1899. Familien Podostemaceae. III. Kongel. Danske Vidensk. Selsk. Skr., Naturvidensk. Math. Afd. Ser. 6, 9: 105-154.

Wasshausen, D. C. 1973. New names in cultivated *Justicia* (Acanthaceae). Baileya 19: 1-3.

——. 1975. The genus *Aphelandra* (Acanthaceae). Smithsonian Contr. Bot. 18: 1-157.

——. 1992. Nomenclatural changes in the Acanthaceae and two new species of *Odontonema* from Venezuela and Guyana. Novon 2: 149-152.

—— & Ezcurra, C. 1993. A new species of *Oplonia* (Acanthaceae) from southern South America. Novon 3: 89-91.

—— & ——. 1997. New names and new combinations in *Justicia* sects. *Simonisia*, *Plagiacanthus* and *Orthotactus* (Acanthaceae) from southern South America. Candollea 52: 171-179.

—— & Smith, L. B. 1969. Acantáceas. En R. Reitz (ed.), Fl. Il. Catarinense fasc. ACAN: 1-134.

Watson, E. E. 1929. Contributions to a monograph of the genus *Helianthus*. Pap. Michigan Acad. Sci. 9: 305-475.

Webb, C. J., Sykes, W. R. & Garnock-Jones, P. J. 1988. Flora of New Zealand IV. Naturalised Pteridophytes, Gymnosperms, Dicotyledons. Christchurch, pp. 1-1365.

Webb, D. A. 1976a. *Arctotheca*. En T. G. Tutin, V. H. Heywood, N. A. Burges, D. M. Moore, D. H. Valentine, S. M. Walters & D. A. Webb (eds.), Fl. Europea 4: 208.

——. 1976b. *Arctotis*. En T. G. Tutin, V. H. Heywood, N. A. Burges, D. A. Moore, D. H. Valentine, S. M. Walters & D. A. Webb (eds.), Fl. Europea 4: 207-208.

Webster, G. L. 1955. Studies of the Euphorbiaceae, Phyllanthoides I. Taxonomic notes on the West Indian species of *Phyllanthus*. Contr. Gray Herb. 176: 45-63.

——. 1957. A monographic study of the West Indian species of *Phyllanthus*. J. Arnold Arbor. 38: 51-80.

——. 1968. *Croton*. En R. E. Woodson & R. W. Schery (eds.), Flora of Panama. Ann. Missouri Bot. Gard. 54: 247-265.

——. 1979. A revision of *Margaritaria* (Euphorbiaceae). J. Arnold Arbor. 60: 412-415.

——. 1992. Realignments in American *Croton* (Euphorbiaceae). Novon 2: 269-273.

—— & Armbruster, W. S. 1991. A synopsis of neotropical species of *Dalechampia* (Euphorbiaceae). Bot. J. Linn. Soc. 105: 137-177.

Weddell, H. A. 1855. Chloris Andina. Essai d'une flore de la Région Alpina des Cordillères de l'Amérique du Sud. 1 1-123. Chez P. Bertrand, Paris.

——. 1857. Chloris Andina. Essai d'une flore de la Région Alpina des Cordillères de l'Amérique du Sud. 2 1-316. Chez P. Bertrand, Paris.

Weigend, M. 1997a. Loasoideae in Eastern South America and on Hispaniola: names, types and a key. Sendtnera 4: 207-220.

——. 1997b. Names and types in *Cajophora* K. Presl s. str. (Loasaceae). Sendtnera 4: 221-242.

Whalen, M. A. 1987. Systematics of *Frankenia* (Frankeniaceae) in North and South America. Syst. Bot. Monogr. 17: 1-93.

Wherry, E. T. 1944. Review of the genera *Collomia* and *Gymnosteris*. Amer. Midl. Naturalist 31: 216-231.

White, F. 1978. Ebenaceae. En R. E. Woodson, Jr. & R. W. Schery (eds.), Flora of Panama. Ann. Missouri Bot. Gard. 65: 145-154.

Wiehler, H. J. 1972. Name changes for some American Gesneriaceae in cultivation. Baileya 18: 133-138.

Wiersema, J. H. 1987. A monograph of *Nymphaea* subgenus *Hydrocallis* (Nympheaceae). Syst. Bot. Monogr. 16: 1-112.

Wijnands, D. O. & Westphal-Stevels, J. M. C. 1985. Proposal to change the citation and nomenclature of the conserved type of 2406 *Talinum* Adanson. Taxon 34: 309.

Wilbur, R. L. 1988. The authority for *Lepuropetalon spathulatum* (Saxifragaceae). Castanea 53: 306-308.

Williams, L. O. 1973. *Geophila* (Rubiaceae) in North America. Phytologia 26: 263-264.

Williamson, J. 1967. Algunos árboles que se naturalizan en la Provincia de La Pampa, Argentina. Revista Forest. Argent. 11: 45-49.

Wilmot-Dear, C. M. & Friis, I. 1996. The New World species of *Boehmeria* and *Pouzolzia* (Urticaceae, tribus *Boehmerieae*). A taxonomic revision. Opera Bot. 129: 1-103.

Wimmer, F. E. 1935. Conspectus Lobelioidearum in Brasilia, Paraguay, Uruguay, Argentinia crescentium. Revista Sudamer. Bot. 2: 89-107.
——. 1953. Campanulaceae-Lobelioideae. II. En A. Engler & L. Diels (eds.), Pflanzenr. 4(276b) Heft 107: 261-813.
Windler, D. R. 1996. A revision of the genus *Neptunia* (Legum.). Austral. J. Bot. 14: 379-420.
—— & McLaughlin, L. 1980. *Crotalaria*. En R. E. Woodson & R. W. Schery (eds.), Flora of Panama. Ann. Missouri Bot. Gard. 67: 599-613.
—— & Skinner, S. G. 1990. *Crotalaria*. Pp. 656-663 en W. L. Wagner. D. R. Herbst & S. H. Sohmer (eds.), Manual of the Flowering plants of Hawaii, vol. 1. Univ. Hawaii Press & Bishop Museum Press, Honolulu.
Wolff, F. A. H. 1913. Umbelliferae-Saniculoideae. Pflanzenr. 4(228) Heft 61: 1-305.
——. 1927. Umbelliferae-Apioideae-Ammineae-Carinae novenjugatae et genuinae. Pflanzenr. 4(228) Heft 90: 1-398.
Wood, C. E. & Weaver, R. E. 1982. The genera of Gentianaceae in the southeastern United States. J. Arnold Arbor. 63: 441-487.
Woodson, R. E. 1933. Studies in the Apocynaceae. IV. The American genera of Echitoideae. Ann. Missouri Bot. Gard. 20: 605-790.
——. 1935. Studies in the Apocynaceae. IV. The American genera of Echitoideae. Ann. Missouri Bot. Gard. 22: 153-306.
——. 1936. Studies in the Apocynaceae. IV. The American genera of Echitoideae. Ann. Missouri Bot. Gard. 23: 169-438.
——. 1951. Studies in the Apocynaceae. VIII. An interim revision of the genus *Aspidosperma* Mart. & Zucc. Ann. Missouri Bot. Gard. 38: 119-206.
Wunderlin, R. P. 1978. Cucurbitaceae. En R. E. Woodson & R. W. Schery (eds.), Flora of Panama. Ann. Missouri Bot. Gard. 65: 285-366.
Wurdack, J. J. 1953. A revision of the genus *Brachyotum* (Tibouchineae-Melastomataceae). Mem. New York Bot. Gard. 8: 343-407.
——. 1962. Melastomataceae of Santa Catarina. Sellowia 14: 109-217.
——. 1974. Certamen Melastomataceis. XXIII. Phytologia 29: 135-151.
Wurdack, J. J. & Smith, L. B. 1971. Poligaláceas. En R. Reitz (ed.), Fl. Il. Catarinense Fasc. POLIGA: 1-70.
Xifreda, C. C. 1981. El género *Rauvolfia* (Apocynaceae) en la Argentina. Parodiana 1: 119-137.
——. 1984a. Estudios sobre Apocynaceae argentinas III. Notas críticas sobre *Forsteronia*, *Rauvolfia* y *Catharanthus*. Kurtziana 17: 149-155.
——. 1984b. Estudios sobre Apocynaceae argentinas IV. El género *Macropharynx* y una nueva combinación. Kurtziana 17: 163-167.
——. 1985. Sobre el nombre científico correcto de la manzanilla (*Matricaria recutita* L., Asteraceae). Darwiniana 26: 373-375.
——. 1986. La sigla correcta de *Dipsacus sativus* (Dipsacaceae). Darwiniana 27: 559-560.
——. 1987. *Emilia fosbergii* adventicia en Argentina. Darwiniana 28: 417-419.
——. 1996. Citas nuevas o críticas para la flora Argentina II: *Gloxinia gymnostoma* y *G. nematanthodes* (Gesneriaceae). Darwiniana 34: 383-388.
—— & Sanso, A. M. 1998. Novedades taxonómicas de la flora leñosa Argentina. Darwiniana 36: 205-209.
Yakovlev, G. P. 1969. A revision of *Swertia* and *Acosmium*. Notes Roy. Bot. Gard. Edinburgh 29: 347-355.
Yeo, P. F. 1990. A re-definition of *Verbena brasiliensis*. Kew Bull. 45: 101-120.
Yuncker, T. G. 1955. The Piperaceae of Argentina, Bolivia and Chile. Lilloa 27: 97-303.
——. 1972. The Piperaceae of Brazil. I-*Piper*- Group I, II, III, IV. Hoehnea 2: 19-366.
——. 1974. The Piperaceae of Brazil. III. *Peperomia*; taxa of uncertain status. Hoehnea 4: 71-236.
Záchia, R. A. & Irgang, B. E. 1996. Delimitação de quatro espécies em *Rollinia emarginata* Schlecht. sensu lato (Annonaceae). Sellowia 45-48: 73-107.
Zahn, K. H. 1921-1923. Compositae-*Hieracium*. Pflanzenr. 4(280) Hefte 75-77, 79, 82: 1-1705.
Zapater, M. A. 1992. Capparaceae. Flora del Valle de Lerma. Aportes Bot. Salta, sér. Flora 1(15): 1-15.
Zardini, E. M. 1971a. Especies nuevas o críticas de la flora jujeña. II. Bol. Soc. Argent. Bot. 14: 107-110.
——. 1971b. Las especies del género *Sedum* (Crassulaceae) espontáneas en la República Argentina. Bol. Soc. Argent. Bot. 14: 95-106.
——. 1973. Los géneros de Rosaceas espontáneos en la República Argentina. Bol. Soc. Argent. Bot. 15: 209-228.
——. 1974. Dos compuestas del género *Tithonia*, adventicias, nuevas para la flora jujeña. Darwiniana 18: 421-424.
——. 1975. Revisión del género *Trichocline* (Compositae). Darwiniana 19: 618-733.
——. 1976. Contribuciones para una monografía del género *Conyza* Less. I. Bol. Soc. Argent. Bot. 17: 31-46.
——. 1985. Revisión del género *Noticastrum* (Compositae-Astereae). Revista Mus. La Plata, Secc. Bot. 13: 313-424.
——. 1987. A new combination in *Lucilia* (Compositae-Inuleae). Ann. Missouri Bot. Gard. 74: 431.
—— & Raven, P. H. 1992. Erratum: on the separation of two species within the *Ludwigia uruguayensis* complex (Onagraceae). Syst. Bot. 17: 692.

——, Gu, A. G. & Raven, P. H. 1991. On the separation of two species within the *Ludwigia uruguayensis* complex (Onagraceae). Syst. Bot. 16: 242-244.

Zarucchi, J. L. 1993a. Lamiaceae. En L. Brako & J. L. Zarucchi (eds.), Catalogue of the Flowering Plants and Gymnosperms of Peru. Monogr. Syst. Bot. Missouri Bot. Gard. 45: 579-590.

——. 1993b. Viscaceae. En L. Brako & J. L. Zarucchi (eds.), Catalogue of the Flowering Plants and Gymnosperms of Peru. Monogr. Syst. Bot. Missouri Bot. Gard. 45: 1184-1187.

Zavaro, C. A., Crisci, J. V. & Morrone, J. J. 1997. Synopsis and cladistics of the genus *Misodendrum* (Misodendraceae, Santalales). Fontqueria 48: 225-239.

Zeltner, L. 1970. Recherches de Biosystématique sur les genres *Blackstonia* Huds. et *Centaurium* Hill. (Gentianacées): 1-164. Tesis Doctoral.

Zohary, M. & Heller, D. 1984. Genus *Trifolium*. Publ. Israel Acad. Sci. & Humanities 1-606.

Zöollner, O. 1987. El género *Fabiana* en Chile. Mitt. Bot. Staatssamml. München 23: 291-319.

——, Olivares, M. & Varas, M. E. 1995. El género *Fumaria* L. (Fumariaceae) en la zona central de Chile. Anales Mus. Hist. Nat. Valparaiso 23: 21-31.

Zuloaga, F. O. 1983. Oleaceae. En A. L. Cabrera (ed.). Fl. Prov. Jujuy, Colecc. Ci. Inst. Nac. Tecnol. Agropecu. 13(8): 36-39.

Apéndice 1: Nuevas combinaciones y nuevos nombres para plantas de Argentina

AMARANTHACEAE

Alternanthera paronichyoides A. St.-Hil. subsp. **pilosa** (Moq.) Pedersen f. **aberrans** (Pedersen) Pedersen, comb. nov.
Basónimo: *Alternanthera paronichyoides* A. St.-Hil. var. *pilosa* (Moq.) Pedersen f. *aberrans* Pedersen, Darwiniana 14: 443. 1967. TIPO. Argentina. Buenos Aires: Partido de Tandil, Sierras, Cerro Leones, 2-II-1956, *Abbiati 4287* (holotipo, LP).

Amaranthus hypochondriacus L. var. **powellii** (S. Watson) Pedersen, comb. nov.
Basónimo: *Amaranthus powellii* S. Watson, Proc. Amer. Acad. Arts 10: 347. 1875. TIPO. América boreal.

ASTERACEAE

Angelphytum apensis (Chodat) A.A. Sáenz, comb. nov.
Basónimo: *Aspilia apensis* Chodat, Bull. Herb. Boiss., ser. 2, 3: 721. 1913. TIPO. Paraguay. "ad marginem silvarum in regione cursus superioris fluminis Apa, *Hassler 7731*" (lectotipo aquí designado, G).

Baccharis pseudotenuifolia I.L. Teodoro var. **leptophylla** (DC.) Giuliano, comb. nov.
Basónimo: *Baccharis leptophylla* DC., Prodromus 5: 423. 1836. TIPO. "In Brasiliae prov. Rio-Grande .... (v.s. in L. Mus. reg. Par. a Mus. imp. Bras. sub. n. 993 miss.)."

Bidens hassleriana (Chodat) A.A. Sáenz, comb. et stat. nov.
Basónimo: *Bidens riedelii* Baker var. *hassleriana* Chodat, Bull. Herb. Boissier, sér. 2, 2: 395. 1902. SINTIPOS. Paraguay. In campo pr. Jejuí-guazú, *Hassler 5708* (sintipo, G); in campo Ipé-hu, Sierra de Maracaju, Dic. 1898, *Hassler 5580* (sintipo, G).

Gnaphalium cabrerae S.E. Freire, nom. nov.
Sinónimo: *Gnaphalium fastigiatum* Phil., hom. illeg., *Gnaphalium philippi* Cabrera, nom. illeg. TIPO. "Philippi s.n., III-1878" (holotipo, SGO).

Smallanthus macroscyphus (Baker) A. Grau, comb. nov.
Basónimo: *Polymnia macroscypha* Baker, en C.F.P. Martius (ed.), Fl. Bras. 6(3): 158. tab. 53. 1884. SINTIPOS. Brasil. "in prov. Minas Geraes ad Caldas, *Lindberg 5*; praetera, *Weir 505*" (sintipos no localizados).

Xenophyllum incisum (Phil.) V.A. Funk var. **pubescens** (Rockh.) Cabrera & S.E. Freire, comb. nov.
Basónimo: *Werneria incisa* Phil. var. *pubescens* Rockh., Bot. Jahrb. Syst. 70: 290. TIPO. Argentina. La Rioja: Sierra de Famatina, Laguna Moradita, Marzo 1907, *Kurtz 14632* (isotipo, CORD).

BASELLACEAE

Anredera cordifolia (Ten.) Steenis subsp. **gracilis** (Miers) Xifreda & Argimón, comb. et stat. nov.
Basónimo: *Boussingaultia gracilis* Miers, Journ. Bot. (Seem.) 2: 161. 1864. TIPO. Brasil. São Paulo, *Weir 486* (holotipo, BM; isotipos, F, K).

BRASSICACEAE

Rorippa chubutica (O.E. Schulz) Mart.-Laborde, comb. nov.
Basónimo: *Descurainia chubutica* O.E. Schulz, Feddes Repert. 33: 184. 1933. TIPO. Argentina. Chubut: Colu-huapi y Río Chico, 1899-1900, *Ameghino 124* (holotipo, BA 3704).

CACTACEAE

Lobivia gonjianii (R. Kiesling) R. Kiesling, comb. nov.
Basónimo: *Rebutia gonjianii* R. Kiesling, Bol. Soc. Argent. Bot. 15: 132. 1973. TIPO. Argentina. Jujuy: Dpto. Tilcara, a cuatro horas de mula al oeste de Huacalera, Enero 1973, *Gonjian 2* (holotipo, LP).

Pterocactus tuberosus (Pfeiff.) Britton & Rose f. **lelongii** (Ruiz Leal ex R. Kiesling) R. Kiesling, comb. nov.
Basónimo: *Pterocactus kuntzei* K. Schum. f. *lelongii* Ruiz Leal ex R. Kiesling, Cact. Succ. J. Gr. Brit. 44: 56. 1982. TIPO. Argentina. Entre Ríos: Dpto. La Paz, cercanías de La Paz, 5 Dic. 1948, *Ruiz Leal 12017* (holotipo, MERL).

Pyrrhocatus kattermannii R. Kiesling, nom. nov.
Sinónimo: *Eriosyce andreana* Katt., Succ. Pl. Research 1: 117. 1994. TIPO. Argentina. La Rioja: *Kattermann 593* (holotipo, DBG).

Wigginsia pauciareolata (Arechav.) R. Kiesling, comb. nov.
Basónimo: *Echinocactus pauciareolatus* Arechav., Anales Mus. Hist. Nat. Montevideo 5: 246. 1906. LECTOTIPO. Aquí designado, la lámina 26, pág. 247, de la publicación antes mencionada.

EUPHORBIACEAE

Euphorbia papillosa A. St.-Hil. var. **cabrerae** Subils, nom. nov.
Sinónimos: *Tithymalus erythrorrhizus* Klotzch & Garcke, Abh. Akad. Berl.: 71. 1860. *Euphorbia erythrorrhiza* (Klotzch & Garcke) Boiss., *Euphorbia papillosa* A. St.-Hil. var. *erythrorrhiza* (Boiss.) Subils, comb. inval. TIPO. Brasil. "Brasil Meridional, *Sellow.*"

POLYGALACEAE

Polygala grondonae Zuloaga & Morrone, nom. nov.
Sinónimo: *Polygala reflexa* Grondona, Darwiniana 8: 356. 1948, hom. illeg. TIPO. Argentina. Chaco: Colonia Benítez, Dic. 1942, *Schulz 3565* (holotipo, CTES).

VERBENACEAE

Glandularia radicata (Moldenke) Tronc. ex Múlgura, comb. nov.
Basónimo: *Verbena radicata* Moldenke, Phytologia 9: 184. 1963. TIPO. "In convallibus Andium prope Mendozam, alt. 7000 ad 8000 ped." (holotipo, K).

VIOLACEAE

Viola castillonii (W. Becker) Xifreda & Sanso, comb. et stat. nov.
Basónimo: *Viola exigua* W. Becker var. *castillonii* W. Becker, Feddes Repert. 23: 222. 1926. TIPO. Argentina, *Castillón s.n. ex Lillo 3691* (holotipo, LIL; isotipo, BAF).

Apéndice 2. Lista de Géneros y Familias de Dicotyledoneae de Argentina.*

Abatia (**Flacourtiaceae**)
Abelmoschus (Malvaceae)
Abobra (**Cucurbitaceae**)
Abrotanella (**Asteraceae**)
Abutilodes (Malvaceae)
Abutilon (**Malvaceae**)
Acacia (**Fabaceae**)
Acaena (**Rosaceae**)
Acalypha (**Euphorbiaceae**)
Acanthocalycium (**Cactaceae**)
Acanthocladus (Polygalaceae)
Acantholippia (**Verbenaceae**)
Acantholobivia (Cactaceae)
Acanthonychia (Caryophyllaceae)
Acanthopetalus (Cactaceae)
Acanthophyllum (Asteraceae)
Acanthorhipsalis (Cactaceae)
Acanthospermum (**Asteraceae**)
Acanthostyles (Asteraceae)
Acanthosyris (**Santalaceae**)
Acanthoxanthium (Asteraceae)
Acaulimalva (**Malvaceae**)
Acentra (Violaceae)
Acer (**Aceraceae**)
Acetosa (Polygonaceae)
Acetosella (Oxalidaceae)
Achatocarpus (**Achatocarpaceae**)
Achillea (**Asteraceae**)
Achimenes (Gesneriaceae)
Achras (Sapotaceae)
Achyranthes (Amaranthaceae, Caryophyllaceae)
Achyrocline (**Asteraceae**)
Achyropappus (Asteraceae)
Acicarpha (**Calyceraceae**)
Acisanthera (**Melastomataceae**)
Acmella (**Asteraceae**)
Acnistus (Solanaceae)
Acosmium (**Fabaceae**)
Acreugenia (Myrtaceae)
Acrisione (Asteraceae)
Acrolasia (Loasaceae)
Acroptilon (**Asteraceae**)
Actinea (Asteraceae)
Actinella (Asteraceae)
Actinoseris (**Asteraceae**)
Actinostemon (**Euphorbiaceae**)
Adelia (**Euphorbiaceae**)
Adenaria (**Lythraceae**)
Adenocalymna (**Bignoniaceae**)
Adenocaulon (**Asteraceae**)
Adenospermum (Asteraceae)
Adenostemma (**Asteraceae**)

* Los sinónimos en bastardilla

Adesmia (**Fabaceae**)
Adhatoda (Acanthaceae)
Adipera (Fabaceae)
Adolia (Rhamnaceae)
Adventina (Asteraceae)
Aegiphila (**Verbenaceae**)
Aerva (Amaranthaceae)
Aeschrion (Simaroubaceae)
Aeschynomene (**Fabaceae**)
Aethionema (**Brassicaceae**)
Aextoxicon (**Aextoxicaceae**)
Agalinis (**Scrophulariaceae**)
Agarista (**Ericaceae**)
Ageratina (Asteraceae)
Ageratum (**Asteraceae**)
Agonandra (**Opiliaceae**)
Agoseris (**Asteraceae**)
Agrimonia (**Rosaceae**)
Agrostemma (**Caryophyllaceae**)
Ailanthus (**Simaroubaceae**)
Aiouea (Lauraceae)
Albertokuntzea (Phytolaccaceae)
Albizia (**Fabaceae**)
Alchemilla (**Rosaceae**)
Alchornea (**Euphorbiaceae**, Tiliaceae)
Aldea (Hydrophyllaceae)
Aldunantea (Asteraceae)
Alectra (**Scrophulariaceae**)
Alguelagum (Lamiaceae)
Alibertia (**Rubiaceae**)
Allenrolfea (**Chenopodiaceae**)
Allionia (**Nyctaginaceae**)
Allocarya (Boraginaceae)
Allophylus (**Sapindaceae**)
Alnus (**Betulaceae**)
Alomia (Asteraceae)
Aloysia (**Verbenaceae**)
Alsine (Caryophyllaceae)
Alsomitra (Cucurbitaceae)
Alternanthera (**Amaranthaceae**)
Althaea (Malvaceae)
Alvaradoa (**Simaroubaceae**)
Alyssum (**Brassicaceae**)
Amarantellus (Amaranthaceae)
Amaranthus (**Amaranthaceae**)
Amarenus (Fabaceae)
Amblyanthera (Apocynaceae)
Amblyopappus (Asteraceae)
Amblyopetalum (**Asclepiadaceae**)
Amblystigma (**Asclepiadaceae**)
Ambrina (Chenopodiaceae)
Ambrosia (**Asteraceae**)
Amburana (**Fabaceae**)
Ameghinoa (**Asteraceae**)
Amellus (Asteraceae)

Amicia (**Fabaceae**)
Ammannia (**Lythraceae**)
Ammi (**Apiaceae**)
Ammocallis (Apocynaceae)
Ammodenia (Caryophyllaceae)
Ammoselinum (**Apiaceae**)
Amomyrtella (**Myrtaceae**)
Amomyrtus (**Myrtaceae**)
Amoria (Fabaceae)
Amorpha (**Fabaceae**)
Ampherephis (Asteraceae)
Amphibecis (Asteraceae)
Amphicarpaea (Fabaceae)
Amphilochia (Vochysiaceae)
Amphilophium (**Bignoniaceae**)
Amphistelma (Asclepiadaceae)
Amsinckia (**Boraginaceae**)
Amyris (Anacardiaceae)
Anacampseros (**Portulacaceae**)
Anactinia (Asteraceae)
Anadenanthera (**Fabaceae**)
Anagallis (**Primulaceae**)
Anarthrophyllum (**Fabaceae**)
Anchietea (**Violaceae**)
Anchusa (**Boraginaceae**)
Ancistrum (Rosaceae)
Andromeda (Epacridaceae, Ericaceae)
Androsace (**Primulaceae**)
Anemone (**Ranunculaceae**)
Anemopaegma (**Bignoniaceae**)
Anethum (Apiaceae)
Angelianthus (Asteraceae)
Angelonia (**Scrophulariaceae**)
Angelopogon (Misodendraceae)
Angelphytum (**Asteraceae**)
Anguria (Cucurbitaceae)
Anila (Fabaceae)
Anisacanthus (**Acanthaceae**)
Aniseia (**Convolvulaceae**)
Anisomeria (**Phytolaccaceae**)
Anisomeris (Rubiaceae)
Anisophyllum (Euphorbiaceae)
Anneslia (Fabaceae)
Annona (**Annonaceae**)
Anoda (**Malvaceae**)
Anomocarpus (Calyceraceae)
Anonymos (Scrophulariaceae)
Anotis (Rubiaceae)
Anredera (**Basellaceae**)
Antagonia (Cucurbitaceae)
Antennaria (**Asteraceae**)
Anthemis (**Asteraceae**)
Anthobryum (Frankeniaceae)
Anthriscus (**Apiaceae**)
Antidesma (Euphorbiaceae)
Antirrhinum (**Scrophulariaceae**)
Aonikena (**Euphorbiaceae**)
Apargia (Asteraceae)
Aphaerema (**Flacourtiaceae**)
Aphanes (**Rosaceae**)
Aphanostelma (Asclepiadaceae)
Aphanostemma (Ranunculaceae)
Aphelandra (**Acanthaceae**)
Aphora (Euphorbiaceae)
Aphyllocladus (**Asteraceae**)
Apinagia (**Podostemaceae**)
Apium (**Apiaceae**)
Apleura (Apiaceae)
Aplophyllum (Asteraceae)
Apodanthera (**Cucurbitaceae**)
Apodanthes (Rafflesiaceae)
Apopyros (**Asteraceae**)
Aporosella (**Euphorbiaceae**)
Aptenia (**Aizoaceae**)
Apuleia (**Fabaceae**)
Apurimacia (**Fabaceae**)
Arabidopsis (**Brassicaceae**)
Arabis (**Brassicaceae**)
Arachis (**Fabaceae**)
Aralia (Araliaceae)
Araujia (**Asclepiadaceae**)
Arbutus (Ericaceae)
Archiphyllum (Misodendraceae)
Arctium (**Asteraceae**)
Arctotheca (**Asteraceae**)
Arctotis (**Asteraceae**)
Arenaria (**Caryophyllaceae**)
Aretiastrum (Valerianaceae)
Argemone (**Papaveraceae**)
Argylia (**Bignoniaceae**)
Argyreia (Convolvulaceae)
Argyrochaeta (Asteraceae)
Argythamnia (**Euphorbiaceae**)
Aristolochia (**Aristolochiaceae**)
Aristotelia (**Elaeocarpaceae**)
Arjona (**Santalaceae**)
Armeria (**Plumbaginaceae**)
Arnica (**Asteraceae**)
Arrabidaea (**Bignoniaceae**)
Arrhenachne (Asteraceae)
Arrhostoxylum (Acanthaceae)
Artanthe (Piperaceae)
Artemisia (**Asteraceae**)
Artholobium (Fabaceae)
Arthraxon (Loranthaceae)
Arthrocereus (Cactaceae)
Arthrosamanea (Fabaceae)
Arthrostemma (Melastomataceae)
Aschersoniodoxa (**Brassicaceae**)
Asclepias (**Asclepiadaceae**)
Asperugo (**Boraginaceae**)
Aspicarpa (**Malpighiaceae**)
Aspidosperma (**Apocynaceae**)
Aspilia (**Asteraceae**)

Astemon (Lamiaceae)
Astephanus (**Asclepiadaceae**)
Aster (**Asteraceae**)
Asteranthera (**Gesneriaceae**)
Asteriscium (**Apiaceae**)
Asterochlaena (Malvaceae)
Asterolinon (Primulaceae)
Astradelphus (Asteraceae)
Astragalus (**Fabaceae**)
Astronium (**Anacardiaceae**)
Atamisquea (Capparaceae)
Ateixa (Brassicaceae)
Ateleia (**Fabaceae**)
Atherosperma (Atherospermataceae)
Athyana (**Sapindaceae**)
Atriplex (**Chenopodiaceae**)
Atropa (Solanaceae)
Aulomyrcia (Myrtaceae)
Aureliana (**Solanaceae**)
Austrobrickellia (Asteraceae)
Austrocactus (**Cactaceae**)
Austrocylindropuntia (**Cactaceae**)
Austroeupatorium (Asteraceae)
Austroliabum (Asteraceae)
Austropeucedanum (**Apiaceae**)
Ayapanopsis (Asteraceae)
Aydendron (Lauraceae)
Ayenia (**Sterculiaceae**)
Aylostera (Cactaceae)
Azara (**Flacourtiaceae**)
Azorella (**Apiaceae**)
Baccarodes (Asteraceae)
Baccharidastrum (**Asteraceae**)
Baccharis (**Asteraceae**)
Bacopa (**Scrophulariaceae**)
Bahia (Asteraceae)
Baillonia (**Verbenaceae**)
Baitaria (Portulacaceae)
Balardia (Caryophyllaceae)
Balbisia (Asteraceae, **Ledocarpaceae**)
Balfourodendron (**Rutaceae**)
Ballota (**Lamiaceae**)
Balsamita (Asteraceae)
Banalia (Amaranthaceae, Chenopodiaceae)
Banara (**Flacourtiaceae**)
Banisteria (Malpighiaceae)
Banisteriopsis (**Malpighiaceae**)
Barbarea (**Brassicaceae**)
Barkhausia (Asteraceae)
Barnadesia (**Asteraceae**)
Barneoudia (**Ranunculaceae**)
Barrosoa (Asteraceae)
Bartonia (Loasaceae)
Bartsia (**Scrophulariaceae**)
Basanacantha (Rubiaceae)
Basistemon (**Scrophulariaceae**)
Bassia (**Chenopodiaceae**)
Bassovia (Solanaceae)
Bastardia (**Malvaceae**)
Bastardiopsis (**Malvaceae**)
Batatas (Convolvulaceae)
Baucis (Asteraceae)
Begonia (**Begoniaceae**)
Behen (Caryophyllaceae)
Bejaranoa (Asteraceae)
Belangera (Cunoniaceae)
Bellardia (Scrophulariaceae)
Bellis (**Asteraceae**)
Belloa (**Asteraceae**)
Beloperone (Acanthaceae)
Benthamantha (Fabaceae)
Benthamiella (**Solanaceae**)
Berberis (**Berberidaceae**)
Bergeronia (**Fabaceae**)
Bernardia (**Euphorbiaceae**)
Berroa (**Asteraceae**)
Beta (**Chenopodiaceae**)
Betchea (Valerianaceae)
Bezanilla (Asteraceae)
Bia (Euphorbiaceae)
Bichenia (Asteraceae)
Bidens (**Asteraceae**)
Bigelovia (Rubiaceae)
Bignonia (Bignoniaceae)
Bilderdykia (Polygonaceae)
Binaria (Fabaceae)
Biscutella (Brassicaceae)
Bishovia (Asteraceae)
Bixa (**Bixaceae**)
Blackstonia (**Gentianaceae**)
Blainvillea (Asteraceae)
Blechum (Acanthaceae)
Blepharocalyx (**Myrtaceae**)
Blepharodon (**Asclepiadaceae**)
Blitum (Chenopodiaceae)
Blossfeldia (**Cactaceae**)
Blumenbachia (**Loasaceae**)
Blutaparon (**Amaranthaceae**)
Bocconia (**Papaveraceae**)
Boebera (Asteraceae)
Boehmeria (**Urticaceae**)
Boerhavia (**Nyctaginaceae**)
Bogenhardia (Malvaceae)
Boisduvalia (**Onagraceae**)
Bolax (**Apiaceae**)
Bolelia (Campanulaceae)
Bolivaria (Oleaceae)
Bombax (Bombacaceae)
Bonamia (**Convolvulaceae**)
Boopis (**Calyceraceae**)
Boquila (**Lardizabalaceae**)
Borago (**Boraginaceae**)
Borreria (**Rubiaceae**)
Borzicactus (Cactaceae)

Bouchea (**Verbenaceae**)
Bouchetia (**Solanaceae**)
Bougainvillea (**Nyctaginaceae**)
Bougueria (**Plantaginaceae**)
Boussingaultia (Basellaceae)
Bowlesia (**Apiaceae**)
Brachycalycium (Cactaceae)
Brachyclados (**Asteraceae**)
Brachycladus (Asteraceae)
Brachylepis (Asclepiadaceae)
Brachyotum (**Melastomataceae**)
Brachypappus (Asteraceae)
Brachyris (Asteraceae)
Bradburya (Fabaceae)
Brandesia (Amaranthaceae)
Brasilettia (Fabaceae)
Brasiliopuntia (Cactaceae)
Brassica (**Brassicaceae**)
Braunblanquetia (Scrophulariaceae)
Braya (Brassicacaea)
Brayopsis (**Brassicaceae**)
Brayulinea (Amaranthaceae)
Bredemeyera (**Polygalaceae**)
Breweria (Convolvulaceae)
Brickellia (**Asteraceae**)
Bridgesia (**Sapindaceae**)
Briquetia (**Malvaceae**)
Brisegnoa (Polygonaceae)
Britoa (Myrtaceae)
Brittonella (Malpighiaceae)
Brosimum (**Moraceae**)
Broussonetia (**Moraceae**)
Brugmansia (**Solanaceae**)
Brunfelsia (**Solanaceae**)
Bryonia (Cucurbitaceae)
Buchnera (**Scrophulariaceae**)
Bucholzia (Amaranthaceae)
Buda (Caryophyllaceae)
Buddleja (**Buddlejaceae**)
Buglossoides (Boraginaceae)
Bulliarda (Crassulaceae)
Bulnesia (**Zygophyllaceae**)
Bumelia (Sapotaceae)
Bunchosia (**Malpighiaceae**)
Bupleurum (**Apiaceae**)
Burkartia (**Asteraceae**)
Bursa (Brassicaceae)
Bystropogon (Lamiaceae)
Byttneria (**Sterculiaceae**)
Caballeria (Myrsinaceae)
Cabomba (**Nymphaeaceae**)
Cabralea (**Meliaceae**)
Cacabus (Solanaceae)
Cacalia (Asteraceae)
Cactus (Cactaceae)
Caesalpinia (**Fabaceae**)
Caesarea (**Vivianiaceae**)
Caiophora (**Loasaceae**)
Cakile (**Brassicaceae**)
Calampelis (Bignoniaceae)
Calandrinia (**Portulacaceae**)
Calandriniopsis (Portulacaceae)
Calceolaria (**Scrophulariaceae**)
Caldcluvia (**Cunoniaceae**)
Calea (**Asteraceae**)
Caleacte (Asteraceae)
Calendula (**Asteraceae**)
Calibrachoa (Solanaceae)
Callaeum (**Malpighiaceae**)
Calliandra (**Fabaceae**)
Callitriche (**Callitrichaceae**)
Callomia (Solanaceae)
Calluna (**Ericaceae**)
Calonyction (Convolvulaceae)
Calophanes (Acanthaceae)
Calopogonium (**Fabaceae**)
Caloptilion (Asteraceae)
Calostigma (Asclepiadaceae)
Caltha (**Ranunculaceae**)
Calycera (**Calyceraceae**)
Calycophyllum (**Rubiaceae**)
Calycorectes (**Myrtaceae**)
Calyptocarpus (**Asteraceae**)
Calyptranthes (**Myrtaceae**)
Calystegia (**Convolvulaceae**)
Calyxhymenia (Nyctaginaceae)
Camara (Verbenaceae)
Camarea (Malpighiaceae)
Cambessedesia (Melastomataceae)
Camelina (**Brassicaceae**)
Camissonia (**Onagraceae**)
Campanula (**Campanulaceae**)
Camphoromoea (Lauraceae)
Campomanesia (**Myrtaceae**)
Campovassouria (Asteraceae)
Campsidium (**Bignoniaceae**)
Campsis (**Bignoniaceae**)
Camptosema (**Fabaceae**)
Campuloclinium (Asteraceae)
Canavalia (**Fabaceae**)
Caperonia (**Euphorbiaceae**)
Capparis (**Capparaceae**)
Capraria (**Scrophulariaceae**)
Capsella (**Brassicaceae**)
Capsicum (**Solanaceae**)
Caracalla (**Fabaceae**)
Cardamine (**Brassicaceae**)
Cardaria (**Brassicaceae**)
Cardionema (Caryophyllaceae)
Cardiospermum (**Sapindaceae**)
Carduus (**Asteraceae**)
Carelia (Asteraceae)
Carica (**Caricaceae**)
Carinta (Rubiaceae)

Carlowrightia (**Acanthaceae**)
Carmelita (Asteraceae)
Carpobrotus (**Aizoaceae**)
Carthamus (**Asteraceae**)
Carum (Apiaceae)
Casalea (Ranunculaceae)
Cascabela (Apocynaceae)
Cascaronia (**Fabaceae**)
Casearia (**Flacourtiaceae**)
Casselia (Verbenaceae)
Cassia (Fabaceae)
Cassine (Celastraceae, Icacinaceae)
Cassyta (Cactaceae)
Castalia (Nymphaeaceae)
Castela (**Simaroubaceae**)
Castilleja (Scrophulariaceae)
Castra (Asteraceae)
Catalpa (**Bignoniaceae**)
Catharanthus (**Apocynaceae**)
Cathartocarpus (Fabaceae)
Cathormion (Fabaceae)
Caucalis (**Apiaceae**)
Cayaponia (**Cucurbitaceae**)
Cecropia (**Cecropiaceae**)
Cedrela (**Meliaceae**)
Ceiba (**Bombacaceae**)
Celastrus (Celastraceae, Santalaceae, Saxifragaceae)
Celosia (**Amaranthaceae**)
Celtis (**Celtidaceae**)
Cenostigma (Fabaceae)
Centaurea (**Asteraceae**)
Centaurium (**Gentianaceae**)
Centella (**Apiaceae**)
Centipeda (**Asteraceae**)
Centratherum (**Asteraceae**)
Centropogon (Campanulaceae)
Centrosema (**Fabaceae**)
Centrospermum (Asteraceae)
Centunculus (**Primulaceae**)
Cephaelis (Rubiaceae)
Cephalanthus (**Rubiaceae**)
Cephalobembix (Asteraceae)
Cephalophora (Asteraceae)
Cerastium (**Caryophyllaceae**)
Cerasus (Rosaceae)
Ceratocephalus (Asteraceae, Ranunculaceae)
Ceratominthe (Lamiaceae)
Ceratonia (Fabaceae)
Ceratophyllum (**Ceratophyllaceae**)
Ceratosanthes (**Cucurbitaceae**)
Cercidium (**Fabaceae**)
Cercostylos (Asteraceae)
Ceremanthus (Asclepiadaceae)
Cereus (**Cactaceae**)
Cestrum (**Solanaceae**)
Chabraea (Asteraceae)
Chacaya (Rhamnaceae)
Chacoa (Asteraceae)
Chaenocephalus (Asteraceae)
Chaetanthera (**Asteraceae**)
Chaetocalyx (**Fabaceae**)
Chaetochlamys (Acanthaceae)
Chaetogastra (Melastomataceae)
Chaetospira (Asteraceae)
Chaetothylax (Acanthaceae)
Chamacereus (Cactaceae)
Chamaecrista (**Fabaceae**)
Chamaefistula (Fabaceae)
Chamaemelum (**Asteraceae**)
Chamaesaracha (Solanaceae)
Chamaesyce (Euphorbiaceae)
Chamissoa (**Amaranthaceae**)
Chamitis (Apiaceae)
Chamomilla (Asteraceae)
Chaptalia (**Asteraceae**)
Cheiranthus (Brassicaceae)
Cheirodendron (Araliaceae)
Chelidonium (Papaveraceae)
Chelonanthus (**Gentianaceae**)
Chelone (Scrophulariaceae)
Chenopodium (Amaranthaceae, **Chenopodiaceae**)
Cherina (Asteraceae)
Cherleria (Caryophyllaceae)
Chersodoma (Asteraceae)
Chevreulia (**Asteraceae**)
Chileorebutia (Cactaceae)
Chiliophyllum (**Asteraceae**)
Chiliotrichiopsis (**Asteraceae**)
Chiliotrichum (**Asteraceae**)
Chilocardamum (Brassicaceae)
Chiococca (**Rubiaceae**)
Chionoptera (Asteraceae)
Chiovendaea (Fabaceae)
Chiropetalum (Euphorbiaceae)
Chlaenobolus (Asteraceae)
Chloroleucon (**Fabaceae**)
Chloroluma (Sapotaceae)
Chlorophora (Moraceae)
Chnoanthus (Amaranthaceae)
Chodanthus (Bignoniaceae)
Chodaphyton (Scrophulariaceae)
Chomelia (**Rubiaceae**)
Chondrilla (**Asteraceae**)
Chondrochilus (Asteraceae)
Chorisia (Bombacaceae)
Chorispora (**Brassicaceae**)
Choristigma (Asclepiadaceae)
Chorizanthe (**Polygonaceae**)
Chromolaena (Asteraceae)
Chrysanthellum (**Asteraceae**)
Chrysanthemum (Asteraceae)
Chrysocactus (Cactaceae)
Chrysocoma (Asteraceae)
Chrysogonum (Asteraceae)

Chrysolaena (Asteraceae)
Chrysophyllum (**Sapotaceae**)
Chrysopsis (Asteraceae)
Chrysosplenium (**Saxifragaceae**)
Chrysoxylon (Rubiaceae)
Chuncoa (Combretaceae)
Chuquiraga (**Asteraceae**)
Chuymocarpus (Tropaeolaceae)
Cicendia (**Gentianaceae**)
Cichorium (**Asteraceae**)
Cienfuegosia (**Malvaceae**)
Cinchona (Rubiaceae)
Cineraria (Asteraceae)
Cinnamomum (**Lauraceae**)
Cirsium (**Asteraceae**)
Cissampelos (**Menispermaceae**)
Cissus (**Vitaceae**)
Cistanthe (**Portulacaceae**)
Cistus (Cistaceae)
Citharexylum (**Verbenaceae**)
Citronella (**Icacinaceae**)
Citrullus (**Cucurbitaceae**)
Citrus (**Rutaceae**)
Cladotrichium (Fabaceae)
Clarionea (Asteraceae)
Clarkia (**Onagraceae**)
Claytonia (**Portulacaceae**)
Cleanthes (Asteraceae)
Cleistocactus (**Cactaceae**)
Clematis (**Ranunculaceae**)
Cleome (**Capparaceae**)
Clerodendrum (**Verbenaceae**)
Clethra (**Clethraceae**)
Clibadium (**Asteraceae**)
Clidemia (Melastomataceae)
Clinopodium (Lamiaceae)
Clintonia (Campanulaceae)
Cliococca (**Linaceae**)
Clitoria (**Fabaceae**)
Clonodia (Malpighiaceae)
Clybatis (Asteraceae)
Clypeola (Brassicaceae)
Clytostoma (**Bignoniaceae**)
Cnemidostachys (Euphorbiaceae)
Cnicothamnus (**Asteraceae**)
Cnicus (**Asteraceae**)
Cnidosculus (**Euphorbiaceae**)
Coccocypselum (**Rubiaceae**)
Coccoloba (**Polygonaceae**)
Cocculus (Menispermaceae)
Cochlearia (**Brassicaceae**)
Cochlospermum (**Cochlospermaceae**)
Cochranea (Boraginaceae)
Coemansia (Araliaceae)
Coffea (Rubiaceae)
Coladendron (Fabaceae)
Coldenia (**Boraginaceae**)
Coleostephus (**Asteraceae**)
Colignonia (**Nyctaginaceae**)
Collaea (**Fabaceae**)
Colletia (**Rhamnaceae**)
Colliguaja (**Euphorbiaceae**)
Collomia (**Polemoniaceae**)
Colobanthus (**Caryophyllaceae**)
Cologania (**Fabaceae**)
Colubrina (**Rhamnaceae**)
Columnea (Gesneriaceae)
Colutea (**Fabaceae**)
Combera (**Solanaceae**)
Combretum (**Combretaceae**)
Comolia (Melastomataceae)
Condalia (**Rhamnaceae**)
Condylocarpon (**Apocynaceae**)
Conium (**Apiaceae**)
Conoclinium (Asteraceae)
Convolvulus (**Convolvulaceae**)
Conyza (**Asteraceae**)
Conyzanthus (Asteraceae)
Copaifera (**Fabaceae**)
Copioglossa (Acanthaceae)
Corallodendron (Fabaceae)
Corchorus (**Tiliaceae**)
Cordia (**Boraginaceae**)
Cordiada (Boraginaceae)
Cordobia (**Malpighiaceae**)
Coreopsis (**Asteraceae**)
Coriandrum (**Apiaceae**)
Coriaria (**Coriariaceae**)
Cormonema (Rhamnaceae)
Cornidia (Saxifragaceae)
Cornus (Elaeocarpaceae)
Coronaria (Caryophyllaceae)
Coronilla (Fabaceae)
Coronopus (**Brassicaceae**)
Corrigiola (Portulacaceae)
Cortesia (Boraginaceae)
Corynabutilon (**Malvaceae**)
Corytholoma (Gesneriaceae)
Cosmos (**Asteraceae**)
Cotoneaster (Rosaceae)
Cotula (**Asteraceae**)
Cotyledon (Crassulaceae)
Coublandia (Fabaceae)
Coudenbergia (Araliaceae)
Coursetia (**Fabaceae**)
Coussarea (**Rubiaceae**)
Coutarea (**Rubiaceae**)
Covillea (Zygophyllaceae)
Cracca (Fabaceae)
Craniolaria (**Martyniaceae**)
Crantzia (Apiaceae)
Crantzia (Asteraceae)
Crassula (**Crassulaceae**)
Cratericarpium (Onagraceae)

Crateva (**Capparaceae**)
Cratylia (**Fabaceae**)
Cremanium (Melastomataceae)
Cremolobus (**Brassicaceae**)
Crepis (**Asteraceae**)
Cressa (**Convolvulaceae**)
Crinodendron (**Elaeocarpaceae**)
Criscia (**Asteraceae**)
Cristaria (**Malvaceae**)
Critonia (Asteraceae)
Crotalaria (**Fabaceae**)
Croton (**Euphorbiaceae**)
Cruckshanksia (**Rubiaceae**)
Crumenaria (**Rhamnaceae**)
Cruzia (Lamiaceae)
Cryophytum (Aizoaceae)
Cryphiacanthus (Acanthaceae)
Cryptantha (**Boraginaceae**)
Cryptocarpha (Calyceraceae)
Cryptocarya (**Lauraceae**)
Cryptolappa (Malpighiaceae)
Cryptopetalum (Asteraceae, Saxifragaceae)
Cryptostemma (Asteraceae)
Cuatrecasasiella (**Asteraceae**)
Cucumis (**Cucurbitaceae**)
Cucurbita (**Cucurbitaceae**)
Cucurbitella (**Cucurbitaceae**)
Culcitium (Asteraceae)
Cumulopuntia (Cactaceae)
Cunila (**Lamiaceae**)
Cupania (**Sapindaceae**)
Cuphea (**Lythraceae**)
Curtia (**Gentianaceae**)
Cuscuta (**Cuscutaceae**)
Cuspidaria (**Bignoniaceae**)
Cyathostelma (Asclepiadaceae)
Cyathula (**Amaranthaceae**)
Cybianthus (Anacardiaceae)
Cybistax (**Bignoniaceae**)
Cyclanthera (**Cucurbitaceae**)
Cyclolepis (**Asteraceae**)
Cycloloma (**Chenopodiaceae**)
Cyclospermum (**Apiaceae**)
Cyclostigma (Solanaceae)
Cydista (**Bignoniaceae**)
Cylindropuntia (**Cactaceae**)
Cymbalaria (**Scrophulariaceae**)
Cynanchum (**Asclepiadaceae**)
Cynara (**Asteraceae**)
Cynoctonum (Asclepiadaceae)
Cynoglossospermum (Boraginaceae)
Cynoglossum (**Boraginaceae**)
Cynometra (**Fabaceae**)
Cyphomandra (**Solanaceae**)
Cypselea (**Aizoaceae**)
Cyrtacanthus (Acanthaceae)
Cyrtanthera (Acanthaceae)
Cyrtocymura (Asteraceae)
Cytharexylon (Solanaceae)
Cytisus (**Fabaceae**)
Dactylaena (**Capparaceae**)
Dactylostemon (Euphorbiaceae)
Dahlia (**Asteraceae**)
Dalbergia (**Fabaceae**)
Dalea (**Fabaceae**)
Dalechampia (**Euphorbiaceae**)
Danaa (Asteraceae)
Daphne (Thymelaeaceae)
Daphnopsis (**Thymelaeaceae**)
Dasyphyllum (**Asteraceae**)
Datura (**Solanaceae**)
Daubentonia (Fabaceae)
Daucus (**Apiaceae**)
Decostea (Cornaceae)
Delilia (Asteraceae)
Delphinium (**Ranunculaceae**)
Delpinoella (Brassicaceae)
Delpinophytum (**Brassicaceae**)
Dematophyllum (Ledocarpaceae)
Demidovia (Aizoaceae)
Dendropanax (**Araliaceae**)
Dendrophorbium (Asteraceae)
Dendrophthora (**Viscaceae**)
Denmoza (**Cactaceae**)
Dentaria (Brassicaceae)
Dermophylla (Cucurbitaceae)
Descurainia (**Brassicaceae**)
Desfontaena (Euphorbiaceae)
Desfontainia (**Cuscutaceae**)
Desmanthus (**Fabaceae**)
Desmochaeta (Amaranthaceae)
Desmodium (**Fabaceae**)
Diallobus (Fabaceae)
Dianthera (Acanthaceae)
Dianthus (**Caryophyllaceae**)
Diapedium (Acanthaceae)
Diasperus (Euphorbiaceae)
Diatenopteryx (**Sapindaceae**)
Dicella (**Malpighiaceae**)
Dichondra (**Convolvulaceae**)
Dichroma (Scrophulariaceae)
Dicliptera (**Acanthaceae**)
Dictyophragmus (**Brassicaceae**)
Didimopanax (Araliaceae)
Dierbachia (Solanaceae)
Digitalis (**Scrophulariaceae**)
Digitorebutia (Cactaceae)
Diglossus (Asteraceae)
Dimitria (Brassicaceae)
Dimorpholepis (Asteraceae)
Dinoseris (**Asteraceae**)
Dioclea (**Fabaceae**)
Diodia (**Rubiaceae**)
Diospyros (**Ebenaceae**)

Diostea (**Verbenaceae**)
Dipladenia (Apocynaceae)
Diplaspis (Apiaceae)
Diplokeleba (**Sapindaceae**)
Diplopappus (Asteraceae)
Diplotaxis (**Brassicaceae**)
Diposis (**Apiaceae**)
Dipsacus (**Dipsacaceae**)
Dipteracanthus (Acanthaceae)
Dipterocalyx (Verbenaceae)
Dipyrena (**Verbenaceae**)
Discaria (**Rhamnaceae**)
Discolobium (**Fabaceae**)
Disella (Malvaceae)
Dissothryx (Asteraceae)
Distoecha (Asteraceae)
Distrephus (Asteraceae)
Disynaphia (Asteraceae)
Ditassa (**Asclepiadaceae**)
Ditaxis (Euphorbiaceae)
Dodonaea (**Sapindaceae**)
Dolichandra (**Bignoniaceae**)
Dolichlasium (**Asteraceae**)
Dolichodeira (Gesneriaceae)
Dolichogyne (Asteraceae)
Dolicholus (Fabaceae)
Dolichopsis (**Fabaceae**)
Dolichos (Fabaceae)
Dolichosiphon (Solanaceae)
Dombeya (Bignoniaceae)
Dombeya (**Sterculiaceae**)
Donatia (**Donatiaceae**)
Doniophyton (**Asteraceae**)
Dorstenia (**Moraceae**)
Dortmannia (Campanulaceae)
Dorvalla (Onagraceae)
Dorystigma (Solanaceae)
Downingia (**Campanulaceae**)
Doxantha (Bignoniaceae)
Draba (**Brassicaceae**)
Drapetes (**Thymelaeaceae**)
Drejera (Acanthaceae)
Drepanocarpus (Fabaceae)
Drimys (**Winteraceae**)
Drosera (**Droseraceae**)
Drudea (Caryophyllaceae)
Drusa (**Apiaceae**)
Drymaria (**Caryophyllaceae**)
Duchesnea (**Rosaceae**)
Dufourea (Podostemaceae)
Dunalia (**Solanaceae**)
Duranta (**Verbenaceae**)
Dusenia (Asteraceae)
Duseniella (**Asteraceae**)
Duvaua (Anacardiaceae)
Dyschoriste (**Acanthaceae**)
Dysemone (Gesneriaceae)
Dysmicodon (Campanulaceae)
Dysopsis (**Euphorbiaceae**)
Dyssodia (**Asteraceae**)
Ecbolium (Acanthaceae)
Eccremocarpus (**Bignoniaceae**)
Echetrosis (Asteraceae)
Echeveria (**Crassulaceae**)
Echinacanthus(Acanthaceae)
Echinocactus (Cactaceae)
Echinocephalum (Asteraceae)
Echinocereus (Cactaceae)
Echinocystis (Cucurbitaceae)
Echinopepon (**Cucurbitaceae**)
Echinopsilon (Chenopodiaceae)
Echinopsis (**Cactaceae**)
Echinospermum (Boraginaceae)
Echites (Apocynaceae)
Echium (**Boraginaceae**)
Eclipta (**Asteraceae**)
Egania (Asteraceae)
Egletes (**Asteraceae**)
Ehrenbergia (Zygophyllaceae)
Ehretia (Verbenaceae)
Eizaguirrea (Asteraceae)
Elachia (Asteraceae)
Elachyptera (Hippocrateaceae)
Elaeagnus (**Elaeagnaceae**)
Elaeagnus (Nyctaginaceae)
Elatine (**Elatinaceae**)
Elatinoides (Scrophulariaceae)
Elephantopus (**Asteraceae**)
Elvira (Asteraceae)
Elytraria (**Acanthaceae**)
Elytropus (**Apocynaceae**)
Embothrium (Proteaceae)
Emelista (Fabaceae)
Emelista (Fabaceae)
Emerus (Fabaceae)
Emex (**Polygonaceae**)
Emilia (**Asteraceae**)
Emmeorhiza (**Rubiaceae**)
Emmotum (Icacinaceae)
Empetrum (**Empetraceae**)
Empetrum (Rosaceae)
Encelia (Asteraceae)
Enckea (Piperaceae)
Enhydra (**Asteraceae**)
Enneatypus (Polygonaceae)
Enterolobium (**Fabaceae**)
Enydria (Haloragaceae)
Epaltes (Asteraceae)
Epilobium (**Onagraceae**)
Epiphyllum (**Cactaceae**)
Eranthemum (Acanthaceae)
Erechthites (**Asteraceae**)
Eriachaenium (**Asteraceae**)
Erigeron (**Asteraceae**)

Geocardia (Rubiaceae)
Geochorda (**Scrophulariaceae**)
Geoffroea (**Fabaceae**)
Geophila (**Rubiaceae**)
Gomozia (Rubiaceae)
Geranium (**Geraniaceae**)
Gerardia (Acanthaceae, Scrophulariaceae)
Gerbera (Asteraceae)
Gesnera (Gesneriaceae)
Gesneria (Gesneriaceae)
Geum (**Rosaceae**)
Gevuina (**Proteaceae**)
Gilia (**Polemoniaceae**)
Giliastrum (**Polemoniaceae**)
Gilibertia (Araliaceae)
Glandularia (**Verbenaceae**)
Glaucium (**Papaveraceae**)
Glaux (Chenopodiaceae, Primulaceae)
Glechoma (**Lamiaceae**)
Glechon (**Lamiaceae**)
Glecoma (Lamiaceae)
Gleditsia (**Fabaceae**)
Glinus (**Molluginaceae**)
Glossostylis (Scrophulariaceae)
Gloxinia (**Gesneriaceae**)
Glycine (Fabaceae)
Glycyrrhiza (**Fabaceae**)
Gnaphalium (**Asteraceae**)
Gochnatia (**Asteraceae**)
Godetia (Onagraceae)
Goldmania (Fabaceae)
Gomidesia (**Myrtaceae**)
Gomphrena (**Amaranthaceae**)
Gonolobus (**Asclepiadaceae**)
Gophius (Convolvulaceae)
Gossypianthus (Amaranthaceae)
Gossypianthus (**Malvaceae**)
Gothofreda (Asclepiadaceae)
Gouania (**Rhamnaceae**)
Gourliea (Fabaceae)
Grabowskia (**Solanaceae**)
Grahamia (**Portulacaceae**)
Grammatocarpus (**Loasaceae**)
Grammosperma (**Brassicaceae**)
Gratiola (**Scrophulariaceae**)
Grazielia (Asteraceae)
Greeneocharis (Boraginaceae)
Greevesia (Malvaceae)
Greggia (Brassicaceae)
Grevillea (**Proteaceae**)
Grindelia (**Asteraceae**)
Grisebachiella (**Asclepiadaceae**)
Griselinia (**Cornaceae**)
Guaiacum (Zygophyllaceae)
Guajava (Myrtaceae)
Guapeba (Sapotaceae)
Guapurium (**Myrtaceae**)
Guarea (**Meliaceae**, Sapindaceae)
Guariruma (Asteraceae)
Guazuma (**Sterculiaceae**)
Guettarda (**Rubiaceae**)
Guilleminea (**Amaranthaceae**)
Guindilia (**Sapindaceae**)
Gunnera (**Gesneriaceae**)
Guntheria (Asteraceae)
Gusmania (Asteraceae)
Gussonia (Euphorbiaceae)
Gutierrezia (**Asteraceae**)
Gymnanthes (Euphorbiaceae)
Gymnocalycium (**Cactaceae**)
Gymnocaulos (Calyceraceae)
Gymnocoronis (**Asteraceae**)
Gymnolomia (Asteraceae)
Gymnophyton (**Apiaceae**)
Gymnopsis (Asteraceae)
Gymnosporia (Celastraceae)
Gymnostyles (Asteraceae)
Gynheteria (Asteraceae)
Gynopleura (Malesherbiaceae)
Gynoxys (**Asteraceae**)
Gynura (**Asteraceae**)
Gypsophila (**Caryophyllaceae**)
Gyptidium (Asteraceae)
Gyptis (Asteraceae)
Gyrostelma (**Asclepiadaceae**)
Hackelia (**Boraginaceae**)
Haemadictyon (Apocynaceae)
Halenia (**Gentianaceae**)
Halerpestes (Ranunculaceae)
Halimium (**Cistaceae**)
Halimolobos (**Brassicaceae**)
Halocnemum (Chenopodiaceae)
Halopeplis (Chenopodiaceae)
Halophytum (**Halophytaceae**)
Halosicyos (**Cucurbitaceae**)
Halostachys (Chenopodiaceae)
Hamadryas (**Ranunculaceae**)
Hamelia (**Rubiaceae**)
Handroanthus (Bignoniaceae)
Haplopappus (**Asteraceae**)
Haplostichia (Asteraceae)
Harrisia (**Cactaceae**)
Hassleropsis (Scrophulariaceae)
Hatschbachiella (Asteraceae)
Hebanthe (**Amaranthaceae**)
Hebe (**Scrophulariaceae**)
Hebeclinum (Asteraceae)
Hedeoma (Lamiaceae)
Hedera (**Araliaceae**)
Hedyotis (**Rubiaceae**)
Hedypnois (**Asteraceae**)
Hedysarum (Fabaceae)
Heimia (**Lythraceae**)
Heinzelia (Acanthaceae)

Lepechinia (**Lamiaceae**)
Lepidaploa (Asteraceae)
Lepidium (**Brassicaceae**)
Lepidophyllum (**Asteraceae**)
Lepigonum (Caryophyllaceae)
Lepismium (Cactaceae)
Leptalea (Asteraceae)
Leptinella (**Asteraceae**)
Leptofragma (Solanaceae)
Leptoglossis (**Solanaceae**)
Leptoglottis (Fabaceae)
Leptolobium (Fabaceae)
Leptorhachis (Euphorbiaceae)
Leptostachya (Acanthaceae)
Leptostelma (Asteraceae)
Leptostigma (**Rubiaceae**)
Lepuropetalon (**Saxifragaceae**)
Lerchea (Chenopodiaceae)
Leria (Asteraceae)
Lesquerella (**Brassicaceae**)
Lessingianthus (Asteraceae)
Leucanthemum (**Asteraceae**)
Leuceria (Asteraceae)
Leuchaeria (Asteraceae)
Leucheria (**Asteraceae**)
Leucomalla (Convolvulaceae)
Leucopsis (Asteraceae)
Leucothoë (Ericaceae)
Lewisia (Portulacaceae)
Liabellum (Asteraceae)
Liabum (**Asteraceae**)
Libonia (Acanthaceae)
Lieberkuhna (Asteraceae)
Ligaria (**Loranthaceae**)
Ligusticum (Apiaceae)
Ligustrum (**Oleaceae**)
Lilaeopsis (**Apiaceae**)
Limnanthemum (Menyanthaceae)
Limonium (**Plumbaginaceae**)
Limosella (**Scrophulariaceae**)
Linaria (**Scrophulariaceae**)
Lindernia (**Scrophulariaceae**)
Lindernia (Solanaceae)
Linociera (**Oleaceae**)
Linum (**Linaceae**)
Lippia (Buddlejaceae, **Verbenaceae**)
Lisianthus (Gentianaceae)
Lithocardium (Boraginaceae)
Lithodraba (**Brassicaceae**)
Lithospermum (**Boraginaceae**)
Lithrea (**Anacardiaceae**)
Litrea (Anacardiaceae)
Littorella (**Plantaginaceae**)
Loasa (**Loasaceae**)
Lobelia (**Campanulaceae**)
Lobivia (**Cactaceae**)
Lobularia (**Brassicaceae**)
Lochnera (Apocynaceae)
Loeflingia (Caryophyllaceae)
Lomatia (**Proteaceae**)
Lonchestigma (Solanaceae)
Lonchocarpus (**Fabaceae**)
Lonicera (**Caprifoliaceae**, Loranthaceae, Rubiaceae)
Lophocarpinia (**Fabaceae**)
Lophopappus (**Asteraceae**)
Lophophytum (**Balanophoraceae**)
Lophostachys (**Acanthaceae**)
Lophothecium (Acanthaceae)
Loranthus (Loranthaceae, Viscaceae)
Lorentea (Asteraceae)
Lorentzia (Asteraceae, Sterculiaceae)
Lorentzianthus (Asteraceae)
Lotus (**Fabaceae**)
Loxodon (Asteraceae)
Loxopterygium (**Anacardiaceae**)
Lucilia (**Asteraceae**)
Luciliocline (**Asteraceae**)
Luciliopsis (Asteraceae)
Lucuma (Fabaceae, Sapotaceae)
Ludwigia (**Onagraceae**)
Luehea (**Tiliaceae**)
Luffa (**Cucurbitaceae**)
Lugonia (Asclepiadaceae)
Luma (**Myrtaceae**)
Lundia (**Bignoniaceae**)
Lupinaster (Fabaceae)
Lupinus (**Fabaceae**)
Lyallia (Caryophyllaceae)
Lychniothyrsus (Acanthaceae)
Lychnis (Caryophyllaceae)
Lycianthes (**Solanaceae**)
Lycium (**Solanaceae**)
Lycopsis (**Boraginaceae**)
Lygodisodea (Rubiaceae)
Lysiloma (Fabaceae)
Lysimachia (**Primulaceae**)
Lysipomia (Campanulaceae)
Lythrum (Lythraceae)
Maba (Ebenaceae)
Macaglia (Apocynaceae)
Macfadyena (**Bignoniaceae**)
Machaerium (**Fabaceae**)
Machaonia (**Rubiaceae**)
Maclura (**Moraceae**)
Macrachaenium (**Asteraceae**)
Macraea (Vivianiaceae)
Macropharynx (**Apocynaceae**)
Macropodinia (Asteraceae)
Macroptilium (**Fabaceae**)
Macrorhynchus (Asteraceae)
Macroscepis (**Asclepiadaceae**)
Macrosiphonia (**Apocynaceae**)
Madia (**Asteraceae**)
Magallana (**Tropaeolaceae**)

Maihuenia (**Cactaceae**)
Maihueniopsis (**Cactaceae**)
Malachra (**Malvaceae**)
Malacocarpus (Cactaceae)
Malacothrix (**Asteraceae**)
Malcolmia (**Brassicaceae**)
Malesherbia (**Malesherbiaceae**)
Malmeanthus (Asteraceae)
Malpigiantha (Malpighiaceae)
Malus (**Rosaceae**)
Malva (**Malvaceae**)
Malvastrum (**Malvaceae**)
Malvastrum (Sterculiaceae)
Malvella (**Malvaceae**)
Malveopsis (Malvaceae)
Mancoa (**Brassicaceae**)
Mandevilla (**Apocynaceae**)
Mandonia (Asteraceae)
Manettia (**Rubiaceae**)
Manganaroa (Fabaceae)
Manihot (**Euphorbiaceae**)
Mansoa (**Bignoniaceae**)
Mapa (Phytolaccaceae)
Mapouria (Rubiaceae)
Margaritaria (**Euphorbiaceae**)
Margyricarpus (**Rosaceae**)
Maripa (Convolvulaceae)
Marrubium (**Lamiaceae**)
Marsdenia (**Asclepiadaceae**)
Marsea (Asteraceae)
Marshallia (Asteraceae)
Marsypianthes (**Lamiaceae**)
Martynia (Martyniaceae)
Marylaunidium (Hydrophyllaceae)
Mascagnia (**Malpighiaceae**)
Mastigophorus (Asteraceae)
Matayba (**Sapindaceae**)
Matelea (**Asclepiadaceae**)
Mathewsia (Brassicaceae)
Matricaria (**Asteraceae**)
Maurandya (**Scrophulariaceae**)
Mauria (**Anacardiaceae**)
Maximilianea (Cochlospermaceae)
Mayepea (Oleaceae)
Maytenus (**Celastraceae**)
Mazus (**Scrophulariaceae**)
Mecardonia (**Scrophulariaceae**)
Medica (Fabaceae)
Medicago (**Fabaceae**)
Mediocactus (Cactaceae)
Meibomia (Fabaceae)
Melalema (Asteraceae)
Melampodium (Asteraceae)
Melananthus (**Solanaceae**)
Melancium (**Cucurbitaceae**)
Melandrium (Caryophyllaceae)
Melanthera (**Asteraceae**)
Melasma (**Scrophulariaceae**)
Melastoma (Melastomataceae)
Melia (**Meliaceae**)
Melicocca (Sapindaceae)
Melicoccus (**Sapindaceae**)
Melilotus (**Fabaceae**)
Melinia (**Asclepiadaceae**)
Melissa (**Lamiaceae**)
Melloa (**Bignoniaceae**)
Melochia (**Sterculiaceae**)
Melosmon (Lamiaceae)
Melosperma (**Scrophulariaceae**)
Melothria (**Cucurbitaceae)**
Melvilla (Lythraceae)
Mengea (Amaranthaceae)
Menodora (**Oleaceae**)
Menonvillea (**Brassicaceae**)
Mentha (**Lamiaceae**)
Mentzelia (**Loasaceae**)
Menyanthes (Menyanthaceae)
Meratia (Asteraceae)
Mercurialis (**Euphorbiaceae**)
Merope (Asteraceae)
Merremia (**Convolvulaceae**)
Mertensia (Celtidaceae)
Mesechinopsis (Cactaceae)
Mesechites (**Apocynaceae**)
Mesembryanthemum (**Aizoaceae**)
Mesosphaerum (Lamiaceae)
Mespilodaphne (Lauraceae)
Metastachys (Loranthaceae)
Metastelma (**Asclepiadaceae**)
Metazanthus (Asteraceae)
Metrodorea (Rutaceae)
Metrosideros (Myrtaceae)
Mezleria (Campanulaceae)
Micalia (Scrophulariaceae)
Miconia (**Melastomataceae**)
Micranthemum (**Scrophulariaceae**)
Micrantheum (Fabaceae)
Microcala (Gentianaceae)
Microcardamum (Brassicaceae)
Microcarpaea (Scrophulariaceae)
Microchaete (Asteraceae)
Microdonta (Asteraceae)
Microgenetes (Hydrophyllaceae)
Microgyne (Asteraceae)
Microgynella (**Asteraceae**)
Microliabum (**Asteraceae**)
Microlobius (**Fabaceae**)
Micromeria (Lamiaceae)
Micropsis (**Asteraceae**)
Micropteryx (Fabaceae)
Micropus (Asteraceae)
Microstachys (Euphorbiaceae)
Microsteris (**Polemoniaceae**)
Microtea (**Phytolaccaceae**)

Mikania (**Asteraceae**)
Milleria (Asteraceae)
Mimosa (**Fabaceae**)
Mimozyganthus (**Fabaceae**)
Mimulus (**Scrophulariaceae**)
Minthostachys (**Lamiaceae**)
Minuartia (**Caryophyllaceae**)
Mionandra (**Malpighiaceae**)
Mirabilis (**Nyctaginaceae**)
Misandra (Gesneriaceae)
Misodendrum (**Misodendraceae**)
Misopates (Scrophulariaceae)
Mitostigma (**Asclepiadaceae**)
Mitracarpium (Rubiaceae)
Mitracarpus (**Rubiaceae**)
Mitraria (**Gesneriaceae**)
Mniodes (Asteraceae)
Mocinna (Asteraceae)
Modiola (**Malvaceae**)
Modiolastrum (**Malvaceae**)
Moeroris (Euphorbiaceae)
Mogiphanes (Amaranthaceae)
Mohlana (Phytolaccaceae)
Molina (Asteraceae, Euphorbiaceae)
Mollugo (Caryophyllaceae, **Molluginaceae**)
Molucella (**Lamiaceae**)
Momisia (Celtidaceae, Flacourtiaceae)
Momordica (**Cucurbitaceae**)
Moniera (Scrophulariaceae)
Monnina (**Polygalaceae**)
Monocosmia (Portulacaceae)
Monolepis (**Chenopodiaceae**)
Monopyrena (Verbenaceae)
Monrosia (Polygalaceae)
Montanoa (**Asteraceae**)
Monteiroa (**Malvaceae**)
Montia (**Portulacaceae**)
Montiopsis (**Portulacaceae**)
Monttea (**Scrophulariaceae**)
Monvillea (**Cactaceae**)
Moquinia (Asteraceae)
Morongia (Fabaceae)
Morrenia (**Asclepiadaceae**)
Morus (**Moraceae**)
Moschopsis (**Calyceraceae**)
Mostacillastrum (Brassicaceae)
Mourera (**Podostemaceae**)
Moya (Celastraceae)
Mucuna (Fabaceae)
Muehlenbeckia (**Polygonaceae**)
Muellera (Fabaceae)
Mulinum (**Apiaceae**)
Munnozia (Asteraceae)
Muntingia (**Elaeocarpaceae**)
Murucoa (Convolvulaceae)
Mussaenda (Rubiaceae)
Mutisia (**Asteraceae**)
Myagrum (Brassicaceae)
Myconella (Asteraceae)
Myconia (Asteraceae)
Myginda (Celastraceae)
Myoporum (**Myoporaceae**)
Myoschilos (**Santalaceae**)
Myosotis (**Boraginaceae**)
Myosurus (**Ranunculaceae**)
Myracrodruon (Anacardiaceae)
Myrceugenella (Myrtaceae)
Myrceugenia (**Myrtaceae**)
Myrcia (**Myrtaceae**)
Myrcianthes (**Myrtaceae**)
Myrciaria (**Myrtaceae**)
Myrciariopsis (Myrtaceae)
Myrica (**Myricaceae**)
Myriocarpa (**Urticaceae**)
Myriogyne (Asteraceae)
Myriophyllum (**Haloragaceae**)
Myrobalanus (Combretaceae)
Myrocarpus (**Fabaceae**)
Myroxylon (**Fabaceae**, Flacourtiaceae)
Myrrhinium (**Myrtaceae**)
Myrrhis (Apiaceae)
Myrsine (**Myrsinaceae**, Sapotaceae)
Myrteola (**Myrtaceae**)
Myrtus (Myrtaceae, Verbenaceae)
Myzorrhiza (Orobanchaceae)
Nama (**Hydrophyllaceae**)
Nanodea (**Santalaceae**)
Nardophyllum (**Asteraceae**)
Nassauvia (**Asteraceae**)
Nastanthus (**Calyceraceae**)
Nasturtium (Brassicaceae)
Nautonia (**Asclepiadaceae**)
Navarretia (**Polemoniaceae**)
Nectandra (**Lauraceae**)
Neja (Asteraceae)
Neobaclea (**Malvaceae**)
Neocabreria (Asteraceae)
Neoceis (Asteraceae)
Neochilenia (Cactaceae)
Neocracca (Fabaceae)
Neolobivia (Cactaceae)
Neomolina (Asteraceae)
Neonotonia (**Fabaceae**)
Neoporteria (Cactaceae)
Neosparton (**Verbenaceae**)
Neowerdermannia (**Cactaceae**)
Nepeta (**Lamiaceae**)
Neptunia (**Fabaceae**)
Nertera (**Rubiaceae**)
Nesaea (Lythraceae)
Neslia (**Brassicaceae**)
Neurocarpum (Fabaceae)
Nhandiroba (Cucurbitaceae)
Nicandra (**Solanaceae**)

Nicotiana (**Solanaceae**)
Nicotidendron (Solanaceae)
Niederleinia (Frankeniaceae)
Nierembergia (Onagraceae, **Solanaceae**)
Nigrina (Scrophulariaceae)
Niphogeton (**Apiaceae**)
Nissolia (**Fabaceae**)
Nitrophila (**Chenopodiaceae**)
Noccaea (Asteraceae)
Notanthera (Loranthaceae)
Nothofagus (**Fagaceae**)
Noticastrum (**Asteraceae**)
Notiosciadium (**Apiaceae**)
Notocactus (Cactaceae)
Notonia (Fabaceae)
Notophaena (Rhamnaceae)
Nototriche (**Malvaceae**)
Nouletia (Bignoniaceae)
Novenia (**Asteraceae**)
Nyctanthes (Oleaceae)
Nymphaea (**Nymphaeaceae**)
Nymphoides (**Menyanthaceae**)
Obeliscaria (Asteraceae)
Obione (Chenopodiaceae)
Ochetophila (Rhamnaceae)
Ocimum (**Lamiaceae**)
Ocotea (**Lauraceae**)
Ocyroe (Asteraceae)
Odonia (Fabaceae)
Odontocarya (**Menispermaceae**)
Odontonema (Acanthaceae)
Odontophyllum (Acanthaceae)
Oenanthe (**Apiaceae**)
Oenothera (Onagraceae)
Oldenlandia (Rubiaceae)
Olea (**Oleaceae**)
Oligandra (Asteraceae)
Oligocladus (**Apiaceae**)
Oligogyne (Asteraceae)
Ombrophytum (**Balanophoraceae**)
Omphalea (Euphorbiaceae)
Onagra (Onagraceae)
Oncostylus (Rosaceae)
Onopordum (**Asteraceae**)
Onoseris (**Asteraceae**)
Onuris (**Brassicaceae**)
Ophryosporus (**Asteraceae**)
Oplonia (**Acanthaceae**)
Oplotheca (Amaranthaceae)
Opuntia (**Cactaceae**)
Orcya (Asteraceae)
Oreobroma (Portulacaceae)
Oreocereus (**Cactaceae**)
Oreodaphne (Lauraceae)
Oreomyrrhis (**Apiaceae**)
Oreopanax (**Araliaceae**)
Oreophila (Asteraceae)
Oreopolus (**Rubiaceae**)
Oreosphacus (Lamiaceae)
Oriastrum (Asteraceae)
Orites (**Proteaceae**)
Oritrophium (Asteraceae)
Ormenis (Asteraceae)
Ornithopus (**Fabaceae**)
Orobanche (**Orobanchaceae**)
Orontium (Scrophulariaceae)
Orthopappus (**Asteraceae**)
Orthosia (Asclepiadaceae)
Orthotactus (Acanthaceae)
Osmorhiza (**Apiaceae**)
Ossaea (**Melastomataceae**)
Osyris (Santalaceae)
Otholobium (**Fabaceae**)
Ourisia (**Scrophulariaceae**)
Ovidia (**Thymelaeaceae**)
Oxalis (**Oxalidaceae**)
Oxybaphus (Nyctaginaceae)
Oxycladus (Scrophulariaceae)
Oxydon (Asteraceae)
Oxymeris (Melastomataceae)
Oxyosmyles (Boraginaceae)
Oxypetalum (**Asclepiadaceae**)
Oxystelma (Asclepiadaceae)
Oxytheca (**Polygonaceae**)
Pachygone (Menispermaecae)
Pachylaena (**Asteraceae**)
Pachyrhizus (**Fabaceae**)
Pacourina (**Asteraceae**)
Paederia (**Rubiaceae**)
Paederiopsis (Rubiaceae)
Paleaepappus (Asteraceae)
Palenia (Asteraceae)
Palicourea (**Rubiaceae**)
Pamphalea (**Asteraceae**)
Panargyrum (Asteraceae)
Panax (Araliaceae)
Panke (Gesneriaceae)
Pantacantha (**Solanaceae**)
Papaver (**Papaveraceae**)
Papaya (Caricaceae)
Parabignonia (**Bignoniaceae**)
Paradolichandra (Bignoniaceae)
Paramyrciaria (**Myrtaceae**)
Paranephelius (Asteraceae)
Parapiptadenia (**Fabaceae**)
Parastrephia (**Asteraceae**)
Parietaria (**Urticaceae**)
Parkinsonia (**Fabaceae**)
Parodia (**Cactaceae**)
Parodianthus (**Verbenaceae**)
Parodiodendron (**Euphorbiaceae**)
Parodiodoxa (**Brassicaceae**)
Paronychia (Amaranthaceae)
Paronychia (**Caryophyllaceae**)

Parosela (Fabaceae)
Parsonsia (Apocynaceae)
Parthenium (**Asteraceae**)
Pascalia (Asteraceae)
Passiflora (**Passifloraceae**)
Pastinaca (**Apiaceae**)
Patagonium (Fabaceae)
Patagonula (**Boraginaceae**)
Pauletia (Fabaceae)
Paullinia (**Sapindaceae**)
Pavonia (Atherospermataceae, **Malvaceae**)
Pectis (**Asteraceae**)
Pectocarya (**Boraginaceae**)
Pedicularis (Scrophulariaceae)
Peixotoa (Malpighiaceae)
Pelletiera (**Primulaceae**)
Peltaea (**Malvaceae**)
Peltastes (**Apocynaceae**)
Peltobryon (Piperaceae)
Peltodon (**Lamiaceae**)
Peltophorum (**Fabaceae**)
Pennellia (**Brassicaceae**)
Pentacaena (Caryophyllaceae)
Pentacalia (Asteraceae)
Pentagonia (Campanulaceae)
Pentanthus (Asteraceae)
Pentapanax (**Araliaceae**)
Pentaphorus (Asteraceae)
Pentstemonacanthus (Acanthaceae)
Peperomia (**Piperaceae**)
Peplis (**Lythraceae**)
Perdicium (Asteraceae)
Peregrina (**Malpighiaceae**)
Pereskia (**Cactaceae**)
Perezia (**Asteraceae**)
Perilomia (Lamiaceae)
Periploca (Asclepiadaceae)
Perlebia (Fabaceae)
Pernettya (Celastraceae, **Ericaceae**)
Perreymondia (Brassicaceae)
Persea (**Lauraceae**)
Peschiera (Apocynaceae)
Petastoma (Bignoniaceae)
Petiveria (**Phytolaccaceae**)
Petroravenia (**Brassicaceae**)
Petrorhagia (**Caryophyllaceae**)
Petunia (**Solanaceae**)
Peucedanum (Apiaceae)
Pfaffia (**Amaranthaceae**)
Pfeiffera (**Cactaceae**)
Phaca (Fabaceae)
Phacelia (**Hydrophyllaceae**)
Pharbitis (Convolvulaceae)
Pharmacosycea (Moraceae)
Phaseolus (**Fabaceae**)
Phelloderma (Verbenaceae)
Phenax (**Urticaceae**)
Philibertia (**Asclepiadaceae**)
Philippiella (**Caryophyllaceae**)
Philippimalva (Malvaceae)
Philoxerus (Amaranthaceae)
Philyra (**Euphorbiaceae**)
Phlebolobium (**Brassicaceae**)
Phlomis (Lamiaceae)
Phlox (Polemoniaceae)
Phoebe (Lauraceae)
Phoradendron (**Viscaceae**)
Phryganocydia (**Bignoniaceae**)
Phrygilanthus (Loranthaceae)
Phyla (**Verbenaceae**)
Phyllachne (**Stylidaceae**)
Phyllactis (Valerianaceae)
Phyllanthus (**Euphorbiaceae**)
Phyllocalyx (Myrtaceae)
Phyllochilium (Asteraceae)
Phyllostylon (**Ulmaceae**)
Physaliastrum (Malvaceae)
Physalis (**Solanaceae**)
Physianthus (Asclepiadaceae)
Physocalyx (Scrophulariaceae)
Phytolacca (**Phytolaccaceae**)
Picraena (Simaroubaceae)
Picramnia (**Simaroubaceae**)
Picrasma (**Simaroubaceae**)
Picris (**Asteraceae**)
Picrosia (**Asteraceae**)
Pilea (**Urticaceae**)
Pilocarpus (**Rutaceae**)
Pilocereus (Cactaceae)
Pilosella (Asteraceae)
Pilostyles (**Rafflesiaceae**)
Pimpinella (**Apiaceae**)
Pingraea (Asteraceae)
Pinguicula (**Lentibulariaceae**)
Pionandra (Solanaceae)
Piper (Flacourtiaceae, **Piperaceae**)
Piptadenia (**Fabaceae**)
Piptanthocereus (Cactaceae)
Piptocarpha (**Asteraceae**)
Pircunia (Phytolaccaceae)
Piriqueta (**Turneraceae**)
Pirottantha (Fabaceae)
Piscidia (Fabaceae)
Pisonia (**Nyctaginaceae**)
Pisoniella (**Nyctaginaceae**)
Pithecellobium (Fabaceae)
Pithecoctenium (**Bignoniaceae**)
Pitraea (**Verbenaceae**)
Pityranthus (Amaranthaceae)
Pityrocarpa (Fabaceae)
Plagiobothrys (**Boraginaceae**)
Plagiocheilus (**Asteraceae**)
Plantago (**Plantaginaceae**)
Plarodrigoa (Malvaceae)

Plathymenia (**Fabaceae**)
Platycheilus (Asteraceae)
Platyopuntia (Cactaceae)
Plazia (**Asteraceae**)
Plectritis (Valerianaceae)
Plectrocarpa (**Zygophyllaceae**)
Plenckia (**Celastraceae**)
Pleroma (Melastomataceae)
Pleurophora (**Lythraceae**)
Plinia (Myrtaceae)
Pluchea (**Asteraceae**)
Plumbago (**Plumbaginaceae**)
Podocoma (**Asteraceae**)
Podopappus (Asteraceae)
Podospermun (Asteraceae)
Podostemum (**Podostemaceae**)
Podranea (**Bignoniaceae**)
Poecilanthe (**Fabaceae**)
Pogonopus (**Rubiaceae**)
Poikilacanthus (**Acanthaceae**)
Poinciana (Melastomataceae)
Poinsettia (Euphorbiaceae)
Poiretia (**Fabaceae**)
Poissonia (Fabaceae)
Polembryum (Rutaceae)
Polemoniella (Polemoniaceae)
Polemonium (**Polemoniaceae**)
Polycarpaea (**Caryophyllaceae**)
Polycarpon (**Caryophyllaceae**, Donatiaceae)
Polycladus (Asteraceae)
Polygala (**Polygalaceae**)
Polygine (Asteraceae)
Polygonum (**Polygonaceae**)
Polylepis (**Rosaceae**)
Polymnia (Asteraceae)
Polypsecadium (**Brassicaceae**)
Polypteris (Asteraceae)
Pomaria (Fabaceae)
Porcellites (Asteraceae)
Porlieria (**Zygophyllaceae**)
Porophyllum (**Asteraceae**)
Portalesia (Asteraceae)
Portlandia (Rubiaceae)
Portulaca (Aizoaceae)
Portulaca (**Portulacaceae**)
Potentilla (**Rosaceae**)
Poterium (Rosaceae)
Pothomorphe (Piperaceae)
Pouteria (**Sapotaceae**)
Pozoa (**Apiaceae**)
Pradosia (**Sapotaceae**)
Praecereus (Cactaceae)
Prasopepon (Cucurbitaceae)
Pratia (**Campanulaceae**)
Praxelis (Asteraceae)
Prenanthes (Asteraceae)
Prestonia (**Apocynaceae**)
Primula (**Primulaceae**)
Prionanthes (Asteraceae)
Prionotes (Epacridaceae)
Pristimera (Hippocrateaceae)
Priva (**Verbenaceae**)
Proboscidea (Martiniaceae)
Prockia (**Flacourtiaceae**)
Prosopanche (**Hydnoraceae**)
Prosopidastrum (**Fabaceae**)
Prosopis (**Fabaceae**)
Proustia (**Asteraceae**)
Prunella (**Lamiaceae**)
Prunus (**Rosaceae**)
Psacadocalymma (Acanthaceae)
Pseudabutilon (**Malvaceae**)
Pseudelephantopus (**Asteraceae**)
Pseuderanthemum (**Acanthaceae**)
Pseudibatia (Asclepiadaceae)
Pseudobaccharis (Asteraceae)
Pseudobastardia (Malvaceae)
Pseudobombax (**Bombacaceae**)
Pseudocaryophyllus (Myrtaceae)
Pseudocassia (Fabaceae)
Pseudognaphalium (Asteraceae)
Pseudogynoxys (**Asteraceae**)
Pseudolobivia (Cactaceae)
Pseudomyrcianthes (Myrtaceae)
Pseudopanax (**Araliaceae**)
Pseudoplantago (**Amaranthaceae**)
Pseudosorocea (Moraceae)
Psidium (**Myrtaceae**)
Psila (Asteraceae)
Psilocarphus (**Asteraceae**)
Psilopogon (Asteraceae)
Psittacanthus (**Loranthaceae**)
Psoralea (Fabaceae)
Psychotria (**Rubiaceae**)
Psychrophila (Ranunculaceae)
Pterocactus (**Cactaceae**)
Pterocarpus (**Fabaceae**)
Pterocaulon (**Asteraceae**)
Pterogyne (**Fabaceae**)
Pterolepis (Melastomataceae)
Pteropepon (**Cucurbitaceae**)
Pterygiosperma (**Brassicaceae**)
Ptilochaeta (**Malpighiaceae**)
Puna (**Cactaceae**)
Pupalia (Amaranthaceae)
Pycnophyllopsis (**Caryophyllaceae**)
Pycnophyllum (**Caryophyllaceae**, Frankeniaceae)
Pygmaeolobivia (Cactaceae)
Pyracantha (**Rosaceae**)
Pyrethrum (Asteraceae)
Pyrostegia (**Bignoniaceae**)
Pyrrhocactus (**Cactaceae**)
Pyrrocoma (Asteraceae)
Pyrus (Rosaceae)

Sarcodraba (**Brassicaceae**)
Sarcostemma (Asclepiadaceae)
Sarna (Rafflesiaceae)
Sarothamnus (Fabaceae)
Sassia (Oxalidaceae)
Satureja (**Lamiaceae**)
Sauvagesia (**Nymphaeaceae**)
Saxifraga (**Saxifragaceae**)
Saxifragella (**Saxifragaceae**)
Saxifragodes (**Saxifragaceae**)
Scabiosa (**Dipsacaceae**)
Schaefferia (**Celastraceae**)
Schaueria (Acanthaceae)
Schefflera (**Araliaceae**)
Schenckia (**Rubiaceae**)
Schilleria (Piperaceae)
Schinopsis (**Anacardiaceae**)
Schinus (**Anacardiaceae**)
Schistocarpha (**Asteraceae**)
Schistogyne (**Asclepiadaceae**)
Schizanthus (**Solanaceae**)
Schizeilema (**Apiaceae**)
Schizopetalon (**Brassicaceae**)
Schizostemma (Asclepiadaceae)
Schizostigma (Cucurbitaceae)
Schkuhria (**Asteraceae**)
Schlechtendalia (**Asteraceae**)
Schmidelia (Sapindaceae)
Schnella (Fabaceae)
Schoepfia (**Olacaceae**)
Schrankia (Fabaceae)
Schreiteria (**Portulacaceae**)
Schubertia (**Asclepiadaceae**)
Schultesia (**Gentianaceae**)
Schwenckia (**Solanaceae**)
Sciadophyllum (Araliaceae)
Scleranthus (**Caryophyllaceae**)
Sclerophylax (**Sclerophylacaceae**)
Scleropus (Amaranthaceae)
Scolymus (**Asteraceae**)
Scoparia (**Scrophulariaceae**)
Scorzonera (**Asteraceae**)
Scutellaria (**Lamiaceae**)
Scutia (**Rhamnaceae**)
Scyphanthus (Loasaceae)
Scypharia (Rhamnaceae)
Scytalis (Fabaceae)
Sebastiania (**Euphorbiaceae**)
Securidaca (**Polygalaceae**)
Sedum (**Crassulaceae**)
Seemannia (Gesneriaceae)
Seguieria (**Phytolaccaceae**)
Selenicereus (**Cactaceae**)
Selinum (Apiaceae)
Senebiera (Brasssicaceae)
Senecio (**Asteraceae**)
Senegalia (Fabaceae)
Senna (**Fabaceae**)
Sericographis (Acanthaceae)
Seriola (Asteraceae)
Seriphidium (Asteraceae)
Serjania (**Sapindaceae**)
Serratula (Asteraceae)
Sertuernera (Amaranthaceae)
Sertula (Fabaceae)
Sesbania (**Fabaceae**)
Seseli (Apiaceae)
Sessea (**Solanaceae**)
Sesseopsis (Solanaceae)
Sesuvium (**Aizoaceae**)
Setiechinopsis (**Cactaceae**)
Sherardia (**Rubiaceae**)
Shuttleworthia (Verbenaceae)
Sibthorpia (**Scrophulariaceae**)
Sicyos (**Cucurbitaceae**)
Sida (**Malvaceae**, Sterculiaceae, Turneraceae)
Sidastrum (**Malvaceae**)
Sideroxylon (**Sapotaceae**)
Siegesbeckia (**Asteraceae**)
Sierversia (Rosaceae)
Silene (**Caryophyllaceae**)
Silvia (Scrophulariaceae)
Silybum (**Asteraceae**)
Simaba (**Simaroubaceae**)
Simsia (**Asteraceae**)
Sinapis (**Brassicaceae**)
Sinningia (**Gesneriaceae**)
Siolmatra (**Cucurbitaceae**)
Siparuna (**Monimiaceae**)
Siphocampylus (**Campanulaceae**)
Siphonacanthus (Acanthaceae)
Siphonema (Solanaceae)
Siphoneugena (**Myrtaceae**)
Siphonoglossa (Acanthaceae)
Sisymbrium (**Brassicaceae**)
Sium (Apiaceae)
Skottsbergianthus (**Brassicaceae**)
Skottsbergiella (Brassicaceae)
Smallanthus (**Asteraceae**)
Soehrensia (Cactaceae)
Solanum (**Solanaceae**)
Solea (Violaceae)
Solidago (**Asteraceae**)
Soliera (Lamiaceae)
Soliva (**Asteraceae**)
Sommerfeltia (**Asteraceae**)
Sonchus (**Asteraceae**)
Sophia (Brassicaceae)
Sophora (**Fabaceae**)
Sorocea (**Moraceae**)
Spadonia (Asteraceae)
Spananthe (Apiaceae)
Spartium (**Fabaceae**)
Spathodea (Bignoniaceae)

Specularia (Campanulaceae)
Spegazzinia (Cactaceae)
Spergula (**Caryophyllaceae**)
Spergularia (Caryophyllaceae)
Spergulastrum (Caryophyllaceae)
Spermacoce (**Rubiaceae**)
Spermacoceodes (**Rubiaceae**)
Spermolepis (**Apiaceae**)
Sphacele (Lamiaceae)
Sphaeralcea (**Malvaceae**)
Sphaerocephalus (Asteraceae)
Sphaeroma (Malvaceae)
Sphaerophysa (**Fabaceae**)
Sphaerostigma (Onagraceae)
Sphagneticola (**Asteraceae**)
Sphenoclea (**Sphenocleaceae**)
Sphinctolobium (Fabaceae)
Spigelia (**Loasaceae**)
Spilanthes (Asteraceae)
Spinicalycium (Cactaceae)
Spirochaeta (Asteraceae)
Spirostachys (Chenopodiaceae)
Spixia (Asteraceae)
Stachycephalum (**Asteraceae**)
Stachys (**Lamiaceae**)
Stachytarpheta (**Verbenaceae**)
Staelia (**Rubiaceae**)
Stangea (**Valerianaceae**)
Statice (Plumbaginaceae)
Stellaria (**Caryophyllaceae**)
Stemmatella (Asteraceae)
Stemmatosiphum (Symplocaceae)
Stemmodontia (Asteraceae)
Stemodia (**Scrophulariaceae**)
Stemodiacra (Scrophulariaceae)
Stenachaenium (**Asteraceae**)
Stenandrium (**Acanthaceae**)
Stenocalyx (Myrtaceae)
Stenocephalum (Asteraceae)
Stenodraba (**Brassicaceae**)
Stenodrepanum (**Fabaceae**)
Stenolobium (Bignoniaceae)
Stenonia (Euphorbiaceae)
Stephananthus (Asteraceae)
Stephanophysum (Acanthaceae)
Stereoxylon (Saxifragaceae)
Sterrhymenia (Sclerophylacaceae)
Stethoma (Acanthaceae)
Stetsonia (**Cactaceae**)
Stevia (**Asteraceae**)
Stichophyllum (Caryophyllaceae)
Stigmaphyllon (**Malpighiaceae**)
Stillingia (**Euphorbiaceae**)
Stimoryne (Solanaceae)
Stizophyllum (**Bignoniaceae**)
Stomatanthes (Asteraceae)
Streblacanthus (**Acanthaceae**)
Streptanthus (Brassicaceae)
Streptodesmia (Fabaceae)
Strombocarpa (Fabaceae)
Strongyloma (Asteraceae)
Strongylomopsis (Asteraceae)
Strongylosperma (Asteraceae)
Struthanthus (**Loranthaceae**)
Strychnodaphne (Lauraceae)
Strychnos (**Loasaceae**)
Stuckertiella (**Asteraceae**)
Stylosanthes (**Fabaceae**)
Styrax (**Styracaceae**)
Suaeda (**Chenopodiaceae**)
Suksdorfia (**Saxifragaceae**)
Sulcorebutia (Cactaceae)
Swainsona (Fabaceae)
Sweetia (**Fabaceae**)
Symphyotrichum (Asteraceae)
Symphytum (**Boraginaceae**)
Symplocos (**Symplocaceae**)
Synedrellopsis (**Asteraceae**)
Tabebuia (**Bignoniaceae**)
Tabernaemontana (**Apocynaceae**)
Tacsonia (Passifloraceae)
Tagetes (**Asteraceae**)
Talinum (**Portulacaceae**)
Talisia (**Sapindaceae**)
Tamarix (**Tamaricaceae**)
Tamonopsis (Verbenaceae)
Tanacetum (**Asteraceae**)
Tanaecium (**Bignoniaceae**)
Tarasa (**Malvaceae**)
Taraxacum (**Asteraceae**)
Tartagalia (**Bombacaceae**)
Tassadia (**Asclepiadaceae**)
Tecoma (**Bignoniaceae**)
Tecomaria (Bignoniaceae)
Telanthera (Amaranthaceae)
Teline (Fabaceae)
Telminostelma (**Asclepiadaceae**)
Telophyllum (Misodendraceae)
Teloxys (Chenopodiaceae)
Temnadenia (Apocynaceae)
Tephrocactus (**Cactaceae**)
Tephrosia (**Fabaceae**)
Tepualia (**Myrtaceae**)
Teramnus (Fabaceae)
Terminalia (**Combretaceae**)
Ternstroemia (**Theaceae**)
Tessaria (**Asteraceae**)
Tetracera (**Dilleniaceae**)
Tetrachondra (**Tetrachondraceae**)
Tetraglochin (**Rosaceae**)
Tetragonia (**Aizoaceae**, Halophytaceae)
Tetramerium (Rubiaceae)
Tetranthera (Lauraceae)
Tetraptera (Malvaceae)

Tetrapterys (**Malpighiaceae**)
Tetrastemon (Myrtaceae)
Tetrorchidium (**Euphorbiaceae**)
Teucrium (**Lamiaceae**)
Thalestris (Acanthaceae)
Thalictrum (**Ranunculaceae)**
Thaumatocaryon (**Boraginaceae**)
Thelesperma (**Asteraceae**)
Thelypodium (Brassicaceae)
Theopyxis (Primulaceae)
Thevetia (**Apocynaceae**)
Theyga (Atherospermataceae)
Thiga (Atherospermataceae)
Thilcum (Onagraceae)
Thinouia (**Sapindaceae**)
Thlaspi (**Brassicaceae**)
Thouinia (Sapindaceae)
Thryallis (Malpighiaceae)
Thunbergia (**Acanthaceae**)
Thymophylla (**Asteraceae**)
Thymus (Lamiaceae)
Thyroma (Apocynaceae)
Thyrsanthema (Asteraceae)
Thyrsanthus (Apocynaceae)
Tibouchina (**Melastomataceae**)
Tildenia (Piperaceae)
Tilesia (**Asteraceae**)
Tillaea (Crassulaceae)
Tillaeastrum (Crassulaceae)
Timotocia (Verbenaceae)
Tipuana (**Fabaceae**)
Tiquiliopsis (Boraginaceae)
Tissa (Caryophyllaceae)
Tithonia (**Asteraceae**)
Tithymalus (Euphorbiaceae)
Tordylium (**Apiaceae**)
Torilis (**Apiaceae**)
Torresea (Fabaceae)
Tournefortia (**Boraginaceae**)
Tourrettia (**Bignoniaceae**)
Toxicodendrum (Simaroubaceae)
Tragacantha (Fabaceae)
Tragia (**Euphorbiaceae**, Sterculiaceae)
Tragoceras (Asteraceae)
Tragopogon (**Asteraceae**)
Trechonaetes (Solanaceae)
Trema (**Celtidaceae**)
Trevoa (Rhamnaceae)
Triachne (Asteraceae)
Trianosperma (Cucurbitaceae)
Trianthema (**Aizoaceae**)
Trianthus (Asteraceae)
Tribeles (**Saxifragaceae**)
Tribulus (**Zygophyllaceae**)
Trichilia (**Meliaceae**)
Trichocereus (**Cactaceae**)
Trichocline (**Asteraceae**)
Trichoseris (Asteraceae)
Trichostigma (**Phytolaccaceae**)
Trichotolinum (**Brassicaceae**)
Tricomaria (**Malpighiaceae**)
Tricondylus (Proteaceae)
Tricycla (Nyctaginaceae)
Tridax (**Asteraceae**)
Trifolium (**Fabaceae)**
Trifolium (Oxalidaceae)
Trigonella (**Fabaceae**)
Trigonia (**Trigoniaceae**)
Triodanis (**Campanulaceae**)
Triplaris (Polygonaceae)
Tripleurospermum (**Asteraceae**)
Tripodanthus (**Loranthaceae**)
Tripolium (Asteraceae)
Triptilion (**Asteraceae**)
Triptilium (Asteraceae)
Triptolemea (Fabaceae)
Trisciadium (Apiaceae)
Tristerix (**Loranthaceae**)
Tristicha (Crassulaceae)
Tristicha (**Podostemaceae**)
Triumfetta (**Tiliaceae**)
Trixago (Scrophulariaceae)
Trixis (**Asteraceae**)
Tropaeolum (**Tropaeolaceae**)
Trophaeastrum (**Tropaeolaceae**)
Trophisomia (Moraceae)
Troximon (Asteraceae)
Turnera **(Turneraceae**)
Turrigera (Asclepiadaceae)
Tussilago (Asteraceae)
Tweedia (**Asclepiadaceae**)
Tylloma (Asteraceae)
Tynanthus (**Bignoniaceae**)
Ugni (**Myrtaceae**)
Uhdea (Asteraceae)
Ulex (**Fabaceae**)
Ullucus (**Basellaceae**)
Urbania (**Verbenaceae**)
Urera (**Urticaceae**)
Urmenetea (**Asteraceae**)
Urocarpidium (**Malvaceae**)
Urolepis (Asteraceae)
Urospermum (**Asteraceae**)
Urostigma (Moraceae)
Urtica (**Urticaceae**)
Urvillea (**Sapindaceae**)
Utricularia (**Lentibulariaceae**)
Vaccaria (**Caryophyllaceae**)
Vaccinium (**Ericaceae**)
Vachellia (Fabaceae)
Valantia (Rubiaceae)
Valentina (Boraginaceae)
Valentiniella (Boraginaceae)
Valenzuelia (Sapindaceae)

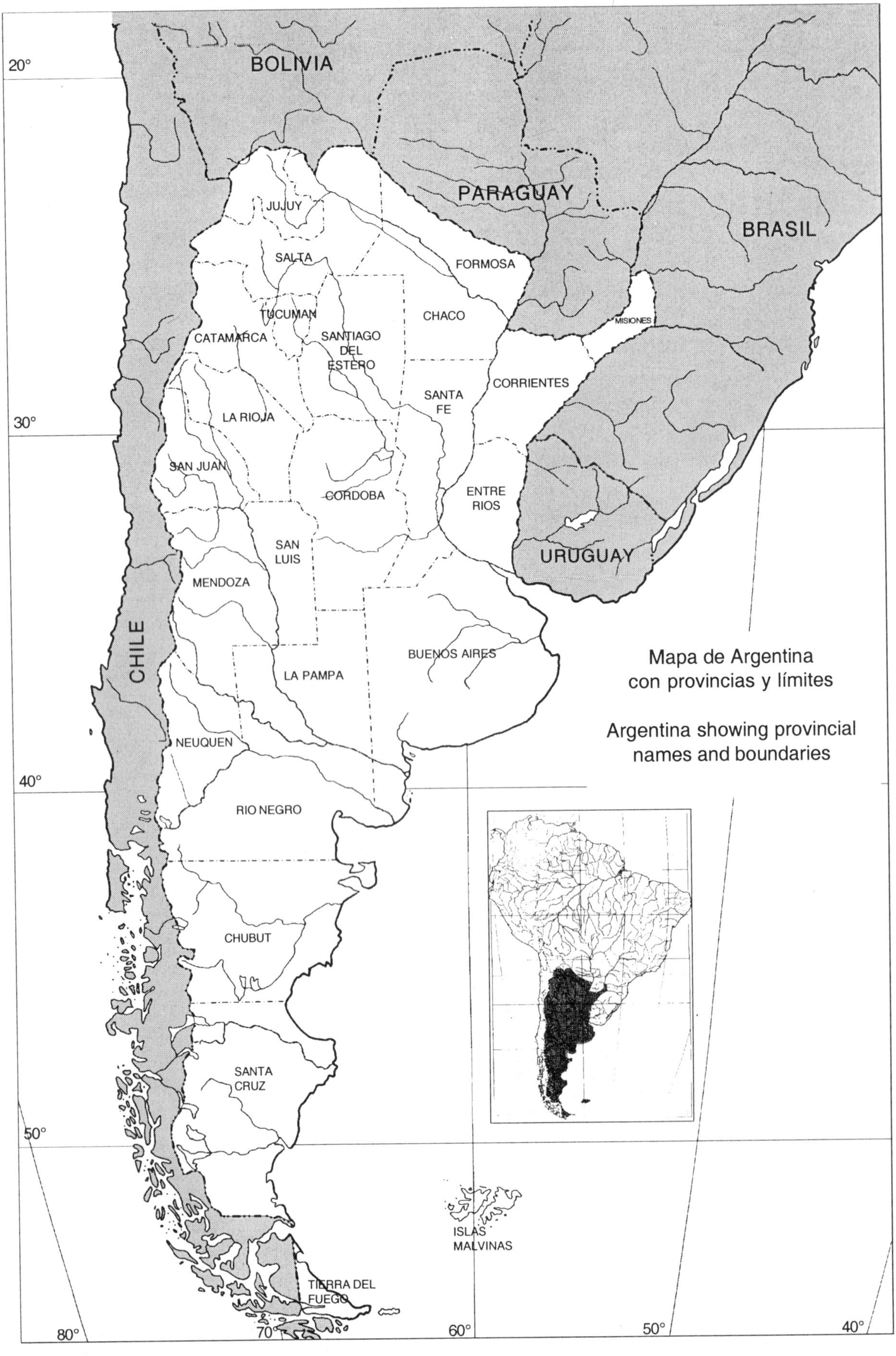

Mapa de Argentina con provincias y límites

Argentina showing provincial names and boundaries